Bioquímica

Equipe de tradução

Ana Beatriz Gorini da Veiga (Capítulo 6)
Professora adjunta da Universidade Federal de Ciências da Saúde de Porto Alegre (UFCSPA).
Doutora em Biologia Celular e Molecular, Universidade Federal do Rio Grande do Sul (UFRGS).

Carla Dalmaz (Capítulos 4, 16, 21, 22 e 26)
Professora associada, Departamento de Bioquímica, UFRGS.
Doutora em Bioquímica, UFPR.

Carlos Alexandre Sanchez Ferreira (Capítulo 5)
Professor/Pesquisador, Pontifícia Universidade Católica do Rio Grande do Sul (PUCRS).
Doutor em Bioquímica, UFRGS.

Carlos Termignoni (Capítulos 2, 3, 13, 14 e 15)
Professor associado, Centro de Biotecnologia e Departamento de Bioquímica, UFRGS.
Doutor em Biologia Molecular, Escola Paulista de Medicina-Universidade Federal de São Paulo (EPM-UNIFESP).

Débora Vom Endt (Capítulos 28 e 31)
Professora adjunta no curso de Engenharia de Bioprocessos e Biotecnologia da Universidade Estadual do Rio Grande do Sul (UERGS).
Doutora em Biologia Molecular Vegetal pela Universidade de Leiden (Holanda, 2004).
Pós-doutora no Centro de Biotecnologia da UFRGS.

Fabiana Horn (Capítulo 7)
Professora associada, Departamento de Biofísica, UFRGS. Doutora em Bioquímica, Universidade de Oxford, Grã-Bretanha.

Gaby Renard (Capítulo 5)
Pesquisadora da Quatro G Pesquisa e Desenvolvimento Ltda., TECNOPUC. Mestre e Doutora em Ciências Biológicas: Bioquímica pela UFRGS.

Giancarlo Pasquali (Capítulos 28 e 31)
Professor associado, Departamento de Biologia Molecular e Biotecnologia do Instituto de Biociências e Centro de Biotecnologia, UFRGS.
Doutor em Biologia Molecular Vegetal, Universidade de Leiden, Holanda.

Henrique Bunselmeyer Ferreira (Capítulos 7, 29, 33 e 34)
Professor associado, Departamento de Biologia Molecular e Biotecnologia e Centro de Biotecnologia, UFRGS.
Doutor em Genética e Biologia Molecular, UFRGS.

Karina Mariante Monteiro (Capítulos 29, 33 e 34)
Doutora em Biologia Celular e Molecular, UFRGS.

Lúcia Rebello Dillenburg (Capítulo 24)
Professora associada, Departamento de Botânica, UFRGS.
Doutora em Botânica, University of Maryland (College Park, EUA).

Luciane Passaglia (Capítulos 30 e 32)
Professora nível associado IV, Departamento de Genética, UFRGS.
Doutora em Genética e Biologia Molecular, UFRGS.

Luís Fernando Marques Dorvillé (segunda parte Índice)
Professor adjunto de Ciências Biológicas, Departamento de Ciências, Universidade do Estado do Rio de Janeiro.
Doutor em Educação, Universidade Federal Fluminense.

Maria Luiza Pereira (Capítulos 11, 17 e 18)
Professora associada, Departamento de Bioquímica, UFRGS.
Doutora em Biologia Molecular, United Medical and Dental Schools of Guy's and St Thomas's Hospitals, Universidade de Londres, Grã-Bretanha.

Maria Martha Guedes Chaves (Capítulos 8 e 9)
Bióloga, Universidade de São Paulo.

Michele Bastiani (Capítulos 23 e 25)
Farmacêutica. Mestre em Biologia Celular e Molecular pelo Programa de Pós-Graduação em Biologia Celular e Molecular (PPGBCM) do Centro de Biotecnologia, UFRGS.
Doutora em Biologia Celular pelo Institute for Molecular Bioscience da University of Queensland, Austrália.

Sandra Estrazulas Farias (Capítulos 1, 10, 12, 20 e 27)
Professora associada, Departamento de Fisiologia e Centro de Biotecnologia, UFRGS. Doutora em Bioquímica e Biologia Molecular, EPM-UNIFESP.

Simone Köbe de Oliveira (Capítulos 8, 9, 19, 35, primeira parte Índice, Iniciais e Apêndices)
Doutora em Ciências, UFRGS. Pós-Doutoranda em Biotecnologia e Biociências, Universidade Federal de Santa Catarina (UFSC).

V876b Voet, Donald.
Bioquímica / Donald Voet, Judith G. Voet ; [tradução: Ana Beatriz Gorini da Veiga ... et al.] ; revisão técnica: Carlos Termignoni ... [et al.]. – 4.ed. – Porto Alegre : Artmed, 2013.
xxix, 1482 : il. color. ; 28 cm.

ISBN 978-85-8271-004-3

1. Bioquímica. I. Voet, Judith G. II. Título.

CDU 577.1

Catalogação na publicação: Ana Paula M. Magnus – CRB 10/2052

Donald Voet
University of Pennsylvania

Judith G. Voet
Swarthmore College

Bioquímica

4ª Edição

Consultoria, supervisão e revisão técnica desta edição:

Carlos Termignoni
Professor associado, Centro de Biotecnologia e Departamento de Bioquímica, UFRGS.
Doutor em Biologia Molecular, EPM-UNIFESP.

Gaby Renard
Pesquisadora da Quatro G Pesquisa e Desenvolvimento Ltda., TECNOPUC.
Mestre e Doutora em Ciências Biológicas: Bioquímica pela UFRGS.

Henrique Bunselmeyer Ferreira
Professor associado, Departamento de Biologia Molecular e Biotecnologia e Centro de Biotecnologia, UFRGS.
Doutor em Genética e Biologia Molecular, UFRGS.

Hugo Verli
Professor adjunto, Departamento de Biologia Molecular e Biotecnologia, UFRGS.
Doutor em Biologia Celular e Molecular pela UFRGS.

Luciane Passaglia
Professora nível associado IV, Departamento de Genética, UFRGS.
Doutora em Genética e Biologia Molecular, UFRGS.

Maria Luiza Pereira
Professora associada, Departamento de Bioquímica, UFRGS.
Doutora em Biologia Molecular, United Medical and Dental Schools of Guy's and St Thomas's Hospitals, Universidade de Londres, Grã-Bretanha.

Sandra Estrazulas Farias
Professora associada, Departamento de Fisiologia e Centro de Biotecnologia, UFRGS.
Doutora em Bioquímica e Biologia Molecular, EPM-UNIFESP.

Simone Köbe de Oliveira
Doutora em Ciências, UFRGS. Pós-Doutoranda em Biotecnologia e Biociências, Universidade Federal de Santa Catarina (UFSC).

Reimpressão 2015

2013

Obra originalmente publicada sob o título *Biochemistry, 4th edition*
ISBN 9780470570951 / 0470570954

Gerente editorial: *Letícia Bispo de Lima*

Colaboraram nesta edição

Editora: *Simone de Fraga*

Arte sobre capa original: *VS Digital Ltda.*

Leitura final: *Cecília Jabs Eger e Henrique de Oliveira Guerra*

Editoração: *Techbooks*

Nota

A medicina é uma ciência em constante evolução. À medida que novas pesquisas e a experiência clínica ampliam o nosso conhecimento, são necessárias modificações no tratamento e na farmacoterapia. Os organizadores desta obra consultaram as fontes consideradas confiáveis, num esforço para oferecer informações completas e, geralmente, de acordo com os padrões aceitos à época da publicação. Entretanto, tendo em vista a possibilidade de falha humana ou de alterações nas ciências médicas, os leitores devem confirmar estas informações com outras fontes. Por exemplo, e em particular, os leitores são aconselhados a conferir a bula de qualquer medicamento que pretendam administrar, para se certificar de que a informação contida neste livro está correta e de que não houve alteração na dose recomendada nem nas contraindicações para o seu uso. Essa recomendação é particularmente importante em relação a medicamentos novos ou raramente usados.

Reservados todos os direitos de publicação, em língua portuguesa, à
ARTMED EDITORA LTDA., uma empresa do GRUPO A EDUCAÇÃO S.A.
Av. Jerônimo de Ornelas, 670 – Santana
90040-340 – Porto Alegre – RS
Fone: (51) 3027-7000   Fax: (51) 3027-7070

Unidade São Paulo
Av. Embaixador Macedo Soares, 10.735 – Pavilhão 5 – Cond. Espace Center
Vila Anastácio – 05095-035 – São Paulo – SP
Fone: (11) 3665-1100   Fax: (11) 3667-1333

SAC 0800 703-3444 – www.grupoa.com.br

IMPRESSO NO BRASIL
PRINTED IN BRAZIL

Para nossos netos: Maya, Leo, Cora e Elisabeth.

Agradecimentos

Este livro-texto é o resultado do esforço e dedicação de diversos profissionais, muitos dos quais merecem menção especial:

Laura Ierardi habilmente combinou textos, figuras e tabelas, projetando cada uma das páginas deste livro.

Suzanne Ingrao, nossa coordenadora de produção, conduziu habilmente a produção do livro. Madelin Lesure desenvolveu o projeto gráfico do livro e da capa. Joan Kalkut, nosso editor, organizou e dirigiu com destreza todo o projeto. Hilary Newman e Elyse Rieder adquiriram muitas das fotografias do livro e mantiveram registro de todas elas. Connie Parks, nosso preparador de originais, deu a polida final no manuscrito e eliminou um grande número de erros gramaticais e de digitação. Agradecimentos especiais a Alyson Rentrop, nosso editor associado, que coordenou e dirigiu um pacote excepcional de suplementos e a Tom Kulesa, editor de mídia sênior, e Marc Wezdecki, editor de mídia, que melhoraram substancialmente e desenvolveram os recursos de mídia. Muito da arte desta 4ª edição de *Bioquímica* é o legado criativo dos desenhos feitos para as suas 1ª e 2ª edições por John e Bette Woolsey e Patrick Lane, da *J/B Woolsey Associates*.

O falecido Irving Geiss nos agraciou com sua extraordinária arte molecular e seus sábios e desobrigados conselhos.

As coordenadas atômicas da maioria das proteínas e ácidos nucleicos que elaboramos para uso neste livro foram obtidas no Banco de Dados de Proteínas (PDB), que é administrado pela *Research Collaboratory for Structural Bioinformatics* (RCSB). Criamos esses desenhos utilizando os programas de gráficos moleculares PyMOL de Warren DeLano; RIBBONS, de Mike Carson; e GRASP, de Anthony Nicholls, Kim Sharp e Barry Honig.
Os diagramas gráficos interativos de computador apresentados no *website* que acompanha este livro-texto são imagens em Jmol ou Cineimagens. Jmol é um aplicativo da Web interativo, aberto e livre, para manipular moléculas em três dimensões. Ele tem como base o programa RasMol de Roger Sayle, generosamente disponibilizado ao público.

As cineimagens são apresentadas pelo programa KiNG, escrito e disponibilizado por David C. Richardson, que também escreveu e disponibilizou o programa PREKIN, que utilizamos para ajudar a gerar as cineimagens. KiNG (*Kinemage, Next Generation*) é um sistema interativo de vetores gráficos tridimensionais que roda nos sistemas operacionais Windows, Mac OS X e Linux/Unix.

Desejamos especialmente agradecer àqueles colegas que revisaram este livro, tanto nesta edição como em suas edições anteriores, e que nos ofereceram conselhos fundamentais:

Alan R. Price, *University of Michigan*
Albert Light, *Purdue University*
Allen Scism, *Central Missouri State University*
Angela Hoffman, *University of Portland*
Barrie Kitto, *University of Texas at Austin*
Beulah M. Woodfin, *The University of New Mexico*
Carol Caparelli, *Fox Chase Cancer Center*
Charles L. Borders, Jr., *The College of Wooster*
Charles Shopsis, *Adelphi University*
Christopher R. Meyer, *California State University at Fullerton*
Daniel J. Kosman, *State University of New York at Buffalo*
David Eisenberg, *University of California at Los Angeles*
David Fahrney, *Colorado State University*
Dennis Lohr, *Arizona State University*
Don Dennis, *University of Delaware*
E. J. Berhman, *Ohio State University*
Edward Harris, *Texas A&M University*
Eileen Jaffe, *Fox Chase Cancer Center*
Eugene Davidson, *Georgetown University*
Francis Vella, *University of Saskatchewan*
Frank M. Raushel, *Texas A&M University*
Frederick Rudolph, *Rice University*
Gary L. Powell, *Clemson University*
Glenn Cunningham, *University of Central Florida*
Guido Guidotti, *Harvard University*
Harold G. Martinson, *University of California at Los Angeles*
Harold White, *University of Delaware*
Harry F. Noller, *University of California at Santa Cruz*
Ivan Rayment, *University of Wisconsin*
James H. Hageman, *New Mexico State University*
James H. Hammons, *Swarthmore College*
James Zimmerman, *Clemson University*
Jan G. Jaworski, *Miami University*
Jason D. Kahn, *University of Maryland*
Jeffery T. Wong, *University of Toronto*
Jeffrey Evans, *University of Southern Mississippi*
JoAnne Stubbe, *Massachusetts Institute of Technology*
Jochanan Stenish, *Western Michigan University*
John Ohlsson, *University of Colorado*
John Tooze, *European Molecular Biology Organization*
Joseph Babitch, *Texas Christian University*
Karl D. Bishop, *Bucknell University*
Kelsey R. Downum, *Florida International University*
Ken Willeford, *Mississippi State University*
Kenneth Brown, *University of Texas at Arlington*
Larry G. Butler, *Purdue University*
Larry Louters, *Calvin College*
Lauren Williams, *Georgia Institute of Technology*
Lowell Hager, *University of Illinois at Urbana–Champaign*
Marvin A. Smith, *Brigham Young University*
Mary Ellen Jones, *University of North Carolina*
Mary Lynn Trawick, *Baylor University*
Michael Mendenhall, *University of Kentucky*
Norbert C. Furumo, *Eastern Illinois University*
Paul F. Cook, *University of Oklahoma*
Paul Fitzpatrick, *Texas A&M University*
Paul Price, *University of California at San Diego*

Paul R. Schimmel, *The Scripps Research Institute*
Phyllis Strauss, *Northeastern University*
Raghupathy Sarma, *State University of New York at Stony Brook*
Ralph A. Jacobson, *California Polytechnic State University*
Robert Blankenshop, *Arizona State University*
Robert D. Kuchta, *University of Colorado, Boulder*
Robert D. Lynch, *University of Lowell*
Robert Fletterick, *University of California at San Francisco*
Ronald Montelaro, *Louisiana State University*
Sabeeha Merchant, *University of California at Los Angeles*
Scott Gilbert, *Swarthmore College*
Scott Moore, *Boston University*
Thomas I. Pynadath, *Kent State University*
Thomas Laue, *University of New Hampshire*
Thomas Schleich, *University of California at Santa Cruz*
Thomas Sneider, *Colorado State University*
Tokuji Kimura, *Wayne State University*
W. Scott Champney, *East Tennessee State University*
Walter A. Deutsch, *Louisiana State University*
William A. Eaton, *National Institutes of Health*
William P. Jencks, *Brandeis University*
William Sweeney, *Hunter College*
William Widger, *University of Houston*

Donald Voet
Judith G. Voet

Prefácio

A bioquímica é um campo extremamente fascinante e de grande utilidade, que tem origem, sem dúvida, a partir do interesse em nós mesmos. O bem-estar humano, em especial seus aspectos médicos e nutricionais, foi imensamente beneficiado pelo rápido crescimento de nosso conhecimento sobre bioquímica. De fato, é rara a passagem de um dia sequer sem que haja o relato de uma descoberta bioquímica que beneficie uma parcela significativa da população. Novos avanços nesse campo em rápida expansão levarão, sem dúvida, a ganhos ainda mais espetaculares em nossa capacidade de compreender a natureza e de controlar nossos destinos. É essencial, portanto, que indivíduos que iniciam uma carreira em ciências biomédicas sejam bem versados em bioquímica.

Este livro foi elaborado a partir de nossa experiência de ensino com estudantes de graduação e pós-graduação na University of Pennsylvania e no Swarthmore College, e seu objetivo é fornecer a esses estudantes um embasamento completo em bioquímica. Acreditamos que os estudantes que utilizarão este livro têm conhecimento suficiente em química geral e em química orgânica, de modo que se encontram familiarizados com os princípios básicos e a nomenclatura. Também acreditamos que os estudantes já estudaram biologia geral, na qual conceitos bioquímicos elementares foram discutidos. Aconselha-se, em função dessas necessidades, que estudantes não possuidores de tais pré-requisitos consultem livros introdutórios adequados daqueles assuntos.

NOVIDADES DESTA EDIÇÃO

Desde que a 3ª edição de *Bioquímica* foi publicada em 2004, essa área de conhecimento tem crescido muito, com uma taxa de aceleração cada vez mais rápida. Essa impressionante expansão de nosso conhecimento, o trabalho de milhares de cientistas talentosos e dedicados, vem se caracterizando pelo surgimento de muitos novos paradigmas, bem como por um enorme enriquecimento de praticamente todos os aspectos dessa área de estudo. Por exemplo, o número de estruturas de proteínas e ácidos nucleicos conhecidas determinadas por técnicas de raios X ou por RM aumentou mais de três vezes. Além disso, a qualidade e a complexidade dessas estruturas, que incluem numerosas proteínas de membrana, foram significativamente melhoradas, permitindo, assim, enormes avanços na compreensão da bioquímica estrutural. A bioinformática passou a dominar a maneira pela qual muitos aspectos da bioquímica são concebidos e praticados. Desde que a 3ª edição deste livro foi publicada, o número de sequências genômicas conhecidas aumentou mais de 10 vezes, e o objetivo da medicina personalizada para determinar a sequência genômica de cada indivíduo parece estar perto. De maneira similar, aumentou de modo significativo o conhecimento em subáreas como a biologia molecular de eucariotos e procariotos, o controle metabólico, o enovelamento de proteínas, o transporte de elétrons, o transporte pelas membranas, a imunologia, a transdução de sinais, etc. Metodologias novas e aperfeiçoadas, como microarranjos de DNA, sequenciamento rápido de DNA, RNAi, microscopia crioeletrônica, espectroscopia de massas, técnicas de molécula única e dispositivos robóticos, são hoje rotineiramente usados em laboratórios para responder questões que pareciam totalmente fora de alcance uma década atrás. De fato, esses avanços afetaram o nosso dia a dia, pois mudaram a maneira como a medicina é praticada, o modo como cuidamos da nossa própria saúde e a maneira como os alimentos são produzidos.

CAPA

A capa contém duas pinturas de citocromo *c* de coração equino. A pintura superior, que foi desenhada por Irving Geis em colaboração com Richard Dickerson, representa a influência das cadeias laterais dos aminoácidos sobre o padrão de enovelamento tridimensional da proteína. A pintura inferior, também feita por Geis, é o citocromo *c* iluminado por seu único átomo de ferro em que suas cadeias laterais hidrofóbicas estão desenhadas em verde. Essas pinturas foram feitas nos anos 1970, quando apenas algumas estruturas de proteínas eram conhecidas (hoje, em torno de 70.000 o são); além disso, hoje os computadores pessoais que usamos para visualizá-las são muito mais avançados. Ele nos lembra que a bioquímica é um processo movido pela criatividade da mente humana. Nossas ferramentas de visualização evoluíram da caneta, tinta e lápis coloridos para computadores e programas sofisticados. Sem criatividade, contudo, essas ferramentas são de pouca utilidade.

TEMAS

Na elaboração deste livro, levamos em consideração diferentes aspectos. Primeiro, que a bioquímica é um conjunto de conhecimentos compilados pelos pesquisadores por meio da experimentação. Portanto, ao apresentarmos o que é conhecido, reforçamos o modo pelo qual esse conhecimento foi adquirido. Acreditamos que o esforço adicional que o estudante deve fazer para acompanhar essa postura é bem-recompensado, pois leva à visão crítica necessária ao sucesso em todo esforço científico. Embora a ciência seja em geral representada como um assunto impessoal, ela é, de fato, uma disciplina moldada por esforços frequentemente individuais de cientistas. Por isso, identificamos alguns dos principais nomes que contribuíram para a bioquímica (a maioria dos profissionais que ainda estão ativos) e, em muitos casos, consideramos as abordagens experimentais que eles utilizaram para solucionar determinados problemas bioquímicos. Os estudantes deverão perceber, contudo, que a maior parte do trabalho descrito não poderia ter sido executada sem o esforço dedicado e frequentemente indispensável de numerosos colaboradores.

A unidade da vida e a sua variação durante a evolução constituem o segundo tema dominante ao longo de todo o livro. É certo afirmar que, entre as características mais marcantes da vida na Terra, estão as suas enormes variedade e adaptabilidade. Apesar disso, a pesquisa bioquímica vem demonstrando que todos os seres vivos estão estreitamente relacionados em nível molecular. Por consequência, as diferenças moleculares entre as várias espécies forneceram indicações intrigantes de como os organismos evoluíram uns a partir de outros e auxiliaram no delineamento de porções funcionalmente significativas de suas maquinarias moleculares.

O terceiro tema principal diz respeito à organização dos processos biológicos em redes de controle elaboradas e interdependentes. Esses sistemas permitem que os organismos mantenham ambientes internos relativamente constantes, que respondam rapidamente a estímulos externos e que cresçam e se diferenciem.

Um quarto tema diz respeito à relação bioquímica e medicina. Para isso, frequentemente ilustramos princípios bioquímicos com exemplos normais e anormais da fisiologia humana e discutimos os mecanismos de ação de vários fármacos.

ORGANIZAÇÃO E COBERTURA

Com a explosão da informação em bioquímica, os professores passaram a explorar métodos de ensino mais eficazes, como o aprendizado com base na solução de problemas, na descoberta e na cooperação. Essas novas técnicas de ensino e aprendizagem envolvem maior interação entre estudantes e professores e, o que é mais importante, exigem mais tempo em sala de aula. Portanto, na elaboração da 4ª edição deste livro, tivemos de lidar com uma dupla pressão: a de aumento do conteúdo e a da inovação pedagógica. Para tanto, buscamos apresentar a bioquímica da maneira mais acurada e abrangente possível, para ser transmitida tanto para estudantes como para professores, à medida que eles são o foco de várias estratégias de aprendizado inovadoras. Tratamos do assunto, contudo, com a preocupação de que esses novos métodos tendem a diminuir significativamente o conteúdo do curso. Por isso, elaboramos um livro que permite aos professores direcionarem seus estudantes para áreas de conteúdo que podem ser exploradas fora da sala de aula e que também fornece material para discussão em aula.

Relatamos muitos dos avanços que ocorreram nos últimos sete anos nesta 4ª edição de *Bioquímica* e, portanto, enriquecemos substancialmente quase todas as suas seções. Apesar disso, a organização básica da 4ª edição permanece a mesma da 3ª edição.

O livro está organizado em cinco partes:

I. Introdução e conhecimentos básicos: abrange um capítulo introdutório seguido por capítulos que revisam as propriedades das soluções aquosas e os elementos de termodinâmica.

II. Biomoléculas: descreve as estruturas e funções das proteínas, dos ácidos nucleicos, dos carboidratos e dos lipídeos.

III. Mecanismos de ação de enzimas: introduz as propriedades, cinéticas de reação e mecanismos catalíticos das enzimas.

IV. Metabolismo: discute como os seres vivos sintetizam e degradam carboidratos, lipídeos, aminoácidos e nucleotídeos, com ênfase na geração e no consumo de energia.

V. Expressão e transmissão da informação genética: amplia a discussão sobre estrutura de ácidos nucleicos apresentada na Parte II, seguida pela exposição da biologia molecular tanto de procariotos como de eucariotos.

Essa organização nos permite abranjer as principais áreas da bioquímica de maneira lógica e coerente. Contudo, a bioquímica moderna é assunto de tal abrangência que, para mantermos a profundidade de cobertura relativamente uniforme ao longo de todo o livro, incluímos mais conteúdo do que a maioria dos cursos de bioquímica é capaz de abordar em detalhes em um ano. Acreditamos que essa profundidade de abordagem é um dos pontos fortes deste livro; ele permite que o professor ministre o curso conforme seu projeto próprio e ainda representa para o estudante uma fonte de consulta sobre assuntos bioquímicos não abordados em um curso padrão.

A ordem na qual o assunto é apresentado é mais ou menos similar àquela da maioria dos cursos de bioquímica. Porém, há aspectos da organização deste livro que merecem um comentário especial:

1. O Capítulo 5 introduz a biologia molecular mais cedo na narrativa, em resposta ao papel central que a tecnologia de DNA recombinante passou a desempenhar na bioquímica moderna. O mesmo aconteceu com o próspero campo da bioinformática, discutido em uma seção separada no Capítulo 7.
2. Dividimos nossa apresentação da termodinâmica em dois capítulos. Os princípios termodinâmicos básicos – entalpia, entropia, energia livre e equilíbrio – são discutidos no Capítulo 3, pois são pré-requisitos para a compreensão da bioquímica estrutural e da mecânica e da cinética enzimáticas. Aspectos metabólicos da termodinâmica – a termodinâmica dos compostos de fosfato e as reações de oxidação-redução – são apresentados no Capítulo 16, visto que o conhecimento desses assuntos não é necessário antes dos capítulos que se seguem.
3. Técnicas de purificação de proteínas são descritas em um capítulo separado (Capítulo 6), que precede as discussões sobre a estrutura e a função de proteínas. Escolhemos essa ordem para que os estudantes não tenham a sensação de que as proteínas são, de algum modo, "tiradas da cartola". Mas o Capítulo 6 foi elaborado como um capítulo de referência, a ser consultado sempre que houver necessidade. As técnicas de purificação de ácidos nucleicos são também discutidas naquele capítulo, pelas razões antes descritas.
4. O Capítulo 10 descreve em detalhes as propriedades da hemoglobina, para ilustrar concretamente as discussões precedentes sobre estrutura e função de proteínas. Ele apresenta a teoria alostérica, para explicar a natureza cooperativa da interação do oxigênio com a hemoglobina. A subsequente extensão da teoria alostérica para a enzimologia, no Capítulo 13, é o assunto seguinte.
5. Conceitos de controle metabólico são apresentados nos capítulos sobre glicólise (Capítulo 17) e metabolismo do glicogênio (Capítulo 18), abordando geração de fluxo, regulação alostérica, ciclos de substrato, modificação enzimática covalente e cascatas cíclicas, bem como analisa-se o controle metabólico. Acreditamos que esses conceitos são melhor

compreendidos quando estudados no contexto metabólico do que quando considerados como tópicos independentes.

6. O rápido crescimento de nosso conhecimento sobre a transdução biológica de sinais tornou necessário que esse importante assunto tivesse um capítulo próprio, agora o Capítulo 19.

7. Não há um capítulo separado para coenzimas. Acreditamos que essas substâncias são mais logicamente estudadas no contexto das reações enzimáticas das quais elas participam.

8. A glicólise (Capítulo 17), o metabolismo do glicogênio (Capítulo 18), o ciclo do ácido cítrico (Capítulo 21) e o transporte de elétrons e a fosforilação oxidativa (Capítulo 22) são detalhados como modelos de rotas metabólicas gerais, dando ênfase aos muitos mecanismos catalíticos e de controle das enzimas envolvidas. Os princípios ilustrados nesses capítulos são revistos, mas com menos detalhes, nos outros capítulos da Parte IV.

9. O transporte pelas membranas (Capítulo 20) é visto antes das rotas metabólicas baseadas em mitocôndrias, como o ciclo do ácido cítrico, o transporte de elétrons e a fosforilação oxidativa. Dessa maneira, a ideia de compartimentalização dos processos biológicos pode ser facilmente assimilada. O Capítulo 20 discute também neurotransmissão, na medida em que está intimamente envolvida com o transporte pelas membranas.

10. As discussões sobre a síntese e a degradação de lipídeos foram colocadas em um único capítulo (Capítulo 25), assim como as discussões análogas sobre aminoácidos (Capítulo 26) e nucleotídeos (Capítulo 28).

11. O metabolismo energético é resumido e integrado em termos de especialização de órgãos no Capítulo 27, seguindo as descrições dos metabolismos de carboidratos, lipídeos e aminoácidos.

12. Os princípios da biologia molecular de procariotos e eucariotos são expandidos, a partir da sua introdução no Capítulo 5, em capítulos sequenciais sobre replicação, reparação e recombinação de DNA (Capítulo 30), transcrição (Capítulo 31) e tradução (Capítulo 32). A seguir, os vírus (Capítulo 33) são explorados como paradigmas de funções celulares mais complexas, seguindo-se as discussões sobre expressão gênica em eucariotos (Capítulo 34).

13. Os Capítulos 33, 34 e 35 estão disponíveis em português somente em www.grupoa.com.br, tendo recebido o mesmo cuidado editorial dos demais capítulos.

O velho adágio de que se aprende melhor um assunto ao ensiná-lo, simplesmente indica que o aprendizado é um processo mais ativo do que passivo. Os problemas que apresentamos no final de cada capítulo foram por isso elaborados, para permitirem que os estudantes reflitam, em vez de meramente repetirem informações pobremente assimiladas e logo esquecidas. Poucos dos problemas são triviais, e alguns deles (sobretudo aqueles marcados com um asterisco) são bastante difíceis. Acreditamos que resolução correta desses problemas seja um dos aspectos mais compensatórios do processo de aprendizagem. Somente ao raciocinarem por conta própria, de forma longa e intensa, os estudantes poderão formar um corpo de conhecimento verdadeiramente próprio.

Incluímos listas de referências no final de cada capítulo para fornecer aos estudantes pontos de partida para explorações bioquímicas independentes. A vasta literatura de pesquisa bioquímica nos impede de citar mais do que alguns poucos relatos de pesquisa mais fundamentais. Listamos então, preferencialmente, o que acreditamos serem as revisões e monografias mais úteis sobre os vários assuntos abordados em cada capítulo.

Finalmente, embora tenhamos feito todo esforço possível para que este livro ficasse livre de erros, não temos qualquer ilusão de que tenhamos alcançado esse objetivo em sua totalidade. Assim, somos particularmente gratos aos muitos leitores das edições anteriores, estudantes ou professores, que nos escreveram para trazer sugestões de como melhorar o livro e para indicar erros que encontraram. Esperamos sinceramente que os leitores desta 4ª edição mantenham essa prática.

Donald Voet
Judith G. Voet

Materiais Complementares

PARA PROFESSORES

• ***Apresentações em PowerPoint*** de todas as figuras e tabelas do texto estão otimizadas com linhas líder em negrito e etiquetas grandes para projeção em sala de aula. As figuras e as tabelas também estão disponíveis para importação como arquivos em .jpeg da *Galeria de imagens Wiley*. (Disponíveis em inglês em www.grupoa.com.br*.)

• ***Banco de teste*** feito por Marilee Benore, University of Michigan-Dearborn, Dearborn, Michigan e Robert Kane, Baylor University,Waco,Texas, possui mais de 1.000 questões contendo uma variedade de tipos (múltipla escolha, correspondência, preencher o espaço em branco, e resposta curta). Cada pergunta é avaliada por grau de dificuldade. (Disponível em inglês em www.grupoa.com.br*.)

• **Resposta das questões de sala de aula** por Rachel Milner e Adrienne Wright, University of Alberta, Edmonton, Alberta, Canadá, são questões interativas para serem respondidas em sala de aula, a fim de facilitar a participação e a discussão dos alunos. Essas perguntas também podem ser utilizadas por professores como questões de pré-teste para ajudar a medir o conhecimento dos estudantes de conceitos gerais, abordando simultaneamente equívocos comuns. (Disponível em inglês em www.wiley.com/college/voet.)

PARA ESTUDANTES

Em www.wiley.com/college/voet há recursos *on-line* (em inglês) para estudantes e professores. Esses recursos são projetados para aumentar a compreensão por parte do aluno sobre a bioquímica. Ao longo dos capítulos desta obra, eles estão indicados com o ícone de um *mouse* vermelho ( ).

***Exercícios de bioinformática*:** Um conjunto de exercícios abarca os conteúdos e os usos de bases de dados de ácidos nucleicos, sequências e estruturas proteicas, inibidores enzimáticos e outros tópicos. Esses exercícios, escrito por Paul Craig, do Instituto de Tecnologia de Rochester, Rochester, Nova York, utilizam conjuntos de dados reais, exemplificam questões específicas e induzem os estudantes a obterem informações a partir de bases de dados *on-line*, bem como acessarem as ferramentas de *software* para analisar tais dados. (Disponível em inglês em www.grupoa.com.br.)

***Explorações guiadas*:** 30 apresentações, muitas delas com narração, utilizam o recurso de animação de computação gráfica para aumentar a compreensão do estudante para certos tópicos-chaves. (Disponível em inglês em http://bcs.wiley.com/he-bcs/Books?action=mininav&bcsId=6123&itemId=0470570954&assetId=238587&resourceId=23387&newwindow=true.)

***Exercícios interativos*:** 58 estruturas moleculares do livro foram apresentadas em Jmol por Stephen Rouse. Jmol é uma interface independente de navegador para a manipulação de estruturas em três dimensões, e as estruturas estão emparelhadas com perguntas destinadas a facilitar a compreensão de conceitos. Um tutorial para o uso do Jmol também está disponível. (Disponível em inglês em http://bcs.wiley.com/he-bcs/Books?action=mininav&bcsId=6123&itemId=0470570954&assetId=240959&resourceId=23667&newwindow=true.)

***Cineimagens*:** 22 exercícios compreendendo 55 imagens tridimensionais de proteínas e ácidos nucleicos selecionados que podem ser manipulados pelos usuários da maneira sugerida no texto. (Disponível em inglês em http://bcs.wiley.com/he-bcs/Books?action=mininav&bcsId=6123&itemId=0470570954&assetId=238441&resourceId=23369&newwindow=true.)

***Figuras animadas*:** 67 figuras do texto, ilustrando vários conceitos, técnicas e processos, estão apresentadas como animações resumidas para facilitar o aprendizado. (Disponível em inglês em http://bcs.wiley.com/he-bcs/Books?action=mininav&bcsId=6123&itemId=0470570954&assetId=238588&resourceId=23388&newwindow=true.)

***Estudos de caso*:** 30 estudos de casos relatado por Kathleen Cornely, Providence College, Providence, Rhode Island, utilizam a aprendizagem baseada em problemas para promover a compreensão de conceitos bioquímicos. Cada caso apresenta dados da literatura e faz perguntas que exigem dos alunos a aplicação de princípios sobre novas situações, frequentemente envolvendo tópicos de vários capítulos do livro. (Disponível em inglês em www.grupoa.com.br.)

* Recursos restritos. O professor deverá preencher um cadastro e comprovar a docência para poder acessá-los na área do professor.

LISTA DOS RECURSOS IDENTIFICADOS COM AO LONGO DO LIVRO

Em **www.wiley.com/college/voet** são encontrados os seguintes recursos, identificados no texto com o ícone de um *mouse* vermelho ou nota de margem.

Capítulo	Tipo de mídia	Título	Referência no texto	Página
2 Ácidos, Bases e Tampões,	Figura Animada	Curvas de titulação ácido-base de soluções de 1L de ácido acético, $H_2PO_4^-$ e NH_4^+ 1M, por uma base forte	*Figura 2.11*	**47**
	Figura Animada	Curva de titulação de uma solução de 1L de H_3PO_4 1M	*Figura 2.13*	**49**
4 Aminoácidos	Figura Animada	Curva de titulação da glicina	*Figura 4.6*	**72**
5 Ácidos Nucleicos, Expressão gênica e tecnologia do DNA recombinante	Exercício de Cineimagem	2.1. B-DNA	*Figura 5.11*	**89**
	Exercício Interativo	1. B-DNA	*Figura 5.11*	**89**
	Exercício de Cineimagem	2.2,17.2.O par de bases de Watson-Crick	*Figura 5.12*	**89**
	Figura Animada	Demonstração da natureza semiconservativa da replicação do DNA em *E. coli* por ultracentrifugação de gradiente de densidade	*Figura 5.13*	**91**
	Figura Animada	Espectro de absorbância UV das bases de ácido nucleico e de DNA	*Figura 5.15*	**92**
	Figura Animada	Exemplo de uma curva de fusão do DNA	*Figura 5.16*	**93**
	Exploração Guiada	1: Visão geral da transcrição e da tradução	*Seção 5.4*	**95**
	Exploração Guiada	2: Regulação da expressão gênica pelo sistema repressor *lac*	*Figura 5.25*	**97**
	Figura Animada	Construção de uma molécula de DNA recombinante	*Figura 5.44*	**109**
	Figura Animada	Clonagem de DNA externo em fagos λ	*Figura 5.47*	**111**
	Exploração Guiada	3: PCR e mutagênese sítio-dirigido	*Seção 5.5F*	**114**
	Figura Animada	Mutagênese sítio-dirigida	*Figura 5.55*	**119**
6 Técnicas de Purificação de Proteínas e ácidos Nucleicos	Figura Animada	Um ensaio Elisa (*enzyme-linked immunosorbent assay*)	*Figura 6.1*	**132**
	Figura Animada	Cromatografia de troca iônica usando eluição passo a passo	*Figura 6.6*	**136**
	Figura Animada	Cromatografia de gel filtração	*Figura 6.9*	**139**
7 Estruturas Covalentes de Proteínas e Ácidos Nucleicos	Exploração Guiada	4: Determinação da sequência proteica	*Seção 7.1*	**164**
	Figura Animada	Degradação de Edman	*Figura 7.4*	**167**
	Figura Animada	A sequencia de aminoácidos de uma cadeia polipeptídica determinada por comparação de sequências de dois grupos de fragmentos peptídicos mutuamente sobrepostos	*Figura 7.6*	**171**
	Exploração Guiada	5: Determinação da sequência de DNA pelo método de terminação de cadeia	*Seção 7.2A*	**176**
	Exploração Guiada	6: Bioinformática	*Seção 7.4*	**194**
8 Estruturas Tridimensionais de Proteínas	Exercício de Cineimagem	3.1. O grupo peptídico	*Figuras 8.1, 8.2, 8.4*	**221, 222, 223**
	Exploração Guiada	7: Hélices estáveis em proteínas: a α-hélice	*Seção 8.1B*	**225**
	Exercício de Cineimagem	3.2. A α-hélice	*Figuras 8.11, 8.12*	**226, 227**

Capítulo	Tipo de mídia	Título	Referência no texto	Página
	Figura Animada	A α-hélice voltada para direita	*Figura 8.11*	**226**
	Exploração Guiada	8: Ligação de hidrogênio em folhas β	*Seção 8.1C*	**229**
	Exploração Guiada	9: Estruturas secundárias em proteínas	*Seção 8.1C*	**229**
	Exercício de Cineimagem	3.3. Folhas β plissadas	*Figuras 8.16, 8.17, 8.18*	**229, 230, 231**
	Figura Animada	Folhas β plissadas	*Figura 8.16*	**229**
	Exercício Interativo	2. Triose-fosfato isomerase	*Figura 8.19*	**231**
	Exercício de Cineimagem	3.4. Curvas beta (volta reversa)	*Figura 8.22*	**233**
	Exercício de Cineimagem	4.1, 4.2. Super-hélices	*Figura 8.26*	**235**
	Exercício de Cineimagem	4.3, 4.4. Colágeno	*Figuras 8.29, 8.30*	**237**
	Exercício de Cineimagem	6.1. Desoximioglobina	*Figura 8.39*	**245**
	Exercício Interativo	3. Anidrase carbônica humana	*Figura 8.41* (também Figura 15.5)	**246 (também 512)**
	Exercício Interativo	4. Citocromo *c* cardiac equino	*Figura 8.42*	**247**
	Exercício de Cineimagem	5.1 Citocromos *c*	*Figura 8.42*	**247**
	Exercício de Cineimagem	3.2. A α-hélice	*Figura 8.43*	**248**
	Exercício de Cineimagem	3.3. Folhas β plissadas	*Figura 8.44*	**249**
	Exercício Interativo	5. Gliceraldeído-3-fosfato desidrogenase	*Figura 8.45*	**249**
	Figura Animada	Algumas simetrias possíveis de proteínas com protômeros idênticos	*Figura 8.65*	**268**
9 Dobramento e Dinâmica Proteico e Evolução Estrutural	Figura Animada	Reações catalisadas pela proteína dissulfeto isomerase (PDI)	*Figura 9.15*	**290**
	Exploração Guiada	10: Evolução proteica	*Seção 8.6A*	**316**
	Exploração Guiada	5.1. Citocromos *c*	*Figura 9.41*	**317**

Capítulo	Tipo de mídia	Título	Referência no texto	Página
10 Hemoglobina: Função Proteica no Microcosmo	Figura Animada	Curvas de dissociação de oxigênio de Mb e de Hb em sangue total	*Figura 10.3*	**326**
	Figura Animada	O efeito de BPG e CO_2, separado ou em combinação, sobre a curva de dissociação de O_2 da hemoglobina comparada com aquela do sangue total (curva vermelha)	*Figura 10.8*	**330**
	Exercício de Cineimagem	6.1. Desoximioglobina	*Figuras 10.11, 10.12*	**332, 333**
	Exercício de Cineimagem	6.2, 6.3. Hemoglobina e mioglobina	*Figura 10.13*	**334**
	Exercício de Cineimagem	6.4. Estrutura da hemoglobina	*Figuras 10.15, 10.16*	**336**
	Figura Animada	Mecanismo de disparo para transição de Hb T→R	*Figura 10.16*	**336**
	Exercício de Cineimagem	6.5. Mudanças conformacionais na interface α_1–β_2 da hemoglobina	*Figura 10.17*	**337**
	Exercício de Cineimagem	6.3. Ligação de BPG na desoxiHb	*Figura 10.21*	**341**
11 Açúcares e Polissacarídeos	Exercício de Cineimagem	7.1. D-Glicopiranose	*Figuras 11.5, 11.7*	**362, 363**
	Exercício de Cineimagem	7.2. Sacarose	*Figura 11.13*	**367**
	Exercício de Cineimagem	7.3. Ácido hialurônico	*Figura 11.21*	**371**
	Exercício de Cineimagem	7.4. Estrutura de um carboidrato complexo	*Figura 11.32*	**379**
12 Lipídeos e Membranas	Exploração Guiada	11: Estrutura da membrana e o modelo do mosaico fluido	*Figuras 12.15, 12.16, 12.20*	**396, 397, 400**
	Exercício de Cineimagem	8.1. Bacteriorrodopsina	*Figura 12.25*	**403**
	Exercício de Cineimagem	8.2. Centro de reação fotossintética	*Figura 12.26*	**404**
	Exercício de Cineimagem	8.3. Porina	*Figura 12.27*	**405**
	Figura Animada	A síntese ribosomal, inserção na membrana, e glicosilação inicial de uma proteína integral pela via secretória	*Figura 12.46*	**421**
	Figura Animada	Modelo para o transporte de triacilglicerol e colesterol plasmáticos em humanos	*Figura 12.86*	**452**

Capítulo	Tipo de mídia	Título	Referência do texto	Página
13 Introdução às enzimas	Figura Animada	A velocidade da reação catalizada pela ATCase em função da concentração de aspartato	*Figura 13.5*	**475**
	Exercício de Cineimagem	11.1. Estrutura da ATCase	*Figuras 13.7, 13.9*	**476, 478**
	Exercício de Cineimagem	11.2. Mudanças conformacionais na ATCase	*Figura 13.9*	**478**
14 Velocidade das Reações Enzimáticas	Exploração Guiada	12: Cinética de Michaelis-Menten, gráficos de Lineweaver-Burk e inibição enzimática	*Seção 14.2*	**487**
	Figura Animada	Curvas do progresso dos componetes de uma reação de Michaelis-Menten simples	*Figura 14.7*	**488**
	Figura Animada	Gráfico da velocidade inicial de uma reação de Michaelis-Menten simples *versus* a concentração do substrato [S]	*Figura 14.8*	**489**
	Figura Animada	Um gráfico duplo-recíproco (Lineweaver-Burk)	*Figura 14.9*	**490**
	Figura Animada	Gráfico de Lineweaver-Burk de uma enzima de Michaelis-Menten competitivamente inibida descrita pela Figura 14.11	*Figura 14.12*	**494**
	Figura Animada	Gráfico de Lineweaver-Burk de uma enzima de Michaelis-Menten simples na presença de um inibidor não competitivo	*Figura 14.13*	**495**
	Figura Animada	Gráfico de Lineweaver-Burk de uma enzima de Michaelis-Menten simples na presença de um inibidor misto	*Figura 14.14*	**496**
15 Catálise Enzimática	Exercício Interativo	3. Anidrase carbônica humana	*Figura 15.5*	**512**
	Figura Animada	Diagrama de reação coordenada para uma reação hipotética catalisada enzimaticamente envolvendo um único substrato (azul) e a reação não catalisada correspondente (vermelho)	*Figura 15.7*	**516**
	Exercício Interativo	6. Lisozima HEW complexada com $(NAG)_6$	*Figura 15.10*	**518**
	Exercício de Cineimagem	9. Lisozima	*Figuras 15.10, 15.12, 15.14,*	**518, 519, 521**
	Figura Animada	Conformações em cadeira e em barco	*Figura 15.11*	**519**
	Exercício de Cineimagem	10.1. Visão geral da estrutura de um complexo tripsina/inibidor	*Figura 15.19*	**528**
	Exploração Guiada	12: O mecanismo catalítico das serino-proteases	*Seção 15.3C*	**531**
	Exercício de Cineimagem	10.2. Comparação evolucionária de tripsina, quimotripsina e subtilisina	*Figura 15.22*	**531**

Capítulo	Tipo de mídia	Título	Referência no texto	Página
19 Transdução de sinal	Exercício Interativo	11. Hormônio de crescimento humano (hGH) complexado com duas moléculas do domínio extracelular de seu receptor (hGHbp)	*Figura 19.10*	**684**
	Exploração Guiada	16: Mecanismos de sinalização hormonal envolvendo o sistema da adenilato-ciclase	*Seção 19.2A*	**688**
	Exercício Interativo	12. Proteína G heterotrimérica	*Figura 19.19*	**694**
	Exploração Guiada	17. Mecanismos de sinalização hormonal envolvendo o sistema do receptor tirosina-cinase	*Seção 19.3*	**699**
	Exercício Interativo	13. O receptor de insulina	*Figura 19.28*	**702**
	Figura Animada	A cascata ativada por Ras da MAP-cinase	*Figura 19.40*	**712**
	Figura Animada	Papel de PIP_2 na sinalização intracelular	*Figura 19.54*	**726**
20 Transporte através de Membranas	Figura Animada	Modelo de conformação alternada para o transporte de glicose	*Figura 20.10*	**751**
	Figura Animada	Regulação da captação de glucose em músculo e em células de gordura	*Figura 20.11*	**751**
	Exercício Interativo	14. O canal de K^+ KcsA	*Figura 20.13*	**754**
21 Ciclo do Ácido Cítrico	Exploração Guiada	18: Visão geral do ciclo do ácido cítrico	*Seção 21.1*	**789**
	Figura Animada	Regulação do ciclo do ácido cítrico	*Figura 21.1*	**790**
	Exercício Interativo	15. Mudanças conformacionais na citrato-sintase	*Figura 21.18*	**806**
	Figura Animada	Regulação do ciclo do ácido cítrico	*Figura 21.25*	**816**
	Figura Animada	Funções anfibólicas do ciclo do ácido cítrico	*Figura 21.26*	**818**
22 Transporte de elétrons e Fosforilação oxidativa	Exploração Guiada	19. Visão geral do transporte de elétrons e fosforilação oxidativa	*Seção 22.2B*	**829**
	Figura Animada	A cadeia transportadora de elétrons mitocondrial	*Figura 22.14*	**834**
	Exercício Interativo	16. Ferrodoxina	*Figura 22.16*	**835**
	Exercício Interativo	17. Complexo III	*Figura 22.23*	**840**
	Exercício Interativo	18. Citocromo *c* oxidase de coração bovino	*Figura 22.24*	**842**
	Figura Animada	Acoplamento da cadeia transportadora de elétrons (*seta verde*) e a síntese de ATP	*Figura 22.29*	**846**
	Exploração Guiada	20: O ciclo Q	*Seção 22.3Be*	**847**
	Exploração Guiada	21: F_1F_0–ATP sintase e o mecanismo de mudança da ligação	*Seção 22.3C*	**852**

Capítulo	Tipo de mídia	Título	Referência no texto	Página
31 Transcrição	Exploração Guiada	2: Regulação da expressão gênica pelo sistema repressor *lac*	*Seção 31.1B*	1264
	Exercício Interativo	37. Complexo de elongação RNAP II	*Figura 31.22*	1279
	Exercício Interativo	38. O complexo CAP-AMPc-dsDNA	*Figura 31.31*	1287
	Exploração Guiada	30: Interações entre fator de transcrição-DNA	*Seção 31.3Da*	1288
	Exercício Interativo	39. O domínio N-terminal do fago repressor 434 complexado a um dsDNA de 20 pb contendo sua sequência-alvo	*Figura 31.32*	1289
	Exercício de Cineimagem	18.1. Interações repressor-DNA	*Figura 31.32*	1289
	Exercício Interativo	40.O complexo trp repressor-operador de triptofano de *E. coli*	*Figura 31.34*	1290
	Exercício Interativo	41. O complexo repressor *met*-operador SAM de *E. coli*	*Figura 31.35*	1291
	Exercício Interativo	42. O íntron grupo I de *Tetrahymena thermophila*	*Figura 31.55*	1309
	Exercício Interativo	43. A ribozima cabeça de martelo de *Schistosoma mansoni*	*Figura 31.57*	1311
32 Tradução	Exploração Guiada	26: A estrutura do tRNA	*Seção 32.2A, B*	1345, 1346
	Exercício de Cineimagem	19.1, 19.2. Estrutura de $tRNA^{Phe}$ de levedura	*Figura 32.11*	1348
	Exercício de Cineimagem	19.3. Interações de pareamento de bases terciárias em $tRNA^{Phe}$ em levedura	*Figura 32.12*	1349
	Exploração Guiada	27: As estruturas das aminoacil-tRNA-sintetases e suas interações com tRNAs	*Seção 32.2C*	1349
	Exercício de Cineimagem	20.1. Estrutura do GlnRS · $tRNA^{Gln}$ · ATP de *E. coli*	*Figura 32.17*	1353
	Exercício Interativo	44. Ribossomo de *T. thermophilus*	*Figura 32.34*	1369
	Exploração Guiada	28: Início da tradução	*Seção 32.3Cc*	1375
	Exploração Guiada	29: Elongação traducional	*Seção 32.3D*	1379
	Exercício Interativo	45. EF-Tu em seu complexo com GDP e GMPPNP	*Figura 32.48*	1381
	Exercício Interativo	46. Ubiquitina humana	*Figura 32.75*	1409

Capítulo	Tipo de mídia	Título	Referência no texto	Página
33 Vírus: Paradigmas de Funções Celulares	Exercício Interativo	47. O repressor λ	*Figura33.45*	**1463**
	Exercício Interativo	48. O dímero da proteína Cro em complexo com seu DNA-alvo	*Figura 33.46*	**1463**
34 Expressão gênica eucariótica	Exercício Interativo	49. Proteína ligadora de TATA (TBP)	*Figura 34.53*	
	Exercício Interativo	50. Três segmentos dedo de zinco de Zif268 complexada com seu DNA-alvo	*Figura 34.62*	
	Exercício Interativo	51. Domínio de ligação ao DNA do receptor de glicocorticoide (GR) complexado com seu DNA-alvo	*Figura 34.62*	
	Exercício Interativo	52. Domínio de ligação ao DNA de GAL4 de levedura complexado com seu DNA-alvo	*Figura 34.63*	
	Exercício de Cineimagem	21.1. Motivo zier de leucina GCN4	*Figura 34.64*	
	Exercício Interativo	53. A região do bZIP de GCN4 complexada com seu DNA-alvo	*Figura 34.65*	
	Exercício Interativo	54. Dímero Max (22.113) complexado com seu DNA-alvo	*Figura 34.66*	
	Exercício Interativo	55. Homeodomínio da proteína Engrailed complexada com seu DNA-alvo	*Figura 34.104*	
	Exercício Interativo	56. Cinase 2 dependente de ciclina (Cdk-2)	*Figura 34.109*	
	Exercício Interativo	57. Domínio de ligação ao DNA de p53 complexado com seu DNA-alvo	*Figura 34.113*	
35 Fisiologia Molecular	Exercício Interativo	58. Um anticorpo murino	*(Capítulo 35)*	

Sumário Resumido

Os capítulos 33, 34 e 35 e o índice referente a esses capítulos estão disponíveis, em português, em www.grupoa.com.br

A letra W que antecede o número da página representa a palavra *website*

Sumário Detalhado

Os capítulos 33, 34 e 35 e o índice referente a esses capítulos estão disponíveis, em português, em www.grupoa.com.br

A letra W que antecede o número da página representa a palavra *website*

Representação do DNA iluminada pelo eixo de sua hélice.

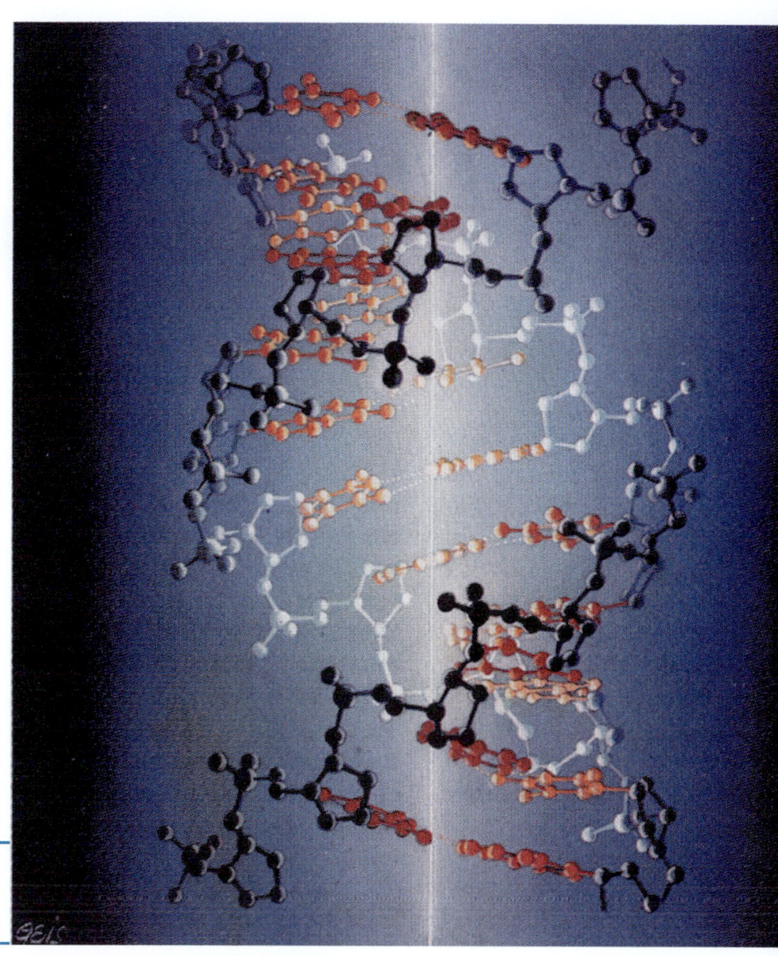

PARTE I

INTRODUÇÃO E CONHECIMENTOS BÁSICOS

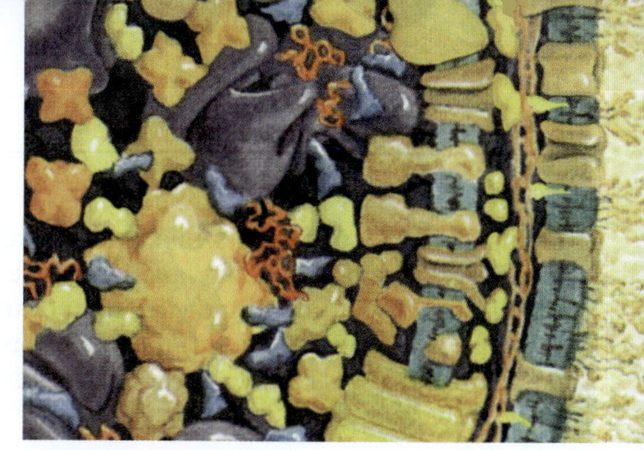

Vida

CAPÍTULO 1

Em geral, é fácil determinar se alguma coisa é viva ou não. Isso porque os seres vivos apresentam muitos atributos em comum, como a capacidade de extrair energia dos nutrientes para realizar suas várias funções, o poder de responder ativamente a mudanças no seu ambiente e a capacidade de crescer, diferenciar-se e – talvez o mais característico de todos – reproduzir-se. É claro que um dado organismo pode não ter todas essas características. As mulas, por exemplo, que obviamente são seres vivos, raramente se reproduzem. Já, a matéria inanimada pode apresentar algumas propriedades vitais. Por exemplo, os cristais podem aumentar de tamanho quando imersos em uma solução supersaturada do material que os compõe. Por isso, a vida, assim como muitos outros fenômenos complexos, talvez não possa ser definida de uma forma precisa. Contudo, Norman Horowitz propôs um conjunto de critérios úteis para os sistemas vivos: *a vida possui as propriedades de replicação, catálise e mutabilidade.* A maior parte deste texto se refere à maneira pela qual os organismos vivos demonstram essas propriedades.

A bioquímica é o estudo da vida no seu nível molecular. O significado desse estudo é bastante aprimorado se estiver relacionado com a biologia dos organismos correspondentes ou mesmo de comunidades de tais organismos. Por isso, este capítulo introdutório começa com uma sinopse do campo biológico. A sinopse é seguida por um resumo de bioquímica, uma revisão de genética, uma discussão da origem da vida e, finalmente, uma introdução à literatura bioquímica.

1 PROCARIOTOS

Há muito tempo se reconhece que a vida baseia-se em unidades morfológicas conhecidas como **células**. A formulação deste conceito é atribuída a um artigo de 1838 de autoria de Matthias Schleiden e Theodor Schwann, mas sua origem pode estar em observações feitas, no século XVII, pelos primeiros microscopistas, como Robert Hooke. As células são classificadas em dois grupos principais: os **eucariotos** (do grego: *eu,* bom ou verdadeiro + *karion,* grão ou noz), que possuem um **núcleo** envolto por uma membrana contendo o **DNA** (**ácido desoxirribonucleico**), e os **procariotos** (do grego: *pro,* antes), que não possuem núcleo. Os procariotos, que compreendem os vários tipos de bactérias, possuem estruturas relativamente simples e são invariavelmente unicelulares (embora possam formar filamentos ou colônias de células independentes). Estima-se que representem a metade da biomassa da Terra. Os eucariotos, que podem ser tanto unicelulares como multicelulares, são muito mais complexos do que os procariotos (os **vírus** são entidades que, embora muito mais simples do que as células, não são classificadas como organismos vivos, pois não possuem o aparato metabólico para se reproduzir fora de suas células hospedeiras. Os vírus são, essencialmente, grandes agregados moleculares). Esta seção apresenta os procariotos. Os eucariotos serão estudados na seção seguinte.

A. *Forma e função*

Os procariotos são os organismos mais numerosos e mais disseminados na Terra. A razão está no seu metabolismo variado e muitas vezes altamente adaptável, que os ajusta a uma enorme variedade de habitats. Além de habitar nosso meio ambiente moderado e aeróbio, certos tipos de bactérias proliferam, ou mesmo requerem, condições que são hostis para os eucariotos, como por exemplo meio químico incomum, altas temperaturas (até 130°C) e até mesmo falta de oxigênio. Além do mais, sua alta taxa reprodutiva (divisão celular a cada 20 minutos para muitas espécies) permite que tirem proveito das condições temporariamente favoráveis; já, a capacidade que muitas bactérias apresentam de formar **esporos** resistentes permite a sobrevivência em condições adversas.

a. Os procariotos têm uma anatomia relativamente simples

As células procarióticas, observadas pela primeira vez em 1683 pelo inventor do microscópio, Antonie van Leeuwenhoek, têm tamanhos que variam de 1 a 10 μm. Elas apresentam três formas básicas (Fig. 1.1): esferoidal (**cocos**), em forma de bastão (**bacilos**), ou helicoidal (**espirilos**), mas todas apresentam o mesmo esquema geral (Fig. 1.2). Como todas as células, elas são delimitadas por uma **membrana celular** de ~70 Å de espessura (**membrana plasmática**), que consiste em uma bicamada lipídica contendo proteínas inseridas que controlam a passagem de moléculas para dentro e para fora da célula e catalisam uma grande variedade de reações. As células da maioria das espécies procarióticas são envoltas por uma **parede celular** polissacarídica rígida e com espessura de 30 a 250 Å que protege a célula contra dano mecânico e impede sua ruptura em meio hipotônico. Algumas bactérias ainda são revestidas por uma **cápsula** polissacarídica gelatinosa que as protege das defesas dos organismos superiores. Apesar dos procariotos não possuírem as organelas subcelulares características dos eucariotos (Seção 1.2), sua membrana plasmática pode ser dobrada em estruturas multicamadas conhecidas como **mesossomos**. Os mesossomos serviriam de local para a replicação do DNA e outras reações enzimáticas especializadas.

O **citoplasma** procariótico (conteúdo celular) não é uma sopa homogênea. Seu **cromossomo** único (molécula de DNA que pode estar presente em várias cópias em uma célula em rápida proliferação) se condensa e forma uma estrutura conhecida como **nucleoide**. O citoplasma contém também numerosas espécies de **RNA** (**ácido ribonucleico**), uma grande variedade de **enzimas** solúveis (proteínas que catalisam reações específicas) e muitos milhares de partículas com diâmetro de 250 Å, conhecidas como **ribossomos**, que são os locais de síntese proteica.

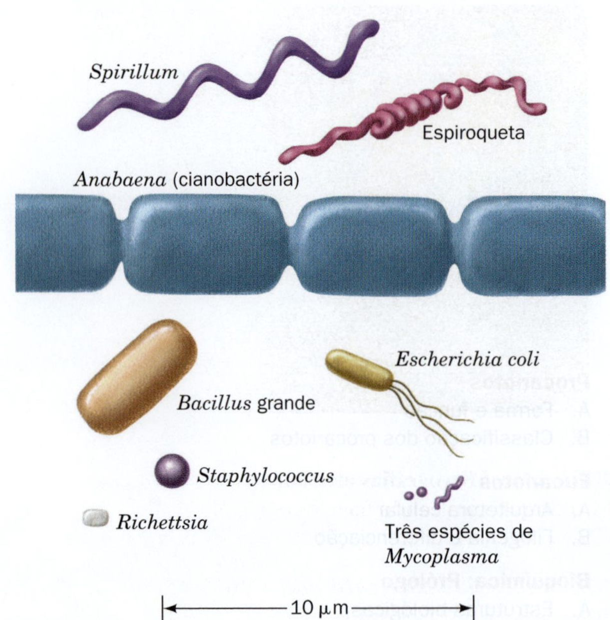

FIGURA 1.1 Ilustrações em escala de algumas células procarióticas.

Muitas células bacterianas possuem apêndices semelhantes a chicotes, conhecidos como **flagelos**, que são usados para locomoção (Seção 35.31). Determinadas bactérias possuem também projeções filamentosas denominadas ***pili***, sendo que algumas delas funcionam como canais para o DNA durante a conjugação (processo no qual o DNA é transferido de uma célula para outra; os procariotos em geral se reproduzem por fissão binária) ou auxiliam na adesão das bactérias às células do organismo hospedeiro.

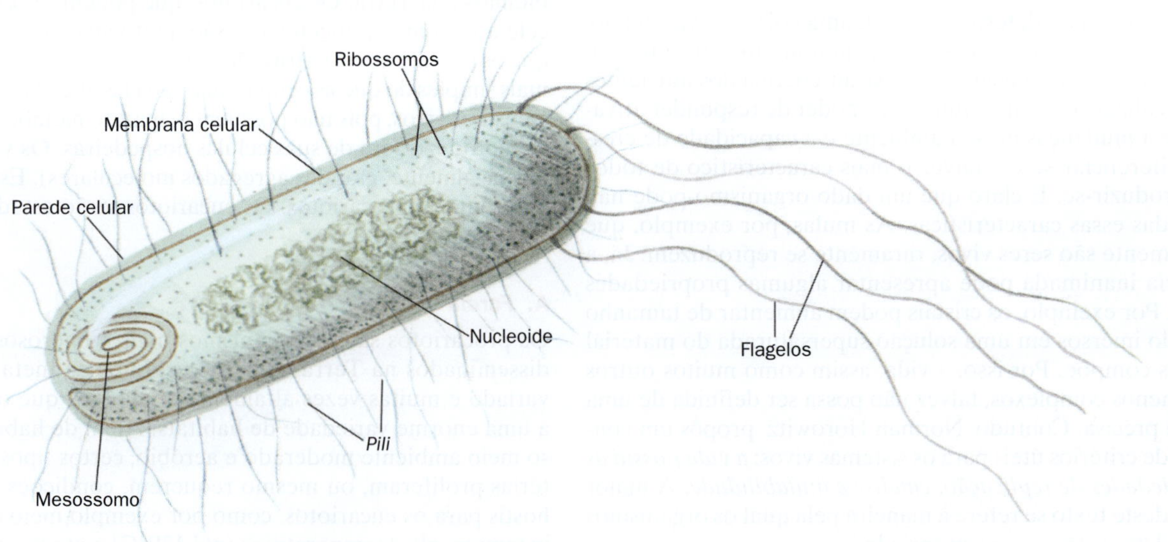

FIGURA 1.2 Desenho esquemático de uma célula procariótica.

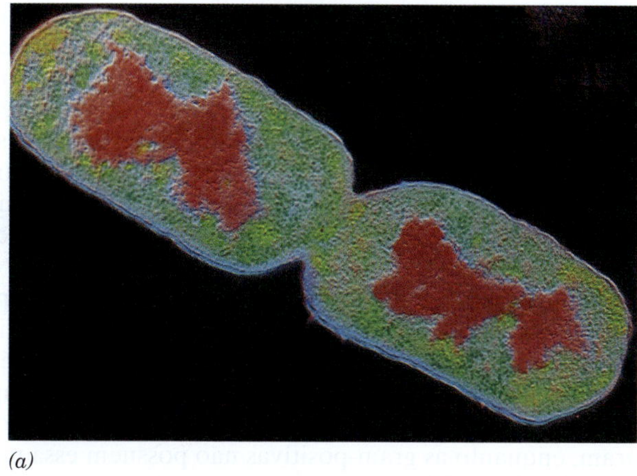
(a)

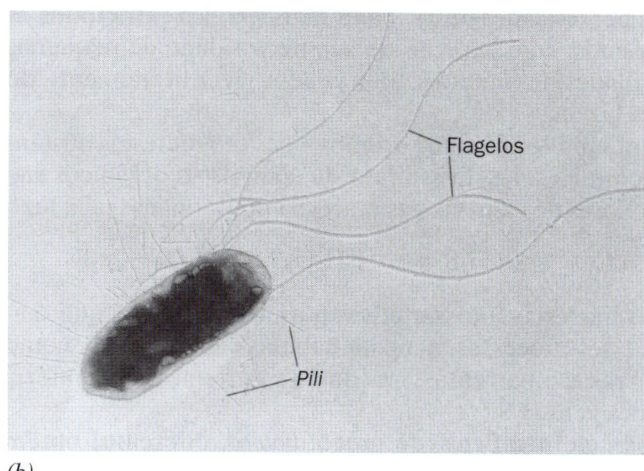

(b)

FIGURA 1.3 **Micrografias eletrônicas de células de *E. coli*.** *(a)* Coloração mostrando a estrutura interna. *(b)* Coloração mostrando flagelos e *pili*. (Cortesia de Howard Berg, Harvard University, EUA.)

A bactéria ***Escherichia coli*** (abreviada como ***E. coli*** e denominada de acordo com o seu descobridor Theodor Escherich) é o organismo melhor caracterizado biologicamente devido ao seu estudo genético e bioquímico intensivo ao longo dos últimos 70 anos. Na verdade, muitos dos assuntos deste texto tratam da bioquímica da *E. coli*. As células deste habitante normal do colo de mamíferos superiores (Fig. 1.3) têm a forma de bastão com 2 μm de comprimento, 1 μm de diâmetro e peso de $\sim 2 \times 10^{-12}$ g. Seu DNA, com uma massa molecular de $2{,}5 \times 10^9$ **daltons (Da)***, codifica cerca de 4.300 proteínas (das quais foram identificadas somente cerca de 60 a 70%), embora estejam presentes na célula somente cerca de 2.600 em um dado momento. De modo geral, uma célula de *E. coli* contém de 3 a 6 mil tipos diferentes de moléculas, incluindo proteínas, ácidos nucleicos, polissacarídeos, lipídeos e várias moléculas pequenas e íons (Tabela 1.1).

b. Os procariotos utilizam uma ampla variedade de fontes de energia metabólica

As necessidades nutricionais dos procariotos são muito variadas. Os **autotróficos** (do grego: *auto,* próprio + *trophikos*, alimentar) sintetizam todos os seus constituintes celulares a partir de moléculas simples como H_2O, CO_2, NH_3 e H_2S. Obviamente, necessitam de uma fonte de energia para isso, assim como para realizar suas outras funções. Os **quimiolitotróficos** (do grego: *lithos,* pedra) obtêm sua energia pela oxidação de compostos inorgânicos como NH_3, H_2S, ou mesmo Fe^{2+}:

$$2\,NH_3 + 4\,O_2 \longrightarrow 2\,HNO_3 + 2\,H_2O$$
$$H_2S + 2\,O_2 \longrightarrow H_2SO_4$$
$$4\,FeCO_3 + O_2 + 6\,H_2O \longrightarrow 4\,Fe(OH)_3 + 4\,CO_2$$

TABELA 1.1 **Composição molecular de *E. coli***

Componente	Porcentagem por peso
H_2O	70
Proteína	15
Ácidos nucleicos:	
DNA	1
RNA	6
Polissacarídeos e precursores	3
Lipídeos e precursores	2
Outras moléculas orgânicas pequenas	1
Íons inorgânicos	1

Fonte: Watson, J.D., Molecular Biology of the Gene (3rd ed.), p. 69, Benjamin (1976).

De fato, estudos revelaram a existência de grandes colônias quimiolitotróficas de crescimento extremamente lento, que vivem a uma profundidade de 5 quilômetros abaixo da terra e cuja biomassa total parece rivalizar com a dos organismos habitantes da superfície.

Os **fotoautotróficos** são os autotróficos que obtêm energia por meio da **fotossíntese** (Capítulo 24), um processo no qual a energia luminosa impulsiona a transferência de elétrons de doadores inorgânicos para o CO_2, gerando **carboidratos** [$(CH_2O)_n$]. Na forma mais difundida de fotossíntese, a H_2O é o doador de elétrons na sequência de reações impulsionadas pela luz.

$$n\,CO_2 + n\,H_2O \longrightarrow CH_2O_n + n\,O_2$$

Esse processo é realizado pelas **cianobactérias** (p. ex., os organismos verdes viscosos que crescem nas paredes dos aquários; estas bactérias eram antigamente conhecidas como **algas azul-esverdeadas**) e também pelas plantas. Acredita-se que essa forma de fotossíntese tenha gerado o O_2 na atmosfera terrestre. Algumas cianobactérias têm a capacidade de converter o N_2 da atmosfera em compostos orgânicos nitrogenados. Essa capacidade de **fixação de nitrogênio** lhes su-

* A **massa molecular** de uma partícula pode ser expressa em unidades de daltons, definidas como 1/12 da massa de um átomo de ^{12}C (unidade de massa atômica [uma]). Esta quantidade também pode ser expressa em termos de **peso molecular**, definida como a relação da massa da partícula com 1/12 da massa do átomo de ^{12}C e simbolizada por *Mr* (massa molecular relativa). Neste texto, será feita referência à massa molecular de uma partícula e não ao seu peso molecular.

pre as necessidades nutricionais mais simples entre todos os organismos: com exceção de sua necessidade de pequenas quantidades de minerais, elas podem viver literalmente do ar e da luz do sol.

Em uma forma mais primitiva de fotossíntese, substâncias como H_2, H_2S, tiossulfato ou compostos orgânicos são os doadores de elétrons nas reações impulsionadas pela luz

$$n\,CO_2 + 2n\,H_2S \longrightarrow CH_2O_n + n\,H_2O + 2n\,S$$

As **bactérias fotossintéticas púrpuras** e **verdes**, que realizam esses processos, ocupam habitats sem oxigênio, como lagoas rasas e barrentas, nos quais a putrefação da matéria orgânica gera H_2S.

Os **heterotróficos** (do grego: *hetero,* diferente) obtêm energia por meio da oxidação de compostos orgânicos, sendo dependentes dos autotróficos para essas substâncias. Os **aeróbios obrigatórios** (que incluem os animais) utilizam o O_2, enquanto os **anaeróbios** utilizam agentes oxidantes como sulfato (**bactérias redutoras de sulfato**) ou nitrato (**bactérias desnitrificantes**). Muitos organismos degradam parcialmente vários compostos orgânicos por meio de um processo intramolecular de oxidação-redução conhecido como **fermentação.** Os **anaeróbios facultativos**, como a *E. coli,* podem proliferar tanto na presença como na ausência de O_2. Já os **anaeróbios obrigatórios** são envenenados na presença do O_2. Acredita-se que seu metabolismo seja semelhante ao das formas vivas mais primitivas (que surgiram há mais de 3,8 bilhões de anos, quando não havia O_2 na atmosfera da Terra; Seção 1.5B). De qualquer forma, existem poucos compostos orgânicos que não possam ser metabolizados por organismos procarióticos.

B. *Classificação dos procariotos*

Os métodos tradicionais de **taxonomia** (a ciência da classificação biológica) que se fundamentam primariamente nas comparações anatômicas entre organismos atuais e fósseis não são aplicáveis aos procariotos. Isso se deve às suas estruturas celulares relativamente simples, inclusive as das bactérias ancestrais reveladas pelos vestígios microfósseis, que fornecem pouca indicação de seu relacionamento filogenético (**filogenia**: desenvolvimento evolutivo). Parte desse problema está no fato de que os procariotos exibem uma correlação pequena entre forma e função metabólica. Além disso, a definição eucariótica de espécie como uma população que pode cruzar não tem sentido no caso dos procariotos, que se reproduzem assexuadamente. Consequentemente, os sistemas convencionais de classificação procariótica são arbitrários e carentes das conexões evolutivas do sistema de classificação eucariótico (Seção 1.2B).

No sistema de classificação mais amplamente utilizado, os **procariotos** (também conhecidos como **monera**) dividem-se em dois grupos: as cianobactérias e as **bactérias.** As bactérias são subdivididas em 19 subgrupos com base em suas características distintas, particularmente a estrutura celular, o comportamento metabólico e as propriedades de coloração.

Uma classificação mais simples, com base nas propriedades da parede celular, distingue três tipos principais de procariotos: os **micoplasmas**, as **bactérias gram-positivas** e as **bactérias gram-negativas.** Os micoplasmas não possuem parede celular rígida, encontrada nos demais procariotos. Eles são os menores seres vivos (com 0,12 μm de diâmetro, Fig. 1.1) e possuem ~20% do total de DNA de uma *E. coli.* Presumivelmente, essa quantidade de informação genética está próxima da quantidade mínima necessária para especificar a maquinaria metabólica essencial requerida para a vida celular. As bactérias gram-positivas são distinguidas das gram-negativas de acordo com a capacidade de captar a **coloração de Gram** (procedimento desenvolvido por Christian Gram em 1884, no qual as células fixadas pelo calor são tratadas sucessivamente com corante roxo cristal e iodo e descoradas com etanol ou acetona). As bactérias gram-negativas possuem uma **membrana externa** complexa que envolve sua parede celular e exclui a coloração de Gram, enquanto as gram-positivas não possuem essa membrana (Seção 11.3B).

O desenvolvimento, nas últimas décadas, de técnicas para a determinação das sequências de aminoácidos das proteínas (Seção 7.1) e das sequências de bases dos ácidos nucleicos (Seção 7.2A) tem proporcionado indicações abundantes das relações genealógicas entre os organismos. Na verdade, essas técnicas tornam possível colocar essas relações em termos quantitativos e, assim, construir um sistema de classificação com embasamento filogenético para os procariotos.

Por meio da análise das sequências do RNA ribossômico, Carl Woese mostrou que um grupo de procariotos que ele denominou **Archaea** (também conhecido como **células arqueais**) tem uma relação tão distante com os outros procariotos, as **Bacteria** (também chamadas de **eubactérias**), quanto os dois grupos de procariotos estão em relação aos **Eukarya** (os eucariotos). O grupo Archaea pareceu, a princípio, constituir três tipos de organismos incomuns: os **metanogênicos**, anaeróbios obrigatórios que produzem metano (gás do pântano) pela redução do CO_2 com H_2; as **halobactérias**, que vivem somente em soluções salinas concentradas (> 2 *M* NaCl); e determinadas **termoacidófilas**, organismos que habitam fontes termais ácidas (~90°C e pH < 2). No entanto, evidências recentes indicam que ~40% dos microrganismos marinhos são Archaea, sendo assim a forma de vida mais comum na Terra.

Com base no número de características bioquímicas fundamentais diferenciais entre os grupos Archaea, Bacteria e Eukarya, mas que são comuns dentro de cada grupo, Woese propôs que esses grupos de organismos constituíssem os três **super-reinos** ou **domínios** primários de descendência evolutiva (em vez da divisão tradicional em procariotos e eucariotos). Contudo, determinações de sequências revelaram que os Eukarya compartilham com os Archaea similaridades de sequência que não compartilham com o grupo Bacteria. Evidentemente, Archaea e Bacteria divergiram a partir de alguma forma de vida primordial e Eukarya divergiu de Archaea, como indica a **árvore filogenética** da Fig. 1.4.

2 EUCARIOTOS

As células eucarióticas em geral têm um diâmetro de 10 a 100 μm, tendo por isso um volume até um milhão de vezes maior do que o das procarióticas. Contudo, o que melhor

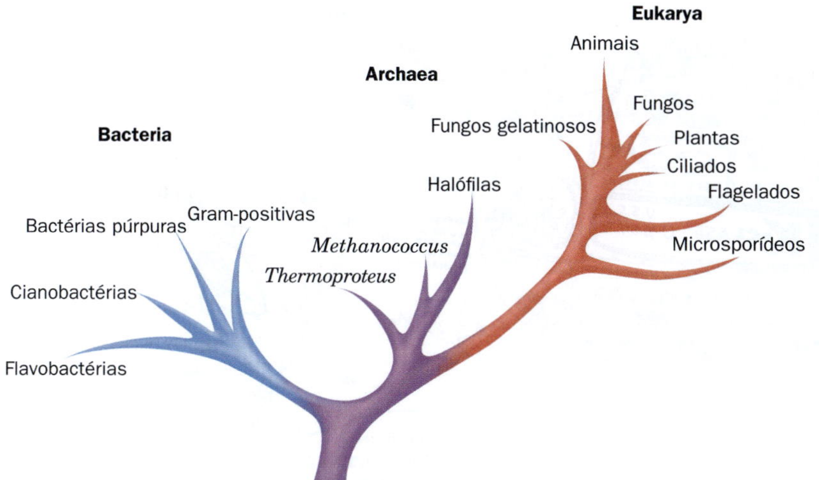

FIGURA 1.4 Árvore filogenética. Esta "árvore genealógica" indica as relações evolutivas entre os três domínios de seres vivos. A raiz representa o último ancestral comum a todas as formas de vida da Terra. (Segundo Wheelis, M.L., Kandler, O., and Woese, C.R., Proc. Natl. Acad. Sci. 89, 2931 [1992].)

caracteriza as células eucarióticas não é o tamanho, mas sim uma profusão de organelas delimitadas por membranas, e cada uma delas com uma função especializada (Fig. 1.5). Na verdade, *a estrutura e as funções eucarióticas são mais complexas do que as procarióticas em todos os níveis de organização,* começando pelo nível molecular.

Os eucariotos e os procariotos se desenvolveram de acordo com estratégias evolutivas fundamentalmente diferentes. Os procariotos exploraram as vantagens da simplicidade e da miniaturização: sua rápida velocidade de crescimento lhes permite ocupar nichos ecológicos onde podem acontecer flutuações drásticas nos nutrientes disponíveis. A complexidade dos eucariotos, por lhes conferir um tamanho maior e um crescimento mais lento do que os procariotos, proporciona uma vantagem competitiva em ambientes estáveis com recursos limitados (Fig. 1.6). Por isso, é errado con-

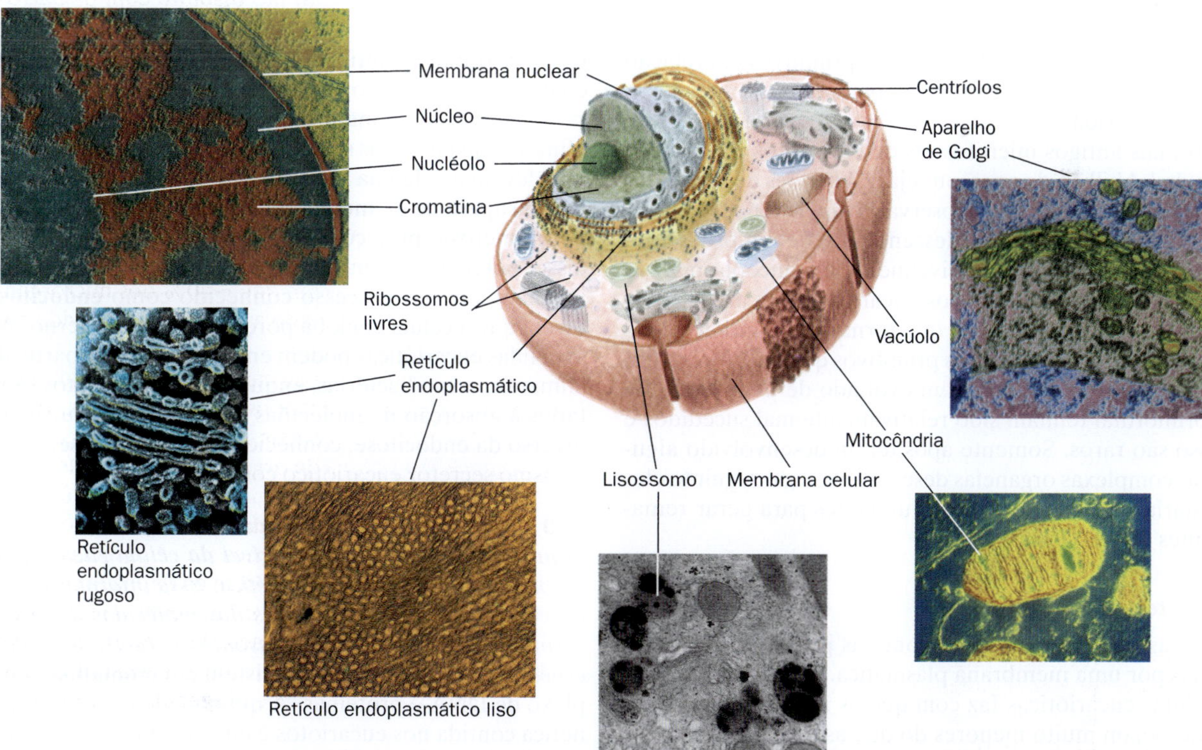

FIGURA 1.5 Desenho esquemático de uma célula animal, juntamente com micrografias eletrônicas de suas organelas. (Núcleo: Tektoff-RM, CNRI/Photo Researchers; retículo endoplasmático rugoso: Pietro M. Mota & Tomonori Naguro/Photo Researchers e aparelho de Golgi: Secchi-Lecaque/Roussel-UCLAF/CNRI/Photo Researchers; retículo endoplasmático liso: David M. Phillips/Visuals Unlimited; mitocôndria: CNRI/Photo Researchers; lisossomo: Biophoto Associates/Photo Researchers.)

FIGURA 1.6 (Desenho de T.A. Bramley, in Carlile, M., *Trends Biochem. Sci* **7**, 128 [1982]. Figura impressa com a permissão de Elsevier Biomedical Press.)

siderar os procariotos evolutivamente primitivos em relação aos eucariotos. Ambos são bem adaptados aos seus respectivos estilos de vida.

Os mais antigos microfósseis de eucariotos conhecidos datam de 1,4 bilhão de anos, ou seja, 2,4 bilhões de anos após o surgimento da vida. Essa observação *apoia* a noção clássica de que os eucariotos são descendentes de um procarioto altamente desenvolvido, possivelmente um micoplasma. No entanto, as diferenças entre os eucariotos e os procariotos modernos são tão profundas que tornam essa hipótese improvável. Talvez os eucariotos primitivos que, de acordo com as evidências de Woese, teriam evoluído de uma forma de vida primordial tenham sido relativamente mal sucedidos e por isso são raros. Somente após terem desenvolvido algumas das complexas organelas descritas na seção seguinte eles se tornariam suficientemente abundantes para gerar remanescentes fósseis significativos.

A. Arquitetura celular

As células eucarióticas, assim como as procarióticas, estão envoltas por uma membrana plasmática. O grande tamanho das células eucarióticas faz com que as relações superfície-volume sejam muito menores do que as dos procariotos (a área da superfície de um objeto aumenta com o quadrado de seu raio, enquanto o volume aumenta com o cubo). Essa restrição geométrica, acoplada ao fato de que muitas enzimas essenciais estão associadas à membrana, racionaliza parcialmente a grande quantidade de membranas intracelulares encontradas nos eucariotos (a membrana plasmática constitui < 10% do total de membranas em uma célula eucariótica). Uma vez que todas as substâncias que entram ou saem da célula devem de alguma forma atravessar a membrana plasmática, a superfície de muitas células eucarióticas é aumentada por numerosas projeções e/ou invaginações (Fig. 1.7). Além disso, porções da membrana plasmática frequentemente invaginam, em um processo conhecido como **endocitose**, de forma que a célula engloba porções do meio externo. Assim, as células eucarióticas podem englobar e digerir partículas de alimento, como bactérias, enquanto os procariotos são limitados à absorção de moléculas individuais de nutrientes. O inverso da endocitose, conhecido como **exocitose**, é um mecanismo secretor eucariótico comum.

a. O núcleo contém o DNA celular

O núcleo, a organela mais visível da célula eucariótica, é o repositório da informação genética. Essa informação está codificada na sequência de bases das moléculas de DNA que formam o número de cromossomos característico de cada espécie. Os cromossomos consistem em **cromatina**, um complexo de DNA e proteínas. A quantidade de informação genética contida nos eucariotos é enorme; uma célula humana, por exemplo, possui 700 vezes mais DNA do que *E. coli* (em termos comumente associados com a memória dos computadores, o **genoma** [complemento genético] de cada célula humana corresponde a 800 *megabytes* de informação – cerca de

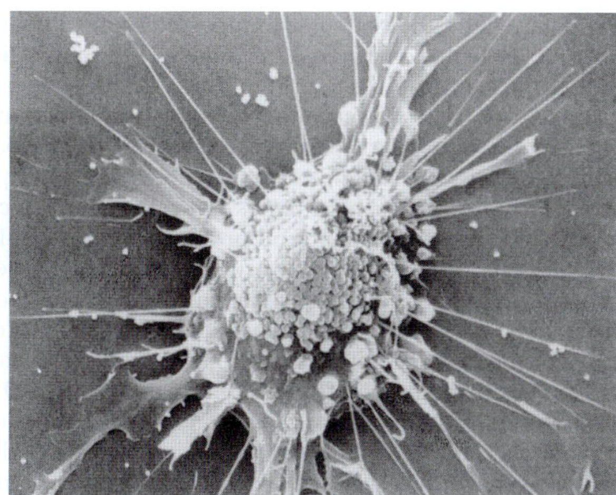

FIGURA 1.7 Micrografia eletrônica de varredura de um fibroblasto. (Cortesia de Guenther Albrecht-Buehler, Northwestern University, EUA.)

200 vezes o conteúdo de informação deste texto). Dentro do núcleo, a informação genética codificada pelo DNA é transcrita em moléculas de RNA (Capítulo 31), as quais, após extenso processamento, são transportadas para o citoplasma (nos eucariotos, é o conteúdo celular fora do núcleo), onde direcionam a síntese ribossômica de proteínas (Capítulo 32). O envelope nuclear é constituído de uma membrana dupla perfurada por numerosos poros com ~90 Å de largura que regulam o fluxo de proteínas e de RNA entre o núcleo e o citoplasma.

O núcleo da maioria das células eucarióticas contém pelo menos um corpo escuro, conhecido como **nucléolo**, que consiste no local de montagem dos ribossomos. Ele contém segmentos cromossômicos que carregam múltiplas cópias de genes que codificam o RNA ribossômico. Esses genes são transcritos no nucléolo, e o RNA resultante se combina com as proteínas ribossômicas que foram importadas de seus locais de síntese no **citosol** (porção do citoplasma sem as organelas delimitadas por membranas). Os ribossomos imaturos são então exportados para o citosol, onde é completada sua montagem. Assim, a síntese proteica ocorre quase totalmente no citosol.

b. O retículo endoplasmático e o aparelho de Golgi atuam na modificação das proteínas de secreção e das ligadas as membranas

A membrana celular mais extensa, descoberta por Keith Porter em 1945, forma um compartimento labiríntico denominado **retículo endoplasmático**. Uma grande porção dessa organela, chamada de **retículo endoplasmático rugoso**, possui ribossomos associados que estão engajados na síntese de proteínas destinadas à secreção ou aquelas ligadas a membranas. O **retículo endoplasmático liso**, sem ribossomos, é o local de síntese de lipídeos. Muitos dos produtos sintetizados no retículo endoplasmático são, no final, transportados para o **aparelho de Golgi** (assim denominado devido a Camillo Golgi, que o descreveu pela primeira vez em 1898), consistindo em uma pilha de sacos membranosos achatados, nos quais esses produtos são processados (Seção 23.3B).

c. As mitocôndrias são os locais do metabolismo oxidativo

As **mitocôndrias** (do grego: *mitos,* fio + *chondros*, grânulo) são os locais onde ocorre a **respiração** celular (metabolismo aeróbio) em quase todos os eucariotos. Essas organelas citoplasmáticas, que são suficientemente grandes para terem sido visualizadas pelos citologistas do século XIX, variam em tamanho e forma, mas com frequência são elipsoidais com dimensões em torno de 1,0 × 2,0 μm – muito semelhante a uma bactéria. Uma célula eucariótica contém cerca de 2.000 mitocôndrias, que ocupam cerca de um quinto do volume celular total.

A mitocôndria possui duas membranas, de acordo com os primeiros estudos de microscopia eletrônica realizados por George Palade e Fritjof Sjöstrand: uma membrana externa lisa e uma membrana interna extremamente dobrada, cujas invaginações são denominadas **cristas** (do latim: *cristae*). Assim a mitocôndria possui dois compartimentos, o **espaço intermembranas** e o espaço interno ou **matriz**. As enzimas que catalisam as reações da respiração são componentes tanto da matriz, semelhante a gel, como da membrana mitocondrial interna. *Essas enzimas acoplam a oxidação de nutrientes geradora de energia à síntese de* ***trifosfato de adenosina*** (*adenosine triphosphate* [ATP], comumente chamado adenosina trifosfato, Seção 1.3B e Capítulo 22), *que requer energia.* O ATP exportado para o resto da célula provê a energia para os diversos processos celulares que consomem energia.

As mitocôndrias são semelhantes às bactérias não somente no tamanho e na forma. Sua matriz contém DNA, RNA e ribossomos específicos que participam na síntese de vários componentes mitocondriais. Além disso, elas se reproduzem por fissão binária, e os processos respiratórios mediados por elas guardam uma semelhança notável com aqueles das bactérias aeróbias modernas. Essas observações conduziram à hipótese defendida por Lynn Margulis e amplamente aceita atualmente de que as mitocôndrias evoluíram a partir de bactérias aeróbias gram-negativas de vida livre, as quais formaram uma relação simbiótica com um eucarioto anaeróbio primitivo. Os nutrientes supridos pelo eucarioto e consumidos pelas bactérias foram várias vezes recompensados pelo metabolismo oxidativo altamente eficiente que as bactérias forneceram ao eucarioto. Essa hipótese é corroborada pela observação que a ameba *Pelomyxa palustris*, um dos poucos eucariotos que não possui mitocôndrias, alberga bactérias aeróbias em uma relação simbiótica.

d. Os lisossomos e os peroxissomos são receptáculos de enzimas degradativas

Os **lisossomos**, descobertos em 1949 por Christian de Duve, são organelas delimitadas por uma única membrana que apresentam tamanhos e morfologia variáveis embora a maioria tenha diâmetros entre 0,1 e 0,8 μm. Os lisossomos, que consistem essencialmente em sacos membranosos contendo várias enzimas hidrolíticas, atuam na digestão de materiais ingeridos por endocitose e na reciclagem de componentes celulares (Seção 32.6). Investigações citológicas revelaram que os lisossomos se formam por brotamento a partir do aparelho de Golgi.

Os **peroxissomos** (também conhecidos como **microcorpos**) são organelas com 0,5 μm de diâmetro, envoltas por membrana e que contêm enzimas oxidativas. Eles têm esse nome porque algumas reações peroxissômicas geram **peróxido de hidrogênio** (H_2O_2), uma substância reativa que pode ser tanto utilizada na oxidação enzimática de outras substâncias como pode ser degradada por meio da reação catalisada pela enzima **catalase**:

$$2\,H_2O_2 \longrightarrow 2\,H_2O + O_2$$

Acredita-se que os peroxissomos atuem na proteção de componentes celulares sensíveis ao ataque oxidativo pelo H_2O_2. Determinadas plantas contêm um tipo especial de peroxissomo, o **glioxissomo**, assim chamado porque é o local de uma série de reações que constituem a **rota do glioxilato** (Seção 23.2).

e. O citoesqueleto organiza o citosol

O citosol, longe de ser uma solução homogênea, é um gel altamente organizado cuja composição pode variar de forma significativa ao longo da célula. Muito de sua variabilidade interna resulta da ação do **citoesqueleto**, um arranjo extenso de filamentos que provê a forma da célula e sua capacidade de se locomover, sendo também responsável pela organização e pelos movimentos de suas organelas (Fig. 1.8).

Os **microtúbulos**, os componentes mais evidentes do citoesqueleto, são tubos com cerca de 250 Å de diâmetro compostos pela proteína chamada **tubulina** (Seção 35.3G). Eles formam a estrutura de sustentação que guia os movimentos das organelas dentro da célula. Por exemplo, o **fuso mitótico** é um arranjo de microtúbulos e proteínas associadas que participam da separação dos cromossomos duplicados durante a divisão celular. Os microtúbulos são também os principais constituintes dos **cílios**, apêndices semelhantes a cabelos que se projetam de muitas células, cujos movimentos de chicote movem o fluido circundante ou propulsionam as células através da solução. Cílios muito longos, como a cauda dos espermatozoides, são denominados **flagelos** (os flagelos procarióticos, compostos pela proteína **flagelina**, são totalmente diferentes e não têm nenhuma relação com os dos eucariotos).

Os **microfilamentos** são fibras com diâmetro de ~90 Å formadas pela proteína **actina**. Tal como os microtúbulos, eles possuem uma função de suporte mecânico. Além disso, os microfilamentos, por meio de suas interações com a proteína **miosina**, formam arranjos contráteis responsáveis por muitos tipos de movimentos intracelulares, como o fluxo citoplasmático e a formação de protuberâncias ou de invaginações celulares. Notável, no entanto, é que a actina e a miosina são os principais componentes proteicos das células musculares (Seção 35.3A).

Os **filamentos intermediários**, que constituem o terceiro componente importante do citoesqueleto, são fibras proteicas com diâmetro de 100 a 150 Å. Sua proeminência em regiões da célula sujeitas a estresse mecânico sugere que tenham função de suporte de carga. Por exemplo, a pele dos animais superiores contém uma rede extensa de filamentos intermediários formada pela proteína **queratina** (Seção 8.2A), responsável pela resistência desta cobertura externa

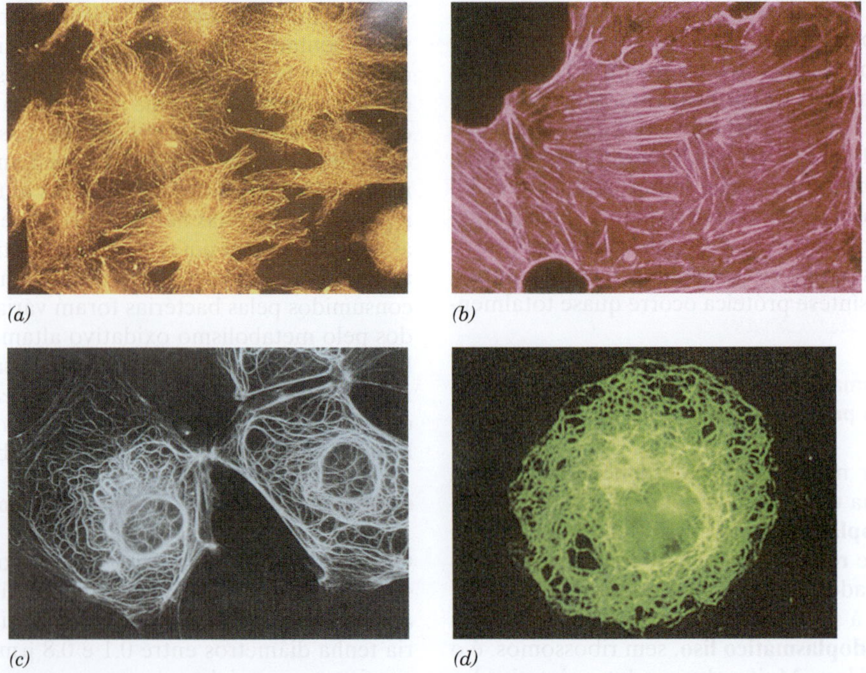

FIGURA 1.8 Componentes do citoesqueleto mostrados por imunofluorescência. As células foram tratadas com anticorpos produzidos contra (*a*) tubulina, (*b*) actina, (*c*) queratina e (*d*) **vimentina** (uma proteína componente de um tipo de filamento intermediário) e a seguir coradas com anticorpos fluorescentes que reconhecem os anticorpos precedentes. (*a* e *d*: K.G. Murti/Visuals Unlimited; *b*: M. Schliwa/ Visuals Unlimited; *c*: cortesia de Mary Osborn, Max-Planck Institute for Biophysical Chemistry Göttingen, Alemanha.)

protetora. Ao contrário do que ocorre com os microtúbulos e microfilamentos, as proteínas que formam os filamentos intermediários variam muito em tamanho e composição entre as diferentes células de um mesmo organismo e entre os mesmos tipos celulares em organismos diferentes.

f. As células vegetais são envolvidas por paredes celulares rígidas

As células vegetais (Fig. 1.9) possuem todas as organelas previamente descritas. Elas apresentam também várias características adicionais, sendo a mais evidente a parede celular rígida no lado externo da membrana plasmática. Essa parede celular, cujo principal componente é a **celulose**, um polissacarídeo fibroso (Seção 11.2C), é responsável pela resistência estrutural das plantas.

O **vacúolo** é um espaço rodeado por membrana e cheio de fluido. Embora os vacúolos ocorram em células animais, eles são mais proeminentes nas células vegetais, onde ocupam 90% do volume de uma célula adulta. Os vacúolos funcionam como locais de estoque de nutrientes, dejetos e produtos especializados, como pigmentos. A concentração relativamente alta de solutos dentro dos vacúolos das células vegetais faz com que absorvam água osmoticamente, aumentando, assim, sua pressão interna. Esse efeito, combinado com a resistência da parede celular ao rompimento, é responsável em grande parte pela rigidez túrgida das plantas não lenhosas.

g. Os cloroplastos são os locais de fotossíntese nos vegetais

Uma das características das plantas é sua capacidade de realizar fotossíntese. Isso acontece em uma organela conhecida como **cloroplasto**, que, embora em geral seja muito maior do que uma mitocôndria, assemelha-se a ela, pois também possui duas membranas, uma interna e outra externa. Além disso, o espaço delimitado pela membrana interna do cloroplasto, o **estroma**, é semelhante à matriz mitocondrial, porque contém muitas enzimas solúveis. Contudo, a membrana interna

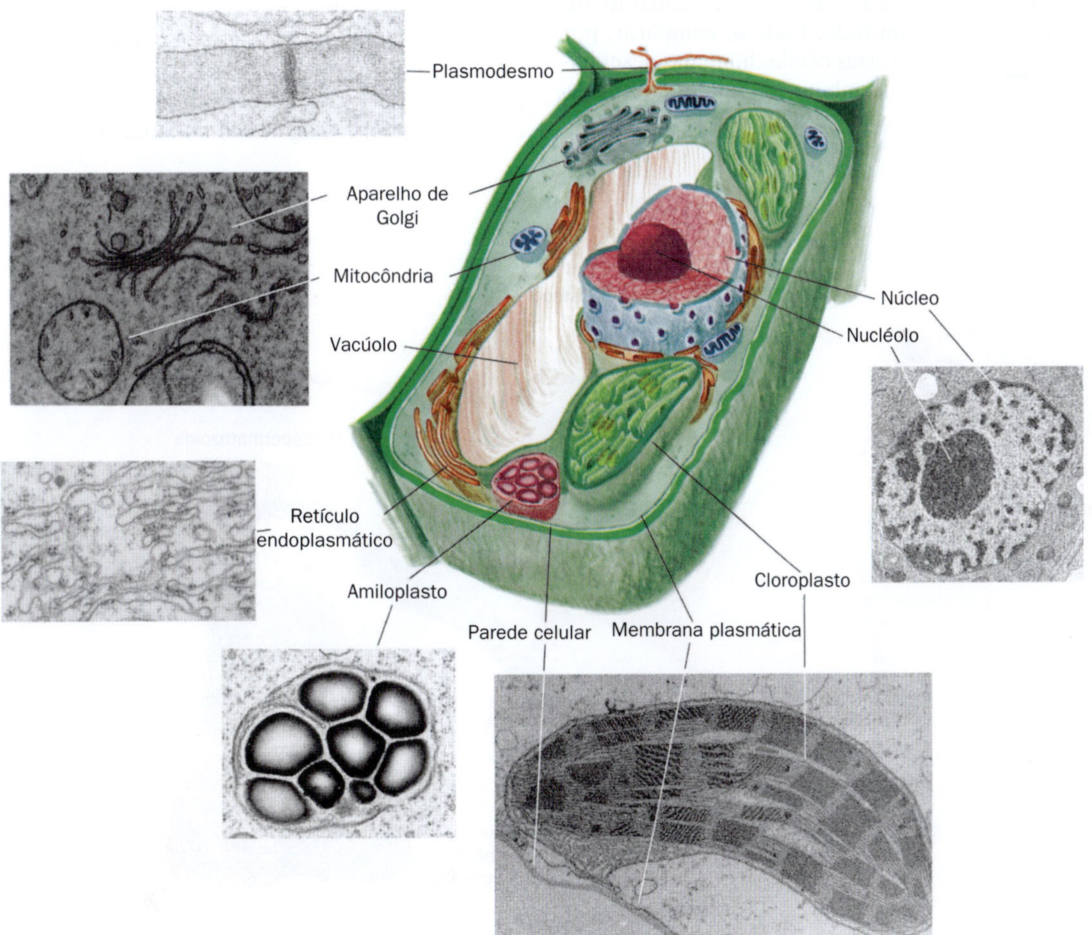

FIGURA 1.9 Desenho de uma célula vegetal, juntamente com micrografias eletrônicas de suas organelas. (Plasmodesmo: Cortesia de Hilton Mollenhauer, USDA, EUA; núcleo: Cortesia de Myron Ledbetter, Brookhaven National Laboratory, EUA; aparelho de Golgi: Cortesia de W. Gordon Whaley, University of Texas, EUA; cloroplasto: Cortesia de Lewis Shumway, College of Eastern Utah, EUA; amiloplasto: Biophoto Associates; retículo endoplasmático: Biophoto Associates/Photo Researchers.)

do cloroplasto não apresenta cristas. O estroma possui um terceiro sistema de membranas que forma pilhas de sacos no formato de discos interconectados, chamados **tilacoides**, que contêm o pigmento fotossintético **clorofila**. O tilacoide usa a energia luminosa capturada pela clorofila para gerar ATP, que é utilizado, no estroma, para as reações biossintéticas geradoras de carboidratos e outros produtos (Capítulo 24).

Assim como as mitocôndrias, os cloroplastos possuem o seu próprio DNA, RNA e ribossomos e reproduzem-se por fissão. Aparentemente, os cloroplastos, tal como as mitocôndrias, evoluíram de uma cianobactéria ancestral que estabeleceu uma relação simbiótica com um eucarioto ancestral não fotossintetizante. Na verdade, vários eucariotos não fotossintetizantes modernos têm tal relação simbiótica com cianobactérias autênticas. Consequentemente, *os eucariotos modernos em sua maioria são "híbridos" genéticos, uma vez que possuem simultaneamente linhagens de origem nuclear, mitocondrial, e – no caso de plantas – cloroplástica.*

B. *Filogenia e diferenciação*

Uma das características mais marcantes dos eucariotos é sua enorme diversidade morfológica, tanto no nível celular quanto no do organismo como um todo. Pode-se comparar, por exemplo, a arquitetura das diversas células humanas desenhadas na Fig. 1.10. Recordem-se, também, as grandes diferenças anatômicas entre uma ameba, um carvalho e um ser humano.

O sistema taxonômico com base na morfologia geral e nas sequências de proteínas e de ácidos nucleicos (Seções 7.1 e 7.2) indica que os eucariotos podem ser classificados em três reinos: **Fungi**, **Plantae** (vegetais) e **Animalia** (animais). Contudo, a simplicidade estrutural relativa de muitos eucariotos unicelulares torna sua classificação muito arbitrária sob esse esquema. Em consequência, esses organismos geralmente são classificados em um quarto reino eucariótico, o **Protista**. (Notar que os sistemas de classificação biológica são uma conveniência para os biólogos; a natureza raramente é ordenada de forma tão clara.) A Fig. 1.11 apresenta uma árvore filogenética para os eucariotos.

As comparações anatômicas entre os organismos vivos e os fósseis indicam que os diferentes reinos de organismos multicelulares evoluíram a partir dos protistas de forma independente (Fig. 1.11). Os programas de crescimento, diferenciação e desenvolvimento seguidos pelos animais multicelulares (os **metazoa**) na sua transformação de ovos fertilizados a organismos adultos proporcionam uma notável indicação de sua história evolutiva. Por exemplo, todos os vertebrados possuem bolsas branquiais nos estágios embrionários iniciais, as quais provavelmente refletem sua origem comum a partir de peixes (Fig. 1.12). Na verdade, esses embriões são similares em tamanho e anatomia, mesmo que as respectivas formas adultas exibam vastas diferenças nessas características. Tais observações levaram Ernst Haeckel a formular sua famosa (embora exagerada) máxima: *a ontogenia resume a*

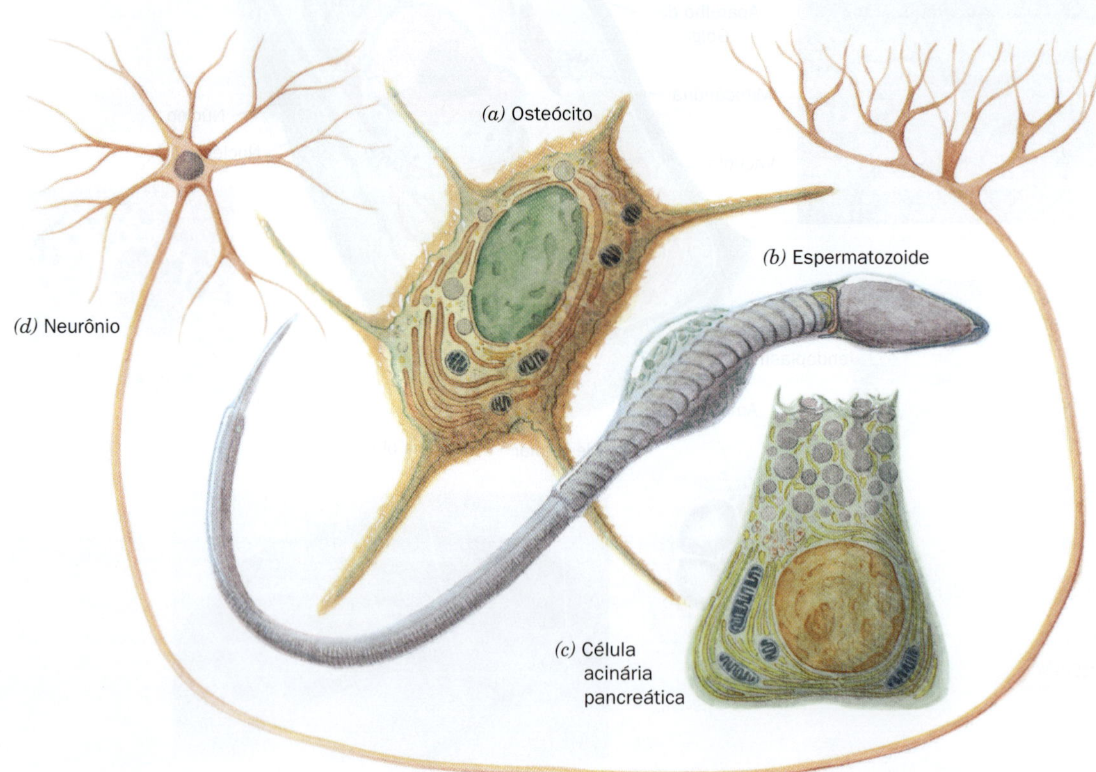

FIGURA 1.10 Desenhos de algumas células humanas. (*a*) Um osteócito (célula óssea), (*b*) um espermatozoide, (*c*) uma célula acinária pancreática (secretora de enzimas digestivas) e (*d*) um neurônio (célula nervosa).

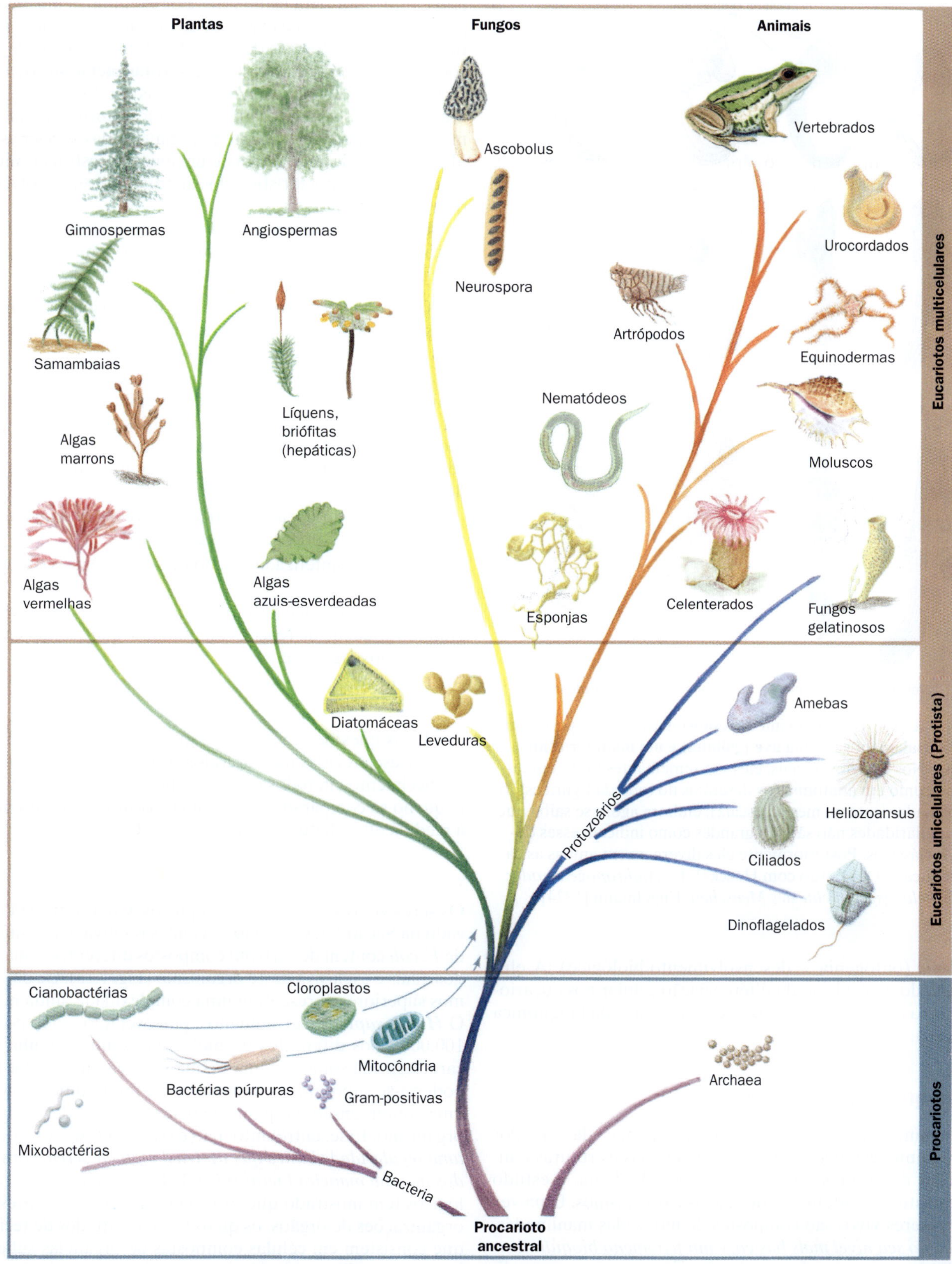

FIGURA 1.11 **Árvore evolutiva que indica as linhas de origem da vida celular na Terra.**

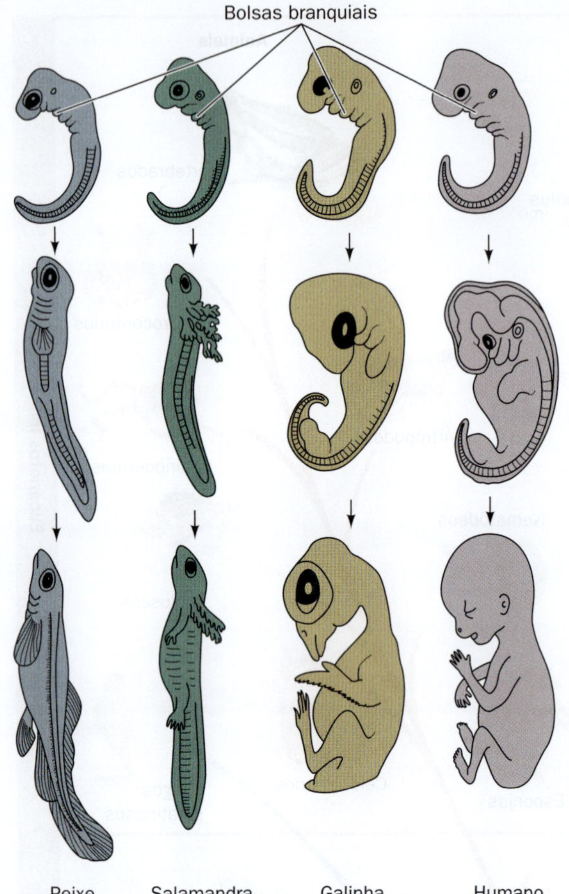

FIGURA 1.12 Desenvolvimento embrionário de um peixe, um anfíbio (salamandra), uma ave (galinha) e um mamífero (humano). Nos estágios iniciais, eles são semelhantes tanto em tamanho como em anatomia (os desenhos no topo da figura estão aproximadamente na mesma escala), embora agora se saiba que suas similaridades não são tão grandes como indicam esses desenhos clássicos. Posteriormente eles divergem em ambas as características. (De acordo com Haeckel, E., *Anthropogenie oder Entwickelungsgeschichte des Menschen,* Engelmann [1874].)

filogenia (ontogenia = desenvolvimento biológico). A elucidação do mecanismo da diferenciação celular nos eucariotos é uma das principais metas de longo prazo da bioquímica moderna.

3 BIOQUÍMICA: PRÓLOGO

A bioquímica, como o nome indica, é a química da vida. Por conseguinte, ela liga a química, o estudo das estruturas e interações de átomos e moléculas, com a biologia, o estudo das estruturas e interações de células e organismos. Uma vez que os seres vivos são compostos de moléculas inanimadas, *a vida, no seu nível mais básico, é um fenômeno bioquímico.*

Embora os organismos vivos mostrem uma enorme diversidade nas suas propriedades macroscópicas, existe uma notável similaridade na sua bioquímica, o que provê um tema unificador para estudá-los. Por exemplo, a informação genética é codificada e expressa de uma maneira quase idêntica em todas as formas de vida. Além disso, a série de reações bioquímicas, conhecidas como **rotas metabólicas**, assim como as estruturas das enzimas que as catalisam, são, para muitos processos básicos, quase idênticas entre um organismo e outro. Isso sugere fortemente que todas as formas conhecidas de vida descendam de um único ancestral primitivo, no qual essas características bioquímicas se desenvolveram pela primeira vez.

Embora a bioquímica seja um campo altamente diversificado, trata basicamente de um número limitado de questões inter-relacionadas, enumeradas a seguir:

1. Qual é a estrutura química e tridimensional das moléculas biológicas, como elas formam estas estruturas e como suas propriedades variam com elas?
2. Como as proteínas funcionam; ou seja, quais são os mecanismos moleculares da catálise enzimática, como os receptores reconhecem e se ligam a moléculas específicas e quais são os mecanismos intra e intermoleculares pelos quais os receptores transmitem informações de acordo com o seu sítio de ligações?
3. Como a informação genética é expressa e como é transmitida para as futuras gerações celulares?
4. Como são sintetizadas as moléculas biológicas e as organelas?
5. Quais são os mecanismos de controle que coordenam a grande variedade de reações bioquímicas que acontecem nas células e nos organismos?
6. Como as células e os organismos crescem, se diferenciam e se reproduzem?

Estas questões serão abordadas preliminarmente nesta seção e esclarecidas nos capítulos subsequentes. Contudo, o conhecimento em todos os casos, apesar de extenso, é muito pequeno se comparado à ignorância, como se tornará obvio à medida que a leitura avançar.

A. *Estruturas biológicas*

Os seres vivos são bastante complexos. Conforme está indicado na Seção 1.1A, mesmo as células relativamente simples de *E. coli* contêm de 3 a 6 mil compostos diferentes, a maioria dos quais é exclusiva deste organismo (Fig. 1.13). Os organismos superiores apresentam uma complexidade ainda maior. O ***Homo sapiens*** (ser humano), por exemplo, pode possuir 100.000 tipos diferentes de moléculas, embora tenha sido caracterizada somente uma pequena fração delas. Por isso, poderia-se supor que seria uma tarefa muito difícil obter-se uma compreensão bioquímica coerente de um determinado organismo. Esse, entretanto, não é o caso. *Os seres vivos têm uma regularidade básica que deriva do fato de serem construídos de uma maneira hierárquica.* Estudos anatômicos e citológicos têm mostrado que os organismos multicelulares são organizações de órgãos, os quais são constituídos de tecidos, que consistem em células compostas de organelas subcelulares (p. ex., Fig. 1.14). Neste ponto da origem hierárquica, entra-se no campo da bioquímica, uma vez que as organelas consistem em **arranjos supramoleculares** como as membra-

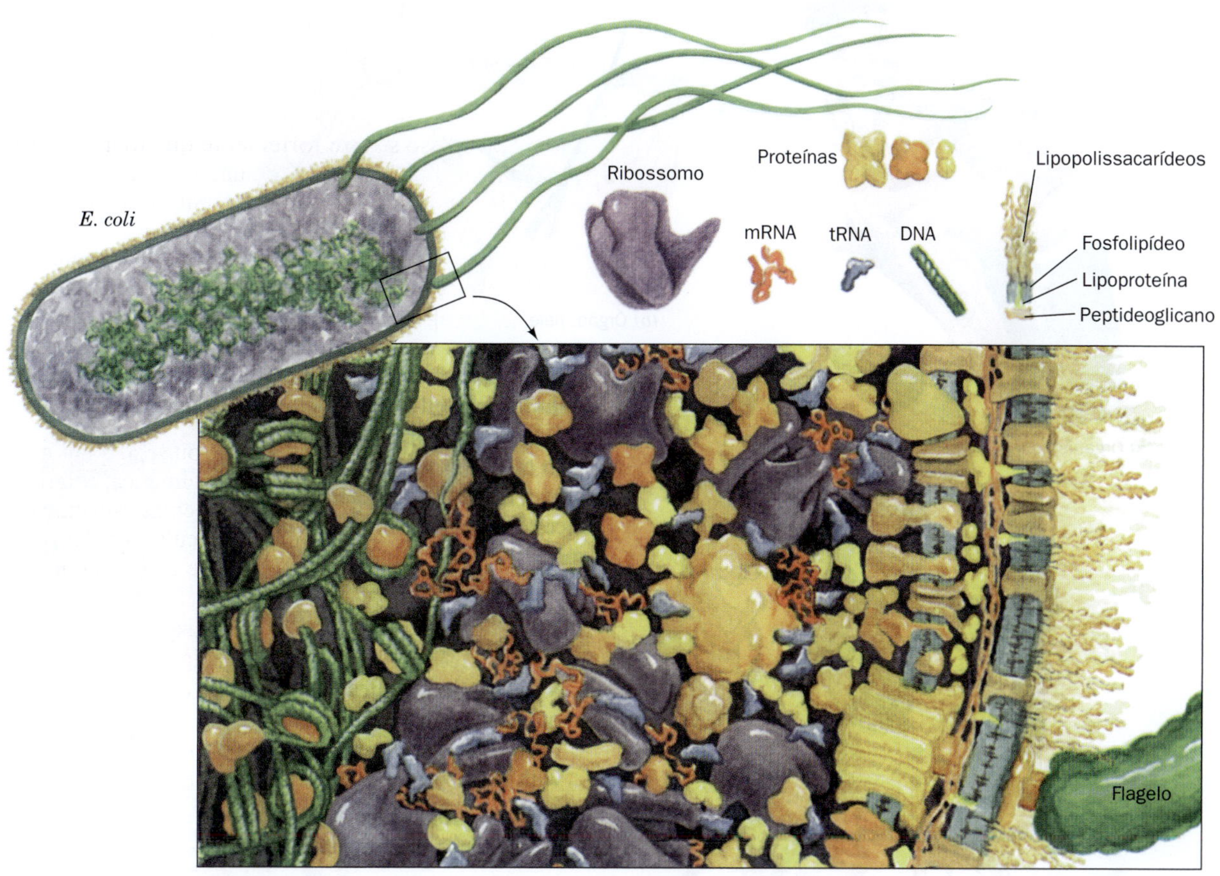

FIGURA 1.13 **Corte transversal simulado de uma célula de *E. coli* ampliada cerca de um milhão de vezes.** O lado direito do desenho mostra a membrana celular e a parede celular camadas com sua superfície externa adornada por lipopolissacarídeos (Seção 11.3Bc). Um flagelo (*abaixo, à direita*) é movido por um motor ancorado na membrana interna (Seção 35.3I). O citoplasma, que ocupa a região central do desenho, é ocupado, predominantemente, pelos ribossomos envolvidos na síntese proteica (Seção 32.3). O lado esquerdo do desenho contém um emaranhado de DNA complexado com proteínas específicas. Somente as macromoléculas maiores e os grupos de moléculas estão sendo mostrados. O espaço remanescente do citoplasma em uma célula viva está cheio de moléculas menores e de água (uma molécula de água tem o tamanho do ponto no final desta frase). (Segundo desenho feito por David Goodsell, UCLA, EUA.)

nas ou fibras, que estão organizadas em grupos de **macromoléculas** (moléculas poliméricas com massas moleculares acima de mil daltons).

A Tabela 1.1 indica que *E. coli* e os seres vivos em geral possuem apenas alguns tipos diferentes de macromoléculas: **proteínas** (do grego: *proteios*, de fundamental importância; um termo cunhado por Jacob Berzelius em 1838), **ácidos nucleicos** e **polissacarídeos** (do grego: *sakcharon*, açúcar*). Todas essas substâncias são construídas de forma modular; elas consistem em unidades monoméricas unidas que ocupam o nível mais baixo da hierarquia estrutural.* Assim, como indica a Fig. 1.15, as proteínas são polímeros de aminoácidos (Seção 4.1B), os ácidos nucleicos são polímeros de nucleotídeos (Seção 5.1) e os polissacarídeos são polímeros de açúcares (Seção 11.2). Os **lipídeos** (do grego: *lipos*, gordura), a quarta classe principal de moléculas biológicas, são pequenos demais para serem classificados como macromoléculas, mas também apresentam uma construção modular (Seção 12.1).

A tarefa do bioquímico foi bastante simplificada pela descoberta da *existência de relativamente poucas espécies de unidades monoméricas que ocorrem em cada uma das classes de macromoléculas biológicas.* Todas as proteínas são sintetizadas a partir dos mesmos 20 tipos de **aminoácidos**, os ácidos nucleicos são formados a partir de 8 tipos de **nucleotídeos** (4 no DNA e 4 no RNA), e cerca de 8 tipos de **açúcares** formam os polissacarídeos. A grande variação observada nas propriedades de cada tipo de macromolécula tem origem basicamente no enorme número de maneiras pelas quais as unidades monoméricas podem ser combinadas e, em muitos casos, modificadas.

Uma das questões centrais na bioquímica é como são formadas as estruturas biológicas. Conforme será explicado nos capítulos subsequentes, as unidades monoméricas das

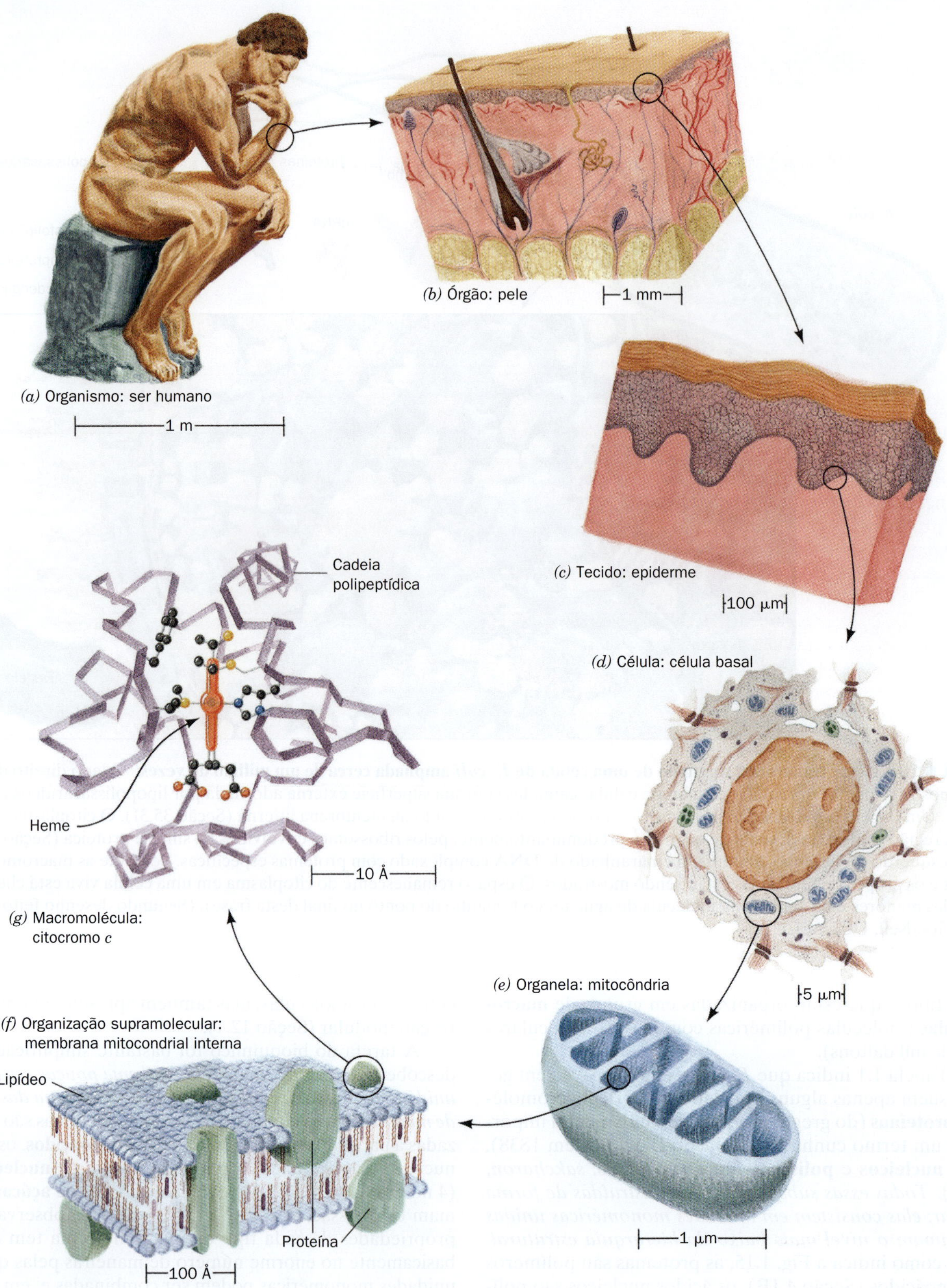

FIGURA 1.14 **Exemplo da organização hierárquica das estruturas biológicas.**

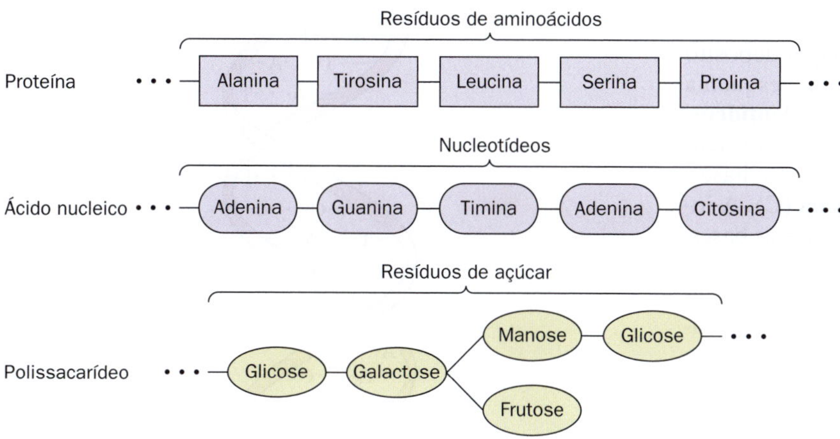

FIGURA 1.15 **Organização polimérica de proteínas, ácidos nucleicos e polissacarídeos.**

macromoléculas são obtidas diretamente pela célula como nutrientes ou sintetizadas enzimaticamente a partir de substâncias mais simples. As macromoléculas são sintetizadas a partir de seus precursores monoméricos por processos complexos mediados enzimaticamente.

As proteínas recém-sintetizadas adotam espontaneamente sua conformação nativa (Seção 9.1A), isto é, elas passam por uma **automontagem**. Aparentemente, suas sequências de aminoácidos especificam as suas estruturas tridimensionais. Da mesma forma, as estruturas dos outros tipos de macromoléculas são especificadas pela sequência de suas unidades monoméricas. O princípio da automontagem estende-se até o nível da organização supramolecular. Contudo, é muito pouco conhecida a maneira pela qual são gerados os níveis mais altos das estruturas biológicas. A elucidação dos mecanismos do crescimento e da diferenciação das células e dos organismos é uma das principais áreas da pesquisa biológica.

B. *Processos metabólicos*

Existe um conjunto gigantesco de reações químicas que ocorrem simultaneamente em qualquer célula viva. Porém, essas reações seguem um padrão que as organiza em um processo coerente denominado vida. Por exemplo, a maioria das reações biológicas faz parte de rotas metabólicas, isto é, elas fazem parte de uma sequência de reações que gera um ou mais produtos específicos. Além disso, uma das características da vida é que as velocidades de suas reações são controladas de forma tão rígida que raramente a necessidade por um reagente em uma rota metabólica não é satisfeita, ou que algum produto desnecessário seja gerado.

O metabolismo é tradicionalmente dividido (embora não necessariamente de forma lógica) em duas grandes categorias:

1. **Catabolismo** ou degradação, no qual os nutrientes e os constituintes celulares são degradados para recuperar seus componentes e/ou para gerar energia.
2. **Anabolismo** ou biossíntese, no qual as biomoléculas são sintetizadas a partir de componentes mais simples.

A energia necessária para os processos anabólicos é fornecida pelos processos catabólicos basicamente na forma de **trifosfato de adenosina** (**ATP**). Por exemplo, os processos geradores de energia, como a fotossíntese e a oxidação biológica dos nutrientes, produzem ATP a partir de **difosfato de adenosina** (**ADP** – *adenosine diphosphate*) e um íon fosfato.

$$HPO_4^{2-} + \text{Difosfato de adenosina (ADP)} \rightleftharpoons \text{Trifosfato de adenosina (ATP)} + H_2O$$

Difosfato de adenosina (ADP)

Trifosfato de adenosina (ATP)

Reciprocamente, os processos que consomem energia, como a biossíntese, o transporte de moléculas contra um gradiente de concentração e a contração muscular, ocorrem pela reversão dessa reação, ou seja, pela hidrólise do ATP:

$$ATP + H_2O \rightleftharpoons ADP + HPO_4^{2-}$$

Assim, *os processos catabólicos e anabólicos estão acoplados por intermédio do ATP, a "moeda" energética biológica universal.*

C. *Expressão e transmissão da informação genética*

O ácido desoxirribonucleico (DNA) é o principal depósito da informação genética. Esta macromolécula, cujo esquema está na Fig. 1.16, consiste em duas cadeias de **nucleotídeos**, sendo cada um deles composto por um resíduo do açúcar **desoxirribose**, um grupo fosforil e uma das quatro bases: **adenina** (**A**), **timina** (**T**), **guanina** (**G**) ou **citosina** (**C**). A informação genética está codificada na sequência dessas bases. Cada base do DNA está ligada, por ligações de hidrogênio, a uma base na cadeia oposta, formando uma entidade conhecida como um **par de bases**. No entanto, A só pode formar ligação de hidrogênio com T, enquanto G só pode formar com C, de modo que as duas cadeias são **complementares**, isto é, a sequência de uma cadeia implica na sequência da outra.

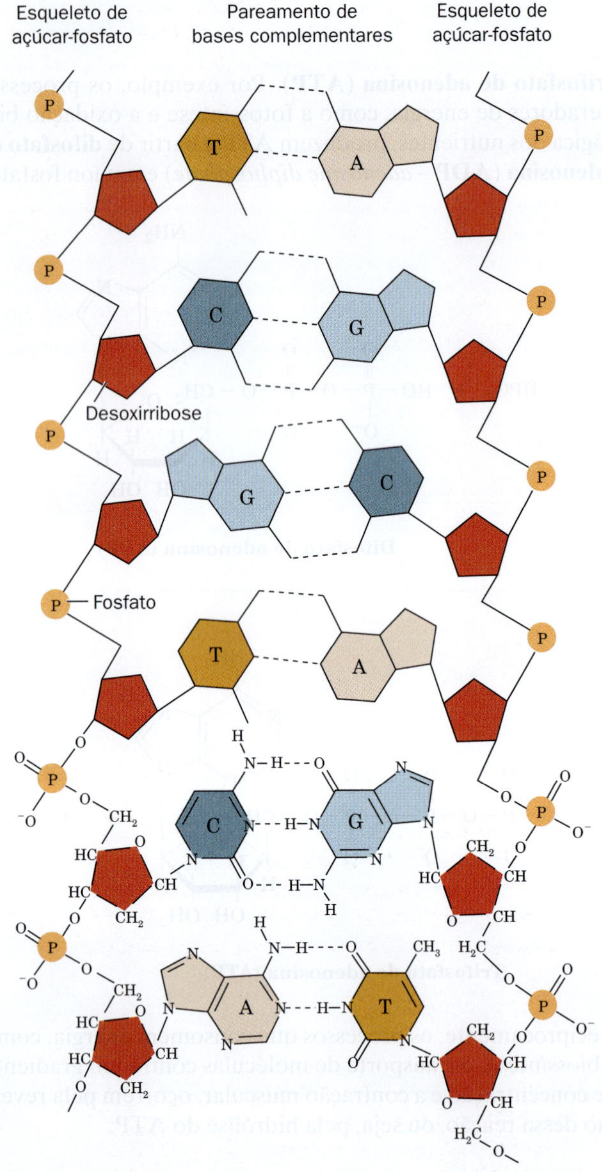

FIGURA 1.16 DNA fita dupla. As duas cadeias polinucleotídicas associam-se por meio do pareamento de bases complementares. A base A pareia com T e a base G pareia com C por meio de ligações de hidrogênio específicas.

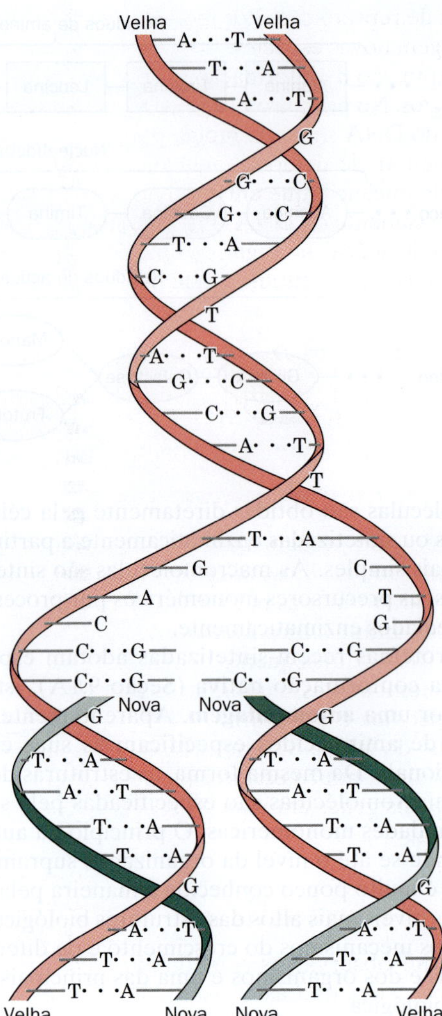

FIGURA 1.17 Desenho esquemático da replicação do DNA. Cada fita de DNA parental (*em vermelho*) serve como molde para a síntese de uma fita-filha complementar (*em verde*). Consequentemente, as moléculas resultantes com fita dupla são idênticas.

A divisão de uma célula deve ser acompanhada da replicação do seu DNA. Nesse processo mediado enzimaticamente, cada cadeia de DNA atua como um molde na formação de sua cadeia complementar (Fig. 1.17; Seção 5.4C). Consequentemente, cada célula da progênie contém uma molécula completa de DNA (ou um grupo de moléculas de DNA) consistindo, cada uma delas, em uma cadeia parental e uma cadeia-filha. As mutações surgem quando uma ou mais bases erradas são incorporadas à cadeia-filha por meio de erros raros de leitura ou por dano na cadeia parental. A maioria das mutações é inócua ou prejudicial. Contudo, ocasionalmente uma delas pode resultar em uma nova característica que confere algum tipo de vantagem seletiva ao organismo. De acordo com os princípios da teoria Darwiniana, os indivíduos com tais mutações têm uma probabilidade aumentada de reprodução. Por meio da sucessão dessas mutações, surgem novas espécies.

A expressão da informação genética é um processo com dois estágios. No primeiro estágio, chamado **transcrição**, uma das fitas do DNA serve de molde para a síntese de uma fita complementar de ácido ribonucleico (RNA; Seção 31.2). Esse ácido nucleico, que em geral possui uma única fita, difere quimicamente do DNA (Fig. 1.16) por ter a **ribose** como o resíduo de açúcar no lugar da desoxirribose do DNA, e a base **uracila** (**U**) substituindo a timina.

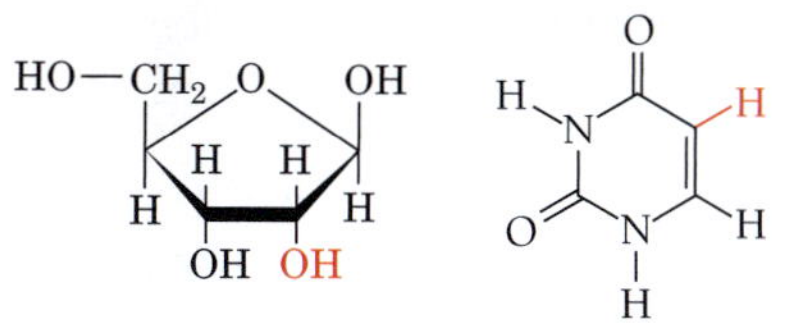

Ribose **Uracila**

No segundo estágio da expressão gênica, conhecido como **tradução**, os ribossomos catalisam a ligação dos aminoácidos para formar as proteínas (Seção 32.3). A ordem de ligação dos aminoácidos é determinada pela sequência de bases do RNA. Consequentemente, uma vez que as proteínas são automontadas, a informação genética codificada pelo DNA especifica a estrutura e a função das proteínas, por intermédio do RNA. Sistemas regulatórios complexos, cuja atuação é ainda pouco esclarecida, controlam exatamente a expressão dos genes em uma dada célula sob determinadas circunstâncias.

4 GENÉTICA: UMA REVISÃO

É suficiente observar as semelhanças entre pais e filhos para se perceber que as características físicas são herdadas. No entanto, o mecanismo da herança era desconhecido até a metade do século XX. A teoria da **pangenia**, que teve origem na Grécia antiga, sustenta que o sêmen, que claramente está relacionado com a procriação, consiste em partículas representativas de todas as partes do corpo (**pangênese**). Essa ideia foi ampliada no final do século XVIII por Jean Baptiste de Lamarck, cuja teoria, conhecida como **lamarquismo**, propunha que características individuais adquiridas, como, por exemplo, músculos mais desenvolvidos resultantes de exercício, seriam transmitidas para a progênie. A pangênese e alguns aspectos do lamarquismo foram aceitos pela maioria dos biólogos do século XIX, inclusive por Charles Darwin.

A compreensão, em meados do século XIX, de que todos os organismos são derivados de uma única célula definiu o início do desenvolvimento da biologia moderna. Na sua **teoria do plasma germinal**, August Weismann observou que as **células germinativas**, o espermatozoide e o óvulo (cujas células primordiais são reservadas já no início do desenvolvimento embrionário), descendem diretamente das células germinativas da geração anterior, enquanto as outras células do corpo, as **células somáticas**, embora sejam derivadas das germinativas, não dão origem a elas. Ele refutou as ideias da pangênese e do lamarquismo pela demonstração que a progênie de muitas gerações sucessivas de camundongos que tiveram suas caudas cortadas tinha cauda de comprimento normal.

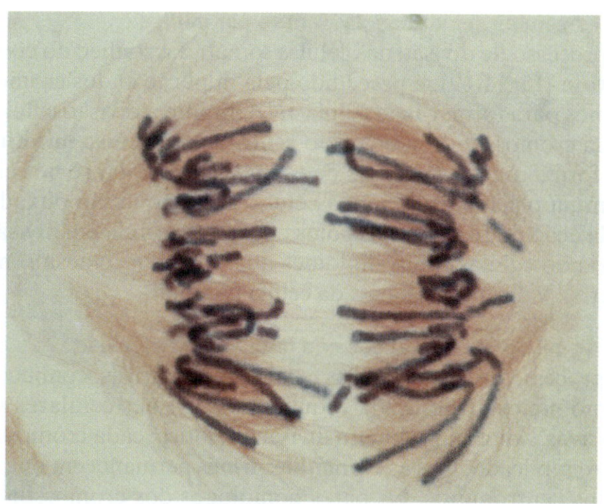

FIGURA 1.18 Cromossomos. Fotomicrografia de uma célula vegetal (*Scadoxus katherinae* Bak.) durante a anáfase da mitose, que mostra os cromossomos sendo puxados pelo fuso mitótico para os polos opostos da célula. Os microtúbulos formadores do fuso estão corados em vermelho e os cromossomos estão em azul. (Cortesia de Andrew S. Bajer, University of Oregon, EUA.)

A. *Cromossomos*

Em 1860, observou-se que o núcleo das células eucarióticas continha corpos lineares, que foram denominados cromossomos (do grego: *chromos,* cor + *soma,* corpo) porque eram fortemente corados por determinados corantes básicos (Fig. 1.18). Existem, normalmente, duas cópias de cada cromossomo (**pares homólogos**) em cada célula somática. O número (N) de cromossomos dessa célula é conhecido como o **número haploide**, e o total ($2N$) é o **número diploide**. Espécies diferentes diferem no seu número haploide de cromossomos (Tabela 1.2).

TABELA 1.2 Número de cromossomos ($2N$) em alguns eucariotos

Organismo	Cromossomos
Homem	46
Cão	78
Rato	42
Peru	82
Sapo	26
Mosca-das-frutas	8
Caranguejo eremita	~254
Ervilha	14
Batata	48
Levedura	34
Algas azul-esverdeadas	~20

Fonte: Ayala, F.J. & Kiger, J.A., Jr., *Modern Genetics* (2nd ed.), p. 9, Benjamin/ Cummings (1984).

a. As células somáticas dividem-se por mitose

O processo de divisão das células somáticas, conhecido como **mitose** (Fig. 1.19), é precedido pela duplicação dos cromossomos para formar uma célula $4N$. Durante a divisão celular, cada cromossomo se liga pelo **centrômero** ao **fuso mitótico**, de forma que os membros de cada par duplicado se posicionam na placa equatorial da célula. Eles são então puxados pela ação do fuso para os polos opostos da célula em divisão, gerando células-filhas diploides que possuem o mesmo número $2N$ de cromossomos da célula parental.

b. As células germinativas são formadas por meiose

O processo de formação das células germinativas, conhecido como **meiose** (Fig. 1.20), requer duas divisões celulares sucessivas. Antes da primeira divisão meiótica, cada cromossomo é replicado, mas as **cromátides-irmãs** permanecem unidas pelos centrômeros. Os pares homólogos dos cromossomos duplicados posicionam-se no plano equatorial da célula em uma forma semelhante a um zíper, o que permite uma troca entre partes correspondentes dos cromossomos homólogos em um processo conhecido como **recombinação**. O fuso então conduz os membros de cada par homólogo para os polos opostos da célula, de modo que, depois da primeira divisão meiótica, cada célula-filha contém um número $2N$ de cromossomos. Na segunda divisão meiótica, as cromátides-irmãs separam-se para formar os cromossomos e deslocam-se para os polos opostos da célula, gerando um total de quatro células haploides conhecidas como **gametas**. A fertilização consiste na fusão de um gameta masculino (espermatozoide) com um gameta feminino (óvulo), gerando uma célula diploide conhecida como **zigoto** que recebeu N cromossomos de cada um de seus pais.

B. *A herança mendeliana*

As leis básicas da herança foram enunciadas em 1866 por Gregor Mendel. Elas foram elucidadas por meio da análise de uma série de **cruzamentos genéticos** entre linhagens puras (que produzem uma progênie que possui as mesmas características dos pais) de ervilhas, *Pisum sativum*, que diferem em determinadas características bem-definidas, como forma da semente (lisa *versus* rugosa), cor da semente (amarela *versus* verde) ou cor da flor (púrpura *versus* branca). Mendel descobriu que o cruzamento entre pais (P) que diferem em uma única característica, por exemplo, forma da semente, produz uma progênie (F_1; primeira geração) em que todos os indivíduos possuem a característica de um dos pais, neste caso, sementes lisas (Fig. 1.21). A característica que aparece na F_1 é dita **dominante**, enquanto a característica alternativa é chamada de **recessiva**. Na F_2, ou seja, a progênie da F_1, três quartos têm a característica dominante e um quarto, a característica recessiva. Aquelas ervilhas com a característica recessiva fornecem uma linhagem pura, isto é, o autocruzamento da progênie F_2 recessiva resulta em uma progênie (F_3) que também possui a característica recessiva. Aquelas que exibem a característica dominante de F_2, contudo, pertencem a duas categorias: um terço delas fornece linhagens puras, enquanto as demais fornece uma progênie com a mesma relação dos membros da F_2, ou seja, 3:1 de característica dominante para recessiva.

Mendel justificou suas observações com a hipótese que *os vários pares de características contrastantes resultam de*

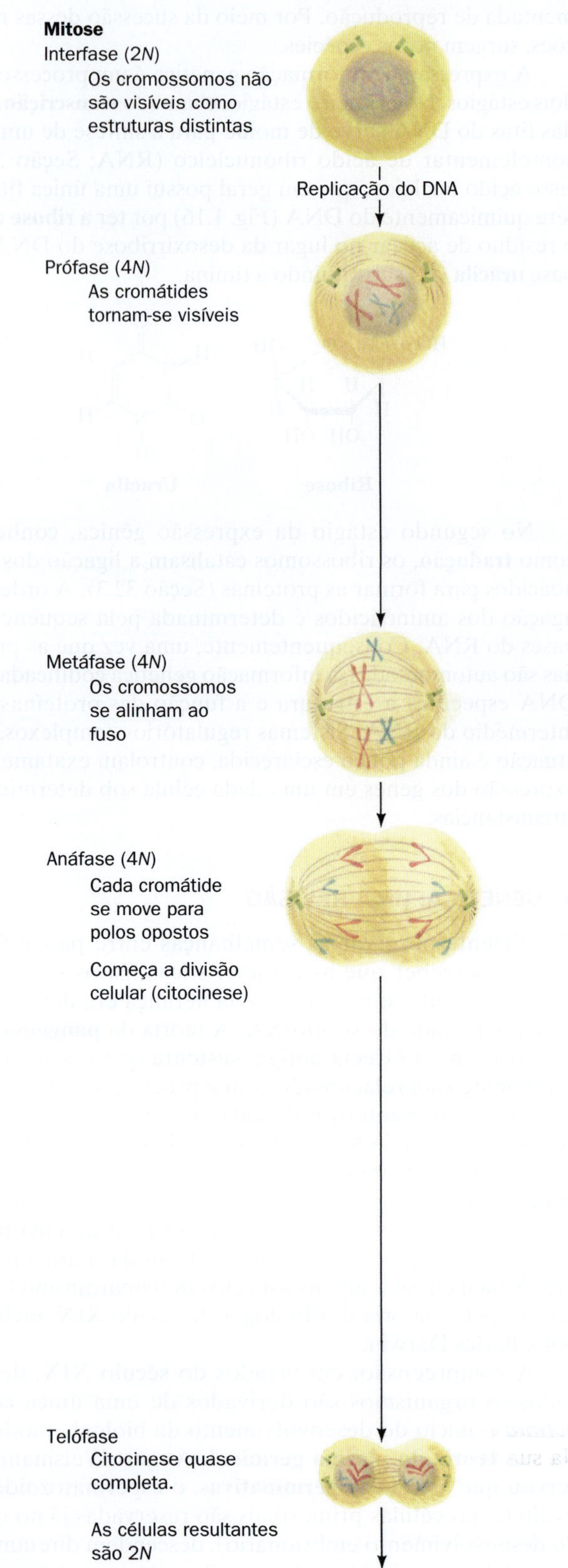

FIGURA 1.19 Mitose, a forma mais usada de divisão celular nos eucariotos. A mitose dá origem a duas células-filhas, cada uma contendo o mesmo número de cromossomos da célula parental.

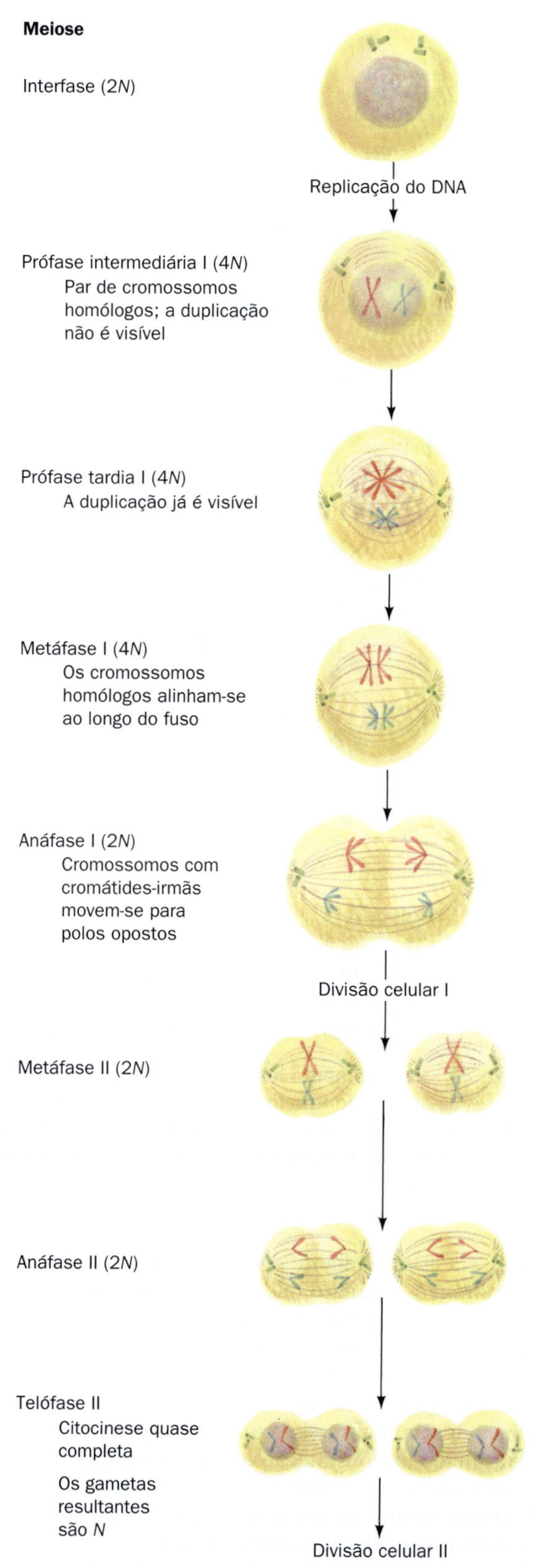

FIGURA 1.20 **Meiose, processo que leva à formação dos gametas (células sexuais).** Na meiose, ocorrem duas divisões celulares consecutivas, originando quatro células-filhas, cada uma contendo a metade do número de cromossomos da célula parental.

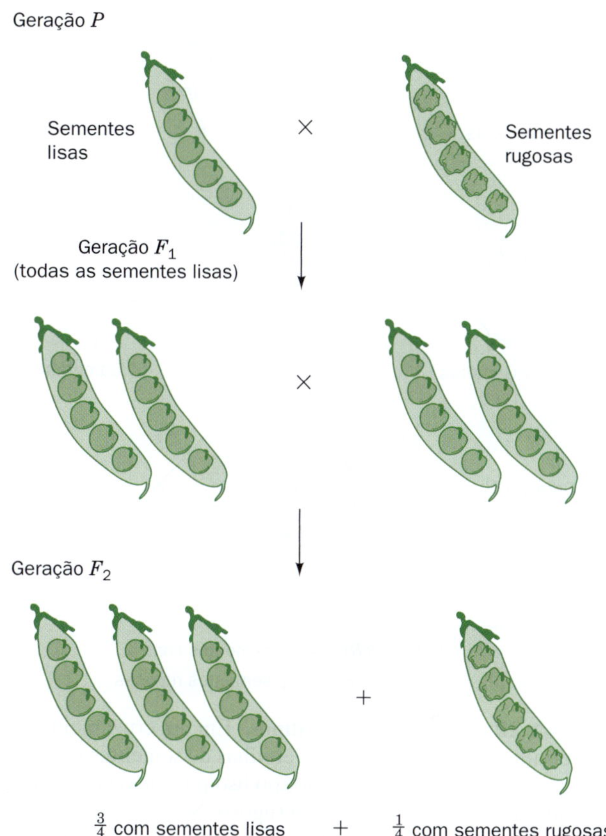

FIGURA 1.21 **Cruzamentos genéticos.** O cruzamento de uma planta de ervilha de sementes lisas com uma de sementes rugosas gera uma progênie F_1 na qual todas as sementes são lisas. O cruzamento de indivíduos da F_1 dá origem a uma geração F_2, na qual três quartos possuem sementes lisas e um quarto tem sementes rugosas.

um fator (agora chamado ***gene****) que tem formas alternativas (****alelos****). Cada planta contém um par de genes para uma característica em particular, um herdado do pai e outro da mãe.* Os alelos para a forma da semente são simbolizados com a letra *R* para as sementes lisas e *r* para as rugosas (os símbolos dos genes em geral são grafados em itálico). As plantas puras com sementes lisas e rugosas têm, respectivamente, **genótipos** *RR* e *rr* (composição genética) e são ambas **homozigotas** para a forma da semente. As plantas com o genótipo *Rr* são **heterozigotas** para a forma da semente e têm o **fenótipo** de semente lisa (aparência ou caractere), porque *R* é dominante sobre *r*. *Os dois alelos não se combinam nem se misturam na planta e são transmitidos independentemente, pelos gametas, para a progênie* (Fig. 1.22).

Mendel descobriu também que *características diferentes são herdadas independentemente.* Por exemplo, o cruzamento de ervilhas com sementes lisas e amarelas (*RRYY*) com ervilhas com sementes rugosas e verdes (*rryy*) resulta em uma progênie F_1 (*RrYy*) que tem sementes lisas amarelas (sementes amarelas são dominantes sobre sementes verdes). O fenótipo da F_2 aparece na proporção de 9 amarelas lisas, 3 verdes lisas, 3 amarelas rugosas, 1 verde rugosa. Esse resultado indica que não existe tendência para os genes de

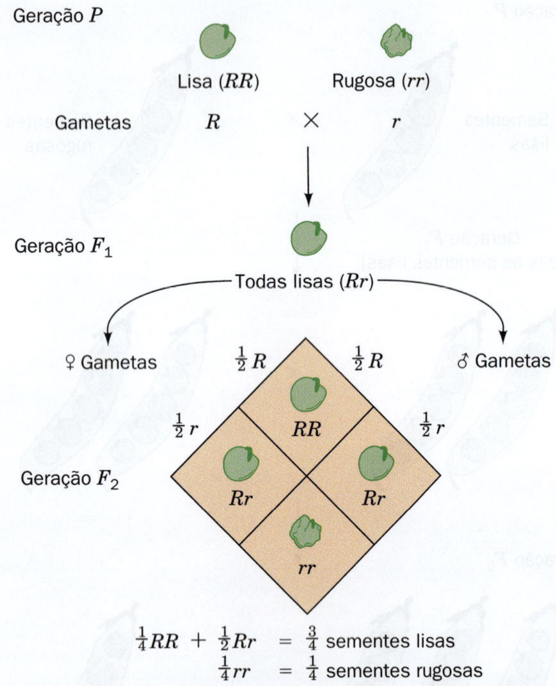

FIGURA 1.22 Genótipos e fenótipos. Em um cruzamento entre ervilhas de sementes lisas e ervilhas de sementes rugosas, a geração F_1 apresenta o fenótipo liso porque o genótipo liso é dominante sobre o genótipo rugoso. Na geração F_2, três quartos têm sementes lisas e um quarto tem sementes rugosas, porque os genes para esses alelos são transmitidos independentemente por gametas haploides.

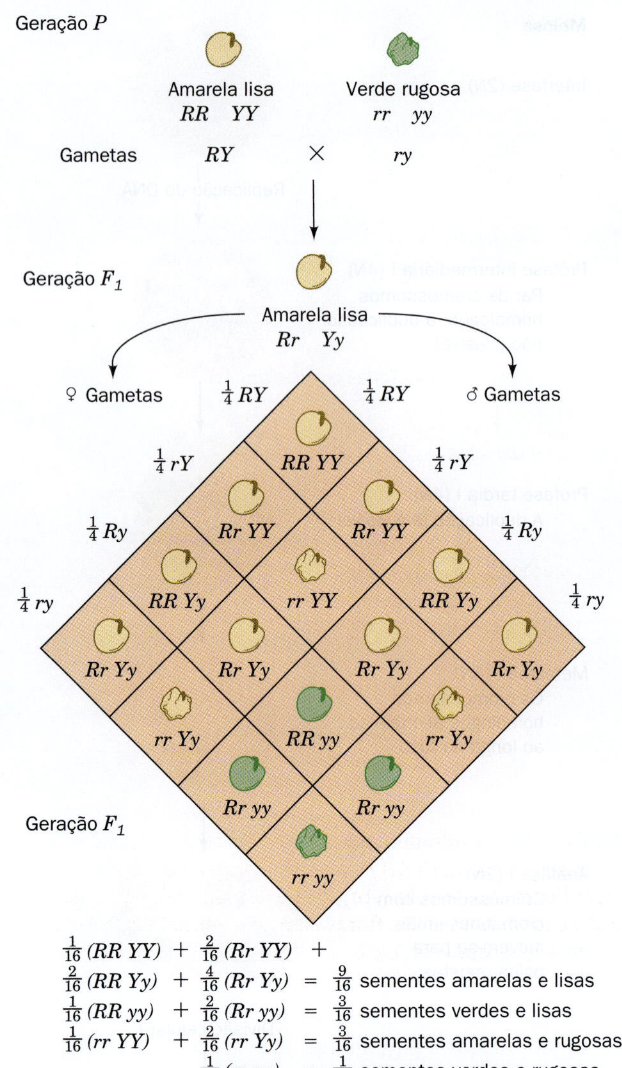

FIGURA 1.23 Agrupamento independente. Os genes para as sementes de ervilha do tipo liso (R) *versus* rugoso (r) e amarelo (Y) *versus* verde (y) se agrupam independentemente. A geração F_2 consiste em nove genótipos abrangendo os quatro fenótipos possíveis.

algum dos pais de se agrupar (Fig. 1.23). Posteriormente foi mostrado, no entanto, que *somente os genes que estão em cromossomos diferentes possuem essa independência.*

A dominância de uma característica sobre outra é um fenômeno comum, mas não universal. Por exemplo, o cruzamento de uma variedade pura vermelha da boca-de-leão *Antirrhinum* com uma variedade pura branca resulta em uma progênie F_1 cor-de-rosa. A progênie F_2 tem flores vermelhas, cor-de-rosa e brancas na proporção de 1:2:1, porque os homozigotos para a cor vermelha (*AA*) possuem mais pigmento do que os heterozigotos (*Aa*; Fig. 1.24). A característica vermelha e a branca são, por isso, denominadas **codominantes**. No caso de codominância, o fenótipo revela o genótipo.

Um dado gene pode ter alelos múltiplos. Um exemplo bem conhecido é o do **sistema de grupo sanguíneo ABO** (Seção 12.3E). Uma pessoa pode ter o tipo A, B, AB ou tipo O, dependendo de quais antígenos, A, B, ambos ou nenhum, existem nas suas hemácias. Os antígenos A e B são determinados pelos alelos codominantes I^A e I^B respectivamente, e o tipo O é homozigoto para o alelo recessivo *i*.

C. *Teoria cromossômica da herança*

A teoria da herança de Mendel foi praticamente ignorada por seus contemporâneos. Em parte porque, para analisar os dados, ele usou a teoria das probabilidades, um assunto estranho para a maioria dos biólogos da época. No entanto, a principal razão para que sua teoria tenha sido ignorada é porque ela estava adiante do seu tempo: o conhecimento contemporâneo da anatomia e da fisiologia não fornecia dados suficientes para a sua compreensão. Por exemplo, a mitose e a meiose ainda não tinham sido descobertas. Não obstante, depois que o trabalho de Mendel foi redescoberto em 1900, ficou claro que os seus princípios explicavam a herança dos animais assim como a das plantas. Em 1903, como resultado da constatação que cromossomos e genes se comportam de forma semelhante, Walter Sutton formulou a **teoria cromossômica da herança**, na qual ele supunha que os genes eram fragmentos dos cromossomos.

A primeira característica a ter sua localização cromossômica determinada foi a do sexo. *Na maioria dos eucariotos, as células das fêmeas possuem duas cópias do* ***cromossomo X****(XX), enquanto as células dos machos possuem uma cópia do X e um* ***cromossomo Y****, morfologicamente diferente (XY;*

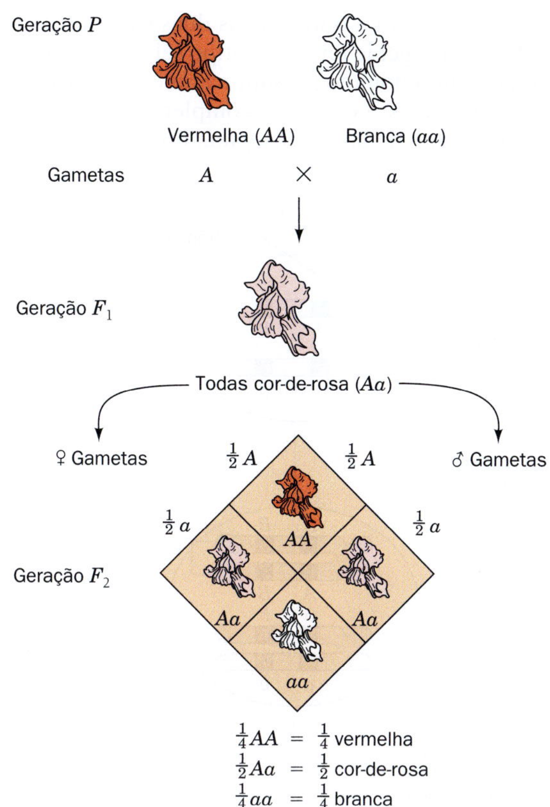

FIGURA 1.24 **Codominância.** No cruzamento de boca-de-leão com flores vermelhas (AA) e com flores brancas (aa), a geração F_1 tem flores cor-de-rosa (Aa), o que demonstra que os alelos A e a são codominantes. As flores da F_2 são vermelhas, cor-de-rosa e brancas na proporção 1:2:1.

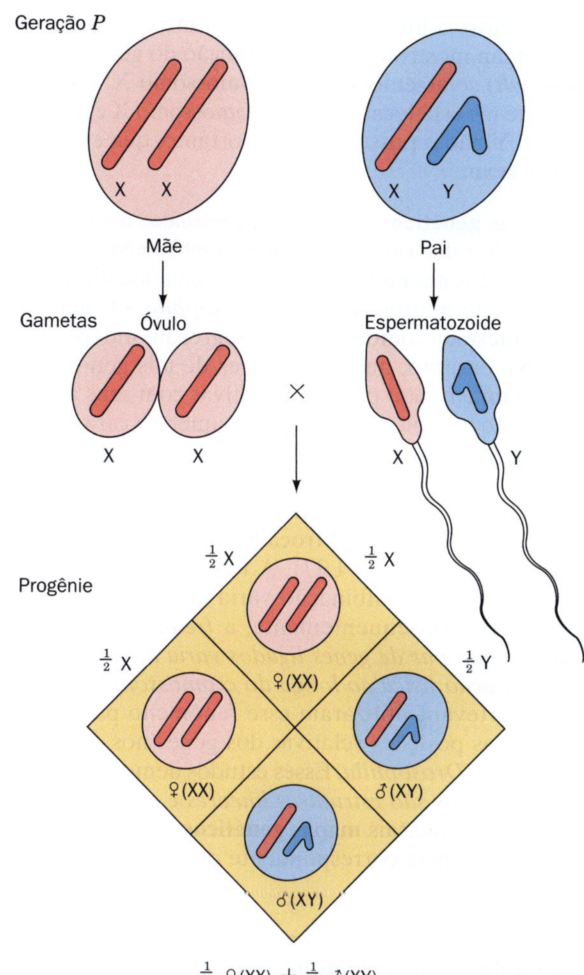

FIGURA 1.25 **Segregação independente.** A segregação independente dos cromossomos sexuais, X e Y, resulta na proporção 1:1 de fêmeas e de machos.

Fig. 1.25). Portanto, o óvulo deve ter somente um cromossomo X, enquanto o espermatozoide pode ter um X ou um Y (Fig. 1.25). A fertilização por um espermatozoide portando um X resulta em zigoto fêmea, e a fertilização por um espermatozoide portando um Y, resulta em zigoto macho. Isso explica a relação 1:1 de machos para fêmeas, observada na maioria das espécies. Os cromossomos X e Y são denominados **cromossomos sexuais**, e os demais são conhecidos como **autossômicos**.

a. A mosca-das-frutas é o modelo genético favorito

O ritmo das pesquisas genéticas foi bastante acelerado depois que Thomas Hunt Morgan começou a utilizar a mosca-das-frutas *Drosophila melanogaster* como modelo experimental. Esse pequeno e prolífico inseto (Fig. 1.26), que frequentemente é visto pairando sobre frutas maduras no verão e no outono, é facilmente mantido no laboratório, produzindo uma nova geração a cada 14 dias. Utilizando a *Drosophila*, os resultados dos cruzamentos genéticos podem ser determinados 25 vezes mais rapidamente do que com as ervilhas. A *Drosophila* é atualmente o organismo superior melhor caracterizado geneticamente.

A primeira linhagem mutante de *Drosophila* conhecida tem olhos brancos em vez dos olhos vermelhos do **tipo selvagem** (que ocorre na natureza). Por meio de cruzamentos

FIGURA 1.26 **A mosca-das-frutas *Drosophila melanogaster*.** O macho (*à esquerda*) e a fêmea (*à direita*) estão representados em seus tamanhos relativos; seu tamanho real é de ~2 mm de comprimento e pesam ~1 mg.

genéticos entre a linhagem de olhos brancos e o tipo selvagem, Morgan mostrou que a distribuição do gene para olho branco (*wh*) se assemelha à do cromossomo X. Isso indica que o gene *wh* está localizado no cromossomo X e que o cromossomo Y não o possui. Diz-se, portanto, que esse gene é **ligado ao sexo.**

b. Os mapas genéticos podem ser construídos a partir de uma análise das velocidades de recombinação

Nos anos subsequentes, foi determinada a localização cromossômica de muitos genes da *Drosophila*. Os genes que estão no mesmo cromossomo não segregam independentemente. No entanto, quaisquer pares de tais genes **ligados recombinam** (trocam posições relativas com seus alelos no cromossomo homólogo) com uma frequência característica. Foi observado que a base citológica desse fenômeno ocorre no início da meiose, quando os cromossomos homólogos duplicados se dispõem em paralelo (metáfase I; Fig. 1.20). As cromátides homólogas trocam segmentos equivalentes por recombinação (Fig. 1.27). A localização cromossômica do ponto de recombinação varia, ao acaso, de evento para evento. Consequentemente, a *frequência de recombinação de um par de genes ligados varia diretamente com a sua separação física ao longo do cromossomo.* Morgan e Alfred Sturtevant utilizaram esse fenômeno para **mapear** (localizar) as posições relativas dos genes nos quatro cromossomos da *Drosophila*. Esses estudos demonstraram que *os cromossomos são estruturas lineares e não ramificadas.* Sabe-se agora que tais **mapas genéticos** (Fig. 1.28) são paralelos à sequência correspondente de bases do DNA nos cromossomos.

c. Os genes não alélicos se complementam

Um **teste de complementação** pode determinar se duas características recessivas que afetam funções similares são ou não alélicas (diferentes formas do mesmo gene). Nesse teste, um homozigoto para uma das características é cruzado com um homozigoto para a outra. Se as duas características são não alélicas, a progênie terá o fenótipo selvagem, porque um dos cromossomos homólogos supre a função selvagem que o outro não possui; isto é, eles se complementam. Por exemplo, o cruzamento de uma *Drosophila* homozigota para uma

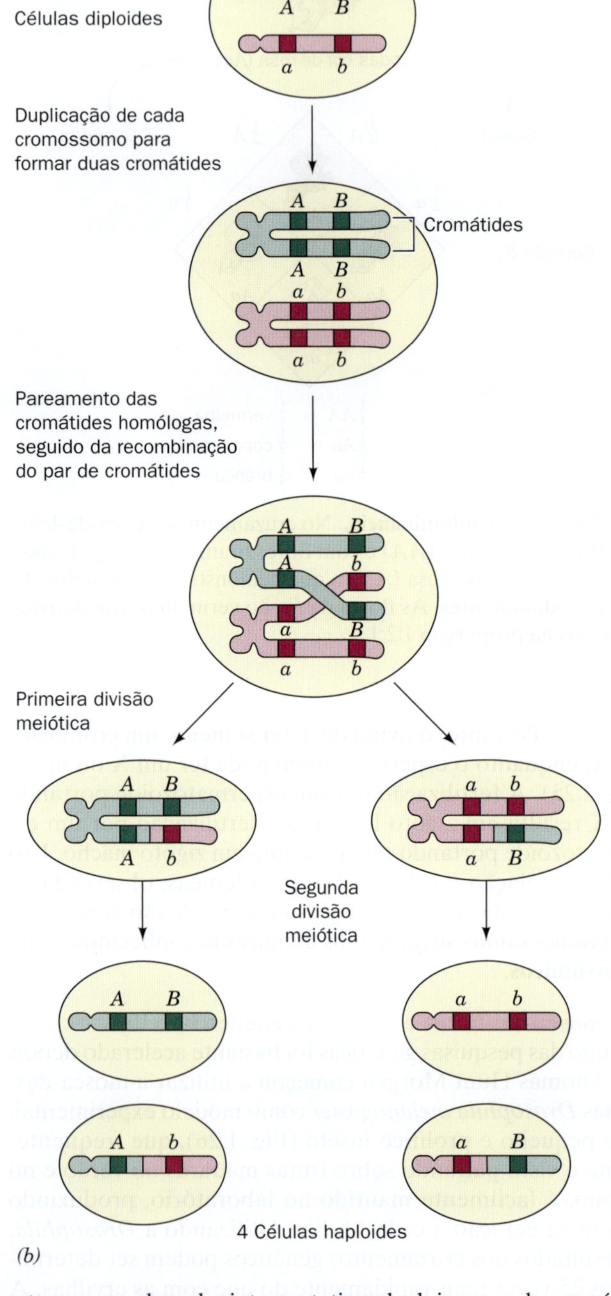

FIGURA 1.27 Recombinação. (*a*) Micrografia eletrônica, juntamente com um desenho interpretativo, de dois pares de cromátides homólogas durante a meiose no gafanhoto *Chorthippus parallelus.* As cromátides não irmãs (*cores diferentes*) podem recombinar em qualquer um dos pontos onde se cruzam. (Cortesia de Bernard John, The Australian National University, Austrália.) (*b*) Desenho esquemático da recombinação dos pares de genes alelos (*A, B*) e (*a, b*) durante a permutação.

mutação de cor de olho conhecida como púrpura (*pr*) com uma homozigota para outra mutação de cor de olho conhecida como castanho (*bw*) gera uma progênie com cor de olho selvagem, demonstrando, assim, que esses dois genes não são alelos (Fig. 1.29*a*).

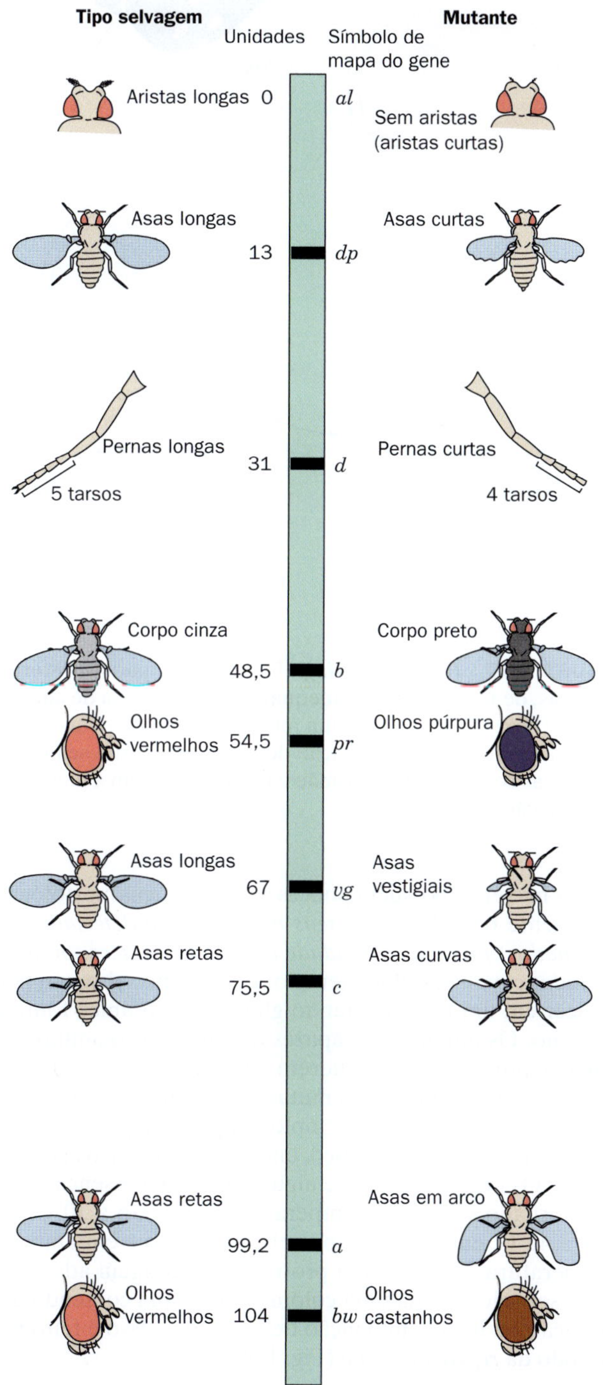

FIGURA 1.28 **Segmento do mapa genético do cromossomo 2 de *Drosophila*.** As posições dos genes são dadas em unidades de mapa. Dois genes separados por uma unidade de mapa *m* recombinam com uma frequência de *m*%.

Em contraste, no cruzamento de uma fêmea de *Drosophila* homozigota para o alelo branco de cor de olho ligado ao sexo (*wh*) com um macho que possui o alelo café de cor de olho também ligado ao sexo (*cf*), a progênie fêmea não apresenta a cor de olho do tipo selvagem (Fig. 1.29*b*). Os genes *wh* e *cf*, portanto, devem ser alelos.

d. Os genes comandam a expressão de proteínas

A questão de como os genes controlam as características dos organismos levou algum tempo para ser respondida. Archibald Garrod foi o primeiro a sugerir uma conexão específica entre genes e enzimas. Os indivíduos com **alcaptonuria** produzem urina que escurece em contato com o ar,

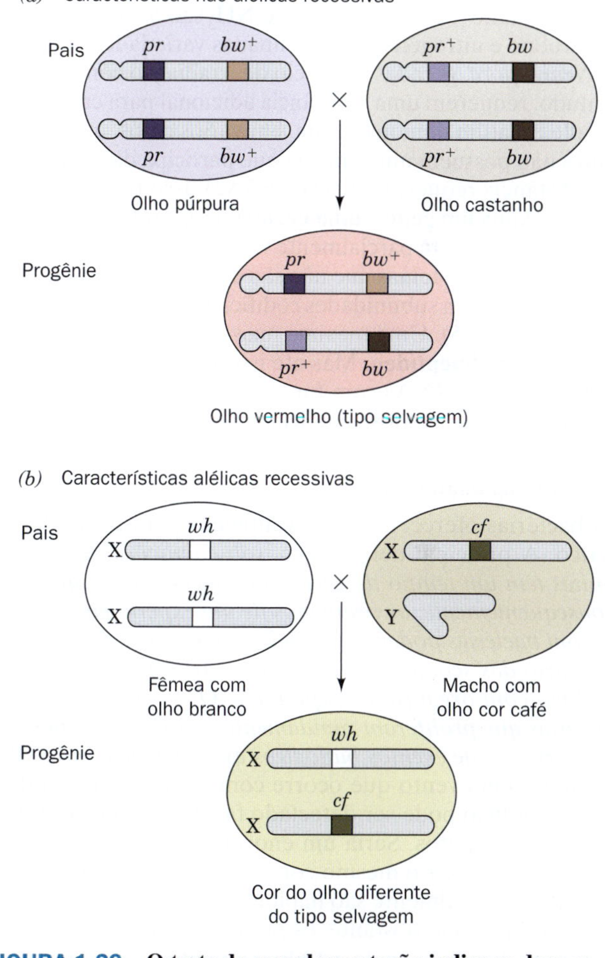

FIGURA 1.29 **O teste de complementação indica se duas características recessivas são alélicas.** São mostrados dois exemplos em *Drosophila*. (*a*) O cruzamento de um homozigoto para cor de olho púrpura (*pr*) com um homozigoto para cor de olho castanho (*bw*) gera uma progênie com cor de olho tipo selvagem. Isso indica que *pr* e *bw* não são alelos. O índice "+" indica o alelo tipo selvagem. (*b*) No cruzamento de uma fêmea homozigota para o gene *wh*, cor de olho branco, ligado ao sexo, com um macho que possui o gene *cf* de cor de olho café também ligado ao sexo, a progênie feminina não tem a cor de olho tipo selvagem. Portanto, os genes *wh* e *cf* devem ser alelos.

como consequência da oxidação do **ácido homogentísico** excretado (Seção 16.3Ab). Em 1902, Garrod mostrou que essa doença metabólica benigna (seu único efeito adverso é artrite na idade avançada) resulta de uma característica recessiva herdada com padrão mendeliano. Ele demonstrou ainda que os alcaptonúricos são incapazes de metabolizar o ácido homogentísico da alimentação e, por isso, concluiu que *eles não possuem uma enzima que metaboliza essa substância.* Garrod descreveu a alcaptonuria e várias outras doenças humanas herdadas, estudadas por ele, como **erros inatos do metabolismo.**

No início de 1940, George Beadle e Edward Tatum mostraram, em uma série de investigações que marcou o início da genética bioquímica, que *existe uma correspondência de um para um entre uma mutação e a falta de uma enzima específica.* O tipo selvagem do fungo *Neurospora* cresce em um "meio mínimo", em que glicose e NH_3 são as únicas fontes de carbono e nitrogênio. Determinadas variedades mutantes de *Neurospora*, geradas por meio de irradiação com raios X, contudo, requerem uma substância adicional para crescerem. Beadle e Tatum demonstraram, em vários casos, que os mutantes não possuem uma enzima que participa da biossíntese da substância requerida (Seção 16.3Ac). Isso resultou na famosa máxima **um gene – uma enzima**. Hoje, sabe-se que esse princípio é somente parcialmente verdadeiro, pois muitos genes codificam proteínas que não são enzimas e muitas proteínas consistem em subunidades codificadas de modo independente (Seção 8.5). Uma máxima mais correta deveria ser **um gene – um polipeptídeo**. Mas até isso não é completamente correto, pois os RNAs com funções estruturais e funcionais também são codificados geneticamente.

D. *Genética bacteriana*

As bactérias oferecem várias vantagens para o estudo genético. A principal delas é que, *sob condições favoráveis, muitas têm um tempo de geração de menos de 20 minutos. Consequentemente, os resultados de um experimento genético com bactérias podem ser obtidos em questão de horas, ao contrário das semanas ou anos necessários para um estudo análogo com organismos superiores. O enorme número de bactérias que proliferam rapidamente* (~10^{10} mL^{-1}) *permite a observação de eventos biológicos extremamente raros.* Por exemplo, um evento que ocorre com uma frequência de 1 por um milhão pode ser detectado facilmente nas bactérias em alguns minutos. Seria um enorme esforço, e provavelmente inútil, fazer o mesmo com a *Drosophila*. Além disso, as bactérias geralmente são haploides, e seu fenótipo reflete seu genótipo. Não obstante, os princípios básicos da genética foram elucidados pelo estudo de plantas e animais superiores. Isso porque as bactérias não se reproduzem sexuadamente como o fazem os organismos superiores, de modo que a técnica básica da genética clássica, o cruzamento genético, não é aplicável às bactérias. Na verdade, antes de ter sido mostrado que o DNA era o portador da informação hereditária, não era inteiramente claro se as bactérias possuíam cromossomos.

O estudo da genética bacteriana começou efetivamente nos anos de 1940, quando foram desenvolvidos procedimentos para o isolamento de bactérias mutantes. Uma vez que as bactérias possuem poucas características morfológicas facilmente reconhecíveis, *seus mutantes são detectados (selecionados) por sua capacidade ou não de crescer sob determinadas condições.* Por exemplo, *E. coli* tipo selvagem pode crescer em um meio contendo glicose como única fonte de carbono. Os mutantes incapazes de sintetizar o aminoácido **leucina**, por exemplo, requerem a presença desse aminoácido no meio de cultivo. Os mutantes resistentes a um determinado antibiótico, por exemplo, **ampicilina**, podem crescer na presença desse antibiótico, enquanto o tipo selvagem não cresce. Os mutantes em que alguma proteína essencial se tenha tornado sensível à temperatura crescerão a 30°C, mas não a 42°C, enquanto o tipo selvagem cresce em ambas as temperaturas. Usando um protocolo de triagem adequado, pode ser selecionada uma colônia bacteriana contendo uma mutação ou uma combinação de mutações. Isso é feito pelo método da ***replica plating*** (Fig. 1.30).

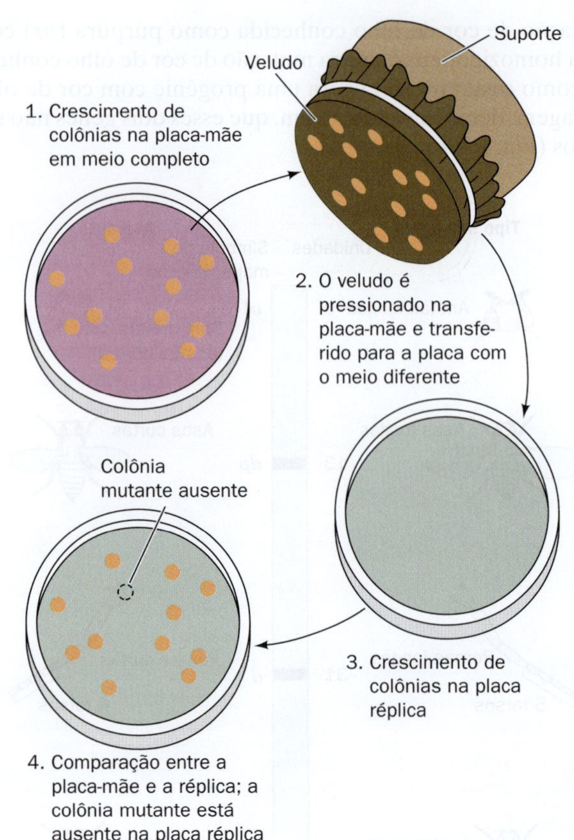

FIGURA 1.30 ***Replica plating.*** Uma técnica para transferir colônias, de forma rápida e adequada, de uma placa de cultura "mãe" (placa de Petri) para um meio diferente ou para outra placa de cultura. A identificação dos mutantes torna-se fácil porque as colônias na placa-mãe e nas réplicas têm a mesma distribuição espacial.

E. *Genética viral*

Os vírus são partículas infecciosas que consistem em uma molécula de ácido nucleico envolto por um ***capsídeo*** *(revestimento) protetor formado inteiramente ou em grande parte*

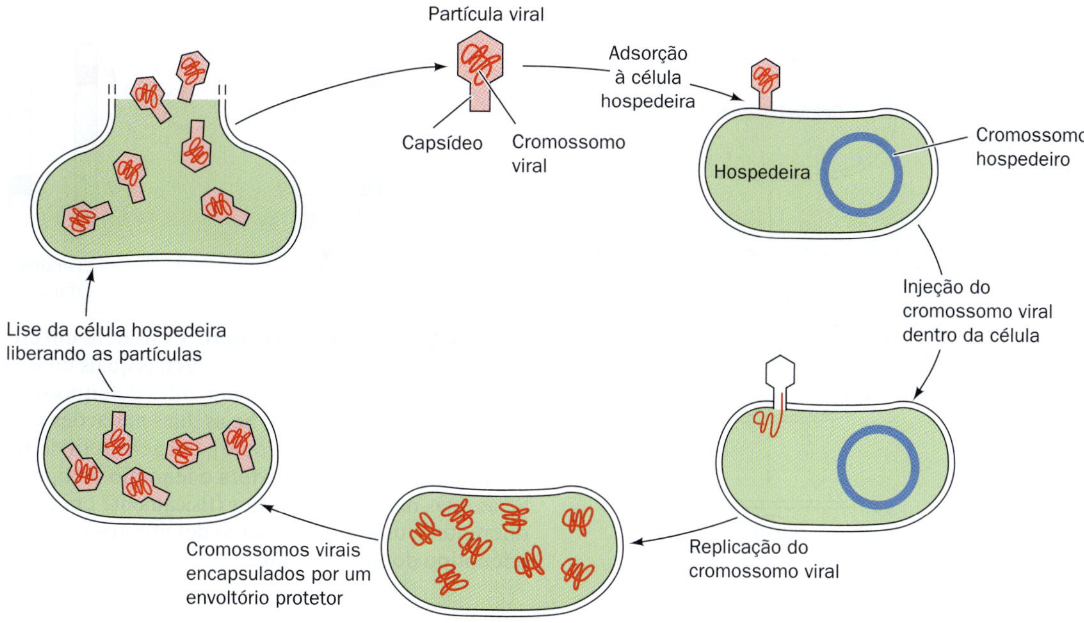

FIGURA 1.31 **Ciclo de vida de um vírus.**

por proteína. Um vírus adsorve especificamente a uma célula suscetível e introduz nela seu ácido nucleico. No processo da infecção (Fig. 1.31), o cromossomo viral redireciona o metabolismo celular para que este produza novos vírus. Uma infecção viral em geral culmina com a **lise** (rompimento) da célula hospedeira, liberando um grande número (dezenas de milhares) de partículas virais maduras que podem iniciar um novo ciclo de infecção. Como não possuem seu próprio metabolismo, os vírus são parasitos por completo. Eles não são organismos vivos, pois, fora de seu hospedeiro, são biologicamente inertes como qualquer macromolécula.

a. Os vírus estão sujeitos a complementação e recombinação

A genética dos vírus pode ser estudada em grande parte da mesma maneira que a dos organismos celulares. Contudo, uma vez que os vírus não têm metabolismo, sua presença em geral é detectada pela capacidade de matar seu hospedeiro. A presença de **bacteriófagos** viáveis (vírus que infectam bactérias, abreviadamente **fagos**; do grego: *phagein*, comer) é indicada por **placas** (manchas claras) em uma "camada" de bactérias em uma placa de cultura (Fig. 1.32). As placas marcam os locais onde as partículas virais se multiplicaram, com a consequente lise das bactérias. Um fago mutante que pode se reproduzir sob determinadas **condições permissivas** é detectado devido à sua incapacidade de fazê-lo sob **condições restritivas**, nas quais o fago tipo selvagem é viável. Essas condições em geral envolvem diferenças na linhagem da bactéria hospedeira utilizada ou na temperatura.

Os vírus estão sujeitos à complementação. A infecção simultânea de uma bactéria por duas variedades mutantes diferentes de um fago pode gerar uma progênie sob condições nas quais os fagos mutantes isoladamente não podem se reproduzir. Caso isso ocorra, um dos mutantes deve ter suprido uma função que não poderia ser desempenhada pelo outro. Diz-se que essas mutações pertencem a diferentes **grupos de complementação**, um termo sinônimo de gene.

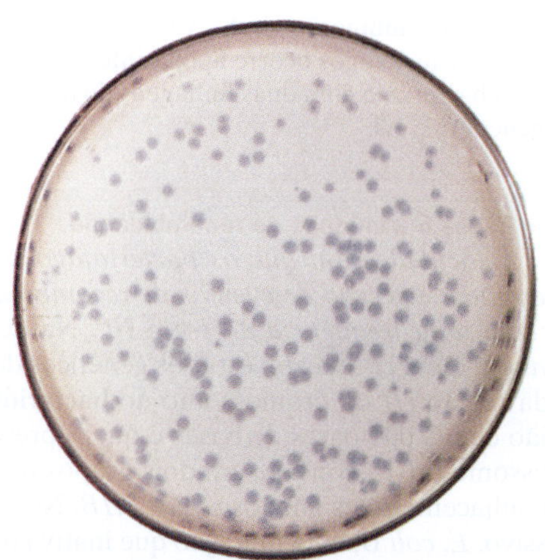

FIGURA 1.32 **Triagem de vírus mutantes.** Placa de cultura coberta por uma camada de bactérias sobre a qual o bacteriófago formou placas. (Jack Bostrack/Visuals Unlimited.)

Os cromossomos virais também estão sujeitos à recombinação. Isso ocorre quando uma célula isolada é infectada simultaneamente por duas linhagens mutantes de um vírus (Fig. 1.33). A dinâmica da recombinação viral difere da dos eucariotos ou das bactérias porque o cromossomo viral é submetido à recombinação por meio de vários ciclos de replicação do DNA que ocorrem durante o ciclo de vida viral. Portanto, a progênie viral recombinante consiste em muitos, senão todos, tipos recombinantes possíveis.

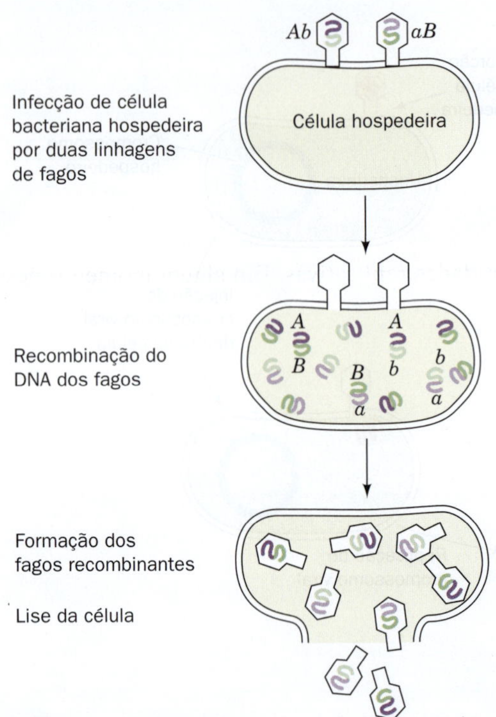

FIGURA 1.33 Recombinação viral. A recombinação dos cromossomos dos bacteriófagos ocorre após a infecção simultânea de uma célula bacteriana com duas linhagens de fagos que carregam os genes *Ab* e *aB*.

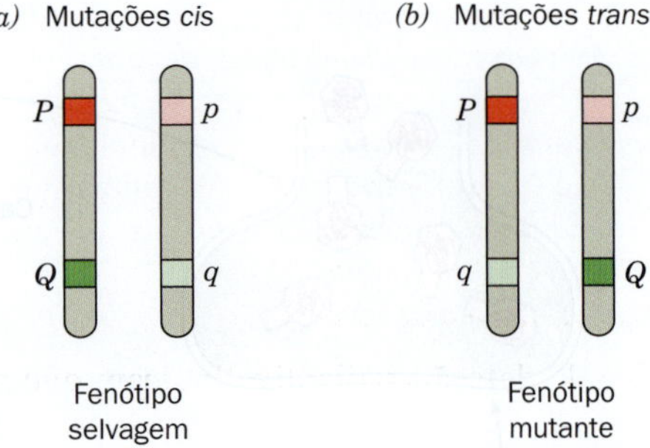

FIGURA 1.34 O teste *cis-trans*. Considere um cromossomo que esteja presente em duas cópias nas quais duas posições do mesmo gene, *P* e *Q*, tenham mutantes defeituosos (recessivos), *p* e *q*, respectivamente. (a) Se as duas mutações são *cis* (fisicamente no mesmo cromossomo), um gene será do tipo selvagem, de forma que o organismo terá o fenótipo do tipo selvagem. (*b*) Se as duas mutações são *trans* (fisicamente em cromossomos diferentes), os dois genes serão defeituosos e o organismo terá o fenótipo do tipo mutante.

b. O par de bases é a unidade de recombinação

A enorme velocidade com que os bacteriófagos se reproduzem permite a detecção de eventos de recombinação que ocorrem com uma frequência de 1 em 10^8. Na década de 1950, Seymour Benzer realizou estudos genéticos de alta resolução da região *rII* do cromossomo do **bacteriófago T4**. Essa região com 4.000 pares de bases e que representa 2% do cromossomo do T4 consiste em dois grupos de complementação adjacentes, designados *rIIA* e *rIIB*. No hospedeiro permissivo, *E. coli* B, uma mutação que inativa o produto de ambos os genes causa a formação de placas facilmente identificáveis por serem muito maiores do que aquelas geradas pelos fagos selvagens (a designação *r* significa lise rápida). No entanto, somente o fago tipo selvagem irá lisar o hospedeiro restritivo, *E. coli* K12(λ). A presença de placas em uma cultura de *E. coli* K12(λ) infectada simultaneamente por dois mutantes *rII* diferentes no mesmo grupo de complementação demonstra que a *recombinação pode ocorrer dentro do mesmo gene*. Isso refutou o modelo do cromossomo, então amplamente defendido, no qual os genes seriam entidades discretas, semelhantes às contas de um colar, de forma que a recombinação poderia ocorrer somente entre genes intactos. O mapeamento genético de mutações em mais de 300 locais distintos nas regiões *rIIA* e *rIIB* indica que os *genes, assim como os cromossomos, são estruturas lineares não ramificadas.*

Benzer também demonstrou que um teste de complementação entre duas mutações dentro do mesmo grupo de complementação gera progênie no hospedeiro restritivo quando as mutações estão na configuração ***cis*** (no mesmo cromossomo; Fig. 1.34*a*), mas não o faz quando estão na configuração ***trans*** (em cromossomos fisicamente diferentes; Fig. 1.34*b*). Isso ocorre porque somente quando ambas as mutações estão fisicamente no mesmo gene o outro gene será funcionalmente intacto. O termo **cístron** foi cunhado para descrever uma unidade genética funcional definida de acordo com o **teste *cis-trans***. Essa palavra tornou-se sinônimo de gene ou grupo de complementação.

A recombinação de pares de mutantes *rII* ocorre com frequência baixa de 0,01% (embora tenham sido detectadas frequências mais baixas, de 0,0001%). Uma vez que a frequência de recombinação de 1% em T4 corresponde a uma distância de 240 pares de bases dos sítios de mutação, a unidade de recombinação não pode ser maior do que 0,01 × 240 = 2,4 pares de bases. Por razões ligadas ao mecanismo de recombinação, esse valor é superestimado. Com base no mapeamento genético de alta resolução, concluiu-se que *a unidade de recombinação tem o tamanho de um par de bases.*

5 A ORIGEM DA VIDA

As pessoas têm refletido sempre sobre o enigma da existência. Na verdade, todas as culturas conhecidas, passadas, presentes, primitivas e sofisticadas, têm algum tipo de mito da criação que apresenta razões para explicar como a vida surgiu. Somente na era moderna, contudo, tem sido possível estudar a origem da vida sob uma ótica científica, isto é, de uma forma sujeita à verificação experimental. Um dos primeiros a fazer isso foi Charles Darwin, o criador da teoria da evolução. Em 1871, ele escreveu em uma carta a um colega:

> *Diz-se com frequência que todas as condições para a primeira produção de um organismo vivo estão agora presentes, as quais poderiam estar presentes desde sempre.*

Mas se (e, oh, que grande se!) pudéssemos imaginar que, em alguma pequena e quente lagoa, na presença de todos os tipos de amônia e sais fosfóricos, luz, calor, eletricidade, etc., um composto proteico tenha formado-se quimicamente, pronto para ser submetido a mudanças ainda mais complexas, atualmente tal substância seria devorada ou absorvida instantaneamente, o que não ocorreria antes da formação das criaturas vivas.

Estudos de datação radioativa indicam que a Terra se formou há 4,6 bilhões de anos, mas, devido aos impactos de numerosos objetos grandes, sua superfície permaneceu, por varias centenas de milhões de anos, quente demais para permitir a vida. As evidências mais primitivas de vida celular, microfósseis do que parecem ser organismos semelhantes às cianobactérias modernas (Fig. 1.35), têm 3,5 bilhões de anos. No entanto, as rochas sedimentares mais antigas conhecidas na Terra, com 3,8 bilhões de anos, foram sujeitas a forças metamórficas tão extremas (500°C e 5.000 atm) que quaisquer microfósseis que contivessem teriam sido destruídos. Não obstante, a análise geoquímica indica (embora com controvérsia) que essas rochas contêm inclusões carbonadas que parecem ser de origem biológica e, portanto, teria existido vida na época em que essas rochas sedimentares se depositaram. Se for assim, a vida na Terra deve ter surgido dentro de um intervalo de tempo tão curto quanto cem milhões de anos, há 4 bilhões de anos atrás.

Uma vez que a era pré-biótica não deixou registro direto, *não há esperança de determinar com exatidão como a vida surgiu. No entanto, por meio de experimentação em laboratório pode-se, pelo menos, demonstrar que tipo de reações químicas abióticas podem ter levado à formação dos sistemas vivos.* Além disso, não se está totalmente desprovido de indícios de desenvolvimento pré-biótico. A unidade bioquímica e genética básica dos organismos modernos sugere que a vida tal como a se conhece surgiu somente uma vez (se surgiu mais de uma vez, as outras formas devem ter se extinguido rapidamente, possivelmente por terem sido "comidas" pelas formas atuais). Assim, pela comparação de mensagens genéticas correspondentes de uma grande variedade de organismos atuais é possível deduzir modelos razoáveis das mensagens primitivas a partir das quais eles se originaram.

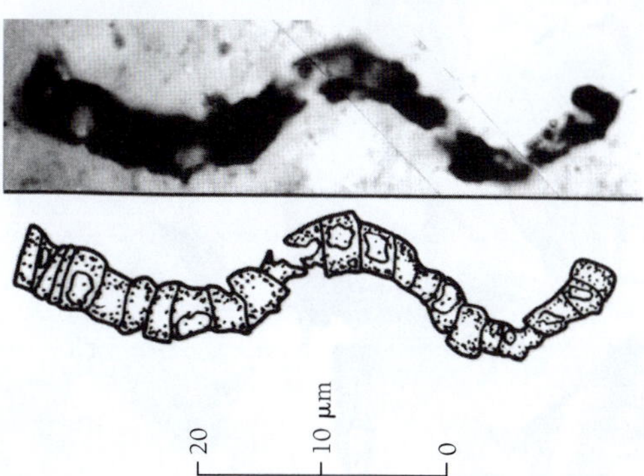

FIGURA 1.35 Microfóssil do que parece ser uma cianobactéria. Este fóssil, mostrado aqui juntamente com seu desenho explicativo, foi encontrado em uma rocha com cerca de 3,5 bilhões de anos no oeste da Austrália. (Cortesia de J.William Schopf, UCLA, EUA.)

Geralmente aceita-se que o desenvolvimento da vida ocorreu em três estágios (Fig. 1.36):

1. A evolução química pela qual as moléculas geologicamente simples reagiram para formar polímeros orgânicos complexos.
2. A auto-organização de grupos desses polímeros para formar entidades replicativas. Em algum momento nesse processo, ocorreu a transição desses grupos de moléculas inanimadas para um sistema vivo.
3. A evolução biológica para formar a rede complexa da vida atual.

Nesta seção, resume-se o que se supõe a respeito desse processo. Inicia-se essa discussão com uma consideração sobre por que somente o carbono, dentre todos os elementos, é adequado para ser a base da complexa química necessária à vida.

A. *As propriedades exclusivas do carbono*

Conforme mostra a Tabela 1.3, a matéria viva é composta por um número relativamente pequeno de elementos. C, H, O, N, P e S formam ligações covalentes e compõem 92% do peso seco das criaturas vivas (a maioria dos organismos possui 70% de água). O restante consiste em elementos que estão presentes principalmente na forma de íons e na sua maioria ocorrem somente em microquantidades (em geral exercem suas funções nos sítios ativos de enzimas). Observe, no entanto, que não se conhece as necessidades biológicas para 64 dos 90 elementos que ocorrem naturalmente (Fig. 1.37). Por outro lado, com exceção do oxigênio e do cálcio, os elementos biologicamente mais abundantes são aqueles que

TABELA 1.3 Composição elementar do corpo humano

Elemento	Peso seco (%)*	Elementos presentes em microquantidades
C	61,7	B
N	11,0	F
O	9,3	Si
H	5,7	V
Ca	5,0	Cr
P	3,3	Mn
K	1,3	Fe
S	1,0	Co
Cl	0,7	Ni
Na	0,7	Cu
Mg	0,3	Zn
		Se
		Mo
		Sn
		I

*Cálculo com base em Frieden, E., Sci. Am. **227**(1), 54-55 (1972).

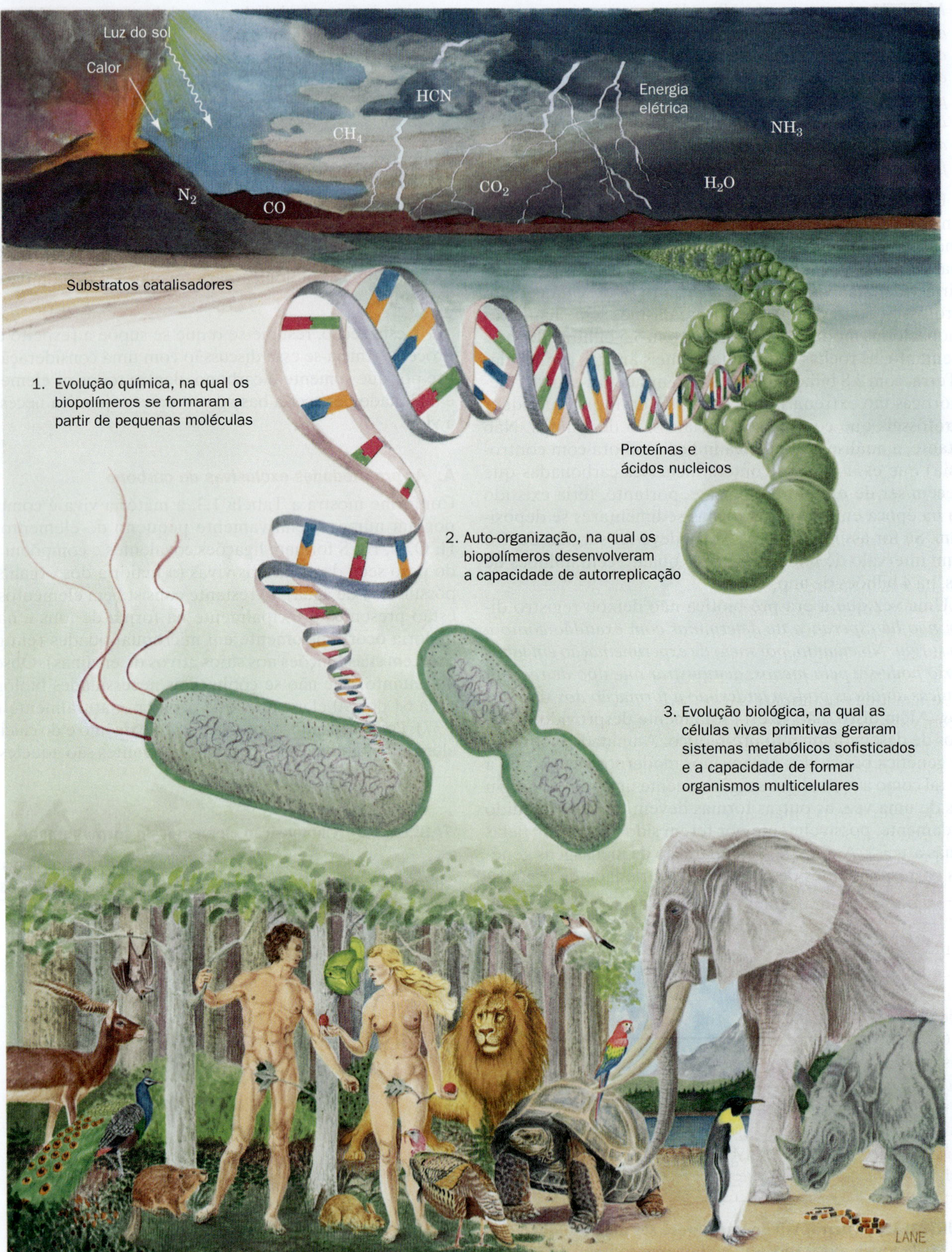

FIGURA 1.36 **Os três estágios da evolução da vida.**

Elementos principais
Elementos traços

1	2	3	4	5	6	7	8	9	10	11	12	13	14	15	16	17	18	19
1 H																		2 He
3 Li	4 Be												5 B	6 C	7 N	8 O	9 F	10 Ne
11 Na	12 Mg												13 Al	14 Si	15 P	16 S	17 Cl	18 Ar
19 K	20 Ca		21 Sc	22 Ti	23 V	24 Cr	25 Mn	26 Fe	27 Co	28 Ni	29 Cu	30 Zn	31 Ga	32 Ge	33 As	34 Se	35 Br	36 Kr
37 Rb	38 Sr		39 Y	40 Zr	41 Nb	42 Mo	43 Tc	44 Ru	45 Rh	46 Pd	47 Ag	48 Cd	49 In	50 Sn	51 Sb	52 Te	53 I	54 Xe
55 Cs	56 Ba	57–70 Lantanoides	71 Lu	72 Hf	73 Ta	74 W	75 Re	76 Os	77 Ir	78 Pt	79 Au	80 Hg	81 Tl	82 Pb	83 Bi	84 Po	85 At	86 Rn
87 Fr	88 Ra	89–102 Actinoides	103 Lr	104 Rf	105 Db	106 Sg	107 Bh	108 Hs	109 Mt	110 Ds	111 Rt	112 Uub						

FIGURA 1.37 **Tabela periódica em que os 26 elementos utilizados por sistemas biológicos estão salientados em azul.**

existem em menor quantidade na crosta terrestre (na qual os componentes mais abundantes são O, 47%; Si, 28%; Al, 7,9%; Fe, 4,5%; e Ca, 3,5%).

A predominância do carbono na matéria viva é sem dúvida o resultado de sua enorme versatilidade química, comparada com os demais elementos. O carbono tem a habilidade exclusiva de formar um número praticamente infinito de compostos como resultado de sua capacidade de fazer até quatro ligações covalentes altamente estáveis (ligações simples, duplas ou triplas), combinada com a capacidade de formar cadeias de C—C em ligação covalente de tamanho ilimitado. Assim, ~90% dos cerca de 40 milhões de compostos químicos conhecidos atualmente são substâncias orgânicas (que contêm carbono). Serão examinados os outros elementos da tabela periódica para averiguar por que eles não possuem essas propriedades.

Somente cinco elementos, B, C, N, Si e P, têm a capacidade de fazer três ou mais ligações, e assim formar cadeias de átomos ligados covalentemente que também podem apresentar cadeias laterais. Os outros elementos são metais, que tendem a formar ligações iônicas em vez de covalentes, gases nobres, que são quimicamente inertes, ou átomos, como H ou O, que podem formar somente uma ou duas ligações covalentes. No entanto, apesar de B, N, Si e P poderem participar de pelo menos três ligações covalentes, esses elementos são impróprios como base de uma química complexa, pelas razões que estão indicadas a seguir.

O boro é deficiente em elétrons por possuir menos elétrons de valência (3) do que orbitais de valência (4). Isso limita muito os tipos e a estabilidade dos compostos que esse elemento pode formar. O nitrogênio tem o problema oposto: seus 5 elétrons de valência o tornam rico em elétrons. A repulsão entre os pares de elétrons isolados nos átomos de N ligados covalentemente serve para reduzir bastante a energia da ligação N—N (171 kJ · mol^{-1}, contra 348 kJ · mol^{-1} para a ligação simples C—C), em comparação à ligação tripla surpreendentemente estável da molécula de N_2 (946 kJ · mol^{-1}). Por isso, mesmo cadeias curtas de átomos de N em ligação covalente tendem a se decompor em N_2, em geral de forma violenta. Quanto ao silício e ao carbono, que estão na mesma coluna na tabela periódica, espera-se que tenham propriedades químicas semelhantes. No entanto, o grande raio atômico do silício impede que dois átomos possam ficar suficientemente próximos para atingir a sobreposição orbital. Consequentemente, as ligações Si—Si são fracas (177 kJ · mol^{-1}) e as ligações múltiplas raramente são estáveis. Em contraste, as ligações Si—O são tão estáveis (369 kJ · mol^{-1}) que as cadeias formadas por esses dois elementos em disposição alternada são inertes (os minerais de silicato, cuja estrutura consiste em tais ligações, formam a crosta terrestre). Os escritores de ficção científica especulam que os **silicones**, compostos orgânicos de silício oleosos ou com consistência de borracha, formados por um esqueleto de unidades Si—O como, por exemplo, **metil-silicones**,

$$\cdots\!-\!\underset{CH_3}{\overset{CH_3}{Si}}\!-\!O\!-\!\underset{CH_3}{\overset{CH_3}{Si}}\!-\!O\!-\!\underset{CH_3}{\overset{CH_3}{Si}}\!-\!O\!-\!\underset{CH_3}{\overset{CH_3}{Si}}\!-\!O\!-\!\cdots$$

poderiam formar a base química de formas de vida extraterrestres. Todavia, a total inércia da ligação Si—O faz isso parecer improvável. O fósforo, que está abaixo do N na tabela periódica, forma cadeias de átomos em ligação covalente ainda menos estáveis.

A partir do que foi exposto, não se deve concluir que as ligações heteronucleares sejam instáveis. Ao contrário, as proteínas possuem ligações C—N—C, os carboidratos têm ligações C—O—C e os ácidos nucleicos possuem ligações C—O—P—O—C. No entanto, *essas ligações heteronucleares são menos estáveis do que as ligações C—C. Na verdade, elas em geral formam os locais de quebra de ligações químicas na degradação das macromoléculas e, inversamente, são as ligações formadas quando as unidades monoméricas são reunidas para formar as macromoléculas.* Da mesma forma, ligações homonucleares que não as ligações C—C são tão reativas que são extremamente raras nos sistemas biológicos, com exceção das ligações S—S nas proteínas.

B. *Evolução química*

No restante desta seção, será descrito um cenário muito mais favorável para a origem da vida. *Lembre-se, entretanto, que existem objeções científicas válidas a esse cenário assim como a vários outros que têm sido cogitados seriamente, de modo que se está longe de saber com certeza como a vida se originou.*

Acredita-se que o sistema solar tenha sido formado pelo colapso gravitacional de uma grande nuvem interestelar de poeira e gás. A porção central dessa nuvem, composta na sua maior parte de hidrogênio e hélio, se condensou para formar o sol. O aumento da temperatura e da pressão no centro do sol primitivo acabou por desencadear a reação termonuclear autossustentada que, desde então, passou a servir como fonte de energia solar. Os planetas, formados por fragmentos menores de poeira, não possuíam massa suficiente para suportar tal processo. Na verdade, os planetas menores, entre eles a Terra, consistem em elementos em sua maioria mais pesados, porque suas massas são pequenas demais para reter, por gravidade, grande quantidade de H_2 e de He.

A atmosfera primitiva da Terra era muito diferente da atual. Ela não poderia conter quantidades significativas de O_2, que é uma substância altamente reativa. Além de H_2O, N_2 e CO_2 que possui atualmente, a atmosfera provavelmente continha pequenas quantidades de CO, CH_4, NH_3, SO_2 e possivelmente H_2, todas elas moléculas que foram detectadas de forma espectroscópica no espaço interestelar. As propriedades químicas de tal mistura gasosa a tornam uma **atmosfera redutora**, diferentemente da atual, que é uma **atmosfera oxidante**.

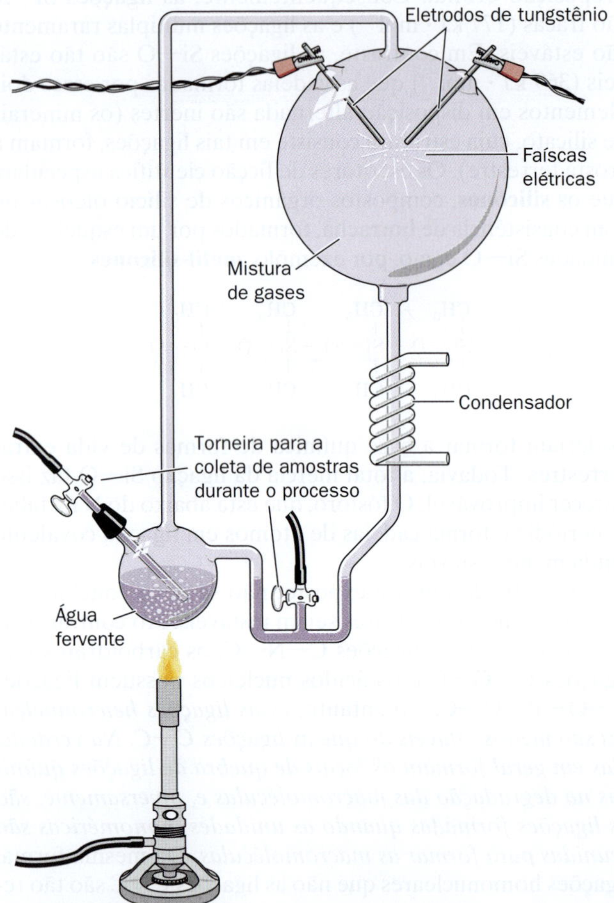

FIGURA 1.38 Aparelho para a simulação da síntese de compostos orgânicos na Terra pré-biótica. Uma mistura de gases considerada semelhante à atmosfera redutora da Terra primitiva é submetida a uma descarga elétrica para simular os efeitos de relâmpagos, enquanto a água no frasco reflui de forma que os novos compostos formados se dissolvem na água e se acumulam no frasco. (Segundo Miller, S.L. & Orgel, L.E., *The Origins of Life on Earth,* p. 84, Prentice-Hall [1974].)

Na década de 1920, Alexander Oparin e J.B.S. Haldane sugeriram, independentemente, que *a radiação ultravioleta do sol (que atualmente é absorvida em grande parte pela camada de ozônio [O_3] nas camadas altas da atmosfera) ou a descarga elétrica induziram as moléculas da atmosfera redutora primitiva a reagir e formar compostos orgânicos simples, como os aminoácidos, as bases dos ácidos nucleicos e os açúcares.* A possibilidade desse processo foi demonstrada experimentalmente pela primeira vez em 1953 por Stanley Miller e Harold Urey, os quais simularam em um aparelho, cujo esquema está na Fig. 1.37, os efeitos de tempestades elétricas na atmosfera primitiva pela exposição de uma mistura de H_2O, CH_4, NH_3 e H_2 a descargas elétricas, por uma semana. (Embora atualmente seja evidente que a atmosfera primitiva não tinha a composição fortemente redutora presumida por Miller e Urey, podem ter existido ambientes redutores localizados, particularmente próximos a plumas vulcânicas [materiais de erupções vulcânicas]). A solução resultante continha quantidades significativas de compostos orgânicos solúveis em água, cujos mais abundantes constam da Tabela 1.4, juntamente com uma quantidade substancial de alcatrão insolúvel (material polimerizado). Vários dos com-

TABELA 1.4 Produtos gerados pela descarga elétrica sobre uma mistura de CH_4, NH_3, H_2O e H_2

Composto	Rendimento (%)
Glicina*	2,1
Ácido glicólico	1,9
Sarcosina	0,25
Alanina*	1,7
Ácido láctico	1,6
N-metil-alanina	0,07
Ácido α-amino-*n*-butírico	0,34
Ácido α -aminoisobutírico	0,007
Ácido α -hidroxibutírico	0,34
β-alanina	0,76
Ácido succínico	0,27
Ácido aspártico*	0,024
Ácido glutâmico*	0,051
Ácido iminodiacético	0,37
Ácido iminoaceticopropiônico	0,13
Ácido fórmico	4,0
Ácido acético	0,51
Ácido propiônico	0,66
Ureia	0,034
N-metilureia	0,051

* Aminoácido constituinte de proteínas.

Fonte: Miller, S.J., & Orgel, L.E., *The Origins of Life on Earth,* p. 85, Prentice-Hall (1974).

postos solúveis são aminoácidos componentes de proteínas, e muitos outros, como será visto, também têm importância bioquímica. Experimentos similares nos quais foram alteradas as condições de reação, a mistura gasosa e/ou a fonte de energia resultaram na síntese de muitos outros aminoácidos. Esses resultados, além da observação que os meteoritos de carbono contêm muitos dos mesmos aminoácidos, sugerem fortemente que essas substâncias estavam presentes em quantidades significativas na Terra primitiva. De fato, parece provável que grandes quantidades de moléculas orgânicas tenham sido trazidas para a Terra primitiva pelos meteoritos e pela poeira cósmica que a bombardearam intensamente.

As bases dos ácidos nucleicos também podem ser sintetizadas sob pretensas condições pré-bióticas. A adenina, em particular, é formada pela condensação do HCN, um componente abundante da atmosfera pré-biótica, em uma reação catalisada por NH_3 (observe que a fórmula química da adenina é $[HCN]_5$). As outras bases foram sintetizadas em reações similares envolvendo HCN e H_2O. Os açúcares foram sintetizados pela polimerização do formaldeído (CH_2O) em reações catalisadas por cátions divalentes, trióxido de alumínio ou argila. Provavelmente não é por acaso que esses compostos participem da composição básica das moléculas biológicas. *Eles aparentemente foram as substâncias orgânicas mais comuns nos tempos pré-bióticos.*

É provável que as reações pré-bióticas descritas anteriormente tenham ocorrido ao longo de um período de centenas de milhões de anos. Estima-se que os oceanos possuíssem a consistência orgânica de uma sopa rala de caldo de carne. Obviamente, deve ter havido muitos locais, como zonas de marés e lagos rasos, onde a sopa pré-biótica se tornou muito mais concentrada. Em tais ambientes, suas moléculas orgânicas poderiam ter se condensado para formar, por exemplo, polipeptídeos e polinucleotídeos (ácidos nucleicos). Muito possivelmente essas reações foram catalisadas pela adsorção dos reagentes a minerais como a argila. No entanto, para que a vida pudesse se formar, as velocidades de síntese desses polímeros complexos teriam que ser maiores do que as velocidades de hidrólise. Por isso, a "lagoa" na qual a vida se originou deve ter sido fria em vez de morna, possivelmente mesmo abaixo de 0°C (a água do mar só congela a temperatura abaixo de −21°C), uma vez que as reações de hidrólise são muito retardadas a baixas temperaturas.

C. O surgimento dos sistemas vivos

Os sistemas vivos têm a capacidade de autorreplicação. A complexidade inerente a um processo desse tipo é tal que nenhum aparelho desenvolvido pelo homem sequer se aproxima dessa capacidade. Existe, porém, uma probabilidade infinitesimal de que um conjunto de moléculas possa simplesmente se reunir ao acaso para formar uma entidade viva (diz-se que a probabilidade de uma célula viva se formar espontaneamente a partir de moléculas orgânicas simples é comparável à montagem de um avião a jato por um tornado passando por um depósito de lixo). Como então surgiu a vida? A resposta mais provável é que ela foi guiada de acordo com o princípio darwiniano da sobrevivência do mais apto aplicado no nível molecular.

a. A vida provavelmente surgiu pelo desenvolvimento de moléculas de RNA autorreplicativas

Acredita-se que o sistema de autorreplicação primitivo tenha sido um conjunto de moléculas de ácidos nucleicos, pois, conforme visto na Seção 1.3C, essas moléculas podem determinar a síntese de moléculas complementares a elas. O RNA, assim como o DNA, pode determinar a síntese de uma fita complementar. De fato, o RNA é o material hereditário de muitos vírus (Capítulo 33). A polimerização das moléculas da progênie, a princípio, teria sido um simples processo químico e portanto dificilmente seria acurado. Por isso, as moléculas da progênie inicial seriam apenas aproximadamente complementares a seus pais. Não obstante, ciclos repetidos de síntese de ácidos nucleicos teriam no final exaurido o suprimento de nucleotídeos livres de forma que a velocidade de síntese de novas moléculas de ácidos nucleicos estaria basicamente limitada à velocidade de degradação hidrolítica das moléculas já formadas. Suponha, nesse processo, o surgimento ao acaso de uma molécula de ácido nucleico que, pelo dobramento, seria mais resistente à degradação do que suas primas. A progênie dessa molécula, ou pelo menos suas cópias mais fiéis, se propagaria às expensas das moléculas não resistentes; isto é, as moléculas resistentes teriam a vantagem darwiniana sobre suas companheiras. Estudos teóricos sugerem que um sistema de moléculas desse tipo teria evoluído de forma a aperfeiçoar sua eficiência de replicação dentro de suas limitações químicas e físicas inerentes.

No estágio seguinte da evolução da vida, imagina-se que os ácidos nucleicos dominantes tenham desenvolvido a capacidade de influenciar a eficiência e a exatidão de sua própria replicação. Esse processo ocorre nos sistemas vivos por meio da síntese ribossômica, controlada por ácido nucleico, de enzimas que catalisam a síntese dos ácidos nucleicos. É desconhecido como essa síntese proteica teria ocorrido antes do surgimento dos ribossomos, pois se sabe que os ácidos nucleicos não interagem seletivamente com nenhum aminoácido específico. Essa dificuldade exemplifica o principal problema no rastreamento das vias da evolução pré-biótica. Suponha o surgimento de algum tipo de sistema rudimentar influenciado por ácidos nucleicos que tenha aumentado a eficiência de sua replicação. Esse sistema deve ter sido substituído no final, provavelmente sem deixar quase nenhum vestígio, pelo sistema ribossômico, muito mais eficiente. O sistema hipotético de síntese de ácidos nucleicos é, portanto, análogo aos andaimes usados na construção de um edifício. Depois que o edifício está construído, os andaimes são removidos, não deixando nenhuma evidência física de sua existência. *A maioria das afirmações nesta seção deve, portanto, ser considerada como suposições com base em fatos ou informações.* Sem ter presenciado o evento, parece improvável que se possa ter certeza de como a vida surgiu.

Uma hipótese plausível para a evolução dos sistemas autorreplicativos é que eles consistiram inicialmente somente de RNA, um cenário conhecido como o ***"mundo do RNA"***. Essa ideia baseia-se em parte na observação que determinados tipos de RNA exibem propriedades catalíticas (Seção 31.4A). Além disso, uma vez que os ribossomos são formados por cerca de dois terços de RNA e apenas um terço de proteína, é plausível que os ribossomos primitivos tenham sido formados inteiramente por RNA. Uma relação cooperativa entre RNA e proteína deve ter surgido quando esses protorribossomos autorreplicativos desenvolveram a capacidade de influenciar a síntese de proteínas, que aumentou a eficiência e/ou a exatidão da síntese de RNA. *Segundo esse ponto de vista, o RNA é a substância inicial da vida; a participação do DNA e das proteínas foi um refinamento posterior que aumentou a aptidão darwiniana de um sistema autorreplicativo já existente.*

Os tipos de sistemas descritos até agora estavam restritos à "lagoa" primitiva. Um sistema autorreplicativo que desenvolvesse um componente mais eficiente teria que compartilhar seus benefícios com todos os "habitantes" da "lagoa", uma situação que minimiza a vantagem seletiva do aprimoramento. Somente por meio da compartimentalização, isto é, geração de células, os sistemas biológicos em desenvolvimento tirariam proveito dos benefícios de qualquer aprimoramento que tivessem conseguido. Naturalmente, a formação de células reuniria e protegeria qualquer sistema autorreplicativo, auxiliando, assim, a sua disseminação para além da "lagoa" de origem. De fato, a importância da compartimentalização é tal que pode ter precedido o desenvolvimento dos sistemas autorreplicativos. A construção de limites celulares, no entanto, tem seu preço. Como será visto nos capítulos subsequentes, as células despendem muito de seu esforço metabólico no transporte seletivo de substâncias através de suas membranas. Não se sabe como surgiram esses limites nem do que foram feitos. No entanto, uma teoria plausível sustenta que as membranas se originaram de vesículas vazias cujo exterior serviria de local de ligação para entidades como enzimas e cromossomos, de modo a facilitar suas funções. A evolução teria achatado e dobrado essas vesículas, fazendo-as englobar essas moléculas associadas, originando assim as células primitivas.

b. A competição por fontes de energia levou ao desenvolvimento de rotas metabólicas, fotossíntese e respiração

Neste estágio de desenvolvimento, as entidades descritas se ajustam aos critérios de vida de Horowitz (replicação, catálise e mutabilidade). As reações de polimerização por meio das quais esses organismos primitivos replicavam eram inteiramente dependentes do ambiente no suprimento das unidades monoméricas necessárias e nos compostos ricos em energia, como o ATP ou, mais provavelmente, somente polifosfatos, que forneciam energia para essas reações. À medida que alguns desses componentes essenciais foram se tornando escassos na sopa pré-biótica, os organismos desenvolveram os sistemas enzimáticos que poderiam sintetizar essas substâncias a partir de precursores mais simples e mais abundantes. Surgiram, como consequência, as rotas metabólicas produtoras de energia. Contudo, esse último progresso somente postergou uma "crise de energia", pois essas rotas consumiam outras substâncias preexistentes ricas em energia. A escassez crescente de todas essas substâncias estimulou o desenvolvimento da fotossíntese para tirar proveito de uma fonte de energia praticamente inexaurível, o sol. Mas esse processo, como foi visto na Seção 1.1Ab, consome agentes redutores como H_2S. A exaustão dessas substâncias provocou o aperfeiçoamento do processo de fotossíntese, que passou a usar H_2O como agente redutor, gerando assim O_2 como subproduto. A descoberta do que parecem ser micro-organismos fósseis semelhantes a cianobactérias em rochas com 3,5 bilhões de anos (Fig. 1.35) sugere que a fotossíntese com produção de oxigênio se desenvolveu muito cedo na história da vida.

O desenvolvimento da fotossíntese com produção de oxigênio, porém, gerou outro problema. O acúmulo do O_2 altamente reativo, que converteu, ao longo das eras, a atmosfera redutora da Terra pré-biótica na moderna atmosfera oxidante (21% O_2), interferiu com o sistema metabólico existente que havia evoluído para operar sob condições redutoras. Então, o acúmulo de O_2 estimulou o desenvolvimento de aperfeiçoamentos metabólicos que protegessem os organismos de danos oxidativos. Mais importante ainda, levou à evolução de uma forma muito mais eficiente de metabolismo energético do que seria possível anteriormente, a **respiração** (metabolismo oxidativo), que usa o O_2 agora disponível como um agente oxidante. (A disponibilidade de O_2 atmosférico é também responsável pela geração da camada estratosférica de ozônio (O_3) que absorve a maior parte da radiação ultravioleta danosa que atinge a Terra).

Conforme foi resumido anteriormente, os sistemas básicos, replicativo e metabólico, dos organismos modernos se desenvolveram muito cedo na história da vida na Terra. De fato, muitos procariotos modernos se assemelham a seus ancestrais. O surgimento dos eucariotos, como está indicado na Seção 1.2, talvez tenha ocorrido 2 bilhões de anos depois que os procariotos haviam se estabelecido. Os organismos multicelulares são uma inovação evolutiva relativamente recente, só tendo surgido, de acordo com os registros fósseis, há ~700 milhões de anos.

6 A LITERATURA BIOQUÍMICA

A literatura bioquímica contém os resultados do trabalho de dezenas de milhares de cientistas ao longo de um século. Consequentemente, um livro-texto pode relatar apenas destaques selecionados dessa grande quantidade de informação. Além disso, a enorme velocidade com que o conhecimento em bioquímica é obtido atualmente garante que houve avanços bioquímicos significativos mesmo durante o tempo que foi gasto para produzir o texto final deste livro. Portanto, um estudante sério deve ler regularmente a literatura bioquímica para complementar os detalhes de assuntos abordados (ou omitidos) neste texto, assim como para se manter informado dos novos progressos na área. Esta seção apresenta algumas sugestões de como fazê-lo.

A. *A realização de uma pesquisa bibliográfica*

A literatura básica em bioquímica, aquelas publicações que relatam os resultados da pesquisa bioquímica, é gerada atualmente a uma velocidade de dezenas de milhares de artigos por ano, publicados em mais de 200 periódicos. Assim, uma pessoa somente pode ler essa volumosa literatura de uma maneira altamente seletiva. Na verdade, a maioria dos bioquímicos tende a "ler" somente aquelas publicações que contenham artigos de seu interesse. "Ler" significa que eles examinam o conteúdo desses periódicos pelos títulos dos artigos que tenham interesse suficiente para justificar um exame aprofundado.

É difícil aprender sobre um novo assunto começando com a literatura básica. Para se obter uma visão geral de um assunto bioquímico específico, é melhor primeiro ler atentamente revisões apropriadas e monografias (os suplementos atualizados deste livro-texto publicado anualmente, e que estão disponíveis em John Wiley & Sons, também podem ser úteis). Elas em geral apresentam uma sinopse dos resultados recentes na área (quando foram publicados), frequentemente a partir do ponto de vista de um autor em particular. Existem basicamente dois tipos de revisão: aquelas que são essencialmente uma compilação dos fatos e aquelas que avaliam de forma crítica os dados e tentam colocá-los em um contexto mais amplo. Este último tipo é naturalmente o mais valioso, em particular para um principiante. A maioria das revisões é publicada em livros ou periódicos especializados, embora muitos periódicos que publicam artigos científicos também ocasionalmente contenham revisões. A Tabela 1.5 apresenta uma lista de muitas das publicações bioquímicas importantes que contêm revisões.

Monografias e revisões relevantes em determinado assunto são encontradas facilmente pelo uso de catálogos de bibliotecas e em índices por assunto das principais publicações de revisões (as referências no final dos capítulos deste livro também podem ser úteis). A lista de referências é uma parte importante das revisões. Ela em geral tem um retrospecto no mesmo campo ou em campos relacionados, além de indicação dos trabalhos mais significativos em determinada área. Preste atenção nos autores desses artigos e nos periódicos nos quais costumam publicar. Quando a maioria das revisões recentes e dos artigos científicos que você encontrar referir o mesmo grupo de artigos anteriores, você pode confiar que sua busca por esses artigos está basicamente completa. Finalmente, para se familiarizar com os últimos avanços na área, procure a literatura básica recente sobre o trabalho de seus grupos de pesquisa mais ativos e visite os sítios desses grupos na internet.

As bibliotecas acadêmicas são assinantes dos serviços de busca de referências com base na internet, como por exemplo *MedLine*, SciFinder Scholar, BIOSIS Previews Web of Science. O *MedLine* também pode ser consultado sem custo pelo Centro Nacional de Informação em Biotecnologia (NCBI) (www.ncbi.nlm.nih.gov/PubMed). O Google Acadêmico (http://scholar.google.com) é um mecanismo de busca disponível gratuitamente que indexa a literatura erudita sobre muitas disciplinas. Esses serviços de pesquisa bibliográfica, quando utilizados de forma adequada, tornam-se ferramentas altamente eficientes na localização de informações específicas. A Wikipedia (http://wikipedia.org/) é também uma fonte importante (valiosa) e facilmente disponível.

B. *A leitura de um artigo científico*

Todas as publicações de pesquisa apresentam praticamente a mesma estrutura de seis partes. Normalmente, possuem um pequeno resumo ou sumário antecedendo o corpo do trabalho. O trabalho então continua com uma introdução, que em geral contém uma breve sinopse do campo da pesquisa,

TABELA 1.5 Alguns periódicos com publicações bioquímicas

Accounts of Chemical Research
Advances in Protein Chemistry and Structural Biology
Annual Review of Biochemistry
Annual Review of Biophysics
Annual Review of Cell and Developmental Biology
Annual Review of Genetics
Annual Review of Genomics and Human Genetics
Annual Review of Immunology
Annual Review of Medicine
Annual Review of Microbiology
Annual Review of Physiology
Annual Review of Plant Biology
*Biochemical Journal**
*Biochemistry and molecular Biology Education**
*Biochimica et Biophysica Acta**
BioEssays
*Cell**
Chemistry and Biology
Critical Reviews in Biochemistry and Molecular Biology
Critical Reviews in Eukaryotic Gene Expression
Current Biology
Current Opinion in Biotechnology
Current Opinion in Cell Biology
Current Opinion in Chemical Biology
Current Opinion in Genetics and Development
Current Opinion in Structural Biology
Essays in Biochemistry
*FASEB Journal**
*Journal of Biological Chemistry**
Methods in Enzymology
*Molecular Cell**
*Nature**
Nature Reviews Molecular Cell Biology
*Nature Structural & Molecular Biology**
*Proceedings of the National Academy of Sciences USA**
Progress in Biophysics and Molecular Biology
Progress in Nucleic Acid Research and Molecular Biology
*Protein Science**
Quarterly Reviews of Biophysics
*Science**
Scientific American
*Structure**
Trends in Biochemical Sciences
Trends in Cell Biology
Trends in Genetics

* Periódicos que publicam principalmente artigos científicos.

os motivos pelos quais o pesquisador a realizou e uma antecipação das suas conclusões. A seção seguinte contém uma descrição dos métodos utilizados na obtenção dos dados da pesquisa. Esta é seguida pela apresentação dos resultados da investigação e por uma seção de discussão na qual as conclusões do pesquisador são contextualizadas e comparadas com outros trabalhos sobre o mesmo campo de pesquisa. No final, existe uma lista de referências. Os artigos em sua maioria são "artigos completos", que podem ter dezenas de páginas. No entanto, muitas revistas também contêm "comunicações" ou "cartas", que normalmente possuem poucas páginas e com frequência são publicadas com maior rapidez do que os "artigos completos". Muitos artigos possuem material suplementar disponível na página do periódico na internet.

A maneira como um artigo científico deve ser lido não é óbvia. Talvez a pior forma de leitura seja ler do princípio ao fim como se fosse uma espécie de história curta. Na verdade, a maioria dos pesquisadores raramente lê todo um artigo por completo. Isso simplesmente demora muito e raramente é produtivo. Em vez disso, eles selecionam partes de um artigo e só se aprofundam ao perceberem que a leitura será proveitosa. A frase a seguir descreve uma maneira razoavelmente eficaz de fazer a leitura de um artigo científico. *Deve ser um processo ativo no qual o leitor está constantemente avaliando o que está lendo e relacionando ao seu conhecimento prévio.* Além disso, o leitor deve manter um ceticismo saudável, já que em qualquer artigo existe uma possibilidade razoável de erro, principalmente no que se refere à interpretação dos dados experimentais e às suas especulações.

Se o título de um trabalho lhe parece interessante, então o interesse deve ser confirmado pela leitura do resumo. Na maioria das vezes, mesmo naqueles artigos que contêm informações úteis, não é necessário ler mais do que isso. Se você optar por continuar, provavelmente a melhor forma de fazê-lo é ler a introdução para que possa obter uma visão geral do trabalho. Nesse ponto, os cientistas mais experientes fazem uma rápida leitura da seção das conclusões para entenderem melhor o que foi descoberto. Se a continuação da leitura parecer importante, eles vão para a seção dos resultados e investigam se os dados experimentais sustentam as conclusões. Normalmente, a seção dos métodos (que, na maioria dos periódicos é, na maior parte, relegada aos materiais suplementares) não é lida em detalhes, pois é escrita de uma forma muito condensada que só é completamente inteligível pelos especialistas na área. Contudo, para esses especialistas, a seção dos métodos pode ser a parte mais valiosa do trabalho. Neste ponto, o que fazer a seguir, se há algo para ser feito, é determinado pelas dúvidas remanescentes. Em muitos casos, essas dúvidas só são eliminadas pela leitura de algumas referências dadas no trabalho. De qualquer maneira, a não ser que você pretenda repetir uma parte ou todo o trabalho descrito, raramente é necessário ler um artigo em detalhes. Você vai descobrir que fazer isso de uma forma crítica, mesmo com um artigo de tamanho médio, demora muitas horas.

RESUMO DO CAPÍTULO

1 Procariotos Procariotos são organismos unicelulares que não possuem membrana nuclear. A maioria dos procariotos tem anatomia similar: uma parede celular rígida envolvendo a membrana celular que envolve o citoplasma. O único cromossomo da célula é condensado, formando um nucleoide. A bactéria *Escherichia coli*, o organismo melhor caracterizado bioquimicamente, é um procarioto típico. Os procariotos necessitam de uma grande variedade de nutrientes. Os quimiolitotróficos metabolizam substâncias inorgânicas. Os fotolitotróficos, como as cianobactérias, realizam a fotossíntese. Os heterotróficos, que obtêm energia pela oxidação de substâncias orgânicas, são classificados como aeróbios, se utilizam o oxigênio neste processo, ou anaeróbios, se utilizam outros agentes oxidantes como aceptor terminal de elétrons. O esquema tradicional de classificação procariótica é arbitrário, por causa da escassa correlação entre a forma e o metabolismo das bactérias. Entretanto, com a comparação de sequências de ácidos nucleicos e proteínas, foi possível estabelecer que todas as formas de vida podem ser classificadas em três domínios de descendência evolutiva: Archaea (as células arqueais), Bacteria (eubactéria) e Eukarya (eucariotos).

2 Eucariotos As células eucarióticas, que são muitíssimo mais complexas que as procarióticas, são caracterizadas por possuírem várias organelas envoltas por membranas. As mais evidentes delas são o núcleo, que contém os cromossomos, e o nucléolo, onde são produzidos os ribossomos. O retículo endoplasmático é o local da síntese de lipídeos e proteínas destinados à secreção. O processamento desses produtos ocorre no aparelho de Golgi. Acredita-se que a mitocôndria, onde acontece o metabolismo oxidativo, evoluiu de uma relação simbiótica entre uma bactéria anaeróbia e um eucarioto primitivo. O cloroplasto, local da fotossíntese nas plantas, deve ter evoluído de maneira semelhante a partir de uma cianobactéria. Fazem parte das organelas eucarióticas também o lisossomo, cuja função é a digestão intracelular, e o peroxissomo, que contém enzimas oxidativas (incluindo aquelas que geram H_2O_2). O citoplasma eucariótico consiste em um citoesqueleto cujos componentes incluem microtúbulos, que é composto de tubulina; microfilamentos, que são compostos de actina; e filamentos intermediários, que são compostos de diferentes proteínas em diferentes tipos de células. Os eucariotos têm uma enorme diversidade morfológica tanto no nível celular como de organismo. Eles têm sido classificados em quatro reinos: Protista, Plantae, Fungi e Animalia. O padrão de desenvolvimento embrionário em organismos multicelulares espelha parcialmente a sua história evolutiva.

3 Bioquímica: Prólogo Os organismos têm uma estrutura hierárquica que se estende até o nível submolecular. Eles contêm três tipos básicos de macromoléculas: as proteínas, os ácidos nucleicos e os polissacarídeos, assim como os lipídeos, e cada um deles é formado de apenas poucas, mas diferentes espécies de unidades monoméricas. As macromoléculas e os arranjos supramoleculares dão origem às suas formas biológicas nativas por meio de um processo de auto-organização. Os mecanismos formadores de estruturas biológicas mais complexas são ainda bem desconhecidos. Os processos metabólicos são organizados em uma série de rotas firmemente reguladas. Elas são classificadas como catabólicas ou anabólicas, dependendo se participam ou não de processos de degradação ou biossintéticos. A "moeda" de energia comum desses processos é o ATP, cuja síntese é o produto de muitas rotas catabólicas e cuja hidrólise impulsiona a maior parte das rotas anabólicas. O DNA, a molécula hereditária da célula, possui a informação genética em suas sequências de bases. A sequência de bases complementares de suas duas fitas permite que elas atuem como um molde para a sua própria replicação e também para a síntese de fitas complementares de RNA. Os ribossomos sintetizam as proteínas ligando os aminoácidos da forma especificada pela sequência de bases dos RNAs.

4 Genética: Uma revisão As células eucarióticas contêm um número característico de pares homólogos de cromossomos. Na mitose, cada célula-filha recebe uma cópia de cada um desses cromossomos, mas na meiose cada gameta resultante recebe somente um membro de cada par de homólogo. A fertilização é a fusão de dois gametas haploides para formar um zigoto diploide. As leis de Mendel quanto à herança definem que formas alternativas de características de linhagens puras são determinadas por diferentes alelos do mesmo gene. Os alelos podem ser dominantes, codominantes ou recessivos, dependendo do fenótipo do heterozigoto. Genes diferentes se agregam independentemente, a menos que estejam localizados no mesmo cromossomo. A ligação entre genes no mesmo cromossomo, entretanto, nunca é completa, por causa da recombinação entre cromossomos homólogos durante a meiose. A proporção na qual os genes se recombinam varia com a sua separação física, pois a recombinação sempre ocorre ao acaso. Isso permite a construção de mapas genéticos. Pelo teste de complementação, pode-se determinar se duas características recessivas são alelas ou não. A natureza dos genes é bem-definida pelo ditado "um gene – um polipeptídeo". Variedades mutantes de bacteriófagos são detectadas por sua capacidade de matar seu hospedeiro sob diferentes condições restritivas. A análise da estrutura da região do *rII* do cromossomo do bacteriófago T4 revelou que a recombinação pode ocorrer dentro de um gene, que genes são estruturas lineares sem ramificações e que a unidade de mutação é de ~1 par de bases.

5 A origem da vida A vida é baseada em carbono, pois somente o carbono, dentre todos os elementos da tabela periódica, tem uma química suficientemente complexa unida à capacidade de formar cadeias estáveis praticamente infinitas de átomos covalentemente ligados. Estima-se que as reações entre as moléculas na atmosfera reduzida da Terra na era pré-biótica foram as responsáveis por formar os precursores orgânicos simples, a partir dos quais as moléculas biológicas se desenvolveram. Assim, nas reações que podem ter sido catalisadas por minerais tais como a argila, foram formados os polipeptídeos e os polinucleotídeos. Estes se desenvolveram sob a pressão da competição pelas unidades monoméricas disponíveis. Desse modo, um ácido nucleico, mais provavelmente o RNA, desenvolveu a capacidade de atuar em sua própria replicação, conduzindo à síntese de proteínas que catalisam a síntese de polinucleotídeos. Esse processo foi seguido pelo desenvolvimento de membranas celulares, que formaram as entidades vivas. Subsequentemente, os processos metabólicos desenvolveram-se para sintetizar intermediários necessários a partir de precursores disponíveis, assim como os compostos de alta energia necessária para iniciar essas reações. Da mesma forma, a fotossíntese e a respiração surgiram em resposta à pressão ambiental trazida pelas ações de organismos vivos.

6 A literatura bioquímica O considerável volume e a alta velocidade com que surgem novos artigos exigem uma leitura constante da literatura na área, para alcançar uma atualização completa de todos os aspectos da bioquímica. A revisão literária fornece uma *entrée* em uma dada especialidade. Permanecer em dia em qualquer área, entretanto, requer um estudo regular da literatura básica. Essa deve ser lida de maneira crítica, mas altamente seletiva.

REFERÊNCIAS

Procariotos e eucariotos

Becker, W.M., Kleinsmith, L.J., Hardin, J., and Bertoni, G.P., *The World of the Cell* (7th ed.), Benjamin Cummings (2009). [Um texto de biologia celular muito agradável.]

Boone, D.R. and Castenholz, R.W. (Eds.), *Bergey's Manual of Systematic Bacteriology* (2nd ed.), Vol. I; *and* Brenner, D.J., Kreig, N.R., and Staley, J.T. (Eds.), *Bergey's Manual of Systematic Bacteriology* (2nd ed.), Vols. IIA, B, & C, Springer (2001 and 2005).

Campbell, N.A. and Reece, J.B., *Biology* (8th ed.) Benjamin Cummings (2008). [Um texto abrangente de biologia geral. Existem vários outros com conteúdo semelhante.]

Frieden, E., The chemical elements of life, *Sci. Am.* **227**(1), 52–60 (1972).

Goodsell, D.S., *The Machinery of Life,* Springer-Verlag (1998).

Jørgensen, B.B. and D'Hondt, S., A starving majority beneath the sea floor, *Science* **314,** 932–934 (2006). [Discute os procariotos que vivem em rochas profundas abaixo da superfície da Terra.]

Madigan, M.T., Martinko, J.M., Dunlap, P.V., and Clark, D.P., *Brock Biology of Microorganisms* (12th ed.), Pearson Benjamin Cummings (2009).

Margulis, L. and Schwartz, K.V., *Five Kingdoms. An Illustrated Guide to the Phyla of Life on Earth* (3rd ed.), Freeman (1998).

Pace, N.R., A molecular view of microbial diversity and the biosphere, *Science* **276,** 734–740 (1997).

Whitman, W.B., Coleman, D.C., and Wiebe, W.J., Prokaryotes: The unseen majority, *Proc. Natl. Acad. Sci.* **95,** 6578–6583 (1998). [Número estimado de procariotos na Terra (4–6 × 1030 células) e a massa agregada de seu carbono celular (3,5–5,5 × 1014 kg, que por sua vez compreende 66–100% do carbono em plantas).]

Genética

benzer, S., The fine structure of the gene, *Sci. Am.* **206**(1), 70–84 (1962).

Cairns, J., Stent, G.S., and Watson, J. (Eds.), *Phage and the Origins of Molecular Biology, The Centennial Edition*, Cold Spring Harbor Laboratory (2007). [Uma série de autobiografias científicas escritas por muitos dos pioneiros da biologia molecular.]

Hartwell, L.H., Hood, L., Goldberg, M.L., Reynolds, A.E., Silver, L.M., and Veres, R.C., *Genetics. From Genes to Genomes* (3rd ed.), Chapters 1–5, McGraw-Hill (2008).

Snustad, D.P. and Simmons, M.J., *Principles of Genetics* (5th ed.), Wiley (2009).

Origem da vida

Berstein, M.P., Sandford, S.A., and Allamandola, S.A., Life's farflung raw materials, *Sci. Am.* **281**(1), 42–49 (1999). [Uma discussão acerca da possibilidade de que as moléculas orgânicas complexas que forneceram a matéria inicial para a vida foram entregues à Terra primitiva por meteoritos e poeira.]

Brack, A. (Ed.), *The Molecular Origins of Life,* Cambridge University Press (1998).

Doolittle, F.W., Phylogenetic classification and the universal tree, *Science* **284,** 2124–2128 (1999). [Uma discussão de como a transferência lateral de genes dentre as várias formas de vida pode ter confundido a habilidade para elucidar a "árvore universal da vida" se, de fato, tal árvore é um modelo razoável da história da vida.]

Dyson, F., *Origins of Life,* Cambridge University Press (1985). [Um discurso filosófico fascinante sobre as teorias da origem vida por um físico teórico-respeitado.]

Fraústo da Silva, J.R. and Williams, R.J.P., *The Biological Chemistry of the Elements,* Oxford (1991).

Gesteland, R.F., Cech, T.R., and Atkins, J.F. (Eds.), *The RNA World* (3rd ed.), Chapters 1–3, Cold Spring Harbor Laboratory Press (2006).

Herdewijn, P. and Kisakürek, M.V. (Eds.), *Origin of Life. Chemical Approach,* Wiley-VCH (2008).

Knoll, A.H., The early evolution of eukaryotes: A geological perspective, *Science* **256,** 622–627 (1992).

Lahav, N., *Biogenesis. Theories of Life's Origins,* Oxford University Press (1999).

Lazcano, A. and Miller, S.L.,The origin and early evolution of life: Prebiotic chemistry, the pre-RNA world, and time, *Cell* **85,** 793–798 (1996); Bada, J.L. and Lazcano, A., Prebiotic soup—Revisiting the Miller experiment, *Science* **300,** 745–746 (2003); *and* Johnson, A.P., Cleaves, H.J., Dworkin, J.P., Glavin, D.P., Lazcano, A., and Bada, J.L., The Miller volcanic spark discharge experiment, *Science* **322,** 404 (2008).

Lifson, S., On the crucial stages in the origin of animate matter, *J. Mol. Evol.* **44,** 1–8 (1997).

Lurquin, P.F., *The Origins of Life and the Universe*, Columbia University Press (2003).

McNichol, J., Primordial soup, fool's gold, and spontaneous generation, *Biochem. Mol. Biol. Ed.* **36,** 255–261 (2008). [Uma introdução curta sobre a teoria, a história e a filosofia da procura pela origem da vida.]

Mojzsis, S.J., Arrhenius, G., McKeegan, K.D., Harrison, T.M., Nutman, A.P., and Friend, C.R.L., Evidence for life on Earth before 3,800 million years ago, *Nature* **384,** 55–57 (1996).

Orgel, L.E., The origin of life—a review of facts and speculations, *Trends Biochem. Sci.* **23,** 491–495 (1998). [Revisa as hipóteses amplamente aceitas sobre a origem da vida e discute as evidências que apóiam as dificuldades.]

Schopf, J.W., Fossil evidence of Archean life, *Philos. Trans. R. Soc. B* **361,** 869–885 (2006).

Shapiro, R., *Origins. A Skeptic's Guide to the Creation of Life on Earth,* Summit Books (1986). [Uma crítica incisiva e divertida sobre as teorias predominantes da origem da vida.]

PROBLEMAS

É muito difícil aprender bem alguma coisa sem participar dela de alguma forma. Por isso, os problemas no final dos capítulos constituem uma parte importante deste livro. Poucos problemas são do tipo "decoreba". A maior parte deles foi projetada para fazê-lo pensar e proporcionar visões não discutidas no texto. Suas dificuldades vão desde aquelas que requerem somente alguns momentos de reflexão até aquelas que exigirão uma hora ou mais de concentração para serem resolvidas. Os problemas mais difíceis estão indicados por um asterisco (*). As respostas dos problemas estão detalhadas no *Solutions Manual to Accompany Biochemistry* (4ª Ed.) de Donald Voet e Judith G. Voet. É claro que você deve se esforçar ao máximo para resolver os problemas antes de consultar o *Solutions Manual.*

1. Sob condições ótimas para o crescimento, uma célula de *E. coli* se divide a cada 20 minutos aproximadamente. Se nenhuma célula morrer, quanto tempo levará uma única célula de *E. coli* para alcançar, sob condições ótimas em um frasco de cultura de 10 L, sua densidade celular máxima de 10^{10} células? mL^{-1} (uma cultura "saturada")? Supondo que a condição ótima possa ser mantida, quanto tempo leva para que o volume total de células alcance 1 km^3? (Presuma que uma célula de *E. coli* tem a forma de um cilindro com 2 μm de comprimento e 1 μm de diâmetro.)

2. Sem olhar para elas, faça um desenho esquemático de uma célula bacteriana e de uma célula animal. Quais são as funções de suas diferentes organelas? Quantas linhas de descendência deve ter uma célula animal típica?

3. Compare a relação superfície-volume de uma célula de *E. coli* (suas dimensões são dadas no Problema 1) e de uma célula eucariótica esférica com 20 μm de diâmetro. De que forma essa diferença afeta o estilo de vida desses dois tipos celulares? As **células com borda em escova** do epitélio intestinal possuem **microvilosidades** que revestem o intestino, cuja função é a de aumentar a capacidade de absorção de nutrientes. De que forma a relação superfície-volume desta célula eucariótica muda ao se considerar que 20% de sua área de superfície estão cobertos por microvilosidades cilíndricas com 0,1 μm de diâmetro, 1 μm de comprimento, e ocorrem em uma matriz quadrada com uma distância de 0,2 μm do centro de uma até o centro da outra?

4. Muitas proteínas em *E. coli* estão normalmente presentes na concentração de duas moléculas por célula. Qual é a concentração molar de uma dessas proteínas? (As dimensões da *E. coli* são dadas no Problema 1) Quantas moléculas de glicose uma célula de *E. coli* contém se a concentração interna de glicose é de 1 m*M*?

5. O DNA do cromossomo de *E. coli*, quando estendido, mede 1,6 mm de comprimento e 20 Å de diâmetro. Que fração da célula é ocupada por seu DNA? (As dimensões da *E. coli* são dadas no Problema 1) Uma célula humana tem 700 vezes mais DNA do que a *E. coli*, e este DNA é esférico, com um diâmetro de 20 μm. Que fração da célula humana é ocupada por seu DNA?

***6.** Foi descoberto um novo planeta que tem aproximadamente a mesma órbita ao redor do Sol do que a Terra, mas não é visível a partir da Terra porque está sempre do lado oposto do Sol. Sondas interplanetárias já estabeleceram que esse planeta possui uma atmosfera significativa. A National Aeronautics and Space Administration (NASA) dos Estados Unidos está se preparando para lançar uma nova sonda não tripulada que pousará na superfície do planeta. Delineie um experimento simples para testar a presença de vida na superfície do planeta (suponha que as formas de vida, se houver alguma, sejam provavelmente microrganismos e portanto incapazes de se aproximar das câmeras de vídeo da nave e dizer "alô").

7. Tem sido sugerido que uma guerra nuclear cobriria a Terra com nuvens de poeira e fumaça, que toda a superfície do planeta ficaria totalmente escura e, por consequência, intensamente fria (bem abaixo de 0°C) por vários anos (o chamado inverno nuclear). Cogita-se que, nesse caso, os seres eucarióticos morreriam e as bactérias herdariam a Terra. Por quê?

8. Um dos métodos que Mendel usou para testar suas leis é conhecido como **retrocruzamento**. Segundo esse método, os F_1 híbridos são cruzados com seus pais recessivos. Qual é a distribuição esperada da progênie e quais são seus fenótipos em um **retrocruzamento** envolvendo ervilhas com sementes de cores diferentes? Qual é a distribuição esperada para boca-de-leão com flores de diferentes cores (use o fenótipo parental branco nesse **retrocruzamento**)?

9. A disputa de paternidade de um filho é, com frequência, decidida com base nos testes sanguíneos. Os grupos sanguíneos M, N e MN (Seção 12.3E) resultam de dois alelos, L^M e L^N; o grupo sanguíneo Rh^+ resulta do alelo dominante R. Cada grupo de alelos está em um cromossomo diferente, assim como os alelos responsáveis pelo grupo sanguíneo ABO. A tabela abaixo mostra os tipos sanguíneos de três crianças, de sua mãe e de possíveis pais. Indique, onde for possível, a paternidade de cada filho e justifique sua resposta.

Filho 1	B	M	Rh^-
Filho 2	B	MN	Rh^+
Filho 3	AB	MN	Rh^+
Mãe	B	M	Rh^+
Homem 1	B	MN	Rh^+
Homem 2	AB	N	Rh^+

10. A forma mais comum de cegueira para cores, o daltonismo, acomete quase que somente o sexo masculino. Quais são os genótipos e fenótipos dos filhos e dos netos de um homem daltônico e de uma mulher sem história genética de daltonismo? Suponha que os filhos se casem com indivíduos sem história de daltonismo.

11. Supõe-se que as bactérias fotossintéticas verdes e púrpuras sejam semelhantes aos primeiros organismos capazes de realizar a fotossíntese. Especule quanto à composição da atmosfera terrestre na época do surgimento desses organismos.

12. Explore sua biblioteca de bioquímica (ela pode estar disfarçada de biblioteca de biologia, química ou medicina). Localize os periódicos atuais, os periódicos encadernados e os livros. Pesquise o conteúdo de um periódico bioquímico atual importante, como *Biochemistry, Cell* ou *Proceedings of the National Academy of Sciences*, e escolha um título de seu interesse. Examine o artigo correspondente e observe sua organização. Leia também um dos artigos do último volume do *Annual Review of Biochemistry.*

13. Procure no MedLine as publicações dos últimos 5 anos de seu cientista biomédico favorito. Esta pessoa pode ser um ganhador recente do Prêmio Nobel ou alguém de sua universidade. Note que, mesmo que o nome da pessoa que você escolheu seja pouco comum, provavelmente outras pessoas com o mesmo nome estarão incluídas na sua lista inicial.

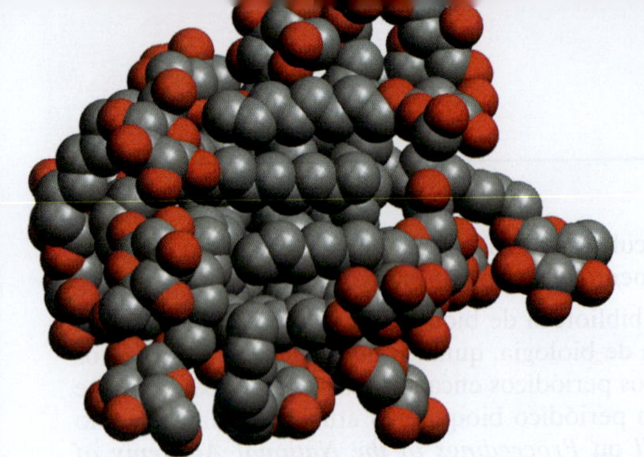

CAPÍTULO 2 Soluções Aquosas

A vida, como é conhecida pelos seres humanos, ocorre em soluções aquosas. A vida na Terra, aparentemente, surgiu em um mar primitivo (Seção 1.5B) e, como registros fósseis mostram, não se aventurou para a terra firme até tempos relativamente recentes. Mesmo os organismos que desenvolveram a capacidade de viver fora da água carregam o oceano consigo: a composição dos seus fluidos intracelulares e extracelulares é notavelmente semelhante à água do mar. Isso acontece mesmo com os organismos que vivem em ambientes tão raros como lagos saturados de sal, fontes de águas termais ou ácidas e até mesmo petróleo.

A água é tão familiar que geralmente é considerada como um líquido insípido de características simples. Entretanto, a água é um líquido com reatividade química tão extraordinária que, se os químicos a tivessem descoberto recentemente, sem dúvida, seria classificada como uma substância incomum.

As propriedades da água têm um significado biológico profundo. *As estruturas das moléculas nas quais a vida se fundamenta – proteínas, ácidos nucleicos, lipídeos e carboidratos complexos –, são consequência direta de suas interações com o ambiente aquoso. A combinação das propriedades de um solvente que seja responsável pelas associações intramoleculares e intermoleculares dessas substâncias é peculiar à água; quanto a isso, nenhum outro solvente pode assemelhar-se a ela.* Mesmo que seja plausível a hipótese de que a vida pudesse ser fundamentada em outros polímeros orgânicos, é totalmente inconcebível que a organização estrutural complexa e a química dos seres vivos pudessem existir em qualquer outro meio que não o meio aquoso. De fato, observações diretas da superfície de Marte, o único outro planeta do sistema solar cuja temperatura é compatível com a vida, indicaram que atualmente ele é desprovido tanto de água como de vida.

As estruturas e os processos biológicos só podem ser compreendidos considerando-se as propriedades físicas e químicas da água. Por isso, este capítulo será iniciado com uma discussão das propriedades da água, tanto propriedades moleculares como as propriedades como solvente. Na seção seguinte, será revisto o comportamento químico da água, isto é, a natureza dos ácidos e bases aquosos.

1 PROPRIEDADES DA ÁGUA

As propriedades físicas e de solvatação peculiares da água vêm, em grande parte, da sua extraordinária coesão interna, quando comparada a qualquer outro líquido. Nesta seção, a base física desse fenômeno será explorada.

A. Estrutura e interações

A molécula de H_2O tem uma geometria angular, na qual o comprimento da ligação O—H é de 0,958 Å e o ângulo entre as ligações H—O—H é de 104,5° (Fig. 2.1). A grande diferença de eletronegatividade entre o H e o O dá à ligação O—H um caráter iônico de 33%, indicado pelo momento dipolar da água de 1,85 unidades debye. Claramente, a água é uma molécula altamente polar, um fenômeno que tem enormes implicações para os sistemas vivos.

a. As moléculas de água associam-se por meio de ligações de hidrogênio

As atrações eletrostáticas entre os dipolos de duas moléculas de água tendem a orientá-las entre si de tal maneira que a ligação O—H de uma molécula de água volta-se para a nuvem dopar de elétrons não compartilhado do átomo de oxigênio da outra molécula de água. Isto resulta em uma associação inter-

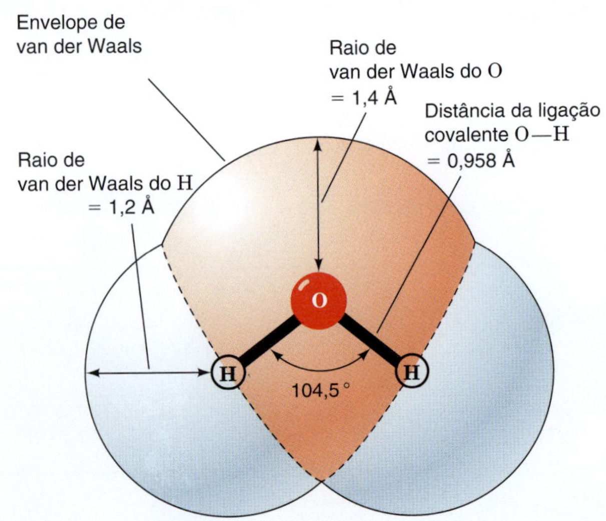

FIGURA 2.1 Estrutura da molécula de água. Este desenho representa o envelope de van der Waals da molécula (em que os componentes atrativos das interações de van der Waals equilibram os componentes de repulsão). O modelo do esqueleto da molécula indica suas ligações covalentes.

molecular direcionada conhecida como **ligação de hidrogênio** (Fig. 2.2), uma interação decisiva tanto para as propriedades da própria água como para o seu papel como solvente bioquímico. De uma maneira geral, *uma ligação de hidrogênio pode ser representada como D−H···A, onde D−H é um "grupo doador" fracamente ácido, como os grupos N−H ou O−H, e A está carregando um elemento despareado, sendo assim um "átomo aceptor" fracamente básico, como um N ou O.* Desta forma, uma ligação de hidrogênio é melhor representada como $^{\delta-}D-H^{\delta+}\cdots{}^{\delta-}A$, onde a separação de cargas na ligação D−H provém da grande eletronegatividade de D em relação a H. A necessidade peculiar que a ligação de hidrogênio tem por um átomo central de hidrogênio em vez de qualquer outro átomo deve-se ao pequeno tamanho do átomo de hidrogênio: somente o núcleo do hidrogênio pode aproximar-se da nuvem do par de elétrons de um átomo aceptor a uma distância próxima o suficiente para possibilitar uma associação eletrostática que tenha uma magnitude significativa. Mais ainda, medições por difração de raios X revelaram que as ligações de hidrogênio têm um caráter parcialmente covalente (~10%).

As ligações de hidrogênio são estruturalmente caracterizadas por uma distância H···A que é pelo menos 0,5 Å mais curta que o calculado para uma distância de van der Waals (a distância de maior aproximação entre dois átomos que não estejam ligados). Na água, por exemplo, a distância da ligação O···H é aproximadamente 1,8 Å, contra os 2,6 Å da distância de van der Waals correspondente. A energia de uma ligação de hidrogênio (~20 kJ · mol^{-1} na água) é pequena quando comparada às energias das ligações covalentes (p. ex., 460 kJ · mol^{-1} para uma ligação covalente O−H). Contudo, muitas moléculas biológicas têm um número tão grande de grupos ligados por ligações de hidrogênio que essas ligações são de extrema importância na determinação das suas estruturas tridimensionais e das associações intermoleculares que fazem. A ligação de hidrogênio será posteriormente discutida na Seção 8.4B.

b. As propriedades físicas do gelo e da água líquida são, em grande parte, consequência de ligações de hidrogênio intermoleculares

A estrutura do gelo é um bom exemplo do poder cumulativo das ligações de hidrogênio. Estudos de difração de raios X e de difração de nêutrons mostraram que as moléculas de água no gelo estão organizadas em uma estrutura aberta incomum. Cada uma das moléculas de água está rodeada, em um arranjo tetraédrico, por quatro vizinhas mais próximas, às quais está ligada por ligações de hidrogênio (Fig. 2.3). A molécula de H_2O central é a "doadora" para duas dessas ligações de hidrogênio e a "aceptora" das outras duas ligações. Uma consequência dessa estrutura aberta é que a água é uma das poucas substâncias que se expande ao congelar (a 0°C, a água líquida tem uma densidade de 1,00 g · mL^{-1}, enquanto o gelo tem uma densidade de 0,92 g · mL^{-1}).

A expansão da água durante o congelamento tem consequências de extrema importância para a vida na Terra. Caso a água se contraísse ao congelar, tornando-se mais em vez de menos densa, o gelo ficaria submerso no fundo dos lagos e oceanos em vez de flutuar. Esse gelo ficaria então isolado do sol, de modo que os oceanos, com exceção de uma fina camada superficial de água líquida em clima ameno, estariam permanentemente congelados (a grandes profundidades, mesmo nos oceanos tropicais, a temperatura da água fica próxima a 4° C, a temperatura de sua densidade máxima). A reflexão da luz solar pela superfície desses oceanos congelados e o efeito destes no esfriamento da atmosfera fariam com que a temperatura das áreas de terra firme fosse muito mais fria do que atualmente; isto é, a Terra estaria em uma idade do gelo permanente. Além disso, uma vez que, aparentemente, a vida evoluiu a partir dos oceanos, parece muito improvável que a vida pudesse ter se desenvolvido caso o gelo se contraísse ao congelar.

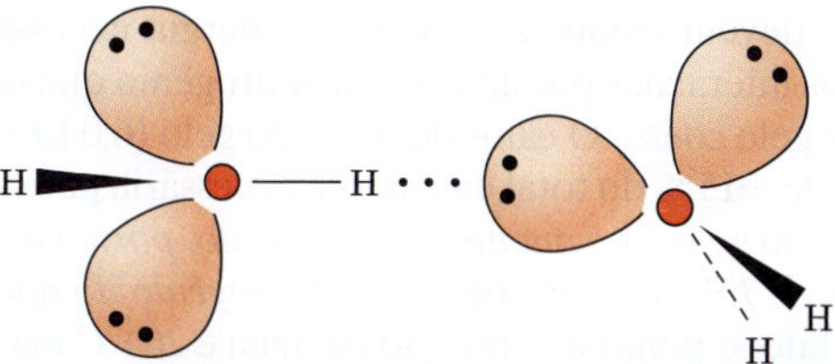

FIGURA 2.2 Ligação de hidrogênio entre duas moléculas de água. A força desta interação é máxima quando a ligação covalente O−H de uma molécula aponta diretamente para a nuvem eletrônica não compartilhada do átomo de oxigênio com o qual ela se liga por ligações de hidrogênio.

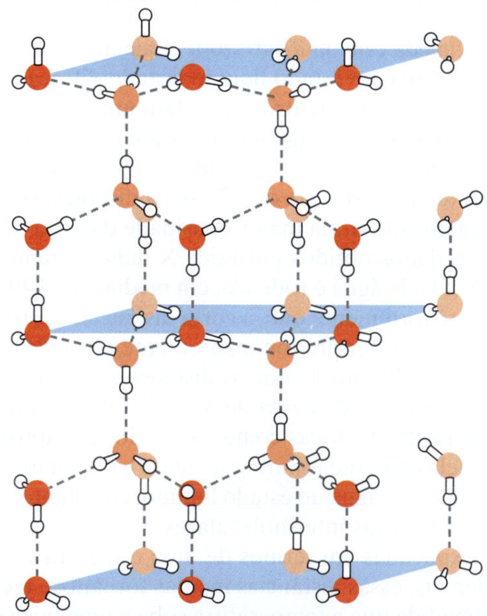

FIGURA 2.3 Estrutura do gelo. O arranjo tetraédrico das moléculas de água é uma consequência da disposição aproximadamente tetraédrica de cada um dos orbitais hibridizados em sp^3 e não compartilhados do átomo de oxigênio (Fig. 2.2). Os átomos de oxigênio e de hidrogênio estão representados, respectivamente, por esferas vermelhas e brancas, e as ligações de hidrogênio estão indicadas por linhas tracejadas. Observe a estrutura aberta que dá ao gelo uma densidade menor do que a da água líquida. (Segundo Pauling, L., *The Nature of the Chemical Bound* [3rd ed.], *p.* 465, Cornell University Press, EUA [1960].)

Embora a fusão do gelo seja uma indicação do colapso cooperativo dessa estrutura mantida por ligações de hidrogênio, as ligações de hidrogênio entre as moléculas de água continuam existindo no estado líquido. O calor de sublimação do gelo a 0°C é 46,9 kJ · mol^{-1}. Ainda assim, apenas aproximadamente 6 kJ · mol^{-1} desse montante pode ser atribuído à energia cinética das moléculas de água no estado gasoso. Os 41 kJ · mol^{-1}

restantes devem então representar a energia necessária para romper as interações por ligações de hidrogênio que mantêm o cristal de gelo coeso. O calor de fusão do gelo (6,0 kJ · mol^{-1}) é de cerca de ~15% do total da energia necessária para romper a estrutura do gelo. *A água no estado líquido, portanto, tem apenas cerca de 15% menos ligações de hidrogênio do que o gelo a 0°C.* De fato, o ponto de ebulição da água é 264°C mais alto do que o do metano (CH_4), uma substância com uma massa molecular muito próxima à da água, mas que não é capaz de formar ligações de hidrogênio (na ausência de associações intermoleculares, substâncias com a mesma massa molecular devem ter pontos de ebulição semelhantes). Esse elevado ponto de fusão é um reflexo da extraordinária coesão interna da água líquida, que resulta das ligações de hidrogênio intermoleculares.

c. A água líquida tem uma estrutura altamente oscilante

Análises da água em estado líquido usando difração de raios X e espalhamento de nêutrons revelam uma estrutura complexa. Próximo a 0°C, a água apresenta uma distância média de 2,82 Å entre dois O ··· O vizinhos mais próximos, que é ligeiramente maior do que os 2,76 Å da distância correspondente no gelo, apesar da maior densidade da água no estado líquido. Os dados obtidos por raios X indicam também que cada molécula de água é rodeada, em média, por 4,4 vizinhas, o que sugere fortemente que, à curta distância, a estrutura da água tem um caráter predominantemente tetraédrico. Isto é corroborado pelo fato de que as distâncias intermoleculares na água líquida são de cerca de 4,5 e 7,0 Å, distâncias que, em estruturas tetraédricas como a do gelo, são aproximadamente aquelas esperadas para o segundo e o terceiro vizinhos mais próximos. A água no estado líquido, entretanto, também apresenta distâncias intermoleculares de 3,5 Å, que não podem ser explicadas em termos de uma estrutura como a do gelo. Ademais, essas distâncias médias tornam-se menos definidas à medida que a temperatura sobe a uma faixa de temperatura fisiologicamente significativa, indicando que há uma ruptura térmica na estrutura da água em curtas distâncias.

A estrutura da água líquida não pode ser descrita de um modo simples, porque cada molécula de água reorienta-se aproximadamente a cada 10^{-12} s, o que torna a determinação da estrutura da água em um dado instante um problema teórica e experimentalmente difícil (existem poucas técnicas experimentais que podem fazer medições em intervalos de tempo tão curtos). De fato, foi somente com o surgimento dos métodos computacionais modernos que os cientistas teóricos perceberam que finalmente estavam começando a ter uma compreensão da água líquida no nível molecular.

Em grande parte, cada uma das moléculas da água no estado líquido está ligada a quatro vizinhas próximas, do mesmo modo que ocorre no gelo. Entretanto, essas ligações de hidrogênio estão distorcidas, de modo que as redes de moléculas associadas são irregulares e variadas, sendo que o número de ligações de hidrogênio formadas por cada molécula de água pode variar entre 3 e 6. Assim, por exemplo, anéis formados por 3 a 7 moléculas associadas por ligações de hidrogênio ocorrem normalmente na água no estado líquido (Fig. 2.4), contrastando com os anéis de 6 membros semelhantes ao cicloexano característicos do gelo (Fig. 2.3). Mais ainda, essa rede está constantemente rompendo-se e refazendo-se em intervalos de tempo da ordem de 2×10^{-11} s. *Dessa forma, a água no estado líquido consiste em uma instável rede tridimensional de moléculas de H_2O associadas por ligações de hidrogênio que, em curtas distâncias, assemelha-se ao gelo.*

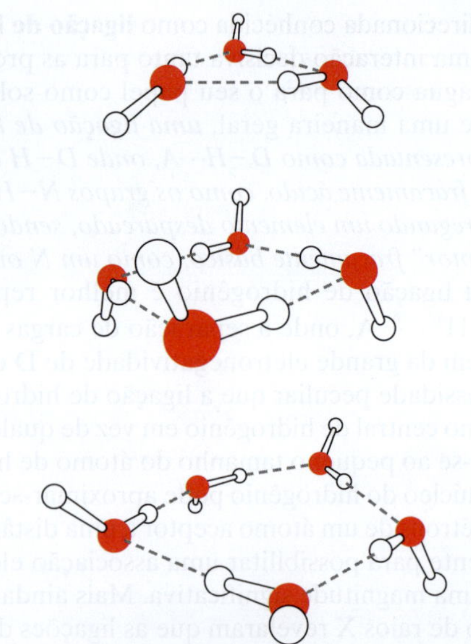

FIGURA 2.4 Predição teórica e confirmação espectroscópica da estrutura trimérica, tetramérica e pentamérica da água. Observe que estes anéis são essencialmente planares, em que cada molécula de água atua tanto como doadora como aceptora das ligações de hidrogênio, estando os hidrogênios livres localizados acima e abaixo do plano dos anéis. (Segundo Liu, K., Cruzan, J.D., and Saykelly, R.J., Science **271**, 930 [1996].)

B. A água como solvente

Solubilidade é uma propriedade que depende da capacidade que um solvente tem em interagir com um soluto de uma maneira mais forte do que as partículas de soluto têm em interagirem entre si. A água é chamada de "solvente universal". Embora essa afirmação não seja literalmente verdadeira, é certo que a água dissolve um número maior de substâncias e em maior quantidade do que qualquer outro solvente. O caráter polar da água a torna um excelente solvente para materiais polares e iônicos, que são denominados **hidrofílicos** (do grego: *hydro*, água + *philos*, amigo). Substâncias apolares, por outro lado, são praticamente insolúveis em água ("óleo e água não se misturam") e, consequentemente, são descritas como **hidrofóbicas** (do grego: *phobos*, medo). Substâncias apolares, entretanto, são solúveis em solventes apolares, tais como CCl_4 ou hexano. Esse fato pode ser resumido pela máxima que diz: semelhante dissolve semelhante.

Por que os sais se dissolvem em água? Os sais, como NaCl ou K_2HPO_4, são mantidos associados por forças iônicas. Os íons de um sal, como qualquer outra carga elétrica, interagem de acordo com a **lei de Coulomb**:

$$F = \frac{kq_1q_2}{Dr^2} \qquad [2.1]$$

onde F é a força entre duas cargas elétricas q_1 e q_2, que estão separadas por uma distância r, D é a **constante dielétrica** do meio situado entre elas e k é uma constante de proporcionalidade ($8{,}99 \times 10^9$ J · m · C^{-2}). Assim, à medida que a constante dielétrica de um meio aumenta, decresce a força que une as

TABELA 2.1 Constantes dielétricas e momentos dipolo moleculares permanentes de alguns solventes comuns

Substância	Constante dielétrica	Momento dipolar (debye)
Formamida	110,0	3,37
Água	78,5	1,85
Sulfóxido de dimetila	48,9	3,96
Metanol	32,6	1,66
Etanol	24,3	1,68
Acetona	20,7	2,72
Amônia	16,9	1,47
Clorofórmio	4,8	1,15
Éter dietílico	4,3	1,15
Benzeno	2,3	0,00
Tetracloreto de carbono	2,2	0,00
Hexano	1,9	0,00

Fonte: Brey, W.S., *Physical Chemistry and Its Biological Applications*, p. 26, Academic Press (1978).

cargas nesse meio; então, a constante dielétrica de um solvente é uma medida da sua habilidade em manter cargas opostas separadas. No vácuo, D tem valor de uma unidade e, no ar, seu valor é minimamente maior. As constantes dielétricas de vários solventes comuns, assim como seus momentos dipolares permanentes, estão listadas na Tabela 2.1. Observe que essas grandezas têm a tendência de aumentar simultaneamente, embora de maneira irregular.

A constante dielétrica da água é uma das maiores entre qualquer líquido puro, enquanto as constantes dielétricas de substâncias apolares, como os hidrocarbonetos, são relativamente pequenas. Assim, a força entre dois íons separados por uma dada distância em líquidos apolares, como hexano ou benzeno, é 30 a 40 vezes maior do que em água. Consequentemente, em solventes apolares (D baixo), íons de cargas opostas atraem-se entre si tão intensamente que eles coalescem formando um sal, enquanto as forças muito mais fracas entre íons em solução aquosa (D alto) fazem com que quantidades significativas dos íons permaneçam separadas.

Um íon imerso em um solvente polar atrai as extremidades de carga oposta dos dipolos do solvente, como está representado na Fig. 2.5 para o caso da água. O íon é assim rodeado por várias camadas concêntricas de moléculas do solvente. Diz-se que tal íon está **solvatado**, ou, caso o solvente seja a água, **hidratado**. O campo elétrico formado pelos dipolos do solvente opõe-se ao campo elétrico do íon, de modo que, na

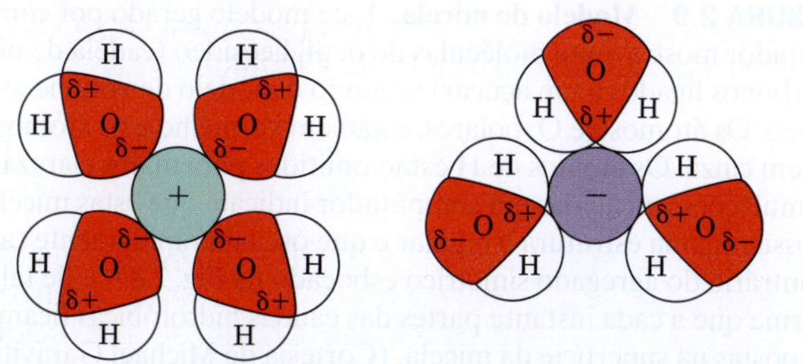

FIGURA 2.5 Solvatação de íons por moléculas de água orientadas.

realidade, a carga elétrica espalha-se por todo o volume do complexo solvatado. Essa organização atenua muito as forças de Coulomb entre os íons, sendo esse o motivo pelo qual os solventes polares possuem constantes dielétricas tão elevadas.

O efeito de orientação das cargas iônicas sobre moléculas dipolares é contraposto pelo movimento cinético, que permanentemente força as moléculas a se reorientarem de forma aleatória. Em um complexo solvatado, os dipolos estão apenas parcialmente orientados. A razão pela qual a constante dielétrica da água é muito maior do que a de outros líquidos com momentos dipolares semelhantes reside no fato de que a estrutura por ligações de hidrogênio da água no estado líquido permite que ela forme estruturas orientadas, que resistem ao movimento cinético aleatório, consequentemente deixando as cargas iônicas melhor distribuídas. Efetivamente, quando submetido à alta pressão a constante dielétrica é 3 porque as suas moléculas de água não podem se reorientar em resposta à um campo elétrico externo.

Os dipolos de ligação presentes em moléculas polares não carregadas as tornam solúveis em soluções aquosas pelos mesmos motivos pelos quais as substâncias iônicas são soluvéis em água. A solubilidade de substâncias polares e de substâncias iônicas é aumentada caso elas tenham grupos funcionais, como grupos hidroxila (—OH), carbonila (C═O), carboxila (—COOH ou —CO_2H) ou amino (—NH_2), que formam ligações de hidrogênio com a água, como ilustrado na Fig. 2.6. De fato, biomoléculas hidrossolúveis, como proteínas, ácidos nucleicos e carboidratos, são ricas nesses grupos. Substâncias apolares, ao contrário, são deficientes tanto em doadores como em aceptores de ligações de hidrogênio.

a. Substâncias anfifílicas formam micelas e bicamadas

A maioria das moléculas biológicas possui tanto porções polares (ou carregadas ionicamente) como porções apolares, de

FIGURA 2.6 Ligações de hidrogênio por grupos funcionais. As ligações de hidrogênio formadas entre a água e (*a*) grupos hidroxila, (*b*) grupos cetônicos, (*c*) grupos carboxílicos e (*d*) grupos amino.

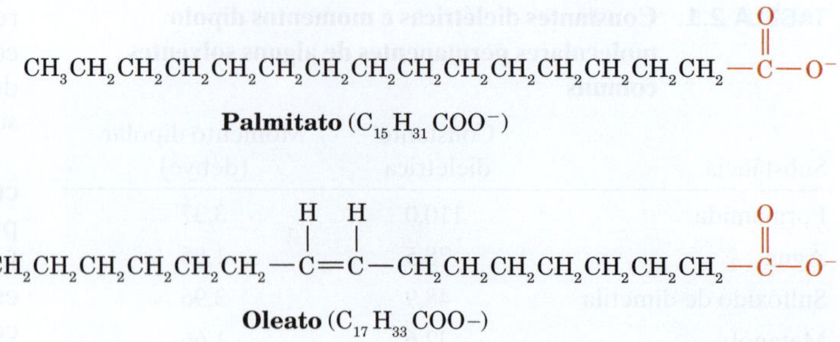

$$CH_3CH_2CH_2CH_2CH_2CH_2CH_2CH_2CH_2CH_2CH_2CH_2CH_2CH_2CH_2-\overset{\overset{\displaystyle O}{\|}}{C}-O^-$$

Palmitato ($C_{15}H_{31}COO^-$)

$$CH_3CH_2CH_2CH_2CH_2CH_2CH_2CH_2-\overset{H}{\overset{|}{C}}=\overset{H}{\overset{|}{C}}-CH_2CH_2CH_2CH_2CH_2CH_2CH_2-\overset{\overset{\displaystyle O}{\|}}{C}-O^-$$

Oleato ($C_{17}H_{33}COO^-$)

FIGURA 2.7 **Exemplos de ânions de ácidos graxos.** São constituídos por um grupo carboxilato polar acoplado a uma longa cadeia hidrocarbonada apolar.

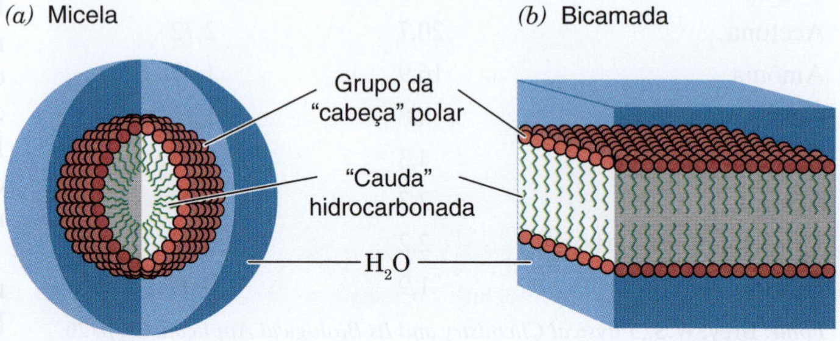

(*a*) Micela (*b*) Bicamada

Grupo da "cabeça" polar

"Cauda" hidrocarbonada

H_2O

FIGURA 2.8 **Associações de moléculas anfipáticas em soluções aquosas.** As "cabeças" polares são hidratadas, enquanto as "caudas" apolares agregam-se de tal maneira que se excluem da solução aquosa. (*a*) Agregado esférico de moléculas anfipáticas conhecido como micela. (*b*) Agregado planar estendido de moléculas anfipáticas denominado de **bicamada**. Uma bicamada pode formar uma concha esférica fechada, conhecida como vesícula, que engloba uma pequena quantidade de solução aquosa.

modo que são simultaneamente hidrofílicas e hidrofóbicas. Moléculas desse tipo, como, por exemplo, íons de **ácidos graxos** (sabões iônicos; Fig. 2.7), são chamadas de **anfifílicas** ou, pelo sinônimo, **anfipáticas** (do grego: *amphi*, ambos + *pathos*, paixão). Como moléculas anfifílicas interagem com um solvente aquoso? A água, obviamente, tende a hidratar a porção hidrofílica da molécula anfipática, mas ela também tende a excluir a porção hidrofóbica. Consequentemente, moléculas anfifílicas tendem a formar agregados estruturalmente ordenados quando dispersos em água. Tais agregados podem tomar a forma de **micelas**, que são glóbulos de até vários milhares de moléculas anfifílicas organizadas com os seus grupos hidrofílicos na superfície do glóbulo, de modo que eles podem interagir com solventes aquosos, enquanto os grupos hidrofóbicos ficam associados no centro do glóbulo e assim excluem o solvente (Fig. 2.8*a*). Entretanto, o modelo esquematizado na Fig. 2.9*a* está muito simplificado porque é geometricamente impossível que todos os grupos hidrofóbicos ocupem o centro de uma micela. Ao contrário, as moléculas anfipáticas compactam-se de uma maneira mais desorganizada e com maior oscilação que escondem grandemente os seus grupos hidrofóbicos e expõem os seus grupos polares (Fig. 2.9). Alternativamente, as moléculas anfifílicas podem organizar-se formando lâminas de bicamadas ou vesículas (Fig. 2.8*b*), nas quais os grupos polares ficam voltados para a fase aquosa.

As interações que estabilizam uma micela ou uma bicamada são coletivamente descritas como **forças hidrofóbicas** ou **interações hidrofóbicas**, para indicar que elas são resultantes da tendência que a água tem em excluir os grupos hidrofóbicos. As interações hidrofóbicas são relativamente fracas, quando comparadas com as ligações de hidrogênio, e não possuem orientação. Mesmo assim, as interações hidrofóbicas têm uma importância biológica central porque, como será visto nos capítulos posteriores, em grande parte são elas as responsáveis pela manutenção da estrutura das macromoléculas biológicas (Seções 8.4C e 29.2C), e também pela integridade de agregados supramoleculares, como, por exemplo, as membranas. É importante observar que as interações hidrofóbicas são peculiares aos ambientes aquosos. Essas associações não são proporcionadas por outros solventes polares.

C. Mobilidade dos prótons

Quando uma corrente elétrica passa por uma solução iônica, os íons migram para o eletrodo de polaridade contrária com uma velocidade diretamente proporcional ao campo elétrico e inversamente proporcional ao arraste friccional que o íon sofre ao deslocar-se pela solução. A mobilidade de um íon (mostrada na Tabela 2.2) varia com o tamanho do íon. Note, entretanto, que as mobilidades iônicas tanto do H_3O^+ como

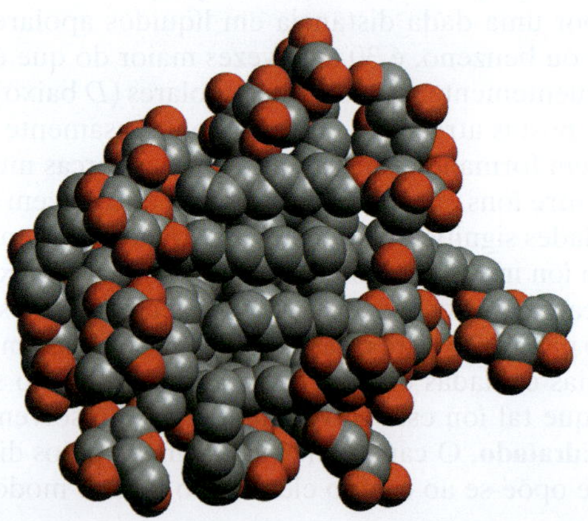

FIGURA 2.9 **Modelo de micela.** Este modelo gerado por computador mostra vinte moléculas de octilglicosídeo (cadeia de oito carbonos ligados a um açúcar) segundo o modelo de volume atômico. Os átomos de O, polares, estão em vermelho e os átomos de C em cinza. Os átomos de H estão omitidos para maior clareza. Simulações calculadas em computador indicam que estas micelas possuem uma estrutura irregular e que oscilam rapidamente (ao contrário do agregado simétrico esboçado na Fig. 2.8*a*) e de tal forma que a cada instante partes das caudas hidrofóbicas ficam expostas na superfície da micela. (Cortesia de Michael Garavito e Shelagh Ferguson-Miller, Michigan State University, EUA.)

TABELA 2.2 Mobilidades iônicas* em água a 25°C

Íon	Mobilidade $\times 10^{-5}$ ($cm^2 \cdot V^{-1} \cdot s^{-1}$)
H_3O^+	362,4
Li^+	40,1
Na^+	51,9
K^+	76,1
NH_4^+	76,0
Mg^{2+}	55,0
Ca^{2+}	61,6
OH^-	197,6
Cl^-	76,3
Br^-	78,3
CH_3COO^-	40,9
SO_4^{2-}	79,8

*A mobilidade iônica é a distância que um íon se movimenta em 1 s sob a influência de um campo elétrico de 1 V · cm^{-1}.

Fonte: Brey, W.S., Physical Chemistry and Its Biological Applications, p. 172, Academic Press (1978).

da OH^- são anomalamente grandes quando comparadas com as de outros íons. Essa grande velocidade de migração do H_3O^+ (o **íon hidrônio**, que é abreviado H^+; um próton não hidratado não é estável em solução aquosa) é o resultado da capacidade que os prótons têm de saltarem rapidamente de uma molécula de água para outra (esquematizado na Fig. 2.9). Embora, fisicamente, um determinado íon hidrônio possa migrar através de uma solução da mesma maneira que, por exemplo, um íon Na^+, a rapidez desse mecanismo de salto de prótons torna a mobilidade iônica efetiva do íon H_3O^+ muito maior do que seria se não houvesse esse tipo de salto (a vida média de um determinado H_3O^+ é de 10^{-12} s a 25°C). De maneira semelhante, a anomalamente alta mobilidade do íon OH^- é atribuída ao mecanismo de salto dos prótons. Nesse último caso, porém, a migração iônica aparente é em sentido contrário à direção do salto do próton. O salto de

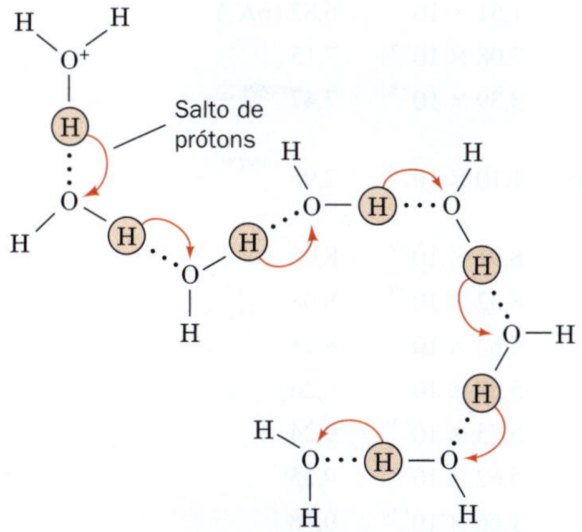

Salto de prótons

FIGURA 2.10 Mecanismo da migração do íon hidrônio em soluções aquosas por meio de salto de prótons. Saltos de prótons, que ocorrem principalmente ao acaso, ocorrem rapidamente, em comparação com a migração molecular direta, sendo responsáveis pela alta mobilidade iônica dos íons hidrônio e hidroxila quando em soluções aquosas.

prótons também é responsável pelo fato de que as *reações acidobásicas estão entre as reações mais rápidas que ocorrem em soluções aquosas* e, como será visto posteriormente (Seção 23.3B), tem importância para as reações biológicas de transferência de prótons.

2 ÁCIDOS, BASES E TAMPÕES

As moléculas biológicas, como as proteínas e os ácidos nucleicos, têm muitos grupos funcionais, como os grupos carboxílico e amino, que podem sofrer reações acidobásicas. Assim, muitas das propriedades dessas moléculas variam conforme a acidez das soluções nas quais elas estejam imersas. Nesta seção, será discutida a natureza das reações acidobásicas e como a acidez é controlada, tanto fisiologicamente como no laboratório.

A. *Reações acidobásicas*

Ácidos e **bases**, segundo uma definição feita na década de 1880 por Svante Arrhenius, são, respectivamente, substâncias capazes de doar prótons e íons hidroxila. Essa definição é um tanto limitada porque, por exemplo, ela não leva em consideração o fato de que o NH_3, que não tem grupo OH^-, apresenta propriedades básicas. Uma definição mais geral, que foi formulada em 1923 por Johannes Brønsted e Thomas Lowry, diz que *um ácido é uma substância que pode doar prótons (como na definição de Arrhenius) e uma base é uma substância que pode aceitar prótons*. Segundo essa definição, em uma reação acidobásica

$$HA + H_2O \rightleftharpoons H_3O^+ + A^-$$

Um **ácido de Brønsted** (nesse caso, HA) reage com uma **base de Brønsted** (nesse caso, H_2O), formando a **base conjugada** do ácido (A^-) e o **ácido conjugado** da base (H_3O^+) (essa reação é geralmente abreviada na forma de $HA \rightleftharpoons H^+ + A^-$, em que está implícita a participação da água). Então, o íon acetato (CH_3COO^-) é a base conjugada do ácido acético (CH_3COOH) e o íon amônio (NH_4^+) é o ácido conjugado da amônia (NH_3). (Em uma definição ainda mais geral de ácidos e bases, Gilbert Lewis descreveu um **ácido de Lewis** como uma substância que pode receber um par de elétrons, e uma **base de Lewis** como uma substância que pode doar um par de elétrons. Essa definição, que é aplicável tanto a soluções aquosas como a soluções não aquosas, é desnecessariamente ampla para descrever a maioria dos fenômenos bioquímicos.)

a. A força de um ácido é determinada pela sua constante de dissociação

A reação de dissociação mostrada anteriormente é caracterizada por sua **constante de equilíbrio**, que, para uma reação acidobásica, é conhecida como **constante de dissociação**,

$$K = \frac{[H_3O^+][A^-]}{[HA][H_2O]} \quad [2.2]$$

A constante de dissociação é uma grandeza que representa as afinidades relativas do próton dos pares conjugados ácido-base HA/A^- e H_3O^+/H_2O. Tanto aqui como ao longo de todo o texto, quantidades em colchetes simbolizam as concentrações molares das substâncias indicadas. Uma vez que, em soluções aquosas diluídas, a concentração da água é essencialmente constante, com $[H_2O] = 1.000\ g \cdot L^{-1}/18{,}015\ g \cdot mol^{-1} = 55{,}5\ M$, esse termo em geral é combinado com a constante de dissociação, que então toma a forma

$$K_a = K[H_2O] = \frac{[H^+][A^-]}{[HA]} \qquad [2.3]$$

Por brevidade, entretanto, daqui em diante o subscrito "*a*" será omitido. As constantes de dissociação dos ácidos mais utilizados na preparação de soluções bioquímicas estão listadas na Tabela 2.3.

Os ácidos podem ser classificados de acordo com suas forças relativas, isto é, de acordo com as respectivas capacidades de transferir prótons para a água. Ácidos com constantes de dissociação menores do que a do H_3O^+ (que, por definição, em soluções aquosas é a unidade) ionizam-se apenas parcialmente em soluções aquosas e são conhecidos como **ácidos fracos** ($K < 1$). Em contraposição, **ácidos fortes** têm constantes de dissociação maiores do que a do H_3O^+, de maneira que ficam completamente ionizados em soluções aquosas ($K > 1$). Todos os ácidos relacionados na Tabela 2.3 são ácidos fracos. Entretanto, muitos dos ácidos minerais, como $HClO_4$, HNO_3, HCl e H_2SO_4 (considerando a primeira ionização), são ácidos fortes. Uma vez que os ácidos fortes transferem rapidamente seus prótons para a H_2O, o ácido mais forte que pode haver em forma estável em uma solução aquosa é o H_3O^+. Da mesma maneira, em soluções aquosas não existe nenhuma base que seja mais forte do que OH^-.

TABELA 2.3 Constantes de dissociação e p*K*'s a 25°C de alguns ácidos geralmente usados em laboratórios como tampões bioquímicos

Ácido	*K* (*M*)	p*K*
Ácido oxálico	$5{,}37 \times 10^{-2}$	1,27 (pK_1)
H_3PO_4	$7{,}08 \times 10^{-3}$	2,15 (pK_1)
Ácido cítrico	$7{,}41 \times 10^{-4}$	3,13 (pK_1)
Ácido fórmico	$1{,}78 \times 10^{-4}$	3,75
Ácido succínico	$6{,}17 \times 10^{-5}$	4,21 (pK_1)
Oxalato$^-$	$5{,}37 \times 10^{-5}$	4,27 (pK_2)
Ácido acético	$1{,}74 \times 10^{-5}$	4,76
Citrato$^-$	$1{,}74 \times 10^{-5}$	4,76 (pK_2)
Citrato^{2-}	$3{,}98 \times 10^{-6}$	5,40 (pK_3)
Succinato−	$2{,}29 \times 10^{-6}$	5,64 (pK_2)
Ácido 2-(*N*-morfolino) etanossulfônico (MES)	$8{,}13 \times 10^{-7}$	6,09
Ácido cacodílico	$5{,}37 \times 10^{-7}$	6,27
H_2CO_3	$4{,}47 \times 10^{-7}$	6,35 (pK_1)
Ácido *N*-(2-acetamido) iminodiacético (ADA)	$2{,}69 \times 10^{-7}$	6,57
Ácido piperazina-*N,N'*-bis(ácido 2-etanossulfônico) (PIPES)	$1{,}74 \times 10^{-7}$	6,76
Ácido *N*-(2-acetamido)-2-aminoetanossulfônico (ACES)	$1{,}58 \times 10^{-7}$	6,80
$H_2PO_4^-$	$1{,}51 \times 10^{-7}$	6,82 (pK_2)
Ácido 3-(*N*-morfolino)propanossulfônico (MOPS)	$7{,}08 \times 10^{-8}$	7,15
Ácido *N*-2-hidroxietilpiperazina-*N'*-2-etanossulfônico (HEPES)	$3{,}39 \times 10^{-8}$	7,47
Ácido *N*-2-hidroxietilpiperazina-*N'*-3-propanossulfônico (HEPPS)	$1{,}10 \times 10^{-8}$	7,96
N-(tris[hidroximetil]metil)glicina (Tricine)	$8{,}91 \times 10^{-9}$	8,05
Tris(hidroximetil)aminometano (TRIS)	$8{,}32 \times 10^{-9}$	8,08
Glicilglicina	$5{,}62 \times 10^{-9}$	8,25
N,N-bis(2-hidroximetil)glicina (Bicine)	$5{,}50 \times 10^{-9}$	8,26
Ácido bórico	$5{,}75 \times 10^{-10}$	9,24
NH_4^+	$5{,}62 \times 10^{-10}$	9,25
Glicina	$1{,}66 \times 10^{-10}$	9,78
HCO_3^-	$4{,}68 \times 10^{-11}$	10,33 (pK_2)
Piperidina	$7{,}58 \times 10^{-12}$	11,12
HPO_4^{2-}	$4{,}17 \times 10^{-13}$	12,38 (pK_3)

Fonte: Principalmente Dawson, R.M.C., Elliott, D.C., Elliott, W.H. and Jones, K.M., *Data for Biochemical Research* (3rd ed.), p. 424-425, Oxford Science Publications (1986); and Good, N.E., Winget, G.D., Winter, W., Connolly, T.N., Izawa, S. and Singh, R.M.M., Biochemistry 5, 467 (1966).

A água, sendo um ácido, tem uma constante de dissociação:

$$K = \frac{[H^+][OH^-]}{[H_2O]}$$

Como mostrado anteriormente, a $[H_2O] = 55{,}5\ M$ constante pode ser incorporada na constante de dissociação e a expressão para a constante de ionização da água passa a ser

$$K_w = [H^+][OH^-] \qquad [2.4]$$

O valor de K_w a 25°C é $10^{-14}\ M^2$. A água pura deve conter uma quantidade equimolecular de H^+ e OH^-, de maneira que $[H^+] = [OH^-] = (K_w)^{1/2} = 10^{-7}\ M$. Uma vez que $[H^+]$ e $[OH^-]$ estão reciprocamente relacionados conforme a Equação [2.4], se $[H^+]$ for maior do que esse valor, $[OH^-]$ deve ser proporcionalmente menor e vice-versa. As soluções nas quais $[H^+] = 10^{-7}\ M$ são denominadas **neutras**, aquelas com $[H^+] > 10^{-7}\ M$ são chamadas de **ácidas** e aquelas com $[H^+] < 10^{-7}\ M$ são chamadas de **básicas**. A maioria das soluções fisiológicas tem uma concentração de íons hidrogênio perto da neutralidade. Por exemplo, normalmente o sangue humano é ligeiramente básico, com $[H^+] = 4{,}0 \times 10^{-8}\ M$.

Os valores de $[H^+]$ da maioria das soluções são inconvenientemente pequenos e difíceis de comparar. Uma grandeza mais prática, proposta em 1909 por Søren Sørensen, é conhecida como **pH**:

$$\text{pH} = -\log[H^+] \qquad [2.5]$$

O pH da água pura é 7,0, enquanto as soluções ácidas têm pH < 7,0 e as soluções básicas têm pH > 7,0. Uma solução 1 M de um ácido forte tem pH = 0 e uma solução 1 M de uma base forte tem pH = 14. É importante observar que, se duas soluções diferirem em uma unidade de pH, elas diferirão na $[H^+]$ por um fator de 10. O pH de uma solução pode ser determinado fácil e acuradamente por meio de medidas eletroquímicas com o auxílio de um equipamento conhecido como **pH metro**.

b. O pH de uma solução é determinado pelas concentrações relativas de ácidos e bases

A relação entre o pH de uma solução e as concentrações do ácido e de sua base conjugada pode ser derivada facilmente rearranjando a Equação [2.3]

$$[H^+] = K\left(\frac{[HA]}{[A^-]}\right)$$

e substituindo-a na Equação [2.5]

$$\text{pH} = -\log K + \log\left(\frac{[A^-]}{[HA]}\right)$$

Definindo pK = −log K, analogamente à Equação [2.5], obtém-se a **equação de Henderson-Hasselbalch**:

$$\text{pH} = \text{p}K + \log\left(\frac{[A^-]}{[HA]}\right) \qquad [2.6]$$

Essa equação indica que *o pK de um ácido é numericamente igual ao pH de uma solução quando as concentrações molares do ácido e de sua base conjugada são iguais*. A Tabela 2.3 relaciona os valores do pK de vários ácidos.

B. *Tampões*

A adição de uma gota de 0,01 mL de HCl 1 M a 1 L de água pura altera o pH da água de 7 para 5, o que representa um aumento de 100 vezes na $[H^+]$. Uma vez que as propriedades das substâncias biológicas variam significativamente com pequenas alterações de pH, elas necessitam de ambientes nos quais o pH seja refratário à adição de ácidos ou bases. Para entender como é que isso é possível, convém considerar a titulação de um ácido fraco com uma base forte.

A Fig. 2.11 mostra como os valores de pH de soluções de 1 L de ácido acético 1 M, ($H_2PO_4^-$) 1 M e íon amônio (NH_4^+) 1 M variam pela adição de OH^-. Curvas de titulação como as mostradas na Fig. 2.11, bem como as curvas de distribuição mostradas na Fig. 2.12, podem ser calculadas usando a equação de Henderson-Hasselbalch. Próximo ao início da titula-

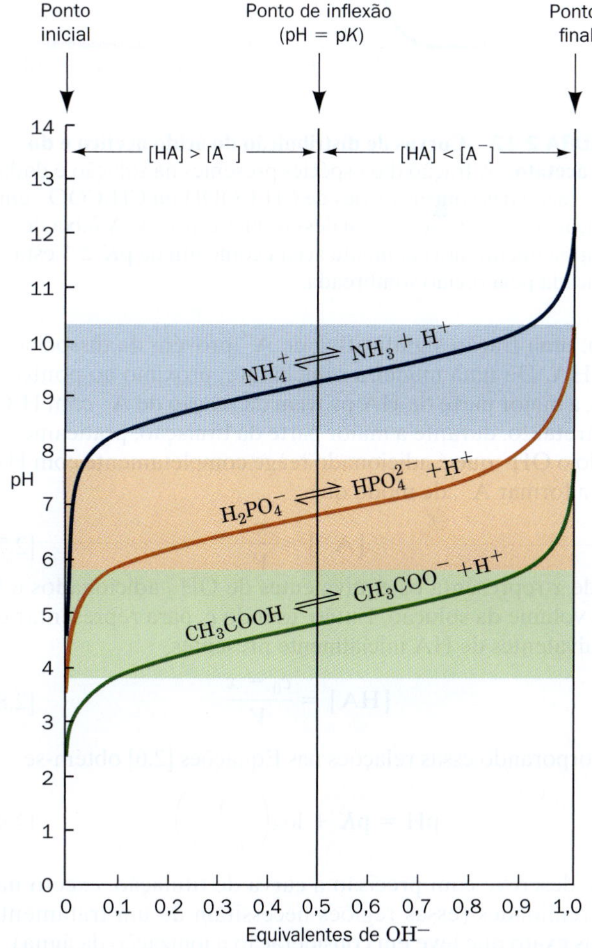

FIGURA 2.11 Curvas de titulação acidobásicas de soluções de 1 L de ácido acético 1 M, $H_2PO_4^-$ e NH_4^+ por uma base forte. No ponto inicial de cada titulação, predomina a forma ácida do par conjugado ácido-base principal. No meio da titulação, quando o pH = pK, a concentração do ácido é igual à da sua base conjugada. Finalmente, no ponto final da titulação, onde os equivalentes da base forte que foi adicionada igualam-se aos equivalentes de ácido no ponto inicial, a base conjugada está em quantidade muito maior do que o ácido. As zonas sombreadas indicam as faixas de pH nas quais a solução correspondente pode funcionar efetivamente como um tampão. **Ver Figuras animadas**

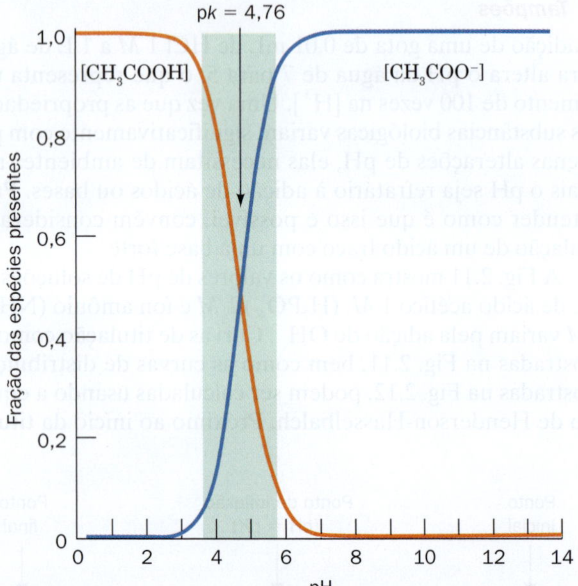

FIGURA 2.12 **Curvas de distribuição do ácido acético e do íon acetato.** A fração das espécies presentes na solução é dada pela razão das concentrações de CH_3COOH ou CH_3COO^- em relação à concentração total dessas duas espécies. A faixa de tamponamento normalmente aceita como útil de p$K \pm 1$ está indicada pela região sombreada.

ção, uma fração significativa de A^- provém da dissociação de HA. De uma maneira semelhante, próximo ao ponto final, a maior parte de HA provém da reação de A^- com H_2O. Entretanto, durante a maior parte da titulação, praticamente todo o OH^- que é adicionado reage completamente com HA para formar A^-, de modo que

$$[A^-] = \frac{x}{V} \quad [2.7]$$

onde x representa os equivalentes de OH^- adicionados e V é o volume da solução. Então, usando c_0 para representar os equivalentes de HA inicialmente presentes,

$$[HA] = \frac{c_0 - x}{V} \quad [2.8]$$

incorporando essas relações nas Equações [2.6] obtém-se

$$pH = pK + \log\left(\frac{x}{c_0 - x}\right) \quad [2.9]$$

que descreve com precisão a curva de titulação, exceto nas extremidades (essas regiões necessitam de um tratamento mais exato que leve em consideração a ionização da água).

Vários detalhes da curva de titulação da Fig. 2.10 merecem ser analisados.

1. As curvas têm formas semelhantes, mas estão deslocadas verticalmente ao longo do eixo do pH.
2. No **ponto de equivalência** de cada uma das titulações (onde os equivalentes de OH^- adicionados são iguais aos equivalentes de HA inicialmente presentes), o pH é maior que 7, devido à reação de A^- com H_2O para formar HA + OH^-; de maneira semelhante, cada um dos pHs iniciais é menor do que 7.
3. No ponto de inflexão de cada uma das titulações, o pH é numericamente igual ao pK do seu ácido correspondente; então, de acordo com a equação de Henderson-Hasselbalch $[HA] = [A^-]$.
4. A inclinação de cada uma das curvas de titulação é muito menor perto do ponto de inflexão do que nas extremidades da curva. Isso indica que *quando* $[HA] \approx [A^-]$, *o pH da solução é relativamente refratário à adição de bases ou ácidos fortes. Essas soluções, que são conhecidas como* ***tampões acidobásicos****, resistem a mudanças de pH porque pequenas quantidades de* H^+ *ou de* OH^- *adicionadas reagem, respectivamente, com* A^- *ou HA presentes sem mudar significativamente o valor de* $\log([A^-]/[HA])$.

a. Tampões estabilizam o pH das soluções

A capacidade dos tampões em resistir a mudanças de pH pela adição de ácidos ou bases é diretamente proporcional à concentração total do par ácido-base conjugado, $[HA] + [A^-]$. Essa capacidade é máxima quando pH = pK, diminuindo rapidamente com a mudança de pH a partir desse ponto. Uma boa regra prática é: *um ácido fraco está na sua melhor faixa de tamponamento no intervalo entre uma unidade de pH acima e uma unidade abaixo do seu pK* (regiões sombreadas das Figs. 2.10 e 2.11). Acima dessa faixa, quando a relação $[A^-]/[HA] > 10$, o pH da solução modifica-se rapidamente com a adição de uma base forte. Um tampão é igualmente incapaz de manter o pH quando da adição de um ácido forte quando o pK for maior que o pH da solução em mais do que uma unidade.

Os líquidos biológicos, tanto os intracelulares quanto os extracelulares, são altamente tamponados. Por exemplo, o pH do sangue de pessoas saudáveis é estritamente controlado em pH 7,4. Os íons fosfato e carbonato que participam como componentes da maior parte dos fluidos biológicos são importantes para o tamponamento, pois seus respectivos pKs estão nessa faixa de pH (Tabela 2.3). Ademais, muitas moléculas biológicas, como as proteínas, os ácidos nucleicos e os lipídeos, bem como um grande número de moléculas orgânicas, possuem muitos grupos acidobásicos que são efetivos como tamponantes na faixa de pH fisiológico.

Até o início do século XX, não era dada a devida importância ao conceito de que as propriedades das moléculas biológicas variam com a acidez das soluções nas quais elas estão dissolvidas, de modo que a acidez das preparações bioquímicas feitas antes daquele tempo raramente era controlada. Consequentemente, os experimentos bioquímicos dessa época tinham resultados muito pouco reprodutíveis. Mais recentemente, as preparações bioquímicas passaram a ser rotineiramente tamponadas para simular as propriedades dos fluidos biológicos naturais. Grande parte dos ácidos relacionados na Tabela 2.3 em geral é usada em preparações bioquímicas. Na prática do laboratório, o ácido fraco escolhido e um dos seus sais solúveis são dissolvidos em uma relação molar (praticamente um para um) necessária para produzir o pH desejado e, com a ajuda de um pHmetro, o pH da solução é ajustado com precisão por titulação com um ácido ou uma base fortes.

C. *Ácidos polipróticos*

Substâncias que contêm mais do que um grupo acidobásico, como H_3PO_4 ou H_2CO_3, bem como a maioria das biomoléculas, são conhecidas como **ácidos polipróticos**. As curvas de

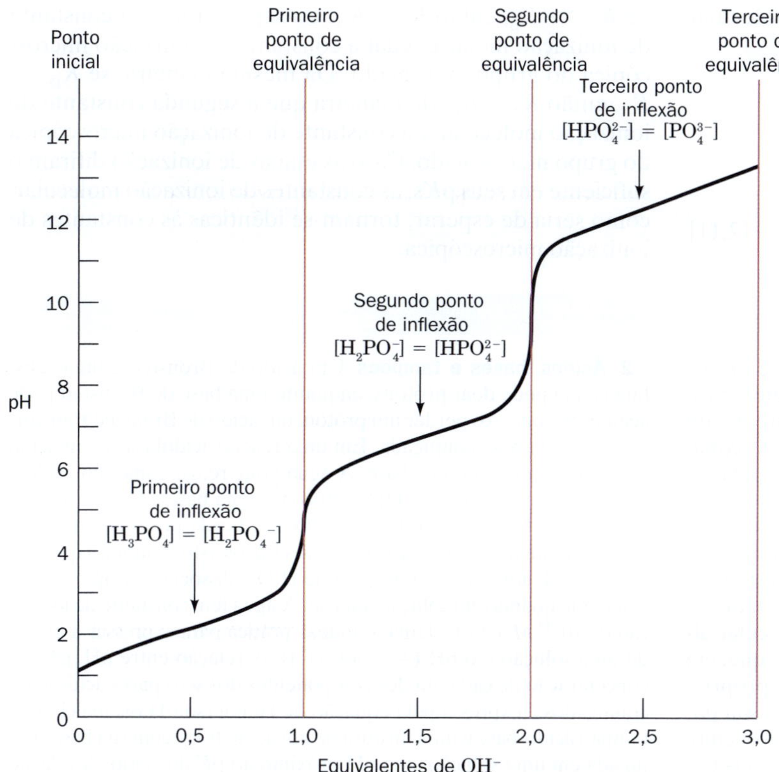

FIGURA 2.13 **Curva de titulação de 1 L de solução de H_3PO_4 1 *M*.** Os dois pontos de equivalência intermediários ocorrem nas partes mais inclinadas da curva. Observe que as curvas são achatadas perto dos pontos inicial e final, em comparação com os finais curvados das curvas de titulação da Fig. 2.10. Isso indica que H_3PO_4 (pK_1 = 2,15) está próximo de ser um ácido forte e PO_4^{3-} (pK_3 = 12,38) está próximo de ser uma base forte. **Ver Figuras animadas**

titulação dessas substâncias, como está ilustrado na Fig. 2.12 para o H_3PO_4, são caracterizadas por vários p*K*s, um para cada etapa de ionização. O cálculo preciso das concentrações das várias espécies iônicas presentes em cada pH são, evidentemente, uma tarefa mais complexa do que no caso dos **ácidos monopróticos.**

Os pKs de dois grupos acidobásicos proximamente associados não são independentes. A carga iônica resultante de uma dissociação de um próton inibe eletrostaticamente a dissociação de um segundo, terceiro e demais prótons da mesma molécula, aumentando assim os valores dos respectivos p*K*s. Esse efeito, de acordo com a lei de Coulomb, diminui à medida que a distância entre os grupos ionizáveis aumenta. Por exemplo, os p*K*s dos dois grupos carboxílicos adjacentes do **ácido oxálico** diferem por 3 unidades de pH (Tabela 2.3), enquanto os grupos carboxílicos do **ácido succínico**, que estão separados por dois grupos metilenos, diferem por 1,4 unidades de pH.

$$\text{H—O—}\overset{\text{O}}{\overset{\|}{\text{C}}}\text{—}\overset{\text{O}}{\overset{\|}{\text{C}}}\text{—O—H} \qquad \text{H—O—}\overset{\text{O}}{\overset{\|}{\text{C}}}\text{—CH}_2\text{CH}_2\text{—}\overset{\text{O}}{\overset{\|}{\text{C}}}\text{—O—H}$$

Ácido oxálico **Ácido succínico**

Da mesma maneira, ionizações sucessivas do mesmo centro, como no H_3PO_4 ou no H_2CO_3, têm p*K*s que diferem por 4 a 5 unidades de pH. Se os p*K*s das ionizações sucessivas de um ácido poliprótico diferirem em ao menos 3 unidades de pH, pode-se supor com grande grau de certeza que, em um dado pH, apenas os componentes do par ácido-base conjugado caracterizados pelos p*K*s mais próximos estarão presentes em concentrações significativas. Isso, obviamente, simplifica muito os cálculos de determinação das concentrações das várias espécies iônicas presentes.

a. Ácidos polipróticos com valores de p*K* muito próximos têm constantes de ionização molecular

Se os valores de p*K* de um ácido poliprótico diferirem por menos de aproximadamente 2 unidades de pH, o que ocorre talvez na maioria das biomoléculas, as constantes de ionização medidas por titulação não são as constantes de ionização reais, mas refletem a ionização média dos grupos envolvidos. As constantes de ionização resultantes, portanto, passam a ser conhecidas como **constantes de ionização molecular**.

Considere o equilíbrio acidobásico mostrado na Fig. 2.13, no qual há dois sítios de protonação não equivalentes. Nesse caso, as grandezas K_A, K_B, K_C e K_D, as constantes de ionização de cada grupo, são alternativamente chamadas de **constantes de ionização microscópica**. A constante de ionização molecular para a remoção do primeiro próton de HAH é

$$K_1 = \frac{[H^+]([AH^-] + [HA^-])}{[HAH]} = K_A + K_B \qquad [2.10]$$

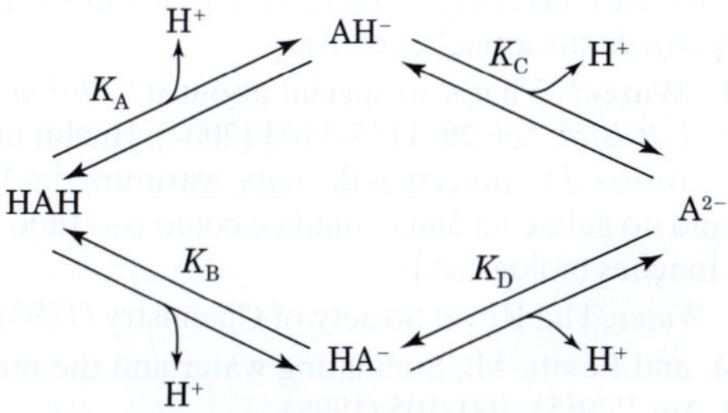

FIGURA 2.14 **Ionização de um ácido que possui dois sítios de protonação não equivalentes.**

De maneira semelhante, a constante de ionização molecular K_2 para a remoção do segundo próton é

$$K_2 = \frac{[H^+][A^{2-}]}{[AH^-] + [HA^-]} = \frac{1}{(1/K_C) + (1/K_D)}$$

$$= \frac{K_C K_D}{K_C + K_D} \qquad [2.11]$$

Se $K_A \gg K_B$, então $K_l \approx K_A$, ou seja, a primeira constante de ionização molar é igual à constante de ionização microscópica do grupo mais ácido. Da mesma maneira, se $K_D \gg K_C$, então $K_2 \approx K_C$, de maneira que a segunda constante de ionização molecular é a constante de ionização microscópica do grupo menos ácido. Caso as etapas de ionização difiram o suficiente em seus p*K*s, as constantes de ionização molecular, como seria de esperar, tornam-se idênticas às constantes de ionização microscópica.

RESUMO DO CAPÍTULO

1 Propriedades da água A água é uma substância extraordinária, tendo suas propriedades grande importância biológica. Uma molécula de água pode participar simultaneamente de até quatro ligações de hidrogênio: duas como doadora e duas como aceptora. Essas ligações de hidrogênio são responsáveis pela estrutura aberta e de baixa densidade do gelo. Grande parte dessa estrutura mantida por ligações de hidrogênio também existe na fase líquida, como é evidenciado pelo alto ponto de ebulição da água, quando comparado com o ponto de ebulição de substâncias de massas moleculares semelhantes. Evidências físicas e teóricas indicam que a água líquida mantém uma estrutura molecular altamente oscilante e associada por ligações de hidrogênio que, em distâncias curtas, é semelhante à estrutura do gelo. As propriedades singulares da água como solvente provêm tanto da sua polaridade como das propriedades de suas ligações de hidrogênio. Em soluções aquosas, as substâncias iônicas e as substâncias polares são rodeadas por várias camadas concêntricas de hidratação formadas por dipolos de água orientados, que agem atenuando as interações eletrostáticas entre as cargas presentes na solução. A distribuição aleatória das moléculas de água devido à energia cinética é contraposta pela associação por meio das ligações de hidrogênio, daí a elevada constante dielétrica da água. Substâncias apolares são essencialmente insolúveis em água. Entretanto, substâncias anfipáticas agregam-se quando em soluções aquosas, formando micelas e bicamadas, devido à combinação de interações hidrofóbicas entre as porções apolares dessas moléculas e as interações hidrofílicas dos seus grupos polares com o solvente aquoso. Os íons H_3O^+ e OH^- possuem uma mobilidade inusitadamente grande quando em soluções aquosas, pois a migração desses íons através da solução ocorre principalmente por saltos de prótons de uma molécula de H_2O para outra.

2 Ácidos, bases e tampões Um ácido de Brønsted é uma substância que pode doar prótons, enquanto uma base de Brønsted pode aceitar prótons. Ao perder um próton, um ácido de Brønsted transforma-se na sua base conjugada. Em uma reação acidobásica, um ácido doa seu próton para uma base. A água pode reagir como um ácido e formar um íon hidróxido, OH^-, ou como uma base e formar um íon hidrônio, H_3O^+. A força de um ácido é indicada pela magnitude de sua constante de dissociação, *K*. Ácidos fracos, isto é, aqueles que têm constante de ionização menor do que H_3O^+, dissociam-se apenas parcialmente quando em solução aquosa. A água tem constante de ionização de 10^{-14} *M* a 25°C. Uma grandeza prática para expressar a acidez de uma solução é o pH (= − log[H$^+$]). A relação entre pH, p*K* e a concentração de cada um dos componentes dos seus pares ácido-base conjugados é expressa pela equação de Henderson-Hasselbalch. Um tampão ácido-base é uma mistura de um ácido fraco com sua base conjugada em uma solução com pH próximo ao p*K* do ácido. A relação $[A^-]/[HA]$ de um tampão praticamente não se altera devido à adição de ácidos ou bases fortes, de maneira que o pH de um tampão em geral não é muito afetado pela adição dessas substâncias. Tampões são funcionalmente efetivos somente na faixa de pH entre p*K* ± 1. Fora dessa faixa, o pH da solução modifica-se rapidamente pela adição de ácidos ou bases fortes. A capacidade tamponante também depende da concentração total do par ácido-base. Os líquidos biológicos em geral são tamponados ao redor da neutralidade. Muitos ácidos são polipróticos. Entretanto, a menos que os p*K*s das suas várias ionizações difiram por menos do que 2 ou 3 unidades de pH, para o cálculo do pH, ácidos polipróticos podem ser tratados como se fossem uma mistura de ácidos fracos separados. Para os ácidos polipróticos com p*K*s que difiram menos do que 2 ou 3 unidades de pH, as constantes de ionização verificadas estão relacionadas às constantes de ionização microscópica individuais de cada um dos grupos que se dissociam.

REFERÊNCIAS

Cooke, R. and Kuntz, I.D., The properties of water in biological systems. *Annu. Rev. Biophys. Bioeng.* **3,** 95–126 (1974).

Dill, K.A., Truskett, T.M., Vlachy, V. e Hribar-Lee, B., Modeling water, the hydrophobic effect, and ion salvation, *Annu. Rev. Biophys. Biomol. Struct.* **34,** 173–199 (2005).

Eisenberg, D. and Kauzman, W., *The Structure and Properties of Water*, Oxford University Press (1969). [Uma monografia completa repleta de informações úteis].

Finney, J.L, Water? What's so special about it? *Philoa. Trans. R. Soc. Lond. B Biol. Sci.* **29,** 1145–1163 (2004). [Inclui uma discussão da estrutura das moléculas de água, estrutura das ligações de hidrogênio no gelo e na água líquida e como isso tudo se relaciona com funções biológicas.]

Franks, R., *Water*, The Royal Society of Chemistry (1993).

Gestein, M. and Levitt, M., Simulating water and the molecules of life, *Sci. Am.* 279(5), 100–105 (1998).

Martin, T.W. and Derewenda, Z.S., The name is bond-H bond, *Nature Struct. Biol.* **6,** 403–406 (1999). [Revisa a história e a natureza da ligação de hidrogênio e descreve os experimentos de difração por raios X que demonstraram que a ligação de hidrogênio tem um caráter parcialmente covalente.]

Mohammed, O.F., Pines,D., Dreyer, J., Pines, E. e Nibbering, E.T.J., Sequential proton transfer through water bridges in acid-base reactions, *Science* **310,** 83–86 (2005).

Stillinger, F.H., Water revised, *Science* **209,** 451–457 (1980). [Um esquema da estrutura da água em um nível elementar.]

Tanford, C., *The Hydrophobic Effect: Formation of Micelles and Biological Membranes* (2nd ed.), Chapters 5, 6, Wiley-Interscience (1980). [Discussão sobre a estrutura da água e das micelas.]

Westhof, E., *Water and Biological Macromolecules*, CRC Press (1993).

Zumdahl, S.S., *Chemical Principles* (5th ed.), Chapters 7, 8, Houghton Mifflin (2005). [Discute a química acidobásica. A maioria dos demais livros-texto de química geral contêm informações similares.]

PROBLEMAS

1. Desenhe o padrão de ligações de hidrogênio que a água forma com a acetamida (CH_3CONH_2) e com a piridina (benzeno com um grupo CH substituído por N).

2. Explique por que as constantes dielétricas dos seguintes pares de líquidos têm a ordem dada na Tabela 2.1: (a) tetracloreto de carbono e clorofórmio; (b) etanol e metanol; (c) acetona e formamida.

3. Micelas "invertidas" são feitas pela dispersão de moléculas anfipáticas em um solvente apolar (como o benzeno), juntamente com uma pequena quantidade de água (também são fornecidos contra-íons caso os grupos da cabeça polar sejam iônicos). Desenhe a estrutura de uma micela invertida e descreva as forças que a estabilizam.

***4.** Moléculas anfipáticas em soluções aquosas tendem a se concentrar em superfícies tais como interfaces sólido-líquido ou gás-líquido. Elas são portanto chamadas de **moléculas de superfície ativas** ou **surfactantes**. Explique esse comportamento em termos das propriedades das moléculas anfifílicas e indique o efeito que moléculas de superfície ativas têm sobre a tensão superficial da água (a tensão superficial é uma medida da coesão interna de um líquido, expressa pela força necessária para aumentar a área da superfície do líquido). Explique por que surfactantes como os sabões são efetivos na dispersão de substâncias e sujeiras oleosas em soluções aquosas. Por que as soluções aquosas dos surfactantes formam espuma e por que a presença de substâncias oleosas reduzem a espuma?

5. Mostre por que as forças da ligação de hidrogênio e as forças hidrofóbicas variam com a constante dielétrica do meio.

6. Usando os dados da Tabela 2.2, mostre os tempos que um íon K^+ e um íon H^+ levariam para percorrer 1 cm em um campo elétrico de $100\ V \cdot cm^{-1}$.

7. Explique por que a mobilidade do H^+ no gelo é apenas cerca de uma ordem de magnitude menor do que na água líquida, enquanto a mobilidade do Na^+ em NaCl sólido é zero.

8. Calcule o pH de: (a) HCl 0,1 *M*; (b) NaOH 0,1 *M*; (c) HNO_3 3×10^{-5} *M*; (d) $HClO_4$ 5×10^{-10}*M*; (e) KOH 2×10^{-8} *M*.

9. O volume de uma célula bacteriana típica é da ordem de 1,0 μm^3. Em pH 7, quantos íons de hidrogênio estão contidos dentro de uma célula bacteriana? Uma célula bacteriana contém milhares de macromoléculas, como proteínas e ácidos nucleicos, cada uma carregando muitos grupos ionizáveis. O que seu resultado indica em relação à noção comum que os grupos ionizáveis estão permanentemente banhados por íons H^+ e OH^-?

10. Usando os dados da Tabela 2.3, calcule as concentrações de todas as moléculas e espécies iônicas e o pH de soluções aquosas com as seguintes composições formais: (a) ácido acético 0,01 *M*; (b) cloreto de amônio 0,25 *M*; (c) ácido acético 0,05 *M* + acetato de sódio 0,10 *M*; e (d) ácido bórico 0,2 *M* [$B(OH)_3$] + borato de sódio 0,05 *M* [$NaB(OH)_4$].

11. **Indicadores acidobásicos** são ácidos fracos que mudam de cor ao mudarem de estado de ionização. Quando uma pequena quantidade de um indicador apropriadamente escolhido é adicionada a uma solução de um ácido ou uma base que está sendo titulada, a mudança de cor "indica" o **ponto de final** da titulação. A **fenolftaleína** é normalmente usada como um indicador acidobásico que, em soluções aquosas, muda de incolor para vermelho-roxo em uma faixa de pH entre 8,2 e 10,0. No que concerne às Figs. 2.10 e 2.12, descreva a eficácia da fenolftaleína para detectar acuradamente o ponto final da titulação, com uma base forte, de (a) ácido acético; (b) NH_4Cl; e (c)H_3PO_4 (em cada um dos seus três pontos de equivalência).

***12.** A composição formal de uma solução aquosa é K_2HPO_4 0,12 *M* + KH_2PO_4 0,08 *M*. Calcule, usando os dados da Tabela 2.3, as concentrações de todas as espécies iônicas e moleculares presentes na solução e o pH dessa solução.

13. A água destilada, em equilíbrio com o ar, dissolve dióxido de carbono em uma concentração de $1{,}0 \times 10^{-5}$ *M*. Usando os dados da Tabela 2.3, calcule o pH dessa solução.

14. Calcule a concentração de ácido acético e acetato de sódio necessária para preparar uma solução-tampão de pH 5 que tenha 0,20 *M* de acetato total. O p*K* do ácido acético é dado na Tabela 2.3.

15. Para purificar certa proteína, precisa-se de tampão glicina 0,1 *M* em pH 9,4. Infelizmente, o almoxarifado está sem glicina. Entretanto, foi possível encontrar duas soluções-tampão de glicina 0,1 *M*, uma em pH 9,0 e a outra em pH 10,0. Que volumes de cada uma dessas duas soluções devem ser misturados para que se obtenha 200 mL do tampão necessário?

16. Uma reação enzimática ocorre em 10 mL de uma solução que tem uma concentração total de citrato de 120 m*M* e um pH inicial de 7,00. Durante a reação (que não envolve o citrato), são produzidos 0,2 miliequivalentes de ácido. Usando os dados da Tabela 2.3, calcule o pH final da solução. Qual seria o pH final da solução na ausência de tampão citrato, supondo que os outros componentes da solução não têm efeito tamponante significativo e que inicialmente o pH estava em 7?

***17.** A **capacidade tamponante**, β, de uma solução é definida como a relação entre uma quantidade crescente de base que é adicionada, em equivalentes, e a correspondente mudança de pH. Isso é a recíproca da inclinação da curva de titulação, Equação [2.9]. Derive a equação de β e mostre como β é máxima quando pH = p*K*.

18. Usando os dados da Tabela 2.3, calcule as constantes de ionização microscópica do ácido oxálico e do ácido succínico. Como esses valores se comparam com as correspondentes constantes de ionização molecular.

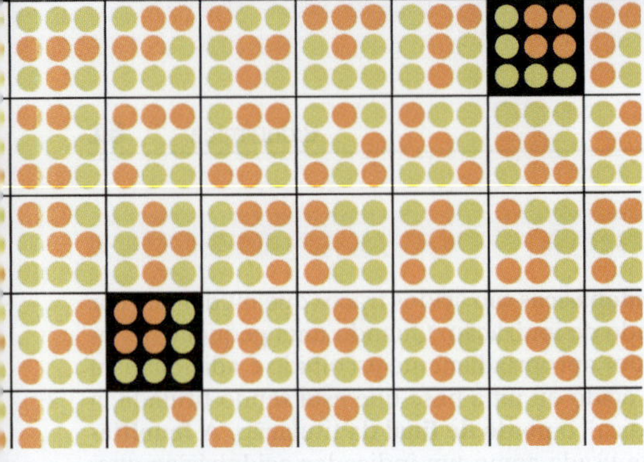

CAPÍTULO 3

Princípios da Termodinâmica: Uma Revisão

Não se pode ganhar.
Primeira lei da termodinâmica
Não se pode nem empatar.
Segunda lei da termodinâmica
Não se pode ficar fora do jogo.
Terceira lei da termodinâmica

Os seres vivos necessitam de um fornecimento contínuo de energia. Por exemplo, por meio da fotossíntese as plantas convertem a energia da radiação do sol, a fonte primária de energia para a vida na Terra, em energia química dos carboidratos e de outras substâncias orgânicas. As plantas, ou os animais que delas se alimentam, metabolizam então essas substâncias para realizarem suas funções, como a síntese de biomoléculas, a manutenção dos gradientes de concentração e o movimento dos músculos. Por fim, esses processos transformam a energia em calor, que é dissipado no ambiente. Portanto, uma parte considerável do aparato bioquímico celular deve dedicar-se à aquisição e utilização de energia.

A **termodinâmica** (do grego: *therme*, calor + *dynamis*, força) é uma descrição maravilhosamente elegante das relações que existem entre as várias formas de energia e de como a energia afeta a matéria no nível macroscópico em contraposição ao nível molecular; isto é, a termodinâmica trata de quantidades de matéria grandes o suficiente para que suas propriedades básicas, como temperatura e pressão, sejam apropriadamente definidas. De fato, os princípios básicos da termodinâmica foram desenvolvidos no século XIX, antes mesmo que a teoria atômica da matéria fosse amplamente aceita.

Conhecendo a termodinâmica pode-se determinar o quanto um processo físico é possível. A termodinâmica é essencial para entender por que as macromoléculas arranjam-se nas suas conformações nativas, como as vias metabólicas estão concebidas, por que moléculas atravessam membranas biológicas, como os músculos geram força mecânica e assim por diante. Esta é uma lista sem fim. Ainda assim o leitor deve acautelar-se e ter sempre em mente que a termodinâmica não indica a velocidade na qual um processo possível venha a ocorrer. Por exemplo, embora a termodinâmica diga que a glicose e o oxigênio reagem liberando uma grande quantidade de energia, ela não indica que esta mistura é indefinidamente estável à temperatura ambiente caso as enzimas apropriadas não estejam presentes. A previsão das velocidades de reação, como pode ser visto na Seção 14.1C, necessita de uma descrição do mecanismo dos processos moleculares. Ainda assim, a termodinâmica é um guia indispensável para formular modelos mecanísticos, uma vez que tais modelos devem obedecer a todos os princípios da termodinâmica.

Em geral, a termodinâmica, na forma como ela se aplica à bioquímica, preocupa-se principalmente com a descrição das condições sob as quais esses processos ocorrem de forma *espontânea* (por si mesmos). Portanto, é importante revisar os elementos termodinâmicos que possibilitam predizer a espontaneidade química e bioquímica: a primeira e a segunda leis da termodinâmica, o conceito de energia livre e a natureza dos processos em equilíbrio. Ter familiaridade com esses princípios é condição indispensável para entender grande parte da discussão que se segue neste livro. Entretanto, a discussão sobre os aspectos termodinâmicos do metabolismo será postergada até as Seções 16.4 a 16.6.

1 PRIMEIRA LEI DA TERMODINÂMICA: CONSERVAÇÃO DA ENERGIA

Na termodinâmica, um **sistema** é definido como aquela parte do universo que é interesse de estudo, como, por exemplo, um tubo de reação ou um organismo; o resto do universo é chamado de **meio externo** ou arredores. Um sistema pode ser **aberto**, **fechado**, ou **isolado**, dependendo se troca matéria e energia com o meio externo, se troca apenas energia ou se não troca nem matéria e nem energia. Os seres vivos, que captam nutrientes, eliminam dejetos e geram trabalho e calor, são exemplos de sistemas abertos. Se um organismo fosse colocado dentro de uma caixa fechada, ele pertenceria, juntamente com a caixa, a um sistema fechado; se a caixa estivesse hermeticamente isolada, o sistema seria isolado.

A. Energia

A **primeira lei da termodinâmica** é uma afirmação matemática da lei de conservação de energia: *a energia não pode ser criada e nem destruída.*

$$\Delta U = U_{final} - U_{inicial} = q + w \qquad [3.1]$$

Aqui U é energia, q representa o **calor** absorvido *pelo* sistema *do* meio externo e w é o **trabalho** realizado *sobre o* sistema *pelo* meio externo. O calor é o reflexo do movimento aleatório das moléculas, enquanto o trabalho, que é definido como a força vezes a distância percorrida sob sua influência, está relacionado com a organização do movimento. Força pode assumir muitas formas diferentes, incluindo a força gravitacional exercida por uma massa sobre outra, a força de expansão exercida por um gás, a força de tensão exercida por uma mola ou fibra muscular, a força elétrica de uma carga sobre a outra, ou as forças dissipativas de fricção e viscosidade. Os processos pelos quais os sistemas liberam calor, que, por convenção, são designados como q negativo, são chamados de **processos exotérmicos** (do grego: *exo*, para fora) e aqueles nos quais o sistema ganha calor (q positivo) são conhecidos como **processos endotérmicos** (do grego: *endon*, dentro). Segundo essa convenção, o trabalho realizado pelo sistema contra uma força externa é definido como tendo um valor negativo.

Na moderna literatura científica, a unidade de energia do SI (Sistema Internacional de Unidades), o **joule** (**J**) é substituída por **caloria** (**Cal**). A **grande caloria** (**Cal**, com C maiúsculo) é a unidade preferida pelos nutricionistas. As relações entre essas grandezas e outras unidades, bem como os valores das constantes que serão úteis neste capítulo, estão indicadas na Tabela 3.1.

a. As funções de estado são independentes do caminho seguido pelo sistema

*Invariavelmente, os experimentos têm demonstrado que a energia de um sistema depende apenas das propriedades ou do **estado** atual, não de como ele atingiu esse estado.* Por exemplo, o estado de um sistema composto por uma amostra de determinado gás é totalmente descrito pela sua pressão e pela sua temperatura. A energia dessa amostra de gás é função apenas das assim denominadas **funções de estado** (grandezas que dependem apenas do estado do sistema), sendo, portanto, ela própria uma função de estado. Consequentemente, não há variação líquida de energia ($\Delta U = 0$) em qualquer processo no qual o sistema retorne ao seu estado inicial (**processo cíclico**).

Separadamente, nem o calor e nem o trabalho são funções de estado, porque tanto um como o outro depende do **caminho** seguido pelo sistema quando muda de um estado para outro. Por exemplo, no processo de mudança de um estado inicial a um estado final, um gás pode realizar trabalho ao se expandir contra uma força externa, ou pode não produzir trabalho por seguir um caminho no qual ele não encontra resistência externa. Se a Equação [3.1] deve ser obedecida, o calor também deve depender do caminho. Portanto, não tem sentido referir-se ao conteúdo de calor ou de trabalho de um sistema (da mesma maneira que não tem sentido referir-se ao número de notas de um real ou de dez reais em uma conta bancária com saldo de R$ 85,00). Para indicar essa propriedade, o calor ou o trabalho produzido durante uma mudança de estado nunca é indicado como Δq ou Δw, mas apenas como q ou w.

TABELA 3.1 Unidades e constantes termodinâmicas

Joule (J)	
$1\ J = 1\ kg \cdot m^2 \cdot s^{-2}$	$1\ J = 1\ C \cdot V$ (Coulomb volt)
$1\ J = 1\ N \cdot m$ (Newton metro)	
Caloria (cal)	
1 cal aquece 1 g de H_2O de 14,5 a 15,5°C	
1 cal = 4,184 J	
Grande caloria (Cal)	
1 Cal = 1 kcal	1 Cal = 4,184 J
Número de Avogrado (N)	
$N = 6{,}0221 \times 10^{23}$ moléculas $\cdot\ mol^{-1}$	
Coulomb (C)	
$1\ C = 6{,}241 \times 10^{18}$ cargas eletrônicas	
Faraday ($\mathcal{F}$)	
$1\ \mathcal{F} = N$ cargas eletrônicas	
$1\ \mathcal{F} = 96.485\ C \cdot mol^{-1} = 96.485\ J \cdot V^{-1} \cdot mol^{-1}$	
Escala de temperatura Kelvin (K)	
0 K = zero absoluto	273,15 K = 0°C
Constante de Boltzmann (k_B)	
$k_B = 1{,}3807 \times 10^{-23}\ J \cdot K^{-1}$	
Constante dos gases (R)	
$R = Nk_B$	$R = 1{,}9872\ cal \cdot K^{-1} \cdot mol^{-1}$
$R = 8{,}3145\ J \cdot K^{-1} \cdot mol^{-1}$	$R = 0{,}08206\ L \cdot atm \cdot K^{-1} \cdot mol^{-1}$

B. Entalpia

Qualquer combinação que contenha somente funções de estado deve ser também uma função de estado. Uma dessas combinações, que é conhecida como **entalpia** (do grego: *enthalpein*, aquecer), é definida como

$$H = U + PV \qquad [3.2]$$

onde V é o volume e P é a pressão do sistema. A entalpia é uma grandeza muito conveniente para descrever sistemas biológicos, porque, *sob pressão constante (uma condição típica da maioria dos processos bioquímicos), a variação de entalpia entre os estados inicial e final de um processo, ΔH, é o calor que o processo gera ou absorve e pode ser medido com facilidade*. Para mostrar isso, pode-se dividir o trabalho em duas categorias: o trabalho do tipo pressão-volume ($P - V$), também chamado trabalho de expansão, que é o trabalho realizado pela expansão contra uma pressão externa ($-P\Delta V$), e trabalho de qualquer outro tipo (w'):

$$w = P\Delta V + w' \qquad [3.3]$$

Então, combinando as Equações [3.1], [3.2] e [3.3], observa-se que

$$\Delta H = \Delta U + P\Delta V = q_p - w + P\Delta V = q_p - w' \qquad [3.4]$$

onde q_p é o calor transferido sob pressão constante. Então, se $w' = 0$, como geralmente é verdadeiro para as reações químicas, $\Delta H = q_p$. Ademais, como na maioria dos processos bioquímicos as variações de volume são desprezíveis de forma que as diferenças entre os valores de ΔU e ΔH em geral são insignificantes.

Agora pode-se entender a utilidade das funções de estado. Por exemplo, suponha-se que se queira determinar a variação de entalpia resultante da oxidação completa de 1 g de glicose em CO_2 e H_2O pelo tecido muscular. Obter tal medida diretamente apresentaria grandes dificuldades experimentais. Uma dificuldade seria que as variações de entalpia das numerosas reações metabólicas que ocorrem normalmente no músculo vivo e que não envolvem a oxidação da glicose interfeririam bastante com as medições da entalpia. Entretanto, uma vez que a entalpia é uma função de estado, pode-se medir a entalpia da combustão da glicose em qualquer equipamento que se escolha, por exemplo, um calorímetro a pressão constante ao invés de um músculo, e ainda assim obter o mesmo valor. Obviamente, isso é verdadeiro quer se saiba ou não o mecanismo pelo qual o músculo converte glicose em CO_2 e H_2O, desde que fique estabelecido que essas substâncias realmente sejam os produtos metabólicos finais. *Em geral, a variação na entalpia de qualquer série de reações hipotéticas pode ser determinada a partir da variação de entalpia em qualquer outra série de reações entre os mesmos reagentes e produtos.*

Afirmou-se anteriormente neste mesmo capítulo que a termodinâmica serve para indicar o quanto um determinado processo ocorre de forma espontânea. Mesmo assim, a primeira lei da termodinâmica não pode, por si só, fornecer as bases para tal afirmativa, como mostra o exemplo a seguir. Sabe-se que, quando dois objetos com temperaturas diferentes são colocados em contato um com o outro, o calor flui do objeto mais quente para o mais frio, nunca o contrário. Ainda assim, ambos processos são coerentes com a primeira lei da termodinâmica, uma vez que a energia associada aos dois objetos é independente da distribuição de suas temperaturas. Consequentemente, deve-se procurar um outro critério de espontaneidade que não seja fundamentado apenas na primeira lei da termodinâmica.

2 SEGUNDA LEI DA TERMODINÂMICA: O UNIVERSO TENDE AO MÁXIMO DE DESORDEM

Quando um nadador cai na água (um processo espontâneo) a energia do movimento sincronizado do seu corpo é convertida no movimento térmico caótico das moléculas de água circundantes. O processo inverso, a ejeção do nadador da água por um repentino movimento coerente das moléculas de água circundantes nunca foi visto, mesmo que esse fenômeno não viole a primeira lei da termodinâmica e nem as leis de Newton para o movimento. Isto porque *os processos espontâneos são caracterizados pela conversão da ordem (neste caso o movimento sincronizado do corpo do nadador) em caos (aqui o movimento térmico aleatório das moléculas de água)*. Assim, a **segunda lei da termodinâmica**, que exprime esse fenômeno, fornece um critério para determinar se um processo é espontâneo. É importante observar que a termodinâmica nada diz sobre a velocidade do processo; isso está dentro da abrangência da **cinética química** (Capítulo 14). Portanto, é possível que um processo espontâneo ocorra em uma velocidade ínfima.

A. *Espontaneidade e distúrbio*

A segunda lei da termodinâmica, de acordo com todos os dados experimentais, afirma que *processos espontâneos ocorrem na direção que leva a um aumento na* **desordem** *total do universo*, isto é, do sistema e do meio externo. A desordem nesse contexto, é definida como o número de maneiras equivalentes, *W*, pelas quais os componentes do universo podem estar organizados. Para ilustrar esse ponto, considera-se um sistema isolado constituído de dois balões de volumes iguais, contendo um total de *N* moléculas idênticas de um gás ideal (Fig. 3.1). Quando a torneira situada na união entre os dois balões é aberta, a probabilidade de uma molécula situar-se em um balão ou no outro é igual, de modo que a há um total de 2^N maneiras igualmente prováveis pelas quais as *N* moléculas podem distribuir-se entre os dois balões. Uma vez que as moléculas de gás são indistinguíveis entre si, existem apenas $(N + 1)$ estados diferentes do sistema: aqueles com 0, 1, 2,..., $(N - 1)$, ou *N* moléculas no balão da esquerda. A teoria das probabilidades indica que o número de maneiras (indistinguíveis), W_L, de colocar *L* das moléculas *N* no balão esquerdo é

$$W_L = \frac{N!}{L!(N-L)!}$$

A probabilidade de que tal estado ocorra é a razão entre o número total de estados possíveis: $W_L/2^N$.

Para qualquer valor de *N*, o estado mais provável, isto é, aquele com o maior valor de W_L, é aquele no qual metade das moléculas está em um dos balões ($L = N/2$ para *N* par). À medida que *N* torna-se maior, a probabilidade que *L* seja quase igual a $N/2$ aproxima-se da unidade: por exemplo, quando $N = 10$, a probabilidade de que *L* fique dentro de um limite de 20% de $N/2$ (i.e., 4, 5 ou 6) é 0,66, enquanto para $N = 50$ esta possibilidade (de que *L* fique na faixa de 20 a 30) é 0,88. Para um número de moléculas quimicamente signifi-

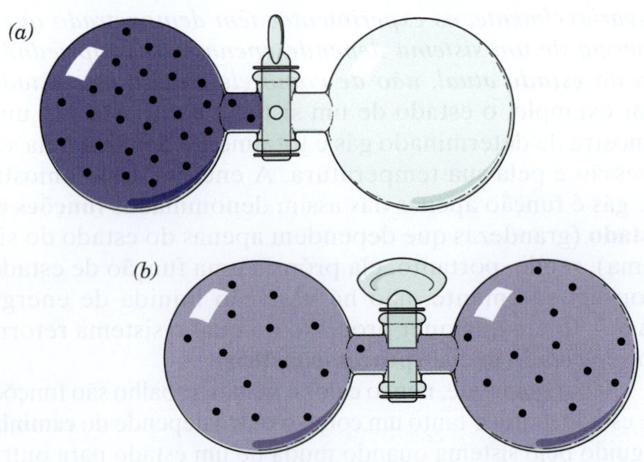

FIGURA 3.1 Dois balões de volumes iguais conectados por uma torneira. Em (*a*), o gás ocupa o balão da esquerda, no balão da direita foi feito vácuo e a torneira está fechada. Quando a torneira é aberta (*b*), as moléculas do gás difundem de um balão para o outro, distribuindo-se de modo tal que metade do número de moléculas ocupa cada um dos balões.

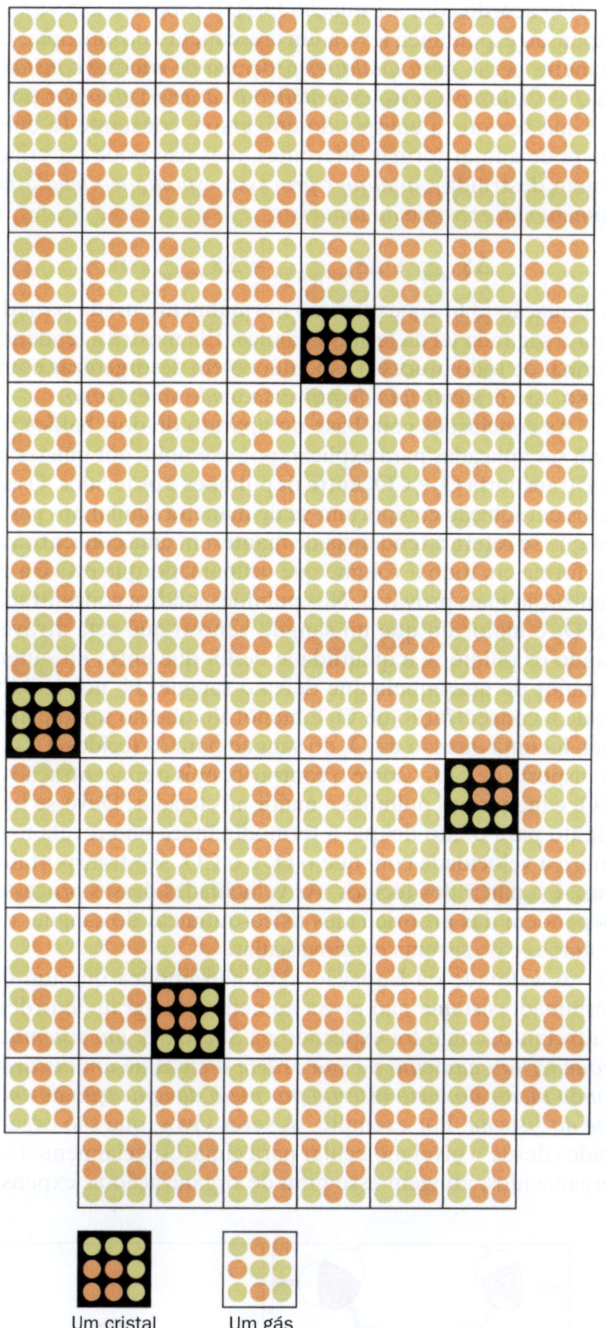

FIGURA 3.2 A improbabilidade de haver mesmo uma pequena quantidade de ordem. Considere um "universo simples" formado de um sistema quadrado com 9 posições e que contenha 4 "moléculas" idênticas (*pontos vermelhos*). Se as 4 moléculas estiverem organizadas em um quadrado, o arranjo será chamado de "cristal", se estiverem organizadas de outra maneira, o arranjo será chamado de "gás". O número total de formas de organização diferentes para as 4 moléculas nas 9 posições é dado por

$$W = \frac{9 \cdot 8 \cdot 7 \cdot 6}{4 \cdot 3 \cdot 2 \cdot 1} = 126$$

O numerador indica que a primeira molécula pode ocupar qualquer uma das 9 posições do universo, a segunda molécula pode ocupar qualquer uma das 8 posições restantes e assim sucessivamente, enquanto o denominador é uma correção para o número de arranjos, indistinguíveis entre si, das 4 moléculas idênticas. Das 126 possibilidades de organização que esse universo pode ter, apenas 4 são cristais (*quadrados pretos*). Então, mesmo que esse seja um universo simples, a possibilidade de que ele contenha um gás desordenado, quando arranjado aleatoriamente, é mais de 30 vezes superior do que a possibilidade de haver um cristal organizado. (Figura impressa com a permissão de Irving Geis.)

cativo, isto é, $N = 10^{23}$, a probabilidade de que o número de moléculas no balão esquerdo difira do número de moléculas no balão direito por uma proporção tão insignificante quanto uma molécula em cada 10 bilhões de moléculas é 10^{-434}, o que, para todos os propósitos, é zero. Assim, a proporção pela qual o número de moléculas em cada um dos balões do sistema da Fig. 3.1*b* é sempre igual não é por causa de qualquer lei cinética; a energia do sistema é a mesma para qualquer arranjo de moléculas. *Isso porque a combinação entre as probabilidades de todos os outros estados é totalmente insignificante* (Fig. 3.2). Do mesmo modo, o motivo pelo qual o nadador do exemplo citado anteriormente nunca é jogado para fora da água ou mesmo minimamente perturbado pela energia cinética coerente das moléculas de água circundantes é que a probabilidade da ocorrência de tal evento é nula.

B. *Entropia*

Nos sistemas químicos, o número de maneiras equivalentes (W) de arranjar um sistema em determinado estado é, de modo geral, inconvenientemente imenso. Por exemplo, quando o sistema de dois balões mostrado anteriormente contiver N moléculas de um gás, $W_{N/2} \approx 10^{N\ln 2}$, de modo que para $N = 10^{23}$, $W_{5\times10^{22}} \approx 10^{7\times10^{22}}$. Para lidar com W mais facilmente, define-se, como fez Ludwig Boltzmann em 1877, uma grandeza conhecida como **entropia** (do grego: *en*, para dentro + *trope*, voltar-se):

$$S = k_B \ln W \qquad [3.5]$$

que também aumenta com W, mas de uma maneira mais fácil de trabalhar. k_B é a **constante de Boltzmann** (Tabela 3.1). Para o sistema de dois balões iguais, $S = k_B N \ln 2$, de modo que a entropia de um sistema em seu estado mais provável é proporcional ao número de moléculas de gás que o sistema contém. Observe que *a entropia é uma função de estado, porque ela depende apenas dos parâmetros que descrevem um estado.*

As leis das probabilidades determinam que qualquer sistema de tamanho razoável adote espontaneamente a organização mais provável, aquela na qual a entropia é máxima, simplesmente porque esse estado é extremamente provável. Por exemplo, suponha que todas as moléculas N do sistema de dois balões estejam inicialmente posicionadas no balão esquerdo (Fig. 3.1*a*; $W_N = 1$ e $S = 0$, pois há apenas uma única maneira de fazer isso). Depois que a torneira é aberta, as moléculas irão difundir-se aleatoriamente para dentro e para fora do balão direito, até que o estado mais provável (entropia máxima) seja atingido, aquele com metade das moléculas em cada balão. A seguir, as moléculas de gás continuarão a se difundir para fora e para dentro, entre os dois balões, mas não haverá mais mudança líquida macroscópica no sistema. Diz-se que o sistema atingiu o **equilíbrio**.

De acordo com a Equação [3.5], o processo anterior de expansão espontânea leva a um crescimento da entropia. De maneira geral, *para qualquer processo de energia constante* ($\Delta U = 0$)*, um processo espontâneo é caracterizado por* $\Delta S > 0$. Uma vez que a energia do universo é constante (a energia pode adotar formas diferentes, mas não pode ser criada e nem destruída), *qualquer processo espontâneo leva a um aumento na entropia do universo*:

$$\Delta S_{sistema} + \Delta S_{meio\ externo} = \Delta S_{universo} > 0 \qquad [3.6]$$

A Equação [3.6] é a expressão normalmente usada para definir a segunda lei da termodinâmica. Ela mostra a tendência normal de todo processo espontâneo em desorganizar o universo, isto é, *a entropia do universo tende ao máximo*.

As conclusões com base no aparato de dois balões podem ser aplicadas para explicar, por exemplo, por que o sangue transporta O_2 e CO_2 entre os pulmões e os tecidos. Os solutos em solução comportam-se de maneira similar aos gases, no que se refere à tendência de manterem uma concentração uniforme em todo o volume que ocupam, porque essa é a organização mais provável. Nos pulmões, onde a concentração de O_2 é maior do que no sangue venoso que está atravessando os pulmões, a quantidade de O_2 que entra no sangue é maior do que aquela que deixa o sangue. Já, nos tecidos, onde a concentração de O_2 é menor do que no sangue arterial, há uma difusão de O_2 do sangue para os tecidos. Com o transporte de CO_2 ocorre o contrário, pois a concentração de CO_2 é menor nos pulmões e maior nos tecidos. Deve-se ficar atento para o fato de que a termodinâmica não revela nada sobre a velocidade com que o O_2 e o CO_2 são transportados para e a partir dos tecidos. As velocidades desses processos dependem das propriedades físico-químicas do sangue, dos pulmões e do sistema cardiovascular.

A validade da Equação [3.6] não implica que um determinado sistema não possa aumentar seu grau de ordem. Entretanto, como foi explicado na Seção 3.3, *um sistema só pode ter um aumento na sua ordem à custa de um distúrbio ainda maior do meio externo por meio da aplicação de energia ao sistema*. Por exemplo, os seres vivos, que são organizados desde o nível molecular para cima, especialmente bem organizados, atingem esse grau de organização às expensas da desorganização dos nutrientes que consomem. Assim, *comer é tanto uma maneira de adquirir ordem como de ganhar energia*.

O estado de um sistema pode ser constituído por um conjunto de grandezas ainda mais complicadas do que aquelas de moléculas de um gás em um balão ou de moléculas de um soluto em um solvente. Por exemplo, se um sistema for constituído por moléculas de uma proteína em uma solução aquosa, seus vários estados variarão, como será visto adiante, tanto nas conformações dos resíduos de aminoácidos da proteína como na distribuição e reordenação das moléculas de água associadas a esses resíduos. A segunda lei da termodinâmica aplica-se a esse caso porque uma molécula de proteína em uma solução aquosa adota sua conformação nativa sobretudo em resposta à tendência que a estrutura da água circundante tem de ficar desordenada ao máximo (Seção 8.4C).

C. Medição da entropia

Nos sistemas químicos e biológicos, não é prático, se não impossível, determinar a entropia de um sistema contando o número de maneiras, *W*, pelas quais ele pode atingir seu estado mais provável. Uma definição equivalente e mais prática da entropia foi proposta em 1864 por Rudolf Clausius. Para um processo espontâneo

$$\Delta S \geq \int_{inicial}^{final} \frac{dq}{T} \qquad [3.7]$$

onde *T* é a temperatura absoluta na qual ocorre a troca de calor. A prova da equivalência das duas definições de entropia, que requer conhecimentos elementares de mecânica estatística, pode ser encontrada em muitos livros-texto de físico-química. É evidente, entretanto, que qualquer sistema torna-se progressivamente mais desordenado (sua entropia aumenta) à medida que a temperatura aumenta (p. ex., Fig. 3.3). A igualdade da Equação [3.7] é mantida apenas para os processos nos quais o sistema mantém-se em equilíbrio ao longo da troca; esses processos são conhecidos como **processos reversíveis**.

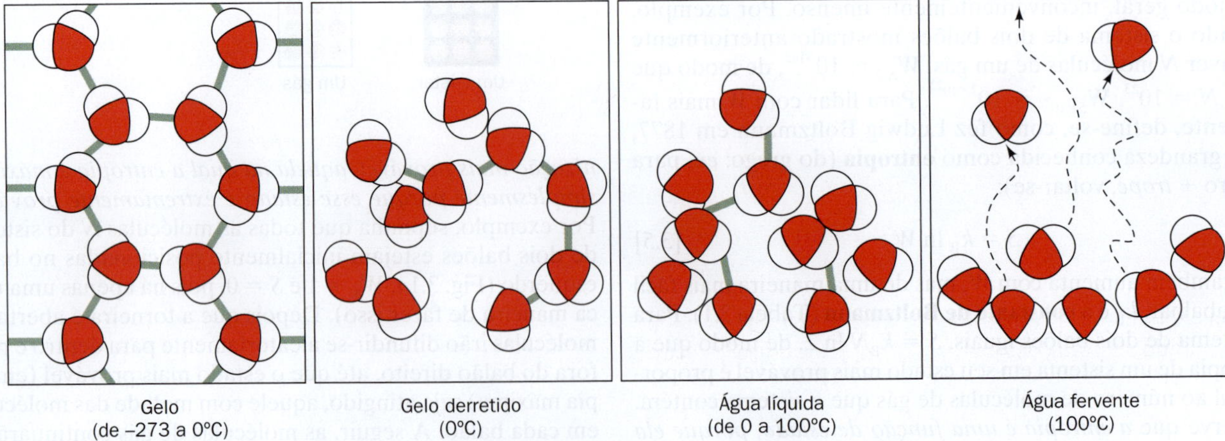

FIGURA 3.3 Relação entre entropia e temperatura. A estrutura da água, ou de qualquer outra substância, torna-se progressivamente desordenada, isto é, a entropia aumenta à medida que a temperatura aumenta.

No caso das condições de temperatura constante típicas dos processos biológicos, a Equação [3.7] reduz-se a

$$\Delta S \geq \frac{q}{T} \qquad [3.8]$$

Então, a variação de entropia de um processo reversível que ocorre a temperatura constante pode ser determinada diretamente a partir da determinação quantitativa do calor transferido e da temperatura na qual isso ocorre. Entretanto, uma vez que um processo em equilíbrio pode mudar somente a uma velocidade ínfima (por definição, os processos em equilíbrio são invariáveis), os processos reais podem, reversivelmente, aproximar-se, mas nunca atingir de fato o equilíbrio. Consequentemente, *em qualquer processo real, a variação de entropia do universo é sempre maior do que o valor (reversível) ideal.* Isso significa que, quando um sistema volta ao estado de partida por meio de um processo real, a entropia do universo deve aumentar mesmo que a entropia do sistema (uma função de estado) não se altere.

3 ENERGIA LIVRE: INDICADOR DE ESPONTANEIDADE

Usar o aumento da desorganização do universo por um processo espontâneo não é uma maneira prática de determinar a espontaneidade do processo, pois raramente é possível monitorar a entropia de todo o universo. E também não se pode predizer a espontaneidade de um processo apenas a partir do conhecimento da variação de entropia. Isso porque os processos exotérmicos ($\Delta H_{sistema} < 0$) podem ser espontâneos mesmo se eles forem caracterizados por $\Delta S_{sistema} < 0$. Por exemplo, 2 moles de H_2 e 1 mol de O_2, quando recebem uma centelha, reagem em uma reação que, definitivamente, é exotérmica, formando 2 moles de H_2O. Mesmo assim, duas moléculas de água (nas quais os três átomos de cada uma delas estão forçados a permanecerem juntos) são mais organizadas do que as três moléculas diatômicas que as formam. De maneira similar, sob condições apropriadas, muitas proteínas **desnaturadas** organizam-se de forma espontânea de modo a adotarem suas conformações **nativas**, que são altamente organizadas (Seção 9.1A). O que realmente é necessário, portanto, é uma função de estado que possa prever se um determinado processo é espontâneo ou não. Uma função desse tipo será considerada nesta seção.

A. *Energia livre de Gibbs*

A **energia livre de Gibbs**,

$$G = H - TS \qquad [3.9]$$

formulada por J. Willard Gibbs em 1878, é o indicador de espontaneidade dos processos que ocorrem a temperatura e pressão constantes. Para o caso de sistemas que realizam apenas trabalho a pressão e volume constantes ($w' = 0$), combinando as Equações [3.4] e [3.9] e mantendo T e P constantes, obtém-se

$$\Delta G = \Delta H - T\,\Delta S = q_p - T\,\Delta S \qquad [3.10]$$

A Equação [3.8] indica que $T\,\Delta S\ q$ para processos espontâneos a T constante. Consequentemente, $\Delta G \leq 0$ *é o critério de espontaneidade* para as condições com T e P constantes, que são as condições típicas dos processos bioquímicos.

TABELA 3.2 Variação da espontaneidade de uma reação (valor negativo de ΔG) em função dos sinais de ΔH e ΔS

ΔH	ΔS	$\Delta G = \Delta H - T\,\Delta S$
−	+	A reação é favorecida tanto pela entalpia (exotérmica) como pela entropia. Ela é espontânea (exergônica) em todas as temperaturas.
−	−	A reação é favorecida pela entalpia, mas desfavorecida pela entropia. Ela será espontânea somente em temperaturas *abaixo* de $T = \Delta H/\,\Delta S$.
+	+	A reação é desfavorecida pela entalpia (endotérmica), mas favorecida pela entropia. Ela será espontânea somente em temperaturas *acima* de $T = \Delta H/\,\Delta S$.
+	−	A reação é desfavorecida tanto pela entalpia como pela entropia. Ela é *não* espontânea (endergônica) em qualquer temperatura.

Os processos espontâneos, isto é, aqueles com valores de ΔG negativos, são denominados de **exergônicos** (do grego: *ergon*, trabalho) e podem ser utilizados para realizar trabalho. Processos que não são espontâneos, aqueles com valores ΔG positivos, são denominados de **endergônicos**, e só podem ocorrer pelo fornecimento de energia (por meio de mecanismos que serão discutidos na Seção 3.4C). Os processos em equilíbrio, aqueles nos quais as reações direta e inversa estão perfeitamente balanceadas, são caracterizados por $\Delta G = 0$. Observe que o valor de ΔG varia diretamente com a temperatura. É por isso, por exemplo, que a estrutura nativa de uma proteína, cuja formação a partir de sua forma desnaturada tem $\Delta H < 0$ e $\Delta S < 0$, predomina em temperaturas inferiores àquela em que $\Delta H = T\,\Delta S$ (a **temperatura de desnaturação**), enquanto acima dessa temperatura predomina a forma desnaturada. A variação da espontaneidade de um processo em relação aos sinais de ΔH e ΔS está resumida na Tabela 3.2.

B. *Energia livre e trabalho*

Quando um sistema a temperatura e pressão constantes realiza um trabalho não seja do tipo P–V, a Equação [3.10] deve ser expandida para

$$\Delta G = q_p - T\,\Delta S + w' \qquad [3.11]$$

ou, uma vez que $T\,\Delta S \geq q_p$ (Equação [3.8]),

$$\Delta G \leq w'$$

de modo que

$$\Delta G \geq -w' \qquad [3.12]$$

Uma vez que nos processos biológicos trabalho do tipo P–V não tem importância, ΔG *representa a maior energia que pode ser recuperada na forma de trabalho.* Desse modo, o ΔG de um processo é indicativo, por exemplo, do máximo de separação de cargas que pode ocorrer em um processo, do gradiente de concentração máximo que pode ser gerado (Seção 3.4A), da atividade muscular máxima que pode ser produzida, e assim por diante. Na verdade, em processos reais, os quais podem apenas aproximar-se da reversibilidade, a não igualdade da Equação

[3.12] permanece, de forma que *o trabalho investido em qualquer sistema nunca poderá ser recuperado totalmente.* Isso é um dos indicativos do caráter dissipativo inerente da natureza. De fato, como foi visto anteriormente, é exatamente esse caráter dissipativo que fornece a força motora para qualquer mudança.

É importante reiterar que um valor grandemente negativo de ΔG não garante que uma reação química ocorrerá a uma velocidade mensurável. Isso depende dos detalhes do mecanismo da reação, que é independente de ΔG. Por exemplo, a hidrólise de muitas moléculas biológicas, incluindo as proteínas, os ácidos nucleicos, os carboidratos e os lipídeos, é termodinamicamente favorecida, mas, mesmo assim, a hidrólise espontânea dessas moléculas ocorre apenas a velocidades insignificantes. Somente com a introdução de enzimas apropriadas é que a hidrólise dessas moléculas ocorrerá a uma velocidade razoável. Ainda assim, um catalisador (que, por definição, não é modificado pelas reações) não pode afetar o ΔG de uma reação. Consequentemente, *uma enzima pode somente acelerar a chegada ao equilíbrio; ela não pode, por exemplo, possibilitar que ocorra uma reação que tenha um ΔG positivo.*

4 EQUILÍBRIO QUÍMICO

A entropia (desordem) de uma substância aumenta com seu volume. Por exemplo, como visto no caso do aparato de dois balões (Fig. 3.1), um conjunto de moléculas de gás, ao ocuparem todo o volume disponível, maximizam sua entropia. De maneira similar, moléculas dissolvidas distribuem-se uniformemente por todo o volume da solução. Portanto, entropia é função da concentração.

Se a entropia varia com a concentração, a energia livre também deve variar. Assim, como mostrado nesta seção, a variação da energia livre de uma reação química depende das concentrações dos seus reagentes e produtos. Esse fenômeno é de grande importância bioquímica, pois reações enzimáticas podem proceder em qualquer direção, dependendo das concentrações relativas de seus reagentes e produtos. De fato, as direções de muitas reações catalisadas por enzimas dependem da disponibilidade de seus **substratos** (reagentes) e da demanda metabólica de seus produtos (embora muitas rotas metabólicas operem em uma única direção; Seção 16.6C).

A. Constantes de equilíbrio

A relação entre a concentração e a energia livre de uma substância A, cuja dedução encontra-se no apêndice deste capítulo, é, aproximadamente,

$$\overline{G}_A - \overline{G}^\circ_A = RT \ln[A] \qquad [3.13]$$

onde $\overline{G}_A$ é conhecido tanto como **energia livre molar parcial** ou **potencial químico** de A (a barra indica a quantidade por mol), $\overline{G}^\circ_A$ é a energia livre molar parcial de A em seu **estado-padrão** (ver Seção 3.4B), R é a constante dos gases (Tabela 3.1) e [A] é a concentração molar de A. Então, no caso da reação geral, uma vez que as energias livres se somam e a variação de energia livre da reação é a soma das energias livres dos produtos menos a energia livre dos reagentes, a variação de energia livre desta reação é

$$a\text{A} + b\text{B} \rightleftharpoons c\text{C} + d\text{D}$$

$$\Delta G = c\overline{G}_C + d\overline{G}_D - a\overline{G}_A - b\overline{G}_B \qquad [3.14]$$

Substituindo esta relação na Equação [3.13]

$$\Delta G = \Delta G^\circ + RT \ln\left(\frac{[C]^c[D]^d}{[A]^a[B]^b}\right) \qquad [3.15]$$

sendo que ΔG° é a variação de energia livre da reação quando todos os seus reagentes e produtos estiverem em seus estados padrão. Assim, a expressão para a variação de energia livre de uma reação consiste em duas partes: (1) um termo constante, cujo valor depende apenas da ocorrência da reação, e (2) um termo variável, que depende da concentração dos reagentes e dos produtos, da estequiometria da reação e da temperatura.

No caso de uma reação que atingiu o equilíbrio, não há variação *líquida*, pois a energia livre da reação direta é perfeitamente contrabalançada pela energia livre da reação inversa. Consequentemente, $\Delta G = 0$ e então a Equação [3.15] torna-se

$$\Delta G^\circ = -RT \ln K_{eq} \qquad [3.16]$$

onde K_{eq} é a conhecida **constante de equilíbrio** da reação

$$K_{eq} = \frac{[C]^c_{eq}[D]^d_{eq}}{[A]^a_{eq}[B]^b_{eq}} = e^{-\Delta G^\circ/RT} \qquad [3.17]$$

e o subscrito "eq" no termo de concentração indica os valores no equilíbrio. (Como normalmente a condição de equilíbrio é tão óbvia dentro desse contexto, as concentrações de equilíbrio em geral são expressas sem esse subscrito.) *A constante de equilíbrio de uma reação pode então ser calculada a partir dos dados de energia livre padrão e vice-versa.* A Tabela 3.3 indica a relação numérica entre ΔG° e K_{eq}. Observe que uma variação de 10 vezes na K_{eq} a 25°C corresponde a uma variação no ΔG° de 5,7 kJ · mol^{-1}, isto é menos da metade da energia livre de uma ligação de hidrogênio, que é uma ligação fraca.

As Equações de [3.15] a [3.17] indicam que, quando os reagentes de um processo estão em excesso em relação a suas concentrações de equilíbrio, a reação seguirá no sentido direto até que o excesso de reagentes seja convertido nos produtos e o equilíbrio alcançado. De maneira semelhante, quando os produtos estão em excesso, a reação seguirá no sentido

TABELA 3.3 Variação da K_{eq} em função do ΔG° a 25°C

K_{eq}	ΔG° (kJ · mol^{-1})
10^6	−34,3
10^4	−22,8
10^2	−11,4
10^1	−5,7
10^0	0,0
10^{-1}	5,7
10^{-2}	11,4
10^{-4}	2,8
10^{-6}	34,3

inverso da reação de modo a converter os produtos em reagentes até que a relação entre as concentrações de equilíbrio sejam também alcançadas. Assim, como o **princípio de Le Châtelier** estabelece, *qualquer desvio do equilíbrio estimula um processo que tende a restabelecer o equilíbrio do sistema. Todos os sistemas isolados devem inevitavelmente alcançar o equilíbrio*. Sistemas vivos fogem desse impasse termodinâmico por serem sistemas abertos (Seção 16.6A).

A variação da constante de equilíbrio em função da temperatura pode ser vista substituindo-se a Equação [3.10] na Equação [3.16] e rearranjando:

$$\ln K_{eq} = \frac{-\Delta H^\circ}{R}\left(\frac{1}{T}\right) + \frac{\Delta S^\circ}{R} \qquad [3.18]$$

onde $H°$ e $S°$ representam, respectivamente, entalpia e entropia no estado-padrão. Se $\Delta H°$ e $\Delta S°$ são independentes da temperatura (geralmente uma aproximação razoável), um gráfico de $\ln K_{eq}$ *versus* $1/T$ (conhecido como **gráfico de van't Hoff**) produz uma linha reta com inclinação de $-\Delta H°/R$ e interseção de $\Delta S°/R$. Essa relação permite calcular os valores de $\Delta H°$ e $\Delta S°$ a partir da determinação de K_{eq} em duas (ou mais) temperaturas. Portanto, determinações calorimétricas, que até poucas décadas atrás eram difíceis de serem medidas no caso dos processos bioquímicos, não são necessárias para a obtenção dos valores de $\Delta H°$ e $\Delta S°$. Em vista disso, a maioria dos dados termodinâmicos bioquímicos foi obtida por meio da aplicação da Equação [3.18]. Entretanto, o desenvolvimento do **microcalorímetro de varredura** fez com que a determinação direta do ΔH (q_p) de um processo bioquímico passasse a ser uma alternativa prática para a obtenção desses dados. Efetivamente, discrepâncias entre os valores de $\Delta H°$ de uma reação determinados calorimetricamente e pelo gráfico de van't Hoff sugerem que a reação ocorra via um ou mais estados intermediários, além dos estados iniciais e finais implícitos na formulação da Equação [3.18].

B. *Variação na energia livre padrão*

Uma vez que se pode medir apenas variação na energia livre, ΔG, e não as energias livres absolutas, é necessário relacionar essas diferenças com algum estado-padrão para se poder comparar as energias livres de substâncias diferentes (da mesma maneira, relaciona-se a altitude de um local ao nível do mar, que é arbitrariamente considerado como altitude zero). Por convenção, a energia livre de cada elemento puro em seu estado-padrão a 25°C, 1 atm e em suas formas mais estáveis (p. ex., O_2 e não O_3), é definida como zero. A **energia livre de formação** de qualquer substância não elementar, $\Delta G°_f$, é definida como a variação de energia livre que acompanha a formação de 1 mol da substância, em seu estado-padrão, a partir dos elementos (em seus estados-padrão) que a compõem. A variação de energia livre de qualquer reação pode ser calculada segundo a relação

$$\Delta G^\circ = \sum \Delta G_f^\circ \text{ (produtos)} - \sum \Delta G_f^\circ \text{ (reagentes)} \qquad [3.19]$$

A Tabela 3.4 mostra os valores da energia livre padrão de formação, $\Delta G°_f$, de algumas substâncias de importância bioquímica.

TABELA 3.4 Energia livre de formação de alguns compostos de interesse bioquímico

Composto	$-\Delta G_f^\circ$ (kJ · mol^{-1})
Acetaldeído	139,7
Acetato$^-$	369,2
Acetil-CoA	374,1*
cis-Aconitato^{3-}	920,9
CO2 (*g*)	394,4
CO2 (*aq*)	386,2
HCO^{3-}	587,1
Citrato^{3-}	1.166,6
Di-hidroxiacetona fosfato^{2-}	1.293,2
Etanol	181,5
Frutose	915,4
Frutose-6-fosfato^{2-}	1.758,3
Frutose-1,6-bifosfato^{4-}	2.600,8
Fumarato^{2-}	604,2
α-D-Glicose	917,2
Glicose-6-fosfato^{2-}	1.760,2
Gliceraldeído-3-fosfato^{2-}	1.285,6
H^+	0,0
$H_2(g)$	0,0
$H_2O(\ell)$	237,2
Isocitrato^{3-}	1.160,0
α-Cetoglutarato^{2-}	798,0
Lactato$^-$	516,6
L-Malato^{2-}	845,1
OH^-	157,3
Oxalacetato^{2-}	797,2
Fosfoenolpiruvato^{3-}	1.269,5
2-Fosfoglicerato^{3-}	1.285,6
3-Fosfoglicerato^{3-}	1.515,7
Piruvato$^-$	474,5
Succinato^{2-}	690,2
Succinil-CoA	686,7*

* Para a formação dos elementos livres + CoA (coenzima A) livre.
Fonte: Metzler, D.E., *Biochemistry, The Chemical Reactions of Living Cells*, *p.* 162-164, Academic Press (1977).

a. Convenções de estado-padrão em bioquímica

A convenção para referir-se ao estado-padrão normalmente usada em físico-química define o estado-padrão de um soluto com **atividade** igual a um a 25°C e 1 atm (atividade é a concentração do soluto corrigida para compensar o comportamento não ideal, como está explicado no apêndice deste capítulo; no caso das soluções diluídas, típicas das reações bioquímicas realizadas em laboratório, tais correções são pequenas, de modo que as atividades podem ser substituídas pelas concentrações). Entretanto, devido ao fato de que as reações bioquímicas quase sempre ocorrem em soluções aquosas diluídas próximas ao pH neutro, foi adotada uma convenção um pouco diferente para os estados-padrão dos sistemas biológicos.

- O estado-padrão da água é definido como aquele do líquido puro. Então a atividade da água pura é tomada como a unidade, embora sua concentração seja 55,5 *M*. Essencialmente, o termo $[H_2O]$ está incorporado no valor da constante de equilíbrio. Esse procedimento simplifica as expressões da energia livre das reações em soluções aquosas diluídas envolvendo a água como reagente ou produto, porque o termo $[H_2O]$ pode ser ignorado.
- A atividade do íon de hidrogênio é definida como unitária em pH fisiologicamente relevante, 7,0, e não no estado-padrão físico-químico de pH 0, no qual muitas substâncias biológicas são instáveis.
- O estado-padrão das substâncias que podem sofrer uma reação acidobásica é definido em termos da concentração total da mistura de íons que ocorre naturalmente em pH 7. Diversamente, a convenção físico-química refere-se a espécies puras, independentemente se elas existem ou não em pH 0. A vantagem da convenção bioquímica reside no fato de que a concentração total de uma substância que tenha múltiplos estados de ionização, como é o caso de muitas moléculas biológicas, em geral é mais fácil de determinar do que a concentração dos seus estados iônicos. Entretanto, uma vez que a composição iônica de um ácido ou de uma base varia com o pH, as energias livres padrão calculadas de acordo com a convenção bioquímica são válidas apenas em pH 7,0.

Segundo a convenção bioquímica, a variação de energia livre padrão das substâncias são normalmente simbolizadas por $\Delta G^{\circ\prime}$, para diferenciá-las da variação de energia livre padrão da físico-química, ΔG° (observe que, ao ser medido experimentalmente, o valor de ΔG de qualquer processo não depende do estado-padrão escolhido, isto é, $\Delta G = \Delta G'$). Da mesma forma, a constante de equilíbrio bioquímico, que é definida pelo uso de $\Delta G^{\circ\prime}$ no lugar de ΔG° na Equação [3.17], é representada por K'_{eq}.

Em geral, a relação entre $\Delta G^{\circ\prime}$ e ΔG° é simples. Normalmente, existem três situações:

1. Quando as espécies reativas não incluem H_2O e nem H^+, as expressões para $\Delta G^{\circ\prime}$ e ΔG° coincidem.
2. Quando a reação, em solução aquosa diluída, produz *n* moléculas de H_2O:

$$A + B \rightleftharpoons C + D + n\,H_2O$$

as Equações [3.16] e [3.17] indicam que

$$\Delta G^\circ = -RT \ln K_{eq} = -RT \ln\left(\frac{[C][D][H_2O]^n}{[A][B]}\right)$$

Segundo a convenção bioquímica, que define a atividade da água pura como unitária,

$$\Delta G^{\circ\prime} = -RT \ln K'_{eq} = -RT \ln\left(\frac{[C][D]}{[A][B]}\right)$$

Então,

$$\Delta G^{\circ\prime} = \Delta G^\circ + nRT \ln[H_2O] \qquad [3.20]$$

onde $[H_2O] = 55{,}5\ M$ (a concentração de água em uma solução aquosa), então para uma reação a 25°C que produza 1 mol de H_2O, $\Delta G^{\circ\prime} = \Delta G^\circ + 9{,}96\ \text{kJ} \cdot \text{mol}^{-1}$.

3. Quando uma reação envolve íons hidrogênio,

$$\begin{array}{c} A + B \rightleftharpoons C + HD \\ \Big\Updownarrow K \\ D^- + H^+ \end{array}$$

onde

$$K = \left(\frac{[H^+][D^-]}{[HD]}\right)$$

manipulações matemáticas similares às anteriores levam à relação

$$\Delta G^{\circ\prime} = \Delta G^\circ - RT \ln(1 + K/[H^+]_0) + RT \ln[H^+]_0 \qquad [3.21]$$

onde $[H^+]_0 = 10^{-7}\ M$ (esse é o único valor de $[H^+]$ para o qual essa equação é válida). Obviamente, se mais do que uma espécie ionizável participar da reação e/ou se alguma das espécies participantes for poliprótica, a Equação [3.21] será proporcionalmente mais complicada.

C. Reações acopladas

Em condições apropriadas, a somatória das variações de energia livre possibilita que uma reação endergônica seja levada adiante por uma reação exergônica. Esse fenômeno constitui a base termodinâmica da operação das vias metabólicas, pois a maioria dessas sequências de reações contém tanto reações endergônicas como exergônicas. Considerando o seguinte processo de duas reações:

$$(1) \qquad A + B \rightleftharpoons C + D \qquad \Delta G_1$$

$$(2) \qquad D + E \rightleftharpoons F + G \qquad \Delta G_2$$

Se $\Delta G_1 \geq 0$, a reação (1) não ocorrerá de forma espontânea. Entretanto, se ΔG_2 for suficientemente exergônico de modo que $\Delta G_1 + \Delta G_2 < 0$, então, embora a concentração de equilíbrio de D na reação (1) seja relativamente pequena, ela será maior do que aquela da reação (2). À medida que a reação (2) converte D em produtos, a reação (1) seguirá no sentido direto para restabelecer a concentração de equilíbrio de D. Assim, a reação altamente exergônica (2) fará com que a reação endergônica (1) ocorra. Diz-se que as duas reações estão **acopladas** pelo intermediário comum D. O fato de que essas reações acopladas ocorrem de forma espontânea (embora não necessariamente a uma velocidade finita) também pode ser verificado somando-se as reações (1) e (2), para se obter a reação total

$$(1 + 2) \qquad A + B + E \rightleftharpoons C + F + G \qquad \Delta G_3$$

Sendo que $\Delta G_3 = \Delta G_1 + \Delta G_2 < 0$. *Desde que a via total (sequência de reações) seja exergônica, ela ocorrerá no sentido direto.* Assim, a energia livre da hidrólise do ATP, um processo altamente exergônico, é atrelada a muitos outros processos biológicos, que de outro modo seriam endergônicos, permitindo assim que eles ocorram até o fim (Seção 16.4C).

APÊNDICE: A ENERGIA LIVRE DEPENDE DA CONCENTRAÇÃO

Para estabelecer que a energia livre de uma substância é uma função da sua concentração, considerar a variação de energia livre de um gás ideal durante uma mudança reversível de pressão sob temperatura constante ($w' = 0$, uma vez que um gás ideal é incapaz de realizar um trabalho P–V). Substituindo as Equações [3.1] e [3.2] na Equação [3.9] e calculando a diferencial, o resultado leva a

$$dG = dq + dw + P\,dV + V\,dP - T\,dS \qquad [3.A1]$$

A substituição das formas das diferenciais das Equações [3.3] e [3.8] nesta expressão a reduz a

$$dG = V\,dP \qquad [3.A2]$$

A equação de um gás ideal é $PV = nRT$, onde n é o número de móis do gás. Assim,

$$dG = nRT\,\frac{dP}{P} = nRT\;d\ln P \qquad [3.A3]$$

Esse resultado, que é válido para a fase de um gás, pode ser estendido para a área da química das soluções, de maior relevância para a bioquímica, por meio da aplicação da **lei de Henry** a uma solução que contenha um soluto volátil A em equilíbrio com a fase gasosa correspondente:

$$P_A = K_A X_A \qquad [3.A4]$$

Aqui P_A é a pressão parcial de A quando a fração molar de A na solução for X_A e K_A é a **constante da lei de Henry** de A no solvente que está sendo usado. Porém, normalmente é mais conveniente expressar as concentrações das soluções de sistemas químicos e biológicos que sejam relativamente diluídas em termos de molaridade e não de fração molar. Para uma solução diluída

$$X_A \approx \frac{n_A}{n_{\text{solvente}}} = \frac{[A]}{[\text{solvente}]} \qquad [3.A5]$$

na qual a concentração do solvente [solvente] é praticamente constante. Então

$$P_A \approx K'_A[A] \qquad [3.A6]$$

onde $K'_A = K/[\text{solvente}]$. A substituição dessa expressão na Equação [3.A3] resulta em

$$dG_A = n_A RT\;d(\ln K'_A + \ln[A]) = n_A RT\;d\ln[A] \qquad [3.A7]$$

A energia livre, assim como a energia e a entalpia, é uma grandeza relativa que somente pode ser definida em relação a algum estado-padrão arbitrário. O estado-padrão é normalmente tomado a 25°C, 1 atm de pressão, sendo que, para fins de simplificação matemática, [A] = 1. A integração da Equação [3.A7] a partir do estado-padrão, [A] = 1, para o estado final [A] = [A], resulta em

$$G_A - G^\circ_A = n_A RT \ln[A] \qquad [3.A8]$$

onde G°_A é a energia livre de A no estado-padrão, sendo que [A] representa realmente a relação de concentração [A]/1. Entretanto, uma vez que a lei de Henry é válida para soluções reais apenas no limite de diluição infinita, o estado-padrão é definido como o estado totalmente hipotético de 1 *M* de soluto com as propriedades que teria em uma diluição infinita.

Os termos de energia livre da Equação [3.A8] podem ser convertidos de **grandezas extensivas** (que dependem da quantidade de matéria) para **grandezas intensivas** (que independem da quantidade de matéria), dividindo-se os dois lados da equação por n_A. Isso resulta em

$$\overline{G}_A - \overline{G}^\circ_A = RT \ln[A] \qquad [3.A9]$$

A Equação [3.A9] tem a limitação de poder referir-se apenas a soluções que seguem perfeitamente a lei de Henry, embora as soluções reais só obedeçam a essa lei quando estão no limite de uma diluição infinita e ainda se o soluto for realmente volátil. Essas dificuldades só podem ser eliminadas substituindo-se [A] na Equação [3.A9] pela grandeza a_A, conhecida como a **atividade** de A. Isso é definido como

$$a_A = \gamma_A[A] \qquad [3.A10]$$

onde γ_A é o **coeficiente de atividade** de A. Então, a Equação [3.A9] toma a forma de

$$\overline{G}_A - \overline{G}^\circ_A = RT \ln a_A \qquad [3.A11]$$

na qual todos os pressupostos de um comportamento ideal, incluindo o fato de que o sistema pode realizar um trabalho de não expansão, foram incorporados no coeficiente de atividade, que é uma grandeza experimentalmente mensurável. O comportamento ideal somente será alcançado quando a diluição for infinita, isto é, $\gamma_A \rightarrow 1$, assim como $[A] \rightarrow 0$. O estado-padrão da Equação [3.A11] é redefinido como estado da unidade de atividade.

As concentrações dos reagentes e produtos da maioria das reações realizadas nos laboratórios de bioquímica em geral são tão baixas (da ordem do milimolar ou menos ainda) que os coeficientes de atividade dessas diversas espécies são praticamente iguais à unidade. Consequentemente, as atividades da maioria das espécies bioquímicas em condições de laboratório podem ser aproximadas de maneira satisfatória pelos valores de suas concentrações molares:

$$\overline{G}_A - \overline{G}^\circ_A = RT \ln[A] \qquad [3.13]$$

Entretanto, os coeficientes de atividade de determinadas espécies variam com a somatória da concentração de todas as demais espécies presentes, e também com suas próprias concentrações. Assim, embora a concentração da maioria das espécies bioquímicas dentro de uma célula seja baixa, a concentração extraordinariamente alta da combinação de suas concentrações (p. ex., Fig. 1.13) faz com que os coeficientes de atividade de cada espécie desviem-se de forma significativa da unidade. Infelizmente, é difícil determinar os valores dessas grandezas em um compartimento celular (onde também é difícil determinar as concentrações de qualquer espécie).

RESUMO DO CAPÍTULO

1. Primeira lei da termodinâmica: conservação da energia A primeira lei da termodinâmica,

$$\Delta U = q + w \qquad [3.1]$$

onde q é calor e w trabalho, é uma reafirmação da lei da conservação de energia. Energia é uma função de estado, pois a energia de um sistema depende apenas do estado do sistema.

A entalpia,

$$H = U + PV \qquad [3.2]$$

onde P é a pressão e V é o volume, é uma função de estado muito relacionada à anterior que representa o calor em pressão constante, sob condições nas quais apenas é possível realizar um trabalho de expansão (do tipo pressão-volume).

2. Segunda lei da termodinâmica: o universo tende ao máximo de desordem A entropia, que também é uma função de estado, é definida como

$$S = k_B \ln W \qquad [3.5]$$

onde W, a desordem é o número de maneiras equivalentes pelas quais o sistema pode ser organizado dentro das condições que o governam e K_B é a constante de Boltzmann. A segunda lei da termodinâmica estabelece que o universo tende para um máximo de desordem assim, para qualquer processo real, $\Delta S_{universo} > 0$.

3. Energia livre: indicador de espontaneidade A energia livre de Gibbs de um sistema

$$G = H - TS \qquad [3.9]$$

diminui em um processo espontâneo sob pressão constante. Em um processo em equilíbrio, o sistema não sofre nenhuma variação efetiva, de modo que $\Delta G = 0$. Diz-se que um processo ideal, no qual o sistema está em equilíbrio permanente, é um processo reversível. Todos os processos reais são irreversíveis, uma vez que os processos em equilíbrio podem ocorrer somente em velocidades muito pequenas.

4. Equilíbrio químico Para uma reação química

$$a\text{A} + b\text{B} \rightleftharpoons c\text{C} + d\text{D}$$

a variação na energia livre de Gibbs é expressa por

$$\Delta G = \Delta G^\circ + RT \ln\left(\frac{[\text{C}]^c[\text{D}]^d}{[\text{A}]^a[\text{B}]^b}\right) \qquad [3.15]$$

onde ΔG° (a variação de energia livre padrão) é a variação na energia livre a 25°C, 1 atm de pressão e com uma unidade de atividade dos reagentes e produtos. O estado-padrão em bioquímica, $\Delta G^{\circ\prime}$, é definido de maneira similar, mas em soluções aquosas diluídas de pH 7, nas quais as atividades da água e do H^+ são definidas como unitárias.

No equilíbrio,

$$\Delta G^{\circ\prime} = -RT \ln K'_{eq} = -RT \ln\left(\frac{[\text{C}]^c_{eq}[\text{D}]^d_{eq}}{[\text{A}]^a_{eq}[\text{B}]^b_{eq}}\right)$$

sendo que K'_{eq} é a constante de equilíbrio segundo a convenção bioquímica. Uma reação endergônica ($\Delta G > 0$) pode ser impelida por uma reação exergônica ($\Delta G < 0$) caso elas estejam acopladas e a reação total for exergônica.

REFERÊNCIAS

Allen, J.P., *Biophysical Chemistry* Chapters 1–5, Wiley-Blackwell (2008).

Atkins, P.W e de Paula, J., *Physical Chemistry for the Life Sciences*, Chapters 1–5, Freeman (2006). [A maioria dos livros de físico-química aborda a termodinâmica com alguns detalhes.]

Edsall, J.T. e Gutfreund, H., *Biothermodynamics*, Wiley (1983).

Hammes, G.G., *Physical Chemistry for the Biological Sciences*, Chapters 1 e 2, Wiley (2007).

Tinoco, I., Jr., Sauer, K., Wang, J.C. e Puglisi, J.C., *Physical Chemistry. Principles and Applications in Biological Sciences* (4th ed.), Chapters 2–5, Prentice-Hall (2002).

van Holde, K.E., Johnson, W.C. e Ho, P.S., *Principles of Physical Biochemistry*, Chapters 1–3, Prentice-Hall (1998). [A equivalência entre as formulações de Boltzmann e de Clausius para a segunda lei da termodinâmica está demonstrada na Seção 2.3.]

PROBLEMAS

1. O versículo bíblico “Ao pó e às cinzas voltarás” é frequentemente recitado nos funerais. Como poderia uma família de estudiosos da termodinâmica enlutada ser consolada pela declamação da segunda lei da termodinâmica?

2. Quantos andares (4 metros de altura cada um) com lances de escadas uma pessoa de 75 kg, acima do peso normal, deve subir para redimir-se por ter comido um hambúrguer de 500 Cal? Suponha que a eficiência da conversão da energia química em mecânica seja de 20%. A força da gravidade de um objeto de massa m kg é $F = mg$, sendo que a constante da gravidade (g) é 9,8 m · s^{-2}.

3. Por que, em termos termodinâmicos, é mais difícil estacionar um carro em uma vaga pequena do que manobrar o carro para fora dessa mesma vaga?

4. Tem-se afirmado que um exército de macacos muito dedicados ao trabalho, datilografando ao acaso, poderia produzir toda a obra de Shakespeare. Em média, quanto tempo seria preciso para que um milhão de macacos digitando, a um ritmo de 1 tecla por segundo, em um teclado de 46 teclas (incluindo a tecla de espaços, mas não a de maiúsculas) escrevesse a famosa frase “ser ou não ser”? Quanto tempo um macaco levaria, em média, para fazer o mesmo em um computador se o computador aceitasse apenas a letra certa da frase e então movesse o cursor para a próxima letra (i.e., se o computador já soubesse a frase desejada)? O que esses resultados indicam sobre a probabilidade de um estado organizado originar-se ao acaso da desordem em comparação com o surgimento de ordem por meio de um processo evolutivo?

5. Demonstre que a transferência de calor de um objeto de alta temperatura para um outro de temperatura menor, mas não o contrário, obedece a segunda lei da termodinâmica.

6. O monóxido de carbono cristaliza com suas moléculas de CO organizadas em linhas paralelas. Uma vez que, na ausência de efeitos polarizantes, o CO é uma molécula com uma forma aproximadamente elipsoide, as moléculas adjacentes de CO poderiam perfeitamente alinhar-se em uma estrutura cabeça-com-cauda ou cabeça-com-cabeça. Em um cristal constituído de 10^{23} moléculas, qual seria a entropia se todas as moléculas de CO estivessem alinhadas cabeça-com-cauda?

7. O departamento de patentes dos Estados Unidos recebeu, e continua recebendo, numerosos pedidos de registro de máquinas de moto contínuo. Essas máquinas são classificadas como de primeiro tipo quando violam a primeira lei da termodinâmica e de segundo tipo quando violam a segunda lei da termodinâmica. Em geral, a falácia presente nas propostas de máquinas de moto contínuo do primeiro tipo é de fácil detecção. Um dos exemplos seria um gerador elétrico de energia elétrica que produzisse mais energia do que consumisse. A falácia presente nas propostas de máquinas de moto contínuo do segundo tipo, porém, costuma ser mais sutil. Considere, por exemplo, um navio que usasse energia térmica extraída do mar por uma bomba de calor para ferver água e então movimentar um mecanismo a vapor que acionasse tanto o navio como a bomba de calor. Mostre, em termos gerais, que um sistema de propulsão desses viola a segunda lei da termodinâmica.

8. Calcule, usando os dados da Tabela 3.4, os valores de $\Delta G°$ a 25°C para as seguintes reações metabólicas:

(a) $C_6H_{12}O_6 + 6\,O_2 \rightleftharpoons 6\,CO_2(aq) + 6\,H_2O(\ell)$
Glicose

(b) $C_6H_{12}O_6 \rightleftharpoons 2\,CH_3CH_2OH + 2\,CO_2(aq)$
Glicose **Etanol**

(c) $C_6H_{12}O_6 \rightleftharpoons 2\,CH_3CHOHCOO^- + 2H^+$
Glicose **Lactato**

(Essas reações constituem, respectivamente, o metabolismo oxidativo, a fermentação alcoólica em levedura em ausência de oxigênio e a fermentação homoláctica em um músculo esquelético que esteja necessitando de mais energia do que aquela que pode ser fornecida apenas pelo metabolismo oxidativo [Seção 17.3B].)

***9.** As formas nativa e desnaturada de uma proteína geralmente estão em um equilíbrio como descrito abaixo

$$\text{Proteína } (\textit{desnaturada}) \rightleftharpoons \text{proteína } (\textit{nativa})$$

Para uma determinada solução da proteína **ribonuclease A** (com concentração total de $2{,}0 \times 10^{-3}$ *M*), as concentrações da proteína desnaturada e nativa tanto a 50 como a 100°C estão na tabela a seguir:

Temperatura (°C)	[Ribonuclease A (*desnaturada*)] (*M*)	[Ribonuclease A (*nativa*)] (*M*)
50	$5{,}1 \times 10^{-6}$	$2{,}0 \times 10^{-3}$
100	$2{,}8 \times 10^{-4}$	$1{,}7 \times 10^{-3}$

(a) Determine $\Delta H°$ e $\Delta S°$ para a reação de renaturação supondo que essas grandezas não dependam da temperatura. (b) Calcule $\Delta G°$ para a renaturação da ribonuclease A a 25°C. Sob condições de estado-padrão, o processo é espontâneo a essa temperatura? (c) Qual a temperatura de desnaturação da ribonuclease A nas condições de estado-padrão?

***10.** Calcule, usando os dados da Tabela 3.4, o valor de $\Delta G_f^{\circ\prime}$ para os seguintes compostos a 25°C: (a) $H_2O(\ell)$; (b) sacarose (sacarose + $H_2O \rightleftharpoons$ glicose + frutose: $\Delta G^{\circ\prime} = -29{,}3\ \text{kJ} \cdot \text{mol}^{-1}$); e (c) acetato de etila (acetato de etila + $H_2O \rightleftharpoons$ etanol + acetato$^-$ + H^+: $\Delta G^{\circ\prime} = -19{,}7\ \text{kJ} \cdot \text{mol}^{-1}$; o p*K* do ácido acético é 4,76).

11 Calcule as constantes de equilíbrio da hidrólise dos seguintes compostos em pH 7 e 25°C: (a) fosfoenolpiruvato ($\Delta G^{\circ\prime} = -61{,}9\ \text{kJ} \cdot \text{mol}^{-1}$); (b) pirofosfato ($\Delta G^{\circ\prime} = -33{,}5\ \text{kJ} \cdot \text{mol}^{-1}$); e (c) glicose-1--fosfato ($\Delta G^{\circ\prime} = -20{,}9\ \text{kJ} \cdot \text{mol}^{-1}$).

12. O $\Delta G^{\circ\prime}$ para a reação de isomerização

$$\text{Glicose-1-fosfato(G1P)} \rightleftharpoons \text{glicose-6-fosfato(G6P)}$$

é $7{,}1\ \text{kJ} \cdot \text{mol}^{-1}$. Calcule a relação de equilíbrio de [G1P] para [G6P] a 25°C.

13. Para a reação A → B a 298 K, a variação na entalpia é $-7\text{kJ} \cdot \text{mol}^{-1}$ e a variação na entropia é $-25\ \text{J} \cdot \text{K}^{-1} \cdot \text{mol}^{-1}$. A reação é espontânea? Caso contrário, um aumento ou diminuição de temperatura poderia tornar a reação espontânea?

14. Duas reações bioquímicas tem o mesmo $K_{eq} = 5 \times 10^{-8}$ na temperatura $T_1 = 298$ K. Entretanto, a reação 1 tem $\Delta H° = -28\ \text{kJ} \cdot \text{mol}^{-1}$ e a reação 2 tem $\Delta H° = +28\ \text{kJ} \cdot \text{mol}^{-1}$. As duas reações utilizam os mesmos reagentes. Seu colega de laboratório propôs que você pegasse mais dos reagentes para que reação ocorresse segundo a reação 2 ao invés da reação 1. Esta estratégia funciona? Por que sim ou por quê não? Quanto a temperatura deveria aumentar ou diminuir para mudar o valor da relação K_2/K_1 de 1 para 10?

A enzima digestiva bovina carboxipeptidase A, mostrando sua folha β central.

PARTE II

BIOMOLÉCULAS

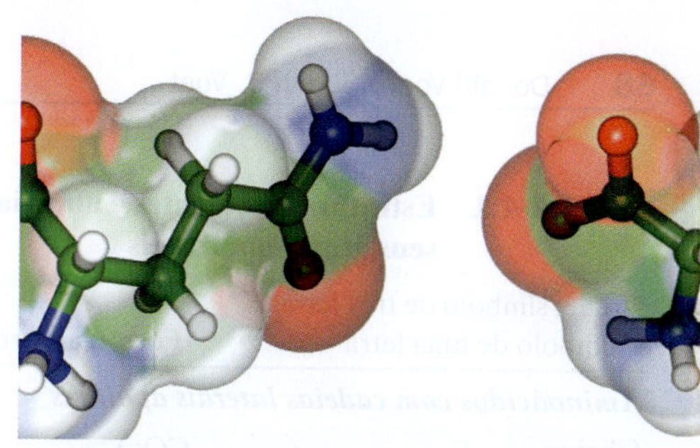

Aminoácidos

CAPÍTULO 4

Não é de surpreender que grande parte da pesquisa inicial em bioquímica estivesse voltada para o estudo das proteínas. As proteínas formam a classe de macromoléculas biológicas que apresenta propriedades físico-químicas melhor definidas e, consequentemente, eram isoladas e caracterizadas de maneira mais fácil que ácidos nucleicos, polissacarídeos ou lipídeos. Além disso, as proteínas, em especial na forma de enzimas, apresentam óbvias funções bioquímicas. O papel central desempenhado pelas proteínas nos processos biológicos foi, portanto, reconhecido desde os primeiros tempos da bioquímica. Já o papel dos ácidos nucleicos na transmissão e na expressão da informação genética não foi constatado até o final da década de 1940, e sua função catalítica somente começou a ser identificada na década de 1980. O papel dos lipídeos nas membranas biológicas não foi verificado até a década de 1960, e as funções biológicas dos polissacarídeos ainda são, de certo modo, misteriosas.

Neste capítulo, serão estudadas as estruturas e as propriedades das unidades monoméricas das proteínas, os **aminoácidos**. É a partir dessas substâncias que as proteínas são sintetizadas, por meio de processos que serão discutidos no Capítulo 32. Aminoácidos são também metabólitos energéticos e, em animais, muitos deles são nutrientes essenciais (Capítulo 26). Além disso, como será visto, muitos aminoácidos e seus derivados são biologicamente importantes por si próprios (Seção 4.3B).

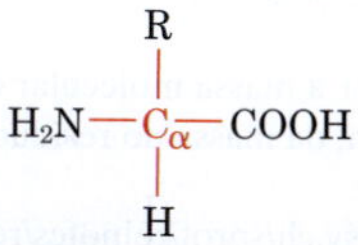

$$H_2N-\overset{\displaystyle R}{\underset{\displaystyle H}{C_\alpha}}-COOH$$

FIGURA 4.1 Estrutural geral dos α-aminoácidos. Há 20 diferentes grupos R nos aminoácidos de ocorrência comum (Tabela 4.1).

1 OS AMINOÁCIDOS PROTEICOS

A análise de um grande número de proteínas obtidas de praticamente todas as fontes imagináveis tem mostrado que *todas as proteínas são constituídas dos 20 aminoácidos "padrão", listados na Tabela 4.1.* Estas substâncias são conhecidas como **α-aminoácidos** porque, com a exceção da **prolina**, apresentam um grupo amino primário e um grupo carboxila ligados ao mesmo átomo de carbono (Fig. 4.1; a prolina apresenta um grupo amino secundário).

A. *Propriedades gerais*

Os valores de pK para os 20 α-aminoácidos "padrão" das proteínas estão apresentados na Tabela 4.1. Aqui, pK_1 e pK_2 referem-se, respectivamente, aos grupos α-carboxila e α-amino e pK_R refere-se aos grupos da cadeia lateral com propriedades acidobásicas. A Tabela 4.1 indica que os valores de pK dos grupos ácidos α-carboxílicos situam-se em uma limitada faixa, ao redor de 2,2, de forma que acima do pH 3,5 esses grupos encontram-se quase completamente em suas formas de carboxilatos (ionizados). Os grupos α-amino apresentam, todos eles, valores de pK próximos a 9,4 e estão, portanto, quase completamente em suas formas ionizadas abaixo de pH 8,0. Isso leva a uma importante observação estrutural: *na faixa de pH fisiológico, tanto o grupo carboxila quanto o grupo amino dos α-aminoácidos encontram-se completamente ionizados* (Fig. 4.2). Um aminoácido pode, portanto, atuar seja como um ácido, seja como uma base. Substâncias com essa propriedade são ditas **anfotéricas** e são chamadas **anfólitos** (eletr*ólitos anfo*téricos). Na Seção 4.1D, serão estudadas mais profundamente as propriedades acidobásicas dos aminoácidos.

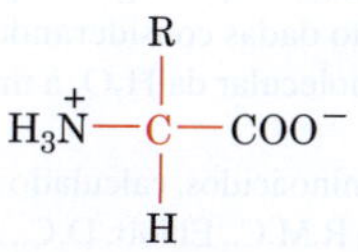

$$H_3\overset{+}{N}-\overset{\displaystyle R}{\underset{\displaystyle H}{C}}-COO^-$$

FIGURA 4.2 Forma zwitteriônica de α-aminoácidos que ocorrem em valores fisiológicos de pH.

TABELA 4.1 Estruturas covalentes e abreviaturas dos aminoácidos "padrão" das proteínas, sua ocorrência e valores de p*K* de seus grupos ionizáveis

Nome, símbolo de três letras e símbolo de uma letra	Fórmula estrutural[a]	Massa do resíduo (D)[b]	Ocorrência média em proteínas (%)[c]	pK_1 α-COOH[d]	pK_2 α-NH_3^+[d]	pK_R cadeia lateral[d]
Aminoácidos com cadeias laterais apolares						
Glicina Gly G	COO^- / H—C—H / NH_3^+	57,0	7,1	2,35	9,78	
Alanina Ala A	COO^- / H—C—CH_3 / NH_3^+	71,1	8,3	2,35	9,87	
Valina Val V	COO^- / H—C—CH(CH_3)CH_3 / NH_3^+	99,1	6,9	2,29	9,74	
Leucina Leu L	COO^- / H—C—CH_2—CH(CH_3)CH_3 / NH_3^+	113,2	9,7	2,33	9,74	
Isoleucina Ile I	COO^- / H—C—C*H(CH_3)—CH_2—CH_3 / NH_3^+	113,2	6,0	2,32	9,76	
Metionina Met M	COO^- / H—C—CH_2—CH_2—S—CH_3 / NH_3^+	131,2	2,4	2,13	9,28	
Prolina Pro P	COO^-—C²H (anel: C³H_2—C⁴H_2—C⁵H_2—N¹H_2^+)	97,1	4,7	1,95	10,64	
Fenilalanina Phe F	COO^- / H—C—CH_2—(fenil) / NH_3^+	147,2	3,9	2,20	9,31	
Triptofano Trp W	COO^- / H—C—CH_2—(indol, N—H; posições 1–7) / NH_3^+	186,2	1,1	2,46	9,41	

(continua)

[a]*As* formas iônicas apresentadas são aquelas predominantes em pH 7,0 (exceto para a histidina[e]), embora a massa do resíduo seja dada com relação ao composto neutro. Os átomos C_α, assim como os átomos marcados com um asterisco (*), são centros quirais, com configurações conforme indicado pelas fórmulas de projeção de Fischer. A numeração orgânica padrão é fornecida para compostos heterocíclicos.

[b]*As* massas dos resíduos são dadas considerando as formas neutras dos resíduos de aminoácidos. Para obter a massa molecular dos aminoácidos originais, adicione 18,0 D, a massa molecular da H_2O, à massa do resíduo. Para as massas das cadeias laterais, subtraia, da massa do resíduo, 56,0 D, que é a massa de um grupo peptídico.

[c]*Composição* média dos aminoácidos, calculado a partir do banco de dados SWISS-PROT (http://www.expasy.ch/sprot/relnotes/relstat.html), versão 55.11.

[d]*Dados* obtidos de Dawson, R.M.C., Elliott, D.C., Elliott, W.H. e Jones, K.M. *Data for Biochemical Research* (3ª Ed.), pp. 1-31, Oxford Science Publications (1986).

[e]*Ambas* as formas da histidina, neutra e protonada, estão presentes em pH 7,0, pois seu pK_R é próximo de 7,0. O anel imidazol da histidina está numerado de acordo com a convenção em bioquímica. Na convenção da IUPAC, o N3 da convenção bioquímica é designado como N1 e a numeração aumenta no sentido dos ponteiros do relógio ao redor do anel.

[f]*Os* símbolos de três letras e de uma letra para a asparagina *ou* o ácido aspártico são Asx e B, enquanto para a glutamina *ou* o ácido glutâmico são Glx e Z. O símbolo de uma letra para um aminoácido indeterminado ou "não padrão" é X.

TABELA 4.1 **Estruturas covalentes e abreviaturas dos aminoácidos "padrão" das proteínas, sua ocorrência e valores de p*K* de seus grupos ionizáveis** *(continuação)*

Nome, símbolo de três letras e símbolo de uma letra	Fórmula estrutural[a]	Massa do resíduo (D)[b]	Ocorrência média em proteínas (%)[c]	pK_1 α-COOH[d]	pK_2 α-NH_3^{+d}	pK_R cadeia lateral[d]
Aminoácidos com cadeias laterais polares sem carga						
Serina Ser S	COO^- $H-C-CH_2-OH$ NH_3^+	87,1	6,5	2,19	9,21	
Treonina Thr T	COO^- H $H-C-C^*-CH_3$ NH_3^+ OH	101,1	5,3	2,09	9,10	
Asparagina[f] Asn N	COO^- O $H-C-CH_2-C$ NH_3^+ NH_2	114,1	4,0	2,14	8,72	
Glutamina[f] Gln Q	COO^- O $H-C-CH_2-CH_2-C$ NH_3^+ NH_2	128,1	3,9	2,17	9,13	
Tirosina Tyr Y	COO^- $H-C-CH_2-C_6H_4-OH$ NH_3^+	163,2	2,9	2,20	9,21	10,46 (fenol)
Cisteína Cys C	COO^- $H-C-CH_2-SH$ NH_3^+	103,1	1,4	1,92	10,70	8,37 (sulfidril)
Aminoácidos com cadeias laterais polares com carga						
Lisina Lys K	COO^- $H-C-CH_2-CH_2-CH_2-CH_2-NH_3^+$ NH_3^+	128,2	5,9	2,16	9,06	10,54 (ε-NH_3^+)
Arginina Arg R	COO^- NH_2 $H-C-CH_2-CH_2-CH_2-NH-C$ NH_3^+ NH_2^+	156,2	5,5	1,82	8,99	12,48 (guanidino)
Histidina[e] His H	COO^- 4 NH^+ 3 $H-C-CH_2$ 5 2 NH_3^+ 1 N H	137,1	2,3	1,80	9,33	6,04 (imidazol)
Ácido aspártico[f] Asp D	COO^- O $H-C-CH_2-C$ NH_3^+ O^-	115,1	5,4	1,99	9,90	3,90 (β-COOH)
Ácido glutâmico[f] Glu E	COO^- O $H-C-CH_2-CH_2-C$ NH_3^+ O^-	129,1	6,8	2,10	9,47	4,07 (γ-COOH)

Moléculas que apresentam grupos com cargas elétricas de polaridades opostas são conhecidas como **zwitterions** (do alemão, *zwitter*, híbrido) ou **íons dipolares**. O caráter de zwitterion dos α-aminoácidos foi estabelecido por diversos métodos, incluindo medidas espectroscópicas e determinações da estrutura cristalina por raios X (no estado sólido os α-aminoácidos são zwitterions pois o grupo amino básico recebe um próton do grupo carboxílico ácido vizinho). Uma vez que aminoácidos são zwitterions, suas propriedades físicas são características de compostos iônicos. Por exemplo, a maioria dos α-aminoácidos apresenta ponto de fusão ao redor dos 300° C, enquanto seus derivados não iônicos normalmente possuem pontos de fusão ao redor dos 100° C. Além disso, aminoácidos, como outros compostos iônicos, são mais solúveis em solventes polares que em solventes apolares. De fato, a maioria dos α-aminoácidos é muito solúvel em água, e bastante insolúvel na maior parte dos solventes orgânicos.

B. *Ligações peptídicas*

Os α-aminoácidos polimerizam, pelo menos conceitualmente, pela eliminação de uma molécula de água, conforme indicado na Fig. 4.3. A ligação CO – NH resultante, que foi caracterizada independentemente em 1902 por Emil Fisher e por Franz Hofmeister, é conhecida como uma **ligação peptídica**. Polímeros compostos por dois, três, alguns poucos (3.10) ou por muitos **resíduos de aminoácidos** (alternativamente denominados **unidades peptídicas**) são conhecidos, respectivamente, como **dipeptídeos**, **tripeptídeos**, **oligopeptídeos** e **polipeptídeos**. Essas substâncias, entretanto, frequentemente são denominadas simplesmente "peptídeos". *Proteínas são moléculas que consistem em uma ou mais cadeias polipeptídicas.* Esses polipeptídeos apresentam um comprimento variável, indo de aproximadamente 40 a aproximadamente 34.000 resíduos de aminoácidos (embora poucos tenham mais de 1.500 resíduos) e, uma vez que a massa média de um resíduo de aminoácido é aproximadamente 110 D, apresentam massas moleculares que variam entre aproximadamente 40 e 3.700 kDa.

Polipeptídeos são ***polímeros lineares***, isto é, cada resíduo de aminoácido está ligado a seus vizinhos de forma cabeça-cauda, não formando cadeias ramificadas. Esta observação reflete a elegante simplicidade inerente ao modo como os sistemas vivos constrõem suas macromoléculas pois, como será visto, os ácidos nucleicos que codificam as sequências de aminoácidos nos polipeptídeos também são polímeros lineares.

$$H_3\overset{+}{N}-CH(R_1)-COO^- + H-\overset{+}{N}H_2-CH(R_2)-COO^- \longrightarrow H_3\overset{+}{N}-CH(R_1)-CO-NH-CH(R_2)-COO^- + H_2O$$

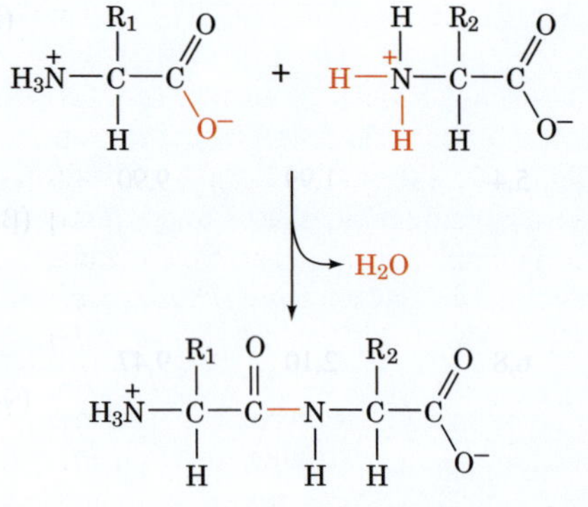

FIGURA 4.3 Condensação de dois α-aminoácidos para formar um dipeptídeo. A ligação peptídica é mostrada em vermelho.

Isso permite uma correspondência direta entre a sequência de monômeros (nucleotídeos) de um ácido nucleico e a sequência de monômeros (aminoácidos) do polipeptídeo correspondente, sem a complicação adicional de especificar as posições e sequências de quaisquer cadeias em ramificações.

Com 20 diferentes possíveis escolhas disponíveis para cada resíduo de aminoácido incorporado em uma cadeia polipeptídica, é fácil observar que pode existir um enorme número de diferentes moléculas proteicas. Por exemplo, para dipeptídeos, cada uma das 20 diferentes escolhas para o primeiro resíduo de aminoácido pode ter 20 diferentes escolhas para o segundo resíduo de aminoácido, com um total de $20^2 = 400$ dipeptídeos distintos. Do mesmo modo, para tripeptídeos há 20 possibilidades para cada uma das 400 escolhas de dipeptídeos, dando um total de $20^3 = 8.000$ tripeptídeos diferentes. Uma molécula de proteína relativamente pequena consiste em uma única cadeia polipeptídica de 100 resíduos. Há $20^{100} = 1{,}27 \times 10^{130}$ possibilidades de cadeias polipeptídicas diferentes com esse tamanho, uma quantidade bastante maior que o número estimado de átomos no universo (9×10^{78}). Obviamente, a natureza criou apenas uma pequenina fração das diferentes possíveis moléculas proteicas. Ainda assim, *os vários organismos na Terra sintetizam, coletivamente, um número enorme de diferentes moléculas proteicas, cuja enorme gama de características físico-químicas advém, principalmente, das propriedades variadas dos 20 aminoácidos "padrão".*

C. *Classificação e características*

A forma mais comum e, talvez, mais útil de classificar os 20 aminoácidos "padrão" é de acordo com as polaridades de suas cadeias laterais (**os grupos R**). Isso ocorre porque as proteínas dobram-se, obtendo suas conformações nativas, principalmente em resposta à tendência de remover suas cadeias laterais hidrofóbicas do contato com a água, e de solvatar suas cadeias laterais hidrofílicas (Capítulos 8 e 9). De acordo com esse esquema de classificação, há três tipos principais de aminoácidos: (1) aqueles com grupos R apolares, (2) aqueles com grupos R polares, sem carga elétrica e (3) aqueles com grupos R polares com carga.

a. As cadeias laterais dos aminoácidos apolares apresentam uma variedade de formas e tamanhos

Nove aminoácidos são classificados como tendo cadeias laterais apolares. A **glicina** (que, quando foi descoberta como um componente da gelatina em 1820, tornou-se o primeiro aminoácido a ser identificado em hidrolisados de proteínas) tem a menor cadeia lateral possível, um átomo H. A **alanina** (Fig. 4.4), a **valina**, a **leucina** e a **isoleucina** apresentam cadeias laterais hidrocarbonadas alifáticas que variam em tamanho, desde um grupo metila para a alanina até grupos isobutila para a leucina e a isoleucina. A **metionina** apresenta uma cadeia lateral tiol éter, que assemelha-se a um grupo *n*-butila em muitas de suas propriedades físicas (C e S apresentam eletronegatividades aproximadamente iguais, e o S tem o tamanho aproximadamente igual ao de um grupo metileno). A **prolina**, um aminoácido secundário cíclico, apresenta restrições conformacionais impostas pela natureza cíclica de sua cadeia lateral pirrolidina, única entre os 20 aminoácidos "padrão". A **fenilalanina**, com sua metade fenila (Fig. 4.4),

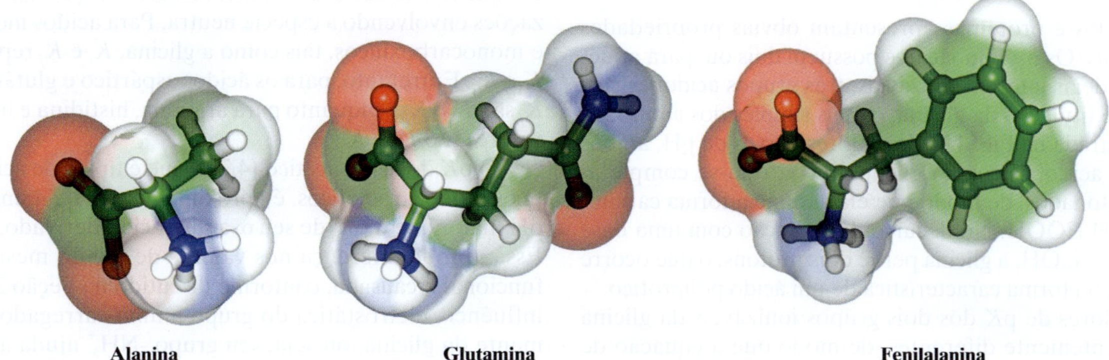

FIGURA 4.4 Estruturas dos α-aminoácidos alanina, glutamina e fenilalanina. Os aminoácidos são mostrados em modelos de esferas e bastões inseridos em seus modelos transparentes de volume atômico. Os átomos estão coloridos de acordo com o tipo (C verde, H branco, N azul e O vermelho).

e o **triptofano**, com seu grupo indol, contêm cadeias laterais aromáticas, caracterizados por seu tamanho assim como por sua apolaridade.

b. Cadeias laterais polares sem carga elétrica apresentam grupos hidroxila, amida ou tiol

Seis aminoácidos são normalmente classificados como tendo cadeias laterais polares desprovidas de carga elétrica. A **serina** e a **treonina** possuem grupos R hidroxílicos de diferentes tamanhos. A **asparagina** e a **glutamina** (Fig. 4.4) apresentam cadeias laterais de diferentes tamanhos contendo uma amida. A **tirosina** possui um grupo fenólico, o qual, juntamente com os grupos aromáticos da fenilalanina e do triptofano, é responsável pela maior parte da absorbância no UV e da fluorescência exibida pelas proteínas (Seção 9.1Cb). A **cisteína** apresenta um grupo tiol que é único entre os 20 aminoácidos, pelo fato de que frequentemente forma uma ligação dissulfeto com outro resíduo de cisteína pela oxidação de seus grupos tiol (Fig. 4.5). Essa ligação dissulfeto apresenta grande importância para a estrutura das proteínas: *ela pode unir cadeias polipeptídicas diferentes ou estabelecer ligações cruzadas entre dois resíduos de cisteína na mesma cadeia.* Duas cisteínas unidas por meio de uma ligação dissulfeto recebem, na literatura bioquímica mais antiga, a denominação **cistina**, pois originalmente se pensava que formassem um único aminoácido. Entretanto, a descoberta de que a cistina surge pela ligação cruzada de dois resíduos de cisteína após a biossíntese do polipeptídeo fez o nome cistina ser menos comumente utilizado.

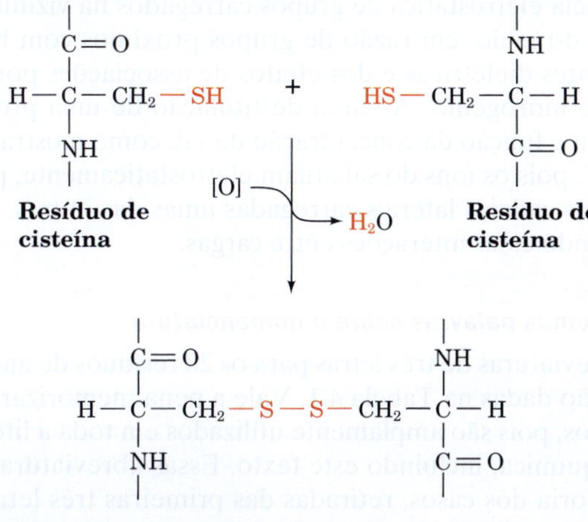

$$\text{H}-\overset{\overset{|}{\text{C}=\text{O}}}{\underset{\underset{|}{\text{NH}}}{\text{C}}}-\text{CH}_2-\text{SH} \;+\; \text{HS}-\text{CH}_2-\overset{\overset{|}{\text{NH}}}{\underset{\underset{|}{\text{C}=\text{O}}}{\text{C}}}-\text{H}$$

Resíduo de cisteína + Resíduo de cisteína

$$\xrightarrow{[\text{O}]} \; \text{H}_2\text{O}$$

$$\text{H}-\overset{\overset{|}{\text{C}=\text{O}}}{\underset{\underset{|}{\text{NH}}}{\text{C}}}-\text{CH}_2-\text{S}-\text{S}-\text{CH}_2-\overset{\overset{|}{\text{NH}}}{\underset{\underset{|}{\text{C}=\text{O}}}{\text{C}}}-\text{H}$$

FIGURA 4.5 Reação unindo dois resíduos de cisteína por meio de uma ligação dissulfeto.

c. Cadeias laterais polares com carga elétrica podem ser positivamente ou negativamente carregadas

Cinco aminoácidos apresentam cadeias laterais carregadas. Os aminoácidos básicos são carregados positivamente em valores fisiológicos de pH. São eles: a **lisina**, que apresenta uma cadeia lateral butilamônio, a **arginina**, que possui um grupo guanidino, e a **histidina**, que apresenta um grupo imidazol. Dos 20 α-aminoácidos, apenas a histidina, com $pK_R = 6{,}0$, ioniza nos valores fisiológicos de pH. Em pH 6,0, seu grupo lateral imidazol está apenas 50% carregado, de forma que a histidina é neutra nos limites básicos dos valores fisiológicos de pH. Como consequência, as cadeias laterais de resíduos de histidina frequentemente participam das reações catalisadas por enzimas. Os aminoácidos ácidos, **ácido aspártico** e **ácido glutâmico**, são carregados negativamente acima do pH 3; nesse estado ionizado, são frequentemente denominados **aspartato** e **glutamato**. A asparagina e a glutamina são, respectivamente, as amidas do ácido aspártico e do ácido glutâmico.

Evidentemente, a alocação dos 20 aminoácidos entre os três diferentes grupos é, de certo modo, arbitrária. Por exemplo, a glicina e a alanina, os menores aminoácidos, e o triptofano, com seu anel heterocíclico, poderiam também ser classificados como aminoácidos polares não carregados. Da mesma forma, a tirosina e a cisteína, com suas cadeias laterais ionizáveis, poderiam ser consideradas aminoácidos polares carregados, especialmente em valores de pH mais altos, enquanto a asparagina e a glutamina são quase tão polares quanto seus carboxilatos correspondentes, o aspartato e o glutamato.

Os 20 aminoácidos variam consideravelmente em suas propriedades físico-químicas, tais como polaridade, acidez, basicidade, aromaticidade, tamanho, flexibilidade conformacional, capacidade de estabelecer ligações cruzadas, capacidade de formar ligações de hidrogênio e reatividade química. Essas diversas características, muitas das quais são interrelacionadas, são grandemente responsáveis pela ampla gama de propriedades das proteínas.

D. *Propriedades acidobásicas*

Aminoácidos e proteínas apresentam óbvias propriedades acidobásicas. Os α-aminoácidos possuem dois ou, para aqueles com cadeias laterais ionizáveis, três grupos acidobásicos. A curva de titulação da glicina, o mais simples dos aminoácidos, é mostrada na Fig. 4.6. Em valores baixos de pH, ambos os grupos acidobásicos da glicina encontram-se completamente protonados, de modo que ela assume a forma catiônica $^+H_3NCH_2COOH$. No decurso da titulação com uma base forte, como NaOH, a glicina perde dois prótons, o que ocorre em etapas, na forma característica de um ácido poliprótico.

Os valores de p*K* dos dois grupos ionizáveis da glicina são suficientemente diferentes, de modo que a equação de Henderson-Hasselbalch:

$$\text{pH} = \text{p}K + \log\left(\frac{[\text{A}^-]}{[\text{HA}]}\right) \qquad [2.6]$$

nos dá uma estimativa bastante aproximada para cada platô da curva de titulação. Consequentemente, o p*K* para cada passo da ionização é dado pelo ponto médio de seu platô correspondente da curva de titulação (Seções 2.2A e 2.2C): no pH 2,35, as concentrações da forma catiônica, $^+H_3NCH_2COOH$, e da forma zwitteriônica, $^+H_3NCH_2COO^-$, são iguais; da mesma forma, no pH 9,78, as concentrações da forma zwitteriônica e da forma aniônica, $H_2NCH_2COO^-$, são iguais. Observe que *os aminoácidos nunca assumem a forma neutra em solução aquosa.*

O pH no qual uma molécula não apresenta carga elétrica líquida é conhecido como seu **ponto isoelétrico, p*I***. Para os α-aminoácidos, a aplicação da equação de Henderson-Hasselbalch indica que, com um alto grau de precisão,

$$\text{p}I = \frac{1}{2}(\text{p}K_i + \text{p}K_j) \qquad [4.1]$$

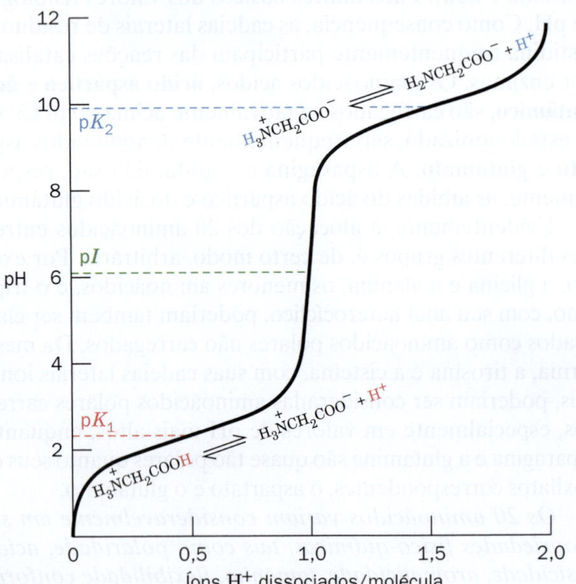

FIGURA 4.6 Curva de titulação para a glicina. Outros ácidos monoamino monocarboxílicos ionizam de forma semelhante. (Obtido de Meister, A., *Biochemistry of the Amino Acids* (2nd Ed.), Vol. 1, *p*. 30, Academic Press [1965].) **Ver Figuras animadas**

em que K_i e K_j são as constantes de dissociação das duas ionizações envolvendo a espécie neutra. Para ácidos monoamino e monocarboxílicos, tais como a glicina, K_i e K_j representam K_1 e K_2. Entretanto, para os ácidos aspártico e glutâmico, K_i e K_j são K_1 e K_R, enquanto para arginina, histidina e lisina esses valores são K_R e K_2.

O p*K* do ácido acético (4,76), que é típico de ácidos alifáticos monocarboxílicos, é aproximadamente 2,4 unidades de pH maior que o pK_1 de seu α-aminoácido derivado, a glicina. Essa grande diferença nos valores de p*K* do mesmo grupo funcional é causada, conforme discutido na Seção 2.2C, pela influência eletrostática do grupo amino carregado positivamente da glicina, ou seja, seu grupo $-NH_3^+$ ajuda a repelir o próton de seu grupo COOH. Da mesma forma, o grupo carboxílico da glicina aumenta a basicidade de seu grupo amino (pK_2 = 9,78), em comparação com o metiléster da glicina (p*K* = 7,75). Já os grupos $-NH_3^+$ da glicina e de seus ésteres são significativamente mais ácidos que as aminas alifáticas (p*K* ≈ 10,7) devido ao caráter atrator de densidade eletrônica do grupo carboxílico.

A influência eletrônica de um grupo funcional sobre outro é rapidamente atenuada à medida que a distância entre os grupos aumenta. Desse modo, os valores de p*K* dos grupos α-carboxílicos dos aminoácidos e as carboxilas das cadeias laterais dos ácidos aspártico e glutâmico formam uma série que é progressivamente mais próxima dos valores de p*K* de um ácido monocarboxílico alifático. Do mesmo modo, a constante de ionização do grupo amino da cadeia lateral da lisina é indistinguível daquela de uma amina alifática.

a. Proteínas apresentam curvas de titulação complexas

As curvas de titulação dos α-aminoácidos com cadeias laterais ionizáveis, como aquela do ácido glutâmico, mostram os três esperados valores de p*K*. As curvas de titulação de polipeptídeos e proteínas, entretanto, um exemplo das quais é mostrado na Figura 4.7, raramente fornecem qualquer indicação de valores individuais de p*K*, devido ao grande número de grupos ionizáveis que representa (geralmente 30% das cadeias laterais dos aminoácidos de uma proteína são ionizáveis; Tabela 4.1). Além disso, a estrutura covalente e tridimensional de uma proteína pode fazer o p*K* de cada grupo ionizável ser deslocado em até diversas unidades de pH a partir de seu valor no α-aminoácido livre, em resultado da influência eletrostática de grupos carregados na vizinhança, efeitos do meio, em razão de grupos próximos com baixas constantes dielétricas e dos efeitos de associações por ligações de hidrogênio. A curva de titulação de uma proteína também é função da concentração de sal, como mostrado na Fig. 4.7, pois os íons do sal atuam eletrostaticamente, protegendo as cadeias laterais carregadas umas das outras, assim atenuando essas interações entre cargas.

E. *Algumas palavras sobre a nomenclatura*

As abreviaturas de três letras para os 20 resíduos de aminoácidos são dadas na Tabela 4.1. Vale a pena memorizar esses símbolos, pois são amplamente utilizados em toda a literatura bioquímica, incluindo este texto. Essas abreviaturas são, na maioria dos casos, retiradas das primeiras três letras do nome do aminoácido correspondente; na conversação, são pronunciadas como são lidas.

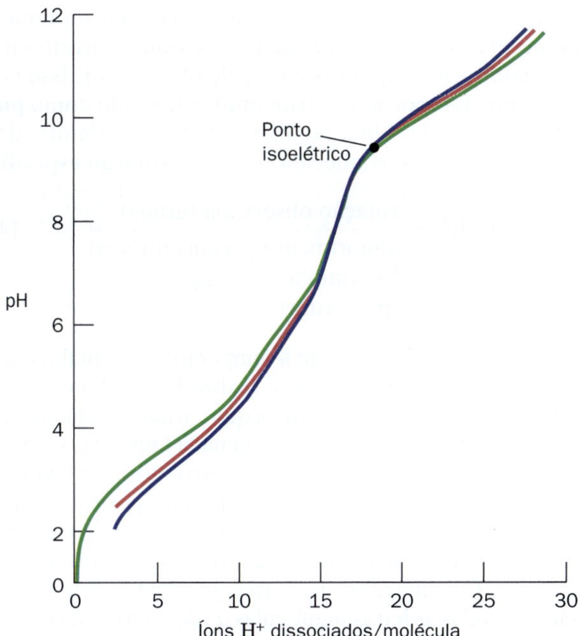

FIGURA 4.7 Curvas de titulação da enzima ribonuclease A a 25° C. A concentração de KCl é 0,01 *M* para a curva azul, 0,03 *M* para a curva vermelha e 0,15 *M* para a curva verde. (Obtido de Tanford, C. e Hauenstein, J.D., *J. Am. Chem. Soc.* **78**, 5287 [1956].)

O símbolo **Glx** significa Glu ou Gln e, do mesmo modo, **Asx** significa Asp ou Asn. Esses símbolos ambíguos originam-se da experiência em laboratório: Asn e Gln são facilmente hidrolisadas a ácido aspártico e ácido glutâmico, respectivamente, nas condições ácidas ou básicas normalmente utilizadas para removê-las das proteínas. Assim, sem precauções especiais, não se pode determinar se um Glu detectado era originalmente um Glu ou uma Gln, da mesma forma para Asp e Asn.

Os símbolos de uma letra para os aminoácidos também são fornecidos na Tabela 4.1. Esse código mais compacto é frequentemente utilizado quando se comparam as sequências de aminoácidos de diversas proteínas semelhantes e, portanto, também deve ser memorizado. Observe que os símbolos de uma letra são, normalmente, a primeira letra do nome do resíduo de aminoácido. Para aqueles grupos de resíduos que possuem a mesma primeira letra, no entanto, essa regra vale apenas para o resíduo mais abundante do grupo.

Resíduos de aminoácidos em polipeptídeos são designados retirando-se o sufixo **-ina** do nome do aminoácido e acrescentando o sufixo **-il**. Cadeias polipeptídicas são descritas começando-se pelo terminal amino (conhecido como **N-terminal**) e designando sequencialmente cada resíduo até o terminal carboxila (o **C-terminal**). O resíduo de aminoácido no C-terminal recebe o nome do aminoácido livre. Assim, o composto mostrado na Fig. 4.8 é o alaniltirosilaspartilglicina. Naturalmente, tais nomes para cadeias polipeptídicas de mais de uns poucos resíduos são extremamente complicados para se utilizar. O uso das abreviaturas para resíduos de aminoácidos resolve parcialmente esse problema. Dessa forma, o tetrapeptídeo citado anteriormente é Ala-Tyr-Asp-Gly se forem utilizadas as abreviaturas de três letras e AYDG se

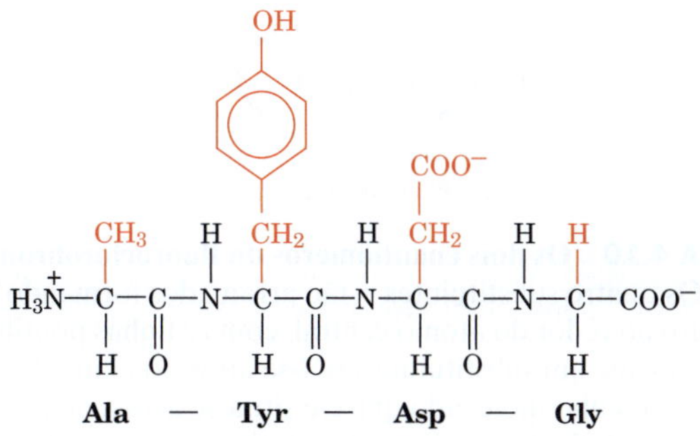

Ala — Tyr — Asp — Gly

FIGURA 4.8 O tetrapeptídeo Ala-Tyr-Asp-Gly.

forem utilizados os símbolos de uma letra. Observe que essas abreviaturas são sempre escritas de forma que a extremidade N-terminal da cadeia do polipeptídeo esteja para a esquerda e a extremidade C-terminal esteja para a direita.

Os vários átomos que não sejam o hidrogênio das cadeias laterais dos aminoácidos são frequentemente designados em sequência, com letras do alfabeto grego (α, β, γ, δ, ε, ζ, η, ...), começando com o átomo de carbono adjacente ao grupo carbonila da ligação peptídica (o átomo C_α). Assim, como indica a Fig. 4.9, o Glu apresenta um grupo γ-carboxílico e a Lys apresenta um grupo ζ-amino (alternativamente conhecido como ε-amino, pois o átomo de N é substituinte do C_ε). Infelizmente, esse sistema de marcação é ambíguo para diversos aminoácidos. Em consequência, a numeração padrão planejada para moléculas orgânicas também é utilizada. Esta numeração está indicada na Tabela 4.1 para cadeias laterais heterocíclicas.

2 ATIVIDADE ÓPTICA

Os aminoácidos isolados das proteínas por meio de hidrólise branda são, com exceção da glicina, todos **opticamente ativos**, ou seja, causam uma rotação no plano da luz polarizada (ver a seguir).

Moléculas opticamente ativas apresentam uma assimetria, de tal forma que não se sobrepõem a suas imagens no espelho, da mesma forma que a mão esquerda não pode se sobrepor a sua imagem especular, a mão direita. Essa situação é característica de substâncias que contenham átomos de carbono tetraédrico com quatro diferentes substituintes.

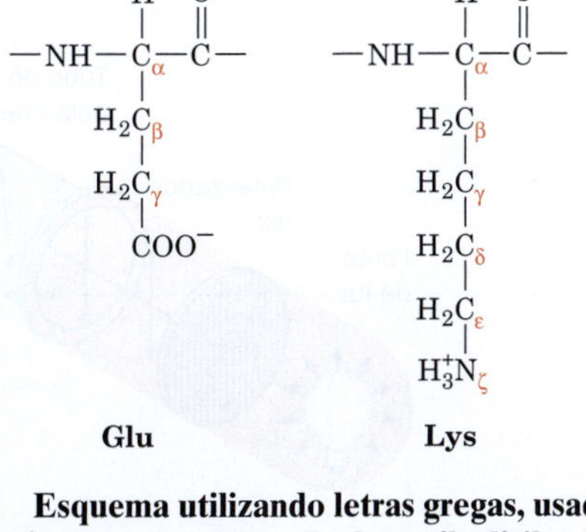

Glu **Lys**

FIGURA 4.9 Esquema utilizando letras gregas, usado para identificar os átomos nos grupos R glutamil e lisil.

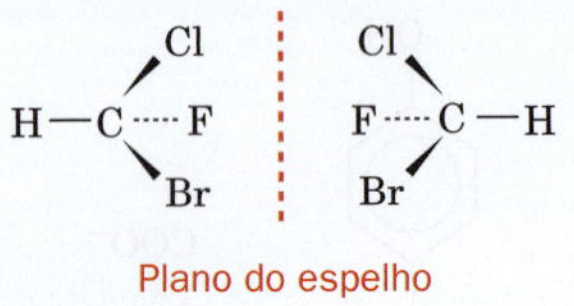

Plano do espelho

FIGURA 4.10 Os dois enantiômeros do fluoroclorobromometano. Os quatro substituintes estão arranjados formando um tetraedro ao redor do átomo central, com as linhas pontilhadas indicando que um substituinte situa-se atrás do plano do papel, a linha triangular indicando que ele situa-se acima do plano do papel e uma linha fina indicando que ele se situa no plano do papel. O plano do espelho relacionando os dois enantiômeros está representado por uma linha tracejada vertical.

As duas moléculas desse tipo mostradas na Fig. 4.10 não são sobreponíveis, pois são imagens especulares uma da outra. Os átomos centrais de tais constelações atômicas são conhecidos como **centros assimétricos** ou **centros quirais** e diz-se que têm a propriedade de **quiralidade** (do grego: *cheir*, mão). Os átomos C_α de todos os aminoácidos, com a exceção da glicina, são centros assimétricos. A glicina, que apresenta dois átomos de H substituintes em seu átomo C_α, é sobreponível a sua imagem especular e não é, portanto, opticamente ativa.

Moléculas que são imagens especulares não sobreponíveis são conhecidas como **enantiômeros** uma da outra. Moléculas enantiômeras são física e quimicamente indistinguíveis pela maior parte das técnicas. *Apenas quando verificadas assimetricamente, por exemplo, por luz polarizada ou por reagentes que também contêm centros quirais, podem essas moléculas ser distinguíveis e/ou diferentemente manipuladas.*

Há três sistemas de nomenclatura comumente utilizados, por meio dos quais um determinado estereoisômero de uma molécula opticamente ativa pode ser classificado. Esses sistemas são explicados nas seções seguintes.

A. Uma classificação operacional

Moléculas são classificadas como **dextrorrotatórias** (do grego: *dexter*, direita) ou **levorrotatórias** (do grego: *laevus*, esquerda), dependendo do lado para o qual causam uma rotação no plano da luz polarizada, no sentido horário ou no sentido contrário, do ponto de vista do observador. Isso pode ser determinado por um instrumento conhecido como **polarímetro** (Fig. 4.11). Uma medida quantitativa da atividade óptica da molécula é conhecida como sua **rotação específica**:

$$[\alpha]_D^{25} = \frac{\text{rotação observada (graus)}}{\begin{matrix}\text{comprimento} \\ \text{do caminho} \\ \text{óptico (dm)}\end{matrix} \times \begin{matrix}\text{concentração} \\ (\text{g} \cdot \text{cm}^{-3})\end{matrix}} \quad [4.2]$$

onde o sobrescrito 25 se refere à temperatura na qual medidas no polarímetro são normalmente realizadas (25°C) e o subescrito D indica a luz monocromática que é tradicionalmente empregada em polarimetria, a assim chamada linha D do espectro do sódio (589,3 nm). Moléculas dextrorrotatórias e levorrotatórias apresentam valores de $[\alpha]_D^{25}$ com sinais positivos e negativos. Assim, moléculas dextrorrotatórias são designadas pelo prefixo (+) e seus enantiômeros levorrotatórios apresentam o prefixo (−). Em uma nomenclatura equivalente, embora arcaica, são utilizadas as letras minúsculas *d* (*dextro*) e *l* (*levo*).

O sinal e a magnitude da rotação específica de uma molécula dependem, de forma complicada e ainda mal entendida, da estrutura da molécula. Ainda não é possível predizer com confiança a magnitude ou mesmo o sinal da rotação específica de uma dada molécula. Por exemplo, os aminoácidos prolina, leucina e arginina, quando isolados das proteínas, apresentam, em soluções aquosas puras, rotações específicas de −86,2°, −10,4° e +12,5°, respectivamente. Seus enantiômeros apresentam valores de $[\alpha]_D^{25}$ da mesma magnitude, mas de sinais opostos. Como se poderia esperar da natureza acidobásica dos aminoácidos, esses valores variam com o pH da solução.

Um problema com esse sistema de classificação operacional para isômeros ópticos é que ele não fornece, presentemente, uma indicação interpretável da **configuração absoluta** (arranjo espacial) dos grupos químicos ao redor de um centro quiral. Além disso, uma molécula com mais de um centro assimétrico pode apresentar uma rotação óptica não relacionada de maneira óbvia com os poderes rotatórios dos

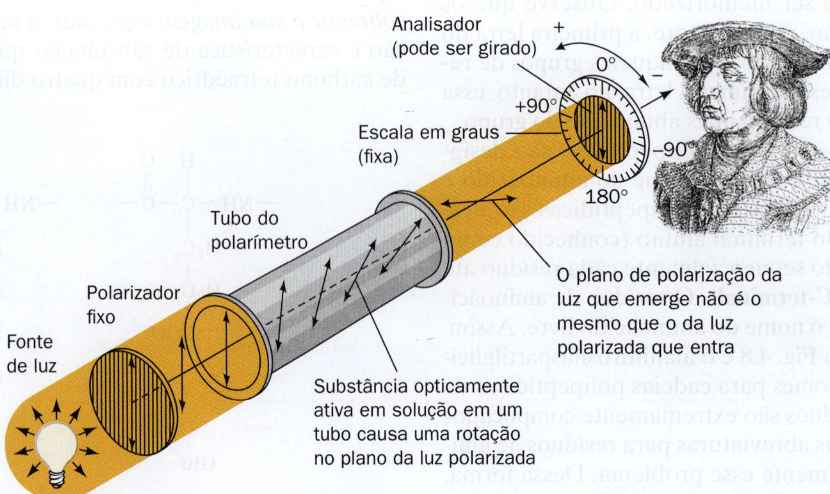

FIGURA 4.11 Diagrama esquemático de um polarímetro. Este aparelho é utilizado para medir a rotação óptica.

centros assimétricos individuais. Por essa razão, o sistema de classificação relativa que se segue é mais útil.

B. *A convenção de Fischer*

Nesse sistema, a configuração dos grupos ao redor de um centro assimétrico é relacionada com aquela do **gliceraldeído**, uma molécula com um centro assimétrico. Por uma convenção, introduzida por Fischer em 1891, os estereoisômeros (+) e (−) do gliceraldeído são designados **D-gliceraldeído** e **L-gliceraldeído**, respectivamente (observe a utilização de letras em caixa alta). Sabendo que havia apenas 50% de chance de estar correto, Fischer presumiu que as configurações dessas moléculas eram aquelas mostradas na Fig. 4.12. Fischer também propôs um conveniente sistema de representação utilizando símbolos para essas moléculas, conhecido como **projeções de Fischer**, que também são mostrados na Fig. 4.12. Pela convenção de Fischer, ligações horizontais estendem-se para cima do plano do papel e ligações verticais estendem-se para baixo do plano do papel, como está explicitamente indicado nas fórmulas geométricas que acompanham essas representações.

A configuração dos grupos ao redor de um centro quiral pode ser relacionada àquela do gliceraldeído, convertendo-se quimicamente esses grupos àqueles do gliceraldeído, utilizando-se reações de estereoquímica conhecida. Para os α-aminoácidos, o arranjo dos grupos amino, carboxila, R e H ao redor do átomo de C_α está relacionado àquele dos grupos hidroxila, aldeído, CH_2OH e H do gliceraldeído, respectivamente. Dessa forma, o L-gliceraldeído e os L-α-aminoácidos têm as mesmas

Fórmulas geométricas

L-Gliceraldeído	D-Gliceraldeído
CHO	CHO
HO — C — H	H — C — OH
CH_2OH	CH_2OH

Projeção de Fischer

L-Gliceraldeído	D-Gliceraldeído
CHO	CHO
HO — C — H	H — C — OH
CH_2OH	CH_2OH

Plano do espelho

L-Gliceraldeído **D-Gliceraldeído**

FIGURA 4.12 Configurações para a designação dos enantiômeros do gliceraldeído de acordo com a convenção de Fischer. Os enantiômeros do gliceraldeído são representados por fórmulas geométricas (*parte superior*) e suas fórmulas com as projeções de Fischer correspondentes (*parte inferior*). Observe que, nas projeções de Fischer, todas as ligações horizontais apontam para cima do plano da página e todas as ligações verticais apontam para baixo da página. Os planos dos espelhos relacionando os enantiômeros estão representados por uma linha vertical tracejada. (As fórmulas de projeção de Fischer, como tradicionalmente apresentadas, omitem o C central simbolizando o átomo de carbono quiral. As fórmulas de projeção de Fischer neste texto, no entanto, normalmente apresentarão um C central.)

L-Gliceraldeído	L-α-aminoácido
CHO	COO^-
HO — C — H	$H_3\overset{+}{N}$ — C — H
CH_2OH	R

FIGURA 4.13 Configurações do L-gliceraldeído e de L-α-aminoácidos.

configurações relativas (Fig. 4.13). Pela utilização desse método, as configurações dos α-aminoácidos podem ser descritas sem referências às suas rotações específicas.

Todos os α-aminoácidos originários das proteínas apresentam configuração estereoquímica L, ou seja, todos eles apresentam a mesma configuração relativa ao redor de seus átomos de C_α. Em 1949, foi demonstrada por uma técnica então nova de cristalografia por raios X que a escolha arbitrária de Fischer estava correta: a designação da configuração relativa dos centros quirais é a mesma que sua configuração absoluta. A configuração absoluta dos resíduos de L-α-aminoácidos pode ser facilmente lembrada pelo mnemônico "*CORN*", que está diagramado na Fig. 4.14.

a. Diastereoisômeros são química e fisicamente distintos

Uma molécula pode apresentar múltiplos centros assimétricos. Para essas moléculas, os termos **estereoisômeros** e **isômeros ópticos** se referem às moléculas com diferentes configurações ao redor de pelo menos um de seus centros quirais, mas que, no mais, são idênticas. O termo enantiômero refere-se a uma molécula que seja a imagem especular de outra molécula que esteja sendo considerada, ou seja, diferente em todos os seus centros quirais. Uma vez que cada centro assimétrico, em uma molécula quiral, pode apresentar duas configurações possíveis, uma molécula com *n* centros quirais apresenta 2^n diferentes estereoisômeros possíveis e 2^{n-1} pares de enantiômeros. Treonina e isoleucina apresentam dois centros quirais cada uma e, portanto, $2^2 = 4$ estereoisômeros possíveis. As formas da treonina e da isoleucina que são isoladas das proteínas, que são, por convenção, designadas formas L, estão indicadas na Tabela 4.1. As imagens especulares das formas L são as formas D. Seus outros dois isômeros ópticos são **diastereoisômeros** (ou formas ***allo***) das

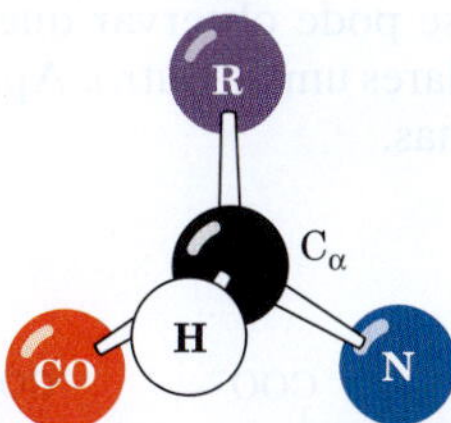

FIGURA 4.14 Mnemônico "CORN" para a configuração de L-aminoácidos. Observando-se o átomo de C_α a partir do átomo de H, seu substituinte, os outros substituintes devem ser lidos CO-R-N seguindo o sentido horário, conforme mostrado. Aqui, CO, R e N representam, respectivamente, o grupo carboxil, a cadeia lateral e a principal cadeia contendo o átomo de N. (Obtido de Richardson, J.S., *Adv. Protein Chem.* **34**, 171 [1981].)

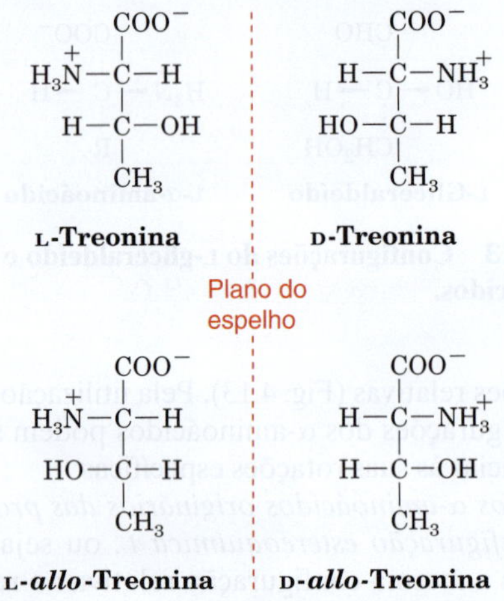

L-Treonina D-Treonina

Plano do espelho

L-*allo*-Treonina D-*allo*-Treonina

FIGURA 4.15 Projeções de Fischer para os quatro estereoisômeros da treonina. As formas D e L são imagens especulares, assim como as formas D-*allo* e L-*allo*. D- e L-treonina são diastereoisômeros de ambas, D-*allo*- e L-*allo*-treonina.

formas enantiômeras D e L. As configurações relativas dos quatro estereoisômeros da treonina estão representados na Fig. 4.15. Observe os seguintes pontos:

1. As formas D-*allo* e L-*allo* são imagens especulares uma da outra, assim como as formas D e L. Nenhuma das formas allo está simetricamente relacionada a quaisquer das formas D ou L.

2. Ao contrário do que ocorre para pares de enantiômeros, diastereoisômeros são quimicamente e fisicamente distinguíveis um do outro por meio de avaliações simples, como pontos de fusão, espectro e reatividade química, ou seja, eles são compostos realmente diferentes, no sentido comum.

Um caso especial de diastereoisomeria ocorre quando os dois centros assimétricos são quimicamente idênticos. Duas das quatro projeções de Fischer, do tipo mostrado na Fig. 4.15, representam então a mesma molécula. Isso ocorre porque os dois centros assimétricos nessa molécula são imagens especulares um do outro. Tal molécula é sobreponível à sua imagem especular e é, portanto, opticamente inativa. Essa forma, denominada forma **meso**, é dita **internamente compensada**. Os três isômeros ópticos da cistina são mostrados na Fig. 4.16, onde se pode observar que os isômeros D e L são imagens especulares um do outro. Apenas a L-cistina está presente nas proteínas.

C. O sistema Cahn-Ingold-Prelog

Apesar de sua utilidade, o esquema de Fischer é complicado e frequentemente ambíguo para moléculas com mais de um centro assimétrico. Por essa razão, o esquema a seguir de nomenclatura absoluta foi formulado em 1956 por Robert Cahn, Christopher Ingold e Vladimir Prelog. Nesse esquema, os quatro grupos que cercam um centro quiral são ordenados de acordo com um esquema específico, embora arbitrário, de prioridades: *átomos de maior número atômico ligados a um centro quiral são ordenados acima daqueles de menor número atômico.* Por exemplo, o átomo de oxigênio de um grupo OH precede o átomo de carbono de um grupo CH_3 que está ligado ao mesmo átomo de carbono quiral. Se entre os primeiros átomos substituintes houver alguns do mesmo elemento, a prioridade desses grupos é estabelecida pelos números atômicos dos segundos, terceiros, etc., átomos, a partir do centro assimétrico. Desse modo, um grupo CH_2OH precede um grupo CH_3. Há ainda outras regras (que são dadas nas referências e em muitos livros-texto de química orgânica) para a determinação da prioridade em substituintes com múltiplas ligações ou diferentes isótopos. A ordem de prioridade para alguns grupos funcionais comuns é

$$SH > OH > NH_2 > COOH > CHO > CH_2OH > C_6H_5 > CH_3 > {}^2H > {}^1H$$

Observe que cada um dos grupos substituintes de um centro quiral deve possuir uma ordem de prioridade distinta, ou o centro não poderia ser assimétrico.

Os grupos priorizados são designados pelas letras W, X, Y, Z, de tal modo que a ordem de prioridade é W > X > Y > Z. Para estabelecer a configuração do centro quiral, ele é visto a partir do centro assimétrico em direção ao grupo Z (de menor prioridade). *Se a ordem dos grupos W → X → Y, considerada neste sentido, segue no sentido horário, então a configuração do centro assimétrico é designada (R)* (do latim: *rectus*, direito). *Se a ordem de W → X → Y seguir no sentido anti-horário, o centro assimétrico é designado (S)* (do latim: *sinister*, esquerdo). O L-gliceraldeído é, portanto, designado (*S*)-gliceraldeído (Fig. 4.17) e, da mesma forma, a L-alanina é a (*S*)-alanina (Fig. 4.18). De fato, todos os L-aminoácidos obtidos das proteínas são (*S*)-aminoácidos, com exceção da L-cisteína, que é (*R*)-cisteína.

Uma grande vantagem do chamado **sistema de Cahn-Ingold-Prelog** ou **sistema (*RS*)** é que as quiralidades dos compostos com múltiplos centros assimétricos podem ser descritas sem ambiguidade. Assim, no sistema (*RS*), a L-treonina é (2*S*,3*R*)-treonina, enquanto a L-isoleucina é (2*S*,3*S*)-isoleucina (Fig. 4.19).

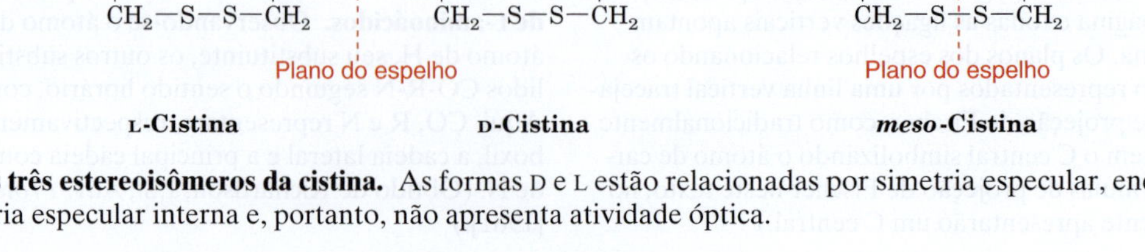

Plano do espelho Plano do espelho

L-Cistina D-Cistina *meso*-Cistina

FIGURA 4.16 Os três estereoisômeros da cistina. As formas D e L estão relacionadas por simetria especular, enquanto a forma *meso* possui simetria especular interna e, portanto, não apresenta atividade óptica.

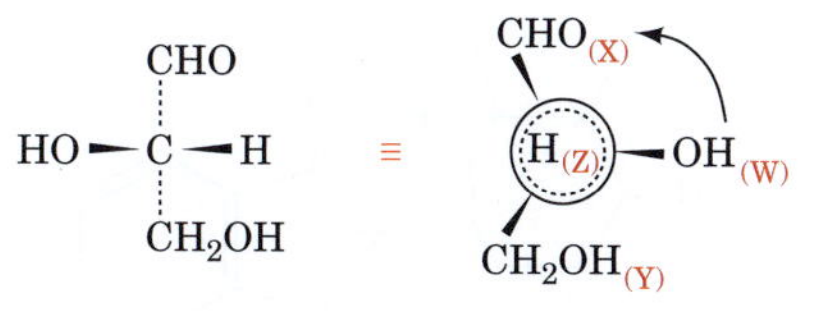

L-Gliceraldeído **(S)-Gliceraldeído**

FIGURA 4.17 Fórmula estrutural do L-gliceraldeído. Sua representação equivalente pelo sistema (*RS*) indica que é o (*S*)-gliceraldeído. No último desenho, o átomo C quiral está representado pelo círculo maior e o átomo H, que se localiza atrás do plano do papel, está representado pelo círculo tracejado concêntrico, menor.

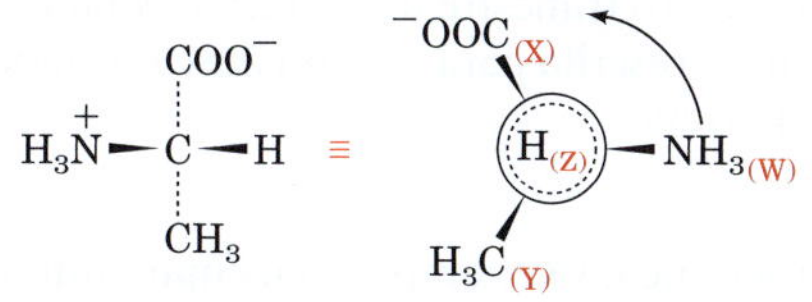

L-Alanina **(S)-Alanina**

FIGURA 4.18 Fórmula estrutural da L-alanina. Sua representação equivalente pelo sistema (*RS*) indica que é a (*S*)-alanina.

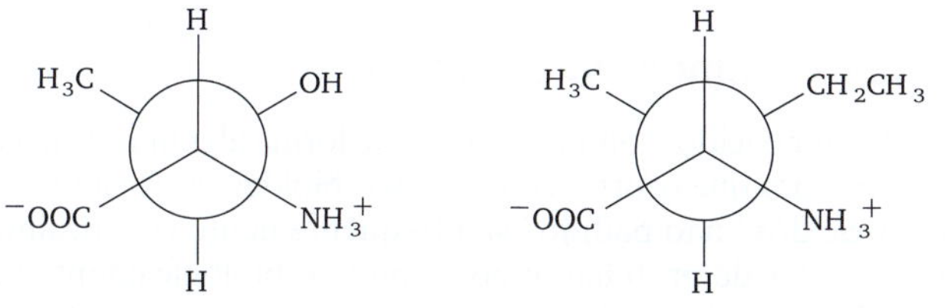

(2*S*,3*R*)-Treonina (2*S*,3*S*)-Isoleucina

FIGURA 4.19 Diagramas com projeções de Newman dos estereoisômeros da treonina e da isoleucina derivadas das proteínas. Nesta representação, a ligação $C_\alpha - C_\beta$ é observada perpendicularmente ao papel. O átomo mais próximo, C_α, é representado pela confluência das três ligações de seus substituintes, enquanto o átomo mais distante, C_β, é representado por um círculo a partir do qual seus três substituintes se projetam.

a. Centros pró-quirais apresentam substituintes distinguíveis

Dois substituintes quimicamente idênticos para um centro tetraédrico que, não fosse por esses substituintes, seria quiral são geometricamente distintos; ou seja, o centro não apresenta simetria rotacional, de forma que é possível determinar, sem ambiguidade, seus lados esquerdo e direito. Considere, por exemplo, os substituintes para o átomo C1 do etanol (o grupo CH_2; Fig. 4.20*a*). Se um dos átomos de H fosse convertido em outro grupo (que não fosse CH_3 ou OH), C1 seria um centro quiral. Diz-se, então, que os dois átomos de H são **pró-quirais**. Se arbitrariamente se designassem os dois átomos de H com os subscritos *a* e *b* (Fig. 4.20), então H_b é dito ***pró-R*** pois, ao se observar a partir de C1 em direção a H_a (como se ele fosse o grupo Z de um centro quiral), a ordem de prioridade dos outros substituintes diminui no sentido horário (Fig. 4.20*b*). Pelo mesmo raciocínio, H_a é dito ***pró-S*** (Fig. 4.20*c*).

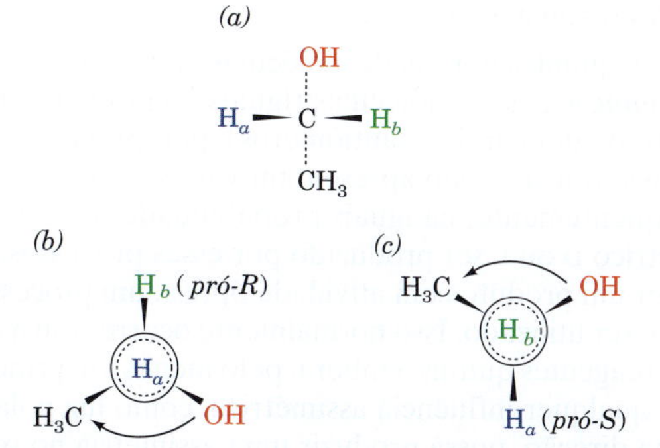

FIGURA 4.20 Vistas do etanol. (*a*) Observe que H_a e H_b, embora quimicamente idênticos, são distinguíveis: girando-se a molécula 180° sobre o eixo vertical de modo a sobrepor esses dois átomos de hidrogênio não será produzida uma vista indistinguível da molécula, pois a rotação também modifica as posições dos grupos quimicamente diferentes OH e CH_3. (*b*) Olhando-se de C1 para H_a, observa-se o átomo de hidrogênio *pró-S* (círculo pontilhado). (*c*) Olhando-se de C1 para H_b, observa-se o átomo de hidrogênio *pró-R*

Objetos planares, sem simetria rotacional, também apresentam a propriedade de pró-quiralidade. Por exemplo, em muitas reações enzimáticas, adição estereoespecífica a um átomo de carbono trigonal ocorre em um determinado lado daquele átomo de carbono, para produzir um centro quiral (Seção 13.2A). Se um carbono trigonal está em frente ao observador de tal modo que a ordem de prioridade de seus substituintes diminui no sentido horário (Fig. 4.21*a*), esta face da molécula é designada **face *re*** (de *rectus*). A face oposta é designada **face *si*** (de *sinister*), uma vez que as prioridades de seus substituintes diminuem no sentido anti-horário (Fig. 4.21*b*). Uma comparação entre as Figs. 4.20*b* e 4.21*a* indica que um átomo de H adicionado ao lado *re* do átomo C1 do acetaldeído ocupa a posição *pró-R* do centro tetraédrico resultante. Ao contrário, um átomo de H *pró-S* é gerado por uma adição ao lado *si* deste centro trigonal (Figs. 4.20*c* e 4.21*b*).

Compostos proximamente relacionados que apresentam a mesma representação de configuração na convenção DL de Fischer podem apresentar representações diferentes no sistema (*RS*). Consequentemente, será usada a convenção de Fischer na maioria dos casos. O sistema (*RS*), entretanto, é indispensável para descrever pró-quiralidade e reações estereoespecíficas, de forma que será extremamente valioso para a descrição de reações enzimáticas.

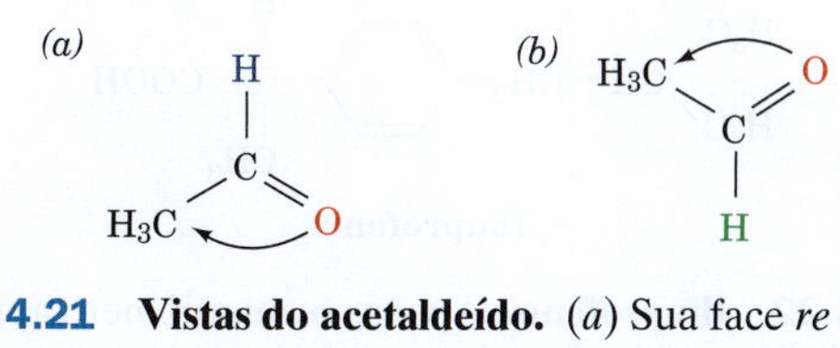

FIGURA 4.21 Vistas do acetaldeído. (*a*) Sua face *re* e (*b*) sua face *si*.

D. Quiralidade e bioquímica

A síntese química normal de moléculas quirais produz misturas **racêmicas** dessas moléculas (iguais quantidades de cada membro de um par de enantiômeros), pois processos químicos e físicos usuais não apresentam viéses estereoquímicos. Consequentemente, há iguais probabilidades de um centro assimétrico D ou L ser produzido por esses processos. A fim de obter um produto com atividade óptica, um processo quiral deve ser utilizado. Isso normalmente ocorre com a utilização de reagentes quirais, embora, pelo menos em princípio, o uso de qualquer influência assimétrica, como luz polarizada em uma direção, possa produzir uma assimetria no produto de uma reação.

Uma das características mais marcantes da vida é sua produção de moléculas opticamente ativas. *A biossíntese de uma substância que possui centros assimétricos quase invariavelmente produz um estereoisômero puro.* O fato de que os resíduos de aminoácidos das proteínas apresentam todos a configuração L é apenas um exemplo desse fenômeno. Essa observação levou à sugestão de que um simples teste diagnóstico para a existência passada ou presente de vida extraterrestre, seja em rochas lunares ou em meteoritos que tenham caído sobre a Terra, poderia ser a detecção de atividade óptica líquida nesses materiais. Um tal achado sugeriria que moléculas assimétricas assim detectadas teriam sido produzidas biossinteticamente. Desse modo, embora α-aminoácidos tenham sido extraídos de meteoritos carbonáceos, a observação de que eles aparecem em misturas racêmicas sugere que eles sejam de origem química e não biológica.

Um dos enigmas a respeito da origem da vida considera a razão pela qual a vida extraterrestre seria baseada em certas moléculas quirais e não em seus enantiômeros, ou seja, em L-aminoácidos, por exemplo, e não em D-aminoácidos. Argumentos de que efeitos físicos, como luz polarizada, poderiam ter promovido significante assimetria em moléculas prebioticamente sintetizadas (Seção 1.5B) não são convincentes. Talvez formas de vida baseadas em L-aminoácidos tenham surgido ao acaso, e simplesmente "comido" quaisquer formas de vida baseadas em D-aminoácidos.

A importância da estereoquímica em organismos vivos é também considerada pela indústria farmacêutica. *Muitos fármacos são sintetizados quimicamente como misturas racêmicas, embora apenas um enantiômero tenha atividade biológica.* Na maioria dos casos, o enantiômero oposto é biologicamente inerte e é então empacotado com sua contraparte ativa. Isso é verdade, por exemplo, para o anti-inflamatório amplamente empregado, o **ibuprofeno**, que possui apenas um enantiômero fisiologicamente ativo (Fig. 4.22). Ocasionalmente, o enantiômero inativo de um fármaco útil produz efeitos nocivos e deve, portanto, ser eliminado da mistura racêmica. O exemplo mais marcante dessa situação é o fármaco **talidomida** (Fig. 4.23), um sedativo brando, cujo enantiômero "inativo" causa graves defeitos no feto. Parcialmente devido a problemas imprevistos causados por enantiômeros "inativos " de fármacos, a **síntese orgânica quiral** tem se tornado uma área ativa da química médica.

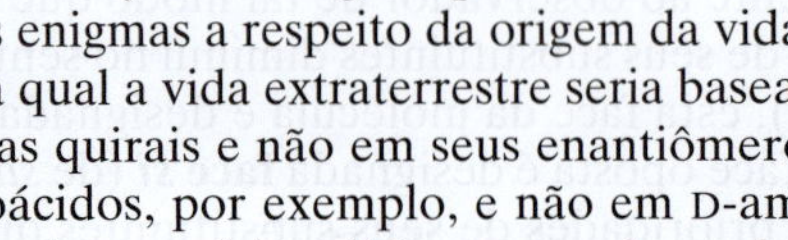

FIGURA 4.22 **Ibuprofeno.** Apenas o enantiômero apresenta ação anti-inflamatória. O carbono quiral está em vermelho.

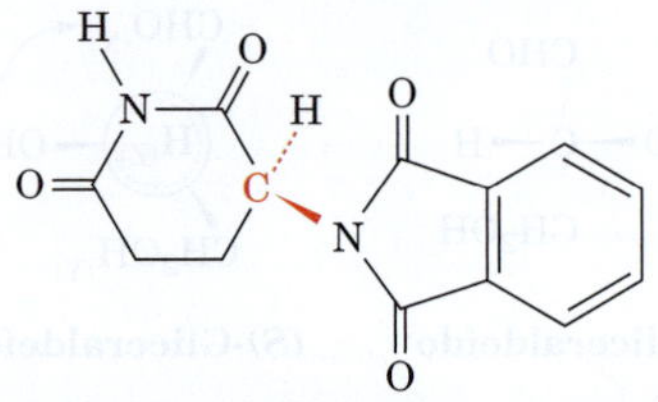

FIGURA 4.23 **Talidomida.** Esse fármaco foi amplamente utilizado na Europa como um sedativo moderado no início da década de 1960. Seu enantiômero inativo (não mostrado), que estava presente em iguais quantidades nas formulações utilizadas, causa graves defeitos teratogênicos em humanos, quando ingerido no primeiro trimestre da gestação. A talidomida era frequentemente prescrita para aliviar náuseas (enjoos), comuns durante esse período.

3 AMINOÁCIDOS "NÃO PADRÃO"

Os 20 aminoácidos comuns não são, de forma alguma, os únicos aminoácidos que ocorrem em sistemas biológicos. Resíduos de aminoácidos "não padrão" são frequentemente constituintes importantes de proteínas e polipeptídeos biologicamente ativos. Muitos aminoácidos, entretanto, não são constituintes das proteínas. Juntamente com seus derivados, eles desempenham uma série de papéis biologicamente importantes.

A. Derivados de aminoácidos nas proteínas

O código genético "universal", que é aproximadamente idêntico em todas as formas de vida conhecidas (Seção 5.4Bb), especifica apenas os 20 aminoácidos "padrão" da Tabela 4.1. Ainda assim, muitos outros aminoácidos, uma seleção dos quais é apresentada na Fig. 4.24, são componentes de certas proteínas. *Em todos os casos conhecidos, com duas únicas exceções (Seção 32.2De), entretanto, esses aminoácidos incomuns resultam de modificações específicas em um resíduo de aminoácido, após a síntese da cadeia polipeptídica.* Entre os mais proeminentes desses resíduos modificados de aminoácidos estão a **4-hidroxiprolina** e a **5-hidroxilisina**, ambos importantes constituintes estruturais da proteína fibrosa **colágeno**, a mais abundante proteína nos mamíferos (Seção 8.2B). Aminoácidos de proteínas que formam complexos com ácidos nucleicos são frequentemente modificados. Por exemplo, as proteínas cromossomais conhecidas como **histonas** podem apresentar-se com metilações, acetilações e/ou fosforilações em resíduos específicos de Lys, Arg e Ser (Seção 34.3Baa). Diversos desses resíduos de aminoácidos modificados são apresentados na Fig. 4.24. A ***N*-formilmetionina** é, inicialmente, o resíduo N-terminal de todas as proteínas procarióticas, mas normal-

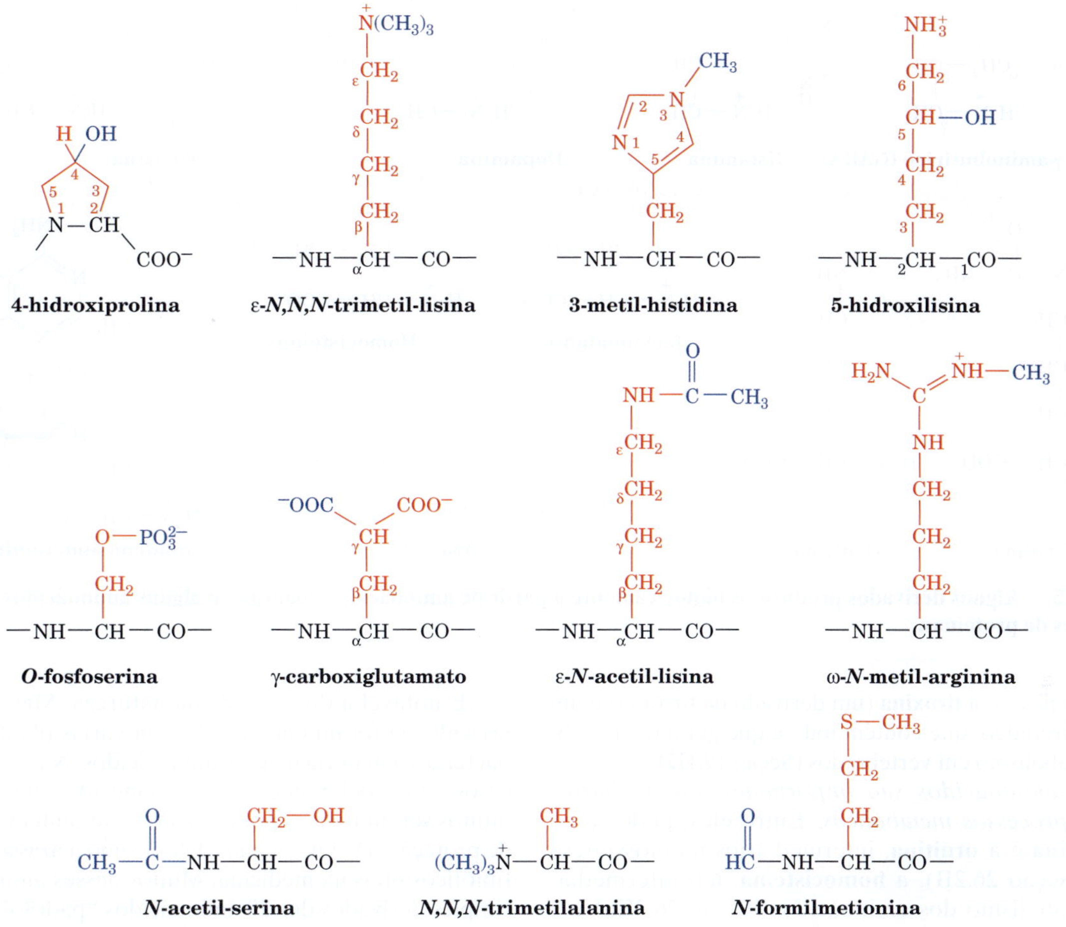

4-hidroxiprolina

ε-*N,N,N*-trimetil-lisina

3-metil-histidina

5-hidroxilisina

O-fosfoserina

γ-carboxiglutamato

ε-*N*-acetil-lisina

ω-*N*-metil-arginina

N-acetil-serina

N,N,N-trimetilalanina

N-formilmetionina

FIGURA 4.24 Alguns resíduos incomuns de aminoácidos que são componentes de certas proteínas. Todos esses resíduos são modificações obtidas a partir de um dos 20 aminoácidos "padrão", após a biossíntese da cadeia polipeptídica. Aqueles resíduos de aminoácidos que são modificados em suas posições N_α ocorrem na porção N-terminal das proteínas.

mente é removido como parte do processo de maturação das proteínas (Seção 32.3Ca). O ácido **γ-carboxiglutâmico** é um constituinte de diversas proteínas envolvidas no processo de coagulação do sangue (Seção 35.1Ba). Observe que, na maioria dos casos, essas modificações são importantes, se não essenciais, para a função da proteína.

Resíduos de D-aminoácidos são componentes de muitos polipeptídeos de bactérias relativamente pequenos (com menos de 20 resíduos de aminoácidos), que são sintetizados enzimaticamente em vez de serem sintetizados via ribossomos. Esses polipeptídeos são talvez mais amplamente distribuídos como constituintes de paredes celulares das bactérias (Seção 11.3Ba), nas quais a presença de D-aminoácidos confere menor suscetibilidade ao ataque por **peptidases** (enzimas que hidrolisam ligações peptídicas), que muitos organismos utilizam para digerir paredes celulares de bactérias. Da mesma forma, D-aminoácidos são componentes de muitos peptídeos produzidos por bactérias e que funcionam como antibióticos, incluindo a **valinomicina**, a **gramicidina A** (Seção 20.2C) e a **actinomicina D** (Seção 31.2Cc). Resíduos de D-aminoácidos são também componentes funcionalmente essenciais de diversos polipeptídeos sintetizados nos ribossomos, tanto de origem procariótica quanto eucariótica. Esses resíduos de D-aminoácidos são produzidos após a tradução, provavelmente por inversão, mediada por enzimas, de resíduos de L-aminoácidos preexistentes.

B. Funções especializadas dos aminoácidos

Além de seu papel nas proteínas, os aminoácidos e seus derivados desempenham muitas funções biológicas importantes. Uns poucos exemplos dessas substâncias são mostrados na Fig. 4.25. Essa utilização alternativa de aminoácidos é um exemplo do oportunismo biológico que será encontrado repetidamente: *a natureza tende a adaptar materiais e processos já existentes para novas funções.*

Aminoácidos e seus derivados funcionam frequentemente como mensageiros químicos para a comunicação entre células. Por exemplo, a glicina, o **ácido γ-aminobutírico** (**GABA**; um produto da descarboxilação do glutamato) e a **dopamina** (um derivado da tirosina) são neurotransmissores (substâncias liberadas pelos neurônios que alteram o comportamento das células vizinhas; Seção 20.5C); a **histamina** (produto da descarboxilação da histidina) é um potente mediador local em

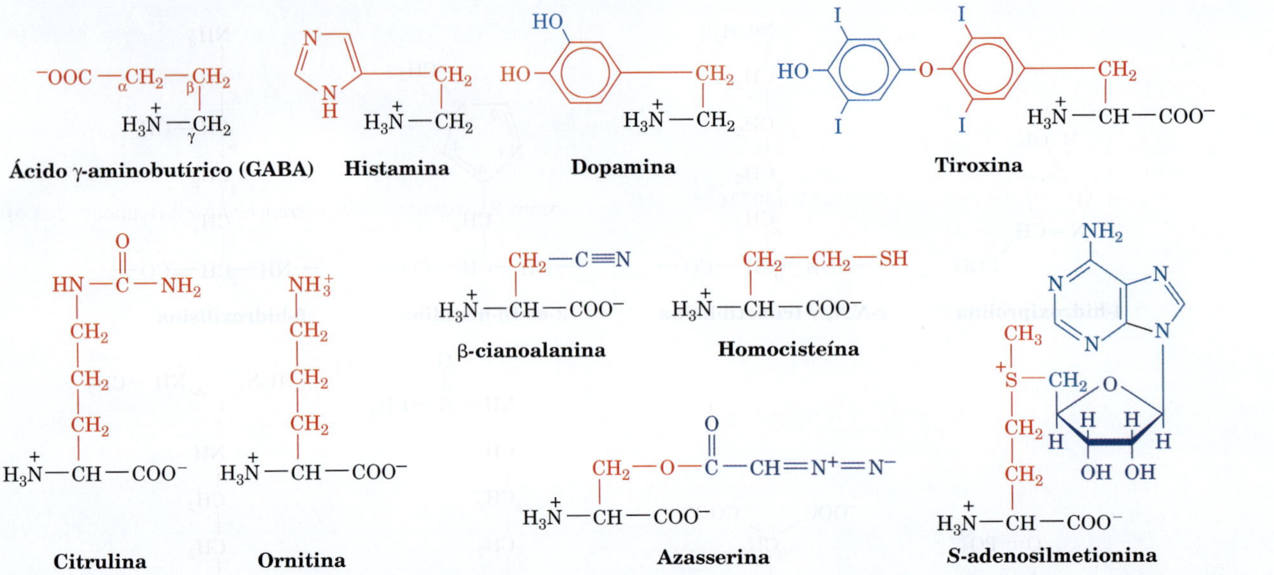

FIGURA 4.25 Alguns derivados produzidos biologicamente a partir de aminoácidos "padrão" e alguns aminoácidos que não são componentes de proteínas.

reações alérgicas; e a **tiroxina** (um derivado da tirosina) é um hormônio tireóideo, que contém iodo e que geralmente estimula o metabolismo em vertebrados (Seção 19.1D).

Certos aminoácidos são importantes intermediários em vários processos metabólicos. Entre eles, pode-se citar a **citrulina** e a **ornitina**, intermediários na biossíntese da ureia (Seção 26.2B), a **homocisteína**, um intermediário do metabolismo dos aminoácidos (Seção 26.3Ea) e a ***S*-adenosilmetionina**, um reagente biológico para metilações (Seção 26.3Ea).

É notável a diversidade na natureza. Mais de 700 aminoácidos já foram encontrados em várias plantas, fungos e bactérias, a maioria deles α-aminoácidos. Na maior parte dos casos, seu papel biológico é desconhecido, embora o fato de muitos serem tóxicos possa sugerir que tenham uma função de proteção. De fato, alguns deles, como a **azasserina**, são antibióticos úteis na medicina. Muitos desses aminoácidos são simples derivados dos 20 aminoácidos "padrão", embora alguns deles, como a azasserina e a **β-cianoalanina** (Fig. 4.25), tenham estruturas incomuns.

RESUMO DO CAPÍTULO

1. Os aminoácidos das proteínas Proteínas são polímeros lineares, sintetizados a partir dos mesmos 20 α-aminoácidos "padrão" por meio de reações de condensação, para formar ligações peptídicas. Todos esses aminoácidos apresentam um grupo carboxila, com um pK de aproximadamente 2,2, e um substituinte amino com um pK ao redor de 9,4, ligado ao mesmo átomo de carbono, o átomo C_α. Na faixa fisiológica de pH, os α-aminoácidos são compostos zwitteriônicos, $^+H_3N - CHR - COO^-$. Os vários aminoácidos são normalmente classificados de acordo com as polaridades de suas cadeias laterais, R, as quais são substituintes do átomo C. Glicina, alanina, valina, leucina, isoleucina, metionina, prolina (que é, na verdade, um aminoácido secundário), fenilalanina e triptofano são aminoácidos apolares; serina, treonina, asparagina, glutamina, tirosina e cisteína são aminoácidos polares sem carga elétrica; lisina, arginina, histidina, ácido aspártico e ácido glutâmico são aminoácidos polares com carga. As cadeias laterais de muitos desses aminoácidos apresentam grupos acidobásicos e, dessa forma, as propriedades das proteínas contendo esses aminoácidos são dependentes do pH.

2. Atividade óptica Os átomos C_α de todos os α-aminoácidos, com exceção da glicina, apresentam quatro substituintes diferentes cada um e são, portanto, centros quirais. De acordo com a convenção de Fischer, que relaciona a configuração do D- ou L-gliceraldeído com aquela do centro assimétrico de interesse, todos os aminoácidos das proteínas apresentam configuração L, ou seja, todos eles apresentam a mesma configuração absoluta ao redor de seu átomo de C_α. De acordo com o sistema Cahn-Ingold-Prelog (*RS*) de nomenclatura de centros quirais, eles são, com exceção da cisteína, todos (*S*)-aminoácidos. As cadeias laterais da treonina e da isoleucina também contêm centros quirais. Um centro pró-quiral não apresenta simetria rotacional, de modo que seus substituintes, no caso de um átomo central, ou suas faces, no caso de uma molécula planar, são distintas entre si.

3. Aminoácidos "não padrão" Outros resíduos de aminoácidos, além dos 20 a partir dos quais as proteínas são sintetizadas, também apresentam importantes funções biológicas. Esses resíduos "não padrão" resultam de modificações químicas específicas de resíduos de aminoácidos em proteínas preexistentes. Aminoácidos e seus derivados também apresentam papéis biológicos independentes, como neurotransmissores, intermediários metabólicos e venenos.

REFERÊNCIAS

História

Vickery, H.B. and Schmidt, C.L.A., The history of the discovery of amino acids, *Chem. Rev.* **9**, 169–318 (1931).

Vickery, H.B., The history of the discovery of the amino acids. A review of amino acids discovered since 1931 as components of native proteins, *Adv. Protein Chem.* **26**, 81–171 (1972).

Propriedades dos aminoácidos

Barrett, G.C. and Elmore, D.T., *Amino Acids and Peptides*, Chapters 1–4, Cambridge University Press (1998).

Cohn, E.J. and Edsall, J.T., *Proteins, Amino Acids and Peptides as Íons and Dipolar Íons*, Academic Press (1943). [Um trabalho clássico em seu campo.]

Meister, A., *Biochemistry of the Amino Acids* (2nd ed.), Vol. 1, Academic Press (1965). [Um compêndio de informações sobre as propriedades dos aminoácidos.]

Atividade óptica

Cahn, R.S., An introduction to the sequence rule, *J. Chem. Ed*, **41**, 116–125 (1964). [Uma apresentação do sistema de nomenclatura Cahn-Ingold-Prelog.]

Huheey, J.E., A novel method for assigning *R,S* labels to enantiomers, *J. Chem. Ed.*, **63**, 598–600 (1986).

Lamzin, V.S., Dauter, Z. and Wilson, K.S., How nature deals with stereoisomers, *Curr. Opin. Struct. Biol.* **5**, 830–836 (1995). [Discussão sobre proteínas sintetizadas com D-aminoácidos.]

Mislow, K., *Introduction to Stereochemistry*, Benjamin (1966).

Solomons, T.W.G. and Fryhle, C.B., *Organic Chemistry* (9th ed.), Chapter 5, Wiley (2008). [Uma discussão acerca da quiralidade. A maior parte dos outros livros-texto de química orgânica contém material semelhante.]

Aminoácidos "não padrão"

Fowden, L., Lea, P.J. and Bell, E.A., The non-protein amino acids of plants, *Adv. Enzymol.* **50**, 117–175 (1979).

Fowden, L., Lewis, D. and Tristram, H., Toxic amino acids: their action as antimetabolites, *Adv. Enzymol.* **29**, 89–163 (1968).

Kleinkauf, H. and Döhren, H., Nonribosomal polypeptide formation on multifunctional proteins, *Trends Biochem. Sci.* **8**, 281–283 (1993).

Mor, A., Amiche, M. and Nicholas, P., Enter a new posttranscriptional modification: D-amino acids in gene-encoded peptides, *Trends Biochem. Sci.* **17**, 481–485 (1992).

PROBLEMAS

1. Cite os 20 aminoácidos padrão sem olhar o texto. Dê seus símbolos de três e de uma letra. Identifique os dois aminoácidos padrão que são isômeros e os dois outros que, embora não sejam isômeros, apresentam essencialmente a mesma massa molecular em moléculas neutras.

2. Desenhe os seguintes oligopeptídeos em suas formas iônicas predominantes em pH 7: (a) Phe-Met-Arg, (b) triptofanil-lisil-ácido aspártico e (c) Gln-Ile-His-Thr.

3. Quantos pentapeptídeos diferentes podem existir que contenham um resíduo de cada um dos aminoácidos Gly, Asp, Tyr, Cys e Leu?

4. Desenhe as estruturas dos dois oligopeptídeos seguintes com seus resíduos de cisteína estabelecendo ligações cruzadas por meio de ligações dissulfeto: Val-Cys, Ser-Cys-Pro.

***5.** Em uma solução 0,1 M de lisina, em pH 4, 7 e 10, quais as concentrações das várias formas iônicas?

6. Derive a equação 4.1 para um ácido monoamino monocarboxílico (utiliza a equação de Henderson-Hasselbalch).

***7.** O **ponto isoiônico** de um composto é definido como o pH de uma solução do composto em água pura. Qual o ponto isoiônico de uma solução 0,1 *M* de glicina?

8. A hemoglobina humana normal apresenta um ponto isoelétrico de 6,87. Uma variedade mutante da hemoglobina, conhecida como **hemoglobina de células falciformes**, apresenta um ponto isoelétrico de 7,09. A curva de titulação da hemoglobina indica que, nesta faixa de pH, 13 grupos mudam de estado de ionização a cada unidade de pH. Calcule a diferença na carga iônica entre as moléculas de hemoglobina normal e de células falciformes.

9. Indique se os seguintes objetos conhecidos são quirais, pró-quirais ou não quirais.

(a) Uma luva
(b) Uma bola de tênis
(c) Um bom par de tesouras
(d) Um parafuso
(e) Esta página
(f) Um rolo de papel higiênico
(g) Um floco de neve
(h) Uma escada em espiral
(i) Um lance normal de escadas
(j) Um clipe para papel
(k) Um sapato
(l) Um par de óculos

10. Desenhe quatro fórmulas equivalentes para a L-alanina com projeções de Fischer (ver Figuras 4.12 e 4.13).

***11.** (a) Desenhe a fórmula estrutural e a fórmula de projeção de Fischer do (*S*)-3-metil-hexano. (b) Desenhe todos os estereoisômeros do 2,3-diclorobutano. Nomeie esses isômeros de acordo com o sistema (*RS*) e identifique qual deles apresenta a forma meso.

12. Identifique e nomeie os centros ou faces pró-quirais das seguintes moléculas:

(a) Acetona
(b) Propeno
(c) Glicina
(d) Alanina
(e) Lisina
(f) 3-Metilpiridina

13. Escreva a fórmula estrutural predominante do pentapeptídeo Thr-Tyr-His-Cys-Lys em pH 12,0. Indique as posições de seus centros quirais e seus centros pró-quirais. Para responder essa questão, considere os pKs de seus grupos ionizávies como os mesmos que aqueles dos aminoácidos livres correspondentes.

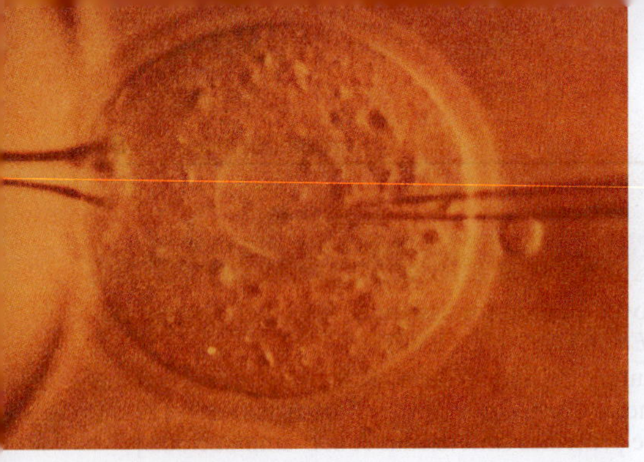

Ácidos Nucleicos, Expressão Gênica e Tecnologia do DNA Recombinante

CAPÍTULO 5

O conhecimento de como os genes são expressos e como podem ser manipulados está se tornando cada vez mais importante para o entendimento de praticamente todos os aspectos da bioquímica. Consequentemente, embora não apresente-se uma discussão detalhada destes processos até a Parte V deste livro, resume-se seus princípios gerais neste capítulo. Descreve-se as estruturas químicas dos ácidos nucleicos, como se conseguiu reconhecer que o DNA é o portador da informação genética, a estrutura da forma majoritária do DNA e os princípios gerais de como a informação nos genes direciona a síntese de RNA e proteínas (como os genes são expressos) e de como o DNA é replicado. O capítulo termina com uma discussão de como o DNA é manipulado e expresso experimentalmente, processos que são coletivamente referidos como engenharia genética. Esses processos têm revolucionado a prática da bioquímica.

1 NUCLEOTÍDEOS E ÁCIDOS NUCLEICOS

Nucleotídeos e seus derivados são substâncias biologicamente ubíquas, que participam de praticamente todos os processos bioquímicos:

1. Elas formam as unidades monoméricas dos ácidos nucleicos e, assim, desempenham funções centrais tanto na estocagem como na expressão da informação genética.

2. Os **nucleosídeos trifosfatados**, mais evidentemente o trifosfato de adenosina (ATP, de *adenosine triphosphate*) (Seção 1.3B), são os produtos finais "ricos em energia" da maioria das vias que liberam energia, e as substâncias cuja utilização movimenta a maioria dos processos que requerem energia.

3. A maior parte das vias metabólicas é regulada, pelo menos em parte, pelos níveis de nucleotídeos, tais como o ATP e o ADP. Além disso, certos nucleotídeos, como será visto, funcionam como sinais intracelulares que regulam as atividades de numerosos processos metabólicos.

4. Derivados de nucleotídeos, como o **dinucleotídeo nicotinamida-adenina** (Seção 13.2A), o **dinucleotídeo flavina-adenina** (Seção 16.2C) e a **coenzima A** (Seção 21.2), são participantes necessários em muitas reações enzimáticas.

5. Como componentes de ácidos nucleicos que funcionam como enzimas, conhecidos como **ribozimas**, os próprios nucleotídeos possuem importantes atividades catalíticas.

A. *Nucleotídeos, nucleosídeos e bases*

Os nucleotídeos são ésteres de fosfato de um açúcar de cinco carbonos (que é, portanto, conhecido como uma ***pentose****; Seção 11.1A) nos quais uma base nitrogenada está covalentemente ligada ao C1′ do resíduo de açúcar.* Em **ribonucleotídeos** (Fig. 5.1*a*), as unidades monoméricas do RNA, a pentose é a **D-ribose**, enquanto, em **desoxirribonucleotídeos** (ou simplesmente **desoxinucleotídeos**; Fig. 5.1*b*), as unidades monoméricas do DNA, a pentose é a **2′-desoxi-D-ribose** (note que os números

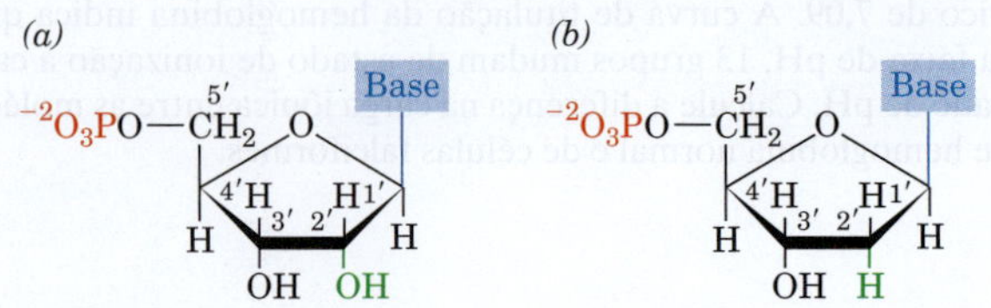

FIGURA 5.1 Estruturas químicas de (*a*) ribonucleotídeos e (*b*) desoxirribonucleotídeos.

"com apóstrofos" referem-se aos átomos do resíduo da ribose; números "sem apóstrofos" referem-se aos átomos da base nitrogenada). O grupo fosfato pode estar ligado ao C5′ da pentose, para formar um **nucleotídeo-5′** (Fig. 5.1), ou ao seu C3′, para formar um **nucleotídeo-3′**. Se o grupamento fosfato está ausente, o composto é conhecido como **nucleosídeo**. Um nucleotídeo-5′, por exemplo, pode, portanto, ser referido como um **nucleosídeo-5′-fosfato**. Em todos os nucleotídeos e nucleosídeos que ocorrem naturalmente, a ligação entre a base nitrogenada e o átomo C1′ da pentose (que é chamada de ligação glicosídica; Seção 11.1Ca) estende-se a partir do mesmo lado do anel da ribose, assim como a ligação C4′—C5′ (a chamada configuração β; Seção 11.1Ba), em vez de fazer isso pelo lado oposto (a configuração α). Note que os grupos fosfato dos nucleotídeos estão duplamente ionizados em pH fisiológico; ou seja, *os nucleotídeos são ácidos moderadamente fortes*.

As bases nitrogenadas são moléculas planas, aromáticas e heterocíclicas, que, na sua maior parte, são derivadas de ***purinas*** *ou* ***pirimidinas****.*

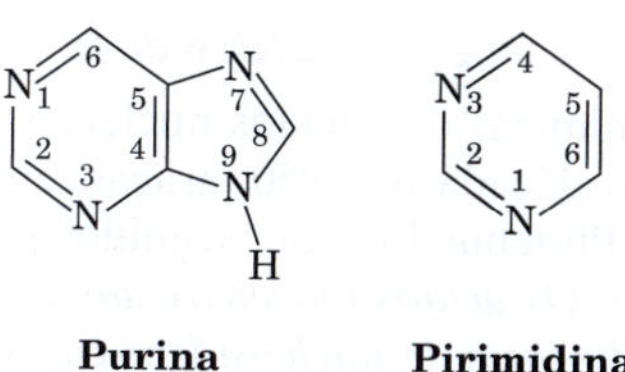

As estruturas, os nomes e as abreviações das bases, dos nucleosídeos e dos nucleotídeos comuns são dados na Tabela 5.1. Os principais componentes purínicos dos ácidos nucleicos são os resíduos de **adenina** e **guanina**; os resíduos pirimídicos principais são os de **citosina**, **uracila** (que ocorre principalmente no RNA) e **timina** (5-metiluracila, que ocorre principalmente no DNA). As purinas formam ligações glicosídicas com a ribose através dos seus átomos de N9, enquanto as pirimidinas o fazem através dos seus átomos de N1 (notar que purinas e pirimidinas possuem esquemas de numeração de átomos distintos).

TABELA 5.1 Nomes e abreviaturas das bases dos ácidos nucleicos, nucleosídeos e nucleotídeos

Fórmula da base	Base (X = H)	Nucleosídeo (X = ribose*)	Nucleotídeo** (X = fosfato da ribose*)
NH_2, N, N, N, N, X	Adenina Ade A	Adenosina Ado A	Ácido adenílico Adenosina-monofosfato AMP
O, H, N, N, H_2N, N, N, X	Guanina Gua G	Guanosina Guo G	Ácido guanosílico Guanosina-monofosfato GMP
NH_2, N, O, N, X	Citosina Cyt C	Citidina Cyd C	Ácido citidílico Citidina monofosfato CMP
O, H, N, O, N, X	Uracila Ura U	Uridina Urd U	Ácido uridílico Uridina-monofosfato UMP
O, H, N, CH_3, O, N, dX	Timina Thy T	Desoxitimidina dThd dT	Ácido desoxitimidílico Desoxitimidina-monofosfato dTMP

*A presença de uma unidade de desoxirribose-2′ no lugar da ribose, como ocorre no DNA, está indicada pelos prefixos "desoxi" ou "d". Por exemplo, o desoxinucleotídeo da adenina é a desoxiadenosina ou dA. Entretanto, para resíduos contendo timina, que raramente ocorrem no RNA, o prefixo é redundante e pode ser eliminado. A presença de uma unidade de ribose pode ser explicitamente indicada pelos prefixos "ribo" ou "r". Assim, o ribonucleotídeo da timina é a ribotimidina ou rT.

**A posição do grupo fosfato em um nucleotídeo pode ser explicitamente especificada como, por exemplo, no 3′-AMP e no 5′-GMP.

B. *As estruturas químicas do DNA e do RNA*

As estruturas químicas dos ácidos nucleicos foram elucidadas, no início da década de 1950, graças, em grande parte, aos esforços de Phoebus Levene, seguidos pelo trabalho de Alexander Todd. *Os ácidos nucleicos são, com poucas exceções, polímeros lineares de nucleosídeos cujos grupos fosfato interligam as posições 3′ e 5′ de resíduos de açúcar sucessivos (p. ex., Fig. 5.2)*. Os fosfatos desses **polinucleotídeos**, os grupos **fosfodiéster**, são acídicos, de modo que, *em pHs fisiológicos, os ácidos nucleicos são poliânions*. Os polinucleotídeos possuem direcionalidade, ou seja, cada um possui uma **extremidade 3′** (a extremidade cujo átomo de C3′ não está ligado ao nucleotídeo vizinho) e uma **extremidade 5′** (a extremidade cujo átomo de C5′ não está ligado com um nucleotídeo vizinho).

a. A composição de bases do DNA é governada pelas regras de Chargaff

O DNA possui números idênticos de resíduos de adenina e timina (A = T) e números iguais de resíduos de guanina e citosina (G = C). Essas relações, conhecidas como **regras de Chargaff**, foram descobertas no final da década de 1940 por Erwin Chargaff, que foi quem primeiro desenvolveu métodos quantitativos confiáveis de separação e análise de hidrolisados de DNA. Chargaff também descobriu que a composição de bases do DNA de um dado organismo é característica daquele organismo; ou seja, é independente do tecido do qual o DNA foi obtido, assim como da idade do organismo, do seu estado nutricional ou de qualquer outro fator ambiental. A base estrutural para as regras de Chargaff é a de que, na fita dupla de DNA, G sempre forma ligações de hidrogênio (forma um **par de bases**) com C, enquanto A sempre forma um par de bases com T (Fig. 1.16).

A composição de bases de DNA varia amplamente entre os diferentes organismos. Ela varia de ~25% a 75% de G + C em diferentes espécies de bactérias. É, entretanto, mais ou menos constante entre espécies relacionadas; por exemplo, em mamíferos, o conteúdo de G + C varia de 39% a 46%.

O RNA, que normalmente ocorre como moléculas de fita simples, não possui restrições aparentes à sua composição de bases. Entretanto, RNAs de fita dupla, que constituem o material genético de certos vírus, também obedecem

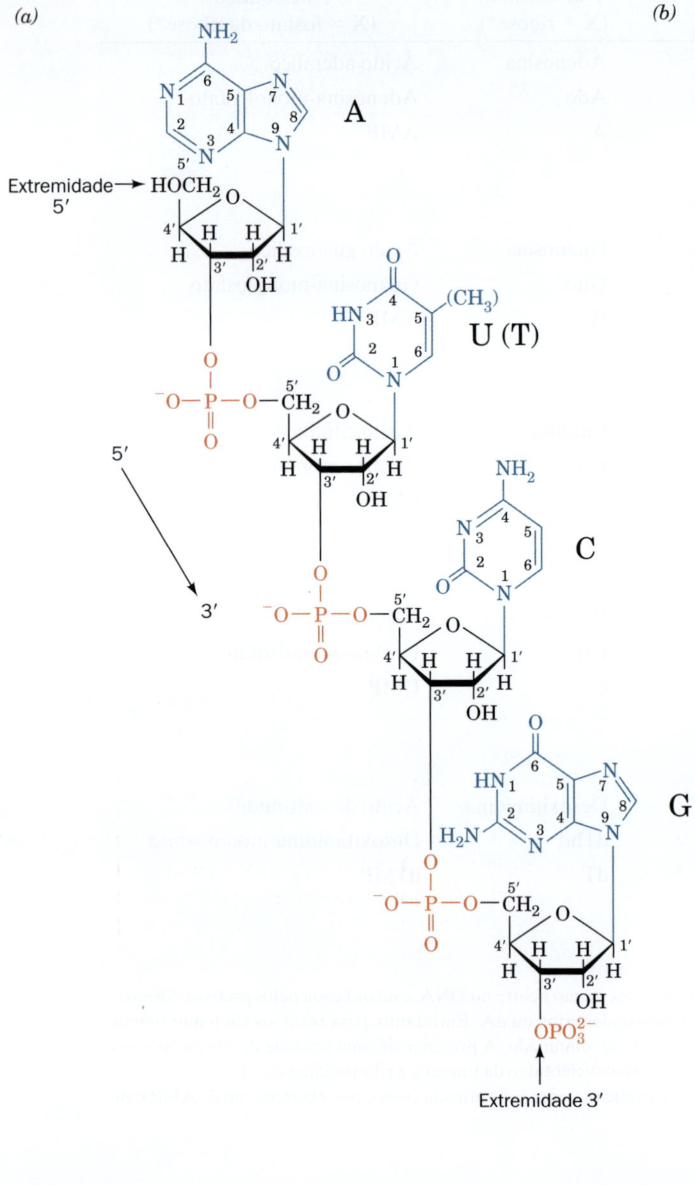

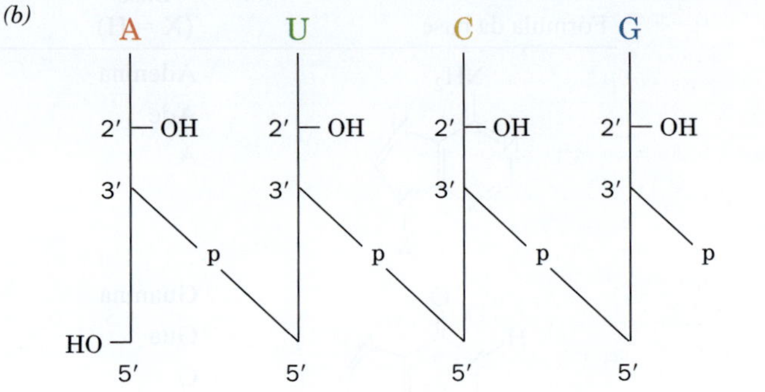

FIGURA 5.2 Estrutura química de um ácido nucleico. *(a)* O tetranucleotídeo adenil-3′,5′-uridil-3′,5′-citidil-3′,5′guanilil-3′-fosfato. Os números dos átomos do açúcar apresentam apóstrofo para distingui-los das posições atômicas das bases. Por convenção, uma sequência polinucleotídica é escrita com a sua extremidade 5′ à esquerda e a sua extremidade 3′ à direita. Assim, lendo da esquerda para a direita, a ligação fosfodiéster conecta resíduos de ribose vizinhos na direção 5′ → 3′. A sequência acima pode ser abreviada por ApUpCpGp ou somente por AUCGp (onde um "p" à esquerda e/ou à direita de um símbolo de nucleosídeo indica um grupo fosfato 5' e/ou 3', respectivamente; ver Tabela 5.1 para outras definições de símbolos). O desoxitetranucleotídeo correspondente, no qual os grupos 2'-OH estão substituídos por átomos de H e a base de uracila (U) está substituída por timina (5-metiluracil; T), é abreviado por d(ApTpCpGp) ou d(ATCGp). *(b)* Uma representação esquemática de AUCGp. Aqui, uma linha vertical indica um resíduo de ribose, a base associada a ela é indicada pela abreviação correspondente de uma letra e uma linha diagonal flanqueando um "p" opcional representa uma ligação fosfodiéster. A numeração dos átomos dos resíduos de ribose, que está indicada aqui, é normalmente omitida. A representação equivalente de desoxipolinucleotídeos difere somente pela ausência do grupo 2′-OH e a substituição de U por T.

às regras de Chargaff (aqui A pareia com U, da mesma maneira que o faz com T no DNA; Fig. 1.16). Já o DNA de fita simples, que ocorre em certos vírus, não obedece às regras de Chargaff. Ao entrar nos organismos hospedeiros, entretanto, esse DNA é replicado para formar uma molécula de fita dupla, que então obedece às regras de Chargaff.

b. As bases dos ácidos nucleicos podem ser modificadas

Alguns DNAs contêm bases que são derivados químicos do conjunto-padrão. Por exemplo, a dA e a dC nos DNAs de muitos organismos são parcialmente substituídas pela **N^6-metil-dA** e pela **5-metil-dC**, respectivamente.

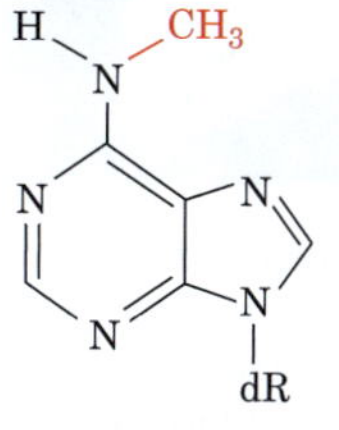

N^6-Metil-dA 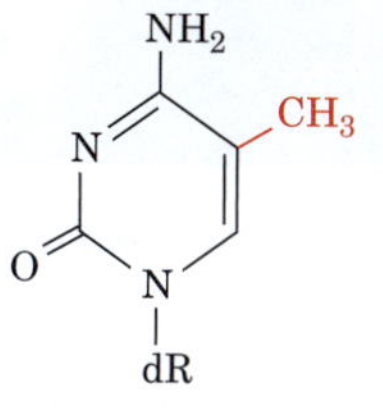 **5-Metil-dC**

As bases alteradas são geradas por modificações enzimáticas sequência-específicas do DNA normal (Seções 5.5A e 30.7). Os DNAs modificados obedecem às regras de Chargaff se as bases derivadas forem consideradas como equivalentes de suas bases originais. Da mesma forma, muitas bases nos RNAs, particularmente aquelas nos **RNAs transportadores** (**tRNAs**; Seção 32.2Aa), são derivadas.

c. O RNA, mas não o DNA, é suscetível à hidrólise catalisada por bases

O RNA é altamente suscetível à hidrólise catalisada por bases pelo mecanismo de reação esquematizado na Fig. 5.3, de maneira a produzir uma mistura de nucleotídeos 2′ e 3′. Já o DNA, que não possui grupos 2′-OH, é resistente à hidrólise catalisada por bases e, portanto, é quimicamente muito mais estável do que o RNA. É provavelmente por isso que o DNA, e não o RNA, evoluiu para ser o arquivo genético celular.

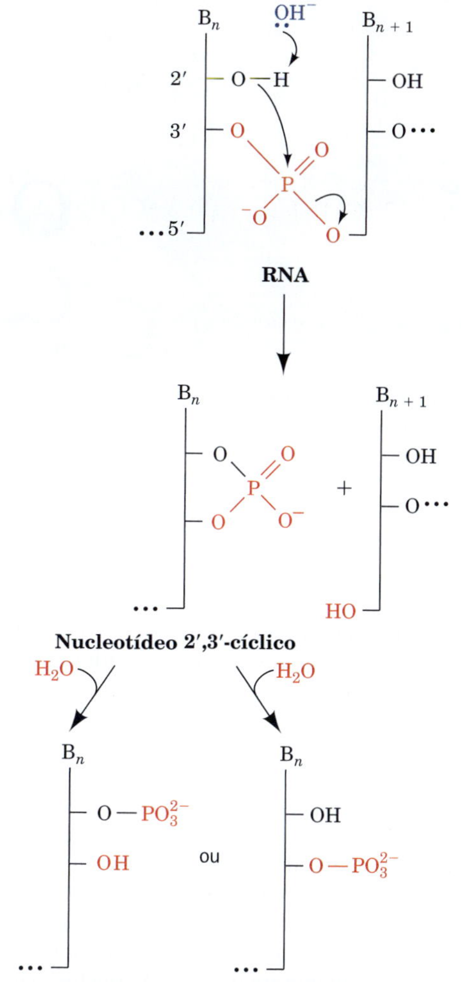

RNA

Nucleotídeo 2′,3′-cíclico

Nucleotídeo-2′ ou Nucleotídeo-3′

FIGURA 5.3 Mecanismo de hidrólise do RNA catalisada por bases. A desprotonação induzida por bases do grupo 2′-OH facilita o seu ataque nucleofílico ao átomo de fósforo adjacente, clivando assim o esqueleto do RNA. O grupo de fosfato 2′,3′-cíclico é hidrolisado subsequentemente a fosfato 2′ ou 3′.

2 O DNA É O PORTADOR DA INFORMAÇÃO GENÉTICA

Os ácidos nucleicos foram inicialmente descobertos em 1869, por Friedrich Miescher, e foram assim denominados porque ele os encontrou em núcleos de **leucócitos** (células do pus) obtidos de ataduras cirúrgicas descartadas. A presença dos ácidos nucleicos em outras células foi demonstrada alguns anos mais tarde, mas somente depois de decorridos cerca de 75 anos de sua descoberta, a sua atividade biológica foi elucidada. Além disso, nas décadas de 1930 e 1940 era amplamente sustentado, no que foi denominado de **hipótese do tetranucleotídeo**, que os ácidos nucleicos possuíam uma sequência monotonamente repetitiva de todas as quatro bases, de modo que não se suspeitava que eles possuíssem uma função genética. Em vez disso, em geral assumia-se que os genes seriam proteínas, pois eram as únicas entidades bioquímicas que, naquela época, pareciam capazes de suprir a especificidade necessária. Nesta seção os experimentos que estabeleceram a função genética do DNA serão resumidos.

A. O princípio transformante é o DNA

A forma virulenta (capaz de causar doença) do pneumococo (*Diplococcus pneumoniae*), uma bactéria que causa pneumonia, é encapsulada por uma cobertura gelatinosa de polissacarídeos que contém os sítios de ligação (conhecidos como **antígenos-O**; Seção 11.3Bc) por meio dos quais ela reconhece as células que infecta. Pneumococos mutantes que não possuem essa cobertura, devido a um defeito na enzima envolvida na sua formação, não são patogênicos (capazes de causar doença). Os pneumococos virulentos e não patogênicos são conhecidos como as formas S e R, respectivamente, devido às aparências lisa (*smooth*) e rugosa (*rough*) de suas colônias em cultura (Fig. 5.4).

Em 1928, Frederick Griffith fez uma descoberta surpreendente. Ele injetou camundongos com uma mistura de pneumococos R vivos e S mortos por calor. O experimento resultou na morte da maioria dos camundongos. Mais surpreendente ainda foi o fato do sangue dos camundongos

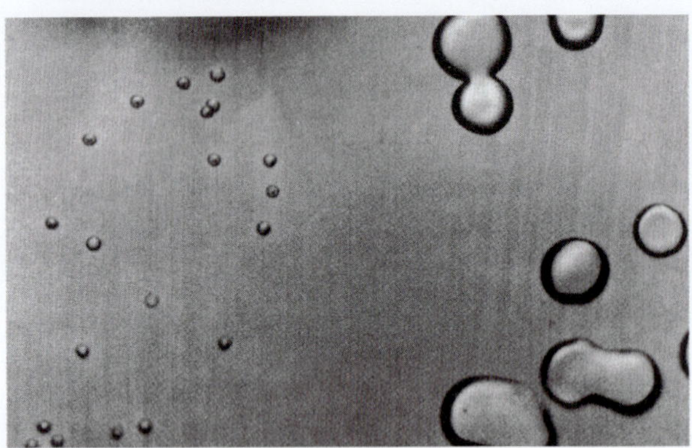

FIGURA 5.4 **Pneumococos.** As colônias grandes e brilhantes são pneumococos virulentos do tipo S, que resultaram da transformação de pneumococos não patogênicos do tipo R (colônias menores) por DNA de pneumococos S mortos por calor. (De Avery, O.T., MacLeod, C.M., and McCarty, M., *J. Exp. Med.* **79**, 153 [1944]. Impressa com a permissão de Rockefeller University Press, EUA.)

mortos conter pneumococos S vivos. Os pneumococos S mortos injetados inicialmente nos camundongos haviam de algum modo **transformado** os pneumococos R, anteriormente inócuos, para a forma S virulenta. Além disso, a progênie dos pneumococos transformados também era S; a transformação era permanente. Finalmente, foi demonstrado que a transformação poderia ser feita *in vitro* (fora de um organismo vivo; literalmente "em vidro"), misturando-se células R com um extrato acelular de células S. A questão permaneceu: Qual é a natureza do **princípio transformante**?

Em 1944, Oswald Avery, Colin MacLeod e Maclyn McCarty, após uma investigação de 10 anos, anunciaram que o *princípio transformante era o DNA*. A conclusão foi baseada nas observações de que o laboriosamente purificado (poucas técnicas modernas de fracionamento eram disponíveis então) princípio transformante possuía todas as propriedades físicas e químicas do DNA, não continha qualquer proteína detectável, não era afetado por enzimas que catalisavam a hidrólise de proteínas e RNA e era totalmente inativado pelo tratamento com uma enzima que catalisava a hidrólise de DNA. *O DNA deve, portanto, ser o portador da informação genética.*

A descoberta de Avery foi outra ideia adiante de seu tempo. Esse avanço original foi inicialmente recebido com ceticismo e, depois, foi essencialmente ignorado. De fato, mesmo Avery não afirmou diretamente que o DNA era o material hereditário, mas simplesmente que ele possuía "especificidade biológica". Seu trabalho, entretanto, influenciou muitos bioquímicos, inclusive Erwin Chargaff, cujas determinações acuradas subsequentes das relações entre as bases do DNA refutaram a hipótese do tetranucleotídeo e, assim, indicaram que o DNA poderia ser uma molécula complexa.

Mais tarde, foi demonstrado que os eucariotos também estão sujeitos à transformação por DNA. Assim, o DNA, que, como demonstrado por estudos citológicos, residia nos cromossomos, também deveria ser o material hereditário dos eucariotos. Em uma demonstração espetacular da transformação de eucariotos, Ralph Brinster, em 1982, microinjetou DNA carregando o gene do **hormônio de crescimento** (um polipeptídeo) de ratos em núcleos de óvulos fecundados de

FIGURA 5.5 **Camundongo transgênico.** O camundongo gigante (*à esquerda*) cresceu a partir de um óvulo fecundado que havia sido microinjetado com DNA carregando o gene do hormônio de crescimento de ratos. O seu irmão da mesma ninhada (*à direita*), com tamanho normal, é mostrado para comparação. (Cortesia de Ralph Brinster, University of Pennsylvania, EUA.)

camundongos (uma técnica discutida na Seção 5.5H) e implantou esses óvulos no útero de mães adotivas. Os "supercamundongos" resultantes (Fig. 5.5), que possuíam níveis elevados do hormônio de crescimento de ratos no seu soro, cresceram até um peso cerca de duas vezes maior que o de seus irmãos normais da mesma ninhada. Esses animais geneticamente alterados são chamados de **transgênicos**.

B. *A molécula hereditária de muitos bacteriófagos é o DNA*

Micrografias eletrônicas de bactérias infectadas com bacteriófagos mostram fagos "fantasmas" com capsídeos vazios aderidos à superfície bacteriana (Fig. 5.6). Essa observação levou Roger Herriott a sugerir que "o vírus poderia atuar como uma pequena agulha hipodérmica cheia do princípio transformante", que ele injetaria no hospedeiro bacteriano (Fig. 5.7). Essa proposta foi testada em 1952 por Alfred Hershey e Martha Chase, como esquematizado na Fig. 5.8. O **bacteriófago T2** foi multiplicado em *E. coli* em um meio contendo os isótopos radioativos ^{32}P e ^{35}S. Isso marcava o capsí-

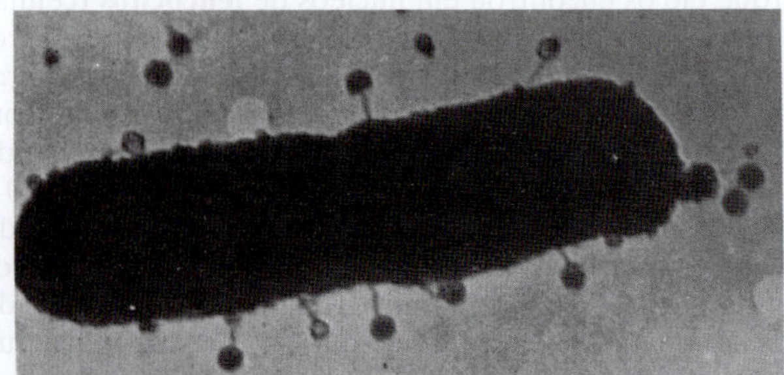

FIGURA 5.6 **Bacteriófagos aderidos à superfície de uma bactéria.** Esta micrografia eletrônica primitiva mostra uma célula de *E. coli* à qual **bacteriófagos T5** estão adsorvidos pelas suas caudas. (Cortesia de Thomas F. Anderson, Fox Chase Cancer Center, EUA.)

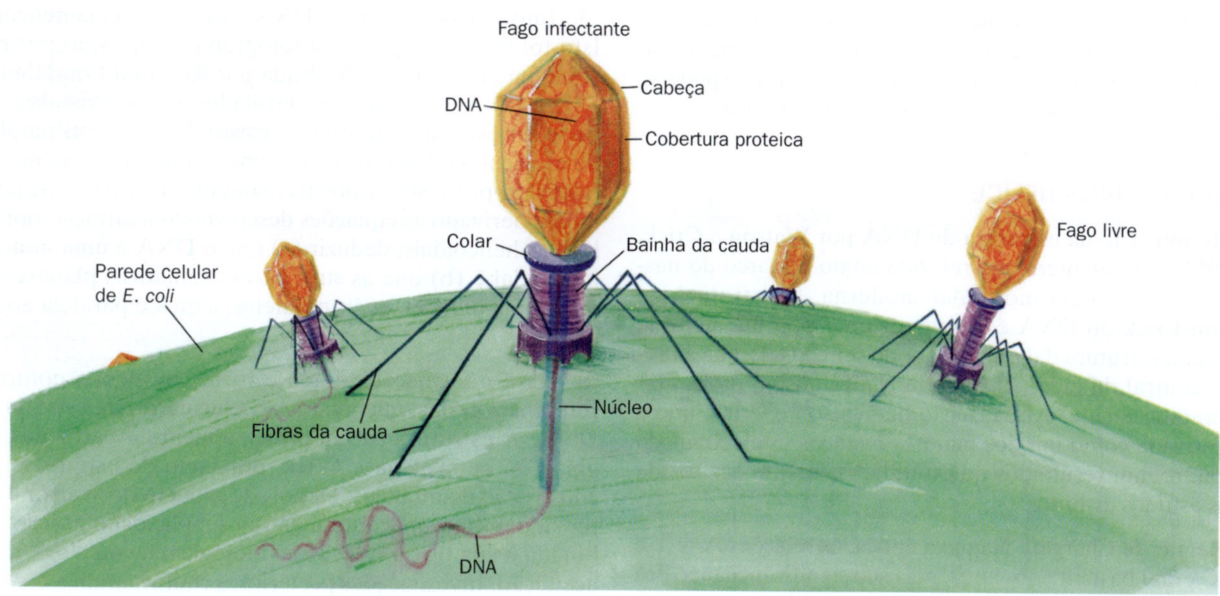

FIGURA 5.7 **Representação do bacteriófago T2 injetando o seu DNA em uma célula de *E. coli*.**

deo do fago, que não contém P, com ^{35}S, e o seu DNA, que não contém S, com ^{32}P. Esses fagos foram adicionados a uma cultura não marcada de *E. coli* e, depois de dado um tempo suficiente para que os fagos infectassem as células bacterianas, a cultura foi agitada em um liquidificador de cozinha, de modo a remover os fantasmas dos fagos das células bacterianas. Esse tratamento rigoroso não danificou as bactérias nem alterou o curso da infecção pelos fagos. Quando os fantasmas dos fagos foram separados das bactérias (por centrifugação; Seção 6.5), observou-se que os fantasmas continham a maior parte do ^{35}S, enquanto as bactérias continham a maior parte do ^{32}P. Além disso, 30% do ^{32}P apareciam na progênie de fagos, na qual aparecia somente 1% do ^{35}S. Hershey e Chase concluíram então que somente o DNA do fago era essencial para a produção da progênie. *O DNA, portanto, deve ser o material hereditário.* Em anos posteriores foi mostrado que, em um processo conhecido como **transfecção**, o DNA de fagos purificado pode, por si só, induzir uma infecção normal de fagos em um hospedeiro bacteriano adequadamente tratado (a transfecção diferencia-se da transformação porque esta última resulta da recombinação do cromossomo bacteriano com um fragmento de DNA homólogo).

Em 1952, o estado do conhecimento da bioquímica era tal que a descoberta de Hershey foi muito mais prontamente aceita do que a identificação de Avery do princípio transformante havia sido cerca de 8 anos antes. Em poucos meses, surgiram as primeiras especulações sobre a natureza do **código genético** (a correspondência entre a sequência de bases de um gene e a sequência de aminoácidos de uma proteína, Seção 5.4Bb) e James Watson e Francis Crick foram inspirados a investigarem a estrutura do DNA. Em 1955, foi mostrado que as células somáticas de eucariotos possuem o dobro do DNA das células

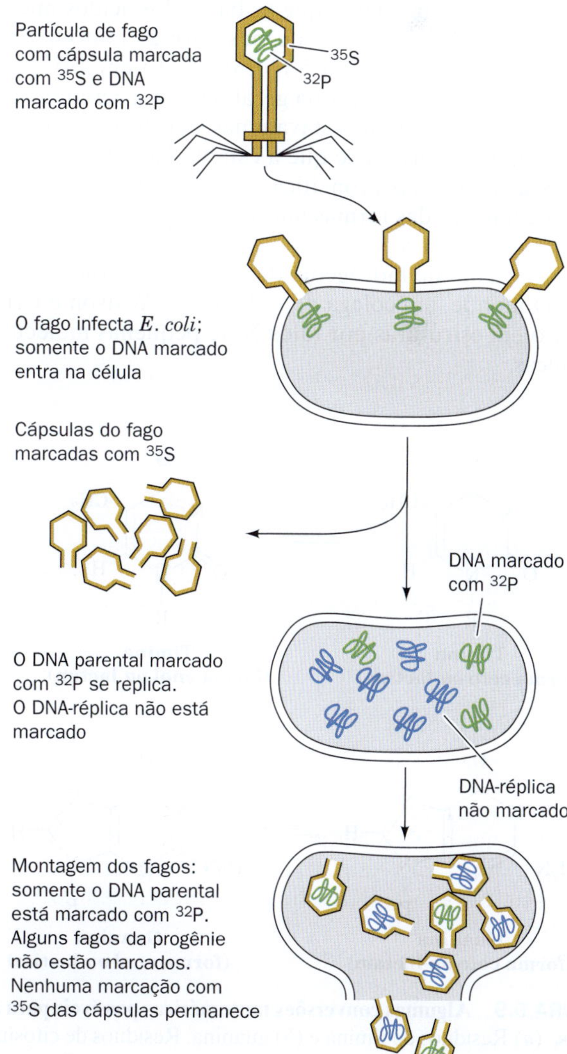

FIGURA 5.8 **O experimento de Hershey-Chase.** Esse experimento demonstrou que somente o componente de ácido nucleico dos bacteriófagos entra no hospedeiro bacteriano durante a infecção pelo fago.

germinativas correspondentes. Quando essa observação foi proposta como um indicador adicional da função genética do DNA, houve poucos comentários, ainda que o mesmo pudesse ser dito de qualquer outro componente cromossômico.

3 DNA DE DUPLA-HÉLICE

A determinação da estrutura do DNA por Watson e Crick, em 1953, é frequentemente referida como o marco do nascimento da biologia molecular moderna. A **estrutura de Watson-Crick** do DNA é tão importante porque, além de fornecer a estrutura daquela que pode ser considerada a molécula central da vida, ela sugeriu o mecanismo molecular da hereditariedade. A realização de Watson e Crick, que é categorizada como um dos maiores avanços intelectuais da ciência, reuniu resultados quase universalmente aceitos de vários estudos distintos:

1. Regras de Chargaff. Naquela época, as relações A = T e G = C eram bastante obscuras, pois sua significância não era aparente. De fato, mesmo Chargaff não as enfatizava.

2. Formas tautoméricas corretas das bases. Investigações por raios X, ressonância magnética (RM) e espectroscopia estabeleceram firmemente que as bases dos ácidos nucleicos estão predominantemente nas formas tautoméricas ceto, mostradas na Tabela 5.1. Entretanto em 1953, isto não era considerado de forma geral. De fato, acreditava-se que a guanina e a timina estavam nas suas formas enólicas (Fig. 5.9), pois pensava-se que a estabilidade de ressonância dessas moléculas aromáticas seria assim maximizada. O conhecimento das formas tautoméricas dominantes, que foi um pré-requisito para a predição das associações corretas por ligações de hidrogênio das bases, foi fornecido por Jerry Donohue, um colega de trabalho de Watson e Crick e perito em estruturas por raios X de pequenas moléculas orgânicas.

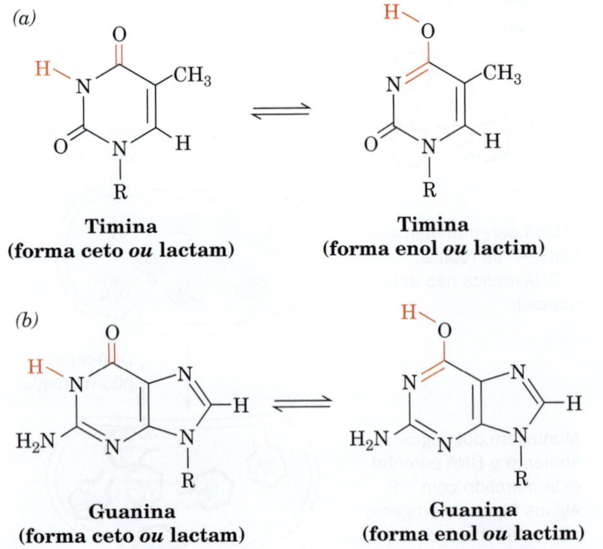

(a)

Timina (forma ceto *ou* lactam) ⇌ **Timina (forma enol *ou* lactim)**

(b)

Guanina (forma ceto *ou* lactam) ⇌ **Guanina (forma enol *ou* lactim)**

FIGURA 5.9 Algumas conversões tautoméricas possíveis para as bases. (*a*) Resíduos de timina e (*b*) guanina. Resíduos de citosina e adenina podem sofrer deslocamentos de prótons semelhantes.

3. Informações de que o DNA é uma molécula helicoidal. Isto foi fornecido por uma fotografia de difração por raios X de uma fibra de DNA obtida por Rosalind Franklin (Fig. 5.10; o DNA, sendo uma molécula linear, não cristaliza, mas pode ser esticado em fibras consistindo em feixes paralelos de moléculas). Esta fotografia possibilitou a Crick, um cristalógrafo por raios X por treinamento, que havia anteriormente derivado as equações descrevendo a difração por moléculas helicoidais, deduzir (a) que o DNA é uma molécula helicoidal e (b) que as suas bases aromáticas planares formam uma pilha de anéis paralelos, a qual é paralela ao eixo da fibra.

Essa informação somente forneceu alguns pontos de referência gerais, que guiaram a elucidação da estrutura do DNA. A estrutura surgiu principalmente a partir das imaginações de Watson e Crick, por meio de estudos para a construção de modelos. Depois do modelo de Watson-Crick ter sido publicado, contudo, a sua simplicidade básica, combinada à sua óbvia relevância biológica, levou a sua rápida aceitação. Investigações posteriores confirmaram a essencial correção do modelo de Watson-Crick, embora os seus detalhes tenham sido modificados.

A. *A estrutura de Watson-Crick: B-DNA*

As fibras de DNA assumem a chamada conformação B, como indicado pelos seus padrões de difração por raios X, quando o contra-íon é um metal alcalino, como o Na^+, e a umidade relativa é > 92%. *O **B-DNA** é considerado como a forma **nativa** (funcional biologicamente) do DNA porque, por exemplo, o seu padrão por raios X lembra aquele do DNA em cabeças de espermatozoides intactos.*

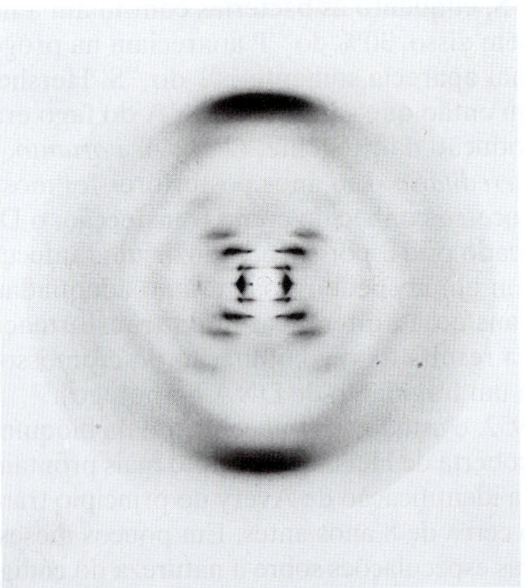

FIGURA 5.10 Fotografia de difração por raios X de uma fibra de Na^+-DNA orientada verticalmente na conformação B, obtida por Rosalind Franklin. Esta é a fotografia que forneceu a informação-chave para a elucidação da estrutura de Watson-Crick. O padrão central em forma de X dos pontos é indicativo de uma hélice, enquanto os arcos negros densos nas porções superior e inferior do padrão de difração correspondem à distância de 3,4 Å e indicam que a estrutura de DNA repete-se na sua maior parte a cada 3,4 Å ao longo da eixo da fibra. (Cortesia de Maurice Wilkins, King's College, Londres, Reino Unido.)

A estrutura de Watson-Crick do B-DNA possui as seguintes características principais:

1. *Ela consiste em duas fitas polinucleotídicas que se enrolam ao redor de um eixo comum com uma torção para a direita, formando uma dupla-hélice de 20 Å de diâmetro (Fig. 5.11). As duas fitas são antiparalelas (correm em direções opostas)* e se enrolam uma sobre a outra de maneira que não podem ser separadas sem o desenrolamento da hélice. As bases ocupam o centro da hélice e as cadeias de açúcar-fosfato enrolam-se em torno da sua periferia, minimizando assim as repulsões entre os grupos fosfato carregados.
2. Os planos das bases são aproximadamente perpendiculares ao eixo da hélice. Cada base forma ligações de hidrogênio com uma base da fita oposta para formar um par de bases planar (Fig. 5.11). São essas interações por ligações de hidrogênio, um fenômeno conhecido como **pareamento de bases complementares**, que resultam na associação específica das duas cadeias da dupla-hélice.
3. A hélice de B-DNA "ideal" possui 10 pares de bases (**pb**) por volta (uma torção helicoidal de 36° por pb) e, como as bases aromáticas possuem espessuras de van der Waals de 3,4 Å e estão parcialmente empilhadas umas sobre as outras (**empilhamento de bases**, Fig. 5.11), a hélice possui um **passo** (*pitch*, elevação por volta) de 34 Å.

A característica mais marcante da estrutura de Watson-Crick é a de que *ela acomoda somente dois tipos de pares de bases: cada resíduo de adenina deve parear com um resíduo de timina e vice-versa e cada resíduo de guanina deve parear com um resíduo de citosina e vice-versa.* As geometrias desses pares de bases A · T e G · C, os assim chamados **pares de bases de Watson-Crick**, estão mostradas na Fig. 5.12. *Pode ser observado que os dois tipos de pares de bases são intercambi-*

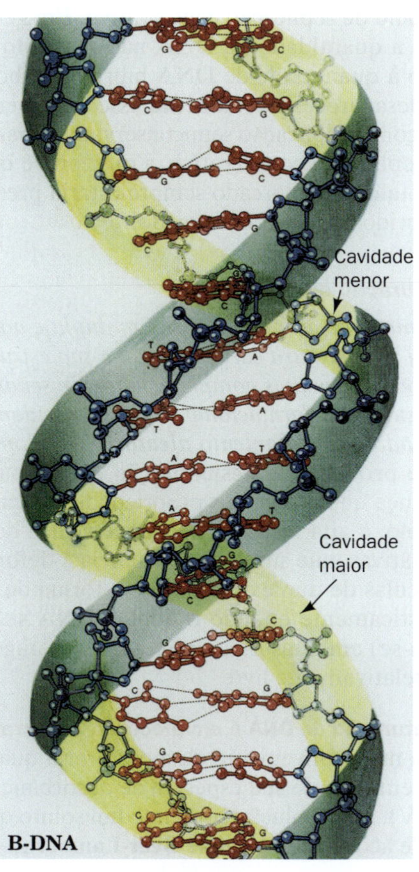

FIGURA 5.11 Estrutura tridimensional do B-DNA. A hélice repetitiva nesta representação de esferas-e-bastões é baseada na estrutura por raios X do dodecâmero autocomplementar d(CGCGAATTCGCG), determinada por Richard Dickerson e Horace Drew. A vista é perpendicular ao eixo da hélice. Os esqueletos de açúcar-fosfato (*em azul, com contornos de fita em verde*) enrolam-se em torno da periferia da molécula em direções opostas. As bases (*em vermelho*), que ocupam o centro da molécula, formam pares de bases ligados por ligações de hidrogênio. Os átomos de H foram omitidos para manter a clareza. (Ilustração, Irving Geis. Imagem de Irving Geis Collection, Howard Hughes Medical Institute, EUA. Reproduzido com permissão.)

Ver Exercício interativo 1 e exercício de cineimagem 2.1

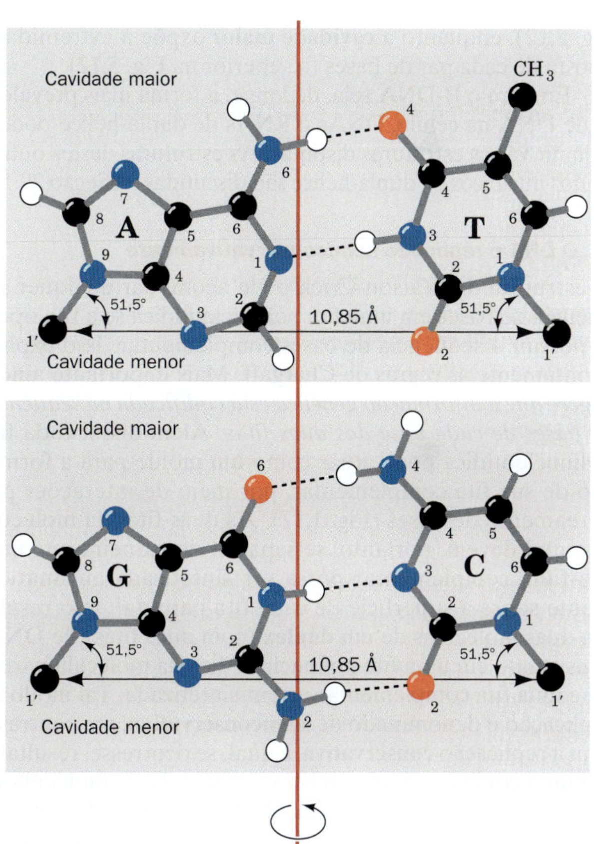

FIGURA 5.12 Pares de bases de Watson-Crick. A linha que une os átomos de C1′ tem a mesma extensão em ambos os pares de bases e forma ângulos idênticos com as ligações glicosídicas para as bases. Isso confere ao DNA uma série de eixos de simetria pseudoduplicada (frequentemente referida como **eixos de díades**) que passam através do centro de cada par de bases (*linha vermelha*) e são perpendiculares ao eixo da hélice. Note que os pares de bases A · T associam-se através de duas ligações de hidrogênio, enquanto os pares C · G são ligados por três ligações de hidrogênio. (Segundo Arnott, S., Dover, S.D., and Wonacott, A.J., *Acta Cryst.* **B25**, 2192 [1969].)

Ver Exercícios de cineimagem 2.2 e 17.2

áveis, de modo que um pode substituir o outro na dupla-hélice sem alterar as posições dos átomos de C1' do esqueleto de açúcar-fosfato. Da mesma forma, a dupla-hélice não é alterada pela troca de parceiros em par de bases de Watson-Crick, ou seja, pela troca de um G · C por um C · G ou de um A · T por um T · A. Porém, qualquer outra combinação de bases (p. ex., A · G ou A · C) distorceria significativamente a dupla-hélice, pois a formação de um par de bases que não seja de Watson-Crick requer uma reorientação considerável da cadeia de açúcar-fosfato.

O B-DNA possui duas cavidades exteriores profundas que se estendem entre as cadeias de açúcar-fosfato, em consequência do eixo da hélice passar através do centro aproximado de cada par de bases. Entretanto, as cavidades são de tamanhos diferentes (Fig. 5.11), porque (1) a borda superior de cada par de bases, como esquematizado na Fig. 5.12, é estruturalmente distinta da borda inferior; e (2) os resíduos de desoxirribose são assimétricos. A **cavidade menor** expõe aquela borda de um par de bases a partir da qual se estende o seu átomo de C1' (abrindo em direção à porção inferior na Fig. 5.12), enquanto a **cavidade maior** expõe a extremidade oposta de cada par de bases (a superior na Fig. 5.12).

Embora o B-DNA seja, de longe, a forma mais prevalente de DNA na célula, DNAs e RNAs de dupla-hélice podem assumir várias estruturas distintas. As estruturas destes outros ácidos nucleicos de dupla-hélice são discutidas na Seção 29.1B.

B. *O DNA é replicado semiconservativamente*

A estrutura de Watson-Crick pode acomodar qualquer sequência de bases em uma fita polinucleotídica se a fita oposta possuir a sequência de bases complementar. Isso explica prontamente as regras de Chargaff. Mais importante ainda, *sugere que a informação genética está codificada na sequência de bases de cada uma das duas fitas*. Além disso, cada fita polinucleotídica pode atuar como um molde para a formação de sua fita complementar, por meio de interações por pareamento de bases (Fig. 1.17). As duas fitas da molécula parental devem, portanto, se separar, de maneira que uma fita-filha complementar possa ser sintetizada enzimaticamente sobre a superfície de cada fita parental. Isso resulta em duas moléculas de um **dúplex** (com duas fitas) de DNA, consistindo em uma fita polinucleotídica da molécula parental e uma fita complementar recém-sintetizada. Tal modo de replicação é denominado de **semiconservativo**, em contraste com a replicação **conservativa**, a qual, se ocorresse, resultaria em uma cópia em dúplex recém-sintetizada da molécula de DNA original, com a molécula de DNA parental permanecendo intacta. O mecanismo de replicação do DNA é o principal assunto do Capítulo 30.

A natureza semiconservativa da replicação do DNA foi elegantemente demonstrada em 1958 por Matthew Meselson e Franklin Stahl. A densidade do DNA foi aumentada por sua marcação com ^{15}N, um isótopo pesado do nitrogênio (^{14}N é o isótopo abundante naturalmente). Isso foi obtido por meio da multiplicação de *E. coli* por 14 gerações em um meio que continha $^{15}NH_4Cl$ como a única fonte de nitrogênio. A bactéria marcada foi então abruptamente transferida para um meio contendo ^{14}N e a densidade do seu DNA foi monitorada em função da multiplicação bacteriana por **ultracentrifugação de equilíbrio em gradiente de densidade** (uma técnica para a separação de macromoléculas de acordo com as suas densidades, que Meselson, Stahl e Jerome Vinograd haviam desenvolvido com o objetivo de distinguir o DNA marcado com ^{15}N do DNA não marcado; Seção 6.5Bb).

Os resultados do experimento de Meselson-Stahl estão mostrados na Fig. 5.13. Após uma geração (duplicação da população celular), todo o DNA possuía uma densidade exatamente intermediária entre as densidades do DNA completamente marcado com ^{15}N e o DNA não marcado. Esse DNA deve, portanto, conter quantidades iguais de ^{14}N e ^{15}N, como esperado após uma geração de replicação semiconservativa. A replicação conservativa do DNA, ao contrário, resultaria na preservação do DNA parental, de maneira que ele manteria a sua densidade original, e na geração de uma quantidade igual de DNA não marcado. Após duas gerações, metade das moléculas de DNA não estavam marcadas e as restantes eram híbridas $^{14}N-^{15}N$. Isso está de acordo com as predições do modelo de replicação semiconservativa e em desacordo com o modelo de replicação conservativo. Em gerações subsequentes, a quantidade de DNA não marcado aumentou em relação à quantidade de DNA híbrido, embora o híbrido nunca desaparecesse totalmente. Isso novamente está em harmonia com a replicação semiconservativa, mas em conflito com a replicação conservativa, a qual prevê que o DNA parental totalmente marcado sempre estaria presente e que o DNA híbrido nunca seria formado.

C. Desnaturação e renaturação

Quando uma solução de DNA de fita dupla é aquecida acima de uma temperatura característica, a sua estrutura nativa se colapsa e as duas fitas complementares se separam e assumem um estado conformacional flexível e rapidamente flutuante, chamado de ***enrolamento aleatório*** *(random coil)* (Fig. 5.14). Esse processo de **desnaturação** é acompanhado por uma mudança qualitativa nas propriedades físicas do DNA. Por exemplo, a alta viscosidade característica das soluções de DNA nativas, que surge da resistência à deformação das suas moléculas de dúplex rígidas e em forma de bastão, diminui drasticamente quando o dúplex DNA se decompõe (desnatura-se) em duas fitas simples que interagem entre si de forma relativamente livre.

a. A desnaturação do DNA é um processo cooperativo

A maneira mais conveniente de monitorar a quantidade de DNA presente é pelo seu espectro de absorbância de ultravioleta (UV). Uma solução contendo um soluto que absorve luz, o faz de acordo com a **lei de Beer-Lambert**,

$$A = -\log\left(\frac{I}{I_0}\right) = \varepsilon c l \qquad [5.1]$$

onde *A é a* **absorbância** *do soluto (alternativamente, sua* **densidade óptica**), I_0 é a intensidade da luz incidida a um determinado comprimento de onda λ, *I é a intensidade transmitida em* λ, ε é o **coeficiente de extinção molar** do soluto em λ, *c é sua concentração molar e l é o comprimento do caminho óptico em centímetros.* O valor de ε varia com λ; um gráfico de ε *versus* λ para o soluto é chamado **espectro de absorbância. O espectro de** absorbância **das cinco bases de ácidos nucleicos está mostrado na** Fig. 5.15*a*. Os espectros dos nucleosídeos

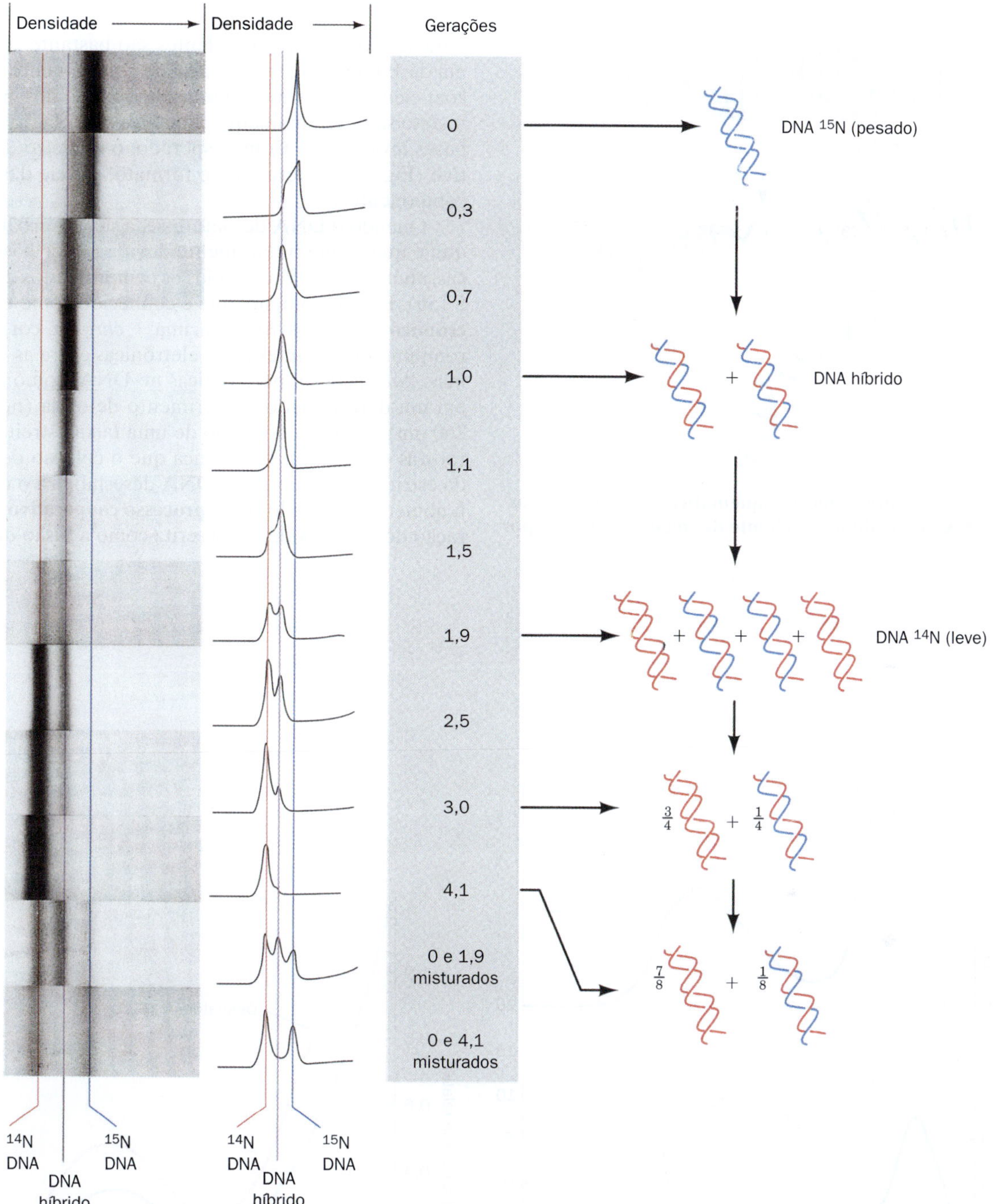

FIGURA 5.13 Demonstração da natureza semiconservativa da replicação do DNA em *E. coli* por ultracentrifugação em gradiente de densidade. O DNA foi dissolvido em uma solução aquosa de CsCl com densidade de 1,71 g · cm^{-3} e foi submetido a uma aceleração de 140.000 vezes a da gravidade em uma ultracentrífuga analítica (um equipamento no qual a amostra que gira rapidamente pode ser observada opticamente). Essa enorme aceleração induziu o CsCl a redistribuir-se na solução, de modo que a sua concentração aumentou em função do seu raio em relação ao eixo da ultracentrífuga. Consequentemente, o DNA migrou no interior do gradiente de densidade resultante para a sua posição de densidade de flutuação. Os painéis à esquerda são fotografias de absorção de ultravioleta de células da ultracentrífuga (o DNA absorve fortemente a luz ultravioleta) e estão arranjados de modo que as regiões de densidades iguais possuem as mesmas posições horizontais. Os painéis centrais são aferições das fotografias correspondentes feitas por um microdensitômetro, nas quais o deslocamento vertical é proporcional à concentração de DNA. A densidade de flutuação do DNA aumenta com o seu conteúdo de ^{15}N. As bandas mais à direita (com os maiores raio e densidade) surgiram a partir do DNA que está totalmente marcado com ^{15}N, enquanto o DNA não marcado, que é 0,014 g · cm^{-3} menos denso, forma as bandas mais à esquerda. As bandas na posição intermediária resultam de DNA de fita dupla no qual uma fita está marcada com ^{15}N e a outra fita não está marcada. Os esquemas interpretativos que acompanham os painéis (*à direita*) indicam os números relativos de fitas de DNA a cada geração que foram doadas pelas moléculas parentais originais (*em azul*, marcadas com ^{15}N) e que foram sintetizadas por gerações sucessivas (*em vermelho*, não marcadas). (Segundo Meselson, M., and Stahl, F.W., *Proc. Natl. Acad. Sci.* **44**, 671 [1958].) **Ver Figuras animadas**

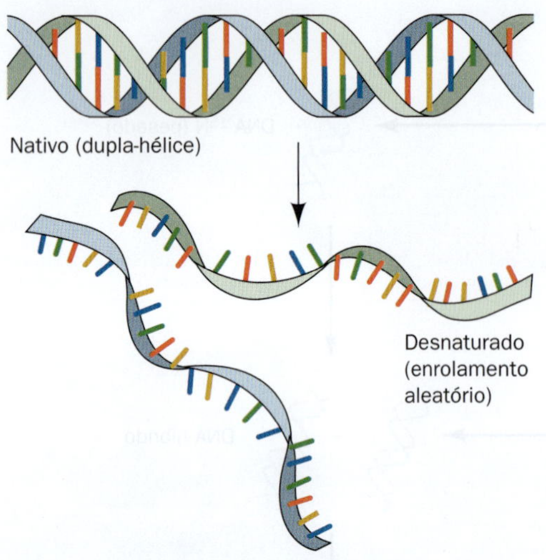

FIGURA 5.14 Representação esquemática da separação das fitas no DNA de fita dupla resultante de sua desnaturação por calor.

e nucleotídeos correspondentes são bastante similares acima de 190 nm pois, nesta faixa de comprimento de onda, os coeficientes de extinção molar da ribose e dos grupamentos fosfato são extremamente pequenos em relação àqueles das bases aromáticas. Como esperado, o espectro do DNA nativo (Fig. 5.15*b*) lembra, no formato, aquele das suas bases componentes.

Quando o DNA desnatura-se, a sua absorbância de UV, que é quase que inteiramente devida a suas bases aromáticas, aumenta ~40% em todos os comprimentos de onda (Fig. 5.15*b*). Esse fenômeno, que é conhecido como **efeito hipercrômico** (do grego: *hyper*, acima + *chroma*, cor), resulta do rompimento das interações eletrônicas entre as bases próximas. Alterações hipercrômicas no DNA, como monitorado em um determinado comprimento de onda (normalmente 260 nm), ocorrem ao longo de uma faixa estreita de temperaturas (Fig. 5.16). Isso indica que o colapso de uma parte da estrutura do dúplex de DNA desestabiliza o restante, um fenômeno conhecido como **processo cooperativo**. A desnaturação do DNA pode ser descrita como a fusão de um sólido

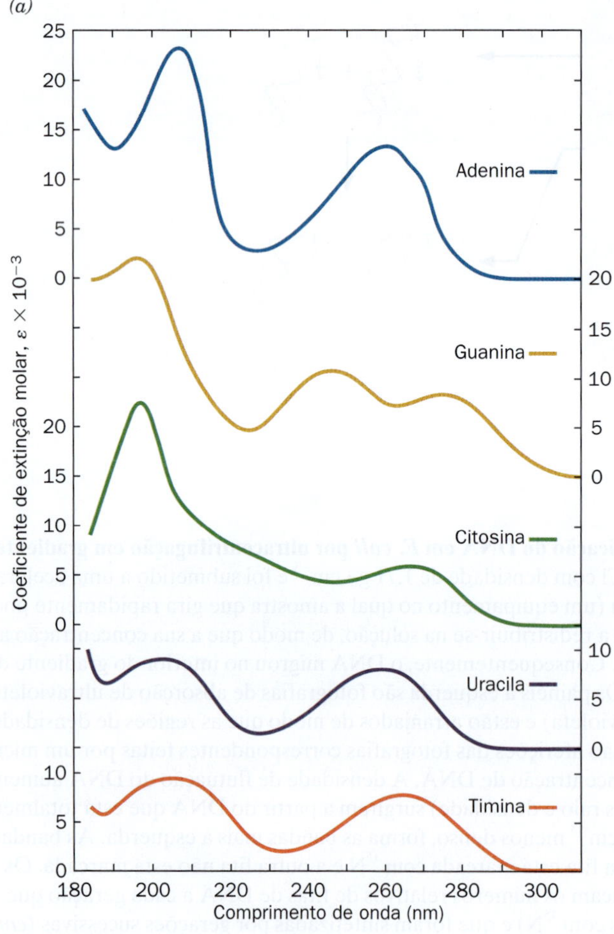

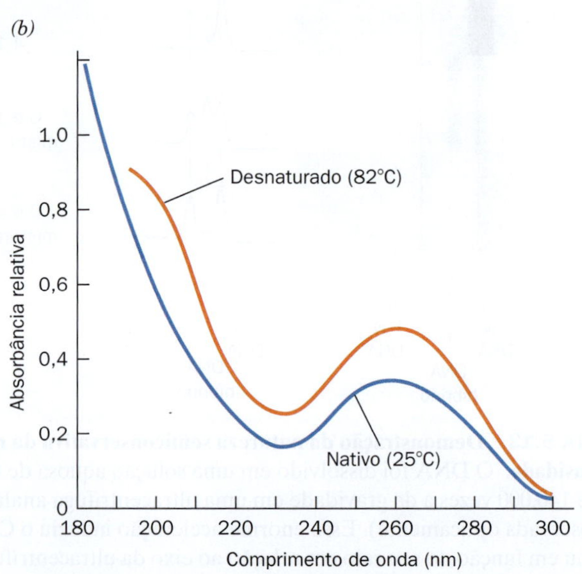

FIGURA 5.15 Espectro de absorbância de UV das bases dos ácidos nucleicos e do DNA. (*a*) Espectro da adenina, guanina, citosina, timina e uracila próximo ao pH 7. (*b*) Espectro do DNA de *E. coli* nativo e desnaturado pelo calor. Note que a desnaturação não altera a forma geral do espectro de absorbância, mas aumenta a sua absorbância em todos os comprimentos de onda. (Segundo Voet, D., Gratzer, W.B., Cox, R.A., and Doty, P., *Biopolymers* **1**, 193 [1963].) **Ver Figuras animadas**

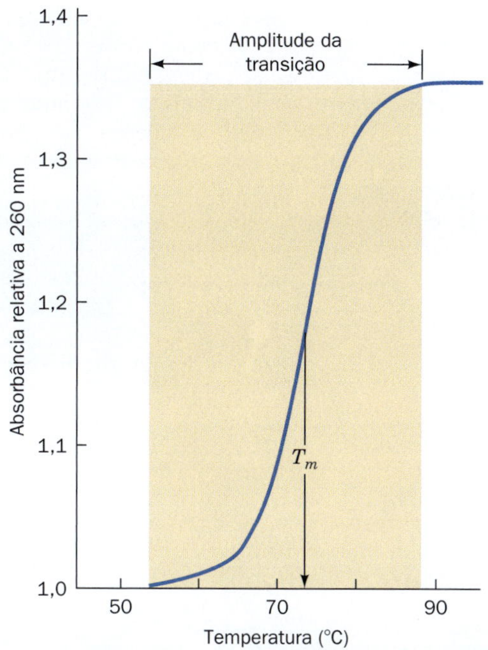

FIGURA 5.16 Exemplo de uma curva de fusão de DNA. A absorbância relativa é a razão entre a absorbância (habitualmente medida a 260 nm) na temperatura indicada e aquela medida a 25°C. A temperatura de fusão, T_m, é definida como a temperatura na qual metade do aumento máximo na absorbância é atingida. **Ver Figuras animadas**

unidimensional, motivo pelo qual a Fig. 5.16 é referida como uma **curva de fusão** e a temperatura em seu ponto médio é conhecida como **temperatura de fusão, T_m** (em inglês, *melting temperature*).

A estabilidade da dupla-hélice do DNA e, portanto, a sua T_m dependem de vários fatores, incluindo a natureza do solvente, as identidades e concentrações dos íons na solução e o pH. Por exemplo, o dúplex de DNA desnatura (a sua T_m diminui) sob condições alcalinas que determinem a ionização de algumas das bases e, portanto, o rompimento das interações que mantêm o pareamento de bases. A T_m aumenta linearmente com a fração molal de pares de bases G · C (Fig. 5.17), o que indica que esses pares, com três ligações de hidrogênio, são mais estáveis do que pares de bases A · T, com duas ligações de hidrogênio.

b. O DNA desnaturado pode ser renaturado

Se uma solução de DNA desnaturado é rapidamente resfriada até abaixo da sua T_m, o DNA resultante ficará somente parcialmente pareado (Fig. 5.18), pois suas fitas complementares não terão tido tempo suficiente para encontrarem umas às outras antes das estruturas parcialmente pareadas terem se tornado efetivamente "congeladas". Se, no entanto, a temperatura é mantida ~25°C abaixo da T_m, a energia térmica suficiente estará disponível para que pequenas regiões pareadas rearranjem-se por fusão e reformação, mas não será suficiente para a fusão de longos trechos complementares. Sob tais **condições de anelamento**, como descoberto por Julius Marmur em 1960, o DNA desnaturado acaba por renaturar-

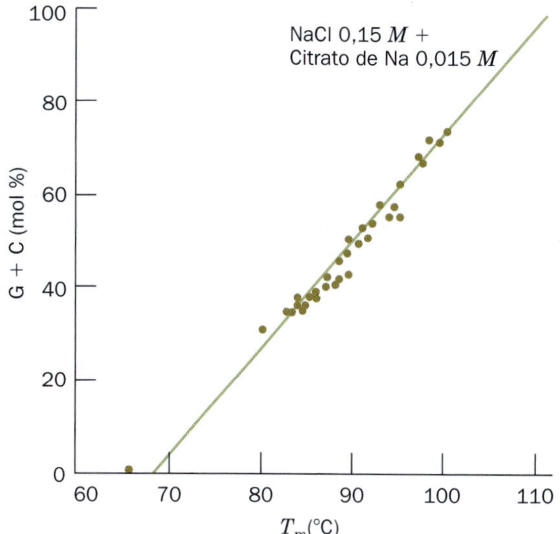

FIGURA 5.17 Variação das temperaturas de fusão, T_m, do DNA com seu conteúdo de G + C. Os DNAs foram dissolvidos em uma solução contendo NaCl 0,15 *M* e citrato de sódio 0,015 *M*. (Segundo Marmur, J., and Doty, P., *J. Mol. Biol.* **5**, 113 [1962].)

-se completamente. Da mesma forma, fitas complementares de RNA e DNA, em um processo conhecido como **hibridização**, formam híbridos de dupla-hélice de RNA-DNA que são apenas um pouco menos estáveis do que as dupla-hélices de DNA correspondentes.

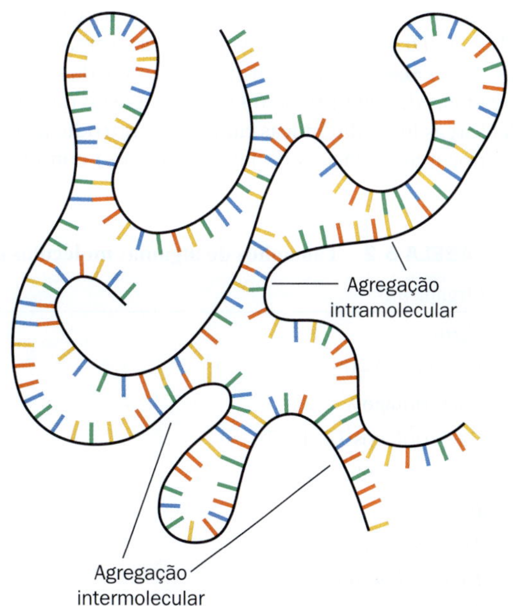

FIGURA 5.18 DNA parcialmente renaturado. Uma representação esquemática mostrando as estruturas imperfeitamente pareadas assumidas por DNA que foi desnaturado por calor e depois rapidamente resfriado para uma temperatura bem abaixo da sua T_m. Notar que podem ocorrer agregações tanto intramoleculares como intermoleculares.

D. O tamanho do DNA

As moléculas de DNA são geralmente enormes (Fig. 5.19). A massa molecular do DNA tem sido determinada por uma variedade de técnicas, incluindo a ultracentrifugação (Seção 6.5A), e por medidas de comprimento por microscopia eletrônica (um par de bases de B-DNA Na^+ possui uma massa molecular média de 660 D e um comprimento [espessura] de 3,4 Å) e **autorradiografia** (uma técnica na qual a posição de uma substância radioativa em uma amostra é registrada pelo escurecimento de uma emulsão fotográfica sobre a qual a amostra é colocada ou na qual ela é embebida; Fig. 5.20). O número de pares de bases e as **extensões de contorno** (as extensões de ponta a ponta das moléculas nativas estendidas) de DNAs de uma seleção de organismos de complexidade crescente estão listados na Tabela 5.2. Não surpreendentemente, a quantidade haploide (quantidade única) de DNA de um organismo varia mais ou menos de acordo com a sua complexidade (embora existam notáveis exceções a essa generalização, como a da última entrada da Tabela 5.2).

A visualização de DNAs de procariotos demonstrou que todo o **genoma** (informação genética completa) desses organismos está contido em uma única molécula de DNA, geralmente circular. De maneira similar, Bruno Zimm demonstrou que o *maior cromossomo da mosca-das-frutas.* Drosophila melanogaster, *contém uma única molécula de DNA*, comparando a massa molecular desse DNA com a extensão do DNA contido no cromossomo, medida citologicamente. Da mesma maneira, outros cromossomos eucarióticos também contêm somente uma única molécula de DNA.

A forma altamente alongada do DNA dúplex (lembrar que o B-DNA tem somente 20 Å de diâmetro), junto com a sua rigidez, o tornam extremamente suscetível a danos mecânicos quando fora do ambiente protetor da célula (p. ex., se o DNA de *Drosophila* da Fig. 5.20 fosse ampliado por um fator de 500.000, ele teria a forma e algumas das propriedades mecânicas de uma fita de 6 km de extensão de espaguete cru). As forças hidrodinâmicas capazes de introduzir quebras, geradas por manipulações de laboratório tão comuns como mistura, agitação e pipetagem, fragmentam o DNA em pedaços relativamente pequenos, de modo que o isolamento de uma molécula de DNA intacta requer um manuseio extre-

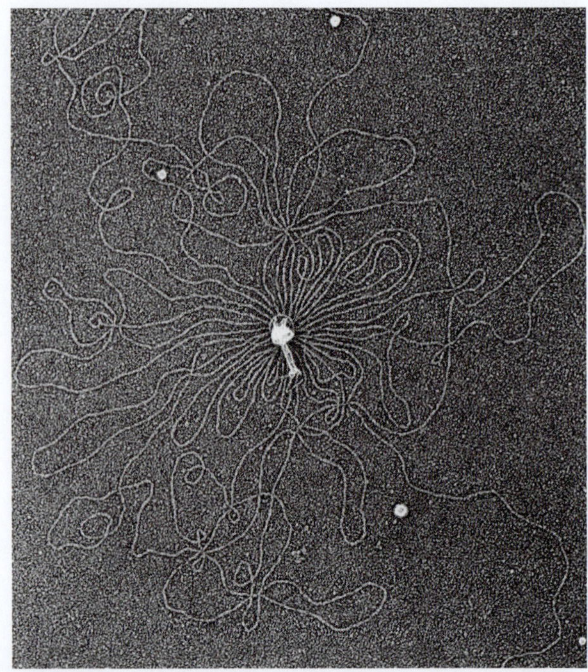

FIGURA 5.19 Micrografia eletrônica de um bacteriófago T2 e do seu DNA. O fago foi lisado (aberto) osmoticamente em água destilada, de modo que o seu DNA extravasou. Sem um tratamento especial, o DNA dúplex, que tem apenas 20 Å de diâmetro, é difícil de ser visualizado ao microscópio eletrônico. No **procedimento de Kleinschmidt**, usado aqui, o DNA é espessado até ~200 Å de diâmetro por revestimento com uma proteína básica desnaturada. (De Kleinschmidt, A.K., Lang, D., Jacherts, D., and Zahn, R.K., *Biochim. Biophys. Acta* **61**, 857 [1962].)

TABELA 5.2 Tamanhos de algumas moléculas de DNA

Organismo	Número de pares de bases (kb)*	Extensão de contorno (μm)
Vírus		
Polioma, SV40	5,2	1,7
Bacteriófago λ	48,6	17
Bacteriófagos T2, T4, T6	166	55
Vírus da bouba aviária	280	193
Bactérias		
Mycoplasma hominis	760	260
Escherichia coli	4.600	1.600
Eucariotos		
Leveduras (em 17 cromossomos haploides)	12.000	4.100
Drosophila (em 4 cromossomos haploides)	180.000	61.000
Seres humanos (em 23 cromossomos haploides)	3.000.000	1.000.000
Peixes pulmonados (em 19 cromossomos haploides)	102.000.000	35.000.000

*kb = quilopares de bases = 1.000 pares de bases (pb).

Fonte: Principalmente Kornberg, A., e Baker, T.A., DNA *Replication* (2nd ed.), p. 20, Freeman (1992).

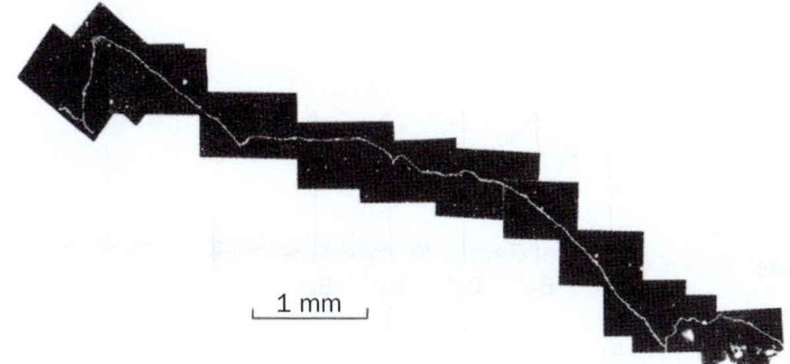

FIGURA 5.20 **Autorradiografia do DNA de *Drosophila melanogaster.*** Lisados de células de *D. melanogaster* que foram cultivados com timidina marcada com ^3H foram espalhados sobre uma lâmina de vidro e cobertos com uma emulsão fotográfica, que foi revelada após uma exposição de 5 meses. A curva branca, que resultou do decaimento radioativo do ^3H, traça a extensão do DNA neste positivo fotográfico. A extensão de contorno medida para o DNA é de 1,2 cm. (De Kavenoff, R., Klotz, L.C., and Zimm, B.H., Cold Spring Harbor Symp. *Quant. Biol.* **38**, 4 [1973]. Impressa com a permissão de Cold Spring Harbor Laboratory Press, EUA, 1974.)

mamente cuidadoso. Antes de 1960, quando foi reconhecido pela primeira vez, as massas moleculares medidas do DNA não eram maiores do que ~10 milhões de D (~15 **kb**, onde 1 kb = 1 quilopar de bases = 1.000 pb). Fragmentos de DNA de massas moleculares uniformes e com tamanhos pequenos, em torno de poucas centenas de pares de bases, podem ser gerados pela **degradação por quebras** do DNA, feita de uma maneira controlada; por exemplo, forçando a passagem da solução de DNA por um orifício pequeno ou por **sonicação** (exposição a intensas ondas de som de alta frequência).

4 EXPRESSÃO GÊNICA E REPLICAÇÃO: UMA VISÃO GERAL

Ver Exploração guiada 1: Visão geral da transcrição e da tradução

Como os genes funcionam, ou seja, como eles dirigem a síntese de RNA e proteínas e como eles são replicados? As respostas a essas questões formam a disciplina multifacetada conhecida como **biologia molecular**. Em 1958, Crick claramente resumiu as linhas gerais desse processo em um fluxograma que ele chamou de **dogma central da biologia molecular**: *o DNA dirige a sua própria replicação e a sua* ***transcrição*** *para produzir o RNA, o qual, por sua vez, dirige a sua* ***tradução*** *para a formação das proteínas* (Fig. 5.21). Aqui, o termo "transcrição" indica que, ao transferir a informação do DNA para o RNA,

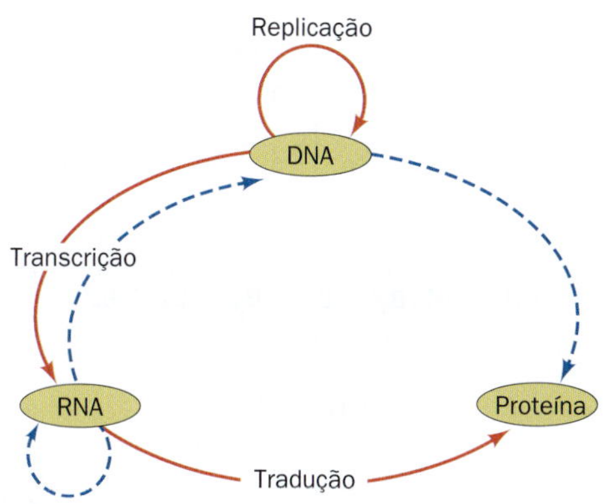

FIGURA 5.21 **O dogma central da biologia molecular.** As setas sólidas indicam os tipos de transferências de informação genética que ocorrem em todas as células. Transferências especiais estão indicadas pelas setas tracejadas: a **RNA-polimerase dirigida por RNA** é expressada por certos vírus de RNA e em alguns vegetais (onde ela não tem função conhecida); a **DNA-polimerase dirigida por RNA** (**transcriptase reversa**) é expressada por outros vírus de RNA; e DNA especificando diretamente uma proteína é algo ainda desconhecido, mas que não parece além dos limites do possível. Entretanto, as setas faltantes correspondem a processos que nunca ocorrem: proteínas especificando DNA, RNA ou proteína. Em outras palavras, *as proteínas podem somente ser as receptoras da informação genética.* (Segundo Crick, F., *Nature* **227**, 561 [1970].)

a linguagem codificando a informação permanece a mesma, aquela das sequências de bases, enquanto o termo "tradução" indica que, ao transferir a informação do RNA para as proteínas, a "linguagem" altera-se daquela das sequências de bases para aquela das sequências de aminoácidos (Fig. 5.22). A maquinaria necessária para cumprir as complexas tarefas de expressão gênica e replicação do DNA de uma maneira organizada e com alta fidelidade ocupa uma porção importante de cada célula. Nesta seção, resume-se como a expressão gênica e a replicação ocorrem, a fim de fornecer os conhecimentos necessários para o entendimento das técnicas da tecnologia do DNA recombinante (Seção 5.5). Esse assunto é explorado bem mais detalhadamente nos Capítulos 29 a 34.

A. *Síntese de RNA: Transcrição*

A enzima que sintetiza o RNA é denominada **RNA-polimerase**. Ela catalisa o acoplamento dirigido por DNA dos **nucleosídeos trifosfatados** (**NTPs**) **trifosfato de adenosina**

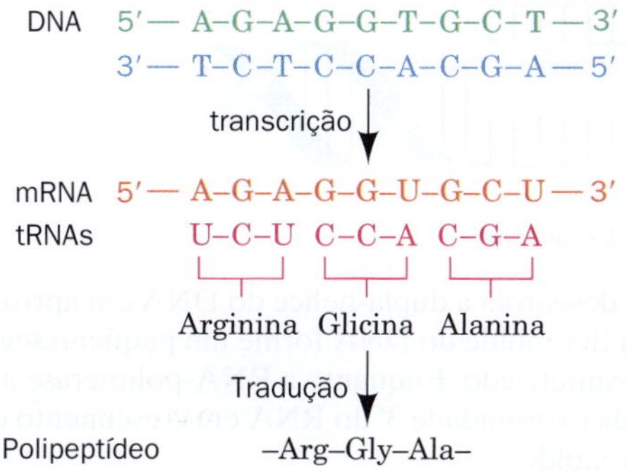

FIGURA 5.22 **Expressão gênica.** Uma fita de DNA dirige a síntese de RNA, um processo conhecido como transcrição. A sequência de bases do RNA transcrito é complementar à da fita de DNA. Os RNAs conhecidos como **RNAs mensageiros** (**mRNAs**) são traduzidos quando moléculas de **RNA transportador** (**tRNA**) alinham-se com o mRNA pelo pareamento de bases complementares entre segmentos de três nucleotídeos consecutivos conhecidos como códons. Esses aminoácidos são covalentemente ligados pelo ribossomo para formarem um polipeptídeo. Assim, as sequências de bases no DNA especificam a sequência de aminoácidos em uma proteína.

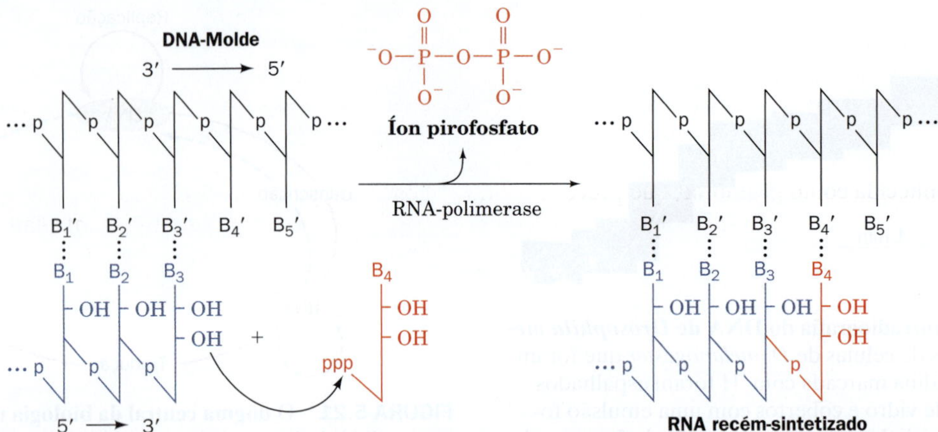

FIGURA 5.23 Ação das RNA-polimerases. Essas enzimas reúnem ribonucleotídeos trifosfatados sequencialmente sobre moldes que consistem em segmentos de DNA de fita simples, de modo que a fita que está sendo produzida é alongada na direção de 5′ para 3′.

(**ATP,** *adenosine triphosphate*), **trifosfato de citidina** (**CTP**, de *cytidine triphosphate*), **trifosfato de guanosina** (**GTP**, de *guanosine triphosphate*) e **trifosfato de uridina** (**UTP**, de *uridine triphosphate*) em uma reação que libera o íon pirofosfato ($P_2O_7^{4-}$):

$$(\text{RNA})_{n\ \text{resíduos}} + \text{NTP} \longrightarrow (\text{RNA})_{n+1\ \text{resíduos}} + P_2O_7^{4-}$$

A síntese de RNA prossegue em etapas na direção 5′ → 3′, isto é, o nucleotídeo que chega é adicionado ao grupo 3′—OH livre da cadeia de RNA em crescimento (Fig. 5.23). A RNA-polimerase seleciona o nucleotídeo que ela vai incorporar na cadeia de RNA nascente (em crescimento) com base na exigência da formação de um par de bases de Watson-Crick com a fita de DNA que está sendo transcrita, a **fita-molde** (somente uma das fitas do DNA dúplex é transcrita de cada vez). Isso é possível porque, à medida que a RNA-polimerase move-se ao longo do DNA dúplex que ela está transcrevendo, ela separa um segmento curto (~14 pb) das duas fitas para formar a denominada **bolha de transcrição**, o que permite que essa porção da fita-molde forme transitoriamente uma hélice híbrida curta de DNA-RNA com o RNA recém-sintetizado (Fig. 5.24). Assim como o DNA dúplex, uma hélice híbrida de DNA-RNA consiste em fitas antiparalelas e, portanto, a fita-molde de DNA é lida na sua direção 3′ → 5′.

Todas as células contêm RNA-polimerase. Em bactérias, uma espécie dessa enzima sintetiza quase todo o RNA da célula. Alguns vírus geram RNA-polimerases que sintetizam somente RNAs virais específicos. Células eucarióticas contêm quatro ou cinco tipos diferentes de RNA-polimerases, cada uma delas sintetizando uma classe diferente de RNA.

a. A iniciação transcricional é um processo controlado de maneira precisa

A fita-molde de DNA contém sítios de controle que consistem em sequências específicas de bases que especificam tanto o sítio no qual a RNA-polimerase inicia a transcrição (o sítio no DNA no qual os dois primeiros nucleotídeos do RNA são ligados) e a frequência na qual a RNA-polimerase inicia a transcrição nesse sítio. Proteínas específicas, conhecidas em procariotos como **ativadores** e **repressores** e, em eucariotos, como **fatores de transcrição**, ligam-se a esses sítios controladores ou a outras dessas proteínas que fazem isso e, assim, estimulam ou inibem a iniciação transcricional pela RNA-polimerase. Para os RNAs que codificam proteínas, que são chamados de **RNAs mensageiros (mRNAs)**, esses sítios de controle precedem o sítio de iniciação (ou seja, eles estão "a montante" do sítio de iniciação em relação à direção na qual a RNA-polimerase se move).

A frequência na qual uma célula sintetiza uma proteína ou, até, se a proteína é ou não sintetizada, depende principal-

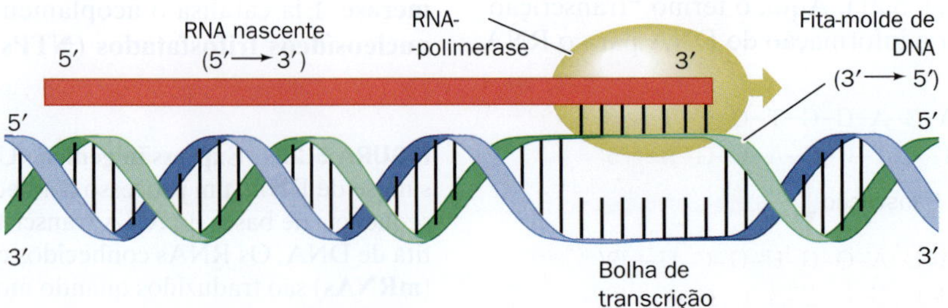

FIGURA 5.24 Funcionamento da bolha de transcrição. A RNA-polimerase desenrola a dupla-hélice do DNA em aproximadamente uma volta na região que está sendo transcrita, permitindo, assim, que a fita-molde do DNA forme um pequeno segmento de dupla-hélice híbrida de DNA–RNA com a extremidade 3′ do RNA recém-sintetizado. Enquanto a RNA-polimerase avança ao longo do molde de DNA (aqui, para a direita), o DNA desenrola-se à frente da extremidade 3′ do RNA em crescimento e enrola-se novamente depois dela, separando assim o RNA recém-sintetizado da fita-molde.

mente do controle da frequência na qual a síntese do mRNA correspondente é iniciada. O modo pelo qual os procariotos regulam a frequência na qual muitos genes têm a transcrição iniciada pode ser relativamente simples. Por exemplo, a iniciação transcricional de muitos genes procarióticos requer somente que a RNA-polimerase ligue-se a uma sequência controladora, conhecida como **promotor**, que precede o sítio de iniciação transcricional. Entretanto, nem todos os promotores são iguais: a RNA-polimerase inicia a transcrição mais frequentemente nos chamados promotores eficientes do que naqueles com outras sequências, mesmo que apenas levemente diferentes. Assim a frequência na qual um gene é transcrito é determinada pela sequência do promotor associado a ele.

Uma maneira mais complexa pela qual os procariotos controlam a frequência de início da transcrição é exemplificada pelo **óperon *lac*** de *E. coli*, um conjunto de três genes consecutivos (*Z*, *Y* e *A*) codificando proteínas que a bactéria necessita para metabolizar o açúcar **lactose** (Seção 11.2B). Na ausência de lactose, uma proteína chamada de **repressor *lac*** liga-se especificamente a um sítio controlador no óperon *lac*, conhecido como **operador** (Seção 31.3B). Isso impede a RNA-polimerase de iniciar a transcrição dos genes do óperon *lac* (Fig. 5.25*a*), o que impede a síntese de proteínas desnecessárias. Entretanto, quando a lactose está disponível, a bactéria modifica metabolicamente uma pequena quantidade dela, formando o açúcar relacionado **alolactose**. Este chamado **indutor** liga-se especificamente ao repressor *lac*, causando, desse modo, a sua dissociação do DNA operador, o que permite que a RNA-polimerase inicie a transcrição dos genes do óperon *lac* (Fig. 5.25*b*).

Em eucariotos, os sítios controladores que regulam a iniciação transcricional podem ser bem extensos e surpreendentemente distantes do sítio de início da transcrição (podem estar a distâncias de até várias dezenas de milhares de pares de bases; Seção 34.3). Além disso, a maquinaria transcricional eucariótica que se liga a estes sítios e, assim, induz a RNA-polimerase a começar a transcrição pode ser enormemente complexa (consistindo em até 50 ou mais proteínas; Seção 34.3).

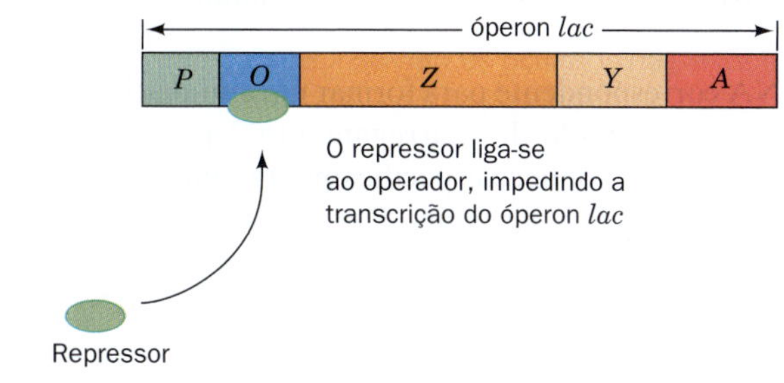

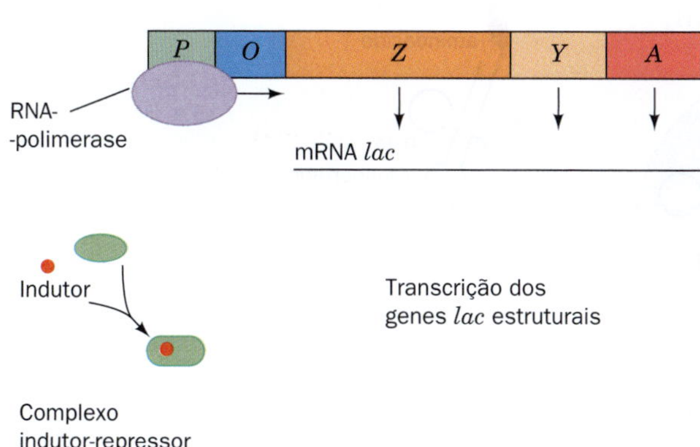

FIGURA 5.25 Controle da transcrição do óperon *lac* de *E. coli*. (*a*) Na ausência de um indutor como a alolactose, o repressor *lac* liga-se ao operador (*O*), o que impede a RNA-polimerase de transcrever os genes *Z*, *Y* e *A* do óperon *lac*. (*b*) Ao ligar-se ao indutor, o repressor *lac* dissocia-se do operador, o que permite que a RNA-polimerase ligue-se ao promotor (*P*) e transcreva os genes *Z*, *Y* e *A*. **Ver Exploração guiada 2: Regulação da expressão gênica pelo sistema do repressor *lac***

b. A terminação transcricional é um processo relativamente simples

O sítio da fita-molde no qual a RNA-polimerase termina a transcrição e libera o RNA completo é governado pela sequência de bases dessa região. Entretanto, o controle da terminação transcricional raramente está envolvido na regulação da expressão gênica. Em concordância com isso, a maquinaria celular que faz mediação com o término da transcrição é relativamente simples, em comparação com aquela envolvida na iniciação transcricional (Seção 31.2D).

c. Os RNAs eucarióticos sofrem modificações pós-transcricionais

A maior parte dos transcritos de mRNA procarióticos participa da tradução sem alterações adicionais. Entretanto, a maioria dos transcritos primários de eucariotos requer **modificações pós-transcricionais** extensas para se tornar funcional. Para os mRNAs, essas modificações incluem a adição de um "quepe" (*cap*) constituído de uma 7-metilguanosina, que é enzimaticamente adicionado à extremidade 5′ do transcrito, e de uma "cauda" de **ácido poliadenílico (poli [A])** de ~250 nucleotídeos, que é enzimaticamente adicionada à extremidade 3′ do transcrito. Entretanto, a modificação mais surpreendente que a maioria dos transcritos eucarióticos sofre é um processo chamado de ***splicing* gênico**, no qual um ou, mais frequentemente, muitos segmentos de RNA conhecidos como **íntrons** (de "sequências intervenientes") são removidos precisamente do RNA e os **éxons** (de "sequências

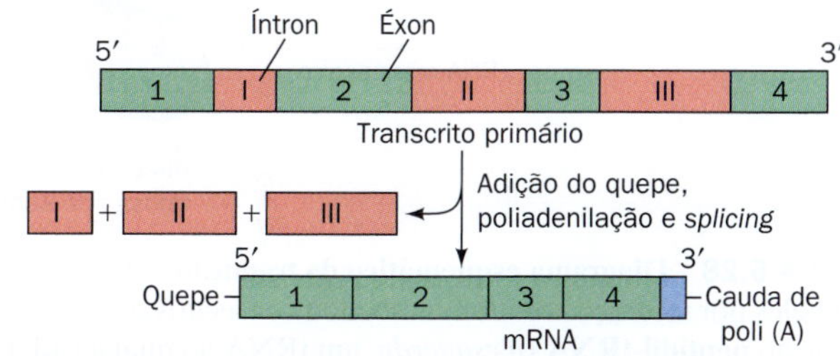

FIGURA 5.26 Processamento pós-transcricional dos mRNAs eucarióticos. A maioria dos transcritos primários requer modificações covalentes adicionais para tornar-se funcional, incluindo a adição de um quepe 5′ e de uma cauda de poli(A) 3′ e a excisão, por *splicing* dos seus íntrons, que estão entre os seus éxons.

expressas") restantes são religados na sua ordem original para formarem o mRNA maduro (Fig. 5.26; Seção 31.4A). Diferentes mRNAs podem ser gerados a partir do mesmo gene pela seleção de sítios de iniciação transcricional alternativos e/ou de sítios alternativos de *splicing*, levando à produção de proteínas de algum modo diferentes, normalmente de maneira tecido-específica (Seção 34.3C).

B. *Síntese de proteínas: Tradução*

Os polipeptídeos são sintetizados, sob a direção dos mRNAs correspondentes, pelos **ribossomos**, organelas citosólicas numerosas que consistem em aproximadamente dois terços de RNA e de um terço de proteína e possuem massas moleculares de ~2.500 kDa, em procariotos, e ~4.200 kDa, em eucariotos. Os RNAs ribossômicos (**rRNAs**), dos quais existem vários tipos, são transcritos a partir de moldes de DNA, como são todos os outros tipos de RNA.

a. Os RNAs transportadores levam os aminoácidos para o ribossomo

Os mRNAs são, essencialmente, uma série de segmentos consecutivos de três nucleotídeos, conhecidos como **códons**, cada um dos quais especifica um determinado aminoácido. Entretanto, os códons não se ligam aos aminoácidos. Em vez disso, o que acontece no ribossomo é que *eles se ligam especificamente a moléculas de* ***RNA transportador (tRNA)*** *e cada uma dessas moléculas está covalentemente ligada ao aminoácido correspondente* (Fig. 5.27). Um tRNA normalmente consiste em ~76 nucleotídeos (o que o torna comparável em massa e complexidade estrutural a uma proteína de tamanho médio) e contém uma sequência de três nucleotídeos, o seu **anticódon**, que é complementar ao(s) códon(s) que especifica(m) o aminoácido ligado a ele (ver a seguir). Um aminoácido é ligado covalentemente à extremidade 3′ do seu

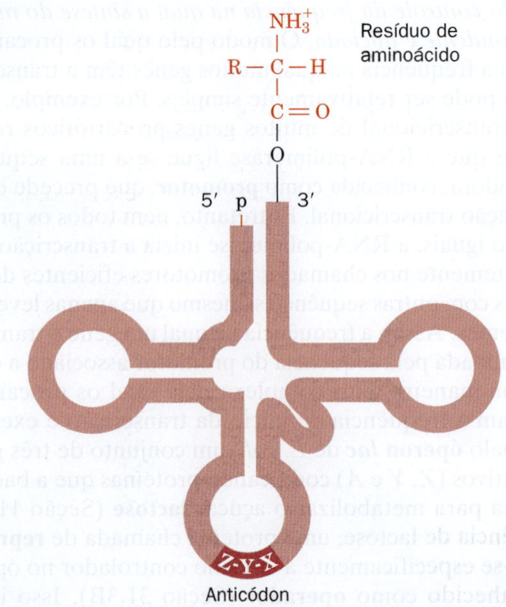

FIGURA 5.27 O RNA transportador (tRNA) representado na sua forma de "trevo". O resíduo de aminoácido covalentemente ligado a ele forma um aminoacil-tRNA (*topo*), e o seu anticódon (*embaixo*), um segmento de três nucleotídeos, pareia com o códon complementar no mRNA durante a tradução.

tRNA correspondente para formar um **aminoacil-tRNA** (um processo chamado de "carregamento") pela ação de uma enzima que reconhece especificamente tanto o tRNA como o aminoácido (ver a seguir). Durante a tradução, o mRNA é passado através do ribossomo, de modo que cada um dos códons, na sua vez, liga-se ao seu aminoacil-tRNA corres-

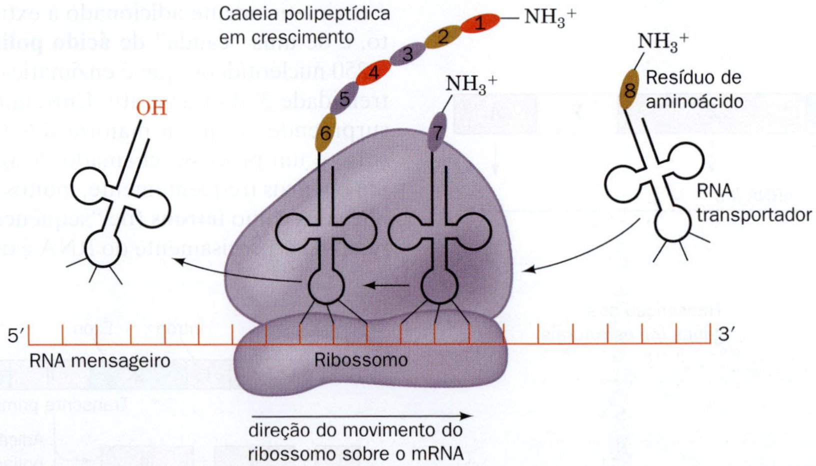

FIGURA 5.28 Diagrama esquemático da tradução. O ribossomo liga-se ao mRNA e a dois tRNAs e facilita a associação específica entre eles por interações códon-anticódon consecutivas. O sítio de ligação ribossômico mais próximo da extremidade 5′ do mRNA liga-se ao **peptidil-tRNA** (*à esquerda*, um tRNA ao qual a cadeia polipeptídica em crescimento está covalentemente ligada) e é, portanto, conhecido como **sítio P**. O sítio ribossômico mais próximo da extremidade 3′ do mRNA liga-se a um aminoacil-tRNA (*à direita*) e, portanto, é chamado de **sítio A**. O ribossomo catalisa a transferência do polipeptídeo do peptidil-tRNA para o aminoacil-tRNA, formando assim um novo peptidil-tRNA, cuja cadeia polipeptídica aumentou de tamanho em um resíduo na sua extremidade C-terminal. O tRNA descarregado no sítio P é então ejetado e o peptidil-tRNA, juntamente com o mRNA ligado a ele, é deslocado do sítio A para o sítio P, permitindo assim que o próximo códon ligue-se ao seu aminoacil-tRNA correspondente no sítio ribossômico A.

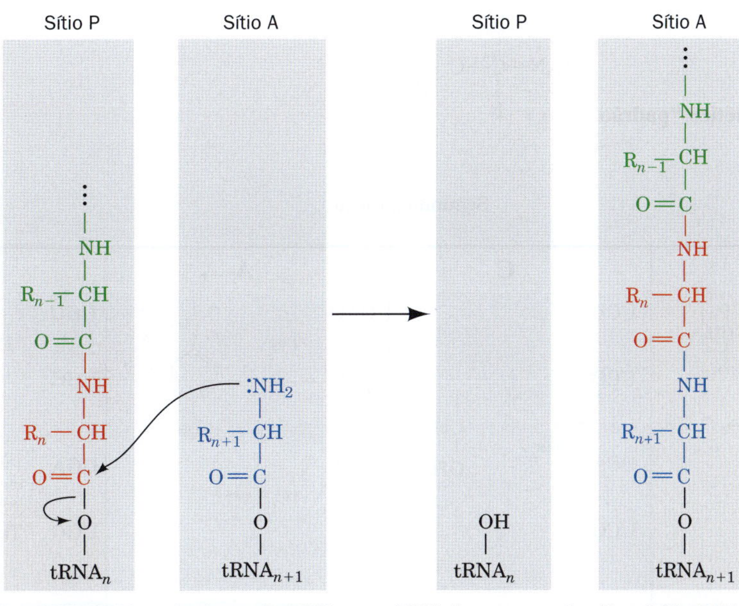

FIGURA 5.29 A reação ribossômica formando uma ligação peptídica. O grupo amino do aminoacil-tRNA no sítio A ribossômico desloca nucleofilicamente o tRNA do éster de peptidil-tRNA no sítio P ribossômico, formando assim uma nova ligação peptídica e transferindo o polipeptídeo em crescimento tRNA no sítio A.

pondente (Fig. 5.28). Quando isso ocorre, o ribossomo transfere o resíduo de aminoácido do tRNA para a extremidade C-terminal da cadeia polipeptídica em crescimento (Fig. 5.29). Portanto, *a cadeia polipeptídica cresce da sua extremidade N-terminal para a sua extremidade C-terminal.*

b. O código genético

A correspondência entre a sequência de bases em um códon e o resíduo de aminoácido que ele especifica é conhecida como **código genético** (Tabela 5.3). A sua quase universalidade entre todas as formas de vida é uma evidência que indica que a vida na Terra surgiu a partir de um ancestral comum, e isso torna possível, por exemplo, expressar genes humanos em *E. coli* (Seção 5.5Ga). Existem quatro bases possíveis (U, C, A e G) que podem ocupar cada uma das três posições em um códon e, portanto, existem $4^3 = 64$ códons possíveis. Destes códons, 61 especificam aminoácidos (dos quais existem somente 20) e os três restantes, UAA, UAG e UGA, são **códons de Parada**, que instruem o ribossomo a terminar a síntese do polipeptídeo e liberar o transcrito resultante. Todos os aminoácidos, com duas exceções (Met e Trp), são especificados por mais de um códon e três (Leu, Ser e Arg) são especificados por seis códons. Consequentemente, em um termo emprestado da matemática, o código genético é dito como **degenerado** (assume vários valores discretos).

Note que o arranjo do código genético não é aleatório. A maioria dos códons que especificam um dado aminoácido, os quais são chamados de **sinônimos**, ocupa o mesmo retângulo na Tabela 5.3, ou seja, eles diferem em sequência somente no terceiro nucleotídeo (3′). Além disso, a maioria dos códons especificando resíduos de aminoácidos não polares possui um G na sua primeira posição e/ou um U na sua segunda posição (Tabela 5.3).

Um tRNA pode reconhecer até três códons sinônimos, pois a base 5′ de um códon e a base 3′ do anticódon correspondente não interagem necessariamente por meio de um par de bases de Watson-Crick (Seção 32.2D; lembre-se que o códon e o anticódon associam-se de maneira antiparalela, formando um curto segmento de dupla-hélice de RNA). Assim, as células podem possuir menos do que os 61 tRNAs que seriam necessários para uma representação de 1:1 dos 61 códons que especificam os aminoácidos. Porém, algumas células eucarióticas contêm, de fato, mais de 500 tRNAs diferentes.

c. Os tRNAs adquirem os aminoácidos por meio das ações das aminoacil-tRNA-sintases

Ao sintetizar um polipeptídeo, um ribossomo não reconhece o aminoácido ligado ao tRNA, mas apenas se o anticódon está ou não ligado ao códon do mRNA (o anticódon e o aminoácido no tRNA carregado estão de fato muito distantes um do outro, como a Fig. 5.27 sugere). Assim, *o carregamento de um tRNA com o aminoácido apropriado é uma etapa tão crítica para uma tradução acurada como o reconhecimento apropriado de um códon por seu anticódon correspondente.* As enzimas que catalisam essas adições são conhecidas como **aminoacil-tRNA-sintases (aaRSs)**. As células normalmente contêm 20 aaRSs, uma para cada aminoácido e, assim, uma determinada aaRS irá carregar todos os tRNAs que apresentam códons especificando o seu aminoácido correspondente. Consequentemente, cada aaRS deve de alguma forma diferenciar o seu tRNA cognato (correspondente) dentre os muitos outros tipos de tRNAs estrutural e fisicamente muito similares que cada célula contém. Embora muitas aaRSs reconheçam os anticódons de seus tRNAs cognatos, nem todas elas fazem isso. Elas podem, em vez disso, reconhecer outros sítios nos seus tRNAs cognatos.

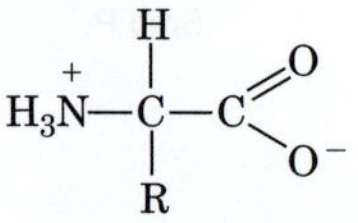

$$H_3\overset{+}{N}-\underset{R}{\overset{H}{C}}-C\overset{O}{\underset{O^-}{}}$$

TABELA 5.3 O código genético "padrão"[a]

Primeira posição (extremidade 5′)	Segunda posição: U	C	A	G	Terceira posição (extremidade 3′)
U	UUU Phe	UCU Ser	UAU Tyr	UGU Cys	U
	UUC Phe	UCC Ser	UAC Tyr	UGC Cys	C
	UUA Leu	UCA Ser	UAA PARADA	UGA PARADA	A
	UUG Leu	UCG Ser	UAG PARADA	UGG Trp	G
C	CUU Leu	CCU Pro	CAU His	CGU Arg	U
	CUC Leu	CCC Pro	CAC His	CGC Arg	C
	CUA Leu	CCA Pro	CAA Gln	CGA Arg	A
	CUG Leu	CCG Pro	CAG Gln	CGG Arg	G
A	AUU Ile	ACU Thr	AAU Asn	AGU Ser	U
	AUC Ile	ACC Thr	AAC Asn	AGC Ser	C
	AUA Ile	ACA Thr	AAA Lys	AGA Arg	A
	AUG Met**	ACG Thr	AAG Lys	AGG Arg	G
G	GUU Val	GCU Ala	GAU Asp	GGU Gly	U
	GUC Val	GCC Ala	GAC Asp	GGC Gly	C
	GUA Val	GCA Ala	GAA Glu	GGA Gly	A
	GUG Val	GCG Ala	GAG Glu	GGG Gly	G

*Resíduos apolares estão em cor de laranja, resíduos básicos estão em azul, resíduos ácidos estão em vermelho e resíduos polares não carregados estão em púrpura.

**AUG forma parte do sinal de iniciação, além de codificar resíduos internos de Met.

d. A tradução é iniciada em códons AUG específicos

Os ribossomos leem o mRNA na direção de 5′ para 3′ (de "montante" para "jusante"). O códon de iniciação é AUG, que especifica um resíduo de Met. Entretanto, o tRNA que reconhece este códon de iniciação difere do tRNA que transporta resíduos de Met internos dos polipeptídeos para o ribossomo, embora ambos os tipos de tRNA sejam carregados pela mesma **metionil-tRNA-sintase (MetRS)**.

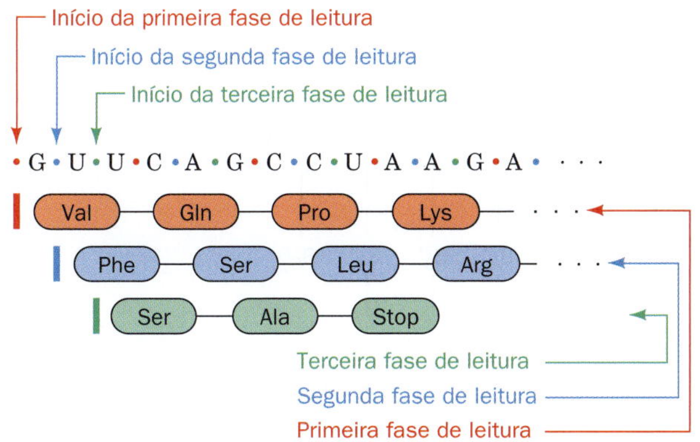

FIGURA 5.30 **Fases de leitura dos nucleotídeos.** Um mRNA pode ser lido em qualquer uma das três fases de leitura diferentes, cada uma das quais produz um polipeptídeo diferente.

Se um polipeptídeo deve ser sintetizado com a sequência de aminoácidos correta, é essencial que o ribossomo mantenha o registro adequado entre o mRNA e os tRNAs que chegam, ou seja, que o ribossomo mantenha a **fase de leitura** correta. Como ilustrado na Fig. 5.30, um deslocamento de até mesmo um único nucleotídeo ao longo de um mRNA levará à síntese de um polipeptídeo totalmente diferente do ponto de deslocamento em diante. Portanto, o códon AUG que inicia a síntese polipeptídica também ajusta a fase de leitura do polipeptídeo. Contudo, o AUG também especifica resíduos de Met internos nos polipeptídeos e um mRNA provavelmente contém numerosos AUGs em diferentes fases de leitura. Como, então, o ribossomo seleciona o códon de iniciação dentre os muitos AUGs em um mRNA? Em procariotos, a resposta é a de que cada mRNA contém uma sequência na porção a montante (5′) do códon de iniciação (uma região que não codifica uma cadeia polipeptídica), por meio da qual o ribossomo identifica esse códon. Em eucariotos, a resposta é mais simples; o códon de iniciação é normalmente o primeiro AUG a jusante do quepe 5′ do mRNA.

e. Os mRNAs procarióticos possuem tempos de vida curtos

Em procariotos, a transcrição e a tradução ocorrem no mesmo compartimento celular, o citosol (Figs. 1.2 e 1.3). Consequentemente, os ribossomos muitas vezes se ligam à extremidade 5′ de um mRNA antes que sua síntese esteja completa e começam a síntese do polipeptídeo correspondente. Isso é essencial porque, como os mRNAs de procariotos possuem tempos de vida médios de apenas 1 a 3 minutos antes de serem degradados hidroliticamente por enzimas conhecidas como **nucleases**, a extremidade 5′ de um mRNA pode ser degradada antes da sua extremidade 3′ ser sintetizada. Essa reciclagem rápida dos mRNAs permite a um procarioto responder rapidamente a mudanças no seu ambiente, sintetizando as proteínas apropriadas para a sua nova situação minutos após a ocorrência da alteração (lembre-se que os procariotos estão adaptados à vida em ambientes nos quais existem flutuações rápidas nos nutrientes disponíveis; Seção 1.2).

As células eucarióticas, ao contrário, apresentam, em sua maioria, uma existência mais sedentária. Os seus RNAs são transcritos e modificados pós-transcricionalmente no núcleo, enquanto os ribossomos ocupam o citosol, que é onde a tradução ocorre (Fig. 1.5). Assim, os mRNAs maduros devem ser transportados do núcleo para o citosol para que possam participar da tradução. Os mRNAs eucarióticos tendem, por isso, a apresentar tempos de vida da ordem de vários dias.

f. As proteínas estão sujeitas a modificações pós-traducionais e degradação

Polipeptídeos recém-sintetizados muitas vezes requerem modificações pós-traducionais para tornarem-se funcionais. Em muitas proteínas, o resíduo iniciador (N-terminal) que foi especificado por seu códon de iniciação do mRNA é removido por uma **protease** (uma enzima que cliva hidroliticamente as ligações peptídicas) específica. As proteínas são, então, sujeitas a várias outras modificações químicas em resíduos específicos, incluindo clivagens proteolíticas, acetilação, hidroxilação, metilação e fosforilação específicas (Seção 4.3A). Além disso, as proteínas eucarióticas, mas não as procarióticas, estão sujeitas a **glicosilação** (a adição de polissacarídeos) em sítios específicos (Seções 11.3C e 23.3B). De fato, as **glicoproteínas** (proteínas que foram glicosiladas) são o tipo mais comum de proteína eucariótica e podem ter a sua massa consistindo em até 90% ou mais de grupos polissacarídicos.

Todas as células possuem vários mecanismos para a degradação das proteínas em seus aminoácidos componentes. Isso permite que a célula elimine proteínas danificadas ou anormais, destrua proteínas que não são mais necessárias e utilize proteínas como nutrientes. O tempo de vida de uma proteína em uma célula pode ser surpreendentemente curto, tão breve quanto uma fração de minuto, embora muitas proteínas de eucariotos tenham tempos de vida de dias ou semanas. Portanto, células são entidades dinâmicas que estão constantemente reciclando os seus componentes, em particular os seus RNAs e suas proteínas.

C. *Replicação do DNA*

A reação química pela qual o DNA é replicado (Fig. 5.31) é quase idêntica àquela que sintetiza RNA (Fig. 5.23), mas com duas diferenças principais: (1) os reagentes são desoxinucleosídeos trifosfatados (**dNTPs**, de *deoxynucleoside triphosphates*) em vez de NTPs e (2) a enzima que catalisa a reação é a **DNA-polimerase**, em vez da RNA-polimerase. As propriedades da DNA-polimerase resultam em uma terceira diferença importante entre a síntese de RNA e a de DNA: enquanto a RNA-polimerase é capaz de ligar dois nucleotídeos sobre um molde de DNA, *a DNA-polimerase somente é capaz estender (na direção de 5′ para 3′) um polinucleotídeo já existente que esteja pareado com a fita-molde de DNA*. Assim, enquanto a RNA-polimerase pode iniciar a síntese *de novo* (a partir do seu início) de RNA, a *DNA-polimerase requer um* ***iniciador*** (primer) *oligonucleotídico, o qual é alongado por ela.*

a. Os iniciadores são RNAs

Se uma DNA-polimerase não é capaz de sintetizar o DNA *de novo*, de onde vêm os iniciadores? Acontece que eles não são de DNA, como seria esperado, mas sim de RNA. Em *E. coli*, esses iniciadores (*primers*) de RNA são sintetizados tanto pela RNA-polimerase (a mesma enzima que sintetiza todos os outros RNAs) como por uma RNA-polimerase especial conhecida como **primase**. A DNA-polimerase depois estende esse iniciador de RNA, que, no final, é removido e substi-

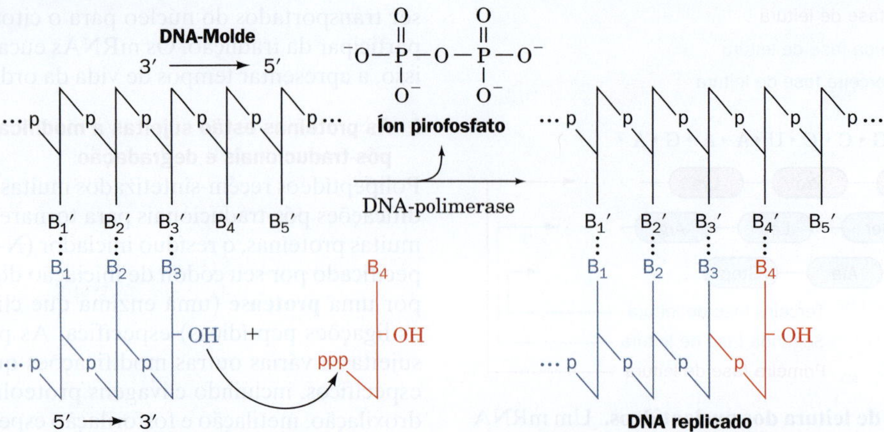

FIGURA 5.31 Ação das DNA-polimerases. As DNA-polimerases reúnem sequencialmente os dNTPs que são incorporados sobre moldes de DNA de fita simples, de modo que a fita em crescimento é alongada na direção de 5′ para 3′.

tuído por DNA, como explicado a seguir. Essa complexidade adicional na síntese de DNA aumenta a fidelidade da sua replicação. Enquanto uma célula produz muitas cópias de um RNA e, por isso, pode tolerar um erro ocasional na sua síntese, um erro (uma mutação) na síntese do DNA, o arquivo da informação genética, pode ser passado para todos os descendentes da célula. Como um par de bases de Watson-Crick é parcialmente estabilizado por seus pares de bases vizinhos (uma interação cooperativa), os primeiros pares de bases que são formados em um polinucleotídeo recém-sintetizado serão inicialmente menos estáveis do que os pares de bases que se formarão mais tarde. Consequentemente, esses primeiros poucos pares de bases têm uma maior probabilidade de serem incorporados erroneamente devido a malpareamentos do que aqueles no final de uma cadeia longa. Se um iniciador fosse de DNA, não haveria maneira de diferenciá-lo de outro DNA, para substituí-lo seletivamente por um DNA sintetizado de modo mais preciso. Porém, como o iniciador é de RNA, ele é prontamente identificado e substituído.

b. As duas fitas do DNA são replicadas de maneiras diferentes

Uma quarta diferença importante entre a síntese de RNA e a de DNA é a de que, na maior parte dos casos, enquanto somente uma fita de DNA é transcrita de cada vez, ambas as fitas são replicadas simultaneamente. Isso acontece em uma **forquilha de replicação**, a junção onde as duas fitas do DNA parental são abertas e as duas fitas-filha são sintetizadas (Fig. 1.17), cada uma delas por uma molécula diferente de DNA-polimerase. Uma dessas moléculas de DNA-polimerase copia continuamente a fita parental que se estende na direção de 3′ para 5′ a partir da forquilha de replicação, sintetizando assim a fita-filha resultante, que é conhe-

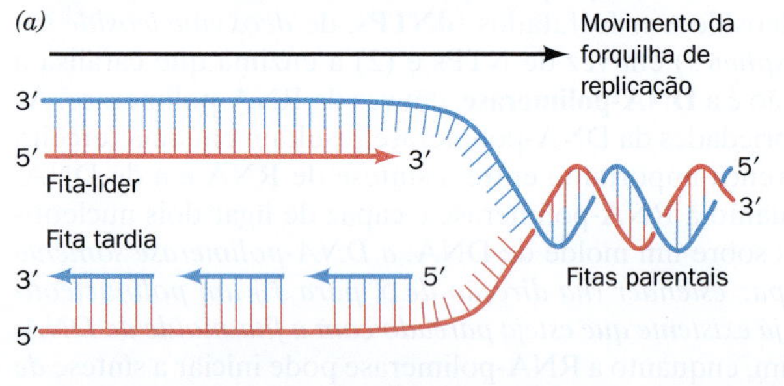

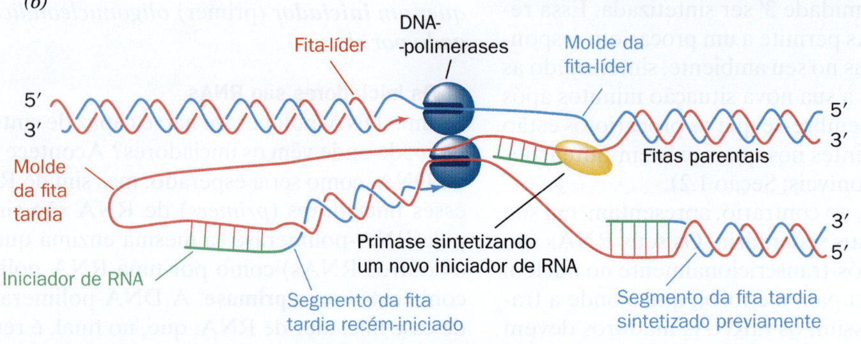

FIGURA 5.32 Replicação do DNA dúplex em *E. coli*. *(a)* Como as duas moléculas de DNA-polimerase estão unidas na forquilha de replicação e a enzima somente é capaz de sintetizar DNA na direção de 5′ para 3′, a fita-líder pode ser sintetizada de maneira contínua, mas a fita tardia deve ser sintetizada descontinuamente, ou seja, em segmentos. *(b)* Isso acontece porque o molde da fita tardia somente pode ser copiado se ele formar uma alça, de modo a apresentar-se para a DNA-polimerase na direção de 3′ para 5′. Consequentemente, quando a DNA-polimerase que está sintetizando a fita tardia encontrar o segmento previamente sintetizado dessa fita, ela libera o seu molde e religa-se a ele mais a montante, de modo a estender o próximo iniciador de RNA a ser sintetizado.

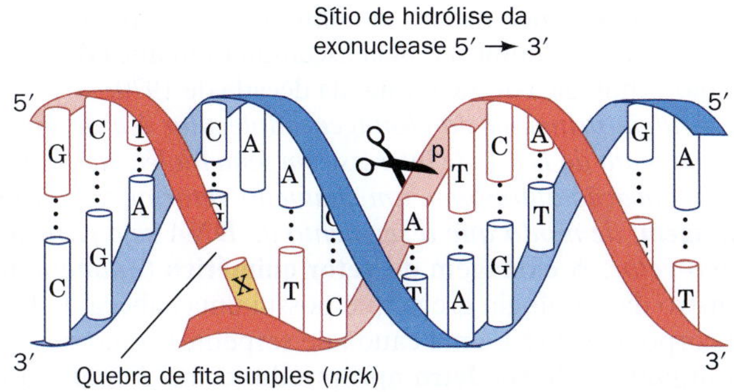

FIGURA 5.33 A função de exonuclease 5′ → 3′ da DNA-polimerase I. Essa atividade enzimática remove até 10 nucleotídeos a partir da extremidade 5′ de uma quebra de fita simples (*nick*). O nucleotídeo imediatamente após a quebra (X) pode estar pareado ou não.

cida como **fita-líder**, na sua direção de 5′ para 3′. Entretanto, como a segunda DNA-polimerase na forquilha de replicação também sintetiza DNA na direção de 5′ para 3′, mas deve deslocar-se juntamente com a forquilha de replicação, como ela copia a fita parental que se estende a partir da forquilha de replicação na direção de 5′ para 3′? A resposta é que *ela sintetiza a chamada **fita tardia** de maneira descontínua, ou seja, em pedaços (Fig. 5.32a, oposta).* Ela faz isto se ligando ao molde da fita descontínua que forma uma alça, de modo a estender o seu iniciador de RNA recém-sintetizado na direção de 5′ para 3′ (Fig. 5.32*b*; na verdade, invertendo a direção do deslocamento), até que ela encontre o iniciador previamente sintetizado. A DNA-polimerase depois se desprende do molde da fita descontínua e religa-se a ele em uma posição a montante da sua posição prévia, onde ela depois estende o próximo iniciador de RNA a ser sintetizado. Assim, a fita tardia é sintetizada descontinuamente, enquanto a fita-líder é sintetizada continuamente. A síntese dos iniciadores da fita tardia em *E. coli* é catalisada pela primase, que acompanha a forquilha de replicação (Fig. 5.32*b*), enquanto a síntese dos

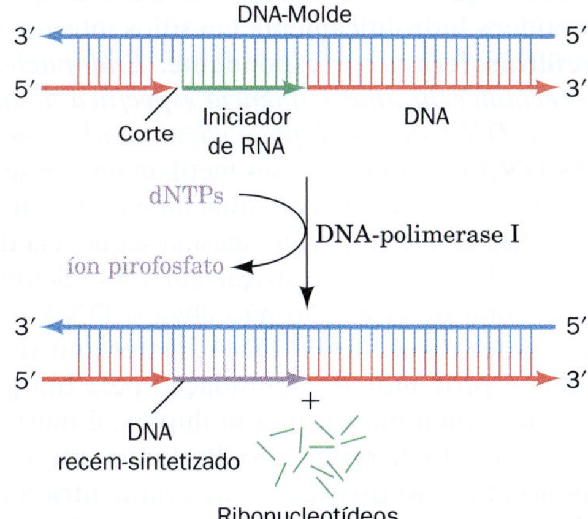

FIGURA 5.34 Substituição dos iniciadores de RNA por DNA na síntese da fita tardia. Em *E. coli*, o iniciador de RNA na extremidade 5′ de um segmento de DNA recém-sintetizado é removido pela ação da atividade de exonuclease 5′→ 3′ da DNA-polimerase I e é simultaneamente substituído por DNA pela atividade de DNA-polimerase catalisada pela enzima.

iniciadores da fita-líder, um evento muito mais raro, ocorre de maneira eficiente mais quando tanto a primase como a RNA-polimerase estão presentes.

c. A síntese da fita tardia requer várias enzimas

Escherichia coli contém duas espécies de DNA-polimerase que são essenciais para a sua sobrevivência. Dessas duas, a **DNA-polimerase III (Pol III)** é a DNA-replicase, ou seja, ela sintetiza a fita-líder e a maior parte da fita tardia. A **DNA-polimerase I (Pol I)** tem uma função diferente, que é a de remover os iniciadores de RNA e substituí-los por DNA. A Pol I é capaz de fazer isso porque possui uma segunda atividade enzimática além da de DNA-polimerase; ela também é uma **exonuclease 5′ → 3′** (uma exonuclease remove hidroliticamente um ou mais nucleotídeos da extremidade de um polinucleotídeo, em vez de clivá-lo em uma posição interna). A exonuclease 5′ → 3′ funciona ligando-se a quebras (*nicks*) de fita simples (locais onde nucleotídeos sucessivos não estão ligados covalentemente, como no lado 5′ de um iniciador de RNA depois do segmento da fita tardia seguinte ter sido sintetizado). Ela então remove um segmento de 1 a 10 nucleotídeos da fita com a quebra na direção de 5′ para 3′ (5′ → 3′) além da quebra (Fig. 5.33). As atividades de exonuclease 5′ → 3′ e de DNA-polimerase da Pol I funcionam em conjunto, de maneira que *enquanto a exonuclease 5′ → 3′ da Pol I remove o iniciador, a sua atividade de DNA-polimerase substitui esse RNA por DNA (Fig. 5.34).*

A síntese da fita-líder é completada pela substituição do seu único iniciador de RNA por DNA. Entretanto, o término da síntese da fita tardia requer que as quebras (*nicks*) entre os seus múltiplos segmentos sintetizados descontinuamente sejam seladas. Essa é a função de uma enzima independente, chamada de **DNA-ligase**, a que liga covalentemente grupos 3′-OH e 5′-fosfato adjacentes (Fig. 5.35).

d. Erros nas sequências de dna estão sujeitos a correção

Em *E. coli*, a RNA-polimerase possui uma frequência de erros de 1 base incorreta para cada 10^4 nucleotídeos que ela transcreve. Em contraste, DNAs recém-replicados contêm somente 1 erro a cada $10^8 - 10^{10}$ pb. Já foi visto que o uso dos iniciadores de RNA aumenta a fidelidade da fita tardia. Entretanto, a maior razão para a enorme fidelidade da replicação do DNA é o fato de tanto a Pol I como a Pol III possuírem atividades

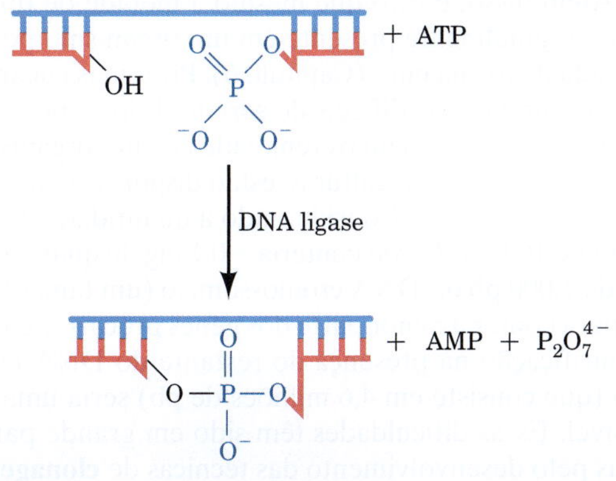

FIGURA 5.35 A função da DNA-ligase. A DNA-ligase sela cortes de fita simples do DNA dúplex. Ela faz isso em uma reação movida pela hidrólise de ATP ou de um composto similar.

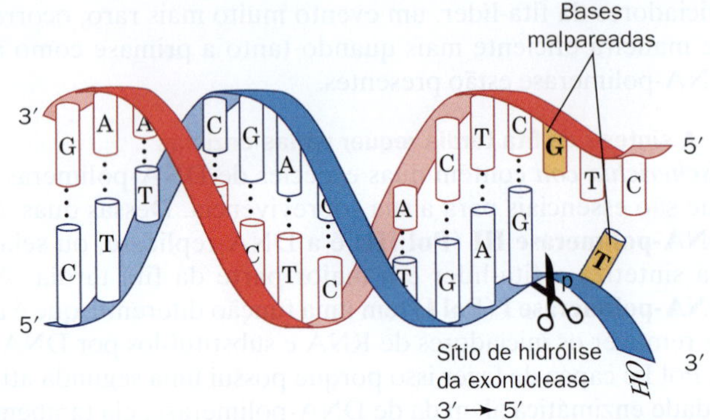

FIGURA 5.36 A função de exonuclease 3′ → 5′ da DNA-polimerase I e da DNA-polimerase III. Em *E. coli*, essa atividade enzimática remove nucleotídeos malpareados da extremidade 3′ de uma fita de DNA em crescimento.

de **exonuclease 3′ → 5′**. A exonuclease 3′→5′ degrada a extremidade 3′ recém-sintetizada de uma fita-filha, um nucleotídeo de cada vez (Fig. 5.36), anulando assim a reação de polimerase. Essa função enzimática é ativada por pareamentos de bases que não sejam os de Watson-Crick e, consequentemente, ela atua para editar os erros ocasionais cometidos pela função de polimerase, o que aumenta grandemente a fidelidade da replicação. Entretanto, além dessa função de edição da Pol I e da Pol III, todas as células contêm baterias de enzimas que detectam e corrigem erros residuais na replicação, assim como danos que ocorrem com o DNA devido à ação de agentes como radiação UV e **compostos mutagênicos** (substâncias que danificam o DNA ao reagirem quimicamente com ele) e também por hidrólise espontânea (Seção 30.5). Em *E. coli*, a Pol I também funciona na substituição de segmentos de DNA danificado que essas enzimas removeram.

5 CLONAGEM MOLECULAR

Um grande problema em praticamente qualquer área da pesquisa bioquímica é a obtenção de quantidades suficientes da substância de interesse. Por exemplo, uma cultura de 10 L de *E. coli* crescida até o título máximo de $\sim 10^{10}$ células · mL^{-1} contém, no máximo, 7 mg de DNA-polimerase e muitas de suas proteínas estão presentes em quantidades muito menores. Além disso, é raro que mesmo a metade de qualquer proteína originalmente presente em um organismo possa ser recuperada de forma pura (Capítulo 6). Proteínas eucarióticas podem ser ainda mais difíceis de serem obtidas, pois muitos tecidos eucarióticos, sejam os removidos de um organismo intacto ou os crescidos em culturas, estão disponíveis apenas em pequenas quantidades. Considerando a quantidade de DNA, a cultura de 10 L de *E. coli* conteria ~0,1 mg de qualquer fragmento de 1.000 pb do DNA cromossômico (um tamanho suficiente para conter a maior parte dos genes procarióticos), mas a sua purificação na presença do restante do DNA cromossômico (que consiste em 4,6 milhões de pb) seria uma tarefa impossível. Essas dificuldades têm sido em grande parte eliminadas pelo desenvolvimento das técnicas de **clonagem molecular** (um **clone** é uma coleção de organismos idênticos que são derivados de um único ancestral). Esses métodos, que são também referidos como **engenharia genética** e tecnologia do **DNA recombinante**, merecem muito do crédito pelo enorme progresso da bioquímica e pela ascensão dramática da indústria biotecnológica desde o final da década de 1970.

A ideia principal da clonagem molecular é a de inserir um segmento de DNA de interesse em uma molécula de DNA com replicação autônoma, um chamado ***vetor*** *ou* ***veículo de clonagem****, de modo que o segmento de DNA seja replicado com o vetor.* A clonagem de **vetor quimérico** (*quimera*: um monstro da mitologia grega que possui uma cabeça de leão, um corpo de cabra e uma cauda de serpente) como esse em um **organismo hospedeiro** apropriado, como *E. coli* ou levedura, resulta na produção de grandes quantidades do segmento de DNA inserido. Se um gene clonado é flanqueado pelas sequências controladoras apropriadamente posicionadas para a transcrição e a tradução, o hospedeiro também pode produzir grandes quantidades do RNA e da proteína especificados por aquele gene. As técnicas de engenharia genética, cujo entendimento é um pré-requisito para a compreensão de muitos experimentos discutidos neste livro, estão resumidas nesta seção.

A. *Endonucleases de restrição*

Para efetivamente realizar uma clonagem molecular, é necessária a capacidade de manipular fragmentos de DNA de sequência definida precisamente. Isso é feito pelo uso de enzimas conhecidas como **endonucleases de restrição**.

Bacteriófagos que se propagam de maneira eficiente em uma linhagem bacteriana, como *E. coli* K12, possuem uma eficiência de infecção muito baixa (~0,001%) em uma linhagem bacteriana relacionada, como *E. coli* B. Entretanto, a pequena progênie viral desta última infecção propaga-se de maneira eficiente no novo hospedeiro, mas muito pouco no hospedeiro original. Evidentemente, o novo hospedeiro modifica esses bacteriófagos de alguma maneira. Qual é a base molecular para essa **modificação hospedeiro-específica**? Werner Arber mostrou que ela resulta de um **sistema de restrição-modificação** no hospedeiro bacteriano, que consiste em uma endonuclease de restrição (alternativamente, **enzima de restrição**; endonucleases são enzimas que clivam polinucleotídeos hidroliticamente em sítios internos) e uma **DNA metiltransferase** correspondente. *Endonucleases de restrição reconhecem uma sequência específica de quatro a seis bases em DNA de fita dupla e clivam ambas as fitas do dúplex.* As DNA metiltransferases metilam uma base específica (no grupo amino de uma adenina ou na posição 5 ou no grupo amino de uma citosina) na mesma sequência de bases reconhecida pela enzima de restrição correspondente.

Uma enzima de restrição não cliva o DNA metilado correspondente. Uma fita de DNA bacteriano recém-replicada, que é protegida da degradação pela fita parental metilada com a qual ela forma um dúplex, é metilada antes do próximo ciclo de replicação. Portanto, um sistema de restrição-modificação protege a bactéria contra a invasão por DNAs (normalmente virais), que, depois de terem sido clivados por endonucleases de restrição, são adicionalmente degradados por exonucleases bacterianas. Os DNAs invasores raramente são metilados antes de serem atacados por enzimas de restrição. Porém, se um DNA viral efetivamente tornar-se metilado, ele será capaz de reproduzir-se no seu novo hospedeiro. A sua progênie, entretanto, não

TABELA 5.4 Sítios de reconhecimento e clivagem de algumas enzimas de restrição do Tipo II

Enzima	Sequência de reconhecimento*	Microrganismo
*Alu*I	AG↓C*T	*Arthrobacter luteus*
*Bam*HI	G↓GATC*C	*Bacillus amyloliquefaciens* H
*Bgl*I	GCCNNNN↓NGCC	*Bacillus globigii*
*Bgl*II	A↓GATCT	*Bacillus globigii*
*Eco*RI	G↓AA*TTC	*Escherichia coli* RY13
*Eco*RII	↓CC*($^{A}_{T}$)GG	*Escherichia coli* R245
*Eco*RV	GA*T↓ATC	*Escherichia coli* J62 pLG74
*Hae*II	RGCGC↓Y	*Haemophilus aegyptius*
*Hae*III	GG↓C*C	*Haemophilus aegyptius*
*Hind*III	A*↓AGCTT	*Haemophilus influenzae* R_d
*Hpa*II	C↓C*GG	*Haemophilus parainfluenzae*
*Msp*I	C*↓CGG	*Moraxella species*
*Pst*I	CTGCA*↓G	*Providencia stuartii* 164
*Pvu*II	CAG↓C*TG	*Proteus vulgaris*
*Sal*I	G↓TCGAC	*Streptomyces albus* G
*Taq*I	T↓CGA*	*Thermus aquaticus*
*Xho*I	C↓TCGAG	*Xanthomonas holcicola*

A sequência de reconhecimento está abreviada, de modo que somente uma fita, lida de 5′ para 3′, é mostrada. O sítio de clivagem está representado por uma seta (↓) e a base modificada, onde ela é conhecida, é indicada por um asterisco (A é N^6-metiladenina e C* é 5-metilcitosina). R, Y e N representam nucleotídeos purínicos, nucleotídeos pirimídicos e qualquer nucleotídeo, respectivamente.

Fonte: REBASE. *The restriction enzyme database.* (http://rebase.neb.com.)

será mais metilada de maneira que permita que ele se propague no hospedeiro original (que possui sistemas de restrição-modificação diferentes).

Existem quatro tipos conhecidos de endonucleases de restrição. Tipos I, II, III e IV. As enzimas de restrição de **Tipo I** e de **Tipo III** são ambas portadoras da atividade de endonuclease e de DNA metiltransferase em uma única molécula proteica. As enzimas de restrição de **Tipo I** clivam o DNA em um sítio possivelmente aleatório, localizado a pelo menos 1.000 pb da sequência de reconhecimento, as enzimas de **Tipo III** o fazem a uma distância de 24 a 26 pb da sequência de reconhecimento e as enzimas do **Tipo IV** clivam DNA metilado. Entretanto, as enzimas de restrição do **Tipo II**, que foram descobertas e caracterizadas por Hamilton Smith e Daniel Nathans no final da década de 1960, são entidades separadas das suas DNA metiltransferases correspondentes. *Elas clivam os DNAs em posições específicas no interior, ou próximo, da sequência de reconhecimento, uma propriedade que torna as enzimas de restrição do Tipo II ferramentas bioquímicas indispensáveis para a manipulação de DNA.* A seguir, discutem-se somente enzimas de restrição do Tipo II.

Aproximadamente 4.000 espécies de enzimas de restrição do Tipo II, oriundas de uma variedade de bactérias que possuem mais de 270 especificidades de sequência diferentes já foram caracterizadas. Várias das espécies mais amplamente utilizadas estão listadas na Tabela 5.4. Uma endonuclease de restrição é denominada pela primeira letra do gênero da bactéria que a produziu e pelas primeiras duas letras de sua espécie, seguidas pela sua designação de sorotipo ou de linhagem, se houver, e por um número romano, se a bactéria expressar mais de um tipo de enzima de restrição. Por exemplo, ***Eco*RI** é produzida pela linhagem de *E. coli* RY13.

a. A maioria das endonucleases de restrição reconhece sequências de DNA palindrômicas

A maioria dos sítios de reconhecimento de enzimas de restrição do Tipo II possui uma exata simetria rotacional dupla, como esquematizado na Fig. 5.37. Essas sequências são conhecidas como **palíndromos** (*Palíndromo é uma palavra, verso ou sentença que é lida da mesma maneira da esquerda para a direita, ou da direita para a esquerda. Dois exemplos são "Roma é amor" e "subi no ônibus"[1]*). Muitas enzimas de restrição, como a *Eco*RI (Fig. 5.37*a*), catalisam a clivagem das duas fitas de DNA em posições que estão simetricamente alternadas em relação ao centro da sequência de reconhecimento palindrômico. Isso produz fragmentos de restrição com extremidades de fita simples complementares que apre-

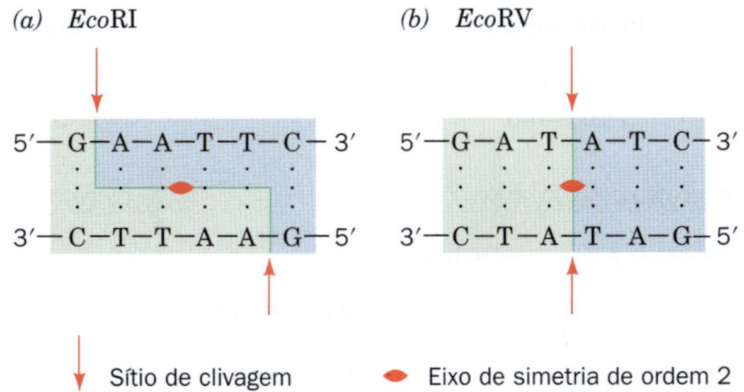

FIGURA 5.37 Sítios de restrição. As sequências de reconhecimento das endonucleases de restrição (*a*) *Eco*RI e (*b*) *Eco*RV possuem simetria dupla (palindrômica) (*símbolo vermelho*). Os sítios de clivagem estão indicados (*setas*). Note que a *Eco*RI gera fragmentos de DNA com extremidades coesivas, enquanto a *Eco*RV gera fragmentos com extremidades cegas.

sentam de um a quatro nucleotídeos de extensão. Fragmentos de restrição com essas **extremidades coesivas** ou **adesivas** podem associar-se por pareamento de bases complementares com outros fragmentos de restrição gerados pela mesma enzima de restrição. Algumas clivagens de restrição, como aquela da *Eco*RV (Fig. 5.37*b*), passam através do eixo duplo do palíndromo para produzirem fragmentos de restrição com **extremidades cegas** totalmente pareadas. Como uma determinada base possui uma probabilidade de um quarto de ocorrer em qualquer posição nucleotídica (assumindo-se que o DNA possua proporções iguais de todas as bases), uma enzima de restrição com um sítio de reconhecimento de *n* pares de bases produz fragmentos de restrição que têm, em média, 4^n pares de bases de extensão. Assim, os fragmentos de restrição da *Alu*I (sequência de reconhecimento de 4 pb) e da *Eco*RI (sequência de reconhecimento de 6 pb) devem apresentar em média $4^4 = 256$ e $4^6 = 4.096$ pb de extensão, respectivamente.

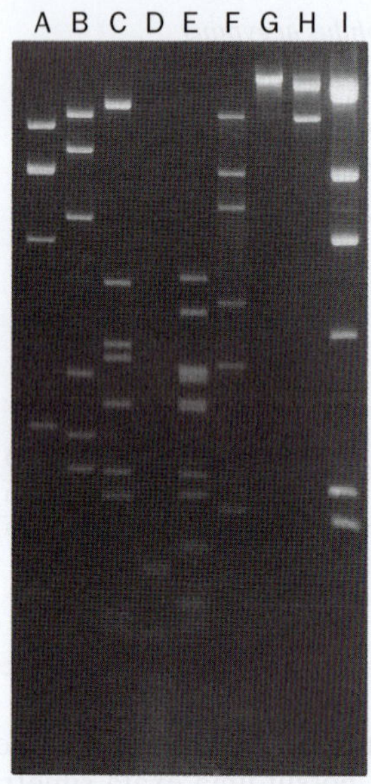

FIGURA 5.38 Eletroforetograma em gel de agarose de digestões de restrição. O plasmídeo de *Agrobacterium radiobacter* pAgK84 foi digerido com (A) *Bam*HI, (B) *Pst*I, (C) *Bgl*II, (D) *Hae*III, (E) *Hinc*II, (F) *Sac*I, (G) *Xba*I e (H) *Hpa*I. A canaleta I contém o DNA do fago digerido com *Hind*III como padrões, uma vez que esses fragmentos possuem tamanhos conhecidos. Os fragmentos de DNA no eletroforetograma são visualizados por fluorescência contra um fundo preto. (De Slota, J.E., e Farrand, S.F., *Plasmid* **8**, 180 [1982]. Impresso com a permissão de Academic Press, 1982.)

b. Polimorfismos de tamanho de fragmentos de restrição fornecem marcadores para caracterizar genes

O tratamento de uma molécula de DNA com uma endonuclease de restrição produz uma série de fragmentos precisamente definidos que podem ser separados de acordo com o tamanho por **eletroforese em gel** (Fig. 5.38). (Na eletroforese em gel, moléculas carregadas são aplicadas a uma extremidade de uma fina camada de um gel de poliacrilamida ou de agarose e separadas pela aplicação de um campo elétrico. Sob as condições utilizadas para separar fragmentos de DNA, as moléculas movem-se de acordo com seus tamanhos, com os fragmentos menores movendo-se mais rapidamente. A eletroforese em gel será discutida novamente na Seção 6.4B.) Fitas simples complementares podem ser separadas aquecendo-se o DNA e submetendo-o à eletroforese em gel, ou pelo uso da ultracentrifugação em gradiente de densidade em uma solução alcalina de CsCl (lembre-se que o DNA é desnaturado sob condições alcalinas).

A individualidade em seres humanos e em outras espécies deriva de seus polimorfismos genéticos; cromossomos homólogos humanos diferem em sequência, em média, a cada ~1.250 pb. Essas diferenças genéticas criam e eliminam sítios de restrição (Fig. 5.39). Digestões com enzimas de restrição de segmentos correspondentes em cromossomos homólogos contêm, portanto, fragmentos com tamanhos diferentes; ou seja, esses DNAs possuem **polimorfismos de tamanho de fragmentos de restrição** (**RFLPs**, de *restriction-fragment length polymorphisms*; Fig. 5.40). Como, com exceção dos gêmeos idênticos, cada indivíduo possui um conjunto único de RFLPs (o seu **haplótipo**), eles podem ser usados para fins de identificação.

B. *Vetores de clonagem*

Plasmídeos, vírus e cromossomos artificiais são usados como vetores de clonagem na engenharia genética.

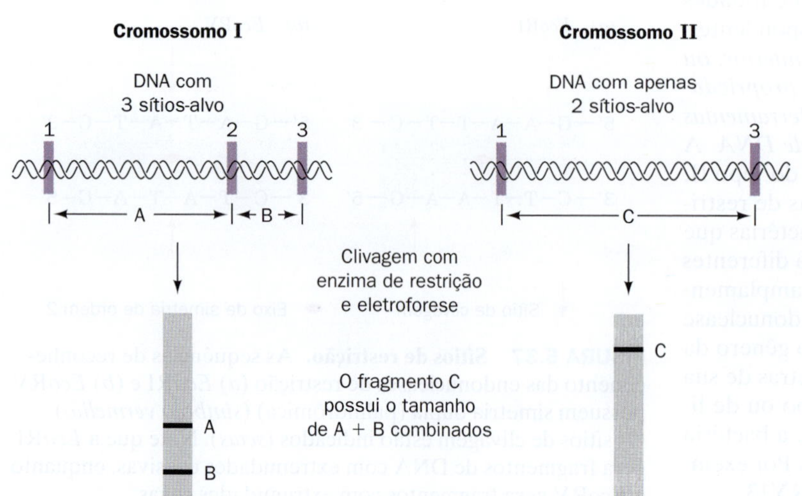

FIGURA 5.39 Polimorfismos de tamanho de fragmentos de restrição. Uma alteração por mutação que afeta um sítio de restrição em um segmento de DNA altera o número e os tamanhos dos seus fragmentos de restrição.

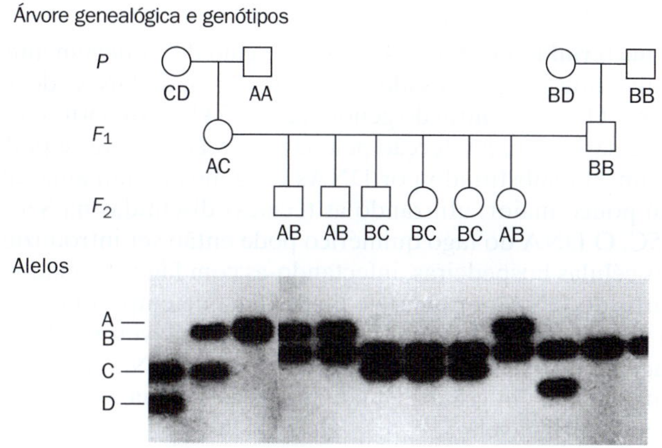

FIGURA 5.40 Herança de RFLPs de acordo com as regras da genética mendeliana. Quatro alelos de um determinado gene, cada um caracterizado por marcadores de restrição diferentes, podem ocorrer em todas as combinações de dois a dois possíveis e segregam independentemente a cada geração (círculos na figura superior representam fêmeas e quadrados representam machos). Na geração *P* (parental), dois indivíduos possuem haplótipos heterozigóticos (CD e BD) e os outros dois possuem haplótipos homozigóticos (AA e BB) para o gene em questão. Os seus filhos, a geração F_1, possuem os haplótipos AC ou BB. Consequentemente, cada indivíduo da geração F_2 (netos) herdou um A ou C de sua mãe e um B de seu pai. A figura inferior representa uma eletroforese desses fragmentos de restrição aplicados em linhas paralelas. (Cortesia de Ray White, University of Utah Medical School, EUA.)

a. Vetores de clonagem com base em plasmídeos

Plasmídeos são moléculas de DNA de fita dupla circulares de 1 a 200 kb que contêm a maquinaria genética necessária, como uma **origem de replicação** (um sítio no qual a replicação do DNA é iniciada; Seção 30.3Ca), para permitir a sua propagação autônoma em um hospedeiro bacteriano ou em leveduras. Os plasmídeos podem ser considerados parasitos moleculares, mas, em muitas situações, eles beneficiam os seus hospedeiros suprindo funções que eles não possuíam, como resistência a antibióticos. Além disso, o surgimento amplo e alarmante de patógenos resistentes a antibióticos desde que esses fármacos começaram a ser utilizados é, em parte, o resultado da rápida proliferação de plasmídeos contendo genes que conferem resistência a antibióticos entre esses organismos.

Alguns tipos de plasmídeos, que estão presentes em uma ou em poucas cópias por célula, replicam uma vez a cada divisão celular, como faz o cromossomo bacteriano; diz-se que a replicação desses plasmídeos está sob **controle estringente**. A maioria dos plasmídeos usados na clonagem molecular, no entanto, está sob **controle relaxado**; eles estão normalmente presentes em um número de cópias por célula que pode variar de 10 até 700. Além disso, se a síntese de proteínas no hospedeiro bacteriano é inibida, por exemplo, pelo antibiótico **cloranfenicol** (Seção 32.3Gb), impedindo assim a divisão celular, esses plasmídeos continuam a replicar, até que tenham se acumulado entre 2 e 3 mil cópias por célula (o que representa aproximadamente a metade do DNA total da célula). Os plasmídeos que foram construídos (por técnicas de engenharia genética; Seção 5.5C) para o uso em clonagem molecular são relativamente pequenos, replicam sob controle relaxado, são portadores de genes especificando resistência a um ou mais antibióticos e contêm vários sítios para endonucleases de restrição convenientemente localizados, nos quais o DNA a ser clonado pode ser inserido. De fato, muitos vetores plasmidiais contêm um segmento de DNA curto (< 100 pb) e estrategicamente localizado, conhecido como

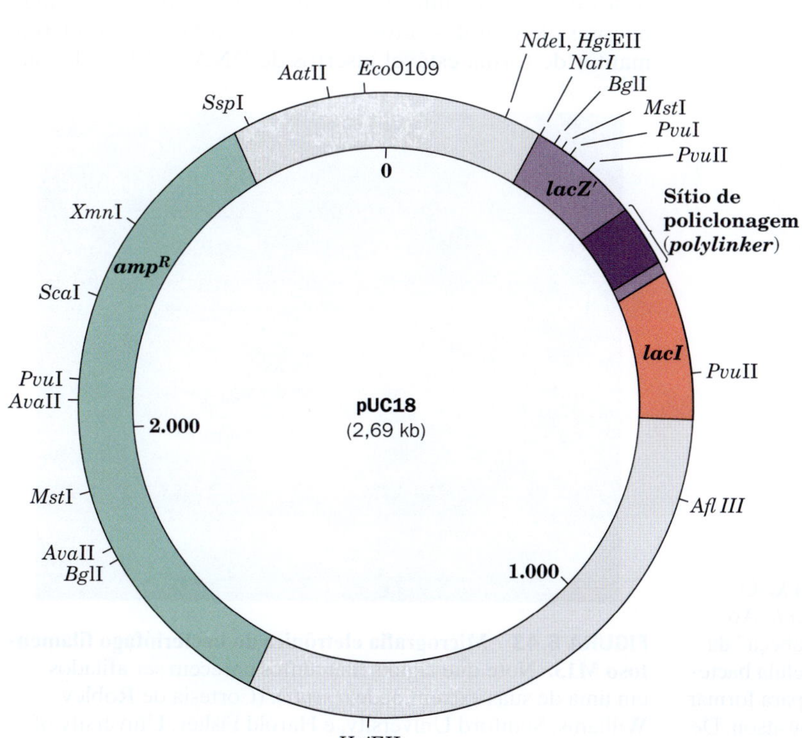

FIGURA 5.41 O vetor de clonagem pUC18. Um mapa de restrição do plasmídeo pUC18 indica as posições dos seus genes ***amp***^{R}, ***lacZ'*** e *lacI*. O gene *amp*^{R} confere resistência ao antibiótico **ampicilina** (um derivado da penicilina; Seção 11.3B); *lacZ'* é uma forma modificada do gene ***lacZ***, que codifica a enzima **β-galactosidase** (Seção 11.2B); e *lacI* codifica o repressor *lac*, uma proteína que controla a transcrição de *lacZ* (Seção 5.4Aa). O sítio de policlonagem, que codifica um segmento polipeptídico de 18 resíduos inserido próximo à extremidade N-terminal da β-galactosidase, incorpora 13 sítios de restrição diferentes que não ocorrem em outras partes do plasmídeo.

sítio de policlonagem (*polylinker*), que foi sinteticamente criado de modo a conter uma variedade de sítios de restrição que não estão presentes em qualquer outro lugar no plasmídeo. O plasmídeo de *E. coli* denominado **pUC18** (Fig. 5.41) é representativo dos vetores de clonagem atualmente em uso ("pUC" vem de "*plasmid-Universal Cloning*", plasmídeo de clonagem universal).

A expressão de um plasmídeo quimérico em um hospedeiro bacteriano foi primeiramente demonstrada em 1973, por Herbert Boyer e Stanley Cohen. O hospedeiro bacteriano incorpora um plasmídeo quando os dois são misturados em um processo cuja eficiência é grandemente aumentada na presença de cátions divalentes, como Ca^{2+}, e por um rápido aquecimento a ~42°C (que aumenta a permeabilidade celular ao DNA; essas células são chamadas de **competentes para transformação**). Apesar disso, um vetor plasmidial absorvido torna-se permanentemente estabelecido em seu hospedeiro bacteriano (transformação) com uma eficiência de somente ~0,1%.

Vetores plasmidiais não podem ser usados para a clonagem de DNAs de mais de ~10 kb. Isso ocorre porque o tempo necessário para a replicação plasmidial aumenta com o tamanho do plasmídeo. Em consequência disso, plasmídeos intactos com grandes insertos não essenciais (para eles) são perdidos devido à proliferação mais rápida de plasmídeos que tenham eliminado esses insertos por deleções aleatórias.

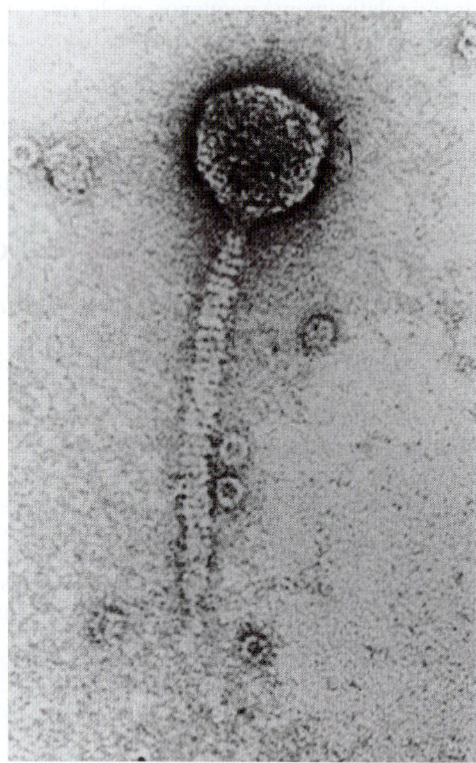

FIGURA 5.42 Micrografia eletrônica do bacteriófago λ. O bacteriófago λ reproduz-se em certas linhagens de *E. coli*. Ao ligar-se a uma *E. coli* suscetível, o DNA contido na "cabeça" da partícula viral é injetado, através da sua "cauda", na célula bacteriana, onde ele é replicado ~100 vezes e empacotado para formar a progênie do fago (Seção 33.3). (Cortesia de A.F. Howatson. De Lewin, B., *Gene Expression*, Vol. 3, Fig. 5.23, Wiley [1977].)

B. *Vetores de clonagem com base em vírus*

O **bacteriófago λ** (Fig. 5.42) é um veículo de clonagem alternativo que pode ser usado para a clonagem de DNAs de até 16 kb. O terço central do genoma de 48,5 kb desse vírus não é necessário para a infecção pelo fago (Seção 33.3Aa) e pode, assim, ser substituído por DNAs exógenos de tamanho até um pouco maior, utilizando as técnicas discutidas na Seção 5.5C. O DNA do fago quimérico pode então ser introduzido nas células hospedeiras, infectando-as com fagos formados a partir do DNA por meio de um sistema de empacotamento *in vitro* (Seção 33.3Bc). O uso dos fagos como vetores de clonagem possui a vantagem adicional de que o DNA quimérico é produzido em grandes quantidades e em uma forma facilmente purificável.

Fagos λ podem ser usados para clonar até mesmo insertos de DNA maiores. O aparato viral que empacota o DNA nas cabeças dos fagos requer somente que o DNA possua uma sequência específica de 16 pb, conhecida como **sítio *cos***, localizada em cada extremidade e que essas extremidades estejam separadas por 36 a 51 kb (Seção 33.3B*c*). A colocação de dois sítios *cos* separados pela distância apropriada em um vetor plasmidial produz, por meio de um sistema de empacotamento *in vitro*, um vetor chamado de **cosmídeo**, que pode conter DNAs exógenos de até ~48 kb. Os cosmídeos não possuem genes de fagos e, portanto, ao serem introduzidos em uma célula hospedeira por uma infecção por fagos, reproduzem-se como plasmídeos.

O **bacteriófago filamentoso M13** (Fig. 5.43) é também um vetor de clonagem útil. Ele possui um DNA de fita simples circular que está contido em um tubo proteico composto de ~2.700 subunidades proteicas idênticas, arranjadas helicoidalmente. Esse número, contudo, é controlado pelo tamanho do DNA do fago que está sendo empacotado; a inserção de DNA exógeno em uma região não essencial do cromossomo do M13 resulta na produção de partículas de fago maiores. Apesar dos vetores de clonagem M13 não poderem manter de forma estável insertos de DNA > 1 kb, eles são

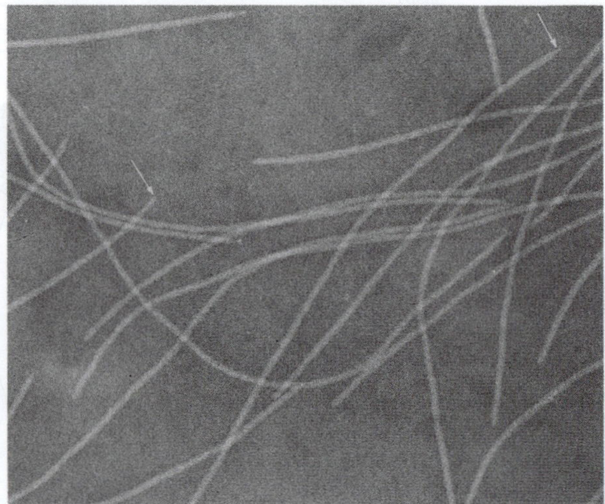

FIGURA 5.43 Micrografia eletrônica do bacteriófago filamentoso M13. Note que alguns filamentos parecem ser afilados em uma de suas extremidades (*setas*). (Cortesia de Robley Williams, Stanford University, e Harold Fisher, University of Rhode Island, EUA.)

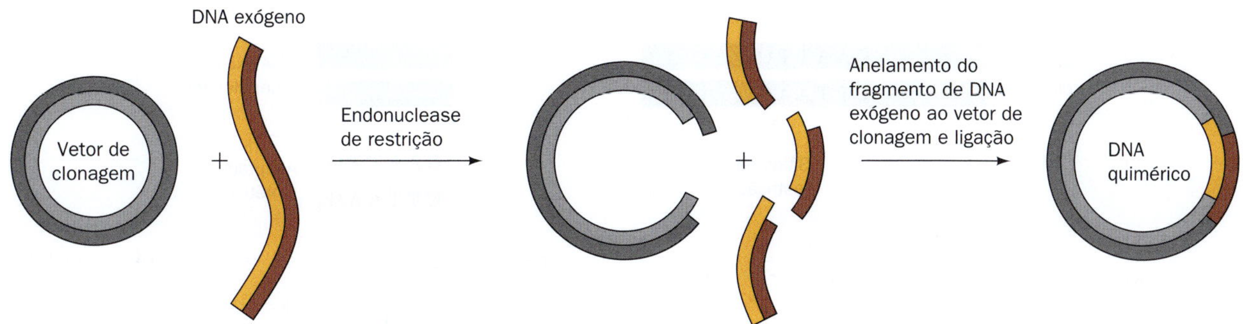

FIGURA 5.44 Construção de uma molécula de DNA recombinante. Um fragmento de restrição é inserido em uma clivagem de restrição correspondente de um vetor de clonagem. As extremidades coesivas do vetor e do DNA exógeno anelam e são subsequentemente ligadas de maneira covalente pela DNA ligase, produzindo assim um DNA quimérico. **Ver Figuras animadas**

amplamente usados na produção de DNA para a análise de sequências (Seção 7.2Ba), pois esses fagos produzem diretamente o DNA de fita simples requerido pela técnica.

Os **baculovírus** são um grupo grande e diverso de vírus patogênicos que infectam principalmente insetos (mas não vertebrados, de modo que são seguros para o uso em laboratório) e, assim, podem ser multiplicados em culturas de células de insetos. Um segmento do DNA de fita dupla que forma o genoma de alguns desses vírus não é necessário para a replicação viral em culturas de tecidos de células de insetos e, assim, pode ser substituído por um DNA exógeno de até 15 kb.

c. Vetores YAC e BAC

Segmentos de DNA maiores do que aqueles que podem ser carregados por cosmídeos podem ser clonados em **cromossomos artificiais de levedura** (**YACs**, de *yeast artificial chromosomes*) e em **cromossomos artificiais bacterianos** (**BACs**, de *bacterial artificial chromosomes*). YACs são segmentos de DNA lineares que contêm toda a parafernália molecular necessária para a replicação em leveduras: uma origem de replicação (conhecida como **sequência de replicação autônoma** [**ARS**, de *autonomously replicating sequence*]), um **centrômero** (o segmento cromossômico que liga o fuso durante a mitose e meiose) e os **telômeros** (as extremidades de cromossomos lineares que permitem que eles repliquem; Seção 30.4D). Os BACs, que replicam-se em *E. coli*, são derivados de plasmídeos circulares que normalmente replicam longas regiões de DNA e são mantidos em um nível de aproximadamente uma cópia por célula (propriedades similares àquelas de verdadeiros cromossomos). Esses vetores contêm as sequências mínimas necessárias para a replicação autônoma, o controle do número de cópias e a partição apropriada do plasmídeo durante a divisão celular. YACs e BACs contendo insertos de várias centenas de pares de quilobases têm sido clonados com sucesso.

C. *Manipulação gênica*

Um DNA a ser clonado é, em muitos casos, obtido como um fragmento de sequência definida pela aplicação de endonucleases de restrição (para os vetores M13, a exigência das enzimas de restrição por DNA dúplex requer a conversão do DNA desse fago para a sua forma de fita dupla pelo uso da DNA-polimerase I). Lembre-se que a maioria das endonucleases de restrição cliva DNA dúplex em sítios palindrômicos específicos, de modo a produzirem extremidades de fita simples que são complementares uma à outra (extremidades coesivas ou adesivas; Seção 5.5Aa). Dessa forma, como foi demonstrado pela primeira vez em 1972, por Janet Mertz e Ron Davis, *um fragmento de restrição pode ser inserido em uma clivagem feita em um vetor de clonagem pela mesma enzima de restrição (Fig. 5.44). As extremidades complementares (coesivas) dos dois DNAs associam-se especificamente sob condições de anelamento e são unidas (ligadas) covalentemente pela ação da DNA-ligase* (Fig. 5.35; a DNA ligase produzida pelo **bacteriófago T4** deve ser usada para clivagens de restrição que geram extremidades cegas, como as produzidas por *Alu*I, *Eco*RV e *Hae*III; Tabela 5.4). *Uma grande vantagem de utilizar-se uma enzima de restrição para a construção de um vetor quimérico é o fato do inserto de DNA poder ser removido precisamente do vetor clonado por sua clivagem com a mesma enzima de restrição.*

Se o DNA exógeno e o vetor de clonagem não possuem sítios de restrição em posições inócuas, eles ainda podem ser unidos, por meio de um procedimento desenvolvido por Dale Kaiser e Paul Berg, que utiliza a **desoxinucleotidil-terminal-transferase** (**terminal-transferase**). Essa enzima de mamíferos adiciona nucleotídeos ao grupo 3′-OH de uma cadeia de DNA; ela é a única DNA-polimerase conhecida que não requer um molde. A terminal-transferase e dTTP, por exemplo, podem

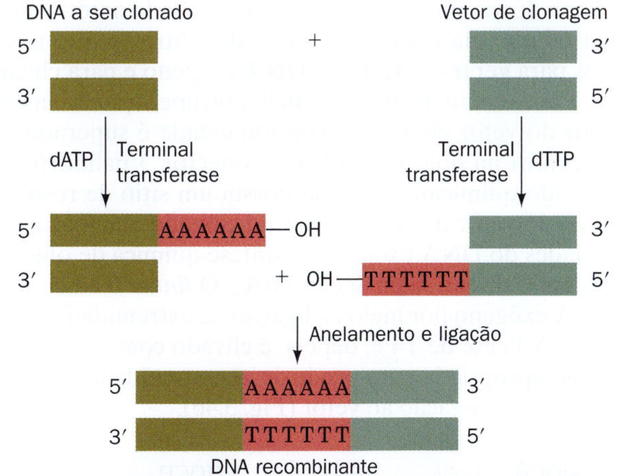

FIGURA 5.45 União de DNAs usando a terminal transferase. Dois fragmentos de DNA podem ser unidos pela geração de caudas homopoliméricas complementares pela ação da enzima terminal transferase. As caudas de poli(dA) e de poli(dT) mostradas neste exemplo podem ser substituídas por caudas de poli(dC) e de poli(dG).

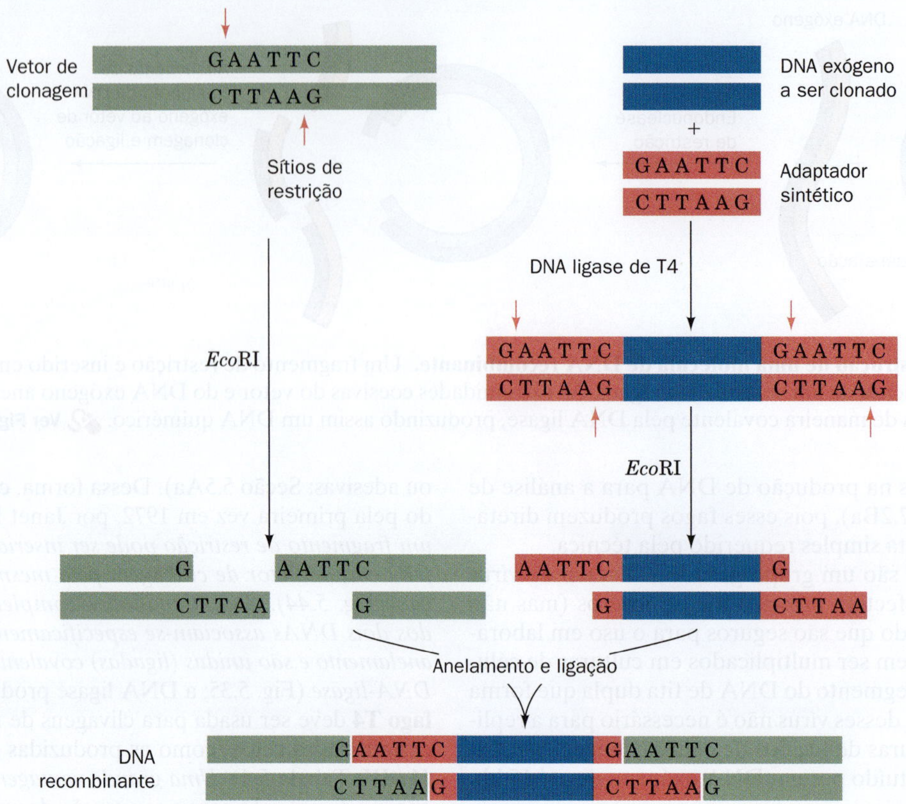

FIGURA 5.46 Construção de uma molécula de DNA recombinante pelo uso de adaptadores oligonucleotídicos sintéticos. Neste exemplo, o adaptador e o vetor de clonagem possuem sítios de restrição para *Eco*RI (*setas vermelhas*).

construir caudas de poli(dT) de ~100 resíduos nas extremidades 3′ do segmento de DNA a ser clonado (Fig. 5.45). O vetor de clonagem é clivado enzimaticamente em um sítio específico e as extremidades 3′ do sítio de clivagem são estendidas de maneira similar com caudas de poli(A). As caudas homopoliméricas complementares são aneladas, quaisquer lacunas resultantes de diferenças nas suas extensões são preenchidas pela DNA polimerase I e as fitas são unidas pela DNA ligase.

Uma desvantagem da técnica mencionada anteriormente é a de que ela elimina os sítios de restrição que foram usados para gerar o inserto de DNA exógeno e para clivar o vetor. Pode, então, tornar-se difícil a recuperação do inserto a partir do vetor clonado. Essa dificuldade é superada por uma técnica na qual um *linker* ("conector") palindrômico sintetizado quimicamente, que possui um sítio de restrição igual ao do vetor de clonagem, é adicionado a ambas as extremidades do DNA exógeno (a síntese química de oligonucleotídeos é discutida na Seção 7.6A). O *linker* é adicionado ao DNA exógeno por meio de ligação de extremidades cegas pela DNA-ligase de T4 e, depois, é clivado com a enzima de restrição apropriada para produzir as extremidades coesivas corretas para a ligação ao vetor (Fig. 5.46).

HOCH$_2$ ... O—R + H_2O —(β-galactosidase)→ HOCH$_2$ ... OH + ROH

β-D-galactose

a. As células transformadas corretamente devem ser selecionadas

Tanto a transformação como a construção adequada de vetores quiméricos ocorre com baixa eficiência. Como podem então ser selecionados somente aqueles organismos hospedeiros que foram transformados pelo vetor construído apropriadamente? No caso de transformação por plasmídeos, isso é feito normalmente por meio de uma triagem (*screening*)

5-bromo-4-cloro-3-indolil- β-D-galactosídeo (X-gal)
(*incolor*)

H_2O — β-galactosidase

β-D-galactose + **5-bromo-4-cloro-3-hidroxi-indol**
(*azul*)

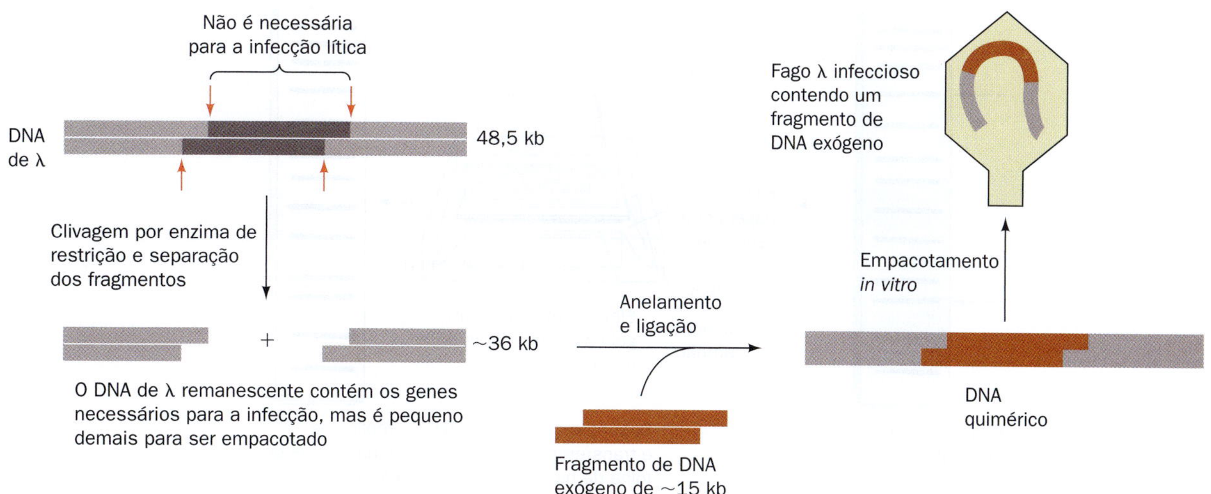

FIGURA 5.47 **Clonagem de DNA exógeno em fagos λ.** Uma porção não essencial do genoma do fago pode ser substituída por um DNA exógeno e empacotada para formar uma partícula de fago infecciosa. Contudo, isso só pode ocorrer se o DNA exógeno for aproximadamente do mesmo tamanho que o segmento de DNA que ele substituiu. **Ver Figuras animadas**

dupla utilizando antibióticos e/ou substratos **cromogênicos** (produtores de cor). Por exemplo, o plasmídeo pUC18 contém o gene ***lacZ'*** (Fig. 5.41; uma forma modificada do gene *Z* do óperon *lac*; Fig. 5.25). O gene *lacZ'* codifica a enzima **β-galactosidase**, que catalisa a hidrólise da ligação entre o O1 do açúcar β-D-galactose e um substituinte.

Assim, quando multiplicadas na presença de **5-bromo-4--cloro-3-indolil-β-D-galactosídeo** (comumente conhecido como **X-gal**), uma substância incolor que, ao ser hidrolisada pela β-galactosidase, libera um produto azul, células de *E. coli* transformadas por um plasmídeo pUC18 não modificado formam colônias azuis. Entretanto, células de *E. coli* transformadas por um plasmídeo pUC18 contendo um inserto de DNA exógeno na região do seu sítio de policlonagem formam colônias incolores, porque o inserto interrompe a sequência codificadora da proteína do gene *lacZ'* e, por isso, elas não apresentam atividade de β-galactosidase. Bactérias que não conseguiram incorporar qualquer plasmídeo e que iriam, de outra forma, formar colônias incolores na presença de X-gal, são excluídas pela adição do antibiótico **ampicilina** (Fig. 11.25) ao meio de multiplicação. Bactérias que não contêm o plasmídeo são sensíveis à ampicilina, enquanto bactérias contendo o plasmídeo irão multiplicar-se, pois o gene amp^R do plasmídeo intacto confere resistência ao antibiótico. Genes como o amp^R são, por isso, conhecidos como **marcadores seletivos**.

Variantes geneticamente alteradas do fago λ contêm sítios de restrição que flanqueiam o terço central dispensável do genoma do fago (Seção 5.5Bb). Esse segmento pode, portanto, ser substituído, como descrito anteriormente, por um inserto de DNA exógeno (Fig. 5.47). O DNA somente é empacotado nas cabeças do fago se o seu tamanho for de 75 a 105% dos 48,5 kb do genoma do λ de tipo selvagem. Consequentemente, vetores de fago λ que não tenham adquirido um inserto de DNA exógeno não são capazes de propagar-se, porque são curtos demais para formarem partículas de fago infecciosas. Vetores cosmidiais estão sujeitos à mesma limitação. Além disso, cosmídeos clonados são produzidos em quantidade por seu reempacotamento em partículas de fagos. Assim, quaisquer cosmídeos que tenham perdido DNA suficiente por meio de deleções aleatórias que os tornem mais curtos do que o limite mencionado anteriormente não são recuperados. É por isso que os cosmídeos podem suportar a proliferação de grandes insertos de DNA, enquanto a maioria dos outros tipos de plasmídeos não pode.

D. *A identificação de sequências específicas de DNA:* Southern blotting

Um DNA com uma sequência de bases específica pode ser identificado por meio de um procedimento desenvolvido por Edwin Southern, conhecido como a **técnica de transferência de Southern** ou, mais coloquialmente, como ***Southern blotting*** (Fig. 5.48). Esse procedimento tira vantagem da valiosa propriedade da nitrocelulose, que se liga tenazmente a DNA de fita simples (mas não a DNA de fita dupla) (**membranas de náilon** e de **fluoreto de polivinilidina** [**PVDF**] também possuem essa propriedade). Após a eletroforese em gel do DNA de fita dupla, o gel é imerso em uma solução de NaOH 0,5 *M*, que converte o DNA à sua forma de fita simples. O gel é então coberto por uma folha de papel de nitrocelulose, que, por sua vez, é coberta por uma grossa camada de papel--toalha, sendo todo o conjunto comprimido por uma placa pesada. Dessa forma, o líquido no gel é forçado através da nitrocelulose (por absorção, *blotting*), de maneira que o DNA de fita simples liga-se a ela na mesma posição em que estava no gel (a transferência para a nitrocelulose pode ser alternativamente obtida por um processo chamado ***electroblotting***). Após a secagem a vácuo da nitrocelulose a ~80°C, o que fixa permanentemente o DNA em posição, a folha é umedecida com uma quantidade mínima de solução contendo DNA de fita simples ou RNA marcado com ^{32}P (a "sonda"), que é complementar em sequência ao DNA de interesse. A folha úmida é mantida em uma temperatura adequada à renaturação por várias horas, a fim de permitir que a sonda anele-se à(s) sua(s) sequência(s)-alvo. Ela é então lavada para remoção da sonda radioativa não ligada, secada e, depois, autorradiografada por sua colocação por algum tempo (horas a dias) sobre uma folha de filme de raios X. As posições das

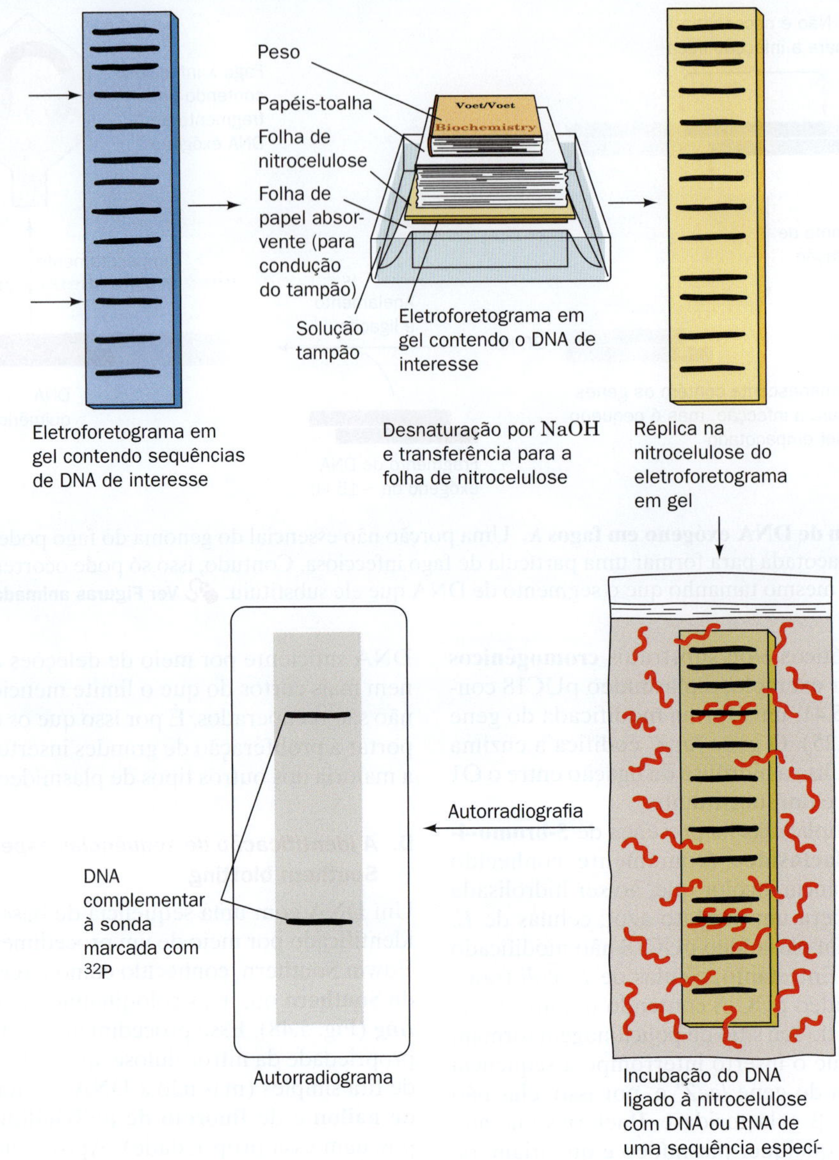

FIGURA 5.48 Detecção de DNAs contendo sequências de bases específicas pela técnica de transferência de *Southern*.

moléculas que são complementares às sequências radioativas são indicadas por um escurecimento do filme revelado. Alternativamente, pode-se usar um ***phosphoimager***, essencialmente um "filme eletrônico" que detecta radioatividade com dez vezes mais sensibilidade do que o filme de raio X.

Um segmento de DNA contendo uma determinada sequência de bases (p. ex., um RFLP) pode, dessa maneira, ser detectado e isolado. A sonda radioativa utilizada nesse procedimento pode ser o mRNA correspondente, se ele for produzido em quantidade suficiente para ser isolado (p. ex., os **reticulócitos** [células sanguíneas vermelhas imaturas], que produzem poucas proteínas além da **hemoglobina** [a proteína vermelha que transporta O_2 no sangue] são ricos em mRNAs que a especificam). Alternativamente, o gene especificando uma proteína de sequência de aminoácidos conhecida pode ser encontrado a partir da síntese de uma sonda que seja uma mistura de todos os oligonucleotídeos que, de acordo com o código genético (Tabela 5.3), podem especificar um segmento do gene com baixo grau de degeneração (Fig. 5.49).

O Southern blotting pode ser utilizado para o diagnóstico e a detecção pré-natal de doenças genéticas. Essas doenças frequentemente resultam de uma alteração específica em um único gene, como uma substituição, uma deleção ou uma inserção de bases. A temperatura na qual a hibridização da sonda é feita pode ser ajustada de maneira que somente um oligonucleotídeo que seja perfeitamente complementar a toda extensão do DNA irá hibridizar com ele. Mesmo uma única base não pareada irá resultar, sob as condições apropriadas, em falha na hibridização. Por exemplo, a doença genética **anemia falciforme** deriva de uma única alteração A → T no gene especificando a subunidade β da hemoglobina, a qual causa a substituição de aminoácido Glu β6 → Val (Seção 7.3Aa). Um olinucleotídeo de 19 resíduos complementar ao segmento mutado do gene da anemia falciforme hibridiza, na tempera-

```
— Trp – Lys – Gln – Cys – Met —Segmento
32P–UGG–AAA–CAA–UGU–AUG   peptídico
32P–UGG–AAG–CAA–UGU–AUG
32P–UGG–AAA–CAG–UGU–AUG   Mistura de todos
32P–UGG–AAG–CAG–UGU–AUG   os oligonucleotí-
32P–UGG–AAA–CAA–UGC–AUG   deos que podem
32P–UGG–AAG–CAA–UGC–AUG   codificar o
32P–UGG–AAA–CAG–UGC–AUG   peptídeo
32P–UGG–AAG–CAG–UGC–AUG
```

FIGURA 5.49 Uma sonda oligonucleotídica degenerada. Essa sonda é uma mistura de todos os oligonucleotídeos que podem codificar um segmento polipeptídico de sequência conhecida. Na prática, esse segmento é escolhido por conter uma grande proporção de resíduos especificados por códons de baixa degeneração. No segmento pentapeptídico mostrado aqui, Trp e Met são, cada um deles, especificados por somente um códon e Lys, Gln e Cys são, cada um deles, especificados por dois códons, que diferem somente nas suas posições terminais (*azul e vermelho*; Tabela 5.3), para um total de $1 \times 2 \times 2 \times 2 \times 1 = 8$ oligonucleotídeos. Os oligonucleotídeos são marcados com ^{32}P para utilização em *Southern blotting*.

tura apropriada, com o DNA de homozigotos para o gene da anemia falciforme, mas não com o DNA de indivíduos normais. Um oligonucleotídeo que seja complementar ao gene codificando a subunidade β da hemoglobina normal produziria resultados opostos. O DNA de heterozigotos para anemia falciforme (os que possuem um gene da hemoglobina β com a mutação da anemia falciforme e um normal) hibridiza com ambas as sondas, mas em quantidades reduzidas em relação ao DNA dos homozigotos. As sondas de oligonucleotídeos podem, consequentemente, ser utilizadas no diagnóstico pré-natal da anemia falciforme. (Note que a disponibilidade de testes genéticos fetais aumentou o número de nascimentos, pois vários casais que sabiam do risco que tinham em conceber uma criança geneticamente defectiva antes optavam por não ter filhos.) O uso de sondas de DNA também estão rapidamente substituindo as técnicas de cultivo, mais lentas e menos acuradas, para a identificação de bactérias patogênicas.

Em uma variação do procedimento de *Southern blotting*, DNAs específicos podem ser detectados ligando-se a sonda a uma enzima que gera um depósito colorido ou fluorescente sobre o material transferido, quando exposta aos reagentes adequados. Alternativamente, pode ser usada uma sonda que é ligada covalentemente a um corante que fluoresce quando estimulado por *laser*. Essas técnicas de detecção não radioativas são desejáveis na análise clínica, devido aos danos à saúde, problemas para descarte de resíduos e natureza mais incômoda dos métodos radiográficos. Sequências de RNA específicas podem ser detectadas por meio de uma diferente variação da transferência de Southern, denominada, em um trocadilho, como **transferência de Northern** (***Northern blot***), na qual o RNA é imobilizado em papel de nitrocelulose e detectado pelo uso de sondas de RNA ou DNA complementares.

E. *Bibliotecas genômicas*

Para a clonagem de um determinado fragmento de DNA, é preciso primeiramente que ele seja obtido em uma forma relativamente pura. A magnitude dessa tarefa pode ser apreciada quando se percebe que, por exemplo, um fragmento de 1 kb do DNA humano representa somente 0,000033% de um genoma de 3 bilhões de pb. Um fragmento de DNA pode ser identificado por *Southern blot* a partir de uma digestão por restrição do DNA genômico sob investigação. Na prática, entretanto, é normalmente muito mais difícil de identificar um determinado gene de um organismo e depois cloná-lo do que clonar o genoma inteiro do organismo em fragmentos de DNA e depois identificar o(s) clone(s) contendo a(s) sequência(s) de interesse. Esse conjunto de fragmentos clonados é conhecido como **biblioteca genômica**. Uma biblioteca genômica de um determinado organismo somente necessita ser feita uma vez, pois ela pode ser perpetuada para utilização sempre que uma nova sonda tornar-se disponível.

Bibliotecas genômicas são geradas de acordo com um processo conhecido como **clonagem *shotgun***. O DNA cromossômico de um organismo é isolado, clivado em fragmentos de um tamanho clonável e inserido em um vetor de clonagem pelos métodos descritos na Seção 5.5B. O DNA é fragmentado pela digestão por restrição parcial (permitindo que a enzima de restrição atue somente por um tempo curto), em vez de total, de modo que a biblioteca genômica contenha representantes intactos de todos os genes do organismo, inclusive daqueles cujas sequências contêm sítios de restrição. A fragmentação por quebras produzidas pela agitação rápida de uma solução de DNA ou por sonicação também é utilizada, porém ela requer tratamento adicional dos fragmentos para que eles sejam inseridos em vetores de clonagem. Bibliotecas genômicas foram produzidas para muitos organismos, incluindo leveduras, *Drosophila*, camundongos e seres humanos.

a. Muitos clones devem ser analisados para que seja obtido um gene de interesse

O número de fragmentos de clivagem aleatória que devem ser clonados para garantir uma alta probabilidade de que uma dada sequência esteja representada pelo menos uma vez na biblioteca genômica é calculado como se segue: a probabilidade P de que um conjunto de N clones contenha um fragmento que constitui a fração f, em pb, do genoma de um organismo é

$$P = 1 - (1 - f)^N \qquad [5.2]$$

Consequentemente,

$$N = \log(1 - P)/\log(1 - f) \qquad [5.3]$$

Assim, para ter $P = 0{,}99$ com fragmentos com extensão média de 10 kb, para o cromossomo de 4.639 kb de *E. coli* ($f = 0{,}00216$), $N = 2.134$ clones, enquanto, para o genoma de *Drosophila* ($f = 0{,}0000566$), $N = 83.000$. A utilização de bibliotecas genômicas com base em YACs ou BACs reduz grandemente, portanto, o esforço necessário para a obtenção de um dado segmento gênico a partir de um grande genoma.

Como as bibliotecas genômicas não possuem um índice, é necessária uma triagem para a detecção da presença de um determinado gene. Isso é feito por um processo conhecido como **hibridização de colônias** ou **hibridização *in situ*** (Fig. 5.50; do latim: *in situ*, em posição). As colônias de leveduras, as colônias bacterianas ou as placas de fagos clonadas que devem ser testadas são transferidas, por plaqueamento em réplica (Fig. 1.30), de uma placa-mestre para um filtro de nitrocelulose. O filtro é tratado com NaOH, que lisa as células ou os fagos e desnatura o DNA, de modo que ele se liga à nitrocelulose (lembre que o DNA de fita simples liga-se

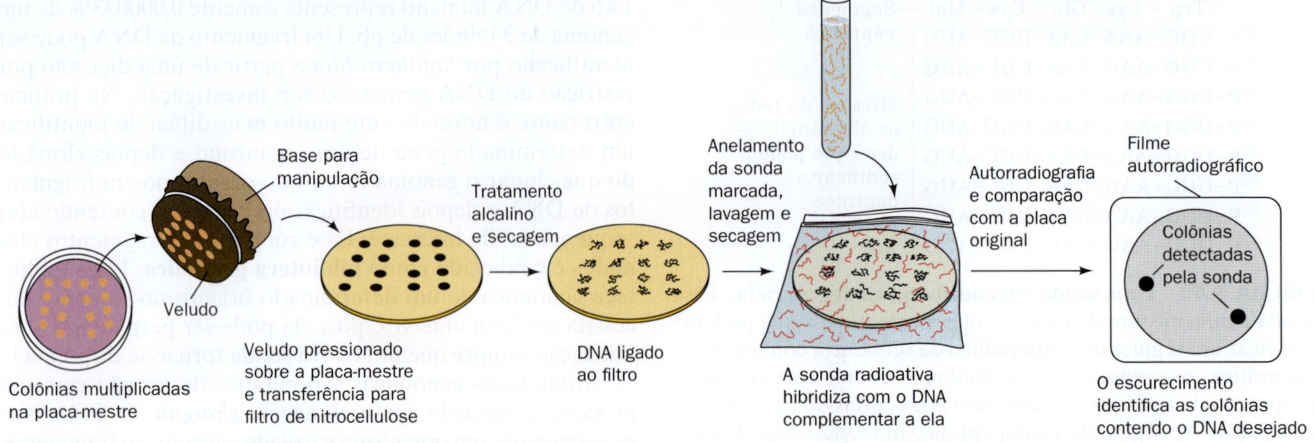

FIGURA 5.50 Hibridização de colônias (*in situ*). Essa técnica identifica os clones contendo um DNA de interesse.

preferencialmente à nitrocelulose). O filtro é então secado para fixação do DNA em posição, tratado sob condições de anelamento com um sonda radioativa para o gene de interesse, lavado e autorradiografado. *Somente aquelas colônias ou placas contendo o gene procurado se ligarão à sonda e, assim, impressionarão o filme.* Os clones correspondentes podem então ser recuperados a partir da placa-mestre. Usando essa técnica, mesmo ~1 milhão de clones de uma biblioteca genômica humana podem ser facilmente triados quanto à presença de um determinado segmento de DNA.

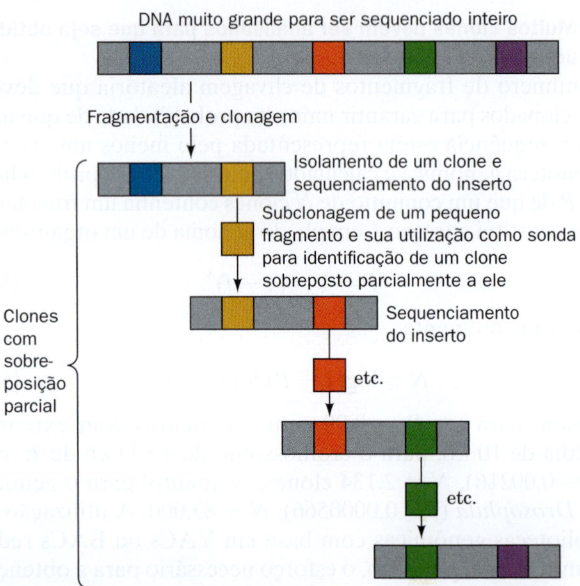

FIGURA 5.51 Caminhada pelo cromossomo (*chromosome walking*). Um segmento de DNA muito grande para ser sequenciado inteiro é fragmentado e clonado. Um clone é isolado e o inserto de DNA que ele contém é sequenciado. Um pequeno fragmento do inserto, próximo a uma de suas extremidades é subclonado (clonado a partir de um clone) e utilizado como sonda para selecionar um clone contendo um inserto parcialmente sobreposto a ele, o qual, por sua vez, é sequenciado. O processo é repetido de maneira a "caminhar-se" ao longo do cromossomo. A caminhada pelo cromossomo pode, obviamente, ser feita em ambas as direções.

Muitos genes eucarióticos e agrupamentos gênicos cobrem enormes extensões de DNA (Seção 34.2); alguns consistem em > 1.000 kb. Com a utilização de bibliotecas genômicas com base em plasmídeos, fagos ou cosmídeos, esse DNAs longos podem ser obtidos somente como uma série de fragmentos parcialmente sobrepostos (Fig. 5.51). Cada fragmento gênico que venha a ser isolado é, por sua vez, utilizado como sonda para a identificação de um fragmento adjacente, mas parcialmente sobreposto, daquele gene, em um processo chamado de **caminhada pelo cromossomo**. A utilização de YACs e BACs, entretanto, reduz muito a demanda de trabalho desse processo laborioso e passível de erros.

F. *A reação em cadeia da polimerase*

Ver Exploração guiada 3: PCR e mutagênese sítio-dirigida

Embora as técnicas de clonagem molecular sejam indispensáveis para a pesquisa bioquímica moderna, o uso da **reação em cadeia da polimerase** (**PCR**) constitui-se em um método mais rápido e mais conveniente para amplificação de um segmento de DNA específico de até 6 kb. Nessa técnica (Fig. 5.52), que foi formulada em 1985 por Kary Mullis, uma amostra de DNA desnaturada (com as fitas separadas) por calor é incubada com DNA-polimerase, dNTPS e dois oligonucleotídeos iniciadores cujas sequências flanqueiam o segmento de DNA de interesse, de modo a direcionarem a síntese de novas fitas complementares pela DNA-polimerase. Ciclos múltiplos desse processo, cada um deles duplicando a quantidade de DNA presente, amplificam geometricamente o DNA a partir até mesmo de uma única cópia gênica. Em cada ciclo, as duas fitas do DNA dúplex são separadas por desnaturação térmica a 95°C, a temperatura é depois reduzida para permitir que os iniciadores anelem-se aos segmentos complementares no DNA e que a DNA-polimerase direcione a síntese das fitas complementares (Seção 5.4C). A utilização de uma DNA-polimerase resistente a altas temperaturas, como aquelas das bactérias termofílicas *Thermus aquaticus* (***Taq* DNA-polimerase**) ou *Pyroccocus furiosus* (***Pfu* DNA-polimerase**), ambas estáveis a 95°C, elimina a necessidade de adição de mais enzima a cada etapa de desnaturação. Portanto, na presença de quantidades suficientes de iniciadores e dNTPs, a PCR é executada simplesmente variando-se ciclicamente a temperatura em um aparelho automático chamado **termociclador**.

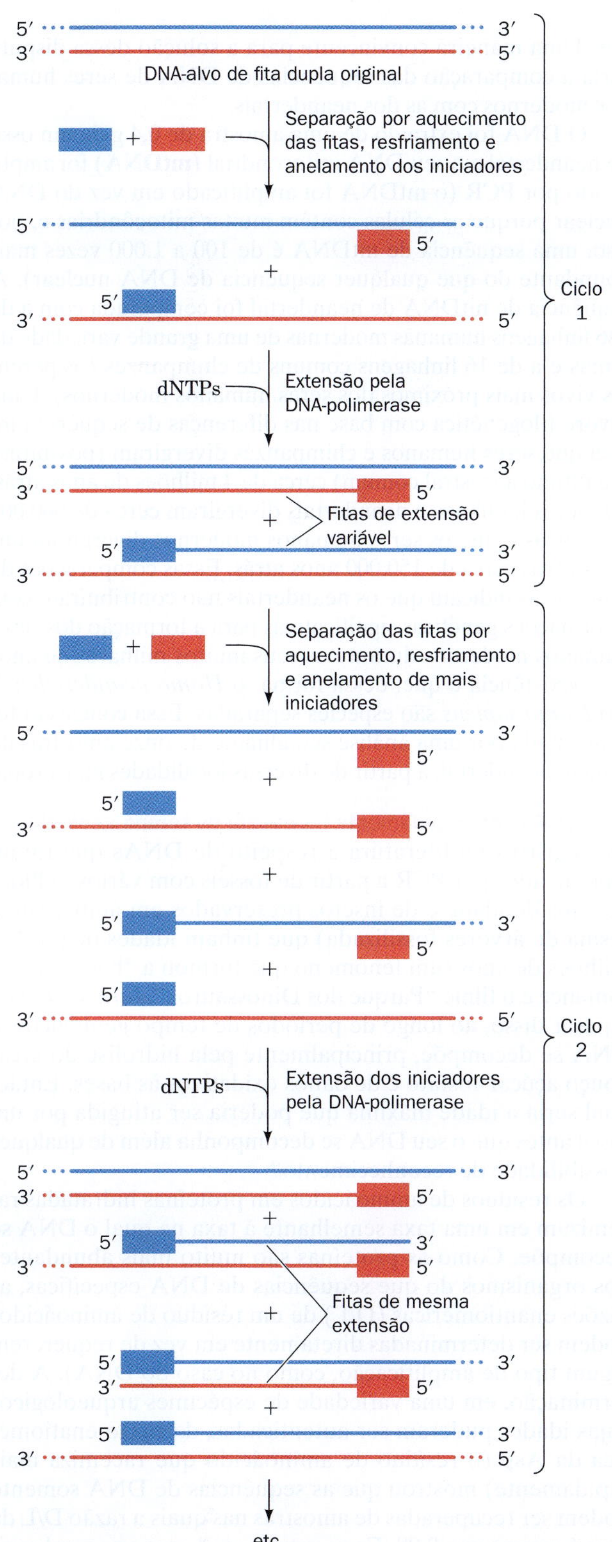

FIGURA 5.52 A reação em cadeia da polimerase (PCR). Em cada ciclo da reação, as fitas do DNA dúplex são separadas por desnaturação térmica, a preparação é resfriada de modo a permitir que os iniciadores sintéticos de DNA anelem com os segmentos complementares em cada fita e sejam estendidos pela DNA-polimerase. O processo é então repetido por muitos ciclos. O número de fitas de "mesma extensão" duplica-se a cada ciclo após o segundo ciclo.

Vinte ciclos de amplificação por PCR teoricamente aumentam a quantidade da sequência-alvo em $2^{20} \approx 10^6$ vezes com alta especificidade (na prática, o número de cópias da sequência-alvo duplica-se a cada ciclo da PCR, até que se acumule um número de complexos iniciador-molde maior do que aquele que a DNA polimerase é capaz de estender durante um ciclo, a partir do que a taxa de aumento da quantidade do DNA-alvo passa a ser linear em vez de geométrica; o rendimento verdadeiro é ~20% do rendimento teórico). De fato, já foi demonstrado que o método amplifica um DNA-alvo presente somente uma vez em uma amostra de 10^5 células, demonstrando assim que ele pode ser utilizado sem uma prévia purificação do DNA (embora, como uma consequência dessa enorme amplificação, deva ser tomado um cuidado especial com a amostra de DNA de interesse, para que não seja contaminada por um DNA estranho semelhante em sequência ao que está sob investigação). O DNA amplificado pode ser caracterizado por uma variedade de técnicas, incluindo a análise por RFLP, *Southern blotting* e sequenciamento direto (Seção 7.2A). A amplificação por PCR é, portanto, uma forma de "clonagem molecular livre de células", que pode conseguir, em um procedimento automático *in vitro* que requer em torno de 30 minutos, resultados que levariam dias ou semanas para serem obtidos por meio das técnicas de clonagem discutidas anteriormente.

a. A PCR possui muitas aplicações

A amplificação por PCR tornou-se uma ferramenta indispensável em uma grande variedade de aplicações. Clinicamente, ela é utilizada para o diagnóstico rápido de doenças infecciosas e a detecção de eventos patológicos raros, como mutações que levam a câncer (Seção 19.3Ba). Na medicina forense, o DNA de um único fio de cabelo, espermatozoide ou gota de sangue pode ser utilizado para identificar o seu doador. Isso é mais comumente feito por meio da análise de **repetições curtas em *tandem*** (**STRs**, de *short tandem repeats*), segmentos de DNA que contêm sequências de 2 a 7 pb repetidas, como $(CA)_n$ e $(ATGC)_n$, que estão distribuídas por todo o genoma (p. ex., o genoma humano contém ~100.000 STRs $[CA]_n$). O número de repetições em *tandem*, *n*, é variável geneticamente para muitas STRs (especificamente para STRs $[CA]_n$, *n* varia de 1 a 40) e, portanto, essas repetições são marcadores de individualidade (como são os RFLPs). O DNA de uma determinada STR pode ser amplificado por PCR por meio do uso de iniciadores complementares a sequências únicas (não repetitivas) que flanqueiam a repetição. O número de repetições em *tandem* daquela STR de um indivíduo em particular pode então ser determinado, tanto pela quantificação de sua massa molecular, por meio de eletroforese em gel de poliacrilamida (Seção 6.6C), como por sequenciamento direto (Seção 7.2A). A determinação desse número para várias STRs bem caracterizadas (aquelas cujos números de repetições foram determinados em muitos indivíduos de múltiplas origens étnicas), ou seja, do haplótipo de DNA, pode identificar inequivocamente o doador do DNA.

As STRs também são amplamente utilizadas para comprovar ou refutar relacionamentos familiares. Por exemplo, uma tradição oral atribui a Thomas Jefferson, o terceiro presidente americano, a paternidade de um filho, Eston Hemings (nascido em 1808), cuja mãe era sua escrava Sally Hemings (dizia-se que Eston Hemings tinha uma semelhança física surpreendente com Jefferson). Somente as extremidades do cromossomo Y sofrem recombinação (com o cromossomo X) e o restante dele é passado sem alterações de pai para filho (exceto por eventuais mutações). A descoberta de que os cromossomos Y dos descendentes da linhagem masculina de Eston Hemings e do irmão do pai de Jefferson (nenhum filho legítimo de Jefferson sobreviveu) possuíam haplótipos com base em STRs idênticos indicou que Thomas Jefferson provavelmente era mesmo o pai de Eston Hemings (embora isto também pudesse ser verdadeiro para qualquer um dos parentes masculinos contemporâneos de Jefferson).

O RNA também pode ser amplificado por PCR por meio de sua transcrição reversa em uma fita complementar de DNA (**cDNA**) pela ação de uma enzima chamada de **DNA-polimerase dirigida por RNA** (comumente conhecida como **transcriptase reversa**). Essa enzima, que é produzida por certos vírus contendo RNA conhecidos como **retrovírus** (Seção 30.4C), utiliza um molde de RNA, mas, afora isso, é semelhante à DNA-polimerase I quanto à reação que ela catalisa.

Variações da técnica de PCR têm encontrado numerosas aplicações. Por exemplo, DNA de fita simples (que é necessário para o sequenciamento de DNA; Seção 7.2A) pode ser rapidamente gerado por **PCR assimétrica**, técnica na qual uma pequena quantidade de um iniciador é utilizada, de modo que ele é exaurido após vários ciclos da PCR. Nos ciclos subsequentes, somente a fita estendida a partir do outro iniciador, o qual está presente em excesso, é sintetizada (note que a amplificação por PCR torna-se linear em vez de geométrica depois de um dos iniciadores ter se esgotado). Em casos nos quais os iniciadores podem anelar com mais de um sítio no DNA-alvo, podem ser utilizados **iniciadores aninhados** (*nested primers*) para garantir que somente a sequência-alvo seja amplificada. Nessa técnica, a amplificação por PCR é normalmente conduzida utilizando-se um par de iniciadores. Os produtos dessa amplificação são então amplificados adicionalmente pelo uso de um segundo par de iniciadores, que se anelam ao DNA-alvo no interior da região amplificada. É muito improvável que ambos os pares de iniciadores anelem incorretamente de maneira aninhada (próximos um do outro) com um DNA que não seja o de interesse e, portanto, somente o DNA-alvo será amplificado.

b. Os neandertais não são ancestrais dos seres humanos modernos

A PCR também é responsável, em grande parte, pelo florescimento da ciência da arqueologia molecular. Por exemplo, técnicas com base em PCR foram utilizadas por Svante Pääbo para determinar se os neandertais formam ou não uma espécie diferente dos seres humanos modernos. Os neandertais (*Homo neandertalenses*; de Neanderthal, região da Alemanha onde foram encontrados os fósseis a partir dos quais eles foram identificados) são hominídeos extintos que eram em torno de 30% maiores do que os seres humanos modernos e que aparentemente possuíam grande força muscular, testas baixas e supercílios projetados. De acordo com o registro fóssil, eles se extinguiram ~28.000 anos atrás, depois de terem habitado a Europa e oeste da Ásia por mais de 300.000 anos. Durante a parte final desse período, eles coexistiram com os ancestrais humanos diretos (que podem muito bem ter sido os responsáveis pela extinção dos neandertais). Assim, uma importante questão antropológica é se os neandertais constituiram uma raça antiga de *Homo sapiens*, ancestral aos seres humanos modernos, ou se era uma espécie separada. Evidências morfológicas têm sido citadas em suporte de ambas as possibilidades. Uma maneira convincente para a solução dessa disputa seria a comparação das sequências de DNA de seres humanos modernos com as dos neandertais.

O DNA foi extraído de uma amostra de 0,4 g de um osso de neandertal e o seu DNA mitocondrial (**mtDNA**) foi amplificado por PCR (o mtDNA foi amplificado em vez do DNA nuclear porque as células contêm muitas mitocôndrias e, por isso, uma sequência de mtDNA é de 100 a 1.000 vezes mais abundante do que qualquer sequência de DNA nuclear). A sequência de mtDNA de neandertal foi comparada com a de 986 linhagens humanas modernas de uma grande variedade de etnias e a de 16 linhagens comuns de chimpanzés (os parentes vivos mais próximos dos seres humanos modernos). Uma árvore filogenética com base nas diferenças de sequência indica que seres humanos e chimpanzés divergiram (possuíram seu último ancestral comum) cerca de 4 milhões de anos atrás, que seres humanos e neandertais divergiram cerca de 660.000 anos atrás e que os seres humanos modernos divergiram uns dos outros cerca de 150.000 anos atrás. Essas comparações de sequências indicam que os neandertais não contribuíram com informações genéticas significativas para a formação dos seres humanos modernos durante os seus muitos milhares de anos de coexistência e que, dessa forma, o *Homo neandertalensis* e o *Homo sapiens* são espécies separadas. Essa conclusão foi confirmada por uma análise semelhante de onze amostras de origem neandertal, a partir de diversas localidades na Europa.

c. O DNA decai rapidamente na escala de tempo geológico

Há registros na literatura a respeito de DNAs que foram amplificados por PCR a partir de fósseis com vários milhões de anos de idade e de insetos preservados em âmbar (uma resina de árvores fossilizada) que tinham idades de até 135 milhões de anos (um fenômeno que formou a "base" para o romance e o filme "Parque dos Dinossauros", *Jurassic Park*). Apesar disso, ao longo de períodos de tempo geológicos, o DNA se decompõe, principalmente pela hidrólise do arcabouço açúcar-fosfato e de danos oxidativos às bases. Então, qual seria a idade máxima que poderia ser atingida por um fóssil antes que o seu DNA se decomponha além de qualquer possibilidade de reconhecimento?

Os resíduos de aminoácidos em proteínas hidratadas racemizam em uma taxa semelhante à taxa na qual o DNA se decompõe. Como as proteínas são muito mais abundantes nos organismos do que sequências de DNA específicas, as razões enantioméricas (D/L) de um resíduo de aminoácidos podem ser determinadas diretamente em vez de requererem algum tipo de amplificação, como no caso do DNA). A determinação, em uma variedade de espécimes arqueológicos cujas idades puderam ser autenticadas, da razão enatiomérica da Asp (o resíduo de aminoácido que racemiza mais rapidamente) mostrou que as sequências de DNA somente podem ser recuperadas de amostras nas quais a razão D/L da Asp é menor que 0,08. Esses estudos indicam que a sobrevivência de sequências de DNA reconhecíveis está limitada a alguns milhares de anos em regiões quentes, como o Egito, e a cerca de 100.000 anos em regiões frias, como a Sibéria. Parece, portanto, que os DNAs supostamente muito antigos resultaram, na realidade, de artefatos de amplificação de DNAs modernos contaminantes, particularmente aqueles de operadores humanos executando as amplificações de PCR. De fato, o DNA do fóssil de neandertal mencionado anteriormente havia se decomposto a um ponto que parecia improvável que o seu DNA nuclear pudesse ter sido sequenciado com sucesso, razão pela qual o mtDNA foi amplificado em seu lugar (embora isso pudesse ser possível hoje com os métodos atuais de sequenciamento de DNA [Seção 7.2C]).

Apesar do que visto anteriormente, há evidências confiáveis de que certos esporos bacterianos podem permanecer viáveis quase que indefinidamente. Esporos bacterianos, que são formados por vários grupos de bactérias, incluindo os bacilos, sob condições adversas, funcionam para permitir a sobrevivência da bactéria até que as condições tornem-se favoráveis para a sua multiplicação. Esporos bacterianos possuem revestimentos proteicos espessos, têm o citoplasma parcialmente desidratado e mineralizado e o seu DNA é especificamente estabilizado por proteínas especializadas (Seção 29.1Ba). Desse modo, foi possível cultivar um bacilo a partir de uma abelha preservada em âmbar por 25 a 40 milhões de anos (Myr, de *million years*), depois da superfície do âmbar ter sido quimicamente esterilizada. De maneira semelhante, um bacilo halófilo (que habita meios ricos em sal) foi cultivado a partir de uma minúscula (~9 μL) inclusão de água salgada em um cristal de sal com superfície esterilizada, obtido a partir de um depósito de sal de 250 Myr de idade.

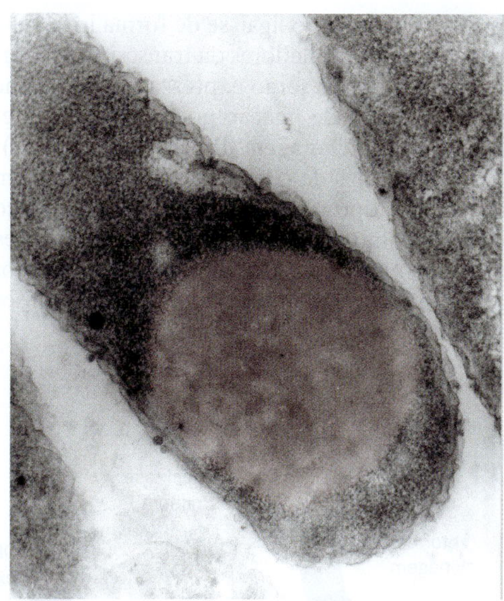

FIGURA 5.53 Micrografia eletrônica de um corpo de inclusão da proteína pró-quimosina em uma célula de *E. coli*. (Cortesia de Teruhito Beppu, Nikon University, Japão.)

G. Produção de proteínas

Um dos usos mais importantes da tecnologia do DNA recombinante é a produção de grandes quantidades de proteínas escassas e/ou novas. Esse é um processo relativamente simples para proteínas bacterianas: um **gene estrutural** (um gene que codifica uma proteína) clonado é inserido em um **vetor de expressão**, um plasmídeo ou vírus que contenha as sequências controladoras de transcrição e tradução posicionadas apropriadamente para a expressão da proteína. Com a utilização de um plasmídeo de controle relaxado e de um promotor eficiente, a produção de uma proteína de interesse pode chegar a 30% do conteúdo proteico celular total da bactéria hospedeira. Esses organismos geneticamente modificados são chamados de **superprodutores**.

Células bacterianas muitas vezes sequestram estas grandes quantidades de proteína sem função (para a bactéria) em **corpos de inclusão** insolúveis e desnaturados (Fig. 5.53). Uma proteína extraída desses corpos de inclusão deve, portanto, ser renaturada, o que em geral é feito dissolvendo-a em uma solução de **ureia** ou de **íons de guanidina** (substâncias que induzem a desnaturação de proteínas)

$$\underset{\textbf{Ureia}}{H_2N{-}\overset{\overset{\displaystyle O}{\|}}{C}{-}NH_2} \qquad \underset{\textbf{Íon de guanidina}}{H_2N{-}\overset{\overset{\displaystyle NH_2^+}{\|}}{C}{-}NH_2}$$

e, depois, removendo lentamente o agente desnaturante por uma membrana através da qual ele passa, mas a proteína não (**diálise** ou **ultrafiltração** [Seção 6.3Bc]; a desnaturação e a renaturação de proteínas são discutidas na Seção 9.1A).

Uma estratégia para evitar essa dificuldade é modificar o gene da proteína de interesse de maneira que ela passe a ser precedida por uma **sequência-sinal** bacteriana que determine que a maquinaria de síntese proteica de bactérias gram-negativas, como *E. coli*, secrete a proteína para o **espaço periplásmico** (o compartimento entre a membrana plasmática e a parede celular bacterianas; sequências-sinal são discutidas na Seção 12.4Ba). A sequência-sinal é depois removida por uma protease bacteriana específica. Proteínas secretadas, que estão em número relativamente baixo, podem ser liberadas para o meio pelo rompimento osmótico (Seção 6.1B) da membrana externa da bactéria (Seção 1.1B; a parede celular bacteriana é porosa), de modo que a purificação delas é bem mais simples do que a de proteínas intracelulares.

Outro problema encontrado quando se produz uma proteína exógena é o de que a proteína pode ser tóxica para a célula hospedeira (p. ex., a produção de uma protease pode destruir as proteínas celulares), o que pode determinar a morte da cultura bacteriana antes que quantidades suficientes de proteína tenham sido produzidas. Uma maneira de contornar esse problema é colocar o gene que codifica a proteína tóxica sob o controle de um promotor induzível, como, por exemplo, o promotor *lac*, em um plasmídeo que também contenha o gene do repressor *lac* (Seção 5.4Aa). Assim, a ligação do repressor *lac* ao promotor *lac* irá impedir a expressão da proteína exógena da mesma maneira que impede a expressão dos genes do óperon *lac* (Fig. 5.25*a*). Entretanto, depois das células terem se multiplicado até uma alta concentração, um indutor é adicionado, o que libera o repressor do promotor e permite a expressão da proteína exógena (Fig. 5.25*b*). Dessa maneira, as células são mortas, mas não antes de terem produzido grandes quantidades da proteína exógena. Para o repressor *lac*, o indutor de escolha é o **isopropiltiogalactosídeo** (**IPTG**; Seção 31.1Aa), um análogo sintético não metabolizável do indutor natural do repressor *lac*, a alolactose.

Um problema associado à inserção de um segmento de DNA em um vetor, como está indicado na Fig. 5.44, é o de que qualquer par de extremidades coesivas que tenha sido produzido por uma determinada enzima de restrição pode ser ligado. Consequentemente, os produtos de uma reação de ligação irão incluir vetores, insertos e suas várias combinações ligados em *tandem* (um após o outro), tanto em arranjos lineares como circulares. Além disso, no caso de sistemas de expressão, 50% dos genes estruturais que são inseridos nos vetores de expressão circulares irão ligar-se de forma invertida em relação às sequências controladoras da transcrição e da tradução do vetor e, portanto, não serão expressas adequadamente. A eficiência do processo de ligação pode ser grandemente aumentada pelo uso da **clonagem direcional** (Fig. 5.54). Nesse processo, duas enzimas de restrição diferentes são empregadas para gerar dois tipos diferentes de extremidades coesivas, tanto no inserto como no vetor. Nos sistemas de expressão, os sítios de restrição para essas enzimas estão arranjados de tal maneira que o gene estrutural somente pode ser inserido no vetor na orientação correta para a sua expressão.

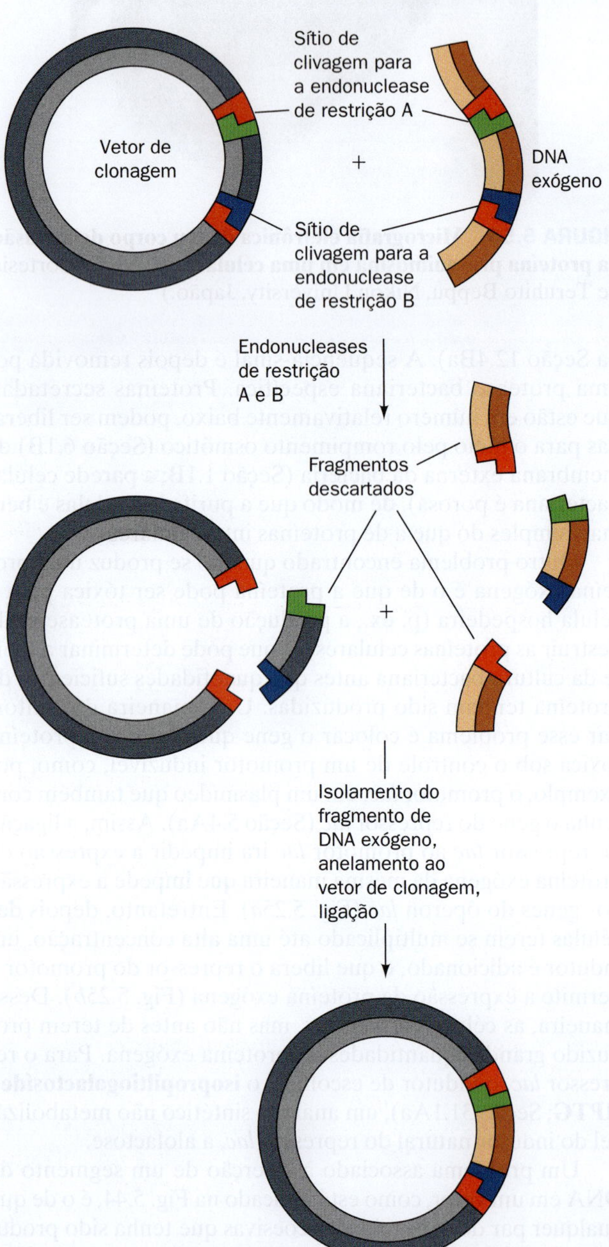

FIGURA 5.54 Construção de uma molécula de DNA recombinante por clonagem direcional. São utilizadas duas enzimas de restrição que produzem extremidades coesivas distintas, de modo que o fragmento de DNA exógeno somente possa ser inserido no vetor de clonagem em uma orientação.

a. Proteínas eucarióticas podem ser produzidas em bactérias e em células eucarióticas

A síntese de uma proteína eucariótica em um hospedeiro procariótico apresenta vários problemas não encontrados para a expressão de proteínas de procariotos:

1. Os elementos de controle eucarióticos para a síntese de RNA e de proteínas não são reconhecidos pelos hospedeiros bacterianos.
2. As bactérias não possuem a maquinaria celular para a excisão dos íntrons que estão presentes na maioria das células eucarióticas, ou seja, bactérias não são capazes de fazer o *splicing* gênico (Seção 5.4Ac).
3. As bactérias não possuem os sistemas enzimáticos para realização do processamento pós-traducional específico que muitas proteínas eucarióticas requerem para suas atividades biológicas (Seção 32.5). Notavelmente, as bactérias não glicosilam proteínas (embora, em muitos casos, a glicosilação não pareça afetar a função da proteína).
4. As proteínas eucarióticas podem ser degradadas preferencialmente pelas proteases bacterianas (Seção 32.6A).

O problema da falta de reconhecimento dos elementos de controle eucarióticos pode ser eliminado pela inserção da porção codificadora da proteína de um gene eucariótico em um vetor contendo os elementos controladores bacterianos corretamente posicionados. A necessidade de excisão dos íntrons pode ser contornada pela clonagem do cDNA do mRNA maduro da proteína. Alternativamente, genes codificadores de proteínas pequenas, de sequências conhecidas, podem ser sintetizados quimicamente (Seção 7.6A). Contudo, nenhuma dessas estratégias é aplicável universalmente, pois poucos mRNAs são suficientemente abundantes para serem isolados e porque os genes que codificam muitas proteínas eucarióticas são muito maiores do que o tamanho de sequência que pode ser atualmente sintetizado de maneira confiável. Da mesma forma, nenhuma estratégia geral foi desenvolvida para a modificação pós-traducional de proteínas eucarióticas.

A proteólise bacteriana preferencial de certas proteínas eucarióticas pode ser impedida pela inserção do gene eucariótico após um gene bacteriano, de modo que ambos tenham a mesma fase de leitura. A **proteína híbrida** ou **de fusão** resultante possui um polipeptídeo N-terminal de origem bacteriana que, em alguns casos, impede que as proteases bacterianas reconheçam o segmento eucariótico como de origem exógena. A purificação da proteína de fusão pode ser amplamente facilitada pelas propriedades de ligação específicas da sua porção N-terminal, por meio de um processo conhecido como **cromatografia de afinidade** (Seção 6.3C). Além disso, a formação da proteína de fusão pode tornar solúvel a sua porção C-terminal, que, de outra forma, seria insolúvel. Os dois segmentos polipeptídicos podem ser posteriormente separados por tratamento com uma protease, que cliva especificamente um sítio suscetível inserido por engenharia genética no limite entre os segmentos (ver a seguir).

O desenvolvimento de vetores de clonagem que se propagam em hospedeiros eucarióticos, como leveduras ou células animais em cultura, levou à eliminação de muitos dos problemas mencionados anteriormente (embora o processamento pós-traducional e, em particular, a glicosilação possam variar entre diferentes eucariotos). Vetores com base em baculovírus, que se replicam em células de inseto em cultura, têm sido particularmente bem-sucedidos quanto a este aspecto. Além disso, há a disponibilidade de **vetores de transferência** (*shuttle vectors*), que podem propagar-se tanto em leveduras como em *E. coli* e, assim, transferir (*shuttle*) genes entre esses dois tipos de células.

b. A produção de proteínas recombinantes tem importantes consequências práticas

A capacidade de sintetizar uma determinada proteína em grandes quantidades teve um enorme impacto médico, agrário e industrial. Dentre aquelas que estão em uso clínico rotineiro estão a **insulina humana** (um hormônio polipeptídico que regula o metabolismo energético e cuja administração é necessária para a sobrevivência em alguns tipos de diabetes; Seção 27.3B), o hormônio do crescimento humano (**somatotropina**, que induz a proliferação de músculos, ossos e cartilagens e é utilizada para estimular o crescimento de crianças de estatura anormalmente baixa (Seção 19.1J); antes do advento das técnicas de DNA recombinante, a somatotropina era apenas disponível em pequenas quantidades oriundas das hipófises de cadáveres), **eritropoetina** (um fator de crescimento proteico secretado pelos rins, que estimula a produção de hemácias e é utilizado no tratamento de anemia resultante de doenças renais), vários tipos de **fatores estimuladores de colônias** (que estimulam a produção e a ativação de leucócitos e são utilizados clinicamente em contraposição aos efeitos letais da quimioterapia sobre leucócitos e para facilitação de transplantes de medula) e o **ativador de plasminogênio de tipo tecidual** (**t-PA**, *tissue-type plasminogen activator*, que é utilizado para promover a dissolução de coágulos sanguíneos responsáveis por ataques cardíacos e derrames cerebrais; Seção 35.1F). Vacinas sintéticas, consistindo em componentes inofensivos mas imunogênicos de patógenos, por exemplo, vacina da hepatite B, estão eliminando os riscos decorrentes da utilização de vírus ou bactérias atenuadas, além de estarem tornando possíveis novas estratégias para o desenvolvimento de vacinas. A utilização de **fatores de coagulação sanguínea** recombinantes no tratamento de indivíduos com a doença genética **hemofilia** (na qual esses fatores são defectivos; Seção 35.1Da) substituiu a necessidade de extrair essas escassas proteínas de grandes quantidades de sangue humano e, assim, eliminou o alto risco que os hemofílicos corriam anteriormente de contraírem hemopatias, como a hepatite e a Aids. Há bastante tempo é reconhecido que a somatotropina bovina (**ST bovina**) estimula a produção de leite em vacas leiteiras em ~15%. Contudo, a sua utilização somente tornou-se economicamente viável com o advento da tecnologia do DNA recombinante, pois, anteriormente, a ST bovina somente podia ser obtida em pequenas quantidades a partir de pituitárias glândulas hipófise bovinas. A somatotropina suína recombinante (**ST suína**), que é administrada a leitões em crescimento, induz um ganho de peso ~15% maior com ~20% menos alimentação, ao mesmo tempo em que determina a produção de uma carne mais magra.

c. A mutagênese sítio-dirigida e a mutagêne de cassete geram proteínas com alterações de sequência específicas

De igual importância para a produção de proteínas é a capacidade de adequá-las a aplicações específicas a partir da alteração de suas sequências de aminoácidos em sítios específicos. Isso é frequentemente feito por meio de um método desenvolvido por Michael Smith, conhecido como **mutagênese sítio-dirigida**. Nessa técnica, um oligonucleotídeo contendo

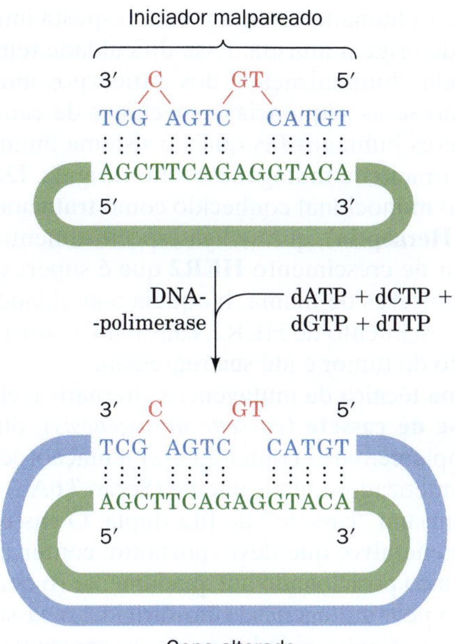

FIGURA 5.55 Mutagênese sítio-dirigida. Um oligonucleotídeo sintetizado quimicamente que incorpora as alterações de bases desejadas é hibridizado com o DNA contendo o gene a ser alterado (*fita verde*). O iniciador malpareado é então estendido pela DNA-polimerase I, gerando dessa forma o gene mutado (*fita azul*). O gene mutado pode ser subsequentemente inserido em um organismo hospedeiro apropriado, de maneira a produzir o DNA mutante, ou o RNA correspondente a ele, em quantidade, produzir uma proteína alterada especificamente, e/ou gerar um organismo mutante. **Ver Figuras animadas**

um segmento gênico curto com a sequência de bases alterada desejada, correspondente à nova sequência de aminoácidos (e sintetizada pelas técnicas discutidas na Seção 7.6Aa), é utilizado como um iniciador na replicação do gene de interesse, mediada pela DNA-polimerase I. Esse iniciador pode ser projetado de modo a hibridizar com a sequência de tipo selvagem correspondente se apresentar somente alguns pares de bases malpareados e, ao serem estendidos pela DNA-polimerase I, produz o gene alterado desejado (Fig. 5.55). O gene alterado pode então ser inserido em um organismo adequado por meio das técnicas discutidas na Seção 5.5C e amplificado (clonado) em quantidade. De maneira semelhante, a PCR pode ser utilizada como um veículo para a mutagênese sítio-dirigida, simplesmente pela utilização de um iniciador mutado na amplificação de um gene de interesse, de forma que o DNA resultante contenha a sequência alterada.

Por meio de mutagênese sítio-dirigida, o desenvolvimento de uma forma variante da protease bacteriana **subtilisina** (Seção 15.3Bb), na qual a Met 222 foi alterada para Ala (Met 222 → Ala ou M222A), permitiu a sua utilização em detergentes de roupas que contêm alvejante (que inativa em grande parte a subtilisina de tipo selvagem pela oxidação da Met 222). **Anticorpos monoclonais** (espécies únicas de anticorpos produzidas por clones de células produtoras de anticorpos; Seções 6.1Da e 35.2Bd) podem ser dirigidos contra proteínas específicas e, por isso, são utilizados como agentes antitumorais. Entretanto, como os anticorpos monoclonais da maneira como são normalmente produzidos são proteínas de camundongo, eles não são eficazes como agentes terapêuticos, pois seres humanos montam uma resposta imune contra proteínas de origem murina. Essa dificuldade tem sido contornada pela "humanização" dos anticorpos monoclonais, substituindo-se as sequências específicas de camundongos pelas de seres humanos (as quais o sistema imune humano ignora) por meio de mutagênese sítio-dirigida. Desta forma o anticorpo monoclonal conhecido como **tratuzumab** (nome comercial **Herceptin**), que se liga especificamente ao receptor do fator de crescimento **HER2** que é superexpresso em 25% dos cânceres de mama, bloqueia a atividade de sinalização do crescimento de HER2, causando assim a parada do crescimento do tumor e até sua regressão.

Em uma técnica de mutagênese alternativa, chamada de **mutagênese de cassete** (*cassette mutagenesis*), oligonucleotídeos complementares contendo a(s) mutação(ões) de interesse são sintetizados quimicamente (Seção 7.6Aa) e anelados para criarem um "cassete" de fita dupla. O cassete é então ligado ao gene-alvo, que deve, portanto, conter um sítio de restrição único posicionado adequadamente (o qual pode ser introduzido pela mutagênese sítio-dirigida; o cassete deve, é claro, possuir as extremidades coesivas correspondentes). Se o cassete deve substituir um segmento previamente existente, o gene-alvo deve conter dois sítios de restrição, se possível diferentes, flanqueando o seu segmento a ser substituído. A mutagênese de cassete é particularmente útil para a inserção de pequenas sequências peptídicas na proteína de interesse (p. ex., para a introdução de um sítio-alvo proteolítico para a clivagem de uma proteína de fusão), quando uma região específica da proteína está para ser submetida à mutagênese extensiva e/ou repetitiva, e para a geração de proteínas contendo todas as sequências possíveis em um segmento curto (a partir da síntese de uma mistura de cassetes contendo todas as variantes possíveis dos códons correspondentes; Seção 7.6C).

Ao longo de todo este livro, serão vistos diversos exemplos de funções proteicas sendo caracterizadas por mutagênese, pela substituição de um ou mais resíduos ou de um segmento polipeptídico específico suspeito de possuir um papel funcional ou estrutural importante. De fato, a mutagênese tornou-se uma ferramenta indispensável na prática de enzimologia.

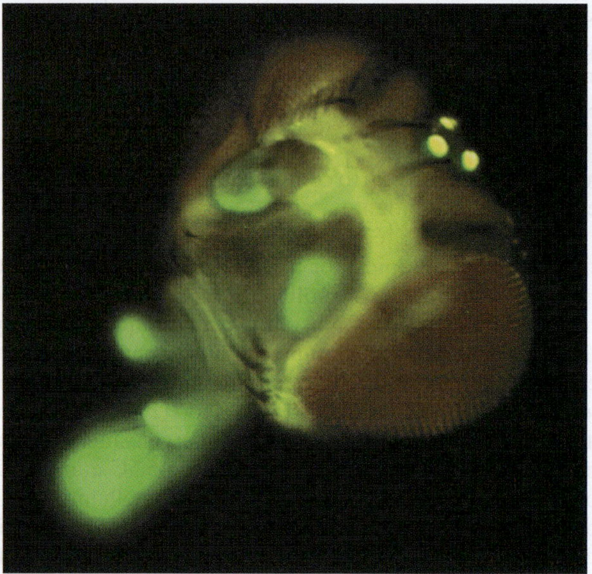

FIGURA 5.56 Uso da GFP como um gene-repórter. O gene da GFP foi colocado sob o controle do promotor do gene *per* de *Drosophila* e transformado em *Drosophila*. O gene *per* codifica uma proteína-relógio (*clock protein*) que está envolvida no controle do ritmo circadiano (diário) da drosófila. A intensidade da fluorescência verde da cabeça isolada da mosca vista aqui, que também ocorre em outras partes do corpo, segue um padrão de oscilação diário que pode ser reinicializado por luz. Essas observações indicam que células individuais de *Drosophila* possuem fotorreceptores e sugerem que cada uma dessas células possui um relógio independente. Evidentemente, a cabeça, a qual acreditava-se anteriormente que era o oscilador-mestre da mosca, não coordena todos os seus ritmos. (Cortesia de Steve A. Kay, The Scripps Research Institute, La Jolla, Califórnia, EUA.)

d. Genes-repórter podem ser utilizados para monitoramento da atividade transcricional

A frequência na qual um gene estrutural é expresso depende das suas sequências controladoras a montante. Consequentemente, a frequência de expressão de um gene pode ser monitorada pela substituição de sua porção codificadora de proteína ou por sua fusão em fase com um gene que expressa uma proteína cuja presença pode ser facilmente determinada. Um exemplo já familiar desse tipo de **gene-repórter** é o gene *lacZ* na presença de X-gal (Seção 5.5Ca), pois o seu nível de expressão é facilmente quantificado pela intensidade da cor azul que é gerada. Embora muitos genes-repórter tenham sido desenvolvidos, aquele que vem tendo a maior utilização codifica a **proteína fluorescente verde** (**GFP**, de *green fluorescent protein*). A GFP, um produto da medusa bioluminescente *Aequorea victoria*, fluoresce com um pico no comprimento de onda de 508 nm (luz verde) quando irradiada por UV ou luz azul (otimamente de 400 nm). Essa proteína não tóxica, cujo uso foi iniciado por Osuma Shimomura e Martin Chalfie, é intrinsicamente fluorescente; seu grupamento de emissão de luz é o produto da ciclização espontânea e da oxidação por O_2 dos três resíduos consecutivos, Ser-Tyr-Gly, para gerar um sistema conjugado de ligações duplas que dá à proteína suas propriedades fluorescentes.

—NH—CH(CH₂OH)—C(=O)—NH—CH(CH₂—C₆H₄—OH)—C(=O)—NH—CH₂—C(=O)—

Ser Tyr Gly

↓

Fluoróforo da proteína fluorescente verde

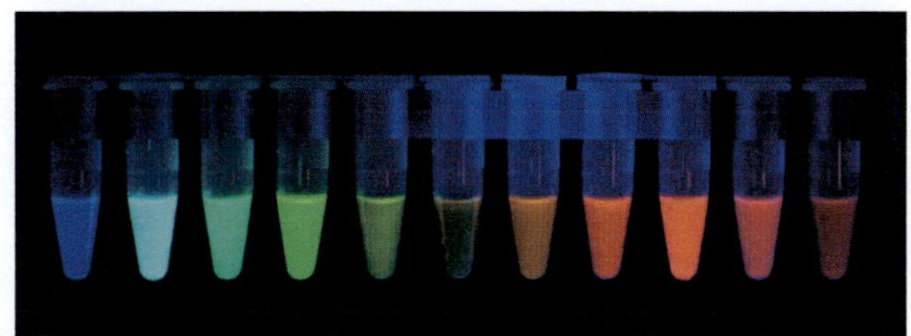

FIGURA 5.57 Fluorescência de soluções de GTP e dez de suas variantes. Note que cada uma dessas proteínas fluoresce com uma cor diferente. [Cortesia de Roger Tsien, University of California em San Diego, EUA.]

Portanto, a GFP não requer qualquer substrato ou pequenas moléculas que atuem como cofatores, como no caso de outras proteínas altamente fluorescentes. A sua presença pode, então, ser monitorada pelo uso de luz UV ou de um fluorímetro e a sua localização celular pode ser determinada por microscopia de fluorescência (Fig. 5.56). Consequentemente, quando o gene da GFP é colocado sob o controle do gene que expressa uma determinada proteína (a fluorescência da GFP não é afetada pela formação de uma proteína de fusão), a atividade de expressão proteica pode ser facilmente determinada. De fato, diversas variantes da GFP, com conjuntos distintos de comprimentos de onda de excitação e de emissão, foram desenvolvidas por Roger Tsien por meio da engenharia genética (Fig. 5.57) e, em consequência disso, a atividade de expressão de vários genes diferentes pode ser monitorada simultaneamente. Além disso, o desenvolvimento de variantes da GFP sensíveis a pH permite o monitoramento do pH de compartimentos subcelulares.

H. *Organismos transgênicos e terapia gênica*

Para muitas aplicações, é preferível alterar um organismo intacto, em vez de somente uma proteína – a verdadeira engenharia genética. Organismos multicelulares expressando um gene exógeno (de outro organismo) são chamados de **transgênicos** e os genes exógenos transplantados são frequentemente referidos como **transgenes**. Para que a alteração seja permanente, isto é, seja herdável, um transgene deve ser integrado de forma estável nas células germinativas do organismo. Em camundongos, com técnicas iniciadas por Mario Capecchi, Martin Evans e Oliver Smithies, isso é conseguido por microinjeção (transfecção) do DNA codificando as características alteradas desejadas em um **pró-núcleo** de um óvulo fecundado (Fig. 5.58; um óvulo fecundado contém dois pró-núcleos, um do espermatozoide e outro do óvulo, que acabam por se fusionarem para formarem o núcleo do embrião unicelular) e sua implantação no útero de uma mão adotiva. O DNA integra-se em uma posição aleatória no genoma do pró-núcleo por meio de um mecanismo pouco compreendido. Alternativamente, uma **célula-tronco embrionária** (uma célula embrionária indiferenciada que pode dar origem, *in utero*, a um organismo completo) pode ser transfectada com um gene alterado, que ocasionalmente substitui o gene normal correspondente por recombinação. Um gene normal pode, dessa forma, ser "nocauteado" (inativado permanentemente) por transfecção com uma versão defectiva. Para qualquer um desses métodos, o cruzamento de heterozigotos para o gene alterado produz uma progênie homozigota para a alteração. A utilização de camundongos transgênicos e, em particular, de **camundongos nocauteados**, tem aumentado muito os conhecimentos a respeito da expressão gênica de vertebrados (Seção 34.3).

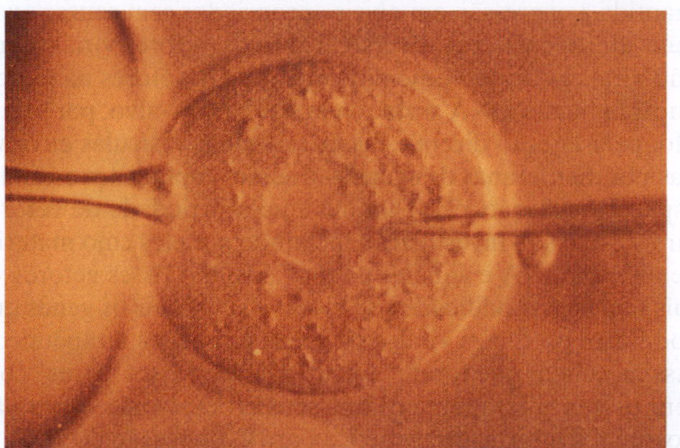

FIGURA 5.58 Microinjeção de DNA no pró-núcleo de um óvulo fecundado de camundongo. O óvulo está sendo mantido em posição por uma delicada sucção feita pela pipeta à esquerda. (Science Vu/Visuals Unlimited.)

a. Os organismos transgênicos têm muitas aplicações

Estão sendo desenvolvidos procedimentos para a geração de animais de produção transgênicos, entre os quais vacas, cabras, porcos e ovelhas. Então, os animais poderão ser induzidos a crescerem mais consumindo menores quantidades de alimento e/ou ser resistentes a determinadas doenças, embora isso vá exigir um entendimento dos genes envolvidos maior do que o atualmente disponível. Uma aplicação intrigante para animais de produção transgênicos é a utilização deles para a secreção, no seu leite, de proteínas de uso farmacêutico, como o hormônio do crescimento humano e fatores de coagulação sanguínea. É esperado que uma vaca transgênica, por exemplo, possa produzir várias gramas de uma proteína exógena por litro de leite (dezenas de quilogramas por ano), o que significaria uma produção muito mais econômica do que aquela proporcionada por bactérias. Um pequeno rebanho destes chamados "*pharm animals*" ("animais farmacêuticos", um trocadilho com *farm animals*, animais de fazenda) poderia suprir a demanda mundial de uma determinada proteína de aplicação medicinal.

Transplantes de órgãos como coração, pulmões, fígado e rins entre seres humanos (em um processo conhecido como **alotransplante**; do grego: *allos*, outro) tem salvado dezenas de milhares de vidas desde o final dos anos 1960. Entretanto, a demanda de órgãos transplantáveis tem superado de tal maneira o suprimento disponível, que somente em torno de 5% dos órgãos necessários nos Estados Unidos têm sido disponibilizados. Essa escassez de órgãos poderia ser inteiramente eliminada se órgãos de animais do tamanho de seres humanos, como porcos, pudessem ser utilizados nos transplantes (em um processo conhecido como **xenotransplantes**; do grego: *xenos*, estranho ou estrangeiro). Porém, o xenotransplante de um órgão suíno em um ser humano resulta na destruição do órgão em apenas seis minutos devido a uma série de reações mediadas pelo **sistema do complemento**, que é desencadeada pelos antígenos exógenos que revestem os vasos sanguíneos do xenoenxerto (o sistema do complemento constitui a primeira linha de defesa imunológica do corpo; Seção 35.2F). Essa **rejeição hiperaguda** ocorre porque o tecido suíno não possui as proteínas humanas que inibem o sistema do complemento humano. Entretanto, quando órgãos de porcos transgênicos para essas proteínas inibitórias humanas foram transplantados em babuínos, não ocorreu rejeição hiperaguda. Assim, embora nem todos os problemas dos xenotransplantes tenham sido eliminados (babuínos com corações suínos transplantados sobreviveram por seis meses), parece agora provável que as técnicas de engenharia genética vão finalmente tornar os xenotransplantes uma alternativa prática em relação aos alotransplantes.

Plantas transgênicas estão se tornando cada vez mais disponíveis, prometendo uma extensão significativa da "revolução verde", que vem mudando a face da agricultura em todo o mundo desde os anos 1950. Por exemplo, durante a esporulação, várias linhagens do micróbio de solo *Bacillus thuringiensis* (**Bt**) expressam proteínas que se ligam especificamente às células intestinais de certos insetos, de modo a lisá-las e a matar o inseto por inanição e infecção. Essas **δ-endotoxinas** (também conhecidas como **proteínas-cristal**, porque os esporos de Bt as contêm em forma microcristalina) são inócuas para vertebrados e, por isso, os esporos de Bt têm sido utilizados para o controle de pestes como a **mariposa cigana** (*Lymantria dispar*). Infelizmente, a Bt decai após um curto espaço de tempo. Porém, o gene da δ-endotoxina foi clonado no milho, ao qual, por exemplo, ele confere proteção contra a **broca do milho europeia** (*Ostrinia nubilalis*, uma praga comercialmente significativa, que passa grande parte do seu ciclo vital no interior de pés de milho, ficando praticamente, inacessível a inseticidas químicos). O uso do chamado **milho Bt**, que agora é amplamente cultivado nos Estados Unidos, tem reduzido grandemente a necessidade de utilização de inseticidas químicos. Genes da δ-endotoxina foram também clonados com sucesso em várias outras plantas de significância agronômica, incluindo a batata, a soja e o algodão.

Dentre as propriedades das plantas cultivadas que foram geradas por engenharia genética estão o aumento da resistência a herbicidas (o que permite uma utilização mais seletiva de herbicidas para o controle de ervas daninhas); a resistência a vírus, bactérias e fungos; a possibilidade de controle do amadurecimento (para permitir que uma colheita seja comercializada no momento ideal); alterações na arquitetura de plantas, como na altura (que podem aumentar a produtividade das colheitas); a tolerância aumentada a estresses ambientais, como frio, calor, aridez e salinidade; e a presença modificada ou adicional de vitaminas, amido, proteínas e óleos (para aumento das propriedades nutricionais e produção de suprimentos sustentáveis de matérias-primas). Por exemplo, foi desenvolvida uma linhagem de arroz que contém os genes que codificam as enzimas que sintetizam **β-caroteno** (Seção 24.2Ad), um pigmento cor de laranja precursor da **vitamina A**. Este arroz modificado geneticamente, denominado arroz dourado (Fig. 5.59), poderia aliviar a deficiência em vitamina A, que atinge ~400 milhões de pessoas e causa aproximadamente ~1,5 milhões de mortes e 400.000 casos de cegueira irreversível por ano, principalmente em crianças. Infelizmente, o medo irracional de organismos modificados geneticamente, estimulado por certas organizações ambientais e antiglobalização, levou a um emaranhado de regulamentos sobre cultivares transgênicos que, até hoje, impediram que o arroz dourado tenha sido disponibilizado para produtores nos países mais pobres onde a deficiência de vitamina A é frequente.

FIGURA 5.59 **Arroz dourado.** Os grãos de arroz à esquerda são do tipo selvagem. Os grãos à direita foram modificados geneticamente para sintetizar β-caroteno, que lhes dá a cor amarela. (Cortesia de Golden Rice Humanitarian Board, http://www.goldenrice.org.)

b. A terapia gênica possui um enorme potencial medicinal

A terapia gênica, a transferência de material genético novo para as células de um indivíduo resultando em benefícios terapêuticos para ele próprio, tem estado sob investigação clínica desde 1990, quando W. French Anderson e Michael Blaese empregaram essa tecnologia em duas crianças (Seção 28.4A), em um esforço para aliviar a **doença da imunodeficiência grave combinada** (**SCID**, de *severe combined immunodeficiency disease*; qualquer uma de várias doenças genéticas que prejudicam tanto o sistema imune que a vítima precisa ser mantida em um ambiente estéril para sobreviver). Atualmente, são conhecidas em torno de 4.000 doenças genéticas, que são, portanto, alvos potenciais para a terapia gênica.

Centenas de protocolos de transferência de genes estão em desenvolvimento na atualidade para utilização em terapia gênica. Em teoria, esses iriam levar o(s) gene(s) de interesse para apenas sua célula-alvo de modo que este gene seja permamentemente instalado nestas células de forma que seja mantida a expressão em níveis apropriados sem causar qualquer efeito colateral adverso. Tanto os vetores virais como não virais estão sob desenvolvimento. Os vetores não virais encaminham o DNA sozinho para as células-alvo, por exemplo, pela injeção direta e via **lipossomos** (vesículas envolvidas por membranas designadas a serem captadas por células específicas; Seção 12.2B). Uma ampla variedade de vetores virais estão sob investigação incluindo aqueles cujo material genético é DNA e aqueles no qual é RNA. Esses vetores virais têm sido modificados de modo a substituir os genes que codificam proteínas virais essenciais por genes terapêuticos. Assim, células que foram "infectadas" por esses "vírus" contêm os genes terapêuticos nos seus cromossomos, mas não possuem a informação genética para a replicação do vírus.

Existem três categorias de terapia gênica:

1. Na abordagem *ex vivo* (fora do corpo), células são removidas do corpo, incubadas com um vetor e então reintroduzidas no corpo. Esse procedimento é normalmente

feito com células da medula óssea, que são precursoras de células sanguíneas.

2. Na abordagem *in situ*, o vetor é aplicado diretamente sobre os tecidos afetados. Estes métodos estão sendo desenvolvidos, por exemplo, para o tratamento de tumores por injeção no tumor de um vetor portando o gene de uma toxina ou um gene que poderia tornar o tumor suscetível a um agente quimioterapêutico ou ao ataque do sistema imune; e para o tratamento da **fibrose cística**, pela inalação de um aerossol contendo um vetor codificando a proteína normal. (A fibrose cística, uma das doenças genéticas mais comuns, é causada por um defeito em uma proteína envolvida na secreção do íon cloreto nos pulmões e outros tecidos. Isso induz a secreção de um muco anormalmente espesso, o que resulta em infecções pulmonares recorrentes e frequentemente danosas, que levam à morte precoce.)

3. Na abordagem *in vivo* (no corpo), o vetor seria injetado diretamente na corrente sanguínea. Não existem, até agora, exemplos clínicos dessa abordagem. Entretanto, para que a terapia gênica cumpra inteiramente suas promessas, será necessário o desenvolvimento de vetores adequados a essa estratégia.

No primeiro sucesso clínico bem documentado de terapia gênica, Alain Fischer relatou que algumas crianças foram aparentemente curadas, por tratamento *ex vivo* de suas células de medula óssea, de uma forma de SCID chamada **SCID-X1** (que é causada por mutação no gene que codifica o **receptor de citocinas** γ**c**, um receptor para certos fatores de crescimento proteicos, cujo funcionamento correto é essencial para a diferenciação, proliferação e sobrevivência de leucócitos conhecidos como **células T**; Seção 35.2A). Entretanto, como o vetor viral contendo o gene para o receptor de citocina c se integra ao genoma aleatoriamente, a localização do transgene pode afetar a expressão de outros genes, desencadeando o câncer (Seção 34.4Ca). De fato, duas crianças desenvolveram leucemia (um câncer de células brancas do sangue) como resultado da terapia gênica para SCID-X1.

Recentemente, alguns pacientes com a doença rara de cegueira, **amaurose congênita de Leber 2** (**LCA2**; que resulta na degeneração da retina), mostraram uma melhora na visão sem efeitos colaterais adversos significativos, após a injeção subretinal de um vetor viral carregando uma cópia normal do gene defectivo responsável pela LCA2. Este gene, chamado **RPE65**, codifica uma enzima que ajuda a converter vitamina A em **retinal** (Seção 12.3Ab), o pigmento do olho sensível à luz. Evidentemente, um progresso sólido vem sendo alcançado na compreensão sobre as necessidades para a construção e administração dos vetores efetivos para terapia gênica. Por isso, é provável que nas próximas décadas a terapia gênica revolucione a prática da medicina.

I. *Considerações sociais, éticas e legais*

No início da década de 1970, quando as estratégias para a engenharia genética começaram a ser discutidas, percebeu-se que pouco se sabia a respeito da segurança dos experimentos propostos. Certamente, seria temeroso realizar experimentos como o de introdução do gene da **toxina diftérica** (Seção 32.3Ge) em *E. coli*, de modo a converter esse simbionte humano em um patógeno mortal. Porém, quais perigos biológicos surgiriam, por exemplo, da clonagem de genes de vírus tumorais em *E. coli* (uma técnica útil para a análise desses vírus)? Consequentemente, em 1975, biólogos moleculares declararam uma moratória voluntária para experimentos de clonagem molecular, até que esses riscos pudessem ser avaliados. Isso desencadeou um debate vivaz, inicialmente entre os biólogos moleculares e, depois, na arena pública, envolvendo duas posições: a daqueles que acreditavam que os enormes benefícios potenciais da pesquisa com o DNA recombinante justificavam a sua continuidade, desde que precauções de segurança adequadas fossem instituídas, e a daqueles que sentiam que os potenciais riscos eram tão grandes que as pesquisas não deveriam continuar sob quaisquer circunstâncias.

O primeiro ponto de vista finalmente prevaleceu, com a promulgação, em 1976, de um conjunto de regulamentações do governo dos EUA para pesquisas com DNA recombinante. Experimentos que fossem obviamente perigosos foram proibidos. Em outros experimentos, o escape de organismos do laboratório deveria ser impedido por contenção tanto física como biológica. A contenção biológica significava que os vetores somente seriam clonados em organismos hospedeiros com defeitos biológicos que impedissem sua sobrevivência fora do laboratório. Por exemplo, a χ1776, a primeira linhagem "segura" aprovada de *E. coli*, possui, dentre seus vários defeitos, a exigência de suplementação de ácido diaminopimélico, um intermediário da síntese de lisina (Seção 26.5Ba), o qual não está presente no intestino humano e nem está normalmente disponível no meio ambiente.

À medida que a experiência com pesquisas com DNA recombinante foi-se acumulando, ficou evidente que as restrições discutidas anteriormente eram, em grande parte, infundadas. Nenhum organismo geneticamente alterado até agora descrito causou algum risco imprevisto à saúde. Além disso, as técnicas de DNA recombinante têm, em muitos casos, eliminado os riscos à saúde de estudos de patógenos perigosos, como o do vírus que causa a **síndrome da imunodeficiência adquirida** (**Aids**, de *acquired immune deficiency syndrome*). Consequentemente, desde 1979, as regulamentações que governam a pesquisa com DNA recombinante vêm sendo gradualmente relaxadas.

Há outras considerações sociais, éticas e legais que terão que ser encaradas assim que novas técnicas de engenharia genética forem disponibilizadas (Fig. 5.60). A eritropoetina recombinante é agora prescrita rotineiramente para tratamento dos efeitos de certos tipos de doenças renais. Entretanto, deveria ser permitido a atletas o uso dessa proteína, o que, comenta-se, já foi feito por muitos, para aumento do número de glóbulos vermelhos no sangue e, assim, da sua capacidade de transportar oxigênio (um procedimento perigoso se não estiver sob controle, pois o número aumentado de células sanguíneas pode levar o coração a um grande esforço)? Poucos discutiriam a utilização da terapia gênica, se ela puder ser desenvolvida, para a cura de defeitos genéticos devastadores, como a **anemia falciforme** (uma condição dolorosa e debilitante causada por glóbulos vermelhos do sangue deformados, a qual frequentemente resulta em morte precoce; Seção 10.3B) e a **doença de Tay-Sachs** (que é causada pela ausência da enzima lisossômica **hexosaminidase A** e resulta em uma disfunção neuronal progressiva que é invariavelmente fatal ao redor dos 3 anos de idade; Seção 25.8Ce). Se, contudo, tornar-se possível a alteração de características complexas (i.e., multigênicas), como a capaci-

FIGURA 5.60 (Desenho de T.A Bramley, *in* Andersen, K., Shanmugam, K.T., Lim, S.T., Csonka, L.N., Tait, R., Hennecke, H., Scott, D.B., Hom, S.S.M., Haury, J.F., Valentine, A., and Valentine, R.C., *Trends Biochem. Sci.* **5**, 35 [1980]. Impresso com a permissão de Elsevier Biomedical Press, Países Baixos, 1980.

dade atlética ou a inteligência, quais alterações seriam consideradas desejáveis, sob quais circunstâncias elas deveriam ser feitas e quem deveria decidir se elas deveriam ser feitas ou não? A terapia gênica deveria ser usada somente em indivíduos com doenças herdáveis, para correção de defeitos em suas células somáticas, ou deveria ser também utilizada para alteração de genes em suas células germinativas, que poderiam então ser transmitidas para as gerações seguintes? Animais como ovelhas, vacas, cães e camundongos já foram clonados. Seres humanos com características desejáveis, tanto de ocorrência natural como geradas por meio da engenharia genética, deveriam ser clonados? Quando se tornar fácil a determinação da constituição genética de um indivíduo, essa informação deverá ser usada, por exemplo, para a avaliação de candidaturas a oportunidades educacionais e profissionais ou na avaliação de elegibilidade de uma pessoa para o seguro-saúde (o que recentemente se tornou ilegal nos Estados Unidos)? Essas questões controversas levaram ao desenvolvimento de um ramo da filosofia chamado de **bioética**, criado para tratar delas.

RESUMO DO CAPÍTULO

1 Nucleotídeos e ácidos nucleicos Um nucleotídeo consiste em um resíduo de ribose ou de 2′-desoxirribose cujo átomo de C1′ forma uma ligação glicosídica com uma base nitrogenada, cuja posição 3′ ou 5′ está esterificada com um grupo fosfato. Os nucleosídeos não possuem os grupos fosfato dos nucleotídeos. As bases nitrogenadas na grande maioria dos nucleotídeos são as purinas adenina e guanina e as pirimidinas citosina, timina no DNA e uracila no RNA. Os ácidos nucleicos são polímeros lineares de nucleotídeos contendo resíduos de ribose, no RNA, ou resíduos de desoxirribose, no DNA, cujas posições 3′ e 5′ estão ligadas por grupos fosfato. Nos DNAs e RNAs de dupla-hélice, as composições de bases obedecem às regras de Chargaff: A = T(U) e G = C. O RNA, mas não o DNA, é suscetível à hidrólise catalisada por bases.

2 O DNA é o portador da informação genética Extratos de pneumococos virulentos de tipo S transformam pneumococos de tipo R não patogênicos para a forma S. O princípio transformante é o DNA. De maneira semelhante, a marcação radioativa demonstrou que a substância geneticamente ativa do bacteriófago T2 é o seu DNA. O capsídeo viral serve somente para proteger o DNA nele incluído e para injetá-lo no hospedeiro bacteriano. Isso estabelece que o DNA é a molécula hereditária.

3 DNA de dupla-hélice O B-DNA consiste em uma dupla-hélice de cadeias antiparalelas de açúcar-fosfato com curvatura para a direita, contendo ~10 pb por volta de 34 Å e com suas bases praticamente perpendiculares ao eixo da hélice. As bases nas fitas opostas formam ligações de hidrogênio entre si de maneira geometricamente complementar, para formarem pares de bases de Watson-Crick A ·

T e G · C. O DNA se replica de maneira semiconservativa, como foi demonstrado pelo experimento de Meselson-Stahl. Quando aquecido acima da sua temperatura de fusão, T_m, o DNA se desnatura e sofre a separação das fitas. Esse processo pode ser monitorado pelo efeito hipercrômico do espectro de UV do DNA. O DNA desnaturado pode ser renaturado por sua manutenção a uma temperatura ~25°C abaixo da sua T_m. O DNA ocorre na natureza na forma de moléculas de enormes extensões, as quais, por serem também bastante rígidas, são facilmente clivadas mecanicamente por manipulações de laboratório.

4 Expressão gênica e replicação: Uma visão geral Os genes são expressos de acordo com o dogma central da biologia molecular: o DNA dirige a sua própria replicação e a sua transcrição para produzir o RNA, o qual, por sua vez, dirige a sua tradução para formação das proteínas. O RNA é sintetizado a partir de ribonucleosídeos trifosfatados sobre moldes de DNA pela RNA-polimerase, em um processo no qual a fita-molde de DNA é lida na sua direção de 3′ para 5′ e o RNA é sintetizado na sua direção de 5′ para 3′. A frequência com a qual um determinado gene é transcrito é governada por sítios controladores, que, para mRNAs, estão localizados a montante do sítio de início transcricional e podem ser bastante extensos, especialmente em eucariotos. Os mRNAs eucarióticos muitas vezes requerem modificações pós-transcricionais substanciais, incluindo o *splicing* gênico (a excisão dos íntrons e a reunião dos éxons que os flanqueiam), para tornarem-se funcionais.

Os mRNAs dirigem a síntese ribossômica de polipeptídeos. Nesse processo, os ribossomos facilitam a ligação dos códons dos mRNAs aos anticódons dos tRNAs que carregam seus aminoácidos cognatos. Depois, os ribossomos catalisam a formação de ligações peptídicas entre aminoácidos sucessivos. A correspondência entre os códons e os aminoácidos carregados pelos tRNAs que se ligam a eles é chamada de código genético. Enzimas conhecidas como aminoacil-tRNA-sintases ligam covalentemente os seus tRNAs correspondentes aos aminoácidos cognatos. A seleção do sítio de iniciação correto no mRNA também define a fase de leitura para o polipeptídeo que está sendo sintetizado. Proteínas recém-sintetizadas frequentemente requerem modificações pós-traducionais para tornarem-se funcionais, incluindo clivagens proteolíticas específicas e, apenas em eucariotos, glicosilação. O tempo de vida de uma proteína na célula varia de frações de minuto a dias ou semanas.

O DNA é sintetizado a partir de dNTPs pela DNA-polimerase, uma enzima capaz apenas de estender polinucleotídeos existentes ligados ao molde de DNA e que, portanto, requer um iniciador. Nas células, os iniciadores são de RNA e são sintetizados sobre o molde de DNA por uma RNA-polimerase. A replicação de ambas as fitas do DNA de fita dupla ocorre na forquilha de replicação. Em *E. coli*, a replicação do DNA de fita dupla é feita por duas moléculas da DNA-polimerase III, uma das quais sintetiza a fita-líder contínua e a outra, a fita tardia. A fita-líder é sintetizada continuamente. Porém, como todas as DNA-polimerases somente podem estender o DNA na sua direção de 5′ para 3′, o molde da fita tardia precisa formar uma alça para ser lido na sua direção de 3′ para 5′, o que requer que a fita tardia seja sintetizada descontinuamente. Os iniciadores de RNA para a fita tardia são sintetizados pela primase, e, depois que um segmento da fita tardia foi sintetizado, o seu iniciador é substituído pelas ações combinadas das atividades de exonuclease 5′ → 3′ e de DNA-polimerase da DNA-polimerase I. As quebras de fita simples entre segmentos sucessivos da fita tardia são então seladas pela DNA-ligase. Tanto a DNA-polimerase I como a DNA-polimerase III também possuem atividade de exonuclease 3′ → 5′, que funciona para revisar o DNA recém-sintetizado, identificando erros de pareamento e removendo os nucleotídeos malpareados.

5 Clonagem molecular As técnicas de clonagem molecular revolucionaram a prática da bioquímica. Fragmentos de DNA definidos são gerados pelo uso de endonucleases de restrição do Tipo II (enzimas de restrição), que clivam o DNA em sequências específicas e normalmente palindrômicas de quatro a seis bases. Polimorfismos de tamanho de fragmentos de restrição (RFLPs) servem de marcadores para a identificação de diferenças cromossômicas e, por isso, são úteis nos testes de identidade e no estabelecimento de relações familiares. Um fragmento de DNA pode ser produzido em grandes quantidades a partir da sua inserção, utilizando técnicas de DNA recombinante, em um vetor de clonagem adequado. Esses vetores podem ser plasmídeos, vírus, cosmídeos, cromossomos artificiais de levedura (YACs) ou cromossomos artificiais bacterianos (BACs), todos eles geneticamente modificados. O DNA a ser clonado em geral é obtido na forma de um fragmento de restrição, para que ele possa ser especificamente ligado a um corte de restrição correspondente no vetor de clonagem. A ligação gênica também pode ocorrer pela geração de caudas homopoliméricas complementares no fragmento de DNA e no vetor de clonagem ou pelo uso de conectores (*linkers*) palindrômicos sintéticos contendo sequências de restrição. A introdução de um vetor de clonagem recombinante em um organismo hospedeiro adequado permite que um fragmento de DNA exógeno seja produzido em quantidades praticamente ilimitadas. Aquelas células que foram apropriadamente transformadas por um vetor podem ser identificadas pelo uso de marcadores seletivos e substratos cromogênicos. Sequências de bases específicas podem ser detectadas no DNA, por *Southern blotting*, e no RNA, pelo similar *Northern blotting*. Um determinado gene pode ser isolado pela triagem (*screening*) de uma biblioteca genômica do organismo produtor do gene. A reação em cadeia da polimerase (PCR) é um método particularmente rápido e conveniente para a identificação e a obtenção de sequências específicas de DNA. Técnicas de engenharia genética podem ser utilizadas para a produção em grandes quantidades de proteínas especificamente alteradas ou de outra maneira escassas e também para a monitoração da expressão gênica, pelo uso de genes-repórter, como o da proteína fluorescente verde. Elas também são utilizadas para a produção de plantas e animais transgênicos e em terapia gênica. O desenvolvimento de técnicas de DNA recombinante tem gerado numerosas questões sociais, éticas e legais, cujas soluções irão determinar como a biotecnologia é utilizada.

REFERÊNCIAS

Páginas úteis na internet

REBASE. *The restriction enzyme database*. http://rebase.neb.com

A Função do DNA

Avery, O.T., MacLeod, C.M., and McCarty, M., Studies on the chemical nature of the substance inducing transformation of pneumococcal types, *J. Exp. Med.* **79,** 137–158 (1944). [O artigo histórico identificando o princípio transformante como sendo o DNA.]

Hershey, A.D. and Chase, M., Independent functions of viral proteins and nucleic acid in growth of bacteriophage, *J. Gen. Physiol.* **36,** 39–56 (1952).

McCarty, M., *The Transforming Principle,* Norton (1985). [Uma crônica sobre a descoberta de que os genes são DNA.]

Palmiter, R.D., Brinster, R.L., Hammer, R.E., Trumbauer, M.E., Rosenfeld, M.G., Birmberg, N.C., and Evans, R.M., Dramatic growth of mice that develop from eggs microinjected with metallothionein–growth hormone fusion genes, *Nature* **300,** 611–615 (1982).

Stent, G.S., Prematurity and uniqueness in scientific discovery, *Sci. Am.* **227**(6), 84–93 (1972). [Um fascinante discurso filosófico sobre o que significa para descobertas como a de Avery estarem "adiante de seu tempo" e sobre a natureza da criatividade na ciência.]

Estrutura e propriedades do B-DNA

Bloomfield, V.A., Crothers, D.M., and Tinoco, I., Jr., *Nucleic Acids. Structures, Properties, and Functions,* University Science Books (2000).

Crick, F., *What Mad Pursuit,* Basic Books (1988). [Uma autobiografia científica.]

Judson, H.F., *The Eighth Day of Creation,* Part I, Simon & Schuster (1979). [Uma fascinante narrativa da descoberta da dupla-hélice de DNA.]

Manchester, K.L., Historical opinion: Erwin Chargaff and his 'rules' for the base composition of DNA: why did he fail to see the possibility of complementarity? *Trends Biochem. Sci.* **33,** 65–70 (2008).

Meselson, M. and Stahl, F.W., The replication of DNA *in Escherichia coli, Proc. Natl. Acad. Sci.* **44,** 671–682 (1958). [O artigo clássico estabelecendo a natureza semiconservativa da replicação do DNA.]

Saenger, W., *Principles of Nucleic Acid Structure,* Springer-Verlag (1984).

Sayre, A., *Rosalind Franklin and DNA,* Norton (1975) [O artigo clássico estabelecendo a natureza semiconservativa da replicação do DNA.]; and Piper, A., Light on a dark lady, *Trends Biochem. Sci.* **23,** 151–154 (1998). [Memórias biográficas sobre Rosalind Franklin.]

Schlenk, F., Early nucleic acid chemistry, *Trends Biochem. Sci.* **13,** 67–68 (1988).

Voet, D. and Rich, A., The crystal structures of purines, pyrimidines and their intermolecular structures, *Prog. Nucleic Acid Res. Mol. Biol.* **10,** 183–265 (1970).

Watson, J.D., *The Double Helix. A personal account of the discovery of the structure of the DNA,* Simon & Schuster (1968). [Um relato autobiográfico provocativo.]

Watson, J.D. e Crick, F.H.C., Molecular structure of nucleic acids, *Nature* **171,** 737–738 (1953); *and* Genetical implications of the structure of deoxyribonucleic acid, *Nature* **171,** 964–967 (1953). [Os artigos originais que são considerados como os marcos da origem da biologia molecular moderna.]

Wing, R., Drew, H., Takano, T., Broka, C., Tanaka, S., Itakura, K., and Dickerson, R.E., Crystal structure analysis of a complete turn of B-DNA, *Nature* **287,** 755–758 (1980). [A primeira estrutura cristalina de raios X de um segmento de B-DNA, o que confirmou em grande parte a estrutura com base na difração de fibras, menos confiável, proposta por Watson e Crick.]

Zimm, B.H., One chromosome: one DNA molecule, *Trends Biochem. Sci.* **24,** 121–123 (1999). [Uma memória científica de como foi estabelecido que cada cromossomo contém apenas uma molécula de DNA.]

Clonagem molecular

Bainbridge, J.W.B., et al., Effect of gene therapy on visual function in Leber's congenital amaurosis; *and* Maguire, A.M., et al., Safety and efficacy of gene transfer for Leber's congenital amaurosis, *New Eng. J. Med.* **358,** 2231– 2239; *and* 2240–2248 (2008).

Brown, T.A., *Gene Cloning and DNA Analysis, An Introduction* (5th ed.), Blackwell Publishing (2006).

Cavazzana-Calvo, M., et al., Gene therapy of human severe combined immunodeficiency (SCID)-X1 disease, *Science* **288,** 669–672 (2000).

Clarck, D.P. and Pazdernik, N.J., *Biotechnology. Applying the Genetic Revolution,* Academic Press (2009).

Cooper, A. & Wayne, R., New uses for old DNA, *Curr. Opin. Biotech.* **9,** 49–53 (1998). [Revisa os sucessos e os problemas do estudo de DNAs ancestrais.]

Cooper, D.K.C., Gollackner, B., & Sachs, D.H., Will the pig solve the transplantation backlog? *Annu. Rev. Med.* **53,** 133–147 (2002).

Dale, J.W. and von Schantz, M., *From Genes to Genomes. Concepts and Application of DNA Technology* (2nd ed.), Wiley (2007).

Foster, E.A., Jobling, M.A., Taylor, P.G., Donnelly, P., de Knijff, P., Mieremet, R., Zerjal, T., and Tyler-Smith, C., Jefferson fathered slave's last child, *Nature* **396,** 27–28 (1998).

Gilbert, S.F., Tyler, A.L., and Zackin, E.J., *Bioethics and the New Embryology: Springboards for Debate,* Sinauer (2005). [Uma equilibrada discussão sobre muitas das mais contenciosas questões bioéticas da época.]

Green, R.E., et al., Analysis of one million base pairs of Neanderthal DNA, *Nature* **444,** 330–336 (2006); Noonan, J.P., et al., Sequencing and analysis of Neanderthal genomic DNA, *Science* **314,** 1113–1118 (2006); *and* Green, R.E., et al., A complete Neandertal mitochondrial genome sequence determined by high-throughput sequencing, *Cell* **134,** 416–426 (2008).

Krings, M., Stone, A., Schmitz, R.W., Krainitzki, H., Stoneking, M., & Pääbo, S., Neandertal DNA sequences and the origin of modern humans; *and* Lindahl, T., Facts *and* artifacts of ancient DNA, *Cell* **90,** 19–30; *and* 1–3 (1997); *and* Ovchinnikov, I.V., Götherström, A., Romanova, G.P., Kharitonov, V.M., Lidén, K., and Goodwin, W., Molecular analysis of Neanderthal DNA from the northern Caucasus, *Nature* **404,** 490–493 (2000).

Lodge, J., Lund, P., and Minchlin, S. *Gene Cloning: Principles and Applications,* Taylor and Francis (2007).

Mullis, K.B., The unusual origin of the polymerase chain reaction. *Sci. Am.* **262**(4): 56–65 (1990).

Nicholl, D.S.T., *An Introduction to Genetic Engineering* (2nd ed.) Cambridge University Press (2003).

Primrose, S.B. and Twyman, R.M., *Principles of Gene Manipulation and Genomics* (7th ed.), Blackwell Publishing (2006).

Sambrook, J. and Russel, D.W., *Molecular Cloning* (3rd ed.), Cold Spring Harbor Laboratory (2001). [Uma coleção de três volumes de protocolos de laboratório, acompanhados de explicações básicas.]

Tsien, R.Y., The green fluorescent protein, *Annu. Rev. Biochem.* **67,** 509–544 (1998).

Verma, I.M. and Weitzman, M.D., Gene therapy: Twenty-first century medicine, *Annu. Rev. Biochem.* **74,** 711–738 (2005).

Vreeland, R.H., Rosenzweig, W.D., and Powers, D.W., Isolation of a 250 million-year-old halotolerant bacterium from a primary salt crystal, *Nature* **407,** 897–900 (2000).

Watson, J.D., Meyers, R.M., Caudy, A.A., and Witkowski, J.A., *Recombinant DNA. Genes and Genomes—A Short Course* (3rd ed.), Freeman (2007). [Uma exposição dos métodos, descobertas e resultados da tecnologia e da pesquisa do DNA recombinante.]

PROBLEMAS

1. A sequência de bases de uma das fitas de um DNA dúplex de 20 pb é:

5′-GTACCGTTCGACGGTACATC-3′

Qual é a sequência de bases da sua fita complementar?

2. Outros pares de bases que não os de Watson-Crick são de importância biológica. Por exemplo: (a) a **hipoxantina** (6-oxopurina) é frequentemente uma das bases do anticódon de tRNAs. Com qual base no mRNA a hipoxantina provavelmente pareia? Desenhe a estrutura desse par de bases. (b) A terceira posição da interação códon-anticódon entre o tRNA e o mRNA em geral é um par G · U. Desenhe uma estrutura plausível para esse par de bases. (c) Muitas U · A · U mantido por ligações de hidrogênio. Desenhe duas estruturas plausíveis para esse arranjo, nas quais cada U forme pelo menos duas ligações de hidrogênio com A. (d) As mutações podem surgir durante a replicação do DNA quando ocorrem pareamentos errôneos como resultado da formação transitória de uma forma tautomérica rara de uma base. Desenhe a estrutura de um par de bases com geometria de Watson-Crick apropriada que contenha uma forma tautomérica de adenina. Que alteração na sequência de bases seria causada por esse malpareamento?

3. (a) Qual é a massa molecular e a extensão de contorno de um segmento de B-DNA que especifica uma proteína de 40 kDa? (b) Quantas voltas helicoidais esse DNA faz e qual é a sua razão axial (razão entre extensão e largura)?

***4.** A orientação antiparalela das fitas complementares no DNA de fita dupla foi elegantemente demonstrada por Arthur Kornberg, em 1960, a partir da **análise do vizinho mais próximo** (*nearest-neighbor analysis*). Nessa técnica, o DNA é sintetizado pela DNA-polimerase I a partir de um desoxirribonucleosídeo trifosfatado cujo grupo fosfato α está radioativamente marcado com ^{32}P e de três desoxirribonucleosídeos trifosfatados não marcados. O produto resultante é tratado com uma enzima, a DNase I, que catalisa a hidrólise das ligações fosfodiéster nas extremidades 3′ de todos os desoxirribonucleotídeos.

ppp*A + pppC + pppG + pppT

PP_i ← DNA-polimerase

···pCpTp*ApCpCp*ApGp*Ap*ApTp···

H_2O → DNase I

···+ Cp + Tp* + Ap + Cp + Cp* + Ap + Gp* + Ap* + Ap + Tp +···

Nesse exemplo, as frequências relativas de ocorrência de ApA, CpA, GpA e TpA no DNA podem ser determinadas pela medição das quantidades relativas de Ap*, Cp*, Gp* e Tp*, respectivamente, no produto (onde p* representa um grupo fosfato marcado com ^{32}P). As frequências relativas com as quais os outros 12 dinucleotídeos ocorrem também podem ser determinadas por marcação, feita, a cada vez, com um dos outros três NTPs nas reações mencionadas anteriormente. Há equivalências entre as quantidades de certos pares de dinucleotídeos. Entretanto, as identidades dessas equivalências dependem do DNA consistir em fitas paralelas ou em fitas antiparalelas. Quais são essas equivalências em ambos os casos?

5. Qual seria o efeito dos seguintes tratamentos sobre a curva de fusão do B-DNA dissolvido em uma solução de NaCl 0,5 *M*? Explique. (a) Diminuição da concentração de NaCl. (b) Passagem da solução de DNA, sob alta pressão, através de um orifício estreito. (c) Alteração da solução para adenina 0,1 *M*. (d) Aquecimento da solução para 25°C acima do ponto de fusão do DNA, seguido por seu rápido resfriamento para 35°C abaixo do ponto de fusão do DNA.

6. Qual é o mecanismo de desnaturação alcalina do DNA de fita dupla? (Dica: Algumas das bases são relativamente acídicas.)

7. O seguinte DNA de fita dupla é transcrito da esquerda para a direita, como impresso aqui.

5′-TCTGACTATTCAGCTCTCTGGCACATAGCA-3′
3′-AGACTGATAAGTCGAGAGACCGTGTATCGA-5′

(a) Identifique a fita-molde. (b) Qual é a sequência de aminoácidos do polipeptídeo que essa sequência de DNA codifica? Assuma que a tradução inicia no primeiro códon de iniciação. (c) Por que a sequência UGA no transcrito de mRNA não causa o término da tradução?

18. Depois de sofrer *splicing*, um mRNA maduro possui a seguinte sequência, onde a linha vertical indica a posição da junção de *splice* (os nucleotídeos que flanqueiam um íntron que foi removido).

5′-CUAGAUGGUAG|
GUACGGUUAUGGGAUAACUCUG-3′

(a) Qual é a sequência do polipeptídeo especificado por esse mRNA? Assuma que a tradução inicia no primeiro códon de iniciação. (b) Qual seria a sequência do polipeptídeo se o sistema de *splicing* tivesse deletado erroneamente o GU no lado 3′ da junção de *splice*? (c) Qual seria a sequência do polipeptídeo se o sistema de *splicing* tivesse erroneamente falhado em remover um G na junção de *splice*? (d) Existe alguma relação entre os polipeptídeos especificados em b e c, e, se for este o caso, por quê?

9. Explique porque o carregamento do tRNA com o aminoácido correto é tão importante para uma tradução acurada quanto o reconhecimento correto de um códon por seu aminoacil-tRNA correspondente.

10. Descreva como selecionar clones recombinantes se um DNA estranho é inserido em um sítio de policlonagem do pUC18 e então introduzido em células *E. coli*.

11. Descreva os possíveis resultados de um experimento de PCR no qual (a) um dos oligos iniciadores é omitido por engano na mistura de reação; (b) um dos oligos iniciadores é complementar a vários sítios na amostra de DNA inicial; (c) existe uma quebra de fita simples na sequência de DNA-alvo, que está presente em apenas uma cópia na amostra inicial; (d) existe uma quebra de fita dupla na sequência de DNA-alvo, que está presente em apenas uma cópia na amostra inicial.

12. Na replicação do DNA, a fita-líder e a fita tardia são assim denominadas porque qualquer porção em particular da fita tardia é sempre sintetizada depois da síntese da porção correspondente da fita-líder. Explique por que isso deve ocorrer dessa maneira.

13. O DNA do SV40 é uma molécula circular de 5.243 pb que possui 40% de G + C. Na ausência de informações de sequência, quantos cortes de restrição, em média, seria esperado que fizessem no DNA de SV40 a *Taq*I, a *Eco*RII, a *Pst*I e a *Hae*II?

14. Quais das endonucleases de restrição listadas na Tabela 5.4 produzem extremidades cegas? Quais conjuntos delas são **isoesquizômeros** (enzimas que possuem a mesma sequência de reconhecimento, mas que não necessariamente clivam nos mesmos sítios; do grego: *isos*, igual + *schizein*, cortar); quais delas são **isocaudâmeros** (enzimas que produzem extremidades coesivas idênticas; do latim: *cauda*, cauda)?

15. O plasmídeo pBR322 contém os genes amp^R e tet^R, os quais conferem resistência aos antibióticos ampicilina e **tetraciclina**, respectivamente (Seção 32.3Gd). O gene tet^R contém um sítio de clivagem para a enzima de restrição SalI, o único sítio desse tipo em todo o plasmídeo. Descreva como pode ser feita a seleção de células de *E. coli* que foram transformadas por pBR322, que contém um inserto de DNA exógeno no seu sítio de SalI.

16. Uma mancha de sangue de uma cena de crime e uma amostra de sangue do seu suspeito foi analisada por PCR usando oligonucleotídeos iniciadores associados com três loci STR (posições): D3S1358, vWA e FGA. Os resultados da eletroforese estão mostrados a seguir. Os números abaixo de cada pico identificam os alelos (*verde*) e a altura do pico em unidades referentes a unidades de fluorescência (*vermelho*).

(a) Como cada um tem duas cópias de cada cromossomo e assim duas cópias de cada gene, o que conta para o aparecimento de apenas um alelo no mesmo *locus*? (b) Qual suspeito, se houver algum, é a possível fonte do sangue? (c) O suspeito poderia ser identificado usando apenas um dos três *locus* STR? (d) O que você pode concluir sobre a quantidade de DNA obtida do suspeito 1 comparada ao suspeito 4?

17. Quantos fragmentos de DNA de levedura com extensão média de 5 kb devem ser clonados para que se tenha certezas de 90%, 99% e 99,9% de que uma biblioteca para genômica contém um determinado segmento? O genoma de levedura consiste em 12.100 kb.

18. Muitas das operações de rotina na engenharia genética são executadas utilizando *kits* disponíveis comercialmente. A Genbux Inc., uma empresa interessada na produção desses *kits*, pediu sua opinião a respeito da viabilidade de produzir um *kit* de vetores de clonagem derivados de fago λ intacto, com a porção central não essencial de seu DNA já removida. Presumivelmente, o pessoal técnico da empresa poderia depois multiplicar o fago até a quantidade necessária, isolar o seu DNA e clivá-lo sem ter o trabalho de separar a sua porção central. Que recomendação você daria à empresa?

19. Indique as sequências de dois iniciadores de 10 resíduos que poderiam ser utilizados para amplificar por PCR a região central de 40 nucleotídeos do seguinte DNA de fita simples de 50 nucleotídeos.

5′-AGCTGGACCACTGATCATTGACTGCTAGCGTCA
GTCCTAGTAGACTGACG-3′

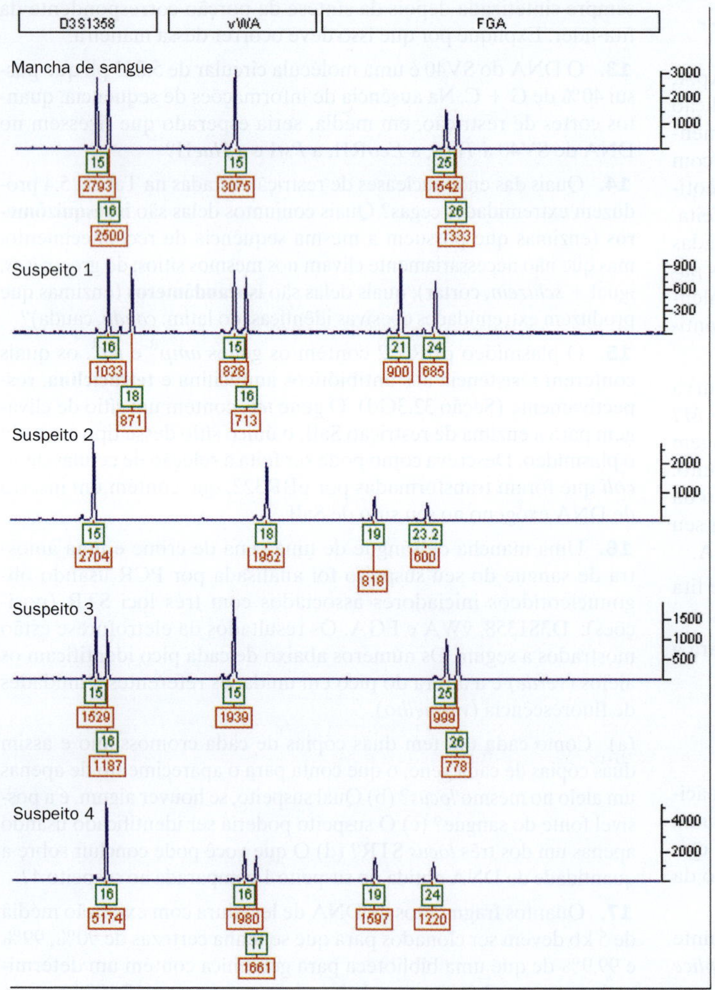

[De Thompson, W.C., Ford, S.,Doom, T., Raymer, M., and Krane, D.E., The Champion **27**, 16-25 (2003)].

20. Um segmento de proteína com a sequência -Phe-Cys-Gly-Val-Leu-His-Lys-Met-Glu-Thr- é codificado pelo seguinte segmento de DNA:

5′-UUGUGCGGAGUCCUACACAAGAUGGAGACA-3′

Projete um oligonucleotídeo de 18 bases que poderia ser utilizado para alterar o segmento de Leu-His da proteína para Ile-Pro por meio de mutagênese sítio-dirigida.

Técnicas de Purificação de Proteínas e Ácidos Nucleicos

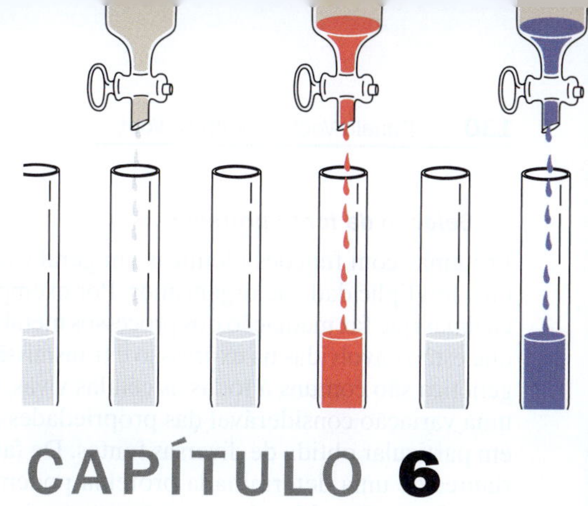

CAPÍTULO 6

Grande parte da maioria das investigações bioquímicas envolve a purificação dos materiais aqui considerados, pois estas substâncias precisam ser relativamente livres de contaminantes para que possam ser devidamente caracterizadas. Isso pode se tornar uma tarefa gigantesca, pois, geralmente, cada célula contém milhares de substâncias diferentes, muitas das quais apresentam propriedades físicas e químicas bastante semelhantes às de outros constituintes celulares. Além disso, o material de interesse pode ser instável e existir em quantidades mínimas. Normalmente, uma substância que corresponda a $< 0,1\%$ do peso seco de um tecido deve atingir uma pureza de $\sim 98\%$. Problemas de purificação dessa magnitude seriam considerados demasiado difíceis pela maioria dos químicos. É, portanto, pouco surpreendente que no conhecimento sobre os processos bioquímicos tenha sido alcançado paralelamente à habilidade em purificar materiais biológicos.

Este capítulo apresenta uma visão geral das técnicas mais utilizadas para o isolamento, a purificação e, até certo ponto, a caracterização de proteínas e de ácidos nucleicos, bem como de outros tipos de moléculas biológicas. Esses métodos constituem as ferramentas básicas da bioquímica e fazem parte do trabalho prático cotidiano dos bioquímicos. Além disso, muitas dessas técnicas são regularmente utilizadas em aplicações clínicas. De fato, *uma compreensão básica dos métodos aqui descritos é imprescindível para entender o significado e as limitações da maioria das informações apresentadas neste livro.* Este capítulo deveria, portanto, ser considerado como material de referência a ser consultado repetidamente, à medida que se fizer necessário, durante a leitura dos outros capítulos. Muitas das técnicas utilizadas para o fracionamento de proteínas e de ácidos nucleicos são semelhantes. Por isso, será enfocado primeiramente como é que as proteínas são purificadas e só depois trata-se de como é que essas técnicas são utilizadas para o fracionamento de ácidos nucleicos.

1 ISOLAMENTO DE PROTEÍNAS

As proteínas constituem uma grande parte da massa de todos os organismos. Uma determinada proteína, como a **hemoglobina** dos glóbulos vermelhos do sangue, pode ser a substância predominante em certo tecido. Já uma proteína como o **repressor *lac*** de *E. coli* (Seção 31.3B) normalmente apresenta uma população de apenas poucas moléculas por célula. Técnicas semelhantes são utilizadas para o isolamento e a purificação de ambas as proteínas, apesar de que, em geral, quanto menor a concentração inicial de uma substância, maior é o esforço necessário para isolá-la na forma pura.

Nesta seção, discute-se os cuidados a serem tomados quando se trabalha com proteínas, bem como seu manuseio, e resume-se a estratégia geral para a sua purificação. Para muitas proteínas, o processo de isolamento e purificação é uma tarefa minuciosa que requer dias de esforço para que se obtenha apenas alguns miligramas, ou até menos, do produto desejado. Entretanto, como será visto a seguir, as técnicas analíticas modernas atingiram um grau tão alto de sensibilidade que, muitas vezes, essa pequena quantidade de material é suficiente para ampla caracterização de uma proteína. Você deve lembrar que as técnicas descritas neste capítulo são aplicáveis à separação da maioria dos tipos de moléculas biológicas.

A. *Seleção da fonte proteica*

Proteínas com funções idênticas em geral estão presentes em uma multiplicidade de organismos. Por exemplo, a maioria das enzimas que faz mediação dos processos metabólicos básicos ou que estão envolvidas na expressão e transmissão da informação genética são comuns a todas as células vivas. Claro que existe uma variação considerável das propriedades de uma proteína em particular obtida de diversas fontes. De fato, diferentes variantes de uma determinada proteína podem estar presentes em diferentes tecidos de um mesmo organismo ou mesmo em diferentes compartimentos de uma mesma célula. Portanto, se houver possibilidade de escolha, o isolamento de uma proteína pode ser muito simplificado pela escolha adequada da fonte proteica. A escolha deve ser fundamentada em critérios tais como a facilidade de obtenção de quantidades suficientes do tecido a partir do qual a proteína será isolada, a quantidade da proteína escolhida presente nesse tecido, e quaisquer propriedades peculiares à proteína escolhida que possam auxiliar na sua estabilização e no seu isolamento. Tecidos obtidos de animais domesticados, como galinhas, vacas, porcos ou ratos, em geral são os escolhidos. Como fontes alternativas, incluem-se microrganismos de fácil obtenção, como, por exemplo, *E. coli* ou a **levedura do pão** (***Saccharomyces cerevisae***). Será visto, entretanto, que proteínas de uma grande variedade de organismos já foram estudadas.

Métodos de clonagem molecular (Seção 5.5) se tornaram, rapidamente, técnicas de produção de proteínas igualmente, senão mais, importantes. Praticamente qualquer gene que codifique para uma proteína pode ser isolado do seu organismo parental, especificamente alterado (por meio da engenharia genética), caso desejado, e expressado em altos níveis (superproduzido) em um organismo cultivado de maneira adequada, como *E. coli* ou levedura, podendo chegar a constituir até 30% da proteína total da célula superprodutora. Esse alto nível de produção proteica em geral leva a uma quantidade de proteína clonada maior do que aquela presente no organismo parental (no qual a proteína pode estar presente em quantidades mínimas), tornando muito mais fácil o seu isolamento.

B. *Métodos de solubilização*

A primeira etapa no isolamento de uma proteína, ou de qualquer outra molécula biológica, é obtê-la em solução. Em alguns casos, como as proteínas do soro sanguíneo, a natureza já o fez. No entanto, geralmente uma proteína deve ser liberada das células que a contêm. O método a ser escolhido para esse procedimento depende das características mecânicas do tecido de origem, bem como da localização da proteína na célula.

Se a proteína de interesse estiver localizada no citosol da célula, sua liberação exige apenas o rompimento (**lise**) das células. No método mais simples de lise, conhecido como **lise osmótica**, as células são suspendidas em uma **solução hipotônica**, ou seja, uma solução na qual a concentração molar total de solutos é menor do que aquela do interior das células no estado fisiológico normal. Sob a influência de forças osmóticas, a água difunde para a solução intracelular, que é mais concentrada, fazendo com que as células inchem e se rompam. Esse método funciona bem para células animais, mas para células que contêm parede celular, como as células de bactérias e de vegetais, ele em geral é ineficaz. O uso de enzimas, como a **lisozima**, que degrada quimicamente a parede celular bacteriana (Seção 15.2), às vezes é eficaz para essas células. Detergentes ou solventes orgânicos, como acetona ou tolueno, também são úteis para lisar células, mas um certo cuidado deve ser tomado ao utilizá-los, visto que eles podem desnaturar a proteína de interesse (Seção 8.4E).

Muitas células precisam de algum tipo de processo de destruição mecânica para serem rompidas. Isso inclui vários ciclos de congelamento e descongelamento, trituração com areia, alumina ou pequenas esferas de vidro, ou o uso de um triturador de alta velocidade (semelhante ao liquidificador doméstico), um **homogeneizador** (um tubo de vidro dentro do qual o tecido é esmagado com o uso de um pistão que se encaixa de forma justa no interior do tubo, o qual pode ser manualmente ou mecanicamente operado), uma **prensa francesa** (um aparelho que cisalha as células esguichando-as sob alta pressão através de um pequeno orifício, arrebentando-as), ou um **sonicador** (que rompe as células por meio de vibrações ultrassônicas). Uma vez tendo sido rompidas as células, o **lisado** bruto pode ser filtrado ou centrifugado para a remoção dos fragmentos celulares, ficando a proteína de interesse na solução sobrenadante.

Se a proteína desejada é um componente de complexos subcelulares, tais como membranas ou mitocôndrias, uma purificação considerável da proteína pode ser obtida separando-se primeiramente o complexo subcelular do resto do material da célula. Isso em geral é realizado por **centrifugação diferencial**, um processo em que o lisado celular é centrifugado em uma velocidade que remove apenas os componentes celulares que são mais densos do que aquele que se deseja isolar, seguido por uma centrifugação a uma velocidade que sedimenta o componente de interesse. A proteína é então separada do componente subcelular purificado por meio da extração com soluções salinas concentradas ou, no caso de proteínas fortemente ligadas a membranas, com o uso de soluções detergentes ou solventes orgânicos, como butanol, que solubiliza lipídeos.

C. *Estabilização de proteínas*

Uma vez que uma proteína tenha sido removida do seu ambiente natural, ela fica exposta a muitos agentes que podem danificá-la irreversivelmente. Essas influências devem ser cuidadosamente controladas em todas as etapas do processo de purificação, caso contrário o rendimento da proteína desejada pode ser muito reduzido ou mesmo chegar a zero.

A integridade estrutural de muitas proteínas é sensível ao pH devido à presença de um grande número de grupos ácido-base. Para evitar danos em materiais biológicos decorrentes de variações de pH, esses materiais em geral são dissolvidos em soluções tamponantes eficazes na faixa de pH na qual o material é estável.

As proteínas são facilmente desnaturáveis em altas temperaturas. Apesar da estabilidade térmica das proteínas variar muito, muitas delas desnaturam lentamente acima de 25°C. Assim sendo, a purificação de proteínas é normalmente realizada a temperaturas próximas a 0°C. Entretanto, existem muitas proteínas que requerem temperaturas mais baixas, algumas até mesmo abaixo de −100°C, para se manterem estáveis. Já algumas proteínas **lábeis no frio** tornam-se instáveis abaixo da temperatura característica.

As características da estabilidade térmica de uma proteína podem às vezes ser utilizadas para auxiliar na sua purificação. Uma proteína, resistente ao calor, presente em um extrato bruto pode ser purificada aquecendo-se rapidamente a mistura de forma a desnaturar e precipitar a maior parte das proteínas contaminantes, sem no entanto afetar a proteína desejada.

As células contêm **proteases** (enzimas que catalisam a clivagem hidrolítica das ligações peptídicas) e outras enzimas degradativas que, após lise celular, são liberadas na solução junto com a proteína de interesse. Deve-se tomar cuidado para que a proteína não seja degradada por essas enzimas. As enzimas degradativas podem ficar inativas em pH e temperaturas que não sejam danosos à proteína de interesse. Alternativamente, essas enzimas podem ser especificamente inibidas por agentes químicos sem afetar a proteína desejada. Evidentemente, à medida que se avança na purificação de uma proteína, mais e mais enzimas degradativas são eliminadas.

Algumas proteínas são mais resistentes à degradação proteolítica do que outras. A purificação de uma proteína que é resistente a proteases pode ser feita mantendo-se o extrato proteico bruto em condições nas quais as enzimas proteolíticas presentes permanecem ativas. Essa técnica, denominada **autólise**, simplifica a purificação da proteína resistente, pois, em geral, é mais fácil remover seletivamente os produtos de degradação das proteínas contaminantes do que das proteínas intactas.

Muitas proteínas são desnaturadas pelo contato com a interface água-ar e, em baixas concentrações, uma fração significativa da proteína presente pode ser perdida por adsorção a superfícies. Portanto, uma solução proteica deve ser manuseada de maneira a minimizar a produção de espuma e deve ser mantida relativamente concentrada. Existem, é claro, outros fatores aos quais uma proteína pode ser sensível, incluindo a oxidação de resíduos de cisteína, formando ligações dissulfeto; metais pesados contaminantes, que podem se ligar irreversivelmente à proteína; e a concentração de sal e a polaridade da solução, que devem ser mantidos na faixa de estabilidade da proteína. Por fim, muitos microrganismos consideram as proteínas deliciosas, portanto soluções proteicas devem ser armazenadas sob condições que inibam o crescimento de microrganismos (p. ex., em geladeira e/ou com pequenas quantidades de alguma substância tóxica que não reaja com proteínas, como **azida sódica** [NaN_3]).

D. *Análise de proteínas*

Para purificar qualquer substância, deve-se procurar meios para detectar quantitativamente a presença da substância. Uma dada proteína raramente perfaz mais do que uma pequena porcentagem do peso do seu tecido de origem e em geral está presente em quantidades bem menores. Além do mais, grande parte do material a partir do qual a proteína é extraída assemelha-se muito à própria proteína de interesse. Consequentemente, o ensaio analítico deve ser específico para a proteína que está sendo purificada e altamente sensível à sua presença. Além disso, a maneira de realizar o ensaio deve ser conveniente para que possa ser realizado repetidamente, em geral a cada etapa do processo de purificação.

Dentre os ensaios mais simples para análise de proteínas estão aqueles para enzimas que catalisam reações gerando produtos facilmente detectáveis. Esses produtos podem apresentar fluorescência ou absorbância espectroscópica características que possam ser monitoradas. Alternativamente, a reação enzimática pode consumir ou gerar ácido de forma que a enzima possa ser analisada por titulação ácido-base. Se o produto de uma reação enzimática não for facilmente quantificado, sua presença ainda pode ser revelada por um tratamento químico posterior que produza algum produto mais facilmente observável. Muitas vezes isso é realizado por uma **reação enzimática acoplada**, na qual o produto da enzima a ser analisada é convertido, por uma outra enzima, em uma substância observável.

Proteínas que não sejam enzimas podem ser analisadas pela capacidade de se ligarem a substâncias específicas ou pela observação dos seus efeitos biológicos. Por exemplo, proteínas receptoras são muitas vezes analisadas incubando-as com uma molécula radioativa à qual elas se ligam especificamente, em seguida a mistura é passada por um filtro que retém proteínas e então é medida a quantidade de radioatividade no filtro. A presença de um hormônio pode ser detectada por seu efeito sobre uma amostra de tecido-padrão ou sobre um organismo inteiro. Esses tipos de ensaios são procedimentos geralmente mais demorados, pois a reação (resposta) provocada pelo ensaio pode levar dias para ser evidenciada. Além disso, sua reprodutibilidade é muitas vezes pouco satisfatória, devido ao comportamento complexo dos organismos vivos. Tais ensaios são, portanto, utilizados apenas quando não há procedimento alternativo disponível.

a. Técnicas imunoquímicas podem detectar rapidamente quantidades mínimas de proteínas específicas

Procedimentos **imunoquímicos** propiciam técnicas de análise de proteínas com sensibilidade e seletividade altas. Esses métodos empregam **anticorpos**, proteínas que são produzidas pelo sistema imune dos animais em resposta à introdução de uma proteína estranha e que se ligam especificamente à proteína estranha (os anticorpos e o sistema imune são discutidos na Seção 35.2).

Anticorpos extraídos do soro sanguíneo de animais que tenham sido imunizados contra uma proteína em particular são o produto das diferentes células produtoras de anticorpos. Eles formam, portanto, uma mistura heterogênea de moléculas, que variam quanto à sua exata especificidade e afinidade de ligação à proteína-alvo. Células produtoras de anticorpos normalmente morrem após algumas divisões celulares, logo uma célula dessas não pode ser clonada para produzir quantidades suficientes de uma única espécie de anticorpo para ser utilizado. Entretanto, esses **anticorpos monoclonais** podem ser obtidos pela fusão da célula que produz o anticorpo desejado com uma célula de um câncer do sistema imune, conhecida como **mieloma** (Seção 35.2Bd). A célula resultante, **hibridoma**, apresenta capacidade ilimitada de divisão e, quando cultivada em meio de cultivo celular, produz grandes quantidades do anticorpo monoclonal.

Uma proteína pode ser prontamente detectada, ou mesmo isolada, por meio da precipitação por seu anticorpo correspondente. Alternativamente, no **radioimunoensaio** uma proteína pode ser detectada indiretamente pela determinação do seu grau de competição (pela ligação ao anticorpo) com um padrão marcado radioativamente (Seção 19.1Aa). No enzimaimunoensaio de (**Elisa**, *enzyme-linked immunosorbent assay*; Fig. 6.1):

1. Anticorpos contra a proteína de interesse são imobilizados em um sólido inerte, como poliestireno.
2. A solução contendo a proteína a ser analisada é aplicada à superfície coberta com anticorpos sob condições nas quais os anticorpos ligam-se à proteína. A proteína não ligada é depois removida por lavagem.

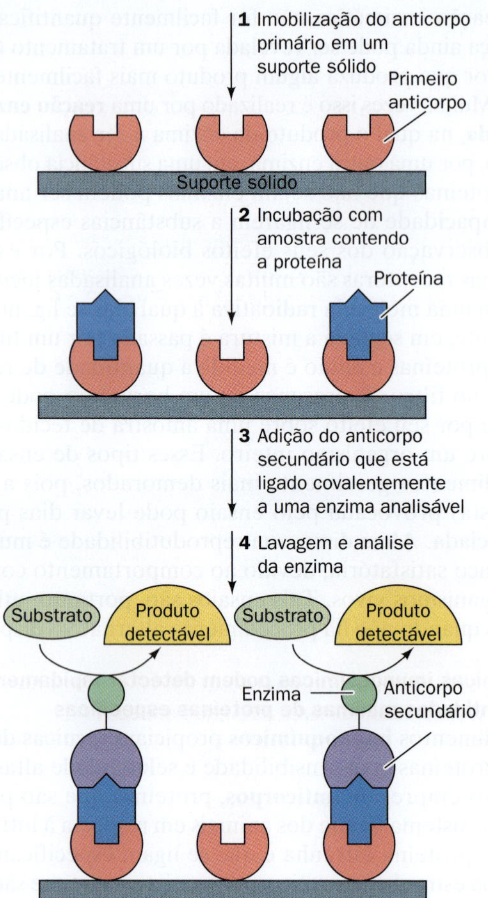

FIGURA 6.1 Enzimaimunoensaio (Elisa). **Ver Figuras animadas**

3. O complexo proteína-anticorpo resultante reage posteriormente com um anticorpo secundário específico para a proteína, ao qual uma enzima facilmente analisável foi ligada covalentemente.

4. Após remover, por lavagem, todo o anticorpo secundário que não se ligou ao complexo, a enzima do complexo imobilizado anticorpo-proteína-anticorpo-enzima é analisada, indicando assim a quantidade de proteína presente.

Tanto os radioimunoensaios como os Elisa são amplamente utilizados para detectar pequenas quantidades de proteínas específicas e outras substâncias biológicas nos laboratórios e nas aplicações clínicas. Por exemplo, um dos testes de gravidez de fácil acesso, e que dá uma resposta segura poucos dias após a concepção, faz uso de Elisa para detectar o hormônio placentário **gonadotrofina coriônica** (Seção 19.1I) na urina da mãe.

E. Estratégia geral para a purificação de proteínas

O fato que as proteínas são substâncias bem-definidas não era muito aceito até 1926, quando James Sumner cristalizou pela primeira vez uma enzima, a **urease** do feijão-de-porco. Antes disso, pensava-se que as altas massas moleculares das proteínas resultavam de um agregado coloidal de substâncias misteriosas e pouco definidas de massas moleculares menores. Após se perceber que era possível, em princípio, purificar proteínas, os trabalhos nesse sentido passaram a ser levados mais a sério.

Na primeira metade do século XX, os métodos de purificação de proteínas disponíveis eram extremamente grosseiros para os padrões atuais. A purificação de proteínas era uma tarefa árdua, que consistia tanto em arte quanto em ciência. Em geral, o desenvolvimento de uma técnica de purificação satisfatória para uma dada proteína significava anos de trabalho, que envolvia quantidades imensas de material de partida. Ainda assim, até 1940, cerca de 20 enzimas haviam sido obtidas na forma pura.

Desde então, dezenas de milhares de proteínas já foram purificadas e caracterizadas em diferentes níveis. As técnicas modernas de separação apresentam um grau tão alto de discriminação que é possível obter, e em grande quantidade, uma série de proteínas com propriedades tão semelhantes entre si que a mistura delas, há até poucos anos, era considerada uma substância pura. Contudo, o desenvolvimento de uma técnica eficiente para a purificação de uma dada proteína ainda pode ser uma tarefa intelectualmente desafiadora e demorada.

As proteínas são purificadas por técnicas de fracionamento. Em uma série de etapas independentes, as diversas propriedades físico-químicas da proteína de interesse são utilizadas para separá-la progressivamente de outras substâncias. A ideia não é, necessariamente, minimizar a perda da proteína desejada, mas eliminar de forma seletiva os outros componentes da mistura de forma que reste apenas a substância desejada.

Talvez não seja filosoficamente possível provar que uma substância esteja pura. Entretanto, *o critério operacional para estabelecer a pureza constitui-se em um método exaustivo: a demonstração, por todos os métodos disponíveis, de que a amostra de interesse consiste em apenas um componente.* Assim, à medida que novas técnicas de separação são criadas, os padrões de pureza devem ser revisados. A experiência tem mostrado que, às vezes, quando uma amostra de material antes considerada substância pura é submetida a uma nova técnica de separação, acaba por se provar que ela consiste em uma mistura de vários componentes.

As características das proteínas e de outras biomoléculas que são utilizadas nas várias técnicas de separação são: solubilidade, carga iônica, polaridade, tamanho molecular e especificidade de ligação para outras moléculas biológicas. Algumas das técnicas que serão discutidas e as características proteicas das quais elas dependem são:

Característica	Técnica
Solubilidade	1. *Salting in* 2. *Salting out*
Carga iônica	1. Cromatografia de troca iônica 2. Eletroforese 3. Focalização isoelétrica
Polaridade	1. Cromatografia de adsorção 2. Cromatografia em papel 3. Cromatografia de fase reversa 4. Cromatografia de interação hidrofóbica
Tamanho molecular	1. Diálise e ultrafiltração 2. Eletroforese em gel 3. Cromatografia de gel filtração 4. Ultracentrifugação
Especificidade de ligação	1. Cromatografia de afinidade

No restante deste capítulo, serão discutidas essas técnicas de separação.

2 SOLUBILIDADE DAS PROTEÍNAS

Os múltiplos grupos ácido-base de uma proteína fazem com que as suas propriedades de solubilidade sejam dependentes das concentrações dos sais dissolvidos, da polaridade do solvente, do pH e da temperatura. Diferentes proteínas variam muito quanto à solubilidade em um determinado conjunto de condições: algumas proteínas precipitam em soluções sob as mesmas condições em que outras proteínas permanecem solúveis. Esse efeito é frequentemente utilizado como base para a purificação de proteínas.

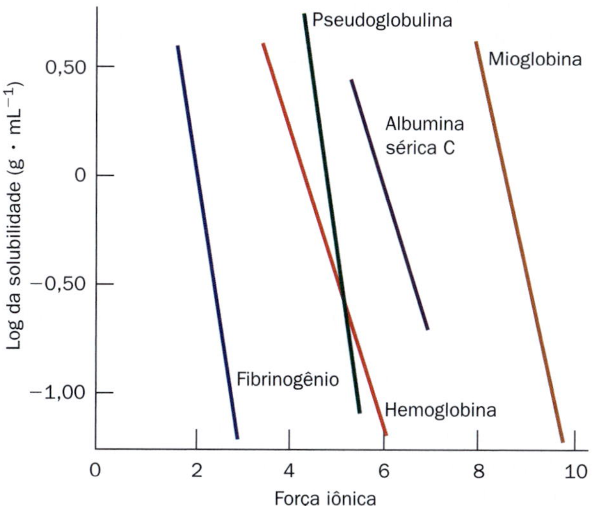

FIGURA 6.2 Solubilidade de diversas proteínas em soluções de sulfato de amônio. (Segundo Cohn, E.J., and Edsall, J.T., *Proteins, Amino Acids and Peptides, p.* 602, Academic Press [1943].)

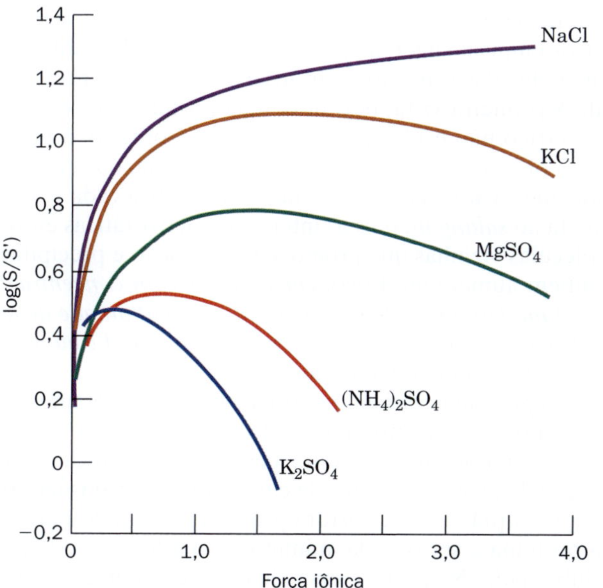

FIGURA 6.3 Solubilidade da carboxiemoglobina no seu ponto isoelétrico em função da força iônica e do tipo de íon. Aqui *S* e *S*' referem-se, respectivamente, às solubilidades da proteína em solução salina e em água pura. Está colocado no gráfico o logaritmo dessa razão para que as curvas de solubilidade possam ser colocadas em uma mesma escala. (Segundo Green, A.A., *J. Biol. Chem.* **95**, 47 [1932].)

A. *Efeitos das concentrações de sais*

A solubilidade de uma proteína em solução aquosa é uma função sensível às concentrações dos sais dissolvidos (Figs. 6.2 a 6.4). A concentração de sal nas Figs. 6.2 e 6.3 é expressa em termos de **força iônica**, *I*, que é definida por

$$I = \frac{1}{2}\sum c_i Z_i^2 \qquad [6.1]$$

onde c_i é a concentração molar da espécie iônica *i* e Z_i é a carga iônica. O uso desse parâmetro para calcular os efeitos das cargas iônicas resulta de considerações teóricas a respeito das soluções iônicas. Entretanto, como indica a Fig. 6.3, a solubilidade de uma proteína em uma dada força iônica varia conforme os tipos de íons presentes na solução. O grau de eficiência desses vários íons em influenciar na solubilidade da proteína é bastante semelhante para diferentes proteínas e, aparentemente, deve-se sobretudo à hidratação e ao tamanho do íon.

A solubilidade de uma proteína em uma baixa força iônica em geral aumenta com a concentração de sal (lado esquerdo da Fig. 6.3 e as diferentes curvas da Fig. 6.4). A explicação para esse fenômeno, denominado ***salting in***, é que, à medida que a concentração de sal da solução proteica aumenta, os íons de carga oposta adicionais protegem de forma mais efetiva as múltiplas cargas iônicas das moléculas da proteína, aumentando assim a solubilidade da proteína.

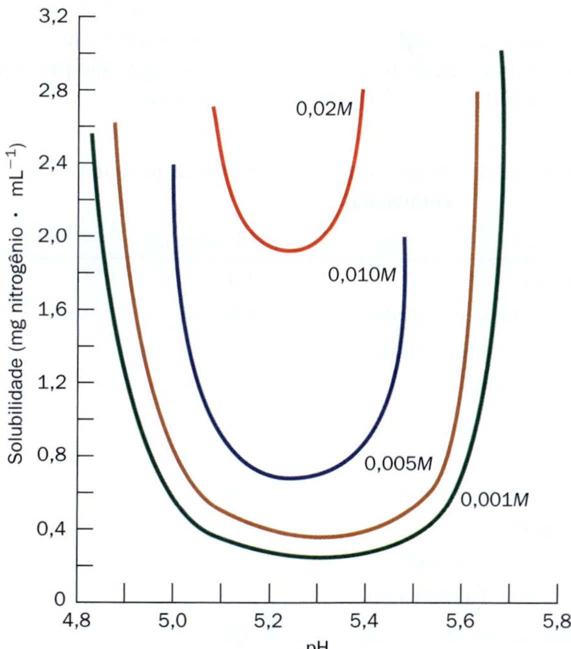

FIGURA 6.4 Solubilidade da β-lactoglobulina em função do pH e em diferentes concentrações de NaCl. (Segundo Fox, S., and Foster, J.S., *Introduction to Protein Chemistry, p.* 242, Wiley [1975].)

Em forças iônicas altas, a solubilidade das proteínas, bem como a da maioria das outras substâncias, diminui. Esse efeito, conhecido como ***salting out***, resulta principalmente da competição entre os íons do sal adicionado com os outros solutos dissolvidos pelas moléculas de solvatação. Em altas concentrações salinas, tantos dos íons adicionados são solvatados que a quantidade de solvente disponível torna-se insuficiente para dissolver outros solutos. Em termos termodinâmicos, a atividade do solvente (concentração efetiva; Apêndice do Capítulo 3) diminui. Portanto, as interações soluto-soluto se tornam mais fortes do que as interações soluto-solvente, e o soluto precipita.

Salting out *é a base para uma das técnicas mais frequentemente usadas para purificar proteínas.* A Fig. 6.2 mostra que a solubilidade de diferentes proteínas varia amplamente em função da concentração de sal. Por exemplo, a uma força iônica 3, o fibrinogênio é muito menos solúvel do que as outras proteínas da Fig. 6.2. *O ajuste da concentração de sal de uma solução contendo uma mistura de proteínas para valores logo abaixo do ponto de precipitação da proteína a ser purificada faz muitas proteínas indesejáveis serem eliminadas da solução. Após a remoção do precipitado por filtração ou por centrifugação, a concentração de sal da solução remanescente é aumentada de forma a precipitar a proteína desejada.* Dessa maneira, uma purificação significativa e a concentração de uma grande quantidade de proteína podem ser convenientemente obtidas. Em vista disso, *salting out* é, muitas vezes, a etapa inicial nos procedimentos de purificação de proteínas. O sulfato de amônio é o reagente mais utilizado para a precipitação de proteínas por *salting out*, pois sua alta solubilidade (3,9 *M* em água a 0°C) permite a obtenção de soluções com altas forças iônicas (até 23,4 em água a 0°C).

Determinados íons, principalmente I^-, ClO_4^-, SCN^-, Li^+, Mg^{2+}, Ca^{2+} e Ba^{2+}, aumentam a solubilidade em vez de levarem à precipitação por *salting out*. Esses íons também tendem a desnaturar as proteínas (Seção 8.4E). Já íons que diminuem a solubilidade das proteínas estabilizam suas estruturas nativas, de forma que as proteínas que são precipitadas por *salting out* não sofrem desnaturação.

TABELA 6.1 Pontos isoelétricos de várias proteínas conhecidas

Proteína	pH Isoelétrico
Pepsina	< 1,0
Ovalbumina (de galinha)	4,6
Albumina sérica (humana)	4,9
Tropomiosina	5,1
Insulina (bovina)	5,4
Fibrinogênio (humano)	5,8
γ-Globulina (humana)	6,6
Colágeno	6,6
Mioglobina (equina)	7,0
Hemoglobina (humana)	7,1
Ribonuclease A (bovina)	7,8
Citocromo *c* (equino)	10,6
Histona (bovina)	10,8
Lisozima (de galinha)	11,0
Salmina (de salmão)	12,1

B. Efeitos dos solventes orgânicos

Solventes orgânicos miscíveis em água, como acetona e etanol, em geral são bons precipitadores de proteínas, pois suas baixas constantes isoelétricas reduzem a força de solvatação das soluções aquosas para íons dissolvidos, como proteínas. As diferentes solubilidades das proteínas nessa mistura de solventes são a base de uma técnica de fracionamento muito utilizada. Essa técnica em geral é realizada próximo a 0°C ou menos, pois, a temperaturas mais altas, os solventes orgânicos tendem a desnaturar proteínas. O abaixamento da constante isoelétrica por solventes orgânicos também aumenta as diferenças no comportamento das proteínas no *salting out*, assim essas duas técnicas podem ser combinadas com eficiência. Alguns solventes orgânicos miscíveis em água, entretanto, como por exemplo dimetilsulfóxido (DMSO) ou *N,N*-dimetilformamida (DMF), são bons solventes para proteínas, pois têm constantes dielétricas relativamente altas.

C. Efeitos do pH

As proteínas geralmente possuem vários grupos ionizáveis que apresentam uma variedade de p*K*. Em um pH característico para cada proteína, as cargas positivas da molécula equilibram exatamente as cargas negativas. Nesse pH, ou ponto isoelétrico da proteína, p*I* (Seção 4.1D), a molécula proteica não apresenta carga líquida e, portanto, fica imóvel em um campo elétrico.

A Fig. 6.4 indica que a solubilidade da proteína β-lactoglobulina é mínima próximo ao seu p*I* (5,2) em soluções diluídas de NaCl e aumenta, mais ou menos simetricamente, em valores próximos ao p*I*, com as mudanças de pH. Esse comportamento de solubilidade, que é compartilhado pela maioria das proteínas, é facilmente explicável. Considerações físico-químicas sugerem que as propriedades de solubilidade das moléculas sem carga são insensíveis à concentração de sal. À primeira vista, portanto, uma proteína no seu ponto isoelétrico não está sujeita a *salting in*. Contudo, à medida que o pH varia em relação ao p*I* da proteína, ou seja, à medida que a carga da proteína aumenta, ela fica cada vez mais sujeita ao *salting in*, pois as interações eletrostáticas entre as moléculas vizinhas que promovem agregação e precipitação também aumentam. Logo, *em soluções com concentrações de sal moderadas, é de se esperar que a solubilidade de uma proteína em função do pH seja mínima no seu pI e aumente a partir desse valor com relação ao pH.*

As proteínas variam quanto à composição de aminoácidos e, portanto, como indica a Tabela 6.1, quanto aos seus p*I*s. Esse fenômeno constitui a base de uma técnica de purificação de proteína conhecida como **precipitação isoelétrica**, na qual o pH de uma mistura proteica é ajustado para o p*I* da proteína a ser isolada, minimizando seletivamente a sua solubilidade. Na prática, essa técnica é combinada com *salting out* de maneira que a proteína que está sendo purificada precipita por *salting out* quando próxima ao seu p*I*.

D. Cristalização

Uma vez que uma proteína tenha alcançado um estado de pureza razoável, pode ser possível cristalizá-la. Isso, em geral, é realizado com o uso de agentes precipitantes, como os

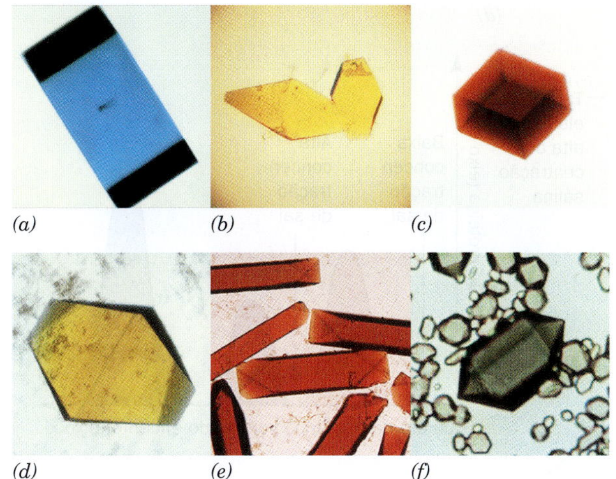

FIGURA 6.5 Cristais de proteínas. (*a*) Azurina de *Pseudomonas aeruginosa*, (*b*) flavodoxina de *Desulfovibrio vulgaris*, (*c*) rubredoxina de *Clostridium pasteurianum*, (*d*) azidometo mioemeritrina da lesma marinha *Siphonosoma funafuti*, (*e*) hemoglobina de lampreia e (*f*) bacterioclorofila *a* de *Prosthecochloris aestuarii*. Essas proteínas são coloridas devido aos cromóforos (grupos que absorvem a luz) associados a elas; as proteínas ficam incolores na ausência desses grupos. (Imagens *a-c*, cortesia de Larry Sieker, University of Washington, EUA; *d* e *e*, cortesia de Wayne Hendrickson, Columbia University, EUA; *f*, cortesia de John Olsen, Brookhaven National Laboratories, e Brian Matthews, University of Oregon, EUA.)

descritos anteriormente, de forma a deixar a solução proteica logo acima do seu ponto de saturação. Quando fica parada por um tempo (que pode variar de 5 minutos até vários meses), durante o qual, muitas vezes, a concentração do agente precipitante é lentamente aumentada, a proteína pode precipitar da solução na forma cristalizada. Muitas vezes, é necessário testar a cristalização com soluções sob diferentes condições e com vários agentes precipitantes até que seja possível obter os cristais. O tamanho dos cristais pode variar desde microscópicos até 1 mm ou mais de diâmetro. Os cristais maiores, que geralmente exigem mais cuidado para crescer, são apropriados para a análise por cristalografia por raios X (Seção 8.3A). Alguns cristais são mostrados na Fig. 6.5.

3 SEPARAÇÃO CROMATOGRÁFICA

Em 1903, o botânico russo Mikhail Tswett descreveu a separação dos pigmentos de folhas vegetais em solução utilizando adsorventes sólidos. Ele denominou esse processo **cromatografia** (do grego: *chroma*, cor + *graphein*, escrever), presumivelmente devido às bandas coloridas que eram formadas no adsorvente à medida que os componentes das misturas pigmentadas separavam-se uns dos outros (e possivelmente porque Tswett significa "cor" em russo).

Os métodos modernos de separação fundamentam-se muito em procedimentos cromatográficos. Em todos eles, uma mistura de substâncias a ser fracionada é dissolvida em um fluido líquido ou gasoso, conhecido como **fase móvel**. A solução resultante é percolada através de uma coluna contendo uma matriz sólida porosa, conhecida como **fase estacionária**, a qual, em alguns tipos de cromatografia, pode estar associada a um líquido. A interação de cada um dos solutos com a fase estacionária age de forma a retardar o seu fluxo pela matriz, e a maneira pela qual isso ocorre varia com as propriedades de cada soluto. Se a mistura que está sendo fracionada inicia sua trajetória através da coluna como uma camada estreita, as diferentes forças retardadoras de cada componente, que fazem com que eles migrem a velocidades diferentes, acabam fazendo com que a mistura se separe em camadas (ou bandas) de substâncias puras.

O poder da cromatografia deriva da natureza contínua dos processos de separação. Uma única etapa de purificação (ou "placa teórica", como é chamada em analogia às técnicas de destilação) pode apresentar uma baixa tendência de separar uma mistura em componentes puros. Entretanto, uma vez que esse processo é aplicado de forma contínua, sendo repetido centenas ou mesmo centenas de milhares de vezes, ao final ocorre a segregação da mistura em seus diferentes componentes. Os componentes que foram separados podem então ser coletados em frações separadas para análise e/ou posterior fracionamento.

Os vários métodos de cromatografia são classificados com base nas fases móveis e estacionárias. Por exemplo, na cromatografia gasosa-líquida, a fase móvel e a estacionária são a gasosa e a líquida, respectivamente, enquanto na cromatografia líquida-líquida elas são líquidos não miscíveis, estando um deles ligado a um suporte sólido inerte. Os métodos cromatográficos podem ainda ser classificados de acordo com a natureza da interação predominante entre a fase estacionária e as substâncias que estão sendo separadas. Por exemplo, se a força retardadora tem caráter iônico, a técnica de separação constitui uma **cromatografia de troca iônica**, enquanto se a força for resultado da adsorção dos solutos à fase estacionária, a técnica é conhecida como **cromatografia de adsorção**.

Como já foi comentado, uma célula contém um número imenso de diferentes componentes, muitos dos quais apresentam propriedades bastante semelhantes. Portanto, as técnicas de isolamento para a maioria das substâncias biológicas incorporam várias etapas de cromatografia independentes, de modo que a substância de interesse possa ser purificada de acordo com diversos critérios. Nesta seção, são descritas as técnicas mais comuns de cromatografia.

A. *Cromatografia de troca iônica*

No processo de ***troca iônica****, os íons que estão ligados eletrostaticamente a uma matriz insolúvel e quimicamente inerte são substituídos, reversivelmente, pelos íons em solução.*

$$R^+A^- + B^- \rightleftharpoons R^+B^- + A^-$$

Na equação, R^+A^- é um **trocador de ânions** na forma A^-, e B^- representa os ânions em solução. Os **trocadores de cátions** possuem, similarmente, grupos carregados negativamente que se ligam reversivelmente a cátions. Poliânions e policátions, portanto, ligam-se a trocadores de ânions e de cátions, respectivamente. Entretanto, proteínas e outros **polieletrólitos** (polímeros poliônicos), que possuem cargas positivas e negativas, podem ligar-se tanto a trocadores de cátions como de ânions, dependendo da sua carga final. *A*

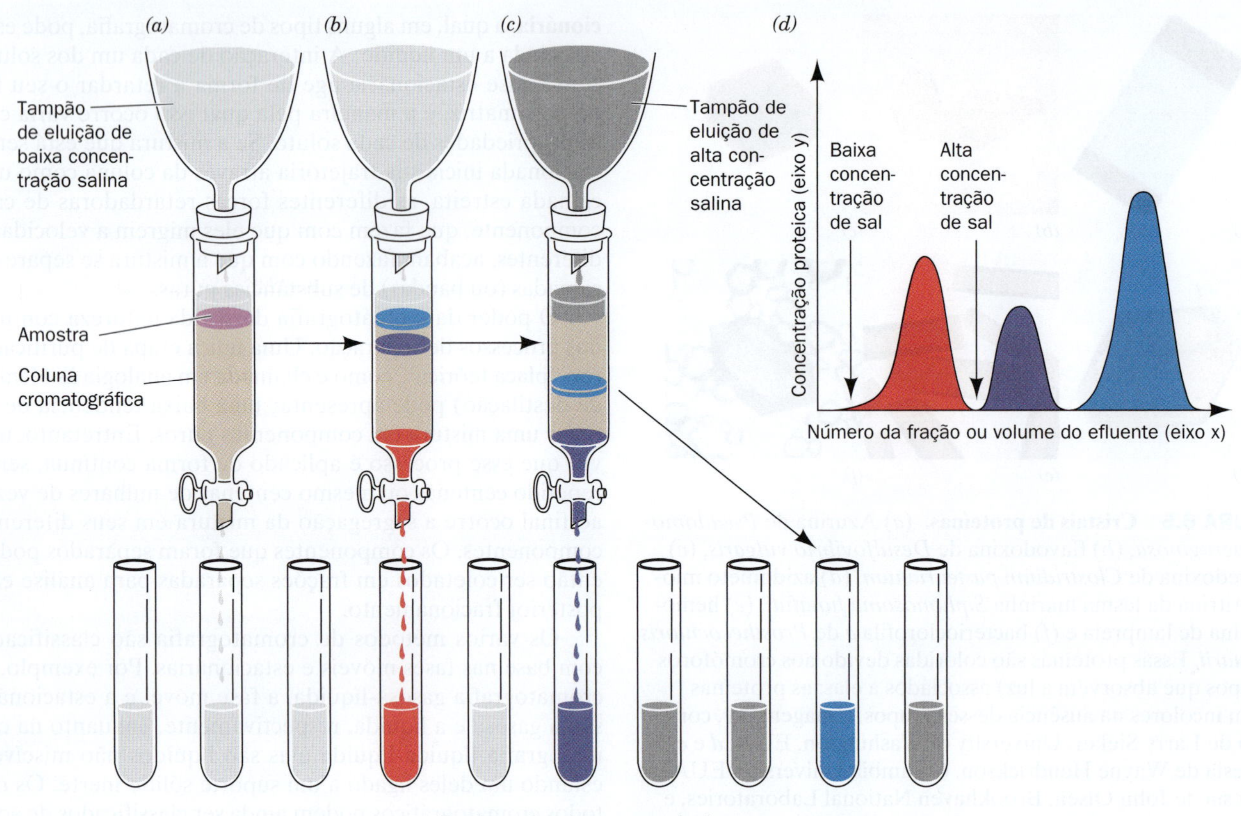

FIGURA 6.6 Cromatografia de troca iônica utilizando eluição em gradiente descontínuo. Na figura, a área bege da coluna representa o trocador de íons, e as bandas coloridas representam as várias proteínas. (*a*) A mistura proteica é ligada à porção superior do trocador de íons na coluna cromatográfica. (*b*) À medida que a eluição progride, as várias proteínas são separadas em bandas discretas como consequência das diferentes afinidades pelo trocador de íons sob essas condições de solução. A primeira banda de proteína (*em vermelho*) passou através da coluna e está sendo isolada em uma fração, enquanto as outras bandas permanecem próximo ao topo da coluna. (*c*) A concentração de sal no tampão de eluição é aumentada para aumentar a mobilidade das demais bandas, fazendo com que elas sejam eluídas. (*d*) Diagrama de eluição da mistura protéica da coluna. **Ver Figuras animadas**

afinidade com a qual um polieletrólito se liga a um determinado trocador de íons depende das identidades e concentrações dos outros íons em solução devido à competição entre esses vários íons pelos sítios de ligação no trocador de íons. As afinidades de ligação de polieletrólitos que possuem grupos ácido-base são também altamente dependentes do pH, devido à variação de suas cargas em função do pH. Esses princípios são de grande utilidade para o isolamento de moléculas biológicas por **cromatografia de troca iônica** (Fig. 6.6), como descrito a seguir.

Ao purificar uma dada proteína (ou outro polieletrólito), o pH e a concentração de sal da solução na qual está dissolvida a proteína são definidos de maneira que a proteína de interesse se ligue fortemente ao trocador de íons escolhido. Um pequeno volume da solução proteica impura é aplicado no topo da coluna, a qual foi preenchida com o trocador de íons, e a coluna é lavada com a solução tamponada.

Diferentes proteínas ligam-se ao trocador de íons com diferentes afinidades. À medida que a coluna vai sendo lavada com o tampão, processo chamado **eluição**, *aquelas proteínas com afinidade relativamente baixa pelo trocador de íons movem-se através da coluna mais rapidamente do que as proteínas que se ligam ao trocador de íons com afinidades mais altas.* Isso ocorre porque o avanço de uma determinada proteína através da coluna é retardado em relação ao avanço do solvente devido às interações entre as moléculas proteicas com o trocador de íons.

Quanto maior a afinidade de ligação de uma proteína pelo trocador de íons, mais ela será retardada. Logo, proteínas que se ligam firmemente ao trocador de íons podem ser eluídas trocando-se o tampão de eluição por algum outro que tenha uma concentração de sal (e/ou de pH diferente) maior, um processo denominado **eluição em gradiente descontínuo**.

Com o uso de um coletor de frações, a purificação de uma substância pode ser realizada selecionando-se apenas aquelas frações do efluente da coluna contendo a substância. Os materiais separados cromatograficamente podem ser detectados de diversas maneiras. Os conteúdos do efluente da coluna podem ser monitorados diretamente, por meio de detectores acoplados à coluna, de acordo com sua absorbância em UV em comprimentos de onda específicos (geralmente 280 nm para proteínas [pois as cadeias laterais aromáticas de Phe, Trp e Tyr apresentam alta absorbância nesses comprimentos de onda; Seção 9.1Cb] e 260 nm para ácidos nucleicos [seu máximo de absorção; Fig. 5.15*b*]), sua fluorescência, sua radioatividade, seu índice refratório, seu pH ou sua condutividade elétrica. Essas propriedades também podem ser medidas em cada fração da coluna depois que a corrida cromatográfica tiver terminado. Além disso, as biomoléculas podem ser detectadas por suas atividades enzimáticas e biológicas, como discutido na Seção 6.1D.

a. A eluição em gradiente contínuo melhora a separação cromatográfica

O processo de purificação pode ser melhorado lavando-se a coluna contendo a proteína pelo método de **eluição em gradiente contínuo** (ou, simplesmente, eluição em gradiente). Nesse método, o pH e/ou a concentração de sal variam continuamente à medida que a coluna vai sendo eluída, liberando sequencialmente as várias proteínas que estão ligadas ao trocador de íons. Essa técnica em geral leva a uma melhor separação de proteínas, se comparada à eluição da coluna utilizando uma única solução ou à eluição em gradiente descontínuo.

Muitos tipos diferentes de eluição em gradiente têm sido empregados com sucesso na purificação de moléculas biológicas. O mais utilizado é o **gradiente linear**, no qual a concentração da solução de eluição varia linearmente com o volume de solução passado na coluna. Um aparelho simples para gerar esse tipo de gradiente está ilustrado na Fig. 6.7. Na figura, a concentração de soluto, *c*, na solução que é retirada da câmara de mistura é expressa por

$$c = c_2 - (c_2 - c_1)f \qquad [6.2]$$

onde c_1 é a concentração inicial da solução na câmara de mistura, c_2 é a concentração da solução na câmara do reservatório, e f é a fração remanescente dos volumes combinados das soluções inicialmente presentes em ambas as câmaras. Gradientes lineares de concentração salina crescente provavelmente são mais utilizados do que qualquer outro tipo de eluição. Entretanto, gradientes de diferentes perfis podem ser gerados utilizando duas ou mais câmaras de diferentes diâmetros ou então aparelhos de mistura programáveis.

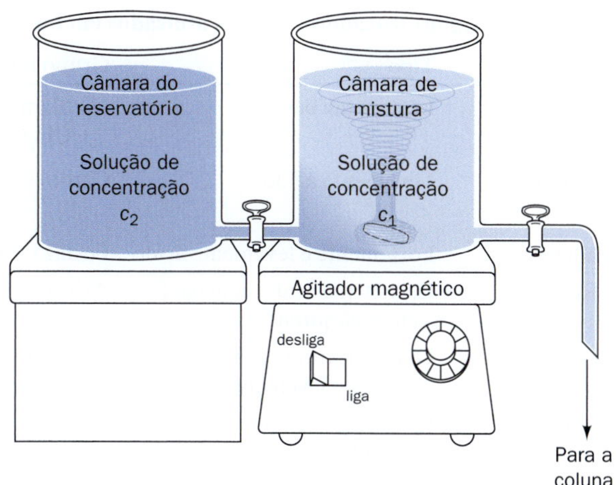

FIGURA 6.7 Aparelho para gerar um gradiente de concentração linear. Duas câmaras abertas conectadas, que possuem seções transversais idênticas, são inicialmente preenchidas com volumes iguais de soluções de concentrações diferentes. À medida que a solução de concentração c_1 vai saindo da câmara de mistura, ela vai sendo substituída pela solução de concentração c_2 da câmara do reservatório. A concentração da solução na câmara de mistura varia linearmente a partir da concentração inicial, c_1, até a concentração final, c_2, como expressado pela Equação [6.2].

b. Existem diversos tipos de trocadores de íons

Os trocadores de íons consistem em grupos carregados acoplados covalentemente a uma matriz. A natureza química dos grupos carregados determina os tipos de íons que se ligam ao trocador de íons e a força com a qual se ligam. As propriedades químicas e mecânicas da matriz governam as características do fluxo, a acessibilidade dos íons e a estabilidade do trocador de íons.

Diversas classes de materiais, chamados coloquialmente de **resinas**, são usadas como matrizes de suporte para trocadores de íons na purificação de proteínas, incluindo celulose (Fig. 6.8), poliestireno, géis de agarose e géis de dextrana (Seção 6.3Bb). A Tabela 6.2 descreve alguns dos trocadores de íons disponíveis comercialmente que são utilizados com mais frequência.

Trocadores de íons com base em celulose são um dos materiais mais frequentemente empregados para separar moléculas biológicas. A celulose, originária da madeira ou do algodão, é levemente alterada com grupos iônicos para

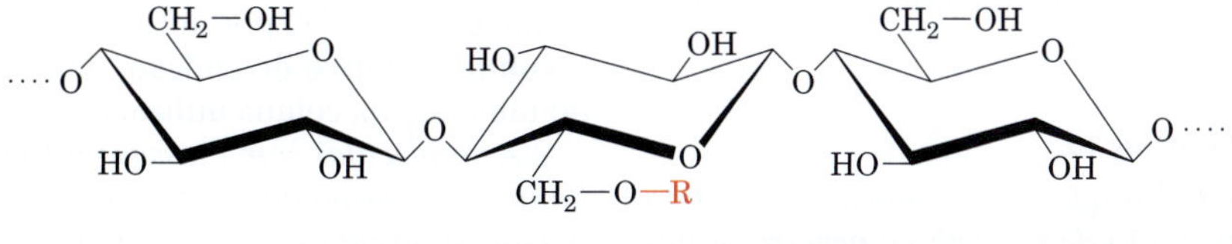

$CH_2{-}OH$ … HO … OH … $CH_2{-}O{-}R$ … O …

DEAE: $R = -CH_2-CH_2-\overset{+}{N}H(CH_2CH_3)_2$
CM: $R = -CH_2-COO^-$

FIGURA 6.8 Fórmulas moleculares de trocadores de íons com base em celulose.

TABELA 6.2 Alguns trocadores de íons utilizados em bioquímica

Nome	Tipo	Grupo ionizável	Características
DEAE-celulose	Levemente básico	Dietilaminoetil —$CH_2CH_2N(C_2H5)_2$	Utilizado para separar proteínas ácidas e neutras
CM-celulose	Levemente ácido	Carboximetil —CH_2COOH	Utilizado para separar proteínas básicas e neutras
P-celulose	Fortemente e levemente ácido	Fosfato —OPO_3H_2	Dibásico, liga fortemente proteínas básicas
Bio-Rex 70*	Levemente ácido, com base em poliestireno	Ácido carboxílico —COOH	Utilizado para separar proteínas básicas e aminas
DEAE-Sephadex*	Gel de dextrana com ligações cruzadas levemente básico	Dietilaminoetil —$CH_2CH_2N(C_2H_5)_2$	Combinação de cromatografia e gel filtração de proteínas ácidas e neutras
SP-Sepharose*	Gel de agarose com ligações cruzadas fortemente ácido	Metilsulfonato —CH_2SO_3H	Combinação de cromatografia e gel filtração de proteínas básicas

*Sephadex e Sepharose são produtos da GE Healthcare; resinas Bio-Rex são produtos da BioRad Laboratories.

formar o trocador de íons. O trocador de ânions com base em celulose mais usado é a **dietilaminoetil (DEAE)-celulose**, enquanto a **carboximetil (CM)-celulose** é o trocador de cátions com base em celulose mais popular (Fig. 6.8).

Trocadores de íons com base em gel podem ter os mesmos tipos de grupos carregados que os com base em celulose. A vantagem dos trocadores de íons de gel é que eles combinam as propriedades de separação da gel filtração (Seção 6.3B) com aquelas da troca iônica. Devido ao alto grau de substituição de grupos carregados, que resulta de suas estruturas porosas, esses géis possuem uma capacidade de carga maior do que os trocadores de celulose.

Uma desvantagem das matrizes com base em celulose e em gel é que elas são facilmente comprimíveis (em geral devido às altas pressões resultantes de tentativas de aumentar o fluxo de eluição), reduzindo assim o fluxo da solução de eluição. Esse problema tem sido reduzido com a fabricação de matrizes incomprimíveis, como, por exemplo, as derivadas de sílica e de pérolas de vidro.

Sílica

Esses materiais permitem pressões e velocidades de fluxo altas, mesmo quando formados de partículas em pó bastante finas, permitindo assim separações cromatográficas mais eficazes (ver HPLC na Seção 6.3DH).

B. Cromatografia de gel filtração

*Na **cromatografia de gel filtração**, que também é chamada de **cromatografia por exclusão de tamanho** e **peneira molecular**, as moléculas são separadas de acordo com a forma e o tamanho.* Nessa técnica, a fase estacionária consiste em esferas de um material hidratado e espongiforme contendo poros que abrangem uma faixa de tamanho molecular relativamente pequena. Se uma solução aquosa que contém moléculas de vários tamanhos é passada através da coluna contendo essas "peneiras moleculares", as moléculas que são muito grandes para passar pelos poros são excluídas do volume do solvente dentro das esferas do gel. Logo, essas moléculas grandes passam pela coluna mais rapidamente, ou seja, em um volume menor de solução de eluição, do que as moléculas que passam através dos poros (Fig. 6.9).

A massa molecular da menor molécula que é incapaz de penetrar nos poros de um determinado gel é considerada como seu **limite de exclusão**. Esse limite é, até certo ponto, uma consequência da forma da molécula, pois moléculas alongadas, em consequência do seu maior raio de hidratação, têm menor capacidade de penetrar no poro de um gel do que moléculas esféricas que tenham um mesmo volume molecular.

O comportamento de uma molécula em uma coluna de gel pode ser quantitativamente caracterizado. Se V_x é o volume ocupado pelas partículas do gel e V_0, ou **volume morto**, é o volume do espaço do solvente que envolve as partículas do gel, então V_t, o **volume total do gel da coluna**, é simplesmente a soma desses:

$$V_t = V_x + V_0 \quad [6.3]$$

V_0 é geralmente ~35% de V_t.

O **volume de eluição** de um dado soluto, V_e, é o volume de solvente necessário para eluir o soluto da coluna depois que ele tenha sido aplicado no gel. O volume morto de uma coluna é facilmente mensurável, sendo esse o volume de eluição de um soluto cuja massa molecular é maior do que o limite de exclusão do gel. O comportamento de um dado soluto em um gel é, portanto, caracterizado pela razão V_e/V_0, o **volume relativo de eluição**, uma grandeza que independe do tamanho da coluna utilizada.

As moléculas com massas moleculares menores do que o limite de exclusão de um gel eluirão do gel na ordem das suas massas moleculares, com as maiores eluindo primeiro. Isso ocorre porque os tamanhos dos poros em um gel variam dentro de uma faixa limitada, de forma que as moléculas maiores, ao contrário das menores, não têm o volume interno de gel disponível. Esse efeito é a base da cromatografia de gel filtração.

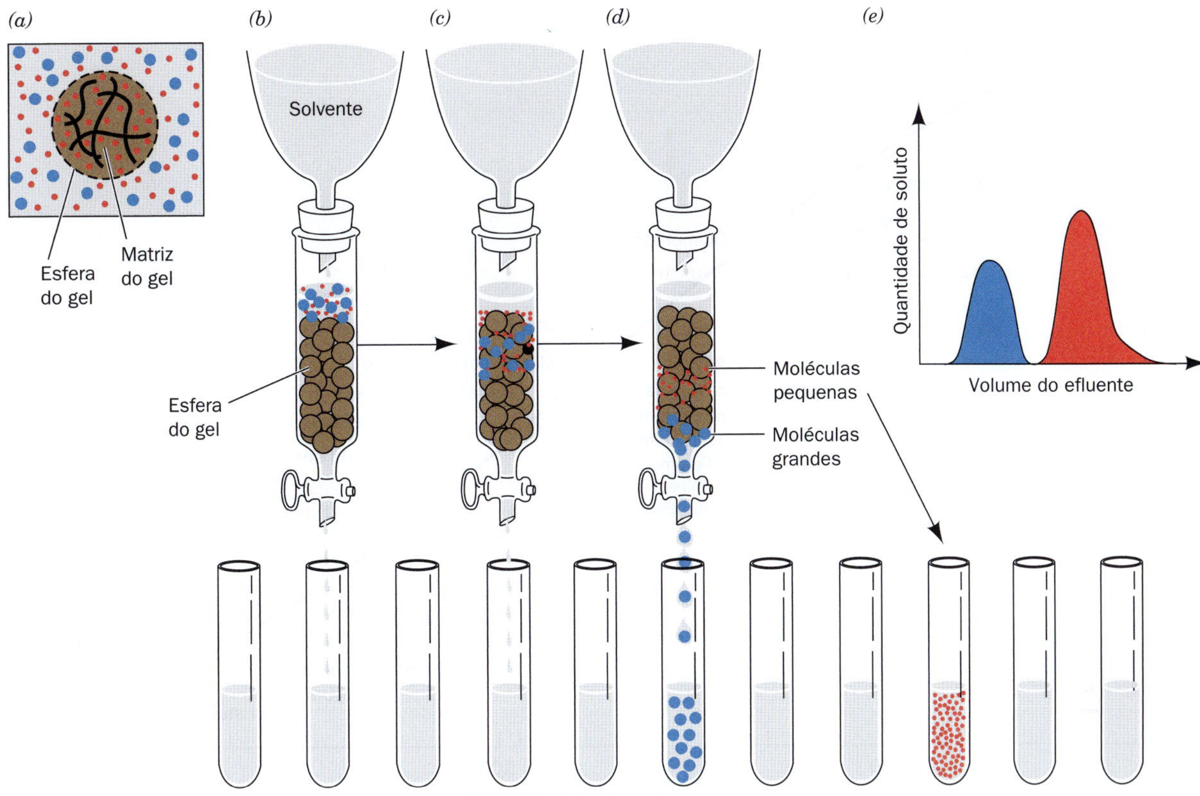

FIGURA 6.9 Cromatografia de gel filtração. (*a*) Uma partícula esférica de gel, cujo contorno está representado por uma linha pontilhada, consiste na matriz do gel (*linhas sólidas onduladas*), que possui um espaço interno com solvente. As moléculas menores (*pontos vermelhos*) podem penetrar livremente nesse espaço da esfera do gel. Entretanto, as moléculas grandes (*pontos azuis*) são muito grandes para penetrar nos poros do gel. (*b*) A solução de amostra começa a entrar na coluna de gel (em que as esferas de gel estão representadas por esferas marrons). (*c*) As moléculas menores conseguem penetrar no gel e consequentemente migram através da coluna mais lentamente do que as moléculas maiores, que são excluídas do gel. (*d*) As moléculas maiores emergem da coluna e são coletadas separadamente das moléculas menores, as quais necessitam de mais solvente para serem eluídas da coluna. (*e*) Diagrama de eluição do cromatograma, indicando a separação completa dos dois componentes, com o componente maior eluindo antes. **Ver Figuras animadas**

a. A cromatografia de gel filtração pode ser usada para estimar massas moleculares

Há uma relação linear entre o volume de eluição relativo de uma substância e o logaritmo de sua massa molecular, dentro de uma faixa considerável de massas moleculares (Fig. 6.10). Se um gráfico como o da Fig. 6.10 for feito para uma determinada coluna de gel filtração, utilizando-se macromoléculas de massas moleculares conhecidas, *a massa molecular de uma substância desconhecida pode ser estimada a partir de sua posição no gráfico. A precisão dessa técnica é limitada pelo grau de precisão da premissa de que tanto macromoléculas conhecidas como desconhecidas possuem formas idênticas.* Mesmo assim, a cromatografia de gel filtração é bastante usada para estimar massas moleculares, pois pode ser aplicada para amostras relativamente impuras (proporcionando a identificação da molécula de interesse) e porque pode ser realizada utilizando equipamentos simples.

b. A maioria dos géis é feita de dextrana, agarose ou poliacrilamida

Os materiais mais utilizados para fazer géis cromatográficos são **dextrana** (um polímero de glicose de alta massa molecular produzido pela bactéria *Leuconostoc mesenteroides*), **agarose** (um polímero linear de moléculas de D-galactose e 3,6-anidro-L-galactose alternadas, obtido de algas vermelhas) e **poliacrilamida** (Seção 6.4B). As propriedades dos diversos géis que são empregados com frequência na separação de moléculas biológicas estão listadas na Tabela 6.3. A porosidade dos géis de dextrana, comercializados com o nome de Sephadex, é controlada pela massa molecular da dextrana utilizada e pela introdução de unidades de gliceril-éter que se ligam transversalmente aos grupos hidroxila das cadeias de poliglicose, formando uma malha. As diversas classes de Sephadex disponíveis apresentam limites de exclusão entre 0,7 e 600 kDa. O tamanho do poro nos géis de poliacrilamida é controlado, de forma semelhante, pelo grau de ligações cruzadas que formam a malha entre as moléculas de poliacrilamida (Seção 6.4B). Eles são comercializados com o nome Bio-Gel P e possuem limites de exclusão entre 0,2 e 400 kDa. Moléculas bastante grandes e complexos supramoleculares podem ser separados utilizando géis de agarose, comercializados com os nomes Sepharose e Bio-Gel A, que têm limites de exclusão de até 150.000 kDa.

A gel filtração, em geral, é utilizada para retirar o sal de uma solução proteica. Por exemplo, uma proteína precipitada

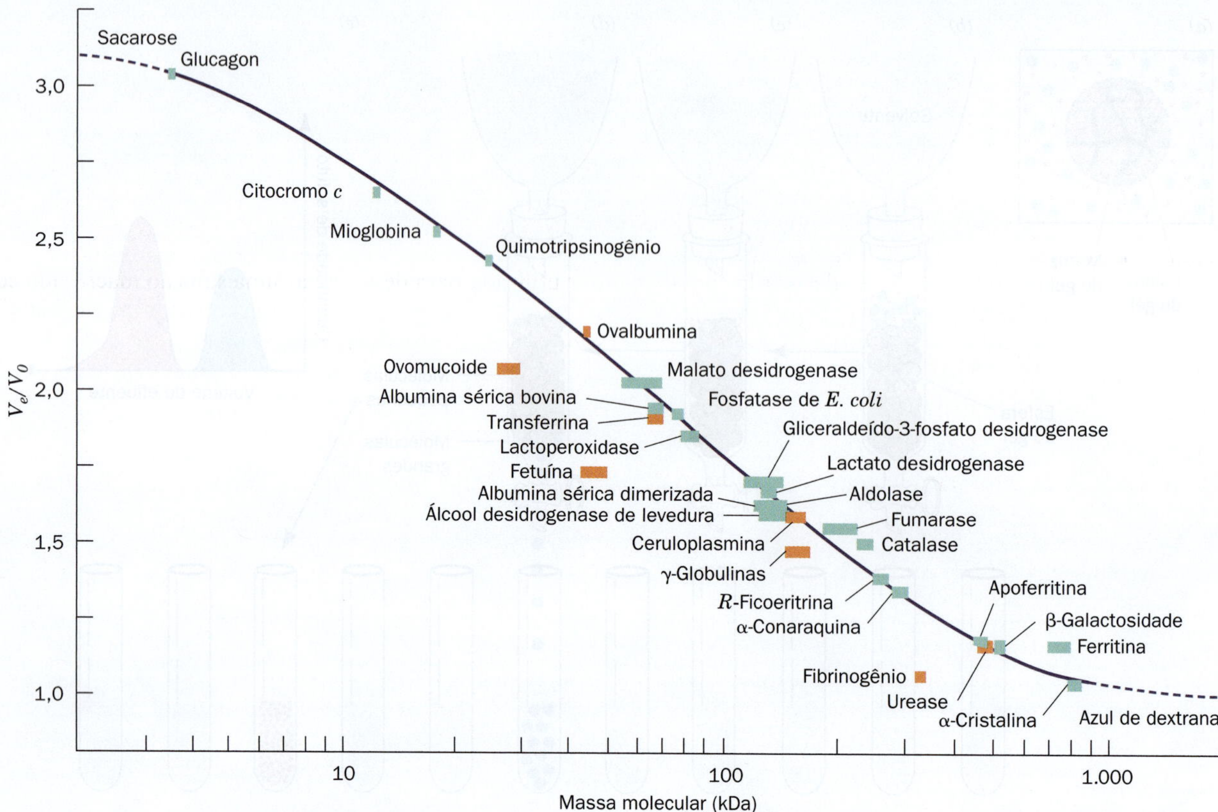

FIGURA 6.10 Determinação da massa molecular por cromatografia de gel filtração. O gráfico mostra o volume de eluição relativo em função do logaritmo da massa molecular de diversas proteínas de uma coluna de dextrana (Sephadex G-200) em pH 7,5. As barras laranjas representam glicoproteínas (proteínas com grupos de carboidratos ligados). (Segundo Andrews, P., *Biochem. J.* **96**, 597 [1965].)

TABELA 6.3 Alguns materiais frequentemente utilizados em gel filtração

Nome	Tipo	Faixa de fracionamento (kDa)
Sephadex G-10	Dextrana	0,05-0,7
Sephadex G-25	Dextrana	1-5
Sephadex G-50	Dextrana	1-30
Sephadex G-100	Dextrana	4-150
Sephadex G-200	Dextrana	5-600
Sephacryl S-100	Dextrana com ligações cruzadas	1-100
Sephacryl S-200	Dextrana com ligações cruzadas	5-250
Sephacryl S-300	Dextrana com ligações cruzadas	4-150
Sephacryl S-400	Dextrana com ligações cruzadas	20-8.000
Bio-Gel P-2	Poliacrilamida	0,1-1,8
Bio-Gel P-6	Poliacrilamida	1-6
Bio-Gel P-10	Poliacrilamida	1,5-20
Bio-Gel P-30	Poliacrilamida	2,5-40
Bio-Gel P-100	Poliacrilamida	5-100
Sepharose 6B	Agarose	10-4.000
Sepharose 4B	Agarose	60-20.000
Sepharose 2B	Agarose	70-40.000

com sulfato de amônio pode ser separada do sulfato de amônio, dissolvendo-se o precipitado proteico em um volume mínimo de um tampão adequado e aplicando-se a solução em uma coluna de gel com limite de exclusão menor do que a massa molecular da proteína. Na eluição da coluna com tampão, a proteína seguirá na frente do sulfato de amônio através da coluna.

Géis de dextrana e de agarose podem ser alterados com grupos ionizáveis, tais como DEAE e CM, para formar géis de troca iônica (Seção 6.3Ab). As substâncias cromatografadas nesses géis são, portanto, separadas tanto de acordo com suas cargas iônicas como de acordo com seus tamanhos e formas.

c. A diálise é um tipo de filtração molecular

Diálise *é um processo que separa as moléculas de acordo com o seu tamanho utilizando membranas semipermeáveis que contêm poros de dimensões menores do que a dimensão das macromoléculas.* Esses poros permitem que as moléculas pequenas, como aquelas de solventes, sais e outros metabólitos, sofram difusão através da membrana, mas bloqueiam a passagem de moléculas maiores. O **celofane** (acetato de celulose) é o material de diálise geralmente mais utilizado, apesar de várias outras substâncias, como por exemplo a celulose e o **colódio**, também serem empregadas. Esses materiais podem ser encontrados com vários **limites de exclusão de massa molecular** (o tamanho da menor partícula que não passa pela membrana), que variam de 0,5 a 500 kDa.

A diálise (que não é considerada um tipo de cromatografia) é utilizada para trocar o solvente no qual macromoléculas estão dissolvidas. Uma solução macromolecular é colocada dentro de um saco de diálise (que geralmente é fechado amarrando-se a membrana de diálise em ambas as extremidades), que é mergulhado em um volume relativamente grande do novo solvente (Fig. 6.11*a*). Após várias horas de agitação, as soluções estarão equilibradas, mas as macromoléculas permanecerão dentro do saco de diálise (Fig. 6.11*b*). O processo pode ser repetido diversas vezes para substituir totalmente um solvente por outro.

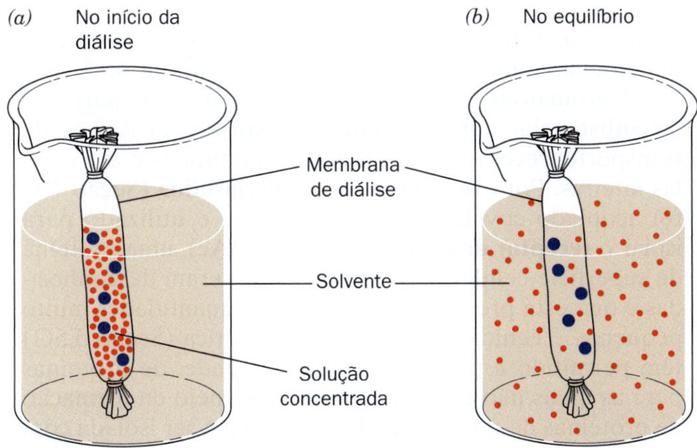

FIGURA 6.11 Uso da diálise para separar moléculas pequenas e grandes. (*a*) Apenas as moléculas pequenas difundem pelos poros do saco de diálise, mostrado aqui como um tubo amarrado em ambas as extremidades. (*b*) No equilíbrio, as concentrações das moléculas pequenas são quase iguais dentro e fora do saco de diálise, enquanto as macromoléculas permanecem dentro do saco.

A diálise tem sido amplamente substituída por uma técnica semelhante e relacionada, conhecida como **ultrafiltração**, na qual uma solução de macromoléculas é forçada, sob pressão ou por centrifugação, através de uma membrana semipermeável, a qual pode ser feita de diversos materiais, incluindo acetato de celulose, náilon ou fluoreto de polivinilideno (PVDF). O solvente e os solutos pequenos passam através da membrana, deixando para trás a solução de macromoléculas mais concentrada. Assim, a ultrafiltração pode ser utilizada para dessalinizar uma solução macromolecular. Como existem membranas de ultracentrifugação com diversos tamanhos de poros, essa técnica pode ser utilizada para separar macromoléculas de diferentes tamanhos.

O solvente também pode ser removido de uma amostra em solução através da **liofilização**, um processo no qual a solução é congelada e o solvente é sublimado sob vácuo. A liofilização é geralmente utilizada para preparar materiais biológicos para o armazenamento por longos períodos ou para o transporte deles.

C. *Cromatografia de afinidade*

Uma característica marcante de algumas proteínas é a habilidade que elas têm em se ligarem fortemente, mas de forma não covalente, a moléculas específicas. Essa propriedade pode ser utilizada para purificar essas proteínas por meio de

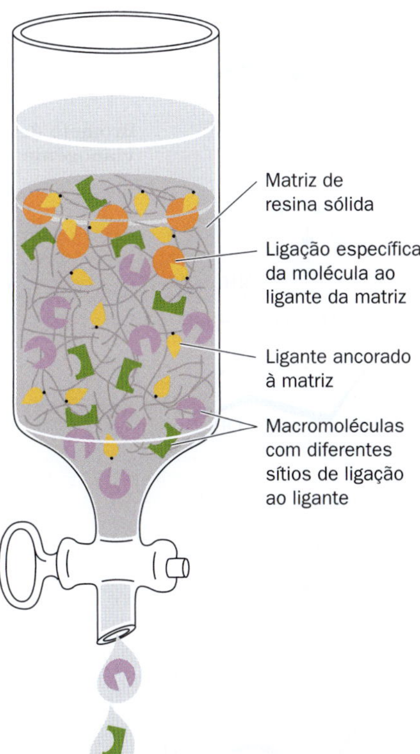

FIGURA 6.12 Cromatografia de afinidade. Um ligante (*amarelo*) é ancorado covalentemente a uma matriz porosa. A amostra (cujos sítios de ligação ao ligante estão representados por triângulos, semicírculos e quadrados recortados) é passada através da coluna. Apenas algumas moléculas (representadas por círculos laranjas) se ligam com especificidade ao ligante; as outras são lavadas da coluna.

cromatografia de afinidade (Fig. 6.12). Nessa técnica, uma molécula, conhecida como **ligante** (em analogia aos ligantes dos compostos de coordenação), que se liga especificamente à proteína de interesse, é acoplada covalentemente a uma matriz porosa inerte. *Quando se passa uma solução proteica impura através desse material cromatográfico, a proteína de interesse liga-se ao ligante imobilizado, enquanto as outras substâncias são lavadas da coluna pelo tampão. A proteína de interesse pode ser depois recuperada na forma pura trocando-se as condições de eluição de maneira que a proteína seja liberada da matriz cromatográfica.* A grande vantagem da cromatografia de afinidade é a possibilidade de utilizar propriedades bioquímicas que sejam próprias da proteína de interesse, em vez das pequenas diferenças nas propriedades físico-químicas entre as proteínas, como é utilizado pelos outros métodos cromatográficos.

A matriz cromatográfica, na cromatografia de afinidade, deve ser quimicamente inerte, apresentar alta porosidade e possuir um grande número de grupos funcionais capazes de formar ligações covalentes com os ligantes. Dentre os poucos materiais disponíveis que cumprem esses critérios, a agarose, que possui numerosos grupos hidroxila livres, é sem dúvida a mais utilizada. Se o ligante possuir um grupo amina primário que não é essencial para a sua ligação à proteína de interesse,

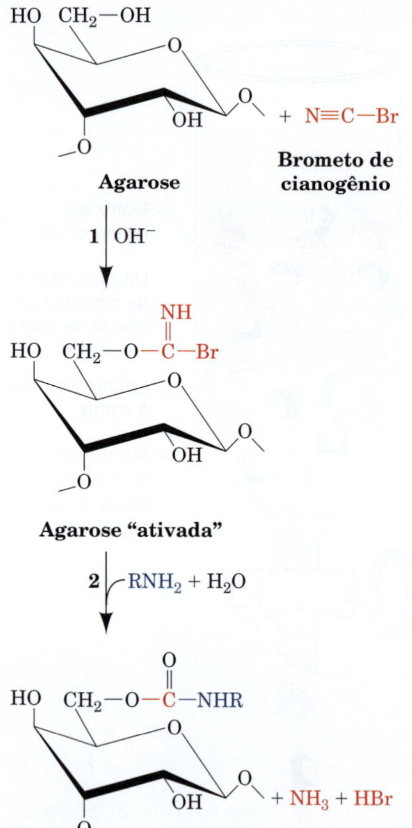

FIGURA 6.13 Ligação covalente do ligante à agarose. A formação de agarose ativada por brometo de cianogênio (*parte superior da figura*) e sua reação com uma amina primária para formar um ligante acoplado covalentemente para uso em cromatografia de afinidade (*parte inferior da figura*).

o ligante pode ser ligado covalentemente à agarose em duas etapas (Fig. 6.13):

1. A agarose reage com **brometo de cianogênio** para formar um intermediário "ativado", porém estável (normalmente disponível no comércio).
2. O ligante reage com a agarose ativada para formar um produto ligado covalentemente.

Muitas proteínas são incapazes de se ligarem aos seus ligantes acoplados a brometo de cianogênio devido a interferências espaciais (estéricas) com a matriz de agarose. Esse problema é amenizado acoplando-se o ligante à agarose por meio de um grupo "espaçador" flexível. Isso é feito mais facilmente utilizando-se resinas ativadas disponíveis no mercado. Uma dessas resinas é a agarose "epóxi-ativada", na qual um grupo espaçador (contendo, p. ex., uma cadeia de 12 átomos) liga a resina a um grupo epóxi reativo. O grupo epóxi pode reagir com vários dos grupos nucleofílicos dos ligantes, permitindo assim que o ligante de escolha se ligue covalentemente à agarose por meio de um braço de tamanho definido (Fig. 6.14).

O ligante utilizado no isolamento de uma proteína específica por meio de cromatografia de afinidade deve apresentar uma afinidade pela proteína alta o suficiente para imobilizá-la no gel de agarose, mas não tão alta que a impeça de ser liberada subsequentemente. Se o ligante for um substrato para a enzima a ser isolada, as condições da cromatografia devem ser tais que a enzima não aja cataliticamente, senão o ligante será destruído.

Depois que a proteína tiver sido ligada à coluna de cromatografia de afinidade e lavada para a retirada de impurezas, ela precisa ser desligada da coluna. Uma maneira de fazê-lo é eluir a coluna com uma solução contendo um composto que tenha maior afinidade pelo sítio de ligação ao ligante da proteína do que o próprio ligante. Outra maneira é alterar as condições da solução de tal forma que o complexo proteína-ligante não seja mais estável, mudando-se, por exemplo, o pH, a força iônica e/ou a temperatura. Entretanto, deve-se tomar cuidado para que as condições não sejam tão desfavoráveis a ponto de danificar irreversivelmente a proteína. Um exemplo de purificação de proteína por cromatografia de afinidade é mostrado na Fig. 6.15.

A cromatografia de afinidade já foi utilizada para isolar substâncias como enzimas, anticorpos, proteínas de transporte, receptores hormonais, membranas e até células inteiras. Por exemplo, o hormônio **insulina** (Seção 7.1) foi acoplado covalentemente à agarose e utilizado para isolar o **receptor de insulina** (Seção 19.3Ac), uma proteína de superfície celular cujas propriedades eram desconhecidas e que está presente nos tecidos em quantidades muito pequenas. Técnicas de engenharia genética (Seção 5.5G) têm permitido a purificação, por afinidade, de proteínas para as quais não existem ligantes, por meio da formação de proteínas de fusão, ligando a proteína a ser isolada com outra proteína que possua um ligante disponível para uso. Por exemplo, proteínas de fusão cujas porções N-terminais consistem na enzima **glutationa-*S*-transferase** (**GST**; Seção 25.7Cb) ligam-se firmemente ao tripeptídeo **glutationa** (Seção 21.2Ba) e, assim, podem ser purificadas facilmente por cromatografia de afinidade empregando uma matriz de agarose-glutationa.

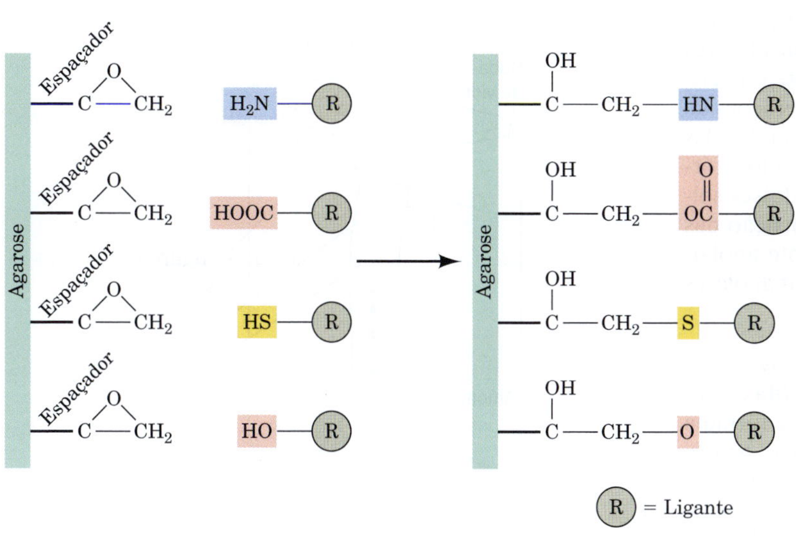

FIGURA 6.14 Produção de derivados da agarose epóxi-ativada. Vários tipos de grupos nucleofílicos podem ser ligados covalentemente à agarose epóxi-ativada pela reação com seus grupos epóxi.

O poder de separação da cromatografia de afinidade para uma determinada proteína em geral é bem maior do que o de outras técnicas cromatográficas. De fato, em um protocolo de isolamento de uma proteína, a substituição de várias etapas cromatográficas por uma única etapa de cromatografia de afinidade geralmente resulta em proteína mais pura e com rendimento maior.

a. A cromatografia de imunoafinidade utiliza-se da especificidade de ligação dos anticorpos monoclonais

Uma combinação de imunoquímica com cromatografia de afinidade originou um método muito eficaz para a purificação de moléculas biológicas. A ligação de anticorpos monoclonais (Seção 6.1Da) a um material de coluna adequado gera uma substância que ligará apenas a proteína contra a qual o anticorpo foi produzido. Com essa **cromatografia de imunoafinidade** pode-se atingir uma purificação de até 10.000 vezes em uma única etapa. Dentre as desvantagens da cromatografia de imunoafinidade incluem-se as dificuldades técnicas de produzir anticorpos monoclonais e as condições severas que em geral são necessárias para eluir a proteína da coluna.

D. *Outras técnicas cromatográficas*

Existem algumas outras técnicas cromatográficas de importância bioquímica. Elas serão discutidas brevemente a seguir.

a. A cromatografia de adsorção separa substâncias apolares

Na **cromatografia de adsorção** (o método cromatográfico original), as moléculas são adsorvidas fisicamente na superfície de uma substância insolúvel, como por exemplo **alumi-**

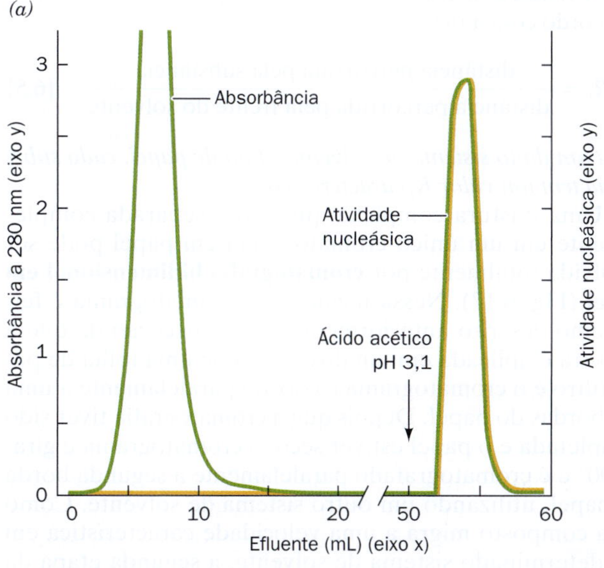

(b)

FIGURA 6.15 (*a*) Purificação da **nuclease de estafilococos** (uma enzima que hidrolisa o DNA) por cromatografia de afinidade. O composto mostrado em *b*, cuja porção difosfotimidina liga-se especificamente à enzima, foi ligado covalentemente à agarose ativada por brometo de cianogênio. A coluna foi equilibrada com tampão borato 0,05 *M*, pH 8,0, contendo 0,01 *M* $CaCl_2$, e aproximadamente 40 mg de material parcialmente purificado foram aplicados na coluna. Depois que 50 mL do tampão foram passados pela coluna para a retirada de material não ligado, 0,1 *M* de ácido acético foi adicionado para eluir a enzima. Toda a atividade enzimática original, compreendendo 8,2 mg de nuclease pura, foi recuperada. (Segundo Cuatrecasas, P., Wilchek, M., and Anfinsen, C.B., *Proc. Natl. Acad. Sci.* **61**, 636 [1968].)

na (Al_2O_3), carvão, **terra de diatomáceas** (também chamada de ***kieselguhr***, fósseis de silício de organismos unicelulares conhecidos como diatomáceas), sacarose finamente pulverizada e **gel de sílica** (ácido silícico), por meio de interações de van der Waals ou ligações de hidrogênio. Após, as moléculas são eluídas da coluna por um solvente puro como clorofórmio, hexano ou éter etílico, ou por uma mistura desses solventes. O processo de separação baseia-se na partição das várias substâncias entre a coluna polar e o solvente apolar. Essa técnica é mais utilizada para separar moléculas apolares do que proteínas.

b. A cromatografia em hidroxiapatita separa proteínas

As proteínas são adsorvidas por géis de **hidroxiapatita** cristalina, uma forma insolúvel do fosfato de cálcio com a fórmula empírica $Ca_5(PO_4)_3OH$. A separação das proteínas ocorre na eluição em gradiente da coluna com tampão fosfato (a presença de outros ânions não é importante). A base físico-química dessa técnica de fracionamento não é totalmente compreendida, mas aparentemente envolve a adsorção de ânions aos sítios de Ca^{2+} e de cátions aos sítios de PO_4^{3-} da rede de hidroxiapatita cristalina.

c. A cromatografia em papel separa moléculas polares pequenas

A **cromatografia em papel**, desenvolvida em 1941 por Archer Martin e Richard Synge, teve um papel indispensável na análise bioquímica devido à sua capacidade de separar de maneira eficiente moléculas pequenas, como aminoácidos, oligopeptídeos, nucleotídeos e oligonucleotídeos, e também por necessitar de equipamentos muito simples. Apesar da cromatografia em papel ter sido substituída por técnicas mais modernas, discutidas neste capítulo, ela é descrita brevemente devido à sua importância histórica e também porque muitos dos seus princípios e técnicas auxiliares são diretamente aplicáveis às técnicas mais modernas.

Na cromatografia em papel (Fig. 6.16), algumas gotas da solução contendo a mistura dos componentes a serem separados são aplicadas (pingadas) cerca de 2 cm acima de uma das extremidades de uma tira de papel filtro. Após secar, essa extremidade é mergulhada dentro de uma mistura de solventes contendo componentes aquosos e orgânicos, como por exemplo água/butanol/ácido acético em uma proporção 4:5:1, 77% etanol em água, ou 6:7:7 água/álcool *t*-amilílico/piridina. O papel também deve ficar em contato com os vapores de equilíbrio do solvente. O solvente embebe o papel por capilaridade devido à sua natureza fibrosa. O componente aquoso do solvente liga-se à celulose e assim forma uma fase estacionária, tipo um gel. O componente orgânico do solvente continua migrando, formando assim a fase móvel.

As velocidades de migração das várias substâncias que estão sendo separadas são governadas por suas solubilidades relativas na fase estacionária polar e na fase móvel apolar. Em uma única etapa do processo de separação, um dado soluto é distribuído entre as fases móvel e estacionária de acordo com seu **coeficiente de partição**, uma constante de equilíbrio definida como

$$K_p = \frac{\text{concentração na fase estacionária}}{\text{concentração na fase móvel}} \qquad [6.4]$$

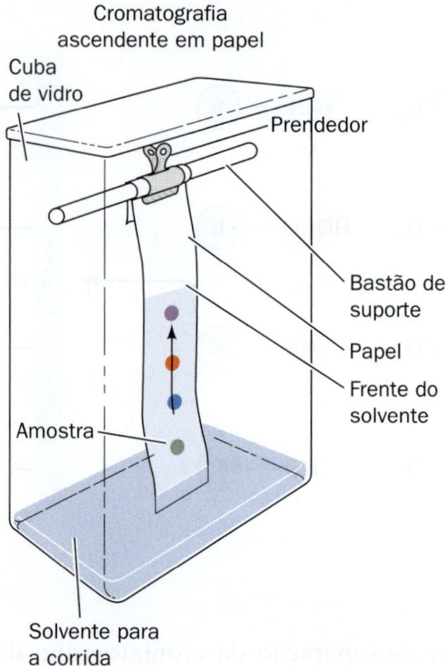

FIGURA 6.16 Montagem experimental para a cromatografia em papel.

As moléculas são assim separadas de acordo com as suas polaridades, com as moléculas apolares movendo-se mais rapidamente que as polares.

Depois que a frente do solvente tiver migrado uma distância apropriada, o **cromatograma** é removido do solvente e seco. Os materiais separados, se não tiverem cor, podem ser detectados por sua radioatividade, fluorescência ou capacidade de suprimir a fluorescência natural do papel sob luz UV, ou ainda podem ser detectados borrifando-se o cromatograma com uma solução de alguma substância que forme um produto corado após reagir com a(s) substância(s) investigada(s).

A taxa de migração da substância pode ser expressada de acordo com a razão

$$R_f = \frac{\text{distância percorrida pela substância}}{\text{distância percorrida pela frente do solvente}} \qquad [6.5]$$

Para um dado sistema de solvente e tipo de papel, cada substância tem um valor R_f característico.

Uma mistura complexa que não é separada completamente em um único cromatograma em papel pode ser resolvida totalmente por **cromatografia bidimensional em papel** (Fig. 6.17). Nessa técnica, um cromatograma é feito como descrito anteriormente, com a exceção de que a amostra é aplicada em um dos cantos de uma folha de papel filtro e o cromatograma é corrido paralelamente a uma das bordas do papel. Depois que a cromatografia tiver sido completada e o papel estiver seco, o cromatograma é girado 90° e é cromatografado paralelamente à segunda borda do papel, utilizando um outro sistema de solvente. Como cada composto migra a uma velocidade característica em um determinado sistema de solvente, a segunda etapa da cromatografia melhora muito a separação da mistura em seus componentes.

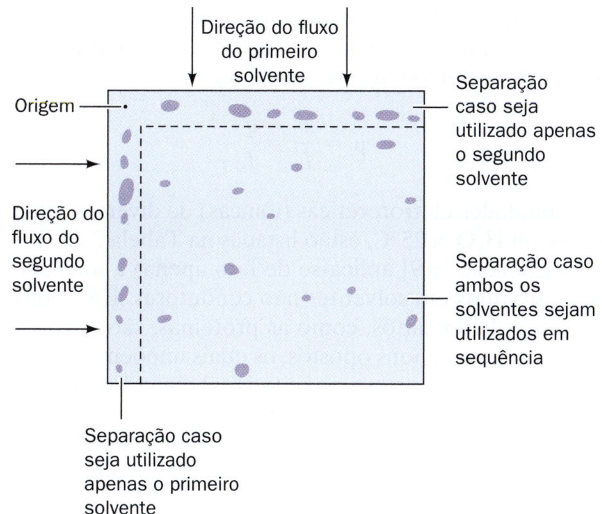

FIGURA 6.17 **Cromatografia bidimensional em papel.**

d. A cromatografia em camada delgada é usada para separar moléculas orgânicas

Na **cromatografia em camada delgada**, uma fina camada (~0,25 mm) de um material sólido espalhado em uma placa de vidro ou de plástico é utilizada de forma semelhante àquela do papel na cromatografia em papel. No caso da cromatografia em camada delgada, no entanto, o material cromatográfico pode consistir em diversas substâncias, como trocadores de íons, agentes de gel filtração e adsorventes físicos. Dependendo da escolha do solvente a ser usado para a fase móvel, a separação pode basear-se nos seguintes processos: adsorção, partição, gel filtração, troca iônica, ou mesmo em uma combinação desses processos. As vantagens da cromatografia em camada delgada – conveniência, rapidez e alto grau de resolução – levaram ao uso rotineiro dessa técnica na análise de moléculas orgânicas.

e. A cromatografia de fase reversa separa substâncias apolares, incluindo proteínas desnaturadas

A **cromatografia de fase reversa** é um tipo de cromatografia de partição líquido-líquido na qual o caráter polar das fases é o inverso (reverso) do caráter da cromatografia em papel. A fase estacionária consiste normalmente em um líquido apolar imobilizado em sílica substituída com cadeias *n*-alcalil, tais como C_8 e C_{18}, e a fase móvel é um líquido mais polar. A cromatografia de fase reversa foi inicialmente desenvolvida para separar misturas de substâncias apolares, como lipídeos, por exemplo, mas depois descobriu-se que ela é eficaz na separação de substâncias polares, tais como oligonucleotídeos e proteínas, desde que essas substâncias apresentem áreas apolares expostas. Apesar de que as cadeias laterais apolares tendam a se localizar na parte interna das proteínas nativas, onde não há moléculas de água (Seção 8.3Bb), a desnaturação leva à exposição dessas cadeias laterais ao solvente. Mesmo quando a proteína ainda está na forma nativa, uma fração significativa desses grupos hidrofóbicos está, pelo menos parcialmente, exposta ao solvente na superfície da proteína. Consequentemente, sob condições favoráveis, as proteínas interagem hidrofobicamente com os grupos apolares em uma matriz imobilizada. As interações hidrofóbicas em uma cromatografia de fase reversa são fortes, portanto a fase móvel eluente deve ser altamente apolar (contendo altas concentrações de solventes orgânicos, como acetonitrila) para deslocar as substâncias adsorvidas da fase estacionária. Desse modo, a cromatografia de fase reversa, em geral, desnatura as proteínas.

f. A cromatografia de interação hidrofóbica separa proteínas nativas com base na hidrofobicidade de superfície

As interações hidrofóbicas são a base não apenas da cromatografia de fase reversa, mas também da **cromatografia de interação hidrofóbica**. No entanto, enquanto na cromatografia de fase reversa a fase estacionária é altamente hidrofóbica, resultando, em geral, na desnaturação da proteína, na cromatografia de interação hidrofóbica a fase estacionária é uma substância hidrofílica, como, por exemplo, um gel de agarose, que é levemente alterada com grupos hidrofóbicos, em geral resíduos de octil ou fenil. As interações hidrofóbicas na cromatografia de interação hidrofóbica são, portanto, relativamente fracas, logo as proteínas mantêm suas estruturas nativas. Os eluentes na cromatografia de interação hidrofóbica, cujos gradientes devem reduzir progressivamente essas interações hidrofóbicas fracas, são tampões aquosos de, por exemplo, concentrações de sal decrescentes (as interações hidrofóbicas são fortalecidas por forças iônicas maiores; Seção 6.2A), concentrações crescentes de detergentes ou aumento de pH. Assim, a cromatografia de interação hidrofóbica separa proteínas nativas de acordo com o seu grau de hidrofobicidade de superfície, um critério que difere daqueles nos quais outros tipos de cromatografia são fundamentados.

g. A cromatografia de afinidade com quelante de metal separa proteínas contendo grupamentos metal-quelantes

Na **cromatografia de afinidade com quelante de metal**, um íon metálico divalente, como Mn^{2+}, Zn^{2+} ou Ni^{2+} é ligado a uma matriz cromatográfica, como por exemplo agarose, covalentemente ligada a grupamentos quelantes de metal sob condições tais que as proteínas que possuírem grupos quelantes (p.ex., múltiplas cadeias laterais de His ou Cys) ficam retidas. Técnicas de DNA recombinante (Seção 5.5G) podem ser empregadas para adicionar segmentos de seis resíduos His consecutivos, conhecidos como **Cauda de Histidina** (**Cauda His**), à extremidade N-terminal ou C-terminal do polipeptídeo a ser isolado. Isso gera um sítio de ligação ao íon metálico que possibilita que a proteína recombinante seja purificada por cromatografia de afinidade com quelação de metais. Depois que a proteína tiver sido eluída, geralmente através da mudança do pH, a cauda His pode ser removida pela ação de uma protease específica, cuja sequência de reconhecimento cliva a sequência $(His)_6$, separando-a do resto da proteína.

h. HPLC possibilitou um grande aprimoramento das separações

Na **cromatografia líquida de alta resolução** (**HPLC**, de *high-performance liquid chromatography*), a separação pode basear-se em adsorção, troca iônica, exclusão por tamanho, interação hidrofóbica ou cromatografia de fase reversa, como descrito anteriormente. A separação é muito aprimorada pelo uso de colunas de alta resolução, e, ademais, os tempos de retenção das colunas são bem reduzidos. As colunas, estreitas e relativamente longas, são preenchidas com uma matriz não comprimível de partículas de sílica muito finas (1-10 μm de diâmetro), cujos grupos hidroxila expostos podem ser modificados com muitos dos grupos funcionais frequentemente utilizados nas cromatografias de troca iônica, de fase reversa, de interação hidrofóbica ou de afinidade. Alternativamente, partículas muito finas de vidro ou de plástico são cobertas com uma película da fase estacionária. A fase móvel é constituída por um dos sistemas de solventes já discutidos, inclusive eluições em gradiente com misturas binárias ou até mesmo terciárias. No caso da HPLC, no entanto, a fase móvel é forçada através da coluna, que está preenchida muito compactamente, sob pressões de até 15.000 psi (libras por polegadas quadradas), levando a tempos de análise bastante reduzidos. Os materiais eluídos são detectados à medida que saem da coluna de acordo com a absorção em UV, índice de refração ou fluorescência. As vantagens da HPLC são

1. Alta resolução, que permite a purificação rotineira de misturas que não são separáveis por outras técnicas.
2. Velocidade, que permite que as separações sejam realizadas em poucos minutos.
3. Alta sensibilidade, que, em casos favoráveis, permite a estimativa quantitativa de quantidades de material menores que 1 picomol.
4. Capacidade de automação.

Assim, poucos laboratórios de bioquímica trabalham atualmente sem acesso a pelo menos um sistema de HPLC. A HPLC também é muito utilizada em análises clínicas de fluidos corporais, pois pode rápida, rotineira e automaticamente fornecer estimativas confiáveis de quantidades na faixa dos nanogramas de materiais biológicos, como, por exemplo, vitaminas, esteroides, lipídeos e metabólitos resultantes de fármacos.

4 ELETROFORESE

A **eletroforese**, que é a migração de íons em um campo elétrico, é amplamente utilizada para a separação analítica de moléculas biológicas. As leis da eletrostática estabelecem que a força elétrica, $F_{elétrica}$, sobre um íon de carga q em um campo elétrico de força E é expressa por

$$F_{elétrica} = qE \quad [6.6]$$

A migração eletroforética resultante do íon através da solução sofre oposição da força de fricção, ou de atrito,

$$F_{fricção} = vf \quad [6.7]$$

onde v é a velocidade de migração do íon e f é seu **coeficiente de atrito**. *O coeficiente de atrito é uma medida do atrito que a solução exerce sobre o íon em movimento e depende do tamanho, da forma e do estado de solvatação do íon, bem como da viscosidade da solução (Seção 6.5A).* Em um campo elétrico constante, as forças sobre o íon irão se contrabalancear:

$$qE = vf \quad [6.8]$$

de forma que cada íon de uma solução movimenta-se com uma velocidade característica constante. A **mobilidade eletroforética** de um íon, μ, é definida por

$$\mu = \frac{v}{E} = \frac{q}{f} \quad [6.9]$$

As mobilidades eletroforéticas (iônicas) de diversos íons pequenos em H_2O, a 25°C, estão listadas na Tabela 2.2.

A Equação [6.9] aplica-se de fato apenas a íons em diluições infinitas em solventes não condutores. Em soluções aquosas, polieletrólitos, como as proteínas, são envolvidos por uma nuvem de íons opostos, os quais impõem um campo elétrico adicional de uma magnitude tal que a Equação [6.9] torna-se, na melhor das hipóteses, uma aproximação pobre da realidade. Infelizmente, a complexidade das soluções iônicas tem impedido, até o momento, o desenvolvimento de uma teoria que possa predizer, com precisão, a mobilidade dos polieletrólitos. Já a Equação [6.9] indica corretamente que as moléculas, nos seus respectivos pontos isoelétricos, p*I*, possuem mobilidade eletroforética zero. Além disso, para proteínas e outros polieletrólitos que apresentam propriedades de ácido-base, a carga iônica e, portanto, a mobilidade eletroforética são dependentes do pH.

O uso da eletroforese para separar proteínas foi relatado pela primeira vez em 1937 pelo bioquímico sueco Arne Tiselius. A técnica introduzida por ele, a **eletroforese de fronteira móvel**, foi uma das poucas técnicas analíticas poderosas disponíveis nos primeiros anos da química de proteínas. Entretanto, pelo fato de esse método ser realizado inteiramente em solução, é necessário, para evitar as forças de convecção e impedir que as proteínas em migração se misturem, o uso de um equipamento complicado que requer amostras grandes. A eletroforese de fronteira móvel foi então substituída pela **eletroforese de zona**, uma técnica na qual a amostra é posta a migrar em um suporte sólido, como, por exemplo, papel filtro, acetato de celulose ou, mais frequentemente, algum gel. Isso elimina muito a mistura das amostras por convecção, que ocorre na eletroforese de fronteira móvel e limita a resolução. Além disso, na eletroforese de zona, os diversos componentes da amostra migram como bandas discretas (zonas) e, assim, apenas uma pequena quantidade de material é necessária.

A. *Eletroforese em papel*

Na **eletroforese em papel** as amostras são aplicadas em um ponto em uma tira de papel filtro ou acetato de celulose umedecida com uma solução-tampão. As extremidades da tira são imersas em reservatórios separados contendo um tampão no qual os eletrodos são colocados (Fig. 6.18). Com a aplicação de uma corrente contínua (em geral ~20 V · cm^{-1}), os íons da amostra migram em direção ao eletrodo de polaridade contrária com velocidades características, até formarem bandas discretas. A velocidade de migração de um íon é influenciada, até certo ponto, pela interação com a matriz do suporte, mas, em grande parte, depende da carga do íon. Depois que o eletroforetograma estiver completo (o que em geral leva várias horas), deixa-se secar a tira e os componentes da amostra são localizados empregando os mesmos métodos de detecção utilizados na cromatografia em papel (Seção 6.3D).

A eletroforese em papel e a cromatografia em papel são a princípio semelhantes. No entanto, *a eletroforese em papel separa os íons principalmente de acordo com suas cargas iônicas, enquanto a cromatografia em papel separa as moléculas de acordo com suas polaridades.* Os dois métodos podem ser combinados em uma técnica bidimensional denominada **datiloscopia**, na qual uma amostra é primeiramente tratada do mesmo modo que na cromatografia bidimensional em papel (Seção 6.3D), mas é submetida à eletroforese no lugar da segunda etapa cromatográfica. As moléculas são assim separadas tanto de acordo com a carga como com a polaridade.

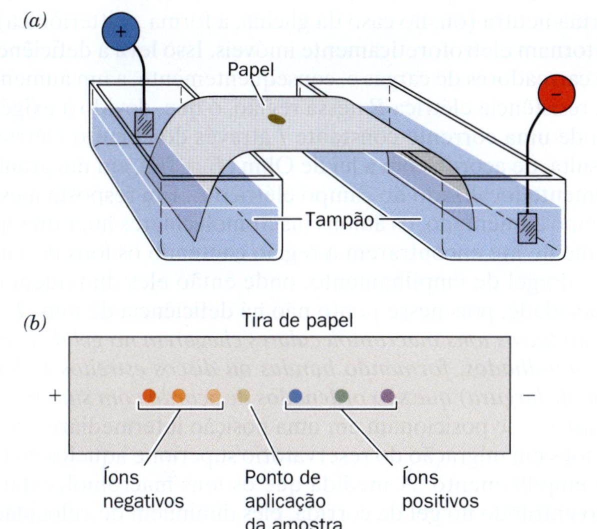

FIGURA 6.18 **Eletroforese em papel.** (*a*) Diagrama do equipamento utilizado. A amostra é aplicada em um ponto no papel umedecido com tampão. As extremidades do papel são mergulhadas dentro de reservatórios de tampão no qual os eletrodos estão imersos e um campo elétrico é aplicado. (*b*) Um eletroforetograma completo. Note que os íons positivos (cátions) migraram em direção ao cátodo e os íons negativos (ânions) migraram em direção ao ânodo. As moléculas sem carga permanecem no ponto de aplicação da amostra.

B. *Eletroforese em gel*

A **eletroforese em gel**, que está entre os métodos mais poderosos e, ainda assim, convenientes de serem utilizados para separar macromoléculas, substituiu a eletroforese em papel. Os géis mais usados, a poliacrilamida e a agarose, possuem poros de dimensões moleculares cujos tamanhos podem ser escolhidos. *A separação das moléculas é, portanto, fundamentada na filtração em gel e também na mobilidade elétrica das moléculas a serem separadas.* Os géis na eletroforese, contudo, retardam as moléculas maiores em relação às menores, o inverso do que ocorre na cromatografia de gel filtração, pois não há espaço com solvente na eletroforese em gel análogo àquele entre as partículas do gel da cromatografia de gel filtração (os géis de eletroforese em geral são montados dentro do equipamento de eletroforese, embora géis prontos também sejam muito utilizados). Devido ao fato de que as moléculas de uma amostra não saem do gel, o movimento eletroforético das moléculas maiores é mais dificultado em relação ao das moléculas menores.

Na **eletroforese em gel de poliacrilamida** (**PAGE, de** *polyacrylamide gel electrophoresis*), os géis são feitos pela polimerização de **acrilamida** e ***N,N*′-metilenobisacrilamida**, induzida por radicais livres, no tampão de escolha (Fig. 6.19). O gel em geral é montado com a forma de uma fatia retangular delgada, na qual diversas amostras podem ser analisadas simultaneamente em canaletas paralelas (Fig. 6.20), o que constitui uma boa maneira para comparar amostras semelhantes. O tampão, que é o mesmo nos reservatórios e no gel,

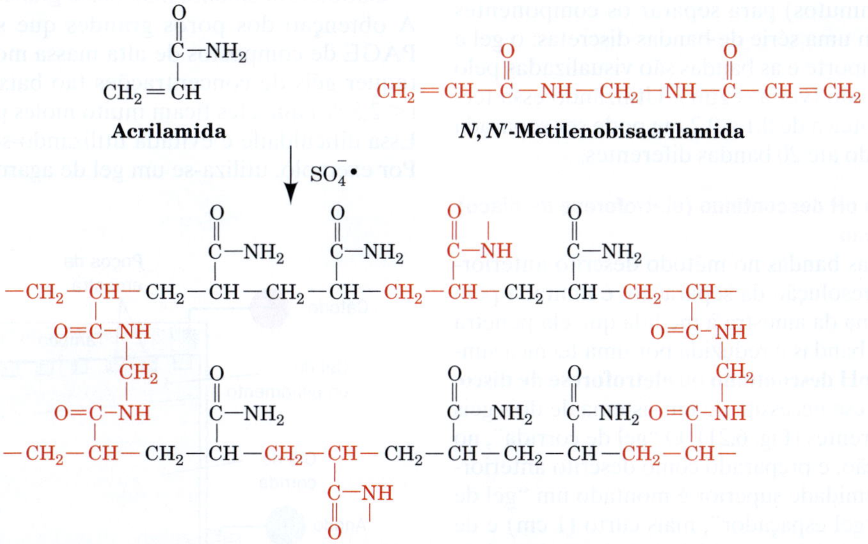

$$CH_2{=}CH{-}C(=O){-}NH_2$$

Acrilamida

$$CH_2{=}CH{-}C(=O){-}NH{-}CH_2{-}NH{-}C(=O){-}CH{=}CH_2$$

***N, N*′-Metilenobisacrilamida**

$$\downarrow SO_4^{-}\cdot$$

$$-CH_2-CH(C(=O)NH-)-CH_2-CH(CONH_2)-CH_2-CH(CONH_2)-CH_2-CH(C(=O)NH-)-CH_2-CH(CONH_2)-CH_2-CH(C(=O)NH-)-$$

$$\text{(ligações cruzadas: } -C(=O)-NH-CH_2-NH-C(=O)-\text{)}$$

$$-CH_2-CH(C(=O)NH-)-CH_2-CH(CONH_2)-CH_2-CH(C(=O)NH-)-CH_2-CH(CONH_2)-CH_2-CH(CONH_2)-CH_2-CH(C(=O)NH-)-$$

FIGURA 6.19 **Polimerização da acrilamida e da *N,N*′-metilenobisacrilamida para formar um gel de poliacrilamida.** A polimerização é induzida por radicais livres resultantes da decomposição química do persulfato de amônio ($S_2O_8^{2-} \rightarrow 2SO_4^{-}\cdot$) ou da fotodecomposição da riboflavina na presença de traços de O_2. Em qualquer um dos casos, ***N,N,N*′,*N*′-tetrametiletilenodiamina** (**TEMED**), um estabilizador de radicais livres, em geral é adicionado à mistura do gel. As propriedades físicas do gel e o tamanho dos poros são controlados pela proporção de poliacrilamida no gel e por seu grau de polimerização. A concentração de poliacrilamida utilizada com mais frequência está na faixa de 3 a 15%, com a quantidade de *N,N*′-metilenobisacrilamida em geral fixada em 5% do total de acrilamida presente.

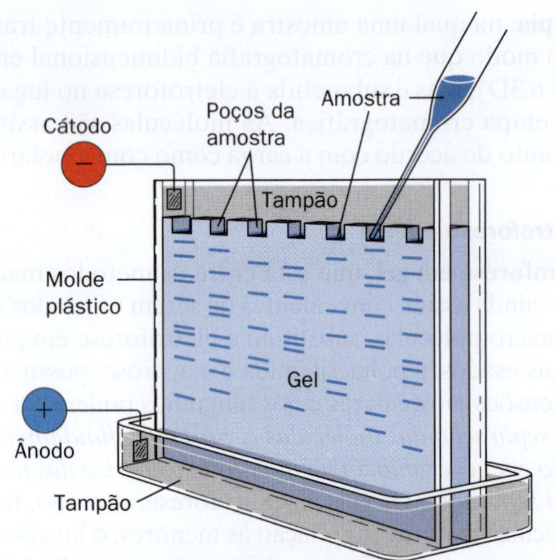

FIGURA 6.20 Equipamento para eletroforese em gel plano. As amostras, aplicadas em canaletas que são feitas na parte superior do gel, migram em linhas paralelas.

apresenta um pH tal (em geral ~9 para proteínas) de modo que as macromoléculas ficam com carga negativa e, portanto, migram em direção ao ânodo do reservatório inferior. Cada amostra, que pode conter uma quantidade de macromoléculas tão pequena quanto 10 μg, é dissolvida em uma quantidade mínima de uma solução relativamente densa de glicerol ou sacarose, para impedir que ela se misture com o tampão no reservatório superior, e é aplicada em canaletas feitas na parte superior do gel (Fig. 6.20). Alternativamente, a amostra pode estar contida em um pequeno segmento do "gel de amostra", cujos poros são muito grandes para que impeçam a migração de macromoléculas. Uma corrente contínua de ~300 V passa através do gel durante um período de tempo suficiente (30 a 90 minutos) para separar os componentes macromoleculares em uma série de bandas discretas; o gel é então removido do suporte e as bandas são visualizadas pelo método mais apropriado (ver a seguir). Utilizando essa técnica, uma mistura proteica de 0,1 a 0,2 mg pode ser separada e analisada, resolvendo até 20 bandas diferentes.

a. A eletroforese com pH descontínuo (eletroforese de disco) melhorou a resolução

A pequena largura das bandas no método descrito anteriormente, e portanto a resolução da separação, é limitada pelo comprimento da coluna da amostra à medida que ela penetra no gel. A largura das bandas é reduzida por uma técnica simples conhecida como **pH descontínuo** ou **eletroforese de disco**. Esse tipo de eletroforese necessita de um sistema de dois géis e vários tampões diferentes (Fig. 6.21). O "gel de corrida", no qual ocorre a separação, é preparado como descrito anteriormente, e na sua extremidade superior é montado um "gel de empilhamento", ou "gel espaçador", mais curto (1 cm) e de poros largos. O tampão do reservatório inferior e do gel de corrida é o mesmo descrito anteriormente, enquanto aquele da solução de amostra e do gel de empilhamento tem um pH cerca de duas unidades abaixo daquele do reservatório inferior. O pH do tampão do reservatório superior, o qual deve conter um ácido fraco (em geral glicina, $pK_2 = 9{,}78$), é ajustado para um pH próximo àquele do reservatório inferior.

Quando a corrente é ligada, os íons do tampão do recipiente superior migram para dentro do gel de empilhamento, enquanto os íons do tampão do gel de empilhamento migram mais à frente. À medida que isso vai acontecendo, os íons do tampão do reservatório superior encontram um pH que é bem menor do que o seu pK. Portanto, esses íons adotam sua forma neutra (ou, no caso da glicina, a forma zwitteriônica) e se tornam eletroforeticamente imóveis. Isso leva à deficiência de carreadores de cargas e, consequentemente, a um aumento na resistência elétrica R nessa região, o que, devido à exigência de uma corrente constante I através do circuito elétrico, resulta, de acordo com a lei de Ohm ($E = IR$), em um grande aumento localizado do campo elétrico E. Em resposta a esse campo aumentado, os ânions macromoleculares migram rapidamente até encontrarem a região contendo os íons do tampão do gel de empilhamento, onde então eles diminuem de velocidade, pois nesse ponto não há deficiência de íons. *Esse efeito faz os íons macromoleculares chegarem no gel de corrida empilhados, formando bandas ou discos estreitos (~0,01 mm de largura) que são ordenados de acordo com suas mobilidades,* e se posicionam em uma posição intermediária entre os íons em migração do reservatório superior e aqueles do gel de empilhamento. À medida que os íons macromoleculares vão entrando no gel de corrida, eles diminuem de velocidade devido aos efeitos da gel filtração. Isso permite que os íons do tampão do reservatório superior ultrapassem as bandas macromoleculares e, devido ao pH maior do gel de corrida, adotem sua forma carregada à medida que também entram no gel. Assim, a deficiência de carreadores de carga desaparece e a partir daí a separação eletroforética ocorre normalmente. Entretanto, *a compactação das bandas macromoleculares que entram no gel de corrida aumenta muito a resolução das separações de macromoléculas* (p. ex., Fig. 6.22).

b. Géis de agarose são utilizados para separar eletroforeticamente moléculas grandes

A obtenção dos poros grandes que são necessários para PAGE de compostos de alta massa molecular (> 200 kDa) requer géis de concentrações tão baixas de poliacrilamida (< 2,5 %) que eles ficam muito moles para serem utilizados. Essa dificuldade é evitada utilizando-se agarose (Fig. 6.13). Por exemplo, utiliza-se um gel de agarose 0,8% para a sepa-

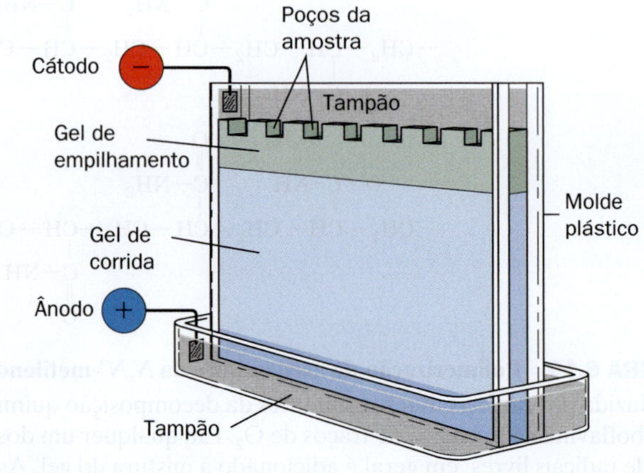

FIGURA 6.21 Diagrama do equipamento da eletroforese de disco (pH descontínuo).

FIGURA 6.22 Eletroforese de disco de soro humano em uma coluna de poliacrilamida de 0,5 × 4,0 cm. As proteínas foram visualizadas por coloração com **negro de amido**. (Fonte: B.J. Davis, Annals of the New York Academy of Science 121, 404 [1964], EUA, Fig. 8.)

ração eletroforética de ácidos nucleicos com massa molecular de até 50.000 kDa.

c. As bandas de um gel podem ser detectadas por coloração, contagem radioativa ou *immunoblotting*

As bandas resultantes de uma separação por eletroforese em gel podem ser localizadas por várias técnicas. As proteínas em geral são visualizadas por coloração. O **azul brilhante de Coomassie**,

R250: R = H
G250: R = CH_3

Azul brilhante de Coomassie

o corante mais amplamente utilizado, é aplicado mergulhando-se o gel em uma solução ácida e alcoólica contendo o corante. Essa solução fixa a proteína por desnaturação e o corante forma um complexo com a proteína. O excesso de corante é retirado lavando-se o gel exaustivamente com uma solução ácida ou por descoloração eletroforética. Bandas proteicas contendo um mínimo de 0,1 μg de proteína podem ser detectadas dessa maneira. Bandas contendo menos do que essa quantidade de proteína podem ser visualizadas por meio de **coloração com prata**, que é ~50 vezes mais sensível, porém é uma técnica mais difícil de ser realizada. Os **corantes SYPRO**, recentemente desenvolvidos, os quais fluorescem muito sob luz ultravioleta quando ligados a proteínas, são tão sensíveis quanto a coloração com prata, mas mais fáceis de aplicar. A **fluorescamina**, um corante de proteínas amplamente utilizado, é uma molécula não fluorescente que reage com aminas primárias, como resíduos de lisina, gerando outro produto que é altamente fluorescente sob UV.

Fluorescamina *(não fluorescente)* + RNH_2 → **Aduto de fluorescamina** *(altamente fluorescente)*

As proteínas, assim como outras substâncias, podem ser detectadas verificando-se a absorção de UV ao longo do gel. Se a amostra for radioativa, o gel pode ser secado a vácuo para formar uma espécie de celofane, ou então ser coberto com um filme plástico e, depois, preso sobre uma folha de filme de raios X. Após um período de tempo (de poucos minutos até várias semanas, dependendo da intensidade de radiação), o filme é revelado e a autorradiografia resultante mostra as posições dos componentes radioativos nos locais escurecidos do filme (alternativamente, um analisador de imagens, como o *fosphorimager* [Seção 5.5D], pode ser empregado para revelar, em poucos minutos, a localização dos componentes radioativos). O gel também pode ser seccionado transversalmente em vários pedaços, e o nível de radiação em cada pedaço pode ser determinado com um **contador de cintilação**. Esse método produz resultados quantitativamente mais precisos do que a autorradiografia. Os materiais de uma amostra também podem ser eluídos dos pedaços de um gel para identificação ou posterior tratamento.

Se um anticorpo contra a proteína de interesse estiver disponível, é possível detectar especificamente essa proteína em um gel, mesmo na presença de várias outras proteínas, por ***immunoblot*** (também conhecido como ***Western blot***). Essa técnica é uma variação do *Southern blotting* (Seção 5.5D) que utiliza uma técnica semelhante ao Elisa (Seção 6.1Da) para detectar a(s) proteína(s) de interesse (Fig. 6.23):

1. O eletroforetograma de um gel já pronto é transferido (*blotted*) para uma folha de nitrocelulose (semelhante à Fig. 5.48), que liga proteínas forte e inespecificamente (mem-

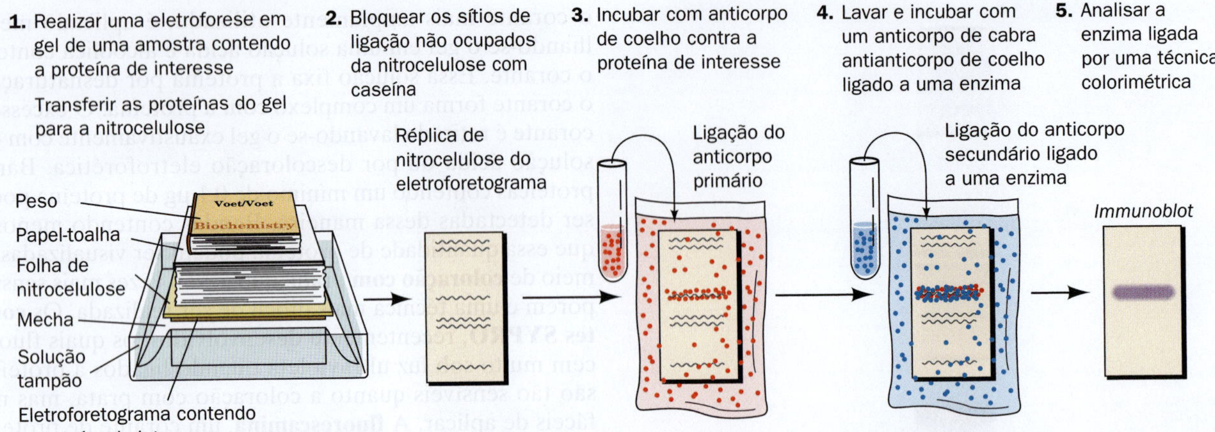

FIGURA 6.23 Detecção de proteínas por *immunoblotting*.

branas de náilon ou fluoreto de polivinilideno [PVDF, de *polyvinylidene fluoride*] também podem ser utilizadas).

2. Os sítios de adsorção em excesso na membrana são bloqueados com uma proteína inespecífica, como a **caseína** (proteína do leite; nessa técnica em geral se usa leite desnatado), para evitar a adsorção inespecífica dos anticorpos (que também são proteínas) utilizados nas etapas 3 e 4.

3. A membrana é tratada com o anticorpo específico contra a proteína de interesse (anticorpo primário). Esse anticorpo em geral é de coelho.

4. Depois de lavar a membrana para retirar o anticorpo primário que não ligou, incuba-se ela com um anticorpo de cabra específico para anticorpos de coelho, ao qual uma enzima de fácil detecção foi covalentemente ligada (anticorpo secundário).

5. Depois de lavar a membrana para retirar o anticorpo secundário não ligado, a enzima no anticorpo secundário ligado é analisada por uma reação que gera cor, levando ao aparecimento de bandas coloridas na nitrocelulose no local onde a proteína de interesse se ligou.

Alternativamente, o anticorpo primário usado na etapa 3 pode ser marcado com o isótopo radioativo ^{125}I, o anticorpo não ligado é então removido por lavagem e a posição da proteína ligada na membrana é revelada por autorradiografia.

C. *SDS-PAGE*

Os sabões e os detergentes são moléculas anfipáticas (Seção 2.1Ba) e fortes agentes desnaturantes de proteínas, pelas razões explicadas na Seção 8.4E. O **dodecil sulfato de sódio** (**SDS**, de *sodium dodecyl sulfate*),

$$[CH_3 - (CH_2)_{10} - CH_2 - O - SO_3^{-}]Na^{+}$$

Dodecil sulfato de sódio (SDS)

um detergente que com frequência é utilizado em preparações bioquímicas, liga-se tenazmente às proteínas, fazendo com que elas adotem uma forma alongada (de bastão). A maioria das proteínas liga-se ao SDS em uma mesma proporção, de 1,4 g de SDS para cada 1 g de proteína (cerca de uma molécula de SDS para cada dois aminoácidos). Grande parte da carga negativa do SDS mascara a carga intrínseca da proteína; logo, as proteínas tratadas com SDS tendem a apresentar relações carga-massa idênticas e formas semelhantes.

Consequentemente, *a eletroforese de proteínas em um gel de poliacrilamida contendo SDS separa as amostras na ordem das suas massas moleculares devido ao efeito filtrador do gel.* A Fig. 6.24 fornece um exemplo do poder de resolução e da reprodutibilidade do **SDS-PAGE**.

As massas moleculares de proteínas "normais" são frequentemente determinadas com uma exatidão de 5 a 10% por SDS-PAGE. As mobilidades relativas das proteínas nesses géis variam linearmente com o logaritmo de suas massas moleculares (Fig. 6.25). Na prática, a massa molecular de uma proteína é determinada realizando a eletroforese da proteína juntamente com várias proteínas "padrão" de massas moleculares conhecidas próximas à da proteína de interesse.

Muitas proteínas consistem em mais de uma cadeia polipeptídica (Seção 8.5A). O tratamento com SDS rompe as interações não covalentes entre essas subunidades. Assim, o SDS-PAGE fornece as massas moleculares das subunidades proteicas e não as da proteína intacta, a menos que as subunidades estejam ligadas por ligações dissulfeto. Contudo, mercaptoetanol é frequentemente adicionado aos géis de SDS-PAGE para desfazer, por redução, essas ligações dissulfeto (Seção 7.1B).

D. *Focalização isoelétrica*

Uma proteína possui grupos carregados de ambas polaridades e, portanto, apresenta um ponto isoelétrico, p*I*, que é o pH no qual a proteína é imóvel em um campo elétrico (Seção 4.1D). *Se uma mistura de proteínas é submetida à eletroforese por meio de uma solução que possua um gradiente de pH estável, na qual o pH aumenta, aos poucos, do ânodo para o cátodo, cada proteína migrará para uma posição do gradiente de pH que corresponda ao seu ponto isoelétrico.* Se uma molécula proteica difundir para fora dessa posição, sua carga mudará à medida que ela for para uma região de pH diferente, e as forças eletroforéticas resultantes levarão a proteína de volta para a sua posição isoelétrica. Cada espécie de pro-

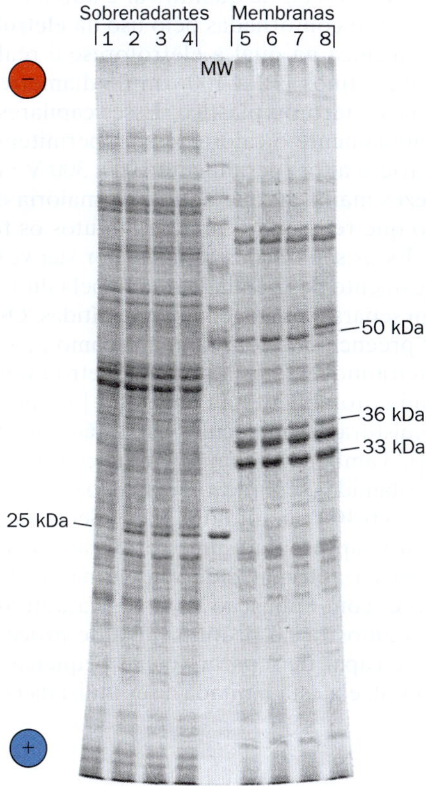

FIGURA 6.24 SDS-PAGE. O eletroforetograma de uma eletroforese de disco com SDS mostra a separação das proteínas do sobrenadante (*esquerda*) e das frações da membrana (*direita*) de algumas linhagens da bactéria *Salmonella typhimurium*. Amostras de 200 μg de proteína foram corridas paralelamente em um gel de 35 cm de comprimento por 0,8 mm de largura contendo 10% de poliacrilamida. A canaleta Mr (massa relativa) contém os padrões de massa molecular. (Cortesia de Giovanna F. Ames, University of California em Berkeley, EUA.)

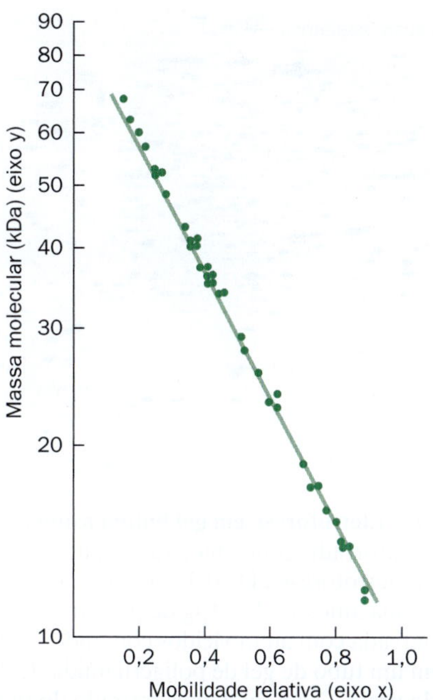

FIGURA 6.25 Relação logarítmica entre a massa molecular de uma proteína e sua mobilidade eletroforética relativa em SDS-PAGE. A relação de 37 polipeptídeos, que variam de 11 a 70 kDa, foi colocada no gráfico. (Segundo Weber, K., and Osborn, M., *J. Biol. Chem.* **244**, 4406 [1969].)

teína é, portanto, "focalizada" em uma faixa estreita próximo ao seu ponto isoelétrico, que pode ser de até 0,01 unidade de pH. Por isso, essa técnica foi denominada **focalização isoelétrica** (**IEF**, de *isoelectric focusing*).

O gradiente de pH produzido pela mistura de dois tampões diferentes em proporções constantemente variáveis é instável em um campo elétrico, pois os íons do tampão migram para o eletrodo de polaridade oposta. Por isso, o gradiente de pH na IEF é formado por uma mistura de oligômeros de baixa massa molecular (600 a 900 D) que possuem grupos alifáticos amino e carboxílico (Fig. 6.26), que apresentam uma série de pontos isoelétricos. Sob a influência de um campo elétrico em solução, cada um desses **anfólitos** (eletrólitos anfotéricos) migrará para seu ponto isoelétrico. Consequentemente, os anfólitos mais ácidos se agrupam no ânodo e os progressivamente mais básicos se posicionam mais próximos ao cátodo. O gradiente de pH, que é mantido por um campo elétrico de ~1.000 V, origina-se pela ação tamponante desses anfólitos. A dissipação do gradiente de pH por convecção é evitada realizando-se a IEF em um gel de poliacrilamida, cilíndrico ou plano, pouco concentrado. Os géis de IEF em geral contêm ~6 *M* de ureia, um potente agente desnaturante que, ao contrário do SDS, não possui carga e, portanto, não afeta diretamente a carga de uma proteína.

Uma forma alternativa de IEF utiliza géis contendo **gradientes de pH imobilizados**. Esses géis são produzidos com derivados de acrilamida ligados covalentemente a anfólitos. Utilizando um equipamento de preparar gradiente (Fig. 6.7), um gel contendo um gradiente de pH imobilizado é polimerizado a partir de uma mistura de derivados de acrilamida com p*K*s diferentes e que variam continuamente, de forma que o pH do gel varia gradualmente de uma extremidade para a outra.

O fato da IEF separar as proteínas em bandas estreitas torna-a uma ferramenta analítica e preparativa muito útil. De fato, muitas preparações proteicas antes consideradas homogêneas foram separadas em vários componentes por IEF. Essa técnica pode ser combinada com a eletroforese em uma técnica extremamente poderosa de separação bidimensional, denominada **eletroforese em gel bidimensional**

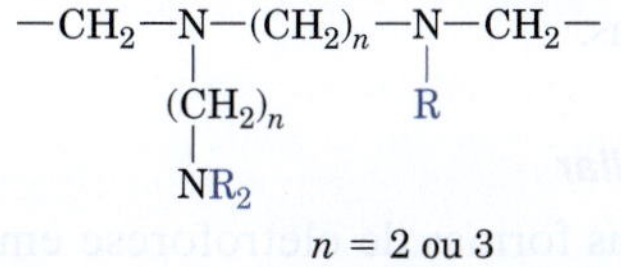

$$-CH_2-\underset{\underset{NR_2}{|}}{\underset{(CH_2)_n}{|}}{N}-(CH_2)_n-\underset{R}{\underset{|}{N}}-CH_2-$$

$$n = 2 \text{ ou } 3$$
$$R = H \text{ ou } -(CH_2)_n-COOH$$

FIGURA 6.26 Forma geral dos anfólitos utilizados na IEF.

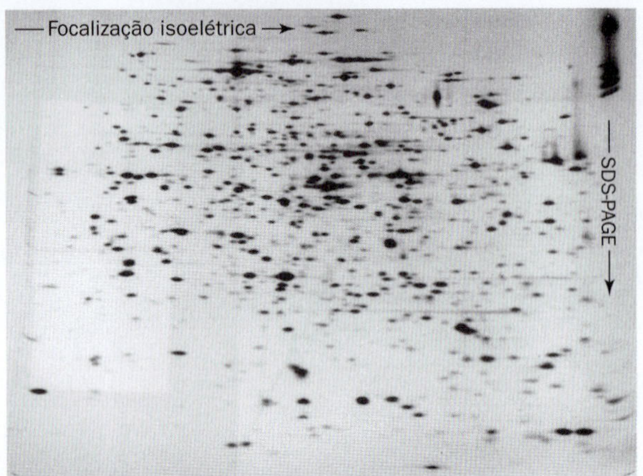

FIGURA 6.27 Eletroforese em gel bidimensional (eletroforese 2D). Esse autorradiograma mostra a separação da proteínas de *E. coli* por eletroforese 2D (IEF na horizontal e SDS-PAGE na vertical). Uma amostra de 10 μg de proteínas de *E. coli* que havia sido marcada com aminoácidos contendo ^{14}C foi submetida à IEF em um tubo de gel de poliacrilamida de 2,5 × 130 mm contendo ureia. O gel foi depois retirado do tubo, colocado em contato com uma das bordas de uma fatia de um gel de SDS-poliacrilamida e submetido à eletroforese. Mais de 1.000 manchas foram contadas no autorradiograma original, que resultou de uma exposição de 825 horas. (Cortesia de Patrick O'Farrell, University of California em São Francisco, EUA.)

(**eletroforese 2D**) (Fig. 6.27). Até 5.000 proteínas podem ser observadas em um único eletroforetograma bidimensional. Assim, a eletroforese 2D é uma ferramenta de extrema valia para a **proteômica** (o estudo do **proteoma** que, em analogia com o termo "genoma", é definido como o conjunto de todas as proteínas expressas por uma célula ou organismo, mas com ênfase na quantificação, na localização, nas modificações, nas interações e nas atividades, bem como na identificação). Bandas individuais de proteínas em um gel corado podem ser cortadas do gel (com um bisturi ou por um robô guiado pela imagem digitalizada do gel obtida com um *scanner* ou com uma câmera digital), descoradas, e a proteína pode ser eluída do fragmento de gel para identificação e/ou caracterização, em geral por espectrometria de massa (Seção 7.1J). Variantes de proteínas podem ser encontradas comparando-se as posições e a intensidade das bandas em géis 2D de preparações semelhantes. Isso pode ser feito com a ajuda de um computador após a obtenção das imagens digitalizadas dos géis corados. Vários géis 2D de referência estão disponíveis, com esse propósito, na rede de informação pública, nas bases de dados acessíveis listadas em http://www.expasy.org. Essas bases de dados contêm imagens de géis 2D de vários organismos e tecidos, com muitas das proteínas já identificadas.

E. *Eletroforese capilar*

Mesmo que as várias formas de eletroforese em gel sejam técnicas comuns e altamente eficazes para separar moléculas carregadas, elas em geral requerem uma hora ou mais de corrida e são difíceis de quantificar e automatizar. Essas desvantagens são contornadas pelo uso da **eletroforese capilar** (**EC**), técnica na qual a eletroforese é realizada em capilares muito finos (10 a 100 μm de diâmetro interno) feitos de sílica, vidro ou plástico. Esses capilares estreitos dissipam rapidamente o calor e, assim, permitem o uso de campos elétricos altos (geralmente 100 a 300 V · cm^{-1}, cerca de 10 vezes maior do que aquele da maioria das outras técnicas), o que reduz para poucos minutos os tempos de separação. Essas separações rápidas, por sua vez, minimizam o alargamento das bandas causado pela difusão, fornecendo assim separações extremamente nítidas. Os capilares podem ser preenchidos com tampão (como na eletroforese de fronteira móvel, mas aqui o diâmetro muito fino do capilar elimina totalmente a convecção [importante fator que leva à mistura das moléculas que estão em processo de separação]). Também podem ser preenchidos com gel de SDS-poliacrilamida (separação de acordo com a massa molecular; Seção 6.4C) ou anfólitos (IEF; Seção 6.4D). Essas técnicas de EC apresentam uma resolução extremamente alta e podem ser automatizadas da mesma maneira que a HPLC, isto é, com aplicação da amostra automatizada e detecção da amostra na própria linha de processamento. Como a EC é capaz de separar apenas pequenas quantidades de material, ela está limitada a ser utilizada como técnica analítica.

5 ULTRACENTRIFUGAÇÃO

Se um recipiente contendo areia e água for sacudido e depois deixado parado, a areia irá sedimentar rapidamente para o fundo do recipiente devido à influência da gravidade terrestre (aceleração *g* de 9,81 m · s^{-2}). No entanto, as macromoléculas em solução, que sofrem o mesmo campo gravitacional, não exibem nenhuma sedimentação perceptível, pois o movimento ao acaso causado pela energia cinética (Browniano) as mantém distribuídas uniformemente na solução. *Apenas quando forem aplicadas altas acelerações é que o comportamento de sedimentação das macromoléculas irá lembrar aquele dos grãos de areia.*

A ultracentrífuga foi desenvolvida por volta de 1923 pelo bioquímico sueco The Svedberg. Utilizando esse instrumento, Svedberg demonstrou, pela primeira vez, que as proteínas são macromoléculas de composições homogêneas e que muitas proteínas são compostas por subunidades. Em poucas décadas, a ultracentrifugação tornou-se uma ferramenta indispensável para o fracionamento de proteínas, ácidos nucleicos e partículas subcelulares. Ultracentrífugas modernas podem atingir velocidades de sedimentação de até 150.000 rpm (revoluções por minuto), gerando campos de centrifugação de mais de 1 milhão × *g*. Nesta seção, discute-se a teoria e a prática da ultracentrifugação.

A. *Sedimentação*

A velocidade na qual uma partícula sedimenta na ultracentrífuga está relacionada com a sua massa. A força, $F_{sedimentação}$, que atua para sedimentar uma partícula de massa m e que está localizada a uma distância r do eixo ao redor do qual está girando com uma velocidade angular ω (em radianos · s^{-1}) é a força centrífuga ($m\omega^2 r$) que atua sobre a partícula menos a força de empuxo ($V_p \rho \omega^2 r$) exercida pela solução:

$$F_{sedimentação} = m\omega^2 r - V_P\, \rho\omega^2 r \qquad [6.10]$$

Aqui, V_p é o volume da partícula e ρ é a densidade da solução. Entretanto, o movimento da partícula através da solução, como visto no estudo sobre eletroforese, sofre ação oposta da força de atrito:

$$F_{fricção} = vf \qquad [6.7]$$

onde $v = dr/dt$ é a taxa de migração da partícula em sedimentação e f é seu coeficiente de atrito. O coeficiente de atrito da partícula pode ser determinado a partir de medidas de sua velocidade de difusão.

Sob a influência da força gravitacional (centrífuga), a partícula acelera até que as forças sobre ela entrem em equilíbrio perfeito:

$$m\omega^2 r - V_P \rho\omega^2 r = vf \qquad [6.11]$$

A massa de 1 mol de partículas, M, é

$$M = mN \qquad [6.12]$$

onde N é o número de Avogadro ($6{,}022 \times 10^{23}$). Logo, o volume da partícula, V_p, pode ser expresso em termos da sua massa molar:

$$V_P = \overline{V}m = \frac{\overline{V}M}{N} \qquad [6.13]$$

onde $\overline{V}$, o **volume específico parcial** da partícula, é a mudança de volume quando 1 g (peso seco) de partículas é dissolvido em um volume infinito do soluto. Para a maioria das proteínas dissolvidas em água pura a 20°C, $\overline{V}$ é próximo a 0,73 $cm^3 \cdot g^{-1}$ (Tabela 6.4). De fato, para proteínas com composição conhecida de aminoácidos, $\overline{V}$ pode ser calculado, com boa aproximação, pela soma dos volumes específicos parciais dos resíduos de aminoácidos que as compõem, indicando assim que os átomos nas proteínas estão bem compactados (Seção 8.3Bc).

a. Uma partícula pode ser caracterizada por sua velocidade de sedimentação

Substituindo as Equações [6.12] e [6.13] na Equação [6.11] dá-se origem a

$$vf = \frac{M(1 - \overline{V}\rho)\omega^2 r}{N} \qquad [6.14]$$

Agora define-se o **coeficiente de sedimentação**, s, como

$$s = \frac{v}{\omega^2 r} = \frac{1}{\omega^2}\left(\frac{d \ln r}{dt}\right) = \frac{M(1 - \overline{V}\rho)}{Nf} \qquad [6.15]$$

O coeficiente de sedimentação, uma grandeza que é análoga à mobilidade eletroforética (Equação [6.9]) por ser a velocidade por unidade de força, em geral é expresso em unidades de 10^{-13} s, que são conhecidas como **svedbergs** (**S**). Para fins de uniformidade, o coeficiente de sedimentação em geral é corrigido para o valor que teria a 20°C em um solvente de densidade e viscosidade iguais às da água pura. Isso é simbolizado por $s_{20,w}$. A Tabela 6.4 e a Fig. 6.28 indicam os valores de $s_{20,w}$ em svedbergs de vários materiais biológicos.

A Equação [6.15] indica que a massa de uma partícula, $m = M/N$, pode ser determinada a partir da medida do seu

TABELA 6.4 Constantes físicas de algumas proteínas

Proteína	Massa molecular (kDa)	Volume específico parcial, $\overline{V}_{20,w}$($cm^3 \cdot g^{-1}$)	Coeficiente de sedimentação $s_{20,w}$ (S)	Razão de atrito f/f_0
Lipase (leite)	6,7	0,714	1,14	1,190
Ribonuclease A (pâncreas bovino)	12,6	0,707	2,00	1,066
Citocromo c (coração bovino)	13,4	0,728	1,71	1,190
Mioglobina (coração equino)	16,9	0,741	2,04	1,105
α-Quimotripsina (pâncreas bovino)	21,6	0,736	2,40	1,130
Crotoxina (cascavel)	29,9	0,704	3,14	1,221
Concanavalina B (feijão-de-porco)	42,5	0,730	3,50	1,247
Toxina diftérica	70,4	0,736	4,60	1,296
Citocromo-oxidase (*P. aeruginosa*)	89,8	0,730	5,80	1,240
Lactato-desidrogenase H (galinha)	150	0,740	7,31	1,330
Catalase (fígado equino)	222	0,715	11,20	1,246
Fibrinogênio (humano)	340	0,725	7,63	2,336
Hemocianina (lula)	612	0,724	19,50	1,358
Glutamato-desidrogenase (fígado bovino)	1.015	0,750	26,60	1,250
Proteína do vírus do mosaico amarelo do nabo	3.013	0,740	48,80	1,470

Fonte: Smith, M.H., in Sober, H.A. (Ed.), *Handbook of Biochemistry and Molecular Biology* (2nd ed.), *p*. C-10, CRC Press (1970).

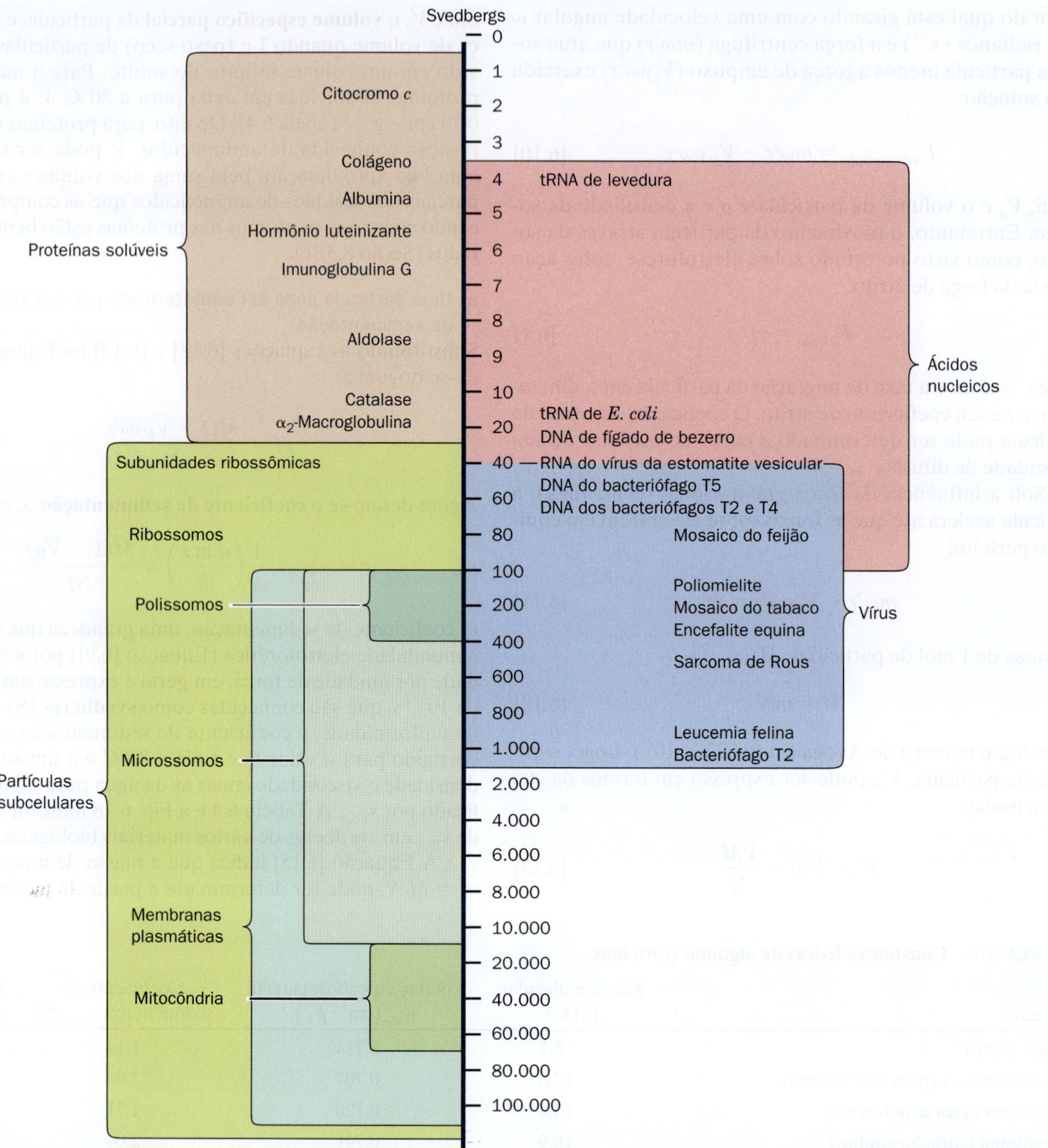

FIGURA 6.28 **Coeficientes de sedimentação em svedbergs (S) para alguns materiais biológicos.** (Segundo diagrama fornecido por Beckman Coulter, Inc.)

coeficiente de sedimentação, *s*, e da densidade da solução, ρ, se seu coeficiente de atrito, *f*, e seu volume específico parcial, $\overline{V}$, forem conhecidos. De fato, antes de 1970, a maioria das determinações das massas macromoleculares era realizada utilizando-se **ultracentrífuga analítica**, um equipamento no qual as velocidades de sedimentação das moléculas que estão sendo centrifugadas podem ser medidas opticamente (as massas de macromoléculas são muito altas para serem determinadas com exatidão por técnicas físicas clássicas, como, por exemplo, abaixamento do ponto de fusão ou medição da pressão osmótica). Apesar do avanço de métodos mais simples de determinação de massas moleculares, como a cromatografia de gel filtração (Seção 6.3Ba) e SDS-PAGE (Seção 6.4C), quase terem levado ao desaparecimento do uso da ultracentrifugação analítica, instrumentos desenvolvidos recentemente levaram ao ressurgimento do uso dessa técnica. Ela é particularmente útil para a caracterização de sistemas de macromoléculas associadas.

b. A razão de atrito é um indicativo da solvatação e da forma molecular

Para uma partícula esférica não solvatada de raio r_p, o coeficiente de atrito é determinado pela **equação de Stokes:**

$$f = 6\pi\eta r_P \qquad [6.16]$$

em que η é a **viscosidade** da solução. A solvatação aumenta o coeficiente de atrito de uma partícula por aumentar seu **volume hidrodinâmico** ou efetivo. Além disso, f é mínimo quando a partícula é uma esfera. Isso porque a área da superfície de uma partícula não esférica é maior do que a área de uma esfera de mesmo volume, devendo, portanto, em média, apresentar uma área de superfície contra o movimento maior do que a que uma esfera apresenta.

O coeficiente de atrito, f, de uma partícula de massa e o volume específico parcial conhecido pode ser determinado por ultracentrifugação utilizando-se a Equação [6.15]. O **raio Stokes** ou efetivo de uma partícula em solução pode ser calculado resolvendo a Equação [6.16] para r_p, dados os valores f e η determinados experimentalmente. Já o coeficiente de atrito mínimo de uma partícula, f_0, pode ser calculado a partir da massa e do volume específico parcial da partícula, supondo que ela seja esférica ($V_p = \frac{4}{3}\pi r_p^3$) e não solvatada:

$$f_0 = 6\pi\eta\left(\frac{3M\bar{V}}{4\pi N}\right)^{1/3} \qquad [6.17]$$

Se a **razão de atrito**, f/f_0, de uma partícula for muito maior do que a unidade, deve-se concluir que a partícula está altamente solvatada e/ou significativamente alongada. As razões de atrito de algumas proteínas são apresentadas na Tabela 6.5. Proteínas globulares, que, pelo que se sabe por estudos estruturais, são relativamente compactas e esféricas (Seção 8.3B), possuem razões de atrito que chegam até ~1,5. Moléculas fibrosas como o DNA e a proteína coaguladora do sangue, o **fibrinogênio** (Seção 35.1Aa), apresentam razões de atrito maiores. Na desnaturação, os coeficientes de atrito das proteínas globulares aumentam até duas vezes, pois as proteínas desnaturadas adotam conformações de **espirais aleatórias** flexíveis e oscilantes, nas quais todas as partes da molécula estão em contato com o solvente (Seção 8.1D).

B. *Ultracentrifugação preparativa*

As **ultracentrífugas preparativas**, que, como diz o nome, são projetadas para a preparação de amostras, diferem das ultracentrífugas analíticas por não possuírem os dispositivos para a observação das amostras. Os rotores preparativos possuem tubos cilíndricos para as amostras cujos eixos podem ser paralelos, em ângulo ou perpendiculares ao eixo de rotação do rotor, dependendo da finalidade (Fig. 6.29).

Na dedução da Equação [6.15], supôs-se que a sedimentação tenha ocorrido por um meio homogêneo. A sedimentação pode ocorrer, no entanto, em uma solução de uma substância inerte, como sacarose ou CsCl, na qual a concentração e, portanto, a densidade da solução aumentam do topo ao fundo do tubo de centrifugação. O uso desses **gradientes de densidade** melhora muito o poder de resolução da ultracentrífuga. Duas aplicações de gradientes de densidade são amplamente empregadas: (1) **ultracentrifugação de zona** e (2) **ultracentrifugação de equilíbrio em gradiente de densidade**.

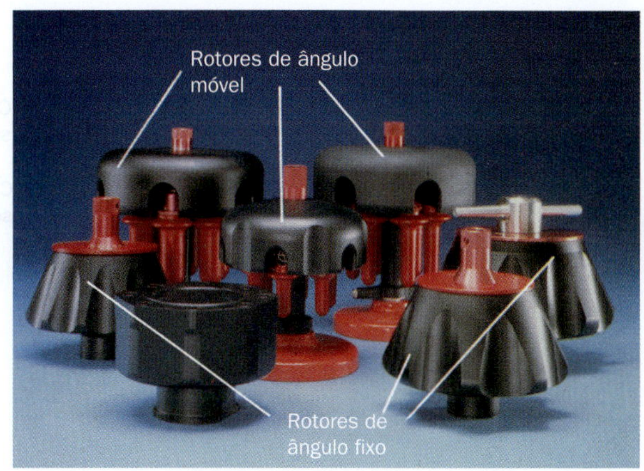

FIGURA 6.29 Alguns rotores de ultracentrifugação preparativa. Os tubos de amostra dos rotores de ângulo móvel (*ao fundo*) possuem uma dobradiça, de forma que eles balançam da posição vertical para a horizontal à medida que o rotor começa a girar, enquanto os tubos de amostra dos outros rotores têm um ângulo fixo em relação ao eixo de rotação. (Cortesia de Beckman Coulter, Inc.)

a. A ultracentrifugação de zona separa partículas de acordo com seus coeficientes de sedimentação

Na ultracentrifugação de zona, uma solução de macromoléculas é cuidadosamente colocada no topo de um gradiente de densidade preparado com um aparelho semelhante àquele da Fig. 6.7. A finalidade do gradiente de densidade é permitir a passagem suave pelas várias zonas macromoleculares, diminuindo a mistura das soluções provocada pela convecção. A sacarose, que forma uma solução xaroposa e bioquimicamente benigna, em geral é usada para formar gradientes de densidade para ultracentrifugação de zona. O gradiente de densidade é, de preferência, superficial, pois a densidade máxima da solução deve ser menor do que a densidade das moléculas de interesse menos densas. Ainda assim, a Equação [6.15] indica que a velocidade de sedimentação de uma macromolécula é mais uma função da massa molecular do que da densidade. Consequentemente, *a ultracentrifugação de zona separa macromoléculas de formas parecidas, com base principalmente nas suas massas moleculares.*

Durante a centrifugação, cada espécie de macromolécula se move através do gradiente a uma velocidade determinada, em grande parte, por seu coeficiente de sedimentação e, portanto, move-se como uma zona, que pode ser separada de outras zonas, como esquematizado na Fig. 6.30. Após a centrifugação, o fracionamento em geral é realizado furando-se o fundo do tubo de centrifugação com uma agulha, permitindo que o seu conteúdo saia em gotas, coletando-se as zonas separadas para posterior análise.

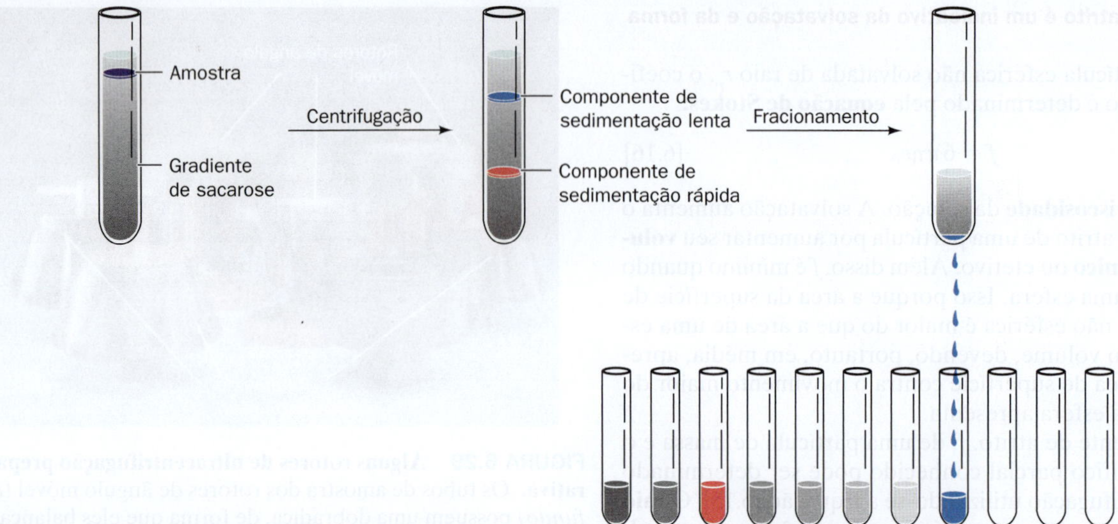

FIGURA 6.30 **Ultracentrifugação de zona.** A amostra é aplicada sobre um gradiente de sacarose (*à esquerda*). Durante a centrifugação (*no meio*), cada partícula sedimenta com uma velocidade que depende principalmente da massa da partícula. No final, o tubo de centrifugação é furado, e as partículas separadas (zonas) são coletadas (*à direita*).

b. A ultracentrifugação de equilíbrio em gradiente de densidade separa partículas de acordo com suas densidades

Na **ultracentrifugação de equilíbrio em gradiente de densidade** (alternativamente, **ultracentrifugação isopícnica** [do grego: *isos*, igual + *pyknos*, denso]), a amostra é dissolvida em uma solução relativamente concentrada de uma substância densa e de rápida difusão (e, portanto, de baixa massa molecular), como CsCl ou Cs_2SO_4, e é centrifugada a uma alta velocidade até que a solução atinja o equilíbrio. *O alto campo centrífugo faz o soluto de baixa massa molecular formar um forte gradiente de densidade (Fig. 6.31), no qual os componentes da amostra formam bandas nos locais onde suas densidades são iguais à densidade da solução;* ou seja, em que $(1 - \bar{V}_p)$ na Equação [6.15] é zero (Fig. 6.32). Essas bandas são coletadas como frações separadas quando o tubo da amostra é furado como descrito anteriormente. A concentração de sal na amostra e, portanto, a densidade da solução, são facilmente determinadas com um **refratômetro Abbé**, um instrumento óptico que mede o índice de refração das soluções.

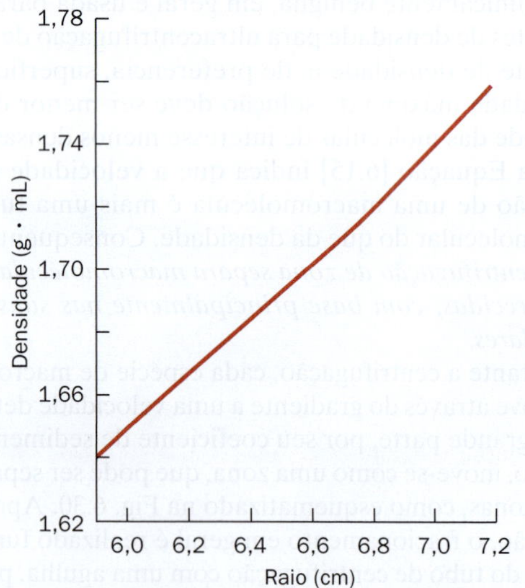

FIGURA 6.31 **Distribuição da densidade de equilíbrio de uma solução de CsCl em uma ultracentrífuga girando a 39.460 rpm.** A densidade inicial da solução era 1,7 g · mL^{-1}. (Segundo Ifft, J.B., Voet, D.H., and Vinograd, J., *J. Phys. Chem.* **65**, 1138 (1961).)

A técnica do equilíbrio em gradiente de densidade é muitas vezes o método de escolha para separar misturas cujos componentes apresentam grande diferença entre as densidades. Essas substâncias incluem ácidos nucleicos, vírus e algumas organelas subcelulares, como os ribossomos, por exemplo. Entretanto, a ultracentrifugação isopícnica não é eficaz no fracionamento de misturas proteicas, pois a maioria das proteínas possui densidades semelhantes (a alta concentração de sal também pode levar à precipitação por *salting out* ou ainda desnaturar as proteínas). A ultracentrifugação com gradiente de densidade em uma ultracentrífuga analítica foi utilizada para mostrar que a replicação do DNA é semiconservativa (Seção 5.3B).

6 FRACIONAMENTO DE ÁCIDOS NUCLEICOS

Nas partes anteriores deste capítulo, foram discutidas as técnicas utilizadas com mais frequência para isolar e, até certo ponto, caracterizar proteínas. A maioria desses métodos, em geral com algumas modificações, também é regularmente utilizada no fracionamento de ácidos nucleicos de acordo com tamanho, composição e sequência. Também existem muitas técnicas que são aplicáveis apenas a ácidos nucleicos. Nesta seção serão discutidas algumas das técnicas mais úteis que são empregadas para a separação dessas moléculas.

A. Métodos em solução

Os ácidos nucleicos, nas células, estão invariavelmente associados às proteínas. Uma vez que as células tiverem sido rompidas (Seção 6.1B), os ácidos nucleicos devem ser sepa-

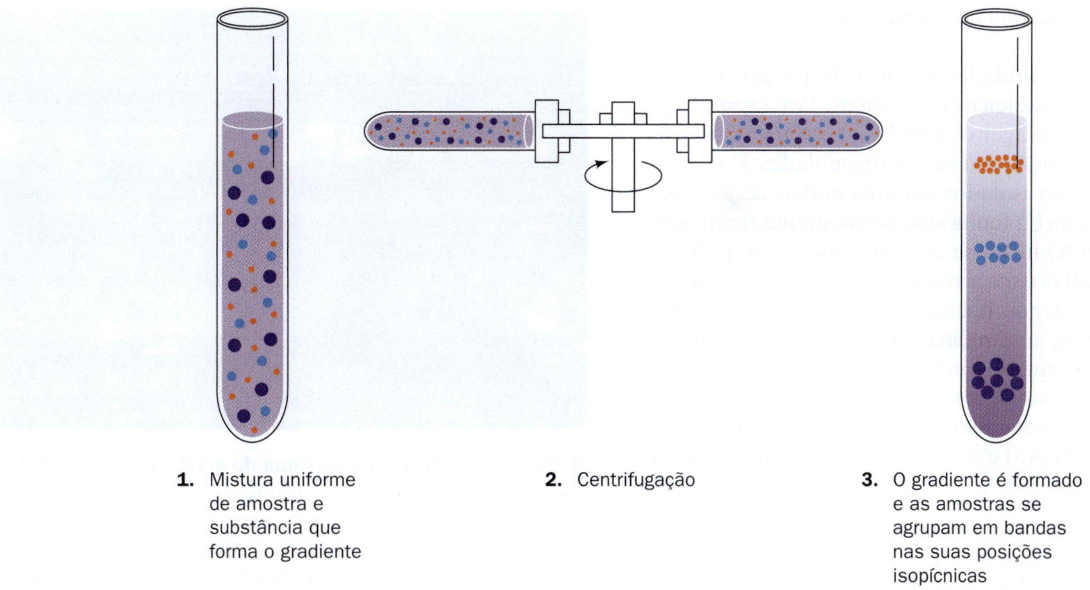

FIGURA 6.32 Ultracentrifugação isopícnica. A centrifugação inicia com uma mistura uniforme de uma amostra de macromoléculas dissolvida em uma solução de um soluto denso e de rápida difusão, como por exemplo CsCl (*à esquerda*). No equilíbrio em um campo centrífugo, o soluto forma um gradiente de densidade no qual as macromoléculas migram para as suas posições de densidade de flutuação (*à direita*).

rados das proteínas. Isso pode ser feito misturando-se (muito brandamente, caso o DNA a ser isolado for de alta massa molecular; Seção 5.3D) a solução aquosa contendo o complexo proteína-ácido nucleico com uma mistura 25:24:1 de fenol, clorofórmio e álcool isoamílico. A proteína é assim desnaturada e extraída na fase orgânica imiscível com água, que é separada da fase aquosa, que contém os ácidos nucleicos, por centrifugação (quando a quantidade de proteína que estiver presente for grande, forma-se um precipitado entre as fases orgânica e aquosa). Alternativamente (ou de forma complementar), as proteínas podem ser dissociadas dos ácidos nucleicos com o uso de agentes desnaturantes, como, por exemplo, detergentes, cloreto de guanidina, ou então com altas concentrações de sal, e também podem ser degradadas enzimaticamente por proteases. Em todos os casos, porém, os ácidos nucleicos, constituídos por uma mistura de RNA e DNA, podem depois ser isolados por precipitação com etanol. O RNA pode ser recuperado tratando o precipitado com **DNase pancreática** para eliminar o DNA. Da mesma forma, pode-se obter DNA livre de RNA pelo tratamento com **RNase**. Alternativamente, RNA e DNA podem ser separados por ultracentrifugação (Seção 6.6D).

Em todas essas manipulações e nas subsequentes, os ácidos nucleicos devem ser protegidos da degradação que ocorre por ação das nucleases que estão presentes tanto nos materiais e reagentes de laboratório como nas mãos.

As nucleases podem ser inibidas pela presença de agentes quelantes, como por exemplo o **ácido etilenodiaminotetracético (EDTA)**,

$$(HOOC-H_2C)_2N-CH_2-CH_2-N(CH_2-COOH)_2$$

Ácido etilenodiaminotetracético (EDTA)

que sequestra íons metálicos divalentes, dos quais as nucleases necessitam para sua atividade. Nos casos em que nenhuma atividade nucleásica pode ser tolerada, toda a vidraria deve ser autoclavada para desnaturar, por calor, as nucleases, e o cientista deve usar luvas de plástico ou látex. Ainda assim, ácidos nucleicos são mais fáceis de manipular do que proteínas, pois o fato de não possuírem, na maioria dos casos, uma estrutura terciária, torna-os relativamente mais tolerantes a condições extremas.

B. *Cromatografia*

Muitas das técnicas cromatográficas que são usadas para separar proteínas (Seção 6.3) são também aplicáveis para ácidos nucleicos. Oligonucleotídeos podem ser separados por HPLC, particularmente o tipo que emprega cromatografia de fase reversa. Ácidos nucleicos de maior tamanho em geral são separados por técnicas que incluem cromatografia de troca iônica e cromatografia de gel filtração.

a. A hidroxiapatita pode ser utilizada para isolar e fracionar DNA

A hidroxiapatita (uma forma do fosfato de cálcio; Seção 6.3Db) é especialmente útil na purificação e no fracionamento de DNA por cromatografia. O DNA de fita dupla liga-se à hidroxiapatita mais fortemente do que outras moléculas. Como consequência, o DNA pode ser rapidamente isolado passando-se um lisado de células através de uma coluna de hidroxiapatita, lavando-se a coluna com um tampão fosfato em baixa concentração de maneira que apenas RNA e proteínas sejam liberados, e depois elui-se o DNA com uma solução fosfato mais concentrada. Além disso, o DNA de fita simples elui da hidroxiapatita em uma concentração de fosfato menor do que o DNA de fita dupla.

b. RNAs Mensageiros podem ser isolados por cromatografia de afinidade

A cromatografia de afinidade (Seção 6.3C) é útil para o isolamento de ácidos nucleicos específicos. Por exemplo, a maioria dos RNAs mensageiros (mRNAs) eucarióticos possui uma sequência poli(A) em suas extremidades 3' (Seção 5.4Ac). Eles podem ser isolados em uma matriz de agarose ou celulose à qual poli(U) tenha sido covalentemente ligado. As sequências poli(A) ligam-se especificamente ao poli(U) complementar em altas concentrações de sal e baixas temperaturas, e podem ser depois liberadas alterando-se essas condições. Além disso, se a sequência (parcial) de um mRNA for conhecida (p. ex., quando inferida a partir da sequência de aminoácidos da proteína correspondente), a fita complementar de DNA pode ser sintetizada (por meio de métodos discutidos na Seção 7.6Aa) e utilizada para isolar um mRNA específico.

C. *Eletroforese*

Ácidos nucleicos de um determinado tipo podem ser separados por eletroforese em gel de poliacrilamida (Seções 6.4B e 6.4C), pois as suas mobilidades eletroforéticas nestes géis variam inversamente com as massas moleculares. Entretanto, DNAs de mais de alguns milhares de pares de bases (pb) são muito grandes para penetrar em um gel de poliacrilamida, mesmo que seja um gel pouco concentrado. Essa dificuldade pode ser parcialmente superada com o uso de géis de agarose. Utilizando-se géis com conteúdos de agarose apropriadamente baixos, DNAs relativamente grandes em várias faixas de tamanho podem ser fracionados. Dessa maneira, os plasmídeos, por exemplo, podem ser separados do DNA cromossômico das bactérias, o qual é maior.

a. DNA de fita dupla é detectado por coloração seletiva com agentes intercalantes

As várias bandas de DNA em um gel devem ser detectadas para poderem ser isoladas. O DNA de fita dupla é facilmente corado por cátions aromáticos planares, como **íon etídio** e **laranja de acridina**.

H_2N — NH_2 — $\overset{+}{N}$ — C_2H_5

Etídio

$(CH_3)_2N$ — $\overset{+}{N}H$ — $N(CH_3)_2$

Laranja de acridina

Esses corantes ligam-se ao DNA de fita dupla por **intercalação** (introduzindo-se entre os pares de bases) e exibem uma fluorescência sob luz UV que é bem mais intensa

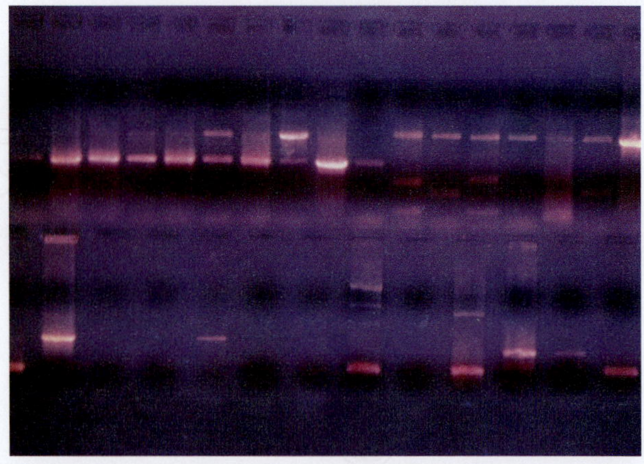

FIGURA 6.33 **Eletroforetograma de gel de agarose de DNA de dupla-hélice.** Após a eletroforese, o gel foi mergulhado em uma solução de brometo de etídio, lavado e fotografado sob luz UV. A fluorescência do cátion etídio é muito aumentada pela ligação ao DNA, portanto cada banda fluorescente marca um tamanho diferente de fragmento de DNA. (Klaus Guldbrandsen/Photo Researchers, Inc.)

do que aquela do corante livre. Quantidades tão pequenas quanto 50 ng de DNA podem ser detectadas em um gel corado com brometo de etídio (Fig. 6.33). RNAs e DNAs de fita simples também estimulam a fluorescência do íon etídio, porém em um grau menor do que o DNA de fita dupla. As desvantagens de utilizar esses corantes incluem o fato de eles serem mutagênicos – portanto devem ser manuseados e descartados com cautela – e de que a exposição à luz UV danifica o DNA (Seção 30.5Aa). O **SYBR Safe**, um corante não mutagênico igualmente sensível, que fluoresce quando ligado ao DNA fita dupla e excitado por luz azul, dribla essas dificuldades.

b. DNAs muito grandes são separados por eletroforese de campo pulsado

Os tamanhos de DNA que podem ser separados pela eletroforese convencional são limitados a ~100.000 pb, mesmo quando são usados géis contendo 0,1% de agarose (que produz um gel extremamente frágil). Entretanto, o desenvolvimento da **eletroforese de campo pulsado** (**PFGE**, *pulsed-field gel electrophoresis*) por Charles Cantor e Cassandra Smith aumentou esse limite para DNA com até 10 milhões de pares de bases (6,6 milhões de kDa). O equipamento de eletroforese utilizado na PFGE possui dois ou mais pares de eletrodos arranjados em torno da periferia de um pedaço de gel de agarose. A polaridade dos pares de eletrodos diferentes é pulsada de forma sequencial por tempos que variam de 0,1 a 1.000 s, dependendo dos tamanhos dos DNAs que estão sendo separados. A eletroforese do DNA exige que essas moléculas alongadas serpeteiem através dos canais do gel mais ou menos no sentido do cátodo para o ânodo. Se a direção do campo elétrico mudar abruptamente, esses DNAs precisam reorientar seus eixos longitudinais ao longo da nova direção do campo antes que possam continuar sua passagem pelo gel. O tempo necessário para reorientar moléculas de DNA muito extensas e que estejam embebidas em gel aumenta de acordo com o tamanho da massa molecular.

Como consequência, a escolha adequada da distribuição dos eletrodos e do tempo e frequência dos pulsos faz os DNAs menores migrarem através do gel mais rapidamente do que DNAs longos, levando assim à separação desses fragmentos (Fig. 6.34).

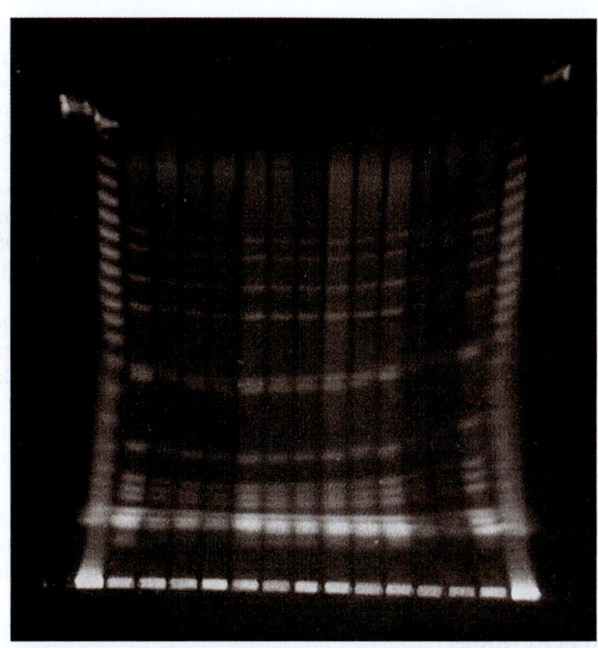

FIGURA 6.34 PFGE de um conjunto de cromossomos de leveduras. Os cromossomos de leveduras, os quais foram migrados como amostras idênticas nas 13 canaletas internas, possuem tamanhos de 260, 290, 370, 460, 580/600, 700, 780, 820 e 850 kb. As duas canaletas externas, as quais apresentam os padrões de massa molecular, contêm vinte multímeros sucessivamente maiores de um DNA de ~43,5 kb de bacteriófago λ (de cima para baixo), com um limite de observação de ~850 kb. (Eletroforetograma por Margit Burmeister, University of Michigan, *in* Wilson, K. e Walker, I. *Principles and Techniques of Biochemistry and Molecular Biology* [6th ed.], *p.*477, Cambridge University Press [2005], EUA.)

D. *Ultracentrifugação*

A ultracentrifugação de equilíbrio em gradiente de densidade (Seção 6.5Bb) em CsCl constitui uma das técnicas utilizadas com mais frequência para a separação de DNA. A densidade de flutuação, ρ, do DNA Cs^+ de fita dupla depende da sua composição de bases:

$$\rho = 1{,}660 + 0{,}098X_{G+C} \qquad [6.18]$$

onde X_{G+C} é a fração molar de G C. Assim, um gradiente de densidade de CsCl fraciona o DNA de acordo com a composição de bases. Por exemplo, DNAs de eucariotos em geral contêm frações menores que se separam em bandas das frações majoritárias. Algumas dessas **bandas satélites** consistem em DNA de mitocôndria e de cloroplasto. Outra classe importante de DNA satélite é composta por **sequências repetidas**, que são segmentos curtos de DNAs repetidos em sequência centenas, milhares e até milhões de vezes em um cromossomo (Seção 34.2B). Da mesma forma, plasmídeos podem ser separados do DNA cromossômico de bactérias pela ultracentrifugação de equilíbrio em gradiente de densidade.

O DNA de fita simples é ~0,015 g · cm^{-3} mais denso do que o DNA de fita dupla correspondente, de forma que os dois podem ser separados pela ultracentrifugação de equilíbrio em gradiente de densidade. O RNA é muito denso para formar bandas em CsCl, mas o faz em soluções de Cs_2SO_4. Híbridos de RNA-DNA formam bandas em CsCl, mas em uma densidade mais alta do que o DNA de fita dupla correspondente.

O RNA pode ser fracionado por ultracentrifugação de zona por um gradiente de sacarose (Seção 6.5Ba). Os RNAs são separados por essa técnica principalmente com base nos seus tamanhos. De fato, o RNA ribossômico, que constitui a maior parte do RNA celular, é classificado de acordo com sua velocidade de sedimentação; por exemplo, o RNA da subunidade ribossômica menor de *E. coli* é conhecido como **RNA 16S** (Seção 32.3A).

RESUMO DO CAPÍTULO

1 Isolamento de proteínas As macromoléculas das células são solubilizadas rompendo-se as células, o que pode ser feito por meios químicos ou mecânicos, tais como o uso de detergentes ou de liquidificadores. A purificação parcial por centrifugação diferencial é utilizada após a lise celular para remover restos celulares ou para isolar um componente subcelular específico. Quando estão fora do ambiente protetor da célula, as proteínas e outras macromoléculas devem ser tratadas de forma a evitar sua destruição por influências como pH e temperaturas extremas, degradação enzimática e química e manuseio mecânico violento. O grau de pureza de uma substância que está sendo isolada deve ser monitorado ao longo do processo de purificação utilizando algum ensaio específico.

2 Solubilidade das proteínas As proteínas são convenientemente purificadas em grande escala por um processo de precipitação fracionada chamado *salting out*, no qual as solubilidades das proteínas são alteradas pela mudança da concentração de sal ou de pH.

3 Separação cromatográfica A cromatografia de troca iônica emprega materiais de suporte do tipo celulose ou géis de dextrana com ligações cruzadas. A separação fundamenta-se nas diferentes interações eletrostáticas entre os grupos carregados do material da troca iônica e aqueles da substância a ser separada. As moléculas podem ser detectadas por absorbância em UV, fluorescência, radioatividade ou atividade enzimática. Na cromatografia de gel filtração, as moléculas são separadas de acordo com seu tamanho e sua forma, pelo uso de partículas de dextrana, poliacrilamida ou agarose, as quais apresentam poros de dimensões moleculares. Uma coluna de gel filtração calibrada pode ser utilizada para estimar as massas moleculares das macromoléculas. A cromatografia de afinidade separa biomoléculas de acordo com sua capacidade bioquímica de se ligar especificamente a determinadas moléculas. A cromatografia líquida de alta resolução (HPLC) faz uso de qualquer uma das técnicas de separação já mencionadas, mas utiliza materiais cromatográficos de alta resolução, altas pressões de solvente e sistemas de mistura automática de solventes e de monitoramento de forma a obter graus de separação bem melhores do que aqueles alcançados por técnicas cromatográficas mais convencionais. As cromatografias de adsorção, de camada delgada (TLC), de fase reversa (RPC), de interação hidrofóbica (HIC) e de afinidade com quelação de metal também apresentam aplicações bioquímicas importantes.

4 Eletroforese Na eletroforese, moléculas carregadas são separadas de acordo com suas velocidades de migração em um campo elétrico em um suporte sólido, como papel, acetato de celulose, poliacrilamida polimerizada ou agarose. A eletroforese em gel emprega um gel de poliacrilamida ou de agarose para que as moléculas sejam separadas de acordo com seus tamanhos, por gel filtração, bem como de acordo com suas cargas. As moléculas separadas podem ser visualizadas pelo uso de corantes, por autorradiografia ou por *immunoblotting*. O detergente aniônico dodecil sulfato de sódio (SDS) desnatura as proteínas e as cobre uniformemente, fazendo com que elas apresentem uma densidade de carga e formas semelhantes. A SDS-PAGE pode ser utilizada para estimar as massas macromoleculares. Na IEF, as macromoléculas são mergulhadas em um gradiente de pH estável e submetidas a um campo elétrico que faz elas migrarem para suas posições isoelétricas. Na eletroforese capilar, o uso de tubos capilares finos e campos elétricos fortes permite que pequenas quantidades de material sofram separações rápidas e com alta resolução.

5 Ultracentrifugação Na ultracentrifugação, as moléculas são separadas ao serem submetidas a campos gravitacionais fortes o suficiente para neutralizarem as forças de difusão. As moléculas podem ser separadas e suas massas moleculares estimadas a partir de suas velocidades de sedimentação em um solvente ou em um gradiente preestabelecido formado por um material inerte de baixa massa molecular como, por exemplo, sacarose. Alternativamente, as moléculas podem ser separadas de acordo com suas densidades de flutuação em uma solução com gradiente de densidade de uma substância densa e de rápida difusão, como, por exemplo, CsCl. O afastamento do valor da razão de atrito em relação à unidade é um indicativo do grau de solvatação e alongamento da molécula.

6 Fracionamento de ácidos nucleicos Os ácidos nucleicos podem ser fracionados por muitas das técnicas utilizadas na separação de proteínas. A cromatografia em hidroxiapatita separa DNAs de fita simples de DNAs de fita dupla. A eletroforese em gel de agarose ou de poliacrilamida separa o DNA principalmente de acordo com o tamanho. DNAs muito grandes podem ser separados por eletroforese de campo pulsado (PFGE) em géis de agarose. Os DNAs podem ser fracionados de acordo com sua composição de bases por ultracentrifugação em gradiente de densidade em CsCl. Diferentes tipos de RNA podem ser separados por ultracentrifugação de zona por um gradiente de sacarose.

REFERÊNCIAS

Geral

Ahmed, H., *Principles and Reactions of Protein Extraction, Purification, and Characterization,* CRC Press (2005).

Bonner, P.L.R., *Protein Purification,* Taylor & Francis (2007).

Boyer, R.F., *Biochemistry Laboratory: Modern Theory and Techniques,* Benjamin-Cummings (2006).

Burgess, R.R. and Deutscher, M.P. (Eds.), *Guide to Protein Purification* (2nd ed.), *Methods Enzymol.* **463,** (2009).

Harding, S.E. and Chowdhry, B.Z. (Eds.)., *Protein Ligand Interactions: Structure and Spectroscopy. A Practical Approach*, Oxford University Press (2001). [Contém descrições de várias técnicas físicas para o estudo de proteínas e suas interações com outras moléculas.]

Meyers, R.A., *Proteins. From Analytics to Structural Genomics,* Vol. 2, Chapters 20–24, Wiley–VCH (2007).

Ninfa, A.J., Ballou, D.P., and Benore, M., *Fundamental Laboratory Approaches for Biochemistry and Biotechnology* (2nd ed.), Wiley (2010).

Pingoud, A., Urbanke, C., Hoggett, J., and Jeltsch, A., *Biochemical Methods. A Concise Guide for Students and Researchers*, Wiley–VCH (2002).

Roe, S. (Ed.), *Protein Purification Techniques. A Practical Approach* (2nd ed.); and *Protein Purification Applications. A Practical Approach* (2nd ed.), Oxford University Press (2001).

Tinoco, I., Sauer, K., Wang, J.C., and Puglisi, J.C., *Physical Chemistry. Principles and Applications in Biological Sciences* (4th ed.), Chapter 6, Prentice-Hall (2002).

Simpson, R.J., Adams, P.D., and Golemis, E.A. (Eds.), *Basic Methods in Protein Purification and Analysis. A Laboratory Manual,* Cold Spring Harbor Laboratory Press (2009).

Structural Genomics Consortium, et al., Protein production and purification, *Nature Methods* **5,** 135–146 (2008). [Discute métodos para produzir e purificar proteínas recombinantes com máxima eficiência.]

Walker, J.M. (Ed.), *The Protein Protocols Handbook* (2nd ed.), Humana Press (2002).

Wilson, K. and Walker, J.M. (Eds.), *Principles and Techniques of Biochemistry and Molecular Biology* (6th ed.), Capítulos 10 e 11, Cambridge University Press (2005).

Solubilidade e cristalização

Arakawa, T. and Timasheff, S.N., Theory of protein solubility, *Methods Enzymol.* **114,** 49–77 (1985).

Ducruix, A. and Giegé, R. (Eds.), *Crystallization of Nucleic Acids and Proteins. A Practical Approach*, (2nd ed.), Oxford University Press (1999).

McPherson, A., *Crystallization of Biological Macromolecules,* Cold Spring Harbor Laboratory Press (1999).

Cromatografia

Dean, P.D.G., Johnson, W.S., and Middle, F.A. (Eds.), *Affinity Chromatography. A Practical Approach*, IRL Press (1985).

Fischer, L., Gel filtration chromatography (2nd ed.), *in* Work, T.S. and Burdon, R.H. (Eds.), *Laboratory Techniques in Biochemistry and Molecular Biology*, Vol. 1, Part II, North-Holland Biomedical Press (1980).

Meyer, V.R., *Practical High-Performance Liquid Chromatography* (2nd ed.), Wiley (1994).

Oliver, R.W.A. (Ed.), *HPLC of Macromolecules. A Practical Approach* (2nd ed.), IRL Press (1998).

Rossomando, E.F., *HPLC in Enzymatic Analysis* (2nd ed.), Wiley (1998).

Weston, A. and Brown, P.R., *HPLC and CE. Principles and Practice*, Academic Press (1997).

Eletroforese

Altria, K.D., *Capillary Electrophoresis Guidebook*, Humana Press (1996).

Baker, D.R., *Capillary Electrophoresis*, Wiley (1995).

Burmeister, M. and Ulanovsky, L., *Pulsed-Field Gel Electrophoresis*, Humana Press (1992).

Gersten, D.M., *Gel Electrophoresis: Proteins*, Wiley (1996).

Griffin, T.J. and Aebersold, R., Advances in proteome analysis by mass spectrometry, *J. Biol. Chem.* **276,** 45497–45500 (2001).

Hames, B.D. (Ed.), *Gel Electrophoresis of Proteins. A Practical Approach* (3rd ed.), IRL Press (1998).

Jones, P., *Gel Electrophoresis: Essential Techniques*, Wiley (1999).

Karger, B.L., Chu, Y.-H., and Foret, F., Capillary electrophoresis of proteins and nucleic acids, *Annu. Rev. Biophys. Biomol. Struct.* **24,** 579–610 (1995).

Monaco, A.P. (Ed.), *Pulsed Field Gel Electrophoresis. A Practical Approach*, IRL Press (1995).

Righetti, P.G., Immobilized pH gradients: Theory and methodol-ogy, *in* Burdon, R.H. and van Knippenberg, P.H. (Eds.), *Laboratory Techniques in Biochemistry and Molecular Biology*, Vol. 20, Elsevier (1990). [Discute a focalização isoelétrica.]

Wehr, T., Rodríeguez-Diaz, R., and Zhu, M., *Capillary Electrophoresis of Proteins*, Marcel Dekker (1999).

Ultracentrifugação

Graham, J., *Biological Centrifugation,* Bios Scientific Publishers (2001).

Harding, S.E., Rowe, A.J., and Horton, J.C. (Eds.), *Analytical Ultracentrifugation in Biochemistry and Polymer Science*, Royal Society of Chemistry (1992).

Hesley, P., Defining the structure and stability of macromolecular assemblages in solution: The re-emergence of analytical ultracentrifugation as a practical tool, *Structure* **4,** 367–373 (1996).

Laue, T., Biophysical studies by ultracentrifugation, *Curr. Opin. Struct. Biol.* **11,** 579–583 (2001); *and* Laue, T.M. and Stafford, W.F., III, Modern applications of analytical ultracentrifugation, *Annu. Rev. Biophys. Biomol. Struct.* **28,** 75–100 (1999).

Mächtle, W. and Börger, L., *Analytical Ultracentrifugation,* Springer-Verlag (2006).

Schachman, H.K., *Ultracentrifugation in Biochemistry*, Academic Press (1959). [Um tratado clássico sobre ultracentrifugação.]

Schuster,T.M. and Toedt, J.M., New revolutions in the evolution of analytical ultracentrifugation, *Curr. Opin. Struct. Biol.* **6,** 650–658 (1996).

Stafford, W.F., III, Sedimentation velocity spins a new weave for an old fabric, *Curr. Opin. Biotech.* **8,** 14–24 (1997).

EXERCÍCIOS DE BIOINFORMÁTICA

Exercícios de Bioinformática estão disponíveis em www.wiley.com/college/voet.

Capítulo 5

Eletroforese

1. **Eletroforese Unidimensional.** Simule uma eletroforese SDS–PAGE com proteínas conhecidas e desconhecidas.

2. **Eletroforese Bidimensional.** Explore os parâmetros eletroforéticos previstos e observados (p*I*, massa molecular e padrão de fragmentação) para uma proteína conhecida.

PROBLEMAS

1. Quais são as forças iônicas de soluções 1,0 *M* de NaCl, $(NH_4)_2SO_4$ e K_3PO_4? Em quais dessas soluções uma proteína seria mais solúvel? E menos solúvel?

2. Uma **solução salina isotônica** (que apresenta a mesma concentração de sais que o sangue) contém 0,9% NaCl. Qual a sua força iônica?

3. Em que ordem os seguintes aminoácidos são eluídos de uma coluna contendo uma resina de troca iônica de P-celulose utilizando-se tampão de pH 6: arginina, ácido aspártico, histidina e leucina?

4. Em que ordem as seguintes proteínas são eluídas de uma coluna contendo uma resina de troca iônica de CM-celulose, utilizando-se gradiente de sal crescente com pH 7: fibrinogênio, hemoglobina, lisozima, pepsina e ribonuclease A (ver Tabela 6.1)?

5. Qual é a ordem de eluição de uma coluna de Sephadex G-50 das seguintes proteínas: catalase, α-quimotripsina, concanavalina B, lipase e mioglobina (ver Tabela 6.4)?

6. Estime a massa molecular de uma proteína desconhecida que elui de uma coluna de Sephadex G-50 entre citocromo *c* e ribonuclease A (ver Tabela 6.4).

7. Uma coluna de cromatografia é preenchida com um volume total de 100 mL de Bio-Gel P-30. O volume de eluição da proteína hexocinase (96 kDa) nessa coluna é 34 mL. O de uma proteína desconhecida é de 50 mL. Qual é o volume morto da coluna, o volume ocupado pelo gel e o volume de eluição relativo da proteína desconhecida?

8. Qual método cromatográfico seria adequado para separar cada um dos seguintes pares de substâncias: (a) Ala-Phe-Lys e Ala-Ala-Lys; (b) lisozima e ribonuclease A (ver Tabela 6.1); (c) hemoglobina e mioglobina (ver Tabela 6.1)?

9. Qual a ordem dos valores R_f dos seguintes aminoácidos em uma cromatografia em papel utilizando como sistema de solvente água/butanol/ácido acético no qual o pH da fase aquosa é 4,5: alanina, ácido aspártico, lisina, ácido glutâmico, fenilalanina e valina?

10. Qual técnica de fracionamento poderia ser empregada para purificar a Proteína 1 de uma mistura de três proteínas cujas composições de aminoácidos são as seguintes?

1. 25% Ala, 20% Gly, 20% Ser, 10% Ile, 10% Val, 5% Asn, 5% Gln, 5% Pro
2. 30% Gln, 25% Glu, 20% Lys, 15% Ser, 10% Cys
3. 25% Asn, 20% Gly, 20% Asp, 20% Ser, 10% Lys, 5% Tyr

Todas essas proteínas são semelhantes em tamanho e p*I*, e não existe anticorpo disponível para a Proteína 1.

***11.** Tabelas de purificação são frequentemente utilizadas para acompanhar o rendimento e o grau de purificação de uma proteína.

TABELA DE PURIFICAÇÃO (para o Problema 11)

Etapa de purificação	mg proteína total	μmol Mb	Atividade específica (μmol proteína / mg proteína total)	% Rendimento	Grau de purificação
1. Extrato bruto	1.550	0,75		100	1
2. Cromatografia DEAE-celulose	550	0,35			
3. Cromatografia de afinidade	5,0	0,28			

A atividade específica é a razão quantidade da proteína de interesse, aqui a mioglobina (Mb), obtida em uma dada etapa (em μmol ou unidades enzimáticas), dividida pela quantidade (mg) de proteína total. O rendimento é a razão quantidade da proteína de interesse obtida em uma dada etapa da purificação (em μmol ou unidades enzimáticas) dividida pela quantidade original presente no extrato bruto, geralmente convertido para percentual de rendimento multiplicando por 100. O grau de purificação é a razão atividade específica da proteína purificada por aquela do extrato bruto.

(a) Para a tabela de purificação abaixo, calcule a atividade específica, % de rendimento e grau de purificação para as colunas em branco.

(b) Qual das etapas, cromatografia DEAE ou de afinidade, leva à maior perda de Mb?

(c) Qual etapa leva à maior purificação da Mb?

(d) Se você pudesse utilizar somente uma etapa de purificação, qual técnica seria a melhor?

12. Sabe-se que o neurotransmissor ácido γ-aminobutírico liga-se a proteínas receptoras específicas do tecido nervoso. Planeje um protocolo para a purificação parcial da proteína receptora.

13. Uma mistura de aminoácidos consistindo em arginina, cisteína, ácido glutâmico, histidina, leucina e serina é aplicada em uma tira de papel e submetida à eletroforese utilizando-se um tampão com pH 7,5. Quais são as direções de migração desses aminoácidos e quais são suas mobilidades relativas?

***14.** Faça um esquema da aparência da datiloscopia dos seguintes tripeptídeos: Asn-Arg-Lys, Asn-Leu-Phe, Asn-His-Phe, Asp-Leu-Phe e Val-Leu-Phe. Considere que a etapa da cromatografia em papel é realizada com um sistema de solvente de água/butanol/ácido acético (pH 4,5) e que a etapa eletroforética seja realizada com um tampão de pH 6,5.

15. Qual é a massa molecular de uma proteína que apresenta uma mobilidade eletroforética relativa de 0,5 em um gel de SDS-poliacrilamida como aquele da Fig. 6.25?

16. Explique por que a massa molecular do fibrinogênio é significativamente superestimada quando medida utilizando-se uma coluna de gel filtração calibrada (Fig. 6.10), mas pode ser determinada com considerável precisão a partir de sua mobilidade eletroforética em um gel de SDS-poliacrilamida (ver Tabela 6.5).

17. (a) Quais seriam os arranjos relativos das seguintes proteínas após terem sido submetidas à IEF: insulina, citocromo *c*, histona, mioglobina e ribonuclease A? (b) Faça um esquema da aparência do eletroforetograma de um gel bidimensional de citocromo *c*, mioglobina e ribonuclease A (ver Tabelas 6.1 e 6.5).

18. Calcule a aceleração centrífuga, em gravidade (*g*), sobre uma partícula localizada a 6,5 cm do eixo de rotação de uma ultracentrífuga com uma rotação de 60.000 rpm ($1\ g = 9{,}81\ m \cdot s^{-2}$).

19. Em uma solução-tampão diluída a 20°C, a aldolase do músculo de rato apresenta coeficiente de atrito de $8{,}74 \times 10^{-8}\ g \cdot s^{-1}$, coeficiente de sedimentação de 7,35 S e volume específico parcial de $0{,}742\ cm^3 \cdot g^{-1}$. Calcule a massa molecular da aldolase considerando que a densidade da solução seja de $0{,}998\ g \cdot cm^{-3}$.

***20.** O coeficiente de sedimentação de uma proteína foi medido observando-se sua sedimentação a 20°C em uma ultracentrífuga rodando a 35.000 rpm.

Tempo, *t* (min)	Distância da frente ao centro de rotação, *r* (cm)
4	5,944
6	5,966
8	5,987
10	6,009
12	6,032

A densidade da solução é $1{,}030\ g \cdot cm^{-3}$, o volume específico parcial da proteína é $0{,}725\ cm^3 \cdot g^{-1}$ e seu coeficiente de atrito é $3{,}72 \times 10^{-8}\ g \cdot s^{-1}$. Calcule o coeficiente de sedimentação da proteína, em Svedbergs, e sua massa molecular.

Estruturas Covalentes de Proteínas e Ácidos Nucleicos

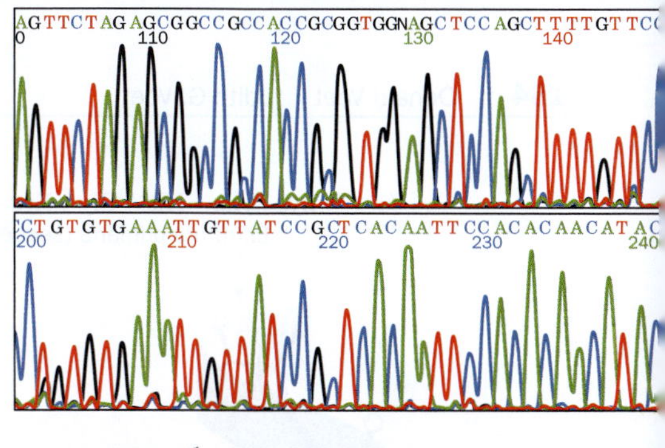

CAPÍTULO 7

1 Determinação da estrutura primária de proteínas
- A. Análise do grupo terminal: quantos tipos diferentes de subunidades?
- B. Clivagem de ligações dissulfeto
- C. Separação, purificação e caracterização das cadeias polipeptídicas
- D. Reações específicas de hidrólise de peptídeos
- E. Separação e purificação dos fragmentos peptídicos
- F. Determinação da sequência
- G. Ordenamento de fragmentos peptídicos
- H. Determinação das posições das ligações dissulfeto
- I. Caracterização e sequenciamento de peptídeos por espectrometria de massa
- J. Mapeamento de peptídeos

2 Sequenciamento de ácidos nucleicos
- A. O método de Sanger
- B. Sequenciamento de genomas
- C. A próxima geração de tecnologias de sequenciamento de DNA
- D. Sequenciamento de ácidos nucleicos *versus* sequenciamento de aminoácidos

3 Evolução química
- A. Anemia falciforme: a influência da seleção natural
- B. Variações entre espécies em proteínas homólogas: os efeitos da alteração neutra
- C. Evolução por meio de duplicação gênica

4 Bioinformática: uma introdução
- A. Bases de dados de sequências
- B. Alinhamento de sequências
- C. Construção de árvores filogenéticas

5 Síntese química de polipeptídeos
- A. Procedimentos de síntese
- B. Problemas e perspectivas

6 Síntese química de oligonucleotídeos
- A. Procedimentos de síntese
- B. Microarranjos de DNA
- C. Evolução sistemática de ligantes por enriquecimento exponencial (SELEX)

As proteínas estão no centro da ação dos processos biológicos. Elas funcionam como enzimas que catalisam o conjunto complexo de reações químicas, conhecidas coletivamente como vida. As proteínas servem como reguladores dessas reações, tanto direta, como componentes de enzimas, quanto indiretamente na forma de mensageiros químicos, conhecidos como hormônios e também como receptores para esses hormônios. Elas atuam no transporte e armazenamento de substâncias importantes biologicamente, como íons metálicos, O_2, glicose, lipídeos e muitas outras moléculas. Sob a forma de fibras musculares e outras organizações contráteis, as proteínas geram o movimento mecânico coordenado de inúmeros processos biológicos, como, por exemplo, a separação dos cromossomos durante a divisão celular e o movimento de seus olhos à medida que esta página é lida. Proteínas, como a **rodopsina** da retina do olho, adquirem informação sensorial que é processada pelas ações de proteínas de células nervosas. As proteínas do sistema imune, como as **imunoglobulinas**, formam um sistema biológico de defesa essencial em animais superiores. Proteínas são elementos ativos fundamentais tanto na expressão da informação genética como também na expressão desta informação. Contudo, as proteínas também têm funções passivas importantes, como é o caso do **colágeno**, que dá a força tênsil característica dos ossos, tendões e ligamentos. Sem dúvida, há fundamento no velho chavão que diz que as proteínas são os "blocos construtores" da vida.

A função do DNA como arquivo genético e a associação de RNA à síntese proteica são conhecidos desde a metade do século XX. No entanto, foi somente na década de 1970 que ficou claro que o RNA pode formar estruturas cuja complexidade alcança a das proteínas e foi somente na década de 1980 que se demonstrou que o RNA possui funções catalíticas biologicamente importantes.

A função das proteínas e dos ácidos nucleicos pode ser melhor compreendida considerando-se suas estruturas, isto é, as relações tridimensionais entre os átomos que os compõem. As descrições estruturais de proteínas e ácidos nucleicos, bem como as de outros materiais poliméricos, têm sido tradicionalmente descritas em termos de quatro níveis de organização (Fig. 7.1):

1. **Estrutura primária**, para uma proteína, é a sequência de aminoácidos de sua(s) cadeia(s) polipeptídica(s) e, para um ácido nucleico, é a sequência de bases.
2. **Estrutura secundária** é o arranjo espacial local do esqueleto de um polipeptídeo ou de um ácido nucleico, sem considerar as conformações de suas cadeias laterais ou bases.
3. **Estrutura terciária** refere-se à estrutura tridimensional de uma cadeia polipeptídica ou polinucleotídica inteira. A distinção entre estruturas secundária e terciária é, necessariamente, um pouco vaga; na prática, o termo "estrutura secundária" alude a entidades estruturais facilmente caracterizadas, como hélices.

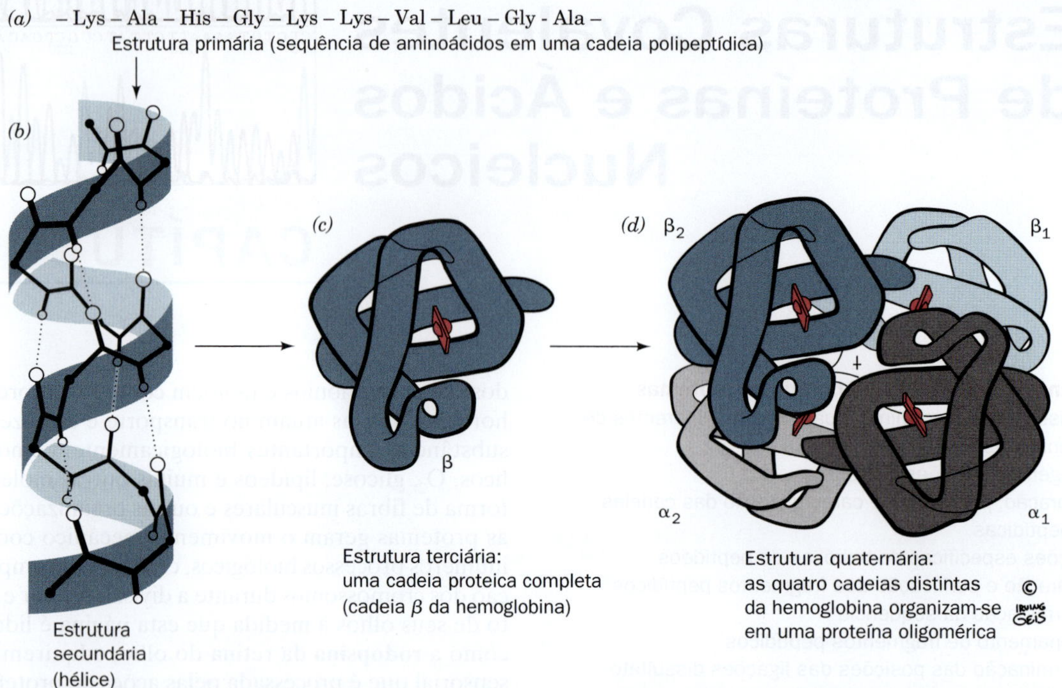

FIGURA 7.1 Hierarquia estrutural nas proteínas. (*a*) Estrutura primária, (*b*) estrutura secundária, (*c*) estrutura terciária, (*d*) estrutura quaternária. (Ilustração, Irving Geis. Imagem da coleção Irving Geis, Howard Hughes Medical Institute, EUA. Impressa com permissão.)

4. A maioria das proteínas é composta por duas ou mais cadeias polipeptídicas, referidas vagamente como **subunidades**, que se associam por meio de interações não covalentes e, em alguns casos, por ligações dissulfeto. A estrutura quaternária de uma proteína refere-se ao arranjo espacial de suas subunidades. A **estrutura quaternária** de um ácido nucleico é definida do mesmo modo.

Neste capítulo, serão discutidas as estruturas primárias de proteínas e ácidos nucleicos: como elas são elucidadas e o significado biológico e evolucionário que possuem. Também serão examinados a área de bioinformática e os métodos de síntese química de cadeias polipeptídicas e oligonucleotídicas. As estruturas secundária, terciária e quaternária das proteínas e dos ácidos nucleicos, como será visto, são consequência de suas estruturas primárias. Para proteínas, esses tópicos serão tratados nos Capítulos 8 e 9, enquanto para ácidos nucleicos, serão discutidos principalmente nos Capítulos 29, 31 e 32.

1 DETERMINAÇÃO DA ESTRUTURA PRIMÁRIA DE PROTEÍNAS

Ver Exploração guiada 4: determinação da sequência de proteínas

A primeira determinação da sequência completa de aminoácidos de uma proteína, a do hormônio polipeptídico **insulina** bovina, feita por Frederick Sanger, em 1953, teve um significado bioquímico muito grande, pois estabeleceu definitivamente que proteínas têm estruturas covalentes únicas. Desde então, sequências de aminoácidos de dezenas de milhares de proteínas foram elucidadas. Essa extensa informação tem sido fundamental na formulação de conceitos bioquímicos modernos, por várias razões:

1. O conhecimento da sequência de aminoácidos de uma proteína é essencial para a compreensão do seu mecanismo molecular de ação e é também um pré-requisito para a elucidação da sua estrutura tridimensional tanto por cristalografia por raios X como por espectroscopia por ressonância magnética (RM) (Seção 8.3A).
2. Comparações de sequências entre proteínas análogas do mesmo indivíduo, de membros da mesma espécie e de membros de espécies relacionadas têm fornecido noções importantes sobre o funcionamento das proteínas e têm indicado as relações evolutivas entre as proteínas e os organismos que as produzem. Essas análises, como será visto na Seção 7.3, complementam e ampliam os estudos taxonométricos correspondentes com base em comparações anatômicas.
3. Análises de sequências de aminoácidos têm aplicações clínicas importantes, porque muitas doenças hereditárias são resultado de mutações que causam alterações em aminoácidos de uma proteína. O reconhecimento desse fato levou ao desenvolvimento de testes diagnósticos valiosos para muitas dessas doenças e, em muitos casos, à terapia para alívio dos sintomas.

A elucidação dos 51 resíduos da estrutura primária da insulina (Fig. 7.2) foi o resultado do trabalho de muitos cientistas, ao longo de uma década, que utilizaram, no total, ~100 g de proteína. Os processos de determinação da estrutura primária têm sido, desde então, refinados e automatizados, de tal modo que proteínas de tamanho semelhante podem ser sequenciadas por um técnico experiente em poucos dias,

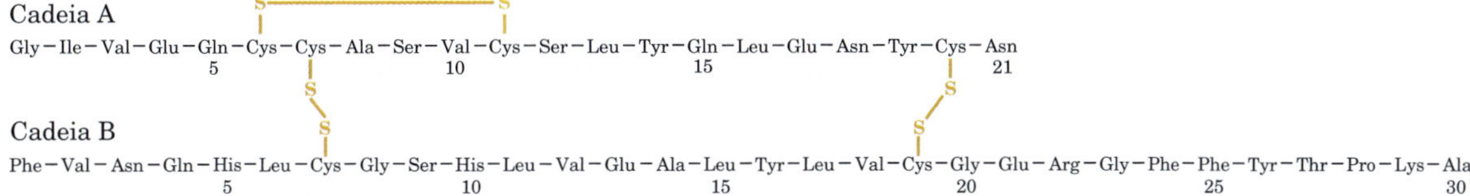

FIGURA 7.2 **Estrutura primária da insulina bovina.** Observe as ligações por ligação dissulfeto intra e intercadeias.

usando somente alguns microgramas de proteína. O sequenciamento da **β-galactosidase**, uma enzima de 1.021 resíduos, realizado em 1978, indicou que a análise da sequência de praticamente qualquer proteína poderia ser tentada. Apesar desses avanços técnicos, o processo básico para a determinação da estrutura primária usando as técnicas de química de proteínas é o mesmo desenvolvido por Sanger. O processo consiste em três partes conceituais, cada uma necessitando de várias etapas laboratoriais:

1. **Preparar a proteína para sequenciamento:**
   a. Determinar o número de cadeias polipeptídicas (subunidades) quimicamente diferentes na proteína.
   b. Hidrolisar as ligações dissulfeto da proteína.
   c. Separar e purificar as subunidades.
2. **Sequenciar as cadeias polipeptídicas:**
   a. Fragmentar cada subunidade em pontos específicos para produzir peptídeos suficientemente pequenos para serem sequenciados diretamente.
   b. Separar e purificar os fragmentos.
   c. Determinar a sequência de aminoácidos de cada fragmento peptídico.
   d. Repetir a Etapa 2a com um processo de fragmentação de especificidade diferente, de modo que a subunidade seja hidrolisada em ligações peptídicas diferentes das anteriores. Separar esses fragmentos peptídicos como na Etapa 2b e determinar as sequências de aminoácidos como na Etapa 2c.
3. **Organizar a estrutura completa:**
   a. Verificar as sequências entre os pontos de clivagem dos dois conjuntos de fragmentos polipeptídicos. Por meio de comparação, as sequências desses conjuntos de polipeptídeos podem ser organizadas na ordem em que elas ocorrem na subunidade, estabelecendo então a sequência de aminoácidos.
   b. Elucidar as posições das ligações dissulfeto, se existirem, entre e dentro das subunidades.

Essas várias etapas serão discutidas nas seções seguintes.

A. *Análise do grupo terminal: quantos tipos diferentes de subunidades?*

Cada cadeia polipeptídica (se ela não for bloqueada quimicamente nem for circular) possui um resíduo aminoterminal (N-terminal) e um resíduo carboxiterminal (C-terminal). Ao se identificarem esses **grupos terminais**, estabelece-se o número de polipeptídeos quimicamente distintos de uma proteína. Por exemplo, a insulina possui quantidades iguais dos resíduos aminoterminais Phe e Gly, o que indica que ela possui o mesmo número de duas cadeias polipeptídicas distintas.

a. Identificação da extremidade aminoterminal

Existem muitos métodos eficientes pelos quais o resíduo aminoterminal de um polipeptídeo pode ser identificado. O **cloreto de 1-dimetilamino-naftaleno-5-sulfonil** (**cloreto de dansila**) reage com aminas primárias (incluindo o grupo ε-amino da Lys) produzindo polipeptídeos dansilados (Fig. 7.3). A hidrólise ácida libera o resíduo aminoterminal sob a forma de **ácido dansilamino**, que possui uma fluorescência amarela tão intensa que pode ser identificado cromatograficamente a partir de uma quantidade de material tão pequena quanto 100 picomóis (1 picomol [pmol] = 10^{-12} mol). No método mais útil de identificação do resíduo aminoterminal, a **degradação de Edman** (assim denominado devido ao seu inventor, Pehr Edman), o **fenilisotiocianato** (**PITC**, do inglês: *phenylisothiocyanate*, **o reagente de Edman**) reage com os grupos aminoterminais de proteínas sob condições levemente alcalinas para formar o aduto **feniltiocarbamil** (**PTC**, de *phenylthiocarbamyl*) (Fig. 7.4). Esse produto é tratado com um ácido forte anidro, como o ácido trifluoroacético, que cliva o resíduo aminoterminal liberando o derivado **tiazolinona**, mas não hidrolisa outras ligações peptídicas. *A degradação de Edman, portanto, libera o resíduo aminoterminal mas deixa intacto o resto da cadeia polipeptídica.* O tiazolinona-aminoácido é extraído seletivamente por um solvente orgânico e é convertido ao derivado mais estável **feniltioidantoína** (**PTH**, do inglês: *phenylthiohydantoin*) por tratamento com ácido diluído. Esse PTH-aminoácido é comumente identificado comparando-se seu tempo de retenção em HPLC com aqueles de PTH-aminoácidos conhecidos.

A diferença mais importante entre a degradação de Edman e outros métodos de identificação do resíduo aminoterminal é que *se pode determinar a sequência de aminoácidos de uma cadeia polipeptídica a partir da sua porção aminoterminal ao se submeter o polipeptídeo a ciclos repetidos da degradação de Edman e, após cada ciclo, identificar o PTH-aminoácido recém-liberado.* Essa técnica foi automatizada, resultando em grande economia de tempo e material (Seção 7.1F).

b. Identificação da extremidade carboxiterminal

Não existe nenhum outro procedimento químico com confiança comparável à degradação de Edman para a análise sequencial do grupo terminal a partir da extremidade carboxiterminal de um polipeptídeo. No entanto, isto pode ser feito de forma enzimática usando-se **exopeptidases** (enzimas que clivam o resíduo terminal de um polipeptídeo). Uma classe de exopeptidases, a classe das **carboxipeptidases**, catalisa a hidrólise dos resíduos carboxiterminais de polipeptídeos.

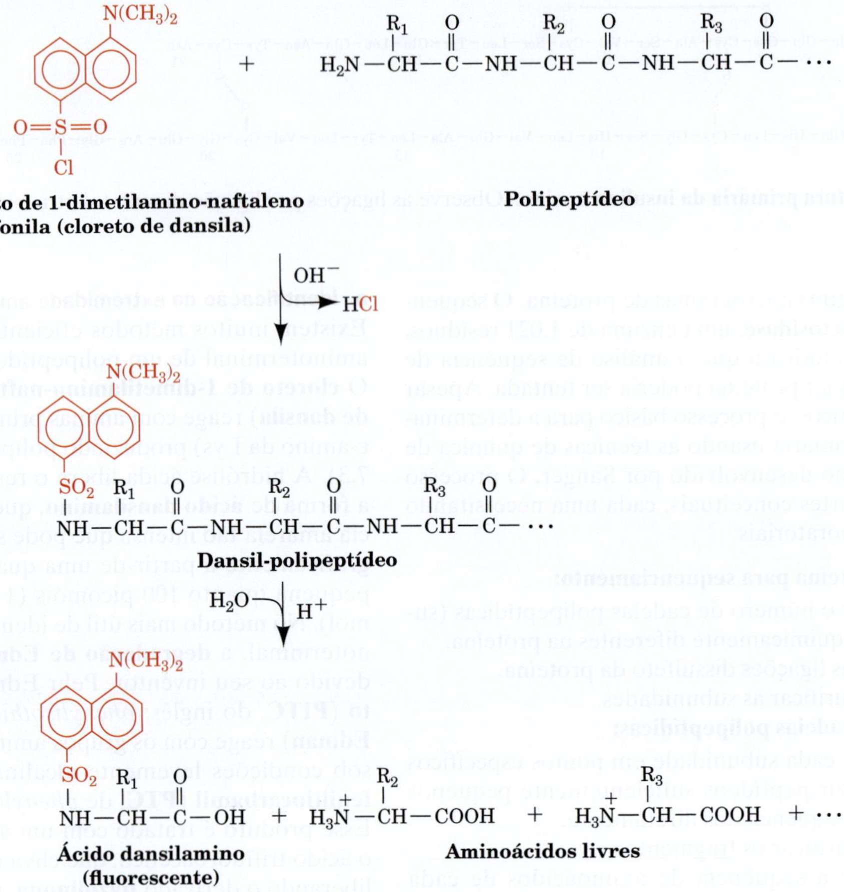

Cloreto de 1-dimetilamino-naftaleno-5-sulfonila (cloreto de dansila) + Polipeptídeo

$$H_2N-CH(R_1)-C(=O)-NH-CH(R_2)-C(=O)-NH-CH(R_3)-C(=O)-\cdots$$

OH^- → HCl

Dansil-polipeptídeo

H_2O, H^+ →

Ácido dansilamino (fluorescente) + $H_3\overset{+}{N}-CH(R_2)-COOH$ + $H_3\overset{+}{N}-CH(R_3)-COOH$ + ···

Aminoácidos livres

FIGURA 7.3 A reação de cloreto de dansila na análise de grupos terminais.

As carboxipeptidases, assim como todas as enzimas, são altamente específicas (seletivas) para a identidade química das substâncias cujas reações elas catalisam (Seção 13.2). As especificidades para a cadeia lateral das várias carboxipeptidases de uso rotineiro estão listadas na Tabela 7.1. O segundo tipo de exopeptidases listado na Tabela 7.1, as **aminopeptidases**, cliva aminoácidos sequencialmente a partir da extremidade aminoterminal de um polipeptídeo, e elas também têm sido usadas para se determinarem sequências aminoterminais.

Por que as carboxipeptidases não podem ser usadas para se determinar sequências de aminoácidos? Se uma carboxipeptidase hidrolisasse todos os resíduos carboxiterminais na mesma velocidade, independentemente da identidade deles, então, ao se acompanhar a curva de surgimento dos vários aminoácidos livres na mistura da reação (Fig. 7.5*a*), a sequência dos vários aminoácidos na porção carboxiterminal poderia ser determinada. Se, contudo, o segundo resíduo de aminoácido, por exemplo, fosse clivado a uma velocidade muito maior do que o primeiro, os dois aminoácidos apareceriam como se tivessem sido liberados simultaneamente (Fig. 7.5*b*). As carboxipeptidases, na verdade, exibem seletividade pelas cadeias laterais, e seu uso, tanto isoladamente como em misturas, raramente revela a ordem de mais do que poucos dos primeiros resíduos carboxiterminais de um polipeptídeo.

Resíduos carboxiterminais precedidos por um resíduo de Pro não são suscetíveis à clivagem pelas carboxipeptidases A e B (Tabela 7.1). Nesse caso, métodos químicos são normalmente empregados para identificar o resíduo carboxiterminal. Pelo método químico mais eficaz, **hidrazinólise**, o polipeptídeo é tratado com **hidrazina** anidra a 90°C por 20 a 100 horas na presença de uma resina de troca iônica levemente ácida (que atua como um catalisador):

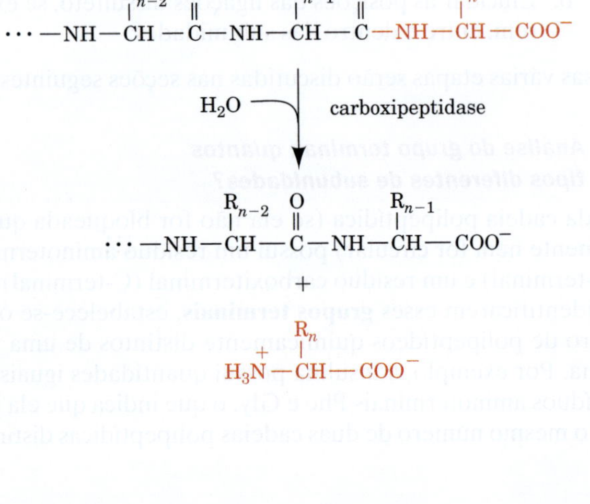

$$\cdots-NH-CH(R_{n-2})-C(=O)-NH-CH(R_{n-1})-C(=O)-NH-CH(R_n)-COO^-$$

H_2O → carboxipeptidase

$$\cdots-NH-CH(R_{n-2})-C(=O)-NH-CH(R_{n-1})-COO^- \;+\; H_3\overset{+}{N}-CH(R_n)-COO^-$$

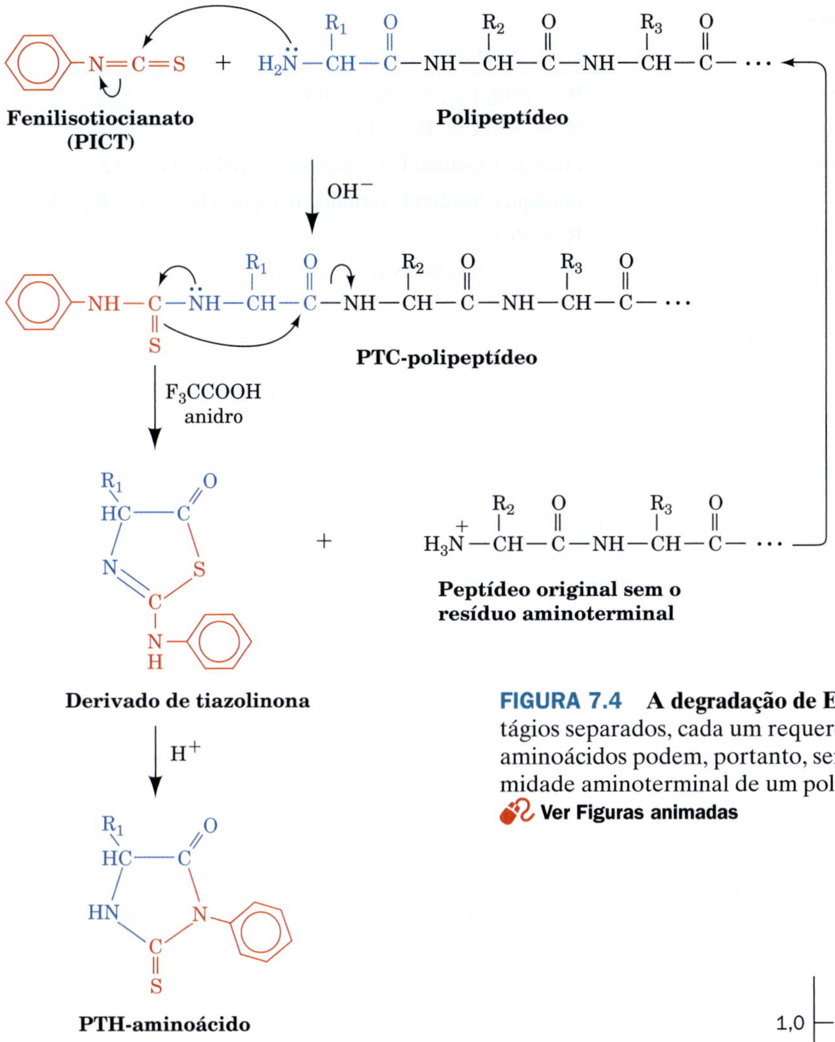

Fenilisotiocianato (PICT)

Polipeptídeo

OH^-

PTC-polipeptídeo

F_3CCOOH anidro

Derivado de tiazolinona

Peptídeo original sem o resíduo aminoterminal

H^+

PTH-aminoácido

FIGURA 7.4 **A degradação de Edman.** Observe que a reação ocorre em três estágios separados, cada um requerendo condições bastante diferentes. Resíduos de aminoácidos podem, portanto, ser removidos sequencialmente a partir da extremidade aminoterminal de um polipeptídeo por etapas controladas.

Ver Figuras animadas

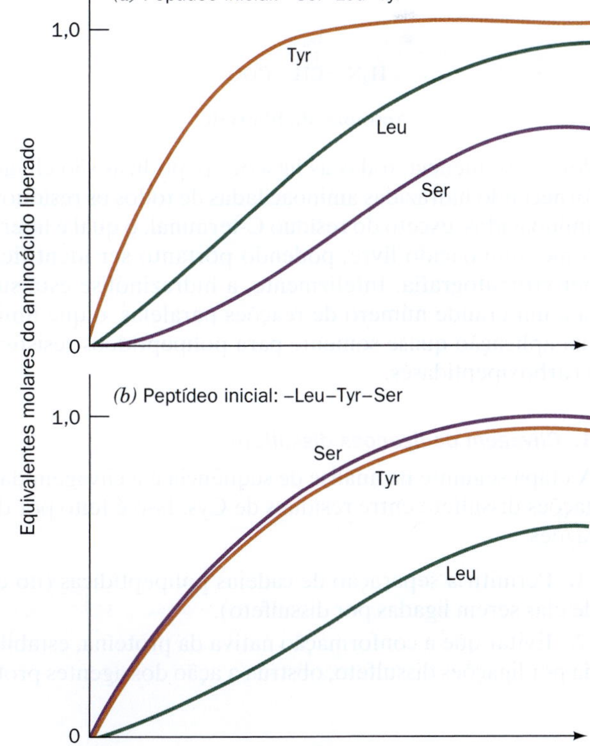

FIGURA 7.5 **Velocidade hipotética da liberação, catalisada por carboxipeptidase, de aminoácidos de peptídeos que possuem as sequências carboxiterminais indicadas.** (*a*) Todas as ligações clivadas na mesma velocidade. (*b*) A Ser é removida rapidamente, a Tyr é removida lentamente e a Leu é hidrolisada em uma velocidade intermediária.

TABELA 7.1 Especificidades de várias exopeptidases

Enzima	Fonte	Especificidade*
Carboxipeptidase A	Pâncreas bovino	$R_n \neq$ Arg, Lys, Pro; $R_{n-1} \neq$ Pro
Carboxipeptidase B	Pâncreas bovino	$R_n \neq$ Arg, Lys; $R_{n-1} \neq$ Pro
Carboxipeptidase C	Folhas de *citrus*	Qualquer resíduo C-terminal livre; pH ótimo = 3,5
Carboxipeptidase Y	Levedura	Qualquer resíduo C-terminal livre, mas lenta com R_n = Gly
Leucina-aminopeptidase	Rim suíno	$R_1 \neq$ Pro
Aminopeptidase M	Rim suíno	Qualquer resíduo N-terminal livre

*R_1 = resíduo N-terminal; R_n = resíduo C-terminal.

$$H_3\overset{+}{N}-CH(R_1)-C(=O)-\cdots-NH-CH(R_{n-1})-C(=O)-NH-CH(R_n)-COO^-$$

Polipeptídeo

+

$$NH_2-NH_2$$

Hidrazina

↓ Resina de troca iônica ácida catalítica

$$H_3\overset{+}{N}-CH(R_1)-C(=O)-NH-NH_2$$

+

$$\cdots + H_3\overset{+}{N}-CH(R_{n-1})-C(=O)-NH-NH_2$$

Hidrazidas aminoaciladas

+

$$H_3\overset{+}{N}-CH(R_n)-COO^-$$

Aminoácido liberado

Por consequência, todas as ligações peptídicas são clivadas, fornecendo hidrazidas aminoaciladas de todos os resíduos de aminoácidos, exceto do resíduo C-terminal, o qual é liberado como aminoácido livre, podendo portanto ser identificado por cromatografia. Infelizmente, a hidrazinólise está sujeita a um grande número de reações paralelas, o que limitou sua aplicação quase somente para polipeptídeos resistentes a carboxipeptidases.

B. Clivagem de ligações dissulfeto

A etapa seguinte na análise de sequência é a clivagem das ligações dissulfeto entre resíduos de Cys. Isso é feito por duas razões:

1. Permitir a separação de cadeias polipeptídicas (no caso de elas serem ligadas por dissulfeto).
2. Evitar que a conformação nativa da proteína, estabilizada por ligações dissulfeto, obstrua a ação dos agentes proteolíticos (que hidrolisam proteínas) usados nas determinações da estrutura primária (Seção 7.1D).

As localizações das ligações dissulfeto são determinadas na última etapa da análise da sequência (Seção 7.1H).

Ligações dissulfeto são frequentemente rompidas ao serem reduzidas por tratamento com compostos que contém sulfidrila, como **2-mercaptoetanol**:

$$\cdots-NH-CH(CH_2-S-S-CH_2)-C(=O)-\cdots \;/\; \cdots-NH-CH-C(=O)-\cdots \quad + \quad 2\,HSCH_2CH_2OH$$

Cisteína **2-Mercaptoetanol**

↓

$$\cdots-NH-CH(CH_2-SH)-C(=O)-\cdots \quad + \quad \cdots-NH-CH(CH_2-SH)-C(=O)-\cdots \quad + \quad SCH_2CH_2OH\,|\,SCH_2CH_2OH$$

Cisteína

Para expor todos os grupos dissulfeto ao agente redutor, a reação é normalmente realizada sob condições desnaturantes para a proteína. Os grupos sulfidrilas livres resultantes são alquilados, normalmente por tratamento com **ácido iodoacético**, para prevenir que, por oxidação com O_2, as ligações dissulfeto formem-se novamente. Derivados *S*-alquilados são estáveis tanto no ar como nas condições usadas na hidrólise subsequente das ligações peptídicas.

$$\underset{\textbf{Cisteína}}{Cys-CH_2-SH} + \underset{\textbf{Iodoacetato}}{ICH_2COO^-} \longrightarrow \underset{\textbf{S-Carboximetilcisteína}}{Cys-CH_2-S-CH_2COO^-} + HI$$

C. *Separação, purificação e caracterização das cadeias polipeptídicas*

Os polipeptídeos não idênticos de uma proteína devem ser separados e purificados na etapa de preparação da proteína para a determinação da sequência de seus aminoácidos. A dissociação das subunidades, bem como a desnaturação, ocorre sob condições ácidas ou básicas, em baixas concentrações de sal, em temperaturas elevadas ou pelo uso de agentes desnaturantes, como ureia, íon guanidina (Seção 5.5G) ou detergentes como o dodecil sulfato de sódio (SDS; Seção 6.4C). As subunidades dissociadas podem então ser separadas por métodos, descritos no Capítulo 6, que se aproveitam de pequenas diferenças no tamanho e na polaridade dos polipeptídeos. Cromatografias de troca iônica e de gel filtração, normalmente em HPLC (Seção 6.3Dg), são os métodos usados com mais frequência.

Obviamente, é desejável saber o número de resíduos no polipeptídeo a ser sequenciado, o que pode ser estimado a partir de sua massa molecular (~110 D/resíduo). A massa molecular pode ser medida com uma precisão não maior do que 5 a 10% por meio das técnicas laboratoriais mais tradicionais de gel filtração e SDS-PAGE (Seções 6.3Ba e 6.4C). Nos últimos anos, no entanto, a espectrometria de massa (Seção 7.1I) tem fornecido uma maneira mais rápida e muito mais acurada para a determinação da massa molecular de macromoléculas. A espectrometria de massa pode determinar a massa molecular de quantidades picomolares de polipeptídeos >100 kDa com precisão de ~0,01%.

D. *Reações específicas de hidrólise de peptídeos*

Polipeptídeos mais longos que 40 a 100 resíduos não podem ser sequenciados diretamente (Seção 7.1F). Polipeptídeos mais longos devem, portanto, ser clivados, de forma enzimática ou química, em fragmentos suficientemente pequenos para serem sequenciados (os polipeptídeos produzidos por *E. coli* e humanos variam muito em tamanho, com uma média de ~320 e ~470 resíduos, respectivamente). Em ambos os casos, o processo de clivagem deve ser completo e altamente específico, de modo que as sequências parciais dos fragmentos peptídicos de uma subunidade, quando ordenadas corretamente, correspondam àquela da subunidade intacta.

a. A tripsina hidrolisa especificamente ligações peptídicas após resíduos carregados positivamente

As **endopeptidases** (enzimas que catalizam a hidrólise de ligações peptídicas internas), assim como as exopeptidases, exigem determinadas cadeias laterais nos resíduos que flanqueiam a ligação peptídica **suscetível de hidrólise**. As especificidades de cadeias laterais das endopeptidases mais comumente usadas para fragmentar polipeptídeos estão listadas na Tabela 7.2. A enzima digestiva **tripsina** possui a maior especificidade, sendo portanto o membro mais valioso do arsenal de peptidases usadas para fragmentar polipeptídeos. Ela cliva ligações peptídicas no lado carbóxi

TABELA 7.2 Especificidades de várias endopeptidases

Enzima	Fonte	Especificidade	Comentários
		$-NH-\overset{R_{n-1}}{\overset{\vert}{C}H}-\overset{O}{\overset{\Vert}{C}}-NH-\overset{R_n}{\overset{\vert}{C}H}-\overset{O}{\overset{\Vert}{C}}-$ ↑ **Ligação peptídica suscetível**	
Tripsina	Pâncreas bovino	R_{n-1} = resíduos carregados positivamente: Arg, Lys; $R_n \neq$ Pro	Altamente específica
Quimotripsina	Pâncreas bovino	R_{n-1} = resíduos hidrofóbicos volumosos: Phe, Trp, Tyr; $R_n \neq$ Pro	Hidrolisa mais lentamente quando R_{n-1} = Asn, His, Met, Leu
Elastase	Pâncreas bovino	R_{n-1} = resíduos neutros pequenos: Ala, Gly, Ser, Val; $R_n \neq$ Pro	
Termolisina	*Bacillus thermoproteolyticus*	R_n = Ile, Met, Phe, Trp, Tyr, Val; $R_{n-1} \neq$ Pro	Ocasionalmente hidrolisa em R_n = Ala, Asp, His, Thr; termoestável
Pepsina	Mucosa gástrica bovina	R_n = Leu, Phe, Trp, Tyr; $R_{n-1} \neq$ Pro	Também outros; bastante inespecífica; pH ótimo = 2
Endopeptidase Arg-C	Glândula submaxilar murina	R_{n-1} = Arg	Pode hidrolisar em R_{n-1} = Lys
Endopeptidase Asp-N	*Pseudomonas fragi*	R_n = Asp	Pode hidrolisar em R_n = Glu
Endopeptidase Glu-C	*Staphylococcus aureus*	R_{n-1} = Glu	Pode hidrolisar em R_{n-1} = Gly
Endopeptidase Lys-C	*Lysobacter enzymogenes*	R_{n-1} = Lys	Pode hidrolisar em R_{n-1} = Asn

(em direção à extremidade carboxiterminal) dos resíduos carregados positivamente Arg e Lys, desde que o próximo resíduo não seja Pro:

$$\cdots\text{—NH—CH(CH}_2\text{CH}_2\text{CH}_2\text{CH}_2\text{NH}_3^+\text{)—CO—NH—CHR—CO—}\cdots \xrightarrow[\text{Tripsina}]{H_2O} \cdots\text{—NH—CH(CH}_2\text{CH}_2\text{CH}_2\text{CH}_2\text{NH}_3^+\text{)—COO}^- + H_3\overset{+}{N}\text{—CHR—CO—}\cdots$$

Lys (ou Arg)

Qualquer resíduo de aminoácido que não Pro

As outras endopeptidases listadas na Tabela 7.2 exibem especificidades mais amplas para a cadeia lateral do que a tripsina, frequentemente produzindo uma série de fragmentos peptídicos com sequências sobrepostas. Contudo, por meio de **proteólise limitada**, isto é, ajustando-se as condições e limitando-se o tempo da reação, essas peptidases menos específicas podem produzir fragmentos peptídicos úteis. Isso porque a complexa estrutura nativa de uma proteína (subunidade) esconde muitas ligações peptídicas que, se expostas na superfície da molécula da proteína, seriam suscetíveis à hidrólise enzimática. Em condições e tempos de reação apropriados, apenas aquelas ligações peptídicas na proteína nativa que são inicialmente acessíveis à peptidase serão hidrolisadas. Proteólise limitada é frequentemente empregada na geração de fragmentos peptídicos de tamanho adequado provenientes de subunidades que tenham muitos ou muito poucos resíduos de Arg e Lys para serem hidrolisadas por tripsina (embora, no caso de existirem muitos resíduos, proteólise limitada com tripsina também pode fornecer fragmentos adequados).

b. O brometo de cianogênio cliva especificamente ligações peptídicas depois de resíduos de Met

Vários reagentes químicos promovem a clivagem de ligações peptídicas em resíduos específicos. O mais útil desses, o **brometo de cianogênio** (CNBr), promove a clivagem específica e quantitativa de resíduos de Met no lado carboxiterminal, formando uma **peptidil-homosserina-lactona**:

Brometo de cianogênio ($Br-C\equiv N$)

$\cdots\text{—NH—CH(CH}_2\text{CH}_2\text{S:)—C(=O)—:NH—CHR—CO—}\cdots$ → Br^-

$\cdots\text{—NH—CH(CH}_2\text{CH}_2\overset{+}{S}(CH_3)\text{—C}\equiv N\text{)—C(=O)—NH—CHR—CO—}\cdots$

↓

Metil-tiocianato ($CH_3\text{—S—C}\equiv N$) + iminolactona ($\cdots\text{—NH—CH—C(=}\overset{+}{N}\text{—CHR—CO—}\cdots\text{)—O—CH}_2\text{—CH}_2$)

↓ H_2O

Peptidil-homosserina-lactona + Peptídeo aminoacilado ($H_3\overset{+}{N}\text{—CHR—CO—}\cdots$)

A reação é realizada em solvente ácido (0,1*M* HCl ou ácido fórmico a 70%), que desnatura a maioria das proteínas, e assim a clivagem ocorre normalmente em todos os resíduos de Met.

O fragmento peptídico gerado por um processo de clivagem específica pode ser ainda muito longo para ser sequenciado. Nesse caso, após sua purificação, o fragmento pode ser submetido a uma segunda rodada de fragmentação usando um outro processo de clivagem.

E. Separação e purificação dos fragmentos peptídicos

Novamente é necessário empregar técnicas de separação, desta vez para isolar os fragmentos peptídicos obtidos nas operações de clivagem específica, para então determinar a sequência. Os resíduos apolares dos fragmentos peptídicos não estão excluídos do ambiente aquoso como quando eles estão na proteína nativa (Capítulo 8). Por consequência, muitos fragmentos peptídicos agregam, precipitam e/ou adsorvem fortemente a materiais cromatográficos, o que pode resultar em perdas de peptídeos inaceitáveis. Até por volta de 1980, o desenvolvimento, por tentativa e erro, de métodos que conseguissem separar satisfatoriamente uma mistura de fragmentos peptídicos constituía-se no principal desafio técnico na determinação da sequência de uma proteína, sendo também a etapa mais demorada. Esses métodos envolveram o uso de agentes desnaturantes, como ureia e SDS, para solubilizar os fragmentos peptídicos, e a seleção de materiais e condições cromatográficas que reduzissem as perdas por adsorção. O advento da cromatografia de fase reversa em HPLC (Seção 6.3Dh), porém, tornou a separação de fragmentos peptídicos um procedimento rotineiro.

F. Determinação da sequência

Assim que fragmentos peptídicos de tamanho manejável, gerados por reações de clivagem específica, tenham sido isolados, suas sequências de aminoácidos podem ser determinadas. *Isso é feito por ciclos repetidos da degradação de Edman* (Seção 7.1Aa). Um instrumento automatizado para fazer isso foi desenvolvido pela primeira vez por Edman e Geoffrey Begg. Em sequenciadores modernos, a amostra de peptídeo é adsorvida em uma membrana de fluoreto de polivinilideno (PVDF, de *polyvinylidene fluoride*) ou seca sobre um papel de fibra de vidro impregnado com **polibreno** (um sal de amônio quaternário polimérico). Em ambos os casos, o peptídeo está imobilizado, mas fica prontamente acessível aos reagentes de Edman. Quantidades de reagentes acuradamente medidas, seja em solução ou como vapor em uma corrente de argônio (que minimiza a perda de peptídeo), são então adicionadas à célula da reação em intervalos programados. Os tiazolinona-aminoácidos são automaticamente removidos, convertidos aos PTH-aminoácidos correspondentes (Fig. 7.4) e identificados por HPLC. Tais instrumentos podem processar até um resíduo por hora.

Geralmente, entre 40 a 60 resíduos aminoterminais de um peptídeo podem ser identificados (100 ou mais usando os sistemas mais avançados) antes que os efeitos cumulativos de reações incompletas, reações paralelas e perda de peptídeo tornem duvidosa a identificação dos demais aminoácidos. Menos de 0,1 pmol de um PTH-aminoácido pode ser confiavelmente identificado por sistemas de fase reversa nos equipamentos de HPLC equipados com detector de UV usados nos sequenciadores mais avançados. Como consequência, 5 a 25 resíduos aminoterminais de um peptídeo podem, respectivamente, ser determinados com tão pouco quanto 1 a 10 pmóis do peptídeo, quantidade infimamente pequena.

G. Ordenamento de fragmentos peptídicos

Com os fragmentos peptídicos individualmente sequenciados, o que resta é elucidar a ordem na qual eles estão conectados no polipeptídeo original. *Faz-se isso comparando-se as sequências de aminoácidos de um conjunto de fragmentos peptídicos com aquelas de um segundo conjunto cujos sítios de clivagem específica sobrepõem-se aos do primeiro conjunto* (Fig. 7.6). Os segmentos peptídicos sobrepostos devem ser longos o suficiente para se identificar inequivocamente cada um dos sítios de clivagem, mas como existem 20 possibilidades para cada resíduo de aminoácido, a sobreposição de apenas alguns poucos resíduos é normalmente suficiente.

H. Determinação das posições das ligações dissulfeto

A etapa final na análise da sequência de aminoácido consiste na determinação das posições das ligações dissulfeto (se existirem). Isso é feito clivando-se uma amostra da proteína nativa sob condições que deixam intactas as ligações dissulfeto. Os fragmentos peptídicos resultantes são então separados por fase reversa em HPLC. Os fragmentos peptídicos ligados por ligações dissulfeto são facilmente identificados, pois, para cada ligação, dois dos fragmentos peptídicos originais serão substituídos por um maior ligado por ligação dissulfe-

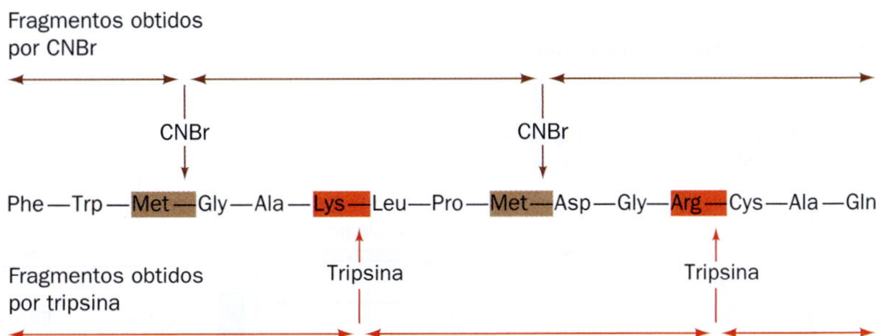

FIGURA 7.6 A sequência de aminoácidos de uma cadeia polipeptídica é determinada pela comparação das sequências de dois conjuntos de fragmentos peptídicos mutuamente sobrepostos. Neste exemplo, os dois conjuntos de fragmentos peptídicos são gerados pela clivagem do polipeptídeo após todos resíduos Arg e Lys com tripsina e, em uma reação separada, após todos resíduos Met por tratamento com brometo de cianogênio. A ordem dos dois primeiros peptídeos obtidos por tripsina é estabelecida, por exemplo, pela observação de que o peptídeo Gly-Ala-Lys-Leu-Pro- Met, gerado por brometo de cianogênio, tem suas sequências N- e C-terminais em comum com as extremidades C- e N-terminais, respectivamente, dos dois peptídeos gerados por tripsina. Dessa maneira, a ordem dos fragmentos peptídicos na cadeia polipeptídica original é determinada. **Ver Figuras animadas**

to. Os fragmentos ligados por ligações dissulfeto são então submetidos à degradação de Edman. Embora tais fragmentos forneçam dois PTH-aminoácidos em cada ciclo desse processo (pelo menos no início), as localizações das ligações na sequência predeterminada de aminoácidos da proteína são prontamente presumidas, estabelecendo assim as posições das ligações dissulfeto.

I. Caracterização e sequenciamento de peptídeos por espectrometria de massa

A **espectrometria de massa** (**EM**, MS em inglês) surgiu como uma técnica importante na caracterização e no sequenciamento de polipeptídeos. *A EM mede acuradamente a relação massa/carga (m/z) de íons em fase gasosa* (em que m é a massa do íon e z é a sua carga). Apesar disso, até 1985, macromoléculas como proteínas e ácidos nucleicos não podiam ser analisadas por EM. Isso porque o método pelo qual os espectrômetros de massa produziam íons em fase gasosa destruía as macromoléculas: vaporização por calor seguida da ionização via bombardeamento com elétrons. Contudo, o desenvolvimento de duas técnicas eliminou esse obstáculo:

1. **Ionização de *eletrospray*** (**IES**; Fig. 7.7*a*), uma técnica usada pela primeira vez por John Fenn, na qual a solução de uma macromolécula, como um peptídeo, é pulverizada a partir de um capilar estreito mantido sob alta voltagem (~4.000 V), formando gotículas altamente carregadas e das quais o solvente evapora rapidamente. Isso fornece uma série de íons macromoleculares em fase gasosa que possuem, caracteristicamente, cargas iônicas na faixa de +0,5 a +2 por quilodalton. Para polipeptídeos, as cargas iônicas resultam da protonação de cadeias laterais básicas como Lys e Arg (íons $[M + nH]^{n+}$).

2. **Dessorção e ionização a *laser* auxiliada por matriz** (**MALDI**, de *matrix-assisted laser desorption/ionization*; Fig. 7.7*b*), na qual a macromolécula é embebida em uma matriz cristalina de uma molécula orgânica de baixa massa molecular (normalmente preparada pela secagem de uma gotícula de solução contendo a macromolécula e um grande excesso de moléculas orgânicas) e irradiada com pulsos intensos e curtos (de nanossegundos) de luz *laser* em um comprimento de onda absorvido pelo material da matriz, mas não pela macromolécula. A energia absorvida pela matriz ejeta da sua superfície a macromolécula intacta para a fase gasosa, normalmente com uma carga de +1, mas, para moléculas maiores, ocasionalmente com cargas de +2, +3, etc. Para polipeptídeos, o **ácido gentísico** (ácido 2,5-di-hidroxibenzoico) é uma das poucas substâncias que possui propriedades satisfatórias como matriz. Pelo uso de MALDI, polipeptídeos > 300 kDa foram caracterizados.

Nessas duas técnicas, os íons macromoleculares estão em fase gasosa e são direcionados ao espectrômetro de massa, que mede os valores *m/z* com precisão maior do que 0,01%. Consequentemente, se o valor z de um íon pode ser determinado, sua massa molecular pode ser determinada

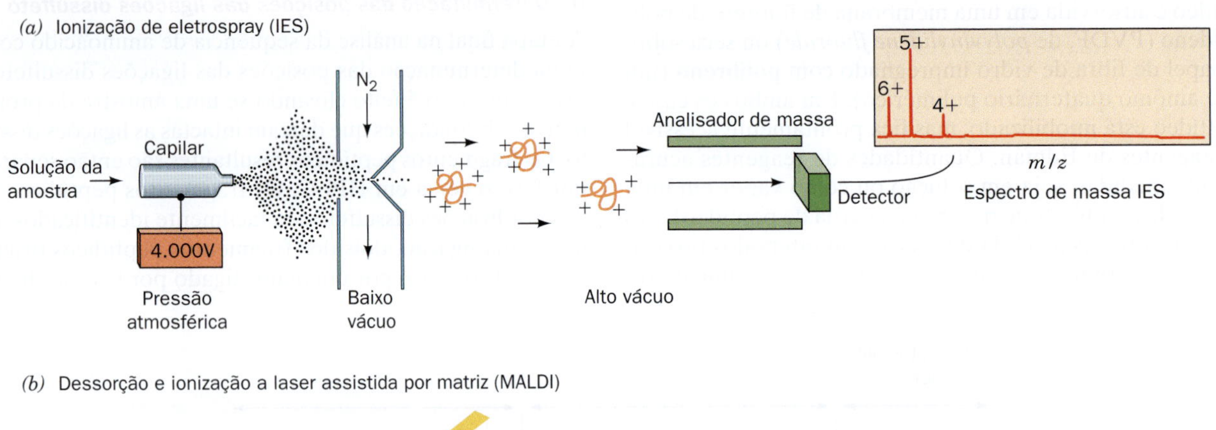

FIGURA 7.7 Geração dos íons em fase gasosa necessária para a análise de proteínas por espectrometria de massa. (*a*) Ionização de *eletrospray* (IES) e (*b*) dessorção e ionização a *laser* assistida por matriz (MALDI). Na IES, um feixe de N_2 seco ou de algum outro gás é usado para promover a evaporação do solvente das gotículas. (Segundo Fitzgerald, M.C, e Siuzdak, G., *Chem. Biol.* **3**, 708 [1996].)

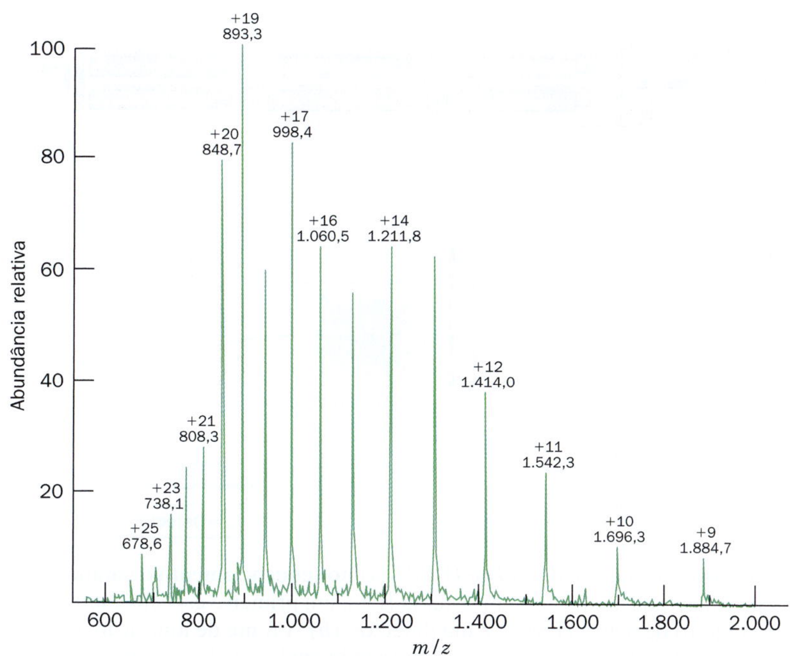

FIGURA 7.8 Espectro de EM-IES da proteína apomioglobina, de 16.951 D, de coração de cavalo. As razões m/z medidas e as cargas inferidas para a maioria dos picos estão indicadas. Observe a distribuição gaussiana dos picos, típica de espectro de EM-IES. Todos os picos possuem ombros, porque os elementos componentes dos polipeptídeos contêm pequenas quantidades de isótopos pesados misturadas (p. ex., na natureza o carbono abundante é constituído de 98,9% de ^{12}C e 1,1% de ^{13}C, e o enxofre abundante é constituído de 0,8% de ^{33}S, 4,2% de ^{34}S e 95,0% de ^{32}S). (Segundo Yates, J.R., *Methods Enzymol.* **271**, 353 [1996].)

com uma precisão muito maior do que a obtida por qualquer outro método. Por exemplo, a Fig. 7.8 mostra o espectro de massa com base em IES (**EM-IES**) da proteína **mioglobina**, de 16.951 D. Deve-se observar que os picos sucessivos nesse espectro diferem por uma única carga iônica, com o pico mais à direita correspondendo a um íon $(M + 9H)^{9+}$. Como consequência, para o espectro de massa de uma macromolécula de massa molecular M apresentando dois picos adjacentes com valores m/z de p_1 e p_2, provenientes de íons com cargas z_1 e $z_1 - 1$,

$$p_1 = \frac{M + z_1}{z_1} \qquad [7.1]$$

e

$$p_2 = \frac{M + z_1 - 1}{z_1 - 1} \qquad [7.2]$$

Essas duas equações lineares podem ser então prontamente resolvidas para as duas variáveis desconhecidas, M e z_1.

Uma vez que os espectrômetros de massa limitam-se a detectar íons com valores m/z menores que alguns milhares, o uso de EM-IES tem a vantagem de que as altas cargas iônicas dos íons produzidos permitem a análise de compostos com massas moleculares maiores que 100 kDa. Outra vantagem do EM-IES é que ele pode ser configurado para operar de modo contínuo a um HPLC ou sistema de eletroforese capilar (EC). O EM-IES é usado dessa maneira, por exemplo, para caracterizar os produtos da digestão por tripsina de uma proteína, pela determinação das massas moleculares de seus componentes peptídicos (Seção 7.1J).

a. Sequenciamento de peptídeos por espectrometria de massa

Polipeptídeos pequenos (< 25 resíduos) podem ser sequenciados diretamente por um **espectrômetro de massa em *tandem*** (**EM/EM**; dois espectrômetros de massa acoplados em série; Fig. 7.9). O primeiro espectrômetro de massa funciona para selecionar e separar o íon peptídico de interesse dos outros íons peptídicos e também de qualquer contaminante que esteja presente. O íon peptídico selecionado (P_3 na Fig. 7.9*b*) é então passado em uma célula de colisão, onde colide com átomos quimicamente inertes, como hélio. A energia então transmitida ao íon peptídico o faz fragmentar-se de forma predominante em apenas uma das suas várias ligações peptídicas, produzindo um ou dois fragmentos carregados (Fig. 7.10). As massas moleculares dos fragmentos carregados são então determinadas pelo segundo espectrômetro de massa.

Comparando-se as massas moleculares dos membros sucessivamente maiores de uma família de fragmentos, as massas moleculares e, como consequência, as identidades dos resíduos de aminoácidos correspondentes podem ser determinadas. A sequência de um polipeptídeo inteiro pode então ser elucidada (embora o EM não possa distinguir os resíduos isômeros Ile e Leu, porque eles possuem exatamente a mesma massa, e não possa distinguir sempre de maneira confiável os resíduos de Gln e Lys, visto que suas massas moleculares diferem por apenas 0,036 D). A computadorização desse processo de comparação reduziu o tempo necessário para sequenciar um (pequeno) polipeptídeo a apenas alguns minutos, em comparação aos 30 a 50 minutos requeridos por cada ciclo da degradação de Edman. A confiabilidade desse processo foi aumentada pela comparação computadorizada do espectro de massa medido com aqueles de peptídeos com sequências conhecidas, mantidas em bases de dados.

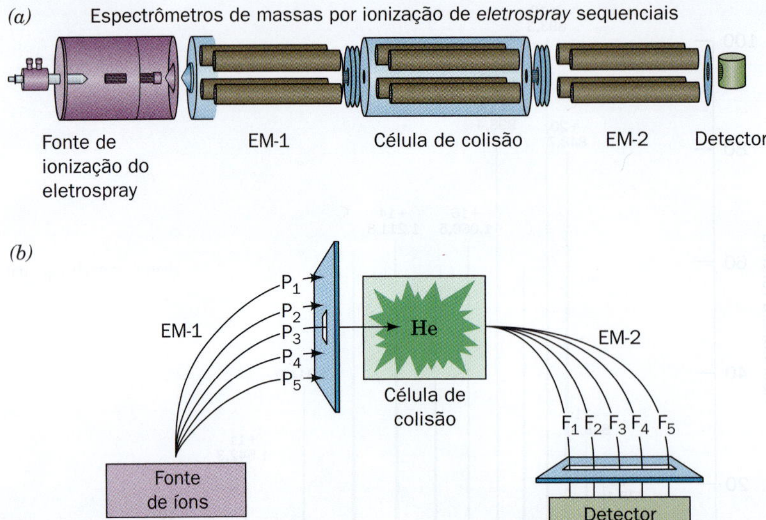

FIGURA 7.9 Uso de espectrômetros de massa em *tandem* (EM/EM) no sequenciamento de aminoácidos. (*a*) Um EM/EM consiste em uma fonte de ionização (mostrada aqui como um sistema IES), um primeiro espectrômetro de massa (EM-1), uma célula de colisão, um segundo espectrômetro de massa (EM-2) e um detector. (*b*) A fonte de ionização gera íons peptídicos em fase gasosa, P_1, P_2, etc., a partir do produto de digestão da proteína que está sendo analisada. Esses peptídeos são separados pelo EM-1 de acordo com seus valores *m/z*, e um deles, nesse caso P_3, é direcionado à célula de colisão, onde colide com átomos de hélio. Esse tratamento induz a quebra do íon polipeptídico, produzindo os fragmentos F_1, F_2, etc., os quais são direcionados ao EM-2, onde seus valores *m/z* são determinados. (Parte *a* segundo Yates, J.R., *Methods Enzymol.* **271**, 358 [1996]; Parte *b* segundo Biemann, K. e Scoble, H.A., *Science* **237**, 992 [1987].)

As sequências de vários polipeptídeos de uma mistura podem ser determinadas, mesmo na presença de contaminantes, ao se selecionarem sequencialmente os íons polipeptídicos correspondentes no primeiro espectrômetro de massa do instrumento em *tandem*. Assim, na separação e purificação dos fragmentos polipeptídicos resultantes da digestão de uma proteína para o sequenciamento, o trabalho exigido pelas técnicas com base em EM/EM é menor do que na técnica de Edman. A EM/EM pode também ser usada para sequenciar peptídeos com o resíduo N-terminal quimicamente bloqueado (uma modificação pós-traducional comum em eucariotos e que impede a degradação de Edman) e também para caracterizar outras modificações pós-traducionais como fosforilações (Seção 4.3A) e glicosilações (Seção 11.3C). Por fim, a EM/EM pode ser usada para localizar ligações dissulfeto por meio da fragmentação, química ou enzimática, da proteína com e sem a ligação dissulfeto. As posições das ligações dissulfeto na proteína serão deduzidas pela comparação, no espectro de massas, do desaparecimento dos picos da proteína intacta com o aparecimento de picos da proteína sem a ligação dissulfeto. Assim, a EM/EM tornou-se uma ferramenta indispensável para a caracterização de polipeptídeos.

J. *Mapeamento de peptídeos*

Uma vez que a estrutura primária de uma proteína tenha sido elucidada, a estrutura primária de uma proteína quase idêntica, como, por exemplo, a de uma espécie relacionada ou a que surge de uma mutação ou de uma modificação química, pode ser determinada com facilidade. Isso foi feito originalmente pela cromatografia em papel combinada com eletroforese em papel (Seção 6.4A) dos produtos de digestão parcial de proteínas, uma técnica conhecida também como **datiloscopia** ou **mapeamento de peptídeos**. Os fragmentos peptídicos que incorporam as variações de aminoácidos migram, em sua datiloscopia (mapa peptídico), em posições diferentes dos peptídeos correspondentes da proteína original (Fig. 7.11). Os peptídeos variantes podem então ser eluídos e sequenciados, identificando assim as alterações na proteína sem a necessidade de sequenciá-la inteiramente.

Mais recentemente, o mapeamento de peptídeos refere-se a qualquer método que fragmenta uma proteína de maneira reprodutível e a separa nos peptídeos resultantes, produzindo um padrão que pode ser usado para distinguir diferenças entre proteínas relacionadas. Portanto, o mapeamento peptídico pode ser feito por meio de eletroforese em gel bidimensional ou por técnicas unidimensionais de alta resolução como HPLC, SDS-PAGE, focalização isoelétrica ou EC (Seções 6.3 e 6.4). Em qualquer desses métodos, os peptídeos variantes podem ser isolados e sequenciados para se estabelecerem as diferenças de sequências entre as proteínas relacionadas.

2 SEQUENCIAMENTO DE ÁCIDOS NUCLEICOS

A estratégia básica do sequenciamento de ácidos nucleicos é idêntica à do sequenciamento de proteínas (Seção 7.1). Ela envolve

1. A degradação específica e o fracionamento do polinucleotídeo de interesse em fragmentos pequenos o suficiente para serem sequenciados inteiramente.
2. O sequenciamento dos fragmentos individuais.

(a)

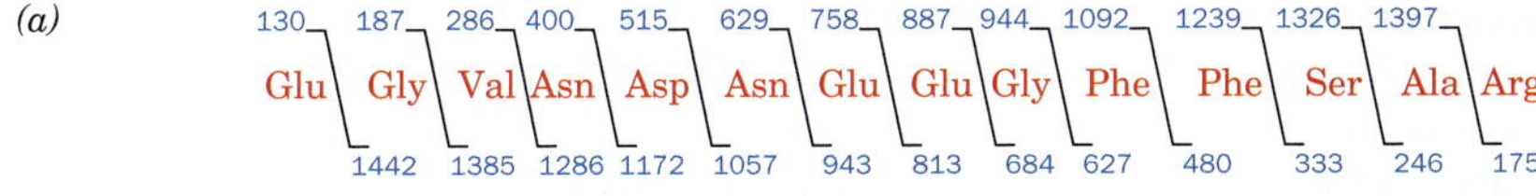

(b)

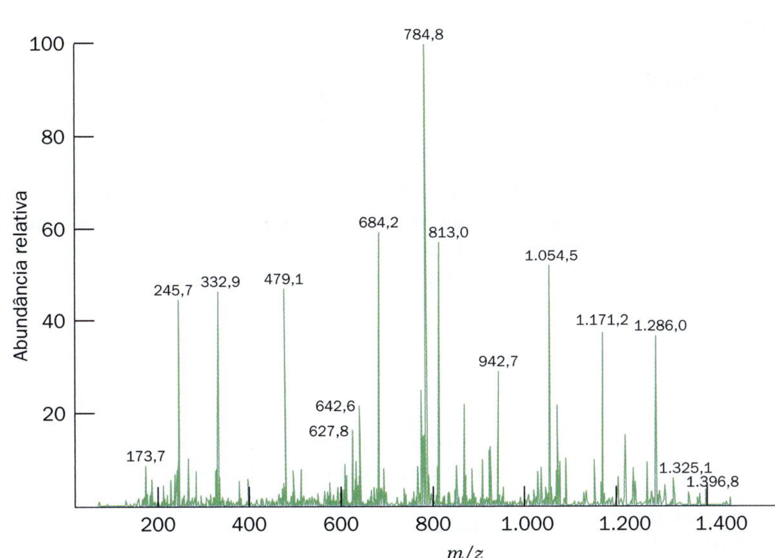

FIGURA 7.10 Espectro de massa em *tandem* do íon duplamente carregado do [Glu[1]] fibrinopeptídeo B humano de 14 resíduos (m/z = 786). (*a*) Sequência do peptídeo. As linhas de números superior e inferior indicam as massas moleculares dos fragmentos carregados N-terminal e C-terminal, respectivamente, formados pela clivagem indicada pela linha diagonal. (*b*) Espectro de massa dos peptídeos obtidos pela fragmentação do peptídeo original. Os valores m/z estão indicados acima dos picos correspondentes aos fragmentos mais abundantes. A energia das colisões na célula de colisão foi ajustada de forma que cada íon peptídico é fragmentado, em média, apenas uma vez. Observe que, nessas condições, os fragmentos predominantes possuem $z = 1$ e contêm a extremidade C-terminal do peptídeo intacta. (Segundo Yates, J.R., *Methods Enzymol.* **271**, 354 [1996].)

3. O ordenamento dos fragmentos pela repetição dos passos anteriores usando um procedimento de degradação que forneça um conjunto de fragmentos polinucleotídicos que se sobreponham aos pontos de clivagem do primeiro conjunto.

Antes de 1975, no entanto, as técnicas de sequenciamento de ácidos nucleicos estavam muito aquém daquelas de sequenciamento de proteínas, principalmente porque não havia endonucleases disponíveis que fossem específicas para sequências maiores do que um nucleotídeo. Em contrapartida, os RNAs eram clivados em fragmentos relativamente pequenos por meio da digestão parcial com enzimas como a **ribonuclease T1** (de *Aspergillus oryzae*), que cliva o RNA após resíduos de guanina, ou a **ribonuclease A** pancreática, que cliva após resíduos de pirimidina. Além disso, não há

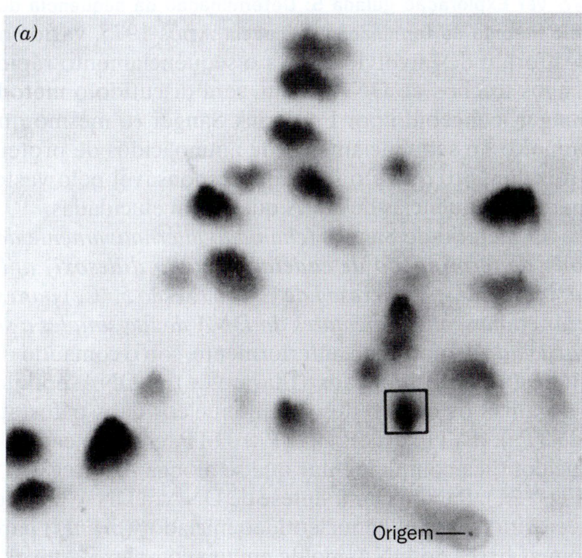

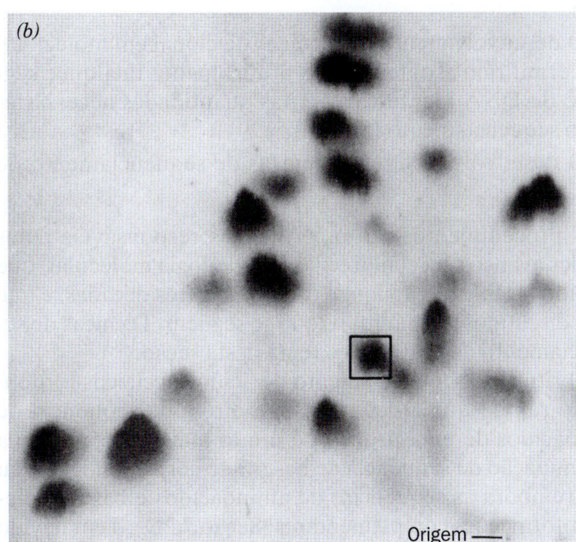

FIGURA 7.11 Mapeamento de peptídeos. A comparação das datiloscopias dos produtos da digestão por tripsina da (*a*) hemoglobina A (HbA) e da (*b*) hemoglobina S (HbS) mostra dois peptídeos que são diferentes nessas duas formas de hemoglobina (quadros). Esses peptídeos constituem os oito resíduos N-terminais da subunidade β de hemoglobina. Suas sequências de aminoácidos são

Hemoglobina A Val—His—Leu—Thr—Pro—**Glu**—Glu—Lys
Hemoglobina BVal—His—Leu—Thr—Pro—**Val**—Glu—Lys
β1 2 3 4 5 **6** 7 8

(Cortesia de Corrado Baglioni, State University of New York, Albany, EUA.)

uma reação para polinucleotídeos confiável análoga à degradação de Edman para proteínas (Seção 7.1A). Como consequência, os fragmentos polinucleotídeos eram sequenciados por digestão parcial com uma de duas exonucleases: a **fosfodiesterase de veneno de serpente**, que remove resíduos a partir da extremidade 3′ de polinucleotídeos (Fig. 7.12), ou a **fosfodiesterase de baço**, que atua a partir da extremidade 5′. Os fragmentos oligonucleotídicos resultantes eram identificados pelas suas mobilidades cromatográfica e eletroforética. O sequenciamento de RNA desse modo é um procedimento longo e trabalhoso.

O primeiro ácido nucleico biologicamente importante sequenciado foi o **tRNA** (**RNA transportador**) **da alanina** de levedura (Seção 32.2A). O sequenciamento dessa molécula de 76 nucleotídeos, realizado por Robert Holley em um trabalho de 7 anos, foi completado em 1965, cerca de 12 anos depois que Frederick Sanger havia determinado a sequência de aminoácidos da insulina. Isso foi acompanhado, a passos acelerados, pelo sequenciamento de inúmeras espécies de tRNAs e dos **RNAs ribossômicos 5S** (Seção 32.2A) de vários organismos. A arte do sequenciamento de RNA por essas técnicas alcançou o seu ápice em 1976, com o sequenciamento, por Walter Fiers, do genoma completo de 3.569 nucleotídeos do **bacteriófago MS2**. O sequenciamento de DNA, ao contrário, estava em um estágio muito mais primitivo, devido à falta de disponibilidade de endonucleases de DNA com especificidade para alguma sequência, qualquer uma que fosse.

Depois de 1975, progressos marcantes foram alcançados na tecnologia de sequenciamento de ácidos nucleicos. Três avanços tornaram isso possível:

1. A descoberta de endonucleases de restrição, que permitiram a clivagem do DNA em sequências específicas (Seção 5.5A).
2. O desenvolvimento de técnicas de clonagem molecular, que permitiram a obtenção de praticamente qualquer segmento de DNA identificável e nas quantidades necessárias para o sequenciamento (Seção 5.5).
3. O desenvolvimento de técnicas de sequenciamento de DNA.

Esses procedimentos são os principais responsáveis pelos grandes avanços, na compreensão de biologia molecular, que têm sido alcançados ao longo das últimas três décadas, e que serão discutidos nos capítulos que se seguem. Técnicas de sequenciamento de DNA são o tema desta seção.

O ritmo de sequenciamento de ácidos nucleicos tornou-se tão rápido que a determinação direta da sequência de aminoácidos de uma proteína é muito mais lenta do que a determinação da sequência de bases que corresponde ao seu gene (embora as sequências de aminoácidos e bases forneçam informações complementares; Seção 7.2D). Tem havido uma avalanche de dados de sequências de DNA tão grande – mais de 300 bilhões de nucleotídeos em mais de 200 milhões de sequências até o início de 2010 e, aproximadamente, dobrando a cada ~18 meses – que somente computadores podem lidar com elas. A primeira sequência completa de um genoma a ser determinada, aquela da bactéria gram-negativa *Haemophilus influenzae*, foi relatada em 1995 por J. Craig Venter. Até 2010, as sequências completas dos genomas de mais de mil procariotos tinham sido relatadas (com muitas mais em processo de determinação), bem como aquelas de mais de 120 eucariotos (com muitas mais em andamento), incluindo as de humanos e muitos outros vertebrados, insetos, vermes, plantas e fungos (Tabela 7.3).

GCACUUGA
Fosfodiesterase de veneno de serpente ↓
GCACUUGA
GCACUUG
GCACUU
GCACU
GCAC
GCA
GC +Mononucleotídeos

FIGURA 7.12 Determinação da sequência de um oligonucleotídeo por digestão parcial com fosfodiesterase de veneno de serpente. Esta enzima cliva sequencialmente os nucleotídeos a partir da extremidade 3′ de um polinucleotídeo que possua um grupo 3′-OH livre. A digestão parcial de um oligonucleotídeo com fosfodiesterase de veneno de serpente fornece uma mistura de fragmentos com todos os comprimentos possíveis, como indicado, que podem ser separados cromatograficamente. A comparação das composições de pares de bases de fragmentos que diferem em comprimento por um nucleotídeo estabelece a identidade do nucleotídeo 3′-terminal do fragmento maior. Dessa maneira, a sequência de bases do oligonucleotídeo pode ser elucidada.

A. *O método de Sanger*

Ver Exploração guiada 5: Determinação da sequência de DNA pelo método de terminação de cadeia Após 1975, vários métodos foram desenvolvidos para o sequenciamento rápido de longos trechos de DNA. Aqui, será discutido o **método de Sanger**, concebido por Frederick Sanger (o mesmo que foi pioneiro no sequenciamento de aminoácidos de proteínas), procedimento que é o principal responsável pelo vasto número de sequências de DNA que foram elucidadas.

O método de Sanger *(chamado alternativamente de **método de terminação de cadeia** e **método didesóxi**) utiliza a enzima DNA-polimerase I de* E. coli *(Seção 5.4Cc) para sintetizar cópias complementares do DNA de fita simples a ser sequenciado.* Como visto anteriormente, sob o comando da fita que está sendo replicada (fita-molde), a DNA-polimerase I organiza os quatro desoxirribonucleosídeos trifosfatados (dNTPs), dATP, dCTP, dGTP e dTTP, em uma cadeia polinucleotídica complementar que se alonga na direção 5′ a 3′ (Fig. 5.31). Para iniciar a síntese de DNA, a DNA-polimerase necessita de um oligonucleotídeo iniciador (*primer*) pareado com as bases do DNA-molde em um complexo estável. Se o DNA a ser sequenciado for um fragmento de restrição, como normalmente o é, ele começa e termina com um sítio de restrição. O iniciador pode, portanto, ser um segmento curto de DNA contendo esse sítio de restrição pareado com a fita que está sendo replicada. Os DNAs-molde são obtidos em quantidades suficientes para serem sequenciados pela clonagem

TABELA 7.3 Alguns genomas sequenciados

Organismo	Tamanho do genoma haploide (kb)	Número de cromossomos
Carsonella ruddii (inseto endossimbionte; menor genoma celular conhecido)	160	1
Mycoplasma genitalium (parasito humano)	580	1
Rickettsia prowazekii (bactéria; causadora de tifo; supostamente têm relação próxima com mitocôndria)	1.112	1
Haemophilus influenzae (bactéria; patógeno humano)	1.830	1
Archaeoglobus fulgidus (arquibactéria hipertermofílica, redutora de sulfato)	2.178	1
Synechocystis sp. (cianobactéria)	3.573	1
Mycobacterium tuberculosis (causador da tuberculose)	4.412	1
Escherichia coli (bactéria, simbionte humano)	4.639	1
Saccharomyces cerevisiae (fermento do pão ou levedura de brotamento)	12.070	16
Plasmodium falciparum (protozoário; causador da malária)	23.000	14
Caenorhabditis elegans (verme nematódeo)	97.000	6
Drosophila melanogaster (mosca-da-fruta)	180.000	4
Arabidopsis thaliana (angiosperma)	119.200	5
Oryza sativa (arroz)	389.000	12
Danio rerio (peixe-zebra)	1.700.000	25
Gallus gallus (galinha)	1.200.000	40
Ornithorhynchus anatinus (ornitorrinco)	1.840.000	31
Mus musculus (camundongo)	2.500.000	20
Canis familiaris (cão)	2.400.000	40
Pan troglodytes (chimpanzé)	3.100.000	24
Homo sapiens (homem)	3.038.000	23

Fonte: http://www.ncbi.nlm.nih.gov/sites/entrez?db=genome

dos mesmos em vetores com base no M13 (Seção 5.5Bb) ou pela reação em cadeia da polimerase (PCR, de *polymerase chain reaction*) (Seção 5.5F), ambas as técnicas fornecendo os DNAs de fita simples necessários.

A atividade exonucleásica 5′ → 3′ da DNA-polimerase I (Fig. 5.33) é catalisada por um sítio ativo separado daqueles que atuam nas funções de polimerase e de exonuclease 3′ → 5′ (Fig. 5.36). Isso é demonstrado pela observação de que, após a clivagem proteolítica da enzima em dois fragmentos, o fragmento C-terminal, conhecido como **fragmento Klenow**, é maior e possui as atividades polimerásica e exonucleásica 3′ → 5′ completas da enzima intacta, enquanto o fragmento N-terminal é menor e possui a atividade exonucleásica 5′ → 3′. Apenas o fragmento Klenow é usado no sequenciamento de DNA, para garantir que todas as cadeias replicadas possuam a mesma extremidade 5′.

a. A síntese de DNA marcado pela DNA-polimerase é terminada após bases específicas

No método de Sanger (Fig. 7.14), *o DNA a ser sequenciado é incubado com o fragmento Klenow da DNA-polimerase I, com um iniciador adequado e com os quatro desoxirribonucleosídeos trifosfatados (dNTPs). Pelo menos um dos dNTPs (normalmente o dATP) ou o iniciador é marcado com* ^{32}P *no fosfato α. Além disso, uma pequena quantidade de **2′,3′-didesoxinucleosídeo trifosfatado** (**ddNTP**) de uma das bases é adicionada à mistura da reação.* Quando o análogo didesóxi é incorporado ao polinucleotídeo em crescimento no lugar do nucleotídeo normal correspondente, o crescimento da cadeia é terminado devido à ausência de um grupo 3′-OH. Ao se usar somente uma pequena quantidade de ddNTP, *uma série de cadeias truncadas é gerada, cada uma tendo sido terminada pelo análogo didesóxi em uma das posições ocupadas pela base correspondente.* São feitas reações para cada um dos quatro ddNTPs em tubos separados.

2′,3′-Didesoxinucleosídeo trifosfatado

As quatro misturas das reações são separadas simultaneamente por eletroforese em canaletas paralelas em um **gel de sequenciamento**. Esse gel é uma placa longa de poliacrilamida fina (tão fina quanto 0,1 mm, por até 100 cm de comprimento). Contém ~7*M* de ureia e é processada a cerca de 70°C, de modo a eliminar todas as associações por ligações de hidrogênio. *Essas condições asseguram que os fragmentos de DNA sejam separados somente de acordo com seus tamanhos. A sequência do DNA que é complementar ao*

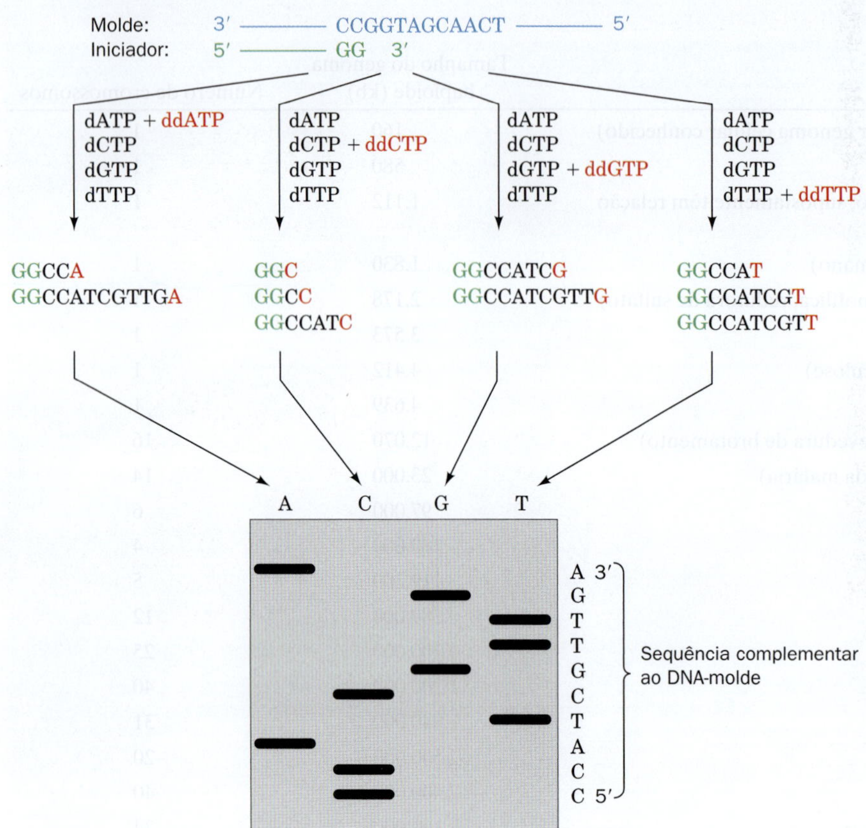

FIGURA 7.13 Diagrama de fluxo do método de Sanger (método de terminação de cadeia ou didesóxi) de sequenciamento de DNA. O símbolo ddATP representa didesoxiadenosina trifosfatada, etc. A sequência que é determinada pela leitura do gel de baixo para cima (do menor ao maior fragmento) é complementar à sequência do DNA-molde.

DNA-molde pode então ser lida diretamente em um autorradiograma do gel de sequenciamento, de baixo para cima, como indicado na Fig. 7.14. Na verdade, instrumentos computadorizados estão disponíveis para auxiliar nessa tarefa. No entanto, não é possível, em um único gel, resolver muito mais que 300 ou 400 fragmentos consecutivos. Para resolver essa limitação, são gerados dois conjuntos de géis, um resolvido por mais tempo e, talvez, a voltagens mais altas do que o outro, para se obter a sequência de fragmentos de DNA de até 800 pb.

Géis melhores podem ser obtidos pelo uso de dNPTs cujos grupos α-fosfatos estejam marcados com ^{35}S em vez de ^{32}P.

$$^{-}O-\overset{O}{\underset{O^-}{\overset{\|}{P}}}-O-\overset{O}{\underset{O^-}{\overset{\|}{P}}}-O-\overset{^{35}S}{\underset{O^-}{\overset{\|}{P}}}-O-CH_2$$ (ribose com Base; OH e H em 3′ e 2′)

α-Tio-[^{35}S]dNTP

Isso porque as partículas β emitidas pelo núcleo do ^{35}S têm menos energia, percorrendo, portanto, um caminho menor do que as de ^{32}P, produzindo assim bandas mais definidas nos géis. Géis mais fáceis de interpretar também podem ser obtidos pela substituição do fragmento Klenow por DNA-polimerases do **bacteriófago T7 (DNA-polimerase T7**, menos sensível à presença de ddNTPs do que o fragmento Klenow, fornecendo, então, bandas de intensidades mais

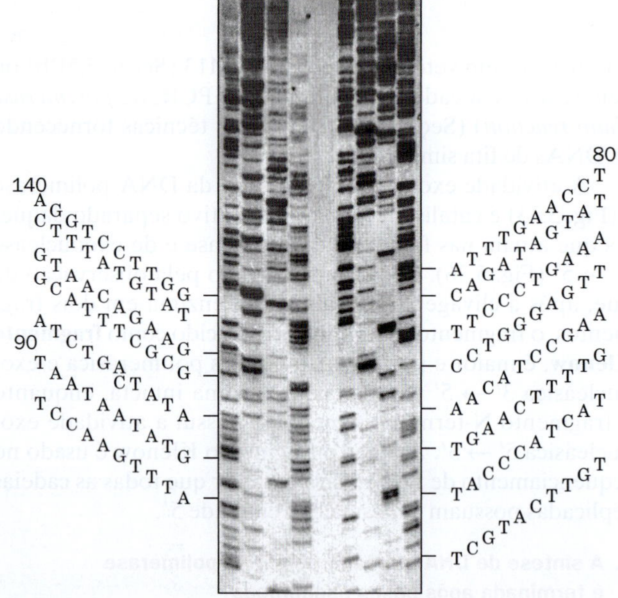

FIGURA 7.14 Autorradiografia de um gel de sequenciamento. Fragmentos de DNA foram produzidos pelo método de Sanger de sequenciamento de DNA. Uma segunda aplicação no gel (*direita*) foi feita 90 minutos depois da aplicação inicial (*esquerda*). A sequência de 140 nucleotídeos deduzida está escrita nas laterais. (De Hindley, J., DNA sequencing, in: Work, T.S., and Burdon, R.H. (Eds.), *Laboratory Techniques in Biochemistry and Molecular Biology*, Vol. 10, *p.* 82, Elsevier [1983]. Publicada com permissão.)

uniformes), ou de bactérias termofílicas como o *Thermus aquaticus* (Taq-polimerase; Seção 5.5F), que são estáveis acima de 90°C, e podem ser usadas nas temperaturas necessárias para desnaturar segmentos de DNA particularmente estáveis.

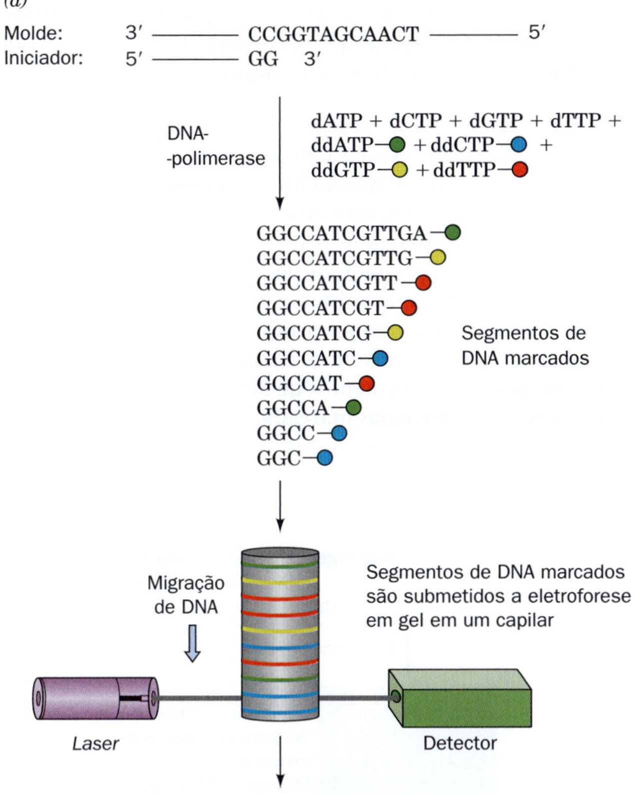

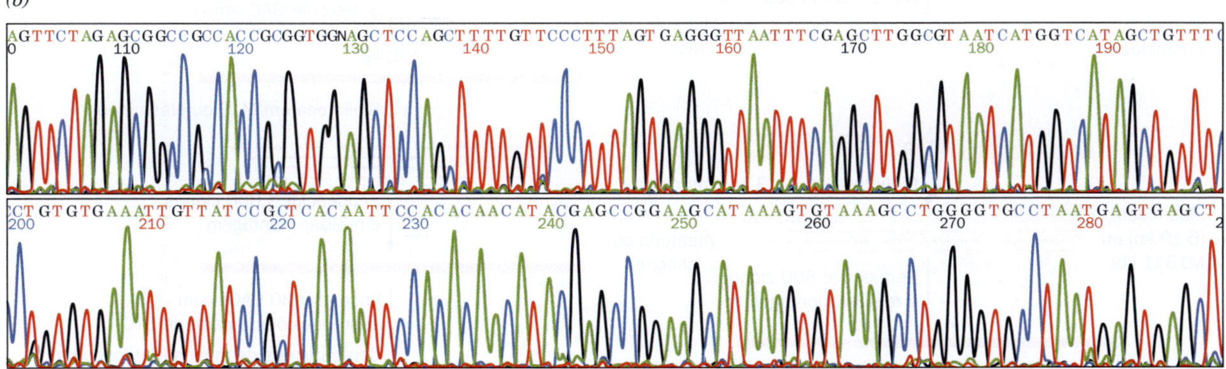

FIGURA 7.15 Sequenciamento automatizado de DNA pelo método de Sanger. (*a*) O iniciador que é pareado com a fita-molde a ser sequenciada é estendido na presença de quatro didesoxinucleosídeos trifosfatados (ddNTP) marcados com fluorescências diferentes. A mistura das fitas de DNA de vários tamanhos marcadas que é formada é submetida à eletroforese em gel em um capilar, que as separa de acordo com o tamanho, os fragmentos menores migrando mais rápido que os maiores. À medida que cada polinucleotídeo passa pelo detector, seu nucleotídeo 3′-terminal é identificado de acordo com o espectro da sua fluorescência estimulada por *laser*. (*b*) Parte do resultado de um sistema de sequenciamente automatizado de DNA. Cada uma das quatro curvas com cor diferente indica a intensidade de fluorescência de um marcador específico, que está ligado a um ddNTP específico que termina a reação de extensão (verde, azul, preto e vermelho correspondem a ddATP, ddCTP, ddGTP e ddTTP, respectivamente; as letras acima das bandas identificam as bases, e os números indicam suas posições no segmento de DNA sendo sequenciado). (Cortesia de Mark Adams, The Institute of Genomic Research, Gaithersburg, Maryland, EUA.)

b. O RNA pode ser sequenciado por meio da transcrição a cDNA

O RNA pode ser prontamente sequenciado por apenas uma pequena modificação dos procedimentos de sequenciamento de DNA descritos anteriormente. O RNA a ser sequenciado é transcrito em uma fita de DNA complementar (cDNA) pela ação da transcriptase reversa (Seção 5.5Fa). O cDNA resultante pode, então, ser sequenciado normalmente.

c. O método de Sanger foi automatizado

Para sequenciar grandes extensões de DNA, como cromossomos inteiros, o método de Sanger foi grandemente acelerado pela automação. Isso exigiu que as técnicas de marcação radioativa descritas anteriormente, que não são facilmente automatizadas, fossem substituídas por técnicas de marcação fluorescente (com o benefício adicional de eliminar os danos à saúde e os problemas de armazenamento decorrentes do uso de nucleotídeos radioativos).

Na mais usada dessas técnicas, cada um dos quatro ddNTPs usados para terminar a extensão de cadeia é ligado covalentemente a um marcador fluorescente diferente; as reações de extensão de cadeia são realizadas em um único tubo que contém os quatro ddNTPs marcados; e a mistura de fragmentos formados é submetida à eletroforese em uma única canaleta do gel de sequenciamento (Fig. 7.15*a*). À medida que cada fragmento sai do gel, sua base terminal é identificada de acordo com o seu espectro de fluorescência, que é característico para cada base, por um sistema de detecção de fluorescência induzido por *laser* (Fig. 7.15*b*).

Os detectores de fluorescência usados nesses instrumentos, que têm taxas de erro de ~1%, são controlados por computador, e a aquisição de dados é, portanto, automatizada. Nos sistemas mais avançados, o gel de sequenciamento está contido em um conjunto de até 96 capilares, em vez de em uma placa de gel; a preparação e a aplicação da amostra são realizadas por sistemas robotizados; e a eletroforese e a análise dos dados são completamente automatizadas. Esses sistemas podem sequenciar simultaneamente 96 amostras de DNA de ~650 bases a cada ~1 hora, podendo, então, identificar até 1,6 milhões de bases por dia – necessitando somente de ~15 minutos de atenção humana (vs. as ~25.000 bases por ano que um técnico capacitado pode identificar usando os métodos manuais descritos anteriormente). Mesmo assim, um sistema desses precisaria de cerca de 10 anos de operação ininterrupta para sequenciar os 3 bilhões de pares de bases (pb) do genoma humano, e isso considerando-se apenas dois conjuntos de fragmentos com sobreposições. Contudo, para garantir uma cobertura completa de uma grande extensão do DNA (Seção 5.5Ea) e para reduzir as taxas de erro a < 0,01%, pelo menos 10 conjuntos de segmentos com sobreposições devem ser sequenciados (Seção 7.2B). Por isso, os principais centros de sequenciamento, onde a maior parte do sequenciamento do genoma é realizada, contêm, cada um, mais de 100 desses sistemas de sequenciamento, em uma organização quase industrial.

B. *Sequenciamento de genomas*

O principal desafio técnico do sequenciamento de um genoma não é o sequenciamento do DNA propriamente dito, porém a organização de dezenas de milhares a dezenas de milhões de segmentos sequenciados (dependendo do tamanho do genoma) em blocos contíguos (chamados de ***contigs***) e o ordenamento de cada um deles nas posições apropriadas no genoma. Uma maneira em que os *contigs* podem ser organizados é por meio da caminhada cromossômica (do inglês *chromosome walking,* Seção 5.5Ea). No entanto, fazer isso em um genoma eucariótico seria proibitivamente caro e demorado (p. ex., "caminhar" pelo comprimento de 125 milhões de pares de bases de um cromossomo humano de tamanho médio usando insertos de aproximadamente 10 kb derivados de uma biblioteca plasmidial requereria um mínimo de $1{,}25 \times 10^8/10.000 =$ 12.500 "etapas" muito trabalhosas).

a. Sequenciamento de genomas com base em mapas genéticos

Uma técnica mais eficiente de sequenciamento de genomas, a estratégia de **sequenciamento com base em mapas genéticos** (Fig. 7.16*a*), foi desenvolvida no final da década de 1980. Nessa abordagem, mapas físicos de baixa resolução de cada cromossomo são preparados pela identificação de regiões de referência comuns na sobreposição de insertos de ~250 kb clonados em cromossomos artificiais de leveduras (YAC, de *yeast artificial chromosome*). Essas regiões, constituídas frequentemente por segmentos de 200 a 300 pb, são conhecidas por **sítios de sequências marcadas** (**STSs**, de *sequence-tagged sites*), e suas sequências exatas não ocorrem em nenhum ou-

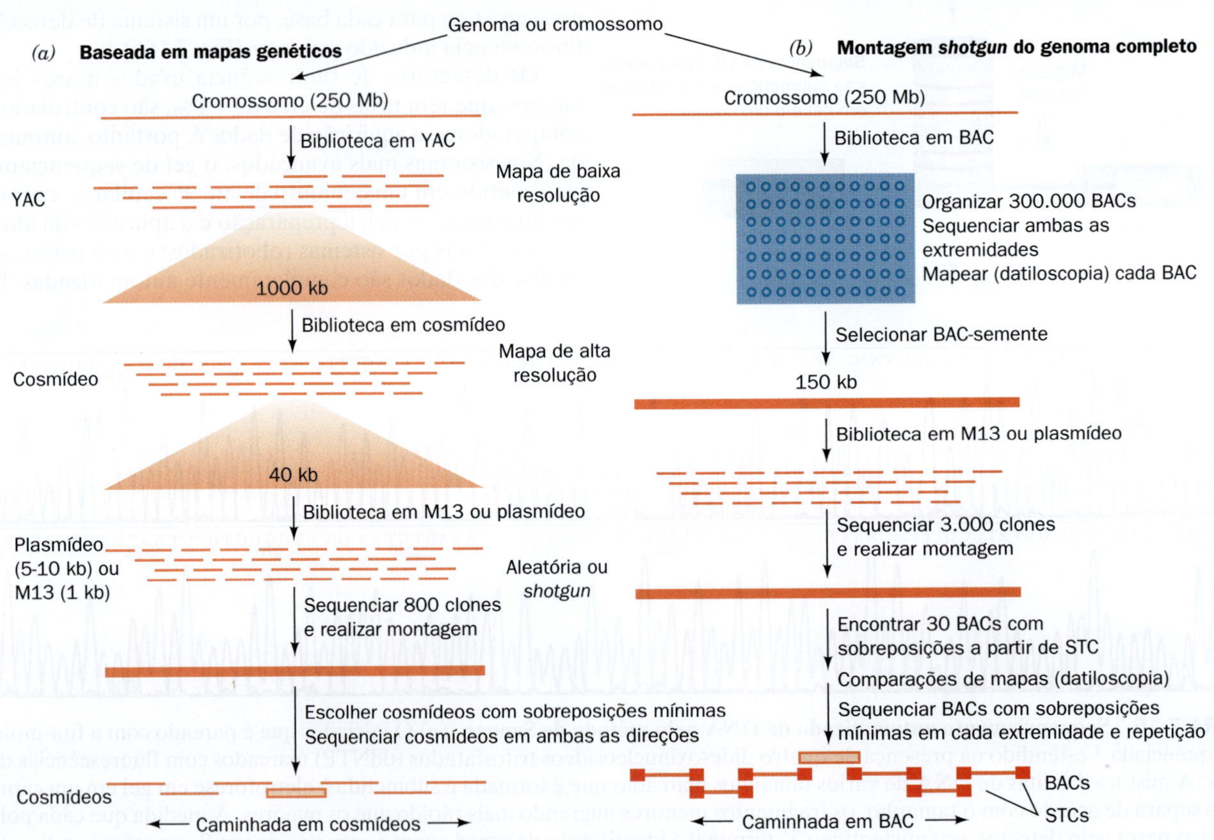

FIGURA 7.16 Estratégias de sequenciamento de genomas. (*a*) A estratégia baseada em mapas genéticos faz uso de três conjuntos de insertos clonados, que são progressivamente menores, e organiza ("monta") os insertos sequenciados por meio da caminhada em cosmídeos e do uso de marcadores como STSs e ESTs (ver texto). (*b*) A estratégia MSGC faz uso de apenas dois níveis de clonagem e emprega algoritmos sofisticados de computador bem como STC para organizar os insertos sequenciados em cromossomos completos. (Segundo Venter, J.C., Smith, H.O. e Hood, L., *Science* **381**, 365 [1996].)

tro lugar do genoma. Assim, dois clones que contenham o mesmo STS devem sobrepor-se. A seguir, os insertos que contêm STSs são fragmentados de forma aleatória (normalmente por sonicação; Seção 5.3D) em segmentos de ~40 kb, que, por sua vez, são subclonados em vetores cosmidiais, de modo que um mapa de alta resolução pode ser construído pela identificação das sobreposições das regiões de referência. Os insertos dos cosmídeos são, então, fragmentados aleatoriamente em segmentos com sobreposições de 5 a 10 kb ou 1 kb para inserção em vetores plasmidiais ou M13 (clonagem *shotgun*, Seção 5.5E). Esses insertos (~800 clones em M13 por cosmídeo) são posteriormente sequenciados (~400 pb por clone), e as chamadas **leituras** são organizadas por computação em sequências contíguas para gerar a sequência do inserto cosmidial original (com uma redundância de 400 pb por clone × 800 clones por cosmídeo/40.000 pb por cosmídeo = 8). Finalmente, os insertos cosmidiais são organizados por meio da **caminhada em cosmídeos** (o análogo computacional da caminhada cromossômica; Fig. 5-51), usando as sobreposições das regiões de referência (com regiões de referência espaçadas idealmente em intervalos de 100 kb ou menos) para gerar as sequências dos insertos de YAC que são, então, organizadas, utilizando-se dos seus STSs, para gerar a sequência do cromossomo.

Os genomas da maioria dos eucariotos complexos contêm várias regiões de **sequências repetitivas**, isto é, segmentos de DNA repetidos um após o outro centenas, milhares e, em alguns casos, milhões de vezes (Seção 34.2B). Trechos longos de sequências repetitivas facilmente confundem o processo de montagem, ocasionando hiatos na sequência. Ademais, essas sequências repetitivas exacerbam muito a dificuldade de se encontrar STS adequadamente espaçados. Para resolver em parte esta dificuldade, sequências do tipo STS de cDNA, conhecidas como **sequências de marcas expressas** (**ESTs**, de *expressed sequence tags*), são usadas no lugar de STS. Uma vez que os RNAs mensageiros (mRNAs), a partir dos quais os cDNAs são transcritos reversamente, codificam proteínas, é improvável que eles contenham sequências repetitivas.

b. A estratégia de montagem Shotgun do genoma completo

Embora o objetivo inicial do **projeto genoma humano** de identificar STS e EST a cada ~100 kb do genoma humano tenha sido alcançado, avanços em tecnologia computacional e de clonagem permitiram um procedimento de sequenciamento mais direto que elimina a necessidade tanto das etapas de mapeamento de baixa resolução (YAC) como das de alta resolução (cosmídeos). Nesta assim chamada estratégia de **montagem *shotgun* do genoma completo** (MSGC), que foi formulada por Venter, Hamilton Smith e Leroy Hood, um genoma é fragmentado aleatoriamente, um grande número de fragmentos clonados é sequenciado e o genoma é organizado pela identificação de sobreposições entre pares de fragmentos. Considerações estatísticas indicam que, usando essa estratégia, a probabilidade de uma dada base não ser sequenciada é idealmente de e^{-c}, em que c é a redundância da cobertura ($c = LN/G$, em que L é o comprimento médio, em nucleotídeos (**nt**), das leituras, N é o número de leituras e G é o comprimento do genoma em nucleotídeos); o comprimento agregado dos hiatos (*gaps*) entre *contigs* é Ge^{-c}; e a média do tamanho dos hiatos é G/N. Além disso, sem um longo mapa físico ou genético do genoma sendo sequenciado, a ordem dos *contigs* e suas orientações permaneceriam desconhecidas.

Para genomas bacterianos, a estratégia MSGC é realizada diretamente pelo sequenciamento de dezenas de milhares de fragmentos e pela organização destes (uma tarefa que requer o desenvolvimento de algoritmos capazes de organizar *contigs* a partir de um grande número de leituras). Então, em uma tarefa conhecida como "**finalização**" (*finishing*), os hiatos entre *contigs* são preenchidos por meio de várias técnicas, que incluem a síntese e uso de oligonucleotídeos iniciadores (*primers*) de PCR complementares às extremidades dos *contigs* para isolar os segmentos que faltam (caminhada cromossômica; bactérias possuem poucas, quando possuem, sequências repetitivas).

Genomas eucarióticos, uma vez que seus tamanhos são muito maiores, requerem que a estratégia MSGC seja realizada em estágios, como apresentado a seguir (Fig. 7.16*b*). Gera-se uma biblioteca com insertos de ~150 kb em cromossomos artificiais de bactérias (BAC, do inglês *bacterial artificial chromosome*) (para o genoma humano, uma redundância de ~15 vezes, o que deixaria ~900 bases ainda sem serem sequenciadas, precisaria de ~300.000 clones desse tipo; utiliza-se BACs porque eles estão sujeitos a menos dificuldades técnicas do que os YACs). Os insertos, em cada um desses clones de BAC, são identificados pelo sequenciamento de ~500 pb em cada extremidade, fornecendo segmentos conhecidos como **conectores de sequências marcadas** (**STCs**, de *sequence-tagged conectors*, ou **extremidades de BAC**; os quais, para os 300.000 clones mencionados anteriormente, compreenderiam coletivamente 300.000 kb, isto é, 10% do genoma humano inteiro). Posteriormente, o inserto de BAC é fragmentado, clonado por *shotgun* em vetores plasmidiais ou M13 (de modo a gerar ~3.000 clones com sobreposições), e os fragmentos são sequenciados e organizados em *contigs*. A sequência desse "BAC primordial" é então comparada com a base de dados de STC para identificar os ~30 clones de BAC com sobreposições. Os dois que tiverem sobreposição mínima em cada extremidade são então selecionados, sequenciados e a operação é repetida até que o cromossomo inteiro esteja sequenciado (caminhada em BAC), o que, para o genoma humano, necessitaria 27 milhões de leituras de sequenciamento. Esse processo também é confundido pelas sequências repetitivas.

A estratégia MSGC é facilmente automatizada por robótica, sendo, portanto, mais rápida e menos cara do que a estratégia baseada em mapas genéticos. De fato, a maioria das sequências genômicas conhecidas têm sido determinadas usando-se a estratégia MSGC, muitas delas em questão de poucos meses, e seu advento reduziu o tempo de sequenciamento do genoma humano em vários anos. Apesar disso, parece que a maioria dos erros de sequências de genomas eucarióticos baseadas na MSGC (sobretudo a falha no reconhecimento de segmentos longos [>15 kb] que possuem sequências quase idênticas [>97%]) pode ser eliminada pela finalização por meio do uso de algumas técnicas da estratégia baseada em mapas genéticos.

c. O genoma humano foi sequenciado

O "rascunho bruto" do genoma humano foi apresentado em 2001 por dois grupos independentes: o Consórcio Internacional para o Sequenciamento do Genoma Humano

(CISGH; uma colaboração envolvendo 20 centros de sequenciamento em 6 países), de financiamento público, liderado por Francis Collins, Eric Lander e John Sulston, que usou a estratégia com base em mapas genéticos; e um grupo de financiamento privado, principalmente da *Celera Genomics*, liderado por Venter, que usou a estratégia MSGC. A sequência genômica determinada pelo CISGH foi resultado do conglomerado de várias pessoas anônimas, ao passo que a sequência da *Celera Genomics* foi resultado de cinco pessoas, mas sobretudo de Venter. Faltam a esses esboços de sequências ~10% de regiões cromossômicas ricas em genes, conhecidas como **eucromatinas** (Seção 34.1), e muito das regiões cromossômicas que são pouco ou nada expressas, conhecidas como **heterocromatinas constitutivas** (Seção 34.1; consistem em sequências altamente repetitivas, associadas principalmente com centrômeros cromossômicos; Seção 34.3A). Além disso, as duas montagens tiveram taxas de ~1% de erros de sequência e continham ~160.000 hiatos, de modo que as ordens e orientações de muitos *contigs* dentro de determinadas regiões não foram estabelecidas. Todavia, esses dados, mesmo imperfeitos, aceleraram muito o avanço da pesquisa genética, visto que, por exemplo, os genes de centenas de doenças hereditárias foram identificados e clonados de maneira mais rápida do que teria sido possível anteriormente.

Em 2004, o CISGH divulgou a sequência final do genoma humano. A sequência cobriu ~99% do genoma eucromático (2,851 bilhões de nt do total de 3,038 bilhões de nt do genoma) com uma taxa de erro < 0,001% e com apenas 281 hiatos, todos em regiões de sequências repetitivas. Em 2007, Venter divulgou a sequência final do seu próprio **genoma diploide** (aquele dos 46 cromossomos; as sequências genômicas divulgadas anteriormente eram de **genomas haploides**, isto é, de um membro de cada par de cromossomos homólogos). Essas conquistas impressionantes, a culminação de mais de uma década de esforços intensos de centenas de cientistas, está revolucionando as formas como a bioquímica e a medicina são entendidas e praticadas. Algumas das principais observações são as seguintes:

1. Aproximadamente 45% do genoma humano consiste em sequências repetitivas de vários tamanhos.
2. Apenas ~28% do genoma é transcrito a RNA.
3. Apenas 1,2% do genoma (~4% do RNA transcrito) codifica proteínas.
4. Aparentemente, o genoma humano contém apenas ~23.000 genes que codificam proteínas (também conhecidos por **trechos de leitura aberta** [**ORFs**, de *open reading frames*]), em vez dos 50.000 a 140.000 ORFs anteriormente previstos com base em extrapolações. Isso é comparável aos ~6.600 ORFs em *leveduras*, ~14.000 em *Drosophila*, ~19.000 em *C. elegans* e ~25.500 em *Arabidopsis*. Ressalte-se que esses números, muito provavelmente, mudarão à medida que melhora a capacidade, atualmente imperfeita, de reconhecer ORFs.
5. Somente uma pequena fração das famílias de proteínas humanas são exclusivas de vertebrados; a maioria ocorre em outras, senão todas, formas de vida.
6. Dois genomas humanos selecionados aleatoriamente diferem, em média, por apenas 1 nucleotídeo em 1.000; isto é, duas pessoas quaisquer são, provavelmente, > 99,9% idênticas geneticamente.

É improvável que a evidente maior complexidade dos humanos (vertebrados) em relação às formas "menos evoluídas" (invertebrados) de vida seja devida ao número não muito maior de ORFs que os vertebrados possuem. Ao contrário, parece, principalmente, que as proteínas dos vertebrados são mais complexas do que as dos invertebrados; isto é, as proteínas de vertebrados tendem a ter mais domínios (módulos) do que as proteínas de invertebrados, e esses módulos são mais frequentemente expressados de maneira seletiva por meio de *splicing* gênico alternativo (Seção 5.4A). Assim, muitos genes de vertebrados codificam várias proteínas diferentes, apesar de similares. Além disso, acumulam-se evidências indicando que genomas de vertebrados codificam muitos segmentos curtos de RNA que participam no controle da expressão gênica (Seção 31.4At).

Os genomas de eucariotos, incluído o do *Homo sapiens*, podem ser explorados no endereço eletrônico http://www.ncbi.nlm.nih.gov/projects/mapview/.

C. A próxima geração de tecnologias de sequenciamento de DNA

Um dos objetivos do projeto genoma humano é sequenciar o genoma de um indivíduo a um preço acessível (menciona-se frequentemente o valor de US$ 1.000). Isso permitiria a comparação de milhares de sequências de genomas humanos e, desta forma, a correlação de sequências específicas à suscetibilidade a doenças específicas. Isso, por sua vez, orientaria uma era de medicina personalizada, quando o tratamento de uma doença existente e a prevenção de uma doença esperada seriam adaptados às características genéticas do indivíduo.

Assim como a maioria das áreas na ciência, o sequenciamento de genomas é impulsionado pela tecnologia. A sequência determinada pelo CISGH custou ~US$ 300 milhões e levou mais de uma década para ser concluída. Em contrapartida, pelo uso da "próxima geração" de tecnologia de sequenciamento (ver a seguir), o genoma diploide do James Watson foi sequenciado em 2 meses a um custo de menos de US$ 1 milhão – o terceiro genoma a ser sequenciado. À medida que novas tecnologias forem sendo desenvolvidas, espera-se que o custo e o tempo para sequenciar um genoma humano diminua ainda mais.

Todas as tecnologias de sequenciamento da próxima geração disponíveis eliminam as demoradas etapas de clonagem usadas nos métodos com base no sequenciamento de Sanger (Fig. 7.16). Elas amplificam moléculas de DNA isoladas e as sequenciam massiva e paralelamente.

a. O sistema de sequenciamento 454

O genoma do Watson foi sequenciado pelo uso de um sistema desenvolvido pela 454 Life Sciences, o qual emprega a metodologia descrita a seguir (Fig. 7.17). O DNA genômico é aleatoriamente picotado em pequenos fragmentos (300-500 pb) e então ligado a adaptadores, que por sua vez são unidos especificamente a pérolas de 30 μm de diâmetro de "captura de DNA", em condições de diluição tais que, na sua maioria, cada fragmento de DNA é unido a

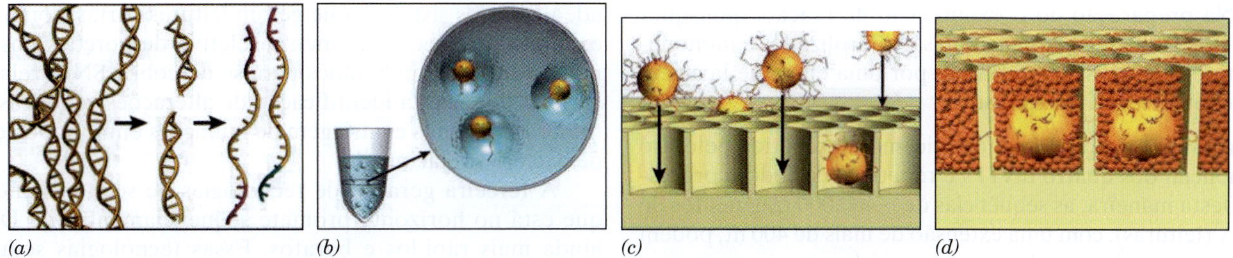

FIGURA 7.17 Preparação da amostra para o sistema de sequenciamento 454. (*a*) O DNA genômico é isolado, fragmentado, ligado a adaptadores e desnaturado para gerar fitas simples. (*b*) As fitas simples são unidas a pérolas de captura de DNA em condições de diluição tais que, na sua maioria, cada fita simples se une a uma pérola, as pérolas são capturadas em uma emulsão--mistura de reação da PCR-óleo, e a amplificação do DNA pela PCR ocorre no interior de cada gotícula que contém a pérola. (*c*) A emulsão é destruída pela adição de isopropanol, o DNA agora em fita dupla é desnaturado e as pérolas que carregam clones do DNA de fita simples são depositadas nos poços de uma lâmina de fibra óptica. (*d*) Pérolas menores ligadas às enzimas ATP--sulfurilase e luciferase são depositadas em cada poço. (Cortesia de Jonathan Rothberg, 454 Life Sciences Corporation, Branford, Connecticut, EUA.)

uma pérola. As pérolas são ressuspendidas em um mistura de PCR que contém dNTPs, oligonucleotídeos iniciadores complementares aos adaptadores e Taq DNA-polimerase. A suspensão é emulsificada com óleo, de modo que cada gotícula de água contém apenas uma pérola, ou seja, cada pérola está contida no seu próprio microrreator, evitando a introdução de sequências competidoras ou contaminantes. A PCR (Seção 5.5F) é realizada por termociclagem, até que ~10 milhões de fragmentos de DNA idênticos sejam unidos a cada pérola de captura de DNA. A emulsão é destruída pela adição de isopropanol, o DNA é desnaturado, e as pérolas que carregam o DNA de fita simples são depositadas em poços de 75 picolitros (1 picolitro = 10^{-12} L) sobre uma lâmina de fibra óptica, com uma pérola por poço. A lâmina contém ~1,6 milhões de poços.

O DNA em cada pérola é sequenciado por uma série de reações enzimáticas acopladas, que são conhecidas coletivamente como **pirossequenciamento** (Fig. 7.18):

1. Flui-se uma solução contendo apenas um dos quatro dNTPs sobre a lâmina que contém as pérolas. Se o dNTP for complementar à primeira base não pareada da fita-molde, a DNA-polimerase catalisa sua adição ao oligonucleotídeo iniciador e libera um íon pirofosfato (Fig. 5.31).

2. Na reação catalizada pela enzima **ATP-sulfurilase**, o íon pirofosfato reage com a **adenosina-5′-fosfossulfato** para produzir ATP.

3. Na reação catalizada pela enzima do vagalume **luciferase**, o ATP reage com **luciferina** e O_2 para produzir oxiluciferina e um facho de luz visível (fenômeno chamado de **quimioluminescência**). O poço do qual emanou o facho de luz e sua intensidade é registrado por um sistema de imagem, de modo a identificar aqueles poços nos quais o nucleotídeo foi adicionado à fita do iniciador. A intensidade da luz é proporcional ao número de nucleotídeos que reagiram, de modo que quando dois ou mais nucleotídeos consecutivos do mesmo tipo foram adicionados à fita do iniciador, seu número é determinado.

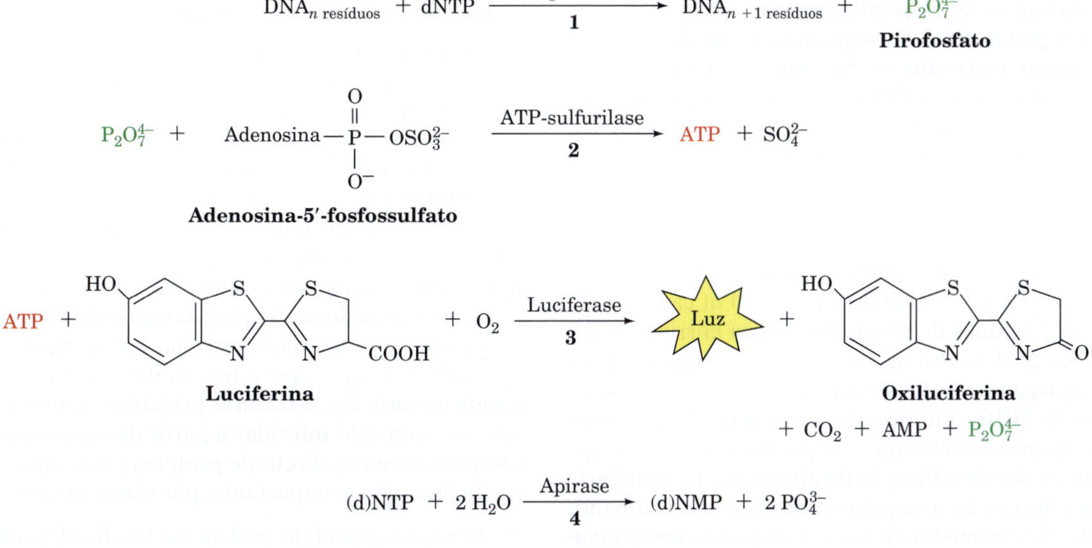

$$\text{DNA}_{n\ \text{resíduos}} + \text{dNTP} \xrightarrow[\mathbf{1}]{\text{DNA-polimerase}} \text{DNA}_{n+1\ \text{resíduos}} + \underset{\textbf{Pirofosfato}}{P_2O_7^{4-}}$$

$$P_2O_7^{4-} + \underset{\textbf{Adenosina-5'-fosfossulfato}}{\text{Adenosina}-\overset{\overset{\displaystyle O}{\|}}{\underset{\underset{\displaystyle O^-}{|}}{P}}-OSO_3^{2-}} \xrightarrow[\mathbf{2}]{\text{ATP-sulfurilase}} \text{ATP} + SO_4^{2-}$$

$$\text{ATP} + \underset{\textbf{Luciferina}}{\text{Luciferina (HO, S, N, COOH)}} + O_2 \xrightarrow[\mathbf{3}]{\text{Luciferase}} \text{Luz} + \underset{\textbf{Oxiluciferina}}{\text{Oxiluciferina (HO, S, N, O)}} + CO_2 + \text{AMP} + P_2O_7^{4-}$$

$$\text{(d)NTP} + 2\,H_2O \xrightarrow[\mathbf{4}]{\text{Apirase}} \text{(d)NMP} + 2\,PO_4^{3-}$$

FIGURA 7.18 As reações de pirossequenciamento.

4. Na preparação do próximo ciclo da reação, quaisquer dNTPs e ATP que não reagiram são hidrolizados a mononucleotídeos (NMPs) e íon fosfato por uma etapa de lavagem que contém a enzima **apirase**.

Essa série de reações é automaticamente repetida pelo uso sequencial dos quatro dNTPs e repetição de todo o processo. Desta maneira, as sequências de ~400.000 fragmentos de DNA (leituras), com uma extensão de mais de 400 nt, podem ser determinadas simultaneamente, cada uma com acurácia de ~99%, em uma corrida de 4 horas (por isso o sistema 454 é mais que 300 vezes mais rápido do que os atuais sistemas de sequenciamento com base no método de Sanger).

As 106 milhões de leituras do genoma do Watson foram montadas por meio do seu mapeamento com a sequência do genoma humano determinada pelo CISGH (usando programas similares aos descritos na Seção 7.4Bg), evitando assim o difícil processo computacional de montagem do genoma com base nas sobreposições, e eliminando a necessidade de finalização. Na verdade, os tamanhos relativamente curtos das leituras do sistema 454 (no máximo ~400 nt, contra ~800 nt do método de Sanger) tornaram difícil uma montagem *shotgun* do genoma eucariótico *de novo*, de modo que o sequenciamento de Sanger ainda é útil. Contudo, as ~4 milhões de leituras do genoma do Watson com alinhamento pobre ou ausente à sequência do CISGH foram localizadas de acordo com suas sobreposições (que identificaram 3,3 milhões de bases isoladas diferentes, conhecidas como **polimorfismos de nucleotídeo único** [**SNPs**, pronuncia-se snips], em relação à sequência do CISGH e à perda ou ganho de vários segmentos cromossômicos que podiam atingir um tamanho de até 1,5 milhões de pb).

Os tamanhos das leituras do sistema 454 são suficientes para montar genomas bacterianos *de novo*, embora seja necessária uma redundância de 15 vezes para fazê-lo acuradamente, contra uma redundância de 6 a 8 vezes para o sequenciamento de Sanger. Apesar disso, com o uso do sistema 454, a sequência de um genoma bacteriano típico pode ser determinada em menos de uma semana, a um custo de alguns milhares de dólares.

b. Outras tecnologias de sequenciamento de DNA

Várias outras plataformas de sequenciamento de DNA da próxima geração, cada uma usando uma tecnologia de sequenciamento diferente, embora massivamente paralela, estão disponíveis. Por exemplo, o sistema SOLiD, da Applied Biosystems, pode sequenciar simultaneamente ~180 milhões de fragmentos de DNA, com leituras de até 50 nt cada, totalizando até ~9 bilhões de nt em uma única corrida, enquanto o Analizador de Genoma, da Illumina (originalmente Solexa), pode sequenciar simultaneamente ~50 milhões de fragmentos de DNA, com leituras de até 50 nt cada, totalizando até ~2,5 bilhões de nt em uma única corrida. A leitura curta desses dois sistemas os torna inadequados para uso em sequenciamento de genoma *de novo*. Apesar disso, até meados de 2010, centenas de sequências de genomas humanos haviam sido determinadas por meio do uso do sistema Illumina e da identificação de alterações na sequência das leituras em relação a sequências de genomas humanos previamente determinadas (processo chamado **ressequenciamento**). Ademais, há muitas aplicações para as quais são adequados os sistemas que geram leituras curtas, como por exemplo o ressequenciamento seletivo de porções dos genomas de vários indivíduos para se descobrir SNPs relacionados a doenças, a identificação de alterações genéticas em tumores malignos e a triagem de mutações entre populações de bactérias relacionadas.

A terceira geração de tecnologias de sequenciamento que está no horizonte promete sequenciamentos de DNA ainda mais rápidos e baratos. Essas tecnologias sequenciam diretamente moléculas únicas de DNA, em vez de primeiro amplificá-las por clonagem ou PCR, como fazem as tecnologias de sequenciamento atualmente disponíveis. Por exemplo, um sistema em desenvolvimento pela Pacific Biosciences liga permanentemente uma única molécula de DNA-polimerase ao fundo de um poço cilíndrico de apenas ~50 nm de diâmetro. A molécula de DNA-polimerase sintetiza a fita complementar à fita-molde que está sendo sequenciada usando dNTPs cujos grupos γ-fosfato estão unidos covalentemente a um corante fluorescente, tendo um corante fluorescente diferente para cada uma das quatro bases. O volume dos poços é tão pequeno (2×10^{-20} L) que as moléculas de dNTP unidas ao corante livremente difundíveis em solução dificilmente entram no poço, e o fazem por poucos microssegundos antes de se distanciarem por difusão. Por oposição, a DNA-polimerase que incorpora um dNTP em uma cadeia crescente de DNA segura-o por dezenas de milissegundos antes de liberar o íon pirofosfato unido ao corante na solução e começar um novo ciclo de síntese. Durante esse tempo, ao ser excitado por *laser*, o dNTP fluorescente emite luz, que é detectada por um sistema óptico sofisticado que mede somente a luz que emana do fundo do poço, identificando assim o dNTP que está sendo incorporado. Esse sistema produz leituras de dezenas de milhares de nucleotídeos em cada um dos milhares de poços. No futuro, haverá sistemas em que moléculas únicas de DNA passarão por pequenos buracos (nanoporos) e identificarão as bases ao medirem alterações elétricas sutis à medida que cada base atravessar o nanoporo.

D. *Sequenciamento de ácidos nucleicos versus sequenciamento de aminoácidos*

As sequências de aminoácidos das proteínas são especificadas pelas sequências de bases dos ácidos nucleicos (Seção 5.4Bb). Como consequência, com o conhecimento do código genético (Tabela 5.3) e da natureza das sequências de iniciação da transcrição e tradução (Seções 31.3 e 32.3C), a estrutura primária de uma proteína pode ser inferida a partir da sequência do ácido nucleico correspondente. Inicialmente, as técnicas de sequenciamento de ácidos nucleicos estavam muito atrás daquelas de proteínas. Porém, no final da década de 1970, os métodos de sequenciamento de DNA avançaram a ponto de tornarem muito mais fácil sequenciar um segmento de DNA do que a proteína codificada por ele. Embora a grande maioria das estruturas primárias de proteínas conhecidas tenham sido inferidas a partir de sequências de DNA, o sequenciamento direto de proteína permanece uma ferramenta bioquímica importante, por várias razões:

1. Ligações dissulfeto podem ser localizadas somente pelo sequenciamento de proteínas.

2. Após sua biossíntese, muitas proteínas são modificadas pela remoção de certos resíduos e por modificações específicas de outros (Seção 32.5). A natureza dessas modificações, frequentemente essenciais à função biológica da proteína, pode ser determinada apenas pelo sequenciamento direto da proteína.

3. Uma das maneiras mais eficientes de identificar o gene que codifica uma proteína de interesse é determinar a sequência de aminoácidos de pelo menos uma porção da proteína, inferir a sequência de bases do segmento de DNA que codifica esse segmento polipeptídico e isolar o(s) gene(s) contendo a sequência de bases por meio de *Southern blotting* ou PCR (Seções 5.5D e 5.5F). Esse processo é conhecido como **genética reversa**, porque, em procariotos, a genética tem sido usada tradicionalmente para caracterizar proteínas em vez do processo inverso. Obviamente, para os organismos cujos genomas foram sequenciados, esse processo pode ser realizado *in silico* (por computador).

4. O código genético "padrão" não é universal: aqueles da mitocôndria e de alguns protozoários são um pouco diferentes (Seção 32.1Db). Além disso, em certas espécies de protozoários, os transcritos de RNA são "editados", ou seja, suas sequências são alteradas antes de serem traduzidas (Seções 31.4Ar e 31.4As). Essas anomalias no código genético foram descobertas pela comparação das sequências de aminoácidos de proteínas com a sequência de bases dos genes correspondentes. Se existirem outras anomalias no código genético, estas serão, sem dúvida, descobertas da mesma maneira.

3 EVOLUÇÃO QUÍMICA

Os indivíduos, bem como a espécie inteira, são caracterizados pelos seus genomas. O genoma de um organismo especifica as sequências de aminoácidos de todos os membros de seu **proteoma** (todas as proteínas codificadas pelo genoma), incluindo a quantidade e o cronograma de surgimento em cada célula. Portanto, a composição proteômica de um organismo é consequência direta de sua composição genômica.

Nesta seção, serão abordados os aspectos evolutivos das sequências de aminoácidos, o estudo da **evolução química** das proteínas. Alterações evolutivas, que surgem a partir de eventos de mutação aleatórios, frequentemente alteram a estrutura primária de uma proteína. Uma mutação em uma proteína, para que seja propagada, deverá de alguma maneira aumentar, ou ao menos não diminuir, a probabilidade de seu possuidor sobreviver para reproduzir. Muitas mutações são deletérias e com frequência letais em seus efeitos, desaparecendo rapidamente. Em raras ocasiões, no entanto, surge uma mutação que, como será visto a seguir, melhora a aptidão de seu hospedeiro ao ambiente natural.

A. *Anemia falciforme: a influência da seleção natural*

A **hemoglobina**, o pigmento vermelho do sangue, é uma proteína cuja principal função é transportar oxigênio pelo corpo. A molécula de hemoglobina é um tetrâmero $\alpha_2\beta_2$, isto é, consiste em duas cadeias α idênticas e duas cadeias β idênticas (Fig. 7.1*d*). A hemoglobina fica contida nos **eritrócitos** (glóbulos vermelhos do sangue; do grego: *erythros*, vermelho + *kytos*, saco vazio) e corresponde a ~33% do peso destes em indivíduos normais, uma concentração que é próxima daquela da hemoglobina no estado cristalino. Em cada ciclo do percurso pelo sistema circulatório, os eritrócitos, que normalmente são discos bicôncavos flexíveis (Fig. 7.19*a*), devem espremer-se no interior de vasos capilares sanguíneos, que têm diâmetros menores do que os próprios eritrócitos.

Em indivíduos portadores da doença hereditária **anemia falciforme**, muitos eritrócitos adotam, sob as condições de baixa concentração de oxigênio típicas dos capilares, uma forma de foice irregular (Fig. 7.19*b*). Essa "falciformação" aumenta a rigidez dos eritrócitos, dificultando sua livre passagem pelos capilares. Assim, essas células falciformes dificultam o fluxo de sangue nos capilares a tal ponto que, em uma "crise" falciforme, o fluxo sanguíneo em algumas áreas pode ficar completamente bloqueado, acarretando, consequentemente, dano tecidual extenso e dor intensa. Além disso, indivíduos com anemia falciforme sofrem de **anemia hemolítica** grave (condição que se caracteriza por destruição dos glóbulos vermelhos), porque a fragilidade mecânica aumentada dos eritrócitos diminui pela metade o tempo de vida médio de 120 dias dessas células. Os efeitos deletérios dessa doença são tais que, antes da segunda metade do século XX, indivíduos com anemia falciforme raramente sobreviviam até a vida adulta (embora os tratamentos modernos, de forma alguma, se constituem em cura).

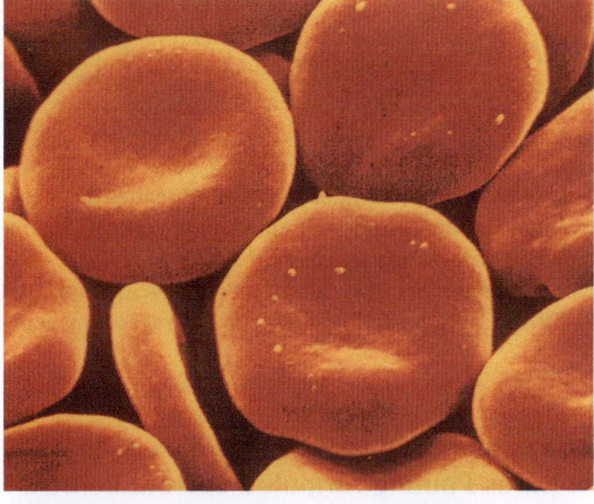

(*a*)

(*b*)

FIGURA 7.19 Micrografias eletrônicas de varredura de eritrócitos humanos. (*a*) Eritrócitos humanos normais revelando sua forma de disco bicôncavo. (David M. Phillips/Visuals Unlimited.) (*b*) Eritrócitos falciformes de um indivíduo com anemia falciforme. (Bill Longcore/Photo Researchers, Inc.)

TABELA 7.4 Sequências de aminoácidos do citocromo *c* de 38 espécies

Grupo	Espécie	−9				−5				−1	1				5					10					15					20					25					30					35					40			
Mamíferos	Humano, chimpanzé									a	G	D	V	E	K	G	K	K	I	F	I	M	K	C	S	Q	C	H	T	V	E	K	G	G	K	H	K	T	G	P	N	L	H	G	L	F	G	R	K	T	G	Q	A
	Macaco *Rhesus*									a	G	D	V	E	K	G	K	K	I	F	I	M	K	C	S	Q	C	H	T	V	E	K	G	G	K	H	K	T	G	P	N	L	H	G	L	F	G	R	K	T	G	Q	A
	Cavalo									a	G	D	V	E	K	G	K	K	I	F	V	Q	K	C	A	Q	C	H	T	V	E	K	G	G	K	H	K	T	G	P	N	L	H	G	L	F	G	R	K	T	G	Q	A
	Burro									a	G	D	V	E	K	G	K	K	I	F	V	Q	K	C	A	Q	C	H	T	V	E	K	G	G	K	H	K	T	G	P	N	L	H	G	L	F	G	R	K	T	G	Q	A
	Vaca, porco, ovelha									a	G	D	V	E	K	G	K	K	I	F	V	Q	K	C	A	Q	C	H	T	V	E	K	G	G	K	H	K	T	G	P	N	L	H	G	L	F	G	R	K	T	G	Q	A
	Cachorro									a	G	D	V	E	K	G	K	K	I	F	V	Q	K	C	A	Q	C	H	T	V	E	K	G	G	K	H	K	T	G	P	N	L	H	G	L	F	G	R	K	T	G	Q	A
	Coelho									a	G	D	V	E	K	G	K	K	I	F	V	Q	K	C	A	Q	C	H	T	V	E	K	G	G	K	H	K	T	G	P	N	L	H	G	L	F	G	R	K	T	G	Q	A
	Baleia cinza da Califórnia									a	G	D	V	E	K	G	K	K	I	F	V	Q	K	C	A	Q	C	H	T	V	E	K	G	G	K	H	K	T	G	P	N	L	H	G	L	F	G	R	K	T	G	Q	A
	Grande canguru cinza									a	G	D	V	E	K	G	K	K	I	F	V	Q	K	C	A	Q	C	H	T	V	E	K	G	G	K	H	K	T	G	P	N	I	N	G	I	F	G	R	K	T	G	Q	A
Outros vertebrados	Galinha, peru									a	G	D	I	E	K	G	K	K	I	F	V	Q	K	C	S	Q	C	H	T	V	E	K	G	G	K	H	K	T	G	P	N	L	H	G	L	F	G	R	K	T	G	Q	A
	Pombo									a	G	D	I	E	K	G	K	K	I	F	V	Q	K	C	S	Q	C	H	T	V	E	K	G	G	K	H	K	T	G	P	N	L	H	G	L	F	G	R	K	T	G	Q	A
	Pato									a	G	D	V	E	K	G	K	K	I	F	V	Q	K	C	S	Q	C	H	T	V	E	K	G	G	K	H	K	T	G	P	N	L	H	G	L	F	G	R	K	T	G	Q	A
	Tartaruga									a	G	D	V	E	K	G	K	K	I	F	V	Q	K	C	A	Q	C	H	T	V	E	K	G	G	K	H	K	T	G	P	N	L	N	G	L	I	G	R	K	T	G	Q	A
	Cascavel									a	G	D	V	E	K	G	K	K	I	F	T	M	K	C	S	Q	C	H	T	V	E	K	G	G	K	H	K	T	G	P	N	L	H	G	L	F	G	R	K	T	G	Q	A
	Sapo-boi									a	G	D	V	E	K	G	K	K	I	F	V	Q	K	C	A	Q	C	H	T	C	E	K	G	G	K	H	K	V	G	P	N	L	Y	G	L	I	G	R	K	T	G	Q	A
	Atum									a	G	D	V	A	K	G	K	K	T	F	V	Q	K	C	A	Q	C	H	T	V	E	N	G	G	K	H	K	V	G	P	N	L	W	G	L	F	G	R	K	T	G	Q	A
	Cação									a	G	D	V	E	K	G	K	K	V	F	V	Q	K	C	A	Q	C	H	T	V	E	N	G	G	K	H	K	T	G	P	N	L	S	G	L	F	G	R	K	T	G	Q	A
Insetos	*Samia cynthia* (mariposa)					h	G	V	P	A	G	N	A	E	N	G	K	K	I	F	V	Q	R	C	A	Q	C	H	T	V	E	A	G	G	K	H	K	V	G	P	N	L	H	G	F	Y	G	R	K	T	G	Q	A
	Mariposa da lagarta do tabaco					h	G	V	p	A	G	N	A	D	N	G	K	K	I	F	V	Q	R	C	A	Q	C	H	T	V	E	A	G	G	K	H	K	V	G	P	N	L	H	G	F	F	G	R	K	T	G	Q	A
	Mosca varejeira					h	G	V	P	A	G	D	V	E	K	G	K	K	I	F	V	Q	R	C	A	Q	C	H	T	V	E	A	G	G	K	H	K	V	G	P	N	L	H	G	L	F	G	R	K	T	G	Q	A
	Drosophila (mosca-das-frutas)					h	G	V	P	A	G	D	V	E	K	G	K	K	L	F	V	Q	R	C	A	Q	C	H	T	V	E	A	G	G	K	H	K	V	G	P	N	L	H	G	L	I	G	R	K	T	G	Q	A
Fungos	Levedura do fermento do pão				h	T	E	F	K	A	G	S	A	K	K	G	A	T	L	F	K	T	R	C	L	Q	C	H	T	V	E	K	G	G	P	H	K	V	G	P	N	L	H	G	I	F	G	R	H	S	G	Q	A
	Candida krusei (levedura)			h	P	A	P	F	E	Q	G	S	A	K	K	G	A	T	L	F	K	T	R	C	A	Q	C	H	T	I	E	A	G	G	P	H	K	V	G	P	N	L	H	G	I	F	S	R	H	S	G	Q	A
	Neurospora crassa (fungo filamentoso)					h	G	F	S	A	G	D	S	K	K	G	A	N	L	F	K	T	R	C	A	Q	C	H	T	L	E	E	G	G	G	N	K	I	G	P	A	L	H	G	L	F	G	R	K	T	G	S	V
Plantas superiores	Germe de trigo	a	A	S	F	S	E	A	P	P	G	N	P	D	A	G	A	K	I	F	K	T	K	C	A	Q	C	H	T	V	D	A	G	A	G	H	K	Q	G	P	N	L	H	G	L	F	G	R	Q	S	G	T	T
	Semente de fagópiro	a	A	T	F	S	E	A	P	P	G	N	I	K	S	G	E	K	I	F	K	T	K	C	A	Q	C	H	T	V	E	K	G	A	G	H	K	Q	G	P	N	L	N	G	L	F	G	R	Q	S	G	T	T
	Semente de girassol	a	A	S	F	A	E	A	P	P	G	D	P	T	T	G	A	K	I	F	K	T	K	C	A	Q	C	H	T	V	E	K	G	A	G	H	K	Q	G	P	N	L	N	G	L	F	G	R	Q	S	G	T	T
	Phaseolus aureus	a	A	S	F	B	E	A	P	P	G	B	S	K	S	G	E	K	I	F	K	T	K	C	A	Q	C	H	T	V	D	K	G	A	G	H	K	Q	G	P	N	L	N	G	L	F	G	R	Q	S	G	T	T
	Couve-flor	a	A	S	F	B	E	A	P	P	G	B	S	K	A	G	E	K	I	F	K	T	K	C	A	Q	C	H	T	V	D	K	G	A	G	H	K	Q	G	P	N	L	N	G	L	F	G	R	Q	S	G	T	T
	Moranga	a	A	S	F	B	E	A	P	P	G	B	S	K	A	G	E	K	I	F	K	T	K	C	A	Q	C	H	T	V	D	K	G	A	G	H	K	Q	G	P	N	L	N	G	L	F	G	R	Q	S	G	T	T
	Semente de gergelim	a	A	S	F	B	E	A	P	P	G	B	V	K	S	G	E	K	I	F	K	T	K	C	A	Q	C	H	T	V	D	K	G	A	G	H	K	Q	G	P	N	L	N	G	L	F	G	R	Q	S	G	T	T
	Mamona	a	A	S	F	B	E	A	P	P	G	B	V	K	A	G	E	K	I	F	K	T	K	C	A	Q	C	H	T	V	E	K	G	A	G	H	K	Q	G	P	N	L	N	G	L	F	G	R	Q	S	G	T	T
	Semente de algodão	a	A	S	F	Z	E	A	P	P	G	B	A	K	A	G	E	K	I	F	K	T	K	C	A	Q	C	H	T	V	D	K	G	A	G	H	K	Q	G	P	N	L	N	G	L	F	G	R	Q	S	G	T	T
	Semente de *Abutilon*	a	A	S	F	Z	E	A	P	P	G	B	A	K	A	G	E	K	I	F	K	T	K	C	A	Q	C	H	T	V	E	K	G	A	G	H	K	Q	G	P	N	L	N	G	L	F	G	R	Q	S	G	T	T
	Número de aminoácidos diferentes										1	3	5	5	5	1	3	3	4	1	4	3	2	1	3	1	1	1	1	4	2	4	1	2	3	2	1	4	1	1	2	1	5	1	3	3	2	1	3	2	1	3	3

(continua)

As cadeias laterais dos aminoácidos foram sombreadas de acordo com suas polaridades características, de modo que um resíduo invariante ou substituído conservativamente é identificado por uma banda vertical de uma única cor. A letra "a" no início da cadeia indica que o grupo aminoterminal é acetilado e "h" indica que o grupo acetila está ausente.

Fonte: Dickerson, R.E., *Sci. Am.* 226(4), 58-72 (1972), com correções de Dickerson, R.E. e Timkovich, R., *in* Boyer, P.D. (Ed.), *The Enzymes* (3rd ed.), Vol. 11, p. 421-422, Academic Press (1975). Ilustração: Imagem de Irving Geis da Coleção Irving Geis, Howard Hughes Medical Institute. Impresso com permissão.

a. A anemia falciforme é uma doença molecular

Em 1945, Linus Pauling formulou corretamente a hipótese de que *a anemia falciforme, que ele denominou como uma **doença molecular**, é o resultado da presença de uma hemoglobina mutante*. Posteriormente, Pauling e seus colaboradores demonstraram, por estudos eletroforéticos, que a hemoglobina humana normal (**HbA**) possui uma carga aniônica que é aproximadamente duas unidades mais negativa que a da hemoglobina da célula falciforme (**HbS**; Fig. 7.20).

Em 1956, Vernon Ingram desenvolveu a técnica de mapeamento de peptídeos (Seção 7.1J) de modo a apontar as diferenças entre HbA e HbS. Os mapas de Ingram das digestões por tripsina de HbA e HbS revelaram que as subunidades α eram idênticas, mas que as subunidades β diferiam por variarem em um dos peptídeos da digestão por tripsina (Fig. 7.11). Estudos de sequenciamento, finalmente, indicaram que essa diferença é devida à substituição do Glu β6 da HbA (o Glu na sexta posição de cada cadeia β) por Val na HbS (Glu β6 → Val), substituição responsável pela diferença de carga observada por Pauling. Essa foi a primeira vez que se mostrou que uma doença hereditária decorria de uma alteração de aminoácido específica em uma proteína. *Essa*

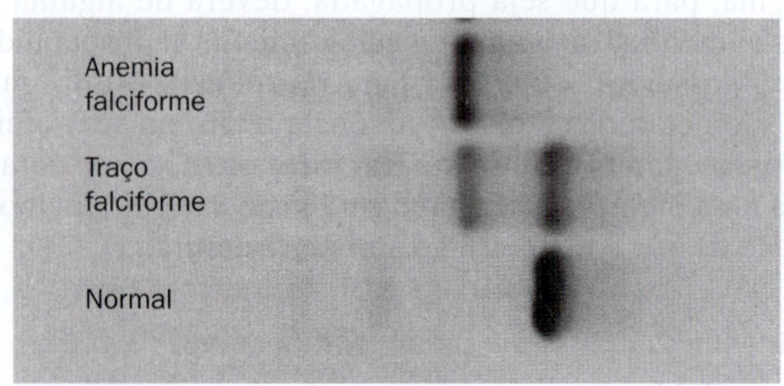

FIGURA 7.20 Padrão eletroforético de hemoglobinas de indivíduos normais, de indivíduos com traço falciforme e com anemia falciforme. (De Montgomery, R., Dryer, R.L., Conway, T.W. e Spector, A.A., *Biochemistry, A Case Oriented Approach* [4th ed.], *p*. 87. Figura impressa com a permissão de C.V. Mosby Company, Inc.)

TABELA 7.4 ***(Continuação)***

45 50 55 60 65 70 75 80 85 90 95 100 104
PGYSYTAANKNKGIIWGEDTLMEYLENPKKYIPGTKMIFVGIKKKEERADLIAYLKKATNE
PGYSYTAANKNKGITWGEDTLMEYLENPKKYIPGTKMIFVGIKKKEERADLIAYLKKATNE
PGFTYTDANKNKGITWKEETLMEYLENPKKYIPGTKMIFAGIKKKTEREDLIAYLKKATNE
PGFSYTDANKNKGITWKEETLMEYLENPKKYIPGTKMIFAGIKKKTEREDLIAYLKKATNE
PGFSYTDANKNKGITWGEETLMEYLENPKKYIPGTKMIFAGIKKKGEREDLIAYLKKATNE
PGFSYTDANKNKGITWGEETLMEYLENPKKYIPGTKMIFAGIKKTGERADLIAYLKKATKE
VGFSYTDANKNKGITWGEDTLMEYLENPKKYIPGTKMIFAGIKKKDERADLIAYLKKATNE
VGFSYTDANKNKGITWGEETLMEYLENPKKYIPGTKMIFAGIKKKGERADLIAYLKKATNE
PGFTYTDANKNKGIIWGEDTLMEYLENPKKYIPGTKMIFAGIKKKGERADLIAYLKKATNE
EGFSYTDANKNKGITWGEDTLMEYLENPKKYIPGTKMIFAGIKKKSERVDLIAYLKDATSK
EGFSYTDANKNKGITWGEDTLMEYLENPKKYIPGTKMIFAGIKKKAERADLIAYLKQATAK
EGFSYTDANKNKGITWGEDTLMEYLENPKKYIPGTKMIFAGIKKKSERADLIAYLKDATAK
EGFSYTEANKNKGITWGEETLMEYLENPKKYIPGTKMIFAGIKKKAERADLIAYLKDATSK
VGYSYTAANKNKGIIWGDDTLMEYLENPKKYIPGTKMVFTGLSKKKERTNLIAYLKEKTAA
AGFSYTDANKNKGITWGEDTLMEYLENPKKYIPGTKMIFAGIKKKGERQDLIAYLKSACSK
EGYSYTDANKSKGIVWNNDTLMEYLENPKKYIPGTKMIFAGIKKKGERQDLVAYLKSATS-
QGFSYTDANKSKGITWQQETLRIYLENPKKYIPGTKMIFAGLKKKSERQDLIAYLKKTAAS
PGFSYSNANKAKGITWGDDTLFEYLENPKKYIPGTKMVFAGLKKANERADLIAYLKESTK-
PGFSYSNANKAKGITWQDDTLFEYLENPKKYIPGTKMVFAGLKKANERADLIAYLKQATK-
AGFAYTNANKAKGITWQDDTLFEYLENPKKYIPGTKMIFAGLKKPNERGDLIAYLKSATK-
AGFAYTNANKAKGITWQDDTLFEYLENPKKYIPGTKMIFAGLKKPNERGDLIAYLKSATK-
QGYSYTDANIKKNVLWDENNMSEYLTNPXKYIPGTKMAFGGLKKEKDRNDLITYLKKACE-
QGYSYTDANKRAGVEWAEPTMSDYLENPXKYIPGTKMAFGGLKKAKDRNDLVTYMLEASK-
DGYAYTDANKQKGITWDENTLFEYLENPXKYIPGTKMAFGGLKKDKDRNDIITFMKEATA-
AGYSYSAANKNKAVEWEENTLYDYLLNPXKYIPGTKMVFPGLXKPQDRADLIAYLKKATSS
AGYSYSAANKNKAVTWGEDTLYEYLLNPXKYIPGTKMVFPGLXKPQERADLIAYLKDSTE-
AGYSYSAANKNMAVIWEENTLYDYLENPXKYIPGTKMVFPGLXKPQERADLIAYLKTSTA-
AGYSYSTANKNMAVIWEEKTLYDYLENPXKYIPGTKMVFPGLXKPQDRADLIAYLKESTA-
AGYSYSAANKNKAVEWEEKTLYDYLENPXKYIPGTKMVFPGLXKPQDRADLIAYLKEATA-
PGYSYSAANKNRAVIWEEKTLYDYLENPXKYIPGTKMVFPGLXKPQDRADLIAYLKEATA-
PGYSYSAANKNMAVIWGENTLYDYLENPXKYIPGTKMVFPGLXKPQERADLIAYLKEATA-
AGYSYSAANKNMAVQWGENTLYAYLENPXKYIPGTKMVFPGLXKPQDRADLIAYLKEATA-
AGYSYSAANKNMAVQWGENTLYDYLENPXKYIPGTKMVFPGLXKPQDRADLIAYLKESTA-
PGYSYSAANKNMAVNWGENTLYDYLENPXKYIPGTKMVFPGLXKPQDRADLIAYLKESTA-
6 1 2 3 1 2 5 1 1 2 6 4 3 2 7 1 7 4 5 2 2 5 4 1 1 3 1 1 1 1 1 1 1 1 1 1 1 3 1 5 1 2 2 1 6 9 2 1 7 2 2 2 2 2 2 2 6 4 4 5 4

Hidrofílico, ácido: D Asp E Glu

Hidrofílico, básico: H His K Lys R Arg X TrimetilLys

Polar, não carregado: B Asn or Asp G Gly N Asn Q Gln S Ser T Thr W Trp Y Tyr Z Gln ou Glu

Hidrofóbico: A Ala C Cys F Phe I Ile L Leu M Met P Pro V Val

mutação causa a agregação da HbS desoxigenada, formando filamentos de tamanho e rigidez suficientes para deformar os eritrócitos – exemplo notável da influência da estrutura primária na estrutura quaternária. A estrutura desses filamentos será discutida na Seção 10.3B.

b. O traço falciforme característico confere resistência à malária

A anemia falciforme é herdada de acordo com as leis da genética mendeliana (Seção 1.4B). A hemoglobina dos indivíduos homozigotos para anemia falciforme é quase que somente HbS. Em indivíduos heterozigotos para anemia falciforme, ao contrário, ~40% da hemoglobina é HbS (Fig. 7.20). Essas pessoas, possuidoras do chamado **traço falciforme**, levam uma vida normal, apesar de seus eritrócitos terem meia-vida mais curta do que os de indivíduos normais.

O traço e a doença falciformes ocorrem principalmente em pessoas de descendência africana equatorial. As regiões da África equatorial, onde a **malária** é a principal causa de morte (contribuindo para taxas de mortalidade infantil tão altas quanto 50%), como indicado na Fig. 7.21, coincidem quase exatamente com aquelas áreas onde o gene para a anemia falciforme é prevalente (presente, em algumas áreas, em até 40% da população). Essa observação levou Anthony Allison à descoberta de que *indivíduos heterozigotos para HbS são resistentes à malária, isto é, eles têm menos chance de morrerem por infecção por malária.*

A malária é uma das doenças infecciosas mais letais que atualmente afligem a humanidade: das 2,5 bilhões de pessoas que vivem em áreas endêmicas para malária, há sempre 100 milhões clinicamente doentes, e pelo menos 1 milhão, a maioria crianças muito novas, morrem de malária a cada ano. Na África, a malária é causada pelo protozoário, transmitido por mosquitos, *Plasmodium falciparum*, que reside dentro dos eritrócitos durante a maior parte do seu ciclo de vida de 48 horas. Os plasmódios aumentam a acidez dos eritrócitos infectados em ~0,4 unidades de pH e causam a adesão destes a proteínas específicas que revestem as paredes dos capilares, através de botões proteicos que se desenvolvem na superfície

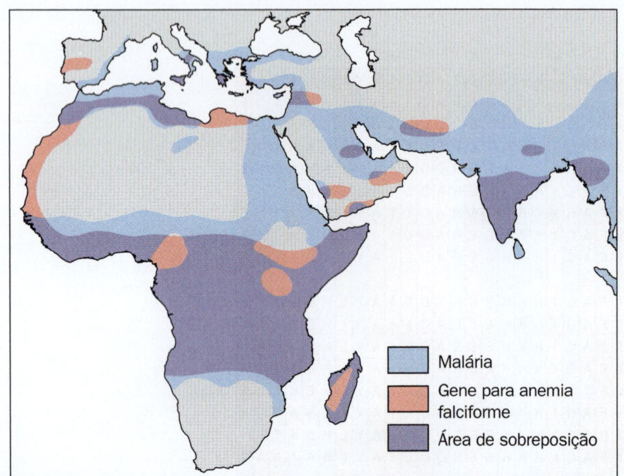

FIGURA 7.21 O mapa indica as regiões do mundo onde, até 1930, a malária causada pelo *P. falciparum* era prevalente, e a distribuição do gene para anemia falciforme.

dos eritrócitos (senão o baço removeria da circulação os eritrócitos infectados, destruindo os parasitos). Quando há muitos eritrócitos alojados em um órgão vital (como o cérebro na malária cerebral), impedindo significativamente o fluxo de sangue, a morte é o resultado frequente.

Como é que o traço falciforme confere resistência à malária? Normalmente, observa-se que ~2% dos eritrócitos de indivíduos com traço falciforme adotam a forma de foice sob as condições de baixa concentração de oxigênio encontrada nos capilares. No entanto, o baixo pH dos eritrócitos infectados aumenta a proporção de eritrócitos falciformes para ~40%. Assim, durante os estágios iniciais da infecção por malária, o aumento na adoção da forma falciforme promovida pelo parasito causa a remoção preferencial de eritrócitos infectados da circulação. Nos estágios tardios da infecção, quando os eritrócitos parasitados estão aderidos às paredes capilares, a adoção da forma de foice induzida pelo ambiente pobre em oxigênio pode, mecânica e/ou metabolicamente, romper o parasito. Consequentemente, portadores do traço falciforme em uma região de incidência de malária têm uma vantagem adaptativa: a fração da população de heterozigotos (portadores do traço falciforme) nessas áreas aumenta até que a vantagem reprodutiva seja balanceada pela inviabilidade da proporção crescente de homozigotos (aqueles com anemia falciforme). Portanto, *a anemia falciforme fornece um exemplo Darwiniano clássico das consequências adaptativas de uma única mutação na constante competição biológica entre organismos pelos mesmos recursos.*

B. *Variações entre espécies em proteínas homólogas: os efeitos da alteração neutra*

As estruturas primárias de uma dada proteína de espécies relacionadas são muito parecidas umas com as outras. Supondo que, de acordo com a teoria evolucionária, espécies relacionadas evoluíram a partir de um ancestral comum, então cada uma das proteínas deve, da mesma maneira, ter evoluído a partir da proteína correspondente daquele ancestral comum.

Mesmo uma proteína que está bem-adaptada a sua função, isto é, que não está sujeita a um melhoramento fisiológico significativo, continua evoluindo. A natureza aleatória dos processos de mutação, com o passar do tempo, alterará tal proteína de maneira que sua função não será alterada, um processo chamado **alteração neutra** (mutações prejudiciais são, é claro, rapidamente rejeitadas pela seleção natural). *Portanto, a comparação das estruturas primárias de* ***proteínas homólogas*** *(proteínas relacionadas evolutivamente) indicam quais dos resíduos da proteína são essenciais a sua função, quais têm menos importância e quais têm funções específicas de menor importância.* Se, por exemplo, for encontrada a mesma cadeia lateral em uma posição específica da sequência de aminoácidos de uma série de proteínas relacionadas, pode-se concluir que as propriedades estruturais e/ou químicas do assim chamado **resíduo invariante** o tornam fundamental a alguma função essencial da proteína. Outras posições de aminoácidos podem possuir requerimentos menos estritos de cadeias laterais, de modo que são necessários resíduos com cadeias laterais de características similares (p. ex., aqueles de propriedades ácidas: Asp e Glu); diz-se que essas posições são **substituídas conservativamente**. Por outro lado, muitos resíduos de aminoácidos diferentes podem ser tolerados em uma dada posição, o que indica que as exigências funcionais daquela posição não são tão específicas. Tal posição é chamada de **hipervariável**.

a. O citocromo c é uma proteína bem-adaptada

Para ilustrar esses pontos, considere-se a estrutura primária de uma proteína eucariótica praticamente universal, o **citocromo *c***. O citocromo *c* possui uma única cadeia polipeptídica que, em vertebrados, consiste em 103 ou 104 resíduos, mas em outros phyla possui até 8 resíduos a mais na extremidade N-terminal. Está presente na mitocôndria como parte da **cadeia de transporte de elétrons**, um sistema metabólico complexo que atua na oxidação final de nutrientes para produzir trifosfato de adenosina (ATP) (Seção 22.2). A função do citocromo *c* é transferir elétrons entre um grande complexo enzimático, conhecido como **citocromo *c*-redutase**, e outro, chamado **citocromo *c*-oxidase**.

Aparentemente, a cadeia de transporte de elétrons adotou sua presente forma entre 1,5 e 2 bilhões de anos atrás, à medida que organismos desenvolveram a habilidade de respirar (Seção 1.5Cb). Desde aquela época, os componentes desse sistema multienzimático mudaram muito pouco, como é evidenciado pela observação de que o citocromo *c* de qualquer organismo eucariótico, como o de um pombo, reagirá *in vitro* com a citocromo-oxidase de qualquer outro eucarioto, por exemplo, trigo. De fato, citocromos *c* híbridos, consistindo em fragmentos de espécies tão distantemente relacionadas, como cavalo e levedura (preparados por técnicas de engenharia genética), ligados covalentemente exibem atividade biológica.

b. Comparações entre sequências de proteínas auxiliam na compreensão da taxonomia

Emanuel Margoliash, Emil Smith e outros elucidaram as sequências de aminoácidos dos citocromos *c* de mais de 100 espécies eucarióticas amplamente diversas, variando em complexidade desde leveduras até humanos. As sequências de 38 desses organismos estão organizadas na Tabela 7.4, de forma a maximizar as similaridades entre resíduos alinhados na vertical (métodos de alinhamento de sequência serão discutidos na Seção 7.4B). Os vários resíduos na tabela foram coloridos de acordo com suas propriedades físicas, para ressaltar o caráter conservado das substituições dos aminoácidos. A inspeção da Tabela 7.4 indica que o citocromo *c* é uma proteína conservada evolutivamente. Dos seus 105 resíduos, um total de 38 (23 são encontrados em todos que foram sequenciados) são invariantes, e a maioria dos demais resíduos é substituída conservativamente (ver última linha da Tabela 7.4). Por oposição, há 8 posições que podem ser ocupadas por seis ou mais resíduos diferentes e, como tal, são considerados hipervariáveis.

A função bioquímica óbvia de certos resíduos torna fácil supor por que eles são invariantes. Por exemplo, a His 18 e a Met 80 ligam o átomo de Fe redox ativo do citocromo *c*; a substituição de qualquer um desses resíduos nessas posições inativa a proteína. No entanto, o significado bioquímico da maioria dos resíduos invariantes ou substituídos conservativamente do citocromo *c* somente pode ser verificado em nível da estrutura tridimensional da proteína, sendo tratado na Seção 9.6A. A seguir, será considerado o que se pode deduzir apenas pela comparação das sequências de aminoácidos de proteínas relacionadas. É surpreendente o quanto se pode inferir.

A maneira mais fácil de comparar as diferenças evolutivas entre duas proteínas homólogas é, simplesmente, contar as diferenças de aminoácidos que há entre elas (mais realisticamente, deveria se considerar o menor número de alterações de bases de DNA necessário para converter uma proteína em outra, mas, devido à baixa frequência com que mutações são aceitas, o cálculo das diferenças de aminoácidos fornece uma informação similar). A Tabela 7.5 mostra as diferenças na sequência de aminoácidos entre 22 dos citocromos *c* listados na Tabela 7.4. Os quadros enfatizam as relações entre grupos de espécies semelhantes. A ordenação dessas diferenças é bastante comparável àquela esperada a partir da taxonomia clássica. Sendo assim, citocromos *c* de primatas parecem-se mais com os de outros mamíferos do que, por exemplo, com os de insetos (8 a 12 diferenças para mamíferos vs. 26 a 31 para insetos). Da mesma forma, os citocromos *c* de fungos distinguem-se tanto dos de mamíferos (45 a 51 diferenças) quanto dos de insetos (41 a 47) ou dos de plantas superiores (47 a 54).

Por meio da análise de dados como aqueles da Tabela 7.5, *pode construir-se uma árvore filogenética (Seção 1.1B) que indique as relações ancestrais entre os organismos que produziram as proteínas* (os métodos usados para construir árvores filogenéticas são discutidos na Seção 7.4C). O esboço de uma dessas árvores para o citocromo *c* está mostrado na Fig. 7.22. Árvores semelhantes foram derivadas para outras proteínas. Cada ponto de ramificação da árvore indica a provável existência de um ancestral comum para todos os organismos acima daquele ponto. As distâncias evolutivas relativas entre pontos vizinhos nos ramos são expressadas como o número de aminoácidos diferentes a cada 100 resíduos da proteína (*p*orcentagem de *m*utações pontuais *a*ceitas, ou **unidades PMA**). Isso fornece uma medida quantitativa do grau

TABELA 7.5 Matriz das diferenças de aminoácidos para citocromo *c de 26 espécies**

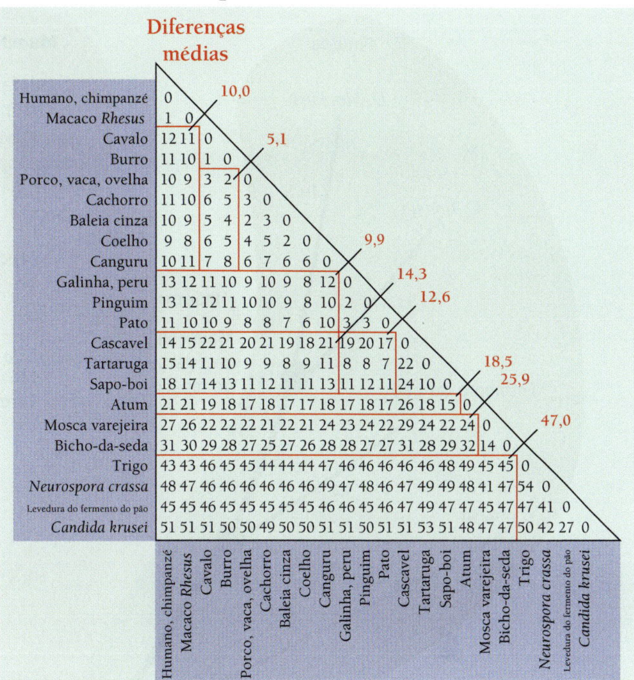

	Humano, chimpanzé	Macaco *Rhesus*	Cavalo	Burro	Porco, vaca, ovelha	Cachorro	Baleia cinza	Coelho	Canguru	Galinha, peru	Pinguim	Pato	Cascavel	Tartaruga	Sapo-boi	Atum	Mosca varejeira	Bicho-da-seda	Trigo	*Neurospora crassa*	Levedura do fermento do pão	*Candida krusei*
Humano, chimpanzé	0																					
Macaco *Rhesus*	1	0																				
Cavalo	12	11	0																			
Burro	11	10	1	0																		
Porco, vaca, ovelha	10	9	3	2	0																	
Cachorro	11	10	6	5	3	0																
Baleia cinza	10	9	5	4	2	3	0															
Coelho	9	8	6	5	4	5	2	0														
Canguru	10	11	7	8	6	7	6	6	0													
Galinha, peru	13	12	11	10	9	10	9	8	12	0												
Pinguim	13	12	12	11	10	10	9	8	10	2	0											
Pato	11	10	10	9	8	8	7	6	10	3	3	0										
Cascavel	14	15	22	21	20	21	19	18	21	19	20	17	0									
Tartaruga	15	14	11	10	9	9	8	9	11	8	8	7	22	0								
Sapo-boi	18	17	14	13	11	12	11	11	13	11	12	11	24	10	0							
Atum	21	21	19	18	17	18	17	17	18	17	18	17	26	18	15	0						
Mosca varejeira	27	26	22	22	22	21	22	21	24	23	24	22	29	24	22	24	0					
Bicho-da-seda	31	30	29	28	27	25	27	26	28	28	27	27	31	28	29	32	14	0				
Trigo	43	43	46	45	45	44	44	44	47	46	46	46	46	46	48	49	45	45	0			
Neurospora crassa	48	47	46	46	46	46	46	46	49	47	48	46	47	49	49	48	41	47	54	0		
Levedura do fermento do pão	45	45	46	45	45	45	45	45	46	46	45	46	47	49	47	47	45	47	47	41	0	
Candida krusei	51	51	51	50	50	49	50	50	51	51	50	51	51	53	51	48	47	47	50	42	27	0

*Cada dado na tabela indica o número de aminoácidos diferentes entre os citocromos *c* das espécies à esquerda e abaixo daquele dado.
(Tabela publicada com a permissão de Irving Geis.)

de relação das várias espécies que não pode ser fornecida pela taxonomia macroscópica. Observa-se que as distâncias evolutivas dos citocromos *c* modernos a partir do ponto de ramificação mais baixo na sua árvore são aproximadamente as mesmas. Evidentemente, os citocromos *c* das assim chamadas formas inferiores de vida evoluíram tanto quanto os das formas superiores.

c. As proteínas evoluem a taxas características

As distâncias evolutivas entre várias espécies podem ser colocadas em um gráfico *versus* a época em que, de acordo com registros fósseis datados por radioatividade, as espécies divergiram. Para o citocromo *c*, esse gráfico é essencialmente linear, indicando assim que o citocromo *c* acumulou mutações a uma taxa constante na escala geológica de tempo (Fig. 7.23). Este é também o caso para outras três proteínas, cujas taxas de evolução estão indicadas na Fig. 7.23. Cada uma tem sua taxa de alteração característica, conhecida como **unidade de período evolutivo**, que é definida como o tempo necessário para a sequência de aminoácidos de uma proteína sofrer alteração em 1% depois que duas espécies tenham divergido. Para o citocromo *c*, a unidade de período evolutivo é 20 milhões de anos. Compare-o com uma proteína que varia muito menos, a **histona H4** (600 milhões de anos) e com outras que variam muito mais, a hemoglobina (5,8 milhões de anos) e os **fibrinopeptídeos** (1,1 milhão de anos).

Essas informações não implicam que as taxas de mutação dos DNAs que especificam essas proteínas sejam diferentes, *mas sim que a taxa em que as mutações são aceitas*

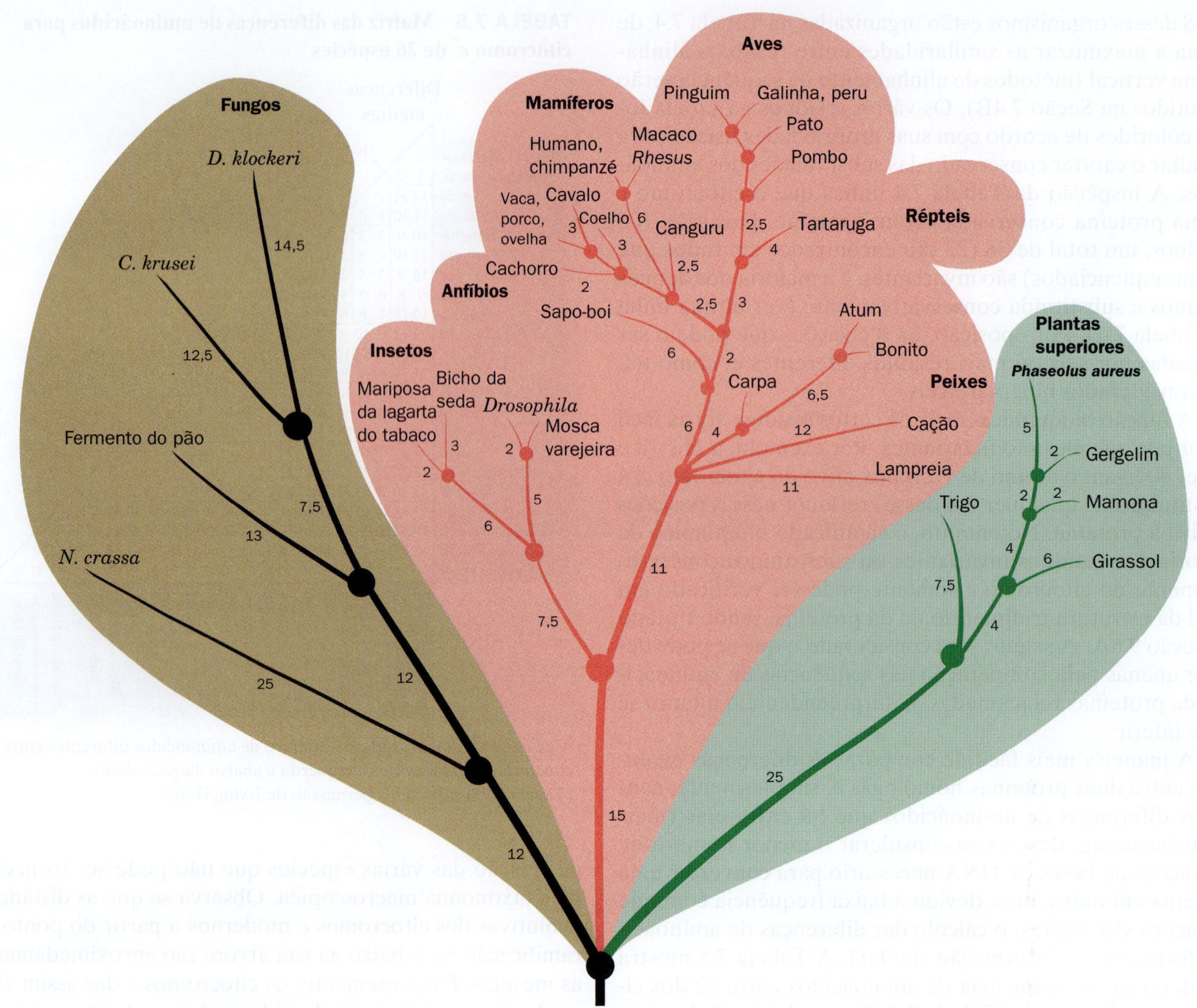

FIGURA 7.22 **Árvore filogenética do citocromo *c*.** A árvore foi gerada pela análise, auxiliada por computador, dos dados de diferenças, como aqueles na Tabela 7.5 (Seção 7.4C). Cada ponto de ramificação indica a existência de um organismo supostamente ancestral às espécies colocadas acima dele. Os números ao lado de cada ramo indicam as diferenças inferidas, em unidades PMA, entre os citocromos *c* dos pontos de ramificação ou espécies adjacentes. (Segundo Dayhoff, M.O., Park, C.M., e McLaughlin, P.J., *in* Dayhoff, M.O. (Ed.), *Atlas of Protein Sequence and Structure, p.* 8, National Biomedical Research Foundation [1972].)

na proteína depende de quanto as alterações nos aminoácidos afetam sua função. O citocromo *c*, por exemplo, é uma proteína bastante pequena em que, ao exercer sua função biológica, grande parte de sua área de superfície deve interagir com grandes complexos proteicos. Qualquer mutação no citocromo *c* muito provavelmente afetará essas interações, a menos que, é claro, os complexos sofram mutações simultâneas para acomodar a alteração, acontecimento altamente improvável. Isso explica a estabilidade evolutiva do citocromo *c*. A histona H4 é uma proteína que se liga ao DNA nos cromossomos eucarióticos (Seção 34.1A). Sua função central no empacotamento dos arquivos genéticos evidentemente a torna extremamente intolerante a quaisquer alterações mutacionais. De fato, a histona H4 está tão bem adaptada a sua função que as histonas H4 de ervilhas e vacas, espécies que divergiram há 1,2 bilhão de anos, diferem por apenas duas alterações conservativas nos seus 102 aminoácidos. A hemoglobina, assim como o citocromo *c*, é uma máquina molecular intrincada (Seção 10.2). No entanto, ela existe na forma livre, de modo que os grupos da sua superfície em geral são mais tolerantes a alterações do que aqueles do citocromo *c* (embora não no caso da HbS; Seção 10.3B). Isso explica a maior taxa de evolução da hemoglobina. Os fibrinopeptídeos são polipeptídeos, de ~20 resíduos, hidrolisados proteoliticamente da proteína de vertebrados **fibrinogênio** quando esta é convertida a **fibrina** no processo de coagulação sanguínea (Seção 35.1A). Assim que foram excisados, os fibrinopeptídeos são descartados, de modo que existe relativamente pouca pressão seletiva para que eles mantenham suas sequências de aminoácidos, e assim suas taxas de variação são altas. Se presumir-se que os fibrinopeptídeos estão evoluindo aleatoriamente, então as já descritas unidades de período evolutivo indicam que, para a hemoglobina, apenas 1,1/5,8 = 1/5 das alterações de aminoácidos são aceitáveis, isto é, são inó-

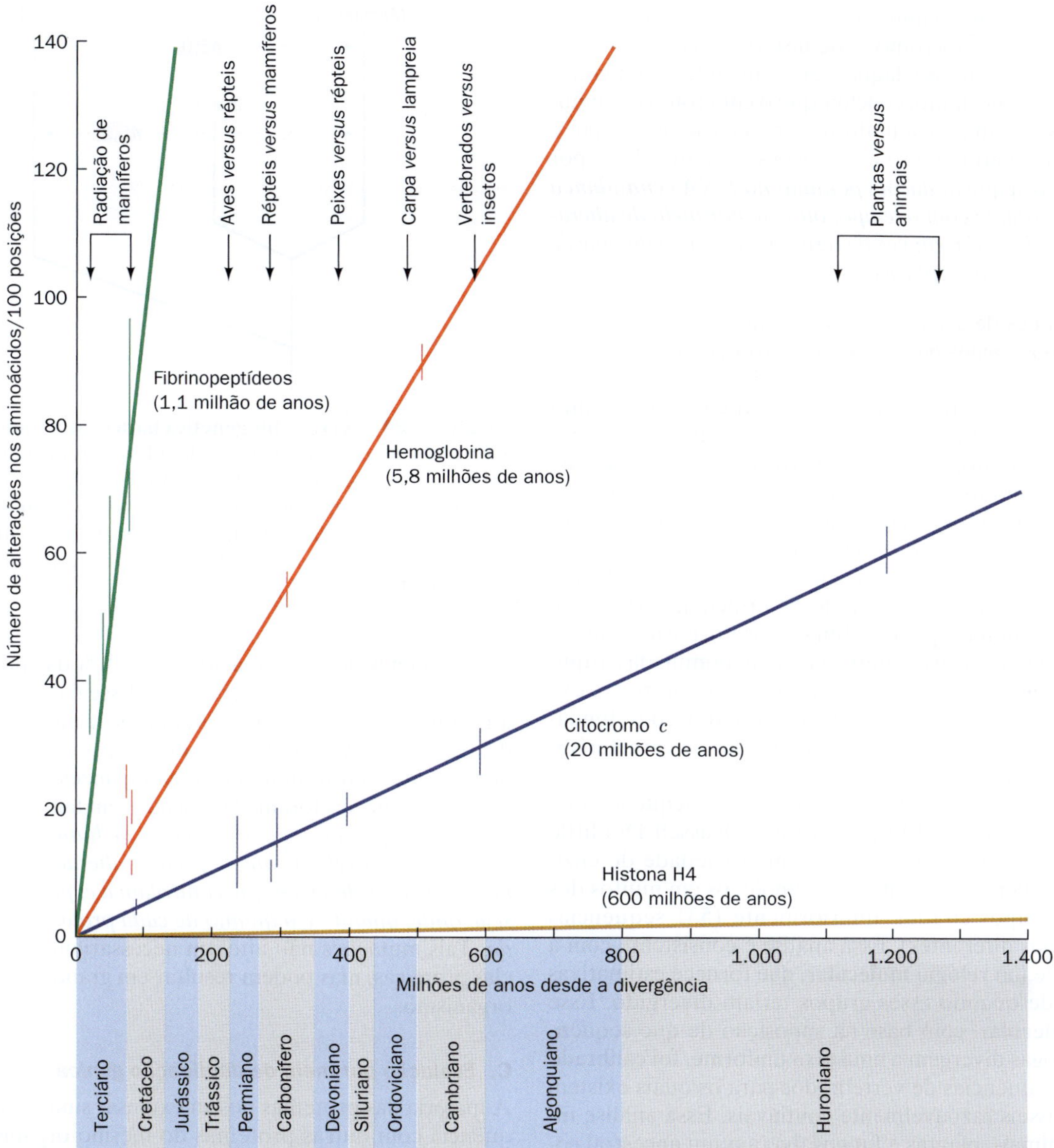

FIGURA 7.23 **Taxas de evolução para quatro proteínas não relacionadas.** O gráfico foi construído colocando-se as diferenças médias, em unidades PMA, das sequências de aminoácidos dos dois lados de um ponto de ramificação de uma árvore filogenética (corrigidas para permitir mais de uma mutação em uma dada posição) contra o tempo quando, de acordo com registros fósseis, espécies correspondentes divergiram a partir de seu ancestral comum. As barras de erro indicam a distribuição experimental dos dados de sequência. A taxa de evolução de cada proteína, que é proporcional à inclinação da reta, está indicada ao lado da reta em unidades de período evolutivo. (Ilustração: Imagem de Irving Geis da Coleção Irving Geis, Howard Hughes Medical Institute, EUA. Impresso com permissão.)

cuas, enquanto esta quantidade é 1/18 para o citocromo *c* e 1/550 para a histona H4.

d. As taxas de mutação são constantes com o tempo

Substituições de aminoácidos em uma proteína resultam, na maior parte das vezes, de alterações em uma única base no gene que codifica a proteína (Seção 5.4B). Se essas **mutações pontuais** ocorrerem sobretudo em consequência de erros no processo de replicação do DNA, então a taxa na qual uma dada proteína acumula mutações seria constante em relação ao número de gerações celulares. Se, entretanto, os processos de mutação resultarem de degradação química aleatória do DNA, então a taxa de mutação seria constante em relação ao tempo absoluto. Para escolher entre essas hipóteses alternativas, compara-se a taxa de divergência do citocromo *c* em insetos com aquela em mamíferos.

Insetos apresentam tempos de geração mais curtos do que mamíferos. Por consequência, se a replicação do DNA for a principal fonte de erros mutacionais, então, desde a época em que as linhagens de insetos e mamíferos divergiram, os insetos teriam evoluído a partir das plantas mais do que os mamíferos. Contudo, uma simples árvore filogenética

(Fig. 7.24) indica que o número médio de diferenças de aminoácidos entre os citocromos *c* de insetos e plantas (45,2) é essencialmente o mesmo daquele entre mamíferos e plantas (45,0). Deve-se, portanto, concluir que o citocromo *c* acumula mutações em uma taxa uniforme em relação ao tempo, e não em relação ao número de gerações celulares. Isso, por sua vez, implica que *mutações pontuais no DNA acumulam a uma* taxa *constante com o tempo, ou seja, por meio de alteração química aleatória, em vez de resultarem principalmente de erros no processo de replicação.*

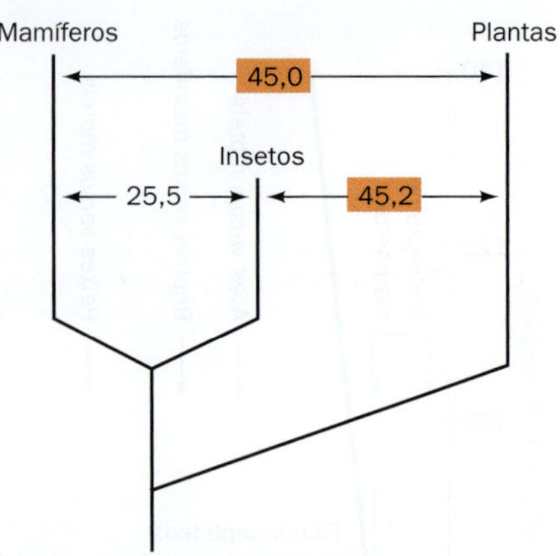

FIGURA 7.24 **Árvore filogenética para o citocromo *c*.** A árvore mostra o número médio de diferenças de aminoácidos entre citocromos *c* de mamíferos, insetos e plantas. Desde o ponto de ramificação, mamíferos e insetos divergiram das plantas igualmente. (Adaptada de Dickerson, R.E., e Timkovitch, R., *in* Boyer, P.D. [Ed.], *The Enzymes* [3rd ed.], Vol. 11, *p.* 447, Academic Press [1975].)

e. Comparações de sequências indicam quando os principais reinos dos seres vivos divergiram

Estimativas de quando duas espécies divergiram, isto é, a última vez que elas tiveram um ancestral comum, são fundamentadas sobretudo em registros fósseis datados por radiação. No entanto, existem registros de macrofósseis de apenas ~600 milhões de anos atrás (depois do surgimento de organismos multicelulares), ao passo que comparações filogenéticas de microfósseis (fósseis de organismos unicelulares) com base na morfologia não são confiáveis. Assim, estimativas anteriores de quando os principais grupos de organismos (animais, plantas, fungos, protozoários, eubactérias e células arqueais [anteriormente denominadas arquibactérias]; Figs. 1.4 e 1.11) divergiram um do outro (p. ex., o lado direito da Fig. 7.23) são apenas aproximações, fundamentadas principalmente em considerações de características compartilhadas.

Os bancos de dados cada vez maiores de sequências de aminoácidos (Seção 7.4A) permitiram a Russell Doolittle comparar as sequências de uma ampla variedade de enzimas que possuem representantes homólogos em muitos dos principais grupos citados anteriormente (531 sequências de 57 enzimas diferentes). Essa análise é consistente com a existência de um **relógio molecular**, que fornece estimativas confiáveis de quando esses grupos teriam divergido. Esse relógio molecular, com base na suposição de que sequências homólogas divergem a uma taxa uniforme, foi calibrado usando-se sequências de vertebrados para os quais existem registros fósseis razoavelmente confiáveis. Essa análise indica que animais, plantas e fungos tiveram um ancestral comum há ~1 bilhão de anos, tendo as plantas divergido dos animais pouco antes dos fungos; também indica que as principais linhagens de protozoários separaram-se daquelas de outros eucariotos ~1,2 bilhão de anos atrás; que o último ancestral comum que os eucariotos compartilharam com as células arqueais foi há 1,8 bilhão de anos e com as bactérias foi há pouco mais de 2 bilhões de anos; e que as bactérias gram-positivas e gram-negativas divergiram ~1,4 bilhão de anos atrás.

f. A evolução das proteínas pode não ser a base da evolução dos organismos

Embora haja uma concordância estreita entre as árvores filogenéticas derivadas de similaridades de sequências e as análises taxonômicas clássicas, aparentemente a evolução na sequência de proteínas não é a única ou mesmo a mais importante base da evolução dos organismos. As sequências dos genomas dos humanos e do parente mais próximo do homem, o chimpanzé, são quase 99% idênticas, sendo que as proteínas correspondentes apresentam, em média, diferenças de apenas dois aminoácidos, e ~29% das proteínas são idênticas (incluindo o citocromo *c*). Esse é o nível de homologia observado entre espécies gêmeas de mosca-das-frutas e de mamíferos. Apesar disso, as diferenças anatômicas e comportamentais entre humanos e chimpanzés são tão grandes que essas espécies foram classificadas em famílias diferentes. *Isso sugere que a rápida divergência de humanos e chimpanzés é devida a relativamente poucas alterações mutacionais nos segmentos de DNA que controlam a expressão gênica, ou seja, onde, quando e o quanto de cada proteína será produzida.* Tais mutações não alteram necessariamente as sequências protéicas, mas podem resultar em grandes alterações no organismo.

C. *Evolução por meio de duplicação gênica*

A maioria das proteínas possui extensas similaridades de sequência com outras proteínas do mesmo organismo. Essas proteínas surgiram por meio de **duplicação gênica**, resultado de um evento de recombinação genética aberrante, no qual um único cromossomo adquiriu duas cópias do gene primordial em questão (o mecanismo de recombinação genética será discutido na Seção 30.6A). *A duplicação gênica é um modo de evolução particularmente eficiente, uma vez que um dos genes duplicados pode desenvolver uma nova função pela seleção natural, enquanto sua contraparte continua direcionando a síntese da proteína ancestral, presumivelmente essencial.*

A família de proteínas da **globina**, que inclui a hemoglobina e a **mioglobina**, fornece um excelente exemplo de evolução por duplicação gênica. A hemoglobina transporta oxigênio dos pulmões (ou guelras ou pele) aos tecidos. A mioglobina, que ocorre nos músculos, facilita a rápida difusão de oxigênio através desse tecido, funcionando também como uma proteína de armazenamento de oxigênio. *As sequências das subunidades α e β da hemoglobina (lembrando que a hemoglobina é um tetrâmero $\alpha_2\beta_2$) e da mioglobina (um monômero) são bastante similares.*

A árvore filogenética da família da globina indica que, nos humanos, seus membros surgiram por meio da seguinte sequência de eventos (Fig. 7.25):

1. É provável que a globina primordial funcionasse simplesmente como uma proteína armazenadora de oxigênio. Realmente, as globinas ainda têm essa função em alguns invertebrados atuais. Por exemplo, o tratamento do caracol *Planorbis* com CO (cuja ligação inibe a ligação da globina a O_2; Seção 10.1A) não afeta seu comportamento em águas bem-aeradas, mas se a concentração de oxigênio é reduzida, um *Planorbis* envenenado torna-se ainda mais gosmento que o normal.

2. A duplicação, há 1,1 bilhão de anos, de um gene de globina primordial permitiu que os dois genes resultantes evoluíssem separadamente, de tal forma que, em grande parte devido a uma série de mutações, surgiu uma hemoglobina monomérica que tinha uma afinidade menor pelo oxigênio, o que a possibilitou transferir o oxigênio à mioglobina em desenvolvimento. Essa hemoglobina monomérica ainda pode ser encontrada no sangue da **lampreia**, um vertebrado primitivo que, de acordo com registros de fósseis, tem mantido a morfologia serpentiforme por mais de 425 milhões de anos.

3. O caráter tetramérico da hemoglobina é uma característica estrutural que aumenta bastante sua habilidade de transportar oxigênio de maneira eficiente (Seção 10.2C). Isso forneceu uma vantagem adaptativa que deu origem à evolução da cadeia β a partir da cadeia α duplicada.

4. Nos fetos de mamíferos, o oxigênio é obtido da circulação materna. A **hemoglobina fetal**, um tetrâmero $\alpha_2\gamma_2$ no qual a **cadeia γ** é uma variante de um gene duplicado da ca-

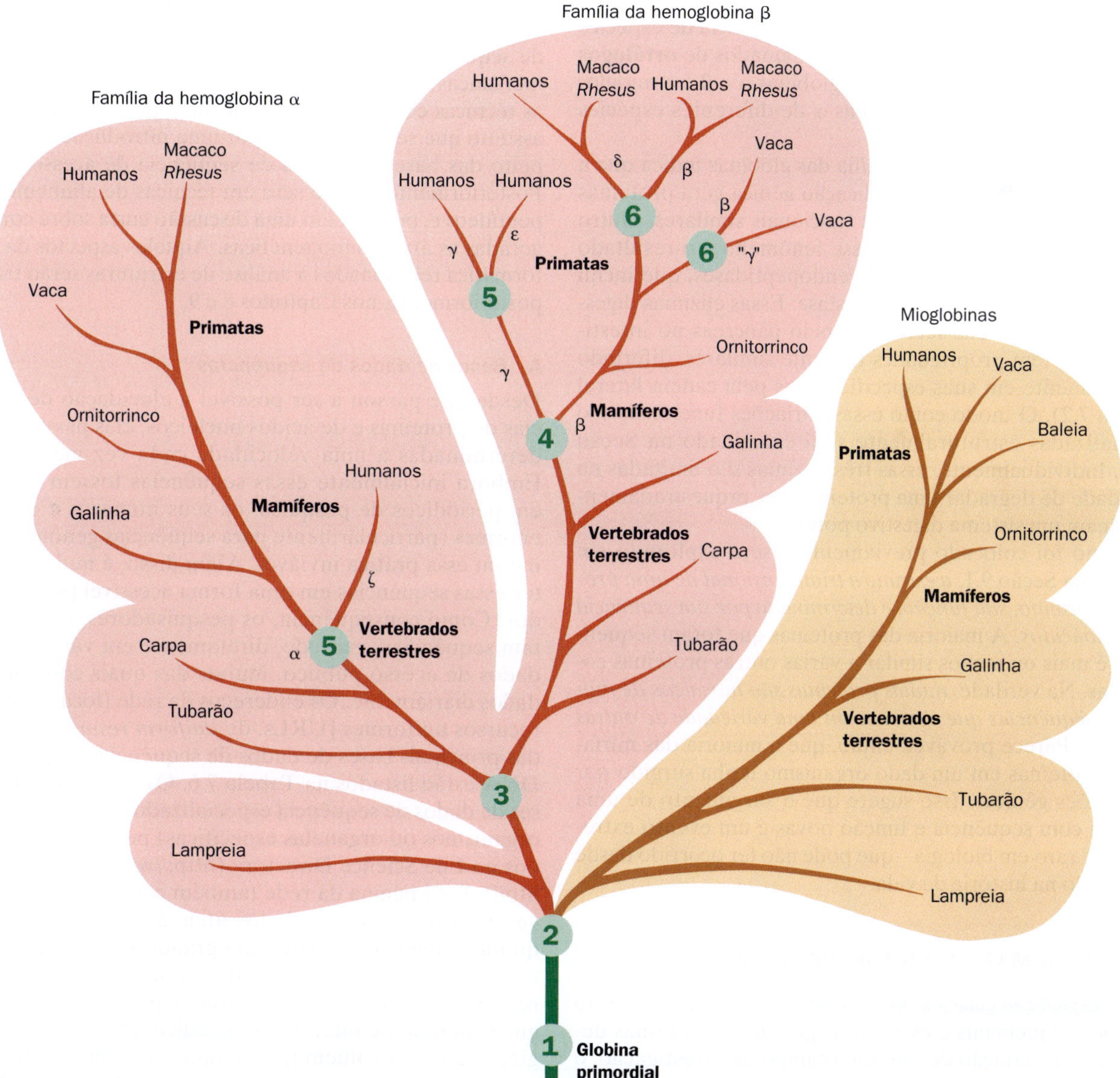

FIGURA 7.25 Árvore filogenética da família das globinas. Os pontos de ramificação marcados com círculo representam duplicações gênicas, e os pontos de ramificação sem círculo representam divergências de espécies. (Segundo Dickerson, R.E. e Geis, I., *Hemoglobin, p.* 82, Benjamin/Cummings [1983].)

deia β, evoluiu de forma a ter uma afinidade pelo oxigênio intermediária entre a hemoglobina de um adulto normal e a mioglobina.

5. Embriões humanos, nas primeiras oito semanas após a concepção, produzem a hemoglobina $\zeta_2\varepsilon_2$, em que as **cadeias ζ** e **ε** são variantes de genes duplicados das cadeias α e β, respectivamente.

6. Nos primatas, a cadeia β sofreu uma duplicação relativamente recente para formar a **cadeia δ**. A hemoglobina $\alpha_2\delta_2$, que existe como um componente minoritário (~1%) das hemoglobinas em adultos normais, não possui uma função específica conhecida. Talvez venha a desenvolver alguma (embora o genoma humano contenha resquícios de genes de globina que não são mais expressos; Seção 34.2Fa).

Proteínas homólogas do mesmo organismo e genes que as codificam são chamados de **parálogos** (do grego: *para*, paralelo), ao passo que proteínas/genes homólogos em organismos diferentes, que surgiram por divergência de espécies (p. ex., os vários citocromos *c*), são chamados de **ortólogos** (do grego: *ortho*, reto). Então, as globinas α e β e a mioglobina são parálogas, já as globinas α de diferentes espécies são ortólogas.

Essa discussão sobre a família das globinas indica que a evolução de proteínas por duplicação gênica gera proteínas com propriedades estruturais e funcionais similares. Outro exemplo bem-documentado desse fenômeno é o resultado da formação de uma família de endopeptidases, que inclui a tripsina, a quimotripsina e a elastase. Essas enzimas digestivas parálogas, todas secretadas pelo pâncreas no intestino delgado, têm propriedades bastante similares, diferindo principalmente em suas especificidades pela cadeia lateral (Tabela 7.2). O modo como essas variações funcionais são racionalizadas estruturalmente será examinado na Seção 15.3B. Individualmente, essas três enzimas são limitadas na habilidade de degradar uma proteína mas, orquestradamente, formam um sistema digestivo potente.

Como foi colocado previamente e será explorado em detalhes na Seção 9.1, *a estrutura tridimensional de uma proteína e, portanto, sua função, é determinada por sua sequência de aminoácidos*. A maioria das proteínas que foram sequenciadas é mais ou menos similar a várias outras proteínas conhecidas. Na verdade, *muitas proteínas são mosaicos de motivos de sequências que ocorrem em uma variedade de outras proteínas*. Parece provável, então, que a maioria das miríades de proteínas em um dado organismo tenha surgido por duplicações gênicas. Isso sugere que o surgimento de uma proteína com sequência e função novas é um evento extremamente raro em biologia – que pode não ter ocorrido desde muito cedo na história da vida.

4 BIOINFORMÁTICA: UMA INTRODUÇÃO

Ver Exploração guiada 6: Bioinformática A enorme profusão de dados sequenciais e estruturais gerados nas últimas décadas levou à criação de um novo campo de investigação, o da **bioinformática**, o qual é definido genericamente como estando na interseção entre a biotecnologia e a ciência da computação. Foram as ferramentas desenvolvidas pelos bioinformatas que permitiram a "garimpagem" desse tesouro de dados biológicos a serem explorados, gerando, a partir daí, informações de alcance surpreendente a respeito de biomoléculas.

Como visto na seção anterior, o alinhamento de sequências de proteínas homólogas fornece indícios importantes para a identificação de quais resíduos das proteínas são essenciais para suas funções e também é indicativo das relações evolutivas entre essas proteínas. Como as proteínas são codificadas por ácidos nucleicos, o alinhamento de sequências homólogas de DNA ou de RNA fornece informações similares. Além disso, o alinhamento de sequências de DNA é uma tarefa essencial para a montagem de sequências cromossômicas (*contigs*) a partir de um grande número de segmentos sequenciados (Seção 7.2B).

Se as sequências de duas proteínas ou de dois ácidos nucleicos são muito similares, em geral é possível fazer-se o alinhamento delas manualmente. De fato, essa foi a maneira pela qual as sequências do citocromo *c* na Tabela 7.4 foram alinhadas. Mas como pode ser feito o alinhamento correto de sequências tão distantemente relacionadas que suas semelhanças não são aparentes? Nesta seção, serão discutidas as técnicas computacionais por meio das quais isso é feito, assunto que será precedido por uma introdução curta a respeito das bases de dados de sequência de acesso público. Posteriormente, o foco será em técnicas de alinhamento de peptídeos e, por fim, em uma discussão curta sobre como são geradas as árvores filogenéticas. Aqueles aspectos da bioinformática relacionados à análise de estruturas serão tratados posteriormente, nos Capítulos 8 e 9.

A. *Bases de dados de sequências*

Desde que passou a ser possível a elucidação de sequências de proteínas e de ácidos nucleicos, elas passaram a ser determinadas a uma velocidade cada vez mais elevada. Embora inicialmente essas sequências fossem impressas em periódicos de pesquisa, os seus números e extensões enormes (particularmente para sequências genômicas) tornaram essa prática inviável. Além disso, é muito mais útil ter essas sequências em uma forma acessível por computador. Como consequência, os pesquisadores agora depositam sequências, via rede, diretamente em várias bases de dados de acesso público, muitas das quais compartilham dados diariamente. Os endereços da rede (localizadores de recursos uniformes [URLs, de *uniform resource locators*]) das principais bases de dados de sequências de proteínas e DNA estão listados na Tabela 7.6. Os URLs de várias bases de dados de sequência especializados (p. ex., aquelas de organismos ou organelas específicas) podem ser encontrados no Life Science Directory (http://www.expasy.ch/links.html). Essa página da rede também contém conexões para várias outras bases de dados úteis do ponto de vista bioquímico, bem como para uma grande variedade de ferramentas computacionais voltadas a análises biomoleculares, referências bibliográficas, tutoriais e para muitas outras páginas da rede de interesse biomédico. (Nota-se que as páginas da rede evoluem muito mais rapidamente do que os organismos: mesmo páginas bem estabelecidas mudam de endereço ou mesmo desaparecem praticamente sem aviso e novas páginas úteis surgem com uma frequência quase diária.)

TABELA 7.6 Endereços na internet dos principais bancos de dados de sequências de proteínas e de DNA

Bancos de dados contendo sequências de proteínas
Swiss-Prot Protein Knowlegebase:
http://expasy.org/sprot/
Protein Information Resource (PIR):
http://pir.georgetown.edu/
Protein Research Foundation (PRF):
http://www.prf.or.jp/
Bancos de dados contendo sequências de genes e de genomas
GenBank:
http://www.ncbi.nlm.nih.gov/Genbank/
EMBL Nucleotide Sequence Database:
http://www.ebi.ac.uk/embl/
DNA Data Bank of Japan (DDBJ):
http://www.ddbj.nig.ac.jp/
GenomeNet:
http://www.genome.jp/
Genomes OnLine Database (GOLD):
http://genomesonline.org/

Como exemplo de uma base de dados de sequências, será descrita (sem mais detalhes) a base de dados de sequências de proteínas anotadas chamada de Swiss-Prot. Um registro de sequência na Swiss-Prot inicia com o código ID da proteína na forma X_Y, em que X é uma sequência mnemônica de até quatro caracteres, indicando o nome da proteína (p. ex., CYC, para o citocromo *c*, e HBA, para a cadeia α da hemoblobina), e Y é um código de identificação de até cinco caracteres, indicando a fonte biológica da proteína. Y geralmente consiste nas três primeiras letras do gênero e nas duas primeiras letras da espécie (p. ex., CANFA, para *Canis familiaris* [cão]). Entretanto, para os organismos mais frequentemente encontrados, Y é um código autoexplicativo (p. ex., BOVIN ou ECOLI). Segue-se um número de acesso, como P04567, que é designado pela base de dados para assegurar uma maneira estável de identificar uma entrada de uma versão (ou edição) para outra, mesmo que tenha sido necessário modificar seu código ID. O registro segue com a data em que se deu a entrada dos respectivos dados na Swiss-Prot e a data de quando ela foi modificada e anotada pela última vez, uma lista de referências pertinentes (que ficam conectadas à MedLine), uma descrição da proteína e as suas conexões para outras bases de dados. Uma tabela de características descreve regiões ou sítios de interesse na proteína, como ligações dissulfeto, modificações pós-traducionais, elementos de estrutura secundária local, sítios de ligação e conflitos entre diferentes referências. O registro termina com a extensão do peptídeo em resíduos, o seu peso molecular e, finalmente, a sua sequência, utilizando o código de uma letra (Tabela 4.1). Outras bases de dados de sequências são construídas de maneira semelhante.

B. *Alinhamento de sequências*

Pode-se quantificar a similaridade de sequências de dois polipeptídeos ou de dois DNAs determinando-se o número de resíduos alinhados que são idênticos. Por exemplo, os citocromos *c* humano e canino, que diferem em 11 de seus 104 resíduos (Tabela 7.5), são $([104 - 11]/104) \times 100 = 89\%$ idênticos, enquanto os citocromos *c* humano e de levedura são $([104 - 45]/104) \times 100 = 57\%$ idênticos. A Tabela 7.4 indica que o citocromo *c* de levedura possui cinco resíduos na sua extremidade N que o citocromo *c* humano não apresenta, mas não possui o resíduo C-terminal presente na proteína humana. Na determinação da porcentagem de identidade, a extensão do peptídeo/DNA mais curto é, por convenção, utilizada no denominador. Do mesmo modo, pode-se também calcular a porcentagem de similaridade entre dois peptídeos, uma vez que tenha sido decidido quais resíduos de aminoácidos devem ser considerados similares (p. ex., Asp e Glu).

a. A homologia de proteínas distantemente relacionadas pode ser difícil de ser reconhecida

Será examinado agora como as proteínas evoluem, considerando um modelo simples. Supõe-se que há uma proteína de 100 resíduos, na qual todas as mutações pontuais têm a mesma probabilidade de serem aceitas e ocorrem com uma frequência constante. Assim, em uma distância evolutiva de uma unidade PMA (Seção 7.3Bb), a proteína original e a que evoluiu a partir dela são 99% idênticas. Em uma distância evolutiva de duas unidades PMA, elas são $(0,99)^2 \times 100 = 98\%$ idênticas, ao passo que em 50 unidades PMA elas são $(0,99)^{50} \times 100 = 61\%$ idênticas. Nota-se que a última quantidade não é 50%, como se poderia imaginar à primeira vista. Isso ocorre porque *uma mutação é um processo estocástico (probabilístico ou aleatório): a cada estágio da evolução, cada resíduo possui a mesma chance de sofrer uma mutação.* Assim, alguns resíduos podem ser alterados duas ou mais vezes antes que outros cheguem a ser alterados uma vez. Consequentemente, um gráfico representativo da porcentagem de identidade *versus* a distância evolutiva (Fig. 7.26*a*) é uma curva exponencial, que se aproxima mas nunca se iguala a zero. Mesmo em distâncias evolutivas bastante grandes, a proteína original e a proteína dela derivada ainda possuem identidades de sequência significativas.

Proteínas reais evoluem de uma maneira mais complexa do que aquela prevista pelo modelo simplificado. Isso ocorre em parte porque certos resíduos de aminoácidos têm uma probabilidade maior de formar mutações aceitáveis que outros, e em parte porque a distribuição de aminoácidos nas proteínas não é uniforme (p. ex., em média, 9,7% dos resíduos das proteínas são Leu, mas apenas 1,1% são Trp; Tabela 4.1). Por consequência, as proteínas reais evoluem ainda mais lentamente do que no modelo simplificado (Fig. 7.26*b*).

Em que ponto do processo evolutivo a homologia passa a ser irreconhecível? Se polipeptídeos de sequências aleatórias e extensões idênticas apresentassem composição uniforme de aminoácidos, isso é, se eles consistissem em 5% de cada um dos 20 aminoácidos, eles exibiriam, em média, 5% de identidade. Entretanto, como as mutações ocorrem aleatoriamente, há uma variação considerável nesses números. Assim, considerações estatísticas revelam que existe uma probabilidade de 95% de que esses peptídeos de 100 resíduos tenham identidades entre 0 e 10%. Contudo, como visto para o citocromo *c*, peptídeos homólogos podem ter extensões diferentes, pois um pode ter mais ou menos resíduos em suas regiões N- ou C-terminais do que o outro. Então, se for permitido que os peptídeos de 100 resíduos desloquem-se em

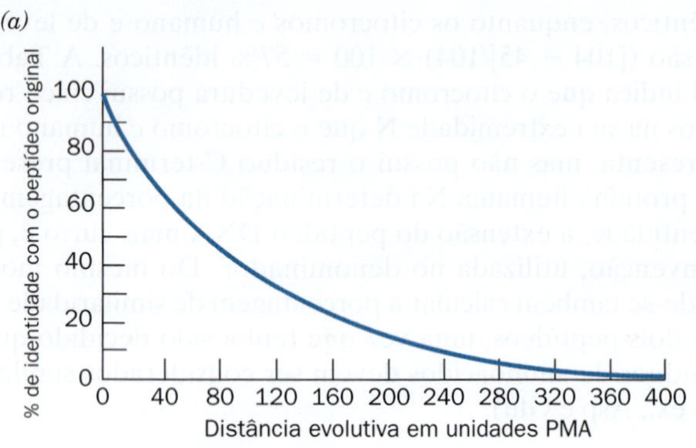

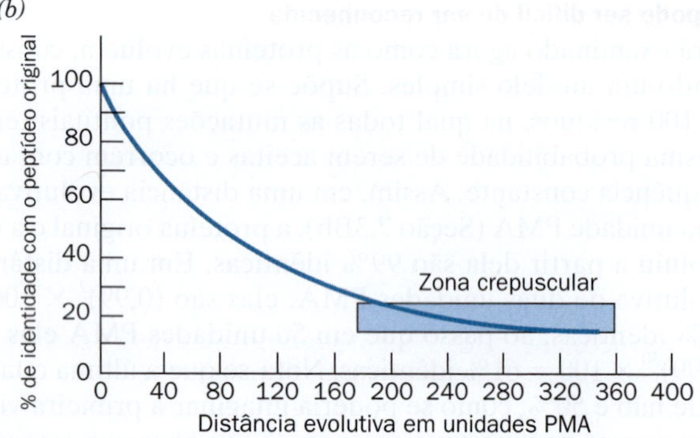

FIGURA 7.26 Frequência de alterações de sequência em proteínas durante a evolução. (*a*) Para uma proteína que está evoluindo de forma aleatória e é inicialmente constituída por 5% de cada um dos 20 "aminoácidos-padrão". (*b*) Para uma proteína de uma composição média de aminoácidos como é observado na natureza, isto é, com certas alterações de resíduos tendo uma maior probabilidade de serem aceitas do que outras e com inserções e deleções ocasionais. (Parte *b* segundo Doolittle, R.F., *Methods Enzymol.* **183**, 103 [1990].)

seu alinhamento por até cinco resíduos, a identidade média esperada para o melhor alinhamento aumenta para 8%, com 95% dessas comparações caindo na faixa entre 4 e 12%. Por consequência, uma em 20 dessas comparações estará fora dessa faixa (> 12% ou < 4%), e uma em 40 exibirá uma identidade de sequência > 12%.

Contudo, essa não é toda a história, pois os eventos mutacionais podem resultar na inserção ou na deleção de um ou mais resíduos no interior de uma cadeia. Assim, uma cadeia pode ter lacunas em relação à outra. Ainda, se for permitido um número ilimitado de lacunas, pode-se sempre obter um pareamento perfeito entre duas cadeias quaisquer. Por exemplo, dois peptídeos de 15 resíduos que possuem apenas um pareamento (usando o código de uma letra; Tabela 4.1)

```
SQMCILFKAQMNYGH
MFYACRLPMGAHYWL
```

passariam a ter um pareamento perfeito ao longo de suas porções alinhadas, se fosse permitido um número ilimitado de lacunas:

```
SQMCILFKAQMNYGH
--M---F-----Y--ACRLPMGAHYWL
```

Logo, não se pode permitir um número ilimitado de lacunas para maximizar o pareamento entre dois peptídeos, mas também não se deve proibir todas as lacunas, pois as inserções e deleções (coletivamente chamadas de ***indels***) realmente ocorrem. Como consequência, para cada lacuna permitida deve-se impor algum tipo de penalidade no algoritmo de alinhamento, que estabeleça um equilíbrio entre a busca pelo melhor alinhamento entre peptídeos distantemente relacionados e a rejeição de alinhamentos impróprios. Todavia, se for feito isso (utilizando os métodos discutidos a seguir), *proteínas não relacionadas exibirão identidades de sequência na faixa de 15 a 25%, níveis semelhantes aos encontrados entre proteínas distantemente relacionadas*. Essa é a origem da **zona crepuscular** (*twilight zone*) na Fig. 7.26*b*. Algoritmos de alinhamento sofisticados, que serão discutidos a seguir, são necessários para diferenciar proteínas homólogas na zona crepuscular de proteínas não relacionadas.

b. Alinhamento de sequências utilizando matrizes de pontos

Como é feito um alinhamento de sequências entre dois polipeptídeos (um **alinhamento aos pares**, de *pairwise alignment*)? A maneira mais simples é construir uma **matriz de pontos** (alternativamente, um **gráfico de pontos** ou um **gráfico diagonal**): posiciona-se a sequência de um polipeptídeo horizontalmente e a sequência do outro polipeptídeo verticalmente e coloca-se um ponto na matriz resultante cada vez que os resíduos forem idênticos. Uma plotagem de pontos de um peptídeo contra ele mesmo resulta em uma matriz quadrada, com uma linha de pontos ao longo da diagonal e pontos espalhados onde há identidades ao acaso. Se os peptídeos são bastante similares, há apenas umas poucas ausências ao longo da diagonal (p. ex., na Fig. 7.27*a*), ao passo que peptídeos distantemente relacionados apresentam um grande número de ausências na diagonal e um deslocamento da sua posição onde um peptídeo tiver uma lacuna em relação ao outro (p. ex., Fig. 7.27*b*).

Depois de um alinhamento ter sido estabelecido, ele deve ser avaliado de alguma maneira para se determinar se ele tem qualquer relação com a realidade. Uma maneira simples, mas efetiva, de calcular um **escore de alinhamento** (**AS**, de *alignment score*) é adicionar 10 para cada identidade, exceto para aquelas de Cys, que contam 20 (porque resíduos de Cys frequentemente possuem funções essenciais), e então subtrair 25 para cada lacuna. Além disso, pode-se calcular o **escore de alinhamento normalizado** (**NAS**, de *normalized alignment score*), dividindo o AS pelo número de resíduos do polipeptídeo de cadeia mais curta e multiplicando o valor obtido por 100. Assim, para o alinhamento da cadeia α da hemoglobina humana (141 resíduos) com a mioglobina humana (153 resíduos; Fig. 7.28), AS = 37 × 10 + 1 × 20 − 1 × 25 = 365 e NAS = (365/141) × 100 = 259. A análise estatística (Fig. 7.29) mostra que esse NAS é indicativo de homologia. Nota-se que um pareamento perfeito iria resultar em um NAS = 1.000, na ausência de resíduos de Cys ou lacunas. Um valor de NAS aceitável diminui com a extensão do peptídeo, pois é mais provável a ocorrência de uma proporção elevada de pareamentos entre peptídeos curtos do que com peptídeos longos (p. ex., 2 pareamentos em 10 resíduos são mais prováveis de ocorrer ao acaso do que 20 pareamentos em 100 resíduos, embora ambos tenham um NAS = 200).

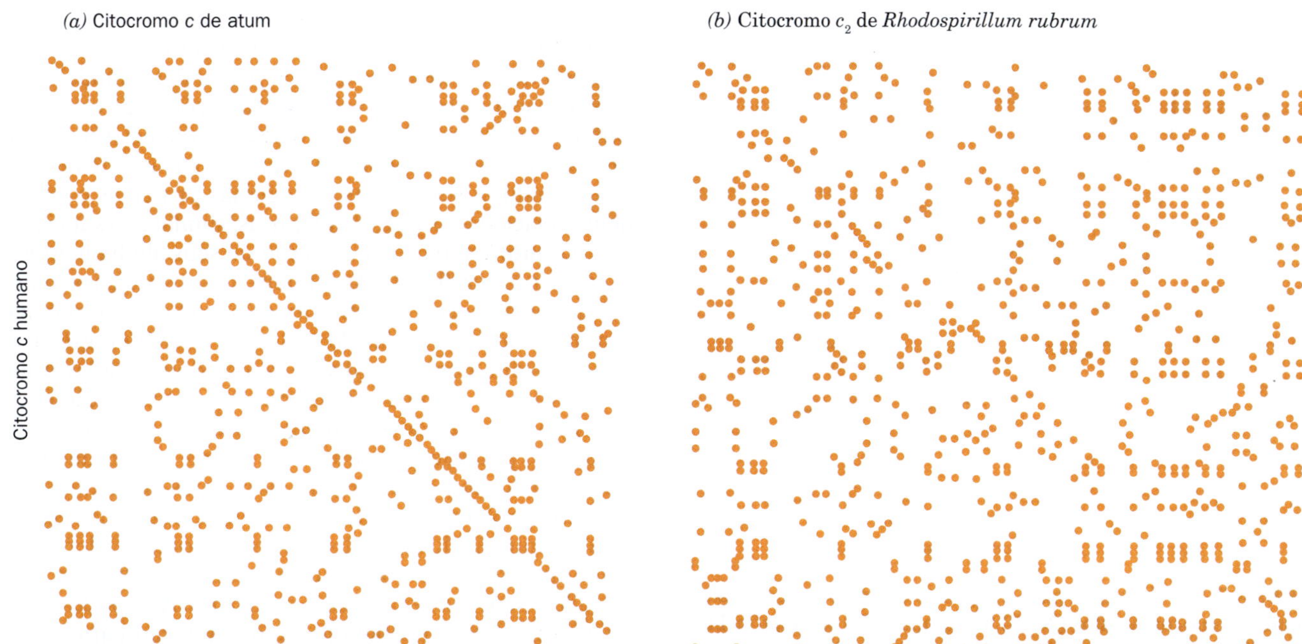

FIGURA 7.27 Alinhamento de sequências com matrizes de pontos. Os gráficos de pontos mostram os alinhamentos de (*a*) citocromo *c* humano (104 resíduos) *versus* citocromo *c* de atum (103 resíduos) e (*b*) citocromo *c* humano *versus* citocromo c_2 de *Rhodospirillum rubrum* (um citocromo bacteriano do tipo *c*, que consiste em 112 resíduos). As regiões N-terminais desses peptídeos estão no topo e à esquerda dos diagramas. As duas proteínas na Parte *a* possuem 82 identidades, enquanto aquelas na Parte *b* possuem 40 identidades. A diagonal na Parte *b* é mais claramente visível se o diagrama for visualizado lateralmente, a partir do seu canto inferior direito. Note que existem dois deslocamentos horizontais em relação a essa diagonal, um próximo de seu centro e outro em direção à região C-terminal. Isso é indicativo de inserções na proteína de *Rhodospirillum* em relação à proteína humana. (Segundo Gibbs, A.J. e McIntyre, G.A., *Eur. J. Biochem.* **16**, 2 [1970].)

c. Os alinhamentos devem ser avaliados de acordo com a probabilidade da substituição de resíduos

As técnicas discutidas anteriormente podem ser executadas de forma manual (embora isso seja um trabalho tedioso), particularmente quando existe um alinhamento óbvio. Contudo, isso passa a ser inviável quando se tem numerosos polipeptídeos com os quais se quer alinhar uma nova sequência (e, em geral, novas sequências determinadas são analisadas comparativamente com todas as outras sequências conhecidas). Além disso, alinhamentos na zona crepuscular são difíceis de serem discernidos. Deve-se, portanto, lançar mão de análises estatísticas feitas com o emprego de métodos computacionais, que permitam fazer a distinção, com o máximo de sensibilidade, entre relações evolutivas distantes e semelhanças casuais.

Uma matriz de pontos pode ser facilmente colocada em formato matemático, se cada ponto (pareamento correto) for substituído por 1; e cada pareamento incorreto, por 0. Assim, uma automatriz de pontos se tornaria uma matriz diagonal quadrada (possuindo apenas números 1 ao longo de toda sua diagonal), com uns poucos números 1 fora dela, e dois peptídeos proximamente relacionados teriam várias posições da diagonal com zeros. Mas esse é um sistema particularmente rígido: ele não diferencia substituições conservativas daquelas que provavelmente são hipervariáveis. Além disso, é claro que certas substituições ocorrem com

FIGURA 7.28 Alinhamentos ótimos da mioglobina humana (Mb, 153 resíduos) e da cadeia α da hemoglobina humana (Hbα, 141 resíduos). Os resíduos idênticos estão grifados em azul e as lacunas estão indicadas por traços. (Segundo Doolittle, R.F., *Of URFs and ORFs*, University Science Books [1986].)

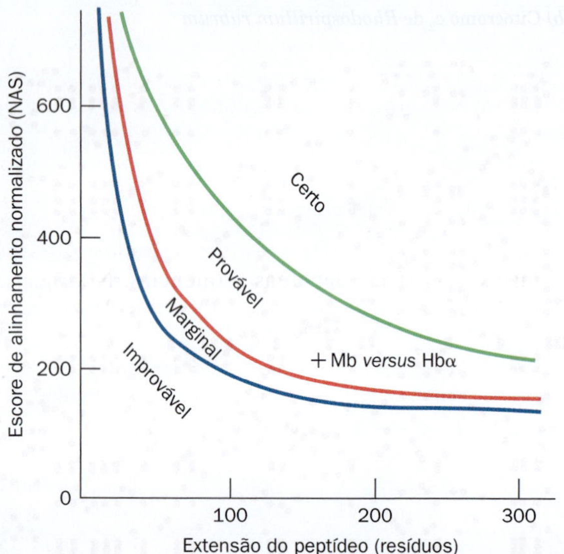

FIGURA 7.29 Um guia para a significância de escores de alinhamento normalizados (NAS) na comparação de sequências peptídicas. Note como a significância do valor de NAS varia com a extensão do peptídeo. A posição do alinhamento da Mb *versus* Hbα (Fig. 7.28) está indicada. (Segundo Doolittle, R.F., *Methods Enzymol.* **183**, 102 [1990].)

mais facilidade do que outras. Quais são essas substituições favorecidas, como se pode obter uma medida quantitativa delas e como se pode usar essa informação para aumentar o grau de confiança com o qual se pode alinhar peptídeos distantemente relacionados?

Uma das maneiras que se pode proceder é designar um peso (uma quantidade que aumenta conforme a probabilidade de ocorrência) a uma troca de resíduo de acordo com o código genético (Tabela 5.3). Assim, substituições de resíduos que requerem apenas a alteração de uma base (p. ex., Leu [CUX] → Pro [CCX]) estão sujeitas a ocorrerem com maior frequência e, portanto, recebem um peso maior do que uma substituição de resíduo que requer alterações em duas bases (p. ex., Leu [CUX] → Thr [ACX]) que, pelo mesmo raciocínio, teria um peso maior do que uma substituição de resíduo que necessita da alteração em três bases (p. ex., His $[\text{CA}^{\text{U}}_{\text{C}}]$ → Trp [UGG]). É claro que para a ausência de substituição (o evento mais provável) seria designado o maior peso de todos. Entretanto, um esquema como esse somente considera a probabilidade de ocorrência de uma mutação e não a de que a mutação seja aceita, o que depende de sua adaptabilidade darwiniana. De fato, mais da metade das trocas de resíduos únicos possíveis acontece entre resíduos fisicamente dissimilares, as quais têm, por isso, uma probabilidade menor de serem aceitas.

Um esquema de avaliação mais realista designaria algum tipo de probabilidade relativa a dois resíduos que são trocados de acordo com suas semelhanças físicas. Assim, pareceria que uma mutação Lys → Arg é mais provável de ser aceita do que uma mutação Lys → Phe, por exemplo. Entretanto, está longe de ser óbvia a maneira de formular tal esquema de avaliação com base em considerações teóricas, pois é difícil avaliar os vários tipos de propriedades que tornam os diferentes resíduos adequados às muitas funções que eles possuem em uma grande variedade de proteínas.

d. Matrizes de substituição PMA são fundamentadas nas taxas observadas de evolução de proteínas

Um método de base experimental para a determinação das taxas de aceitação das várias substituições de resíduos é conferir a elas pesos de acordo com as frequências nas quais observa-se que elas ocorrem. Margaret Dayhoff fez isso comparando as sequências de algumas proteínas estreitamente relacionadas (> 85% idênticas; similares o suficiente para garantir confiança à correção de seus alinhamentos e ao caráter insignificante do número de substituições múltiplas de resíduo ocorridas em sítios únicos) e determinando a frequência relativa das $20 \times 19/2 = 190$ diferentes trocas de resíduo possíveis (divide-se por dois para levar em consideração o fato de que trocas em ambas as direções, A → B ou B → A, são igualmente prováveis). A partir desses dados, pode-se preparar uma matriz quadrada simétrica, com 20 elementos em um lado, cujos elementos, M_{ij}, indicam a probabilidade de que, em uma sequência relacionada, o aminoácido i irá substituir o aminoácido j depois de algum intervalo evolutivo especificado – geralmente uma unidade PMA. Utilizando essa matriz **PMA-1**, pode-se gerar uma matriz de probabilidade de mutação para outras distâncias evolutivas, por exemplo com N unidades PMA, multiplicando-se a matriz por ela mesma N vezes ($[M]^N$), gerando-se assim uma matriz PMA-N. Então, um elemento da **matriz de probabilidades de parentesco** (*relatedness odds matrix*), R, é

$$R_{ij} = M_{ij}/f_i = q_{ij}/f_i f_j \qquad [7.3]$$

em que M_{ij} é agora um elemento da matriz PMA-N, f_i é a probabilidade de que o aminoácido i ocorra na segunda sequência por acaso, e q_{ij} é a frequência na qual os resíduos dos tipos i e j substituem um ao outro em um conjundo de polipeptídeos alinhados. Assim, R_{ij} é a probabilidade de que o aminoácido i substitua o aminoácido j (ou vice-versa) por ocorrência de i e por ocorrência de j. Quando dois polipeptídeos são comparados entre si, resíduo a resíduo, os R_{ij}s para cada posição são multiplicados para se obter a **probabilidade de parentesco** (*relatedness odds*) para todo o polipeptídeo. Por exemplo, quando o hexapeptídeo A-B-C-D-E-F evolui para o hexapeptídeo P-Q-R-S-T-U,

$$\text{Probabilidade de parentesco} = R_{\text{AP}} \times R_{\text{BQ}} \times R_{\text{CR}} \times R_{\text{DS}} \times R_{\text{ET}} \times R_{\text{FU}} \qquad [7.4]$$

Uma maneira mais conveniente de fazer esse cálculo é utilizar o logaritmo de cada R_{ij} para gerar a **matriz de substituição do log das probabilidades** (do inglês: *log odds substitution matrix*). Os elementos resultantes da matriz são então adicionados em vez de multiplicados, para a obtenção do **log das probabilidades** (do inglês: *log odds*). Assim, para o par de hexapeptídeos:

$$\text{log das probabilidades} = \log R_{\text{AP}} + \log R_{\text{BQ}} + \log R_{\text{CR}} + \log R_{\text{DS}} + \log R_{\text{ET}} + \log R_{\text{FU}} \qquad [7.5]$$

É o log das probabilidades de um par de peptídeos que se deseja maximizar para obter o melhor alinhamento entre eles, isto é, utilizam-se os valores de log das probabilidades como escores de alinhamento.

TABELA 7.7 Matriz de substituição do log das probabilidades PMA-250

	C Cys	S Ser	T Thr	P Pro	A Ala	G Gly	N Asn	D Asp	E Glu	Q Gln	H His	R Arg	K Lys	M Met	I Ile	L Leu	V Val	F Phe	Y Tyr	W Trp
C Cys	12																			
S Ser	0	2																		
T Thr	-2	1	3																	
P Pro	-3	1	0	6																
A Ala	-2	1	1	1	2															
G Gly	-3	1	0	-1	1	5														
N Asn	-4	1	0	-1	0	0	2													
D Asp	-5	0	0	-1	0	1	2	4												
E Glu	-5	0	0	-1	0	0	1	3	4											
Q Gln	-5	-1	-1	0	0	-1	1	2	2	4										
H His	-3	-1	-1	0	-1	-2	2	1	1	3	6									
R Arg	-4	0	-1	0	-2	-3	0	-1	-1	1	2	6								
K Lys	-5	0	0	-1	-1	-2	1	0	0	1	0	3	5							
M Met	-5	-2	-1	-2	-1	-3	-2	-3	-2	-1	-2	0	0	6						
I Ile	-2	-1	0	-2	-1	-3	-2	-2	-2	-2	-2	-2	-2	2	5					
L Leu	-6	-3	-2	-3	-2	-4	-3	-4	-3	-2	-2	-3	-3	4	2	6				
V Val	-2	-1	0	-1	0	-1	-2	-2	-2	-2	-2	-2	-2	2	4	2	4			
F Phe	-4	-3	-3	-5	-4	-5	-4	-6	-5	-5	-2	-4	-5	0	1	2	-1	9		
Y Tyr	0	-3	-3	-5	-3	-5	-2	-4	-4	-4	0	-4	-4	-2	-1	-1	-2	7	10	
W Trp	-8	-2	-5	-6	-6	-7	-4	-7	-7	-5	-3	2	-3	-4	-5	-2	-6	0	0	17

Fonte: Dayhoff, M.O. (Ed.), *Atlas of Protein Sequence and Structure*, Vol. 5, Suplemento 3, *p*. 352, National Biomedical Research Foundation (1978).

A Tabela 7.7 é a matriz de substituição do log das probabilidades **PMA-250**, com todos os seus elementos multiplicados por 10 para facilitar a sua leitura (o que apenas adiciona um fator de escala). Cada elemento diagonal na matriz indica a mutabilidade do aminoácido correspondente, enquanto os elementos fora da diagonal indicam as suas probabilidades de substituição. Um escore neutro (aleatório) é 0, enquanto um par de aminoácidos com um escore de -3 é substituído apenas com $10^{-3/10} = 0{,}50$ da frequência esperada pelo acaso. Essa matriz de substituição foi arranjada de modo que os resíduos de aminoácidos fiquem agrupados com uma probabilidade maior de substituírem uns aos outros em proteínas relacionadas (os pares que possuem os valores mais altos de log R_{ij}). Nota-se que esse agrupamento é mais ou menos o mesmo esperado a partir de suas propriedades físicas.

Identidades (ausência de substituição) tendem a ter os valores mais altos na Tabela 7.7. Trp e Cys (valores diagonais de 17 e 12) são os resíduos menos prováveis de serem substituídos, enquanto Ser, Ala e Asn (todos 2) são os mais facilmente mutados. O par de resíduos menos provável de ser trocado é Cys e Trp (-8), enquanto o par mais provável de ser trocado é Tyr e Phe (7), embora esses últimos estejam entre os menos prováveis de serem trocados por outros resíduos (maioria dos valores negativos). Da mesma forma, há uma probabilidade pequena de que resíduos carregados e polares sejam trocados por resíduos apolares (valores quase sempre negativos).

O grau de confiança com o qual pode ser feito o alinhamento de sequências com parentesco sabidamente distante foi investigado como uma função de valores PMA (N). A matriz de substituição do logaritmo das probabilidades PMA-250 tende a gerar os melhores alinhamentos, isto é, produz os escores de alinhamento mais elevados em relação àqueles derivados da utilização de matrizes de substituição com base em valores de PMA maiores ou menores. Nota-se que a Fig. 7.26*b* indica que, em 250 PMAs, 80% dos resíduos do peptídeo original foram substituídos.

e. Alinhamento de sequências utilizando o algoritmo de Needleman-Wunsch

A utilização de uma matriz de substituição de log de probabilidades para encontrar um alinhamento é um método simples e direto (apesar de tedioso). Ao comparar duas sequências, em vez de apenas formar uma matriz com números 1 em todas as posições de pareamento, entra-se com o valor apropriado na matriz de substituição do log das probabilidades em cada posição. Essa matriz representa todos os pares de combinações possíveis das duas sequências. Na Fig. 7.30*a*, utiliza-se a matriz do log de probabilidades PMA-250 com um peptídeo de 10 resíduos, na horizontal, e um peptídeo de 11 resíduos, na vertical. Assim, o alinhamento desses dois peptídeos deve ter pelo menos uma lacuna ou projeção terminal, assumindo-se que um alinhamento significativo possa realmente ser encontrado.

Um algoritmo para encontrar o melhor alinhamento entre dois polipeptídeos (aquele com o valor de log de probabilidades mais elevado) foi formulado por Saul Needleman e Christian Wunsch. Parte-se do canto inferior direito (extremidade C) da matriz, posição (M, N) (onde, na Fig. 7.30*a*, $M = 11$ e $N = 10$), e adiciona-se o seu valor (aqui 2) ao valor na posição ($M - 1$, $N - 1$) (aqui 12, de modo que o valor na posição [$M - 1$, $N - 1$], isto é, [10, 9], torna-se 14 na matriz transformada). Continuando-se esse processo de uma maneira iterativa, adiciona-se ao valor do elemento na posição (i, j) o valor máximo dos elementos (p, $j + 1$), sendo $p = i + 1, i + 2, \ldots, M$, e aqueles de ($i + 1$, q), em que $q = j + 1, j + 2, \ldots, N$. A Fig. 7-30*b* mostra esse processo em um estágio intermediário, com o valor original da posição (6, 5) na caixa menor e os valores transformados das posições (p, 6), sendo $p = 7, 8, \ldots, 11$, juntamente com os das posições (7, q), em que $q = 6, 7, \ldots, 10$, na caixa em forma de L. O valor máximo da matriz de elementos nessa caixa em forma de L é 19 e, portanto, esse é o valor a ser adicionado ao valor (0) na posição (6, 5), para gerar o valor 19 na matriz transformada. Esse processo é repetido, do canto inferior direito até o canto superior esquerdo da matriz, até que todos os seus elementos tenham sido assim tratados, de modo a gerar a matriz inteiramente transformada mostrada na Fig. 7.30*c*. Portanto, o **algoritmo de Needleman-Wunsch** gera os valores de log das probabilidades para todos os alinhamentos possíveis entre as duas sequências.

O melhor alinhamento (aquele com o maior valor de log de probabilidade) é encontrado traçando-se a linha central (*ridgeline*) da matriz transformada (Fig. 7.30*c*), de seu valor máximo no canto superior esquerdo ou próximo dele (extremidade N) até o seu canto inferior direito ou próximo dele (extremidade C). Isso é feito porque o alinhamento de determinado par de resíduos é independente do alinhamento de qualquer outro par e, portanto, o melhor escore até qualquer ponto em um alinhamento é o melhor escore até a etapa anterior mais o incremento do escore da nova etapa. Esse esquema aditivo de escores está fundamentado no pressuposto de que mutações em sítios diferentes são aceitas independentemente. Isso parece ser uma caracterização adequada da evolução das proteínas, mesmo que se saiba que interações específicas entre resíduos têm papéis estruturais e funcionais críticos nas mesmas.

(a) Matriz de comparação

	V	E	D	Q	K	L	S	K	C	N
V	4	−2	−2	−2	−2	2	−1	−2	−2	−2
E	−2	4	3	2	0	−3	0	0	−5	1
N	−2	1	2	1	1	−3	1	1	−4	2
K	−2	0	0	1	5	−3	0	5	−5	1
L	2	−3	−4	−2	−3	6	−3	−3	−6	−3
T	0	0	0	−1	0	−2	1	0	−2	0
R	−2	−1	−1	1	3	−3	0	3	−4	0
P	−1	−1	−1	0	−1	−3	1	0	−3	0
K	−2	0	0	1	5	−3	0	5	−5	0
C	−2	−5	−5	−5	−5	−6	0	−5	12	−4
D	−2	3	4	2	0	−4	0	0	−5	2

(b) Transformando a matriz de acordo com o esquema de alinhamento de Needleman-Wunsch

	V	E	D	Q	K	L	S	K	C	N
V	4	−2	−2	−2	−2	2	−1	−2	−2	−2
E	−2	4	3	2	0	−3	0	0	−5	1
N	−2	1	2	1	1	−3	1	1	−4	2
K	−2	0	0	1	5	−3	0	5	−5	1
L	2	−3	−4	−2	3	6	−3	−3	−6	−3
T	0	0	0	−1	0	−2	1	0	−2	0
R	−2	−1	−1	1	−3	*17*	*19*	*17*	*−2*	*0*
P	−1	−1	−1	0	−1	*16*	*20*	*14*	*−1*	*0*
K	−2	0	0	1	5	*11*	*14*	*19*	*−3*	*0*
C	−2	−5	−5	−5	−5	*−4*	*2*	*−3*	*14*	*−4*
D	−2	3	4	2	0	*−4*	*0*	*0*	*−5*	*2*

(c) Matriz transformada

	V	E	D	Q	K	L	S	K	C	N
V	*41*	*33*	*31*	*29*	*24*	*22*	*18*	*12*	*0*	*−2*
E	*31*	*37*	*35*	*33*	*26*	*17*	*19*	*14*	*−3*	*1*
N	*29*	*32*	*33*	*32*	*27*	*17*	*20*	*15*	*−2*	*2*
K	*24*	*26*	*26*	*27*	*31*	*17*	*19*	*19*	*−3*	*1*
L	*25*	*20*	*18*	*21*	*17*	*26*	*16*	*11*	*−4*	*−3*
T	*23*	*23*	*23*	*22*	*19*	*18*	*20*	*14*	*0*	*0*
R	*18*	*19*	*19*	*21*	*23*	*17*	*19*	*17*	*−2*	*0*
P	*18*	*18*	*18*	*19*	*18*	*16*	*20*	*14*	*−1*	*0*
K	*12*	*14*	*14*	*15*	*19*	*11*	*14*	*19*	*−3*	*0*
C	*2*	*−1*	*−3*	*−3*	*−3*	*−4*	*2*	*−3*	*14*	*−4*
D	*−2*	*3*	*4*	*2*	*0*	*−4*	*0*	*0*	*−5*	*2*

(d) Alinhamento

VEDQKLS--KCN
VEN-KLTRPKCD

or

VEDQKL--SKCN
VEN-KLTRPKCD

FIGURA 7.30 Uso do algoritmo de alinhamento de Needleman- Wunsch no alinhamento de um peptídeo de 10 resíduos (*horizontal*) com um peptídeo de 11 resíduos (*vertical*). (*a*) A matriz de comparação, cujos elementos são as entradas correspondentes na matriz de substituição do log das probabilidades PMA-250 (Tabela 7.7). (*b*) A transformação de Needleman-Wunsch após várias etapas, iniciadas a partir do canto inferior direito. Os números em vermelho já foram transformados. O escore de Needleman-Wunsch do alinhamento T-K (*caixa pequena*) é a soma do seu valor de PMA-250 (0) mais o máximo das quantidades na caixa em forma de L (19). O texto explica a mecânica do processo de transformação. (*c*) A matriz de Needleman-Wunsch completa. O melhor alinhamento segue a linha central da matriz, como descrito no texto. Os resíduos alinhados são aqueles cujos elementos correspondentes estão em um círculo. Nota-se a ambiguidade nesse alinhamento. (*d*) Como resultado do alinhamento dos peptídeos, são obtidos dois alinhamentos equivalentes, onde os resíduos idênticos alinhados estão coloridos de verde.

A linha conectando os pares de resíduos alinhados (aqueles circulados na Fig. 7.30*c*) deve sempre se estender para baixo e para a direita. Isso ocorre porque um movimento para cima ou para a esquerda, ou mesmo diretamente para baixo ou para a direita, implicaria que um resíduo em um peptídeo se alinhasse com mais de um resíduo no outro peptídeo. Qualquer desvio permitido de um movimento (+1, +1) implica a presença de uma lacuna. O melhor alinhamento dos dois polipeptídeos, aquele conectado pelas linhas na Fig. 7.30*c*, está indicado na Fig. 7.30*d*. Nota-se que esse alinhamento é ambíguo; o alinhamento de S no peptídeo de 10 resíduos gera, tanto com T como com P no peptídeo de 11 resíduos, os mesmos valores de log das probabilidades e, portanto, tem-se informações insuficientes para fazer a escolha entre eles. O escore geral de alinhamento é o valor máximo da matriz transformada, aqui 41, o qual aparece no canto superior esquerdo do alinhamento (Fig. 7.30*c*).

O algoritmo de Needleman-Wunsch otimiza o alinhamento global de dois peptídeos, isto é, ele maximiza o escore de alinhamento para as duas sequências no seu todo (e o faz mesmo que isso não tenha significado biológico). Entretanto, como muitas proteínas são construídas modularmente, a partir de motivos de sequências que ocorrem em diversas outras proteínas, seria uma abordagem mais adequada otimizar o alinhamento de dois peptídeos localmente, isto é, maximizar o escore de alinhamento somente em suas regiões homólogas. Uma variante do algoritmo de Needleman-Wunsch, formulada por Temple Smith e Michael Waterman, foi amplamente utilizada para fazer isso. Esse **algoritmo de Smith-Waterman** explora uma propriedade do sistema de escore com base em matriz de substituição, segundo a qual o escore de um caminho de alinhamento diminui em regiões nas quas as sequências estão malpareadas. Onde o escore cumulativo cai para zero, o algoritmo de Smith-Waterman termina a extensão de um caminho de alinhamento. Dois peptídeos podem possuir vários desses alinhamentos locais.

f. Penalidades de lacuna

Se existem lacunas em um alinhamento, deve-se subtrair a penalidade de lacuna do escore geral de alinhamento a fim de se obter o escore de alinhamento final. Uma vez que um evento mutacional único pode inserir ou remover mais de um resíduo, uma lacuna mais longa deve resultar em uma penalidade apenas um pouco maior do que a resultante de uma lacuna curta. Consequentemente, as penalidades de lacuna têm a forma de $a + bk$, sendo a a penalidade pela abertura da lacuna, k a extensão da lacuna em resíduos e b a penalidade pela extensão da lacuna em um resíduo. A teoria estatística atual fornece poucos subsídios para a otimização de a e b, mas estudos empíricos sugerem que $a = -8$ e $b = -2$ são valores apropriados para a utilização com a matriz PMA-250. Assim, o escore final para ambos os alinhamentos na Fig. 7.30*d* (ambos com uma lacuna de 1 resíduo e outra de 2 resíduos) é $41 - (8 + 2 \times 1) - (8 + 2 \times 2) = 19$.

g. Alinhamentos aos pares usando BLAST

O algoritmo de Needleman-Wunsch e, mais tarde, o algoritmo de Smith-Waterman (nas suas aplicações computacionais) foram muito utilizados nas décadas de 1970 e 1980 para a busca de parentesco entre proteínas. Entretanto, a necessidade de comparar cada nova sequência determinada com o número imenso e crescente de sequências disponíveis em bases de dados públicas exige que esse processo seja bastante acelerado. Os computadores modernos podem fazê-lo usando programas de alinhamento de sequências que empregam sofisticados **algoritmos heurísticos** (algoritmos que fazem "conjecturas" com base em instrução), porém com o risco de obter resultados subótimos (no caso de alinhamentos de sequências, os algoritmos heurísticos são fundamentados no conhecimento de como as sequências evoluem). Como consequência, será descrito a seguir como esses programas são utilizados, em vez de como eles funcionam.

A matriz de substituição PMA-250 é fundamentada em uma extrapolação: os seus cálculos supõem que a frequência de mutações ao longo de uma unidade PMA de distância evolutiva é a mesma ao longo de todas as 250 unidades PMA. Mas esse pode não ser o caso, pois proteínas homólogas que são separadas por grandes distâncias evolutivas podem adquirir funções divergentes e, portanto, suas taxas de evolução podem mudar (lembrando que diferentes proteínas possuem taxas de evolução diferentes; Fig. 7.23). Para considerar essa possibilidade, e aproveitando a imensa quantidade de dados de sequência disponibilizada desde meados da década de 1970, quando as matrizes PMA foram determinadas, foi calculada uma matriz de substituição de log de probabilidades com base em ~2.000 blocos de sequências alinhadas que não possuíam lacunas, oriundas de ~500 grupos de proteínas relacionadas. A matriz de substituição que apresentou o desempenho mais sensível para alinhamentos sem lacunas é chamada de **BLOSUM62** (de *block substitution matrix*, matriz de substituição de blocos; com o número 62 indicando que todos os blocos de peptídeos alinhados nos quais existe uma identidade $\geq 62\%$ são considerados como uma sequência única, para reduzir a contribuição de sequências proximamente relacionadas), enquanto a matriz **BLOSUM45** apresenta, aparentemente, um melhor desempenho para alinhamentos com lacunas. Alinhamentos de sequência com base na matriz BLOSUM62 ou na matriz BLOSUM45 são mais sensíveis do que aqueles com base na matriz PMA-250.

O **BLAST** (de *basic local alignment search tool*) é o pacote de programas de domínio público mais amplamente utilizado para o alinhamento de sequências aos pares – tanto para polipeptídeos como para polinucleotídeos. Esse programa utiliza uma abordagem heurística, que aproxima o algoritmo de Smith-Waterman de modo a obter a mistura ótima de sensibilidade (a capacidade de identificar sequências distantemente relacionadas) e seletividade (a capacidade de evitar sequências não relacionadas com falsos escores altos de alinhamento). Ele alinha aos pares uma determinada sequência-questão (*query*) com um número – definido pelo usuário (default de 100) – de sequências-objeto (*subjects*) que são mais similares à sequência-questão. O BLAST, que foi criado por Stephen Altschul, está disponível gratuitamente ao público para uso interativo na internet (http://www.ncbi.nlm.nih.gov/BLAST/Blast.cgi) em um servidor do National Center for Biotechnology Information (NCBI). A seguir será discutido como se compara proteínas pelo sistema BLAST (*protein blast* ou *blastp*).

Atualmente, as bases de dados de proteínas contêm ~900.000 sequências peptídicas não redundantes. O BLAST minimiza o tempo que é gasto com uma região de sequência cuja semelhança com a sequência-questão tem pequena chance de exceder a um escore de alinhamento mínimo. Alinhamentos aos pares (p. ex., Fig. 7.31*a*), que são automaticamente encontrados utilizando a BLOSUM62 (a substituição de matrizes e penalidades de lacunas podem ser selecionadas sob "*Algorithm parameters*"), são listados em ordem decrescente de significância estatística e são apresentados de uma maneira que indica a posição tanto dos resíduos idênticos como dos semelhantes na sequência-questão e na sequência-objeto. O número de resíduos idênticos, positivos (aqueles pares de resíduos cuja troca tem um valor positivo na matriz de substituição utilizada) e de lacunas ao longo da extensão do alinhamento aparece indicado. O BLAST estima a significância estatística de um alinhamento em termos do seu "valor E" (E de expectativa), que é o número de alinhamentos com pelo menos o mesmo escore, os quais espera-se que ocorram, em função do acaso, na base de dados. Por exemplo, um alinhamento com um valor E igual a 5 é insignificante estatisticamente, enquanto um alinhamento com um valor E igual a 0,01 é significativo. Já um valor E igual a 1×10^{-20} deter-

(a) **Alinhamento aos pares pelo programa BLAST**

>sp|P38524|HIP2_ECTVA PROTEÍNA DE FERRO-ENXOFRE DE ALTO POTENCIAL, ISOZIMA 2 (HIPIP 2)
Extensão = 71

Escore = 44,3 bits (103), Expectativa = 1e-04 Método: ajuste de matriz composicional.
Identidades = 27/70 (38%), Positivos = 35/70 (50%), Lacunas = 4/70 (5%)

```
Questão: 1  EPRAEDGHAHDYVNEAADASG--HPRYQEGQLCENCAFWGEAVQDGWGRCTHPDFDEVLVKAEGWCSVY  68
            E  +ED   A    +        DAS     HP Y+EGQ C NC   + +A     WG C+    F     LV A GWC+ +
Objeto: 2   ERLSEDDPAAQALEYRHDASSVQHPAYEEGQTCLNCLLYTDASAQDWGPCS--VFPGKLVSANGWCTAW  69
```

(b) **Alinhamento múltiplo de sequências pelo programa Clustal W2**

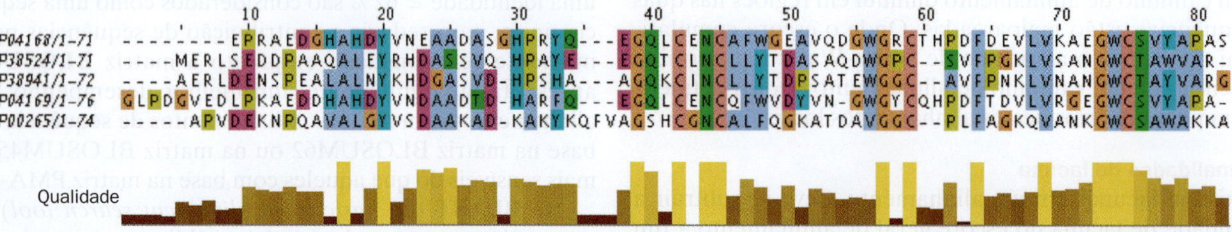

FIGURA 7.31 Exemplos de alinhamentos de sequências peptídicas. *(a)* Alinhamento aos pares pelo programa BLAST. As proteínas alinhadas são proteínas com alto potencial de serem **proteínas de ferro-enxofre**, pequenas proteínas bacterianas, cujas sequências estão arquivadas na base de dados SWISS-PROT. Os resíduos de aminoácidos estão indicados pelos seus códigos de uma letra (Tabela 4.1), e as lacunas estão indicadas por hifens. A sequência-questão (*query sequence*) é a proteína ferro-enxofre isozima 1 de *Halorhodospira halophila* (HIP1_HALHA, número de acesso P04168 no SWISS-PROT; **isozimas** são enzimas de um mesmo organismo que, embora sejam catalítica e estruturalmente semelhantes, são geneticamente distintas), e a sequência-objeto (*subject sequence*) é a proteína ferro-enxofre isozima 2 de *Ectothiorhodospira vacuolata* (HPI2_ECTVA, número de acesso P38524 no SWISS-PROT). As primeiras duas linhas (*em verde*) identificam a sequência-objeto e indicam a sua extensão em resíduos. Isso é seguido por uma série de estatísticas de alinhamento (*em preto*). A sequência-questão e a sequência-objeto são então alinhadas verticalmente (*em azul*), com a linha entre elas (*em preto*) indicando resíduos que são idênticos (por seus códigos de uma letra) ou similares (por um sinal positivo [+]). As saídas geradas pelo BLAST consistem em uma série desses alinhamentos aos pares. *(b)* Alinhamento múltiplo de cinco sequências de proteínas ferro-enxofre (HiPIP) pelo programa ClustalW2: as duas sequências anteriores, as suas isozimas 1 e 2 correspondentes (P38941 e P04169) e a proteína ferro-enxofre de *Rhodocyclus gelatinosus* (P00265). Os resíduos nesse alinhamento múltiplo de sequências estão coloridos de acordo com o tipo de resíduo e o grau de confiança de seus alinhamentos. O gráfico de barras abaixo do alinhamento indica a qualidade deste com base no escore de BLOSUM62 das substituições. Note-se que o alinhamento dos resíduos 9 ao 29 da P04168 (sequência-questão na Parte *a*) com P38524 difere daquele na Parte *a*.

mina um grau de confiança extremamente elevado de que as sequências-questão e-objeto são homólogas. O BLAST também registra um "escore de bit" para cada alinhamento, que é um tipo de escore de alinhamento normalizado.

h. Alinhamentos de múltiplas sequências com CLUSTAL

O BLAST realiza apenas alinhamentos aos pares. Para alinhar simultaneamente mais de duas sequências, isto é, para conseguir um **alinhamento de múltiplas sequências** como o da Tabela 7.4, deve ser utilizado um programa diferente. O programa desse tipo que é, talvez, o mais amplamente utilizado, é o **ClustalW2**, disponível ao público para uso interativo na internet em http://www.ebi.ac.uk/Tools/clustalw2. A entrada (*input*) para esse programa é um arquivo contendo todas as sequências (de peptídeos ou de DNA) a serem alinhadas. Como com o BLAST avançado, o usuário pode selecionar a matriz de substituição e os parâmetros de penalidade por lacuna que o ClustalW2 utiliza. O ClustalW2 começa por encontrar todos os alinhamentos de pares possíveis para as sequências introduzidas. Isso permite que o programa determine as relações das sequências introduzidas com base em seus escores de similaridade, de modo a gerar uma árvore filogenética grosseira, chamada de dendrograma. Depois, iniciando com o escore de alinhamento de pares mais elevado, ele executa realinhamentos sequenciais com base nas sequências restantes, as quais são adicionadas em ordem decrescente de parentesco com as sequências previamente adicionadas. Enquanto faz isso, o programa também introduz lacunas, conforme a necessidade. A saída (*output*) do ClustalW2 é o alinhamento das sequências (p. ex., Fig. 7.31*b*).

Programas para o alinhamento de múltiplas sequências são facilmente confundidos por anomalias como sequências que não são homólogas ou que contêm segmentos homólogos em ordens diferentes. Por isso, alinhamentos de múltiplas sequências devem ser cuidadosamente inspecionados para determinar se são sensíveis e, se necessário, devem ser corrigidos manualmente. De fato, na Fig. 7.31*a*, o alinhamento dos primeiros 21 resíduos da sequência-questão (P04168) com a sequência-objeto (P38524) difere daquele na Fig. 7.31*b*.

i. O uso de perfis estende as sensibilidades dos alinhamentos de sequências

Alinhamentos de múltiplas sequências podem ser utilizados para aumentar a sensibilidade de buscas por similaridade, isto é, podem ser utilizados para detectar semelhanças de sequências que possuem similaridade pequena, mas significativa. Por exemplo, em alinhamentos aos pares, o peptídeo A pode aparentemente ser similar ao peptídeo B e o peptídeo B pode aparentemente ser similar ao peptídeo C, mas os peptídeos A e C podem não ser aparentemente similares entre si. Porém, um alinhamento múltiplo das sequências dos peptídeos A, B e C revelará as semelhanças entre os peptídeos A e C. Essa ideia foi estendida pela construção de **perfis** (também chamados de **matrizes de escores posição-específicos**), que levam em consideração o fato de que alguns resíduos de uma dada proteína são estrutural e/ou funcionalmente mais importantes do que outros, e portanto são menos sujeitos a mudanças evolutivas. Assim, para cada posição de um alinhamento de múltiplas sequências, resíduos altamente conservados recebem um grande escore positivo, posições fracamente conservadas recebem um escore próximo de zero e resíduos não conservados recebem um grande escore negativo. Muitos algoritmos geradores de perfis são fundamentados em modelos estatísticos chamados de **modelos ocultos de Markov** (**HMMs**, de *hidden Markov models*). A utilização desses padrões de conservação tem sido aplicada com sucesso para encontrar sequências que são tão distantemente relacionadas de uma sequência-questão (até então na zona crepuscular), que o BLAST não as consideraria como tendo similaridades de sequência significativas.

O programa **PSI-BLAST** (de *position-specific iterated BLAST*), que também está disponível para uso em http://www.ncbi.nlm.nih.gov/BLAST/blast.cgi, utiliza os resultados de uma busca do BLAST com uma sequência-questão para gerar um perfil e, depois, utiliza o perfil gerado para buscar novos alinhamentos. Esse processo é iterativo, pois o perfil gerado após cada busca de alinhamento é utilizado para fazer uma nova busca de alinhamento e assim por diante, até que nenhum alinhamento significativo adicional seja encontrado. Por exemplo, para a sequência-questão utilizada na Fig. 7.31*a* (HIP1_HALHA; número de acesso P04168 no Swiss-Prot), o BLAST encontra apenas cinco sequências (chamadas de *hits*) na base de dados do Swiss-Prot que possuem valores E menores do que 0,001 (que inclui um autoalinhamento). Em contraste, o PSI-BLAST encontra 16 desses *hits* após três iterações (e nenhum *hit* adicional na quarta iteração, ao que se diz que a busca convergiu). Assim, a utilização de uma análise de perfil torna possível a detecção de parentescos entre sequências que são sutis, mas significativos, e que, como será visto em capítulos posteriores, são indicações importantes de relações evolutivas e funcionais.

j. Genes estruturais devem ser alinhados como polipeptídeos

Em muitos casos, somente a sequência de bases do DNA que codifica uma proteína é conhecida. De fato, a maioria das sequências de proteínas conhecidas foi inferida a partir de sequências de DNA. Embora tanto o BLAST como o ClustalW2 sejam capazes de alinhar sequências de ácidos nucleicos (e sejam rotineiramente utilizados para fazer isso), deve-se, em vez de comparar apenas as sequências de bases, alinhar as sequências de aminoácidos inferidas a partir dos genes estruturais. Isso deve ser feito porque as comparações de sequências de aminoácidos permitem identificar sequências que compartilharam um ancestral comum há mais de 1 bilhão de anos (p. ex., aquelas do citocromo *c* e da histona H4; Fig. 7.23), enquanto é raro detectar homologias em sequências de DNA não codificadoras que divergiram há mais de 200 milhões de anos ou em sequências codificadoras que divergiram há mais de 600 milhões de anos. Existem três razões para isso:

1. O DNA possui apenas quatro bases diferentes, enquanto os peptídeos consistem em 20 resíduos de aminoácidos distintos. Como consequência, é muito mais fácil encontrar alinhamentos falsos no DNA, pelo menos para segmentos curtos, do que em peptídeos (um gráfico de pontos de dois DNAs não relacionados tem, em média, 25% dos seus espaços preenchidos, contra 5% para polipeptídeos não relacionados).
2. O DNA evolui muito mais rapidamente do que as proteínas. Nas regiões codificadoras de genes estruturais, 24% das trocas de uma única base determinam a codificação do mesmo aminoácido. Existem poucas restrições evolutivas para manter a identidade de sequência dessas bases ou das regiões não codificadoras dos genes (p. ex., daquelas contendo íntrons). Assim, as restrições evolutivas sobre as proteínas são mais rigorosas do que aquelas sobre o DNA.
3. Alinhamentos diretos de sequências de DNA não utilizam matrizes de substituição de aminoácidos, como a PMA-250 e a BLOSUM62 e, portanto, não são restringidos pela informação evolutiva implícita nessas matrizes (embora haja matrizes 4×4 análogas para substituições de bases).

Se a sequência de bases de um gene estrutural é conhecida, as suas supostas regiões controladoras, particularmente seus códons de início e término, em geral podem ser identificadas. Isso, por sua vez, revela qual das duas fitas complementares do DNA é a chamada **fita-senso** (a qual possui a mesma sequência do mRNA transcrito a partir do DNA) e indica a sua fase de leitura correta. Quando não está claro que um segmento de DNA flanqueado pelo que parecem ser códons de início e término codifica efetivamente uma proteína, podem-se comparar as sequências de aminoácidos de todas as seis fases de leitura possíveis (três para cada uma das duas fitas de DNA complementares). De fato, o BLAST faz isso automaticamente quando alinha sequências peptídicas com base em sequências de DNA.

C. *Construção de árvores filogenéticas*

Árvores filogenéticas foram inicialmente feitas por Linnaeus, o biólogo do século XVIII que criou o sistema de taxonomia (classificação biológica) que é utilizado até os dias de hoje. Essas árvores (p. ex., Fig. 1.4) foram originalmente fundamentadas em características morfológicas, cujas medições eram, em sua maior parte, subjetivas. Foi somente após o advento da análise de sequências que a geração de árvores filogenéticas foi colocada sobre uma base quantitativa firme (p. ex., Fig. 7.22). Nos parágrafos seguintes, serão discutidas as características das árvores filogenéticas e como elas são geradas.

A Figura 7.32*a* é uma árvore filogenética que representa as relações evolutivas entre quatro genes homólogos, A, B, C e D. A árvore consiste em quatro **folhas** ou **nódulos externos**, cada um deles representando um desses genes, e dois **pontos de ramificação** ou **nódulos internos**, que representam genes ancestrais. A extensão de cada **ramo** indica o grau de diferença entre os dois nódulos que ele conecta. Todos os pontos

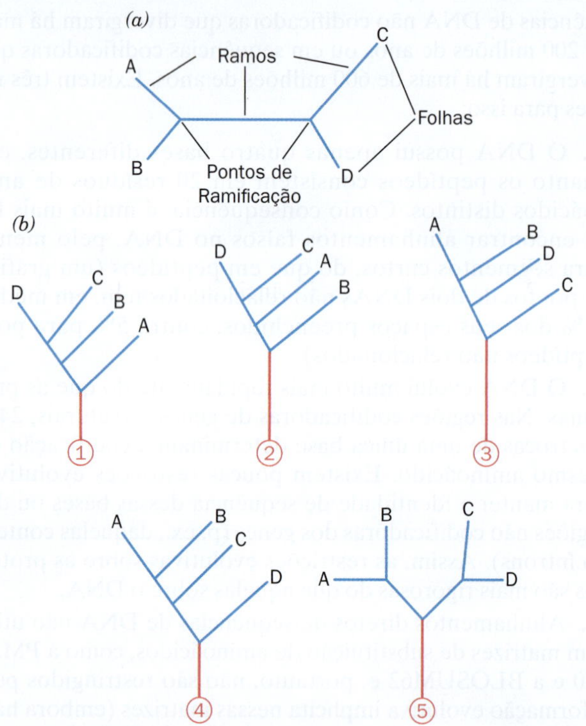

FIGURA 7.32 **Árvores filogenéticas.** (*a*) Uma árvore sem raiz com quatro folhas (A, B, C e D) e dois pontos de ramificação. (*b*) As cinco árvores com raiz que podem ser geradas a partir da árvore sem raiz da Parte *a*. As raízes estão representadas e numeradas em vermelho.

de ramificação são binários, isto é, considera-se que um gene dá origem a apenas dois descendentes de cada vez, de modo que os ramos podem apenas bifurcar (embora os pontos de ramificação possam ser tão próximos uns dos outros que as suas ordens não podem ser determinadas; p. ex., a raiz da Fig. 7.22). Nota-se que essa é uma **árvore sem raiz**, isto é, ela indica as relações entre os quatro genes, mas não fornece qualquer informação a respeito dos eventos evolutivos a partir dos quais eles se originaram. As cinco rotas evolutivas que são possíveis para essa árvore sem raiz estão representadas na Fig. 7.32*b* como diferentes **árvores com raiz**, nas quais o nódulo por meio do qual a raiz une-se à árvore representa o último ancestral comum dos quatro genes. Apenas com o conhecimento dos genes A, B, C e D, a análise filogenética não é capaz de distinguir entre essas árvores com raiz. Para encontrar a raiz da árvore, é necessária a obtenção da sequência de um **grupo externo**, um gene homólogo que é menos relacionado aos genes da árvore do que eles são relacionados entre si. Isso permite que a raiz da árvore seja identificada e, portanto, que a rota por meio da qual os genes evoluíram seja elucidada.

O número de árvores bifurcantes diferentes com as mesmas *n* folhas aumenta de maneira extremamente rápida com o aumento de *n* (p. ex., para $n = 10$, ele é maior que 2 milhões). Infelizmente, *não existe um método exato para a geração de uma árvore filogenética ideal*. De fato, não há uma concordância geral a respeito do que constituiria uma árvore ideal. Como consequência, vários métodos têm sido formulados para a construção de árvores filogenéticas com base em alinhamentos de sequências.

Em uma classe de métodos para a construção de árvores filogenéticas, os dados de sequência são convertidos em uma **matriz de distâncias**, que é uma tabela mostrando as distâncias evolutivas entre todos os pares de genes no conjunto de dados (p. ex., Tabela 7.5). Distância evolutiva é o número de diferenças de sequência entre dois genes (idealmente corrigido para a possibilidade de ocorrência de mutações múltiplas em um dado sítio). Essas quantidades são utilizadas para calcular as extensões dos ramos da árvore, presumindo-se que elas sejam aditivas, isto é, que a distância entre qualquer par de folhas seja a soma das extensões dos ramos que as conectam.

Talvez a maneira conceitualmente mais simples (se é que se pode utilizar esse termo) para a geração de uma árvore filogenética seja pelo **método de união de vizinhos** (**N-J**, da expressão *neighbor-joining*). Nesse método, supõe-se inicialmente que exista apenas um nódulo interno, Y, e que, por isso, todas as *N* folhas se projetam a partir dele em um padrão radial (Fig. 7.33*a*). As extensões dos ramos da figura em forma de estrela gerada são então calculadas de acordo com relações como $d_{AB} = d_{AY} + d_{BY}$ (em que d_{AB} é a extensão total dos ramos conectando as folhas A e B, etc.), $d_{AC} = d_{AY} + d_{CY}$ e $d_{BC} = d_{BY} + d_{CY}$, de modo que, por exemplo, $d_{AY} = \frac{1}{2}(d_{AB} + d_{AC} - d_{BC})$. Um par de folhas é então transferido da estrela para um novo nódulo interno, X, que fica conectado ao centro da estrela por um novo ramo, XY (Fig. 7-33*b*), e a soma das extensões de todos os ramos, S_{AB}, nessa árvore revisada é calculada:

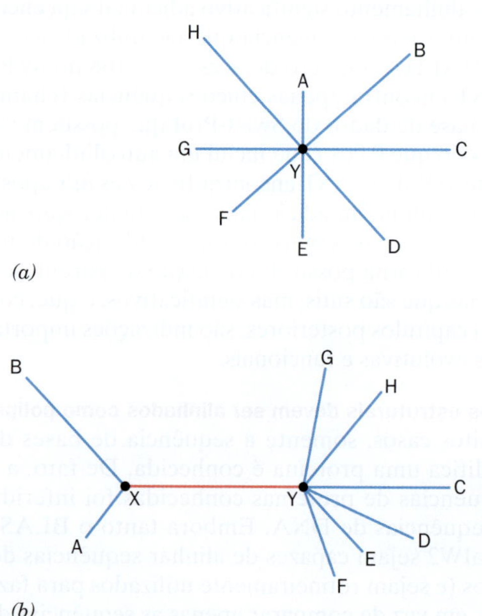

FIGURA 7.33 **Operações empregadas no método de união de vizinhos (*neighbor-joining*) para a construção de uma árvore filogenética.** (*a*) A configuração inicial. (*b*) A transferência das folhas G e H para um novo ponto de ramificação que está conectado à estrela central (*em vermelho*).

$$S_{AB} = d_{AX} + d_{BX} + d_{XY} + \sum_{k \neq AB}^{N} d_{kY}$$
$$= \frac{d_{AB}}{2} + \frac{[2Q - R_A - R_B]}{2(N-2)} \quad [7.6]$$

em que

$$Q = \sum_{i=1}^{N} \sum_{j=1}^{i-1} d_{ij} \quad [7.7]$$

(i.e., a soma de todos os elementos fora da diagonal na metade única da matriz de distância),

$$R_A = \sum_{i=1}^{N} d_{Ai} \quad [7.8]$$

(i.e., a soma dos elementos na $A^{ésima}$ linha da matriz de distância), e

$$R_B = \sum_{i=1}^{N} d_{Bi} \quad [7.9]$$

As duas folhas são depois retornadas às suas posições originais, substituídas por um segundo par de folhas, sendo que então a extensão total dos ramos é novamente calculada. O processo é repetido até que todos os $N(N - 1)/2$ pares de folhas possíveis sejam tratados dessa maneira. O par que gerar o menor valor de S_{ij} (a extensão total de ramos mais curta) nesse processo, cujos membros serão os vizinhos mais próximos na árvore final, é combinado em uma única unidade cuja extensão é a média dos dois ramos, gerando uma estrela com um ramo a menos. Se as folhas A e B forem escolhidas como vizinhas, então as extensões dos ramos que as conectam são estimadas

$$d_{AX} = \frac{d_{AB}}{2} + \frac{R_A - R_B}{2(N-2)} \quad [7.10]$$

$$d_{BX} = d_{AB} - d_{AX} \quad [7.11]$$

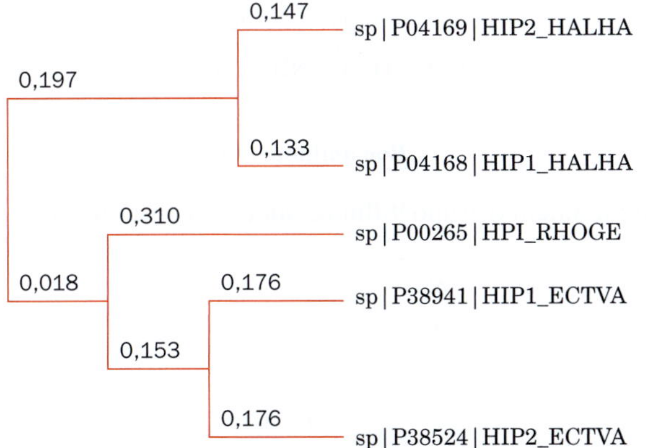

FIGURA 7.34 Uma árvore filogenética sem raiz das cinco sequências de proteínas ferro-enxofre que estão alinhadas na Fig. 7.31*b*. A árvore foi gerada pelo Clustal, utilizando o método de união de vizinhos. Os números indicam as extensões relativas dos ramos associados.

e

$$d_{XY} = \frac{(N-1)(R_i + R_j) - 2Q - (N^2 - 3N + 2)d_{AB}}{2(N-2)(N-3)} \quad [7.12]$$

Supondo que S_{AB} possui o menor valor de todos os S_{ij}, uma nova matriz de distância é calculada, cujos elementos, d'_{ij}, são os mesmos que d_{ij}, com a exceção de que $d'_{A\text{-}B,i} = d'_{i,A\text{-}B} = (d_{Ai} + d_{Bi})/2$, em que $d'_{A\text{-}B,i}$ é a distância entre as folhas A e B, representada pela média dos dois ramos, e a folha *i*. Todo o processo é então repetido tantas vezes quanto for necessário, de modo a encontrar todos os pares de sequências vizinhas mais próximas, para gerar, assim, uma árvore filogenética. A Figura 7.34 é uma árvore filogenética sem raiz, gerada pelo Clustal a partir do alinhamento de sequências múltiplas mostrado na Fig. 7.31*b* utilizando o método N-J.

O método N-J é representativo de procedimentos de construção de árvores **com base em distâncias**. Existem ainda dois outros tipos de critérios para a construção de árvores que são amplamente utilizados:

1. A **máxima parcimônia** (**MP**), que é fundamentada no princípio da "navalha de Occam" (*Occam's razor*): a melhor explicação dos dados é a mais simples. Assim, os métodos com base em MP assumem (talvez de maneira imprecisa) que a evolução ocorre por meio do menor número possível de mudanças genéticas e, portanto, que a melhor árvore filogenética é aquela que requer o menor número de trocas de sequência para explicar um alinhamento de múltiplas sequências.
2. A **máxima probabilidade** (**ML**, de *maximum likelyhood*), permite encontrar a árvore e as extensões de ramos com a maior probabilidade de gerar o alinhamento de múltiplas sequências observado. Isso, por sua vez, requer um modelo evolutivo que indique a probabilidade de ocorrência de cada tipo de troca de resíduo (p. ex., as matrizes de substituição PMA).

Devido ao fato de o número de árvores possíveis aumentar muito rapidamente com o aumento do número de folhas, a construção de uma árvore filogenética é uma tarefa de intenso esforço computacional, mesmo para conjuntos relativamente pequenos de sequências alinhadas (p. ex., $N = 20$, embora métodos com base em distâncias exijam um trabalho de computação muito menor do que o exigido por métodos com base em MP ou ML). Além disso, em razão das ambiguidades inerentes a todos os procedimentos para a construção de árvores, foram desenvolvidos testes estatísticos para a verificação da validade de qualquer árvore gerada.

5 SÍNTESE QUÍMICA DE POLIPEPTÍDEOS

Nesta seção, serão descritos métodos de síntese química de polipeptídeos a partir de aminoácidos. A habilidade de se confeccionar polipeptídeos não disponíveis na natureza tem um potencial biomédico considerável:

1. Investigar as propriedades de polipeptídeos ao se variar sistematicamente suas cadeias laterais.
2. Obter polipeptídeos com propriedades únicas, especialmente aqueles com cadeias laterais não padrão ou com

marcações isotópicas incorporadas em resíduos específicos (nenhum dos dois é obtido facilmente usando métodos biológicos).

3. Produzir farmacologicamente polipeptídeos ativos que sejam raros ou inexistentes biologicamente.

Uma das aplicações mais promissoras da síntese de polipeptídeos é a produção de vacinas sintéticas. Vacinas, que têm sido feitas de vírus mortos (inativados) ou atenuados ("vivos", porém mutados de modo a não causar doença), estimulam o sistema imune a sintetizar anticorpos direcionados especificamente contra aqueles vírus, consequentemente conferindo imunidade a eles (a resposta imunológica é discutida na Seção 35.2A). O uso de tais vacinas, no entanto, não se dá sem risco; vírus atenuados, por exemplo, podem sofrer mutações, gerando uma forma virulenta, enquanto vacinas de vírus mortos têm, em várias ocasiões, causado doença porque continham vírus vivos. Além disso, vários vírus são difíceis de serem cultivados e, por consequência, é difícil obter material suficiente para a produção da vacina. Tais problemas seriam eliminados pela preparação de vacinas a partir de polipeptídeos sintéticos que possuíssem as sequências de aminoácidos dos **epitopos** virais (determinantes antigênicos; agrupamentos moleculares que estimulam o sistema imune a produzir anticorpos contra eles). De fato, muitas dessas vacinas sintéticas já estão em uso.

Os primeiros polipeptídeos sintetizados quimicamente foram compostos por apenas um tipo de aminoácido, sendo então chamados de **homopolipeptídeos**. Esses compostos, como **poliglicina**, **polisserina** e **polilisina**, são sintetizados facilmente de acordo com métodos clássicos de química de polímeros. Eles serviram como compostos-modelo valiosos no estudo das propriedades físico-químicas de polipeptídeos, como o comportamento conformacional e interações com o ambiente aquoso.

A primeira síntese química de um polipeptídeo biologicamente ativo foi a do hormônio nonapeptídico (9 resíduos de aminoácidos) **ocitocina**, por Vincent du Vigneaud em 1953:

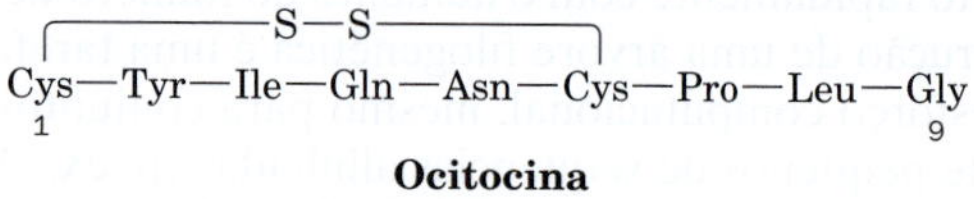

S—S (ponte entre Cys 1 e Cys 6)
Cys—Tyr—Ile—Gln—Asn—Cys—Pro—Leu—Gly
1 ... 9

Ocitocina

Desde então, melhoramentos na metodologia de síntese de polipeptídeos permitiram a síntese de inúmeros polipeptídeos biologicamente ativos e de muitas proteínas.

A. *Procedimentos de síntese*

Os polipeptídeos são sintetizados quimicamente ao se ligarem (acoplando-se) aminoácidos covalentemente, um de cada vez, à extremidade de uma cadeia polipeptídica em crescimento. Supõe-se que o polipeptídeo seja sintetizado a partir de sua extremidade C-terminal em direção à N-terminal; ou seja, a cadeia crescente termina com um grupo amino livre. Então, cada aminoácido que está sendo adicionado à cadeia deve ter o seu grupo α-amino quimicamente protegido (bloqueado), caso contrário, ele reagiria com outras moléculas afins, além de reagir com o grupo aminoterminal da cadeia. Uma vez que o novo aminoácido foi acoplado, seu grupo amino, agora o novo N-terminal do peptídeo, deve ser desprotegido (desbloqueado), de modo que a próxima ligação peptídica possa ser formada. *Portanto, cada ciclo de adição de aminoácido requer um passo de acoplamento e um passo de desbloqueio.* Além disso, as cadeias laterais reativas devem ser bloqueadas para evitar que participem nas reações de acoplamento, e, por fim, desbloqueadas na etapa final da síntese.

As primeiras reações que foram desenvolvidas para sintetizar polipeptídeos, como no caso da síntese de ocitocina, eram realizadas inteiramente em solução. As perdas decorrentes do isolamento e purificação dos produtos da reação de cada uma das muitas etapas contribuem significativamente para o baixo rendimento do polipeptídeo final. Essa dificuldade foi engenhosamente vencida, em 1962, por Bruce Merrifield, por meio do desenvolvimento da **síntese de peptídeos em fase sólida** (**SPFS**). Na SPFS, a cadeia polipeptídica crescente está ancorada covalentemente, normalmente pela extremidade C-terminal, a um suporte sólido insolúvel, como esferas de resina de poliestireno, e os aminoácidos devidamente bloqueados e reagentes são adicionados na sequência apropriada (Fig. 7.35). Isso permite a recuperação e purificação quantitativas dos produtos intermediários por meio da simples filtração e lavagem das esferas.

Quando as cadeias polipeptídicas são sintetizadas pela adição de aminoácidos à extremidade N-terminal (direção oposta à da biossíntese proteica; Seção 5.4Ba), os grupos α-amino de cada aminoácido, que são adicionados sequencialmente, devem ser quimicamente protegidos durante a reação de ligação. O grupo ***tert*-butiloxicarbonil** (**Boc**) é frequentemente usado com esse propósito,

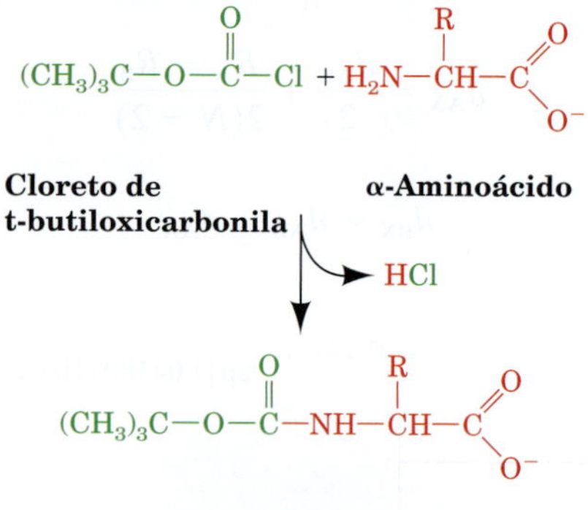

$$(CH_3)_3C{-}O{-}\overset{\displaystyle O}{\overset{\|}{C}}{-}Cl \;+\; H_2N{-}\overset{\displaystyle R}{\overset{|}{C}H}{-}C(=O)O^-$$

Cloreto de t-butiloxicarbonila — **α-Aminoácido**

↓ (− HCl)

$$(CH_3)_3C{-}O{-}\overset{\displaystyle O}{\overset{\|}{C}}{-}NH{-}\overset{\displaystyle R}{\overset{|}{C}H}{-}C(=O)O^-$$

Boc-aminoácido

como também o grupo **9-fluorenilmetoxicarbonil** (**Fmoc**):

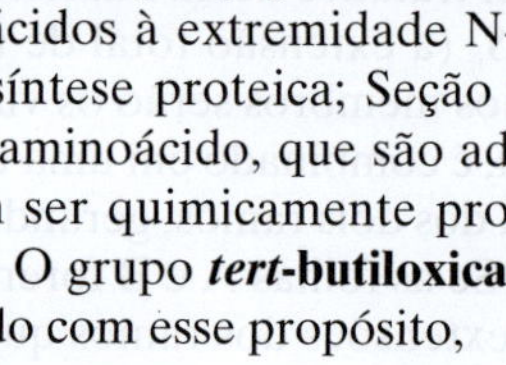

$$\text{(fluorenil)}{-}CH_2{-}O{-}\overset{\displaystyle O}{\overset{\|}{C}}{-}$$

9-Fluorenilmethoxicarbonil
Grupo Fmoc

Os dois grupos sofrem reações análogas, porém, a seguir, serão discutidas apenas as reações do grupo Boc.

a. Ancoramento da cadeia ao suporte inerte

A primeira etapa em SPFS é o acoplamento do aminoácido C-terminal ao suporte sólido. O suporte mais comumente usado é uma resina de poliestireno de ligação cruzada com grupos pendentes de clorometila. O acoplamento da resina ocorre por meio da seguinte reação:

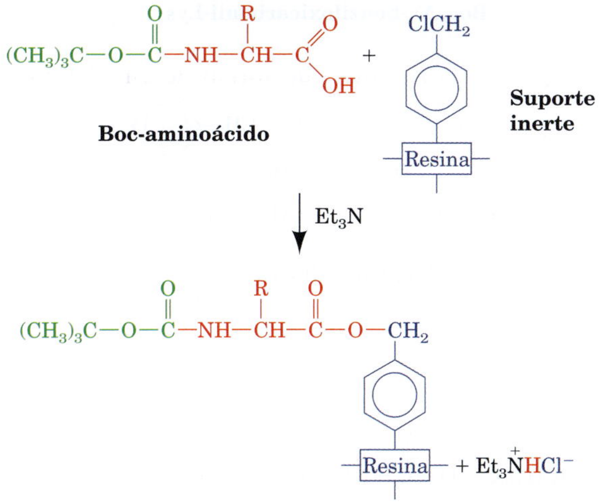

$$(CH_3)_3C{-}O{-}\overset{O}{\overset{\|}{C}}{-}NH{-}\overset{R}{\overset{|}{C}}H{-}C(=O)OH \;+\; ClCH_2{-}C_6H_4{-}\text{Resina}$$

Boc-aminoácido **Suporte inerte**

$$\xrightarrow{Et_3N}\; (CH_3)_3C{-}O{-}\overset{O}{\overset{\|}{C}}{-}NH{-}\overset{R}{\overset{|}{C}}H{-}\overset{O}{\overset{\|}{C}}{-}O{-}CH_2{-}C_6H_4{-}\text{Resina} \;+\; Et_3\overset{+}{N}HCl^-$$

A resina resultante ligada ao α-aminoácido é filtrada e lavada. O grupo amino é então desbloqueado por tratamento com um ácido anidro, como o ácido trifluoroacético, que deixa intacta a ligação alquilbenzil-éster ao suporte de resina:

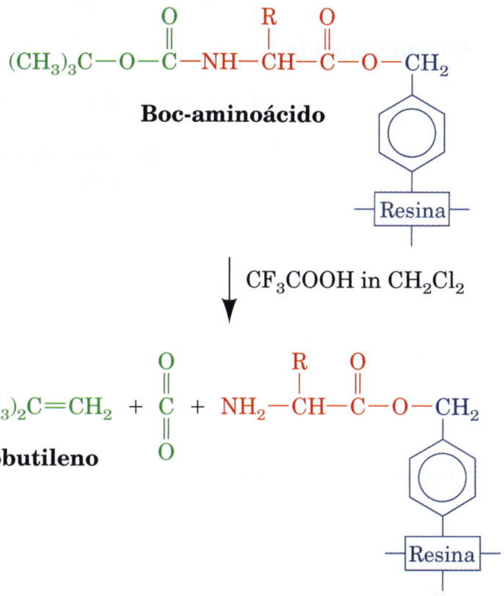

$$(CH_3)_3C{-}O{-}\overset{O}{\overset{\|}{C}}{-}NH{-}\overset{R}{\overset{|}{C}}H{-}\overset{O}{\overset{\|}{C}}{-}O{-}CH_2{-}C_6H_4{-}\text{Resina}$$

Boc-aminoácido

$$\xrightarrow{CF_3COOH \text{ in } CH_2Cl_2}\; (CH_3)_2C{=}CH_2 \;+\; O{=}C{=}O \;+\; NH_2{-}\overset{R}{\overset{|}{C}}H{-}\overset{O}{\overset{\|}{C}}{-}O{-}CH_2{-}C_6H_4{-}\text{Resina}$$

Isobutileno

X — Resina

Acoplamento ao suporte: $Y{-}\overset{S_1}{M_1} \leftarrow Y,\ \overset{S_1}{M_1} \leftarrow S_1,\ M_1$; libera X

$Y{-}\overset{S_1}{M_1}{-}\text{Resina}$

Desbloqueio da cadeia principal: libera Y

$\overset{S_1}{M_1}{-}\text{Resina}$

Acoplamento do aminoácido (formação da ligação peptídica): $+\ Y{-}\overset{S_2}{M_2}$

$Y{-}\overset{S_2}{M_2}{-}\overset{S_1}{M_1}{-}\text{Resina}$

Um ciclo

libera Y ⋮

n–1 ciclos

$Y{-}\overset{S_n}{M_n}{-}\cdots{-}\overset{S_2}{M_2}{-}\overset{S_1}{M_1}{-}\text{Resina}$

Clivagem e desbloqueio da cadeia lateral: libera $nS + Y$

$M_n{-}\cdots{-}M_2{-}M_1 \;+\; \text{Resina}$

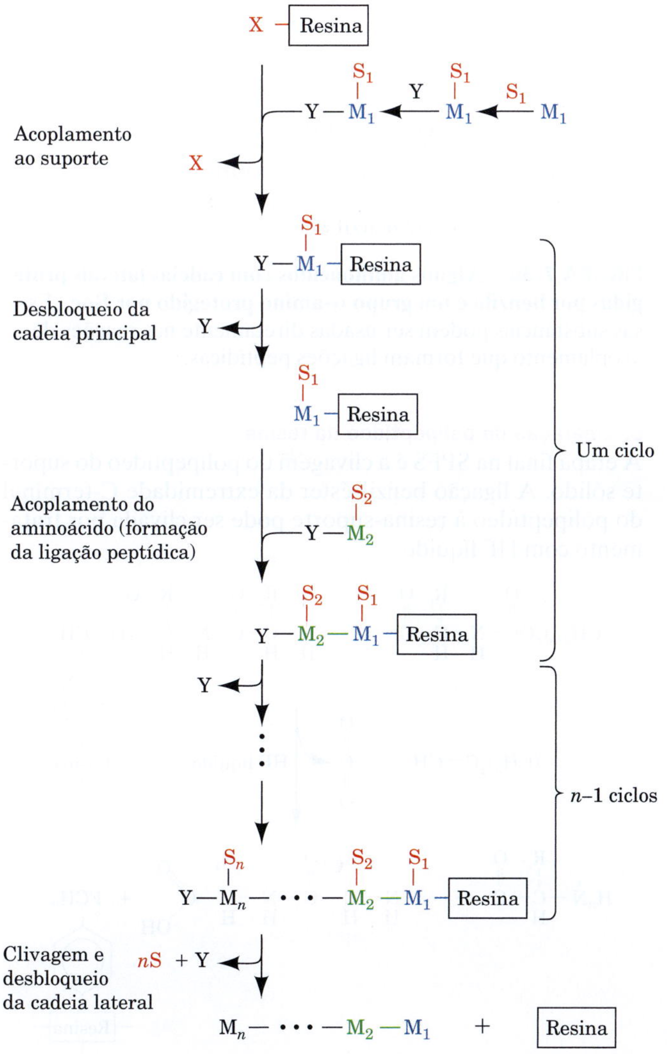

FIGURA 7.35 Diagrama de fluxo para síntese de polipeptídeos pelo método em fase sólida. O símbolo M_i representa o número do resíduo de aminoácido a ser adicionado ao polipeptídeo, S_i é o grupo de proteção da cadeia lateral e Y representa o grupo de proteção da cadeia principal. As reações específicas são discutidas no texto. (Segundo Erikson, B.W. e Merrifield, R.B., *in* Neurath, H. e Hill, R.L. (Eds.), *The Proteins* (3rd ed.), Vol. 2, *p.* 259, Academic Press [1979].)

b. Acoplamento de aminoácidos

A reação que acopla dois aminoácidos por meio de uma ligação peptídica é endergônica, e, portanto, deve ser ativada para que se obtenha um rendimento significativo. **Carbodi-imidas** (R—N=C=N—R′), como a **dicicloexilcarbodi-imida (DCCD)**, são os agentes acopladores mais comumente usados:

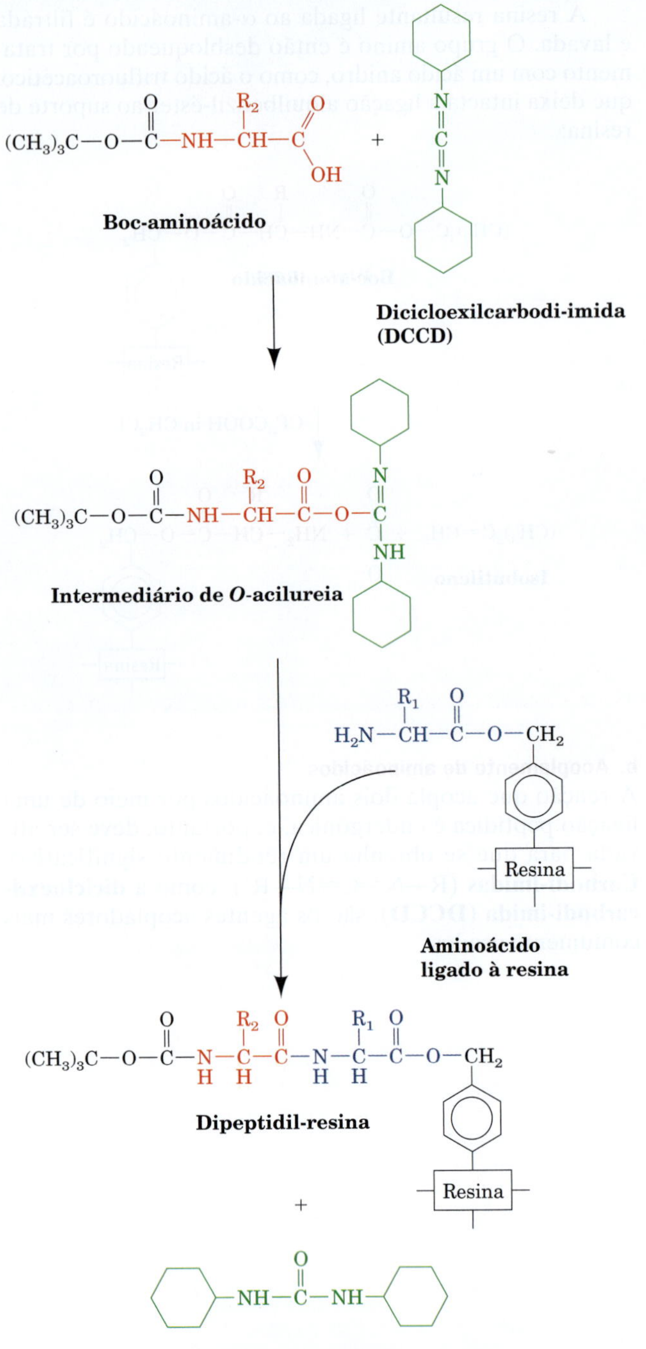

$(CH_3)_3C{-}O{-}C(=O){-}NH{-}CH(R_2){-}C(=O)OH$ + DCCD

Boc-aminoácido

Dicicloexilcarbodi-imida (DCCD)

$(CH_3)_3C{-}O{-}C(=O){-}NH{-}CH(R_2){-}C(=O){-}O{-}C(=N{-}C_6H_{11}){-}NH{-}C_6H_{11}$

Intermediário de *O*-acilureia

$H_2N{-}CH(R_1){-}C(=O){-}O{-}CH_2{-}C_6H_4{-}$Resina

Aminoácido ligado à resina

$(CH_3)_3C{-}O{-}C(=O){-}NH{-}CH(R_2){-}C(=O){-}NH{-}CH(R_1){-}C(=O){-}O{-}CH_2{-}C_6H_4{-}$Resina

Dipeptidil-resina

+

$C_6H_{11}{-}NH{-}C(=O){-}NH{-}C_6H_{11}$

***N,N'*-Dicicloexilureia**

O intermediário *O*-acilureia que resulta da reação de DCCD com o grupo carboxila de um α-aminoácido protegido por Boc reage prontamente com o α-aminoácido ligado à resina, formando a ligação peptídica desejada com alto rendimento. Ao se alternar reações de desbloqueio e acoplamento, um polipeptídeo com a sequência de aminoácidos desejada pode ser sintetizado. *A natureza repetitiva dessas operações permitiu que o método SPFS fosse facilmente automatizado.*

Durante a síntese de peptídeos, muitas das cadeias laterais também necessitam de proteção, para evitar que reajam com o agente acoplador. Embora existam muitos grupos bloqueadores diferentes, o grupo benzila é o mais amplamente usado (Fig. 7.36).

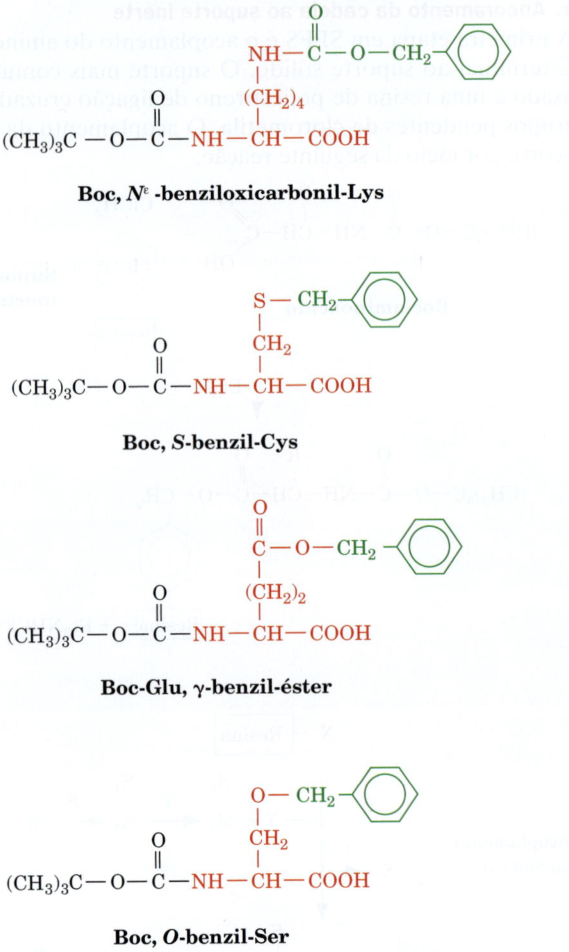

$(CH_3)_3C{-}O{-}C(=O){-}NH{-}CH[(CH_2)_4{-}NH{-}C(=O){-}O{-}CH_2{-}C_6H_5]{-}COOH$

Boc, N^{ε}-benziloxicarbonil-Lys

$(CH_3)_3C{-}O{-}C(=O){-}NH{-}CH(CH_2{-}S{-}CH_2{-}C_6H_5){-}COOH$

Boc, *S*-benzil-Cys

$(CH_3)_3C{-}O{-}C(=O){-}NH{-}CH[(CH_2)_2{-}C(=O){-}O{-}CH_2{-}C_6H_5]{-}COOH$

Boc-Glu, γ-benzil-éster

$(CH_3)_3C{-}O{-}C(=O){-}NH{-}CH(CH_2{-}O{-}CH_2{-}C_6H_5){-}COOH$

Boc, *O*-benzil-Ser

FIGURA 7.36 Alguns aminoácidos com cadeias laterais protegidas por benzila e um grupo α-amino protegido por Boc. Essas substâncias podem ser usadas diretamente nas reações de acoplamento que formam ligações peptídicas.

c. Liberação do polipeptídeo da resina

A etapa final na SPFS é a clivagem do polipeptídeo do suporte sólido. A ligação benzil-éster da extremidade C-terminal do polipeptídeo à resina-suporte pode ser clivada por tratamento com HF líquido:

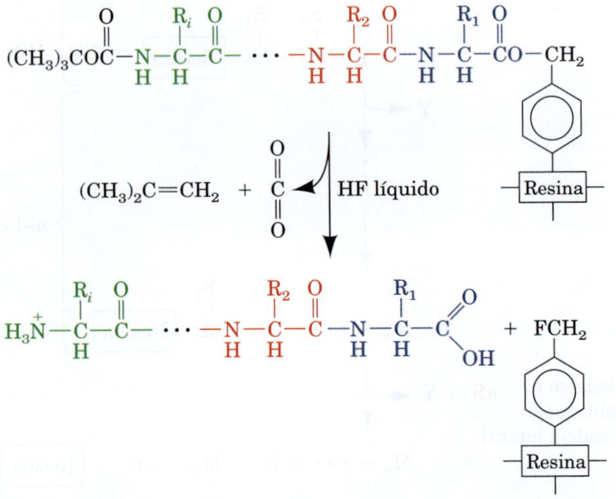

$(CH_3)_3COC(=O){-}NH{-}CH(R_i){-}C(=O){-}\cdots{-}NH{-}CH(R_2){-}C(=O){-}NH{-}CH(R_1){-}CO{-}CH_2{-}C_6H_4{-}$Resina

HF líquido → $(CH_3)_2C{=}CH_2$ + CO_2

$H_3\overset{+}{N}{-}CH(R_i){-}C(=O){-}\cdots{-}NH{-}CH(R_2){-}C(=O){-}NH{-}CH(R_1){-}C(=O)OH$ + $FCH_2{-}C_6H_4{-}$Resina

O grupo Boc ligado à extremidade N-terminal do polipeptídeo e os grupos benzila que protegem as cadeias laterais também são removidos por esse tratamento.

B. *Problemas e perspectivas*

As etapas recém-descritas parecem bastante simples, mas elas não são tão fáceis como parecem. Uma dificuldade importante no procedimento como um todo é o baixo rendimento cumulativo. As razões disso: a síntese de uma cadeia polipeptídica contendo *n* ligações peptídicas requer pelo menos 2*n* etapas de reação – uma para o acoplamento e outra para o desbloqueio de cada resíduo. Se um polipeptídeo do tamanho de uma proteína precisa ser sintetizado em uma quantidade apreciável, cada etapa de reação deve, então, ser essencialmente quantitativa. Caso contrário, o rendimento do produto final será muito pequeno. Por exemplo, na síntese de uma cadeia polipeptídica de 101 resíduos, na qual cada uma das 200 etapas de reação se dá com o excelente rendimento de 98%, o rendimento final será de apenas $0{,}98^{200} \times 100 = 2\%$. Portanto, embora oligopeptídeos possam ser produzidos rotineiramente, a síntese de polipeptídeos grandes requer uma atenção quase que obsessiva aos detalhes químicos.

Um problema adicional é que o polipeptídeo sintético recém-liberado deve ser purificado. Essa pode ser uma tarefa difícil, porque um nível significativo de reações incompletas e/ou reações paralelas em cada um dos estágios da SPFS resultará, no caso de polipeptídeos grandes, em um gradiente quase que contínuo de produtos muito semelhantes. O uso de técnicas de fase reversa em HPLC (Seção 6.3Dh), no entanto, facilitou muito esse processo de purificação. Além disso, a qualidade, tanto dos intermediários quanto dos produtos finais, pode ser prontamente verificada por técnicas de espectrometria de massa (Seção 7.1I).

Usando SPFS automatizada, Merrifield sintetizou o hormônio nonapeptídico **bradicinina** com rendimento de 85%:

Arg—Pro—Pro—Gly—Phe—Ser—Pro—Phe—Arg

Bradicinina

Contudo, foi somente em 1988, com o melhoramento contínuo nos rendimentos das reações (em média, maior que 99,5%) e a eliminação de reações paralelas, que foi possível sintetizar polipeptídeos de ~100 resíduos com qualidade razoável. Stephen Kent sintetizou a protease de 99 resíduos do HIV-1 (uma enzima essencial na maturação do **vírus da deficiência humana 1** [**HIV-1**, um **vírus da Aids**; Seção 15.4C]) em tamanha quantidade e grau de pureza que, ao ser renaturada (dobrada na sua conformação nativa; Seção 9.1A), ela exibiu plena atividade biológica. De fato, essa proteína sintética foi cristalizada e sua estrutura por raios X mostrou-se idêntica à da protease do HIV-1 sintetizada biologicamente. Kent também sintetizou a protease do HIV-1 a partir de D-aminoácidos, verificando experimentalmente, pela primeira vez, que tal proteína possui quiralidade oposta à da sua contraparte produzida biologicamente. Além disso, essa protease de D-aminoácidos catalisa a clivagem do seu polipeptídeo-alvo feito de D-aminoácidos, mas não o formado por L-aminoácidos que é o substrato da protease do HIV-1 que ocorre naturalmente.

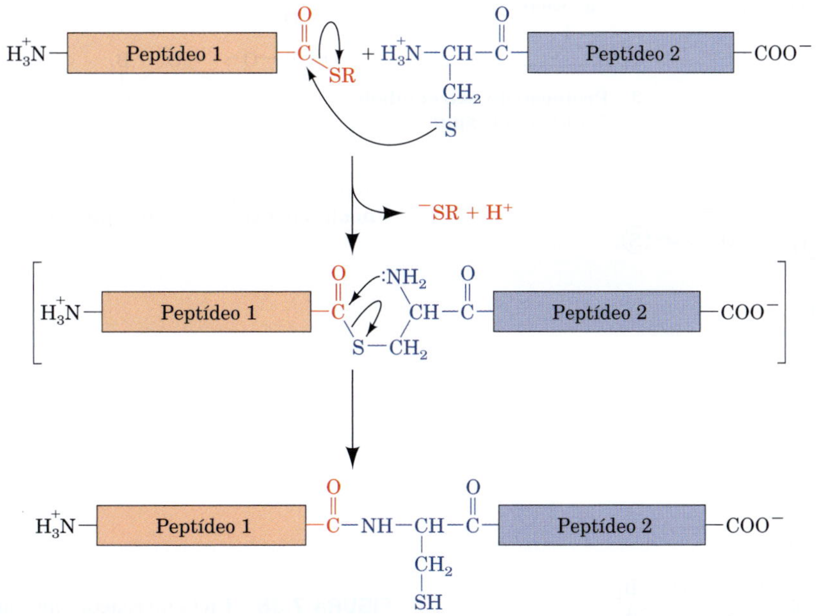

FIGURA 7.37 A reação de ligação química nativa. O peptídeo 1 possui um grupo tioéster C-terminal (R é um grupo alquila), enquanto o peptídeo 2 possui um resíduo de Cys na extremidade N-terminal. A reação, que ocorre em solução aquosa em pH 7, é iniciada pelo ataque nucleofílico do grupo tiol da Cys do peptídeo 2 ao grupo tioéster do peptídeo 1, produzindo, em uma reação de troca de grupos tiol, um novo grupo tioéster. Esse intermediário (indicado pelos colchetes) sofre um rápido ataque nucleofílico intramolecular, produzindo uma ligação peptídica nativa no sítio da ligação. (Obtida de Dawson, P.E., Muir, T.W., Clark-Lewis, I. e Kent, S.B.H., *Science* **266**, 777 [1994].)

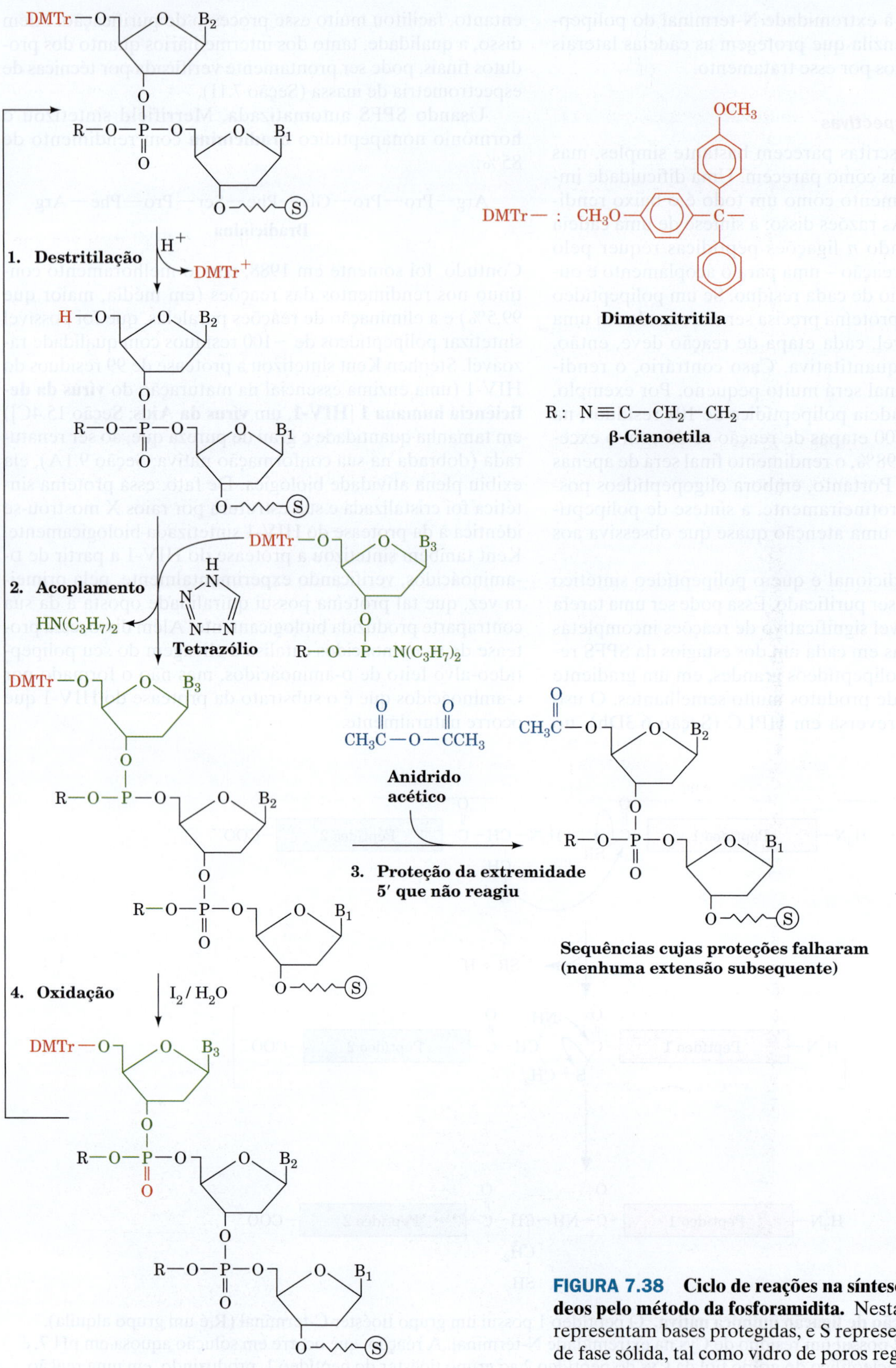

1. Destritilação

H^+

$DMTr^+$

2. Acoplamento

$HN(C_3H_7)_2$

Tetrazólio

$R-O-P-N(C_3H_7)_2$

3. Proteção da extremidade 5′ que não reagiu

Anidrido acético

$CH_3C-O-CCH_3$

Sequências cujas proteções falharam (nenhuma extensão subsequente)

4. Oxidação

I_2 / H_2O

$DMTr-$: CH_3O-

OCH_3

Dimetoxitritila

R : $N\equiv C-CH_2-CH_2-$

β-Cianoetila

FIGURA 7.38 Ciclo de reações na síntese de oligonucleotídeos pelo método da fosforamidita. Nesta figura, B_1, B_2 e B_3 representam bases protegidas, e S representa um suporte inerte de fase sólida, tal como vidro de poros regulares.

Apesar do que foi dito, o acúmulo de produtos laterais ligados à resina limita o tamanho dos polipeptídeos a serem rotineiramente sintetizados por SPFS a ~60 resíduos. Kent resolveu parcialmente essa limitação pelo desenvolvimento da chamada reação de **ligação química nativa**, que une dois polipeptídeos por uma ligação peptídica, gerando polipeptídeos de até ~120 resíduos (Fig. 7.37). Ademais, vários segmentos peptídicos podem ser ligados consecutivamente por ligação química nativa, de modo que se pode imaginar que é possível fazer síntese química de polipeptídeos formados por várias centenas de resíduos. De fato, usando essa técnica, Kent sintetizou o "dímero covalente" de 203 resíduos da protease do HIV-1 (Seção 15.4C) a partir de quatro peptídeos sintéticos – o maior polipeptídeo linear já sintetizado – e mostrou que retinha completamente sua atividade enzimática.

6 SÍNTESE QUÍMICA DE OLIGONUCLEOTÍDEOS

As técnicas de clonagem molecular (Seção 5.5) permitiram a manipulação genética de organismos para se investigar suas maquinarias celulares, alterar as suas características e produzir proteínas escassas ou especificamente alteradas em grandes quantidades. *A capacidade de se sintetizar quimicamente oligonucleotídeos de DNA de sequências de bases específicas é parte indispensável dessa poderosa tecnologia.* Assim, como visto, oligonucleotídeos específicos são necessários como sondas em *Southern blotting* (Seção 5.5D) e em hibridização *in situ* (Seção 5.5Ea), como iniciadores na PCR (Seção 5.5F) e para se fazer mutagênese sítio-dirigida (Seção 5.5Gc).

A. Procedimentos de síntese

A estratégia básica da síntese de oligonucleotídeos é análoga à da síntese de polipeptídeos (Seção 7.5A): *Um nucleotídeo adequadamente protegido é acoplado à extremidade crescente de uma cadeia oligonucleotídica, o grupo protetor é removido e o processo é repetido até que o oligonucleotídeo desejado tenha sido sintetizado.* A primeira técnica prática para a síntese de DNA, o **método de fosfodiéster**, que foi desenvolvido por H. Gobind Khorana na década de 1960, é um processo trabalhoso no qual todas as reações são realizadas em solução, sendo que os produtos devem ser isolados em cada um dos estágios dessa síntese. Mesmo assim, Khorana usou esse método, em combinação com técnicas enzimáticas, para sintetizar um gene de tRNA de 126 nucleotídeos, em um projeto que exigiu muitos anos de esforço intenso por parte de vários químicos talentosos.

a. O método da fosforamidita

No início da década de 1980, esses processos difíceis e morosos foram suplantados por metodologias em fase sólida muito mais rápidas, as quais permitiram que a síntese de oligonucleotídeo fosse automatizada. O método químico atualmente mais empregado, formulado por Robert Letsinger e desenvolvido subsequentemente por Marvin Caruthers, é conhecido por **método da fosforamidita**. Essa série de reações anidras adiciona um único nucleotídeo à cadeia crescente de nucleotídeos, como apresentado a seguir (Fig. 7.38):

1. O grupo protetor **dimetoxitritila** (**DMTr**) na extremidade 5′ da cadeia crescente de oligonucleotídeo (que está ancorada por sua extremidade 3′ a um suporte sólido *S* por meio de um grupo de ligação) é removido por tratamento com um ácido, como o **ácido tricloroacético** (Cl_3CCOOH).
2. A extremidade 5′ recém-liberada do oligonucleotídeo é acoplada ao derivado 3′-fosforamidita do próximo desoxirribonucleotídeo a ser adicionado à cadeia. O agente acoplador nessa reação é o **tetrazólio**, que protona a porção di-isopropilamina do nucleotídeo a ser incorporado, tornando-a apta a deixar a molécula. Nesse estágio, nucleosídeos modificados (p. ex., contendo uma marcação fluorescente) podem ser incorporados ao oligonucleotídeo crescente. Da mesma forma, pode-se sintetizar uma mistura de oligonucleotídeos contendo bases diferentes nessa posição, adicionando-se uma mistura dos nucleosídeos desejados no lugar de apenas um nucleosídeo.
3. Qualquer extremidade 5′ que não tenha reagido (a reação de acoplamento apresenta um rendimento de mais de 99%) é protegida por acetilação, de forma a bloquear sua extensão nas reações de acoplamento subsequentes. Isso

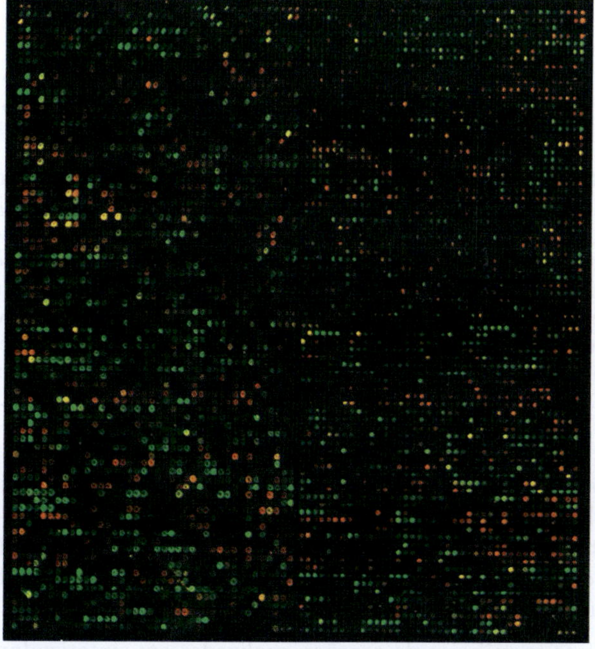

FIGURA 7.39 Microarranjos de DNA. Este microarranjo de ~6.000 genes contém a maioria dos genes da levedura do fermento do pão, um em cada ponto. O microarranjo foi hibridizado aos cDNAs derivados de mRNAs extraídos da levedura. Os cDNAs derivados de células multiplicadas na presença de glicose foram marcados com corante fluorescente vermelho, enquanto os cDNAs derivados de células crescidas na ausência de glicose foram marcados com corante fluorescente verde. Assim, os pontos vermelhos e verdes revelam, respectivamente, aqueles genes cuja transcrição é ativada pela presença ou ausência de glicose, enquanto os pontos amarelos (*vermelho mais verde*) indicam genes cuja expressão não é afetada pelos níveis de glicose. (Cortesia de Patrick Brown, Stanford University School of Medicine, EUA.)

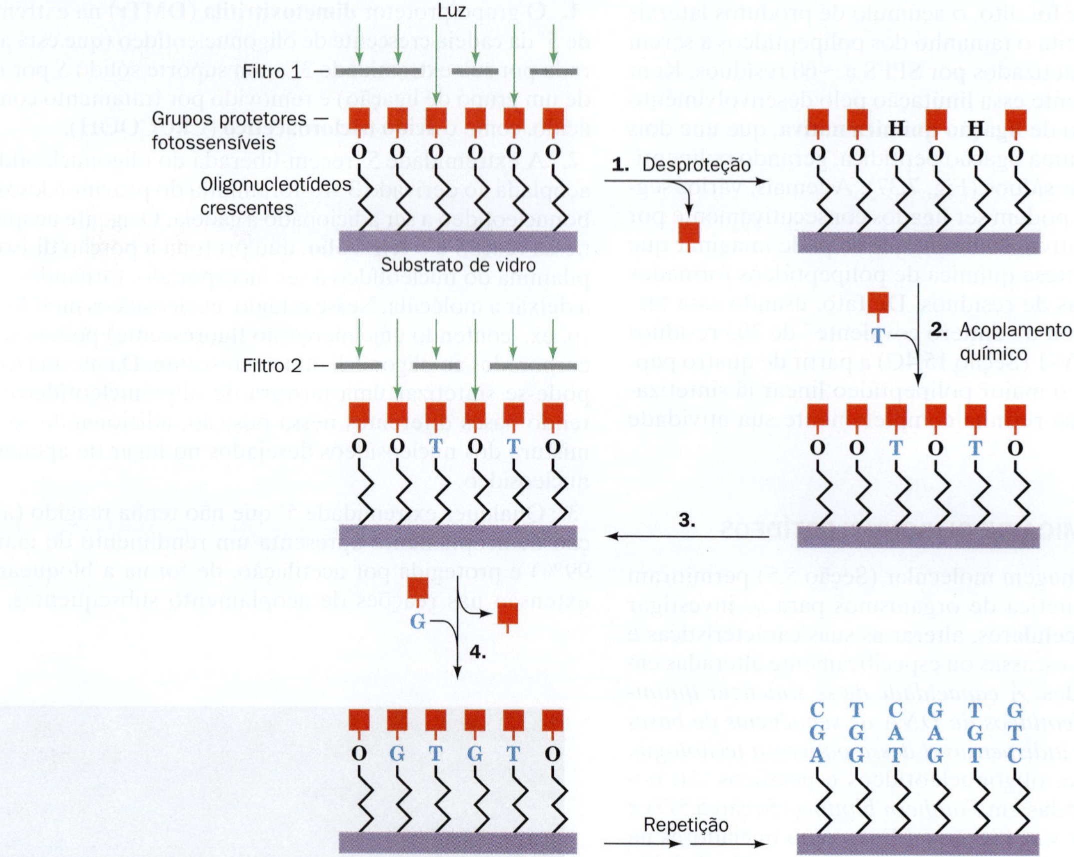

FIGURA 7.40 A síntese fotolitográfica de um microarranjo de DNA. Na Etapa 1 do processo, oligonucleotídeos que estão ancorados a uma superfície de vidro ou silício, cada um possuidor de um grupo protetor fotossensível (*quadrados vermelhos*) na extremidade 5′, são expostos à luz por um filtro que permite somente a iluminação dos oligonucleotídeos que serão acoplados, por exemplo, a um resíduo de T. A luz desprotege esses oligonucleotídeos de modo que apenas eles reagirão com o nucleotídeo T ativado, que é incubado com o *chip* na Etapa 2. O processo inteiro é repetido nas Etapas 3 e 4 com um filtro diferente para resíduos de G e, em ciclos de reações subsequentes, para resíduos de A e C, consequentemente estendendo todos os oligonucleotídeos em um resíduo. Esse ciclo quádruplo é então repetido tantas vezes quanto o número de nucleotídeos a ser adicionado para formar o conjunto final de oligonucleotídeos. Cada posição no microarranjo contém pelo menos 1 milhão de oligonucleotídeos idênticos. (Obtida de Pease, A.C., Solas, D., Sullivan, E.J., Cronin, M.T., Holmes, C.P. e Fodor, S.P.A., *Proc. Natl. Acad. Sci.* **91**, 5023 [1994].)

evita a extensão de oligonucleotídeos errôneos (sequências falhas).

4. O grupo fosfitotriéster resultante da etapa de acoplamento é oxidado com I_2 a fosfotriéster (mais estável), produzindo, então, uma cadeia contendo um nucleotídeo a mais.

Essas sequências de reações, realizadas em sintetizadores automatizados disponíveis comercialmente, podem ser repetidas até ~250 vezes, consumindo 20 a 30 minutos em cada ciclo. Assim que o oligonucleotídeo com a sequência desejada tenha sido sintetizado, ele é tratado com NH_4OH concentrado para liberá-lo do suporte e remover os vários grupos bloqueadores, incluindo aqueles protegendo as aminas exocíclicas das bases. O produto pode, então, ser separado das sequências falhadas e dos grupos bloqueadores por fase reversa em HPLC e/ou eletroforese em gel.

A maior molécula de DNA já sintetizada é o genoma inteiro de 582.970 pb do *Mycoplasma genitalium* (entre os menores genomas bacterianos). Inicialmente "cassetes" de 5 a 7 kb, com extremidades sobrepostas, foram construídos pela ligação química sequencial de oligonucleotídeos de fita dupla sintéticos de ~50 pb. Os 101 cassetes formados foram então unidos em etapas pelas suas extremidades sobrepostas. O sequenciamento do produto final confirmou que o genoma possuía a sequência correta.

B. *Microarranjos de DNA*

O sequenciamento do genoma humano (Seção 7.2B) é apenas o meio para se atingir um fim extremamente complexo. As questões de verdadeiro significado bioquímico são estas: quais são as funções dos ~23.000 genes? Em quais células, sob quais circunstâncias e em que extensão cada um deles é expresso? Como os produtos desses genes interagem para produzir um organismo funcional? E quais são as consequências médicas dos genes variantes? O método tradicional de abordar tais questões, a abordagem "um gene por vez", é simplesmente incapaz de fornecer a vasta quantidade de dados necessária para responder a essas questões. O que é necessário, portanto, são métodos que possam analisar os processos biológicos globalmente, ou seja, técnicas que possam monitorar ao mesmo tempo todos os componentes de um sistema biológico.

Uma tecnologia que é capaz de realizar essas abordagens globais envolve o uso de **microarranjos de DNA** (também chamados de ***chips* de DNA**; Fig. 7.39). São arranjos de diferentes moléculas de DNA ancoradas a uma superfície de vidro, silício ou náilon em uma grade com uma superfície total de ~1 cm^2. Em uma das várias metodologias atualmente usadas para confeccionar microarranjos de DNA, um grande número (até 1 milhão) de oligonucleotídeos diferentes é sintetizado simultaneamente via uma combinação de fotolitografia (processo usado para fabricar *chips* eletrônicos) e síntese de DNA em fase sólida. Nesse processo (Fig. 7.40), que foi desenvolvido por Stephen Fodor, os nucleotídeos – a partir dos quais os oligonucleotídeos serão sintetizados – possuem, na extremidade 5′, um grupo protetor removível fotoquimicamente, com a mesma função do grupo DMTr na síntese de DNA em fase sólida convencional (Fig. 7.38). Em um dado estágio do procedimento de síntese, os oligonucleotídeos que, por exemplo, requeiram um T na próxima posição, são desprotegidos ao se incidir luz sobre eles através de um filtro que evita que a luz incida sobre as outras posições da grade que requeiram um nucleotídeo diferente nesta mesma posição (em uma metodologia alternativa, chamada de síntese de arranjo sem filtro, um arranjo de microespelhos individualmente programáveis direciona luz às posições desejadas). O *chip* é então incubado em uma solução de nucleotídeo timidilato (base timina) ativado, o qual se acopla somente aos oligonucleotídeos desprotegidos. Após a remoção, por lavagem, do nucleotídeo timidilato que não reagiu, o processo é repetido com diferentes filtros (diferentes padrões de luz na síntese de arranjo sem filtro) para cada um dos três nucleotídeos restantes. Pela repetição destas quatro etapas N vezes, um arranjo de todas as 4^N sequências de N resíduos possíveis pode ser sintetizado simultaneamente em $4N$ ciclos de acoplamento, em que $N \leq 30$ (até 100 na síntese de arranjo sem filtro). Um microarranjo de DNA está mostrado na Fig. 7.41.

Em uma das aplicações de microarranjos de DNA, oligonucleotídeos de L-resíduos (sondas) são organizados em um arranjo de L colunas por 4 linhas para um total de 4 L sequências. A sonda na coluna M^a do arranjo possui a sequência "padrão", com exceção da posição M^a da sonda, onde há um nucleotídeo diferente, A, C, G ou T, em cada linha. Assim, uma das quatro sondas de DNA em cada coluna terá a sequência-padrão, enquanto as outras três diferirão do DNA-padrão por apenas uma base. O arranjo de sondas é então hibridizado com o DNA ou RNA complementar, cuja variação relativa ao DNA-padrão será determinada, enquanto o DNA ou RNA não hibridizado será removido por lavagem. Esse DNA- ou RNA-"alvo" é marcado com fluorescência, de modo que, quando irradiadas por *laser*, as posições no arranjo de sondas às quais ele se liga são reveladas como pontos fluorescentes. Uma vez que as condições de hibridização podem ser ajustadas de modo que o não pareamento de uma única base reduza significativamente o nível de ligação, um DNA- ou RNA-alvo que varie do complemento do DNA-padrão por alteração em uma só base na posição M^a, por exemplo C ou A, seria prontamente detectado por um aumento na fluorescência na linha correspondente a A na M^a coluna relativa àquela de outras posições (um DNA- ou RNA-alvo exatamente complementar ao DNA-padrão exibiria forte fluorescência em cada uma de suas colunas na posição [linha] da base correspondente da sequência-padrão). A intensidade da fluorescência em cada posição do arranjo e, portanto, a variação da sequência em relação ao DNA-padrão, é rapidamente determinada com um aparelho de varredura de fluorescência computadorizado. Dessa maneira, polimorfismos de nucleotídeo único (SNPs, de *single nucleotide polymorphisms*) podem ser detectados automaticamente. Está tornando-se cada vez mais aparente que variações genéticas, e SNPs em especial, são muito responsáveis pela suscetibilidade de indivíduos a muitas doenças e reações adversas a drogas (efeitos colaterais; Seção 15.4B).

FIGURA 7.41 **O aparato de um microarranjo de DNA.** Este GeneChip proteje o microarranjo de DNA fixado no seu interior e fornece uma câmara conveniente de hibridização. Para acessá-lo, necessita-se de um aparelho especializado para medição de fluorescência. (Cortesia da Affymetrix, Inc., Santa Clara, Califórnia, EUA.)

Em uma metodologia alternativa de microarranjo de DNA, diferentes DNAs são depositados, de forma robotizada, em locais precisos sobre uma superfície de vidro. Esses DNAs frequentemente consistem em amplificações por PCR de insertos de clones de cDNA ou de sequências de marcas expressas (ESTs), que normalmente foram sintetizados por método robotizado. Os DNAs são depositados em gotículas do tamanho de nanolitros que evaporam rapidamente, deixando o DNA aderido ao substrato de vidro. Até 30.000 DNAs, representando todos os genes de um organismo, podem ser depositados em um único *chip* de vidro. Esses microarranjos de DNA, muitos dos quais estão disponíveis comercialmente, são utilizados para monitorar o nível de expressão dos genes no tecido de interesse pelo grau de hibridização da população de mRNA ou cDNA marcada por fluorescência. Assim, eles podem ser usados para determinar o padrão de expressão gênica (o **perfil de expressão**) em tecidos diferentes do mesmo organismo (p. ex., Fig. 7.42) e como doenças e drogas (ou candidatos a drogas) específicas afetam a expressão gênica. Portanto, microarranjos de DNA são a principal ferramenta para o estudo do **transcriptoma** de uma célula

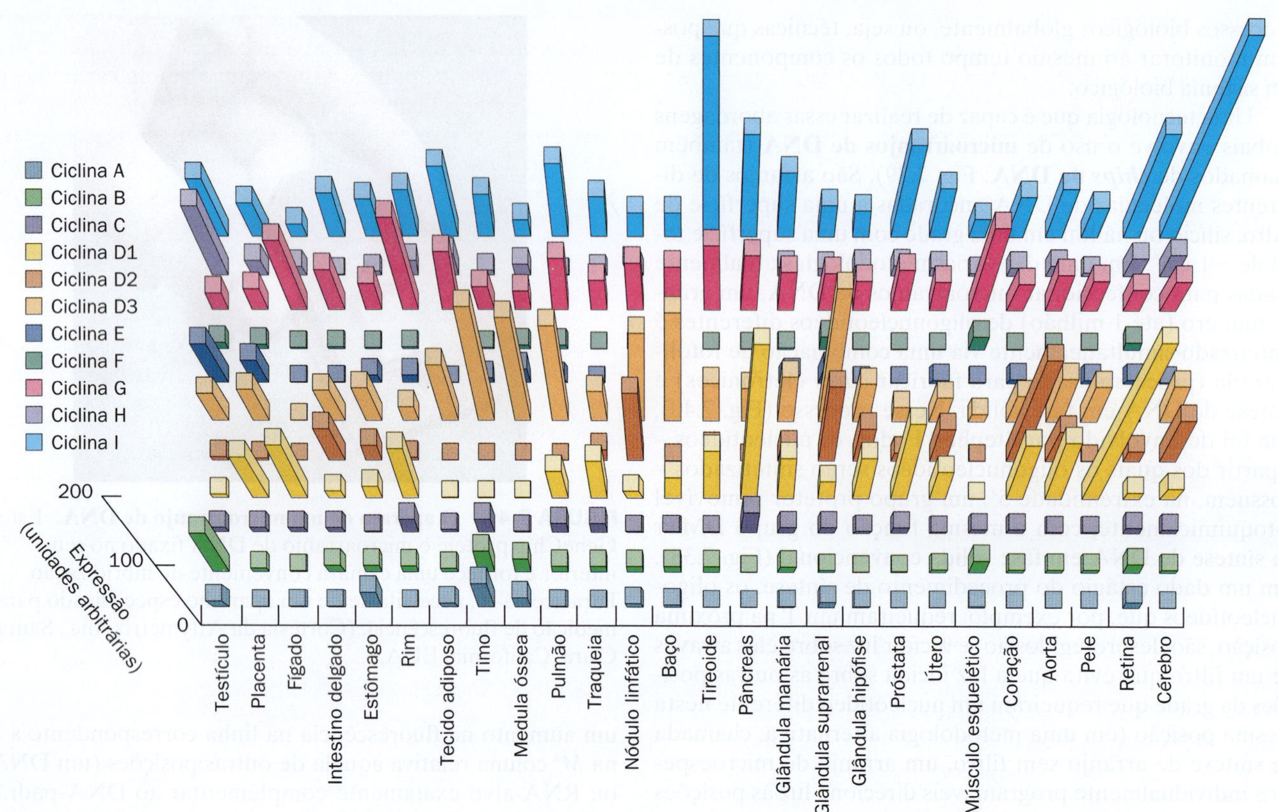

FIGURA 7.42 Variação na expressão de genes que codificam proteínas conhecidas como ciclinas (Seção 34.4D) em tecidos humanos. Os níveis de hibridização dos vários mRNAs de ciclinas produzidos em cada tecido foram medidos por meio de microarranjos de DNA. (Obtida de Gerhold, D., Rushmore, T. e Caskey, C.T., *Trends Biochem. Sci.* **24**, 172 [1999].)

(que, em analogia com a palavra "genoma", é a coleção completa de RNAs transcritos pela célula). Além disso, microarranjos de DNA são usados para identificar especificamente agentes infecciosos pela detecção de segmentos particulares dos seus DNAs. Como consequência, microarranjos de DNA são promissores na compreensão da inter-relação de genes durante o crescimento celular e alterações no meio ambiente, na caracterização de diagnóstico de doenças tanto infecciosas como não infecciosas (p. ex., câncer), na identificação de fatores de risco genéticos e no desenho de tratamentos específicos e, também, como ferramentas no desenvolvimento de drogas.

C. Evolução sistemática de ligantes por enriquecimento exponencial (SELEX)

Embora ácidos nucleicos como DNA e mRNA sejam amplamente entendidos como "fitas" moleculares passivas cujas estruturas possuam significado apenas incidental, atualmente está bastante claro que alguns ácidos nucleicos, por exemplo tRNAs e RNAs ribossômicos (Seções 32.2B e 32.3A), possuem funções que requerem que essas moléculas mantenham estruturas tridimensionais bem-definidas. Isso levou ao desenvolvimento de um processo chamado de **SELEX** (do inglês: *Systematic Evolution of Ligands by Exponential enrichment* ou evolução sistemática de ligantes por enriquecimento exponencial) para gerar oligonucleotídeos de fita simples que ligam moléculas-alvo com alta afinidade e especificidade.

A SELEX, técnica desenvolvida pioneiramente por Larry Gold, inicia-se com uma biblioteca de polinucleotídeos que possuem sequências conhecidas e invariáveis nas extremidades 5′ e 3′ e uma região central de sequências aleatórias. Tais sequências são sintetizadas por métodos em fase sólida adicionando-se uma mistura dos quatro nucleosídeos trifosfatados, em vez de um único nucleosídeo trifosfatado, naquelas posições que se tornarão aleatórias. Para uma região variável de 30 nucleotídeos, esse método gerará uma mistura de $4^{30} \approx 10^{18}$ oligonucleotídeos diferentes. A próxima etapa no processo de SELEX é selecionar, na mistura, aquelas sequências que unem seletivamente uma molécula-alvo, X. Aqueles nucleotídeos que ligarem X com afinidade mais alta que a média podem ser separados dos demais nucleotídeos da mistura por uma variedade de técnicas, incluindo cromatografia de afinidade (Seção 6.3C), tendo X ligada a uma matriz apropriada, ou precipitação do complexo X-oligonucleotídeo usando anticorpos antix. Os oligonucleotídeos são então separados de X e amplificados por clonagem ou PCR. Esse processo de seleção e amplificação é então repetido por vários ciclos (normalmente 10 a 15), por consequência fornecendo oligonucleotídeos que tenazmente ligam X. São necessários vários desses ciclos de enriquecimento, porque aqueles poucos oligonucleotídeos em uma biblioteca com a mais alta afinidade por X devem competir pela ligação de X com os ligantes mais fracos, mas muito mais abundantes.

Os resultados de SELEX são notáveis. Seus produtos de oligonucleotídeos, conhecidos por **aptâmeros**, ligam a molécula-alvo, X, com constantes de dissociação geralmente ao redor de 10^{-9} *M* se X é uma proteína, e entre 10^{-3} *M* e 10^{-6} *M* se X é uma molécula pequena (para a reação $A + B \rightleftharpoons A \cdot B$, a constante de dissociação, $K_D = [A][B]/[A \cdot B]$). Ademais, os aptâmeros ligam as moléculas-alvo com grande especificidade. Assim, os aptâmeros selecionados com base na sua afinidade por um membro específico de uma família de proteína não unem outros membros dessa família. Os aptâmeros ligam uma ampla variedade de moléculas-alvo, incluindo íons simples, moléculas pequenas, proteínas, organelas e mesmo células inteiras. Essas várias propriedades tornam os aptâmeros muito promissores como ferramentas de diagnóstico e como agentes terapêuticos.

RESUMO DO CAPÍTULO

1 Determinação da estrutura primária de proteínas A etapa inicial na determinação da sequência de aminoácidos de uma proteína consiste em descobrir, por análise do grupo terminal, o número de polipeptídeos quimicamente diferentes. As ligações dissulfeto da proteína são então hidrolisadas quimicamente, os diferentes polipeptídeos são separados e purificados, e suas composições de aminoácidos são determinadas. A seguir, os polipeptídeos purificados são hidrolisados especificamente, por métodos enzimáticos ou químicos, a peptídeos menores, que são separados, purificados e então sequenciados por degradação (automatizada) de Edman. A repetição desse processo, usando um método de clivagem com especificidade diferente, gera peptídeos sobrepostos cujas sequências de aminoácidos, quando comparadas àquelas do primeiro grupo de fragmentos peptídicos, indicam sua ordem no polipeptídeo parental. A determinação da estrutura primária é completada pela definição das posições das ligações dissulfeto, que requer a degradação da proteína mantendo intactas suas ligações dissulfeto. Para determinar a massa molelular de polipeptídeos, pode usar-se espectrometria de massa, utilizando-se ionização de *eletrospray* (IES) ou dessorção e ionização a *laser* assistida por matriz (MALDI) para vaporizar e ionizar os peptídeos. Pelo uso dessas técnicas em um espectrometria de massa em *tandem* equipado com uma célula de colisão, as sequências de peptídeos curtos podem ser rapidamente determinadas. Assim que a estrutura primária da proteína é determinada, pequenas variações, que podem surgir de mutações ou modificações químicas, são prontamente identificadas por mapeamento de peptídeos.

2 Sequenciamento de ácidos nucleicos Os ácidos nucleicos podem ser sequenciados pela mesma estratégia básica usada para sequenciar proteínas. No método de Sanger, o fragmento de DNA a ser sequenciado é replicado por uma DNA-polimerase na presença dos quatro desoxirribonucleosídeos trifosfatados, um dos quais marcado com ^{32}P no fosfato α, e de uma pequena quantidade do análogo didesóxi de um dos desoxirribonucleosídeos trifosfatados. O resultado é uma série de cadeias marcadas com ^{32}P que são terminadas depois de várias posições ocupadas pela base correspondente. A eletroforese das quatro amostras de DNA diferentemente terminadas em canaletas paralelas de um gel de sequenciamento resolve fragmentos que diferem de tamanho por apenas um nucleotídeo. Uma autorradiografia do gel de sequenciamento contendo os quatro conjuntos de fragmentos revela a sequência de bases do DNA complementar. O RNA pode ser sequenciado determinando-se a sequência do cDNA correspondente. Métodos automatizados, que usam fragmentos de DNA marcados com fluorescência, têm acelerado bastante as determinações de sequências de DNA. Esses métodos têm sido usados para sequenciar grandes extensões de DNA, como os cromossomos do genoma humano.

Na estratégia convencional para o sequenciamento de genomas, o genoma é mapeado pelo sequenciamento de sequências de referência, como sítios de sequências marcadas (STSs) e sequências de marcas expressas (ESTs). Clones de YAC contendo as sequências de referência são então fragmentados, os fragmentos são subclonados e sequenciados e as sequências são organizadas computacionalmente em *contigs*, que são, a seguir, organizados em cromossomos com base nas sequências de referência. Avanços em clonagem e técnicas de computação permitiram o sequenciamento de genomas pela estratégia de *shotgun*. Para genomas bacterianos, isso é feito diretamente. Para genomas eucarióticos, segmentos grandes são clonados em cromossomos artificiais de bactéria (BACs), cujas extremidades são sequenciadas para fornecer conectores de sequência marcada (STCs). Os insertos de BACs são fragmentados, clonados por *shotgun* e os clones sequenciados e organizados em *contigs*. Os STCs são usados para organizar, posteriomente, os insertos de BACs sequenciados em cromossomos por caminhada em BACs. A próxima geração de tecnologias de sequenciamento de DNA, como aquelas que empregam pirossequenciamento, têm acelerado enormente a velocidade na qual o DNA é sequenciado, em comparação às técnicas com base no método de Sanger. Técnicas ainda mais rápidas de sequenciamento de uma única molécula estão sendo desenvolvidas.

3 Evolução química A anemia falciforme é uma doença molecular de indivíduos homozigotos para o gene que codifica uma cadeia β alterada da hemoglobina. Estudos de datiloscopia e sequenciamento identificaram essa alteração que surge de uma mutação pontual que alterou Glu β6 para Val. Em heterozigotos, o traço falciforme confere resistência à malária sem causar efeitos deletérios. Isso é responsável pela alta incidência do traço falciforme em populações que vivem em regiões onde há malária. Os citocromos *c* de muitas espécies eucarióticas contêm muitos resíduos de aminoácidos que são invariantes ou substituídos conservativamente. Portanto, essa proteína é bem adaptada para sua função. As diferenças de aminoácidos entre os vários citocromos *c* permitiram a confecção de sua árvore filogenética, que é bastante semelhante àquela determinada pela taxonomia clássica. O gráfico do número de diferenças entre sequências de proteínas homólogas de espécies relacionadas em função do tempo quando, de acordo com registros fósseis, essas espécies divergiram de um ancestral comum mostra que mutações pontuais são aceitas em proteínas a uma taxa constante. Proteínas cujas funções são relativamente intolerantes a alterações na sequência evoluem mais lentamente do que aquelas proteínas que são mais tolerantes a essas alterações. A análise filogenética da família da globina – mioglobina e cadeias α e β da hemoglobina – revela que essas proteínas surgiram por duplicação gênica. Nesse processo, a função original da proteína é mantida, enquanto a cópia duplicada evolui para uma nova função. Muitas, senão a maioria, das proteínas evoluíram por duplicação gênica.

4 Bioinformática: uma introdução As sequências de ácidos nucleicos e proteínas são armazenadas em grandes bases de dados que crescem a cada dia, disponíveis publicamente na internet. O alinhamento de sequências homólogas dá ideia sobre função e evolução. O alinhamento de sequências pouco relacionadas requer algoritmos estatística e computacionalmente sofisticados, como BLAST e ClustalW2. A construção de uma árvore filogenética ótima com base em alinhamento de sequência é um processo de computação intensiva para o qual não há solução exata conhecida.

5 Síntese química de polipeptídeos A estratégia de síntese química de polipeptídeos consiste no acoplamento de aminoácidos, um por vez, à extremidade N-terminal de uma cadeia polipeptídica crescente. O grupo α-amino de cada aminoácido precisa ser protegido quimicamente durante a reação de acoplamento, e então desbloqueado antes da próxima etapa de acoplamento. Cadeias laterais reativas também devem ser protegidas quimicamente, mas desbloqueadas ao final da síntese. As dificuldades em se recuperar o produto intermediário de cada uma das muitas etapas nesse tipo de síntese foi eliminada pelo desenvolvimento de técnicas de síntese em fase sólida. Esses métodos permitiram a síntese de vários polipeptídeos biologicamente ativos e são capazes de sintetizar pequenas proteínas em quantidades razoáveis. O uso da técnica de ligação química nativa aumentou significativamente os tamanhos dos polipeptídeos que podem ser sintetizados quimicamente.

6 Síntese química de oligonucleotídeos Os oligonucleotídeos são indispensáveis à tecnologia de DNA recombinante. Eles são usados para identificar genes normais e mutantes e para alterar genes específicos por meio da mutagênese sítio-dirigida. Os oligonucleotídeos de sequências definidas são sintetizados de maneira eficiente pelo método da fosforamidita, um processo cíclico, não aquoso e em fase sólida que foi automatizado. Os *chips* de DNA, que podem ser manufaturados por meio de síntese de DNA com base em fotolitografia ou pela deposição robotizada de DNA sobre um substrato de vidro, têm tido um número cada vez maior de aplicações. Entre estas, a detecção de polimorfismos de um único nucleotídeo, o monitoramento do padrão de expressão gênica e a identificação de agentes infecciosos. A SELEX é uma técnica de seleção e amplificação daqueles membros de uma grande biblioteca de polinucleotídeos que ligam especificamente uma molécula-alvo. Os aptâmeros resultantes, que possuem altas afinidade e especificidade a suas moléculas-alvo, podem ser agentes de diagnóstico e terapêuticos úteis.

REFERÊNCIAS

Sequenciamento de proteínas

Burlingame, A.L. (Ed.) Biological Mass Spectrometry, *Methods Enzymol.* **402** (2005).

Domon, B. and Aebersold, R. Mass spectrometry and protein analysis, *Science* **312**, 212–217 (2006).

Findlay, J.B.C. and Geisow, M.J. (Eds.), *Protein Sequencing, A Practical Approach,* IRL Press (1989).

James, P. (Ed.), *Proteome Research: Mass Spectrometry*, Springer-Verlag (2001).

Mann, M., Hendrickson, R.C. and Pandey, A., Analysis of proteins and proteomes by mass spectrometry, *Annu. Rev. Biochem.* **70,** 437–473 (2001).

Rappsilber, J. and Mann, M., What does it mean to identify a protein in proteomics? *Trends Biochem. Sci.* **27,** 74–78 (2002).

Sanger, F., Sequences, sequences, and sequences, *Annu. Rev. Biochem.* **57,** 1–28 (1988). [Uma autobiografia científica que dá uma ideia sobre as dificuldades iniciais no sequenciamento de proteínas.]

Simpson, R.J. and Reid, G.E., Sequence analysis of gel-resolved proteins, *in* Hames, B.D. (Ed.), *Gel Electrophoresis of Proteins. A Practical Approach* (3rd Ed.), *pp.* 237–267, Oxford University Press (1998).

Wilson, K. and Walker, J.M. (Eds), *Principles and Techniques of Biochemistry and Molecular Biology,* 6th ed., Chapter 9, Cambrigde University Press (2005). [Discute técnicas de espectrometria de massa.]

Wilm, M., Mass spectrometric analysis of proteins, *Adv. Prot. Chem.* **54,** 1–30 (2000)

Sequenciamento de ácidos nucleicos

Brown, T.A., *Genomes,* (3rd ed.), Chapters 3 and 4, Garland Science (2007).

Graham, C.A. and Hill, A.J.M. (Eds.), *DNA Sequencing Protocols* (2nd ed.), Humana Press (2001).

Primrose, S.B. and Twyman, R.M., *Principles of Gene Manipulations and Genomics* (7th ed.), Chapter 7, Blackwell Publishing (2006).

Turner, S. Real-time DNA Sequencing from single polymerase molecules, *Science* **323**, 133–138 (2009). [Relatório que prova o conceito para o método de sequenciamento de DNA da Pacific Biosciences.]

Watson, J.D., Meyers, R.M., Caudy, A.A. and Witkowski, J.A., *Recombinant DNA. Genes and Genomes – A Short Course* (3rd ed.), Chapters 10 and 11, Cold Spring Harbor Laboratory Press (2007).

Venter, J.C., Smith, H.O., and Hood, L., A new strategy for genome sequencing, *Science* **381,** 364–366 (1996). [Descreve a estratégia *shotgun* para sequenciamento de genoma.]

Sequenciamento do genoma humano

Gregory, S.G., The DNA sequence and the biological annotation of human chromossome 1, *Nature* **441**, 315-321 (2006). [Referências das sequências finalizadas dos outros 23 cromossomos humanos são fornecidas nas p. 306–307 do artigo anterior de Watson, J.D. et al.]

International Human Genome Sequencing Consortium, Initial sequencing and analysis of the human genome, *Nature* **409,** 860–921 (2001); *and* Venter, J.C., et al., The sequence of the human genome, *Science* **291**, 1304–1351 (2001). [Esboços das sequências do genoma humano.]

International Human Genome Sequencing Consortium, Finishing the euchromatic sequence of the human genome, *Nature* **431,** 931–945 (2004).

Levy, S. et al., The diploid sequence of an individual human, *PLoS Biol.* **5**(10): e254–e286 (2007). [A sequência do genoma diploide do J. Craig Venter.]

Tecnologias de sequenciamento da próxima geração

Bentley, D.R., et al., Accurate whole human genome sequencing using reversible terminator chemistry; Wang, J., et al., The diploid genome sequence of an Asian individual; *and* Ley,T.J., et al., DNA sequencing of a cytogenetically normal acute myeloid leukaemia genome, *Nature* **456,** 53–59; 60–65; *and* 66–72 (2008). [Descreve o sequenciamento de três genomas humanos pelo sistema Ilumina.]

Margulies, M., et al., Genome sequencing in microfabricated high-density picolitre reactors, *Nature* **437,** 376–380 (2005).[Descreve o sistema de sequenciamento 454.]

MacLean, D., Jones, J.D.G., and Studholme, D.J., Application of 'next-generation' sequencing technologies to microbial genetics, *Nature. Rev. Microbiol.* **7,** 287–296 (2009).

Mitchelson, K.R. (Ed.), *New High Throughput Technologies for DNA Sequencing and Genomics*, Elsevier (2007).

von Bubnoff, A., Next-generation sequencing: The race is on, *Cell* **132,** 721–723 (2008).

Wheeler, D.A., et al., The complete genome of an individual by massively parallel DNA sequencing, *Nature* **452,** 872–881 (2008). [A sequência do DNA diploide do James Watson.]

Evolução química

Allison, A.C., The discovery of resistance to malaria of sickle-cell heterozygotes, *Biochem. Mol. Biol. Educ.* **30,** 279–287 (2002).

Benton, M.J. and Ayala, F.J., Dating the tree of life, *Science* **300**, 1698–1700 (2003).

Dickerson, R.E., The structure and history of an ancient protein, *Sci. Am.* **226**(4), 58–72 (1972). [Discute a evolução do citocromo *c*.]

Dickerson, R.E. and Geis, I. *Hemoglobin,* Chapter 3, Benjamin/Cummings (1983). [Discussão detalhada da evolução da globina.]

Dickerson, R.E. and Timkovich, R., Cytochromes *c, in* Boyer, P.D. (Ed.), *The Enzymes* (3rd ed.), Vol. 11, *pp.* 397–547, Academic Press (1975). [Contém uma análise detalhada dos estudos de sequência do citocromo *c*.]

Doolittle, R.F., Feng, D.F., Tsang, S., Cho, G., and Little, E., Determining divergence times of the major kingdoms of living organisms with a protein clock, *Science* **271,** 470–477 (1996).

Ingram, V.M., A case of sickle-cell anaemia: A commentary, *Biochim. Biophys. Acta* **1000,** 147–150 (1989). [Lembranças científicas do desenvolvimento da datiloscopia na caracterização da hemoglobina falciforme.]

Moore, G.R. and Pettigrew, G.W., *Cytochromes c. Evolutionary, Structural and Physicochemical Aspects,* Springer-Verlag (1990).

Nagel, R.L. and Roth, E.F., Jr., Malaria and red cell genetic defects, *Blood* **74,** 1213–1221 (1989). [Uma revisão informativa sobre vários "defeitos" genéticos, incluindo anemia falciforme, que inibe malária, e qual seria seu mecanismo.]

Strasser, B.J., Sickle cell anemia, a molecular disease, *Science* **286,** 1488–1490 (1999). [Um relato histórico do trabalho de Pauling sobre anemia falciforme.]

Bioinformática

Altschul, S.F. and Koonin, E.V., Iterated profile searches with PSI-BLAST—a tool for discovery in protein data bases, *Trends Biochem. Sci.* **23,** 444–447 (1998).

Baxevanis, A.D. and Ouellette, B.F.F. (Eds.), *Bioinformatics. A Practical Guide to the Analysis of Genes and Proteins* (3rd ed.), Wiley-Interscience (2005).

Bork, P. (Ed.), *Analysis of Amino Acid Sequences, Adv. Prot. Chem.* **54** (2000). [Contém artigos informativos sobre alinhamento de sequências e geração de árvores filogenéticas.]

Database Issue, *Nucleic Acids Res.* **38** (Database Issue) (2010). [Descrições atualizadas anualmente de várias bases de dados de interesse biomolecular. O número da base de dados é publicado sempre em janeiro.]

Doolittle, R.F. (Ed.), *Molecular Evolution: Computer Analysis of Proteins and Nucleic Acids;* and *Computing Methods for Macromolecular Sequence Analysis, Methods Enzymol.* **183** (1990); *and* **266** (1996).

Doolittle, R.F., *Of URFs and ORFs. A Primer of How to Analyze Derived Amino Acid Sequences,* University Science Books (1986).

Edgar, R.C. and Batzoglou, S., Multiple sequence alignment, *Curr. Opin. Struct. Biol.* **16,** 368–373 (2006).

Gibson, G. and Muse, S.V., *A Primer of Genomic Science,* Sinauer Associates (2002).

Henikoff, S., Scores for sequence searches and alignments, *Curr. Opin. Struct. Biol.* **6,** 353–360 (1996). [Descreve matrizes BLOSUM.]

Jeanmougin, F. and Thompson, J.D., Multiple sequence alignment with Clustal X, *Trends Biochem. Sci.* **23,** 403–405 (1998).

Jones, D.T. and Swindells, M.B., Getting the most from PSI-BLAST, *Trends Biochem. Sci.* **27,** 161–164 (2002).

Lesk, A.M., *Introduction to Bioinformatics*, (3rd ed.), Oxford University Press (2008).

Mann, M. and Pandey, A., Use of mass spectrometry–derived data to annotate nucleotide and protein sequence databases, *Trends Biochem. Sci.* **26,** 54–61 (2001).

Mount, D.W., *Bioinformatics: Sequence and Genome Analysis* (2nd ed.), Cold Spring Harbor Laboratory Press (2004).

Needleman, S.B. and Wunsch, C.D., A general method applicable to the search for similarities in the amino acid sequence of two proteins, *J. Mol. Biol.* **48,** 443–453 (1970). [Formulação do algoritmo de Needleman-Wunsch.]

Pagel, M., Inferring the historical patterns of biological evolution, *Nature* **401,** 877–884 (1999). [Uma revisão.]

Pei, J., Multiple sequence alignment, *Curr. Opin. Struct. Biol.* **18**, 382–386 (2008).

Xiong, J., *Essential Bioinformatics*, Chapters 1–6, Cambridge University Press (2006).

Zvelebil, M. and Baum, J.O., *Understanding Bioinformatics*, Chapters 3–8, Garland Science (2008).

Síntese de polipeptídeos

Atherton, E. and Sheppard, R.C., *Solid Phase Peptide Synthesis. A Practical Approach,* IRL Press (1989).

Barrett, G.C. and Elmore, D.T., *Amino Acids and Peptides*, Chapter 7, Cambridge University Press (1998).

Bodanszky, M., *Principles of Peptide Synthesis,* Springer-Verlag (1993).

Dawson, P.E. and Kent, S.B.H., Synthesis of native proteins by chemical ligation, *Annu. Rev. Biochem.* **69,** 923–960 (2000).

Fields, G.B. (Ed.), *Solid-Phase Peptide Synthesis, Methods Enzymol.* **289** (1997).

Kent, S.B.H., Alewood, D., Alewood, P., Baca, M., Jones, A. and Schnölzer, M., Total chemical synthesis of proteins: Evolution of solid phase synthetic methods illustrated by total chemical synthesis of the HIV-1 protease, *in* Epton, R. (Ed.), *Innovation & Perspectives in Solid Phase Synthesis*, SPPC Ltd. (1992); and Milton, R.C. de L., Milton, S.C.F., e Kent, S.B.H., Total chemical synthesis of a D-enzyme: The enantiomers of HIV-1 protease show demonstration of reciprocal chiral substrate specificity, *Science* **256,** 1445–1448 (1992).

Merrifield, B., Solid phase synthesis, *Science* **232,** 342–347 (1986).

Nilsson, B.L., Soellner, M.B. and Raines, R.T., Chemical synthesis of proteins, *Annu Rev. Biophys. Biomol. Struct.* **34,** 91–118 (2005).

Torbeev, V. Yu. and Kent, S.B.H., Convergent chemical synthesis and crystal structure of a 203 amino acid "covalent dimer" HIV-1 protease enzyme molecule, *Angew. Chem. Int. Ed.* **46,** 1667–1670 (2007).

Wilken, J. and Kent, S.B.H., Chemical protein synthesis, *Curr. Opin. Biotech.* **9,** 412–426 (1998).

Síntese química de oligonucleotídeos

Brewster, J.L., Beason, K.B., Eckdahl, T.T. and Evans, I.M., The microarray revolution, *Biochem. Mol. Biol. Educ.* **32,** 217–227 (2004).

Caruthers, M.H., Beaton, G., Wu, J.V. and Wiesler, W., Chemical synthesis of deoxynucleotides and deoxynucleotide analogs, *Methods Enzymol.* **211,** 3–20 (1992); *and* Caruthers, M.H., Chemical synthesis of DNA and DNA analogues, *Acc. Chem. Res.* **24,** 278–284 (1991).

Gibson, D.G., et al., Complete chemical synthesis, assembly, and cloning of a *Mycoplasma genitalium* genome, *Science* **319,** 1215–1220 (2008).

Gold, L., The SELEX process: A surprising source of therapeutic and diagnostic compounds, *Harvey Lectures* **91,** 47–57 (1997).

Hermann, T. and Patel, D.J., Adaptive recognition by nucleic acid aptamers, *Science* **287,** 820–825 (2000). [Uma revisão.]

Schena, M., *Microarray Analysis*, Wiley-Liss (2003).

Staughton, R.B., Applications of DNA microarrays in biology, *Annu. Rev. Biochem.* **74,** 53–82 (2005).

Watson, J.D., Meyers, R.M., Caudy, A.A. and Witkowski, J.A., *Recombinant DNA. Genes and Genomes – A Short Course* (3rd ed.), Chapter 13, Freeman (2007).

Wilson, D.S. and Szostak, J.W., In vitro selection of functional nucleic acids, *Annu. Rev. Biochem.* **68,** 611–647 (1999). [Discute a SELEX.]

Young, R., Biomedical discovery with DNA arrays, *Cell* **102,** 9–15 (2000).

EXERCÍCIOS DE BIOINFORMÁTICA

Exercícios de Bioinformática estão disponíveis em www.wiley.com/college/voet

Capítulo 7

Bases de dados para o armanezamento e "garimpagem" de sequências de genomas e comparação e identificação de sequências de proteínas relacionadas

1. **Encontrando bases de dados.** Localizar bases de dados para sequências de genomas e explorar o significado dos termos relacionados a elas.
2. **The institute for genomic research.** Explorar um genoma procariótico e encontrar listas de genomas eucarióticos.
3. **Análise de uma sequência de DNA.** Em uma sequência de DNA, identificar os trechos de leitura aberta (ORFs) e traduzi-las à sequência da proteína.
4. **Homologia de sequência.** Realizar uma busca no BLAST de homólogos de uma sequência de proteína.
5. **Plasmídeos e clonagem.** Predizer os tamanhos dos fragmentos produzidos pela ação de várias enzimas de restrição em plasmídeos.
6. **Obtenção de sequências de proteínas no BLAST.** Usando a sequência de uma proteína conhecida, encontrar e recuperar as sequências de proteínas relacionadas de outros organismos.
7. **Alinhamento múltiplo de sequências.** Examinar as similaridades de várias sequências e visualizar as relações entre elas em um diagrama em árvore.
8. **Árvores filogenéticas.** Criar uma árvore com base no citocromo *c*.
9. **Proteômica.** Adquirir uma compreensão mais ampla de proteômica.
10. **Microarranjos.** Aprender como microarranjos são feitos e utilizados.

PROBLEMAS

Nota: a composição de aminoácidos de polipeptídeos de sequência desconhecida está escrita entre parênteses, sendo as abreviações dos aminoácidos separadas por vírgulas, por exemplo (Gly, Tyr, Val). Sequências de aminoácidos conhecidas estão escritas com os nomes dos resíduos em ordem e separados por hifens; por exemplo, Tyr-Val-Gly.

1. Mostre o padrão de clivagem dos seguintes polipeptídeos pelos agentes indicados.

a. Ser-Ala-Phe-Lys-Pro por quimotripsina
b. Thr-Cys-Gly-Met-Asn por CNBr
c. Leu-Arg-Gly-Asp por carboxipeptidase A
d. Gly-Phe-Trp-Asp-Phe-Arg por endopeptidase Asp-N
e. Val-Trp-Lys-Pro-Arg-Glu por tripsina

2. Uma proteína é submetida a análise do grupo terminal por cloreto de dansila. Verifica-se que os dansilaminoácidos liberados estão presentes em uma razão molar de duas partes de Ser para uma parte de Ala. Que conclusões podem ser tiradas a respeito da natureza dessa proteína?

3. Uma proteína é submetida a degradação por carboxipeptidase B. Logo no início da ração enzimática, são liberadas Arg e Lys, e a partir daí não se observa o aparecimento de mais nenhum outro aminoácido. O que essa informação indica no que concerne à estrutura primária da proteína?

4. Antes do advento da degradação de Edman, as estruturas primárias das proteínas eram elucidadas por hidrólise ácida parcial. Os oligopeptídeos resultantes eram separados e suas composições de aminoácidos determinadas. Considere um polipeptídeo com a composição de aminoácido (Ala_2, Asp, Cys, Leu, Lys, Phe, Pro, Ser_2, Trp_2). Tratamento com carboxipeptidase A liberou somente Leu. Oligopeptídeos com as seguintes composições foram obtidos por hidrólise ácida parcial:

(Ala, Lys)	(Ala, Ser_2)	(Cys, Leu)
(Ala, Lys, Trp)	(Ala, Trp)	(Cys, Leu, Pro)
(Ala, Pro)	(Asp, Lys, Phe)	(Phe, Ser, Trp)
(Ala, Pro, Ser)	(Asp, Phe)	(Ser, Trp)
(Ser_2, Trp)		

Determine a sequência de aminoácidos do polipeptídeo.

***5.** Um polipeptídeo é submetido às seguintes técnicas de degradação, resultando em fragmentos polipeptídicos com as sequências de aminoácido indicadas. Qual é a sequência de aminoácidos do polipeptídeo completo?

I. Tratamento por brometo de cianogênio:
1. Asp-Ile-Lys-Gln-Met
2. Lys
3. Lys-Phe-Ala-Met
4. Tyr-Arg-Gly-Met

II. Hidrólise por tripsina:
5. Gln-Met-Lys
6. Gly-Met-Asp-Ile-Lys
7. Phe-Ala-Met-Lys
8. Tyr-Arg

6. O tratamento de um polipeptídeo por ditiotreitol fornece dois polipeptídeos que possuem as seguintes sequências de aminoácidos:

1. Ala-Phe-Cys-Met-Tyr-Cys-Leu-Trp-Cys-Asn
2. Val-Cys-Trp-Val-Phe-Gly-Cys-Lys

A hidrólise do polipeptídeo intacto catalisada por quimotripsina fornece fragmentos polipeptídicos com as seguintes composições de aminoácidos:

3. (Ala, Phe)
4. (Asn, Cys_2, Met, Tyr)
5. (Cys, Gly, Lys)
6. (Cys_2, Leu, Trp_2, Val)
7. (Ile, Phe, Val)

Indique as posições das ligações dissulfeto no polipeptídeo original.

7. Um polipeptídeo foi submetido aos seguintes tratamentos, fornecendo os resultados indicados. Qual é sua estrutura primária?

I. Hidrólise ácida:
1. (Ala, Arg, Cys, Glx, Gly, Lys, Leu, Met, Phe, Thr)

II. Aminopeptidase M:
2. Nenhum fragmento

III. Carboxipeptidase A 1 carboxipeptidase B:
3. Nenhum fragmento

IV. Tripsina, seguida de degradação de Edman dos produtos separados:
4. Cys-Gly-Leu-Phe-Arg
5. Thr-Ala-Met-Glu-Lys

*8. Durante uma expedição pela Floresta Amazônica, você foi isolado um polipeptídeo que se suspeita ser o hormônio de crescimento de uma espécie recém-descoberta de aranha gigante. Infelizmente, o sequenciador portátil utilizado foi tão displicentemente manuseado pelos carregadores dos aeroportos que ele é incapaz de fornecer uma sequência maior do que quatro resíduos de aminoácidos consecutivos. Apesar disso, insistindo em usar o aparelho, obtêm-se os seguintes dados:

I. Hidrazinólise:
1. (Val)

II. Tratamento por cloreto de dansila, seguido de hidrólise ácida:
2. (Dansil-Pro)

III. Tripsina, seguida de degradação de Edman dos fragmentos separados:
3. Gly-Lys
4. Phe-Ile-Val
5. Pro-Gly-Ala-Arg
6. Ser-Arg

Forneça tanta informação quanto possível a respeito da sequência de aminoácidos do polipeptídeo.

9. Examinando o espectro de massa obtido por ionização de eletrospray de uma proteína desconhecida, observa-se que quatro picos sucessivos apresentam valores m/z de 953,9, 894,4, 841,8 e 795,1. Qual é a massa molecular da proteína e quais são as cargas iônicas dos íons responsáveis pelos quatro picos?

10. A Figura 7.43 mostra a autorradiografia do gel de sequenciamento de um DNA que foi tratado de acordo com o método de Sanger para sequenciamento de DNA. Qual é a sequência da fita-molde correspondente às bases 50 a 100? Se houver qualquer posição no gel em que a banda parecer estar ausente, deixe na sequência um ponto de interrogação referente à base indeterminada.

11. Usando a Tabela 7.5, compare o parentesco de fungos com plantas superiores e com animais superiores. Fungos são às vezes considerados plantas não verdes (aclorofiladas). Na sua análise, essa seria uma classificação razoável?

12. Abaixo estão listados os primeiros 10 resíduos da hélice B da mioglobina de diferentes organismos.

Posição	1	2	3	4	5	6	7	8	9	10
Humano	D	I	P	G	H	G	Q	E	V	L
Galinha	D	I	A	G	H	G	H	E	V	L
Jacaré	K	L	P	E	H	G	H	E	V	I
Tartaruga	D	L	S	A	H	G	Q	E	V	I
Atum	D	Y	T	T	M	G	G	L	V	L
Carpa	D	F	E	G	T	G	G	E	V	L

Com base nessa informação, quais posições (a) parecem incapazes de tolerar substituições, (b) podem tolerar substituições conservativas, e (c) são altamente variáveis?

13. A doença hereditária de hemoglobina **β-talassemia** é comum em pessoas da região do Mar Mediterrâneo e de áreas da Ásia onde a malária é prevalente (Fig. 7-21). A doença é caracterizada por uma redução na quantidade de síntese da cadeia β da hemoglobina. Heterozigotos para o gene da β-talassemia, possuidores da **talassemia menor**, são apenas levemente afetados com sintomas adversos. Homozigotos para esse gene, contudo, sofrem de **anemia de Cooley** ou **talassemia maior**; eles são afetados tão severamente que não sobrevivem à infância. Cerca de 1% das crianças nascidas em regiões de malária na região do Mar Mediterrâneo tem anemia de Cooley. Por que o gene da β-talassemia é tão prevalente nessa área? Justifique sua resposta.

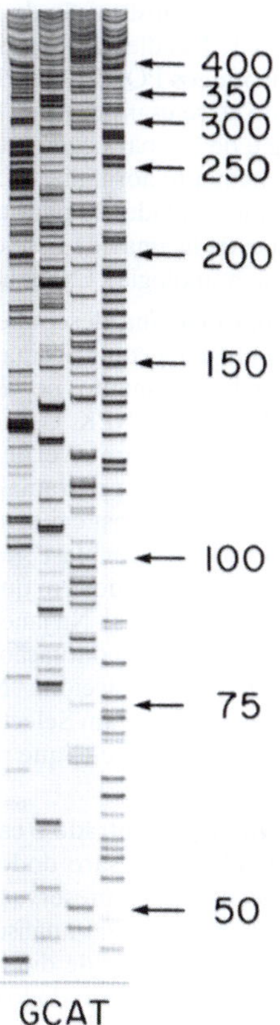

FIGURA 7.43 (**Cortesia de Barton Slatko, New England Biolabs Inc., Beverly, Massachusetts, EUA.**)

14. Plantas leguminosas sintetizam uma globina monomérica ligadora de oxigênio conhecida como **legemoglobina** (Seção 26.6). Do que você sabe sobre Biologia, esboce a árvore evolutiva das globinas (Fig. 7.25) incluindo a legemoglobina na sua posição mais provável.

15. Uma vez que mutações pontuais surgem principalmente por meio de alteração química aleatória, seria de se supor que as taxas nas quais surgem mutações em um gene expressando uma proteína deveriam variar com o tamanho do gene (número de aminoácidos que o gene expressa). No entanto, embora as taxas nas quais as proteínas evoluem variem bastante, essas taxas parecem ser independentes do tamanho da proteína. Explique.

16. Desenhe uma matriz de pontos do que segue: (a) um peptídeo de 100 resíduos com segmentos dos resíduos 20 a 40 e 60 a 80 quase idênticos. (b) Um DNA de 100 nucleotídeos que é palindrômico.

***17.** (a) Usando a matriz de substituição do log das probabilidades PMA-250 e o algoritmo de Needleman-Wunsch, encontre o melhor alinhamento para os peptídeos PQRSTV e PDLRSCSV. (b) Qual é o escore de alinhamento ao se usar uma penalidade de lacuna de −8 para abrir uma lacuna e de −2 para cada "resíduo" na lacuna? (c) Qual é o escore de alinhamento normalizado ao se usar o sistema de escore de 10 para cada identidade, 20 para cada identidade envolvendo Cys e −25 para cada lacuna? d) Esse escore de alinhamento normalizado indica uma homologia? Explique.

18. Você recebeu uma proteína desconhecida para identificar. Você faz a digestão da proteína com tripsina e, pela degradação de Edman, verifica que um dos fragmentos peptídicos resultantes tem a sequência GIIWGEDTLMEYLENPK. Usando BLAST, descubra a identidade (ou identidades) mais provável dessa proteína desconhecida. (Para realizar uma busca no programa BLAST, acesse http://www.ncbi.nlm.nih.gov/BLAST/Blast.cgi e, sob o comando "Basic BLAST", acesse a conexão "protein blast" [função do BLAST para comparar a sequência de aminoácidos em questão contra uma base de dados de sequências de proteínas]. Na janela que se abre, coloque a sequência acima [sem espaços ou pontuação] no *box* "Enter Query Sequence", do menu "Database" selecione "Non-redundant protein sequences", sob o comando "Program Selection" selecione o botão "blastp (protein-protein BLAST), e clique no botão "BLAST" na parte inferior da janela.)

***19.** Nas Ilhas Maurício, foi encontrado o cadáver de um cisne-de-capelo (também chamado de pássaro dodô) (*Raphus cucullatus*) desidratado em razoável estado de preservação. Você recebeu uma amostra de tecido da ave para realizar análises bioquímicas e tentar sequenciar o citocromo *c*. A matriz de diferenças de aminoácidos para algumas aves, incluindo o pássaro dodô é mostrada aqui.

Galinha, peru	0				
Pinguim	2	0			
Pombo	4	4	0		
Pato	3	3	3	0	
Pássaro dodô	4	4	2	3	0

(a) Determine a árvore filogenética para essas espécies usando o método de união de vizinhos. (b) O pássaro dodô parece mais relacionado a quais outras espécies de aves? (c) Que outra informação você precisa para encontrar a raiz dessa árvore? Sem fazer mais cálculos, indique as possibilidades mais prováveis.

20. Em um trágico acidente, o pássaro dodô desidratado, discutido no Problema 19, foi comido por um gato enlouquecido. A sequência do citocromo *c* do pássaro dodô que tinha sido determinada antes do acidente indicou que esse citocromo *c* tinha algumas propriedades bioquímicas peculiares. Para testar essa hipótese, teve-se que sintetizar quimicamente o citocromo *c* do pássaro dodô. Assim como outros citocromos *c* de aves, o dessa ave consiste em 104 resíduos de aminoácidos. Ao planejar a síntese em fase sólida, espera-se um rendimento de 99,7% para cada etapa de acoplamento e um rendimento de 99,3% para cada etapa de desbloqueio. A liberação do polipeptídeo completo da resina e a etapa de desbloqueio da cadeia lateral deve dar um rendimento de 80%. (a) Caso o peptídeo seja sintetizado em uma única corrida, que porcentagem de citocromo *c* não mutado você espera formar? (b) Foi descoberto que o citocromo *c* do pássaro dodô possui um resíduo Cys na posição 50. Qual seria o rendimento final se você usasse a reação de ligação química nativa (presuma que o rendimento seja de 75%) para sintetizar o citocromo *c* desse pássaro? Compare esse rendimento com o do item (a) e discuta as implicações nessa comparação para sintetizar polipeptídeos longos.

21. Foi produzido um *chip* de DNA que consiste em 4 linhas e 10 colunas, em que a coluna *M* contém DNA da sequência 5′-GACCTGACGT-3′, mas com uma base diferente na posição *M* em cada uma das 4 linhas (de cima para baixo, G, A, T e C). Desenhe a aparência do *chip* depois da hibridização a RNAs de sequência (a) 5′-ACGUCAGGUC-3′ e (b) 5′-ACGUCUGGUC-3′ marcados com fluorescência.

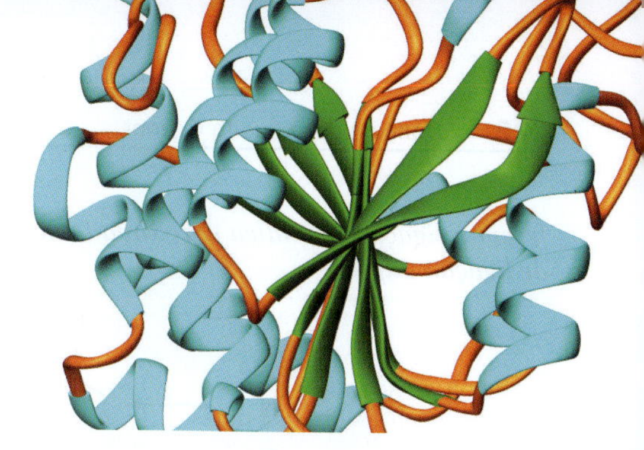

A Estrutura Tridimensional das Proteínas

CAPÍTULO 8

As propriedades de uma proteína são basicamente determinadas pela sua estrutura tridimensional. Alguém pode ingenuamente supor que, uma vez que todas as proteínas são compostas pelos mesmos 20 tipos de resíduos de aminoácidos, elas deveriam ser mais ou menos semelhantes em suas propriedades. Certamente, proteínas **desnaturadas** (desdobradas) têm características bastante semelhantes, uma espécie de "média" homogênea do balanço aleatório de suas cadeias laterais móveis. Contudo, a estrutura tridimensional de uma proteína **nativa** (dobrada fisiologicamente) é especificada pela sua estrutura primária, de forma que ela tem um conjunto de características únicas.

Neste capítulo, serão discutidas as características estruturais das proteínas, as forças que as mantêm unidas e como elas se organizam hierarquicamente para formar estruturas complexas. Isso formará a base do conhecimento para o entendimento das relações função-estrutura necessário à compreensão das funções bioquímicas das proteínas. O comportamento dinâmico detalhado das proteínas e de como elas se dobram em suas estruturas nativas será visto no Capítulo 9.

1 ESTRUTURA SECUNDÁRIA

A **estrutura secundária** de um polímero é definida como a conformação local de seu esqueleto. Para proteínas, isso significa a especificação de padrões regulares de dobramento do esqueleto polipeptídico: hélices, folhas pregueadas e voltas reversas. Contudo, antes de discutir sobre esses motivos estruturais básicos, é preciso considerar as propriedades geométricas da ligação peptídica, pois o seu entendimento representa um pré-requisito para a compreensão de qualquer estrutura que a contenha.

A. O grupo peptídico

Nas décadas de 1930 e 1940, Linus Pauling e Robert Corey determinaram as estruturas por raios X de diversos aminoácidos e dipeptídeos em um esforço para elucidar as restrições estruturais de uma cadeia polipeptídica. Esses estudos indicaram que *o grupo peptídico possui uma estrutura planar rígida (Fig. 8.1) devido às interações de ressonância, que con-*

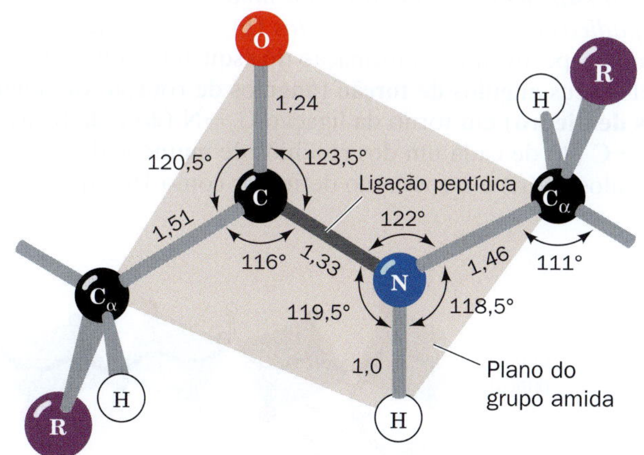

FIGURA 8.1 O grupo peptídico *trans*. As dimensões-padrão (em angstroms, Å, e graus,°) deste grupo planar foram derivadas fazendo-se a média das quantidades correspondentes na determinação das estruturas de aminoácidos e peptídeos por cristalografia por raios X. (Segundo Marsh, R.E., e Donohue, J., *Adv. Protein Chem.* **22**, 249 [1967].)
Ver Exercício de cineimagem 3.1

ferem à ligação peptídica aproximadamente 40% de caráter de ligação dupla:

$$\underset{\underset{H}{|}}{\overset{\overset{O}{\|}}{C}-N} \longleftrightarrow \overset{\overset{O^-}{|}}{C}=\underset{\underset{H}{|}}{\overset{+}{N}}$$

Essa explicação é confirmada pela observação de que uma ligação peptídica C—N é 0,13 Å mais curta que a ligação simples N—C_α, enquanto a ligação C═O é 0,02 Å mais longa do que a mesma ligação em um aldeído ou uma cetona. A energia de ressonância em uma ligação peptídica tem seu valor máximo, cerca de 85 kJ · mol^{-1}, quando o grupo peptídico é planar, já que a sobreposição da ligação π é maximizada nesta conformação. Essa sobreposição, e portanto a energia de ressonância, cai a zero quando a ligação peptídica é torcida 90° para fora da planaridade, justificando, desse modo, a rigidez da ligação peptídica planar. (A carga positiva na estrutura de ressonância anterior deve ser considerada uma carga formal; cálculos de mecânica quântica indicam que o átomo peptídico N tem, na verdade, uma carga negativa parcial devido à polarização da ligação σ C—N.)

Os grupos peptídicos, com poucas exceções, assumem uma configuração trans, na qual átomos C_α sucessivos estão em lados opostos da ligação peptídica que os mantêm ligados (Fig. 8.1). Isso ocorre em parte como resultado da interferência estérica, que faz a configuração *cis* (Fig. 8.2) ser cerca de 8 kJ · mol^{-1} menos estável que a conformação *trans* (essa diferença de energia é um tanto menor em ligações peptídicas seguidas por um resíduo Pro e, de fato, cerca de 10% dos resíduos Pro em proteínas possuem uma ligação peptídica *cis*, caso contrário ligações peptídicas *cis* são extremamente raras).

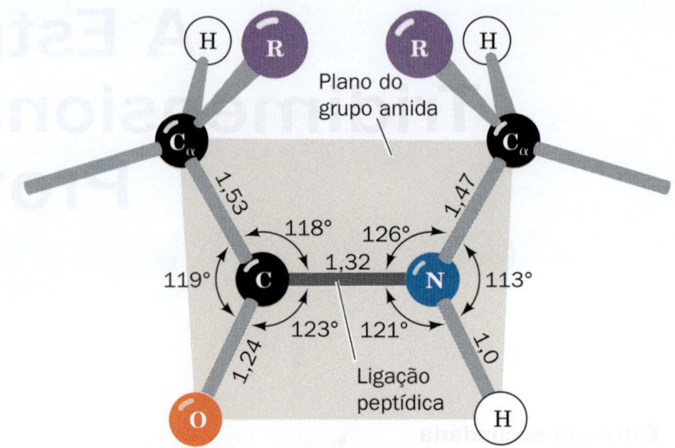

FIGURA 8.2 **O grupo peptídico *cis*.** Ver Exercício de cineimagem 3.1

a. As conformações do esqueleto polipeptídico podem ser descritas pelos seus ângulos de torção

As considerações anteriores são importantes, pois indicam que *o esqueleto de uma proteína é uma sequência de grupos peptídicos planares rígidos ligados* (Fig. 8.3). Pode-se, portanto, especificar a conformação do esqueleto polipeptídico pelos seus **ângulos de torção** (ângulos de rotação ou **ângulos de diedro**) em torno da ligação C_α—N (ϕ) e da ligação C_α—C (ψ) de cada um dos resíduos de aminoácidos. Esses ângulos, ϕ (fi) e ψ (psi), são definidos como 180° quando a cadeia polipeptídica está em sua conformação planar, completamente estendida (toda *trans*), aumentando de acordo com a rotação no sentido horário quando observados a partir do C_α (Fig. 8.4).

Há diversas restrições estéricas sobre os ângulos de torção, ϕ e ψ, de uma cadeia polipeptídica, o que limita sua faixa conformacional. A estrutura eletrônica de uma ligação simples (σ), como uma ligação C—C, é cilindricamente simétrica em torno do eixo de ligação, de forma que é possível esperar que tal ligação possua livre rotação. Se fosse esse o caso, no etano, por exemplo, todos os ângulos de torção da ligação C—C deveriam ser equivalentes. Todavia, certas conformações no etano são favorecidas devido a efeitos mecânico-quânticos originados da interação entre os seus orbitais moleculares. A **conformação alternada** (Fig. 8.5*a*; ângulo de torção = 180°) do etano corresponde ao arranjo mais estável, enquanto a **conformação eclipsada** (Fig. 8.5*b*; ângulo de torção = 0°) é menos estável. A diferença de energia entre as conformações alternada e eclipsada no etano é de ~12 kJ · mol^{-1}, uma quantidade que representa uma **barreira de energia** para livre rotação em torno da ligação simples C—C. Outros substituintes, exceto o hidrogênio, apresentam grande interferência estérica; isto é, eles aumentam o tamanho dessa barreira de energia em consequência de seu maior volume. Na verdade, com substituintes muito volumosos, algumas conformações podem ser estericamente proibidas.

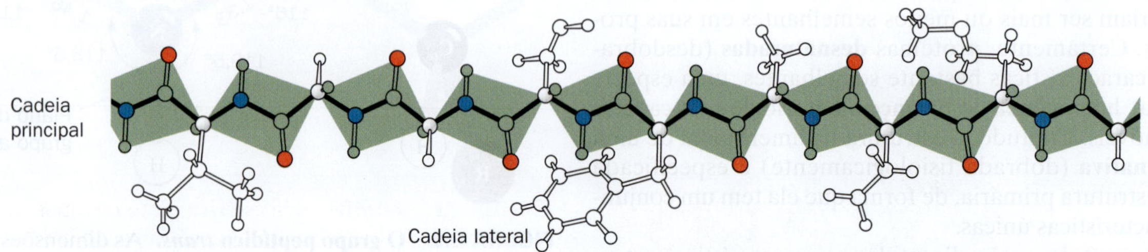

FIGURA 8.3 **Uma cadeia polipeptídica em sua conformação completamente estendida, mostrando a planaridade dos seus grupos peptídicos.** (Ilustração, Irving Geis. Imagem da coleção de Irving Geis, Howard Hughes Medical Institute. Figura impressa com permissão.)

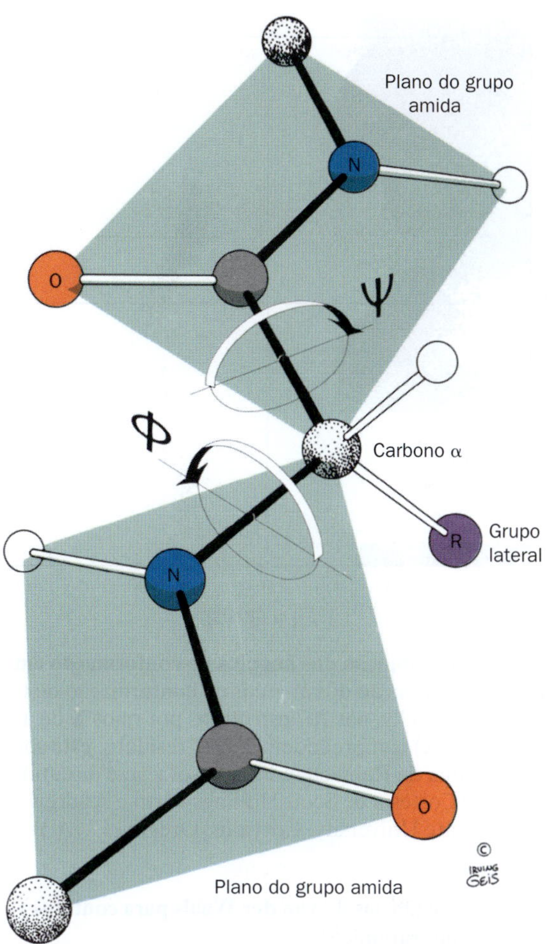

FIGURA 8.4 Os graus de liberdade de torção em uma unidade peptídica. Os únicos movimentos razoavelmente livres são as rotações em torno da ligação C_α—N (ϕ) e da ligação C_α—C (ψ). Os dois ângulos de torção são de 180° na conformação mostrada e aumentam, como indicado, no sentido horário quando vistos a partir do C_α. (Ilustração, Irving Geis. Imagem da coleção de Irving Geis, Hughes Medical Institute. Figura impressa com permissão) **Ver Exercício de cineimagem 3.1**

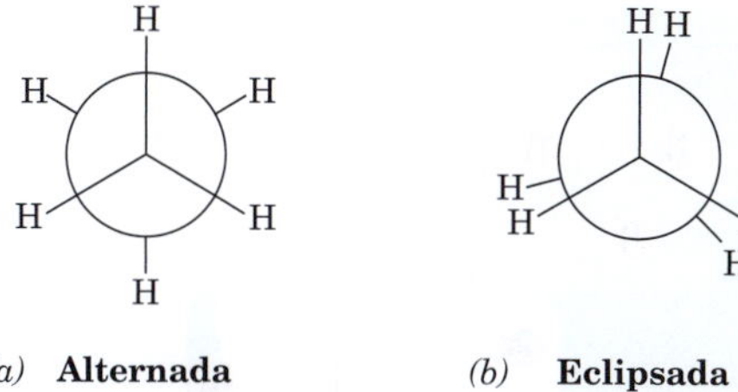

FIGURA 8.5 Conformações do etano. Projeções de Newman, indicando em (*a*) a conformação alternada e em (*b*) a conformação em eclipse do etano.

b. O diagrama de ramachandran indica as configurações permitidas de um polipeptídeo

Os valores dos ângulos ϕ e ψ permitidos estericamente podem ser determinados pelo cálculo das distâncias entre os átomos de um tripeptídeo para todos os valores ϕ e ψ da unidade peptídica central. As conformações estericamente proibidas, como por exemplo a da Fig. 8.6, são aquelas nas quais qualquer distância interatômica entre átomos não ligados é menor que a distância de van der Waals correspondente. Essas informações estão resumidas em um **mapa conformacional**, ou **diagrama de Ramachandran** (Fig. 8.7), que foi descrito por G. N. Ramachandran.

A Fig. 8.7 indica que cerca de 77% do diagrama de Ramachandran (a maioria das combinações dos ângulos ϕ e ψ) é conformacionalmente inacessível para uma cadeia polipeptídica. As regiões específicas do diagrama de Ramachandran que representam as conformações permitidas dependem dos raios de van der Waals escolhidos para calculá-las. Todavia, com qualquer conjunto real de valores, como por exemplo aqueles da Tabela 8.1, *somente três pequenas regiões do mapa são fisicamente acessíveis para uma cadeia polipeptídica*. Contudo, como será visto, todos os tipos comuns de estruturas secundárias regulares encontrados nas proteínas estão dentro das regiões permitidas do diagrama de Ramachandran. De fato, os ângulos conformacionais observados para a maioria dos diferentes resíduos de Gly em proteínas cujas estruturas por raios X foram determinadas situam-se nas regiões permitidas (Fig. 8.8).

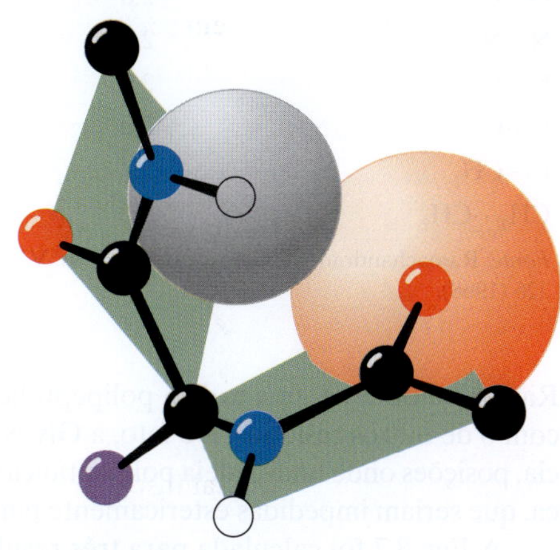

FIGURA 8.6 Interferência estérica entre resíduos adjacentes. A colisão entre o oxigênio carbonílico e o hidrogênio amídico seguinte evitam a conformação ϕ = −60°, ψ = 30°. (Ilustração, Irving Geis. Imagem da coleção de Irving Geis, Hughes Medical Institute. Figura impressa com permissão) **Ver Exercício de cineimagem 3.1**

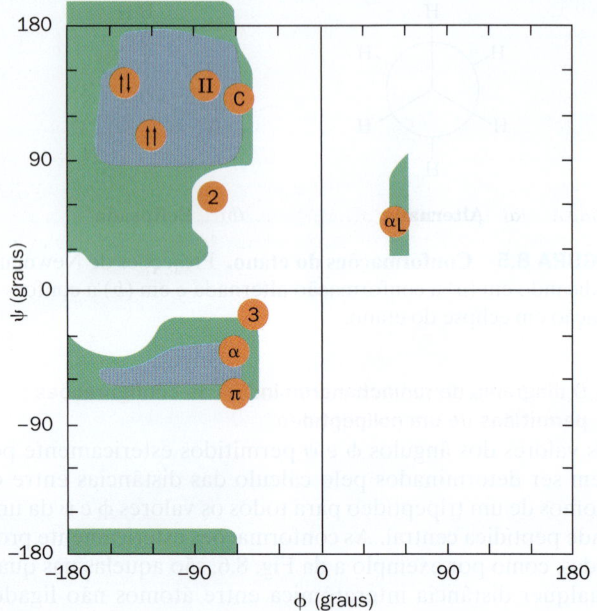

FIGURA 8.7 O diagrama de Ramachandran. O diagrama mostra os ângulos φ e ψ estericamente permitidos para a poli-L-alanina e foi calculado usando as distâncias de van der Waals da Tabela 8.1. As regiões dos ângulos φ e ψ "normalmente permitidas" estão sombreadas em azul, enquanto as regiões sombreadas em verde correspondem às conformações que estão no "limite externo" das distâncias de van der Waals. Os ângulos de conformação, φ e ψ, de várias estruturas secundárias estão indicados abaixo:

Estrutura Secundária	φ (graus)	ψ (graus)
Hélice α voltada à direita (α)	−57	−47
Folha β pregueada paralela (↑↑)	−119	113
Folha β pregueada antiparalela (↑↓)	−139	135
Hélice 3_{10} voltada à direita (3)	−49	−26
Hélice π voltada à direita (π)	−57	−70
Fita $2{,}2_7$ (2)	−78	59
Hélices de poliglicina II e poli-L-prolina II voltadas à esquerda (II)	−79	150
Colágeno (C)	−51	153
Hélice α voltada à esquerda (α L)	57	47

(Segundo Flory, P.J., *Statistical Mechanics of Chain Molecules, p.* 253, Interscience (1969); e IUPAC-IUB Commission on Biochemical Nomenclature, *Biochemistry* **9**, 3475 [1970].)

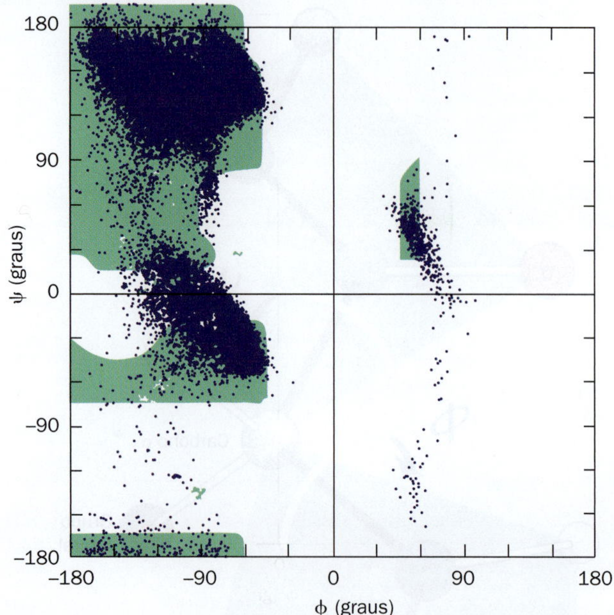

FIGURA 8.8 Distribuição dos ângulos de conformação em proteínas. A distribuição dos ângulos de conformação de todos os resíduos, exceto Gly, nas 207 estruturas por raios X de alta resolução (≤ 1,2 Å) compreendem 25.327 resíduos, está sobreposta no diagrama de Ramachandran (resolução é discutida na Seção 8.3Aa). (Cortesia de Scott Hollingsworth e Andrew Karplus, Oregon State University, Corvallis, Oregon, EUA.)

TABELA 8.1 Distâncias de van der Waals para contatos interatômicos

Tipo de contato	Normalmente permitida (Å)	Limite (Å)
H···H	2,0	1,9
H···O	2,4	2,2
H···N	2,4	2,2
H···C	2,4	2,2
O···O	2,7	2,6
O···N	2,7	2,6
O···C	2,8	2,7
N···N	2,7	2,6
N···C	2,9	2,8
C···C	3,0	2,9
C···CH_2	3,2	3,0
CH_2···CH_2	3,2	3,0

Fonte: Ramachandran, G.N., and Sasisekharan, V., *Adv. Protein Chem.* 23, 326 (1968).

Na Fig. 8.8, a maioria dos pontos nas regiões impedidas está situada entre as duas áreas totalmente permitidas, próximo a ψ = 0. Contudo, essas conformações "proibidas", originadas da colisão de sucessivos grupos amida, tornam-se permitidas caso sejam possíveis torções de apenas alguns graus na ligação peptídica. Isso é razoável, já que a ligação peptídica oferece pouca resistência frente a pequenas deformações da planaridade.

A Gly, o único resíduo sem um átomo C_β, é muito menos limitada estericamente do que os outros resíduos de aminoácidos. Isso fica claro na comparação do diagrama de Ramachandran de uma cadeia polipeptídica de Gly (Fig. 8.9) com o de outros resíduos. De fato, a Gly ocupa, com frequência, posições onde uma cadeia polipeptídica faz uma volta brusca, que seriam impedidas estericamente para outros resíduos.

A Fig. 8.7 foi calculada para três resíduos de Ala consecutivos. Os gráficos semelhantes para resíduos volumosos e que não são ramificados em C_β, como por exemplo, Phe, são

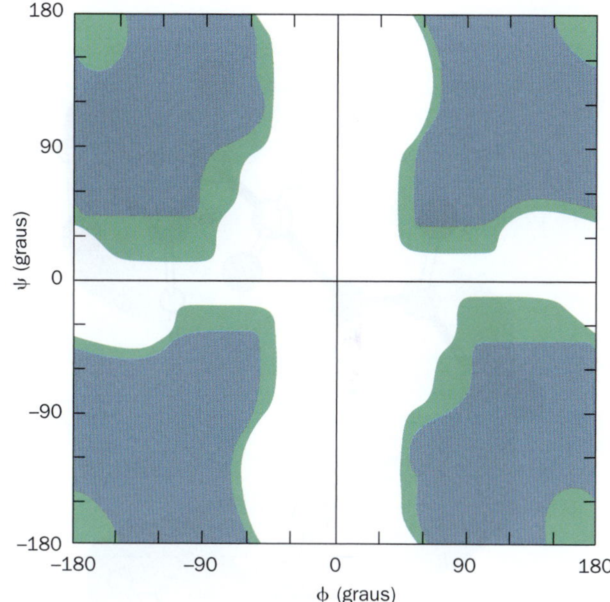

FIGURA 8.9 O diagrama de Ramachandran de resíduos de Gly em uma cadeia polipeptídica. As regiões "normalmente permitidas" estão sombreadas em azul, enquanto as regiões sombreadas em verde correspondem aos limites máximos das distâncias de van der Waals. Os resíduos de Gly têm uma liberdade conformacional muito maior do que outros resíduos de aminoácidos (em termos de volume), como se pode ver ao comparar esta figura com o que está indicado na Fig. 8.7. (Segundo Ramachandran, G.N., e Sasisekharan, V., *Adv. Protein Chem.* **23**, 332 [1968].)

quase idênticos. Nos diagramas de Ramachandran de resíduos ramificados em C_β, como a Thr, as regiões permitidas são um tanto menores que aquelas para Ala. A cadeia lateral cíclica de Pro limita a variação dos ângulos de φ dentro de uma faixa de $-60° \pm 25°$, tornando-o, de forma não surpreendente, o resíduo de aminoácido mais restrito conformacionalmente. As conformações dos resíduos em cadeias maiores do que três peptídeos encontram-se ainda mais limitadas do que indicado pelo diagrama de Ramachandran, pois a cadeia polipeptídica, considerando todos os seus ângulos φ e ψ permitidos, não pode adotar uma conformação na qual ela atravesse a si mesma. Será visto, contudo, que, apesar das grandes restrições impostas pela planaridade da ligação polipeptídica e pelo volume das cadeias laterais sobre as conformações de uma cadeia polipeptídica, estruturas primárias diferentes e únicas possuem estruturas tridimensionais correspondentes também únicas.

B. Estruturas helicoidais

Ver Exploração guiada 7: Hélices estáveis em proteínas: A hélice α

As hélices são os elementos mais notáveis da estrutura secundária de proteínas. Se uma cadeia polipeptídica é torcida de forma regular em torno de cada um dos átomos C_α, ela assume uma conformação helicoidal. Como alternativa para especificar os ângulos φ e ψ, uma hélice pode ser caracterizada pelo número, *n*, de unidades peptídicas por volta de hélice e pelo seu **passo**, *p*, a distância que a hélice se eleva, por volta, ao longo de seu eixo. Vários exemplos de hélices estão diagramados na Fig. 8.10. Observe que uma hélice possui quiralidade; isto é, ela pode ser voltada à direita ou à esquerda (uma hélice voltada à direita volta-se na direção dos dedos de uma mão direita com a palma semicerrada, onde o polegar aponta no sentido do eixo em que a hélice se eleva). Além disso, em proteínas, *n* não precisa ser um número inteiro e, de fato, raramente é.

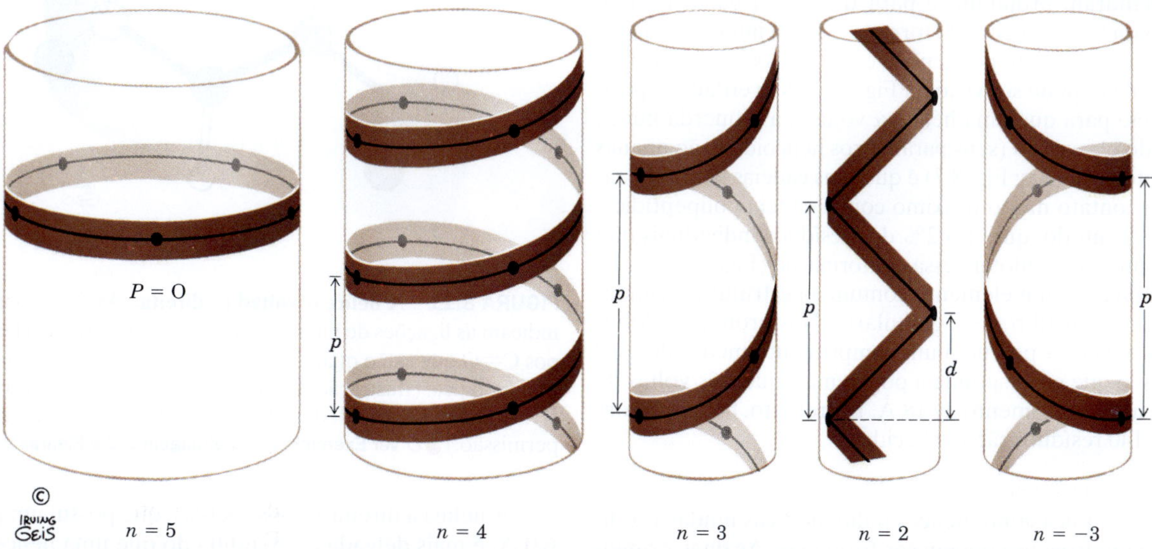

FIGURA 8.10 Exemplos de hélices. As figuras fornecem definições para o passo da hélice, *p*, para o número de unidades peptídicas por volta, *n*, e para a elevação da hélice por unidade peptídica (de repetição), $d = p/n$. Tanto hélices voltadas à direita quanto à esquerda são definidas, respectivamente, como tendo valores de *n* positivos e negativos. Para $n = 2$, a hélice degenera para uma fita não quiral. Para $p = 0$, a hélice degenera para um anel fechado. (Ilustração, Irving Geis. Imagem da coleção de Irving Geis, Hughes Medical Institute, EUA. Figura impressa com permissão.)

Uma hélice polipeptídica deve, é claro, ter ângulos conformacionais que se situem dentro das regiões permitidas do diagrama de Ramachandran. Como se tem visto, isso representa um grande limitador de suas possibilidades conformacionais. Ademais, se é para uma dada conformação não ser somente transitória, ela deve ser mais do que apenas permitida, ela deve ser estabilizada. A "cola" que mantém as hélices polipeptídicas e outras estruturas secundárias unidas é, em parte, as ligações de hidrogênio.

a. A hélice α

*Apenas uma única conformação helicoidal do polipeptídeo possui, simultaneamente, ângulos conformacionais permitidos e um padrão de ligações de hidrogênio favoráveis: a **hélice α** (Fig. 8.11), um arranjo particularmente rígido da cadeia polipeptídica.* Sua descoberta por Pauling em 1951, a partir de modelos moleculares, representa uma das grandes descobertas da bioquímica estrutural.

Para um polipeptídeo formado por resíduos de L-α-aminoácidos, a hélice α é voltada à direita, com os ângulos de torção $\phi = -57°$ e $\psi = -47°$, $n = 3{,}6$ resíduos por volta e uma distância de 5,4 Å. (Uma hélice α de resíduos de D-α-aminoácidos é a imagem especular daquela formada por resíduos de L-aminoácidos: ela é voltada à esquerda, com ângulos conformacionais $\phi = +57°$ e $\psi = +47°$, $n = -3{,}6$, mas com o mesmo valor de p.)

A Fig. 8.11 indica que as ligações de hidrogênio de uma hélice α são arranjadas de forma que a ligação peptídica N—H do enésimo resíduo aponte ao longo da hélice para o grupo peptídico C═O do (n – 4)ésimo resíduo. Isso resulta em uma ligação de hidrogênio forte que possui a distância N ··· O quase ideal de 2,8 Å. Além disso, o interior da hélice α é fortemente empacotado; isto é, os átomos fazem contatos de van der Waals através da hélice, maximizando suas energias de associação (Seção 8.4Ab). Os grupos R, cujas posições, como já visto, não estão totalmente de acordo com o diagrama de Ramachandran, projetam-se para trás (para baixo na Fig. 8.11) e para fora da hélice de forma a evitar a interferência estérica com o esqueleto polipeptíco e uns com os outros. Tal arranjo também pode ser visto na Fig. 8.12. Na verdade, a principal razão para que uma hélice α voltada à esquerda nunca tenha sido observada (seus parâmetros helicoidais são apenas levemente proibidos; Fig. 8.7) é que suas cadeias laterais estariam em contato muito próximo com a cadeia polipeptídica. Observe, contudo, que, 1 a 2% dos resíduos individuais não Gly nas proteínas, adotam essa conformação (Fig. 8.8).

A hélice α é um elemento comum da estrutura secundária de proteínas fibrosas e globulares. Nas proteínas globulares, as hélices α possuem um comprimento médio de ~12 resíduos, o que corresponde a pouco mais que três voltas da hélice e um comprimento de 18 Å. Entretanto, hélices α com mais de 140 resíduos são conhecidas.

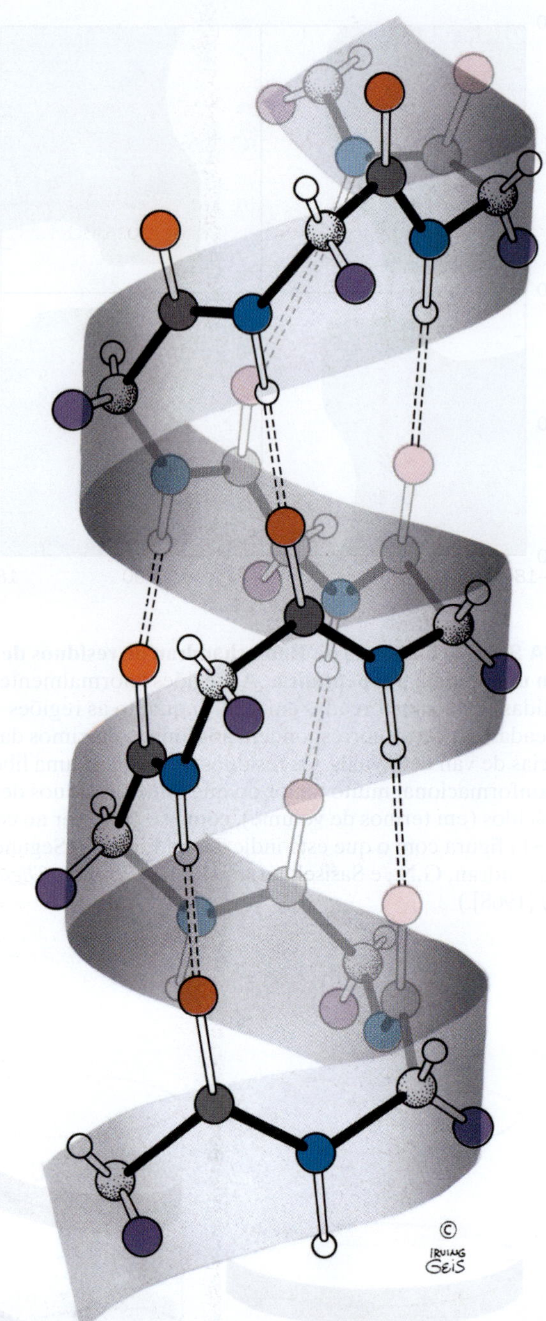

FIGURA 8.11 A hélice α voltada à direita. As linhas pontilhadas indicam as ligações de hidrogênio entre os grupos N—H e os grupos C═O que estão quatro resíduos de volta ao longo da cadeia polipeptídica. (Ilustração, Irving Geis. Imagem da coleção de Irving Geis, Hughes Medical Institute, EUA. Figura impressa com permissão.) **Ver Exercício de cineimagem 3.2 e Figuras animadas**

b. Outras hélices polipeptídicas

A Fig. 8.13 indica como hélices polipeptídicas unidas por ligações de hidrogênio podem ser formadas. As duas primeiras, a **fita 2,2$_7$** e a **hélice 3$_{10}$**, são descritas pela notação n_m, onde n, como antes, representa o número de resíduos por volta da hélice e m é o número de átomos, incluindo H, presentes dentro do anel helicoidal mantido pela ligação de hidrogênio. Por essa notação, uma hélice α é uma hélice $3{,}6_{13}$.

A hélice à direita 3_{10} (Fig. 8.14a), que possui um passo de 6,0 Å, é mais delgada e estendida do que uma hélice α (Fig. 8.14b). Seus ângulos de torção encontram-se em uma zona levemente desfavorável no diagrama de Ramachandran, que é bastante próxima da região de hélice α (Fig. 8.7), e, assim, seus grupos R experimentam alguma repulsão estérica. Isso explica por que a hélice 3_{10} é observada somente ocasional-

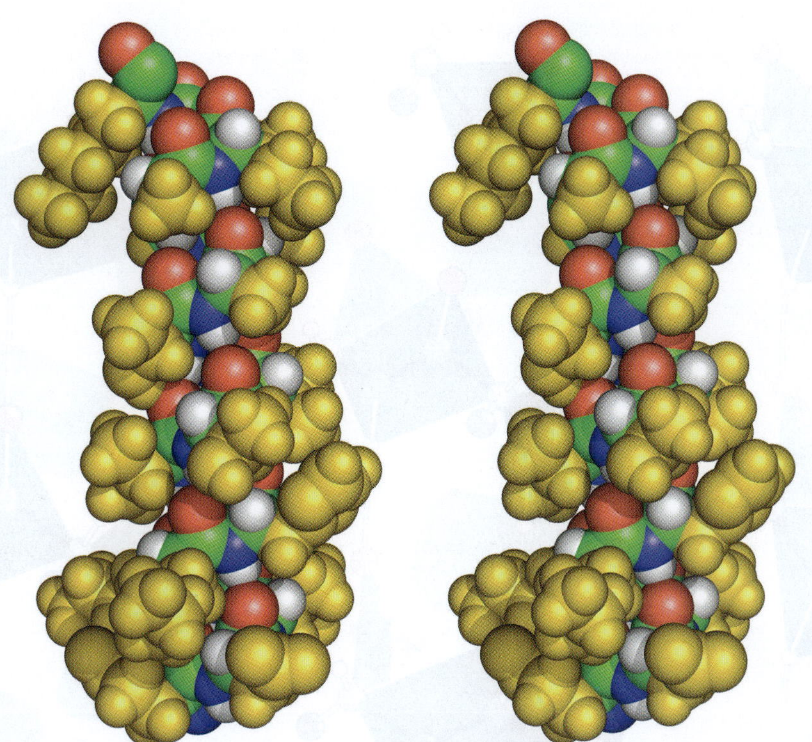

FIGURA 8.12 **Modelo estéreo, de volume atômico, de um segmento de hélice α da mioglobina da baleia cachalote (sua hélice E), determinado pela análise estrutural por cristalografia por raios X.** Os átomos do esqueleto estão coloridos de acordo com o tipo (C em verde, N em azul, O em vermelho e H em branco) e os átomos da cadeia lateral estão em amarelo ouro. As instruções para observar este diagrama espacial são dadas no apêndice deste capítulo. (Com base na estrutura por raios X determinada por Ilme Schlichting, Max Planck Institut fur Molekulare Physiologie, Dortmund, Alemanha. PDBid 1A6M [para definição de PDBid, ver Seção 8.3Ca].) **Ver Exercício de cineimagem 3.2**

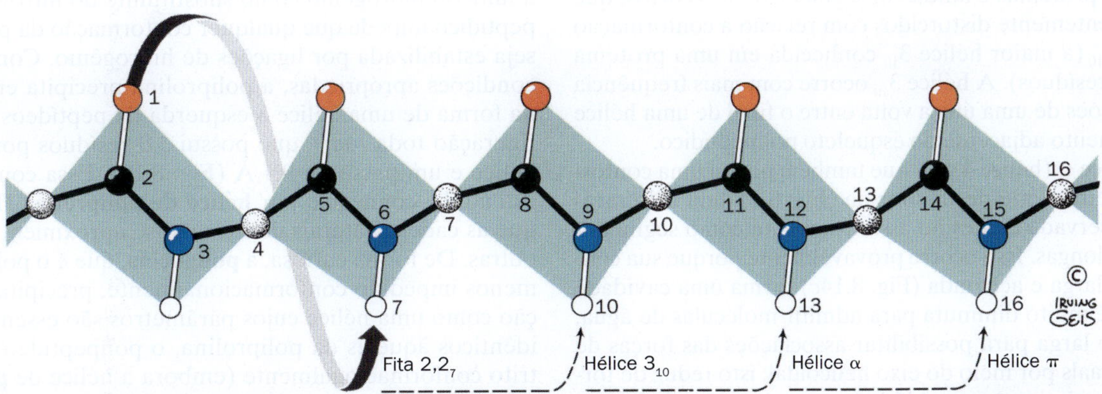

FIGURA 8.13 **O padrão das ligações de hidrogênio de várias hélices polipeptídicas.** Nos casos mostrados, a cadeia polipeptídica é enrolada de maneira helicoidal de tal forma que o grupo N—H no resíduo *n* forma uma ligação de hidrogênio com grupos C═O nos resíduos *n* − *2, n* − *3, n* − *4 ou n* − *5*. (Ilustração, Irving Geis. Imagem da coleção de Irving Geis, Hughes Medical Institute, EUA. Figura impressa com permissão.)

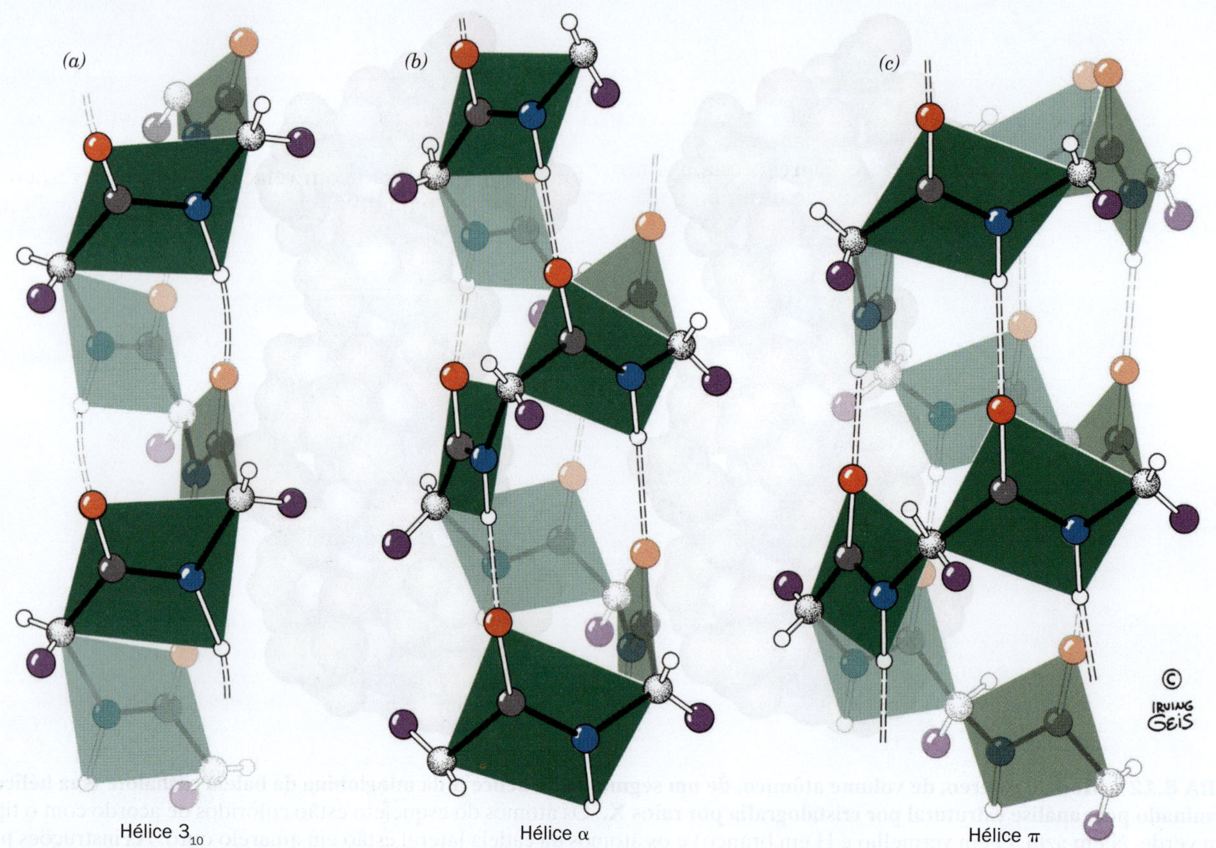

FIGURA 8.14 Comparação de duas hélices polipeptídicas que ocorrem ocasionalmente em proteínas com a hélice α, que ocorre comumente. (*a*) A hélice 3_{10}, que tem 3,0 unidades peptídicas por volta e um passo de 6,0 Å, é mais fina e mais alongada do que a hélice α. (*b*) A hélice α, que tem 3,6 unidades de peptídeos por volta e um passo de 5,4 Å (ver também a Fig. 8.11). (*c*) A hélice π, que tem 4,4 unidades de peptídeo por volta e um passo de 5,2 Å, é mais larga e mais curta que a hélice α. Os planos peptídicos estão indicados. (Ilustração, Irving Geis. Imagem da coleção de Irving Geis, Hughes Medical Institute, EUA. Figura impressa com permissão.)

mente em proteínas e ainda em segmentos mais curtos, que são frequentemente distorcidos com relação à conformação ideal da 3_{10} (a maior hélice 3_{10} conhecida em uma proteína possui 15 resíduos). A hélice 3_{10} ocorre com mais frequência em transições de uma única volta entre o final de uma hélice α e o segmento adjacente do esqueleto polipeptídico.

A **hélice π** (hélice $4{,}4_{16}$), que também possui uma conformação ligeiramente desfavorecida (Fig. 8.7), tem sido raramente observada e, mesmo assim, somente como segmento de hélices longas. Isso ocorre provavelmente porque sua conformação larga e achatada (Fig. 8.14*c*) forma uma cavidade axial que é muito diminuta para admitir moléculas de água, mas muito larga para possibilitar associações das forças de van der Waals por meio do eixo helicoidal; isto reduz de forma significativa a sua estabilidade em relação a conformações mais aglomeradas. A fita $2{,}2_7$, que, como indica a Fig. 8.7, possui ângulos conformacionais altamente proibidos, nunca foi observada.

Certos homopolipeptídeos sintéticos adotam conformações que são modelos para hélices em proteínas específicas. A **poliprolina** é incapaz de assumir qualquer estrutura secundária comum devido às restrições conformacionais impostas pelas cadeias laterais pirrolidínicas cíclicas. Ademais, a falta do hidrogênio como substituinte do nitrogênio polipeptídico impede que qualquer conformação da poliprolina seja estabilizada por ligações de hidrogênio. Contudo, sob condições apropriadas, a poliprolina precipita em solução na forma de uma hélice à esquerda de peptídeos com configuração toda *trans*, que possui 3,0 resíduos por volta de hélice e um passo de 9,4 Å (Fig. 8.15). Essa conformação estendida, conhecida por **hélice de poliprolina II**, permite que as cadeias laterais de Pro não se aproximem umas das outras. De forma curiosa, a **poliglicina**, que é o polipeptídeo menos impedido conformacionalmente, precipita em solução como uma hélice cujos parâmetros são essencialmente idênticos àqueles da poliprolina, o polipeptídeo mais restrito conformacionalmente (embora a hélice de poliglicina possa ser tanto voltada à direita quanto à esquerda, pois a Gly não é quiral). As estruturas das hélices de poliprolina e poliglicina têm significado biológico, já que elas formam o motivo estrutural básico do colágeno, uma proteína estrutural que contém uma proporção notavelmente alta de Gly e Pro (Seção 8.2B). Além disso, a conformação helicoidal da poliprolina II é normalmente assumida por segmentos polipeptídicos de até 12 resíduos, apesar de faltar as ligações de hidrogênios intraelicoidais.

C. *Estruturas beta*

Ver Exploração guiada 8: Ligações de hidrogênio em folhas β e Exploração guiada 9: Estruturas secundárias em proteínas Em 1951, o ano em que propuseram a estrutura da hélice α, Pauling e Corey também postularam a existência de uma estrutura polipeptídica secundária diferente, a **folha β pregueada**. Assim como ocorre com a hélice α, a conformação de folha β pregueada possui ângulos ϕ e ψ repetitivos situados na região permitida do diagrama de Ramachandran (Fig. 8.7) e utiliza a capacidade total das ligações de hidrogênio do esqueleto polipeptídico. *Em folhas β pregueadas, contudo, a ligação de hidrogênio ocorre entre cadeias polipeptídicas vizinhas* em vez de ocorrer dentro da própria cadeia, como ocorre com as hélices α.

Há duas variedades de folhas β pregueadas:

1. A folha β pregueada antiparalela, em que as cadeias polipeptídicas vizinhas ligadas por ligações de hidrogênio seguem sentidos opostos (Fig. 8.16*a*).
2. A folha β pregueada paralela, na qual as cadeias ligadas por ligações de hidrogênio estão orientadas no mesmo sentido (Fig. 8.16*b*).

As conformações nas quais essas estruturas β estão maximamente associadas por ligações de hidrogênio apresentam alguma variação com relação a um polipeptídeo completamente estendido ($\phi = \psi = \pm 180°$), como indicado na Fig. 8.7. Elas têm uma aparência plissada ou pregueada (Fig. 8.17), que contribuiu para a origem do nome "folha pregueada". Nessa conformação, as cadeias laterais sucessivas do esqueleto polipeptídico estendem-se para lados opostos da folha pregueada, com uma distância repetitiva de 7,0 Å a cada dois resíduos.

As folhas β são motivos estruturais comuns em proteínas. Nas proteínas globulares, elas consistem em 2 a 22 fitas polipeptídicas, sendo a média de 6 fitas, que combinadas possuem uma largura de ~ 25 Å. As cadeias polipeptídicas das folhas β são conhecidas por terem até 15 resíduos de extensão, com uma média de 6 resíduos e ~ 21 Å de comprimento. Uma folha β antiparalela constituída por 7 fitas, por exem-

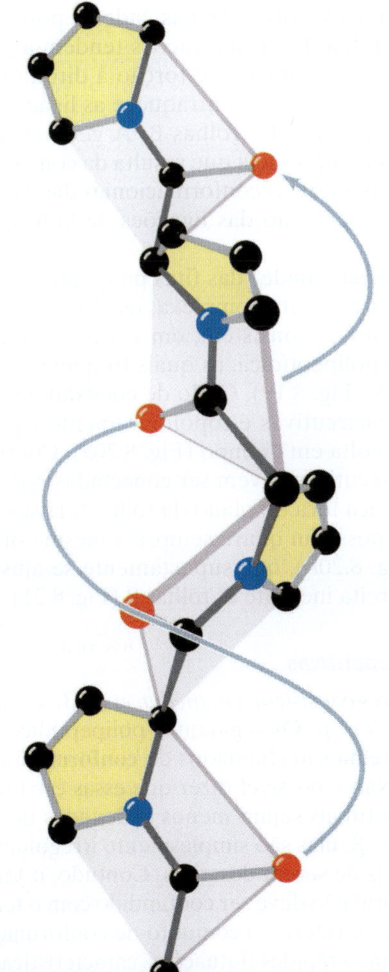

FIGURA 8.15 A hélice de poliprolina II. A poliglicina forma uma hélice praticamente idêntica (**poliglicina II**). (Ilustração, Irving Geis. Imagem da coleção de Irving Geis, Hughes Medical Institute. Figura impressa com permissão.)

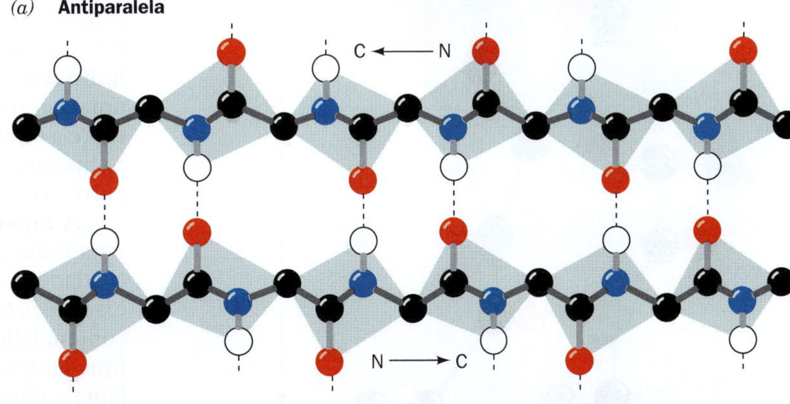

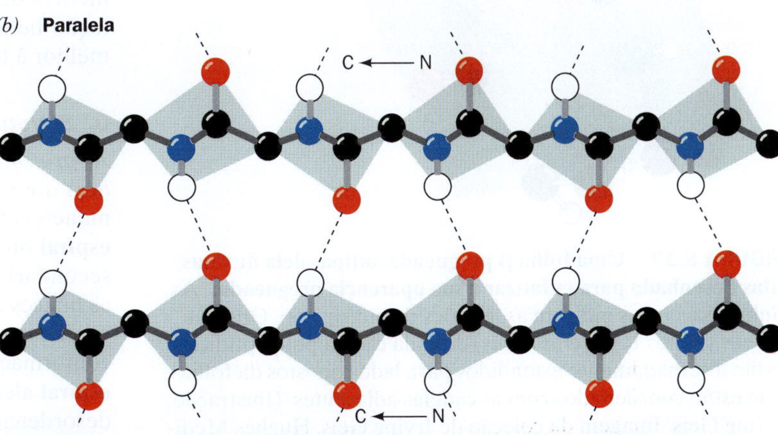

FIGURA 8.16 Folhas β pregueadas As linhas tracejadas indicam as ligações de hidrogênio. As cadeias laterais foram omitidas para uma melhor compreensão do desenho. (*a*) A folha β pregueada antiparalela. (*b*) A folha β pregueada paralela. (Ilustração, Irving Geis. Imagem da coleção de Irving Geis, Hughes Medical Institute. Figura impressa com a permissão.) **Ver Exercício de cineimagem 3.3 e Figuras animadas**

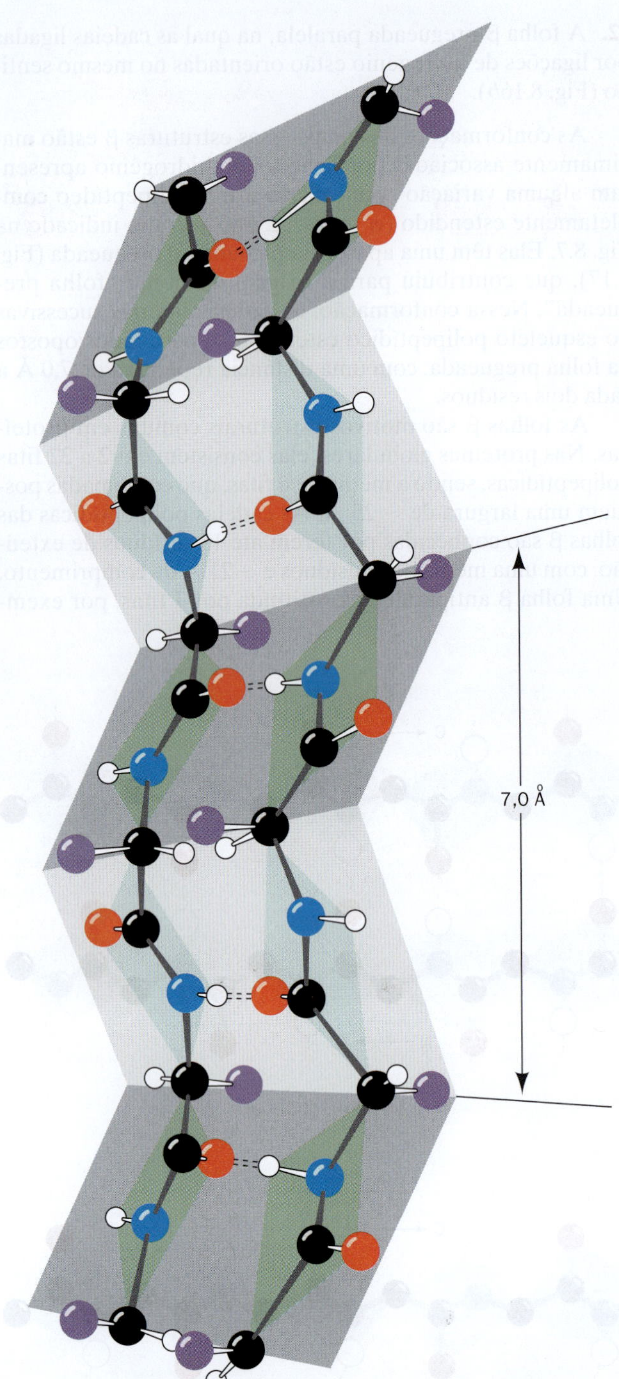

FIGURA 8.17 **Uma folha β pregueada antiparalela de duas fitas desenhada para enfatizar a sua aparência pregueada.** As linhas tracejadas indicam as ligações de hidrogênio. Observe que os grupos R (*esferas roxas*) de cada cadeia polipeptídica estão alternadamente estendidos para lados opostos da folha e que estão coordenados com as cadeias adjacentes. (Ilustração, Irving Geis. Imagem da coleção de Irving Geis, Hughes Medical Institute, EUA. Figura impressa com permissão.) **Ver Exercício de cineimagem 3.3**

plo, ocorre na **concanavalina A**, uma proteína do feijão-de-porco (Fig. 8.18).

As folhas β paralelas com menos de 5 fitas são raras. Essa observação sugere que as folhas β paralelas são menos estáveis do que as folhas β antiparalelas, provavelmente pelo fato de que, nas folhas β paralelas, as ligações de hidrogênio são distorcidas em comparação àquelas das folhas β antiparalelas (Fig. 8.16). As folhas β mistas, paralela-antiparalela, são comuns, porém somente cerca de 20% das fitas de folhas β possuem ligação paralela em um dos lados e antiparalela no outro lado (contra um expectativa de 50% considerando uma mistura aleatória nas direções das fitas).

Em proteínas globulares, as folhas β pregueadas exibem invariavelmente uma pronunciada torção voltada à direita quando vistas ao longo de suas cadeias polipeptídicas (p. ex., Fig. 8.19). Essas folhas β torcidas constituem características arquitetônicas importantes de proteínas globulares, uma vez que as folhas β frequentemente constituem o núcleo central dessas proteínas (Fig. 8.19). Cálculos de energia conformacional indicam que a torção à direita de uma folha β surge como consequência de interações não ligadas entre resíduos quirais de L-aminoácidos presentes nas cadeias polipeptídicas estendidas da folha. Essas interações tendem a gerar cadeias polipeptídicas com uma leve torção à direita (Fig. 8.19), a qual distorce e, portanto, enfraquece as ligações de hidrogênio entre as cadeias das folhas β. A geometria de uma determinada folha β é aquela que resulta da conciliação entre a otimização das energias conformacionais das cadeias polipeptídicas e a preservação das ligações de hidrogênio entre elas.

A **topologia** (conectividade) das fitas polipeptídicas em uma folha β pode ser bastante complexa; os elos de conectividade destes conjuntos consistem, em geral, em longas extensões da cadeia polipeptídica, as quais frequentemente contêm hélices (p. ex., Fig. 8.19). O elo de conexão de duas fitas antiparalelas consecutivas é topologicamente equivalente a uma simples volta em grampo (Fig. 8.20*a*). Contudo, folhas paralelas consecutivas devem ser conectadas por uma ligação cruzada que fica fora do plano da folha β. Esses segmentos de conexão possuem quase sempre a mesma orientação helicoidal (Fig. 8.20*b*), que supostamente se ajustam melhor à torção à direita inerente às folhas β (Fig. 8.21).

D. Estruturas não repetitivas

As proteínas globulares consistem, em média, em ~31% de hélices α e ~28% de folhas β. Os segmentos polipeptídicos remanescentes da proteína são chamados de **conformação em espiral** ou **em alça**. Não é possível dizer que essas estruturas secundárias não repetitivas sejam menos ordenadas do que as hélices ou as folhas β; elas são simplesmente irregulares e, portanto, mais difíceis de serem descritas. Contudo, o termo conformação em espiral não deve ser confundido com o termo **espiral aleatória**, que se refere ao conjunto de conformações desordenadas e sujeitas a rápidas flutuações, características de proteínas desnaturadas e de outros polímeros em solução.

As proteínas globulares são constituídas, sobretudo, por agregados de estruturas secundárias conectadas por segmentos polipeptídicos que mudam de direção abruptamente. Tais **voltas reversas** ou **curvaturas β** (assim denominadas porque frequentemente conectam fitas sucessivas de folhas β antipa-

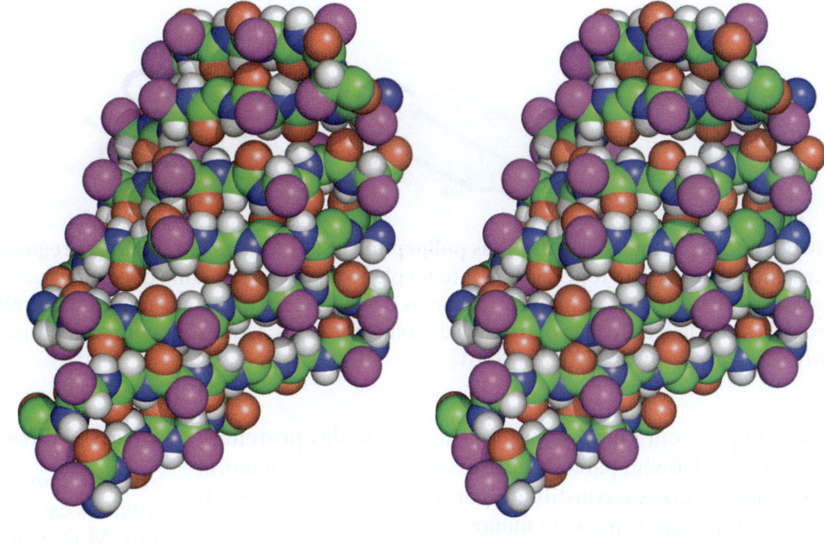

FIGURA 8.18 Modelo estéreo, de volume atômico, de uma folha β pregueada antiparalela de 7 fitas da concavalina A do feijão-de--porco, determinada pela análise estrutural por cristalografia de raios X. As folhas β estão aproximadamente na horizontal, com seus átomos do esqueleto coloridos de acordo com o tipo (C em verde, N em azul, O em vermelho e H em branco) e suas cadeias laterais representadas por esferas magenta. As instruções para a visualização das estereoimagens são dadas no apêndice deste capítulo. (Com base na estrutura de raios X determinada por Gerald Edelman, The Rockefeller University, EUA, PDBid 2CNA.) **Ver Exercício de cineimagem 3.3**

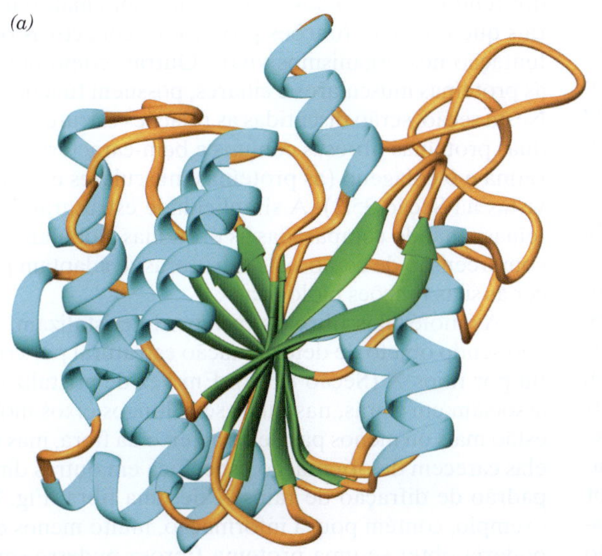

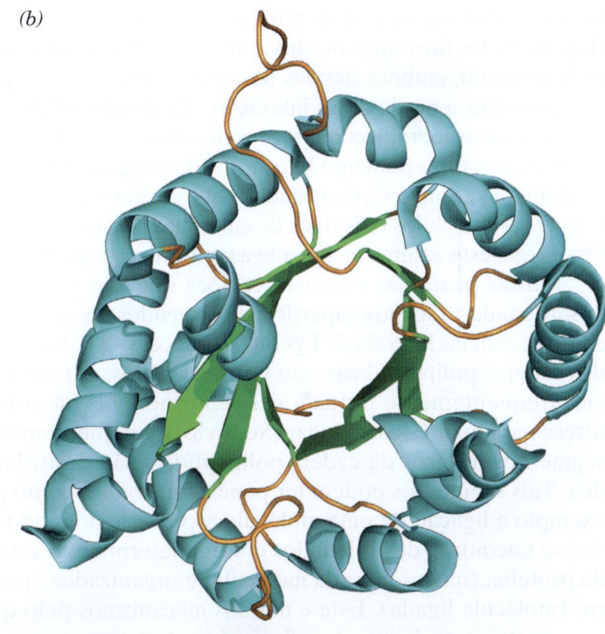

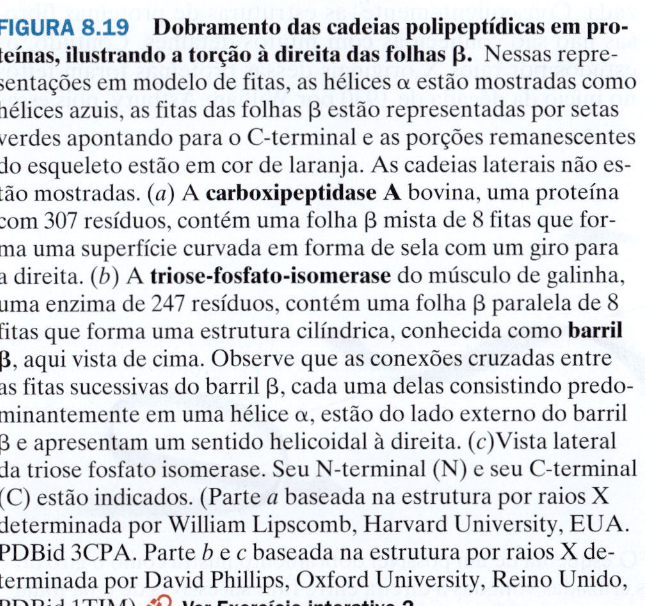

FIGURA 8.19 Dobramento das cadeias polipeptídicas em proteínas, ilustrando a torção à direita das folhas β. Nessas representações em modelo de fitas, as hélices α estão mostradas como hélices azuis, as fitas das folhas β estão representadas por setas verdes apontando para o C-terminal e as porções remanescentes do esqueleto estão em cor de laranja. As cadeias laterais não estão mostradas. (*a*) A **carboxipeptidase A** bovina, uma proteína com 307 resíduos, contém uma folha β mista de 8 fitas que forma uma superfície curvada em forma de sela com um giro para a direita. (*b*) A **triose-fosfato-isomerase** do músculo de galinha, uma enzima de 247 resíduos, contém uma folha β paralela de 8 fitas que forma uma estrutura cilíndrica, conhecida como **barril β**, aqui vista de cima. Observe que as conexões cruzadas entre as fitas sucessivas do barril β, cada uma delas consistindo predominantemente em uma hélice α, estão do lado externo do barril β e apresentam um sentido helicoidal à direita. (*c*)Vista lateral da triose fosfato isomerase. Seu N-terminal (N) e seu C-terminal (C) estão indicados. (Parte *a* baseada na estrutura por raios X determinada por William Lipscomb, Harvard University, EUA. PDBid 3CPA. Parte *b* e *c* baseada na estrutura por raios X determinada por David Phillips, Oxford University, Reino Unido, PDBid 1TIM) **Ver Exercício interativo 2**

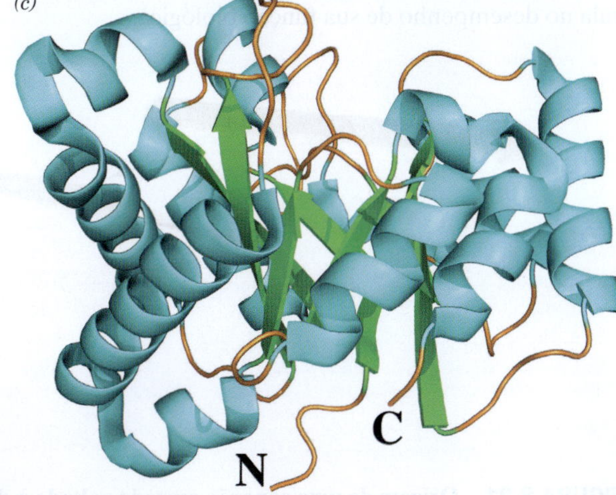

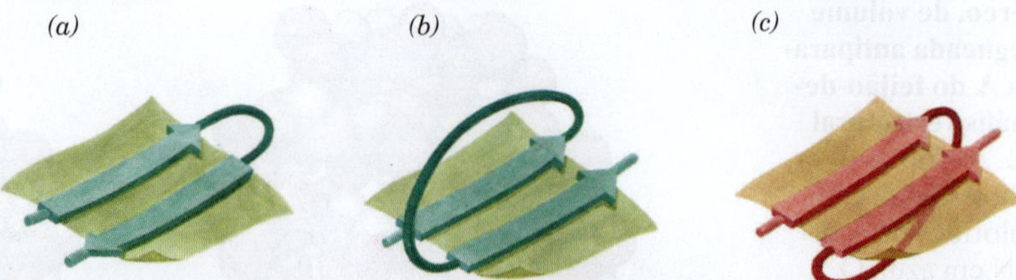

FIGURA 8.20 Conexões entre fitas polipeptídicas adjacentes em folhas β pregueadas. (*a*) A conexão em grampo de cabelo entre fitas antiparalelas está topologicamente no plano da folha. (*b*) Uma conexão cruzada à direita entre fitas sucessivas de uma folha β paralela. Quase todas as conexões cruzadas desse tipo em proteínas têm essa quiralidade (ver, p. ex., Fig. 8.19*b*). (*c*) Uma conexão cruzada voltada à esquerda entre fitas de folha paralelas. Conexões com essa quiralidade são raras. (Segundo Richardson, J.S., *Adv. Protein Chem.* **34**, 290, 295 [1981].)

ralelas) aparecem quase sempre na superfície das proteínas; de fato, elas definem parcialmente essas superfícies. A maioria das voltas reversas é constituída por quatro resíduos sucessivos de aminoácidos mais ou menos organizados de duas formas diferentes, o tipo I e o tipo II, que se diferenciam por uma virada de 180° na unidade peptídica que liga os resíduos 2 e 3 (Fig. 8.22). Os dois tipos de curvaturas β contêm uma ligação de hidrogênio, embora desvios nas conformações ideais possam provocar a perda dessa interação. A curvatura β do tipo I pode ser considerada como seções distorcidas de uma hélice 3_{10}. Nas curvaturas β do tipo II, o átomo de oxigênio do resíduo 2 aglomera-se com o C_β do resíduo 3, que em geral é, portanto, Gly. O resíduo 2 dos dois tipos de curvatura β é normalmente Pro, já que este assume facilmente a conformação necessária.

Muitas proteínas possuem regiões que são realmente desordenadas. Grupos superficiais carregados e estendidos, como as cadeias laterais de Lys ou os grupos N- e C-terminais das cadeias polipeptídicas, são bons exemplos: em solução, eles frequentemente flutuam pelo entorno, pois há poucas forças para mantê-los no lugar (Seção 8.4). Frequentemente, segmentos inteiros da cadeia polipeptídica são desordenados. Tais segmentos podem ter papéis funcionais, como por exemplo a ligação de uma molécula específica, podendo assim se encontrar desordenados em um determinado estado da proteína (na ausência da molécula) e organizados em outro (molécula ligada). Este é um dos mecanismos pelo qual uma proteína pode interagir flexivelmente com outra molécula no desempenho de sua função biológica.

2 PROTEÍNAS FIBROSAS

As proteínas fibrosas são moléculas bastante alongadas, nas quais as estruturas secundárias dominam os motivos estruturais. Muitas proteínas fibrosas, como por exemplo as da pele, dos tendões e dos ossos, funcionam como materiais estruturais que possuem funções protetoras, conectivas ou de sustentação nos organismos vivos. Outras, como por exemplo as proteínas musculares e ciliares, possuem funções motoras. Nesta seção, serão discutidas as relações estrutura-função em duas proteínas fibrosas comuns e bem-caracterizadas: a queratina e o colágeno (as proteínas musculares e ciliares serão vistas na Seção 35.3). A simplicidade estrutural dessas proteínas, quando comparadas às proteínas globulares, facilita a compreensão de como suas estruturas se adaptam para exercer as suas funções biológicas.

As moléculas fibrosas raramente cristalizam, em geral não sendo objeto de determinação estrutural por cristalografia por raios X (Seção 8.3A). Em vez de cristalizar, elas se associam em fibras, nas quais seus longos eixos moleculares estão mais ou menos paralelos ao eixo da fibra, mas nas quais elas carecem de orientação específica em outras direções. O padrão de difração de raios X de uma fibra, Fig. 8.23, por exemplo, contém pouca informação, muito menos do que se poderia obter se uma proteína fibrosa pudesse ser cristalizada. Consequentemente, as estruturas de proteínas fibrosas não são conhecidas com muitos detalhes. Contudo, os estudos por raios X originais dessas proteínas foram feitos no início da década de 1930 por William Astbury, pois essas

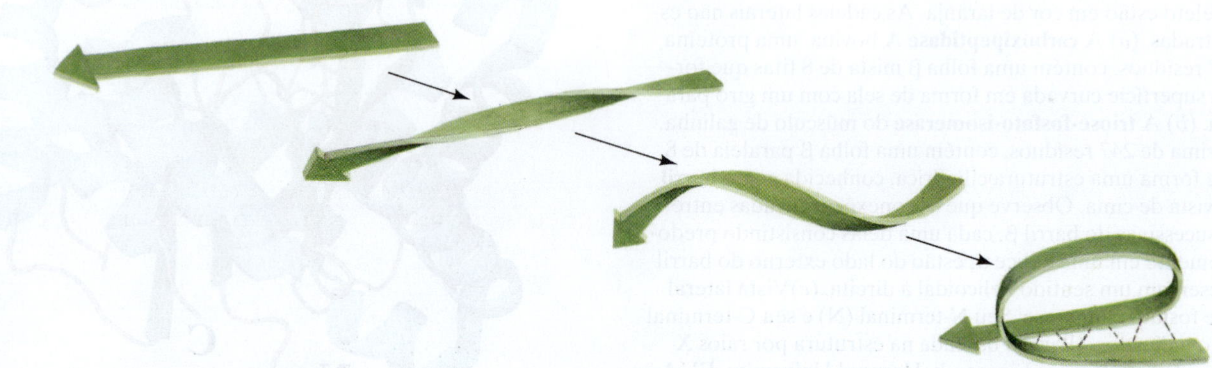

FIGURA 8.21 Origem de uma conexão cruzada voltada à direita. O esquema de um possível dobramento ilustra como o giro de uma cadeia polipeptídica à direita favorece a formação de conexões cruzadas voltadas à direita entre fitas sucessivas de uma folha β paralela.

(a) **Curvatura β Tipo I**

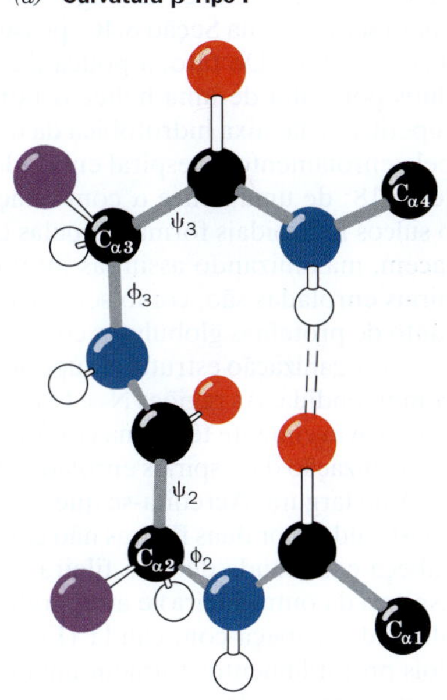

(b) **Curvatura β Tipo II**

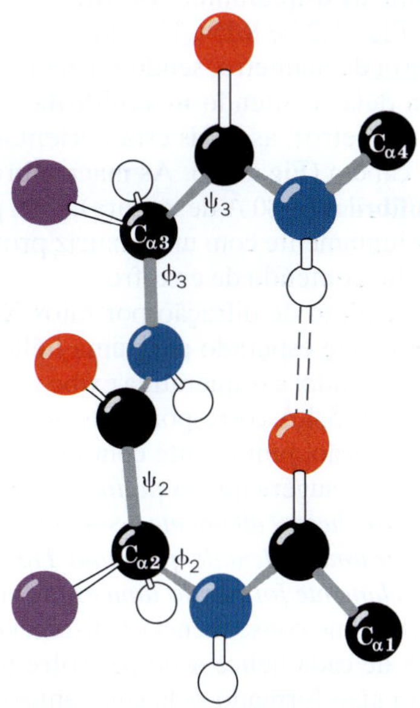

FIGURA 8.22 Voltas reversas em cadeias polipeptídicas. *(a)* A curvatura β Tipo I, que possui os seguintes ângulos de torção:

$$\phi_2 = -60°/\psi_2 = -30°$$
$$\phi_3 = -90°/\psi_3 = 0°$$

(b) A curvatura β Tipo II, que possui os seguintes ângulos de torção:

$$\phi_2 = -60°/\psi_2 = 120°$$
$$\phi_3 = -90°/\psi_3 = 0°$$

Variações de até 30° destes ângulos de conformação ideais são comuns. As ligações de hidrogênio estão representadas pelas linhas tracejadas. (Ilustração, Irving Geis. Imagem da coleção de Irving Geis, Howard Hughes Medical Institute. Figura impressa com permissão.) **Ver Exercício de cineimagem 3.4**

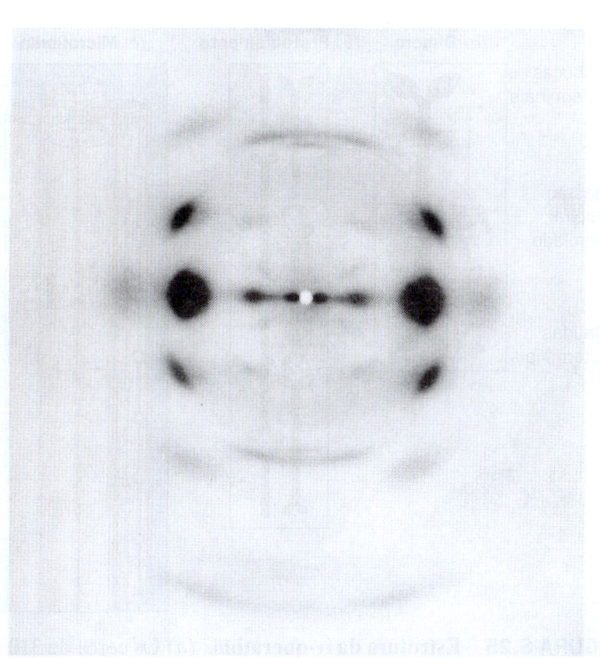

FIGURA 8.23 Fotografia da difração por raios X de uma fibra da seda de *Bombyx mori*. A fotografia foi obtida ao se incidir um feixe colimado por raios X monocromáticos através da fibra da seda e registrar os raios X difratados em um filme fotográfico colocado atrás da fibra. A fotografia tem poucos pontos e, assim, contém pouca informação estrutural. (Segundo March, R.E., Corey, R.B., e Pauling, L., *Biochim. Biophys. Acta* **16**, 5 [1955].)

proteínas fibrosas podiam ser facilmente obtidas a partir da lã e do tendão. Considerando que a primeira estrutura cristalográfica por raios X de uma proteína não foi obtida antes do final da década de 1950, esses estudos com as fibras constituíram as primeiras tentativas para a elucidação dos princípios estruturais que governam as proteínas, além de proporcionar grande parte da base experimental para a formulação de Pauling sobre as hélices α e as folhas β pregueadas.

A. α-Queratina – uma hélice de hélices

A **queratina** é uma proteína mecanicamente resistente e quimicamente não reativa que ocorre em todos os vertebrados superiores. É o principal componente da rígida camada externa da epiderme, constituindo mais de 85% das proteínas celulares, além de apêndices relacionados, como cabelos, chifres, unhas e penas. As queratinas têm sido classificadas como **α-queratinas**, que ocorrem em mamíferos, ou **β-queratinas**, que ocorrem em pássaros e répteis. Os mamíferos possuem mais de 50 genes de queratina, que são expressos de forma tecido-específica, e cujos produtos são classificados como pertencentes a famílias de polipeptídeos relativamente ácidos (Tipo I) e relativamente básicos (Tipo II). Os filamentos de queratina, que formam os filamentos intermediários das células da pele (Seção 1.2Ae), devem conter ao menos um membro de cada tipo.

Estudos por microscopia eletrônica indicam que o cabelo, composto principalmente de α-queratina, consiste em uma hierarquia de estruturas (Figs. 8.24 e 8.25). Um fio de cabelo típico possui cerca de 20 μm de diâmetro, sendo formado por células mortas, cada uma delas contendo **macrofibrilas** empacotadas (~2.000 Å de diâmetro), as quais estão orientadas paralelamente à fibra do cabelo (Fig. 8.24). As macrofibrilas são constituídas por **microfibrilas** (~80 Å de largura), que, por sua vez, estão cimentadas juntamente com uma matriz proteica amorfa que apresenta alto conteúdo de enxofre.

No nível molecular, o padrão de difração por raios X da α-queratina assemelha-se àquele esperado para uma hélice α (daí o nome α-queratina). Contudo, a α-queratina exibe um espaçamento de 5,1 Å, em vez de 5,4 Å correspondente ao passo de uma hélice α. Essa observação, juntamente com uma série de evidências químicas e físicas, sugere que *os polipeptídeos da α-queratina formam pares de hélices α altamente associados, em que cada par é composto por uma cadeia de queratina Tipo I e uma Tipo II, torcidas paralelamente formando uma espiral voltada à esquerda (Fig. 8.25a)*. Como consequência, a distância de repetição normal de 5,4 Å de cada hélice α no par sofre uma inclinação com respeito ao eixo formado pela sua conformação, gerando o espaçamento observado de 5,1 Å. Esse conjunto é denominado estrutura **espiral enrolada**, pois o eixo de cada hélice α segue um caminho helicoidal.

A conformação espiral enrolada da α-queratina é uma consequência da sua estrutura primária: o segmento central de cerca de 310 resíduos de cada cadeia polipeptídica possui uma pseudorrepetição heptamérica (de 7 resíduos), *a-b-c-d--e-f-g*, com resíduos apolares predominantemente nas posições *a* e *d*. Uma vez que a hélice α possui 3,6 resíduos por volta, os resíduos *a* e *d* da α-queratina alinham-se ao longo de um lado da hélice α, formando uma faixa hidrofóbica que possibilita a sua associação longitudinal com a faixa semelhante de outra hélice α (Fig. 8.26; resíduos hidrofóbicos, como será visto na Seção 8.4C, possuem uma forte tendência a se associar). De fato, a pouca diferença entre os 3,6 resíduos por volta de uma hélice α normal e os ~3,5 resíduos repetitivos da faixa hidrofóbica da α-queratina é responsável pelo enrolamento da espiral enrolada. A inclinação resultante de 18° de uma hélice α com relação a outra permite que o sulcos helicoidais formados pelas cadeias laterais se entrelacem, maximizando assim as interações favoráveis. As espirais enroladas são, como será visto, componentes comuns tanto de proteínas globulares como de proteínas fibrosas.

A organização estrutural superior da α-queratina é pouco compreendida. As regiões N- e C-terminais de cada polipeptídeo provavelmente têm uma conformação flexível e facilitam a organização das espirais enroladas em protofilamentos de ~30 Å de largura. Acredita-se que esses protofilamentos sejam constituídos por duas fileiras não coincidentes (as associações cabeça-com-cauda de uma fileira se dão na meia-altura das espirais da outra fileira) e antiparalelas de espirais enroladas alinhadas cabeça-com-cauda (Fig. 8.25*b*). Presume-se que dois protofilamentos formem uma protofibrila de ~50 Å de largura, quatro das quais, por sua vez, enrolam-se uma em torno da outra, formando uma microfibrila (Fig. 8.25*c*).

A α-queratina é rica em resíduos de Cys, que, por meio de ligações dissulfeto, interligam as cadeias polipeptídicas adjacentes. Isso explica a insolubilidade e a resistência ao estiramento da α-queratina, duas de suas propriedades biológicas mais importantes. As α-queratinas são classificadas como "duras" ou "moles", dependendo da quantidade alta ou baixa

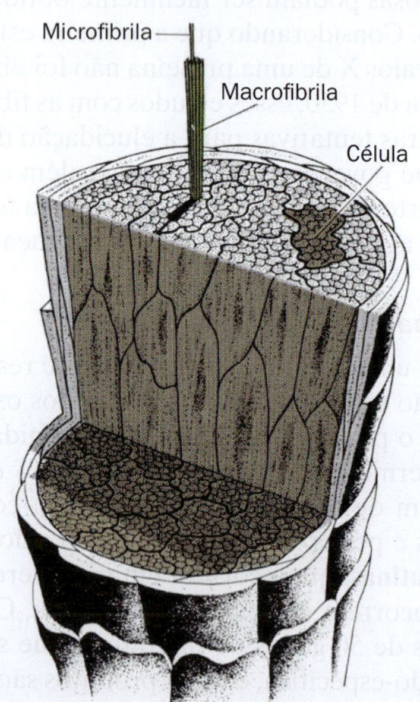

FIGURA 8.24 A organização macroscópica do fio de cabelo. (Ilustração, Irving Geis. Imagem da coleção de Irving Geis, Howard Hughes Medical Institute, EUA. Figura impressa com permissão.)

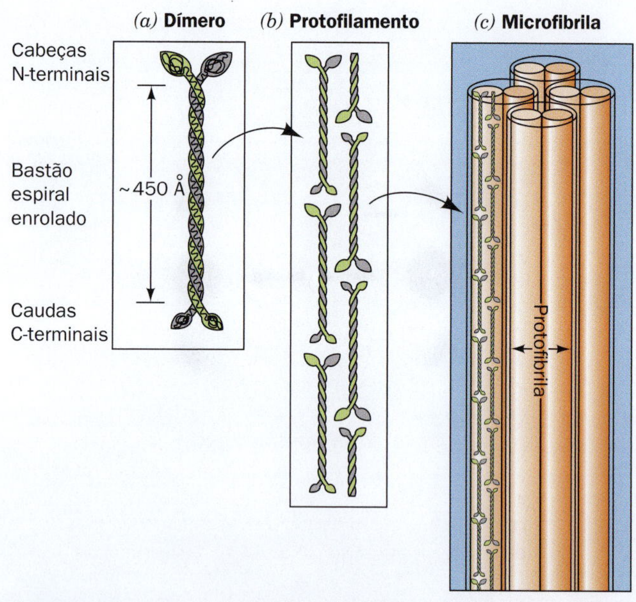

FIGURA 8.25 Estrutura da α-queratina. (*a*) Os cerca de 310 resíduos centrais de uma cadeia polipeptídica das α-queratinas Tipos I e II associam-se em uma espiral enrolada dimérica. As conformações dos domínios N- e C-terminais globulares dos polipeptídeos são desconhecidas. (*b*) Os protofilamentos são formados por duas fileiras não coincidentes e antiparalelas de espirais enroladas associadas cabeça-com-cauda. (*c*) Os protofilamentos dimerizam para formar uma protofibrila, e quatro destas formam uma microfibrila. As estruturas dessas montagens são pouco caracterizadas, mas devem formar uma série helicoidal.

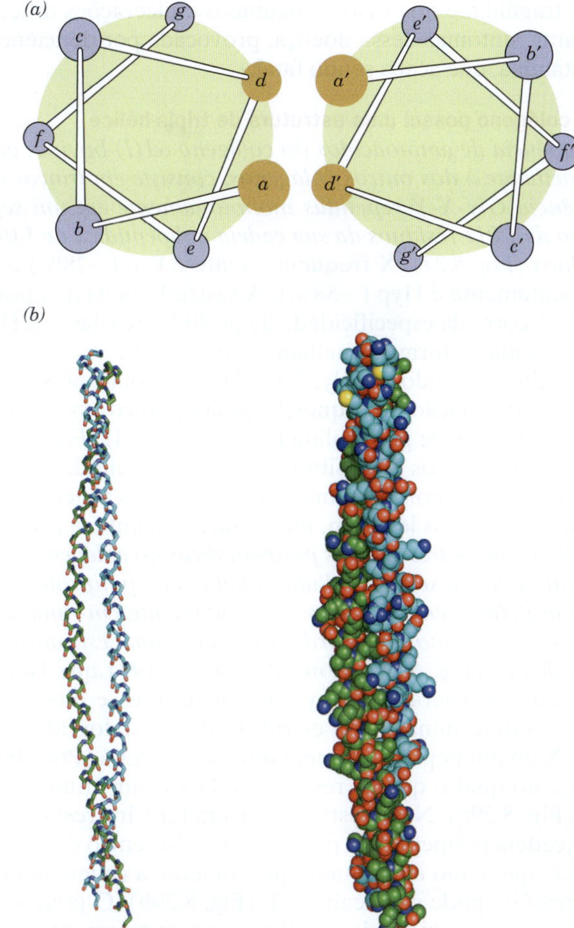

FIGURA 8.26 **A espiral enrolada de duas fitas.** (*a*) Vista do eixo da espiral, mostrando as interações entre as faces apolares das hélices α. As hélices α têm a sequência heptamérica de pseudorrepetição *a-b-c-d-e-f-g*, na qual os resíduos *a* e *d* são predominantemente apolares. (Segundo McLachlan, A.D., e Stewart, M., *J. Mol. Biol.* **98**, 295 [1975].) (*b*) Vista lateral, na qual o esqueleto polipeptídico é representado na forma de bastão (*esquerda*) e o polipeptídeo completo representado na forma de volume atômico (*direita*). Os átomos estão coloridos de acordo com o tipo, com o C em verde em uma cadeia e em ciano na outra, N em azul, O em vermelho e S em amarelo. As cadeias de 81 resíduos estão em paralelo com suas extremidades N-terminal acima. Observe que no modelo de volume atômico as cadeias laterais se tocam. Essa espiral enrolada é uma porção da proteína muscular tropomiosina (Seção 35.3Ac). (Com base em uma estrutura por raios X determinada por Carolyn Cohen, Brandeis University, EUA. PDBid 1IC2.) **Ver Exercícios de cineimagem 4.1 e 4.2**

de enxofre que possuem. As queratinas duras, como aquelas presentes no cabelo, nos chifres e nas unhas, são menos flexíveis que as queratinas moles, que são encontradas na pele ou nas calosidades, pois as ligações dissulfeto resistem a quaisquer forças que possam deformá-las. As ligações dissulfeto podem ser redutivamente clivadas por mercaptanas (Seção 7.1B). O cabelo assim tratado pode formar "cachos permanentes" pela aplicação de um agente oxidante que estabeleça novamente as ligações dissulfeto na conformação "encaracolada". Embora a insolubilidade da α-queratina faça com que a maioria dos animais não consiga digeri-la, a larva da traça, que possui alta concentração de mercaptanas no trato digestivo, a digere, para desgosto dos donos de roupas de lã.

A elasticidade do cabelo e das fibras de lã é uma propriedade da espiral enrolada ao retomar a sua configuração inicial depois de ter sido desenrolada e esticada. Entretanto, quando algumas ligações dissulfeto são rompidas, uma fibra de α-queratina pode ser estendida até mais de duas vezes o seu comprimento original pela aplicação de calor úmido. Nesse processo, como a análise por raios X indica, a estrutura de hélice α se estende à medida que suas ligações de hidrogênio se rearranjam para formar uma folha β pregueada. A β-queratina, como a que ocorre nas penas, exibe, em seu estado nativo, um padrão de raios X semelhante (portanto, o nome de folha β).

a. Defeitos na queratina resultam na perda da integridade da pele

As doenças hereditárias da pele, **epidermólise bolhosa simples** (**EBS**) e a **hiperqueratose epidermolítica** (**HQE**), são caracterizadas pelo surgimento de bolhas na pele a partir da ruptura das células epidérmicas basais (Fig. 1.14*d*) e suprabasais, respectivamente, como aquelas causadas por estresses mecânicos que normalmente seriam inofensivas. Os sintomas dessas doenças variam, desde quase imperceptíveis até incapacidade grave, principalmente na infância. Nas famílias que sofrem com a EBS, as anormalidades podem estar presentes tanto na queratina 14 como na queratina 5, as queratinas dominantes do Tipo I e do Tipo II das células basais da pele. A HQE é, de forma semelhante, causada por defeitos nas queratinas 1 ou 10, os Tipos I e II dominantes das queratinas das células suprabasais (que surgem da diferenciação das células basais, um processo no qual a síntese das queratinas 14 e 5 é desligada e a das queratinas 1 e 10 é ligada). Evidentemente, esses defeitos interferem na formação normal dos filamentos, demonstrando, portanto, a função do citoesqueleto de queratina na manutenção da integridade mecânica da pele.

B. *Colágeno – um cabo de tripla-hélice*

O **colágeno** (do grego: *kolla*, cola), que ocorre em todos os animais multicelulares, é a proteína mais abundante nos vertebrados, compreendendo aproximadamente 30% da massa proteica. Suas fibras insolúveis e com grande força de tensão tornam o colágeno o componente com maior capacidade para suportar o estresse dos **tecidos conectivos**, como os ossos, os dentes, as cartilagens, os tendões, os ligamentos e as matrizes fibrosas da pele e dos vasos sanguíneos. O colágeno ocorre praticamente em todos os tecidos.

Os vertebrados possuem 46 cadeias polipeptídicas geneticamente diferentes, compreendendo 28 tipos de colágenos encontrados nos diferentes tecidos de um mesmo indivíduo. Os mais comuns estão listados na Tabela 8.2. Uma única

TABELA 8.2 **Os tipos de colágenos mais abundantes**

Tipo	Composição da cadeia	Distribuição
I	$[\alpha 1(\text{I})]_2\alpha 2(\text{I})$	Pele, ossos, tendões, vasos sanguíneos, córnea
II	$[\alpha 1(\text{II})]_3$	Cartilagem, discos intervertebrais
III	$[\alpha 1(\text{III})]_3$	Vasos sanguíneos, pele fetal

Fonte: Eyre, D.R., *Science* **207**, 1316 (1980)

molécula de colágeno do Tipo I é composta por três cadeias polipeptídicas com uma massa molecular agregada de ~285 kDa. Possui um formato de barra com ~3.000 Å de comprimento e ~14 Å de largura.

*O colágeno tem uma composição de aminoácidos característica: quase um terço de seus resíduos é Gly; outros 15 a 30% são resíduos de Pro e **4-hidroxiprolil (Hyp)**.*

Resíduo 4-hidroxiprolil (Hyp) **Resíduo 3-hidroxiprolil**

Resíduo 5-hidroxilisil (Hyl)

Os resíduos **3-hidroxiprolil** e **5-hidroxilisil (Hyl)** também ocorrem no colágeno, porém em menor quantidade. Experimentos com marcadores radioativos estabeleceram que esses aminoácidos hidroxilados não padrão não são incorporados ao colágeno durante a síntese polipeptídica: se a hidroxiprolina ^{14}C marcada é administrada a um rato, o colágeno sintetizado não é radioativo, ao passo que colágeno radioativo é produzido se o rato é tratado com prolina ^{14}C. Os resíduos hidroxilados aparecem depois que o polipeptídeo do colágeno foi sintetizado, quando certos resíduos de Pro são convertidos em Hyp em uma reação catalisada pela enzima **prolil-hidroxilase**.

A Hyp confere estabilidade ao colágeno, possivelmente por meio de ligações de hidrogênio intramoleculares que envolvem a formação de pontes com moléculas de água. Se, por exemplo, o colágeno é sintetizado sob condições nas quais a prolil-hidroxilase é inativada, ele perde sua conformação nativa (desnatura) a 24°C, enquanto o colágeno normal desnatura a 39°C (o colágeno desnaturado por calor é conhecido como **gelatina**). A prolil-hidroxilase necessita de **ácido ascórbico (vitamina C)**

Ácido ascórbico (vitamina C)

para sua atividade enzimática. No **escorbuto**, doença provocada pela deficiência de vitamina C, o colágeno sintetizado não forma fibras adequadamente. Isso resulta em lesões na pele, fragilidade nos vasos sanguíneos e ulcerações difíceis de curar, sintomas dessa doença, provocada por deficiência de vitamina, que acaba sendo fatal.

a. O colágeno possui uma estrutura de tripla-hélice

A sequência de aminoácidos do colágeno α1(I) bovino, que é semelhante à dos outros colágenos, consiste em trincas da sequência Gly-X-Y repetidas monotonamente em um segmento de 1.011 resíduos da sua cadeia polipeptídica de 1.042 resíduos (Fig. 8.27). X frequentemente é Pro (~28%) e Y frequentemente é Hyp (~38%). A restrição de Hyp à posição Y decorre da especificidade da prolil-hidroxilase. A Hyl é restringida de forma semelhante à posição Y.

O alto conteúdo de Gly, Pro e Hyp no colágeno sugere que a conformação do esqueleto polipeptídico assemelha-se à das hélices de poliprolina II e poliglicina II (Fig. 8.15). A difração de raios X da fibra e estudos com modelos moleculares feitos por Alexander Rich, Francis Crick e por Ramachandran os levaram, independentemente, a propor, em 1955, *que as três cadeias polipeptídicas do colágeno, que individualmente se assemelham a hélices de poliprolina II, são paralelas e entrelaçam-se delicadamente em uma torção à direita, como uma corda, formando uma estrutura de tripla-hélice (Fig. 8.28).* Contudo, foi em 1994 que Helen Berman e Barbara Brodsky confirmaram esse modelo a partir da determinação da estrutura por cristalografia por raios X do polipeptídeo semelhante ao colágeno (Pro-Hyp-Gly)$_{10}$, no qual o quinto resíduo de Gly é substituído por Ala (Fig. 8.29*a*). Nessa estrutura, cada terceiro resíduo de cada cadeia polipeptídica passa através do centro da tripla-hélice, que é tão abarrotado que somente a cadeia lateral de uma Gly pode se encaixar ali (Fig. 8.29*b*). O pouco espaço explica a exigência absoluta para que somente uma Gly esteja a cada terceira posição da cadeia polipeptídica do colágeno (Fig. 8.27). Isso também requer que as três cadeias polipeptídicas estejam escalonadas, de forma que os resíduos Gly de uma cadeia, os X de outra e os Y da terceira cadeia polipeptídica estejam no mesmo nível (Fig. 8.30). As ligações polipeptídicas estão orientadas de tal for-

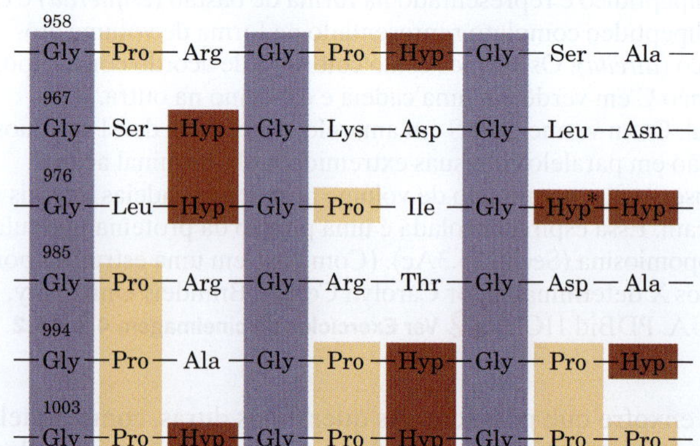

FIGURA 8.27 A sequência de aminoácidos da extremidade C-terminal da região da tripla-hélice da cadeia do colágeno bovino α1(I). Observe as trincas repetitivas Gly-X-Y, em que X frequentemente é Pro e Y frequentemente é Hyp. Aqui, a Gly está sombreada em roxo, Pro está em ocre e Hyp e Hyp* (3- hidróxiPro) estão sombreadas em marrom. (Com base em Bornstein, P., e Traub, W., *in* Neurath, H. e Hill, R.L. [Eds.], *The Proteins* (3rd ed.), Vol. 4, *p.* 483, Academic Press [1979].)

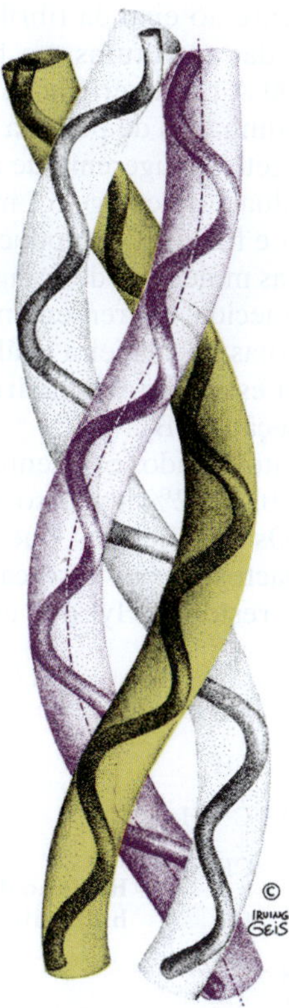

FIGURA 8.28 A tripla-hélice do colágeno. Este diagrama indica como as hélices polipeptídicas voltadas à direita estão enroladas juntas para formar uma estrutura de super-hélice voltada para a direita. Cordas e cabos são construídos da mesma forma a partir de hierarquias de feixes de fibras que estão enrolados alternadamente em direções opostas. Uma hélice polipeptídica individual de colágeno tem 3,3 resíduos por volta e um passo de 10,0 Å (contrastando com os 3,0 resíduos por volta e o passo de 9,4 Å da poliprolina II; Fig. 8.15). A tripla-hélice do colágeno tem 10 unidades de Gly-X-Y por volta e um passo de 86,1 Å. (Ilustração, Irving Geis. Imagem da coleção de Irving Geis, Howard Hughes Medical Institute, EUA. Figura impressa com permissão.)

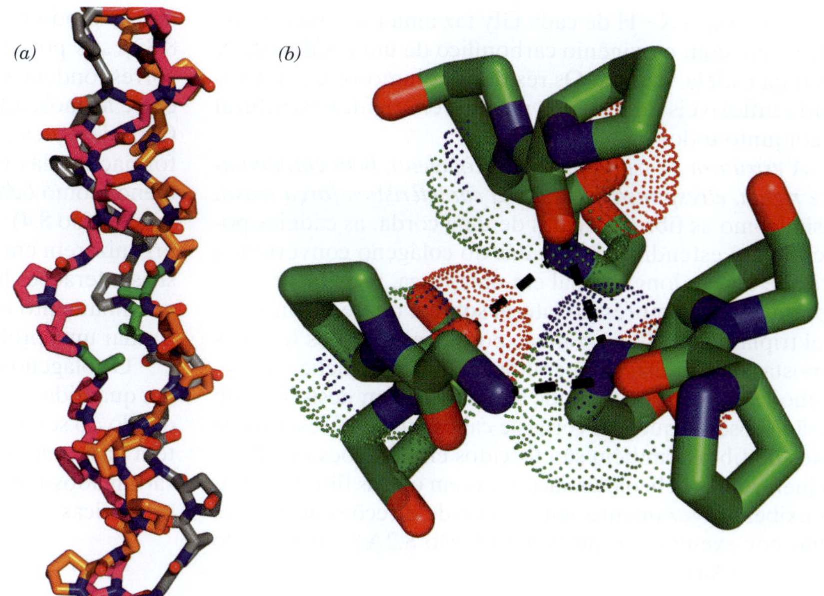

FIGURA 8.29 Estrutura de um modelo peptídico de colágeno. Nessa estrutura por raios X de (Pro-Hyp-Gly)$_{10}$, a quinta Gly de cada peptídeo foi substituída por Ala. (*a*) Um modelo em bastão da porção central da tripla-hélice orientada com sua extremidade N-terminal na parte superior. Os átomos de C das três cadeias estão coloridos em cor de laranja, magenta e cinza. Os átomos de N e O em todas as cadeias estão em azul e vermelho. Observe como a substituição de Gly pela mais volumosa Ala (átomos de C em verde) distorcem a tripla-hélice. (*b*) Uma visão a partir do N-terminal abaixo do eixo da hélice mostra as associações de ligação de hidrogênio intercadeias.Três resíduos consecutivos de cada cadeia estão mostrados na forma de bastão (átomos de C em verde). As ligações de hidrogênio estão representadas por linhas tracejadas a partir dos átomos de N da Gly até os átomos de O da Pro nas cadeias adjacentes. Os pontos representam as superfícies de van der Waals dos átomos do esqueleto do resíduo central de cada cadeia. Observe o empacotamento íntimo dos átomos ao longo do eixo da tripla-hélice. A substituição dos átomos de C_α de uma Gly localizada no centro (grupo CH_2) por qualquer outro resíduo distorceria a tripla-hélice. (Com base em uma estrutura por raios X determinada por Helen Berman, Rutgers University, EUA, e Barbara Brodsky, UMDNJ – Robert Wood Johnson Medical School, EUA. PDBid 1CAG.) **Ver Exercícios 4.3 e 4.4 de cineimagem**

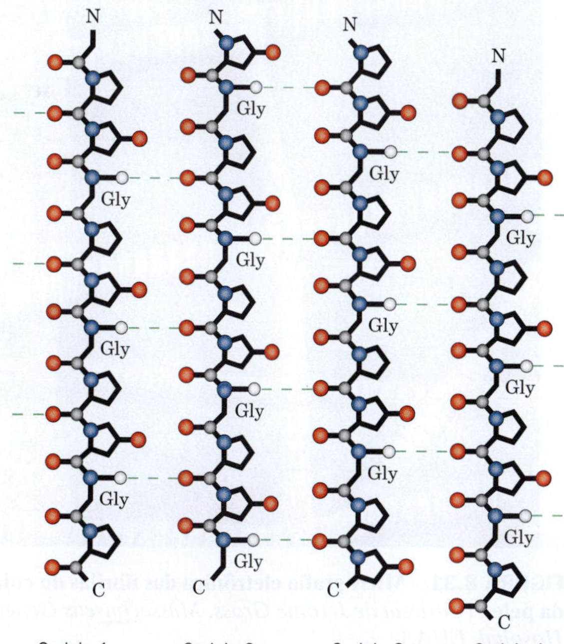

FIGURA 8.30 Diagrama esquemático mostrando as ligações de hidrogênio intercadeias (*linhas tracejadas*) nas regiões da tripla-hélice contendo Gly. Esta é uma projeção cilíndrica, com a Cadeia 1 repetida na direita para ficar mais claro. Observe que as três cadeias estão escalonadas verticalmente por um dos resíduos, de modo que a Gly de uma cadeia, a Pro de outra e a Hyp da terceira cadeia ocorrem no mesmo nível. (Segundo Bella, J., Eaton, M., Brodsky, B., e Berman, H.M., *Science* **266**, 78 [1994].) **Ver Exercícios de cineimagem 4.3 e 4.4**

ma que o grupo N–H de cada Gly faz uma forte ligação de hidrogênio com o oxigênio carbonílico de um resíduo de X (Pro) da cadeia vizinha. Os resíduos volumosos e relativamente inflexíveis de Pro e Hyp conferem rigidez estrutural ao conjunto todo.

A estrutura de tripla-hélice do colágeno, bem empacotada e rígida, é responsável pela sua característica força tênsil. Assim como as fibras torcidas de uma corda, as cadeias polipeptídicas estendidas e torcidas do colágeno convertem a força de tensão longitudinal em uma força, mais facilmente suportável, de compressão lateral sobre a quase incompressível tripla-hélice. Isso acontece porque as direções torcidas e opostas das cadeias polipeptídicas e da tripla-hélice do colágeno (Fig. 8.28) evitam que as voltas sejam desfeitas sob tensão (observe que, em cordas e cabos, níveis sucessivos de feixes de fibras também são torcidos em direções opostas). As hierarquias helicoidais sucessivas em outras fibras proteicas exibem revezamento semelhante de direções de torção, como por exemplo, a queratina (Seção 8.2A) e o músculo (Seção 35.3Aa).

b. O colágeno é organizado em fibrilas

Os Tipos I, II, III, V e XI de colágeno formam fibrilas com bandas características (Fig. 8.31) que são, em sua maioria, senão totalmente, compostas por vários tipos diferentes de colágeno. Essas fibrilas têm uma periodicidade de 670 Å e um diâmetro de 100 a 2.000 Å, dependendo dos tipos de colágeno que contêm e de seus tecidos de origem (os outros tipos de colágeno formam diferentes espécies de agregados, como redes; mas isto não será discutido neste livro). Estudos de difração por raios X dessas fibrilas revelam que as moléculas nas fibrilas do colágeno de Tipo I são empilhadas em um arranjo hexagonal. Estudos com modelos computacionais indicam ainda que essas moléculas de colágeno são alternadas de modo preciso paralelamente ao eixo da fibrila (Fig. 8.32). As porções mais escuras das estruturas em bandas correspondem a "buracos" de 400 Å na superfície da fibrila entre as moléculas de colágeno alinhadas de ponta a ponta. Considerações estruturais e energéticas sugerem que as conformações das moléculas individuais de colágeno, mais ou menos como ocorre nas hélices α e folhas β, são pouco estáveis (Seção 8.4). A força que faz as moléculas de colágeno se organizarem em uma fibrila é fornecida, aparentemente, por suas interações hidrofóbicas internas, de maneira análoga ao empilhamento dos elementos da estrutura secundária para formar uma proteína globular (Seção 8.3B).

FIGURA 8.31 **Micrografia eletrônica das fibrilas do colágeno da pele.** *(Cortesia de Jerome Gross, Massachusetts General Hospital, EUA.)*

O colágeno contém carboidratos ligados covalentemente em quantidades que variam de ~0,4 a 12% por peso, dependendo do seu tecido de origem. Os carboidratos, que consistem basicamente em glicose, galactose e seus dissacarídeos, são ligados covalentemente aos resíduos Hyl por enzimas específicas

Galactose

Glicose

Resíduo de hidroxilisina

Embora a função dos carboidratos no colágeno seja desconhecida, o fato de estarem localizados nas regiões de "buracos" das fibrilas sugere que os carboidratos estejam envolvidos no arranjo da direção dessas fibrilas.

c. As fibrilas do colágeno estão interligadas covalentemente

A insolubilidade do colágeno em solventes que desfazem as ligações de hidrogênio e as interações iônicas é explicada pela observação de que o colágeno é interligado covalentemente tanto intra como intermolecularmente. Essas ligações cruzadas não podem ser ligações dissulfeto, como na queratina, pois o colágeno quase não possui resíduos Cys. Elas se originam, mais precisamente, das cadeias laterais de Lys e His, em reações como as da Fig. 8.33. A **lisil-oxidase**, uma enzima que contém Cu e que converte resíduos Lys ao resíduo de aldeído **alisina**, é a única enzima envolvida neste processo de interligação. Até quatro cadeias podem ser covalentemente ligadas umas às outras. As ligações cruzadas não se formam ao acaso, mas, em vez disso, tendem a acontecer próximas às extremidades N- e C- terminais das moléculas de colágeno.

A importância das ligações cruzadas para o funcionamento normal do colágeno é demonstrada pela doença **latirismo**, que ocorre em seres humanos e outros animais como resultado da ingestão regular de sementes da ervilha-de-

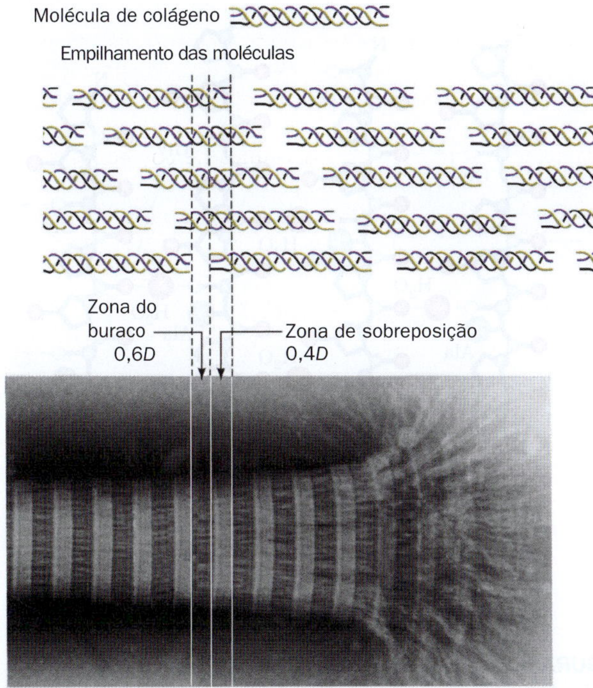

FIGURA 8.32 Aparência das bandas das fibrilas do colágeno. A aparência de bandas das moléculas do colágeno ao microscópio eletrônico se deve ao arranjo alternado das moléculas de colágeno, representado esquematicamente (*em cima*), que resulta em uma superfície com depressões periódicas. *D*, a distância entre as estrias, é ~670 Å, de modo que o comprimento de uma molécula de colágeno de 3.000 Å é de 4,4 *D*. (Cortesia de Karl A. Piez, Collagen Corporation.)

-cheiro *Lathyrus odoratus*. Os sintomas dessa doença são sérias anormalidades nos ossos, nas articulações e nos vasos sanguíneos, causadas pelo aumento da fragilidade das fibras do colágeno. O agente responsável pelo latirismo, a **β-aminopropionitrila**,

$$N{\equiv}C{-}CH_2{-}CH_2{-}NH_3^+$$

β-Aminopropionitrila

inativa a lisil-oxidase ao se ligar covalentemente ao seu sítio ativo. A interligação é notavelmente reduzida no colágeno de animais latiríticos.

Lys → Lisil-oxidase → **Alisina**

Lys → Lisil-oxidase → **Alisina**

Alisina aldol

His

Aldol-His

5-Hidroxi-Lys (Hyl)

Histidino-desidro-hidroximerodesmosina

FIGURA 8.33 Via biossintética para a formação de ligações cruzadas nas cadeias laterais de Lys, Hyl e His do colágeno. A primeira etapa na reação é a desaminação oxidativa da Lys catalisada pela lisil-oxidase, para formar o aldeído alisina. Essas duas alisinas sofrem então uma condensação aldólica para formar a **alisina aldol**. Esse produto pode reagir com His para formar **aldol histidina**, que, por sua vez, pode reagir com Hyl para formar uma base de Schiff (uma ligação imídica), formando, assim, a ligação cruzada entre as quatro cadeias laterais.

TABELA 8.3 O arranjo das fibrilas de colágeno em vários tecidos

Tecido	Arranjo
Tendões	Feixes paralelos
Pele	Camadas de fibrilas acomodadas sob vários ângulos
Cartilagem	Nenhum arranjo distinto
Córnea	Camadas planas empilhadas de modo cruzado de maneira a minimizar a dispersão da luz

O grau de interligação do colágeno de um determinado tecido aumenta com a idade do animal. É por isso que a carne de animais mais velhos é mais dura que a dos mais jovens. De fato, as moléculas individuais de colágeno (chamadas de **tropocolágeno**) só podem ser extraídas dos tecidos de animais muito jovens. Essa interligação, contudo, não é a principal causa do envelhecimento, como demonstra a observação que agentes latirogênicos não retardam o processo de envelhecimento.

As fibrilas de colágeno em vários tecidos são organizadas em formas que refletem bem as funções desses tecidos (Tabela 8.3). Assim, os tendões (os "cabos" que conectam os músculos aos ossos), a pele (estrutura externa resistente a rasgos) e a cartilagem (que possui função de sustentação) devem resistir ao estresse predominantemente em uma, duas e três dimensões, respectivamente, e as fibrilas de colágeno que os compõem estão arranjadas de acordo. Desconhece-se o modo como essas fibrilas estão acomodadas nesses arranjos. Entretanto, alguns dos fatores que orientam o arranjo das moléculas de colágeno são discutidos nas Seções 32.5Aa e 32.5Ba.

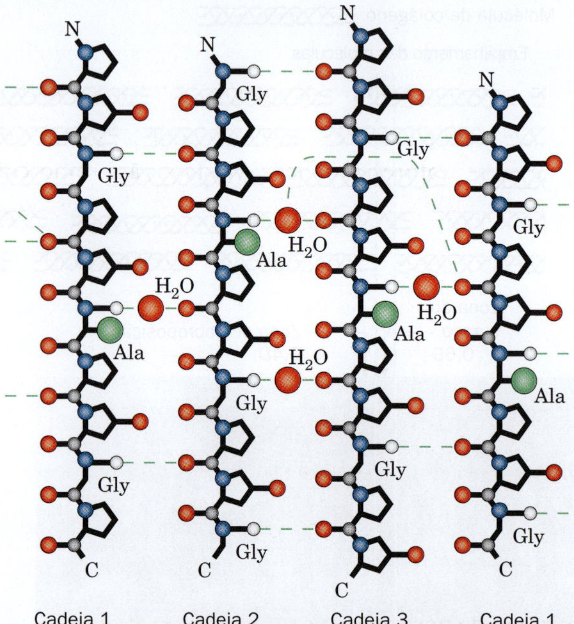

FIGURA 8.34 Estrutura distorcida em colágenos anormais. Este diagrama esquemático mostra interações de ligações de hidrogênio em porções que contêm Ala da estrutura por raios X de (Pro-Hyp-Gly)$_{10}$, nas quais a quinta Gly é substituída por Ala. Esta projeção cilíndrica está no estilo da Fig. 8.30. Observe como as cadeias laterais de Ala (*grandes esferas verdes*) distorcem a tripla-hélice, interrompendo as ligações de hidrogênio Gly NH···Pro O que ocorrem normalmente e substituindo-as por ligações de hidrogênio com a água. (Segundo Bella, J., Eaton, M., Brodsky, B., e Berman, H.M., *Science* **266**, 78 [1994].)

d. As imperfeições do colágeno são responsáveis por várias doenças humanas

Numerosas doenças hereditárias do colágeno são conhecidas. Mutações do colágeno do Tipo I, que constitui a proteína estrutural majoritária dos tecidos humanos, normalmente resultam em ***osteogenesis imperfecta*** (**doença da fragilidade óssea**). A gravidade dessa doença varia com a natureza e a posição da mutação. Até mesmo uma mudança em um único aminoácido pode ter consequências letais. As mutações podem afetar a estrutura da molécula do colágeno ou como as fibrilas se formarão. Por exemplo, a substituição da Gly central por Ala em cada cadeia polipeptídica da estrutura mostrada na Fig. 8.29*a*, que reduz a temperatura de desnaturação deste composto-modelo de 62°C para 29°C, distorce localmente a tripla-hélice do colágeno. A necessidade de acomodar os três grupos metila adicionais no interior "apertado" da tripla-hélice afasta as cadeias polipeptídicas na região das substituições, rompendo as ligações de hidrogênio que poderiam, de outra forma, ligar o grupo N—H da cadeia principal de cada Ala (normalmente Gly) ao oxigênio carbonílico da Pro adjacente em uma cadeia vizinha. (Fig. 8.34). Em vez disso, esses grupos de ligação de hidrogênio são ligados a moléculas de água que se insinuam no interior das partes distorcidas da estrutura. Distorções semelhantes ocorrem quase que certamente nos colágenos com mutações Gly → X responsáveis por doenças como a *osteogenesis imperfecta*. Tais mutações tendem a ser dominantes, pois afetam o dobramento da tripla-hélice ou a formação da fibrila, mesmo quando cadeias normais também fazem parte da tripla-hélice. Todas as mudanças de aminoácidos conhecidas dentro da região da tripla-hélice do colágeno do Tipo I resultam em anormalidades, indicando que a integridade estrutural da região é essencial para a função apropriada do colágeno.

Muitos dos distúrbios do colágeno são caracterizados por deficiências na quantidade sintetizada de um determinado tipo de colágeno ou por atividades anormais das enzimas processadoras de colágeno, como a lisil-hidroxilase ou a lisil-oxidase. Um grupo de pelo menos 10 diferentes doenças com deficiência de colágeno, as **síndromes de Ehlers-Danlos**, é caracterizado pela hiperextensibilidade das articulações (na verdade, os ligamentos que as mantêm unidas) e da pele. Isso acontece porque esses tecidos também contêm uma grande quantidade de **elastina**, uma proteína com propriedades elásticas semelhantes à da borracha. Como consequência, a perda da rigidez, normalmente conferida pelo colágeno, associada à presença da elastina resulta na hiperextensibilidade dos tecidos afetados. Várias doenças degenerativas exibem anormalidades do colágeno em diversos tecidos, incluindo a cartilagem na **osteoartrite** e as **placas ateroscleróticas** fibrosas nas artérias humanas.

3 PROTEÍNAS GLOBULARES

As **proteínas globulares** compreendem um grupo altamente diverso de substâncias que, nos seus estados nativos, existem como moléculas compactas em forma esférica. Enzimas são proteínas globulares, assim como são as proteínas de transporte e os receptores proteicos. Nesta seção, serão consideradas as estruturas secundárias de proteínas globulares. Entretanto, devido ao fato de que a maior parte do conhecimento estrutural detalhado das proteínas e, em uma grande medida, de suas funções, resulta das determinações por cristalografia por raios X de proteínas globulares e, mais recentemente, das determinações por ressonância magnética (RM), esta seção será iniciada com uma discussão das potencialidades e das limitações dessas técnicas poderosas.

A. *Interpretação das estruturas por raios x e por RM de proteínas*

A cristalografia por raios X é uma técnica que forma imagens diretas das moléculas. É preciso usar raios X para este fim porque, de acordo com os princípios ópticos, a imprecisão na localização de um objeto é aproximadamente igual ao comprimento de onda da radiação usada para observá-lo (as distâncias das ligações covalentes e dos comprimentos de onda dos raios X usados em estudos estruturais são de 1,5 Å; as moléculas não podem ser vistas individualmente sob a luz de microscópios porque o menor comprimento de onda da luz visível é de 4.000 Å). Contudo, não existe microscópio de raios X, porque não existem lentes de raios X. Em vez disso, um cristal da molécula a ser visualizada é exposto a um feixe paralelo de raios X e o padrão de difração resultante é registrado em um detector de radiação ou, hoje menos comumente, em filmes fotográficos (Fig. 8.35). Os raios X utilizados nesses estudos estruturais são produzidos por laboratórios geradores de raios X ou, cada vez mais, por **síncrotrons**, um tipo de acelerador de partículas que produz raios X de intensidade muito alta. As intensidades de difração máxima (intensidade dos pontos escuros em um filme) são então usadas para construir matematicamente uma imagem tridimensional da estrutura do cristal por meio de métodos que estão além da intenção deste texto. A seguir, serão discutidos alguns dos principais problemas associados à interpretação da determinação da cristalografia por raios X de proteínas.

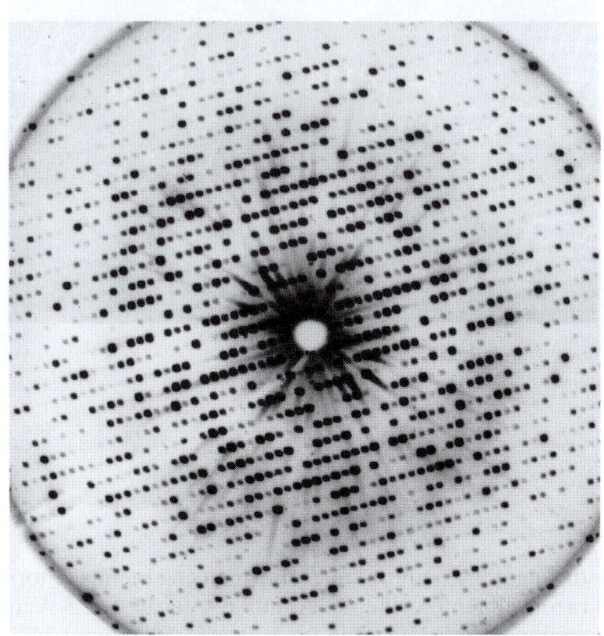

FIGURA 8.35 Fotografia da difração por raios X de um cristal da mioglobina da baleia cachalote. A intensidade do máximo de cada difração (intensidade dos pontos escuros) é uma função da densidade eletrônica do cristal da mioglobina. A fotografia contém uma pequena fração do total de informação de difração disponível de um cristal de mioglobina. (Cortesia de John Kendrew, Cambridge University, Reino Unido.)

Os raios X interagem quase que exclusivamente com os elétrons, não muito mais com os núcleos atômicos da matéria. Uma estrutura por raios X é, portanto, uma imagem da **densidade eletrônica** do objeto em estudo. Tais **mapas de densidade eletrônica** podem ser apresentados como uma série de seções paralelas por meio do objeto. Em cada seção, a densidade do elétron é representada por contornos (Fig. 8.36*a*), da mesma forma pela qual a altitude é representada pelos contornos em um mapa topográfico. Uma pilha dessas seções, desenhada em transparências, produz um mapa de densidade eletrônica tridimensional (Fig. 8.36*b*). Análises estruturais modernas, entretanto, são feitas com o auxílio de computadores que mostram graficamente esses mapas de densidade eletrônica contornados em três dimensões (Fig. 8.36*c*).

a. A maioria das estruturas cristalinas de proteínas exibe resoluções menores do que resoluções atômicas

As moléculas em cristais proteicos, assim como outras substâncias cristalinas, são organizadas em "treliças" de três dimensões com repetições regulares. Cristais proteicos, entretanto, são diferentes da maioria dos cristais de moléculas orgânicas e inorgânicas pequenas por serem altamente hidratados; eles contêm normalmente 40 a 60% de água por volume. O solvente aquoso da cristalização é necessário para a integridade estrutural cristalina da proteína, como foi visto por J.D. Bernal e Dorothy Crowfoot Hodgkin em 1934, quando realizaram os primeiros estudos de cristalografia por raios X de proteínas. Isso porque a água é necessária para a integridade estrutural das proteínas nativas (Seção 8.4).

O grande conteúdo de solvente nos cristais de proteína lhes confere uma consistência mole gelatinoide, de modo que suas moléculas frequentemente não possuem a organização rígida característica de cristais de moléculas pequenas, como, por exemplo, NaCl ou glicina. As moléculas em um cristal de proteína são geralmente desorganizadas em mais de um ângstrom, de modo que o mapa de densidade eletrônica correspondente não contém informações a respeito de detalhes estruturais de tamanhos menores. Diz-se, portanto, que o cristal tem um limite de resolução daquele tamanho. Os cristais de proteína têm limites de resolução geralmente na faixa de 1,5 a 3,0 Å, embora alguns sejam mais bem organizados (têm resolução mais alta, isto é, menor limite de resolução) e muitos sejam menos organizados (têm baixa resolução).

Uma vez que um mapa de densidade eletrônica de uma proteína deve ser interpretado com relação a suas posições atômicas, a exatidão e a praticabilidade da análise da

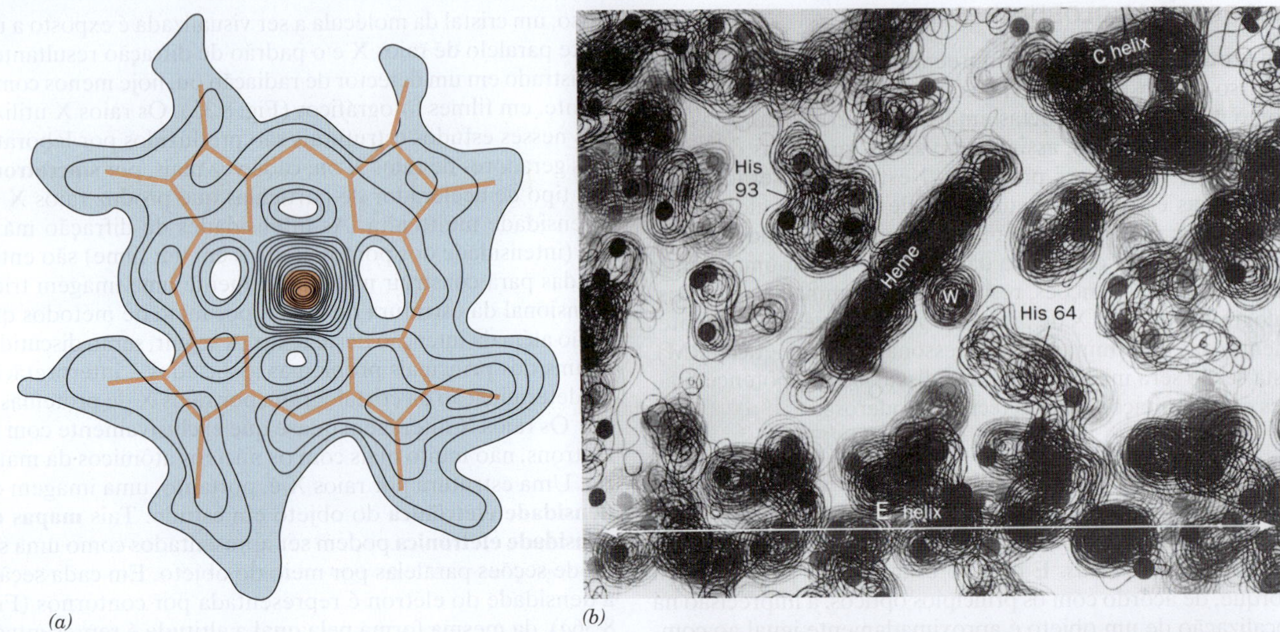

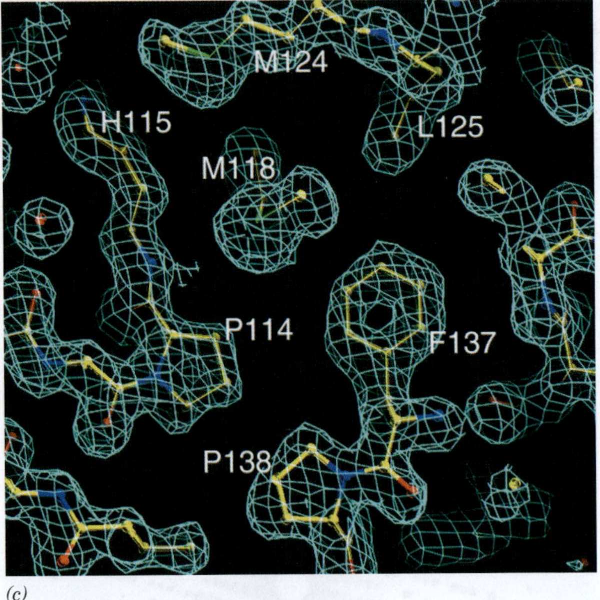

FIGURA 8.36 Mapas de densidade eletrônica de proteínas. (*a*) Uma seção por meio do mapa de densidade eletrônica de 2,0 Å de resolução da mioglobina da baleia cachalote, que contém um grupo heme (*em vermelho*). O pico maior, no centro do mapa, representa o átomo Fe, eletronicamente denso. (Segundo Kendrew, J.C., Dickerson, R.E., Strandberg, B.E., Hart, R.G., Davies, D.R., Phillips, D.C., e Shore, V.C., *Nature* **185**, 434 [1960].) (*b*) Uma porção do mapa de densidade eletrônica de 2,4 Å de resolução da mioglobina, construído a partir de uma pilha de transparências contornadas. Pontos foram colocados nas posições deduzidas para átomos que não sejam hidrogênio. O grupo heme é visto junto com os seus dois resíduos His associados e uma molécula de água, W. Uma hélice, também chamada de hélice E (Fig. 8.12), estende-se ao longo da base do mapa. Uma outra hélice, a hélice C, estende-se no plano do papel, acima, à direita. Observe o orifício ao longo de seu eixo. (Cortesia de John Kendrew, Cambridge University, Reino Unido.) (*c*) Uma fina secção por meio do mapa de densidade eletrônica de 1,5 Å de resolução da 6-hidroximetil-7,8- di-hidropterina--pirofosfocinase (que catalisa a primeira reação na biossíntese do ácido fólico; Seção 26.4D) de *E.coli*, contornado em três dimensões. Somente um único nível de contorno (*em ciano*) é mostrado, juntamente com um modelo atômico dos segmentos polipeptídicos correspondentes coloridos de acordo com o tipo de átomo (C em amarelo, O em vermelho e N em azul, com uma molécula de água representada por uma esfera vermelha). (Cortesia de Xinhua Ji, NCI-Frederick Cancer Research and Development Center, Frederick, Maryland, EUA.)

estrutura cristalina dependem do limite de resolução dessa estrutura. Sem dúvida, a capacidade de obtenção de cristais com resolução suficientemente alta é um importante fator limitante na determinação da estrutura de uma proteína ou outras macromoléculas por cristalografia por raios X. A Fig. 8.37 indica como a qualidade (grau de foco) de um mapa de densidade eletrônica varia com o seu limite de resolução. A uma resolução de 6 Å, é difícil discernir a presença de uma macromolécula do tamanho da dicetopiperazina. A uma resolução de 2,0 Å, seus átomos individuais ainda não podem ser distinguidos, embora sua forma molecular tenha se tornado razoavelmente evidente. A uma resolução de 1,5 Å, que corresponde à distância de uma ligação, os átomos individuais tornam-se parcialmente visíveis. A uma resolução de 1,1 Å, os átomos são claramente visíveis.

A maioria das estruturas cristalinas de proteínas é muito mal resolvida pelos mapas de densidade eletrônica para revelar claramente as posições individuais dos átomos (p. ex., Fig. 8.36). Contudo, a forma distinta do esqueleto polipeptídico normalmente permite que esta estrutura seja traçada, o que,

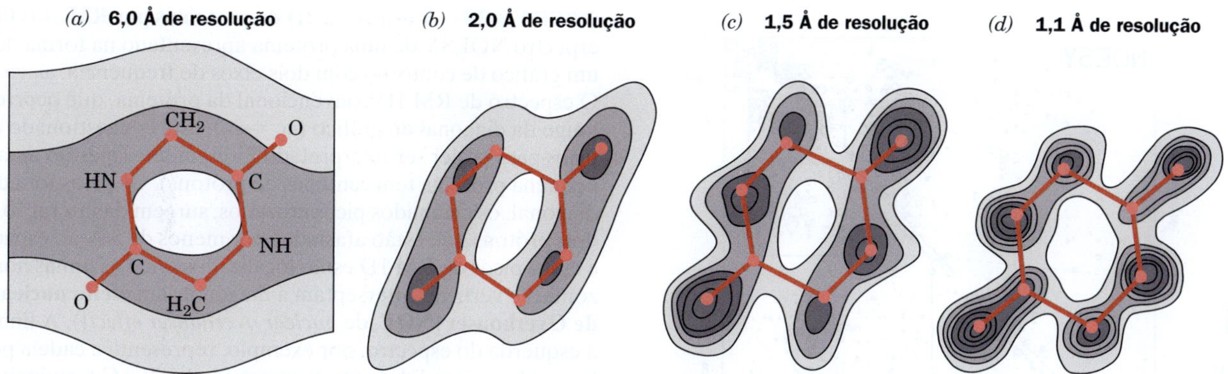

FIGURA 8.37 Seções por meio dos mapas de densidade eletrônica da dicetopiperazina calculadas nos níveis de resolução indicados. Os átomos de hidrogênio não estão aparentes neste mapa em razão das suas baixas densidades eletrônicas. (Segundo Hodgkin, D.C., *Nature* **188**, 445 [1960].)

por sua vez, permite que se possa deduzir as posições e orientações de suas cadeias laterais (p. ex., Fig. 8.37*c*). Porém, cadeias laterais de tamanho e forma comparáveis, como aquelas de Leu, Ile e Thr, não podem ser sempre diferenciadas com um grau razoável de confiança (o átomo de hidrogênio, tendo apenas um elétron, é visível somente nas poucas estruturas macromoleculares determinadas por raios X com limites de resolução menores que 1,2 Å), de forma que a estrutura da proteína não pode ser elucidada somente por seu mapa de densidade eletrônica. Em vez disso, a estrutura primária da proteína deve ser conhecida, permitindo assim que a sequência de resíduos de aminoácidos seja ajustada aos seus mapas de densidade eletrônica. Técnicas matemáticas podem, então, reduzir as indefinições nas posições atômicas de estruturas cristalinas para até 0,1 Å (em contrapartida, os erros de posição das estruturas por raios X de moléculas pequenas determinadas mais acuradamente são tão pequenos quanto 0,001 Å).

b. A maioria das proteínas cristalinas mantém suas conformações nativas

Qual é a relação entre a estrutura de uma proteína na forma cristalina e a estrutura dessa proteína em solução, onde normalmente funcionam as proteínas globulares? Várias evidências indicam que *as proteínas cristalinas assumem quase a mesma estrutura que possuem quando em solução:*

1. Uma molécula de proteína em um cristal está essencialmente em solução porque é banhada pelo solvente da cristalização por toda sua superfície, com exceção de poucas, geralmente pequenas, regiões que fazem contato entre proteínas vizinhas. De fato, o conteúdo de 40 a 60% de água dos cristais de proteínas típicos é semelhante ao conteúdo de muitas células (p. ex., ver Fig. 1.13).

2. Uma proteína pode ser cristalizada em uma de muitas formas ou "hábitos", dependendo das condições de cristalização, que diferem em como as moléculas de proteínas são arranjadas no espaço em relação uma às outras. Em vários casos nos quais diferentes formas de cristais de uma mesma proteína têm sido analisadas independentemente, as moléculas apresentam conformações praticamente idênticas. Da mesma maneira, nos vários casos em que a estrutura de uma mesma proteína foi determinada por cristalografia por raios X e por RM, as duas estruturas são, em grande parte, idênticas, dentro das condições experimentais de erro (ver a seguir). Evidentemente, as forças de empacotamento no cristal não perturbam de forma significativa as estruturas moleculares da proteína.

3. A mais forte evidência de que as proteínas cristalinas têm estruturas biologicamente relevantes, no entanto, é a observação de que muitas enzimas são cataliticamente ativas no seu estado cristalino. A atividade catalítica de uma enzima é muito sensível às orientações relativas dos grupos envolvidos nas ligações e catálises (Capítulo 15). Assim, as enzimas cristalinas ativas devem ter conformações que sejam muito parecidas com as suas conformações em solução.

c. A determinação da estrutura de uma proteína por RM

A determinação das estruturas tridimensionais de pequenas proteínas globulares em soluções aquosas tornou-se possível, desde meados dos anos de 1980, por meio do desenvolvimento da **espectroscopia por RM bidimensional (2D)** (e, mais recentemente, de técnicas de 3D e 4D), em grande parte por Kurt Wüthrich. Tais medidas por RM, cuja descrição está além da abrangência deste livro, fornecem as distâncias interatômicas entre prótons específicos que estão afastados em menos de 5 Å em uma proteína de sequência conhecida. As distâncias entre os prótons podem ser tanto espaciais, conforme determinado pela espectroscopia de efeito nuclear Overhauser (NOESY, Fig. 8.38*a*), ou das ligações, conforme determinado pela espectroscopia de correlação (COSY). Essas distâncias, juntamente com restrições espaciais, como distâncias e ângulos de ligações covalentes, planaridade de grupo, quiralidade e raios de van der Waals, são usadas para compor a estrutura tridimensional das proteínas. Entretanto, uma vez que as medidas das distâncias entre os prótons são imprecisas, elas são insuficientes para implicar em uma estrutura única. Elas são, na verdade, compatíveis com um conjunto de estruturas muito semelhantes. Como consequência, a estrutura por RM de uma proteína (ou de qualquer outra molécula que tenha uma estrutura bem-definida) frequentemente é mostrada como representante de estruturas compatíveis com as restrições observadas (p. ex., Fig. 8.38*b*). A "justeza" de um conjunto dessas estruturas é indicativa tanto da precisão com que a estrutura é conhecida (que nos casos mais favoráveis é aproximadamente

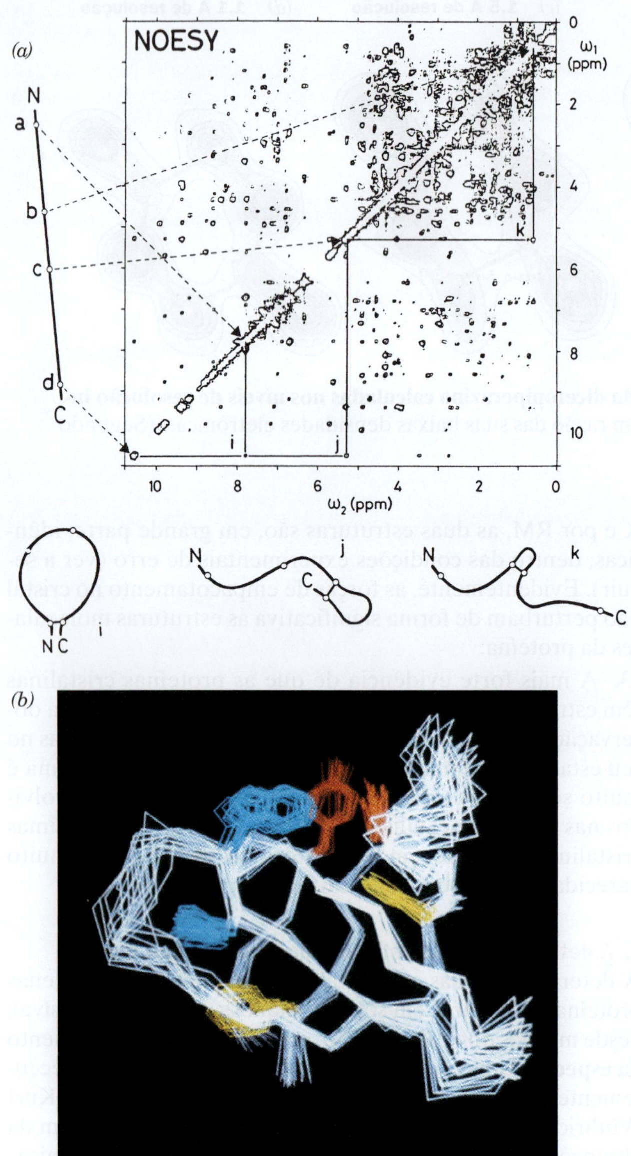

FIGURA 8.38 A estrutura 2D de proteínas por RM. (*a*) O espectro NOESY de uma proteína apresentado na forma de um gráfico de contorno com dois eixos de frequência, ω_1 e ω_2. O espectro de RM 1D convencional da proteína, que ocorre ao longo da diagonal do gráfico ($\omega_1 = \omega_2$), está congestionado com picos para poder ser interpretado diretamente (mesmo uma pequena proteína tem centenas de prótons). Os picos fora da diagonal, os chamados picos cruzados, surgem da interação de dois prótons que estão afastados por menos de 5 Å no espaço e cujos picos de RM 1D estão localizados onde as linhas horizontais e verticais interseptam a diagonal (um **efeito nuclear de Overhauser** [**NOE**, de *nuclear overhauser effect*]). A linha à esquerda do espectro, por exemplo, representa a cadeia polipeptídica estendida, com as extremidades N e C-terminais identificadas pelas letras N e C, e com as posições de quatro prótons, a até d, representadas por pequenos círculos. As setas tracejadas indicam os picos da diagonal da RM originados por esses prótons. Picos cruzados, como i, j e k, localizados nas intersecções das linhas horizontal e vertical, por meio de dois picos da diagonal, são indicativos de um NOE entre os dois prótons correspondentes, indicando que estão menos afastados do que 5 Å. As relações de distância estão esquematicamente indicadas pelas três estruturas em alça desenhadas abaixo do espectro. Nota-se que a indicação da relação de distância entre dois prótons de um polipeptídeo requer que os picos de RM originados por eles e as suas posições no polipeptídeo sejam conhecidos, portanto a sequência de aminoácidos do polipeptídeo precisa ter sido determinada previamente. (Segundo Wüthrich, K., *Science* **243**, 45 [1989].) (*b*) A estrutura determinada por RM de um polipeptídeo com 64 resíduos que inclui o **domínio SH3 da proteína Src** (Seção 19.3C). O desenho representa 20 estruturas sobrepostas que são compatíveis com o espectro de RM 2D e 3D da proteína (cada um deles calculado a partir de uma diferente estrutura inicial gerada ao acaso). O esqueleto polipeptídico, representado pelos seus átomos de C conectados, está em branco, e as cadeias laterais Phe, Tyr e Trp estão em amarelo, vermelho e azul, respectivamente. Pode-se observar que o esqueleto polipeptídico dobra-se em duas folhas antiparalelas de três fitas, que formam um sanduíche. (Cortesia de Stuart Schreiber, Harvard University, EUA.)

comparável àquela obtida por cristalografia por raios X com uma resolução de 2 a 2,5 Å), quanto das flutuações conformacionais experienciadas pela proteína (Seção 9.4). Embora os métodos atuais de RM restrinjam-se à determinação de estruturas de macromoléculas com massas moleculares não maiores que ~100 kDa, avanços na tecnologia de RM sugerem que esse limite pode aumentar para ~1.000 kDa ou mais.

Na maioria dos casos em que as estruturas por RM e por cristalografia por raios X de uma dada proteína tenham sido determinadas, as diferenças apresentadas são pouco significativas. Há, entretanto, alguns exemplos nos quais serão vistas diferenças reais entre os dois tipos de determinação. Na maioria das vezes, elas envolvem resíduos de superfície, que, no cristal, participam de contatos intermoleculares e são, portanto, perturbados nas suas conformações em solução. Os métodos por RM, além de fornecer uma checagem mútua com técnicas de determinação por raios X, podem determinar a estrutura de proteínas e outras macromoléculas que não cristalizam. Além disso, uma vez que a RM pode investigar movimentos sobre escalas de tempo que variam em 10 ordens de magnitude, ela pode ser usada para estudar o dobramento e a dinâmica de proteínas (Capítulo 9).

d. As estruturas moleculares de proteínas são mais bem ilustradas na forma simplificada

As várias centenas de átomos, com exceção do hidrogênio, de uma proteína, mesmo que pequena, tornam a compreensão dos detalhes de uma estrutura proteica um esforço considerável. Esta complexidade faz da construção de um esqueleto ou de um modelo de esferas e bastões de uma proteína uma tarefa que consome tanto tempo que estes modelos raramente são disponíveis. Além disso, o desenho de uma proteína mostrando todos seus átomos que não hidrogênio (p. ex., Fig. 8.39*a*) é muito complicado para que possa ser útil. Para que se torne inteligível, um desenho de proteínas deve ser seletivamente simplificado. Uma maneira de fazê-lo é representar o esqueleto peptídico somente por seus átomos de C_α (seu **esqueleto de C_α**) e mostrar apenas algumas cadeias laterais importantes (p. ex., Fig. 8.39*b*). Um nível subsequente de abstração pode

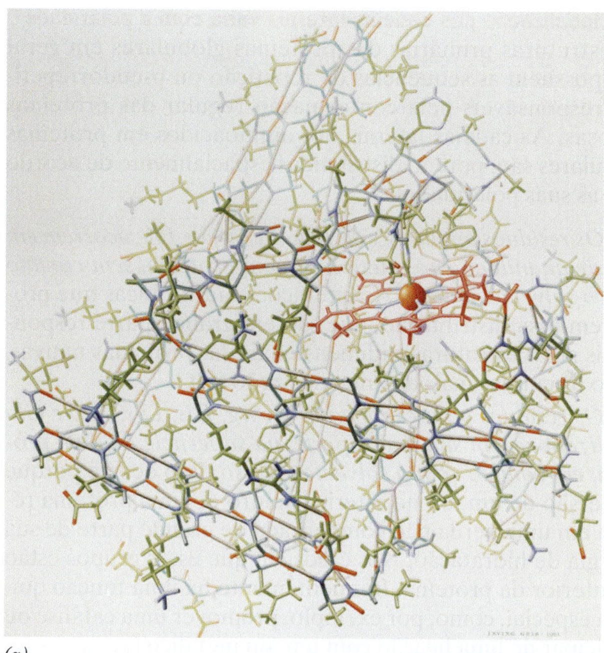

(*a*)

ser obtido representando a proteína de forma a enfatizar sua estrutura secundária (p. ex., Figs. 8.39*c* e 8.19). Desenhos feitos no computador com modelos de volume atômico, como as Figs. 8.12 e 8.18, também podem ser utilizados para ilustrar certas características da estrutura das proteínas. Entretanto, a maneira mais instrutiva de examinar a estrutura de uma macromolécula é por meio do uso de programas gráficos interativos. O uso desses programas é discutido na Seção 8.3Cc.

B. *Estrutura terciária*

A **estrutura terciária** de uma proteína é a sua conformação tridimensional; isto é, o dobramento dos elementos de sua estrutura secundária, juntamente com as disposições espaciais de suas cadeias laterais. A primeira estrutura de proteína

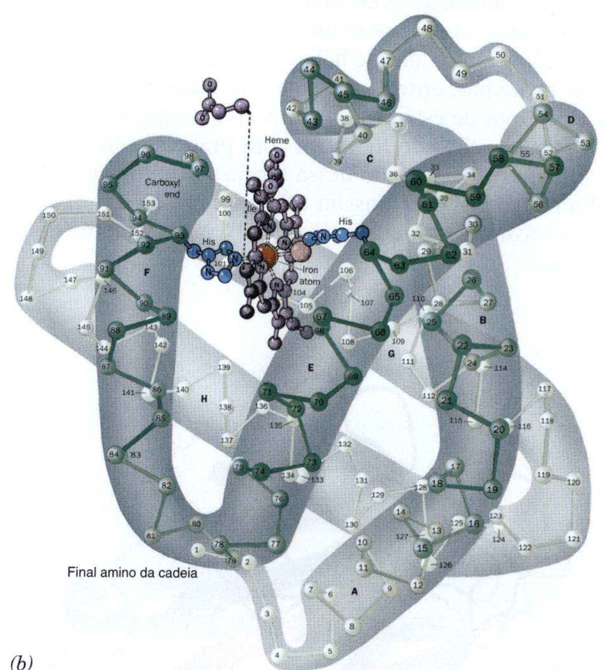

(*b*)

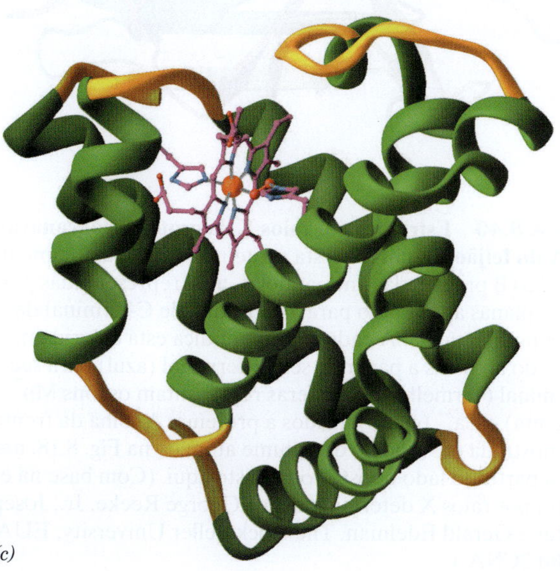

(*c*)

FIGURA 8.39 Representação das estruturas por raios X da mioglobina da baleia cachalote. (*a*) A proteína e seus grupos heme ligados estão desenhados na forma de bastões, com os átomos de C da proteína em verde, os átomos de C do heme em vermelho, os de N em azul e os de O em vermelho. O Fe e suas moléculas de água ligadas estão mostrados como esferas cor de laranja e cinza, e as ligações de hidrogênio, em cinza. Nesta pintura única da primeira estrutura proteica conhecida, o artista utilizou "distorções criativas" para enfatizar as características da estrutura da proteína, principalmente as hélices α. (*b*) Diagrama no qual a proteína é representada pelo esqueleto de C_α gerado por computador, com seus átomos de C_α, representados por esferas, numerados consecutivamente a partir do N-terminal. A cadeia polipeptídica de 153 resíduos é dobrada em 8 hélices α (marcadas aqui com envelopes feitos à mão), designadas de A a H, conectadas por pequenos polipeptídeos. O grupo heme (*em roxo*, com o átomo de Fe representado por uma esfera vermelha), complexado com uma molécula de água (*esfera cor de laranja*), é mostrado junto com as duas cadeias laterais, intimamente associadas, de His (*em azul*). Uma das cadeias laterais do ácido propiônico do grupo heme foi removida para ficar mais claro. Os átomos de hidrogênio não são visíveis na estrutura por raios X. (*c*) Um desenho gerado por computador em uma orientação semelhante àquela em *b*, enfatizando a estrutura secundária da proteína. Aqui as hélices estão em verde e as regiões de conformação enrolada que interferem estão em amarelo. O grupo heme, com suas moléculas de O_2 e suas duas cadeias laterais His associadas, está representado na forma de esferas e bastões, com C em magenta, N em azul, O em vermelho e Fe em cor de laranja. (As Partes *a* e *b* foram baseadas nas estruturas por raios X determinadas por John Kendrew, MRC Laboratory of Molecular Biology, Cambrigde, Reino Unido. PDBid 1MBN. [Ilustração, Irving Geis. Imagem da coleção de Irving Geis, Howard Hughes Medical Institute, EUA. Figura impressa com permissão.] A Parte *c* é baseada na estrutura por raios X determinada por Simon Phillips, University of Leeds, Reino Unido. PDBid 1MBO.) **Ver Exercício de cineimagem 6.1**

obtida por raios X, a da **mioglobina** da baleia cachalote, foi elucidada por John Kendrew e coautores no final da década de 1950. Sua cadeia polipeptídica segue um caminho tortuoso (Fig. 8.39), e esses pesquisadores mostraram seu desapontamento ao verificar a falta de regularidade. Nos anos seguintes, 70.000 estruturas proteicas foram relatadas. Cada uma delas é uma entidade única e altamente complexa. Apesar disso, suas características terciárias contêm pontos em comum notáveis, como será visto a seguir.

a. As proteínas globulares podem conter hélices α e folhas β

Os principais tipos de elementos com estrutura secundária, as hélices α e as folhas β pregueadas, ocorrem normalmente em proteínas globulares, mas variam em proporções e combinações. Algumas proteínas, como a mioglobina, consistem apenas em hélices α atravessadas por conexões curtas que possuem conformações enroladas (Fig. 8.39). Outras, como a concanavalina A, possuem uma grande proporção de folhas β, mas são desprovidas de hélices α (Fig. 8.40). A maior parte das proteínas, entretanto, têm quantidades significativas dos dois tipos de estrutura secundária (em média, ~31% de hélices α e ~28% de folhas β, com praticamente todo seu núcleo interior arranjado dessa forma). A **anidrase carbônica** humana (Fig. 8.41), assim como a carboxipeptidase A e a triose-fosfato-isomerase (Fig. 8.19), são exemplos de tais proteínas.

b. A localização das cadeias laterais varia com a polaridade

As estruturas primárias das proteínas globulares em geral não possuem as sequências de repetição ou pseudorrepetição responsáveis pela conformação regular das proteínas fibrosas. As cadeias laterais dos aminoácidos em proteínas globulares são, porém, distribuídas espacialmente de acordo com as suas polaridades:

1. *Os resíduos apolares Val, Leu, Ile, Met e Phe ocorrem em grande quantidade no interior de uma proteína, sem contato com o solvente aquoso.* As interações hidrofóbicas que promovem essa distribuição, que são em grande parte responsáveis pelas estruturas tridimensionais das proteínas nativas, serão discutidas mais adiante, na Seção 8.4C.

2. *Os resíduos polares carregados Arg, His, Lys, Asp e Glu localizam-se, em sua maior parte, na superfície de uma proteína, em contato com o solvente aquoso.* Isso ocorre porque a imersão de um íon no interior anidro de uma proteína resulta em uma perda não compensada de grande parte de sua energia de hidratação. Nos casos em que esses grupos estão no interior da proteína, frequentemente há uma função química especial, como, por exemplo, promover uma catálise ou participar de uma ligação com um íon metálico (p. ex., os resíduos de His que ligam íons metálicos nas Figs. 8.39 e 8.41).

3. Os grupos polares não carregados Ser, Thr, Asn, Gln, Tyr e Trp estão normalmente na superfície da proteína, mas

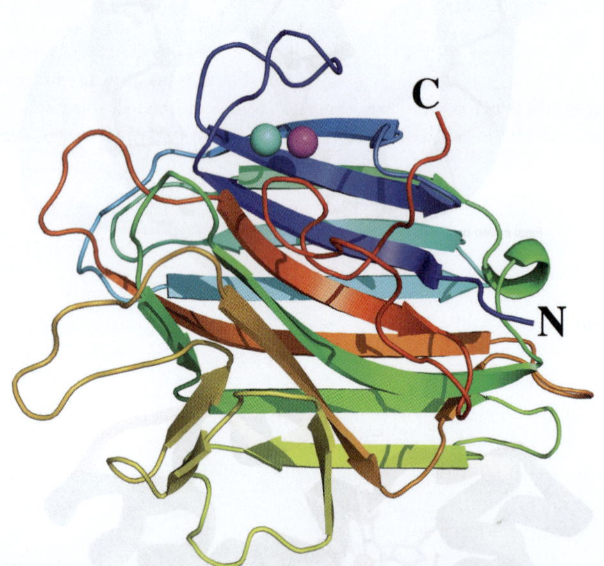

FIGURA 8.40 Estrutura por raios X da proteína concanavalina A do feijão-de-porco. Esta proteína consiste amplamente em folhas β pregueadas antiparalelas, aqui representadas por flechas planas apontando para a extremidade C-terminal da cadeia polipeptídica. A cadeia polipeptídica está colorida na ordem do arco-íris a partir de seu N-terminal (azul) para seu C-terminal (vermelho). As esferas representam os íons Mn^{2+} (magenta) e Ca^{2+} (ciano) ligados à proteína. A folha da frente está mostrada em modelo de volume atômico na Fig. 8.18, mas vista a partir do lado oposto como visto aqui. (Com base na estrutura por raios X determinada por George Reeke, Jr., Joseph Becker e Gerald Edelman, The Rockefeller University, EUA. PDBid 2CNA.)

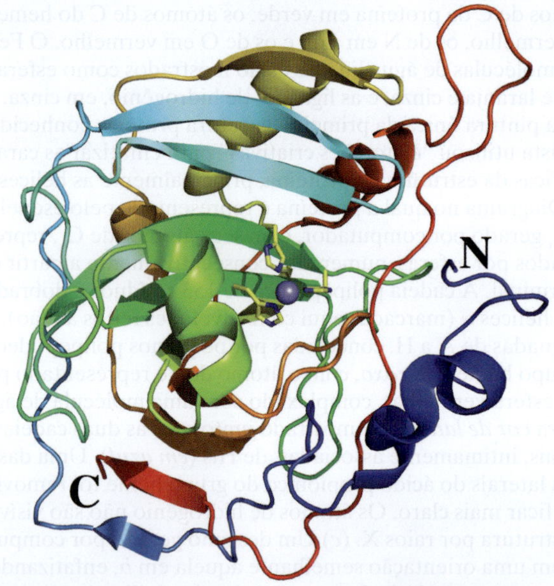

FIGURA 8.41 Estrutura por raios X da anidrase carbônica humana. O esqueleto da cadeia polipeptídica está representado na forma de fitas, colorido na ordem do arco-íris a partir de seu N-terminal (azul) ao seu C-terminal (vermelho). A esfera roxa no centro representa um íon Zn^{2+} que está coordenado pelas cadeias laterais de três His na forma de bastão colorido com o átomo de C em amarelo e de N em azul. Observa-se que a extremidade C-terminal passa por baixo de uma alça que dá uma volta na cadeia polipeptídica, de forma que a anidrase carbônica é uma das raras proteínas nativas na qual a cadeia polipeptídica forma um laço. (Com base na estrutura por raios X determinada por T. Alwyn Jones, Uppsala University, Uppsala, Suécia. PDBid 2CAB.) **Ver Exercício interativo 3**

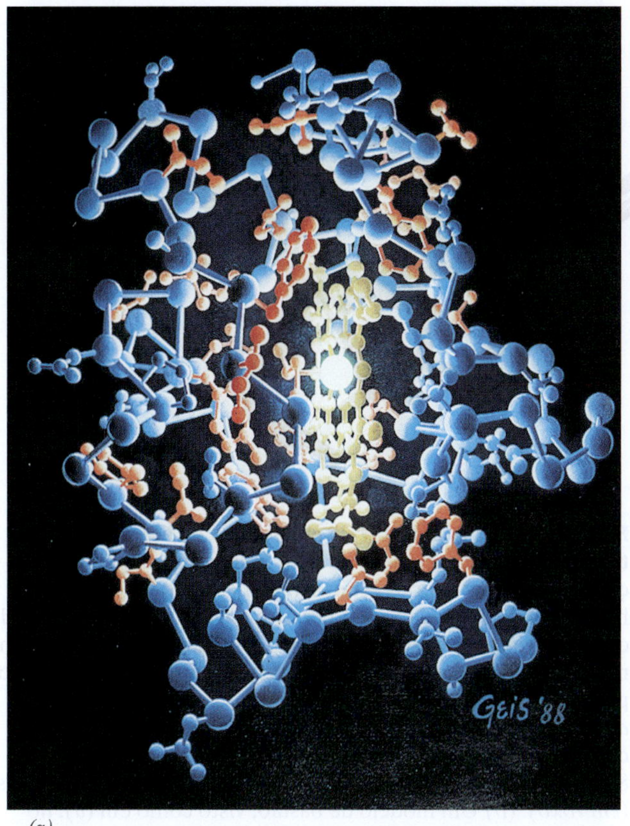

(a)

(b)

FIGURA 8.42 **Estrutura por raios X do citocromo *c* do coração de cavalo.** A proteína (*em azul*) é iluminada pelo átomo de Fe do seu grupo heme (*em cor de laranja*). Na Parte *a,* as cadeias laterais hidrofóbicas estão em vermelho, e na Parte *b*, as cadeias laterais hidrofílicas estão em verde. (Com base na estrutura por raios X determinada por Richard Dickerson, UCLA, EUA; Ilustração, Irving Geis. Imagem da coleção de Irving Geis, Howard Hughes Medical Institute, EUA. Figura impressa com permissão.) **Ver Exercício de cineimagem 5 e Exercício interativo 4**

ocorrem com frequência no interior da molécula. Neste último caso, esses resíduos estão quase sempre ligados por ligações de hidrogênio a outros grupos na proteína. Na verdade, *quase todo doador de ligações de hidrogênio interno forma ligações de hidrogênio com grupos aceptores internos*; isto é, a formação de uma ligação de hidrogênio "neutraliza" a sua polaridade.

Uma distribuição de cadeias laterais como essa é vista claramente na Fig. 8.42, que mostra a estrutura por raios X do citocromo *c*. Esse arranjo é visto também na Fig. 8.43, que mostra as exposições na superfície e no interior das cadeias laterais dos aminoácidos da hélice H da mioglobina, e na Fig. 8.44, que mostra uma das folhas ß pregueadas antiparalelas da concanavalina A.

c. Os núcleos das proteínas globulares estão organizados de maneira eficiente com suas cadeias laterais em conformações mais frouxas

As proteínas globulares são muito compactas; há pouco espaço no interior delas, de modo que praticamente não há água. O arranjo semelhante ao das micelas de suas cadeias laterais (grupos polares do lado externo, grupos apolares do lado interno) permitiu que fossem descritas como "gotas de óleo com cobertura polar". Esta generalização, embora pitoresca, não é precisa. A **densidade de empacotamento** (razão do volume envolto pelos envelopes de van der Waals dos átomos em uma região em relação ao volume total da região) de regiões internas de proteínas globulares é de ~0,75, que está na mesma faixa dos cristais moleculares de moléculas orgânicas pequenas. Em comparação, esferas densas de mesmo tamanho têm uma densidade de empacotamento de 0,74, enquanto líquidos orgânicos (gotas de óleo) têm densidades de empacotamento que estão, em sua maioria, entre 0,60 e 0,70. *O interior de uma proteína é, então, mais semelhante a um cristal molecular do que a uma gota de óleo; ou seja, ela é de maneira eficiente empacotada.*

As ligações das cadeias laterais das proteínas, incluindo aquelas que ocupam o núcleo das proteínas, quase que invariavelmente possuem ângulos de torção não coincidentes de baixa energia (Fig. 8.5*a*). Evidentemente, cadeias laterais no interior adotam conformações mais frouxas, apesar da profusão de interações intramoleculares (Seção 8.4).

d. Grandes peptídeos formam domínios

As cadeias polipeptídicas que consistem em mais de ~200 resíduos normalmente se dobram em dois ou mais agregados globulares, conhecidos como **domínios**, os quais, frequentemente, conferem a essas proteínas uma aparência bi- ou multilobular. A maioria dos domínios consiste em 100 a 200 resíduos de aminoácidos e tem um diâmetro médio de 25 Å.

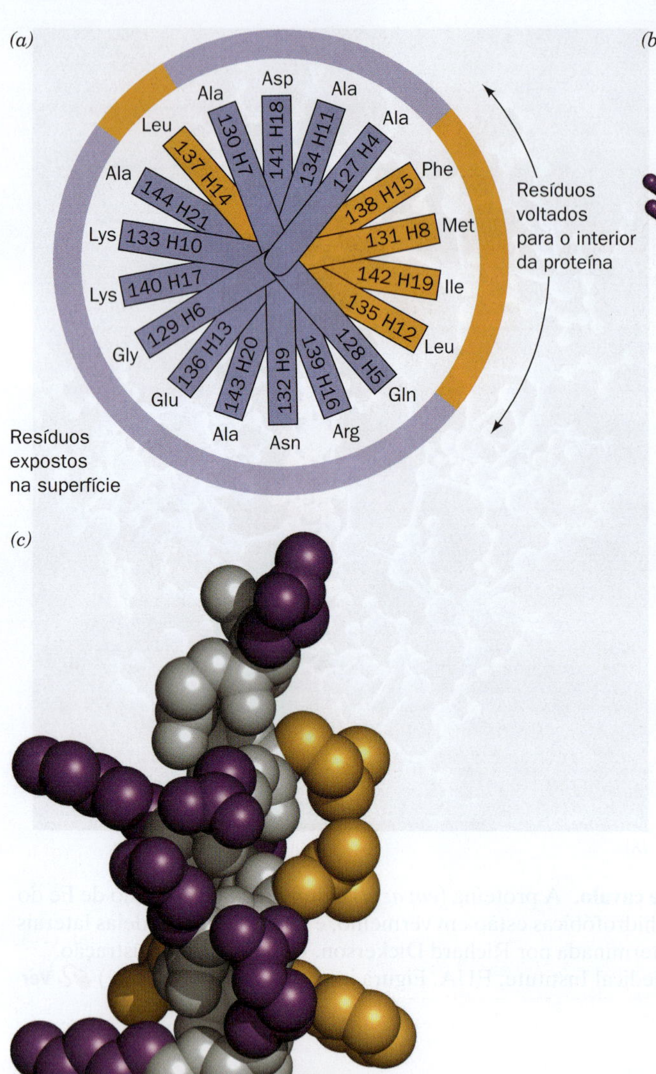

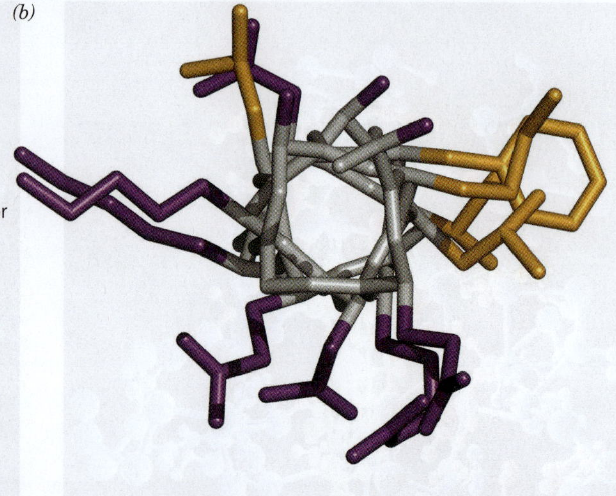

FIGURA 8.43 A hélice H da mioglobina da baleia cachalote. *(a)* Uma representação **circular helicoidal** na qual as posições das cadeias laterais estão projetadas ao longo do eixo da hélice α, sobre um plano. Cada resíduo é identificado de acordo com a sua sequência na cadeia polipeptídica e com a sua ordem na hélice H. Os resíduos que revestem o lado da hélice voltado para as regiões interiores da proteína são todos apolares (*cor de laranja*). Os outros resíduos, com exceção da Leu 137, que contata o segmento da proteína que liga as hélices E e F (Fig. 8.39*b*), estão expostos ao solvente e são mais ou menos polares (*em roxo*). (*b*) Um modelo de bastão, visto como em (*a*), no qual o esqueleto polipeptídico está em cinza, as cadeias laterais apolares estão em cor de laranja, e as cadeias laterais polares estão em púrpura. (*c*) Modelo de volume atômico, visto a partir de baixo da parte *b* de forma que o eixo da hélice é vertical e colorido como na Parte *b*. (Partes *b* e *c* com base na estrutura por raios X determinada por Ilme Schlichting, Max Planck Institut für Molekulare Physiologie, Dortmund, Alemanha. PDBid 1A6M) **Ver Exercício de cineimagem 3.2 para outro exemplo**

Cada subunidade da enzima **gliceraldeído-3-fosfato-desidrogenase**, por exemplo, contém dois domínios distintos (Fig. 8.45). Uma cadeia polipeptídica vagueia para frente e para trás dentro de um domínio, mas domínios vizinhos são normalmente conectados por um ou, menos comumente, por dois segmentos polipeptídicos. *Os domínios são, portanto, unidades estruturalmente independentes, tendo, cada um, as características de uma proteína globular pequena.* De fato, proteólises limitadas em uma proteína multidomínio frequentemente liberam seus domínios sem grandes alterações em suas estruturas ou atividades enzimáticas. Entretanto, a estrutura de um domínio de uma proteína nem sempre é óbvia, uma vez que seus domínios podem fazer contatos tão extensos entre si que fazem com que a proteína se assemelhe a uma única entidade globular.

Uma inspeção das várias estruturas proteicas diagramadas neste capítulo revela que os domínios consistem em duas ou mais camadas de elementos de estrutura secundária. A razão para isso é simples: ao menos duas dessas camadas são necessárias para proteger o núcleo hidrofóbico de um domínio do ambiente aquoso.

Os domínios frequentemente têm uma função específica, como a ligação de uma pequena molécula. Na Fig. 8.45, por exemplo, o dinucleotídeo **nicotinamina adenina dinucleotídeo (NAD$^+$)**

O=P(O$^-$)—O—P(=O)(O$^-$)—O—Ribose—Adenina

Nicotinamina adenina dinucleotídeo (NAD$^+$)

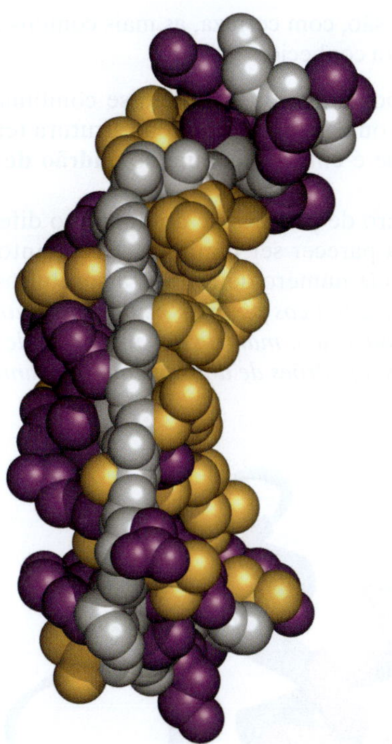

FIGURA 8.44 **Modelo de volume atômico de uma folha β antiparalela da concanavalina A.** A folha β é mostrada pela lateral, com o interior da proteína (a superfície de uma segunda folha β antiparalela; Fig. 8.40) à direita e o exterior à esquerda. A cadeia principal está em cinza, as cadeias laterais apolares, em cor de laranja, e as cadeias laterais polares, em roxo.
Ver Exercício de cineimagem 3.3

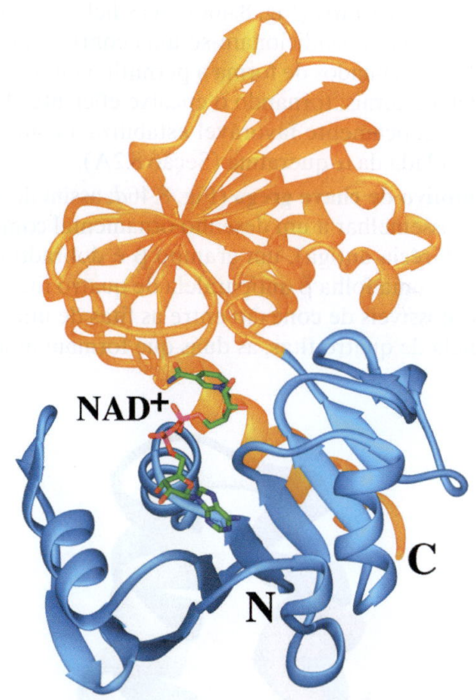

FIGURA 8.45 **Uma subunidade da enzima gliceraldeído-3--fosfato desidrogenase de *Bacillus stearothermophilus.*** O polipeptídeo se dobra em dois domínios distintos. O domínio N-terminal (azul claro, resíduos 1-146) liga NAD^+ (representado na forma de bastão com o átomo de C em verde, N em azul, O em vermelho e P em magenta) próximo às extremidades C--terminais de suas fitas β paralelas, e o domínio C-terminal (cor de laranja, resíduos 148-333) liga o gliceraldeído-3-fosfato (não mostrado).(Segundo Biesecker, G., Harris, J.I., Thierry, J.C., Walker, J.E., e Wonacott, A., *Nature* **266**, 331 [1977].)
Ver Exercício interativo 5

liga-se ao primeiro domínio da enzima gliceraldeído-3-fosfato-desidrogenase. Em proteínas com multidomínios, os sítios de ligação para pequenas moleculas frequentemente ocorrem em fendas entre os domínios; isto é, as pequenas moléculas estão ligadas por grupos de dois domínios. Essa configuração surge, em parte, da necessidade de uma interação flexível entre a proteína e a pequena molécula, que pode ser fornecida pela conexão relativamente maleável entre os domínios.

e. As estruturas supersecundárias compõem os blocos construtores das proteínas

Alguns grupos de elementos de estrutura secundária, chamados de **estruturas supersecundárias** ou **motivos**, ocorrem em muitas proteínas globulares não relacionadas:

1. A forma mais comum de estrutura supersecundária é o **motivo βαβ** (Fig. 8.46*a*), que consiste em uma hélice α que faz uma conexão cruzada para o lado direito entre duas fitas paralelas consecutivas de uma folha β.

2. Uma outra estrutura supersecundária comum, o **motivo grampo β** (Fig. 8.46*b*), consiste em uma folha β antiparalela formada por segmentos sucessivos de uma cadeia polipeptídica que está conectada por voltas reversas relativamente firmes.

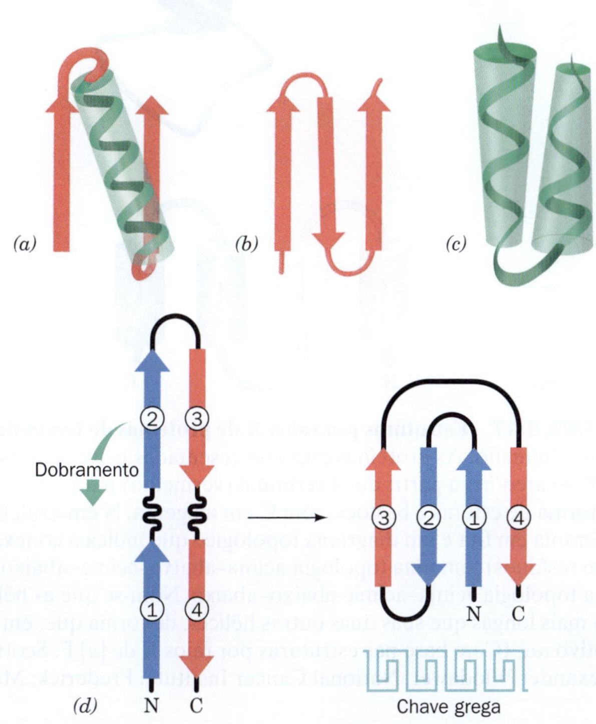

FIGURAS 8.46 **Diagramas esquemáticos de estruturas supersecundárias.** (*a*) Motivo βαβ, (*b*) motivo grampo β, (*c*) motivo αα e (*d*) motivo de chave grega, mostrando como ele é construído a partir de um grampo β dobrado sobre si.

3. Em um **motivo αα** (Fig. 8.46*c*), duas hélices α antiparalelas e sucessivas acondicionam-se uma contra a outra com os seus eixos inclinados de forma a permitir a interação entre suas cadeias laterais, tornando o encaixe eficiente. Tal associação energeticamente favorável estabiliza a conformação espiral enrolada da α-queratina (Seção 8.2A).

4. No **motivo de chave grega** (Fig. 8.46*d*; assim denominado por se assemelhar a um desenho ornamental comumente usado na Grécia antiga), um grampo β é dobrado sobre si para formar uma folha β antiparalela de quatro fitas. Das 10 maneiras possíveis de conexão entre as fitas de uma folha β antiparalela de quatro fitas, as duas que formam motivos de chave grega são, com certeza, as mais comuns em proteínas com estrutura conhecida.

Os grupos de motivos podem se combinar em formas sobrepostas ou não, para formar a estrutura terciária de um domínio, que é então denominado **padrão de dobramento** (*fold*).

O número de padrões de dobramento diferentes possíveis poderia parecer ser ilimitado. Entretanto, ao se comparar o grande número de estruturas proteicas conhecidas, revelou-se que *poucos padrões de dobramento de proteínas são únicos; ou seja, a maioria das proteínas de estrutura conhecida possui padrões de dobramento que também ocorrem*

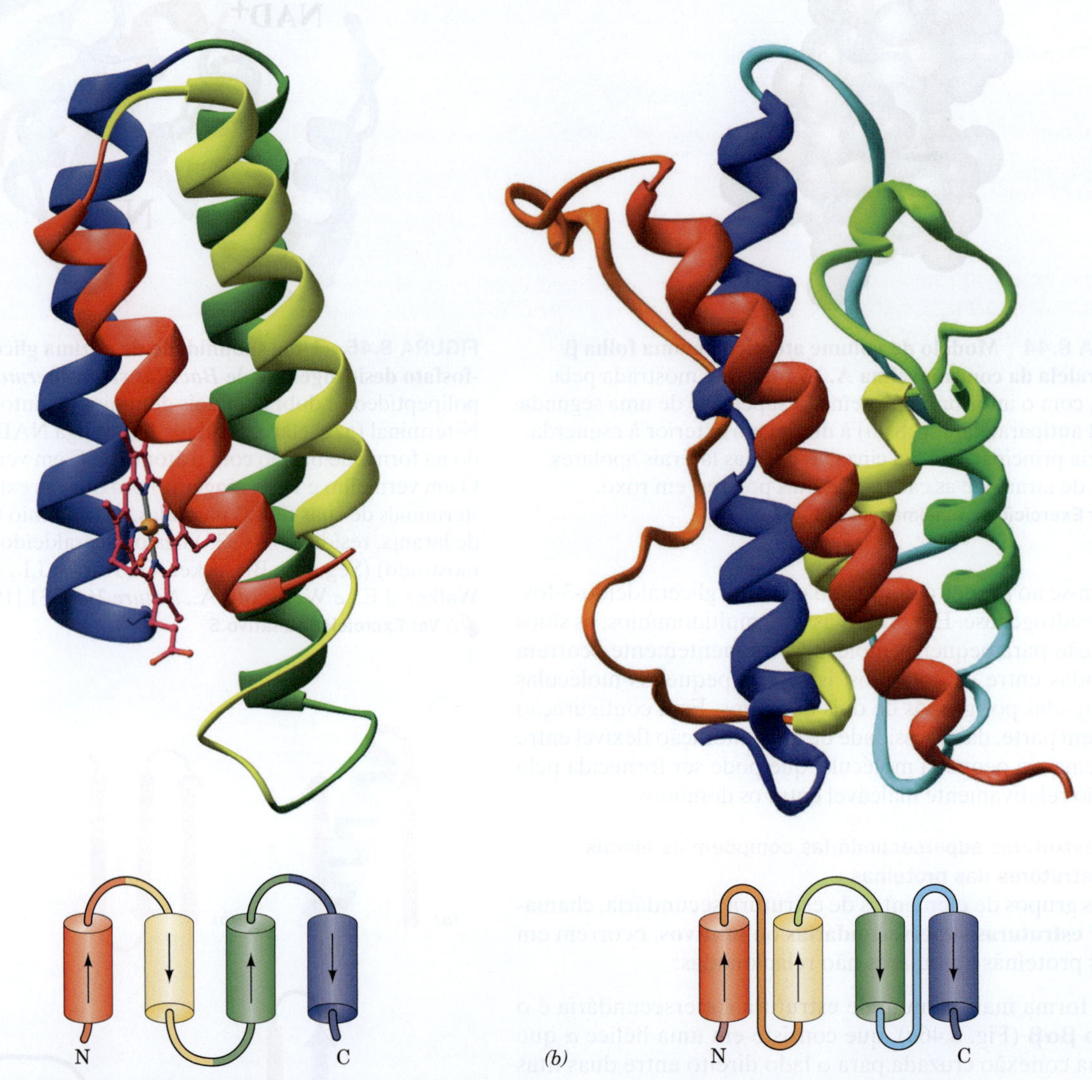

FIGURA 8.47 Estruturas por raios X de proteínas de feixes de 4 hélices. (*a*) Citocromo b_{562} de *E. coli* e (*b*) hormônio do crescimento humano. As proteínas estão representadas pelos seus esqueletos peptídicos, desenhados na forma de fitas coloridas na ordem do arco-íris a partir do N-terminal (vermelho) para o C-terminal (azul). O grupo heme ligado ao citocromo b_{562} está mostrado na forma de esferas e bastões, com C em magenta, N em azul, O em vermelho e Fe em cor de laranja. O desenho abaixo de cada diagrama em fita é um diagrama topológico que indica a conexão das hélices α em cada um dos feixes de 4 hélices. O citocromo b_{562} (106 resíduos) tem uma topologia acima–abaixo–acima–abaixo, enquanto o hormônio do crescimento humano (191 resíduos) tem uma topologia acima–acima–abaixo–abaixo. Nota-se que as hélices N-terminal e C-terminal do hormônio do crescimento humano são mais longas que suas duas outras hélices, de forma que, em uma das extremidades, as hélices mais longas associam-se em um motivo αα. (Com base nas estruturas por raios X de [*a*] F. Scott Matthews, Washington University School of Medicine, EUA, e [*b*] Alexander Wlodawer, National Cancer Institute, Frederick, Maryland, EUA. PDBids [*a*] 256B e [*b*] 1HGU.)

em proteínas não relacionadas. De fato, considerações teóricas sugerem que há menos de 8.000 padrões de dobramento que ocorrem naturalmente. Destes, ~1.200 já foram observados, com aproximadamente metade das proteínas de estrutura conhecida pertencendo a apenas 20 grupos de padrões de dobramentos.

Embora haja inúmeras maneiras nas quais as estruturas de domínios possam ser classificadas (ver, p. ex., Seção 8.3C), talvez a maneira mais simples seja classificá-las como **domínios α** (contendo elementos de estrutura secundária que sejam exclusivamente hélices α), **domínios β** (contendo somente folhas β), e **domínios α/β** (contendo tanto hélices α quanto folhas β). A categoria de domínios α/β pode ser posteriormente dividida em dois grupos principais: **barris α/β e folhas β abertas.** Nos parágrafos seguintes, serão descritos alguns dos padrões de dobramento mais comuns em cada uma dessas categorias de domínios.

f. Domínios α

Já se conhece um padrão de dobramento que contém somente hélices α: o **padrão de dobramento da globina**, que contém 8 hélices em duas camadas e ocorre na mioglobina (Fig. 8.39) e nas cadeias α e β da hemoglobina (Seção 10.2B). Em outro padrão de dobramento somente α comum, dois motivos αα combinam-se para formar um **feixe de 4 hélices**, como ocorre, por exemplo, no **citocromo b_{562}** (Fig. 8.47*a*, lado oposto). Nesse padrão de dobramento, as hélices estão inclinadas de forma que as cadeias laterais que se tocam se entrelaçam, ficando fora de contato com a solução aquosa que as circunda. Por consequência, são altamente hidrofóbicas. O feixe de 4 hélices é um padrão de dobramento relativamente comum que ocorre em várias proteínas. Entretanto, nem todas elas possuem a topologia (conectividade) para cima–para baixo–para cima–para baixo do citocromo b_{562}. O **hormônio do crescimento** humano, por exemplo, é um feixe de 4 hélices com uma topologia para cima–para cima–para baixo–para baixo (Fig. 8.47*b*). As hélices paralelas sucessivas nesse padrão de dobramento estão necessariamente conectadas por alças mais longas do que aquelas que conectam hélices antiparalelas sucessivas.

Tipos diferentes de domínios α ocorrem nas **proteínas transmembrana**. Essas proteínas serão estudadas na Seção 12.3A.

g. Domínios β

Os domínios β contêm de 4 a mais de 10 fitas β predominantemente antiparalelas, combinadas em duas folhas que se encostam umas nas outras formando um **sanduíche β**. O **padrão de dobramento das imunoglobulinas** (Fig. 8.48), por exemplo, que forma a estrutura de domínio básica da maioria das proteínas do sistema imune (Seção 35.2Be), consiste em uma folha β antiparalela de 4 fitas em contato face a face com uma folha β antiparalela de 3 fitas. Observa-se que as fitas nas duas folhas não são paralelas umas às outras, uma característica das folhas β empilhadas. As cadeias laterais entre duas folhas β empilhadas não estão em contato com o meio aquoso e, portanto, formam um núcleo hidrofóbico no domínio. Uma vez que resíduos sucessivos em uma fita β se estendem alternadamente para lados opostos da folha β (Fig. 8.17), estes resíduos são ora hidrofóbicos, ora hidrofílicos.

A curvatura inerente das folhas β (Seção 8.1C) seguidamente faz folhas de mais de seis fitas se enrolarem em **barris β**. De fato, sanduíches β podem ser considerados barris β achatados. Vários tipos de topologia de barris β diferentes têm sido observados, e os mais comuns são:

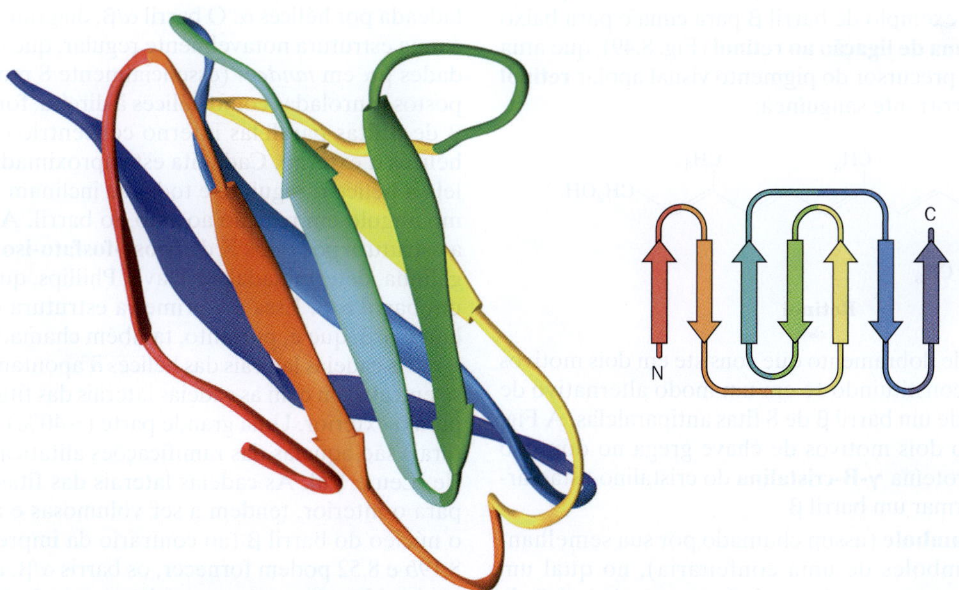

FIGURA 8.48 O padrão de dobramento das imunoglobulinas. A estrutura por raios X do domínio N-terminal do fragmento **Fab New** da imunoglobulina humana mostra o padrão de dobramento das imunoglobulinas. O esqueleto peptídico deste domínio de 103 resíduos está esquematizado na forma de fita, colorido na ordem do arco-íris a partir do N-terminal (vermelho) para o C-terminal (azul) com suas fitas β representadas por setas planas apontando para o C-terminal. À direita está o diagrama topológico do padrão de dobramento das imunoglobulinas, mostrando a conectividade de suas folhas β antiparalelas de 4 e de 3 fitas empilhadas. (Com base na estrutura por raios X de Roberto Poljak, The Johns Hopkins School of Medicine, EUA. PDBid 7FAB.)

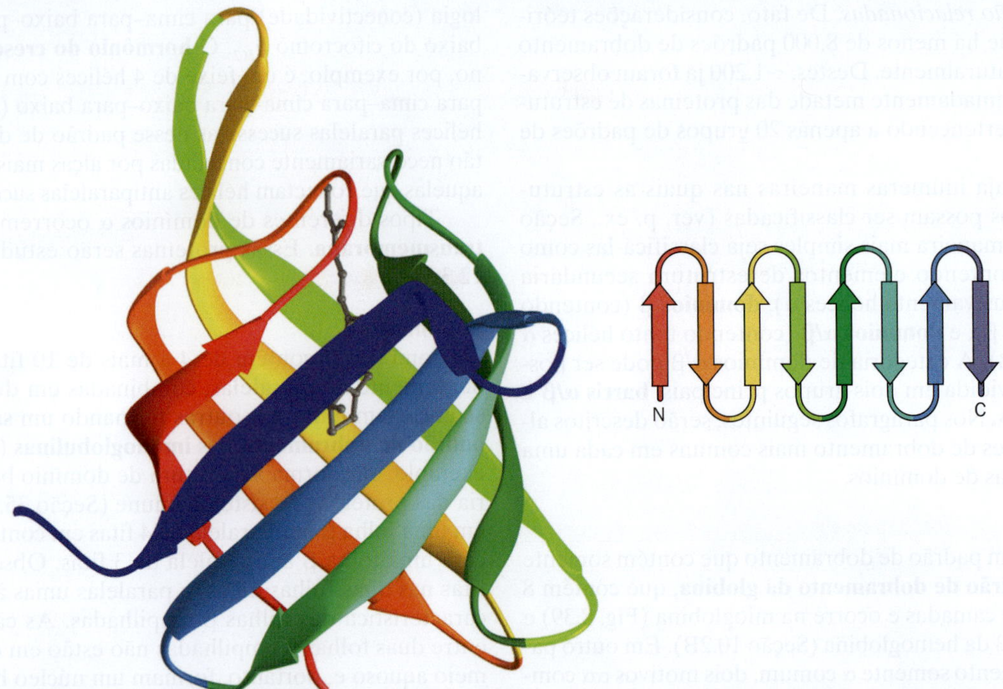

FIGURA 8.49 Proteína de ligação ao retinol. Sua estrutura por raios X mostra seu barril β para cima e para baixo (resíduos 1-142 desta proteína de 182 resíduos). Seu esqueleto peptídico está esquematizado na forma de fita, colorido na ordem do arco-íris a partir do N-terminal (vermelho) ao C-terminal (azul). Observa-se que cada fita β é ligada por uma pequena alça à fita adjacente no sentido horário, como pode ser visto de cima. A molécula de retinol ligada à proteína está representada por um modelo de esferas e bastões em cinza. À direita está o diagrama topológico da proteína. (Com base na estrutura por raios X de T. Alwyn Jones, Uppsala University, Uppsala, Suécia. PDBid 1RBP.)

1. O **barril β para cima e para baixo**, que consiste em 8 fitas β antiparalelas sucessivas configuradas como as ripas de um barril β. Um exemplo de barril β para cima e para baixo aparece na **proteína de ligação ao retinol** (Fig. 8.49), que atua no transporte do precursor do pigmento visual apolar **retinol (vitamina A)** na corrente sanguínea:

H_3C CH_3 CH_3 CH_3 CH_2OH CH_3

Retinol

2. Um padrão de dobramento que consiste em dois motivos de chave grega, constituindo-se em um modo alternativo de conectar as fitas de um barril β de 8 fitas antiparalelas. A Fig. 8.50 indica como dois motivos de chave grega no domínio C-terminal da proteína **γ-B-cristalina** do cristalino estão arranjados para formar um barril β.

3. O **barril rocambole** (assim chamado por sua semelhança com os rocamboles de uma confeitaria), no qual um grampo β de 4 segmentos é enrolado em um barril β de 8 fitas antiparalelas com uma topologia distinta, como é mostrado na Fig. 8.51*a*. A estrutura por raios X da enzima **amidase F do peptídeo-*N*⁴-(*N*-acetil-β-D-glucosaminil) asparagina** contém um domínio que consiste em um barril rocambole (Fig. 8.51*b*).

h. Barris α/β

Nos domínios α/β, uma folha β central paralela ou mista é ladeada por hélices α. O barril α/β, diagramado na Fig. 8.19*b*, é uma estrutura notavelmente regular, que consiste em 8 unidades βα em *tandem* (essencialmente 8 motivos βαβ sobrepostos) enroladas como hélices à direita, formando um barril β de 8 fitas paralelas interno concêntrico a um barril de 8 hélices α externo. Cada fita está aproximadamente antiparalela à hélice α seguinte e todas se inclinam ao redor do mesmo ângulo em relação ao eixo do barril. A Fig. 8.52 mostra a estrutura por raios X da **triose-fosfato-isomerase (TIM)** de galinha, determinada por David Phillips, que é composta por um barril α/β. Essa é a primeira estrutura conhecida de um barril α/β, que é, portanto, também chamado de **barril TIM**.

As cadeias laterais das hélices α apontam para o interior e se entrelaçam com as cadeias laterais das fitas β, que apontam para o exterior. Uma grande parte (~40%) dessas cadeias laterais são aquelas das ramificações alifáticas dos resíduos de Ile, Leu e Val. As cadeias laterais das fitas β, que apontam para o interior, tendem a ser volumosas e assim preenchem o núcleo do barril β (ao contrário da impressão que as Figs. 8.19*b* e 8.52 podem fornecer, os barris α/β, com uma exceção conhecida, não possuem núcleos vazios). As cadeias laterais que preenchem os terminais dos barris estão em contato com o solvente e, portanto, tendem a ser polares, enquanto aquelas em seus centros estão fora de contato com o solvente, sendo apolares. Então, os barris α/β possuem quatro camadas de esqueleto polipeptídico intercaladas por regiões de cadeias

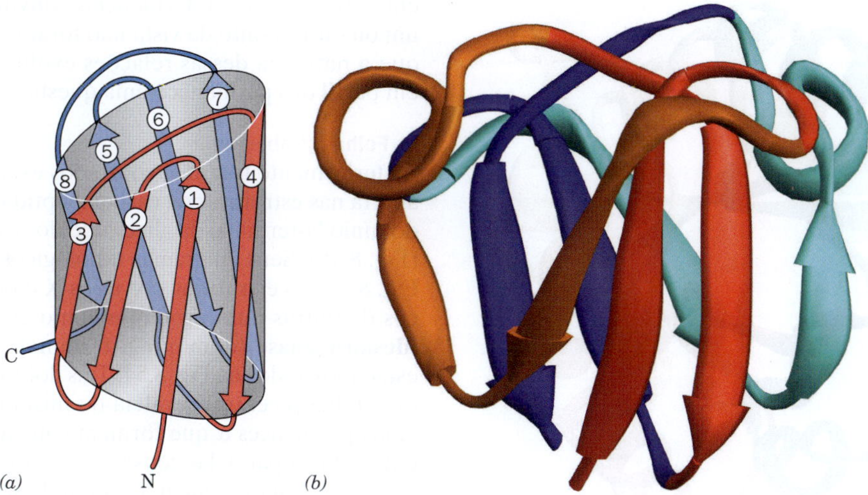

FIGURA 8.50 Estrutura por raios X do domínio C-terminal da γ-B-cristalina bovina. *(a)* Diagrama topológico mostrando como seus dois motivos de chave grega estão combinados em um barril β. Um motivo de chave grega (*em vermelho*) é formado pelas fitas β de 1 a 4 e o outro (*em azul*) é formado pelas fitas β de 5 a 8. (Segundo Branden, C., e Tooze, J., *Introduction to Protein Structure* (2nd ed.), *p.* 75, Garland [1999].) *(b)* O esqueleto peptídico de 83 resíduos mostrado na forma de fita. Os membros do par de fitas β antiparalelas em um motivo de chave grega estão da mesma cor, com a extremidade N-terminal de chave grega colorida em vermelho (fitas 1 e 4) e cor de laranja (fitas 2 e 3) e a extremidade C-terminal colorida em azul (5 e 8) e ciano (6 e 7). O domínio N--terminal dessa proteína é quase que sobreposto ao seu domínio C-terminal. (Com base na estrutura por raios X de Tom Blundell, Birkbeck College, London, Reino Unido. PDBid 4GCR.)

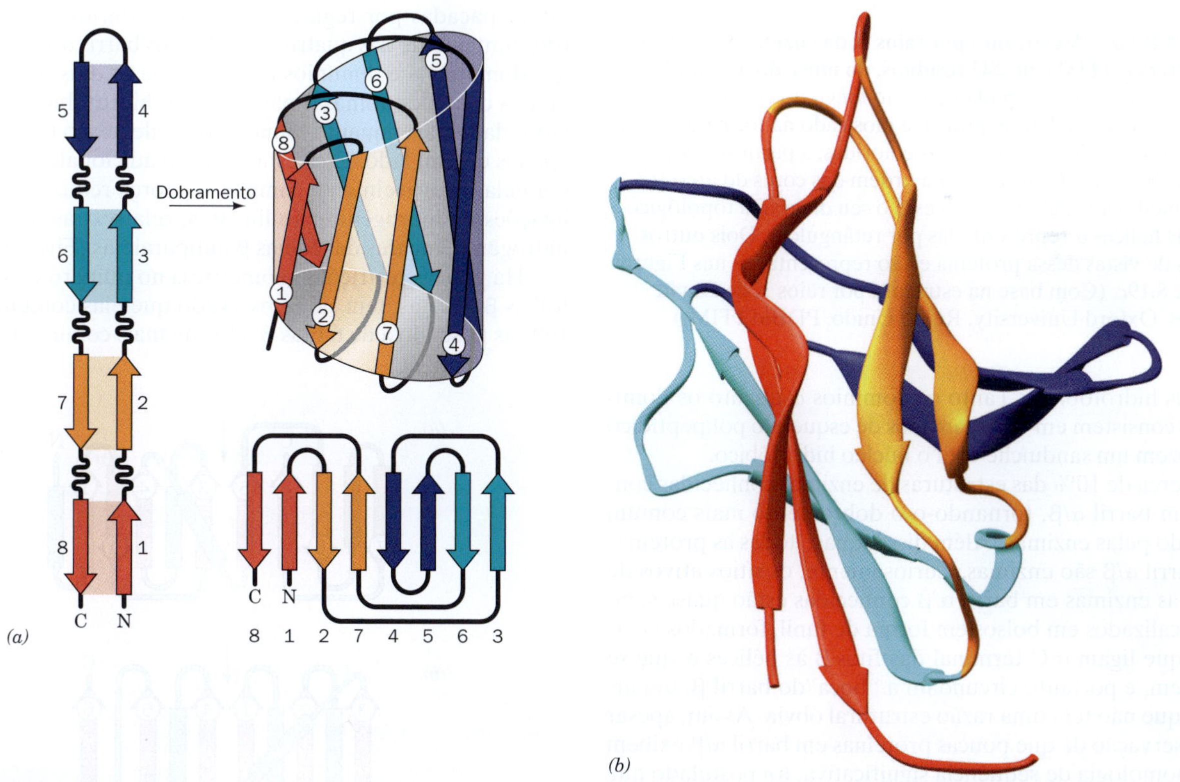

FIGURA 8.51 Estrutura por raios X da enzima amidase F do peptídeo-N^4-(*N*-acetil-β-D-glucosaminil)asparagina de *Flavobacterium meningosepticum*. *(a)* Diagrama indicando como um barril β de 8 fitas é formado pelo enrolamento de um grampo β de 4 segmentos. O diagrama topológico do barril enrolado como um rocambole também é mostrado. (Segundo Branden, C., e Tooze, J., *Introduction to Protein Structure* [2nd ed.], *p.* 77-78, Garland [1999].) *(b)* Diagrama de fita do domínio formado pelos resíduos 1 a 140 desta enzima de 314 resíduos. As duas fitas β em cada segmento de um grampo β estão da mesma cor, com as fitas 1 e 8 (as fitas N- e C-terminais) em vermelho, as fitas 2 e 7 em cor de laranja, as fitas 3 e 6 em ciano e as fitas 4 e 5 em azul. (Com base na estrutura por raios X de Patrick Van Roey, New York State Department of Health, Albany, New York, EUA. PDBid 1PNG.)

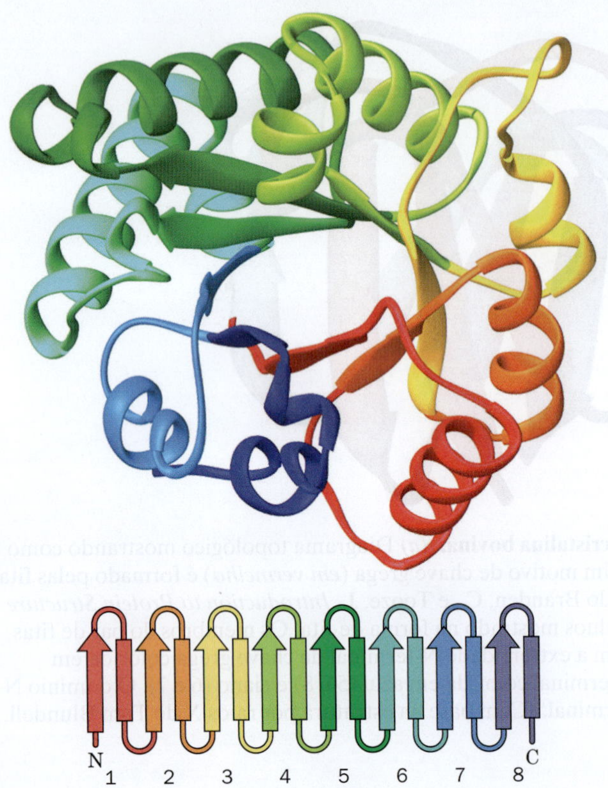

FIGURA 8.52 A estrutura por raios X da enzima triose-fosfato-isomerase (TIM), de 247 resíduos, do músculo da galinha. A proteína é vista aproximadamente ao longo do eixo de seu barril α/β. O esqueleto peptídico é mostrado na forma de fitas, com suas unidades βα sucessivas coloridas, a partir da extremidade N- para a C-terminal, na ordem das cores do arco-íris, do vermelho ao azul. À direita está o seu diagrama topológico (com as hélices α representadas por retângulos). Dois outros pontos de vistas dessa proteína estão representados nas Figuras 8.19*b* e 8.19*c*. (Com base na estrutura por raios X de David Phillips, Oxford University, Reino Unido. PDBid 1TIM.)

laterais hidrofóbicas. Tanto os domínios α quanto os domínios β consistem em duas camadas de esqueleto polipeptídico que fazem um sanduíche com o núcleo hidrofóbico.

Cerca de 10% das estruturas de enzimas conhecidas contêm um barril α/β, tornando-o o dobramento mais comum adotado pelas enzimas. Além disso, quase todas as proteínas em barril α/β são enzimas. Curiosamente, os sítios ativos de todas as enzimas em barril α/β conhecidas estão quase sempre localizados em bolsos em forma de funil, formados pelas alças que ligam o C-terminal das fitas β às hélices α que se sucedem, e portanto circundam a "boca"do barril β, um arranjo que não tem uma razão estrutural óbvia. Assim, apesar da observação de que poucas proteínas em barril α/β exibem uma homologia de sequência significativa, foi postulado que todas descendem de um ancestral comum, sendo, portanto, relacionadas (distantemente) por **evolução divergente**. Por outro lado, foi argumentado que o barril α/β é estruturalmente tão bem ajustado para os seus papéis enzimáticos que teria surgido independentemente em várias ocasiões, e, portanto, as enzimas α/β estariam relacionadas por **evolução convergente** (i.e., a natureza descobriu o mesmo dobramento em várias ocasiões). Evidências convincentes que reforcem um ou outro ponto de vista não foram encontradas, de modo que a natureza dessas relações evolutivas entre as enzimas em barril α/β permanece uma questão em aberto.

i. Folhas β abertas

Anteriormente foram encontrados exemplos de uma folha β aberta nas estruturas da carboxipeptidase A (Fig. 8.19*a*) e do domínio N-terminal da gliceraldeído-3-fosfato-desidrogenase (Fig. 8.45). Seus diagramas topológicos estão desenhados na Fig. 8.53. As estruturas por raios X e os diagramas topológicos de outras duas proteínas como essas, a enzima **lactato-desidrogenase** (domínio N-terminal) e a **adenilato-cinase**, estão mostrados na Fig. 8.54. Tais dobramentos consistem em uma folha β central paralela ou mista ladeada em ambos os lados por hélices α que formam conexões cruzadas à direita entre fitas β paralelas consecutivas (Fig. 8.20*b*). As fitas dessas folhas β não seguem a ordem da sequência do peptídeo. Em vez disso, a folha β possui uma longa conexão cruzada que inverte a direção das seções seguintes da folha, virando-a de ponta-cabeça e colocando suas conexões helicoidais cruzadas no lado oposto da folha, em comparação com aquelas da seção anterior (Fig. 8.55). Tais conformações são também conhecidas como **folhas duplamente envoltas** (em contraste com os barris α/β de uma só volta, cujas hélices estão todas do mesmo lado de suas folhas β). Essas folhas duplamente envoltas são formadas por três camadas de esqueleto polipeptídico interespaçadas por regiões de cadeias laterais hidrofóbicas (diferentemente das quatro camadas nos barris α/β e das duas nos domínios α e domínios β). Note que os dois tipos de domínios contendo folhas β paralelas são hidrofóbicos nos dois lados da folha, enquanto folhas antiparalelas são hidrofóbicas apenas em um lado. Essa estabilização adicional das folhas β paralelas provavelmente compensa a força reduzida das suas ligações de hidrogênio não lineares, relativas às ligações de hidrogênio lineares das folhas β antiparalelas (Fig. 8.16).

Há poucas restrições geométricas no número de fitas em folhas β abertas; tem sido observado que elas contêm de 4 a 10 fitas β, sendo a de 6 fitas β a forma mais comum. Uma vez

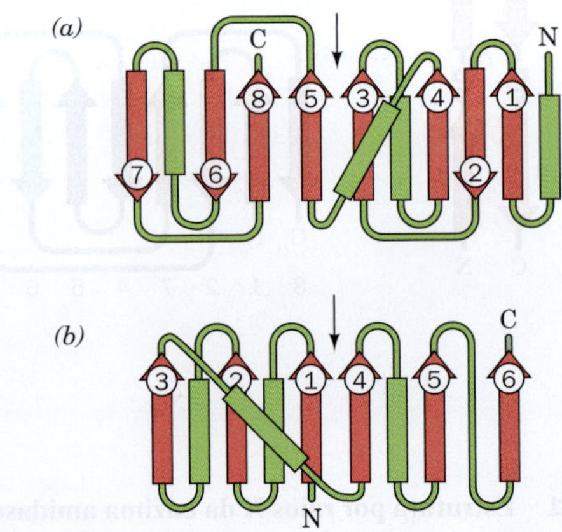

FIGURA 8.53 Diagramas topológicos da *(a)* carboxipeptidase A e do *(b)* domínio N-terminal da gliceraldeído-3-fosfato desidrogenase. As estruturas por raios X dessas proteínas estão diagramadas nas Figs. 8.19*a* e 8.45. As setas verticais pretas marcam os pontos de troca topológicos das proteínas.

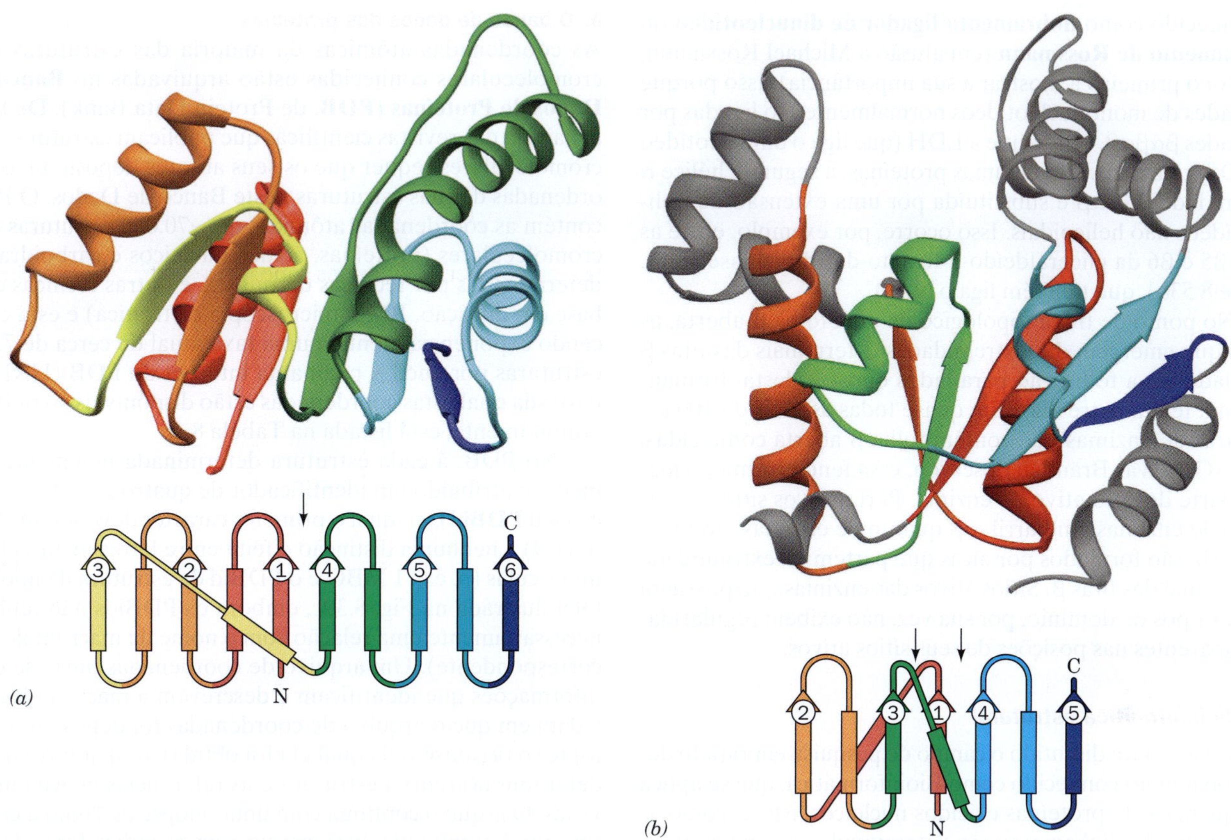

FIGURA 8.54 **Estruturas por raios X das enzimas que contêm folhas β abertas.** *(a)* Domínio N-terminal (resíduos 20-163) da lactato-desidrogenase de cação (proteína de 330 resíduos) e *(b)* adenilato-cinase suína (195 resíduos). Os esqueletos peptídicos estão representados como diagramas de fitas, com as unidades sucessivas βα coloridas, a partir da extremidade N- para a C-terminal, na ordem das cores do arco-íris, do vermelho ao azul. Em *(b)*, os elementos estruturais que não são componentes da folha β aberta estão em cinza. Os esquemas são diagramas topológicos dessas proteínas, com as setas verticais pretas marcando seus pontos de troca topológicos. (Com base na estrutura por raios X de [*a*] Michael Rossmann, Purdue University, EUA, e [*b*] Georg Schulz, Institut für Organische Chemie und Biocheme, Freiburg, Alemanha. PDBids [*a*] 6LDH e [*b*] 3ADK.)

que a posição onde a cadeia inverte sua direção de dobramento, o chamado **ponto de troca topológico**, pode ocorrer entre quaisquer hélice α e fita β consecutivas, as folhas duplamente envoltas podem ter diferentes dobramentos. Além disso, algumas fitas β podem seguir em uma direção antiparalela, produzindo folhas mistas (p. ex., a carboxipeptidase A; Figs. 8.19*a* e 8.53*a*), e, em muitos casos, há mais de um ponto de troca topológico (p. ex., adenilato-cinase; Fig. 8.54*b*).

A folha β aberta é a estrutura de domínio mais comum que ocorre nas proteínas globulares. Ademais, quase todas as proteínas desse tipo são enzimas, muitas das quais se ligam a mono ou binucleotídeos. De fato, o dobramento exemplificado pela lactato-desidrogenase (**LDH**; Fig. 8.54*a*)

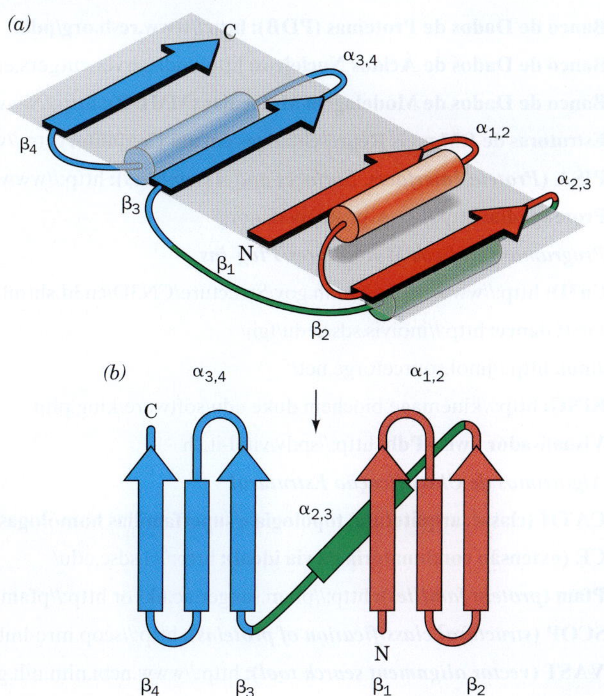

FIGURA 8.55 **Folhas duplamente envoltas.** *(a)* Diagrama esquemático de uma folha duplamente envolta, indicando como a longa conexão cruzada (*em verde*) entre seus segmentos N- e C-terminais (*vermelho e azul*) inverte a direção do segmento C-terminal da folha e coloca as conexões α-helicoidais cruzadas do outro lado da folha. *(b)* O diagrama topológico correspondente, com a seta vertical preta marcando o ponto de troca topológico. (Segundo Branden, C., e Tooze, J., *Introduction to Protein Structure* [2nd ed.], *p.* 49, Garland [1999].)

é conhecido como **dobramento ligador de dinucleotídeo** ou **dobramento de Rossmann** (em alusão a Michael Rossmann, que foi o primeiro a mostrar a sua importância). Isso porque unidades de mononucleotídeos normalmente são ligadas por unidades βαβαβ, sendo que a LDH (que liga o dinucleotídeo NAD^+) tem duas. Em algumas proteínas, a segunda hélice α da unidade βαβαβ é substituída por uma extensão de polipeptídeos não helicoidais. Isso ocorre, por exemplo, entre as fitas β5 e β6 da gliceraldeído-3-fosfato-desidrogenase (Figs. 8.45 e 8.53*b*), que também liga o NAD^+.

No ponto de troca topológico de uma folha β aberta, as alças que emergem das extremidades C-terminais das fitas β que ladeiam a folha vão para lados opostos desta, formando uma fenda entre elas. Em quase todas as mais de 100 estruturas de enzimas que contêm folha β aberta conhecidas, como Carl-Ivar Brändén observou, essa fenda forma ao menos parte do sítio ativo da enzima. Portanto, os sítios ativos tanto de enzimas em barril α/β quanto de enzimas em folha β aberta são formados por alças que partem da extremidade C-terminal das fitas β. Sítios ativos das enzimas que possuem outros tipos de domínio, por sua vez, não exibem regularidades aparentes nas posições de seus sítios ativos.

C. *Bioinformática estrutural*

Na Seção 7.4 foi discutido o campo de pesquisa em rápido desenvolvimento conhecido como Bioinformática, que se aplica a sequências de proteínas e ácidos nucleicos, isto é, como as sequências de alinhamento são determinadas e como as árvores filogenéticas são geradas. Um aspecto igualmente importante da bioinformática, discutido a seguir, é como as estruturas macromoleculares são mostradas e comparadas.

a. O banco de dados das proteínas

As coordenadas atômicas da maioria das estruturas macromoleculares conhecidas estão arquivadas no **Banco de Dados de Proteínas** (**PDB**, de Protein Data Bank). De fato, a maioria das revistas científicas que publicam estruturas macromoleculares requer que os seus autores depositem as coordenadas de suas estruturas neste Banco de Dados. O PDB contém as coordenadas atômicas de ~70.000 estruturas macromoleculares (proteínas, ácidos nucleicos e carboidratos, determinadas por técnicas de raios X e outras técnicas com base em difração, RM e microscopia eletrônica) e está crescendo exponencialmente a uma taxa atual de cerca de 7.500 estruturas por ano. A página na internet do PDB (URL), a partir da qual estas coordenadas estão disponíveis ao público gratuitamente, está listada na Tabela 8.4.

No PDB, à cada estrutura determinada independentemente é atribuído um identificador de quatro caracteres único (seu **PDBid**), no qual o primeiro caracter deve ser um dígito (1-9) e nenhuma distinção é feita entre letras maiúsculas e minúsculas (p. ex., 1 MBO é o PDBid da estrutura da mioglobina ilustrada na Fig. 8.39*c*, embora os PDBids não tenham necessariamente uma relação com o nome da macromolécula correspondente). Um arquivo de coordenadas inicia-se com informações que identificam e descrevem a macromolécula, a data em que o arquivo de coordenadas foi depositado, sua fonte (o organismo da qual ela foi obtida), o(s) autor(es) que determinou(aram) a estrutura e as referências-chave em revistas. O arquivo continua com uma sinopse de como a estrutura foi determinada, juntamente com os indicadores de sua acurácia e informações que podem ser de ajuda para a sua interpretação, como a descrição de sua simetria e de resíduos que possam não ter sido observados. As sequências das várias

TABELA 8.4 Endereços eletrônicos de bioinformática estrutural (URLs)

Banco de Dados Estruturais
Banco de Dados de Proteínas (PDB): http://www.rcsb.org/pdb/
Banco de Dados de Ácidos Nucleicos: http://ndbserver.rutgers.edu/NDB/ndb.html
Banco de Dados de Modelagem Molecular (MMDB): http://www.ncbi.nlm.nih.gov/Structure/index.shtml
Estruturas de RM mais Representativas em um Conjunto: http://www.ebi.ac.uk/msd-srv/olderado
PISA (*Protein Interfaces, Surfaces and Assemblies*): http://www.ebi.ac.uk/msd-srv/prot_int/pistart.html
Proteopedia: http://www.proteopedia.org
Programas Gráficos Moleculares/Plug-ins
Cn3D: http://www.ncbi.nlm.nih.gov/Structure/CN3D/cn3d.shtml
FirstGlance: http://molvis.sdsc.edu/fgij/
Jmol: http://jmol.sourceforge.net/
KiNG: http://kinemage.biochem.duke.edu/software/king.php
Visualisador Swiss-Pdb: http://spdv.vital-it.ch
Algoritmos de Classificação Estrutural
CATH (classe, arquitetura, topologia e superfamílias homólogas): http://www.cathdb.info/index.html
CE (extensão combinatória da via ideal): http://cl.sdsc.edu/
Pfam (*protein families*): http://pfam.sanger.ac.uk/ or http://pfam.janelia.org/
SCOP (*structural classification of proteins*): http://scop.mrc-lmb.cam.ac.uk/scop/
VAST (*vector alignment search tool*): http://www.ncbi.nlm.nih.gov/Structure/VAST/

cadeias da estrutura são então listadas junto com as descrições e fórmulas de seus chamados grupos HET (para heterogêneo), que são entidades moleculares que não estão entre os aminoácidos ou resíduos de nucleotídeos "padrão" (p. ex., moléculas orgânicas como o grupo heme, resíduos pouco comuns como o Hyp, íons metálicos e moléculas de água ligadas). As posições dos elementos estruturais secundários e suas ligações dissulfeto são então fornecidas.

O conteúdo de um arquivo PDB consiste em uma série de registros (linhas) ATOM (para resíduos "padrão") e HETATM (para heterogêneos), cada um dos quais fornecendo as coordenadas para um átomo na estrutura. Um registro ATOM ou HETATM identifica seu átomo correspondente de acordo com o seu número de série (normalmente a sua sequência na lista), nome do átomo (p. ex., C e O para os átomos C e O da carbonila de um resíduo de aminoácido e O, CA e CB para os átomos C_α e C_β, N1 para o átomo N de uma base de ácido nucleico, C4* para o átomo C para um resíduo de uma ribose ou desoxirribose), nome do resíduo (p. ex., PHE, G [para resíduo de guanosina], HEM [para o grupo heme], MG [para um íon Mg^{2+}] e HOH [para a molécula de água]), identificador de cadeia (p. ex., A, B, C, etc., para estruturas que contêm mais de uma cadeia, se as cadeias forem ou não quimicamente idênticas) e o número da sequência de resíduos na cadeia. O registro continua com as coordenadas cartesianas (X, Y, Z) (ortogonais), em angstroms, dos átomos relativas a uma origem arbitrária, a ocupância do átomo (que é a fração de regiões que realmente contêm o átomo em questão, uma quantidade que é normalmente de 1,00, mas, para grupos que têm múltiplas conformações ou para moléculas/íons que estão apenas parcialmente ligadas a uma proteína, pode ser um número positivo menor que 1,00) e o seu fator de temperatura isotrópico (uma quantidade que é indicativa da movimentação térmica do átomo, com grandes números denotando um maior grau de movimento). Os registros ATOM estão listados na ordem dos resíduos em uma cadeia. Para estruturas com base em RM, o arquivo PDB contém um registro completo de entradas ATOM e HETATM para cada membro do conjunto de estruturas que foram calculadas na resolução da estrutura (Seção 8.3A; o membro mais representativo de uma dessas coordenadas pode ser obtido no endereço eletrônico http://www.ebi.ac.uk/msd-srv/olderado). Os arquivos PDB normalmente terminam com registros CONECT (de conectividade), que mostram conectividades não usuais entre ATOMs, como ligações dissulfeto e ligações de hidrogênio, assim como conectividades entre HETATMs..

Um determinado arquivo PDB pode ser localizado de acordo com o seu PDBid ou, se este é desconhecido, por meio de uma busca seguindo uma variedade de critérios, incluindo o nome da proteína, sua fonte, o(s) autor(es), palavras-chaves e/ou a técnica experimental usada para determinar a estrutura. Ao selecionar uma macromolécula específica no PDB, aparece inicialmente uma página de Resumo de Estrutura ("*Summary Structure*") com opções para ver a estrutura de forma interativa, para ver ou baixar o arquivo de coordenadas e para classificar ou analisar a estrutura em termos de suas propriedades geométricas e sequência (ver a seguir).

b. O banco de dados de ácidos nucleicos

O **Banco de Dados de Ácidos Nucleicos** (**NDB**, de Nucleic Acid Database) arquiva as coordenadas atômicas de estruturas que contêm ácidos nucleicos. Seus arquivos de coordenadas têm, substancialmente, o mesmo formato que os arquivos do PDB, local onde esta informação também é mantida. Entretanto, a organização e os algoritmos de procura do NDB são especializados em lidar com ácidos nucleicos. Isto é útil, em parte, porque muitos ácidos nucleicos de estruturas conhecidas são identificados somente por suas sequências, em vez de seus nomes, como são as proteínas (p. ex., a mioglobina), e, como consequência, poderiam facilmente passar despercebidos em uma procura pelo PDB.

c. Observando estruturas macromoleculares em três dimensões

A melhor maneira de examinar uma estrutura macromolecular é pelo uso de programas gráficos moleculares que permitem ao usuário fazer rotações interativas de uma macromolécula e, assim, perceber a sua estrutura tridimensional. Essa percepção pode ser ampliada pela observação da macromolécula em imagem estérea. A maior parte dos programas gráficos usam como entrada arquivos PDB. Os programas descritos aqui podem ser obtidos nos endereços eletrônicos listados na Tabela 8.4, alguns dos quais também fornecem instruções de uso.

O **Jmol**, que funciona tanto como um aplicativo com base em navegadores da internet como um programa autônomo, permite ao usuário mostrar macromoléculas selecionadas pelo usuário em uma variedade de cores e formatos (p. ex., esferas e bastões, esqueleto carbônico, estrutura em fio, modelo de volume atômico e fita). Todos os Exercícios interativos no *website* que acompanha este livro-texto (http://wiley.com/ college/voet/) usam Jmol (esse endereço eletrônico contém um tutorial sobre o Jmol). O **FirstGlance** usa o Jmol para mostrar macromoléculas por meio de uma interface acessível ao usuário. **KiNG**, que também tem as versões com base em navegadores da internet e autônomas, apresenta as chamadas **Cineimagens** no endereço eletrônico que acompanha este livro-texto. O KiNG fornece um ambiente para o usuário em geral, mais direcionado ao autor do que o Jmol. As macromoléculas podem ser apresentadas diretamente de suas páginas correspondentes no PDB usando Jmol, KiNG e outros visualisadores. O **Visualisador Swiss-Pdb** (também chamado **DeepView**), além de apresentar as estruturas das moléculas, fornece ferramentas para construir modelos básicos, modelagem por homologia, minimização de energia e alinhamento de múltiplas sequências. Uma vantagem do Visualisador Swiss-PDB é que ele permite aos usuários sobrepor facilmente dois ou mais modelos. A **Protopedia** é uma enciclopédia interativa de proteínas e de outras macromoléculas, em 3D, semelhante a Wikipedia em que é o usuário quem edita. Ela usa principalmente o Jmol como visualisador.

d. Classificação e comparação de estruturas

A maioria das proteínas é estruturalmente relacionada a outras proteínas. De fato, como será visto na Seção 9.6, *a evolução tende a conservar mais a estrutura das proteínas do que as suas sequências.* As ferramentas computacionais descritas abaixo facilitam a classificação e a comparação das estruturas de proteínas. Tais ferramentas podem ser acessadas diretamente em seus endereços eletrônicos na internet (Tabela 8.4) e, em alguns casos, acessadas diretamente do PDB. Estudos usando esses programas permitem observações funcionais, revelam relacionamentos evolucionários distantes que não são aparentes a partir de comparações de sequências (Seção 7.4B), geram bibliotecas de padrões de dobramento únicos (*folds*) para a predição de estruturas e provêem indicações de por que certos tipos de estruturas são preferidas em vez de outras.

1. **CATH** (*C*lasse, *A*rquitetura, *T*opologia e superfamílias *H*omólogas), como seu nome sugere, categoriza proteínas em uma hierarquia estrutural de quatro níveis. (1) "Classe", o nível mais alto, coloca a proteína selecionada em uma das quatro categorias de estrutura secundária bruta: Principalmente α, Principalmente β, α/β (possuindo tanto hélices α quanto folhas β) e Poucas Estruturas Secundárias (*Few Secondary Structures*). (2) "Arquitetura" é a descrição do arranjo bruto da estrutura secundária, independente da topologia. (3) "Topologia" indica tanto a forma global como a conectividade das estruturas secundárias da proteína. (4) "Superfamílias Homólogas" são aquelas proteínas de estrutura conhecida que são homólogas (possuem um ancestral comum) à proteína selecionada. Para 1 MBO (a mioglobina da baleia cachalote), a classificação CATH é Classe (C): Principalmente α; Arquitetura (A): feixe ortogonal; Topologia (T): tipo globina; e superfamília Homóloga (H): globina. O CATH permite ao usuário navegar para cima e para baixo nas várias hierarquias e assim compará-las estruturalmente.
2. **CE** (Extensão Combinatória [*Combinatorial Extension*] da via ideal) procura todas as proteínas no PDB que podem ser alinhadas estruturalmente com a estrutura em questão dentro do critério geométrico especificado pelo usuário. As sequências de aminoácidos dessas proteínas também podem ser alinhadas com base neste alinhamento estrutural em vez do alinhamento das sequências (Seção 7.4B). As proteínas estruturalmente alinhadas podem ser observadas simultaneamente por um aplicativo Java chamado Compare3D, que mostra tanto os esqueletos de C_α alinhados, assim como as sequências estruturalmente alinhadas. A CE pode, da mesma forma, alinhar e mostrar duas estruturas selecionadas pelo usuário. As coordenadas atômicas das estruturas alinhadas podem também ser baixadas no formato PDB para serem usadas em outros programas, como Jmol e KiNG.
3. **Pfam** (de *Protein family*; família proteica) é uma base de dados de aproximadamente 11.000 alinhamentos de múltiplas sequências de domínios proteicos (chamados **famílias Pfam**). Usando Pfam, o usuário pode analisar uma proteína para uma combinação Pfam (74% das proteínas possuem pelo menos uma combinação no Pfam), observar as anotações e alinhamentos das famílias Pfam, determinar a organização em domínio de uma proteína a partir de sua sequência ou sua estrutura, encontrar grupos de famílias Pfam relacionados (chamdos **clans**), examinar a árvore filogenética de uma família Pfam, e acessar a ocorrência de um domínio proteico em diferentes espécies.
4. **SCOP** (Classificação Estrutural de Proteínas – *S*tructural *C*lassification *O*f *P*roteins) classifica estruturas de proteínas com base, principalmente, em considerações topológicas geradas manualmente de acordo com uma hierarquia de 6 níveis: Classe (Toda-α, Toda-β, α/β [tendo hélices α e fitas β que sejam muito intercaladas], α+β [tendo hélices α e fitas β que sejam amplamente separadas] e Multidomínios [tendo domínios de classes diferentes]), Dobramento (grupos que possuem arranjos similares de elementos da estrutura secundária), Superfamília (indicativo de relações evolucionárias distantes com base em critérios estruturais e características funcionais), Família (indicativo de relações evolucionárias próximas com base tanto na sequência como na estrutura), Proteínas e Espécies. Para 1 MBO, a classificação é Classe: Toda-α; Modelo: tipo globina; Superfamília: tipo globina; Família: globinas; Proteína: mioglobina; e Espécie: baleia cachalote (*Physeter catodon*). A SCOP permite ao usuário navegar por sua organização hierárquica semelhante a uma árvore e lista os membros conhecidos de qualquer ramo em particular. Dessa forma, com a proteína 1 MBO a SCOP mostra uma lista de 174 estruturas no PDB que contêm a mioglobina da baleia cachalote (uma das proteínas mais estudadas estruturalmente).
5. **VAST** (Ferramenta de Busca por Vetor de Alinhamento – *V*ector *A*lignment *S*earch *T*ool), um componente do sistema Entrez do National Center for Biotechnology Information (NCBI), provê uma lista pré-computada de proteínas de estrutura conhecida que se assemelha estruturalmente à proteína em questão. O sistema VAST usa o Banco de Dados de Modelagem Molecular (**Molecular Modeling Database**, **MMDB**), um banco de dados gerado pelo NCBI que é originado a partir das coordenadas do PDB, no qual as moléculas são representadas por gráficos de conectividade em vez de conjuntos de coordenadas atômicas. O VAST mostra a sobreposição da proteína em questão em seu alinhamento estrutural com uma lista de proteínas relacionadas selecionadas pelo usuário usando o **Cn3D** (um programa gráfico molecular que mostra arquivos do MMDB e que está publicamente disponível para diversas plataformas de computadores [Tabela 8.4]). VAST também reporta o alinhamento de sequência baseado na estrutura dessas proteínas.

Além disso, várias ferramentas de "Análise Estrutural" podem ser obtidas da página Resumo da Estrutura no PDB. A página "Sequence Details" (detalhes da sequência) fornece a sequência de cada cadeia na estrutura e, para polipeptídeos, indica a estrutura secundária de cada um de seus resíduos.

e. O projeto genoma estrutural

Como será visto na Seção 9.3B, as proteínas com sequências semelhantes provavelmente possuem estruturas tridimensionais semelhantes. Ainda, dos ~7 milhões de polipeptídeos com sequências conhecidas, apenas < 40.000 possuem estruturas conhecidas, compreendendo ~1.200 dos estimados 8.000 dobramentos proteicos diferentes. Como consequência, ~40% das fases abertas de leitura (ORFs; sequências de DNA que codificam proteínas) nos genomas conhecidos especificam proteínas cujas estruturas e função são desconhecidas. A necessidade de caracterizar melhor tais proteínas levou ao projeto **genoma estrutural**, um consórcio internacional, livremente organizado por centros de determinação de estruturas, dedicados a elucidar a estrutura de proteínas representativas de cada família proteica e dessa forma, faz a estrutura da maioria das proteínas prontamente acessíveis, a partir de suas sequências gênicas. Tradicionalmente, a determinação da estrutura de proteínas por técnicas de raios X e RM tem sido usada por meio de pesquisas direcionadas por hipóteses, ou seja, as proteínas são estudadas para resolver um problema bioquímico específico e, como consequência, elas tendem a ser funcionalmente bem caracterizadas. Ao contrário, a genômica estrutural empenha-se em determinar as estruturas de um grande número de proteínas não caracterizadas (exceto por suas sequências) e tem um objetivo a longo prazo de determinar as estruturas de todos os membros de **proteomas** selecionados (o grupo de todas as proteínas codificada por genomas correspondentes). Para realizar essa tarefa efetivamente é necessário que a velocidade na determinação das estruturas proteicas seja acelerada. Consequentemente, a primeira fase do projeto genômica estrutural concentrou-se no desenvolvimento de métodos de alto rendimento (i.e., robótica) de expressar, purificar, cristalisar e eludicar estruturalmente as proteínas a serem estudadas. Isso tem sido seguido, desde 2005, por uma fase produtiva em que um grande número de estruturas proteicas foram determinadas.

De fato, ~14% das estruturas no PDB são produtos do projeto genômica estrutural (uma porcentagem que está crescendo), com muitas dessas proteínas possuindo novos padrões de dobramentos. Infelizmente, o conhecimento de uma estrutura proteica não revela necessariamente sua função. Como consequência, mesmo que o custo para determinar a estrutura por raios X de uma proteína por meio do projeto genômica estrutural pareça ser significativamente menor do que o custo das pesquisas direcionadas por hipótese (apesar de estar adotando métodos de alto rendimento), ainda é uma questão de debate se o projeto genômica estrutural é uma via econômica de obter informações bioquimicamente úteis em relação às pesquisas dirigidas por hipótese.

4 ESTABILIDADE PROTEICA

Por mais incrível que pareça, as medidas termodinâmicas indicam que as *proteínas nativas são apenas muito pouco estáveis em condições fisiológicas.* A energia livre necessária para a sua desnaturação é ~0,4 kJ · mol^{-1} por resíduo de aminoácido, de modo que proteínas de 100 resíduos são estáveis geralmente por apenas cerca de 40 kJ · mol^{-1}. Em comparação, a energia necessária para romper uma ligação de hidrogênio típica é de ~20 kJ · mol^{-1}. As várias influências não covalentes às quais as proteínas estão sujeitas – interações eletrostáticas (tanto de atração como de repulsão), ligações de hidrogênio (tanto intramolecular quanto da água) e forças hidrofóbicas – possuem uma quantidade de energia que pode chegar a milhares de quilojoules por mol em uma molécula inteira de proteína. Como consequência, *a estrutura de uma proteína é o resultado de um balanço delicado entre poderosas forças compensatórias.* Nesta seção, será discutida a natureza dessas forças e será feita uma consideração sobre a desnaturação proteica, isto é, como essas forças podem ser interrompidas.

A. *Forças eletrostáticas*

As moléculas são coleções de partículas eletricamente carregadas e então, para um grau de aproximação razoável, suas interações são determinadas pelas leis clássicas da eletrostática (cálculos mais exatos requerem a aplicação da mecânica quântica). A energia de associação, U, de duas cargas elétricas, q_1 e q_2, que estão separadas pela distância r é encontrada pela integração da expressão da Lei de Coulomb, a Equação [2.1], para determinar o trabalho necessário para separar essas cargas por uma distância infinita:

$$U = \frac{kq_1q_2}{Dr} \qquad [8.1]$$

Aqui $k = 9{,}0 \times 10^9$ J · m · C^{-2}, e D é a constante dielétrica do meio no qual as cargas estão imersas (lembre-se que D = 1 para o vácuo e, normalmente, aumenta com a polaridade do meio; Tabela 2.1). A constante dielétrica de uma região do tamanho de uma molécula é difícil de estimar. Para o interior da proteína, normalmente se usa a faixa de 3 a 5, em analogia à medida das constantes dielétricas das substâncias que apresentam polaridades semelhantes, como por exemplo o benzeno e o dietil-éter.

A lei de Coulomb é válida somente para cargas pontuais ou simetricamente esféricas que estejam imersas em um meio de constante D. Contudo, proteínas não são esféricas e seus valores internos de D variam com a posição. Além disso, uma proteína em solução associa-se com íons móveis, como o Na^+ e o Cl^-, que modulam o potencial eletrostático da enzima. Como consequência, o cálculo do potencial eletrostático de uma proteína requer algoritmos matematicamente sofisticados e computacionalmente intensos que vão além do alcance neste texto. Esses métodos são amplamente usados para calcular os potenciais da superfície eletrostática das proteínas usando o programa de Análise e Representação Gráfica das Propriedades da Superfície (**GRASP**, do inglês: *Graphical Representation and Analysis of Surface Properties*), elaborado por Anthony Nicholls, Kim Sharp e Barry Honig. A Fig. 8.56 mostra um diagrama de GRASP do hormônio do crescimento humano, no qual a superfície da proteína está colorida de acordo com o seu potencial eletrostático. Esses diagramas

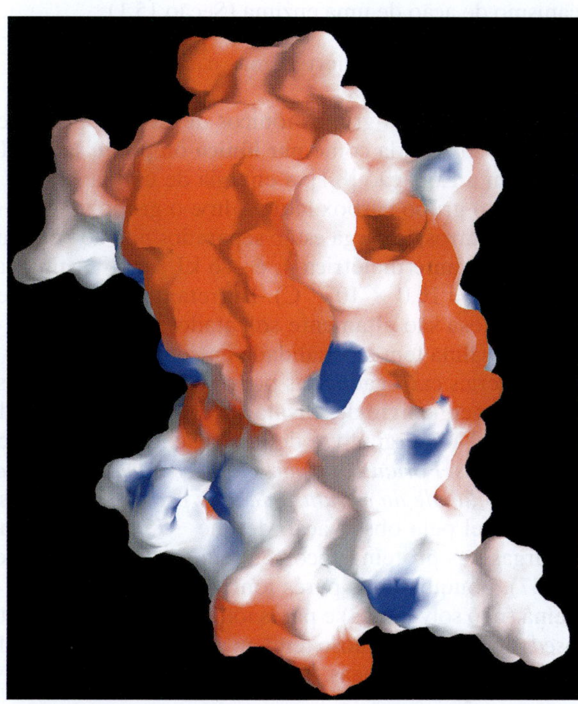

FIGURA 8.56 Um diagrama de GRASP do hormônio do crescimento humano. O diagrama mostra a superfície da proteína colorida de acordo com o seu potencial eletrostático, com as suas áreas mais negativas em vermelho-escuro, suas áreas mais positivas em azul-escuro e suas áreas neutras em branco. A orientação das proteínas é a mesma da Fig. 8.47*b*. (Com base na estrutura por raios X de Alexander Wlodawer, National Cancer Institute, Frederick, Maryland, EUA. PDBid 1HGU.)

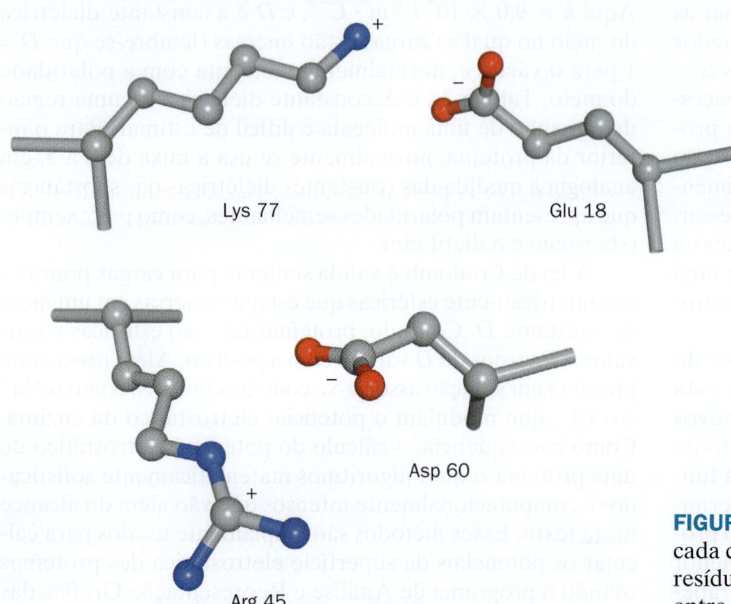

FIGURA 8.57 Exemplos de pares iônicos na mioglobina. Em cada caso, os grupos das cadeias laterais de cargas opostas de resíduos distantes na sequência, mas intimamente aproximados entre si através da formação de pares iônicos.

são úteis para avaliar como uma proteína pode se associar com moléculas carregadas, por exemplo outras proteínas, ácidos nucleicos e substratos. Cálculos similares são usados para predizer os p*Ks* dos grupos de superfície das proteínas, que pode ter uma aplicação significativa na elucidação do mecanismo de ação de uma enzima (Seção 15.1).

a. Interações iônicas são fortes, mas não estabilizam totalmente as proteínas

A associação de dois grupos iônicos de cargas opostas em proteínas é conhecida como **par iônico** ou **ponte salina**. De acordo com a Equação [8.1], a energia de um par iônico típico, como o grupo carboxila do Glu e o grupo amônio da Lys, cujos centros de carga estão separados por 4,0 Å em um meio de constante dielétrica 4, é -86 kJ · mol^{-1} (uma carga eletrônica = 16,0 × 10^{-19} C). Entretanto, íons livres em solução aquosa são altamente solvatados, e a formação de uma ponte salina tem a penalidade entrópica de localizar as cadeias laterais carregadas das pontes salinas. Como consequência, a energia livre de solvatação de dois íons separados é quase igual à energia livre de formação dos pares iônicos não solvatados. *Portanto, os pares iônicos pouco contribuem para a estabilidade da estrutura de uma proteína nativa.* Isso é responsável pela observação de que ~75% dos resíduos com cargas nas proteínas ocorrem em pares iônicos (p. ex. Fig. 8.57), pouquíssimos pares iônicos estão no interior da proteína (não solvatados) e pares iônicos que estão expostos (*exosed*) ao solvente aquoso tendem a ser pouco conservados entre proteínas homólogas.

b. Interações dipolo-dipolo são fracas, mas estabilizam significativamente as estruturas proteicas

As associações não covalentes entre moléculas eletricamente neutras, conhecidas coletivamente como **forças de van der Waals**, surgem de interações eletrostáticas entre dipolos permanentes e/ou induzidos. Essas forças são responsáveis pelas numerosas interações de força variável entre átomos vizinhos não ligados. (A ligação de hidrogênio, uma classe especial de interação dipolar, será considerada separadamente na Seção 8.4B.)

Interações entre dipolos permanentes são determinantes estruturais importantes em proteínas, pois muitos de seus grupos, como os grupos carbonila e amida do esqueleto peptídico, têm momentos dipolares permanentes. Essas interações em geral são muito mais fracas que as interações iônicas. Dois grupos carbonila, por exemplo, cada um com dipolos de 4,2 × 10^{-30} C · m (1,3 unidades debye) que estão orientados em um arranjo ótimo (Fig. 8.58*a*) e separados por 5 Å em um meio de constante dielétrica 4, têm uma energia de atração calculada de somente $-9{,}3$ kJ · mol^{-1}. Além disso, essas energias variam com r^{-3}, de modo que são rapidamente atenuadas com a distância. Em hélices α, entretanto, as extremidades negativas dos grupos amida e carbonila dipolares do esqueleto polipeptídico apontam todas na mesma direção (Fig. 8.11), de forma que suas interações e ligações dipolos são aditivas (estes grupos, é claro, também formam ligações de hidrogênio, mas agora o interesse é nos seus campos elétricos residuais). A hélice α, então, tem um momento dipolar significativo, que é positivo na direção do N-terminal e negativo na direção do C-terminal. Como consequência, *na baixa constante dielétrica do núcleo de uma proteína, interações dipolo-dipolo influenciam significativamente o dobramento das proteínas.*

Um dipolo permanente também induz um momento dipolar em um grupo vizinho, de modo a formar uma interação de atração (Fig. 8.58*b*). Tais interações dipolo-dipolo induzidas em geral são muito mais fracas que as interações dipolo-dipolo.

Embora moléculas apolares sejam quase neutras eletricamente, elas podem, a qualquer instante, possuir um pequeno momento dipolar resultante dos rápidos movimentos oscilantes de seus elétrons. Esse momento dipolar transitório polariza os elétrons em um grupo vizinho, dando origem a um momento dipolar (Fig. 8.58*c*), sendo que, próximo de suas distâncias de contato de van der Waals, os grupos se atraem (um efeito mecânico quântico que não pode ser explicado em termos de

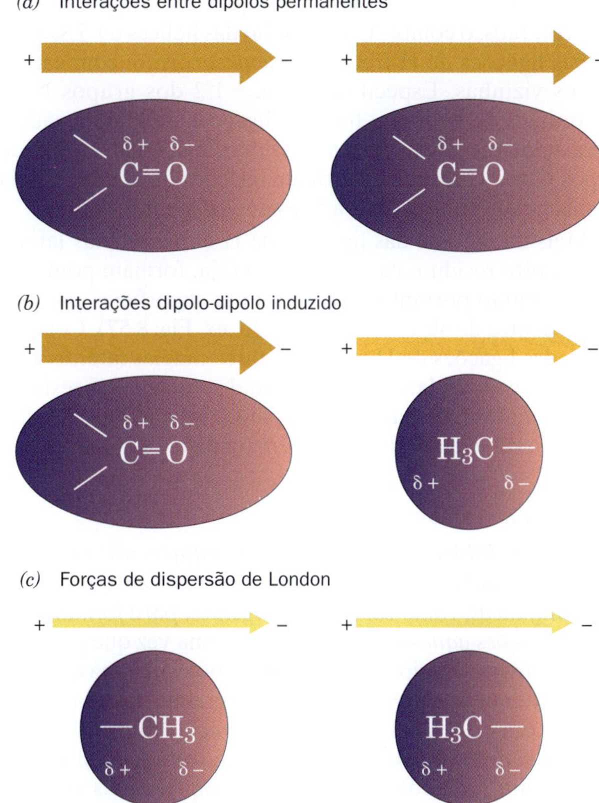

FIGURA 8.58 Interações dipolo-dipolo. A força de cada dipolo está indicada pela espessura de cada flecha. *(a)* Interações entre dipolos permanentes. Estas interações, aqui representadas pelos grupos carbonila alinhados cabeça-com-cauda, pode ser de atração, como mostrado, ou de repulsão, dependendo das orientações relativas dos dipolos. *(b)* Interações dipolo-dipolo induzido. Um dipolo permanente (nesse caso, um grupo carbonila) induz um dipolo em um grupo próximo (aqui representado por um grupo metila), distorcendo eletrostaticamente a sua distribuição de elétrons (*sombreado*). Isso sempre resulta em uma interação de atração. *(c)* Forças de dispersão de London. O desequilíbrio de carga instantâneo (*sombreado*), resultante do movimento de elétrons em uma molécula (*esquerda*), induz um dipolo em um grupo vizinho (*direita*); isto é, os movimentos dos elétrons em grupos vizinhos estão correlacionados. Isso sempre resulta em uma interação de atração.

física clássica, somente). Essas chamadas **forças de dispersão de London** são extremamente fracas. O calor de vaporização de 8,2 kJ · mol^{-1} do CH_4, por exemplo, indica que a interação de atração de um contato H ··· H não ligado entre moléculas de CH_4 vizinhas é de aproximadamente –0,3 kJ · mol^{-1} (na forma líquida, uma molécula de CH_4 toca seus 12 vizinhos mais próximos com cerca de 2 contatos H ··· H cada).

As forças de London são significativas somente para grupos que fazem contato, pois a sua energia de associação é proporcional ao r^{-6}. Entretanto, *o grande número de contatos interatômicos no interior extremamente empacotado das proteínas faz das forças de London uma influência importante na determinação de suas conformações.* As forças de London também fornecem parte da energia de ligação em interações estericamente complementares entre proteínas e moléculas ligadas especificamente por elas.

B. *As forças da ligação de hidrogênio*

As ligações de hidrogênio (D—H ··· A), como discutido na Seção 2.1Aa, são predominantemente interações eletrostáticas (mas com cerca de 10% de caráter covalente) entre um grupo doador fracamente ácido (D—H) e um aceptor (A) que contém um par de elétrons não compartilhado. Em sistemas biológicos, D e A podem ser tanto os átomos altamente eletronegativos N e O como, ocasionalmente, átomos S. Além disso, um grupo C—H relativamente ácido (p. ex., um grupo C_α—H) pode atuar como um fraco doador de ligação de hidrogênio, e o sistema de elétrons π polarizável de um anel aromático (p. ex., o do Trp) pode atuar como um aceptor fraco.

Ligações de hidrogênio têm energias de associação que estão normalmente na faixa de −12 a −40 kJ · mol^{-1} (mas somente em torno de –8 a –16 kJ · mol^{-1} para ligações de hidrogênio C—H ··· A e D—H ··· π e −2 a −4 kJ · mol^{-1} para ligações de hidrogênio C—H ··· π), valores que estão entre aqueles das ligações covalentes e das forças de van der Waals. As ligações de hidrogênio (**ligações de H**) são muito mais direcionais do que as forças de van der Waals, mas menos do que as ligações covalentes. A distância D ··· A normalmente está na faixa de 2,7 a 3,1 Å, embora, uma vez que os átomos de H não são vistos nas estruturas por raios X, exceto nas de resolução macromolecular muito alta, uma possível interação D—H ··· A (onde D e A podem ser tanto N ou O) pode ser uma ligação de H se a sua distância D ··· A for significativamente menor do que a soma, de 3,7 Å, do comprimento da ligação D—H (~1,0 Å) e das distâncias de contato das forças de van der Waals entre H e A (~2,7 Å). Deve-se ter em mente, entretanto, que não há um limite rígido de distância acima da qual as ligações de H deixam de existir, porque a energia de uma ligação de H, que tem principalmente caráter eletrostático, varia inversamente com a distância entre os centros negativos e positivos (Equação [8.1]).

As ligações de H tendem a ser lineares, com a ligação D—H apontando na direção do par orbital não compartilhado do aceptor (ou, nas ligações de hidrogênio D—H ··· π, mais ou menos perpendiculares ao anel aromático e apontando para seu centro, com a distância do átomo D até o centro do anel aromático variando em torno de 3,2 a 3,8 Å). Desvios maiores que essa geometria ideal, contudo, não são incomuns. Nas ligações de H, por exemplo, das hélices α (Fig. 8.11) e das folhas β pregueadas antiparalelas (Fig. 8.16*a*), as ligações N—H apontam aproximadamente para as ligações C═O, e não para o par orbital não compartilhado, e nas folhas β pregueadas paralelas (Fig. 8.16*b*), as ligações de H afastam-se significativamente da linearidade. De fato, muitas das ligações de H em proteínas são membros de redes nas quais cada doador é ligado por ligações de H a dois aceptores (uma **ligação de hidrogênio bifurcada**) e cada aceptor é ligado por ligação de hidrogênio a dois doadores. Por exemplo, embora as ligações de H em hélices α ideais se formem entre o grupo N—H no resíduo *n* e o grupo C═O no resíduo *n* − 4 (ligações de H *n* → *n* − 4; Fig. 8.11), muitos dos grupos N—H em hélices α reais associam-se via ligações de hidrogênio bifurcadas com dois grupos C═O adjacentes para formar ligações de H *n* → *n* − 4 e *n* → *n* − 3.

a. Ligações de hidrogênio estabilizam apenas fracamente as proteínas

Os grupos internos de ligação de H de uma proteína estão arranjados de tal forma que a maior quantidade possível de ligações de H é formada (Seção 8.3B). Obviamente, as ligações de hidrogênio têm uma influência importante na estrutura das proteínas. Entretanto, uma proteína desdobrada faz a maior parte das ligações de H com as moléculas de água do solvente aquoso (a água é uma poderosa doadora e aceptora de elétrons). A energia livre da estabilização que ligações de H internas conferem a uma proteína nativa é, portanto, igual à diferença na energia livre das ligações de H entre a proteína nativa e a proteína desdobrada. Como consequência, espera-se que ligações de H não estabilizem (e talvez até mesmo desestabilizem um pouco) a estrutura de uma proteína nativa relativamente ao seu estado desdobrado. Entretanto, uma vez que interações por ligações de H são por natureza extremamente eletrostáticas, é provável que elas sejam mais fortes no interior de baixa polaridade de uma proteína do que no meio aquoso de alta polaridade. Além disso, pode haver um efeito entrópico que desestabilize as ligações de H entre a água e um polipeptídeo desdobrado em comparação às ligações de H intraproteína: é provável que as moléculas de água que estão ligadas por ligações de H a um polipeptídeo sejam mais restritas (ordenadas) tanto quanto à orientação como quanto à posição do que aquelas que apresentam ligações de H somente com outras moléculas de água, o que favorece a formação das ligações de H intraproteína. Esses efeitos podem muito bem explicar a observação de que a remoção mutagênica de uma ligação de H de uma proteína em geral reduz sua estabilidade em -2 a $8\ \text{kJ} \cdot \text{mol}^{-1}$.

Apesar de sua baixa estabilidade, *as ligações de hidrogênio de uma proteína fornecem uma base estrutural para seu padrão de dobramento nativo:* se uma proteína se dobrasse de uma forma que evita que algumas de suas ligações de H internas sejam formadas, a energia livre dessas ligações se perderia e tais conformações seriam menos estáveis do que aquelas que têm o máximo das ligações de H. De fato, a formação de hélices α e folhas β satisfaz de maneira eficiente as necessidades de ligações de H do esqueleto polipeptídico. Esse argumento aplica-se também às forças de van der Waals discutidas na seção anterior.

b. A maioria das ligações de hidrogênio das proteínas é local

Como pode uma molécula tão complexa como uma proteína se dobrar de forma a conseguir quase todo o seu potencial de ligações de H? A resposta a essa pergunta foi esclarecida por uma pesquisa das ligações de H em estruturas de proteínas obtidas por raios X de alta resolução, feita por Ken Dill e George Rose: *a maioria das ligações de H em uma proteína é local, isto é, envolve doadores e aceptores que estão muito próximos na sequência e assim podem encontrar prontamente seus parceiros de ligações de H.*

1. Em média, 68% das ligações de H em proteínas ocorrem entre os átomos do esqueleto. Destas, ~1/3 formam ligações de H $n \rightarrow n-4$ (como nas hélices α ideais), ~1/3 formam ligações de H $n \rightarrow n-3$ (como nas voltas reversas e hélices 3_{10} ideais), ~1/3 ocorrem entre fitas pareadas em folhas β. Dessa forma, somente ~5% das ligações de H entre os átomos do esqueleto não estão totalmente dentro de uma hélice, folha ou volta.

2. As ligações de hidrogênio entre cadeias laterais e os esqueletos estão aglomerados em posições de **capeamento** (*capping*) **de hélice**. Nas hélices α, os primeiros quatro grupos N—H e os últimos quatro grupos C═O não podem formar ligações de H dentro da hélice (que seria metade das ligações de H potenciais entre átomos do esqueleto em uma hélice α de 12 resíduos, o comprimento médio das hélices α). Essas potenciais ligações de H frequentemente ocorrem com cadeias laterais vizinhas. Especificamente, ~1/2 dos grupos N—H N-terminais de hélices α formam ligações de H com cadeias laterais polares que estão 1 a 3 resíduos distantes, e ~1/3 dos grupos C═O C-terminais formam ligações de H com cadeias laterais polares que estão 2 a 5 resíduos distantes.

3. Mais da metade das ligações de H entre cadeias laterais ocorre entre resíduos carregados (ou seja, formam pontes salinas), estando portanto localizadas nas superfícies proteicas entre e dentro de alças da superfície (p. ex. Fig. 8.57). Contudo, ~85% das ligações de H restantes entre cadeias laterais ocorrem entre cadeias laterais que estão distantes 1 a 5 resíduos. Assim, com exceção daquelas em pontes salinas, ligações de H cadeia lateral-cadeia lateral também tendem a ser locais.

C. *Forças hidrofóbicas*

***Efeito hidrofóbico** é o nome dado às influências que fazem substâncias apolares minimizar seus contatos com água e moléculas antifáticas, como sabões e detergentes, para formar micelas em soluções aquosas (Seção 2.1Ba).* Uma vez que proteínas nativas formam um tipo de micela intramolecular, na qual suas cadeias laterais apolares estão, em uma grande medida, fora de contato com o solvente aquoso, *as interações hidrofóbicas devem ser um determinante importante na estrutura das proteínas.*

O efeito hidrofóbico deriva das propriedades especiais da água como solvente, sendo uma delas sua constante dielétrica. Outros solventes polares, como o dimetil sulfóxido (DMSO) e a *N,N*-dimetilformamida (DMF), tendem a desnaturar proteínas. Os dados termodinâmicos da Tabela 8.5 fornecem uma compreensão considerável a respeito da origem do efeito hidrofóbico, pois a transferência de um hidrocarboneto da água para um solvente apolar assemelha-se à transferência de uma cadeia lateral apolar do exterior de uma proteína em solução aquosa para o seu interior. As variações na energia livre de Gibbs isotérmica ($\Delta G = \Delta H - T\Delta S$) para a transferência de um hidrocarboneto de uma solução aquosa para um solvente apolar é negativa em todos os casos, o que indica, como já sabe-se, que tais transferências são processos espontâneos (óleo e água não se misturam). O que talvez seja inesperado é que esses processos de transferência são endotérmicos (ΔH positivos) para compostos alifáticos e atérmicos ($\Delta H = 0$) para compostos aromáticos; ou seja, *do ponto de vista da entalpia, é mais ou é igualmente favorável para moléculas apolares se dissolverem em água do que em meios apolares.* Por oposição, o componente entrópico da variação unitária da energia livre, $-T\Delta S_u$ (ver nota * no rodapé da Tabela 8.5), é alto e negativo em todos os casos. Evidentemente, *a transferência de um hidrocarboneto de um meio aquoso para um meio apolar é impelida entropicamente. Isso também é valido para a transferência de um grupo proteico apolar de um meio aquoso para o interior apolar da proteína.*

Qual é o mecanismo físico pelo qual entidades apolares são excluídas de soluções aquosas? Lembre-se de que a entropia é uma medida da ordem em um sistema; ela diminui com o aumento da ordem (Seção 3.2). Então, a diminuição da entropia quando uma molécula ou cadeia lateral apolar é solvatada pela água (o inverso do processo anterior) deve ser devida a um processo de ordenação. Isso é uma observação

TABELA 8.5 Variações termodinâmicas para a transferência de hidrocarbonetos da água para solventes apolares a 25°C*

Processo	ΔH (kJ · mol^{-1})	$-T\Delta S_u$ (kJ · mol^{-1})	ΔG_u (kJ · mol^{-1})
CH_4 em $H_2O \rightleftharpoons CH_4$ em C_6H_6	11,7	–22,6	–10,9
CH_4 em $H_2O \rightleftharpoons CH_4$ em CCl_4	10,5	–22,6	–12,1
C_2H_6 em $H_2O \rightleftharpoons C_2H_6$ em benzeno	9,2	–25,1	–15,9
C_2H_4 em $H_2O \rightleftharpoons C_2H_4$ em benzeno	6,7	–18,8	–12,1
C_2H_2 em $H_2O \rightleftharpoons C_2H_2$ em benzeno	0,8	–8,8	–8,0
Benzeno em $H_2O \rightleftharpoons$ benzeno líquido**	0,0	–17,2	–17,2
Tolueno em $H_2O \rightleftharpoons$ tolueno líquido**	0,0	–20,0	–20,0

*ΔG_u, **a mudança unitária na energia livre de Gibbs**, é a mudança na energia livre de Gibbs, ΔG, corrigida para sua dependência da concentração, de modo a refletir as propriedades inerentes da substância em questão e sua interação com o solvente. Essa relação, de acordo com a Equação [3.13], é

$$\Delta G_u = \Delta G - nRT \ln\frac{[A_f]}{[A_i]}$$

Em que $[A_i]$ e $[A_f]$ são as concentrações inicial e final, respectivamente, da substância em questão, e n é o número de móis da substância. Uma vez que o segundo termo nessa equação é um termo puramente entrópico (o aumento na concentração de uma substância aumenta a ordem), DS_u, a **mudança unitária na entropia**, é expressa

$$\Delta S_u = \Delta S + nR \ln\frac{[A_f]}{[A_i]}$$

** Dados obtidos a 18°C.
Fonte: Kauzman, W., *Adv. Protein Chem.* **14**, 39 (1959).

experimental, não uma conclusão teórica. As magnitudes das variações de entropia são muito altas para serem atribuídas somente a mudanças nas conformações dos hidrocarbonetos; como Henry Frank e Marjorie Evans mostraram em 1945, *essas variações na entropia originam-se sobretudo de algum tipo de ordem da estrutura da água.*

A água em seu estado líquido tem uma estrutura altamente ordenada e extensivamente ligada por ligações de H (Seção 2.1A). A insinuação de um grupo apolar em sua estrutura a desestrutura: um grupo apolar não aceita e nem doa ligações de H, de forma que a molécula de água na superfície da cavidade ocupada pelo grupo apolar não pode fazer ligações de H com outras moléculas do modo usual. Para que a energia das ligações de H perdida possa ser recuperada, essas moléculas de água da superfície devem orientar-se para formar uma rede de ligações de H envolvendo a cavidade (Fig. 8.59). Essa orientação constitui uma ordenação da estrutura da água, já que o número de maneiras pelas quais suas moléculas podem formar ligações de H sobre a superfície de um grupo apolar é menor do que o número de maneiras pelas quais elas podem formar ligações de H em água pura.

Infelizmente, a complexidade da estrutura básica da água líquida (Seção 2.1Ac) ainda não permitiu uma descrição estrutural detalhada desse processo de ordenação. Um modelo que foi proposto é o de que a água forma gaiolas de ligações de H quase cristalinas sobre os grupos apolares de modo semelhante àquela dos **clatratos** (Fig. 8.60). As magnitudes das variações de entropia causadas pela dissolução de substâncias apolares na água, entretanto, indicam que a estrutura da água resultante seria somente um pouco mais ordenada do que água pura. Elas também devem ser bem diferentes da estrutura do gelo comum, pois, por exemplo, a solvatação de grupos apolares pela água provoca uma grande diminuição no volume da mesma (p. ex., a transferência de CH_4 do hexano para a água diminui a solução da água por 22,7 mL · mol^{-1} de CH_4), enquanto o congelamento da água resulta em uma expansão de 1,6 mL · mol^{-1}.

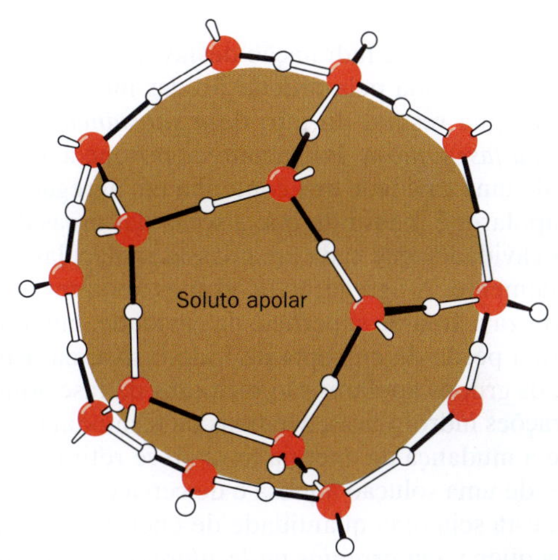

FIGURA 8.59 A preferência de orientação das moléculas de água ao redor de um soluto apolar. Para maximizar o número de ligações de H, as moléculas de água tendem a se posicionar sobre o soluto inerte de forma que, para solutos relativamente pequenos, duas ou três de suas direções tetraédricas fiquem tangenciais à sua superfície. Isso permite que formem ligações de H (*em preto*) com moléculas de água vizinhas, revestindo a superfície apolar. No entanto, para solutos maiores não polares (planares), as moléculas de água adjacentes estão, cada uma, geometricamente limitadas a participar a não mais do que três ligações de hidrogênio. Em ambos os casos, a ordenação das moléculas de água estende-se por várias camadas de moléculas de água além da primeira capa de hidratação do soluto apolar. (Ilustração, Irving Geis. Imagem da coleção de Irving Geis, Howard Hughes Medical Institute, EUA. Figura impressa com permissão.)

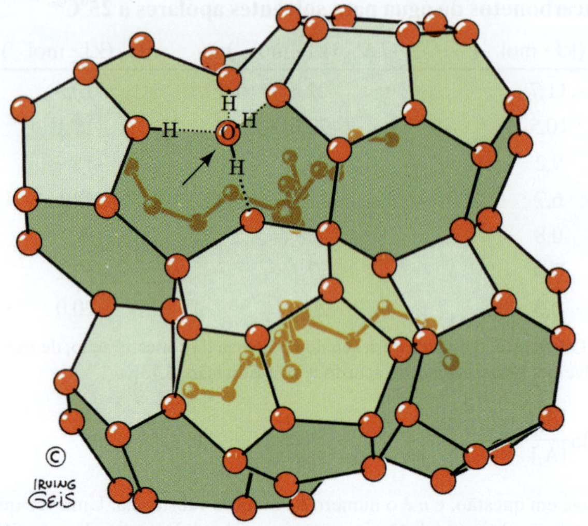

FIGURA 8.60 Estrutura do clarato $(n\text{-}C_4H_9)_3S^+F^- \cdot 23\,H_2O$. Os claratos são complexos cristalinos de compostos apolares com água (normalmente formados a baixa temperatura e alta pressão), nos quais as moléculas apolares estão cercadas, como indicado, por uma gaiola poliédrica de moléculas de água (aqui representadas somente por átomos de oxigênio) ligadas tetraedricamente por ligações de H. As interações de ligações de H de uma dessas moléculas de água (*seta*) estão mostradas em detalhes. (Ilustração, Irving Geis. Imagem da coleção de Irving Geis, Howard Hughes Medical Institute, EUA. Figura impressa com permissão.)

A energia livre de hidratação desfavorável de uma substância apolar gerada pela ordenação das moléculas circundantes de água resulta do fato de *a substância apolar ser excluída da fase aquosa.* Isso acontece porque a área de superfície de uma cavidade que contenha um agregado de moléculas apolares é menor do que a soma das áreas de superfície das cavidades que cada uma dessas moléculas ocuparia individualmente. A agregação de grupos apolares dessa forma minimiza a área de superfície da cavidade, minimizando, portanto, a perda de entropia de todo o sistema. Em certo sentido, os grupos apolares são retirados da fase aquosa pelas interações hidrofóbicas. Medidas de termodinâmica indicam que a mudança da energia livre ao se retirar um grupo —CH_2— de uma solução aquosa é de cerca de -3 kJ · mol^{-1}. Embora esta seja uma quantidade de energia livre relativamente pequena, *em arranjos moleculares que envolvem um grande número de contatos apolares, as interações hidrofóbicas são uma força poderosa.*

Em 1958, Walter Kauzmann observou que *as forças hidrofóbicas são o principal determinante que faz as proteínas se dobrarem em suas formas nativas.* A Fig. 8.61 indica que as **hidropatias** das cadeias laterais de aminoácidos (índices de combinação entre tendências hidrofóbicas e hidrofílicas; Tabela 8.6) são, de fato, boas para prever quais porções de uma cadeia polipeptídica estão dentro de uma proteína, fora de contato com o solvente aquoso, e quais as porções estão no exterior da proteína, em contato com o solvente aquoso. Em proteínas, os efeitos das forças hidrofóbicas são com frequência denominados **ligações hidrofóbicas**, supostamente para indicar a natureza específica do dobramento proteico sob a influência do efeito hidrofóbico. É preciso lembrar, entretanto, que as ligações hidrofóbicas não geram as interações direcionalmente específicas normalmente associadas ao termo "ligação".

D. *Ligações dissulfeto*

As ligações dissulfeto funcionam para estabilizar a estrutura tridimensional de uma proteína, pois elas se formam quando a proteína se dobra para adquirir sua posição nativa (Seção 9.1A). O caráter químico relativamente redutor do citoplasma, entretanto, diminui de forma notável a estabilidade das ligações dissulfeto intracelulares. Na verdade, quase todas as proteínas com ligações dissulfeto são secretadas para ambientes extracelulares mais oxidados, onde se tornam efetivas para estabilizar as estruturas proteicas (as proteínas secretadas dobram-se em suas posições nativas – e assim formam suas ligações dissulfeto – no retículo endoplasmático [Seção 12.4Ba], que, diferentemente de outros compartimentos celulares, tem ambiente oxidativo). Aparentemente, a relativa "hostilidade" de ambientes extracelulares para com as proteínas (em geral, temperaturas e pHs não controlados) requer a estabilidade estrutural adicional das ligações dissulfeto.

E. *Desnaturação das proteínas*

A baixa estabilidade conformacional das proteínas nativas as torna muito suscetíveis à desnaturação pela alteração no balanço das forças fracas que não são de ligação que mantêm a conformação nativa. Quando uma proteína em solução é aquecida, suas propriedades conformacionalmente sensíveis, como, por exemplo, a rotação óptica (Seção 4.2A), a viscosi-

TABELA 8-6 Escala de hidropatia para cadeias laterais de aminoácidos

Cadeia lateral	Hidropatia
Ile	4,5
Val	4,2
Leu	3,8
Phe	2,8
Cys	2,5
Met	1,9
Ala	1,8
Gly	–0,4
Thr	–0,7
Ser	–0,8
Trp	–0,9
Tyr	–1,3
Pro	–1,6
His	–3,2
Glu	–3,5
Gln	–3,5
Asp	–3,5
Asn	–3,5
Lys	–3,9
Arg	–4,5

Fonte: Kyte, J., and Doolitle, R.F., *J. Mol. Biol.* 157, 110 (1982).

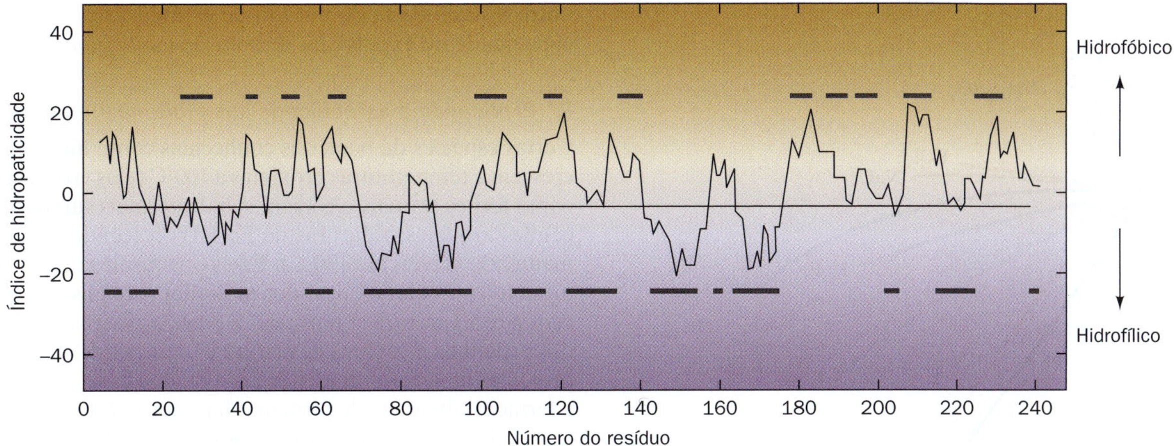

FIGURA 8.61 **Gráfico do índice de hidropaticidade para o quimotripsinogênio bovino.** A soma das hidropatias de nove resíduos consecutivos (ver Tabela 8.6) está colocada no gráfico contra o número do resíduo na sequência. Um índice de hidropaticidade positivo elevado indica uma região hidrofóbica do polipeptídeo, ao passo que um valor negativo elevado indica uma região hidrofílica. As barras de cima marcam as regiões interiores da proteína, segundo a determinação por cristalografia por raios X, ao passo que as barras de baixo marcam as regiões exteriores da proteína. (Segundo Kyte, J., e Doolittle, R.F., *J. Mol. Biol.* **157**, 111 [1982].)

dade e a absorção de UV, alteram-se abruptamente em uma pequena variação de temperatura (p. ex., Fig. 8.62).

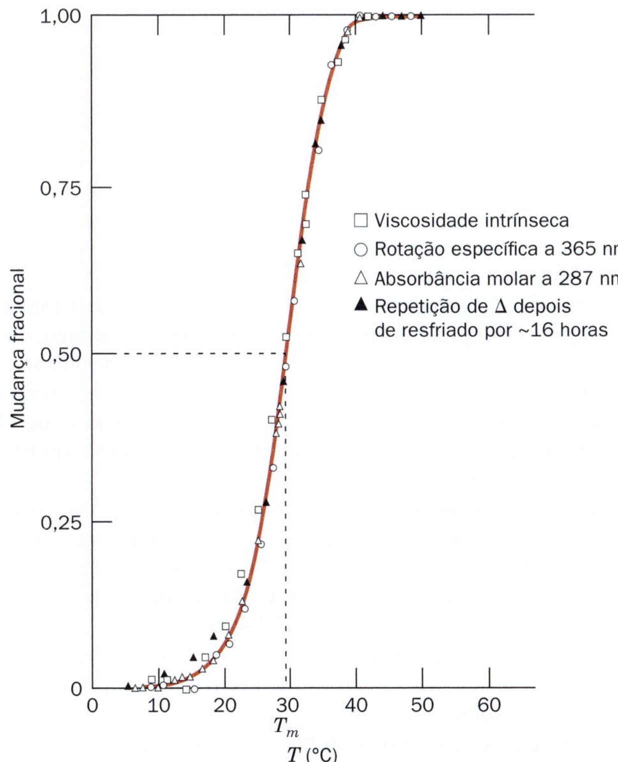

FIGURA 8.62 **Desnaturação proteica.** A desnaturação induzida pelo calor da ribonuclease A pancreática bovina (RNase A) em um solvente HCl-KCl em pH 2,1 e força iônica de 0,019 foi monitorada por várias técnicas sensíveis à conformação. A curva é desenhada somente por meio dos pontos Δ. A temperatura de fusão, T_m, é definida como a temperatura no ponto médio da transição. Compare o perfil desta curva de fusão com o da fita dupla de DNA (Fig. 5.16). (Segundo Ginsburg, A., e Carroll, W.R., *Biochemistry* **4**, 2169 [1965].)

Essa transição brusca indica que a estrutura da proteína nativa se desdobra de maneira cooperativa: o desdobramento de qualquer parte da estrutura desestabiliza a estrutura restante, que colapsa simultaneamente para uma estrutura aleatória. A temperatura no ponto médio deste processo é conhecida como **temperatura de fusão (ou de desnaturação)** proteica, T_m, analogamente ao ponto de fusão de um sólido. A maioria das proteínas tem valores de T_m bem abaixo de 100°C. Lembre-se de que os ácidos nucleicos, de maneira semelhante, também têm T_m características (Seção 5.3Ca).

Além das altas temperaturas, as proteínas são também desnaturadas por várias outras condições e substâncias:

1. As variações de pH alteram os estados de ionização das cadeias laterais de aminoácidos (Tabela 4.1), o que altera a distribuição de cargas e a exigência de ligações de hidrogênio.
2. Os detergentes, alguns dos quais perturbam as estruturas proteicas em concentrações tão baixas quanto 10^{-6} M, associam-se hidrofobicamente aos resíduos apolares de uma proteína, por conseguinte interferindo nas interações hidrofóbicas responsáveis pela estrutura nativa das proteínas.
3. Altas concentrações de substâncias orgânicas solúveis em água, como alcoóis alifáticos, interferem nas forças hidrofóbicas que estabilizam as proteínas por meio de suas próprias interações com a água. Substâncias orgânicas com vários grupos hidroxila, como o etilenoglicol ou a sacarose,

$H_2C—CH_2$ (HO, OH)
Etileno glicol

Sacarose

contudo, são desnaturantes relativamente fracos, pois sua capacidade de formar ligações de H os torna desestabilizadores da estrutura da água mais fracos.

A influência do sal é mais variável. A Fig. 8.63 mostra os efeitos de vários sais na T_m da **ribonuclease A (RNase A)**

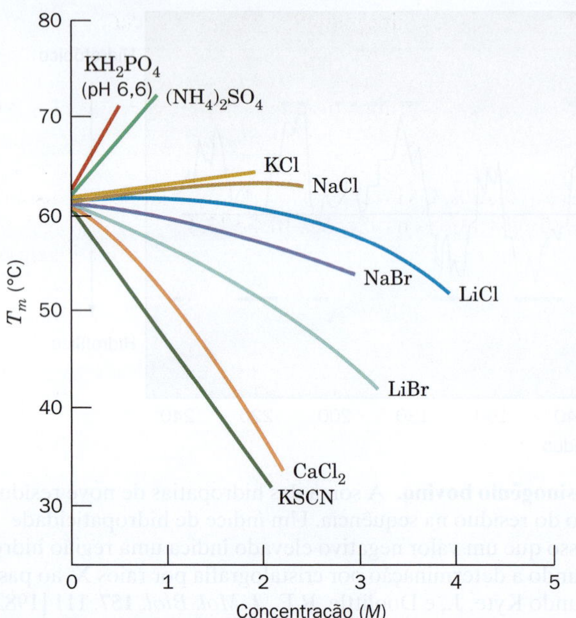

FIGURA 8.63 Temperaturas de fusão da RNase A em função da concentração de vários sais. Todas as soluções também continham o tampão KCl 0,15 *M* e cacodilato de sódio 0,013 *M*, pH 7. (Segundo von Hippel, P.J., e Wong, K.Y., *J. Biol. Chem.* **10**, 3913 [1965].)

pancreática bovina. Alguns sais, como $(NH_4)_2SO_4$ e KH_2PO_4, estabilizam a estrutura da proteína nativa (elevam sua T_m); outros, como KCl e NaCl, têm pouco efeito; e ainda outros, como KSCN e LiBr, a desestabilizam. A ordem de eficácia de vários íons na estabilização de uma proteína, que é em grande parte independente da identidade da mesma, é paralela com sua capacidade de diminuir a solubilidade das proteínas (efeito *salting out*, Seção 6.2A). Essa ordem é conhecida como **série de Hofmeister**:

$$\text{Ânions:}\quad SO_4^{2-} > H_2PO_4^- > CH_3COO^- > Cl^- > Br^- > I^- > ClO_4^- > SCN^-$$

$$\text{Cátions:}\quad NH_4^+, Cs^+, K^+, Na^+ > Li^+ > Mg^{2+} > Ca^{2+} > Ba^{2+}$$

Os íons na série de Hofmeister que tendem a desnaturar proteínas, I^-, ClO_4^-, SCN^-, Li^+, Mg^{2+}, Ca^{2+} e Ba^{2+}, são chamados de **caotrópicos**. Essa lista deve incluir também o íon guanidina (Gu^+) e a ureia (não iônica), que, em concentrações na faixa de 5 a 10 *M*, são os desnaturantes proteicos mais comumente usados. O efeito de vários íons em proteínas é cumulativo: o GuSCN é um desnaturante proteico muito mais potente do que o frequentemente usado GuCl, enquanto o Gu_2SO_4 estabiliza estruturas proteicas.

Os agentes caotrópicos aumentam a solubilidade de substâncias apolares em água. Como consequência, sua eficácia como agentes desnaturantes é devida à sua capacidade em romper interações hidrofóbicas, embora seu mecanismo de ação ainda não seja bem compreendido. Inversamente, aquelas substâncias listadas que estabilizam as proteínas reforçam as forças hidrofóbicas, aumentando assim a tendência da água em expulsar proteínas. Isso explica a correlação entre a habilidade de um íon de estabilizar proteínas e sua capacidade de expulsá-las da solução (*salting out*).

F. Explicando a estabilidade das proteínas termoestáveis

Certas espécies de bactérias conhecidas como **hipertermófilas** crescem a temperaturas próximas a 100°C (elas vivem em locais como fontes termais e correntes hidrotermais submarinas, em células arqueais redutoras de Fe(III) crescendo a 121°C e se mantendo viáveis até 130°C). Esses organismos têm muitas das mesmas rotas metabólicas dos **mesófilos** (organismos que crescem a temperaturas "normais"). Apesar disso, a maior parte das proteínas mesófilas desnatura a temperaturas nas quais as proteínas hipertermófilas vicejam. Qual é a base estrutural para a termoestabilidade de proteínas hipertermófilas?

A diferença nas estabilidades termais das proteínas (hiper)termófilas e mesófilas correspondentes não excede 100 $kJ \cdot mol^{-1}$, o equivalente a algumas interações não covalentes. É provável que seja por essa razão que as comparações das estruturas por raios X de enzimas hipertermófilas com as suas duplicatas mesófilas falharam em revelar diferenças notáveis entre elas. Essas proteínas exibem algumas variações na estrutura secundária, mas não mais do que seguidamente ocorre entre proteínas homólogas de mesófilos relacionados distantemente. Entretanto, várias dessas enzimas termoestáveis têm superabundância de pontes salinas em suas superfícies, muitas das quais estão arranjadas em extensas redes. De fato, uma dessas redes da **glutamato-desidrogenase** de *Pyrococcus furiosis* consiste em 18 cadeias laterais.

A ideia de que as pontes salinas podem estabilizar a estrutura de uma proteína surge para contradizer a conclusão da Seção 8.4Aa de que pares iônicos são, na melhor das hipóteses, pouco estáveis. A chave para esse aparente paradoxo é que, nas proteínas termoestáveis, as pontes salinas formam redes. Assim, o ganho de energia livre entre cargas após a associação de um terceiro grupo carregado com um par iônico é comparável àquele entre os membros desse par iônico, enquanto a energia livre perdida na dessolvatação e imobilização da terceira cadeia lateral é apenas cerca de metade da energia perdida na aproximação das duas primeiras cadeias laterais. O mesmo, é claro, é válido para a adição de uma quarta, quinta, etc., cadeia lateral para uma rede de pontes salinas.

Nem todas as proteínas termoestáveis têm uma incidência tão alta de pontes salinas. As comparações estruturais sugerem que essas proteínas são estabilizadas por uma combinação de pequenos efeitos, e o mais importante deles é aumento do núcleo hidrofóbico da proteína, um aumento na área da interface entre seus domínios e/ou subunidades e um núcleo mais denso, como evidenciado na proporção superfície-volume reduzida.

O fato de que as proteínas hipertermófilas e mesófilas são homólogas e executam as mesmas funções indica que as proteínas mesófilas não são maximamente estáveis. Isso, por sua vez, sugere fortemente *que a estabilidade muito pequena da maioria das proteínas sob condições fisiológicas (com uma média de ~0,4 kJ/mol de resíduos de aminoácidos) é uma propriedade essencial que surgiu pelo desenho evolucionário*. Talvez esse tipo de estabilidade mínima ajude a conferir a flexibilidade estrutural que muitas proteínas necessitam para executar suas funções fisiológicas (Seção 9.4). Outras possibilidades são as de poder facilitar a eliminação de outras possíveis conformações estáveis não nativas (Seção 9.2C), poder promover o desdobramento de proteínas de modo a permitir a sua inserção dentro das membranas ou de transporte através destas (Seção 12.4E), e/ou de apressar sua degradação programada (Seção 32.6).

5 ESTRUTURA QUATERNÁRIA

As proteínas, em razão de seus muitos grupos polares e apolares, grudam em quase qualquer coisa: quer dizer, qualquer coisa menos outras proteínas. Isso ocorre porque as forças evolutivas arranjaram os grupos de superfície das proteínas de modo a evitar a associação entre elas sob condições fisiológicas. Se não fosse assim, a consequente agregação inespecífica tornaria as proteínas funcionalmente inúteis (lembre-se, p. ex., das consequências da anemia falciforme; Seção 7.3A). Contudo, nos seus estudos pioneiros com ultracentrifugação de proteínas, The Svedberg descobriu que algumas proteínas são compostas por mais de uma cadeia polipeptídica. Estudos subsequentes estabeleceram que isso é, de fato, verdadeiro para a maioria das proteínas, incluindo quase todas aquelas com massas moleculares maiores que 100 kDa. Além disso, estas **subunidades** polipeptídicas associam-se de modo geometricamente específico. O arranjo espacial das subunidades é conhecido como **estrutura quaternária**.

Existem várias razões por que proteínas com múltiplas subunidades são tão comuns. Em grandes arranjos de proteínas, como, por exemplo, as fibrilas do colágeno, as vantagens da construção de subunidades em comparação à síntese de uma cadeia polipeptídica de grande extensão são análogas àquelas do uso de componentes pré-fabricados quando se constrói um edifício: os defeitos podem ser reparados simplesmente substituindo-se a subunidade defeituosa em vez de toda a proteína, o local de fabricação da subunidade pode ser diferente do local de arranjo do produto final, e a única informação genética necessária para especificar toda essa construção é aquela que especifica suas poucas subunidades automontáveis diferentes. No caso das enzimas, aumentar o tamanho da proteína faz haver uma melhor fixação das posições tridimensionais dos grupos que formam o sítio ativo da enzima. Aumentar o tamanho de uma enzima pela associação de unidades idênticas é mais eficiente, neste caso, do que aumentar o comprimento de sua cadeia polipeptídica, uma vez que cada subunidade tem um sítio ativo. Ademais, em algumas enzimas multiméricas, o sítio ativo ocorre na interface entre subunidades, onde é constituído por grupos de duas ou mais subunidades. Mais importante, entretanto, é que a construção de subunidades de muitas enzimas fornece a base estrutural para a regulação de suas atividades. Os mecanismos para suas funções indispensáveis são discutidos nas Seções 10.4 e 13.4.

Nesta seção, será discutido como as subunidades de proteínas de múltiplas subunidades se associam, que tipos de simetrias elas possuem e como suas estequiometrias podem ser determinadas.

A. *Interações entre as subunidades*

Uma proteína de multissubunidades pode ser constituída por cadeias polipeptídicas idênticas ou não. Deve-se lembrar de que a hemoglobina, por exemplo, possui a composição $\alpha_2\beta_2$. Proteínas com subunidades idênticas são chamadas de **oligômeros**, e as subunidades idênticas são denominadas **protômeros**. Um protômero pode ser constituído por uma ou várias cadeias polipeptídicas diferentes. Nesse sentido, a hemoglobina é um **dímero** (oligômero de dois protômeros) de protômeros $\alpha\beta$ (Fig. 8.64).

A associação de duas subunidades normalmente esconde do solvente cerca de 1.000 a 2.000 $Å^2$ de área de superfície (minimamente ~600$Å^2$), que poderiam, de outra forma, estar expostos ao solvente. As regiões de contato superficiais assemelham-se ao interior de proteínas de uma única subunidade: elas contêm cadeias laterais apolares compactadas, ligações de hidrogênio e, em alguns casos, ligações dissulfeto intercadeias. Contudo, as interfaces proteína-proteína diferem do interior da subunidade em vários aspectos:

1. Elas tendem a ter hidrofobicidades entre aquelas do interior e a do exterior proteico. Em particular, as interfaces das subunidades de proteínas que se dissociam *in vivo* têm hidrofobicidade menor do que as interfaces permanentes.
2. Em média, ~77% das ligações de hidrogênio entre as subunidades são entre cadeias laterais. Em contrapartida, uma média de 68% das ligações de hidrogênio das subunidades são entre átomos do esqueleto carbônico. Isso é principalmente porque elementos estruturais secundários não são

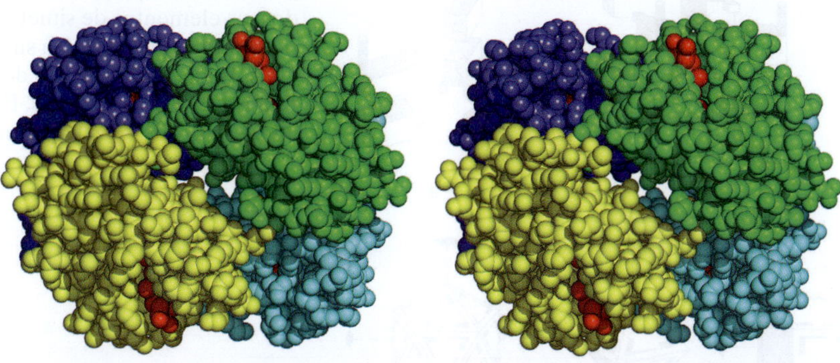

FIGURA 8.64 **A estrutura quaternária da hemoglobina.** As subunidades α_1, α_2, β_1 e β_2 nesse desenho estéreo de volume atômico estão coloridas em amarelo, verde, azul e ciano, respectivamente. Os grupos heme estão em vermelho. A proteína é vista ao longo de seu eixo de rotação molecular de ordem 2, que relaciona o protômero $\alpha_1\beta_1$ ao protômero $\alpha_2\beta_2$. As instruções para ver os desenhos espaciais são dadas no apêndice deste capítulo. (Com base na estrutura por raios X determinada por Max Perutz, MRC Laboratory of Molecular Biology, Cambridge, Reino Unido. PDBid 2DHB.)

contínuos ao longo dos limites das subunidades (com a exceção ocasional de folhas β; ver adiante).

3. Em torno de 56% das interfaces proteína-proteína contêm pontes salinas. Elas contribuem para a especificidade assim como para a estabilidade das associações entre as subunidades. Além disso, existem muito poucas ligações de hidrogênio e pontes salinas nas margens das regiões em contato. Não surpreendentemente, os resíduos nas interfaces proteína-proteína são evolutivamente bem conservados, quando comparados a outros resídos de superfície.

B. *Simetria nas proteínas*

Na grande maioria das proteínas oligoméricas, os protômeros estão arranjados simetricamente; isto é, os protômeros ocupam posições geometricamente equivalentes no oligômero. Isso implica que cada protômero tenha esgotado toda sua capacidade de ligar outros protômeros; senão, se formariam oligômeros mais complexos. Como resultado dessa capacidade de ligação limitada, os protômeros agregam-se ao redor de um único ponto para formar uma concha fechada, um fenômeno conhecido como **simetria pontual**. No entanto, as proteínas não podem ter simetria de inversão ou especular, porque tais operações de simetria converteriam resíduos quirais L para resíduos D. Então, *as proteínas podem ter apenas simetria rotacional.*

Vários tipos de simetria rotacional ocorrem em proteínas, como têm mostrado as determinações de estruturas por cristalografia de raios X:

1. Simetria cíclica

No tipo mais simples de simetria rotacional, a **simetria cíclica**, as subunidades estão relacionadas por um único eixo de rotação (Fig. 8.65*a*). Objetos com 2, 3,...,ou *n*-eixos rotacionais apresentam simetria C_2, C_3 *ou* C_n, respectivamente. Um oligômero com simetria C_n é constituído por *n* protômeros que estão relacionados por rotações de $(360/n)°$. A simetria C_2 é a simetria mais comum nas proteínas; simetrias cíclicas mais complexas são relativamente raras.

Um modo comum de associação entre protômeros relacionados por eixos de rotação de ordem dois é a continuação de uma folha β através dos limites das subunidades. Nesses casos, o eixo de ordem dois é perpendicular à folha β, de forma que duas fitas β de simetria equivalente fazem ligações de H antiparalelas. Desse modo, o sanduíche de duas folhas β de quatro fitas cada em um protômero de **transtirretina** (também conhecida como **pré-albumina**) estende-se por meio de um eixo de ordem dois para formar um sanduíche de duas folhas β de 8 fitas (Fig. 8.66). Os dois protômeros αβ da hemoglobina também estão relacionados por simetria C_2 (Fig. 8.64).

2. Simetria diédrica

A **simetria diédrica** (D_n), um tipo mais complicado de simetria rotacional, é gerada quando dois eixos de rotação, um de ordem *n* e outro de ordem dois, se interceptam em ângulos retos (Fig. 8.65*b*). Um oligômero com simetria (D_n) consiste em protômeros 2*n*. A simetria D_2 é, de longe, o tipo mais comum de simetria diédrica em proteínas.

As subunidades α e β da hemoglobina possuem estruturas tão similares que, no tetrâmero $\alpha_2\beta_2$ da hemoglobina, elas estão relacionadas por eixos rotacionais de pseudo-ordem dois que são perpendiculares ao eixo de ordem dois exato do tetrâmero (que está no plano da Fig. 8.64, ver Seção 10.2B). Assim, o tetrâmero é chamado de **pseudossimétrico** e tem uma simetria pseudo-D_2. A estrutura por raios X da

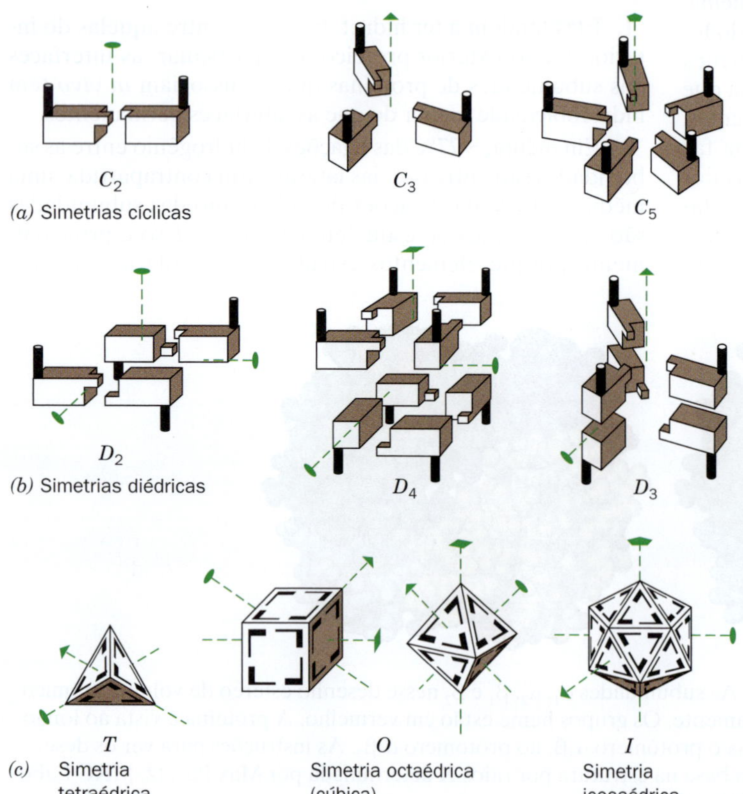

FIGURA 8.65 Algumas simetrias possíveis de proteínas com protômeros idênticos. A forma oval, o triângulo, o quadrado e o pentágono nos finais das linhas tracejadas indicam, respectivamente, os eixos rotacionais de ordem 2, ordem 3, ordem 4 e ordem 5 dos objetos mostrados. *(a)* Arranjos com simetrias cíclicas C_2, C_3 e C_5. *(b)* Arranjos com simetrias diédricas D_2, D_4 e D_3. Nestes modelos, um eixo de ordem 2 é perpendicular aos eixos verticais de ordem 2, ordem 4 e ordem 3. *(c)* Arranjos com simetria *T*, *O* e *I*. Observa-se que o tetraedro tem alguns, mas não todos, os elementos de simetria do cubo, e que o cubo e o octaedro têm a mesma simetria. (Ilustração, Irving Geis. Imagem da coleção de Irving Geis, Howard Hughes Medical Institute, EUA. Figura impressa com permissão) **Ver Figuras animadas**

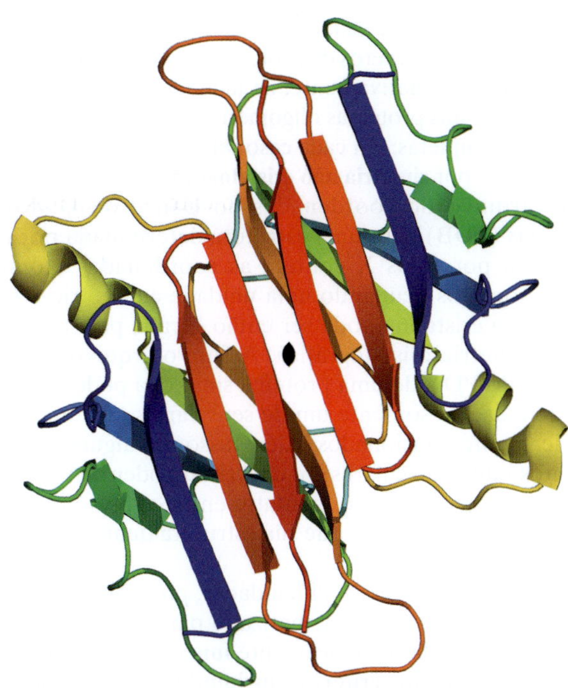

FIGURA 8.66 Um dímero de transtirretina com seu eixo de ordem 2 (*símbolo oval preto*) visto de baixo. Cada protômero, que está colorido na ordem do arco-íris a partir de seu N-terminal (azul) ao seu C-terminal (vermelho), consiste em um barril β (de fato um sanduíche β) contendo duas chaves gregas (Fig. 8.50*a*). Observa-se como as duas folhas β continuam de modo antiparalelo no protômero de simetria relacionada, formando um sanduíche de duas folhas β de oito fitas. Na proteína nativa, dois desses dímeros associam-se de costas um para o outro, formando um tetrâmero com simetria D_2. (Com base na estrutura por raios X de Colin Blake, Oxford University, Reino Unido. PDBid 2PAB.)

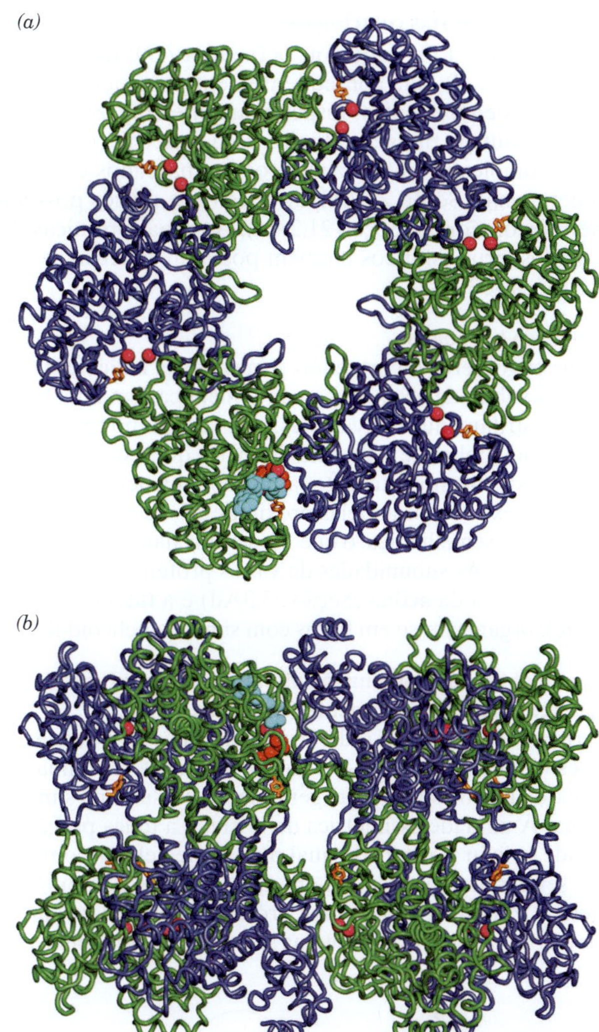

FIGURA 8.67 Estrutura por raios X da glutamina-sintase da *Salmonella typhimurium*. A enzima consiste em 12 subunidades idênticas, aqui representadas na forma de vírgula, arranjadas em simetria D_6. *(a)* Vista através do eixo de simetria de ordem 6, mostrando somente as seis subunidades do anel superior, em azul e verde alternadamente. As subunidades do anel inferior estão quase diretamente abaixo daquelas do anel superior. A proteína, incluindo suas cadeias laterais (*não mostradas*), tem um diâmetro de 143 Å. Os seis sítios ativos mostrados estão marcados por pares de íons Mn^{2+} (*esferas magenta*) ligados. O ADP (ciano) e o inibidor fosfinotricina (vermelho) também estão representados em um sítio ativo. *(b)* Vista lateral ao longo de um dos eixos de ordem dois da proteína, mostrando somente suas oito subunidades mais próximas. A molécula estende-se por 103 Å ao longo do eixo de ordem seis, que está vertical nesta visão. (Com base na estrutura por raios X determinada por David Eisenberg, UCLA, EUA. PDBid 1FPY.)

glutamina-sintase revela que esta enzima é composta por 12 subunidades idênticas que estão relacionadas por simetria D_6 (Fig. 8.67).

Em condições propícias, muitos oligômeros com simetria D_n dissociam-se em dois oligômeros, cada um deles com simetria C_n (e que estão relacionados por dois eixos de rotação de ordem dois no oligômero D_n). Sob condições desnaturantes mais adstringentes, cada C_n, por sua vez, dissocia-se em seus protômeros componentes.

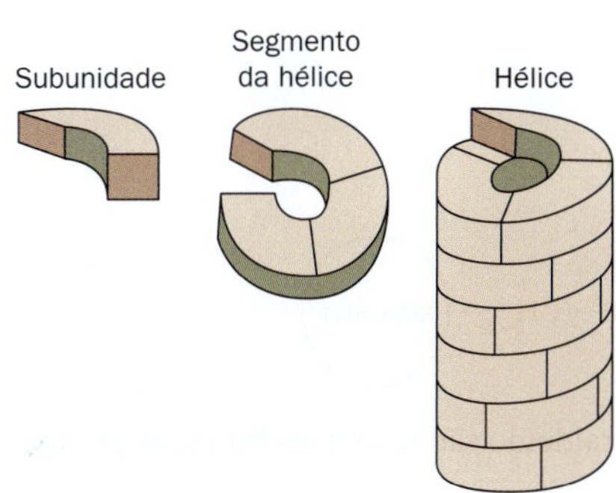

FIGURA 8.68 Uma estrutura helicoidal composta por um único tipo de subunidade.

3. Outras simetrias rotacionais

Tetraedros (T), cubos ou octaedros (O), dodecaedro ou icosaedros (I), que consequentemente possuem 12, 24 e 60 posições equivalentes, respectivamente (Fig. 8.65*c*), são os únicos outros tipos de objetos com simetria rotacional. Certos complexos multienzimáticos são baseados em simetria octogonal (Seção 21.2A), ao passo que outros possuem simetria icosaédrica (Seção 21.2Aa). As capas proteicas dos chamados vírus esféricos também possuem simetria icosaédrica (Seção 33.2A).

a. Simetria helicoidal

Alguns oligômeros de proteínas têm **simetria helicoidal** (Fig. 8.68). As subunidades quimicamente idênticas em uma hélice não são estritamente equivalentes, pois aquelas no final da hélice têm um ambiente diferente daquelas que estão no meio. Apesar disso, o ambiente de todas as subunidades em uma hélice longa, exceto por aquelas próximas ao seu final, são suficientemente semelhantes, o que faz serem chamadas de **quase equivalentes**. As subunidades de várias proteínas estruturais, por exemplo, a da **actina** (Seção 35.3Ad) e a **tubulina** (Seção 35.3Gc), organizam-se em fibras com simetria helicoidal.

b. Como obter as coordenadas atômicas de estruturas quaternárias biologicamente funcionais

Os cristais consistem em redes tridimensionais de unidades celulares idênticas (a menor porção de uma rede cristalina que é repetida por tradução) que geralmente possui uma simetria interna. A unidade assimétrica do cristal é a única porção da unidade celular a partir da qual a unidade celular completa pode ser gerada por meio da operação de seus elementos de simetria. Em um cristal de uma proteína simétrica, se um ou mais eixos de simetria da proteína são coincidentes com o eixo de simetria da unidade celular, a unidade assimétrica possuiria um grupo dos protômeros da proteína através de **simetria cristalográfica**. Alternativamente, as unidades assimétricas dos cristais de muitas proteínas oligoméricas contém uma ou mais proteínas completas; em cada caso seus protômeros são ditos relacionados por **simetria não cristalográfica**.

O arquivo de coordenadas no Banco de Dados de Proteínas (PDB) para uma estrutura determinada por cristalografia por raios X contém as coordenadas atômicas dos protômeros ocupando uma unidade assimétrica. Toda a estrutura cristalina pode ser então gerada pela aplicação da sua simetria cristalográfica. Assim, o arquivo de coordenadas do PDB de uma proteína simétrica pode conter as coordenadas de somente um de seus vários protômeros simetricamente relacionados. Além disso, em alguns casos, os contatos intermoleculares em um cristal podem ser suficientemente parecidos com os contatos entre os protômeros em um oligômero, de forma que sua estrutura quaternária pode ser ambígua.

Para minimizar essas dificuldades, procedimentos computadorizados foram esquematizado para gerar as coordenadas da molécula biologicamente funcional mais provável, com base em vários critérios, incluindo a maximização da área de superfície acessível para solventes que estão escondidas após a formação do oligômero. As coordenadas das estruturas quaternárias mais prováveis de macromoléculas cujas estruturas foram determinadas por cristalografia por raios X estão disponíveis na página http://www.ebi.ac.uk/msdsrv/prot_int/pistart.html. A unidade biológica também pode ser vista diretamente a partir da página "Resumo da Estrutura" correspondente no PDB, embora os dois algoritmos nem sempre estejam de acordo.

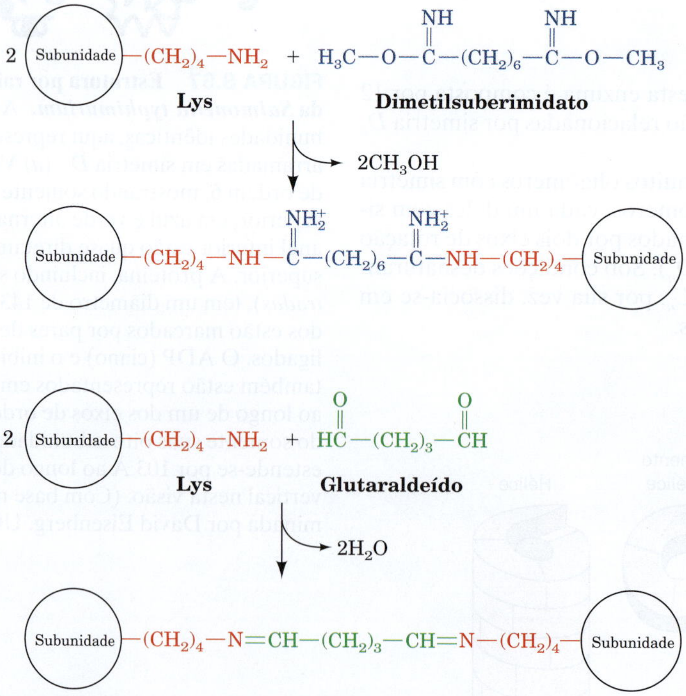

$$2\ \text{Subunidade}-(CH_2)_4-NH_2 + H_3C-O-\overset{NH}{\overset{\|}{C}}-(CH_2)_6-\overset{NH}{\overset{\|}{C}}-O-CH_3$$

Lys — Dimetilsuberimidato

$$\downarrow \ 2CH_3OH$$

$$\text{Subunidade}-(CH_2)_4-NH-\overset{NH_2^+}{\overset{\|}{C}}-(CH_2)_6-\overset{NH_2^+}{\overset{\|}{C}}-NH-(CH_2)_4-\text{Subunidade}$$

$$2\ \text{Subunidade}-(CH_2)_4-NH_2 + H\overset{O}{\overset{\|}{C}}-(CH_2)_3-\overset{O}{\overset{\|}{C}}H$$

Lys — Glutaraldeído

$$\downarrow \ 2H_2O$$

$$\text{Subunidade}-(CH_2)_4-N{=}CH-(CH_2)_3-CH{=}N-(CH_2)_4-\text{Subunidade}$$

FIGURA 8.69 Agentes de ligações cruzadas. O dimetilsuberimidato e o glutaraldeído são reagentes bifuncionais que reagem para ligar covalentemente dois resíduos de Lys.

C. Determinação da composição das subunidades

Na ausência da determinação de estrutura por raios X ou por RM, o número de diferentes tipos de subunidades em uma proteína oligomérica pode ser determinado pela análise dos grupos terminais (Seção 7.1A). Em princípio, a composição de subunidades de uma proteína pode ser determinada comparando-se sua massa molecular com aquelas das subunidades que a compõem. Na prática, no entanto, dificuldades experimentais, como, por exemplo, a dissociação parcial de uma proteína supostamente intacta e incertezas nas determinações das massas moleculares, seguidamente fornecem resultados errôneos.

a. Agentes estabilizadores de oligômeros de ligação cruzada

Um método para a análise da estrutura quaternária, que é especialmente útil para proteínas oligoméricas que se decompõem facilmente, emprega **agentes de ligação cruzada**, como **dimetilsuberimidato** ou **glutaraldeído** (Fig. 8.69). Se a técnica for realizada com concentrações de proteína baixas o suficiente para eliminar reações intermoleculares, as reações de ligação cruzada unirão covalentemente somente as subunidades de uma molécula que estão distantes não mais do que o comprimento da ligação cruzada (supondo, é claro, que os aminoácidos apropriados estejam presentes). A massa molecular de uma proteína com ligação cruzada impõe um limite menor em seu número de subunidades. Tais estudos podem também fornecer alguma indicação da distância entre as subunidades, especialmente se for utilizada uma série de agentes de ligação cruzada de diferentes comprimentos.

APÊNDICE: VISUALIZANDO ESTEREOFIGURAS

Embora o mundo seja tridimensional, as imagens vistas são projetadas no plano bidimensional das retinas. A percepção de profundidade envolve uma visão binocular: as imagens sutilmente diferentes percebidas por cada olho são transformadas pelo cérebro em uma impressão tridimensional.

As figuras bidimensionais de objetos tridimensionais complexos são difíceis de interpretar, porque a maioria das informações concernentes à terceira dimensão é suprimida. Essa informação pode ser recuperada ao se mostrar a cada olho a imagem que seria vista se o objeto tridimensional estivesse realmente sendo visto. Assim, um **par estéreo** consiste em duas imagens, uma para cada olho. Pontos correspondentes de cada par estéreo em geral são separados por cerca de 6 cm, a distância média entre os olhos humanos. Desenhos estéreos são normalmente gerados por computadores, pois requerem precisão das relações geométricas entre os membros de um par estéreo.

Ao observar uma figura estérea, deve-se abandonar os hábitos visuais da vida inteira, porque cada olho deve ver o objeto correspondente de modo independente. Visualizadores estão disponíveis comercialmente para ajudar nesta tentativa. No entanto, com algum treino e prática, resultados equivalentes podem ser obtidos sem esta ajuda.

Para treinar a observação dessas imagens estéreas, é preciso estar ciente que cada olho vê uma imagem separada. Coloca-se o dedo cerca de 30 cm na frente dos olhos enquanto se fixa o olhar em algum objeto atrás dele. É possível perceber que são vistas duas imagens do dedo. Se, após um pouco de concentração, a pessoa ainda estiver consciente de apenas uma única imagem, tenta-se piscar os olhos alternadamente para saber qual dos olhos está vendo a imagem percebida. Talvez cobrindo e descobrindo alternadamente este olho dominante enquanto fixa o olhar atrás de seu dedo, a pessoa consiga perceber o trabalho independente dos olhos.

O princípio envolvido na visualização de uma figura estérea é fundir visualmente o membro esquerdo do par estéreo, visto pelo olho esquerdo, com o membro direito do par estéreo, visto pelo olho direito. Para fazê-lo, a pessoa deve sentar-se confortavelmente junto a uma escrivaninha, centralizar seus olhos sobre uma figura, como a Fig. 8.70, e olhar através da figura em um ponto (30 cm) abaixo dela. Deve tentar fundir visualmente os membros centrais das quatro imagens fora de foco que vê. Se a pessoa for bem-sucedida, seu sistema visual se encaixará e essa imagem central fundida parecerá tridimensional. Ignoram-se as imagens externas. Talvez precise reposicionar levemente o livro, que deve ser perfeitamente mantido na horizontal, ou sua cabeça para trazer as duas imagens para o mesmo plano. Talvez ajude colocar o livro na beirada da escrivaninha, centralizar o dedo 30 cm abaixo do desenho e mirar o dedo enquanto se concentra no par estéreo. Outro truque é colocar a mão aberta ou um marcador de livro entre os olhos, de modo que o olho esquerdo veja apenas a metade esquerda do par estéreo e o olho direito, a metade direita, e então fundir as duas imagens.

A última etapa na visualização de uma figura estérea é focalizar na imagem e, ao mesmo tempo, manter a fusão. Isso pode não ser fácil, pois há a tendência de focalizar no ponto em que a visão converge. Aproximar ou afastar a cabeça da figura pode ajudar. A maioria das pessoas (inclusive os autores deste livro) precisa de uma certa prática para se tornar proficiente na visualização estérea sem o auxílio de um visualizador. Contudo, a informação tridimensional fornecida pelas figuras estéreas, sem contar o apelo estético, vale o esforço. De todo modo, as poucas figuras estéreas usadas neste livro-texto foram selecionadas pela clareza visual apenas; a visualização estérea simplesmente aprimorará a impressão de profundidade.

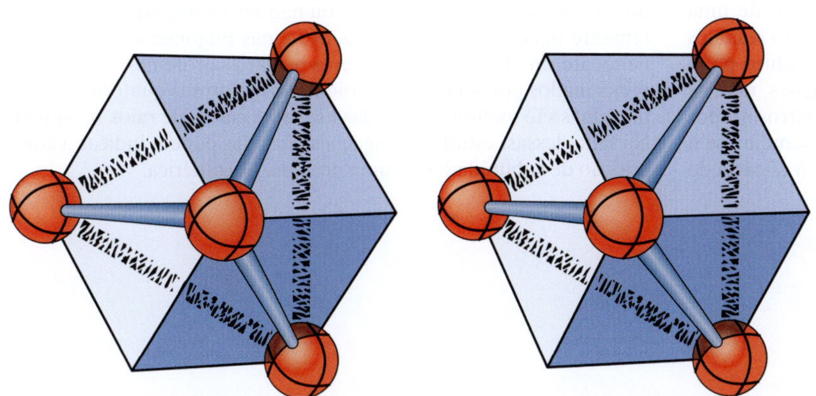

FIGURA 8.70 Desenho estéreo de um tetraedro inscrito em um cubo. Quando visto apropriadamente, o ápice do tetraedro deve aparecer apontando para o observador.

RESUMO DO CAPÍTULO

1 Estrutura secundária A ligação peptídica é restrita por efeitos de ressonância a uma conformação planar, *trans*. Interações estéricas limitam ainda mais as conformações do esqueleto polipeptídico por restringir os ângulos de torção, ϕ e ψ, de cada grupo peptídico a três pequenas regiões do diagrama de Ramachandran. A hélice α, cujos ângulos de conformação estão dentro das regiões permitidas desse diagrama, é mantida pelas ligações de hidrogênio. A hélice 3_{10}, que é mais firmemente enrolada que a hélice α, situa-se em uma região ligeiramente proibida do diagrama de Ramachandram. Suas raras aparições se dão normalmente como terminações de uma volta da hélice α. Nas folhas β pregueadas paralelas e antiparalelas, duas ou mais cadeias polipeptídicas quase totalmente estendidas associam-se de forma que cadeias vizinhas unem-se por ligações de hidrogênio. Essas folhas β têm uma torção para o lado direito quando vistas ao longo de suas cadeias polipeptídicas. A cadeia polipeptídica muitas vezes inverte a direção por meio de uma curvatura β. Outros arranjos da cadeia polipeptídica, que são conhecidos como conformações em espiral, são mais difíceis de descrever, mas não são menos ordenados do que as estruturas α e β.

2 Proteínas fibrosas As propriedades mecânicas das proteínas fibrosas podem ser frequentemente correlacionadas às suas estruturas. A queratina, o principal componente do cabelo, dos chifres e das unhas, forma protofibrilas constituídas de dois pares de hélices α nos quais os membros de cada par são torcidos juntos em uma espiral voltada para a esquerda. A maleabilidade da queratina diminui à medida que aumenta a quantidade das ligações cruzadas dissulfeto entre as protofibrilas. O colágeno é o principal componente proteico dos tecidos conectivos. Cada terceiro resíduo é uma Gly, e muitos dos outros são Pro e Hyp. Isso permite ao colágeno formar uma estrutura de tripla-hélice, semelhante a uma corda, que tem grande força de tensão. Suas moléculas agregam-se de modo não coincidente para formar fibrilas que possuem ligações covalentemente cruzadas nos grupos derivados de suas cadeias laterais de His e Lys. As mutações no colágeno ou a inativação das enzimas que o processam normalmente causam a perda da integridade estrutural dos tecidos afetados.

3 Proteínas globulares A precisão das determinações das estruturas proteicas por raios X são limitadas pela desordem dos cristais a resoluções que estão na faixa de 1,5 a 3,0 Å. Isso requer que a estrutura das proteínas seja determinada pelo ajuste de sua estrutura primária em seu mapa de densidade eletrônica. Várias evidências indicam que a estrutura cristalina das proteínas é quase idêntica à estrutura em solução. A estrutura de pequenas proteínas pode também ser determinada em solução por técnicas de RM de duas ou mais dimensões, que, quase sempre, produzem resultados semelhantes àqueles das estruturas determinadas por cristalografia por raios X.

A estrutura terciária de uma proteína globular é o arranjo dos vários elementos da sua estrutura secundária juntamente com as disposições espaciais de suas cadeias laterais. Seus resíduos de aminoácidos tendem a se separar de acordo com a polaridade. Resíduos apolares ocupam preferencialmente o interior de uma proteína, fora do contato com o solvente aquoso, enquanto resíduos polares carregados estão localizados na superfície. Resíduos polares não carregados podem ocorrer em ambas as situações, mas, se forem internos, formam ligações de hidrogênio com outros grupos proteicos. O interior de uma molécula de proteína assemelha-se a um cristal de uma molécula orgânica no que se refere à eficácia de empacotamento. Proteínas maiores muitas vezes dobram-se em dois ou mais domínios que podem ter propriedades independentes tanto funcional como estruturalmente. Certos grupos de elementos estruturais secundários, conhecidos como motivos ou estruturas supersecundárias, ocorrem repetidamente como componentes de proteínas globulares. Eles combinam-se de diversas maneiras para formar um padrão de dobramento, isto é, a estrutura terciária de um domínio. Entre os padrões de dobramento comuns em uma proteína globular estão os padrões de dobramento das globinas, os feixes de 4 hélices, vários barris β (para cima e para baixo, chave grega e rocambole), o barril α/β e as várias folhas β abertas. As coordenadas atômicas de ~70.000 proteínas e ácidos nucleicos cujas estruturas foram determinadas estão arquivadas no Banco de Dados de Proteínas (PDB). Essas macromoléculas podem ser examinadas visualmente pelo uso de vários programas gráficos moleculares e podem ser analisadas por programas que comparam e classificam suas estruturas de muitas maneiras.

4 Estabilidade proteica As proteínas apresentam estruturas nativas muito pouco estáveis que se formam como resultado de um balanço entre várias forças não covalentes às quais estão sujeitas: interações iônicas e dipolares, ligações de hidrogênio e forças hidrofóbicas. As interações iônicas são relativamente fracas em soluções aquosas devido aos efeitos de solvatação da água. As várias interações entre dipolos permanentes e induzidos, chamadas coletivamente de forças de van der Waals, são ainda mais fracas e são eficazes somente a curta distância. Todavia, em função de seu grande número, elas têm uma influência cumulativamente importante na estrutura das proteínas. As forças das ligações de hidrogênio são muito mais direcionais do que outras forças não covalentes. No entanto, elas adicionam pouca estabilidade à estrutura proteica, pois as ligações de H que as proteínas nativas formam internamente são apenas um pouco mais fortes do que aquelas que as proteínas desdobradas formam com a água. Apesar disso, uma vez que a maioria das ligações de hidrogênio é local, uma proteína pode dobrar-se estavelmente somente quando quase todas as ligações de H internas possíveis foram formadas. Por isso, a ligação de H é importante na especificação da estrutura nativa da proteína. A hidratação de grupos apolares resulta na ordenação desfavorável da estrutura da água, dando origem às forças hidrofóbicas. A proteína minimiza essas interações desfavoráveis ao se dobrar de maneira a retirar seus grupos apolares do contato com o solvente aquoso. O fato de que a maioria dos desnaturantes de proteínas interfere no efeito hidrofóbico demonstra a importância das forças hidrofóbicas na estabilização da estrutura das proteínas nativas. As ligações dissulfeto frequentemente estabilizam as estruturas nativas de proteínas extracelulares. As proteínas de organismos (hiper)termófilos têm T_m mais altas do que as correspondentes em organismos mesófilos. Várias proteínas hipertermófilas são estabilizadas pela extensa rede de pontes salinas na superfície.

5 Estrutura quaternária Muitas proteínas são feitas de agregados de subunidades (que podem ou não ser idênticas) não covalentemente ligadas. A maioria das proteínas oligoméricas é rotacionalmente simétrica. Os protômeros de várias proteínas fibrosas são relacionados por simetria helicoidal. As estruturas quaternárias das proteínas são melhor elucidadas usando técnicas de raios X ou RM. Na falta dessas, estudos de ligações cruzadas podem indicar a composição de subunidades de uma proteína oligomérica.

REFERÊNCIAS

Gerais

Branden, C., and Tooze, J., *Introduction to Protein Structure* (2nd ed.), Garland (1999).

Cox, M.M. and Phillips, G.N., Jr. (Eds.), *Handbook of Proteins. Structure Function and Methods,* Vol. 1, Wiley (2007). [Contém uma extensa coleção de artigos informativos sobre estrutura proteica.]

Dickerson, R.E., and Geis, I., *The Structure and Action of Proteins,* Benjamin/Cummings (1969). [Uma exposição clássica e maravilhosamente ilustrada dos fundamentos das estruturas protéicas.]

Finkelstein, A.V., and Ptitsyn, O.B., *Protein Physics. A Course of Lectures,* Academic Press (2002).

Kyte, J., *Structure in Protein Chemistry,* (2nd ed.) Garland (2007).

Lesk, A.M., *Introduction to Protein Architecture,* Oxford University Press (2004).

Petsko, G.A. and Ringe, D., *Protein Structure and Function,* New Science Press (2004).

Tanford, C., and Reynolds, J., *Nature's Robots.* Oxford University Press (2001). [A história das proteínas.]

Estrutura secundária

Hollingsworth, S.A., Berkholz, D.S., and Karplus, A., On the occurrence of linear groups in proteins, *Protein Science* **18,** 1321–1325 (2009). [Mostra que grupos lineares (grupos de resíduos sequenciais com valores intimamente similares de Φ e ψ) ocupam largamente três regiões do diagrama de Ramachandran.]

Milner-White, E.J., The partial charge of the nitrogen atom in peptide bonds, *Protein Sci* **6,** 2477–2482 (1997). [Discute a origem da carga parcialmente negativa do átomo N da ligação peptídica.]

Toniolo, C., and Benedetti, E., The polypeptide 3_{10}-helix, *Trends Biochem. Sci.* **16,** 350–353 (1991).

Proteínas fibrosas

Brodsky, B.and Persikov, A.V., Molecular structure of the collagen triple helix, *Adv. Prot. Chem.* **70,** 301–339 (2005).

Byers, P.H., Disorders of collagen synthesis and structure, Chapter 205 *in* Valle, D. (Ed.), *The Online Metabolic & Molecular Bases of Inherited Disease*, http://www.ommbid.com/.

Herrmann, H. and Aebi, U. Intermediate filaments: Molecular structure, assembly mechanism, and integration into functionally distinct intracellular scaffolds, *Annu. Rev. Biochem.* **73,** 749–789 (2004).

Myllyharju, J. and Kivirikko, K.I., Collagens, modifying enzymes and their mutations in humans, flies and worms, *Trends Genet.* **20,** 33–43 (2004).

Orgel, J.P.R.O., Miller, A., Irving, T.C., Fischetti, R.F., Hammersley, A.P., and Wess, T.J., The in situ supermolecular structure of type I collagen, *Structure* **9,** 1061–1069 (2001).

Parry, D.A.D.., Microdissection of the sequence and structure of intermediate filament chains, *Adv. Prot. Chem.***70,** 113–142 (2005).

Shoulders, M.D. and Raines, R.T., Collagen structure and stability, *Annu. Rev. Biochem.* **78,** 929–958 (2009).

Wess, T.J., Collagen fibril form and function, *Adv. Prot. Chem.* **70,** 341–374 (2005).

Determinação da estrutura molecular

Blow, D., *Outline of Crystallography for Biologists,* Oxford University Press (2002).

Brünger, A.T., X-Ray crystallography and NMR reveal complementary views of structure and dynamics, *Nature Struct. Biol.* **4,** 862–865 (1997).

Doublié, S. (Ed.), *Macromolecular Crystallography Protocols,* Vols. 1 and 2, Humana Press (2007).

Drenth, J., *Principles of Protein X-Ray Crystallography* (3rd ed.), Springer (2007).

Ferentz, A.E. and Wagner, G., NMR spectroscopy: A multifaceted approach to macromolecular structure, *Q. Rev. Biophys.* **33,** 29–65 (2000).

Fernández, C. and Wider, G.,TROSY in NMR studies of the structure and function of large biological macromolecules, *Curr. Opin. Struct. Biol.* **13,** 570–580 (2003).

Joachimiak, A. (Ed.), Structural Genomics, Parts A–C, *Adv. Prot. Chem. Struct. Biol.* **75–77** (2008, 2009, 2010).

Lattman, E.E. and Loll, P.J., *Protein Crystallography. A Concise Guide,* Johns Hopkins University Press (2008).

McPherson, A., *Introduction to Macromolecular Crystallography,* Wiley-Liss (2003).

Messerschmidt,A., *X-Ray Crystallography of Biomacromolecules. A Practical Guide,* Wiley-VCH (2007).

Reik, R., Pervushkin, K., and Wüthrich, K., TROSY and CRINEPT: NMR with large molecular and supramolecular structures in solution, *Trends Biochem. Sci.* **25,** 462–468 (2000).

Rhodes, G., *Crystallography Made Crystal Clear: A Guide for Users of Macromolecular Models* (3rd ed.), Academic Press (2006).

Rule, G.S., and Hitchens, T.K., *Fundamentals of Protein NMR Spectroscopy,* Springer (2006).

Rupp, B., *Biomolecular Crystallography: Principles, Practice, and Applications to Structural Biology,* Garland Science (2010).

Structure **15,** 1342–1356 (2007); **15,** 1517–1529 (2007); *and* **16,** 1–18 (2008). [Uma série de artigos de opinião sobre os prós e contras do projeto genoma estrutural e, em particular sobre o *Protein Structure Initiative* (PSI) patrocinado pelo NIH.]

Sundström, M., Norin, M., and Edwards, A., *Structural Genomics and High Throughput Structural Biology,* Taylor & Francis (2006).

Terwilliger, T.C., Stuart, D., and Yokoyama, S., Lessons from structural genomics, *Annu. Rev. Biophys.* **38,** 371–383 (2009).

Tugarinov, V., Hwang, P.M., and Kay, L.E., Nuclear magnetic resonance spectroscopy of high-molecular weight proteins, *Annu. Rev. Biochem.* **73,** 107–146 (2004).

Tzakos, A.G., Grace, C.R.R., Lukavsky, P.J., and Reik, R., NMR techniques for very large proteins and RNAs in solution, *Annu. Rev. Biophys.* **35,** 319–341 (2006).

Wüthrich, K., NMR—This other method for protein and nucleic structure determination, *Acta Cryst.* **D51,** 249–270 (1995); *and* Protein structure determination in solution by nuclear magnetic resonance spectroscopy, *Science* **243,** 45–50 (1989).

Proteínas globulares

Chothia, C. and Finkelstein, A.V., The classification and origins of protein folding patterns, *Annu. Rev. Biochem.* **59,** 1007–1039 (1990).

Edwards, A., Large-scale structural biology of the human proteome, *Annu. Rev. Biochem.* **78,** 541–568 (2009). [Discute o impacto do genoma estrutural na determinação de estruturas de proteínas humanas.]

Farber, G.K., An α/β-barrel full of evolutionary trouble, *Curr. Opin. Struct. Biol.* **3,** 409–412 (1993); *and* Farber, G.K. and Petsko, G.A., The evolution of α/βbarrel enzymes, *Trends Biochem. Sci.* **15,** 228–234 (1990).

Garratt, R.C. and Orengo, C.A.,*The Protein Chart,* Wiley-VCH (2008). [Um bonito mapa ilustrado das estruturas proteicas que mostra sua diversidade e complexidade.]

Goodsell, D.S., Visual methods from atoms to cells, *Structure* **13,** 347–364 (2005).

Gruber, M. and Lupas, A.N., Historical review: Another 50th anniversary—new periodicities in coiled coils, *Trends Biochem. Sci.* **28,** 679–685 (2003).

Gu, J. and Bourne, P. (Eds.), *Structural Bioinformatics* (2nd ed.) Wiley Blackwell (2009).

Janin, J., Bahadur, R.P., and Chakrabarti, P., Protein–protein interaction and quaternary structure, *Q. Rev.Biophys.***41,** 133–180 (2008).

Orengo, C.A. and Thornton, J.M., Protein families and their evolution—a structural perspective, *Annu. Rev. Biochem.* **74,** 867–900 (2005).

Richards, F.M., Areas, volumes, packing, and protein structure, *Annu. Rev. Biophys. Bioeng.* **6,** 151–176 (1977).

Richardson, J.S., The anatomy and taxonomy of protein structures, *Adv.Protein Chem.* **34,** 168–339 (1981). [Uma discussão detalhada dos princípios estruturais que governam as proteínas globulares acompanhado por uma extensa coleção de desenho animado representativos.]

Richardson, J.S. and Richardson, D.C., Principles and patterns of protein conformation, *in* Fasman, G.D. (Ed.), *Prediction of Protein Structure and the Principles of Protein Conformation, pp.* 1–98, Plenum Press (1989). [Um relato abrangente sobre conformações proteicas baseadas em estruturas por raios X.]

Estabilidade proteica

Baldwin, R.L., and Baker, D. (Eds.), Peptide Solvation and H-Bonds, *Adv. Protein. Chem.* **72** (2006).

Bolen, D.W. and Rose, G.D., Structure and energetics of the hydrogen-bonded backbone in protein folding, *Annu. Rev. Biochem.* **77,** 339–362 (2008).

Burley, S.K., and Petsko, G.A., Weakly polar interactions in proteins, *Adv. Protein Chem.* **39,** 125–189 (1988).

Chandler, D., Interfaces and the driving force of hydrophobic assembly, *Nature* **437,** 640–647 (2005).

Derewenda, Z.S., Lee, L., and Derewenda, U., The occurrence of C—H···O hydrogen bonds in proteins, *J. Mol. Biol.* **252,** 248–262 (1995).

Fersht, A., *Structure and Mechanism in Protein Science,* Chapter 11, Freeman (1999).

Fersht, A.R., and Serrano, L., Principles of protein stability derived from protein engineering experiments, *Curr. Opin. Struct. Biol.* **3,** 75–83 (1993). [Discute como os papéis de cadeias laterais específicas em proteínas podem ser determinados quantitativamente alterando-os por mutações e medindo-se calorimetricamente a estabilidade das proteínas resultantes.]

Goldman, A., How to make my blood boil, *Structure* **3,** 1277–1279 (1995). [Discute a estabilidade das proteínas hipertermófilas.]

Hendsch, Z., and Tidor, B., Do salt bridges stabilize proteins? A continuum electrostatic analysis, *Protein. Sci.* **3,** 211–226 (1994).

Honig, B., and Nichols, A., Classical electrostatics in biology and chemistry, *Science* **268,** 1144–1149 (1995).

Jaenicke, R., and Böhm, G., The stability of proteins in extreme environments, *Curr. Opin. Struct. Biol.* **8,** 738–748 (1998).

Jeffrey, G.A., and Saenger, W., *Hydrogen Bonding in Biological Structures,* Springer-Verlag (1991).

Jones, S., and Thornton, J.M., Principles of protein-protein interactions, *Proc. Natl. Acad. Sci.* **93,** 13–20 (1996).

Karshikoff, A., and Ladenstein, R., Íon pairs and the thermo-tolerance of proteins from hyperthermophiles: A 'traffic rule' for hot roads, *Trends Biochem. Sci.* **26,** 550–556 (2001).

Kauzmann, W., Some factors in the interpretation of protein denaturation, *Adv. Protein Chem.* **14,** 1–63 (1958). [Uma revisão clássica que pela primeira vez mostrou a importância das ligações hidrofóbicas na estabilização das proteínas.]

Martin, T.W., and Derewenda, Z.S., The name is bond—H bond, *Nature Struct. Biol.* **6,** 403–406 (1999). [Revisa a história do conceito da ligação de hidrogênio e discute experimentos de espalhamento de raios X que demonstraram que as ligações de hidrogênio têm ~10% de caráter covalente.]

Matthews, B.W., Studies on protein stability with T4 lysozyme, *Adv. Protein Chem.* **46,** 249–278 (1995). [Um resumo dos resultados dos estudos de estabilidade em um grande número de variedades mutantes da lisozima do bacteriófago T4, muitas das quais também foram determinadas estruturalmente por análises de raios X.]

Mattos, C., Protein–water interactions in a dynamic world, *Trends Biochem. Sci.* **27,** 203–208 (2002).

Ramachandran, G.N., and Sasisekharan, V., Conformation of polypeptides and proteins, *Adv. Protein Chem.* **23,** 283-437 (1968). [Um artigo clássico.]

Rees, D.C., and Adams, M.W.W., Hyperthermophiles: Taking the heat and loving it, *Structure* **3,** 251–254 (1995).

Richards, F.M., Folded and unfolded proteins: An introduction, *in* Creighton, T.E. (Ed.), *Protein Folding, pp.* 1–58, Freeman (1992).

Schellman, J.A., The thermodynamic stability of proteins, *Annu. Rev. Biophys. Biophys. Chem.* **16,** 115–137 (1987).

Steiner, T., and Koellner, G., Hydrogen bonds with π-acceptors in proteins: Frequencies and role in stabilizing local 3D structures, *J. Mol. Biol.* **305,** 535–557 (2001).

Stickle, D.F., Presta, L.G., Dill, K.A., and Rose, G.D., Hydrogen bonding in globular proteins, *J. Mol. Biol.* **226,** 1143–1159 (1992).

Tanford, C., How protein chemists learned about the hydrophobic factor, *Protein Science* **6,** 1358–1366 (1997). [Uma narrativa histórica.]

Weiss, M.S., Brandl, M., Sühnel, J., Pal, D., and Hilgenfeld, R., More hydrogen bonds for the (structural) biologist, *Trends Biochem. Sci.* **26,** 521–523 (2001). [Discute as ligações de hidrogênio C—H···O e C—H··· π.]

Yang, A.-S., and Honig, B., Electrostatic effects on protein stability, *Curr. Opin. Struct. Biol.* **2,** 40–45 (1992).

Estrutura quaternária

Eisenstein, E., and Schachman, H.K., Determining the roles of subunits in protein function, *in* Creighton, T.E. (Ed.), *Protein Function. A Practical Approach, p.* 135–176, IRL Press (1989).

Goodsell, D.S., and Olson, J., Structural symmetry and protein function, *Annu. Rev. Biophys. Biomol. Struct.* **29,** 105–153 (2000).

Sheinerman, F.B., Norel, R., and Honig, B., Electrostatic aspects of protein-protein interactions, *Curr. Opin. Struct. Biol.* **10,** 153–159 (2000).

EXERCÍCIOS DE BIOINFORMÁTICA

Os Exercícios de bioinformática estão disponíveis em www.wiley.com/college/voet

Capítulo 8

Visualização de estruturas proteicas tridimensionais usando Jmol e Pymol

1. **Obtendo informação estrutural.** Compare diferentes predições de estruturas secundárias para uma dada sequência proteica, depois inspecione a estrutura cristalográfica por raios X.

2. **Explorando o Banco de Dados de Proteínas**. Aprenda como localizer e baixar arquivos de estruturas proteicas específicas, sequências e imagens. Explore fontes educacionais adicionais e *links* para biologia estrutural adicional. Examine os arquivos de estrutura proteica e use Jmol e Pymol para visualizar a proteina e salientar as características selecionadas.

3. **Famílias proteicas**. Identifique proteínas homólogas em outros bancos de dados estruturais.

PROBLEMAS

1. Qual é o comprimento de uma seção de hélice α em uma cadeia polipeptídica de 20 resíduos? Qual é seu comprimento quando está totalmente estendida (toda *trans*)?

*2. Ao examinar as Fig. 8.7, fica claro que o ângulo de conformação ϕ de polipeptídeos é mais restrito que o ψ. Porém, referindo-se à Fig. 8.4, ou, melhor ainda, ao examinar um modelo molecular, indique as fontes das interferências estéricas que limitam os valores permitidos de ϕ quando $\psi = 180$.

3. Para uma cadeia polipeptídica constituída de γ-aminoácidos, determine a nomenclatura da hélice análoga à hélice 3_{10} de um α-aminoácido. Assuma que a hélice tem um passo de 9,9 Å e uma elevação de 3,2 Å por resíduo.

*4. A Tabela 8.7 (p. 276) fornece os ângulos de torção, ϕ e ψ, da lisozima de clara ovo de galinha para os resíduos 24-73 desta proteína de 129 resíduos. (a) Qual é a estrutura secundária dos resíduos 26-35? (b) Qual é a estrutura secundária dos resíduos 42-53? (c) Qual é a identidade provável do resíduo 54? (d) Qual é a estrutura secundária dos resíduos 56-68? (e) Qual é a estrutura secundária dos resíduos 69-71? (f) Que outra informação, além dos ângulos de torção ϕ e ψ de cada um destes resíduos, é necessária para definir a estrutura tridimensional de uma proteína?

5. O fio de cabelo se quebra mais facilmente ao longo do eixo de sua fibra, enquanto as unhas tendem a romper no sentido transversal ao dedo, em vez de ao longo deste. Quais são as direções das fibrilas de queratina no cabelo e nas unhas? Explique seu raciocínio.

6. Qual é a taxa de crescimento, em voltas por segundo, de uma hélice α em um fio de cabelo que cresce 15 cm por ano?

7. As poliprolinas podem formar uma tripla-hélice semelhante à do colágeno? Explique.

8. Presuma que você é o chefe de engenharia da Mãe Natureza, e tem a tarefa de desenhar uma hélice α de cinco voltas destinada a ter sua meia circunferência imersa no interior de uma proteína. Indique a projeção helicoidal de seu protótipo de hélice α e sua sequência de aminoácidos (ver Fig. 8.43*a*).

9. A β-aminopropionitrila é eficaz na redução da formação de excesso de tecido em uma cicatriz (embora seu uso seja contraindicado por efeitos colaterais). Qual é o mecanismo de ação deste latirogênio?

*10. Visite a página do Banco de Dados de Proteínas (PDB) no endereço http://www.rcsb.org/ (para esse exercício, você não deve usar o navegador Safari, porque ele não é completamente compatível com CE). Para explorar a estrutura da γ-B cristalina, clique no botão "Enter a PDB id or keyword", digite 4GCR no campo a sua direita e clique no botão "Site Search". À esquerda da janela "Structure Summary" que aparece, clique em "PDB File" abaixo de "Display Files" e inspecione o arquivo que aparece. (a) Quantos resíduos têm esta proteína e quantas moléculas de água foram encontradas associadas a esta estrutura cristalina? (b) Desenhe o diagrama do esqueleto de resíduos de uma Arg, uma Glu e uma Tyr e classifique seus átomos usando a nomenclatura utilizada no arquivo PDB. (c) Quais são as coordenadas atômicas do átomo S de uma Cys 32? Qual é a identidade do átomo 1556, marcado com "OXT"? (d) Volte à página "Structure Summary" e, no "Display Options" à direita, examine a estrutura da proteína usando o visualisador de sua escolha. Você pode ver que a proteína é composta de dois domínios aparentemente semelhantes e bem separados? (e) Para classificar estruturalmente esta proteína, retorne a página "Structure Summary" e diga de que maneiras diferentes o SCOP e o CATH (próximo a parte inferior da página) classificam estas proteínas. (f) Para comparar estruturalmente dois domínios de proteínas vá ao CE (http://cl.sdsc.edu/) em seu navegador e, na janela subsequente, clique em "Two Chains". Na janela que aparecerá, tanto para cadeia 1 quanto para cadeia 2, clique no botão "PDB": digite 4GCR no campo a sua direita e cheque o "User Fragment From:". Então, para a Cadeia 1 entre na faixa de 1 a 83 e para a Cadeia 2 entre na faixa de 84 a 174. Clique agora em "Calculate Alignment" (no topo). A janela que aparecerá mostra as sequências alinhadas de dois peptídeos com base em suas estruturas. Qual é a porcentagem da identidade dos dois peptídeos (parte superior a direita)? Descreva os intervalos, se houver, deste alinhamento. Agora clique em "Press to Start Compare 3D". A janela que aparecerá mostra os esqueletos de C_α sobrepostos de dois segmentos de peptídeos em azul e magenta. Gire este modelo clicando sobre o mesmo e arrastando o mouse. Descreva o que você vê. O que é "RMSD(A)" (*root mean square deviation in Å*) dos segmentos dos esqueletos sobrepostos? Qual é o significado do segmento curto, em branco, da cadeia? O que são os dois segmentos em cinza? Clique nos resíduos específicos na sequência abaixo para salientar suas posições nas estruturas alinhadas.

*11. Usando um visualizador gráfico molecular, inspecione as estruturas das seguintes proteínas como indicado pelas suas identidades no PDB (PDBid). Desenhe os diagramas topológicos correspondentes e nomeie o padrão de dobramento, se houver um padrão, para cada domínio na proteína. (a) 1 RCP, (b) 1 RCB, (c) 1 TNF, (d) 2 CMD, (e) 1 RHD, e (f) 2 TAA. (Nota: embora todas estas proteínas consistam em somente um tipo de subunidade, alguns dos arquivos do PDB contêm as coordenadas para mais de uma cadeia. Sua tarefa será simplificada se você mostrar somente uma dessas cadeias [suas estruturas

TABELA 8.7 Ângulos de torção (ϕ, ψ) para os resíduos 24 a 73 da lisozima de ovo de galinha

Número do resíduo	Aminoácido	ϕ (graus)	ψ (graus)	Número do resíduo	Aminoácido	ϕ (graus)	ψ (graus)
24	Ser	−60	147	49	Gly	95	−75
25	Leu	−49	−32	50	Ser	−18	138
26	Gly	−67	−34	51	Thr	−131	157
27	Asn	−58	−49	52	Asp	−115	130
28	Trp	−66	−32	53	Tyr	−126	146
29	Val	−82	−36	54	xxx	67	−179
30	Cys	−69	−44	55	Ile	−42	−37
31	Ala	−61	−44	56	Leu	−107	14
32	Ala	−72	−29	57	Gln	35	54
33	Lys	−66	−65	58	Ile	−72	133
34	Phe	−67	−23	59	Asn	−76	153
35	Glu	−81	−51	60	Ser	−93	−3
36	Ser	−126	−8	61	Arg	−83	−19
37	Asn	68	27	62	Trp	−133	−37
38	Phe	79	6	63	Trp	−91	−32
39	Asn	−100	109	64	Cys	−151	143
40	Thr	−70	−18	65	Asn	−85	140
41	Glu	−84	−36	66	Asp	133	8
42	Ala	−30	142	67	Gly	73	−8
43	Thr	−142	150	68	Arg	−135	17
44	Asn	−154	121	69	Thr	−122	83
45	Arg	−91	136	70	Pro	−39	−43
46	Asn	−110	174	71	Gly	−61	−11
47	Thr	−66	−20	72	Ser	−45	122
48	Asp	−96	36	73	Arg	−124	146

Fonte: Imoto, T., Johnson, L.N., North, A.C.T., Phillips, D.C., e Rupley, J.A., *in* Boyer, P.D. (Ed.), *The Enzymes* (3rd ed.), Vol. 7, p. 693-695, Academic Press (1972).

são praticamente idênticas]. Se você usar a versão autônoma do Jmol como seu visualizador (um tutorial sobre o Jmol está em "Student Companion Site" em www://www.wiley.com/college/voet), isto pode ser feito facilmente digitando, por exemplo, "restrict *a" na janela Console para restringir a visualização para a cadeia A. Para proteínas que consistem em mais de um domínio, verifique cada domínio individualmente usando a mesma técnica [p. ex., depois de digitar "restrict *a", digite "restrict *1-20", aparecerão os resíduos 1-20 da cadeia A]. Uma cadeia polipeptídica é mais facilmente acompanhada se for mostrada nas formas de esqueleto [*backbone*], desenho animado [*Cartoons*], fitas [*ribbons*], folhas ou traços e se tiver determinadas as cores para os Grupos abrindo o Console e digitando o comando "color group all" [que colore a cadeia, do N- ao C-terminal, na ordem do arco-íris, do azul ao vermelho].)

12. É comum dizer que as proteínas são bem grandes se comparadas às moléculas que elas ligam. Entretanto, o que é uma molécula grande depende do ponto de vista. Calcule a proporção do volume de uma molécula de hemoglobina (65 kDa) ao das quatro moléculas de O_2 que ela liga. Calcule também a proporção do volume de um escritório-padrão ($4 \times 4 \times 3$ m) com o volume do trabalhador que o ocupa (70 kg). Considere que os volumes moleculares da hemoglobina e do O_2 estão em igual proporção às suas massas moleculares e que o trabalhador tem uma densidade de 1,0 g · cm^{-3}. Compare essas proporções. É a resposta que você esperava?

13. Por que as forças de dispersão de London são sempre de atração?

14. Geralmente, as proteínas ligadas a membranas estão intimamente associadas com os grupos apolares das moléculas de lipídeos (Seção 12.3A). Explique como os detergentes afetam a integridade estrutural das proteínas de membrana em comparação com seus efeitos em proteínas globulares normais.

15. A capa proteica do **vírus do *tomato bushy stunt*** consiste em 180 subunidades quimicamente idênticas, cada uma delas composta de ~386 resíduos de aminoácidos. A probabilidade de que um aminoácido errado seja incorporado na biossíntese de uma cadeia polipeptídica é de 1 parte em 3.000 por resíduo. Calcule o número médio de subunidades da capa proteica que teria que ser sintetizado de forma a produzir uma capa viral perfeita. Que número seria este se a capa viral fosse uma única cadeia polipeptídica com o mesmo número de resíduos que ela de fato possui?

16. Estabeleça as simetrias rotacionais de cada um dos seguintes objetos: (a) uma estrela-do-mar, (b) uma pirâmide de base quadrada, (c) uma caixa retangular e (d) uma bipirâmide de base triangular.

***17.** Por meio do uso de seu visualizador gráfico molecular favorito, estabeleça as simetrias rotacionais das proteínas com os seguintes PDBids: (a) 1 TIM, (b) 1 TNF, (c) 6 PKF e (d) 1 AIY. (Nota: quando usar o Jmol, as cadeias polipeptídicas individuais serão diferenciadas mais facilmente se as proteínas forem vistas na forma de esqueleto, desenho, fitas, folhas ou traço e as cores das cadeias determinadas [o que fará com que cada cadeia polipeptídica tenha uma cor diferente; p. ex. Cor>Estrutura>Desenho>Esquema>Cadeia].)

18. A mioglobina e as subunidades da hemoglobina são polipeptídeos de tamanho e estrutura semelhantes. Compare a proporção esperada entre resíduos de aminoácidos polares e apolares na mioglobina e na hemoglobina.

19. A hemoglobina falciforme (HbS) difere das hemoglobinas de adultos humanos normais (HbA) por uma única alteração mutacional, Glu β6 → Val, que faz as moléculas da HbS se agregarem em condições apropriadas (Seção 7.3A). Sob certas condições, os filamentos de HbS que se formam à temperatura corporal se desagregam quando a temperatura baixa a 0°C. Explique.

20. Indique uma evidência experimental que seja inconsistente com a hipótese de que a ureia e o íon guanidina agem para desnaturar proteínas por competirem com as suas ligações de hidrogênio internas.

21. Proteínas em solução com frequência são desnaturadas se a solução for agitada violentamente o suficiente para formar espuma. Indique o mecanismo deste processo. (*Dica*: os grupos apolares de detergentes estendem-se no ar na interface ar-água.)

22. Uma proteína oligomérica em um tampão diluído de pH 7 dissocia-se em suas subunidades quando exposta aos seguintes agentes. Quais destas observações não sustentam a afirmação de que a estrutura quaternária da proteína é estabilizada exclusivamente pelas interações hidrofóbicas? Explique. (a) Cloreto de guanidina 6 *M*, (b) etanol 20%, (c) NaCl 2 *M*, (d) temperaturas abaixo de 0°C, (e) 2-mercaptoetanol, (f) pH 3 e (g) SDS 0,01 *M*.

***23.** A eletroforese de uma proteína em gel de poliacrilamida com SDS produz duas bandas correspondentes a massas moleculares de 10 e 17 kDa. Depois de interligar esta proteína com dimetilsuberimidato em uma diluição suficiente para excluir as ligações cruzadas intermoleculares, a eletroforese em gel de poliacrilamida com SDS fornece 12 bandas com massas moleculares de 10, 17, 20, 27, 30, 37, 40, 47, 54, 57, 64 e 74 kDa. Presumindo que o dimetilsuberimidato pode formar ligações cruzadas somente com as subunidades que contata, faça um diagrama da estrutura quaternária da proteína.

***24.** Os mamíferos possuem duas formas distintas geneticamente, mas bastante relacionadas, da lactato-desidrogenase (LDH): o tipo M (que predomina no músculo esquelético) e o tipo H (que predomina no tecido cardíaco). Antes de se conhecer a estrutura por raios X da LDH, seu estado oligomérico foi determinado dissociando-se a LDH do tipo M e do tipo H nas subunidades que a compõem e então reconstituindo a mistura. Esse tratamento produziu cinco **isozimas** eletroforeticamente distintas (isozimas são enzimas catalítica e estruturalmente semelhantes, mas geneticamente distintas, do mesmo organismo), M_4, M_3H, M_2H_2, MH_3 e H_4, demonstrando então que o LDH é um tetrâmero. Quais são as quantidades relativas de cada isozima formada quando são hibridizadas quantidades equimolares de M_4 e H_4?

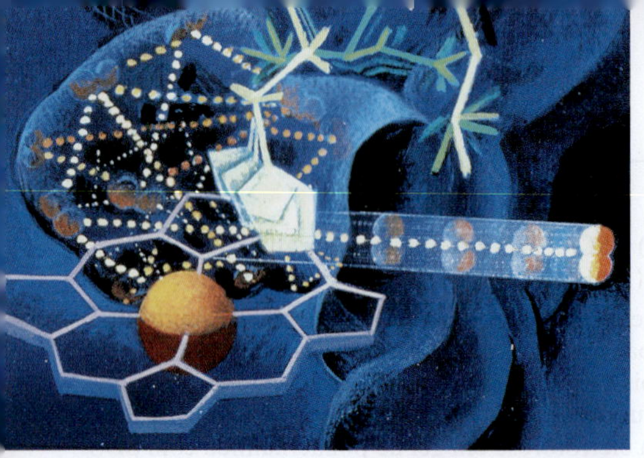

CAPÍTULO 9

Dobramento Proteico, Dinâmica e Evolução Estrutural

Nos capítulos anteriores, foi visto como as proteínas são construídas a partir de seus componentes. Isso coloca o indivíduo em uma posição semelhante à de um mecânico que aprendeu a remover e recolocar o motor de um automóvel sem ter ideia de como o motor funciona. O que se precisa para entender como uma proteína funciona é conhecer os tipos de movimentos internos que ela pode e deve fazer de forma a poder desempenhar suas funções biológicas e também a maneira como ela chega até sua estrutura nativa. Nos termos desse mecânico, deseja-se entender as operações de "engrenagem" e "alavanca" com as quais a proteína realiza as suas funções. Esse é um problema de enorme complexidade, cuja solução começa-se a entender. Será visto nos próximos capítulos, por exemplo, que mesmo que o mecanismo catalítico de muitas enzimas de estrutura conhecida tenha sido esclarecido em grandes detalhes, ainda não se pode dizer que é possível entender completamente esses mecanismos. Isso porque nossa compreensão das maneiras como os grupos componentes das proteínas interagem entre si está longe de ser completa. Mesmo com a grande importância que as proteínas têm para nós, ainda não foi possível passar além do nível de compreensão do mecânico hipotético.

Neste terceiro, dos quatro capítulos sobre estrutura proteica, será considerado o comportamento temporal das proteínas. Inicia-se com o problema de como, especificamente, os polipeptídeos de estrutura espacial aleatória se dobram formando as suas respectivas estruturas nativas e como esse processo é facilitado por outras proteínas. Segue-se uma consideração do progresso alcançado na predição das estruturas proteicas com base nas sequências de aminoácidos e na compreensão das propriedades dinâmicas das proteínas, isto é, a natureza e o significado funcional dos movimentos internos das proteínas. Depois estudam-se as doenças causadas por alterações na conformação das proteínas. Finalmente discute-se sobre a evolução das proteínas, iniciada na Seção 7.3, mas em termos das suas estruturas tridimensionais.

1 DOBRAMENTO PROTEICO: TEORIA E EXPERIMENTAÇÃO

A solução do chamado **problema do dobramento proteico**, isto é, determinar como e porque as proteínas dobram-se em suas conformações nativas, é considerado um dos grandes desafios da bioquímica. As primeiras noções sobre o dobramento proteico postularam a existência de "moldes" que de alguma forma fariam com que as proteínas assumissem as respectivas conformações nativas. Tal explicação lança a questão de como é que as proteínas se dobram, pois, mesmo que as afirmações fossem verdadeiras, alguém ainda teria que explicar como é que o molde chegou até a sua conformação. De fato, *as proteínas dobram-se espontaneamente em suas conformações nativas, em condições fisiológicas adequadas.* Isso implica no fato de que *a estrutura primária de uma proteína determina a estrutura tridimensional.* Em geral, sob condições apropriadas, as estruturas biológicas se **automoldam** de forma a não necessitarem de moldes externos para guiarem a sua formação.

A. *Renaturação proteica*

Embora evidências de que as proteínas poderiam ser desnaturadas de forma reversível tenham sido acumuladas desde a década de 1930, não foi antes de 1957 que os elegantes experimentos de Christian Anfinsen com a **RNase A** pancreática bovina colocou a **renaturação proteica** em bases quantitativas. A RNaseA, uma proteína de cadeia única com 124 resíduos, pode ser completamente desdobrada e as suas quatro ligações dissulfeto clivadas por redução em solução de ureia 8 *M* contendo 2-mercaptoetanol (Fig. 9.2). Retirando a ureia

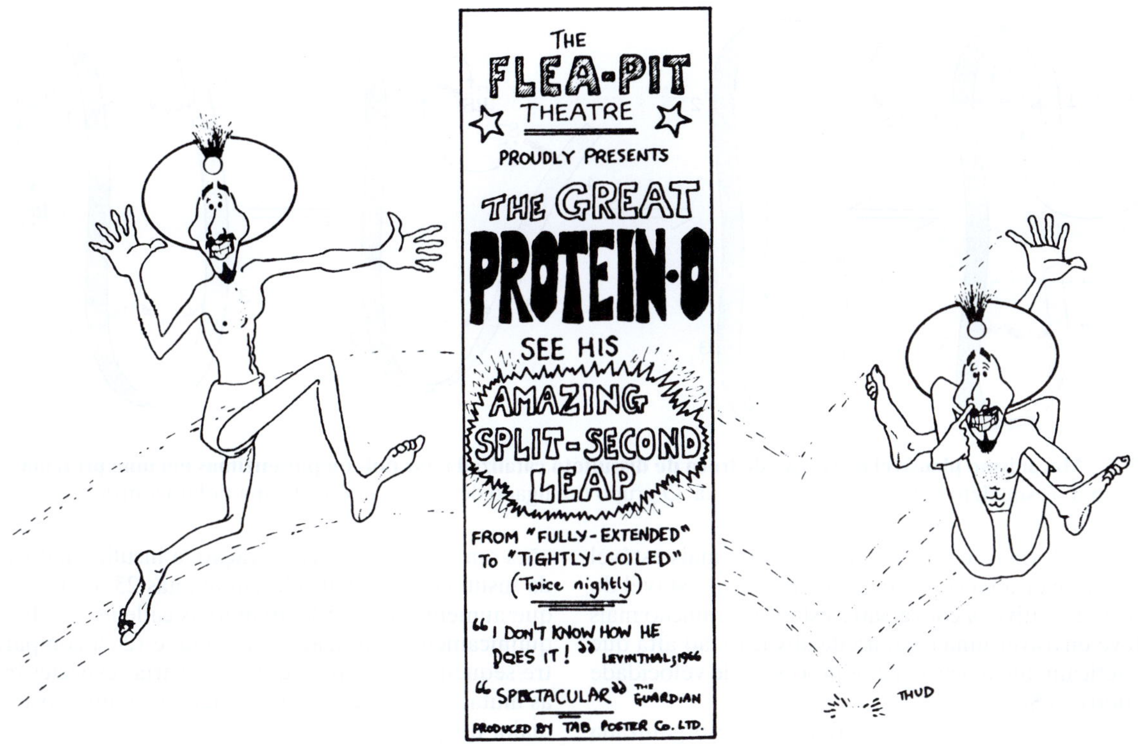

FIGURA 9.1 (Desenho de T.A. Bramley, *in* Robson, B., *Trends Biochem. Sci.* 1, 50 [1976]. Impresso com a permissão de Elsevier Biomedical Press, 1976.)

por diálise e expondo a solução resultante a O_2 em pH 8, produz-se uma proteína quase 100% ativa enzimaticamente e fisicamente indistinguível da RNase A nativa. A proteína deve, portanto, ter se renaturado de forma espontânea. Qualquer ideia de que isso ocorre somente porque a RNase A não é totalmente desnaturada pela ureia 8 *M* foi descartada, porque uma RNase A enzimaticamente ativa pode ser produzida por síntese química (Seção 7.5).

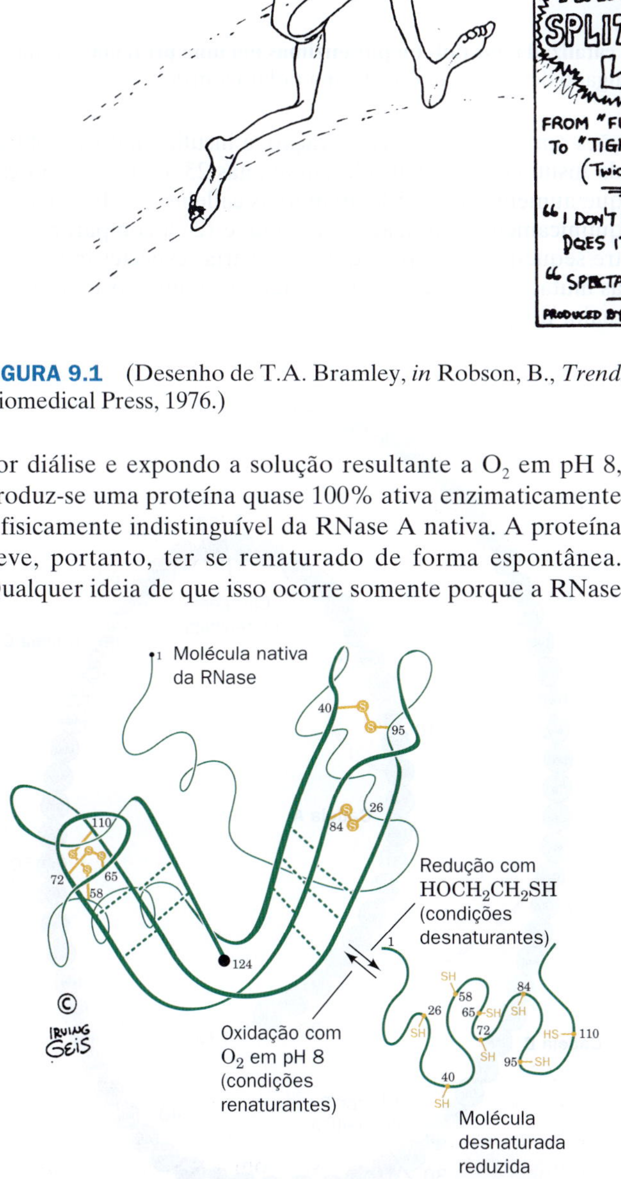

FIGURA 9.2 Desnaturação redutora e renaturação oxidativa da RNase A. (Ilustração, Irving Geis. Imagem da coleção de Irving Geis, Howard Hughes Medical Institute. Reimpressa com permissão.)

Para que a renaturação aconteça, a RNase A necessita que suas quatro ligações dissulfeto sejam regeneradas. A probabilidade de um dos oito resíduos de Cys formar aleatoriamente a ligação dissulfeto com o par apropriado (nativo) e não com qualquer um dos outros sete resíduos Cys é de $\frac{1}{7}$; a probabilidade de que um dos seis resíduos Cys remanescentes forme aleatoriamente a ligação dissulfeto correta é de $\frac{1}{5}$; e assim por diante. A probabilidade total de a RNase A refazer as quatro ligações dissulfeto nativas de maneira aleatória é de:

$$\frac{1}{7} \times \frac{1}{5} \times \frac{1}{3} \times \frac{1}{1} = \frac{1}{105}$$

Assim, fica claro que as ligações dissulfeto da RNase A não se restabelecem de maneira aleatória em condições de renaturação.

Se a RNase A é reoxidada em ureia 8 *M* de forma que as ligações dissulfeto sejam restabelecidas enquanto a cadeia polipeptídica estiver em uma estrutura tridimensional aleatória, então, depois da remoção da ureia, a RNase A será apenas aproximadamente 1% ativa. Essa proteína desorganizada pode se tornar totalmente ativa se for exposta a uma quantidade mínima de 2-mercaptoetanol que, em cerca de 10 horas, catalisa reações de troca de ligação dissulfeto até que a estrutura nativa seja obtida. Sob condições fisiológicas, portanto, o estado nativo da RNase A é, muito prova-

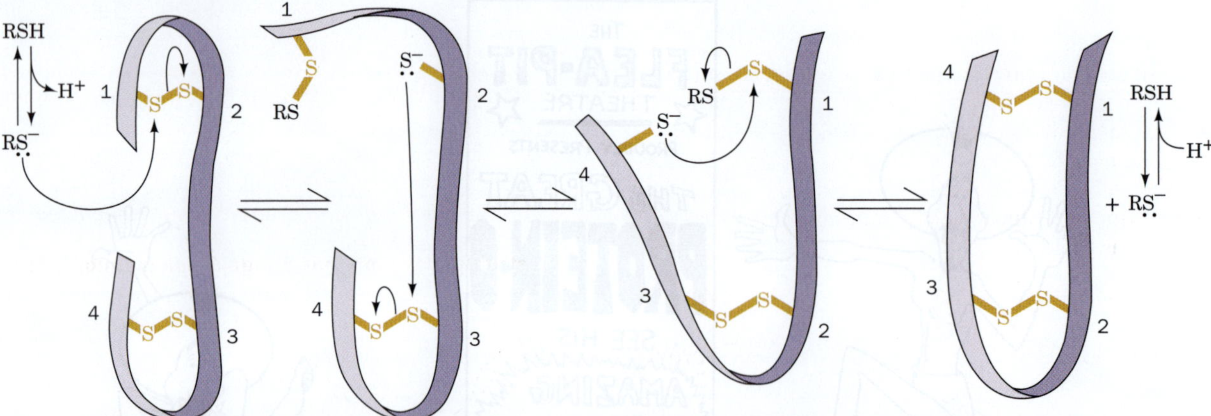

FIGURA 9.3 **Mecanismo plausível da reação de troca de dissulfeto catalizada por tiol- ou por enzimas em uma proteína.** A fita roxa representa o esqueleto polipeptídico da proteína. O grupo tiol ligado deve estar em sua forma tiolato ionizada.

velmente, a conformação termodinamicamente mais estável (se a proteína tiver uma conformação que é mais estável do que a do estado nativo, a conversão a esta conformação mais estável deve envolver uma barreira de ativação tão alta que a torna cineticamente inacessível; os processos de velocidade são discutidos na Seção 14.1C).

O tempo para a renaturação da RNase A desorganizada é reduzido para cerca de 2 minutos pelo uso de uma enzima, a **proteína-dissulfeto-isomerase (PDI)**, que catalisa as reações de troca entre as ligações dissulfeto (na realidade, foi a suposição de que o dobramento *in vivo* para o estado nativo não necessitaria mais do que poucos minutos que levou à descoberta dessa enzima). A própria PDI contém dois sítios ativos com resíduos de Cys, que devem estar na forma —SH para que a isomerase seja ativa. A enzima, evidentemente, catalisa a clivagem e reorganização aleatória das ligações dissulfeto da proteína (Fig. 9.3), trocando-as assim enquanto a proteína atinge de forma progressiva conformações termodinamicamente mais favoráveis. A PDI será discutida na Seção 9.2A.

a. As proteínas que sofrem modificação pós-traducional podem não renaturar prontamente

Muitas proteínas desorganizadas são renaturadas pela ação da PDI e não são afetadas por ela quando estiverem no estado nativo (suas ligações dissulfeto, quando clivadas pela PDI, formam-se de novo rapidamente, porque as regiões das proteínas nativas estão com conformações mais estáveis). Em proteínas modificadas após a tradução, entretanto, as ligações dissulfeto podem servir para manter uma proteína, que de outra forma seria instável, em seu estado nativo. O hormônio **insulina**, por exemplo, formado por duas cadeias polipeptídicas unidas por duas ligações dissulfeto (Fig. 7.2), é inativado pela PDI. Essa observação levou à descoberta de que a insulina é derivada de uma cadeia única, um precursor de 84 resíduos chamado **proinsulina** (Fig. 9.4). Somente após a formação das ligações dissulfeto é que a proinsulina é convertida no hormônio de duas cadeias ativas, pela excisão proteolítica específica de um segmento interno de 33 resíduos, conhecido como sua cadeia C. Todavia, dois conjuntos de observações sugerem que a cadeia C não dirige o dobramento das cadeias A e B, mas sim, as mantém juntas durante a formação das ligações dissulfeto nativas: (1) sob condições apropriadas de renaturação, a insulina nativa é obtida da insulina desorganizada em apenas 25 a 30%, proporção que aumenta para 75% quando as cadeias A e B estiverem quimicamente em ligação cruzada; e (2) a comparação entre sequências de proinsulinas de várias espécies indica que as mutações são aceitas nas cadeias C a uma taxa oito vezes maior do que nas cadeias A e B.

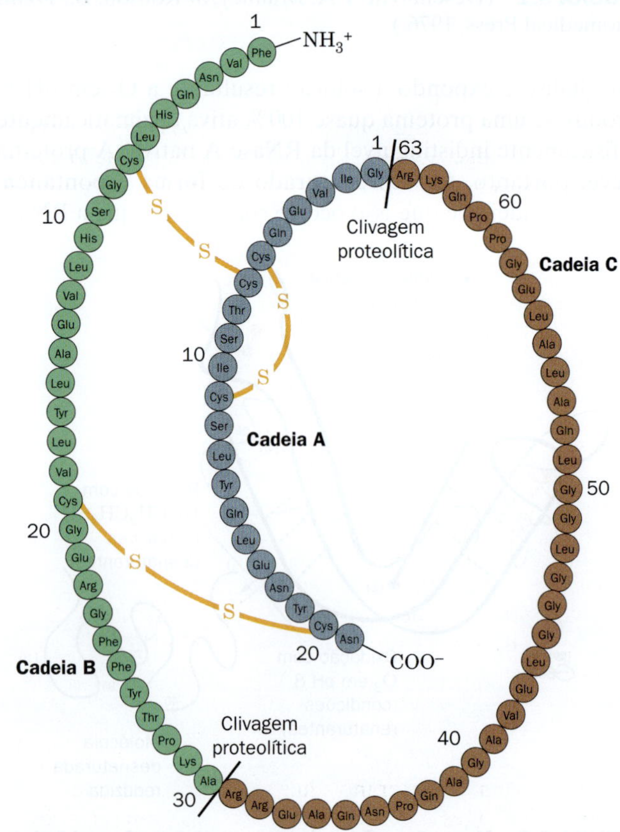

FIGURA 9.4 **Estrutura primária da proinsulina porcina.** A cadeia C (*em marrom*) é removida proteoliticamente entre as cadeias A e B para formar o hormônio maduro. (Segundo Chance, R.E., Ellis, R.M., e Brommer, W.W., *Science* **161**, 165 [1968].)

B. *Determinantes do dobramento proteico*

Na Seção 8.4, foram discutidas as várias interações que estabilizam a estrutura da proteína nativa. Nesta seção, será possível estender a discussão considerando como estas interações estão organizadas nas proteínas nativas. Lembre-se que somente uma pequena fração das muitas possíveis sequências de polipeptídeos parece ter conformações estáveis únicas. É óbvio que a evolução selecionou tais sequências para uso em sistemas biológicos.

a. Estruturas em folhas e em hélices podem predominar nas proteínas simplesmente porque preenchem o espaço de forma eficiente

Por que as proteínas contêm uma proporção tão alta (cerca de 60% na média) de hélices α e folhas β pregueadas? Por causa das interações hidrofóbicas, embora a influência responsável por estes núcleos apolares compactos das proteínas não tenha especificidade para restringir os polipeptídeos a conformações específicas. De forma semelhante, a observação de que os segmentos polipeptídicos na conformação espiral não possuem um número menor de ligações de hidrogênio do que as hélices e as folhas sugere que a necessidade de ligações de hidrogênio não é o fator limitante para as conformações dos polipeptídeos. Ken Dill mostrou que, em vez disso, parece que, em polímeros compactos, as hélices e as folhas se formam principalmente como consequência de impedimentos estéricos. Simulações exaustivas das conformações que as cadeias flexíveis simples podem adotar (como as de um colar de pérolas) indicam que a proporção de hélices e folhas aumenta dramaticamente com o nível de compactação das cadeias (número de contatos intracadeias); isto é, as hélices e as folhas são estruturas particularmente compactas. Assim, muitas das formas de compactar uma cadeia envolvem a formação de hélices e folhas. Em proteínas nativas, tais elementos de estrutura secundária estão em sintonia para formar hélices α e folhas β devido a um pequeno número de tipos de forças, como ligações de hidrogênio, pareamento iônico e interações de van der Waals. São provavelmente estas forças dominantes, mas mais específicas, que "selecionam" a estrutura nativa única de uma proteína dentre o relativamente pequeno número de conformações compactas que podem ser geradas de forma hidrofóbica (lembre-se de que a maior parte das ligações de hidrogênio em proteínas liga resíduos que estão muito próximos entre si na sequência da proteína; Seção 8.4Bb).

b. O dobramento das proteínas é guiado principalmente pelos resíduos internos

Numerosos estudos de modificação em proteínas têm sido feitos com o propósito de determinar o papel das várias classes de resíduos de aminoácidos no dobramento proteico. Em um estudo particularmente revelador, os grupos amino primário livres da RNase A (resíduos de Lys e o N-terminal) foram modificados pela introdução de cadeias de poli-DL-alanina com oito resíduos. De forma instigante, essa grande cadeia de poli-Ala, solúvel em água, pode ser introduzida simultaneamente nos 11 grupos amina livres da RNase sem alterar de forma significativa a conformação nativa da proteína ou a capacidade de se redobrar. Uma vez que esses grupos amina livres estão todos localizados no exterior da RNase A, essa observação sugere que *os resíduos internos das proteínas são os principais responsáveis pelo dobramento na conformação nativa.* Conclusões semelhantes foram feitas a partir de estudos da estrutura e da evolução das proteínas (Seção 9.6): as mutações que modificam resíduos da superfície são aceitas com mais frequência e têm menos probabilidade de afetar as conformações de uma proteína do que as modificações de resíduos internos. Portanto, não surpreende que os transtornos no dobramento causados por concentrações pequenas de agentes desnaturantes indicam que *o dobramento proteico é guiado por forças hidrofóbicas.*

c. A estrutura das proteínas é organizada hierarquicamente

As grandes subunidades proteicas consistem em domínios, isto é, de segmentos da cadeia polipeptídica contíguos, compactos e separáveis fisicamente. Além disso, George Rose mostrou que os domínios são constituídos por subdomínios, que, por sua vez, consistem em subdomínios e assim por diante. Conceitualmente, isso significa que, se um segmento polipeptídico de qualquer comprimento, em uma proteína nativa, for visto como um cordão emaranhado, pode ser encontrado um único plano que divida o cordão em somente dois segmentos, em vez de muitos segmentos menores (como aconteceria se uma bola de fios de lã fosse cortada neste sentido). Isso é facilmente demonstrado ao se colorir o primeiro resíduo $n/2$ de um domínio de n resíduos de vermelho, e o segundo resíduo $n/2$ de azul. Se esse processo for feito, como mostrado na Fig. 9.5 para o caso de uma proteína com alto potencial ferro-enxofre (HiPIP), fica claro que as regiões em vermelho e azul não se misturam a cada estágio do processo. Fica evidente então que as *estruturas proteicas são organizadas hierarquicamente*, isto é, as cadeias polipep-

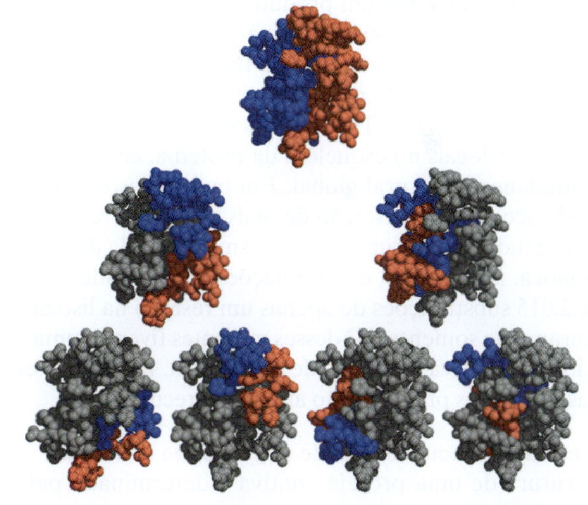

FIGURA 9.5 Organização hierárquica das proteínas globulares. A estrutura por raios X de uma proteína com alto potencial de ferro-enxofre (HiPIP) é representada com os átomos C_α mostrados como esferas. No topo do desenho, os primeiros resíduos $n/2$ desta proteína de n resíduos (onde $n = 71$) estão coloridos de vermelho, e os resíduos $n/2$ restantes, de azul. Na segunda fileira, o processo é repetido de forma que, à direita, por exemplo, a primeira e a última metade da segunda metade da proteína estão em vermelho e azul, e o restante da cadeia está em cinza. Na terceira fileira, o processo é novamente repetido. Observe que, em cada estágio desta hierarquia, as regiões em vermelho e azul não se misturam. (Cortesia de George Rose, Johns Hopkins University School of Medicine, EUA, e Robert Baldwin, Stanford University School of Medicine, EUA.)

tídicas formam estruturas compactas locais que se associam a estruturas similares adjacentes (em sequência) para formar estruturas compactas maiores, etc. Claramente, essa organização estrutural é consistente com a observação de que as interações por ligações de hidrogênio que ocorrem nas proteínas são, em sua maioria, locais (Seção 8.4Bb). Isso também tem implicações importantes no processo de dobramento de polipeptídeos para formar as proteínas nativas (Seção 9.1C).

d. As estruturas proteicas são altamente adaptáveis

As proteínas globulares têm densidades de empacotamento comparáveis àquelas dos cristais orgânicos (Seção 8.3Bc), pois as cadeias laterais interiores se ajustam com uma complementaridade perfeita. Para verificar se esse fenômeno é um determinante importante na estrutura das proteínas, Eaton Lattman e Rose analisaram 67 proteínas globulares de estrutura conhecida para apurar a existência de interações preferenciais entre as cadeias laterais. Porém, não encontraram nenhuma indicação, mostrando assim que, ao menos nas proteínas globulares, *o dobramento proteico determina o empacotamento, mas este não determina o dobramento.* Essa conclusão é corroborada pela ampla ocorrência de famílias proteicas cujos membros possuem o mesmo dobramento, mesmo que possam ser tão longinquamente relacionadas que não haja nenhuma semelhança reconhecível na sequência (p. ex., proteínas com o barril α/β; Seção 8.3Bh).

Estudos posteriores indicaram que *há um enorme número de maneiras pelas quais os resíduos internos de uma proteína podem se empacotar de forma eficiente.* Isso foi mostrado mais claramente por Brian Matthews em uma extensa série de estudos com a **lisozima T4** (um produto do bacteriófago T4), nos quais as estruturas por raios X de mais de 300 variações de mutantes desta enzima monomérica de 164 resíduos foram comparadas. A substituição de um ou de poucos resíduos no núcleo hidrofóbico da lisozima T4 foi acomodada principalmente por modificações locais no esqueleto da proteína, em vez de qualquer mudança estrutural global. Em muitos casos, a lisozima T4 pode acomodar a inserção de mais de quatro resíduos sem maiores mudanças estruturais ou mesmo de perda da atividade enzimática. Além disso, determinações da atividade enzimática de 2.015 substituições de apenas um resíduo na lisozima T4 indicaram que somente 173 desses mutantes tiveram uma diminuição significativa na atividade enzimática. Fica claro, então, que as estruturas proteicas são altamente recuperáveis.

e. A estrutura secundária pode depender do contexto

A estrutura de uma proteína nativa é determinada pela sua sequência de aminoácidos, mas quanto da conformação de um dado segmento polipeptídico é influenciado por proteínas que estejam próximas? A estrutura por ressonância magnética (RM) da **proteína GB1** (o domínio B1 da **proteína G** do estreptococo, que auxilia a bactéria a escapar das defesas imunológicas do hospedeiro ligando-a ao anticorpo proteico **imunoglobulina G**) revela que este domínio de 56 resíduos, que não possui ligações dissulfeto, consiste em uma longa hélice α que se posiciona através de uma folha β mista de 4 fitas (Fig. 9-6). Nos experimentos de mutagênese, realizados por Peter Kim, a sequência "camaleão" de 11 resíduos AWTVEKAFKTF foi feita para substituir tanto os resíduos 23 a 33 da hélice α da GB1 (AATAEKFVFQY na GB1; uma mudança de 7 resíduos) para produzir Chm-α, quanto os resíduos 42 a 52 do

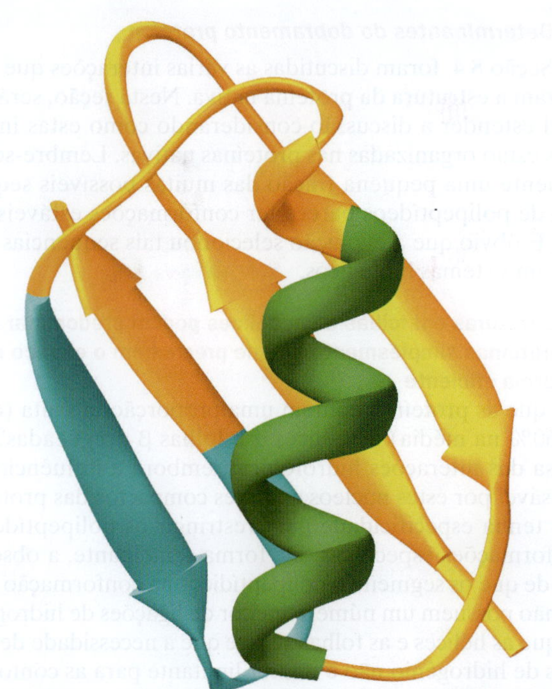

FIGURA 9.6 A estrutura por RM da proteína GB1. Os resíduos 23 a 33 estão em verde, e os resíduos 42 a 53, em ciano. O resíduo 11 da sequência "camaleão" AWTVEKAFKTF pode ocupar as duas posições sem alterar de forma significante a conformação do esqueleto da proteína nativa. (Estrutura por RM determinada por Angela Gronenborn e Marius Clore, National Institutes of Health, Bethesda, Maryland, EUA. PDBid 1GB1.)

grampo β C-terminal (EWTYDDATKTF na GB1; uma mudança de 5 resíduos), para produzir Chm-β. Tanto a Chm-α quanto a Chm-β mostram um desdobramento térmico reversível típico de proteínas globulares compactas formadas por um único domínio. Além disso, os e seus espectros 2D por RM indicam que cada uma assume uma estrutura semelhante à da GB1 nativa. As medidas por RM também demonstraram que o peptídeo "camaleão" isolado (Ac-AWTVEKAFKTF-NH_2, onde Ac é acetil) tem, em solução, uma estrutura desdobrada, o que indica que essa sequência não tem uma preferência maior pela conformação em hélice α ou pela conformação em folha β. Isso sugere que a informação que especifica estruturas secundárias de hélice α ou folha β pode não ser local; isto é, efeitos dependentes do contexto podem ser importantes no dobramento das proteínas (contudo, ver Seção 9.1Ci).

f. Mudanças no dobramento das proteínas

As proteínas que apresentam apenas cerca de 20% de identidade nas sequências podem ser estruturalmente semelhantes. Qual seria o grau de mudança necessário na sequência de uma proteína para que ela se dobrasse de outra forma e assim se convertesse em outra proteína? Essa questão foi respondida ao menos para a proteína GB1 devido à descoberta de que a mudança de 50% de seus 56 resíduos a converte no dobramento da **proteína Rop** (de *repressor of primer*; um regulador transcricional). A Rop é um homodímero cujas subunidades de 63 resíduos formam, cada uma, um motivo $\alpha\alpha$ (Fig. 8.46*c*) que se dimeriza com seus eixos de ordem 2 perpendiculares ao eixo da hélice, formando um feixe de 4 hélices (Fig. 9.7).

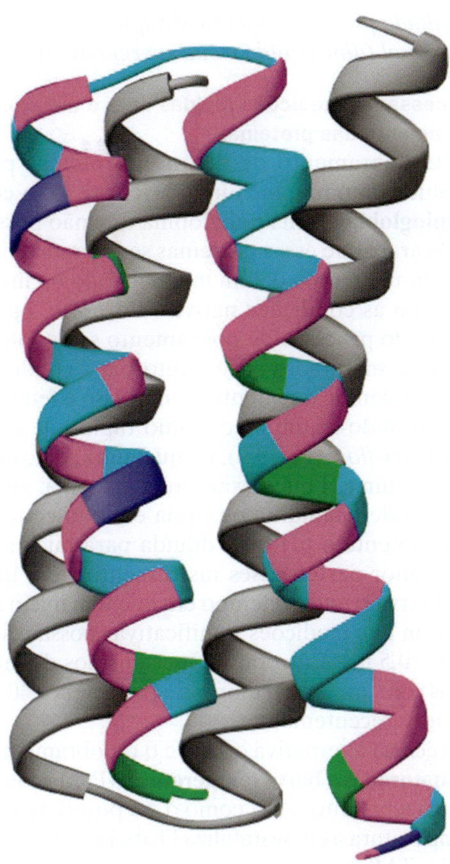

FIGURA 9.7 **A estrutura por raios X da proteína Rop, um homodímero de motivos αα que se associa para formar um feixe de 4 hélices.** Com a mudança de 50% de seus resíduos, a proteína GB1, cuja estrutura é mostrada na Fig. 9.6, adota a estrutura da proteína Rop. Uma das subunidades da estrutura mostrada aqui é colorida de acordo com a sequência do polipeptídeo derivado da GB1, com os resíduos idênticos nas duas proteínas nativas em roxo, os resíduos inalterados da GB1 nativa em magenta, os resíduos idênticos à Rop nativa em ciano e os resíduos diferentes nas duas proteínas nativas em verde. O N-terminal desta subunidade está abaixo, à direita. (Estrutura por raios X de Demetrius Tsernoglou, Università di Roma, Roma, Itália. PDBid 1ROP.)

Cerca de 50% dos resíduos da GB1 foram mudados com base em um algoritmo de predição de estrutura secundária (Seção 9.3Ad) com base em minimização da energia e em modelagem visual para produzir um novo polipeptídeo, denominado Janus (por causa do Deus romano de duas faces da mitologia grega), que é 41% idêntico à Rop. Desse modo, permaneceram os resíduos da GB1 com alta propensão a formar hélices, enquanto que nas regiões que seriam de hélice α, os resíduos com alta propensão a formar folhas β foram substituídos (a propensão para formar hélices e folhas será discutida na Seção 9.3Aa). Apropriadamente, nas posições *a* e *d* de uma região de repetição de sete resíduos, foram incorporados resíduos hidrofóbicos (Fig. 8.26) para formar o feixe de 4 hélices do núcleo da Rop. Também foram feitas mudanças de resíduos para mimetizar a distribuição de cargas da superfície da Rop. Medidas feitas por fluorescência e por RM revelam que o Janus assume uma conformação estável semelhante à da Rop. Esses estudos indicam que nem todos os resíduos têm a mesma importância na definição de um padrão de dobramento específico. A sequência de Janus, na verdade, está muito mais relacionada àquela da GB1 (50% de identidade) do que à da Rop (41% de identidade), mesmo que estruturalmente seja mais semelhante à da Rop.

g. Muitas proteínas são desdobradas no estado nativo

Nos últimos anos tornou-se evidente que muitas proteínas nativas inteiras e longos segmentos proteicos (> 30 resíduos) são totalmente desdobrados. Tais proteínas intrinsicamente desordenadas carecem de estrutura terciária específica e são portanto compostas por um conjunto de conformações. Elas são caracterizadas por sequências de baixa complexidade, baixa proporção dos aminoácidos hidrofóbicos volumosos que formam o núcleo das proteínas globulares (Val, Leu, Ile, Met, Phe, Trp, e Tyr), e alta proporção de certos aminoácidos polares e carregados (Gln, Ser, Pro, Glu, Lys, Gly, e Ala). Técnicas de predição de estrutura baseadas nas sequências de aminoácidos (Seção 9.3) indicam que a proporção de proteínas desordenadas no estado nativo aumenta com a complexidade do organismo, sendo que a predição de ~2% das proteínas de archeia, ~4% das proteínas de eubactérias e ~33% das proteínas de eucariotos contém longas regiões desordenadas.

A maioria das proteínas desordenadas no estado nativo liga-se especificamente a outras moléculas, como proteínas, ácidos nucleicos ou componentes da membrana, e, ao fazer isso, dobram-se em estruturas secundárias ou terciárias estáveis. Por exemplo, o domínio induzido por cinase fosforilada (pKID de *phosphorilated kinase-inducible domain*) do fator de transcrição chamado **proteína de ligação ao elemento de resposta a AMP cíclico** (**CREB**, de **cyclic AMP response element-binding protein**) é desordenado quando livre em solução, mas dobra-se a uma conformação ordenada quando se liga ao domínio de ligação KID da **proteína de ligação à CREB** (**CBP**, de **CREB-binding protein**; Fig. 9.8). Aparentemente, a maior flexibilidade das proteínas desordenadas no estado na-

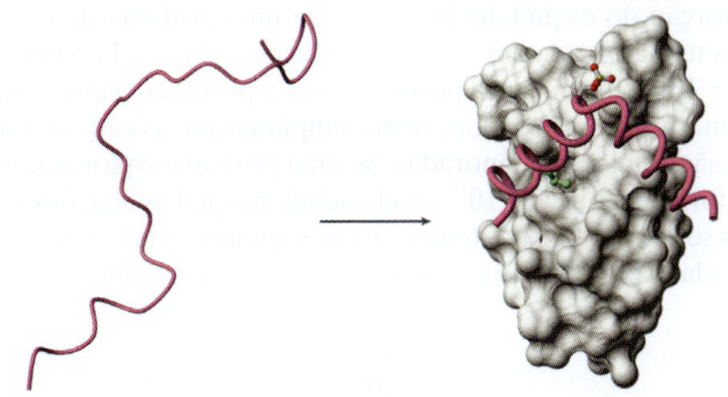

FIGURA 9.8 **A ligação do domínio pKID de CREB de rato ao domínio de ligação a KID da CBP de camundongo.** pKID, cujo esqueleto está representado na forma de alça (*cor-de-rosa*), está destruturado quando livre em solução (*esquerda*), mas forma duas hélices perpendiculares quando ligada ao domínio de ligação a KID (*direita*). A imagem a direita mostra a estrutura de RM do complexo pKID-domínio de ligação a KID, com as cadeias laterais da fosfoSer 133 e da Leu 141 de KID representadas na forma de esfera e bastão com os átomos de C em verde, O em vermelho e P em amarelo e com o domínio de ligação a KID (cinza) representado por sua superfície acessível ao solvente. (Cortesia de Peter Wright, Scripps Research Institute, La Jolla, California, EUA. PDBid 1KDX.)

tivo as capacita a realizar uma busca conformacional relativamente desempedida quando ligada às suas moléculas-alvo. Tem sido sugerido, também, que uma proteína globular estruturada teria de ser duas a três vezes maior do que uma proteína desordenada para fornecer o mesmo tamanho da interface intermolecular e, assim, o uso de proteínas desordenadas proporciona economia genética e reduz o aglomerado intracelular. As regiões desordenadas também podem auxiliar no transporte de proteínas através da membrana (Seção 12.4Ea) e facilitar a degradação seletiva de proteínas (Seção 32.6B).

As funções das proteínas desordenadas no estado nativo são bastante variáveis. Sua função mais comum parece ser de ligação a sequências específicas do DNA para facilitar processos como replicação, transcrição, reparo e transposição (Capítulo 30). No entanto, elas também têm sido envolvidas em uma variedade de outras funções, como transdução de sinal intracelular (Capítulo 19), formação de sítios de fosforilação em proteínas cujas atividades são reguladas por fosforilação (Seção 18.3C) e em ajudar outras proteínas e RNAs a dobrar-se em suas conformações nativas (Seção 9.2C).

C. *Rotas de dobramento*

Como uma proteína se dobra em sua conformação nativa? Claro que não se espera responder a essa pergunta detalhadamente até que se possa entender por que as estruturas proteicas são estáveis. Além disso, o processo de dobramento é de uma complexidade enorme. Contudo, como será visto em seguida, um esboço de como ocorre o processo de dobramento das proteínas até formarem suas conformações nativas está começando a ser delineado.

O mecanismo mais simples de dobramento que se pode considerar propõe que a proteína explora aleatoriamente todas as conformações possíveis até que eventualmente esbarre na sua conformação nativa. Um cálculo simples feito primeiramente por Cyrus Levinthal, entretanto, demonstrou de forma convincente que esse não é o caso: considere que os ângulos de torção do esqueleto $2n$, ϕ e ψ, de uma proteína de n resíduos tenham, cada um, três conformações estáveis. Isso produz $3^{2n} \approx 10^n$ conformações possíveis para a proteína, o que é uma estimativa grosseira, pois, nessa simplificação, as cadeias laterais são totalmente ignoradas. Se uma proteína explorar novas conformações a cada 10^{13} s (velocidade na qual as ligações simples se reorientam), o tempo, t, em segundos, necessário para que ela explore todas as conformações possíveis será:

$$t = \frac{10^n}{10^{13}\,\text{s}^{-1}} \qquad [9\text{-}1]$$

Para uma proteína pequena de $n = 100$ resíduos, $t = 10^{87}$ s, tempo imensamente superior à idade aparente do universo (cerca de 13,7 bilhões de anos = $4{,}3 \times 10^{17}$ s).

Obviamente, a menor das proteínas levaria um tempo absurdamente longo para alcançar sua conformação nativa se explorasse aleatoriamente todas as conformações possíveis. Isso é conhecido como **paradoxo de Levinthal**. Contudo, algumas proteínas se dobram em suas conformações nativas em menos de alguns microssegundos. Por essa razão, assim como Levinthal sugeriu, as *proteínas se dobram nas suas conformações nativas por meio de rotas diretas, ou por um conjunto de rotas, nas quais a aproximação ao estado nativo é acompanhada por um aumento abrupto na sua estabilidade conformacional (diminuindo a sua energia livre).*

a. São necessárias medições rápidas para o monitoramento do dobramento das proteínas

Estudos de dobramento de diversas proteínas pequenas, com um único domínio, incluindo a RNase A, o citocromo *c* e a **apomioglobina** (uma mioglobina que não possui grupo heme) indicaram que essas proteínas se dobram em grau significativo em um tempo de um milissegundo ou menos após terem voltado às condições nativas. Portanto, para que as fases iniciais do processo de dobramento sejam observadas, as proteínas desnaturadas devem retornar à condição nativa em um tempo significantemente menor. Isso é feito com mais frequência usando-se um mecanismo rápido de mistura tal como o *stopped-flow* (Fig. 9.9), no qual uma solução proteica que esteja em um pH que desnature a proteína, ou que contenha cloreto de guanidina ou ureia em alta concentração, muda rapidamente o pH ou é diluída para iniciar o dobramento. A maior parte desses instrumentos têm um tempo morto (o intervalo entre o tempo em que tem início a mistura e o tempo em que medições significativas possam ser feitas) maior que ~0,5 ms. Entretanto, mecanismos de mistura ultrarrápidos com um tempo morto de pelo menos 40 μs foram desenvolvidos recentemente.

Uma técnica alternativa envolve o redobramento de **proteínas desnaturadas a baixa temperatura.** (Para proteínas cujo dobramento tem tanto o ΔH como o ΔS positivos, o decréscimo na temperatura as desestabiliza [Tabela 3.2]. Uma vez que $\Delta G = \Delta H - T\Delta S$, essas proteínas são instáveis e desnaturam quando $T < \Delta H/\Delta S$. Para muitas dessas proteínas, podem ser encontradas condições de solubilização nas quais essa temperatura é maior que 0°C). O redobramento de uma proteína desnaturada por baixa temperatura é iniciado por um **salto de temperatura** no qual a solução é aquecida com um pulso de *laser* infravermelho de 10 a 30°C em menos de 100 ns.

Com qualquer um dos métodos anteriores, o dobramento proteico deve ser monitorado por meio de alguma técnica que possa relatar mudanças estruturais rápidas em uma proteína. As três técnicas mais usadas são: (1) espectroscopia de **dicroísmo circular** (**DC**, de *circular dichroism*); (2) **troca pulsada HD** seguida por espectroscopia de RM-2D ou espectrometria de massa e (3) **transferência de energia de ressonância de fluorescência** (**FRET**, de *fluorescence resonance energy transfer*). Esses métodos serão discutidos a seguir.

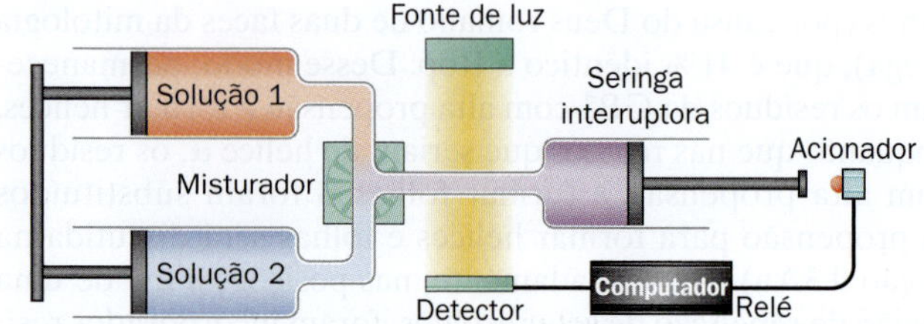

FIGURA 9.9 O mecanismo de *stopped-flow*. A reação é iniciada por uma descarga rápida e simultânea do conteúdo das duas seringas através do misturador. Ao alcançar o relé, a seringa aciona o computador para que se inicie o monitoramento óptico da reação (por sua luz visível/UV, fluorescência ou espectro CD).

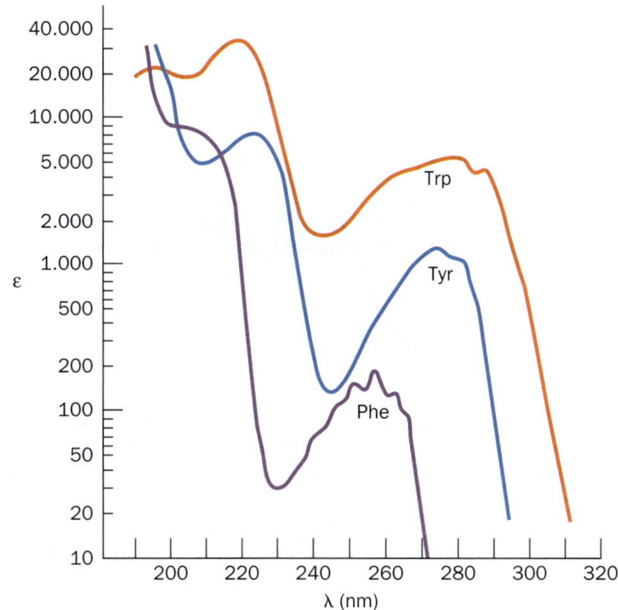

FIGURA 9.10 Espectro de absorbância UV dos três aminoácidos aromáticos, fenilalanina, triptofano e tirosina. Note que a absorbância molar, ε, está representada em escala logarítmica. (Segundo Wetlaufer,D.B., *Adv. Prot. Chem.* **7,** 310 [1962].)

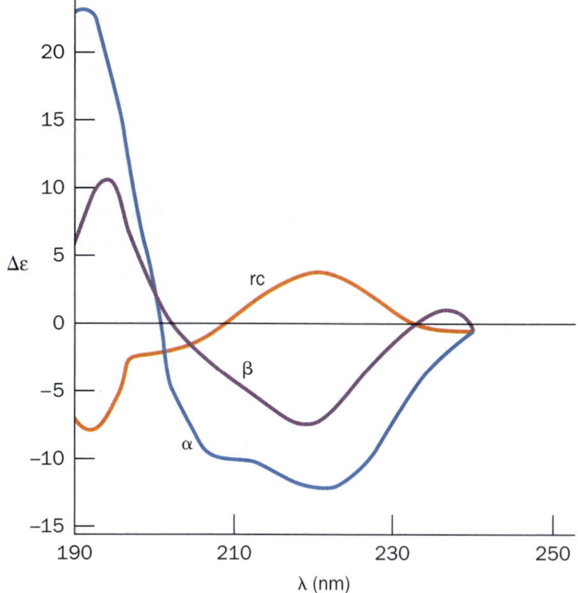

FIGURA 9.11 Espectro de dicroísmo circular (CD) de polipeptídeos. As conformações de hélice α, folha β e espiral aleatória (rc, de *random coil*) dos peptídeos foram determinadas a partir dos espectros de CD de proteínas com estruturas por raios X conhecidas. Comparando esses espectros com o espectro de absorção da Fig. 9.10, pode-se ver que $\Delta\varepsilon = \varepsilon_L - \varepsilon_R$ é uma diferença pequena de dois números grandes. (Segundo Saxena, V.P., e Wetlaufer, D.B., *Proc. Natl. Acad. Sci.* **66**, 971 [1971].)

b. O espectro de dicroísmo circular das proteínas é um indicativo da conformação

Os polipeptídeos absorvem fortemente na região ultravioleta (UV) do espectro (λ = 100 a 400 nm), em grande parte, porque as cadeias laterais aromáticas (aquelas de Phe, Trp e Tyr) têm um grande coeficiente de extinção molar (Seção 5.3Ca) nessa região do espectro (variando de 10 a 1.000; Fig. 9.10). Já os polipeptídeos não absorvem a luz visível (λ = 400 a 800 nm), de modo que não possuem cor.

Para moléculas quirais como as proteínas, ε tem valores diferentes para as luzes polarizadas circularmente para direita e para esquerda, ε_L e ε_R, respectivamente. A variação com o λ da diferença dessas grandezas, $\Delta\varepsilon = \varepsilon_L - \varepsilon_R$, constitui o **espectro de dicroismo circular (DC)** do soluto em questão (para moléculas não quirais, $\varepsilon_L = \varepsilon_R$, portanto elas não possuem espectro de DC). Em proteínas, hélices α, folhas β e espirais aleatórias exibem espectros de DC característicos (Fig. 9.11). Assim, o espectro de DC de um polipeptídeo fornece uma estimativa grosseira de sua estrutura secundária.

c. A troca pulsada H/D fornece detalhes estruturais sobre a forma de como a proteína se dobra

A troca pulsada H/D, um método desenvolvido por Walter Englander e Robert Baldwin, é a única técnica conhecida que pode seguir o curso temporal de resíduos individuais de uma proteína em dobramento. Prótons fracamente acídicos (^{1}H), como aqueles da amina e de grupos hidroxílicos (X—H), trocam com prótons da água, um processo conhecido como **troca de hidrogênio**, que pode ser demonstrado com o uso de água deuterada (D_2O; o deutério [D ou ^{2}H] é um isótopo estável de ^{1}H):

$$\text{X—H} + \text{D}_2\text{O} \rightleftharpoons \text{X—D} + \text{HOD}$$

Uma vez que ^{1}H tem um espectro de RM em uma variação de frequência diferente daquela de D, a troca de ^{1}H por D pode ser prontamente seguida por espectroscopia por RM. Em condições fisiológicas, moléculas orgânicas pequenas, tais como aminoácidos e dipeptídeos, trocam completamente seus prótons acídicos fracos por D em tempos variando de milissegundos a segundos. As proteínas apresentam numerosos prótons que podem ser trocados, particularmente aqueles dos grupos amida de seus esqueletos. Entretanto, prótons que pertencem a ligações de hidrogênio não são trocados com o solvente e, além disso, os grupos no interior de uma proteína nativa não estão em contato com o solvente.

Pelo uso de RM-2D (Seção 8.3Ac), as trocas pulsadas H/D podem ser usadas para seguir o tempo de duração do dobramento proteico. A proteína em questão, normalmente com suas ligações dissulfeto nativas intactas, é desnaturada por cloreto de guanidina ou por ureia em solução de D_2O, de forma que todos os átomos de nitrogênio da proteína tornam-se deuterados (N—D). O dobramento é então iniciado em um aparelho *stopped-flow* diluindo a solução desnaturante com ^1H_2O, enquanto, ao mesmo tempo, o pH é reduzido de forma a interromper a troca de hidrogênio (quando está próximo da neutralidade, as reações de troca de hidrogênio são catalisadas por OH^- e, assim, suas velocidades são altamente dependentes do pH). Depois de pré-ajustar o tempo de dobramento, t_f, o pH é rapidamente aumentado (usando-se uma terceira seringa engatilhada independentemente, também chamada de pulso marcado) para iniciar a troca de hidrogênio. Os átomos de nitrogênio do peptídeo cujos átomos D não formaram ligações de hidrogênio no tempo t_f fazem a troca com o ^{1}H, enquanto aqueles que estão realizando ligação de hidrogênio no tempo t_f, e, portanto, não estão disponíveis para a troca, permanecem deuterados. Depois de um curto período de tempo (10 a 40 ms), o pulso de marcação é encerrado, reduzindo-se rapidamente o pH (com uma quarta seringa). O dobramento pode ser então concluído, e a proporção em que cada local sofre a troca é determinada por RM-2D (os picos no espectro de prótons por RM-2D devem ser previamente determinados). Repetindo a análise com vários valores de t_f, o tempo de duração da formação das ligações de hidrogênio de cada resíduo pode ser determinado.

Os estudos por RM e por troca pulsada de H/D não indicam diretamente as estruturas dos dobramentos intermediários. Entretanto, se a estrutura nativa da proteína que está sendo investigada for conhecida (como é na maioria das vezes) e se for feita a suposição de que as proteínas se dobram sem formar estruturas secundárias que não estejam presentes na proteína nativa, o espectro por 2D-RM revela o tempo de duração da formação de elementos da estrutura nativa juntamente com a velocidade com que ela é excluída do solvente.

O tempo de dobramento de uma proteína também pode ser monitorado pela combinação de troca pulsada H/D com espectrometria de massa. Neste método, uma proteína parcialmente deuterada é fragmentada com pepsina (uma protease que age nas condições ácidas necessárias para prevenir trocas de hidrogênio; Tabela 7.2), os fragmentos resultantes são separados por HPLC, e o seu grau de deuteração é determinado por espectrometria de massa. Esse método não fornece informação estrutural em nível de resíduo de aminoácidos como a RM fornece. No entanto, ao contrário da RM, ela pode determinar se uma amostra contém subpopulações de fragmentos proteicos com diferentes graus de deuteração, consequentemente, que seguiram diferentes vias de dobramento.

d. A transferência de energia de ressonância de fluorescência monitora distâncias

Fluorescência *é o fenômeno pelo qual uma molécula ou grupo eletronicamente excitado decai ao seu estado basal pela emissão de um fóton.* O estado inicial excitado decai rapidamente, através de um processo não radioativo (p. ex., aquecimento; Seção 24.2Aa), a um estado excitado de menor energia antes do fóton ser emitido. Consequentemente, o espectro de emissão da molécula ou do grupo possui um comprimento de onda maior do que seu espectro de absorção (Fig. 9.12).

Quando duas moléculas ou grupos fluorescentes, um doador (D) e um aceptor (A), estão a 100 Å um do outro e D é eletronicamente excitado (por um *laser* com um comprimento de onda dentro de seu espectro de absorção), parte da energia de excitação é transferida de D para A,

$$D^* + A \rightarrow D + A^*$$

onde o asterisco indica um estado eletronicamente excitado. A emitirá fluorescência em seu espectro de emissão característico (Fig 9.12), cuja intensidade pode ser medida. Esse fenômeno é conhecido por **transferência de energia de ressonância de fluorescência** (**FRET**, de *fluorescence resonance energy transfer*). Sua eficiência E, a fração da energia transferida para o aceptor por evento de excitação do doador, é dado por

$$E = \frac{1}{1 + (r/R_0)^6} \quad [9.2]$$

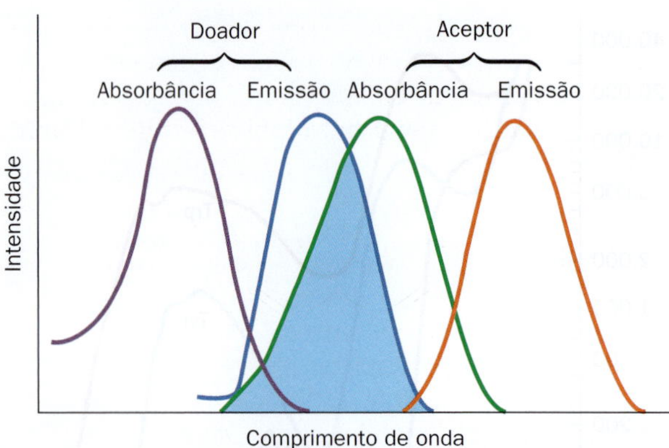

FIGURA 9.12 Diagrama esquemático do espectro de absorção e de emissão de um doador e de um aceptor na técnica de transferência de energia ressonante de fluorescência. Note que o espectro de absorção ocorre em comprimentos de onda mais curtos do que o espectro de emissão correspondente e que o espectro de emissão do doador deve sobrepor o espectro de absorção do aceptor (ciano) para ocorrer o FRET.

onde r é a distância entre D e A, e R_0, sua **distância Föster** (chamada após Theodor Föster, quem formulou a teoria para o mecanismo de transferência de energia não radioativa em larga escala), é o valor de r em que a eficiência do FRET é 50%. R_0 varia com o grau de sobreposição entre o espectro de emissão do doador e o espectro de absorção do aceptor (Fig. 9.12), bem como com a orientação relativa entre o doador e o aceptor. Consequentemente, a intensidade da fluorescência do aceptor é indicativo da distância entre D e A, assim como das suas orientações.

Em proteínas, D e A podem ser as cadeias laterais de resíduos de Trp e Tyr. O número e a localização desses resíduos na proteína de interesse pode ser manipulado por mutagênese sítio-dirigida (Seção 5.5Gc). Alternativamente, grupos fluorescentes podem ser covalentemente ligados à cadeias reativas tais como Cys, que também podem ser localizadas através de mutagênese sítio-dirigida. Medidas de FRET podem então ser usadas para rastrear como as distâncias entre resíduos específicos variam com o tempo no dobramento proteico.

e. Os eventos iniciais do dobramento das proteínas se iniciam com um colapso hidrofóbico

As medidas com *stopped-flow-CD* indicam que *para a maioria, se não para todas as proteínas pequenas e formadas por um único domínio, muitas estruturas secundárias que estão presentes nas proteínas nativas se formam poucos milissegundos após o início do dobramento.* Esse processo é chamado de **fase explosiva**, pois os eventos de dobramento subsequentes ocorrem com intervalos de tempo muito mais longos. As medidas de trocas pulsadas de H/D dessas pequenas proteínas mostram que alguma proteção contra a troca de hidrogênio, em alguns elementos de estrutura secundária, acontecerá após cerca de 5 ms após o início do dobramento.

Uma vez que as proteínas globulares possuem um núcleo hidrofóbico compacto, é razoável chamar a força que guia o dobramento de **colapso hidrofóbico**, no qual os grupos hidrofóbicos das proteínas se unem de forma a expulsar a maior parte das moléculas de água à sua volta. O raio de giro dos polipeptídeos é então dramaticamente reduzido (em um polipeptídeo de 100 resíduos, cerca de 30 a 15 Å). Geralmente, esse é um fenômeno característico de polímeros, quando transferidos de um solvente bom a um solvente fraco.

Esse mecanismo de colapso hidrofóbico confirma a observação de que o corante hidrofóbico **8-anilina-1-naftalenossulfonato** (**ANS**)

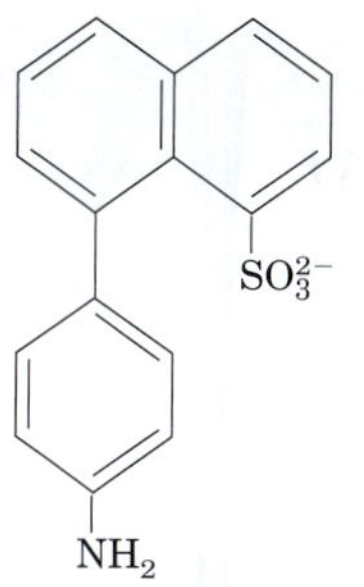

8-anilina-1-naftalenossulfonato (ANS)

se liga a proteínas dobradas. O ANS passa por um aumento significativo na sua fluorescência quando passa a um meio apolar. Esse aumento é observado dentro da fase explosiva quando o ANS estiver presente em uma solução de uma proteína que estiver em processo de dobramento. Uma vez que se espera que o ANS se ligue preferencialmente a grupos hidrofóbicos, este dado indica que o núcleo hidrofóbico de uma proteína se forma rapidamente assim que se inicia o dobramento.

O estado de colapso inicial de uma proteína dobrada é conhecido como **glóbulo fundido**. Tais espécies têm um raio de giro que é somente 5 a 10% maior que o da proteína nativa, e já têm proporções significativas tanto da estrutura secundária nativa quanto do dobramento total. Entretanto, as cadeias laterais de um glóbulo fundido são extensivamente desordenadas, sua estrutura oscila muito mais do que na proteína nativa e têm uma estabilidade termodinâmica insignificante. Todavia, para continuar a se dobrar até o estado nativo, a cadeia polipeptídica precisa passar por grandes rearranjos no núcleo lotado da proteína parcialmente dobrada.

f. Estruturas terciárias semelhantes às estruturas nativas aparecem durante os eventos intermediários do dobramento

Depois da fase explosiva, as proteínas pequenas exibem um aumento de ligações ao ANS, seguidas de mudanças em seus espectros e de aumento da proteção contra a troca H/D. Esses eventos intermediários durante o dobramento ocorrem tipicamente em um intervalo de tempo de 5 a 1.000 ms. Esse é o estágio no qual as estruturas secundárias se tornam estáveis e suas estruturas terciárias começam a se formar. Acredita-se que nessa etapa elementos semelhantes aos da estrutura nativa adotam a forma de subdomínios, ainda não totalmente organizados, para formar então os domínios da proteína. As cadeias laterais provavelmente ainda estão móveis, de forma que nesse estágio a proteína pode ser descrita como um conjunto de estruturas intimamente relacionadas e rapidamente interconversíveis.

g. Os eventos finais do dobramento frequentemente necessitam de vários segundos

No estágio final do dobramento, a proteína atinge a sua estrutura nativa. Para tanto, o polipeptídeo deve passar por uma série de movimentos complexos que permitam a aquisição de um núcleo nativo relativamente rígido e ligações de hidrogênio, enquanto as moléculas de água remanescentes são expelidas do núcleo hidrofóbico. No caso de proteínas pequenas formadas por um só domínio, isso acontece em um intervalo de tempo de vários segundos ou menos.

h. Teoria da paisagem do dobramento das proteínas

A concepção clássica do dobramento de proteínas era de que elas se dobrariam por uma série de intermediários bem-definidos. Supunha-se que o dobramento de um polipeptídeo de estrutura aleatória se iniciaria com a formação ao acaso de pequenos estiramentos da estrutura secundária, como hélices α e curvaturas β, que agiriam como **núcleos** (patamares) para a estabilização de regiões ordenadas adicionais da proteína. Núcleos apropriados, com estrutura semelhante à nativa, então cresceriam por difusão, colisões ao acaso, seguidos da adesão de dois ou mais desses núcleos. Também se imaginava que as estabilidades dessas regiões ordenadas cresceriam em tamanho; assim, depois de terem alcançado aleatoriamente um certo tamanho inicial, elas cresceriam espontaneamente de forma cooperativa até que se formasse um domínio semelhante ao nativo. Finalmente, depois de uma série de ajustes conformacionais relativamente pequenos, o domínio se rearranjaria na estrutura terciária mais compacta da conformação nativa.

O advento de métodos experimentais que permitem observar os eventos iniciais no dobramento proteico levou a uma nova e diferente maneira de ver como esse processo acontece. A chamada **teoria da paisagem**, que foi, em grande parte, formulada por Peter Wolynes, Baldwin e Dill, prevê que o dobramento ocorre em uma **superfície de energia** ou paisagem que representa o estado de energia conformacional disponível a um polipeptídeo sob as condições predominantes. As coordenadas horizontais de um ponto nessa superfície representam uma conformação particular do polipeptídeo, isto é, os valores dos ângulos ϕ e ψ de cada um dos resíduos de aminoácidos e os ângulos de torção de cada uma das cadeias laterais (aqui projetadas nas duas dimensões dos seus espaços multidimensionais). A coordenada vertical de um ponto na superfície de energia representa a energia livre interna do polipeptídeo nessa conformação. As medidas descritas anteriormente indicam que a superfície de energia de um polipeptídeo dobrado tem a forma de funil, com o estado nativo representado pela base do funil, o máximo de energia livre mínima (Fig. 9.13*a*). A largura do funil em qualquer altura (energia livre) acima do estado nativo indica o número de estados conformacionais que têm essa energia livre, isto é, a entropia do polipeptídeo.

Os polipeptídeos se dobram por uma série de ajustes conformacionais que reduzem sua energia livre e sua entropia até que o estado nativo seja atingido. Uma vez que os polipeptídeos não dobrados têm conformações diferentes (têm diferentes posições no funil de dobramento), eles podem não seguir precisamente a mesma rota de dobramento para atingir o estado nativo. Se o polipeptídeo efetivamente se dobrar em seu estado nativo por meio da procura conformacional aleatória, como pensou Levinthal, a superfície de energia se assemelharia a um disco achatado com um único e pequeno orifício, bem parecido com a superfície de um campo de golfe (Fig. 9.13*b*). Então, o tempo para um polipeptídeo (uma bola de golfe) alcançar o estado nativo (cair no orifício) por meio de uma procura conformacional aleatória (rolando sem objetivo na superfície do campo de golfe) seria extremamente longo.

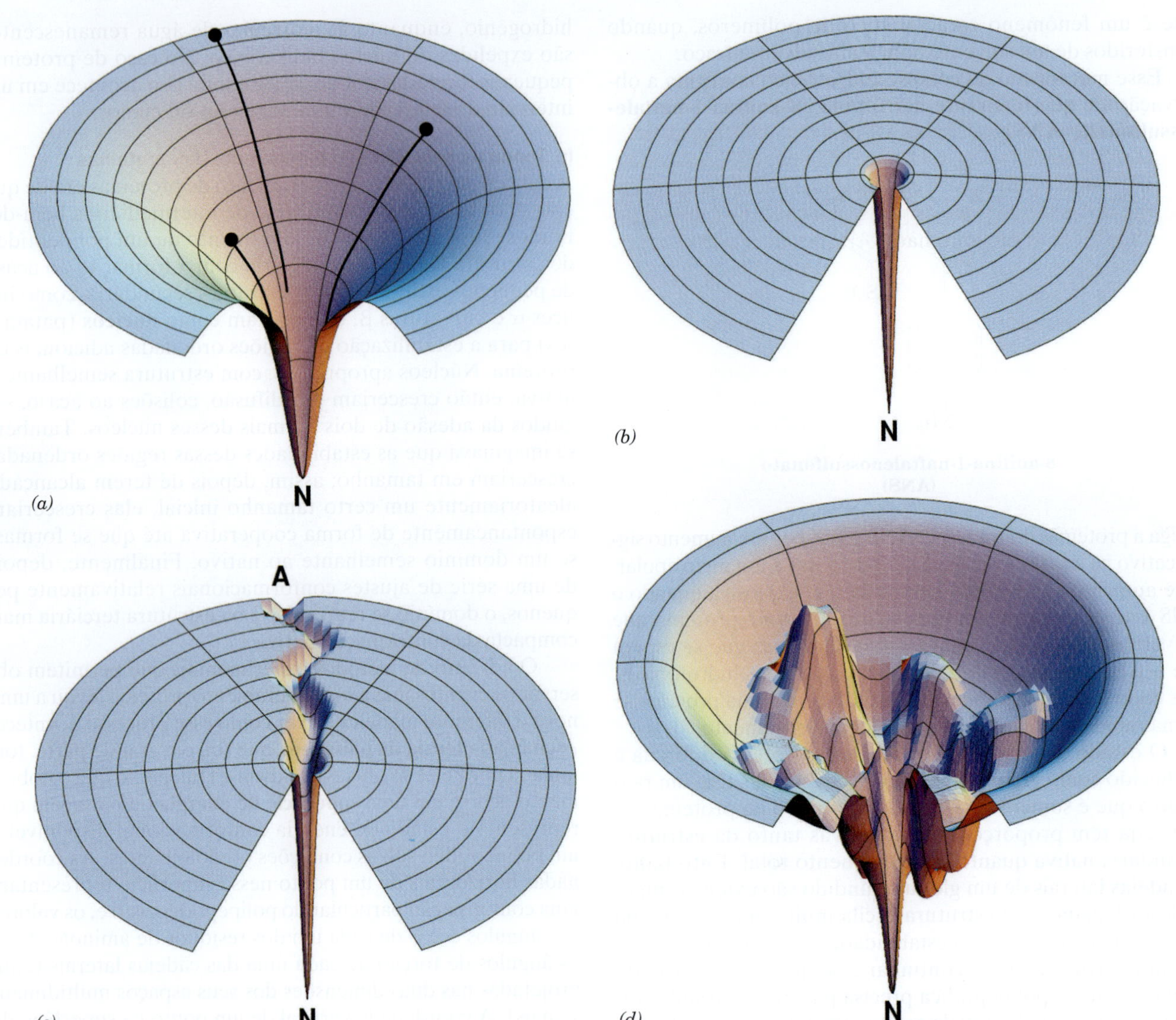

FIGURA 9.13 O funil de dobramento. (*a*) Uma paisagem de funil idealizada. Quando a cadeia se forma, aumentando o número de contatos intracadeias, sua energia livre interna (o aumento acima do estado nativo, N) diminui junto com a liberdade conformacional (a largura do funil). Polipeptídeos com conformações diferentes (*pontos pretos*) seguem rotas diferentes (*linhas pretas*) para atingir o dobramento nativo. (*b*) A paisagem de "campo de golfe" de Levinthal, na qual a cadeia deve procurar ao acaso pelo dobramento (o buraco), isto é, em uma mesma superfície de nível de energia. (*c*) A clássica paisagem de dobramento na qual a cadeia deve procurar aleatoriamente uma superfície de nível de energia até que encontre a depressão que a leve ao estado nativo. (*d*) Superfície de energia acidentada com conteúdo mínimo local na qual um polipeptídeo dobrado pode se tornar aprisionado transientemente.

A superfície de energia de uma proteína que seguisse a visão clássica do dobramento teria uma fenda profunda que se inclinaria até o orifício representativo do estado nativo (Fig. 9.13*c*). A extensão da procura conformacional para encontrar aleatoriamente essa fenda seria muito reduzida no modelo de Levinthal, de forma que um polipeptídeo se dobraria prontamente em seu estado nativo. Entretanto, a procura conformacional pela rota (fenda) para chegar ao estado nativo ainda levaria tempo, de forma que o polipeptídeo talvez necessitasse de vários segundos para iniciar a rota de dobramento.

A observação de que muitos polipeptídeos adquirem estruturas significativamente semelhantes à nativa em frações de milissegundos depois do início do dobramento indica que a sua superfície de energia tem, de fato, uma forma de funil; isto é, eles tendem a se inclinar em direção à conformação nativa em todos os pontos. Dessa forma, as várias rotas seguidas pelos polipeptídeos inicialmente desdobrados para se dobrarem em seus estados nativos são análogas às várias trajetórias que poderiam ser feitas por esquiadores, inicialmente em volta do topo de um vale em forma de uma tigela para chegar até o ponto mais baixo. Aparentemente, *não há uma rota única ou um conjunto de rotas intimamente relacionadas que um polipeptídeo deva seguir para alcançar a sua conformação nativa.*

O que foi exposto não implica que a superfície do funil de dobramento é necessariamente suave, como representado na Fig. 9.13*a*. De fato, a teoria da paisagem sugere que essa superfície de energia tem uma topografia relativamente rugosa, isto é, tem muitos locais de energia mínima e máxima (Fig. 9.13*d*). Consequentemente, é como se um polipeptídeo que seguisse qualquer rota de dobramento ficasse preso em um local de energia mínima até que adquirisse energia térmica suficiente para superar essa barreira cinética e continuar o processo. Dessa forma, na teoria da paisagem, a energia local máxima (estados de transição; Seção 14.1C) que governa a velocidade de dobramento não corresponde a estruturas específicas como a teoria clássica sugere, mas sim a conjuntos de estruturas.

i. O dobramento proteico segue uma hierarquia

A observação de que as estruturas proteicas são organizadas hierarquicamente (Seção 9.1B) sugere que elas também se dobram de forma hierárquica. Isso significa que o dobramento começa com a formação de microestruturas parecidas com as nativas e marginalmente estáveis conhecidas como ***foldons*** (p. ex., Fig. 9.14), que são locais em sequência e que esses *foldons* difundem e colidem com *foldons* vizinhos (em sequência) produzindo intermediários de complexidades e estabilidades crescentes que aumentam sequencialmente para formar a proteína nativa. Contrastando com esse fato, nos dobramentos sem hierarquias, a estrutura terciária das proteínas poderia não somente estabilizar essas estruturas locais como também determiná-las. A teoria da paisagem é consistente com o dobramento hierárquico, enquanto que a teoria clássica está mais de acordo com o dobramento sem hierarquia. Além disso, uma vez que um polipeptídeo *in vivo* inicia seu dobramento à medida que está sendo sintetizado, isto é, assim que é excluído do ribossomo, parece que conseguiria atingir mais prontamente o seu estado nativo caso se dobrasse de maneira hierárquica.

Várias linhas de evidência indicam que as proteínas de fato se dobram de forma hierárquica.

1. Estudos de troca H/D estabeleceram a existência de *foldons* em numerosas proteínas. De fato, parece que os *foldons*, em vez de resíduos de aminoácidos individuais, executam os passos unitários nas vias de dobramento proteico.
2. Muitos fragmentos peptídicos removidos de proteínas também formam ou exibem uma tendência a formar *foldons* na ausência de interações de longa distância (terciárias). Além disso, quando proteínas como o citocromo *c* e a apomioglobina são colocadas em pH suficientemente baixo para desestabilizar suas estruturas nativas, seus *foldons* persistem.
3. Os limites das hélices nas proteínas nativas são fixados pelas sequências que os flanqueiam (Seção 9.3), em vez de serem fixados por interações terciárias.
4. A taxa de dobramento proteico aumenta, em média, com o grau em que seus contatos nativos são locais. Assim, dobramentos rápidos tendem a ter uma alta proporção de hélices e voltas apertadas, enquanto que dobramentos lentos tendem a ter alta proporção de folhas β.

Na Seção 9.1B, foi visto que na proteína GB1 (Fig. 9.6) a sequência "camaleão" de 11 resíduos assume uma conformação tanto de hélice α quanto de grampo β, dependendo de suas posições na proteína.

Assim, a sua conformação parece ser determinada mais pelo contexto em que se encontra do que por interações locais.

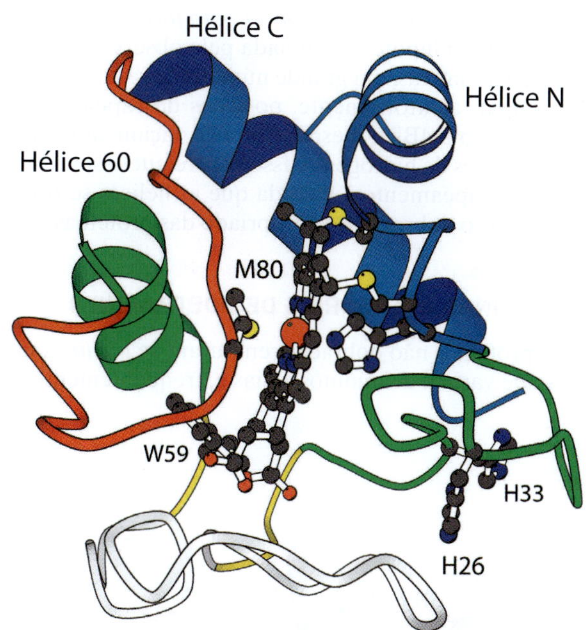

FIGURA 9.14 Diagrama de fitas do citocromo *c*. Suas unidades de *foldons* estão representadas em diferentes cores. Seu grupo heme e várias de suas cadeias laterais funcionalmente importantes estão desenhados na forma de esfera e bastão, com o átomo de C em preto, de N em azul, de O em vermelho, de S em amarelo e o Fe uma grande esfera vermelha. (Cortesia de Walter Englander, University of Pennsylvania.)

Entretanto, simulações computacionais indicam que a conformação da sequência "camaleão" é na realidade determinada por interações locais além dos limites dessa sequência.

Os dobramentos das proteínas nativas, como já foi visto, são altamente resistentes a mudanças na sequência de aminoácidos. Evidentemente, *a sequência contendo a informação especificando um dado dobramento está distribuída através da cadeia polipeptídica e é também firmemente determinada.* São essas as características que parecem ser responsáveis pelo dobramento hierárquico.

j. As estruturas primárias determinam as rotas do dobramento proteico e também as estruturas

A discussão anterior sugere que *as estruturas primárias das proteínas evoluíram tanto para especificarem rotas de dobramento eficientes quanto para formarem conformações nativas estáveis.* A evidência que confirma essa hipótese foi obtida por Jonathan King em seu estudo sobre a renaturação da **proteína *tail spike*** do bacteriófago P22. A proteína *tail spike* é um trímero do polipeptídeo de um mesmo peptídeo (de 76 kDa) cuja T_m = 88°C. Entretanto, certas variedades mutantes dessa proteína não renaturam a 39°C. Todavia, a 30°C essas proteínas mutantes se dobram em estruturas cujas propriedades, incluindo suas T_ms, não são distinguíveis daquelas do tipo selvagem da proteína *tail spike*. As mudanças de aminoácidos que causam essas mutações no dobramento sensível à temperatura aparentemente agem para desestabilizar estados intermediários durante o processo, mas não afetam a estabilidade proteica. Essa observação sugere que *a sequência de aminoácidos da proteína governa a estrutura nativa, es-*

pecificando como ela deve se dobrar para formar a conformação nativa. Essa hipótese é apoiada pela observação de que, em proteínas nativas, um grande número de resíduos polares pode ocupar, aleatoriamente, posições de capeamento de hélices (Seção 8.4Bb), mesmo que não façam capeamento com as ligações de hidrogênio. Isso sugere que esses resíduos fazem esse capeamento à medida que as hélices se formam para facilitar o dobramento apropriado das proteínas.

2 PROTEÍNAS ACESSÓRIAS DE DOBRAMENTO

Muitas proteínas não dobradas renaturam-se *in vitro* em períodos que variam de minutos a dias e, frequentemente, com baixa eficiência, isto é, com uma grande parte da cadeia polipeptídica assumindo uma conformação não nativa quase estável e/ou formando agregados não específicos. Entretanto, *in vivo*, os polipeptídeos se dobram de forma eficiente em suas conformações nativas enquanto estão sendo sintetizados, um processo que normalmente requer poucos minutos. Isso acontece porque todas as células contêm três tipos de proteínas acessórias que funcionam para ajudar o dobramento dos polipeptídeos em suas conformações nativas e a montagem das estruturas quaternárias: **proteína-dissulfeto-isomerases, peptidil-prolil-*cis-trans*-isomerases e chaperonas moleculares**. Neste capítulo, serão discutidas essas proteínas essenciais.

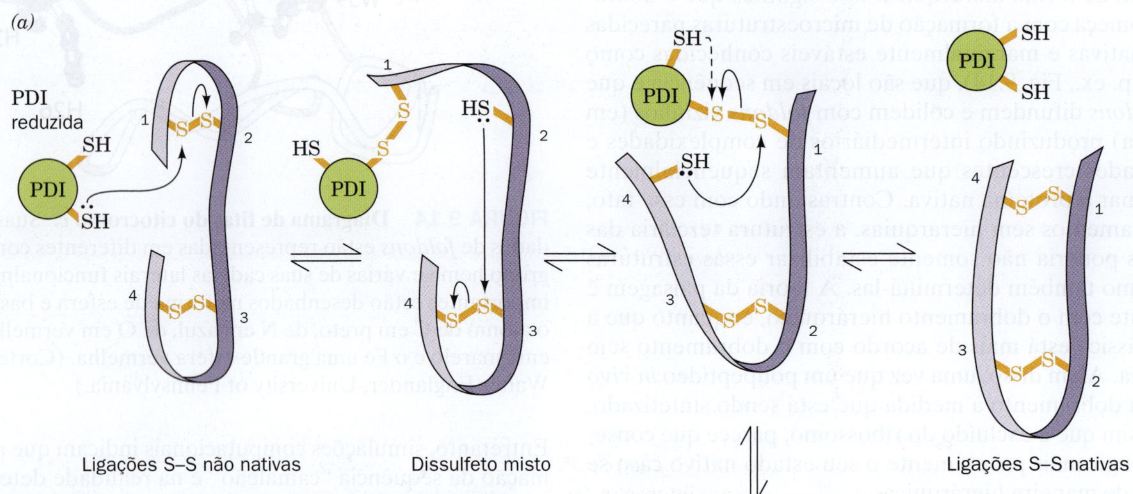

FIGURA 9.15 Reações catalisadas pela proteína dissulfeto isomerase (PDI). (*a*) A PDI reduzida catalisa os rearranjos das ligações dissulfeto não nativas de um substrato proteico (*fita púrpura*) pela troca de dissulfetos para produzir ligações dissulfeto nativas (*reações horizontais*). Se uma ligação dissulfeto entre a PDI e o substrato proteico é resistente à troca de dissulfetos, ela é reduzida pelo segundo grupo SH da PDI para produzir um substrato proteico reduzido e uma PDI oxidada (*reação vertical e setas curvas pontilhadas*). (*b*) A síntese de ligações dissulfeto dependentes de PDI oxidada, em proteínas. A reação ocorre com a formação de um intermediário de uma mistura de dissulfeto entre a PDI e a proteína. Os produtos da reação da PDI reduzida reagem com agentes oxidantes celulares para regenerar a PDI oxidada. Ver Figuras animadas

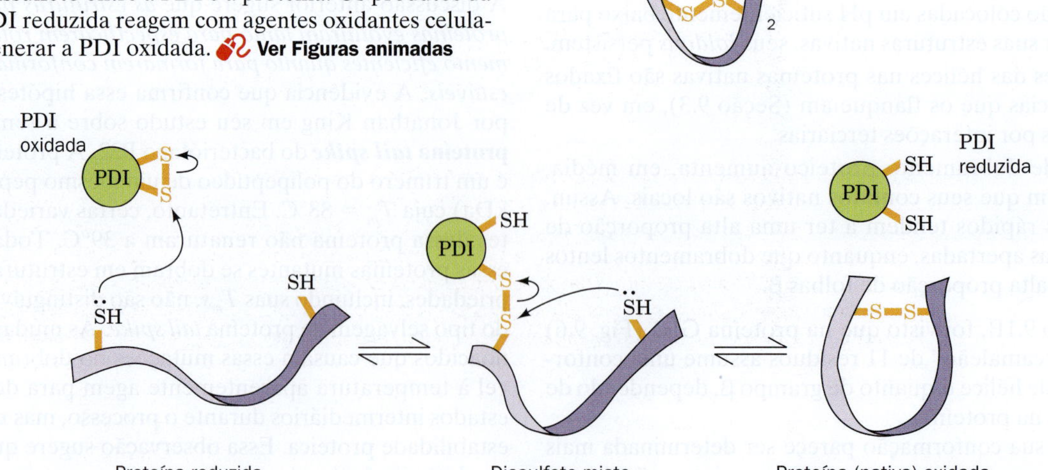

A. *Proteína-dissulfeto-isomerase*

A **proteína-dissulfeto-isomerase (PDI)**, estudada na Seção 9.1A, é uma enzima eucariótica de ~510 resíduos que habita o 0 do retículo endoplasmático, onde proteínas contendo dissulfeto dobram-se e são pós-traducionalmente processadas (Seção 12.4B). Na sua forma reduzida, a PDI catalisa reações de troca de dissulfeto, facilitando assim a troca aleatória das ligações dissulfeto nas proteínas (Fig. 9.15*a*, *reações horizontais*) até que alcancem seus pares dissulfeto nativos, que são resistentes aos próximos rearranjos. Além disso, a PDI deve facilitar o dobramento correto dessas proteínas que desnaturam na ausência das ligações dissulfeto nativas. O que é intrigante é o fato de que a PDI é também a subunidade β do heterotetrâmero $\alpha_2\beta_2$ da prolil-hidroxilase, a enzima que faz a hidroxilação dos resíduos de Pro do colágeno (Seção 8.2B). O significado desse fato ainda é desconhecido.

A comparação das sequências indica que a PDI contém quatro domínios com cerca de 100 resíduos que estão organizados do N-terminal ao C-terminal como a-b-b′-a′, em que os domínios a e a′ são homólogos, 30% idênticos em sequência. Eles também são homólogos a uma proteína de distribuição ubíqua que contém dissulfeto e participa de reações de oxidorredução, a **tiorredoxina** (Seção 28.3Ae) e, consequentemente, pertencem à superfamília da tiorredoxina. Procariotos possuem enzimas que agem de maneira semelhante àquela da PDI e também assumem o dobramento da tiorredoxina.

Cada um dos domínios a e a′ da PDI têm no sítio ativo um motivo Cys–Gly–His–Cys–, na qual o primeiro resíduo Cys, na sua forma –SH, participa da reação de troca de dissulfeto esquematizada na Fig. 9.15*a* (o motivo catalítico da superfamília das tiorredoxina é Cys-X-X-Cys, onde X é qualquer resíduo de aminoácido). Se o segundo resíduo Cys sofrer mutação, a atividade de isomerização da PDI cai para menos de 1% da atividade apresentada pela enzima do tipo nativa, e a enzima se acumula no estado ligado às proteínas-substrato por meio de ligações dissulfeto. Isso sugere que a função deste segundo resíduo Cys é, quando na forma –SH, liberar a PDI de ligações dissulfeto estáveis que, de outra forma, o primeiro resíduo Cys formaria ocasionalmente com substratos proteicos, gerando assim substratos reduzidos e PDI com uma ligação dissulfeto unindo os resíduos de Cys dos dois sítios ativos (Fig. 9.15*a*, *reação vertical*).

A estrutura de raios X da PDI de levedura, determinada por William Lennarz e Hermann Schindelin, revela que ela adota uma forma de U, em que os átomos de S da Cys N-terminal do sítio ativo dos domínios a e a′ estão de frente um para o outro no topo do U, a uma distância de 28 Å (Fig. 9.16). Como esperado, os domínios a e a′ possuem dobramentos semelhantes um ao outro (Fig. 9.17, *acima*) e àquele de outros membros da superfamília da tiorredoxina. Surpreendentemente, embora os domínios b e b′ não apresentem similaridade de sequência significativa com os domínios a e a′ ou um com outro, eles também adotam o dobramento da tiorredoxina (Fig. 9.17, *abaixo*). No entanto, os domínios b e b′ carecem dos resíduos de Cys e, por isso, não podem participar diretamente na reação catalítica. Os domínios b e b′ compartilham uma extensa interface (ocultando ~700 $Å^2$) e consequentemente parecem estar rigidamente unidos, enquanto as interfaces entre os domínios a-b e a′-b′ são insignificantemente pequenas (ocultando ~200 $Å^2$). Isso sugere que os domínios a e a′ são flexivelmente ligados a uma base rígida formada pelos domínios b e b′, permitindo, assim, que a PDI acomode um grupo diverso de substratos, de até ~100 resíduos, dentro do U.

A face interna do U tem uma superfície hidrofóbica contínua que também circunda os sítios ativos a e a′. Essa super-

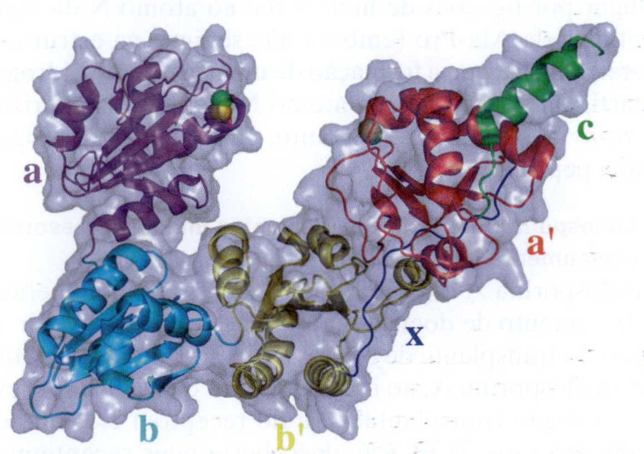

FIGURA 9.16 **Estrutura de raios X da proteína dissulfeto isomerase (PDI) de levedura.** A proteína está representada por sua superfície molecular transparente, com sua cadeia polipeptídica na forma de fitas e seus domínios a, b, b′ e a′ coloridos em magenta, ciano, amarelo e vermelho, respectivamente. A alça de 16 resíduos, X, ligando os domínios b′ e a′, está em azul, e a extensão C-terminal, C, está em verde. As cadeias laterais da Cys do sítio ativo N-terminal dos domínios a e a′ estão desenhadas na forma de volume atômico com o átomo de C em verde e S em amarelo. (De acordo com a estrutura por raios X determinada por William Lennarz e Hermann Schindelin, State University of New York, Stony Brook, New York. PDBid 2B5E.)

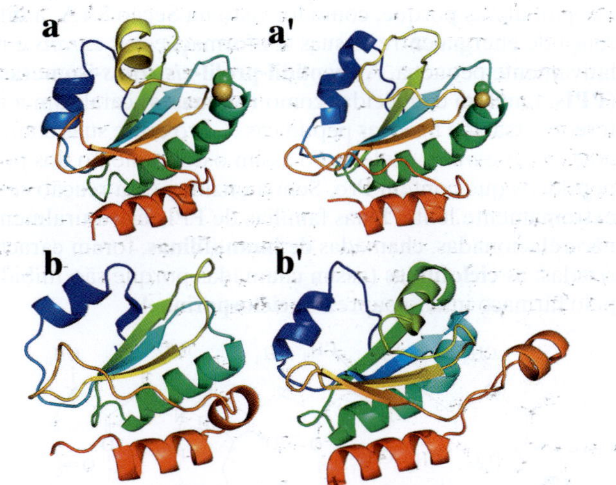

FIGURA 9.17 **Comparação estrutural entre os domínios a, b, b′ e a′ da PDI de levedura.** Os domínios estão mostrados em orientações semelhantes e desenhados em forma de fitas coloridas na ordem do arco-íris, do N-terminal (azul) ao C-terminal (vermelho). As cadeias laterais dos resíduos de Cys do sítio ativo N-terminal dos domínios a e a′ estão representados na forma de volume atômico, com o átomo de C e verde e S em amarelo. (De acordo com a estrutura por raios X determinada por William Lennarz and Hermann Schindelin, State University of New York, Stony Brook, New York. PDBid 2B5E.)

fície parece ser essencial para a ligação da PDI às suas proteínas substrato, que tendem a ser parcialmente ou totalmente desdobradas e, consequentemente, os grupos hidrofóbicos estão expostos. Além disso, como será visto na Seção 9.2C, a superfície hidrofóbica da PDI facilita o dobramento apropriado de seus substratos proteicos. A catálise eficiente do rearranjo das ligações dissulfetos requer que a PDI reduzida esteja intacta, dessa forma sugerindo que os dois sítios ativos atuam em conjunto. A reação da isomerase é conduzida pela liberação da tensão conformacional da proteína substrato desdobrada a medida que ela dobra-se em sua conformação nativa.

Em proteínas nativas, as ligações dissulfeto estão normalmente escondidas e frequentemente ocorrem em meio hidrofóbico. De fato, é provável que o ocultamento do par correto dos resíduos de Cys em uma proteína nativa encerre a ação da PDI. Entretanto, os átomos de S localizados na extremidade N-terminal dos sítios ativos a e a′ da PDI estão expostos na superfície da proteína. Embora suas ligações dissulfeto quase sempre estabilizem as proteínas (Seção 8.4D) e normalmente sejam não reativas, a e a′ oxidadas são menos estáveis que as suas formas reduzida e, por isso tem uma ligação dissulfeto altamente reativa, isto é, extremamente oxidante. Isso permite à PDI introduzir ligações dissulfeto diretamente no polipeptídeo recém-sintetizado e, assim, reduzi-lo por um mecanismo de troca de dissulfeto (Fig. 9.15*b*). Para que esse processo continue, a PDI reduzida deve ser reoxidada (ter suas ligações dissulfeto novamente formadas) por agentes oxidantes celulares.

B. Peptidil-prolil-cis-trans-isomerase

Embora os polipeptídeos sejam, provavelmente, biossintetizados com quase todas as suas ligações peptídicas X-Pro (onde, X é qualquer resíduo de aminoácido) na conformação *trans*, cerca de 10% dessas ligações se tornam *cis* em proteínas globulares porque, como foi visto na Seção 8.1A, a diferença de energia entre as suas conformações *cis* e *trans* é relativamente pequena. As **peptidil-prolil-*cis-trans*-isomerases** (**PPIs**; também conhecidas como **rotamases**) catalisam a interconversão de ligações peptídicas X-Pro entre suas conformações *cis* e *trans*, acelerando assim o dobramento dos polipeptídeos que contêm Pro. Sem a enzima, essa reação seria extremamente lenta. Duas famílias de PPIs estruturalmente não relacionadas, chamadas de **imunofilinas**, foram caracterizadas: as **ciclofilinas** (assim chamadas porque são inibidas pelo fármaco imunossupressor **ciclosporina A**,

Ciclosporina A

um peptídeo de 11 resíduos produzido por fungos) e a família para a qual a **proteína ligadora de FK506 (FKBP12)**, de 12 kDa, é protótipo (a **FK506** é uma lactona macrocíclica

FK506

produzida por fungos e é um fármaco imunossupressor; os químicos tendem a identificar o grande número de candidatos a fármacos de estruturas semelhantes com as quais eles lidam com números de série, em vez de nomes). A estrutura, determinada por raios X, da ciclofilina humana associada com o substrato succinil-Ala-Ala-Pro-Phe-*p*-nitroanilida revela que esse modelo de substrato se liga à enzima por meio da ligação peptídica Ala-Pro na conformação *cis*, não podendo se ligar caso a conformação fosse *trans*. Isso sugere que a enzima catalisa predominantemente a isomerização *cis* para *trans* das ligações amida peptidil-prolil. Além disso, a mutação Arg 55→Ala na ciclofilina reduz a atividade enzimática na ordem de 100 vezes. Isso, juntamente com a observação de que a Arg 55 é posicionada de forma a poder se ligar por ligações de hidrogênio ao átomo N da ligação peptídica da Ala-Pro (embora não se ligue na estrutura de cristal), sugere que a formação de uma ligação de hidrogênio a partir da Arg 55 ao seu átomo N facilita a isomerização *cis-trans* desfazendo e, portanto, enfraquecendo a ligação amida peptidil-prolil.

a. Ciclosporina A e FK506 são agentes imunosupressores clinicamente importantes

A ciclosporina A e o FK506 são agentes altamente eficazes no tratamento de doenças autoimunes e para prevenir a rejeição no transplante de órgãos. De fato, antes da descoberta da ciclosporina A, no início dos anos de 1980, a sobrevida de um órgão transplantado (e do receptor) era um acontecimento raro. A FK506, descoberta mais recentemente, é um imunossupressor ainda mais potente. As propriedades imunossupressoras tanto da ciclosporina A quanto do FK506 provêm da capacidade que os respectivos complexos com a ciclofilina e com a FKBP12 têm em evitar a expressão de genes envolvidos na ativação dos **linfócitos T** (as células do sistema imune responsáveis pela **imunidade celular**; a resposta imunológica será discutida na Seção 35.2) por interferirem com as rotas de sinalização intracelular. É um enigma o fato de não haver relação alguma entre as propriedades imunossupressoras das imunofilinas e as atividades das rotamases: tanto a ciclosporina A quanto a FK506 são imunossupressores eficazes em concentrações muito abaixo daquelas da ciclofilina e da FKBP12 nas células. Além disso, mutações que destroem a atividade rotamase da ciclofilina não eliminam a sua capacidade de ligação à ciclosporina A ou a capacidade do complexo resultante em interferir com a sinalização do linfócito *T*. Esse enigma é explicado na Seção 19.3Ff.

C. *Chaperonas moleculares: o sistema GroEL/ES*

As proteínas recém-sintetizadas e, portanto, não dobradas, contêm numerosos grupos hidrofóbicos expostos ao solvente. Além disso, as proteínas *in vivo* se dobram na presença de concentrações extremamente altas de outras macromoléculas (cerca de 300 g/L, o que ocupa cerca de 25% do volume disponível). Consequentemente, as proteínas não dobradas *in vivo*, particularmente as proteínas maiores (aquelas >15 kDa), têm uma grande tendência a formarem agregados tanto intra como intermoleculares. As **chaperonas moleculares,** que também são conhecidas como **proteínas de choque térmico** (assim chamadas porque sua taxa de síntese aumenta em temperaturas elevadas) são proteínas cuja função é evitar ou reverter tais associações impróprias, particularmente em proteínas com múltiplas subunidades e multidomínios. Elas o fazem ligando-se à superfície hidrofóbica exposta a solventes de polipeptídeos não dobrados ou agregados e, subsequentemente, liberando-os, quase que repetitivamente, de maneira a facilitar o dobramento apropriado e/ou a formação quaternária. A maior parte das chaperonas moleculares são **ATPases** (enzimas que catalisam a hidrólise do trifosfato de adenosina [ATP, de *adenosine triphosphate*]), que se ligam a polipeptídeos não dobrados e aproveitam a energia livre da hidrólise do ATP para fazer com que se liberem do agregado de maneira favorável. Assim, como John Ellis mostrou, as chaperonas moleculares funcionam do mesmo modo que aias e damas de companhia humanos: *Inibem interações não apropriadas entre superfícies potencialmente complementares e rompem ligações impróprias de modo a facilitar associações mais favoráveis.*

As chaperonas moleculares compreendem um grande número de classes não relacionadas de proteínas que têm funções de tipos um tanto diferentes, incluindo:

1. As **proteínas de choque térmico 70 (Hsp70)**, são proteínas monoméricas de ~70 kDa altamente conservadas tanto em procariotos como em eucariotos (em espécies diferentes ocorrem no citosol, no retículo endoplasmático, na mitocôndria e nos cloroplastos; a Hsp70 de *E. coli* é denominada **DnaK**, pois foi descoberta pelo isolamento de mutantes que não permitem o crescimento de bacteriófagos λ e por isso se pensava que participava da replicação do DNA). Elas funcionam no processo, impelido por ATP, de reversão da desnaturação e da agregação de proteínas (processos que são acelerados em temperaturas elevadas), facilitando o dobramento apropriado de polipeptídeos recém-sintetizados à medida que saem dos ribossomos, para desdobrarem as proteínas a fim de prepará-las para serem transportadas através da membrana (Seção 12.4Ea), e a seguir ajudá-las a redobrar. A Hsp70 funciona associada à proteína **cochaperonina Hsp40** (**DnaJ** em *E. coli*) para ligar-se e liberar pequenas regiões hidrofóbicas de proteínas dobradas de forma errônea.

2. **Fator desencadeante**, é uma proteína procariótica associada ao ribossomo. Ela previne a agregação intra e intermolecular de polipeptídeos recém-sintetizados à medida que eles emergem dos ribossomos, protegendo seus segmentos hidrofóbicos. Ao contrário da maioria das outras chaperonas, o fator desencadeante não liga ATP. O fator desencadeante e o sistema Hsp70/40 parecem ter funções redundantes: *E. coli* pode tolerar a perda de qualquer um dos dois, mas a perda de ambos é letal acima de 30°C, acompanhada por uma agregação maciça de proteínas recém-sintetizadas. O fator desencadeante e Hsp70/40 são as primeiras chaperonas que os polipeptídeos recém-sintetizados encontram. Subsequentemente, muitas das proteínas parcialmente dobradas são entregues à outras chaperonas, como aquelas listadas abaixo, para completar o processo de dobramento. Eucariotos carecem de um homólogo do fator desencadeante, mas contêm outras chaperonas pequenas que podem ter funções similares.

3. As **chaperoninas** são proteínas de choque térmico, que formam grandes conjuntos formados por múltiplas subunidades, semelhantes a uma gaiola, sendo componentes universais de procariotos e eucariotos. Elas se ligam a proteínas globulares inapropriadamente dobradas através das superfícies hidrofóbicas expostas e então, em um processo impelido por ATP, induzem a proteína a dobrar-se ao mesmo tempo em que se fecham em uma cavidade interna, protegendo a proteína em dobramento de agregações não específicas com outras proteínas não dobradas (ver a seguir). Existe duas classes de chaperoninas: as **chaperoninas do Grupo I**, que ocorrem em eubactérias, mitocôndria e cloroplastos, e as **chaperoninas do Grupo II**, que ocorrem em archea e em eucariotos.

4. As proteínas **Hsp90** são proteínas eucarióticas, homodiméricas, dependentes de ATP com subunidades de ~730 resíduos que, sobretudo, facilitam o último estágio de dobramento de proteínas envolvidas em sinalização, como os **receptores de hormônios esteroides** (Seção 34.3Bn) e o **receptor tirosina-cinase** (Seção 19.3A). Como outras chaperonas, elas atuam por ligarem-se às superficies hidrofóbicas expostas de suas proteínas substratos, de modo que previnem a agregação não específica. Ao contrário de outras chaperonas, no entanto, as proteínas Hsp90 possuem um papel regulatório em que elas induzem mudanças conformacionais em proteínas substratos com conformação semelhante a nativa, o que resulta na sua ativação ou estabilização. Elas agem por meio de suas interações com uma ampla variedade de cochaperonas. As proteínas Hsp90 estão entre as proteínas mais abundantes em eucariotos, constituindo cerca de 1 a 2% do total de proteínas solúveis em condições normais e de 4 a 6% em condições de estresse e que desestabilizam proteínas, como altas temperaturas.

5. A presença de **nucleoplasminas**, que são proteínas nucleares acídicas e decaméricas, é necessária para que, *in vivo*, os **nucleossomas** (partículas nas quais o DNA eucariótico é empacotado) possam se formar a partir dos seus componentes, DNA e histonas (Seção 34.1B).

Nos parágrafos seguintes, será dada atenção à estrutura e à função das chaperoninas, uma vez que são as chaperonas moleculares melhor caracterizadas. Essa discussão também constitui a introdução às funções dinâmicas das proteínas, isto é, as proteínas vistas como máquinas moleculares.

a. O sistema GroEL/ES forma uma grande cavidade na qual a proteína-substrato se dobra

As chaperoninas do Grupo I consistem em duas famílias de proteínas que trabalham em conjunto: (1) as proteínas **Hsp60** (**GroEL** em *E. coli* e **Cpn60** em cloroplastos) que, como as primeiras imagens por microscopia eletrônica mostraram, consistem em 14 subunidades idênticas, com cerca de 60 kDa, agrupadas em dois anéis sobrepostos de 7 subunidades cada (Fig. 9.18); e (2) as proteínas **Hsp10** (**GroES** em *E. coli* e **Cpn10** em cloroplastos), que formam anéis heptaméricos de proteínas idênticas com cerca de 10 kDa cada uma. Essas proteínas, que são essenciais para a sobrevivência de *E. coli* sob todas as condições testadas, facilitam o dobramento de proteínas, erroneamente dobradas, a sua conformação nativa (sua descoberta em *E. coli* como sendo necessária para o crescimento de certos bacteriófagos é o motivo pelo qual elas possuem a designação "Gro", de *growth* em inglês).

A estrutura por raios X da GroEL (Fig. 9.19), determinada por Arthur Horwich e Paul Sigler mostra, como era de se esperar, que as 14 subunidades idênticas (com 547 resíduos de aminoácidos cada uma) da GroEL se associam para formar um cilindro oco de parede grossa e porosa que consiste em dois anéis simétricos com 7 subunidades cada um, empilhados costas com costas com simetria de ordem 2, formando um complexo de simetria D_7 (Seção 8.5B). Cada subunidade da GroEL consiste em três domínios: um grande domínio equatorial (resíduos 1-135 e 410-547), que forma a cintura da proteína e mantém as subunidades juntas pelas interações intra e interanelares; um domínio apical estruturado livremente (resíduos 191-376), que forma o final aberto do cilindro GroEL; e um domínio intermediário pequeno (resíduos 136-190 e 377-409), que conecta os domínios apical e equatorial. A estrutura por raios X sugere que a GroEL possui um diâmetro de cerca de 45 Å no canal central que percorre o comprimento do complexo. Será visto a seguir que esse canal, em parte, forma a câmara na qual proteínas parcialmente dobradas se dobram para adquirir a forma nativa. Entretanto, tanto a microscopia eletrônica com base em imagens quanto os estudos de dispersão de nêutrons indicam que o canal é obstruído em sua região equatorial, de forma que as proteínas não podem passar entre dois anéis GroEL. A obstrução é causada, aparentemente, pelo N-terminal de 5 resíduos e o C-terminal de 22 resíduos de cada uma das subunidades, que não são vistos na estrutura por raios X e, portanto, estão quase que certamente desordenados.

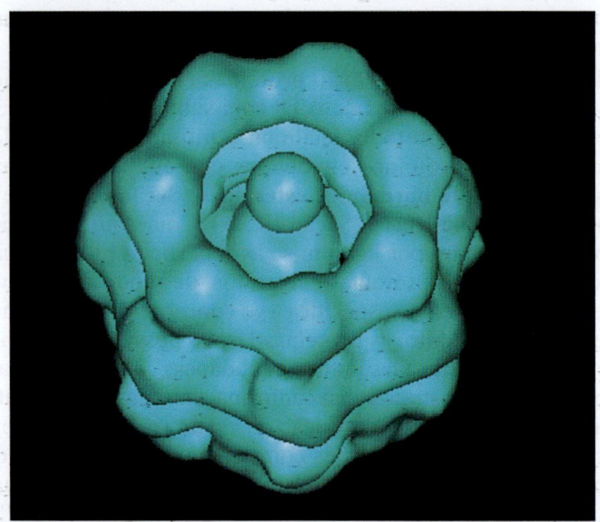

FIGURA 9.18 Imagem derivada de uma micrografia eletrônica em 3D da chaperonina Hsp60 da bactéria fotossintética *Rhodobacter sphaeroides*. A Hsp60 consiste em 14 subunidades idênticas de cerca de 60 kDa arranjadas para formar dois anéis apostos de 7 subunidades, cada um em volta de uma cavidade central. A imagem da Hsp60, que é vista com seus eixos de ordem 7 voltados para o observador, indica que cada subunidade consiste em dois domínios principais, um em contato com o anel heptamérico oposto, e o outro no final da molécula proteica cilíndrica. A densidade esférica que ocupa a cavidade central da proteína parece representar uma ligação polipeptídica. A cavidade fornece um ambiente protegido no qual o polipeptídeo pode se dobrar. (Cortesia de Helen Saibil e Steve Wood, Birbeck College, Londres, Reino Unido.)

A estrutura por raios X da GroEL com uma molécula de **ATPγS** ligada a cada subunidade (ATPγS é um análogo fracamente hidrolisável do ATP, no qual o S substitui um dos átomos de O substituintes do P_γ)

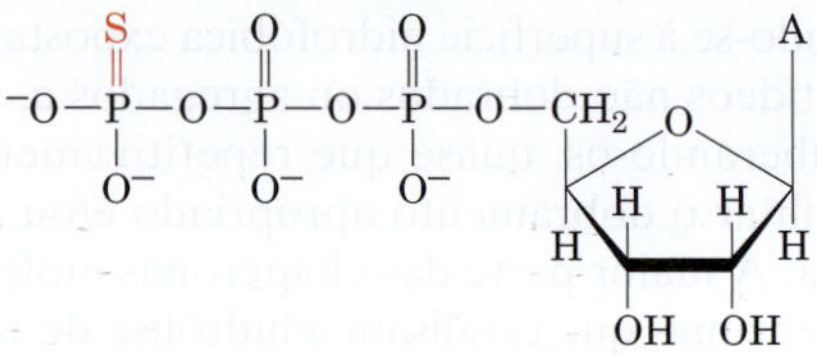

ATPγS

indica que o ATP se liga a um bolsão no domínio equatorial, que se abre dentro do canal central. Os resíduos que formam esse bolsão são altamente conservados entre as chaperoninas. A única diferença significativa entre as estruturas do complexo GroEL–ATPγS e da GroEL isolada são os modestos movimentos dos resíduos nas vizinhanças do bolsão do ATP.

A estrutura por raios X da GroES (Fig. 9.20), determinada por Lila Gierasch e Johann Deisenhofer, mostra que essas 7 subunidades idênticas de 97 resíduos da proteína formam uma estrutura semelhante a uma cúpula com simetria C_7. Cada subunidade GroES consiste em um barril β antiparalelo irregular, do qual se projetam dois grampos β. Um desses grampos β (resíduos 47-55) estende-se do topo do barril até o eixo de ordem 7 da proteína, onde ele interage com outro grampo β para formar a cobertura da cúpula. O segundo grampo β (resíduos 16-33) estende-se para fora, no lado oposto do exterior do barril β da base da borda externa da cúpula. Esse grampo, também chamado de alça móvel e visto em somente uma das 7 subunidades da GroES é, nas outras subunidades, aparentemente desordenado. Esses dados concordam com os resultados de estudos por RM da GroES livre (i.e., não formando complexos) em solução. A superfície interna da cúpula da GroES é forrada com resíduos hidrofílicos.

Os estudos feitos tanto por microscopia eletrônica quanto por dispersão de nêutrons revelam que as proteínas parcialmente não dobradas ligam-se à boca do barril GroEL de uma forma que lembram a rolha de uma garrafa de champanhe (Fig. 9.18). Todas as mutações que prejudicam a ligação

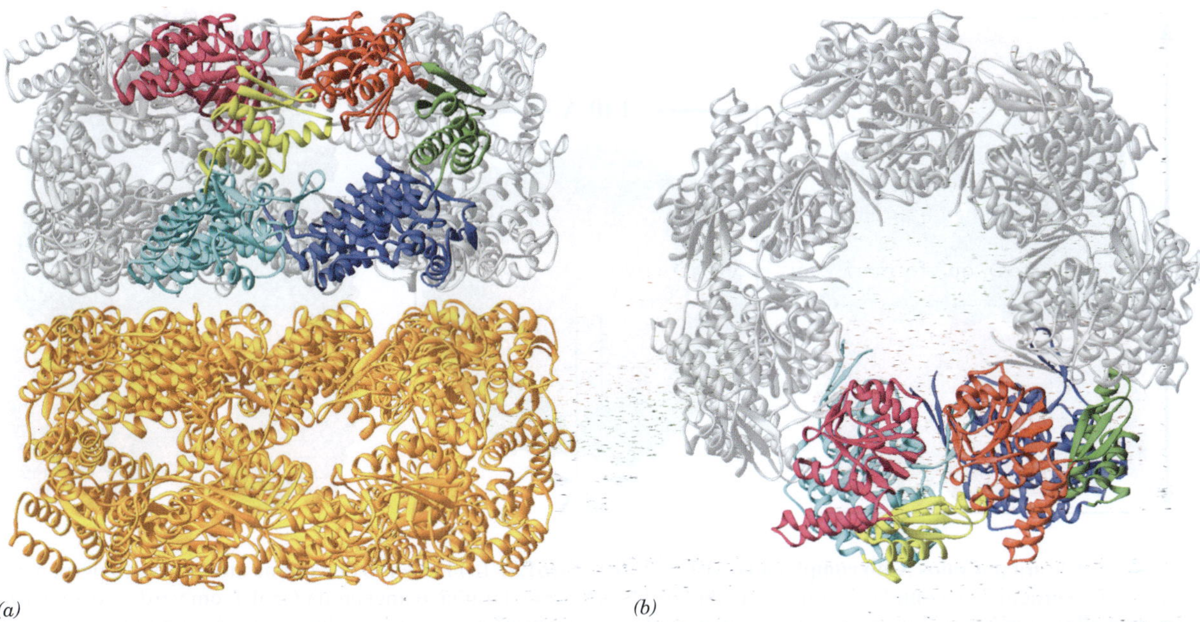

FIGURA 9.19 Estrutura por raios X da GroEL. (*a*) Vista lateral perpendicular ao eixo de ordem 7, na qual as sete subunidades idênticas do anel mais baixo estão em dourado e as do anel mais alto estão em prateado, com exceção das duas subunidades mais próximas ao observador, cujos domínios equatorial, intermediário e apical estão coloridos em azul, verde e vermelho na subunidade à direita e em ciano, magenta e amarelo na subunidade à esquerda. Os dois anéis do complexo são mantidos juntos por interações da cadeia lateral que não são vistas neste desenho. (*b*) Vista de cima ao longo de eixo de ordem 7 no qual somente o anel superior é mostrado para facilitar a compreensão. Observe o grande canal central que parece percorrer o comprimento da proteína. (Com base na estrutura por raios X determinada por Alex Brünger, Arthur Horwich e Paul Sigler, Yale University, EUA. PDBid 1OEL.)

de polipeptídeos à GroEL foram localizadas em um segmento de estrutura pouco definida (presumivelmente uma estrutura flexível) no topo do domínio apical que, na estrutura da GroEL isolada, fica de frente para o canal central. De fato,

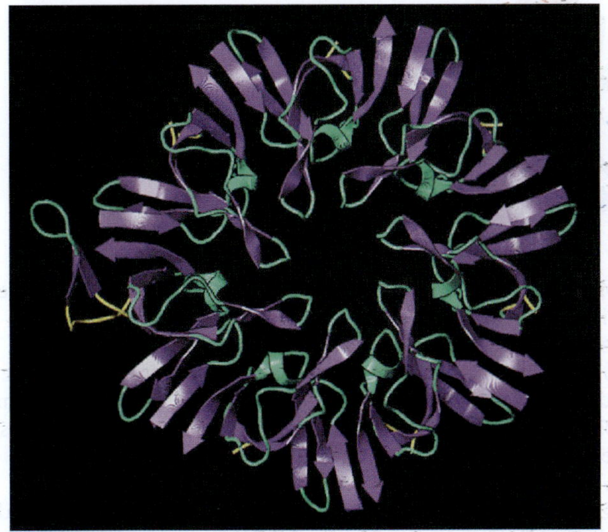

FIGURA 9.20 Estrutura por raios X da GroES vista ao longo de seu eixo de ordem 7. A alça móvel de apenas uma das 7 subunidades idênticas da proteína (*à esquerda*) é visível na estrutura. Os segmentos polipeptídicos que flanqueiam a alça móvel estão em amarelo. (Cortesia de Johann Deisenhofer, University of Texas Southwest Medical Center, Dallas, EUA.)

a mudança de qualquer um dos nove resíduos hidrofóbicos altamente conservados nesta região para um resíduo hidrofílico abole a capacidade da GroEL ligar-se a polipeptídeos. Parece, portanto, que esses resíduos fornecem o sítio de ligação para polipeptídeos que estejam em uma estrutura não nativa. É interessante observar que as mutações desses mesmos resíduos também eliminam as ligações entre moléculas de GroES.

A estrutura por raios X do complexo GroEL–$(ADP)_7$–GroES (Fig. 9.21), também determinada por Horwich e Sigler, dá uma ideia considerável de como essa chaperonina executa suas funções. Nesse complexo, um heptâmero da GroES e os 7 ADPs estão ligados ao mesmo anel GroEL (também chamado de anel *cis*; o anel GroEL oposto é conhecido como anel *trans*) de forma que a tampa da GroES se fecha sobre o barril GroEL de anel *cis*, como a tampa de um pote, formando assim um complexo em forma de projétil com simetria C_7. As subunidades do anel *trans* têm conformações que em muito se assemelham àquelas das estruturas da GroEL isolada. Contrastando com esse fato, os domínios apical e intermediário do anel *cis* passam por uma grande movimentação *em blocos* relativa às suas posições na GroEL isolada (Fig. 9.22). Isso alarga e alonga a cavidade *cis*, de forma que ela praticamente dobra de volume (de 85.000 para 175.000 Å^3; Fig. 9.21*c*), permitindo assim envolver um substrato proteico de até 70 kDa parcialmente dobrado. *Esses movimentos da molécula em blocos são concatenados entre si, isto é, eles ocorrem simultaneamente em todas as sete subunidades de um anel GroEL, muito provavelmente porque, se uma subunidade GroEL não passa*

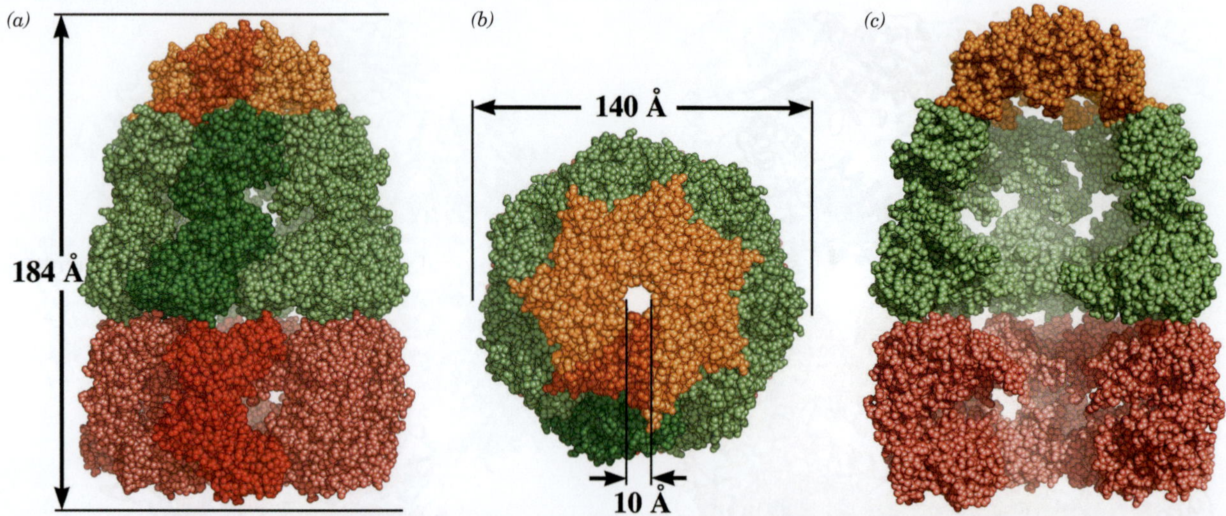

FIGURA 9.21 Estrutura por raios X do complexo GroEL–(ADP)$_7$–GroES. (*a*) Desenho de volume atômico visto perpendicularmente ao eixo de ordem 7 do complexo, com o anel da GroES em cor de laranja, o anel *cis* da GroEL em verde e o anel *trans* da GroEL em vermelho, com uma subunidade em cada anel sombreada mais intensamente. As dimensões do complexo estão indicadas. Observe as conformações diferentes dos dois anéis da GroEL. Os ADPs, cujos sítios de ligação estão na base de cada anel *cis* da GroEL, não são vistos porque eles estão cercados pela proteína. (*b*) O mesmo desenho visto agora ao longo do eixo de ordem 7. (*c*) O mesmo desenho, mas com as duas subunidades da GroEL mais próximas do leitor em ambos anéis, *cis* e *trans*, removidos para expor o interior do complexo. O nível da bruma aumenta com a distância do leitor. Note o tamanho muito maior da cavidade formada pelo anel *cis* e GroES em comparação àquela do anel *trans*. (De acordo com a estrutura por raios X determinada por Paul Sigler, Yale University. PDBid 1AON.)

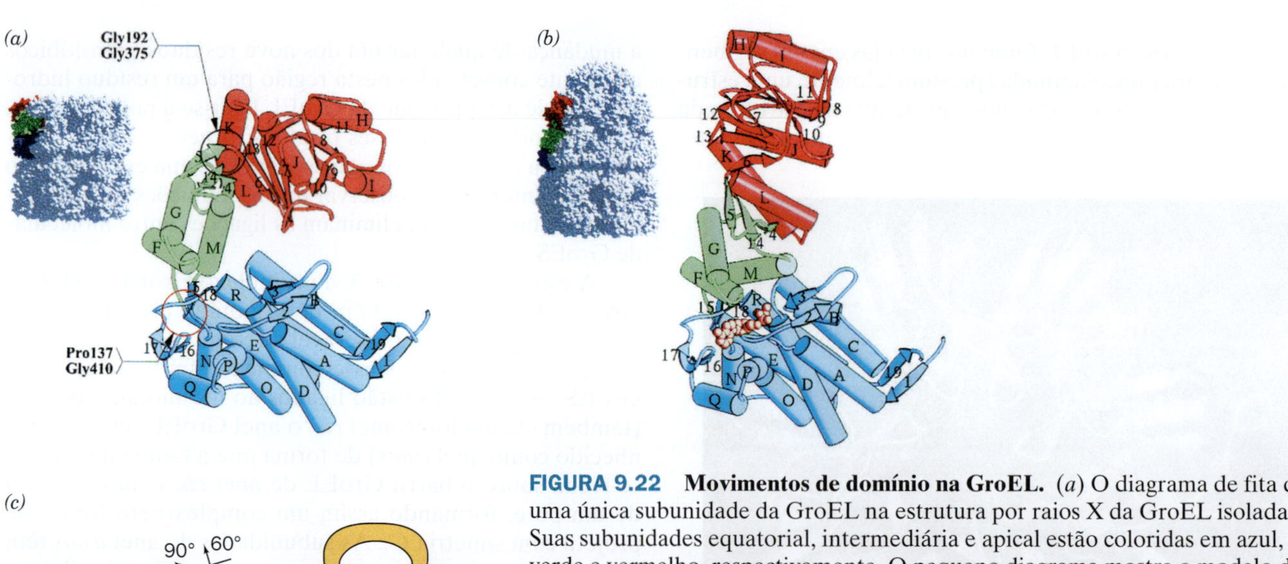

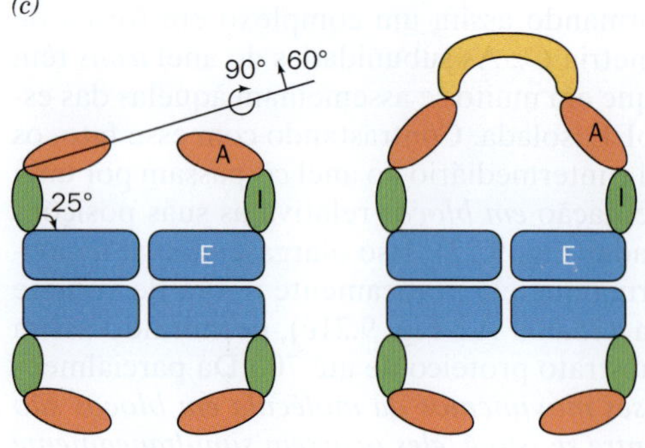

FIGURA 9.22 Movimentos de domínio na GroEL. (*a*) O diagrama de fita de uma única subunidade da GroEL na estrutura por raios X da GroEL isolada. Suas subunidades equatorial, intermediária e apical estão coloridas em azul, verde e vermelho, respectivamente. O pequeno diagrama mostra o modelo de volume atômico da GroEL com as subunidades coloridas orientadas da mesma forma. Os círculos e as setas indicam os pontos centrais para o movimento dos domínios. (*b*) A estrutura por raios X de uma subunidade da GroEL no complexo GroEL–(ADP)$_7$–GroES mostrado da mesma forma que na Parte *a*. O ADP, que está ligado em um bolsão no topo do domínio equatorial, é mostrado em modelo de volume atômico em cor-de-rosa. (*c*) Diagrama esquemático indicando as mudanças conformacionais na GroEL quando ela se liga à GroES. Seus domínios equatorial (E), intermediário (I) e apical (A) estão coloridos como na Parte *a* e a GroES está em amarelo. As setas indicam a extensão dos movimentos do domínio no anel *cis* da GroEL. (As Partes *a* e *b* são cortesia de Arthur Horwich, Yale University, EUA; a Parte *c* é segundo Richardson, A., Landry, S.J., e Georgopoulos, C., *Trends Biochem. Sci.* **23**, 138 [1998].)

FIGURA 9.23 Domínio apical da GroEL em complexo com o polipeptídeo de 12 resíduos firmemente ligado (SWMT-TPWGFLHP). Para gerar este desenho, os átomos de C_α do domínio apical da estrutura por raios X do complexo foram sobrepostos aos átomos Cα do domínio apical da estrutura por raios X da GroEL não associada a nenhuma outra proteína (Fig. 9.19). Cada subunidade apical está representada por um diagrama de fitas, no qual as duas hélices envolvidas na ligação do polipeptídeo (as hélices H e I na Fig. 9.22*a*) estão em vermelho e as subunidades restantes estão em verde. Os polipeptídeos, representados no modelo de volume atômico, estão em vermelho. (Cortesia de Lingling Chen, Yale University, EUA.)

por essas mudanças conformacionais, ela bloqueia mecanicamente as subunidades adjacentes, de modo que elas não podem fazer esses movimentos.

Na formação do complexo GroEL–$(ADP)_7$–GroES o ADP fica completamente envolvido pela proteína pelo colapso do domínio intermediário dentro do domínio equatorial (Fig. 9.22*b*). Esse movimento ativa a função ATPase da GroEL mudando a posição da cadeia lateral do Asp 398 cataliticamente essencial, que se estende da hélice L do domínio equatorial, para a sua posição cataliticamente ativa, próxima ao grupo β fosfato do ADP. Estudos de microscopia eletrônica com resolução de 10 Å, realizados por Horwich e Helen Saibil, revelaram que movimentos similares ocorrem quando o ATP se liga à GroEL.

Os grupos hidrofóbicos que revestem a superfície interna do domínio apical do anel *trans*, que se extendem de suas helices H e I e de uma alça subjacente (Fig. 9.22), presumivelmente, se ligam aos grupos hidrofóbicos dos substratos proteicos que estejam expostos de forma imprópria. De fato, a estrutura por raios X do domínio apical da GroEL, em conjunto com um peptídeo de 12 resíduos que se liga firmemente à GroEL, revela que esse peptídeo se liga a esses grupos hidrofóbicos expostos (Fig. 9.23). Entretanto, no anel *cis* do complexo GroEL–$(ADP)_7$–GroES, esses grupos hidrofóbicos participam ou da ligação GroES, via suas alças flexíveis, estabilizam a interface recém-formada entre os domínios apicais elevados e altamente rotacionais. Consequentemente, *esses grupos hidrofóbicos não estão mais expostos na superfície interna da cavidade cis (Fig. 9.24), impedindo assim que um substrato proteico se ligue nos sítios de ligação da GroEL.*

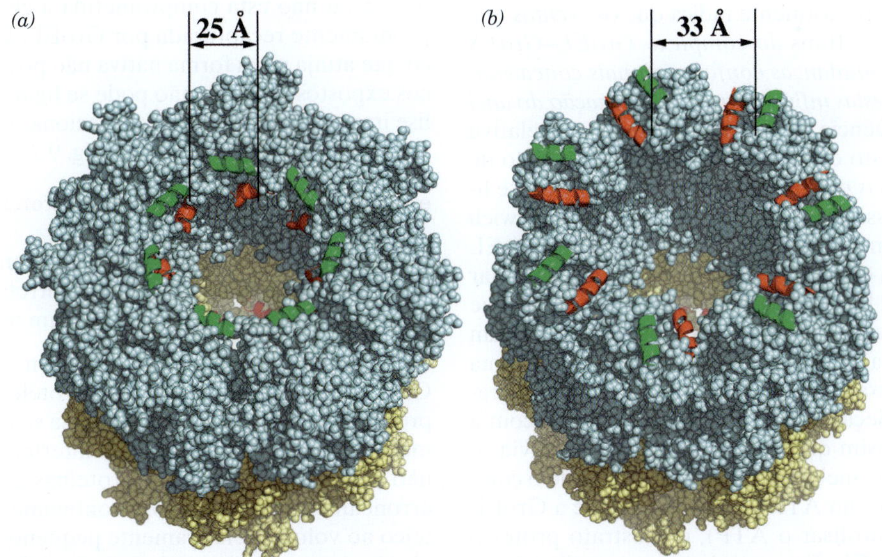

FIGURA 9.24 Movimentos das hélices de ligação ao polipeptídeo da GroEL. (*a*) Modelo de volume atômico da estrutura da GroEL isoladamente e (*b*) da estrutura do complexo GroEL–$(ADP)_7$–GroES. Os anéis *cis* e *trans* da GroEL estão em ciano-claro e amarelo claro e as hélices H e I do anel *cis* (Figs. 9.22*a, b*), que formam a maior parte dos sítios de ligação hidrofóbica para proteínas dobradas de forma errônea, estão na forma de fitas e coloridos em verde e vermelho, respectivamente. Com a adição de GroES e ATP à GroEL, os sítios de ligação vizinhos separados por 8 Å e os sítios não vizinhos separados por até 20 Å. Um substrato proteico que se ligue inicialmente a dois desses sítios provavelmente será esticado violentamente e, portanto, parcialmente desdobrado antes de ser liberado, uma vez que os sítios de ligação se tornam obstruídos. (Desenhos realizados por George Lorimer, University of Maryland; e Walter Englander, University of Pennsylvania. PDBids 1OEL e 1AON.)

b. A GroEL/ES passa por mudanças conformacionais coordenadas que são mediadas por ligações e hidrólise de ATP

A ligação de GroES e ATP ao anel cis da GroEL inibe firmemente a ligação ao anel trans. A estrutura por raios X do complexo GroEL–$(ADP)_7$–GroES sugere que isso ocorre por pequenas trocas conformacionais coordenas entre si, no domínio equatorial da GroEL. Isso, aparentemente, evita que o anel, que está em conformação *trans*, assuma a conformação *cis*. Entretanto, uma vez que o anel *cis* fez a hidrólise do ATP que tem ligado (o que é obrigado a fazer, uma vez que os seus sítios de ligação de nucleotídeos se fecham, formando os sítios ativos de ATPase), o anel *trans* pode ligar o ATP e as trocas conformacionais resultantes liberam a GroES do anel *cis*. Isso explica por que uma forma mutante da GroEL que tem apenas um único anel (e consequentemente é conhecida como SR1) pode se ligar ao substrato proteico e à GroES, mas não os libera após a hidrólise do ATP. *O funcionamento apropriado da GroEL requer dois anéis, mesmo que suas cavidades centrais estejam desconectadas.*

Uma forma mutante da GroEL, D398A (na qual o resíduo Asp 398 foi trocado por Ala) pode se ligar, mas não hidrolisar ATP. Na presença de ATP, a GroEL D398A se liga à GroES junto com o substrato proteico. Entretanto, ela não libera a GroES ou a proteína quando o anel *trans* é exposto ao ATP, como ocorre quando o anel *cis* pode hidrolisar o ATP. Evidentemente, *o grupo fosfato γ do ATP fornece contatos fortes que estabilizam a interação GroEL–GroES. Quando o ATP no anel* cis *é hidrolisado, o grupo fosfato resultante é liberado e essas interações são perdidas.*

c. A hidrólise do ATP no anel *cis* deve ocorrer antes que o substrato proteico e a GroES se liguem ao anel *trans*

O que foi explicado anteriormente indica que os *eventos que ocorrem nos anéis* cis *e* trans *do complexo GroEL–GroES são coordenados por mudanças conformacionais concatenadas em um anel e que estas influenciam a conformação do anel oposto.* Qual é a sequência de eventos no anel *trans* relativa àquelas do anel *cis*, isto é, em qual dos estágios do ciclo de dobramento no anel *cis* o substrato proteico e a GroES se ligam ao anel *trans*? Essa questão foi respondida por Horwich usando técnicas de marcação por fluorescência. A GroEL D398A foi misturada com ADP e GroES de modo a formar um complexo estável [D398A GroEL–$(ADP)_7$–GroES] que então foi misturado com um substrato proteico ao qual um grupo fluorescente havia sido previamente ligado de forma covalente. Quando essa mistura foi submetida à cromatografia de gel filtração (Seção 6.3B), a marcação migrou com a GroEL, indicando assim que o substrato proteico havia se ligado ao complexo do anel *trans*. Entretanto, quando o complexo inicial era feito com ATP (lembre-se de que a GroEL D398A não pode hidrolisar o ATP), o substrato proteico não se associou à GroEL. Em experimentos semelhantes, a GroES marcada com fluorescência se associou ao complexo D398A GroEL–$(ADP)_7$–GroES pré-formado na presença de ATP, mas não com o complexo D398A GroEL–$(ATP)_7$–GroES. Evidentemente, *o anel* cis *do complexo GroEL–GroES deve hidrolisar o ATP ligado antes que o anel* trans *possa se ligar tanto ao substrato proteico quanto ao GroES + ATP.*

d. O sistema GroEL/ES funciona como um motor de dois estágios

Se forem reunidas todas as observações anteriores, poderemos ver mais claramente como funciona o sistema GroEL/ES (Fig. 9.25):

1. O anel GroEL, que está ligado a 7 moléculas de ATP e a um substrato proteico dobrado de forma errada por meio das porções hidrofóbicas dos seus domínios apicais (Fig. 9.25, *acima à esquerda*), liga-se à GroES. Isso induz uma mudança conformacional no agora anel GroEL *cis*, liberando assim o substrato proteico na cavidade fechada e aumentada, aonde o substrato proteico inicia o seu dobramento. A cavidade, que agora está forrada somente por grupos hidrofílicos, fornece ao substrato proteico um microambiente isolado que evita agregações não específicas com outras proteínas não dobradas (também chamada de **gaiola de Anfinsen**).
2. Em cerca de 10 segundos (tempo que o substrato proteico tem para se dobrar), o anel *cis* catalisa a hidrólise dos 7 ATPs a ADP + P_i (P_i é o símbolo para fosfato inorgânico), e o P_i é liberado. A ausência dos grupos γ-fosfato do ATP enfraquece as interações que ligam a GroES à GroEL.
3. Uma segunda molécula de substrato proteico se liga ao anel *trans*, seguida pela ligação de 7 ATPs.
4. A ligação do substrato proteico e do ATP ao anel *trans* induz o anel *cis* a liberar GroES, 7 ADPs e o substrato proteico agora, possivelmente, dobrado na forma nativa. Isso deixa apenas o ATP e o substrato proteico ligados ao anel *trans* anterior da GroEL, que se torna o anel *cis* quando da ligação de GroES, então o complexo recomeça um novo ciclo a partir da Etapa 1.

A proteína substrato que não tenha alcançado o estado nativo ou não está comprometida a chegar a esse estado é prontamente recapturada por GroEL. Um substrato proteico que atinja a sua forma nativa não possui grupos hidrofóbicos expostos e, assim, não pode se ligar à GroEL. É a hidrólise irreversível do ATP que direciona o ciclo de dobramento apenas na direção indicada na Fig. 9.25.

e. GroEL desdobra o seu substrato proteico antes de facilitar seu redobramento

Como o ciclo anterior promove o dobramento apropriado de uma proteína dobrada de forma incorreta? Dois modelos, em que um não exclui o outro, receberam mais considerações:

1. O modelo da gaiola de Anfinsen, no qual o complexo GroEL/ES fornece ao substrato proteico um microambiente protegido, onde este substrato possa se dobrar na sua conformação nativa sem que ocorram interferências de agregações não específicas com outras proteínas que estejam dobradas erroneamente. Além disso, o confinamento do substrato proteico ao volume relativamente pequeno da cavidade do anel *cis* elimina vias não produtivas de dobramento envolvendo conformações estendidas, e o caráter hidrofílico das paredes da cavidade promovem vias de dobramento produtivas por favorecerem a internalização dos resíduos hidrofóbicos. Em termos da teoria da paisagem (Seção 9.1Ch), isto alisaria as paredes do funil de dobramento (Fig. 9.13*d*) e, assim, facilitaria o dobramento do substrato proteico na direção de seu mínimo de energia-livre global, ou seja, seu estado nativo.

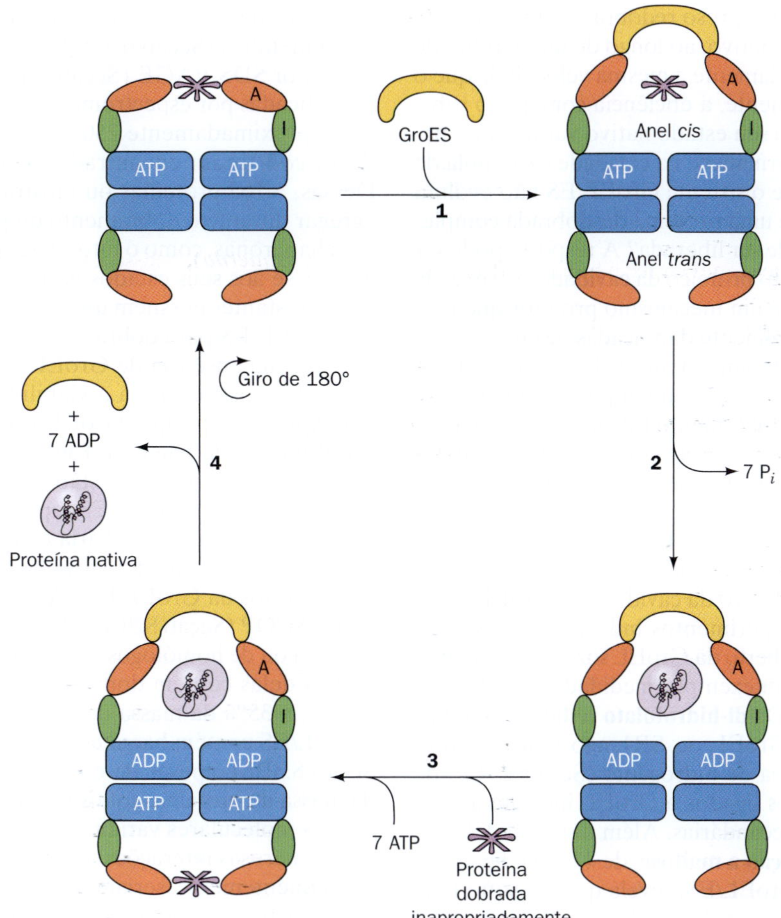

FIGURA 9.25 **Ciclo de reação do sistema de chaperonina GroEL/ES no dobramento proteico.** Ver o texto para a explicação.

2. O modelo do **anelamento repetitivo**, no qual o desdobramento, às custas de ATP, de um substrato proteico mal-dobrado e conformacionalmente aprisionado em um dobramento, é seguido pela sua liberação, permitindo retomar o dobramento do estado nativo. Isto ocorreria pela ligação de uma proteína dobrada erroneamente às porções hidrofóbicas em dois ou mais dos sete domínios apicais do anel *cis* da GroEL, seguido pelo estiramento e a consequente liberação da proteína, uma vez que a GroEL muda sua conformação ao se ligar à ATP e à GroES (observe que essas porções estão mais separadas no complexo GroEL–$[ADP]_7$–GroES do que na GroEL isolada; Fig. 9.24). Nos termos da teoria da paisagem, esse estiramento liberaria o substrato proteico (aumenta sua energia livre) de uma situação de energia mínima na qual esteve aprisionado e permite, assim, que continue (mas não necessariamente complete) sua jornada conformacional pelo funil até o seu estado nativo.

Medidas de transferência de energia de ressonância de fluorescência (FRET; Seção 9.1Cd) realizadas por Hays Rye indicam que o desdobramento forçado do substrato proteico pela GroEL aumenta sua taxa de dobramento. A **Ribulose-1,5-bifosfato carboxilase oxigenase** (**RuBisCO**; Seções 24.3Ac e 24.3C) de *Rhodospirillum rubrum*, que requer GroEL/ES para dobrar-se em seu estado nativo, foi covalentemente marcada em seus domínios N- e C-terminal por sondas fluorescentes aceptoras e doadoras, respectivamente (que não afetam a estabilidade da RuBisCO ou sua taxa de dobramento mediada por GroEL). As medidas de FRET indicaram que, ao ligar-se ao anel *trans* de um complexo GroEL–(ADP)7–GroES, a distância de ponta a ponta da RuBisCO, fluorescentemente marcada, aumenta ligeiramente. No entanto, com a adição subsequente de ATP, esta distância aumenta muito, dentro de 0,2 segundo, e depois diminui para menos que seu valor original, ao longo de um período de ~5 segundos. Isso indica que a ligação inicial de ATP a GroEL desdobra significantemente seu substrato proteico ligado que dobra-se, então, a um estado mais compacto dentro da cavidade, agora *cis*, da GroEL/ES. Medidas adicionais indicam que a fração de RuBisCO desdobrada que se dobra ao seu estado nativo aumenta com a extensão de seu dobramento anterior, para ser liberada na cavidade *cis*.

Como representado na Fig. 9.25, o sistema GroEL/ES libera seu substrato proteico após cada ciclo de reação, com ou sem o dobramento correto da proteína. Ao contrário, SR1, o mutante de anel único de GroEL, em seu complexo com GroES, não pode liberar seu substrato proteico ligado. No entanto, o substrato proteico preso redobra-se quase quantitativamente ao seu estado nativo, ao longo de um período de alguns minutos, aproximadamente a mesma velocidade que o sistema cíclico. Evidentemente, a eficiência com que o substrato proteico dobra-se ao seu estado nativo varia com o período de tempo que ele permanece na cavidade *cis* (gaiola de Anfinsen). Então, por que o sistema GroEL/ES não evoluiu de forma que permita que uma proteína desdobrada complete seu dobramento antes de ser liberada? A resposta pode ser que a liberação do substrato proteico da cavidade *cis* em cada volta do ciclo GroEL/ES é um mecanismo protetor que previne proteínas irremediavelmente danificadas de entupir permanentemente GroEL. Em um sistema cíclico, um substrato proteico gasta apenas uma fração do tempo na cavidade *cis*. Desse modo, já que o desdobramento forçado aumenta a eficiência do dobramento, esse é um dos principais contribuintes para o mecanismo de dobramento de proteínas multicamadas do sistema GroEL/ES. Além disso, o desdobramento forçado explica como o sistema GroEL/ES é capaz de facilitar o dobramento de várias proteínas que são muito grandes para encaixar completamente dentro da cavidade da GroEL.

Uma variedade de experimentos indica que substratos proteicos ligados ao anel aberto da GroEL sozinha são amplamente não estruturados. Por exemplo, medidadas de RM indicam que a enzima de 21 kDa **di-hidrofolato redutase** (**DHFR**; Seção 28.3Bd) ligada a GroEL ou SR1 não tem estrutura estável, e medidas de troca de hidrogênio (Seção 9.1Cc) de vários substratos proteicos ligados a GroEL indicam ausência ou poucas estruturas secundárias. Além disso, medidas de FRET da **proteína de ligação a maltose**, de 41 kDa, ligada ao anel *trans* do complexo GroEL/ES, revela que ela sofre uma rápida expansão conformacional quando da adição de ATP (como acontece com a RuBisCO), e medidas de RM indicam que a DHFR dentro da cavidade da SR1-GroES segue a mesma trajetória de dobramento que a DHFR livre em solução. Portanto, o dobramento mediado por GroEL/ES parece ser um processo tudo ou nada ao invés de interativo, em que o substrato proteico adquire progressivamente estruturas mais semelhantes à nativa em cada rodada de dobramento. Isso sugere que cada vez que um substrato proteico liga-se ao anel *trans* da GroEL/ES ele é elevado para o topo do seu funil de dobramento em um processo dirigido por ATP, em que ele inicia o dobramento por meio de uma trajetória diferente.

Em geral, apenas ~5% dos substratos proteicos dobram-se ao seus estados nativos em cada reação do ciclo. Portanto, para dobrar metade dos substratos proteicos presentes seriam necessários $\log(1 - 0{,}5)/\log(1 - 0{,}05) \approx 14$ ciclos de reação, logo $7 \times 14 = 98$ ATPs. Isso pode parecer um uso exagerado de ATP, mas é apenas uma fração dos 1.200 ATPs gastos na síntese ribossomal de uma proteína de 300 resíduos (4 ATPs por resíduo; Seção 32.2C e 32.3D), sem mencionar o número muito maior de ATPs necessários para síntese desses aminoácidos (Seção 26.5).

f. GroEL/ES é necessária para o dobramento de ~85 proteínas de *E. coli in vivo*

O sistema GroEL/ES interage apenas *in vivo* com um grupo de proteínas de *E. coli*. Ulrich Hartl identificou essas proteínas por modificação de GroES, inserindo um segmento His_6 na extremidade C-terminal (cauda de His) e isolando os complexos resultantes GroEL-GroES-proteína substrato de lisados de *E. coli* por cromatografia de afinidade por quelação metálica (Seção 6.3Dg). Esses complexos foram separados por SDS-PAGE (Seção 6.4C) e as proteínas substrato identificadas por espectrometria de massa (Seção 7.1I).

Aproximadamente 250 das ~2400 proteínas citosólicas de *E. coli* foram encontradas associadas com GroEL/ES. Dessas, ~165 proteínas ou mostraram pouca tendência em agregar durante o dobramento ou podem usar outras proteínas chaperonas, como o fator desencadeante ou DnaK/J para dobrar-se aos seus estados nativos. Entretanto, as ~85 proteínas restantes possuem uma dependencia absoluta do sistema GroEL/ES para dobrar-se, ou seja, elas invariavelmente agregam na ausência de GroEL/ES. Treze dessas proteínas são indispensáveis para a viabilidade da *E. coli*, dessa forma explicando porque GroEL/ES é também essencial para a viabilidade da bactéria. Em torno de 75 a 80% dos sítios de ligação da GroEL/ES estão ocupados pelas ~85 proteínas dependentes de GroEL/ES, apesar de terem apenas abundância baixa ou intermediária no citosol da *E. coli*.

Quais são as características das proteínas obrigatoriamente substratos da GroEL/ES? As análises, usando o banco de dados SCOP (Seção 8.3Cd), dessas proteínas de estrutura conhecida ou de homólogos de estrutura conhecida revelou que muitas delas contém domínios α/β (Seção 8.3Bh). Em particular, ~35% da massa de todos os substratos proteicos da GroEL/ES contém barril α/β (também chamado barril TIM; Seção 8.3Bh), apesar de eles compreenderem apenas ~5% da massa de proteínas totais do citosol. Essas proteínas, cujas massas moleculares variam de 23 a 54 kDa, são estabilizadas por numerosas interações de longo alcance (em sequência) e, consequentemente, seriam esperadas terem, particularmente, robustos funis de dobramento, com muitos locais de energia livre mínima que poderia prender a proteína.

Quais são as sequências-motivo nos substratos proteicos que ligam GroEL? Durante o ciclo GroEL/ES, as alças móveis da GroEL (sequência GGIVLTGSA) deslocam esses motivos (Seção 9.2Ca) sugerindo, assim, que eles têm sequencias similares. Além disso, para ser esticado por GroEL, um substrato proteico deve ter pelo menos dois desses motivos separados por pelo menos 10 resíduos. Procurando por motivos com essas características nos ~250 substratos proteicos da GroEL, George Lorimer e Devarajan Thirumalai encontraram que eles possuem a sequência consenso P_HHH_P_H, onde P, H, e _, respectivamente, representam polar, hidrofóbico e qualquer resíduo onde o núcleo da sequência é P_HHH. Isso é corroborado pela observação de que em substratos proteicos de estrutura conhecida dobrados na forma nativa, quase todas essas sequências-motivo são ocultas (<50% da área de sua superfície está acessível ao solvente), embora ocorram em hélices, folhas e alças, aparentemente possuem poucas outras preferências estruturais.

As proteínas substratos dependentes de GroEL/ES pertencem a classes de dobramentos que tendem a ter um maior número de superfamílias do que outras proteínas de E. coli. Isso sugere que GroEL/ES pode ter facilitado a diversificação evolucionária do dobramento de certas proteínas, talvez por "tamponar" mutações que de outra forma causariam agregação severa. De fato, o sistema GroEL/ES provavelmente desempenhou um papel essencial na evolução do barril α/β na plataforma estrutural mais versátil para as funções enzimáticas (Seção 8.3Bh).

g. As chaperoninas do Grupo II possuem tampas embutidas

As chaperoninas do Grupo II lembram estruturalmente e funcionalmente as chaperoninas do Grupo I, mas consistem em anéis de costas um para o outro de 8 ou 9 subunidades, e não possuem cochaperonas correspondentes, tais como GroES. As chaperoninas do Grupo II de archea, que são chamadas **termossomos**, consistem em 1 a 3 tipos diferentes de subunidades. As chaperoninas do Grupo II de eucariotos, que são chamadas **TRIC** (de *T*CP-1 *ring complex*, complexo de anel TCP-1; TCP de *T-complex polypeptide*, polipeptídeo complexo T) ou alternativamente **CCT** (de *chaperonin-containing T*CP-1, chaperonina contendo TCP-1), possuem dois anéis octaméricos, cada um consistindo em oito subunidades geneticamente distintas, mas homólogas arranjadas em uma ordem específica. Assim como GroEL/ES, cada uma das subunidades TRiC acopla a hidrólise de ATP ao dobramento de substratos proteicos. Em torno de 10% das proteínas citosólicas de eucariotos interagem, transitoriamente, com TRiC, muitas dessas possuindo necessidade absoluta da ajuda de TRiC para o dobramento. Dentre essas, incluem-se uma variedade de proteínas estruturais e regulatórias, como as proteínas musculares **actina** e **miosina** (Seção 35.3A), os principais componentes do microtúbulo **tubulinas** α e β (Seção 35.3G) e proteínas que participam na transdução de sinal (Capítulo 19) e regulação do ciclo celular (Seção 34.4D). A única característica que essas proteínas parecem ter em comum é que elas formam complexos homo ou hetero-oligomérico.

Estudos de **microscopia crioeletrônica** (**crio-EM**) de TRiC de testículo de bovino realizados por Wah Chiu e Judith Frydman (Fig. 9.26) revelaram que, ao contrário de GroEL, sua forma global está mais próxima da esférica do que da cilíndrica. Em crio-EM, a amostra é resfriada a temperaturas próximas do N_2 líquido (–196°C) tão rapidamente (em alguns milissegundos) que a água na amostra não tem tempo de cristalizar, mas, em vez disso, assume um estado vítreo (semelhante ao vidro). Consequentemente, a amostra mantem-se hidratada e, por isso, retém sua forma nativa em uma extensão maior do que a da microscopia electrônica convencional (em que a amostra é seca a vácuo). Assim como GroEL, cada uma das subunidades de TRiC é formada pelos domínios equatorial, intermediário e apical. No entanto, o topo de cada domínio apical da TRiC possui uma extensão helicoidal que carece na GroEL. TRiC possui dois estados conformacionais: um estado aberto (Fig. 9.26*a*), em que cada extensão helicoidal está orientada mais ou menos tangencialmente a porção interna do anel, e um estado fechado (Fig. 9.26*b*), em que cada extensão helicoidal oscila em uma orientação mais radial, de modo a formar uma tampa semelhante a íris que fecha a cavidade de TRiC, de uma maneira semelhante a forma que GroES fecha a cavidade de GroEL.

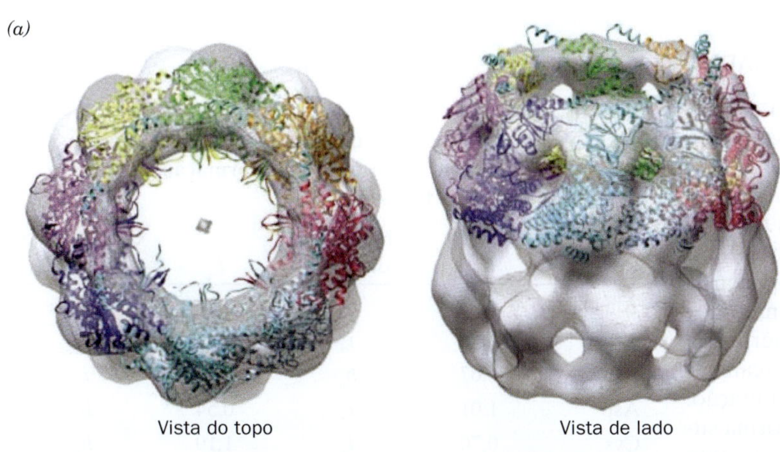

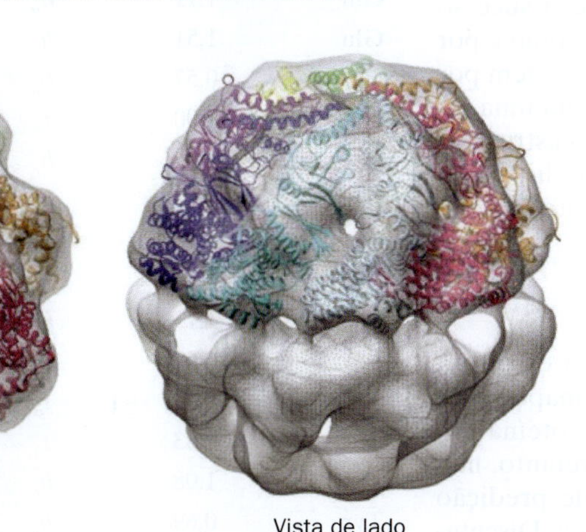

FIGURA 9.26 Estrutura da TRiC de testículos de bovino. (*a*) Seu estado aberto e (*b*) seu estado fechado. Diagramas de superfície das estruturas baseadas em crio-EM com resolução de ~16Å (*cinza transparente*) estão mostradas como vistas ao longo do eixo de ordem 8 da proteína (*esquerda*) e como visto de lado com o eixo de ordem 8 inclinado em direção ao leitor (*direita*). A estrutura por raios X de uma chaperonina homóloga de archae foi modelada dentro do anel superior da imagem baseada na técnica de crio-EM, com cada subunidade representada por um diagrama de fitas diferentemente colorido. (Cortesia de Judith Frydman, Stanford University.)

Um mutante de TRiC que carece da tampa ainda hidrolisa ATP e liga actina não dobrada com a mesma afinidade da tipo selvagem, mas é incapaz de induzir seu dobramento. Isso sugere que a tampa da TRiC tem uma função tipo GroES em acoplar a hidrólise de ATP ao dobramento produtivo do substrato proteico. Interessantemente, o potencial sítio de ligação ao substrato de TRiC não é todo hidrofóbico, já que algumas de suas subunidades são revestidas por resíduos polares. Talvez cada substrato proteico diferente interaja com uma combinação específica de sítios de ligação no domínio apical no estado aberto de TRiC.

h. O conceito de automontagem das proteínas deve levar em conta proteínas acessórias

Muitas proteínas podem se dobrar/montar formando suas respectivas conformações nativas na ausência de proteínas acessórias, embora frequentemente com baixa eficiência. Além disso, as proteínas acessórias não são componentes das proteínas nativas cujo dobramento/montagem elas facilitam. Portanto, as proteínas acessórias devem mediar o dobramento/montagem apropriado de um polipeptídeo, formando uma conformação/complexo nativo guiada somente pelas sequências de aminoácidos do polipeptídeo. Sem dúvida alguma, o conceito de que as proteínas são entidades que têm automontagem deve ser modificado para incorporar os efeitos das proteínas acessórias.

3 ESTRUTURA PROTEICA: PREDIÇÃO E ENGENHARIA

Uma vez que a estrutura primária de uma proteína especifica a sua estrutura tridimensional, deveria ser possível, ao menos em princípio, predizer a estrutura nativa de uma proteína somente a partir do conhecimento da sua sequência de aminoácidos. Isso deve ser feito usando-se métodos teóricos com base em princípios físico-químicos, ou por métodos empíricos nos quais esquemas de predição são refinados a partir de análises de estruturas proteicas conhecidas. Os métodos teóricos, que normalmente tentam determinar a energia de conformação mínima de uma proteína, são matematicamente sofisticados e requerem muita capacidade de computação. A enorme dificuldade em realizar tais cálculos de forma suficientemente precisa e de modo a poderem ser facilmente tratados computacionalmente limitou bastante o sucesso desses métodos. Contudo, uma compreensão de como e por que as proteínas se dobram em suas formas nativas tem por base esses métodos teóricos. Nesta seção, será feita uma resenha dos vários métodos usados para predizer as estruturas secundárias e terciárias de proteínas, e, por fim, discute-se uma técnica relacionada, o planejamento de proteínas que terão uma determinada estrutura.

A. *Predição da estrutura secundária*

O caminho mais confiável para se determinar a estrutura secundária de um determinado polipeptídeo é mapear sua sequência de aminoácidos até encontrar uma proteína homóloga que tenha estrutura conhecida. Se, entretanto, não houver tal estrutura disponível, os métodos de predição mencionados anteriormente devem ser utilizados. Discute-se aqui o uso de métodos empíricos para prever estruturas secundárias. Os métodos teóricos para prever a estrutura terciária de um polipeptídeo, discutidos na seção seguinte, irão, se necessário, prever também a estrutura secundária.

a. Método Chou-Fasman

Os métodos empíricos tiveram um sucesso razoável na predição da estrutura secundária. Fica claro que certas sequências de aminoácidos limitam as conformações disponíveis para uma cadeia polipeptídica de forma facilmente compreensível. Um resíduo Pro, por exemplo, não pode se ajustar nas porções interiores de uma hélice α ou de uma folha β comum, pois seus anéis pirrolidínicos preencheriam o espaço normalmente ocupado por parte de um segmento adjacente da cadeia e porque falta o grupo N—H do esqueleto, que contribui com uma ligação de hidrogênio. De forma semelhante, as interações estéricas entre vários resíduos de aminoácidos consecutivos com cadeias laterais ramificadas em C_β (p. ex., a Ile e a Thr) irão desestabilizar uma hélice α. Além disso, há efeitos mais sutis que podem não ser aparentes sem uma análise detalhada das estruturas proteicas conhecidas. Aqui, serão discutidos apenas os métodos empíricos simples para a predição de hélices α, folhas β e voltas reversas em proteínas de sequências conhecidas.

O esquema de predição de uma estrutura empírica desenvolvido por Peter Chou e Gerald Fasman pode ser facilmente feito de forma manual, e é razoavelmente confiável. A frequência, f_α, com a qual um dado resíduo ocorre em uma hélice α em um conjunto de estruturas proteicas é definida como

$$f_\alpha = \frac{n_\alpha}{n} \qquad [9.3]$$

TABELA 9.1 Propensão e classificações dos resíduos de aminoácidos para a conformação de hélice α ou de folhas β

Resíduo	P_α	Classificação da hélice	P_β	Classificação das folhas
Ala	1,42	h_α	0,83	i_β
Arg	0,98	i_α	0,93	i_β
Asn	0,67	b_α	0,89	i_β
Asp	1,01	i_α	0,54	B_β
Cys	0,70	i_α	1,19	h_β
Gln	1,11	h_α	1,10	h_β
Glu	1,51	h_α	0,37	B_β
Gly	0,57	b_α	0,75	b_β
His	1,00	i_α	0,87	h_β
Ile	1,08	h_α	1,60	H_β
Leu	1,21	h_α	1,30	h_β
Lys	1,16	h_α	0,74	b_β
Met	1,45	h_α	1,05	h_β
Phe	1,13	h_α	1,38	h_β
Pro	0,57	b_α	0,55	B_β
Ser	0,77	i_α	0,75	b_β
Thr	0,83	i_α	1,19	h_β
Trp	1,08	h_α	1,37	h_β
Tyr	0,69	b_α	1,47	H_β
Val	1,06	h_α	1,70	H_β

Fonte: Chou, P.Y., e Fasman, G.D., Annu. Rev. Biochem. **47**, 258 (1978).

em que n_α é o número de resíduos de aminoácidos de dado tipo que ocorre na hélice α e n é o número total de resíduos desse tipo no conjunto das proteínas consideradas. A propensão de um dado resíduo de aminoácido ocorrer em uma hélice α é definida como

$$P_\alpha = \frac{f_\alpha}{\langle f_\alpha \rangle} \quad [9.4]$$

em que $\langle f_\alpha \rangle$ é o valor médio de f_α para todos os 20 resíduos. Consequentemente, um valor de $P_\alpha > 1$ indica que um resíduo ocorre em uma hélice α com uma frequência maior do que em outras regiões da proteína. A propensão, P_β, de um resíduo ocorrer em uma folha β é definida de maneira semelhante.

A Tabela 9.1 contém uma lista de propensões a formar estruturas α e β com base na análise de 29 estruturas determinadas por raios X. De acordo com esse valor, a propensão de um resíduo é classificada como altamente formadora (H), formadora (h), pouco formadora (I), indiferentemente formadora (i), não formadora (b), ou altamente não formadora (B) dessa estrutura secundária. Utilizando esses dados, Chou e Fasman formularam as seguintes regras empíricas (o **método Chou-Fasman**) para predizer estruturas secundárias de proteínas:

1. Um grupo de quatro resíduos formadores de hélice (H_α ou h_α, com I_α valendo meio h_α) em um conjunto dos seis resíduos contíguos irá nuclear uma hélice. O segmento de hélice se propaga em ambas as direções da cadeia polipeptídica até que o valor médio de P_α para um segmento tetrapeptídico seja menor do que de 1,00. Um resíduo Pro, portanto, pode ocorrer somente nos N-terminais de uma hélice α.
2. Um grupo de três resíduos formadores de folha β (H_β ou h_β) em um segmento de cinco resíduos contíguos irá nuclear uma folha. A folha é propagada em ambas as direções até que o valor médio de P_β para um segmento tetrapeptídico caia abaixo de 1,00.
3. Para regiões que contenham sequências que formem tanto α como β, a região de sobreposição é prevista como sendo helicoidal se seu valor médio de P_α é maior que o valor médio de P_β; do contrário, supõe-se que ocorra uma conformação folha.

Essas regras empíricas e de fácil aplicação predizem as posições de segmentos em hélice α e em folha β e em uma proteína com uma confiabilidade média de 50% e, em casos mais favoráveis, de 80% (Fig. 9.27; note, no entanto, que como as proteínas consistem, em média, em 31% de hélice α e 28% de folhas β, as predições aleatórias dessas estruturas secundárias seriam em média 30% corretas).

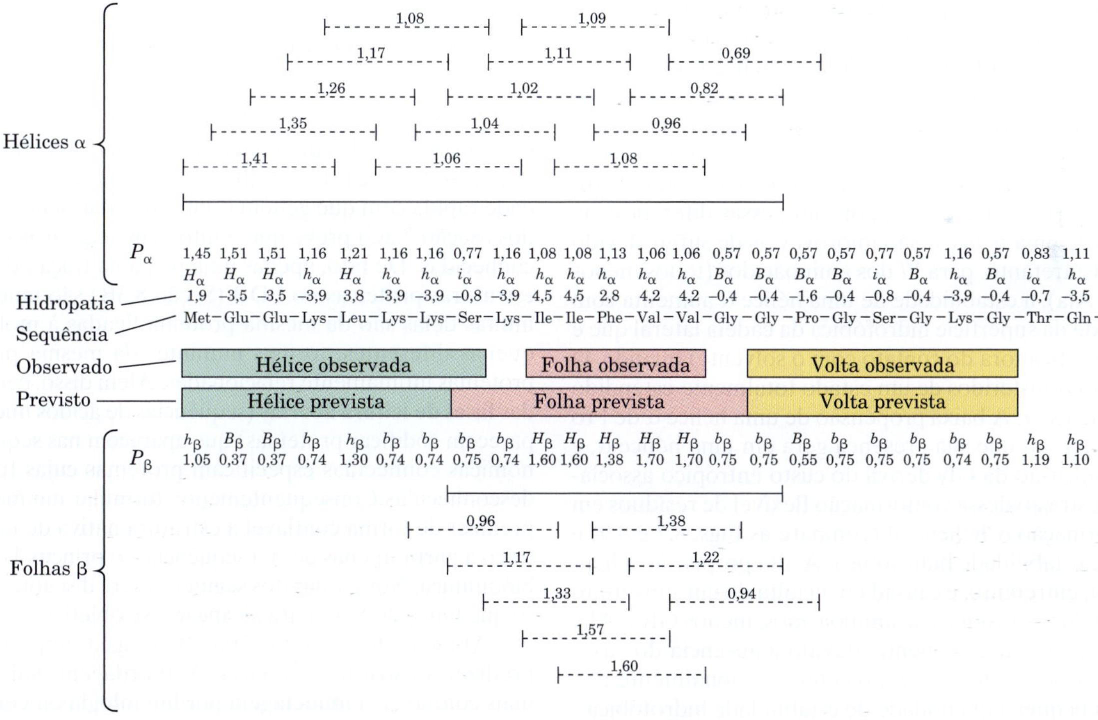

FIGURA 9.27 Predição da estrutura secundária. A predição de hélices α e folhas β foi feita pelo método de Chou-Fasman, e a predição das voltas reversas pelo método de Rose para os 24 resíduos do N-terminal da adenilato-cinase. As tendências e classificações das hélices e folhas foram tiradas da Tabela 9.1. As linhas sólidas indicam todas as sequências de hexapeptídeos que podem nuclear uma hélice α (*acima*) e todas as sequências de pentapeptídeos que podem nuclear uma folha β (*abaixo*), como está explicado no texto. A tendência média de formação de hélices e folhas para cada segmento polipeptídico nas regiões apropriadas é dada acima das linhas tracejadas correspondentes. Observa-se que 12 dos 15 resíduos têm as estruturas secundárias previstas (*meio*), de forma que a precisão da predição, nesse caso, é de 80%. As voltas reversas estão previstas para ocorrerem nas sequências nas quais a hidropatia (Tabela 8.6) é mínima e para não ocorrem nas regiões previstas como helicoidais. Observa-se que a região que combina com esse critério tem uma volta reversa. (Segundo Schultz, G.E., e Schirmer, R.H., *Principles of Protein Structure, p.* 121, Springer-Verlag [1979].)

b. As voltas reversas são caracterizadas por um mínimo de hidrofobicidade ao longo da cadeia polipeptídica

As posições das voltas reversas também podem ser preditas pelo método de Chou-Fasman. Entretanto, uma vez que uma volta reversa normalmente consiste em quatro resíduos consecutivos, cada um com uma conformação diferente (Seção 8.1D), sua predição algorítmica é necessariamente mais trabalhosa do que aquela para folhas e hélices.

Rose propôs um método empírico mais simples para a predição das posições das voltas reversas. As voltas reversas quase sempre ocorrem na superfície de uma proteína e, em parte, definem essa superfície. Uma vez que o núcleo de uma proteína consiste em grupos hidrofóbicos e as superfícies são relativamente hidrofílicas, as voltas reversas ocorrem em posições ao longo da cadeia polipeptídica onde a hidropatia (Tabela 8.6) é mínima. Usando esses critérios para subdividir uma cadeia polipeptídica, pode-se deduzir as posições da maioria das voltas reversas por inspeção (Fig. 9.27). Uma vez que esse método frequentemente prediz a ocorrência de voltas reversas em regiões helicoidais (as hélices são todas voltas), ele pode ser aplicado somente a regiões que não têm predição de serem helicoidais.

c. Bases físicas da propensão à hélice α

Por que os resíduos de aminoácidos têm diferenças na propensão a formar uma hélice α? Essa questão foi respondida, em parte, por Matthews pela análise estrutural e termodinâmica da lisozima T4 (Seção 9.1Bd) na qual a Ser 44, um resíduo exposto a solvente no meio de uma hélice α de 12 resíduos (3,3 voltas), foi substituída mutagenicamente por outros 19 aminoácidos, um de cada vez. As estruturas por raios X de 13 dessas proteínas variantes revelaram que, com exceção de Pro, as substituições não causaram distorções significativas no esqueleto da hélice α e, portanto, essas diferenças na propensão de uma hélice α são improváveis de surgir devido a tensões. Entretanto, para 17 dos aminoácidos (todos menos Pro, Gly e Ala), a estabilidade de uma hélice α aumenta com a quantidade da superfície hidrofóbica da cadeia lateral que é "enterrada" (fica fora do contato com o solvente) quando 44 resíduos são transferidos de um estado totalmente estendido para uma hélice α. A baixa propensão de uma hélice α de Pro é devida à tensão que sua presença gera em uma hélice α, e a baixa propensão da Gly deriva do custo entrópico associado com a restrição dessa conformação flexível de resíduos em uma conformação α-helicoidal (compare as Figs. 8.7 e 8.9) e sua falta de estabilidade hidrofóbica. A alta propensão à hélice α da Ala, entretanto, é causada pela falta de um substituinte γ (que todos os resíduos de aminoácidos, menos Gly e Ala, possuem) e, consequentemente, devido à ausência do custo entrópico associado a esse grupo conformacionalmente restrito e com pequena quantidade de estabilidade hidrofóbica.

d. Algoritmos de predição da estrutura secundária com base em computação

Um grande número de sofisticadas predições algorítmicas de estruturas secundárias com base em computação foi desenvolvido. A maioria delas, assim como o método Chou-Fasman, utiliza um conjunto de parâmetros cujos valores são determinados pela análise de um conjunto de proteínas não homólogas com estruturas conhecidas, em alguns casos acoplados com técnicas de minimização de energia. A acurácia desses algoritmos são tipicamente ~60% em predizer qual dos três estados conformacionais, hélice, folha ou espiral adota um determinado resíduo em uma proteína. No entanto, um aumento significativo na acurácia foi adquirido (acima de 80%) pelo emprego de informações evolucionárias através do uso de alinhamento de múltiplas sequências. Isso é devido ao conhecimento da distribuição dos resíduos em, e à volta de, cada posição em uma série de proteínas homólogas e, presumivelmente estruturalmente semelhantes, o que fornece uma indicação melhor das tendências estruturais da proteína do que uma simples sequência.

Vários algoritmos de predição de estrutura secundárias estão disponíveis na internet. Entre eles está o **Jpred3** (http://www.compbio.dundee.ac.uk/www-jpred/), que classifica as conformações dos resíduos como sendo ou helicoidal (H) ou folha β estendida (E) ou espiral (–) com 81,5% de confiabilidade. O cálculo da predição requer como entrada tanto a sequência de um polipeptídeo como um alinhamento sequencial múltiplo. Entretanto, se Jpred3 é alimentado com apenas uma sequência, ele usará primeiro o PSI-BLAST (Seção 7.4Bi) para construir um alinhamento de múltiplas sequências.

Embora se tenha visto que a estrutura secundária é ditada principalmente pelas sequências locais, também observa-se que a estrutura terciária pode influenciar a estrutura secundária (Seção 9.1Be). A incapacidade dos esquemas, por mais sofisticados que sejam, de predizer estruturas secundárias com uma confiabilidade de ~80% é, portanto, parcialmente explicada pela incapacidade que esses métodos têm em considerar a contribuição das interações terciárias.

B. *Predição da estrutura terciária*

Os bancos de dados de sequências (Seção 7.4A) contêm as sequências de cerca de 7 milhões de polipeptídeos, e a velocidade rápida com que genomas inteiros estão sendo sequenciados (Seção 7.2C) prevê que muito mais sequências logo serão conhecidas. De fato, apenas uma pequena fração das ~70.000 estruturas proteicas no PDB (Seção 8.3B) são únicas porque muitas delas são da mesma proteína ligadas à moléculas pequenas diferentes, formas mutantes da mesma proteína ou proteínas intimamente relacionadas. Além disso, cerca de 40% das **fases de leitura abertas** (sequências de ácidos nucleicos que parecem codificar proteínas) que aparecem nas sequências genômicas conhecidas especificam proteínas cujas funções são desconhecidas.Consequentemente, formular um método para predizer de forma confiável a estrutura nativa de um polipeptídeo a partir apenas de sua sequência é o principal objetivo da bioquímica. Nos parágrafos seguintes, será discutido o progresso que tem sido feito para alcançar esse objetivo.

Atualmente, existem várias abordagens importantes para predizer a estrutura terciária. A abordagem mais simples e mais confiável, a **modelagem por homologia** ou **comparativa**, alinha a sequência polipeptídica de interesse com as sequências de uma ou mais proteínas homólogas que já tenham suas estruturas conhecidas, compensando por substituições de aminoácidos, assim como inserções e deleções (*indels*) por meio de modelagem e de cálculos de minimização de energia. Para proteínas com pelo menos 30% da identidade nas sequências, esse método pode fornecer um desvio nos resultados do cálculo de mínimos quadrados (rmsd) entre o previsto e as posições observadas dos átomos C_α correspondentes da proteína "desconhecida" (quando se usa dados de proteínas que já têm suas estruturas conhecidas) de pelo menos 2,0 Å. Entretanto, a precisão desse método diminui abruptamente (o valor de rmsd aumenta rapidamente) à medida que o grau de identidade da sequência cai para menos de 30%. Por outro lado, para polipeptídeos que têm mais de 60% de identidade, o modelo de homologia pode ter um valor de rmsd de cerca de 1 Å (a mesma precisão das posições atômicas em uma estrutura por raios X determinada com cerca de 2,5 Å de resolução).

Há vários casos nos quais as proteínas podem ser estruturalmente semelhantes, mesmo que as suas sequências tenham divergido tanto que não possuam mais nenhuma similaridade aparente. **Modelagem por homologia ou por comparação**, é uma técnica computacional que procura determinar o dobramento desconhecido de uma proteína tentando descobrir se a sua sequência é compatível com qualquer um dos membros de uma biblioteca de estruturas proteicas. Isso é feito alinhando-se os resíduos da proteína "desconhecida" com o esqueleto de uma proteína cuja estrutura seja conhecida e determinando-se a estabilidade das cadeias laterais da proteína conhecida, naquele arranjo de aminoácidos. Então, desloca-se o alinhamento da proteína de estrutura desconhecida por um resíduo de aminoácido, repetindo-se os cálculos a cada novo deslocamento de aminoácido, enquanto permite a possibilidade de *indels*. Se o dobramento "correto" puder ser encontrado (e não há nenhuma garantia que o dobramento da proteína desconhecida se assemelhe a qualquer dobramento presente na biblioteca), o modelo resultante pode ser melhorado pela modelagem por homologia. Esse método já produziu resultados encorajadores, embora não possa ser considerado confiável. Claro que, se os algoritmos de alinhamento da sequência (Seção 7.4B) aperfeiçoam a capacidade de reconhecer homólogos distantes, as sequências que anteriormente teriam sido candidatas a reconhecer o dobramento podem, ao invés disso, ser tratadas diretamente por modelagem comparativa.

Uma vez que a estrutura nativa de uma proteína depende somente da sua sequência de aminoácidos, deveria ser possível, a princípio, predizer a estrutura de uma proteína com base somente em suas propriedades físico-químicas (p. ex., interações com o solvente, volume atômico, carga, as propriedades das ligações de hidrogênio, as interações de van der Waals e os potenciais ângulos de torção das ligações de todos os átomos). O principal problema encontrado por tais **métodos *de novo*** (do latim: desde o início, sinônimo de ***ab initio***) é que as cadeias polipeptídicas têm um número astronômico de conformações não nativas de baixa energia, de forma que requerem cálculos extensivos e altamente detalhados para determinação da energia mais baixa dos polipeptídeos.

Para avaliar a efetividade dos numerosos algoritmos *de novo* que foram calculados, assim como o esquema de predição de outras estruturas, uma **Avaliação Crítica de Predição de Estrutura** (**CASP**; de *Critical Assessment of Structure Prediction*) tem sido realizada a cada dois anos a partir de 1994. São fornecidas aos participantes da CASP as sequências de proteínas cujas estruturas serão logo determinadas por cristalografia por raios X ou espectrometria por RM e eles submetem a predição das estruturas dessas proteínas para comparação com as estruturas determinadas experimentalmente. Ao longo dos anos, os métodos *de novo* foram significativamente melhorados, de ser pouco melhor do que palpites aleatórios para predizer a topologia do dobramento de proteínas com < 200 resíduos com uma taxa de sucesso

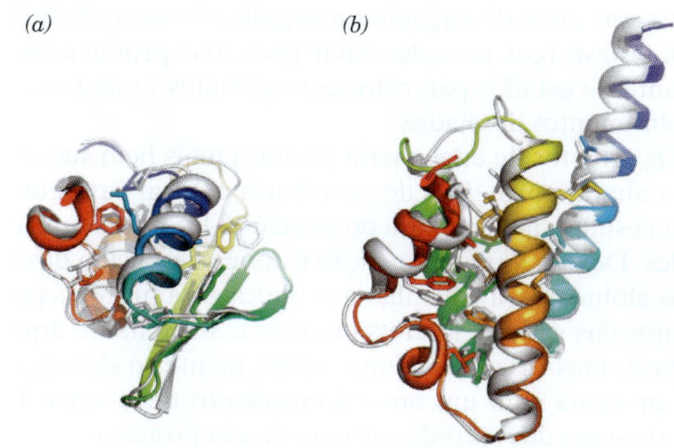

FIGURA 9.28 Exemplos de predições de dobramento bem sucedidas pelo Rosetta. Cada painel mostra a sobreposição de um modelo predito (*cinza*) com a correspondente estrutura por raios X experimentalmente determinada, colorida na ordem do arco-íris, do N-terminal (*azul*) ao C-terminal (*vermelho*) com as cadeias laterais do núcleo representadas na forma de bastão. (*a*) Uma proteína de função desconhecida de *Thermus thermophilus* HB8 (PDBid 1WHZ). Os esqueletos proteicos estão alinhados com uma acurácia de 1,6 Å ao longo de 70 resíduos. (*b*) Proteina BH3980 (10176605) de *Bacillus halodurans* (PDBid 2HH6). Os esqueletos proteicos estão alinhados com um acurácia de 1,4 Å ao longo de 90 resíduos. (Cortesia de Gautam Dantas, Washington University School of Medicine, EUA.)

de ~20% e, ocasionalmente, com acurácia quase atômica. **Rosetta**, o algoritmo *de novo* mais consistentemente bem sucedido nos últimos CASPs, que foi formulado por David Baker, é enormemente dependente de computadores. Para satisfazer suas necessidades computacionais, Baker organizou uma rede de computadores conhecida como Rosetta@home, que usa o tempo ocioso de aproximadamente, 100.000 computadores voluntários, de forma que uma média de ~500.000 CPUs podem estar dedicados por horas a predizer a estrutura de cada domínio. Exemplos de predição de estruturas proteicas bem sucedidas pelo Rosetta estão mostradas na Fig. 9.28.

C. *Engenharia proteica*

Embora ainda não se tenha solucionado completamente os problemas do dobramento proteico, foram feitos progressos consideráveis para resolver o problema inverso: a geração de sequências polipeptídicas para estruturas tridimensionais específicas, isto é, a **engenharia proteica**. Isso acontece, provavelmente, porque um polipeptídeo pode ser "engenhado" para chegar à conformação desejada. Consequentemente, a engenharia proteica forneceu ideias para a estabilidade e o dobramento das proteínas e promete fornecer proteínas úteis "feitas sob medida". A engenharia proteica se inicia com uma estrutura-alvo, como um feixe de 4 hélices, e procura encontrar uma sequência de aminoácidos que forme essa estrutura. O polipeptídeo engenhado é então sintetizado e sua estrutura é elucidada.

Uma engenharia bem-sucedida necessita não somente que o dobramento desejado seja estável, mas que os outros dobramentos sejam significantemente menos estáveis (por cerca de ~15 a 40 kJ · mol^{-1}). Senão, a sequência encontrada como sendo a mais estável na conformação desejada pode na realidade ser mais estável em outras conformações. Antes que os conceitos de **engenharia negativa** fossem implementados, os esforços para desenhar proteínas produziram um conjunto de estados parecidos com glóbulos fundidos e não os dobramentos desejados.

Os projetos de engenharia proteica mais bem sucedidos redesenharam proteínas de ocorrência natural para aumentar sua estabilidade ou para proporcioná-las novas funcionalidades. Devido a rígida restrição estérica no núcleo das proteínas globulares, a engenharia proteica gera proteínas cujos arranjos das cadeias laterais internas é semelhante àquelas das proteínas originais. Consequentemente, o desenho de uma proteina com um novo dobramento deve ser o teste mais rigoroso dos métodos de engenharia proteica.

Baker engenhou uma proteína α/β topologicamente nova, de 93 resíduos, que ele chamou de **Top7**. Um modelo bi-dimensional grosseiro da proteína-alvo foi criado e as restrições estruturais que definem sua topologia (p. ex., ligações de hidrogênio e voltas inversas) foram identificadas. Rosetta foi, então, utilizado para gerar 172 modelos tridimensionais do esqueleto dorsal apenas com a topologia desejada, reunindo fragmentos de 3- e 9- resíduos com as estruturas secundárias necessárias a partir do Protein Data Bank (PDB; Banco de Dados Proteico). As cadeias laterais foram inicialmente colocadas considerando todos os conjuntos de ângulos de torção energiticamente favoráveis (que são conhecidos como **rotâmeros**) para cada tipo de cadeia lateral, exceto a Cys na posição 71 no núcleo da proteína e para os resíduos polares nas 22 posições superficiais remanescentes e utilizando Rosetta para identificar as estruturas de mais baixa energia. Esses modelos foram entao estruturalmente otimizados através de 15 ciclos usando Rosetta para calcular a conformação do esqueleto dorsal de mais baixa energia para fixar a sequência de aminoácidos, seguido de reengenharia da sequência, como previamente descrito, finalmente gerando Top7. Apesar de as diferenças estruturais entre Top7 e o seu modelo inicial terem sido pequenas (seus esqueletos dorsais possuem um rmsd de 1,1 Å), elas tiveram mudanças drásticas na sequência (com apenas 31% dos resíduos em Top7 identicos àqueles em seu modelo inicial).

Um gene para a expressão de Top7, com uma cauda de His C-terminal, foi sintetizado (Seção 7.6A) e expresso, e a proteína foi purificada por cromatografia de afinidade por quelação metálica (Seção 6.3Dg) seguida por cromatografia de troca iônica (Seção 6.3A). Top7 é altamente solúvel em solução aquosa e é monomérica, como indicada por cromatografia de gel-filtração (Seção 6.3B). Ela é notavelmente estável: seu espectro de dicroismo circular (DC; Seção 9.1Ca) a 98°C é bastante semelhante ao realizado a 25°C. A estrutura de raios X de Top7 é toda idêntica, dentro do erro experimental, a estrutura do modelo projetado: seus rmsd de todos os átomos do esqueleto dorsal é 1,17 Å, e muitas de suas cadeias laterais do núcleo da proteína são efetivamente sobrepostos (Fig. 9.29). Evidentemente, dobramentos proteicos que não foram observados na natureza não são apenas fisicamente possíveis, mas podem ser altamente estáveis.

Baker também usou os princípios de engenharia proteica para gerar enzimas que catalisam reações não biológicas. Ele fez isso enxertando constelações engenhadas de cadeias laterais na superfície de proteínas que ocorrem naturalmente para formar o sítio ativo desejado. Como será visto no Capítulo 15, a atividade catalítica das enzimas são extraordinariamente sensíveis às posições dos seus grupos catalíticos.

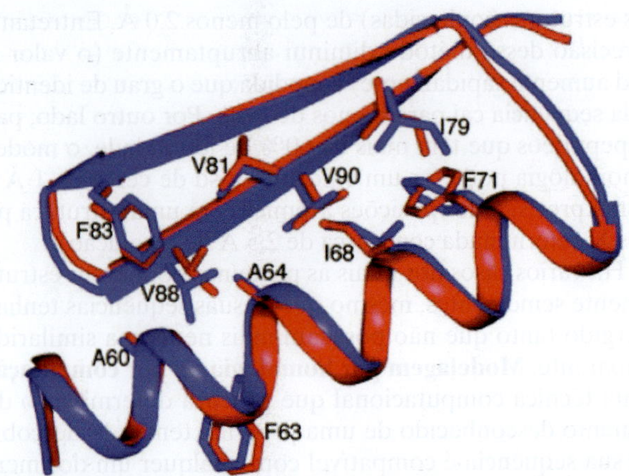

FIGURA 9.29 Sobreposição do modelo desenhado de Top7 (*azul*) com sua estrutura de raios X (*vermelho*). As cadeias laterais do núcleo estão representadas na forma de bastões. (Cortesia de Gautam Dantas,Washington University School of Medicine. PDBid 1QYS.)

4 DINÂMICA PROTEICA

O fato de que os estudos por raios X produziram uma média de "fotografias instantâneas" pode deixar a falsa impressão de que as proteínas têm estruturas fixas e rígidas. Na verdade, ficou bem claro que *as proteínas são moléculas flexíveis e com oscilações rápidas, sendo que a mobilidade estrutural tem um significado funcional considerável.* Por exemplo, os estudos por raios X indicam que os grupos heme da mioglobina e da hemoglobina estão de tal modo envolvidos pelas proteínas que não há um caminho aberto para que o O_2 se aproxime ou escape do bolsão de ligação. Mesmo assim, sabe-se que a mioglobina e a hemoglobina ligam e liberam O_2 rapidamente. Essas proteínas devem, portanto, passar por oscilações na conformação, **movimentos de respiração** (***breathing***), que

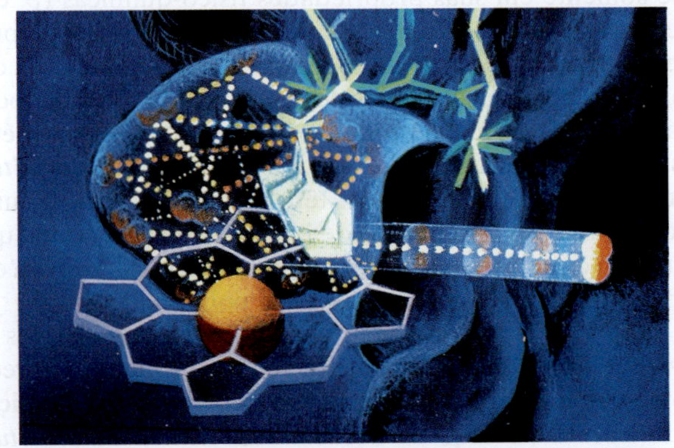

FIGURA 9.30 Oscilações conformacionais na mioglobina. Uma concepção artística dos movimentos de respiração (*breathing*) da mioglobina. Esses movimentos permitem a liberação da molécula de O_2 que estava ligada à proteína (*as duas esferas vermelhas*). As linhas pontilhadas marcam a trajetória tortuosa que uma molécula de O_2 deve seguir através da proteína que está oscilando rapidamente antes de conseguir finalmente escapar. A ligação com O_2 parece assemelhar-se ao inverso do processo descrito. (Ilustração, Irving Geis. Imagem da coleção de Irving Geis, Howard Hughes Medical Institute. Reimpressa com permissão.)

permitam que o O_2 tenha um razoável livre acesso ao grupo heme (Fig. 9.30). As estruturas tridimensionais da mioglobina e da hemoglobina evoluíram, desenvolvendo a flexibilidade necessária para facilitar a difusão do O_2 ao bolsão de ligação.

Os movimentos intramoleculares das proteínas têm sido classificados em três amplas categorias, de acordo com a sua coerência:

1. **Oscilações atômicas**, como as vibrações de cada uma das ligações, têm períodos variando de 10^{-15} a 10^{-11} s e deslocamentos espaciais entre 0,01 e 1 Å.

2. **Movimentos coletivos**, nos quais os grupos de átomos ligados covalentemente, que variam desde o tamanho das cadeias laterais até o tamanho inteiro dos domínios, movem-se como uma unidade com períodos de tempo que variam de 10^{-12} a 10^{-3} s e deslocamentos espaciais entre 0,01 e mais de 5 Å. Tais movimentos podem ocorrer com muita ou pouca frequência, se comparados com seus períodos de tempo característicos.

3. **Mudanças conformacionais induzidas**, nas quais grupos de átomos variando em tamanho desde cadeias laterais individuais até as subunidades completas movem-se em resposta a estímulos específicos, tais como a ligação de uma pequena molécula (p. ex., ATP ou GroEL [Seção 9.2Ca]). A mudança conformacional aconteceu sempre que ocorreram mudanças ao longo do tempo, mudando de 10^{-9} para 10^{3} e resultando em deslocamento atômico entre 0,5 e 10 Å.

Nesta seção, discute-se como os vários movimentos são caracterizados e seu significado funcional e estrutural. Será dada mais ênfase aos movimentos coletivos e às oscilações atômicas; as mudanças conformacionais induzidas serão consideradas em um capítulo adiante, conectado a proteínas específicas.

a. As proteínas têm estruturas móveis

A análise cristalográfica por raios X é uma técnica poderosa para a análise de movimentos em proteínas; ela revela não somente as posições médias dos átomos em um cristal, mas também a média do quadrado do deslocamento dessas posições. A análise por raios X indica, por exemplo, que a mioglobina tem um núcleo rígido envolvendo o grupo heme e que as regiões da periferia da molécula têm um caráter mais móvel. De forma semelhante, o domínio apical da GroEL e a alça móvel da GroES são altamente flexíveis quando as proteínas estão individualizadas, mas quando elas interagem no complexo GroEL–GroES–$(ADP)_7$ elas se tornam significantemente mais rígidas (Fig. 9.31; Seção 9.2Ca). De fato, como foi visto (Seção 9.1Bg), as porções dos sítios de ligação de muitas proteínas se tornam rígidas quando ligadas às suas respectivas moléculas-alvo.

Simulações da dinâmica molecular, uma técnica teórica cujo pioneiro foi Martin Kaplus, revelaram a natureza dos movimentos atômicos das proteínas. Nesta técnica, aos átomos de uma proteína com estrutura conhecida e às moléculas de solvente que a envolvem são inicialmente atribuídos movimentos

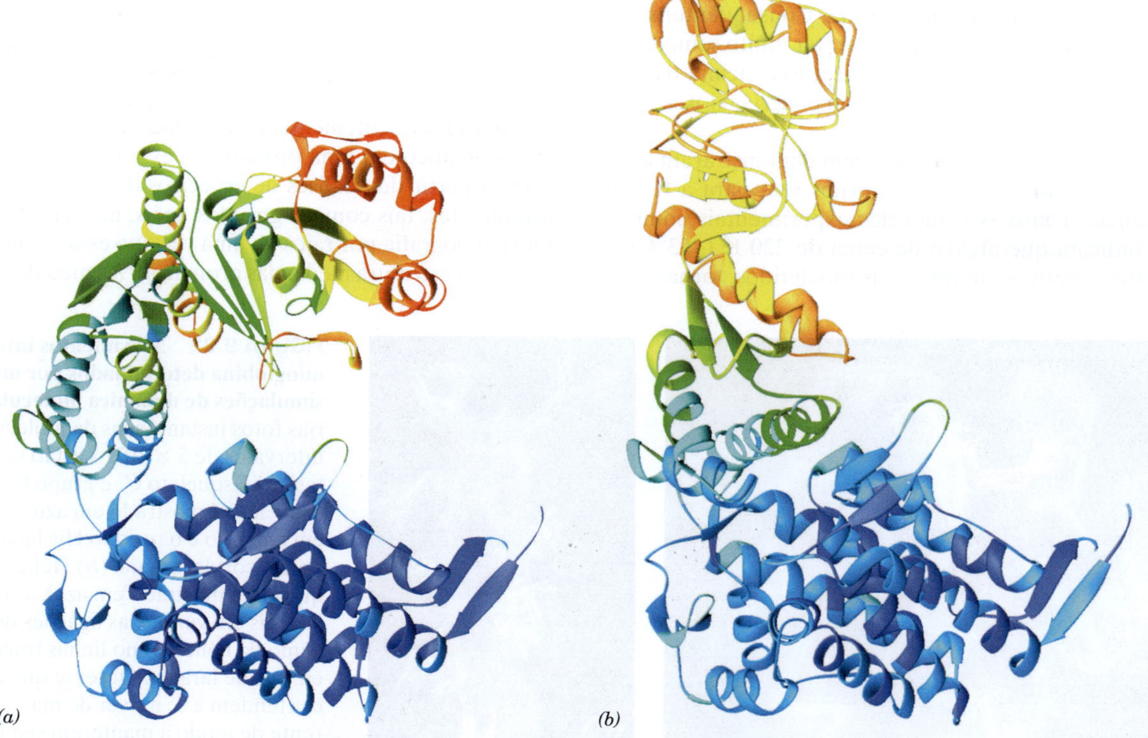

FIGURA 9.31 Mobilidade da subunidade da GroEL. Em (*a*) na estrutura por raios X da GroEL isolada e (*b*) na estrutura por raios X do complexo GroEL–GroES–$(ADP)_7$. O esqueleto polipeptídico está colorido na ordem das cores do arco-íris de acordo com o grau de movimentação térmica, com o azul sendo o menos móvel (frio) e o vermelho sendo o mais móvel (quente). As subunidades estão orientadas como na Fig. 9.22*a, b*. Observe que o final externo do domínio apical, cuja função de ligação tanto ao substrato proteico como à alça móvel da GroES (Seção 9.2Ca), é mais móvel na GroEL isolada (*vermelho e vermelho-alaranjado*) do que no complexo GroEL–GroES–$(ADP)_7$ (*cor de laranja e amarelo*). (Com base nas estruturas por raios X determinadas por Axel Brunger, Arthur Horwich e Paul Sigler, Yale University, EUA. PDBids [*a*] 1OEL e [*b*] 1AON.)

aleatórios com velocidades que são uma característica coletiva a uma dada temperatura. Então, depois de um primeiro passo que dura cerca de 1 fentossegundo (1 fs = 10^{-15} s), os efeitos somados de várias forças interatômicas que agem no sistema (aquelas devido ao afastamento no comprimento de ligações covalentes ideais, ângulos e ângulos de torção, assim como interações não covalentes) sobre a velocidade de cada um dos seus átomos são calculados de acordo com as equações de Newton para o movimento. Uma vez que todos os átomos no sistema terão se movido depois desse espaço de tempo (por uma distância que é somente uma pequena fração do comprimento da ligação), as forças interatômicas (potencial de campo) em cada átomo terão mudado da mesma forma (embora por apenas um pequeno valor). Então, usando esse campo potencial alterado, junto com as novas posições e velocidades dos átomos, o cálculo é repetido para qualquer tempo adicional. Esse processo, que usa intensivamente a computação, é repetido por mais de 1 μs para proteínas com cerca de 100 resíduos (tempo que pode ser aumentado de acordo com a capacidade computacional disponível), produzindo assim um registro de posições e velocidades de todos os átomos do sistema no período de tempo.

As simulações de dinâmica molecular (p. ex., Fig. 9.32) têm revelado que *as estruturas nativas de uma proteína consistem realmente em uma grande gama de subestados conformacionais que possuem estabilidades essencialmente iguais.* Esses subestados, onde cada um tem arranjo atômico ligeiramente diferente, são interconvertidos aleatoriamente em velocidades que aumentam com a temperatura. Consequentemente, o interior de uma proteína tem um caráter muito semelhante a um fluido, para deslocamentos estruturais acima de 2 Å. Isto é, para deslocamentos que são um pouco maiores que o comprimento de uma ligação.

Gregory Petsko e Dagmar Ringem demonstraram a significância que os movimentos internos têm para a função das proteínas. Tanto as evidências experimentais como as teóricas indicam que abaixo de cerca de 220 K (–53°C) os movimentos coletivos em proteínas são detidos, tornando as oscilações atômicas o movimento intramolecular dominante. Por exemplo, estudos por raios X têm mostrado que, a 228 K, a enzima RNase A, em sua forma cristalina, liga-se prontamente a um substrato não reativo análogo (os cristais da proteína geralmente contêm grandes canais preenchidos por solvente através dos quais moléculas pequenas podem se difundir com rapidez; a baixas temperaturas, a água não congela pela adição de anticongelantes como o metanol). Assim, quando o mesmo experimento é realizado a 212 K, o substrato análogo não se liga à enzima, mesmo depois de 6 dias de exposição. Da mesma forma, a 228 K, o solvente livre de substrato lava o análogo do substrato ligado para fora do cristal em poucos minutos, mas, se a temperatura é baixada primeiro para 212 K, o análogo do substrato permanece ligado à enzima cristalina por pelo menos 2 dias. Evidentemente, a RNase A fica em um estado de gelo quando abaixo de 212 K, muito rígido para ligar ou liberar o substrato. Nos termos da teoria da paisagem, isso é interpretado como a proteína sendo presa em um único poço de energia.

b. A mobilidade do núcleo da proteína é revelada pela vibração do anel aromático

A velocidade com a qual anéis de Phe ou de Tyr internos em uma proteína fazem um giro de 180° ao redor das ligações C_β—C_γ indica a rigidez do meio da proteína. Isto porque, no interior bem compactado de uma proteína, esse grupo assimétrico volumoso pode se mover somente quando os grupos que o circundam se movem transientemente para os lados (observe que esses anéis têm uma forma elipsoide achatada, e não de discos finos).

A espectroscopia por RM pode determinar as movimentações de grupos proteicos sobre uma ampla gama de escalas de tempo. Consequentemente, a velocidade com a qual um dado anel aromático em uma proteína dá essa virada é melhor inferida a partir de análises de espectros de RM (movimentos infrequentes, tais como o giro dos anéis, não são detectados por cristalografia por raios X, uma vez que essa técnica revela somente a estrutura média das proteínas). As medidas por RM

(a)

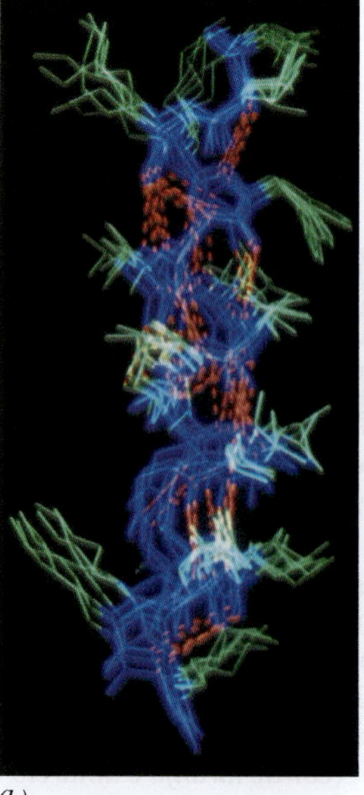
(b)

FIGURA 9.32 Movimentos internos da mioglobina determinados por meio de simulações de dinâmica molecular. Várias fotos instantâneas da molécula em intervalos de 5×10^{-12} s estão sobrepostas. (*a*) Esqueleto C_α e grupo heme. O esqueleto é mostrado em azul, o heme em amarelo e o resíduo His ligando ao Fe em cor de laranja. (*b*) Hélice α. O esqueleto é mostrado em azul, as cadeias laterais em verde e as ligações de hidrogênio da hélice como linhas tracejadas em cor de laranja. Observe que as hélices tendem a se mover de maneira coerente de modo a manterem sua forma. (Cortesia de Martin Karplus, Harvard University, EUA.)

indicam que a velocidade com que os anéis giram de lado varia desde mais de 10^{-6} s^{-1} até a imobilidade (< 1 s^{-1}), dependendo tanto da proteína quanto da localização do anel aromático dentro da proteína. Por exemplo, o **inibidor de tripsina pancreática bovina** (**BPTI**; de *bovine pancreatic trypsin inhibitor*) é uma proteína monomérica de 58 resíduos que possui oito resíduos de Phe e Tyr. A 4°C, quatro desses anéis de Phe e Tyr viram de lado a velocidades $> 5 \times 10^4$ s^{-1}, enquanto que os quarto anéis remanescentes viram de lado a velocidades que variam de 30 a menos de 1 s^{-1}. Essas velocidades de rotação do anel caem abruptamente com a temperatura, como previsto.

c. Movimentos infrequentes podem ser detectados por meio de troca de hidrogênio

As mudanças conformacionais que ocorrem em períodos de tempo de mais do que vários segundos podem ser caracterizadas quimicamente por estudos de troca de hidrogênio (Seções 9.1Cc). Esses estudos mostram que as trocas entre os prótons intercambiáveis de proteínas nativas ocorrem a velocidades que variam de milissegundos a muitos anos (Fig. 9.33). O interior proteico, como visto (Seção 8.3B), é amplamente excluído do contato com o meio solvente aquoso e, além disso, os prótons não podem trocar com o solvente enquanto estiverem

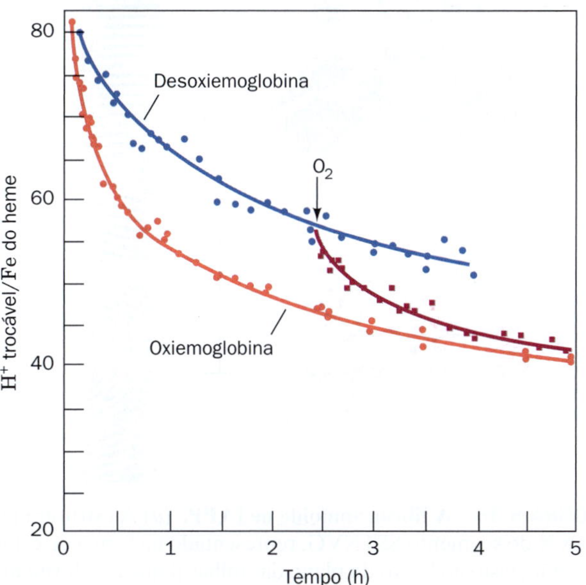

FIGURA 9.33 **A curva de troca de hidrogênio-trítio da hemoglobina pré-equilibrada com água tritiada.** O eixo vertical expressa a proporção de prótons trocáveis em relação aos átomos do Fe do heme. A troca foi iniciada pela substituição do solvente aquoso tritiado por água não tritiada por meio de uma gel filtração rápida (Seção 6.3B). Uma vez que a troca tenha sido feita, foram realizadas separações adicionais por gel filtração e a quantidade de trítio que permaneceu ligada à proteína foi medida. No ponto indicado pela seta adicionou-se O_2 para trocar com a desoxiemoglobina (hemoglobina sem O_2 ligado). Uma mudança na inclinação dessas curvas indica que a velocidade de troca de hidrogênio dos cerca de 80 prótons trocáveis de cada subunidade da hemoglobina varia por fatores de muitas dezenas, e que as ligações de O_2 aumentam as velocidades de troca em cerca de 10 desses prótons (as mudanças estruturais que a ligação de O_2 induz na hemoglobina serão discutidas na Seção 10.2). (Segundo Englander, S.W., e Mauel, C., *J. Biol. Chem.* **247**, 2389 [1972].)

engajados em ligações de hidrogênio. A observação de que os prótons internos das proteínas são de fato trocados com o solvente deve, portanto, ser uma consequência do desdobramento local transiente ou "movimento de inflar e desinflar" das proteínas, que expõe esses prótons intercambiáveis ao solvente tanto química como fisicamente. Portanto, *a velocidade com a qual um dado próton sofre uma troca de hidrogênio é um reflexo da mobilidade conformacional do meios.* Essa hipótese é corroborada pela observação de que a velocidade de troca de hidrogênio das proteínas diminui quando a temperatura de desnaturação aumenta, e que essas velocidades de troca são sensíveis aos estados conformacionais das proteínas (Fig. 9.33).

5 DOENÇAS CONFORMACIONAIS: AMILOIDES E PRÍONS

A maioria das proteínas do corpo mantém suas conformações nativas ou, se elas se tornam parcialmente desnaturadas, podem ser tanto renaturadas pelos auspícios das chaperonas moleculares (Seção 9.2C) ou degradadas proteoliticamente (Seção 32.6). Entretanto, ~35 doenças humanas, quase sempre fatais, estão associadas com a deposição extracelular de proteínas, que normalmente são solúveis, em determinados tecidos. Essa deposição ocorre na forma de agregados insolúveis conhecidos como **amiloides** (semelhante ao amido; uma denominação errônea, pois inicialmente se pensou que esse material se parecia com o amido). Dentre essas doenças incluem-se as **doenças de Alzheimer** e **de Parkinson**, doenças neurodegenerativas que acomete principalmente pessoas idosas; a **encefalopatia espongiforme bovina** (**doença da vaca louca**) (**TSE**, de *transmissible spongiform encephalopathics*), família de doenças neurodegenerativas infecciosas que se propagam de maneira incomum; e as **amiloidoses**, uma série de doenças causada pela deposição de proteínas frequentemente mutantes em órgãos como coração, fígado e rim. A deposição de amiloides interfere com a função celular normal, resultando em morte celular e a consequente falência do órgão.

Embora os vários tipos de proteínas amiloidogênicas não estejam relacionados e as suas estruturas nativas tenham uma ampla variedade de conformações diferentes, as suas formas amiloides têm as estruturas do núcleo notavelmente semelhantes. Cada uma consiste em um arranjo de **fibrilas amiloides** com cerca de 10 nm de diâmetro (Fig. 9.34) no qual, como os métodos de infravermelho, RM e difração por raios X indicam, certos segmentos das proteínas formam folhas β estendidas cujo plano estende-se paralelo ao eixo da fibrila, de modo que as fitas β estão perpendiculares ao eixo das fibrilas (ver a seguir). Assim, *cada uma dessas proteínas tem duas conformações estáveis radicalmente diferentes, suas formas nativas e suas formas amiloides.*

Esta seção será iniciada com uma discussão das amiloidoses exemplificadas pelo **peptídeo ilhota amiloide** (**IAPP**; também chamado **amilina**) e por certas formas mutantes da lisozima. Em seguida serão consideradas a doença de Alzheimer e finalmente as TSEs e o seu modo bizarro de propagação.

A. Doenças amiloides

Muitas proteínas amiloidogênicas são formas mutantes de proteínas que ocorrem normalmente. Entre essas inclui-se a lisozima (uma enzima que hidrolisa as paredes celulares de bactérias; Seção 15.2) na doença **lisozima amiloidose**, a ***trans-***

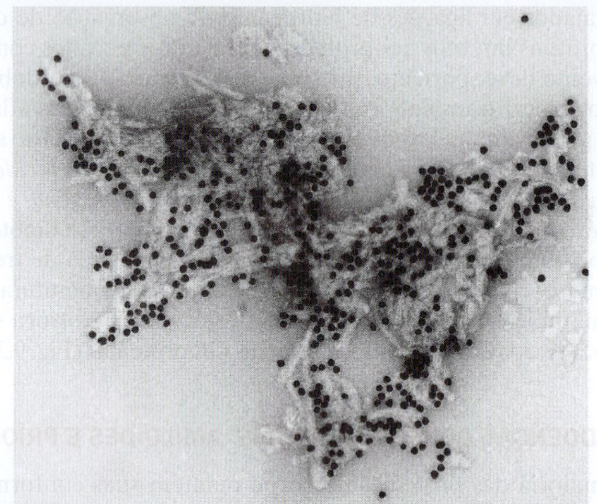

FIGURA 9.34 Micrografia eletrônica de fibrilas amiloides da proteína PrP 27-30 (Seção 9.5Ce). As fibrilas amiloides são visualmente indistintas daquelas formadas por outras proteínas. Os pontos pretos são partículas coloidais de ouro que estão acopladas aos anticorpos anti-PrP aderidos à PrP 27-30. (Cortesia de Stanley Prusiner, University of California, San Francisco Medical Center.)

tiretina (Fig. 8.66; uma proteína do plasma sanguíneo que funciona como transportador tanto da **tiroxina**, um hormônio da tireoide que é insolúvel em água [Seção 19.1D], assim como do retinol através de sua associação com a proteína ligadora de retinol [Seção 8.3Bg]), na **polineuropatia amiloidótica familiar** e o **fibrinogênio** (o precursor da **fibrina**, que participa da coagulação sanguínea; Seção 35.1A) na **fibrinogênio amiloidose**. A maioria dessas doenças não se apresenta (se torna sintomática) antes da terceira ou sétima década de vida e avança, tipicamente, por 5 a 15 anos, terminando em morte.

a. IAPP forma uma estrutura de espinha cruzada

IAPP é um peptideo de 37 resíduos que está associado com **diabetes melito tipo 2** (também chamado de **diabetes não dependente de insulina** e **diabetes tardia**; Seção 27.4B), uma doença frequentemente fatal, que acomete ~100 milhões de pessoas, principalmente idosos, por todo mundo. IAPP é expressa e secretada pelas células β das ilhotas pancreática, que sintetizam também o hormônio polipeptídico insulina (Fig. 7.2; cuja carência é responsável pelo **diabetes melito tipo I** ou **diabetes juvenil**). Embora a função do IAPP no desenvolvimento do diabetes tipo 2 não esteja clara, o pâncreas de 95% dos indivíduos com diabetes tipo 2 contém depósitos amiloides de IAPP, com a extensão dessa deposição aumentando com a severidade da doença. Interessantemente, o IAPP de camundongo, que difere do IAPP humano em 6 dos seus 37 resíduos, não forma amiloide, e camundongos não desenvolvem diabetes tipo 2, apesar de camundongos transgênicos que expressam IAPP humana às vezes o desenvolverem.

As tentativas de cristalizar IAPP, em sua forma nativa ou amiloide, foram bem sucedidas. No entanto, por meio do uso de técnicas de predição de estrutura (Seção 9.3B), Baker e David Eisenberg identificaram dois de seus segmentos que possuem alto potencial formador de fibrila: NNFGAIL e SSTNVG, que compreendem os resíduos de 21 a 27 e de 28 a 33 da IAPP (5 dos 6 resíduos diferentes entre a IAPP humana e de camundongo ocorrem no segmento 23 a 29). Ambos os peptídeos formam fibrilas semelhantes a amiloide, assim como cristais finos em forma de agulha.

A estrutura de raios X do segmento SSTNVG, determinada por Eisenberg, revela que esse hexapeptídeo forma uma folha β paralela estendida, com duas dessas folhas voltadas uma para outra de tal forma que suas cadeias laterais salientes se entrelaçam tão fortemente que elas excluem a água completamente (Fig. 9.35a). A estrutura de raios X do segmento NNFGAIL é semelhante, mas contém uma curvatura pronunciada na sua espinha dorsal, de tal forma que a

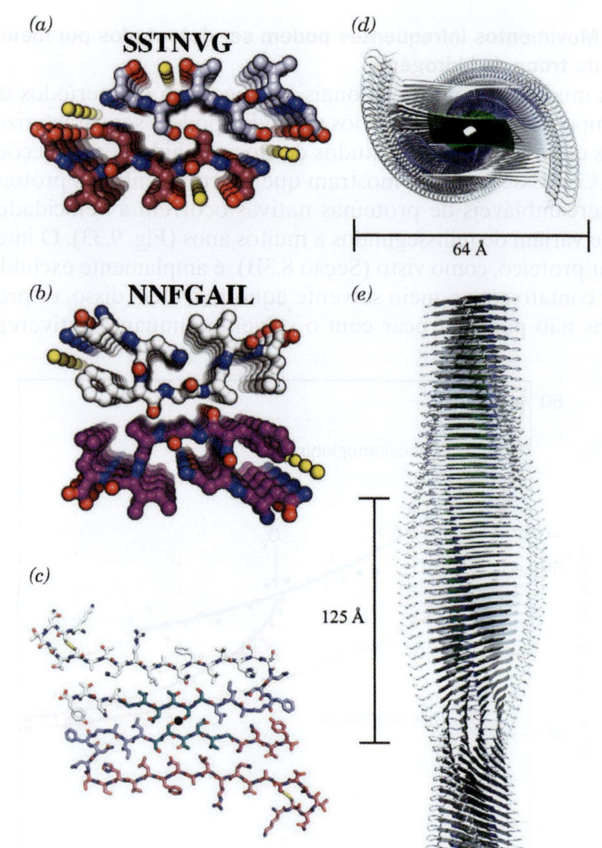

FIGURA 9.35 A fibrila amiloide de IAPP. (*a*) A estrutura por raios X do segmento SSTNVG, representado na forma de esfera e bastão, visto ao longo do plano das folhas β que eles formam. Os átomos estão coloridos de acordo com o tipo, com o C em uma cadeia em branco e na outra em magenta, N em azul, O em vermelho e as moléculas de água representadas por esferas amarelas. (*b*) Estrutura por raios X do segmento NNFGAIL visto e colorido como na Parte *a*. (*c*) Modelo da fibrila vista ao longo do seu eixo (*ponto preto*). Os átomos estão coloridos de acordo com o tipo, com os átomos de C do segmento SSTNVG em verde, aqueles do segmento NNFGAIL em azul-claro, aqueles dos 20 resíduos do N-terminal e os 4 resíduos do C-terminal em vermelho-claro ou branco, N em azul, O em vermelho, e os átomos de S que formam as ligações dissulfeto em amarelo. (*d*) Vista esquemática ao longo do eixo da fibrila, em que os segmentos SSTNVG estão em verde, os segmentos NNFGAIL estão em azul-claro e os resíduos modelados estão em branco. (*e*) Vista perpendicular ao eixo da fibrila representada como na Parte *d*. A hélice tem uma suave torção para a esquerda de 3,4 Å por camada, de forma que faz um quarto de volta a cada 125 Å. (Cortesia de David Eisenberg, UCLA, EUA. PDBids 3DG1 para SSTNVG e 3DGJ para NNFGAIL.)

interface entre as duas folhas β é formada entre as cadeias laterais (Fig. 9.35b). Tais estruturas, que são conhecidas como **espinha β-cruzada**, são formadas por uma variedade de outros peptídeos formadores de amiloide, embora muitos deles contêm folhas β antiparalelas ao invés de paralela.

As Figuras 9.35*c-e* exibem um modelo de fibrila amilóide de IAPP baseada nas estruturas por raios X acima mencionada. Ela é formada por 4 folhas e uma hélice voltada para esquerda, que tem um passo de 500 Å (por volta). O segmento SSTNVG da espinha β-cruzada está centralizado sobre o eixo da fibrila. Isso é estendido pelo segmento NNFGAIL, que também forma uma volta em forma de grampo. Os quatro resíduos finais de IAPP foram modelados para completar a fita β interna, e seus 20 resíduos iniciais foram modelados para formar as fitas externas. O perfil calculado de difração de raios X dessa estrutura é muito semelhante ao padrão de difração observado das fibrilas de IAPP.

Outras proteínas formadoras de amiloide possuem segmentos que formam espinhas β-cruzadas. No entanto, as estruturas das alças que conectam as folhas β devem variar com a identidade da proteína.

b. As variantes da lisozima amiloidogênica têm estruturas nativas conformacionalmente flexíveis

Há duas variantes amiloidogênicas conhecidas da lisozima humana (proteína de 130 resíduos), a I56T e a D67H. Elas formam fibrilas amiloides que são depositadas nas vísceras (órgãos internos), resultando normalmente em morte dos indivíduos quando na faixa etária de cinquenta anos. As fibrilas amiloides constituem-se exclusivamente de variantes da lisozima, explicando assim por que essas mutações são dominantes. Os estudos estruturais realizados com essas proteínas variantes esclareceram como se formam as fibrilas amiloides.

As estruturas por raios X das lisozimas mutantes se assemelham à do tipo nativo da enzima. Entretanto, a substituição de Asp 67 por His interrompe a rede de ligações de hidrogênio que estabiliza o domínio que contém somente estruturas de folhas β (também chamado domínio β), resultando nos movimentos que distanciam a folha β e alças contíguas por deslocamentos acima de 11 Å (Fig. 9.36). Embora a substituição de Ile 56 por Thr cause somente uma mudança súbita na estrutura da proteína, ela introduz um resíduo hidrofílico em uma interface hidrofóbica crítica, aquela que é a que une os dois domínios da proteína.

As temperaturas de desnaturação ($T_m s$) das duas variantes são ao menos 10°C menores do que aquelas da enzima nativa, e as duas variantes perdem eventualmente toda a atividade enzimática quando incubadas a temperatura e pH fisiológicos (37°C e 7,4), condições nas quais a lisozima nativa permanece totalmente ativa. As variantes também agregam-se caso sejam aquecidas *in vitro*. Várias medidas físicas indicam que, ao fazerem isso, elas formam fibrilas semelhantes ao amiloide. Nos experimentos de troca de hidrogênio (Seção 9.1Cc), a lisozima nativa protege fortemente os 55 prótons da troca com D_2O em condições (37°C e pH 5) nas quais, nas variantes amiloidogênicas, esses prótons estão essencialmente desprotegidos, confirmando que a estrutura terciária da proteína nativa é muito frouxa nas duas formas mutantes. Isso sugere que as formas propensas à agregação e parcialmente dobradas estão em equilíbrio dinâmico com a conformação nativa, mesmo sob condições nas quais o seu estado nativo é estável

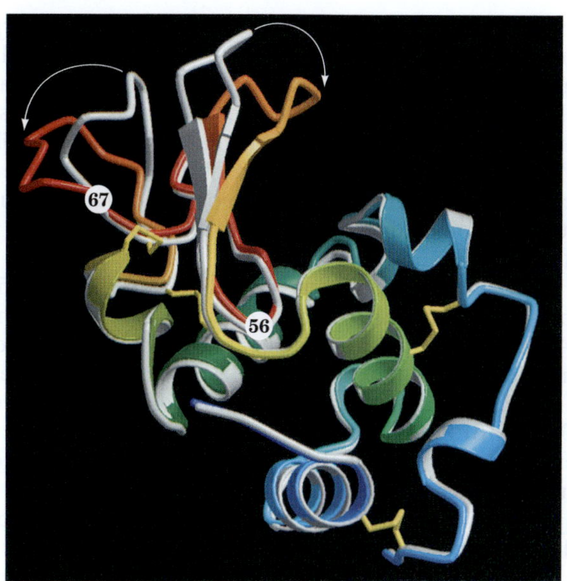

FIGURA 9.36 Sobreposição da estrutura da lisozima humana nativa com a estrutura do mutante D67H. A lisozima nativa está mostrada em cinza e o mutante D67H está colorido com as cores do arco-íris, do azul ao vermelho na região N-terminal e voltando ao azul na região C-terminal. As setas em branco indicam as trocas conformacionais dos resíduos 45 a 54 e do 67 ao 75 no mutante D67H, em relação à proteína nativa. As quatro ligações dissulfeto presentes nos dois tipos estão mostradas em amarelo. As posições dos resíduos 56 e 67 estão indicadas. (Cortesia de Margaret Sunde, University of Oxford, UK e Colin Blake, University of Oxford, UK.)

termodinamicamente (lembre-se de que a proporção entre moléculas de proteínas não dobradas [U] e moléculas nativas [N] na reação $N \rightleftharpoons U$ é regida pela Equação [3-17]:[U]/[N] $= e^{-\Delta G^{\circ\prime}/RT}$ onde $\Delta G^{\circ\prime}$ é a energia livre padrão do não dobramento, de forma que $\Delta G^{\circ\prime}$ diminui na proporção em que U aumenta). Foi então proposto que a fibrilogênese da lisozima inicia-se pela associação de domínios β de duas variantes parcialmente não dobradas da lisozima, formando uma folha β mais extensa. Isso fornece um modelo ou núcleo para recrutar cadeias polipeptídicas adicionais para que se forme a fibrila em um processo que pode envolver a conversão conformacional de hélices α em fitas β. Tal processo autocatalítico de redobramento pode ser um mecanismo geral para a fibrilogênese amilóide. Entretanto, as várias décadas necessárias para que muitas das doenças amiloides hereditárias se tornem sintomáticas sugerem que a geração espontânea de um núcleo amiloide é um evento raro, isto é, tem alta energia livre de ativação (barreiras de ativação e suas relações com velocidades de reação serão discutidas na Seção 14.1C).

B. *Doença de Alzheimer*

A **doença de Alzheimer (AD)**, uma enfermidade neurodegenerativa que acomete ~20 milhões de pessoas em todo mundo, principalmente os idosos (~10% das pessoas com mais de 65 anos e cerca de 50% das pessoas com idade acima de 85 anos), causa uma deterioração mental devastadora e leva à morte. Ela se caracteriza pela presença, no tecido cerebral, de placas amiloides abundantes (depósitos) cercadas de neurônios mortos e morrendo. Além disso, muitos corpos celulares neuronais contêm fibras de diâmetro anormal de 20 nm conhecidas como **emaranhado neurofibrilar**. As placas amiloides consistem principalmente em fibrilas amiloides de peptídeos com 40 a 42 resíduos chamados **peptídeos amiloides β (Aβ)** (os emaranhados neurofibrilares, que não serão discutidos, consistem em formas hiperfosforiladas de uma proteína denominada **tau** que é normalmente associada a microtúbulos [Seção 1.2Ae]).

A sequência de genes que codifica Aβ, que foi identificada por genética reversa (Seção 7.2D), com base na sequência de Aβ, revela que Aβ é um segmento da proteína transmembrana de 770 resíduos denominada precursor da proteína **Aβ (βPP**; proteínas transmembrana são discutidas na Seção 12.3A). A βPP tem uma sequência que se assemelha à sequência de um receptor (Seção 19.2B), embora sua função normal seja desconhecida. A Aβ é retirada de uma βPP em um processo de várias etapas pela ação de duas enzimas proteolíticas ancoradas à membrana: a **β- e a γ-secretase**.

Tem sido muito debatido se a Aβ causa AD ou se é meramente um produto dos processos degenerativos decorrentes da doença. Esse argumento foi colocado de lado com a observação de que a microinjeção de 200 pg de Aβ fibrilar, mas não solúvel (a quantidade aproximada em uma placa Aβ), no córtex cerebral de macacos *Rhesus* envelhecidos, mas não em macacos novos, resulta em perda neuronal acentuada e outras mudanças microscópicas características de AD a uma distância de 1,5 mm do local da injeção. Fica evidente que na *AD os agentes neurotóxicos são as fibrilas amiloides que contêm Aβ antes de sua deposição em placas amiloides.*

A dependência de AD pela idade sugere que a deposição de **β-amiloides** é um processo que avança, ao menos nas décadas finais da vida. De fato, há diversas variantes raras do gene βPP com mutações nas regiões Aβ que resultam no aparecimento de AD nos primeiros anos da quarta década de vida. Foi mostrado que essas mutações afetam o processo proteolítico da βPP de maneira a aumentar a velocidade da produção de Aβ. Um fenômeno similar é visto na **síndrome de Down**, uma doença caracterizada por deficiência intelectual e aparência física característica, causada pela trissomia do cromossomo 21 (três cópias por célula). Os indivíduos com a síndrome de Down desenvolvem invariavelmente AD na faixa etária dos 40 anos. Isso acontece porque o gene que codifica a βPP está localizado no cromossomo 21 e, portanto, indivíduos com a síndrome de Down produzem βPP e, provavelmente, Aβ a uma velocidade acelerada.

Um segundo gene que está implicado no início prematuro da AD codifica a proteína que transporta o colesterol, a **apoliproteína E (apoE**; Seção 12.5Bd). O gene *apoE* tem muitas variantes (alelos) que ocorrem normalmente na população, uma delas, a ***apoE4***, é o maior fator de risco tanto para o desenvolvimento de AD como do início da doença se apresentar mais cedo. Além disso, as vítimas de AD com *apoE4* têm quantidades significantemente mais altas de placas β-amiloides em seus tecidos cerebrais do que as vítimas de AD com outras variantes da apoE. Essas observações motivaram a realização de experimentos mostrando que a ApoE4 induz um aumento na agregação de Aβ sintética *in vitro*. Isso sugere que a ApoE4 facilita a agregação de Aβ *in vivo* (embora outra possibilidade seja a de que a ApoE4 iniba a remoção de Aβ dos espaços extracelulares).

Isto é, até agora não se conhece um tratamento que suspenda o avanço da AD. Entretanto, o que foi visto anteriormente sugere várias estratégias para intervenções terapêuticas, incluindo a diminuição da velocidade de produção de Aβ pela administração de substâncias que inibam a ação de β- ou γ-secretases e pela administração de agentes que poderiam interferir na formação das fibrilas β-amiloides da Aβ solúvel.

C. *Doenças causadas por príons*

Certas doenças infecciosas que afetam o sistema nervoso central de mamíferos foram originalmente classificadas como sendo causadas por "vírus lentos", pois levavam meses, anos ou mesmo décadas para se desenvolverem. Entre elas está a ***scrapie*** (do inglês *scrapie*: raspar), uma doença neurológica de ovinos e caprinos, assim chamada por causa da tendência que as ovelhas infectadas têm em raspar a lã (eles se esfregam contra as cercas em um esforço de se manter de pé, devido à ataxia [perda da coordenação muscular]); a **encefalopatia espongiforme bovina (BSE** ou **doença da vaca louca**) afeta o gado bovino de forma semelhante; e a ***kuru***, uma doença degenerativa do cérebro que ocorre entre os primitivos habitantes de Papua Nova Guiné (*kuru* significa tremores) e que é transmitida pelo ritual de canibalismo. Há também uma doença humana esporádica (aparentemente aparece de forma espontânea) com sintomas similares, a **doença de Creutzfeldt-Jakob (DCJ)**, uma rara e progressiva desordem cerebelar, que se assemelha e pode ser idêntica à kuru. Essas doenças, todas elas fatais, têm sintomas semelhantes, o que sugere estarem intimamente relacionadas. Uma vez que em todas essas doenças os neurônios desenvolvem grandes vacúolos que dão ao tecido cerebral a aparência microscópica de esponja, elas são conhecidas coletivamente como **encefalopatias espongiformes transmissíveis (TSEs)**. Nenhuma das TSEs apresenta qualquer sinal de processo inflamatório ou febre, o que indica que o sistema imune, que não é atingido pela doença, não é ativado por ela.

As técnicas clássicas para isolar os agentes que causam doenças infecciosas envolvem o fracionamento do tecido afetado e análises para detectar a doença. O longo tempo de incubação da *scrapie*, a doença de "vírus lento" mais estudada, dificultou bastante os esforços iniciais para caracterizar o agente. De fato, nos primeiros trabalhos com a *scrapie*, na década de 1930, foram necessários rebanhos inteiros de ovelhas e vários anos de observação para avaliar os resultados de um único fracionamento. As técnicas de análise para a *scrapie* foram muito aceleradas depois da descoberta de que, após a inoculação cerebral do agente da *scrapie*, hamsters Sírios desenvolvem a doença em um tempo mínimo de 60 dias, que diminui à medida que se aumentam as doses administradas. Stanley Prusiner purificou o agente *scrapie* em alto grau de pureza usando ensaios com hamsters. Seu trabalho foi importante na caracterização do agente.

a. A *scrapie* é causada por proteínas príons

O agente da scrapie *é, aparentemente, uma única espécie de proteína.* Essa conclusão espantosa foi feita com base nas observações de que o agente é inativado por substâncias que modificam proteínas, tais como proteases, detergentes, fenol, ureia e os reagentes que reagem com cadeias laterais de aminoácidos específicos, ao passo que não é afetado por agentes que modificam os ácidos nucleicos como as nucleases, a radiação UV e as substâncias que reagem especificamente com os ácidos nucleicos. O agente *scrapie*, por exemplo, é inativado pelo tratamento com **dietilpirocarbonato**, que carboxietila os resíduos His de proteínas (Fig. 9.37*a*), mas não se altera com **hidroxilamina**, reagente específico para citosina (Fig. 9.37*b*). De fato, a atividade infecciosa do agente da *scrapie* inativado por dietilpirocarbonato é restaurada pelo tratamento com hidroxilamina, provavelmente pela reação mostrada na Fig. 9.37*c*.

As propriedades singulares do agente da *scrapie*, que o distinguem de vírus e plasmídeos, resultaram em sua denominação como **príon** (*proteinaceous infectious particle that lacks nucleic acid*). A proteína *scrapie*, que é chamada de **PrP** (de *Príon Protein*), consiste em 208 resíduos, em sua maioria hidrofóbicos. A hidrofobicidade, como será visto a seguir, faz com que a PrP parcialmente degradada por enzimas proteolíticas se agregue parcialmente como um feixe de partículas semelhantes a bastões. Há uma grande semelhança entre os feixes e as fibrilas amiloides que são vistas no exame por microscopia eletrônica de tecido cerebral infectado por príons (Fig. 9.34). De fato, o tecido cerebral das vítimas de DCJ contém proteínas resistentes às proteases que reagem com anticorpos produzidos contra a PrP da *scrapie*.

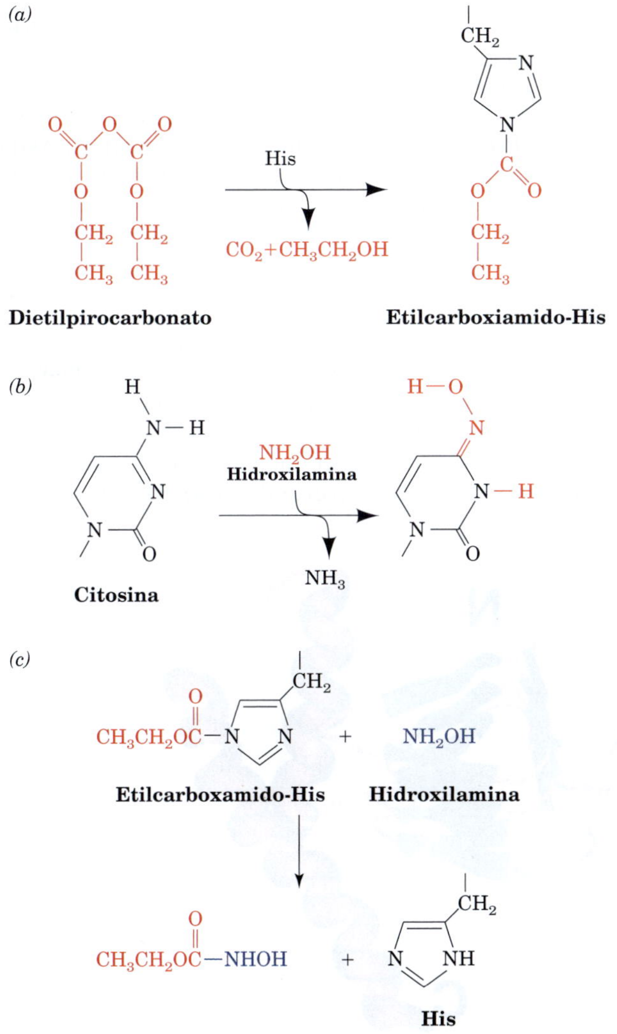

(*a*)

Dietilpirocarbonato — His → $CO_2 + CH_3CH_2OH$ — Etilcarboxiamido-His

(*b*)

Citosina — NH_2OH Hidroxilamina → NH_3

(*c*)

$CH_3CH_2OC(O)$–N (Etilcarboxamido-His) + NH_2OH (Hidroxilamina) → $CH_3CH_2OC(O)$–NHOH + His

FIGURA 9.37 A evidência de que o agente da *scrapie* é uma proteína. (*a*) O agente da *scrapie* é inativado por tratamento com dietilpirocarbonato, que reage especificamente com cadeias laterais de His. (*b*) O agente da *scrapie* não é afetado pelo tratamento com hidroxilamina, que reage com resíduos de citosina. (*c*) Entretanto, a hidroxilamina restaura o agente da *scrapie* inativado por dietilpirocarbonato, provavelmente pela reação mostrada acima.

b. A PrP é o produto de um gene celular normal amplamente expresso que não tem função conhecida

A composição bizarra dos príons levanta imediatamente uma questão: Como é que eles são sintetizados? Foram sugeridas três possibilidades:

1. Mesmo com todas as evidências contrárias, os príons contêm um genoma de ácido nucleico que, de alguma forma, tem algum tipo de proteção contra a detecção. Isto é, os príons são vírus convencionais. A enorme e ainda crescente quantidade de informações concernentes à natureza dos príons, entretanto, faz com que essa noção se torne indefensável.
2. Os príons devem especificar de alguma forma sua própria sequência de aminoácidos por "tradução reversa" para produzir um ácido nucleico que é normalmente traduzido pelo sistema celular. Tal processo, é claro, contradiz diretamente o "dogma central" da biologia molecular (Seção 5.4), que postula que a informação genética flui unidirecionalmente de ácidos nucleicos a proteínas. De forma alternativa, os príons podem catalisar diretamente a sua própria síntese. Tal síntese proteica dirigida pela proteína é também desconhecida (embora muitos polipeptídeos de bactérias pequenas sejam sintetizados de forma enzimática ao invés de pelos ribossomos).
3. As células suscetíveis carregam um gene que codifica para a PrP correspondente. A infecção dessas células por príons ativa esse gene e/ou altera seu produto proteico de alguma forma catalítica.

As últimas hipóteses parecem corresponder aos mecanismos mais plausíveis para a replicação dos príons. De fato, o uso de sondas de oligonucleotídeos complementares ao gene da PrP (que é denominado ***Prn-p***; *prion protein*), inferidas pela sequência de aminoácidos do N-terminal da PrP (Seção 7.2D), estabeleceu que tanto o cérebro de ratos infectados pela *scrapie* como o cérebro de ratos saudáveis continham o gene *Prn-p*. A descoberta mais surpreendente, entretanto, é a de que o *Prn-p é transcrito em níveis semelhantes tanto no tecido cerebral normal quanto no infectado.* Além disso, o uso das sondas revelou que *os genes Prn-p ocorrem em todos os vertebrados que foram testados, incluindo o homem, e também em invertebrados como a drosófila.* Essa conservação evolutiva sugere que a PrP, uma proteína ancorada à membrana (pelos grupos glicosilfosfatidilinositol; Seção 12.3Bc) e que ocorre principalmente na superfície de neurônios, tem uma função importante. Foi uma surpresa ainda maior a observação de que camundongos nocaute (Seção 5.5H), nos quais os dois genes *Prn-p* foram alterados, pareciam ser normais e que ao acasalar dois ratos $Prn\text{-}p^{0/0}$, a progênie era de camundongos $Prn\text{-}p^{0/0}$ normais (embora haja alguma evidência de que os ratos $Prn\text{-}p^{0/0}$ desenvolvam anormalidades neurológicas quando mais velhos). Apesar disso, há um acúmulo de evidências mostrando que a PrP é um receptor de sinais da superfície celular normal, embora os sinais e as suas consequências sejam ainda desconhecidas.

c. A doença *Scrapie* necessita da expressão da proteína PrP^C correspondente

Camundongos *Prn-p*$^{0/0}$ permanecem completamente livres dos sintomas da *scrapie* depois da inoculação com uma dose da *scrapie* de camundongos PrP (**PrP^{Sc}**; Sc para *scrapie*) que faz com que camundongos do tipo selvagem (*Prn-p*$^{+/+}$) morram de *scrapie* 6 meses após a inoculação. Evidentemente, *a PrP^{Sc} induz a conversão da PrP normal (**PrP^C**; C para celular) para PrP^{Sc}*. Essa noção não ortodoxa também chamada de **hipótese do príon** é baseada na observação de que, quando camundongos do tipo selvagem são inoculados com a PrP^{Sc} que foi incubada em hamsters, o tempo de incubação para desenvolver os sintomas da doença é primeiramente de 400 dias, mas diminui subsequentemente para 75 dias. Isso sugere que a conversão do hospedeiro PrP^C (cuja sequência em camundongos é diferente da sequência em hamsters) para PrP^{Sc} por uma PrP^{Sc} estranha é um evento raro; e uma vez que ocorra, entretanto, os primeiros hospedeiros PrP^{Sc} formados catalisam a conversão muito mais eficientemente. De fato, após a inoculação com a PrP^{Sc} de hamsters, camundongos transgênicos que expressam a PrP de hamsters têm tempos de incubação reduzidos para um intervalo entre 48 a 250 dias, dependendo da linhagem transgênica.

Os experimentos acima mencionado fornecem suporte indireto para a hipótese do príon. No entanto, suporte direto foi recentemente fornecido pela demonstração que PrP^{Sc} induz a conversão de *PrP^c em PrP^{Sc} em um sistema livre de células*.

d. O gene mutante *Prn-p deu* origem às doenças causadas por príons

Três doenças neurodegenerativas hereditárias humanas foram relacionadas com mutações no gene *Prn-p*. Elas são a **DCJ familiar**, a **síndrome de Gerstmann-Sträussler-Scheinker** (**GSS**, de *Gerstmann-Stråussler-Scheinker syndrome*) e a **insônia familiar fatal** (**IFF**). Todas elas são extremamente raras. De fato, a IFF foi encontrada em somente cinco famílias. Os mutantes PrP^{Sc}s que causam essas doenças são, contudo, infecciosos.

e. A PrP^{Sc} é uma variante conformacional estável da PrP^C

A estrutura por RM dos resíduos 23 a 230 da PrP^C humana, que possui 280 resíduos de aminoácidos, determinada por Kurt Wülthrich, consiste em uma cauda N-terminal de 98 resíduos flexivelmente desordenada (e portanto não observada nesse tipo de determinação de estrutura) e de um domínio globular C-terminal de 110 resíduos contendo três hélices α e uma pequena folha β antiparalela de duas fitas (Fig. 9.38*a*). Como seria de esperar, essa estrutura assemelha-se muito com as estruturas das PrP^Cs homólogas de rato e de *hamster*.

O que difere a PrP^{Sc} da PrP^C? A sequência completa da PrP^{Sc} indica que a sua sequência de aminoácidos é idêntica à deduzida da sequência do gene da *Prn-p*, eliminando assim qualquer variação na sequência pós-transcricional como uma das possíveis causas das propriedades patogênicas da PrP^{Sc}. Além disso, estudos de espectrometria de massa no modelo da PrP^{Sc} planejados para revelar qualquer modificação pós-traducional não caracterizada previamente indicaram que, de fato, a PrP^{Sc} e a PrP^C são quimicamente idênticas. Assim, embora não se possa descartar a possibilidade de que uma pequena fração da PrP^{Sc} seja quimicamente modificada e não tenha sido eliminada, parece mais provável que a PrP^{Sc} e a PrP^C difiram apenas quanto às suas estruturas secundárias e/ou terciárias. Infelizmente, a insolubilidade da PrP^{Sc} (ver a seguir) impede que a sua estrutura seja determinada. Entretanto, medidas por CD mostram que, de fato, as conformações da PrP^{Sc} e da PrP^C são bem diferentes. A PrP^C tem um alto conteúdo de hélices α (cerca de 40%), mas poucas folhas β (cerca de 3%) (de acordo com as estruturas por RM de seus domínios globulares), enquanto a PrP^{Sc} tem um conteúdo menor de hélices α (cerca de 30%), mas um alto con-

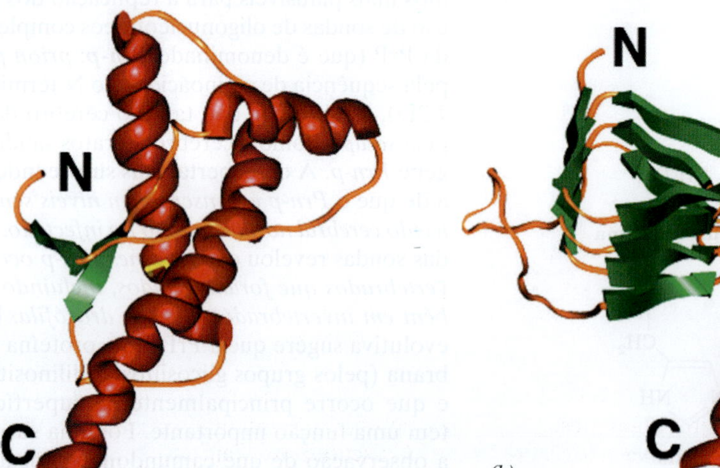

FIGURA 9.38 Conformações das proteínas príon. (*a*) Estrutura por RM da proteína príon humana (PrP^c). A proteína está representada na forma de fitas coloridas de acordo com sua estrutura secundária, com as hélices em vermelho, as folhas β em verde, e outros segmentos em cor de laranja. Sua ligação dissulfeto está mostrada na forma de bastão em amarelo. Sua "cauda" N-terminal (resíduos 23-121) está flexivelmente desorganizada (os 23 resíduos N-terminal da proteína foram removidos após a tradução da proteína). (*b*) Um modelo plausível para a estrutura de PrP^{Sc} representada como na Parte *a*. (Cortesia de Fred Cohen, University of California at San Francisco. Parte *a* com base na estrutura por RM determinada por Kurt Wuthrich, Eidgenössische Technische Hochschule, Zurich, Suíça. PDBid 1QLX.)

teúdo de folhas β (cerca de 45%). Em um modelo plausível da PrP^{Sc} (Fig. 9.38*b*), a sua região N-terminal dobra-se novamente formando uma estrutura chamada **β-hélice**, em que as folhas do polipeptídeo formam uma hélice voltada para a esquerda, contendo três fitas β paralelas. Apenas as duas hélices C-terminais de PrP^{C}, que estão unidas por uma ligação dissulfeto, mantêm as suas conformações originais. O alto conteúdo de folhas β da PrP^{Sc} poderia, presumivelmente, facilitar a agregação da PrP^{Sc} em fibrilas amiloides. *Fica evidente então que a mudança conformacional de* $PrP^{C} \rightarrow PrP^{Sc}$ *é autocatalítica; isto é, a* PrP^{Sc} *induz a* PrP^{C} *a se converter em* PrP^{Sc}. De fato, a PrP^{Sc} em um sistema livre da célula tem se mostrado capaz de catalisar a conversão de PrP^{C} de uma fonte não infectada de PrP^{Sc}.

Nas células, a PrP^{Sc} é depositada em vesículas do citosol, ao invés de ficar ancorada à superfície da membrana celular como a PrP^{C}. As duas estão sujeitas a uma eventual degradação na célula (Seção 32.6). Entretanto, embora a PrP^{C} seja completamente degradada, a PrP^{Sc} perde somente um segmento N-terminal de 67 resíduos de aminoácidos, formando um núcleo de 27 a 30 kDa resistente à proteólise, conhecido como **PrP 27-30**, que ainda exibe um alto conteúdo de folhas β. *A PrP 27-30 se agrega então para formar as placas amiloides, que parecem ser diretamente responsáveis pela degeneração neuronal característica das doenças causadas por príons.*

De acordo com a hipótese do príon, as doenças causadas por príons que ocorrem esporadicamente, tal como a DCJ (que atinge uma pessoa por milhão de pessoas, por ano), surgem da conversão espontânea, embora não frequente, de quantidades suficientes de PrP^{C} para PrP^{Sc} para sustentar a reação de isomerização conformacional autocatalítica. Esse modelo é corroborado pela observação de que ratos transgênicos que produzem em excesso a *Prn-p* selvagem desenvolverão invariavelmente *scrapie* quando mais velhos. A hipótese do príon explica de forma semelhante que as doenças hereditárias causadas por príons, tais como a IFF, surgiram da baixa barreira de energia livre e, portanto, da maior velocidade de conversão da mutante PrP^{C} para PrP^{Sc}, em relação à velocidade de conversão da PrP^{C} normal.

f. Os príons possuem linhagens diferentes

Príons de diferentes origens, quando passados para ratos ou hamsters, exibem tempos de incubação característicos, sintomas neurológicos, e neuropatologias de maneira reproduzível. É, então, *evidente que existem diferentes linhagens de príons, e cada uma das* PrP^{Sc}*s correspondentes deve possuir uma conformação estável diferente e induzir a* PrP^{C} *a absorver essa conformação.* A existência de diferentes linhagens de príons (pelo menos 30 para a *scrapie* ovina e ao menos 4 para a DCJ no homem) foi citada como evidência contra a hipótese do príon. Entretanto, agora há amplas evidências físicas que o PrP^{Sc} em linhagens diferentes de prions tem estruturas diferentes.

O primeiro relato de BSE, ou doença da vaca louca, foi feito no final de 1985 no Reino Unido. Logo se tornou uma epidemia que, no total, infectou ~2 milhões de cabeças de gado no Reino Unido. Supõe-se que a BSE surgiu como consequência da alimentação do gado com ração feita à base de ovelhas infectadas com a *scrapie* (e eventualmente de bovinos infectado com a BSE). A BSE, que tem um período de incubação de cerca de 5 anos, era desconhecida antes de 1985, muito provavelmente porque a fabricação de ração foi mudada no final dos anos de 1970 de um processo que inativa completamente os príons da "*scrapie*" para um que não o fazia. Em 1988, o Reino Unido baniu da alimentação de ruminantes proteínas derivadas de outros ruminantes (menos leite), de forma que, após o seu pico em 1993, a epidemia de BSE diminuiu rapidamente (processo acelerado pelo sacrifício do enorme número de animais com o risco de possuírem a BSE). Entretanto, uma vez que o consumo humano de carne de gado infectada pela BSE durou mais de uma década, a questão que fica é se houve transmissão de BSE ao homem. Deve-se notar que ovinos infectados pela *scrapie* têm sido consumidos pelo mundo todo e mesmo assim, a incidência de DCJ em países de grande consumo de carne, como o Reino Unido, por exemplo (onde os ovinos são particularmente abundantes), não é maior do que nos países onde a alimentação vegetariana é mais comum, como na Índia. Entretanto, em 1994, vários casos de DCJ em adolescentes e adultos jovens foram relatados no Reino Unido, embora, até hoje, a DCJ antes dos 40 anos seja extremamente rara (a idade média é de cerca de 64). Indivíduos com essa **nova variante da DCJ (vDCJ ou nvDCJ)**, da qual já há mais de ~200 casos relatados, quase todos no Reino Unido, têm sintomas e neuropatologias que são atípicas para a DCJ esporádica. Além disso, quando transmitida para ratos expressando a PrPC bovina, a vDCJ tem um tempo de incubação, sintomas neurológicos e neuropatologias que não são distinguíveis daqueles causados pela BSE. Portanto, parece altamente provável que a vDCJ seja causada por uma linhagem de príons que o homem adquire ao ingerir produtos derivados da carne de gado infectado pela BSE.

g. Príons ocorrem em leveduras

Embora os príons tenham sido originalmente definidos como sendo patógenos infecciosos semelhantes à *scrapie*, é evidente agora que essa definição deve ser ampliada para incluir todas as proteínas com variantes conformacionais estáveis que catalisam a sua própria formação a partir da proteína nativa. *Saccharomyces cerevisiae* (o fermento utilizado para fazer o pão), por exemplo, pode abrigar um elemento genético designado **[URE3]** que, durante a reprodução sexual com células que não possuam esse elemento, é herdado por toda a progênie ao invés de ser herdado de acordo com as leis da genética mendeliana (Seção 1.4B). A [URE3] é um gene cromossômico com base em um plasmídeo na mitocôndria (o que poderia contribuir para uma herança não mendeliana).

A [URE3] é idêntica ao gene cromossômico ***URE2***, que especifica uma proteína, a **Ure2**, que na presença das fontes de nitrogênio preferidas pelas leveduras (a amônia ou a glutamina) reprime a expressão das proteínas necessárias para metabolizar as fontes de nitrogênio menos preferidas da levedura (p. ex., a prolina). As leveduras que possuem o fenótipo (a característica) [URE3] não têm essa regulação no metabolismo do nitrogênio (o metabolismo do nitrogênio é discutido no Capítulo 26). Entretanto, a [URE3] da levedura pode ser "curada" dessa condição pelo tratamento com cloreto de guanidina 5 m*M*; isto é, elas e a sua progênie exibirão a regulação normal do metabolismo do nitrogênio. Contudo, cerca de uma célula de levedura por milhão reverte espontaneamente esse fenótipo para o fenótipo da [URE3]. Isso é porque Ure2 possui um estado conformacional do tipo selvagem que regula o metabolismo do nitrogênio, e uma forma [URE3], que catalisa sua própria formação a partir de Ure2 nativo para produzir fibras amiloides que não tem influência sobre o metabolismo do nitrogênio. Assim, *Ure2 é um tipo de príon*.

O elemento genético da levedura **[PSI]** codifica uma proteína, a **Sup35**, com propriedades semelhantes às do príon e que participa na terminação da transcrição (Seção 32.3E). De fato, a introdução de Sup35 na sua conformação [PSI] no citoplasma de uma levedura que contém a Sup35 nativa, induziu a formação do fenótipo [PSI], um experimento que constituiu a primeira evidência direta suportando a hipótese dos prions. Além disso, Sup35 pode adotar várias conformações fibrosas diferentes *in vito*, que quando introduzidas em células $[psi^-]$, produzem claramente linhagens variantes distinguíveis. Outras proteínas fúngicas que podem formar príons também foram caracterizadas.

6 EVOLUÇÃO ESTRUTURAL

As proteínas, como discutidas na Seção 7.3, desenvolveram-se progressivamente por meio de mutações pontuais e pela duplicação de genes. Por muitos bilhões de anos, pelo processo de seleção natural e/ou alteração neutra, as proteínas homólogas divergiram quanto às suas características e desenvolveram novas funções. A maneira como as mudanças nessas estruturas primárias afetam a função depende, é claro, da estrutura tridimensional da proteína. Nesta seção, serão explorados os efeitos das mudanças evolutivas nas estruturas proteicas.

A. *Estruturas dos citocromos c*

Ver Exploração guiada 10: Evolução proteica Os citocromos do tipo *c* são proteínas globulares pequenas que contêm, ligado covalentemente, um grupo heme (**ferro-protoporfirina IX**; Fig. 9.39). As estruturas por raios X dos citocromos *c* de cavalo (Fig. 8.42), do atum, do peixe bonito, do arroz e da levedura são muito semelhantes e isso permite avaliar o significado estrutural da sequência de aminoácidos dos citocromos *c* (Seção 7.3B). Os resíduos internos do citocromo *c*, particularmente aqueles que revestem o bolsão heme, tendem a ser invariantes, ou substituídos de forma conservativa, enquanto que as posições localizadas na superfície têm uma variabilidade enorme. Essa observação é, em parte, uma indicação da necessidade de um empacotamento muito mais preciso nas regiões internas da proteína do que na sua superfície (Seção 8.3Bc).

Certos resíduos invariantes ou altamente conservados (Tabela 7.4) têm papéis funcionais e/ou estruturais específicos no citocromo *c*:

1. Os resíduos invariantes Cys 14, Cys 17, His 18 e Met 80 formam ligações covalentes com o grupo heme (Fig. 9.39).
2. Os nove resíduos invariantes ou altamente conservados de Gly ocupam posições muito bem encaixadas, onde cadeias laterais maiores poderiam alterar significantemente a estrutura tridimensional das proteínas.
3. Os resíduos de Lys altamente conservados 8, 13, 25, 27, 72, 73, 79 e 87 estão distribuídos em um anel em volta da superfície exposta do grupo heme que, de outra forma, estaria "enterrado". Existe um número considerável de evidências mostrando que essa constelação incomum de cargas positivas associa-se especificamente a conjuntos complementares de cargas negativas nas reações fisiológicas do citocromo *c*, da citocromo *c*-redutase e da citocromo *c*-oxidase.

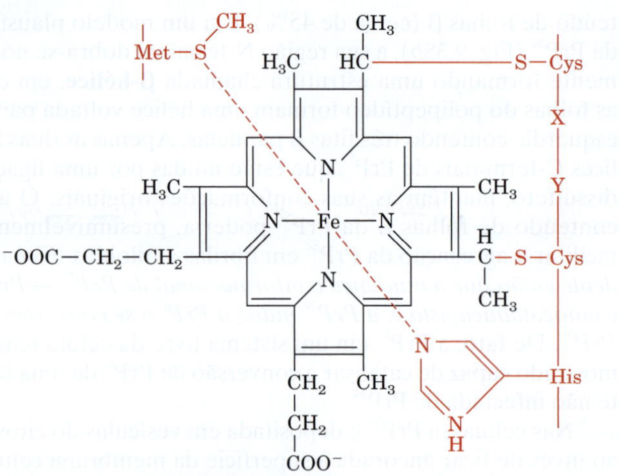

FIGURA 9.39 Fórmula molecular da ferro-protoporfirina IX (heme). Em citocromos do tipo *c*, o heme está ligado covalentemente à proteína (*vermelho*) por duas ligações tioéster, conectando o que era o grupo vinil heme aos dois resíduos Cys que ocorrem na sequência Cys–X–Y–Cys–His (resíduos 14-28 na Tabela 7.4) da proteína. Aqui, X e Y simbolizam qualquer resíduo de aminoácido. Uma quinta e uma sexta ligação com o átomo de Fe, ambas normais ao plano do grupo heme, são formadas com o nitrogênio da cadeia lateral da His 18 e com o enxofre da Met 80. O átomo de ferro que, desse modo, é ligado octaedricamente, pode assumir os dois estados de oxidação Fe(I) ou Fe(II) de maneira estável. O heme também está presente na mioglobina e na hemoglobina, mas sem as ligações tioéter ou a ligação com Met.

a. Os citocromos do tipo c de procariotos são estruturalmente relacionados ao citocromo c

Embora o citocromo *c* ocorra somente em eucariotos, proteínas semelhantes conhecidas como **citocromos tipo *c*** são comuns em procariotos, onde funcionam transferindo elétrons para posições análogas em uma variedade de cadeias de transporte de elétrons, respiratórias e fotossintéticas. Diferentemente das proteínas eucariotas, entretanto, os citocromos do tipo *c* de procariotos têm um considerável número de variedades de sequência de acordo com a espécie. Por exemplo, numerosos citocromos do tipo *c* bacterianos, cujas estruturas primárias são conhecidas, possuem de 82 a 134 resíduos de aminoácidos, enquanto que os citocromos *c* de eucariotos apresentam uma variação mais estreita, de 103 a 112 resíduos. As estruturas primárias de vários citocromos do tipo *c* representativos têm poucas semelhanças evidentes (Fig. 9.40). Já as estruturas por raios X possuem uma enorme semelhança entre si, particularmente entre as conformações do esqueleto e o empacotamento das cadeias laterais nas regiões que envolvem o grupo heme (Fig. 9.41). Além disso, a maioria dessas conformações possui anéis aromáticos em posições e orientações análogas em relação aos grupos heme, assim como distribuições similares dos resíduos Lys carregados positivamente ao redor do perímetro das fendas do heme. As maiores diferenças estruturais entre esses vários citocromos do tipo *c* têm origem nas várias alças da cadeia polipeptídica que se localizam na superfície.

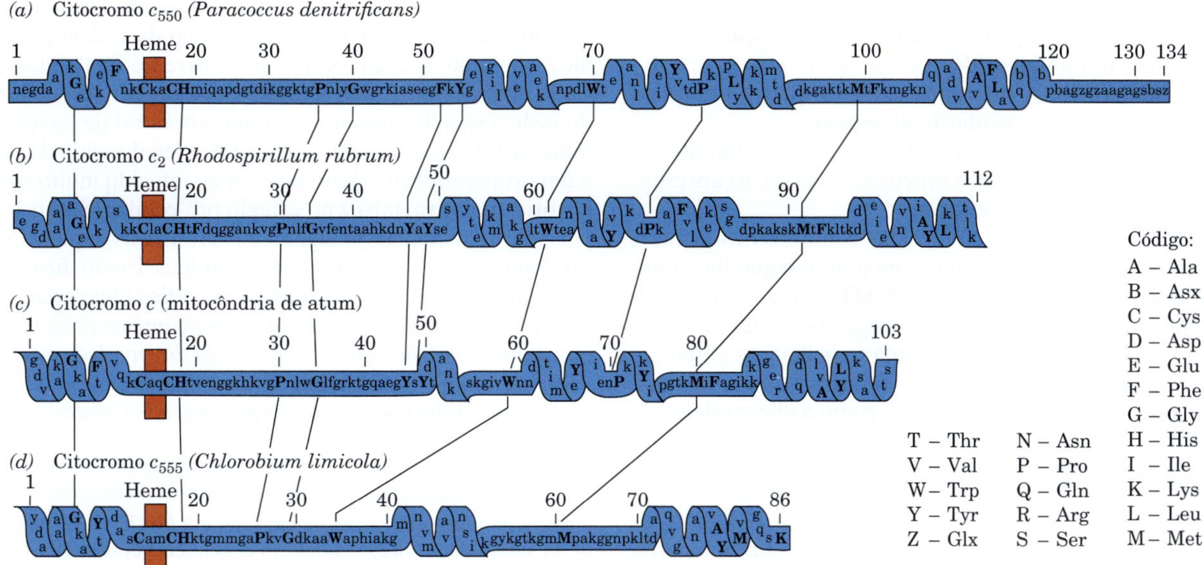

FIGURA 9.40 **Estruturas primárias representativas de alguns citocromos do tipo *c*.** (*a*) Citocromo c_{550} (o subscrito indica o comprimento de onda de luz visível do pico de absorção da proteína, em nm) de *Paracoccus denitrificans*, uma bactéria aeróbia que pode usar nitrato como agente oxidante. (*b*) Citocromo c_2 (o subscrito tem apenas significado histórico) de *Rhodospirillum rubrum*, uma bactéria fotossintetizante púrpura. (*c*) Citocromo *c* da mitocôndria de atum. (*d*) Citocromo c_{555} de *Chlorobium limicola*, uma bactéria fotossintizante verde que utiliza a H_2S como fonte de hidrogênio. As linhas finas conectam os resíduos estruturalmente significativos ou os invariáveis (*letras maiúsculas*). As regiões helicoidais estão indicadas para facilitar as comparações estruturais com a Fig. 9.41. (Segundo Salemme, F.R., *Annu. Rev. Biochem.* **46**, 307 [1977].)

Antes do advento dos sofisticados algoritmos de alinhamento de sequências, como o BLAST (Seção 7.4Bg), alinhamentos corretos de resíduos em proteínas análogas ao citocromo tipo *c* (linhas finas na Fig. 9.40) não poderiam ter sido feitos com base nas suas estruturas primárias. Essas proteínas divergiram tanto que as suas estruturas tridimensionais tiveram um papel essencial para isso. As estruturas tridimensionais são evidentemente mais indicativas das semelhanças entre essas proteínas longinquamente relacionadas do que as estruturas primárias. *Esses são os elementos estruturais e funcionais essenciais das proteínas, e não os resíduos de aminoácidos, que são conservados durante a mudança evolutiva.*

B. Duplicação de genes

A duplicação dos genes pode favorecer a evolução de novas funções pela evolução estrutural (Seção 7.3C). Em mais da metade das proteínas multidomínios de estrutura conhecida, dois ou mais domínios são estruturalmente muito semelhantes. Considere, por exemplo, os quatro domínios da proteína dissulfeto isomerase de levedura (PDI; Fig. 9.17). Parece pouco provável que esse complexo, com domínios topologicamente semelhantes, possam ter evoluído independentemente até chegar às estruturas atuais, um processo conhecido como **evolução convergente**. Quase certamente, elas surgiram através de duplicações de um gene especifican-

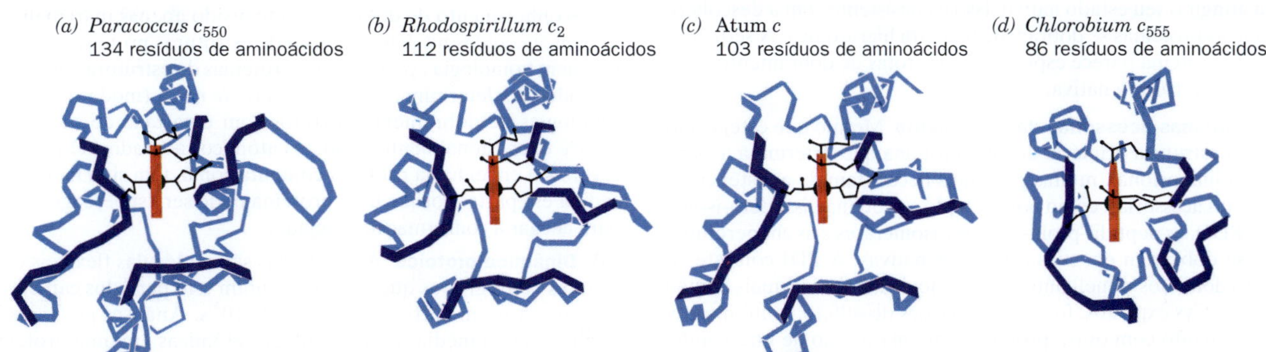

FIGURA 9.41 **Estruturas tridimensionais dos citocromos do tipo *c*, cujas estruturas primárias estão mostradas na Fig. 9.40.** Os esqueletos polipeptídicos (*azul*) estão mostrados em orientações análogas, de forma que os grupos heme (*vermelho*) são vistos de perfil. As cadeias laterais da Cys, da Met e da His que ligam covalentemente o heme à proteína também estão mostradas. (*a*) Citocromo C_{550} de *P. denitrificans*. (*b*) Citocromo c_2 de *Rs. rubrum*. (*c*) Citocromo *c* do atum. (*d*) Citocromo c_{555} de *C. limicola*. (Ilustração, Irving Geis. Imagem da coleção de Irving Geis, Howard Hughes Medical Institute. Reimpresso com permissão.)
Ver Exercício de cineimagem 5.1

do um domínio ancestral acompanhado da fusão dos quatro genes resultantes para produzir um único gene que é capaz de especificar um polipeptídeo que se dobre em quatro domínios semelhantes. A diferença entre os quatro domínios deve-se, portanto, à sua **evolução divergente**.

Com frequência ocorrem domínios estruturalmente semelhantes em proteínas cujos outros domínios não apresentam nenhuma semelhança entre si.

As enzimas redutoras conhecidas como **desidrogenases** possuem cada uma dois domínios: um domínio que liga dinucleotídeos redutores ativos como o NAD^+ e que é estruturalmente semelhante em todas as desidrogenases, e um domínio ligado ao substrato que não apresenta semelhanças e que determina a especificidade e o modo de ação de cada enzima. De fato, em algumas desidrogenases, como a gliceraldeído-3-fosfato-desidrogenase (Fig. 8.45), o domínio ligado ao dinucleotídeo ocorre no N-terminal do final da cadeia polipeptídica, enquanto que em outros ele ocorre no final C-terminal. Cada uma dessas desidrogenases deve ter surgido pela fusão do gene, especificando um domínio ancestral de ligação com dinucleotídeos com o gene que codifica um domínio de ligação a um protossubstrato. Isso deve ter acontecido muito cedo na história evolutiva, talvez no estágio pré-celular (Seção 1.5Ca), pois não há semelhanças significativas entre as sequências desses domínios de ligação aos dinucleotídeos. Então, fica evidente que *um domínio é uma unidade evolutiva tanto quanto uma unidade estrutural. Combinando geneticamente esses módulos estruturais de várias formas, a natureza desenvolveu novas funções muito mais rapidamente do que o faria pela evolução de estruturas completamente novas por mutações pontuais.*

RESUMO DO CAPÍTULO

1 Dobramento proteico: teoria e experimentação Em condições renaturantes, muitas proteínas se dobram em sua estrutura nativa em questão de segundos. As hélices e as folhas, que juntas constituem, em média, cerca de 60% da proteína, são comuns porque preenchem o espaço eficientemente. As proteínas são organizadas em hierarquias, isto é, elas são formadas por domínios, que por sua vez são constituídos de subdomínios e assim por diante. Elas são altamente tolerantes a mudanças na sequência e se adaptam por alterações estruturais locais ao invés de globais. Algumas proteínas são nativamente desdobradas, embora elas assumam estruturas estáveis quando ligadas às suas moléculas-alvo.

A velocidade com a qual as proteínas se renaturam indica que elas se dobram de forma ordenada ao invés de por procura aleatória entre todas as conformações possíveis. Portanto, o estudo do dobramento de uma proteína requer técnicas de observação e mistura como o dispositivo *stopped-flow*, o dicroísmo circular (DC), as trocas pulsadas H/D seguidas por RM e transferência de energia ressonante de fluorescencia (FRET). O dobramento das proteínas pequenas formadas por um único domínio é iniciado por um colapso hidrofóbico para produzir um glóbulo fundido, que aparece em cerca de 5 ms. A esse processo segue a estabilização da estrutura secundária e então a formação da estrutura terciária para produzir a proteína nativa em questão de segundos. Para explicar o processo de dobramento, foi feita a teoria da paisagem, que postula que um polipeptídeo se dobra por um funil de dobramento e, portanto, pode tomar qualquer uma dentre uma grande variedade de rotas para atingir o seu estado nativo. Isso é consistente com a descoberta de que as proteínas se dobram de maneira hierárquica. A sequência de uma proteína parece especificar suas rotas de dobramento assim como sua estrutura nativa.

2 Proteínas acessórias de dobramento Mesmo que esteja claro que é a estrutura primária de uma proteína que determina a estrutura tridimensional, muitas proteínas necessitam da assistência de proteínas acessórias, como por exemplo a proteína dissulfeto-isomerase (PDI), as peptidil-prolil-*cis-trans*-isomerases e as chaperoninas, para se dobrarem em suas estruturas nativas. A PDI consiste em quatro domínios semelhantes à tiorredoxina, dois dos quais contêm resíduos Cys expostos, formando ligações dissulfeto, tanto internamente quanto com outra proteína, em uma reação de intercâmbio dissulfeto. Duas famílias de peptidil-prolil-*cis-trans*-isomerases foram caracterizadas, as ciclofilinas, que ligam a ciclosporina A, e a proteína ligadora de FK506, que liga FK506.

As chaperoninas, tais como a GroEL e a GroES, estimulam o dobramento apropriado de certas proteínas dobradas erroneamente por uma sequência cíclica de mudanças conformacionais concatenadas entre si governada pela ligação e hidrólise de ATP. A GroES é um heptâmero em forma de cápsula, e a GroEL é um arranjado de 14 subunidades organizadas em dois anéis heptaméricos contrapostos, formando dois barris ocos não conectados boca com boca. Juntas, a GroEL e a GroES formam um complexo em forma de projétil que contém uma cavidade fechada (uma cavidade de Anfinsen), na qual proteínas malformadas podem se dobrar sem sofrer interferências por agregação com outras proteínas dobradas erroneamente. A GroEL/ES desdobra parcialmente proteínas de até 70 kDa dobradas de forma errônea, as aprisiona conformacionalmente e libera-as de forma a torná-las capazes viajar através de seu funil de dobramento por meio de uma nova rota. Tais proteínas sofrem uma média de 14 ciclos de ligação e liberação antes de atingirem seus respectivos dobramentos nativos. Muitas das ~85 proteínas de *E. coli*, que necessitam rigorosamente do sistema GroEL/ES para o dobramento apropriado, contêm domínios α/β, cuja complexidade estrutural é, em grande parte, responsável pelo dobramento errôneo. As chaperoninas eucarióticas do Grupo II são construídas em tampas que parecem funcionar analogamente a GroES.

3 Estrutura proteica: predição e engenharia A predição de estruturas secundárias a partir somente da sequência de aminoácidos tem sido razoavelmente bem-sucedida usando-se técnicas empíricas como o método de Chou-Fasman. Entretanto, técnicas computacionais sofisticadas podem fornecer predições mais confiáveis. A modelagem comparativa (por homologia) pode fornecer estruturas terciárias precisas de polipeptídeos que tenham mais de 30% de identidade com uma proteína de estrutura conhecida. Técnicas de reconhecimento de dobramento têm sido apenas marginalmente bem-sucedidas na determinação de estruturas proteicas que não possuem homologia aparente com proteínas de estrutura conhecida. Métodos de determinação de estrutura *de novo* (moderno) geram topologias de dobramento corretos com uma taxa de sucesso de ~20% e, ocasionalmente, modelos atômicos acurados. O processo reverso, a engenharia proteica computacional, tem sido melhor sucedida em parte, porque uma proteína pode ser "superengenhada" para chegar à conformação desejada.

4 Dinâmica proteica As proteínas são moléculas flexíveis e oscilantes cujos grupos que se movimentam têm períodos característicos que variam entre 10^{-15} a mais de 10^3 s. Análises por raios X, que revelam a média das mobilidades atômicas em uma proteína, indicam que as proteínas tendem a ser mais móveis na periferia do que no interior da molécula. Simulações de dinâmica molecular indicam que cada estrutura de proteína nativa consiste em um grande número de subestados conformacionais intimamente relacionados e rapidamente interconvertidos, de estabilidade quase igual. Sem essa flexibilidade, as enzimas não funcionariam. As velocidades de movimento dos anéis aromáticos, como revelaram as medidas feitas por RM, indicam que as mobilidades dos grupos internos das proteínas variam tanto em função da proteína quanto da posição dentro da proteína. A troca de prótons internos de uma proteína com os de um solvente requer um desdobramento local transitório. Estudos feitos com troca de hidrogênio demonstram que as proteínas têm uma grande variedade de movimentos internos de ocorrência infrequente.

5 Doenças conformacionais: amiloides e príons Algumas doenças humanas fatais estão associadas com depósitos de amiloides no cérebro e em outros órgãos. Embora as várias proteínas amiloidogênicas não tenham relação nem em sequência nem em estrutura nativa, todas elas formam fibrilas amiloides semelhantes que consistem, principalmente, em folhas β cujos planos se estendem ao longo do eixo das fibrilas. As duas variantes conhecidas da lisozima humana que possuem propriedades amiloidogênicas são conformacionalmente muito mais frouxas do que o tipo nativo da lisozima. Na doença de Alzheimer, uma doença degenerativa que ocorre principalmente em idosos, a proteólise de uma proteína precursora Aβ (βPP) nos tecidos do cérebro produz a proteína amiloide β com 40 a 42 resíduos, formando as fibrilas amiloides que matam os neurônios.

O homem e outros mamíferos estão sujeitos a doenças degenerativas infecciosas como a *scrapie*, que são causadas por príons. Parece que os príons se constituem somente de uma única espécie de proteínas denominada PrP. A PrP existe em duas formas: a forma celular normal (PrP^{C}), uma proteína de superfície celular ancorada à membrana em neurônios; e a PrP^{Sc} que, embora seja quimicamente idêntica à PrP^{C}, tem uma conformação diferente. A PrP^{Sc} converte autocataliticamente a PrP^{C} em PrP^{Sc}, o que explica as propriedades infecciosas da PrP^{Sc} e a observação de que *Prn-p*$^{0/0}$ de camundongos são resistentes à *scrapie*. A PrP^{Sc} é degradada proteoliticamente na célula para formar um núcleo resistente à protease, a PrP 27-30, que se agrega para formar fibrilas amilóides neurotóxicas, que parecem ser responsáveis pelos sintomas das doenças causadas por príons. Espécies de PrP podem assumir diferentes conformações fibrosas autorreprodutivas para gerar diferentes linhagebs de príon. Fungos, tais como as leveduras, também tem proteínas com propriedades semelhante à dos príons.

6 Evolução estrutural As estruturas por raios X de citocromos *c* de eucariotos demonstraram que os resíduos internos e os resíduos que têm papéis funcionais e estruturais específicos tendem a permanecer conservados durante a evolução. Os citocromos do tipo *c* de procariotos de várias espécies de organismos se assemelham estruturalmente uns aos outros, e com os de eucariotos, mesmo que a similaridade de sequências seja pequena. Isso indica que são as estruturas tridimensionais das proteínas e não as sequências de aminoácidos que são mantidas durante o correr da evolução. As semelhanças estruturais entre os domínios de muitas proteínas com multiplos domínios indicam que essas proteínas surgiram por meio da duplicação dos genes que especificam os domínios ancestrais, seguida de sua fusão. Por exemplo, a semelhança estrutural entre os domínios de ligação a dinucleotídeos das desidrogenases sugere que essas proteínas surgiram pela duplicação de um domínio de ligação a dinucleotídeos primordial, seguida da fusão com um gene especificando um domínio de ligação ao proto-substrato. Dessa forma, proteínas com novas funções podem evoluir muito mais rapidamente por uma série de mutações pontuais.

REFERÊNCIAS

Dobramento proteico

Anfinsen, C.B., Principles that govern the folding of protein chains, *Science* **181,** 223–230 (1973). [Um ganhador do Nobel explica como conseguiu o prêmio.]

Aurora, R., and Rose, G.D., Helix capping, *Protein Sci.* **7,** 21–38 (1998). [Resumo das evidências de que as interações de capeamento das hélices estabilizam as mesmas.]

Baldwin, R.L., Pulsed H/D-exchange studies of folding intermediates, *Curr. Opin. Struct. Biol.* **3,** 84–91 (1993).

Baldwin, R.L., Protein folding from 1961 to 1982, *Nature Struct. Biol.* **6,** 814–817 (1999). [Uma história intelectual.]

Baldwin, R.L., and Rose, G.D., Is protein folding hierarchic? I. Local structure and peptide folding; *and* II. Folding intermediates and transition states, *Trends Biochem. Sci.* **24,** 26–33; *e* 77–83 (1999).

Behe, M., Lattman, E.E., and Rose, G.D., The protein folding problem: The native fold determines the packing but does packing determine the native fold? *Proc. Natl. Acad. Sci.* **88,** 4195–4199 (1991).

Betts, S., and King, J., There's a right way and a wrong way: *in vivo* and *in vitro* folding, misfolding and subunit assembly of the P22 tailspike, *Structure* **7,** R131–R139 (1999).

Buchner, J. and Kiefhaber, T., *Protein Folding Handbook,* Wiley-VCH (2005). [Um trabalho autorizado, em 5 volumes, sobre a maioria dos aspectos do dobramento das proteínas.]

Dalal, S., Balasubramanian, S., and Regan, L., Protein alchemy: Changing β-sheet into α-helix, *Nature Struct. Biol.* **4,** 548–552 (1997). [Relata a sequência de mudanças em uma proteína GB1 que faz com que ela assuma o dobramento da proteína Rop.]

Dill, K.A., and Chan, H.S., From Levinthal to pathways to funnels, *Nature Struct. Biol.* **4,** 10–19 (1997). [Revisões sobre a teoria da paisagem do dobramento proteico.]

Dill, K.A., Ozkan, S.B., Shell, M.S., and Weikl, T.R., The protein folding problem, *Annu. Rev. Biophys.* **37,** 289–316 (2008).

Dunker, A.K., Silman, I., Uversky, V.N., and Sussman, J.L., Function and structure of inherently disordered proteins, *Curr. Opin. Struct. Biol.* **18,** 756–764 (2008).

Dyson, H.J. and Wright, P.E., Intrinsically unstructured proteins and their functions, *Nature. Rev. Mol. Cell. Biol.* **6,** 197–208 (2005).

Englander, S.W., Protein folding intermediates and pathways studied by hydrogen exchange, *Annu. Rev. Biophys. Biomol. Struct.* **29,** 213–238 (2000);

Englander, W.S., Mayne, L., and Krishna, M.M.G., Protein folding and misfolding: mechanism and principles, *Q. Rev. Biophys.* **40,** 287–326 (2007).

Fersht, A., *Structure and Mechanism in Protein Science,* Chapters 17–19, Freeman (1999).

Fink, A.L, Natively unfolded proteins, *Curr. Opin. Struct. Biol.* **15,** 35–41 (2005).

Fitzkee, N.C., Fleming, P.J., Gong, H., Panasik, N., Jr., Street, T.O., and Rose, G.D., Are proteins made from a limited parts list? *Trends Biochem. Sci.* **30,** 73–80 (2005).

Gillespie, B. and Plaxco, K.W., Using protein folding rates to test protein folding theories, *Annu. Rev. Biochem.* **73,** 837–859 (2004).

Kubelka, J., Hofrichter, J., and Eaton, W.A., The protein folding 'speed limit,' *Curr. Opin. Struct. Biol.* **14,** 76–88 (2004).

Matthews, B.W., Studies on protein stability with T4 lysozyme, *Adv. Prot. Chem.* **46,** 249–278 (1995).

Meyers, R.A., *Proteins. From Analytics to Structural Genomics,* Vol. 1, Chapters 1, 2, and 4, Wiley-VCH (2007). [Discussão sobre cristalografia por raios X, espectrometria por RM, dicroismo circular de proteínas.]

Minor, D.L., Jr. and Kim, P.S., Context-dependent secondary structure formation of a designed protein sequence, *Nature* **380,**

730–734 (1996). [Descreve, na proteína GB1, a dependência da conformação da sequência "camaleão" pela posição.]

Oliveberg, A. and Wolynes, P.G., The experimental survey of protein-folding energy landscapes, *Q. Rev. Biophys.* **36,** 245–288 (2006).

Onuchic, J.N. and Wolynes, P.G., Theory of protein folding, *Curr. Opin. Struct. Biol.* **14,** 70–75 (2004).

Pain, R.H. (Ed.), *Mechanisms of Protein Folding* (2nd ed.), Oxford University Press (2000).

Piston, D.W. and Kremers, G.-J., Fluorescent protein FRET: the good, the bad and the ugly, *Trends Biochem. Sci.* **32,** 407–414 (2007).

Roder, H. and Shastry, M.C.R., Methods for exploring early events in protein folding, *Curr. Opin. Struct. Biol.* **9,** 620–626 (1999).

Udgaonkar, J.B., Multiple routes and structural heterogeneity in protein folding, *Annu. Rev. Biophys.* **37,** 489–510 (2008).

Wang, C.C., and Tsou, C.L., The insulin A and B chains contain sufficient structural information to form the native molecule, *Trends Biochem. Sci.* **16,** 279-281 (1991).

Proteínas acessórias do dobramento

Booth, C.R., Meyer, A.S., Cong, Y., Topf, M., Sali, A., Ludtke, S.J., Chiu, W., and Frydman, J., Mechanism of lid closure in the eukaryotic chaperonin TRiC/CCT, *Nature Struct. Biol.* **15,** 746–753 (2008).

Chen, L., and Sigler, P.B., The crystal structure of a GroEL/peptide complex: Plasticity as a basis for substrate diversity, *Cell* **99,** 757–768 (1999).

Clark, P.L., Protein folding in the cell: reshaping the folding funnel, *Trends Biochem. Sci.* **29,** 527–534 (2004).

Ellis, R.J., Macromolecular crowding: Obvious but underappreciated. *Trends Biochem. Sci.* **26,** 597–604 (2001).

Ellis, R.J., Molecular chaperones: assisting assembly in addition to folding, *Trends Biochem. Sci.* **31,** 395–401 (2006).

Frydman, J., Folding of newly translated proteins *in vivo*: The role of molecular chaperones, *Annu. Rev. Biochem.* **70,** 603–649 (2001).

Gruber, C.W., Cemazar, M., Heras, B., Martin, J.L., and Craik, D.J., Protein disulfide isomerase: the structure of oxidative folding, *Trends Biochem. Sci.* **31,** 455–464 (2006).

Hartl, F.U., and Hayer-Hartl, M., Molecular chaperones in the cytosol: From nascent chain to unfolded protein, *Science* **295,** 1852–1858 (2002).

Horst, R., Bertelson, E.B., Fiaux, J., Wider, G., Horwich, A.L., and Wuthrich, K., Direct NMR observation of a substrate protein bound to the chaperonin GroEL, *Proc. Natl. Acad. Sci.* **102,** 12748–12753 (2005); *and* Horst, R., Fenton, W.A., Englander, S.W., Wuthrich, K., and Horwich, A.L., Folding trajectories of human dihydrofolate reductase inside the GroEL–GroES chaperonin cavity and free in solution, *Proc. Natl. Acad. Sci.* **104,** 20788–20792 (2007).

Horwich,A.R. (Ed.), Protein Folding in the Cell, *Adv. Prot. Chem.* **59** (2002). [Contém artigos autorizados sobre uma variedade de proteínas acessórias do dobramento.]

Horwich, A.R., Farr, G.W., and Fenton, W.A., GroEL–GroES-mediated protein folding, *Chem. Rev.* **106,** 1917–1930 (2006); *and* Horwich, A.R., Fenton, W.A., Chapman, E., and Farr, G.W., Two families of chaperonin: Physiology and mechanism, *Annu. Rev. Cell Dev. Biol.* **23,** 115–145 (2007).

Kerner, M.J., et al., Proteome-wide analysis of chaperone-dependent protein folding in *Eschericia coli, Cell* **122,** 209–220 (2005).

Lin, Z. and Rye, H.S., GroEL-mediated protein folding: Making the impossible, possible, *Crit. Rev. Biochem. Mol. Biol.* **41,** 211–239 (2006).

Mamathambika, B.S., and Bardwell, J.C., Disulfide-linked protein folding pathways, *Annu. Rev. Cell Dev. Biol.* **24,** 211–235 (2008).

Morano, K.A., New tricks for an old dog. The evolving world of Hsp70, *Ann. N.Y. Acad. Sci.* **1113,** 1–14 (2007).

Ransom, N.A., Farr, G.W., Roseman, A.M., Gowen, B., Fenton, W.A., Horwich, A.L., and Saibil, H.R., ATP-bound states of GroEL captured by cryoelectron microscopy, *Cell* **107,** 869–879 (2001).

Saibil, H.R., Chaperone machines in action, *Curr. Opin.Struct. Biol.* **18,** 35–42 (2008).

Schiene, C. and Fischer, G., Enzymes that catalyse the restructuring of proteins, *Curr. Opin. Struct. Biol.* **10,** 40–45 (2000). [Discute as proteínas dissulfeto isomerases e peptidil prolil *cis–trans* isomerases.]

Schreiber, S.L., Chemistry and biology of immunophilins and their immunosuppressive ligands, *Science* **251,** 238–287 (1991).

Sharma, S., Chakraborty, K., Muller, B.K., Astola, N., Tang, Y.-C., Lamb, D.C., Hayer-Hartl, M., and Hartl, F.U., Monitoring protein conformation along the pathway of chaperon-assisted folding, *Cell* **133,** 142–153 (2008).

Shtilerman, M., Lorimer, G.H., and Englander, S.W., Chaperonin function: Folding by forced unfolding, *Science* **284,** 822–825 (1999).

Spiess, C., Meyer,A.S., Reissmann, S and Frydman, J., Mechanism of the eukaryotic chaperonin: protein folding in the chamber of secrets, *Trends Cell Biol.* **14,** 598–604 (2004).

Stan, G., Brooks, B.R., Lorimer, G.H., and Thirumalai, D., Residues in substrate proteins that interact with GroEL in the capture process are buried in the native state, *Proc. Natl. Acad. Sci.* **103,** 4433–4438 (2006).

Thirumalai, D. and Lorimer, G.H., Chaperone-mediated protein folding, *Annu. Rev. Biophys. Biomol. Struct.* **30,** 245–269 (2001).

Tian, G., Xiang, S., Noiva, R., Lennarz, W.J., and Schindelin, H., The crystal structure of yeast protein disulfide isomerase suggests cooperativity between its active sites, *Cell* **124,** 61–73 (2006).

Wandinger, S.K., Richter, K., and Buchner, J., The Hsp90 chaperone machinery, *J. Biol. Chem.* **283,** 18473–18477 (2008); *and* Pearl, L.H. and Prodromou, C., Structure and mechanism of the Hsp90 molecular chaperone machinery, *Annu. Rev. Biochem.* **75,** 271–294 (2006).

Xu, Z., Horwich, A.L., and Sigler, P.B., The crystal structure of the asymmetric GroEL–GroES–(ADP)7 chaperonin complex, *Nature* **388,** 741–750 (1997).

Zhao, Y. and Ke, H., Crystal structure implies that cyclophilin predominantly catalyzes the *trans* to *cis* isomerization, *Biochemistry* **35,** 7356–7361 (1996).

Estrutura proteica: predição e engenharia

Baxevanis, A.D. and Ouellette, B.F.F. (Eds.), *Bioinformatics. A Practical Guide to the Analysis of Genes and Proteins* (3rd ed.), Chapters 8 and 9, Wiley-Interscience (2005).

Blaber, M., Zhang, X., and Matthews, B.W., Structural basis of amino acid α helix propensity, *Science* **260,** 1637-1640 (1993).

Bujnicki, J.M. (Ed.), *Prediction of Protein Structures, Functions, and Interactions,* Wiley (2009).

Chou, P.Y. and Fasman, G.D., Empirical predictions of protein structure, *Annu. Rev. Biochem.* **47,** 251–276 (1978). [Exposição de um método particularmente simples de predição de estrutura secundária de proteína.]

Cuff, J.A. and Barton, G.J., Evaluation and improvement of multiple sequence methods for protein secondary structure prediction, *Proteins* **34,** 508–519 (1999). [Os princípios por trás do Jpred3.]

Das, R. and Baker, D., Macromolecular modeling with Rosetta, *Annu. Rev. Biochem.* **77,** 363–382 (2008).

DeGrado W.F., Summa, S.M., Pavone, V., Nastri, F., and Lombardi, A., De novo design and structural characterization of proteins and metalloproteins, *Annu. Rev. Biochem.* **68,** 779–819 (1999).

Kuhlman, B., Dantas, G., Ireton, G.C., Varani, G., Stoddard, B.L., and Baker, D., Design of a novel protein fold with atomic-level accuracy, *Science* **302,** 1364–1368 (2003). [O engenho de Top7.]

Lesk, A.M., *Introduction to Bioinformatics* (3rd ed.), pp. 333–358, Oxford University Press (2008).

Mirny, L. and Shakhnovitch, E., Protein folding theory: From lattice to all-atom models, *Annu. Rev. Biophys. Biomol. Struct.* **30,** 361–396 (2001).

Moult, J., Fidelis, K., Kryshtofovych, A., Rost, B., and Tramontano, A., Critical assessment of methods of protein structure prediction—Round VIII, *Proteins* **77** (Issue S9), 1–4 (2009). [O artigo resumo sobre proteínas: *Estrutura, Função e Bioinformática* que relatam os resultados de CASP8.]

Rose, G.D., Prediction of chain turns in globular proteins on a hydrophobic basis, *Nature* **272,** 586–590 (1978).

Tramontano,A., *Protein Structure Prediction. Concepts and Applications,* Wiley-VCH (2006).

Zaki, M. J. and Bystroff, C. (Eds.), *Protein Structure Prediction* (2nd ed.), Humana Press (2008).

Dinâmica proteica

Henzler-Wildman, K. and Kern, D., Dynamic personalities of proteins, *Nature* **450,** 964–972 (2007).

Karplus, M., and McCammon, A., Molecular dynamics simulations of biomolecules, *Nature Struct. Biol.* **9,** 646–651 (2002).

Palmer, A.G., III, Probing molecular motion by NMR, *Curr. Opin. Struct. Biol.* **7,** 732–737 (1997).

Protein dynamics, *Science* **324,** 197–215 (2009). [Uma seção especial contendo quatro artigos.]

Rasmussen, B.F., Stock, A.M., Ringe, D., and Petsko, G.A., Crystalline ribonuclease A loses function below the dynamical transition at 220 K, *Nature* **357,** 423–424 (1992).

Ringe, D., and Petsko, G.A., Mapping protein dynamics by X-ray diffraction, *Prog. Biophys. Mol. Biol.* **45,** 197–235 (1985).

Scheraga, H.A., Khalili, M., and Liwo, A., Protein-folding dynamics: Overview of molecular simulation techniques, *Annu. Rev. Phys. Chem.* **58,** 57–83 (2007).

Doenças causadas por conformações errôneas

Booth, D.R., et al., Instability, unfolding and aggregation of human lysozyme variants underlying amyloid fibrillogenesis, *Nature* **385,** 787–73 (1997); *and* Funahashi, J., Takano, K., Ogasahara, K., Yamagata, Y., and Yutani, K., The structure, stability, and folding process of amyloidogenic mutant lysozyme, *J. Biochem.* **120,** 1216–1223 (1996).

Büeler, H., Aguzzi, A., Sailer, A., Greiner, R.A., Autenreid, P., Aguet, M., and Weissmann, C., Mice devoid of PrP are resistant to *scrapie*, *Cell* **73,** 1339–1347 (1993); and Bueler, H., Fischer, M., Lang, Y., Bluethmann, H., Lipp, H.-P., DeArmond, S.J., Prusiner, S.B., Aguet, M., and Weissmann, C., Normal development and behaviour of mice lacking the neuronal cell-surface PrP protein, *Nature* **356,** 577–582 (1992).

Buxbaum, J.N., and Tagoe, C.E., The genetics of amyloidoses, *Annu. Rev. Med.* **51,** 543–569 (2000).

Caughey, B., Baron, G.S., Chesebro, B., and Jeffrey, M., Getting a grip on prions: oligomers, amyloids, and pathological membrane interactions, *Annu. Rev. Biochem.* **78,** 177–204 (2009).

Chien, P.,Weissman, J.S., and DePace, J.H., Emerging principles of conformation-based inheritance, *Annu. Rev. Biochem.* **73,** 617–656 (2004).

Chiti, F. and Dobson, C.M., Protein misfolding, functional amyloid, and human disease, *Annu. Rev. Biochem.* **75,** 333–366 (2006).

Collinge, J. and Clarke,A.R.,A general model of prion strains and their pathogenicity, *Science* **318,** 930–936 (2007).

Deleault, N.R., Harris, B.T., Rees, J.R., and Supattapone, S., Formation of native prions from minimal components *in vitro, Proc. Natl. Acad. Sci.* **104,** 9741–9746 (2007).

Geula, C., Wu, C.-K., Saroff, D., Lorenzo, A., Yuan, M., and Yankner, B.A., Aging renders the brain vulnerable to amyloid β-protein neurotoxicity, *Nature Med* **4,** 827-831 (1998).

Goedert, M. and Spillantini, M.G., A century of Alzheimer's disease, *Science* **314,** 777–781 (2006).

Gregersen, N., Bross, P., Vang, S., and Christiensen, J.H., Protein misfolding and human disease, *Annu. Rev. Genomics Hum. Genet.* **7,** 103–124 (2006).

Hardy, J., and Selkoe, D.J., The amyloid hypothesis of Alzheimer's disease: Progress and problems on the road to therapeutics, *Science* **297,** 353–356 (2002).

Jackson, G.S., and Clarke, A.R., Mammalian prion proteins, *Curr. Opin. Struct. Biol.* **10,** 69–74 (2000).

Kajava,A., Squire, J.M., and Parry, D.A.D. (Eds.), Fibrous Proteins: Amyloids, Prions and Beta Proteins, *Adv. Prot. Chem.* **73** (2006). [Os quatro últimos capítulos são sobre vários aspectos de amiloides e príons.]

Moore, R. A., Taubner, L.M., and Priola, S.A., Prion misfolding and disease, *Curr. Opin. Struct. Biol.* **19,** 14–22 (2009).

Pan, K.M., Baldwin, M., Nguyen, J., Gasset, M., Serban, A., Groth, D., Mehlhorn, I., Huang, Z., Fletterick, R.J., Cohen, F.E., and Prusiner, S.B., Conversion of α-helices into β-sheet features in the formation of the *scrapie* prion proteins, *Proc. Natl. Acad. Sci.* **90,** 10962–10966 (1993).

Prusiner, S.B. (Ed.), *Prion Biology and Diseases* (2nd ed.), Cold Spring Harbor Laboratory Press (2004); *and* Prion diseases, *in* Valle, D. (Ed.), *The Online Metabolic & Molecular Bases of Inherited Disease,* http://www.ommbid.com/, Chap. 224.

Rochet, J.C. and Lansbury, P.T., Jr., Amyloid fibrillogenesis: Themes and variations, *Curr. Opin. Struct. Biol.* **10,** 60–68 (2000).

Sawaya, M.R., et al., Atomic structures of amyloid cross-β spines reveal varied steric zippers, *Nature* **447,** 453–457 (2007); *and* Nelson, R., Sawaya, M.R., Balbirnie, M., Madsen, A.Ø., Riekel, C., Grothe, R., and Eisenberg, D., Structure of the cross-β spine of amyloid-like fibrils, *Nature* **435,** 773–778 (2005).

Selkoe, D.J., Cell biology of protein misfolding: the examples of Alzheimer's and Parkinson's diseases, *Nature Cell Biol.* **6,** 1054–1061 (2004).

Soto, C., Estrada, L., and Castilla, J., Amyloids, prions and the inherent infectious nature of misfolded proteins, *Trends Biochem. Sci.* **31,** 150–155 (2006).

Sparrer, H.E., Santoso, A., Szoka, F.C., Jr., and Weissman, J.S., Evidence for the prion hypothesis: Induction of the yeast [PSI^+] factor by in vitro-converted Sup35 protein, *Science* **289,** 595-599 (2000).

Tuite, M.F., Yeast prions and their prion-forming domain, *Cell* **100,** 289–292 (2000).

Weissmann, C., The state of the prion, *Nature Rev. Microbiol.* **2,** 861–862 (2004).

Wiltzius, J.J.W., Sievers, S.A., Sawaya, M.R., Cascio, D., Popov, D., Riekel, C., and Eisenberg, D., Atomic structure of the cross-β spine of islet amyloid polypeptide (amylin), *Prot. Sci.* **17,** 1467–1474 (2008).

Zahn, R., Liu, A., Luhrs, T., Riek, R., von Schroetter, C., Garcia, F.L., Billeter, M., Calzolai, L., Wider, G., and Wuthrich, K., NMR solution structure of the human prion protein, *Proc. Natl. Acad. Sci.* **97,** 145-150 (2000); and Liu, H., Farr-Jones, S., Ulyanov, N.B., Llinas, M., Marqusee, S., Groth, D., Cohen, F.E., Prusiner, S.B., and James, T.L., Solution structure of Syrian hamster prion protein rPrP(90–231), *Biochemistry* **38,** 5362–5377 (1999).

Evolução estrutural

Bajaj, M., and Blundell, T., Evolution and the tertiary structure of proteins, *Annu. Rev. Biophys. Bioeng.* **13**, 453–492 (1983).

Dickerson, R.E., Timkovitch, R., and Almassy, R.J., The cytochrome fold and the evolution of bacterial energy metabolism, *J. Mol. Biol.* **100**, 473–491 (1976).

Eventhoff, W., and Rossmann, M., The structures of dehydrogenases, *Trends Biochem. Sci.* **1**, 227–230 (1976).

Lesk, A.M., NAD-binding domains of dehydrogenases, *Curr. Opin. Struct. Biol.* **5**, 775–783 (1995).

Moore,A.D., Björklund, Å.K., Ekman, D., Bornberg-Baur, E., and Elofsson, A., Arrangements in the modular evolution of proteins, *Trends Biochem. Sci.* **33**, 444–451 (2008).

Scott, R.A. and Mauk, A.G. (Eds.), *Cytochrome c. A Multidisciplinary Approach,* University Science Books (1996).

PROBLEMAS

1. Quanto tempo um núcleo de dobramento de um polipeptídeo com esqueleto de seis resíduos levaria para explorar todas as conformações possíveis? Repita o cálculo para 10, 15 e 20 resíduos. Por que, na visão clássica do dobramento proteico, o núcleo não deve ser maior que 15 resíduos?

***2.** Considere uma proteína com 10 resíduos Cys. Quando essa proteína for oxidada, qual será a proporção de proteína reduzida e de proteína desnaturada que, aleatoriamente, formará novamente conjunto nativo das ligações dissulfeto se: (a) A proteína nativa tiver cinco ligações dissulfeto? (b) A proteína nativa tiver três ligações dissulfeto?

3. Por que as folhas β são encontradas mais facilmente no interior hidrofóbico das proteínas do que na superfície?

4. Em condições fisiológicas, a polilisina assume uma conformação de espiral enrolada. Em que condições ela forma uma hélice α?

5. Explique como a teoria da paisagem é consistente com a observação de que as proteínas pequenas parecem dobrar-se em suas conformações nativas sem o aparecimento de intermediários detectáveis, isto é, pelos mecanismos de estado dois.

6. Explique por que os resíduos Pro podem participar da volta N-terminal de uma hélice α.

7. Explique por que é mais fácil formar hélices α do que folhas β durante os primeiros estágios do dobramento proteico.

8. Glóbulos fundidos parecem ser estabilizados predominantemente por forças hidrofóbicas. Por que as forças das ligações de hidrogênio não estão implicadas nesse processo?

***9.** O ciclo da GroEL/ES, mostrado no diagrama da Fig. 9.25, gira somente no sentido horário. Explique as bases para essa irreversibilidade em termos da sequência das mudanças estruturais e de ligação no sistema GroEL/ES.

***10.** Faça a predição da estrutura secundária do peptídeo C da proinsulina (Fig. 9.4) usando os métodos de Chou-Fasman e Rose.

11. Como engenheiro-chefe da Mãe Natureza, agora com certificado de perito em construção de hélices, solicita-se que você repita o Problema 8.8 estipulando que a hélice α seja efetivamente helicoidal. Use a Tabela 9.1.

***12.** Predizer a estrutura secundária do domínio N-terminal da proteína dissulfeto isomerase de levedura usando Jpred3 (http://www.compbio.dundee.ac.uk/www-jpred/). Compare essa predição com a estrutura observada desde domínio (PDBid 2B5E; o domínio na Fig. 9.17). (Para inserir a sequência deste domínio no Jpred3, primeiro acesse o PDB em seu browser [http://www.rcsb.org/pdb], insira o PDBid 2B5E, clique na aba "*Sequence Details*" no topo da página resultante e determine a gama de sequências do domínio N-terminal. A seguir, clique em "UniProt reference" [P17967], role para baixo para a sequência, copie a porção em questão na caixa de entrada do Jpred3, exclua tudo exceto a sequência, e clique no botão "Make Prediction". Na página que indica que a sequência correspondente foi encontrada no PDB, clique no botão "continue". Quando a página de Resultados aparecer [você pode ter que esperar algum tempo para isso], clique em "*View Simple*" para ver a predição do Jpred3. A estrutura secundária observada do domínio N-terminal está esquematizada na página "Sequence Details".)

13. Indique os efeitos prováveis das seguintes mudanças mutacionais na estrutura de uma proteína. Explique suas razões.

(a) Mudando uma Leu por uma Phe, (b) mudando uma Lys por uma Glu, (c) mudando uma Val por uma Thr, (d) mudando uma Gly por uma Ala e (e) mudando uma Met por uma Pro.

14. Explique por que, nas proteínas, os anéis Trp em geral estão completamente imóveis e os anéis Phe e Tyr giram rápidamente.

15. Explique por que a $Prn\text{-}p^{0/0}$ de camundongo é resistente ao *scrapie*. Qual seria a suscetibilidade de camundongos $Prn\text{-}p^{+/0}$ heterozigotos ao *scrapie*?

***16.** Discuta os méritos da hipótese que supõe que os domínios que ligam o dinucleotídeo nas desidrogenases apareceram por evolução convergente.

Hemoglobina: Função Proteica no Microcosmo

CAPÍTULO 10

A existência da hemoglobina, (do grego *haimato*: sangue), o pigmento vermelho do sangue, é evidente para toda a criança que já tenha machucado o joelho. Sua cor vermelha brilhante, sua ocorrência generalizada e a facilidade de seu isolamento tornaram-na um objeto de investigação desde os tempos antigos. Efetivamente, o início da história da química de proteínas é essencialmente a história da hemoglobina. A observação da hemoglobina na forma cristalina foi relatada pela primeira vez por Friedrich Hünefeld em 1840, e em 1909 Edward Reichert e Amos Brown publicaram um atlas fotográfico dos cristais de hemoglobina de várias centenas de espécies. Por sua vez, o primeiro relato de cristais de uma enzima, a **urease** de feijão-de-porco, só ocorreu em 1926. A hemoglobina foi uma das primeiras proteínas a ter sua massa molecular determinada com precisão. A hemoglobina também foi a primeira proteína a ser caracterizada por ultracentrifugação, a primeira a ser associada a uma função fisiológica específica (transporte de oxigênio) e, na anemia falciforme, a primeira na qual foi demonstrado que uma mutação pontual causava a mudança de um único aminoácido (Seção 7.3A).

As teorias formuladas para esclarecer a ligação cooperativa do oxigênio à hemoglobina (Seção 10.4) também foram bem sucedidas em explicar o controle da atividade enzimática. A hemoglobina e a mioglobina (do grego *myos*: músculo), foram as primeiras proteínas a terem a estrutura por raios X elucidada. Seu papel central no desenvolvimento da química de proteínas, juntamente com suas propriedades de ligação ao oxigênio semelhantes à atividade enzimática, fez com que a hemoglobina recebesse o título de "enzima honorária".

A hemoglobina não é somente um simples reservatório de oxigênio. Ela é um sistema sofisticado de distribuição de oxigênio que fornece a quantidade adequada do gás para os tecidos sob uma ampla variedade de circunstâncias. Neste capítulo serão discutidas as propriedades, a estrutura e o mecanismo de ação da hemoglobina, para entender o funcionamento dessa molécula fisiologicamente essencial e também para ilustrar os princípios da estrutura proteica que foram desenvolvidos nos capítulos precedentes. Serão consideradas também as propriedades das hemoglobinas anormais e suas relações com doenças humanas. No final, há uma dicussão sobre as teorias das interações cooperativas entre proteínas, para entender melhor as propriedades da hemoglobina e preparar o terreno para as considerações posteriores de como é regulada a atividade enzimática.

1 FUNÇÃO DA HEMOGLOBINA E DA MIOGLOBINA

Como foi visto nos Capítulos 7 e 8, a hemoglobina (**Hb**) é um heterotetrâmero, $\alpha_2\beta_2$ (ou um dímero dos protômeros $\alpha\beta$) com 65 kDa. As subunidades α e β são relacionadas estrutural e evolutivamente entre si e com a mioglobina (**Mb**), a proteína monomérica com 18 kDa, que se liga ao oxigênio no músculo esquelético e cardíaco (Seção 7.3C).

A Hb transporta oxigênio dos pulmões, das brânquias ou da pele dos animais para os capilares para ser usado na respiração. Os organismos muito pequenos não necessitam desse tipo de proteína, pois suas necessidades respiratórias são satisfeitas pela simples difusão passiva do O_2 através do corpo. Contudo, uma vez que a velocidade de difusão de uma sustância varia inversamente com o quadrado da distância pela qual ela deve se difundir, a velocidade de difusão do O_2 através de um tecido com espessura maior de 1 mm é muito lenta para manter a vida. A evolução de organismos grandes e complexos como os anelídeos (p. ex., minhocas), portanto, exigiu o desenvolvimento de sistemas circulatórios para transportar, ativamente, O_2 e nutrientes para os tecidos. O sangue desses organismos deve conter um transportador de oxigênio como a Hb, pois a solubilidade do O_2 no **plasma sanguíneo** (o componente fluido do sangue) é muito baixa (~10^{-4}*M* em condições fisiológicas) para transportar O_2 em quantidade suficiente para as necessidades metabólicas. Em contraste, o sangue total, que normalmente contém 150 g de Hb · L^{-1}, pode carregar O_2 em uma concentração de 0,01 *M*, a mesma do ar.

Embora a suposição inicial de que a Mb armazenasse oxigênio, atualmente está claro que essa função tem significado somente para os mamíferos aquáticos como as focas e as baleias, que possuem concentração de Mb em seus músculos de 10 a 30 vezes maior do que a dos mamíferos terrestres. Parece mais provável que o papel fisiológico principal da Mb nos mamíferos terrestres seja facilitar o transporte de oxigênio nos músculos em respiração rápida. A velocidade com que o O_2 pode se difundir dos capilares para os tecidos, e consequentemente o nível da respiração, é limitada pela baixa solubilidade do oxigênio em solução aquosa. A Mb aumenta a solubilidade efetiva do O_2 no músculo, o tecido de respiração mais rápida, quando em condições de esforço máximo. Assim, no músculo em respiração rápida, a Mb funciona como o equivalente molecular de um grupo de pessoas que passa baldes de mão em mão para facilitar a difusão do O_2. Foi portanto uma surpresa a constatação de que camundongos que tiveram o gene para a Mb nocauteado não apresentaram anormalidades óbvias (exceto pela cor pálida dos seus músculos), e exibiram capacidade normal para exercícios e para resposta a baixos níveis de oxigênio. Contudo, investigações adicionais revelaram que esses camundongos apresentam adaptações compensatórias que incluem aumento no seu **hematócrito** (a fração do volume sanguíneo ocupada pelas hemácias; normalmente 45%) e a densidade capilar de seus músculos. Além disso muitos dos embriões mutantes morrem no útero devido a defeitos cardiovasculares. Recentemente foram reconhecidas funções fisiológicas adicionais para a Mb: a destoxificação do **óxido nítrico** (**NO**), "uma molécula de sinalização biológica altamente reativa" por meio de sua conversão em **íon nitrato** (NO_3^-) sob condições normais e sua síntese a partir do **íon nitrito** (NO_2^-) sob condições de **hipoxia** (com um suprimento insuficiente de O_2; ver a seguir).

Nesta seção, inicia-se a discussão sobre a Hb considerando suas propriedades químicas e físicas e como elas estão relacionadas com sua função fisiológica. A estrutura da Hb e os mecanismos por meio dos quais ela desempenha suas funções serão discutidos na Seção 10.2.

A. Heme

*A cadeia da Mb e cada uma das quatro subunidades da Hb possuem um grupo **heme** em ligação não covalente* (Fig. 10.1). Esse é o mesmo grupo existente nos citocromos (Seção 9.6A) e em determinadas enzimas redox como a **catalase**. O grupo heme é responsável pela cor vermelha característica do sangue e é também o sítio ao qual se liga uma molécula de O_2 em cada monômero de **globina** (as globinas são as porções protéicas sem heme da Hb e da Mb). O sistema de anel heterocíclico do heme é um derivado da **porfirina**: ele consiste em quatro anéis **pirrólicos** (designados com as letras A a D na Fig. 10.1) unidos por pontes de meteno. A porfirina do heme, com seu arranjo particular de quatro substituintes metil, dois propionato e dois vinil, é conhecida como **protoporfirina IX**.

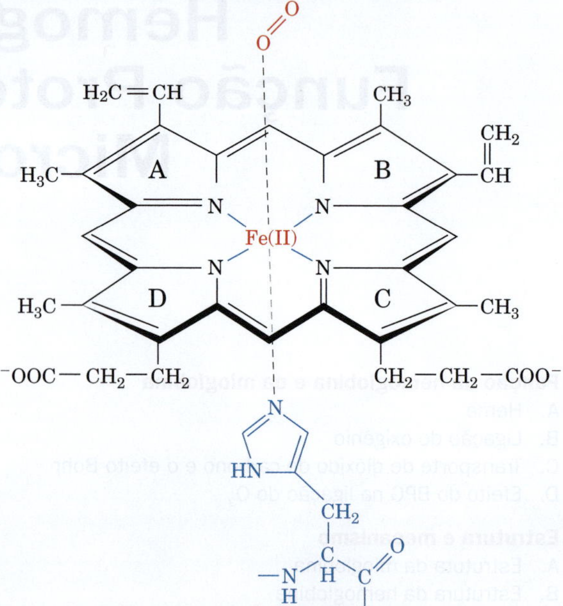

FIGURA 10.1 O grupo heme. O Fe(II)-heme (ferroprotoporfirina IX) é mostrado em ligação com His e O_2, como ocorre na Mb e na Hb oxigenadas. Note que o heme é um sistema conjugado de forma que todas as ligações Fe—N são equivalentes, embora duas das suas ligações Fe—N sejam ligações covalentes coordenadas (ligações nas quais o par de elétrons que faz a ligação é fornecido por somente um dos átomos que formam a ligação). O esquema de denominação do anel pirrólico com letras está mostrado na figura.

O heme é, portanto, uma protoporfirina IX contendo um átomo de ferro em posição central. *Na Hb e na Mb, o átomo de ferro permanece normalmente no estado de oxidação Fe(II) (ferroso) quer o heme esteja oxigenado (ligado a O_2) ou não.*

O átomo de Fe na Hb e na Mb não oxigenadas está coordenado por uma pirâmide quadrada de átomos de N: quatro da porfirina e um da cadeia lateral da His da proteína. Pela oxigenação, o O_2 se liga ao Fe(II) no anel porfirínico do lado oposto ao da His ligante, de forma que o Fe(II) se apresenta coordenado octaedricamente, isto é, os ligantes ocupam os seis vértices de um octaedro centrado no átomo de Fe (Fig. 10.1). *A oxigenação altera o estado eletrônico do Fe(II)-heme, o que é indicado pela mudança na coloração do sangue de púrpura escuro, característica do sangue venoso, para o vermelho brilhante do sangue arterial e do que corre de um dedo cortado* (Fig. 10.2).

Determinadas moléculas pequenas, como CO, NO, CN^- e H_2S, coordenam a sexta posição de ligação do Fe(II) na Hb e na Mb com uma afinidade muito maior do que a do O_2. Esse fato, juntamente com a capacidade de ligação semelhante aos grupos heme dos citocromos, é a causa das propriedades altamente tóxicas dessas substâncias.

O Fe(II) da Hb e da Mb pode ser oxidado a Fe(III) formando **metemoglobina** (**metHb**) e **metamioglobina** (**metMb**). A metHb e a metMb não ligam ao O_2; o Fe(III) dessas moléculas já está coordenado octaedricamente, com uma molécula de H_2O na sexta posição de ligação. A cor marrom do sangue seco e da carne velha é devida à metHb e à metMb. Os eritrócitos contêm a enzima **metemoglobina-redutase** que converte

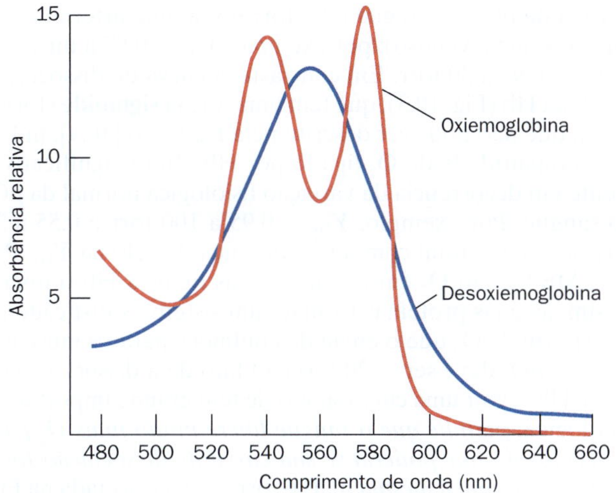

FIGURA 10.2 O espectro de absorção visível da hemoglobina oxigenada e desoxigenada.

para a forma Fe(II) a pequena quantidade de metHb que se forma espontaneamente.

a. A mioglobina sintetiza óxido nítrico e destoxifica

O NO, que é sintetizado em muitos tecidos, funciona como uma molécula sinalizadora ativa localmente, induzindo vasodilatação (Seção 19.1L). Uma vez que o NO tenha enviado sua mensagem, é importante que ele seja eliminado rapidamente para impedir sua interferência com sinais subsequentes de NO (ou a falta deles). Além disso, o NO é altamente reativo sendo por isso uma substância tóxica. No músculo, em concentração normal de O_2, ele é destoxificado por sua reação com a mioglobina oxigenada (**oxiMb**) produzindo íon nitrato e metMb:

$$NO + MbO_2 \rightarrow NO_3^- + metMb$$

Uma vez que a metMb é subsequentemente reduzida a Mb pela ação de uma **metamioglobina-redutase** intracelular, a Mb funciona como uma enzima nesse processo. A hemoglobina oxigenada (**oxiHb**) destoxifica de modo semelhante o NO presente no sangue.

Paradoxalmente, o dano ao tecido causado pela **isquemia** (fluxo sanguíneo insuficiente, como em um ataque cardíaco ou em um acidente vascular encefálico) é exacerbado quando se restabelece o fluxo sanguíneo aos tecidos. Este, assim chamado, **dano de reperfusão** é causado, em parte, pelas **espécies reativas de oxigênio** (**ROS**) altamente destrutivas, como o **íon superóxido** ($O_2^{-}\cdot$) e o **radical hidroxil** ($\cdot$OH), produzidos inicialmente pelas mitocôndrias hipóxicas quando o suprimento de sangue é restabelecido. O íon nitrito está normalmente presente no sangue e nos tecidos em baixa concentração (micromolar). Sob condições de hipóxia, a deoxi Mb catalisa a formação de NO a partir do íon nitrito:

$$NO_2^- + H^+ + Mb \rightarrow NO + OH^- + metMb$$

O NO suprime a cadeia mitocondrial de transporte de elétrons produzida pelas ROS (Capítulo 22) e desta forma protege contra o dano de reperfusão. De fato, a administração do íon nitrito a corações de camundongos normais imediatamente antes de cortar o suprimento de sangue por 30 minutos produziu um efeito protetor significante contra o dano ao tecido, mas o mesmo não aconteceu com os corações de camundongos com o gene da Mb silenciado.

b. Outras globinas e proteínas de transporte de oxigênio

A Hb e a Mb pertencem à superfamília das globinas, cujos membros ocorrem em todos os seres vivos, onde participam em uma grande variedade de funções enzimáticas e de percepção de O_2. Sem dúvida, a função de transporte de O_2 da Hb é uma adaptação evolutiva relativamente recente.

As hemoglobinas dos invertebrados variam em sua estrutura quaternária contendo desde dímeros até 180 subunidades. As maiores delas, conhecidas como **eritrocruorinas** (do Latin *cruor* = sangue), são proteínas extracelulares e não estão dentro das células; seu grande tamanho (até 3,5 milhões de kDa) permite que sejam retidas dentro dos sistemas circulatórios. As **clorocruorinas** (do Grego *chloros* = verde-claro), que ocorrem no sangue de determinados anelídeos, contêm uma porfirina que difere da protoporfirina IX pela substituição do grupo vinil de seu anel A por um grupo formil. Em consequência, a clorocruorina é verde quando desoxigenada e verde claro quando oxigenada.

Os peixes de gelo da Antártida, os únicos vertebrados adultos que não possuem hemoglobina – seu sangue é incolor – são viáveis porque sua necessidade reduzida por O_2 a baixas temperaturas combina com a solubilidade relativamente alta do O_2 em água na temperatura de $-1{,}9$°C do seu meio ambiente (lembre-se que a solubilidade dos gases aumenta com a redução da temperatura).

Muitos invertebrados não possuem Hb mas produzem um ou dois tipos alternativos de proteínas de transporte de O_2:

1. **Hemocianinas**, que ocorrem em muitas espécies de moluscos e artrópodes, formam uma família de proteínas extracelulares, grandes e multiméricas, que diferem desde suas estruturas primarias até quaternárias. No entanto, elas possuem sítios de ligação ao O_2 muito semelhantes contendo dois íons de cobre. As hemocianinas são azuis quando oxigenadas e incolores quando não estão ligadas ao O_2.
2. **Hemeritrinas**, as quais são proteínas intracelulares, ocorrem somente em poucas espécies de vermes marinhos. Seus sítios de ligação ao O_2 contêm dois íons Fe não hemínicos. As hemeritrinas são rosa-lilás em complexo com o O_2 e incolores quando não complexadas.

Os vertebrados também expressam duas globinas recentemente descobertas: a **neuroglobina**, que está presente principalmente no cérebro, na retina e nos tecidos endócrinos, e a **citoglobina**, que ocorre na maioria dos tecidos. A neuroglobina protege os neurônios (células nervosas) do dano sob condições de hipoxia, provavelmente por prevenir o dano de reperfusão de uma forma muito semelhante à da mioglobina no músculo. A citoglobina deve ter funções semelhantes.

B. *Ligação do oxigênio*

A ligação do O_2 à Mb é descrita por uma reação de equilíbrio simples

$$Mb + O_2 \rightleftharpoons MbO_2$$

com a constante de dissociação

$$K = \frac{[\text{Mb}][\text{O}_2]}{[\text{MbO}_2]} \qquad [10.1]$$

(os bioquímicos em geral expressam equilíbrio em termos de constantes de dissociação, as recíprocas das constantes de associação, quimicamente mais tradicionais). A dissociação do O_2 da Mb pode ser caracterizada por sua **saturação parcial**, Y_{O_2}, definida como a fração dos sítios de ligação ao O_2 ocupados pelo O_2.

$$Y_{O_2} = \frac{[\text{MbO}_2]}{[\text{Mb}] + [\text{MbO}_2]} = \frac{[\text{O}_2]}{K + [\text{O}_2]} \qquad [10.2]$$

Uma vez que o O_2 é um gás, sua concentração é mais convenientemente expressa por sua pressão parcial, pO_2 (também chamada **tensão de oxigênio**). A Equação [10.2] pode, assim, ser expressa:

$$Y_{O_2} = \frac{pO_2}{K + pO_2} \qquad [10.3]$$

Agora define-se p_{50} como o valor de pO_2 quando $Y_{O_2} = 0{,}50$, isto é, quando a metade dos sítios de ligação do O_2 na Mb está ocupada. Substituindo esse valor na Equação [10.3] e resolvendo K, obtém-se $K = p_{50}$. Assim a expressão para a saturação parcial da Mb finalmente torna-se:

$$Y_{O_2} = \frac{pO_2}{p_{50} + pO_2} \qquad [10.4]$$

a. A Hb liga O_2 cooperativamente

A curva de dissociação do O_2 da Mb (Fig. 10.3) é muito semelhante à curva hiperbólica descrita pela Equação [10.4]: sua p_{50} é 2,8 torr (1 torr = 1 mmHg a 0°C = 0,133 kPa; 760 torr = 1 atm). Por isso, a Mb libera pouco O_2 na variação fisiológica normal da pO_2 do sangue (100 torr no sangue arterial e 300 torr no sangue venoso); por exemplo, $Y_{O_2} = 0{,}97$ a uma pO_2 = 100 e 0,91 a 30 torr. Em contraste, a curva de dissociação do O_2 da Hb (Fig. 10.3), que tem uma forma **sigmoide** (forma de S), que não pode ser descrita pela Equação [10.4], indica que a quantidade de O_2 ligado por Hb altera significativamente em decorrência da variação fisiológica normal da pO_2 do sangue. Por exemplo, $Y_{O_2} = 0{,}95$ a 100 torr e 0,55 a 30 torr no sangue total com uma diferença de 0,40 na Y_{O_2}. Por isso, Mb liga ao O_2 em condições nas quais a Hb o libera. Assim, as duas proteínas formam um sistema sofisticado de transporte de O_2 que o envia dos pulmões para os músculos (onde a pO_2 deve ser < 20 torr). O fato de a dissociação do O_2 da Hb seguir uma curva sigmoide tem grande importância fisiológica; *permite que o sangue libere muito mais O_2 para os tecidos do que poderia se sua curva de dissociação fosse hiperbólica, com a mesma* p_{50} (26 torr; curva tracejada na Fig. 10.3). Tal curva hiperbólica tem $Y_{O_2} = 0{,}79$ a 100 torr e 0,54 a 30 torr para uma diferença de somente 0,25 na Y_{O_2}.

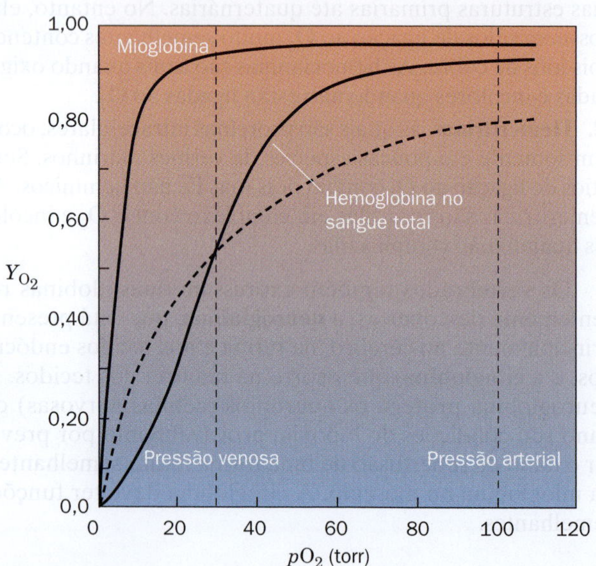

FIGURA 10.3 Curvas de dissociação do oxigênio da Mb e da Hb no sangue total. Estão indicados os valores normais de pO_2 arterial e venosa humana ao nível do mar. A linha tracejada é uma curva hiperbólica de dissociação de O_2 com a mesma p_{50} da Hb (26 torr). **Ver Figuras animadas**

Uma curva de dissociação sigmoide descreve uma **interação cooperativa** entre os sítios de ligação de uma molécula pequena a uma proteína, isto é, a ligação de uma molécula pequena afeta a ligação das outras. Nesse caso, a ligação do O_2 aumenta a afinidade da Hb para ligação de O_2 adicionais. O mecanismo estrutural da cooperatividade da Hb é discutido na Seção 10.2C.

b. Os parâmetros da equação de Hill podem ser avaliados graficamente

As primeiras tentativas de análise da curva sigmoide da dissociação do O_2 foram feitas em 1910 por Archibald Hill. De uma forma geral, sua análise será seguida, pois ela é útil para caracterizar o comportamento cooperativo tanto das enzimas oligoméricas como da Hb.

Deve-se considerar que a proteína E consiste em n subunidades que podem ligar uma molécula S, que, em analogia com os substituintes dos complexos de íons metálicos, é conhecida como **ligante**. Supondo que o ligante ligue-se com cooperatividade infinita

$$\text{E} + n\text{S} \rightleftharpoons \text{ES}_n$$

isto é, a proteína tanto tem todos ou nenhum dos seus sítios de ligação ocupados, de modo que não existem intermediários, ES_1, ES_2, etc. A constante de dissociação dessa reação é

$$K = \frac{[\text{E}][\text{S}]^n}{[\text{ES}_n]} \qquad [10.5]$$

e, como anteriormente, sua saturação fracional é expressa:

$$Y_S = \frac{n[\text{ES}_n]}{n([\text{E}] + [\text{ES}_n])} \qquad [10.6]$$

Combinando as Equações [10.5] e [10.6] obtém-se

$$Y_S = \frac{[\text{E}][\text{S}]^n/K}{[\text{E}](1 + [\text{S}]^n/K)}$$

que, com rearranjos algébricos e anulação de termos, torna-se a **equação de Hill**:

$$Y_S = \frac{[\text{S}]^n}{K + [\text{S}]^n} \qquad [10.7]$$

que, de maneira análoga à Equação [10.4], descreve o grau de saturação de uma proteína com múltiplas subunidades em função da concentração de ligantes.

A cooperatividade infinita de ligação do ligante (n é igual ao número de subunidades da proteína), como foi suposto na dedução da equação de Hill, é uma impossibilidade física. Entretanto, n pode ser tomado como um parâmetro não integral relacionado ao grau de cooperatividade entre os sítios de ligação em interação e não ao número de subunidades de cada proteína. A equação de Hill passa então a ser uma relação empírica útil de ajustamento à curva em vez de ser um indicador de determinado modelo de ligação do ligante. *A grandeza n, a* ***constante de Hill****, aumenta com o grau de cooperatividade da reação, fornecendo assim uma caracterização conveniente, embora simples, de uma reação de ligação a um ligante.* Se $n = 1$, a Equação [10.7] descreve uma hipérbole, como as Equações [10.3] e [10.4] para a Mb e a reação de ligação do ligante é dita ser **não cooperativa**. Uma reação com $n > 1$ é descrita como **positivamente cooperativa**: a ligação do ligante aumenta a afinidade de E para a ligação de mais um ligante (a cooperatividade é infinita no limite no qual n é igual ao número de sítios de ligação na E). Alternativamente, se $n < 1$, a reação é denominada **negativamente cooperativa**: a ligação com o ligante reduz a afinidade da E para a ligação subsequente de mais um ligante.

c. Os parâmetros da equação de Hill podem ser calculados graficamente

A constante de Hill, n, e a constante de dissociação, K, que melhor descrevem uma curva de saturação podem ser determinadas graficamente pelo rearranjo da Equação [10.7] como segue:

$$\frac{Y_S}{1 - Y_S} = \frac{\dfrac{[S]^n}{K + [S]^n}}{1 - \dfrac{[S]^n}{K + [S]^n}} = \frac{[S]^n}{K}$$

e tomando então o log de ambos os lados para obter uma equação linear:

$$\log\left(\frac{Y_S}{1 - Y_S}\right) = n \log[S] - \log K \qquad [10.8]$$

A curva linear de $\log[Y_s/(1 - Y_s)]$ *versus* $\log[S]$, a **curva de Hill**, tem uma inclinação de n e a interceptação no eixo log[S] é $(\log K)/n$ (lembre-se que a equação linear $y = mx + b$ descreve uma reta com uma inclinação de m e uma interceptação no eixo x de $-b/m$).

Para a Hb, se o pO_2 for substituído por [S] como feito para a Mb, a equação de Hill torna-se:

$$Y_{O_2} = \frac{(pO_2)^n}{K + (pO_2)^n} \qquad [10.9]$$

Como na Equação [10.4], define-se p_{50} como o valor de pO_2 quando $Y_{O_2} = 0{,}50$. Então, substituindo esse valor na Equação [10.9],

$$0{,}50 = \frac{(p_{50})^n}{K + (p_{50})^n}$$

de forma que

$$K = (p_{50})^n \qquad [10.10]$$

A substituição desse resultado na Equação [10.9] produz

$$Y_{O_2} = \frac{(pO_2)^n}{(p_{50})^n + (pO_2)^n} \qquad [10.11]$$

(*Nota:* A Equação [10.4] é um caso especial da Equação [10.11] para $n = 1$.) Por isso, a Equação [10.8] da curva de Hill para a Hb tem a forma

$$\log\left(\frac{Y_{O_2}}{1 - Y_{O_2}}\right) = n \log pO_2 - n \log p_{50} \qquad [10.12]$$

de modo que *essa curva tem uma inclinação n e uma interceptação no eixo log* pO_2 *de log* p_{50}.

A Fig. 10.4 mostra as curvas de Hill para Mb e Hb. Para a Mb a curva é linear com uma inclinação de 1, como espera-

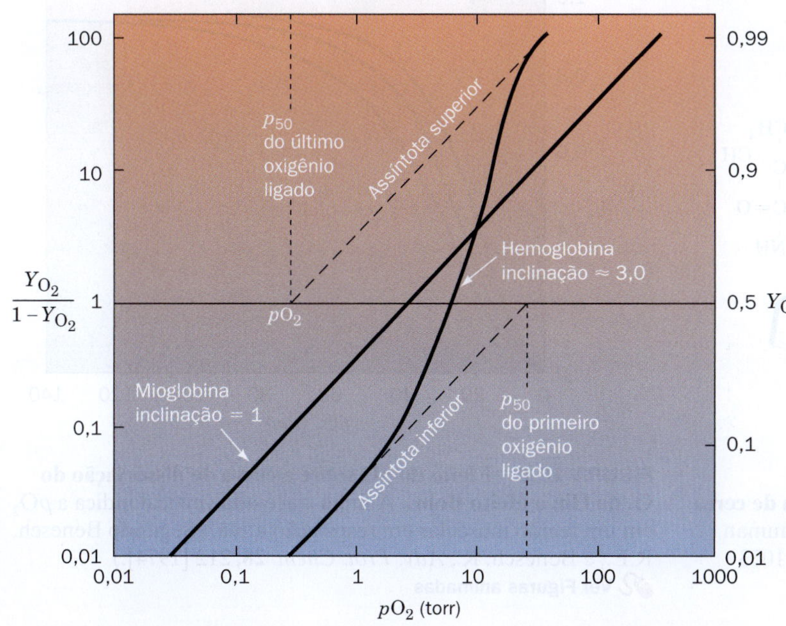

FIGURA 10.4 Gráficos de Hill para Mb e Hb purificada ("nua"). Note que este é um gráfico log-log. Por isso, o eixo horizontal, log $[Y_{O_2}/(1 - Y_{O_2})] = 0$, ocorre onde $Y_{O_2}/(1 - Y_{O_2}) = 1$ (e $pO_2 = p_{50}$).

do. Embora a Hb não ligue o O_2 em uma única etapa, como se assume na dedução da equação de Hill, sua curva de Hill é linear para valores de Y_{O_2} entre 0,1 e 0,9. Sua inclinação máxima, que ocorre próximo a $pO_2 = p_{50}$ [Y_{O_2} = 0,5; Y_{O_2}/(1 − Y_{O_2}) = 1], é normalmente considerada a constante de Hill. Para a Hb humana normal, a constante de Hill está entre 2,8 e 3,0, isto é, a ligação do oxigênio à Hb é altamente cooperativa, mas não infinitamente. Muitas Hbs anormais exibem constantes de Hill menores (Seção 10.3A), indicando que possuem um grau de cooperatividade menor que o normal. Para valores de Y_{O_2} próximos de 0, quando poucas moléculas de Hb têm uma molécula de O_2 ligada, a curva de Hill para a Hb assume uma inclinação de 1 (Fig. 10.4, assíntota inferior), pois as subunidades da Hb competem independentemente pelo O_2, como as moléculas de Mb. Para valores de Y_{O_2} próximos de 1, quando estão ocupados pelo menos três dos quatro sítios de ligação do O_2, a curva de Hill também assume uma inclinação de 1 (Fig. 10.4, assíntota superior), pois os poucos sítios desocupados estão em diferentes moléculas e por isso ligam O_2 independentemente.

A extrapolação da assíntota inferior na Fig. 10.4 para o eixo horizontal indica que p_{50} = 30 torr para a ligação do primeiro O_2 à Hb, de acordo com a Equação [10.11]. Igualmente, a extrapolação da assíntota superior produz p_{50} = 0,3 torr para a ligação do quarto O_2. Assim, *o quarto* O_2 *se liga à Hb com uma afinidade 100 vezes maior do que o primeiro.* Essa diferença é devida inteiramente à influência da globina sobre a afinidade do heme pelo O_2, como será visto na Seção 10.2C. Ela corresponde a uma diferença de energia livre de 11,4 kJ · mol^{-1} entre a ligação do primeiro e do último O_2 à Hb (Seção 3.4A).

Foram desenvolvidos modelos matemáticos mais sofisticados do que a equação de Hill para analisar a ligação cooperativa de ligantes a proteínas. Na Seção 10.4, serão examinados alguns deles.

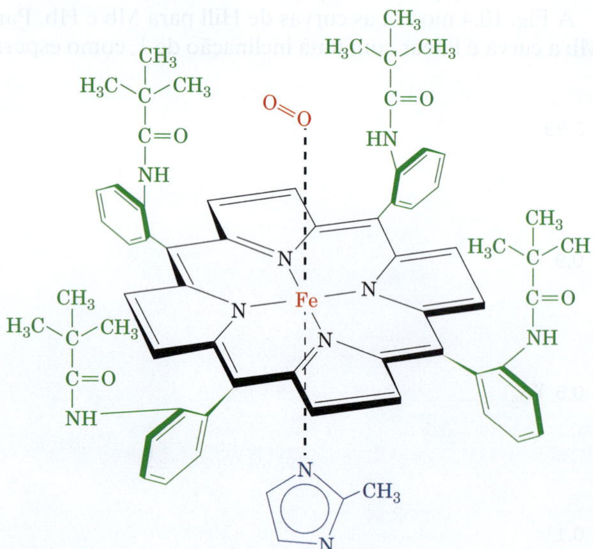

FIGURA 10.5 O complexo Fe(II)-porfirina em forma de cerca de estacas com O_2 ligado. (Segundo Collman, J.P., Brauman, J.I., Rose, E., e Suslick, K.S., *Proc. Natl. Acad. Sci.* **75**, 1053 [1978].)

d. A globina impede a auto-oxidação do oxieme

A globina não somente modula a afinidade do heme pelo O_2 *como também torna possível a reversibilidade da ligação do* O_2. O Fe(II)-heme por si só é incapaz de ligar reversivelmente o O_2. Na presença de O_2, ele se auto-oxida irreversivelmente a Fe(III), pela formação de um complexo consistindo em uma ponte entre uma molécula de O_2 e os átomos de Fe de dois grupos heme. Essa reação pode ser inibida pela modificação do heme com grupos volumosos que impedem estericamente a aproximação de dois grupos heme. Estes complexos Fe(II)-porfirina, sintetizados pela primeira vez por James Collman, ligam O_2 reversivelmente e possuem estruturas comparáveis a uma cerca de estacas (Fig. 10.5). O lado de trás dessa porfirina não está bloqueado e forma um complexo com um imidazol substituído, de maneira semelhante ao que ocorre na Hb e na Mb. Na verdade, a afinidade do complexo em forma de cerca de estacas por O_2 é semelhante à da Mb. Assim, as globinas da Mb e da Hb funcionam prevenindo a auto-oxidação do oxi-heme, envolvendo-o como o pão envolve o hambúrger, de forma que somente as suas cadeias laterais de propionato estão expostas ao solvente aquoso (Seção 10.2B).

C. *Transporte de dióxido de carbono e o efeito Bohr*

Além de ser um carreador de O_2, *a Hb desempenha um papel importante no transporte do* CO_2 *pelo sangue.* Quando a Hb (mas não a Mb) liga O_2 em pH fisiológico, ela sofre uma mudança de conformação (Seção 10.2B) que a torna um ácido levemente mais forte. Por isso libera prótons:

$$\text{Hb}(\text{O}_2)_n + \text{O}_2 \rightleftharpoons \text{Hb}(\text{O}_2)_{n+1} + x\text{H}^+$$

onde n = 0, 1, 2 ou 3 e $x \approx 0{,}6$ sob condições fisiológicas. Reciprocamente, *o aumento do pH, isto é, a remoção de prótons, estimula a Hb a ligar* O_2 (Fig. 10.6). Esse fenômeno, cuja base molecular é discutida na Seção 10.2E, é conhecido como o **efeito Bohr**, por causa de Christian Bohr (o pai de Niels

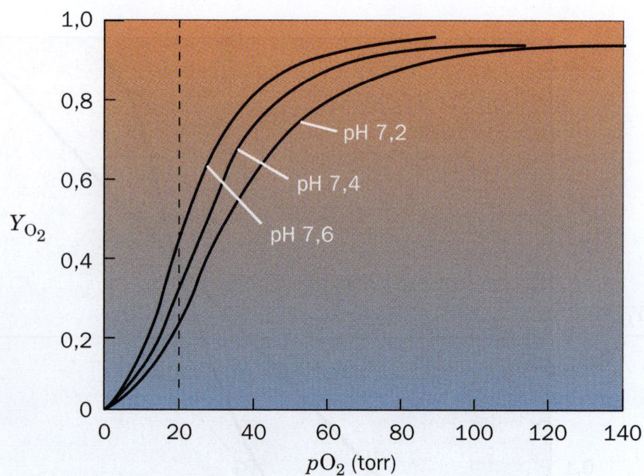

FIGURA 10.6 Efeito do pH sobre a curva de dissociação do O_2 da Hb: o efeito Bohr. A linha tracejada vertical indica a pO_2 em um tecido muscular em respiração ativa. (Segundo Benesch, R.E., e Benesch, R., *Adv. Prot. Chem.* **28**, 212 [1974].)

Ver Figuras animadas

Bohr, o pioneiro físico atômico), que o relatou pela primeira vez em 1904.

a. O efeito Bohr facilita o transporte do O_2

As cerca de 0,8 moléculas de CO_2 formadas por cada molécula de O_2 consumida na respiração difundem-se dos tecidos para os capilares e, em sua maior parte, estão dissolvidas devido à lentidão da reação de formação de bicarbonato:

$$CO_2 + H_2O \rightleftharpoons H^+ + HCO_3^-$$

Esta reação, contudo, é catalisada no eritrócito pela anidrase carbônica (Fig. 8.41). Desta maneira, a maior parte do CO_2 é transportada no sangue na forma de bicarbonato (na ausência da anidrase carbônica, a hidratação do CO_2 seria equilibrada 100 vezes mais lentamente, de forma que poderiam se formar bolhas do gás não dissolvido no sangue e nos tecidos).

Nos capilares, onde a pO_2 é baixa, o H^+ liberado pela formação do bicarbonato é captado pela Hb, que, por isso, é induzida a desligar-se de seu O_2. *Além disso, essa captação de H^+ facilita o transporte de CO_2, pois estimula a formação de bicarbonato. Reciprocamente, nos pulmões, onde a pO_2 é alta, o O_2 ligado à Hb libera os prótons de Bohr, o que facilita a expulsão do CO_2.* Essas reações são acopladas, de modo que causam uma alteração muito pequena no pH do sangue.

O efeito Bohr estabelece um mecanismo pelo qual O_2 adicionais podem ser supridos para músculos em grande atividade. Esses músculos geram ácido (Seção 17.3A) rapidamente, o que reduz de 7,4 para 7,2 o pH do sangue que os irriga. No pH 7,2, a Hb libera 10% mais O_2, com um valor de $pO_2 < 20$ torr nesses músculos do que a pH 7,4 (Fig. 10.6).

b. CO_2 e Cl^- modulam a afinidade da Hb pelo O_2

O CO_2 modula a ligação do O_2 diretamente e também por combinar-se reversivelmente com os grupos aminoterminais das proteínas sanguíneas, formando ***carbamatos****:*

$$R{-}NH_2 + CO_2 \rightleftharpoons R{-}NH{-}COO^- + H^+$$

A conformação da Hb sem oxigênio (**desoxiHb**), como será visto na Seção 10.2Ba, é significativamente diferente da **oxiHb**. Como consequência, a desoxiHb liga mais CO_2, na forma de carbamato, do que a oxiHb. Por isso, tanto o CO_2 como o H^+ são moduladores da afinidade do O_2 pela Hb. Uma alta concentração de CO_2, como ocorre nos capilares, estimula a Hb a liberar seu O_2. Note a complexidade desse equilíbrio $Hb{-}O_2{-}CO_2{-}H^+$: uma parte dos prótons liberados na formação do carbamato é captada devido ao efeito Bohr, aumentando, dessa forma, a quantidade de O_2 que a Hb é capaz de liberar. Embora a diferença na ligação do CO_2 entre os estados oxi e desoxi da Hb seja responsável por somente 5% do total de CO_2 sanguíneo, essa diferença é responsável por, aproximadamente, metade do CO_2 transportado pelo sangue. Isso ocorre porque somente 10% do total do CO_2 sanguíneo é renovado em cada ciclo circulatório.

O Cl^- também se liga mais fortemente à desoxiHb do que à oxiHb (Seção 10.2E). Em consequência, a afinidade da Hb pelo O_2 também varia com a concentração de Cl^-. O íon HCO_3^- atravessa livremente a membrana dos eritrócitos (Seção 12.3D), de forma que, à medida que ele se forma, entra em equilíbrio com o plasma circundante. No entanto, a necessidade da neutralidade de cargas em ambos os lados da membrana exige que o Cl^-, que também atravessa livremente a membrana, substitua o HCO_3^- que sai do eritrócito (a membrana do eritrócito é impermeável a cátions). Consequentemente, a concentração do Cl^- é maior no sangue venoso do que no sangue arterial. *Por essa razão, o Cl^- é também um modulador da afinidade da Hb por O_2.*

D. Efeito do BPG na ligação do O_2

A Hb purificada apresenta uma afinidade muito mais alta por O_2 do que o sangue total (Fig. 10.7). Essa observação levou Joseph Barcroft a especular, em 1921, que o sangue conteria algumas outras substâncias que se ligariam à Hb e reduziriam sua afinidade pelo O_2. Em 1967, Reinhold e Ruth Benesch demonstraram que essa substância é o **D-2,3-bifosfoglicerato** (**BPG**, de *bisphosphoglycerate*)

$$\begin{array}{c} O^- \quad O \\ \diagdown \; /\!\!/ \\ C \\ | \\ H{-}C{-}OPO_3^{2-} \\ | \\ H{-}C{-}OPO_3^{2-} \\ | \\ H \end{array}$$

D-2,3-bifosfoglicerato (BPG)

(anteriormente conhecido como **2,3-difosfoglicerato** [**DPG**, de *diphosphoglycerate*]). O BPG liga-se firmemente à desoxiHb em uma relação molar 1:1 ($K = 1{,}5 \times 10^{-5}\ M$), mas fracamente à oxiHb. Por essa razão, a presença do BPG mantém a Hb na conformação desoxi, reduzindo sua afinidade pelo oxigênio. Por exemplo, 4,7 mM de BPG, que

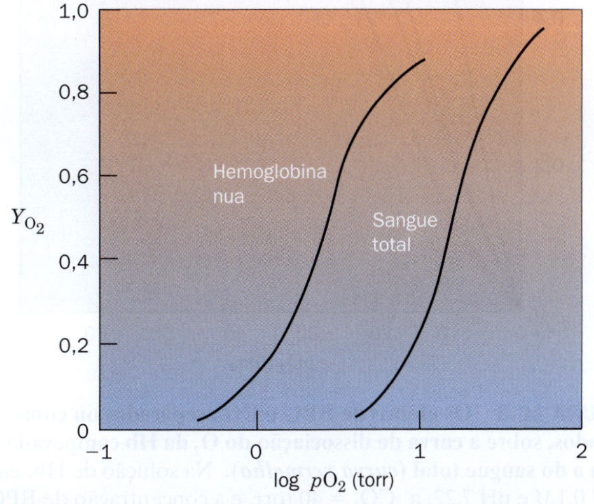

FIGURA 10.7 Comparação entre as curvas de dissociação do O_2 da Hb "nua" e do sangue total em NaCl 0,01 M a pH 7,0. (Segundo Benesch, R.E., e Benesch, R., *Adv. Prot. Chem.* **28**, 217 [1974].)

é a concentração normal nos eritrócitos (semelhante à da Hb) eleva a p_{50} da Hb de 12 para 22 torr. Os fosfatos orgânicos, como o **hexafosfato de inositol** (**IHP**, de *inositol hexaphosphate*)

Hexafosfato de inositol (IHP)

e o ATP, também apresentam esse efeito sobre a Hb. De fato, em pássaros, o IHP substitui o BPG, e o ATP o faz em peixes e na maioria dos anfíbios. Os cerca de 2 m*M* de ATP normalmente presentes nos eritrócitos de mamíferos são impedidos de se ligarem à Hb por estarem complexados com Mg^{2+}.

O BPG tem uma função fisiológica indispensável. No sangue arterial, onde a pO_2 é ~100 torr, a Hb está ~95% saturada com O_2, mas, no sangue venoso, onde a pO_2 é ~30 torr, ela está somente ~55% saturada (Fig. 10.3). Consequentemente, ao passar pelos capilares, a Hb descarrega ~40% do seu O_2. *Na ausência de BPG, pouco desse O_2 é liberado, pois a afinidade da Hb está aumentada, desviando significativamente a curva de dissociação na direção da pO_2 mais baixa* (Fig. 10.8, *esquerda*).

O CO_2 e o BPG modulam, independentemente, a afinidade da Hb pelo O_2. A Fig. 10.8 mostra que a Hb pura pode passar a apresentar a mesma curva de dissociação do oxigênio da Hb do sangue total pela adição de CO_2 e BPG nas concentrações encontradas nos eritrócitos (o pH e a concentração de Cl^- são também os mesmos). Assim, *a presença dessas quatro substâncias no sangue total – BPG, CO_2, H^+ e Cl^- – é responsável pelas propriedades de ligação do O_2 à Hb.*

a. Níveis aumentados de BPG são parcialmente responsáveis pela adaptação às grandes altitudes

A adaptação às grandes altitudes é um processo fisiológico complexo que envolve um aumento na quantidade de Hb nos eritrócitos e um aumento no número de eritrócitos. Esse processo demora várias semanas para se completar. No entanto, está claro para qualquer pessoa que tenha subido rapidamente a uma grande altitude, mesmo um dia de estada lá resulta em um grau perceptível de adaptação. Esse efeito é o resultado de um rápido aumento na concentração eritrocitária de BPG (Fig. 10.9; BPG é sintetizado no eritrócito e não é capaz de atravessar a membrana eritrocitária; Seção 17.2Hb). A consequente redução na afinidade pelo O_2,

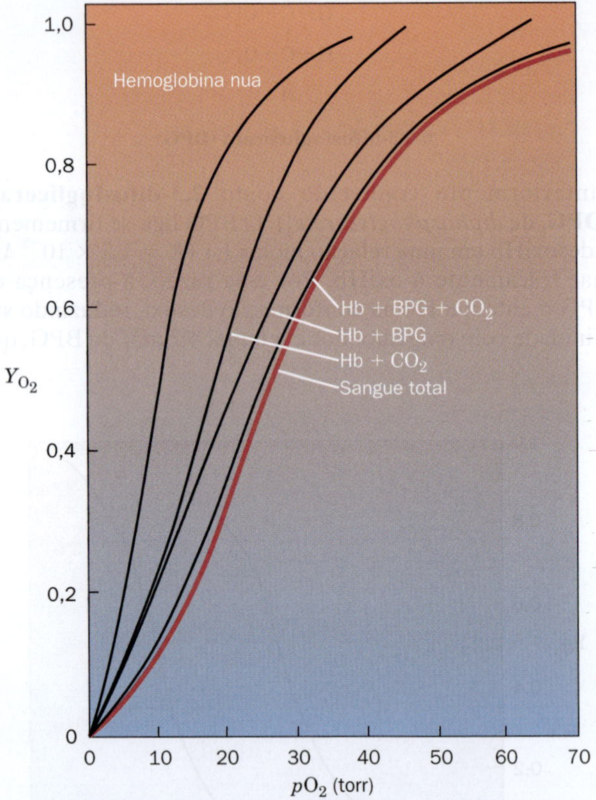

FIGURA 10.8 Os efeitos de BPG e CO_2, separados ou combinados, sobre a curva de dissociação do O_2 da Hb comparada com a do sangue total (*curva vermelha*). Na solução de Hb, em KCl 0,1*M* e pH 7,22, a $_pCO_2$ = 40 torr, e a concentração de BPG é 1,2 vezes a da Hb. O sangue tem uma pCO_2 = 40 torr e o pH plasmático é 7,40, o que corresponde a um pH de 7,22 dentro do eritrócito. (Segundo Kilmartin, J.V., e Rossi-Bernardi, L., *Physiol. Rev.* **53**, 884 [1973].) Ver Figuras animadas

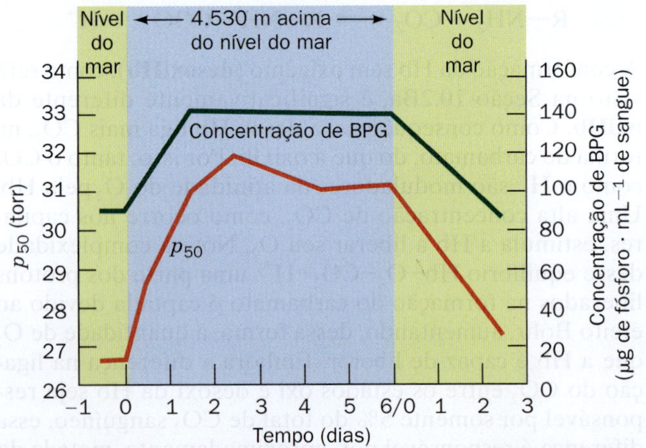

FIGURA 10.9 O efeito da exposição a grande altitude na p_{50} e na concentração sanguínea de BPG em indivíduos adaptados ao nível do mar. A região à direita marcada "nível do mar" indica os efeitos da exposição ao nível do mar de indivíduos adaptados à grande altitude. (Segundo Lenfant, C., Torrance, J.D., English, E., Finch, C.A., Reynafarje, C., Ramos, J., e Faura, J., *J. Clin. Invest.* **47**, 2653 [1968].)

como indicado pela elevada p_{50}, aumenta a quantidade de O_2 que a Hb descarrega nos capilares (Fig. 10.10). Aumentos semelhantes na concentração de BPG ocorrem em indivíduos que sofrem de doenças que limitam a oxigenação do sangue (hipoxia), tais como diversas anemias e insuficiência cardiopulmonar.

b. A hemoglobina fetal tem baixa afinidade por BPG

Os efeitos do BPG também auxiliam no suprimento de oxigênio para o feto. O feto capta O_2 a partir da circulação materna, via placenta. Esse processo é facilitado porque a hemoglobina fetal (HbF) possui uma afinidade pelo O_2 mais alta do que a hemoglobina materna (HbA; lembrar que a composição da HbF é $\alpha_2\gamma_2$, na qual a subunidade γ é uma variante da subunidade β da HbA; Seção 7.3C). O BPG ocorre na mesma concentração tanto nos eritrócitos adultos como nos fetais, mas se liga mais firmemente à desoxiHbA do que à desoxiHbF. Isso esclarece a maior afinidade da HbF pelo oxigênio. Na próxima seção, será explanada a base racional estrutural para o efeito do BPG e para os outros aspectos da ligação do O_2.

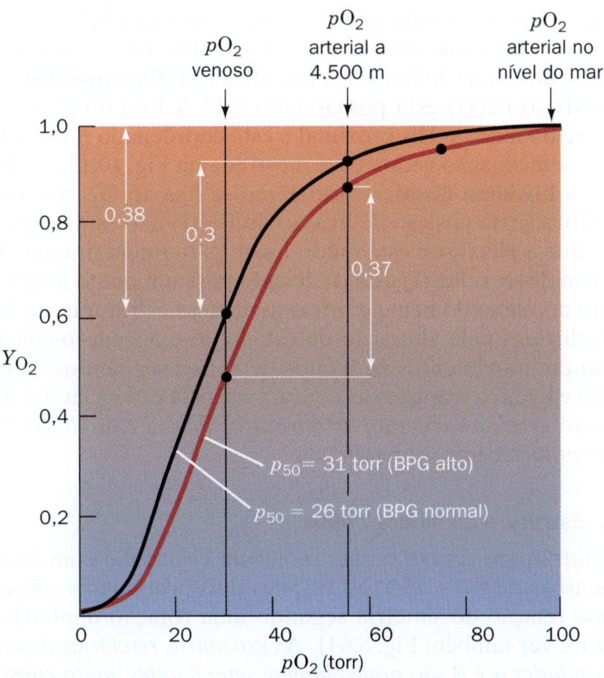

FIGURA 10.10 **Curvas *de dissociação do O_2 do sangue adaptado ao nível do mar (curva preta) e à grande altitude (curva vermelha).*** Entre os valores da pO_2 arterial e venosa de 100 torr e 30 torr, respectivamente, ao nível do mar, a Hb descarrega 38% do total de O_2 que ela pode transportar. No entanto, quando a pO_2 arterial cai para 55 torr, como acontece na altitude de 4.500 m, essa diferença é reduzida para 30% em um sangue não adaptado. A adaptação à grande altitude aumenta a concentração de BPG nos eritrócitos, o que desloca a curva de dissociação do O_2 da Hb para a direita. Por isso, a quantidade de O_2 que a Hb libera para os tecidos é restaurada a 37% de sua carga máxima.

2 ESTRUTURA E MECANISMO

A determinação das primeiras estruturas de proteínas por raios X, das estruturas da Mb da baleia do tipo cachalote, por John Kendrew em 1959, e da desoxiHb humana e da metHb de cavalo por Max Perutz um pouco mais tarde, prenunciou uma revolução no pensamento bioquímico que remodelou o entendimento da química da vida. Antes do advento da cristalografia de proteínas, as estruturas macromoleculares, se é que eram consideradas, eram imaginadas como tendo uma existência muito obscura com significado biológico incerto. Contudo, à medida que a elucidação das estruturas macromoleculares continuou em um ritmo ainda mais rápido, se tornou claro que *a vida é fundamentada nas interações entre macromoléculas complexas e estruturalmente bem definidas.*

A história da determinação estrutural da Hb é uma história de grande otimismo e tenacidade. Perutz começou seu estudo em 1937, na Universidade de Cambridge, como estudante de graduação de J. D. Bernal (que, juntamente com Dorothy Crowfoot Hodgkin, fez as primeiras fotografias de difração de raios X de cristais proteicos hidratados, em 1934). Em 1937, a determinação por raios X da estrutura cristalina, mesmo da menor das moléculas, requeria muitos meses de computação manual e a maior estrutura elucidada até então foi a do corante ftalocianina, contendo 40 átomos além dos de hidrogênios. Já que a Hb tem 4.500 átomos que não são hidrogênios, os colegas de Perutz devem ter pensado que ele estava perseguindo um objetivo impossível. Não obstante, o diretor do laboratório, Lawrence Bragg (o qual determinou, em 1912, juntamente com seu pai William Bragg, a primeira estrutura por raios X, a do NaCl,), percebeu o enorme significado biológico que a determinação da estrutura de uma proteína teria e apoiou o projeto.

Foi somente em 1953 que Perutz finalmente encontrou o método que lhe permitiu elucidar a estrutura da Hb, o da substituição isomórfica. Kendrew, colega de Perutz, usou essa técnica para elucidar a estrutura por raios X da Mb de cachalote, primeiro, em 1957, em baixa resolução, e depois em alta resolução, em 1959. A maior complexidade da estrutura da Hb atrasou a determinação estrutural em baixa resolução até 1959, e somente em 1968, 30 anos após ter iniciado o projeto, Perutz e seus associados obtiveram a estrutura por raios X de alta resolução da metHb de cavalo. As estruturas da desoxiHb humana e de cavalo foram obtidas logo após. Desde então foram elucidadas as estruturas por raios X de Hbs de numerosas espécies diferentes, de variantes mutacionais, e com ligantes diferentes. Isso, juntamente com investigações físico-químicas em geral engenhosas, tornou a Hb a proteína mais intensivamente estudada e, talvez, a melhor entendida.

Nesta seção, serão examinadas as estruturas moleculares da Mb e da Hb e considerada a base estrutural da cooperatividade da ligação do oxigênio à Hb, do efeito Bohr, e da ligação do BPG.

A. *Estrutura da mioglobina*

A Mb consiste em oito hélices (denominadas A–H) unidas por segmentos polipeptídicos curtos formando uma molécu-

TABELA 10.1 Sequência de aminoácidos das cadeias α e β da hemoglobina e da mioglobina humanas[*,**]

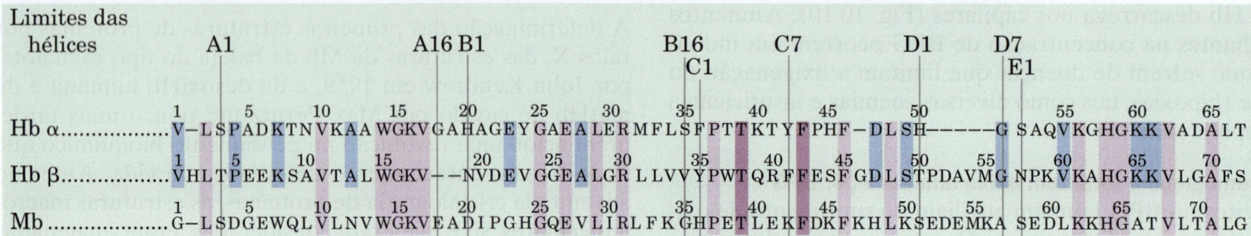

Limites das hélices	A1 … A16 B1 … B16 C1 … C7 … D1 … D7 E1 …
Hb α	V–LSPADKTNVKAAWGKVGAHAGEYGAEALERMFLSFPTTKTYFPHF–DLSH––––––GSAQVKGHGKKVADALT
Hb β	VHLTPEEKSAVTALWGKV––NVDEVGGEALGRLLVVYPWTQRFFESFGDLSTPDAVMGNPKVKAHGKKVLGAFS
Mb	G–LSDGEWQLVLNVWGKVEADIPGHGQEVLIRLFKGHPETLEKFDKFKHLKSEDEMKASEDLKKHGATVLTALG

la elipsoidal com dimensões aproximadas de 44 × 44 × 25 Å (Fig. 10.11; ver também Fig. 8.39). As hélices variam em comprimento entre 7 e 26 resíduos e incorporam 121 dos 153 resíduos da Mb (Tabela 10.1). Elas são em grande parte α-helicoidais, mas com algumas distorções dessa geometria, como um estreitamento da volta final das hélices A, C, E e G para formar segmentos de hélice de 3_{10}.

Em uma convenção de numeração das hélices, peculiar às globinas, os resíduos são designados de acordo com sua posição em uma hélice ou em um segmento entre hélices. Por exemplo, o resíduo B5 é o quinto resíduo a contar da extremidade N-terminal da hélice B e o resíduo FG3 é o terceiro a contar da extremidade N-terminal no segmento não helicoidal que conecta as hélices F e G. Os segmentos N- e C-terminais, não helicoidais, são designados NA e HC, respectivamente. Também é usada a convenção de numeração sequencial de todos os resíduos de aminoácidos a partir da extremidade N-terminal do polipeptídeo, e com frequência ambas as convenções são utilizadas simultaneamente. Por exemplo, Glu EF7(83) da Mb humana é o 83º resíduo a partir da extremidade N-terminal e é o 7º resíduo do segmento não helicoidal que conecta as hélices E e F.

FIGURA 10.11 Estrutura da Mb do cachalote. As 153 posições dos Cα estão numeradas a partir da extremidade N-terminal e as suas oito hélices estão marcadas de forma sequencial de A a H. A última metade do ângulo EF é agora considerada como uma volta da hélice e é designada hélice F′. O grupo heme está em vermelho. Ver também Fig. 8.39. (Figura impressa com a permissão de Irving Geis. Com base em uma estrutura por raios X obtida por John Kendrew, MRC Laboratory of Molecular Biology, Cambridge, Reino Unido. PDBid 1MBN.)

Ver Exercício de cineimagem 6.1

O grupo heme está firmemente encaixado em uma cavidade hidrofóbica formada, em sua maior parte pelas hélices E e F, mas que também inclui contatos com as hélices B, C, G e H, bem como com os segmentos CD e FG. O quinto ligante do Fe(II) do heme é a His F8, a **histidina proximal**. Na oxiMb, o Fe(II) está posicionado 0,22 Å fora do plano do heme do lado da His proximal e está coordenado por um O_2 com a inclinação geométrica mostrada na Fig. 10.12. Na His E7, a **histidina distal**, o hidrogênio se liga ao O_2. Na desoxiMb, a sexta posição de ligação do Fe(II) não está ocupada porque a His distal está muito longe para interagir com ela. Além disso, o Fe(II) está deslocado para um ponto a 0,55 Å fora do plano do heme. Outras mudanças estruturais na Mb produzidas pela alteração do estado de oxigenação consistem em movimentos pequenos de vários segmentos da cadeia e ligeiros reajustes na conformação da cadeia lateral. *De modo geral, no entanto, as estruturas da oxi e da desoxiMb são praticamente sobreponíveis.*

B. *Estrutura da hemoglobina*

O tetrâmero da Hb é uma molécula esferoidal com as dimensões de 64 × 55 × 50 Å. Seus dois protômeros αβ tem uma relação de simetria segundo uma rotação dupla (Fig. 10.13; ver também Fig. 8.64). A*s estruturas terciárias das subunidades α e β são notavelmente semelhantes, tanto entre si como com a Mb* (*Figs. 10.11 e 10.13*), ainda que somente 18% dos resíduos sejam idênticos entre esses três polipeptídeos (Tabela 10.1) e que a subunidade α da Hb não possua hélice D. De fato, *as subunidades α e β têm uma relação de simetria por pseudorrotações duplas (inexatas) de modo que as subunidades ocupam os vértices de um tetraedro (simetria pseudo-D_2; Seção 8.5B).*

As cadeias polipeptídicas da Hb estão organizadas de forma a permitir interações extensas entre subunidades diferentes. A interface α_1–β_1 (e sua equivalente simétrica α_2–β_2) envolve 35 resíduos, enquanto a interface α_1–β_2 (e α_2–β_1)

```
E19  F1  F9  G1  G19  H1  H19  H21  H26

         70   75   80   85   90   95   100  105  110  115  120  125  130  135  140
Hb α...NAVAHVDDMPNALSALSDLHAHKLRVDPVNFKLLSHCLLVTLAAHLPAEFTPAVHASLDKFLASVSTVLTSKYR
         75   80   85   90   95   100  105  110  115  120  125  130  135  140  145
Hb β...DGLAHLDNLKGTFATLSELHCDKLHVDPENFRLLGNVLVCVLAHHFGKEFTPPVQAAYQKVVAGVANALAHKYH
         75   80   85   90   95   100  105  110  115  120  125  130  135  140  145  150
Mb.......GILKKKGHHEAEIKPLAQSHATKHKIPVKYLEFISECIIQVLQSKHPGDFGADAQGAMNKALELFRKDMASNYKELGFQG
```

* Os resíduos foram alinhados em posições estruturalmente análogas. Os retângulos azuis marcam os resíduos idênticos em ambas as cadeias da Hb, os retângulos púrpura marcam os resíduos idênticos nas cadeias da Hb e na mb, e os retângulos púrpura escuro marcam os resíduos que são invariáveis nas cadeias de Hb e de Hb de todos os vertebrados (Thr C4, Phe CD1, Leu F4, His F8 e Tyr HC2).

** O primeiro e o último resíduo das hélices A-H estão indicados, enquanto os resíduos entre as hélices constituem os "segmentos" intervenientes. A estrutura refinada da Hb revela que o que é designado como o segmento EF na verdade é helicoidal em ambas as cadeias: ele circunda os resíduos EF4-F2 e é designado hélice F′.

Fonte: Dickerson, R.E. and Geis, I., *Hemoglobin*, pp. 68–69, Benjamin/Cummings (1983).

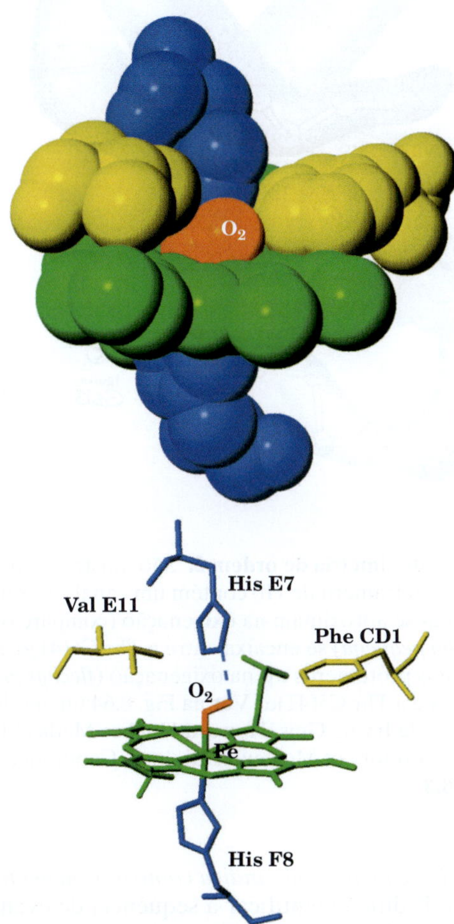

FIGURA 10.12 O complexo heme na oxiMb. No desenho superior, os átomos são representados como esferas com raios de van der Waals. O desenho inferior mostra o modelo estrutural correspondente com uma linha tracejada representando a ligação de hidrogênio entre a His distal e o O_2. (Segundo Phillips, S.E.V., *J. Mol. Biol.* **142**, 544 [1980]. PDBid 1MBO.)

Ver Exercício de cineimagem 6.1

envolve 19 resíduos. Essas associações possuem um caráter predominantemente hidrofóbico, embora também estejam envolvidas numerosas ligações de hidrogênio e vários pares iônicos (Seção 10.2C). Em contraste, os contatos entre subunidades iguais, α_1–α_2 e β_1–β_2, são poucos e basicamente com caráter polar. Isso ocorre porque as subunidades iguais opõem-se uma à outra por um canal com 20 Å de diâmetro, que é paralelo à extensão de 50 Å do eixo de simetria de ordem 2 perfeita (Figs. 8.64 e 10.13).

a. A oxiHb e a desoxiHb têm estruturas quaternárias diferentes

A oxigenação causa mudanças tão extensas na estrutura quaternária da Hb que a oxiHb e a desoxiHb apresentam formas cristalinas diferentes. De fato, os cristais de desoxiHb despedaçam-se quando expostos ao O_2. Por isso, as estruturas cristalinas das formas oxi e desoxi tiveram que ser determinadas independentemente. *A mudança estrutural quaternária preserva a simetria bilateral perfeita e ocorre inteiramente pela interface α_1–β_2 (e α_2–β_1).* O contato α_1–β_1 (e α_2–β_2) não é alterado, provavelmente como resultado de suas associações mais extensas e próximas. Esse contato proporciona uma conformação de referência conveniente a partir da qual as conformações oxi e desoxi podem ser comparadas. Visto dessa forma, a oxigenação provoca a rotação de ~15° do dímero $\alpha_1\beta_1$ em relação ao dímero $\alpha_2\beta_2$ (Fig. 10.14), de forma que alguns átomos na interface α_1–β_2 se deslocam 6 Å em relação uns aos outros (compare a Fig. 10.13*a* com a 10.13*b*).

A conformação quaternária da desoxiHb é denominada **estado T** (T de "tenso"). A da oxiHb, que é essencialmente independente do ligante utilizado para induzi-la (p. ex., Hbs ligadas a O_2, met, CO, CN^- e NO têm, todas elas, a mesma estrutura quaternária), é denominada **estado R** (R de "relaxado"). De forma similar, os estados conformacionais terciários da desoxi e das subunidades são designados, respectivamente, **estados t** e **r**. As diferenças estruturais entre as conformações terciárias e quaternárias estão descritas na subseção seguinte, em termos do mecanismo de ligação do O_2 à Hb.

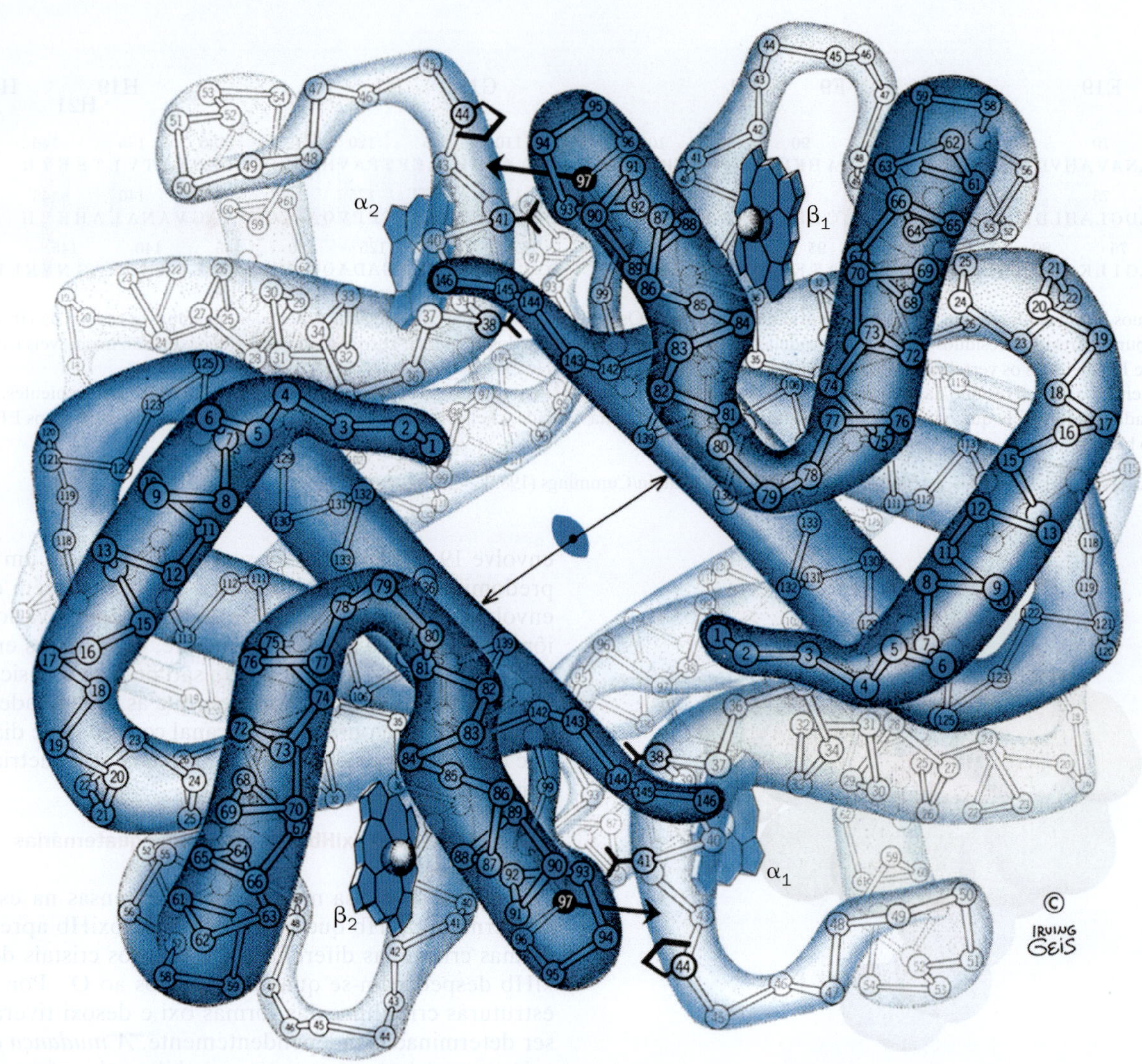

(a)

FIGURA 10.13 Estruturas da (*a*) desoxiHb e da (*b*) oxiHb vistas dos seus eixos de simetria de ordem 2. São mostrados os átomos de Cα, numerados a partir de cada extremidade N-terminal, e os grupos heme. O tetrâmero de Hb contém um canal central solvatado paralelo ao seu eixo de simetria de ordem 2, cujas cadeias β flanqueadoras se aproximam na oxigenação (compare os comprimentos das flechas de duas pontas). No estado desoxi, a His FG4(97)β (*flecha pequena*) se encaixa entre a Thr C6(41)α e a Pro CD2(44)α (*abaixo à direita e acima à esquerda*). Os movimentos relativos dos dois protômeros αβ na oxigenação (*flechas grandes cinzentas*) deslocam a His FG4(97)β para uma nova posição entre a Thr C3(38)α e a Thr C5(41)α. Ver na Fig. 8.64 um modelo de volume atômico da desoxiHb em vista similar. (Figura impressa com a permissão de Irving Geis, Howard Hughes Medical Institute, EUA. Com base em estruturas por raios X obtidas por Max Perutz, MRC Laboratory of Molecular Biology, Cambridge, Reino Unido. PDBids [*a*] 2DHB e [*b*] 2MHB.) **Ver Exercícios de cineimagem 6.2 e 6.3**

C. *Mecanismo de cooperatividade da ligação do oxigênio*

A cooperatividade positiva na ligação do O_2 à Hb origina-se do efeito que o estado de ligação de um grupo heme tem sobre a afinidade de ligação de outro grupo. As distâncias de 25 a 37 Å entre os grupos heme em uma molécula de Hb são grandes demais para que essas interações possam ser eletrônicas. *Em vez disso, elas devem ser transmitidas mecanicamente pela proteína.* A elucidação de como isso ocorre tem motivado, em grande parte, a pesquisa sobre a estrutura da Hb nas últimas quatro décadas.

A análise, por raios X, da estrutura cristalina produz "imagens instantâneas" dos estados R e T da Hb em vários estados de ligação, mas não indica como a proteína muda esses estados. É difícil identificar a sequência de eventos que resultam em tais transformações porque, para isso, é necessário o entendimento, ainda não disponível, do funcionamento interno das proteínas. É como se você tivesse que explicar o mecanismo de um relógio mecânico complicado tendo como base fotografias desfocadas e apenas uma vaga noção de como devem funcionar as engrenagens, alavancas e molas. Apesar disso, com base nas estruturas por raios X da Hb, Perutz formulou o seguinte mecanismo da oxigenação da Hb, o **mecanismo de Perutz**.

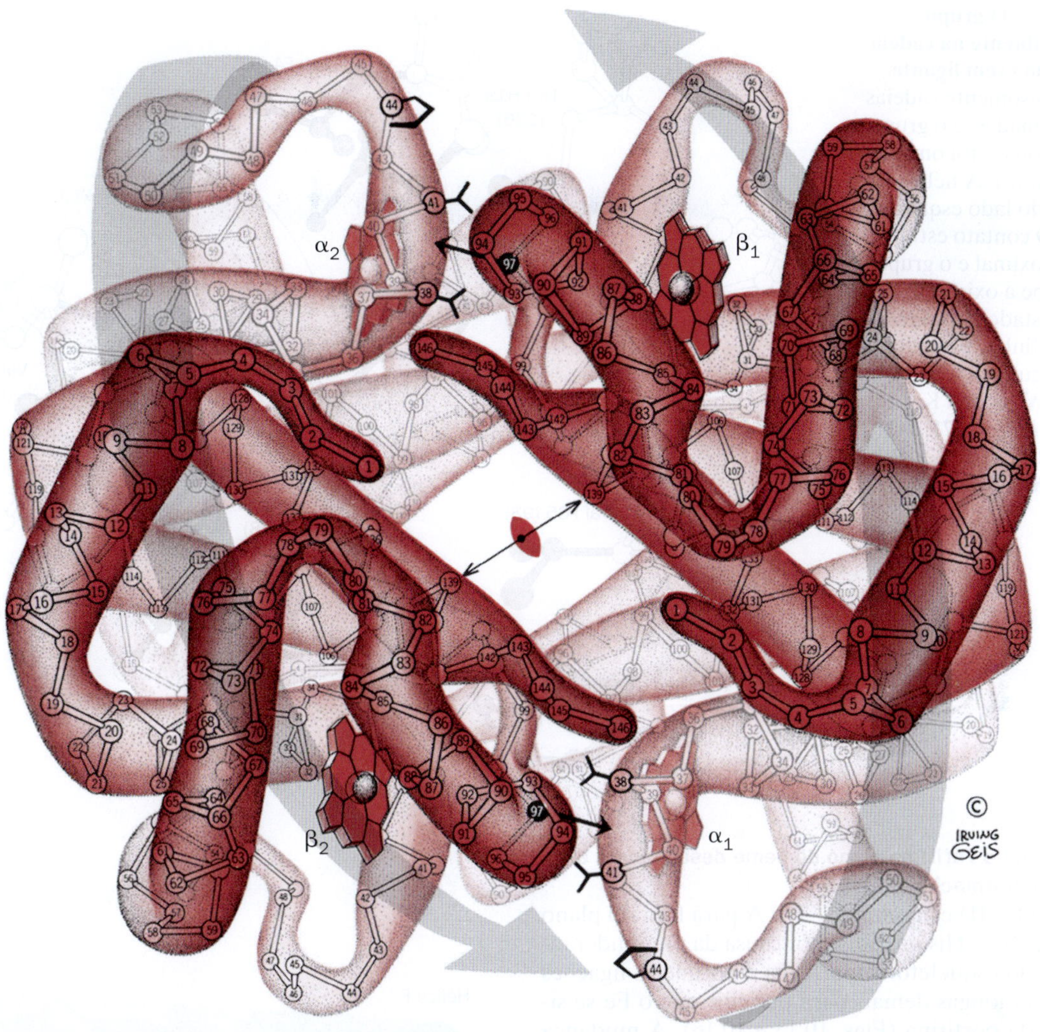

(b)

FIGURA 10.13 *(Continuação)*

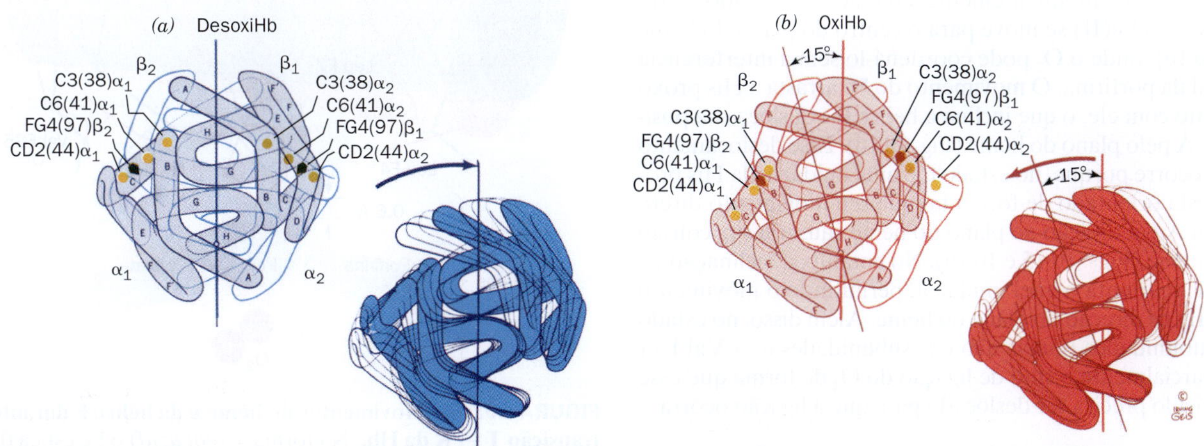

FIGURA 10.14 As principais diferenças estruturais na conformação quaternária entre (*a*) desoxiHb e (*b*) oxiHb. Na oxigenação, os dímeros $\alpha_1\beta_1$ (*sombreado*) e $\alpha_2\beta_2$ (*contornado*) movem-se, conforme indicado à direita, como unidades rígidas, de modo que há uma rotação de ~15°, para fora do centro, de um protômero em relação ao outro, o que preserva a simetria bilateral exata da molécula. Note que a posição da His FG4β (*pentágonos*) se altera em relação a Thr C3α, Thr C6α e Pro CD2α (*pontos amarelos*) nas interfaces de α_1–β_2 e α_2–β_1. A vista é do lado direito em relação à Fig. 10.13. (Figura impressa com a permissão de Irving Geis, Howard Hughes Medical Institute, EUA.)

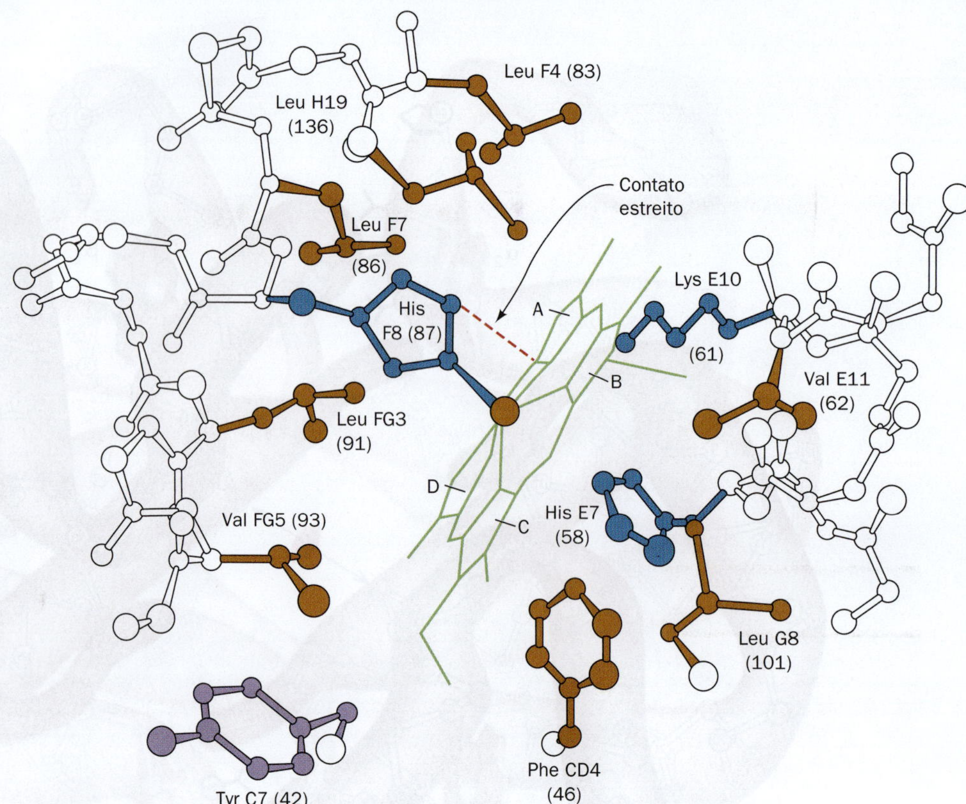

FIGURA 10.15 O grupo heme e seu ambiente na cadeia α da Hb humana sem ligante. São mostradas somente cadeias laterais selecionadas, e o grupo heme D propionato foi omitido para maior clareza. A hélice F está ao longo do lado esquerdo do desenho. O contato estreito entre a His proximal e o grupo heme, que inibe a oxigenação do heme em estado t, está indicado por uma linha vermelha tracejada. (Segundo Gelin, B.R., Lee, A.W.N., and Karplus, M., *J.Mol. Biol.* **171**, 542 [1983]. PDBid 2HHB.) **Ver Exercício de cineimagem 6.4**

a. O movimento do Fe(II) no plano do heme desencadeia a mudança conformacional T → R

No estado t, o Fe(II) está situado ~0,6 Å para fora do plano do heme ao lado da His proximal por causa da preponderância piramidal do esqueleto da porfirina e porque as ligações $Fe-N_{porfirina}$ são longas demais para permitir que o Fe se situe no plano da porfirina (Figs. 10.15 e 10.16). A mudança no estado eletrônico do heme ao ligar O_2, contudo, causa o abaulamento para baixo e as ligações $Fe-N_{porfirina}$ contraem-se em 0,1 Å. Consequentemente, ao mudar do estado t para o estado r, o Fe(II) se move para o centro do plano do heme (Fig. 10.16), onde o O_2 pode coordená-lo sem a interferência espacial da porfirina. O movimento do Fe arrasta a His proximal junto com ele, o que inclina a hélice F e desloca sua posição ~1 Å pelo plano do heme (Fig. 10.16). Esse deslocamento lateral ocorre porque, no estado t, o anel imidazol da His proximal está orientado de forma tal que seu movimento direto de ~0,6 Å em direção ao plano do heme causaria sua colisão com o heme (Figs. 10.15 e 10.16). No entanto, a inclinação da hélice F reorienta o anel imidazol, permitindo o movimento do Fe(II) na direção do plano do heme. Além disso, no estado t das subunidades β, mas não das subunidades α, a Val E11 oclui parcialmente o sítio de ligação do O_2 de forma que esse aminoácido precisa ser deslocado para que a ligação ocorra.

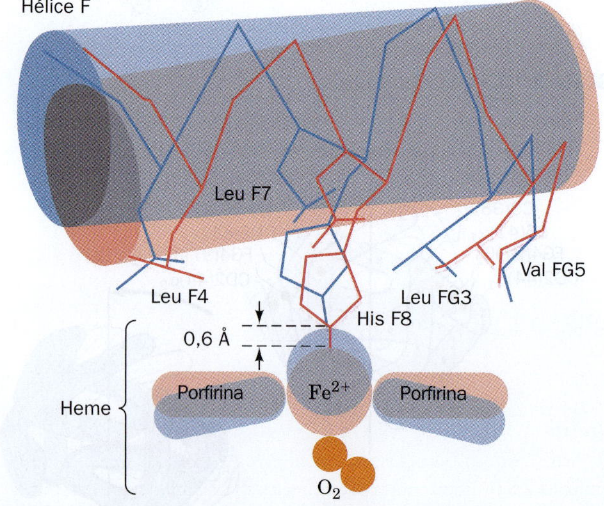

FIGURA 10.16 Movimentos do heme e da hélice F durante a transição T → R da Hb. Na forma T (*em azul*) o Fe está a 0,6 Å acima do centro do anel porfirínico em forma de abóbada. Ao assumir a forma R (*em vermelho*), o Fe desloca-se na direção do plano da porfirina então achatada, onde ele pode ligar o O_2 mais firmemente e, com isso, puxar a His F8 e a hélice F ligada a ela. A ligação $Fe–O_2$ é, assim, reforçada devido ao relaxamento da interferência estérica entre o O_2 e o heme. **Ver Exercício de cineimagem 6.4 e Figuras animadas**

b. Os contatos α_1–β_2 e α_2–β_1 possuem duas posições estáveis

Conforme visto anteriormente, a diferença entre as conformações R e T da Hb ocorre principalmente na interface α_1–β_2 (e na interface α_2–β_1 simetricamente relacionada), que consiste no contato da hélice C e do segmento FG de α_1, respectivamente, com o segmento FG e a hélice C de β_2. A alteração quaternária resulta em um deslocamento re-

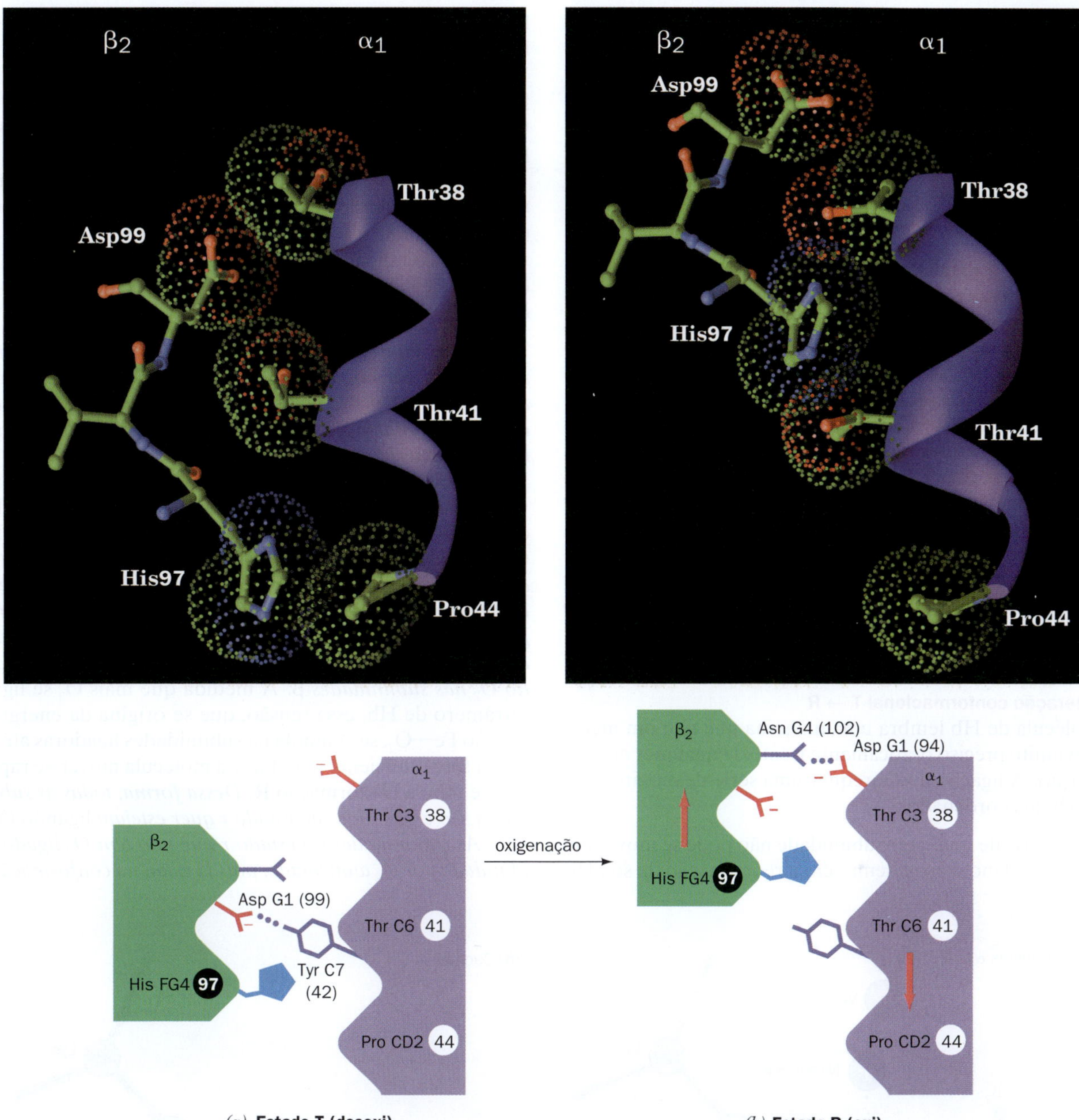

(a) **Estado T (desoxi)** *(b)* **Estado R (oxi)**

FIGURA 10.17 A interface α_1C– β_2FG da Hb no (*a*) estado T e no (*b*) estado R. Os desenhos na parte superior mostram a hélice C em forma de fita (*lilás*) e sua porção de contato com a região FG em forma de esferas e bastões, colorida de acordo com o tipo de átomo (C, verde; N, azul; e O, vermelho). Os pontos delineiam as superfícies de contato de van der Waals e também estão coloridos de acordo com o tipo de átomo. Os desenhos na parte inferior são os diagramas esquemáticos correspondentes do contato α_1C–β_2FG. Em uma transformação T → R, esse contato move-se rapidamente de uma posição para a outra sem intermediário estável (note, em ambas as conformações, como as saliências formadas pelas cadeias laterais da His 97β e da Asp 99β se ajustam entre os sulcos na hélice C formados pelas cadeias laterais da Thr 38α, Thr 41α e Pro 44α). As subunidades estão unidas por diferentes ligações de hidrogênio nos dois estados quaternários. As Figs. 10.13 e 10.14 apresentam vistas estruturais adicionais dessas interações. (Com base em estruturas por raios X feitas por Giulio Fermi, Max Perutz e Boaz Shaanan, MRC Laboratory of Molecular Biology, Cambridge, Reino Unido. PDBids (*a*) 2HHB e (*b*) 1HHO.) **Ver Exercício de cineimagem 6.5**

lativo de 6 Å na interface α_1C–β_2FG (Fig. 10.14). No estado T, a His FG4(97)β está em contato com a Thr C6(41)α (Figs. 10.13*a* e 10.17*a*), enquanto no estado R esta His está em contato com a Thr C3(38)α, uma volta atrás ao longo da hélice C (Figs. 10.13*b* e 10.17*b*). Em ambas as conformações, os "nós" de uma subunidade encaixam perfeitamente com os "sulcos" da outra (Fig. 10.17). Contudo, uma posição intermediária seria extremamente forçada porque aproximaria muito a His FG4(97)β da Thr C6(41)α (nós com nós). Consequentemente, *esses contatos, que são unidos por gru-*

pos de ligações de hidrogênio diferentes, mas equivalentes nos dois estados (Fig. 10.17), atuam como um interruptor binário que permite somente duas posições estáveis entre as subunidades. De maneira oposta, a alteração quaternária causa um desvio de somente ~1 Å no contato α_1FG–β_2C, de modo que suas cadeias laterais mantêm as mesmas associações durante toda a alteração. *Por isso, essas cadeias laterais atuam como articulações ou dobradiças flexíveis em volta das quais as subunidades α_1 e β_2 giram durante a alteração quaternária.*

c. O estado T é estabilizado por uma rede de pontes salinas que devem ser rompidas para formar o estado R

O estado R é estabilizado por interação com o ligante. Mas, por que o estado T é mais estável do que o estado R na ausência do ligante? Nos mapas de densidade eletrônica da Hb no estado R, os resíduos C-terminais de cada subunidade (Arg 141α e His 146β) aparecem como manchas, o que sugere que esses resíduos estão livres para oscilar em solução. Os mapas da forma T, contudo, mostram esses resíduos ancorados firmemente por meio de várias pontes salinas inter e intra-subunidades, as quais, evidentemente, auxiliam na estabilização do estado T (Fig. 10.18). *As mudanças estruturais que acompanham a transição T → R rompem as pontes salinas em um processo acionado pela energia de formação das ligações Fe—O_2.*

d. A cooperatividade na ligação do O_2 à Hb tem origem na alteração conformacional T → R

A molécula de Hb lembra uma máquina que têm um mecanismo muito preciso praticamente isento de qualquer erro de operação. A ligação do O_2 requer uma série de movimentos muito bem coordenados:

1. O Fe(II) de qualquer subunidade não pode se mover em direção ao plano do seu heme sem a reorientação de sua His proximal, impedindo assim a colisão do resíduo com o anel porfirínico.
2. A His proximal está tão firmemente comprimida por seus grupos vizinhos que não pode se reorientar, a menos que esse movimento seja acompanhado pelo deslocamento, descrita previamente, da hélice F pelo plano do heme.
3. O deslocamento da hélice só é possível se ocorrer juntamente com a alteração quaternária que desloca o contato de α_1C–β_2FG uma volta ao longo da hélice α_1C.
4. A inflexibilidade das interfaces α_1–β_1 e α_2–β_2 requer que essa alteração ocorra simultaneamente nas interfaces α_1–β_2 e α_2–β_1.

Como consequência, nenhuma subunidade ou dímero pode alterar muito sua conformação independentemente dos demais. Na verdade, as duas posições estáveis do contato α_1C–β_2FG limitam a molécula de Hb a somente duas conformações quaternárias, R e T.

Pode-se agora raciocinar sobre a estrutura da cooperatividade da ligação do O_2 à Hb. Todas as subunidades de ligação ao O_2 da desoxiHb são forçadas, pela conformação T do tetrâmero, a permanecer no estado t. Contudo, *o estado t tem afinidade reduzida pelo O_2, muito provavelmente porque sua ligação Fe—O_2 está estirada além do seu comprimento normal por repulsões espaciais entre o heme e o O_2 e também pela necessidade de deslocar a Val E11 para fora do sítio de ligação do O_2 nas subunidades β.* À medida que mais O_2 se liga ao tetrâmero de Hb, essa tensão, que se origina da energia de ligação Fe—O_2, se acumula na subunidades ligadoras até que tenha força suficiente para fazer a molécula mover-se rapidamente para a conformação R. *Dessa forma, todas as subunidades são convertidas ao estado r quer estejam* ligando O_2 *ou não. As subunidades no estado r que não têm O_2 ligado têm afinidade por O_2 aumentada, pois já estão na conformação de*

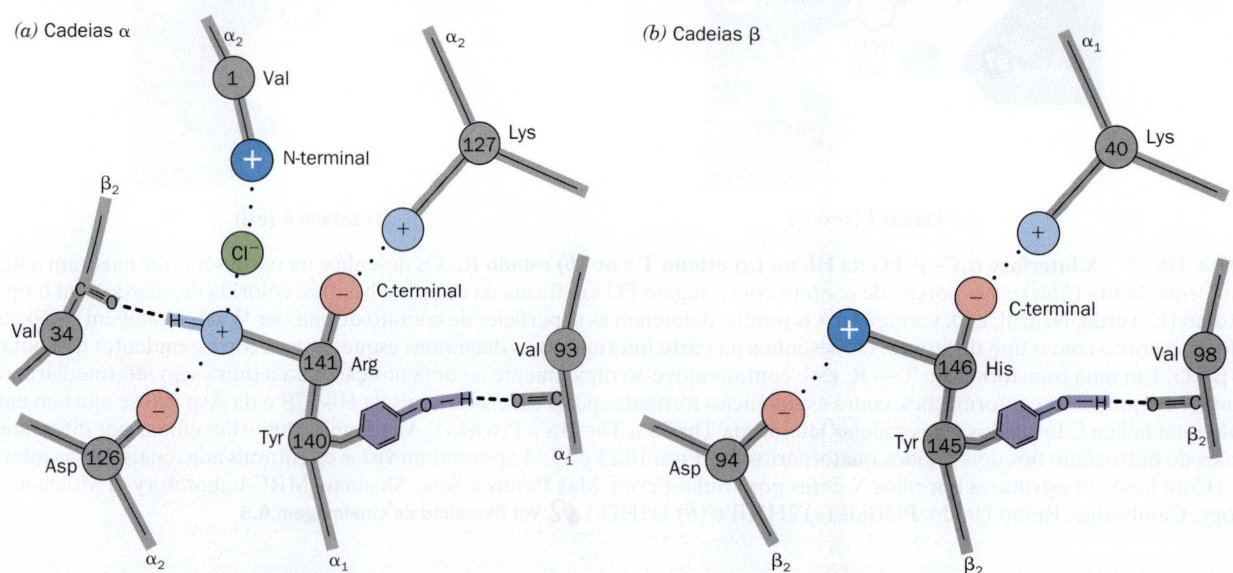

FIGURA 10.18 Redes de pontes salinas e ligações de hidrogênio na desoxiHb. Essas pontes, que envolvem os dois últimos resíduos da cadeia α (*a*) e da cadeia β (*b*), se rompem na transição T → R. Os dois grupos que participam no efeito Bohr (por se tornarem parcialmente desprotonados no estado R) estão indicados por um sinal de adição branco. (Figura impressa com a permissão de Irving Geis, Howard Hughes Medical Institute, EUA.)

ligação. Isso é responsável pela alta afinidade pelo O_2 da Hb próxima da saturação.

e. A curva sigmoide de ligação do O_2 à Hb é uma combinação das curvas hiperbólicas dos estados R e T

A estabilidade relativa dos estados R e T, conforme indicado por suas energias livres, varia com a saturação parcial (Fig. 10.19*a*). Na ausência do ligante, o estado T é mais estável que o estado R, e vice-versa, quando todos os sítios de ligação estão ocupados. A formação das ligações Fe—O_2 causa um decréscimo na energia livre dos dois estados, T e R (tornam-se mais estáveis), devido a oxigenação, embora a taxa desse decréscimo seja menor para o estado T como resultado da tensão que os ligantes impõem às subunidades no estado t. Naturalmente, a transformação R $\rightleftharpoons$ T é um processo em equilíbrio, de modo que, em níveis intermediários de saturação parcial (1, 2 ou 3 moléculas de O_2 ligadas), as moléculas de Hb se interconvertem continuamente entre os estados R e T.

A curva de ligação do O_2 à Hb pode ser entendida como uma combinação das curvas nos seus estados R e T (Fig. 10.19*b*). Nos estados puros, R ou T, essas curvas são hiperbólicas porque, na ausência de uma alteração estrutural quaternária, a ligação do O_2 a um protômero não é afetada pelo estado dos outros protômeros. Em baixa pO_2, a Hb segue a curva do estado T de baixa afinidade e em alta pO_2, ela segue a curva de alta afinidade do estado R. Em pO_2 intermediária, a Hb exibe uma afinidade pelo O_2 que se altera do tipo T para o tipo R à medida que aumenta a pO_2. A alteração resulta na forma sigmoide da curva de ligação do O_2 à Hb.

D. *Testando o mecanismo de Perutz*

O mecanismo de Perutz é uma descrição do comportamento dinâmico da Hb e está fundamentado em grande parte nas estruturas estáticas finais dos estados T e R. Como consequência, sem a demonstração direta que a Hb realmente segue a rota postulada de alteração de estados conformacionais, o mecanismo de Perutz deve ser encarado como, pelo menos parcialmente, hipotético. Infelizmente, os métodos físicos que podem seguir alterações dinâmicas em proteínas são, até agora, incapazes de fornecer descrições detalhadas dessas alterações. Não obstante, determinados aspectos do mecanismo de Perutz são apoiados por medidas estáticas, como será descrito a seguir e na Seção 10.3.

a. As pontes salinas C-terminais são necessárias para manter o estado T

A função proposta para a atuação das pontes salinas C-terminais na estabilização do estado T tem sido corroborada por estudos com Hb humana modificada quimicamente. A remoção da Arg 141α C-terminal (por isolamento das cadeias, tratamento das cadeias α com carboxipeptidase B seguida de reconstituição da Hb) reduz drasticamente a cooperatividade da ligação do O_2 (a constante de Hill é reduzida de seu valor normal de 2,8 para 1,7). A cooperatividade é abolida pela remoção de mais um resíduo C-terminal, a His 146β (constante de Hill de ~1,0). Aparentemente, a forma T da Hb é instável na ausência das pontes salinas C-terminais. Na verdade, a desoxiHb humana, com os resíduos C-terminais removidos, cristaliza em uma forma muito semelhante à da oxiHb normal.

b. A tensão da ligação Fe—O_2 foi demonstrada espectroscopicamente

Se o movimento do Fe em direção ao plano do heme, na oxigenação, está acoplado mecanicamente à transformação T → R via His proximal, então, forçar a oxiHb em direção à forma T deve provocar uma tensão sobre o Fe, pela His proximal,

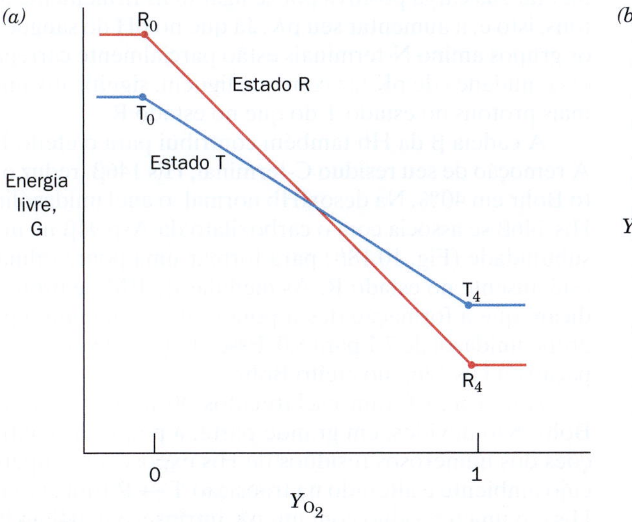

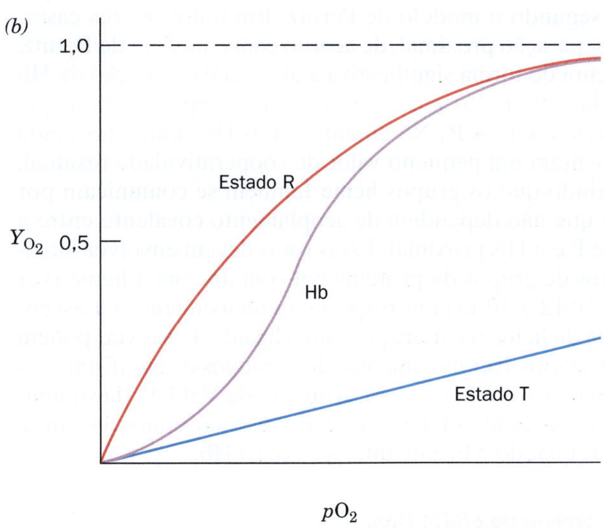

FIGURA 10.19 Energia livre e curvas de saturação da ligação do O_2 à Hb. (*a*) A variação da energia livre dos estados T e R da Hb e suas saturações parciais, Y_{O_2}. Na ausência de O_2, o estado T é mais estável, e o estado R é mais estável quando saturado com O_2. A energia livre de ambos os estados é reduzida com o aumento da oxigenação, como consequência da ligação do O_2. Contudo, a ligação Fe(II)–O_2 é mais exergônica no estado R do que no estado T, de forma que a estabilidade relativa desses dois estados inverte a ordem nos níveis intermediários de oxigenação. (*b*) A curva sigmoide de ligação do O_2 à Hb (*púrpura*) é uma combinação de suas curvas de ligação hiperbólicas no estado R (*vermelha*) e no estado T (*azul*). Essa curva é mais parecida com a curva do estado T em valores baixos de pO_2, e com a do estado R em altos valores de pO_2.

que tende a puxar o Fe para fora do plano do heme. Perutz demonstrou a existência dessa tensão da seguinte forma: os grupos fosfato do IHP fazem com que ele se ligue à desoxiHb com muito maior afinidade do que BPG (a base estrutural da ligação de BPG à Hb é apresentada na Seção 10.2F). A presença de IHP, por conseguinte, tende a forçar a Hb a passar para o estado T. Reciprocamente, o NO se liga à Hb muito mais firmemente do que o O_2 e por isso tende a forçar a Hb a adotar o estado R. A análise espectroscópica indica as consequências da ligação simultânea de NO e IHP à Hb:

1. O NO, como esperado, puxa o Fe em direção ao plano do heme.
2. O IHP força a molécula de Hb a assumir o estado T, o qual, acoplando a 3ª e a 4ª alteração conformacional por meio de "engrenagens e alavancas", puxa a His proximal na direção oposta, para longe do Fe.

A ligação entre a His proximal e o Fe não tem força para opor-se a essas duas forças opostas "irresistíveis"; ela simplesmente se rompe. A observação espectroscópica desse fenômeno confirma assim a existência da tensão heme-proteína predita pelo mecanismo de Perutz.

c. A remoção da His proximal da hélice F elimina a maior parte da cooperatividade

Chien Ho, em outro estudo experimental sobre a origem da cooperatividade na Hb, trocou mutagenicamente o resíduo de His proximal por Gly apenas nas subunidades α, apenas nas subunidades β, e em ambas. O anel imidazólico da His proximal perdido foi substituído por um imidazol (o qual, segundo um grande número de evidências, liga o Fe do heme da mesma forma como o faz a His proximal). Isso, de fato, separa a His da proteína, rompendo assim a ligação covalente que conecta o movimento (induzido por ligante) do Fe para o plano do heme ao movimento da hélice F que o acompanha, segundo o modelo de Perutz. Em todos os três casos, essa separação proximal, de acordo com o modelo de Perutz, aumenta de forma significativa a afinidade de ligação da Hb pelo ligante, reduz a cooperatividade e impede a alteração quaternária T → R. No entanto, essas Hbs mutantes ainda apresentam um pequeno valor de cooperatividade residual, sugerindo que os grupos heme também se comunicam por rotas que não dependem de acoplamento covalente entre a hélice F e a His proximal. Essas rotas devem envolver movimentos de grupos da proteína em contato com o heme (ver Figs. 10.12 e 10.15) em resposta ao abaixamento na ascendência do heme na interação com o ligante. Essas vias podem também envolver movimentos dos resíduos de His distais das subunidades α e β, e/ou o movimento da Val E11 da subunidade β. As cadeias laterais de todos esses resíduos devem se afastar quando o ligante interage com a Hb.

E. *A origem do efeito Bohr*

O efeito Bohr, ou a liberação do H^+ da Hb quando esta se liga ao O_2, também é observado quando a Hb interage com outros ligantes. *O efeito origina-se nas mudanças de pK de vários grupos causadas por alterações no seu ambiente local que acompanham a transição T → R da Hb.* Os grupos envolvidos incluem os grupos amino N-terminais das subunidades α e a His C-terminal das subunidades β. Esses grupos foram identificados por estudos químicos e estruturais e suas contribuições quantitativas para o efeito Bohr foram estimadas.

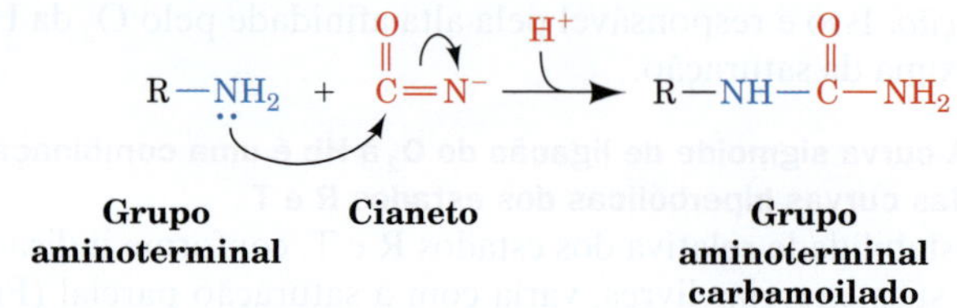

FIGURA 10.20 Reação do cianeto com as formas não protonadas (nucleofílicas) dos grupos amino primários. Em pHs fisiológicos, os grupos amino N-terminais, que têm p*K*s próximos de 8,0, reagem rapidamente com o cianeto. Os grupos ε-amino da Lys (p*K* ≈ 10,8) estão, no entanto, totalmente protonados sob essas condições e, por isso, não são reativos.

A reação das subunidades α da Hb com o **cianeto** resulta na **carbamoilação** específica dos grupos amino N-terminais (Fig. 10.20). Quando as subunidades α carbamoiladas são misturadas com subunidades β normais, a Hb resultante perde de 20 a 30% do efeito Bohr normal. A razão para esse fato pode ser vista comparando-se a estrutura por raios X da desoxiHb com a desoxiHb carbamoilada. Na desoxiHb, os íons Cl^- ligam-se entre o grupo amino N-terminal da Val $1\alpha_2$ e o grupo guanidino da Arg $141\alpha_1$ (o resíduo C-terminal; Fig. 10.18*a*). A desoxiHb carbamoilada não possui esse íon Cl^-. O íon Cl^- está ausente também na Hb no estado R normal, pois seus resíduos C-terminais não estão mantidos no lugar por pontes salinas (as quais são, parcialmente, responsáveis pela ligação preferencial do Cl^- à desoxiHb; Seção 10.1C). Os grupos amino N-terminais normalmente possuem p*K*s com valores próximos de 8,0. Nas subunidades α da desoxiHb, contudo, o grupo amino N-terminal é influenciado eletrostaticamente, por seu Cl^- intimamente associado, a aumentar sua carga positiva por se ligar mais firmemente a prótons, isto é, a aumentar seu p*K*. Já que no pH do sangue (7,4) os grupos amino N-terminais estão parcialmente carregados, essa mudança de pK faz com que liguem, significativamente, mais prótons no estado T do que no estado R.

A cadeia β da Hb também contribui para o efeito Bohr. A remoção de seu resíduo C-terminal, His 146β, reduz o efeito Bohr em 40%. Na desoxiHb normal, o anel imidazólico da His 146β se associa com o carboxilato da Asp 94β na mesma subunidade (Fig. 10.18*b*) para formar uma ponte salina que está ausente no estado R. As medidas de RM de prótons indicam que a formação dessa ponte salina aumenta o p*K* do grupo imidazol de 7,1 para 8,0. Esse efeito esclarece a participação da His 146β no efeito Bohr.

Ainda não foram esclarecidos 30 a 40% dos efeitos Bohr. São devidos, em grande parte, a pequenas contribuições dos numerosos resíduos de His expostos na superfície, cujo ambiente é alterado na transição T → R (uma vez que a His é o único resíduo com um p*K* intrínseco [6,04] no limite fisiológico, pequenas mudanças no seu p*K* alteram de forma significativa o número de prótons que se ligam a ela). Na verdade, medidas de RM realizadas por Ho indicam que a transição T → R induz pequenas alterações nos p*K*s dos vários resíduos de His, embora seja interessante observar que algumas dessas alterações levam à diminuição da magnitude do efeito Bohr.

F. *Base estrutural da ligação do BPG*

O BPG reduz a afinidade da Hb pelo O_2 porque se liga preferencialmente ao seu estado desoxi (Seção 10.1D). A ligação do BPG (fisiologicamente com quatro cargas) à desoxiHb é enfraquecida por concentração salina alta, o que sugere que essa associação tem um caráter iônico. Essa explicação é corroborada pela análise da estrutura por raios X do complexo desoxiHb-BPG, a qual indica que o BPG se liga na cavidade central da desoxiHb segundo seu eixo bilateral (Fig. 10.21). Os grupos aniônicos do BPG estão dentro das distâncias de ligações de hidrogênio e de pontes salinas da Lys EF6(82), da His H21(143), da His NA2(2) e dos grupos amino N-terminais de ambas as subunidades β (Fig 10.21). A transformação T → R mantém juntas as duas hélices Hβ, o que estreita a cavidade central (compare a Fig. 10.13*a,* com a 10.13*b*) e expulsa o BPG. Ela também aumenta a distância entre os grupos amino N-terminais β de 16 para 20 Å, o que impede sua ligação simultânea com os grupos fosfato do BPG. Consequentemente, o BPG estabiliza a conformação T da Hb, por fazer ligação cruzada entre suas subunidades β. Isso altera o equilíbrio T ⇌ R na direção do estado T, o que reduz a afinidade da Hb pelo O_2.

A estrutura do complexo BPG-desoxiHb também indica por que a HbF tem uma afinidade reduzida por BPG quando comparada à HbA (Seção 10.1D). A His H21(143)β catiônica da HbA é trocada por um resíduo de Ser sem carga na subunidade γ equivalente a β, da HbF, eliminando um par de interações iônicas que estabilizam o complexo BPG-desoxiHb (Fig. 10.21).

O excesso de cargas positivas que revestem a cavidade central da Hb é também parcialmente responsável pelo efeito alostérico dos íons Cl^- na estabilização do estado T com relação ao estado R (o restante é devido à participação do Cl^- nas redes de pontes salinas do estado T; Fig. 10.18*a*). A cavidade central é mais larga no estado T do que no estado R (Fig. 10.13), de forma que mais íons Cl^- ocupam esse canal no estado T do que no estado R. Os íons Cl^- adicionais reduzem, por meio de blindagem eletrostática, as repulsões mútuas das cargas positivas, estabilizando, assim, o estado T.

G. *Papel do resíduo de histidina distal*

A ligação do O_2 protege, paradoxalmente, o ferro do heme de auto-oxidação. A taxa de oxidação da Mb reduz à medida que aumenta a pressão parcial de O_2. Isso acontece porque a oxidação do ferro do heme é catalisada por prótons que estão reduzidos pelo ferro do heme e que, por sua vez, reduzem o O_2 do solvente a **íon superóxido** ($O_2^{-\cdot}$). O O_2 ligado protege, evidentemente, o Fe do ataque dos prótons.

A substituição mutagênica do resíduo de His distal na Mb por qualquer outro resíduo, reduz a afinidade da Mb pelo O_2 e aumenta sua taxa de auto-oxidação. Uma Asp, fonte de prótons, nessa posição, aumenta a taxa de auto-oxidação da Mb em 350 vezes, o maior aumento de todas as substituições de resíduos, enquanto Phe, Met e Arg provocam somente acelerações de 50 vezes, o menor aumento observado. O anel imidazólico da His distal, que tem um pK de 5,5, sendo por isso neutra em pH neutro e cujo átomo N_ε não protonado está em frente à concavidade do heme (Fig. 10.12), atua como uma armadilha de prótons, protegendo, dessa forma, o Fe. Assim, citando Perutz, "a Evolução é um químico brilhante".

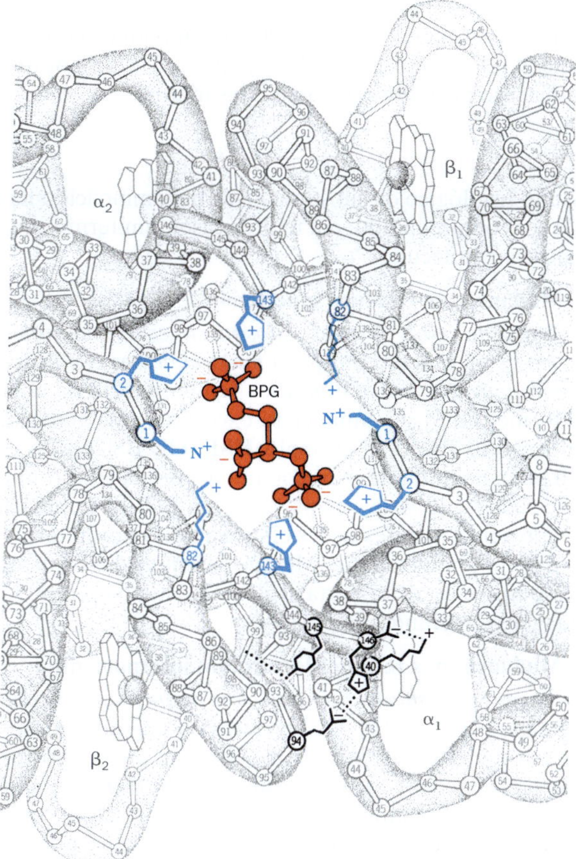

FIGURA 10.21 Ligação de BPG à desoxiHb. A vista é ao longo do eixo de simetria de ordem 2 da molécula (a mesma vista apresentada na Fig. 10.13*a*). O BPG (*em vermelho*), com os seus cinco grupos aniônicos, liga-se na cavidade central da desoxiHb, onde é circundado por um anel de oito cadeias laterais catiônicas (*em azul*) que se estendem a partir das duas subunidades β. A cavidade central, no estado R, é muito estreita para conter o BPG (Fig. 10.13*b*). A organização das pontes salinas e das ligações de hidrogênio entre as subunidades α_1 e β_2 que estabilizam parcialmente o estado T (Fig. 10.18*b*) está indicada abaixo à direita. (Figura impressa com a permissão de Irving Geis, Howard Hughes Medical Institute, EUA.)

Ver Exercício de cineimagem 6.3

3 HEMOGLOBINAS ANORMAIS

As Hbs mutantes proporcionaram a oportunidade única de estudar as relações estrutura-função nas proteínas, pois a Hb é uma proteína de fácil isolamento, de estrutura conhecida e possui um grande número de variantes bem caracterizado, que ocorre naturalmente. O exame de indivíduos com deficiências fisiológicas, juntamente com a triagem eletroforética rotineira de amostras de sangue humano, levou ao descobrimento de mais de 1.000 Hbs variantes, > 90% das quais resultam de substituições de um único aminoácido na cadeia polipeptídica da globina (em http://globin.cse.psu.edu/ há um compêndio sobre Hbs humanas variantes). Nesta seção, será estudada a natureza dessas **hemoglobinopatias**. As **talassemias**, doenças da Hb, caracterizadas por síntese defeituosa da globina, são o assunto da Seção 34.2G. Deve-se observar que todos os anos nascem ~300.000 indivíduos com sérias doenças relacionadas com Hb, e que ~5% da população mundial são portadores de uma Hb variante.

A. *Patologia molecular da hemoglobina*

O efeito fisiológico da substituição de um aminoácido na Hb pode ser compreendido, em muitos casos, em termos de sua localização molecular:

1. Mudanças de resíduos superficiais

Mudanças de resíduos localizados na superfície da molécula são, em geral, inócuas porque a maioria desses resíduos não tem um papel funcional específico (embora a Hb da anemia falciforme [HbS] seja uma clara exceção a essa generalização; Seção 10.3Ba). Por exemplo, **HbE** (Glu B8[26]β → Lys), a Hb humana mutante mais comum depois da HbS (em partes do sudeste da Ásia está presente em 10% da população), não apresenta manifestações clínicas, tanto nos heterozigotos como nos homozigotos. Metade das mutações conhecidas é desse tipo e foi descoberta acidentalmente ou por meio de sondagens em grandes populações.

2. Mudanças nos resíduos localizados internamente

Mudanças em resíduos internos com frequência desestabilizam a molécula de Hb. Os produtos de degradação dessas Hbs, particularmente os do heme, formam precipitados granulares (conhecidos como **corpúsculos de Heinz**) que aderem hidrofobicamente à membrana dos eritrócitos. Por isso, a permeabilidade da membrana aumenta, causando a lise celular prematura. Os portadores de Hbs instáveis sofrem de **anemia hemolítica** com graus variados de severidade.

A estrutura da Hb é tão delicadamente equilibrada que pequenas mudanças estruturais a tornam não funcional. Isso pode ocorrer por meio do enfraquecimento da associação heme-globina ou como consequência de outras mudanças conformacionais. Por exemplo, o grupo heme é facilmente desalojado de sua cavidade de ligação hidrofóbica onde está intimamente encaixada. Isso ocorre na **Hb Hammersmith** (as Hbs variantes são frequentemente denominadas com o nome da localidade onde foram descobertas), na qual a Phe CD1(42)β, um resíduo invariável que fixa o heme na sua cavidade (ver Fig. 10.12), é substituída por uma Ser. O espaço resultante permite a entrada de água na cavidade, o que faz o heme hidrofóbico se desligar facilmente (a Phe CD1 e a His F8 proximal são os únicos resíduos invariáveis dentre todas as Hbs conhecidas). De forma semelhante, na **Hb Bristol**, a substituição da Val E11(67)β por um Asp, o qual oclui parcialmente a cavidade do O_2, coloca um grupo polar em contato com o heme. Isso enfraquece a ligação do heme à proteína, provavelmente por facilitar o acesso de água ao interior hidrofóbico da subunidade.

A Hb também pode ser desestabilizada pelo rompimento de elementos das suas estruturas secundária, terciária e/ou quaternária. A instabilidade da **Hb Bibba** é resultado da substituição da Leu H19(136)α por uma Pro que rompe a hélice. Da mesma forma, a instabilidade da **Hb Savannah** é causada pela substituição, por uma Val, da Gly B6(24)β altamente conservada, que está localizada na hélice B onde ela cruza a hélice E, com espaço livre insuficiente para cadeias laterais maiores do que um átomo de H (Fig. 10.13). O contato α_1–β_1, que não se dissocia de forma significativa em condições fisiológicas, pode fazê-lo após a alteração estrutural. Isso ocorre na **Hb Philly**, na qual a Tyr C1(35)β, que participa da rede de ligações de hidrogênio que auxilia na união da interface α_1–β_1, é substituída por uma Phe.

3. Mudanças que estabilizam a metemoglobina

As mudanças nos sítios de ligação do O_2 que estabilizam o heme no estado de oxidação Fe(III) eliminam a ligação do O_2 à subunidade defectiva. Tais metHbs são denominadas **HbM** e se diz que os indivíduos portadores dessa Hb têm **metemoglobinemia**. Esses indivíduos em geral possuem a pele azulada, condição conhecida como **cianose**, resultado da presença de desoxiHb no seu sangue arterial.

Todas as metHbs conhecidas decorrem de substituições que permitem ao átomo de Fe a ligação com um átomo de oxigênio aniônico. Na **Hb Boston**, a substituição da His E7(58)α (a His distal que protege o heme da oxidação; Seção 10.2G) por uma Tyr resulta na formação de um complexo de coordenação Fe(III), com o íon fenolato da Tyr E7 mutante deslocando o anel imidazólico da His F8(87) como o ligante apical (Fig. 10.22*a*). Na **Hb Milwaukee**, o grupo γ-carbonil do Glu que substitui a Val E11(67)β forma um par iônico com o complexo de coordenação Fe(III) (Fig. 10.22*b*). Ambos os íons fenolato e glutamato nessas metHbs estabilizam o estado de oxidação Fe(III) de forma que a metHb-redutase não é capaz de convertê-lo para a forma Fe(II).

Os indivíduos com HbM são extremamente cianóticos e seu sangue possui uma cor marrom-chocolate, mesmo quando suas subunidades normais estão oxigenadas. No norte do Japão, essa condição é denominada "boca negra" e é conhecida há séculos. É causada pela presença da **Hb Iwate** (His F8[87]α → Tyr). As metHbs têm constante de Hill de ~1,2. Isso indica uma cooperatividade reduzida em comparação com a HbA, apesar de que a HbM, que pode ligar somente duas moléculas de oxigênio, possa ter uma constante de Hill máxima de 2 (as cadeias α e β não mutadas permanecem funcionais). Surpreendentemente, os heterozigotos com HbM, os quais têm uma média de uma subunidade α ou β não funcional para cada molécula de Hb, não possuem deficiências físicas aparentes. Evidentemente, a quantidade de O_2 liberado nos seus capilares está dentro dos limites normais. Os homozigotos para HbM, contudo, são desconhecidos. Esta condição é, sem dúvida, letal.

4. Alterações no contato α_1–β_2

As alterações no contato α_1–β_2 com frequência interferem com as mudanças estruturais quaternárias que ocorrem na Hb. A maioria dessas Hbs possui uma afinidade aumentada pelo O_2 de forma que liberam nos tecidos uma quantidade de O_2 menor do que a normal. Os indivíduos com tais defeitos o compensam pela elevação do seu hematócrito. Essa condição, denominada **policitemia**, frequentemente dá a eles uma tez avermelhada. Já algumas substituições de aminoácidos na interface α_1–β_2 resultam em uma redução na afinidade pelo O_2. Os indivíduos portadores de tais Hbs são cianóticos.

Substituições de aminoácidos no contato α_1–β_2 podem alterar as estabilidades relativas das formas R e T da Hb, alterando dessa forma sua afinidade pelo O_2. Por exemplo,

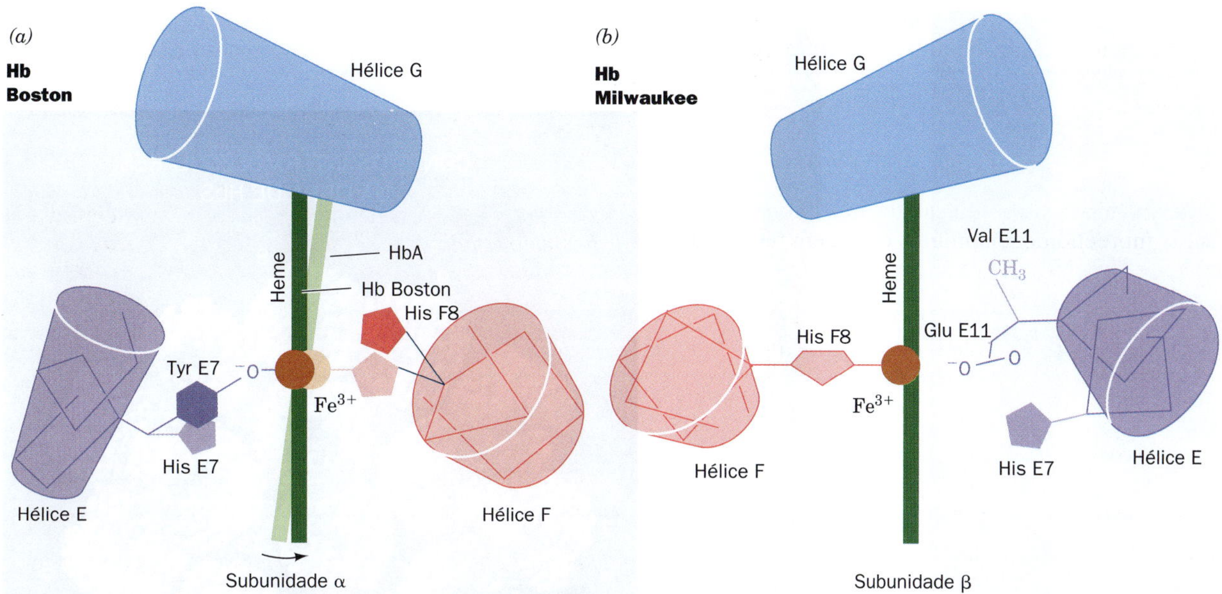

FIGURA 10.22 Mutações que estabilizam o estado de oxidação Fe(III) do heme. (*a*) As alterações na cavidade do heme da subunidade α na mudança da desoxiHbA para Hb Boston (His E7[58]α → Tyr). O íon fenolato da Tyr mutante torna-se o quinto ligante do átomo de Fe, deslocando, dessa forma, a His proximal (F8[87] α). (De acordo com Pulsinelli, P.D., Perutz, M.F., and Nagel, R.L., *Proc. Natl. Acad. Sci.* **70**, 3872 [1973].) (*b*) A estrutura da cavidade do heme da subunidade β da Hb Milwaukee (Val E11[67] β → Glu). Nesse caso, o resíduo carboxil do Glu mutante forma um par iônico com o átomo de Fe do heme e estabiliza seu estado Fe(III). (Segundo Perutz, M.F., Pulsinelli, P.D, e Ranney, H.M., *Nature New Biol* **237**, 260 [1972].)

a substituição da Asp G1(99)β por His na **Hb Yakima** elimina a ligação de hidrogênio no contato α_1–β_2 que estabiliza a forma T da Hb (Fig. 10.17*a*). O anel imidazol intruso também atua como uma cunha que separa as subunidades e as desloca na direção do estado R. Essa alteração muda o equilíbrio T → R quase inteiramente para o estado R, o que resulta no aumento da afinidade da Hb Yakima pelo O_2 (p_{50} = 12 torr sob condições fisiológicas *versus* 26 torr para a HbA) e na perda total da cooperatividade (constante de Hill = 1,0). Em contraste, a substituição da Asn G4(102)β por Thr, na **Hb Kansas**, elimina a ligação de hidrogênio no contato α_1–β_2 que estabiliza o estado R (Fig. 10.17*b*), de forma que essa variante permanece no estado T ao ligar O_2. A Hb Kansas tem, por isso, uma baixa afinidade pelo O_2 (p_{50} = 70 torr) e uma baixa cooperatividade (constante de Hill = 1,3).

B. *Base molecular da anemia falciforme*

A mais nociva das variantes de Hb ocorre em somente poucos indivíduos, em muitos dos quais a mutação aparentemente foi originada. Contudo, cerca de 10% dos negros norte-americanos e 25% dos negros africanos são heterozigotos para a **hemoglobina da célula falciforme** (**HbS**). Como visto (Seção 7.3Aa), a HbS surge da substituição do resíduo hidrofílico de superfície Glu A3(6)β pelo resíduo hidrofóbico Val (Fig. 10.13). A prevalência da HbS é resultado da proteção contra a malária que ela confere aos heterozigotos. Contudo, os homozigotos para a HbS, que são cerca de 50.000 nos Estados Unidos, são gravemente afetados por anemia hemolítica juntamente com bloqueios do fluxo sanguíneo dolorosos, debilitantes e muitas vezes fatais, causados pelas formas irregulares e rígidas dos eritrócitos que são características da doença (Fig. 7.19*b*).

a. As fibras da HbS são estabilizadas por contatos intermoleculares envolvendo a Val β6 e outros resíduos

A forma de foice dos eritrócitos que contêm a HbS resulta da agregação (polimerização) da desoxiHb em fibras rígidas que se estendem por todo o comprimento da célula (Fig. 10.23). A microscopia eletrônica indica que essas fibras são bastões

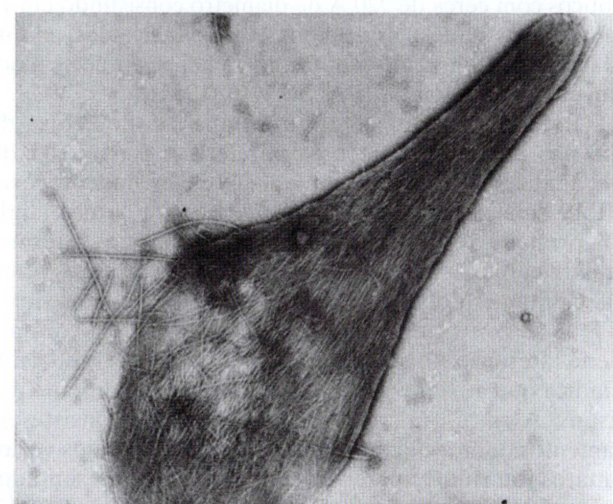

FIGURA 10.23 Micrografia eletrônica de uma fibra de desoxiHb expulsa de um eritrócito rompido. (Cortesia de Robert Josephs, University of Chicago, EUA.)

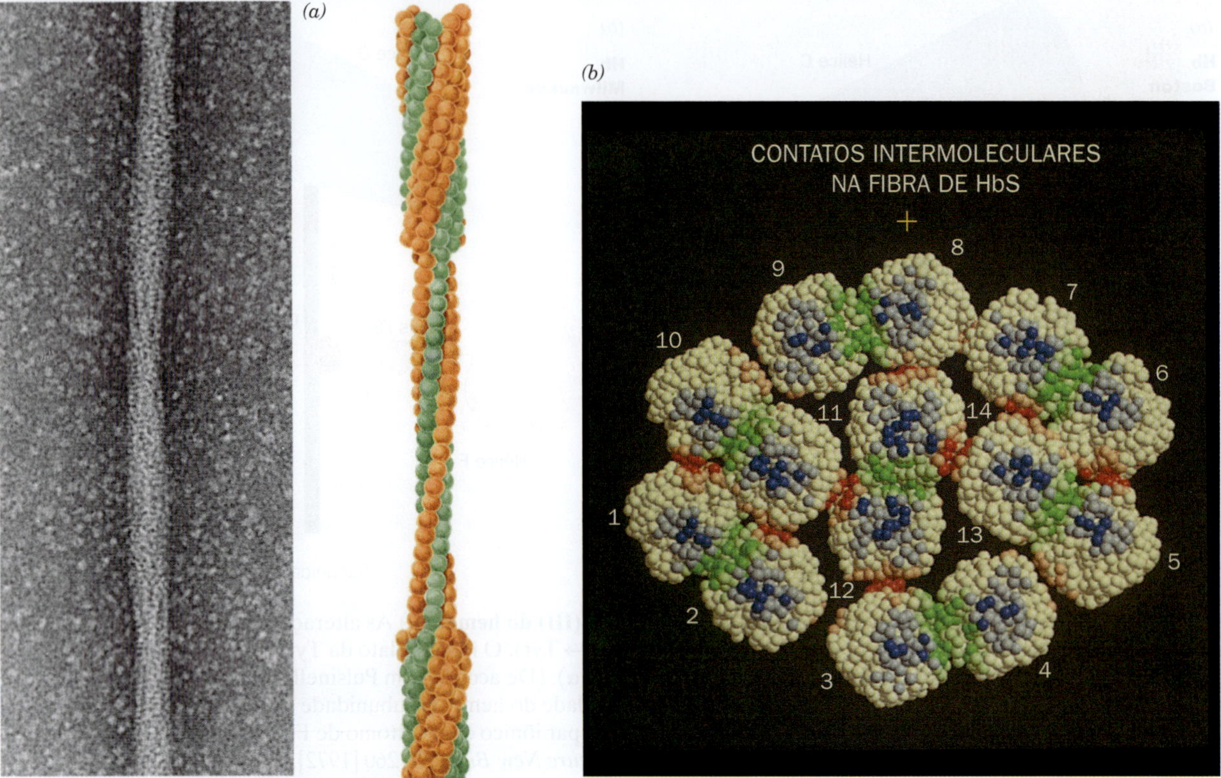

FIGURA 10.24 **Fibras de desoxiHbS com 220 Å de diâmetro.** (*a*) Micrografia eletrônica de uma fibra corada negativamente. O desenho interpretativo de um fragmento da fibra indica a relação entre as cadeias internas e externas; cada esfera representa uma molécula de HbS. A fibra tem repetições a uma distância de 64 Å e uma torção moderada que se repete a cada 350 Å ao longo do seu eixo. (Cortesia de Stuart Edelstein, Universidade de Genebra, Suiça.) (*b*) Modelo da fibra de HbS, em secção transversal, com base na estrutura cristalina da proteína e nas reconstruções tridimensionais das micrografias eletrônicas das fibras. Os resíduos nas 14 moléculas estão representados como esferas centradas nas posições dos C_α. Os resíduos que fazem os contatos entre a intercadeia dupla, a intracadeia dupla lateral e a intracadeia dupla axial estão coloridos em vermelho, verde e azul, respectivamente, e os resíduos que fazem contatos intermoleculares < 8 Å e < 5 Å estão em tons mais claros e mais escuros, respectivamente. Os resíduos das cadeias α e β fora das regiões de contato estão representados em branco. (Cortesia de Stanley Watowich, Leon Gross e Robert Josephs, University of Chicago, EUA.)

elípticos com cerca de 220 Å de diâmetro consistindo em 14 filamentos de moléculas de desoxiHbS compactadas em forma hexagonal e torcidos em forma de hélice e que se associam em pares paralelos (Figs. 10.24 e 10.25*a*).

O relacionamento estrutural entre as moléculas de HbS nos pares de filamentos paralelos foi estabelecido pela análise da estrutura por raios X de cristais de desoxiHbS. Quando essa estrutura cristalina foi determinada pela primeira vez, não ficou claro se os contatos intermoleculares no cristal se assemelhariam aos existentes na fibra. Contudo, a observação subsequente de que as fibras da HbS se convertem lentamente nesses cristais com pequena alteração no seu padrão total de difração de raios X indica que as fibras assemelham-se estruturalmente aos cristais. A estrutura cristalina da desoxiHbS consiste em filamentos duplos de moléculas de desoxiHbS cujos vários contatos intermoleculares diferentes estão representados na Fig. 10.25*b*. Somente uma das duas Val 6β por molécula de Hb faz contato com uma molécula vizinha. Nesse contato, a cadeia lateral da Val mutante ocupa uma cavidade com superfície hidrofóbica na subunidade β de uma molécula adjacente cuja Val 6β não faz contato intermolecular (Fig. 10.25*c*). Essa cavidade está ausente na oxiHb. Outros contatos envolvem resíduos que também ocorrem na HbA, incluindo Asp 73β e Glu 23α (Fig. 10.25*b*). A observação que a desoxiHbA não se agrega em fibras, mesmo em concentrações muito altas, contudo, indica que *o contato envolvendo a Val 6β é essencial para a formação das fibras.* Essa conclusão é corroborada pela observação que uma Hb humana geneticamente modificada, na qual o Glu 6β é substituído por uma Ile (que difere da Val por ter um grupo CH_2 adicional, sendo, por isso, ainda mais hidrofóbica), tem a metade da solubilidade da HbS em solução de fosfato 1,8 *M*.

A importância de outros contatos intermoleculares para a integridade estrutural das fibras da HbS foi demonstrada pelo estudo dos efeitos de outras Hbs mutantes sobre a gelação (polimerização) da HbS. Por exemplo, a **Hb Harlem**, duplamente mutada, (Glu 6β → Val + Asp 73β → Asn), para gelificar, requer uma concentração mais alta para polimerizar do que a HbS (Glu 6β → Val). De modo similar, misturas de HbS e de **Hb Korle-Bu**

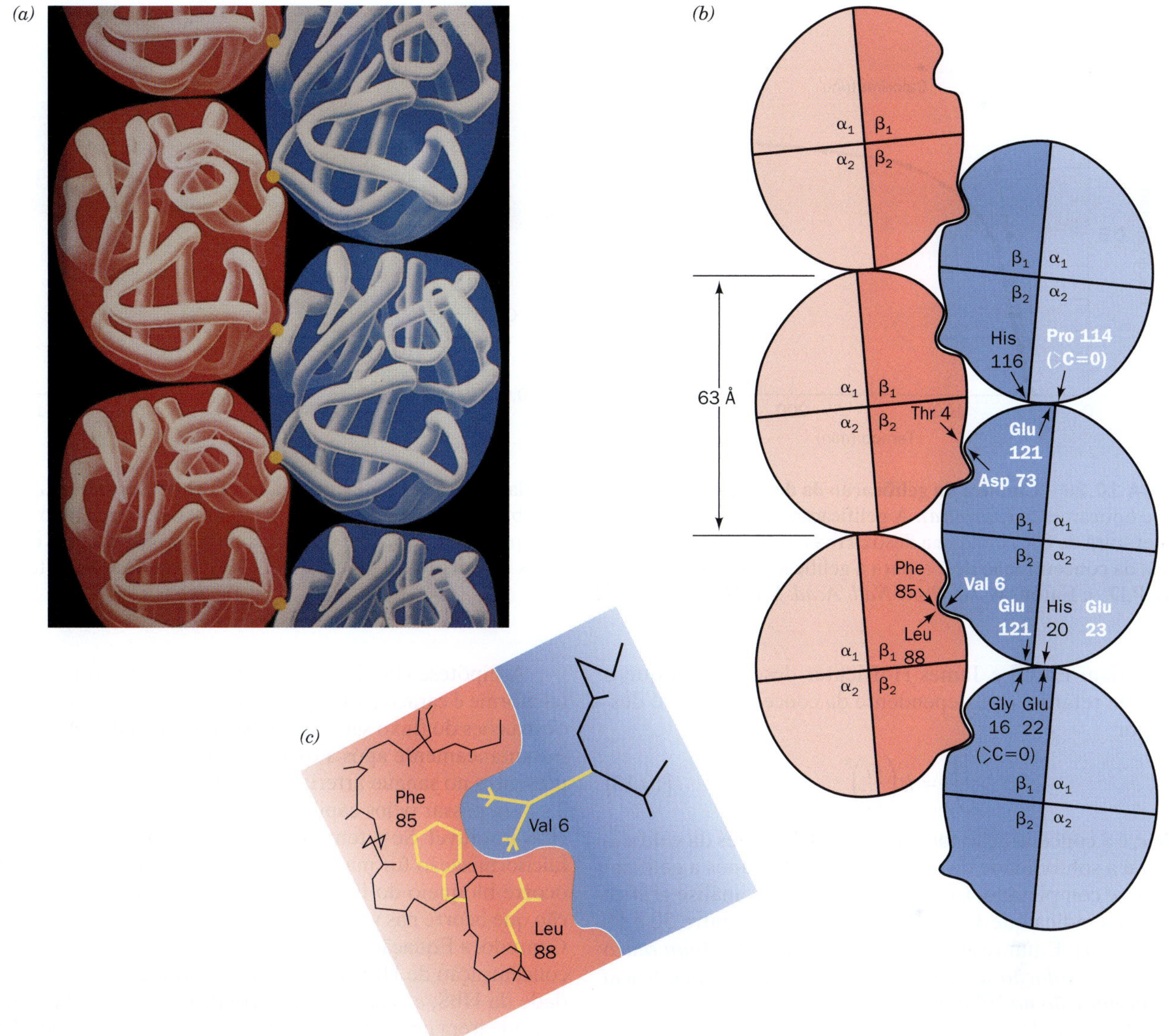

FIGURA 10.25 **Estrutura da fibra da desoxiHbS.** (*a*) A organização das moléculas de desoxiHbS na fibra. Os pontos amarelos representam as cadeias laterais das Glu6β_2. (Figura impressa com a permissão de Irving Geis, Howard Hughes Medical Institute, EUA.) (*b*) Diagrama esquemático indicando os contatos intermoleculares na estrutura cristalina da desoxiHbS. Os resíduos em letras brancas estão envolvidos na formação desses contatos. Note que somente a associação intermolecular na qual participa o resíduo mutante Val 6β envolve a subunidade β_2; a Val 6 da subunidade β_1 está livre. (Segundo Wishner, B.C., Ward, K.B., Lattman, E.E., e Love, W.E., *J. Mol. Biol.* **98**, 192 [1975].) (*c*) A Val 6β_2 mutante se encaixa perfeitamente na cavidade hidrofóbica formada principalmente pela Phe 85 e pela Leu 88 de uma subunidade β_1 adjacente. Essa cavidade, que está localizada entre as hélices E e F na periferia da cavidade do heme, está ausente na oxiHb e é hidrofóbica demais para conter a cadeia lateral do Glu 6β que ocorre normalmente. (Figura impressa com a permissão de Irving Geis, Howard Hughes Medical Institute, EUA.)

(Asp 73β → Asn) polimerizam menos facilmente do que misturas equivalentes de HbS e HbA. Essas observações sugerem que a Asp 73β ocupa um sítio de contato intermolecular importante nas fibras de HbS (Fig. 10.25*b*). Da mesma forma, a observação de que os tetrâmeros, consistindo em subunidades α de **Hb Memphis** (Glu 23α → Gln) e subunidades β de HbS, polimerizam menos facilmente do que HbS, indicando que Glu 23α também participa da polimerização das fibras de HbS (Fig. 10.25*b*). Os outros resíduos escritos em branco na Fig. 10.25*b* também foram implicados em interações falciformes.

b. A iniciação da gelificação da HbS é um processo complexo

A gelificação da HbS, tanto em solução como dentro do glóbulo vermelho, segue uma cinética incomum. A solução de HbS pode ser submetida a condições sob as quais ela polimerizará pela redução da pO_2, pelo aumento da concentração de HbS e/ou pelo aumento da temperatura. *Ao alcançar as condições de gelificação, existe um atraso reprodutível, que varia de milissegundos até dias, de acordo com as condições: durante esse tempo, não são detectadas fibras de HbS.* Somente após esse retardo de tempo as fibras começam a aparecer, e a gelificação se completa na metade do tempo de retardo (Fig. 10.26*a*).

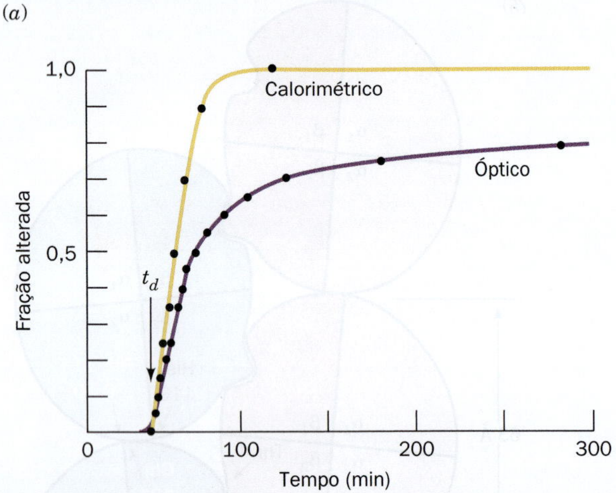

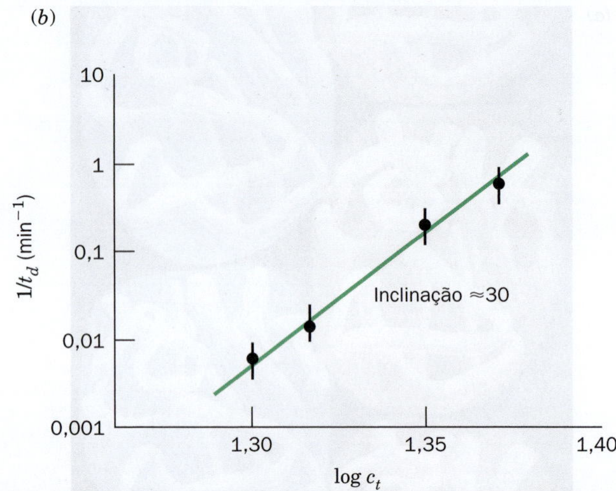

FIGURA 10.26 Cinética da gelificação da desoxiHbS. (*a*) A extensão da gelificação é acompanhada calorimetricamente (*amarelo*) e opticamente (*púrpura*). A gelificação de uma solução de desoxiHbS a 0,233 g · mL^{-1} teve início pelo aumento rápido da temperatura de 0°C, em que a desoxiHbS é solúvel, para 20°C; t_d é o tempo de retardo. (*b*) Um gráfico log-log mostrando a dependência da concentração de $1/t_d$ para a gelificação da desoxiHbS a 30°C. A inclinação dessa reta é de ~30. (Segundo Hofrichter, J., Ross, P.D., e Eaton, W.A., *Proc. Natl. Acad. Sci.* **71**, 4865-4867 [1974].)

William Eaton e James Hofrichter descobriram que o tempo de retardo, t_d, é dependente da concentração e é descrito por

$$\frac{1}{t_d} = k\left(\frac{c_t}{c_s}\right)^n \qquad [10.13]$$

onde c_t é a concentração total da desoxiHbS antes da gelificação, c_s é a solubilidade da desoxiHbS medida após a gelificação ter-se completado, k e n são constantes. A análise gráfica dos dados indica que $k \approx 10^{-7}\ s^{-1}$ e que n está entre 30 e 50 (Fig. 10.26*b*). É um resultado surpreendente. *Nenhum outro processo em solução sequer se aproxima de uma dependência da concentração na 30ª potência.*

A Equação [10.13] representa um processo em dois estágios:

1. Inicialmente, as moléculas da HbS se agregam sequencialmente para formar um **núcleo** consistindo em m moléculas de HbS (Fig. 10.27*a*):

$$\text{HbS} \rightleftharpoons (\text{HbS})_2 \rightleftharpoons (\text{HbS})_3 \rightleftharpoons \cdots \rightleftharpoons (\text{HbS})_m \longrightarrow \text{Crescimento}$$

Os agregados pré-nucleares são instáveis e se decompõem facilmente, mas assim que o núcleo é formado, ele assume uma estrutura estável que se alonga rapidamente formando uma fibra de HbS.

2. Logo que a fibra se forma, ela pode nuclear o crescimento de outras fibras (Fig. 10.27*b*). Essas fibras recém-formadas, por sua vez, nucleiam o crescimento de outras fibras, etc., de forma que esse último processo é autocatalítico.

O processo de **nucleação homogênea** inicial (ocorrendo em solução) é o responsável pela dependência extremamente alta da concentração na Equação [10.13], enquanto o processo de **nucleação heterogênea** secundária (ocorrendo sobre uma superfície – nesse caso, a superfície da fibra) é responsável pelo início rápido da gelificação (Fig. 10.26*a*).

A hipótese cinética precedente sugere por que a anemia falciforme é caracterizada por "crises" episódicas causadas por obstruções do fluxo sanguíneo. As fibras de HbS se dissolvem instantaneamente após a oxigenação, de forma que não estão presentes no sangue arterial. Os eritrócitos demoram de 0,5 a 2 s para passar pelos capilares, onde a desoxigenação torna a HbS insolúvel. Se o tempo de retardo, t_d, para o processo de falciformização for maior do que esse tempo de trânsito, não ocorre bloqueio do fluxo de sangue (embora a falciformização que ocorre nas veias danifique a membrana do eritrócito). Contudo, a Equação [10.13] indica que pequenos aumentos na concentração de HbS, c_t, e/ou pequenas reduções na solubilidade da HbS, c_s, causados por condições conhecidas por desencadearem uma crise de anemia perniciosa, como desidratação, privação de O_2, e febre, resultam em redução significante de t_d. Quando o bloqueio ocorre, a consequente perda de O_2 e a redução do fluxo de sangue na área completam a condição.

A hipótese cinética da falciformização tem profundas implicações clínicas no tratamento da anemia falciforme. Os heterozigotos para HbS, cujo sangue em geral contém cerca de 60% de HbA e 40% de HbS, raramente mostram qualquer sintoma falciforme. O t_d para a gelificação de sua Hb é 10^6 vezes maior do que o dos homozigotos. Consequentemente, um tratamento de anemia falciforme que aumente o t_d nesse valor, que corresponde à redução da relação c_t/c_s de um fator de ~1,6, aliviaria os sintomas da doença. Isso sugeriu três estratégias terapêuticas diferentes (além da terapia gênica; Seção 5.5Hb) para aumentar o t_d, e assim inibir a gelificação da HbS:

1. O rompimento das interações intermoleculares aumentando, assim, a c_s. Os compostos que foram desenhados com o auxílio da estrutura por raios X da HbS são particularmente interessantes para se ligar, de forma estereoespecífica, às regiões de contatos intermoleculares. No entanto, seria necessária uma grande quantidade de qualquer um desses compostos para se ligar a cerca de 400 g de Hb no corpo humano. Consequentemente, nenhum dos fármacos antianemia falcifor-

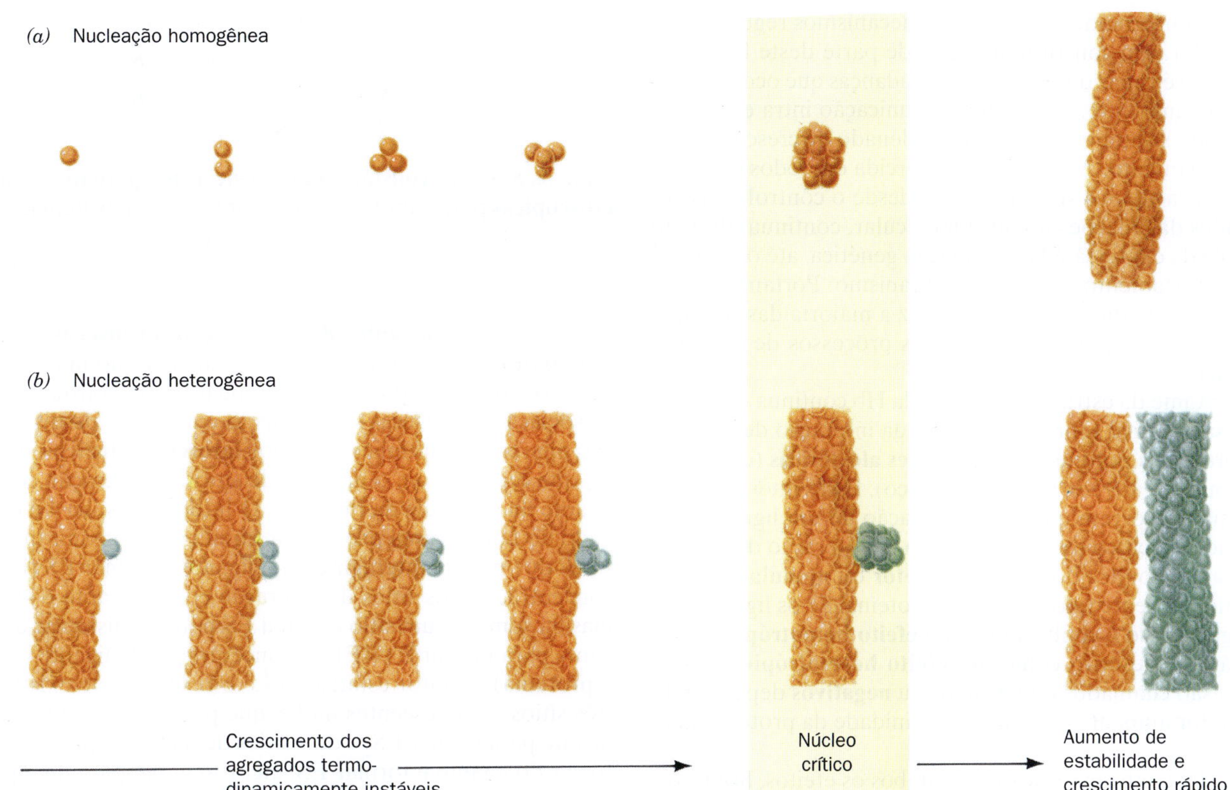

FIGURA 10.27 Mecanismo de nucleação dupla da gelificação da desoxiHbS. (*a*) A agregação inicial das moléculas de HbS (*esferas*) ocorre de forma muito lenta, pois esse processo é termodinamicamente desfavorável, e, por isso, os intermediários tendem a se decompor em vez de crescer. No entanto, quando o agregado atinge um determinado tamanho, o chamado **núcleo crítico**, seu crescimento torna-se termodinamicamente favorável, levando à formação rápida da fibra. (*b*) Cada fibra, por sua vez, pode iniciar o crescimento de outras fibras, levando ao aparecimento explosivo do polímero. (Segundo Ferrone, F.A.,Hofrichter, J., e Eaton, W.A., *J. Mol. Biol.* **183**, 614 (1985).)

me testadas até o momento apresentou relação de eficácia *versus* toxicidade suficientemente alta para merecer uso clínico.

2. O uso de agentes que aumentam a afinidade da Hb pelo O_2, reduzindo assim c_t. Por exemplo, a administração de cianeto carbamoiliza os grupos amino N-terminais da Hb (Fig. 10.20). Esse tratamento elimina algumas das pontes salinas que estabilizam o estado T (Seção 10.2E) e dessa forma aumenta a afinidade da Hb pelo O_2. Embora o cianeto seja um agente antianemia falciforme eficiente *in vitro*, seu uso clínico foi descontinuado devido aos efeitos adversos tóxicos, à formação de catarata e ao dano ao sistema nervoso periférico, resultantes provavelmente da carbamoilação de outras proteínas.

3. A redução da concentração da HbS (c_t) nos eritrócitos. Agentes que alteram a permeabilidade da membrana dos eritrócitos de modo a permitir o influxo de água se mostraram promissores.

O primeiro tratamento efetivo e, até agora, o único para a anemia falciforme é uma variação da última estratégia pela administração de **hidroxiureia**.

$$H_2N-\overset{\overset{\displaystyle O}{\|}}{C}-NH-OH$$

Hidroxiureia

Indivíduos adultos com anemia falciforme têm dois tipos de glóbulos vermelhos: células S, que contêm somente HbS, e células F, que contêm cerca de 20% de HbF e o restante de HbS. Na maioria dos adultos, a fração de células F é em torno de 30%. Contudo, nos tratados com hidroxiureia essa fração aumenta para ~50%. Embora o mecanismo pelo qual a hidroxiureia estimula a produção de células F é desconhecido, o mecanismo no qual células F previne a anemia falciforme parece claro. As células F contêm três tipos de Hb: HbS (α_2–β^s_2), HbF (α_2–γ_2) e seu híbrido (α_2–$\beta^s\gamma$), onde as subunidades β^S são as variantes falciformes das subunidades β normais. Uma vez que nem a HbF nem o híbrido (α_2–$\beta^s\gamma$) podem formar fibras, elas diluem a HbS dentro da célula. Isso, por sua vez, aumenta, por um fator de 1.000, o tempo necessário para que as células F passem para a forma falciforme, de modo que essas células não passem ao estado falciforme de forma significativa no tempo (10 a 20 s) que demoram para passar dos tecidos para os pulmões, onde são oxigenadas. Assim, quanto maior a proporção de células F no sangue, menor a proporção de células S que podem passar para a forma falciforme.

4 REGULAÇÃO ALOSTÉRICA

Uma das características importantes da vida é o alto grau de controle exercido em quase todos os seus processos. Por meio de uma grande variedade de mecanismos regulatórios, cuja exploração constitui uma grande parte deste livro, um organismo é capaz de responder a mudanças que ocorram em seu meio ambiente, de manter comunicação intra e intercelular e de executar um programa ordenado de crescimento e desenvolvimento. A regulação é exercida em todos os níveis de organização nos sistemas vivos, desde o controle das velocidades das reações no nível molecular, continuando pelo controle da expressão da informação genética, até o controle do comportamento no nível do organismo. Portanto, não é surpreendente que muitas, ou talvez a maioria das doenças sejam causadas por aberrações nos processos de controle biológico.

O exame da estrutura e função da Hb continua com uma discussão teórica sobre a regulação da interação de ligantes com proteínas por meio de **interações alostéricas** (do grego: *allos,* outro + *stereos,* sólido ou espaço). Essas interações cooperativas ocorrem quando a interação de um ligante com um sítio específico sofre a influência da interação de um outro ligante, conhecido como um **efetor** ou **modulador**, com um sítio diferente (alostérico) na proteína. Se os ligantes forem iguais, isso é conhecido como **efeito homotrópico**, caso contrário é descrito como um **efeito heterotrópico**. Esses efeitos são chamados de **positivos** ou **negativos** dependendo se o efetor aumenta ou diminui a afinidade da proteína pelo ligante.

A Hb, conforme visto, exibe ambos os efeitos, homotrópico e heterotrópico. A ligação do O_2 à Hb resulta em um efeito homotrópico positivo, já que aumenta a afinidade da Hb pelo O_2. Em contraste, BPG, CO_2, H^+ e Cl^- são efetores heterotrópicos negativos da ligação do O_2 à Hb porque reduzem sua afinidade pelo O_2 (negativo) e são quimicamente diferentes do O_2 (heterotrópico). A afinidade da Hb pelo O_2, conforme visto, depende de sua estrutura quaternária. *Os efeitos alostéricos em geral resultam de interações entre subunidades de proteínas oligoméricas.*

Mesmo que a Hb não catalise nenhuma reação química, ela interage com ligantes da mesma maneira que as enzimas. Uma vez que uma enzima só catalisa uma reação após se ligar ao seu **substrato**(s) – a(s) molécula(s) que sofre(m) a reação –, sua taxa catalítica varia com sua afinidade de ligação ao substrato. Como consequência, a ligação cooperativa do O_2 à Hb é considerada um modelo para a regulação alostérica da atividade enzimática. Nesta seção, na verdade, estudaremos vários modelos de regulação alostérica que foram formulados, na sua maior parte, para explicar as propriedades de ligação do O_2 da Hb. A seguir, esses modelos serão comparados com a realidade do comportamento da Hb.

A. A equação de Adair

A dedução da equação de Hill (Seção 10.1B) é fundamentada na suposição da ligação tudo-ou-nada do O_2. Contudo, a observação das moléculas de Hb parcialmente oxigenadas levou Gilbert Adair a propor, em 1924, que a interação de ligantes com proteínas ocorria em sequência com constantes de dissociação que não eram necessariamente iguais. A expressão para a função de saturação nesse modelo é deduzida de forma direta.

Para uma proteína como a Hb com quatro sítios para o ligante, a sequência de reação é

$$\begin{aligned}
\text{E} + \text{S} &\rightleftharpoons \text{ES} & k_1 &= 4K_1 \\
\text{ES} + \text{S} &\rightleftharpoons \text{ES}_2 & k_2 &= \tfrac{3}{2}K_2 \\
\text{ES}_2 + \text{S} &\rightleftharpoons \text{ES}_3 & k_3 &= \tfrac{2}{3}K_3 \\
\text{ES}_3 + \text{S} &\rightleftharpoons \text{ES}_4 & k_4 &= \tfrac{1}{4}K_4
\end{aligned}$$

onde os K_i são as **constantes de dissociação aparentes** ou **macroscópicas** para a interação do ligante $i_{\text{nésimo}}$ à proteína,

$$K_i = \frac{[\text{ES}_{i-1}][\text{S}]}{[\text{ES}_i]} \quad [10.14]$$

e os k_i são as **constantes de dissociação intrínsecas** ou **microscópicas**, isto é, as constantes de dissociação individuais para os sítios de interação com o ligante. As constantes de dissociação intrínsecas são iguais às constantes de dissociação aparentes multiplicadas pelos **fatores estatísticos**, 4, $\frac{3}{2}$, $\frac{2}{3}$ e $\frac{1}{4}$ que representam o número de sítios de interação com o ligante na molécula da proteína. O fator estatístico 4 é derivado do fato de uma proteína tetramérica E possuir quatro sítios que podem interagir com o ligante e formar ES (i.e., a concentração dos sítios de interação com o ligante é 4[E]), mas há somente um sítio do qual ES pode se dissociar do ligante para formar E (1[E] é a concentração do ligante unido à proteína). O fator estatístico $\frac{3}{2}$ é o resultado de existirem três sítios remanescentes na ES que podem interagir com o ligante para formar ES_2 e dois sítios de onde ES_2 pode se dissociar do ligante e formar ES, etc. Em geral, para uma proteína com n sítios de ligação equivalentes:

$$k_i = \frac{(n - i + 1)[\text{ES}_{i-1}][\text{S}]}{i[\text{ES}_i]} = \left(\frac{n - i + 1}{i}\right)K_i \quad [10.15]$$

uma vez que $(n - i = +1)[\text{ES}_{i-1}]$ é a concentração dos sítios livres em ES_{i-1} e $i[\text{ES}_i]$ é a concentração do ligante em ES_i. Portanto, resolvendo sequencialmente para a concentração de cada espécie proteína-ligante em uma proteína tetramérica, obtém-se:

$$\begin{aligned}
[\text{ES}] &= [\text{E}][\text{S}]/K &&= 4[\text{E}][\text{S}]/k_1 \\
[\text{ES}_2] &= [\text{ES}][\text{S}]/K_2 &&= \tfrac{3}{2}[\text{ES}][\text{S}]/k_2 = 6[\text{E}][\text{S}]^2/k_1k_2 \\
[\text{ES}_3] &= [\text{ES}_2][\text{S}]/K_3 &&= \tfrac{2}{3}[\text{ES}_2][\text{S}]/k_3 = 4[\text{E}][\text{S}]^3/k_1k_2k_3 \\
[\text{ES}_4] &= [\text{ES}_3][\text{S}]/K_4 &&= \tfrac{1}{4}[\text{ES}_3][\text{S}]/k_4 = [\text{E}][\text{S}]^4/k_1k_2k_3k_4
\end{aligned}$$

A saturação parcial da interação com o ligante, ou seja, a fração dos sítios ocupados dividida pela concentração total dos sítios, é expressa por

$$Y_S = \frac{[\text{ES}] + 2[\text{ES}_2] + 3[\text{ES}_3] + 4[\text{ES}_4]}{4([\text{E}] + [\text{ES}] + [\text{ES}_2] + [\text{ES}_3] + [\text{ES}_4])} \quad [10.16]$$

De forma que, substituindo na relação anterior e cancelando os termos, obtém-se

$$Y_S = \frac{\dfrac{[\text{S}]}{k_1} + \dfrac{3[\text{S}]^2}{k_1k_2} + \dfrac{3[\text{S}]^3}{k_1k_2k_3} + \dfrac{[\text{S}]^4}{k_1k_2k_3k_4}}{1 + \dfrac{4[\text{S}]}{k_1} + \dfrac{6[\text{S}]^2}{k_1k_2} + \dfrac{4[\text{S}]^3}{k_1k_2k_3} + \dfrac{[\text{S}]^4}{k_1k_2k_3k_4}} \quad [10.17]$$

Esta é a **equação de Adair** para quatro sítios de ligação. As equações que descrevem interação de ligantes a proteínas com números diferentes de sítios de ligação são derivadas de forma semelhante.

TABELA 10.2 Constantes de Adair para a hemoglobina A em pH 7,40

Solução	k_1 (torr)	k_2 (torr)	k_3 (torr)	k_4 (torr)
Nua	8,8	6,1	0,85	0,25
NaCl 0,1 *M*	41	13	12	0,14
BPG 2 m*M*	74	112	23	0,24
NaCl 0,1 *M* + BPG 2 m*M*	97	43	119	0,09

Fonte: Tyuma, I., Imai, K., and Shimizu, K., *Biochemistry* **12**, 1493-1495 (1973).

Se as constantes de dissociação microscópicas da equação de Adair não forem iguais, a curva de saturação parcial descreverá interação cooperativa com o ligante. A redução ou o aumento dos valores dessas constantes resulta, respectivamente, em cooperatividade positiva ou negativa. Naturalmente, os valores das constantes de dissociação microscópicas também podem ser alternados, por exemplo, $k_1 < k_2 > k_3 < k_4$.

Na discussão a respeito da curva de dissociação do O_2 da Hb (Seção 10.1B), foi visto como os valores de k_1 e k_4 podem ser obtidos por extrapolação das assíntotas mais baixas e mais altas da curva de Hill para o eixo do log pO_2. As constantes de dissociação microscópicas remanescentes podem ser avaliadas ajustando a Equação [10.17] à curva de Hill. Os valores das **constantes de Adair** para a Hb estão na Tabela 10.2. Note que k_4 é relativamente insensível à presença de BPG. Assim, a Hb liga e libera seu último O_2 praticamente de forma independente da concentração de BPG.

Embora a equação de Adair seja a relação mais geral para descrever a interação de um ligante a uma proteína e é amplamente utilizada para isso, ela não fornece nenhum critério físico de por que as várias constantes de dissociação microscópicas diferem umas das outras. Obviamente, se a proteína consiste em subunidades idênticas simetricamente relacionadas, como muitas o são, é desejável entender como a interação do ligante com um sítio influencia a afinidade do ligante em um sítio praticamente idêntico. Essa necessidade levou ao desenvolvimento de modelos de interação com o ligante que ponderam de que forma os sítios de ligação de proteínas oligoméricas podem apresentar afinidades diferentes. Dois desses modelos estão descritos nas seções seguintes.

B. *O modelo de simetria*

Talvez o modelo mais elegante para descrever a interação cooperativa de um ligante a uma proteína seja o **modelo de simetria** do alosterismo, que foi formulado em 1965 por Jacques Monod, Jeffries Wyman e Jean-Pierre Changeux. Esse modelo, denominado alternativamente de **modelo MWC**, é definido pelas seguintes regras:

1. Uma proteína alostérica é um oligômero de protômeros relacionados simetricamente (no caso da Hb, deve-se assumir, para o bem da clareza algébrica, que as quatro subunidades são funcionalmente idênticas).
2. Cada protômero pode existir em (pelo menos) dois estados conformacionais, designados T e R. Esses estados estão em equilíbrio, tendo ou não um ligante ligado ao oligômero.
3. O ligante pode interagir com um protômero em uma ou outra conformação. *Somente a mudança conformacional altera a afinidade do protômero pelo ligante.*
4. *A simetria molecular da proteína é conservada durante a mudança conformacional.* Por isso, os protômeros devem alterar a conformação de uma maneira combinada, o que implica que a conformação de cada protômero seja forçada por sua associação com os outros protômeros. Em outras palavras, não existem oligômeros que contenham os protômeros nos estados T e R simultaneamente.

Para um ligante S e uma proteína consistindo em *n* protômeros, essas regras implicam nos seguintes equilíbrios para a conversão conformacional e as reações de interação com o ligante (para resumir, $T_i \equiv TS_i$ e $R_i \equiv RS_i$).

$$\begin{array}{ccc} & T_0 \rightleftharpoons R_0 & \\ T_0 + S \rightleftharpoons T_1 & & R_0 + S \rightleftharpoons R_1 \\ T_1 + S \rightleftharpoons T_2 & & R_1 + S \rightleftharpoons R_2 \\ \vdots & & \vdots \\ T_{n-1} + S \rightleftharpoons T_n & & R_{n-1} + S \rightleftharpoons R_n \end{array} \quad [10.18]$$

Isso está ilustrado para um tetrâmero na Fig. 10.28.

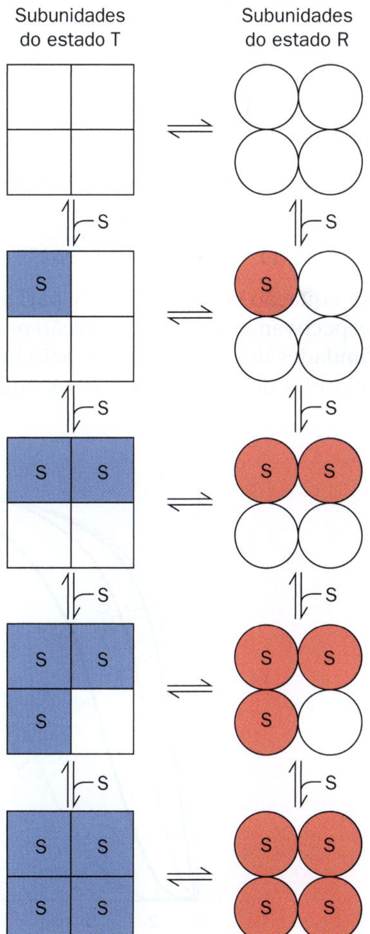

FIGURA 10.28 As espécies e as reações permitidas sob o modelo de simetria do alosterismo. Os quadrados e círculos representam os promotores dos estados T e R, respectivamente.

A constante de equilíbrio L para a interconversão conformacional da proteína oligomérica na ausência do ligante é expressa por

$$L = \frac{[T_0]}{[R_0]} \qquad [10.19]$$

A constante de dissociação microscópica para ao estado R, k_R, que, de acordo com a Regra 3, é independente do número de ligantes interagindo com o estado R, é expressa, em conformidade com a Equação [10.15], por:

$$k_R = \left(\frac{n-i+1}{i}\right)\frac{[R_{i-1}][S]}{[R_i]} \qquad (i = 1, 2, 3, \ldots, n) \qquad [10.20]$$

A constante de dissociação microscópica para a interação do ligante ao estado T, k_T, é expressa de modo similar. A saturação parcial, Y_s, para a interação do ligante é

$$Y_S = \frac{([R_1] + 2[R_2] + \cdots + n[R_n]) + ([T_1] + 2[T_2] + \cdots + n[T_n])}{n\{([R_0] + [R_1] + \cdots + [R_n]) + ([T_0] + [T_1] + \cdots [T_n])\}} \qquad [10.21]$$

Devemos fazer duas definições:

$$\alpha = [S]/k_R \qquad c = k_R/k_T$$

α deve ser considerada uma concentração normalizada do ligante. c é a razão da constante de dissociação da ligação do ligante; c aumenta com a afinidade do estado T pelo ligante em relação à do estado R. Então, combinando as relações antecedentes, como está mostrado na Seção A do apêndice deste capítulo, obtém-se a equação que descreve o modelo de simetria do alosterismo para interações homotrópicas:

$$Y_S = \frac{\alpha(1+\alpha)^{n-1} + Lc\alpha(1+c\alpha)^{n-1}}{(1+\alpha)^n + L(1+c\alpha)^n} \qquad [10.22]$$

Note que essa equação depende de três parâmetros, α, c e L, que são, respectivamente, a concentração normalizada do ligante, as afinidades dos estados T e R pelo ligante e as estabilidades relativas dos estados T e R. A equação de Hill (Seção 10.1B) tem apenas dois parâmetros, K e n, enquanto o número de parâmetros na equação de Adair é igual ao número de sítios, na proteína, de interação com o ligante.

a. Interações homotrópicas

Vamos examinar a natureza do modelo de simetria traçando gráficos com base na Equação [10.22] para um tetrâmero ($n = 4$) como uma função α para diferentes valores dos parâmetros L e c (Fig. 10.29). O exame desses gráficos evidencia três pontos principais:

1. O grau da curvatura ascendente exibido pelas seções iniciais dessas curvas sigmoides é indicativo do seu nível de cooperatividade.

2. Somente quando o estado R interage com o ligante ($c = 0$), a cooperatividade aumenta à medida que aumenta a preferência conformacional para o estado T de não interação com o ligante (L aumenta; Fig. 10.29*a*). *Para valores de L altos, se um único ligante se liga, deve "forçar" a proteína para seu estado R de menor preferência. A exigência para que todos os protômeros alterem seus estados conformacionais em conjunto faz os três sítios de ligação remanescentes tornarem-se disponíveis.* A ligação do primeiro ligante, portanto, facilita a ligação dos ligantes subsequentes, o que constitui a essência de um efeito homotrópico positivo. Note que a cooperatividade e a afinidade são grandezas diferentes. De fato, para $c = 0$, as curvas indicativas de alta afinidade pelo ligante (aquelas com L baixo) exibem baixa cooperatividade e vice versa.

3. Quando o estado T é altamente preferencial (L *é* grande), a cooperatividade aumenta com a afinidade do estado R, relativamente à do estado T (c decrescente; Fig. 10.29*b*). Em baixa concentração do ligante (α baixo), a quantidade de ligante ligado (Y_S) aumenta com a afinidade do estado T pelo ligante (c crescente) uma vez que a proteína está em grande parte no estado T. Contudo, à medida que α aumenta, a quantidade de ligante ligado ao estado R intrinsecamente menos estável supera, no final, a do estado T, resultando, por isso, em um efeito cooperativo. Isso ocorre porque a *energia*

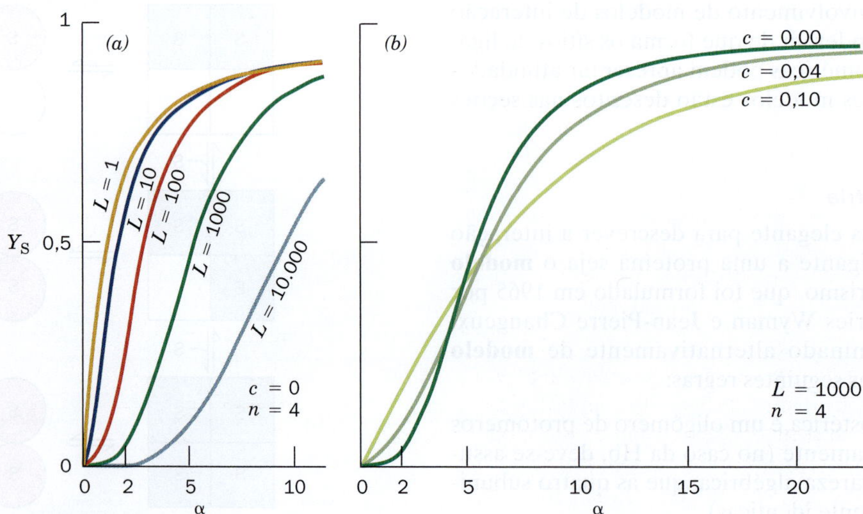

FIGURA 10.29 **Curvas da função de saturação do modelo de simetria para tetrâmeros, de acordo com a Equação [10.22].** Aqui $L = [T_0]/[R_0]$, $c = k_R/k_T$ e $\alpha = [S]/k_R$. (*a*) Sua variação com L quando $c = 0$. (*b*) Sua variação com c quando $L = 1.000$. (Segundo Monod, J., Wyman, J., e Changeux, J.P., *J. Mol. Biol.* **12**, 92 [1965].)

livre da ligação de um ligante estabiliza o estado R, relativamente ao estado T.

b. Interações heterotrópicas

O modelo de simetria do alosterismo é também capaz de esclarecer os efeitos heterotrópicos. Isso acontece assumindo-se que cada protômero possui sítios de ligação específicos e independentes para os três tipos de ligantes: o substrato, S, que, para simplificar, será considerado que se liga somente ao estado R ($c = 0$); um **ativador**, A, que também se liga somente ao estado R; e um **inibidor**, **I**, que se liga somente ao estado T (Fig. 10.30). Então, por meio da dedução que está na Seção B do apêndice deste capítulo, obtém-se uma equação mais geral para o modelo de simetria que descreve as interações heterotrópicas, assim como as homotrópicas:

$$Y_S = \frac{\alpha(1+\alpha)^{n-1}}{(1+\alpha)^n + \dfrac{L(1+\beta)^n}{(1+\gamma)^n}} \qquad [10.23]$$

onde $\alpha = [S]/k_R$ como antes e, analogamente, $\beta = [I]/k_I$ e $\gamma = [A]/k_A$.

Note que essa equação difere da Equação [10.22] para $c = 0$ apenas na medida em que o segundo termo no denominador é modulado por termos relacionados com a quantidade de ativador e inibidor ligados ao oligômero.

A Fig. 10.31 mostra as consequências da ligação do efetor a um tetrâmero que segue esse modelo:

1. A ligação do ativador ($\gamma > 0$) aumenta a concentração do estado R ligado ao substrato (o segundo termo no denominador da Equação [10.22] diminui), pois esse é o único estado capaz de ligar o ativador. *Consequentemente, a presença do ativador aumenta a afinidade da ligação da proteína pelo substrato* (um efeito heterotrópico positivo), embora reduza o grau de cooperatividade da proteína na ligação ao substrato (compare as Curvas 1 e 2 na Fig. 10.31). (*Nota:* Não existe nada na dedução da Equação [10.23] que diferencie os papéis do substrato e do ativador; consequentemente, tanto o substrato quanto o ativador se ligam à proteína com um efeito homotrópico positivo, sendo também efetores heterotrópicos positivos um do outro.)
2. *A presença do inibidor ($\beta > 0$), que se liga somente ao estado T, reduz a afinidade de ligação pelo substrato* (um efeito heterotrópico negativo) pelo aumento da concentração do estado T (o segundo termo no denominador da Equação [10.23] aumenta). Por conseguinte, uma vez que o substrato deve "trabalhar mais duro" para converter o oligômero ao estado R de ligação ao substrato, o inibidor aumenta a cooperatividade da ligação do substrato (compare as Curvas 2 e 3 da Fig. 10.31), e também da ligação do ativador.

O modelo deduzido aqui é muito simples. Em um modelo de simetria mais realista, mas muito mais complicado algebricamente, todos os tipos de ligantes se ligariam a ambos os estados conformacionais do oligômero. Não obstante, esse modelo demonstra que *ambos os efeitos homotrópico e heterotrópico podem ser explicados unicamente pela necessidade da preservação da simetria molecular do oligômero e não pela existência de qualquer interação direta entre os ligantes.* Na Seção 10.4D, compara-se as predições teóricas do modelo de simetria com os modelos experimentais da ligação do oxigênio à Hb.

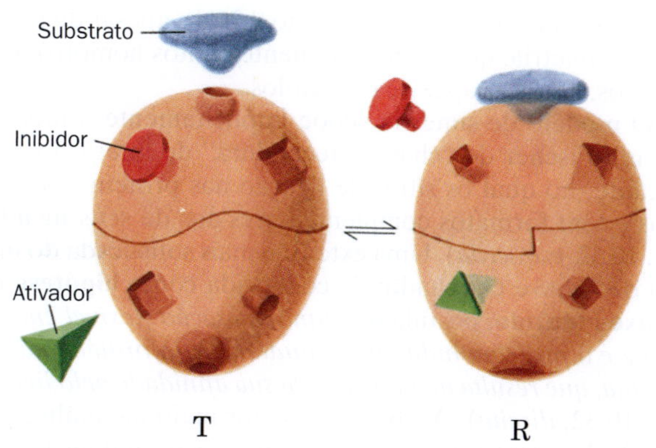

FIGURA 10.30 Interações heterotrópicas no modelo de simetria do alosterismo. Os efeitos heterotrópicos aparecem quando os substratos e os ativadores se ligam exclusivamente (ou, pelo menos, preferencialmente) ao estado R (*à direita*), e os inibidores se ligam exclusivamente (ou, pelo menos, preferencialmente) ao estado T (*à esquerda*). Dessa forma, a ligação do substrato e/ou do ativador ao oligômero facilita a ligação de outro substrato e ativador. Reciprocamente, a ligação do inibidor evita (ou, pelo menos, inibe) a ligação de substrato e de ativador ao oligômero.

C. *O modelo sequencial*

O modelo de simetria fornece uma explicação razoável para as propriedades de muitas proteínas na interação com ligantes. Contudo, existem várias objeções válidas. A principal delas é que é difícil acreditar que a simetria oligomérica seja invariavelmente preservada em todas as proteínas de forma a não ocorrer nunca uma conformação híbrida tal como $R_{n-2}T_2$. Além disso, existem exemplos bem estabelecidos de efeitos homotrópicos negativos (p. ex., no complexo GroEL-GroES, a ligação do ATP ao anel *cis* do GroEL impede a

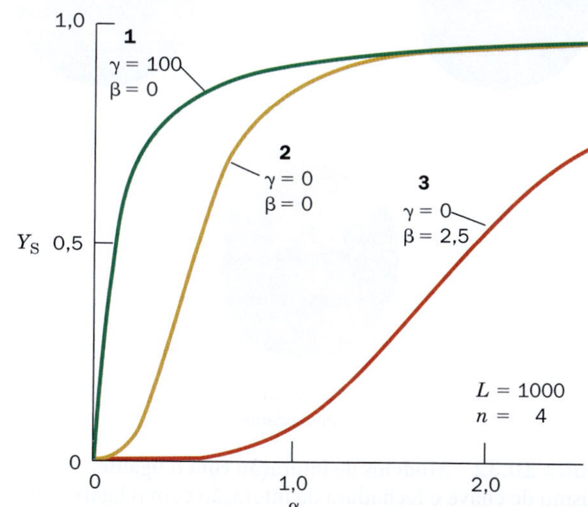

FIGURA 10.31 Os efeitos do ativador ($\gamma = [A]/k_A$) e do inibidor ($\beta = [I]/k_I$) alostéricos na forma da curva de saturação parcial para o substrato ($\alpha = [S]/k_R$) de acordo com a Equação [10.23] para tetrâmeros. (Segundo Monod, J., Wyman, J., e Changeux, J.P., *J. Mol. Biol.* **12**, 94 [1965].)

ligação do ATP ao anel *trans*; Seção 9.2Cd), apesar de o modelo de simetria, que permite somente efeitos homotrópicos positivos, não ser capaz de explicá-los.

O modelo de simetria supõe implicitamente o modelo de Emil Fischer de "chave e fechadura" de interação com o ligante, no qual os sítios de ligação nas proteínas são rígidos e têm formatos complementares aos de seus ligantes (Fig. 10.32, *esquerda*). Uma extensão mais sofisticada do modelo de "chave e fechadura", conhecida como **hipótese do encaixe induzido**, postula que *uma interação flexível entre o ligante e a proteína induz uma mudança conformacional na proteína, que resulta no aumento da sua afinidade pelo ligante* (Fig. 10.32, *direita*). A observação, por meio da análise por raios X da estrutura cristalina, de que essas mudanças conformacionais ocorrem em numerosas proteínas demonstrou a validade da hipótese do encaixe induzido.

Daniel Koshland, George Némethy e David Filmer adaptaram a hipótese do encaixe induzido para explicar os efeitos alostéricos. *No **modelo sequencial** resultante (alternativamente, modelo de **encaixe induzido** ou **modelo KNF**), a interação com o ligante induz uma mudança conformacional em uma subunidade; as interações cooperativas surgem devido à influência que essa mudança conformacional exerce sobre as subunidades vizinhas* (Fig. 10.33). Se, por exemplo, ela aumentar a afinidade da subunidade vizinha pelo ligante, então a ligação é positivamente cooperativa. *As forças dessas ligações dependem do grau de acoplamento mecânico entre as subunidades.* No limite de um acoplamento muito forte, as mudanças conformacionais atuam em conjunto, de modo que o oligômero mantém sua simetria (o modelo de simetria). Com acoplamento mais frouxo, contudo, as mudanças ocorrem sequencialmente à medida que mais e mais ligantes interagem com a proteína (Fig. 10.34). Assim, *a essência do modelo sequencial é que a afinidade da proteína pelo ligante varia com o número de ligantes interagindo com ela, enquanto no modelo de simetria essa afinidade depende somente do estado quaternário da proteína.*

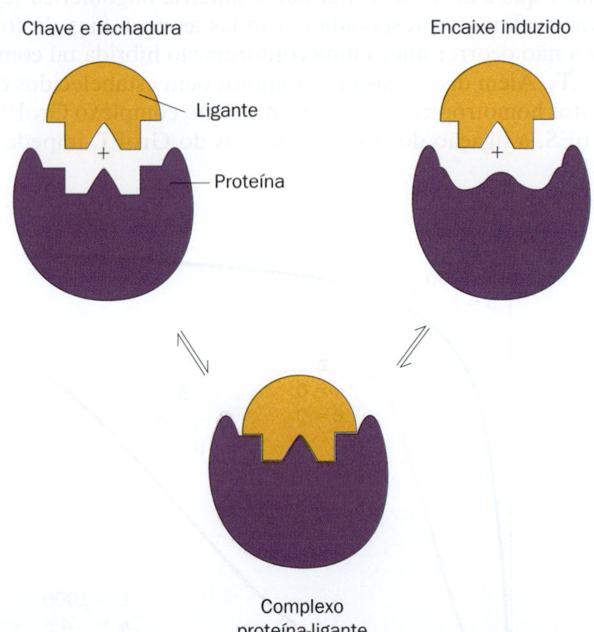

FIGURA 10.32 Modelos de interação com o ligante. No mecanismo de chave e fechadura da interação com o ligante (*à esquerda*), é postulado que as proteínas possuem sítios pré-formados de interação com o ligante com formato complementar a ele. Sob o mecanismo de encaixe induzido, na ausência do ligante, a proteína não possui esse sítio de ligação complementar (*à direita*). Nesse caso, o ligante induz uma mudança conformacional no sítio de ligação que resulta na interação complementar.

O grau de acoplamento entre as subunidades do oligômero depende de como essas subunidades estão organizadas, isto é, depende da simetria da proteína. Consequentemente, no modelo sequencial, a saturação parcial tem uma forma algébrica para cada simetria oligomérica. A forma da equação de Adair (Equação [10.17] para um tetrâmero) depende também do número de subunidades da proteína. Na verdade, o modelo sequencial do alosterismo pode ser considerado como uma extensão do modelo de Adair que proporciona uma dedução física para os valores da constante de dissociação microscópica, k_i.

D. *Cooperatividade da hemoglobina*

A curva de saturação parcial da Hb é muito semelhante tanto no modelo de simetria como no modelo sequencial (Fig. 10.35). Claramente, essas curvas, por si só, não podem ser utilizadas para distinguir entre esses dois modelos, se de fato ambos estão corretos. Contudo, é interessante comparar esses modelos com o modelo mecanístico da Hb discutido na Seção 10.2C.

Naturalmente, a Hb não é composta por subunidades idênticas, como exige o modelo de simetria. Em uma primeira estimativa, pelo menos, as diferenças funcionais das subunidades intimamente relacionadas α e β da Hb podem ser desprezadas (embora suas diferenças estruturais sejam essenciais para o mecanismo molecular da cooperatividade da Hb). *Para essa estimativa, a Hb segue, em grande parte, o modelo de simetria, embora também exiba algumas características do modelo sequencial.* A mudança de conformação quaternária T → R é combinada, como requer o modelo de simetria. Também a interação do ligante com o estado T causa pequenas mudanças estruturais terciárias como prevê o modelo sequencial. Esse fenômeno torna-se evidente pela análise da estrutura por raios X de cristais de Hb humana, onde as subunidades α estão totalmente oxigenadas e as subunidades β estão sem ligante. Essa forma especial de cristal obriga a Hb parcialmente saturada a permanecer no

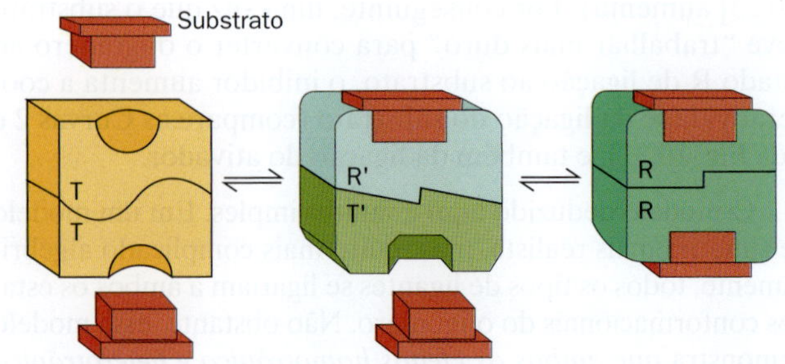

FIGURA 10.33 O modelo sequencial do alosterismo. A ligação do substrato ao estado T de baixa afinidade induz mudanças conformacionais nas subunidades não ligadas, conferindo a elas afinidades de interação com o ligante que estão entre o estado T de baixa afinidade e o estado R de alta afinidade.

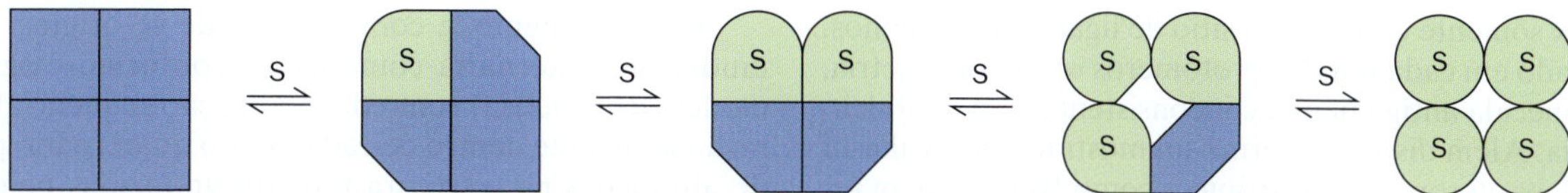

FIGURA 10.34 Ligação sequencial do ligante no modelo sequencial do alosterismo. A interação com o ligante induz, progressivamente, mudanças conformacionais nas subunidades, com as maiores mudanças ocorrendo naquelas subunidades em interação com o ligante. O acoplamento entre as subunidades não possui, necessariamente, força suficiente para manter a simetria do oligômero como ocorre no modelo de simetria.

estado T. Não obstante, os átomos de Fe de sua subunidade α estão 0,15 Å mais próximos da porfirina ainda em forma de abóbada do que estão na desoxiHb (25% da distância total do movimento que ocorre na transição T → R). *Tais mudanças estruturais terciárias são, sem dúvida, as responsáveis pelo desenvolvimento da tensão que no final desencadeia a transição T → R.*

Uma questão mais evidente, mas mais difícil de responder, é: a cooperatividade da Hb se origina somente da transição T → R, em conformidade com o modelo de simetria, ou os próprios estados T e R exibem pelo menos algum grau de cooperatividade, em concordância com o modelo sequencial? Colocando de outra forma, a afinidade das subunidades da Hb depende somente do estado quaternário da Hb (modelo de simetria) ou essa afinidade varia com o número de ligantes ligados à Hb (modelo sequencial)? Embora esse assunto tenha sido submetido a um exame experimental minucioso e tenha sido um assunto de debate animado por quatro décadas, ele ainda não está totalmente resolvido. Por exemplo, a resolução, por Andrea Mozzarelli e Eaton, por meio de técnicas espectroscópicas ópticas sofisticadas, do gráfico de Hill dos cristais especiais do estado T da Hb, descritos anteriormente, é uma indicação da interação não cooperativa com o ligante em concordância com o modelo de simetria. Igualmente, as medidas espectroscópicas cobrindo as escalas de tempo de microssegundos a picossegundos após o início da interação com o ligante indicam que as mudanças conformacionais a que inicialmente a Hb é submetida na interação com o ligante são consistentes com o modelo de simetria. Contudo, análises termodinâmicas detalhadas, feitas por Gary Ackers, das interações associadas com a formação de cada um dos 10 microestados de ligação diferentes da Hb (Fig. 10.36) indicam que o tetrâmero sofre uma transi-

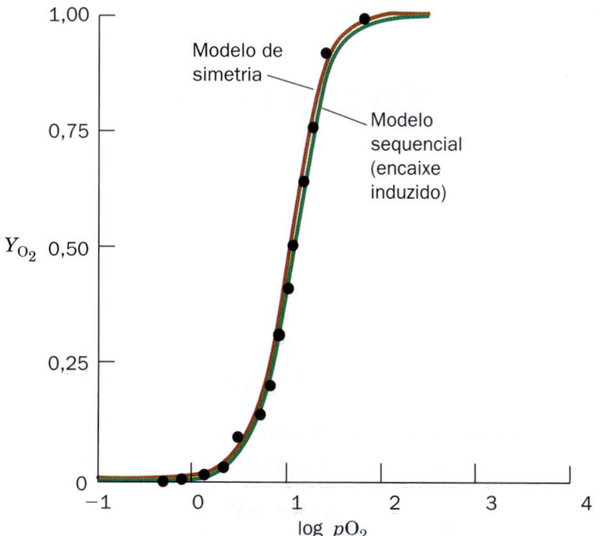

FIGURA 10.35 Ambos os modelos de alosterismo, sequencial e de simetria, podem ajustar-se bem à curva experimental de dissociação do O_2 da Hb. (Segundo Koshland, D.E., Jr., Némethy, G., e Filmer, D., *Biochemistry* **5**, 382 [1966].)

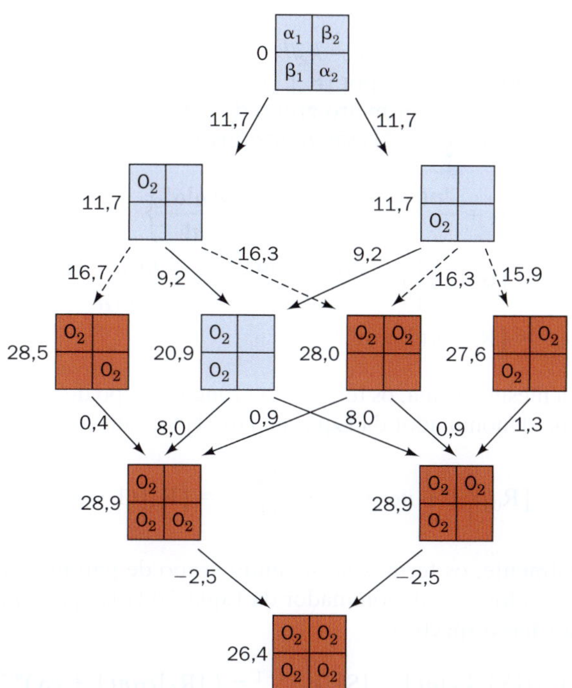

FIGURA 10.36 Perdas de energia livre na ligação do O_2 a vários estados de ligação dos tetrâmeros de Hb em relação à ligação do O_2 aos dímeros αβ não cooperativos. Estão representados somente os dez estados exclusivos de ligação (seis estados adicionais estão relacionados com aqueles vistos na simetria bilateral da Hb). Os valores das perdas, em kJ · mol^{-1}, para as etapas de ligação individual estão ao lado das flechas. Os valores das perdas cumulativas de energia livre estão à esquerda de cada tetrâmero de Hb. Os estados de ligação que assumem, predominantemente, o estado T estão em azul e, em vermelho, aqueles que assumem, predominantemente, o estado R. As rotas preferenciais, nas quais a perda de energia livre de interação com o ligante decresce progressivamente com a ligação sucessiva de cada ligante (aqueles com todas as flechas sólidas), passam pelo estado T no qual o O_2 está ligado a ambos os sítios do dímero antes de sua conversão para o estado R. Note que a transição T → R ocorre predominantemente por rotas nas quais, pelo menos, uma subunidade de cada protômero β contém o ligante. (Com base em dados de Ackers, G.K., *Adv. Prot. Chem.* **51**, 193 [1998].)

ção T → R somente quando um sítio de ligação, pelo menos, está ocupado em cada um dos protômeros αβ. Essa simetria, não reconhecida antigamente, é inconsistente com o modelo de simetria. Além disso, conforme foi mostrado por Takashi Yonetami, os efetores heterotrópicos como BPG, podem reduzir a afinidade da Hb pelo oxigênio sem alterar seu estado quaternário.

Evidentemente, a cooperatividade se origina tanto da mudança quaternária combinada (conforme exigida pelo modelo de simetria) como da modulação sequencial da interação do ligante dentro de cada estado quaternário por meio de alterações na estrutura terciária induzidas pelo ligante (em concordância com o modelo sequencial).

APÊNDICE: DEDUÇÕES DAS EQUAÇÕES DO MODELO DE SIMETRIA

A. Interações homotrópicas – Equação [10.22]

A saturação parcial Y_S para a interação com o ligante é expressa:

$$Y_S = \frac{([R_1] + 2[R_2] + \cdots + n[R_n]) + ([T_1] + 2[T_2] + \cdots + n[T_n])}{n\{([R_0] + [R_1] + \cdots + [R_n]) + ([T_0] + [T_1] + \cdots + [T_n])\}} \quad [10.21]$$

Definindo $\alpha = [S]/k_R$ e $c = k_R/k_T$, e usando a Equação [10.20] para substituir $[R_{n-1}]$ por $[R_n]$, $[R_{n-2}]$ por $[R_{n-1}]$, etc., os termos incluídos no primeiro grupo de parênteses no numerador da Equação [10.21] são reduzidos a

$$[R_0]\left\{n\alpha + \frac{2n(n-1)\alpha^2}{2} + \cdots + \frac{n\,n!\alpha^n}{n!}\right\}$$
$$= [R_0]\alpha n\left\{1 + \frac{2(n-1)\alpha}{2} + \cdots + \frac{n(n-1)!\alpha^{n-1}}{n(n-1)!}\right\}$$
$$= [R_0]\alpha n(1+\alpha)^{n-1}$$

e, da mesma forma, os termos no primeiro grupo de parênteses do denominador da Equação [10.21] tornam-se

$$[R_0]\left\{1 + n\alpha + \cdots + \frac{n!\alpha^n}{n!}\right\} = [R_0](1+\alpha)^n$$

Igualmente, os termos no segundo grupo de parênteses do numerador e do denominador da Equação [10.21] assumem as formas respectivas

$$[T_0]([S]/k_T)n(1 + [S]/k_T)^{n-1} = L[R_0]c\alpha n(1 + c\alpha)^{n-1}$$

e

$$[T_0](1 + [S]/k_T)^n = L[R_0](1 + c\alpha)^n$$

Consequentemente,

$$Y_S = \frac{[R_0]\alpha n(1+\alpha)^{n-1} + L[R_0]c\alpha n(1 + c\alpha)^{n-1}}{n\{[R_0](1+\alpha)^n + L[R_0](1 + c\alpha)^n\}}$$

o que, após cancelar os termos, produz a equação que descreve o modelo de simetria para as interações homotrópicas:

$$Y_S = \frac{\alpha(1+\alpha)^{n-1} + Lc\alpha(1 + c\alpha)^{n-1}}{(1+\alpha)^n + L(1 + c\alpha)^n} \quad [10.22]$$

B. Interações heterotrópicas – Equação [10.23]

Para um oligômero que liga o ativador A e o substrato S somente ao seu estado R, e o inibidor I somente ao seu estado T, a saturação parcial para o substrato Y_S, ou seja, a fração dos sítios de ligação ocupada pelo substrato, é expressa por:

$$Y_S = \frac{\sum_{i=1}^{n}\sum_{j=0}^{n} i[R_{i,j}]}{n\left(\sum_{i=0}^{n}\sum_{j=0}^{n}[R_{i,j}] + \sum_{k=0}^{n}[T_k]\right)}$$

Aqui os subscritos *i, j* e *k* indicam o número de moléculas respectivas de S, A e I que estão ligadas a um oligômero; isto é, $R_{i,j} \equiv RS_iA_j$ e $T_k \equiv TI_k$. Definindo então $\alpha = [S]/k_R$ e seguindo a dedução anterior da Equação [10.22]:

$$Y_S = \frac{\left(\sum_{j=0}^{n}[R_{0,j}]\right)\alpha n(1+\alpha)^{n-1}}{n\left\{\left(\sum_{j=0}^{n}[R_{0,j}]\right)(1+\alpha)^n + \sum_{k=0}^{n}[T_k]\right\}} = \frac{\alpha(1+\alpha)^{n-1}}{(1+\alpha)^n + L'}$$

onde

$$L' = \sum_{k=0}^{n}[T_k] \Big/ \sum_{j=0}^{n}[R_{0,j}]$$

Em analogia com a definição de α, define-se $\beta = [I]/k_I$ e $\gamma = [A]/k_A$, e segue-se novamente a dedução da Equação [10.22] para obter:

$$\sum_{k=0}^{n}[T_k] = [T_0](1+\beta)^n$$

e

$$\sum_{j=0}^{n}[R_{0,j}] = [R_{0,0}](1+\gamma)^n$$

de forma que

$$L' = \frac{L(1+\beta)^n}{(1+\gamma)^n}$$

A equação do modelo de simetria ampliada para incluir os efeitos heterotrópicos é, portanto, expressa por

$$Y_S = \frac{\alpha(1+\alpha)^{n-1}}{(1+\alpha)^n + \dfrac{L(1+\beta)^n}{(1+\gamma)^n}} \quad [10.23]$$

RESUMO DO CAPÍTULO

1 Função da hemoglobina O grupo heme da Mb e nas subunidades da Hb ligam O_2 reversivelmente. Na desoxiHb, o Fe(II) é coordenado aos quatro nitrogênios do anel pirrólico da protoporfirina IX e à His proximal da proteína. Na oxigenação, o O_2 se torna o sexto ligante do Fe(II). A Mb tem uma curva de saturação parcial hiperbólica (constante de Hill, $n = 1$). A curva da Hb, porém, é sigmoide ($n \approx 2,8$) como consequência de sua ligação cooperativa ao O_2. A Hb liga seu quarto O_2 com uma afinidade 100 vezes maior do que para seu primeiro O_2. A variação da afinidade pelo O_2 com o pH, o efeito Bohr, faz a Hb liberar O_2 nos tecidos em resposta à ligação dos prótons liberados pela hidratação do CO_2 a HCO_3^-. A Hb facilita o transporte de CO_2, tanto diretamente por sua ligação como um carbamato N-terminal, como indiretamente, pelo aumento da concentração de HCO_3^-, devido ao efeito Bohr. A presença de BPG nos eritrócitos, que se liga somente à desoxiHb, além disso, modula a afinidade da Hb pelo O_2. A adaptação de curta duração a grandes altitudes é resultado de um aumento da concentração de BPG nos eritrócitos, o que aumenta a quantidade de O_2 liberada nos tecidos pela redução da afinidade da Hb pelo O_2.

2 Estrutura e mecanismo As subunidades α e β da Hb consistem principalmente em sete ou oito hélices consecutivas organizadas formando uma cavidade hidrofóbica que envolve quase totalmente o heme. A ligação do oxigênio move o Fe(II) para uma posição de ~ 0,6 Å fora do plano do heme juntamente com a His proximal para o centro do heme, aliviando assim, a interferência espacial que, caso contrário, ocorreria entre a porfirina e o O_2 ligado. O Fe(II) puxa a His proximal para trás em um movimento que somente pode ocorrer se o anel imidazol do resíduo se reorientar de modo a evitar colisão com o heme. Na transição conformacional T → R, os contatos α_1C–β_2FG e α_2C–β_1FG de simetria equivalente intercambiam simultaneamente entre duas posições estáveis. Posições intermediárias são espacialmente evitadas, de modo que esses contatos atuam como um interruptor conformacional de duas posições. O mecanismo Perutz de ligação do O_2 propõe que a baixa afinidade do O_2 pelo estado T se origina da tensão que impede que o Fe(II) se mova para o plano do heme para formar uma ligação forte Fe—O_2. Essa tensão é aliviada pela alteração quaternária combinada da molécula de Hb para o estado R de alta afinidade pelo O_2. A alteração quaternária é contraposta por uma rede de pontes salinas no estado T que envolve os grupos carboxílicos C-terminais e que estão rompidas no estado R. A estabilidade do estado R em relação ao estado T aumenta com o grau de oxigenação, como resultado da tensão da ligação do O_2 ao estado T. A existência dessa tensão foi demonstrada pela quebra da ligação entre o Fe(II) e a His proximal durante a ligação simultânea da Hb com o IHP, um análogo de BPG que se liga firmemente e força a Hb a assumir o estado T, e do NO, um ligante forte que força a Hb para o estado R. Reciprocamente, a remoção mutagênica da His proximal da proteína elimina grande parte da cooperatividade da Hb. O efeito Bohr resulta de aumentos nos p*K*s dos grupos α-amino N-terminais e da His 146β na formação das pontes salinas no estado T. Os resíduos de His expostos à superfície também participam do efeito Bohr. A ligação do BPG ocorre na cavidade central da Hb no estado T por meio de várias pontes salinas. O resíduo de His distal protege a desoxiHb da auto-oxidação, por captar os prótons que catalisariam a oxidação do Fe do heme.

3 Hemoglobinas anormais São conhecidas mais de 1.000 variedades de Hbs mutantes. A metade delas é inócua, pois resulta de mudanças em resíduos da superfície da molécula. No entanto, alterações em resíduos internos com frequência alteram a estrutura da Hb, causando anemia hemolítica. As mudanças no sítio de ligação do O_2 que estabilizam o Fe(III) eliminam a ligação do O_2 a essas subunidades, o que resulta em cianose. As mutações que afetam a interface das subunidades podem estabilizar tanto o estado R como o estado T, o que, respectivamente, aumenta ou diminui a afinidade da Hb pelo O_2. A anemia falciforme é causada pela Hb mutante homozigota Glu 6β → Val, o que promove a gelificação da desoxiHbS, formando fibras rígidas com 14 cadeias que deformam os eritrócitos. Sob condições de gelificação, o crescimento da fibra ocorre por meio de um mecanismo de nucleação em dois estágios, resultando em um tempo de retardo que varia da trigésima à quinquagésima potência da concentração inicial da HbS. Os agentes que aumentam esse tempo de retardo para valores maiores do que o tempo de trânsito dos eritrócitos nos capilares devem impedir as crises de células falciformes e assim aliviar os sintomas da anemia falciforme.

4 Regulação alostérica A equação de Adair racionaliza a cooperatividade da ligação do O_2 à Hb, atribuindo uma constante de dissociação separada para cada O_2 ligado. Ocorre cooperatividade positiva se essas constantes decrescerem sequencialmente. Contudo, a equação de Adair não fornece nenhuma explicação física de por que isso ocorre. O modelo de simetria propõe que os oligômeros simétricos podem existir nos estados conformacionais R ou T, que diferem quanto à afinidade pelo ligante. A interação do ligante com o estado de mais alta afinidade força o oligômero a assumir essa conformação, o que facilita a ligação de mais um ligante. Esse modelo homotrópico é estendido aos efeitos heterotrópicos, postulando que o ativador e o substrato podem se ligar somente ao estado R, e o inibidor pode se ligar somente ao estado T. A ligação do ativador força o oligômero para o estado R, o que facilita a ligação do substrato e de mais um ativador. Contudo, a ligação do inibidor força o oligômero para o estado T, o que impede a ligação do substrato e do ativador. O modelo sequencial postula que um encaixe induzido entre o ligante e o substrato concede tensão conformacional à proteína que altera sua afinidade para ligar outros ligantes sem exigir que o oligômero mantenha sua simetria. O mecanismo de Perutz para a ligação do O_2 à Hb é, em grande parte, estruturalmente consistente com o modelo de simetria, mas exibe alguns elementos do modelo sequencial. No entanto, a cooperatividade da Hb concorda totalmente com o modelo de simetria.

REFERÊNCIAS

Geral

Bunn, F.H. and Forget, B.G., *Hemoglobin: Molecular, Genetic and Clinical Aspects,* Saunders (1986). [Um compêndio valioso sobre hemoglobinas normais e anormais.]

Dickerson, R.E. and Geis, I., *Hemoglobin,* Benjamin/Cummings (1983). [Um tratado muito bem escrito e profusamente ilustrado sobre estrutura, função e evolução da hemoglobina.]

Ferry, G., *Max Perutz and the Secret of Life,* Cold Spring Harbor Laboratory Press (2007). [Uma biografia definitiva.]

Hendgen-Cotta, U.B., et al., Nitrite reductase activity of myoglobin regulates respiration and cellular viability in myocardial ischemia–reperfusion injury, *Proc. Natl. Acad. Sci.* **105,** 10256–10261 (2008).

Judson, H.F., *The Eighth Day of Creation* (expanded edition), Chapters 9 and 10, Cold Spring Harbor Laboratory Press (1996). [Inclui um relato histórico sobre como aconteceu a atual percepção da estrutura e da função da hemoglobina]

Lukin, J.A. and Ho, C., The structure–function relationship of hemoglobin in solution at atomic resolution, *Chem. Rev.* **104,** 1219–1230 (2004).

Royer, W.E., Jr., Zhu, H., Gorr, T.A., Flores, J.F., and Knapp, J.E., Allosteric hemoglobin assembly: diversity and similarity, *J. Biol. Chem.* **280,** 27477–27480 (2005). [Revisões sobre diferentes tipos de hemoglobinas.]

Vinogradov, S.N. and Moens, L., Diversity of globin function: enzymatic, transport, storage, and sensing, *J. Biol. Chem.* **283,** 8773–8777 (2008). [Discute as reações mediadas pela globina com NO, assim como com neuroglobina e citoglobina.]

Estrutura da mioglobina, hemoglobina e combinações de modelos

Brunori, M., Nitric oxide moves myoglobin to center stage, *Trends Biochem. Sci.* **26,** 209–210 (2001).

Fermi, G., Perutz, M.F., Shaanan, B., and Fourme, R., The crystal structure of human deoxyhaemoglobin at 1.74 Å, *J. Mol. Biol.* **175,** 159–174 (1984).

Jameson, G.B., Molinaro, F.S., Ibers, J.A., Collman, J.P., Brauman, J.I., Rose, E., and Suslick, K.S., Models for the active site of oxygen-binding hemoproteins. Dioxygen binding properties and the structures of (2-methylimidazole)-*meso*-tetra($\alpha,\alpha,\alpha,\alpha$,-*o*--pivalamidophenyl)porphinato iron(II)- ethanol and its dioxygen adduct, *J. Am. Chem. Soc.* **102,** 3224–3237 (1980). [O complexo em paliçada.]

Liddington, R., Derewenda, Z., Dodson, G., and Harris, D., Structure of the liganded T state of haemoglobin identifies the origin of cooperative oxygen binding, *Nature* **331,** 725–728 (1988).

Ordway, G.A. and Garry, D.J., Myoglobin: an essential hemoprotein in striated muscle, *J. Exp. Biol.* **207,** 341–3446 (2004).

Phillips, S.E.V., Structure and refinement of oxymyoglobin at 1.6 Å resolution, *J. Mol. Biol.* **142,** 531–554 (1980).

Shaanan, B., Structure of human oxyhaemoglobin at 2.1 Å resolution, *J. Mol. Biol.* **171,** 31–59 (1983).

Takano, T., Structure of myoglobin refined at 2.0 Å resolution, *J. Mol. Biol.* **110,** 537–568, 569–584 (1977).

Mecanismo da ligação do oxigênio à hemoglobina

Baldwin, J. and Chothia, C., Haemoglobin: The structural changes related to ligand binding and its allosteric mechanism, *J. Mol. Biol.* **129,** 175–220 (1979). [Exposição do mecanismo detalhado de ligação do O_2 à hemoglobina com base na estrutura da oxiHb e da desoxiHb.]

Barrick, D., Ho, N.T., Simplaceanu, V., Dahlquist, F.W., and Ho, C., A test of the role of the proximal histidines in the Perutz model for cooperativity in haemoglobin, *Nature Struct. Biol.* **4,** 78–83 (1997). [Descreve os experimentos nos quais a His proximal é separada da hélice F.]

Gelin, B.R., Lee, A.W.-N., and Karplus, M., Haemoglobin tertiary structural change on ligand binding, *J. Mol. Biol.* **171,** 489–559 (1983). [Um estudo teórico da dinâmica da ligação do O_2 à hemoglobina.]

Perutz, M.F., Stereochemistry of cooperative effects in haemoglobin, *Nature* **228,** 726–734 (1970). [O artigo no qual foi proposto pela primeira vez o mecanismo de Perutz. Embora muitos dos seus detalhes tenham sido modificados desde então, o modelo básico permanece intacto.]

Perutz, M.F., Regulation of oxygen affinity of hemoglobin, *Annu. Rev. Biochem.* **48,** 327–386 (1979). [Um exame do mecanismo de Perutz à luz dos dados estruturais e espectroscópicos.]

Perutz, M.F., Mechanisms of cooperativity and allosteric regulation in proteins, *Quart. Rev. Biophys.* **22,** 139–236 (1989). [Contém uma descrição estrutural detalhada do alosterismo na hemoglobina.]

Perutz, M.F., Wilkinson, A.J., Paoli, M., and Dodson, G.G., The stereochemical mechanism of the cooperative effects in hemoglobin revisited, *Annu. Rev. Biophys. Biomol. Struct.* **27,** 1–34 (1998).

O efeito Bohr e a ligação de BPG

Arnone, A., X-ray studies of the interaction of CO_2 with human deoxyhaemoglobin, *Nature* **247,** 143–145 (1974).

Benesch, R.E. and Benesch, R., The mechanism of interaction of red cell organic phosphates with hemoglobin, *Adv. Prot. Chem.* **28,** 211–237 (1974).

Kilmartin, J.V. and Rossi-Bernardi, L., Interactions of hemoglobin with hydrogen ion, carbon dioxide and organic phosphates, *Physiol. Rev.* **53,** 836–890 (1973).

Lenfant, C., Torrance, J., English, E., Finch, C.A., Reynafarje, C., Ramos, J., and Faura, J., Effect of altitude on oxygen binding by hemoglobin and on organic phosphate levels, *J. Clin. Invest.* **47,** 2652–2656 (1968).

Perutz, M.F., Kilmartin, J.V., Nishikura, K., Fogg, J.H., and Butler, P.J.G., Identification of residues contributing to the Bohr effect of human haemoglobin, *J. Mol. Biol.* **138,** 649–670 (1980).

Richard, V., Dodson, G.G., and Mauguen, Y., Human deoxyhaemoglobin-2,3-diphosphoglycerate complex low-salt structure at 2.5 Å resolution, *J. Mol. Biol.* **233,** 270–274 (1993).

Sun, D.P., Zou, M., Ho, N.T., and Ho, C., Contribution of surface histidyl residues in the α-chain of the Bohr effect of human normal adult hemoglobin: Roles of global electrostatic effects, *Biochemistry* **36,** 6663–6673 (1997).

Hemoglobinas anormais

Baudin-Chich, V., Pagnier, J., Marden, M., Bohn, B., Lacaze, N., Kister, J., Schaad, O., Edelstein, S.J., and Poyart, C., Enhanced polymerization of recombinant human deoxyhemoglobin β6 Glu$\rightarrow$Ile, *Proc. Natl. Acad. Sci.* **87,** 1845–1849 (1990).

Bunn, F.H., Pathogenesis and treatment of sickle cell disease, *New Engl. J. Med.* **337,** 762–769 (1997).

Bunn, F.H., Human hemoglobins: sickle hemoglobin and other mutants, *in* Stamatoyannopoulos, G., Majerus, P.W., Perlmutter, R.M., and Varmus, H. (Eds.), *The Molecular Basis of Blood Diseases* (3rd ed.), Chapters 7, Elsevier (2001).

Eaton, W.A. and Hofrichter, J., Sickle cell hemoglobin polymerization, *Adv. Prot. Chem.* **40,** 63–279 (1990). [Uma revisão completa sobre a polimerização da HbS.]

Eaton, W.A. and Hofrichter, J., The biophysics of sickle cell hydroxyurea therapy, *Science* **268,** 1142–1143 (1995).

Harrington, D.J., Adachi, K., and Royer, W.E., Jr., The high resolution crystal structure of deoxyhemoglobin S, *J. Mol. Biol.* **272,** 398–407 (1997).

Nagel, R.L., Haemoglobinopathies due to structural mutations, *in* Provan, D. and Gribben, J. (Eds.), *Molecular Haematology, pp.* 121–133, Blackwell Science (2000).

Perutz, M., *Protein Structure. New Approaches to Disease and Therapy,* Chapter 6, Freeman (1992).

Perutz, M.F. and Lehmann, H., Molecular pathology of human haemoglobin, *Nature* **219,** 902–909 (1968). [Um estudo inicial correlacionando os sintomas clínicos e as alterações estruturais deduzidas de numerosas hemoglobinas mutantes.]

Steinberg, M.H., Management of sickle cell disease, *New Engl. J. Med.* **340,** 1021–1030 (1999).

Strasser, B.J., Sickle-cell anemia, a molecular disease, *Science* **286,** 1488–1490 (1999). [Uma história curta da caracterização da anemia falciforme feita por Pauling.]

Watowich, S.J., Gross, L.J., and Josephs, R., Intermolecular contacts within sickle hemoglobin fibers, *J. Mol. Biol.* **209,** 821–828 (1989).

Weatherall, D.J., Clegg, J.B., Higgs, D.R., and Wood, W.G., The he-moglobinopathies, *in* Valle, D. (Ed.), *The Online Metabolic & Molecular Bases of Inherited Disease* http://ommbid.com/. [Uma revisão detalhada das hemoglobinas anormais.]

Regulação alostérica

Ackers, G.A. and Holt, J.M., Asymmetric cooperativity in a symmetric tetramer: human hemoglobin, *J. Biol. Chem.* **281,** 11441–11443 (2006); *and* Ackers, G.A., Deciphering the molecular code of hemoglobin allostery, *Adv. Prot. Chem.* **51,** 185–253 (1998).

Eaton, W.A., Henry, E.R., Hofrichter, J., Bettati, S., Viappiani, C., and Mozzarelli, A., Evolution of allosteric models for hemoglobin, *IUBMB Life* **59,** 586–589 (2007). [Uma revisão crítica.]

Fersht, A., *Structure and Mechanism in Protein Science,* Chapter 10, Freeman (1999).

Koshland, D.E., Jr., Némethy, G., and Filmer, D., Comparison of experimental binding data and theoretical models in proteins containing subunits, *Biochemistry* **5,** 365–385 (1966). [Exposição sistemática do modelo sequencial da regulação alostérica.]

Monod, J., Wyman, J., and Changeux, J.P., On the nature of allosteric transitions: A plausible model, *J. Mol. Biol.* **12,** 88–118 (1965). [Explicação do modelo de simetria da regulação alostérica.]

Yonetani, T. and Laberge, M., Protein dynamics explain the allosteric behaviours of hemoglobin, *Biochim. Biophys. Acta* **1784,** 1146–1158 (2008).

PROBLEMAS

1. O impulso de respirar nos humanos resulta de um alto conteúdo sanguíneo de CO_2; não existem sensores fisiológicos diretos para a pO_2 sanguínea. Praticantes de mergulho livre com frequência fazem **hiperventilação** (respiram rápida e profundamente por vários minutos) imediatamente antes de fazer um mergulho demorado, acreditando que, dessa forma, aumentem o conteúdo de O_2 do sangue. Essa crença resulta do fato de que a hiperventilação reprime o impulso de respiração, pois expele quantidades significantes de CO_2 do sangue. Com base no que você sabe a respeito das propriedades da Hb, a hiperventilação é um procedimento útil? É seguro? Explique.

2. Explique por que a constante de Hill, *n*, não pode nunca ser maior do que o número de sítios de ligação na proteína?

***3.** No efeito Bohr, a protonação dos grupos amino N-terminais das cadeias α da Hb é responsável por ~30% do 0,6 mol de H^+ que se combina com a Hb quando é liberado 1 mol de O_2 a pH 7,4. Supondo que esse grupo tem pK = 7,0 na oxiHb, qual é seu pK na desoxiHb?

4. Como um dos favoritos para ganhar a maratona de La Paz, na Bolívia, você tem treinado lá por várias semanas para se adaptar à altitude de 3.700 m. Um fabricante de equipamento de corrida que financia um oponente o convidou para uma festa pré-corrida em uma casa de praia próxima de Lima, no Peru, no fim de semana, assegurando que você voará de volta a La Paz pelo menos um dia antes da corrida. Isso é um sinal de respeito por você ou uma tentativa ardilosa de enfraquecê-lo na corrida? Explique (ver Fig. 10.9).

5. Nos músculos em atividade, a pO_2 pode ser de 10 torr na superfície celular e 1 torr nas mitocôndrias (as organelas onde tem lugar o metabolismo oxidativo). Como a Mb (p_{50} = 2,8 torr) pode facilitar a difusão do O_2 por essas células? Os músculos ativos consomem O_2 muito mais rapidamente do que outros tecidos. A Mb pode ser uma proteína transportadora de O_2 efetiva também em outros tecidos? Explique.

6. Eritrócitos, quando estocados por uma semana em um meio-padrão ácido-citrato-glicose, tornam-se exauridos de BPG. Discuta os méritos de se usar, em transfusões, sangue fresco *versus* sangue coletado há uma semana.

7. Os seguintes dados de saturação parcial foram obtidos em uma determinada amostra de sangue:

pO_2	Y_{O_2}	pO_2	Y_{O_2}
20	0,14	60	0,59
30	0,26	70	0,66
40	0,39	80	0,72
50	0,50	90	0,76

Quais são os valores da constante de Hill e da p_{50} dessa amostra de sangue? Eles são valores normais?

8. Um indivíduo anêmico, cujo sangue possui somente a metade do conteúdo normal de Hb, parece estar com boa saúde. Já um indivíduo normal está incapacitado por ter sido exposto a uma quantidade de monóxido de carbono suficiente para ocupar a metade de seus sítios no heme (pCO de 1 torr por ~1 hora; o CO se liga à Hb com uma afinidade 200 vezes maior do que o O_2). Explique.

***9.** A estrutura por raios X da Hb Rainier (Tyr 145β → Cys) indica que o resíduo Cys mutante forma uma ligação dissulfeto com a Cys 93β da mesma subunidade. Isso coloca o resíduo C-terminal da subunidade β em uma orientação completamente diferente daquela que esse resíduo assume na HbA. Como os valores das grandezas listadas a seguir para a Hb Rainier podem ser comparados com os da HbA? Explique. (a) A afinidade pelo oxigênio, (b) o efeito Bohr, (c) a constante de Hill e (d) a afinidade pelo BPG.

10. O crocodilo, que pode permanecer sob a água sem respirar por 1 hora, afoga sua presa terrestre e a janta quando quiser. Uma adaptação que auxilia o crocodilo nessa tarefa é sua capacidade de utilizar praticamente 100% do O_2 do seu sangue, enquanto os humanos, por exemplo, podem extrair somente 65% do O_2. A Hb do crocodilo não liga BPG. No entanto, sua desoxiHb liga preferencialmente HCO_3^-. De que forma isso ajuda o crocodilo a conseguir seu jantar?

11. O tempo de gelificação de uma mistura equimolar de HbA e HbS é menor do que o de uma solução contendo somente HbS na mesma concentração em que está na mistura. O que esta observação sugere sobre a participação da HbA na gelificação da HbS?

12. A condição de anemia grave dos homozigotos para a HbS resulta em um conteúdo elevado de BPG nos seus eritrócitos. Discuta se isso é ou não um efeito positivo,

13. Como organizador de uma expedição que planeja escalar várias montanhas muito altas, é sua responsabilidade escolher os membros da expedição. Cada um dos inscritos para uma posição na equipe é heterozigoto para uma das seguintes Hbs variantes: (1) HbS, (2) **Hb Hyde Park** (His F8[92]β → Tyr), (3) **Hb Riverdale-Bronx** (Gly B6[24]β → Arg), (4) **Hb Memphis** (Glu B4[23]α → Gln), e (5) **Hb Cowtown** (His HC3[146]β → Leu). Supondo que todos os candidatos têm capacidade igual a baixas altitudes, qual deles você escolheria para a equipe? Explique seu raciocínio.

14. Mostre que a equação de Adair para um tetrâmero se reduz à equação de Hill para $k_1 \approx k_2 \approx k_3 \gg k_4$ a uma relação hiperbólica para $k_1 = k_2 = k_3 = k_4$.

15. Deduza a constante de equilíbrio para a reação $R_2 \rightleftharpoons T_2$ para um modelo de simetria *n* vezes em termos dos parâmetros *L*, *c* e α.

***16.** Deduza a equação para a fração de moléculas proteicas no estado R para o modelo de simetria homotrópico em termos dos parâmetros *n, L, C* e α. Trace um gráfico dessa função *versus* α para $n = 4$, $L = 1.000$ e $c = 0$ e discuta seu significado físico.

17. Considerando o modelo de simetria do alosterismo, explique por que um inibidor (que causa um efeito heterotrópico negativo no substrato) deve sofrer um efeito homotrópico positivo.

18. Em concentração baixa, o tetrâmero da Hb dissocia-se, reversivelmente, em dois dímeros α_1–β_1. Qual é a constante de Hill para a ligação do O_2 a esses dímeros? Explique.

19. Descreva a natureza das mudanças alostéricas (homotrópica ou heterotrópica, positiva ou negativa) que têm lugar no sistema GroEL/ES durante os vários estágios do seu ciclo catalítico. (Fig. 9.25).

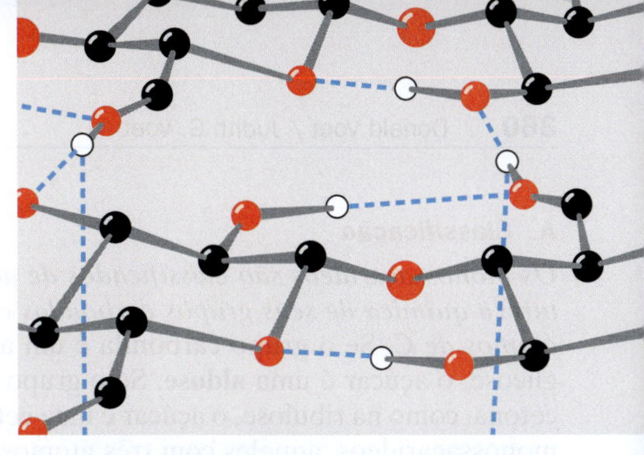

Açúcares e Polissacarídeos

CAPÍTULO 11

Os **carboidratos** ou **sacarídeos** (do grego: *sakcharon*, açúcar) são componentes essenciais de todos os organismos vivos e são, na verdade, a classe mais abundante de moléculas biológicas. O nome carboidrato, que significa literalmente "hidratos de carbono", resulta da sua composição química, que é geralmente $(C \cdot H_2O)_n$, em que $n \geq 3$. A unidade básica dos carboidratos são os chamados **monossacarídeos**. Muitos desses compostos são sintetizados a partir de substâncias simples em um processo denominado **gliconeogênese** (Seção 23.1). Outros (e quase todas as moléculas biológicas) são produtos da **fotossíntese** (Seção 24.3), a combinação de CO_2 e H_2O potencializada pela luz, por meio da qual plantas e certas bactérias formam "hidratos de carbono". A degradação metabólica dos monossacarídeos (Capítulos 17 e 21) produz grande parte da energia usada para suprir energia aos processos biológicos. Os monossacarídeos são também os principais componentes dos ácidos nucleicos (Seção 5.1A), assim como elementos importantes dos lipídeos complexos (Seção 12.1D).

Os **oligossacarídeos** são formados por um número pequeno de unidades monossacarídicas ligadas covalentemente. Com frequência eles são associados com proteínas (glicoproteínas) e lipídeos (glicolipídeos), nos quais eles apresentam funções regulatórias e estruturais (glicoproteínas e glicolipídeos são chamados coletivamente de **glicoconjugados**). Os **polissacarídeos** são constituídos de um grande número de unidades monossacarídicas ligadas covalentemente e apresentam massas moleculares que variam em uma faixa de milhões de daltons. Eles têm funções estruturais indispensáveis em todos os tipos de organismos, mas são mais evidentes em plantas, pois a **celulose**, seu principal material estrutural, abrange até 80% do seu peso seco. Os polissacarídeos, como o amido em plantas e o glicogênio em animais, servem como importantes reservatórios nutricionais.

A elucidação das estruturas e funções dos carboidratos tem ficado bastante aquém das proteínas e dos ácidos nucleicos. Isso pode ser atribuído a vários fatores. Os carboidratos são muitas vezes heterogêneos, tanto em tamanho quanto em composição, o que dificulta imensamente a sua caracterização química e física. Eles não são suscetíveis aos vários tipos de análise genética que possuem inestimável valor no estudo de proteínas e ácidos nucleicos, pois as sequências dos sacarídeos não são determinadas geneticamente, mas são formadas pela ação sequencial de enzimas específicas (Seção 23.3B). Além disso, tem sido difícil estabelecer ensaios para as atividades biológicas dos polissacarídeos por causa do seu papel, na maior parte das vezes, passivo. Apesar disso, está muito claro que os carboidratos são elementos essenciais em muitos, se não na maioria, dos processos biológicos.

Neste capítulo, serão exploradas as estruturas, a química e, até certo ponto, as funções dos carboidratos, isoladamente e associados com proteínas. As estruturas dos glicolipídeos serão consideradas na Seção 12.1D. A biossíntese de carboidratos complexos será abordada na Seção 23.3.

1 MONOSSACARÍDEOS

Os monossacarídeos ou **açúcares simples** são derivados de aldeídos ou cetonas de alcoóis poliidroxílicos de cadeia não ramificada contendo, pelo menos, três átomos de carbono. Tais substâncias, como por exemplo a **D-glicose** e a **D-ribulose**, não podem ser hidrolisadas para formar sacarídeos mais simples.

```
   O  H
    \1/
     C
     |
 H—2C—OH
     |
HO—3C—H
     |
 H—4C—OH
     |
 H—5C—OH
     |
    6CH2OH

  D-glicose
```

```
    1CH2OH
     |
    2C=O
     |
 H—3C—OH
     |
 H—4C—OH
     |
    5CH2OH

  D-ribulose
```

Nesta seção, serão abordadas as estruturas dos monossacarídeos e de alguns de seus derivados de importância biológica.

A. Classificação

Os monossacarídeos são classificados de acordo com a natureza química de seus grupos carbonilas e número de seus átomos de C. Se o grupo carbonila é um aldeído, como na glicose, o açúcar é uma **aldose**. Se o grupo carbonila é uma cetona, como na ribulose, o açúcar é uma **cetose**. Os menores monossacarídeos, aqueles com três átomos de carbono, são as **trioses**. Aqueles com quatro, cinco, seis, sete, etc., átomos de C são, respectivamente, as **tetroses**, as **pentoses**, as **hexoses**, as **heptoses**, etc. Esses termos podem ser combinados de forma que, por exemplo, a glicose é uma **aldoexose**, enquanto a ribulose é uma **cetopentose**.

O exame da fórmula molecular da D-glicose indica que todos, exceto dois átomos de C – C1 e C6 – são centros quirais, então a D-glicose é um dos $2^4 = 16$ estereoisômeros que abrangem todas as aldoexoses possíveis. Em geral, aldoses com *n*-carbonos têm 2^{n-2} estereoisômeros. A estereoquímica e os nomes das D-aldoses encontram-se na Fig. 11.1. Emil Fischer elucidou essas configurações para as aldoexoses em 1896. De acordo com a convenção de Fischer (Seção 4.2B), *o centro assimétrico mais afastado do grupo carbonila nos D-açúcares possui a mesma configuração absoluta do D-gliceraldeído.* Os L-açúcares, de acordo com essa convenção, são a imagem especular de seus D-açúcares, como está mostrado a seguir na projeção de Fischer para a glicose.

```
   O   H              O   H
    \\ /               \\ /
     C                  C
     |                  |
 H — C — OH        HO — C — H
     |                  |
HO — C — H          H — C — OH
     |                  |
 H — C — OH        HO — C — H
     |                  |
 H — C — OH        HO — C — H
     |                  |
    CH2OH              CH2OH
```

D-glicose **L-glicose**

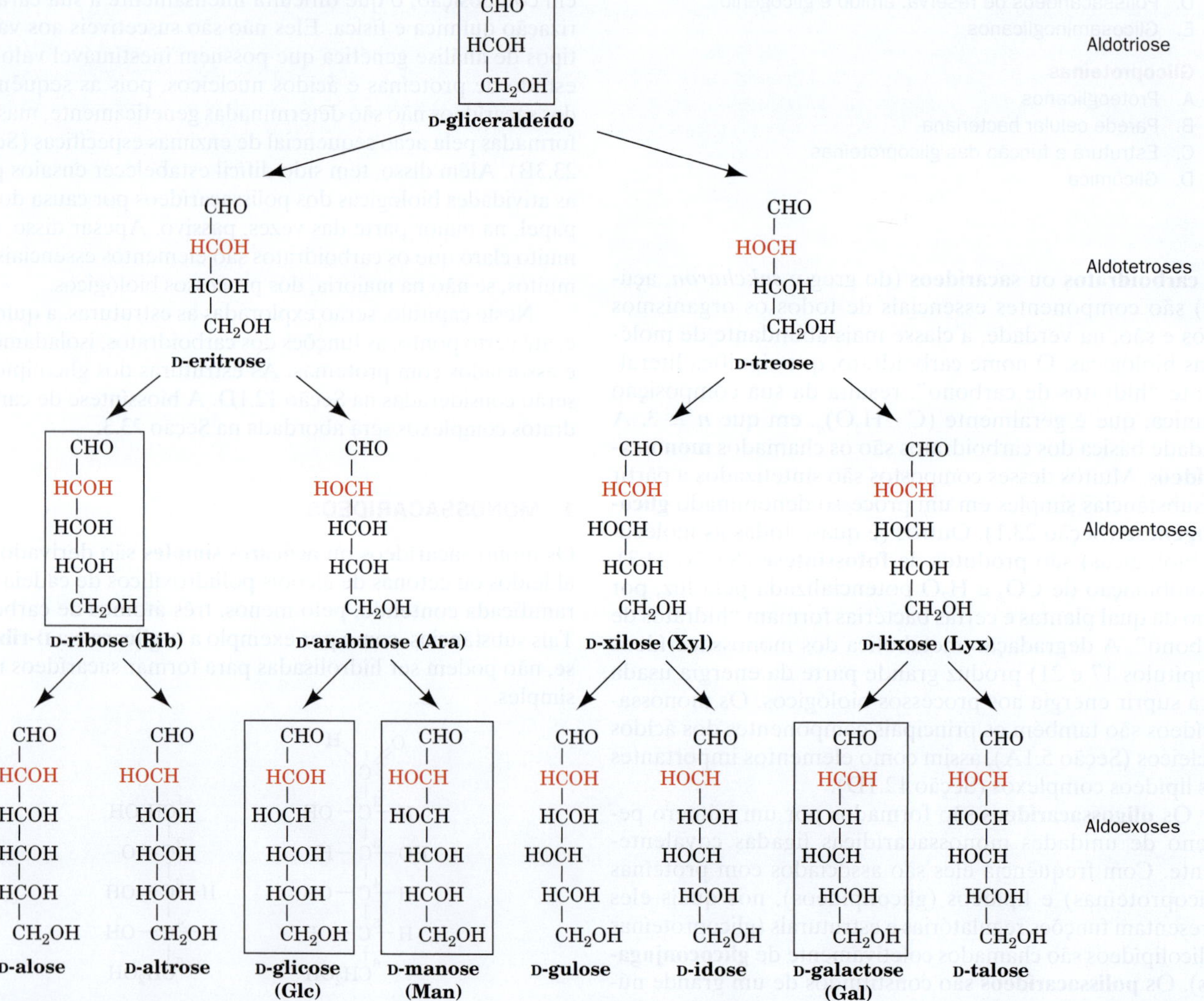

FIGURA 11.1 A relação estereoquímica, demonstrada pela projeção de Fischer, entre as D-aldoses com três a seis átomos de carbono. As setas indicam relações estereoquímicas (não biossintéticas). A configuração C2 (*em vermelho*) diferencia os membros de cada par. As duplicações desses 15 açúcares são suas imagens de espelho. As aldoses biologicamente mais comuns estão nos quadros.

Os açúcares que se diferenciam apenas pela configuração de um átomo de C são chamados de **epímeros** uns dos outros. Então, a D-glicose e a **D-manose** são epímeros em relação ao C2, enquanto a D-glicose e a **D-galactose** são epímeros em relação ao C4 (Fig. 11.1). Entretanto, os açúcares D-manose e D-galactose não são epímeros um do outro porque eles diferem na configuração de dois de seus átomos de C.

A D-glicose é a única aldose que ocorre geralmente na natureza como um monossacarídeo. Entretanto, esse e outros monossacarídeos, incluindo o D-gliceraldeído, a D-ribose, a D-manose e a D-galactose, são importantes componentes de grandes moléculas biológicas. Os L-açúcares são biologicamente muito menos abundantes do que os D-açúcares.

A posição de seus grupos carbonila conferem às cetoses um centro assimétrico a menos do que suas aldoses isoméricas (p. ex., comparar a D-frutose e a D-glicose). As cetoses de *n*-carbonos, portanto, têm 2^{n-3} estereoisômeros. Aqueles com função cetona no C2 são a forma mais comum (Fig. 11.2). Observe que algumas dessas cetoses são denominadas pela inserção de *-ul-* antes do sufixo *ose* no nome da aldose correspondente; então a **D-xilulose** é a cetose correspondente à aldose **D-xilose**. A **di-hidroxiacetona**, a **D-frutose**, a D-ribulose e a D-xilulose são as cetoses mais importantes biologicamente.

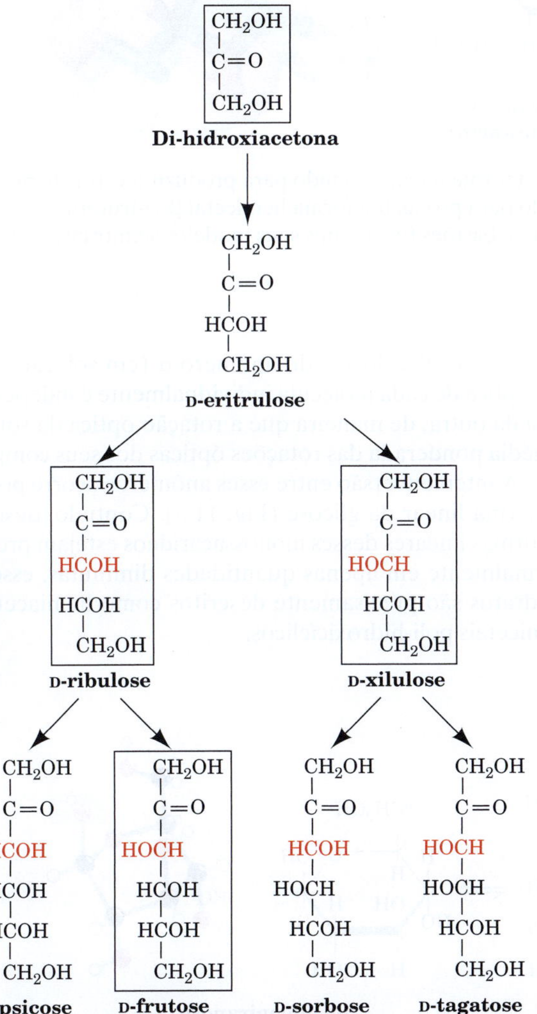

FIGURA 11.2 A relação estereoquímica entre as D-cetoses com três a seis átomos de carbono. A configuração C3 (*em vermelho*) diferencia os membros de cada par. As cetoses mais comuns na natureza estão em destaque.

B. Configurações e conformações

Os alcoóis reagem com os grupos carbonila dos aldeídos e das cetonas para formar os **hemiacetais** e os **hemicetais**, respectivamente (Fig. 11.3). A hidroxila e a função aldeído ou cetona dos monossacarídeos podem, da mesma forma, reagir intramolecularmente para formar hemiacetais e hemicetais cíclicos (Fig. 11.4). As configurações dos substituintes para cada átomo de carbono nesses anéis da molécula de açúcar são convenientemente representadas pelas suas **projeções de Haworth.**

Um açúcar com um anel de seis átomos é conhecido como uma **piranose**, em analogia com o **pirano**, que é o composto mais simples contendo um anel desse tipo. Da mesma forma, açúcares com um anel de cinco átomos são denominados **furanoses**, em analogia com o **furano**.

Pirano **Furano**

As formas cíclicas da glicose e da frutose, com anéis de seis e cinco átomos, são portanto conhecidas como **glicopiranose** e **frutofuranose**, respectivamente.

a. Os açúcares cíclicos apresentam duas formas anoméricas

As letras gregas que antecedem os nomes na Fig. 11.4 ainda precisam ser explicadas. A ciclização de um monossacarídeo torna assimétrico o carbono da carbonila. O par de diastereoisômeros resultante é conhecido como **anômero** e o carbono hemiacetal ou hemicetal é designado carbono anomérico. No anômero α, o OH substituinte do carbono anomérico está, no anel da molécula do açúcar, do lado oposto ao grupo CH_2OH do centro quiral que designa a configuração D ou L (C5 nas hexoses). O outro anômero é conhecido como a forma β (Fig. 11.5).

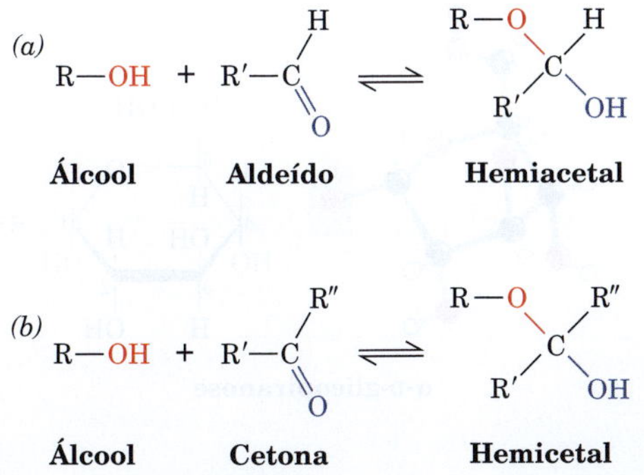

(*a*) R—OH + R′—CHO ⇌ R—O—CH(R′)—OH

Álcool **Aldeído** **Hemiacetal**

(*b*) R—OH + R′—CO—R″ ⇌ R—O—C(R″)(R′)—OH

Álcool **Cetona** **Hemicetal**

FIGURA 11.3 As reações de alcoóis com (*a*) aldeídos para formar hemiacetais e (*b*) cetonas para formar hemicetais.

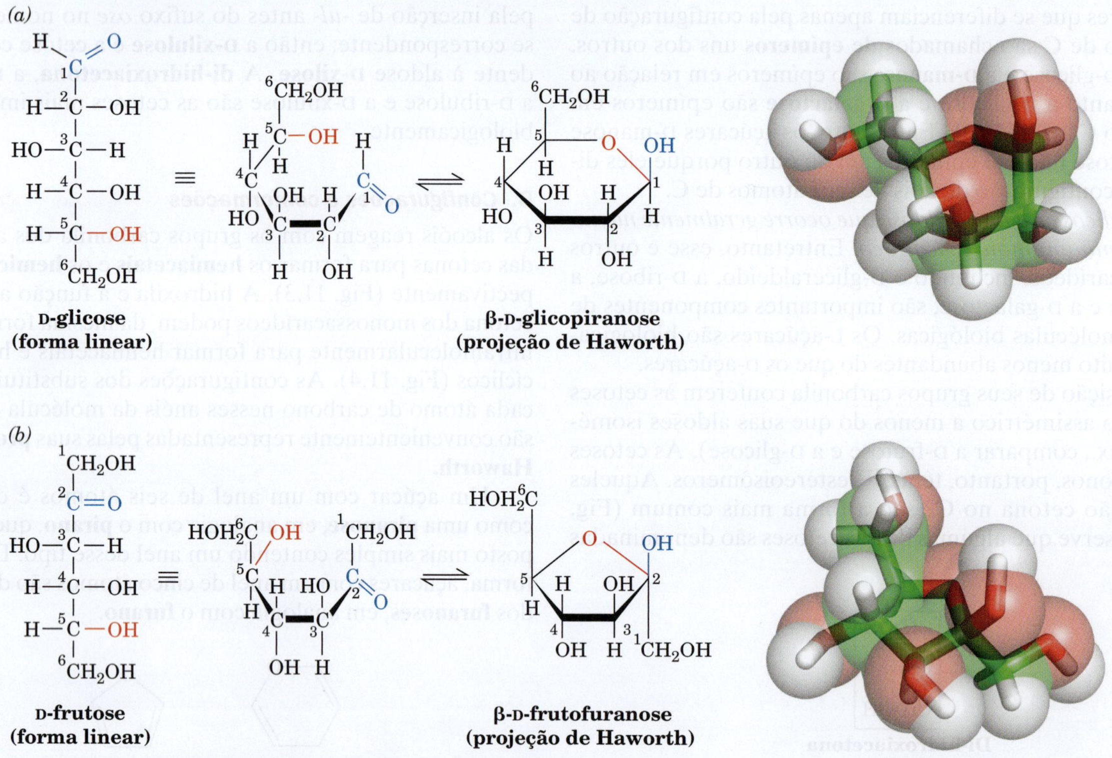

(a)

D-glicose
(forma linear)

β-D-glicopiranose
(projeção de Haworth)

(b)

D-frutose
(forma linear)

β-D-frutofuranose
(projeção de Haworth)

FIGURA 11.4 Reações de ciclização para hexoses. (*a*) D-glicose em sua forma linear reagindo para produzir a forma hemiacetal cíclica β-D-glicopiranose e (*b*) D-frutose em sua forma linear reagindo para produzir a forma hemicetal β-D-frutofuranose. Os açúcares cíclicos são mostrados como projeções de Haworth e na forma de bastões fixadas nos seus modelos semitransparentes de volume atômico, com C em verde, H em branco e O em vermelho.

Os dois anômeros da D-glicose, assim como qualquer par de diastereoisômeros, possuem diferentes propriedades químicas e físicas. Por exemplo, os valores da rotação óptica específica, $[\alpha]_D^{20}$, para a α-D-glicose e para a β-D-glicose são, respectivamente, +112,2° e +18,7°. Quando uma dessas substâncias puras é dissolvida em água, entretanto, a rotação óptica específica da solução muda vagarosamente até atingir um valor de equilíbrio de $[\alpha]_D^{20}$ = +52,7°. Esse fenômeno é conhecido como **mutarrotação**; na glicose, é o resultado da formação de uma mistura de equilíbrio constituída de 63,6% do anômero β e 36,4% do anômero α (em solução, a rotação óptica de cada molécula individualmente é independente uma da outra, de maneira que a rotação óptica da solução é a média ponderada das rotações ópticas dos seus componentes). A interconversão entre esses anômeros ocorre por meio da forma linear da glicose (Fig. 11.5). Contudo, desde que as formas lineares desses monossacarídeos estejam presentes normalmente em apenas quantidades diminutas, esses carboidratos são precisamente descritos como hemiacetais ou hemicetais poli-hidroxicíclicos.

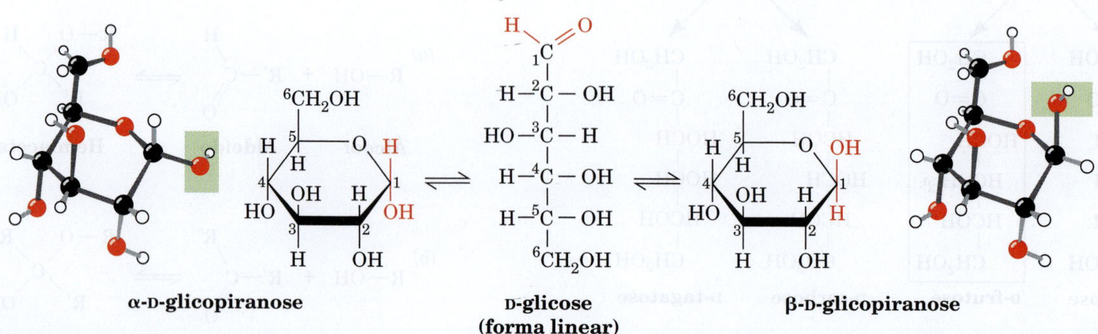

FIGURA 11.5 Os monossacarídeos anoméricos α-D-glicopiranose e β-D-glicopiranose, desenhados como projeções de Howarth e modelos de esferas e bastões. Esses açúcares piranosídicos interconvertem-se da forma linear da D-glicose e se diferenciam apenas pela configuração do seu átomo de carbono anomérico, C1. **Ver Exercício de cineimagem 7.1**

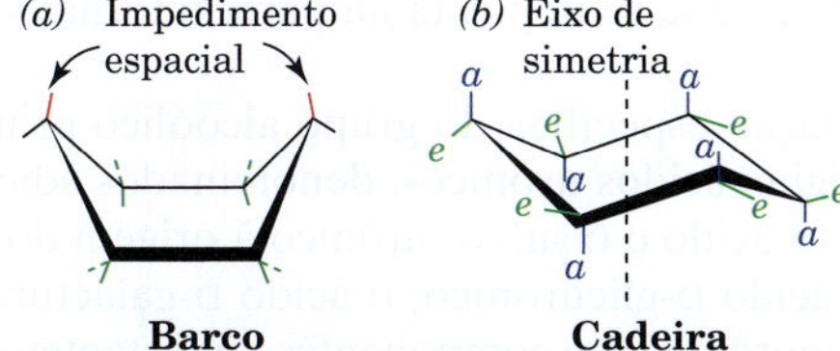

FIGURA 11.6 Conformações do anel de cicloexano. (*a*) Na conformação de barco, os substituintes na "proa" e na "popa" (*em vermelho*) estão congestionados espacialmente, enquanto os substituintes dos lados (*em verde*) estão ocultos. (*b*) Na conformação em cadeira, os substituintes que se estendem paralelamente ao eixo de rotação de ordem 3 do anel são denominados axiais [*a*], enquanto aqueles que se estendem mais ou menos para fora do eixo de simetria são denominados equatoriais [*e*]. Os substituintes equatoriais ao redor do anel estão alternados para cima e para baixo do plano do anel.

b. Os açúcares são conformacionalmente variáveis

As hexoses e as pentoses podem assumir formas furanosídicas ou piranosídicas. O equilíbrio entre as formas de um monossacarídeo específico depende das condições, mas principalmente da natureza do monossacarídeo. Por exemplo, medidas de ressonância magnética (RM) indicam que, enquanto a glicose assume quase que exclusivamente a forma piranosídica em soluções aquosas, 67% da frutose assume a forma piranosídica e os 33% restantes, a forma furanosídica; e 75% da ribose assume a forma piranosídica e 25% da ribose, a forma furanosídica (embora, nos polissacarídeos, os resíduos de glicose, frutose e ribose encontram-se exclusivamente nas suas formas piranosídicas, furanosídicas e furanosídicas, respectivamente). Ainda que, em princípio, as hexoses e os açúcares longos possam formar anéis de sete ou mais átomos, tais anéis são raramente observados devido à alta estabilidade dos anéis de cinco e seis átomos. A força interna dos anéis de açúcares de três ou quatro átomos torna-os muito instáveis em relação às formas lineares.

O uso das fórmulas de Haworth pode levar à impressão errônea de que os anéis furanosídicos e piranosídicos são planares. Entretanto, esse não deve ser o caso, porque os átomos nesses anéis são hibridizados tetraedricamente (sp^3). O anel piranosídico, como o anel do cicloexano, pode assumir a conformação de **barco** ou de **cadeira** (Fig. 11.6). A estabilidade relativa dessas várias conformações depende das interações estereoquímicas entre os substituintes do anel. A conformação em barco agrupa os substituintes na "proa" e na "popa" e esconde os substituintes laterais, de modo que, para o cicloexano, a conformação em barco é ~ 25 kJ · mol^{-1} menos estável que a conformação em cadeira. Os substituintes do anel na conformação em cadeira (Fig. 11.6*b*) podem estar em duas classes geométricas: os grupos **axiais** compactados, que se estendem paralelamente ao eixo triplo de rotação do anel, e os grupos **equatoriais**, cujo impedimento espacial é mínimo. Visto que os grupos axiais e os grupos equatoriais em um anel cicloexânico são interconversíveis conformacionalmente, um dado anel tem duas formas alternativas de cadeira (Fig. 11.7); a forma em geral predominante é aquela que apresenta o menor impedimento espacial entre os substituintes axiais. A situação conformacional de um grupo afeta diretamente sua reatividade química. Por exemplo, grupos OH equatoriais nas piranoses esterificam-se mais rapidamente que os grupos OH axiais. Observe que a β-D-glicose é a única D-aldoexose que pode ter simultaneamente todos os cinco substituintes diferentes de H na posição equatorial (lado esquerdo da Fig. 11.7). Talvez esse seja o motivo pelo qual a glicose é o monossacarídeo natural mais abundante. As propriedades conformacionais dos anéis furanosídicos são discutidas na Seção 29.2Ab em relação aos seus efeitos sobre a conformação dos ácidos nucleicos.

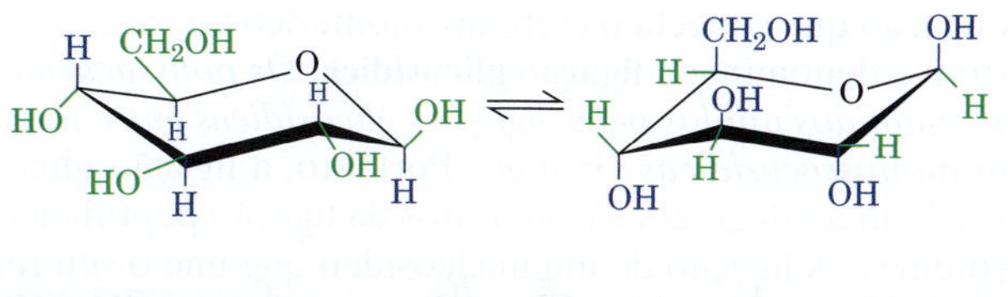

FIGURA 11.7 As duas conformações em cadeira alternativas da β-D-glicopiranose. Na conformação da esquerda, a predominante, todos os substituintes volumosos OH e CH_2OH ocupam as posições equatoriais, enquanto na direita (desenhado na forma de esferas e bastões na Fig. 11.5, *direita*) eles ocupam as posições axiais mais congestionadas. **Ver Exercício de cineimagem 7.1**

C. *Derivados de açúcares*

a. Os polissacarídeos são mantidos unidos por ligações glicosídicas

A química dos monossacarídeos é essencialmente a química de seus grupos hidroxila e carbonila. Por exemplo, nas reações catalisadas por um ácido, a hidroxila anomérica do açúcar condensa-se reversivelmente com alcoóis para formar **α** e **β-glicosídeos** (do grego: *glykys*, doce) (Fig. 11.8).

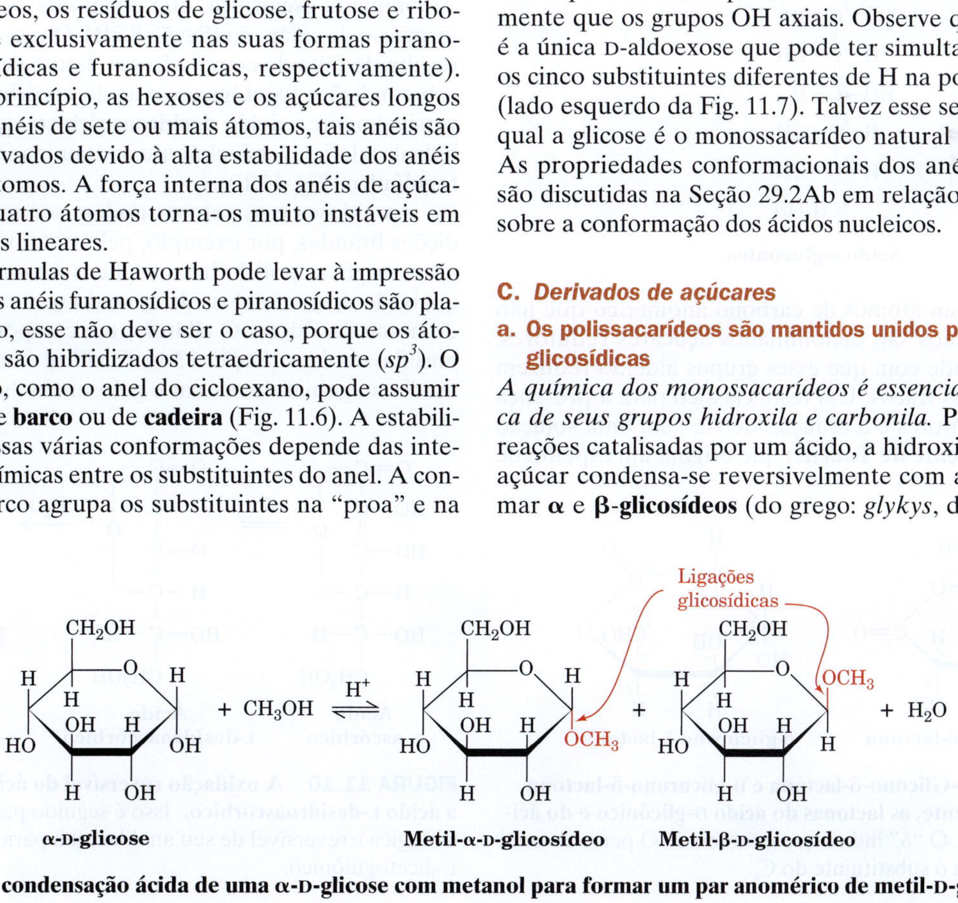

Ligações glicosídicas

α-D-glicose + CH_3OH $\xrightleftharpoons{H^+}$ Metil-α-D-glicosídeo + Metil-β-D-glicosídeo + H_2O

FIGURA 11.8 A condensação ácida de uma α-D-glicose com metanol para formar um par anomérico de metil-D-glicosídeos.

A ligação que conecta o carbono anomérico ao oxigênio do álcool é denominada **ligação glicosídica**. *Os polissacarídeos são mantidos unidos pelas ligações glicosídicas entre unidades monossacarídicas vizinhas.* Portanto, a ligação glicosídica é um análogo em carboidratos da ligação peptídica em proteínas. A ligação de um nucleosídeo que une o seu resíduo de ribose à sua base é também uma ligação glicosídica (Seção 5.1A).

A hidrólise de ligações glicosídicas é catalisada por enzimas denominadas **glicosidases**, que diferem em especificidade de acordo com o tipo e a configuração anomérica do glicosídeo, mas são muitas vezes insensíveis ao tipo de resíduo alcoólico. Sob condições neutras ou básicas e na ausência de glicosidases, contudo, a ligação glicosídica é estável, de modo que glicosídeos não sofrem mutarrotação como os monossacarídeos. A metilação dos grupos OH não anoméricos dos monossacarídeos requer condições mais drásticas do que as necessárias para a formação de glicosídeos metilados, como o tratamento com dimetil-sulfato.

b. As reações de oxirredução

Devido à interconversão rápida das formas lineares e cíclicas das aldoses e das cetoses, esses açúcares sofrem reações típicas de aldeídos e cetonas. Oxidações brandas de uma aldose, tanto química como enzimaticamente, resultam na conversão de seu grupo aldeído em um ácido carboxílico funcional, originando dessa forma um **ácido aldônico**, como o **ácido glucônico**. Os ácidos aldônicos são denominados pela adição da palavra *ácido* e do sufixo *ônico* à origem do nome da aldose.

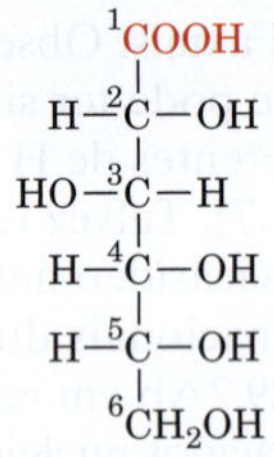

Ácido D-glucônico

Os sacarídeos com átomos de carbono anomérico que não formam glicosídeos são denominados açúcares redutores, devido à facilidade com que esses grupos aldeído reduzem agentes oxidantes fracos. Um teste clássico para a presença de açúcares redutores é a redução de Ag^+ em uma solução de amônia (**reagente de Tollens**) que origina um espelho de prata metálico que se deposita na parte interna do tubo de reação.

A oxidação específica do grupo alcoólico primário das aldoses origina ácidos urônicos, denominados adicionando-se a palavra ácido e o sufixo urônico à origem do nome da aldose. O ácido D-glicurônico, o ácido D-galacturônico e o ácido D-manurônico são componentes importantes de muitos polissacarídeos.

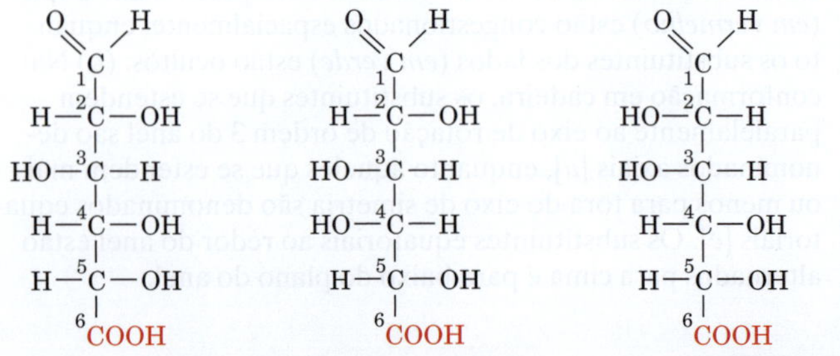

Ácido D-glicurônico **Ácido D-galacturônico** **Ácido D-manurônico**

Os ácidos urônicos podem assumir formas furanosídicas, formas piranosídicas e formas lineares.

Os ácidos urônicos e aldônicos têm uma forte tendência para esterificação interna, formando lactonas de cinco e seis átomos (Fig. 11.9). O **ácido ascórbico** (**vitamina C**, Fig. 11.10) é uma γ-lactona que é sintetizada por plantas e quase todos os animais, exceto cobaias e primatas. Sua deficiência prolongada na dieta dos seres humanos resulta na doença denominada **escorbuto**, que é causada pela diminuição da formação de colágeno (Seção 8.2B). O escorbuto geralmente resulta da falta de comida fresca. Isso é devido ao fato que, sob condições fisiológicas, o ácido ascórbico é oxidado reversivelmente a **ácido desidroascórbico**, que, por sua vez, é hidrolisado irreversivelmente à vitamina inativa **ácido dicetogulônico** (Fig. 11.10).

As aldoses e as cetoses podem ser reduzidas sob condições brandas, por exemplo, pelo tratamento com $NaBH_4$, para originar poli-hidroxiacíclicos chamados **alditóis**, os quais são denominados adicionando-se o sufixo *itol* à origem do nome da aldose. O **ribitol** é um componente das coenzimas flavonoides (Seção 12.1). O **xilitol** é um adoçante que é usado em gomas de mascar e guloseimas "sem açúcar".

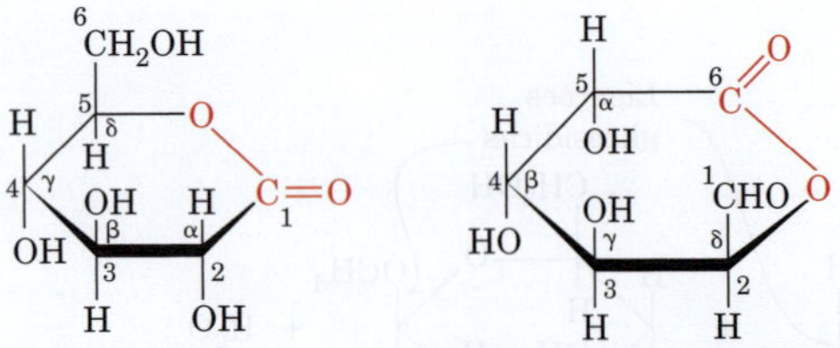

D-glicono-δ-lactona **D-glicurono-δ-lactona**

FIGURA 11.9 D-Glicono-δ-lactona e D-glicurono-δ-lactona são, respectivamente, as lactonas do ácido D-glicônico e do ácido D-glicurônico. O "δ" indica que o átomo de O perto do anel lactona é também o substituinte do C_δ.

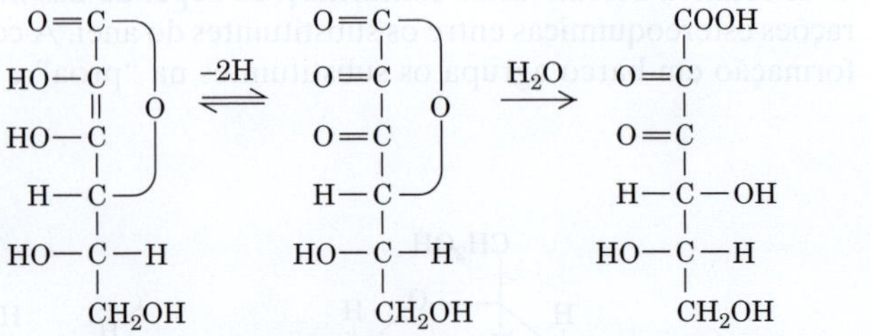

Ácido L-ascórbico **Ácido L-desidroascórbico** **Ácido L-dicetogulônico**

FIGURA 11.10 A oxidação reversível do ácido L-ascórbico a ácido L-desidroascórbico. Isso é seguido pela hidrólise fisiológica irreversível de seu anel lactona para formar ácido L-dicetogulônico.

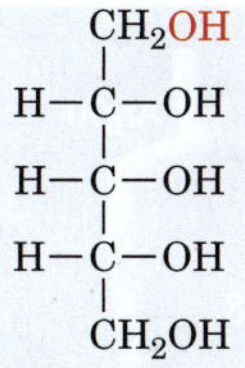

Ribitol

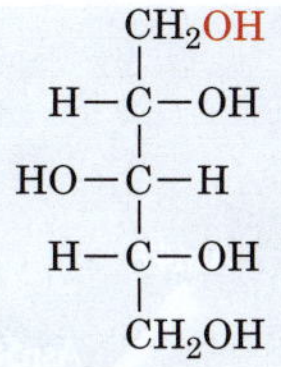

Xilitol

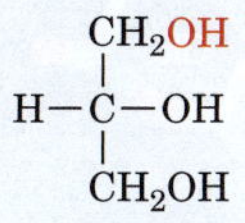

Glicerol

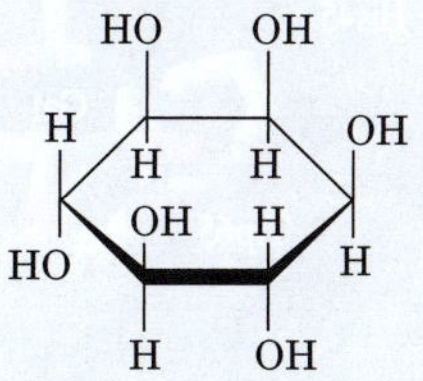

myo-Inositol

c. Outros derivados de açúcares biologicamente importantes

As unidades monossacarídicas em que um grupo OH é substituído por um H são conhecidas como **desoxi-açúcares**. O derivado mais importante biologicamente é a **β-D-2-desoxirribose**, o açúcar constituinte do esqueleto açúcar-fosfato do DNA (Seção 5.1A). A **L-ramnose** e a **L-fucose** são amplamente encontradas nos polissacarídeos.

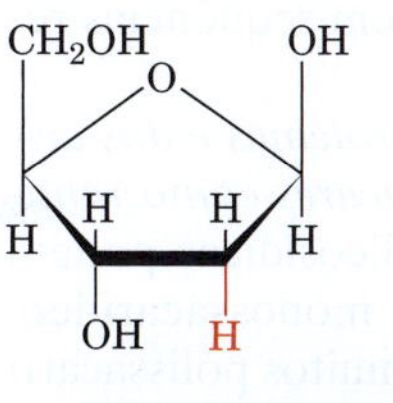

Resíduo de ácido pirúvico

N-acetilmanosamina

Ácido *N*-acetilneuramínico (forma linear)

$R = H-C-OH, H-C-OH, CH_2OH$

Ácido *N*-acetilneuramínico (forma de piranose)

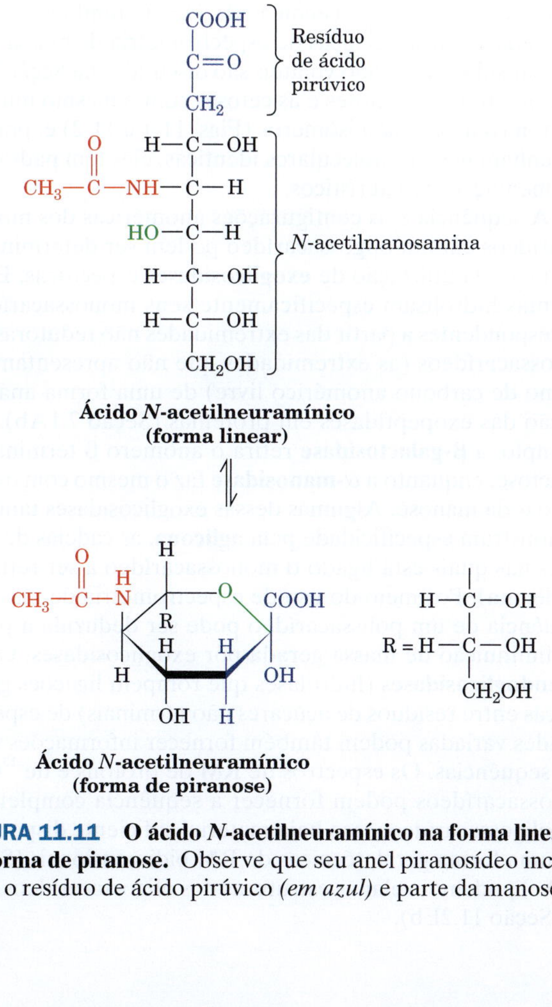

FIGURA 11.11 O ácido *N*-acetilneuramínico na forma linear e na forma de piranose. Observe que seu anel piranosídeo incorpora o resíduo de ácido pirúvico *(em azul)* e parte da manose.

β-D-2-desoxirribose

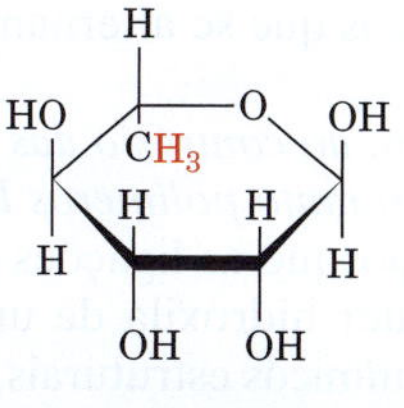

α-L-ramnose (6-desoxi-L-manose)

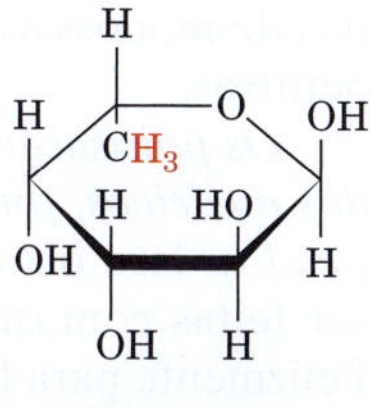

α-L-fucose (6-desoxi-L-galactose)

Em **amino açúcares**, um ou mais grupos OH são substituídos por um grupo amino frequentemente acetilado. **A D-glicosamina** e a **D-galactosamina** são componentes de vários polissacarídeos biologicamente importantes.

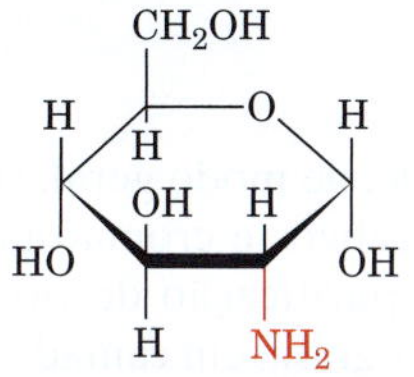

α-D-glicosamina (2-amino-2-desoxi-α-D-glicopiranose)

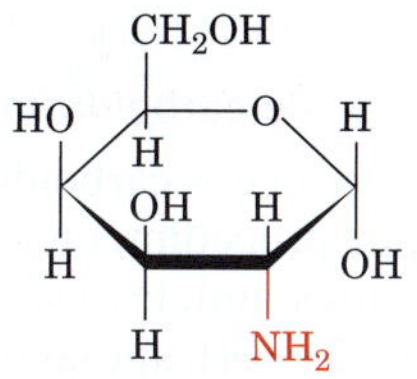

α-D-galactosamina (2-amino-2-desoxi-α-D-galactopiranose)

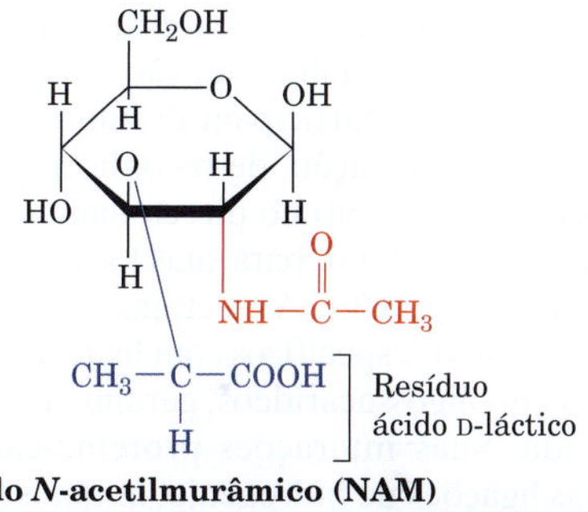

Resíduo ácido D-láctico

Ácido *N*-acetilmurâmico (NAM)

O derivado amino-açúcar **ácido *N*-acetilmurâmico**, que é constituído por ***N*-acetil-D-glicosamina** em uma ligação éster com **ácido D-láctico**, é um componente proeminente das paredes das células bacterianas (Seção 11.3B). O ácido *N*-acetilneuramínico, o qual é derivado da *N*-acetilmanosamina e do ácido pirúvico (Fig. 11.11), é um importante constituinte de glicoproteínas (Seção 11.3C) e glicolipídeos (Seção 12.1D). O ácido *N*-acetilneuramínico e seus derivados são muitas vezes citados como **ácidos siálicos**.

2 POLISSACARÍDEOS

Os polissacarídeos, que também são conhecidos como **glicanos**, consistem em monossacarídeos ligados por ligações glicosídicas. Eles são classificados como **homopolissacarídeos** ou **heteropolissacarídeos** se forem constituídos por um tipo ou mais de monossacarídeo. Os homopolissacarídeos podem ser ainda classificados de acordo com o tipo de suas unidades monoméricas. Por exemplo, os **glicanos** são polímeros de glicose, enquanto os **galactanos** são polímeros de galactose. Apesar das sequências monossacarídicas de heteropolissacarídeos poderem, a princípio, ser tão variadas quanto as das proteínas, elas em geral são compostas de apenas poucos tipos de monossacarídeos que se alternam em sequências repetitivas.

Os polissacarídeos, ao contrário das proteínas e dos ácidos nucleicos, formam tanto polímeros lineares como ramificados. Isso ocorre porque as ligações glicosídicas podem ser feitas com qualquer hidroxila de um monossacarídeo. Felizmente para bioquímicos estruturais, muitos polissacarídeos são lineares e aqueles ramificados ocorrem apenas em poucas formas bem definidas.

Nesta seção, serão discutidas as estruturas dos polissacarídeos mais simples, os dissacarídeos, e então consideradas as estruturas e propriedades das classes mais abundantes de polissacarídeos. Inicia-se por demonstrar como as estruturas polissacarídicas foram elucidadas.

A. Análise de carboidratos

A purificação dos carboidratos pode, de modo geral, ser efetuada por procedimentos eletroforéticos e cromatográficos semelhantes àqueles usados para purificação de proteínas (Seções 6.3 e 6.4), apesar da cromatografia em camada delgada (CCD; Seção 6.3Dd) ser também usada largamente. A cromatografia de afinidade (Seção 6.3C), usando proteínas imobilizadas conhecidas como **lectinas** (do latim: *legere*, pegar ou escolher), é uma técnica poderosa nesse sentido. As lectinas são proteínas que ligam açúcares que foram descobertas em plantas, mas que, atualmente, são encontradas em todos os organismos, onde participam de uma grande variedade de processos de sinalização, de reconhecimento célula-célula e de adesão, assim como no direcionamento de proteínas sintetizadas recentemente para suas localizações celulares específicas (Seção 12.4Cg). As lectinas reconhecem um ou mais monossacarídeos específicos com ligações específicas a outros açúcares em oligossacarídeos, geralmente com especificidade sofisticada. Suas interações proteína-carboidrato incluem múltiplas ligações de hidrogênio, as quais frequentemente incluem moléculas que se ligam à agua, e o empacotamento das porções de açúcares hidrofóbicos contra as cadeias laterais aromáticas (Fig. 11.12). Entre as lectinas mais caracterizadas estão a **concavalina A,** de feijão-de-porco (Fig. 8.40), a qual liga especificamente resíduos de α-D-glicose e α-D-manose, e a **aglutinina**, de trigo (denominada dessa forma por causar aglutinação celular), que se liga especificamente ao ácido β‴-*N*-acetilmurâmico e ao ácido α-*N*-acetilneuramínico.

A caracterização de um oligossacarídeo requer que as identidades, os anômeros, as ligações e a ordem de seus componentes monossacarídicos sejam elucidados. As ligações dos monossacarídeos podem ser determinadas por meio de **análise de metilação** (também chamada de análise de permetilação), uma técnica usada pela primeira vez por Norman Haworth em 1930: *metil-éteres que não no átomo de C anômero são resistentes à hidrólise ácida, mas ligações glicosídicas não. Consequentemente, se um oligossacarídeo é metilado exaustivamente e, então, hidrolisado, os grupos OH livres nos oligossacarídeos metilados resultantes marcam as posições anteriores das ligações glicosídicas.* Os monossacarídeos metilados são muitas vezes identificados por **cromatografia gasosa** (**CGL**; uma técnica em que a fase estacionária é um sólido inerte, como terra de diatomáceas, impregnado com um líquido de baixa volatilidade, como um óleo de silicone, e a fase móvel é um gás inerte, como o He, no qual a amostra tenha sido evaporada), combinada com espectrometria de massa (CGL/EM). Técnicas de HPLC também podem ser usadas. Outras técnicas de espectrometria de massa para analisar substâncias não voláteis são discutidas na Seção 7.1I. Embora, todas as aldoses e as cetoses com o mesmo número de átomos de C sejam isômeros (Figs. 11-1 e 11-2) e, portanto, tenham massas moleculares idênticas, eles têm padrão de fragmentação característicos.

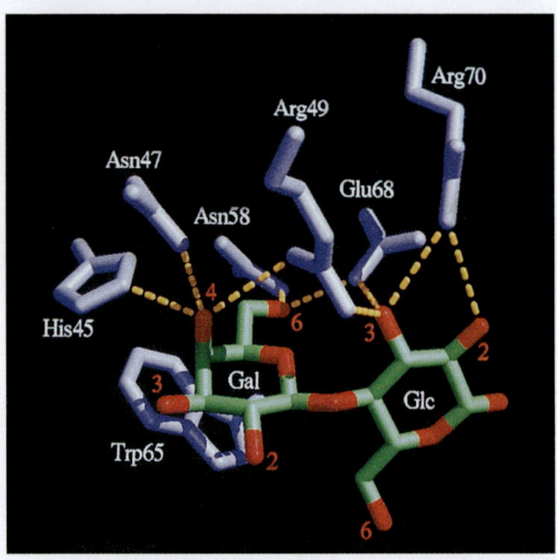

FIGURA 11.12 Ligação de carboidrato por uma lectina na estrutura por raios X de uma galectina-2 humana em complexo com o dissacarídeo lactose. Esta lectina primariamente liga resíduos de β-D-galactose. A estrutura está desenhada em forma de bastões com os átomos C e O dos resíduos de galactose da lactose (Gal) e glicose (Glc) em verde e vermelho, e as cadeias laterais do aminoácido galactina-2 em lilás. As ligações de hidrogênio entre as cadeias laterais da proteína e os resíduos de açúcar estão representadas por linhas amarelas tracejadas. (Cortesia de Hakon Leffler, Lund University, Suécia. PDBid 1HLC.)

A sequência e as configurações anoméricas dos monossacarídeos em um oligossacarídeo podem ser determinadas por meio da utilização de **exoglicosidases** específicas. Essas enzimas hidrolisam especificamente seus monossacarídeos correspondentes a partir das extremidades não redutoras dos oligossacarídeos (as extremidades que não apresentam um átomo de carbono anomérico livre) de uma forma análoga à ação das exopeptidases em proteínas (Seção 7.1Ab). Por exemplo, a **β-galactosidase** retira o anômero β terminal da galactose, enquanto a **α-manosidase** faz o mesmo com o anômero α da manose. Algumas dessas exoglicosidases também demonstram especificidade pela **aglicona**, as cadeias de açúcares nas quais está ligado o monossacarídeo a ser retirado (a **glicona**). Por meio do uso de espectrometria de massa, a sequência de um polissacarídeo pode ser deduzida a partir da diminuição de massa gerada por exoglicosidases. O uso de **endoglicosidases** (hidrolases que rompem ligações glicosídicas entre resíduos de açúcares não terminais) de especificidades variadas podem também fornecer informações úteis das sequências. Os espectros de RM de prótons e de ^{13}C de oligossacarídeos podem fornecer a sequência completa de um oligossacarídeo, caso haja material suficiente disponível. De uma forma geral, técnicas de RM bidimensionais (Seção 8.3Ac) podem revelar as estruturas dos oligossacarídeos (i.e., ver Seção 11.2Eb).

B. *Dissacarídeos*

Iniciam-se os estudos dos polissacarídeos considerando os dissacarídeos (Fig. 11.12). A **sacarose**, o dissacarídeo mais abundante, pode ser encontrado em todo o reino vegetal e nos é familiar como o açúcar de mesa. A sua estrutura (Fig. 11.12) foi estabelecida por meio da análise por metilação como descrito anteriormente e confirmada pela sua estrutura por raios X. Para nomear polissacarídeos sistematicamente, deve-se especificar seus compostos monossacarídicos, seus tipos de anéis, suas formas anoméricas e como os monossacarídeos estão ligados. A sacarose é, portanto, *O*-α-D-glicopiranosil-(1 → 2)-β-D-frutofuranosídeo, onde o símbolo (1 → 2) indica que a ligação glicosídica liga o C1 do resíduo de glicose ao C2 do resíduo da frutose. Observe que, uma vez que essas duas posições são os átomos de carbono anoméricos de seus respectivos monossacarídeos, a sacarose não é um açúcar redutor (como indica o sufixo *ídeo*).

A hidrólise da sacarose para D-glicose e D-frutose é acompanhada por uma troca na rotação ótica da *direita* (*dextro*) para a *esquerda* (*levo*). Consequentemente, a sacarose hidrolisada é algumas vezes chamada de **açúcar invertido** e a enzima que catalisa esse processo, a **α-D-glicosidase**, antigamente era denominada de **invertase**.

A **lactose** [*O*-β-D-galactopiranosil-(1 → 4)-D-glicopiranose], ou açúcar do leite, (Fig. 11.13) ocorre naturalmente somente no leite, onde sua concentração varia de 0 a 7%, dependendo da espécie. O carbono anomérico livre do seu resíduo de glicose faz da lactose um açúcar redutor.

Crianças normalmente apresentam a enzima intestinal **β-D-galactosidase** ou **lactase**, que catalisa a hidrólise da lactose em seus componentes monossacarídicos para serem absorvidos pela corrente sanguínea. Muitos adultos, entretanto, incluindo a maioria dos africanos e quase todos os asiáticos, apresentam um nível baixo dessa enzima (como a maioria dos mamíferos adultos, uma vez que eles normalmente não bebem leite). Consequentemente, a maior parte da lactose em qualquer leite que eles bebam move-se pelo seu trato digestivo para o colo, onde a sua fermentação bacteriana produz grandes quantidades de CO_2, H_2 e ácidos orgânicos irritantes. Isso resulta na embaraçosa e, muitas vezes, dolorida irritação digestiva denominada **intolerância à lactose**. Talvez esse seja o motivo pelo qual a cozinha chinesa, conhecida pela ampla variedade de nutrientes que utiliza, é desprovida de produtos lácteos. Entretanto, adultos de populações com tradição de pastoreio de gado, principalmente do norte europeu e certos grupos africanos, expressam normalmente o gene da lactase e, portanto, podem beber leite sem problemas. A tecnologia alimentícia moderna vem ajudando os apreciadores do leite que desenvolvem intolerância à lactose: produtos lácteos em que a lactose foi hidrolisada enzimaticamente e pílulas contendo lactase encontram-se amplamente disponíveis atualmente.

Existem vários dissacarídeos glicosil-glicose comuns. Esses incluem a **maltose** [*O*-α-D-glicopiranosil-(1 → 4)-D-glicopiranose], um produto de hidrólise enzimática do amido; a **isomaltose**, seu isômero α(1 → 6); e a **celobiose**, seu isômero β(1 → 4), o dissacarídeo repetitivo da celulose.

Somente poucos tri- ou oligossacarídeos mais longos ocorrem na natureza. Não surpreendentemente, todos eles ocorrem em plantas.

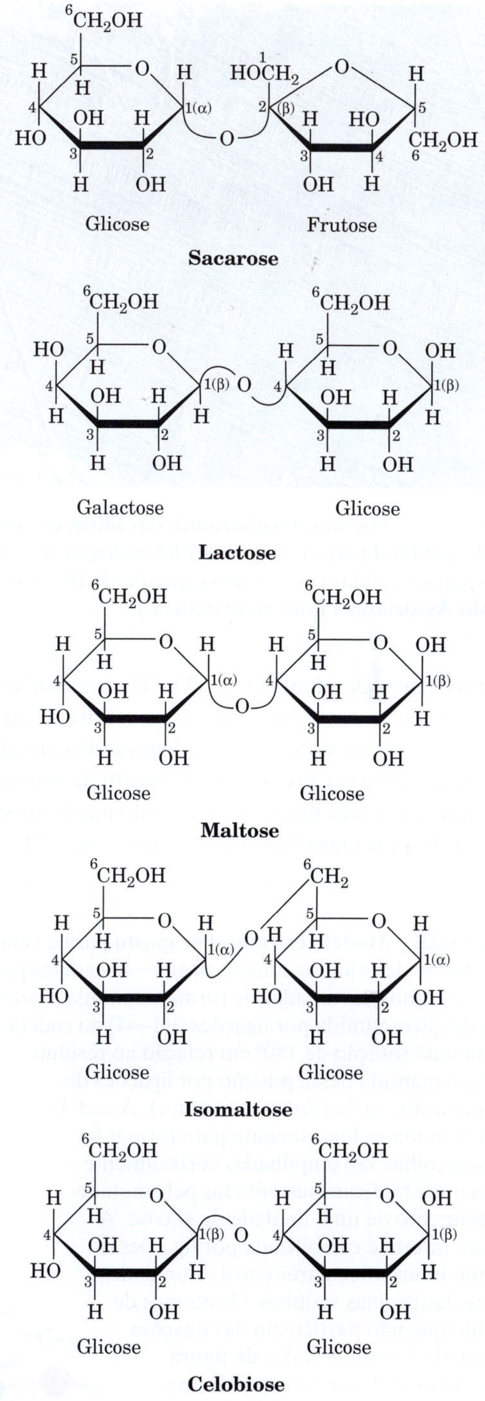

FIGURA 11.13 Vários dissacarídeos comuns. Ver Exercício de cineimagem 7.2

C. *Polissacarídeos estruturais: celulose e quitina*

As plantas têm paredes celulares rígidas (Fig. 1.9) que, com o objetivo de manter suas formas, devem ser capazes de suportar diferenças da pressão osmótica entre os espaços extra e intracelular de até 20 atm. Em plantas grandes, como as árvores, as paredes celulares também têm uma função de sustentação. A celulose, o principal componente estrutural das

FIGURA 11.14 Micrografia eletrônica das fibras de celulose na parede celular da alga *Chaetomorpha melagonium*. Observe que a parede celular consiste em camadas de fibras paralelas. (Biophoto Associates/Photo Researchers.)

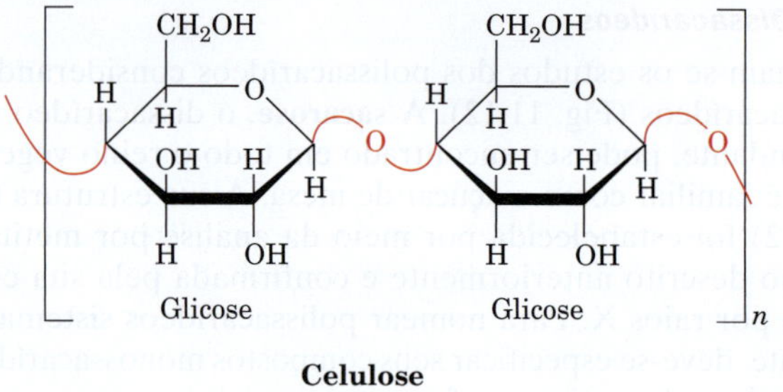

paredes celulares de plantas (Fig. 11.14), é responsável por mais da metade do carbono da biosfera: estima-se que ~10^{15} kg de celulose sejam sintetizados e degradados anualmente. Apesar da celulose ser predominantemente de origem vegetal, ela também ocorre na parte externa do manto dos **tunicados**, invertebrados marinhos (urocordatos; Fig. 1.11).

FIGURA 11.16 Modelo estrutural proposto para a celulose. As fibras de celulose consistem em ~40 cadeias paralelas de glicanos, arrumadas de forma estendida. Cada unidade de glicose unida por ligações β(1→4) na cadeia apresenta uma rotação de 180º em relação ao resíduo anterior e é mantida nessa posição por ligações de hidrogênio intracadeia (*linhas tracejadas*). A cadeia de glicano alinha-se lateralmente para formar folhas e essas folhas são empilhadas verticalmente de forma que elas ficam sustentadas pela metade do comprimento de uma unidade de glicose. A montagem inteira é estabilizada por ligações de hidrogênio intermoleculares entre as unidades de glicose das cadeias vizinhas. Os átomos de hidrogênio que não participam das ligações de hidrogênio foram omitidos da figura para ficar mais claro. (Ilustração, Irving Geis Image da Irving Geis Collection Howard Hughes Medical Institute, EUA. Reproduzido com autorização.)

CH_2OH … CH_2OH — Glicose — Glicose — n

Celulose

FIGURA 11.15 A estrutura primária da celulose. Aqui, *n* pode ser milhares.

A estrutura primária da celulose foi determinada por meio de análise por metilação. A celulose é um polímero linear de até 15.000 resíduos de D-glicose (um glicano) ligados por ligações glicosídicas β(1 → 4) (Fig. 11.15). Em geral, grandes polissacarídeos não têm tamanho definido, pois não existe um molde geneticamente determinado que direciona sua síntese, diferentemente do que acontece com as proteínas e os ácidos nucleicos.

Estudos por raios X das fibras de celulose levaram Anatole Sarko a propor a estrutura esquematizada na Fig. 11.16. Essa estrutura altamente coesiva, unida por ligações de hidrogênio, confere às fibras de celulose uma força excepcional e as torna insolúveis em água apesar das suas propriedades hidrofílicas.

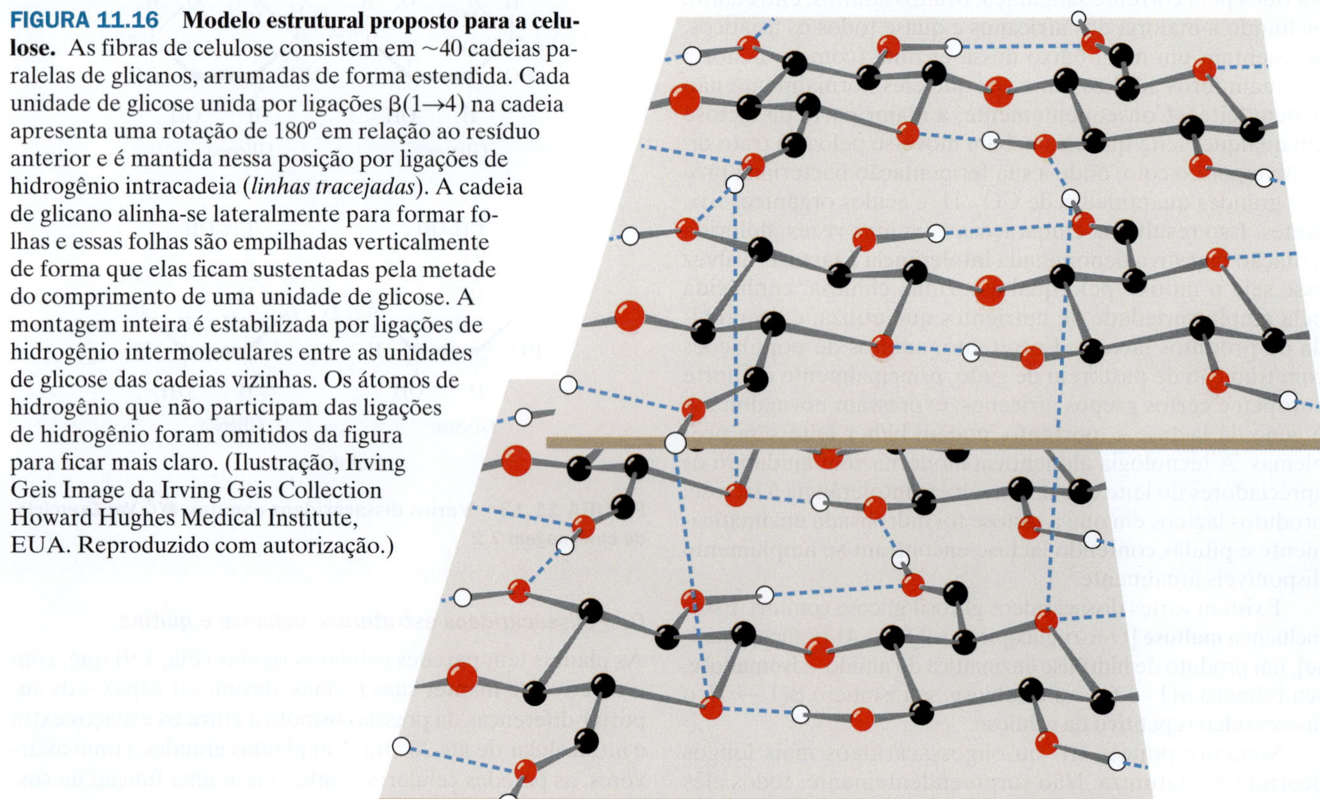

Em paredes celulares de plantas, as fibras de celulose estão embebidas e interligadas por uma matriz de vários polissacarídeos que são compostos por glicose, assim como por outros monossacarídeos. Na madeira, essa matriz cimentada contém também uma grande porção de **lignina**, um polímero fenólico parecido com plástico. Quando se observa uma árvore alta sob um forte vento pode-se perceber a força enorme das paredes celulares das plantas. Do ponto de vista da engenharia, eles são "materiais de construção", assim como o concreto é reforçado por barras de aço. Materiais de construção podem suportar grandes estresses porque a matriz distribui uniformemente esse estresse entre os elementos de reforço.

Apesar dos vertebrados não possuírem uma enzima capaz de hidrolisar as ligações β(1 → 4) da celulose, o trato digestivo dos herbívoros contém microrganismos simbiontes que secretam uma série de enzimas, conhecidas coletivamente como **celulases**, para realizar essa hidrólise. O mesmo é verdadeiro para os cupins. Mesmo assim, a degradação da celulose é um processo lento, porque suas cadeias de glicanos unidas por ligações de hidrogênio e firmemente empilhadas não são facilmente acessíveis à celulase e não se separam prontamente mesmo após a hidrólise de muitas das suas ligações glicosídicas. A digestão de plantas fibrosas, como a pastagem, por herbívoros é portanto um processo mais complexo e vagaroso do que a digestão da carne por carnívoros (vacas, p. ex., têm estômago poligástrico e devem ruminar o bolo alimentar). De forma semelhante, a decomposição de plantas mortas por fungos, bactérias e outros organismos e a destruição de casas de madeira por cupins frequentemente levam anos.

A **quitina** é o principal componente estrutural do exoesqueleto de invertebrados, como crustáceos, insetos e aranhas, e é também um importante constituinte da parede celular da maioria dos fungos e de muitas algas. Estima-se que ~10^{14} kg de quitina são produzidas anualmente, a maior parte nos oceanos, e portanto é quase tão abundante quanto a celulose. A quitina é um homopolímero de resíduos de *N*-acetil-D-glicosamina ligados por ligações β(1 → 4) (Fig. 11.17). A quitina se diferencia quimicamente da celulose apenas porque cada grupo OH do C2 é substituído por uma função acetamida. A análise por raios X indica que a quitina e a celulose possuem estruturas semelhantes.

D. *Polissacarídeos de reserva: amido e glicogênio*

a. Amido é um alimento de reserva em plantas e um nutriente importante para os animais

O amido é uma mistura de glicanos que as plantas sintetizam como sua principal reserva de alimento. Está depositado no citoplasma das células de plantas como grânulos insolúveis compostos por **α-amilose** e **amilopectina**. A α-amilose é um polímero linear de milhares de resíduos de glicose ligados por ligações α(1 → 4) (Fig. 11.18*a*). Observe que, apesar da α-amilose ser um isômero da celulose, ela tem propriedades estruturais muito diferentes. Isso ocorre porque as ligações β-glicosídicas da celulose causam nos resíduos sucessivos de glicose uma rotação de 180° em relação ao resíduo anterior, então o polímero assume uma conformação completamente distendida e facilmente empilhável (Fig. 11.16). Por outro lado, as ligações α-glicosídicas da α-amilose fazem com que ela adote uma conformação helicoidal irregularmente agregada (Fig. 11.18*b*).

N-acetilglicosamina N-acetilglicosamina

Quitina

FIGURA 11.17 Estrutura primária da quitina. A quitina é um homopolímero de *N*-acetil-D-glicosaminas unidas por ligações β(1 → 4).

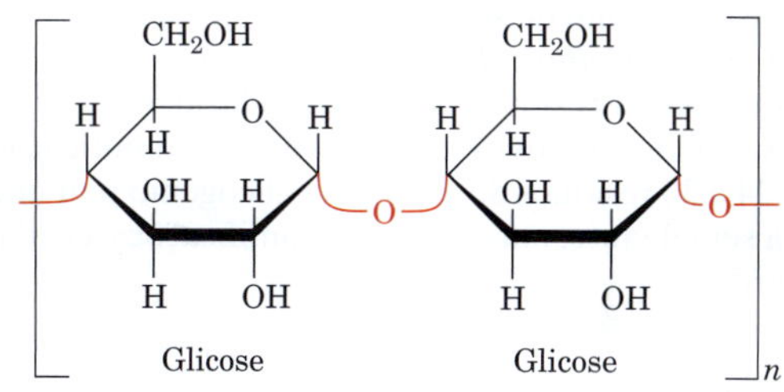

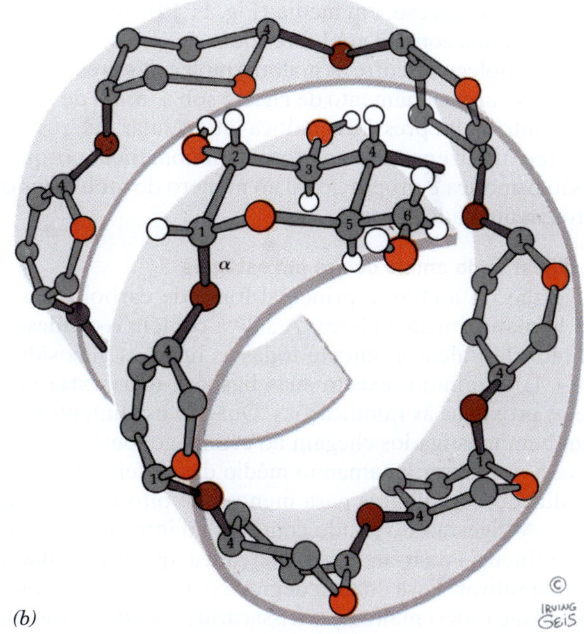

FIGURA 11.18 α-amilose. *(a)* Os resíduos de D-glicose da α-amilose estão unidos por ligações α(1 → 4) *(em vermelho)*. Aqui, *n* são milhares. *(b)* Esse polímero de repetições regulares forma uma hélice voltada para a esquerda com ~6 resíduos de glicose por volta. Observe as grandes diferenças na estrutura e nas propriedades que resultam da mudança das ligações α(1 → 4) da α-amilose para as ligações β(1 → 4) da celulose (Fig. 11.16). (Ilustração, Irving Geis Image da Irving Geis Collection Howard Hughes Medical Institute, EUA. Reproduzida com autorização.)

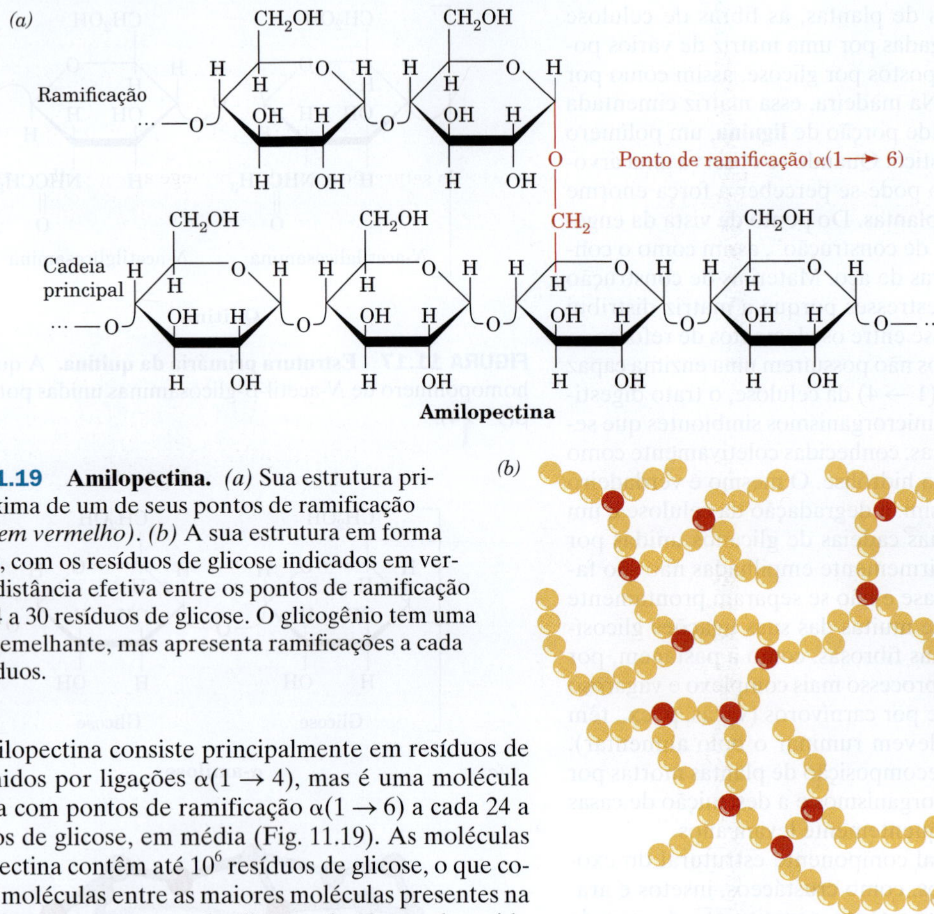

(a)

Ramificação

Ponto de ramificação α(1→6)

Cadeia principal

Amilopectina

(b)

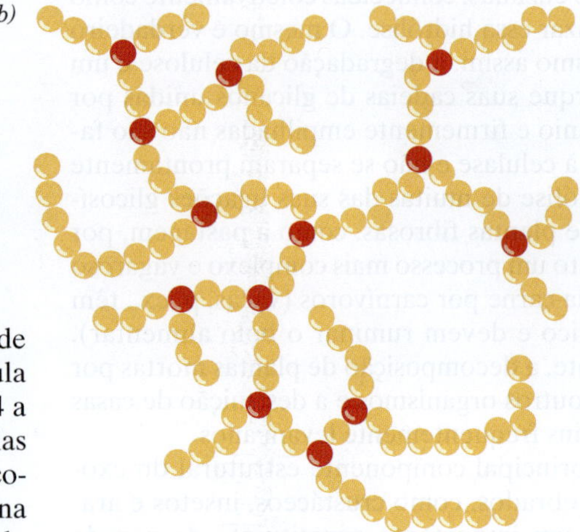

FIGURA 11.19 Amilopectina. *(a)* Sua estrutura primária próxima de um de seus pontos de ramificação α(1 → 6) *(em vermelho)*. *(b)* A sua estrutura em forma de arbusto, com os resíduos de glicose indicados em vermelho. A distância efetiva entre os pontos de ramificação varia de 24 a 30 resíduos de glicose. O glicogênio tem uma estrutura semelhante, mas apresenta ramificações a cada 8 a 14 resíduos.

A amilopectina consiste principalmente em resíduos de glicose unidos por ligações α(1 → 4), mas é uma molécula ramificada com pontos de ramificação α(1 → 6) a cada 24 a 30 resíduos de glicose, em média (Fig. 11.19). As moléculas de amilopectina contêm até 10^6 resíduos de glicose, o que coloca essas moléculas entre as maiores moléculas presentes na natureza. O armazenamento de glicose sob a forma de amido reduz muito a alta pressão osmótica intracelular que resultaria do seu armazenamento na forma monomérica, porque a pressão osmótica é proporcional ao número de moléculas do soluto em um dado volume.

b. A digestão do amido ocorre em estágios

A digestão do amido, a principal fonte de carboidrato na dieta humana, inicia na boca. A saliva contém **α-amilase**, a qual hidrolisa aleatoriamente todas as ligações glicosídicas α(1 → 4) do amido, exceto suas ligações mais externas e aquelas próximas às ramificações. Quando os alimentos que foram bem mastigados chegam ao estômago, onde a acidez inativa a α-amilase, o tamanho médio das cadeias de amido foi reduzido de milhares para menos que oito unidades de glicose. A digestão do amido continua no intestino delgado sob a influência da α-amilase pancreática, que é semelhante à enzima salivar. Essa enzima degrada o amido a uma mistura do dissacarídeo maltose, o trissacarídeo **maltotriose**, que contém três resíduos de glicose ligados por ligações α(1 → 4), e oligossacarídeos conhecidos como **dextrinas**, que contêm ramificações α(1 → 6). Esses oligossacarídeos são hidrolisados aos seus componentes monossacarídeos por enzimas específicas contidas na membrana ciliada da mucosa intestinal: uma **α-glicosidase**, que remove um resíduo de glicose por vez dos oligossacarídeos, uma **α-dextrinase** ou **enzima desramificadora**, que hidrolisa ligações α(1→6) e α(1→4), a **sacarase** e, pelo menos em crianças, a lactase. Os monossacarídeos resultantes são absorvidos pelo intestino e transportados para a corrente sanguínea (Seção 20.4A).

c. O glicogênio é o "amido animal"

O glicogênio, o polissacarídeo de reserva dos animais, está presente em todas as células, mas é mais abundante no músculo esquelético e no fígado, onde ocorre como grânulos citoplasmáticos (Fig. 11.20). A estrutura primária do glicogênio assemelha-se à amilopectina, mas o glicogênio é mais ramificado, com pontos de ramificações ocorrendo a cada 8 a 14 resíduos de glicose. Entretanto, o grau de polimerização do glicogênio é semelhante ao da amilopectina. Na célula, o glicogênio é degradado para uso metabólico pela **glicogênio-fosforilase**, que quebra as ligações α(1 → 4) do glicogênio de forma sequencial da parte interna até as suas extremidades não redutoras, formando **glicose-1-fosfato**. A estrutura altamente ramificada do glicogênio, que tem muitas extremidades não redutoras, permite a rápida mobilização de glicose em períodos de necessidade metabólica. As ramificações α(1 → 6) do glicogênio são clivadas pela enzima desramificadora. Essas enzimas desempenham papel importante no metabolismo da glicose e serão abordadas mais profundamente na Seção 18.1.

E. Glicosaminoglicanos

Os espaços extracelulares, especialmente aqueles dos tecidos conectivos, como as cartilagens, os tendões, a pele e as paredes dos vasos sanguíneos, consistem em fibras de elastina e colágeno (Seção 8.2B) embebidas em uma matriz

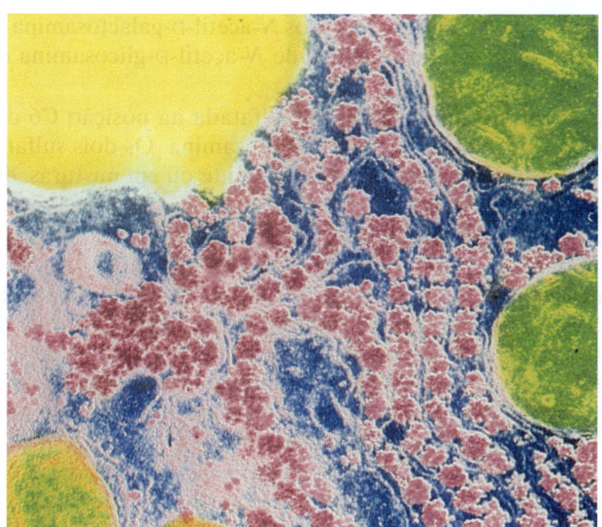

FIGURA 11.20 Fotomicrografia mostrando os grânulos de glicogênio *(em rosa)* do citoplasma de uma célula hepática. Os objetos esverdeados são as mitocôndrias, e o objeto amarelado é um glóbulo de gordura. Observe que os grânulos de glicogênio tendem a formar agregados. O conteúdo de glicogênio do fígado pode alcançar até 10% do seu peso líquido. (CNRI/Science Photo Library/Photo Researchers, Inc.)

gelatinosa conhecida como **matriz extracelular**. A matriz extracelular é composta principalmente por **glicosaminoglicanos** (**GAGs**; alternativamente, **mucopolissacarídeos**), polissacarídeos não ramificados de resíduos alternados de ácido urônico e hexosamina. As soluções de GAGs têm uma consistência gelatinosa e mucoide, resultante da sua alta viscosidase e elasticidade. Nos próximos parágrafos, será discutida a origem estrutural dessas importantes propriedades mecânicas.

a. Ácido hialurônico

O ácido hialurônico (também chamado **hialuronana**) é um importante componente dos GAGs da matriz extracelular, do líquido sinovial (o fluido que lubrifica as articulações) e do humor vítreo dos olhos. Ele também ocorre nas cápsulas que circundam certas bactérias, em geral patogênicas. As moléculas de ácido hialurônico são compostas por 250 a 25.000 unidades dissacarídicas ligadas por ligações β(1 → 4) que consistem em ácido D-glicurônico e *N*-acetil-D-glicosamina ligados por uma ligação β(1 → 3) (Fig. 11.21). O caráter aniônico dos seus resíduos de ácido glicurônico faz o ácido hialurônico ligar-se firmemente a cátions, como o K^+, o Na^+ e o Ca^{2+}. A análise de fibras por raios X indica que o hialuronato de Ca^{2+} forma uma longa hélice de fita simples voltada para a esquerda, com ~3 unidades dissacarídicas por volta (Fig. 11.22).

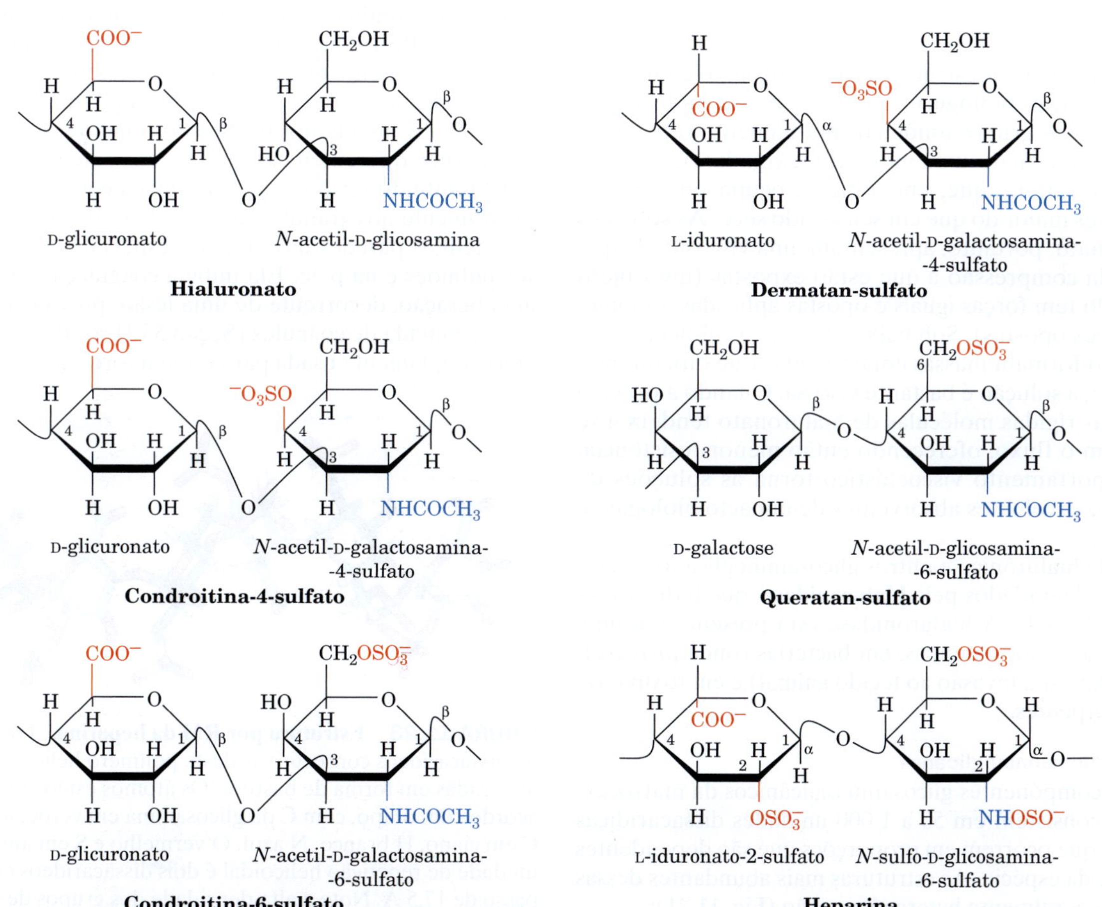

FIGURA 11.21 As unidades repetitivas de dissacarídeos de glicosaminoglicanos frequentes. Os grupos aniônicos estão desenhados em vermelho e seus grupos *N*-acetilamido estão desenhados em azul. **Ver Exercício de cineimagem 7.3**

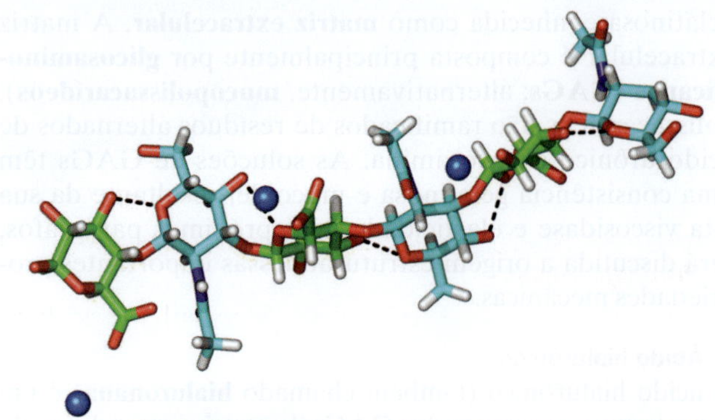

FIGURA 11.22 Estrutura por raios X da fibra de hialuronato de Ca^{2+}. As três unidades dissacarídicas consecutivas da fibra do hialuronato estão desenhadas na forma de bastões com átomos coloridos de acordo com o C do glicuronato em verde, o C do *N*-acetil-D-glicosamina em ciano, o H em branco, o N em azul e o O em vermelho. Os íons Ca^{2+} estão representados por esferas azuis. O poliânion do hialuronato forma uma extensa hélice de fita simples voltada para a esquerda com uma volta de 28,3 Å e ~3 unidades dissacarídicas por volta, que é estabilizada por ligações de hidrogênio intramoleculares (*linhas tracejadas*). As posições dos átomos de H são inferidas e portanto os átomos de H dos grupos OH não estão mostrados. (Com base na estrutura por raios X de uma fibra, obtida por Struther Arnott, Purdue University, EUA. PDBid 4HYA.)

As características estruturais do hialuronato combinam com a sua função biológica. A sua alta massa molecular e seus numerosos grupos aniônicos mutuamente repelentes fazem do hialuronato uma molécula alargada, rígida e altamente hidratada, que, em solução, ocupa um volume ~1.000 vezes maior do que em seu estado seco. As soluções de hialuronato, portanto, apresentam uma viscosidade que depende da compressão a que estão expostas (um objeto comprimido tem forças iguais e opostas aplicadas ao longo de suas faces opostas). Sob baixa pressão, as moléculas de hialuronato formam massas emaranhadas que dificultam o fluxo; isto é, a solução é bastante viscosa. Quando a pressão aumenta, as rígidas moléculas de hialuronato tendem a se alinhar com o fluxo, oferecendo então menor resistência. Esse comportamento viscoelástico torna as soluções de hialuronato excelentes absorventes de impacto biológico e lubrificantes.

O ácido hialurônico e outros glicosaminoglicanos (ver a seguir) são degradados pela **hialuronidase**, que hidrolisa as ligações $\beta(1 \rightarrow 4)$. A hialuronidase está presente em uma variedade de tecidos animais, em bactérias (onde provavelmente acelera sua invasão ao tecido animal) e em toxinas de insetos e serpentes.

b. Outros glicosaminoglicanos

Os outros componentes glicosaminoglicânicos da matriz extracelular consistem em 50 a 1.000 unidades dissacarídicas sulfatadas, que ocorrem em proporções que são dependentes do tecido e da espécie. As estruturas mais abundantes dessas substâncias geralmente heterogêneas são (Fig. 11.21):

1. A **condroitina-4-sulfato** (do grego: *chondros*, cartilagem), um importante componente das cartilagens e outros tecidos conectivos, tem resíduos *N*-acetil-D-galactosamina-4-sulfato no lugar dos resíduos de *N*-acetil-D-glicosamina do hialuronato.
2. A **condroitina-6-sulfato** é sulfatada na posição C6 dos seus resíduos de *N*-acetil-D-galactosamina. Os dois sulfatos de condroitina ocorrem separadamente ou em misturas, dependendo do tecido.
3. O **dermatan-sulfato** (do grego: *derma*, pele), o qual é denominado dessa forma pela sua abundância na pele, diferencia-se da condroitina-4-sulfato somente pela inversão da configuração do C5 do resíduo β-D-glicuronato, formando α-L-iduronato. Isso resulta da epimerização enzimática desses resíduos após a formação de condroitina. A epimerização é, em geral, incompleta, desta forma o dermatan-sulfato também contém resíduos de glicuronato.
4. O **queratan-sulfato** (do grego: *keras*, chifre; não deve ser confundido com a proteína queratina) consiste principalmente em resíduos alternados de D-galactose e *N*-acetil-D-glicosamina-6-sulfato ligados por ligações $\beta(1 \rightarrow 4)$ (e, por isso, não apresenta resíduos de ácido hialurônico). É um componente de cartilagem, osso, córnea, assim como cabelo, unhas e chifre. O queratan-sulfato é o mais heterogêneo dos principais GAGs, considerando que seu conteúdo sulfatado é variável e contém pequenas quantidades de fucose, manose, *N*-acetilglicosamina e ácido siálico.
5. A **heparina** é um GAG sulfatado de forma variada que contém predominantemente resíduos de L-iduronato-2-sulfato e *N*-sulfo-D-glicosamina-6-sulfato ligados por ligações $\alpha(1\rightarrow4)$. Apresenta uma média de 2,5 resíduos de sulfato por unidade dissacarídica, o que a torna o polímero mais carregado negativamente nos tecidos dos mamíferos (Fig. 11.23). A heparina, diferentemente dos GAGs anteriores, não é um constituinte do tecido conectivo, mas ocorre quase que exclusivamente nos grânulos intracelulares dos **mastócitos** que revestem as paredes das artérias, especialmente no fígado, nos pulmões e na pele. Ela inibe a coagulação sanguínea, e sua liberação, decorrente de uma lesão, previne a formação indiscriminada de coágulos (Seção 35.1Ea). Por isso, a heparina é amplamente usada para inibir a formação de coágulos,

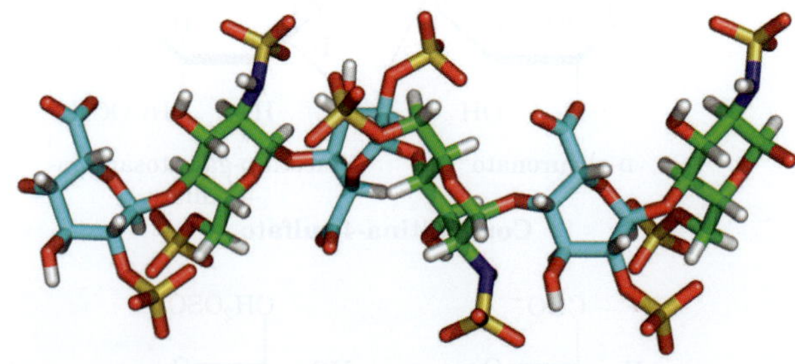

FIGURA 11.23 Estrutura por RM da heparina. Três unidades de dissacarídeos consecutivas deste polímero helicoidal são mostradas em forma de bastões. Os átomos estão coloridos de acordo com o tipo, com C da glicosamina em verde, iduronato C em ciano, H branco, N azul, O vermelho e S em amarelo. A unidade de repetição helicoidal é dois dissacarídeos com um passo de 17,5 Å. Note a alta densidade dos grupos de sulfato aniônicos. (Com base em uma estrutura por RM obtida por Barbara Mulloy e Mark Forster, National Institute for Biological Standards and Control, Herts, Reino Unido. PDBid 1HPN.)

por exemplo, em pacientes pós-cirúrgicos. O **heparan-sulfato**, um componente ubíquo da superfície celular assim como uma substância extracelular das paredes dos vasos sanguíneos e do cérebro, é semelhante à heparina, mas tem uma composição mais variável com menor número de grupos *N*- e *O*-sulfatos e mais grupos *N*-acetil.

3 GLICOPROTEÍNAS

Até aproximadamente 1960, acreditava-se que os carboidratos eram compostos sem importância, que seriam provavelmente algum tipo de enchimento inerte. Os químicos de proteínas consideravam esses compostos um incômodo que complicava a "purificação" de proteínas. Na verdade, as proteínas eucarióticas em sua maioria são **glicoproteínas**, isto é, elas estão ligadas covalentemente a carboidratos. As glicoproteínas variam em seu conteúdo de carboidratos de $< 1\%$ a $> 90\%$ do seu peso. Elas ocorrem em todas as formas de vida e possuem funções que abrangem todo o espectro de atividades proteicas, incluindo as das enzimas, das proteínas de transporte, dos receptores, dos hormônios e das proteínas estruturais. Suas porções de carboidratos têm vários papéis de importância biológica, mas, em muitos casos, suas funções ainda são desconhecidas.

As cadeias polipeptídicas das glicoproteínas, como aquelas de todas as proteínas, são sintetizadas sob controle genético. Suas cadeias de carboidratos, por outro lado, são produzidas de forma enzimática e ligadas covalentemente ao polipeptídeo sem o rígido controle dos moldes dos ácidos nucleicos. As enzimas processadoras geralmente não estão disponíveis em quantidades suficientes para assegurar a síntese de produtos uniformes. Portanto, as glicoproteínas possuem composições variáveis de carboidratos, um fenômeno conhecido como **micro-heterogeneidade**, que dificulta a sua purificação e caracterização.

Nesta seção, serão consideradas as estruturas e propriedades das glicoproteínas. Em especial, serão estudadas as glicoproteínas do tecido conectivo, das paredes de células bacterianas e várias glicoproteínas solúveis. Finaliza-se considerando os princípios gerais da estrutura e a função das glicoproteínas.

A. *Proteoglicanos*

As proteínas e os glicosaminoglicanos na substância fundamental, na **lâmina basal** (**membrana basal**; a fina matriz extracelular que separa as **células epiteliais** [as células que revestem cavidades corporais e superfícies livres] das células subjacentes) e em membranas celulares agregam-se covalentemente e não covalentemente para formar um grupo diverso de macromoléculas denominadas **proteoglicanos**. *Proteoglicanos consistem em uma **proteína central** à qual pelo menos uma cadeia de glicosaminoglicanos, em geral queratan-sulfato e/ou condroitina-sulfato, está ligada covalentemente.* Vários tipos de proteínas centrais foram caracterizados (Tabela 11.1). Os proteoglicanos parecem ter papéis múltiplos, notavelmente como organizadores da morfologia tecidual, por meio das interações com moléculas como o colágeno; como filtros seletivos que controlam a passagem de moléculas de acordo com o seu tamanho e/ou carga; e como reguladores da atividade de outras proteínas, especialmente das proteínas envolvidas na sinalização celular (ver a seguir).

Microfotografias eletrônicas, como a da Fig. 11.24*a*, juntamente com experimentos de reconstituição, indicam que os proteoglicanos podem formar complexos enormes. Por exemplo, o **agrecano**, o principal proteoglicano que compõe a cartilagem, tem uma estrutura molecular semelhante a uma escova para lavar garrafa (Fig. 11.24*b*), cujas "cerdas" de **unidades proteoglicanas** são fixadas não covalentemente a um "esqueleto" filamentoso de ácido hialurônico em intervalos de 200 a 300 Å. Os agrecanos apresentam três domínios. O

TABELA 11.1 Propriedades de alguns proteoglicanos

Proteoglicanos	Massa molecular aproximada das proteínas centrais (kDa)	Tipo de glicosaminoglicanos (Número)*
Proteoglicanos que interagem com o ácido hialurônico		
Agrecano	220	CS (~100), QS (~30)
Versicano	265-370	CS/DS (10-30)
Neurocano	136	CS (3-7)
Proteoglicanos da lâmina basal		
Perlecano	400-467	HS/CS (3)
Agrina	250	HS (3)
Bamacano	138	CS (3)
Proteoglicanos pequenos ricos em leucina		
Decorina	40	DS/CS (1)
Fibromodulina	42	QS (2-3)
Osteoglicina	35	QS (2-3)

*Abreviaturas: CS, condroitina-sulfato; DS, dermatan-sulfato; HS, heparan-sulfato; QS, queratan-sulfato.
Fonte: Iozzo, R.V., Annu. Rev. Biochem. 67, 611, 626 e 624 (1998).

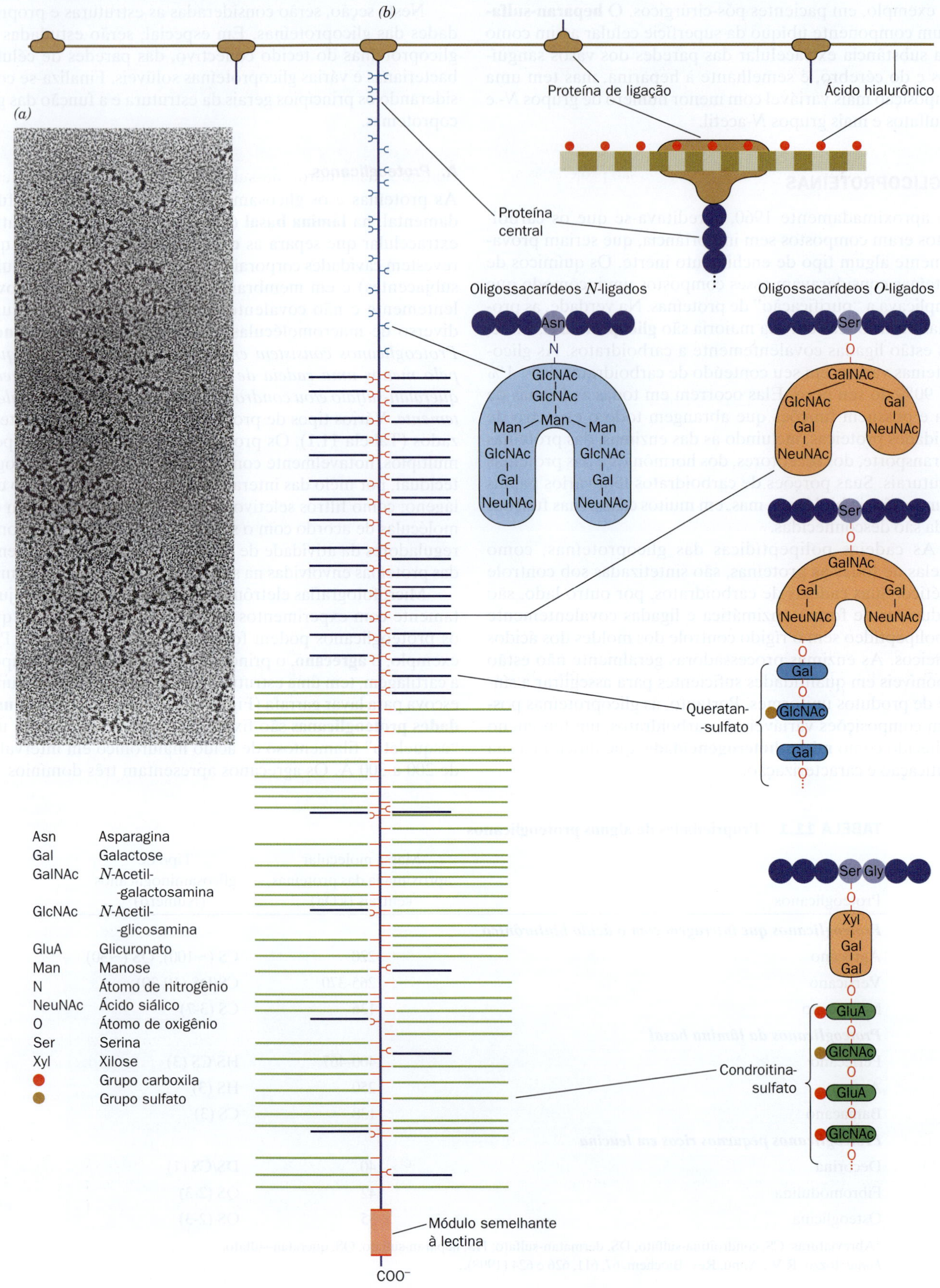

(a)
(b)
Proteína de ligação
Ácido hialurônico
Proteína central
Oligossacarídeos N-ligados
Oligossacarídeos O-ligados
Asn
N
GlcNAc
GlcNAc
Man
Man
Man
GlcNAc
GlcNAc
Gal
Gal
NeuNAc
NeuNAc
Ser
O
GalNAc
GlcNAc
Gal
Gal
NeuNAc
NeuNAc
Ser
O
GalNAc
Gal
Gal
NeuNAc
NeuNAc
Queratan-sulfato
Gal
GlcNAc
Gal
Ser Gly
Xyl
Gal
Gal
GluA
GlcNAc
GluA
GlcNAc
Condroitina-sulfato
Módulo semelhante à lectina
COO⁻
Asn Asparagina
Gal Galactose
GalNAc N-Acetil-galactosamina
GlcNAc N-Acetil-glicosamina
GluA Glicuronato
Man Manose
N Átomo de nitrogênio
NeuNAc Ácido siálico
O Átomo de oxigênio
Ser Serina
Xyl Xilose
Grupo carboxila
Grupo sulfato

FIGURA 11.24 (*página anterior*) **Proteoglicanos.** (*a*) Uma micrografia eletrônica mostrando uma fita central de ácido hialurônico, que abrange o campo visual, que comporta várias projeções, cada uma constituída por uma proteína central na qual estão ligados muitos polissacarídeos protuberantes. (De Caplan, A.I., *Sci. Am.* **251**(4); 87 (1984). Reproduzida com a permissão da Scientific American, Inc.) (*b*) O modelo escova para lavar garrafa do proteoglicano. As proteínas centrais, uma das quais é mostrada no meio do diagrama, são projetadas a partir da fita central do ácido hialurônico. O centro é ancorado não covalentemente ao ácido hialurônico pela sua extremidade globular N-terminal em uma associação que é estabilizada pela proteína de ligação. O centro tem três regiões de ligação de sacarídeos: (1) a região interna liga predominantemente os oligossacarídeos por meio de átomos de N da cadeia lateral de resíduos de Asn; (2) a região central liga oligossacarídeos, muitos dos quais carregam cadeias de queratan-sulfato, por meio de átomos de O da cadeia lateral de resíduos de Ser e Thr; e (3) a região externa liga principalmente cadeias de condroitina-sulfato, que estão ligados à proteína central por meio do trissacarídeo galactose-galactose-xilose, que, por sua vez, está ligado aos átomos de O da cadeia lateral dos resíduos de Ser na sequência Ser-Gly. A extremidade C-terminal da proteína central do agrecano consiste em uma sequência semelhante à lectina.

domínio N-terminal forma uma região globular de 60 a 70 kDa que se liga não covalentemente ao ácido hialurônico. Essa ligação é estabilizada pela **proteína de ligação**, de 40 a 60 kDa, cuja sequência é semelhante ao domínio N-terminal do agrecano. O domínio central estendido do agrecano é ligado covalentemente a uma série de polissacarídeos, que compreendem quase 90% da massa dessa glicoproteína. O domínio central é subdividido em três regiões:

1. Uma região N-terminal, a qual se sobrepõe ao domínio globular ligado ao ácido hialurônico, que liga poucas cadeias de carboidratos. Esses carboidratos são, em geral, oligossacarídeos que estão ligados covalentemente a proteínas pelo átomo de N da amida de resíduos específicos de Asn (Seção 11.3Ca).
2. Uma região rica em oligossacarídeos, muitos deles servindo como ponto de apoio para cadeias de queratan-sulfato. Esses oligossacarídeos estão ligados covalentemente a átomos de O das cadeias laterais de resíduos de Ser e Thr.
3. Uma região C-terminal rica em cadeias de condroitina--sulfato, que estão ligadas covalentemente a átomos de O das cadeias laterais dos resíduos de Ser em dipeptídeos Ser-Gly por meio do trissacarídeo galactose-galactose-xilose.

O domínio C-terminal do agrecano contém um módulo semelhante à lectina, que liga determinadas unidades monossacarídicas. Dessa forma, o agrecano provavelmente atua como congregador de vários constituintes da superfície celular e da matriz extracelular (ver a seguir).

De uma forma geral, uma cadeia central de ácido hialurônico, que varia em comprimento de 4.000 a 40.000 Å, liga não covalentemente até 100 cadeias de agrecanos associados, sendo que cada um deles liga covalentemente ~30 cadeias de queratan-sulfato de até ~250 unidades dissacarídicas cada e ~100 cadeias de condroitina-sulfato de até 1.000 unidades dissacarídicas cada. Isso justifica a enorme massa molecular dos agrecanos, que podem apresentar até 220.000 kDa, e seu elevado grau de **polidispersão** (faixa de massas moleculares). Observe, entretanto, que muitos proteoglicanos não se ligam ao ácido hialurônico (Tabela 11.1), atuando como monômeros.

a. As propriedades mecânicas da cartilagem são explicadas pela sua estrutura molecular

A cartilagem consiste basicamente em uma malha de fibras de colágeno que é preenchida por proteoglicanos, cujos componentes de condroitina-sulfato e proteínas centrais interagem com o conectivo. A força tênsil da cartilagem e de outros tecidos conectivos é, como visto anteriormente (Seção 8.2B), uma consequência do seu conteúdo de colágeno. A resistência e a elasticidade características da cartilagem, entretanto, resultam do seu alto conteúdo em proteoglicanos. A estrutura em forma de escova dos proteoglicanos, juntamente com o caráter polianiônico do queratan-sulfato e da condroitina-sulfato, determinam que esse complexo seja altamente hidratado. A aplicação de uma pressão na cartilagem empurra a água para longe de suas regiões carregadas até que a repulsão carga-carga impede compressões adicionais. Quando a pressão é liberada, a água retorna. A cartilagem nas articulações, que são desprovidas de vasos sanguíneos, é lubrificada por esse fluxo de líquido ocasionado por movimentos corporais. Isso explica por que longos períodos de inatividade fazem com que as cartilagens das articulações fiquem finas e frágeis.

b. Proteoglicanos modulam os efeitos de fatores de crescimento proteicos

Os proteoglicanos vêm sendo implicados em uma grande variedade de processos celulares. Por exemplo, o **fator de crescimento de fibroblastos** (**FGF**, de *fibroblast growth factor;* fatores de crescimento são proteínas que induzem o crescimento e/ou a diferenciação de suas células-alvo específicas; Seção 19.3Aa) liga-se à heparina ou às cadeias de heparan-sulfato dos proteoglicanos e somente liga seus receptores de superfície celular quando em complexo com esses glicosaminoglicanos. Visto que a ligação do FGF à heparina ou ao heparan-sulfato protege o FGF de degradação, a liberação desse fator de crescimento da matriz extracelular por proteólise das proteínas centrais dos proteoglicanos ou pela degradação parcial do heparan-sulfato provavelmente proporciona uma fonte importante de complexos ativos de FGF-glicosaminoglicanos. Muitos outros fatores de crescimento interagem com os proteoglicanos de forma semelhante. Aparentemente, a distribuição abundante e ubíqua dos proteoglicanos restringe a ação desses fatores de crescimento sobre suas células-alvo por diminuir as distâncias das células secretoras de fatores de crescimento, um fenômeno que provavelmente influencia muito a formação e a manutenção da estrutura tecidual.

B. *Parede celular bacteriana*

As bactérias estão rodeadas por paredes celulares rígidas (Fig. 1.13) que lhes conferem suas formas características (Fig. 1.1) e lhes permitem viver em ambientes hipotônicos (concentração de sais menor do que a concentração intracelular), que, de outra forma, causariam um inchaço osmótico até o rompimento (lise) de suas membranas plasmáticas (celulares). As paredes celulares bacterianas são de considerável importância médica, pois são responsáveis pela **virulência** bacteriana (poder de

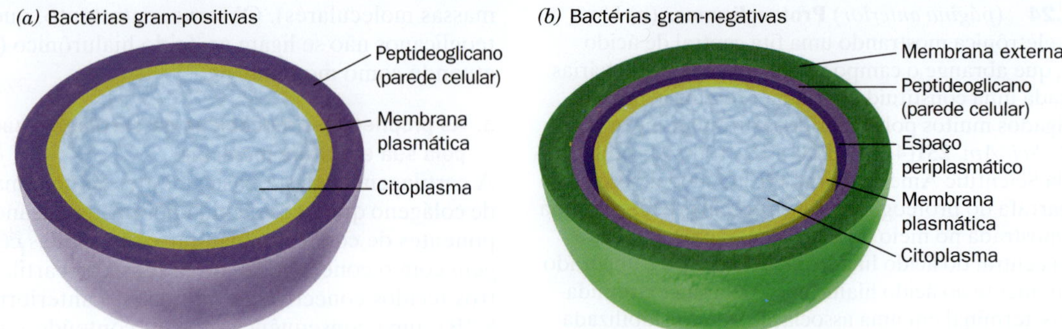

FIGURA 11.25 Diagrama esquemático comparando os envelopes celulares de (*a*) bactérias gram-positivas e (*b*) bactérias gram-negativas.

causar doenças). Na verdade, os sintomas de muitas doenças bacterianas podem ser obtidos em animais simplesmente pela injeção de paredes celulares bacterianas. Além disso, os **antígenos** característicos (marcadores imunológicos; Seção 35.2) das bactérias são constituintes de suas paredes celulares e cápsulas, de modo que a injeção de preparações dessas substâncias em um animal muitas vezes provoca imunidade contra essa bactéria. Consequentemente, várias vacinas baseadas em polissacarídeos bacterianos purificados foram disponibilizadas recentemente, incluindo as contra *Streptococcus pneumoniae*, a maior causa de pneumonia, e *Neisseria meningitidis*, a maior causa de meningite.

As bactérias são classificadas como **gram-positivas** ou **gram-negativas,** dependendo se elas são ou não coradas pelo corante de Gram (Seção 1.1B). As bactérias gram-positivas (Fig. 11.25*a*) apresentam uma parede celular espessa (~250 Å) ao redor de sua membrana plasmática, enquanto as bactérias gram-negativas (Fig. 11.25*b*) apresentam uma parede celular fina (~30 Å) coberta por uma membrana externa complexa.

a. Paredes celulares bacterianas têm uma moldura de peptideoglicano

As paredes celulares de bactérias gram-positivas e gram-negativas são constituídas por cadeias polipeptídicas e polissacarídeos ligados covalentemente, que formam uma moldura que envolve completamente a célula. Essa substância, cuja estrutura molecular foi elucidada em grande parte por Jack Strominger, é denominada **peptideoglicano** ou **mureína** (do latim: *murus*, parede). O seu conteúdo polissacarídeo é constituído por cadeias lineares de *N*-acetilglicosamina (**NAG**) e ácido *N*-acetilmurâmico (**NAM**) alternados ligados por ligações $\beta(1 \rightarrow 4)$. O resíduo do ácido lático do NAM forma uma ligação amida com um tetrapeptídeo contendo D-aminoácidos para formar uma unidade de repetição do peptideoglicano (Fig. 11.26). As cadeias paralelas vizinhas do peptideoglicano são covalentemente cruzadas pelas cadeias laterais de seus tetrapeptídeos. Na bactéria gram-positiva *Staphylococcus aureus*, cujos tetrapeptídeos apresentam a sequência L-Ala-D-isoglutamil-L-Lys-D-Ala, essa ligação cruzada consiste em uma cadeia de pentaglicina que se estende do grupo carboxiterminal de um tetrapeptídeo até o grupo ε-amino da Lys de um tetrapeptídeo vizinho.

A **microscopia de força atômica** (**MFA**; uma técnica de imagem que descreve a variação de força entre uma sonda que tem um diâmetro de vários nanômetros e uma superfície de interesse uma vez que a sonda é escaneada sobre a superfície; sua resolução é da ordem de alguns angstroms) foi usada por Simon Foster para fazer o retrato da parede celular da bactéria gram-negativa *Bacillus subtilis* levando ao seguinte modelo (Fig. 11.27). Várias cadeias de glicanos estão interligadas da forma descrita acima para formar uma “corda” peptideoglicana, a qual, devido a suas torções naturais, forma um cabo helicoidal de 50 nm de diâmetro de até 50 m em comprimento que se enrola ao eixo longo da bactéria para formar sua parede celular. Essa estrutura é presumivelmente estabilizada pela formação de interligações covalentes entre os segmentos vizinhos da espiral. As paredes celulares de bactérias gram-negativas parecem ser apenas uma grossa camada, enquanto as de bactérias gram-positivas são constituídas por várias dessas camadas. A forma como os peptideoglicanos determinam a forma celular ainda não é conhecida.

Os D*-aminoácidos dos peptideoglicanos tornam-os resistentes a proteases.* Entretanto, a **lisozima**, uma enzima presente na lágrima, no muco e nas secreções corporais de outros vertebrados, assim como na clara do ovo, catalisa a hidrólise das ligações glicosídicas $\beta(1 \rightarrow 4)$ entre a NAG e o NAM. Consequentemente, o tratamento de bactérias gram-positivas com lisozima degrada as suas paredes celulares, resultando em seu rompimento (bactérias gram-negativas são resistentes à degradação com lisozima). A lisozima foi descoberta em 1922 pelo bacteriologista britânico Alexander Fleming após notar que uma cultura bacteriana foi dissolvida onde caiu muco proveniente de um espirro. A esperança de Fleming era que a lisozima pudesse ser um antibiótico universal, mas infelizmente ela não tem efeito clínico contra bactérias patogênicas. A estrutura e o mecanismo da lisozima serão explicados em detalhes na Seção 15.2.

b. A penicilina mata bactérias por inibir a biossíntese da parede celular

Em 1928, Fleming notou que a contaminação casual de uma placa de cultura bacteriana com o fungo *Penicillium notatum* resultou no rompimento das bactérias na proximidade do fungo (uma demonstração clara da máxima de Pasteur que a sorte favorece uma mente preparada). Isso foi causado pela presença de **penicilina** (Fig. 11.28), um antibiótico produzido pelo fungo. Ainda assim, as dificuldades de isolamento e caracterização da penicilina, devido a sua instabilidade, fi-

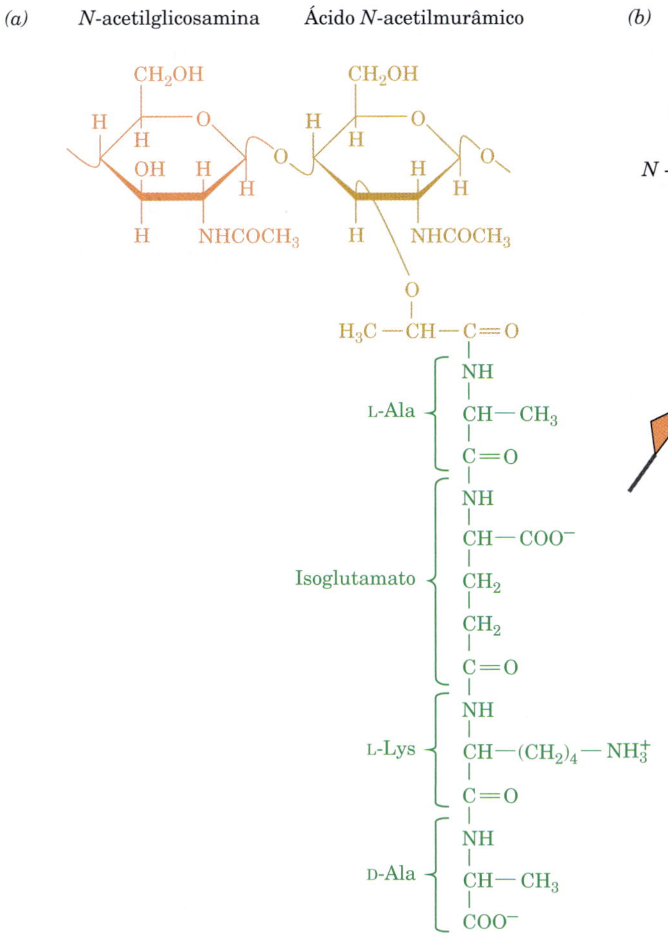

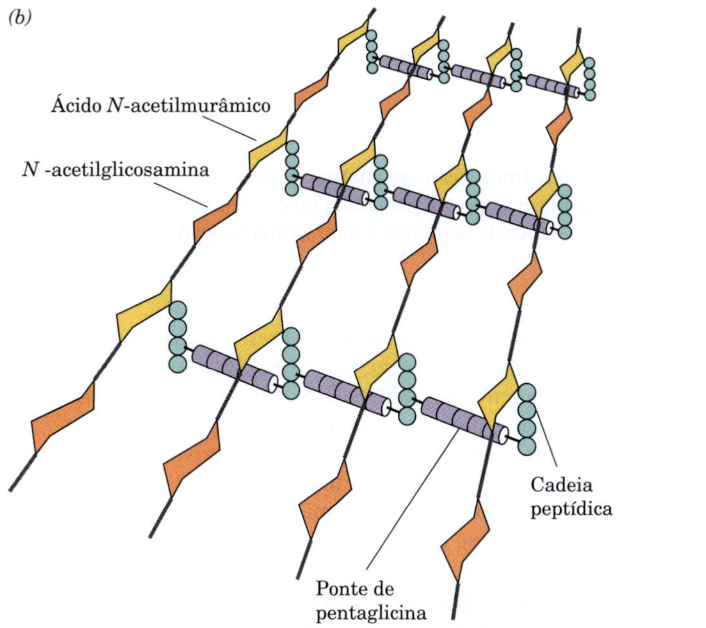

(a) N-acetilglicosamina Ácido N-acetilmurâmico

L-Ala
Isoglutamato
L-Lys
D-Ala

(b)
Ácido N-acetilmurâmico
N-acetilglicosamina
Cadeia peptídica
Ponte de pentaglicina

FIGURA 11.26 Estrutura química do peptideoglicano. (*a*) A unidade de repetição do peptideoglicano é um dissacarídeo de N-acetilglicosamina e de ácido *N*-acetilmurâmico, cuja cadeia lateral lactil forma uma ligação amida com um tetrapeptídeo. O tetrapeptídeo de *S. aureus* está mostrado. O isoglutamato é assim denominado porque forma uma ligação amida pelo grupo γ-carboxila. Em algumas espécies, o seu grupo α-carboxilato é substituído por um grupo amido para formar a D-isoglutamina e/ou o resíduo L-Lys pode ter um grupo carboxila acrescentado ao seu C_ε para formar o **ácido diaminopimélico**. (*b*) O peptideoglicano da parede celular bacteriana do *S. aureus*. Em outras bactérias gram-positivas, as pontes de conexão de pentaglicina mostradas aqui podem conter diferentes resíduos de aminoácidos, como, por exemplo, Ala ou Ser. Em bactérias gram-negativas, as cadeias peptídicas estão ligadas diretamente por meio de ligações peptídicas.

zeram com que se passassem 15 anos antes que a penicilina fosse disponibilizada para uso na rotina clínica. A penicilina liga especificamente e inativa as enzimas que fazem as ligações cruzadas das cadeias de peptideoglicanos das paredes celulares bacterianas. Visto que a expansão da parede celular também necessita da ação de enzimas que degradam paredes

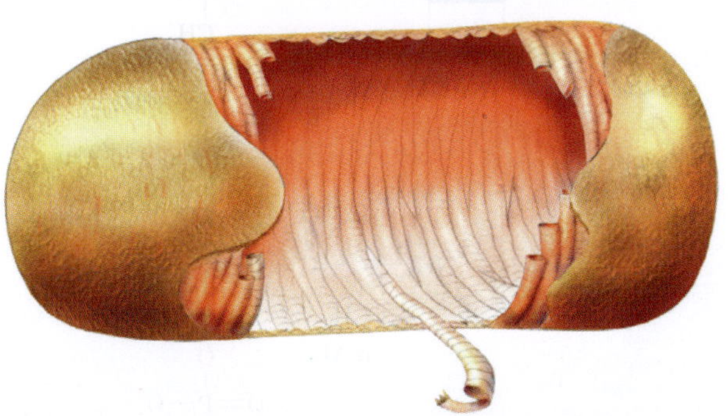

FIGURA 11.27 Modelo da parede celular de *B. subtilis*. A parede celular consiste em um cabo helicoidal dextrógiro composto por vários fios que se enrolam ao redor da membrana plasmática da bactéria. A célula tem cerca de 3 μm de comprimento. (Cortesia de Simon Foster, University of Sheffield, Reino Unido.)

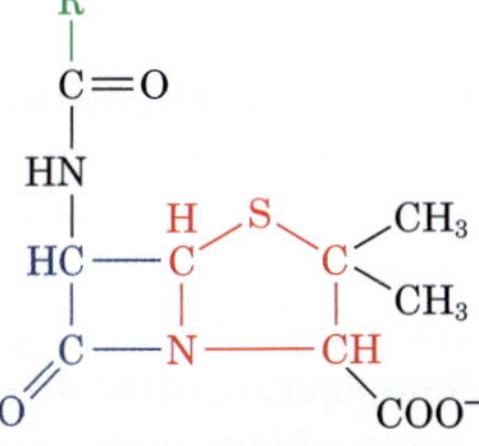

Penicilina

FIGURA 11.28 Estrutura da penicilina. A penicilina contém um anel tiazólico (*em vermelho*) fusionado a um anel β-lactâmico (*em azul*). Um grupo R variável é ligado ao anel β-lactâmico por meio de uma ligação peptídica. Na benzilpenicilina (penicilina G), um dos vários derivados naturais que são eficazes clinicamente, R é um grupo benzil (−CH2ϕ). Na **ampicilina**, um derivado semissintético, R é um grupo aminobenzil [−CH(NH2)ϕ].

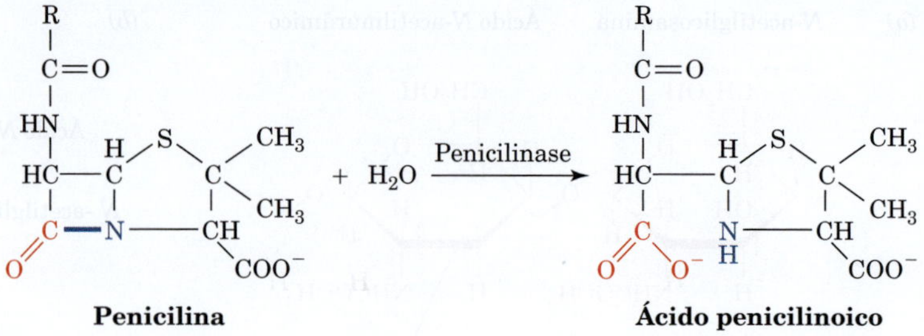

FIGURA 11.29 Inativação enzimática da penicilina. A penicilinase inativa a penicilina ao catalisar a hidrólise de seus anéis β-lactâmicos para formar o **ácido penicilinoico**.

Penicilina + H_2O —Penicilinase→ Ácido penicilinoico

celulares, *a exposição de bactérias em crescimento à penicilina provoca o seu rompimento*; isto é, a penicilina rompe o equilíbrio normal entre biossíntese e a degradação da parede celular. Entretanto, uma vez que nenhuma enzima humana liga-se à penicilina, esse antibiótico é de baixa toxicidade aos humanos, uma necessidade terapêutica.

Bactérias tratadas com penicilina que são mantidas em um meio hipertônico se mantêm intactas, até mesmo quando elas não apresentam parede celular. Tais bactérias, que são denominadas de **protoplastos** ou **esferoplastos**, são esféricas e extremamente frágeis, porque elas são encapsuladas somente por suas membranas plasmáticas. Os protoplastos lisam imediatamente quando transferidos para um meio normal.

A maioria das bactérias resistentes à penicilina secreta uma **β-lactamase** (também conhecida como **penicilinase**) que inativa a penicilina pela clivagem hidrolítica da ligação amida do seu anel β-lactâmico (Fig. 11.29). Entretanto, a observação que a atividade da penicilinase varia com a natureza do grupo R da penicilina tem permitido o desenvolvimento de penicilinas semissintéticas, como a **ampicilina** (Fig. 11.28), as quais são clinicamente efetivas contra linhagens de bactérias resistentes à penicilina. Além disso, penicilinas são frequentemente administradas combinadas com inibidores de β-lactamase, como o **sulbactam**.

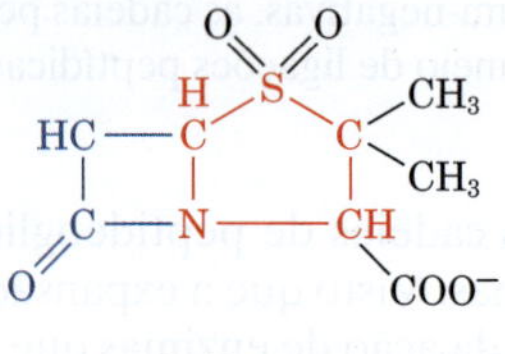

Sulbactam

c. Grupos antigênicos projetam-se das paredes celulares bacterianas

As superfícies de bactérias gram-positivas são cobertas por **ácidos teicoicos** (do grego: *teichos*, muralhas das cidades), responsáveis por até 50% do peso seco das suas paredes celulares. Os ácidos teicoicos são polímeros de glicerol ou ribitol ligados por ligações fosfodiéster (Fig. 11.30). Os grupos hidroxila dessas cadeias açúcares-fosfato são substituídos por resíduos de D-Ala e sacarídeos como a glicose ou a NAG. Os ácidos teicoicos estão ancorados nos peptideoglicanos por meio de ligações fosfodiéster ao grupo C6-OH dos seus resíduos de NAG. Eles terminam muitas vezes em **lipopolissacarídeos** (lipídeos que contêm polissacarídeos; Seção 12.1).

As membranas externas de bactérias gram-negativas (Fig. 11.25*b*) são compostas por lipopolissacarídeos complexos, proteínas e fosfolipídeos que estão organizados de uma forma complexa. O **espaço periplasmático**, um compartimento aquoso que fica entre a membrana plasmática e o peptideoglicano da parede celular, contém proteínas que transportam açúcares e outros nutrientes. A membrana externa funciona como uma barreira para excluir substâncias perigosas (como os corantes do Gram). Isso explica a observação que as bactérias gram-negativas são menos afetadas pela lisozima e pela penicilina, assim como por outros antibióticos, do que as bactérias gram-positivas.

(NAG)

D-Ala

(NAG)

D-Ala

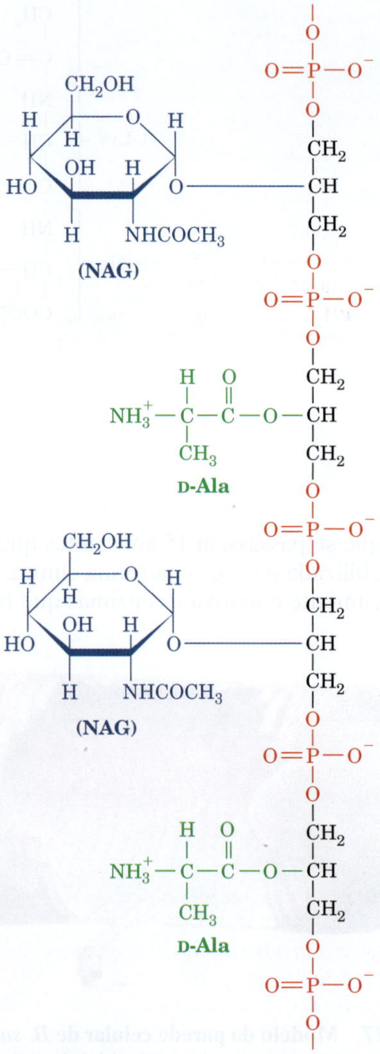

FIGURA 11.30 Estrutura do ácido teicoico. Um segmento da molécula do ácido teicoico com um esqueleto de glicerol-fosfato, que abriga resíduos alternados de D-Ala e NAG.

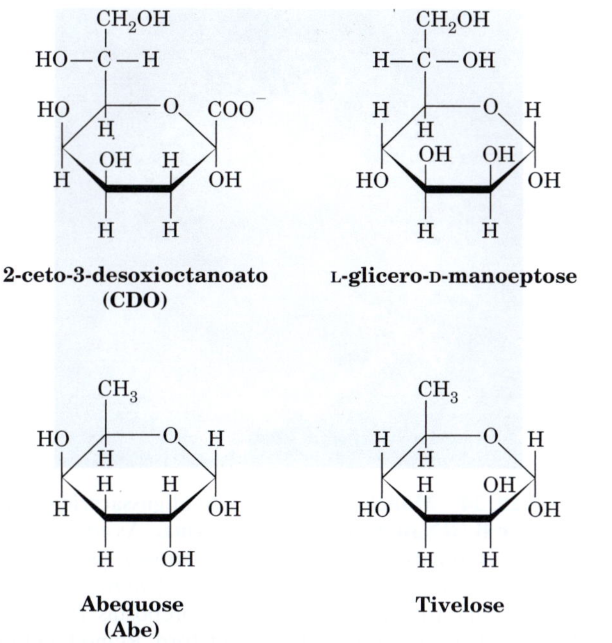

2-ceto-3-desoxioctanoato (CDO)

L-glicero-D-manoeptose

Abequose (Abe)

Tivelose

FIGURA 11.31 **Alguns dos monossacarídeos não usuais que ocorrem no antígeno O das bactérias gram-negativas.** Estes açúcares raramente ocorrem em outros organismos.

A superfície externa de bactérias gram-negativas é revestida por polissacarídeos complexos e, muitas vezes, não usuais, conhecidos como **antígenos O**, que marcam cada linhagem bacteriana de forma única (Fig. 11.31). A observação que linhagens mutantes de bactérias patogênicas deficientes no seu antígeno O perdem o seu poder patogênico sugere que os antígenos O participam no reconhecimento da célula hospedeira. Os antígenos O, como o seu próprio nome sugere, são também o meio pelo qual o sistema de defesa imunológica do hospedeiro reconhece uma bactéria invasora como um organismo estranho (Seção 35.2A). Como parte de uma batalha biológica entre o hospedeiro e o agente patogênico, os antígenos O estão sujeitos a rápidas alterações mutacionais, gerando novas linhagens bacterianas que o hospedeiro inicialmente não reconhece (as mutações se dão nos genes que especificam as enzimas que sintetizam os antígenos O).

C. *Estrutura e função das glicoproteínas*

a. Cadeias de carboidratos das glicoproteínas são bastante diversas

Quase todas as proteínas secretadas e proteínas das membranas de células eucarióticas são glicosiladas. Na verdade, a glicosilação de proteínas é mais numerosa do que o somatório de todos os outros tipos de modificações pós-traducionais. Os oligossacarídeos formam dois tipos de ligações diretas a essas proteínas: **ligações *N*-glicosídicas** e **ligações *O*-glicosídicas**. Análises da sequência das glicoproteínas conduziram às seguintes generalizações a respeito dessas ligações.

1. *Na grande maioria das ligações N-glicosídicas (N-ligados), uma NAG ligada por uma ligação β ao nitrogênio da amida de uma Asn na sequência Asn-X-Ser ou Asn-X-Thr, em que X é qualquer aminoácido exceto Pro e, muito*

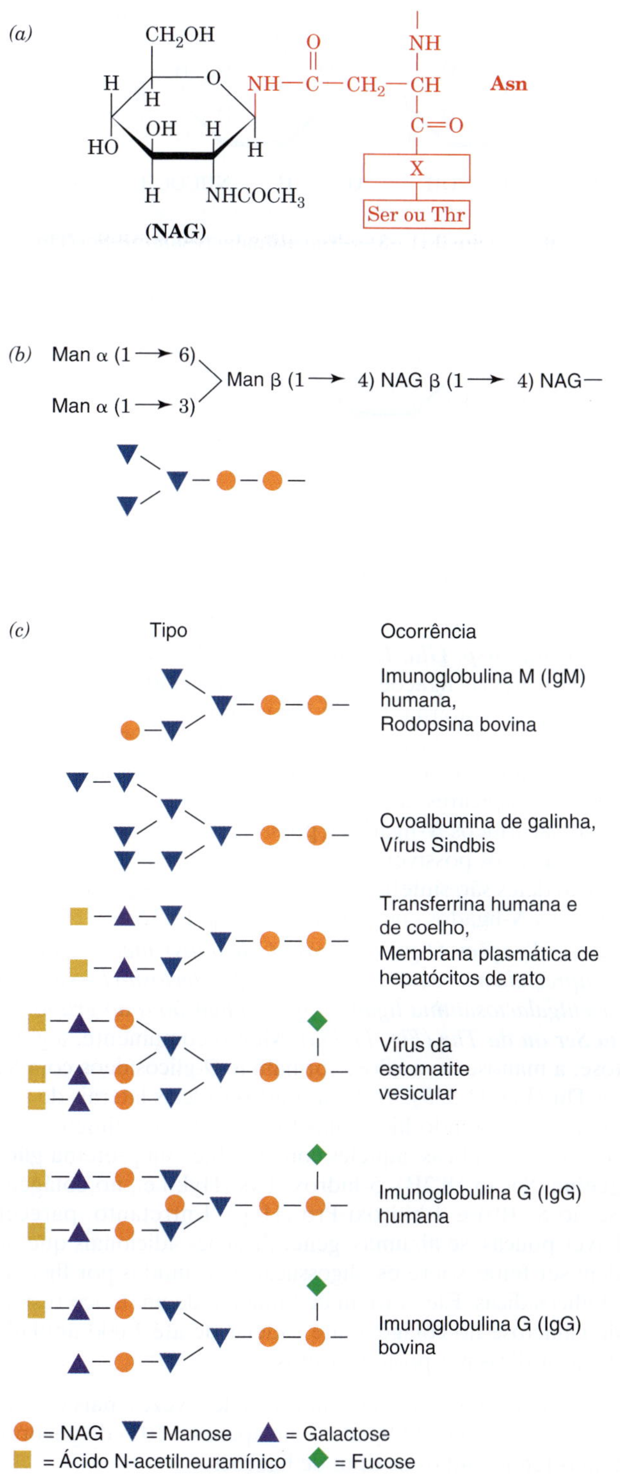

(*a*) (NAG) Asn Ser ou Thr

(*b*) Man α (1→6), Man α (1→3) > Man β (1→4) NAG β (1→4) NAG—

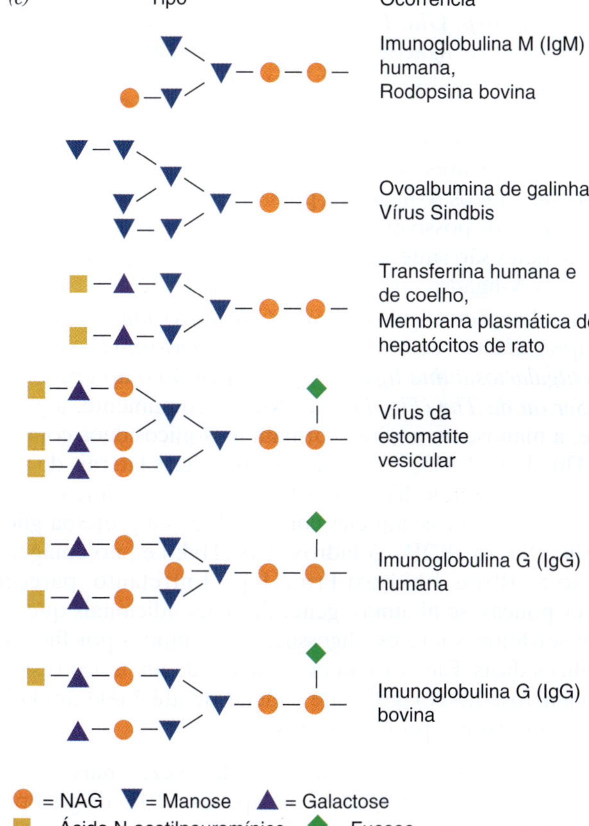

FIGURA 11.32 **Oligossacarídeos *N*-ligados.** (*a*) Todas as ligações proteicas *N*-glicosídicas ocorrem por meio de uma ligação β-*N*-acetilglicosamino-Asn, em que a Asn ocorre na sequência Asn-X-Ser/Thr (*em vermelho*), onde X é qualquer aminoácido. (*b*) Os oligossacarídeos *N*-ligados geralmente possuem o centro $(manose)_3(NAG)_2$ ramificado exposto. (*c*) Alguns exemplos dos oligossacarídeos *N*-ligados. (Segundo Sharon, N., e Lis, H., *Chem. Eng. News* **59**(13), 28 (1981).)

Ver Exercício de cineimagem 7.4

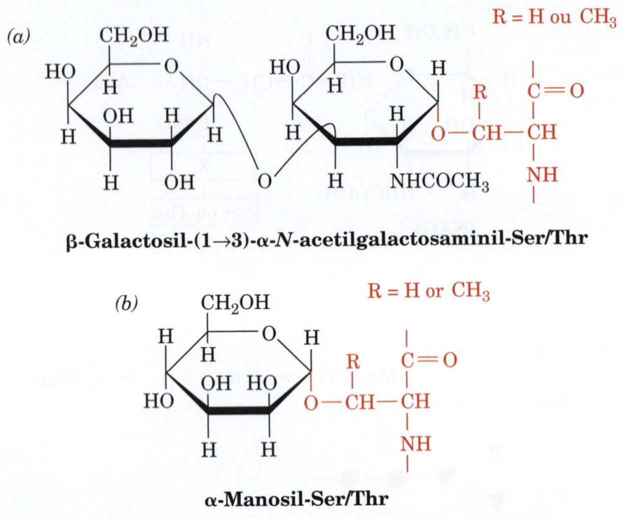

(a) R = H ou CH_3

β-Galactosil-(1→3)-α-*N*-acetilgalactosaminil-Ser/Thr

(b) R = H or CH_3

α-Manosil-Ser/Thr

FIGURA 11.33 Algumas ligações *O*-glicosídicas de oligossacarídeos frequentes em glicoproteínas (*em vermelho*).

raramente, Asp, Glu, Leu ou Trp (Fig. 11.32a). Os oligossacarídeos nessas ligações apresentam um **centro** distinto (sequência mais interna; Fig. 11.32*b*), cujos resíduos periféricos de manose estão ligados à manose ou à NAG. Esses últimos resíduos podem, alternativamente, estar ligados a outros resíduos de açúcares, de forma que uma enorme variedade de oligossacarídeos *N*-ligados é possível (i.e., existem ~10^{12} hexassacarídeos possíveis, apesar de que apenas uma pequena fração deles são sintetizados efetivamente). Alguns oligossacarídeos *N*-ligados encontram-se na Fig. 11.32*c*.

2. *As ligações O-glicosídicas (O-ligados) mais frequentes compreendem o centro dissacarídico β-galactosil-(1→3)-α-N--acetilgalactosamina ligado por uma ligação α ao grupo OH da Ser ou da Thr (Fig. 11.33a).* Menos comumente, a galactose, a manose ou a xilose formam α-*O*-glicosídeos com Ser ou Thr (Fig. 11.33*b*). Todas as outras cadeias laterais de aminoácidos contendo hidroxilas formam ocasionalmente ligações *O*-glicosídicas: aqueles com Tyr (i.e., na proteína **glicogenina**; Seção 18.2B), 5-hidroxi-Lys (Hyl; i.e., no colágeno; Seção 8.2Bb) e 4-hidroxi-Pro (Hyp). Entretanto, parecem haver poucas, se algumas, generalizações adicionais que podem ser feitas sobre os oligossacarídeos unidos por ligações *O*-glicosídicas. Eles variam de tamanho de um único resíduo de galactose no colágeno até cadeias de até 1.000 unidades dissacarídicas nos proteoglicanos.

Os glicanos *N*-ligados são em torno de 5 vezes mais comuns do que os glicanos *O*-ligados com apenas ~10% de glicoproteínas tendo ambos os tipos de ligações.

Os oligossacarídeos tendem a estar ligados a proteínas em sequências que formam uma curvatura β. Considerando o caráter hidrofílico dessas moléculas, essa constatação sugere que *os oligossacarídeos prolongam-se a partir da superfície das proteínas ao invés de participarem da sua estrutura interna.* De fato, as poucas estruturas de glicoproteínas analisadas por raios X, por exemplo, as estruturas da **imunoglobulina G** (Seção 35.2Ba) e da **hemaglutinina** do vírus influenza (Seção 33.4Bb), são compatíveis com essa hipótese. Isso justifica as observações que as estruturas proteicas da maioria das glicoproteínas não são afetadas pela remoção de seus oligossacarídeos.

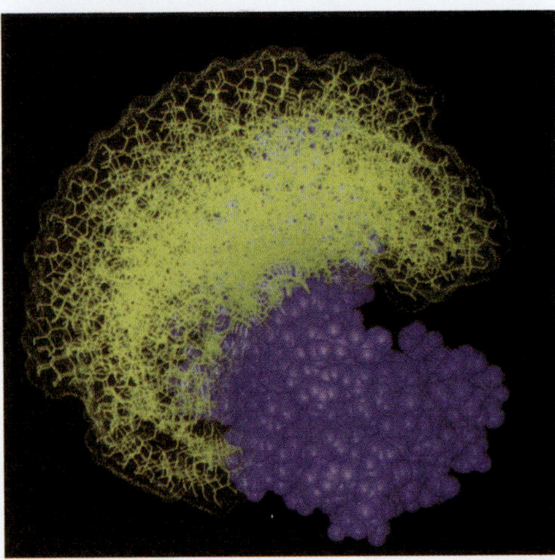

FIGURA 11.34 Modelo da dinâmica do oligossacarídeo da ribonuclease B (RNase B) pancreática bovina. As conformações permitidas do oligossacarídeo $(NAG)_2(manose)_5$ (*em amarelo*) que está ligado a um sítio único na proteína (*em roxo*) estão mostradas em fotografias instantâneas sobrepostas. (Cortesia de Raymond Dwek, Universidade de Oxford, Reino Unido.)

Estudos teóricos e experimentais indicam que os oligossacarídeos apresentam conformações móveis e rapidamente variáveis (Fig. 11.34; o que determina a dificuldade em cristalizá-los). Assim, as representações em que os oligossacarídeos são mostrados como estruturas tridimensionais fixas não correspondem à realidade.

b. Carboidratos de glicoproteínas apresentam uma variedade de funções

*As células tendem a sintetizar um imenso repertório de uma determinada glicoproteína N-ligada, na qual cada espécie variante (**glicoforma**) apresenta poucas diferenças na sequência, na localização e no número de oligossacarídeos ligados covalentemente.* Por exemplo, uma das glicoproteínas mais simples, a **ribonuclease B (RNase B)** pancreática bovina, é diferente da RNase A, que é bem caracterizada e não apresenta carboidratos (Seção 9.1A), somente pela ligação de um única cadeia oligossacarídica *N*-ligada. O oligossacarídeo tem uma sequência central esquematizada na Fig. 11.35 com uma micro-heterogeneidade considerável na posição do sexto resíduo de manose. Os oligossacarídeos não afetam a conformação nativa, a especificidade com o substrato ou as propriedades catalíticas da enzima. Porém, a RNase A enovela-se em seu estado nativo mais vagarosamente que a RNase B e

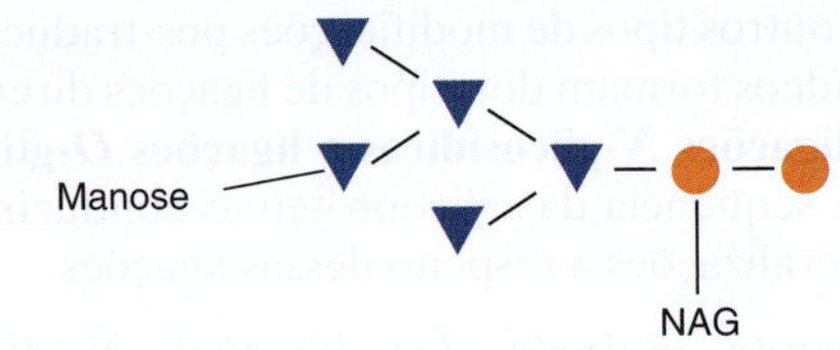

FIGURA 11.35 O oligossacarídeo micro-heterogêneo *N*-ligado da RNase B tem o cerne $(NAG)_2(manose)_5$ mostrado. Um sexto resíduo de manose ocorre em posições variadas neste cerne.

apresenta tendência de formar agregados. Isso sugere que os oligossacarídeos atuam de forma semelhante a chaperonas moleculares (Seção 9.2C), provavelmente por proteger um segmento hidrofóbico na superfície da proteína.

O **fator estimulante de colônias de granulócitos-macrófagos** (GM-CSF) humano, um fator de crescimento proteico de 127 resíduos de aminoácidos que promove o desenvolvimento, a ativação e a sobrevivência de células brancas do sangue, conhecidas como **granulócitos** e **macrófagos**, é glicosilado de forma variada em dois sítios *N*-ligados e cinco sítios *O*-ligados. Por meio da geração de variedades mutantes de GM-CSF deficientes em um ou ambos sítios de *N*-glicosilação, foi descoberto que a duração do GM-CSF na corrente sanguínea aumenta com seus níveis de glicosilação. Entretanto, o GM-CSF produzido pela *E. coli* e, portanto, não glicosilado (as bactérias raramente glicosilam as proteínas que sintetizam), apresenta uma atividade biológica 20 vezes mais específica do que a glicoproteína natural.

Como os exemplos anteriores sugerem, nenhuma generalização pode ser feita sobre os efeitos de glicosilação nas propriedades proteicas; eles devem ser determinados experimentalmente caso a caso. Apesar disso, está cada vez mais evidente que a glicosilação pode interferir nas propriedades proteicas de muitas formas, incluindo o enovelamento da proteína, a oligomerização, a estabilidade física, a bioatividade específica, a taxa de eliminação da corrente sanguínea e a resistência a proteases. Portanto, *a distribuição de glicoformas espécie-específicas e tecido-específicas que cada célula sintetiza determina um espectro característico de propriedades biológicas.*

c. Glicoproteínas O-ligadas muitas vezes têm funções protetoras

Os polissacarídeos *O*-ligados apresentam a tendência de não estarem distribuídos de forma uniforme ao longo das cadeias polipeptídicas. Ao contrário, eles estão agrupados em segmentos altamente glicosilados (65 a 85% de carboidratos do peso total) em que os resíduos glicosilados de Ser e Thr compreendem de 25 a 40% da sequência. As interações estéricas e hidrofílicas dos carboidratos fazem com que essas regiões altamente glicosiladas, que também são ricas em Pro e outros resíduos que interrompem a hélice, adotem conformações estendidas. Por exemplo, **mucinas**, os componentes proteicos do **muco**, são glicoproteínas *O*-ligadas que podem ser extremamente grandes (até $\sim 10^7$ D) e cujas cadeias de carboidratos são muitas vezes sulfatadas e, portanto, se repelem mutuamente. As mucinas, que podem ser ligadas à membrana ou secretadas, constituem-se de cadeias rígidas que são desprovidas de estruturas secundárias e que ocupam volumes regulares aproximados ao das pequenas bactérias. Consequentemente, mucinas, em suas concentrações fisiológicas, formam malhas interligadas, que compreendem os géis viscoelásticos que protegem e lubrificam as membranas mucosas que as produzem.

Células eucarióticas, como será visto na Seção 12.3E, têm um revestimento espesso e difuso de glicoproteínas e **glicolipídeos**, denominado glicocálice, que previne a aproximação de macromoléculas e de outras células. Como, então, as células podem interagir? Muitas proteínas de superfície, como os receptores de várias macromoléculas, têm regiões *O*-glicosiladas curtas e supostamente rígidas, que conectam os domínios ligados à membrana das glicoproteínas aos seus domínios funcionais. Acredita-se que esse arranjo estenda o domínio funcional acima do glicocálice densamente empacotado da célula como se fosse um pirulito, permitindo assim a interação do domínio funcional com as macromoléculas extracelulares que não conseguem penetrar no glicocálice.

d. Marcadores de oligossacarídeos fazem a mediação de uma variedade de interações intercelulares

As glicoproteínas são constituintes importantes da membrana plasmática (Seção 12.3). A localização de suas regiões de carboidratos podem ser determinadas por microscopia eletrônica. As glicoproteínas são marcadas com lectinas que foram conjugadas (por interligações covalentes) à **ferritina**, uma proteína transportadora de ferro que é prontamente visível no microscópio eletrônico por causa de seu cerne eletronicamente denso rico em ferro. Tais experimentos, com lectinas de diferentes especificidades e com uma variedade de tipos celulares, demonstraram que *os grupos carboidrato das glicoproteínas ligadas à membrana estão, na sua maioria, localizados nas superfícies externas das membranas celulares.* Portanto, a viabilidade de células em cultura de organismos multicelulares que apresentam um grande número de mutações de glicosilação e a infrequente viabilidade dos organismos que carregam tais mutações indicam que oligossacarídeos são importantes para a comunicação intercelular, mas não para funções básicas intracelulares.

Uma outra indicação que oligossacarídeos funcionam como marcadores biológicos é a observação que o conteúdo de carboidratos de uma glicoproteína muitas vezes direciona seu destino metabólico. Por exemplo, a remoção de resíduos de ácido siálico de certas glicoproteínas plasmáticas marcadas radioativamente por tratamento com **sialidase** aumenta consideravelmente a taxa pela qual essas glicoproteínas são removidas da circulação. As glicoproteínas são captadas e degradadas pelo fígado em um processo dependente do reconhecimento por receptores nas células hepáticas de resíduos de açúcares, como a galactose e a manose, que ficam expostas após a remoção do ácido siálico. Uma série distinta de receptores, cada um deles para um tipo específico de resíduo de açúcar, participa na remoção de glicoproteínas específicas do sangue. Uma variedade de glicoformas de uma dada proteína provavelmente assegura que essa proteína tenha uma gama de meias-vidas no sangue. *Mecanismos de marcação semelhantes provavelmente determinam a compartimentalização e a degradação de glicoproteínas dentro das células.*

A observação de que células cancerígenas são mais suscetíveis à aglutinação pelas lectinas que células normais levou à descoberta que *existem diferenças significativas entre a distribuição de carboidratos na superfície celular de células cancerígenas e de células não cancerígenas* (Fig. 11.36). As células normais param de crescer quando elas tocam uma na outra, fenômeno conhecido como **inibição por contato**. As células cancerígenas, contudo, não estão sob esse controle e formam **tumores malignos** (Seção 19.3B).

Os carboidratos são mediadores importantes de reconhecimento célula-célula e estão implicados em processos relacionados a esse reconhecimento, como a fertilização, a diferenciação celular, a agregação de células para formar os órgãos e a infecção de células por bactérias e vírus. Por exemplo, as bactérias iniciam infecções ao se aderirem às

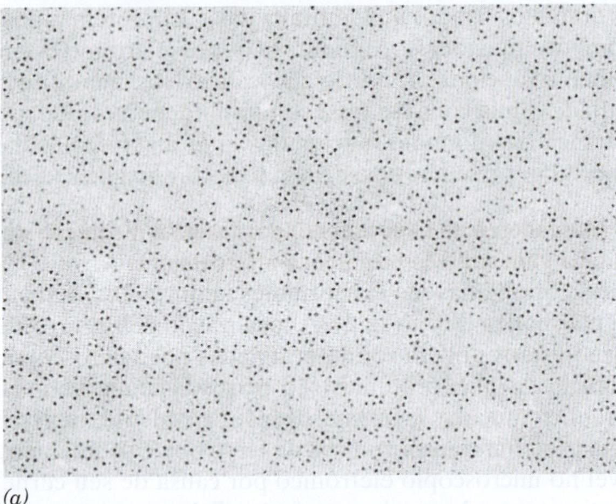
(a)

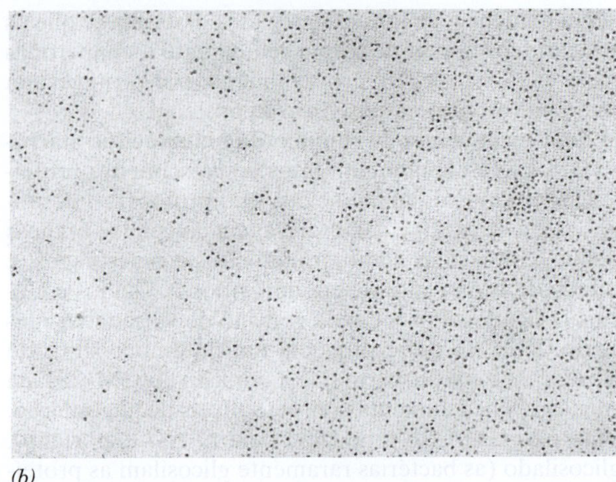
(b)

FIGURA 11.36 As superfícies de (*a*) uma célula murina normal e (*b*) uma célula cancerosa, visualizadas no microscópio eletrônico. Ambas as células foram incubadas com a lectina concanavalina A marcada com ferritina. A lectina está dispersa uniformemente na célula normal, mas está agregada na célula cancerosa. (Cortesia de Garth Nicolson, The Institute for Molecular Medicine, Huntington Beach, Califórnia, EUA.)

células hospedeiras (Fig. 11.37) por proteínas bacterianas conhecidas como **adesinas**, que se ligam especificamente a determinadas moléculas da célula hospedeira (receptores das adesinas). Em bactérias gram-negativas, como a *E. coli*, as adesinas são muitas vezes componentes menores de organelas heteropoliméricas denominadas pili (Fig. 1.3*b*). As chamadas pili P, que medeiam a ligação da *E. coli* que causa infecções no trato urinário de humanos, atuam por meio de uma adesina denominada proteína **PapG**. Essa proteína liga-se especificamente aos grupos α-D-galactopiranosil-(1 → 4)-β-D-galactopiranose que estão presentes na superfície de células epiteliais do trato urinário. Estudos de microscopia eletrônica revelaram que a adesina PapG está localizada na porção final da extremidade flexível da pili P, proporcionando essa adesina com considerável liberdade estérica na ligação ao seu receptor de digalactosídeo.

FIGURA 11.37 Micrografia eletrônica de varredura do tecido do interior da bochecha humana. Os objetos cilíndricos brancos são células de *E. coli*. As bactérias aderem aos resíduos de manose que estão incorporados na membrana plasmática das células da bochecha. Essa é a primeira etapa de uma infecção bacteriana. (Cortesia de Fredric Silverblatt e Craig Kuehn, Veterans Administration Hospital, Sepulveda, Califórnia, EUA.)

Na batalha evolucionária sem fim entre patógenos e seus hospedeiros, mucinas tem evoluído para conter os oligossacarídeos alvo de determinados patógenos. Esses oligossacarídeos atuam como chamarizes que desviam os patógenos de suas células-alvo. Isso, é claro, aplica uma pressão seletiva sobre o agente patogênico para desenvolver um receptor que se ligue a um oligossacarídeo diferente na superfície da célula.

D. Glicômica

A **glicômica**, a área de estudo que caracteriza estrutural e funcionalmente todos os carboidratos de um tipo celular, complementa a genômica (para o DNA) e a proteômica (para proteínas). Está claro que a **glicômica** varia com as espécies, o tipo celular, o estágio do desenvolvimento e, até mesmo, com as condições ambientais. Entretanto, a glicômica é muito menos desenvolvida do que a genômica e a proteômica. Existem várias razões para isso:

1. As estruturas ramificadas dos oligossacarídeos aumentam consideravelmente a sua complexidade e, portanto, aumenta a dificuldade em determinar as suas sequências em relação a dos polinucleotídeos e dos polipeptídeos, os quais são, invariavelmente, lineares.
2. A micro-heterogeneidade dos oligossacarídeos, os quais frequentemente tem significância biológica (Seção 11.3Cb), complica sua caracterização em relação aos polinucleotídeos e polipeptídeos, os quais apresentam estruturas primárias únicas.

3. Devido à biossíntese de carboidratos não estar sob controle genético direto, não existe método para amplificá-los, como a reação em cadeia da polimerase (PCR; Seção 5.5F) para ácidos nucleicos e sistemas de expressão para proteínas (Seção 5.5G). Assim, até recentemente, a única forma de obtenção de quantidades suficientes de um polissacarídeo específico era isolá-lo a partir de sua fonte natural.

4. Os métodos de síntese de oligossacarídeos específicos têm ficado muito atrás dos métodos de síntese de polinucleotídeos e polipeptídeos (Seções 7.5 e 7.6). Isso é devido à ramificação dos oligossacarídeos, o seu grande número de grupos funcionais, que deve ser protegido diferencialmente durante as reações de alongamento, e a natureza quiral de ligações glicosídicas. Contudo, recentemente, Peter Seeberger desenvolveu métodos automatizados, de fase sólida, para a síntese de oligossacarídeos pequenos, apesar destes métodos serem, até agora, incapazes de sintetizar todos os oligossacarídeos desejados, demorados e ainda exigem experiência considerável.

5. A complexidade do glicoma de um organismo excede em muito a do seu proteoma devido à diversidade dos carboidratos constituintes do glicoma e do número de maneiras que podem interagir uns com os outros e com as proteínas.

Um avanço recente que tem acelerado as pesquisas glicômicas é o desenvolvimento de **microarranjos de carboidratos** para identificar os carboidratos que se ligam especificamente à uma proteína, ao RNA e, até mesmo, à célula como um todo. Nessa metodologia, a qual é similar à usada nos microarranjos de DNA (Seção 7.6B), até milhares de oligossacarídeos diferentes são imobilizados física ou covalentemente a sítios específicos sobre uma superfície sólida, como uma lâmina de vidro. Uma proteína, um RNA ou tipo celular marcado com fluorescência é então incubado com o microarranjo, o qual é lavado subsequentemente e os oligossacarídeos aos quais a proteína/RNA/tipo celular se ligaram são identificados pela fluorescência nas suas respectivas posições. Além do seu uso na pesquisa básica, microarranjos de carboidratos vem sendo utilizados em várias aplicações como na identificação de patógenos, no diagnóstico de doenças humanas que se caracterizam pela presença de determinados oligossacarídeos e no desenvolvimento de vacinas e fármacos baseadas em carboidratos.

RESUMO DO CAPÍTULO

Os carboidratos são cetonas ou aldeídos poli-hidroxílicos de composição aproximada $(C \cdot H_2O)_n$ que são componentes importantes de sistemas biológicos.

1 Monossacarídeos Os vários monossacarídeos, como a ribose, a frutose, a glicose e a manose, distinguem-se por seu número de átomos de carbono, as posições de seus grupos carboxílicos e suas configurações diastereoisoméricas. Esses açúcares ocorrem quase que inteiramente como hemiacetais e hemicetais cíclicos, os quais, por seus anéis de cinco e seis átomos, são conhecidos respectivamente como furanoses e piranoses. As duas formas anoméricas desses açúcares cíclicos podem interconverter-se por mutarrotação. Os açúcares do tipo piranos apresentam anéis não planares com conformações do tipo barco e cadeira semelhantes àquelas de cicloexanos substituídos. Os polissacarídeos são mantidos unidos por ligações glicosídicas entre as unidades monossacarídicas vizinhas. As ligações glicosídicas não sofrem mutarrotação. Os monossacarídeos podem ser oxidados a ácido glicurônico e ácido aldônico ou reduzidos a alditóis. Um grupo OH é substituído por H nos desoxiaçúcares e por um grupo amino em aminoaçúcares.

2 Polissacarídeos Os carboidratos podem ser purificados por procedimentos cromatográficos e eletroforéticos. A cromatografia de afinidade usando lectinas tem sido muito útil nesse sentido. As sequências e as ligações de polissacarídeos podem ser determinadas por análise de metilação e pelo uso de exoglicosidases específicas. Informações semelhantes podem ser obtidas por meio de técnicas de espectrometria de massa e espectroscopia por RM. A celulose, o polissacarídeo estrutural de paredes celulares de plantas, é um polímero linear de resíduos de D-glicose ligados por ligações glicosídicas $\beta(1 \rightarrow 4)$. Esse polissacarídeo forma, por ligações de hidrogênio, uma estrutura fibrosa de uma resistência excepcional que, nas células vegetais, está embebida em uma matriz amorfa. O amido, o polissacarídeo de reserva dos vegetais, consiste em uma mistura do glicano linear α-amilose, ligado por ligações $\alpha(1 \rightarrow 4)$, e do glicano amilopectina com ligações $\alpha(1 \rightarrow 4)$ e ramificações $\alpha(1 \rightarrow 6)$. O glicogênio, o polissacarídeo de reserva animal, lembra a amilopectina, mas é mais ramificado. A digestão de amido e de glicogênio é iniciada pela α-amilase e é finalizada por enzimas intestinais específicas ligadas à membrana.

3 Glicoproteínas Os proteoglicanos da matriz extracelular são agregados de alta massa molecular, muitos dos quais lembram estruturalmente uma escova de lavar garrafa. As suas subunidades de proteoglicanos consistem em uma proteína central à qual os glicosaminoglicanos, geralmente o queratan-sulfato e a condroitina-sulfato, estão ligados covalentemente. A moldura rígida da parede celular bacteriana é constituída de cadeias alternadas de NAG e NAM ligadas por ligações $\beta(1 \rightarrow 4)$, que estão interligadas por pequenos polipeptídeos para formar uma molécula de peptideoglicano que envolve a bactéria. A lisozima cliva as ligações glicosídicas entre a NAG e o NAM dos peptideoglicanos. A penicilina inativa especificamente enzimas envolvidas na interligação dos peptideoglicanos. Essas duas substâncias causam o rompimento (lise) de bactérias suscetíveis. As bactérias gram-positivas possuem ácidos teicoicos que estão ligados covalentemente a seus peptideoglicanos. As bactérias gram-positivas possuem membranas externas, que apresentam polissacarídeos não usuais e complexos, conhecidos como antígenos O. Esses polissacarídeos participam no reconhecimento de células hospedeiras e são importantes no reconhecimento imunológico de bactérias pelo hospedeiro. Os oligossacarídeos ligam-se a proteínas eucarióticas por poucas maneiras. Nas ligações *N*-glicosídicas, uma NAG está invariavelmente ligada ao nitrogênio amídico da Asn na sequência Asn-X-Ser(Thr). As ligações *O*-glicosídicas são feitas com a Ser ou a Thr na maioria das proteínas e com a 5-hidroxilisina no colágeno.

Os oligossacarídeos estão localizados nas superfícies das glicoproteínas. As glicoproteínas têm funções que abrangem uma faixa ampla de atividades proteicas, apesar de que as funções das suas porções de carboidratos são pouco conhecidas. Por exemplo, a ribonuclease B é diferente da funcionalmente indistinguível e desprovida de carboidratos ribonuclease A apenas pela ligação de um único oligossacarídeo de sequência variável, a qual aumenta a taxa de enovelamento da proteína, enquanto as propriedades biológicas do fator estimulante de colônias de granulócitos-macrófagos são afetadas significativamente pelas suas múltiplas cadeias oligossacarídicas. A viscoelasticidade e, consequentemente, as propriedades protetoras do muco resultam, em grande parte, dos numerosos grupos oligossacarídicos carregados negativamente dos seus componentes mucinas. As regiões de carboidratos das glicoproteínas nas membranas plasmáticas estão localizadas invariavelmente na superfície externa das membranas. As regiões de carboidratos das glicoproteínas podem direcionar seu destino metabólico pelo controle da sua captação por determinadas células ou compartimento celulares. As glicoproteínas são também importantes mediadoras do reconhecimento célula-célula e, em muitos casos, são as receptoras de ligação bacteriana, por meio das adesinas, nos estágios iniciais de infecção. A glicômica, o análogo de carboidratos da genômica e da proteômica, busca a caracterização de todos os carboidratos em um tipo celular específico.

REFERÊNCIAS

Gerais

Garg, H.G., Cowman, M.K., and Hales, C.A. (Eds.), *Carbohydrate Chemistry, Biology and Medical Applications,* Elsevier (2008).

Lindhorst, T.K., *Essentials of Carbohydrate Chemistry and Biochemistry* (3rd ed.), Wiley-VCH (2007).

Solomons, T.W.G., and Fryhle, C., *Organic Chemistry* (9th ed.), Chapter 22, Wiley (2008). [Uma discussão sobre a nomenclatura e química de carboidratos. Outros livros-texto de química orgânica têm conteúdo semelhante.]

Taylor, M.E. and Drickamer, K., *Introduction to Glycobiology* (2nd ed.), Oxford University Press (2006).

Varki, A., Cummings, R.D., Esko, J.D., Freeze, H.H., Stanley, S., Bertozzi, C.R., Hart, G.W., and Etzler, M.E. (Eds.), *Essentials of Glycobiology* (2nd ed.), Cold Spring Harbor Laboratory Press (2009).

Oligossacarídeos e polissacarídeos

Bayer, E.A., Chanzy, H., Lamed, R., and Shoham, Y., Cellulose, cellulases, and cellulosomes, *Curr. Opin. Struct. Biol.* **8,** 548 (1998).

Check, E., How Africa learned to love the cow, *Nature* **444,** 994–996 (2006). [Discute a evolução da tolerância a lactose em populações que pastoreiam gado na África.]

Haslam, S.M., North, S.J., and Dell, A., Mass spectometric analysis of *N*- and *O*-glycosylation of tissues, *Curr. Opin. Struct. Biol.* **16,** 584–591 (2006).

Seeberger, P.H. and Werz, D.B., Synthesis and medical applications of oligosaccharides, *Nature* **446,** 1046–1055 (2007).

Sharon, N. and Lis, H., History of lectins: from hemagglutinins to biological recognition molecules, *Glycobiology* **14,** 53-R-64R (2004). [Um relato histórico de pesquisas e aplicações das lectinas.]

Weis, W.I., and Drickamer, K., Structural basis of lectin-carbohydrate recognition, *Annu. Ver. Biochem.* **65,** 441–473 (1996).

Glicoproteínas

Bernfield, M., Götte, M., Park, P.W., Reizes, O., Fitzgerald, M.L., Linecum, J., and Zako, M., Functions of cell surface heparan sulfate proteoglycans, *Annu. Rev. Biochem.* **68,** 729–777 (1999).

Bishop, J.R., Schuksz, M., and Esko, J.D., Heparan sulfate proteoglycans fine-tune mammalian physiology, *Nature* **446,** 1030–1037 (2007). [Revisa os múltiplos papéis dos proteoglicanos de heparan-sulfato].

Bülow, H.E., and Hobert, O., The molecular diversity of glycosaminoglycans shapes animal development, *Annu. Rev. Cell Dev. Biol.* **22,** 375–407 (2006).

Bush, C.A., Martin-Pastor, M., and Imberty, A., Structure and conformation of complex carbohydrates of glycoproteins, glycolipids, and bacterial polysaccharides, *Annu. Rev. Biophys. Biomol. Struct.* **28,** 269–293 (1999).

Chain, E., Fleming's contribution to the discovery of penicillin, *Trends Biochem. Sci.* **4,** 143–146 (1979). [Um relato histórico por um dos bioquímicos que caracterizou a penicilina.]

Drickamer, K., and Taylor, M.E., Evolving views of protein glycosilation, *Trends Biochem. Sci.* **23,** 321–324 (1998).

Esko J.D. and Lindahl, U., Molecular diversity of heparan sulfate, *J. Clin. Invest.* **108,** 169–173 (2001).

Fakuda, M. (Ed.), Glycobiology; Glycomics; and Functional Genomics, *Methods Enzymol.* **415–417** (2006).

Handel, T.M., Johnson, Z., Crown, S.E., Lau, E.K., Sweeney, M. and Proudfoot, A.E., Regulation of protein function by glycosaminoglycans–as exemplified by chemokines, *Annu. Rev. Biochem.* **74,** 385–410 (2005).

Hayhurst, E.J., Kailas, L., Hobbs, J.K. and Foster, S.J., Cell wall peptidoglycan architecture in *Bacillus subtillis, Proc. Natl. Acad. Sci.* **105,** 14603–14608 (2008).

Iozzo, R.V., Matrix proteoglycans: From molecular design to celular function, *Annu. Rev. Biochem.* **67,** 609-652 (1998); and The biology of the small leucine-rich proteoglycans, *J. Biol. Chem.* **274,** 18843–18846 (1999).

Mitra, N., Sinha, S., Ramya, T.N.C. and Surolia, A., *N*-linked oligosaccharides as outfitters for glygoprotein folding, form and function, *Trends Biochem. Sci.* **31,** 156–163 and 251 (2006). [Resume as formas pelas quais oligossacarídeos podem influenciar a estrutura das glicoproteínas.]

Ohtsubo, K. and Marth, J.D., Glycosylation in cellular mechanisms of health and disease, *Cell* **126,** 855–867 (2006).

Perez-Vilar, J., and Hill, R.L., The structure and assembly of secreted mucins, *J. Biol. Chem.* **274,** 31751–31754 (1999).

Rudd, P.M., and Dwek, R.A., Rapid, sensitive sequencing of oligosaccharides from glycoproteins, *Curr. Opin. Biotechnol.* **8,** 488–497 (1997).

Sasisekharan, R. Raman, R, and Prabhakar, V. Glycomics approach to structure-function relationships of glycosaminoglycans, *Annu. Rev. Biomed. Eng.* **8,** 181–231 (2006).

Spiro, R.G., Protein glycosylation: nature, distribution, enzymatic formation, and disease implications of glycopeptide bonds, *Glycobiology* **12,** 43R–56R (2002). [Cataloga as várias maneiras pelas quais os sacarídeos estão ligados a proteínas e descreve as enzimas envolvidas na síntese das glicoproteínas.]

Varki, A., Nothing in glycobiology makes sense except in the light of evolution, *Cell* **126,** 841–845 (2006).

Wormald, M.R., and Dwek, R.A., Glycoproteins: Glycan presentation and protein fold stability, *Structure* **7,** R155–R160 (1999).

PROBLEMAS

1. O trissacarídeo desenhado abaixo é denominado **rafinose**. Qual é o seu nome sistemático? Ele é um açúcar redutor?

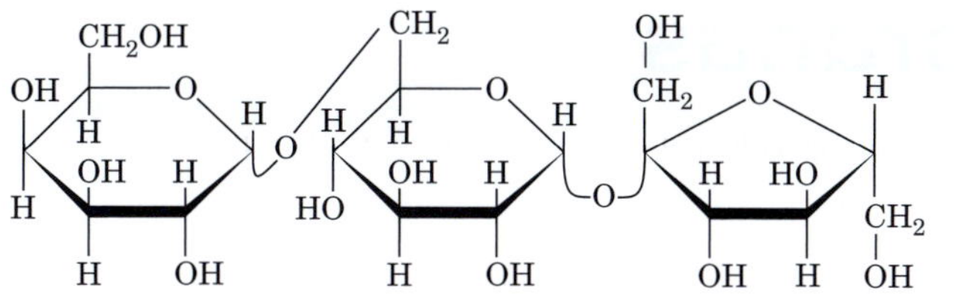

Rafinose

2. O nome sistemático da **melezitose** é *O*-α-D-glicopiranosil-(1 → 3)-*O*-β-D-frutofuranosil-(2 → 1)-α-D-glicopiranosídeo. Desenhe a sua fórmula molecular. Ele é um açúcar redutor?

3. Dê o nome da forma linear da D-glicose usando o sistema de nomenclatura quiral (*RS*). (Ver Seção 4.2C. *Sugestão*: A ramificação em direção a C1 tem maior prioridade do que a ramificação em direção a C6.)

***4.** Desenhe a forma α-furanose da D-talose e a forma β-piranose da L-sorbose.

5. O produto de redução da glicose por $NaBH_4$ pode ser denominado L-sorbital ou D-glicitol. Explique.

6. Quantos dissacarídeos diferentes da D-glicopiranose são possíveis? Quanto trissacarídeos?

7. Uma molécula de amilopectina é constituída por 1.000 resíduos de glicose e é ramificada a cada 25 resíduos. Quantas extremidades redutoras tem essa molécula?

8. A maioria dos papéis é feita pela remoção de lignina da polpa da madeira, transformando a massa de fibras de celulose bastante desorientadas em uma folha. Papel não tratado perde a maior parte da sua resistência quando umedecido com água, mas mantém a sua robustez quando umedecido com óleo. Explique.

***9.** Escreva um mecanismo químico para a mutarrotação da glicose catalisada por ácido.

10. Os valores de rotação específica, $[\alpha]_D^{20}$, para o anômero α e β da D-galactose são 150,7° e 52,8°, respectivamente. Uma mistura contendo 20% da α-D-galactose e 80% da β-D-galactose é dissolvida em água a 20°C. Qual é a sua rotação específica? Após várias horas, a rotação específica dessa mistura atingiu um valor de equilíbrio de 80,2°. Qual é a sua composição anomérica?

11. Dê o nome dos epímeros da D-gulose.

12. A metilação exaustiva de um trissacarídeo seguida por uma hidrólise ácida rende quantidades equimolares de 2,3,4,6-tetra-*O*-metil-D-galactose, 2,3,4-tri-*O*-metil-D-manose e de 2,4,6-tri-*O*-metil-D--glicose. O tratamento do trissacarídeo com β-galactosidase produz D-galactose e um dissacarídeo. O tratamento do dissacarídeo com α-manosidase produz D-manose e D-glicose. Desenhe a estrutura do trissacarídeo e dê o seu nome sistemático.

13. A enzima β-amilase corta unidades sucessivas de maltose a partir da extremidade não redutora dos glicanos α(1 → 4). Essa enzima não irá clivar os resíduos de glicose com uma ligação α(1 → 6). Os produtos finais de uma digestão exaustiva da amilopectina pela β-amilase são conhecidos como **dextrinas-limite**. Desenhe um diagrama esquemático de uma molécula de amilopectina e indique que parte(s) dos seus constituintes limitam as dextrinas.

14. Uma das demonstrações da máxima de P.T. Barnum, de que há um bobo nascendo a cada minuto, é que seguidamente aparecem no mercado novos produtos para emagrecimento. Um remédio que permita "comer tudo que se quiser", o qual foi anunciado como um "anulador de amido" (e que posteriormente foi banido pela Food and Drug Administration [FDA] dos Estados Unidos), continha uma proteína inibidora de α-amilase extraída do feijão. Caso essa substância realmente funcionasse como anunciado, o que não é o caso, quais seriam os efeitos adversos indesejados resultantes da sua ingestão juntamente com uma refeição rica em amido? Discuta por que essa substância, que inibe a α-amilase *in vitro*, não faz o mesmo nos intestinos, depois da ingestão via oral.

***15.** O tratamento de uma amostra de 6,0 g de glicogênio com o reagente de Tollens, seguido por uma metilação completa e hidrólise, produz 3,1 mmol de 2,3-di-*O*-metilglicose e 0,0031 mmol de ácido 1,2,3-tri-*O*-metilglucônico, assim como outros produtos. (a) Qual a fração de resíduos de glicose que ocorre nos pontos de ramificações (1 → 6) e qual é o número médio de resíduos de glicose por ramificação? (b) Quais são os outros produtos do tratamento metilação--hidrólise e em que quantidades os mesmos são formados? (c) Qual é a massa molecular média do glicogênio?

16. A lise de uma cultura de *E. coli* produz uma solução com uma viscosidade semelhante ao muco. A adição de DNase a essa solução causa uma considerável redução na viscosidade. Qual é o princípio físico da viscosidade?

17. A infusão de metil-α-D-manosídeo na bexiga de um camundongo previne a colonização de seu trato urinário pela *E. coli*. Qual é a razão para esse efeito?

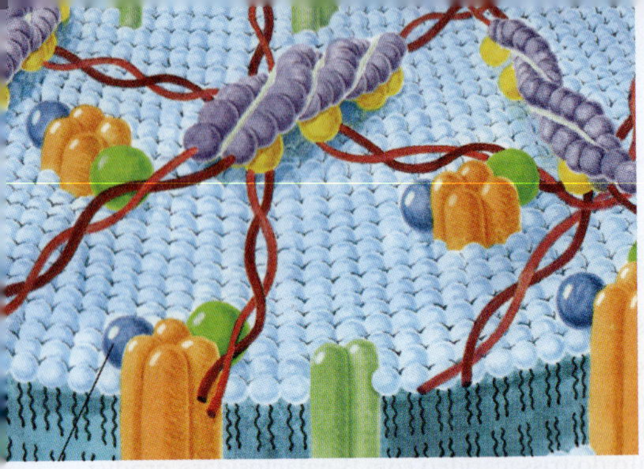

Lipídeos e Membranas

CAPÍTULO 12

1 Classificação dos lipídeos
- A. Ácidos graxos
- B. Triacilgliceróis
- C. Glicerofosfolipídeos
- D. Esfingolipídeos
- E. Colesterol

2 Propriedades dos agregados lipídicos
- A. Micelas e bicamadas
- B. Lipossomos
- C. Dinâmica das bicamadas

3 Membranas biológicas
- A. Proteínas de membrana
- B. Proteínas ligadas a lipídeos
- C. Modelo de mosaico fluido para a estrutura da membrana
- D. A Membrana do eritrócito
- E. Os grupos sanguíneos
- F. Junções comunicantes
- G. Proteínas formadoras de canal

4 Montagem da membrana e direcionamento das proteínas
- A. Distribuição dos lipídeos nas membranas
- B. A Rota de secreção
- C. Formação de vesículas
- D. Fusão das vesículas
- E. Direcionamento das proteínas para a mitocôndria

5 Lipoproteínas
- A. Estrutura das lipoproteínas
- B. Função das lipoproteínas
- C. Disfunção lipoproteica na aterosclerose e na doença de Alzheimer

As **membranas** organizam os processos biológicos compartimentalizando-os. De fato, a célula, a unidade básica da vida, é delimitada pela membrana plasmática que a envolve. Além disso, nos eucariotos, muitas organelas subcelulares, como o núcleo, as mitocôndrias, os cloroplastos, o retículo endoplasmático e o aparelho de Golgi (Fig. 1.5), também são delimitadas por membranas.

As membranas biológicas são estruturas organizadas constituídas de lipídeos e de proteínas, com pequenas quantidades de carboidratos. Porém, não constituem barreiras impermeáveis à passagem de materiais. Elas regulam a composição do meio intracelular pelo controle do fluxo de nutrientes, de produtos de degradação, de íons, etc., para dentro e para fora da célula. Isso é feito por meio de "bombas" e "portões" existentes na membrana que transportam substâncias específicas contra um gradiente eletroquímico ou permitem sua passagem a favor do gradiente (Capítulo 20).

Muitos processos bioquímicos fundamentais ocorrem sobre ou dentro de um suporte membranoso. Por exemplo, o transporte de elétrons e a fosforilação oxidativa (Capítulo 22), processos que oxidam nutrientes com a concomitante geração de trifosfato de adenosina (ATP, de *adenosine triphosphate*), são mediados por uma organizada bateria de enzimas que são componentes da membrana mitocondrial interna. Da mesma forma, a fotossíntese, na qual a energia luminosa é utilizada na combinação química da H_2O com o CO_2 para formar carboidratos (Capítulo 24), ocorre nas membranas internas dos cloroplastos. O processamento de informações, como estímulos sensoriais ou comunicações intercelulares, em geral é um fenômeno com base em membrana. Os impulsos nervosos são mediados pela membrana da célula nervosa (Seção 20.5) e a presença de determinadas substâncias, como hormônios e nutrientes, é detectada por receptores específicos inseridos na membrana (Capítulo 19).

Neste capítulo, serão examinados a composição, a estrutura e a formação das membranas biológicas e de substâncias relacionadas. Processos bioquímicos específicos com base em membranas, como os mencionados anteriormente, serão descritos em capítulos subsequentes.

1 CLASSIFICAÇÃO DOS LIPÍDEOS

***Lipídeos** (da palavra grega* lipos, *que significa gordura) são substâncias de origem biológica, solúveis em solventes orgânicos como clorofórmio e metanol, sendo insolúveis ou pouco solúveis em água.* Por essa razão, são facilmente separados de outros materiais biológicos pela extração com solventes orgânicos, podendo ser ainda fracionados por meio de técnicas tais como cromatografia de adsorção, cromatografia em camada delgada e cromatografia em fase reversa (Seção 6.3D). Gorduras, óleos, algumas vitaminas e hormônios, bem como a maioria dos componentes não proteicos das membranas, são lipídeos. Nesta seção, serão examinadas as estruturas e as propriedades físicas das principais classes de lipídeos.

A. Ácidos graxos

*Os **ácidos graxos** são ácidos carboxílicos com grupos laterais de hidrocarbonetos de cadeia longa* (Fig. 12.1). Raramente são encontrados livres na natureza, ocorrendo de preferência na forma esterificada, como os principais componentes dos vários lipídeos descritos neste capítulo. Os ácidos graxos mais comuns estão apresentados na Tabela 12.1. Nas plantas e nos animais superiores, os ácidos graxos predominantes são os das

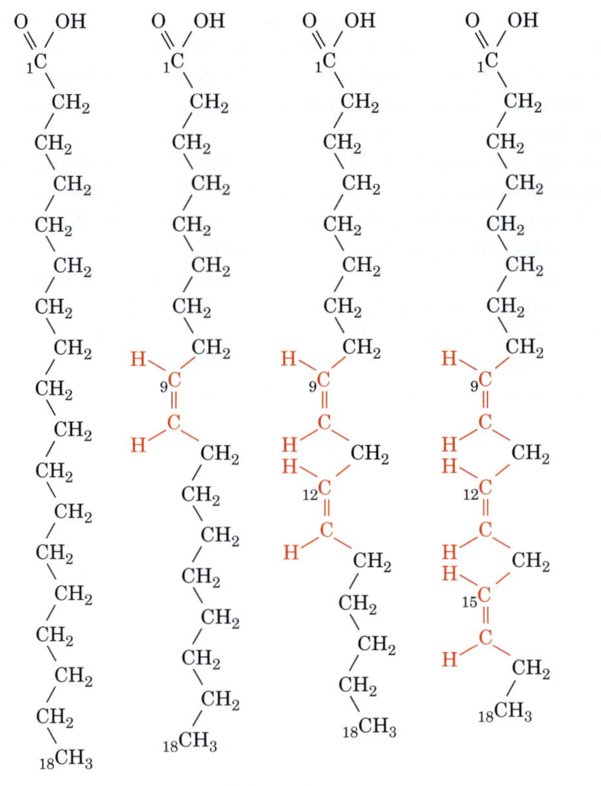

Ácido esteárico Ácido oleico Ácido linoleico Ácido α-linolênico

FIGURA 12.1 Fórmulas estruturais de alguns ácidos graxos C_{18}. Todas as ligações duplas estão na configuração *cis*.

espécies C_{16} e C_{18}, **ácidos palmítico**, **oleico**, **linoleico** e **esteárico**. Ácidos graxos com menos de 14 ou com mais de 20 átomos de carbono são raros. *A maioria dos ácidos graxos possui um número par de átomos de carbono, pois em geral são sintetizados pela concatenação de unidades C_2 (Seção 25.4C).* Mais da metade dos resíduos de ácidos graxos dos lipídeos das plantas e dos animais são insaturados (possuem ligações duplas), sendo frequentemente poli-insaturados (possuindo duas ou mais ligações duplas). Os ácidos graxos bacterianos raramente são poli-insaturados, mas são comumente ramificados, hidroxilados ou possuem anéis ciclopropano. Ácidos graxos raros também ocorrem como componentes dos óleos e das **ceras** (ésteres de ácidos graxos com alcoóis de cadeia longa), produzidos por determinadas plantas.

a. As propriedades físicas dos ácidos graxos variam com seu grau de insaturação

A Tabela 12.1 indica que a primeira ligação dupla de um ácido graxo insaturado em geral ocorre entre os átomos C9 e C10 contados a partir do grupo carboxílico (Δ^9 ou ligação dupla 9). Nos ácidos graxos poli-insaturados, as ligações duplas tendem a ocorrer a cada três átomos de carbono em direção ao grupo metila terminal da molécula (—CH=CH —CH_2—CH=CH—). As ligações duplas quase nunca são conjugadas (como em —CH=CH—CH=CH—). As ligações triplas raramente ocorrem, seja em ácidos graxos ou em outros compostos de origem biológica. Duas importantes classes de ácidos graxos poli-insaturados são indicadas por $n - 3$ (ou $\omega - 3$) e $n - 6$ (ou $\omega - 6$). Essa nomenclatura identifica o último átomo de carbono em ligação dupla, contado a partir do grupo metila terminal (ω) da cadeia.

Os ácidos graxos saturados são moléculas altamente flexíveis, podendo adotar uma ampla gama de conformações

TABELA 12.1 Os ácidos graxos biológicos comuns

Símbolo*	Nome comum	Nome sistemático	Estrutura	pf (°C)
Ácidos graxos saturados				
12:0	Ácido láurico	Ácido dodecanoico	$CH_3(CH_2)_{10}COOH$	44,2
14:0	Ácido mirístico	Ácido tetradecanoico	$CH_3(CH_2)_{12}COOH$	52
16:0	Ácido palmítico	Ácido hexadecanoico	$CH_3(CH_2)_{14}COOH$	63,1
18:0	Ácido esteárico	Ácido octadecanoico	$CH_3(CH_2)_{16}COOH$	69,6
20:0	Ácido araquídico	Ácido eicosanoico	$CH_3(CH_2)_{18}COOH$	75,4
22:0	Ácido beênico	Ácido docosanoico	$CH_3(CH_2)_{20}COOH$	81
24:0	Ácido lignocérico	Ácido tetracosanoico	$CH_3(CH_2)_{22}COOH$	84,2
Ácidos graxos insaturados (todas as ligas duplas em* cis*)				
16:1n−7	Ácido palmitoleico	Ácido 9-hexadecenoico	$CH_3(CH_2)_5CH = CH(CH_2)_7COOH$	−0,5
18:1n−9	Ácido oleico	Ácido 9-octadecenoico	$CH_3(CH_2)_7CH = CH(CH_2)_7COOH$	13,4
18:2n−6	Ácido linoleico	Ácido 9,12-octadecadienoico	$CH_3(CH_2)_4(CH = CHCH_2)_2(CH_2)_6COOH$	−9
18:3n−3	Ácido α-linolênico	Ácido 9,12,15-octadecatrienoico	$CH_3CH_2(CH = CHCH_2)_3(CH_2)_6COOH$	−17
18:3n−6	Ácido γ-linolênico	Ácido 6,9,12- octadecatrienoico	$CH_3(CH_2)_4(CH = CHCH_2)_3(CH_2)_3COOH$	
20:4n−4	Ácido araquidônico	Ácido 5,8,11,14-eicosatetraenoico	$CH_3(CH_2)_4(CH = CHCH_2)_4(CH_2)_2COOH$	−49,5
20:5n−3	EPA	Ácido 5,8,11,14,17-eicosapentaenoico	$CH_3CH_2(CH = CHCH_2)_5(CH_2)_2COOH$	−54
22:6n−3	DHA	Ácido 4,7,10,13,16,19-docosaexenoico	$CH_3CH_2(CH = CHCH)_6CH_2COOH$	
24:1n−9	Ácido nervônico	Ácido 15-tetracosenoico	$CH_3(CH_2)_7CH = CH(CH_2)_{13}COOH$	39

**Número* de átomos de carbono: número de ligações duplas. No caso dos ácidos graxos insaturados, n é o número de átomos de carbono, n-x é o átomo de carbono com a ligação dupla e x é o número desse carbono contado a partir da metila (ω) da extremidade terminal da cadeia. pf = ponto de fusão.
Fonte: Dawson, R.M.C., Elliott D.C., Elliott, W.H., and Jones, K.M., *Data for Biochemical Research* (3rd ed.), Chapter 8, Clarendon Press (1986).

devido à rotação relativamente livre das ligações simples C—C. No entanto, sua conformação de energia mínima é a totalmente estendida, pois essa conformação apresenta a menor quantidade de interferências estéricas entre os grupos metilenos vizinhos. O ponto de fusão (pf) dos ácidos graxos, como o da maioria das substâncias, aumenta com o aumento da massa molecular (Tabela 12.1).

As ligações duplas dos ácidos graxos quase sempre possuem a configuração cis (Fig. 12.1). Isso causa uma inclinação rígida de 30° à cadeia de hidrocarboneto dos ácidos graxos insaturados, o que interfere na eficiência do seu empilhamento. A consequente redução das interações de van der Waals faz o ponto de fusão dos ácidos graxos diminuir com o aumento do grau de insaturação (Tabela 12.1). Da mesma forma, a fluidez dos lipídeos aumenta com o aumento do grau de insaturação dos resíduos dos seus ácidos graxos componentes. Esse fenômeno tem consequências importantes para as propriedades das membranas, como será visto na Seção 12.2Cb.

B. Triacilgliceróis

As gorduras e os óleos encontrados nas plantas e nos animais são constituídos basicamente de misturas de **triacilgliceróis** (também conhecidos como **triglicerídeos** ou **gorduras neutras**). *Essas substâncias apolares e insolúveis em água são triésteres de ácidos graxos de* **glicerol**:

$$\begin{array}{l} {}^{1}CH_2-OH \\ {}^{2}CH-OH \\ {}^{3}CH_2-OH \end{array} \qquad \begin{array}{l} {}^{1}CH_2-O-C(=O)-R_1 \\ {}^{2}CH-O-C(=O)-R_2 \\ {}^{3}CH_2-O-C(=O)-R_3 \end{array}$$

Glicerol **Triacilglicerol**

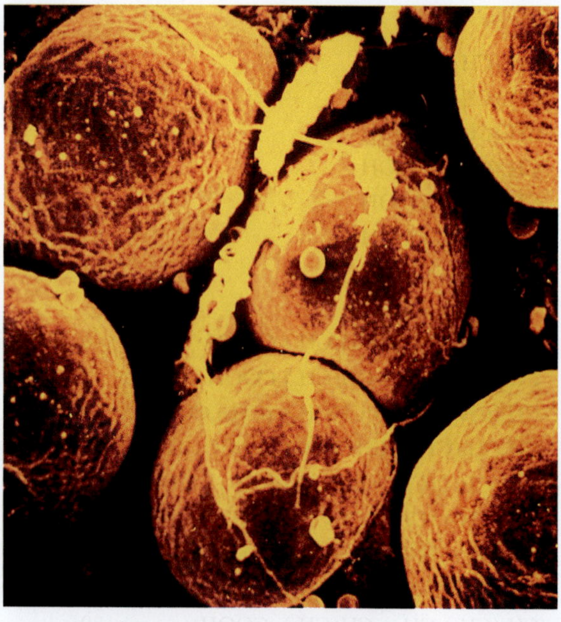

FIGURA 12.2 Micrografia eletrônica de varredura de adipócitos. Cada célula possui um glóbulo de gordura que ocupa quase todo o interior celular. (Fred E. Hossler/Visuals Unlimited.)

Os triacilgliceróis são substâncias de reserva de energia para os animais, sendo a classe mais abundante dos lipídeos animais, mesmo que não sejam componentes das membranas biológicas.

Os triacilgliceróis diferem entre si de acordo com a identidade dos seus três resíduos de ácidos graxos e o posicionamento destes na molécula de glicerol. Os chamados **triacilgliceróis simples** possuem um só tipo de resíduo de ácido graxo, sendo sua denominação fundamentada nessa composição. Por exemplo, o **triestearoilglicerol** ou **triestearina** possui três resíduos de ácido esteárico, enquanto o **trioleoilglicerol** ou **trioleína** possui três resíduos de ácido oléico. Os **triacilgliceróis mistos**, mais comuns, possuem dois ou três tipos diferentes de resíduos de ácidos graxos, sendo denominados de acordo com a posição desses resíduos na molécula de glicerol.

$$\begin{array}{ccc} {}^{1}CH_2 & -\,{}^{2}CH\,- & {}^{3}CH_2 \\ | & | & | \\ O & O & O \\ | & | & | \\ C_1{=}O & C_1{=}O & C_1{=}O \\ CH_2 & CH_2 & CH_2 \\ CH_2 & CH_2 & CH_2 \\ CH_2 & CH_2 & CH_2 \\ CH_2 & CH_2 & CH_2 \\ CH_2 & CH_2 & CH_2 \\ CH_2 & CH_2 & CH_2 \\ CH_2 & CH_2 & CH_2 \\ CH & CH & CH_2 \\ \|^{9} & \|^{9} & | \\ CH & CH & CH_2 \\ CH_2 & CH_2 & CH_2 \\ CH_2 & CH & CH_2 \\ & \|^{12} & \\ CH_2 & CH & CH_2 \\ CH_2 & CH_2 & CH_2 \\ CH_2 & CH_2 & CH_2 \\ {}_{16}CH_3 & CH_2 & CH_2 \\ & CH_2 & CH_2 \\ & {}_{18}CH_3 & {}_{18}CH_3 \end{array}$$

1-Palmitoleoil-2-linoleoil-3-estearoil-glicerol

As gorduras e os óleos (que diferem entre si somente pelo fato das gorduras serem sólidas e os óleos serem líquidos à temperatura ambiente) são misturas complexas de triacilgliceróis simples e mistos, cuja composição em ácidos graxos depende do organismo que os produz. Os óleos vegetais em geral são mais ricos em resíduos de ácidos graxos insaturados do que as gorduras animais, o que se pode deduzir a partir dos baixos pontos de fusão dos óleos.

a. Os triacilgliceróis são eficientes reservas de energia

As gorduras são formas altamente eficientes de armazenamento de energia metabólica. Isso é devido ao fato das gorduras serem menos oxidadas do que os carboidratos ou as proteínas e assim produzirem significativamente mais energia quando sofrem oxidação. Além disso, por serem substâncias apolares, as gorduras são armazenadas de forma anidra, enquanto o glicogênio, por exemplo, tem o dobro do seu peso representado por moléculas de água ligadas a ele, em condições fisiológicas. Por essa razão, as gorduras fornecem seis vezes mais energia metabólica do que a mesma massa de glicogênio hidratado.

Nos animais, os **adipócitos** (células gordurosas, Fig. 12.2) são especializados na síntese e no armazenamento de triacilgliceróis. Enquanto outros tipos celulares possuem poucas e pequenas gotas de gordura dispersas no citosol, os adipócitos podem estar praticamente cheios de glóbulos de gordura. O **tecido adiposo** é mais abundante na camada subcutânea e na cavidade abdominal. O conteúdo de gordura de humanos normais (21% em homens e 26% em mulheres) permite que sobrevivam a jejum de 2 a 3 meses. Já o suprimento corporal de glicogênio, que funciona como um estoque de energia de curta duração, supre as necessidades metabólicas por menos de um dia. A camada de gordura subcutânea também proporciona isolamento térmico, o que é particularmente importante nos animais aquáticos de sangue quente, como baleias, focas, gansos e pinguins, os quais estão expostos rotineiramente a baixas temperaturas.

C. *Glicerofosfolipídeos*

*Os **glicerofosfolipídeos** (ou **fosfoglicerídeos**) são os principais componentes lipídicos das membranas biológicas.* São constituídos de ***sn*-glicerol-3-fosfato** (Fig. 12.3*a*) esterificado por ácidos graxos nas posições C1 e C2 e por um grupo X no seu grupo fosforil, formando uma classe de substâncias,

(a)

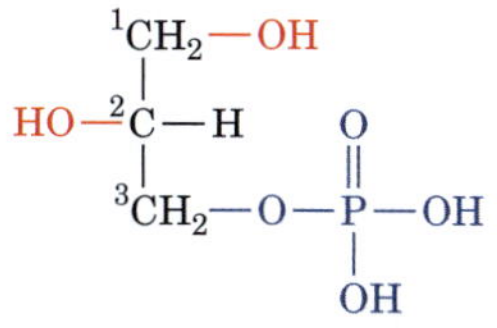

$^{1}CH_2—OH$
$HO—^{2}C—H$
$^{3}CH_2—O—P(=O)(OH)—OH$

***sn*-Glicerol-3-fosfato**

(b)

$CH_2—O—C(=O)—R_1$
$R_2—C(=O)—O—C—H$
$CH_2—O—P(=O)(O^-)—O—X$

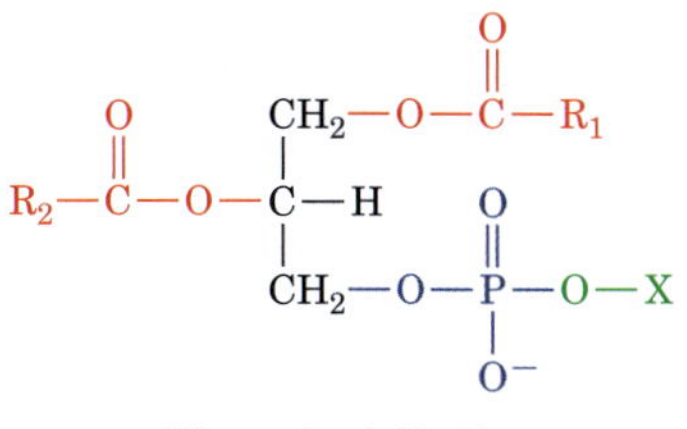

Glicerofosfolipídeo

FIGURA 12.3 Fórmula molecular dos glicerofosfolipídeos. (*a*) O composto, mostrado em projeção de Fischer (Seção 4.2B) pode ser designado tanto por L-glicerol-3-fosfato como por D-glicerol-1-fosfato. No entanto, ao se utilizar a **numeração estereoespecífica** (*sn*), que designa posição 1 ao grupo que ocupa a posição *pró-S* do centro proquirálico (ver descrição de proquiralidade na Seção 4.2Ca), o composto é designado *sn*-glicerol-3-fosfato. (*b*) Fórmula geral dos glicerofosfolipídeos. R_1 e R_2 são caudas hidrocarbonadas de ácidos graxos de cadeia longa e X é derivado de um álcool polar (ver Tabela 12.2).

TABELA 12.2 As classes gerais dos glicerofosfolipídeos

$CH_2—O—C(=O)—R_1$
$R_2—C(=O)—O—CH$
$CH_2—O—P(=O)(O^-)—O—X$

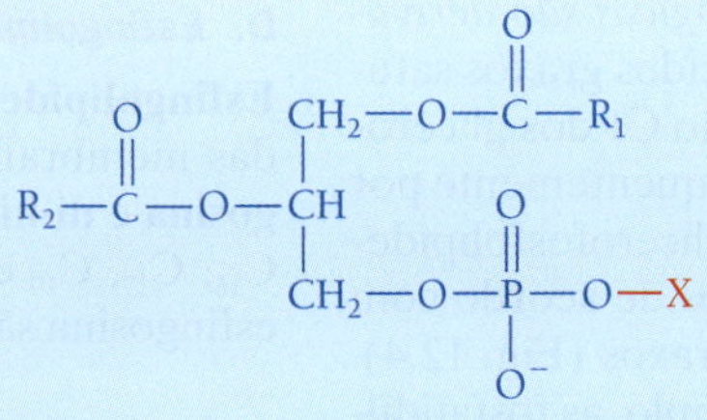

Nome de X—OH	Fórmula de —X	Nome do fosfolipídeo
Água	—H	Ácido fosfatídico
Etanolamina	$—CH_2CH_2NH_3^+$	Fosfatidiletanolamina
Colina	$—CH_2CH_2N(CH_3)^+_3$	Fosfatidilcolina (lecitina)
Serina	$—CH_2CH(NH_3^+)COO^-$	Fosfatidilserina
mio-inositol	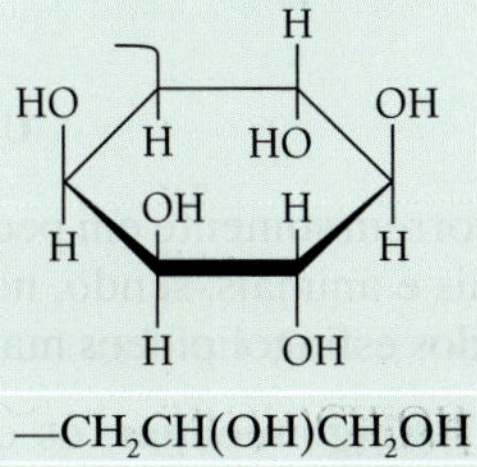 (anel do inositol: H, HO, OH, H, HO, OH, H, H, H, OH)	Fosfatidilinositol
Glicerol	$—CH_2CH(OH)CH_2OH$	Fosfatidilglicerol
Fosfatidilglicerol	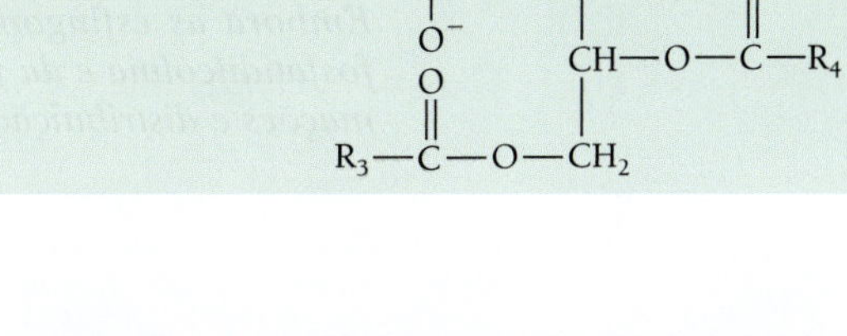 $—CH_2CH(OH)CH_2—O—P(=O)(O^-)—O—CH_2—CH(—O—C(=O)—R_4)—CH_2—O—C(=O)—R_3$	Difosfatidilglicerol (cardiolipina)

(a)

$$
\begin{array}{c}
CH_3 \\ | \\ H_3C-N^+-CH_3 \\ | \\ CH_2 \\ | \\ CH_2 \\ | \\ O \\ | \\ O-P=O \\ | \\ O \quad\quad H \\ | \quad\quad | \\ {}^3CH_2-{}^2C-{}^1CH_2 \\
\quad | \quad\quad\quad | \\ \quad O \quad\quad\quad O \\ \quad | \quad\quad\quad | \\ \quad C=O \quad C=O \\ \quad | \quad\quad\quad | \\ \quad (CH_2)_7 \quad (CH_2)_{16} \\ \quad | \quad\quad\quad | \\ \quad C-H \quad CH_3 \\ \quad \| \\ \quad C-H \\ \quad | \\ \quad (CH_2)_7 \\ \quad | \\ \quad CH_3
\end{array}
$$

1-Estearoil-2-oleoil-3-fosfatidilcolina

(b)

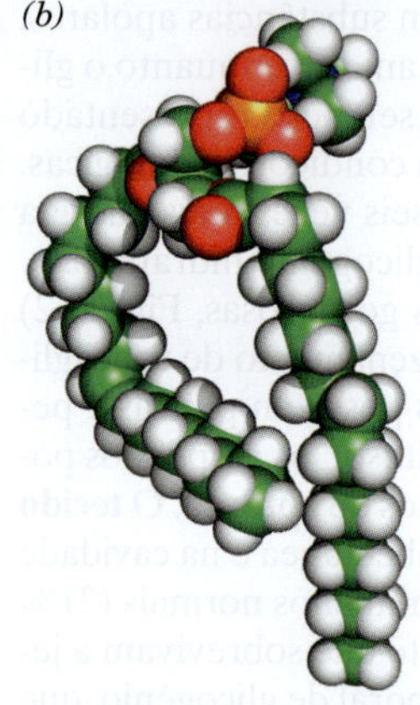

FIGURA 12.4 O glicerofosfolipídeo 1-estearoil-2-oleoil-3-fosfatidilcolina. (*a*) Fórmula molecular em projeção de Fischer e (*b*) modelo de volume atômico com: H em branco, C em cinza, O em vermelho e P em verde. (Cortesia de Richard Pastor, FDA, Bethesda, Maryland, EUA.)

esquematizada na Fig. 12.3*b*. *Portanto, os glicerofosfolipídeos são moléculas anfifílicas com "caudas" alifáticas apolares e "cabeças" fosforil-X polares.* Os glicerofosfolipídeos mais simples, com X = H, são os **ácidos fosfatídicos**; eles estão presentes nas membranas biológicas somente em pequenas quantidades. *As "cabeças" dos glicerofosfolipídeos que ocorrem comumente nas membranas biológicas são derivadas de alcoóis polares (Tabela 12.2).* Os ácidos graxos saturados C_{16} e C_{18} em geral ocorrem na posição C1 dos glicerofosfolipídeos, e a posição C2 é ocupada frequentemente por um ácido graxo insaturado C_{16} ou C_{20}. Os glicerofosfolipídeos também são, obviamente, denominados de acordo com a identidade desses resíduos de ácidos graxos (Fig. 12.4). Alguns deles têm nomes comuns. Por exemplo, as fosfatidilcolinas são conhecidas como **lecitinas**; os difosfatidilgliceróis, os glicerofosfolipídeos "duplos", são conhecidos como **cardiolipinas** (porque foram isolados, pela primeira vez, de músculo cardíaco).

Os **plasmalogênios**

$$
\begin{array}{c}
X \\ | \\ O \\ | \\ O=P-O^- \\ | \\ O \\ | \\ CH_2-CH-CH_2 \\ | \quad\quad | \\ O \quad\quad O \\ | \quad\quad | \\ CH \quad C=O \\ \| \quad\quad | \\ CH \quad R_2 \\ | \\ R_1
\end{array}
$$

Um plasmalogênio

são glicerofosfolipídeos nos quais o substituinte C1 do glicerol está ligado por meio de uma ligação éter α,β-insaturada na configuração *cis*, em vez de uma ligação éster. A **etanolamina**, a **colina** e a serina fazem parte das cabeças polares mais comuns nos plasmalogênios.

D. *Esfingolipídeos*

Esfingolipídeos, que são também componentes importantes das membranas, são derivados dos aminoálcoois C_{18} **esfingosina** e **di-hidroesfingosina** (Fig. 12.5) e de seus homólogos C_{16}, C_{17}, C_{19} e C_{20}. Os derivados de ácidos graxos *N*-acil da esfingosina são conhecidos como **ceramidas**

$$
\begin{array}{c}
OH \;\; H \quad\quad OH \\ | \quad\; | \quad\quad\;\; | \\ H_2C-C-C-H \\ | \quad\quad | \\ NH \quad CH \\ | \quad\quad \| \\ O=C \quad HC \\ | \quad\quad | \\ R \quad (CH_2)_{12} \\ | \\ CH_3
\end{array}
$$

Resíduo de ácido graxo

Uma ceramida

e ocorrem somente em pequenas quantidades nos tecidos vegetais e animais, sendo, no entanto, os compostos precursores dos esfingolipídeos mais abundantes:

1. **Esfingomielinas**, os esfingolipídeos mais comuns, são ceramidas cujo grupo polar pode ser tanto uma fosfocolina (Fig. 12.6) ou uma fosfoetanolamina, sendo, por isso, classificados também como **esfingofosfolipídeos**. *Embora as esfingomielinas difiram quimicamente da fosfatidilcolina e da fosfatidiletanolamina, suas conformações e distribuição de cargas são muito semelhantes.*

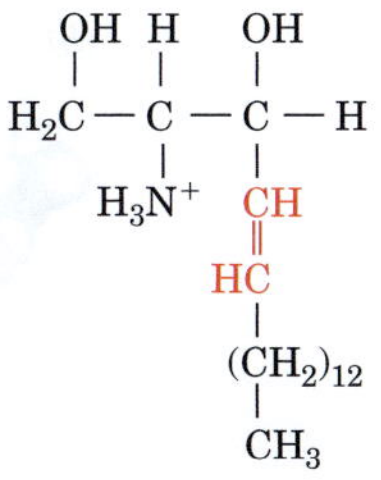

OH H OH
$H_2C—C—C—H$
H_3N^+ CH
HC
$(CH_2)_{12}$
CH_3
Esfingosina

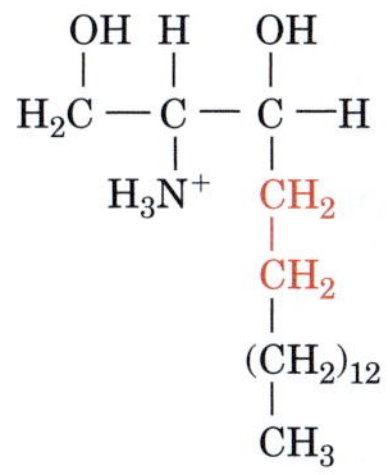

OH H OH
$H_2C—C—C—H$
H_3N^+ CH_2
CH_2
$(CH_2)_{12}$
CH_3
Diidroesfingosina

FIGURA 12.5 Fórmulas moleculares da esfingosina e da di-hidroesfingosina. Os centros quirais no C2 e C3 da esfingosina e da di-hidroesfingosina possuem as configurações mostradas em projeção de Fischer. A ligação dupla na esfingosina está na configuração *trans*.

A bainha de mielina, que reveste e isola eletricamente muitos axônios das células nervosas (Seção 20.5Bc), é particularmente rica em esfingomielina.

2. **Cerebrosídeos**, os esfingolipídeos mais simples (também denominados **glicoesfingolipídeos**), são ceramidas cujas cabeças polares consistem em um único resíduo de açúcar. Os **galactocerebrosídeos**, que são mais frequentes nas membranas das células neuronais do cérebro, têm o grupo polar formado pela β-D-galactose.

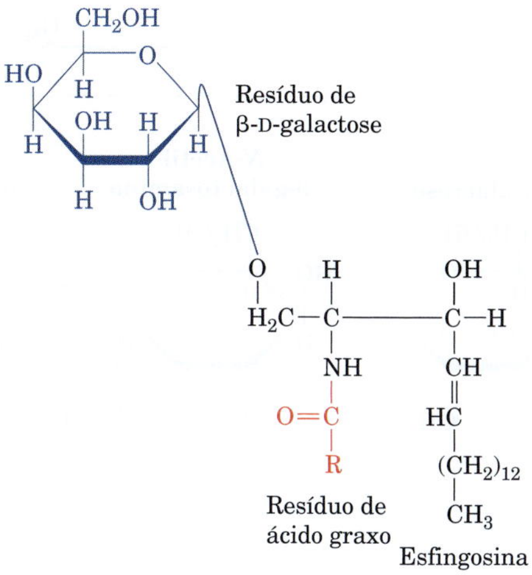

CH_2OH
HO O
H
OH H H
H H
H OH
Resíduo de β-D-galactose
O H OH
$H_2C—C—C—H$
NH CH
O=C HC
R $(CH_2)_{12}$
Resíduo de ácido graxo
CH_3
Esfingosina
Um galactocerebrosídeo

Os **glicocerebrosídeos** que possuem um resíduo de β-D-glicose ocorrem nas membranas celulares de outros tecidos. *Os cerebrosídeos, ao contrário dos fosfolipídeos, não possuem grupos fosfato, sendo por essa razão mais frequentemente compostos não iônicos.* Os resíduos de galactose de alguns galactocerebrosídeos são, no entanto, sulfatados na posição C3, formando compostos iônicos conhecidos como **sulfatídeos**. Os esfingolipídeos mais complexos têm grupos polares não ramificados formados por até quatro resíduos de açúcar.

3. Os **gangliosídeos** são os glicoesfingolipídeos mais complexos. São ceramidas ligadas a oligossacarídeos que incluem pelo menos um resíduo de ácido siálico (ácido *N*-acetilneuramínico e seus derivados; Seção 11.1Cc). As estruturas dos gangliosídeos G_{M1}, G_{M2} e G_{M3}, três dos mais de cem conhecidos, estão mostradas na Fig. 12.7. Os gangliosídeos são principalmente componentes das

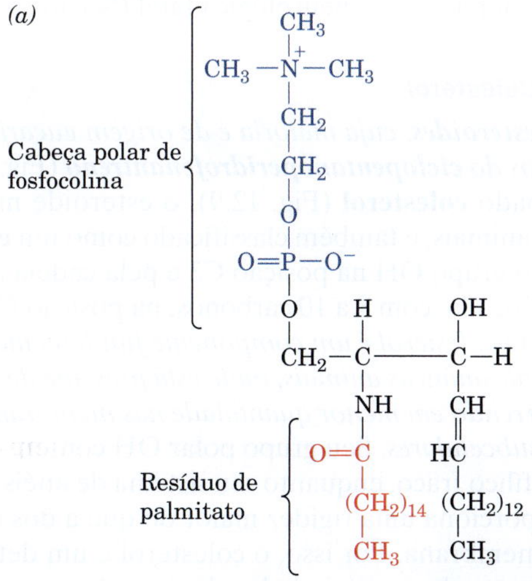

(a)

CH_3
$CH_3—\overset{+}{N}—CH_3$
CH_2
CH_2
O
$O=P—O^-$
O H OH
$CH_2—C—C—H$
NH CH
O=C HC
$(CH_2)_{14}$ $(CH_2)_{12}$
CH_3 CH_3
Cabeça polar de fosfocolina
Resíduo de palmitato
Uma esfingomielina

(b)

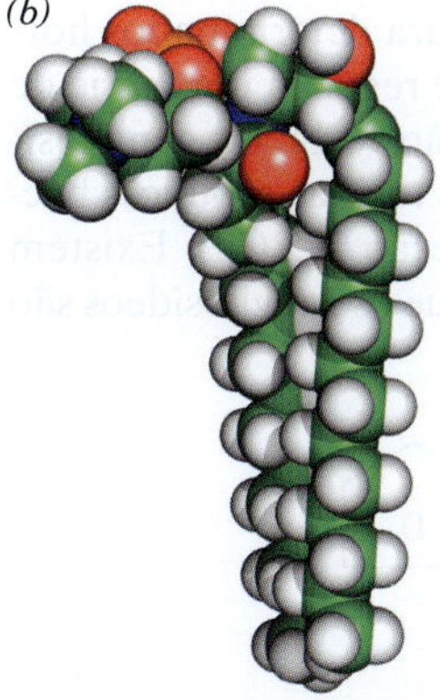

FIGURA 12.6 Uma esfingomielina. (*a*) Fórmula molecular em projeção de Fischer e (*b*) modelo de volume atômico com H em branco, C em cinza, N em azul e O em vermelho. Note a semelhança conformacional com os glicerofosfolipídeos (Fig. 12.4). (Com base em coordenadas fornecidas por Richard Venable e Richard Pastor, NIH, Bethesda, Maryland, EUA.)

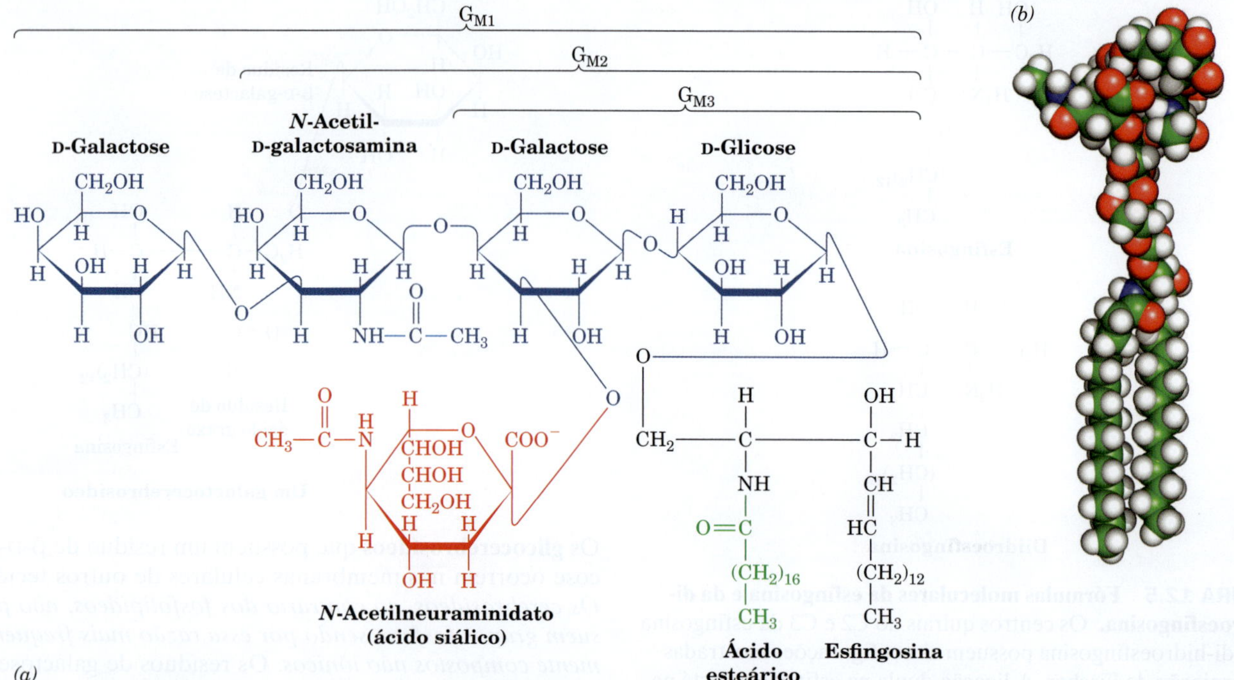

FIGURA 12.7 Gangliosídeo G_{M1}. (*a*) Fórmula estrutural com o resíduo de esfingosina em projeção de Fischer e (*b*) modelo de volume atômico com energia minimizada, tendo H em branco, C em verde, N em azul e O em vermelho e P em cor de laranja. Os gangliosídeos G_{M2} e G_{M3} diferem do G_{M1} apenas pela ausência, respectivamente, dos resíduos terminais D-galactose e *N*-acetil-D--galactosamina. Outros gangliosídeos possuem grupos polares formados por oligossacarídeos diferentes. (Cortesia de Richard Venable, FDA, Bethesda, Maryland, EUA.)

membranas plasmáticas e constituem uma fração significativa (6%) dos lipídeos cerebrais. Outros tecidos também possuem gangliosídeos, mas em menor quantidade.

Os gangliosídeos têm um significado médico e fisiológico considerável. Suas porções de carboidratos complexos, que se estendem além da superfície das membranas celulares, atuam como receptores específicos para determinados hormônios glicoproteicos hipofisários que regulam uma série de funções fisiológicas importantes (Seção 19.1). Os gangliosídeos são também receptores de certas toxinas proteicas bacterianas, como a toxina da cólera (Seção 19.2Cd). Existem evidências consideráveis mostrando que os gangliosídeos são determinantes específicos no reconhecimento célula-célula, provavelmente exercendo uma função importante no crescimento e na diferenciação dos tecidos e na carcinogênese. Os distúrbios no metabolismo de gangliosídeos são responsáveis por várias **doenças hereditárias de armazenamento de esfingolipídeos**, como a **doença de Tay-Sachs**, caracterizada por uma deterioração neurológica fatal (Seção 25.8Ce).

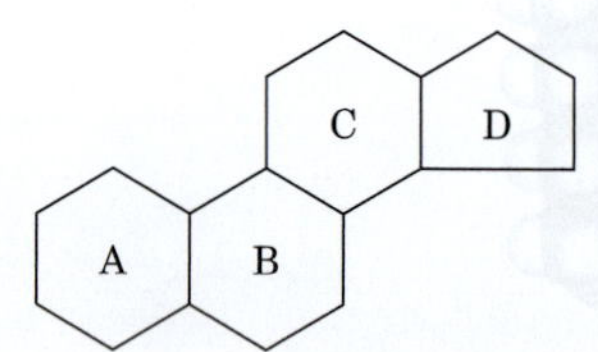

FIGURA 12.8 Ciclopentanoperidrofenantreno, o composto--base dos esteroides. É formado por quatro anéis saturados fusionados. O sistema-padrão de identificação dos anéis está indicado.

E. *Colesterol*

Os ***esteroides**, cuja maioria é de origem eucariótica, são derivados do **ciclopentanoperidrofenantreno*** (Fig. 12.8). O amaldiçoado **colesterol** (Fig. 12.9), o esteroide mais abundante nos animais, é também classificado como um **esterol** por causa do grupo OH na posição C3 e pela cadeia alifática lateral ramificada, com 8 a 10 carbonos, na posição C17.

O colesterol é um componente fundamental das membranas plasmáticas animais, onde está presente de 30 a 40 mol %, ocorrendo em menor quantidade nas membranas das organelas subcelulares. Seu grupo polar OH confere-lhe um caráter anfifílico fraco, enquanto seu sistema de anéis fusionados lhe proporciona uma rigidez maior do que a dos outros lipídeos de membrana. Por isso, o colesterol é um determinante importante das propriedades das membranas. Ele é também abundante nas lipoproteínas do plasma sanguíneo (Seção 12.5), nas quais cerca de 70% é esterificado por ácidos graxos de cadeia longa, formando **ésteres de colesteril**.

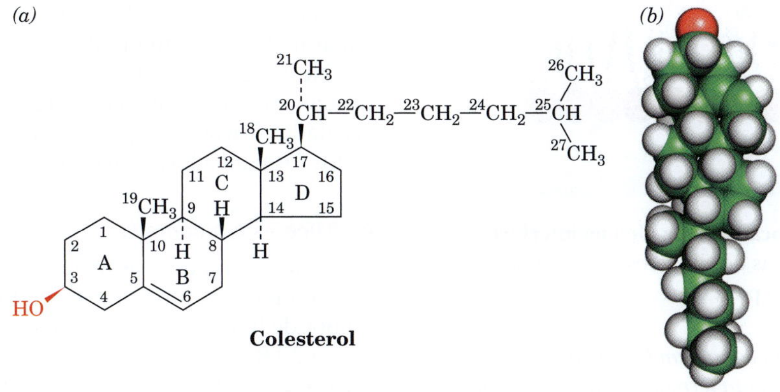

FIGURA 12.9 Colesterol. (*a*) Fórmula estrutural com o sistema padrão de numeração e (*b*) modelo de volume atômico com energia minimizada tendo H em branco, C em verde, O em vermelho e P em cor de laranja. O sistema de anéis rígidos torna a conformação do colesterol muito menos flexível do que a dos lipídeos de membrana: seus anéis cicloexanos podem adotar tanto a conformação de barco como a de cadeira (Fig. 11.6), mas a última é altamente preferencial. (Com base em coordenadas fornecidas por Richard Venable e Richard Pastor, NIH, Bethesda, Maryland, EUA.)

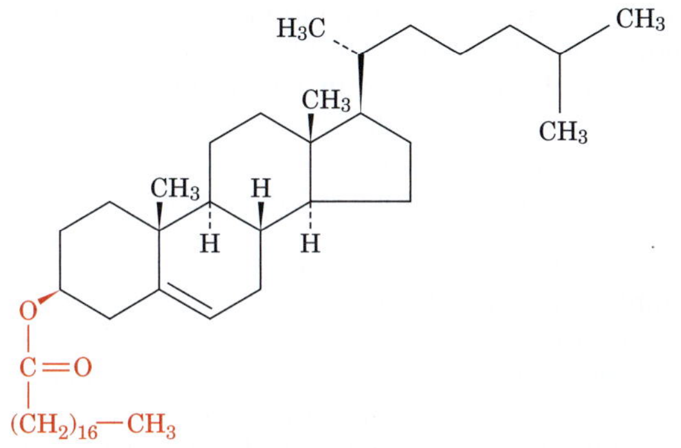

Estearato de colesteril

O colesterol é o precursor metabólico dos **hormônios esteroides**, substâncias que regulam uma grande variedade de funções fisiológicas, entre as quais o desenvolvimento sexual e o metabolismo de carboidratos (Seção 19.1G). O tão discutido papel do colesterol nas doenças cardíacas é examinado na Seção 12.5C. O metabolismo do colesterol e a biossíntese dos hormônios esteroides são apresentados na Seção 25.6.

As plantas possuem pouco colesterol. Os esteroides mais comuns encontrados nas suas membranas são o **estigmasterol** e o **β-sitosterol**,

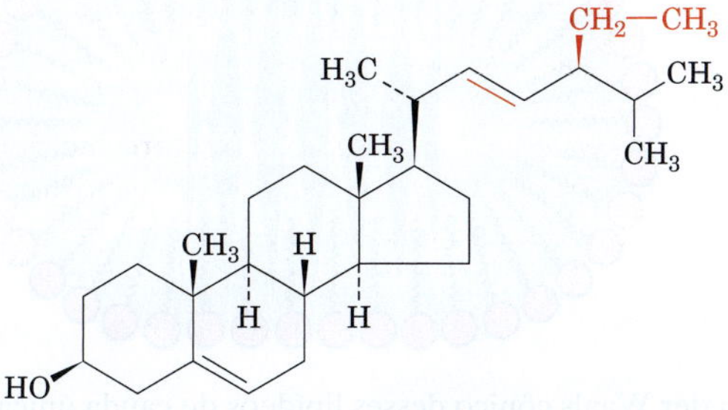

Estigmasterol

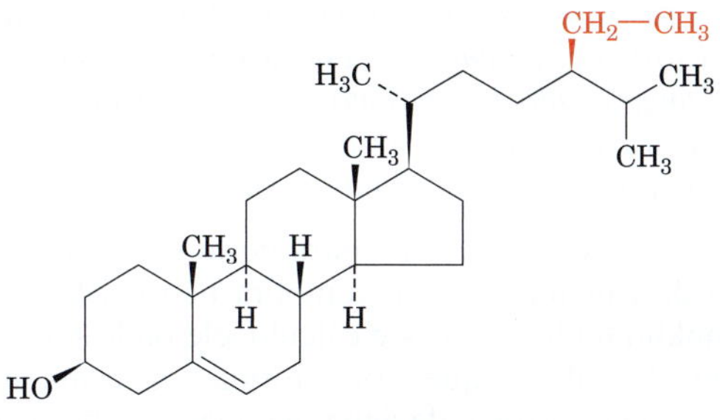

β-Sitosterol

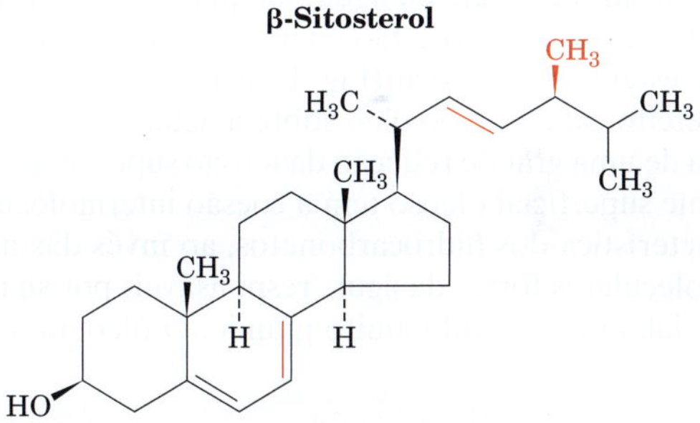

Ergosterol

que diferem do colesterol somente por suas cadeias laterais alifáticas. As leveduras e os fungos possuem outros esteroides de membrana, como o **ergosterol**, que apresenta uma ligação dupla entre C7 e C8. Os procariotos, com a exceção dos micoplasmas (Seção 1.1B), praticamente não possuem esterol.

2 PROPRIEDADES DOS AGREGADOS LIPÍDICOS

Os primeiros experimentos sobre as propriedades físicas dos lipídeos dos quais se tem registro foram realizados em 1774 pelo estadista e cientista norte-americano Benjamin Franklin. Ao investigar o efeito calmante bem conhecido (pelo menos entre os marinheiros) do óleo sobre as ondas, Franklin escreveu:

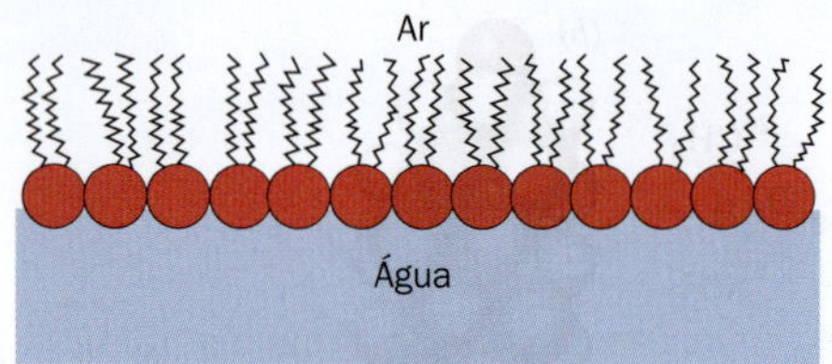

FIGURA 12.10 Uma monocamada de óleo na interface ar--água. As caudas hidrofóbicas dos lipídeos evitam associação com a água ao se estenderem para o ar.

Depois de estar um longo tempo em Clapham (em Londres), onde existe, em um terreno baldio, uma grande lagoa, a qual observei estar um dia muito encrespada pelo vento, trouxe uma galheta de óleo (provavelmente azeite de oliva) e derramei algumas gotas na água. Observei enquanto elas se espalhavam sobre a superfície com surpreendente rapidez. (...) Então me desloquei para barlavento, onde (as ondas) começavam a se formar; ali o óleo, não mais do que uma colher de chá, produzia um instante de calmaria sobre uma área de várias jardas quadradas, espalhando-se de forma surpreendente e estendendo-se gradualmente até atingir o lado de sotavento, fazendo com que todo um quarto da lagoa, possivelmente um quarto de acre, se tornasse tão plano quanto um espelho.*

Esta é informação suficiente para permitir o cálculo da espessura da camada de óleo (embora não exista indicação que Franklin tenha feito esse cálculo, ele pode ser feito; ver Problema 4). Sabe-se que o óleo forma uma camada monomolecular na superfície da água, na qual as cabeças polares das moléculas anfifílicas estão imersas e suas caudas hidrofóbicas se estendem para o ar (Fig. 12.10).

O efeito calmante do óleo sobre a água agitada é consequência de uma grande redução da tensão superficial da água. Um filme superficial oleoso tem a coesão intermolecular fraca característica dos hidrocarbonetos, ao invés das atrações intramoleculares fortes da água, responsáveis por sua tensão superficial, normalmente muito grande. O óleo, no entanto, acalma somente as ondas menores, não tendo efeito sobre as ondas maiores, como Franklin observou mais tarde.

Nesta seção, discute-se como os lipídeos se agregam para formar micelas e bicamadas. Há também interesse nas propriedades físicas dos lipídeos nas bicamadas, pois esses agregados formam a base estrutural das membranas biológicas.

A. *Micelas e bicamadas*

Em soluções aquosas, as moléculas anfifílicas, como os sabões e os detergentes, formam micelas (agregados globulares cujos grupos de hidrocarbonetos não estão em contato com a água; Seção 2.1Ba). Esse arranjo molecular elimina contatos desfavoráveis entre a água e as caudas hidrofóbicas, ao mesmo tempo que permite a solvatação das cabeças polares. A formação de uma micela é um processo cooperativo: o arranjo de algumas poucas moléculas anfifílicas não protege as caudas do contato com a água. Em consequência, soluções aquosas diluídas de moléculas anfifílicas só formam micelas quando suas concentrações ultrapassam uma determinada **concentração micelar crítica (cmc)**. Acima da cmc, praticamente todos os anfifílicos agregam-se formando micelas. O valor da cmc depende da identidade dos anfifílicos e das condições da solução. A cmc de anfifílicos com caudas únicas relativamente pequenas, como o íon dodecil sulfato $CH_3(CH_2)_{11}OSO_3^-$, é $\sim$1 m*M*. A cmc dos lipídeos biológicos, cuja maioria possui duas longas caudas hidrofóbicas, em geral é $< 10^{-6}$ *M*.

a. Lipídeos com cauda única tendem a formar micelas

O tamanho e a forma de uma micela podem ser presumidos a partir de considerações geométricas. Os lipídeos de cauda única, como os ânions dos sabões, formam micelas esferoidais ou elipsoidais devido à sua forma cônica (seus grupos polares hidratados são mais largos do que suas caudas; Fig. 12.11*a*, *b*). O número de moléculas em tais micelas depende do lipídeo anfifílico, mas para muitas substâncias está na ordem de várias centenas. Para um dado lipídeo anfifílico, esses números abarcam uma faixa estreita: um número pequeno exporia o cerne hidrofóbico da micela à água e um número grande conferiria à micela um centro oco energeticamente desfavorável (Fig. 12.11*c*). Naturalmente, uma micela grande poderia achatar-se para eliminar esse centro oco, mas o

* N. de R. T.: Jardas: unidade inglesa de medida de comprimento, equivalente a 91,44 cm ou 3 pés.

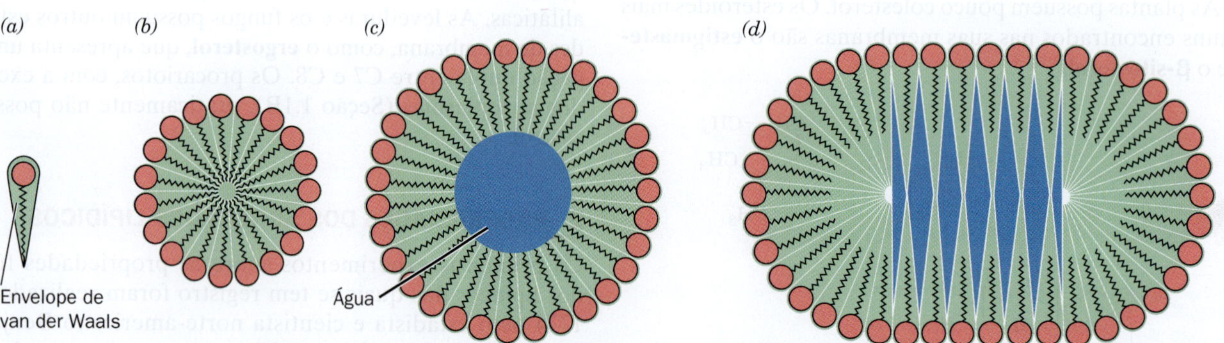

FIGURA 12.11 Agregados de lipídeos de cauda única. O envelope de van der Waals cônico desses lipídeos de cauda única (*a*) permite seu arranjo eficiente na formação de uma micela esferoidal (*b*). O diâmetro dessas micelas e, consequentemente, sua população lipídica dependem do comprimento das caudas. As micelas esferoidais formadas por um número de moléculas muito maior do que o número ideal teriam um centro instável preenchido com água (*em azul*) (*c*). Tais micelas poderiam achatar-se e fechar o centro vazio, mas como se tornam alongadas, também geram espaços preenchidos com água (*d*).

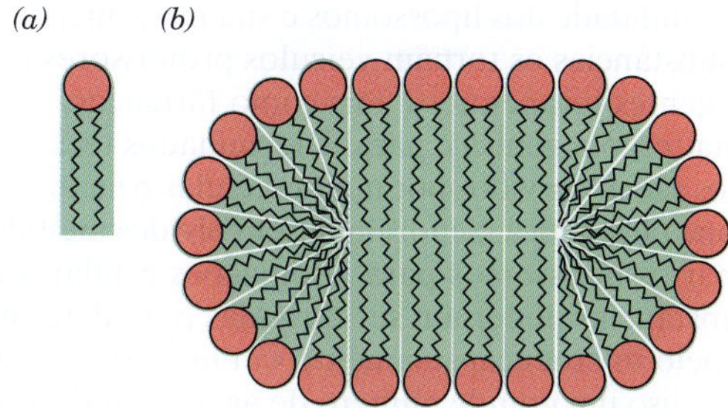

FIGURA 12.12 Formação de bicamada por fosfolipídeos. O envelope de van der Waals cilíndrico dos fosfolipídeos (*a*) forma micelas estendidas em forma de disco (*b*), que são melhor descritas como bicamadas lipídicas.

resultante decréscimo de curvatura na superfície achatada também geraria espaços vazios (Fig. 12.11*d*).

b. Glicerofosfolipídeos e esfingolipídeos tendem a formar bicamadas

As duas caudas de hidrocarbonetos dos glicerofosfolipídeos e dos esfingolipídeos conferem a esses lipídeos uma forma quase cilíndrica (Fig. 12.12*a*). A exigência estérica para a organização de tais moléculas produz grandes micelas em forma de disco (Fig. 12.12*b*), as quais, na verdade, são lâminas bimoleculares estendidas. A existência de tais **bicamadas lipídicas** foi proposta, pela primeira vez, em 1925, por Evert Gorter e François Grendel, tendo como base as observações dos autores de que os lipídeos extraídos de eritrócitos cobriam o dobro da área correspondente à membrana plasmática (a única membrana nos eritrócitos) quando estendidos em uma monocamada na interface ar-água (Fig. 12.10). As bicamadas lipídicas têm ~60 Å de espessura, medidas por microscopia eletrônica e por técnicas de difração por raios X. Uma vez que suas cabeças polares têm uma espessura de ~15 Å, suas caudas de hidrocarboneto com comprimento de ~15 Å devem estar quase completamente estendidas. Será visto a seguir que *as bicamadas lipídicas constituem a base estrutural das membranas biológicas.*

B. *Lipossomos*

Uma suspensão aquosa de fosfolipídeos forma vesículas multilamelares, cujos arranjos das bicamadas lipídicas possuem forma semelhante a uma cebola (Fig. 12.13*a*). Quando submetidas à **sonicação** (agitação por vibrações ultrassônicas), essas estruturas se rearranjam formando **lipossomos** – vesículas fechadas, autosselantes, preenchidas com solvente e delimitadas por uma única bicamada (Fig. 12.13*b*). Essas vesículas têm, em geral, um diâmetro de algumas centenas de Å e são muito uniformes em tamanho. Lipossomos com diâmetro de aproximadamente 1.000 angstroms podem ser produzidos pela injeção de uma solução alcoólica de fosfolipídeos em água ou dissolvendo os fosfolipídeos em detergente, seguido de diálise para a remoção do detergente. Uma vez formados, os lipossomos são bastante estáveis e podem ser separados da solução por diálise, por cromatografia em gel filtração ou por centrifugação. Lipossomos cujo ambiente interno difere da solução que os envolve podem, portanto, ser preparados facilmente. *As membranas biológicas consistem em bicamadas lipídicas com proteínas associadas (Seção 12.3A).* Lipossomos compostos por lipídeos sintéticos e/ou por lipídeos extraídos de fontes biológicas (p. ex., lecitina de gema de ovo) têm sido extensivamente estudados como modelos de membranas biológicas.

a. As bicamadas lipídicas são impermeáveis à maioria das substâncias polares

Visto que as membranas biológicas delimitam células e organelas, é importante determinar sua capacidade de separar dois compartimentos aquosos. A permeabilidade de uma bicamada lipídica a uma dada substância pode ser determinada pela formação de lipossomos em uma solução contendo a substância de interesse, seguida pela troca da solução aquosa externa e pela medida da velocidade com que a substância de interesse aparece nessa nova solução externa. Dessa forma, foi determinado que *as bicamadas lipídicas são extremamente impermeáveis a substâncias iônicas e polares e que a solubili-*

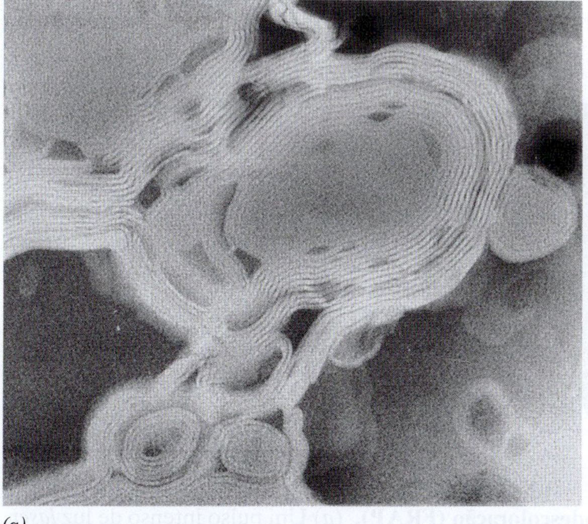

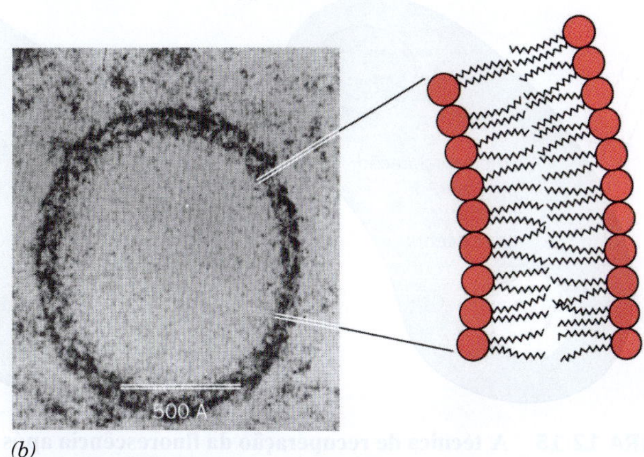

FIGURA 12.13 Bicamadas lipídicas. (*a*) Micrografia eletrônica de uma vesícula fosfolipídica multilamelar na qual cada camada é formada por uma bicamada lipídica. (Cortesia de Alec D. Bangham, Instituto de Fisiologia Animal, Cambridge, Reino Unido.) (*b*) Micrografia eletrônica de um lipossomo. Sua parede consiste em uma bicamada, como mostra o diagrama. (Cortesia de Walter Stoeckenius, Universidade da Califórnia, São Francisco, EUA.)

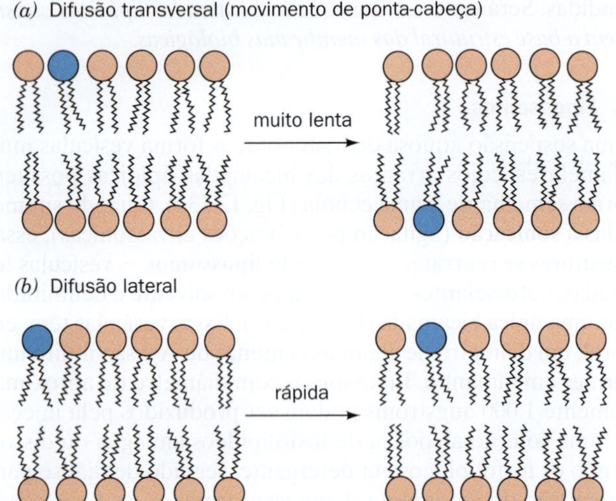

FIGURA 12.14 Difusão dos fosfolipídeos em uma bicamada lipídica. (*a*) A difusão transversal (movimento de ponta-cabeça) é definida como a transferência de uma molécula de fosfolipídeo de uma lâmina da bicamada para a outra. (*b*) A difusão lateral é definida como a troca de uma molécula de fosfolipídeo por outra vizinha na mesma lâmina da bicamada.

dade das substâncias aumenta com a solubilidade em solventes apolares. Isso sugere que, para atravessar uma bicamada lipídica, a molécula do soluto deve proteger sua capa de hidratação e tornar-se solvatada pelo cerne hidrocarbonado da bicamada. Um processo desse tipo é altamente desfavorável para moléculas polares, de forma que mesmo um cerne hidrocarbonado com a espessura de ~30 Å forma uma barreira efetiva contra substâncias polares. Medidas utilizando água tritiada indicam, contudo, que as bicamadas são apreciavelmente permeáveis à água. A despeito da polaridade da água, seu pequeno tamanho molecular a torna significativamente solúvel no cerne hidrocarbonado da bicamada, sendo, por isso, capaz de atravessá-lo.

A estabilidade dos lipossomos e sua impermeabilidade a muitas substâncias os tornam veículos promissores para distribuir agentes terapêuticos, tais como fármacos, enzimas e genes (na terapia gênica), para determinados tecidos. Os lipossomos são absorvidos por muitas células pela fusão com a membrana plasmática. Se forem desenvolvidos métodos para direcionar os lipossomos para populações celulares específicas, substâncias poderiam ser dirigidas para determinados tecidos pelo microencapsulamento em lipossomos. De fato, já está em uso um grande número de agentes anticâncer e de antibióticos distribuídos por lipossomos.

C. *Dinâmica das bicamadas*

a. As bicamadas lipídicas são fluidos bidimensionais

A passagem de uma molécula lipídica através de uma bicamada (Fig. 12.14*a*), processo denominado **difusão transversal** ou **movimento de ponta-cabeça** (***flip-flop***), é um evento extremamente raro, pois requer a passagem do grupo polar do lipídeo pelo cerne hidrocarbonado da bicamada. A velocidade do movimento de ponta-cabeça dos fosfolipídeos, medida por várias técnicas, é caracterizada por uma meia-vida de, no mínimo, vários dias.

Contrastando com a baixa velocidade do movimento de ponta-cabeça, *os lipídeos são altamente móveis no plano da bicamada* (**difusão lateral**, Fig. 12.14*b*). Os padrões de difração por raios X das bicamadas em temperaturas fisiológicas apresentam uma banda difusa centrada em um espaçamento de 4,6 Å, cuja largura é uma medida da distribuição dos espaçamentos laterais entre as cadeias de hidrocarbonetos no plano da bicamada. Essa banda, que lembra os padrões de difração por raios X da parafina líquida, indica que *a bicamada é um fluido bidimensional no qual as cadeias de hidrocarbonetos executam movimentos de fluxo rápidos (alteração contínua) envolvendo rotações ao redor de suas ligações C—C.*

A velocidade de difusão lateral das moléculas lipídicas pode ser determinada quantitativamente a partir da velocidade de **recuperação da fluorescência após fotodescoloração** (FRAP, do inglês: fluorescence recovery after photobleaching) (Fig. 12.15). Um grupo fluorescente (**flu-**

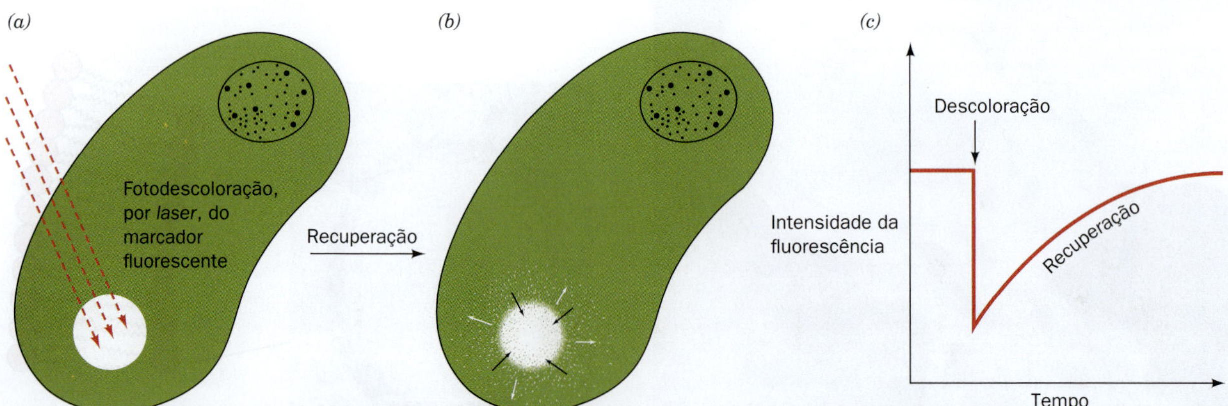

FIGURA 12.15 A técnica de recuperação da fluorescência após fotodescoloração (FRAP). (*a*) Um pulso intenso de luz *laser* descolore os marcadores fluorescentes (*em verde*) de uma pequena região de uma célula imobilizada que possui um componente de membrana marcado com composto fluorescente. (*b*) A recuperação da fluorescência da área descorada, monitorada por microscopia, ocorre à medida que as moléculas descoradas difundem lateralmente para fora da área enquanto as moléculas fluorescentes difundem para o seu interior. (*c*) A velocidade de recuperação da fluorescência depende da velocidade de difusão da molécula marcada. **Ver Exploração guiada 11: Estrutura da membrana e o modelo do mosaico fluido**

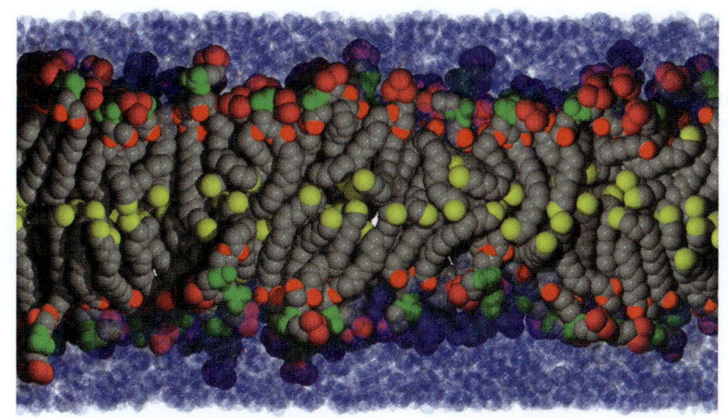

FIGURA 12.16 Modelo (foto Instantânea) de uma bicamada lipídica em um dado instante. A conformação das moléculas de dipalmitoilfosfatidilcolina em uma bicamada rodeada por água foi modelada por computador. As cores dos átomos são: cinza para os carbonos da cadeia de hidrocarboneto e do glicerol exceto para o C do grupo metila terminal, que é amarelo; vermelho para o O éster; verde para o P e o O do fosfato; lilás para o C e o N da colina; As moléculas de água estão representadas por esferas azuiz translúcidas (as próximas da bicamada aparecem escuras porque se sobrepõem aos átomos dos grupos polares) (Cortesia de Richard Pastor e Richard Venable, FDA, Bethesda, Maryland, EUA.) **Ver Exploração guiada 11: Estrutura da membrana e o modelo do mosaico fluido**

oróforo) é ligado especificamente a um componente da bicamada e um pulso intenso de *laser* focalizado em uma área muito pequena (~3 μm^2) é usado para destruir (descorar) o fluoróforo naquele local. A velocidade com que a área descorada recupera sua fluorescência, monitorada por microscopia de fluorescência, indica a velocidade na qual moléculas marcadas com o fluoróforo ainda não descoradas ou já descoradas difundem-se lateralmente, respectivamente, para dentro e para fora da área descorada. Essas observações indicam, da mesma forma que as medidas de ressonância magnética, que os lipídeos nas bicamadas têm viscosidade similar à das moléculas de um óleo lubrificante. Os lipídeos de uma bicamada podem, portanto, difundir-se, em ~1 segundo, a uma distância correspondente ao comprimento de uma célula bacteriana (1 μm). Têm sido desenvolvidos também métodos para acompanhar o movimento de moléculas em membranas nos quais, as moléculas de interesse são ligadas a pequenas esferas de látex, a partículas de ouro coloidal, ou a grupos fluorescentes, e o movimento da molécula marcada é observado por técnicas de vídeo de alta velocidade.

Simulações de dinâmica molecular (Seção 9.4a) das bicamadas lipídicas (Fig. 12.16) indicam que as caudas dos lipídeos são altamente móveis devido às rotações ao redor das suas ligações C—C. Contudo, a viscosidade dessas caudas aumenta nitidamente nas proximidades dos grupos polares, pois sua mobilidade lateral é mais restrita devido às interações com esses grupos polares mais rígidos. Note que as extremidades metila das caudas das lâminas opostas da bicamada estão, com frequência, intercaladas em vez de formarem camadas completamente separadas, como a Fig. 12.14 poderia sugerir. Isso é particularmente verdade nas membranas biológicas, pois suas moléculas lipídicas têm caudas de comprimentos diferentes e/ou estão dobradas devido à presença de ligações duplas. As simulações de dinâmica molecular também indicam que uma bicamada lipídica é flanqueada por várias camadas ordenadas de moléculas de água. Além disso, como mostra a Fig. 12.16, as moléculas de água penetram bem abaixo do nível das cabeças polares e dos resíduos de glicerol. Por isso, *uma bicamada lipídica consiste em um cerne hidrocarbonado com ~30 Å de espessura, ligado, em ambos os lados, por regiões de interface com ~15 Å de espessura contendo conglomerados flutuantes de grupos polares, água, glicerol e grupos carbonila e metileno.*

b. A fluidez da bicamada varia com a temperatura

Ao ser resfriada abaixo de uma ***temperatura de transição*** *característica, a bicamada passa por uma mudança de fase, denominada* ***transição ordem-desordem****, em que se torna uma espécie de gel sólido* (Fig. 12.17), isto é, perde sua fluidez.

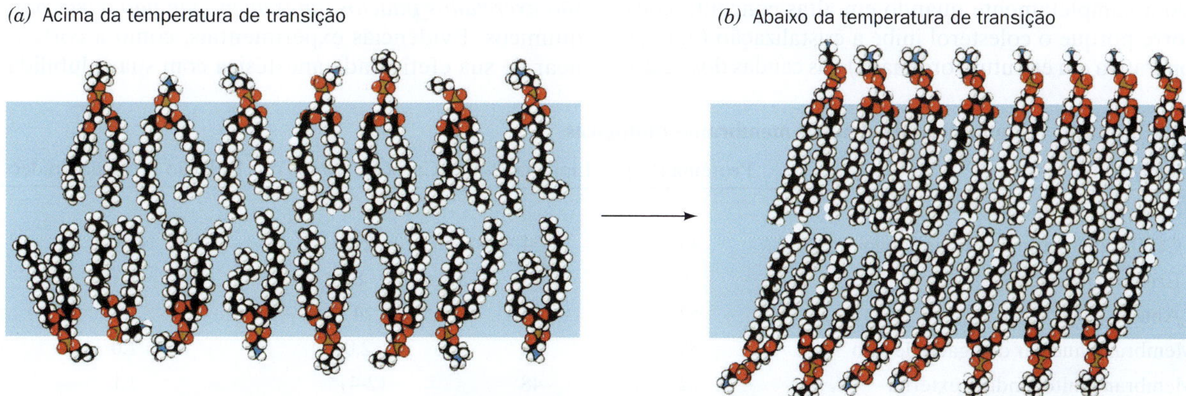

FIGURA 12.17 Transição ordem-desordem em uma bicamada lipídica. (*a*) Acima da temperatura de transição, tanto as moléculas completas como suas caudas apolares são extremamente móveis no plano da bicamada. Esse estado da matéria, ordenado em algumas direções, mas não em outras, é conhecido como cristal líquido. (*b*) Abaixo da temperatura de transição, as moléculas formam um arranjo muito mais ordenado, produzindo um gel sólido. (De Robertson, R.N., *The Lively Membranes, p.* 69-70, Cambridge University Press [1983].)

TABELA 12.3 Composição lipídica de algumas membranas biológicas*

Lipídeo	Eritrócito humano	Mielina humana	Mitocôndria de coração bovino	*E. coli*
Acido fosfatídico	1,5	0,5	0	0
Fosfatidilcolina	19	10	39	0
Fosfatidiletanolamina	18	20	27	65
Fosfatidilglicerol	0	0	0	18
Fosfatidilinositol	1	1	7	0
Fosfatidilserina	8,5	8,5	0,5	0
Cardiolipina	0	0	22,5	12
Esfingomielina	17,5	8,5	0	0
Glicolipídeos	10	26	0	0
Colesterol	25	26	3	0

**Os* valores correspondem ao percentual do peso total dos lipídeos.
Fonte: Tanford, C., *The Hydrophobic Effect, p.*109, Wiley (1980).

Abaixo da temperatura de transição, a banda difusa de difração de raios X de 4,6 Å, característica do espaçamento lateral entre as cadeias hidrocarbonadas em uma bicamada cristalina, é substituída por uma banda nítida de 4,2 Å, similar à exibida pela parafina cristalina. Isso indica que as cadeias hidrocarbonadas tornam-se totalmente estendidas e compactadas em uma estrutura hexagonal como a da parafina.

A temperatura de transição de uma bicamada aumenta com o comprimento da cadeia e com o grau de saturação dos seus ácidos graxos componentes pelas mesmas razões que a temperatura de fusão dos ácidos graxos aumenta com essas variáveis. As temperaturas de transição da maioria das membranas biológicas estão na faixa de 10° a 40°C. *O colesterol, que por si só não forma bicamada, diminui a fluidez da membrana próxima à superfície porque seu sistema de anéis esteroides rígidos interfere com a mobilidade das caudas dos ácidos graxos fazendo com que se tornem mais ordenados.* No entanto, como ele não penetra tão profundamente na membrana, como o faz a maioria dos outros lipídeos, atua também como um espaçador, facilitando a mobilidade das caudas dos ácidos graxos próximo às extremidades metiladas. O colesterol também aumenta a faixa de temperatura da transição ordem-desordem, abolindo-a completamente quando em altas concentrações. Isso ocorre porque o colesterol inibe a cristalização (agregação cooperativa em estrutura ordenada) das caudas dos ácidos graxos ao inserir-se entre elas. Assim, o colesterol funciona como uma espécie de plastificador de membrana.

A fluidez das membranas biológicas é um dos seus atributos fisiológicos importantes, uma vez que permite a interação das proteínas inseridas (Seção 12.3C). As temperaturas de transição das membranas dos mamíferos estão bem abaixo da temperatura corporal e, por isso, essas membranas apresentam um caráter fluido. As bactérias e os animais poiquilotérmicos (de sangue frio), como os peixes, modificam a composição dos ácidos graxos de seus lipídeos de membrana (pela biossíntese e degradação) de acordo com a temperatura ambiente, mantendo a fluidez da membrana. Por exemplo, a viscosidade da membrana da *E.coli* em crescimento permanece constante mesmo que a temperatura de crescimento sofra variações de 15° a 43°C.

c. Os anestésicos gasosos alteram a estrutura da membrana neuronal

Os anestésicos gasosos, como o dietil-éter, o ciclopropano, o **isoflurano** (CF_3—CHCl—O—CHF_2) e o gás nobre xenônio, atuam no sistema nervoso central interferindo na transmissão *dos impulsos nervosos. Uma vez que esses anestésicos são excretados intactos, aparentemente não agem por* meios químicos. Evidências experimentais, como a correlação linear de sua efetividade anestésica com sua solubilidade em

TABELA 12.4 Composição de algumas membranas biológicas

Membrana	Proteína (%)	Lipídeo (%)	Carboidrato (%)	Relação proteína/lipídeo
Membrana plasmática				
Células de fígado de camundongo	46	54	2-4	0,85
Eritrócito humano	49	43	8	1,1
Ameba	52	42	4	1,3
Membrana nuclear de fígado de rato	59	35	2,0	1,6
Membrana mitocondrial externa	52	48	(2-4)*	1,1
Membrana mitocondrial interna	76	24	(1-2)*	3,2
Mielina	18	79	3	0,23
Bactérias gram-positivas	75	25	(10)*	3,0
Membrana púrpura de *Halobacterium*	75	25		3,0

**Deduzida* a partir de análises.
Fonte: Guidotti, G., *Annu. Rev. Biochem.* **41**, 732 (1972).

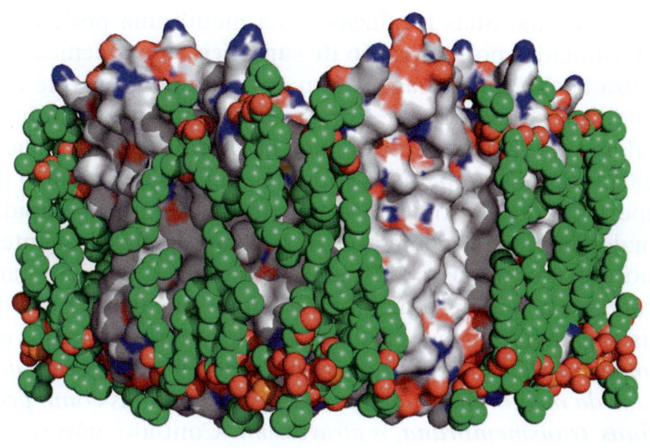

FIGURA 12.18 Estrutura por raios X da proteína integral de membrana aquaporina-0 (AQP0) associada com lipídeos. A proteína está representada por seu diagrama de superfície, colorida de acordo com a carga (negativa em vermelho, positiva em azul e sem carga em branco). As moléculas de dimiristoilfosfatidilcolina fortemente ligadas estão desenhadas na forma de volume atômico com C em verde, O em vermelho e P em cor de laranja. Observe como as caudas dos lipídeos se adaptam à superfície apolar da proteína, solvatando-a dessa maneira. O arranjo de duas fileiras de moléculas de lipídeo com distâncias de ~35 Å entre os fósforos, se iguala às dimensões de uma bicamada lipídica. (Com base em uma estrutura cristalográfica eletrônica determinada por Stephen Harrison e Thomas Walz, Harvard Medical School, EUA, PDBid 2B6O.)

lipídeos, sugerem que essas substâncias apolares alteram a estrutura da membrana por dissolverem-se no seu cerne hidrocarbonado. A transmissão do impulso nervoso, que é um fenômeno com base em membrana (Seção 20.5), é destruída por essas mudanças estruturais às quais as membranas neuronais parecem ser particularmente sensíveis.

3 MEMBRANAS BIOLÓGICAS

As membranas biológicas são compostas por proteínas associadas a uma matriz de bicamada lipídica. Sua fração lipídica consiste em misturas complexas que variam de acordo com a origem da membrana (Tabela 12.3) e, até certo ponto, com a dieta e com o meio no qual o organismo vive. *As proteínas de membrana executam os processos dinâmicos associados às membranas e, por isso, proteínas específicas ocorrem somente em determinadas membranas.* As proporções entre proteínas e lipídeos variam consideravelmente com a função da membrana, conforme está indicado na Tabela 12.4, embora a maioria das membranas possua pelo menos 50% de proteínas. A membrana de mielina, que funciona como um isolante inerte ao redor de determinadas fibras nervosas (Seção 20.5Bc), é uma importante exceção a essa generalização, já que possui somente 18% de proteína.

Nesta seção, serão discutidas as propriedades das proteínas de membrana e seu comportamento nas membranas biológicas. A seguir, serão examinados os aspectos específicos das membranas biológicas, como o citoesqueleto dos eritrócitos, a natureza dos grupos sanguíneos, as junções comunicantes e as proteínas formadoras de canal. Considera-se, na Seção 12.4, como as membranas são montadas e como seus componentes proteicos são encaminhados para elas.

A. *Proteínas de membrana*

As proteínas de membrana são classificadas de acordo com seu grau de associação com as membranas:

1. ***Proteínas integrais*** *ou* ***intrínsecas*** *estão firmemente ligadas às membranas por interações hidrofóbicas (Fig. 12.18), podendo ser separadas somente após tratamento com agentes que rompem a membrana.* Esses agentes incluem

$CH_3{-}(CH_2)_{11}{-}OSO_3^-\ \ Na^+$

Dodecil sulfato de sódio (SDS)

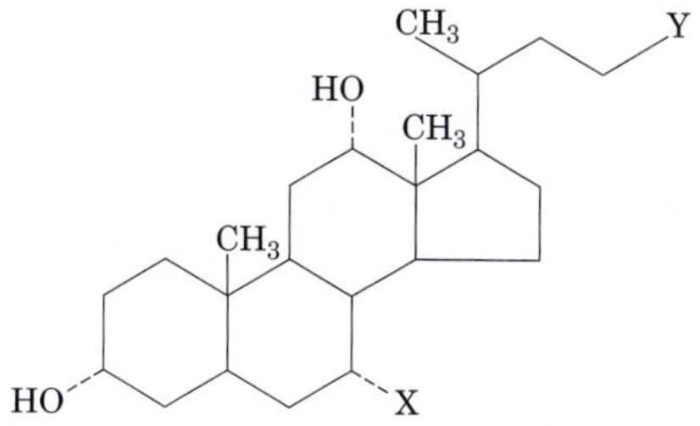

X = H, Y = COO^- Na^+ **Desoxicolato de sódio**
X = OH, Y = COO^- Na^+ **Colato de sódio**
X = OH, Y = $CO{-}NH{-}(CH_2)_3{-}N^+(CH_3)_2{-}(CH_2)_3{-}SO_3^-$ **CHAPS**

$CH_3{-}(CH_2)_n{-}CH_2{-}\overset{+}{N}(CH_3)_3\quad Br^-$

n = 10 **Brometo de dodeciltrietilamônio (DTAB)**
n = 15 **Brometo de cetiltrimetilamônio (CTAB)**

$CH_3{-}(CH_2)_{11}{-}(O{-}CH_2{-}CH)_n{-}OH$

Polioxietilenolauril éter

n = 4 **Brij 30**
n = 25 **Brij 35**

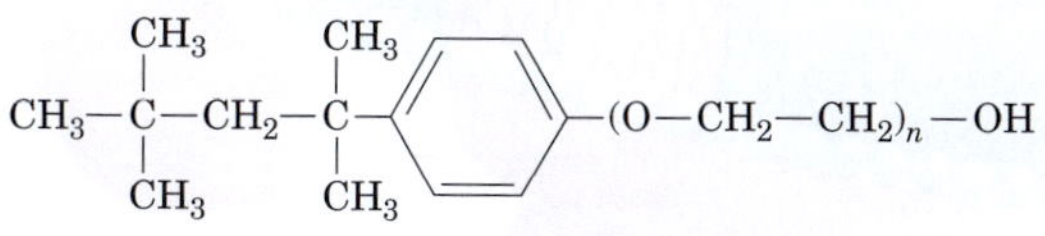

$CH_3{-}C(CH_3)_2{-}CH_2{-}C(CH_3)_2{-}C_6H_4{-}(O{-}CH_2{-}CH_2)_n{-}OH$

Polioxietileno-*p*-isooctilfenil éter

n = 5 **Triton X-20**
n = 10 **Triton X-100**

FIGURA 12.19 Alguns dos detergentes usados em manipulações bioquímicas. Note que eles podem ser aniônicos, catiônicos, zwiteriônicos, ou sem carga. Os detergentes iônicos são fortemente anfifílicos e por isso tendem a desnaturar proteínas, enquanto os detergentes neutros dificilmente o fazem.

solventes orgânicos, detergentes (p. ex., aqueles constantes na Fig. 12.19) e agentes caotrópicos (íons que rompem a estrutura da água; Seção 8.4E). As proteínas integrais tendem a se agregar e precipitam em soluções aquosas, a menos que sejam solubilizadas em detergentes ou em solventes orgânicos miscíveis em água, como butanol ou glicerol. Algumas proteínas integrais de membrana ligam-se tão fortemente aos lipídeos que só podem ser removidas sob condições desnaturantes. Uma vez solubilizadas, as proteínas integrais podem ser purificadas por muitos métodos de fracionamento, discutidos no Capítulo 6.

2. ***Proteínas periféricas*** ou ***extrínsecas*** *são dissociadas das membranas por meio de procedimentos relativamente brandos, que deixam a membrana intacta,* como a exposição a soluções salinas de alta força iônica (p. ex., NaCl 1 *M*), a agentes quelantes de metais ou a alterações de pH. Proteínas periféricas, como o citocromo *c*, por exemplo, são estáveis em soluções aquosas e não se ligam a lipídeos. Proteínas desse tipo associam-se à membrana por se ligarem aos grupos polares dos lipídeos na superfície e/ou às proteínas integrais, por interações eletrostáticas e ligações de hidrogênio. As proteínas periféricas, quando dissociadas das membranas, comportam-se como se fossem proteínas globulares hidrossolúveis, podendo ser purificadas como tal (Capítulo 6).

Nesta subseção, serão abordadas as proteínas integrais.

a. As proteínas integrais são moléculas anfifílicas com orientação assimétrica

Todas as membranas biológicas contêm proteínas integrais, as quais compreendem ~25% das proteínas codificadas pelo genoma. Suas localizações na membrana podem ser determinadas por **marcação de superfície**, uma técnica que utiliza agentes que reagem com as proteínas, mas que não penetram na membrana. Por exemplo, uma proteína integral na superfície externa de uma membrana celular intacta liga anticorpos preparados contra ela, mas uma proteína da superfície interna só ligará se a membrana estiver rompida. Analogamente, também podem ser empregados reagentes, fluorescentes ou marcados radiotivamente, específicos para proteínas aos quais a membrana é impermeável. O uso de tais reagentes marcadores de superfície tem revelado que *algumas proteínas integrais estão expostas somente em um dos lados da membrana, enquanto outras, conhecidas como* ***proteínas transmembrana****, a atravessam.* Contudo, não se conhece nenhuma proteína que esteja completamente oculta na membrana; ou seja, todas possuem alguma parte exposta ao meio aquoso. Tais estudos estabeleceram também que *as membranas biológicas são assimétricas, ou seja, uma proteína em particular está localizada invariavelmente sobre uma face da membrana ou, no caso das proteínas transmembrana, está orientada em uma única direção em relação à membrana (Fig. 12.20).*

As proteínas integrais são anfifílicas; os segmentos imersos no interior apolar da membrana possuem resíduos predominantemente hidrofóbicos, enquanto as porções que se estendem para o meio aquoso estão em geral cobertas por resíduos polares. Por exemplo, os estudos de digestão proteolítica e de alterações químicas indicam que a **glicoforina A**, uma proteína transmembrana do eritrócito (Fig. 12.21), tem três domínios: (1) um domínio N-terminal com 72 resíduos, localizado externamente e que carrega 16 cadeias de

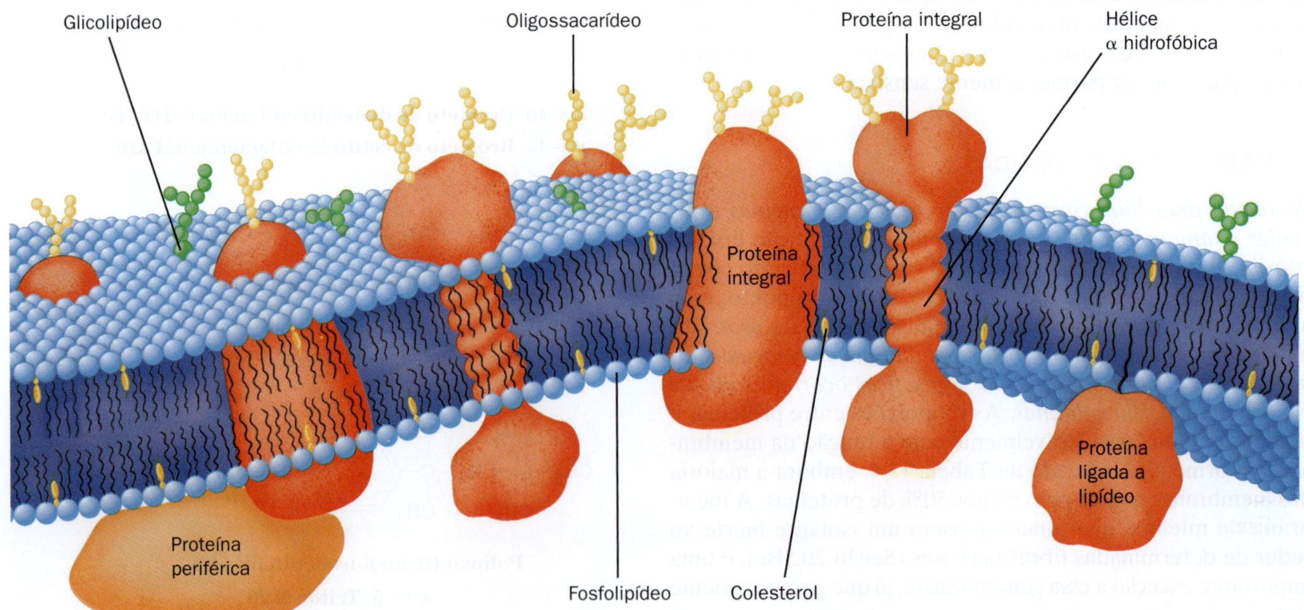

FIGURA 12.20 Diagrama da membrana plasmática. As proteínas integrais (em *cor de laranja*) estão inseridas em uma bicamada composta por fosfolipídeos (*esferas azuis, com duas caudas sinuosas*) e colesterol (em *amarelo*). Os carboidratos (*cadeias em contas amarelas*) componentes das glicoproteínas e os glicolipídeos (*cadeias em contas verdes*) ocorrem somente na face externa da membrana. A maioria das membranas biológicas possui uma proporção de proteínas mais alta do que mostrado aqui. **Ver Exploração guiada 11: Estrutura da membrana e o modelo do mosaico fluido**

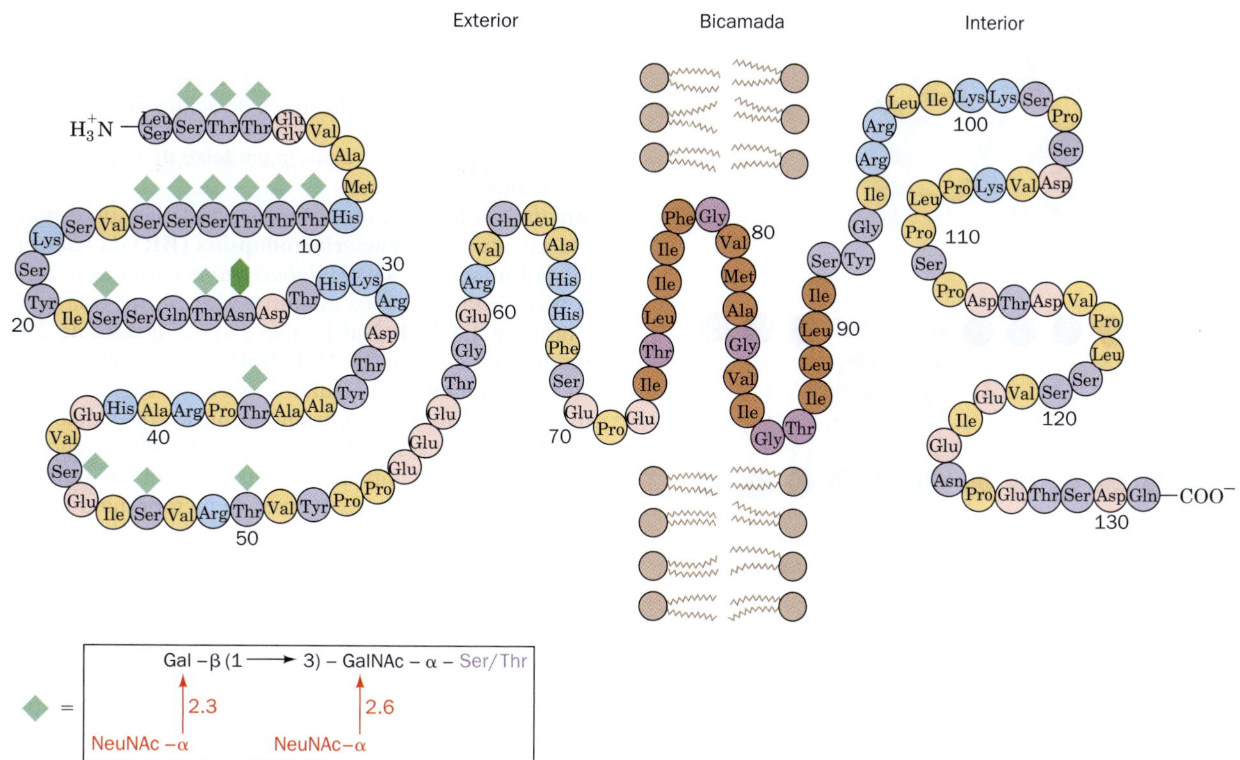

FIGURA 12.21 Glicoforina A de eritrócitos humanos: sequência de aminoácidos e localização na membrana. A proteína, cuja massa contém ~60% de carboidratos, sustenta 15 oligossacarídeos *O*-ligados (*losangos verdes*) e um *N*-ligado (*hexágono verde-escuro*). Abaixo está indicada a sequência predominante dos oligossacarídeos *O*-ligados. A porção transmembrana da proteína (*em marrom e púrpura*) consiste em 19 resíduos sequenciais predominantemente hidrofóbicos. Sua porção C-terminal, situada na face citoplasmática da membrana, é rica em resíduos de aminoácidos aniônicos (*em cor-de-rosa*) e catiônicos (*em azul*). Existem duas variantes genéticas comuns da glicoforina A: a glicoforina A^M, que possui Ser e Gly respectivamente nas posições 1 e 5, e a glicoforina A^N, que possui Leu e Glu nestas posições. (Abreviações: Gal = galactose, GalNAc = *N*-acetilgalactosamina, NeuNAc = ácido *N*-acetil neuramínico [ácido siálico].) (Com base em Marchesi, V.T., *Semin. Hematol.* **16**, 8 [1979].)

carboidratos; (2) uma sequência de 19 resíduos consistindo quase totalmente em resíduos hidrofóbicos que atravessam a membrana do eritrócito; e (3) um domínio C-terminal citoplasmático que possui uma alta proporção de resíduos carregados e polares. O domínio transmembrana forma uma hélice α, como é comum em muitas proteínas integrais, satisfazendo as exigências de ligações de hidrogênio do seu esqueleto polipeptídico. De fato, a existência de uma única hélice transmembrana na glicoforina A é presumida pelo cálculo da variação da energia livre na transferência de um segmento polipeptídico α-helicoidal do interior apolar da membrana para a água (Fig. 12.22). Cálculos similares feitos para outras proteínas integrais também identificaram suas hélices transmembrana.

Em muitas proteínas integrais, o(s) segmento(s) hidrofóbico(s) ancora(m) a região ativa da proteína na membrana. Por exemplo, a tripsina hidrolisa a enzima **citocromo** $\boldsymbol{b_5}$, ligada à membrana, em um fragmento N-terminal polar de ~85 resíduos enzimaticamente ativo e um fragmento C-terminal com ~50 resíduos que permanece inserido na membrana (Fig. 12.23). *A orientação assimétrica das proteínas integrais na membrana é mantida por suas velocidades ínfimas de movimentos de ponta-cabeça (ainda mais lentos do que os dos lipídeos), resultante dos tamanhos maiores dos*

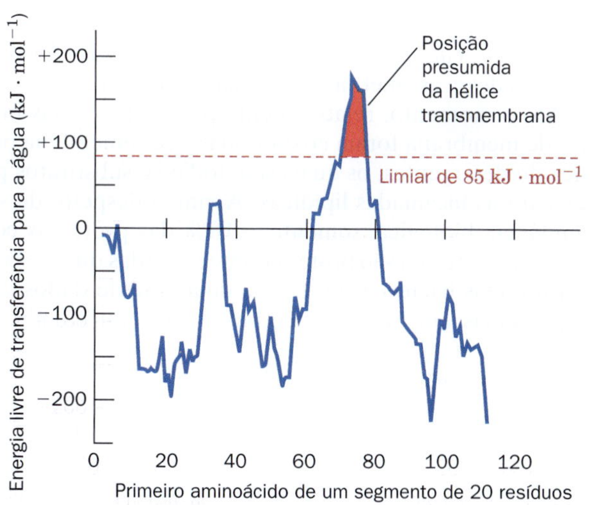

FIGURA 12.22 Gráfico da variação da energia livre calculada para transferir segmentos α-helicoidais de 20 resíduos da glicoforina A do interior de uma membrana para a água, contra a posição do primeiro resíduo do segmento. Picos mais altos do que +85 kJ · mol^{-1} indicam uma hélice transmembrana. (Com base em Engleman, D.M., Steitz, T.A., and Goldman, A., *Annu. Rev. Biophys. Biophys. Chem.* **15**, 343 [1986].)

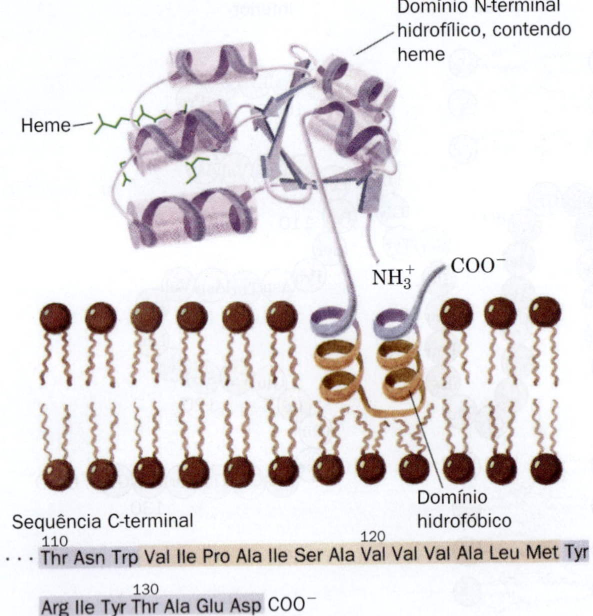

FIGURA 12.23 Associação do citocromo *b*5 hepático a uma membrana. O domínio N-terminal enzimaticamente ativo da proteína (*púrpura*), cuja estrutura foi determinada por raios X, está ancorado na membrana por um segmento C-terminal hidrofóbico, presumivelmente α -helicoidal (*marrom*) que começa e termina com segmentos hidrofílicos (*púrpura*). A sequência de aminoácidos da enzima de cavalo indica que essa âncora hidrofóbica consiste em um segmento de 13 resíduos, que termina a uma distância de 9 resíduos da extremidade C-terminal do polipeptídeo (*abaixo*). (Diagrama de fita do domínio N-terminal, com base em um desenho de Jane Richardson, Duke University, EUA. Sequência de aminoácidos determinada por Ozols, J., and Gerard, C., *J. Biol. Chem.* **253**, 8549 [1977].)

grupos polares das proteínas em comparação aos dos lipídeos. A origem dessa assimetria é discutida na Seção 12.4.

Até o momento, relativamente poucas proteínas integrais de membrana foram cristalizadas – e somente na presença de detergentes, os quais são, todavia, substitutos pobres para as bicamadas lipídicas. Assim, a despeito de sua abundância biológica, somente ~0,8% das proteínas com estrutura conhecida são proteínas integrais (das quais >80% são proteínas bacterianas). Existe uma base de dados dessas proteínas em http://blanco.biomol.uci.edu/Membrane_Proteins_xtal.html. No restante desta subseção, serão discutidas as estruturas de quatro proteínas integrais: a bacteriorrodopsina, o centro de reação fotossintética bacteriano, as porinas e a hidrolase de amida de ácidos graxos.

b. A bacteriorrodopsina contém um feixe de sete bastonetes helicoidais hidrofóbicos

Uma das proteínas integrais mais estudadas sob o ponto de vista estrutural é a **bacteriorrodopsina (BR)** da bactéria halofílica (amante de sal) *Halobacterium salinarium*, que vive em lugares tão salgados quanto o Mar Morto (ela prolifera melhor em 4,3 *M* de NaCl e não é viável abaixo de 2,0 *M;* a água do mar contém 0,6 *M* de NaCl). Sob condições de baixo O_2, sua membrana celular desenvolve regiões com ~0,5 μm de extensão de **membrana púrpura**, cujo único componente proteico é a BR. Essa proteína de 247 resíduos é uma bomba de prótons impelida por luz; ela gera um gradiente de concentração de prótons através da membrana que fornece energia para a síntese de ATP (por um mecanismo discutido na Seção 22.3Bh). O grupo absorvente de luz da BR, o **retinal**, está ligado covalentemente à Lys 216 da proteína (Fig. 12.24). Esse **cromóforo** (grupo que absorve a luz), que é responsável pela cor púrpura da membrana, é o mesmo elemento sensível à luz na visão.

A membrana púrpura é formada por 75% de proteínas e 25% de lipídeos, e tem uma estrutura incomum quando comparada à maioria das outras membranas (Seção 12.3C): suas moléculas de BR estão organizadas em uma estrutura bidimensional altamente ordenada (um cristal bidimensional). Isso permitiu a Richard Henderson e Nigel Unwin determinar a estrutura da BR com uma resolução próxima da atômica (3,0 Å), utilizando **cristalografia eletrônica** (uma técnica desenvolvida por eles e que lembra a cristalografia por raios X, em que é utilizado um feixe de elétrons de um microscópio eletrônico para extrair difração dos cristais bidimensionais). Foi determinada mais recentemente, a estrutura por raios X da BR, com resolução de 1,9 Å, com base em cristais únicos da proteína dissolvida em fase lipídica cúbica (mistura de lipídeos e água que forma uma bicamada convoluta, mas contínua, interpenetrada por canais aquosos), é muito semelhante àquela determinada por cristalografia eletrônica.

A BR é um homotrímero. Cada uma de suas subunidades consiste, em sua maior parte, de um feixe de sete bastões em hélice α com ~25 resíduos que atravessam a bicamada lipídica em uma direção quase perpendicular ao plano da bicamada (Fig. 12.25). Por isso, diz-se que a BR é **politópica** (do grego: *topos,* lugar). Os espaços de ~20 Å entre as

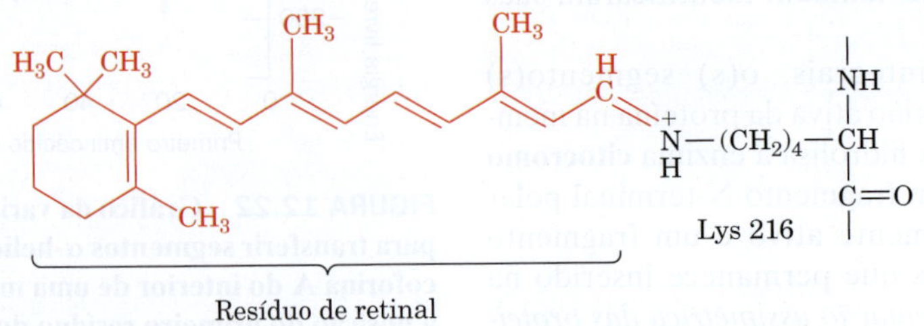

CH_3 H_3C CH_3 CH_3 H C CH_3 NH $\overset{+}{N}$—$(CH_2)_4$—CH H C=O Lys 216

Resíduo de retinal

FIGURA 12.24 Fórmula molecular do retinal. O retinal, grupo prostético da BR, forma uma base de Schiff com a Lys 216 da proteína. Uma ligação similar ocorre na **rodopsina**, o fotorreceptor do olho (Seção 19.2B).

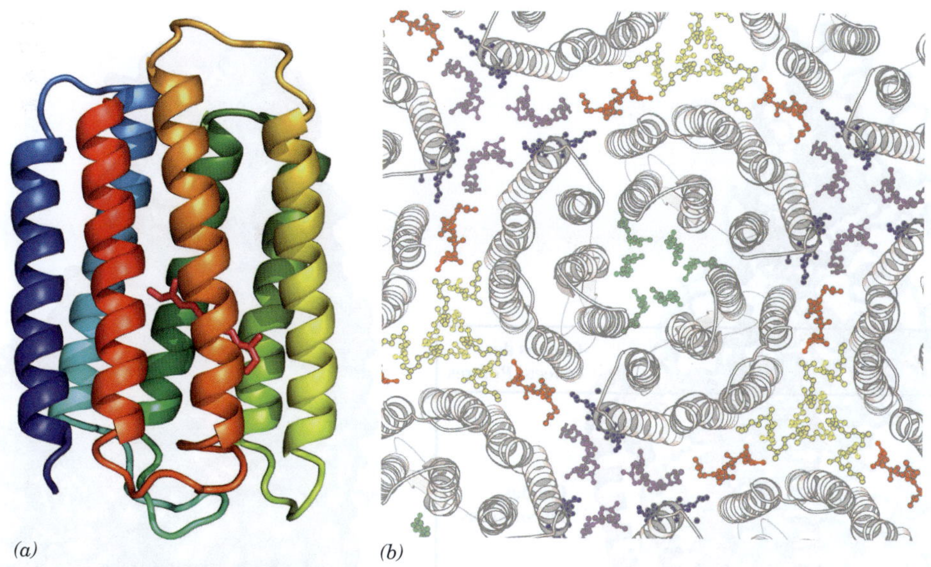

FIGURA 12.25 **Estrutura da bacteriorrodopsina.** (*a*) A proteína está mostrada em forma de fita conforme é vista a partir do interior do plano da membrana e colorida na ordem das cores do arco-íris a partir da extremidade N-terminal (*azul)* para a extremidade C-terminal (*vermelho).* O retinal ligado covalentemente está desenhado na forma de bastões *(magenta).* (Com base na estrutura por raios X obtida por Nikolaus Grigorieff e Richard Henderson, MRC Laboratory of Molecular Biology, Cambridge, Reino Unido. PDBid 2BRD) (*b*) Estrutura por raios X de um trímero da BR, com partes dos demais trímeros ao redor, visto a partir da face extracelular da membrana. As moléculas de proteína estão mostradas em forma de fita (*em cinza*) e as caudas dos lipídeos associados estão representadas em forma de esferas e bastões em cores diferentes, com cores iguais para as caudas com mesma simetria (as cabeças polares dos lipídeos estão desordenadas e por isso não estão visíveis). Estão mostrados somente os lipídeos da monocamada extracelular; os da monocamada intracelular possuem uma distribuição semelhante. Observe como as sete hélices antiparalelas em cada monômero da BR estão organizadas ciclicamente em duas camadas de quatro e três hélices, com as hélices adjacentes em sequência também adjacentes no espaço (nesta orientação, a direção de N para C é no sentido horário). (Cortesia de Eva Pebay-Peyroula, Université Joseph Fourier, Grenoble, França. PDBid 1AP9.) **Ver Exercício de cineimagem 8.1**

moléculas da proteína na membrana púrpura são ocupados pela bicamada (Fig. 12.25*b*). As hélices α adjacentes, as quais possuem um caráter altamente hidrofóbico, estão conectadas em uma disposição cabeça-cauda por alças de polipeptídeos curtas. Esse arranjo posiciona os resíduos carregados da proteína próximos da superfície da membrana, em contato com o solvente aquoso. Os resíduos carregados internos alinham-se no centro do feixe helicoidal de cada monômero, formando um canal hidrofílico que facilita a passagem de prótons. Outras bombas e canais de membrana (Capítulo 20) possuem estrutura semelhante.

c. O centro de reação fotossintética contém 11 hélices transmembrana

O processo fotoquímico primário da fotossíntese nas bactérias púrpuras é mediado pelo **centro de reação fotossintético** (**CRF**; Seção 24.2B), uma proteína transmembrana (**TM**) que consiste em, pelo menos, três subunidades diferentes com ~300 resíduos que ligam coletivamente quatro moléculas de **clorofila**, quatro outros cromóforos e um átomo de Fe não ligado a heme. O CRF de *Rhodopseudomonas (Rps.) viridis*, com 1.187 resíduos, cuja estrutura por raios X foi determinada em 1984 por Hartmut Michel, Johann Deisenhofer e Robert Huber, foi a primeira proteína TM a ser descrita em detalhes em nível atômico (Fig. 12.26). A porção TM da proteína politópica consiste em 11 hélices α que formam um cilindro achatado de 45 Å de comprimento e com superfície hidrofóbica. Nos últimos capítulos, será visto que as porções transmembrana da maioria das proteínas TM consistem em feixes de um a mais de 20 hélices, a maioria deles na orientação perpendicular à membrana embora alguns possam estar na orientação oblíqua e/ou não atravessarem totalmente a membrana.

d. As porinas são proteínas formadoras de canal que contêm barris β transmembrana

A membrana externa das bactérias gram-negativas (Seção 11.3B) as protege do meio ambiente hostil, devendo, entretanto, ser permeável a solutos polares pequenos, tais como nutrientes e resíduos. Essa membrana externa consequentemente contém proteínas formadoras de canal, chamadas **porinas**, as quais são normalmente trímeros de subunidades de 30 a 50 kDa idênticas, que permitem a passagem de solutos menores que ~600 D. As porinas também ocorrem na membrana externa da mitocôndria e dos cloroplastos (o que é mais uma indicação que essas organelas são provenientes de bactérias; Seção 1.2A) nos eucariotos.

As estruturas por raios X de várias porinas diferentes foram elucidadas, entre elas a de *Rhodobacter (Rb.) capsulatus,* por Georg Schulz, e as porinas **OmpF** e **PhoE** de *E. coli*, por Johan Jansonius. A OmpF, de 340 resíduos, e a PhoE, de 330 resíduos, compartilham 63% de identidade de sequência, mas possuem baixa similaridade de sequência com a porina de 301 resíduos de *Rb. capsulatus*. Todavia,

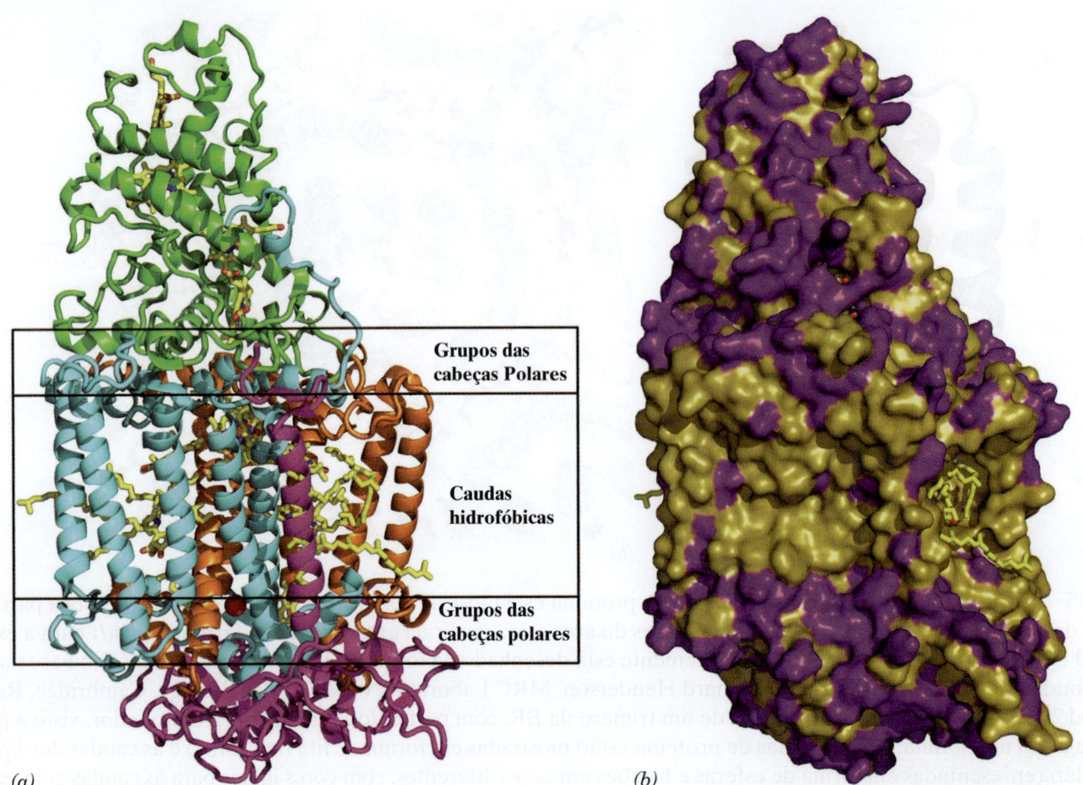

FIGURA 12.26 Estrutura por raios X do centro de reação fotossintética de *Rps. viridis* (*a*) As subunidades H, M e L que são mostradas como fitas *em cor-de-rosa, azul* e *cor de laranja,* respectivamente, possuem, em conjunto, 11 hélices transmembrana. O citocromo tipo *c* com quatro hemes (*em verde*), presente em algumas espécies de bactérias fotossintéticas, está ligado à face externa do complexo. Os grupos prostéticos estão desenhados em forma de bastões com C em amarelo, N em azul, O em vermelho e o íon Fe(II) está representado por uma esfera vermelha. Está indicada esquematicamente a posição que a proteína TM provavelmente ocupa na bicamada lipídica. (b) Diagrama de superfície vista como na Parte *a* no qual os resíduos hidrofóbicos estão em cor bronzeada e os resíduos polares são púrpura. Observe que poucos grupos polares estão expostos na porção da proteína que fica imersa na região apolar da bicamada lipídica. (Com base na estrutura por raios X elucidada por Johann Deisenhofer, Robert Huber e Hartmut Michel, Max-Planck-Institut für Biochemie, Martinsreid, Alemanha.PDBid 1PRC).

Ver Exercício de cineimagem 8.2

as três possuem estruturas muito semelhantes. Cada monômero dessas proteínas homotriméricas consiste em um barril β formado por 16 fitas antiparalelas, que formam um poro central acessível ao solvente, com um comprimento de ~55 Å e um diâmetro mínimo de ~7 Å (Fig. 12.27; contudo, também são conhecidas proteínas de membrana do tipo barril β com 8, 10, 12, 14, 18, 19, 22 e 24 fitas). Nas porinas OmpF e PhoE, as extremidades N- e C-terminais associam-se por meio de uma ponte salina na 16ª fita β, formando uma estrutura pseudocíclica (Fig. 12.27*a*). Note que um barril β satisfaz totalmente o potencial de ligações de hidrogênio do esqueleto polipeptídico, como em uma hélice α. Conforme esperado, as cadeias laterais na superfície da proteína expostas à membrana são apolares, formando uma faixa hidrofóbica de ~25 Å de altura que envolve o trímero (Fig. 12.27*c*). Em contraste, as cadeias laterais na superfície da proteína expostas ao solvente são polares, incluindo aquelas que revestem as paredes do canal aquoso. Os possíveis mecanismos da seletividade dessas porinas pelo soluto serão discutidos na Seção 20.2D.

e. A hidrolase da amida de ácidos graxos liga-se a apenas uma lâmina da bicamada

Nem todas as proteínas integrais são proteínas TM. Por exemplo, a enzima **hidrolase da amida de ácidos graxos (FAAH)** é uma proteína integral que se liga à face citoplasmática da membrana plasmática. Diz-se, por isso, que é uma proteína **monotópica**, da mesma forma que o citocromo b_5 (Fig. 12.33). A estrutura por raios X da FAAH, determinada por Raymond Stevens e Benjamin Cravatt, revela que cada subunidade de 537 resíduos desse homodímero consiste em 11 folhas β mistas entrelaçadas circundadas por 28 hélices α de vários comprimentos (Fig. 12.28). Seu segmento de ligação à membrana consiste em um motivo hélice-volta-hélice cuja superfície está voltada para fora do corpo da proteína formando um platô hidrofóbico. Seus resíduos apolares, muitos dos quais são aromáticos, estão entremeados com vários resíduos básicos, que supostamente interagem eletrostaticamente com os grupos polares dos fosfolipídeos da membrana. A estrutura de seu motivo hidrofóbico lembra a estrutura por raios X de duas outras proteínas

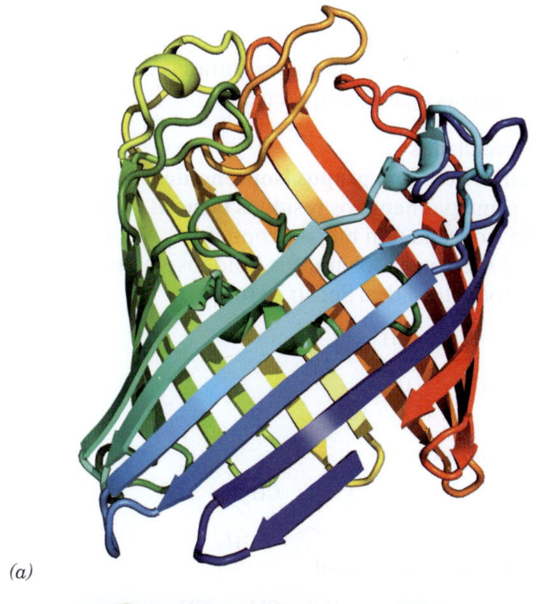

(a)

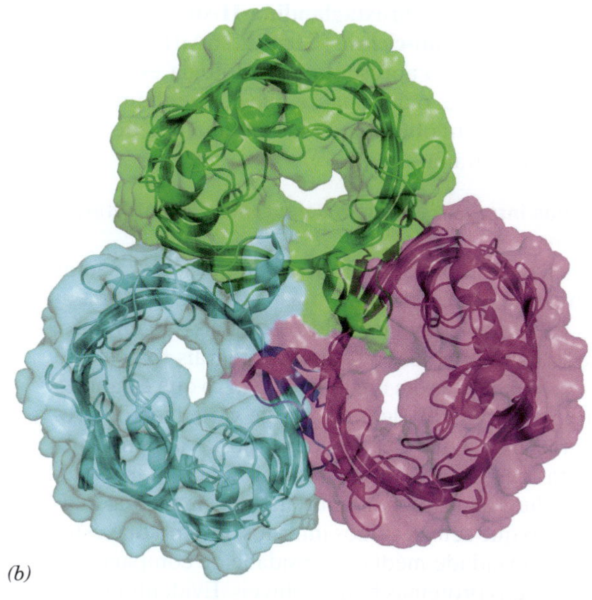

(b)

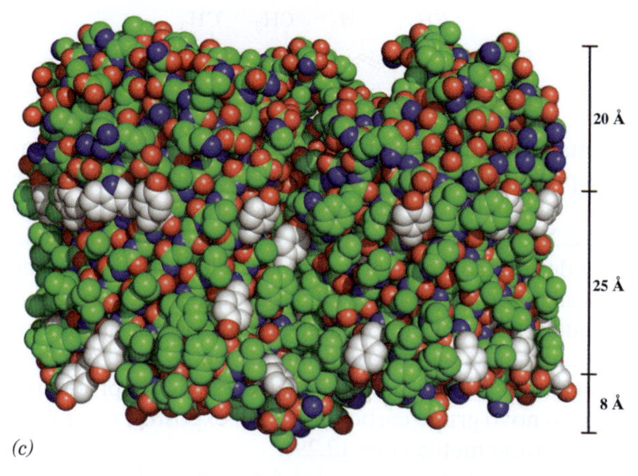

(c)

FIGURA 12.27 Estrutura por raios X do cristal da porina OmpF de *E. coli*. (*a*) Diagrama de fitas do monômero colorido na ordem do arco-íris de sua extremidade N-terminal (*azul*) para a extremidade C-terminal (*vermelho*). Cada uma das 16 fitas do barril β antiparalelo tem uma inclinação de ~45° em relação ao eixo do barril. A fita C-terminal continua pelo segmento N-terminal (embaixo à esquerda), formando uma fita pseudocontínua. Todas as porinas cujas estruturas são conhecidas têm propriedades estruturais semelhantes. (b) Diagrama de fitas do trímero encaixado em sua superfície semitransparente e visto ao longo de seu eixo de simetria axial a partir do exterior da célula mostrando o poro no interior de cada subunidade. As subunidades estão representadas em cores diferentes.) Na interface entre as subunidades, as fitas em folhas β adjacentes estendem-se perpendicularmente uma em relação à outra. (*c*) Modelo de volume atômico do trímero visualizado perpendicularmente em relação ao seu eixo de simetria axial. Os átomos de N são azuis, os de O são vermelhos e os de C são verdes – exceto os que estão nas cadeias laterais dos resíduos de Trp e Tyr que são brancos. Esses grupos aromáticos delimitam uma faixa hidrofóbica de ~25 Å de altura (*escala à direita*), que está imersa na porção apolar da membrana bacteriana externa (com o exterior da célula no topo de *a* e *c*). Compare a faixa hidrofóbica desta figura com a da Fig. 12.26*b*. (Com base em uma estrutura por raios X descrita por Johan Jansonius, University of Basel, Suíça. PDBid 1OPF. **Ver Exercício 8.3 de cineimagem**

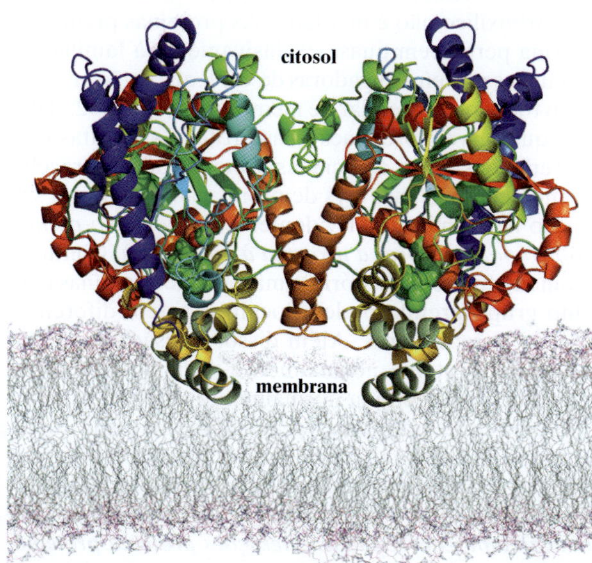

FIGURA 12.28 Estrutura por raios X da hidrolase da amida de ácidos graxos de fígado de rato, mostrando sua provável disposição na camada citoplasmática da membrana plasmática. A enzima homodimérica é vista ao longo do plano da membrana (*cinza*) com seu eixo de simetria vertical de ordem 2. Está desenhado na forma de fita com cada subunidade colorida na ordem do arco-íris a partir da extremidade N-terminal (*azul*) para a C-terminal (*vermelho*) exceto para o suposto motivo de ligação à membrana que está em verde escuro. O inibidor ligado à enzima, **metilaraquidonilfluorfosfonato,** está desenhado na forma de modelo de volume atômico com C verde, O vermelho e P cor de laranja. O modelo da membrana foi gerado por uma simulação de dinâmica molecular de uma bicamada de palmitoiloleoilfosfatidiletanolamina. (Com base em uma estrutura por raios X descrita por Raymond Stevens e Benjamin Cravatt, Scripps Research Institute, La Jolla, California, EUA. PDBid 1MT5)

integrais monotópicas, a **prostaglandina-H-sintase** (Seção 25.7B) e a **esqualenopeno-ciclase** (Seção 25.6Ad). Não obstante, estas enzimas não apresentam homologia estrutural ou sequencial aparente, o que sugere que elas tenham independentemente desenvolvido modos semelhantes de integração com a membrana.

f. As proteínas integrais possuem características estruturais em comum

As interações hidrofóbicas, como visto na Seção 8.4, são as forças dominantes que estabilizam as estruturas tridimensionais das proteínas globulares hidrossolúveis. No entanto, uma vez que as regiões das proteínas integrais expostas à membrana estão imersas em um meio apolar, o que estabiliza suas estruturas? A análise de uma grande variedade de proteínas integrais indica que suas regiões expostas à membrana possuem uma organização oposta à das proteínas hidrossolúveis: seus resíduos expostos à membrana são, em média, mais hidrofóbicos do que seus resíduos internos, mesmo que estes tenham hidrofobicidade média e densidade de compactação comparáveis às das proteínas hidrossolúveis. Evidentemente, *as estruturas das proteínas integrais e das hidrossolúveis são estabilizadas pela exclusão de seus resíduos internos pelo solvente, embora, no caso das proteínas integrais, o solvente seja a bicamada lipídica.* Além disso, a baixa polaridade e o ambiente anidro das proteínas transmembrana parecem reforçar suas ligações de hidrogênio em comparação com as das proteínas solúveis.

Nas proteínas TM precedentes, essas porções dos elementos estruturais secundários de membrana (hélices em BR, e CRF e as fitas β nas porinas) que entram em contato com o cerne hidrocarbonado da bicamada consistem principalmente nos resíduos hidrofóbicos Ala, Ile, Leu, Val e Phe. Os resíduos flanqueadores, que penetram na região de interface da bicamada, são enriquecidos com Trp e Tyr. Assim, *as faixas transmembrana hidrofóbicas das proteínas TM são delimitadas pelos anéis das cadeias laterais de Trp e Tyr* (p. ex., Fig. 12.27c) *que representam a interface água-bicamada.* Observe que essas cadeias laterais são orientadas de tal forma que suas porções polares (átomos N e O) se estendem para dentro das regiões polares da membrana, fenômeno chamado ***snorkeling***. As cadeias laterais de Lys e Arg próximas à superfície tendem a se orientar de forma similar. Em contraste, as cadeias laterais de Phe, Leu e Ile tendem a apontar para o núcleo da membrana, fenômeno chamado ***antisnorkeling***.

Nas proteínas TM descritas anteriormente, os elementos estruturais secundários que estão adjacentes em sequência são também adjacentes em estrutura, tendendo, assim, a ser antiparalelos. Essa **topologia** de vaivém, relativamente simples, resulta de restrições associadas à inserção de uma cadeia polipeptídica dobrada na bicamada lipídica (Seção 12.4Be).

B. *Proteínas ligadas a lipídeos*

*Os lipídeos e as proteínas associam-se covalentemente, formando **proteínas ligadas a lipídeos**, cujas porções lipídicas ancoram à membrana suas proteínas ligadas e fazem a mediação as interações proteína-proteína.* As proteínas formam ligações covalentes com três classes de lipídeos: (1) grupos isoprenoides, como resíduos farnesil e geranilgeranil, (2) grupos acil-graxos, como os resíduos miristoil e palmitoil, e (3) fosfolipídeos glicoinositóis (GPIs, de *glycoinositol phospholipids*). Nesta subseção, são apresentadas as propriedades dessas proteínas ligadas a lipídeos.

a. Proteínas preniladas

Várias proteínas possuem **grupos isoprenoides** ligados covalentemente, principalmente os resíduos **farnesil** C_{15} e **geranilgeranil** C_{20} (o **isopreno**, um hidrocarboneto C_5, é a unidade a partir da qual são formados muitos lipídeos, inclusive o colesterol e outros esteróides; Seção 25.6A).

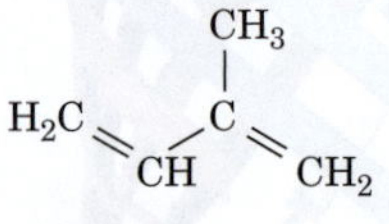

Isopreno

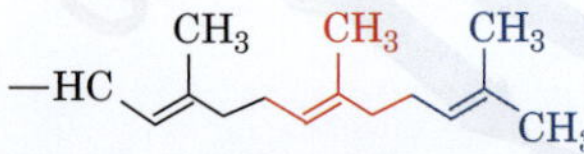

Resíduo de farnesil

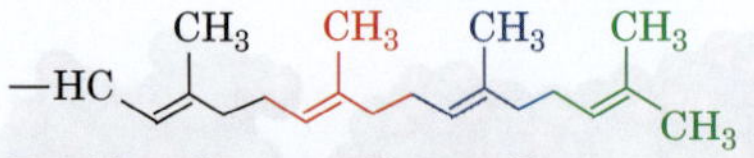

Resíduo de geranilgeranil

O sítio mais comum de **isoprenilação** (ou somente **prenilação**) nas proteínas é o tetrapeptídeo C-terminal CaaX, onde C é Cys, "a" com frequência é um resíduo de aminoácido alifático e X é qualquer aminoácido. Contudo, a identidade de X é o determinante principal da prenilação: as proteínas são farnesiladas quando X for Gln, Met ou Ser e geranilgeraniladas quando X for Leu. Em ambos os casos, o grupo prenil é ligado enzimaticamente ao átomo de enxofre da Cys por uma ligação tioéter. O tripeptídeo aaX é excisado proteoliticamente e o novo grupo carboxiterminal exposto é esterificado por um grupo metila (Fig. 12.29).

Foram também caracterizados dois outros sítios de prenilação: (1) a sequência C-terminal CXC, na qual ambos os resíduos de Cys são geranilgeranilados e o grupo carboxílico terminal é metilado; (2) a sequência C-terminal CC, na qual um ou ambos os resíduos de Cys são geranilgeranilados, mas o grupo carboxílico não é metilado. As proteínas preniladas dessa forma pertencem quase exclusivamente à família das **Rab**, pequenas proteínas ligadoras de GTP que estão envolvidas com o tráfego intracelular de membranas (Seção 12.4Db).

Para que serve a prenilação das proteínas? Muitas proteínas preniladas estão associadas a membranas intracelulares, e mutações em suas Cys de prenilação bloqueiam sua localização na membrana. Evidentemente, *o grupo prenila hidrofóbico pode ancorar a proteína à membrana.* Contudo, isso é somente parte da história, uma vez que proteínas com o mesmo grupo prenila podem localizar-se em diferentes membranas intracelulares. Além disso, a fusão do motivo CaaX de uma proteína normalmente prenilada ao grupo C-terminal de uma proteína normalmente não prenilada resulta em uma proteína híbrida prenilada e metilada corretamente, mas que permanece no citosol. Essas observações sugerem que as proteínas preniladas podem interagir com receptores de membrana específicos e, consequentemente, que *a prenilação também facilita as interações proteína-proteína.* Essa ideia é corroborada pela observação que, em determi-

(*a*)

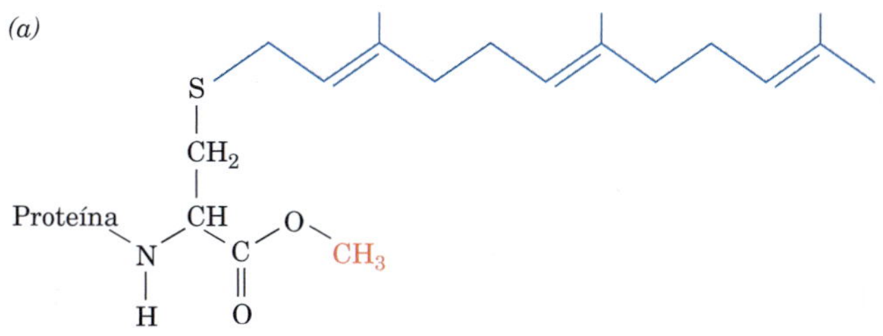

***S*-Farnesil-cisteína-metil-éster**

(*b*)

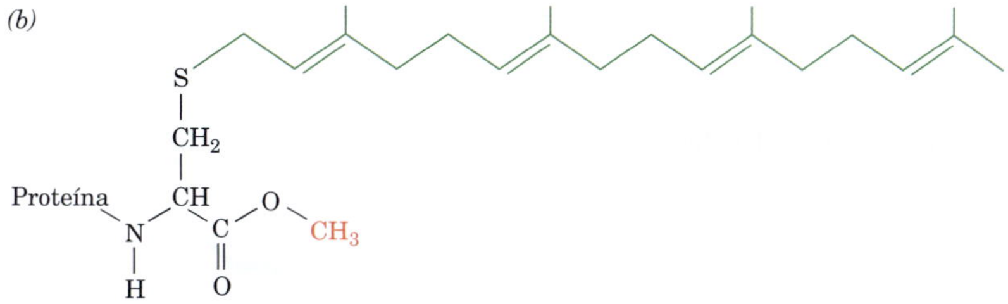

***S*-Geranilgeranil-cisteína-metil-éster**

FIGURA 12.29 Proteínas preniladas. (*a*) Uma proteína farnesilada e (*b*) uma proteína geranilgeranilada. Em ambos os casos, a proteína é sintetizada com a sequência C-terminal CaaX, onde C é Cys, "a" com frequência é um aminoácido alifático e, X é qualquer aminoácido. Depois que o grupo prenila é acoplado à proteína por uma ligação tioéter com o resíduo de Cys, o tripeptídeo aaX é removido por hidrólise e o novo grupo carboxílico terminal exposto é esterificado a um grupo metila. Quando X é Ala, Met ou Ser, a proteína é farnesilada, e quando X é Leu, ela é geranilgeranilada.

nadas proteínas envolvidas em sinalização intracelular (p. ex., **Ras** [Seção 19.3Cf] e as chamadas **proteínas G** [Seção 19.2]), a prenilação e a metilação intensificam as associações que medeiam a transmissão de sinal.

b. Proteínas aciladas

Dois tipos de ácidos graxos podem ligar-se covalentemente às proteínas das membranas eucarióticas:

1. O ácido mirístico, um ácido graxo saturado C_{14}, biologicamente raro (Tabela 12.1), que é anexado à proteína por meio de uma ligação amida com o grupo α-amino de um resíduo de Gly na extremidade N-terminal. A miristoilação quase sempre ocorre durante a tradução (à medida que a proteína está sendo sintetizada) e essa ligação é estável, isto é, o grupo miristoil tem uma meia-vida similar à da proteína à qual está ligado.
2. O ácido palmítico, um ácido graxo saturado C_{16}, biologicamente comum, que é unido à proteína por meio de uma ligação tioéster a um resíduo de Cys específico. Em alguns casos, a proteína palmitoilada é também prenilada. Por exemplo, Ras deve ser farnesilada e metilada, conforme descrito anteriormente, antes de ser palmitoilada no resíduo de Cys que precede em vários resíduos a extremidade C-terminal da proteína. A palmitoilação ocorre após a tradução no citosol e é reversível.

Supõe-se que os grupos acila de ácidos graxos funcionem como âncoras para as proteínas na membrana, tanto quanto os grupos prenila. No entanto, as exigências de muitas proteínas por resíduos acil-graxos específicos sugerem que esses grupos também participem no direcionamento dessas proteínas para localizações celulares específicas. De fato, as proteínas palmitoiladas ocorrem quase exclusivamente na face citoplasmática da membrana, enquanto as proteínas miristoiladas são encontradas em um grande número de compartimentos subcelulares, incluindo o citosol, o retículo endoplasmático, o aparelho de Golgi, a membrana plasmática e o núcleo. Muitas proteínas aciladas participam em processos de sinalização intracelular por meio de interações proteína-proteína de modo similar às proteínas preniladas. A reversibilidade da palmitoilação parece estar envolvida no controle de processos de sinalização intracelular, uma vez que a afinidade pelas membranas e as atividades biológicas de muitas proteínas são intensificadas pela palmitoilação.

c. Proteínas ligadas a GPI

Os grupos ***glicosilfosfatidilinositol (GPI)*** *funcionam no ancoramento de uma ampla variedade de proteínas à superfície externa da membrana plasmática eucariótica.* Não existe uma relação óbvia entre as numerosas proteínas que possuem âncoras de GPI, entre as quais estão enzimas, receptores, proteínas do sistema imune e antígenos. Evidentemente, *os grupos GPI proporcionam simplesmente uma alternativa aos domínios polipeptídicos transmembrana na ligação de proteínas à membrana plasmática.*

A estrutura central das âncoras de GPI consiste em um fosfatidilinositol (Tabela 12.2) ligado por ligação glicosídica a um tetrassacarídeo linear composto por três resíduos de manose e um resíduo glicosaminil (Fig. 12.30). A manose na extremidade não redutora dessa estrutura forma uma ligação fosfoéster com o resíduo de fosfoetanolamina, o qual, por sua vez, está unido por uma ligação amida ao grupo carboxílico C-terminal da proteína. O núcleo tetrassacarídico em geral é formado por uma grande diversidade de resíduos de açúcar,

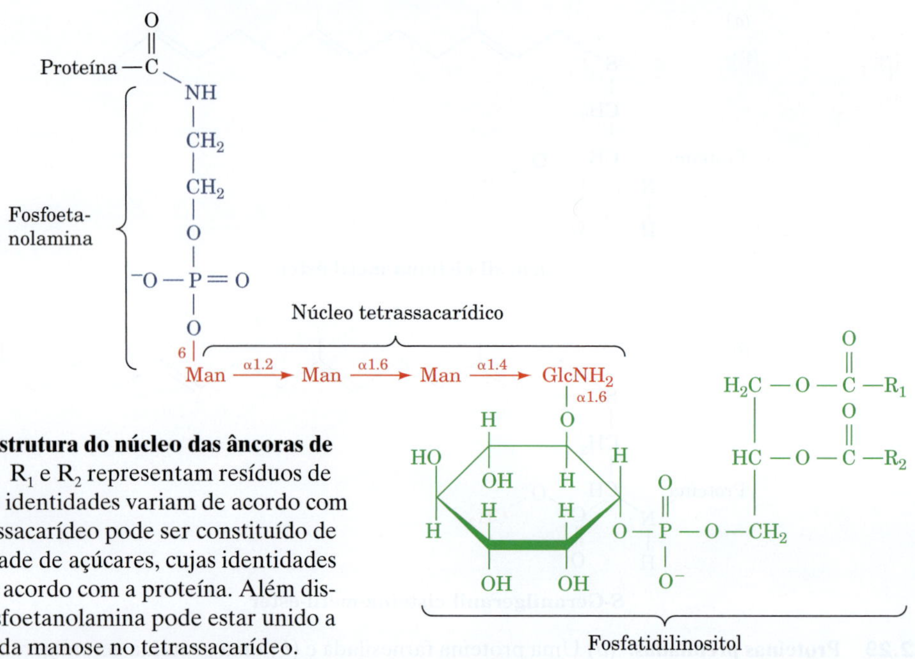

FIGURA 12.30 Estrutura do núcleo das âncoras de GPI das proteínas. R_1 e R_2 representam resíduos de ácidos graxos cujas identidades variam de acordo com a proteína. O tetrassacarídeo pode ser constituído de uma grande variedade de açúcares, cujas identidades também variam de acordo com a proteína. Além disso, o resíduo da fosfoetanolamina pode estar unido a ambos os resíduos da manose no tetrassacarídeo.

que variam com a identidade da proteína. Existe, igualmente, uma diversidade considerável de resíduos de ácidos graxos. A síntese das âncoras de GPI será discutida na Seção 23.3Bk.

Proteínas ancoradas por GPI ocorrem na superfície externa da membrana plasmática pelo mesmo motivo que ocorrem os resíduos de carboidrato das glicoproteínas (discutido na Seção 12.4Ca). As proteínas destinadas ao ancoramento por GPI são sintetizadas com sequências C-terminais de 20 a 30 resíduos hidrofóbicos que atravessam a membrana (conforme descrito na Seção 12.4Ba) e que são removidos durante a adição de GPI. Esse fato é corroborado pela observação que as proteínas ancoradas dessa forma são liberadas da membrana por ação de **fosfolipases** específicas para fosfatidilinositol (Seção 19.4B), demonstrando, assim, que os polipeptídeos maduros não estão inseridos na bicamada lipídica.

C. *Modelo de mosaico fluido para a estrutura da membrana*

Ver Exploração guiada 11: Estrutura da membrana e o modelo de mosaico fluido *A fluidez demonstrada em bicamadas lipídicas artificiais sugere que as membranas biológicas possuem propriedades semelhantes.* Essa ideia foi proposta em 1972 por S. Jonathan Singer e Garth Nicolson na sua teoria unificadora da estrutura da membrana, conhecida como **modelo de mosaico fluido**. A teoria postula que as proteínas seriam *icebergs* flutuando em um "mar" lipídico bidimensional (ver Fig. 12.20), e que essas proteínas se difundiriam livres lateralmente na matriz lipídica, a menos que seu movimento fosse restringido por associações com outros componentes celulares.

a. O modelo de mosaico fluido foi verificado experimentalmente

A validade do modelo do mosaico fluido foi comprovada de várias maneiras. Talvez a mais brilhante tenha sido a baseada no experimento de Michael Edidin (Fig. 12.31). Células de camundongo em cultura foram fusionadas com células humanas por tratamento com o **vírus Sendai**, gerando uma célula híbrida conhecida como **heterocárion**. As células de camundongo foram marcadas com anticorpos específicos ligados covalentemente a um corante fluorescente verde (**imunofluorescência**). As proteínas das células humanas foram marcadas da mesma forma com um marcador fluorescente vermelho. Com a fusão, as proteínas de camundongo e as humanas foram segregadas nas duas metades do heterocárion, como visualizado ao microscópio de fluorescência. Após 40 minutos a 37°C, contudo, essas proteínas estavam completamente misturadas. A adição de substâncias que inibem o metabolismo ou a síntese proteica não retardou esse processo, mas a diminuição da temperatura para menos de 15°C sim. Essas observações indicam que o processo é independente de energia metabólica ou de nova síntese proteica. O processo é, na verdade, o resultado da difusão das proteínas existentes por toda a membrana fluida, e é retardado pela diminuição da temperatura.

Medidas de recuperação da fluorescência após fotodescoloração (Fig. 12.15) indicam que as proteínas de membrana variam nas suas velocidades de difusão lateral. De 30 a 90% dessas proteínas são livremente móveis: elas difundem-se a velocidades apenas uma ordem de magnitude mais lentas do que os lipídeos, que são bem menores, de forma que demoram de 10 a 60 minutos para se difundirem ao longo do comprimento de 20 μm de uma célula eucariótica. Outras proteínas difundem-se mais lentamente, enquanto algumas são essencialmente imóveis por possuírem ligações submembrana.

A distribuição das proteínas na membrana pode ser visualizada por microscopia eletrônica usando as técnicas de **criofratura** e **crioentalhe**. Na criofratura, técnica desenvolvida por Daniel Branton, uma amostra de membrana é congelada rapidamente a uma temperatura próxima da do nitrogênio líquido (−196°C). Isso imobiliza a amostra e minimiza a perturbação gerada pela manipulação subsequente. A amostra é então fraturada com um criomicrótomo, que com frequência separa as duas lâminas da bicamada (Fig. 12.32). Uma

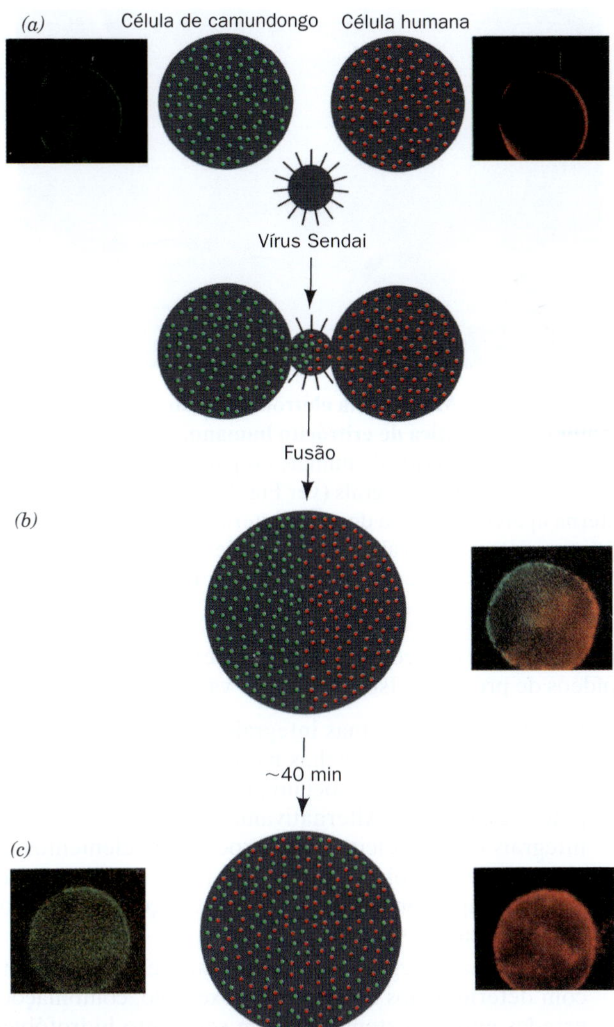

FIGURA 12.31 **Fusão, induzida pelo vírus Sendai, de uma célula de camundongo com uma célula humana e a subsequente mescla dos componentes da superfície celular visualizada por imunofluorescência.** Os antígenos humanos e de camundongo carregam marcadores fluorescentes nas cores vermelha e verde, respectivamente. (*a*) O vírus Sendai, encapsulado em uma membrana, liga-se especificamente aos receptores de superfície em ambos os tipos celulares e fusiona-se com suas membranas. (*b*) O resultado disso é a formação de uma ponte citoplasmática entre as células, que se expande formando o heterocárion. (*c*) Após 40 minutos, os marcadores verdes e vermelhos estão totalmente mesclados. As fotomicrografias foram feitas com o uso de filtros que permitem que somente a luz verde ou a vermelha cheguem à câmera; a da Parte *b* é resultado de dupla exposição e as da Parte *c* são da mesma célula. (As microfotografias de imunofluorescência são cortesia de Michael Edidin, The Johns Hopkins University, EUA.)

vez que a membrana exposta pode ser destruída pelo feixe de elétrons, sua réplica metálica é feita pelo recobrimento com uma fina camada de carbono, sombreamento (cobrindo-a por deposição evaporativa sob alto vácuo) com platina e remoção da matéria orgânica por tratamento com ácido. Essa réplica metálica pode ser examinada ao microscópio eletrônico. No procedimento de crioentalhe, a superfície externa da membrana adjacente à área partida revelada por criofratura também pode ser visualizada ao se sublimar ("entalhar"), a −100°C, parte do gelo que a envolve (Fig. 12.33).

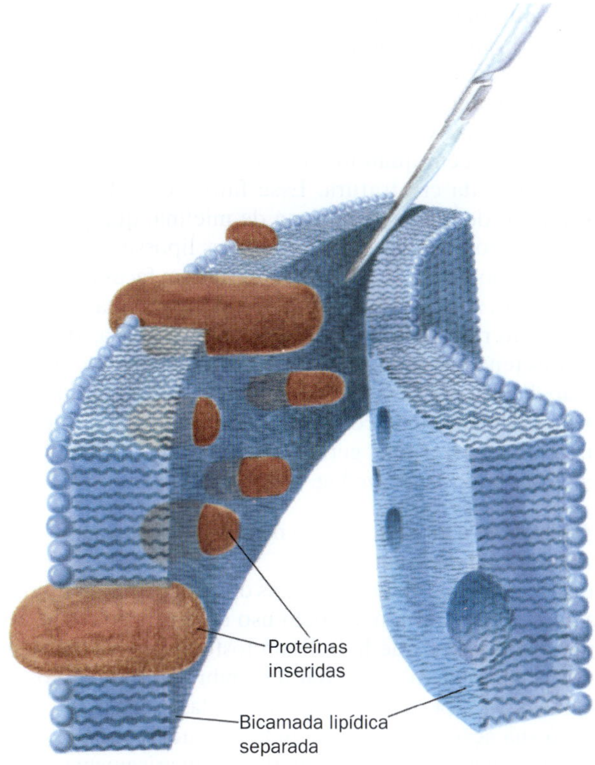

FIGURA 12.32 **A técnica de criofratura.** Uma membrana separada por criofratura, conforme o desenho esquemático, expõe o interior da bicamada lipídica e as proteínas nela inseridas.

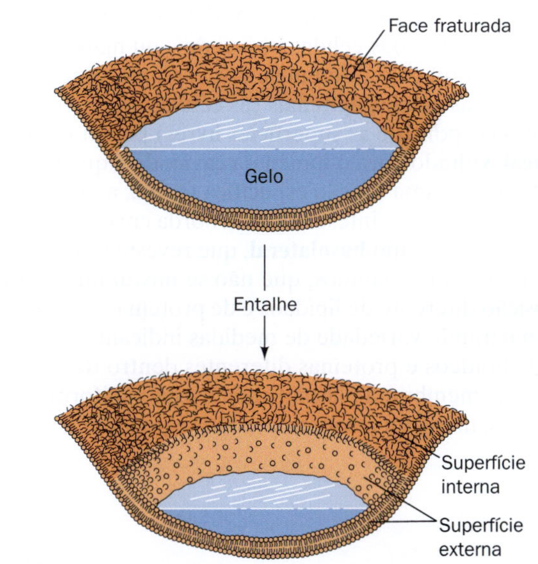

FIGURA 12.33 **O procedimento de crioentalhe.** O gelo que envolve uma membrana fraturada (*no alto*) é parcialmente sublimado, expondo a superfície externa (*abaixo*) para análise por microscopia eletrônica.

As micrografias eletrônicas de crioentalhe da maioria das membranas biológicas mostram uma face interna de fratura com partículas globulares de 50 a 85 Å de diâmetro (Fig. 12.34), que parecem estar distribuídas aleatoriamente. Essas partículas correspondem a proteínas de membrana, pois desaparecem quando a membrana é tratada com proteases antes da criofratura. Esse fato é corroborado pela observação de que a membrana de mielina, que possui um conteúdo proteico baixo, bem como os lipossomos, que são compostos somente de lipídeos, apresentam faces internas de fratura lisas. A superfície externa da membrana também tem um aspecto relativamente liso (Fig. 12.34), pois as proteínas integrais tendem a não protuberar muito além dela. A distribuição de proteínas externas individuais pode ser visualizada por procedimentos de coloração, como o uso de anticorpos marcados com ferritina, gerando micrografias eletrônicas semelhantes à mostrada na Fig. 11.34.

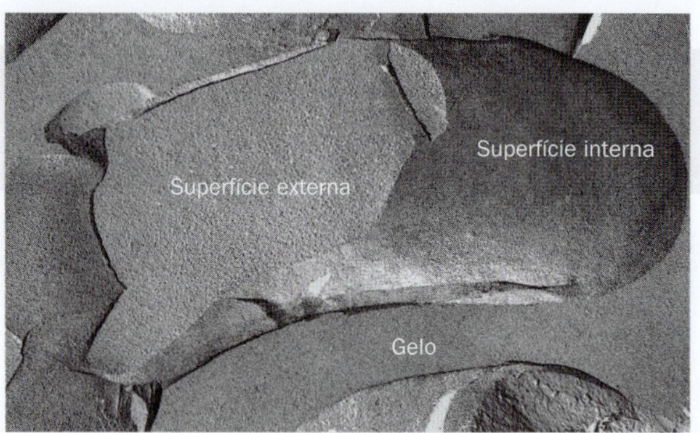

FIGURA 12.34 Micrografia eletrônica de um crioentalhe da membrana plasmática de eritrócito humano. A face interior exposta está guarnecida de numerosas partículas globulares, que são as proteínas integrais (ver Fig. 12.32). A superfície externa aparece mais lisa do que a interna porque as proteínas não se projetam muito além da superfície externa da membrana. (Cortesia de Vincent Marchesi, Yale University, EUA.)

b. Os lipídeos e as proteínas de membrana têm uma distribuição desigual

A distribuição dos lipídeos entre as duas faces das membranas biológicas foi determinada pelo uso de enzimas, conhecidas como **fosfolipases**, que hidrolisam fosfolipídeos. Como essas enzimas não podem atravessar a membrana, somente os fosfolipídeos da superfície externa de células intactas são suscetíveis à sua ação. Tais estudos indicam que *os lipídeos, assim como as proteínas, estão distribuídos assimetricamente entre as duas lâminas da bicamada* (p. ex., Fig. 12.35). Os carboidratos, como visto (Seção 11.3Cd), estão localizados quase exclusivamente na superfície externa da membrana plasmática.

Os lipídeos e as proteínas da membrana plasmática também se organizam lateralmente. Assim, a membrana plasmática da maioria das células possui dois ou mais domínios distintos com funções diferentes. Por exemplo, a membrana plasmática das **células epiteliais** (as células que revestem as cavidades corporais e as superfícies livres) possui um **domínio apical**, voltado para o lúmen da cavidade e que frequentemente possui uma função específica (p. ex., a absorção de nutrientes nas células intestinais com borda em escova; Seção 20.4A), e um **domínio basolateral**, que reveste o restante da célula. Esses dois domínios, que não se misturam, possuem composição diferente de lipídeos e de proteínas.

Uma grande variedade de medidas indicam que as centenas de lipídeos e proteínas diferentes dentro de um dado domínio da membrana plasmática não estão uniformemente misturados, mas com frequência estão segregados formando **microdomínios** que contêm somente determinados tipos de lipídeos de proteínas. Isto ocorre por várias razões:

1. Determinadas proteínas integrais associam-se para formar agregados ou manchas na membrana (p. ex., BR), que, por sua vez, se associam preferencialmente com lipídeos específicos. Alternativamente, algumas proteínas integrais estão posicionadas associadas a elementos do citoesqueleto (subjacente à membrana plasmática; Seção 1.2A) ou aprisionadas dentro dos espaços circundados pelas "cercas" resultantes.
2. As proteínas integrais podem interagir especificamente com determinados lipídeos. Por exemplo, combinações erradas entre a extensão de um segmento hidrofóbico TM de uma proteína integral e a espessura média da bicamada lipídica podem resultar no acúmulo seletivo de determinados fosfolipídeos ao redor da proteína, formando um anel de 10 a 20 camadas.
3. Íons metálicos divalentes, em especial Ca^{2+}, ligam-se seletivamente a grupos polares carregados, como os da fosfatidilserina, causando a agregação desses lipídeos na membrana. Sabe-se que essas separações de fase induzidas por íons metálicos regulam as atividades de determinadas enzimas ligadas à membrana.

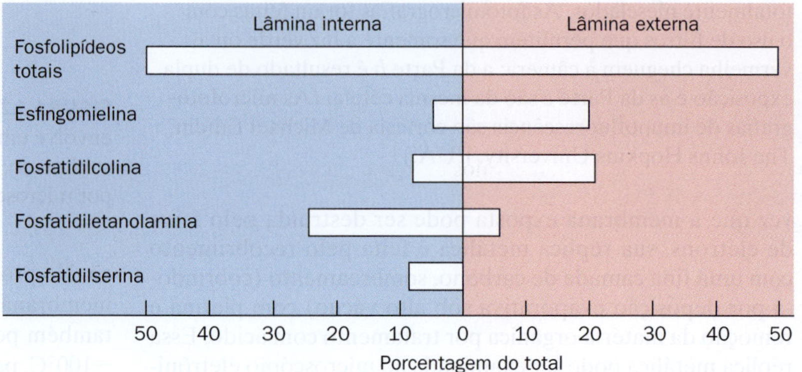

FIGURA 12.35 Distribuição assimétrica dos fosfolipídeos na membrana de eritrócito humano. O conteúdo de fosfolipídeos está expresso em mol porcento. (Com base em Rothman, J.E., and Lenard, J., *Science* **194**, 1744 [1977].)

4. Os glicoesfingolipídeos (que ocorrem somente na lâmina externa da membrana plasmática) e o colesterol agrupam-se para formar **balsas** móveis e invaginações em formato de garrafa com ~75 nm de diâmetro, denominadas **cavéolas** (do latim, pequenas cavernas), com as quais determinadas proteínas se associam. Glicoesfingolipídeos sozinhos não formam bicamadas, pois seus grupos polares grandes impedem o agrupamento das suas caudas hidrofóbicas predominantemente saturadas. O colesterol, por sua vez, não forma bicamadas devido ao pequeno tamanho do seu grupo polar. No entanto, os glicoesfingolipídeos aparentemente se associam lateralmente nesses microdomínios, por meio de interações fracas entre os grupos polares de seus carboidratos, sendo os espaços entre as caudas preenchidos com colesterol. As balsas e as cavéolas formadas por esfingolipídeos-colesterol não são solubilizadas a 4°C por detergentes sem carga, tais como Triton X-100 (Fig. 12.19). A baixa densidade das **membranas resistentes a detergentes** (**MRDs**) permite seu isolamento por ultracentrifugação em gradiente de sacarose (Seção 6.5Ba), tornando possível a identificação das proteínas associadas. Muitas das proteínas que participam de processos de sinalização transmembrana (Capítulo 19), inclusive proteínas ligadas a GPI, associam-se preferencialmente com essas membranas. As cavéolas, as quais parecem balsas com uma ou mais **caveolinas** (proteínas homólogas) associadas, são também enriquecidas com proteínas que participam de processos de sinalização.

Deve-se observar que todos esses agregados são estruturas altamente dinâmicas, que trocam rapidamente proteínas e lipídeos com a membrana circundante, como consequência das interações fracas e transientes entre os componentes da membrana e suas interações com o citoesqueleto subjacente. De fato, as técnicas de rastrear moléculas (Seção 12.2Ca) tem demonstrado que as moléculas de lipídeos nas membranas biológicas executam uma série de movimentos aleatórios de curtos em breve períodos de tempo (~10ms) intercaladas com grandes saltos laterais (Fig. 12.36), um processo denominado **difusão por saltos**. Evidentemente, *as membranas biológicas são fluidos bidimensionais particionados ao invés de contínuos.*

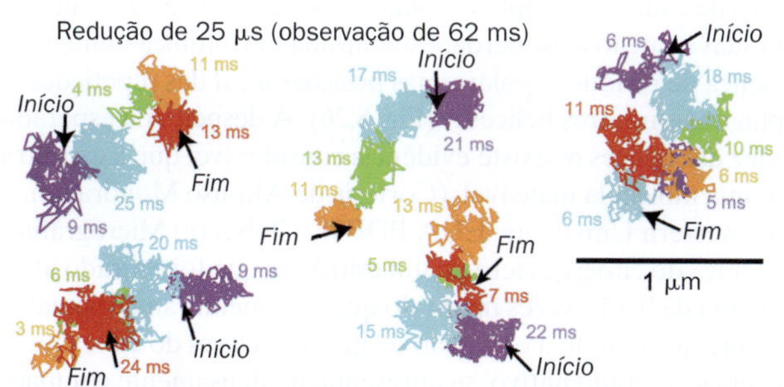

FIGURA 12.36 Difusão por saltos das moléculas de dioleoil-fosfatidiletanolamina individualmente marcadas com ouro coloidal na membrana plasmática. A posição de cada partícula foi determinada em intervalos de 25s (uma taxa de 40,500 quadros · s^{-1}) dentro de um período de tempo de 62ms (2.500 etapas). As linhas coloridas conectam porções sucessivas da partícula, com segmentos coloridos diferentes representando as várias regiões plausíveis na membrana plasmática, na qual a partícula parece ter sido confinada transientemente (em ordem púrpura, azul, verde, cor de laranja e vermelho). (Cortesia de Akihiro Kasumi, Nagoya University, Japão)

D. *A membrana do eritrócito*

A relativa simplicidade, a disponibilidade e a facilidade no seu isolamento tornaram a membrana do eritrócito a membrana biológica mais estudada e melhor compreendida. Por isso, ela é um modelo para as membranas mais complexas de outros tipos celulares. Um eritrócito maduro de mamífero é desprovido de organelas e realiza poucos processos metabólicos; ele é essencialmente uma bolsa membranosa de hemoglobina. A membrana do eritrócito pode ser obtida por lise osmótica, que faz o conteúdo celular extravasar. As partículas membranosas resultantes são conhecidas como **fantasmas** de eritrócito, pois, ao retornarem às condições fisiológicas, a membrana fecha-se novamente, formando partículas incolores que retêm sua forma original. De fato, ao transferir os fantasmas fechados para outro meio, o seu conteúdo pode diferir da solução externa.

a. A membrana dos eritrócitos contém uma variedade de proteínas

A membrana do eritrócito possui uma composição mais ou menos típica de membrana plasmática, sendo a metade de proteínas, um pouco menos de lipídeos e o restante de carboidratos (Tabela 12.4). Suas proteínas podem ser separadas por eletroforese em gel de poliacrilamida-SDS (Seção 6.4C) após a solubilização da membrana com uma solução de SDS a 1%. O eletroforetograma da membrana de um eritrócito humano corado com azul brilhante de Coomassie mostra sete bandas

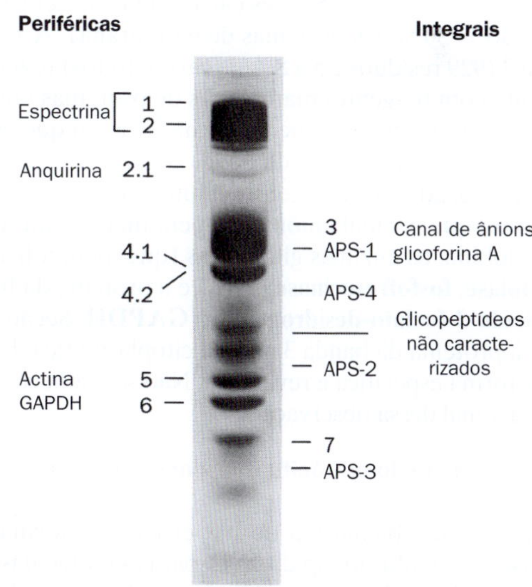

FIGURA 12.37 Eletroforetograma de SDS-PAGE das proteínas de membrana de eritrócitos humanos coradas com azul brilhante de Coomassie. As bandas designadas 4,1 e 4,2 não se separam na concentração de 1% de SDS utilizada. As bandas de menor intensidade não estão identificadas por uma questão de clareza. As posições das quatro sialoglicoproteínas que seriam reveladas por coloração com PAS estão indicadas. (Cortesia de Vincent Marchesi, Yale University, EUA.)

principais e muitas bandas minoritárias (Fig. 12.37). Se as proteínas separadas no eletroforetograma forem tratadas com o **ácido periódico de Schiff** (**APS**), que cora carboidratos, são evidenciadas quatro bandas chamadas APS. Os polipeptídeos correspondentes às bandas 1, 2, 4,1, 4,2, 5 e 6 são facilmente extraídos da membrana por alterações na força iônica ou no pH, sendo portanto proteínas periféricas. Tais proteínas estão localizadas na superfície interna da membrana, o que é consistente com a observação de que elas não são alteradas quando eritrócitos intactos ou fantasmas fechados são incubados com enzimas proteolíticas ou com reagentes para os quais a membrana é impermeável. Entretanto, essas proteínas serão alteradas se fantasmas "furados" forem tratados dessa maneira.

Em contraste, as bandas 3 e 7 e as quatro bandas de APS correspondem a proteínas integrais; elas só podem ser dissociadas da membrana por extração com detergentes ou solventes orgânicos. Destas, a banda 3 e as bandas de APS 1 e 2 correspondem a proteínas TM, conforme evidenciado pelos seus padrões de marcação diferentes obtidos quando células intactas são tratadas com reagentes marcadores de proteínas que não atravessam a membrana, ou quando esses reagentes são introduzidos dentro de fantasmas fechados. A banda 1 de APS é um dímero de glicoforina A, que se forma por meio de uma associação, resistente a SDS, entre as hélices TM das cadeias polipeptídicas (Fig. 12.21); esse dímero é a forma nativa da proteína. A banda 2 de APS é a forma monomérica da glicoforina A.

O transporte de CO_2 no sangue (Seção 10.1C) requer que a membrana do eritrócito seja permeável a HCO_3^- e Cl^- (a manutenção da eletroneutralidade requer que, para cada HCO_3^- que entra na célula, um Cl^- ou algum outro ânion deve sair; Seção 10.1Cb). O transporte rápido destes e de outros ânions através da membrana é mediado por um **canal aniônico*** específico. Existe ~1 milhão desses canais em cada célula (compreendendo > 30% das proteínas de membrana). A proteína da banda 3 (929 resíduos e 5 a 8% de carboidratos) reage especificamente com reagentes marcadores de proteínas aniônicas que bloqueiam o canal aniônico, indicando assim que esse canal é composto pela proteína da banda 3. Além disso, estudos de ligações cruzadas com reagentes bifuncionais (Seção 8.5Ca) demonstram que o canal aniônico é, pelo menos, um dímero. A hemoglobina, as enzimas glicolíticas (que metabolizam glicose) **aldolase**, **fosfofrutocinase** (**PFK**) e a proteína da banda 6 **gliceraldeído-3-fosfato-desidrogenase** (**GAPDH**; Seção 17.2F) ligam-se à proteína da banda 3 na face citoplasmática da membrana de forma específica e reversível. Não se conhece o significado funcional dessa observação.

b. O citoesqueleto do eritrócito é responsável por sua forma e flexibilidade

A forma discoide bicôncava de um eritrócito normal (Fig. 7.19*a*) assegura a difusão rápida de O_2 para as moléculas de hemoglobina, colocando-as a uma distância não maior do que 1 μm da superfície celular. Contudo, as regiões das bordas e da depressão central do eritrócito não ocupam posições fixas na membrana da célula. Isso pode ser demonstrado ancorando-se um eritrócito, por uma pequena porção de sua superfície, a uma lâmina de microscópio e induzindo a célula a mover-se lateralmente com um fluxo suave de tampão isotônico. Um ponto situado originalmente em uma borda do eritrócito irá mover-se pela depressão até a borda oposta. Evidentemente, a membrana rola pela célula de maneira similar à esteira de um trator, mantendo, entretanto, sua forma. Essa extraordinária propriedade mecânica da membrana do eritrócito é resultado da presença de uma rede submembrana de proteínas que funciona como um "esqueleto" – o citoesqueleto celular. De fato, essa propriedade é parcialmente reproduzida por um modelo mecânico que consiste em uma esfera geodésica (uma gaiola esferoidal) livremente articulada nas interseções de suas barras, mas impedida de colapsar além de uma superfície plana. Quando colocada dentro de um saco plástico com vácuo, essa gaiola também assume uma forma de disco bicôncavo.

A fluidez e a flexibilidade que o citoesqueleto confere ao eritrócito têm consequências fisiológicas importantes. Uma mistura de partículas sólidas de tamanho e concentração iguais aos das células vermelhas do sangue tem características de fluidez quase iguais às da areia. Como consequência, para que o sangue flua, e para que os eritrócitos possam ser comprimidos em capilares sanguíneos cujo diâmetro é menor do que os eritrócitos, a membrana dessas células, assim como seu citoesqueleto, deve ser fluida e facilmente deformável.

FIGURA 12.38 O citoesqueleto do eritrócito humano. (*a*) Estrutura de um dímero αβ de espectrina. Os dois polipeptídeos antiparalelos contêm múltiplas repetições de um segmento com 106 resíduos que, acredita-se, formam feixes de hélice tripla conectados por segmentos flexíveis. Dois desses heterodímeros unem-se, cabeça com cabeça, formando um heterotetrâmero $(\alpha\beta)_2$. (Com base em Speicher, D.W., e Marchesi, V., *Nature* **311**, 177 [1984].) (*b*) Estrutura por raios X de duas repetições sucessivas da α-espectrina de cérebro de galinha. Cada uma das repetições de 106 resíduos consiste em um feixe de hélice tripla em ziguezague, em que a hélice C-terminal da primeira repetição (R16, em *vermelho*) é contínua à hélice N-terminal da segunda repetição (R17, em *azul*) por meio de uma hélice conectora de 5 resíduos (em *verde*). As hélices dentro de cada feixe triplo enrolam-se ao redor umas das outras em uma suave torção à esquerda, estabilizada hidrofobicamente pela presença de resíduos apolares nas posições *a* e *d* das repetições heptagonais nas três hélices α (Fig. 8.26). A despeito da esperada rigidez das hélices α, existe evidência considerável que a espectrina seja uma molécula maleável. (Cortesia de Alfonso Mondragón, Northwestern University, EUA.PDBid 1CUN.) (*c*) Micrografia eletrônica do citoesqueleto de um eritrócito que foi estirado até uma área de 9 a 10 vezes maior do que a da membrana original. O estiramento permite a obtenção de imagens claras do citoesqueleto que, em seu estado nativo, se apresenta tão densamente compactado e dobrado de forma irregular que se torna difícil distinguir as moléculas individuais e determinar como estão interconectadas. Note a rede predominantemente hexagonal composta de tetrâmeros de espectrina interconectados por junções contendo actina e proteína da banda 4,1. (Cortesia de Daniel Branton, Harvard University, EUA.) (*d*) Modelo do citoesqueleto do eritrócito. O chamado complexo juncional, que está ampliado neste desenho, contém actina, **tropomiosina** (que, no músculo, também se associa com actina; Seção 35.3Ac) e a proteína da banda 4,1, assim como **aducina**, **dematina** e **tropomodulina** (não mostradas). (Com base em Goodman, S.R., Krebs, K.E., Whitfield, C.F., Riederer, B.M., and Zagen, I.S., *CRC Crit. Rev. Biochem.* 23, 196 [1988].)

* N. de T.: Rigorosamente, este canal aniônico é um transportador e não um canal, pois canais iônicos não realizam o transporte acoplado de dois íons simultaneamente.

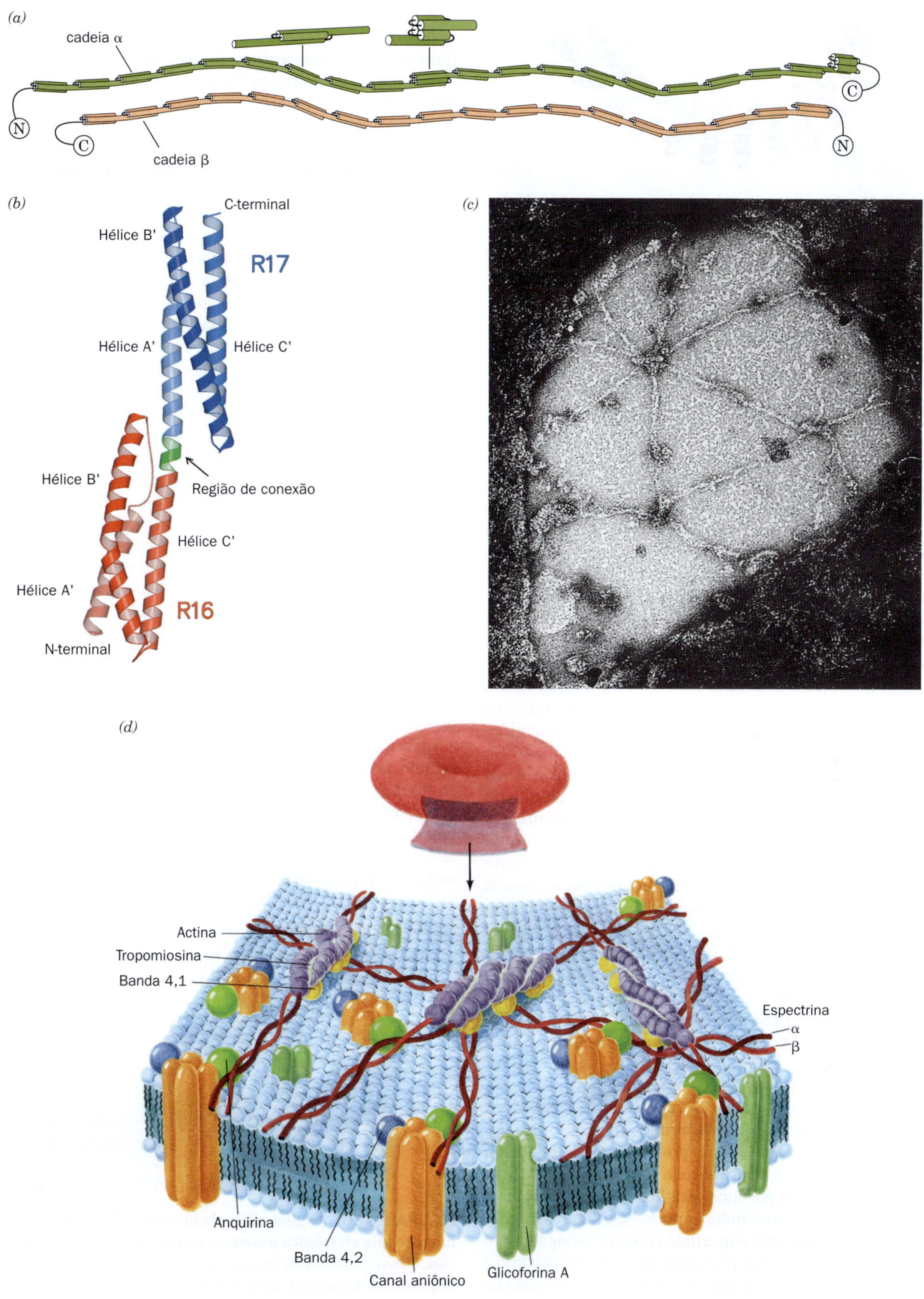
(a)
cadeia α
N
C
C
N
cadeia β
(b)
C-terminal
Hélice B'
R17
Hélice A'
Hélice C'
Hélice B'
Região de conexão
Hélice C'
Hélice A'
R16
N-terminal
(c)
(d)
Actina
Tropomiosina
Banda 4,1
Espectrina
α
β
Anquirina
Banda 4,2
Canal aniônico
Glicoforina A

FIGURA 12.39 Estrutura por raios X das repetições 13 a 24 da anquirina humana. O polipeptídeo está representado na forma de fita e colorido segundo as cores do arco-íris de sua extremidade N-terminal (repetição 13 em *azul*) para sua extremidade C-terminal (repetição 24 em *vermelho*). (Com base em uma estrutura por raios X determinada por Peter Michaely, University of Texas Southwestern Medical Center, Dallas,Texas, EUA, PDBid 1N11.)

A proteína **espectrina**, assim denominada por ter sido descoberta em fantasmas de eritrócitos, corresponde a ~75% do citoesqueleto de tais células. Ela é composta por duas cadeias polipeptídicas similares, a banda 1 (subunidade α; 2.418 resíduos) e a banda 2 (subunidade β, 2.137 resíduos), cujas análises de sequência indicam que cada uma consiste em segmentos repetidos de 106 resíduos, segmentos estes que presumivelmente formam unidades de 3 hélices α enroladas em espiral (Fig. 12.38*a, b*). A microscopia eletrônica revela que esses grandes polipeptídeos estão entrelaçados frouxamente, formando um dímero αβ vermiforme flexível de ~1.000 Å de comprimento (Fig. 12.38*c*). Dois desses heterodímeros associam-se cabeça com cabeça, formando um heterotetrâmero $(\alpha\beta)_2$. Existem ~100.000 desses tetrâmeros por célula, que estão interligados, em ambas as extremidades, por conexões formadas pelas proteínas das bandas 4,1 e 5, constituindo uma rede densa e irregular subjacente à membrana plasmática (Fig. 12.38*c, d*). A banda 5, uma proteína globular que forma oligômeros filamentosos, foi identificada como **actina**, um componente comum do citoesqueleto de outras células (Seção 1.2Ae) e um componente importante do músculo (Seção 35.3Ac). A espectrina também se associa com a banda 2,1, um monômero de 1.880 resíduos conhecido como **anquirina**, que, por sua vez, se liga à banda 3, o canal aniônico. Essa conexão ancora o citoesqueleto à membrana. De fato, a solubilização da espectrina e da actina com soluções de baixa força iônica faz a forma bicôncava dos fantasmas de eritrócitos ser perdida e suas proteínas integrais, que normalmente ocupam posições fixas na membrana, passam a apresentar mobilidade lateral.

O segmento N-terminal da anquirina com 798 resíduos é formado quase inteiramente por 24 repetições de 33 resíduos conhecidas como **repetições de anquirina**, (Fig. 12.39) as quais também ocorrem em várias outras proteínas. Cada repetição de anquirina consiste em duas hélices α antiparalelas curtas (8 ou 9 resíduos) seguidas por uma alça longa. Estas estruturas estão organizadas em uma pilha superhelicoidal dextrógira. O arranjo final forma uma superfície côncava alongada que supostamente se liga a várias proteínas integrais assim como à espectrina. Estudos imunoquímicos revelaram a existência de proteínas semelhantes à anquirina, à espectrina e à banda 4,1 no citoesqueleto de diferentes tecidos.

c. A esferocitose e a eliptocitose hereditárias originam-se de defeitos no citoesqueleto dos eritrócitos

Indivíduos com **esferocitose hereditária** possuem eritrócitos esferoidais relativamente frágeis e rígidos. Esses indivíduos sofrem de anemia hemolítica, pois o baço, um órgão labiríntico com passagens estreitas e que normalmente filtra eritrócitos envelhecidos (os quais perdem flexibilidade ao aproximarem-se do final de sua vida útil, que dura ~120 dias), remove prematuramente os eritrócitos esferocitóticos. A anemia hemolítica pode ser amenizada pela remoção cirúrgica do baço. Os principais defeitos das células esferocitóticas são síntese reduzida de espectrina, produção de uma espectrina anormal que se liga à proteína da banda 4,1 com afinidade reduzida, ou ausência da proteína da banda 4,1.

A **eliptocitose hereditária** (também conhecida como **ovalicitose hereditária**, ou seja, a existência de células vermelhas alongadas ou elípticas), uma condição comum em certas áreas do sudoeste da Ásia e da Melanésia, confere resistência à malária a indivíduos heterozigotos (mas aparentemente é letal para homozigotos). Essa condição é resultado de defeitos nos canais aniônicos dos eritrócitos. Um dos defeitos comuns consiste na deleção de 9 resíduos de aminoácidos, o que inativa essa proteína TM. A consequente redução no influxo de íons fosfato e sulfato pelo eritrócito inibe o crescimento intraeritrocitário dos parasitos causadores da malária.

O camelo, o renomado "navio do deserto", constitui um exemplo notável de adaptação envolvendo a membrana dos eritrócitos. Esse animal permanece ativo mesmo após uma perda de água que corresponde a 30% de sua massa corporal e, nesta condição de desidratação, pode beber, em poucos minutos, uma quantidade suficiente de água para reidratar-se completamente. A rápida captação pelo sangue de uma quantidade de água tão grande, que a passará às células, causaria a lise dos eritrócitos da maioria dos animais. Os eritrócitos do camelo, no entanto, que possuem uma forma elíptica achatada ao invés de disco bicôncavo, são resistentes à lise osmótica. A espectrina dos eritrócitos do camelo liga-se à membrana com uma tenacidade extraordinária, mas, após a remoção da proteína, o que exige o uso de um agente desnaturante forte como o cloreto de guanidina, os eritrócitos adotam a forma esférica.

E. *Os grupos sanguíneos*

A superfície externa dos eritrócitos, e de outras células eucarióticas, é coberta por carboidratos complexos, que são com-

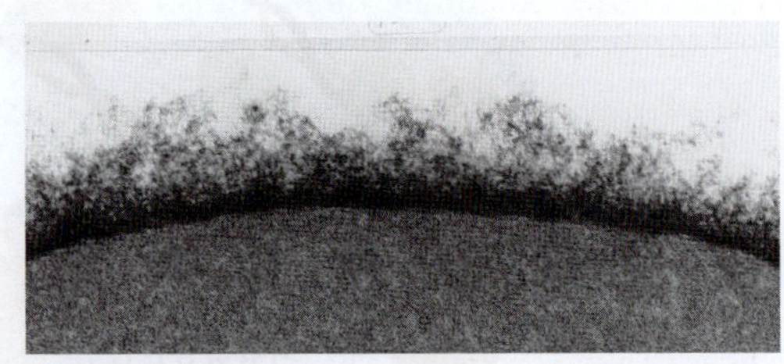

FIGURA 12.40 O glicocálice de um eritrócito visto por microscopia eletrônica usando técnicas especiais de coloração. Possui 1.400 Å de espessura e é composto de filamentos oligossacarídicos com diâmetro de 12 a 25 Å compactados firmemente e unidos a proteínas ou a lipídeos associados à membrana plasmática. (Cortesia de Harrinson Latta, UCLA, EUA.)

ponentes das glicoproteínas e dos glicolipídeos da membrana plasmática. Eles formam uma cobertura espessa e felpuda, o **glicocálice** (Fig. 12.40), o qual contém numerosos marcadores de identidade que atuam em vários processos de reconhecimento. Os eritrócitos humanos têm 30 sistemas de grupos sanguíneos geneticamente distintos que compreendem >600 **determinantes de grupos sanguíneos** conhecidos, embora muitos destes determinantes sejam de ocorrência rara ou ocorram somente em determinados grupos étnicos. Desses sistemas, somente dois têm importância clínica: o **sistema ABO** (descoberto em 1900 por Karl Landsteiner) e o **sistema *Rhesus*** (**Rh**). Os vários grupos sanguíneos são identificados por meio de anticorpos adequados ou por lectinas específicas de plantas.

a. Os componentes do grupo sanguíneo ABO são carboidratos

O sistema ABO consiste em três substâncias, os ***antígenos A, B e H****, que são componentes dos glicoesfingolipídeos da superfície do eritrócito.* (Antígenos são uma plêiade característica de grupos químicos na superfície de macromoléculas que, quando introduzidos em um animal, induzem a produção de anticorpos específicos [Seção 35.2Aa]. Cada molécula de anticorpo reage de forma específica com, pelo menos, dois de seus antígenos correspondentes, ligando-os transversalmente.) Indivíduos com células tipo A possuem antígenos A na superfície das mesmas e seu soro contém anticorpos anti-B; os com células tipo B, as quais possuem antígenos B, contêm anticorpos anti-A; os com células tipo AB, que possuem ambos os antígenos, não contêm anticorpos anti-A nem anti-B; e os indivíduos do tipo O, cujas células não possuem nenhum dos antígenos, contêm anticorpos anti-A e anti-B. Consequentemente a transfusão de sangue tipo A para um indivíduo com sangue tipo B causa uma reação antígeno A-anticorpo A que aglutina os eritrócitos transfundidos, resultando em um bloqueio dos vasos sanguíneos, frequentemente fatal. O antígeno H é apresentado adiante. Os anticorpos anti-A e anti-B, que não estão presentes no nascimento, parecem surgir por meio de uma resposta contra antígenos semelhantes ao A e ao B no alimento e/ou na colonização do intestino infantil por bactérias que produzem tais antígenos (o sistema imune normalmente suprime a produção de anticorpos contra os próprios antígenos do corpo [Seção 35.2Ac] e assim um individuo do tipo A, por exemplo, não produz anticorpos anti-A).

As moléculas do grupo sanguíneo ABO não são restritas aos eritrócitos, ocorrendo, também, como glicolipídeos de considerável diversidade nas membranas plasmáticas de células de muitos tecidos. Na verdade, esses antígenos estão entre os ~80% da população de moléculas secretadas, sendo secretados como componentes de glicoproteínas *O*-ligados em vários fluidos corporais, incluindo saliva, leite, fluido seminal, suco gástrico e urina. Essas moléculas diversas, compostas por 85% de carboidratos e com massas moleculares de até milhares de kilodaltons, consistem em múltiplos oligossacarídeos ligados a uma cadeia polipeptídica.

Os antígenos A, B e H diferem somente nos resíduos de açúcar de suas extremidades não redutoras (Tabela 12.5). O antígeno H ocorre nos indivíduos do tipo sanguíneo O; ele é também o precursor oligossacarídico dos antígenos A e B. Os indivíduos do tipo A possuem uma glicosiltransferase com 303 resíduos, que adiciona especificamente um

TABELA 12.5 Estruturas dos determinantes antigênicos A, B e H de eritrócitos

Tipo	Antígeno
H	Galβ(1→4)GlcNAc ··· ↑1,2 L-Fucα
A	GalNAcα(1→3)Galβ(1→4)GlcNAc ··· ↑1,2 L-Fucα
B	Galα(1→3)Galβ(1→4)GlcNAc ··· ↑1,2 L-Fucα

Abreviaturas: Gal = galactose, GalNAc = *N*-acetilgalactosamina, GlcNAc = *N*-acetilglicosamina, L-Fuc = L-fucose.

resíduo de *N*-acetilgalactosamina na extremidade do antígeno H, enquanto nos indivíduos do tipo B essa enzima, que difere da do tipo A em quatro resíduos de aminoácidos, adiciona um resíduo de galactose. A enzima é inativa nos indivíduos do tipo O porque sua síntese termina antes do 115° resíduo.

Os diferentes tipos sanguíneos conferem alguma vantagem ou desvantagem biológica? Estudos epidemiológicos indicam que os indivíduos do tipo A e B são menos suscetíveis à infecção por cólera do que os do tipo O, enquanto os indivíduos com o tipo AB, relativamente raro, são altamente resistentes a essa doença letal. Aparentemente os oligossacarídeos dos tipos A e B bloqueiam o receptor para a bactéria *Vibrio cholera*, causadora da cólera (Seção 19.2Cd). Além disso, os indivíduos do tipo O apresentam uma incidência maior de úlceras pépticas, particularmente os não secretores. No entanto, os indivíduos do tipo A apresentam uma incidência maior de câncer de estômago, doenças cardíacas e anemia perniciosa (Seção 25.2Ee).

F. *Junções comunicantes*

A maioria das células dos organismos multicelulares está em contato físico, elétrico e metabólico com as células vizinhas. Esse contato é proporcionado por partículas tubulares denominadas **junções comunicantes**, que unem regiões discretas das membranas de células vizinhas como se fossem rebites ocos (Fig. 12.41). De fato, esses canais intercelulares são tão disseminados que muitos órgãos são totalmente contínuos internamente. As junções comunicantes são, assim, importantes canais de comunicação intercelular. Por exemplo, a contração sincronizada do músculo cardíaco é obtida por fluxos de íons através das junções comunicantes (o músculo cardíaco não é inervado como o músculo esquelético). Da mesma forma, as junções comunicantes servem como condutos para algumas das substâncias que medeiam o desenvolvimento embrionário; o bloqueio das junções com anticorpos causa anormalidades no desenvolvimento de espécies tão diversas como as hidras, os sapos e os camundongos. As junções comunicantes também atuam na nutrição de células que estão distantes de um suprimento sanguíneo, como as células ósseas e as do cristalino. Portanto, não é surpresa que

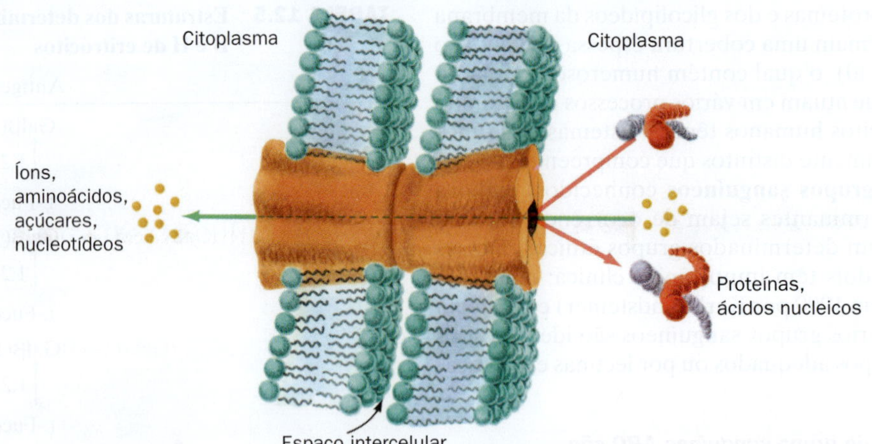

FIGURA 12.41 Modelo de uma junção comunicante. As junções comunicantes entre células adjacentes são constituídas de dois pinos hexagonais justapostos, embebidos na membrana plasmática, que atravessam o espaço entre as células. As junções comunicantes mantêm as células separadas por uma distância fixa. O canal central da junção permite a passagem de pequenas moléculas e íons entre uma célula e outra, mas não de macromoléculas.

os defeitos nas junções comunicantes, em humanos, estejam associados a determinadas doenças neurodegenerativas como catarata, surdez, várias doenças de pele, bem como as anormalidades no desenvolvimento. As junções comunicantes são formadas por um único tipo de subunidade proteica, conhecida como **conexina**. Uma junção isolada consiste em dois anéis hexagonais de conexina justapostos, chamados **conexons**, sendo um de cada membrana plasmática adjacente (Fig. 12.41). As células normalmente estão conectadas por grupos de centenas a milhares de conexons. Um dado animal expressa numerosas conexinas geneticamente diferentes. Por exemplo, os humanos expressam 21 conexinas diferentes, com massas moleculares que variam de 25 a 50 kDa. Muitos tipos celulares expressam várias espécies diferentes de conexina simultaneamente e existe considerável evidência de que, nessas células, pelo menos alguns conexons possam ser formados a partir de duas ou mais espécies da proteína. Além disso, as junções comunicantes unindo duas células podem ser formadas por dois tipos diferentes de conexons. Esses vários tipos de junções provavelmente diferem na sua seletividade pelas substâncias propagadas por elas.

Os canais das junções comunicantes nos mamíferos têm diâmetro entre 16 e 20 Å, no mínimo, valor estabelecido por Werner Loewenstein por meio da microinjeção, em uma única célula, de moléculas fluorescentes com diferentes tamanhos, seguida da observação, ao microscópio de fluorescência, da passagem dessas substâncias para as células vizinhas. A massa molecular das moléculas e dos íons que passam livremente para as células vizinhas está limitada a um máximo de ~1.000 D; as macromoléculas, como as proteínas e os ácidos nucleicos, não podem sair das células por essa via.

O diâmetro dos canais das junções comunicantes varia com a concentração de Ca^{2+}: os canais estão totalmente abertos quando o nível de Ca^{2+} é $< 10^{-7}M$, e vão tornando-se mais estreitos à medida que a concentração do íon aumenta, até que, em concentrações acima de $5 \times 10^{-5}M$, eles se fecham. Acredita-se que esse sistema obstrutor tenha a finalidade de proteger as comunidades de células interconectadas do dano catastrófico que resultaria da morte de um de seus membros. As células em geral mantêm concentrações citosólicas de Ca^{2+} muito baixas ($< 10^{-7}M$) devido ao bombeamento ativo do íon para fora da célula e para a mitocôndria e o retículo endoplasmático (Seção 20.3B; o Ca^{2+} é um mensageiro intracelular importante, cuja concentração citosólica é regulada com precisão). Em células danificadas ou deprimidas metabolicamente, o Ca^{2+} flui para o interior das mesmas, induzindo o fechamento das junções comunicantes e isolando-as das células vizinhas.

a. As conexinas possuem feixes transmembrana de quatro hélices

A estrutura por raios X da junção comunicante formada pela **conexina 26 (Cx26)** humana com 226 resíduos, determinada por Tomitake Tsukihara, revela um dodecâmero com simetria D_6, uma altura de 155 Å, e um diâmetro máximo de 92 Å que envolve um canal central (Fig. 12.42*a*). A porção extracelular de cada conexon se estende por 23 Å a partir da superfície extracelular e se entrelaça por 6 Å com o conexon oposto para alcançar uma junção intercelular de 40 Å. Cada subunidade da Cx26 forma um feixe de quatro hélices em zigue-zague no qual ambas as extremidade N e C estão no citosol. O canal central tem o diâmetro de ~40 Å na sua entrada citosólica que se afunila para 14 Å próximo à superfície extracelular da membrana e então se alarga para 25 Å no espaço extracelular (Fig 12-42*b*). A entrada do funil positivamente carregada atrai as moléculas com carga negativa. No entanto, a região de constrição máxima do canal tem carga negativa, o que deve afetar também a seletividade de carga do canal.

G. *Proteínas formadoras de canal*

Muitas toxinas bacterianas são sintetizadas como monômeros hidrossolúveis que, ao interagirem com suas membranas-alvo por um receptor proteico específico, inserem-se espontaneamente na membrana formando um poro TM. Esse processo, que requer a oligomerização dessas **toxinas formadoras de canal**, provoca o extravasamento de peque-

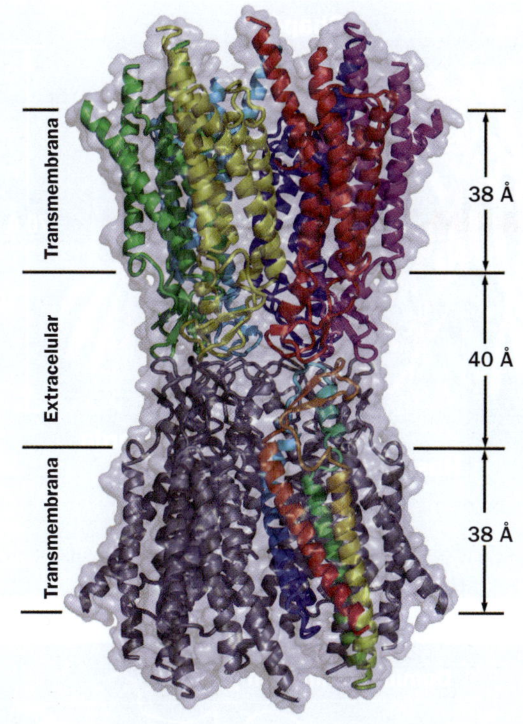

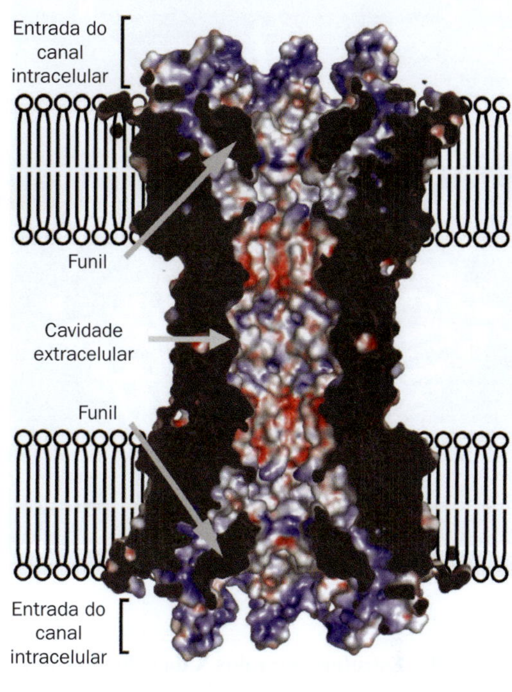

FIGURA 12.42 Estrutura por raios X da conexina 26 das junções comunicantes. (*a*) Vista perpendicular ao eixo de simetria de ordem 6 da proteína (paralelo ao plano das membranas) na qual a proteína está representada na forma de fita incrustada na sua superfície molecular semitransparente. Cada conexina do conexon superior tem uma cor diferente, enquanto uma das conexinas do conexon inferior está colorida segundo as cores do arco-íris, de sua extremidade N-terminal (*azul*) para sua extremidade C-terminal (*vermelho*) e, as demais conexinas estão em púrpura. O tamanho da região transmembrana foi deduzido a partir da distribuição dos resíduos aromáticos e hidrofóbicos (Seção 12.3Af). (*b*) Representação parcial na forma de diagrama de superfície do canal da junção comunicante. A superfície do canal está colorida de acordo com seu potencial eletrostático com positivo em vermelho negativo em azul e neutro em branco. (Parte *a* com base em uma estrutura por raios X determinada por Tomitake Tsukihara, e Parte *b* cortesia do mesmo autor, University of Osaka, Japão. PDBid 2ZW3.)

nas moléculas e íons da célula-alvo, matando-a por perda do equilíbrio osmótico. A formação de um único canal em uma célula é, com frequência, suficiente para matá-la.

Uma das toxinas formadoras de canal melhor caracterizadas é a **α-hemolisina**, que é secretada pelo patógeno humano *Staphylococcus aureus* sob a forma de um monômero hidrossolúvel de 293 resíduos, o qual se insere espontaneamente, na forma de poros heptaméricos, nas membranas dos eritrócitos e de vários outros tipos celulares. Mesmo a α-hemolisina sendo um monômero hidrossolúvel desprovido de segmentos hidrofóbicos, o heptâmero atua como uma proteína TM típica, que não é removida da membrana por tratamentos com alta concentração de sal, baixo pH ou com agentes caotrópicos, exigindo o uso de detergentes para a sua remoção.

A estrutura por raios X da α-hemolisina solubilizada com detergente, determinada por Eric Gouaux, revela um impressionante complexo heptamérico em forma de cogumelo, com altura de 100 Å e diâmetro de 100 Å (Fig. 12.43*a* e *b*). O canal, com diâmetro entre 14 e 46 Å, que se estende ao longo do eixo heptamérico da proteína, forma um poro TM. A haste do cogumelo (o segmento TM da proteína) consiste em um barril β antiparalelo, com 52 Å de comprimento e 26 Å de diâmetro, semelhante à porina, composto por sete folhas β antiparalelas de duas fitas, uma de cada subunidade (Fig. 12.43*b*). O restante de cada subunidade consiste em um domínio sanduíche β e um domínio da borda, que, juntos, formam um elipsoide de 70 Å (Fig. 12.43*c*). Sete elipsoides estão dispostos na forma de um anel, formando então a borda e o chapéu do cogumelo. O domínio da borda projeta-se em direção aos grupos polares dos fosfolipídeos da membrana e provavelmente interage com eles via resíduos básicos e aromáticos, que se projetam da fenda entre a borda e a parte superior da haste.

Um grande número de evidências experimentais indica que a formação espontânea do poro TM heptamérico ocorre via várias etapas discretas: (1) ligação do monômero hidrossolúvel à superfície da membrana, provavelmente por meio da interação das alças do polipeptídeo com grupos na superfície da bicamada lipídica; (2) formação do heptâmero na superfície da membrana; (3) inserção do barril β de 14 fitas na membrana, formando o poro. Os detalhes estruturais desse processo ainda são desconhecidos, embora esteja claro que há pouca alteração na estrutura secundária dos monômeros quando estes formam o poro heptamérico TM. A razão pela qual os monômeros não formam heptâmeros em solução aquosa é provavelmente devido a diferenças entre as forças das interações intrassubunidades no monômero

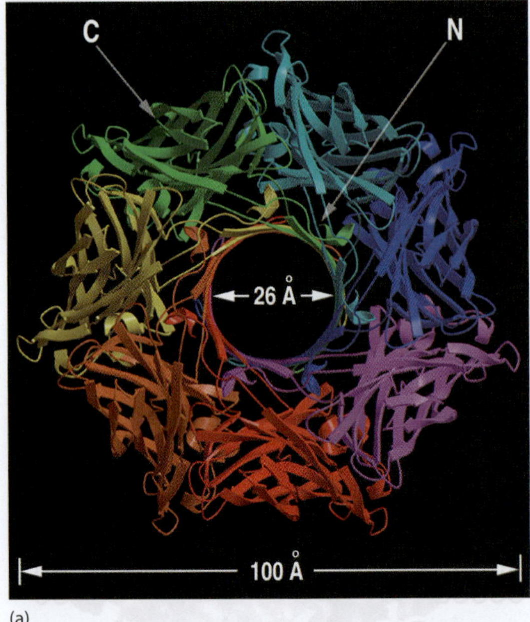

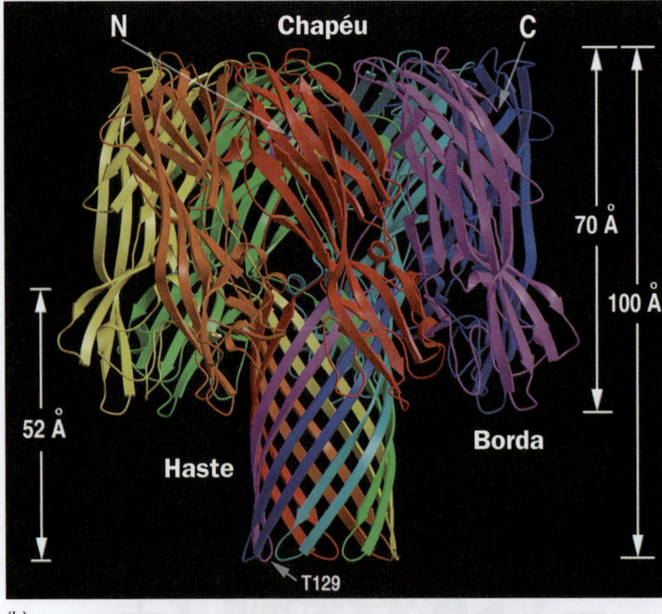

FIGURA 12.43 Estrutura por raios X da α-hemolisina. Vistas: (*a*) longitudinal e (*b*) perpendicular do poro heptamérico transmembrana. Cada subunidade está desenhada em uma cor diferente. (*c*) A unidade monomérica está representada com seus três domínios em cores diferentes. (Cortesia de Eric Gouaux, Columbia University, EUA. PDBid 7AHL.)

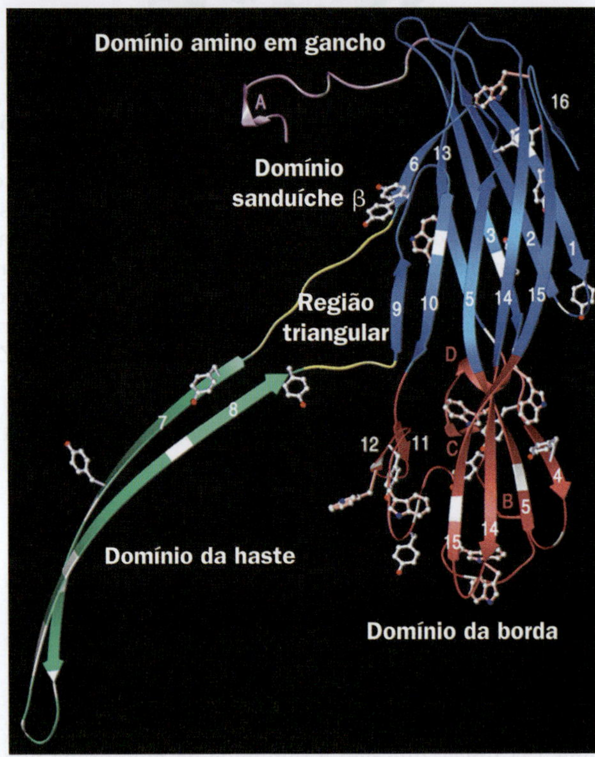

em solução e as interações intersubunidades no heptâmero na membrana.

Nem todas as toxinas formadoras de canal formam poros na forma de barris β. Uma variedade de outras toxinas formadoras de canal, especialmente várias proteínas de *E. coli*, conhecidas como **colicinas**, formam poros recobertos por hélices α. A maioria desses poros é monomérica.

4 MONTAGEM DA MEMBRANA E DIRECIONAMENTO DAS PROTEÍNAS

As células sintetizam novas membranas à medida que crescem e se dividem. Como são geradas as membranas assimétricas? Uma das maneiras poderia ser por meio da automontagem. De fato, quando o detergente utilizado para dissolver uma membrana biológica é removido, formam-se lipossomos que contêm proteínas integrais funcionais. Na maioria dos casos, contudo, esses modelos de membrana são assimétricos, tanto na distribuição dos lipídeos nas camadas interna e externa da bicamada, como na orientação das proteínas integrais. Uma hipótese alternativa é que a montagem da membrana *ocorre sobre um suporte de membranas preexistentes*; *ou seja, as membranas são geradas pela expansão de membranas velhas e não pela geração de novas.* Nesta seção, será visto como as membranas são geradas. Será considerado como as proteínas são inseridas nas membranas e passam através delas e como porções de membrana, na forma de vesículas, são removidas de uma membrana e fusionadas com outra, transportando lipídeos e proteínas entre elas. Esses mecanismos altamente complicados são uma indicação da complexidade dos processos biológicos.

A. Distribuição dos lipídeos nas membranas

As enzimas envolvidas na biossíntese dos lipídeos de membrana são, na maioria, proteínas integrais (Seção 25.8). Seus

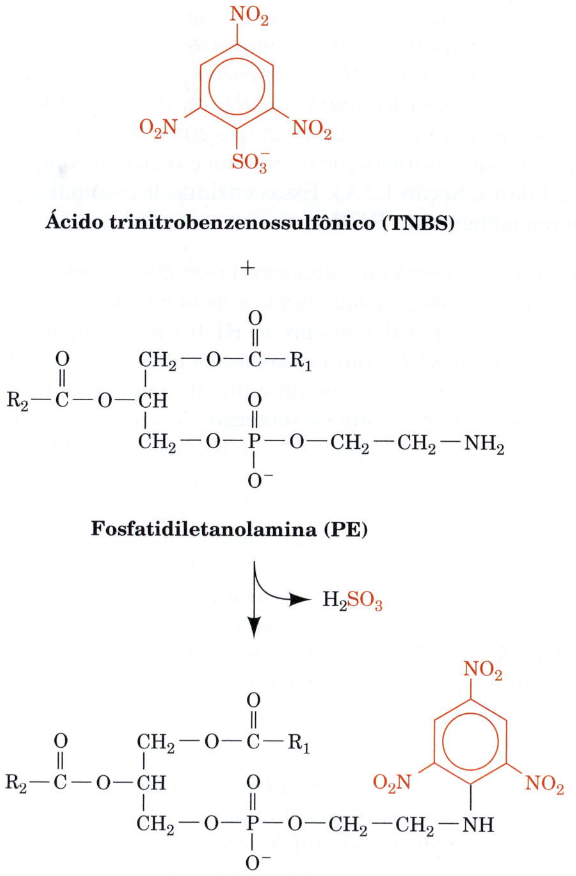

Ácido trinitrobenzenossulfônico (TNBS)

+

Fosfatidiletanolamina (PE)

$\longrightarrow H_2SO_3$

FIGURA 12.44 **Reação do TNBS com a PE.**

substratos e produtos são os próprios componentes da membrana, de forma que os lipídeos de membrana são sintetizados in situ. Eugene Kennedy e James Rothman demonstraram, com o uso de marcação seletiva, que é isso que ocorre em bactérias. Eles submeteram bactérias em proliferação a um pulso de 1 minuto de $^{32}PO_4^{3-}$, de modo que fossem marcados radioativamente os grupos fosforil de fosfolipídeos recém-sintetizados. Imediatamente após o pulso, foi adicionado à suspensão celular um reagente chamado **ácido trinitrobenzenossulfônico (TNBS)**, que não atravessa a membrana e que se combina com fosfatidiletanolamina (**PE**; Fig. 12.44). A análise do resultado da dupla marcação mostrou que nenhuma das PEs marcadas com TNBS estava radioativa. Essa observação indica que *as PEs recém-formadas são sintetizadas no lado citoplasmático da membrana (Fig. 12.45, no alto à direita).*

a. As proteínas de membrana catalisam os movimentos de ponta-cabeça dos fosfolipídeos

Mesmo que o intervalo entre a marcação com $^{32}PO_4^{3-}$ e a adição do TNBS seja de apenas 3 minutos, a metade das PEs marcadas com ^{32}P também estará marcada com TNBS (Fig. 12.45). Essa observação indica que a velocidade dos movimentos de ponta-cabeça na membrana bacteriana é 100.000 vezes maior do que nas bicamadas constituídas somente de fosfolipídeos (onde esse movimento tem uma meia-vida de muitos dias).

Como os fosfolipídeos sintetizados de um lado da membrana chegam ao outro lado tão rapidamente? O movimento de ponta-cabeça dos fosfolipídeos é facilitado de duas maneiras:

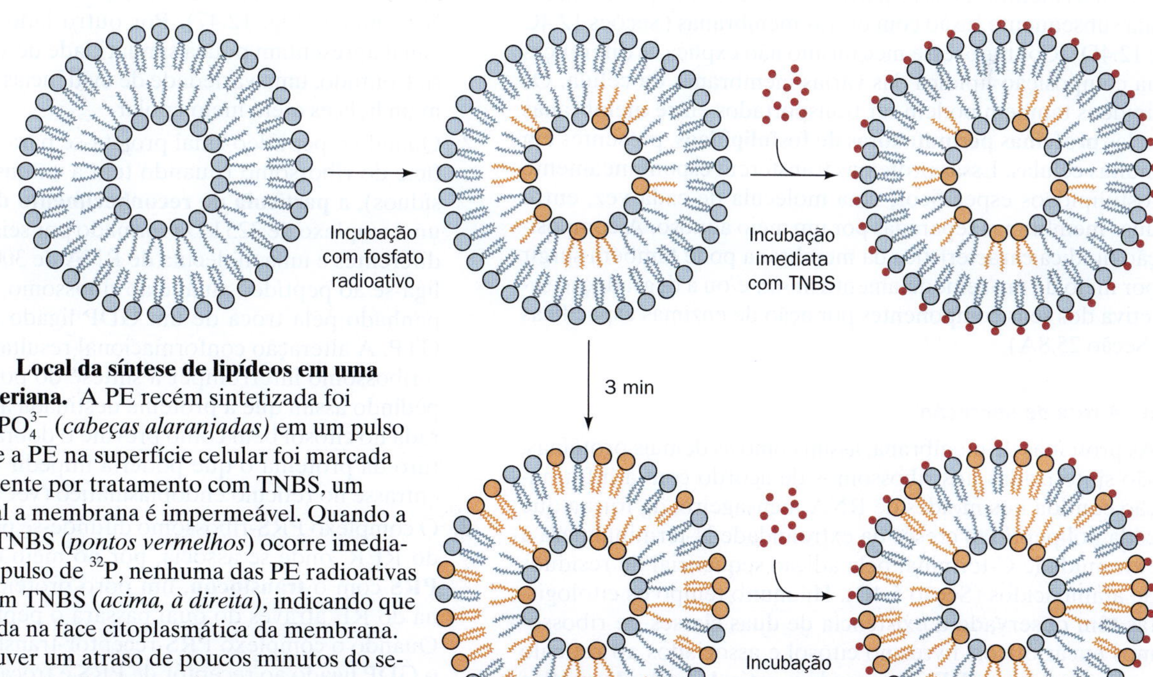

FIGURA 12.45 **Local da síntese de lipídeos em uma membrana bacteriana.** A PE recém sintetizada foi marcada com $^{32}PO_4^{3-}$ (*cabeças alaranjadas*) em um pulso de um minuto, e a PE na superfície celular foi marcada independentemente por tratamento com TNBS, um reagente ao qual a membrana é impermeável. Quando a marcação com TNBS (*pontos vermelhos*) ocorre imediatamente após o pulso de ^{32}P, nenhuma das PE radioativas fica marcada com TNBS (*acima, à direita*), indicando que a PE é sintetizada na face citoplasmática da membrana. Contudo, se houver um atraso de poucos minutos do segundo tratamento em relação ao primeiro, uma boa parte da PE marcada com TNBS na face externa da membrana terá sido também marcada com ^{32}P (*embaixo*).

1. As membranas contêm proteínas, conhecidas como **flipases**, que catalisam os movimentos de ponta-cabeça (chamados, em inglês, de *flip-flop*) de fosfolipídeos específicos. Essas proteínas tendem a equilibrar a distribuição dos fosfolipídeos através da bicamada, isto é, o transporte líquido de um fosfolipídeo acontece a partir do lado da membrana no qual ele está em maior concentração, para o lado oposto. Tal processo, como será visto na Seção 20.2, é uma forma de **difusão facilitada**.
2. As membranas contêm proteínas conhecidas como **transladases de fosfolipídeos**, que transportam fosfolipídeos específicos pela bicamada em um processo que é dependente de hidrólise de ATP. Essas proteínas podem transportar determinados fosfolipídeos do lado da bicamada que tem a concentração mais baixa desses compostos para o lado oposto, estabelecendo uma distribuição não equilibrada dos mesmos. Tal processo, como será visto na Seção 20.2, é uma forma de **transporte ativo**.

A distribuição dos fosfolipídeos pela membrana (p. ex., Fig. 12.35) parece, portanto, originar-se da orientação na membrana das enzimas que sintetizam os fosfolipídeos, combinada com a tendência oposta das transladases dependentes de ATP em gerar distribuição assimétrica dos fosfolipídeos e das flipases em tornar aleatória essa distribuição.

b. A composição característica dos lipídeos de membrana pode originar-se de várias maneiras

Nas células eucarióticas, os lipídeos são sintetizados na face citoplasmática do retículo endoplasmático, de onde são transportados para outras membranas. O mecanismo mais importante de transporte de lipídeos talvez seja o brotamento de vesículas membranosas a partir do retículo endoplasmático e sua subsequente fusão com outras membranas (Seções 12.4C e 12.4D). Contudo, esse mecanismo não explica as diferenças na composição lipídica das várias membranas da célula. Os lipídeos também podem ser transportados entre membranas pelas **proteínas permutadoras de fosfolipídeos**, presentes em muitas células. Essas proteínas transferem espontaneamente fosfolipídeos específicos, uma molécula de cada vez, entre duas membranas separadas por um meio aquoso. A composição lipídica característica da membrana pode também surgir por meio de um remodelamento *in situ* e/ou a degradação seletiva dos seus componentes por ação de enzimas específicas (Seção 25.8A).

B. *A rota de secreção*

As proteínas de membrana, assim como as demais proteínas, são sintetizadas nos ribossomos de acordo com a informação contida nos moldes de RNA mensageiro, de forma que cada polipeptídeo cresce da extremidade N-terminal para a extremidade C-terminal pela adição sequencial de resíduos de aminoácidos (Seção 5.4B). Há muito tempo os citologistas têm observado a existência de duas classes de ribossomos eucarióticos: livres no citosol e associados ao retículo endoplasmático (**RE**), formando o **retículo endoplasmático rugoso** (**RER**, assim chamado devido à aparência nodosa conferida pelos ribossomos; Fig. 1.5). No entanto, ambas as classes são estruturalmente idênticas, diferindo apenas na natureza do polipeptídeo que sintetizam. *Os ribossomos livres sintetizam principalmente proteínas solúveis e mitocondriais, enquanto os ribossomos associados à membrana sintetizam proteínas TM, assim como proteínas destinadas à secreção, à atuação dentro do RE ou à incorporação em* ***lisossomos*** (organelas membranosas contendo um conjunto de enzimas hidrolíticas que degradam e reciclam componentes celulares; Seção 1.2A). Essas enzimas lisossomais aparecem inicialmente no RER.

a. A rota de secreção é responsável pelo direcionamento de muitas proteínas de membrana e de secreção

Como as proteínas destinadas ao RER são distinguidas das outras proteínas? E como essas moléculas, grandes e relativamente polares, atravessam a membrana do RER? Esse processo ocorre pela **rota de secreção**, descrita pela primeira vez por volta de 1975 por Günter Blobel, César Milstein e David Sabatini. Uma vez que ~25% das diferentes espécies de proteínas sintetizadas por todos os tipos de células são integrais e muitas outras são secretadas, *~40% dos vários tipos de proteínas sintetizadas pelas células devem ser processados pela rota de secreção ou por outra rota de direcionamento de proteínas* (p. ex., a que direciona proteínas para a mitocôndria; Seção 12.4E). Nesta subseção, será primeiramente apresentado um resumo da rota de secreção, seguido de uma discussão detalhada das suas características. Essa rota está delineada na Fig. 12.46:

1. *Todas as proteínas secretadas, assim como as residentes no RE, as lisossômicas e muitas das TM, são sintetizadas com* ***peptídeos-sinal*** *N-terminais contendo 13 a 16 resíduos*. Esses peptídeos consistem em um núcleo hidrofóbico de 6 a 15 resíduos, flanqueado por vários resíduos relativamente hidrofílicos, que em geral incluem um ou mais resíduos básicos próximos à extremidade N-terminal (Fig. 12.47). Por outro lado, os peptídeos-sinal apresentam pouca similaridade de sequência entre si. Contudo, uma variedade de evidências indica que formam hélices α em meio apolar.
2. Quando o peptídeo-sinal projeta-se para além da superfície do ribossomo (quando tem a extensão de ~40 resíduos), a **partícula de reconhecimento de sinal** (**PRS**), um complexo de 325 kDa formado por seis polipeptídeos diferentes e uma molécula de RNA de 300 nucleotídeos, liga-se ao peptídeo-sinal e ao ribossomo, o que é acompanhado pela troca de um GDP ligado à PRS por um GTP. A alteração conformacional resultante na PRS faz o ribossomo interromper a síntese do polipeptídeo, impedindo assim que a proteína destinada ao RE seja liberada no citosol bem como previne o dobramento prematuro da proteína o que poderia impedir que a proteína entrasse no retículo endoplasmático (ver a seguir).
3. O complexo PRS-ribossomo difunde-se para a superfície do RER, onde se associa, por no meio do **receptor de PRS** com o **translocon**, um poro proteico na membrana do RE através do qual passará o peptídeo nascente. Quando o complexo PRS-receptor-translocon se forma, o GDP ligado ao receptor de PRS é trocado por GTP.
4. A PRS e o receptor de PRS estimulam-se mutuamente para hidrolisar seus GTPs a GDP (o que é energeticamente equivalente à hidrólise do ATP), resultando em mudanças conformacionais que levam à dissociação da

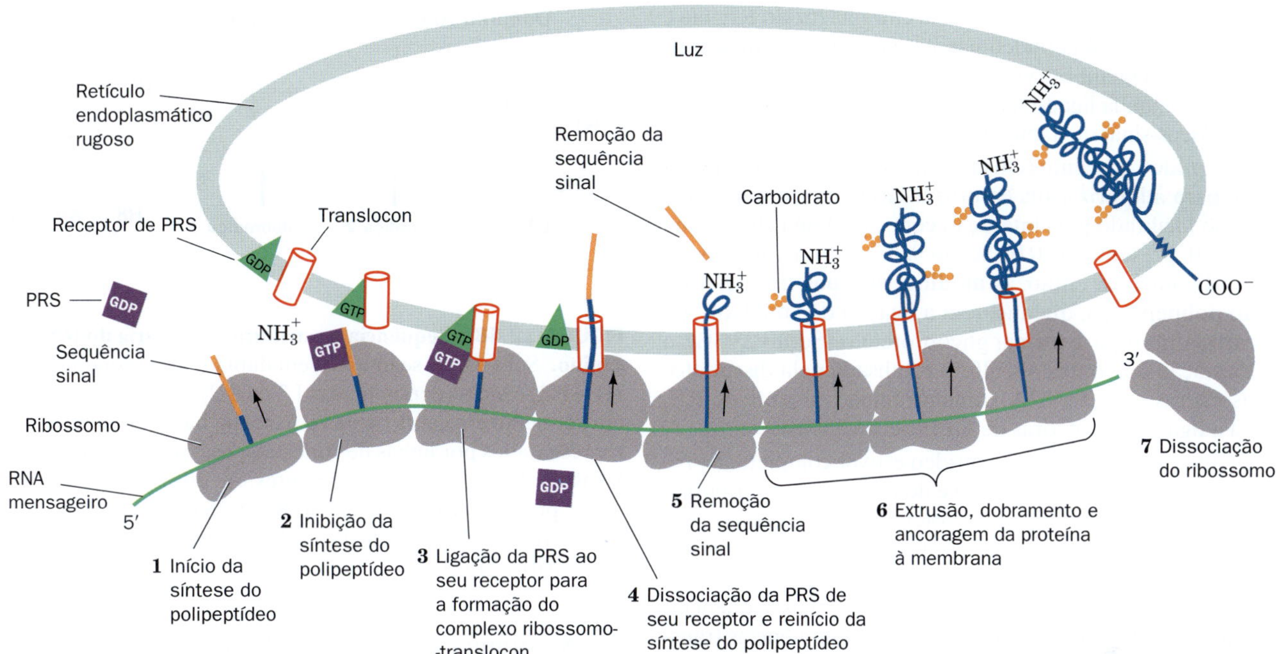

FIGURA 12.46 Síntese nos ribossomos, inserção na membrana e início da glicosilação de uma proteína integral pela rota secretória. (**1**) A síntese proteica inicia na extremidade N-terminal do polipeptídeo, que consiste em uma sequência-sinal com 13 a 16 resíduos. (**2**) A partícula de reconhecimento de sinal (PRS) liga-se ao ribossomo e à sequência-sinal que está emergindo deste, impedindo a síntese do polipeptídeo. (**3**) A PRS liga-se ao seu receptor transmembrana complexado com o translocon, associando o ribossomo ao translocon. (**4**) Por meio da hidrólise dos GTPs, a PRS e seu receptor dissociam-se do complexo ribossomo-translocon. O ribossomo reinicia, então, a síntese do polipeptídeo, o qual passa para a luz do RE através do translocon. (**5**) A sequência-sinal é removida, proteoliticamente, logo após sua entrada na luz do RE. (**6**) À medida que a cadeia polipeptídica nascente passa para a luz do RE, ela começa a se dobrar para adquirir sua conformação nativa, o que é facilitado por sua interação com a proteína chaperona BiP (não mostrada). Simultaneamente, enzimas iniciam a glicosilação específica do polipeptídeo. Depois de dobrada, a proteína não pode ser removida da membrana. O polipeptídeo é ancorado na membrana por meio de pontos específicos determinados por sua sequência (proteínas destinadas à secreção passam inteiramente para a luz do RE). (**7**) Quando a síntese está completa, o ribossomo dissocia-se em suas duas subunidades. **Ver Figuras animadas**

PRS do seu receptor e do complexo ribossomo-translocon. Isso permite ao ribossomo retomar a síntese do polipeptídeo, de forma que sua extremidade N-terminal passe pelo translocon para a luz do RE. A hidrólise de GTP é a fonte de energia para a maioria dos processos envolvendo ribossomos, como será visto na Seção 32.3.

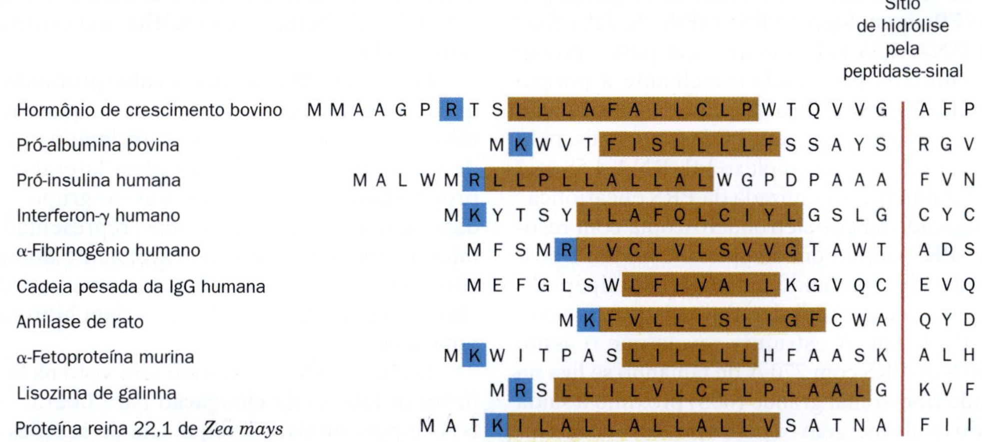

FIGURA 12.47 Sequências N-terminais de algumas pré-proteínas de secreção eucarióticas. Os núcleos hidrofóbicos (em *marrom*) da maioria dos peptídeos-sinal são precedidos por resíduos básicos (em *azul*). (Com base em Watson, M.E.E., *Nucleic Acids Res.* **12**, 5147-5156 [1984].)

5. Logo depois que o peptídeo-sinal entra na luz do RE, ele é removido do polipeptídeo nascente por uma **peptidase-sinal** ligada à membrana (cadeias polipeptídicas com o peptídeo-sinal ainda ligado são conhecidas como **pré-proteínas**; peptídeos-sinal são também denominados **pré-sequências**).
6. O peptídeo nascente (em crescimento) começa a dobrar-se para adquirir a sua conformação nativa, em um processo facilitado pela interação com a proteína chaperona Hsp70, presente no RE (Seção 9.2C). As enzimas da luz do RE iniciam, então, as **modificações pós-traducionais** do polipeptídeo, que incluem a ligação de "núcleos" de carboidratos para formar glicoproteínas (Seção 23.3B), a formação de pontes dissulfeto catalisada pela dissulfeto-isomerase (Seção 9.2A), uma proteína residente do RE, ou a ligação de âncoras de GPI (Seção 23.3Bk).
7. Quando a síntese do polipeptídeo estiver completa, a proteína é liberada do ribossomo e do translocon, e o ribossomo dissocia-se do RER. As proteínas de secreção, as residentes do RE e as lisossômicas atravessam completamente a membrana do RER e chegam à luz da organela. As proteínas TM, ao contrário, contêm uma ou mais sequências com ~22 resíduos, que funcionam como sequências transmembrana, permanecendo inseridas na membrana.

A rota secretora também é válida em procariotos para a inserção de determinadas proteínas na membrana celular (cujo exterior é equivalente à luz do RE). De fato, todas as formas de vida já estudadas possuem PRS e receptor de PRS homólogos. No entanto, nas bactérias, a ligação da PRS ao ribossomo não interrompe a tradução.

b. Crioeletromicroscopia da estrutura da PRS em complexo com um ribossomo em tradução revela como ela se liga ao peptídeo-sinal e interrompe a tradução

As partículas de reconhecimento de sinal em mamíferos consistem em seis polipeptídeos, conhecidos como **PRS9**, **PRS14**, **PRS19**, **PRS54**, **PRS68** e **PRS72** (os números correspondem às massas moleculares em kilodaltons), e um RNA 7S com ~300 nucleotídeos (**nt**) (Fig. 12.48; os RNAs são classificados de acordo com sua velocidade de sedimentação em unidades Svedberg [S], que aumenta com o aumento da massa molecular [Seção 6.5Aa]). Muitas PRSs de procariotos são muito mais simples. A de *E. coli* consiste em um único polipeptídeo, denominado **Ffh**, homólogo à PRS54 (Ffh, de *Fifty-four homolog*), e um RNA 4,5S (114 nt) que, em parte, possui uma estrutura secundária presumida semelhante à porção do RNA 7S à qual o PRS54 se liga. De fato, a substituição da PRS54 por Ffh, ou vice-versa, gera PRSs funcionais, pelo menos *in vitro*, sugerindo que o complexo Ffh-RNA 4,5S seja uma versão estruturalmente minimizada da PRS eucariótica.

A estrutura baseada na crioeletromicroscopia com resolução de 12 Å do PRS canino em complexo com um ribossomo de gérmen de trigo contendo uma cadeia polipeptídica nascente (em crescimento) foi determinada por Joachin Frank e Roland Beckman. A estrutura revela que o assim chamado domínio S do PRS com 270 Å de tamanho se liga na base da subunidade ribossomal grande (60S) próximo à saída do túnel através do qual emergem os polipeptídeos recém sintetizados, enquanto o domínio Alu oscila ao redor da subunidade grande para contatar o ribossomo na interface entre a subunidade grande e a pequena (40S) (Fig. 12.49).

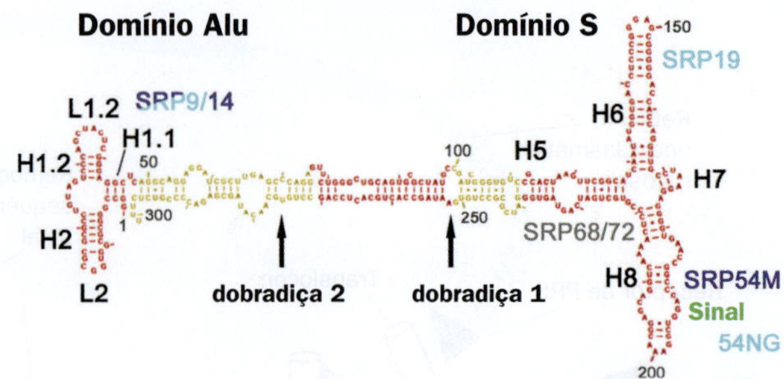

FIGURA 12.48 Sequência e estrutura secundária do RNA 7S canino. Seus vários segmentos em dupla hélice (denominados H1 a H8) e alças (denominadas L2 e L1.2) estão desenhados em vermelho e amarelo, com os pares de bases Watson–Crick representados por linhas de conexão e os pares de bases não Watson–Crick indicados por pontos. As posições às quais as várias proteínas PRS se ligam ao RNA 7S estão indicadas em ciano, roxo e cinza. (Cortesia de Roland Beckmann, Humboldt University of Berlin, Alemanha.)

A estrutura do complexo ribossomo-PRS foi modelada pelo ajuste da estrutura por raios X, com uma resolução muito mais alta, do ribossomo de levedura (Seção 32.3Af) e vários fragmentos de PRS à densidade eletrônica derivada da crioeletromicroscopia (Figs. 12.49*d* e 12.50). O modelo indica que o RNA 7S consiste principalmente em um longo bastão helicoidal duplo que oscila em duas posições denominadas dobradiça 1 e dobradiça 2 (o RNA, assim como o DNA, pode formar uma dupla hélice com pareamento de bases, embora sua conformação seja completamente diferente da do B-DNA; Seção 29.1Bc). A sequência sinal que sai do ribossomo, que foi modelada como uma hélice α, se liga ao PRS54, que entra em contato com o ribossomo próximo à abertura do túnel de saída do peptídeo.

O PRS54 é formado por três domínios: o domínio N-terminal, o domínio central G, o qual contém a função de GTPase do PRS e junto com o domínio N medeia a interação do PRS com seu receptor; e domínio C-terminal M, rico em metionina (25 dos seus 209 resíduos, em humanos). O domínio N forma um feixe de quatro hélices α antiparalelas que se associam intimamente com o domínio G, o qual consiste em uma folha β aberta (Seção 8.3Bi) cuja estrutura lembra a das outras GTPases.

O domínio M contém um sulco profundo que se liga à sequência sinal helicoidal. O sulco está quase totalmente revestido por resíduos hidrofóbicos, incluindo muitos dos resíduos de metionina do PRS54 (a cadeia lateral da metionina tem propriedades físicas similares às do grupo *n*-butil). As "cerdas" flexíveis e não ramificadas, representadas pelas cadeias laterais das metioninas, provavelmente dotam o sulco com a plasticidade necessária para ligar uma variedade de sequências sinal diferentes, desde que sejam hidrofóbicas e formem uma hélice α.

Os ribossomos, conforme será visto na Seção 32.3Dk, utilizam os **fatores de elongação** para liberar os aminoacil-tRNAs e para motivar a sequência de reações que une um resíduo de aminoácido à cadeia polipeptídica em crescimento. O domínio Alu dos PRS de eucariotos, que é requerido para a parada da tradução, mantém contato com a região intersu-

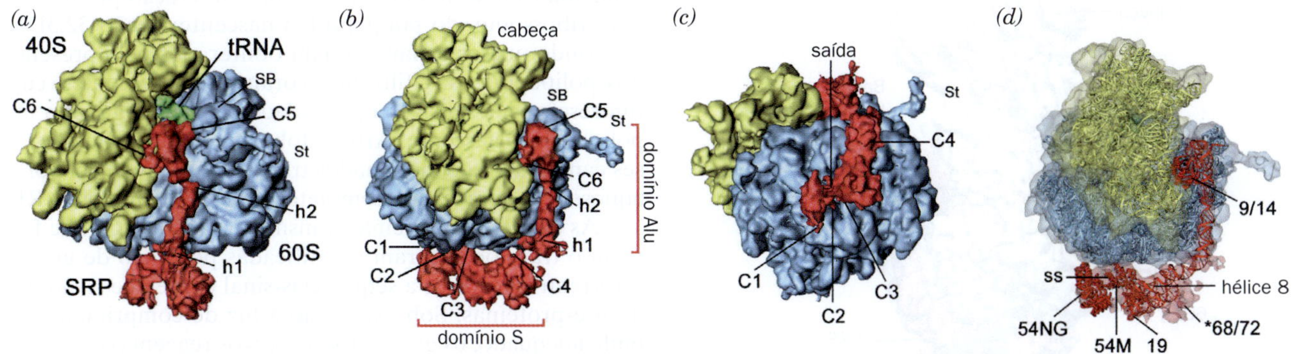

FIGURA 12.49 Estrutura por crioeletromicroscopia de um ribossomo de germe de trigo em processo de tradução em complexo com a PRS canina na resolução de 12 Å. (*a*) Diagrama de superfície mostrando a subunidade pequena (40S) em amarelo, a subunidade grande (60S) em azul, a PRS em vermelho e o tRNA ocupando o sítio P do ribossomo (ao qual está covalentemente ligada a cadeia polipeptídica em crescimento; Fig. 5.28) em verde. C1 a C6 indicam as seis posições nas quais a PRS entra em contato com o ribossomo e h1 e h2 indicam as posições das dobradiças no RNA 7S. Ha e BH significam haste e base da haste. (*b*) Como na Parte *a* mas com uma rotação de 70º em volta do eixo vertical. (*c*) Como na Parte *a* mas com uma rotação de 90º em volta do eixo horizontal. (*d*) Como na Parte *b* mas com as superfícies transparentes mostrando o modelo molecular do ribossomo e da PRS. (Cortesia de Roland Beckmann, Humboldt University of Berlin, Alemanha.)

bunidades do ribossomo na mesma posição à qual se ligam os fatores ribossomais de elongação. Isto sugere que o domínio Alu interrompe a tradução por se ligar ao ribossomo com afinidade suficiente para bloquear a ligação, ao ribossomo, dos fatores de elongação necessários. Isto é corroborado pela observação que os PRS bacterianos, que ao se ligar ao ribossomo não interrompem a tradução, não possuem domínios Alu.

c. O início da rota de secreção é impelido pela hidrólise do GTP

O receptor da PRS (RS) nos eucariotos é um heterodímero formado por subunidades denominadas **RSα** e **RSβ**. A RSβ é uma proteína integral com 271 resíduos, que possui um segmento transmembrana na extremidade N-terminal,

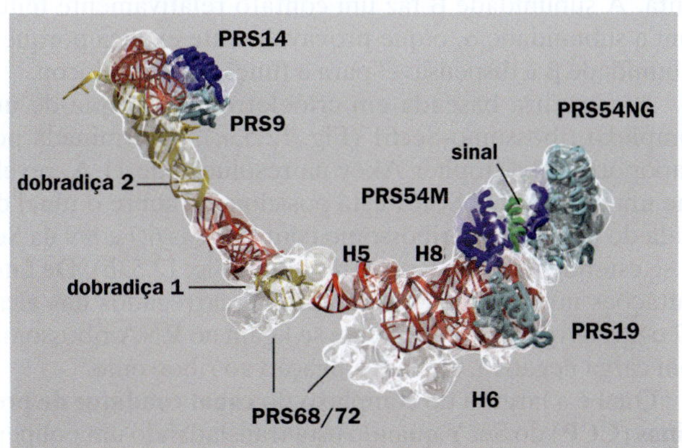

FIGURA 12.50 Modelo molecular da PRS. A densidade eletrônica transparente baseada em crioeletromicroscopia está representada em branco, e os diagramas de fitas da estrutura por raios X dos fragmentos das proteínas PRS e do RNA que foram ancorados estão coloridos conforme indicado na Fig. 12.48. A sequência sinal, modelada como uma hélice α, está em verde. Observe que não está disponível nenhuma estrutura com resolução atômica do heterodímero PRS68/72. (Cortesia de Roland Beckmann, Humboldt University of Berlin, Alemanha. PDBid 2G05.)

enquanto a primeira é uma proteína periférica com 638 resíduos que, aparentemente, se liga à membrana por meio da associação de seu segmento N-terminal com a RSβ. Tanto a RSα como a RSβ são GTPases.

O RS de *E. coli* consiste em uma única subunidade com 497 resíduos, denominada **Fts Y**, cuja porção C-terminal é homóloga à da RSα, embora suas porções N-terminais não tenham similaridade de sequência. Curiosamente, a estrutura por raios X da porção C-terminal da Fts Y é muito semelhante à dos domínios N e G da PRS54, com os quais tem 34% de identidade.

A condução do complexo PRS-ribossomo para a membrana do RE é mediada pelas funções de GTPase da PRS54, da RSα e da RSβ. Em numerosos sistemas biológicos, principalmente aqueles que medeiam tradução (Seção 32.3), transporte de vesículas (Seções 12.4C e 12.4D) e transdução de sinal (Seção 19.2), *as GTPases funcionam como interruptores moleculares, permitindo que o sistema tenha unidirecionalidade e especificidade.* Essas chamadas **proteínas G** possuem pelo menos duas conformações estáveis: ligadas a GDP e ligadas a GTP. A interconversão entre esses dois estados ocorre somente em um ciclo unidirecional devido à irreversibilidade da hidrólise do GTP. Na maioria dos casos, é necessário que a proteína G interaja com outras proteínas para poder alterar seu estado conformacional. Assim, a hidrólise do GTP com frequência requer a estimulação por uma **proteína ativadora de GTPase** (**GAP**, de *GTPase activating protein*) específica, e a troca de GDP por GTP requer a assistência de um **fator de troca de nucleotídeo de guanina** (**GEF**, de *guanine nucleotide exchange factor*; Seção 19.2Ca) específico. A exigência da presença desses fatores confere especificidade ao sistema.

O GEF da PRS é o complexo da sequência-sinal emergente com o domínio M da PRS54, o qual induz o domínio G adjacente a trocar seu GDP por GTP (Fig. 12.46, Etapa 2). A formação do complexo PRS · GTP resulta em uma mudança conformacional, que fixa a PRS ao ribossomo, o qual, por sua vez, cessa a tradução. O GEF da RS parece ser um translocon

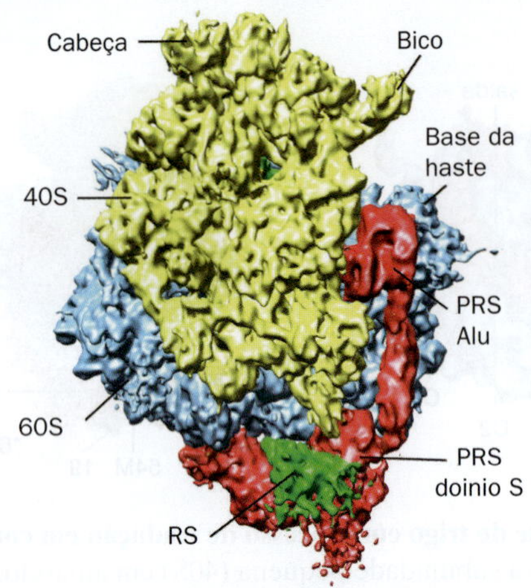

FIGURA 12.51 Estrutura por crioeletromicroscopia do complexo RS-PRS-ribossomo eucariótico na resolução de 8Å. O complexo está orientado e colorido como na Fig. 12.49*b* com a SR em verde. (Cortesia de Roland Beckmann, Humboldt University of Berlin, Alemanha.)

vazio que se associa com o complexo RS · GTP, ao qual se liga o complexo PRS · GTP-ribossomo (Fig. 12.46, Etapa 3). A PRS e a RS, ambos na forma com GTP ligado, atuam claramente como "moléculas adaptadoras" na junção de um translocon vazio com um ribossomo que está sintetizando um polipeptídeo com uma sequência sinal. A PRS e a RS estimulam reciprocamente a atividade GTPásica um do outro (atuam como GAPs mútuas; sozinhas não têm atividade GTPásica significativa), seguido da sua dissociação, produzindo PRS · GDP livre e complexos RS · GDP prontos para participar de um novo ciclo da rota de secreção (Fig. 12.46, Etapa 4). A liberação de PRS e RS permite que o ribossomo associado com o translocon recomece a tradução, deslocando o polipeptídeo que está sendo sintetizado para a membrana do RE ou para o seu interior, como descrito a seguir.

Na estrutura do complexo SPR-ribossomo (Fig. 12.49), o domínio S da PRS bloqueia a ligação do translocon à abertura do túnel de saída do peptídeo. No entanto, a estrutura baseada em crio-eletro microscopia do complexo PR-PRS-ribossomo (sem o segmento TM da PRβ), determinada por Irmgard Sinning e Beckmann, revela que a PR entra em contato com a subunidade ribossomal grande e com o domínio S da PRS (Fig. 12.51) de tal forma que empurra o domínio S para longe do sítio de saída do peptídeo. Isto permite o acesso do translocon ao seu sítio de ligação ribossomal e provavelmente o posiciona de tal forma que a sequência sinal ligada ao domínio M pode ser transferida facilmente para ele. A posição do domínio Alu da PRS eucariótica não é afetada pela ligação da PR.

d. O translocon forma um poro transmembrana

Como as pré-proteínas são inseridas na membrana do RE ou transportadas por ela? Em 1975, Blobel postulou que esse processo seria mediado por um canal transmembrana. Contudo, somente em 1991 ele foi capaz de mostrar que esse canal realmente existia, por meio de medidas eletrofisiológicas que indicam que a membrana do RER possui canais condutores de íons. Estes aumentam em número quando a face do RER à qual o ribossomo está associado é tratada com **puromicina** (um antibiótico que induz a liberação prematura, pelo ribossomo, do polipeptídeo nascente; Seção 32.3Df), sugerindo que os canais estejam obliterados pela presença dos polipeptídeos. Utilizando corantes fluorescentes, cuja fluorescência é sensível à polaridade do meio, ligados a um polipeptídeo nascente, Arthur Johnson demonstrou que esses canais, agora denominados translocons, envolvem poros aquosos que atravessam completamente a membrana do RE.

As diferentes proteínas transmembrana do RE que formam o translocon foram identificadas por meio de grupos fotorreativos ligados a sequências-sinal e a regiões maduras de pré-proteínas. Sob exposição à luz de comprimento de onda adequado, os grupos fotorreativos reagem com proteínas próximas, formando ligações covalentes cruzadas, permitindo a identificação dessas proteínas. O componente central do translocon, denominado **Sec61** (Sec de secreção) nos eucariotos e o complexo **SecY**, nos procariotos, é uma proteína heterotrimérica. Suas subunidade α e γ, mas não a subunidade β, são essenciais para a função do canal e são conservadas em todos os seres vivos (estas subunidades são denominadas respectivamente Sec61α, Sec61β e Sec61γ nos eucariotos e SecY, SecE e SecG nas bactérias).

A estrutura por raios X do complexo SecY do archeon *Methanococcus jannaschii*, determinada por Stephen Harrison e John Rapoport, revela que suas subunidades α, β e γ possuem, respectivamente, 10, 1 e 1 hélices α TM (Fig. 12.52*a,b*). As subunidades α envolvem um canal em forma de ampulheta cujo diâmetro mínimo é de ~3 Å (Fig. 12.52*c*). O canal está bloqueado na sua extremidade extracelular por uma hélice curta e relativamente hidrofóbica (hélice em azul sem número na Fig. 12.52*a,b* e amarela na Fig. 12.52*c*). Uma grande variedade de evidências indicam que esta hélice atua como um tampão para prevenir o vazamento, através da membrana, de pequenas moléculas e íons na ausência de um polipeptídeo em translado e que a chegada de um peptídeo sinal empurra esta hélice para o lado. A subunidade γ se estende em diagonal pelo lado oposto da subunidade α e a sustenta. A subunidade β faz um contato relativamente tênue com a subunidade α, o que provavelmente explica porque a subunidade β é dispensável para a função do translocon.

A estrutura baseada em crioeletromicroscopia de um complexo ribossomo-Sec61 (Fig. 12.53*a*), determinada por Rapoport e Christopher Akey na resolução de 11 Å, revela que um único canal Sec61 está posicionado sobre o túnel de saída do peptídeo no ribossomo com as alças 6/7 e 8/9 da Sec 61 se estendendo para a saída do túnel (Fig. 12.53*b*). De fato, mutações nos resíduos positivamente carregados das alças 6/7 e 8/9, os quais supostamente se ligam ao RNA ribossomal com carga negativa, abolem a ligação ao ribossomo.

Qual é a largura do complexo do **canal condutor de proteínas** (**CCP**) do SecY quando está transladando um polipeptídeo? No mínimo deve ter ~7 Å de lado (o diâmetro de um polipeptídeo anidro estendido), embora se uma sequência TM assumir sua conformação helicoidal enquanto ainda estiver no CCP, este teria pelo menos ~12 Å de largura. Tal largura pode ser obtida por movimentos das hélices a partir das quais emanam as cadeias laterais do anel do poro. As dimensões máximas do CCP, conforme estimado levando-se em conta a estrutura da SecY (Fig. 12.52), são de 15 x 20 Å. Tais movimentos são apoiados em cálculos de dinâmica molecular (Seção 9.4a). A barreira de permeabilidade da

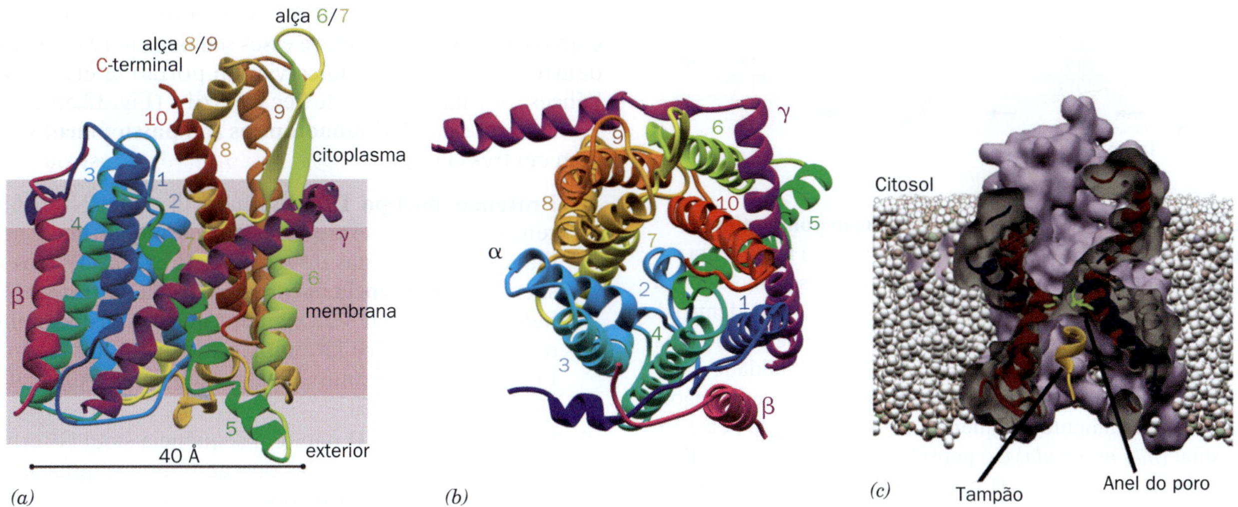

FIGURA 12.52 **Estrutura por raios X do complexo SecY de *M. jannaschii*.** (*a*) Estrutura por raios X do complexo na qual a área sombreada indica a posição dos grupos polares dos fosfolipídeos de membrana (*lilás*) e das caudas hidrocarbonadas (*cor-de-rosa*). A subunidade α da SecY (436 resíduos) está colorida segundo as cores do arco-íris e suas hélices estão numeradas da extremidade N-terminal (*azul-escuro*) para a C-terminal (*vermelho*), a subunidade β (74 resíduos) está em magenta e a subunidade γ (53 resíduos) está em púrpura. (*b*)Vista da SecY a partir do citosol. O portão lateral putativo do translocon está à esquerda entre as hélices 2 e 7. (*c*) Seção transversal do canal condutor de proteínas visto a partir da superfície inferior da Parte *b*. A hélice que fecha o canal está em amarelo e as seis cadeias laterais hidrofóbicas que formam a parte mais estreita do canal, o chamado anel do poro, estão em verde. (Cortesia de Stephen Harrison e Tom Rapoport, Harvard Medical School, EUA. PDBid 1RH5.)

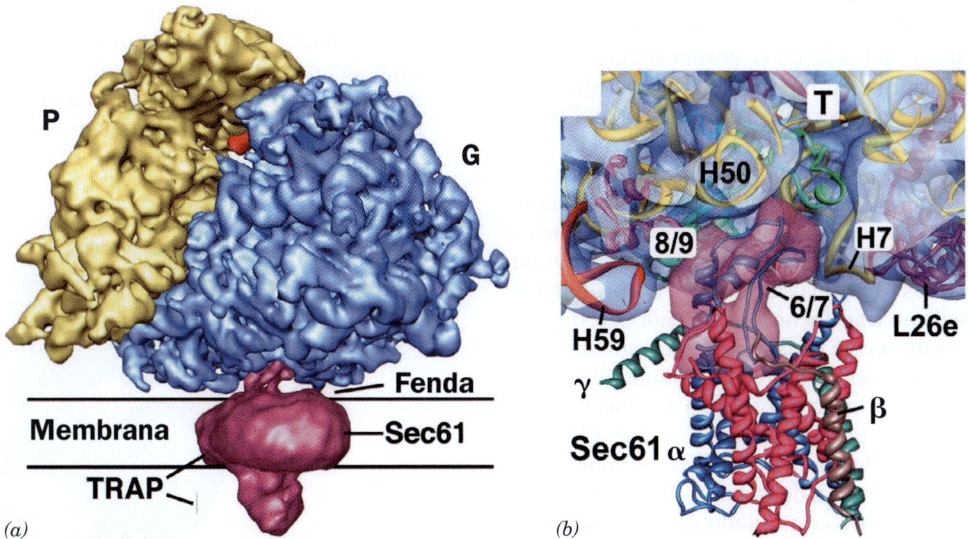

FIGURA 12.53 **Estrutura por crioeletromicroscopia do complexo ribossomo-Sec61-TRAP canino na resolução de 11 Å.** (*a*) Um diagrama de superfície em vista paralela à membrana do RE. As subunidades ribossomais pequena (P) e grande (G) estão em amarelo e azul, um tRNA que ocupa o sítio de saída do ribossomo (Seção 32.3Bd) está em vermelho, e o complexo Sec61-TRAP está em magenta. DL é o domínio luminal do TRAP. (*b*) Uma placa delgada mostrando a interface entre o ribossomo e Sec61. As estruturas do ribossomo e de Sec61 modeladas, representadas por fitas, estão inseridas no diagrama de superfície transparente, colorido como na Parte *a*. Observe como as alças 6/7 e 8/9 da Sec61 estão inseridos no túnel (T) de saída do peptídeo do ribossomo, onde interagem com as hélices H7 e H50. L26e é uma subunidade proteica. (Cortesia de Tom Rappoport, Harvard Medical School, e Christopher Akey, Boston University School of Medicine, EUA. PDBid 3DKN.)

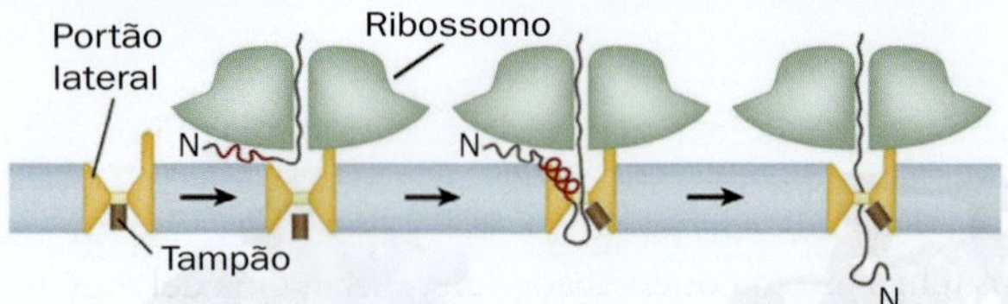

FIGURA 12.54 Os estágios da translocação polipeptídica de uma proteína de secreção. A linha vermelha representa a porção hidrofóbica da sequência sinal. O processo inicia com a inserção do peptídeo nascente em forma de alça para dentro do CCP (*à esquerda*). A seguir a sequência sinal se liga como uma hélice de duas voltas entre as hélices 2 e 7 da subunidade α de SecY/Sec61, o que auxilia no deslocamento da hélice tampão (*no centro*). Finalmente a sequência-sinal é removida pela protease sinal (*não mostrada*) e o peptídeo nascente entra no RE através do CCP (*à direita*). (Cortesia de Tom Rapoport, Harvard Medical School, EUA.)

membrana do RE é mantida apesar do grande tamanho do poro se um translocon ativo. É evidente que o anel do poro se ajusta como uma vedação ao redor da cadeia polipeptídica em translado, impedindo desta forma a passagem de pequenas moléculas e íons durante o translado do polipeptídeo.

O translado de uma proteína de secreção inicia com sua inserção como uma alça para o interior do CCP (Fig. 12.54, *esquerda*). Isto foi estabelecido com o uso de uma proteína mutante cuja sequência sinal não é removida pela protease sinal e a demonstração, por meio de experimentos de proteólise, que as extremidade N e C permanecem no lado citoplasmático da membrana do RE. Subsequentemente, foi mostrado por experimentos de ligação foto-induzida (*photo-cross linking*), que a sequência sinal forma uma hélice com cerca de 2 voltas que se insere entre as hélices TM 2 e 7 da Sec61α (Fig. 12.54, *meio*). A separação das hélices 2 e 7 (o portão lateral; Fig. Fig. 12.52*b*) auxilia no deslocamento da hélice tampão, a qual após a excisão da sequência sinal, permite a passagem do polipeptídeo nascente pelo CCP para dentro do RE (Fig. 12.54 *direita*).

Componentes adicionais do translocon de mamíferos são denominados **proteína de membrana associada à cadeia de translado** (**TRAM**, de *translocating chain-associated membrane proteins*, ~375 resíduos: com 8 hélices transmembrana e as extremidades C e N-terminais no citosol) e a **proteína de membrana associada ao translocon** (**TRAP;** um heterotetrâmero com ~800 resíduos com cada uma de suas subunidades α, β e δ possuindo uma hélice TM e sua subunidade γ com quatro hélices TM). Utilizando lipossomos com Sec61, contendo ou não TRAM, Rapoport demonstrou que TRAM é necessária para o translado e a integração na membrana do lipossomo da maioria, mas não de todas as pré-proteínas. A necessidade de TRAM para o translado de uma dada proteína depende de sua sequência-sinal, embora nenhuma característica particular nessa sequência pareça ser crítica para a dependência de TRAM. A TRAP, que está na Fig. 12.53*a*. funciona de forma semelhante para aumentar a eficiência de translado com determinadas sequências sinal.

e. O translocon insere hélices transmembrana lateralmente na membrana do retículo endoplasmático

Além de formar um conduto para proteínas solúveis entrarem no RE, *o translocon insere segmentos TM de proteínas integrais na membrana do RE.* O translocon, em conjunto com o ribossomo, reconhece esses segmentos TM e os insere dentro da bicamada lipídica via um portão lateral entre as hélices 2 e 7 na subunidade SecY/Sec61α (Fig. 12.55).

As proteínas TM **monotópicas** (ou **passo único**) se dividem em três classes:

1. **Proteínas do tipo I** têm sequências sinal N-terminais removíveis. Elas estão inseridas na membrana à semelhança das proteínas de secreção (Fig. 12.54), mas possuem uma **sequência âncora de parada de transferência** hidrofóbica e com ~22 resíduos que o translocon insere na forma de hélice lateralmente dentro da membrana. Portanto, as proteínas do tipo I têm suas extremidades N-terminais no RE.
2. **Proteínas do tipo II** não têm sequência sinal N-terminal clivável. No entanto, elas possuem uma **sequência sinal de ancoramento**, hidrofóbica e com ~22 resíduos não necessariamente próxima à extremidade N-terminal da proteína, que é reconhecida pela PRS. A PRS passa então o polipeptídeo nascente para o translocon, o qual insere lateralmente a sequência sinal de ancoramento na membrana em uma orientação tal que a extremidade N-terminal da proteína se localiza no citoplasma. Isto requer que o polipeptídeo faça uma alça dentro do translocon antes de de ser inserido na membrana (Fig. 12.56, *porção inferior*). Presume-se que o segmento C-terminal de uma proteína do tipo II é expelida para dentro do espaço entre o ribossomo e o translocon (Fig. 12.53*a*) antes de passar através do translocon.
3. **Proteínas do tipo III**, à semelhança das proteínas do tipo II não possuem sequência sinal N-terminal clivável e possuem uma sequência sinal de ancoramento que não está necessariamente próxima à extremidade N-terminal da proteína. No entanto, a orientação destas sequências sinal de ancoramento na membrana é oposta à das proteínas do tipo II. Portanto a maneira pela qual as proteínas do tipo III se inserem na membrana se assemelha à das proteínas do tipo I (Fig. 12.56, *porção superior*).

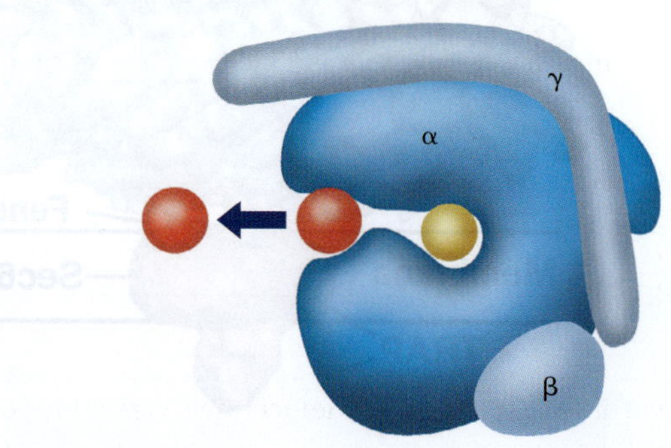

FIGURA 12.55 Modelo da inserção de uma hélice TM em uma membrana. O translocon (*em azul*) é visto como na Fig. 12.52*b*. Uma cadeia polipeptídica (*em amarelo*) é mostrada ligada ao poro do translocon durante sua translocação através da membrana, e uma hélice TM (*em vermelho*) é mostrada atravessando o portão lateral do translocon e sendo liberada para dentro da membrana (*seta*). (Com base em um desenho feito por Dobberstein, B. e Sinning, I., *Science* **303,** 320 [2004].)

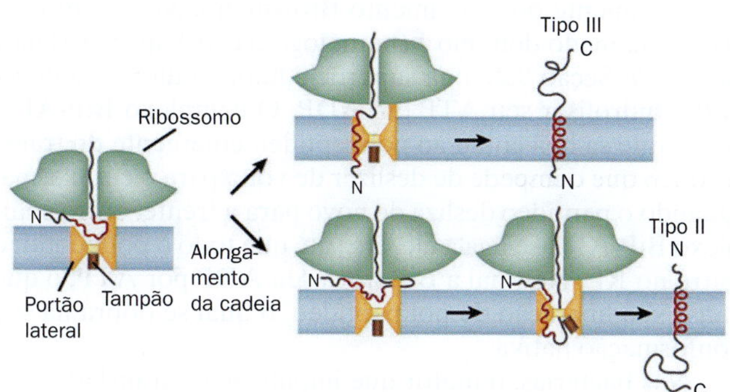

FIGURA 12.56 A geração das proteínas do tipo II e III. Aqui, a linha vermelha representa uma sequência sinal âncora. A extremidade N-terminal de uma proteína do tipo III deve passar pelo translocon antes que sua hélice TM subsequente seja inserida lateralmente na membrana (*parte superior*). Contudo, no caso de uma proteína do tipo II, cuja extremidade N-terminal fica retida no citoplasma (*parte inferior*), o polipeptídeo sintetizado logo após (representado pela alça entre o ribossomo e o translocon) deve passar através do CCP. No caso de proteínas TM politópicas, esses dois processos se alternam. (Com base em um desenho feito por Tom Rapoport, Harvard Medical School, EUA.)

Contudo elas diferem pelo fato da transferência de um segmento N-terminal de uma proteína do tipo III através da membrana só pode ser iniciado depois que sua sequência sinal de ancoramento tenha sido sintetizada.

No caso das proteínas TM politópicas (ou **multipasso** ou do **tipo IV**) devem ser formadas alças cada vez que mais uma hélice está para ser inserida na membrana. É evidente que o CCP para um translocon ativo tem espaço suficiente para que segmentos TM sucessivos revertam seu sentido antes de serem inseridos na membrana. As hélices têm que ser inseridas na membrana individualmente ou em pares, dependendo de sua hidrofobicidade e de sua capacidade de formar interações hélice-hélice estáveis.

O que controla a orientação das hélices em uma proteína TM, ou seja, sua **topogênese**? A maioria das proteínas TM, conforme mostrou Gunnar Von Heijne, adotam uma orientação tal que suas extremidades expostas ao citoplasma, aquelas que não são translocadas através da membrana, são mais positivamente carregadas (têm mais resíduos de Arg e Lys) do que suas extremidades expostas ao lúmen – a **regra do positivo dentro**. Isto acontece principalmente devido à distribuição de cargas dentro do translocon, o qual está orientado com sua face mais positiva para o lado citoplasmático da membrana (de acordo com a regra do positivo dentro). Na verdade, a mutação de determinados resíduos de Sec61α carregados, de modo a reverter sua carga (p.ex. trocando Arg por Glu), inverte a orientação das hélices TM que ele insere na membrana. Outra influência importante sobre a orientação de uma hélice TM é seu gradiente de hidrofobicidade: A extremidade mais hidrofóbica da hélice TM é transladada preferencialmente através da membrana

Apesar do exposto anteriormente, deveria se esperar que a orientação da membrana da hélice TM N-terminal de uma proteína politópica determina a orientação das hélices subsequentes (muitas das quais, senão todas, ainda não foram sintetizadas no momento em que a hélice N-terminal é inserida na membrana). Contudo, a remoção ou a inserção de uma hélice TM em um polipeptídeo não altera necessariamente a orientação das hélices subsequentes na membrana: quando duas hélices sucessivas têm a mesma orientação preferencial, uma delas deve ser expulsa da membrana. Além disso, a organização topológica das proteínas TM é influenciada pela composição lipídica da membrana. Isto sugere que o portão lateral do translocon se abre e se fecha com frequência de modo a permitir que o peptídeo em trânsito experimente o meio externo lipídico e somente insira um segmento peptídico dentro da bicamada lipídica se for termodinamicamente favorável fazê-lo; isto é, a inserção da hélice deve ser considerada como um partilhamento entre o meio aquoso no translocon e o da membrana.

As proteínas TM politópicas só podem adquirir sua conformação nativa depois que todas as suas hélices TM tenham sido inseridas na membrana. Este processo é conduzido por interações entre as hélices bem como por interações específicas com os lipídeos de membrana. Assim, embora uma sequência da proteína TM determine sua topologia, ela o faz em um meio lipídico específico da membrana. É evidente que a composição lipídica de uma membrana e as topologias de suas proteínas inseridas coevoluiram.

f. O dobramento da proteína no RE é controlado pelas chaperonas moleculares

O RE, assim como o citosol, contém uma bateria de chaperonas moleculares que auxiliam no dobramento das proteínas e atuam como agentes de controle de qualidade. Dentre elas, a melhor caracterizada é a homóloga da Hsp70 (Seção 9.2C) **BiP** (de *binding protein,* ou proteína de ligação). A BiP associa-se a muitas proteínas de secreção e TM, embora essas interações sejam fracas e efêmeras quando o dobramento ocorre de forma correta. Contudo, proteínas dobradas de forma incorreta, glicosiladas de modo incorreto ou montadas de forma incorreta formam complexos estáveis com BiP, que, por meio de um processo pouco conhecido envolvendo translocons chamado **retrotranslado**, com frequência são exportados para o citosol, onde são degradados proteoliticamente (Seção 32.6). O processo completo é denominado **ERAD** (de *ER-associated degradation,* ou degradação associada ao RE). Duas outras chaperonas residentes do RE são a **calreticulina** e a **calnexina**, proteínas homólogas que facilitam e monitoram o dobramento e a montagem de glicoproteínas (Seção 23.3Bf). O RE contém também proteínas dissulfeto-isomerases (PDIs; Seção 9.2A) e peptidil-prolil-*cis-trans*-isomerases (PPIs; Seção 9.2B).

Têm-se constatado que anormalidades no dobramento e na montagem de proteínas são responsáveis por importantes mecanismos de doenças (p. ex., Seção 9.5). A **fibrose cística**, por exemplo, é a doença genética recessiva (que oferece risco de vida) mais comum na população caucasiana (afetando ~2.000 indivíduos). Ela ocorre em homozigotos para uma **proteína reguladora transmembrana** defeituosa (**CFTR**, de *cystic fibrosis transmembrane regulator protein,* ou proteína TM reguladora da fibrose cística), uma glicoproteína de 1.480 resíduos que possui 12 hélices TM e atua como um transportador de íons Cl^- na membrana plasmática de células epiteliais. Os indivíduos com fibrose cística produzem muco altamente viscoso, cujo efeito mais danoso é o bloqueio das vias aéreas pulmonares. Isso leva a infecções persistentes, causando degeneração pulmonar grave e progressiva, sendo geralmente fatal ao redor dos 30 anos. Embora a doença seja causada por qualquer uma das mais de 1.000 mutações conhecidas no gene da CFTR, 70% dos casos são resultantes da remoção da Phe 508 (ΔF508), que está localizada em um domínio citoplasmático da proteína (que é inserida inicialmente na membrana do RE). Embora este domínio mutante na proteína ΔF508 se dobre em sua conformação próxima da nativa (ΔF508 retém quase toda sua atividade biológica), ele o faz muito mais lentamente do que na proteína nativa. Isto resulta no seu retrotranslado e degradação por um sistema proteolítico de vigilância, neste caso excessivamente cuidadoso (Seção 32.6B).

g. Algumas proteínas são transportadas através das membranas após a tradução

As proteínas de secreção apresentadas passam através da membrana à medida que estão sendo sintetizadas pelos ribossomos, isto é, seu translado para a membrana é cotraducional. No entanto, algumas são transladadas somente após terem sido totalmente sintetizadas no citoplasma, ou seja, o processo é pós-traducional. Não obstante, o translado em ambos os casos é mediado pelo translocon. Porém, o translocon é um poro passivo, ou seja, ele não fornece a energia livre que conduz ao translado. No translado cotraducional, a extensão do polipeptídeo mediada pelo ribossomo é o que o empurra através do translocon.

Nos eucariotos, as proteínas de secreção translocadas após a tradução têm sequências sinal moderadamente hidrofóbicas; elas não são reconhecidas pela PRS mas ainda assim se ligam à Sec61. Estas proteínas se ligam a chaperonas citoplasmáticas, as quais as mantêm em um estado frouxamente dobrado ou não dobrado que permite a elas passar pelo translocon. Seu translado é impulsionado por um mecanismo chamado **catraca Browniana** que é mediado por uma parceria de Sec61 com o complexo TM **Sec62/Sec63** e BiP, a chaperona luminal semelhante à Hsp-70 (Fig. 12.57). No translocon o polipeptídeo desliza para a frente e para trás

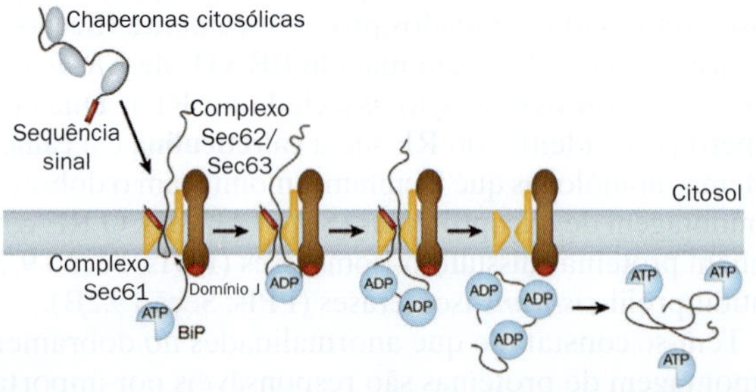

FIGURA 12.57 Esquema da translocação pós-tradução nos eucariotos. À medida que o polipeptídeo em translocação entra no RE através de Sec61, o complexo BiP-ATP se liga à Sec63, cujo domínio J induz Bip a hidrolisar o ATP em ADP. O complexo BiP-ADP resultante se liga ao peptídeo emergente impedindo que ele escorregue de volta. À medida que segmentos adicionais do peptídeo emergem de Sec61, o processo se repete até que a proteína inteira tenha entrado no RE. No final BiP troca seu ADP por ATP o que causa sua liberação do peptídeo, o qual então se dobra em sua conformação nativa. (Cortesia de Tom Rapoport, Harvard Medical School, EUA.)

aleatoriamente por movimento Browniano. No entanto, no RE, o chamado domínio J (homólogo da cochaperona DnaJ de *E.coli*; Seção 9.2C) na superfície luminal da Sec63 induz BiP a hidrolisar seu ATP em ADP. O complexo BiP-ADP resultante se liga então ao polipeptídeo emergente do translocon, o que o impede de deslizar de volta para o citoplasma. Quando o peptídeo desliza de novo para a frente, outro complexo BiP-ADP se liga a ele, etc., até que todo o polipeptídeo entre no RE. No final a BiP troca seu ADP por ATP, o que causa sua liberação do polipeptídeo, o qual se dobra na sua conformação nativa.

Nas bactérias, o motor que impulsiona o translado pós-traducional é a **SecA**, que se liga à face citoplasmática do complexo SecY e empurra o polipeptideo através do translocon por meio de ciclos repetidos de hidrólise de ATP. A SecA é auxiliada no processo pela chaperona **SecB,** a qual impede que o polipeptídeo se dobre no citoplasma.

C. *Formação de vesículas*

Logo após o término da síntese de suas cadeias polipeptídicas, as proteínas TM, de secreção e lisossômicas parcialmente processadas aparecem no aparelho de Golgi (Fig. 1.5), uma organela com diâmetro de 0,5 a 1,0 μm que consiste em uma pilha de 3 a 6 ou mais (dependendo da espécie) sacos membranosos achatados e funcionalmente distintos conhecidos como **cisternas**, onde acontece a continuação do processamento póstraducional, principalmente a glicosilação (Seção 23.3Bg). O aparelho de Golgi (Fig. 12.58) tem duas faces distintas, sendo cada uma delas formada por uma rede de tubos membranosos interconectados: a **rede Golgi *cis***, que fica em frente ao RE e por onde as proteínas entram no aparelho de Golgi; e a **rede Golgi *trans***, através da qual as proteínas processadas saem para seus destinos finais. As pilhas de Golgi possuem, pelo menos, três tipos diferentes de sacos: as cisternas ***cis***, as **mediais** e as ***trans***, cada uma delas contendo diferentes grupos de enzimas processadoras de glicoproteínas.

As proteínas transitam de uma extremidade das pilhas de Golgi para a outra, e vão sendo modificadas gradualmente por um processo que está descrito na Seção 23.3Bg. Essas proteínas são transportadas por meio de dois mecanismos:

1. Elas são transportadas entre os compartimentos do Golgi da direção *cis* para *trans* como cargas no interior de vesículas membranosas, que brotam de um compartimento e se fundem com o compartimento seguinte, em um processo denominado **transporte anterógrado**, ou para frente.
2. Elas são carregadas como passageiros pelos compartimentos que atravessam as pilhas do Golgi, isto é, as cisternas *cis* no final se tornam cisternas *trans*, em um processo chamado **progressão das cisternas** ou **maturação**. Esse processo é mediado pelo **transporte retrógrado**, ou para trás, das proteínas residentes do Golgi de um compartimento para o precedente por meio de vesículas membranosas.

Foi mostrado claramente que o mecanismo de progressão nas cisternas ocorre mas o significado do mecanismo de transporte anterógrado ainda é obscuro. Em todo o caso, ao chegar à rede Golgi *trans*, as proteínas maduras são classificadas e enviadas para seus destinos celulares finais.

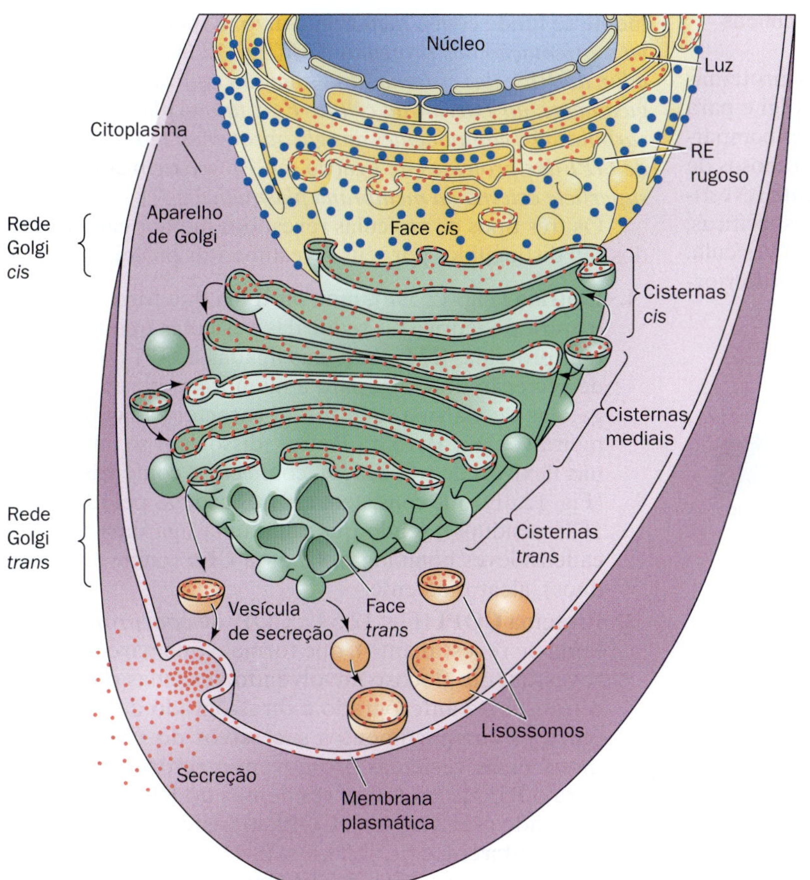

FIGURA 12.58 Processamento postraducional de proteínas. As proteínas destinadas à secreção, à inserção na membrana plasmática ou ao transporte para os lisossomos são sintetizadas nos ribossomos associados ao RER (*pontos azuis*; no topo). À medida que vão sendo sintetizadas, as proteínas (*pontos vermelhos*) vão sendo transladadas para a luz do RE ou inseridas na sua membrana. Após o processamento inicial no RE, as proteínas são encapsuladas em vesículas que brotam da membrana do RE e subsequentemente se fundem com a rede Golgi *cis*. As proteínas são progressivamente processadas nas cisternas *cis*, mediais e *trans* do Golgi. Finalmente, na rede Golgi *trans* (*na base*), as glicoproteínas completas são selecionadas para serem distribuídas aos seus destinos finais, ou seja, à membrana plasmática, às **vesículas de secreção** ou aos lisossomos, sendo transportadas por outras vesículas.

(*a*)

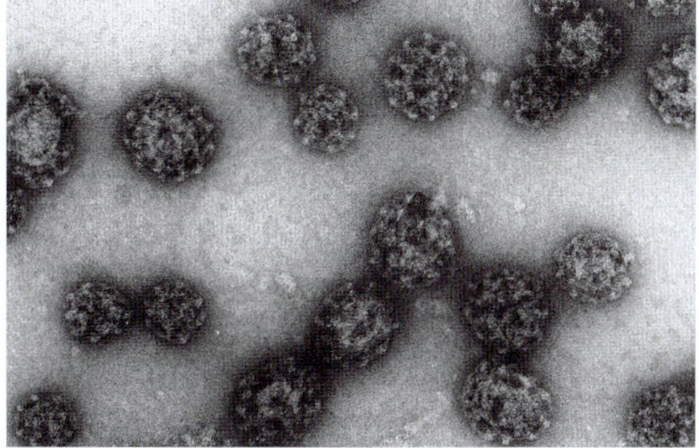

FIGURA 12.59 Micrografia eletrônica de vesículas recobertas. *a*) Vesículas recobertas por clatrina. Observe seu aspecto poliédrico. (Cortesia de Barbara Pearse. Medical Research Council, Cambridge, Reino Unido.) (*b*) Vesículas recobertas por COPI. (*c*) Vesículas recobertas por COPII. As inserções nas partes *b* e *c* mostram as respectivas vesículas em maior aumento. (Cortesia de Lelio Orci, Universidade de Genebra, Suíça.)

(*b*)

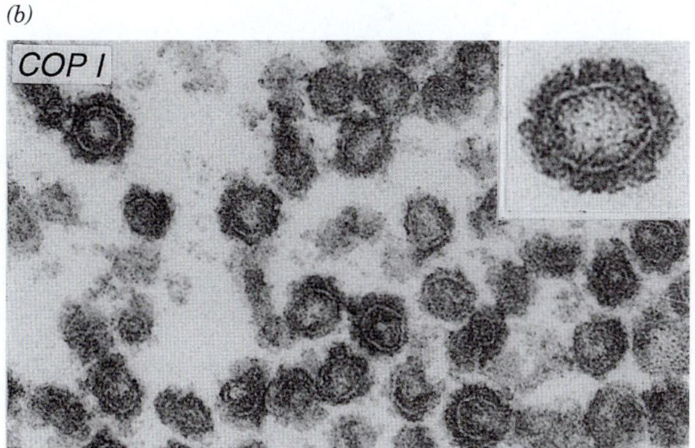

(*c*)

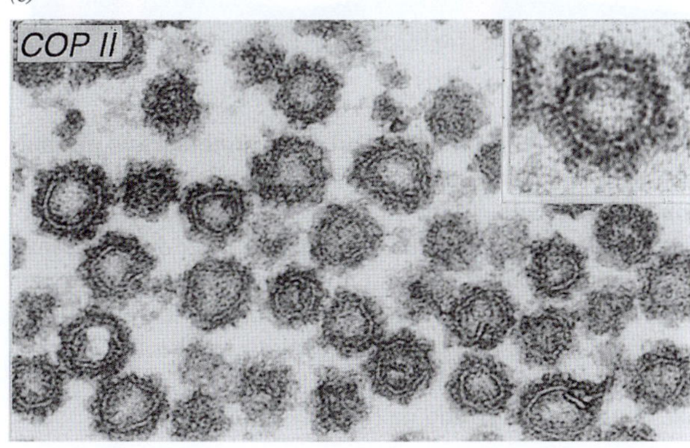

a. As proteínas de membrana, de secreção e lisossômicas são transportadas por vesículas revestidas

Vesículas revestidas são os veículos nos quais as proteínas são transportadas do RER para o aparelho de Golgi e para seus destinos finais, assim como entre os diferentes compartimentos do Golgi (Fig. 12.59). Esses sacos membranosos de 60 a 150 nm são assim chamados porque inicialmente revestidos na sua face externa (citosólica) por proteínas específicas, que atuam como suportes flexíveis na formação da vesícula. A vesícula brota de sua membrana de origem e posteriormente se funde com a membrana-alvo. *Esse processo preserva a orientação das proteínas TM* (Fig. 12.60), *de forma que a luz do RE e das cisternas do Golgi são equivalentes, topologicamente, ao exterior da célula. Esse fato explica por que os carboidratos componentes das glicoproteínas TM e as âncoras de GPI das proteínas de ligação a GPI ocorrem somente na superfície externa da membrana plasmática.*

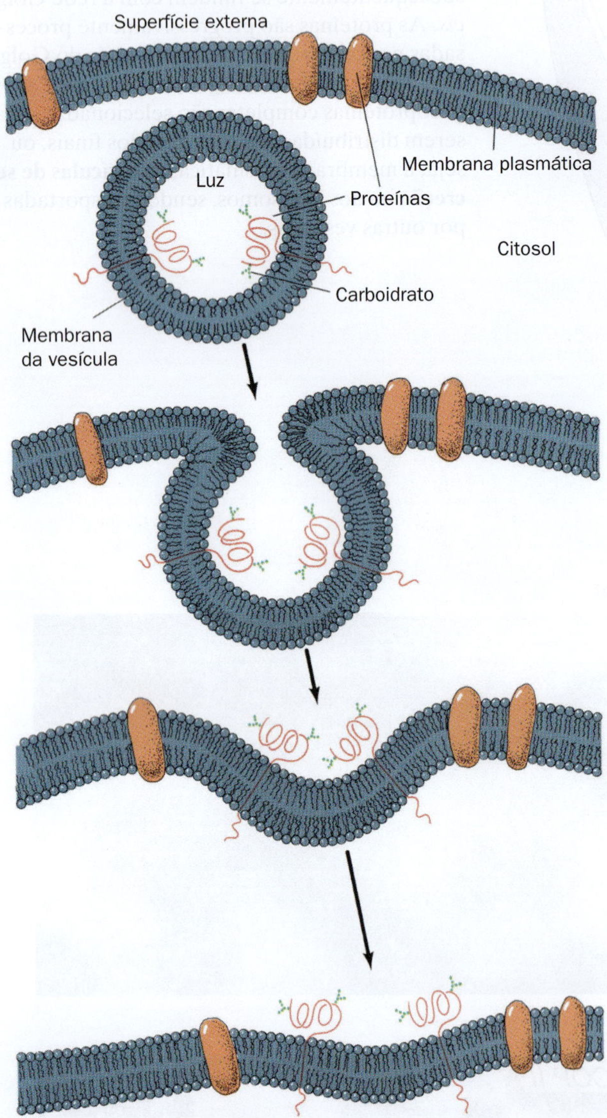

FIGURA 12.60 A fusão da vesícula com a membrana plasmática preserva a orientação das proteínas integrais inseridas na bicamada da vesícula. O interior da vesícula e o exterior da célula são topologicamente equivalentes, pois é sempre o mesmo lado da proteína que está imerso no citosol. Note que qualquer proteína solúvel contida dentro da vesícula será secretada. De fato, as proteínas destinadas à secreção são empacotadas em vesículas membranosas que se fundem com a membrana plasmática, conforme mostrado na figura.

Os três tipos de vesículas revestidas melhor caracterizados são distinguidos por seus revestimentos proteicos.

1. **Clatrina** (Fig. 12.59*a*), uma proteína que forma uma estrutura poliédrica ao redor das vesículas que transportam proteínas TM, proteínas ligadas a GPI e proteínas de secreção do Golgi para a membrana plasmática. As gaiolas de clatrina, que foram caracterizadas pela primeira vez por Barbara Pearce, dissociam-se em proteínas flexíveis de três braços, conhecidas como **trisquélios** (Fig. 12.61), que consistem em três cadeias pesadas (**HC**, 1675 resíduos), sendo que cada uma liga uma ou duas cadeias leves homólogas, **CLa** ou **CLb** (com ~240 resíduos), aleatoriamente.
2. Proteína **COPI** (Fig. 12.59*b*; COP, de *coat protein*, proteína de revestimento), que forma o que parece ser um revestimento flocoso envolvendo vesículas que fazem o transporte anterógrado e o retrógrado de proteínas entre os compartimentos sucessivos do Golgi. Além disso, essas vesículas promovem o retorno, do Golgi para o RE, de proteínas residentes do RE que tenham escapado (ver a seguir). COPI consiste em sete subunidades diferentes (α, 160 kDa; β, 110 kDa; β′, 102 kDa; γ, 98 kDa; δ, 61 kDa; ε, 31 kDa; e ζ, 20 kDa). O complexo solúvel formado pelo protômero COPI é denominado **coatômero.**
3. Proteína **COPII** (Fig. 12.59*c*), que transporta proteínas do RE para o Golgi. Os componentes de uma vesícula COPII são reciclados por vesículas recobertas por COPI para participarem de outro ciclo de formação de vesículas (os componentes das vesículas COPI que entram no

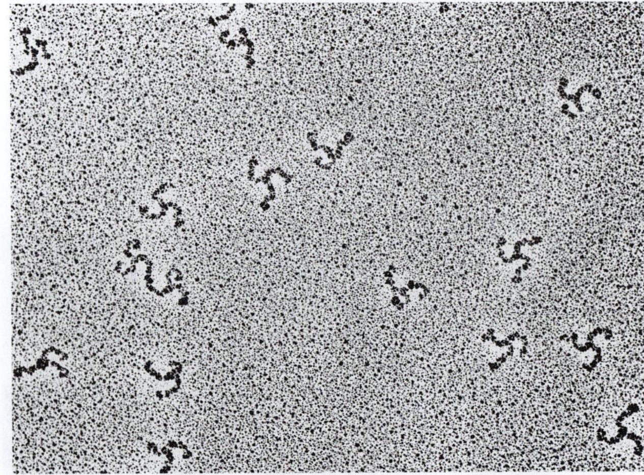

FIGURA 12.61 Micrografia eletrônica de trisquélios. As orientações variáveis de seus braços indicam sua flexibilidade. (Cortesia de Daniel Branton, Harvard University, EUA.)

RE supostamente são reciclados por vesículas revestidas por COPII). O revestimento COPII consiste na GTPase **Sar1**, no heterodímero **Sec23/24** no qual a Sec23 é uma GAP especifica para Sar1 e Sec24 atua na seleção da carga, e no heterodímero **Sec13/31**, que forma gaiolas poliédricas (ver a seguir).

Todas as vesículas descritas anteriormente também carregam receptores, os quais ligam as proteínas que estão sendo transportadas, assim como **proteínas de fusão**, as quais medeiam a fusão dessas vesículas com suas membranas-alvo. Esses processos serão apresentados a seguir e na Seção 12.4D.

b. As gaiolas de clatrina são formadas por cadeias pesadas sobrepostas

As vesículas recobertas por clatrina (**VRC**) estão, estrutural e funcionalmente, melhor caracterizadas do que as recobertas por COPI e COPII. A clatrina forma gaiolas poliédricas nas quais, conforme mostrou muito claramente um estudo de crioeletromicroscopia realizado por Harrison, Tomas Kirchhausen e Thomas Walz (Fig. 12.62*a*) cada vértice é o centro (eixo) de um trisquélio e suas arestas, com ~225 Å de comprimento, são formadas pela interdigitação dos braços de quatro trisquélios-dois segmentos antiparalelos proximais e dois segmentos distais (Fig. 12.62*b*). Esse poliedro (Fig. 12.62*c*), com 12 faces pentagonais e um número variável de faces hexagonais (por razões geométricas explicadas na Seção 33.2A), é a forma mais parcimoniosa de englobamento de objetos esferoidais. O volume contido em um poliedro de clatrina aumenta, é claro, com o aumento do número de faces hexagonais (uma "minicapa" é pequena demais para conter uma vesícula de transporte).

Cada um dos braços do trisquélio, com comprimento de ~475 Å, é formado por uma cadeia pesada com 1.675 resíduos, que forma trímeros por meio de seus domínios C-terminais (Fig. 12.62*b*). Além de se projetar para fora a partir de seu ponto central (vértice), cada braço se enrola na direção do centro da partícula de tal forma que três pulsos se encontram e interagem a ~75 Å abaixo do ponto central que está a dois vértices de distância de cada um de seus pontos centrais.

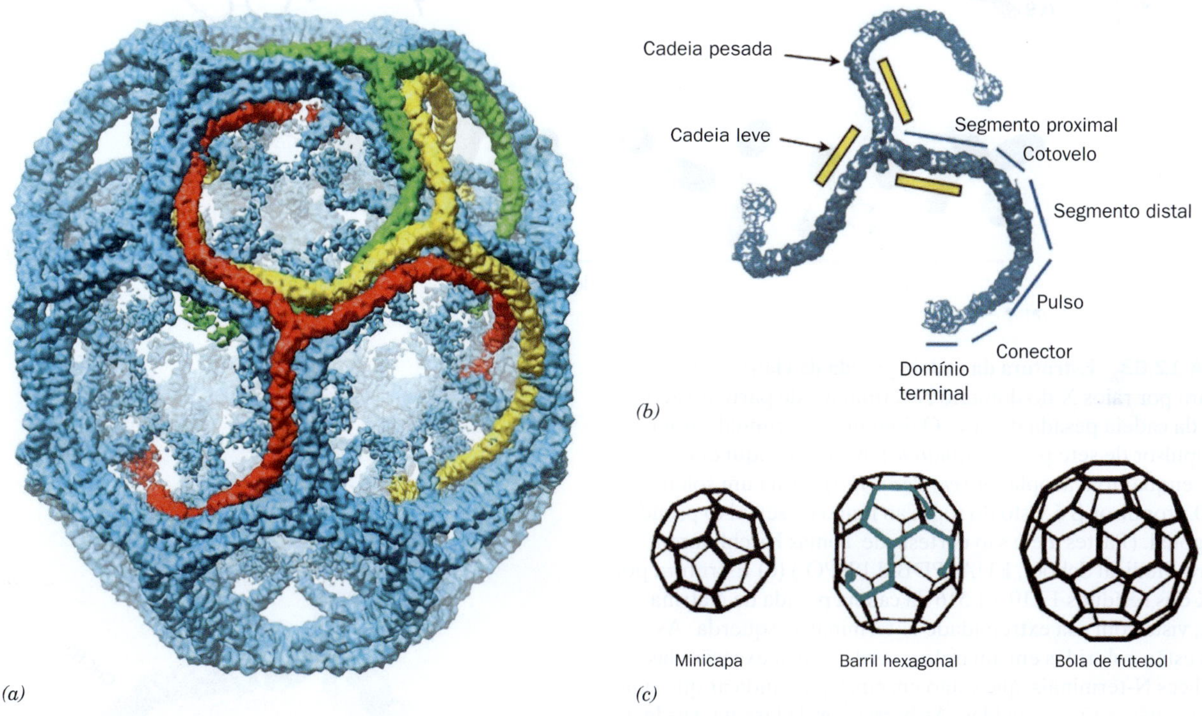

FIGURA 12.62 Anatomia de uma vesícula recoberta por clatrina. (*a*) Imagem de uma gaiola de clatrina sem a cadeia leve, de cérebro bovino, com base em crioeletromicroscopia com resolução de 7,9 Å. A partícula mostrada, um barril hexagonal com simetria D_6, consiste em 36 trisquélios. Três dos trisquélios interdigitados mas simetricamente não relacionados estão representados em vermelho, azul e verde. (*b*) Uma imagem de um trisquélio, com base em crioeletromicroscopia, marcado com os nomes de seus vários segmentos. A extremidade N-terminal de cada cadeia pesada ocupa o domínio terminal e sua extremidade C-terminal está localizada no vértice que reúne as três cadeias pesadas que formam o trisquélio. (*c*) Diagrama das três estruturas poliédricas que se formam quando os trisquélios se organizam em gaiolas de clatrina *in vitro*. A minicapa tem simetria tetraédrica (T), o barril hexagonal tem simetria D_6 e a bola de futebol tem simetria icosaédrica (I) (na Seção 8.5B discute-se simetria). Estes poliedros consistem, respectivamente, em 28, 36 e 60 trisquélios. O arranjo de um trisquélio dentro do barril hexagonal está indicado em azul. A clatrina forma, *in vivo*, gaiolas poliédricas com uma ampla gama de tamanhos diferentes (número de hexágonos). O barril hexagonal mostrado na Parte *a* tem apenas ~700 Å de diâmetro, enquanto as vesículas membranares recobertas por clatrina têm ~1.200 Å de diâmetro, ou mais. (Cortesia de Stephen Harrison, Tomas Kirchhausen e Thomas Walz, Harvard Medical School, EUA.)

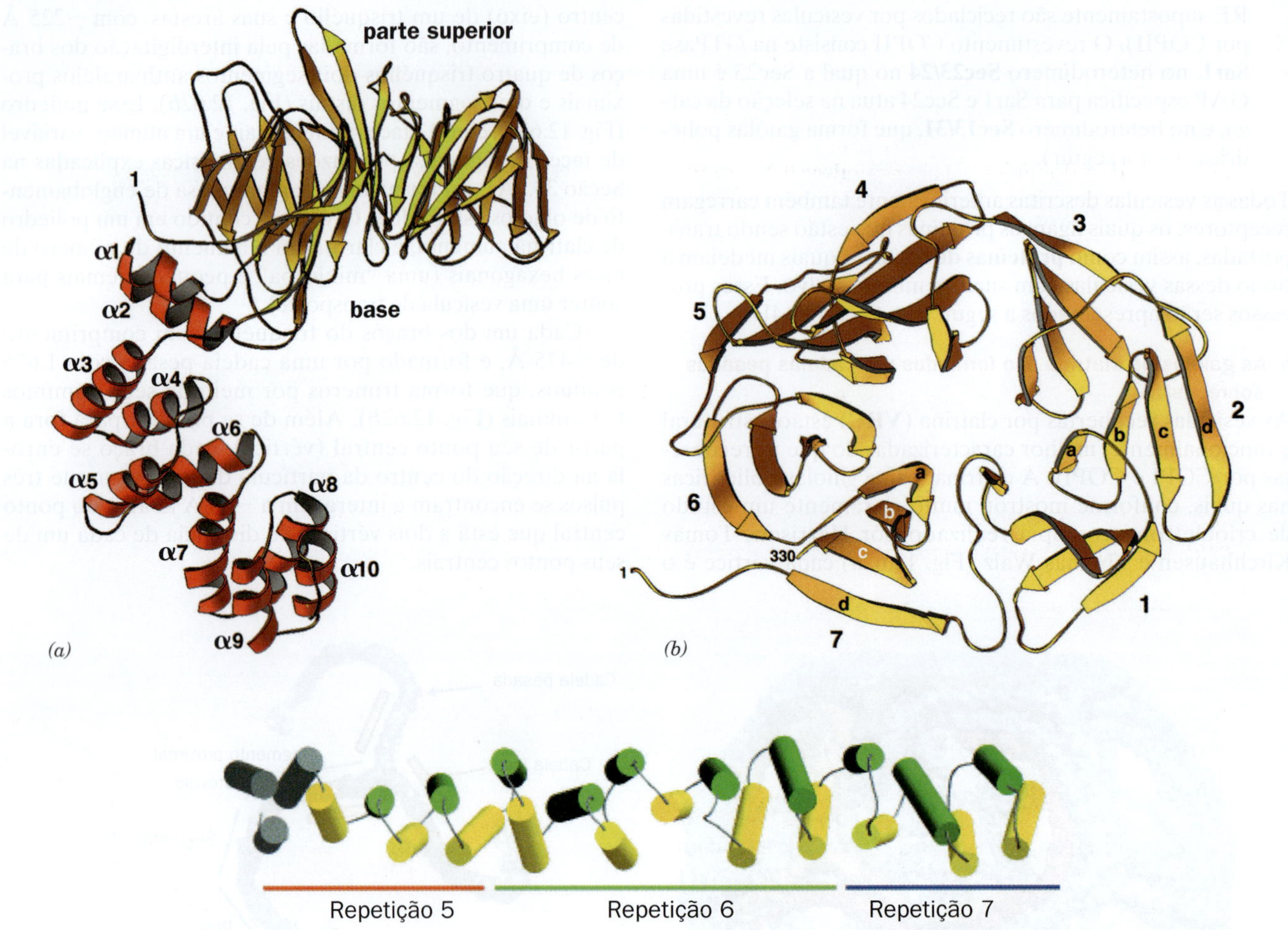

FIGURA 12.63 Estrutura da cadeia pesada da clatrina. (*a*) A estrutura por raios X do domínio N-terminal e de parte do acoplador da cadeia pesada de rato. O domínio N-terminal forma um propulsor de sete pás (*em amarelo*), mostrado aqui em vista lateral, enquanto o acoplador (*em vermelho*) forma um solenoide α (*b*) O propulsor β é visto do topo, ao longo de seu eixo pseudo-heptagonal. (Partes *a* e *b* são cortesia de Tomas Kirchhausen, Harvard Medical School, EUA. PDBid 1BPO.) (*c*) Estrutura por raios X dos resíduos 1.210 a 1.516 da cadeia pesada da clatrina bovina, vista com sua extremidade N-terminal à esquerda. As hélices estão coloridas em amarelo e verde, com a exceção das três hélices N-terminais, que estão em cinza para indicar que suas estruturas não estão resolvidas. As barras cor de laranja, verde e azul indicam, respectivamente, as regiões das repetições 5, 6 e 7. (Cortesia de Peter Hwang, University of California at San Francisco, EUA. PDBid 1B89.) (*d*) Um modelo do suporte principal de um trisquélio (resíduos 1 a 1.597) gerado pela conexão das estruturas por raios X anteriores com os modelos de homologia das repetições remanescentes na densidade eletrônica determinada por crioeletromicroscopia de uma cadeia pesada (Fig. 12.62*a*). (Cortesia de Stephen Harrison, Tomas Kirchhausen e Thomas Walz, Harvard Medical School, EUA, PDBid 1XI4.)

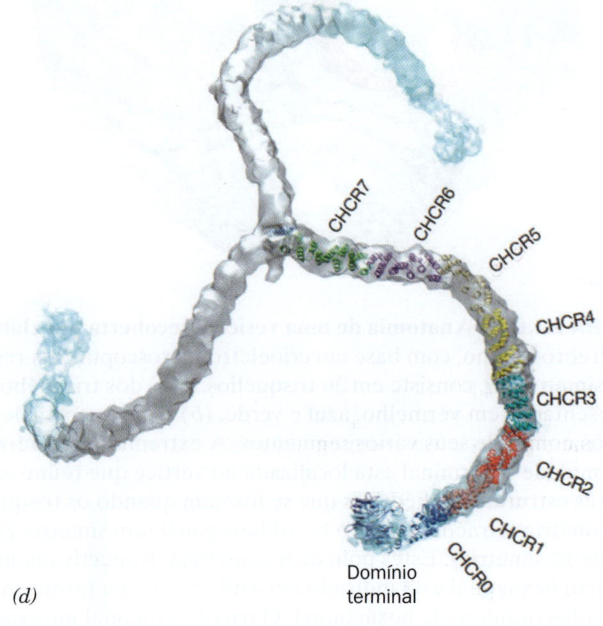

Embora não tenha sido determinada a estrutura por raios X de uma cadeia pesada inteira, a do segmento N-terminal e a de uma porção do segmento proximal foram elucidadas:

1. O segmento N-terminal (resíduos 1 a 494; Fig. 12.63*a*, *b*), cuja estrutura foi descrita por Harrison e Kirchhausen, consiste em dois domínios: (i) um **propulsor β** N-terminal com sete pás, em que cada pá é formada por uma folha β antiparalela com 4 fitas (Fig. 12.63*b*); o domínio terminal) denominado motivo de sequência **WD40** porque contém, com frequência, o dipeptídeo WD e tem ~40 resíduos; e (ii) uma conexão C-terminal que consiste em 10 hélices α de comprimentos variáveis (2 a 4 voltas), conectadas por alças curtas e organizadas em uma hélice irregular à direita (uma hélice formada por hélices, ou seja, uma **super-hélice**), denominada **solenoide α** (ou **ziguezague α**).
2. O segmento proximal (resíduos 1.210 a 1.516; Fig. 12.63*c*), cuja estrutura foi determinada por Peter Hwang e Robert Fletterick, consiste em 24 hélices α organizadas mais ou menos como o solenoide α descrito anteriormente, porém de modo mais regular, formando uma super-hélice à direita em forma de bastão. A rigidez desse motivo é atribuída ao seu núcleo hidrofóbico contínuo, juntamente com a interdigitação eficiente das cadeias laterais nos locais onde as hélices antiparalelas cruzadas entram em contato (Seção 8.3B).

Alinhamentos de sequência e de estrutura indicam que os resíduos compreendidos entre o 537 e o 1.566 da cadeia pesada consistem em sete **repetições da cadeia pesada da clatrina**, com ~145 resíduos, ordenadas uma após a outra, cada uma delas possuindo 10 hélices (o segmento proximal consiste em toda a repetição 6 mais as porções C- e N-terminais das repetições 5 e 7; Fig. 12.63*c*). Isto permitiu o desenho de um modelo do suporte principal do trisquélio ao conectar as estruturas por raios X anteriores com os modelos de homologia das repetições da cadeia pesada da clatrina, cujas estruturas não foram experimentalmente determinadas, à densidade eletrônica determinada por crioeletromicroscopia (Fig. 12.63*d*, a modelagem de homologias é discutida na Seção 9.3B). A cadeia pesada de cada braço consiste em uma super-hélice estendida formada pelas hélices α unidas. Não obstante, os braços do trisquélio possuem uma flexibilidade considerável (Fig. 12.61), o que é uma necessidade funcional para a formação de vesículas de diferentes tamanhos, bem como para o brotamento de uma vesícula a partir da superfície da membrana, o que é acompanhado por uma alteração na sua curvatura. A cadeia pesada parece flexionar principalmente ao longo dos seus segmentos (cotovelo e pulso) (Fig. 12.62*b*).

O segmento proximal possui regiões de superfície hidrofóbica extensas que seguem os sulcos entre hélices adjacentes. Aparentemente a associação longitudinal de dois segmentos proximais na gaiola de clatrina (Fig. 12.62*a*) é estabilizada pela ocultação dessas regiões hidrofóbicas pelo ajuste complementar das hélices de um braço nos sulcos do outro.

As cadeias leves não participam da montagem da gaiola de clatrina. Na verdade, as cadeias leves inibem a polimerização das cadeias pesadas *in vitro*, o que sugere que elas desempenhem um papel regulador na prevenção de montagens incorretas de gaiolas de clatrina no citosol. A comparação das estruturas por crioeletromicroscopia dos cilindros hexagonais intactos ou desprovidos da cadeia leve revela que a porção central da cadeia leve consiste em uma hélice com 71 resíduos que se liga a uma superfície formada pelas alças inter-helicoidais ao longo do segmento proximal da cadeia pesada, com a extremidade C-terminal da cadeia leve mais próxima ao eixo do trisquélio (Fig. 12.64). Na cadeia leve α e na cadeia leve β, que apresentam 60% de identidade, os segmentos que diferem em sequência estão restritos às regiões N- e C-terminais que não participam na ligação à cadeia pesada e, por isso, é provável que contenham sítios de ligação a fatores citosólicos que regulam a remoção do revestimento da vesícula.

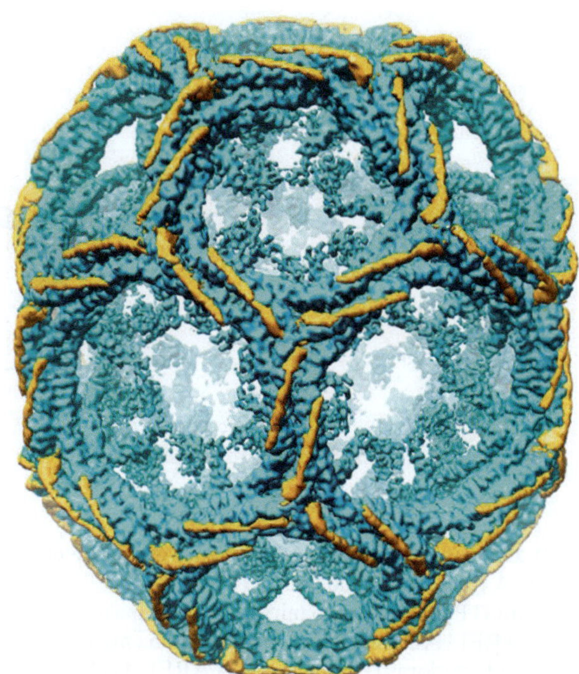

FIGURA 12.64 Organização das cadeias leves em uma gaiola de clatrina. As diferenças entre as densidades eletrônicas determinadas por crioeletromicrografia de um barril hexagonal com e sem as cadeias leves estão mostradas em amarelo, com a densidade eletrônica sem a cadeia leve em azul. (Cortesia de Stephen Harrison,Tomas Kirchhausen, e Thomas Walz, Harvard Medical School, EUA.)

c. As vesículas recobertas por clatrina participam também da endocitose

Como visto, as vesículas recobertas por clatrina transportam proteínas de secreção e TM da rede Golgi *trans* para a membrana plasmática (Fig. 12.58). Além disso, pelo processo conhecido como **endocitose** (descrito na Seção 12.5Bc), elas capturam proteínas específicas do meio extracelular pela invaginação de uma porção da membrana plasmática e as transportam para destinos intracelulares.

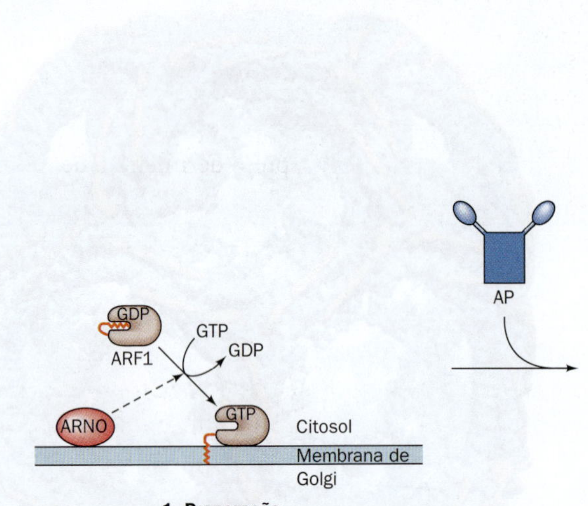

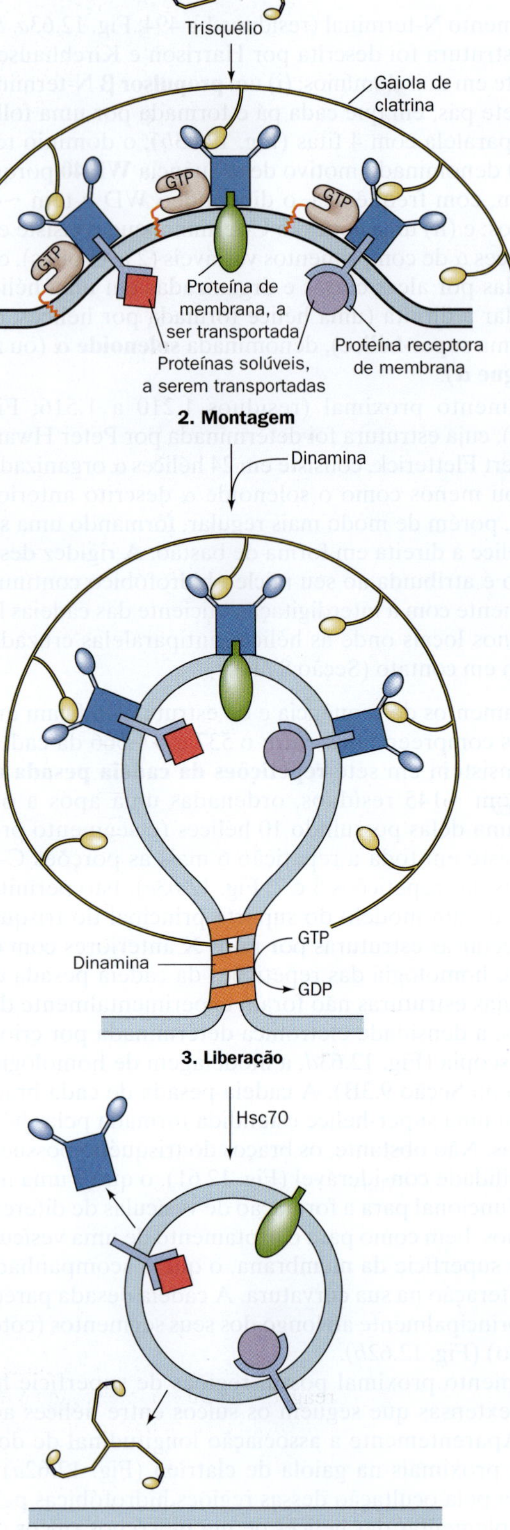

FIGURA 12.65 Formação das vesículas revestidas de clatrina. (1) A troca, estimulada por ARNO, do GDP ligado a ARF1 por GTP torna o grupo miristoil N-terminal ligado à proteína ARF1 · ADP livre para ser inserido na membrana. (2) Proteínas adaptadoras (PAs) ligam-se a ARF1 · GTP ligado à membrana. As proteínas adaptadoras, por sua vez, ligam-se aos trisquélios, promovendo a formação da cobertura de clatrina, o que faz a vesícula brotar da membrana. Além disso, as PAs ligam-se a receptores TM de proteínas solúveis e TM a serem transportadas. (3) A vesícula é liberada da membrana pela ação da GTPase dinamina. (4) A cobertura de clatrina e as PAs dissociam-se da vesícula logo após a sua liberação da membrana.

d. A formação das VRC é um processo complexo

A formação das VRC compreende quatro estágios (Fig. 12.65): (1) preparação (2) montagem, (3) liberação e (4) desrecobrimento. O processo está resumido a seguir.

1. **Preparação: Ativação de ARF1.** A formação da vesícula inicia com a ligação, à membrana, da pequena GTPase (com 181 resíduos) miristoilada chamada **ARF1** (ARF, de *ADP-ribosylation factor,* ou **fator de ribosilação de ADP**, porque foi descrito pela primeira vez como um cofator na ribosilação, catalisada pela toxina da cólera, das GTPases conhecidas como proteínas G heterotriméricas; Seção 19.2). As ARFs são membros da superfamília **Ras** (Ras é uma GTPase pequena que participa na sinalização intracelular; Seção 19.3C) e são proteínas citosólicas hidrossolúveis quando ligadas a GDP, mas, quando ligadas a GTP, associam-se às membranas através da inserção de seus grupos N-terminais miristoila na bicamada (Seção 12.3Bb). A comparação das estruturas por raios X da ARF1 · GDP e da ARF1 · GTP, determinadas por Dagmar Ringe e Jonathan Goldberg, indica que isso ocorre porque a hélice N-terminal da primeira está ligada, juntamente com seu grupo miristoila, a um sulco raso na proteína (Fig. 12.66*a*), que está ausente na segunda (Fig. 12.66*b*).

O fator de troca de nucleotídeo de guanina (GEF, de *guanine nucleotide exchange factor*), para ARF1, que em humanos é chamado **ARNO** (de *ARF nucleotide-binding site opener*; 399 resíduos), possui um domínio de ~200 resíduos

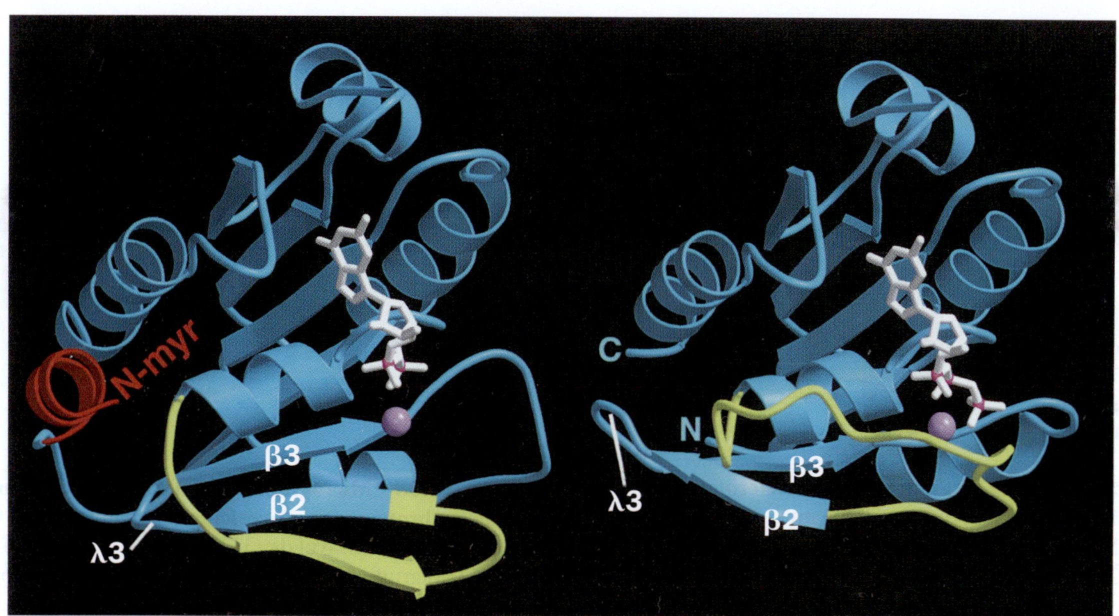

FIGURA 12.66 **Estruturas por raios X de (*a*) ARF1 · GDP e (*b*) ARF1· GDPNP.** (GDPNP é um análogo não hidrolisável de GTP, no qual o átomo de oxigênio ligado aos átomos de P β e γ foi substituído por um grupo NH.) Os nucleotídeos ligados estão representados em branco na forma de bastão, com os átomos de fósforo em magenta e os íons Mg^{2+} como esferas lilases. No ARF1· GDP, a hélice N-terminal da proteína (*em vermelho*) e seu grupo miristoila ligado covalentemente (ausente na estrutura por raios X) estão ligados a um sulco hidrofóbico raso na superfície da proteína, formado em parte pelos resíduos da alça λ3. Contudo, a substituição de GDP por GMPPNP (e presumivelmente por GTP) induz uma mudança conformacional no segmento entre o resíduo 37 e o 53 (*em amarelo*), que desloca, por dois resíduos, a fita β2 ao longo da fita β3, um deslocamento de 7 Å. O movimento resultante da alça λ3 elimina o sítio de ligação para o N-terminal, tornando, dessa forma, o grupo miristoila disponível para inserção na membrana (os resíduos 1 ao 17 do complexo GDPNP estão desordenados). (Cortesia de Jonathan Goldberg, Memorial Sloan-Kettering Cancer Center, New York, EUA. A estrutura do ARF1 · GDP foi determinada por Dagmar Ringe, Brandeis University, EUA. PDBid 1HUR.)

semelhante à proteína altamente conservada **Sec7** de levedura. Quando ARNO ou seu domínio Sec7 são incubados com ARF1 · GDP miristoilado, eles só são capazes de catalisar a troca dos nucleotídeos se micelas lipídicas também estiverem presentes, sugerindo que ARNO é ativado somente quando está em uma superfície de membrana. De fato, ARNO contém um **domínio de homologia a plecstrina** (**PH**, de *peckstrin homology*), um módulo de 100 resíduos que existe em numerosas proteínas (Seção 19.3C) e que se liga ao fosfolipídeo minoritário de membrana **fosfatidilinositol-4,5-bifosfato** (**PIP$_2$**),

Fosfatidilinositol-4,5-bifosfato (PIP$_2$)

que também é um precursor de compostos que participam em sinalização intracelular (Seção 19.4A).

2. Montagem: Proteínas Adaptadoras Ligam as Proteínas a Serem Transportadas à Cobertura de Clatrina. ARF1 · GTP ligada à membrana recruta **proteínas adaptadoras** (**PA**) para a superfície da membrana. As PAs ligam-se à cadeia pesada da clatrina e a proteínas TM, que podem ser receptores que ligam, dentro da vesícula de brotamento, proteínas solúveis a serem transportadas, ou podem ser elas próprias proteínas a serem transportadas. As PAs fazem parte do núcleo das VRCs e são, na verdade, o suporte sobre o qual se forma a gaiola de clatrina. As PAs ligam-se ao propulsor β (domínio N-terminal) da clatrina (Fig. 12.63*a*), o qual forma os nós que se projetam para dentro da gaiola (Fig. 12.62*a*). Os sulcos entre as pás na face superior da hélice (Fig. 12.63*b*) provavelmente formam os sítios de ligação às PAs.

A **PA1** é a proteína adaptadora mais comum existente nas vesículas recobertas que se originam na rede Golgi *trans*, enquanto sua homóloga **PA2** predomina nas vesículas endocíticas. Ambas são heterotetrâmeros: a PA1 é constituída das subunidades γ, β1 (~110 kDa cada), μ1 (~50 kDa) e σ1 (~17 kDa), enquanto as subunidades correspondentes da PA2 melhor caracterizadas são denominadas α, β2, μ2 e σ2 (Fig. 12.67). Microscopia eletrônica e estudos por raios X indicam que cada uma das subunidades maiores consiste em um tronco e em um apêndice, unidos por uma região de dobradiça flexível e sensível à proteólise (Fig. 12.67). Na PA2,

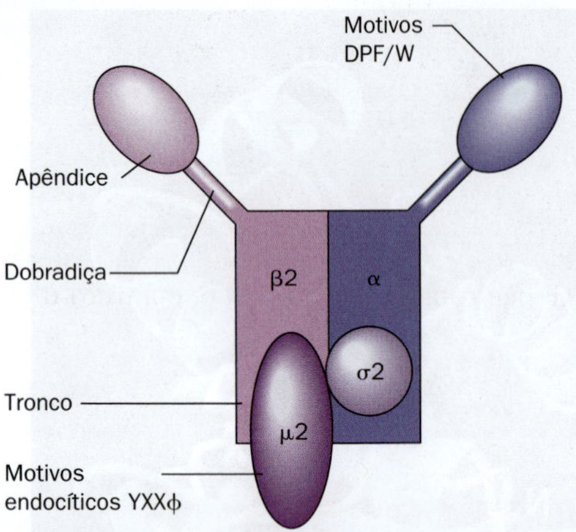

FIGURA 12.67 Desenho esquemático do heterotetrâmero PA2. A PA1 tem uma estrutura semelhante. (Com base em Pearse, B.M. Smith, C.J., and Owen, D.J., *Curr. Opin. Struct. Biol.* **10**, 223 [2000].)

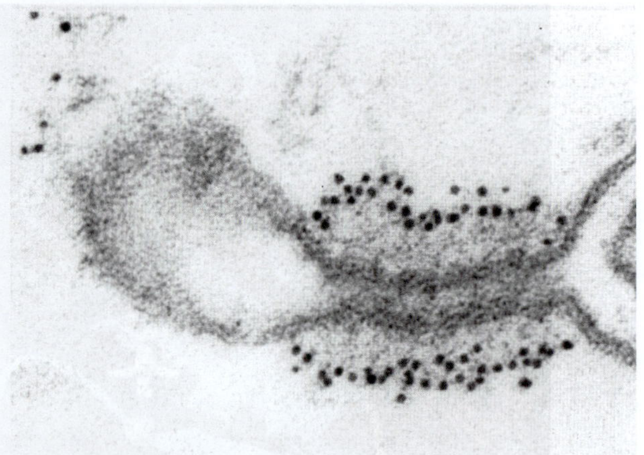

FIGURA 12.68 Micrografia eletrônica de uma vesícula revestida em brotamento. A vesícula foi incubada com **GTPγS**, análogo não hidrolisável de GTP (no qual o átomo de oxigênio terminal do grupo fosfato γ do GTP foi substituído por S), e tratada com anticorpos antidinamina marcados com ouro (*pontos pretos*). Note que a dinamina circunda um tubo longo e estreito na base da vesícula que não se destacou da membrana. (Cortesia de Pietro De Camilli, Yale University School of Medicine, EUA.)

a região da dobradiça na β2 liga-se ao propulsor β da clatrina, enquanto os domínios citoplasmáticos das proteínas-alvo ligam-se com mais frequência à subunidade μ2 por sequências YXXϕ (em que ϕ é um resíduo hidrofóbico volumoso), mas em alguns casos se ligam às subunidades α σ2 através das sequências [D/E]XXXL[L/I], as quais são conhecidas como **motivos de dileucina**. Isso explica por que a excisão proteolítica do domínio do apêndice da PA2 impede a montagem das coberturas de clatrina, embora o corpo possa ainda se ligar a membranas que possuam proteínas que contenham o sinal de internalização YXXϕ. Além disso, tanto PA1 como PA2 se ligam a PIP_2 e mutações em seus sítios de ligação a PIP_2 impedem que elas se localizem em suas membranas-alvo.

Os mamíferos possuem duas PAs heterotetraméricas adicionais, **PA3** e **PA4,** ambas com função no TGN. Além disso, a procura por homólogos das PA nos bancos de dados identificou uma família de adaptadores de clatrina monoméricos denominados **GGAs** (*Golgi-localized γ-ear-containing ARF-binding proteins* ou proteínas de ligação a ARF com orelha γ localizadas no Golgi), cujo domínio C-terminal é homólogo ao domínio do apêndice ou "orelha" da subunidade γ da PA1 (e subunidade α da PA2; Fig. 12.67). Estas diversas proteínas adaptadoras participam no transporte de suas proteínas-alvo entre diferentes pares de membranas de modo que as VRCs são entidades multifuncionais.

3. **Liberação: A Cisão da Vesícula é Mediada pela Dinamina.** O brotamento de uma VRC a partir da membrana parece ser um processo impulsionado mecanicamente pela formação da gaiola de clatrina. No entanto, a cisão do broto para originar a vesícula requer a participação da **dinamina**, uma GTPase com ~870 resíduos. A dinamina contém um domínio PH de ligação a PIP_2, responsável pelo recrutamento da proteína para a membrana. Ao se ligar a GTP, a dinamina forma um oligômero helicoidal que se enrola firmemente em volta da base da vesícula em brotamento, estrangulando-a e transformando-a em um tubo fino (Fig. 12.68). A oligomerização, juntamente com a presença de PIP_2, estimula a dinamina a hidrolisar seu GTP (a dinamina também possui um domínio GAP), causando o estiramento da hélice. Contudo, não é bem conhecido como esse processo promove a liberação da vesícula.

4. **Desencapsulamento: Reciclagem da Clatrina e das Proteínas Adaptadoras.** Logo após a formação das VRCs, a clatrina é liberada na forma de trisquélios, o que a torna disponível para participar na formação de novas vesículas. Esse processo é mediado pela ATPase **Hsc70**, (de *heat shock cognate)* um homólogo da chaperona Hsp70 com ~650 resíduos (Seção 9.2C), que existe em todas as células eucarióticas e que, pela hidrólise do ATP, forma um complexo com a clatrina. A Hsc70 é recrutada para os sítios apropriados na treliça da clatrina pela cochaperona de ~910 resíduos **auxilina**, a qual se liga a sítios específicos nas cadeias pesadas da clatrina. A auxilina possui um domínio J que induz a Hsc70 a hidrolisar seu ATP a ADP, causando assim sua ligação à treliça de clatrina e o consequente desmonte da mesma. A estrutura por crioeletromicroscopia do "barril hexagonal" da clatrina em complexo com a Hsc70 e o fragmento contendo o domínio J da auxilina a uma resolução de 28 Å, determinada por Alasdair Steven, indica que a Hsc70 está localizada dentro de anéis difusos no interior dos anéis pentagonais e hexagonais da gaiola da clatrina (Fig. 12.69). Isto sugere que os trisquélios são arrancados da treliça de clatrina pela ação conjunta de seis moléculas de Hsc70. Isto deve ocorrer por uma rotação simples no sentido horário de um trisquélio conforme está mostrado na Fig. 12.62*a*. Ao fazer novamente a troca do ADP por ATP, a Hsc70 libera os trisquélios.

Após a liberação da clatrina das vesículas recém-formadas, as PAs são também liberadas das vesículas. Este processo deve ser iniciado pela hidrólise do GTP ligado a ARF1 a GDP, o que liberaria ARF1 da membrana e, presumivelmente, da PA. Seja como for, os processos de recobrimento e de desen-

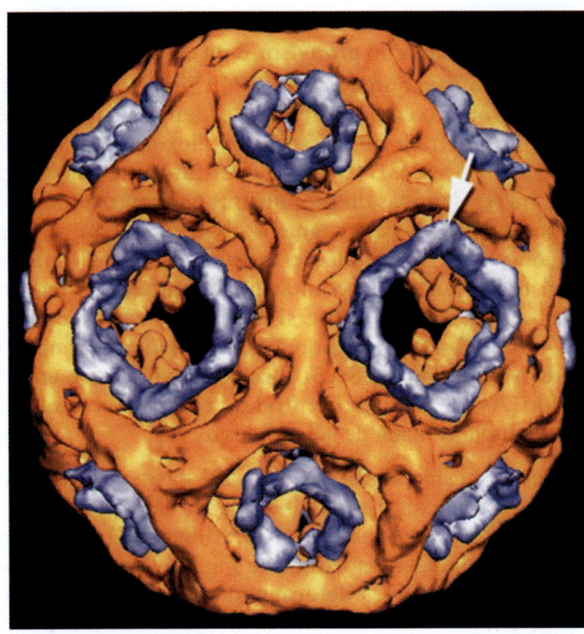

FIGURA 12.69 Imagem com base em crioeletromicroscopia de um barril hexagonal de clatrina em complexo com Hsc70 e um fragmento de auxilina contendo o domínio J, na resolução de 28 Å. A gaiola de clatrina está em dourado e a densidade eletrônica atribuível à Hsc70 está em azul. A seta branca indica a posição na qual a Hsc70 se aproxima mais da treliça de clatrina. (Cortesia de Alasdair Steven, NIH, Bethesda, Maryland, EUA.)

capsulamento das vesículas de clatrina devem ser estritamente regulados, uma vez que ambos ocorrem simultaneamente.

Uma grande variedade de proteínas reguladoras e acessórias, cujas funções são, em grande parte, desconhecidas, também tem sido implicada na formação das VRCs. Além disso, muitas das proteínas descritas anteriormente existem em várias isoformas. Consequentemente, está claro que o entendimento desses processos está longe de ser completo.

e. A montagem das vesículas recobertas por COPI e COPII lembra a das vesículas recobertas por clatrina

O processo de montagem das vesículas recobertas por COPI e COPII, elucidado em grande parte por Randy Schekman, lembra a formação das VRCs:

1. **Preparação:** A formação das vesículas recobertas por COPI inicia-se de forma idêntica às VRCs: ARF1 é recrutado para a membrana pela troca do seu GDP por GTP, promovida por ARNO (Fig. 12.65, Etapa 1). A montagem das vesículas recobertas por COPII inicia-se de forma semelhante, mas com proteínas diferentes: **Sar1** (*secretion-associated and Ras-related protein-1* ou proteína-1 associada a Ras e a secreção) é a pequena GTPase da família ARF que catalisa esse processo, e a troca do GDP por GTP é mediada pela **Sec12**, uma GEF transmembrana.
2. **Montagem:** ARF1 · GTP recruta estequiometricamente coatômeros intactos para formar as vesículas recobertas por COPI. A maioria das sete subunidades dos coatômeros de COPI tem equivalentes no sistema da clatrina e funciona da mesma forma: as subunidades β, γ, δ e ζ de COP correspondem, respectivamente, às subunidades β2, α, μ2 e σ2 da PA2 (Fig. 12.67), e as subunidades α e ε de COP correspondem às cadeias pesada e leve da clatrina. Na formação da cobertura de COPII, a Sar1 · GTP recruta o complexo TM **Sec23/24** que, por sua vez, recruta as proteínas carga e **Sec13/31**, as quais formam a camada externa poliédrica da vesícula em brotamento (ver a seguir).
3. **Liberação:** As vesículas recobertas tanto por COPI quanto por COPII brotam de forma espontânea das membranas de origem; nesse processo, aparentemente, não há necessidade de um análogo de dinamina como no caso das VRCs.
4. **Desencapsulamento:** Como acontece com as VRCs, as vesículas recobertas por COPI e COPII perdem sua cobertura logo após terem sido liberadas das membranas de onde se originaram. Esse processo parece ter início com a hidrólise dos GTPs ligados a ARF1 e a Sar1, enfraquecendo, assim, a ligação de COPI e COPII às suas respectivas vesículas. A proteína ativadora de GTPase (GAP, de *GTPase activating protein*) das vesículas COPI é uma proteína com 415 resíduos chamada **ARF GAP** e parece ser um componente da cobertura. Nas vesículas recobertas por COPII, Sec23 é a GAP para Sar1.

f. Os componentes de COPII e das gaiolas de clatrina são similares em estrutura, mas funcionalmente diferentes

Os estudos de crioeletromicroscopia do componente Sec13/31 de COPII feitos por Bridget Carragher e William Balch revelam que este heterodímero forma, *in vitro,* uma

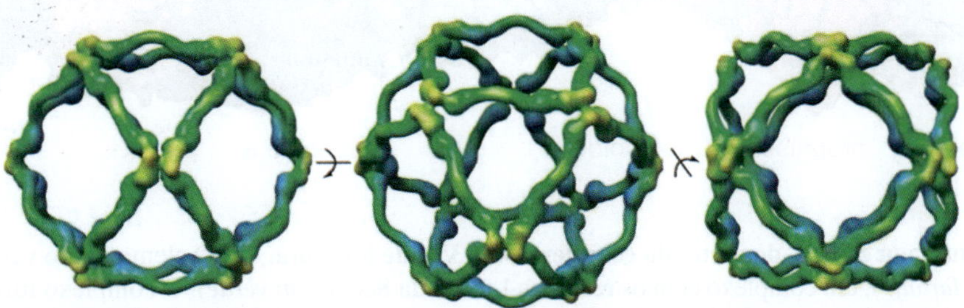

FIGURA 12.70 Estrutura por crioeletromicroscopia da gaiola Sec13/31 COPII humana na resolução de 30 Å. As vistas são ao longo do eixo de ordem 2 da gaiola cubo-octaédrica (*à esquerda*), do eixo de ordem 3 (*no centro*) e seu eixo de ordem 4 (*à direita*). As superfícies dos elementos da gaiola estão coloridos de acordo com sua distância do centro da gaiola sendo em azul a mais próxima e em amarelo a mais distante. A barra da escala tem 500 Å de comprimento. (Cortesia de Bridget Carragher e William Balch, The Scripps Research Institute, La Jolla, California, EUA.)

gaiola cubo-octaédrica com 600 Å de diâmetro (Fig. 12.70). Um cubo-octaedro apresenta a simetria de um cubo (Seção 8.5B) e possui 24 bordas com comprimentos iguais; 12 vértices, cada um deles formado pela interseção de quatro bordas (em contraste com as gaiolas de clatrina cujos vértices são formados pela interseção de três bordas; Fig. 12.62*c*); e 14 faces, 8 das quais são triângulos equiláteros e 6 são quadrados. As vesículas de COPII *in vivo* têm, com frequência, diâmetros maiores do que 600 Å. No entanto, são conhecidos vários poliedros maiores cujos vértices são formados pela interseção de quatro bordas de comprimentos iguais.

Embora o complexo Sec13/31 completo não tenha sido cristalizado, sua proteólise limitada produziu duas estruturas radiográficas determinadas por Jonathan Goldberg:

1. A Sec13 com 297 resíduos forma um complexo com os resíduos de 1 a 411 da Sec31 que tem 1297 resíduos (Fig. 12.71*a*). A Sec13 forma um propulsor β com seis lâminas e o fragmento da Sec31 forma um propulsor β com sete lâminas com o seu segmento C-terminal contribuindo com a sétima lâmina do propulsor de Sec13. Cada lâmina desses propulsores consiste em uma repetição de WD40, como as lâminas do propulsor β da clatrina.
2. O elemento da borda da Sec13/31 (Fig. 12.71*b*), é um heterotetrâmero com simetria de ordem dois que contém a Sec13 inteira formando um complexo com os resíduos 370 a 763 de Sec31. Como na estrutura anterior, a Sec13 forma seis lâminas do propulsor β enquanto a sétima lâmina é formada pelo segmento N-terminal do fragmento de Sec31. O restante do fragmento de Sec31 consiste em um solenoide α com sua extremidade N-terminal dobrada para trás sobre si mesmo e sua extremidade C-terminal se sobrepondo à extremidade C-terminal de outro fragmento de Sec31 formando um dímero entrelaçado. Assim, a porção central do complexo consiste em uma dupla camada de solenoides α.

Dado que o mesmo segmento de Sec31 passa pela Sec13 em ambos os complexos e suas subunidades são sobreponíveis, sugere-se fortemente que o complexo Sec13/31 contenha a unidade de montagem mostrada na Fig. 12.71*c*. Esta unidade é ancorada na estrutura determinada por crioeletromicros-

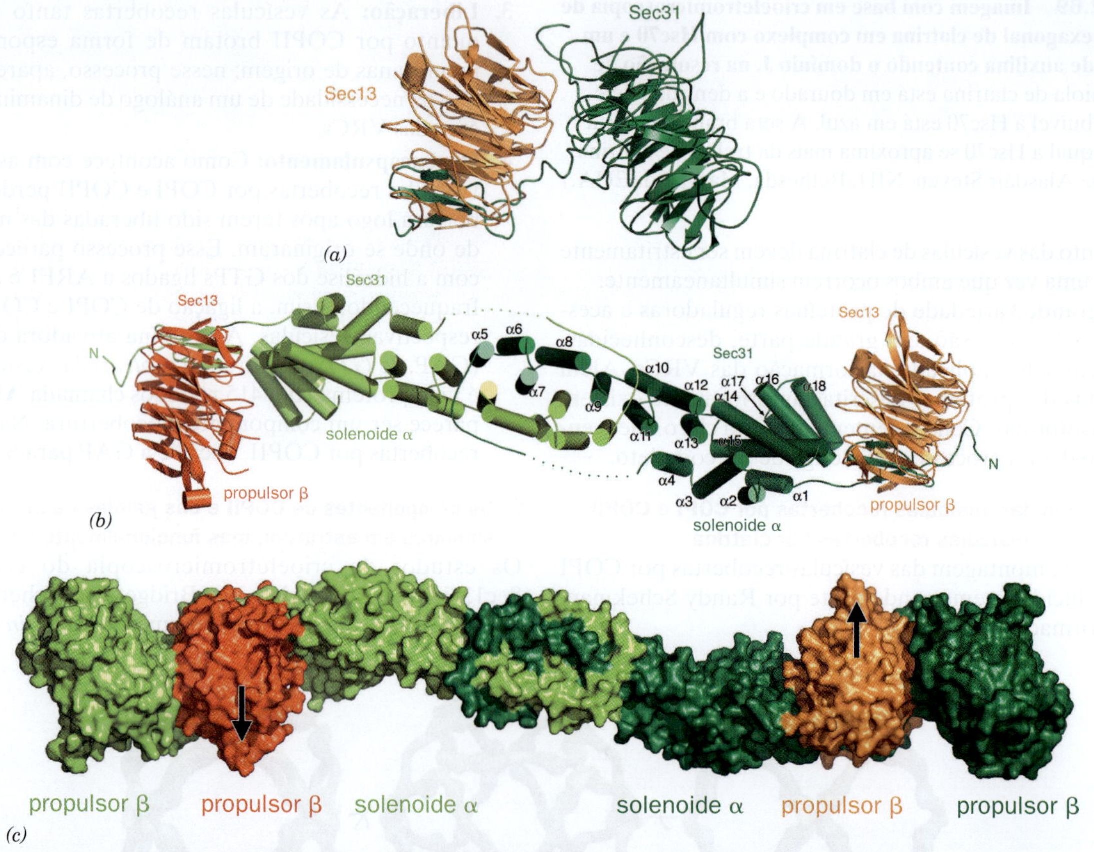

FIGURA 12.71 Estrutura por raios X de partes do complexo Sec13/31 de levedura. (*a*) O elemento do vértice Sec13/31, que consiste em Sec13 (*em cor de laranja*), em complexo com os resíduos 1 a 411 da Sec31 (*em verde*). O complexo forma dois propulsores com sete pás cada, sendo que uma pá do propulsor Sec13 é proporcionada pela porção C-terminal do fragmento de Sec31. (*b*) O elemento Sec13/31 da aresta, que é um heterotetrâmero composto por duas moléculas de Sec13 (*em vermelho e cor de laranja*) e os resíduos de 370 a 763 de Sec31 (*em verde-claro e escuro*). O complexo é visto ao longo do seu eixo de ordem 2 e orientado como na Parte *a*. Aqui a Sec13 forma propulsores como na Parte *a* e o fragmento de Sec31 forma um solenoide com duas camadas e com 215 Å de comprimento. (*c*) Modelo molecular da unidade de montagem Sec13/31 desenhado como diagrama de superfície, colorido e orientado como nas Partes *a* e *b*. (Cortesia de Jonathan Goldberg, Memorial Sloan-Kettering Cancer Center, New York, New York, EUA.

FIGURA 12.72 Modelo molecular da gaiola COPII vista aproximadamente ao longo de seu eixo de ordem 3. Suas 48 subunidades de Sec13/31 estão desenhadas na forma de verme e coloridas como na Fig. 12.71. Quatro propulsores β de Sec31 se associam para formar os vértices da gaiola cubo-octaédrica e as porções remanescentes das unidades de montagem Sec13/31 heterotetraméricas formam suas arestas. O diâmetro interno da gaiola é de ~520 Å. (Cortesia de Jonathan Goldberg, Memorial Sloan-Kettering Cancer Center, New York, EUA.)

copia da gaiola Sec13/31 (Fig. 12.70) para gerar o modelo da gaiola de COPII desenhada na Fig. 12.72.

É instrutivo considerar as diferenças e as similaridades entre a gaiola de COPII e a de clatrina. Ambas consistem em propulsores β com sete lâminas e solenoides α. Nas gaiolas de COPII, todos esses motivos participam na formação de suas bordas com a associação de quatro propulsores β de Sec31 para a formação de cada um de seus vértices. Em contraste, as gaiolas de clatrina são construídas totalmente a partir de seus segmentos de solenoide α sendo que três deles se associam para formar cada um de seus vértices, com seus motivos de propulsor β localizados no interior da gaiola onde interagem com proteínas adaptadoras. Além disso, cada uma das bordas das gaiolas de COPII, com ~40 Å de diâmetro, consistem em uma camada dupla de solenoides α, enquanto cada uma das bordas das gaiolas de clatrina, com ~120 Å de diâmetro, consistem na interdigitação de segmentos de solenoides α de quatro trisquélios. Evidentemente, a evolução modelou os componentes similares destas gaiolas para desempenhar diferentes funções. A análise de sequência das proteínas da capa de COPI identificou motivos de propulsor β e de solenoide α, o que sugere que as vesículas recobertas por clatrina, COPI e COPII se originaram do mesmo proto-coatâmero.

O segmento C-terminal da Sec31, que não está presente nas estruturas por raios X anteriores, contém um segmento aparentemente não estruturado rico em prolinas (20% dos resíduos 770 a 1110 são Pro) que tem sido implicado na ligação ao complexo Sar1-Sec23/24 (o qual inicia o brotamento da vesícula por se ligar a regiões citoplasmáticas de proteínas carga TM). Com base na estrutura por raios X do complexo Sar1-Sec23/24 e no fato que a gaiola cubo-octaédrica Sec13/31 possui 48 sítios de ligação para esse complexo, parece que o complexo Sar1-Sec23/24 formaria uma camada com 50 Å de espessura abaixo da superfície da gaiola de COPII. De fato, os estudos por crioeletromicroscopia das vesículas de COPII montadas a partir dos complexos Sec13/31 e Sec23/24 revelam que os complexos Sec23/24 formam uma gaiola concêntrica no interior da gaiola Sec13/31.

g. As proteínas são orientadas para o lisossomo por marcadores glicídicos de reconhecimento

De que maneira as proteínas são selecionadas no RE para serem transportadas para o Golgi e daí para suas respectivas membranas? Uma pista para a natureza do processo provém de um defeito humano hereditário conhecido como **doença celular I** (também chamada **mucolipidose II**) que, nos homozigotos, é caracterizada por um progressivo e grave retardo psicomotor, deformações esqueléticas e morte aos 10 anos. Os lisossomos do tecido conectivo das vítimas dessa doença apresentam grandes inclusões de glicosaminoglicanos e glicolipídeos (daí o nome da doença), resultantes da ausência de várias hidrolases lisossômicas. Essas enzimas são sintetizadas no RER com a sequência correta de aminoácidos, mas, ao invés de serem enviadas aos lisossomos, são secretadas para o meio extracelular. Isso ocorre devido à ausência do marcador de reconhecimento, manose-6-fosfato, na porção glicídica dessas hidrolases, pois uma enzima responsável pela fosforilação da manose não consegue reconhecer essas proteínas lisossômicas. Os resíduos de manose-6-fosfato são, normalmente, ligados por um receptor nas vesículas recobertas que transportam as hidrolases lisossômicas do aparelho de Golgi para os lisossomos (Seção 23.3Bj). Outras glicoproteínas são orientadas para seus destinos intracelulares por marcadores glicídicos semelhantes.

h. As proteínas residentes do RE possuem a sequência C-terminal KDEL

Em mamíferos, a maioria das proteínas solúveis residentes do RE possui sequências C-terminais KDEL (HDEL em levedura), KKXX ou KXKXXX (em que X representa qualquer resíduo de aminoácido), cuja alteração resulta na secreção da proteína. De que maneira essas proteínas são retidas seletivamente no RE? Uma vez que muitas proteínas residentes difundem-se livremente dentro do RE, parece improvável que elas sejam imobilizadas por receptores de membrana dentro da organela. Tem sido demonstrado que as proteínas residentes do RE, assim como as lisossômicas e as de secreção, deixam o RE em vesículas recobertas por COPII, mas as primeiras são resgatadas prontamente do Golgi e retornam ao RE em vesículas recobertas por COPI. Na verdade, os coatômeros ligam-se aos resíduos de lisina no motivo C-terminal KKXX de proteínas TM, o que provavelmente permite que essas proteínas sejam acumuladas dentro das vesículas recobertas por COPI. Além disso, a anexação genética da sequência KDEL à protease lisossômica **catepsina D** faz a proteína se acumular no RE, mas ainda assim ela recebe um grupo *N*-acetilglicosaminil-1-fosfato, uma modificação que é realizada em um compartimento inicial do Golgi. Presume-se que um receptor de membrana em um compartimento pós-RE se ligue ao sinal KDEL e o complexo resultante retorne ao RE em uma vesícula recoberta por COPI. Os **receptores KDEL** foram, na verdade, identificados em levedura e em humanos. Contudo, observações de que proteínas contendo KDEL e que tiveram essa sequência removida são mesmo assim secretadas lentamente sugerem que devam existir mecanismos de retenção dessas proteínas no RE pela retenção ativa das mesmas a partir do fluxo principal de proteínas da rota de secreção.

D. *Fusão das vesículas*

As vesículas que percorrem pequenas distâncias (< 1 μm) entre as membranas originais e as membranas-alvo (p. ex., entre cisternas de Golgi vizinhas) o fazem por difusão simples, um processo que demora de um a vários minutos. Contudo, as vesículas que precisam percorrer grandes distâncias (p. ex., da rede Golgi *trans* para a membrana plasmática) são transportadas ativamente ao longo dos microtúbulos do citoesqueleto (Seção 1.2A) pelas proteínas motoras **dineína** e **cinesina**, que se deslocam unidirecionalmente ao longo dos "trilhos" dos microtúbulos, em um processo dependente de ATP (Seção 35.3H).

a. A fusão das vesículas é estudada mais facilmente nas leveduras e nas sinapses

Ao encontrar a membrana-alvo, a vesícula funde-se com ela, liberando assim seu conteúdo no lado oposto (Fig. 12.60). Como as vesículas se fundem e por que se fundem somente com suas membranas-alvo e não com outras membranas? Para responder a essas questões, têm sido usadas duas abordagens experimentais, a análise genética do processo em leveduras e a análise bioquímica das **sinapses**, que são as junções entre neurônios (células nervosas) e entre neurônios e músculos (Fig. 12.73).

Quando o impulso nervoso na célula pré-sináptica alcança a sinapse, ele desencadeia a fusão das **vesículas sinápticas** contendo **neurotransmissor** com a **membrana pré-sináptica** (uma região especializada da membrana plasmática do neurônio), liberando o neurotransmissor (uma molécula pequena) na **fenda sináptica** com 200 Å de largura (o processo pelo qual as vesículas se fundem com a membrana plasmática e liberam seu conteúdo para fora da célula é chamado **exocitose**). O neurotransmissor difunde-se rapidamente através da fenda sináptica para a membrana pós-sináptica, onde se liga a receptores específicos, que desencadeiam então a continuação da transmissão do impulso nervoso na célula pós-sináptica (Seção 20.5C). A homogeneização do tecido nervoso provoca o rompimento dos terminais pré-sinápticos e suas membranas são seladas novamente, formando os **sinaptossomos**, que podem ser isolados por centrifugação em gradiente de densidade para posterior estudo.

b. A fusão das vesículas requer a atividade coordenada de muitas proteínas

As membranas biológicas não se fundem de forma espontânea. Na verdade, por serem carregadas negativamente, elas se repelem fortemente em distâncias curtas. Essas forças de repulsão devem ser superadas para que as membranas possam se fundir. É apenas o começo da compreensão de como acontece esse complicado processo, como será visto a seguir.

(*a*)

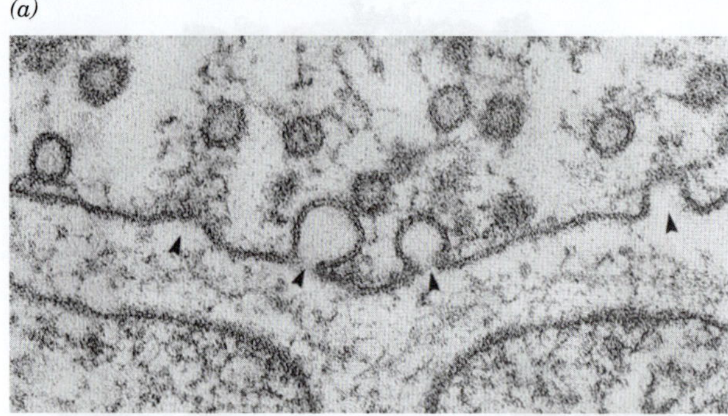

(*b*)

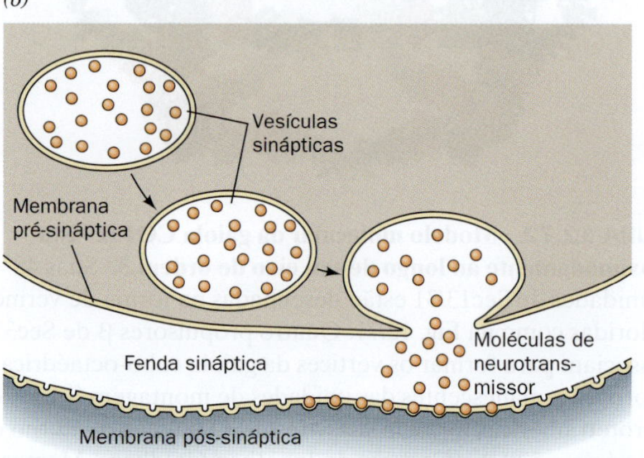

FIGURA 12.73 Transmissão dos impulsos nervosos através da fenda sináptica. (*a*) Micrografia eletrônica de uma junção neuromuscular de rã na qual as vesículas sinápticas estão realizando exocitose (*flechas*) na membrana pré-sináptica (*topo*). (Cortesia de John Heuser, Washington University School of Medicine, St. Louis, Missouri, EUA.) (*b*) O neurotransmissor, liberado na fenda sináptica, difunde-se rapidamente (em menos de 1 ms) para a membrana pós-sináptica, onde se liga aos receptores TM, desencadeando um novo impulso nervoso.

Os estudos sobre o mecanismo de fusão de vesículas foram iniciados por Rothman, que demonstrou que o processo é bloqueado por baixas concentrações de ***N*-etilmaleimida (NEM)**, um agente alquilante de cisteína,

CH_3-CH_2-N(maleimida) + HS$-CH_2-CH$(NH)(C=O) (Cys)

***N*-etilmaleimida (NEM)** **Cys**

↓

CH_3-CH_2-N(succinimida)$-S-CH_2-CH$(NH)(C=O)

indicando a presença de uma **proteína de fusão sensível a NEM** (**NSF**, de *NEM-sensitive fusion*). A NSF é uma ATPase citosólica que só se liga à membrana na presença de uma **proteína solúvel de ligação a NSF** (**SNAP**, de *soluble NSF attachment protein*). As SNAPs ligam-se à membrana na ausência de NSF, demonstrando que se ligam antes da ligação desta proteína. As SNAPs unem-se a membranas tratadas com álcali, o que indica que os **receptores de SNAP** (**SNAREs**, de *SNAP receptors*) são proteínas integrais ou ligadas a lipídeos.

Três proteínas participam de todas as reações de fusão de vesículas:

1. Proteínas **Rab**, são pequenas GTPases (20 a 29 kDa) da superfamília Ras que têm um papel central no direcionamento do transporte da vesícula. As células expressam numerosas isoformas de Rab, sendo 11 em levedura e 63 em células humanas, cada uma localizada em compartimentos membranosos específicos. As proteínas Rab têm dois resíduos de Cys em tandem nas suas extremidades C-terminais, e ambos são geranilgeranilados (Seção 12.3Ba). Uma proteína solúvel denominada **inibidor da dissociação de GDP** (**GDI**) se liga à Rab · GDP e mascara seus grupos gerenilgeranil, mantendo-a assim no citoplasma. Contudo, quando a Rab · GDP interage com a cognata **Rab-GEF** na superfície da vesícula-alvo, os grupos geranilgeranil da Rab · GTP resultante são revelados e inseridos na membrana da vesícula-bem semelhante ao ancoramento da ARF1-GTP à membrana do Golgi (Fig. 12.65). A Rab · GTP se liga então às proteínas em forma de bastão que emanam da membrana da vesícula-alvo conhecidos como **fatores de amarração** e forma uma associação relativamente frouxa entre as duas membranas. Após a fusão da vesícula a Rab hidrolisa seu GTP a GDP em um processo induzido por uma **Rab-GAP** específica e, a Rab · GDP é removida da membrana pelo GDI reciclando, desta forma, o sistema. As proteínas Rab também estão envolvidas no início da etapa de fusão real da membrana (ver a seguir) assim como nas interações das vesículas com os componentes do citoesqueleto que atuam no transporte de vesículas para seus destinos corretos.
2. As SNAREs, formam combinações com proteínas associadas à membrana conhecidas como **R-SNAREs** e **Q-SNAREs** (porque possuem resíduos conservados de arginina e glutamina em seus domínios citoplasmáticos. Originalmente, essas proteínas foram denominadas, respectivamente, **v-SNAREs** e **t-SNAREs**, porque eram associadas principalmente com as vesículas e com as membranas-alvo). As SNAREs melhor caracterizadas são as que atuam nas sinapses neuronais: a **sinaptobrevina** (também chamada **VAMP**, de *vesicle associated membrane protein*, ou proteína de membrana associada à vesícula) é uma R-SNARE, enquanto a **sintaxina** e a **SNAP-25** (de *synaptosome associated protein of 25 kDa*, ou proteína de 25 kDa associada aos sinaptossomos) são Q-SNAREs. *As R-SNAREs e as Q-SNAREs associam-se para unir firmemente a vesícula à sua membrana-alvo anteriormente frouxamente amarrada,* em um processo chamado "ancoramento". Os complexos ancorados, descritos a seguir, serão desagregados pela NSF em associação com a proteína SNAP (note que a SNAP-25 não é uma proteína SNAP; por uma curiosa coincidência, elas foram caracterizadas independentemente e receberam a mesma denominação antes de se perceber que estavam funcionalmente associadas).
3. As **proteínas SM** (assim chamadas porque as de levedura são denominadas **Sec1**, e as de mamíferos, **Munc18**), se ligam à sintaxina, nas sinapses, para impedir que a sinaptobrevina e a SNAP-25 se liguem a ela. Estudos de mutações indicam que essas proteínas hidrofílicas e de massa de 65 a 70 kDa são essenciais para a fusão de vesículas.

c. As SNAREs formam um feixe estável de quatro hélices

A R-SNARE sinaptobrevina e as Q-SNAREs sintaxina e SNAP-25 formam um complexo altamente estável, sendo necessário fervê-las em solução de SDS para dissociá-las. A sinaptobrevina e a sintaxina possuem uma hélice TM C-terminal, e a SNAP-25 está ancorada na membrana via grupos palmitoil ligados aos resíduos de cisteína na região central da proteína. A estrutura por raios X das porções que se associam neste complexo (Fig. 12.74*a*), determinada por Reinhard Jahn e Axel Brünger, mostra um feixe de 4 héli-

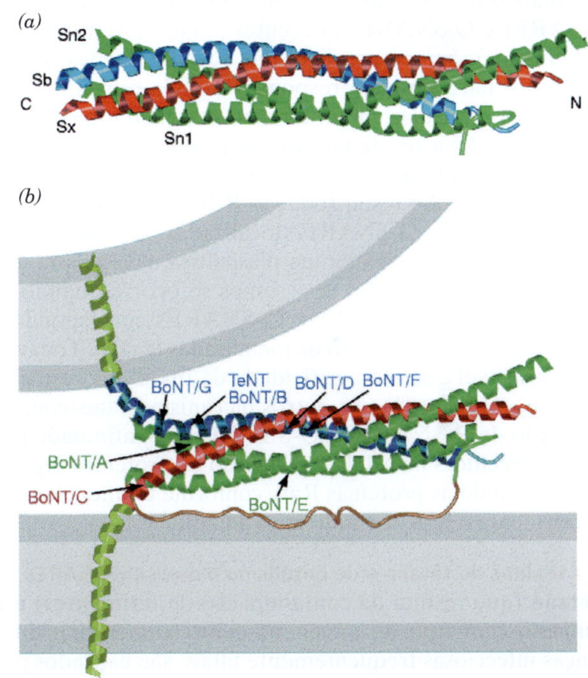

FIGURA 12.74 Estrutura por raios X do complexo central da sintaxina-sinaptobrevina-SNAP-25. (*a*) O diagrama de fitas mostra a hélice da sintaxina (Sx) em vermelho, a hélice da sinaptobrevina (Sv) em azul, e as hélices N- e C-terminais da SNAP-25 (Sn1 e Sn2) em verde. (*b*) Modelo do complexo de fusão sináptica unindo duas membranas (*cinza*). As hélices do complexo central estão representadas com as mesmas cores da Parte *a*. Os segmentos C-terminais TM da sintaxina e da sinaptobrevina estão representados em forma de hélices (*verde-claro*). A alça que conecta as hélices N- e C-terminais da SNAP-25 está representada, especulativamente, de forma não organizada (*marrom*). Lembre-se que esta alça está ancorada na membrana por meio de grupos palmitoil ligados a cisteínas (*não mostrado*). As flechas indicam os sítios de hidrólise para as várias neurotoxinas clostrídicas. (Cortesia de Axel Brünger, Yale University, EUA. PDBid 1SFC.)

ces α paralelas, de 65 resíduos, sendo que duas das hélices são formadas pelos segmentos C- e N-terminais da SNAP-25. Uma vez que a sinaptobrevina está ancorada na membrana da vesícula e a sintaxina e a SNAP-25 estão, ambas, ancoradas na membrana-alvo, este assim chamado complexo central mantém as duas membranas firmemente unidas (Fig. 12.74*b*).

As quatro hélices do complexo central enrolam-se uma ao redor da outra com uma leve torção à esquerda. Em geral a sequência de cada hélice possui as repetições esperadas de 7 resíduos $(a\text{-}b\text{-}c\text{-}d\text{-}e\text{-}f\text{-}g)_n$, sendo os resíduos *a* e *d* hidrofóbicos (Seção 8.2A; note que essa propriedade é característica dos feixes de 3 e 4 hélices, assim como das espirais enroladas). Contudo, a camada central de cadeias laterais ao longo do comprimento do feixe de 4 hélices consiste em um resíduo de arginina da sinaptobrevina unido por ligação de hidrogênio a três cadeias laterais de glutaminas, uma da sintaxina e uma de cada uma das hélices da SNAP-25. Esses resíduos polares altamente conservados são isolados do meio aquoso, de forma que suas interações são incrementadas pela baixa constante dielétrica do seu meio. Portanto, parece que essas interações servem para colocar as hélices na ordem correta.

Uma vez que as células possuem um grande número de R-SNAREs e Q-SNAREs diferentes (25 nas leveduras e 36 nos humanos), parece provável que suas interações sejam, pelo menos parcialmente, responsáveis pela especificidade exibida pelas vesículas em fundir com suas membranas-alvo. Rothman mostrou ser de fato esse o caso ao determinar, *in vitro,* a velocidade de fusão de lipossomos contendo diferentes SNAREs. Ao testar todas as R-SNAREs do genoma da levedura contra Q-SNAREs localizadas nas membranas do Golgi, vacúolos e membrana plasmática da levedura, ele descobriu que a fusão dos lipossomos só ocorre quando as combinações de R-SNAREs e Q-SNAREs correspondem àquelas que medeiam o fluxo de membranas *in vivo*. Todavia, parece provável que a especificidade da fusão das vesículas *in vivo* seja aumentada por outros mecanismos, tais como a localização de R-SNAREs e Q-SNAREs com afinidade por regiões específicas na célula e pela ação de proteínas reguladoras, incluindo as proteínas Rab, conforme foi mencionado anteriormente e será discutido mais adiante.

d. As toxinas do tétano e do botulismo hidrolisam SNAREs

O **tétano** (que resulta da contaminação de ferimentos) e o **botulismo** (um tipo de envenenamento alimentar), duas doenças infecciosas frequentemente fatais, são causados por determinadas bactérias anaeróbias do gênero *Clostridium.* Essas bactérias produzem neurotoxinas extremamente potentes que inibem a liberação de neurotransmissores nas sinapses. Na verdade, as toxinas botulínicas são as toxinas mais potentes conhecidas, sendo ~10 milhões de vezes mais tóxicas que o cianeto (uma dose de $10^{-10}\text{g} \cdot \text{kg}^{-1}$ é suficiente para matar um camundongo).

Existem sete tipos de neurotoxinas botulínicas sorologicamente distintas, designadas **BoNT/A** até **BoNT/G**, e um tipo de neurotoxina tetânica, **TeTx**. Cada uma dessas proteínas homólogas é sintetizada como uma única cadeia polipeptídica com ~150 kDa, que é hidrolisada por proteases do hospedeiro, gerando uma cadeia L com ~50 kDa que permanece unida por uma ligação dissulfeto à cadeia H de ~100 kDa (Fig. 12.75). A cadeia H liga-se a tipos específicos de neurônios (via gangliosídeos e receptores proteicos), facilitando a captação, por endocitose, da cadeia L. *As cadeias L são proteases, e cada uma hidrolisa sua SNARE-alvo em um sítio específico* (Fig. 12.74*b*). Isso impede a formação do complexo central, interrompendo a exocitose das vesículas sinápticas. A cadeia H da TeTx liga-se especificamente aos neurônios inibitórios (que atuam na moderação dos impulsos nervosos excitatórios), sendo responsável pela paralisia espástica característica do tétano. A cadeia H das BoNTs liga-se aos neurônios motores (que enervam os músculos), causando a paralisia flácida característica do botulismo.

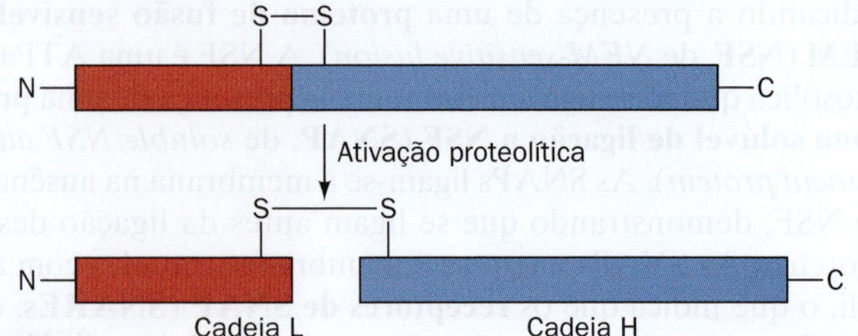

FIGURA 12.75 Modelo das neurotoxinas clostrídicas e sua ativação por proteases do hospedeiro. A ponte dissulfeto que une o segmento L ao H é rompida após a captação da neurotoxina pelo neurônio-alvo.

A administração de quantidades cuidadosamente controladas da toxina botulínica (nome comercial Botox) é útil na medicina para aliviar os sintomas de determinados tipos de espasmos musculares crônicos. Além disso, essa toxina é usada como cosmético: injeções intradérmicas causam relaxamento de pequenos músculos que formam as rugas, fazendo com que essas rugas desapareçam por aproximadamente 3 meses.

e. A fusão das bicamadas é induzida mecanicamente

A associação das Q-SNAREs de uma vesícula com as R-SNAREs de sua membrana-alvo coloca as duas bicamadas em grande proximidade, gerando o assim chamado **complexo *trans*-SNARE**. Todavia, o que induz a fusão das bicamadas justapostas? A resposta, que está esquematizada na Fig. 12.76, é que as forças mecânicas que surgem pela formação de um anel de vários (estimados em 5 a 10) complexos *trans*-SNARE unem as bicamadas opostas. Isto expele os lipídeos que fazem o contato entre elas de forma a unir suas camadas externas, um processo conhecido como **hemifusão**. Na verdade, estima-se que a pressão (força/área) dentro do anel dos complexos *trans*-SNARE seja de 100 a 1.000 atm. Na estrutura transiente resultante não foi ainda detectado nenhum contato aquoso entre os dois sistemas de membranas. No entanto, à medida que o processo de fusão acontece (as *trans*-SNARE continuam se fechando, as duas camadas internas das membranas agora parcialmente unidas se aproximam para formar uma nova bicamada, cujos componentes lipídicos são, de modo similar, expelidos para a geração de um **poro de fusão.** Este se expande rapidamente, unindo totalmente as duas membranas assim como seus conteúdos. Assim, a fusão da vesícula é conduzida pelo dobramento das proteínas que formam os complexos *trans*-SNARE. Conforme foi discutido acima, os lipossomos contendo os equivalentes às Q-SNAREs e às R-SNAREs fundem-se espontaneamente. No entanto, esse processo demora 30 a 40 minutos para ocorrer *in vitro*, enquanto a fusão *in vivo* de uma vesícula sinápti-

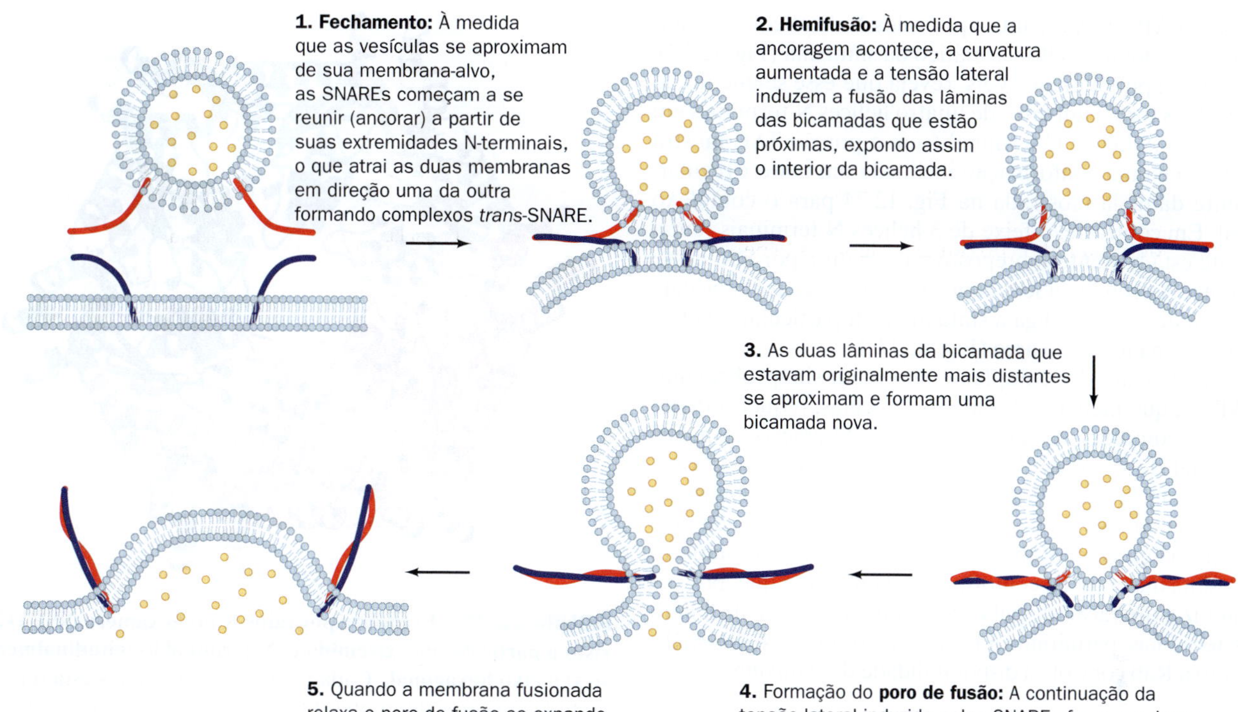

FIGURA 12.76 **Modelo de fusão de vesículas mediada pelas SNAREs.** Aqui a R-SNARE e a Q-SNARE estão representadas esquematicamente por estruturas em forma de vermes vermelhos e azuis. (De um desenho feito por Chen,Y.A e Scheller, R.H., *Nature Rev. Mol. Cell Biol.* **2,** 98 (2001).)

ca com a membrana pré-sináptica, por exemplo, demora menos de 0,3 ms (Seção 20.5C). Isso sugere que outras proteínas como as proteínas Rab e/ou seus **efetores** (proteínas com as quais elas interagem) participam na mediação do processo de fusão da bicamada.

f. A estrutura do complexo nSec1-sintaxina sugere uma função para a proteína Rab

A proteína neuronal SM, **chamada nSec1**, liga-se à sintaxina com alta afinidade, formando um complexo que é mutuamente exclusivo à formação do complexo sintaxina-sinapto-

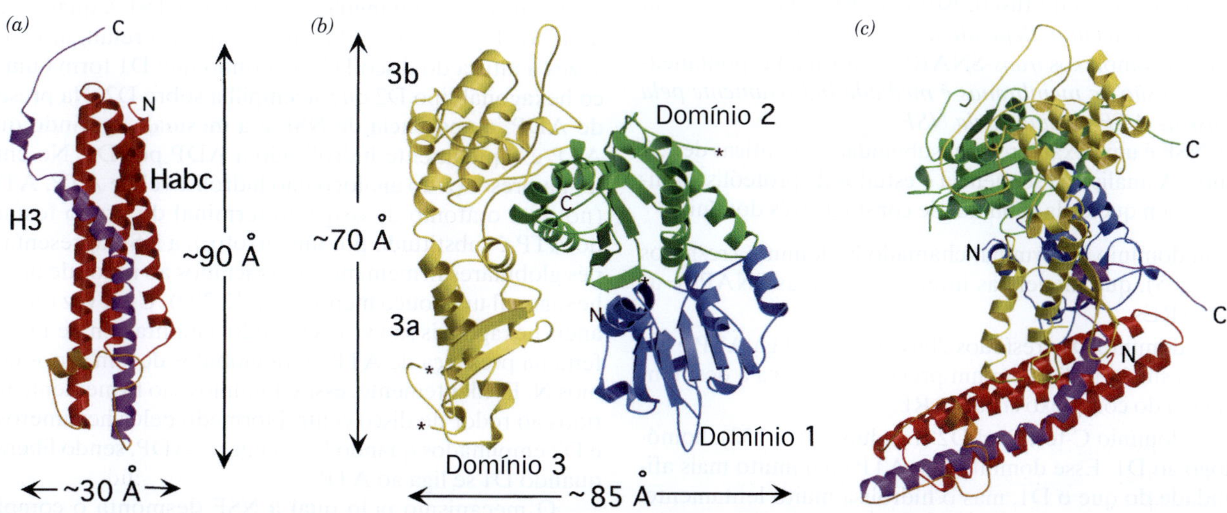

FIGURA 12.77 **Estrutura por raios X do complexo entre nSec1 e sintaxina.** (*a*) Diagrama em fita da sintaxina, com o feixe N-terminal de 3 hélices (Habc) em vermelho e a porção citoplasmática, sua hélice C-terminal (H3, ou seja, o segmento que forma um componente do complexo central), em púrpura. (*b*) Diagrama de fita de nSec1 com seus três domínios em cores diferentes. (*c*) O complexo nSec1-sintaxina, apresentado com as mesmas cores das Partes *a* e *b*, visto com o nSec1 em uma rotação de 90° sobre o eixo vertical com relação à Parte *b*. (Cortesia de William Weis, Stanford University School of Medicine, EUA. PDBid 1DN1.)

brevina-SNAP-25. A estrutura por raios X da nSecl em complexo com o domínio citoplasmático da sintaxina (Fig. 12.77), determinada por William Weis, revela que esse segmento de 288 resíduos forma um feixe de quatro hélices N-terminais em ziguezague. A hélice C-terminal (sem a porção TM) mostra uma dobra e uma conformação inclinada um tanto irregular, diferente daquela mostrada na Fig. 12.74 para o complexo central. Em contraste, o feixe de 3 hélices N-terminais remanescente está bastante sobreposto na estrutura por RM desse segmento. A proteína nSecl com 594 resíduos é uma molécula em forma de arco que liga a sintaxina, em particular a hélice C-terminal, na fenda do arco (Fig. 12.77*c*).

A formação do complexo sintaxina-sinaptobrevina-SNAP-25, que medeia a fusão das vesículas, requer a dissociação do complexo nSecl-sintaxina e a liberação da hélice C-terminal do feixe de 3 hélices N-terminais da sintaxina. Estudos mutacionais indicam que a proteína Rab e/ou seus efetores medeiam esse processo. Em função disso, tem sido proposto que a ligação da Rab, e/ou de seus efetores, ao complexo nSecl-sintaxina altera a conformação da nSecl, o que, por sua vez, induz a liberação da hélice C-terminal do feixe de 3 hélices N-terminais, permitindo a formação do complexo SNARE. Portanto a Rab controla a disponibilidade da sintaxina.

g. A NSF medeia a desmontagem do complexo central

O complexo SNARE nas membranas fundidas, conhecido como **complexo *cis*-SNARE**, deve ser dissociado para que as suas proteínas participem de um novo ciclo de fusão de vesículas. Esse processo é mediado pela NSF, uma proteína citosólica dependente de ATP que se liga às SNAREs (receptores das SNAPs) pela intermediação das proteínas adaptadoras chamadas SNAPs (de *soluble NSF attachment proteins*, ou proteínas de ligação à NSF solúvel). Embora tenha sido proposto inicialmente que a desmontagem, mediada por NSF, do complexo *cis*-SNARE de alguma forma conduz diretamente à fusão das membranas, atualmente está claro que a NSF atua na reciclagem das SNAREs após a participação destas no processo de fusão, isto é, *a NSF atua como uma chaperona molecular dependente de ATP*. Contudo, uma vez que os complexos *trans*-SNARE se formam espontaneamente, *a fusão de membranas é mediada indiretamente pela hidrólise de ATP mediada pela NSF.*

A NSF é um hexâmero com subunidades idênticas de 752 resíduos. A análise da sequência e estudos de proteólise limitada indicam que cada subunidade consta de três domínios:

1. Um domínio N-terminal chamado N-domínio (resíduos 1 a 205), que medeia as interações com as SNAPs e as SNAREs.
2. Um domínio D1 (resíduos 206 a 487) que liga ATP e catalisa sua hidrólise, em um processo que leva à desmontagem do complexo *cis*-SNARE.
3. Um domínio C-terminal D2 (resíduos 488 a 752), homólogo ao D1. Esse domínio liga ATP com muito mais afinidade do que o D1, mas o hidrolisa muito lentamente, quando o faz. D2 · ATP faz a mediação da formação do hexâmero da NSF, necessário para sua atividade.

A estrutura por raios X do domínio D2 da NSF foi determinada independentemente por Weis e por Jahn e Brünger. Suas subunidades cuneiformes associam-se para formar um hexâmero em forma de disco com 116 Å de diâmetro e 40 Å de altura, com um poro central de ~18 Å de diâmetro (Fig. 12.78). O ATP liga-se próximo à interface entre duas subunidades, supostamente auxiliando na estabilização da associação.

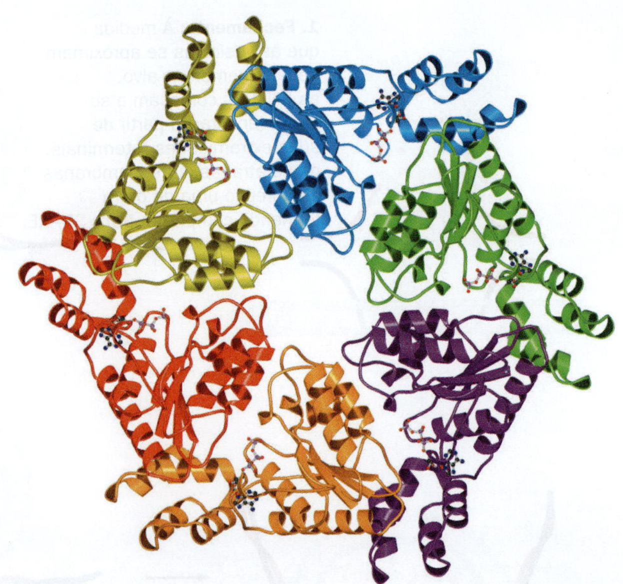

FIGURA 12.78 Estrutura por raios X do hexâmero NSF D2 visto a partir de sua extremidade N-terminal longitudinalmente ao seu eixo hexagonal. Cada uma das subunidades está representada em cores diferentes. Os ATPs estão desenhados na forma de esferas e bastões. (Cortesia de Axel Brünger, Yale University, EUA. PDBid 1NSF.)

Nas micrografias eletrônicas realizadas por Jahn e John Heuser, a NSF intacta, na presença de ATP, tem o aspecto de um anel hexagonal de ~120 Å de diâmetro, com uma abertura central de 30 a 50 Å quando vista de cima (Fig. 12.79*a*), e a forma de um retângulo de 120 Å por 150 Å quando vista de lado (Fig. 12.79*b*). O comprimento do retângulo é duas vezes a altura do disco D2, sugerindo que D1 forma um disco hexagonal tipo D2 que se empilha sobre D2. Na presença de ADP, a aparência de NSF é a mesma, sugerindo que o ATP é rapidamente hidrolisado a ADP por D1. No entanto, na presença do análogo não hidrolisável de ATP, ATPγS (no qual o átomo de oxigênio terminal do grupo fosfato γ do ATP é substituído por um enxofre), a NSF apresenta seis pés globulares firmemente compactados ao redor de um anel hexagonal um pouco menor (Fig. 12.79*c*). Uma vez que só os anéis hexagonais são vistos quando a montagem de D1-D2 é feita na presença de ATPγS, os glóbulos devem ser os domínios N. Evidentemente, esses domínios são firmemente mantidos ao redor do disco central formado pelos hexâmeros D1 e D2 empilhados quando D1 se liga ao ADP, sendo liberados quando D1 se liga ao ATP.

O mecanismo pelo qual a NSF desmonta o complexo *cis*-SNARE é muito pouco conhecido. O complexo central SNARE em forma de bastão (Fig. 12.74*a*), com 20 a 25 Å de diâmetro, é largo demais para encaixar no interior do poro central do hexâmero D2, que tem 18 Å de diâmetro (e provavelmente também do hexâmero D1 que tem a mesma forma),

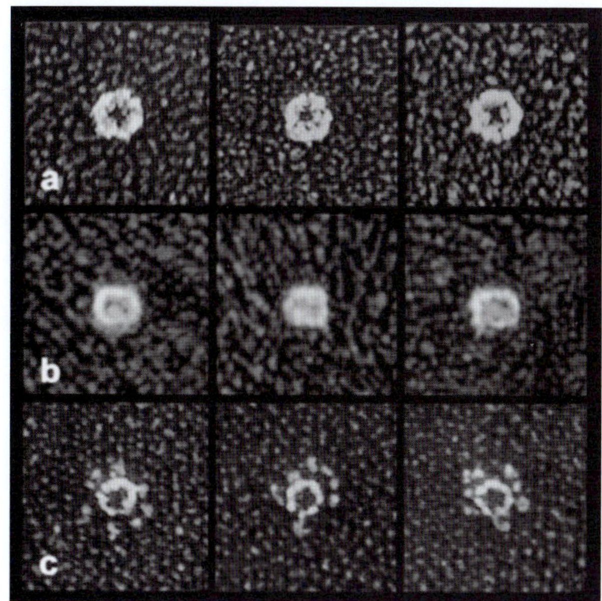

FIGURA 12.79 Micrografia eletrônica por criofratura dos hexâmeros de NSF. (*a*) Vista superior e (*b*) vista lateral na presença de ATP. (*c*) Vista superior na presença de ATPγS. (Cortesia de John Heuser, Washington University School of Medicine, St. Louis, Missouri, EUA.)

sem sofrer mudanças estruturais significativas. Portanto, é improvável que o complexo central se acomode no interior da cavidade central da NSF de forma similar à de proteínas que se ligam ao sistema das chaperoninas GroEL-GroES (Seção 9.2Ca). Além disso, as micrografias eletrônicas indicam que o complexo da SNAP com as três proteínas SNARE se liga a uma extremidade da NSF na presença de ATPγS (mas não o faz na presença de ADP). Uma vez que misturas contendo oligômeros de domínios D1 ativos e inativos são incapazes de desmontar os complexos SNARE, parece que as subunidades NSF atuam de uma maneira cooperativa.

E. Direcionamento das proteínas para a mitocôndria

Embora as mitocôndrias possuam sistemas gênicos e de síntese proteica atuantes, seu genoma codifica somente algumas proteínas da membrana interna (13 em humanos e 8 em levedura). A grande maioria das proteínas mitocondriais (~99%), que abrangem 10 a 20% das proteínas intracelulares, é codificada pelo genoma nuclear e sintetizada pelos ribossomos citoplasmáticos. Elas precisam, portanto, atravessar uma ou as duas membranas mitocondriais (Seção 1.2Ac) para chegarem ao seu destino final. Nesta subseção, será discutido como as proteínas são importadas para a mitocôndria e como são orientadas para seu destino correto (membrana externa, membrana interna, espaço intermembrana e **matriz** [que é o espaço delimitado pela membrana interna]). Os rápidos avanços no entendimento desse processo foram possíveis, em grande parte, pelos estudos realizados por Walter Neupert, Nikolaus Pfanner, Trevor Lithegow e Gottfried Schatz em leveduras e no fungo *Neurospora crassa.* Existem, no entanto, evidências consideráveis de que o processo é conservado entre todos os organismos eucariotos. Os sistemas de transporte descritos aqui e na Seção 12.4B assemelham-se àqueles que medeiam a importação das proteínas para os cloroplastos (onde as proteínas têm que atravessar três membranas; Seção 1.2Ag) e para os peroxissomos(Seção 1.2Ad).

a. As proteínas devem estar desdobradas para entrar na mitocôndria

A maioria das proteínas mitocondriais codificadas pelo genoma nuclear são totalmente sintetizadas nos ribossomos citosólicos para depois serem importadas pelas mitocôndrias, isto é, elas são importadas após a tradução. Por isso, se esperaria que as proteínas mitocondriais, muitas das quais são integrais, adotassem uma conformação ao menos parcialmente dobrada e/ou estivessem agregadas de forma não específica no citosol antes de entrarem na rota de importação para a organela. Contudo, um grande número de evidências indica que *somente proteínas não dobradas podem atravessar as membranas mitocondriais.* Por exemplo, a enzima citosólica **di-hidrofolato-redutase** (**DHFR**) é importada para a mitocôndria da levedura quando estiver precedida por uma sequência indicadora (ver a seguir) de uma proteína mitocondrial sintetizada no citosol. Contudo, a importação dessa proteína quimérica é impedida pela presença do **metotrexato**, análogo do **di-hidrofolato**, o substrato natural da DHFR (Seção 28.3Be), que se liga à enzima com uma afinidade suficientemente alta para estabilizá-la em sua conformação nativa.

A capacidade de importação das proteínas destinadas à mitocôndria é mantida, no citosol, por uma diversidade de chaperonas dependentes de ATP. Entre elas se incluem membros da família Hsp70 (Seção 9.2C) e, nos mamíferos, a proteína chamada **fator estimulador de importação mitocondrial**. A suspensão da produção da Hsp70 pela levedura através da engenharia genética tem como consequência o acúmulo, no citosol, de proteínas que deveriam ser importadas pela mitocôndria. Além disso, a taxa de importação mitocondrial de uma proteína facilitada pela Hsp70 é aumentada pela desnaturação prévia da proteína com ureia. Evidentemente, a Hsp70 atua nesse processo como uma "desdobradora de proteína" impelida por ATP.

b. Translado de proteínas através da membrana mitocondrial externa

A maioria das proteínas da matriz sintetizadas no citosol possuem sequências sinal N-terminais removíveis que não interagem com a PRS. Essas pré-sequências possuem de 10 a 80 resíduos e formam hélices anfipáticas com uma face carregada positivamente. No entanto, muitas proteínas mitocondriais, incluindo a maioria das proteínas carregadoras de metabólitos da membrana interna (ver a seguir), têm sequências-alvo internas pouco conhecidas.

As subunidades proteicas que participam na importação de proteínas através da membrana externa da mitocôndria são chamadas **proteínas TME** (transladases da membrana mitocondrial externa) e são nomeadas Tmexx, em que xx corresponde à massa molecular da subunidade, em kilodaltons. Do mesmo modo, muitas das proteínas envolvidas no translado através da membrana mitocondrial interna são chamadas **proteínas TMI** (transladases da membrana mitocondrial interna) e nomeadas Tmixx.

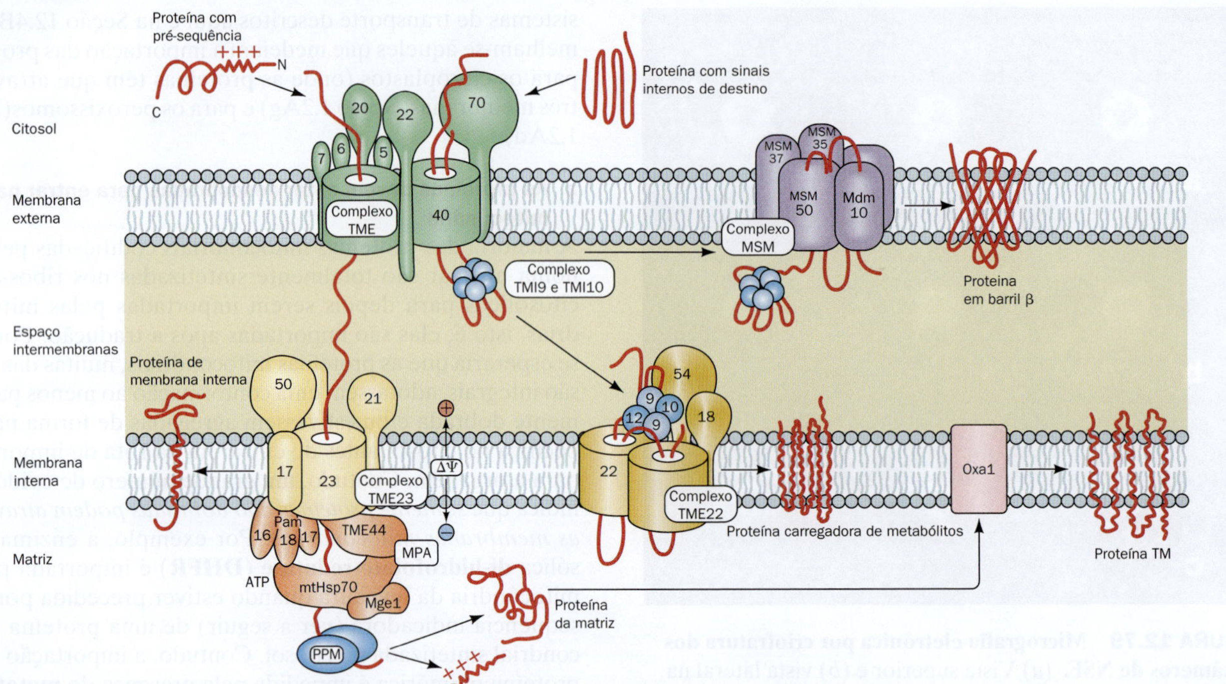

FIGURA 12.80 Diagrama esquemático da maquinaria de importação de proteínas mitocondriais. Ver descrição no texto. A composição das subunidades desses complexos é semelhante em mitocôndrias de outros organismos. (Com base em Bolender, N., Sickmann, A. Wagner, R., Meisinger, C., e Pfanner, N., *EMBO Rep.* **9**, 42-49 [2008]).

O **complexo TME**, a maquinaria que importa todas as proteínas mitocondriais pela membrana mitocondrial externa, o faz da seguinte maneira (Fig. 12.80, *no topo à esquerda, em verde*):

1. As sequências sinal de pré-proteínas não dobradas associam-se com os domínios citoplasmáticos das proteínas receptoras mitocondriais: Sequências sinal N-terminais interagem principalmente com a **Tme20** em complexo com a **Tme22**, enquanto as sequências sinal internas interagem principalmente com a **Tme70**. A estrutura por RM de uma porção do domínio citosólico da Tme20 em complexo com um segmento de 11 resíduos de uma pré-sequência peptídica (Fig. 12.81) foi determinada por Toshiya Endo e Daisuke Kohda e revela que o domínio Tme20 consiste em cinco hélices. Suas duas hélices N-terminais formam um sulco apolar na superfície, ao qual se liga a pré-sequência, principalmente via interações hidrofóbicas. Evidentemente, Tme20 reconhece a hélice anfipática da pré-sequência, mas não as suas cargas positivas. Essas cargas, que são necessárias para a importação, interagem com Tme22.

2. Tme20 e Tme70 entregam as pré-proteínas ao **poro de importação geral**, assim chamado porque todas as proteínas mitocondriais codificadas no núcleo devem passar por ele. O poro é formado pela **Tme40**, uma proteína TM politópica cujas medidas de dicroísmo circular (DC) indicam ser formada basicamente por folhas β e por isso tem uma estrutura em barril β TM que presumivelmente se assemelha ao das porinas bacterianas. (Fig. 12.27). Medidas eletrofisiológicas demonstram que a Tme40 possui um canal hidrofílico seletor de cátions, através do qual as proteínas precursoras são transportadas. A Tme40 está intimamente associada com três subunidades TM pequenas de passo único, **Tme5**, **Tme6** e **Tme7**, formando o **complexo central TME**. A deleção de qualquer uma dessas subunidades pequenas tem somente efeitos pequenos mas a deleção de todas as três é letal. Elas parecem estabilizar o complexo TMI, mas suas funções individuais são muito pouco conhecidas. Micrografias eletrônicas do complexo central TME de *Neurospora* (Fig. 12.82) revelam uma partícula com ~70 Å de altura (~20 Å maior do que a espessura da bicamada lipídica) e com ~120 Å de largura, contendo dois poros com ~21 Å de diâmetro, que provavelmente são os canais de condução das proteínas. Esses dados concordam com os experimentos de permeabilidade nos quais foram usados cátions de tamanhos variados, que indicam que o poro da Tme40 teria um diâmetro de ~22 Å.

3. As forças que impulsionam o translado dos polipeptídeos através do complexo TME ainda são um mistério. Um mecanismo, conhecido como a **hipótese da cadeia ácida**, propõe que uma pré-sequência carregada positivamente seja transportada de forma sequencial entre regiões ácidas (carregadas negativamente), às quais se liga com afinidade progressivamente mais alta. Tais regiões estão presentes nas faces citoplasmáticas de Tme20, Tme22 e Tme5, bem como na face intermembrana de Tme40 e Tme22.

Neste estágio a rota de importação de proteínas mitocondriais se divide em várias vias. Estas várias vias serão dicutidas abaixo.

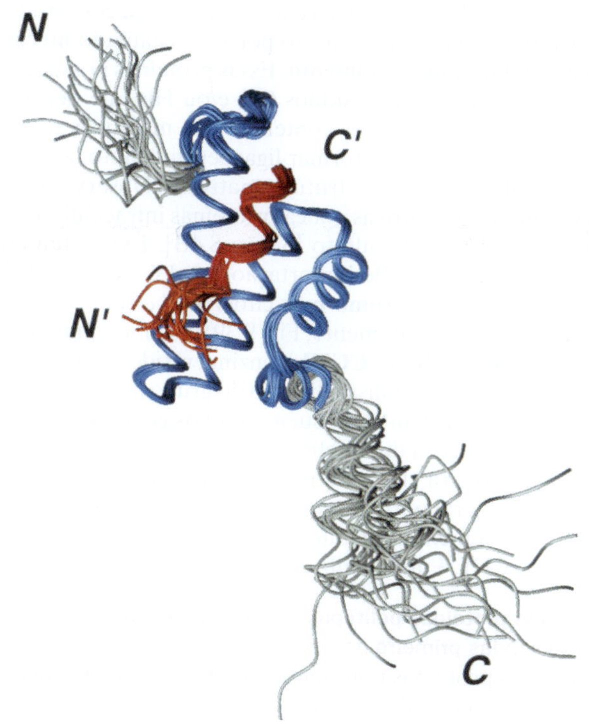

FIGURA 12.81 Estrutura por RM do domínio citoplasmático da Tme20 de rato formando um complexo com o segmento C-terminal de 11 resíduos (GPRLSRLLSYA) da pré-sequência de 22 resíduos da enzima aldeído-desidrogenase mitocondrial de rato. O diagrama é o resultado de uma sobreposição das 20 estruturas na análise da RM (Seção 8.3A), em que os resíduos usados na sobreposição estão em azul (Tme20) e em vermelho (pré-sequência), enquanto os demais resíduos estão em cinza (Tme20) e em cor de laranja (pré-sequência). (Cortesia de Toshiya Endo, Nagoya University, Nagoya, Japão, e Daisuke Kohda, Biomolecular Engineering Research Institute, Osaka, Japão. PDBid 1OM2.)

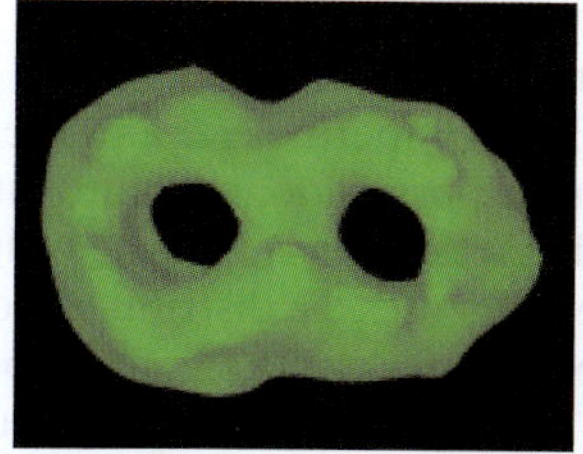
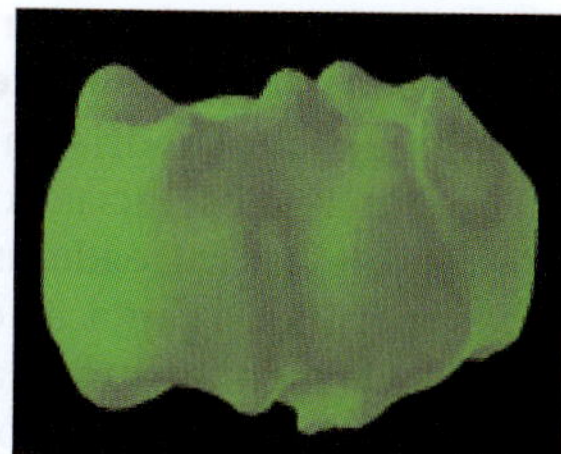

FIGURA 12.82 Imagem com base em microscopia eletrônica das partículas do complexo central de TME de *Neurospora*. As partículas, visualizadas de cima (*à esquerda*) e pela lateral (*à direita*), possuem duas aberturas que provavelmente representam os canais condutores de proteínas na membrana mitocondrial externa. (Cortesia de Stephan Nussberger e Walter Neupert, Universidade de Munique, Alemanha.)

c. Translado de proteínas para a matriz

Os polipeptídeos com sequências sinal N-terminal, que incluem os precursores de todas as proteínas destinadas à matriz, a maioria das proteínas da membrana interna, e muitas proteínas que ocupam o **espaço intermembranas** (EIM), são transladados pela membrana interna pelo complexo **TMI23** (Fig. 12.80, *embaixo à esquerda em amarelo*). Este complexo possui um canal proteico formado pela Tmi23, a qual está intimamente associado com a Tmi17. A proteína periférica **Tmi50** se liga ao peptídeo que emerge do canal TME40 e o transfere para a Tmi23. Os estudos de microscopia eletrônica indicam que os complexos TME e TMI23 situam-se em oposição em sítios nos quais a membrana mitocondrial externa e a interna estão mais próximas uma da outra. De fato, a **Tmi21** se associa transitoriamente com a Tme22 por esse sitio de contato por deslocar a sequência sinal emergente.

Na presença de metotrexato, a quimera DHFR fica imobilizada na membrana, com o espaçador que une a enzima à pré-sequência N-terminal estendendo-se simultaneamente sobre os complexos TME e o TMI. A extremidade N-terminal do espaçador está presumivelmente presa na matriz por meio de sua associação com a **Hsp70 mitocondrial** (ver a seguir). Consequentemente, se o espaçador for muito curto que não possa abranger as duas membranas (menos de 40 resíduos), não são formados intermediários de translado estáveis. Assim, parece que as pré-sequências se deslocam entre o complexo TME e o TMI23 sem o auxílio de chaperonas.

O translado de uma proteína através da membrana mitocondrial interna requer energia na forma tanto de ATP como de potencial eletrostático pela membrana. Aparentemente, esse **potencial de membrana** (Seção 20.1), $\Delta\Psi$, que é gerado metabolicamente (Seção 22.3Ba), funciona transportando eletroforeticamente para a matriz as sequências sinal N-terminais, positivamente carregadas (a matriz é carregada negativamente).

O ATP é utilizado pela Hsp70 da matriz (**mHsp70**), o componente central do **motor da pré-sequência associado a translocase** (**MPA**; Fig. 12.80, *embaixo à esquerda, em cor de laranja*). Esta chaperona molecular se liga à **Tmi44** na face interna da membrana interna, onde supostamente puxa a proteína através do poro Tmi23 por um mecanismo de catraca Browniana (Seção 12.4Bg). A **MPA 18** (ou **Tmi14**), que se associa com a Tmi44, tem um domínio J que supostamente recruta a mtHsp70 e a induz à hidrólise do seu ATP em ADP, ativando desta forma sua ligação ao polipeptídeo emergente. Imagina-se que a **MPA 16** (ou Tmi16), que se liga à Tmi14, atue como um regulador negativo desta por meio do bloqueio físico de seu acesso à mtHsp70. A **MPA 17** é requerida na montagem do módulo MPA 18-MPA 16. A proteína da matriz **Mge1** estimula a mtHsp70 a trocar seu ADP por ATP, permitindo assim que ela participe em outro ciclo da catraca Browniana.

Ao entrar na matriz, a pré-proteína, ou pelo menos seu segmento N-terminal, tem sua sequência sinal N-terminal removida pela **peptidase de processamento da matriz** (**PPM**), uma proteína essencial. A proteína importada adota então sua conformação nativa, um processo que é facilitado por uma bateria de chaperonas dependentes de ATP, entre as quais a mHsp70 (somente 10% dela se associa com a Tmi44) e Hsp60/Hsp10 (homólogas do sistema GroEL/ES; Seção 9.2C).

Alguns dos polipeptídeos que são transladados pelo complexo TMI23 têm uma sequência âncora de parada de transferência. O complexo TMI23 insere lateralmente a hélice TM resultante para dentro da membrana mitocondrial interna (Fig. 12.80, *abaixo, esquerda distante)* de modo que sua porção N-terminal ocupe a matriz, onde a peptidase de processamento da matriz remove a sequência sinal N-terminal.

d. Inserção das proteínas carreadoras de metabólitos na membrana mitocondrial interna

A membrana mitocondrial interna é impermeável a praticamente todas as substâncias polares, possuindo, portanto, numerosas **proteínas carreadoras de metabólitos** (35 nas leveduras) para permitir a captação de reagentes e a distribuição de produtos. Os membros mais abundantes dessa família são o **translocador de ATP/ADP** (ou **transladador ATP-ADP**, que troca o ATP sintetizado na matriz pelo ADP resultante da hidrólise do ATP citosólico; Seção 20.4C) e o **carreador de fosfato** (que conduz de volta à matriz o fosfato produzido na hidrólise do ATP citosólico; Seção 22.1Ba). Todas as proteínas carreadoras de metabólitos possuem seis hélices TM com as extremidades C e N-terminais no espaço intermembranas.

A maioria dos membros da família dos carreadores de metabólitos não apresentam as sequências-sinal N-terminais e por isso são transladadas através do complexo TME via interações com seu receptor Tme70. Curiosamente, contudo, o complexo Tme20-Tme22 é o receptor para a maioria das outras proteínas da membrana externa que têm sequências-sinal internas. As proteínas carreadoras de metabólitos são acompanhadas através do espaço intermembranas por um complexo hexamérico das proteínas homólogas **Tmi9** e **Tmi10** $(Tmi9)_3(Tmi10)_3$, as quais imagina-se que protejam os domínios hidrofóbicos das proteínas carreadoras de metabólitos (Fig. 12.80, *no centro-azul)*. Essas proteínas não se inserem no poro de importação geral, em uma preparação de mitocôndrias depletadas de Tmi9 e Tmi10, indicado pelo fato dessas proteínas não resistirem à ação de proteases. Isto sugere que é a ligação do complexo Tmi9-Tmi10 a uma proteína carreadora de metabólitos não-dobrada que direciona o translado pela membrana mitocondrial externa.

O complexo Tmi9-Tmi10 entrega a proteína carreadora de metabólitos para a proteína periférica **Tmi12** (um homólogo de Tmi9 e Tmi10), que se associa às proteínas integrais **Tmi22** (que é homóloga aTmi23), **Tmi54** e **Tmi18** para formar o complexo TMI22 (Fig. 12.80, *no centro-dourado*). *A Tmi22 medeia então a inserção lateral da proteína carreadora na membrana mitocondrial interna, onde ela se organiza formando homodímeros.* Esse processo ocorre por um mecanismo ainda desconhecido, mas dependente do potencial de membrana. As funções da Tmi54 e Tmi18 não são conhecidas.

e. As proteínas solúveis que ocupam o espaço intermembranas são importadas via três mecanismos

Não obstante o fato de que sua largura é próxima à da bicamada da membrana, o poro de importação geral contém uma coleção de proteínas essenciais. Os precursores de algumas dessas proteínas são importados, conforme descrito acima, de forma que ancoram no poro por uma única hélice TM que tem sua extremidade N-terminal na matriz (Fig. 12.80, *abaixo, direita distante*). Tal proteína é então clivada por uma protease da membrana interna no lado C-terminal de sua hélice TM, liberando-a assim para dentro do poro, onde ela se dobra em sua conformação nativa. Uma vez que a proteína madura não tem a sequência-sinal, ela não está mais sujeita a importação para a matriz e por isso permanece no poro de importação geral. A **coproporfirinogenio-oxidase**, que participa na biossíntese do heme (Seção 26.4Ae), é uma dessas proteínas.

Muitas proteínas pequenas que não têm sequências sinal N-terminais são importadas para o poro de importação geral via complexo TME. No poro elas assumem sua conformação nativa, ficando então presas no poro – o chamado **mecanismo de captura por dobramento**. Essas proteínas possuem padrões conservados de resíduos Cys e/ou His que permitem a elas se ligar a cofatores contendo íons metálicos no poro de importação geral ou formar ligações dissulfeto, ambos os quais estabilizam suas estruturas nativas. (Observe que essas últimas estão entre as poucas proteínas intracelulares que possuem ligações dissulfeto [Seção 8.4B]. Evidentemente, o ambiente do poro de importação geral é oxidativo). Por exemplo, o **apocitocromo *c*** (o citocromo *c* sem seu grupo heme ligado covalentemente; Fig. 9.39) se dobra quando a **citocromo *c*-heme-liase** (**CCHL**), enzima residente no poro de importação geral, catalisa a ligação do grupo heme, enquanto a Tmi9, Tmi10 e Tmi12 possuem motivos gêmeos CX_3C que formam as ligações dissulfeto.

Uma terceira classe de proteínas residentes no poro de importação geral permanecem dentro dele durante sua associação com a membrana interna, isto é, são proteínas periféricas. A CCHL é um membro dessa classe de proteínas.

f. Muitas proteínas politópicas da membrana interna são importadas primeiro para a matriz

Muitas das proteínas politópicas sintetizadas no citosol cujos destinos são a membrana interna da mitocôndria são primeiramente importadas para a matriz da forma descrita anteriormente, e então inseridas na membrana interna, uma rota indireta que reflete a origem bacteriana da mitocôndria (a mitocôndria primitiva, sendo uma bactéria gram-negativa, sintetizava todas as suas proteínas no citoplasma [a matriz primitiva] de forma que as proteínas intermembranas ou ligadas à membrana tinham que ser exportadas para esses destinos). Essas proteínas, na sua maioria, são sintetizadas com sequências de direcionamento N-terminais bipartidas, cujos segmentos internos (mais C-terminais) tornam-se expostos pela remoção das pré-sequências N-terminais citadas, e dessa forma direcionam as proteínas para a membrana interna. A inserção de várias dessas proteínas na membrana mitocondrial interna é mediada pela proteína TM **Oxa1**, que também ocupa a membrana interna (Fig. 12.80, *abaixo à direita, em cor-de-rosa*). A Oxa1, que se liga aos ribossomos mitocondriais no lado da matriz, também insere na membrana mitocondrial interna proteínas sintetizadas dentro da mitocôndria. Como se poderia esperar, Oxa1 está relacionada com uma proteína que insere proteínas na membrana interna de bactérias gram-negativas.

g. A inserção de proteínas com barril β na membrana mitocondrial externa

A membrana externa das mitocôndrias e dos cloroplastos contem proteínas, como as porinas (Seção 12.3Ad) e a Tme40, que possuem barris β TM. Estes são os únicos locais em que esses barris β TM ocorrem nas células eucarióticas, o que também reflete a origem bacteriana dessas organelas (Seções 1.2Ac e 1.2Ag).

As proteínas com barril β são importadas para o poro de importação geral pelo complexo TME. No poro são unidas pelo complexo Tmi9-Tmi10, que as acompanha até o **complexo MSM,** *maquinaria de seleção e montagem;* alternativamente **complexo TBE**, *topogênese dos barris* β *na membrana mitochondrial externa*, o qual por sua vez, as insere na mem-

TABELA 12.6 Características das principais classes de lipoproteínas do plasma humano

	Quilomícrons	VLDL	IDL	LDL	HDL
Densidade ($g \cdot cm^{-3}$)	< 0,95	< 1,006	1,006-1,019	1,019-1,063	1,063-1,210
Diâmetro da partícula (Å)	750-12.000	300-800	250-350	180-250	50-120
Massa da partícula (kDa)	400.000	10.000-80.000	5.000-10.000	2.300	175-360
% de Proteínas*	1,5-2,5	5-10	15-20	20-25	40-55
% de Fosfolipídeos*	7-9	15-20	22	15-20	20-35
% de Colesterol livre*	1-3	5-10	8	7-10	3-4
% de Triacilgliceróis**	84-89	50-65	22	7-10	3-5
% de Ésteres de olesteril**	3-5	10-15	30	35-40	12
Principais polipoproteínas	A-I, A-II, B-48, C-I, C-II, C-III, E	B-100, C-I, C-II, C-III, E	B-100, C-I, CII, C-III, E	B-100	A-I, A-II, CI, C-II, C-III, D, E

**Componentes* de superfície.
***Lipídeos* centrais.

brana mitocondrial externa (Fig. 12.80, *no alto à direita em púrpura)*. O complexo MSM é formado pela proteína com barril β TM **Msm50** (alternativamente Tbe55 ou Tme55) em associação com a **Msm37 (Msm37/Tme37), Msm35(Tbe35/Tme38)** e **Mdm10** (*morfologia e distribuição mitocondrial 10)*. As proteínas com barril β são inseridas na membrana externa a partir do lado interno, o que é também presumivelmente uma consequência evolutiva da origem bacteriana da mitocôndria. Não obstante, os complexos TME e MSM estão funcionalmente acoplados conforme indica a observação que quando as proteínas com barril β são importadas para a mitocôndria sem a Msm50, elas se acumulam no complexo TME e não no poro de importação geral. A Msm50 é homóloga à **Omp85**, proteína da membrana bacteriana externa, que participa na inserção de proteínas com barril β nesta membrana.

5 LIPOPROTEÍNAS

Os lipídeos e as proteínas associam-se de forma não covalente formando ***lipoproteínas****, cuja função é a de transportar triacilgliceróis e colesterol no plasma sanguíneo.* Nesta seção, serão discutidas a estrutura, a função e as disfunções das lipoproteínas, e também de que forma as células eucarióticas captam as lipoproteínas e outras proteínas específicas do meio externo por meio de endocitose mediada por receptor.

A. *Estrutura das lipoproteínas*

Os fosfolipídeos, os triacilgliceróis e o colesterol são muito pouco solúveis em solução aquosa. Por essa razão, *eles são transportados pela circulação como componentes de lipoproteínas, que são partículas globulares semelhantes a micelas consistindo em um núcleo apolar de triacilgliceróis e de ésteres de colesteril envolto por um revestimento anfifílico de proteínas, fosfolipídeos e colesterol.* As lipoproteínas são classificadas em cinco categorias, com base em suas propriedades físicas e funcionais (Tabela 12.6):

1. **Quilomícrons**, que transportam colesterol e triacilgliceróis exógenos (de origem externa, ou seja, da dieta) do intestino para os tecidos.

2-4. **Lipoproteínas de muito baixa densidade (VLDLs**, de *very low density lipoproteins*), **lipoproteínas de densidade intermediária (IDLs**, de *intermidiate density lipoproteins*) e **lipoproteínas de baixa densidade (LDLs**, de *low density lipoproteins*) constituem um grupo de partículas relacionadas que transportam colesterol e triacilgliceróis endógenos (produzidos internamente) do fígado para os tecidos (o fígado sintetiza triacilgliceróis a partir do excesso de carboidratos; Seção 25.4).

5. **Lipoproteínas de alta densidade (HDLs**, de *high density lipoproteins*), que transportam colesterol endógeno dos tecidos para o fígado.

As partículas lipoproteicas sofrem um processamento metabólico contínuo, de forma que apresentam composição e propriedades variáveis (Tabela 12.6). Cada uma delas contém apenas a quantidade suficiente de proteína, fosfolipídeo e colesterol para formar uma monocamada na superfície da partícula com espessura de ~20 Å (Fig. 12.83). A densidade

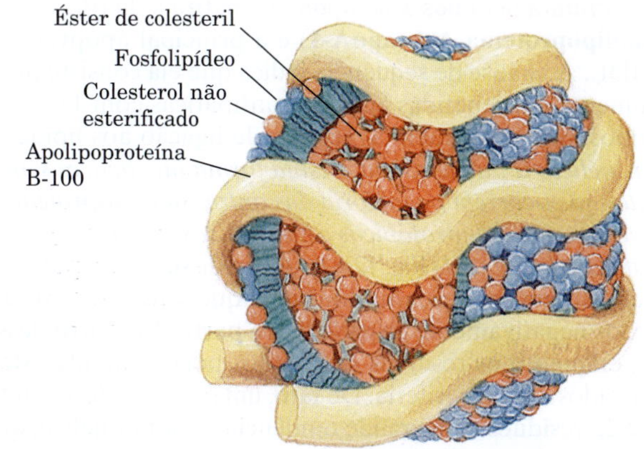

FIGURA 12.83 LDL, o principal transportador de colesterol na corrente sanguínea. Esta partícula esferoidal consiste em aproximadamente 1.500 moléculas de éster de colesteril envoltas por um revestimento anfifílico formado por 800 moléculas de fosfolipídeos, 500 moléculas de colesterol e uma única molécula de apolipoproteína B-100, com 4.536 resíduos.

TABELA 12.7 Propriedades das principais espécies de apolipoproteínas humanas

Apolipoproteína	Número de resíduos	Massa molecular* (kDa)	Função
A-I	243	29	Ativa LCAT**
A-II	77	17	Inibe LCAT, ativa lipase hepática
B-48	2.152	241	Remove colesterol
B-100	4.536	513	Remove colesterol
C-I	56	6,6	Ativa LCAT?
C-II	79	8,9	Ativa LPL***
C-III	79	8,8	Inibe LPL, ativa LCAT?
D	169	19	Desconhecida
E	299	34	Remove colesterol

*Todas as apolipoproteínas são monômeros, com exceção da apoA-II, que é um dímero com uma ligação dissulfeto.
**LCAT: Lecitina-colesterol-aciltransferase.
***LPL: Lipase lipoproteica.

da lipoproteína aumenta com a redução do diâmetro da partícula, pois a densidade do revestimento externo é maior do que a do seu núcleo.

a. As apolipoproteínas possuem hélices anfipáticas que recobrem a superfície lipoprotéica

Os componentes proteicos das lipoproteínas são conhecidos como **apolipoproteínas** ou somente **apoproteínas**. Pelo menos nove apolipoproteínas estão distribuídas em diferentes quantidades nas lipoproteínas humanas (Tabelas 12.6 e 12.7). A maioria das apolipoproteínas é solúvel em água e está associada de maneira bastante fraca com as lipoproteínas. Por isso elas trocam facilmente de partícula lipoproteica na fase aquosa. Medidas de dicroísmo circular (DC) indicam que *as apolipoproteínas possuem um elevado conteúdo de hélices, que aumenta quando elas são incorporadas a lipoproteínas.* Aparentemente, as hélices são estabilizadas pelo ambiente lipídico, provavelmente porque hélices satisfazem inteiramente o potencial para formação de ligações de hidrogênio no esqueleto polipeptídico no interior livre de água de uma lipoproteína.

b. A estrutura por raios X da ApoA-I mimetiza a da HDL

A **apolipoproteína A-I (apoA-I)** é a principal apoproteína na HDL. A análise de sequência indica que ela consiste principalmente em repetidas hélices α anfipáticas com 11 ou 22 resíduos, que constituem as regiões de ligação aos lipídeos. *Essas hélices α putativas, da mesma forma que hélices semelhantes que ocorrem na maioria das outras apolipoproteínas, têm seus resíduos hidrofóbicos e hidrofílicos em faces opostas do cilindro helicoidal* (Fig. 12.84). Além disso, a face polar da hélice tem um caráter zwiteriônico, já que seus resíduos carregados negativamente se projetam a partir do centro dessa face, enquanto os resíduos carregados positivamente estão localizados na sua periferia. De fato, um polipeptídeo sintético de 22 resíduos com grande tendência a formar hélice, que foi desenhado por E. Thomas Kaiser para ter essa distribuição de polaridade, mas apresentar similaridade mínima com as sequências repetidas da apoA-I, tem um comportamento muito semelhante ao da apoA-I na ligação aos lipossomos de lecitina de ovo. É evidente que a função estrutural da apoA-I, e provavelmente da maioria de outras apopoliproteínas, é desempenhada por esses segmentos helicoidais e não por outra estrutura terciária organizada qualquer. Isso sugere que *as hélices α da lipoproteína flutuam sobre as superfícies fosfolipídicas, como toras na água.* Supõe-se que os fosfolipídeos estejam organizados com seus grupos carregados ligados a resíduos de carga oposta na face polar da hélice, e com os primeiros grupos metileno dos seus resíduos de ácidos graxos em associação hidrofóbica com a face apolar da hélice.

Uma variedade de critérios indica que a apoA-I sofre alterações significativas na sua estrutura secundária ao se ligar ao lipídeo. No entanto, a apo Δ(1-43)A-I, um mutante truncado que não possui os resíduos 1 a 43 da apoA-I humana

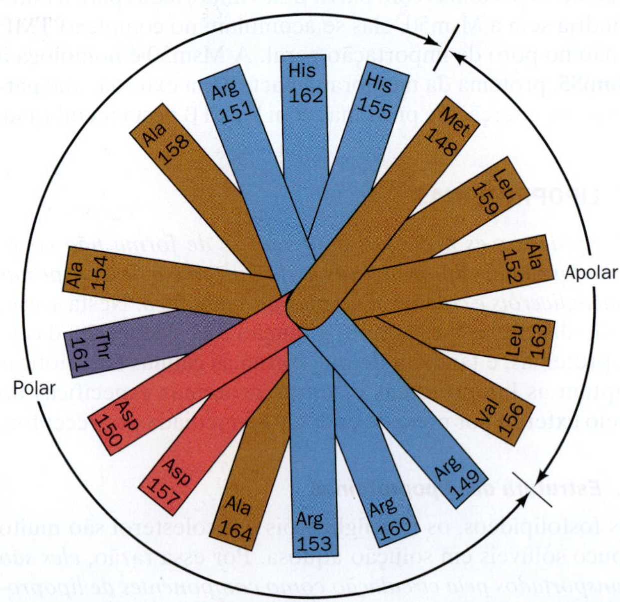

FIGURA 12.84 Uma projeção circular helicoidal dos resíduos 148 a 164, que formam a hélice α anfipática da apolipoproteína A-I. (Na representação circular helicoidal, as posições das cadeias laterais estão projetadas ao longo do eixo da hélice, sobre um plano.) Note a segregação de resíduos apolares, ácidos e básicos em diferentes lados da hélice. Outras hélices de apolipoproteínas possuem distribuições de polaridade similares. (Com base em Kaiser, E.T., *in* Oxender, D.L., e Fox, C.F. [Eds.], *Protein Engineering, p.*194, Liss [1987].)

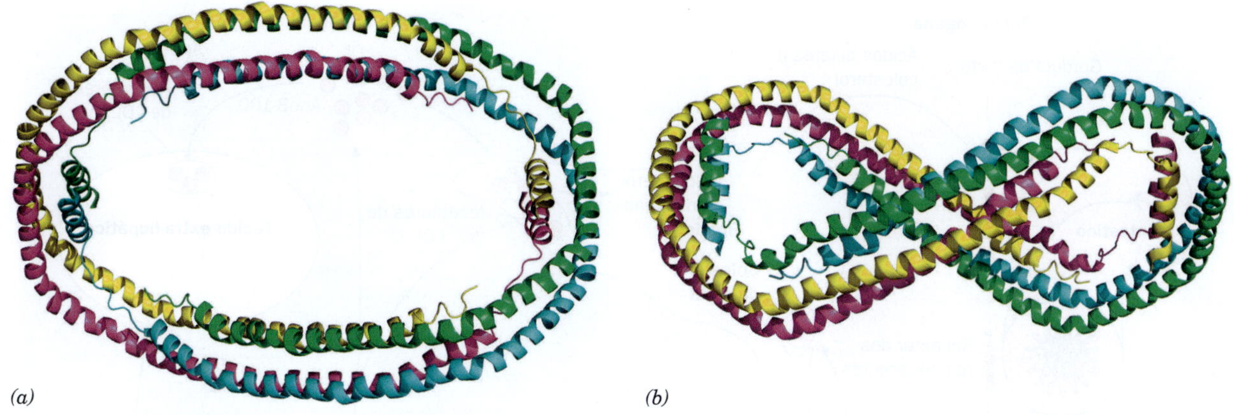

FIGURA 12.85 Estrutura por raios X da apoΔ(1-43)A-I. Os quatro monômeros que formam o tetrâmero de simetria D_2 estão desenhados em cores diferentes. (*a*) Vista ao longo do eixo de ordem 2, relacionando as subunidades azul e amarela às subunidades verde e magenta. (*b*) Vista do topo da Parte *a* ao longo do eixo de ordem 2, relacionando as subunidades ciano e magenta às subunidades verde e amarela. O terceiro par azul com verde e o magenta com amarelo, que interagem em quase toda sua extensão, provavelmente mantêm suas identidades nas partículas de HDL, enquanto os outros pares, cujas interações são menos extensas, provavelmente não o fazem. (Com base na estrutura por raios X de David Borhani, Southern Research Institute, Birmingham, Alabama, EUA, e Christie Brouillette, University of Alabama Medical Center, Birmingham, EUA. PDBid 1AV1.)

de 243 resíduos, tem uma conformação que lembra muito a apoA-I quando ligada a lipídeo, independentemente se há ou não lipídeo. Assim, é provável que a apo Δ(1-43)A-I sem lipídeo possa servir como um modelo estrutural válido para a apoA-I ligada a lipídeo.

A estrutura por raios X da Δ(1-43)A-I (Fig. 12.85) foi determinada por David Borhani e Christie Brouillette. Ela mostra que cada uma das cadeias polipeptídicas forma, ao longo de quase todo o seu comprimento, uma hélice α anfipática pseudocontínua interrompida por dobras, nos resíduos de prolina, em intervalos de 22 resíduos, formando 10 segmentos helicoidais com o formato de uma ferradura torcida. Dois desses monômeros (p. ex., o azulado e o magenta na Fig. 12.85) associam-se de forma antiparalela ao longo da maior parte de seu comprimento, formando um dímero com o formato de um anel elíptico torcido. Dois desses dímeros, por sua vez, associam-se por suas superfícies hidrofóbicas, formando um tetrâmero elíptico de simetria D_2, com dimensões externas de 135 $\times$ 90 Å e um orifício interno de 95 $\times$ 50 Å. A superfície desse anel tetramérico, que consiste em feixes de 4 hélices α em vaivém ao longo de aproximadamente três quartos de sua circunferência, é hidrofílica, com um potencial eletrostático uniforme, enquanto o interior de cada um dos feixes de 4 hélices possui principalmente as cadeias laterais de Val e Leu. Uma vez que esses resíduos hidrofóbicos, nessa conformação, não estão disponíveis para a ligação do lipídeo, postula-se que eles tenham se associado no cristal, de modo a proteger a face de ligação a lipídeo dos dímeros de apo Δ(1-43)A-I do contato com a água (que enche os espaços do cristal).

Os tamanhos e as formas do dímero e do tetrâmero de apo Δ(1-43)A-I parecem ideais para envolver as partículas de HDL de 50 a 120 Å de diâmetro. Dado que essas partículas frequentemente contêm dois ou quatro monômeros apoA-I, propõe-se que, quando os pares de monômeros se ligam à HDL, eles o fazem formando um dímero antiparalelo como o descrito anteriormente. Suas cadeias laterais apolares expostas poderiam, então, interagir hidrofobicamente com os grupos apolares da partícula de HDL. Dois desses dímeros poderiam associar-se na superfície da partícula formando um tetrâmero, embora, mais provavelmente, de uma maneira diferente da que é vista na estrutura da apo Δ(1-43)A-I.

B. *Função das lipoproteínas*

As lipoproteínas apresentam atividades fisiológicas diferentes, conforme será discutido a seguir.

a. Os quilomícrons perdem os lipídeos nos capilares dos tecidos periféricos

Os quilomícrons, que são formados na mucosa intestinal, têm a função de manter o colesterol e os triacilgliceróis exógenos em solução aquosa. Essas lipoproteínas são liberadas na linfa intestinal (conhecida como **quilo**), que circula pelos vasos linfáticos até ser drenada pelo ducto torácico para as grandes veias do corpo. O quilo, normalmente transparente, adquire uma aparência leitosa após uma refeição rica em gordura.

Os quilomícrons aderem a sítios de ligação na superfície interna (endotélio) dos capilares nos músculos esqueléticos e no tecido adiposo. Nesses locais, alguns minutos após terem entrado na corrente sanguínea, seus triacilgliceróis são hidrolisados pela ação da **lipase lipoproteica** (**LPL**), uma enzima extracelular ativada pela **apoC-II**. Os monoacilgliceróis liberados e os ácidos graxos resultantes da hidrólise são captados pelos tecidos. Os quilomícrons diminuem de tamanho à medida que seus triacilgliceróis são gradativamente hidrolisados, até serem reduzidos a **remanescentes de quilomícrons** enriquecidos em colesterol. Esses dissociam-se do endotélio capilar e novamente entram na circulação, sendo captados pelo fígado. *Os quilomícrons, portanto, transferem triacilgliceróis da dieta aos tecidos muscular e adiposo, e o colesterol da dieta para o fígado (Fig. 12.86, à esquerda).*

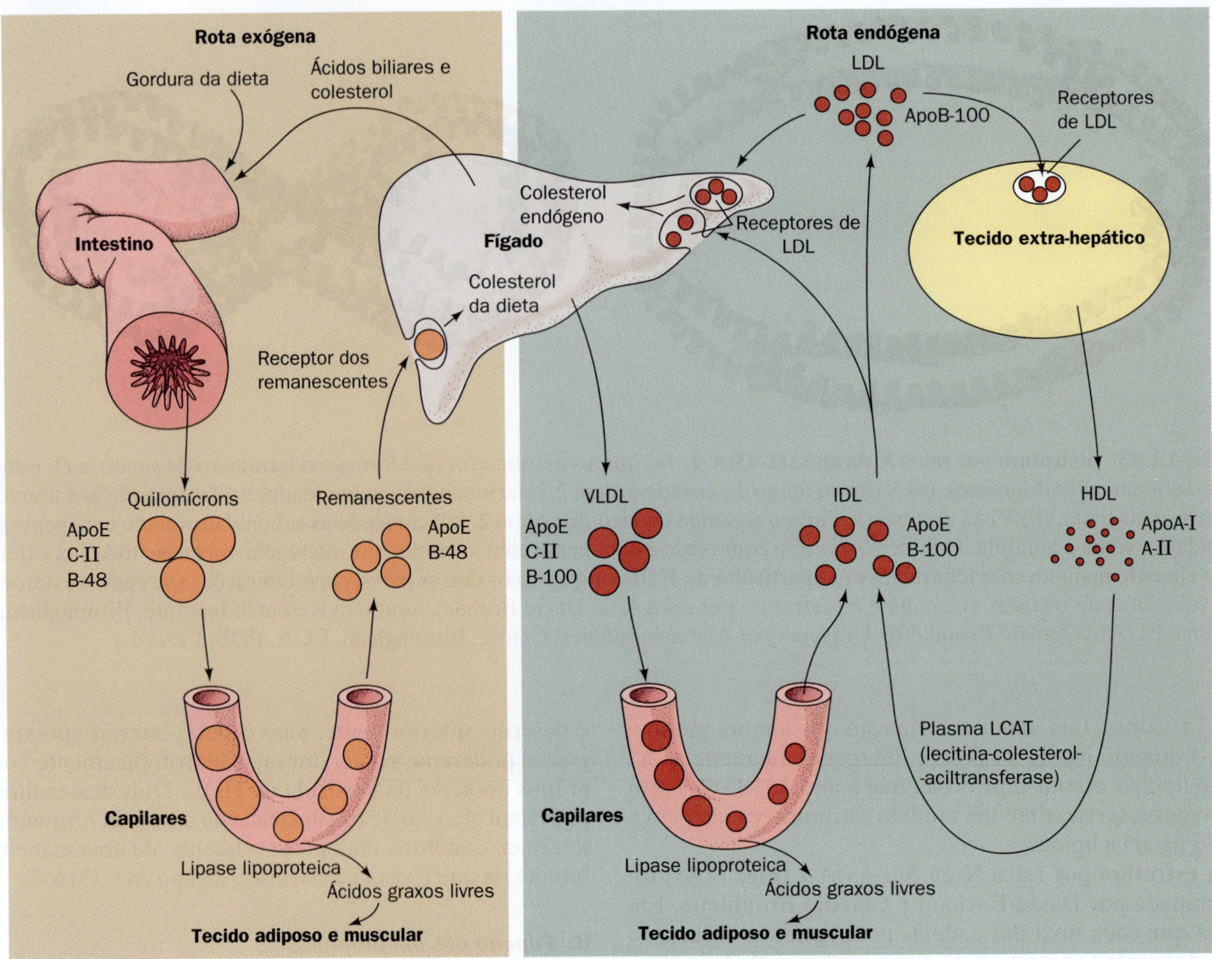

FIGURA 12.86 **Modelo de transporte de triacilgliceróis e de colesterol no plasma humano.** (Segundo Brown, M.S., and Goldstein, J.L., em Brunwald, E., Isselbacher, K.J., Petersdorf, R.G., Wilson, J.D., Martin, J.B., e Fauci, A.S. (Eds.), *Harrison's Principles of Internal Medicine* (11th ed.), p. 1652, McGraw-Hill [1987].) **Ver Figuras animadas**

b. As VLDLs são degradadas como os quilomícrons

As lipoproteínas de densidade muito baixa (VLDLs), que são sintetizadas no fígado e têm função de transportar lipídeos, também são degradadas pela lipase lipoproteica (Fig. 12.86, *à direita*). Os remanescentes de VLDL aparecem na circulação, primeiro como IDL e depois como LDL. Na transformação da VLDL em LDL, todas as proteínas, com exceção da **apoB-100**, são removidas e a maior parte do colesterol é esterificada pela enzima **lecitina-colesterol-acil--transferase** (**LCAT**), associada à HDL, como será discutido mais adiante. Essa enzima transfere um resíduo de ácido graxo do carbono 2 da lecitina para o colesterol, com a formação concomitante de **lisolecitina** (Fig. 12.87).

A apoB-100, que é uma glicoproteína monomérica com 4.536 resíduos (uma das maiores proteínas monoméricas conhecidas), apresenta hidrofobicidade semelhante à das proteínas integrais e possui relativamente poucas hélices anfipáticas. Por isso, diferentemente das outras apolipoproteínas plasmáticas menos hidrofóbicas, ela não é hidrossolúvel nem é transportada pelas partículas lipoproteicas. Cada partícula LDL possui apenas uma molécula de apoB-100, que apresenta, na imunoeletromicroscopia, uma forma estendida, que cobre pelo menos metade da superfície da partícula (Fig. 12.83). Os quilomícrons, contudo, possuem **apoB-48**, uma proteína com 2.152 resíduos da sequência idêntica aos 48% da porção N-terminal da apoB-100. Na verdade, ambas as proteínas são codificadas pelo mesmo gene. O extraordinário mecanismo pelo qual esse gene expressa proteínas com tamanhos diferentes no fígado e no intestino está descrito na Seção 31.4Ar.

c. As células captam colesterol pela endocitose de LDL mediada por receptor

Como já visto, o colesterol é um componente essencial das membranas das células animais. Ele pode ser suprido por fontes externas ou, se elas forem insuficientes, pode ser sintetizado pelo organismo (Seção 25.6A). Michael Brown e Joseph Goldstein demonstraram que *as células captam colesterol exógeno principalmente pela endocitose das partículas LDL, em complexo com o receptor de LDL (RLDL),*

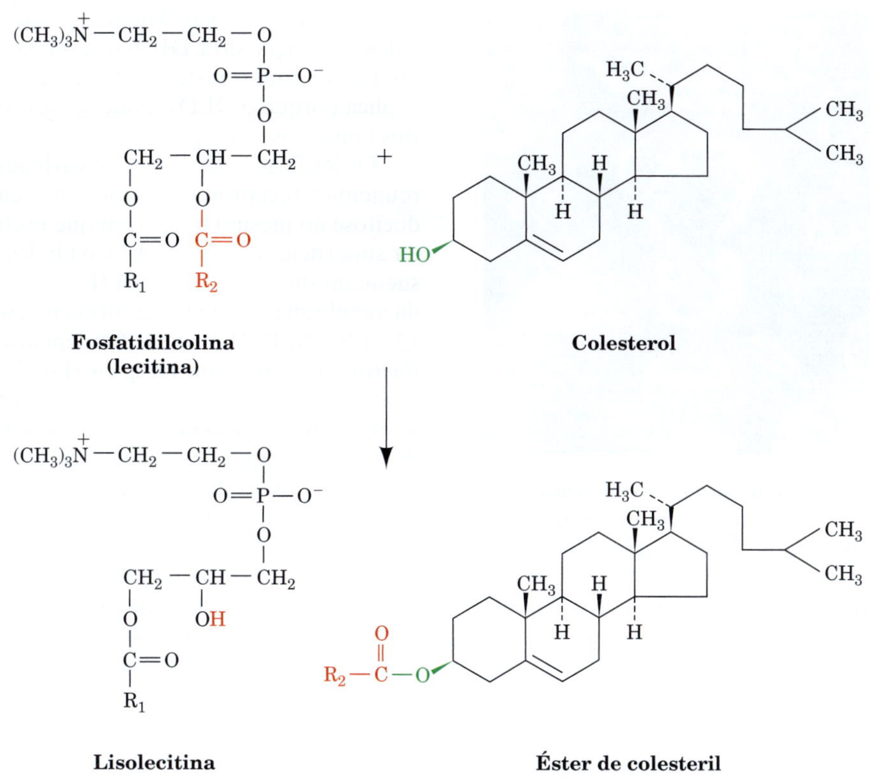

Fosfatidilcolina (lecitina) + Colesterol

↓

Lisolecitina + Éster de colesteril

FIGURA 12.87 **Reação catalisada pela lecitina-colesterol-aciltransferase (LCAT).** O grupo acil transferido é mais frequentemente um resíduo de ácido linoleico.

uma glicoproteína TM que liga especificamente apoB-100. O RLDL também liga remanescentes de quilomicrons via seus componentes **apoE**.

O RLDL é uma glicoproteína com 839 resíduos que possui um **ectodomínio** (domínio extracelular; do Grego, *ectos,* exterior) de ligação N-terminal com 767 resíduos, um segmento TM com 22 resíduos que provavelmente forma uma hélice α, e um domínio C-terminal citoplasmático com 50 resíduos. A estrutura por raios X do ectodomínio do RLDL, determinada por Brown, Goldstein e Deisenhofer em pH 5,3 (por razões explicadas a seguir), confirma os resultados dos estudos de sequência que indicaram que, da extremidade N à C-terminal, esta proteína consiste em sete módulos ricos em Cys com ~40 resíduos repetidos em tandem, dois domínios tipo EGF com ~40 resíduos (EGF é o acrônimo, em inglês, de *epidermal growth factor*, ou **fator de crescimento epidérmico**, um polipeptideo com atividade hormonal que estimula a proliferação celular; Seção 19.3), um domínio propulsor β com seis lâminas, e um domínio tipo EGF (Fig. 12.88). Os módulos ricos em Cys, denominados R2 a R7 (R1 não está ordenado e por isso não é visualizado), estão arranjados em um arco de 140 Å de comprimento que forma uma alça ao

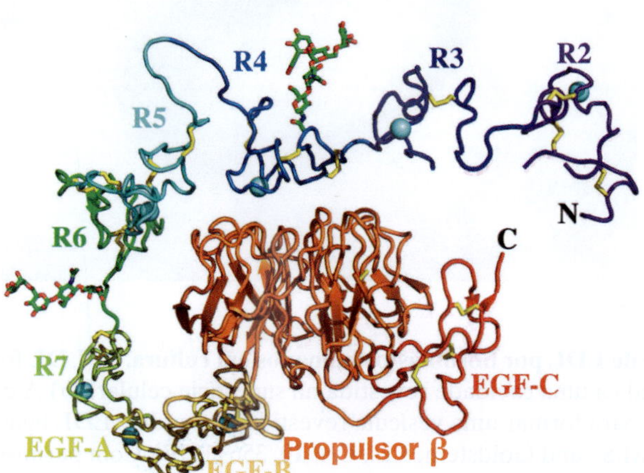

FIGURA 12.88 **Estrutura por raios X do domínio extracelular do receptor de LDL humano na resolução de 3,7 Å.** A proteína está desenhada na forma de fita com uma cor diferente para cada um de seus módulos observados. Seus oito íons Ca^{2+} ligados estão representados por esferas na cor ciano, e estão mostrados dois carboidratos ligados ao N (um tetrassacarídeo e um pentassacarídeo) em forma de bastão com C verde, N azul, e O vermelho. As ligações dissulfeto estão desenhadas em amarelo. Os módulos ricos em Cys estão marcados de R2 a R7 e os domínios tipo EGF estão marcados de EGF-A a EGF-C. A ausência do módulo R1 e a aparência fragmentada dos módulos R2 e R3 são devidas à desordem pela falta de segmentos. (A partir de uma estrutura por raios X obtida por Michael Brown, Joseph Goldstein, e Johann Deisenhofer, University of Texas Southwest Medical Center, Dallas,Texas, EUA. PDBid 1N7D.)

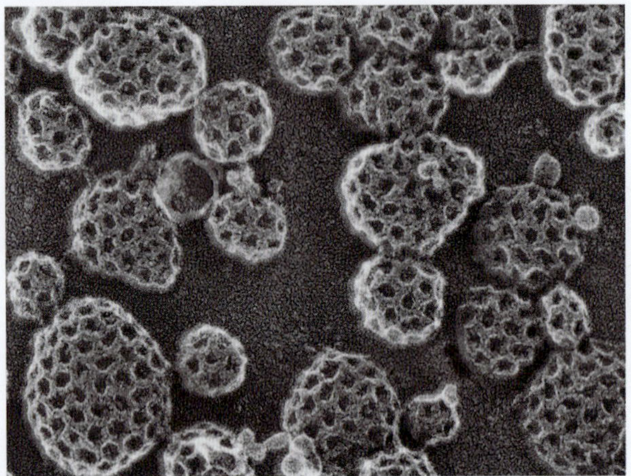

FIGURA 12.89 Micrografia eletrônica por criofratura de cavidades revestidas na superfície interna da membrana plasmática de fibroblastos em cultura. Compare esta figura com a das vesículas revestidas com clatrina (Fig. 12.59*a*). (Cortesia de John Heuser, Washington University School of Medicine, St. Louis, Missouri, EUA.)

redor do domínio tipo EGF e do propulsor β. Cada módulo rico em Cys se liga a um íon Ca^{2+} e consiste em duas alças conectadas por três ligações dissulfeto. Observe que eles não apresentam uma estrutura secundária regular (hélices e folhas). Cada um dos domínios tipo EGF também se liga a um íon Ca^{2+} (exceto o EGF-C), possuem também três ligações dissulfeto, e não apresentam estrutura secundária regular. Os módulos R4 e R5, que são críticos na interação com o ligante, se unem a uma face do propulsor β por meio de interações de cadeias laterais extensas e conservadas. Cada um dos módulos ricos em Cys tem uma conformação um pouco diferente, o que sugere que sejam flexíveis. Além disso, os módulos R2, R3, R6, e R7, e provavelmente R1, que também estão envolvidos na ligação do LDL, parecem não sofrer restrições por interações com o restante da proteína. Isto provavelmente explica porque o RLDL pode se ligar a lipoproteínas de vários tamanhos e composições.

Os RLDLs agrupam-se em **cavidades revestidas**, as quais reúnem os receptores da superfície celular destinados à endocitose ao mesmo tempo em que excluem outras proteínas da superfície da célula. As cavidades revestidas, que possuem um suporte de clatrina (Fig. 12.89), invaginam a partir da membrana plasmática e formam vesículas revestidas (Fig. 12.90; Seção 12.4C) que se fundem aos lisossomos. *Essa **endocitose mediada por receptor*** (Fig. 12.91) *é um mecanismo geral utilizado pelas células para captar moléculas grandes, através dos receptores específicos correspondentes.* Na verdade, o fígado capta os remanescentes de quilomícrons desta forma, por meio de um **receptor de remanescentes** que se liga especificamente à apoE.

Em pH neutro o RLDL liga LDL via seus módulos ricos em Cys, principalmente R4 e R5. No entanto, no ambiente ácido do endossomo, o RLDL libera seu LDL (Fig. 12.91). A estrutura por raios X do RLDL em pH5,3 (Fig. 12.88), o pH do endossomo, sugere que isso ocorra através do deslocamento de LDL dos módulos R4 e R5 pelo domínio barril β do receptor de LDL. Este modelo é sustentado pela observação que, em pH 5,3, a interface entre os módulos R4 e R5 e o domínio do barril β possui várias pontes salinas contendo His conservadas que provavelmente se formam somente quando esses resíduos de His estão protonados. Além disso, uma construção de RLDL no qual os domínios tipo EGF e o domínio do propulsor β foram deletados se liga ao LDL, mas não o libera em pH ácido. Assim, é provável que, em pH neutro, o RLDL assuma uma conformaçãso aberta e flexível na qual os módulos R4 e R5 não se associam ao domínio barril β mas, ao contrário, estejam disponíveis para ligar LDL.

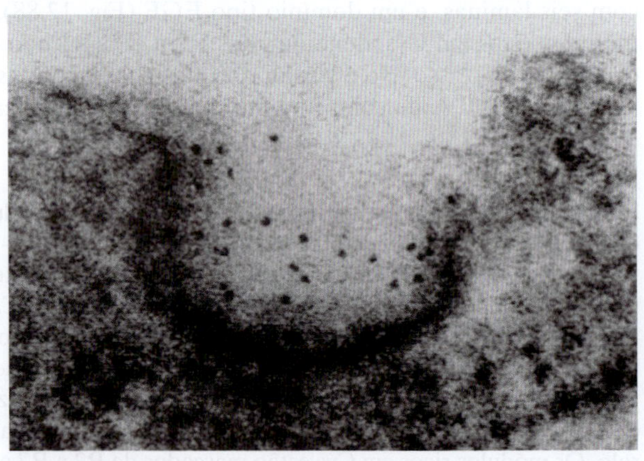

(*a*)

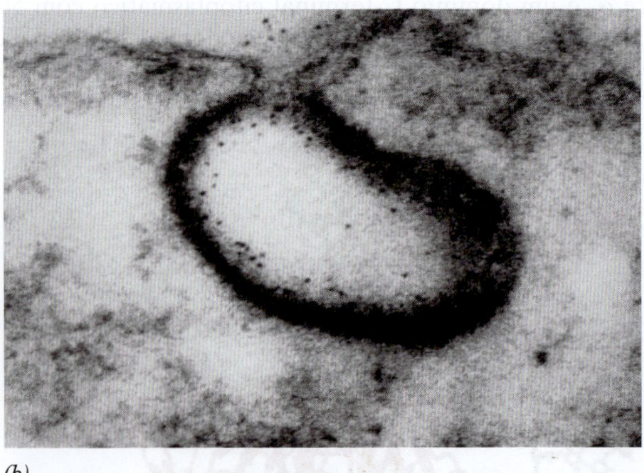

(*b*)

FIGURA 12.90 Micrografias eletrônicas mostrando a endocitose de LDL por fibroblastos humanos em cultura. A LDL foi conjugada à ferritina e aparece como pontos escuros. (*a*) LDL ligada a uma cavidade revestida na superfície celular. (*b*) A cavidade revestida invagina e começa a se desprender da membrana para formar uma vesícula revestida contendo a LDL ligada à sua superfície interna. (Com base em Anderson, R.G.W., Brown, M.S., and Goldstein, J.L., *Cell* **10**, 356 [1977]. Com permissão da Cell Press.)

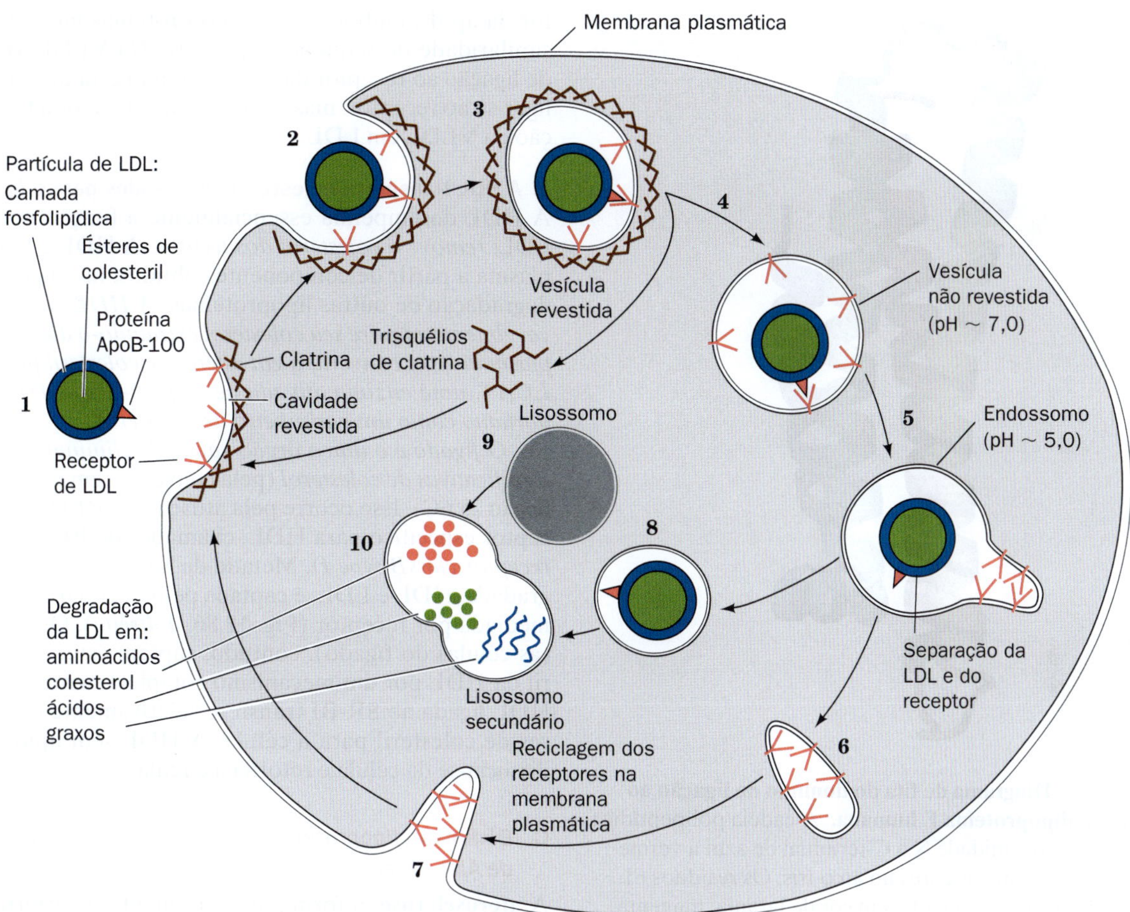

FIGURA 12.91 **Sequência de eventos na endocitose de LDL mediada por receptor.** A LDL liga-se especificamente a receptores de LDL nas cavidades revestidas com clatrina (**1**). As cavidades brotam para o interior da célula (**2**), formando vesículas revestidas (**3**), cujo revestimento de clatrina despolimeriza na forma de trisquélios, resultando na formação de vesículas com a superfície lisa (**4**). Estas se fundem com vesículas chamadas **endossomos** (**5**), que possuem um pH interno em torno de 5,0. A acidez induz a dissociação da LDL de seu receptor. A LDL concentra-se na porção vesicular do endossomo, enquanto seus receptores se concentram na membrana de uma estrutura tubular ligada ao endossomo, que então se separa do mesmo (**6**) e posteriormente recicla os receptores de LDL na membrana plasmática (**7**). A porção vesicular do endossomo (**8**) funde-se com um lisossomo (**9**), produzindo um **lisossomo secundário** (**10**), onde a componente ApoB-100 da LDL é degradada em seus aminoácidos constituintes e os ésteres de colesteril são hidrolisados produzindo colesterol e ácidos graxos. Uma molécula de receptor de LDL faz um ciclo para dentro e para fora da célula a cada 10 a 20 minutos durante sua vida de cerca de 20 horas.

No lisossomo, a apoB-100 da LDL é rápida e totalmente degradada, liberando os aminoácidos, conforme demonstram estudos de marcação radioativa (Fig. 12.91). Os ésteres de colesteril são hidrolisados por uma lipase lisossômica, produzindo colesterol, que é incorporado às membranas celulares. Qualquer excesso de colesterol intracelular é reesterificado pela ação da **acil-CoA: colesterol-aciltransferase** (**ACAT**) e armazenado dentro da célula.

Dois mecanismos de retroalimentação impedem o acúmulo excessivo de ésteres de colesteril celulares:

1. Os altos níveis intracelulares de colesterol inibem a síntese do RLDL, reduzindo, assim, a taxa de acúmulo de LDL por endocitose (apesar de entrar e sair da célula a cada 10 a 20 minutos, o RLDL é degradado lentamente pela célula, de forma que sua meia-vida é de cerca de 20 horas).
2. O excesso de colesterol intracelular inibe sua própria biossíntese (Seção 25.6Bb).

d. O domínio de ligação ao receptor da ApoE é constituído por um feixe de quatro hélices

A ApoE é uma proteína monomérica de 299 resíduos, consistindo em dois domínios dobrados de forma independente: um domínio N-terminal, que se liga firmemente ao RLDL, mas fracamente ao lipídeo, e um domínio C-terminal, que se liga à superfície da lipoproteína, mas que não tem afinidade pelo RLDL. A proteólise da apoE produz fragmentos que correspondem ao domínio N-terminal (resíduos 1 ao 191) e ao domínio C-terminal (resíduos 216 ao 299) dessa proteína.

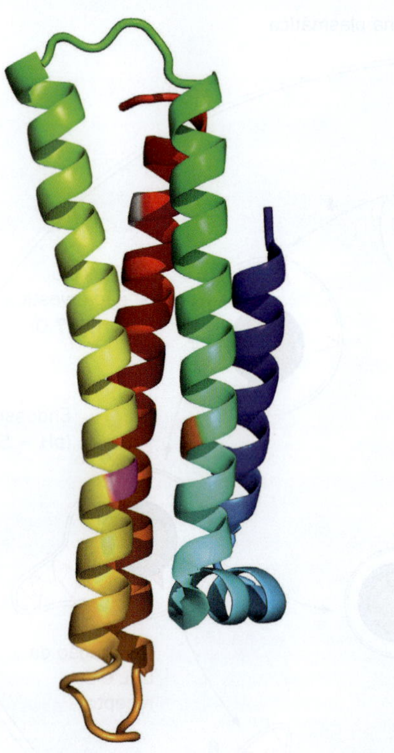

FIGURA 12.92 Diagrama de fita do domínio de ligação ao receptor da apolipoproteína E humana. A cadeia polipeptídica está colorida da extremidade N a C-terminal de azul a vermelho, conforme a ordem das cores no arco-íris. Os resíduos 61, 112 e 158 estão, respectivamente, em cor de laranja, magenta e cinza. (Com base em uma estrutura por raios X determinada por David Agard, University of California at San Francisco, EUA. PDBid 1LPE.)

A análise de sequência sugere que o domínio C-terminal é, em grande parte, composto por hélices. A estrutura por raios X do domínio N-terminal (Fig. 12.92), determinada por David Agard, revela que ele é formado basicamente por cinco hélices α, sendo que quatro delas formam um feixe alongado de 4 hélices em vaivém (65 Å). Como esperado, essas hélices são fortemente anfipáticas, com seus resíduos hidrofóbicos sequestrados dentro da proteína sem contato com o solvente, enquanto seus resíduos hidrofílicos estão expostos ao solvente. A estrutura parece ser ainda estabilizada por numerosas pontes salinas na superfície proteica altamente carregada.

A hélice C-terminal do fragmento N-terminal da apoE possui nove resíduos básicos muito próximos, que não formam pontes salinas, produzindo uma grande área carregada positivamente na superfície da proteína. Todas as variantes de apoE nas quais um desses resíduos básicos é substituído por um resíduo ácido ou neutro têm sua afinidade pelo RLDL reduzida, sugerindo que essa área faça parte do sítio de ligação da apopE ao receptor. Por isso, essa hélice C-terminal foi designada hélice de ligação ao receptor.

O RLDL liga apoB-100 e apoE com afinidades comparáveis. A apoB-100 (mas não a apoB-48) possui um segmento conservado que é semelhante à hélice de ligação ao receptor da apoE, embora essas duas proteínas não apresentem similaridade de sequência aparente. Na VLDL, o domínio de ligação ao receptor da apoB-100 não está disponível para ligar-se ao receptor, mas torna-se exposto após a transformação da VLDL em LDL.

e. A HDL transporta colesterol dos tecidos para o fígado

A HDL desempenha essencialmente a função oposta à da LDL: *remove o colesterol dos tecidos.* A HDL é formada no plasma a partir de componentes obtidos, na sua maioria, da degradação de outras lipoproteínas. *A HDL circulante provavelmente adquire seu colesterol extraindo-o das membranas plasmáticas, e converte-o em ésteres de colesteril pela ação da LCAT, uma enzima ativada pela apoA-I. A HDL funciona portanto como um garimpeiro de colesterol.*

O fígado é o único órgão capaz de eliminar quantidades significativas de colesterol (pela conversão em ácidos biliares; Seção 25.6C). Isso ocorre pela atuação do RLDL e de um receptor específico para HDL, chamado **SR-BI** (de *scavenger receptor classB type I*). Metade da VLDL, após ter sido degradada a IDL e LDL, é captada pelo fígado pela endocitose mediada por receptor (Fig. 12.86, *à direita*). Os hepatócitos (as células do fígado), contudo, captam ésteres de colesteril da HDL por um mecanismo completamente diferente: a HDL ligada ao SR-BI transfere seletivamente os seus ésteres de colesteril para a célula. A HDL sem lipídeos então dissocia-se da célula e retorna à circulação.

C. *Disfunção lipoproteica na aterosclerose e na doença de Alzheimer*

A **aterosclerose**, a forma mais frequente de **arteriosclerose** (endurecimento das artérias), é caracterizada pela presença de **ateromas** (do grego: *athera,* mingau), espessamentos arteriais que, ao serem seccionados, mostram um depósito amarelado e pastoso feito quase somente de ésteres de colesteril (Fig. 12.93).

A aterosclerose é uma doença progressiva que se inicia com depósitos de lipídeos no interior das células da musculatura lisa da parede interna das artérias. Essas lesões acabam transformando-se em placas calcificadas fibrosas que reduzem a luz das artérias, podendo mesmo bloqueá-las. A consequente rugosidade da parede arterial induz a formação de coágulos sanguíneos, que também podem ocluir as artérias. A parada do fluxo sanguíneo, conhecida como **infarto**, causa a morte dos tecidos privados do sangue. Embora os ateromas possam ocorrer em muitas artérias diferentes, eles são mais frequentes nas artérias coronárias, que irrigam o coração. Isso resulta em **infartos do miocárdio** ou "ataques do coração", que constituem a causa mais frequente de morte nos países ocidentais industrializados.

a. Deficiência de receptores de LDL resulta em aterosclerose

O desenvolvimento da aterosclerose está fortemente correlacionado com o nível de colesterol plasmático. Isso é particularmente evidente em indivíduos com **hipercolesterolemia familiar** (**HF**). Os indivíduos homozigotos para essa doença têm níveis tão altos de LDL, rica em colesterol (o que é frequentemente referida como colesterol "mau"), em seu plasma que chegam a apresentar valores plasmáticos de colesterol de três a cinco vezes maiores do que o nível médio

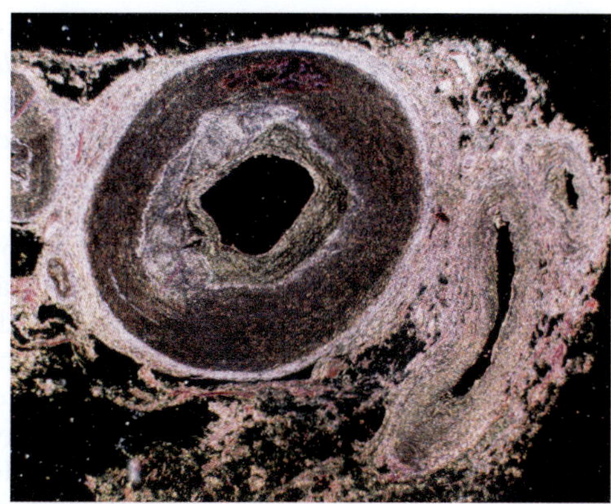

FIGURA 12.93 **Uma placa aterosclerótica em uma artéria coronária.** O vaso está muito espessado como resultado do acúmulo de lipídeos e ativação de processos inflamatórios. (© Eye of Science/Photo Researchers.)

de 175 mg · 100 mL^{-1}. Essa situação resulta em deposição de colesterol na pele e nos tendões, sob a forma de nódulos amarelos, conhecidos como **xantomas**. Contudo, nos homozigotos, dano muito maior é causado pela formação rápida de ateromas, que podem causar morte precoce por infarto do miocárdio aos 5 anos. Os heterozigotos, que compreendem 1 pessoa em 500, são afetados menos severamente, desenvolvendo sintomas de doença das artérias coronárias após os 30 anos.

Células isoladas de indivíduos homozigotos para HF são totalmente desprovidas de RLDL funcional, enquanto as obtidas de heterozigotos possuem a metade da quantidade normal desses receptores. Por isso, os homozigotos, e em menor proporção os heterozigotos, são incapazes de utilizar o colesterol das LDLs. Suas células devem sintetizar a maior parte do colesterol que necessitam. Os altos níveis de LDL plasmático nesses indivíduos é o resultado de duas causas relacionadas:

1. Taxa de degradação reduzida devido à falta do RLDL.
2. Taxa de síntese aumentada a partir de IDL devido à incapacidade do RLDL em captar IDL.

Foram descobertas mais de 1.000 mutações no RLDL que causam HF. Esses mutantes foram agrupados em cinco classes dependendo da natureza do defeito que causam no funcionamento do RLDL (Fig. 12.91): (1) falha na produção de quantidades detectáveis de proteína; (2) falha parcial ou total no transporte para a membrana plasmática; (3) redução na interação com o ligante; (4) falha no direcionamento para as cavidades revestidas por clatrina e na internalização; e (5) defeitos na liberação e na reciclagem do ligante. Os mutantes da classe 4 são causados por mudanças nas assim chamadas **sequências de classificação** do RLDL, NPXR, no seu domínio citoplasmático, que se liga à AP2 nas cavidades revestidas por clatrina.

A ingestão a longo prazo de uma dieta rica em gordura e em colesterol tem um efeito semelhante à HF embora menos severo. Um nível intracelular alto de colesterol suprime a síntese do RLDL (Seção 25.6Bb), reduzindo desta forma a quantidade de LDL que a célula capta da circulação. Portanto, o excesso de colesterol da dieta, entregue aos tecidos pelos quilomícrons contribui para os altos níveis plasmáticos de LDL.

b. Os receptores garimpeiros captam LDL oxidada

As placas ateroscleróticas dos indivíduos com HF contêm **macrófagos** (um tipo de célula branca do sangue que capta e, se possível, destrói uma variedade de substâncias, tanto estranhas como endógenas) que possuem uma quantidade tão alta de colesterol que são conhecidas como **células espumosas**. De que forma os macrófagos captam colesterol? Essas células, sejam de indivíduos normais ou de portadores de HF, têm poucos RLDLs e por isso captam pouca LDL nativa. Contudo, elas captam avidamente LDL quimicamente modificado pela acetilação de seus resíduos de lisina (o que elimina as cargas positivas dessas cadeias laterais, aumentando as cargas negativas da LDL). Os receptores da superfície do macrófago que ligam LDL acetilada são conhecidos como **receptores garimpeiros**, pois também ligam outras moléculas polianiônicas.

Os receptores garimpeiros captam avidamente LDL oxidada. Os ácidos graxos insaturados da LDL são altamente suscetíveis à oxidação química, mas são protegidos por antioxidantes no sangue. No entanto, presume-se que esses antioxidantes estejam exauridos quando a LDL é mantida no interior das paredes arteriais por um tempo mais longo (onde, acredita-se, chegam como resultado de injúria do revestimento da artéria e vazamento de plasma para dentro da parede arterial). Como consequência, os radicais de oxigênio convertem os ácidos graxos insaturados em aldeídos e óxidos, que reagem com os resíduos de lisina, mimetizando uma acetilação. A LDL ingerida é degradada como descrito anteriormente e seu colesterol é convertido em ésteres de colesteril, que se acumulam como resíduos insolúveis.

O significado fisiológico desse cenário foi demonstrado pelas observações de que anticorpos contra resíduos de lisina conjugados a aldeídos reconhecem placas ateroscleróticas, que LDLs de placas ateroscleróticas se ligam a receptores garimpeiros e produzem células espumosas *in vitro*, e que antioxidantes inibem aterosclerose em coelhos portadores de uma doença animal equivalente à HF. Deve ser mencionado que a fumaça do tabaco oxida a LDL, o que pode explicar por que o fumo leva a um aumento da incidência de aterosclerose. Altos níveis plasmáticos de LDL também aceleram sua captação.

Se esse modelo de formação de ateroma estiver correto, o *nível plasmático ótimo de LDL é a concentração mais baixa que pode suprir de forma adequada as células de colesterol.* Tal nível, que se imagina ser de ~25 mg de colesterol por 100 mL^{-1} de plasma, ocorre em várias espécies de mamíferos que não são naturalmente suscetíveis à aterosclerose, bem como em humanos recém-nascidos. Já o nível plasmático de LDL em homens adultos ocidentais é, em média, 7 vezes mais alto do que o nível supostamente ótimo. As razões para um nível tão alto não são bem compreendidas (ver a seguir), embora seja claro que é afetado pela dieta e por estresse ambiental. As estratégias médicas para a redução do colesterol plasmático são consideradas na Seção 25.6Bd.

c. A aterosclerose é uma doença multifatorial

Estudos epidemiológicos indicam que os altos níveis plasmáticos de HDL (que é frequentemente referido como colesterol "bom") estão correlacionados fortemente a uma incidência baixa de doença cardiovascular. As mulheres apresentam níveis de HDL mais altos do que os homens e também menos doença cardíaca. Muitos dos fatores que reduzem a incidência de doença cardíaca também tendem a aumentar os níveis de HDL. Esses incluem exercício intenso, perda de peso, determinadas drogas como o álcool, e hormônios femininos como os **estrogênios** (Seção 19.1Gb). Em contraposição, o fumo está inversamente relacionado com a concentração de HDL. Curiosamente, em populações com uma incidência muito baixa de doença coronária, as concentrações tanto de HDL como de LDL são baixas. Não são conhecidas as razões para esses efeitos variados.

Em humanos existe também uma correlação inversa entre o risco de aterosclerose e os níveis plasmáticos de apoA-I, a principal proteína componente da HDL e que é necessária para sua formação. Para investigar se a apoA-I tem um efeito antiaterogênico direto, camundongos de uma linhagem que desenvolve **estrias gordurosas**, nos grandes vasos sanguíneos, induzidas pela dieta foram modificados geneticamente para expressar altos níveis plasmáticos de apoA-I humana (estrias gordurosas são precursores das placas ateroscleróticas, que os camundongos não chegam a formar porque têm uma vida muito curta). Esses camundongos transgênicos ficam protegidos significativamente do desenvolvimento das estrias gordurosas. Já os camundongos transgênicos que superexpressam a **apoA-II** murina, outra proteína importante da HDL, desenvolvem mais e maiores lesões do que os não transgênicos. Uma vez que os níveis plasmáticos de HDL estão significativamente elevados nesses camundongos transgênicos, parece que tanto a composição quanto o nível plasmático de HDL são mediadores ateroscleróticos importantes. De forma similar, camundongos transgênicos que expressam altos níveis de apo-E ou de RLDL humanos resistem à elevação dos níveis plasmáticos de LDL que seria provocada por uma dieta rica em colesterol, enquanto os camundongos que tiveram silenciado o gene que codifica apo-E desenvolvem rapidamente lesões ateroscleróticas.

A **proteína que transfere ésteres de colesteril** (**PTEC**) é uma proteína plasmática que faz troca de lipídeos neutros (p. ex., ésteres de colesteril e triacilgliceróis) entre lipoproteínas, funcionando de forma análoga às proteínas que trocam fosfolipídeos (Seção 12.4Ab). Uma vez que a VLDL e a LDL são ricas em triacilgliceróis, enquanto a HDL é rica em ésteres de colesteril (Tabela 12.6), a PTEC atua no transporte de ésteres de colesteril das HDLs para as VLDLs e LDLs (e dos triacilgliceróis na direção oposta). Consequentemente, os animais que expressam PTEC têm níveis mais altos de colesterol nas suas VLDLs e LDLs e níveis mais baixos nas suas HDLs do que os animais que não a expressam. Camundongos de uma linhagem que normalmente apresenta pouca ou nenhuma atividade de PTEC foram modificados geneticamente para expressar PTEC e alimentados com uma dieta aterogênica (grande quantidade de gordura e de colesterol). Esses animais transgênicos desenvolveram lesões ateroscleróticas muito mais rapidamente do que os animais não transgênicos que receberam a mesma dieta. Como os dois tipos de animais têm níveis plasmáticos de colesterol total similares, esses resultados sugerem que *a formação de lesões ateroscleróticas é mais uma função de como o colesterol está distribuído entre as lipoproteínas do que dos seus níveis plasmáticos totais.*

O risco elevado de aterosclerose em humanos também está associado a níveis plasmáticos elevados da lipoproteína **Lp(*a*)**, uma variante da LDL na qual a apoB-100 está firmemente associada com a proteína plasmática **apo(*a*)**, de 4.259 resíduos. Os roedores e a maioria dos mamíferos não primatas não possuem o gene da apo(*a*). No entanto, camundongos transgênicos para a apo(*a*) humana desenvolvem rapidamente estrias gordurosas quando alimentados com uma dieta rica em gordura (semelhante à dieta da população dos países ocidentais industrializados). A apo(*a*) consiste principalmente em segmentos repetidos homólogos ao **plasminogênio**, uma proteína plasmática que, quando ativada, hidrolisa coágulos sanguíneos (Seção 35.1Fa). A função normal da apo(*a*) nos humanos é desconhecida, embora exista a hipótese que ela participe na recuperação de lesões dos vasos sanguíneos.

d. A doença de Tangier elimina a síntese de HDL

A maioria das células não consome colesterol convertendo-o em hormônios esteroides ou ácidos biliares, por exemplo, mas todas as células requerem colesterol para manter a fluidez da membrana. O colesterol que sobra pode ser esterificado pela ação da ACAT e armazenado como ésteres de colesterol em depósitos intracelulares. O colesterol também pode ser eliminado das células por um mecanismo esclarecido por meio de estudos de indivíduos com **doença de Tangier**. Nesta doença genética recessiva, não é produzido quase nenhum HDL, porque as células têm uma proteína de transporte defeituosa, conhecida como **proteína A1 de ligação ao cassete de ATP** (*ATP-cassette binding protein A1* (**ABCA1**). Nos indivíduos normais, a ABCA1 funciona como uma flipase (Seção 12.4Aa) que transfere colesterol, ésteres de colesteril, e outros lipídeos da camada interna da membrana plasmática para a externa, de onde estes compostos são capturados pela apolA-I para formar HDL. As células sem ABCA1 não conseguem descartar seu excesso de colesterol e por isso acumulam ésteres de colesteril no citoplasma. Os macrófagos assim repletos de lipídeos contribuem para o desenvolvimento da aterosclerose e os indivíduos com a doença de Tangier consequentemente exibem sintomas semelhantes àqueles da HF.

e. A apoE4 está envolvida na doença cardiovascular e na Doença de Alzheimer

Existem três variantes alélicos comuns para a apoE em humanos: **apoE2** (que ocorre em 15% da população), com cisteína nas posições 112 e 158; **apoE3** (com ocorrência de 78%), na qual esses resíduos são, respectivamente, cisteína e arginina (a Fig. 12.92 mostra a estrutura da apoE3, com o resíduo 112 em magenta e o resíduo 158 em branco); e **apoE4** (com ocorrência de 7%), na qual esses dois resíduos são arginina. Essas diferenças têm significado médico: a apoE3 tem preferência em se ligar à HDL, enquanto a apoE4 tem preferência por VLDL, que é provavelmente a razão pela qual a apoE4 está relacionada com concentrações plasmáticas elevadas de VLDL e com risco aumentado de doença cardiovascular. Alterações no domínio N-terminal da apoE, evidentemente, podem afetar a função do seu domínio C-terminal de ligação à lipoproteína.

Conforme visto na Seção 9.5B, a apoE4 está associada também com incidência muito aumentada (16 vezes) da doença de Alzheimer (DA). Essa observação talvez seja menos surpreendente quando se percebe que a apoE é expressada em determinadas células nervosas e está presente no fluido cerebrospinal, onde atua na mediação do transporte de colesterol, da mesma forma como o faz no plasma sanguíneo (o colesterol é abundante na membrana plasmática das células nervosas, que realizam a neurotransmissão; Seção 20.5B).

O tecido cerebral das vítimas da DA mostra numerosas placas amiloides extracelulares, que consistem em depósitos fibrilares do peptídeo amiloide β (Aβ), oriundo da proteólise da proteína amiloide precursora que ocorre normalmente (Seção 9.5B). As placas amiloides parecem ser os agentes patogênicos da DA. Ensaios imunoquímicos indicam que a apoE está associada às placas amiloides. Experimentos *in vitro* demonstram que tanto a apoE3 como a apoE4 formam complexos estáveis em SDS com o peptídeo Aβ que, após longo tempo de incubação, agregam e precipitam como uma matriz de fibrilas que lembra muito a das placas amilóides. A apoE4 forma esse complexo de forma mais efetiva do que a apoE3, produzindo uma matriz mais densa e mais extensa.

A comparação das estruturas por raios X da apoE4, e da apoE3 mostra que existem diferenças muito pequenas nas suas estruturas primárias, e que estão restritas à vizinhança imediata aos seus sítios diferentes (resíduo 112: Cys em apoE3 e Arg em apoE4). As únicas duas cadeias laterais em apoE4 que sofrem alterações de conformação quando comparadas a apoE3 são Glu 109 que, no caso de apoE4, faz uma rotação para formar uma ponte salina com a Arg 112, e a Arg 61 (em cor de laranja na Fig. 12.92), a qual faz contato com a Cys 112 em apoE3, mas em apoE4 move-se na direção oposta para acomodar a nova ponte salina. Assim, tanto Glu 109 como Arg 61 são candidatos a mediadores nas diferenças funcionais observadas entre apoE3 e apoE4. Contudo, a substituição mutagênica de Glu 109 por Ala na apoE3 não altera significativamente sua preferência em se ligar à HDL em relação à VLDL. Em contraste, a substituição da Arg 61 por Thr na apoE4 confere a essa proteína uma preferência por HDL, em relação à VLDL, semelhante à da apoE3. Claramente, a posição da Arg 61 é crítica na determinação da preferência da apoE por HDL/VLDL. Essa hipótese é apoiada pela observação que o resíduo 61 nas 10 apoEs de outras espécies cujas sequências são conhecidas é invariavelmente Thr. Nenhuma dessas espécies apresenta a patologia completa da DA, embora ainda não tenha sido demonstrado que a Arg 61 realmente contribua para a ligação diferencial da apoE3 e da apoE4 ao peptídeo Aβ.

f. A apoE2 tem baixa afinidade pelo receptor LDL

A apoE2 liga-se ao RLDL com somente 0,1% da afinidade mostrada pela apoE3 ou pela apoE4. Assim, a presença de apoE2 é a causa básica da **hiperlipoproteinemia familiar tipo III**, que é caracterizada pelos níveis plasmáticos elevados de colesterol e de triglicerídeos, consequentemente acelerando a doença arterial coronária.

O defeito na ligação da apoE2 ao RLDL é causado pela substituição da Arg 158 por Cys em uma posição (em cinza na Fig. 12.92) que fica fora da região previamente identificada de ligação ao receptor, ou seja, resíduos de 136 a 150 (localizados na metade inferior da hélice C-terminal na Fig. 12.92). Na apoE3, o Asp 154 forma uma ponte salina com a Arg 158 (que está situada uma volta mais adiante ao longo da hélice α). Na apoE2 essa ponte não se pode formar, uma vez que a Arg 158 é substituída por Cys. Ao invés disso, como revela a estrutura por raios X da apoE2, o Asp 154 forma uma ponte salina com a Arg 150 (que está situada uma volta atrás na hélice α), alterando a conformação da cadeia lateral desse resíduo de ligação ao RLDL. De fato, o rompimento dessa ponte salina anormal pela substituição mutagênica da Asp 154 por Ala na apoE2 restaura a afinidade pelo receptor a um nível próximo do normal.

Os indivíduos com a hiperlipoproteinemia tipo III são particularmente responsivos à dieta hipocalórica pobre em gordura e à redução do peso corporal. Por isso, postula-se que a composição lipídica alterada das lipoproteínas produzidas sob esse regime faz as quantidades significativas de apoE2 adotar uma conformação ativa, conduzindo a taxas normais, ou próximas do normal, de remoção de lipoproteínas da circulação.

RESUMO DO CAPÍTULO

1 Classificação dos lipídeos Ácidos graxos são ácidos carboxílicos de cadeia longa que podem ter uma ou mais ligações duplas, que em geral são *cis*. Seus ânions são moléculas anfifílicas que formam micelas na água. Os ácidos graxos são componentes dos lipídeos, raramente ocorrendo em forma livre na natureza. A classe mais abundante de lipídeos, os triacilgliceróis ou gorduras neutras, são moléculas apolares que constituem a principal reserva nutricional dos animais. Os lipídeos que ocorrem nas membranas são os fosfolipídeos, os esfingolipídeos e, nos eucariotos, o colesterol ou esteroides similares. Os esfingolipídeos, tais como os cerebrosídeos e os gangliosídeos, possuem grupos polares glicídicos complexos que atuam como marcadores de reconhecimento em vários processos biológicos.

2 Propriedades dos agregados lipídicos A forma da molécula dos lipídeos de membrana permite que se agreguem em solução aquosa formando bicamadas. Estas produzem vesículas fechadas, conhecidas como lipossomos, que são úteis como modelos de membrana e como sistemas de distribuição de fármacos. As bicamadas são essencialmente impermeáveis a moléculas polares, com exceção da água. Da mesma forma, o movimento de ponta-cabeça dos lipídeos na bicamada é um evento extremamente raro. Por outro lado, acima de suas temperaturas de transição, as bicamadas comportam-se como fluidos bidimensionais, nos quais as moléculas dos lipídeos difundem-se livremente no plano da bicamada. O colesterol reduz a fluidez da membrana e amplia o intervalo de temperatura da transição ordem-desordem por interferir com a distribuição organizada das cadeias laterais dos ácidos graxos.

3 Membranas biológicas As membranas biológicas contêm uma alta proporção de proteínas. As proteínas integrais, como por exemplo a bacteriorrodopsina, o centro reator fotossintético, as porinas e a ácido graxo amida hidrolase, possuem regiões com superfícies apolares que se associam hidrofobicamente com o cerne da bicamada. As proteínas periféricas, como o citocromo *c*, por exemplo, ligam-se a proteínas integrais na superfície da membrana ou a grupos carregados de fosfolipídeos através de interações polares. Proteínas integrais de membrana específicas estão invariavelmente associadas a um lado particular da membrana ou, se forem proteínas transmembrana, têm somente uma orientação. As proteínas ligadas a lipídeos possuem grupos isoprenóis, acil-graxos e/ou glicosilfosfatidilinositóis (GPI) em ligação covalente e que servem para ancorar essas proteínas às membranas e para mediar interações proteína-proteína. De acordo com o modelo do mosaico fluido para a estrutura da membrana, as proteínas integrais lembram *icebergs* flutuando em um mar lipídico bidimensional. Essas proteínas estão distribuídas ao acaso na membrana, conforme se pode observar pelas técnicas de criofratura e de crioentalhe. Determinados lipídeos e/ou proteínas podem formar agregados específicos em uma das lâminas da membrana.

O citoesqueleto dos eritrócitos é responsável pela forma, flexibilidade e fluidez da célula vermelha. A espectrina, a principal proteína constituinte do citoesqueleto, é um heterotetrâmero $(\alpha\beta)_2$ vermiforme que forma ligações cruzadas com oligômeros de actina e proteína da banda 4,1. A rede proteica resultante está ancorada na membrana pela associação da espectrina com a anquirina, que, por sua vez, se liga à proteína da banda 3, uma proteína transmembrana que forma um canal iônico.

A superfície dos eritrócitos ostenta os diferentes antígenos dos grupos sanguíneos. Os antígenos do sistema ABO diferem no açúcar da extremidade não redutora. Os elementos do grupo sanguíneo ABO ocorrem na membrana plasmática de muitas células e nas secreções de muitos indivíduos.

As junções comunicantes são formadas por tubos proteicos hexagonais transmembrana que permitem a comunicação entre células adjacentes. O canal central, que se fecha quando os níveis de Ca^{2+} intracelular estão elevados, permite a passagem de pequenas moléculas e íons, mas não de macromoléculas, de uma célula para a outra. Cada uma das subunidades de conexina dos dois conexons hexaméricos que formam a junção comunicante possui quatro hélices transmembrana.

As toxinas bacterianas formadoras de canal, como as α-hemolisinas, formam oligômeros na superfície externa da membrana plasmática das células-alvo. Elas se inserem na bicamada formando poros, através dos quais ocorre o vazamento de pequenas moléculas e de íons, matando a célula.

4 Montagem da membrana e direcionamento das proteínas

As membranas novas são geradas pela expansão das membranas velhas. Os lipídeos são sintetizados por enzimas ligadas à membrana, sendo depositados em um dos lados da membrana. Eles migram para o outro lado pelo processo de ponta-cabeça, catalisado por flipases ligadas à membrana e por transladases de fosfolipídeos. Nos eucariotos, os lipídeos são transportados entre diferentes membranas através de vesículas lipídicas ou por proteínas trocadoras de fosfolipídeos.

Na rota de secreção, as proteínas transmembrana e as proteínas destinadas à secreção são sintetizadas nos ribossomos contendo uma sequência-sinal N-terminal. O peptídeo-sinal é ligado a uma partícula de reconhecimento de sinal que contém RNA (PRS), a qual interrompe então a síntese do polipeptídeo. O complexo ribossomo-PRS liga-se então ao receptor da PRS, que está complexada ao translocon na membrana do retículo endoplasmático (RE), e retoma a síntese do polipeptídeo após a hidrólise de GTP pela PRS e receptor da PRS. Logo que a proteína destinada à secreção passa para a luz do RE através do translocon, seu peptídeo-sinal é removido por uma peptidase-sinal residente do RE, seu dobramento é facilitado por interações com chaperonas do RE, como a BiP, e seu processamento pós-traducional, essencialmente excisão do peptídeo-sinal e glicosilação, é iniciado. As proteínas integrais, cujos segmentos transmembrana (TM) possuem sequências-sinal de ancoramento, também entram no translocon, o qual acomoda esses segmentos lateralmente na membrana do RE. A orientação das hélices TM nas membranas geralmente obedece a regra do positivo-dentro. Algumas proteínas são totalmente sintetizadas no citoplasma antes de serem transladadas para dentro do RE.

As proteínas são transferidas entre o RE, o aparelho de Golgi (onde acontece o processamento pós-traducional) e seus destinos finais por meio de vesículas membranosas recobertas por clatrina, COPI e COPII. As vesículas recobertas por clatrina também participam na endocitose. As gaiolas poliédricas de clatrina são formadas por trisquélios, que são trímeros de cadeias pesadas, cada um deles ligado a uma cadeia leve. A formação dessas vesículas é iniciada pela ação de ARNO, um fator de troca de nucleotídeos de guanina (GEF) que induz a GTPase ARF1 a trocar seu GDP por GTP e logo após insere seu grupo miristoil na membrana. A ARF1 · GTP recruta então proteínas adaptadoras, como PA1 e PA2, que ligam, simultaneamente, as cadeias pesadas da clatrina e as proteínas TM que são proteínas a serem transportadas ou são receptores para proteínas solúveis a serem transportadas dentro da vesícula. A formação da gaiola de clatrina orienta o brotamento da vesícula, mas é necessária a ação da dinamina GTPase para que a vesícula de fato se separe de sua membrana original. Logo após sua separação, a vesícula perde sua cobertura por um processo mediado pela chaperona Hsc70. As vesículas recobertas por COPI e COPII passam pelo mesmo processo, embora não necessitem de uma proteína do tipo dinamina para separá-las da membrana original. Os componentes Sec13/31 das vesículas recobertas por COPII formam gaiolas cubo-octaédricas. Os receptores nessas vesículas recobertas ligam-se a suas proteínas-alvo através de sinais específicos, como o grupo da manose-6-fosfato que orienta as proteínas para o lisossomo, ou a sequência KDEL, que recupera, a partir do Golgi ou do RE, proteínas normalmente residentes no RE.

A fusão de uma vesícula com a sua membrana-alvo é iniciada quando a proteína Rab, uma pequena GTPase, induz a amarração frouxa das duas membranas. A vesícula é então ancorada mais firmemente à membrana através de interações entre as suas R-SNAREs e as Q-SNAREs da membrana-alvo. Nos neurônios, as vesículas sinápticas são ancoradas na membrana pré-sináptica pela associação da R-SNARE sinaptobrevina (VAMP) com as Q-SNAREs sintaxina e SNAP-25, formando um feixe de 4 hélices. Essas SNAREs neuronais são destruídas de forma específica pelas neurotoxinas tetânica e botulínica. As etapas de fusão da bicamada provavelmente ocorrem como resultado de tensão mecânica gerada pela formação de vários complexos SNARE no sítio de fusão. A proteína neuronal SM nSec1 liga-se à sintaxina com alta afinidade, de modo a impedir a formação do complexo SNARE. A proteína Rab, e/ou seus efetores, aparentemente induzem a liberação da sintaxina da nSec1, permitindo assim a formação do complexo. Após a fusão da vesícula, o complexo precisa ser dissociado para ser reciclado. Isso ocorre pela atuação da chaperona NSF dependente de ATP, a qual se liga ao complexo SNARE por intermédio da proteína SNAP.

As proteínas mitocondriais codificadas no núcleo são sintetizadas por ribossomos citoplasmáticos e entram na mitocôndria após a tradução completa. As proteínas só podem atravessar a membrana se estiverem desdobradas e, por isso, devem sofrer primeiro desdobramento com o auxílio de chaperonas impulsionadas por ATP, como a Hsp70 e o fator estimulador de importação mitocondrial. As proteínas destinadas à matriz passam pela membrana externa através do complexo TME, que reconhece a sequência sinal N-terminal da proteína anfipática e carregada positivamente. A pré-sequência N-terminal atravessa então o espaço intermembrana e encontra um complexo TMI23, que a translada para a matriz através da membrana interna. Esse último processo é impulsionado pelo potencial de membrana da mitocôndria, que atrai eletroforeticamente, para a matriz, as pré-sequências com cargas positivas, e pela chaperona mtHsp70 impulsionada por ATP, que se liga ao Tmi44 na matriz e puxa a proteína desdobrada para a matriz via um mecanismo de catraca Browniana. A peptidase de processamento da matriz remove então a sequência sinal N-terminal da proteína que, a seguir, se dobra na sua conformação nativa, o que é facilitado por uma bateria de chaperonas, incluindo mtHsp70 e Hsp60/Hsp10. As proteínas carreadoras de metabólitos, que são desprovidas de pré-sequências N-terminais mas acomplexo Tmi9 e Tmi10, que as insere lateralmente na membrana mitocondrial interna. Muitas proteínas TM que ocupam a membrana interna são inseridas lá a partir da matriz pela proteína Oxa1, uma rota indireta que é uma reminiscência da evolução da mitocôndria a partir de uma bactéria gram-negativa. Da mesma forma, as proteínas que formam barris β são transladadas pelo complexo TME para o espaço intermembrana e depois inseridas na membrana externa pelo complexo MSM.

5 Lipoproteínas Os lipídeos são transportados na circulação por lipoproteínas plasmáticas. Essas são essencialmente gotas de triacilgliceróis e ésteres de colesterol recobertas por uma monocamada de fosfolipídeos, colesterol e apolipoproteínas. As hélices anfifílicas das apolipoproteínas flutuam na superfície da lipoproteína em contato hidrofóbico com o seu interior lipídico. Os quilomícrons e as VLDLs atuam no transporte, respectivamente, de triacilgliceróis e de colesterol, do intestino e do fígado para os tecidos. A HDL transporta colesterol principalmente dos tecidos para o fígado, o único órgão capaz de eliminar grandes quantidades de colesterol. Os triacilgliceróis dos quilomícrons e das VLDLs são degradados pela lipase lipoproteica que reveste os capilares. A LDL, o produto de degradação da VLDL que contém colesterol, liga-se aos receptores de LDL da superfície celular (RLDLs) e é captada pelas células por endocitose mediada por receptor. A presença de um excesso de colesterol intracelular inibe a síntese de RLDL e de colesterol. O excesso de LDL no plasma é a principal causa da aterosclerose, um fenômeno que é particularmente evidente em indivíduos com hipercolesterolemia familiar, que não têm RLDLs funcionais. O excesso de LDL é oxidado e é captado pelos macrófagos que habitam as placas ateroscleróticas por meio de seus receptores garimpeiros. A aterosclerose, uma doença multifatorial, também está correlacionada a uma baixa concentração de HDL, que funciona como um garimpeiro para colesterol. As variantes ApoE2 e ApoE4 de ApoE estão implicadas na doença cardiovascular, enquanto a apoE4 está implicada também na doença de Alzheimer.

REFERÊNCIAS

Gerais

Edidin, M., Lipids on the frontier: a century of cell-membrane bilayers, *Nature Rev. Mol. Cell Biol.* **4,** 414–418 (2003). [Um relato curto sobre a historia do estudo de membranas]

Luckey, M., *Membrane Structural Biology,* Cambridge University Press (2008).

Mellman, I. and Warren, G., The road taken: Past and future foundations of membrane traffic, *Cell* **100,** 99–112 (2000). [História e revisão intelectual do tráfego de membranas.]

Tanford, C., *The Hydrophobic Effect: Formation of Micelles and Biological Membranes* (2nd ed.), Wiley–Interscience (1980). [Exposição das propriedades termodinâmicas das micelas e membranas.]

Vance, D.E. and Vance J.E. (Eds.), *Biochemistry of Lipids, Lipoproteins, and Membranes* (5th ed.), Elsevier (2008).

Lipídeos e bicamadas

Giles, C.H., Franklin's teaspoon of oil, *Chem. Ind.,* 1616–1624 (1969). [Relato histórico das investigações de Benjamin Franklin sobre o efeito de óleo nas ondas.]

Gurr, M.I., Harwood, J.L., and Frayn, K.N., *Lipid Biochemistry:An Introduction* (5th ed.), Blackwell Science (2002).

Lasic, D.D., Novel applications of liposomes, *Trends Biotech.* **16,** 307–321 (1998). [Revisão dos usos de lipossomos como veículos de fármacos, vacinas, agentes de terapia gênica e cosméticos.]

Lasic, D.D. and Papahadjopoulos, D. (Eds.), *Medical Applications of Liposomes,* Elsevier (1998).

Lopez, P.H.H. and Schnaar, R.L., Gangliosides in cell recognition and membrane protein regulation, *Curr. Opin. Struct. Biol.* **19,** 549–557 (2009).

Nagle, J.F. and Tristram-Nagle, S., Lipid bilayer structure, *Curr. Opin. Struct. Biol.* **10,** 474–480 (2000). [Explica porque é dificil descrever quantitativamente a estrutura da bicamada lipídica].

Munro, S., Lipid rafts: elusive or illusive, *Cell* **115,** 377–388 (2003).

Scott, L.H., Modeling the lipid component of membranes, *Curr. Opin. Struct. Biol.* **12,** 495–502 (2002).

van Meer, G., Voelker, D.R., and Feigenson, G.W., Membrane lipids: where they are and how they behave, *Nature Rev. Mol. Cell Biol.* 9, 112–124 (2008).

Proteínas de membrana

Bracey, M.H., Hanson, M.A., Masuda, K.R., Stevens, R.C., and Cravatt, B.F., Structural adaptations in a membrane enzyme that terminates endocannabinoid signaling, *Science* **298,** 1793–1796 (2002). [A estrutura por raios X do ácido graxo amida hidrolase].

Deisenhofer, J. and Michel, H., High-resolution structures of photosynthetic reaction centers, *Annu. Rev. Biophys. Biophys. Chem.* **20,** 247–266 (1991); *and* Deisenhofer, J., Epp, O., Miki, K., Huber, R., and Michel, H., Structure of the protein subunits in the photosynthetic reaction centre of *Rhodopseudomonas viridis* at 3 Å resolution, *Nature* **318,** 618–624 (1985).

Elofsson,A.and von Heijne,G.,Membrane protein structure:prediction versus reality, *Annu. Rev. Biochem.* **76,** 125–140 (2007).

Engelman, D.M., Membranes are more mosaic than fluid, *Nature* **438,** 578–580 (2005). [Uma revisão curta atualizando o modelo clássico com mais proteínas e espessura variável da bicamada].

Ford, R.C. and Holzenburg, A., Electron crystallography of biomolecules: mysterious membranes and missing cones, *Trends Biochem. Sci.* **33,** 38–43 (2008).

Fujiyoshi, Y. and Unwin, N., Electron crystallography of proteins in membranes, *Curr. Opin. Struct. Biol.* **18,** 587–592 (2008).

Grigorieff, N., Ceska, T.A., Downing, K.H., Baldwin, J.M., and Henderson, R., Electron-crystallographic refinement of the structure of bacteriorhodopsin, *J. Mol. Biol.* **259,** 393–421 (1996); *and* Belrhali, H., Nollert, P., Royant, A., Menzel, C., Rosenbusch, J.P., Landau, E.M., and Pebay-Peyroula, E., Protein, lipid and water organization in bacteriorhodopsin crystal: A molecular view of the purple membrane at 1.9 Å resolution, *Structure* **7,** 909–917 (1999).

Grum, V.L., Li, D., MacDonald, R.I., and Mondragón, A., Structures of two repeats of spectrin suggest models of flexibility, *Cell* **98,** 523–535 (1999).

Haupts, U., Tittor, J., and Oesterhelt, D., Closing in on bacteriorhodopsin: Progress in understanding the molecule, *Annu. Rev. Biophys. Biomol. Struct.* **28,** 67–99 (1999).

Killian, J.A. and von Heijne, G., How proteins adapt to a membrane–water interface, *Trends Biochem. Sci.* **25,** 429–434 (2000).

Lacapère, J.-J., Pebay-Peyroula, E., Neumann, J.M., and Etchebest, C., Determining membrane protein structures: still a challenge! *Trends Biochem. Sci.* **32,** 259–270 (2007).

Liang, J., Adamian, L., and Jackups, R., Jr., The membrane–water interface region of membrane proteins: structural bias and the anti-snorkeling effect, *Trends Biochem. Sci.* **30,** 355–359 (2005).

MacKenzie, K.R., Folding and stability of α-helical integral membrane proteins, *Chem. Rev.* **106,** 1931–1977 (2006).

Palsdottir, H. and Hunte, C., Lipids in membrane protein structures, *Biochim. Biophys. Acta* **1666,** 2–18 (2004).

Pebay-Peyroula, E., Rummel, G., Rosenbusch, J.P., and Landau, E.M., X-ray structure of bacteriorhodopsin at 2.5 angstroms from microcrystals grown in lipidic cubic phases, *Science* **277,** 1676–1681 (1997); *and* Gouaux, E., It's not just a phase: Crystallization and X-ray structure of bacteriorhodopsin in lipidic cubic phases, *Structure* **6,** 5–10 (1998).

Popot, J.-L. and Engelman, D.M., Helical membrane protein folding, stability, and evolution, *Annu. Rev. Biochem.* **69,** 881–922 (2000).

Raunser, S. and Walz, T., Electron crystallography as a technique to study structure on membrane proteins in a lipidic environment, *Annu. Rev. Biophys.* **38,** 89–105 (2009).

Rees, D.C., De Antonio, L., and Eisenberg, D., Hydrophobic organization of membrane proteins, *Science* **245,** 510–512 (1989). Schulz, G.E., β-Barrel membrane proteins, *Curr. Opin. Struct. Biol.* **10,** 443–447 (2000).

Sharom, F.J., and Lehto, M.T., Glycosylphosphatidylinositol-anchored proteins: structure, function, and cleavage by phosphatidylinositol-specific phospholipase C, *Biochem. Cell Biol.* **80,** 535–549 (2002). [Inclui uma discussão sobre a âncora de GPI e sua importância na localização e na função das proteínas].

Subramanium, S., The structure of bacteriorhodopsin: An emerging consensus, *Curr. Opin. Struct. Biol.* **9,** 462–468 (1999). [Compara as seis estruturas da bacteriorrodopsina que foram determinadas independentemente por cristalografia eletrônica ou por raios X e conclui que são notavelmente similares.]

Weiss, M.S. and Schulz, G.E., Structure of porin refined at 1.8 Å resolution, *J. Mol. Biol.* **227,** 493–509 (1992).

White, S.H. and Wimley, W.C., Membrane protein folding and stability: Physical principles, *Annu. Rev. Biophys. Biomol. Struct.* **28,** 319–365 (1999).

Wimley, W.C., The versatile β-barrel membrane protein, *Curr. Opin. Struct. Biol.* **13,** 404–411 (2003). [Revisa os princípios básicos da construção de barris β transmembrana].

Proteínas de ligação a lipídeos

Clarke, S., Protein isoprenylation and methylation at carboxyl-terminal cysteine residues, *Annu. Rev. Biochem.* **61,** 355–386 (1992).

Cross, G.A.M., Glycolipid anchoring of plasma membrane proteins, *Annu. Rev. Cell Biol.* **6,** 1–39 (1990).

Englund, P.T., The structure and biosynthesis of glycosyl phosphatidylinositol protein anchors, *Annu. Rev. Biochem.* **62,** 65–100 (1993).

Linder, M.E. and Deschenes, R.J., Palmitoylation: policing protein stability and traffic, *Nature Rev. Mol. Cell Biol.* **8,** 74–84 (2007).

Marshall,C.J.,Protein prenylation: A mediator of protein–protein interactions, *Science* **259,** 1865–1866 (1993).

Schafer, W.R. and Rine, J., Protein prenylation: Genes, enzymes, targets, and functions, *Annu. Rev. Genet.* **30,** 209–237 (1992).

Schlesinger, M.J. (Ed.), *Lipid Modification of Proteins,* CRC Press (1993).

Tartakoff, A.M. and Singh, N., How to make a glycoinositol phospholipid anchor, *Trends Biochem. Sci.* **17,** 470–473 (1992).

Zhang, F.L. and Casey, P.J., Protein prenylation: Molecular mechanisms and functional consequences, *Annu. Rev. Biochem.* **65,** 241–269 (1996).

Estrutura da membrana

Brown, D.A. and London, E., Structure and function of sphingolipid- and cholesterol-rich membrane rafts, *J. Biol. Chem.* **275,** 17221–17224 (2000); *and* Function of lipid rafts in biological membranes, *Annu. Rev. Cell Dev. Biol.* **14,** 111–136 (1998).

Edidin, M., Lipid rafts: From model membranes to cells, *Annu. Rev. Biophys. Biomol. Struct.* **32,** 257–283 (2003).

Engleman, D.M., Membranes are more mosaic than fluid, *Nature* **438,** 578–580 (2005).

Fielding, C.J. (Ed.), *Lipid Rafts and Caveolae,* Wiley-VCH (2006).

Frye, C.D. and Edidin, M., The rapid intermixing of cell surface antigens after formation of mouse–human heterokaryons, *J. Cell Sci.* **7,** 319–335 (1970). [A demonstração clássica da fluidez da membrana.]

Galbiati, F., Razani, B., and Lisanti, M.P., Emerging themes in rafts and caveolae, *Cell* **106,** 403–411 (2001).

Kusumi, A., Nakada, C., Ritchie, K., Murase, K., Suzuki, K., Murakoshi, H., Kasai, R.S., Kondo, J., and Fujiwara, T., Paradigm shift of the plasma membrane concept from the two-dimensional continuum fluid to the partitioned fluid: High-speed single-molecule tracking of membrane molecules, *Annu. Rev. Biophys. Biomol. Struct.* **34,** 351–378 (2005).

Marguet, D., Lenne, P.-F., Rigneault, H., and He, H.-T., Dynamics in the plasma membrane: how to combine fluidity and order, *EMBO J.* **25,** 3446–3457 (2006).

Singer, S.J. and Nicolson, G.L., The fluid mosaic model of the structure of cell membranes, *Science* **175,** 720–731 (1972). [O artigo que revolucionou a concepção sobre a estrutura das membranas.]

A membrana do eritrócito

Agre, P. and Parker, J.C. (Eds.), *Red Blood Cell Membranes,* Marcel Dekker (1989).

Bennett, V., Ankyrins, *J. Biol. Chem.* **267,** 8703–8706 (1992).

Davies, K.E. and Lux, S.E., Hereditary disorders of the red cell membrane, *Trends Genet.* **5,** 222–227 (1989).

Elgsaeter, A., Stokke, B.T., Mikkelsen, A., and Branton, D., The molecular basis of erythrocyte shape, *Science* **234,** 1217–1223 (1986).

Gallagher, P.G. and Benz, E.J., Jr., The erythrocyte membrane and cytoskeleton: Structure, function, and disorders, *in* Stamatoyannopoulos, G., Majerus, P.W., Perlmutter, R.M., and Varmus, H. (Eds.), *The Molecular Basis of Blood Diseases* (3rd ed.), Chapter 8, Elsevier (2001). Gilligan, D.M. and Bennett, V., The junctional complex of the membrane skeleton, *Semin. Hematol.* **30,** 74–83 (1993).

Grum, V.L., Li, D., MacDonald, R.I., and Mondragón, A., Structures of two repeats of spectrin suggest models of flexibility, *Cell* **98,** 523–535 (1999); *and* Kusnoki, H., MacDonald, R.I., and Mondragón, A., Structural insights into the stability and flexibility of unusual erythroid repeats, *Structure* **12,** 645–656 (2004).

Jennings, M.L., Structure and function of the red blood cell anion transport protein, *Annu. Rev. Biophys. Biophys. Chem.* **18,** 397–430 (1989).

Liu, S.-C. and Derick, L.H., Molecular anatomy of the red blood cell membrane skeleton: Structure–function relationships, *Semin. Hematol.* **29,** 231–243 (1992).

Luna, E.J. and Hitt, A.L., Cytoskeleton–plasma membrane interactions, *Science* **258,** 955–964 (1992).

Michaely, P., Tomchick, D.R., Machius, M., and Anderson, R.G.W., Crystal structure of a 12 ANK repeat stack from human ankyrinR, *EMBO J.* **21,** 6387–6396 (2002).

Reithmeier, R.A.F., The erythrocyte anion transporter (band 3), *Curr. Opin. Struct. Biol.* **3,** 513–515 (1993).

Schofield,A.E.,Reardon,R.M.,and Tanner,M.J.A.,Defective anion transport activity of the abnormal band 3 in hereditary ovalocytotic red blood cells, *Nature* **355,** 836–838 (1992).

Sedgwick, S.G. and Smerdon, S.J., The ankyrin repeat: a diversity of interactions on a common framework, *Trends Biochem. Sci.* **24,** 311–319 (1999).

Viel, A. and Branton, D., Spectrin: On the path from structure to function, *Curr. Opin. Cell Biol.* **8,** 49–55 (1996).

Yawata, Y., *Cell Membrane. The Red Blood Cell As a Model,* Wiley-VCH (2003).

Grupos sanguíneos

Vitala, J. and Järnefelt, J., The red cell surface revisited, *Trends Biochem. Sci.* **10,** 392–395 (1985).

Watkins, H.M., Biochemistry and genetics of the ABO, Lewis and P group systems, *Adv. Human Genet.* **10,** 1–136 (1980).

Yamamoto, F., Clausen, H., White, T., Marken, J., and Hakomori, S., Molecular genetic basis of the histo-blood group ABO system, *Nature* **345,** 229–233 (1990).

Junções comunicantes

Goodenough, D.A., Goliger, J.A., and Paul, D.L., Connexins, connexons, and intercellular communication, *Annu. Rev. Biochem.* **65,** 475–502 (1996).

Maeda, S., Nakagawa, S., Suga, M., Yamashita, E., Oshima, A., Fujiyoshi, Y., and Tsikihara, T., Structure of the connexin 26 gap junction channel at 3.5 Å resolution, *Nature* **458,** 597–602 (2009).

Sosinsky, G.E. and Nicholson, B.J., Structural organization of gap junction channels, *Biochim. Biophys.Acta* **1171,** 99–125 (2005). [Uma revisão detalhada.]

Wei, C.-J., Xu, X., and Lo, C.W., Connexins and cell signaling in development and disease, *Annu. Rev. Cell Dev. Biol.* **20,** 811–838 (2004).

Yeager,M.and Harris,A.L.,Gap junction channel structure in the early 21st century: facts and fantasies, *Curr. Opin. Cell Biol.* **19,** 521–528 (2007).

Proteínas formadoras de canais

Gouaux, J.E., Channel-forming toxins: Tales of transformation, *Curr. Opin. Struct. Biol.* **7,** 566–573 (1997).

Song, L., Hobaugh, M.R., Shustak, C., Chesley, S., Bayley, H., and Gouaux, J.E., Structure of staphylococcal α-hemolysin, a heptameric transmembrane pore, *Science* **274,** 1859–1866 (1996).

Assimetria dos lipídeos nas membranas

Devaux, P.E., Protein involvement in transmembrane lipid asymmetry, *Annu. Rev. Biophys. Biomol. Struct.* **21,** 417–439 (1992).

Op den Kamp, J.A.F., Lipid asymmetry in membranes, *Annu. Rev. Biochem.* **48,** 47–71 (1979).

Wirtz, K.W.A., Phospholipid transfer proteins, *Annu. Rev. Biochem.* **60,** 73–99 (1991).

Rota de secreção

Alberts, B., Johnson,A., Lewis, J., Raff, M. Roberts, K., and Walter, P., *The Molecular Biology of the Cell* (5th ed.), Chapter. 12, Garland Science (2008).

Alder, N.N. and Johnson, A.E., Cotranslational protein biogenesis at the endoplasmic reticulum, *J. Biol. Chem.* **279,** 22787–22790 (2004).

Bowie, J.U., Solving the membrane protein folding problem, *Nature* **438,** 581–589 (2005).

Cross, B.C.S., Sinning, I., Luirink, J., and High, S., Delivering proteins for export from the cytosol, *Nature Rev. Mol. Cell Biol.* **10,** 255–264 (2009).

Doudna, J.A. and Batey, R.T., Structural insights into the signal recognition particle, *Annu. Rev. Biochem.* **73,** 539–557 (2004).

Dowhan, W. and Bogdanov, M., Lipid-dependent membrane protein topogenesis, *Annu. Rev. Biochem.* **78,** 515–540 (2009).

Driessen,A.J.M.and Nouwen,N.,Protein translocation across the bacterial cytoplasmic membrane, *Annu. Rev. Biochem.* **77,** 643–667 (2008).

Fewell, S.W., Travers, K.J., Weissman, J.S., and Brodsky, J.L., The action of molecular chaperones in the early secretory pathway, *Annu. Rev. Genet.* **35,** 149–191 (2001).

Halic, M., Becker, T., Pool, M.R., Spahn, C.M.T., Grassucci, R.A., Frank, J., and Beckmann, R., Structure of the signal recognition particle interacting with the elongation-arrested ribosome, *Nature* **427,** 808–814 (2004).

Halic, M. and Beckmann, R., The signal recognition particle and its interaction during protein targeting, *Curr. Opin. Struct. Biol.* **15,** 116–125 (2005).

Halic, M., Gartmann, M., Schlenker, O., Mielke,T., Pool, M.R., Sinning, I., and Beckmann, R. Signal recognition particle receptor exposes the ribosomal translocon binding site, *Science* **312,** 745–747 (2006).

Hegde, R.S. and Bernstein,H.D.,The surprising complexity of signal sequences, *Trends Biochem. Sci.* **31,** 563–571 (2006).

Kornfield, S. and Sly, W.S., I-cell disease and pseudo-Hurler polydystrophy disorders of liposomal enzyme phosphorylation and localization, Chapter 138 *in* Valle, D. (Ed.), *The Online Metabolic & Molecular Bases of Inherited Disease,* http://ommbid.com/.

Lippincott-Schwartz, J., Roberts, R.H., and Hirschberg, K., Secretory protein trafficking and organelle dynamics in living cells, *Annu. Rev. Cell Dev. Biol.* **16,** 557–589 (2000).

Lodish, H., Berk, A., Kaiser, K.A., Krieger, M., Scott, M.P., Bretscher, A., Ploegh, H., and Matsudaira, P., *Molecular Cell Biology* (6th ed.), Chapter 13, Freeman (2008).

Ménétret, J.-F., Hegde, R.S., Aguiar, M., Gygi, S.P., Park, E., Rapoport, T.A., and Akey, C.W., Single copies of Sec61 and TRAP associate with a nontranslating mammalian ribosome, *Structure* **16,** 1126–1137 (2008). [Um estudo crioeletromicrográfico.]

Osborne, A.R., Rapaport, T.A., and van den Berg, B., Protein translocation by the Sec61/SecY channel, *Annu. Rev. Cell Dev. Biol.* **21,** 529–550 (2005).

Rapoport, T., Protein translocation across the eukaryotic endoplasmic reticulum and bacterial plasma membranes, *Nature* **450,** 663–669 (2007).

Schaffitzel, C., Oswald, M., Berger, I., Ishikawa, T., Abrahams, J.P., Koerten, H.K., Koning, R.I., and Ban, N., Structure of the *E. coli* signal recognition particle bound to a translating ribosome, *Nature* **444,** 503–505 (2006).

van den Berg,B.,Clemons,W.M.,Jr.,Collinson,I.,Modis,Y.,Hartmann, E., Harrison, S.C., and Rapaport, T.A., X-ray structure of a protein-conducting channel, *Nature* **427,** 36–44 (2004). [A estrutura por raios X da SecY.]

von Heijne, G., Membrane-protein topology, *Nature Rev. Mol. Cell Biol.* **7,** 909–917 (2006). Wickner, W. and Schekman, R., Protein translocation across biological membranes, *Science* **310,** 1452–1456 (2005).

Vesículas recobertas

Brodsky, F.M., Chen, C.-Y., Knuehl, C., Towler, M.C., and Wakeham, D.E., Biological basket weaving: Formation and function of clathrin-coated vesicles, *Annu. Rev. Cell Dev. Biol.* **17,** 515–568 (2001).

Collins, B.M., McCoy, A.J., Kent, H.M., Evans, P.R., and Owen, D.J., Molecular architecture and functional model of the endocytotic AP2 complex, *Cell* **109,** 523–535 (2002).

Donaldson, J.G. and Lippincott-Schwartz, J., Sorting and signaling at the Golgi complex, *Cell* **101,** 693–696 (2000).

D'Souza-Schorey, C. and Chavrier, P., ARF proteins: roles in membrane traffic and beyond. *Nature Rev. Mol. Cell Biol.* **7,** 347–358 (2006).

Edeling, M.A., Smith, C., and Owen, D., Life of a clathrin coat: insights from clathrin and AP structures, *Nature Rev. Mol. Cell Biol.* **7,** 32–44 (2006).

Evans, P.R. and Owen, D.J., Endocytosis and vesicle trafficking, *Curr. Opin. Struct. Biol.* **12,** 814–821 (2002).

Fath, S., Mancius, J.D., Bi, X., and Goldberg, J., Structure and organization of coat proteins in the COPII cage, *Cell* **129,** 1325–1336 (2007).

Fotin,A., Cheng, Y., Grigorieff, N., Harrison, S.C., Kirchhausen,T., and Walz, T., Molecular model for a complete clathrin lattice from electron cryomicroscopy; *and* Structure of an auxilinbound clathrin coat and its implications for the mechanism of uncoating, *Nature* **432,** 573–579 *and* 649–643 (2004).

Gürkan, C., Stagg, S.M., LaPointe, and Balch, W.E., The COPII cage: unifying principles of vesicle coat assembly, *Nature Rev. Mol. Cell Biol.* **7,** 727–738 (2006); *and* Stagg, S.M., LaPointe, and Balch, W.E., Structural design of cage and coat scaffolds that direct membrane traffic, *Curr. Opin. Struct. Biol.* **17,** 221–228 (2007).

Heymann, J.B., Iwasaki, K., Yim, Y.-I., Chang, N., Belnap, D.M., Greene, L.E., Eisenberg, E., and Steven, A.C., Visualization of the binding of Hsc70 ATPase to clathrin baskets, *J. Biol. Chem.* **280,** 7156–7161 (2005).

Hinshaw, J.E., Dynamin and its role in membrane fusion, *Annu. Rev. Cell Dev. Biol.* **16,** 483–519 (2000).

Kirchhausen,T., Clathrin, *Annu. Rev. Biochem.* **69,** 699–727 (2000).

Lodish, H., Berk, A., Kaiser, K.A., Krieger, M., Scott, M.P., Bretscher, A., Ploegh, H., and Matsudaira, P., *Molecular Cell Biology* (6th ed.), Chapter 14, Freeman (2008).

McNiven, M.A., Cao, H., Pitts, K.R., and Yoon, Y., The dynamin family of mechanoenzymes: Pinching in new places, *Trends Biochem. Sci.* **25,** 115–120 (2000).

McNiven, M.A., and Thompson, H.M., Vesicle formation at the plasma membrane and trans-Golgi network: the same but different, *Science* **313,** 1591–1594 (2006).

Neufield, E.F., Lysosomal storage diseases, *Annu. Rev. Biochem.* **60,** 257–280 (1991).

Owen, D.J., Collins, B.M., and Evans, P.R., Adaptors for clathrin coats: structure and function, *Annu. Rev. Cell Dev. Biol.* **20,** 151–191 (2004).

Pelham, H.R.B., Maturation of Golgi cisterna directly observed, *Trends Biochem. Sci.* **31,** 601–604 (2006).

Pfeffer, S.R., Unsolved mysteries in membrane traffic, *Anuu. Rev. Biochem.* **76,** 629–645 (2007).

Robinson, M.S., Adaptable adaptors for coated vesicles, *Trends Cell Biol.* **14,** 167–174 (2004).

Roth, M.G., Snapshots of ARF1: Implications for mechanisms of activation and inactivation, *Cell* **97,** 149–152 (1999).

Stagg, S.M., Gürkan, C., Fowler, D.M., LaPointe, P., Foss, T.R., Potter, C.S., Carragher, B., and Balch, W.E., Structure of the Sec13/31 COPII coat cage, *Nature* **439,** 234–238 (2006); *and* Stagg, S.M., LaPointe, P., Razvi,A., Gürkan, C., Foss,T.R., Potter, C.S., Carragher, B., and Balch, W.E., Structural bases for cargo regulation of COPII coat assembly, *Cell* **134,** 474–484 (2008).

ter Haar, E., Musacchio, A., Harrison, S.C., and Kirchhausen, T., Atomic structure of clathrin: A β propeller terminal domain joins an α zigzag linker, *Cell* **95,** 563–573 (1998).

Traub, L.M., Ticket to ride: selecting cargo for clathrin-regulated internalization, *Nature Rev. Mol. Cell Biol.* **10,** 583–596 (2009).

Ybe, J.A., Brodsky, F.M., Hofmann, K., Lin, K., Liu, S.-H., Chen, L., Earnest, T.N., Fletterick, R.J., and Hwang, P.K., Clathrin selfassembly is mediated by a tandemly repeated superhelix, *Nature* **399,** 371–375 (1999). [Estrutura por raios X da cadeia pesada do segmento proximal do braço de clatrina.]

Fusão de vesículas

Alberts, B., Johnson, A., Lewis, J., Raff, M., Roberts, K., and Walter, P., *The Molecular Biology of the Cell* (5th ed.), Chapter 13, Garland Science (2008).

Bonifacino, J.S. and Glick, B.S., The mechanisms of vesicle budding and fusion, *Cell* **116,** 153–166 (2004). [Uma revisão histórica.]

Brunger,A.T.,Weninger,K.,Bowen,M.,and Chu,S.,Single-molecule studies of the neuronal SNARE fusion machinery, *Annu. Rev. Biochem.* **78,** 903–928 (2009); *and* Brünger, A.T., Structure and functions of SNARE and SNARE-interacting proteins, *Q. Rev. Biophys.* **38,** 1–47 (2006).

Chernomordik, L.V. and Kozlov, M.M., Membrane hemifusion: crossing a chasm in two leaps, *Cell* **123,** 375–382 (2005).

Doherty, G.J. and McMahon, H.T., Mechanisms of endocytosis, *Annu. Rev. Biochem.* **78,** 857–902 (2009).

Grosshans, B.L., Ortiz, D., and Novick, P., Rabs and their effectors: Achieving specificity in membrane traffic, *Proc. Natl. Acad. Sci.* **103,** 11821–11827 (2006).

Hanson, P.I., Roth, R., Morisaki, H., Jahn, R., and Heuser, J.E., Structure and conformational changes in NSF and its membrane receptor complexes visualized by quick freeze/deep etch electron microscopy, *Cell* **90,** 523–535 (1997).

Jahn, R. and Scheller, R.H., SNARES—engines for membrane fusion, *Nature Rev. Mol. Cell Biol.* **7,** 631–643 (2006).

Martens, S., and McMahon, H.T., Mechanism of membrane fusion: disparate players and common principles, *Nature Rev. Mol. Cell Biol.* **9,** 543–556 (2008).

May, A.P., Whiteheart, S.W., and Weis, W.I., Unraveling the mechanism of the vesicle transport ATPase NSF, the *N*-ethylmalemide-sensitive factor, *J. Biol. Chem.* **276,** 21991–21994 (2001).

Mayer, A., Membrane fusion in eukaryotic cells, *Annu. Rev. Cell Dev. Biol.* **18,** 289–314 (2002).

McNew, J.A., Parlati, F., Fukuda, R., Johnston, R.J., Paz, K., Paumet, F., Söllner, T.H., and Rothman, J.E., Compartmental specificity of cellular membrane fusion encoded in SNARE proteins, *Nature* **407,** 153–159 (2000).

Misura, K.M.S., Scheller, R.H., and Weis, W.I., Three-dimensional structure of the neuronal-Sec1–syntaxin 1a complex, *Nature* **404,** 355–362 (2000).

Montecucco, C., Schiavo, G., and Pantano, S., SNARE complexes and neuroexocytosis: how many, how close? *Trends Biochem. Sci.* **30,** 368–372 (2005).

Niemann, H., Blasi, J., and Jahn, R., Clostridial neurotoxins: New tools for dissecting exocytosis, *Trends Cell Biol.* **4,** 179–185 (1994).

Stenmark, H., Rab GTPases as coordinators of vesicle traffic, *Nature Rev. Mol. Cell Biol.* **10,** 513–525 (2009).

Sutton, R.B., Fasshauer, D., Jahn, R., and Brünger, A.T., Crystal structure of a SNARE complex involved in synaptic exocytosis at 2.4 Å resolution, *Nature* **395,** 347–353 (1998).

Ungermann, C. and Langosch, D., Function of SNAREs in intracellular membrane fusion and lipid bilyaer mixing, *J. Cell Sci.* **118,** 3819–3828 (2005).

Yu,R.C.,Hanson,P.I.,Jahn,R.,and Brünger,A.T.,Structure of the ATP-dependent oligomerization domain of *N*-ethylmaleimide sensitive factor complexed with ATP, *Nature Struct. Biol.* **5,** 803–810 (1998); *and* Lenzen, C.U., Steinmann, D., Whiteheart, S.W., and Weis, W.I., Crystal structure of the hexamerization domain of *N*-ethylmaleimide-sensitive fusion protein, *Cell* **94,** 525–536 (1998).

Zerial, M. and McBride, H., Rab proteins as membrane organizers, *Nature Rev. Mol. Cell Biol.* **2,** 107–119 (2001).

Direcionamento de proteínas mitocondriais e nucleares

Abe, Y., Shodai, T., Muto, T., Mihara, K., Torii, H., Nishikawa, S., Endo,T.,and Kohda,D.,Structural basis of presequence recognition by the mitochondrial protein import receptor Tom20, *Cell* **100,** 551–560 (2000). [Estrutura por RM.]

Ahting, U.,Thun, C., Hegerl, R.,Typke, D., Nargang, F.E., Neupert, W., and Nussberger, S., The TOM core complex: The general protein import pore of the outer membrane of mitochondria, *J. Cell Biol.* **147,** 959–968 (1999). [Estudo por microscopia eletrônica do complexo central da TMI.]

Bolender, N., Sickmann, A., Wagner, R., Meisinger, C., and Pfanner, N., Multiple pathways for sorting mitochondrial precursor proteins, *EMBO Rep.* **9,** 42–49 (2008).

de Marcos-Lousa, C., Sideris, D.P., and Tokatlidis, K., Translocation of mitochondrial inner-membrane proteins: conformation matters, *Trends Biochem. Sci.* **31,** 259–267 (2006).

Dolezal, P., Likic, V., Tachezy, J., and Lithgow, T., Evolution of the molecular machines for protein import into mitochondria, *Science* **313,** 314–318 (2006).

Neupert, W. and Herrmann, J.M., Translocation of proteins into mitochondria, *Annu. Rev. Biochem.* **76,** 723–749 (2007).

Lipoproteínas

Beglova, N. and Blacklow, S.C., The LDL receptor: how acid pulls the trigger, *Trends Biochem. Sci.* **30,** 309–316 (2005).

Berglund, L. and Ramakrishnan, R., Lipoprotein(a). An elusive cardiovascular risk factor, *Arterioscler. Thromb. Vasc. Biol.* **24,** 2219–2226 (2004).

Borhani, D.W., Rogers, D.P., Engler, J.A., and Brouillette, C.G., Crystal structure of truncated human apolipoprotein A-I suggests a lipid-bound conformation, *Proc. Natl. Acad. Sci.* **94,** 12291–12296 (1997).

Brown,M.S.and Goldstein,J.L.,A receptor-mediated pathway for cholesterol homeostasis, *Science* **232,** 34–47 (1986). [Ganhador do prêmio Nobel.]

Brown, M.S. and Goldstein, J.L., Koch's postulates for cholesterol, *Cell* **71,** 187–188 (1992). Gent, J. and Braakman, I., Low-density lipoprotein receptor structure and folding, *Cell Mol. Life Sci.* **61,** 2461–2470 (2004).

Krieger, M., Charting the fate of the "good cholesterol": Identification and characterization of the high-density lipoprotein receptor SR-BI, *Annu. Rev. Biochem.* **68,** 523–558 (1999).

Lawn, R.M.,Wade, D.P., Hammer, R.E., Chiesa, G.,Verstuyft, J.G., and Rubin, E.M., Atherogenesis in transgenic mice expressing human apolipoprotein(*a*), *Nature* **360,** 670–672 (1992).

Marotti, K.R., Castle, C.K., Boyle, T.P., Lin, A.H., Murray, R.W., and Melchior, G.W., Severe atherosclerosis in transgenic mice expressing simian cholesteryl ester transfer protein, *Nature* **364,** 73–75 (1993).

Parthasarathy, S., Steinberg, D., and Witzum, J.L., The role of oxidized low-density lipoproteins in the pathogenesis of atherosclerosis, *Annu. Rev. Med.* **43,** 219–225 (1992).

Rudenko, G., Henry, L., Henderson, K., Ichtchenko, K., Brown, M.S., Goldstein, J.L., and Deisenhofer, J., Structure of the LDL receptor extracellular domain at endosomal pH, *Science* **298,** 2353–2358 (2002); *and* Rudenko, G. and Deisenhofer, J., The low-density lipoprotein receptor: ligands, debates, and lore, *Curr. Opin. Struct. Biol.* **13,** 683–689 (2003).

Valle, D. (Ed.), Part 12, Lipids, *The Online Metabolic & Molecular Bases of Inherited Disease*, http://www.ommbid.com/.

Steinberg, D., Low density lipoprotein oxidation and its pathobiological significance, *J. Biol. Chem.* **272,** 20963–20966 (1997).

Weisgraber, K.H. and Mahley, R.W., Human apolipoprotein E: The Alzheimer's disease connection, *FASEB J.* **10,** 1485–1493 (1996).

Zhong, N. and Weisgraber, K. H., Understanding the association of apolipoprotein E4 with Alzheimer disease: clues from its structure, *J. Biol. Chem.* **284,** 6027–6031 (2009).

PROBLEMAS

1. Explique a diferença dos pontos de fusão entre o ácido *trans*-oleico (44,5°C) e o ácido *cis*-oléico (13,4°C).

2. Por que os animais que vivem em clima frio em geral possuem, em seu tecido adiposo, mais resíduos de ácidos graxos insaturados do que os animais que vivem em clima quente?

***3.** Quantos isômeros diferentes de fosfatidilserina, triacilglicerol e cardiolipina podem ser sintetizados a partir de quatro tipos de ácidos graxos?

4. Estime a espessura da camada formada pela colher de chá de óleo de Benjamin Franklin na superfície da lagoa Clapham (1 colher de chá = 5 mL e 1 acre = 4.047 m^2).

5. "Água dura" contém uma concentração relativamente alta de Ca^{2+}. Explique por que o sabão não é eficiente para lavar nesse tipo de água.

6. Explique por que os hidrocarbonetos puros não formam monocamadas na água.

7. As bolhas de sabão são bicamadas ao avesso; isto é, os grupos polares das moléculas anfifílicas, junto com um pouco de água, estão em aposição, enquanto suas caudas hidrofóbicas estão estendidas para o ar. Explique a base física desse fenômeno.

8. Descreva a ação dos detergentes na extração de proteínas integrais das membranas. Como eles impedem a precipitação dessas proteínas? Por que os detergentes suaves, como o Triton X-100, se ligam somente a proteínas que formam complexos lipídicos?

9. A porção transmembrana da glicoforina A (Fig. 12.21) é uma hélice α (use as regras de Chou e Fasman, Seção 9.3Aa)?

10. A simetria das proteínas oligoméricas integrais é restringida pela exigência que todas suas subunidades devam ter a mesma orientação com relação ao plano da membrana. Que simetria essas proteínas podem ter? Explique. (A simetria das proteínas é discutida na Seção 8.5B.)

11. (a) Quantos resíduos uma hélice α precisa ter para poder perpassar a espessura de 30 Å do cerne de uma bicamada lipídica? (b) Quantos resíduos uma folha β precisa ter para poder perpassar o cerne da bicamada se ela estiver em uma inclinação de 30° em relação ao plano da membrana? (c) Por que a maioria das hélices α e das cadeias β transmembrana possui mais do que os números mínimos de resíduos?

12. Explique por que os anticorpos contra o antígeno do grupo sanguíneo tipo A são inibidos pela *N*-acetilgalactosamina, enquanto os anticorpos anti-B são inibidos pela galactose.

13. (a) Os indivíduos pertencentes a um determinado tipo sanguíneo do grupo ABO são conhecidos como "doadores universais", enquanto os pertencentes a outro são chamados "receptores universais". Quais são esses tipos? Explique. (b) Os anticorpos estão contidos no plasma sanguíneo, que é o sangue sem as células brancas e vermelhas. Indique as diversas compatibilidades do plasma de um indivíduo de um tipo sanguíneo ABO com um indivíduo de um tipo sanguíneo ABO diferente. (c) Considerando as respostas às partes a e b, por que é possível que exista um doador universal e um receptor universal em uma transfusão de sangue total?

14. Anticorpos anti-H não são normalmente encontrados no sangue humano. Todavia, eles podem ser produzidos em animais injetados com sangue humano. Como se espera que esses anticorpos reajam com tecidos de indivíduos dos tipos sanguíneos A, B e O?

15. *Thermus aquaticus* é uma bactéria termofílica que prolifera a temperaturas entre 50° e 80°C. Embora o sulco de ligação ao peptídeo-sinal do seu domínio Ffh M seja revestido com grupos hidrofóbicos, somente três deles são cadeias laterais de metioninas. Em contraste, os sulcos de ligação nos organismos mesofílicos (aqueles que vivem em temperaturas normais) são revestidos com numerosas cadeias laterais de metioninas (11 em *E.coli*). Além disso, uma das faces do sulco de ligação se mostra desordenada na estrutura por raios X do domínio M em *E.coli,* mas está ordenada na de *T. aquaticus* (ambas as proteínas foram cristalizadas a temperatura ambiente). Sugira uma razão para as adaptações evolutivas em *T. aquaticus*.

16. A neuraminidase do vírus da *influenza* (Seção 33.4Bd) é uma proteína do tipo II na qual três rresiduos de Arg estão localizados exatamente antes da extremidade N-terminal de sua sequência-sinal de ancoramento. Qual é o provável efeito trocar todos esses resíduos de Arg por Glu?

***17.** Em uma forma geneticamente distinta de hipercolesterolemia familiar, a LDL se liga à superfície celular, mas é incapaz de ser internalizada por endocitose. A microscopia eletrônica revela que as células mutantes têm a quantidade normal de cavidades revestidas, mas a LDL conjugada à ferritina não se liga a elas. Ao invés disso, a LDL está distribuída uniformemente na superfície celular em volta das regiões não revestidas. Aparentemente, as propriedades de ligação dos receptores do mutante são normais, mas eles estão no lugar errado. O que esses dados sugerem com relação à forma como o receptor de LDL é montado dentro das cavidades revestidas?

18. A Tabela 12.6 indica que as densidades das lipoproteínas aumentam à medida que diminui o diâmetro da partícula. Explique.

19. Determinados tipos de vírus animais formam-se por brotamento a partir da superfície celular, de modo muito semelhante às invaginações das cavidades revestidas para dentro do citoplasma para formar as vesículas revestidas durante a endocitose. Em ambos os casos, as vesículas membranosas formam-se sobre uma estrutura proteica poliédrica. Faça um esboço do brotamento de um vírus animal e indique a localização de sua membrana em relação ao seu capsídeo proteico.

20. Por que os quilomícrons não são captados pelos receptores de LDL?

21. **A doença de Wolman** é causada por um defeito homozigoto letal caracterizado por uma deficiência grave na **hidrolase do éster de colesteril**, a enzima que hidrolisa os ésteres de colesteril intracelulares. Descreva o aspecto microscópico das células dos pacientes com doença de Wolman.

Ribonuclease S pancreática bovina em complexo com um análogo não hidrolizável de substrato, o dinucleotídeo-fosfonato UpcA.

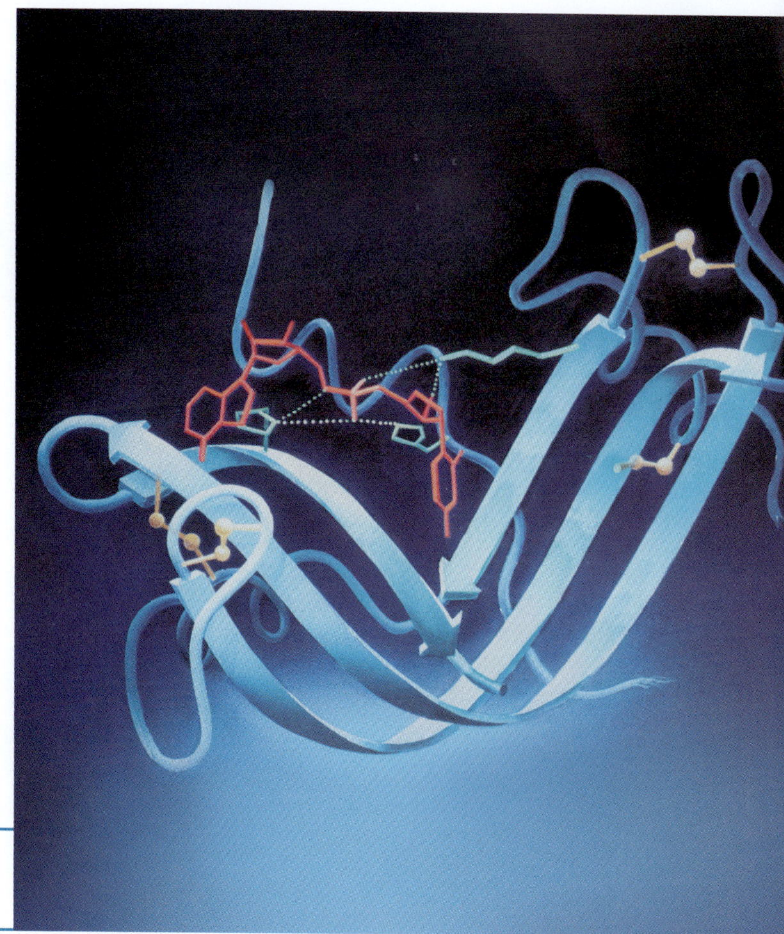

PARTE III

MECANISMOS DE AÇÃO DE ENZIMAS

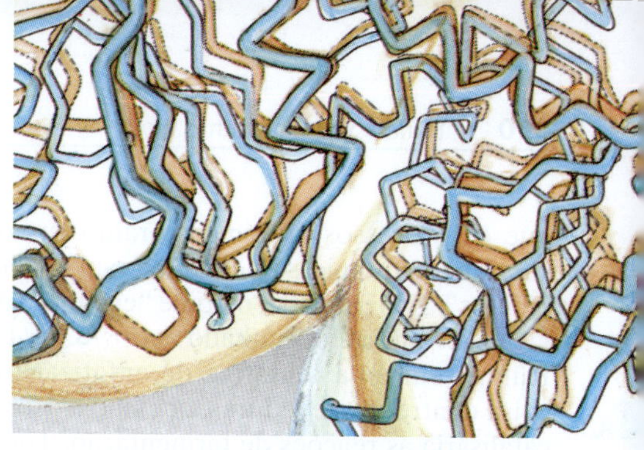

Introdução ao Estudo das Enzimas

CAPÍTULO 13

Praticamente toda a enorme variedade de reações bioquímicas que constituem a vida é mediada por uma série de catalisadores biológicos impressionantes, que são conhecidos por **enzimas**. Embora as enzimas estejam sujeitas às mesmas leis da natureza que governam o comportamento das demais substâncias, elas diferem dos catalisadores químicos comuns em muitos aspectos importantes.

1. **Velocidades de reação elevadas.** Geralmente as reações catalisadas por enzimas têm velocidades de reação de 10^6 a 10^{12} vezes maiores do que as mesmas reações quando não catalisadas e suas velocidades são várias ordens de magnitude maiores do que as reações catalisadas por catalisadores químicos.

2. **Condições de reações brandas.** As reações catalisadas por enzimas ocorrem sob condições relativamente brandas: temperaturas abaixo de 100°C, pressão atmosférica e pH próximo de neutro. Já a catálise química eficiente, geralmente, requer temperaturas e pressões elevadas, bem como valores extremos de pH.

3. **Enorme especificidade de reação.** Quando comparadas aos catalisadores químicos, as enzimas possuem um grau de especificidade muito mais elevado, tanto no que se refere aos **substratos** (reagentes) como aos produtos, isto é, as reações enzimáticas raramente formam produtos secundários. Por exemplo, na síntese de proteínas pelos ribossomos (Seção 32.3) são formados peptídeos com muito mais de 1.000 resíduos de aminoácidos totalmente livres de erro. Já na síntese química de polipeptídeos, reações secundárias e reações incompletas limitam o comprimento dos polipeptídeos, que podem ser sintetizados com acuidade e rendimentos aceitáveis a ~200 resíduos (Seção 7.5B).

4. **Capacidade de regulação.** A atividade catalítica da maioria das enzimas varia em resposta à concentração de outras substâncias, além das concentrações de substratos e produtos. Os mecanismos desses processos regulatórios incluem controle alostérico, modificações covalentes das enzimas e variações nas quantidades de enzimas que são sintetizadas. A análise das notáveis propriedades catalíticas das enzimas leva a uma das questões centrais da bioquímica. *De que maneira as enzimas funcionam?* Este é o assunto abordado nesta parte do livro.

Neste capítulo, depois de uma revisão histórica, será iniciado o estudo sobre as enzimas com uma discussão sobre dois aspectos evidentes da ação das enzimas: o primeiro ilustra a maneira como a especificidade das enzimas se manifesta, e o segundo exemplifica a regulação da atividade enzimática. Esta discussão não será, de maneira alguma, exaustiva, mas servirá para ressaltar aspectos de suma importância sobre o mecanismo das enzimas. Um grande número de exemplos desses fenômenos será encontrado ao longo do estudo do metabolismo (Capítulos 16 a 28). A discussão sobre esses dois aspectos será entremeada com considerações sobre o papel dos cofatores das enzimas. Este capítulo será encerrado com um pequeno resumo sobre a nomenclatura das enzimas. No Capítulo 14, o formalismo da cinética enzimática será examinado com mais detalhes, porque o estudo das velocidades das reações catalisadas por enzimas fornece informações que são indispensáveis para o entendimento dos mecanismos de ação das enzimas. Por fim, o Capítulo 15 apresenta uma discussão geral sobre os mecanismos de catálise utilizados pelas enzimas, seguida de um exame dos mecanismos de algumas enzimas em particular.

1 PERSPECTIVA HISTÓRICA

Em grande parte, a história inicial da **enzimologia**, o estudo das enzimas, se confunde com a própria história da bioquímica. Essas disciplinas evoluíram juntas a partir das investigações feitas no século XIX sobre a fermentação e a digestão. Aceita-se amplamente que as pesquisas sobre a fermentação começaram em 1810 com a determinação, feita por Joseph Gay-Lussac, de que os principais produtos da decomposição do açúcar por leveduras são etanol e CO_2. Jacob Berzelius, em 1835, na primeira teoria geral proposta para a catálise química, mostrou que um extrato de malte conhecido como **diastase** (agora sabe-se que contém a enzima **α-amilase**; Seção 11.2D) catalisa a hidrólise do amido com mais eficiência do que o ácido sulfúrico. Mais ainda, embora os ácidos minerais mimetizem o efeito da diastase, eles não são capazes de reproduzir a maioria das demais reações bioquímicas no laboratório, fato que levou Louis Pasteur, na metade do século XIX, a propor que o processo de fermentação ocorreria apenas em células vivas. Assim, como era comum naquela época, Pasteur supôs que os sistemas vivos seriam dotados de uma "força vital" que permitiria que eles se evadissem das leis da natureza que governam a matéria inanimada. Outros, entretanto, notavelmente Justus von Liebig, argumentavam que os processos biológicos eram causados pela ação de substâncias químicas que então eram conhecidas como "fermentos". Na realidade, o nome "enzima" (do grego: *en*, no + *zyme*, levedura) foi cunhado em 1878 por Friedrich Wilhelm Kühne, em uma tentativa de enfatizar que havia alguma coisa dentro das leveduras, que não a própria levedura, que catalisaria as reações de fermentação. Todavia, foi somente em 1897 que Eduard Buchner obteve um extrato de levedura livre de células capaz de executar a síntese do etanol a partir da glicose (**fermentação alcoólica**; Seção 17.3B).

A descoberta de Emil Fischer, em 1894, de que as enzimas glicolíticas podem diferenciar entre açúcares estereoisômeros levou à formulação da hipótese da **chave e fechadura**. *A especificidade de uma enzima (a fechadura) por seu substrato (a chave) provém das suas formas geométricas complementares*. Mesmo assim, até o século XX já estar bem avançado, a composição química das enzimas não estava firmemente estabelecida. James Sumner, em 1926, ao cristalizar a primeira enzima, a **urease** do feijão-de-porco, que catalisa a hidrólise da ureia em NH_3 e CO_2, demonstrou que esses cristais eram constituídos de proteína. Como a preparação de Sumner era algo impura, a natureza proteica das enzimas não foi amplamente aceita até a metade da década de 1930, quando John Northrop e Moses Kunitz mostraram haver uma correlação direta entre as atividades enzimáticas de cristais de pepsina, tripsina e quimotripsina e as quantidades de proteínas presentes. Desde então experiências enzimológicas têm demonstrado amplamente que as enzimas são proteínas (embora recentemente foi mostrado que o RNA também pode ter propriedades catalíticas, Seção 31.4Ae).

Embora a enzimologia como área de estudo tenha uma história longa, a maioria dos conhecimentos sobre a natureza e as funções das enzimas é fruto do trabalho dos últimos 50 anos. Somente com o aparecimento das técnicas modernas para separação e análise (Capítulo 6) é que o isolamento e a caracterização de enzimas deixou de ser uma tarefa monumental. Foi somente em 1963 que a primeira sequência de aminoácidos de uma enzima; da **ribonuclease pancreática bovina A**, foi completamente determinada (Seção 15.1A). Apenas em 1965 foi elucidada a primeira estrutura por raios X de uma enzima; da **lisosima** da clara de ovo (Seção 15.2A). Desde então, dezenas de milhares de enzimas foram purificadas e caracterizadas em maior ou menor grau. Essa aventura da humanidade tem avançado aceleradamente.

2 ESPECIFICIDADE PELO SUBSTRATO

As forças não covalentes por meio das quais os substratos e outras moléculas ligam-se às enzimas são, em caráter, similares às forças que determinam a própria conformação das proteínas (Seção 8.4): ambas envolvem interações de van der Waals, eletrostáticas e hidrofóbicas e ligações de hidrogênio. De uma maneira geral, um sítio de ligação de um substrato consiste em uma reentrância ou fenda na superfície da molécula de enzima que é, na sua estrutura, complementar ao substrato (complementaridade geométrica). Além disso, os aminoácidos que formam o sítio ativo estão organizados de tal modo que interagem especificamente com o substrato de uma maneira que envolve atração (complementaridade eletrônica; Fig. 13.1). As moléculas que diferirem do substrato quanto à forma ou à distribuição dos grupos funcionais não se ligarão

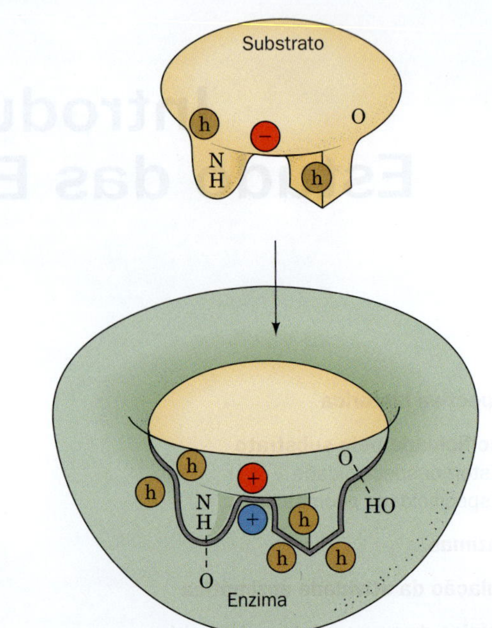

FIGURA 13.1 Complexo enzima-substrato ilustrando a complementaridade física e geométrica entre enzima e substrato. Os grupos hidrofóbicos estão representados por um h dentro de um círculo marrom. As linhas tracejadas representam as ligações de hidrogênio.

produtivamente à enzima, isto é, elas não formarão complexos enzima-substrato que levem à formação de produtos. O sítio de ligação ao substrato, de acordo com a hipótese chave e fechadura, já existe mesmo na ausência de ligação do substrato ou pode, como é sugerido pela hipótese do ajuste induzido (Seção 10.4C), formar-se sobre o substrato à medida que ele se liga à enzima. *Estudos por raios X indicam que os sítios de ligação ao substrato da maioria das enzimas estão em grande parte pré-formados, mas a maioria deles apresenta ao menos algum grau de ajuste induzido ao se ligar ao substrato.*

A. Estereoespecificidade

As enzimas são altamente específicas, tanto no que se refere à ligação a substratos quirais quanto no que se refere à catálise de suas respectivas reações. Esta **estereoespecificade** existe porque as enzimas, devido à sua quiralidade própria (as proteínas são formadas apenas por L-aminoácidos), formam sítios ativos assimétricos. Por exemplo, a tripsina hidrolisa facilmente polipeptídeos compostos de L-aminoácidos, mas não polipeptídeos formados por D-aminoácidos. Da mesma maneira, as enzimas envolvidas com o metabolismo da glicose (Seção 17.2) são específicas para resíduos de D-glicose.

As enzimas são absolutamente estereoespecíficas para as reações que catalisam. Isso foi demonstrado com precisão por Frank Westheimer e Birgit Vennesland para o caso da **álcool-desidrogenase de levedura** (**YADH**, de *yeast alcohol dehydrogenase*). A álcool-desidrogenasse catalisa a interconversão de etanol a acetaldeído segundo a reação:

$$\underset{\textbf{Etanol}}{CH_3CH_2OH} + NAD^+ \underset{}{\overset{YADH}{\rightleftharpoons}} \underset{\textbf{Acetaldeído}}{CH_3\overset{O}{\overset{\|}{C}}H} + NADH + H^+$$

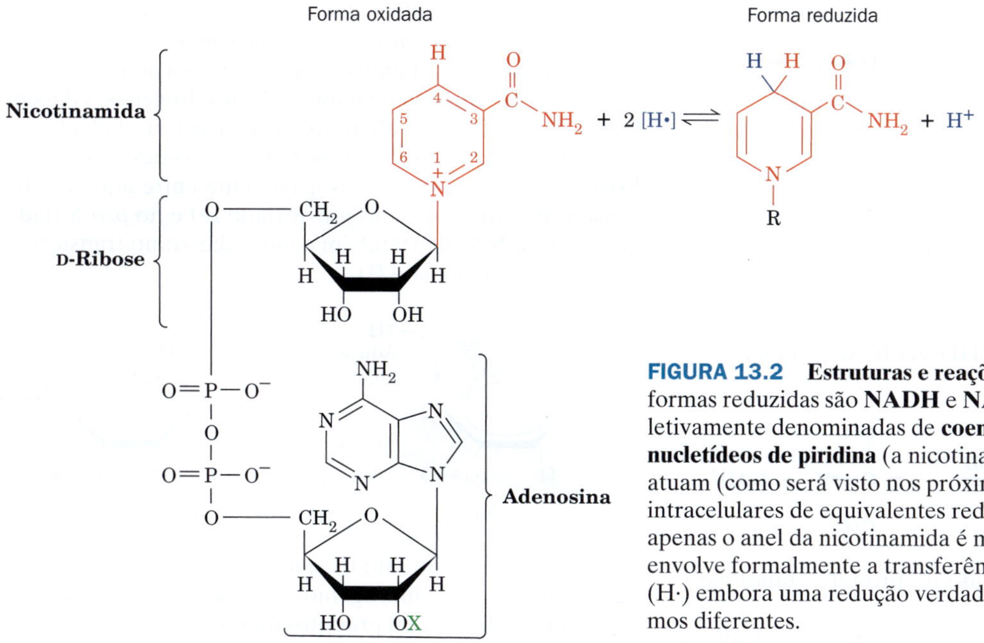

Forma oxidada

Forma reduzida

Nicotinamida

D-Ribose

Adenosina

$+ 2\,[H\cdot] \rightleftharpoons$ ... $+ H^+$

X = H Nicotinamida adenina dinucleotídeo (NAD^+)

X = PO_3^{2-} Nicotinamida adenina dinucleotídeo fosfato ($NADP^+$)

FIGURA 13.2 Estruturas e reações do NAD^+ e do $NADP^+$. As formas reduzidas são **NADH** e **NADPH**. Estas substâncias, coletivamente denominadas de **coenzimas da nicotinamida** ou de **nucleotídeos de piridina** (a nicotinamida é um derivado da piridina) atuam (como será visto nos próximos capítulos) como carreadores intracelulares de equivalentes redutores (elétrons). Observe que apenas o anel da nicotinamida é modificado na reação. A redução envolve formalmente a transferência de dois átomos de hidrogênio (H·) embora uma redução verdadeira possa ocorrer por mecanismos diferentes.

As estruturas do **NAD^+** e **NADH** estão representadas na Fig. 13.2. O etanol, relembrando, é uma molécula pró-quiral (ver Seção 4.2C para uma discussão sobre pró-quiralidade):

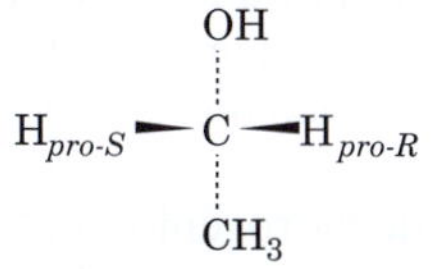

$$H_{pro\text{-}S} - \underset{CH_3}{\overset{OH}{C}} - H_{pro\text{-}R}$$

Os dois átomos de H metilênicos do etanol podem ser discriminados caso *a molécula for mantida em algum tipo de suporte assimétrico (Fig. 13.3). Os sítios de ligação ao substrato das enzimas são, sem dúvida, estes suportes, porque eles imobilizam os grupos reagentes do substrato na superfície da enzima.*

Westheimer e Vennesland elucidaram a natureza estereoespecífica da reação da YADH por meio da seguinte série de experimentos:

1. Caso a reação da YADH seja feita com etanol deuterado, o produto será NADH deuterado:

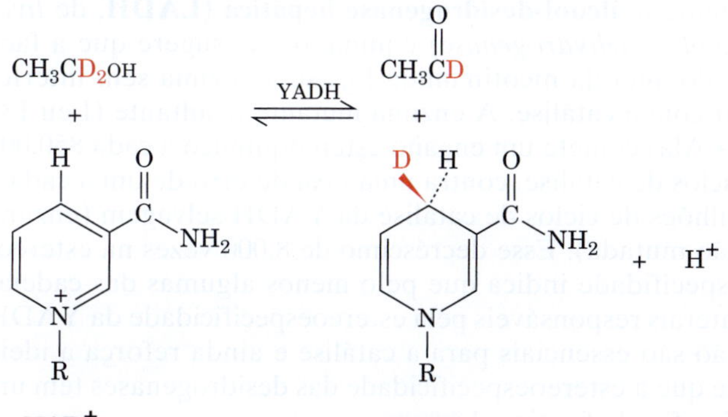

$$CH_3CD_2OH + NAD^+ \underset{}{\overset{YADH}{\rightleftharpoons}} CH_3CD{=}O + NADD + H^+$$

NAD^+ NADD

Observe que o anel da nicotinamida do NAD^+ também é pró-quiral.

2. Isolando esse NADD e usando-o na reação inversa para reduzir acetaldeído normal (com hidrogênio e não deutério), o deutério é transferido, quantitativamente, do NADD para o acetaldeído, formando o produto etanol:

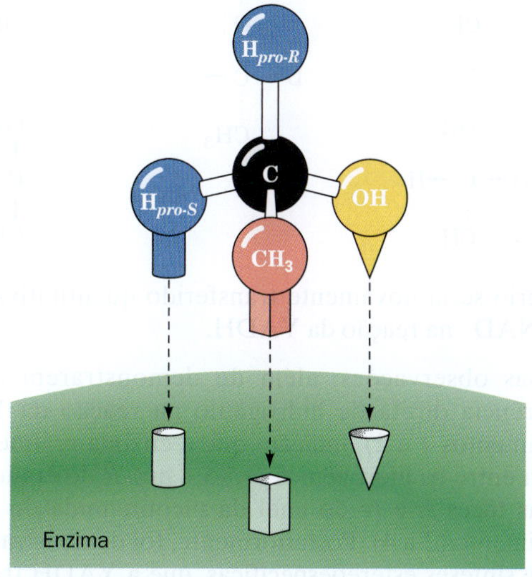

FIGURA 13.3 Diferenciação pró-quiral. O ancoramento específico de um centro pró-quiral ao sítio de ligação de uma enzima permite que a enzima diferencie entre grupos pró-quirais. Observe: se fosse possível, a ligação da imagem especular da molécula pró-quiral aos mesmos três sítios do lado inferior da enzima faria com que o grupo $H_{pró\text{-}R}$ continuasse ainda a apontar para uma posição diferente daquela que permite o ancoramento.

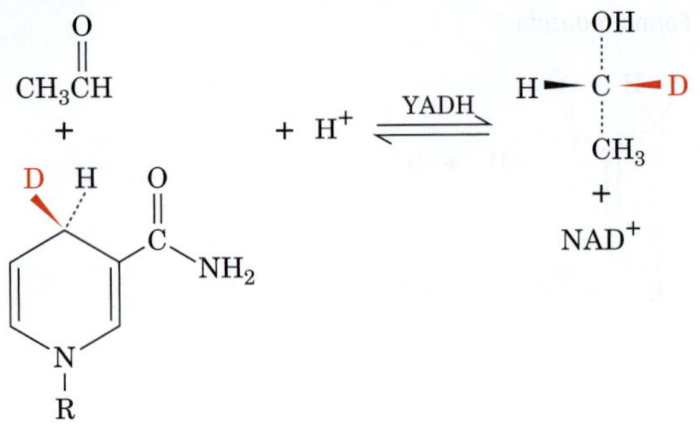

CH_3CHO + NADH(D) + H^+ $\overset{YADH}{\rightleftharpoons}$ CH_3CHDOH + NAD^+

3. Se o enantiômero do CH_3CHDOH fosse produzido da seguinte maneira:

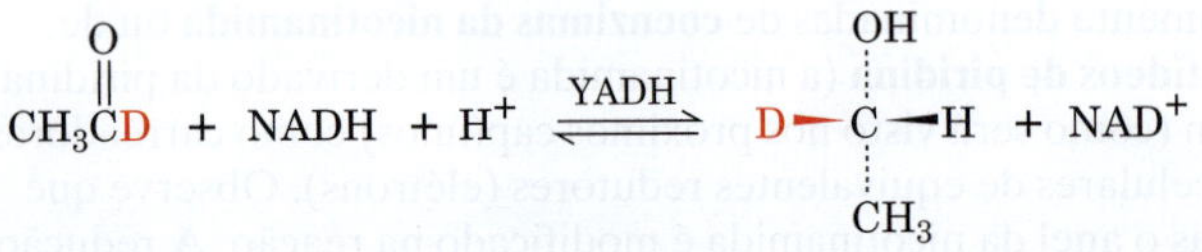

CH_3CDO + NADH + H^+ $\overset{YADH}{\rightleftharpoons}$ D–C(OH)(H)–CH_3 + NAD^+

nenhum deutério seria transferido do produto etanol para NAD^+ na reação inversa.

4. Se, entretanto, esse etanol for convertido ao seu tosilato e então invertido pela hidrólise de S_N2 para produzir o etanol enantiomérico,

***p*-Toluenosulfonil cloreto (tosil cloreto)**

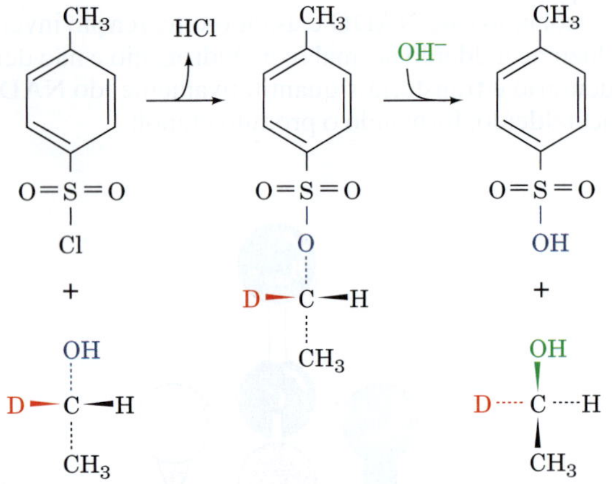

CH_3–C_6H_4–SO_2–Cl + D–C(OH)(H)–CH_3 → (HCl) CH_3–C_6H_4–SO_2–O–C(D)(H)–CH_3 → (OH^-) CH_3–C_6H_4–SO_2–OH + D–C(OH)(H)–CH_3

o deutério seria novamente transferido quantitativamente para o NAD^+ na reação da YADH.

Essas observações, além de demonstrarem que há transferência direta de hidrogênio na reação da YADH (Experimentos 1 e 2), indicam que a enzima realmente diferencia entre os hidrogênios *pró-S* e *pró-R* do etanol, bem como as faces *si* e *re* do anel da nicotinamida do NAD^+ (Experimentos 2 a 4). Posteriormente, foi demonstrado, por meio de sínteses estereoespecíficas, que a YADH transfere o hidrogênio *pró-R* do etanol para a face *re* do anel da nicotinamida do NAD^+, como está desenhado no diagrama anterior.

De maneira nenhuma, a estereoespecificidade da YADH é incomum. À medida que forem consideradas mais reações bioquímicas, será visto que praticamente todas as enzimas que participam de reações quirais são totalmente estereoespecíficas.

a. A estereoespecificidade das desidrogenases dependentes de NADH pode ter um significado funcional

Na exploração do metabolismo que será feita ao longo deste livro, será visto um grande número de desidrogenases dependentes de NADH que atuam para reduzir (ou oxidar) uma grande variedade de substratos. Estas várias desidrogenases distribuem-se mais ou menos igualmente entre aquelas que transferem hidrogênios no *pró-R* (lado *re*) e no *pró-S* (lado *si*) do C4 do NADH (também conhecidas como transferências no lado A e no lado B).

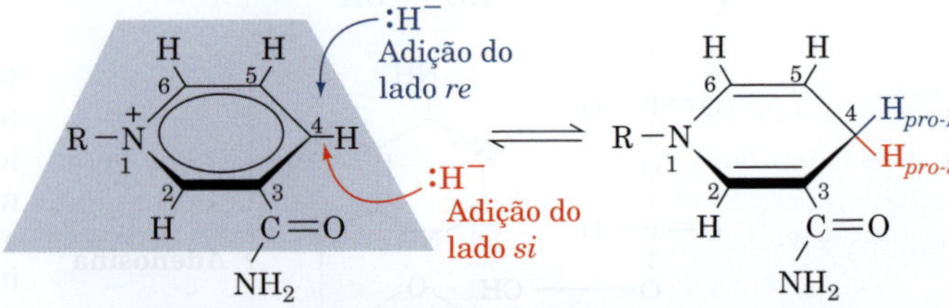

:H^- Adição do lado *re*
:H^- Adição do lado *si*
H_{pro-R} H_{pro-S}

Assim, apesar do fato de que as transferências, por remoção ou adição de hidrogênio dos lados *si* e *re* do anel da nicotinamida, formarem produtos quimicamente iguais, uma especificidade de transferência peculiar é rigidamente mantida, por meio de classes de desidrogenases que catalisam reações similares em diferentes organismos. Além disso, as desidrogenases que catalisam reações cujas constantes de equilíbrio para seus substratos naturais na direção da redução são $< 10^{-12}$ *M* quase sempre transferem o hidrogênio *pró-R* da nicotinamida, enquanto aquelas desidrogenases com constantes de equilíbrio $> 10^{-10}$ *M* geralmente transferem hidrogênios *pró-S*. Por que a evolução manteve essa estereoespecificade tão assiduamente? Ela é apenas o resultado de um acidente histórico ou ela serve para alguma função fisiológica?

A transferência de hidrogênios do NADH em uma dada reação enzimática quase sempre se dá no lado do anel da nicotinamida que está em contato com o substrato. Entretanto, aceita-se amplamente a suposição de que a estereoespecificidade em uma dada classe de desidrogenases decorre simplesmente de uma escolha aleatória feita nos primórdios da história da evolução. Uma fez feita a escolha, ela tornou-se fixa, porque o giro do anel da nicotinamida na ligação glicosídica do NADH poderia resultar, supõe-se, na obstrução de resíduos catalicamente essenciais da enzima pelo grupo carboxamida do NADH.

Em um esforço para esclarecer esse assunto, Steven Brenner produziu uma YADH mutante que, de acordo com a estrutura por raios X da enzima é bastante semelhante à **álcool-desidrogenase hepática** (**LADH**, de *liver alcohol dehydrogenase*) equina, o que sugere que a face *si* do anel da nicotinamida liga-se à enzima sem interferir com a catálise. A enzima mutante resultante (Leu 182 → Ala) comete um engano estereoquímico a cada 850.000 ciclos de catálise, contra uma taxa de erro de um a cada 7 bilhões de ciclos de catálise da YADH selvagem (enzima não mutada). Esse decréscimo de 8.000 vezes na estereoespecifidade indica que pelo menos algumas das cadeias laterais responsáveis pela estereoespecificidade da YADH não são essenciais para a catálise e ainda reforça a ideia de que a estereoespecificidade das desidrogenases tem um significado funcional.

B. *Especificidade geométrica*

A estereoespecificidade das enzimas não é especialmente surpreendente à luz da complementaridade dos sítios de ligação aos seus substratos. Um substrato com a quiralidade errada não se encaixará no sítio de ligação da enzima pelas mesmas razões pelas quais a mão direita não entra na luva da mão esquerda. *Entretanto, além da estereoespecificidade, a maioria das enzimas é muito seletiva em relação à identidade dos grupos químicos nos seus substratos.* Na realidade, essa **especificidade geométrica** é um requisito mais rigoroso que a estereoespecificidade. De uma maneira geral, a luva esquerda de uma pessoa pode, mais ou menos, se encaixar nas mãos esquerdas de outras pessoas que tenham tamanhos e formas um pouco diferentes.

As enzimas variam consideravelmente quanto ao grau de especificidade geométrica. Poucas enzimas têm especificidade absoluta para apenas um único substrato. A maioria das enzimas catalisa reações de um número pequeno de compostos relacionados entre si. Por exemplo, a YADH catalisa a oxidação de um número pequeno de alcoóis primários e secundários aos seus correspondentes aldeídos ou cetonas, embora nenhum com tanta eficiência como o etanol. Mesmo o metanol e o isopropanol, que diferem do etanol por possuirem apenas um grupo CH_2 a mais ou a menos, são oxidados pela YADH a velocidades que são, respectivamente, 25 e 2,5 vezes menores do que a do etanol. De maneira semelhante, o $NADP^+$, que difere do NAD^+, apenas pela adição de um grupo fosfato na posição 2' do grupo adenosina ribose (Fig. 13.2), não liga na YADH. No entanto, existem muitas enzimas que ligam $NADP^+$, mas não NAD^+.

Algumas enzimas, particularmente as enzimas digestivas, são tão permissivas em aceitar substratos que as suas especificidades geométricas são descritas mais propriamente como preferências. A carboxipeptidase A, por exemplo, catalisa a hidrólise das ligações peptídicas C-terminais de qualquer resíduo de aminoácido, exceto Arg, Lys e Pro, caso o resíduo precedente não for Pro (Tabela 7.1). Entretanto, a velocidade dessa reação enzimática varia conforme os resíduos nas vizinhanças do C-terminal do polipeptídeo (ver Fig. 7.5). Algumas enzimas não são nem mesmo muito específicas quanto ao tipo de reação que catalisam. Assim, a quimotripsina, além de sua capacidade de mediar a hidrólise de ligações peptídicas, também catalisa a hidrólise de ligações éster.

$$\underset{\textbf{Peptídeo}}{\overset{O}{\overset{\|}{RC}}{-}NHR'} + H_2O \xrightarrow{\text{Quimotripsina}} \overset{O}{\overset{\|}{RC}}{-}O^- + H_3\overset{+}{N}R'$$

$$\underset{\textbf{Éster}}{\overset{O}{\overset{\|}{RC}}{-}OR'} + H_2O \xrightarrow[\;H^+]{\text{Quimotripsina}} \overset{O}{\overset{\|}{RC}}{-}O^- + HOR'$$

Ademais, o aceptor de grupo acila nas reações catalisadas pela quimotripsina não precisa necessariamente ser água. Aminoácidos, alcoóis e amônia também têm essa capacidade. É importante perceber, entretanto, que tal permissividade é muito mais exceção do que regra. Na verdade, a maioria das enzimas intracelulares funciona *in vivo* (nas células) catalisando uma determinada reação sobre um substrato específico.

3 COENZIMAS

As enzimas catalisam uma grande variedade de reações químicas. Os seus grupos funcionais podem facilmente participar em reações ácido-base, formar certos tipos de ligações covalentes transitórias e tomar parte em interações carga--carga (Seção 15.1). As enzimas são, entretanto, menos adaptadas para catalisarem reações de oxidorredução e muitos tipos de processos de transferência de grupos. Apesar de as enzimas catalisarem tais reações, elas o fazem, principalmente, em associação com pequenas moléculas, os **cofatores**, que, em essência, funcionam como se fossem os "dentes químicos" das enzimas.

Os cofatores podem ser íons metálicos, tais como o Zn^+ necessário para a atividade catalítica da carboxipeptidase A, ou moléculas orgânicas conhecidas como **coenzimas**, tal como o NAD^+ na YADH (Seção 13.2A). Alguns cofatores, por exemplo o NAD^+, associam-se às enzimas de maneira tão transitória que, no fundo, funcionam como cossubstratos. Outros cofatores, conhecidos como **grupos prostéticos**, essencialmente, estão associados de forma permanente com suas proteínas, em geral por meio de ligações covalentes. Por exemplo, o grupo prostético heme da hemoglobina está ligado fortemente a sua proteína, por interações hidrofóbicas e ligações de hidrogênio extensivas, juntamente com ligações covalentes entre o íon Fe^{2+} do heme e a His F8 (Seções 10.1A e 10.2B).

As coenzimas são modificadas quimicamente nas reações enzimáticas nas quais participam. Assim, para que o ciclo catalítico se complete, as coenzimas devem retornar aos seus estados originais. No caso dos grupos prostéticos, isso só pode ocorrer em uma fase distinta na sequência de reações enzimáticas. No caso de coenzimas ligadas transitoriamente, como o NAD^+, a regeneração, entretanto pode ser catalisada por uma outra enzima. Um complexo enzima-cofator cataliticamente ativo é chamado de **holoenzima**. A proteína enzimaticamente inativa que resulta da remoção do cofator da holoenzima é denominada de **apoenzima**, isto é,

$$\text{Apoenzima } (\textit{inativa}) + \text{cofator} \rightleftharpoons \text{holoenzima } (\textit{ativa})$$

A Tabela 13.1 lista as coenzimas mais comuns, juntamente com os tipos de reações nas quais elas participam. As

TABELA 13.1 Nomes das coenzimas mais comuns

Coenzima	Reação em que participa	Seção onde é discutida
Biotina	Carboxilação	23.1A
Coenzimas da cobalamina (B_{12})	Alquilação	25.2E
Coenzima A	Transferência de acilas	21.2A
Coenzimas da flavina	Oxidorredução	16.5C
Ácido lipoico	Transferência de acilas	21.2A
Coenzimas da nicotinamida	Oxidorredução	13.2A
Piridoxal-fosfato	Transferência de grupo amino	26.1A
Tetra-hidrofolato	Transferência de grupos com um carbono	26.4D
Tiamina- pirofosfato	Transferência de aldeído	17.3B

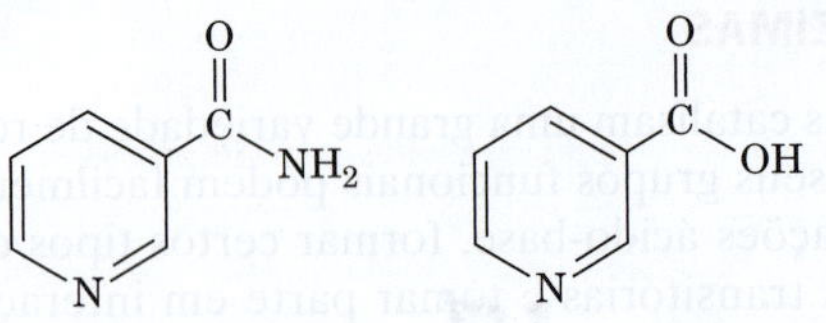

Nicotinamida (niacinamida) **Ácido nicotínico (niacina)**

FIGURA 13.4 As estruturas da nicotinamida e do ácido nicotínico. Essas vitaminas formam os compontes ativos na oxidação-redução das coenzimas da nicotinamida, NAD^+ e $NADP^+$ (comparar com a Fig. 13.2).

estruturas dessas substâncias e os seus mecanismos de reação serão descritos em seções apropriadas deste livro.

a. Muitas vitaminas são precursoras de coenzimas

Muitos organismos são incapazes de sintetizar certas partes dos cofatores essenciais e, portanto, estas substâncias devem fazer parte da dieta destes organismos; essas substâncias são as **vitaminas**. De fato, muitas coenzimas foram descobertas como fatores de crescimento de microrganismos ou substâncias que curavam deficiências nutricionais no homem e em animais. Por exemplo, a **nicotinamida** (também denominada **niacinamida**), componente do NAD^+, ou o seu ácido carboxílico análogo, **ácido nicotínico** (**niacina**; Fig. 13.4), cura a doença humana, causada por deficiência nutricional, conhecida como **pelagra**. A pelagra, que se caracteriza por diarreia, dermatite e demência, foi endêmica nas áreas rurais do sul dos Estados Unidos no início do século XX. A maioria dos animais, incluindo o homem, pode sintetizar nicotinamida a partir do aminoácido triptofano (Seção 28.6A). Naquelas áreas rurais do sul prevalecia uma dieta rica em milho, portanto contendo pouca nicotinamida disponível ou triptofano para sintetizá-la. (Na realidade, o milho contém quantidades significativas de nicotinamida, mas em uma forma que necessita de processamento alcalino antes que ela possa ser absorvida pelo intestino. Os índios mexicanos, que domesticaram o milho, costumam embeber a farinha de milho em água de soda – solução diluída de $Ca[OH]_2$ – antes de usá-la para preparar sua comida tradicional, a *tortilla*.)

Todas as vitaminas da dieta humana que são precursores de coenzimas são **vitaminas solúveis em água** (Tabela 13.2). Já as **vitaminas lipossolúveis**, como as **vitaminas A** e **D**, não são componentes de coenzimas, embora elas também devam estar presentes na dieta do homem e dos animais superiores. Provavelmente, os ancestrais distantes do homem tinham a capacidade de sintetizar as diversas vitaminas, assim como muitas plantas modernas e microrganismos o fazem. Acredita-se que a maquinaria celular para sintetizar as vitaminas, agora supérflua, tenha sido perdida no decorrer da evolução, pois as vitaminas passaram a estar disponíveis nas dietas dos animais superiores, que se alimentam de outros organismos, ou passaram a ser sintetizadas por bactérias que normalmente habitam os sistemas digestórios dos animais.

TABELA 13.2 Vitaminas que são precursoras de coenzimas

Vitamina	Coenzima	Doença humana devido à carência da vitamina
Biotina	Biocitina	*
Cobalamina (B_{12})	Coenzimas da cobalamina (B_{12})	Anemia perniciosa
Ácido fólico	Tetra-hidrofolato	Anemia megaloblástica
Nicotinamida	Coenzimas da nicotinamida	Pelagra
Pantotenato	Coenzima A	*
Piridoxina (B_6)	Piridoxal-fosfato	*
Riboflavina (B_2)	Coenzimas da flavina	*
Tiamina (B_1)	Tiamina-pirofosfato	Beribéri

*Não tem nome específico; deficiência rara ou não observada em seres humanos.

4 CONTROLE DA ATIVIDADE ENZIMÁTICA

Os organismos devem ser capazes de controlar as atividades catalíticas das suas enzimas de modo a poderem coordenar os seus numerosos processos metabólicos, responderem a mudanças no ambiente, crescerem e se diferenciarem, sempre de uma maneira organizada. Para isso há duas maneiras:

1. ***Controle da disponibilidade de enzimas.*** *A quantidade de uma determinada enzima em uma célula depende das velocidades tanto da sua síntese como da sua degradação.* As velocidades de síntese e de degradação de proteínas são controladas diretamente pelas células. Por exemplo, *E. coli* crescendo na ausência do dissacarídeo lactose (Fig. 11.12) não possui enzimas que metabolizem esse açúcar. Entretanto, minutos após expostas à lactose, essas bactérias começam a sintetizar as enzimas necessárias para a utilização desse nutriente (Seção 31.1A). De maneira semelhante, os vários tecidos dos organismos superiores contêm conjuntos de enzimas diferentes, mesmo que a maioria das células contenha a mesma informação genética. O principal assunto da Parte V deste livro será dedicado a discutir como as células conseguem controlar a síntese de enzimas. A degradação de proteínas será discutida na Seção 32.6.

2. ***Controle da atividade enzimática.*** *A atividade catalítica de uma enzima pode ser controlada diretamente por meio de mudanças conformacionais ou estruturais.* A velocidade com que uma enzima catalisa uma reação é diretamente proporcional à concentração do complexo enzima-substrato, que por sua vez, varia com as concentrações de enzima e de substrato e com a afinidade da enzima em ligar o substrato (Seção 14.2A). A atividade catalítica de uma enzima pode, então, ser controlada por meio da variação da afinidade pela ligação ao substrato. Nesse ponto, é importante rever as Seções 10.1 e 10.4, que detalham como a afinidade da hemoglobina pelo oxigênio é regulada alostericamente pela associação com ligantes como O_2, CO_2, H^+ e BPG. Esses efeitos homotrópicos e heterotrópicos (associação a ligantes que, respectivamente, alteram a afinidade de ligação para o mesmo ou para diferentes ligantes) produzem curvas de ligação ao O_2 cooperativas (sigmoides), como aquelas das Figuras 10.6 e 10.8. *Da mesma maneira, a afinidade de ligação de uma enzima pelo substrato pode variar devido à ligação de uma pequena molécula efetora, alterando assim a atividade catalítica da enzima.* Nesta seção, o controle alostérico da atividade enzimática será abordado pelo estudo

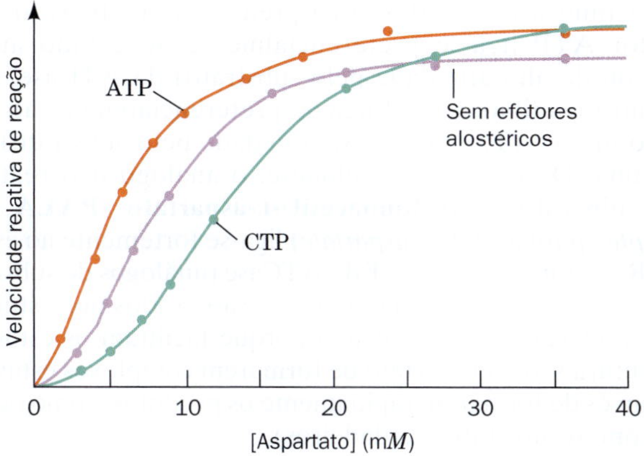

FIGURA 13.5 Velocidade da reação catalisada pela ATCase em função da concentração de aspartato. As velocidades foram medidas na ausência de efetores alostéricos, na presença de 0,4 mM de CTP (inibição) e na presença de 2,0 mM de ATP (ativação). (Segundo Kantrowitz, E.R., Pastra-Landis, S.C., e Lipscomb, W.N., *Trends Biochem. Sci.* **5**, 125 [1980].)

Ver Figuras animadas

de um exemplo: a **aspartato-transcarbamoilase** (**ATCase**) de *E. coli*. (Analogamente, a atividade de muitas enzimas é regulada por meio de modificações covalentes reversíveis, em geral pela fosforilação de um resíduo de Ser. Essa forma de regulação enzimática será estudada na Seção 18.3.)

a. A inibição da ATCase por retroalimentação regula a biossíntese de pirimidinas

A ACTase catalisa a formação de ***N*-carbamoil aspartato** a partir de **carbamoil fosfato** e aspartato:

$H_2N{-}C({=}O){-}OPO_3^{2-}$ + $^{-}OOC{-}CH_2{-}CH(\overset{+}{N}H_3){-}COO^{-}$

Carbamoil fosfato + **Aspartato**

↓ aspartato transcarbamoilase

$H_2N{-}C({=}O){-}NH{-}CH(COO^{-}){-}CH_2{-}COO^{-}$ + $H_2PO_4^{-}$

***N*-Carbamoil aspartato**

Arthur Pardee demonstrou que essa reação é a primeira etapa que é exclusiva da via que leva à síntese das pirimidinas (Seção 28.2A), componentes fundamentais dos ácidos nucleicos.

O comportamento alostérico da ATCase de *E. coli* foi investigado por John Gerhart e Howard Schachman. Eles demonstraram que essa enzima apresenta uma ligação cooperativa homotrópica positiva a ambos os substratos, aspartato e carbamoil-fosfato. Além disto, a ATCase é inibida heterotropicamente por **trifosfato de citidina** (**CTP**, de *cytidine triphosphate*), um nucleotídeo da pirimidina, e é ativada heterotropicamente por **trifosfato de adenosina** (**ATP**, de *adenosine triphosphate*), um nucleotídeo da purina. Portanto, CTP diminui, enquanto o ATP aumenta, a atividade catalítica da enzima (Fig. 13.5).

CTP, o produto da via de biossíntese das pirimidinas (Fig. 13.6), é um precursor dos ácidos nucleicos (Seção 5.4). Consequentemente, quando, devido à rápida biossíntese de ácidos nucleicos, o conteúdo celular de CTP diminui, esse efetor dissocia-se da ATCase devido à lei de ação das massas, abolindo a inibição da enzima e aumentando a velocidade de síntese de CTP. Porém, se a velocidade de síntese de CTP exceder a velocidade de utilização, o excesso de CTP inibirá a ATCase, que então reduzirá a síntese de CTP. *Esse é um exemplo de **inibição por retroalimentação**, um modo de regulação metabólica muito comum no qual a concentração do produto de uma via biossintética controla a atividade de uma enzima situada próxima ao início da via.*

O significado metabólico da ativação da ATCase por ATP é: o ATP tende a coordenar as velocidades de síntese dos nucleotídeos de purina e de pirimidina para a biossíntese de ácidos nucleicos. Por exemplo, se as concentrações de ATP e CTP estiverem desbalanceadas devido a um excesso de ATP, a ATCase é ativada para sintetizar pirimidinas até que o equilíbrio seja novamente alcançado. (Observar que a concentração de ATP nas células é normalmente maior do que a concentração de CTP, porque a demanda por ATP é maior. Assim, a concentração de ATP necessária para ativar a ATCase é maior do que a concentração de CTP necessária para inibir a enzima em um grau equivalente.) Inversamente, se houver excesso de CTP, a consequente inibição da ATCase permitirá que a biossíntese de purinas atinja seu equilíbrio.

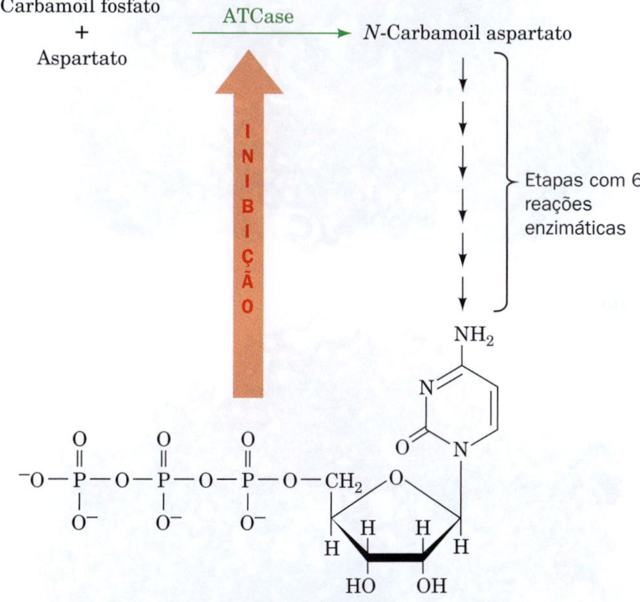

FIGURA 13.6 Representação esquemática da via de biossíntese das pirimidinas. A ATCase, que catalisa a primeira etapa da via, é inibida por CTP, o produto final da via.

b. Modificações alostéricas alteram os sítios de ligação da ATCase ao substrato

A ATCase de *E. coli* (300 kDa) tem uma composição de subunidades c_6r_6, onde *c* e *r* representam as subunidades catalítica e regulatória (311 e 153 resíduos de aminoácidos). A estrutura por raios X da ATCase (Fig. 13.7), determinada por William Lipscomb, revela que as subunidades catalíticas estão organizadas na forma de dois conjuntos de trímeros (c_3) em um complexo com três conjuntos de dímeros regulatórios (r_2), de tal modo que formam uma molécula com a simetria de rotação de um prisma trigonal (simetria D_3, Seção 8.5B). Cada um dos dímeros regulatórios liga duas subunidades catalíticas em diferentes trímeros c_3.

Trímeros catalíticos dissociados do complexo mantêm a atividade catalítica, apresentam uma curva de saturação pelo substrato não cooperativa (hiperbólica), têm uma velocidade catalítica máxima maior do que a da enzima intacta e não são afetados pela presença de ATP ou CTP. Os dímeros regulatórios, quando isolados, ligam seus efetores alostéricos, mas não apresentam atividade enzimática. Evidentemente, *na enzima intacta, as subunidades regulatórias diminuem alostericamente a atividade das subunidades catalíticas*.

(a)

(b)

(c)

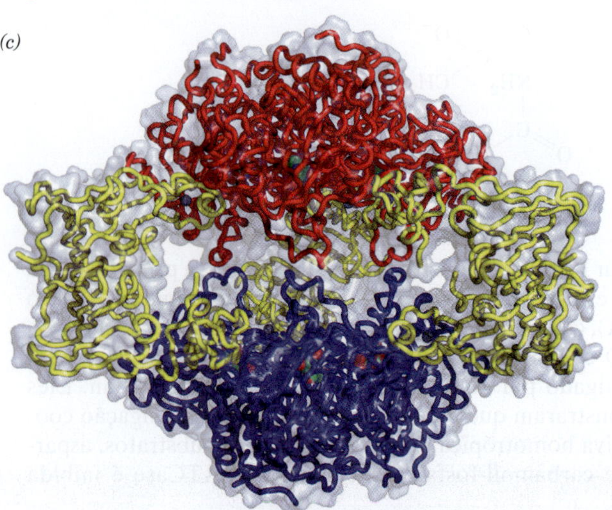

Como a teoria alostérica prediz (Seção 10.4), o ativador ATP liga-se preferencialmente ao estado ativo (R, ou de alta afinidade pelo substrato) da ATCase, enquanto o inibidor CTP liga-se preferencialmente ao estado inativo (T, ou de baixa afinidade pelo substrato) da enzima. De maneira semelhante, o análogo não reativo do substrato **N-(fosfonoacetil)-L-aspartato** (**PALA**, de *N-[phosphonacetyl]-L-aspartate*) liga-se fortemente ao estado R, mas não ao estado T da ATCase (análogos de substratos que normalmente não reagem, são usados nos estudos sobre mecanismos de enzima porque facilitam os estudos estruturais, devido ao fato de formarem complexos estáveis ao invés de formarem rapidamente os produtos, como ocorre com os substratos verdadeiros).

$$^{-}OOC-CH_2-CH(-NH-C(=O)-CH_2-PO_3^{2-})-COO^{-}$$

N-(Fosfonoacetil)-L-aspartato (PALA)

$$H_2N-C(=O)-O-PO_3^{2-} \quad + \quad ^{-}OOC-CH_2-CH(NH_3^+)-COO^{-}$$

Carbamoil fosfato + Aspartato

FIGURA 13.7 Estrutura por raios X da ATCase de *E. coli*. Estado T da enzima formando complexo com CTP visto (*a*) ao longo do eixo de simetria molecular tripla e (*b*) visto ao longo do eixo de simetria molecular dupla, perpendicularmente em relação à vista da Parte *a*. A cadeia polipeptídica está desenhada na forma de um verme embutida na superfície molecular transparente. Os dímeros regulatórios (*amarelo*) ligam o trímero catalítico superior (*vermelho*) ao trímero catalítico inferior (*azul*) . CTP está desenhado na forma de volume atômico colorido de acordo com o tipo de átomo (C em verde, O em vermelho, N em azul e P em cor de laranja). (*c*) Estado R da enzima formando complexo com PALA visto como na Parte *b*. PALA está desenhado na forma de volume atômico. Observe o giro do dímero regulatório que ocorre na transição T → R faz com que o trímero catalítico mova-se para fora do eixo triplo. (Com base nas estruturas por raios X obtidas por William Lipscomb, Harvard University, EUA. PDBids 5AT1 e 8ATC).

Ver Exercício de cineimagem 11.1

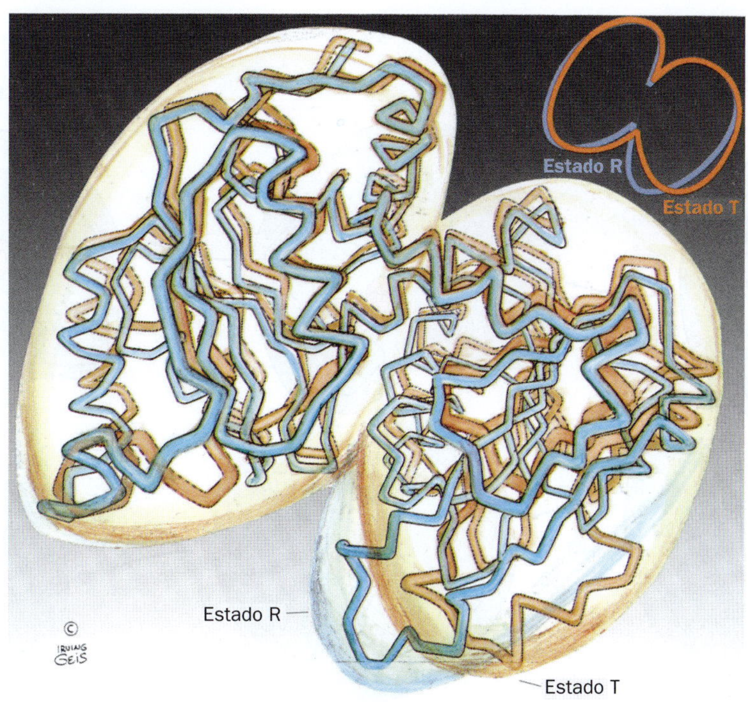

FIGURA 13.8 Comparação entre os esqueletos polipeptídicos da subunidade catalítica da ATCase nos estados T (cor de *laranja*) e R (*azul*). A subunidade consiste em dois domínios, sendo que o da esquerda contém o sítio de ligação para o carbamoil-fosfato e o da direita forma o sítio de ligação para o ácido aspártico. A transição T→R mantém os dois domínios próximos, de tal maneira que os dois substratos a eles ligados podem reagir para formar o produto. (Ilustração por Irving Geis/Geis Archives Trust. Figura impressa com a permissão de Howard Hughes Medical Institute, EUA. Estrutura por raios X de William Lipscomb, Harvard University, EUA.)

As estruturas por raios X dos complexos no estado T da ATCase-CTP e no estado R da ATCase-PALA revelaram que a transição T → R mantém a simetria D_3 da proteína. A comparação dessas duas estruturas (Fig. 13.7) indica que, na transição T → R, os trímeros catalíticos da enzima separam-se ao longo do eixo de ordem 3 da molécula em ~11 Å, e reorientam-se sobre esse eixo, um trímero em relação ao outro, em 12°, de maneira que esses trímeros assumem uma configuração mais oculta do que é visto na Fig. 13.7a. Além disso, os dímeros regulatórios giram no sentido horário sobre os eixos de ordem 2 em 15° e, separam-se, ao longo do eixo de ordem 3, em ~4 Å. Essas grandes mudanças na estrutura quaternária assemelham-se àquelas que ocorrem na hemoglobina (Seção 10.2B).

Cada um dos substratos da ATCase, carbamoil-fosfato e aspartato, liga-se a um domínio separado da subunidade catalítica (Fig. 13.8). A ligação do PALA à enzima, que supostamente mimetiza a ligação de ambos os substratos, induz um fechamento no sítio ativo semelhante ao que ocorre durante a reação, quando o sítio ativo abriga os dois substratos juntos. Os deslocamentos atômicos, de até 8 Å para alguns resíduos (Fig. 13.8), desencadeiam a mudança T → R na estrutura quaternária da ATCase. Na realidade, *as alterações terciárias e quaternárias da ATCase são tão intimamente acopladas por meio de extensos contatos entre as subunidades (ver a seguir) que elas não podem ocorrer independentemente uma da outra (Fig. 13.9)*. Consequentemente, a ligação do substrato a uma das subunidades catalíticas aumenta a afinidade de ligação ao substrato e a atividade catalítica das outras subunidades, sendo assim responsável pela cooperatividade positiva da enzima pelo substrato, a semelhança do que ocorre na hemoglobina (Seção 10.2C). Portanto, baixos níveis de PALA ativam a ATCase por induzirem a transição T → R. A ATCase tem uma afinidade tão alta por esse análogo não reativo do substrato que a ligação de uma molécula de PALA converte todas as seis subunidades catalíticas para o estado R. Evidentemente, *a ATCase segue fielmente o modelo de simetria do alosterismo (Seção 10.4B)*.

c. As bases estruturais do alosterismo da ATCase

Quais são as interações que estabilizam os estados T e R da ATCase e por que a interconversão entre eles é concatenada? A região da proteína ATCase que sofre o maior rearranjo conformacional com a transição T → R é uma alça, denominada 240s, da subunidade catalítica (*c*) composta pelos resíduos 230 a 250 (as alças representadas em vermelho e azul, que são simetricamente relacionadas, localizadas nas zonas centrais da Fig. 13.7*b* e que se situam lado a lado no estado T [*à esquerda*], mas que no estado R [*à direita*] encontram-se em situações verticalmente opostas). No estado T, cada uma das alças 240s forma, juntamente com uma ligação de hidrogênio intrassubunidade, duas ligações de hidrogênio intersubunidades com a subunidade *c* oposta ver-

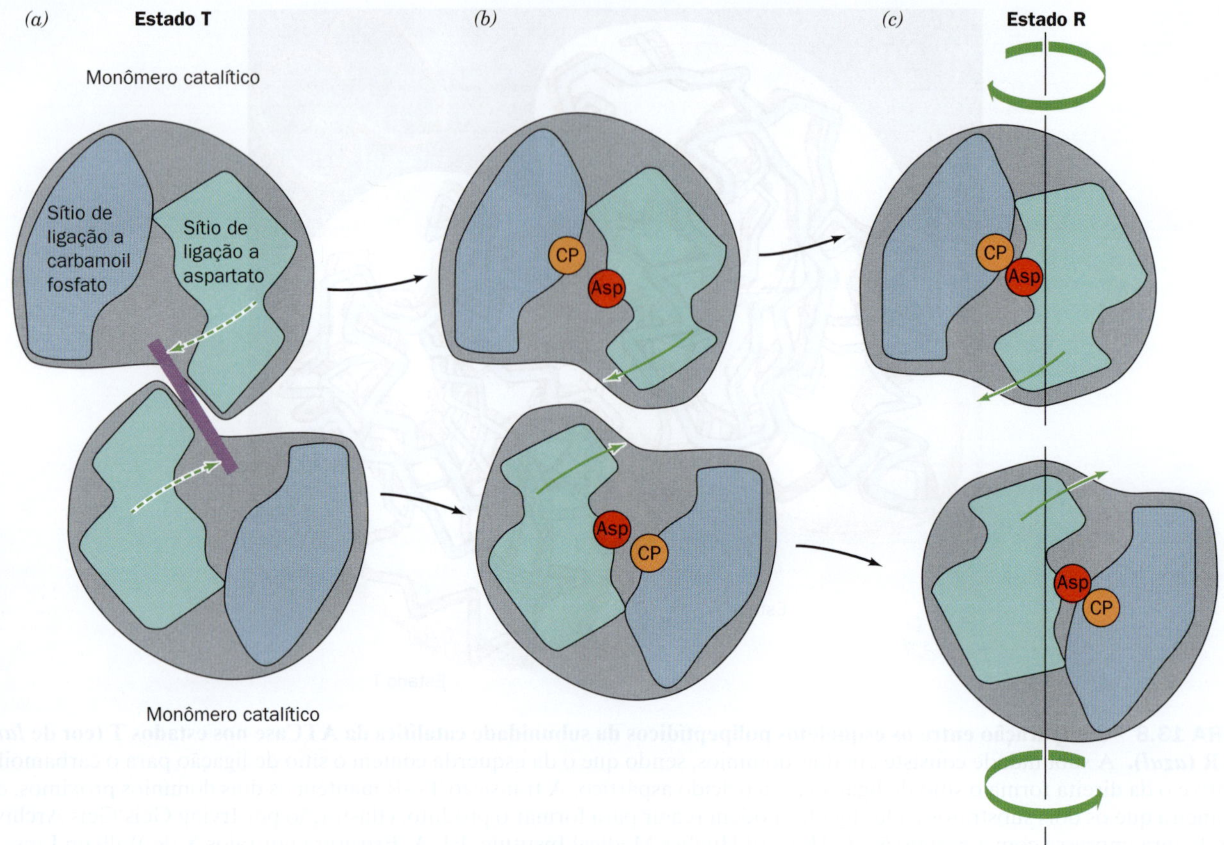

FIGURA 13.9 Diagrama esquemático indicando as mudanças nas conformações terciárias e quaternárias das duas subunidades catalíticas da ATCase quando interagem verticalmente. (*a*) Quando não há substrato ligado, a proteína permance no estado T, porque os movimentos que unem os dois domínios de cada subunidade (*setas tracejadas*) são impedidos pela interferência estérica (*barra púrpura*) entre os dois domínios ligadores de ácido aspártico. (*b*) A ligação de carbamoil-fosfato (CP), seguida da ligação de ácido aspártico (Asp) aos seus respectivos sítios de ligação faz as subunidades se afastar e girar uma em relação à outra de modo a permitir que ocorra a transição T → C. (*c*) No estado R, os dois domínios de cada subunidade tornam-se tão próximos de modo a favorecer a reação entre os substratos que estão ligados, formando os produtos. (Ilustração por Irving Geis/Geis Archives Trust. Figura impressa com a permissão de Howard Hughes Medical Institute, EUA.)

Ver Exercícios de cineimagem 11.1 e 11.2

ticalmente (Fig. 13.7*b*, *à esquerda*). O fechamento do domínio decorrente da ligação com o substrato (Figs. 13.8 e 13.9) rompe essas ligações de hidrogênio e, no estado R, as substitui por novas ligações de hidrogênio intracadeia. Sabe-se que essa reorientação da alça 240s é a grande responsável pela mudança quaternária do estado R (ver a seguir). Uma vez que o grupo carboxílico do Glu 239 é o aceptor de todas as ligações de hidrogênio dos estados T e R anteriores, essa hipótese é corroborada pela observação de que uma mutação do Glu 239 a Gln converte a ATCase em uma enzima com uma estrutura quaternária intermediária entre os estados R e T e desprovida tanto dos efeitos homotrópicos como heterotrópicos.

As bases estruturais dos efeitos heterotrópicos na ATCase estão sendo descobertas gradativamente. Tanto o inibidor CTP quanto o ativador ATP ligam-se ao mesmo sítio na superfície externa da subunidade regulatória (*r*), a uma distância de cerca de 60 Å do sítio catalítico mais próximo. O CTP liga-se preferencialmente ao estado T, aumentando a estabilidade desse estado, enquanto o ATP liga-se preferencialmente ao estado R, também aumentando a estabilidade desse estado. A ligação desses efetores aos seus estados menos favoráveis também tem consequências estruturais. A ligação de CTP ao estado R da ATCase promove a reorientação de vários resíduos no sítio de ligação do nucleotídeo, que induz uma contração no comprimento do dímero regulatório (r_2). Essa distorção, por meio da interação de resíduos da interface *r-c*, aproxima os trímeros catalíticos (c_3) em 0,5 Å (estrutura mais semelhante ao estado T, isso é, menos ativa, o que, presumivelmente, desestabiliza o estado R). Por sua vez, isso reorienta os resíduos-chave dos sítios ativos da enzima, diminuindo a atividade catalítica da enzima. O ATP, ao se ligar ao estado T da enzima, tem essencialmente o efeito oposto. Ele separa os trímeros catalíticos em cerca de 0,4 Å (tornando a enzima mais parecida com o estado R, isto é, mais ativa, o que, presumivelmente, desestabiliza o estado T), reorientando os resíduos-chave nos sítios ativos de tal maneira que a atividade catalítica da enzima é aumentada. A ligação de CTP ao estado T da ATCase não leva a um maior aumento na contração dos trímeros catalíticos, mas perturba os resíduos dos sítios catalíticos de maneira a aumentar ainda mais a estabilidade do estado T. Embora a estrutura por raios X do ATP complexado ao estado R da ATCase ainda não tenha sido divulgada, supõe-se que a ligação do ATP perturbe o estado R de maneira análoga, porém oposta, a da ligação do CTP ao estado T.

d. As transições alostéricas em outras enzimas são semelhantes às da hemoglobina e às da ATCase

Enzimas alostéricas estão amplamente distribuídas na natureza e tendem a ocupar posições regulatórias-chave nas vias metabólicas. Além da hemoglobina e da ATCase, três destas enzimas tiveram suas estruturas, tanto no estado R como no T, determinadas por raios X. São elas: a **fosfofrutocinase** (Seções 17.2C e 17.4F), a **frutose-1,6-bifosfatase** (Seção 17.4F) e a **glicogênio-fosforilase** (Seção 18.1A). Nessas cinco proteínas, as alterações na estrutura quaternária, por meio das quais os efeitos de ligação e catálise são comunicados entre os sítios catalíticos, são concatenadas e preservam a simetria da proteína. Isso ocorre porque cada uma dessas enzimas tem dois conjuntos de contatos alternativos, que são estabilizados principalmente por ligações de hidrogênio que, na sua maior parte, envolvem cadeias laterais de cargas opostas. Nas cinco proteínas, as mudanças na estrutura quaternária são constituídas de rotações entre as subunidades, umas em relação às outras, com pequenas transições. As estruturas secundárias são grandemente preservadas nas transições $T \rightarrow R$, e provavelmente são importantes na transmissão mecânica, necessária nessas proteínas, dos efeitos heterotrópicos por dezenas de Å. O fato dessas características estruturais serem ubíquas entre as proteínas alostéricas que têm estruturas já conhecidas sugere fortemente que os mecanismos regulatórios de outras enzimas alostéricas sigam esse mesmo modelo.

5 PRINCÍPIOS DA NOMENCLATURA DAS ENZIMAS

As enzimas, como visto no que foi discutido até agora, são geralmente denominadas pela adição do sufixo *-ase* ao nome do substrato da enzima ou da frase que descreve a ação catalítica da enzima. A urease catalisa a hidrólise da ureia e a álcool-desidrogenase catalisa a oxidação de alcoóis aos aldeídos correspondentes. Pelo fato de que inicialmente não havia regras sistemáticas para a denominação de enzimas, essa prática resultou que, em certos casos, uma mesma enzima tivesse dois nomes diferentes, ou que o mesmo nome fosse usado para duas enzimas diferentes. Ademais, muitas enzimas, como a catalase, que promove a dismutação de H_2O_2 em H_2O e O_2, receberam nomes que não provem informação quanto às suas funções. Mesmo atrocidades, como por exemplo "velha enzima amarela", tiveram o uso aceito. Em um esforço para eliminar essa confusão e proporcionar regras para a denominação racional do número rapidamente crescente de enzimas que são descobertas, a União Internacional de Bioquímica e Biologia Molecular (IUBMB) adotou um esquema de classificação funcional e nomenclatura sistematizados.

TABELA 13.3 Classificação das enzimas segundo o tipo de reação

Classificação	Tipo de reação catalisada
1. Oxidorredutases	Reações de oxidorredução
2. Transferases	Transferência de grupos funcionais
3. Hidrolases	Reações de hidrólise
4. Liases	Eliminação de grupos para formação de ligações duplas
5. Isomerases	Isomerização
6. Ligases	Formação de ligações pelo acoplamento com hidrólise de ATP

As enzimas são classificadas e denominadas segundo a natureza das reações químicas que elas catalisam. Existem seis classes principais de reações que são catalisadas por enzimas (Tabela 13.3) e também subclasses e sub-subclasses dentro dessas classes. Para cada enzima, são designados dois nomes e uma classificação de quatro números. O **nome aceito** ou o **recomendado** é conveniente para o uso cotidiano e geralmente foi o primeiro nome adotado. O **nome sistemático** é usado para minimizar a ambiguidade. Ele é formado pelo nome do(s) substrato(s) da enzima, seguido por uma palavra terminando em *-ase*, que especifica o tipo de reação que a enzima catalisa, de acordo com o grupo de classificação principal. Por exemplo, o Enzyme Nomenclature Database (está disponível em http://www.brenda-enzymes.info/); indica que a enzima cujo nome alternativo é lisozima (Seção 11.3Ba) tem o nome sistemático de peptideoglicano *N*-acetimuramoil-hidrolase e tem o Número de Classificação EC 3.2.1.17. "EC" significa Enzyme Commission (Comissão de Enzimas), o primeiro número (3) indica a classe principal da enzima (hidrolases; Tabela 13.3), o segundo número (2) indica a subclasse da enzima (glicosilases), o terceiro número (1) designa a sub-subclasse (enzimas que hidrolizam compostos *O*- e *S*-glicosil) e o quarto número (17) é o número de série designado arbitrariamente nessa sub-subclasse. Um outro exemplo, a enzima cujo nome recomendado é álcool-desidrogenase tem o nome sistemático de álcool:NAD^+-oxidorredutase e o número de classificação EC 1.1.1.1. Neste texto, assim como na terminologia bioquímica em geral, são usados os nomes recomendados; entretanto, quando é necessário minimizar a ambiguidade, as enzimas são referidas pelos seus nomes sistemáticos.

RESUMO DO CAPÍTULO

2 Especificidade pelo substrato As enzimas ligam seus substratos com especificidade por meio de interações complementares geométricas e físicas. Isso permite que as enzimas sejam totalmente estereoespecíficas, tanto no que se refere à ligação com os substratos como no que se refere à reação catalisada. As enzimas variam quanto ao rigor dos requisitos relativos à especificidade geométrica. Algumas são altamente específicas para um determinado substrato, enquanto outras podem ligar uma ampla variedade de substratos e catalisar vários tipos de reações relacionadas.

3 Coenzimas As reações enzimáticas envolvendo reações de oxidorredução e muitos tipos de processos de transferência de grupo são mediadas por coenzimas. Muitas das vitaminas são precursoras de coenzimas.

4 Controle da atividade enzimática A atividade enzimática pode ser regulada por alterações alostéricas da afinidade pelo substrato. Por exemplo, a velocidade da reação catalisada pela ATCase de *E. coli* está sujeita aos efeitos homotrópicos positivos controlados pelo substrato, inibição heterotrópica por CTP e ativação heterotrópica por ATP. A ATCase tem uma composição de subunidades c_6r_6. Os seus trímeros catalíticos, isoladamente, têm atividade catalítica, mas não estão sujeitos a controle alostérico. Os dímeros regulatórios ligam ATP e CTP. A ligação com o substrato induz uma alteração na conformação terciária das subunidades catalíticas, que aumenta a afinidade da subunidade pelo substrato e a eficiência catalítica. Essa modificação na estrutura terciária é acoplada fortemente a uma grande mudança na conformação quaternária, T → R, que é então responsável pelas propriedades alostéricas da enzima. Parece que as outras enzimas alostéricas funcionam de maneira semelhante.

5 Princípios da nomenclatura das enzimas As enzimas têm uma classificação sistemática com base nos seus nomes recomendados, nos nomes sistemáticos e nos seus números de classificação, que indicam o tipo de reação catalisada pela enzima.

REFERÊNCIAS

História

Friedmann, H.C. (Ed.), *Enzymes*, Hutchinson Ross (1981). [Um compêndio com artigos clássicos da enzimologia entre 1761 e 1974; com comentários.]

Fruton, J.S., *Molecules and Life*, *pp.* 2-86, Wiley (1972).

Schlenk, F., Early research on fermentation – a story of missed opportunities, *Trends Biochem. Sci.* **10**, 252–54 (1985).

Especificidade pelo substrato

Creighton, D.J. and Murthy, N.S.R.K., Stereochemistry of enzyme-catalyzed reactions at carbon, *in* Sigman, D.S., and Boyer, P.D. (Eds.), *The Enzymes* (3rd ed.), vol. 19, *pp.*323–421, Academic Press (1990). [A Seção II discute a estereoquímica das reações catalisadas pelas desidrogenases dependentes de nicotinamida.]

Fersht, A., *Structure and Mechanism in Protein Science*, Freeman (1999).

Lamzin, V.S., Sauter, Z. and Wilson, K.S., How nature deals with stereoisomers, *Curr. Opin. Struct. Biol.* **5**, 830–836 (1995).

Mesecar, A.D. and Koshland, D.E. Jr., A new model for protein stereospecificity, *Nature* **403**, 614–615 (2000).

Ringe, D., What makes a binding site a binding site? *Curr. Opin. Struct. Biol.* **5**, 825–829 (1995).

Weinhold, E.G., Glasfeld, A., Ellington, A.D. and Benner, S.A., Structural determinants of stereospecificity in yeast alcohol dehydrogenase, *Proc. Natl. Acad. Sci.* **88**, 8420–8424 (1991).

Controle da atividade enzimática

Allewell, N.M., *Escherichia coli* aspartate transcarbamoylase: Structure, energetics, and catalytic and regulatory mechanisms, *Ann. Rev. Biophys. Biophys. Chem.* **18**, 71–92 (1989).

Evans, P.R., Structural aspects of allostery, *Curr. Opin. Struct. Biol.* **1**, 773–779 (1991).

Gouaux, J.E., Stevens, R.C., Ke, H. and Lipscomb, W.N., Crystal structure of the Glu-289 → Gln mutant of aspartate carbamoyl--transferase at 3.1-Å resolution: An intermediate quaternary structure, *Proc. Natl. Acad. Sci.* **86**, 8212–8216 (1989).

Jin, L., Stec, B., Lipscomb, W.N. and Kantrowitz, E.R., Insights into the mechanism of catalysis and heterotropic regulation of *Escherichia coli* aspartate transcarbamoylase based upon a structure of the enzyme complexed with the bisubstrate analogue *N*-phosphonacetyl-L-aspartate at 2.1 Å, *Proteins* **37**, 729–742 (1999).

Kantrowitz, E.R. and Lipscomb, W.N., *Escherichia coli* aspartate transcarbamylase: The molecular basis for a concerted allosteric transition, *Trends Biochem. Sci.* **15**, 53–59 (1990).

Koshland, D.E., Jr., The key–lock theory and the induced fit theory, *Angew. Chem. Int. Ed. Engl.* **33**, 2375–2378 (1994).

Macol, C.P., Tsuruta, H., Stec, B. e Kantrowitz, E.R., Direct structural evidence for a concerted allosteric transition in *Escherichia coli* aspartate transcabamoylase, *Nature. Struct. Biol.* **8**, 423–426 (2001).

Schachman, H.K., Can a simple model account for the allosteric transition of aspartate transcarbamoylase? *J. Biol. Chem.* **263**, 18583- 18586 (1988).

Stevens, R.C. and Lipscomb, W.N., A molecular mechanism for pyrimidine and purine nucleotide control of aspartate transcarbamoylase, *Proc. Natl. Acad. Sci.* **89**, 5281-5285 (1992).

Zhang, Y. and Kantrowitz, E.R., Probing the regulatory site of *Escherichia coli* aspartate transcarbamoylase by site specific mutagenesis, *Biochemistry* **31**, 792–798 (1992).

Nomenclatura enzimática

Tipton, K.F., The naming of parts, *Trends biochem. Sci.* **18**, 113–115 (1993). [Discussão sobre as vantagens de um sistema consistente de denominação de enzimas e as dificuldades em estabelecer esse tipo de sistema.]

PROBLEMAS

1. Indique os produtos da reação da YADH com acetaldeído e NADH em solução de D_2O.

2. Indique o(s) produto(s) da oxidação do derivado do metanol (*R*)-TDHCOH (onde T é o símbolo de trítio) catalisada pela YADH.

3. A enzima fumarase catalisa a hidratação da ligação dupla do fumarato:

$$\text{Fumarato: } {}^{-}OOC(H)C{=}C(H)COO^{-} + H_2O \xrightarrow{\text{fumarase}} {}^{-}OOC{-}CH(OH){-}CH_2{-}COO^{-} \text{ (L-Malato)}$$

Fumarato → **L-Malato**

Faça uma previsão da ação da fumarase sobre o **malato**, o isômero *cis* do fumarato. Explique.

4. Escreva uma equação balanceada da reação catalisada pela quimotripsina entre um éster e um aminoácido.

5. *Hominy grits*, um tipo de canjica apreciada no sul dos Estados Unidos, é feita com milho que foi previamente embebido em uma solução fraca de soda (NaOH). Qual o motivo desse tratamento incomum?

6. Qual das curvas da Fig. 13.5 mostra a maior cooperatividade? Explique.

7. Quais são as vantagens do produto final de uma via metabólica de muitos passos inibir a enzima que catalisa a primeira etapa da via?

8. Quais são os nomes sistemáticos e os números de classificação das enzimas cujos nomes recomendados são hexocinase, di-hidro-orotase e catalase?

9. Qual tipo de enzima (Tabela 13.3) cataliza as seguintes reações?

(a) $$H{-}C(COO^{-})(NH_3^{+}){-}CH_3 \longrightarrow H_3C{-}C(COO^{-})(NH_3^{+}){-}H$$

(b) $$CH_3{-}C(=O){-}COO^{-} + H^{+} \longrightarrow CH_3{-}C(=O){-}H + O{=}C{=}O$$

(c) $$CH_3{-}C(=O){-}COO^{-} + NADH + H^{+} \longrightarrow HO{-}C(COO^{-})(CH_3){-}H + NAD^{+}$$

(d) $$H{-}C(COO^{-})(NH_3^{+}){-}(CH_2)_2{-}C(=O)O^{-} + ATP + NH_4^{+} \longrightarrow H{-}C(COO^{-})(NH_3^{+}){-}(CH_2)_2{-}C(=O)NH_2 + ADP + P_i$$

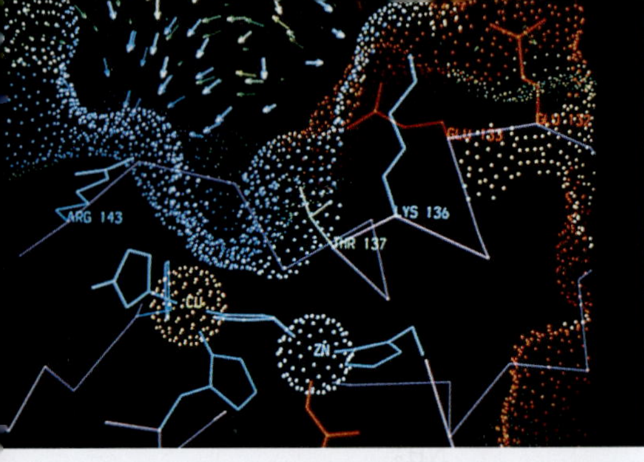

CAPÍTULO 14

Velocidades das Reações Enzimáticas

Cinética é o estudo da velocidade das reações químicas. O principal objetivo desse tipo de estudos é obter conhecimento sobre os mecanismos das reações, isto é, obter uma descrição detalhada das várias etapas do processo da reação e da sequência em que ocorrem. A termodinâmica, como foi visto no Capítulo 3, mostra se um dado processo pode ocorrer espontaneamente, mas fornece poucas indicações sobre sua natureza ou mesmo sobre a existência das etapas que o compõem. Diferentemente, *a velocidade da reação e a maneira como ela se modifica em resposta a diferentes condições está intimamente relacionada com os passos da reação, indicando assim o mecanismo da reação.*

Neste capítulo, será estudada a **cinética enzimática**, assunto de grande importância prática na bioquímica porque:

1. É por meio de estudos cinéticos que se pode determinar as afinidades de ligação de substratos e de inibidores a uma enzima e a eficiência catalítica máxima de uma enzima pode ser estabelecida.
2. O mecanismo catalítico das enzimas pode ser determinado pela associação de dados sobre a variação da reação enzimática em função das condições da reação com dados químicos e estruturais.
3. A maior parte das enzimas, como será visto nos próximos capítulos, atua como componente de vias metabólicas. O estudo da cinética das reações enzimáticas permite entender o papel das enzimas no processo metabólico geral.
4. Em condições apropriadas, a velocidade das reações catalisadas por enzimas é proporcional à quantidade de enzima presente, de modo que a maioria dos ensaios enzimáticos (determinação da quantidade de enzima presente) é fundamentada em estudos cinéticos da enzima em questão. Por essa razão, as determinações de velocidades de reações catalisadas por enzima estão entre os procedimentos mais comuns usados em bioquímica e análise clínica.

A discussão sobre a cinética enzimática começará com uma revisão da cinética química, porque a cinética das enzimas baseia-se no formalismo dessa área de estudo. A seguir, deduz-se as equações básicas da cinética enzimática, descreve-se os efeitos de inibidores sobre as enzimas e considera-se como a velocidade da reação enzimática varia em função do pH. Por fim, será feito um resumo da cinética de reações enzimáticas complexas.

Cinética é um assunto matemático. Embora ocasionalmente a dedução das equações cinéticas seja detalhada, o nível de conhecimento matemático necessário não deve amedrontar qualquer um que conheça cálculo elementar. Mesmo assim, para evitar que detalhes matemáticos escondam os princípios básicos da enzimologia, as deduções, exceto as das equações cinéticas mais importantes, foram colocadas no apêndice do capítulo. Para se ter um conhecimento mais aprofundado da cinética enzimática deve consultar o apêndice.

1 CINÉTICA QUÍMICA

A cinética enzimática é um ramo da cinética química e, como tal, compartilha muito do mesmo formalismo matemático. Nesta seção, serão revisados os princípios da cinética química para que se possa aplicá-los nas reações catalisadas por enzimas.

A. *Reações elementares*

Uma reação com uma estequiometria geral

$$A \longrightarrow P$$

pode ocorrer por uma sequência de **reações elementares** (um processo molecular simples) de tal forma que

$$A \longrightarrow I_1 \longrightarrow I_2 \longrightarrow P$$

em que A representa os reagentes, P os produtos e I_1 e I_2 simbolizam os **intermediários** da reação. *A caracterização das reações elementares que compõem a reação total constitui-se na descrição mecanística da reação.*

a. Equações de velocidade

A uma temperatura constante, as velocidades das reações elementares variam diretamente com a concentração dos reagentes. Considerando uma reação geral simples:

$$aA + bB + \cdots + zZ \longrightarrow P$$

A velocidade deste processo é proporcional à frequência com que as moléculas de reagentes se encontram, isto é, é proporcional ao produto das concentrações dos reagentes. Isso é expresso pela equação seguinte, a **equação da velocidade**.

$$\text{Velocidade} = k[A]^a[B]^b\cdots[Z]^z \qquad [14.1]$$

em que k é uma constante de proporcionalidade conhecida como **constante de velocidade**. A **ordem** da reação é definida como $(a + b + \cdots + z)$, isto é, a soma dos expoentes da reação de velocidade. *No caso de uma reação simples, a ordem corresponde à **molecularidade** da reação, isto é, o número de moléculas que devem colidir simultaneamente.* Assim, a reação simples A → P é um exemplo de uma reação de **primeira ordem** ou **unimolecular**, ao passo que as reações simples 2A → P e A + B →P são exemplos de reação de **segunda ordem** ou **bimolecular**. Reações unimoleculares ou bimoleculares são muito comuns. Reações **trimoleculares** não são comuns e reações de quarta ordem ou mais são desconhecidas. Isso porque a colisão simultânea de 3 moléculas é um evento raro, e a colisão simultânea de quatro ou mais moléculas praticamente nunca ocorre.

B. *Velocidade de reação*

Pode-se determinar experimentalmente a ordem de uma reação medindo-se [A] ou [P] em função do tempo, isto é,

$$v = -\frac{d[A]}{dt} = \frac{d[P]}{dt} \qquad [14.2]$$

em que v é a taxa ou a **velocidade** da reação. Para a reação de primeira ordem A → P:

$$v = -\frac{d[A]}{dt} = k[A] \qquad [14.3a]$$

Para uma reação de segunda ordem como a reação 2A → P:

$$v = -\frac{d[A]}{dt} = k[A]^2 \qquad [14.3b]$$

enquanto para a reação A + B → P, que é de primeira ordem para [A] e de primeira ordem para [B],

$$v = -\frac{d[A]}{dt} = -\frac{d[B]}{dt} = k[A][B] \qquad [14.3c]$$

As constantes de velocidade de primeira e de segunda ordem devem ter unidades diferentes. Quanto às unidades, v na Equação [14.3a] é expressa em $M \cdot s^{-1} = kM$. Consequentemente, para balancear a Equação [14.3a], k deve ter como unidade a recíproca de segundos (s^{-1}). De maneira semelhante, para uma reação de segunda ordem, $M \cdot s^{-1} = kM^2$, de modo que a unidade de k é $M^{-1} \cdot s^{-1}$.

A ordem de uma dada reação pode ser determinada medindo-se a concentração do reagente ou do produto em função do tempo e enquadrando os valores encontrados em equações que descrevem o comportamento das reações de várias ordens. Para que se possa fazer isso, primeiro é necessário deduzir as equações correspondentes.

a. Equação da reação de primeira ordem

A equação para [A] em função do tempo de uma reação de primeira ordem, A → P, é obtida rearranjando a Equação [14.3a]

$$\frac{d[A]}{[A]} \equiv d\ln[A] = -k\,dt$$

e integrando-a a partir de $[A]_o$ (a concentração inicial de A) para [A] (a concentração de A no tempo t);

$$\int_{[A]_o}^{[A]} d\ln[A] = -k\int_0^t dt$$

Isto resulta em

$$\ln[A] = \ln[A]_o - kt \qquad [14.4a]$$

ou, tomando os antilogarítimos de ambos os lados da equação,

$$[A] = [A]_o e^{-kt} \qquad [14.4b]$$

A Equação [14.4a] é uma equação linear considerando as variáveis ln[A] e t, como está representada na Fig.14.1. Portanto, em uma reação de primeira ordem, o gráfico de ln[A] *versus* t será uma reta cuja inclinação é $-k$ (a negativa da constante de velocidade de primeira ordem) e a intersecção no eixo ln[A] será $\ln[A]_o$.

Substâncias inerentemente instáveis, como os núcleos radioativos, decompõem-se segundo uma reação de primeira ordem (as reações de primeira ordem não estão restritas a reações químicas). Uma das características importantes das reações de primeira ordem é que *o tempo que leva para que metade da quantidade do reagente inicialmente presente se decomponha, o **tempo de meia-vida*** ($t_{1/2}$), é constante, portanto, independente da concentração inicial do reagente. Isso é facilmente demonstrado substituindo-se na Equação [14.4a] [A] por $[A]_o/2$ quando $t = t_{1/2}$ e, então, rearranjando a equação:

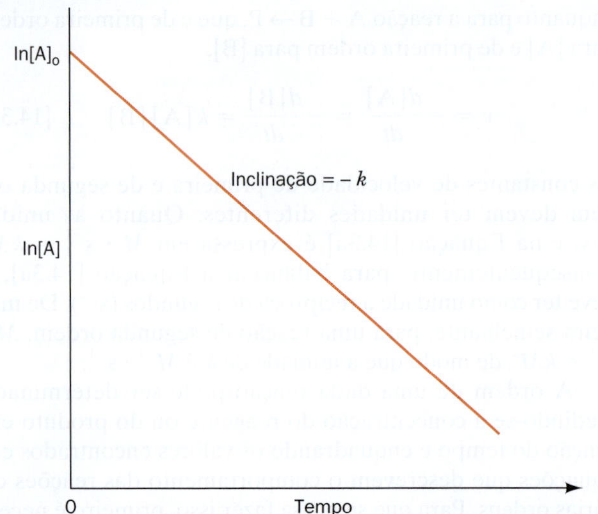

FIGURA 14.1 Gráfico de ln[A] *versus* o tempo para uma reação de primeira ordem. Ilustração da determinação gráfica da constante de velocidade k usando a Equação [14.4a].

$$\ln\left(\frac{[\mathrm{A}]_o/2}{[\mathrm{A}]_o}\right) = -kt_{1/2}$$

Então

$$t_{1/2} = \frac{\ln 2}{k} = \frac{0{,}693}{k} \qquad [14.5]$$

Para que se possa acompanhar o curso de uma reação de primeira ordem, pode-se considerar a decomposição do ^{32}P, um isótopo radioativo, que é amplamente usado na pesquisa bioquímica. Ele tem uma meia-vida de 14 dias. Portanto, após duas semanas, metade do ^{32}P inicialmente presente em uma dada amostra estará decomposto; metade do restante, ou três quartos da amostra original, estará decomposto após mais duas semanas, etc. Portanto, o armazenamento a longo prazo do lixo de ^{32}P não é um grande problema, porque após um ano (26 meias-vidas) restará apenas 1 parte em 2^{26} (uma parte em 67 milhões) da amostra original. Então, quanto permanece após dois anos? Já, o ^{14}C, outro traçador radioativo muito usado, tem uma meia-vida de 5.715 anos. Apenas uma pequena fração de uma quantidade qualquer de ^{14}C é decomposta durante o decorrer de toda a vida de um homem.

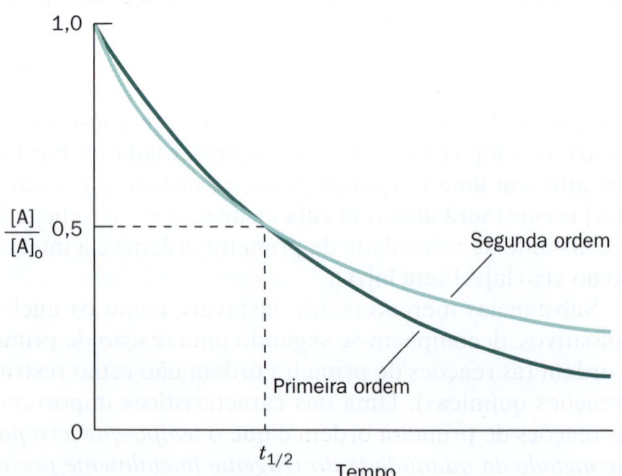

FIGURA 14.2 Comparação das curvas do curso das reações de primeira e de segunda ordem que tenham um mesmo valor de $t_{1/2}$. (Segundo Tinoco, I., Jr., Sauer, K., e Wang, J.C., *Physical Chemistry. Principles and Applications in Biological Sciences* [2nd ed.], *p*. 291, Prentice-Hall [1985].)

b. Equação da reação de segunda ordem para apenas um reagente

Em uma reação de segunda ordem com apenas um tipo de reagente, 2A → P, a variação de [A] com o tempo é diferente daquela que ocorre em uma reação de primeira ordem. Rearranjando a Equação [14.3b] e integrando-a para os mesmos limites usados para a reação de primeira ordem, obtém-se:

$$\int_{[\mathrm{A}]_o}^{[\mathrm{A}]} -\frac{d[\mathrm{A}]}{[\mathrm{A}]^2} = k\int_0^t dt$$

de modo que,

$$\frac{1}{[\mathrm{A}]} = \frac{1}{[\mathrm{A}]_o} + kt \qquad [14.6]$$

considerando as variáveis 1/[A] e t, a Equação [14.6] é uma equação linear. Consequentemente, as Equações [14.4a] e [14.6] podem ser usadas para diferenciar uma reação de primeira ordem de uma reação de segunda ordem. Basta fazer um gráfico ln[A] *versus* t e 1/[A] *versus* t e observar se um desses gráficos forma uma linha reta.

Na Fig. 14.2 há uma comparação entre as diferentes formas das curvas que descrevem o desaparecimento de A em reações de primeira e de segunda ordem com meias-vidas iguais. Observar que antes da primeira meia-vida, a curva da reação de segunda ordem diminui mais rapidamente que a da reação de primeira ordem, contudo, após esse tempo, a diminuição da reação de primeira ordem passa a ser maior. A meia-vida da reação de segunda ordem é expressa por $t_{1/2} = 1/(k[\mathrm{A}_o])$ e, portanto, ao contrário da reação de primeira ordem, ela depende da concentração inicial do reagente.

C. *Teoria do estado de transição*

O objetivo da teoria cinética é descrever as reações nos termos das propriedades físicas das moléculas reagentes. Para isso Henry Eyring construiu na década de 1930 um modelo teórico que considera explicitamente as estruturas das moléculas reagentes e a maneira com que elas colidem. Essa visão dos processos de reação, conhecida como **teoria do estado de transição** ou **teoria da velocidade absoluta**, é o fundamento da teoria cinética moderna e fornece um esqueleto extremamente útil para entender as reações catalisadas por enzimas.

a. Estado de transição

Considerando a reação bimolecular mais simples, envolvendo três átomos, A, B e C:

$$\mathrm{A{-}B} + \mathrm{C} \longrightarrow \mathrm{A} + \mathrm{B{-}C}$$

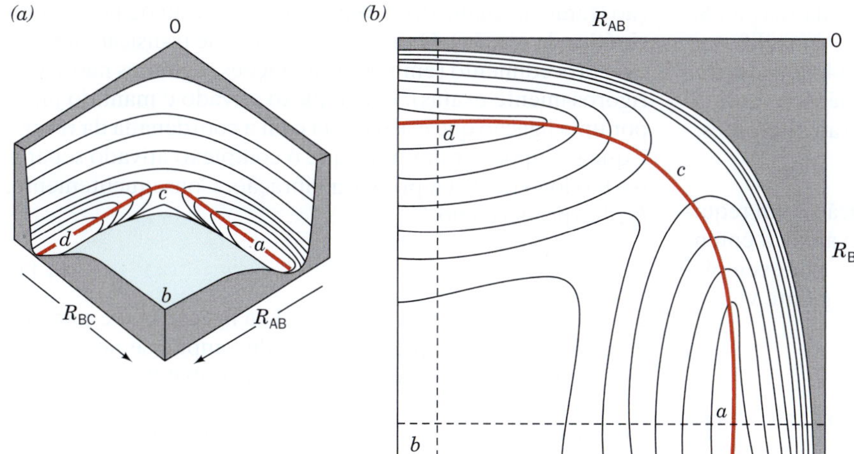

FIGURA 14.3 **Energia potencial do sistema colinear H + H_2 em função das distâncias internucleares, R_{AB} e R_{BC}.** A reação é representada por (*a*) um desenho em perspectiva e (*b*) na forma do diagrama de contorno correspondente. Os pontos *a* e *d* aproximam-se da energia potencial mínima, *b* aproxima-se da máxima e *c* é o ponto em forma de cela. (Segundo Frost, A.A., e Pearson, R.G., *Kinetics and Mechanism* [2nd ed.], *p*. 80, Willey [1961].)

Obviamente, o átomo C deve aproximar-se da molécula diatômica A—B de maneira tal que, em algum momento da reação, exista um complexo (instável) de alta energia (representado por A—B—C) no qual a ligação covalente A—B esteja em processo de rompimento, enquanto a ligação B—C esteja em processo de formação.

Considera-se o exemplo mais simples desse tipo de ligação: a ligação de um átomo de hidrogênio com o hidrogênio diatômico (H_2) para produzir uma nova molécula de H_2 e um outro átomo de hidrogênio:

$$H_A—H_B + H_C \longrightarrow H_A + H_B—H_C$$

A energia potencial deste sistema triatômico está representada, em função das posições relativas dos átomos componentes, na Fig. 14.3. O gráfico tem a forma de dois vales longos e profundos, paralelos aos eixos das coordenadas, com paredes abruptas aparecendo a partir dos eixos e outras menos acentuadas que chegam até um platô onde as duas coordenadas são grandes (a região do ponto *b*). Os dois vales são unidos por uma zona de divisor de águas em forma de cela, perto da origem do diagrama (ponto *c*). A configuração de energia mínima é aquela na qual há uma molécula de H_2 e um átomo isolado, isto é, uma coordenada com valor alto e a outra correspondendo a distância da ligação covalente do H_2 (perto dos pontos *a* [os reagentes] e *d* [os produtos]). Geralmente, durante a colisão os reagentes aproximam-se um do outro com apenas uma pequena variação do valor da energia mínima da via da reação (a linha *a—c—d*) porque qualquer outra trajetória necessitaria uma energia muito maior. À medida que o átomo e a molécula se aproximam, aumenta a repulsão de um pelo outro (aumentando suas energias potenciais) e eles então normalmente se separam. *Se, entretanto o sistema tiver energia cinética suficiente para que o processo de coalescência continue, haverá o enfraquecimento da ligação covalente da molécula de H_2 até que o sistema atinja o divisor de águas (ponto* c*), onde a probabilidade de que a reação ocorra é igual à probabilidade de que o sistema se decomponha de volta aos reagentes*. Dessa maneira, diz-se que, no ponto desse divisor de águas, o sistema está em seu **estado de transição**, sendo assim um **complexo ativado**. Fundamentalmente, uma vez que a concentração do complexo ativado é pequena, postula-se que *a decomposição do complexo ativado é o processo que determina a velocidade da reação.*

A via da reação de menor energia livre é conhecida como a ***coordenada da reação***. A Fig. 14.4*a*, que é chamada de **diagrama do estado de transição**, mostra a energia livre do sistema H + H_2 ao longo da coordenada da reação (linha *a—c—d* da Fig. 14.3). Pode-se ver que o estado de transição é

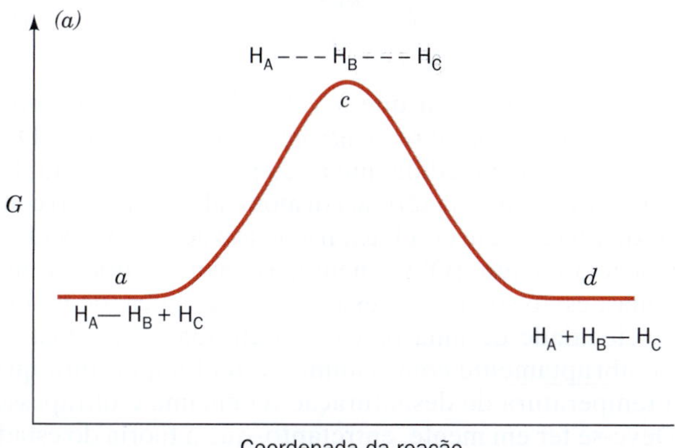

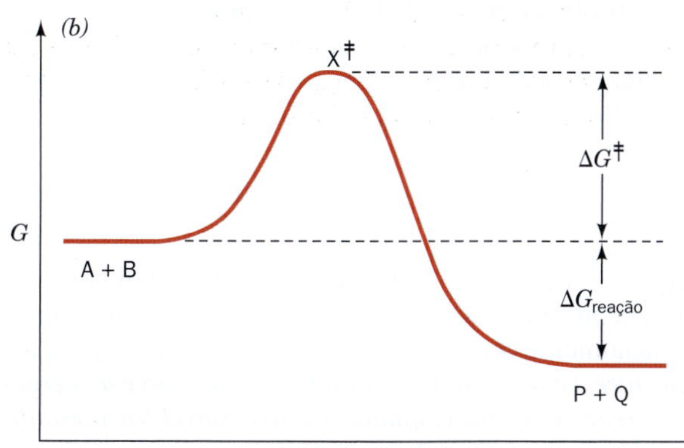

FIGURA 14.4 **Diagramas de estado de transição.** (*a*) Para a reação H + H_2. Este é um segmento tomado ao longo da linha *a—c—d* da Fig. 14.3. (*b*) Para uma reação espontânea, isto é, uma reação na qual a energia livre decresce.

o ponto de maior energia livre na coordenada da reação. Se os átomos de um sistema triatômico forem de tipos diferentes, como está mostrado no diagrama da Fig. 14.4*b*, o diagrama de transição de estado não será mais simétrico, porque as energias livres dos reagentes e produtos serão diferentes.

b. Termodinâmica e o estado de transição

A percepção de que atingir o estado de transição é um requisito central para qualquer processo de reação ajuda a entender os mecanismos da reação detalhadamente. Por exemplo, tomando uma reação bimolecular que siga a seguinte via:

$$A + B \underset{}{\overset{K^{\ddagger}}{\rightleftharpoons}} X^{\ddagger} \xrightarrow{k'} P + Q$$

em que $X^{\ddagger}$ representa o complexo ativado. Portanto, considerando a discussão anterior,

$$\frac{d[P]}{dt} = k[A][B] = k'[X^{\ddagger}] \qquad [14.7]$$

em que k é a constante de velocidade normal para a reação e k' é a constante de velocidade para a decomposição de $X^{\ddagger}$ formando os produtos.

Diferentemente das moléculas estáveis, como A e P, que ocorrem em estado de energia mínima, os complexos ativados ocorrem em um estado de energia máxima, sendo, portanto, somente metaestáveis (como uma bola suspensa em um pino). Mesmo assim, a teoria do estado de transição supõe que $X^{\ddagger}$ mantenha-se em rápido equilíbrio com os reagentes, ou seja:

$$K^{\ddagger} = \frac{X^{\ddagger}}{[A][B]} \qquad [14.8]$$

sendo que $K^{\ddagger}$ é a constante de equilíbrio. *Esse pressuposto central da teoria do estado de equilíbrio permite que o poderoso formalismo da termodinâmica seja aplicado à teoria da velocidade da reação.*

Se $K^{\ddagger}$ é uma constante de equilíbrio, ela pode ser expressa na forma de:

$$-RT \ln K^{\ddagger} = \Delta G^{\ddagger} \qquad [14.9]$$

em que $\Delta G^{\ddagger}$ é a energia livre de Gibbs do complexo ativado menos a energia livre dos reagentes (Fig. 14.4*b*), T é a temperatura absoluta e R (= 8,3145 J · K^{-1} · mol^{-1}) é a constante dos gases (esta relação entre as constantes de equilíbrio e a energia livre está deduzida na Seção 3.4A). Então, a combinação das Equações [14.7] e [14.9] produz

$$\frac{d[P]}{dt} = k'\, e^{-\Delta G^{\ddagger}/RT}[A][B] \qquad [14.10]$$

Esta equação indica que a velocidade da reação depende não apenas da concentração dos reagentes, mas também diminui exponencialmente com $\Delta G^{\ddagger}$. *Portanto, quanto maior for a diferença entre a energia livre do estado de transição e a energia livre dos reagentes, isto é, quanto menos estável for o estado de transição, menos a reação prosseguirá.*

Para continuar o raciocínio, agora avalia-se k', a constante de velocidade para a passagem do complexo ativado sobre o máximo de energia, no diagrama do estado de transição (também chamado de **barreira de ativação** ou de **barreira cinética** da reação). O modelo de estado de transição permite esse procedimento (embora as deduções seguintes não sejam rigorosamente exatas). O complexo ativado é mantido junto por uma ligação que é associada com a coordenada da reação e que se supõe ser tão fraca que o complexo ativado separa-se tão logo ocorra a primeira vibração. Consequentemente, k', é expresso como

$$k' = \kappa\nu \qquad [14.11]$$

em que ν é a frequência vibracional da ligação que é rompida à medida que o complexo ativado decompõe-se nos produtos, o **coeficiente de transmissão**, é a probabilidade de que o rompimento do complexo ativado, $X^{\ddagger}$, siga na direção da formação dos produtos em vez de retornar na direção dos reagentes. Para a maioria das reações espontâneas que ocorrem em solução, k tem um valor entre 0,5 e 1,0; no caso da reação colinear H + H_2, foi visto que k = 0,5.

Está praticamente sendo finalizada a tarefa de avaliar k'. Tudo o que resta é determinar o valor de ν. A lei de Planck estabelece que

$$\nu = \varepsilon/h \qquad [14.12]$$

em que, neste caso, ε é a energia de vibração média que leva à decomposição de $X^{\ddagger}$ e h (= 6,6261 × 10^{-34} J · s) é a constante de Planck. A mecânica estatística diz que, a uma temperatura T, a energia clássica de um oscilador é

$$\varepsilon = k_B T \qquad [14.13]$$

em que k_B (= 1,3807 × 10^{-23} J · K^{-1}) é uma constante conhecida como **constante de Boltzmann** e $k_B T$ é, essencialmente, a energia térmica disponível. Combinando a Equação [14.11] com a Equação [14.13]

$$k' = \frac{\kappa k_B T}{h} \qquad [14.14]$$

Então, supondo (como é feito para a maioria das reações) que k = 1 (raramente o valor de k pode ser calculado com segurança), a combinação das Equações [14.7] e [14.10] produz a expressão para a constante de velocidade k da reação elementar:

$$k = \frac{k_B T}{h} e^{-\Delta G^{\ddagger}/RT} \qquad [14.15]$$

Esta equação indica que *a velocidade de reação diminui quando a energia livre de ativação, $\Delta G^{\ddagger}$, aumenta.* De maneira inversa, à medida que a temperatura aumenta, há um aumento da energia térmica disponível para fazer o complexo de reação vencer a barreira de ativação, a velocidade de reação aumenta. (Obviamente, as enzimas, por serem proteínas, estão sujeitas à desnaturação térmica, de modo que a velocidade de uma reação, catalisada enzimaticamente, cai abruptamente com o aumento da temperatura quando a temperatura de desnaturação da enzima é ultrapassada). Deve-se ter em mente, entretanto, que a teoria do estado de transição é um modelo ideal. Os sistemas reais têm comportamentos mais complicados, embora qualitativamente sejam similares.

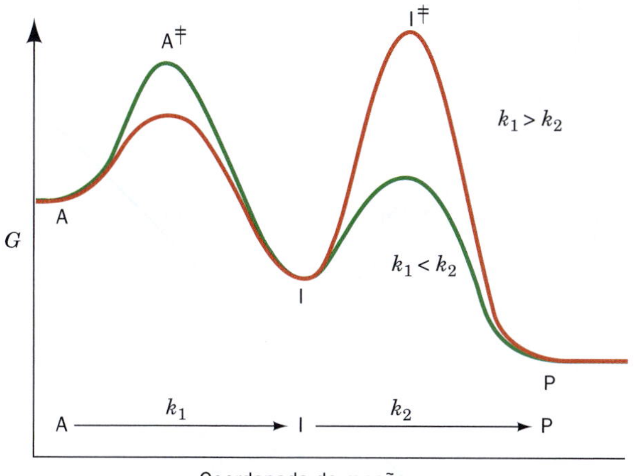

FIGURA 14.5 Diagrama do estado de transição para uma reação geral A →I →P. Para $k_1 < k_2$ (*curva verde*), a primeira etapa é a etapa limitante da velocidade, enquanto, se $k_1 > k_2$ (*curva vermelha*), a segunda etapa é que é a etapa limitante.

c. Reações em várias etapas têm uma etapa que determina a velocidade

Uma vez que, normalmente, as reações químicas são formadas por várias etapas de reações elementares, passa-se a considerar como a teoria do estado de transição trata essas reações. Para uma reação de várias etapas como

$$A \xrightarrow{k_1} I \xrightarrow{k_2} P$$

em que I é um intermediário da reação, há um complexo ativado para cada uma das etapas da reação; a forma do diagrama do estado de transição para reações desse tipo reflete as velocidades relativas das reações intermediárias envolvidas. Para esta reação, se a primeira etapa for mais lenta do que a segunda ($k_1 < k_2$), a barreira de ativação da primeira etapa será maior do que a da segunda, e o contrário acontecerá caso a segunda etapa de reação seja a mais lenta (Fig. 14.5). Uma vez que a velocidade de formação do produto P só pode ser tão rápida quanto a velocidade da etapa mais lenta, se *uma das etapas de uma reação de muitas etapas for muito mais lenta que a outra, a etapa mais lenta age como um gargalo e diz-se que é **a etapa que determina a velocidade** da reação.*

d. A catálise reduz $\Delta G^{\ddagger}$

A bioquímica, obviamente, está mais preocupada com as reações catalisadas por enzimas. *Para que uma reação seja catalisada, os catalisadores agem diminuindo a barreira de ativação (Fig. 14.6)*. Se um catalisador diminuir a barreira de ativação de uma reação por $\Delta\Delta G^{\ddagger}_{cat}$, então, de acordo com a Equação [14.15], a velocidade da reação é aumentada por um fator de $e^{\Delta\Delta G^{\ddagger}_{cat}/RT}$. Portanto, um aumento de velocidade de 10 vezes requer que $\Delta\Delta G^{\ddagger}_{cat}$ seja igual a 5,71 kJ · mol^{-1}, menos do a que metade da energia de uma ligação de hidrogênio típica. Quando $\Delta\Delta G^{\ddagger}_{cat}$ = 34,25 kJ · mol^{-1}, há um aumento de um milhão de vezes na velocidade da reação, uma pequena fração da energia da maioria das ligações covalentes. O aumento da velocidade, portanto, é uma função muito sensível à $\Delta\Delta G^{\ddagger}_{cat}$.

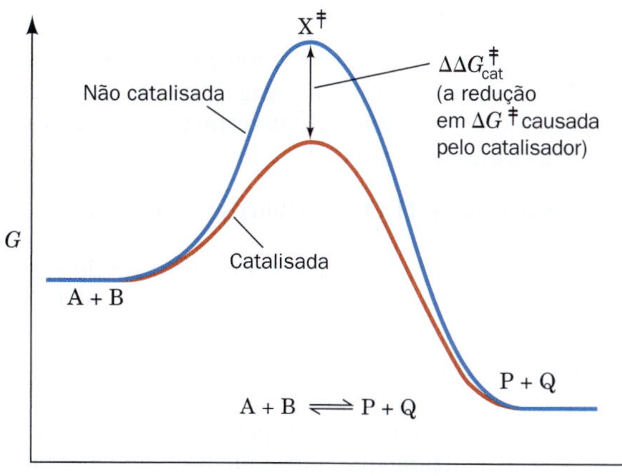

FIGURA 14.6 O efeito de um catalisador sobre o diagrama do estado de transição de uma reação. Neste caso, $\Delta G^{\ddagger} = \Delta G^{\ddagger}_{não\ cat} - \Delta G^{\ddagger}_{cat}$.

É importante notar que a barreira cinética é diminuída igualmente tanto para a reação direta quanto para a reação inversa (Fig.14.6). Consequentemente, um catalisador acelera igualmente as reações direta e inversa de modo que a constante de equilíbrio não se altera. Os mecanismos químicos por meio dos quais as enzimas diminuem as barreiras de ativação são objeto de discussão da Seção 15.1, quando será visto que, geralmente, os mecanismos mais potentes envolvem a ligação da enzima ao estado de transição ao invés da ligação ao substrato.

2 CINÉTICA ENZIMÁTICA

Ver Exploração guiada 12: Cinética de Michaelis-Menten, gráficos de Lineweaver-Burk e inibição enzimática As reações químicas da vida são mediadas por enzimas. Esses catalisadores são impressionantes, como foi visto no Capítulo 13, pois são altamente específicos para determinadas reações. Coletivamente são extremamente versáteis, pois as muitos milhares de enzimas conhecidas realizam reações tão diversas como reações de hidrólise, polimerização, transferência de grupos funcionais, oxidorredução, desidratação e isomerização, apenas para mencionar as classes mais comuns de reações mediadas por enzimas. As enzimas não são superfícies passivas sobre as quais as reações ocorrem, pelo contrário, elas são máquinas moleculares complexas que funcionam por meio de uma grande diversidade de mecanismos. Por exemplo, algumas enzimas agem apenas em uma única molécula de substrato, outras, agem sobre dois ou mais substratos diferentes seguindo uma ordem de ligação que pode ser ou não ser obrigatória. Algumas enzimas formam complexos intermediários covalentemente ligados aos seus substratos e outras não.

A determinação da cinética de reações catalisadas por enzimas encontra-se entre as mais poderosas técnicas que existem para elucidar o mecanismo catalítico das enzimas. O restante deste capítulo é dedicado principalmente ao desenvolvimento de ferramentas cinéticas que são extremamente úteis na determinação de mecanismos cinéticos. Inicia-se esta seção com uma apresentação da teoria básica da cinética enzimática.

A. A equação de Michaelis-Menten

O estudo da cinética enzimática começou em 1902, quando Adrian Brown relatou uma investigação sobre a velocidade da hidrólise da sacarose pela **invertase** (agora conhecida como **β-frutofuranosidase**) de levedura:

$$\text{Sacarose} + H_2O \longrightarrow \text{glicose} + \text{frutose}$$

Brown demonstrou que quando a concentração de sacarose é muito maior do que a concentração da enzima a velocidade da reação torna-se independente da concentração de sacarose, isto é, em relação à sacarose a reação é de **ordem zero**. Consequentemente, ele propôs que a reação total é formada por duas reações elementares nas quais o substrato forma um complexo com a enzima que, subsequentemente, decompõe-se nos produtos e na enzima:

$$E + S \underset{k_{-1}}{\overset{k_1}{\rightleftharpoons}} ES \xrightarrow{k_2} P + E$$

em que E, S, ES e P simbolizam, respectivamente, a enzima, o substrato, o **complexo enzima-substrato** e os produtos (no caso de enzimas formadas por múltiplas subunidades iguais, E refere-se aos sítios ativos e não a moléculas de enzima). Segundo este modelo, *quando a concentração do substrato for alta o suficiente para converter complemente a enzima na forma ES, a segunda etapa da reação torna-se a etapa limitante da velocidade e a velocidade total da reação é insensível ao aumento da concentração do substrato.*

A expressão geral para a **velocidade** desta reação é

$$v = \frac{d[P]}{dt} = k_2[ES] \qquad [14.16]$$

A velocidade total da produção de ES é a diferença entre as velocidades das reações elementares que levam ao seu aparecimento e as que levam ao seu desaparecimento:

$$\frac{d[ES]}{dt} = k_1[E][S] - k_{-1}[ES] - k_2[ES] \qquad [14.17]$$

Esta equação não pode ser integrada explicitamente sem que se aceite algumas simplificações. São duas as possibilidades:

1. **Supor o equilíbrio:** em 1913, Leonor Michaelis e Maude Menten, estudando um trabalho anterior de Victor Henri, propuseram que $k_{-1} >> k_2$, de modo que a primeira etapa da reação atinge o equilíbrio.

$$K_S = \frac{k_{-1}}{k_1} = \frac{[E][S]}{[ES]} \qquad [14.18]$$

em que K_s é a constante de dissociação da primeira etapa da reação enzimática. Com essa suposição, a Equação 14.17 pode ser integrada. Mesmo que geralmente essa suposição não seja correta, mas em reconhecimento à importância desse trabalho pioneiro, o complexo não covalente enzima-substrato (ES) é conhecido como **complexo de Michaelis**.

2. **Supor o estado estacionário:** a Fig. 14.7 ilustra a curva do progresso dos vários participantes da reação, segundo o modelo anterior, sob condições fisiológicas normais nas quais os substratos estão em excesso em relação à enzima. À exceção do estágio inicial da reação, a assim chamada **fase transitória**, que normalmente leva menos do que milissegundos (para misturar a enzima e o substrato), [ES] permanece aproximadamente constante até que o substrato seja exaurido. Então, durante a maior parte do curso da reação, a velocidade de síntese de ES deve ser igual à velocidade de seu consumo, isto é, [ES] mantém-se em **equilíbrio estacionário**. Pode-se então supor, com um grau considerável de certeza, que [ES] é constante. Isto é,

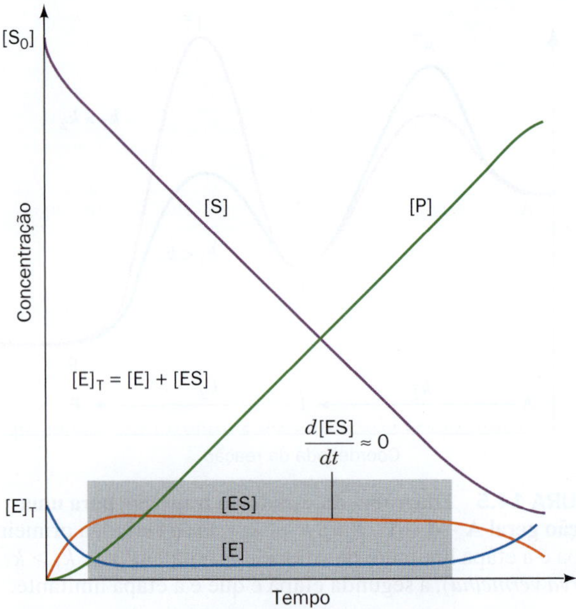

FIGURA 14.7 Curvas da progressão dos componentes de uma reação de Michaelis-Menten simples. Observe que, com exceção da fase transitória da reação, que ocorre antes do bloco sombreado, as inclinações das curvas da progressão de [E] e [ES] são essencialmente zero, desde que $[S] >> [E]_T$ (dentro do bloco sombreado). (Segundo Segel, I.H. *Enzyme Kinetics*, p. 27, Wiley [1975].) **Ver Figuras animadas**

$$\frac{d[ES]}{dt} = 0 \qquad [14.19]$$

Essa **suposição do estado estacionário** foi proposta pela primeira vez, em 1925, por G. E. Briggs e John B. S. Haldane.

Para que possa ser usada, a expressão da cinética das reações totais deve ser formulada em termos de quantidades mensuráveis experimentalmente. As quantidades [ES] e [E] geralmente não são mensuráveis diretamente, ao contrário da concentração total da enzima,

$$[E]_T = [E] + [ES] \qquad [14.20]$$

que pode ser determinada com facilidade. A dedução da equação da velocidade da reação enzimática está apresentada a seguir. Combinando a Equação [14.17] com a suposição do estado estacionário, Equação [14.19], e com a condição de conservação, Equação [14.20], obtém-se

$$k_1([E]_T - [ES])[S] = (k_{-1} + k_2)[ES]$$

que, rearranjando, torna-se

$$[\mathrm{ES}](k_{-1} + k_2 + k_1[\mathrm{S}]) = k_1[\mathrm{E}]_\mathrm{T}[\mathrm{S}]$$

Dividindo ambos os lados por k_1 e resolvendo para [ES],

$$[\mathrm{ES}] = \frac{[\mathrm{E}]_\mathrm{T}[\mathrm{E}]}{K_M + [\mathrm{S}]}$$

em que K_M, conhecida como **constante de Michaelis**, é definida como

$$K_M = \frac{k_{-1} + k_2}{k_1} \qquad [14.21]$$

O significado dessa constante de suma importância é discutido a seguir.

A partir da Equação [14.16], a **velocidade inicial** da reação pode então ser expressa nos termos das quantidades experimentalmente mensuráveis $[\mathrm{E}]_\mathrm{T}$ e [S]:

$$v_\mathrm{o} = \left(\frac{d[\mathrm{P}]}{dt}\right)_{t=t_\mathrm{S}} = k_2[\mathrm{ES}] = \frac{k_2[\mathrm{E}]_\mathrm{T}[\mathrm{S}]}{K_M + [\mathrm{S}]} \qquad [14.22]$$

em que t_s é o tempo no qual o equilíbrio estacionário é atingido (geralmente milissegundos depois de $t = 0$). O uso da velocidade inicial (tomada operacionalmente como a velocidade medida antes que mais do que 10% do substrato converta-se em produto), no lugar de simplesmente a velocidade, minimiza fatores complicadores como os efeitos das reações reversíveis, a inibição da enzima pelos produtos e a inativação progressiva da enzima.

A **velocidade máxima** da reação, $V_{máx}$, ocorre em altas concentrações de substrato, quando a enzima está **saturada**, o que corresponde a quando ela estiver inteiramente na forma de ES:

$$V_\mathrm{máx} = k_2[\mathrm{E}]_\mathrm{T} \qquad [14.23]$$

Então, combinando as Equações [14.22] e [14.23], obtém-se

$$v_\mathrm{o} = \frac{V_\mathrm{máx}[\mathrm{S}]}{K_M + [\mathrm{S}]} \qquad [14.24]$$

Esta expressão, a ***equação de Michaelis-Menten****, é a equação básica da cinética enzimática.* Ela descreve uma hipérbole retangular como a que está no gráfico da Fig. 14.8 (embora esta curva esteja em uma rotação de 45° e extrapolada para a origem em relação aos exemplos de hipérboles utilizados na maioria dos textos de álgebra elementar). A curva da função da saturação da mioglobina por oxigênio, Equação [10.4], tem a mesma forma.

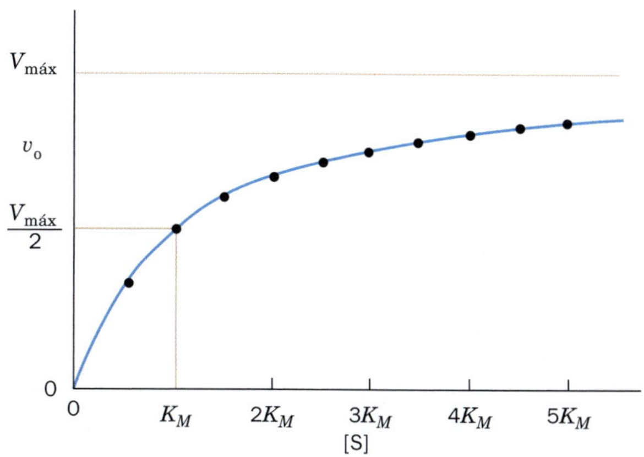

FIGURA 14.8 Gráfico da velocidade inicial v_o de uma reação de Michaelis-Menten simples *versus* a concentração do substrato [S]. Os pontos estão colocados em intervalos de 0,5 -K_M de concentração de substrato entre 0,5 K_M e 5 K_M. **Ver Figuras animadas**

a. O significado da constante de Michaelis

A constante de Michaelis, K_M, tem uma definição operacional simples. Na concentração de substrato em que [S] = [K_M], a Equação [14.24] leva a que $v_o = V_{máx}/2$, portanto K_M *é a concentração de substrato na qual a velocidade da reação é metade da velocidade máxima.* Consequentemente, se uma enzima tiver um valor de K_M pequeno, ela atinge o máximo de eficiência catalítica em baixas concentrações de substrato.

A magnitude do K_M varia amplamente com o tipo de enzima e a natureza do substrato (Tabela 14.1). Ela é também uma função da temperatura e do pH (ver a Seção 14.4). A constante de Michaelis (Equação [14.21]) também pode ser expressa como:

$$K_M = \frac{k_{-1}}{k_1} + \frac{k_2}{k_1} = K_\mathrm{S} + \frac{k_2}{k_1} \qquad [14.25]$$

TABELA 14.1 Valores de K_M, k_{cat} e de k_{cat}/K_M de algumas enzimas e substratos

Enzima	Substrato	$K_M (M)$	k_{cat} (s^{-1})	k_{cat}/K_M ($M^{-1} \cdot s^{-1}$)
Acetilcolinesterase	Acetilcolina	$9{,}5 \times 10^{-5}$	$1{,}4 \times 10^{4}$	$1{,}5 \times 10^{8}$
Anidrase carbônica	CO_2	$1{,}2 \times 10^{-2}$	$1{,}0 \times 10^{6}$	$8{,}3 \times 10^{7}$
	HCO_3^-	$2{,}6 \times 10^{-2}$	$4{,}0 \times 10^{5}$	$1{,}5 \times 10^{7}$
Catalase	H_2O_2	$2{,}5 \times 10^{-2}$	$1{,}0 \times 10^{7}$	$4{,}0 \times 10^{8}$
Quimotripsina	*N*-Acetilglicina etil éster	$4{,}4 \times 10^{-1}$	$5{,}1 \times 10^{-2}$	$1{,}2 \times 10^{-1}$
	N-Acetilvalina etil éster	$8{,}8 \times 10^{-2}$	$1{,}7 \times 10^{-1}$	1,9
	N-Acetiltirosina etil éster	$6{,}6 \times 10^{-4}$	$1{,}9 \times 10^{2}$	$2{,}9 \times 10^{5}$
Fumarase	Fumarato	$5{,}0 \times 10^{-6}$	$8{,}0 \times 10^{2}$	$1{,}6 \times 10^{8}$
	Malato	$2{,}5 \times 10^{-5}$	$9{,}0 \times 10^{2}$	$3{,}6 \times 10^{7}$
Superóxido-dismutase	Íon superóxido ($O_2^{\cdot-}$)	$3{,}6 \times 10^{-4}$	$1{,}0 \times 10^{6}$	$2{,}8 \times 10^{9}$
Urease	Ureia	$2{,}5 \times 10^{-2}$	$1{,}0 \times 10^{4}$	$4{,}0 \times 10^{5}$

Uma vez que K_s é a constante de dissociação do complexo de Michaelis, à medida que K_s diminui, a afinidade da enzima pelo substrato aumenta. K_M, portanto, também é uma medida da afinidade da enzima pelo seu substrato, desde que k_2/k_1 seja pequeno se comparado com K_s, isto é, $k_2 < k_{-1}$.

B. *Análise dos dados cinéticos*

Há vários métodos para determinar os valores dos parâmetros da equação de Michaelis-Menten. Quando [S] tem valores muito altos, a velocidade inicial v_0 aproxima-se assintoticamente a $V_{máx}$. Na prática, entretanto, é muito difícil obter o valor de $V_{máx}$ com precisão a partir dos gráficos de v_0 *versus* [S], como na Fig.14.8. Mesmo em concentrações tão altas de substrato como $[S] = 10\ K_M$, a Equação [14.24] indica que v_o é apenas 91% da $V_{máx}$, de modo que o valor obtido pela extrapolação da assintota será, com toda certeza, subestimado.

Um método melhor para determinar os valores de $V_{máx}$ e K_M, que foi formulado por Hans Lineweaver e Dean Burk, usa a recíproca da Equação [14.24]:

$$\frac{1}{v_0} = \left(\frac{K_M}{V_{máx}}\right)\frac{1}{[S]} + \frac{1}{V_{máx}} \qquad [14.26]$$

Esta equação ($1/v_o$ e $1/[S]$) é linear. Se essas grandezas forem colocadas em um gráfico, o denominado gráfico de **Lineweaver-Burk** ou gráfico **duplo-recíproco**, a inclinação da linha é $K_M/V_{máx}$, $1/v_0$ intercepta $1/V_{máx}$, e a intersecção da extrapolação de $1/[S]$ é $-1/K_M$ (Fig. 14.9). Este gráfico tem uma desvantagem. Uma vez que a maioria das medições experimentais envolve concentrações relativamente altas de [S], os pontos, portanto, acumulam-se no lado esquerdo do gráfico. Assim, para valores pequenos de [S], pequenos erros na v_0 levam a grandes erros em $1/v_0$ e, consequentemente, a grandes erros em K_M *e* $V_{máx}$.

Vários outros tipos de gráficos, cada qual com suas vantagens e desvantagens, foram desenvolvidos para a determinação de $V_{máx}$ e K_M a partir de dados cinéticos. Com o advento dos computadores, entretanto, os dados cinéticos são geralmente analisados por tratamentos estatísticos matematicamente sofisticados. Contudo, os gráficos de Lineweaver-Burk são inestimáveis tanto para a apresentação visual dos dados cinéticos como também são úteis para analisar dados cinéticos de enzimas que usam mais do que um substrato (Seção 14.5C).

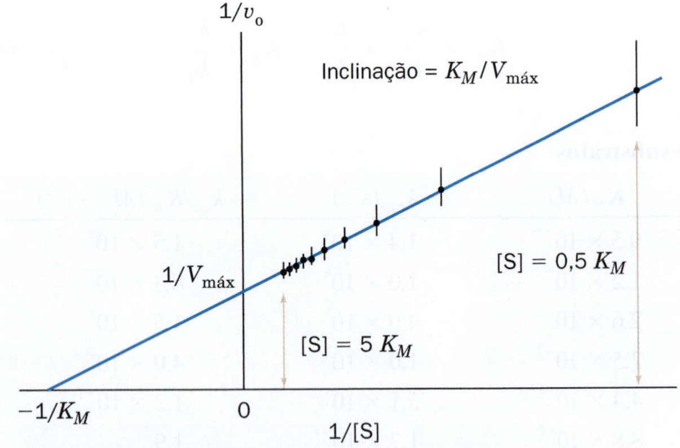

FIGURA 14.9 Gráfico duplo recíproco (Lineweaver-Burk). As barras de erro correspondem a ± 0,05 $V_{máx}$. Os pontos indicados são os mesmos da Fig. 14.8. Observe o grande efeito de pequenos erros quando a [S] é pequena ([1/[S] grande) e o acúmulo de pontos quando [S] é grande.

Ver Figuras animadas

a. k_{cat}/K_M é uma medida da eficiência catalítica

Os parâmetros cinéticos de uma enzima fornecem uma maneira de quantificar a eficiência catalítica da enzima. Pode-se definir a **constante catalítica** de uma enzima como

$$k_{cat} = \frac{V_{máx}}{[E]_T} \qquad [14.27]$$

Esta grandeza também é conhecida como o **número de renovação** (***turnover***) de uma enzima porque ela indica o número de vezes (ciclos de catálise) que cada sítio ativo da enzima catalisa uma reação por unidade de tempo. O número de renovação de algumas enzimas está apresentado na Tabela 14.1. Observe que os valores desta grandeza variam em até mais do que oito ordens de magnitude, dependendo da enzima e de seu substrato. A Equação [14.23] indica que, para o modelo de Michaelis-Menten, $k_{cat} = k_2$. Para enzimas com mecanismos mais complicados, a k_{cat} pode ser função de várias constantes de velocidade.

Quando $[S] \ll K_M$, pouco ES é formado. Consequentemente, $[E] \approx [E]_T$ e então a Equação [14.22] é reduzida a uma equação de velocidade que é de segunda ordem:

$$v_0 \approx \left(\frac{k_2}{K_M}\right)[E]_T[S] \approx \left(\frac{k_{cat}}{K_M}\right)[E]\,[S] \qquad [14.28]$$

K_{cat}/K_M é a constante aparente de segunda ordem da velocidade da reação enzimática; o prosseguimento da reação varia segundo a frequência com que a enzima e o substrato encontram-se na solução. *Portanto, a grandeza* k_{cat}/K_M *é uma medida da eficiência catalítica da enzima.*

b. Algumas enzimas chegam a atingir a perfeição catalítica

Existiria um limite para a eficiência da catálise enzimática? A partir da Equação [14.21] verifica-se que

$$\frac{k_{cat}}{K_M} = \frac{k_2}{K_M} = \frac{k_1 k_2}{k_{-1} + k_2} \qquad [14.29]$$

Esta relação é máxima quando $k_2 \gg k_{-1}$, isto é, quando, a partir do complexo de Michaelis (ES), a formação do produto for muito rápida quando comparada com a decomposição do complexo novamente em substrato e enzima. Então $k_{cat}/K_M = k_1$, a constante de segunda ordem para a formação de ES. O termo k_1, obviamente, não pode ser maior do que a frequência com que as moléculas de enzima e substrato colidem entre si na solução. Este **limite controlado pela difusão** encontra-se na faixa de 10^8 a $10^9\ M^{-1} \cdot s^{-1}$. Portanto, as enzimas que possuem valores de k_{cat}/K_M dessa ordem devem catalisar uma reação praticamente toda vez que encontrarem uma molécula de substrato. A Tabela 14.1 indica que várias enzimas, especificamente, catalase, superóxido-dismutase, fumarase, acetilcolinesterase e, possivelmente, a anidrase carbônica, atingiram este estado de virtual perfeição catalítica.

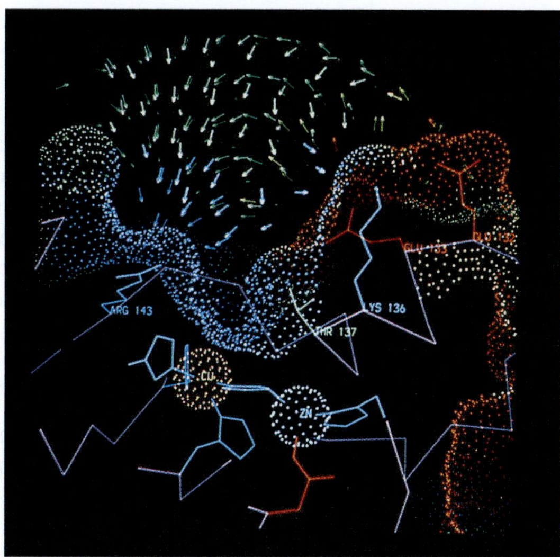

FIGURA 14.10 Secção transversal do sítio ativo da superóxido-dismutase humana (SOD). A enzima liga um íon Cu^{2+} e um íon Zn^{2+} (*esferas em cor de laranja e em ciano*). A superfície da molécula de SOD está representada por uma superfície pontilhada, que está colorida segundo a carga eletrostática (vermelho indica mais negativo, amarelo indica negativo, verde indica neutro, ciano indica positivo e azul indica mais positivo). Os vetores do campo eletrostático estão representados por flechas coloridas da mesma cor. Observe que este campo eletrostático pode dirigir o íon superóxido carregado negativamente para o sítio de ligação, que está localizado entre o íon Cu^{2+} e a Arg 143. (Cortesia de Elizabeth Getzoff, The Scripps Research Institute, La Jolla, California, EUA.)

Então, como é que uma enzima pode catalisar uma reação toda vez que encontra uma molécula de substrato, uma vez que o sítio ativo ocupa geralmente apenas uma pequena parte do total da área da superfície das enzimas? Aparentemente, no caso da **superóxido-dismutase** (**SOD**), o arranjo dos grupos carregados presentes na superfície da enzima serve como um guia eletrostático para dirigir o substrato carregado ao sítio ativo da enzima (Fig. 14.10). (A SOD, que está presente em quase todas as células, atua inativando o altamente reativo, e, portanto perigoso, **radical superóxido** $[O_2^{\cdot-}]$, pois catalisa a reação $2O_2^{\cdot-} + 2H^+ \rightarrow H_2O_2 + O_2$; Seção 22.4Ch). Outras enzimas, incluindo a **acetilcolinesterase** (Seção 20.5Ch), têm mecanismos similares para canalizar substratos polares para os seus respectivos sítios ativos.

C. *Reações reversíveis*

Implicitamente, o modelo de Michaelis-Menten pressupõe que a reação enzimática inversa pode ser desprezada. Muitas reações enzimáticas são altamente reversíveis (têm uma energia livre de reação pequena), de modo que elas levam a produtos que reagem formando novamente os substratos a uma velocidade significativa. Nesta seção, a restrição do modelo de Michaelis-Menten à reação inversa não será considerada na discussão e, com isso, alguns princípios cinéticos interessantes e importantes poderão ser descobertos.

a. O modelo de um único intermediário

A modificação do modelo de Michaelis-Menten para incorporar a reação inversa fornece o seguinte esquema:

$$E + S \underset{k_{-1}}{\overset{k_1}{\rightleftharpoons}} ES \underset{k_{-2}}{\overset{k_2}{\rightleftharpoons}} P + E$$

(Aqui ES pode igualmente ser chamado de EP, pois este modelo não especifica a natureza do complexo intermediário.) A equação que descreve o comportamento cinético desse modelo (deduzida no Apêndice A deste capítulo) é expressa por

$$v = \frac{\dfrac{V_{máx}^{f}[S]}{K_M^S} - \dfrac{V_{máx}^{r}[P]}{K_M^P}}{1 + \dfrac{[S]}{K_M^S} + \dfrac{[P]}{K_M^P}} \qquad [14.30]$$

em que

$$V_{máx}^{f} = k_2[E]_T \qquad V_{máx}^{r} = k_{-1}[E]_T$$

$$K_M^S = \frac{k_{-1} + k_2}{k_1} \qquad K_M^P = \frac{k_{-1} + k_2}{k_{-2}}$$

e

$$[E]_T = [E] + [ES]$$

Essencialmente, esta é a equação de Michaelis-Menten que funciona tanto para a reação direta como para a reação inversa. Com efeito, em [P] = 0, isto é, quando $v = v_o$, esta equação torna-se a equação de Michaelis-Menten.

b. A relação de Haldane

No equilíbrio, que é atingido depois do curso da reação, $v = 0$, de modo que a Equação [14.30], que é válida tanto para o equilíbrio como para o estado estacionário, pode ser resolvida em

$$K_{eq} = \frac{[P]_{eq}}{[S]_{eq}} = \frac{V_{máx}^{f} K_M^P}{V_{máx}^{r} K_M^S} \qquad [14.31]$$

em que $[P]_{eq}$ e $[S]_{eq}$ são as concentrações de P e S no equilíbrio. Esta relação, denominada **relação de Haldane**, demonstra que *os parâmetros cinéticos de uma reação reversível catalisada por uma enzima não são independentes entre si. Ao contrário, estão relacionados pela constante de equilíbrio da reação total, que, obviamente, independe da presença da enzima.*

c. Os dados cinéticos não permitem estabelecer o mecanismo da reação sem ambiguidade

Uma enzima que forma um complexo reversível com seu substrato deve igualmente poder formar um complexo reversível com o produto; isto é, ela deve ter um mecanismo do tipo

$$E + S \underset{k_{-1}}{\overset{k_1}{\rightleftharpoons}} ES \underset{k_{-2}}{\overset{k_2}{\rightleftharpoons}} EP \underset{k_{-3}}{\overset{k_3}{\rightleftharpoons}} P + E$$

Esta equação, cuja dedução é análoga à dedução descrita no Apêndice A para o modelo de um único intermediário, descreve o comportamento cinético deste modelo de dois intermediários e tem uma forma idêntica à da Equação [14.30]. Entretanto, os parâmetros $V^f_{\text{máx}}$, $V^r_{\text{máx}}$, K^S_M e K^P_M são definidos nos termos das seis constantes cinéticas do modelo de dois intermediários e não mais das quatro constantes do modelo de um intermediário. Realmente, as equações de velocidade do estado de equilíbrio das reações reversíveis com três ou mais intermediários também têm esta forma, porém os quatro parâmetros são definidos de maneira diferente.

Os valores $V^f_{\text{máx}}$, $V^r_{\text{máx}}$, K^S_M e K^P_M na Equação [14.30] podem ser determinados manipulado-se adequadamente as concentrações iniciais dos substratos e dos produtos sob condições de equilíbrio estacionário. Isto, entretanto, não permite calcular os valores das constantes de velocidade do modelo de dois intermediários porque, embora existam seis constantes, há apenas uma equação que descreve as relações entre elas. Além disso, medições cinéticas em condições de equilíbrio estacionário não permitem identificar o número de intermediários de uma reação reversível catalisada por uma enzima, porque a forma da Equação [14.30] não se altera em função do número de intermediários.

A função que identifica as equações que descrevem estes esquemas de reação pode ser compreendida fazendo uma analogia entre um modelo de reação reversível de "n" intermediários e uma "caixa preta" contendo um sistema de canalização de água com apenas um cano de entrada e também um único cano de saída.

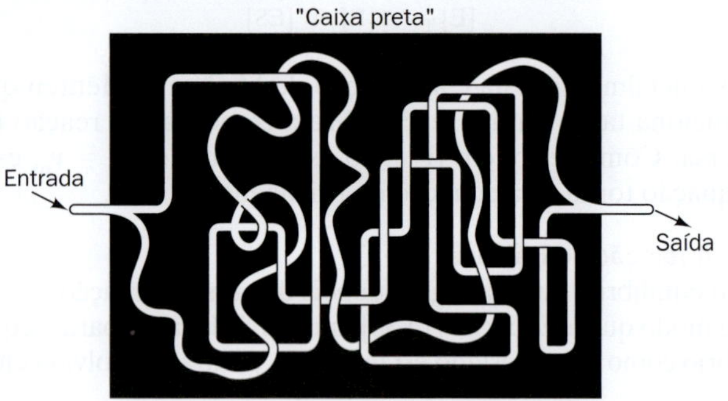

No equilíbrio estacionário, isto é, após os canos estarem cheios de água, pode-se medir a relação entre as pressões dos fluxos de entrada e de saída. Entretanto, esta determinação não fornece informação alguma a respeito dos detalhes da construção do encanamento existente dentro da caixa que liga a entrada e a saída de água. Isso necessitaria de maiores observações como, por exemplo, abrir a caixa e acompanhar o traçado dos canos. *De maneira semelhante, as medições cinéticas no equilíbrio estacionário podem fornecer apenas uma descrição fenomenológica do comportamento das enzimas, sendo que a natureza dos intermediários permanece indeterminada. No entanto, esses intermediários devem ser detectados e caracterizados por meios independentes, como, por exemplo, por análises espectroscópicas.*

A discussão a seguir esclarece um princípio central da análise cinética. *A análise da cinética de equilíbrio estacionário de uma reação não pode estabelecer o mecanismo da reação sem ambiguidade.* Isso porque, a despeito de quão simples, elegante ou racional for o mecanismo que se postule para incluir a totalidade dos dados cinéticos, existem infinitos mecanismos alternativos, talvez muito complicados, difíceis e mesmo parecendo irracionais que também podem acomodar com perfeição os mesmos dados cinéticos. Normalmente, o mecanismo correto é o mais simples e elegante. *Se, entretanto, os dados cinéticos não forem compatíveis com um dado mecanismo, ele deve ser rejeitado.* Embora não se possa utilizar a cinética para estabelecer inequivocamente um mecanismo sem que haja confirmação por outro tipo de dados (como a demonstração física da existência de um intermediário), a análise de dados cinéticos de um estado estacionário de uma reação é de grande valia, pois ela pode ser útil para descartar a validade de algum ou alguns dos mecanismos propostos.

3 INIBIÇÃO

Muitas substâncias modificam a atividade de uma enzima por combinarem-se com ela de tal maneira que influenciam a ligação com o substrato ou o número de renovação enzimática. As substâncias que reduzem a atividade das enzimas desse modo são conhecidas como **inibidores**.

Muitos inibidores são substâncias que se assemelham estruturalmente ao substrato da enzima, mas ou não reagem ou, quando comparados ao substrato, reagem muito lentamente. Normalmente, nos esforços de elucidar o mecanismo catalítico das enzimas, são usados inibidores para testar a natureza química e de conformação do sítio de ligação ao substrato. Além disso, muitos inibidores de enzimas são eficazes como agentes quimioterapêuticos, pois um substrato "não natural" pode bloquear a ação de uma enzima específica. Por exemplo, o **metotrexato** (também denominado de **ametopterina**) assemelha-se quimicamente ao **di-hidrofolato**. O metotrexato liga-se firmemente à enzima **tetra-hidrofolato-redutase**, evitando assim que ela desempenhe sua função normal, a redução do di-hidrofolato a **tetra-hidrofolato**, um cofator essencial na biossíntese de dTMP, um precursor do DNA (Seção 28.3B):

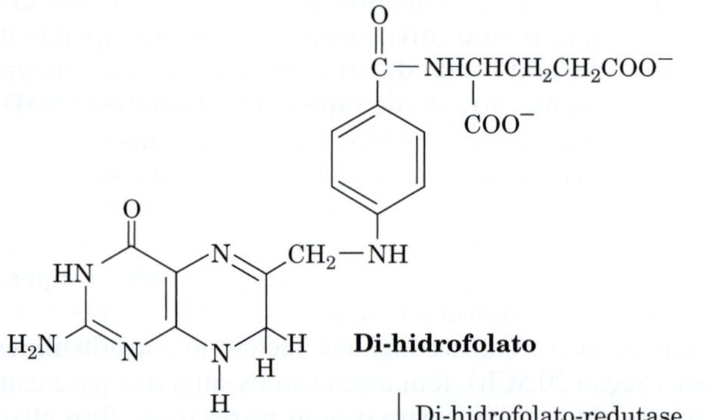

Di-hidrofolato

Di-hidrofolato-redutase

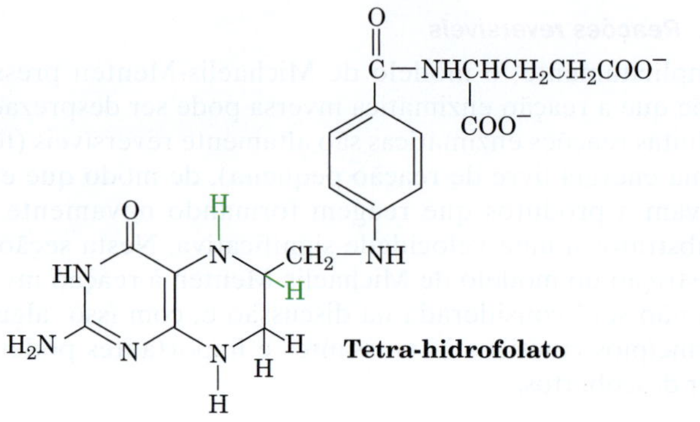

Tetra-hidrofolato

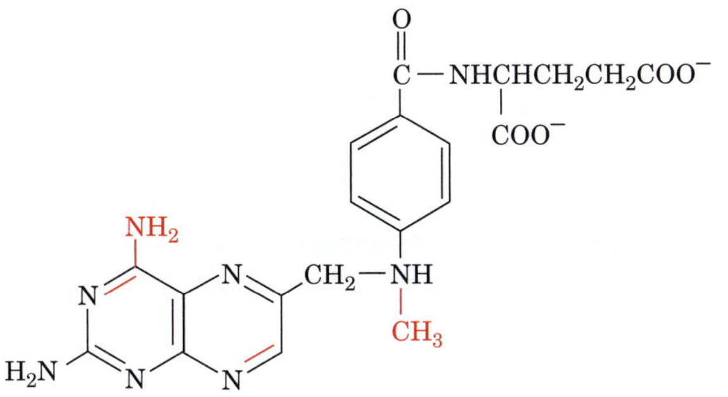

Metotrexato

$\downarrow$ Di-hidrofolato-redutase

NÃO REAGE

Células que estejam se dividindo rapidamente, como as células cancerosas que estão muito engajadas na síntese de DNA, são muito mais suscetíveis à ação do metotrexato do que células que estejam crescendo lentamente, como as células dos tecidos normais dos mamíferos. Desse modo, o metotrexato, quando administrado em dosagem adequada, mata as células cancerosas sem envenenar mortalmente o hospedeiro.

Existem vários mecanismos por meio dos quais os inibidores de enzimas podem agir. Nesta seção, serão discutidos alguns dos mecanismos mais simples e os seus efeitos sobre o comportamento cinético das enzimas que seguem o modelo de Michaelis-Menten.

A. *Inibição competitiva*

Uma substância que possa competir diretamente com o substrato normal pelo sítio de ligação enzimática é conhecida como **inibidor competitivo**. Esses inibidores normalmente têm uma semelhança tal com o substrato que eles se ligam especificamente ao sítio ativo da enzima, mas diferem do substrato por não serem reativos. Assim, o metotrexato é um inibidor competitivo da di-hidrofolato-redutase. Da mesma maneira, a **succinato-desidrogenase**, enzima do ciclo do ácido cítrico que age convertendo **succinato** em **fumarato** (Seção 21.3F), é inibida competitivamente por **malonato**, que tem semelhança estrutural com o succinato, mas que não pode ser desidrogenado.

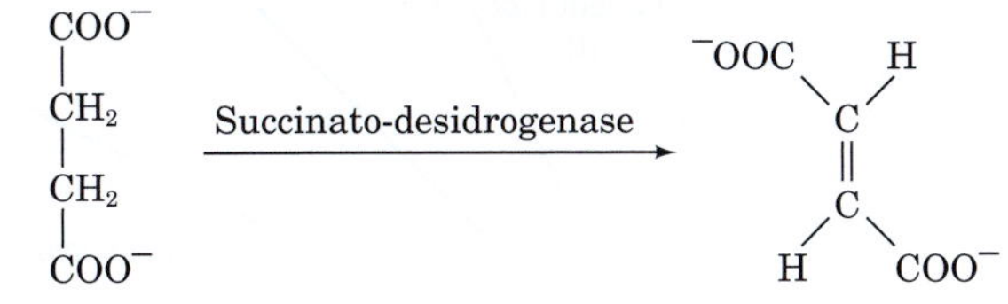

$$^{-}OOC{-}CH_2{-}CH_2{-}COO^{-} \xrightarrow{\text{Succinato-desidrogenase}} {}^{-}OOC{-}CH{=}CH{-}COO^{-}$$

Succinato → **Fumarato**

$$^{-}OOC{-}CH_2{-}COO^{-} \xrightarrow{\text{Succinato-desidrogenase}} \text{NÃO REAGE}$$

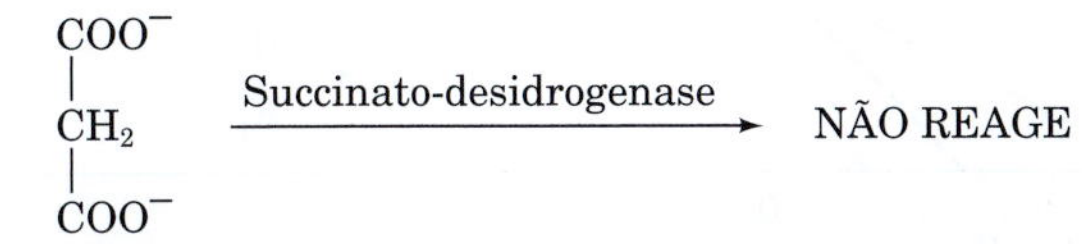

Malonato

A eficácia do malonato em inibir competitivamente a succinato-desidrogenase sugere fortemente que o sítio de ligação da enzima pelo substrato tem um desenho ajustado para ligar ambos os grupos carboxilatos do substrato, supostamente pela influência de dois resíduos carregados positivamente posicionados adequadamente.

O modelo geral da inibição competitiva é dado pelo seguinte esquema:

$$\begin{array}{l} E + S \underset{k_{-1}}{\overset{k_1}{\rightleftharpoons}} ES \xrightarrow{k_2} P + E \\ + \\ I \\ K_I \updownarrow \\ EI + S \longrightarrow \text{NÃO REAGE} \end{array}$$

Supõe-se que I, o inibidor, liga-se reversivelmente à enzima e está em um equilíbrio rápido, de modo que

$$K_I = \frac{[E][I]}{[EI]} \qquad [14.32]$$

Supõe-se também que EI, o complexo enzima-inibidor, seja não reativo. *Consequentemente, um inibidor competitivo age reduzindo a concentração de enzima livre disponível para se ligar ao substrato.*

Como nos casos anteriores, a ideia é expressar v_o em termos de quantidades mensuráveis, neste caso $[E]_T$, [S] e [I]. É preferível iniciar a dedução, assim como na dedução da equação de Michaelis-Menten, com a expressão da condição de conservação, que agora deve considerar a existência de EI.

$$[E]_T = [E] + [EI] + [ES] \qquad [14.33]$$

A concentração da enzima pode ser expressa em termos de [ES] rearranjando-se a Equação [14.17] de forma a manter as condições de equilíbrio estacionário:

$$[E] = \frac{K_M[ES]}{[S]} \qquad [14.34]$$

Acha-se a concentração do complexo enzima-inibidor rearranjando-se a Equação [14.32] e substituindo o termo [E] pela Equação [14.34]:

$$[EI] = \frac{[E][I]}{K_I} = \frac{K_M[ES][I]}{[S]\,K_I} \qquad [14.35]$$

A substituição das duas últimas duas equações na Equação [14.33] produz

$$[E]_T = [ES]\left\{\frac{K_M}{[S]}\left(1 + \frac{I}{K_I}\right) + 1\right\}$$

que pode ser resolvida para [ES] rearranjando-a para

$$[ES] = \frac{[E]_T[S]}{K_M\left(1 + \frac{[I]}{K_I}\right) + [S]}$$

de modo que, de acordo com a Equação [14.22], a velocidade inicial é expressa por

$$v_o = k_2[ES] = \frac{k_2[E]_T[S]}{K_M\left(1 + \frac{[I]}{K_I}\right) + [S]} \qquad [14.36]$$

Então, definindo-se

$$\alpha = \left(1 + \frac{[\mathrm{I}]}{K_\mathrm{I}}\right) \qquad [14.37]$$

e $V_{máx} = k_2[\mathrm{E}]_\mathrm{T}$, como na Equação [14.23],

$$v_\mathrm{o} = \frac{V_{máx}[\mathrm{S}]}{\alpha K_M + [\mathrm{S}]} \qquad [14.38]$$

Esta é a equação de Michaelis-Menten com o valor de K_M modulado por um fator α, uma função da concentração de inibidor (o qual, de acordo com a Equação [14.37], deve sempre ser ≥ 1). Portanto, o valor de [S] é αK_M quando $v_\mathrm{o} = V_{máx}/2$.

A Fig. 14.11 mostra o gráfico hiperbólico da Equação [14.38] para vários valores de α. Observe que, como $[\mathrm{S}] \to \infty$, $v_\mathrm{o} \to V_{máx}$ para qualquer valor de α. Entretanto, quanto maior for o valor de α, maior deve ser [S] para que se chegue a $V_{máx}$. Portanto, o inibidor não afeta o número de renovação da enzima. Em vez disso, a presença do inibidor tem o efeito de fazer [S] parecer mais diluído do que realmente é, ou, alternativamente, faz K_M parecer maior do realmente é. Da mesma maneira, o aumento de [S] desvia o equilíbrio da ligação com o substrato no sentido da formação de ES. Assim, há uma verdadeira competição entre I e S pelo sítio da enzima que liga o substrato, pois essas ligações se excluem mutuamente.

Reformatando a Equação [14.38] na forma duplo-recíproca tem-se

$$\frac{1}{v_\mathrm{o}} = \left(\frac{\alpha K_M}{V_{máx}}\right)\frac{1}{[\mathrm{S}]} + \frac{1}{V_{máx}} \qquad [14.39]$$

O gráfico desta equação é linear e tem uma inclinação de $\alpha K_M/V_{máx}$, uma intersecção no eixo 1/[S] igual a $-1/\alpha K_M$, e uma intersecção no eixo $1/v_\mathrm{o}$ igual a $1/V_{máx}$ (Fig. 14.12). *Os gráficos duplos-recíprocos de um inibidor competitivo com várias concentrações de inibidor interceptam o eixo $1/v_\mathrm{o}$ em $1/V_{máx}$. Isso serve como diagnóstico de inibição competitiva, em comparação com outros tipos de inibição (Seções 14.3B e 14.3C).*

Determinando-se os valores de α em diferentes concentrações de inibidor, pode-se achar o valor de K_I pela Equação [14.37]. Dessa maneira, pode-se usar inibidores competitivos para testar a estrutura do sítio ativo. Por exemplo, para confirmar a importância que os segmentos da molécula de ATP

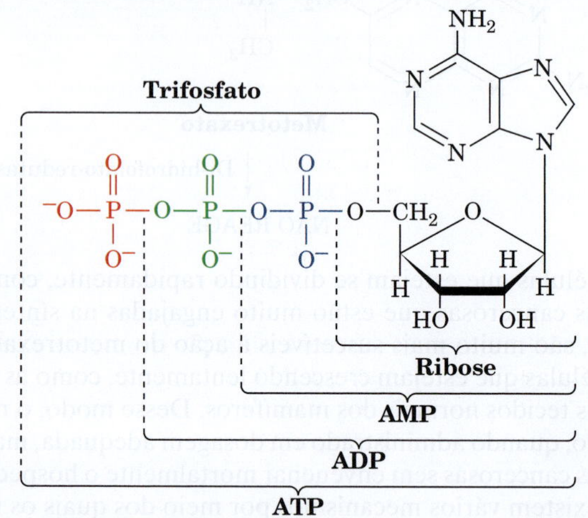

têm para a ligação ao sítio ativo de enzimas que necessitam de ATP pode-se determinar os valores de K_I para difosfato de adenosina (ADP, de *adenosine diphosphate*), monofosfato de adenosina (AMP, de *adenosine monophosphate*), ribose, íon trifosfato, etc. Uma vez que a maioria destes componentes do ATP é cataliticamente inativa, estudos de inibição são a maneira mais conveniente de monitorar a ligação dessas moléculas à enzima.

Se o inibidor liga-se irreversivelmente à enzima, ele é classificado como um **inativador**, como é o caso de qualquer agente que, de algum modo, inative a enzima. Os inativadores reduzem verdadeiramente o nível efetivo de $[\mathrm{E}]_\mathrm{T}$ em todos valores de [S]. Reagentes que modificam resíduos específicos de aminoácidos podem agir desse modo.

FIGURA 14.11 Inibição competitiva. Gráfico da velocidade inicial v_o de uma reação simples de Michaelis-Menten *versus* a concentração do substrato [S] na presença de diferentes concentrações de um inibidor competitivo.

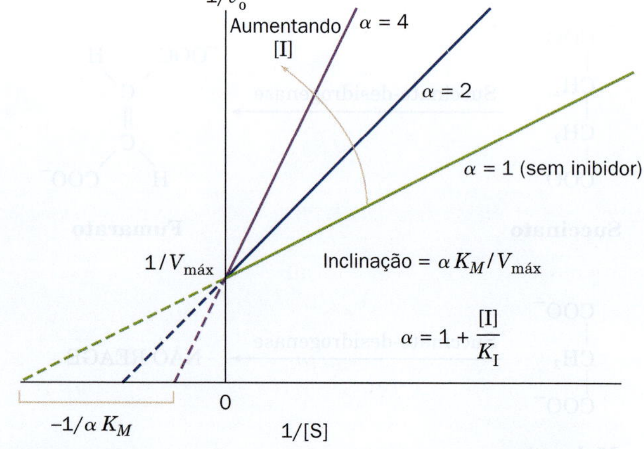

FIGURA 14.12 Gráfico de Lineweaver-Burk da enzima de Michaelis-Menten descrita na Fig. 14.11 inibida competitivamente. Observe que todas as linhas se interceptam em $1/V_{máx}$ no eixo $1/v_o$. **Ver Figuras animadas**

B. *Inibição incompetitiva*

Na **inibição incompetitiva**, o inibidor liga-se diretamente ao complexo enzima-substrato e não à enzima livre:

$$\begin{array}{ccc} E + S \underset{k_{-1}}{\overset{k_1}{\rightleftharpoons}} & ES & \xrightarrow{k_2} P + E \\ & + & \\ & I & \\ K'_I & \Updownarrow & \\ & ESI & \longrightarrow \text{NÃO REAGE} \end{array}$$

Supõe-se que a etapa de ligação ao inibidor, que tem uma constante de inibição igual a

$$K'_I = \frac{[ES][I]}{[ESI]} \quad [14.40]$$

esteja no equilíbrio. A ligação do inibidor incompetitivo (que não precisa ter semelhança com o substrato) causa alguma distorção estrutural no sítio ativo que torna a enzima cataliticamente inativa. (Nos casos em que o inibidor liga-se apenas à enzima, ele não afeta a afinidade dela pelo substrato.)

A equação de Michaelis-Menten para a inibição incompetitiva, cuja dedução encontra-se no Apêndice B deste capítulo, é

$$v_o = \frac{V_{máx}[S]}{K_M + \alpha'[S]} \quad [14.41]$$

em que

$$\alpha' = 1 + \frac{[I]}{K'_I} \quad [14.42]$$

O exame cuidadoso desta equação indica que, *em valores elevados de [S], v_o aproxima-se assintoticamente de $V_{máx}/\alpha'$, de maneira que, ao contrário da inibição competitiva, o aumento da concentração do substrato não reverte os efeitos da inibição incompetitiva sobre a $V_{máx}$*. Já em baixas concentrações de substrato, isto é, quando $[S] << K_M$, o efeito de um inibidor incompetitivo é desprezível, novamente o oposto do comportamento de um inibidor competitivo.

Quando colocada na forma duplo-recíproca, a Equação [14.41] passa a

$$\frac{1}{v_o} = \left(\frac{K_M}{V_{máx}}\right)\frac{1}{[S]} + \frac{\alpha'}{V_{máx}} \quad [14.43]$$

O gráfico de Lineweaver-Burk para a inibição incompetitiva é linear e tem como inclinação $K_M/V_{máx}$, da mesma maneira que na reação não inibida, e as intersecções nos eixos $1/v_o$ e $1/[S]$ têm como valores $\alpha'/V_{máx}$ e $-\alpha'/K_M$, respectivamente. *Uma série de gráficos de Lineweaver-Burk com várias concentrações de inibidor incompetitivo forma um conjunto de linhas paralelas (Fig. 14.13), que serve de diagnóstico de inibição incompetitiva.*

A inibição incompetitiva necessita que o inibidor afete a atividade catalítica da enzima sem afetar a ligação ao substrato. No caso das enzimas que usam apenas um substrato, é difícil conceber como é que isso pode ocorrer, exceto no caso de pequenos inibidores como prótons (ver Seção 14.4) ou íons metálicos. Contudo, a inibição incompetitiva é importante para as enzimas que usam vários substratos, como será discutido na Seção 14.5C.

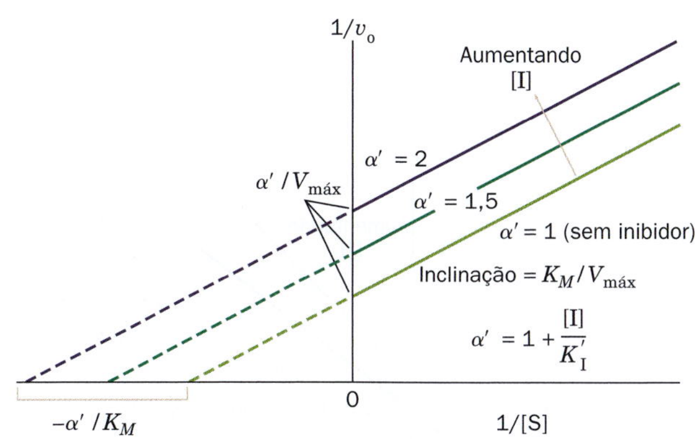

FIGURA 14.13 Gráfico de Lineweaver-Burk de uma enzima de Michaelis-Menten simples na presença de um inibidor não competitivo. Observe que todas as linhas têm uma mesma inclinação $K_M/V_{máx}$. **Ver Figuras animadas**

C. *Inibição mista*

O modelo que resulta quando tanto a enzima como o complexo enzima-substrato ligam-se ao inibidor é o seguinte:

$$\begin{array}{ccc} E & + S \underset{k_{-1}}{\overset{k_1}{\rightleftharpoons}} & ES \xrightarrow{k_2} P + E \\ + & & + \\ I & & I \\ K_I \Updownarrow & & K'_I \Updownarrow \\ EI & & ESI \longrightarrow \text{SEM REAÇÃO} \end{array}$$

Supõe-se que ambas as etapas de ligação ao inibidor estejam em equilíbrio, mas possuem constantes de dissociação diferentes:

$$K_I = \frac{[E][I]}{[EI]} \quad \text{e} \quad K'_I = \frac{[ES][I]}{[ESI]} \quad [14.44]$$

Esse fenômeno é conhecido como **inibição mista** ou **inibição não competitiva**. Presume-se que um inibidor misto liga-se à enzima tanto nos sítios que participam na ligação ao substrato como também aos sítios que participam da catálise.

A equação de Michaelis-Menten para a inibição mista, cuja dedução encontra-se no Apêndice C deste capítulo, é

$$v_o = \frac{V_{máx}[S]}{\alpha K_M + \alpha'[S]} \quad [14.45]$$

em que α e α' estão definidos nas Equações [14.37] e [14.42], respectivamente. A partir da Equação [14.45], pode-se observar que o nome "inibição mista" vem do fato que o denominador tem o fator α multiplicando o K_M, como no caso da inibição competitiva (Equação [14.38]), e o fator α' multiplicando [S], como na inibição incompetitiva (Equação [14.41]).

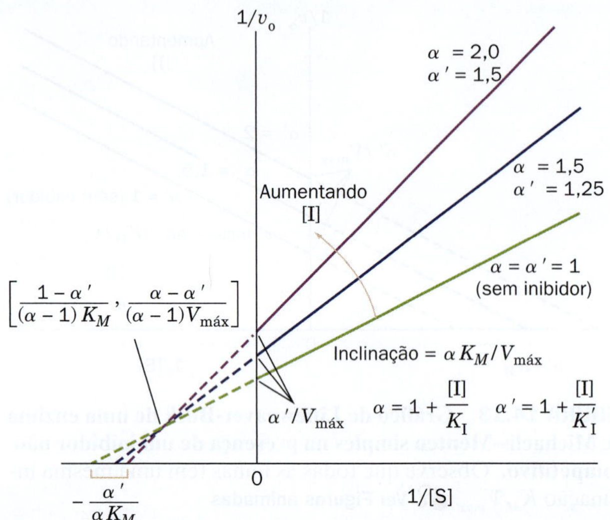

FIGURA 14.14 Gráfico de Lineweaver-Burk de uma enzima de Michaelis-Menten simples na presença de um inibidor misto. Observe que as linhas se cruzam no lado esquerdo do eixo $1/v_o$. As coordenadas deste ponto estão em colchetes. Observe que, quando $K_I = K'_I$, $\alpha = \alpha'$ e as linhas se cruzam no eixo 1/[S] em $-1/K_M$. **Ver Figuras animadas**

Portanto, os inibidores mistos são efetivos tanto em baixas como em altas concentrações de substrato.

A equação de Lineweaver-Burk para a inibição mista é

$$\frac{1}{v_o} = \left(\frac{\alpha K_M}{V_{máx}}\right)\frac{1}{[S]} + \frac{\alpha'}{V_{máx}} \qquad [14.46]$$

O gráfico desta equação é formado por linhas que têm como inclinação $\alpha K_M/V_{máx}$, intersecção no eixo $1/v_o$ de $\alpha'/V_{máx}$ e intersecção no eixo 1/[S] de $-\alpha'/\alpha K_M$ (Fig. 14.14). A manipulação algébrica da Equação [14.46], para diferentes valores de [I], mostra que esta equação descreve um conjunto de linhas que se cruzam no lado esquerdo do eixo $1/v_o$ (Fig. 14.14). Para o caso especial no qual $K_I = K'_I$ ($\alpha = \alpha'$), a intersecção também ocorre no eixo 1/[S], e é uma situação que, devido à ambiguidade da nomenclatura, muitas vezes é denominada de inibição não competitiva.

A Tabela 14.2 apresenta um resumo dos resultados vistos até agora, no que se refere à inibição de enzimas que seguem o modelo de Michaelis-Menten. As grandezas K_M^{app} e $V_{máx}^{app}$ são os valores "aparentes" de K_M e $V_{máx}$ que realmente podem ser observados na presença de inibidores para as equações de Michaelis-Menten que descrevem as enzimas inibidas.

TABELA 14.2 Efeitos de inibidores sobre os parâmetros da equação de Michaelis-Menten[a]

Tipo de Inibição	$V_{máx}^{app}$	K_M^{app}
Nenhuma	$V_{máx}$	K_M
Competitiva	$V_{máx}$	αK_M
Incompetitiva	$V_{máx}/\alpha'$	K_M/α'
Mista	$V_{máx}/\alpha'$	$\alpha K_M/\alpha'$

[a] $\alpha = 1 + \frac{[I]}{K_I}$ e $\alpha' = 1 + \frac{[I]}{K'_I}$.

4 EFEITOS DO pH

Por serem proteínas, as enzimas têm propriedades sensíveis ao pH. De fato, muitas proteínas só são ativas em uma faixa estreita de pH, tipicamente entre 5 e 9. Isso é o resultado dos efeitos do pH sobre uma combinação de fatores: (1) a ligação do substrato à enzima, (2) a atividade catalítica da enzima, (3) a ionização do substrato e (4) a variação da estrutura da proteína (normalmente importante apenas em extremos de pH).

a. A dependência das enzimas de Michaelis-Menten simples ao pH

As curvas de velocidade inicial em função do pH de muitas reações enzimáticas apresentam a forma de sino (p. ex., Fig. 14.15). Essas curvas são o reflexo da ionização de certos resíduos de aminoácidos que devem estar em estados de ionização específicos para que haja atividade enzimática. O seguinte modelo pode representar esses efeitos de pH.

$$\begin{array}{ccccc}
E^- & & ES^- & & \\
K_{E2} \Big\Updownarrow H^+ & & K_{ES2} \Big\Updownarrow H^+ & & \\
EH + S & \underset{k_{-1}}{\overset{k_1}{\rightleftharpoons}} & ESH & \overset{k_2}{\longrightarrow} & P + EH \\
K_{E1} \Big\Updownarrow H^+ & & K_{ES1} \Big\Updownarrow H^+ & & \\
EH_2^+ & & ESH_2^+ & &
\end{array}$$

Nesta expansão do modelo de reação simples de um só substrato e sem reversão da reação, supõe-se que apenas EH e ESH sejam cataliticamente ativas.

A equação de Michaelis-Menten correspondente a este modelo e que está deduzida no Apêndice D é

$$v_o = \frac{V'_{máx}[S]}{K'_M + [S]} \qquad [14.47]$$

Aqui, os parâmetros aparentes de Michaelis-Menten são definidos como

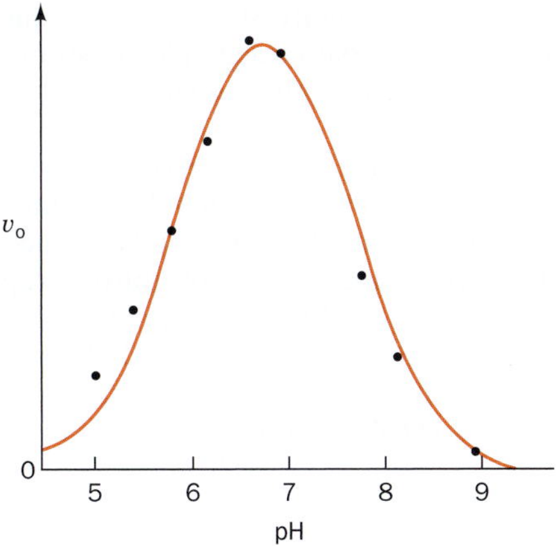

FIGURA 14.15 Efeito do pH sobre a velocidade inicial da reação catalisada pela enzima fumarase. (Segundo Tanford, C., *Physical Chemistry of Macromolecules*, p. 647, Wiley [1961].)

$$V'_{\text{máx}} = V_{\text{máx}}/f_2 \qquad \text{e} \qquad K'_M = K_M(f_1/f_2)$$

em que

$$f_1 = \frac{[\text{H}^+]}{K_{\text{E1}}} + 1 + \frac{K_{\text{E2}}}{[\text{H}^+]}$$

$$f_2 = \frac{[\text{H}^+]}{K_{\text{ES1}}} + 1 + \frac{K_{\text{ES2}}}{[\text{H}^+]}$$

sendo que $V_{\text{máx}}$ e K_M referem-se às formas ativas da enzima, EH e ESH. Observe que em dado pH, a Equação [14.47] comporta-se como uma equação simples de Michaelis-Menten, mas apresenta uma forma de sino, pois f_1 e f_2 variam em função do próprio pH (p. ex., Fig. 14.15).

b. Avaliação das constantes de ionização

As constantes de ionização das enzimas que obedecem à Equação [14.47] podem ser avaliadas pela análise de curvas log $V'_{\text{máx}}$ *versus* pH, que fornecem valores de K_{ES1} e K_{ES2} (Fig. 14.16*a*), e de log $(V'_{\text{máx}}/K'_M)$ *versus* pH, que fornecem K_{E1} e K_{E2} (Fig. 14.16*b*). Isto, obviamente, exige que os parâmetros de Michaelis-Menten da enzima sejam determinados em uma série de pH diferentes.

A medição dos valores de pK' frequentemente fornece pistas que podem levar à identificação de resíduos de aminoácidos essenciais para a atividade enzimática. Por exemplo, a obtenção de um valor de pK de ~4 sugere que um resíduo de Asp ou Glu é essencial para a enzima. De maneira semelhante, valores de pK de ~6 ou ~10 sugerem a participação de resíduos de His ou Lys, respectivamente. Entretanto, o pK de um determinado grupo acidobásico pode variar por até várias unidades de pH em relação ao valor previsto devido a interações eletrostáticas com grupos carregados das proximidades, bem como devido à proximidade com regiões de baixa polaridade. Por exemplo, o grupo carboxilato de um resíduo de Glu que esteja formando uma ponte salina com um resíduo de Lys é estabilizado pela carga positiva que está próxima e, consequentemente, tem um pK inferior ao que teria em outra situação, isto é, tem maior dificuldade em protonar.

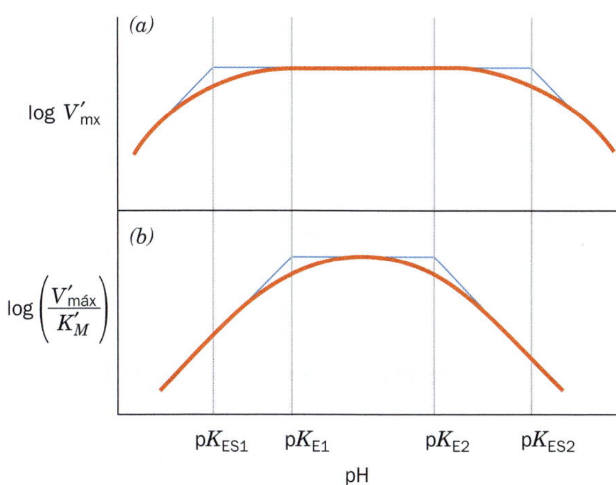

FIGURA 14.16 A dependência do pH de (*a*) log $V'_{\text{máx}}$ e (*b*) log $(V'_{\text{máx}}/K'_M)$. As linhas em azul-claro indicam a maneira pela qual as constantes de ionização molecular podem ser determinadas pela extrapolação gráfica.

Igualmente, um grupo carboxilato que esteja imerso em uma região de baixa polaridade é menos ácido do que o normal porque atrai prótons com mais intensidade do que quando está em regiões de alta polaridade. Portanto, a identificação de um determinado resíduo de aminoácido pela caracterização cinética do pK deve ser verificada também por outros tipos de análise, como por exemplo o uso de reagentes específicos para certos grupos, de modo a inativar algum provável resíduo essencial.

5 REAÇÕES DE BISSUBSTRATO

Até agora, este capítulo ateve-se a reações envolvendo enzimas que precisam de um único substrato. Reações enzimáticas envolvendo dois substratos e levando a dois produtos

$$\text{A} + \text{B} \overset{\text{E}}{\rightleftharpoons} \text{P} + \text{Q}$$

são responsáveis por cerca de 60% de todas as reações bioquímicas conhecidas. Praticamente todas as assim denominadas **reações de bissubstrato** são reações de **transferase** (nas quais a enzima catalisa a transferência de um grupo funcional X de um substrato para outro):

$$\text{P—X} + \text{B} \overset{\text{E}}{\rightleftharpoons} \text{P} + \text{B—X}$$

ou então são reações de oxidorredução (nas quais há transferência de equivalentes redutores entre dois substratos). Por exemplo, a hidrólise da ligação peptídica por tripsina (Seção 7.1E) consiste na transferência do grupo carbonila peptídico de um átomo de nitrogênio peptídico para a água (Fig. 14.17*a*). De maneira semelhante, na reação da álcool-desidrogenase (Seção 13.2A), um íon hidreto é formalmente transferido de uma molécula de etanol para uma de NAD^+ (Fig. 14.17*b*). Embora tais reações de bissubstrato possam, a princípio, ocorrer por uma variedade de mecanismos, somente alguns tipos são observados comumente.

(*a*)

$$R_1-\overset{O}{\overset{\|}{C}}-NH-R_2 + H_2O \xrightarrow{\text{Tripsina}} R_1-\overset{O}{\overset{\|}{C}}-O^- + H_3\overset{+}{N}-R_2$$

Polipeptídeo

(*b*)

$$CH_3-\underset{H}{\overset{H}{C}}-OH + NAD^+ \xrightarrow[\quad H^+]{\text{Álcool-desidrogenase}} CH_3-\overset{O}{\overset{\|}{C}}H + NADH$$

FIGURA 14.17 **Algumas reações de bissubstrato.** (*a*) Na hidrólise de peptídeos catalisada por tripsina, o grupo carbonila do peptídeo, com sua cadeia polipeptídica correspondente é transferido do átomo de nitrogênio do peptídeo para uma molécula de água. (*b*) Na reação da álcool-desidrogenase, um íon hidreto é formalmente transferido do etanol para o NAD^+.

A. *Terminologia*

Para representar as reações enzimáticas, será seguido o esquema de W.W. Cleland:

1. Os substratos são designados por letras, A, B, C e D, *de acordo com a ordem com que eles são adicionados à enzima.*
2. Os produtos são designados P, Q, R e S, *segundo a ordem com que eles deixam a enzima.*
3. As formas estáveis da enzima são designadas E, F e G, sendo E para a enzima livre, quando for necessário fazer distinções. Uma forma estável de enzima é definida como aquela na qual a enzima, por si mesma, é incapaz de se converter em uma outra forma estável (ver a seguir).
4. Os números dos reagentes e dos produtos de uma dada reação são especificados, em ordem, pelos termos **Uni** (um), **Bi** (dois), **Ter** (três) e **Quad** (quatro). Uma reação que necessite de um substrato e produza três produtos é designada como uma reação Uni Ter. Esta seção está limitada a reações que necessitam de dois substratos e produzem dois produtos, isto é, reações Bi Bi. Entretanto, deve-se ter em mente que existem inúmeros exemplos de reações ainda mais complexas.

a. Reações do tipo Bi Bi

As reações de transferência de grupos catalisadas por enzimas caem em uma das duas principais classificações mecanísticas:

1. **Reações Sequenciais:** *as reações nas quais todos os substratos devem se combinar com a enzima antes que a reação ocorra e aonde haja liberação de produtos são conhecidas como **reações sequenciais**.* Nestas reações, o grupo que está sendo transferido, X, passa diretamente de A (= P–X) para B, dando P e Q (= B–X). Assim, as reações desse tipo são também chamadas **reações de deslocamento único**.

As reações sequenciais podem ser subclassificadas naquelas que têm uma ordem obrigatória de adição de substrato à enzima, e assim diz-se que elas têm um **mecanismo Ordenado,** e naquelas que não têm ordem preferencial para a adição do substrato, descritas como tendo um **mecanismo Aleatório**. Aparentemente, no mecanismo Ordenado, é necessária a ligação do primeiro substrato para que a enzima forme o sítio de ligação para o segundo substrato, enquanto no mecanismo Aleatório ambos os sítios já estão presentes na enzima livre.

A partir deste momento, as reações enzimáticas serão descritas usando a notação abreviada de Cleland. A enzima é representada por uma linha horizontal e as sucessivas adições de substrato e a liberação de produtos é representada por flechas verticais. As formas da enzima são colocadas abaixo da linha e as constantes de velocidades para a reação direta, se dadas, estão à esquerda da flecha ou no topo da linha. Uma reação **Ordenada Bi Bi** é representada por:

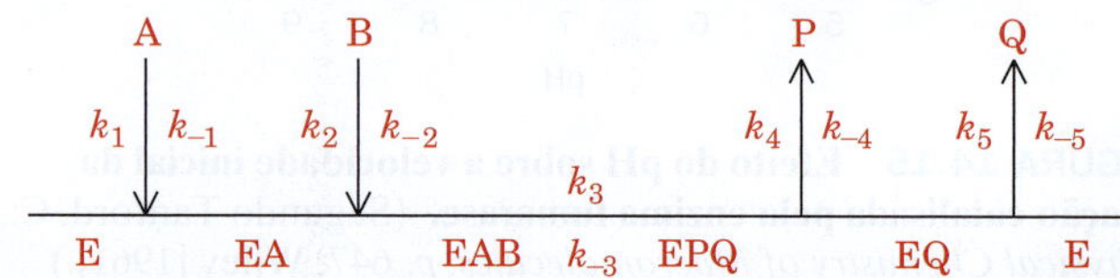

em que A e B são denominados **substrato-líder** e **próximo substrato**, respectivamente. Aqui, são dados apenas poucos detalhes sobre a interconversão das formas intermediárias das enzimas porque, como foi visto para o caso das enzimas que catalisam reações de um único substrato, as medidas da cinética de estado estacionário não fornecem informação alguma quanto ao número de intermediários de uma determinada etapa de reação. Muitas das desidrogenases que usam NAD^+ e $NADP^+$ seguem um mecanismo Ordenado Bi Bi no qual a coenzima é o reagente-líder.

O diagrama para uma reação **Aleatória Bi Bi** é o seguinte:

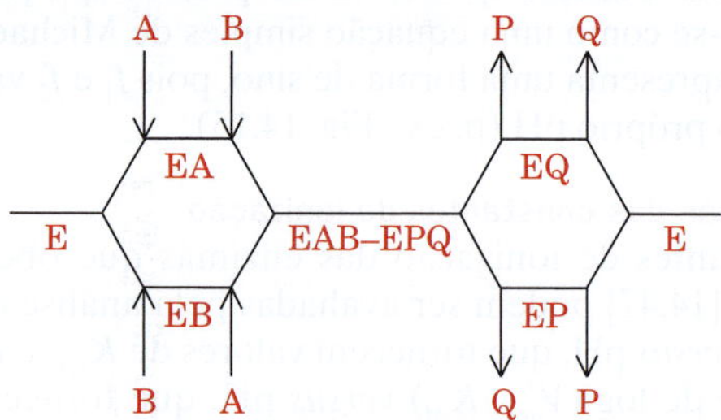

Algumas desidrogenases e cinases agem por mecanismos Aleatórios Bi Bi.

2. **Reações Pingue-pongue:** *os mecanismos pelos quais um ou mais produtos são liberados antes que todos os substratos tenham sido adicionados são conhecidos como **reações Pingue-pongue**.* As reações **Pingue-pongue Bi Bi** são representadas por

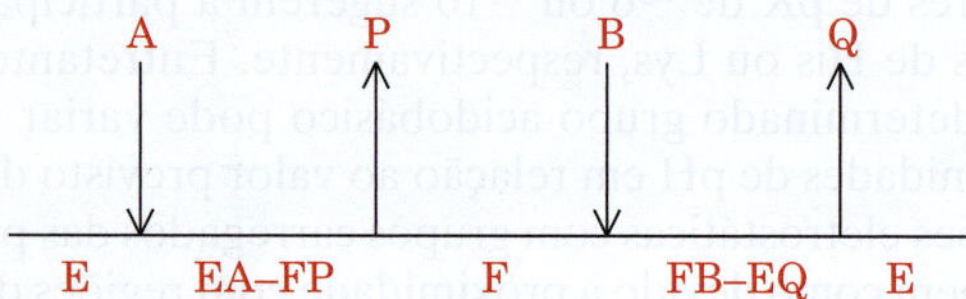

Neste caso, um grupo funcional X do primeiro substrato A (= P–X) é deslocado do substrato pela enzima E para produzir o primeiro produto P e uma forma estável da enzima F (= E–X) à qual X permanece firmemente ligado, geralmente covalentemente (Pingue). No segundo estágio da reação, X é deslocado da enzima pelo segundo substrato B para produzir o segundo produto Q (= B−X), regenerando assim a forma original da enzima, E (Pongue). Portanto, estas reações são conhecidas como **reações de duplo deslocamento**. *Observe que nas reações Pingue-pongue Bi Bi os substratos A e B não encontram um ao outro na superfície da enzima.* Muitas enzimas, incluindo a quimotripsina (Seção 15.3), as transaminases (Seção 26.1A) e algumas flavoenzimas, têm mecanismo Pingue-pongue.

B. *Equações de velocidade*

Medidas de cinética de equilíbrio estacionário podem ser usadas na diferenciação entre os mecanismos de bissubstrato citados anteriormente. Para tanto, deve-se primeiro deduzir as equações de velocidade correspondentes. Isso pode ser feito mais ou menos da mesma maneira como foi feito anteriormente para enzimas de apenas um único substrato, ou seja, resolver um conjunto de equações lineares simultâneas formado por equações que expressam a condição de equilíbrio estacionário de cada uma das enzimas do complexo que sejam cineticamente distinguíveis, e também resolver uma equação que represente a condição de conservação da enzima. Portanto, essa é uma análise mais complexa para enzimas de bissubstrato do que para as de substrato simples.

As equações de velocidade dos mecanismos de bissubstrato descritos anteriormente, em ausência dos produtos, estão dadas abaixo na forma de duplos-recíprocos.

a. Ordenação Bi Bi

$$\frac{1}{v_o} = \frac{1}{V_{máx}} + \frac{K_M^A}{V_{máx}[A]} + \frac{K_M^B}{V_{máx}[B]} + \frac{K_S^A K_M^B}{V_{máx}[A][B]} \quad [14.48]$$

b. Equilíbrio rápido aleatório Bi Bi

A equação de velocidade para uma reação geral aleatória Bi Bi é um pouco complicada. Entretanto, no caso especial em que ambos os substratos estejam em equilíbrio rápido e independente um do outro com a enzima, isto é, quando a interconversão EAB−EPQ for o limitante da velocidade, a equação da velocidade inicial fica reduzida à seguinte forma, que é relativamente simples. Esse mecanismo é conhecido como mecanismo de **equilíbrio rápido aleatório Bi Bi**.

$$\frac{1}{v_o} = \frac{1}{V_{máx}} + \frac{K_S^A K_M^B}{V_{máx} K_S^B [A]} + \frac{K_M^B}{V_{máx}[B]} + \frac{K_S^A K_M^B}{V_{máx}[A][B]} \quad [14.49]$$

c. Pingue-pongue Bi Bi

$$\frac{1}{v_o} = \frac{K_M^A}{V_{máx}[A]} + \frac{K_M^B}{V_{máx}[B]} + \frac{1}{V_{máx}} \quad [14.50]$$

d. O significado físico dos parâmetros cinéticos de bissubstrato

Os parâmetros cinéticos das equações que descrevem as reações de bissubstrato têm significado similar aos das reações de um único substrato. A $V_{máx}$ é a velocidade máxima da enzima quando tanto A quanto B estiverem presentes em concentrações saturantes, K_M^A e K_M^B são as concentrações respectivas de A e B necessárias para alcançar 1/2 $V_{máx}$ na presença de concentrações saturantes do outro substrato e K_S^A K_S^B são as respectivas constantes da dissociação de A e de B da enzima, E.

C. *Diferenciação de mecanismos de bissubstrato*

Pode-se distinguir entre mecanismos de Pingue-pong e mecanismos Sequenciais a partir das propriedades contrastantes que eles apresentam em gráficos como os de Lineweaver-Burk.

a. Gráfico para diagnosticar reações Pingue-pongue Bi Bi

Gráficos $1/v_o$ *versus* $1/[A]$, mantendo [B] constante, construídos a partir da Equação [14.50], produzem uma linha reta com inclinação $K_M^A/V_{máx}$ e com intersecção no eixo $1/v_o$ igual aos últimos dois termos da Equação [14.50]. Como a inclinação é independente de [B], uma série de gráficos para vários valores de [B] produzem uma família de linhas paralelas (Fig. 14.18). De maneira semelhante, gráficos $1/v_o$ *versus* $1/[B]$ para vários valores de [A] produzem uma família de linhas paralelas. *O aparecimento dessas linhas paralelas diagnostica um mecanismo Pingue-pongue.*

b. Gráfico para diagnosticar reações sequenciais Bi Bi

As equações que representam o mecanismo ordenado Bi Bi (Fig. 14.48) e o mecanismo de equilíbrio rápido aleatório

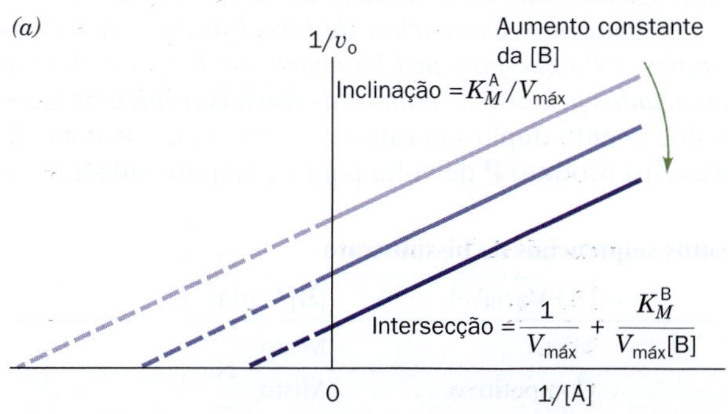

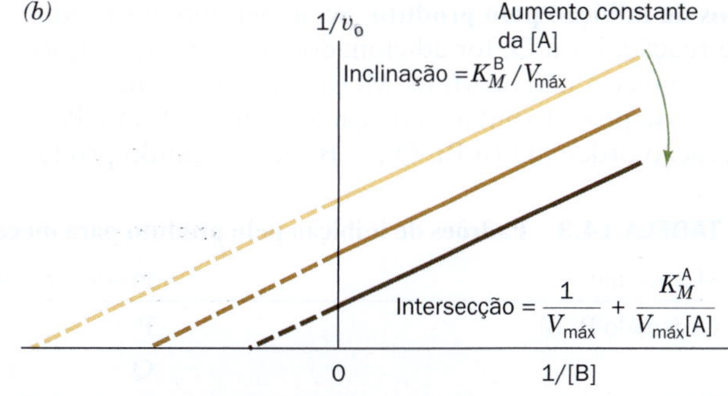

FIGURA 14.18 Gráficos duplos-recíprocos para uma reação enzimática com mecanismo de Pingue-pongue Bi Bi. (*a*) Gráficos de $1/v_o$ *versus* $1/[A]$ com várias concentrações de B. (*b*) Gráficos de $1/v_o$ *versus* $1/[B]$ com várias concentrações de A.

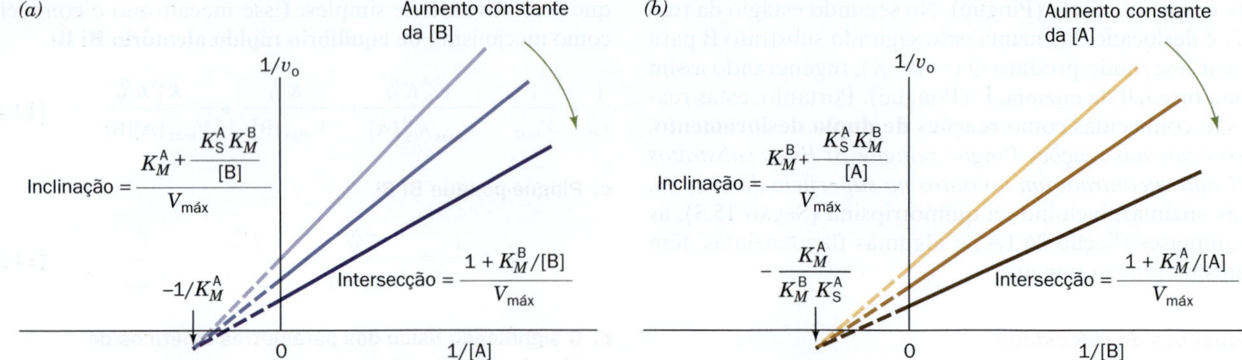

FIGURA 14.19 Gráficos duplo-recíprocos para uma reação enzimática com mecanismo sequencial Bi Bi. (*a*) Gráficos de $1/v_o$ *versus* 1/[A] em várias concentrações de B. (*b*) Gráficos de $1/v_o$ *versus* 1/[B] em várias concentrações de A. Os gráficos correspondentes às equações de equilíbrio rápido aleatório Bi Bi têm aspecto idêntico, todas as linhas interceptam-se no lado esquerdo do eixo $1/v_o$.

(Equação 14.49) apresentam funções de dependência de [A] e [B] idênticas.

A Equação [14.48] pode ser rearranjada como:

$$\frac{1}{v_o} = \frac{K_M^A}{V_{máx}}\left(1 + \frac{K_S^A K_M^B}{K_M^A[B]}\right)\frac{1}{[A]} + \frac{1}{V_{máx}}\left(1 + \frac{K_M^B}{[B]}\right) \quad [14.51]$$

Então, com um gráfico $1/v_o$ *versus* 1/[A], mantendo [B] constante, obtém-se um gráfico linear com inclinação igual ao coeficiente 1/[A] e uma intersecção no eixo $1/v_o$ igual ao segundo termo da Equação [14.51] (Fig. 14.19*a*). Alternativamente, a Equação [14.48] pode ser rearranjada para:

$$\frac{1}{v_o} = \frac{K_M^B}{V_{máx}}\left(1 + \frac{K_S^A}{[A]}\right)\frac{1}{[B]} + \frac{1}{V_{máx}}\left(1 + \frac{K_M^A}{[A]}\right) \quad [14.52]$$

Assim, ela se torna um gráfico linear de $1/v_o$ *versus* 1/[B], mantendo [A] constante, e uma intersecção no eixo $1/v_o$ igual ao segundo termo da Equação [14.52] (Fig. 14.19*b*). *A propriedade característica destes gráficos, que indica um mecanismo Sequencial, é que as linhas interceptam-se no lado esquerdo do eixo $1/v_o$.*

c. Diferenciação de mecanismos aleatórios e sequencialmente ordenados

Os mecanismos ordenados Bi Bi podem ser diferenciados experimentalmente dos mecanismos aleatórios Bi Bi por **estudos de inibição pelo produto**. Se apenas um dos produtos da reação, P ou Q, for adicionado à mistura de reação, a reação inversa não ocorrerá. Mesmo assim, por ligar-se à enzima, esse produto inibirá a reação no sentido direto. Para uma reação ordenada Bi Bi, Q (= B–X, o segundo produto a ser liberado) compete diretamente com A (= P–X, o substrato-líder) pela ligação à E e assim ele é um inibidor competitivo de A, quando [B] for fixa (a presença de X em Q = B–X interfere com a ligação de A = P–X). Entretanto, caso B se combinar com EA e não com E, Q será um inibidor misto de B, quando [A] for fixa (Q interfere tanto com a ligação de B à enzima como também com a catálise da reação). De maneira semelhante, P, que se combina apenas com EQ, é um inibidor misto de A, quando [B] for mantida constante, e é um inibidor de B quando [A] for constante. Diferentemente, em reações de equilíbrio rápido Bi Bi (já que tanto os dois produtos como os dois substratos podem se combinar diretamente com E), tanto P como Q são inibidores competitivos de A, quando [B] for constante, e inibidores competitivos de B, quando [A] for constante. Os padrões dessas inibições pelos produtos estão resumidos na Tabela 14.3.

D. *Troca isotópica*

Conclusões quanto aos mecanismos com base apenas em análise cinética estão cheias de incertezas e são facilmente confundidas por dados experimentais pouco acurados. A afirmação de que uma enzima tem certo mecanismo, portanto, pode ser enormemente corroborada quando for possível mostrar que o mecanismo proposto também está de acordo com alguma outra análise, além da análise cinética.

*Mecanismos sequenciais de bissubstratos (deslocamento simples) e Pingue-pongue (deslocamento duplo) podem ser diferenciados pelo uso de estudos de **troca isotópica**.* Reações de deslocamento duplo são capazes de trocar um isótopo de um primeiro produto P de volta para o primeiro substrato A, na

TABELA 14.3 Padrões de inibição pelo produto para mecanismos sequenciais de bissubstrato

Mecanismo	Produto nibidor	[A] Variável	[B] Variável
Ordenado Bi Bi	P	Misto	Misto
	Q	Competitivo	Misto
Equilíbrio rápido aleatório Bi Bi	P	Competitivo	Competitivo
	Q	Competitivo	Competitivo

ausência do segundo substrato. Considere-se uma reação total Pingue-pongue catalisada por uma enzima de bissubstrato E

$$P-X + B \overset{E}{\rightleftharpoons} P + B-X$$

na qual A = P–X, Q = B–X e X é o grupo a ser transferido de um substrato para o outro no curso da reação. Somente a primeira etapa da reação pode acontecer na ausência de B se for adicionada à mistura de reação uma pequena quantidade de P marcado isotopicamente, P*, na reação inversa será formado P*–X:

Reação direta $E + P-X \longrightarrow E-X + P$

Reação inversa $E-X \quad P^* \longrightarrow E + P^*-X$

isto é, ocorre uma troca isotópica.

Para fazer uma distinção, considere-se a primeira etapa de uma reação sequencial. Nesse caso, o complexo enzima-substrato não covalente formado é

$$E + P-X \rightleftharpoons E \cdot P-X$$

A adição de P* não resulta em troca isotópica porque nenhuma ligação covalente foi rompida para a formação de E · P–X, isto é, não há liberação de P da enzima para ser trocado por P*. Portanto, a demonstração da ocorrência de troca isotópica no caso de enzimas de bissubstrato constitui-se em uma evidência convincente a favor de um mecanismo Pingue-pongue.

a. Troca isotópica na sacarose-fosforilase e na maltose-fosforilase

As enzimas **sacarose-fosforilase** e **maltose-fosforilase** fornecem dois exemplos claros de como reações de troca isotópica catalisada por enzimas são usadas para diferenciar mecanismos cinéticos. A reação total da sacarose-fosforilase é a seguinte

Glicose — frutose + fosfato
Sacarose
⇅ E
Glicose-1-fosfato + frutose

Se a enzima for incubada com sacarose e frutose, marcada com um isótopo, na ausência de fosfato, observa-se que a marcação é transferida à sacarose:

Glicose — frutose + frutose*
Sacarose
⇅ E
Glicose — frutose* + frutose

Na reação inversa, se a enzima for incubada com glicose-1-fosfato e fosfato marcado com ^{32}P, essa marcação é trocada para a glicose-1-fosfato:

Glicose-1-fosfato + fosfato*
⇅ E
Glicose-1-fosfato* + fosfato

Essas observações indicam que um complexo glicosil-enzima ligado fortemente é formado pela liberação de frutose, demonstrando assim que a reação da sacarose-fosforilase ocorre por um mecanismo de Pinge-pongue. Esse achado foi corroborado conclusivamente pelo isolamento e pela caracterização de um complexo glicosil-enzima.

A enzima **maltose-fosforilase** catalisa uma reação semelhante:

Glicose—glicose + fosfato
Maltose
⇅ E
Glicose-1-fosfato + glicose

Ao contrário da sacarose-fosforilase, entretanto, a maltose-fosforilase não catalisa uma reação de troca isotópica entre glicose-1-fosfato e [^{32}P]fosfato ou entre maltose e [^{14}C]glicose. O fato de que nenhum complexo glicosil-enzima seja detectado é uma evidência condizente com a ideia de que o mecanismo da maltose-fosforilase é sequencial.

APÊNDICE: DEDUÇÃO DAS VARIANTES DA EQUAÇÃO DE MICHAELIS-MENTEN

A. *A equação de Michaelis-Menten para reações reversíveis – Equação [14.30]*

A condição de conservação para uma reação reversível com um intermediário (Seção 14.2C) é

$$[E]_T = [E] + [ES] \qquad [14.A1]$$

A condição de equilíbrio estacionário é

$$\frac{d[ES]}{dt} = k_1[E][S] + k_{-2}[E][P] - (k_{-1} + k_2)[ES] = 0 \qquad [14.A2]$$

de modo que

$$[E] = \left(\frac{k_{-1} + k_2}{k_1[S] + k_{-2}[P]}\right)[ES] \qquad [14.A3]$$

Substituindo este resultado na Equação [14.A1], obtém-se

$$[E]_T = \left(\frac{k_{-1} + k_2}{k_1[S] + k_{-2}[P]} + 1\right)[ES] \qquad [14.A4]$$

A velocidade da reação é expressa por

$$v = -\frac{d[S]}{dt} = k_1[E][S] - k_{-1}[ES] \qquad [14.A5]$$

que pode se combinado com a Equação [14.A3], dando

$$v = \left(\frac{k_1[\mathrm{S}](k_{-1} + k_2)}{k_1[\mathrm{S}] + k_{-2}[\mathrm{P}]} - k_{-1}\right)[\mathrm{ES}] \qquad [14.A6]$$

que, por sua vez, combinado-se com a Equação [14.A4] resulta em

$$v = \left(\frac{k_1k_2[\mathrm{S}] - k_{-1}k_{-2}[\mathrm{P}]}{k_{-1} + k_2 + k_1[\mathrm{S}] + k_{-2}[\mathrm{P}]}\right)[\mathrm{E}]_\mathrm{T} \qquad [14.A7]$$

Dividindo-se o numerador e o denominador desta equação por $(k_{-1} + k_2)$, tem-se que

$$v = \left(\frac{k_2\left(\frac{k_1}{k_{-1} + k_2}\right)[\mathrm{S}] - k_{-1}\left(\frac{k_{-2}}{k_{-1} + k_2}\right)[\mathrm{P}]}{1 + \left(\frac{k_1}{k_{-1} + k_2}\right)[\mathrm{S}] + \left(\frac{k_{-2}}{k_{-1} + k_2}\right)[\mathrm{P}]}\right)[\mathrm{E}]_\mathrm{T} \qquad [14.A8]$$

Então, se os parâmetros seguintes forem definidos analogamente às constantes da equação de Michaelis-Menten (Equações [14.23] e [14.21]),

$$V^f_{\text{máx}} = k_2[\mathrm{E}]_\mathrm{T} \qquad V^r_{\text{máx}} = k_{-1}[\mathrm{E}]_\mathrm{T}$$

$$K^\mathrm{S}_M = \frac{k_{-1} + k_2}{k_1} \qquad K^\mathrm{P}_M = \frac{k_{-1} + k_2}{k_{-2}}$$

obtém-se a equação de Michaelis-Menten para reações reversíveis de um intermediário:

$$v = \frac{\frac{V^f_{\text{máx}}[\mathrm{S}]}{K^\mathrm{S}_M} - \frac{V^r_{\text{máx}}[\mathrm{P}]}{K^\mathrm{P}_M}}{1 + \frac{[\mathrm{S}]}{K^\mathrm{S}_M} + \frac{[\mathrm{P}]}{K^\mathrm{P}_M}} \qquad [14.30]$$

B. A equação de Michaelis-Menten para a inibição incompetitiva – Equação [14.41]

Na inibição incompetitiva (Seção 14.3B), o inibidor liga-se ao complexo de Michaelis com uma constante de dissociação de

$$K'_\mathrm{I} = \frac{[\mathrm{ES}][\mathrm{I}]}{[\mathrm{ESI}]} \qquad [14.A9]$$

A condição de conservação é

$$[\mathrm{E}]_\mathrm{T} = [\mathrm{E}] + [\mathrm{ES}] + [\mathrm{ESI}] \qquad [14.A10]$$

Substituindo este valor nas Equações [14.34] e [14.A9]:

$$[\mathrm{E}]_\mathrm{T} = [\mathrm{ES}]\left(\frac{K_M}{[\mathrm{S}]} + 1 + \frac{[\mathrm{I}]}{K'_\mathrm{I}}\right) \qquad [14.A11]$$

Definindo α' de modo análogo à Equação [14.37],

$$\alpha' = 1 + \frac{[\mathrm{I}]}{K'_\mathrm{I}} \qquad [14.A12]$$

e definindo v_o e $V_{\text{máx}}$ como o foram nas Equações [14.22] e [14.23], respectivamente, obtém-se

$$v_o = k_2[\mathrm{ES}] = \frac{V_{\text{máx}}}{\frac{K_M}{[\mathrm{S}]} + \alpha'} \qquad [14.A13]$$

que, rearranjando-se, dá a equação de Michaelis-Menten para a inibição incompetitiva:

$$v_o = \frac{V_{\text{máx}}[\mathrm{S}]}{K_M + \alpha'[\mathrm{S}]} \qquad [14.41]$$

C. A equação de Michaelis-Menten para a inibição mista – Equação [14.45]

Na inibição mista (Seção 14.3C), as etapas de ligação ao inibidor têm constantes de dissociação diferentes:

$$K_\mathrm{I} = \frac{[\mathrm{E}][\mathrm{I}]}{[\mathrm{EI}]} \quad \text{e} \quad K'_\mathrm{I} = \frac{[\mathrm{ES}][\mathrm{I}]}{[\mathrm{ESI}]} \qquad [14.A14]$$

(Neste caso, para efeito de simplicidade matemática, aceita-se a suposição termodinamicamente errada que EI não reage com S para formar ESI. A inclusão desta reação requer uma dedução muito mais complexa, mas os resultados são essencialmente iguais.) A condição de conservação para este esquema de reação é a seguinte:

$$[\mathrm{E}]_\mathrm{T} = [\mathrm{E}] + [\mathrm{EI}] + [\mathrm{ES}] + [\mathrm{ESI}] \qquad [14.A15]$$

que, substituindo nas Equações [14.A14],

$$[\mathrm{E}]_\mathrm{T} = [\mathrm{E}]\left(1 + \frac{[\mathrm{I}]}{K_\mathrm{I}}\right) + [\mathrm{ES}]\left(1 + \frac{[\mathrm{I}]}{K'_\mathrm{I}}\right) \qquad [14.A16]$$

Definindo α e α' como foram definidos nas Equações [14.37] e [14.A12], respectivamente, a Equação [14.A16] torna-se

$$[\mathrm{E}]_\mathrm{T} = [\mathrm{E}]\alpha + [\mathrm{ES}]\alpha' \qquad [14.A17]$$

Então, substituindo-se na Equação [14.34]

$$[\mathrm{E}]_\mathrm{T} = [\mathrm{ES}]\left(\frac{\alpha K_M}{[\mathrm{S}]} + \alpha'\right) \qquad [14.A18]$$

Definindo-se v_o e $V_{\text{máx}}$ da mesma maneira como foram definidos nas Equações [14.22] e [14.23], obtém-se a equação de Michaelis-Menten para a inibição mista:

$$v_o = \frac{V_{\text{máx}}[\mathrm{S}]}{\alpha K_M + \alpha'[\mathrm{S}]} \qquad [14.45]$$

D. A equação de Michaelis-Menten para enzimas ionizáveis – Equação [14.47]

No modelo apresentado na Seção 14.4, para incluir o efeito do pH nas enzimas, as constantes de dissociação das ionizações são:

$$K_{\mathrm{E2}} = \frac{[\mathrm{H^+}][\mathrm{E^-}]}{[\mathrm{EH}]} \qquad K_{\mathrm{ES2}} = \frac{[\mathrm{H^+}][\mathrm{ES^-}]}{[\mathrm{ESH}]}$$

$$K_{\mathrm{E1}} = \frac{[\mathrm{H^+}][\mathrm{EH}]}{[\mathrm{EH_2^+}]} \qquad K_{\mathrm{ES1}} = \frac{[\mathrm{H^+}][\mathrm{ESH}]}{[\mathrm{ESH_2^+}]} \qquad [14.A19]$$

A protonação e a desprotonação estão entre as reações mais rápidas conhecidas, de modo que, exceto no caso das raras enzimas com número de renovação extremamente rápido, pode-se supor, com razoável grau de segurança, que as reações ácido-base estão em equilíbrio. A condição de conservação é

$$[E]_T = [EH]_T + [ESH]_T \quad [14.A20]$$

em que $[E]_T$ é a enzima total presente em todas as formas,

$$\begin{aligned}[EH]_T &= [EH_2^+] + [EH] + [E^-] \\ &= [EH]\left(\frac{[H^+]}{K_{E1}} + 1 + \frac{K_{E2}}{[H^-]}\right) \\ &= [EH]\, f_1 \end{aligned} \quad [14.A21]$$

e

$$\begin{aligned}[ESH]_T &= [ESH_2^+] + [ESH] + [ES^-] \\ &= [ESH]\left(\frac{[H^+]}{K_{ES1}} + 1 + \frac{K_{ES2}}{[H^+]}\right) \\ &= [ESH] f_2 \end{aligned} \quad [14.A22]$$

Então, considerando-se as premissas do estado de equilíbrio

$$\frac{d[ESH]}{dt} = k_1[EH][S] - (k_{-1} + k_2)[ESH] = 0 \quad [14.A23]$$

e resolvendo para [EH]

$$[EH] = \frac{(k_{-1} + k_2)[ESH]}{k_1[S]} = \frac{K_M[ESH]}{[S]} \quad [14.A24]$$

Portanto, a partir da Equação [14.A21],

$$[EH]_T = \frac{K_M[ESH]\, f_1}{[S]} \quad [14.A25]$$

a qual, juntamente com as Equações [14.A20] e [14.A22], leva à

$$[E]_T = [ESH]\left(\frac{K_M f_1}{[S]} + f_2\right) \quad [14.A26]$$

Da mesma maneira que na dedução simples de Michaelis-Menten, a velocidade inicial é

$$v_o = k_2[ESH] = \frac{k_2[E]_T}{\left(\frac{K_M f_1}{[S]}\right) + f_2} = \frac{(k_2/f_2)[E]_T[S]}{K_M(f_1/f_2) + [S]} \quad [14.A27]$$

Então, definindo os valores "aparentes" de K_M e de $V_{máx} = k_2[E]_T$ em um determinado pH:

$$K'_M = K_M(f_1/f_2) \quad [14.A28]$$

e

$$V'_{máx} = V_{máx}/f_2 \quad [14.A29]$$

a equação de Michaelis-Menten adaptada para incluir os efeitos do pH é

$$v_o = \frac{V'_{máx}[S]}{K'_M + [S]} \quad [14.47]$$

RESUMO DO CAPÍTULO

1 Cinética química Os complicados processos das reações ocorrem por meio de uma série de etapas de reações elementares simples, que são definidas como tendo uma molecularidade igual ao número de moléculas que colidem simultaneamente para formarem produtos. A ordem de uma dada reação pode ser determinada a partir das formas da função das respectivas curvas do curso da reação. A teoria do estado de transição postula que a velocidade da reação depende da energia livre da formação de um complexo ativado. Esse complexo, que ocorre no ponto de maior nível energético da curva da reação, está situado entre os reagentes e os produtos, sendo, por isso, também conhecido como estado de transição. A teoria do estado de transição explica que a catálise é o resultado da redução da diferença de energia livre entre os reagentes e o estado de transição.

2 Cinética enzimática No mecanismo enzimático mais simples que há, a enzima e o substrato combinam-se reversivelmente para formar um complexo enzima-substrato conhecido como complexo de Michaelis, que decompõe-se irreversivelmente, formando o produto e regenerando a enzima. A velocidade da formação do produto é expressa pela equação de Michaelis-Menten, que é deduzida com base na premissa de que a concentração do complexo de Michaelis é constante, isto é, está em estado estacionário. A equação de Michaelis-Menten, que tem a forma de uma função de hipérbole retangular, tem dois parâmetros: $V_{máx}$, a velocidade máxima da reação, que ocorre quando a concentração de substrato é saturante, e K_M, a constante de Michaelis, que tem o valor da concentração de substrato que leva a uma velocidade igual à metade da velocidade máxima. Esses parâmetros podem ser determinados graficamente usando-se o gráfico de Lineweaver-Burk. Modelos fisicamente mais realistas de mecanismos enzimáticos do que o modelo de Michaelis-Menten supõem que as reações enzimáticas são reversíveis e que possuem um ou mais intermediários. As formas das funções das equações que descrevem as velocidades desses modelos independem do número de intermediários, de modo tal que os modelos não podem ser diferenciados apenas com o uso de dados de cinética de estado estacionário.

3 Inibição As enzimas podem ser inibidas por inibidores competitivos, que competem com o substrato pelo sítio enzimaticamente ativo. O efeito de um inibidor competitivo pode ser revertido pelo aumento da concentração do substrato. Um inibidor incompetitivo inativa o complexo de Michaelis ao ligar-se a ele. A velocidade máxima de uma enzima inibida incompetitivamente é função da concentração do inibidor, e assim o efeito de um inibidor incompetitivo não pode ser revertido pelo aumento da concentração do substrato. Na inibição mista, o inibidor liga-se tanto à enzima como ao complexo enzima-substrato, formando um complexo cataliticamente inativo. A equação de velocidade que descreve essa situação tem características tanto da reação competitiva como da reação incompetitiva.

4 Efeitos do pH A velocidade das reações enzimáticas é função da concentração de íons de hidrogênio. Em qualquer pH, a velocidade de uma reação enzimática simples pode ser descrita pela equação de Michaelis-Menten. Entretanto, os parâmetros $V_{máx}$ e K_M variam com o pH. Pela avaliação de curvas da velocidade cinética em função do pH, os valores de pK dos grupos ionizáveis de ligação da enzima e dos grupos catalíticos podem ser determinados, o que pode ajudar na identificação desses grupos.

5 Reações de bissubstrato A maioria das reações enzimáticas é de reações nas quais dois substratos reagem formando dois produtos. As reações de bissubstrato podem ter mecanismo Ordenado, mecanismo Sequencial Aleatório ou mecanismo de Pingue-pongue Bi Bi, entre outros. A equação da velocidade inicial de qualquer um desses mecanismos envolve cinco parâmetros, que são análogos tanto aos parâmetros da equação de Michaelis-Menten como aos parâmetros das constantes de equilíbrio. Pode-se diferenciar experimentalmente os vários mecanismos de bissubstratos com base nas formas dos seus gráficos duplos-recíprocos e a partir da natureza dos seus padrões de inibição pelo produto. Reações de troca isotópica fornecem um método a mais, não cinético, de diferenciação de mecanismos de bissubstratos.

REFERÊNCIAS

Cinética química

Atkins, P.W. and de Paula, J., Physical Chemistry for the Life Sciences, Chapters 6–8, Freeman (2006). [A maioria dos livros-texto de físico-química tem cobertura similar.]

Hammes, G.G., *Principles of Chemical Kinetics*, Academic Press (1978).

Laidler, K.J., *Chemical Kinetics* (3rd ed.), Harper & Row (1987).

Cinética enzimática

Biswanger, H., *Enzyme Kinetics: Principles and Methods,* Wiley-VCH (2002).

Cleland, W.W., Steady state kinetics, *in* Boyer, P.D. (Ed.), *The Enzymes* (3rd ed.), Vol. 2, *pp.* 1-65, Academic Press (1970); e Steady-state kinetics, *in Sigman*, D.S., and Boyer, P.D. (Ed.), *The Enzymes* (3rd ed.), Vol. 19, *pp.* 99-158, Academic Press (1990).

Cleland, W.W., Determining the mechanism of enzyme-catalyzed reactions by kinetic studies, *Adv. Enzymol.* **45,** 273 (1977).

Cornish-Bowden, A., *Fundamentals of Enzyme Kinetics* (Revised ed.), Portland Press (1995). [Um panorama lúcido e detalhado da cinética enzimática.]

Copeland, R.A., *Enzymes*, VCH (1996).

Dixon, M., and Webb, E.C., *Enzymes* (3rd ed.), Chapter IV, Academic Press (1979). [Um tratamento exaustivo sobre cinética enzimática.]

Fersht, A., *Struture and Mechanism in Protein Science*, Chapters 3-7, Freeman (1999).

Gutfreund, H., *Kinetics for the Life Sciences: Receptors, Transmitters, and Catalysts*, Cambridge University Press (1995).

Knowles, J.R., The intrinsic pK_a-values of functional groups in enzymes: Improper deductions from the pH-dependence of steady state parameters, *CRC Crit. Rev. Biochem.* **4,** 165 (1976).

Marangoni, A.G., *Enzyme Kinetics. A Modern Approach*, Wiley (2002).

Piszkiewicz, D., *Kinetics of Chemical and Enzyme Catalyzed Reactions*, Oxford University Press (1977). [Discussão sobre cinética enzimática de fácil leitura.]

Purich, D.L. (Ed.), *Contemporary Enzyme Kinetics and Mechanism* (2nd ed.), Academic Press (1996). [Conjunto de artigos sobre tópicos avançados.]

Schulz, A.R., *Enzyme Kinetics*, Cambridge (1994).

Segel, I.H., *Enzyme Kinetics*, Wiley-Interscience (1993). [Tratado detalhado e didático com explicações completas sobre muitos aspectos da cinética enzimática.]

Tinoco, I., Jr., Sauer, K., Wang, J.C., e Puglisi, J.D., *Physical Chemistry, Principles and Applications for Biological Sciences* (4th ed.), Chapters 7 and 8, Prentice-Hall (2002).

EXERCÍCIOS DE BIOINFORMÁTICA

Exercícios de Bioinformática estão disponíveis em www.wiley.com/college/voet.

Capítulos 13 e 14

Exercícios BRENDA

1. Classes de enzimas. Explore a nomenclatura enzimática.
2. Mecanismos. Investigue mecanismos metabólicos.
3. Comparação de isoenzimas. Compare as características de enzimas que catalizam a mesma reação.
4. Parâmetros funcionais enzimáticos. Levante as taxas e distribuições dos valores de pI, pH ótimo e números de renovação (*turnover*).
5. Procura pela estrutura. Procure a base de dados para enzimas que atuam em uma molécula específica.
6. Outras atividades na base de dados BRENDA.

PROBLEMAS

1. A hidrólise da sacarose:

$$\text{Sacarose} + H_2O \longrightarrow \text{glicose} + \text{frutose}$$

segue o seguinte curso.

Tempo (min.)	[Sacarose] (M)
0	0,5011
30	0,4511
60	0,4038
90	0,3626
130	0,3148
180	0,2674

Determine a constante de primeira ordem da velocidade e a meia-vida da reação. Por que esta reação bimolecular segue a lei de uma reação de primeira ordem? Quanto tempo levaria para hidrolisar 99% da sacarose inicialmente presente? Quanto tempo levaria se a quantidade de sacarose presente inicialmente fosse o dobro daquela da tabela?

2. Quantas vezes a reação, a 25°C, será acelerada caso o catalisador reduzir a energia livre do complexo ativado por um valor de 1 kJ · mol^{-1}? E por um valor de 10 kJ · mol^{-1}?

3. Considerando uma reação de Michaelis-Menten, $k_1 = 5 \times 10^7$ $M^{-1} \cdot s^{-1}$, $k_{-1} = 2 \times 10^4\ s^{-1}$ e $k_2 = 4 \times 10^2\ s^{-1}$, calcule os valores de K_s e de K_M desta reação. A ligação com o substrato atinge o equilíbrio ou o estado estacionário?

***4.** A tabela seguinte indica a velocidade de uma reação na qual o substrato é catalisado por uma enzima que segue o mecanismo de Michaelis-Menten: (1) na ausência de inibidor; (2) e (3) na presença de uma concentração 10 mM de dois inibidores diferentes. Considere que $[E]_T$ seja a mesma para todas as reações.

[S] (mM)	(1)v_o ($\mu M \cdot s^{-1}$)	(2)v_o ($\mu M \cdot s^{-1}$)	(3)v_o ($\mu M \cdot s^{-1}$)
1	2,5	1,17	0,77
2	4,0	2,10	1,25
5	6,3	4,00	2,00
10	7,6	5,7	2,50
20	9,0	7,2	2,86

(a) Determine os valores de K_M e $V_{máx}$ da enzima. Determine, para cada um dos inibidores, o tipo de inibição e K_I e/ou K_I'. Que informações a mais seriam necessárias para poder calcular o número de renovação enzimática? (b) Para [S] = 5 mM, qual a proporção de moléculas de enzima que está ligada ao substrato na ausência de inibidor; na presença de 10 mM de inibidor do tipo (2); e na presença de 10 mM de inibidor do tipo (3)?

***5.** No corpo humano, o etanol é oxidado a acetaldeído (CH_3CHO) pela álcool-desidrogenase hepática (LADH, de *liver alcohol dehydrogenase*). Outros alcoóis também são oxidados pela LADH. Por exemplo, o metanol, que é um intoxicante leve, é oxidado pela LADH a formaldeído (CH_2O), que é um pouco mais tóxico. Os efeitos tóxicos da ingestão de metanol (componente de muitos solventes comerciais) podem ser revertidos pela administração de etanol. O etanol age como um inibidor competitivo do metanol por deslocá-lo da LADH. Isso dá tempo suficiente para o metanol ser excretado pelos rins sem causar dano. Caso uma pessoa tenha ingerido 100 mL de metanol (uma dose letal), quanto de uísque puro (50% de etanol, em volume) ela deve beber para reduzir a atividade da LADH sobre o metanol à 5% do seu valor original? Um organismo humano adulto contém ~40 L de fluidos nos quais os alcoóis ingeridos são misturados rápida e uniformemente. As densidades do etanol e do metanol são, ambas, 0,79 g · cm^{-3}. Suponha que K_M da LADH para o etanol e o metanol seja $1{,}0 \times 10^{-3}$ M e 1,0. 10^{-2} M, respectivamente, e que, para o etanol, $K_I = K_M$.

6. O K_M de uma enzima de Michaelis-Menten para um dado substrato é $1{,}0 \times 10^{-4}$ M. Em certa concentração de enzima e 0,2 M de substrato, v_o = 43 $\mu M \cdot min^{-1}$. Entretanto, com uma concentração de substrato de 0,02 M, v_o tem o mesmo valor. (a) Fazendo cálculos numéricos, mostre que essa observação é verdadeira. (b) Qual é a melhor faixa de [S] para se medir o K_M?

7. Por que os inibidores incompetitivos e mistos são, geralmente, considerados mais eficazes *in vivo* do que inibidores competitivos?

8. Explique por que mesmo que os dados experimentais se ajustem perfeitamente a um determinado modelo cinético isso não prova que a reação siga este modelo.

9. Uma enzima que segue o modelo do efeito de pH apresentado na Seção 14.4 tem $pK_{ES1} = 4$ e $pK_{ES2} = 8$. Qual é o pH no qual $V'_{máx}$ é máximo para esta enzima? Qual a fração de $V_{máx}$ que $V'_{máx}$ atinge neste pH?

10. Deduza a equação da velocidade inicial de uma reação de equilíbrio rápido Bi Bi. Suponha que a constante de equilíbrio K_S^A e K_S^B para a ligação de A e B à enzima seja independente do outro substrato estar ligado (uma suposição restrita a quando $K_M^B = K_S^B$ na Equação [14.49]).

***11.** Considere a seguinte variação em uma reação com mecanismo de Pingue-pongue Bi Bi.

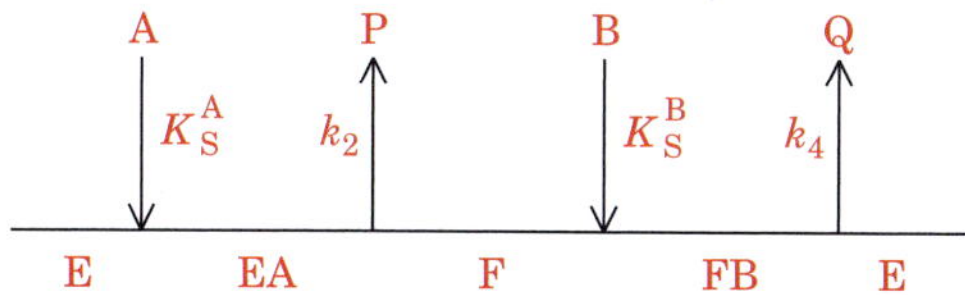

Supondo que a reação de ligação ao substrato esteja em equilíbrio rápido,

$$K_S^A = \frac{[E][A]}{[EA]} \quad \text{e} \quad K_S^B = \frac{[F][B]}{[FB]}$$

e que tanto [A] >> $[E]_T$ e [B] >> $[E]_T$, e que nem a reação de liberação do produto é reversível e nem as considerações do estado estacionário sejam válidas. (a) Deduza uma expressão para v_o, em termos de K_S^A, K_S^B, k_2 e k_4. (b) Indique a forma dos gráficos duplos-recíprocos para $1/v_o$ *versus* 1/[A] para vários valores de [B]. (c) Indique a forma dos gráficos duplos-recíprocos para $1/v_o$ *versus* 1/[B] para vários valores de [A].

12. Para regenerar ATP no músculo, a creatina-cinase catalisa a reação

$$MgADP^- + \text{fosfocreatina} \rightleftharpoons MgATP^{2-} + \text{creatina}$$

A creatina-cinase de músculo de coelho apresenta o seguinte comportamento cinético. Na ausência de ambos os produtos, os gráficos de $1/v_o$ *versus* 1/[$MgADP^-$], em diferentes concentrações fixas de fosfocreatina, produzem linhas que interceptam-se no lado esquerdo do eixo $1/v_o$. De maneira semelhante, gráficos $1/v_o$ *versus* 1/[fosfocreatina], na ausência do produto e em diferentes concentrações fixas de $MgADP^-$, produzem linhas que se interceptam no lado esquerdo do eixo $1/v_o$. Na ausência de um dos produtos da reação ($MgATP^{2-}$ ou creatina), os gráficos $1/v_o$ *versus* 1/[$MgADP^-$], em diferentes concentrações de outros produtos, interceptam-se no eixo $1/v_o$, o que também é verdadeiro para os gráficos $1/v_o$ *versus* 1/[fosfocreatina]. Indique um mecanismo cinético que seja consistente com essa informação.

CAPÍTULO 15 Catálise Enzimática

Como foi visto anteriormente, as enzimas provocam aumento na velocidade das reações com magnitudes muito maiores do que os aumentos provocados pelos melhores catalisadores químicos. Mesmo assim, as enzimas funcionam sob condições suaves e são altamente específicas tanto para os substratos como para os produtos. As propriedades catalíticas das enzimas são tão notáveis que muitos cientistas do século XIX pensavam que elas teriam propriedades completamente diferentes das propriedades das substâncias de origem não viva. Mesmo hoje, são poucas as enzimas das quais se conhecem mais detalhes sobre como elas proporcionam esse grande aumento na velocidade das reações. Apesar disso, está totalmente esclarecido que os mecanismos catalíticos usados pelas enzimas são idênticos aos mecanismos da catálise química. As enzimas são simplesmente tem um desenho melhor.

Este capítulo trata da natureza da catálise enzimática. O início da discussão realça os princípios da catálise química e como eles foram elucidados por meio do estudo de mecanismos de reações orgânicas. A seguir, os mecanismos catalíticos de algumas das enzimas melhor caracterizadas, como a **lisozima** e as **serino-proteases**, serão examinados de forma detalhada. O estudo dessas enzimas permite apreciar o quanto esses notáveis catalisadores são intrincados, assim como os métodos experimentais usados para elucidar suas propriedades. No final, há uma discussão sobre a maneira pela qual são descobertos e testados novos fármacos, processo que depende muito dos princípios da enzimologia, pois os alvos de muitos fármacos são enzimas. Esta discussão usará como exemplo como foi a descoberta do eficiente inibidor terapêutico da **protease do HIV-1**.

1 MECANISMOS DE CATÁLISE

A catálise é um processo que aumenta a velocidade com a qual uma reação aproxima-se do equilíbrio. Uma vez que, como foi visto na Seção 14.1C, a velocidade de uma reação é função da sua energia livre de ativação ($\Delta G^{\ddagger}$), um catalisador age diminuindo a altura dessa barreira cinética, isto é, ele estabiliza o estado de transição em relação à reação não catalisada. Em muitos casos, não há nada de exclusivo nos mecanismos de catálise das enzimas em comparação com os mecanismos não enzimáticos. *Aparentemente, o que faz as enzimas se tornarem catalisadores tão poderosos são duas propriedades relacionadas entre si: a especificidade pela ligação ao substrato, combinada com uma organização otimizada dos grupos catalíticos.* A organização dos grupos catalíticos e grupos de ligação das enzimas, obviamente, é produto do enorme tempo da evolução. A natureza tem tido ampla oportunidade para ajustar de forma refinada o desempenho da maioria das enzimas.

Os tipos de mecanismos catalíticos que as enzimas utilizam são classificados como:

1. Catálise acidobásica.
2. Catálise covalente.
3. Catálise por íon metálico.
4. Catálise eletrostática.
5. Efeitos de proximidade e de orientação.
6. Ligação preferencial ao complexo do estado de transição.

Nesta seção, estes vários fenômenos serão examinados. Isto será feito tendo como referência frequente os compostos orgânicos modelo que têm sido usados na caracterização desses mecanismos catalíticos.

A. Catálise acidobásica

*A **catálise ácida geral** é um processo no qual a transferência parcial de um próton transferido de um ácido de Brønsted (uma espécie reagente que pode doar prótons; Seção 2.2A) diminui a energia livre do estado de transição da reação.* Por

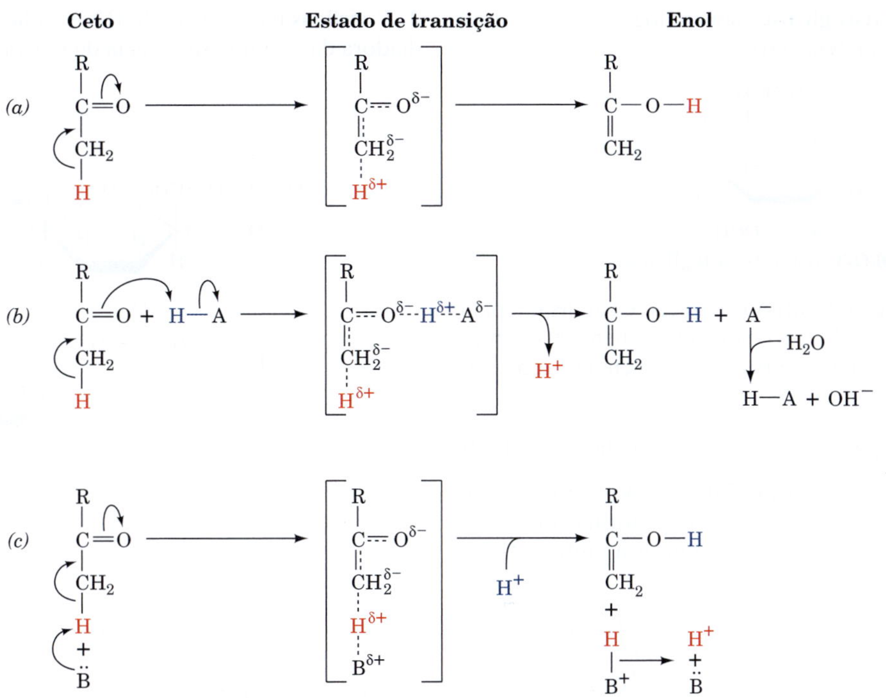

FIGURA 15.1 **Mecanismo da tautomerização cetoenólica.** (*a*) Não catalisada, (*b*) catálise ácida geral e (*c*) catálise acidobásica geral.

exemplo, uma tautomerização cetoenólica não catalisada ocorre muito lentamente devido à alta energia do estado de transição carbânion (Fig. 15.1*a*). A doação de um próton ao átomo de oxigênio (Fig. 15.1*b*), entretanto, reduz o caráter carbânion do estado de transição, assim catalisando a reação. *Uma reação também pode ser estimulada por uma **catálise básica geral** se a velocidade de reação for aumentada pela abstração de um próton de uma base de Brønsted (uma espécie reagente que pode combinar-se com um próton; Fig. 15.1c). Algumas reações são simultaneamente sujeitas aos dois processos: **reação catalisada por uma catálise acidobásica geral combinada.***

a. A mutarrotação é catalisada por ácidos e por bases

A mutarrotação da glicose fornece um exemplo instrutivo de catálise acidobásica. É importante lembrar que a molécula de glicose pode assumir duas formas cíclicas anoméricas por meio do seu intermediário linear (Seção 11.1B):

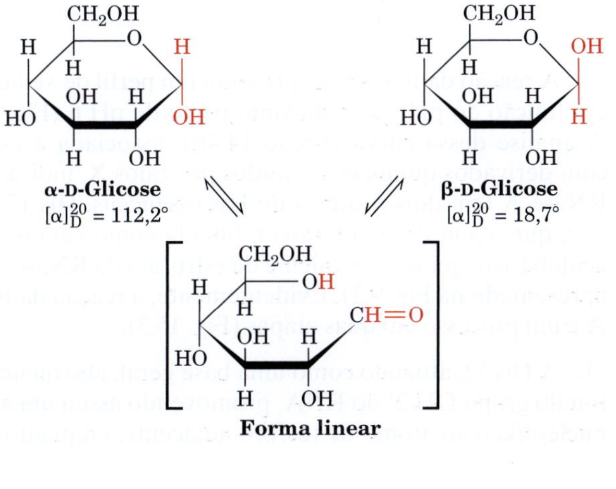

α-D-Glicose $[\alpha]_D^{20} = 112{,}2°$ ⇌ Forma linear ⇌ β-D-Glicose $[\alpha]_D^{20} = 18{,}7°$

Em solventes aquosos, a velocidade inicial da mutarrotação da α-D-glicose, monitorada por meio de polarimetria (Seção 4.2A), mostra a seguinte relação:

$$v = -\frac{d[\alpha\text{-D-glicose}]}{dt} = k_{obs}[\alpha\text{-D-glicose}] \quad [15.1]$$

em que k_{obs} é a constante de primeira ordem aparente da reação. A velocidade da mutarrotação aumenta com a concentração de ácidos ou bases gerais. Pensa-se que ácidos e bases catalisam a reação de mutarrotação segundo o seguinte mecanismo:

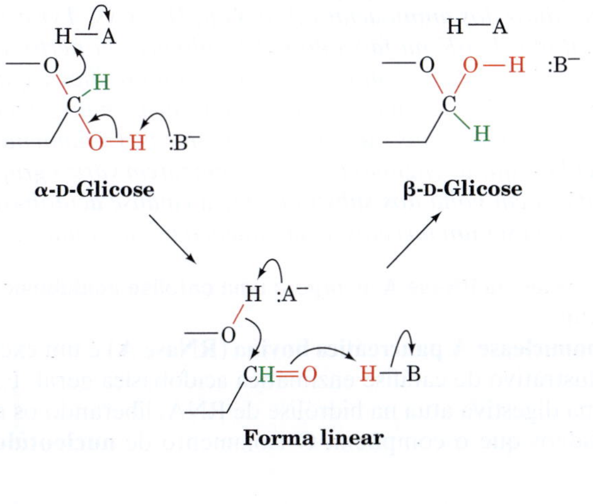

α-D-Glicose → Forma linear → β-D-Glicose

Este modelo é consistente com a observação de que, em solventes apróticos, como, por exemplo, o benzeno, a

2,3,4,6-*O*-tetrametil-α-D-glicose (um análogo da glicose menos polar, e solúvel em benzeno)

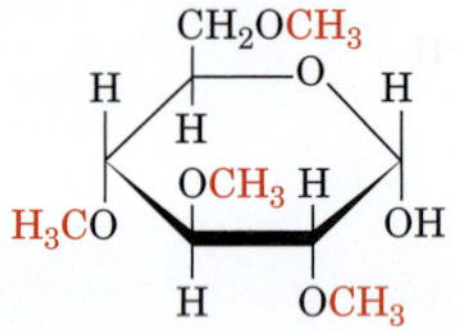

2,3,4,6-*O*-Tetrametil- α-D-glicose

não sofre mutarrotação. Contudo, a reação é catalisada pela adição de fenol, um ácido fraco solúvel em benzeno, juntamente com piridina, uma base fraca solúvel em benzeno, segundo a equação de velocidade:

$$v = k[\text{fenol}][\text{piridina}][\text{tetrametil-}\alpha\text{-D-glicose}] \quad [15.2]$$

Além disso, na presença de **α-piridona**, cujos grupos ácido e básico podem se interconverter entre duas formas tautoméricas, situadas de maneira a poder catalisar a mutarrotação simultaneamente,

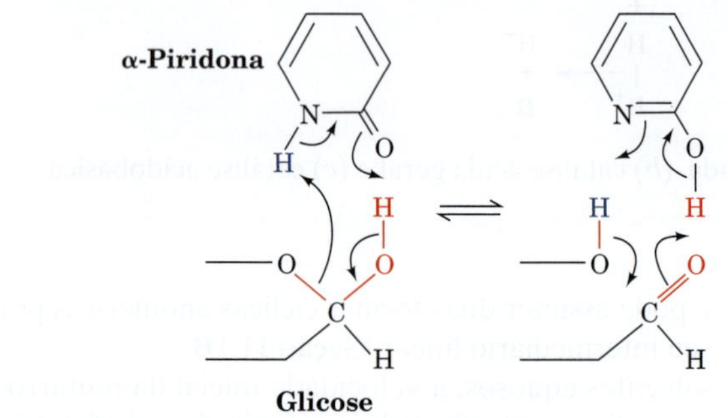

α-Piridona

Glicose

a reação segue a lei de velocidade

$$v = k' [\alpha\text{-piridona}][\text{tetrametil-}\alpha\text{-D-glicose}] \quad [15.3]$$

em que $k' = 7.000\ M \times k$. Este aumento na constante de velocidade indica que a α-piridona, na realidade, catalisa a mutarrotação de uma maneira combinada, pois α-piridona 1 *M* tem o mesmo efeito catalítico que concentrações impossivelmente altas de fenol e piridina teriam (p. ex., fenol 70 *M* e piridina 100 *M*).

Muitos tipos de reações de importância bioquímica são suscetíveis à catálise ácida e/ou básica, incluindo hidrólise de peptídeos e de ésteres, reações do grupo fosfato, tautomerizações e adição de grupos carbonila. As cadeias laterais dos resíduos dos aminoácidos Asp, Glu, His, Cys, Tyr e Lys têm valores de pK na faixa do pH fisiológico ou perto dela (Tabela 4.1), o que, como se pode ver, confere-lhes capacidade enzimática de catálise ácido e/ou básica, analogamente ao que se conhece nos mecanismos orgânicos. Certamente, a capacidade que as enzimas têm em organizarem vários grupos catalíticos em volta dos substratos faz a catálise acidobásica combinada ser um mecanismo enzimático muito comum.

b. A reação da RNase A incorpora uma catálise acidobásica geral

A **ribonuclease A pancreática bovina** (**RNase A**) é um exemplo ilustrativo de catálise enzimática acidobásica geral. Essa enzima digestiva atua na hidrólise de RNA, liberando os nucleotídeos que o compõem. O isolamento de **nucleotídeos 2′,3′ cíclicos** na digestão de RNA indica que a enzima é mediadora da seguinte sequência de reações:

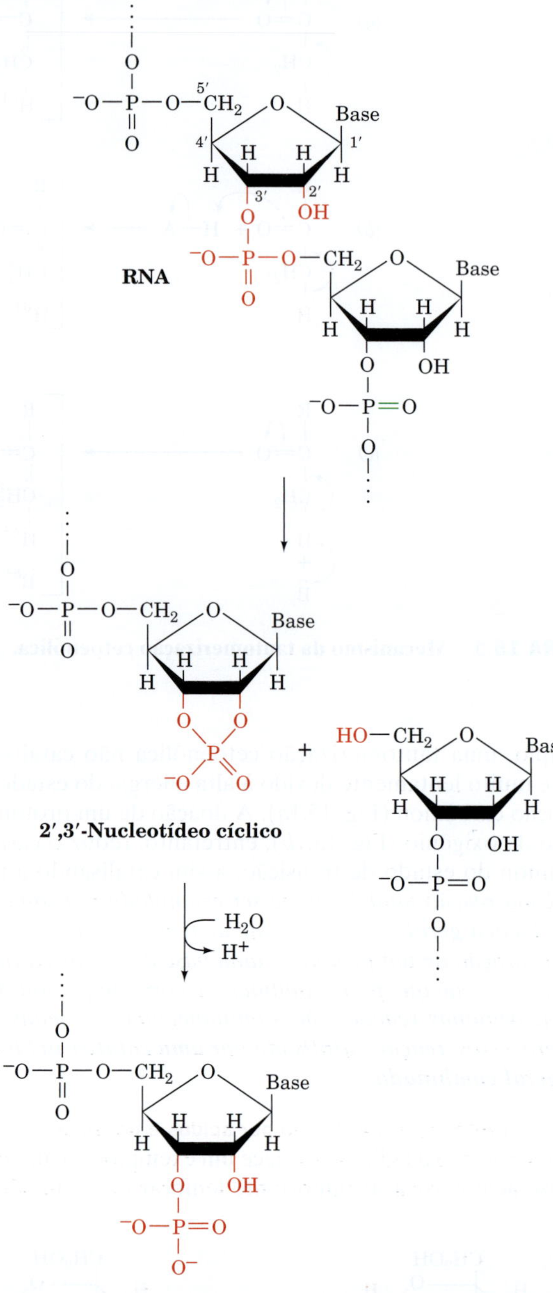

RNA

H_2O H^+

2′,3′-Nucleotídeo cíclico

A reação da RNase A apresenta um perfil de velocidade em função do pH que é máximo perto de pH 6 (Fig. 15.2). A análise dessa curva (Seção 14.4b), associada a estudos com derivados químicos e estudos por raios X, indica que a RNase A tem dois resíduos de His essenciais, His 12 e His 119, que agem de maneira combinada como catalisadores acidobásicos gerais (o esquema da estrutura da RNase A está apresentado na Fig. 9.2). Evidentemente, a reação da RNase A é um processo em duas etapas (Fig. 15.3).

1. A His 12, atuando como uma base geral, abstrai um próton do grupo OH 2′ do RNA, promovendo assim um ataque nucleofílico ao átomo de fósforo adjacente, enquanto a His

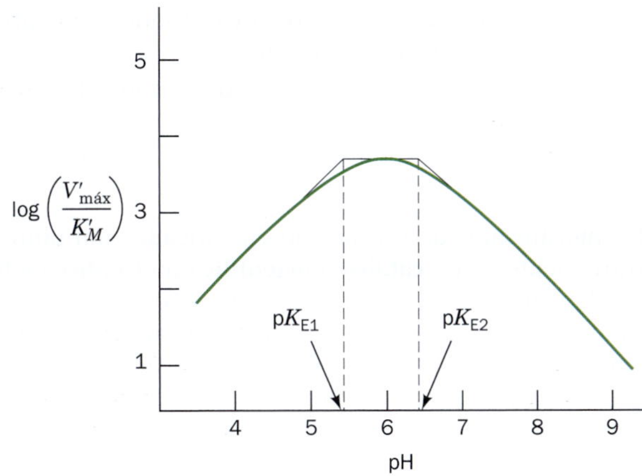

FIGURA 15.2 A dependência ao pH de $V'_{máx}/K'_M$ da hidrólise da citidina-2′,3′-fosfato cíclica catalisada pela RNase A. A unidade de $V'_{máx}/K'_M$ está dada em $M^{-1} \cdot s^{-1}$. A análise desta curva (Seção 14.4) sugere que na catálise há a participação de grupos com pK 5,4 e 6,4. (Segundo del Rosario, E.J. e Hammes, G.G., *Biochemistry* **8**, 1887 [1969].)

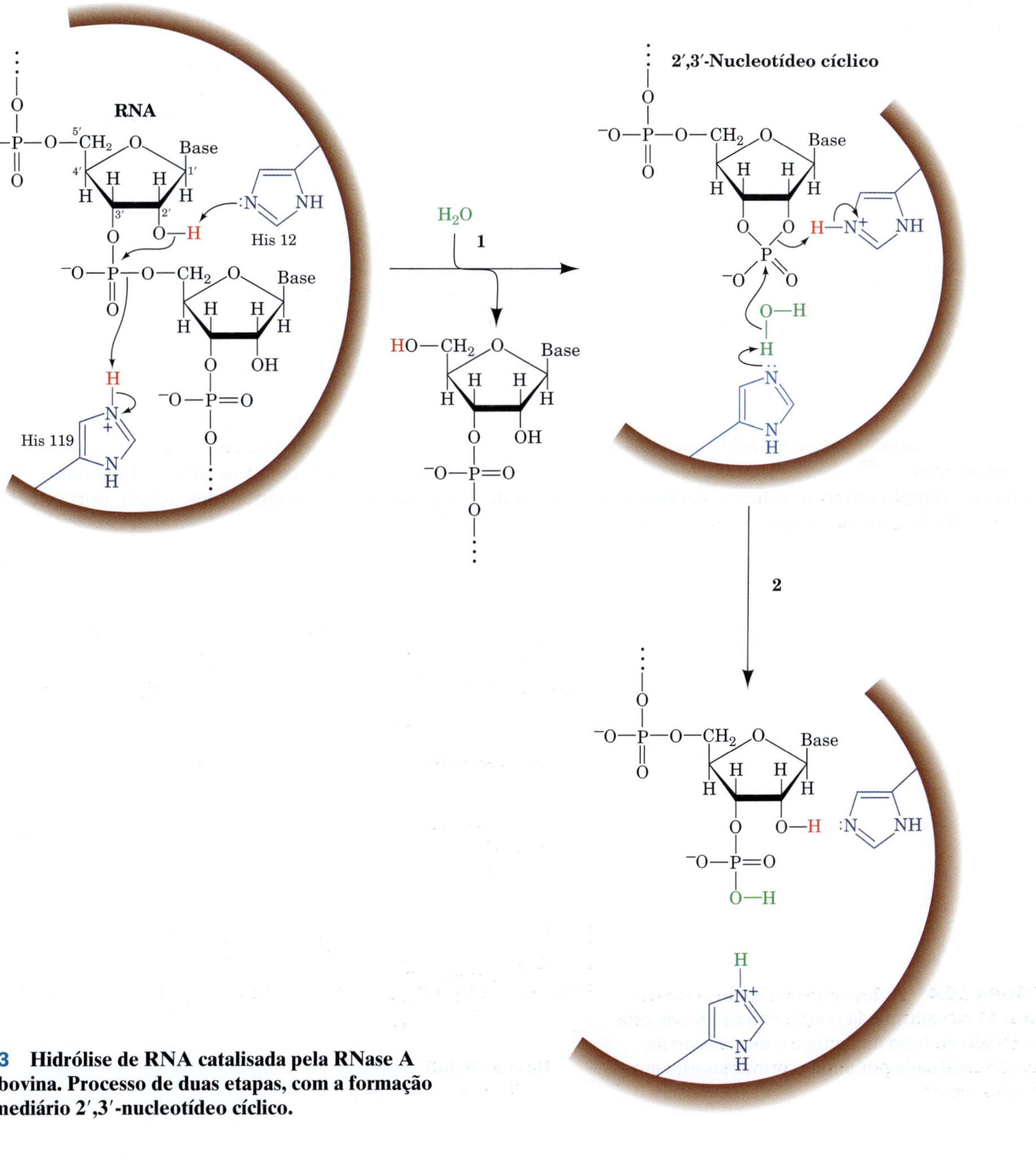

FIGURA 15.3 Hidrólise de RNA catalisada pela RNase A pancreática bovina. Processo de duas etapas, com a formação de um intermediário 2′,3′-nucleotídeo cíclico.

119, atuando como um ácido geral, promove a cisão da ligação por protonar o grupo de saída.

2. O intermediário cíclico 2′,3′ é hidrolisado por meio do que, essencialmente, é o inverso da primeira etapa, sendo que a água substitui o grupo de saída. Assim, His 12 age como um ácido geral e His 119 como uma base geral, promovendo a hidrólise do RNA e levando a enzima ao mesmo estado que tinha no início da reação.

B. *Catálise covalente*

A catálise covalente *envolve a aceleração da velocidade pela formação transitória de uma ligação covalente entre o catalisador e o substrato*. A descarboxilação do **acetoacetato**, quando catalisada quimicamente por aminas primárias, é um exemplo de um processo desse tipo (Fig. 15.4). No primeiro estágio dessa reação, a amina ataca nucleofilicamente o grupo carbonila do acetoacetato, formando uma **base de Schiff** (ligação imina).

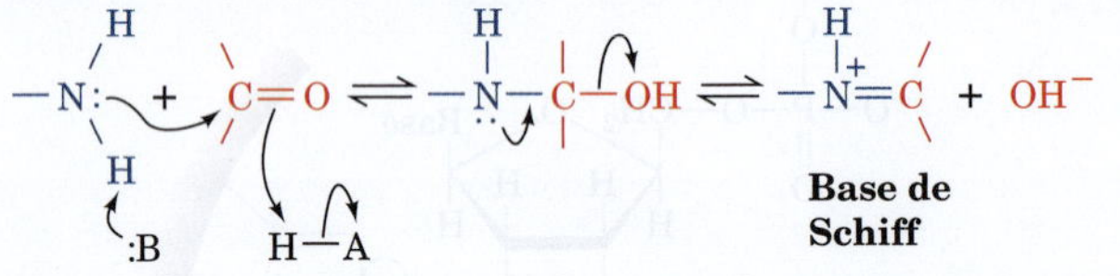

O átomo de nitrogênio protonado do intermediário covalente age então como um supressor de elétrons (Fig. 15.4, a seguir), de modo a reduzir o caráter de alta energia que, de outro modo, apareceria no enolato do estado de transição. A formação e a decomposição da base de Schiff ocorre tão rapidamente que não são essas as etapas que determinam a velocidade dessa sequência de reações.

a. A catálise covalente tem estágios nucleofílicos e eletrofílicos

Como o exemplo anterior indica, a catálise covalente pode ser conceitualmente decomposta em três estágios:

1. Reação nucleofílica entre o catalisador e o substrato para formar uma ligação covalente.

2. Retirada de elétrons do centro de reação pelo novo catalisador eletrofílico.

3. Eliminação do catalisador, que, essencialmente, é o inverso do estágio 1.

Os mecanismos de reação são classificados um tanto arbitrariamente como **catálise nucleofílica** ou **catálise eletrofílica**, dependendo de qual desses efeitos fornece a maior força motora da reação, isto é, qual das catálises é a etapa que determina a velocidade. A descarboxilação do acetoacetato catalisada por aminas primárias é claramente uma reação catalisada eletrofilicamente, pois a sua fase nucleofílica, a formação da base de Schiff, não é a etapa que determina a velocidade da catálise. Em outras reações catalisadas covalentemente, entretanto, a etapa que determina a velocidade pode ser a fase nucleofílica.

A nucleofilicidade de uma substância está intimamente relacionada à sua basicidade. Realmente, o mecanismo da catálise nucleofílica assemelha-se à catálise básica geral, exceto que, em vez de abstrair um próton do substrato, o catalisador o ataca nucleofilicamente, formando uma ligação covalente. Consequentemente, se a formação da ligação covalente for a etapa determinante da velocidade, a velocidade da reação tenderá a aumentar com a basicidade (p*K*) do catalisador covalente.

Um aspecto importante da catálise covalente é que, quanto mais estável for a ligação covalente formada, menos facilmente ela será decomposta nas etapas finais da reação. Um bom catalisador covalente deve, portanto, combinar as propriedades aparentemente contraditórias de alta nucleofilicidade e da capacidade em formar bons grupos de saída, isto é, que facilitam a etapa inversa da formação da ligação. Grupos com alta capacidade de polarização (elétrons altamente móveis), como os grupos funcionais imidazol e tiol, possuem essas propriedades, sendo, portanto, bons catalisadores covalentes.

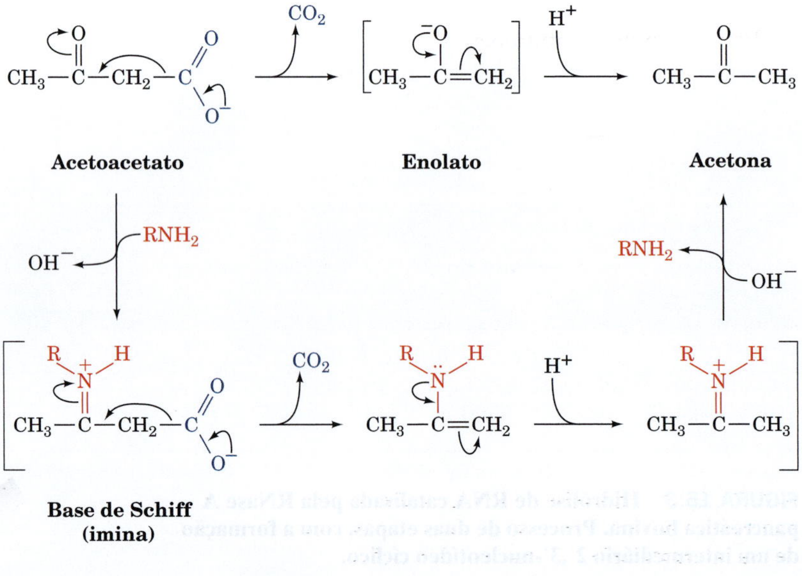

FIGURA 15.4 A descarboxilação do acetoacetato. O mecanismo da reação não catalisada está mostrado no topo da figura e o mecanismo da reação catalisada por aminas primárias está mostrado a seguir.

b. Certas cadeias laterais de aminoácidos e coenzimas podem servir como catalisadores covalentes

A grande variedade de intermediários de reação enzima-substrato unidos covalentemente que foi isolada é um indicativo de que o uso de mecanismos de catálise covalente pelas enzimas é muito comum. Por exemplo, a descarboxilação enzimática do acetoacetado ocorre, como foi descrito anteriormente, pela formação de uma base de Schiff com um grupo ε-amino de um resíduo de Lys da enzima. No caso dessa enzima, o intermediário covalente foi isolado pela redução de sua ligação imino para amino com $NaBH_4$, o que inibe a enzima irreversivelmente. Outros grupos funcionais de enzimas que participam em catálise covalente incluem a porção imidazol da His, o grupo tiol da Cys, a função carboxila do Asp e o grupo hidroxila da Ser. Além disso, muitas coenzimas, mais notadamente **tiamina-pirofosfato** (Seção 17.3Ba) e **piridoxal-fosfato** (Seção 26.1Aa) atuam principalmene como catalisadores covalentes quando associadas às suas apoenzimas.

C. *Catálise por íons metálicos*

Cerca de um terço de todas as enzimas conhecidas necessita da presença de algum íon metálico para que tenham atividade catalítica. Existem duas classes de enzimas que necessitam de íons metálicos e que se diferenciam pela intensidade da interação entre o íon e a proteína:

1. ***Metaloenzimas*** *contêm íons metálicos firmemente ligados,* normalmente são íons de metais de transição, como Fe^{2+}, Fe^{3+}, Cu^{2+}, Zn^{2+}, Mn^{2+} ou Co^{3+}.
2. ***Enzimas ativadas por metais*** *ligam frouxamente íons metálicos presentes nas soluções*, geralmente íons de metais alcalinos e alcalinoterrosos, Na^+, K^+, Mg^{2+} ou Ca^{2+}.

Os íons metálicos participam dos processos catalíticos principalmente de três maneiras:

1. Ligando-se aos substratos de modo a orientá-los de forma apropriada para a reação.
2. Mediando reações de oxidorredução por alterações reversíveis no estado de oxidação do íon metálico.
3. Estabilizando eletrostaticamente ou então protegendo cargas negativas.

Esta seção do capítulo ocupa-se principalmente com o terceiro aspecto da catálise por íons metálicos. As outras formas de catálise mediadas por íons metálicos serão consideradas nos próximos capítulos, juntamente com a discussão dos mecanismos de algumas enzimas específicas.

a. Os íons metálicos favorecem a catálise pela estabilização de cargas

Em muitas reações catalisadas por íons metálicos, o íon metálico age quase que da mesma maneira pela qual um próton neutraliza cargas negativas, isto é, age como um ácido de Lewis. Além do mais, *os íons metálicos em geral são catalisadores muito mais efetivos do que os prótons, pois os íons metálicos podem estar presentes em altas concentrações em pH neutro e possuem cargas maiores que +1.* Deste modo, os íons metálicos podem ser considerados como se fossem "superácidos".

A descarboxilação do **dimetiloxaloacetato**, catalisada por um íon metálico como o Cu^{2+} ou o Ni^{2+}, é um exemplo de catálise por íon metálico não enzimática:

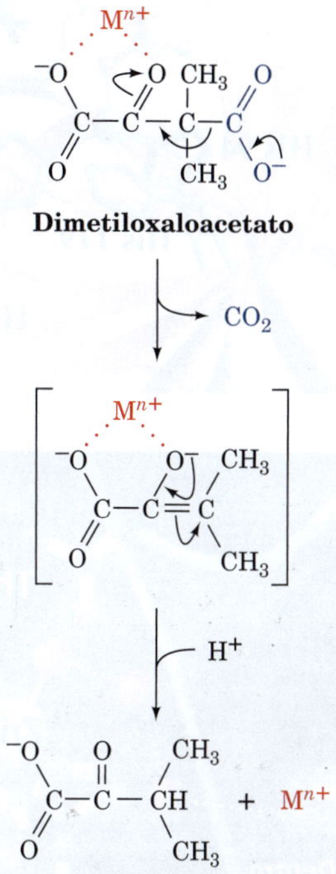

Dimetiloxaloacetato

$\longrightarrow CO_2$

$\longrightarrow H^+$

$+ \; M^{n+}$

Nesse caso, o íon metálico (M^{n+}), que é quelado pelo dimetiloxaloacetato, estabiliza eletrostaticamente a formação do íon enolato do estado de transição. A validade desse mecanismo é corroborada pela observação de que o acetoacetato, que não pode formar um quelato destes, não é suscetível à descarboxilação catalisada por íons metálicos. Muitas das enzimas que descarboxilam o oxalacetato necessitam de íon metálico.

b. Os íons metálicos propiciam catálise nucleofílica pela ionização da água

A carga de um íon metálico faz as moléculas de água ligadas a ele ficarem mais ácidas do que as moléculas de H_2O livre, formando uma fonte de íons OH^- mesmo em pH abaixo do neutro. Por exemplo, a molécula de água da $(NH_3)_5Co^{3+}(H_2O)$ ioniza segundo a reação:

$$(NH_3)_5Co^{3+}(H_2O) \rightleftharpoons (NH_3)_5Co^{3+}(OH^-) + H^+$$

com um p*K* de 6,6, que é ~9 unidades de pH abaixo do p*K* da água livre. *O grupo hidroxila ligado ao íon metálico resultante é um nucleofílico forte.*

Um exemplo instrutivo desse fenômeno aparece no mecanismo catalítico da **anidrase carbônica** (Seção 10.1C), uma enzima de ocorrência ampla que catalisa a reação:

$$CO_2 + H_2O \rightleftharpoons HCO_3^- + H^+$$

A anidrase carbônica contém um íon Zn^{2+} essencial que se situa no fundo de uma fenda do sítio ativo, o qual tem ~15 Å de profundidade (Fig. 8.41), e coordena-se em um arranjo tetraédrico com três cadeias laterais de His evolutivamente

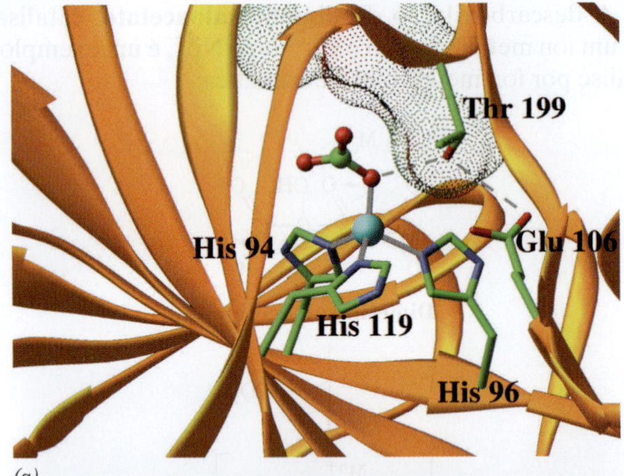

(a)

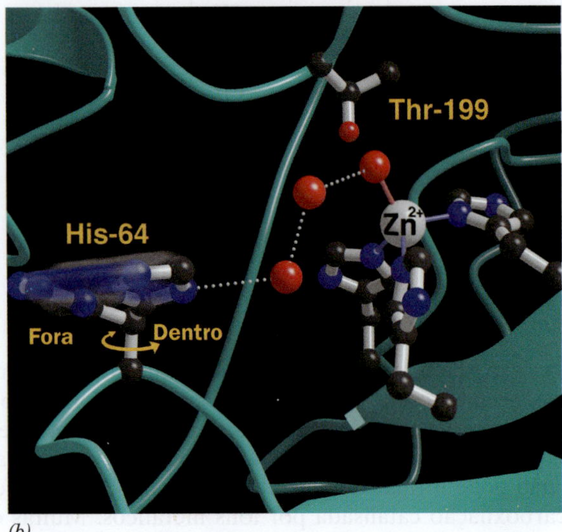

(b)

FIGURA 15.5 Estruturas por raios X da anidrase carbônica humana. (a) O sítio ativo está complexado com íon bicarbonato. O polipeptídeo está representado na forma de fita (*amarelo-ouro*), com as cadeias laterais representadas na forma de bastões coloridas de acordo com o tipo de átomo (C em verde, N em azul e O em vermelho). O íon Zn^+ ligado à proteína (*esfera em ciano*) está ligado de forma tetraédrica (*ligações em cinza*) por três cadeias laterais de His, e o íon HCO_3^- está representado na forma de esferas e bastões. O HCO_3^- também interage com a proteína por contatos de van der Waals (*superfície pontilhada colorida de acordo com o tipo de átomo*) e de uma rede de ligações de hidrogênio (*linhas pontilhadas em cinza*) envolvendo a Thr 199 e Glu 106. (Com base na estrutura por raios X determinada por K.K. Kannan, Bhabha Atomic Research Center, Bombaim, Índia. PDBid 1 HCB.) (b) O sítio ativo, onde se observa o transladador de prótons pelo qual a His 64, agindo como uma base geral, subtrai um próton da H_2O ligada ao Zn^{2+}, formando um íon OH^-. O esqueleto do polipeptídeo está mostrado na forma de fita (*ciano*), as cadeias laterais e várias moléculas do solvente que estão ligadas estão mostradas na forma de esferas e bastões, na qual o C está em preto, o N em azul e o O em vermelho. O transladador de prótons consiste em duas moléculas de água que formam uma rede de ligações de hidrogênio (*linhas pontilhadas brancas*), que, por sua vez, faz uma ponte entre o íon OH^- ligado ao Zn^{2+} e à His 64 (está mostrada na conformação "dentro"). Ao protonar-se, a His 64 passa para a conformação "fora". (Cortesia de David Christianson, University of Pennsylvania, EUA.) **Ver Exercício interativo 3**

invariáveis e com um átomo de O de um íon HCO_3^- (Fig. 15.5*a*) ou de uma molécula de água (Fig. 15.5*b*). A enzima tem o seguinte mecanismo de catálise:

1. Toma-se como ponto de partida a situação em que uma molécula de água esteja ligada à proteína pela quarta posição de ligação de um íon Zn^{2+} (Fig. 15.5*b*). Esta H_2O polarizada pelo Zn^{2+} ioniza-se por meio de um processo que é facilitado por uma catálise básica geral pela His 64, na sua conformação "dentro". Embora a His 64 esteja muito longe da molécula de água ligada ao Zn^{2+} para poder abstrair um próton, estes elementos estão ligados por duas moléculas de água que participam formando uma rede ligada por ligações de hidrogênio que, pensa-se, age como uma ponte de prótons.

H—N(imidazol)N: H—O: H—O: H—O:—Zn²⁺(Im)₃ (His 64)

⇌

H—N(imidazol⁺)N—H :O—H :O—H :O⁻—Zn²⁺(Im)₃ (His 64)

Im = imidazol

2. O íon OH^- ligado ao Zn^{2+} resultante ataca nucleofilicamente o CO_2 ligado à enzima que se situa nas proximidades, convertendo-o então a HCO_3^-:

$(Im)_3Zn^{2+}—O^-(H) + O=C=O \rightleftharpoons (Im)_3Zn^{2+}\cdots O(H)—C(=O)O^- \rightleftharpoons^{-H_2O} (Im)_3Zn^{2+}—O^-(H) + H^+ + H—O—C(=O)O^-$

Im = imidazol

Ao fazer isto, o grupo OH^- ligado ao Zn^{2+} faz uma ligação de hidrogênio com a Thr 199, que, por sua vez, doa uma ligação de hidrogênio ao Glu 106 (Fig. 15.5*a*). Essas interações orientam o grupo OH^- segundo uma geometria ótima (ver a seguir) para o ataque nucleofílico sobre o substrato CO_2.

3. O sítio catalítico é regenerado pela troca do HCO_3^- ligado ao Zn^{2+}, produto da reação da H_2O juntamente com a desprotonação da His 64. Nesse último processo, a His 64 muda para a sua conformação "fora" (Fig. 15.5*b*), que pode facilitar a transferência do próton para a massa do solvente.

c. Os íons metálicos favorecem as reações protegendo as cargas

Uma outra função enzimática importante dos íons metálicos é a **proteção de cargas**. Por exemplo, os verdadeiros substratos das **cinases** (enzimas de transferência de grupos fosfato que utilizam ATP) são os complexos ATP-Mg^{2+}, como por exemplo

$$\text{Adenina—Ribose—O—}\underset{\substack{\| \\ O}}{\overset{\substack{O^- \\ |}}{P}}\text{—O—}\underset{\substack{\| \\ O}}{\overset{\substack{O^- \\ |}}{P}}\text{—O—}\underset{\substack{\| \\ O}}{\overset{\substack{O^- \\ |}}{P}}\text{—O}^- \quad (Mg^{2+}\text{ coordenado a dois } O^-)$$

e não simplesmente ATP. Neste caso, o papel do íon Mg^{2+}, além do efeito de orientação, é proteger eletrostaticamente as cargas negativas dos grupos fosfato. De outro modo, essas cargas tenderiam a repelir os pares de elétrons dos agentes de ataques nucleofílicos, principalmente aqueles de caráter aniônico.

D. Catálise eletrostática

A ligação de um substrato normalmente exclui água do sítio ativo das enzimas. Consequentemente, a constante dielétrica localizada no sítio ativo assemelha-se àquela em solventes orgânicos, onde a interação eletrostática é muito maior do que em soluções aquosas (Seção 8.4A). A distribuição de cargas em um meio de baixa constante dielétrica pode influenciar bastante a reatividade química. Então, como visto anteriormente, os p*K* das cadeias laterais dos aminoácidos quando em proteínas podem variar em várias unidades em relação aos seus valores normais (Tabela 4.1) devido à proximidade dos grupos carregados.

Embora as evidências experimentais e análises teóricas sobre esse assunto sejam esparsas, *existe um grande número de indícios mostrando que a distribuição de cargas ao redor do sítio ativo das enzimas está organizada de modo a estabilizar os estados de transição das reações catalisadas.* Esse modelo de explicar o aumento da velocidade, que se assemelha a uma forma de catálise por íon metálico discutida anteriormente, é denominado **catálise eletrostática**. Além disso, em muitas enzimas, *esta distribuição de cargas aparentemente serve para guiar substratos polares para os seus sítios de ligação, de modo que as velocidades dessas reações enzimáticas são até mesmo maiores do que as velocidades que seriam possíveis devido aos limites aparentes de difusão (Seção 14.2B).*

E. Catálise por efeitos de proximidade e de orientação

Embora as enzimas utilizem mecanismos catalíticos semelhantes aos dos modelos de reações orgânicas, elas têm eficiências catalíticas bem maiores do que aquelas preconizadas por esses modelos de reações orgânicas. Essa eficiência deve se originar de uma condição física específica no sítio catalítico da enzima que favoreça a reação química correspondente. Os efeitos mais óbvios são a **proximidade** e a **orientação**: *para que a reação ocorra, os reagentes devem aproximar-se um do outro segundo uma relação espacial adequada.* Por exemplo, na reação bimolecular do imidazol com *p*-nitrofenilacetato,

$$CH_3\text{—}\overset{\substack{O \\ \|}}{C}\text{—O—}C_6H_4\text{—}NO_2 \;+\; \text{Imidazol} \xrightarrow{k_1} CH_3\text{—}\overset{\substack{O \\ \|}}{C}\text{—}N^+\text{(imidazol)} \;+\; {}^-O\text{—}C_6H_4\text{—}NO_2$$

Imidazol; ***p*-Nitrofenilacetato (p-$NO_2\phi Ac$)**; ***N*-Acetilimidazol**; ***p*-Nitrofenolato (p-$NO_2\phi O^-$)**

o avanço da reação é monitorado de maneira fácil pelo aparecimento do **íon *p*-nitrofenolato**, pois esse composto tem uma coloração fortemente amarela:

$$\frac{d[p\text{-}NO_2\phi O^-]}{dt} = k_1[\text{imidazol}][p\text{-}NO_2\phi Ac] = k_1'[p\text{-}NO_2\phi Ac] \quad [15.4]$$

em que ϕ = fenil e k_1', a constante de velocidade de pseudoprimeira ordem, tem o valor de 0,0018 s^{-1} e a concentração de imidazol é igual a 1 *M*. Entretanto, para a reação intramolecular

$$\text{(imidazolil-alquil)—}\overset{\substack{O \\ \|}}{C}\text{—O—}\phi NO_2 \xrightarrow{k_2} \text{(anel)—}\overset{\substack{O \\ \|}}{C}\text{—}N^+\text{(imidazol)} + {}^-O\text{—}\phi NO_2$$

a constante de velocidade de primeira ordem k_2 = 0,043 s^{-1}, isto é, $k_2 = 24\ k_1'$. Portanto, quando 1 *M* do catalisador imidazol liga-se covalentemente ao reagente, ele é 24 vezes mais eficiente do que quando está livre na solução, isto é, *na reação intramolecular o grupo imidazol comporta-se como se sua concentração fosse 24 M.* Tanto a proximidade como a orientação contribuem para esse aumento de velocidade.

a. A contribuição da proximidade, por si só, é pequena para a catálise

Será feito um cálculo aproximado de quanto a velocidade da reação é afetada apenas pela proximidade dos grupos reagentes. Segundo o tratamento proposto por Daniel Koshland, pode-se fazer uma série de suposições perfeitamente aceitáveis:

1. As espécies reagentes, isto é, os grupos funcionais, têm um tamanho aproximado ao das moléculas de água.
2. Cada espécie reagente presente na solução tem como vizinhas mais próximas 12 moléculas de modo que se organizam em esferas de tamanhos idênticos.
3. Uma reação química só ocorre entre reagentes que estejam em contato.

4. A concentração de reagentes presentes na solução é tão baixa que a probabilidade de que as espécies reagentes estejam em contato simultâneo com mais do que um reagente é desprezível.

Então, a reação

$$A + B \xrightarrow{k_1} A{-}B$$

obedece a equação de velocidade de segunda ordem

$$v = \frac{d[A{-}B]}{dt} = k_1[A][B] = k_2[A, B]_{pares} \qquad [15.5]$$

em que $[A, B]_{pares}$ é a concentração de moléculas de A e B que estão em contato. O valor desta grandeza é

$$[A, B]_{pares} = \frac{12[A][B]}{55{,}5M} \qquad [15.6]$$

pois, como existem 12 maneiras pelas quais A pode estar em contato com B, [A]/55,5 M é a fração dos sítios ocupados por A em uma solução aquosa (em soluções diluídas $[H_2O]$ = 55,5 M). Consequentemente, [A]/55,5 M é a probabilidade de que uma molécula de B esteja próxima a uma molécula de A. Combinando-se as Equações [15.5] e [15.6] obtém-se

$$v = k_1\left(\frac{55{,}5}{12}\right)[A, B]_{pares} = 4{,}6\ k_1[A, B]_{pares} \qquad [15.7]$$

Assim, na ausência de qualquer outro efeito, este modelo prediz que para a reação intramolecular

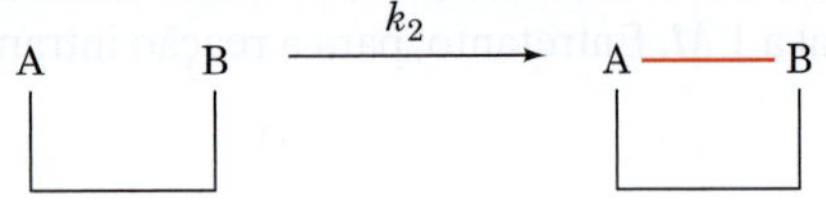

$k_2 = 4{,}6\ k_1$, o que corresponde a um pequeno aumento de velocidade. Portanto, além do efeito de proximidade, deve-se considerar que existem ainda outros fatores que levam ao aumento deste valor.

b. A orientação apropriada dos reagentes e a limitação no movimento de um em relação ao outro pode levar a um aumento na velocidade de catálise

A teoria anterior é, obviamente, muito simples. Por exemplo, ela não leva em consideração as orientações relativas das duas moléculas reagentes. As moléculas não são igualmente reativas em todas as direções como a teoria de Koshland supõe. Ao contrário, *elas reagem mais satisfatoriamente apenas se estiverem em orientações relativas apropriadas*. Por exemplo, em uma reação S_N2 (substituição nucleofílica bimolecular), o nucleófilo de entrada ataca de maneira ideal o átomo de C alvo segundo uma direção oposta à da ligação do grupo de saída (Fig. 15.6). Átomos reagentes que se aproximem segundo uma trajetória que desvie em um ângulo de apenas 10° da direção ideal reduzem a velocidade da reação por, pelo menos, um fator de 100. Em um fenômeno relacionado, uma molécula pode ter sua reatividade máxima somente quando ela assumir uma conformação que alinhe os seus vários orbitais de maneira a minimizar a energia eletrônica do seu estado de transição, efeito denominado de **auxílio estereoeletrônico** ou **controle esteroeletrônico**.

Um outro efeito que foi desprezado nas considerações quanto à proximidade é o movimento dos grupos reativos entre si. Relativamente um ao outro, os grupos reativos, no estado de transição, se movem muito pouco. De fato, como Thomas Bruice demonstrou, a velocidade das reações intramoleculares aumenta bastante pela diminuição dos movimentos internos da molécula de maneira a aumentar a fração molar dos grupos reagentes que estão em uma conformação na

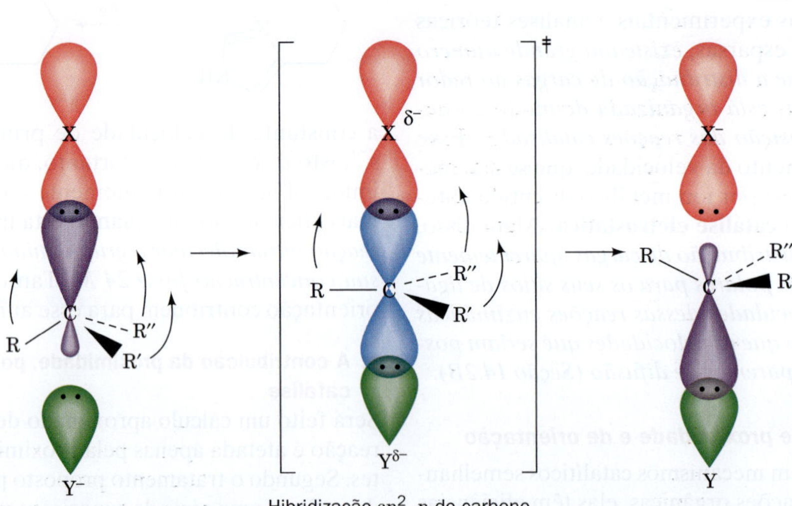

FIGURA 15.6 A geometria de uma reação S_N2. O grupo nucleofílico atacante, Y^-, deve aproximar-se do átomo de carbono coordenado tetraedricamente, portanto hibridizado em sp^3, ao átomo de C segundo a direção oposta a qual o grupo de saída, X, está ligado. Esse processo é chamado de **ataque por trás**. No estado de transição da reação, o átomo de C torna-se coordenado como uma bipirâmide triangular, portanto hibridizado em sp^2, com o orbital p (*em azul*) formando ligações parciais com X e Y. Os três orbitais sp^2 formam ligações com os três outros substituintes do átomo de C (R, R′ e R″), que mudaram suas posições para o plano perpendicular ao eixo X–C–Y (*setas curvas*). Qualquer desvio dessa geometria ideal pode aumentar a energia livre do estado de transição, $\Delta G^\ddagger$, reduzindo a velocidade da reação (Equação [14.15]). O estado de transição então se decompõe nos produtos, em que R, R′ e R″ tiveram invertidas as suas posições ao redor do átomo de C, que re-hibridizou para a sp^3, e X^- é liberado.

qual podem entrar no estado de transição (Tabela 15.1). De maneira semelhante, quando uma enzima liga duas moléculas em uma reação bimolecular, como mostrado por William Jencks, ela não apenas aumenta a proximidade dos reagentes como também congela os movimentos translacionais e rotacionais relativos dos reagentes (diminui suas entropias), aumentando assim suas reatividades. Estudos teóricos de Bruice indicaram que uma boa parte desse aumento de velocidade pode vir da ligação da enzima ao substrato em uma conformação que mais facilmente passe ao estado de transição.

As enzimas, como será visto nas Seções 16.2 e 16.3, ligam-se aos substratos de tal modo que eles são alinhados e imobilizados de maneira a otimizar suas reatividades. A energia livre necessária para isso provém da energia livre específica da ligação do substrato à enzima.

F. *Catálise por ligação preferencial ao estado de transição*

Geralmente, o aumento de velocidade dado pelas enzimas é maior do que aquele que se poderia calcular a partir dos mecanismos de catálise discutidos até agora. Porém, até o momento, um dos principais mecanismos de catálise enzimática não foi considerado: *o estado de transição liga-se à enzima com maior afinidade do que os substratos ou os produtos correspondentes*. Os aumentos de velocidade das reações enzimáticas parecem razoáveis quando os mecanismos descritos anteriormente são considerados juntamente com a ligação preferencial ao estado de transição.

O conceito original de ligação ao estado de transição propõe que as enzimas fazem uma torção mecânica nos seus substratos até que atinjam a geometria do estado de transição, por meio de sítios de ligação aos quais os substratos não distorcidos não se encaixariam de forma adequada. Este mecanismo, denominado de **mecanismo da mesa de estiramento** (em analogia ao instrumento de tortura medieval), baseia-se nas muitas evidências que mostram o papel da torção em facilitar reações orgânicas. Por exemplo, a velocidade da reação

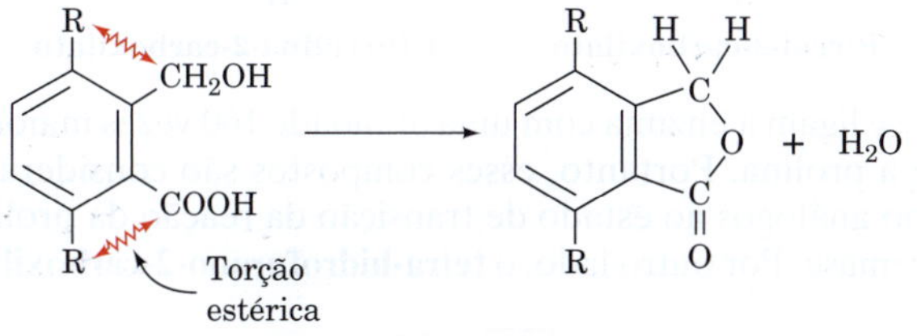

R, CH_2OH, COOH, R — Torção estérica ⟶ R, H, H, C, O, C, O, R + H_2O

é 315 vezes mais rápida quando R é CH_3 e não H, devido à grande repulsão estérica entre grupos CH_3 e grupos reagentes. De maneira similar, considera-se que reações de abertura de anéis são mais fáceis no caso de anéis submetidos à torção, como o ciclopropeno, do que nos casos de anéis sem forças de torção, como o cicloexano. Tanto em um processo quanto no outro, *o reagente tensionado assemelha-se mais ao estado de transição da reação do que ao correspondente substrato não tensionado*. Então, como foi pioneiramente sugerido por Linus Pauling e posteriormente ampliado por Richard Wolfenden e Gustav Lienhard, *interações que ligam preferencialmente o estado de transição aumentam a concentração do estado de transição, e assim aumentam proporcionalmente a velocidade de reação.*

Pode-se quantificar essa afirmação considerando-se as consequências cinéticas da ligação preferencial ao estado de transição de uma reação catalisada enzimaticamente envolvendo apenas um único substrato. O substrato S pode reagir formando o produto P tanto de forma espontânea quanto por catálise enzimática:

$$S \xrightarrow{k_N} P$$

$$ES \xrightarrow{k_E} EP$$

As relações entre os vários estados dessas duas rotas de reação estão indicadas no esquema a seguir:

$$\begin{array}{ccccc} E + S & \overset{K_N^\ddagger}{\rightleftharpoons} & S^\ddagger + E & \longrightarrow & P + E \\ \Big\downarrow\!\!\uparrow K_R & & \Big\downarrow\!\!\uparrow K_T & & \Big\downarrow\!\!\uparrow \\ ES & \overset{K_E^\ddagger}{\rightleftharpoons} & ES^\ddagger & \longrightarrow & EP \end{array}$$

em que

$$K_R = \frac{[ES]}{[E][S]} \qquad K_T = \frac{[ES^\ddagger]}{[E][S^\ddagger]}$$

$$K_N^\ddagger = \frac{[E][S^\ddagger]}{[E][S]} \qquad K_E^\ddagger = \frac{[ES^\ddagger]}{[ES]}$$

são as respectivas constantes de associação. Consequentemente,

$$\frac{K_T}{K_R} = \frac{[S][ES^\ddagger]}{[S^\ddagger][ES]} = \frac{K_E^\ddagger}{K_N^\ddagger} \qquad [15.8]$$

Segundo a teoria do estado de transição, Equações [14.7] e [14.14], a velocidade da reação não catalisada pode ser expressa como

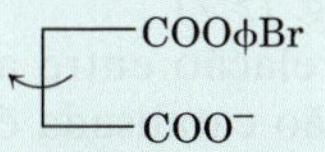

TABELA 15.1 Velocidades relativas da formação de anidridos de ésteres que possuem diferentes graus de liberdade de movimento na reação

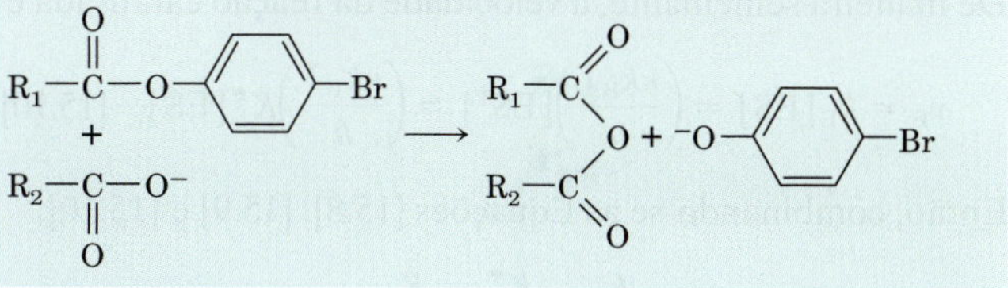

R_1—C(=O)—O—C_6H_4—Br + R_2—C(=O)—O^- ⟶ R_1—C(=O)—O—C(=O)—R_2 + ^-O—C_6H_4—Br

Reagentes*	Constante da velocidade relativa
$CH_3COO\phi Br$ + CH_3COO^-	1,0
$COO\phi Br$ / COO^- (cadeia com rotações livres)	~1 × 10^3
$COO\phi Br$ / COO^- (cadeia com uma rotação)	~2,3 × 10^5
$COO\phi Br$ / COO^- (biciclo com ponte O, rígido)	~8 × 10^7

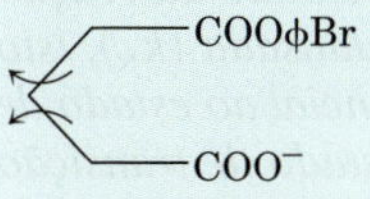

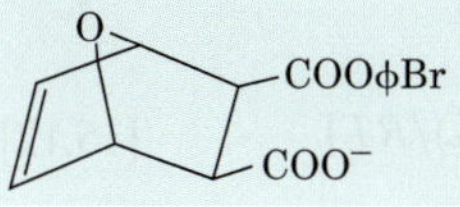

*As flechas curvas indicam graus de liberdade de rotação.
Fonte: Bruice, T.C. e Lightstone, F.C., *Acc. Chem. Res.* **32**, 127 (1999).

$$v_N = k_N[S] = \left(\frac{\kappa k_B T}{h}\right)[S^\ddagger] = \left(\frac{\kappa k_B T}{h}\right)K_N^\ddagger[S] \quad [15.9]$$

De maneira semelhante, a velocidade da reação catalisada é

$$v_E = k_E[ES] = \left(\frac{\kappa k_B T}{h}\right)[ES^\ddagger] = \left(\frac{\kappa k_B T}{h}\right)K_E^\ddagger[ES] \quad [15.10]$$

Então, combinando-se as Equações [15.8], [15.9] e [15.10],

$$\frac{k_E}{k_N} = \frac{K_E^\ddagger}{K_N^\ddagger} = \frac{K_T}{K_R} \quad [15.11]$$

Esta equação indica que *quanto mais firmemente uma enzima se ligar aos estados de transição (K_T) em relação à ligação aos substratos (K_R), maior será a velocidade da reação catalisada (k_E) em relação à reação não catalisada (k_N), isto é, a catálise é o resultado da ligação preferencial ao estado de transição, e portanto da estabilização do estado de transição ($S^\dagger$), em relação à ligação ao substrato (S) (Fig. 15.7).*

De acordo com a Equação [14.15], a relação entre a velocidade da reação catalisada *versus* a não catalisada é expressa por

$$\frac{k_E}{k_N} = \exp[(\Delta G_N^\ddagger - \Delta G_E^\ddagger)/RT] \quad [15.12]$$

Deste modo, para um fator de aumento de 10^6, é necessário que a enzima se ligue ao complexo do estado de transição com uma afinidade 10^6 maior do que a afinidade de ligação ao substrato, o que corresponde a uma estabilização de 34,2 kJ · mol^{-1}, a 25°C. Aproximadamente, essa é a energia de duas ligações de hidrogênio. Consequentemente, *se houvesse ligação enzimática do estado de transição ($ES^\dagger$) nas duas ligações de hidrogênio que não são formadas no complexo de Michaelis (ES), apenas esse efeito levaria a um aumento da velocidade de ~ 10^6.*

Geralmente, a especificidade de uma enzima é verificada pelo seu número de renovação (k_{cat}) e não pela afinidade de ligação ao substrato. Em outras palavras, as enzimas ligam-se tanto a substratos pobres, aqueles que têm baixa velocidade de reação, quanto a bons substratos, aqueles com alta velocidade de reação. Aparentemente, essas enzimas usam a energia intrínseca de ligação a um bom substrato para estabilizar o estado de transição correspondente, isto é, *uma enzima, necessariamente, não se liga a um bom substrato com alta afinidade, pois quem se liga com alta afinidade é o estado de transição.*

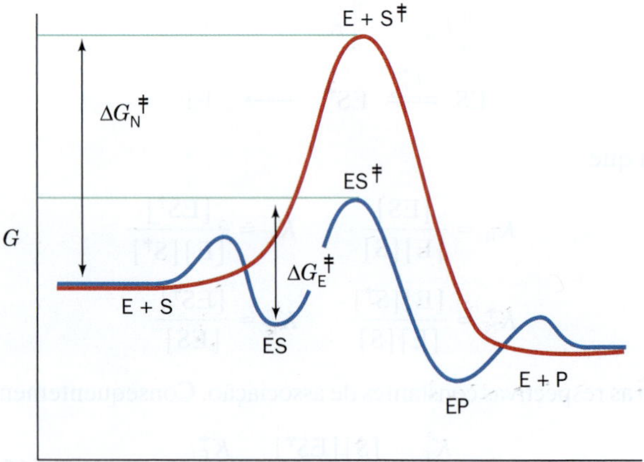

FIGURA 15.7 Diagrama das coordenadas de reação de uma reação hipoteticamente catalisada por uma enzima envolvendo um único substrato (*azul*) e da reação não catalisada (*vermelho*) equivalente. Ver Figuras animadas

a. Análogos ao estado de transição são inibidores competitivos potentes

Caso uma enzima ligue-se preferencialmente ao estado de transição, espera-se que moléculas estáveis ***análogas ao estado de transição*** *que se assemelhem a $S^\dagger$ sejam potentes inibidores competitivos da enzima.* Sabe-se, por exemplo, que a reação catalisada pela **prolina-racemase** de *Clostridium sticklandii* ocorre via um estado de transição planar:

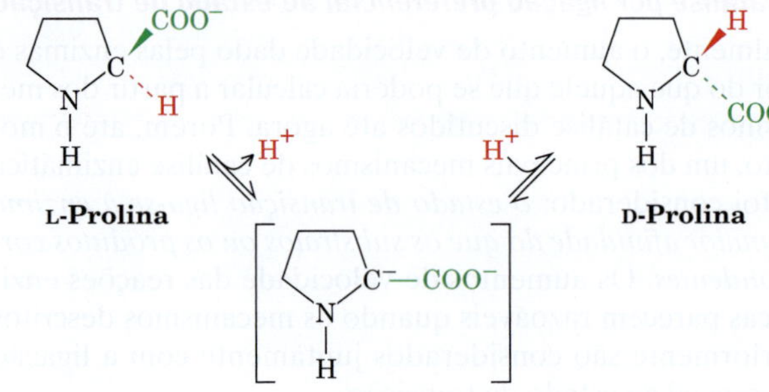

L-Prolina **D-Prolina**

Estado de transição planar

A prolina-racemase é inibida competitivamente por análogos planares de prolina, **pirrol-2-carboxilato** e **Δ-1-pirrolina-2-carboxilato**,

Pirrol-2-carboxilato **Δ-1-Pirrolina-2-carboxilato**

que se ligam à enzima com uma afinidade 160 vezes maior do que a prolina. Portanto, esses compostos são considerados como análogos ao estado de transição da reação da prolina-racemase. Por outro lado, o **tetra-hidrofurano-2-carboxilato**,

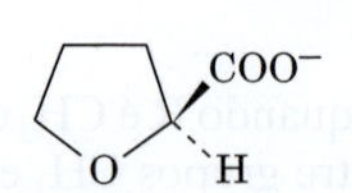

Tetra-hidrofurano-2-carboxilato

que se assemelha mais à estrutura da prolina, não é um inibidor tão bom como os demais compostos. Um aumento de 160 vezes na afinidade de ligação corresponde (de acordo com a Equação [15.12]) a um aumento de 12,6 kJ · mol^{-1} na energia livre de ligação. Essa energia, supostamente, reflete a afinidade de ligação adicional que a prolina-racemase tem para o estado de transição da prolina em relação à molécula não distorcida.

Centenas de análogos ao estado de transição de várias reações enzimáticas foram descritos até agora. Alguns deles são antibióticos de ocorrência natural. Outros foram projetados para investigar os mecanismos de determinadas enzimas e/ou para atuarem como inibidores específicos de reações

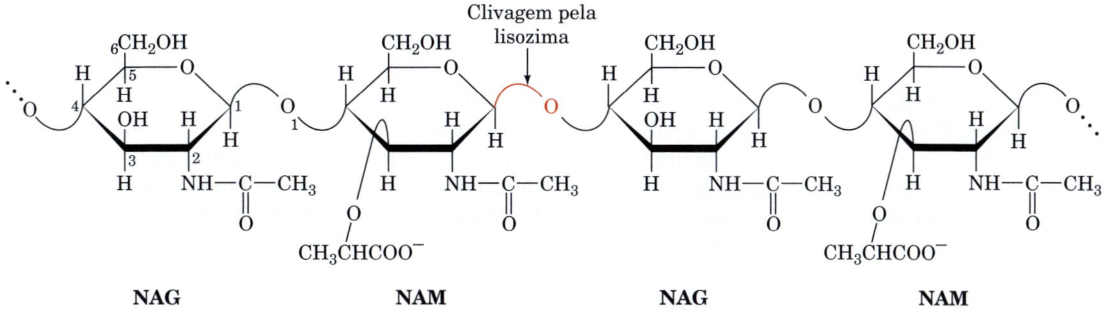

Clivagem pela lisozima

NAG NAM NAG NAM

FIGURA 15.8 Os componentes polissacarídeos NAG-NAM da parede celular das bactérias. A posição do sítio de clivagem da lisozima está indicada.

enzimáticas para uso terapêutico ou agrícola. De fato, como será discutido na Seção 15.4C, *a teoria que explica que as enzimas se ligam aos estados de transição com maior afinidade do que aos substratos fornece as bases racionais do planejamento de fármacos fundamentado na compreensão dos mecanismos de reação específicos de enzimas.*

2 LISOZIMA

Nas duas próximas seções, serão examinados os mecanismos catalíticos de várias enzimas já bem caracterizadas, visando entender a maneira como as enzimas aplicam os princípios catalíticos descritos na Seção 15.1. Deve-se observar *que a grande eficiência catalítica das enzimas provém do uso simultâneo de vários desses mecanismos catalíticos.*

A **lisozima** é uma enzima que destrói a parede celular de bactérias. Como foi visto na Seção 11.3a, a lisozima tem essa ação por hidrolisar a ligação glicosídica $\beta(1 \rightarrow 4)$ do ácido ***N*-acetilmurâmico (NAM)** no componente polissacarídeo alternado NAM-NAG do peptidoglicano da parede celular de bactérias, formando ***N*-acetilglicosamina (NAG)** (Fig. 15.8). Da mesma maneira, ela hidrolisa a ligação $\beta(1 \rightarrow 4)$ da poli(NAG) (quitina), um componente da parede celular da maioria dos fungos. A lisozima ocorre amplamente nas células e nas secreções dos vertebrados, onde ela age como um agente bactericida. Entretanto, a observação de que poucas bactérias patogênicas são suscetíveis à lisozima de forma isolada levou rapidamente à ideia de que esta enzima auxilia sobretudo na eliminação de bactérias após terem sido mortas por outras causas.

A lisozima da clara de ovo de galinha é a espécie de lisozima mais amplamente estudada, assim como o seu mecanismo catalítico. Ela é uma proteína pequena (14,7 kDa) facilmente disponível (um ovo contém ~ 5 g de lisozima) cuja única cadeia polipeptídica é formada por 129 resíduos de aminoácidos, e possui ligações cruzadas internas por quatro ligações dissulfeto (Fig. 15.9). A lisozima de clara de ovo de galinha catalisa a hidrólise do substrato com uma velocidade 10^6 vezes maior do que a da reação não catalisada.

A. *Estrutura da enzima*

A elucidação do mecanismo de ação da enzima necessita do conhecimento da estrutura do complexo enzima-substrato. Isso porque, mesmo que os resíduos do sítio ativo tenham sido elucidados por meios químicos, físicos e genéticos, os arranjos tridimensionais relacionados ao substrato e aos resíduos devem ser conhecidos para que se entenda como a enzima funciona. Uma enzima, porém, liga-se aos seus bons substratos apenas transitoriamente antes que catalise a reação e libere os produtos. Consequentemente, *a maior parte do conhecimento sobre os complexos enzima-substrato provém de estudos por raios X de enzimas complexadas com substratos pobres ou inibidores*, que permanecem ligados às enzimas de forma estável durante as várias horas que normalmente são necessárias para medir a intensidade da difração de raios X dos cristais de proteínas (embora já existam técnicas de medições de intensidade de raios X em menos de 1 segundo). Os grandes canais cheios de solvente que ocupam muito do volume da maioria dos cristais de proteína (Seção 8.3Aa) em

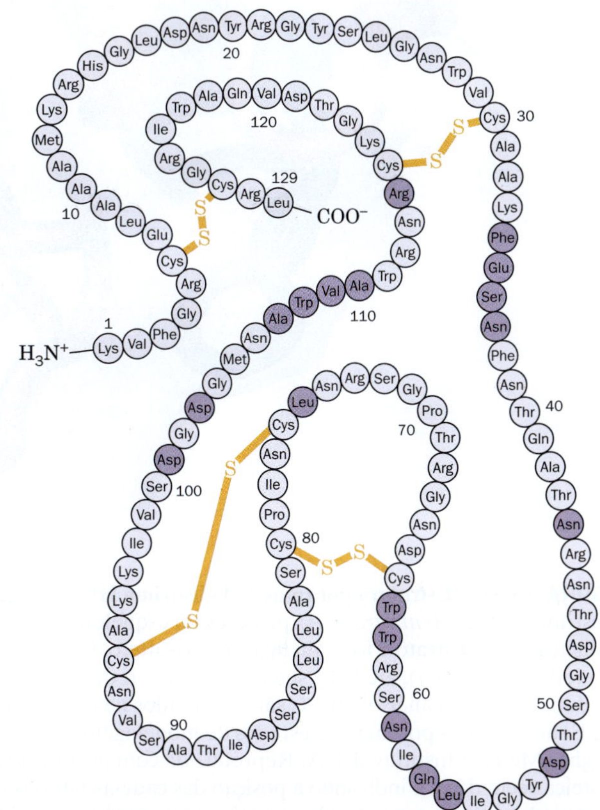

FIGURA 15.9 Estrutura primária da lisozima de clara de ovo de galinha. Os resíduos de aminoácidos que delimitam o bolsão de ligação ao substrato estão mostrados em roxo mais escuro.

geral permitem a formação de complexo enzima-inibidor pela difusão de moléculas de inibidor no interior do cristal de proteínas nativas.

A estrutura por raios X da lisozima de clara de ovo que foi elucidada por David Phillips em 1965 foi a segunda estrutura de uma proteína, e a primeira de uma enzima, a ser determinada em alta resolução. A molécula da lisozima tem a forma aproximada de uma elipse, com dimensões de 30 × 30 × 45 Å (Fig. 15.10). *Sua característica mais notável é uma fenda proeminente, o sítio de ligação ao substrato, que atravessa uma das faces da molécula.* A cadeia polipeptídica contém cinco segmentos helicoidais e uma folha β antiparalela de três fitas que inclui um lado da parede da fenda. Como esperado, a maior parte das cadeias laterais apolares fica no interior da molécula, excluída do contato com solventes aquosos.

a. A natureza do sítio de ligação

Os oligossacarídeos NAG de menos do que cinco resíduos são hidrolisados muito lentamente pela lisozima da clara de ovo (Tabela 15.2). Entretanto, esses análogos de substrato ligam-se ao sítio ativo da enzima, sendo assim inibidores competitivos. A estrutura determinada por raios X do complexo $(NAG)_3$-lisozima revela que a $(NAG)_3$ fica ligada aos subsítios A, B e C de ligação ao substrato. Esse inibidor associa-se à enzima tanto por ligações de hidrogênio fortes, algumas delas envolvendo os grupos acetamido dos resíduos A e C, como por contatos hidrofóbicos com encaixes bem-ajustados. Em um exemplo de ligação por ajuste induzido (Seção 10.4C), durante a ligação com $(NAG)_3$, há um leve (~1 Å) fechamento da fenda de ligação da lisozima.

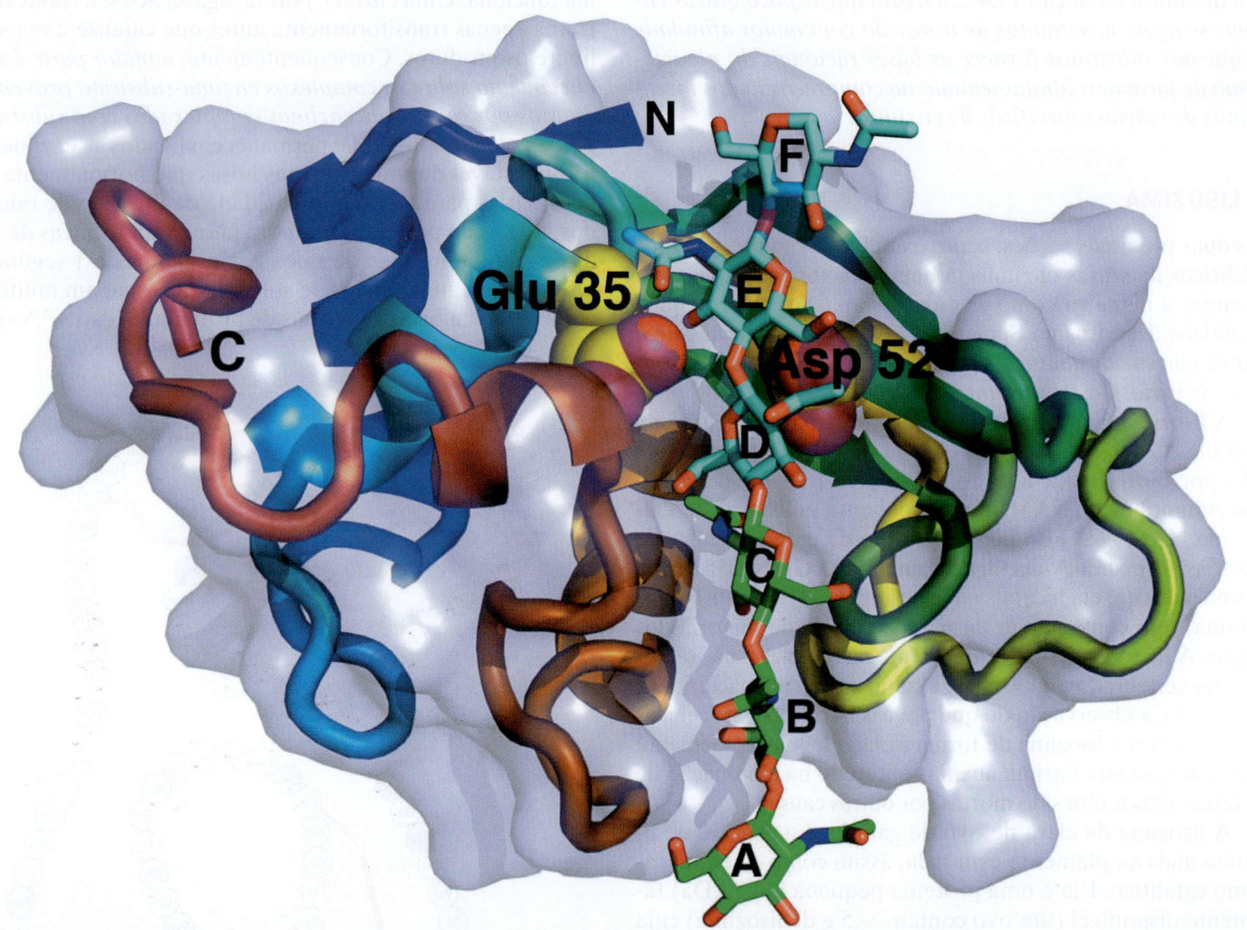

FIGURA 15.10 Estrutura por raios X da lisozima HEW (*página oposta*). (*a*) A cadeia polipeptídica é mostrada ligada ao substrato $(NAG)_6$ (*em verde*). As posições do esqueleto de C_α estão indicadas junto com as cadeias laterais que se alinham ao sítio de ligação do substrato e formam ligações dissulfeto. Os anéis glicídicos do substrato são designados de A, na sua extremidade não redutora (*direita*), até F, na sua extremidade redutora (*esquerda*). A lisozima catalisa a hidrólise da ligação peptídica entre os resíduos D e E. Os anéis A, B e C são observados na estrutura por raios X do complexo do $(NAG)_3$ com a lisozima; as posições D, E e F são inferidas por meio de estudos de modelagem molecular. (Ilustração Irving Geis/Geis Archives Trust. Copyright Howard Hughes Medical Institute, EUA. Reproduzida com permissão.) (*b*) Diagrama esquemático da lisozima destacando a estrutura proteica secundária e indicando a posição das cadeias laterais importantes cataliticamente. (*c*) Modelo gerado por computador mostrando o envelope molecular proteico (*em roxo*) e o esqueleto de C_α (*em azul*). As cadeias laterais dos resíduos catalíticos, Asp 52 (*parte superior*) e Glu (*parte inferior*), estão mostradas em amarelo. Observar o proeminente sulco de ligação enzima-substrato. (Cortesia de Arthur Olson, The Scripps Research Institute, La Jolla, Califórnia, EUA.) Partes *a, b* e *c* possuem, aproximadamente, a mesma orientação.

TABELA 15.2 Velocidade da hidrólise de substratos análogos a oligossacarídeos catalisada pela lisozima de clara de ovo de galinha

Composto	k_{cat} (s^{-1})
$(NAG)_2$	$2,5 \times 10^{-8}$
$(NAG)_3$	$8,3 \times 10^{-6}$
$(NAG)_4$	$6,6 \times 10^{-5}$
$(NAG)_5$	0,033
$(NAG)_6$	0,25
$(NAG-NAM)_3$	0,5

Fonte: Imoto, T., Johnson, L.N., North, A.C.T., Phillips, D.C. e Rupley, J.A. em Boyer, P.D. (Ed.), *The Enzymes* (3rd ed.), vol. 7, *p.* 842, Academic Press (1972).

b. O sítio catalítico da lisozima foi identificado pela construção de modelos

A hidrólise de $(NAG)_3$ leva semanas sob a influência da lisozima. Por isso, supõe-se que o complexo revelado pelas análises de raios X é improdutivo, isto é, o sítio catalítico da enzima não está nas ligações glicosídicas, nem na A—B nem na ligação B—C. (Supostamente, as raras ocasiões em que há hidrólise de $[NAG]_3$ ocorrem quando $[NAG]_3$ se liga produtivamente ao sítio catalítico.)

Para localizar o sítio catalítico da lisozima, Phillips construiu modelos para investigar como um substrato grande pode se ligar à enzima. A fenda do sítio ativo da lisozima é suficientemente longa para acomodar $(NAG)_6$, que é rapidamente hidrolisado pela enzima (Tabela 15.2). Entretanto, o quarto resíduo de NAG (anel D na Fig. 15.10) parece não poder ligar-se à enzima porque os seus átomos C6 e O6 estão em contato

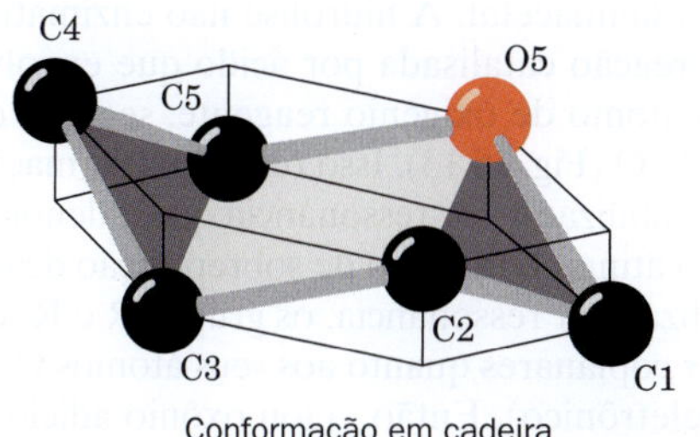

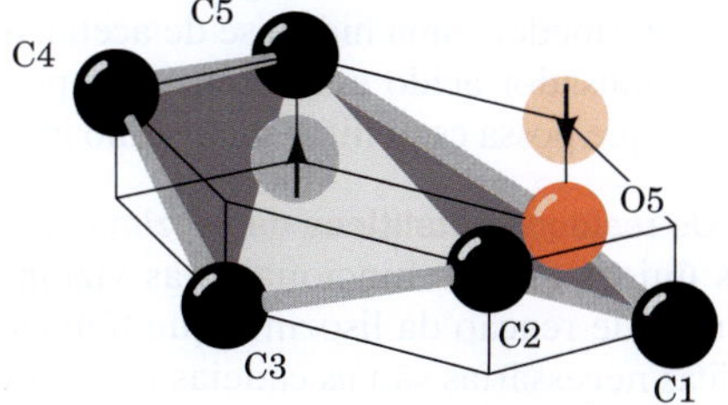

FIGURA 15.11 Conformações em cadeira e meia-cadeira. Geralmente, os anéis das hexoses assumem a conformação em cadeira. Entretanto, postula-se que a ligação com a lisozima distorça o anel D para uma conformação em meia-cadeira de tal forma que os átomos C1, C2, C5 e O5 ficam coplanares. **Ver Figuras animadas**

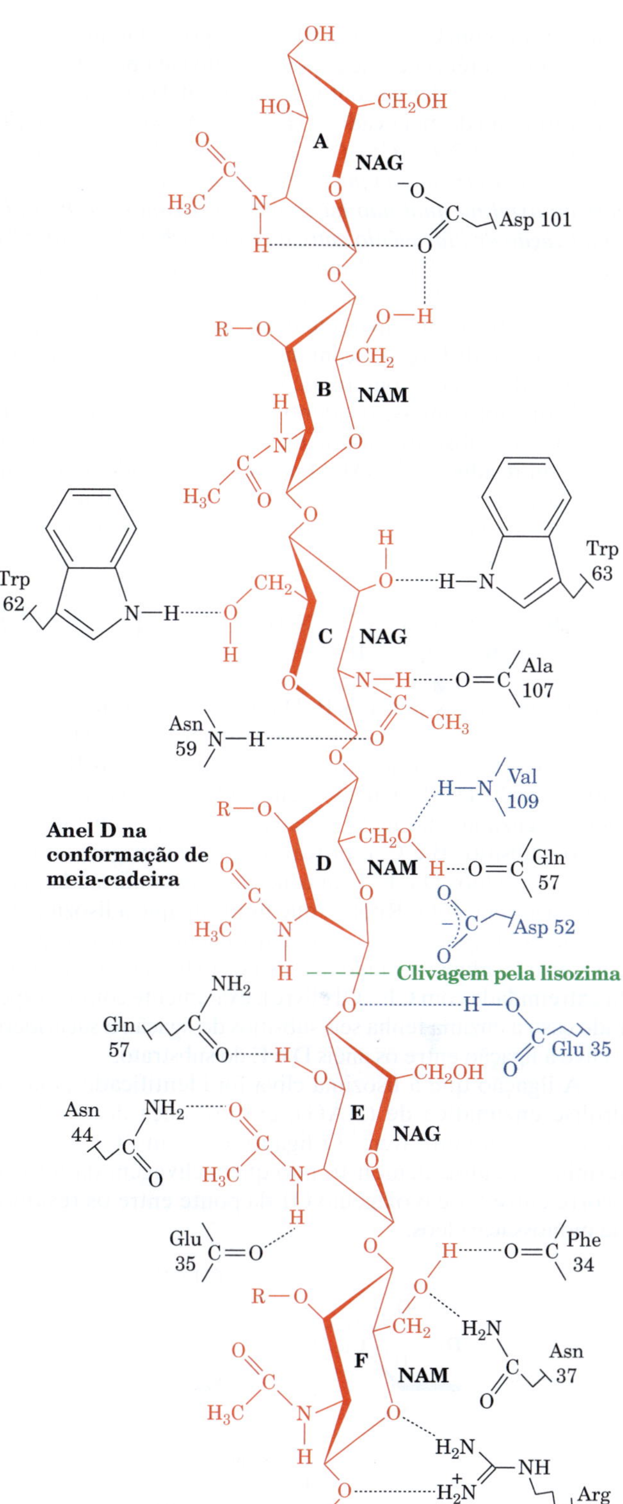

FIGURA 15.12 Interação da lisozima com seu substrato. O ângulo de visão é a partir da fenda do sítio de ligação, com os lados mais grossos dos anéis voltados para fora da enzima e com os mais finos voltados para o fundo da fenda. (Os direitos autorais da figura são propriedade de Irving Geis. Com base na estrutura por raios X determinada por David Phillips, Oxford University, Reino Unido, PDBid 4LYZ.) **Ver Exercício de cineimagem 9**

muito íntimo com Glu 35, Trp 108 e o grupo acetamino do anel C. Essa interferência espacial pode ser aliviada pela distorção do anel da glicose de sua conformação normal em cadeira para a conformação de meia-cadeira (Fig. 15.11). *Essa distorção faz os átomos C1, C2, C3, C5 e O5 do resíduo coplanar D mover o grupo* $-C6H_2OH$ *de sua posição equatorial normal para uma posição axial na qual não há contatos próximos, permitindo uma ligação de hidrogênio entre o grupo carbonil da Gln 57 e o grupo amino da Val 109, ambos do esqueleto de carbono da enzima (Fig. 15.12).* Continuando na construção do modelo, Phillips verificou que, aparentemente, os anéis E e F ligam-se à enzima sem distorção e com um número favorável de ligações de hidrogênio e contatos de van der Waals.

Agora aproxima-se da identificação do sítio catalítico da lisozima. No substrato natural da enzima, cada segundo resíduo é um resíduo de NAM. O modelo construído, entretanto, indica que a cadeia lateral do seu resíduo lactil não pode ser acomodada nos subsítios de ligação dos resíduos C ou E. Por isso, os resíduos de NAM

$$\cdots-\underset{A}{\text{NAG}}-\underset{B}{\text{NAM}}-\underset{C}{\text{NAG}}-\underset{D}{\text{NAM}}-\underset{E}{\text{NAG}}-\underset{F}{\text{NAM}}-\cdots\rightarrow\begin{pmatrix}\text{extremidade}\\ \text{redutora}\end{pmatrix}$$

devem se ligar aos subsítios B, D e F. A observação de que a lisozima hidrolisa a ligação β(1→4) entre NAM e NAG indica que a quebra da ligação ocorre tanto entre os anéis B e C ou entre os anéis D e E. Uma vez que a $(NAG)_3$ liga-se estavelmente à enzima, mas não é clivada pela enzima, encaixando-se nos subsítios B e C, o provável sítio de clivagem situa-se entre os resíduos D e E. Esta conclusão foi confirmada pelas observações de John Rupley, que mostram que a lisozima hidrolisa $(NAG)_6$ quase que quantitativamente entre o segundo e terceiro resíduos, contados a partir da extremidade redutora (a extremidade com C1—OH livre), exatamente como o esperado caso a enzima tenha seis subsítios de ligação a sacarídeos e clive a ligação entre os anéis D e E do substrato.

A ligação que a lisozima cliva foi identificada pela hidrólise enzimática de $(NAG)_3$ em presença de $H_2{}^{18}O$. O produto resultante tem ^{18}O ligado ao átomo C1 do novo terminal redutor, demonstrando que a clivagem da ligação ocorre entre C1 e o oxigênio O1 da ponte entre os resíduos de monossacarídeos:

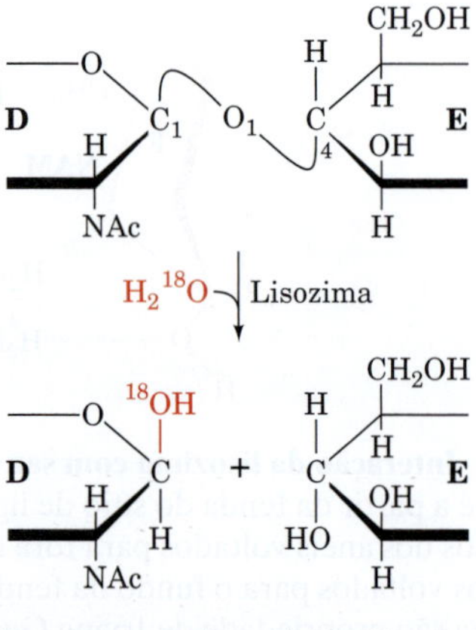

D —O—C1(H, NAc)—O1—C4(H, OH, CH2OH)— E

$H_2{}^{18}O$ → Lisozima

D —O—C1(H, ^{18}OH, NAc) + HO—C4(H, OH, CH2OH)— E

Desse modo, a lisozima catalisa a hidrólise da ligação C1−O1 da ligação do resíduo D do substrato. Além do mais, *essa reação ocorre com a retenção da configuração, de forma que o produto anel D permanece como anômero β.*

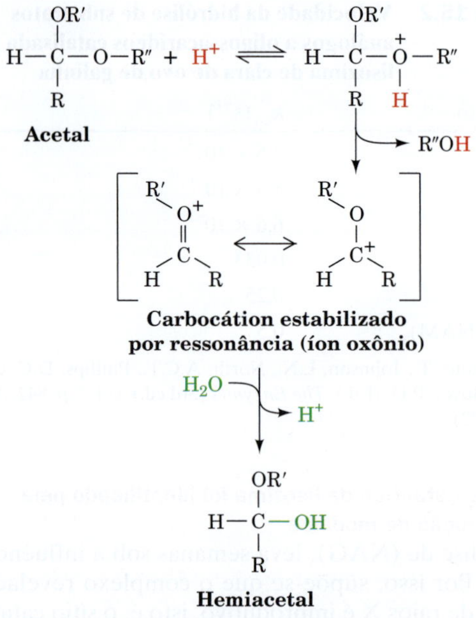

Acetal: H−C(OR′)(R)−O−R″ + H^+ ⇌ H−C(OR′)(R)−$\overset{+}{O}$(H)−R″ → R″OH

[R′−O^+=C(H)(R) ⟷ R′−O−C^+(H)(R)]

Carbocátion estabilizado por ressonância (íon oxônio)

H_2O → H^+

Hemiacetal: H−C(OR′)(R)−OH

FIGURA 15.13 Mecanismo da hidrólise não enzimática de um acetal a um hemiacetal catalisada por ácido. A reação envolve a protonação de um dos átomos de oxigênio do acetal, seguida pela clivagem da ligação C−O para formar um álcool (R″OH) e um carbocátion estabilizado por ressonância (íon oxônio). A adição de água ao íon oxônio forma o hemiacetal e regenera o H^+ catalisador. Observar que os átomos C, O, H, R e R′ do íon oxônio ficam no mesmo plano.

B. *Mecanismo catalítico*

Falta ainda identificar os grupos catalíticos da lisozima. A reação catalisada pela lisozima, a hidrólise de um glicosídeo, é uma conversão de acetal a hemiacetal. A hidrólise não enzimática de um acetal é uma reação catalisada por ácido que envolve a protonação de um átomo de oxigênio reagente, seguida da clivagem da ligação C−O (Fig. 15.13). Isso resulta na formação de um carbocátion estabilizado por ressonância que é denominado **íon oxônio**. Para atingir o máximo de sobreposição de orbitais, e assim estabilizar por ressonância, os grupos R e R′ do íon oxônio devem ser coplanares quanto aos seus átomos C, O e H (auxílio estereoeletrônico). Então, o íon oxônio adiciona água, produzindo um hemiacetal e regenerando o catalisador ácido. Na identificação dos grupos catalíticos de uma enzima que intermedeie uma hidrólise de acetal, deve-se procurar por um catalisador ácido em potencial e, possivelmente, por um grupo que possa estabilizar um oxônio intermediário.

a. Os resíduos catalíticos da lisozima são Glu 35 e Asp 52

Os únicos grupos funcionais das vizinhanças imediatas do centro de reação da lisozima que têm as propriedades catalíticas necessárias são as cadeias laterais do Glu 35 e do Asp 52, resíduos que não variam na família das lisozimas, da qual a lisozima de ovo é o protótipo. Essas cadeias laterais, que estão dispostas em cada lado da ligação glicosídica β (1→4) a ser clivada (Fig. 15.10), estão em ambientes bem diferentes. O Asp 52 é rodeado por vários resíduos polares conservados, com os quais forma uma complexa rede de ligações de hidrogênio. Portanto, pode-se predizer que o Asp 52 tem um p*K* normal, que pode ser desprotonado, ficando assim carregado negativamente na faixa de pH entre 3 e 8, na qual a lisozima é cataliticamente ativa. Já, *o grupo carboxila do Glu 35 fica aninhado em um bolsão predominantemente apolar, que, como foi discutido na Seção 15-1D, provavelmente deve permanecer protonado em valores de pH excepcionalmente altos para grupos carboxílicos*. De fato, estudos de difração de nêutrons, que fornecem informações similares aos estudos de difração de raios X, mas também revelam as posições dos átomos de hidrogênio, indicam que o Glu 35 permanece protonado em pH fisiológico. A grande proximidade, revelada

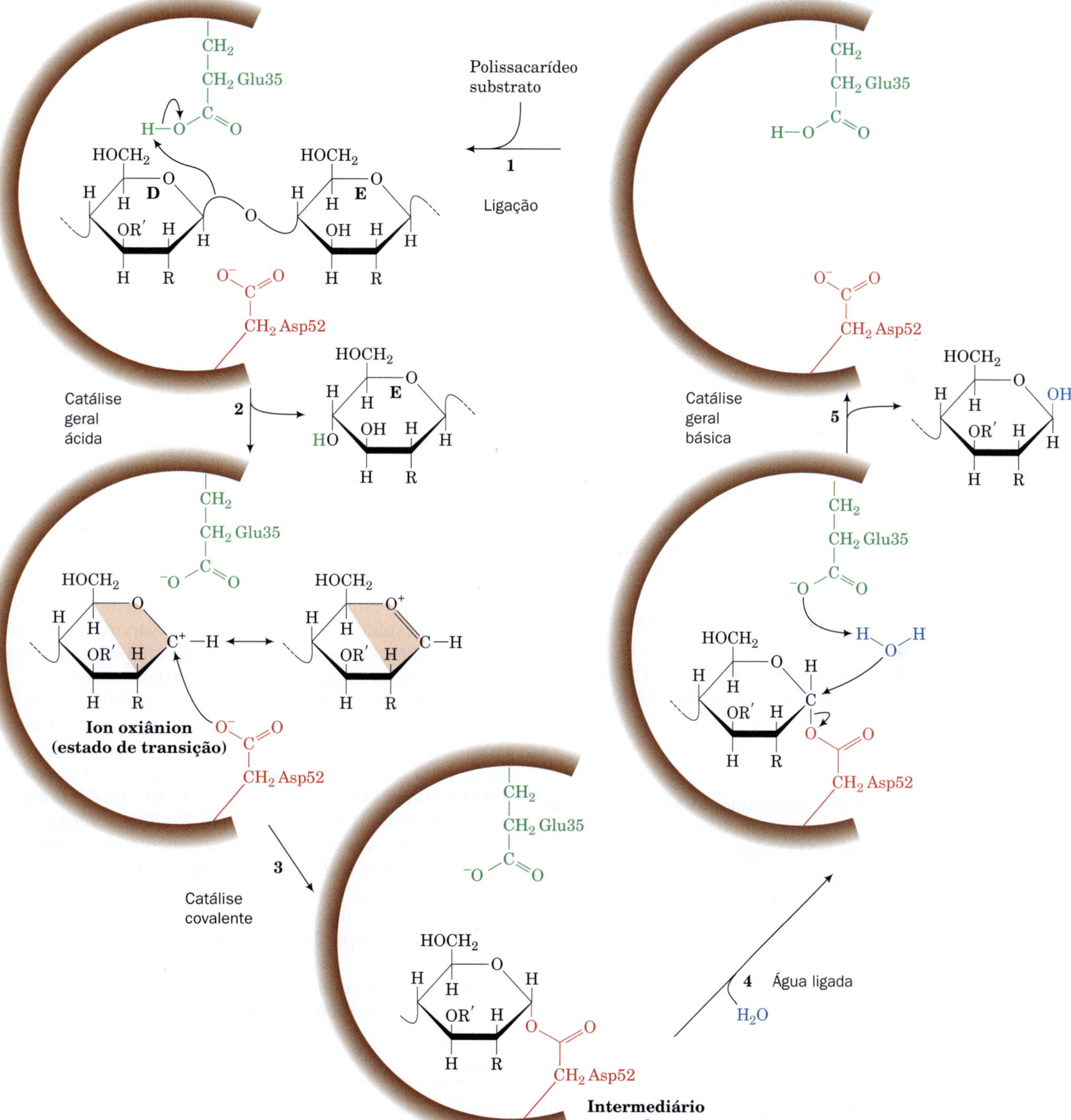

FIGURA 15.14 Mecanismo de reação da lisozima. O Glu 35 age como um catalisador ácido e o Asp 52 age como um catalisador covalente. Estão mostrados apenas os anéis D e E do substrato. R representa o grupo *N*-acetil em C2 e R′ representa o grupo CH_3CHCOO em C3. O estado de transição, oxianion, estabilizado por ressonância, necessita que C1, C2, C5 e O5 sejam coplanares (*sobreado em cor de laranja*), criando uma conformação do tipo meia cadeira. A etapa 5 inclui a participação de um estado de transição oxianion que não está mostrado. **Ver Exercício de cineimagem 9**

pela estrutura por raios X, dos átomos de O das carboxilas tanto do Asp 52 como do Glu 35 com a ligação C1–O1 do anel D do NAG é de ~3 Å, isso os faz candidatos preferenciais a catalisadores eletrostáticos e ácidos, respectivamente.

b. O mecanismo catalítico da lisozima ocorre via um intermediário covalente

O mecanismo catalítico da lisozima foi grandemente formulado por Phillips com base nas informações acima. Entretanto, como será visto posteriormente, novas investigações foram necessárias para fazer modificações importantes na versão original do mecanismo. O mecanismo atualmente aceito ocorre como a seguir descrito:

1. A lisozima liga-se à parede bacteriana por meio da unidade hexassacarídica. Nesse processo, o anel D é distorcido para uma conformação em meia-cadeira, respondendo a contatos desfavoráveis que, não fosse isso, seu grupo $-C6H_2OH$ faria com a proteína.
2. O Glu 35 trasfere seu próton para o átomo O1 que liga os anéis D e E, isto é, o único grupo polar das vizinhanças, e assim cliva a ligação C1-O1 (catálise ácida geral). Esta etapa converte o anel D um íon oxônio planar estabilizado por ressonância, o estado de transição, cuja formação é facilitada pela tensão que o distorce na conformação de meia-cadeira (catálise por ligação preferencial ao estado de transição). O oxônio positivamente carregado é estabilizado pela presença próxima do grupo carboxilato carregado negativamente do Asp 52 (catálise eletrostática). O produto anel E é liberado.
3. O grupo carboxilato do Asp 52 ataca nucleofilicamente o C1, agora deficiente em elétrons, do anel D formando um **intermediário covalente glicosil-enzima**, (catálise covalente).
4. Uma molécula de água substitui o produto anel E no sítio ativo.
5. Regeneração dos grupos do sítio ativo da enzima por hidrólise da ligação covalente devido a assistência do Glu 35 (catálise geral básica), o que envolve um outro íon oxônio de transição. A enzima, então, libera o produto anel D, completando o ciclo catalítico.

O mecanismo de duplo deslocamento apresentado no diagrama da Fig. 15.14 (no qual o grupo carboxilato do Asp 52 desloca o O1 do C1 do anel D, que, por sua vez, é deslocado pela água) permite que a molécula de água que entra ligue-se à mesma face do anel D do mesmo modo que o anel E que ela substitui. Consequentemente, a configuração do anel D é mantida. Uma reação de deslocamento único, com a água deslocando diretamente O1 inverteria a configuração no C1 do anel D (entre substrato e produto), o que não é observado.

C. *Teste do mecanismo de catálise*

O mecanismo apresentado anteriormente é o produto de 40 anos de pesquisa em enzimas. Ele difere de maneira importante do mecanismo originalmente proposto por Phillips com base nos estudos que fez sobre a estrutura da lisozima e do conhecimento sobre o mecanismo não enzimático da hidrólise de acetais. No resto desta seção serão discutidos os pontos altos destes estudos enzimáticos para ilustrar como os modelos científicos evoluem.

a. Confirmação da identificação dos resíduos catalíticos

Os grupos cataliticamente importantes da lisozima foram identificados de forma experimental por meio de mutagênese sítio-dirigida (Seção 5.5G) e do uso de reagentes grupo-específicos:

Glu 35. A mutagênese do Glu 35 para Gln produz uma proteína sem atividade catalítica detectável (< 0,1% do tipo selvagem), embora ela tenha uma diminuição de apenas ~1,5 (uma vez e meia) na afinidade pelo substrato. *O Glu 35 deve ser então essencial para a atividade catalítica da lisozima.*

Asp 52. A mutagênese do Asp 52 para Asn, que tem uma polaridade comparável à do Asp, mas que não tem a carga negativa, produz uma enzima com não mais do que 5% da atividade catalítica da lisozima do tipo selvagem, mesmo com esta mutação determinando um aumento de ~2 vezes na afinidade da enzima pelo substrato. *Portanto, o Asp 52 é importante para a atividade enzimática.*

O não envolvimento de outros resíduos de aminoácidos. Outros grupos carboxílicos da lisozima, além do Glu 35 e Asp 52, não participam do processo catalítico. Isso foi demonstrado reagindo a lisozima, em presença de substrato, com reagentes específicos para grupos carboxílicos. Esse tratamento produz uma enzima quase que totalmente ativa, na qual todos os grupos carboxílicos, à exceção de Glu 35 e Asp 52, estão modificados. Outros reagentes grupo-específicos que modificam, por exemplo, resíduos de His, Lys, Met ou Tyr, não induziram maiores alterações na estrutura e provocaram apenas pequenas modificações na eficiência catalítica da lisozima.

b. Papel da tensão

Muitas das investigações sobre o mecanismo da lisozima têm como objetivo estabelecer o papel catalítico da tensão. Nem todos estes estudos, como será visto, dão suporte ao mecanismo de Phillips, e, por isso, estimularam uma série de investigações que levaram ao esclarecimendo desse assunto.

Medidas do equilíbrio da ligação de vários oligossacarídeos à lisozima indicaram que todos os resíduos sacarídicos, exceto os que se ligam ao subsítio D, contribuem energeticamente para a ligação do substrato à lisozima. A ligação de NAM ao subsítio D necessita receber 12 kJ · mol^{-1} de energia livre (Tabela 15.3). *O mecanismo de Phillips explica essa observação como um indicativo de pagamento em energia livre para torcer o anel D da sua conformação preferida, em cadeira, para a forma de meia-cadeira.*

Como se discutiu na Seção 15.1Fa, uma enzima que catalise uma reação por ligação preferencial ao estado de tran-

TABELA 15.3 Energia livre da ligação dos subsítios da lisozima de clara de ovo

Sítio	Sacarídeo ligado	Energia livre de ligação (kJ · mol^{-1})
A	NAG	−7,5
B	NAM	−12,3
C	NAG	−23,8
D	**NAM**	**+12,1**
E	NAG	−7,1
F	NAM	−7,1

Fonte: Chipman, D.M. e Sharon, N., *Science* **165**, 459 (1969).

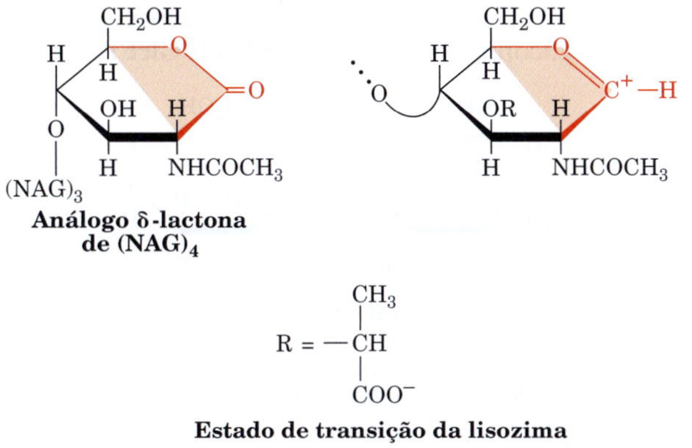

Análogo δ-lactona de $(NAG)_4$

Estado de transição da lisozima

FIGURA 15.15 Análogo do estado de transição na inibição da lisozima. O análogo δ-lactona do $(NAG)_4$ (***esquerda***) assemelha-se ao estado de transição da reação da lisozima (***direita***). Observar que os átomos C1, C2, C5 e O5 de cada uma das estruturas são coplanares (indicado pelo sombreamento em cor de laranja), o que é consistente com a conformação em meia-cadeira do anel da hexose.

sição tem uma afinidade muito maior por um inibidor que tenha a mesma geometria do estado de transição (um análogo ao estado de transição) do que pelo substrato. O análogo δ-lactona do $(NAG)_4$ (Fig. 15.15) é supostamente um análogo ao estado de transição da lisozima, pois este *composto com anel lactona tem uma conformação de meia-cadeira que se assemelha geometricamente ao estado de transição do íon oxônio do anel D do substrato*. Estudos por raios X indicam, concordando com o predito, que esse inibidor liga-se aos subsítios A—B—C—D da lisozima de maneira tal que o anel lactona ocupa o subsítio D em uma conformação na forma de meia-cadeira.

Mesmo com tudo o que foi discutido anteriormente, *o papel da distorção do substrato na catálise da lisozima foi colocado em dúvida*. Estudos teóricos realizados por Michael Levitt e Arieh Warshel sobre a ligação do substrato à lisozima sugerem que a proteína é flexível demais para distorcer mecanicamente o anel D do substrato. Mais apropriadamente, esses cálculos implicam em que a estabilização do estado de transição ocorre porque o substrato desloca várias moléculas de água do subsítio D. A consequente dessolvatação do grupo carboxilato do Asp 52 aumentaria de forma significativa a capacidade da enzima em estabilizar eletrostaticamente o íon oxônio do estado de transição. Esses estudos, portanto, levaram à conclusão que a "tensão eletrostática" e não a distorção espacial é o fator mais importante para estabilizar o estado de transição da lisozima.

Em um esforço para obter mais informações experimentais que suportem o mecanismo de tensão de Phillips, Nathan Sharon e David Chipman mediram a afinidade da ligação do substrato D por vários sacarídeos, comparando a afinidade da lisozima por vários análogos do substrato. O inibidor lactona do NAG liga-se ao subsítio D com uma afinidade 9,2 $kJ \cdot mol^{-1}$, afinidade maior do que para o próprio NAG. Esse valor corresponde, segundo a Equação [14.15], a um aumento de mais de 40 vezes na velocidade da reação da lisozima e resulta da torção (é importante relembrar que a diferença entre as energias de ligação do estado de transição do análogo e a energia de ligação do substrato é um indicativo que o aumento na velocidade da enzima origina-se da ligação preferencial ao complexo do estado de transição). Dificilmente esse aumento poderia ser responsável pela maior parte do aumento de $\sim 10^8$ vezes na velocidade da lisozima (perfaz apenas ~20% das reações $\Delta\Delta G^{\ddagger}_{cat}$; Seção 14.1Cd). Além do mais, o resíduo de ***N*-acetilxilosamina (XylNac)**, que não possui o grupo de impedimento estérico $—C6H_2OH$, como NAM e NAG, tem uma afinidade pelo subsítio D ($-3{,}8$ $kJ \cdot mol^{-1}$) apenas minimamente maior do que a afinidade pelo NAG ($-2{,}5$ $kJ \cdot mol^{-1}$). É importante lembrar que o mecanismo de Phillips postula que são os contatos desfavoráveis deste grupo $-C6H_2OH$ os responsáveis pela distorção do anel D. Apesar disso, a lisozima não hidrolisa sacarídeos com XylNAc no subsítio D.

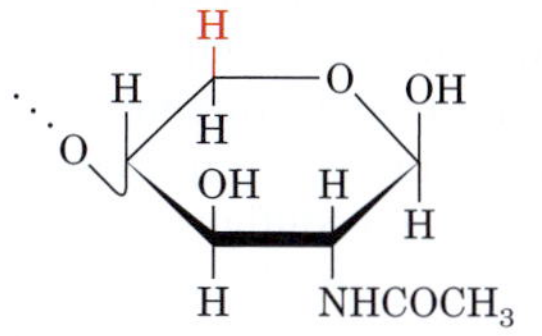

Resíduo de *N*-acetilxilosamina

As aparentes inconsistências entre as observações experimentais descritas anteriormente foram largamente explicadas por Michael James por meio da determinação altamente precisa (1,5 Å) da estrutura por raios X do cristal da lisozima em complexo com NAM−NAG−NAM. Esse trissacarídeo liga-se, como é esperado, aos subsítios B, C e D da lisozima. *NAM liga-se no subsítio D, concordando com o mecanismo de Phillips, e é distorcido para a conformação em meia-cadeira com o seu grupo $-C6H_2OH$ em uma posição praticamente axial devido ao impedimento espacial que ocorreria com o grupo acetamido do NAG caso ele se ligasse ao subsítio C* (embora, ao contrário do mecanismo de Phillips, Glu 35 e Trp 108 estejam muito longe do grupo $-C6H_2OH$ para contribuirem para essa distorção). A conformação distorcida é estabilizada por uma ligação de hidrogênio forte entre o O6 do anel D e o NH do esqueleto da Val 109 (Fig. 15.12; estabilização do estado de transição). Realmente, a mutação da Val 109 para Pro, que não tem grupo NH para fazer essa ligação de hidrogênio, inativa a enzima. A perda da atividade hidrolítica da lisozima quando XylNAc ocupa o subsítio D é explicada de maneira semelhante, devido à ausência dessa ligação de hidrogênio e a consequente menor estabilidade do estado de transição da conformação em meia-cadeira do anel da XylNAc.

A inesperada pequena diferença de energia livre para a ligação de NAG, lactona de NAG e XylNAc ao subsítio D é explicada pela observação de que NAG e XylNAc não distorcidas podem se moldar no subsítio D, como ocorre na estrutura do complexo lisozima · NAM−NAG−NAM, determinada por raios X. A cadeia lateral lactil volumosa de NAM evita que NAM ligue-se ao subsítio D dessa maneira.

c. Evidências da existência de um intermediário covalente

O mecanismo original de Phillips propõe que a reação da lisozina ocorre via um ataque direto de uma molécula de água ao C1 do anel D com meia-cadeira distorcida de maneira que desloca diretamente o anel E (uma reação de deslocamento simples) e assim não envolve a formação de uma ligação covalente intermediária (muito parecido com o mecanismo esquematizado na Fig. 15.14 mas pulando a Etapa 3). Isso foi com base na observação de Phillips de que a distância entre C1 do anel D e o O carboxílico do Asp 52 (que participa na rede de ligações de hidrogênio que parecem manter esta cadeia lateral no lugar) é grande demais para formar uma ligação covalente (no mínimo 2,3 Å no complexo NAM-NAG-NAN sem perturbar significativamente a estrutura da proteína contra ~ 1,4 Å para uma ligação simples C-O). O fato de que a reação da lisozima ocorre sem que a configuração seja mantida foi atribuído à proteção do intermediário da reação pela enzima de modo que assim a molécula de água é impedida de se aproximar da ligação que está sendo clivada pelo lado de trás como normalmente ocorre em uma reação de deslocamento simples. Este aspecto do mecanismo original de Phillips foi largamente aceito por mais de 35 anos porque nenhuma ligação covalente entre enzima e substrato foi detectada nos numerosos estudos experimentais com lisozima de clara de ovo.

Apesar do discutido anteriormente, todas as outras β-glicosidases de estruturas conhecidas que clivam ligações glicosídicas com a manutenção da configuração do carbono anomérico (assim como faz a lisozima de clara de ovo) atuam via um intermediário covalente glicosil-enzima. Os sítios ativos das assim denominadas **β-glicosidases mantenedoras da configuração** assemelham-se, estruturalmente, à lisozima de ovo. Além disso, não existem evidências diretas indicando a existência de um íon oxônio de longa vida no sítio ativo de qualquer uma das β-glicosidases mantenedoras da configuração, incluindo a lisozima de clara de ovo (o tempo de vida de um íon oxônio glicosil, na água, é de $\sim 10^{-12}$ s, um período apenas levemente maior do que a vibração de uma ligação química). Consequentemente, há uma suspeita crescente de que a reação catalisada pela lisozima de ovo também ocorre por um intermediário covalente, entre o carbono anomérico (C1) do anel D e o grupo carboxílico da cadeia lateral do Asp 52, formando uma ligação éster (como a gerada na Etapa 3 da Fig. 15.12). Supõe-se que esse intermediário reaja com H_2O, no que, essencialmente, é o inverso da reação que leva à sua formação, produzindo assim o segundo produto da reação (Etapas 4 e 5 da Fig. 15.14). Propõe-se que nesse mecanismo de duplo deslocamento, o íon oxônio seja o estado de transição no caminho da formação do intermediário covalente e não o próprio intermediário como estabelecido pelo mecanismo original de Phillips.

Se, de fato, a lisozima de ovo segue o mecanismo descrito na Fig. 15.14, a razão pela qual esse intermediário covalente não foi observado é que a velocidade do seu desaparecimento é muito mais rápida do que a da sua formação. Para que esse intermediário possa ser observado de forma experimental, a velocidade de sua formação deve ser significativamente maior do que a velocidade de desaparecimento. Para observar isso, Stephen Withers aproveitou três fenômenos. Primeiro, se, como postulado, a reação segue por um estado de transição de íon oxônio, todas as etapas que envolvem a sua formação deveriam ter a velocidade diminuída pelo efeito de remoção de elétrons pela substituição, no C2 do anel D, por um átomo de F (o elemento mais eletronegativo). Segundo, a mutação de Glu 35 para Gln (E35Q) remove o acidobásico geral que catalisa a reação, retardando mais ainda todas as etapas que envolvam um estado de transição oxônio. Terceiro, a substituição, no C1 do anel D, por mais um átomo de F acelera a formação do intermediário, pois esse F é um bom grupo de saída. Como consequência dessas três modificações simultâneas, haveria um aumento na formação do intermediário covalente proposto, em relação a seu desaparecimento, que passa a se acumular. Assim, Withers incubou lisozima E35Q com NAG-β(1→4)-2-desoxi-2-fluoro-β-fluoro-β-D-glicopiranosil fluoreto (**NAG2FGlcF**):

NAG2FGlcF

Análise por espectrometria de massa por ionização por eletroaspersão (EM-IES; Seção 7.1J) dessa mistura de reação revelou um pico muito definido em 14.683 D, compatível com a formação do intermediário covalente proposto, mas não mostrou nenhum pico significativo na ou perto da massa molecular da enzima mutante (14.314 D)

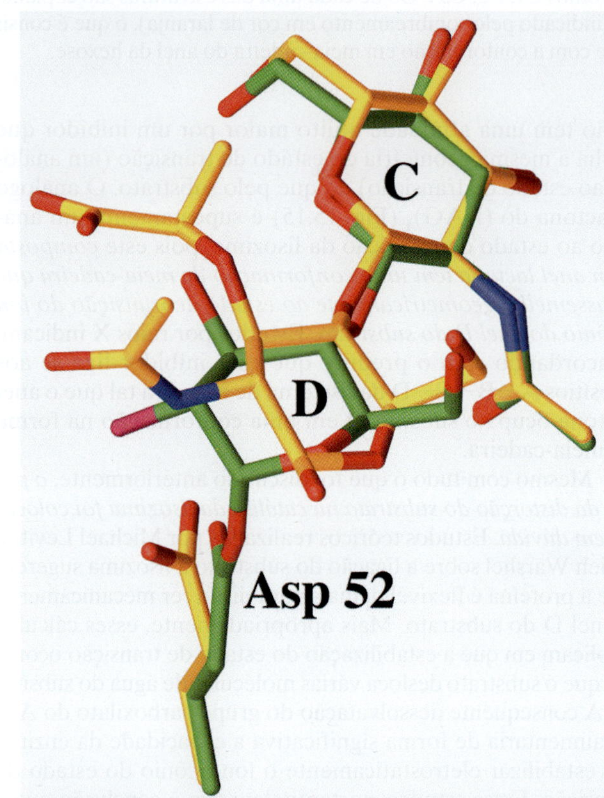

FIGURA 15.16 O intermediário covalente da lisozima da clara de ovo de galinha. Os anéis C e D do substrato e o Asp 52 da enzima estão mostrados pela sobreposição das estruturas por raios X do complexo covalente formado pela reação da lisozima E35Q com NAG2FGlcF (C em verde, N em azul, O em vermelho e F em magenta) e do complexo não covalente da lisozima tipo selvagem com NAM−NAG−NAM (C em amarelo, N em azul e O em vermelho). Observar que a ligação covalente entre o Asp 52 e o C1do anel D se forma quando, no complexo não covalente, o anel D relaxa, passando da conformação distorcida de meia--cadeira para a conformação não distorcida de cadeira e que a cadeia lateral do Asp 52 sofre uma rotação de ~45° ao redor da ligação C_α —C_β. (Com base nas estruturas por raios X determinadas por David Vocadlo e Stephen Withers, University of British Columbia, Vancouver, Canadá, e Michael James, University of Alberta, Edmonton, Canadá. PDBids 1H6M e 9LYZ.)

A estrutura por raios X desse complexo covalente revela, sem dúvida alguma, a ligação covalente de ~1,4 Å esperada entre o C1 do anel D do NAG e o O da carboxila da cadeia lateral do Asp 52 (Fig. 15.16). Esse anel do NAG adota uma conformação de cadeira não distorcida, indicando que ele é um intermediário da reação e não uma aproximação do estado de transição. A superposição da estrutura desse complexo covalente com a do complexo NAM−NAG−NAM descrito anteriormente e com a lisozima de ovo tipo selvagem revela como é que essa ligação covalente é formada (Fig. 15.15). A diminuição da distância entre o C1 do anel D da NAG e o O do Asp 52 no complexo NAM−NAG−NAM de 3,2 Å para ~1,4 Å no complexo covalente é quase totalmente uma consequência do relaxamento do anel D da conformação de meia-cadeira para cadeira, combinada com uma rotação de ~45° da cadeia lateral do Asp 52 ao redor da ligação C_α—C_β, sendo que as posições dos átomos O4 e O6 do anel D permanecem essencialmente as mesmas. Portanto, mais de 35 anos depois de sua formulação, foi mostrado que *o mecanismo de Phillips deve ser alterado de modo a considerar a formação transitória desse éster intermediário covalente glicosil-enzima (catálise covalente)*. É importante não esquecer que, para formar essa ligação covalente, o anel D deve passar por um estado de transição do tipo oxônio, necessitando assumir transitoriamente uma conformação de meia-cadeira.

3 SERINO-PROTEASES

O próximo exemplo de mecanismo de reação enzimática é o de um variado grupo de enzimas proteolíticas conhecido como **serino-proteases** (Tabela 15.4). Essas enzimas receberam essa denominação por terem um mecanismo catalítico comum caracterizado pela existência de um resíduo de Ser muito reativo, essencial para a atividade enzimática. As serino-proteases constituem a família de enzimas mais amplamente conhecida, pois foram extensivamente estudadas por mais de 60 anos por meio de técnicas cinéticas, químicas, físicas e genéticas. Nesta seção, serão estudadas principalmente as serino-proteases melhor caracterizadas, **quimotripsina**, **tripsina** e **elastase**. Será também visto como é que essas três enzimas, que são sintetizadas em forma inativa, são fisiologicamente ativadas.

A. *Cinética e grupos catalíticos*

A quimotripsina, a tripsina e a elastase são enzimas digestivas que são sintetizadas pelas células dos ácinos do pâncreas (Fig. 1.10 *c*) e secretadas, pelo ducto pancreático, no duodeno (a alça superior do intestino delgado). Essas três enzimas catalisam a hidrólise de ligações peptídicas (amida), mas com diferentes especificidades para as cadeias laterais dos resíduos de aminoácidos que flanqueiam a ligação peptídica suscetível de ser rompida (observar que a quimotripsina é específica para resíduos hidrofóbicos volumosos precedendo a ligação suscetível, a tripsina é específica para resíduos carregados positivamente e a elastase é específica para resíduos neutros pequenos; Tabela 7.2). Em conjunto elas formam uma equipe digestiva muito poderosa.

a. A hidrólise de ésteres tomada como um modelo cinético

O fato de que a quimotripsina age como esterase tão bem quanto como protease não surpreende porque os mecanismos químicos da hidrólise de ésteres e de amidas são praticamente idênticos. O estudo da atividade esterásica da quimotripsina levou ao conhecimento aprofundado do mecanismo catalítico dessa enzima. Dados cinéticos obtidos por Brian Hartley sobre a hidrólise de *p*-nitrofenilacetato catalisada por quimotripsina indicaram que a reação ocorre em duas fases (Fig. 15.17).

$$CH_3-\overset{O}{\overset{\|}{C}}-O-C_6H_4-NO_2$$

***p*-Nitrofenilacetato**

$$\xrightarrow[\text{Quimotripsina}]{H_2O \;\; \rightarrow \;\; 2H^+}$$

$$CH_3-\overset{O}{\overset{\|}{C}}-O^- \;+\; {}^-O-C_6H_4-NO_2$$

Acetato ***p*-Nitrofenolato**

TABELA 15.4 Seleção de algumas serino-proteases

Enzima	Fonte	Função
Tripsina	Pâncreas	Digestão de proteínas
Quimotripsina	Pâncreas	Digestão de proteínas
Elastase	Pâncreas	Digestão de proteínas
Trombina	Soro de vertebrados	Coagulação
Plasmina	Soro de vertebrados	Dissolução de coágulo sanguíneo
Calicreína	Sangue e tecidos	Controle do fluxo sanguíneo
Complemento C1	Soro	Lise de células na resposta imunológica
Protease do acrossomo	Acrossomo do espermatozoide	Penetração no óvulo
Protease do lisossomo	Células animais	Renovação de proteínas celulares
Casulase	Larva da mariposa	Dissolução do casulo após a metamorfose
Protease α-lítica	*Lysobacter enzymogenes*	Possivelmente digestão
Proteases A e B	*Streptomyces griseus*	Possivelmente digestão
Subtilisina	*Bacillus subtilis*	Possivelmente digestão

Fonte: Stroud, R.M., *Sci. Am.* **231** (1), 86 (1974).

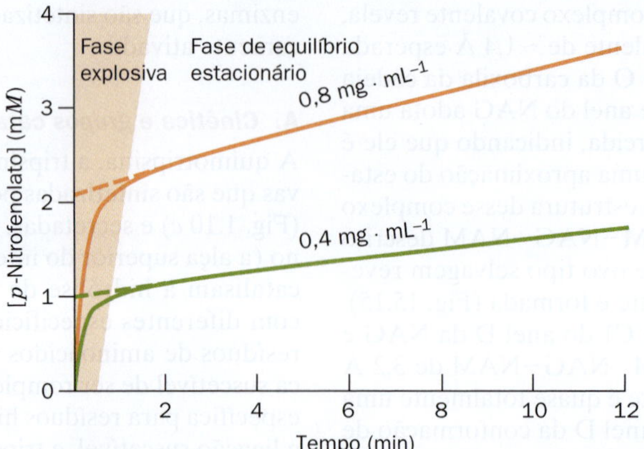

FIGURA 15.17 Cinética da hidrólise de *p*-nitrofenilacetato catalisada por quimotripsina em duas concentrações. A enzima liga-se rapidamente ao substrato e libera o primeiro produto (íon *p*-nitrofenolato), mas o segundo produto (íon acetato) é liberado mais lentamente. Consequentemente, a velocidade da geração de *p*-nitrofenolato inicia-se rapidamente (fase explosiva), mas diminui à medida que o complexo acil-enzima acumula-se até a velocidade da geração do *p*-nitrofenolato aproximar-se da velocidade da liberação do acetato (estado estacionário). A extrapolação da curva do estado estacionário para o tempo zero (*linhas tracejadas*) indica a concentração de enzima ativa. (Segundo Hartley, B.S., e Kilby, B.A., *Biochem. J.* **56**, 294 [1954].)

1. "Fase explosiva": o íon *p*-nitrofenolato, fortemente colorido, é formado rapidamente em quantidades estequiométricas à quantidade de enzima presente.
2. "Fase de equilíbrio estacionário": o *p*-nitrofenolato é formado a uma velocidade menor, mas constante, que independe da concentração do substrato.

Essas observações foram interpretadas como uma sequência de reações em dois estágios na qual a enzima (1) reage rapidamente com *p*-nitrofenilacetato e libera o íon *p*-nitrofenolato, formando um intermediário covalente acil-enzima que (2) é lentamente hidrolisado, liberando acetato:

$CH_3-C(=O)-O-C_6H_4-NO_2$ + Enzima

***p*-Nitrofenilacetato** **Quimotripsina**

Rápido ↓ → $^-O-C_6H_4-NO_2$

***p*-Nitrofenolato**

$CH_3-C(=O)-$Enzima

Intermediário acil-enzima

Lento ↓ ← H_2O, → H^+

$CH_3-C(=O)-O^-$ + Enzima

Acetato

Evidentemente, a quimotripsina segue um mecanismo de Pingue-pongue Bi Bi (Seção 14.5A). Foi mostrado que a hidrólise de amidas catalisada por quimotripsina segue um caminho de reação semelhante ao da hidrólise de ésteres.

Contudo, a etapa que determina a velocidade é a primeira etapa da reação, a etapa de acilação da enzima, e não de desacilação.

b. Identificação dos resíduos catalíticos

Os grupos cataliticamente importantes da quimotripsina foram identificados pelos estudos de marcação química descritos a seguir.

Ser 195. Um teste para o diagnóstico da presença de **Ser ativa** nas serino-proteases é a reação com **di-isopropilfosfofluoridato (DIPF)**:

(Ser ativa) $-CH_2OH$ + $F-P(=O)(O-CH(CH_3)_2)_2$

Di-isopropilfosfo-fluoridato (DIPF)

↓

(Ser ativa) $-CH_2-O-P(=O)(O-CH(CH_3)_2)_2$ + HF

DIP-Enzima

que inativa irreversivelmente a enzima. Outros resíduos de Ser, inclusive aqueles presentes na mesma proteína, não reagem com DIPF. *O DIPF reage apenas com a Ser 195 da quimotripsina, demonstrando que este é o resíduo de Ser ativo.*

O uso de DIPF como agente inativante da enzima veio da descoberta de que compostos organofosforados, como o DIPF, são venenos potentes para os nervos. A neurotoxicidade do DIPF advém da sua capacidade de inativar a **acetilcolinesterase**, uma serino-esterase que catalisa a hidrólise da **acetilcolina**:

$$(CH_3)_3\overset{+}{N}-CH_2-CH_2-O-\overset{\overset{O}{\parallel}}{C}-CH_3 + H_2O$$

Acetilcolina

$$\downarrow \text{Acetilcolinesterase}$$

$$(CH_3)_3\overset{+}{N}-CH_2-CH_2-OH + {}^{-}O-\overset{\overset{O}{\parallel}}{C}-CH_3$$

Colina

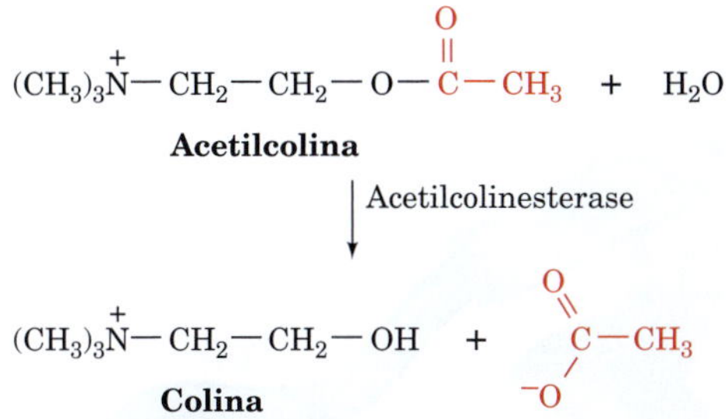

A acetilcolina é um **neurotransmissor**: ela transmite um impulso nervoso através das **sinapses** (junções) entre certos tipos de células nervosas (Seções 12.4Da e 20.5Cb). A inativação da acetilcolinesterase evita a hidrólise da acetilcolina (que ocorreria rapidamente) liberada pelo impulso nervoso, interferindo assim com a sequência regular de impulsos nervosos. O DIPF tem uma toxicidade tão alta para o ser humano que foi usado militarmente como arma química. Compostos relacionados, como o **paration** e o **malation**,

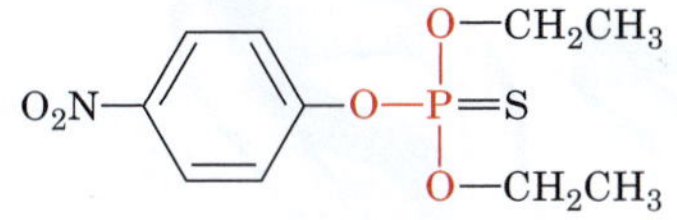

$$O_2N-C_6H_4-O-P(=S)(O-CH_2CH_3)_2$$

Paration

$$(CH_3-CH_2-O-\overset{\overset{O}{\parallel}}{C})-CH(-S-P(=S)(O-CH_3)_2)-CH_2-\overset{\overset{O}{\parallel}}{C}-O-CH_2-CH_3$$

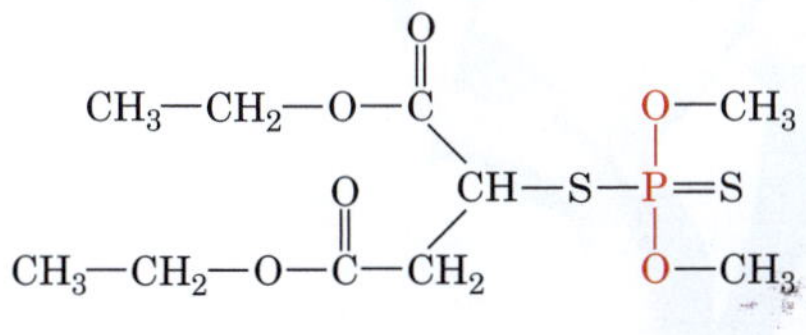

Malation

são úteis como inseticidas, pois são mais tóxicos para insetos do que para mamíferos.

His 57. Um segundo resíduo cataliticamente importante foi descoberto por meio de **marcação por afinidade**. Nesta técnica, um análogo do substrato carregando um grupo reativo específico liga-se no sítio ativo da enzima, onde reage formando uma ligação covalente estável com um grupo suscetível vizinho (por isso, esses análogos de substrato reativos foram denominados "cavalos de Troia" da bioquímica). Os grupos marcados por afinidade podem então ser identificados por mapas peptídicos (Seção 7.1J). A quimotripsina liga especificamente **tosil-L-fenilalanina-clorometilcetona** (**TPCK**, de *tosyl-L-phenylalanine chloromethyl ketone*),

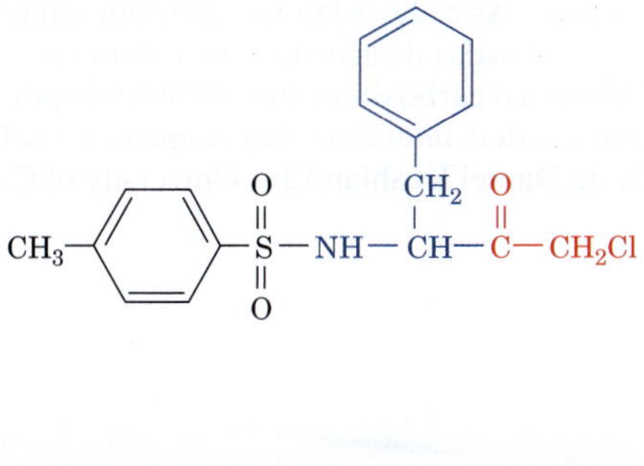

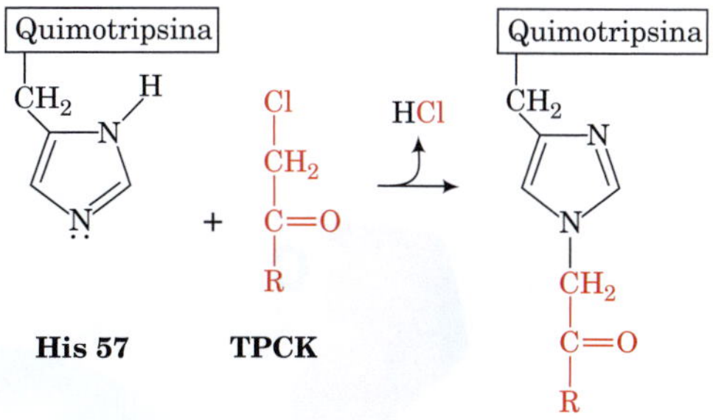

$$CH_3-C_6H_4-\overset{\overset{O}{\parallel}}{\underset{\underset{O}{\parallel}}{S}}-NH-\overset{\overset{CH_2-C_6H_5}{|}}{CH}-\overset{\overset{O}{\parallel}}{C}-CH_2Cl$$

$$\text{Quimotripsina}-CH_2-\text{(imidazol, N–H)} + Cl-CH_2-\overset{}{C}(=O)-R \xrightarrow{HCl} \text{Quimotripsina}-CH_2-\text{(imidazol)}-N-CH_2-C(=O)-R$$

His 57 **TPCK**

FIGURA 15.18 Reação de TPCK com quimotripsina na alquilação da His 57.

devido a sua semelhança com o resíduo de Phe (um dos resíduos preferidos da quimotripsina; Tabela 7.2). O grupo clorometilcetona da TPCK ligado ao sítio ativo é um agente alquilante forte. Ele reage com a His 57 (Fig. 15.18) e por isso inativa a enzima. A reação com TPCK é inibida por **β-fenilpropionato**,

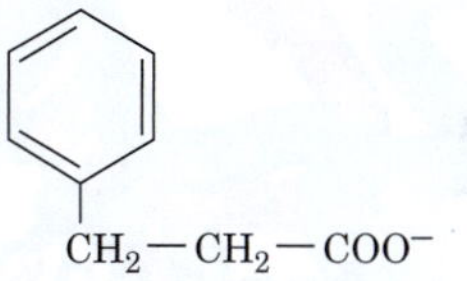

$$C_6H_5-CH_2-CH_2-COO^-$$

β-Fenilpropionato

um inibidor competitivo da quimotripsina que, supostamente, compete com a TPCK pelo sítio ativo da enzima. Além disso, a reação com TPCK não ocorre em presença de ureia 8 *M*, um reagente desnaturante, ou com DIP-quimotripsina, no qual o sítio ativo está bloqueado. Essas observações demonstraram que a *His 57 é um resíduo essencial do sítio ativo da quimotripsina*.

B. *Estruturas por raios X*

A quimotripsina bovina, a tripsina bovina e a elastase suína são notavelmente homólogas. As estruturas primárias dessas enzimas monoméricas de ~240 resíduos de aminoácidos são 40% idênticas e as suas sequências internas são ainda mais parecidas (comparativamente, as cadeias α e β da hemoglobina humana têm uma identidade de sequência de 44%). Além disso, *todas essas enzimas têm uma Ser ativa e uma His cataliticamente essencial, bem como mecanismos cinéticos semelhantes*. Portanto, não houve surpresa quando as estruturas por raios X provaram que elas são muito relacionadas.

Para que suas estruturas pudessem ser comparadas de uma maneira mais conveniente, o mesmo esquema de numeração dos resíduos de aminoácidos foi estabelecido para as três enzimas. A quimotripsina bovina é sintetizada como um precursor inativo de 245 resíduos de aminoácidos, denominado **quimotripsinogênio**, que é convertido em quimotripsina por proteólise (Seção 15.3Ea). Assim, a numeração dos resíduos de aminoácidos na quimotripsina, tripsina e elastase é a mesma para os resíduos correspondentes do quimotripsinogênio bovino.

A estrutura por raios X da quimotripsina bovina foi elucidada em 1967 por David Blow e foi seguida pela determinação das estruturas da tripsina bovina (Fig. 15.19),

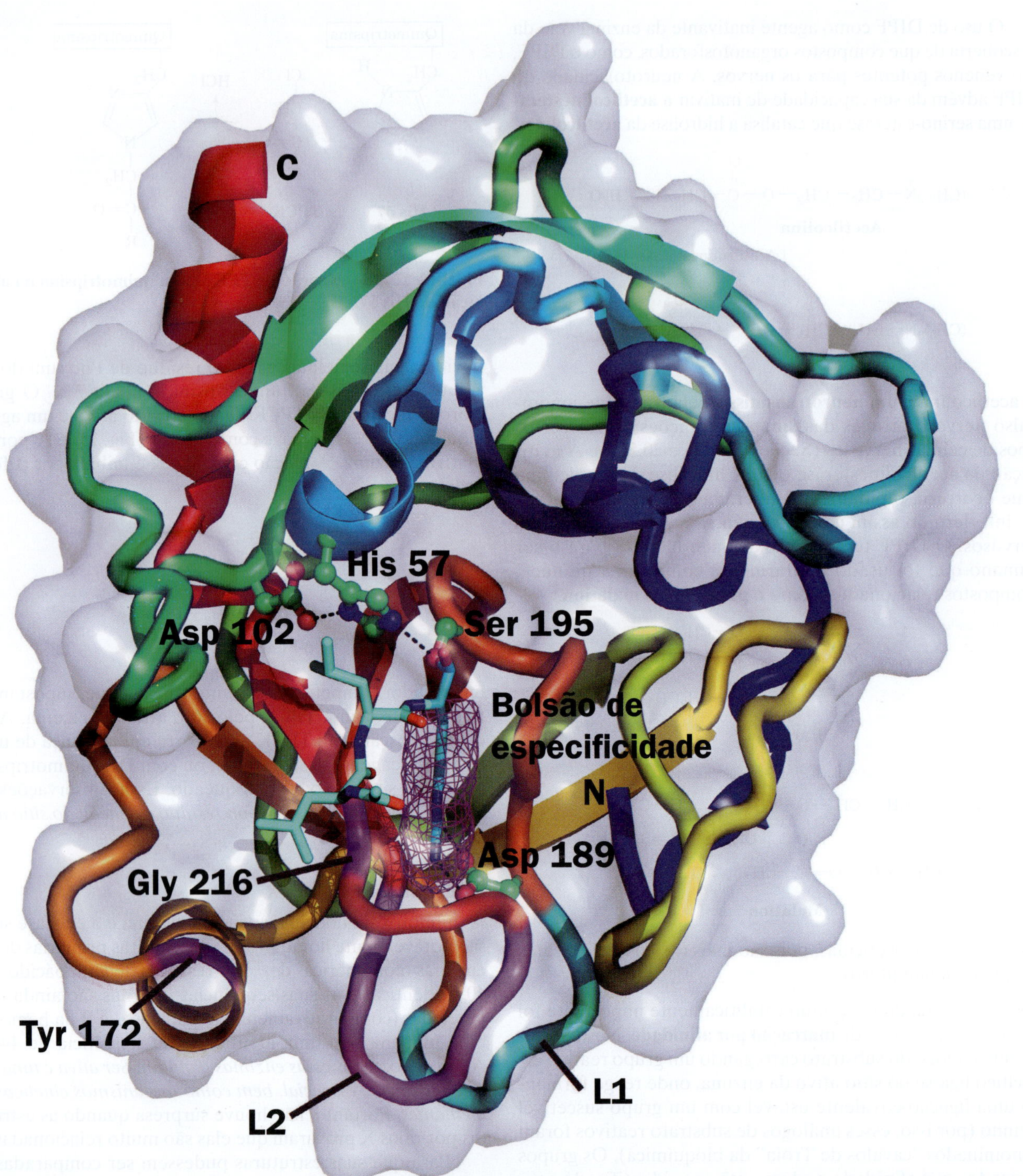

FIGURA 15.19 Estrutura por raios X da tripsina bovina em complexo covalente com o inibidor leupeptina. A proteína é visualizada olhando de de cima do barril β que está representado por sua superfície molecular (transparente) com a cadeia peptídica na forma de fita colorida em arco-íris a partir do N-terminal (*azul*) para o C-terminal (*vermelho*) e com a alça L1 (resíduos 185-188) em azul-esverdeado, a alça L2 (resíduos 221-225) em roxo, Tyr 172 e Gly 216 em roxo. As cadeias laterais da tríade catalítica (Ser 195, His 57 e Asp 102) e Asp 189 estão desenhadas na forma de esferas e bastões e coloridas de acordo com o átomo (C em verde, N em azul, O em vermelho). A leupeptina (acetil-Leu-Leu-Arg com o grupo carboxílico carboxiterminal substituído por 2CHO) está desenhada na forma de bastão (C em ciano, N em azul, O em vermelho) com a cadeia lateral da Arg ocupando o bolsão de especificidade da enzima (rede em *magenta*). (Com base na estrutrua de raios X de Daniel Koshland Jr., University of California, Berkeley, EUA. PDBid 2AGL). Ver Exercício de cineimagem 10.1

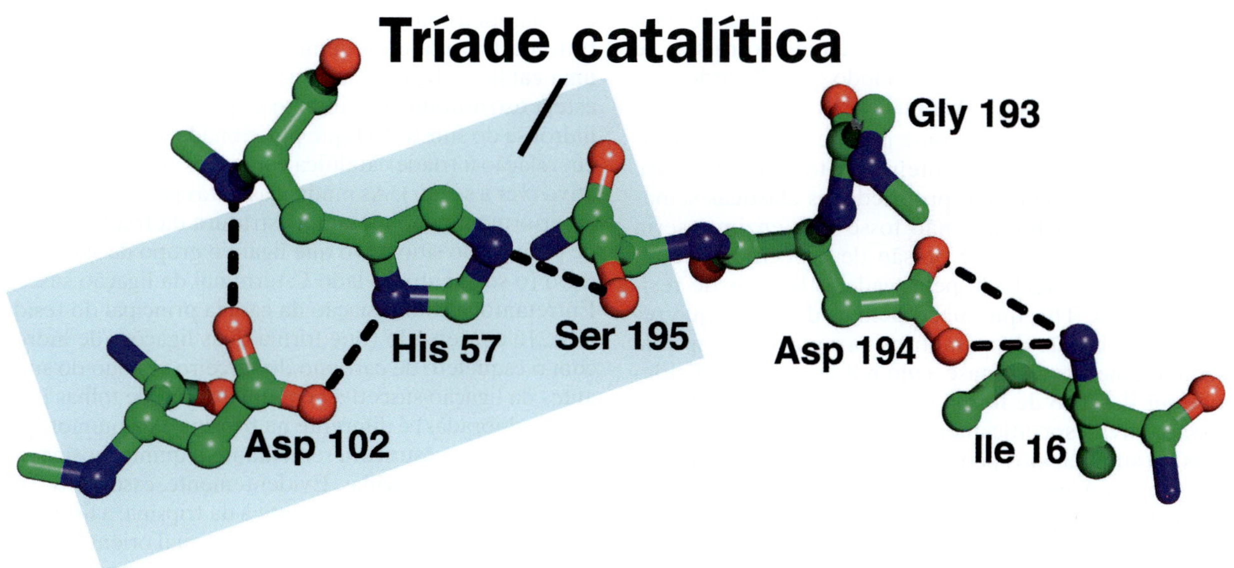

FIGURA 15.20 Resíduos do sítio ativo da tripsina. Os resíduos estão representados na forma de esferas e bastões (C em verde, N em azul e O em verde) e visto de maneira similar à mostrada na Fig. 15.19. A tríade catalítica consiste em Ser 195, His 57 e Asp 102. (Com base em uma estrutura por raios X obtida por Daniel Koshland Jr., University of California at Berkeley, EUA. PDBid 2AGI.)

feita por Robert Stroud e Richard Dickerson, e da elastase suína, realizada por David Shotton e Herman Watson. Cada uma dessas proteínas dobra-se em dois domínios estruturalmente similares, cada um deles com extensas regiões de folhas β antiparalelas organizadas em forma de barril β, mas contendo poucas hélices. *A Ser 195 e a His 57 essenciais localizam-se em uma fenda entre os barris β, assim como o Asp 102 (presente em todas as serino-proteases), que está mergulhado em um bolsão inacessível ao solvente. Esses três resíduos formam uma plêiade unida por ligações de hidrogênio que é conhecida como* ***tríade catalítica*** (Figs. 15.19 e 15.20).

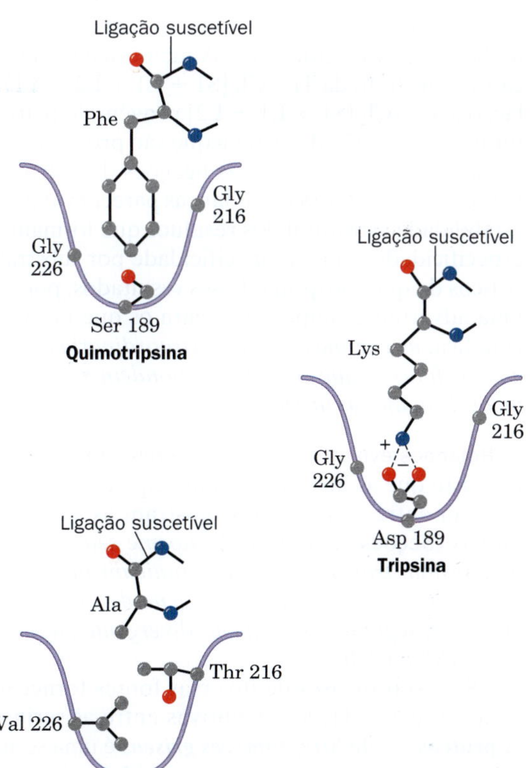

a. As bases estruturais da especificidade para o substrato podem ser extremamente complexas

As estruturas por raios X das três enzimas citadas anteriormente indicam os fundamentos das diferenças que elas têm na especificidade para os respectivos substratos (Fig. 15.21):

1. Na quimotripsina, a cadeia lateral aromática volumosa dos resíduos preferidos (Phe, Trp ou Tyr), que contribui com o grupo carbonila da ligação peptídica suscetível de ser hidrolisada (Tabela 7.2), encaixa-se perfeitamente em um bolsão hidrofóbico semelhante a uma fenda, o bolsão de especificidade, que se localiza próximo aos grupos catalíticos (Fig. 15.19).

2. Na tripsina, o resíduo correspondente à Ser 189 da quimotripsina, que localiza-se no fundo do bolsão de especificidade, é Asp, um resíduo aniônico (Fig. 15.19). As cadeias laterais catiônicas dos resíduos preferidos pela tripsina, Arg

FIGURA 15.21 Bolsões de especificidade de três serino-proteases. As cadeias laterais dos resíduos-chave que determinam o tamanho e a natureza do bolsão de especificidade estão mostradas junto com um substrato representativo de cada uma das enzimas. A quimotripsina prefere clivar ligações peptídicas que seguem cadeias laterais hidrofóbicas grandes; a tripsina prefere Lys ou Arg e a elastase prefere Ala, Gly ou Val (Segundo diagrama em Branden, C. e Tooze, J., *Introduction to Protein Structure* (2nd ed.), Garland Publishibng, página 123 (1999).)

e Lys, podem formar um par iônico com esse resíduo de Asp. O restante do bolsão de especificidade da quimotripsina se mantém preservado na tripsina, de modo que ele pode acomodar as cadeias laterais de Arg ou de Lys.

3. A elastase recebeu esse nome porque ela hidrolisa rapidamente a **elastina**, uma proteína do tecido conectivo, rica em Ala, Gly e Val, com propriedades elásticas semelhantes às da borracha que, não fosse essa enzima, seria praticamente indigerível. O bolsão de especificidade da elastase está muito fechado pelas cadeias laterais de resíduos de Val e de Thr, que substituem as duas Gly que revestem tanto o bolsão da quimotripsina como o da tripsina. Consequentemente, a elastase, cujo bolsão de especificidade pode ser descrito de forma mais apropriada como uma depressão, cliva especificamente ligações peptídicas após resíduos de aminoácidos pequenos e neutros, especialmente Ala. A quimotripsina e a tripsina, ao contrário, hidrolisam essas ligações peptídicas com extrema lentidão, pois esses substratos pequenos não podem ser suficientemente imobilizados na superfície da enzima para que ocorra uma catálise eficiente (Seção 15.1E).

Portanto, a tripsina catalisa a hidrólise de substratos peptidil-amidas com resíduos de Arg ou de Lys antecedendo a ligação suscetível com uma eficiência, medida na forma de k_{cat}/K_M (Seção 14.2Ba), que é 10^6 vezes maior do que a eficiência da hidrólise de um substrato equivalente contendo Phe. A quimotripsina, por outro lado, catalisa a hidrólise de substratos após resíduos de Phe, Trp e Tyr com uma eficiência 10^4 vezes maior do que substratos equivalentes contendo Lys.

Apesar da discussão anterior, a modificação da tripsina por mutação de Asp 189→ Ser (D189S), feita por William Rutter, não mudou a especificidade da tripsina para a especificidade característica da quimotripsina, mas levou a uma protease fraca e não específica. Além disso, mesmo a substituição dos outros três resíduos do bolsão de especificidade da tripsina pelos da quimotripsina não produziu uma melhora na enzima. Entretanto, a tripsina é convertida em uma enzima parecida com a quimotripsina quando, além das mudanças anteriores (coletivamente denominada de S1), as duas alças da superfície que ligam as paredes do bolsão de especificidade (Fig. 15.19), L1 (resíduos 185-188) e L2 (resíduos 221-225), são substituídas pelas alças da quimotripsina (denominadas Tr→Ch[S1+ L1 + L2]). Embora essa enzima mutante ainda tenha uma baixa afinidade de ligação ao substrato, K_S, a mutação adicional Y172W em uma terceira alça da superfície leva a uma enzima (Tr→Ch[S1 + L1 + L2 + Y172W]) com uma eficiência catalítica que é 15% da eficiência catalítica da quimotripsina. Curiosamente, essas alças, cujas sequências estão amplamente conservadas em cada uma das enzimas, não são componentes estruturais de nenhum dos bolsões de especificidade ou dos extensos sítios de ligação ao substrato da quimotripsina ou da tripsina (Fig. 15.19).

Comparações cuidadosas realizadas por Charles Craik e Robert Fletterick das estruturas por raios X da quimotripsina e da tripsina com as estruturas, muito semelhantes, da Tr→Ch[S1+ L1 + L2] e Tr→Ch[S1 + L1 + L2 + Y172W] complexadas com clorometilcetonas inibidoras contendo Phe elucidaram as bases estruturais da especificidade pelo substrato da tripsina e da quimotripsina. Nas serino-proteases, uma catálise eficiente necessita que o sítio ativo da enzima esteja estruturalmente intacto e que a ligação suscetível de hidrólise do substrato fique posicionada de forma apropriada em relação à tríade catalítica e a outros componentes do sítio ativo (ver a seguir). As mudanças feitas por mutação descritas anteriormente não afetam a estrutura da tríade catalítica ou de porções do sítio ativo que ligam o grupo de saída do substrato (o segmento do lado C-terminal da ligação suscetível). Entretanto, a conformação da cadeia principal do resíduo de Gly 216 conservado (que forma duas ligações de hidrogênio com o esqueleto de carbono do terceiro resíduo do substrato antes da ligação suscetível em um arranjo de folhas β antiparalelas dobradas) é diferente na tripsina e na quimotripsina, e apresenta uma estrutura semelhante à quimotripsina em ambas as proteínas híbridas. Evidentemente, caso a Gly 216 adote uma conformação semelhante à da tripsina, a ligação suscetível nos substratos contendo Phe fica mal orientada para que possa haver uma catálise eficiente. Assim, mesmo que a Gly 216 seja conservada tanto na tripsina como na quimotripsina, as diferenças estruturais entre as alças L2 das duas enzimas as mantêm em conformações diferentes.

A alça L1, que interage com L2 tanto na tripsina como na quimotripsina, está muito desordenada na estrutura por raios X da TrCh[S1 + L1 + L2]. A modelagem da alça L1 semelhante à da tripsina para Tr→Ch[S1 + L1 + L2] acarreta em um conflito estérico drástico com a alça L2 semelhante à da quimotripsina. Portanto, a exigência de uma alça L1 semelhante à da quimotripsina para a eficiência catalítica da Tr→Ch[S1 + L1 + L2] parece originar-se da necessidade de permitir que L2 adote uma conformação semelhante à da quimotripsina.

A cadeia lateral do resíduo 172 extende-se sobre a base do bolsão de especificidade. A melhora na afinidade da ligação ao substrato da Tr→Ch [S1 + L1 + L2 + Y172W] em relação à Tr→Ch [S1 + L1 + L2] provém de rearranjos estruturais nessa região da enzima que são provocados pelo maior volume e por diferenças nas ligações de hidrogênio do Trp em relação à Tyr. Essas mudanças parecem aumentar tanto a estabilidade estrutural dos resíduos que formam o bolsão de especificidade como a especificidade por substratos característicos da quimotripsina. Esses resultados, portanto, trazem uma advertência importante para os que fazem engenharia genética: *as enzimas são tão extraordinariamente adaptadas às suas funções que em geral respondem a remendos mutagênicos de maneiras inesperadas.*

b. Relações evolutivas entre as serino-proteases

Foi visto que as homologias nas sequências e estruturas que existem entre as proteínas mostram as suas relações evolutivas (Seções 7.3 e 9.6). *A enorme semelhança entre quimotripsina, tripsina e elastase indicam que essas proteínas evoluíram pela duplicação do gene de uma serino-protease ancestral, seguida da evolução divergente das enzimas resultantes (Seção 7.3C).*

Serino-proteases de diversas fontes fornecem mais clareza sobre as relações evolutivas entre as serino-proteases. A **protease A de *Streptomyces griseus*** é uma serino-protease bacteriana com a mesma especificidade da quimotripsina, com a qual mostra grande semelhança estrutural, embora tenha apenas ~20% de identidade de sequência com serino-proteases pancreáticas. Claramente, o gene primitivo da tripsina apareceu antes da divergência entre procariotos e eucariotos.

São conhecidas três serino-proteases cujas estruturas primárias e terciárias não apresentam relação alguma entre si ou com a quimotripsina, mas que, todavia, possuem tríades catalíticas nos seus sítios ativos semelhantes à tríade da quimotripsina:

1. **Subtilisina**, uma endopeptidase que, originalmente, foi isolada de *Bacillus subtilis*.
2. **Serino-carboxipeptidase II** de gérmen de trigo, uma exopeptidase cuja estrutura é surpreendentemente semelhante à da carboxipeptidase A (Fig. 8.19*a*), embora esta última tenha um mecanismo catalítico completamente diferente do mecanismo das serino-proteases (ver Problema 3).
3. **ClpP** de *E. coli*, que age na degradação de proteínas celulares (Seção 32.6B).

Uma vez que a ordem dos resíduos na sequência de aminoácidos correspondendo ao sítio ativo é muito diferente nos quatro tipos de serino-proteases (Fig. 15.22) *parece altamente improvável que elas possam ter evoluído de uma serino-protease antecessora comum. Aparentemente, essas proteínas são um notável exemplo de* ***evolução convergente****. Parece que a natureza descobriu o mesmo mecanismo catalítico de maneira independente ao menos quatro vezes.* (Ademais, a **protease do citomegalovírus humano**, uma proteína essencial para a replicação do vírus, e que não apresenta semelhanças com as proteases anteriores, tem resíduos de Ser e His no sítio ativo com posições relativas semelhantes àquelas em outras serino-proteases, mas não possui um resíduo de Asp no sítio ativo; aparentemente ela tem uma díade catalítica.)

C. *Mecanismo catalítico*

Ver Exploração guiada 12: O mecanismo catalítico das serino-proteases A vasta homologia entre os sítios ativos das várias serino-proteases indica que todas elas possuem o mesmo mecanismo catalítico. Com base em um número considerável de dados estruturais e químicos obtidos em vários laboratórios foi formulado o mecanismo descrito a seguir para as serino-proteases, mostrado aqui nos termos da quimotripsina (Fig. 15.23):

1. Uma vez que a quimotripsina tenha ligado um substrato, formando um complexo de Michaelis, *a Ser 195, na etapa que determina a velocidade da reação, faz um ataque nucleofílico no grupo carbonila suscetível de hidrólise do peptídeo, formando um complexo conhecido como* ***intermediário tetraédrico*** (catálise covalente). Estudos por raios X indicam que a Ser 195 fica perfeitamente posicionada para fazer o ataque nucleofílico (efeitos de proximidade e de orientação). O anel imidazólico da His 57 recebe o próton que foi liberado, formando assim um íon imidazólico (catálise básica geral). Esse processo é ajudado pelo efeito polarizador do íon carboxilato não solvatado do Asp 102, que está ligado por ligação de hidrogênio à His 57 (catálise eletrostática, ver Seção 15.3Dd). Com efeito, a substituição, por mutação, do Asp 102 da tripsina por Asn deixa o K_M da enzima praticamente sem modificação em

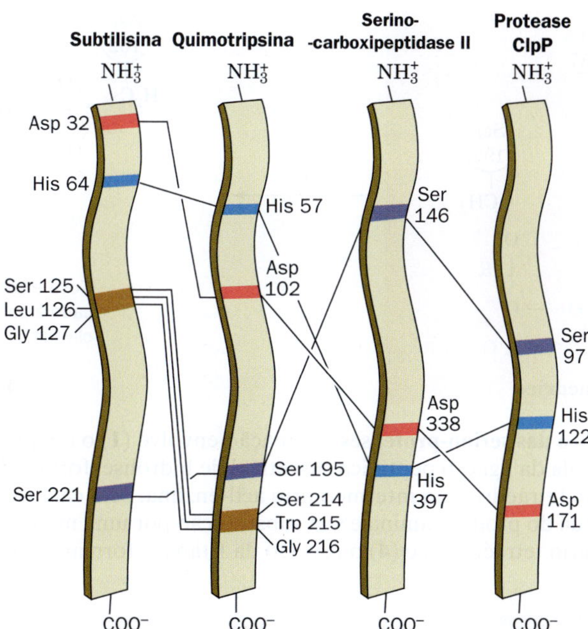

FIGURA 15.22 Posições relativas dos resíduos do sítio ativo na subtilisina, na quimotripsina, na serino-carboxipeptidase II e na protease ClpP. O esqueleto peptídico formado por Ser 214, Trp 215 e Gly 216 na quimotripsina, e o equivalente na subtilisina, participam nas ligações de interação com o substrato. (Segundo Robertus, J.D., Alden, R.A., Birktoft, J.J., Kraut, J., Powers, J.C. e Wilcox, P.E., *Biochemistry* **11,** 2449 [1972].) **Ver Exercício de cineimagem 10.2**

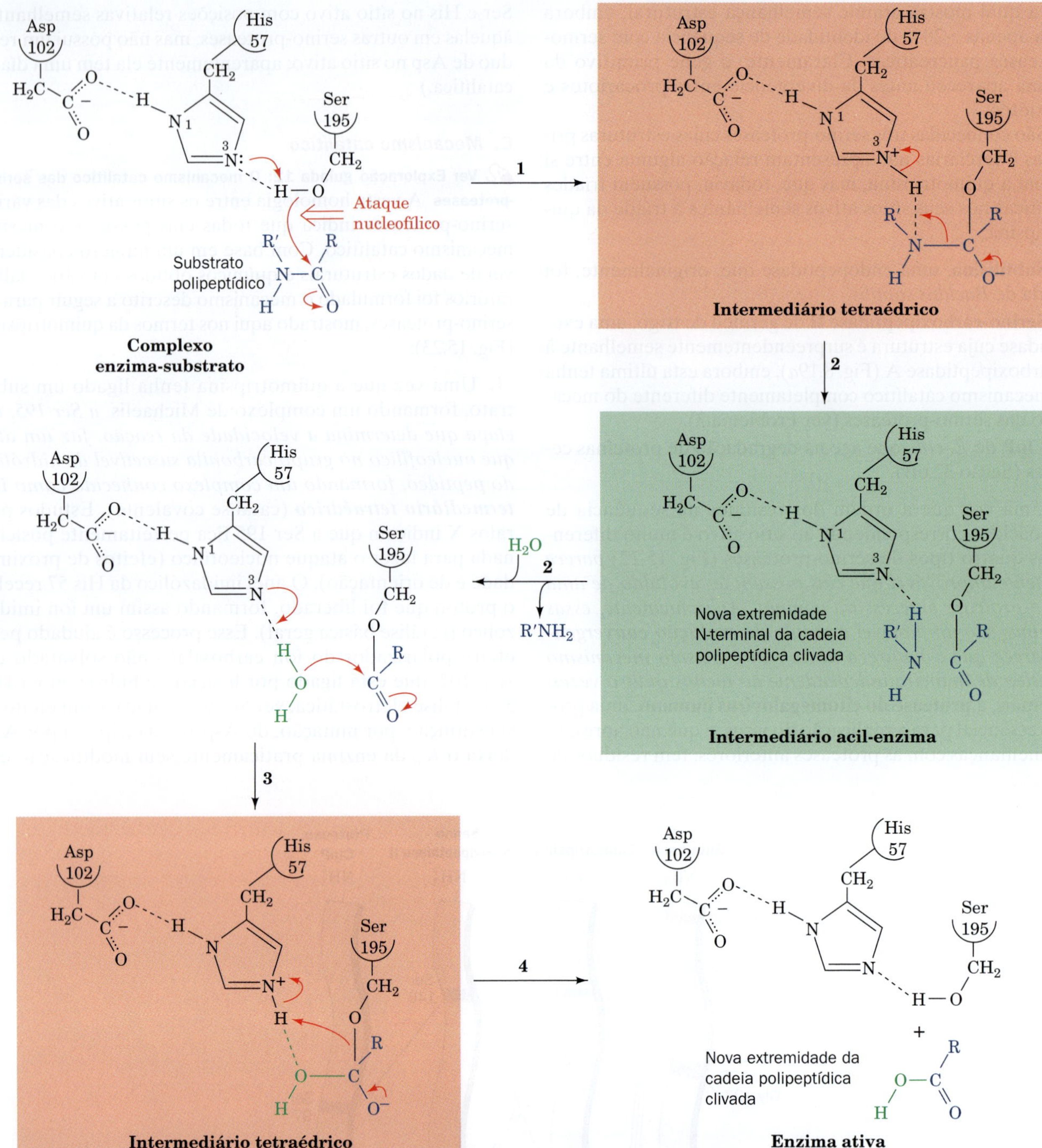

FIGURA 15.23 Mecanismo catalítico das serino-proteases. A reação envolve (**1**) o ataque nucleofílico da Ser do sítio ativo sobre o átomo de carbono da carbonila da ligação peptídica suscetível de hidrólise, formando um intermediário tetraédrico; (**2**) a decomposição do intermediário tetraédrico ao intermediário acil-enzima, pela catálise ácida geral pela His do sítio ativo polarizada pelo Asp, seguida da perda do produto amina e sua substituição por uma molécula de água; (**3**) o reverso da Etapa 2, formando um segundo intermediário tetraédrico, e (**4**) o reverso da Etapa 1, formando o produto carboxila da reação e a enzima ativa.

pH neutro, mas reduz o k_{cat} a < 0,05% do valor do tipo selvagem. Estudos de difração de nêutrons demonstraram que o *Asp102 permanece como um íon carboxilato, ao invés de abstrair um próton do íon imidazólico para formar um grupo ácido carboxílico não carregado.* O intermediário tetraédrico tem uma existência bem-definida, embora transitória. Será visto que *a maior parte do poder catalítico da quimotripsina provém da sua ligação preferencial ao estado de transição, prendendo esse intermediário (catálise por ligação ao estado de transição).*

2. O intermediário tetraédrico decompõe-se para um **intermediário acil-enzima** sob a força da doação do próton do N3 da His 57 (catálise ácida geral). O grupo de saída amino ($R'NH_2$, a nova porção N-terminal da cadeia polipeptídica clivada) é liberado da enzima e substituído por água do solvente.

3 e 4. O intermediário acil-enzima (que, na ausência de enzima, seria um composto estável) é desacilado rapidamente pelo que, essencialmente, é o inverso das etapas anteriores, liberando o produto carboxilato (a nova porção C-terminal da cadeia polipeptídica clivada) e regenerando a enzima ativa. Nesse processo, a água é o nucleófilo atacante e a Ser 195 é o grupo de saída.

D. *Testando o mecanismo catalítico*

A formulação do modelo anterior para a catálise por serino-proteases incentivou um grande número de investigações para testar sua validade. Nesta seção, serão discutidos alguns dos estudos mais reveladores.

a. O intermediário tetraédrico mimetiza o complexo da tripsina com o inibidor de tripsina

Robert Huber, fazendo estudos por raios X com o complexo formado entre o **inibidor de tripsina pancreático bovino** (**BPTI**, de *bovine pancreatic trypsin inhibitor*), uma proteína com 58 resíduos de aminoácidos, e a tripsina, forneceu evidências estruturais convincentes da existência de um intermediário tetraédrico. BPTI liga-se à tripsina e a inativa, evitando assim que qualquer molécula de tripsina que seja prematuramente ativada no pâncreas faça a digestão desse órgão (Seção 15.3E). BPTI liga-se à região do sítio ativo da tripsina por meio de uma interface compacta, que é mantida por uma rede complexa de ligações de hidrogênio. A constante de associação desse complexo (10^{13} M^{-1}), uma das mais elevadas entre as associações proteína-proteína conhecidas, acentua a importância fisiológica do BPTI.

A parte do BPTI que mantém contato com o sítio ativo da tripsina assemelha-se a um substrato ligado. A cadeia lateral da Lys 15I do BPTI ("I" diferencia os resíduos do BPTI dos resíduos de tripsina) ocupa o bolsão de especificidade da tripsina (Fig. 15.24*a*), e a ligação peptídica entre a Lys 15I e a Ala 16I fica posicionada como se fosse a ligação suscetível de hidrólise (Fig. 15.24*b*). O mais notável dessa estrutura é que *o complexo do sítio ativo adota uma conformação que acompanha a coordenada da reação na direção do intermediário tetraédrico. No decorrer da reação, o oxigênio da cadeia lateral da Ser 195 (a Ser ativa) fica em contato com o carbono da carbonila, distorcido em uma estrutura piramidal, da ligação "suscetível" do BPTI, contato que é mais próximo do que os contatos de van der Waals (2,6 Å)*. Apesar desse contato muito próximo, a reação de proteólise, entretanto, não pode seguir além desse ponto na coordenada da reação por causa da rigidez do complexo do sítio ativo e porque ele fica tão selado que o grupo de saída não pode sair e a água não pode entrar no sítio ativo.

Inibidores de proteases são muito comuns na natureza e têm funções regulatórias e de proteção. Por exemplo,

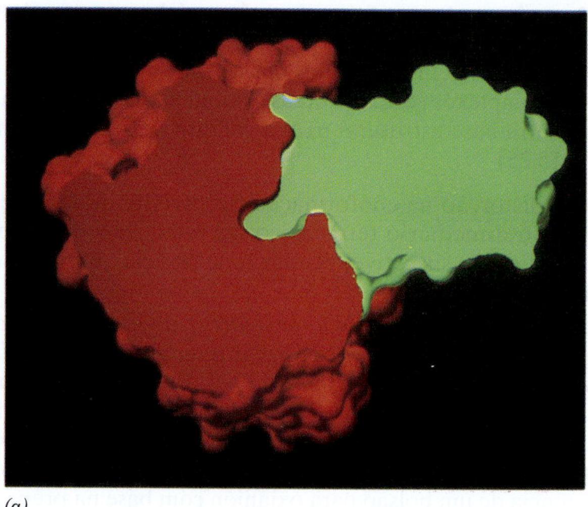

(*a*)

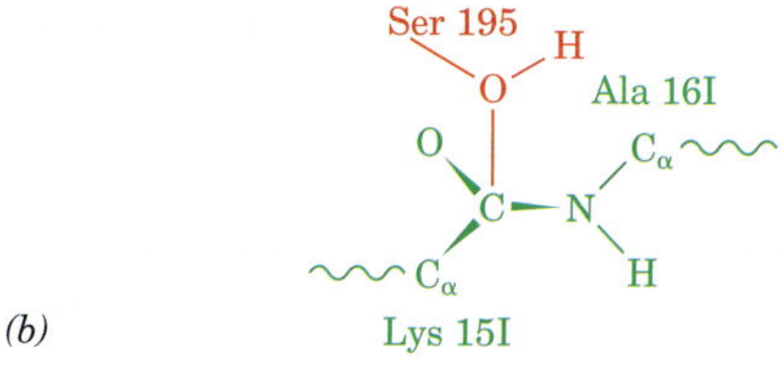

(*b*)

FIGURA 15.24 Complexo tripsina-BPTI. (*a*) A estrutura por raios X mostra o desenho de um corte na superfície da enzima indicando como a tripsina (*vermelho*) liga-se ao BPTI (*verde*). A protuberância verde que se estende na cavidade vermelha (perto do centro da figura) representa a cadeia lateral da Lys 15I do inibidor, que ocupa o bolsão de especificidade da tripsina. Observe o perfeito encaixe entre as duas proteínas. (Cortesia de MichaelConnolly, New York University, EUA.) (*b*) A Ser 195 da tripsina, a Ser ativa, mantém contatos com o carbono da carbonila suscetível de hidrólise do BPTI (que está distorcido piramidalmente em relação à Ser 195) mais próximos do que contatos de van der Waals. Aparentemente, a reação proteolítica estanca em algum ponto da coordenada de reação entre o complexo de Michaelis e o intermediário tetraédrico.

certas plantas liberam inibidores de proteases em resposta a picadas de insetos, provocando a morte do inseto por inanição devido à inativação das proteínas digestivas. Inibidores de proteases constituem cerca de 10% das quase 200 proteínas presentes no soro sanguíneo. Por exemplo, o **inibidor de proteinase-α_1**, que é secretado pelo fígado, inibe a **elastase dos leucócitos** (os leucócitos são um tipo de células da linhagem branca do sangue e já se sabe que a ação da elastase dos leucócitos faz parte do processo inflamatório). Variantes patológicos do inibidor de proteinase-α_1 com atividade reduzida estão associados com **enfisema pulmonar**, uma doença degenerativa dos pulmões decorrente da hidrólise de fibras elásticas. Fumantes também sofrem de redução da atividade do inibidor de proteinase-α_1 devido à oxidação do resíduo de Met do sítio ativo. Depois de fumar, a atividade total desse inibidor só se recupera após várias horas.

b. As serino-proteases ligam-se preferencialmente ao estado de transição

Comparações bem detalhadas das estruturas por raios X de vários complexos serino-protease-inibidor mostraram ainda uma outra base estrutural para a catálise por essas enzimas (Fig. 15.25)

1. A distorção na conformação decorrente da formação de um intermediário tetraédrico faz o oxigênio da carbonila da ligação suscetível ocupar uma posição, o **bolsão do oxiânion**.

2. *Lá, há a formação de duas ligações de hidrogênio com a enzima que não podem se formar quando o grupo carbonila fica na sua conformação trigonal.* Esses dois doadores enzimáticos de ligações de hidrogênio foram observados primeiramente por Joseph Kraut ocupando as posições correspondentes na quimotripsina e na subtilisina. Ele propôs a existência de um bolsão para oxiânion com base na premissa de que a evolução convergente fez com que os sítios ativos dessas enzimas não relacionadas fossem funcionalmente idênticos.

3. Além disso, a distorção tetraédrica permite a formação de uma ligação de hidrogênio, que de outra maneira seria inviável, entre a enzima e o grupo NH do esqueleto do resíduo de aminoácido anterior à ligação suscetível do substrato. Consequentemente, *a enzima liga o intermediário tetraédrico preferencialmente em relação tanto ao complexo de Michaelis como ao intermediário acil-enzima.*

Esse é o fenômeno responsável pela maior parte da eficiência catalítica das serino-proteases (ver a seguir). O motivo pelo qual o DIPF é um inibidor tão efetivo das serino-protases reside no fato de que o grupo fosfato tetraédrico torna esse composto um análogo ao estado de transição da enzima.

c. O intermediário tetraédrico e o ataque de uma molécula de água sobre o intermediário acil-enzima foram observados diretamente

A maior parte das reações enzimáticas tem um ciclo rápido demais para que os seus estados intermediários possam ser estudados por estrutura obtida por difração de raios X ou por técnicas de RM. Consequentemente, grande parte do conhecimento que se tem sobre esses estados intermediários vem de estudos de complexos enzima-inibidor ou complexos com substratos nos quais as enzimas estão inativas. A relevância da estrutura desses complexos está sujeita a dúvidas exatamente porque eles são cataliticamente improdutivos.

Esforçando-se para elucidar esta questão para o caso das serino-proteases, Janos Hajdu e Christopher Schofield procuraram por complexos peptídeo-proteases que fossem estáveis em um pH no qual as proteases fossem inativas, mas que pudessem ser ativadas por mudança no pH. Para isso, eles prospectaram bibliotecas de peptídeos quanto à capacidade de ligação à elastase pancreática suína em pH 3,5 (neste pH a His 57 fica protonada e, portanto, incapaz de agir como uma base geral) usando técnica de EM-IES (Seção 7.1). Eles descobriram que o peptídeo YPFVEPI, heptapeptídeo correspondente a um segmento da proteína do leite humano **β-caseína** e que foi denominado **BCM7**, forma um complexo com a elastase cuja massa é compatível com a formação de uma ligação éster entre BCM7 e a enzima. Na presença de $^{18}OH_2$ em pH 7,5 (pH em que a elastase é ativa), o ^{18}O marcado foi incorporado tanto no BCM7 como no complexo BCM7-elastase, demonstrando assim que a reação do peptídeo com a elastase é reversível nesse pH. Estudos de fragmentação usando bombardeio de átomos em *tandem* com espectroscopia de massa (FAB-MS/MS; Seção 7.1I) revelaram posteriormente que o BCM7, que foi incubado com elastase na presença de $^{18}OH_2$ em pH 7,5, incorpora a marcação do ^{18}O apenas no resíduo C-terminal (Ile).

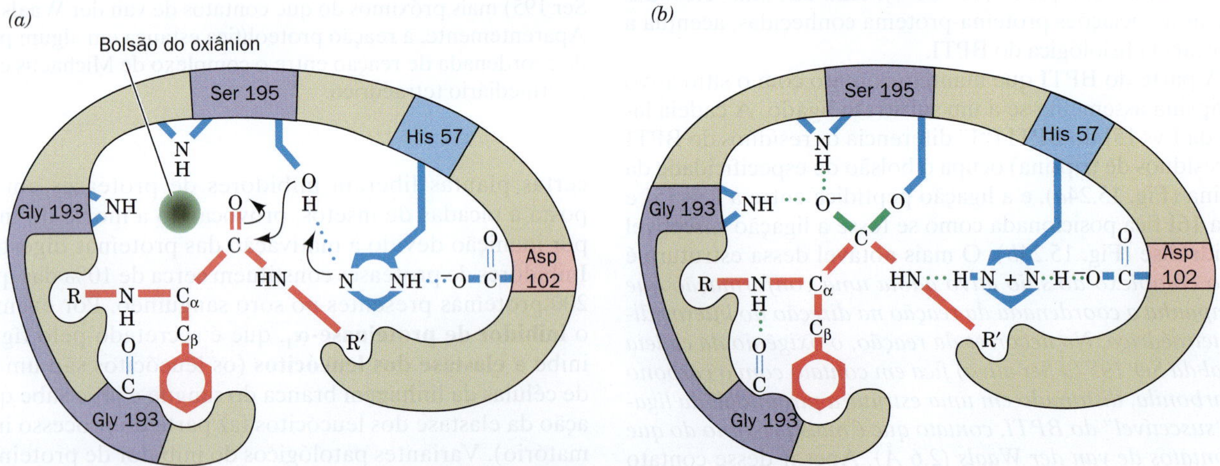

FIGURA 15.25 Estabilização do estado de transição nas serino-proteases. (*a*) No complexo de Michaelis, o carbono trigonal da carbonila suscetível está conformacionalmente impedido de ligar-se ao bolsão do oxiânion (*em cima à esquerda*). (*b*) No estado intermediário tetraédrico, o oxigênio da carbonila da ligação suscetível (o oxiânion), agora carregado negativamente, entra no bolsão do oxiânion, ligando-se por ligações de hidrogênio aos grupos NH da Gly 193 e da Ser 195. A consequente distorção conformacional permite que o grupo NH do resíduo que precede a ligação suscetível forme uma ligação de hidrogênio com a Gly 193, que seria impossível de outra maneira. Portanto, as serino-proteases preferencialmente ligam o intermediário tetraédrico. (Segundo Robertus, J.D., Kraut, J., Alden, R.A. e Birktoft, J.J., *Biochemistry* **11**, 4302 [1972].)

Ver Exercício de cineimagem 10.3

A estrutura obtida por raios X do complexo BCM7-elastase em pH 5,0 (Fig. 15.26*a*) revelou que realmente o grupo carboxílico C-terminal do BCM7 forma uma ligação éster com a hidroxila da cadeia lateral da Ser 195 da elastase, formando o intermediário acil-enzima esperado. Além disso, esta estrutura por raios X revela a presença de uma molécula de água ligada ao complexo que parece posicionada para fazer um ataque nucleofílico na ligação éster (a distância dessa molécula de água ao átomo de carbono C-terminal do BCM7 é de 3,1 Å e o alinhamento entre eles é praticamente perpendicular ao plano do grupo acila). A His 57, que está ligada a essa molécula de água por ligação de hidrogênio é posicionada corretamente para receber um desses prótons, ativando-o para o ataque nucleofílico (catálise de base geral). O átomo de O da carbonila do grupo acila ocupa o bolsão do oxiânion de tal forma que permanece ligado por ligação de hidrogênio aos átomos de N da Ser 195 e da Gly 193. Isso está de acordo com medições espectroscópicas que indicam que o grupo carbonila do intermediário acil-enzima realmente liga-se ao bolsão do oxiânion. Inicialmente, foi proposto que o bolsão do oxiânion atua apenas para estabilizar o estado de transição tetraédrico do oxiânion que está próximo do intermediário tetraédrico na reação de catálise. Agora, entretanto, pensa-se que o bolsão do oxiânion também funciona polarizando o grupo carbonila do intermediário acil-enzima direcionando-o para tornar-se um oxiânion (catálise eletrostática).

Iniciou-se a reação de catálise em cristais do complexo BCM7-elastase transferindo-os para um tampão com pH 9,0. Depois de embebidos por 1 minuto nesse tampão, os cristais foram congelados em N_2 líquido (−196°C), interrompendo assim a reação enzimática (lembrar que os movimentos da proteína, que em conjunto são essenciais para a catálise, cessam em temperaturas tão baixas; Seção 9.4a). A estrutura por raios X desse cristal congelado (Fig. 15.26*b*) revela que o intermediário acil-enzima descrito anteriormente foi convertido a um intermediário tetraédrico, cujo oxiânion, como seria de esperar, permanece ligado por ligação de hidrogênio aos átomos de N da Ser 195 e da Gly 193. A comparação da estrutura desse cristal com a estrutura do intermediário acil-enzima revela que os resíduos do sítio ativo da enzima não sofrem mudança nas suas posições na conversão do intermediário acil-enzima para o intermediário tetraédrico. Entretanto, no momento em que o grupo acila planar trigonal transforma-se em oxiânion tetraédrico, o substrato peptídico também deve fazê-lo por necessidade estérica (comparar as Figs. 15.26*a* e 15.26*b*). Como resposta, vários dos resíduos da enzima que mantêm contato com o peptídeo, mas que estão distantes do sítio ativo, mudam suas posições (não está mostrado na Fig. 15.26).

d. O papel da tríade catalítica: ligações de hidrogênio de baixa barreira

Os primeiros estudos sobre o assunto postularam que a cadeia lateral da His 57 é polarizada pelo Asp 102 e recebe um próton da Ser 195, convertendo assim seu grupo $-CH_2OH$

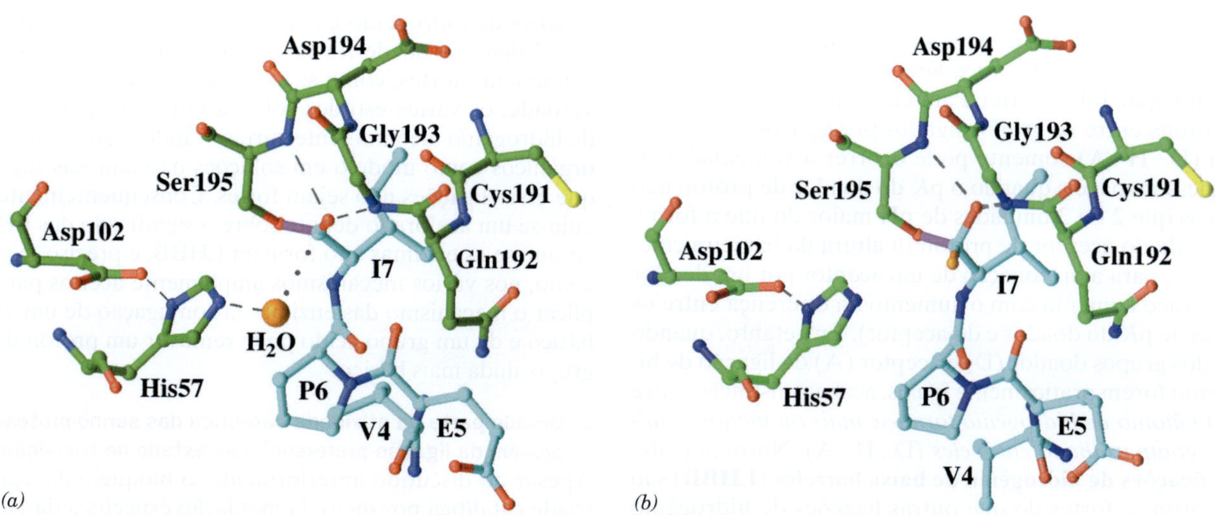

FIGURA 15.26 Estruturas por raios X da elastase pancreática suína complexada com o heptapeptídeo BCM7 (YPFVEPI). Os resíduos da elastase estão especificados pelo código de três letras, e os do BCM7 estão especificados pelo código de uma letra. (*a*) Complexo em pH 5. Os resíduos do sítio ativo da enzima e do heptapeptídeo (que têm os três resíduos N-terminais desordenados) estão representados na forma de esferas e bastões, com C da elastase em verde, C do BCM7 em ciano, N em azul, O em vermelho, S em amarelo e a ligação entre o átomo de O da Ser 195 e o átomo de C C-terminal do BCM7 em lavanda. A molécula de água ligada à enzima, que parece posicionar-se para um ataque nucleofílico ao átomo de C da carbonila da acil-enzima, está representada por uma esfera cor de laranja. As linhas cinza tracejadas representam as ligações de hidrogênio cataliticamente importantes, e a linha cinza pontilhada indica a trajetória que a molécula de água seguiria, provavelmente, após um ataque nucleofílico ao átomo C do grupo acila da carbonila. (*b*) O complexo após ter sido submetido a pH 9 por 1 minuto e congelado rapidamente em nitrogênio líquido. Os vários grupos da estrutura estão representados e coloridos da mesma maneira que na Parte *a*. Observe que a molécula de água na Parte *a* torna-se uma substituinte hidroxila (*cor de laranja*) do átomo de C da carbonila, produzindo um intermediário tetraédrico. (Com base nas estruturas por raios X determinadas por Christopher Schofield e Janos Hajdu, University of Oxford, Reino Unido. PDBids [*a*] 1HAX e [*b*] 1HAZ.)

de nucleofílico fraco em um íon alcóxido fortemente nucleofílico, $-CH_2O^-$:

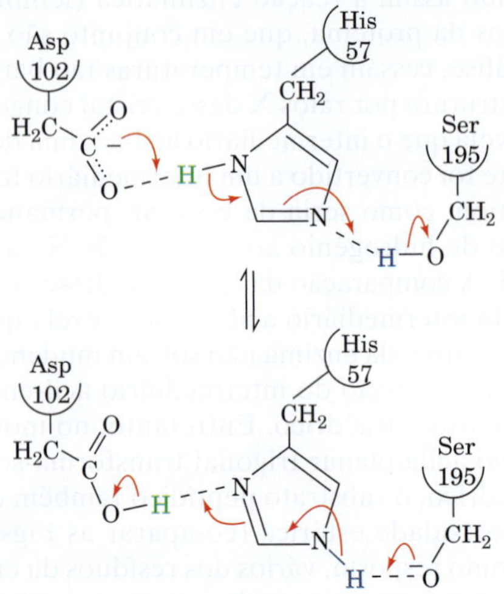

"Sistema de revezamento de cargas"

Neste processo, considera-se que a carga aniônica do Asp 102 é transferida, via mudança tautomérica da His 57, para a Ser 195. A tríade catalítica foi originalmente denominada **sistema de revezamento de cargas**. Entretanto, agora se sabe que um mecanismo desses não é plausível porque um íon alcóxido (p$K \geq 15$) tem uma maior afinidade por prótons do que a His 57 (p$K \approx 7$; determinação feita por técnicas de RM). Então, como é que, nucleofilicamente, o Asp 102 pode ativar a Ser 195?

Uma das soluções possíveis para esse enigma foi dada por W.W. Cleland e Maurice Kreevoy e, de maneira independente, por John Gerlt e Paul Gassman. A transferência de prótons entre os grupos ligados por ligações de hidrogênio (D−H···A) somente pode ocorrer a velocidades fisiológicas razoáveis quando o pK do doador de próton não for mais que 2 ou 3 unidades de pH maior do que a forma protonada do aceptor de próton (a altura da barreira cinética, $\Delta G^\ddagger$, para a protonação de um aceptor por um doador mais básico aumenta com o aumento na diferença entre os valores de pK do doador e do aceptor). Entretanto, quando o pK dos grupos doador (D) e aceptor (A) da ligação de hidrogênio forem praticamente iguais, acaba a distinção entre eles. *O átomo de hidrogênio torna-se mais ou menos igualmente compartilhado entre eles* (D...H...A). Normalmente, essas **ligações de hidrogênio de baixa barreira** (**LHBB**) são mais curtas e fortes do que outras ligações de hidrogênio (elas também são conhecidas como **ligações de hidrogênio curtas e fortes**). Estudos com compostos-modelo em fase gasosa indicaram que elas têm energia livre de associação tão alta quanto -40 a -80 kJ $\times$ mol^{-1}, contra -12 a -30 kJ $\times$ mol^{-1} para uma ligação de hidrogênio normal (a energia de uma ligação covalente normal D−H é classificada como ligação de hidrogênio de baixa barreira) e um comprimento de D...A $<$ 2,55 Å para O−H...O e $<$ 2,65 Å para N−H...O, contra 2,8 a 3,1 Å para ligações de hidrogênio normais.

É muito improvável que existam LHBB em soluções aquosas diluídas, pois as moléculas de água, que são excelentes doadores e aceptores de prótons, competem de maneira eficiente com D−H e A pelos sítios de ligação de hidrogênio. Entretanto, LHBB podem existir em soluções não aquosas e nos sítios ativos das enzimas que excluem a água (solvente). Se isso for verdade, uma "estratégia" enzimática eficiente seria converter uma ligação de hidrogênio fraca do complexo de Michaelis em uma ligação de hidrogênio forte no estado de transição, facilitando então a transferência de próton e usando a diferença de energia livre entre as ligações de hidrogênio normais e de baixa barreira para ligar-se preferencialmente ao estado de transição. Efetivamente, como foi mostrado por Perry Frey, o espectro de RM do próton que liga a His 57 ao Asp 102 na quimotripsina (o qual apresenta um deslocamento químico particular indicativo de desprotecão) é consistente com a formação de uma LHBB no estado de transição (Fig. 15.25*b*; os valores de pK da protonação da His 57 e do Asp 102 são praticamente iguais no ambiente anidro do complexo do sítio ativo). Isso, supõe-se, promove a transferência de um próton da Ser 195 para a His 57, como ocorre no mecanismo de revezamento de cargas. Além disso, a estrutura da subtilisina de *Bacillus lentus*, determinada por Richard Bott usando raios X de grande resolução (0,78 Å), revelou que a ligação de hidrogênio entre a His 64 e o Asp 32 da tríade catalítica dessa enzima tem uma distância N...O surpreendentemente curta (2,62 ± 0,01 Å). Assim o átomo de H está aproximadamente no centro da distância entre os átomos de N e de O (observar que essa estrutura obtida por raios X altamente precisa foi medida com segurança e é uma das poucas nas quais os átomos de H são observados em distância D... A tão curta).

Apesar dos vários estudos, como os descritos anteriormente, revelarem que nos sítios ativos das enzimas existem ligações de hidrogênio extremamente curtas, é muito mais difícil demonstrar de forma experimental que elas são incomumente fortes, como se supõe que sejam as LHBB. Na verdade, os vários estudos sobre a intensidade de ligações de hidrogênio incomumente curtas usando certos compostos orgânicos como modelo em soluções não aquosas sugerem que essas ligações não sejam fortes. Consequentemente, seguiu-se um acalorado debate sobre o significado das LHBB. Assim, se as enzimas não formam LHBB, é preciso explicar como, nos vários mecanismos amplamente aceitos para explicar o mecanismo das enzimas, a conjugação de um grupo básico e de um grupo ácido pode remover um próton de um grupo ainda mais básico.

e. Grande parte da atividade catalítica das serino-proteases provém da ligação preferencial ao estado de transição

Apesar do discutido anteriormente, o bloqueio da ação da tríade catalítica por meio da metilação específica da His 57, pelo tratamento da quimotripsina com **sulfonato de metil-*p*-nitrobenzeno**, produz uma enzima que é um catalisador razoável. Ela aumenta a velocidade da proteólise por um fator de cerca de 2×10^6 em relação à reação não catalisada, enquanto a enzima nativa tem um fator de aumento da velocidade de $\sim 10^{10}$. De maneira semelhante, a mutação da Ser 195, da His 57 ou mesmo de todos os três resíduos de aminoácidos da tríade catalítica leva a uma enzima com velocidade da proteólise aumentada cerca de 5×10^4 vezes, em relação à reação não catalisada. Evidentemente, a tríade catalítica fornece um nucleófilo, é uma fonte alternativa de prótons e esconde prótons (catálise acidobásica geral). Entretanto, *uma grande parte do aumento de velocidade da quimotripsina deve*

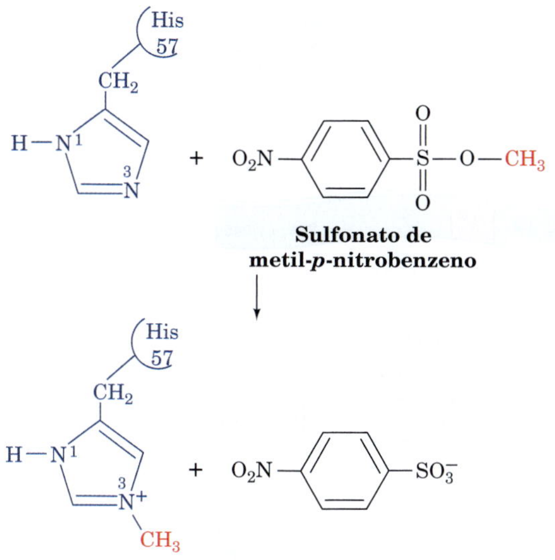

$$H-N^1 \text{(imidazol, His 57-}CH_2\text{)} + O_2N-C_6H_4-SO_2-O-CH_3$$

Sulfonato de metil-*p*-nitrobenzeno

↓

$$\text{His 57-}CH_2\text{-imidazol}-N^{3+}-CH_3 + O_2N-C_6H_4-SO_3^-$$

ser atribuída à sua ligação preferencial pelo estado intermediário da reação catalisada.

F. As enzimas têm um panorama de energia livre que facilita a catálise

Como é que uma reação catalisada por enzimas atinge o estado de transição? Lembrando que, sob condições fisiológicas, as proteínas são entidades altamente dinâmicas com flutuações na estrutura com períodos da ordem de $\sim 10^{-15}$ s para variações nas ligações até 1 s ou mais para mudanças conformacionais provocadas (Seção 9.4). O tempo de renovação das reações enzimáticas, $1/K_{cat}$, é geralmente na faixa de 1 μs a 1 s (Tabela 14.1), mas ainda assim a meia-vida do estado de transição é apenas cerca daquele da vibração da ligação (Seção 14.1Cb). Assim, mesmo para o caso de reações com tempo de renovação tão pequeno como 1 μs, cada átomo no complexo enzima-sbustrato sofre aproximadamente $10^{-6}/10^{-15} = 10^9$ excursões vibracionais entre cada renovação. Aparentemente, *o estado de transição é um arranjo de substrato e grupos catalíticos que ocorre muito raramente devido à flutuação dos átomos que os compõem.*

As proteínas, como foi visto, são planejadas pela evolução para enovelarem-se nos seus estados nativos via uma série de ajustes conformacionais que seguem panorama de energia livre na forma de funil (Seção 9.1Ch). Inúmeros estudos estruturais, mutacionais e teóricos indicaram que os complexos enzima-substrato são da mesma forma planejados evolutivamente para se rearranjarem estruturalmente por meio de mudanças progressivas de conformação que levam à formação do estado de transição. Isso explica, por exemplo, porque a mutação de um resíduo de aminoácido longe do sítio ativo que pareça não ter um papel estrutural importante pode, entretanto, diminuir significativamente a velocidade da reação catalisada pela enzima. Uma mutação desse tipo perturba em grande extensão a rede de ligações de hidrogênio e a rede de interações eletrostáticas de longo alcance de maneira tal que altera completamente o espectro dos movimentos cinéticos da enzima. Isso muda o panorama de energia livre da enzima de modo a reduzir a probabilidade de com que seja atingido o estado de transição em um dado período de tempo.

E. *Zimogênios*

A maioria das enzimas proteolíticas é biossintetizada na forma de precursores maiores e inativos, denominados **zimogênios** (os precursores de enzimas, em geral, são conhecidos como **pró-enzimas**). No caso das enzimas digestivas, a razão disto é muito clara. Se essas enzimas fossem sintetizadas nas suas formas ativas, elas poderiam digerir os tecidos onde são sintetizadas. Realmente, a **pancreatite aguda**, uma doença dolorosa e até fatal, que pode ser precipitada por trauma no pâncreas, é caracterizada pela ativação prematura das enzimas digestivas sintetizadas nessa glândula.

a. As serino-proteases são ativadas por autocatálise

A tripsina, a quimotripsina e a elastase são ativadas segundo as seguintes etapas:

Tripsina. A ativação do **tripsinogênio**, o zimogênio da tripsina, ocorre por um processo de dois estágios quando o tripsinogênio chega ao duodeno, vindo do pâncreas. A **enteropeptidase**, uma serino-protease, que possui um único segmento transmembrana, localizada na mucosa do duodeno e que hidrolisa especificamente a ligação peptídica Lys 15-Ile 16 do tripsinogênio, removendo o hexapeptídeo N-terminal (Fig. 15.27). Isso produz uma enzima ativa, sendo que a Ile 16 é o aminoácido N-terminal. Uma vez que essa clivagem ativadora ocorre em um sítio sensível à tripsina (lembrar que a tripsina cliva após resíduos de Arg e Lys), a pequena quantidade de tripsina produzida pela enteropeptidase também catalisa a ativação de tripsinogênio, gerando mais tripsina, etc. Isto é, a ativação do tripsinogênio é autocatalítica.

Quimotripsina. O quimotripsinogênio é ativado pela clivagem tríptica específica da sua ligação peptídica Arg 15–Ile 16, formando **π-quimotripsina** (Fig. 15.28). A seguir, a π-quimotripsina sofre autólise (autodigestão) para remover dois dipeptídeos, Ser 14-Arg 15 e Thr 147-Asn 148, produzindo a enzima também ativa **α-quimotripsina** (denominada anteriormente e daqui para frente simplesmente quimotripsina). O significado bioquímico desse último processo ainda é desconhecido.

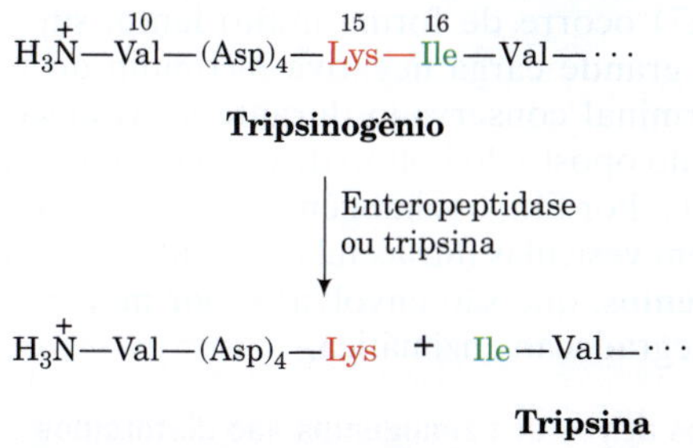

$$H_3\overset{+}{N}-\overset{10}{Val}-(Asp)_4-\overset{15}{Lys}-\overset{16}{Ile}-Val-\cdots$$

Tripsinogênio

↓ Enteropeptidase ou tripsina

$$H_3\overset{+}{N}-Val-(Asp)_4-Lys \quad + \quad Ile-Val-\cdots$$

Tripsina

FIGURA 15.27 Ativação do tripsinogênio formando tripsina. A remoção proteolítica do hexapeptídeo é catalisada tanto pela enteropeptidase quanto pela tripsina. A numeração do resíduo de quimotripsinogênio usada é tal que Val 10 é o real resíduo N-terminal do tripsinogênio e a Ile 16 o N-terminal da tripsina.

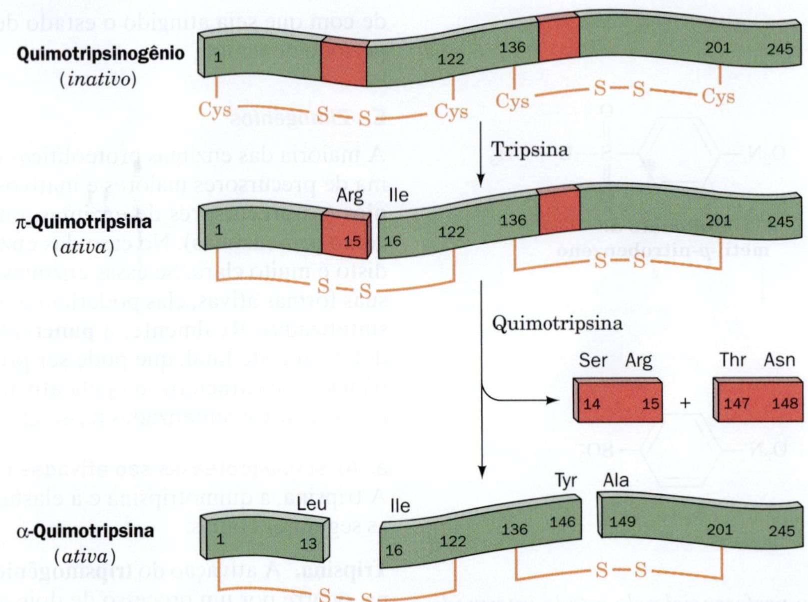

FIGURA 15.28 Ativação do quimotripsinogênio por clivagem proteolítica. Tanto a π- como a α-quimotripsina são enzimaticamente ativas. **Ver Exercício de cineimagem 10.4**

Elastase. A **pró-elastase**, o zimogênio da elastase, é ativado de maneira semelhante ao tripsinogênio, isto é, por uma única clivagem tríptica que remove um polipeptídeo N-terminal-curto.

b. "Estratégias" bioquímicas que evitam a ativação prematura de zimogênios

A tripsina ativa as **pró-carboxipeptidases A** e **B** pancreáticas e a **fosfolipase A_2** (a ação da fosfolipase A_2 está resumida na Seção 25.1), bem como também ativa as serino-proteases pancreáticas. Como consequência da ativação prematura da tripsina, pode haver o disparo de uma série de eventos que levam à autodigestão do pâncreas. Por isso, a natureza desenvolveu um sistema elaborado de defesas contra essa ativação inapropriada da tripsina. Foi visto na Seção 15.3Da que o inibidor pancreático de tripsina essencialmente liga-se de maneira irreversível a qualquer molécula de tripsina formada no pâncreas, inativando-a. Além disso, a ativação do tripsinogênio catalisada pela tripsina (Fig. 15.27) ocorre de forma muito lenta, supostamente porque a grande carga negativa incomum do hexapeptídeo N-terminal conservado durante a evolução repele o Asp no lado oposto do bolsão de especificidade da tripsina (Fig. 15.21). Por fim, os zimogênios pancreáticos são armazenados em vesículas intracelulares denominadas **grânulos de zimogênios**, que são envolvidos por membranas resistentes à degradação enzimática.

c. Os sítios ativos dos zimogênios são distorcidos

Por que os zimogênios da tripsina, quimotripsina e elastase são cataliticamente inativos se eles possuem todos os resíduos catalíticos? Comparações entre as estruturas por raios X do tripsinogênio com a da tripsina e do quimotripsinogênio com a da quimotripsina mostraram que, quando da ativação, o novo resíduo N-terminal (Ile 16) move-se da superfície da proteína para uma posição interna, onde o seu grupo amino catiônico livre forma um par iônico com o resíduo aniônico invariante de Asp 194 (Fig. 15.20). À exceção dessa mudança, entretanto, as estruturas desses zimogênios parecem-se com as estruturas das enzimas ativas correspondentes. Surpreendentemente, essa semelhança inclui as tríades catalíticas, observação que levou à descoberta de que esses zimogênios realmente são cataliticamente ativos, embora em nível muito baixo. Comparações cuidadosas das estruturas das enzimas e dos zimogênios correspondentes revelaram o motivo da baixa atividade. *Os bolsões de especificidade e o bolsão do oxiânion dos zimogênios estão formados inadequadamente, de tal forma, por exemplo, que a amida do NH da Gly 193 do quimotripsinogênio aponta em uma direção incorreta para a formação de uma ligação de hidrogênio com o intermediário tetraédrico (ver Fig. 15.25).* Então, a baixíssima atividade enzimática do zimogênio provém da sua pequena capacidade de ligar produtivamente um substrato e estabilizar o intermediário tetraédrico. Essas observações forneceram evidências estruturais adicionais em favor do papel da ligação preferencial ao estado de transição no mecanismo catalítico das serino-proteases.

4 DESENHO DE FÁRMACOS

A melhora nos cuidados médicos das últimas décadas, em grande parte, é atribuída ao desenvolvimento de uma enorme variedade de fármacos, que eliminaram ou aliviaram muito várias doenças humanas. Estes medicamentos incluem antibióticos (que reduziram enormemente o impacto das doenças infecciosas), anti-inflamatórios (que reduziram os efeitos de doenças inflamatórias, como a artrite), analgésicos e anestésicos (que possibilitaram as técnicas cirúrgicas modernas), agentes que reduzem a incidência e a gravidade das doenças cardiovasculares e de acidentes vasculares cerebrais, antidepressivos, antipsicóticos, agentes que inibem a secreção ácida do estômago (que evitam a úlcera estomacal e a azia), agentes que combatem alergias e asma, imunossupressores (que tornaram o transplante de órgãos possível), agentes usados na quimioterapia do câncer, e ainda várias outras substâncias.

As primeiras sociedades humanas quase certamente reconheciam tanto os benefícios como os efeitos tóxicos de plantas nativas e de produtos animais e usaram muitos deles como "medicamento". Infelizmente, a maior parte dessas substâncias era inútil ou mesmo nociva. Durante os 2.500 anos anteriores à era moderna houve tentativas de formular sistemas racionais para a descoberta de fármacos, embora o sucesso tenha sido pequeno, pois tinham como base principalmente teorias sem fundamentos e/ou superstições (p. ex., a doutrina cuja característica principal dizia que se uma planta tiver alguma semelhança com uma parte do corpo ela foi formada na natureza para influenciar essa parte do corpo), e não a observação e a experimentação. Consequentemente, no início do século XX, eram conhecidas apenas três fármacos, além dos remédios do folclore, que eram eficazes no tratamento de doenças específicas: (1) a ***digitalis***, um estimulante cardíaco extraído da planta conhecida como dedaleira púrpura (Seção 20.3Af), usada para tratar vários problemas cardíacos; (2) o **quinino** (Seção 26.4Ak), obtido da casca e das raízes da árvore *Cinchona*, usado para tratar a malária; e (3) o mercúrio usado no tratamento da sífilis (uma cura que em geral era pior do que a doença). Somente muitas décadas depois do seu aparecimento, o método científico, acoplado a um rápido aumento no conhecimento da fisiologia, bioquímica e química, levou a métodos realmente efetivos para o descobrimento de fármacos. Efetivamente, a grande maioria dos fármacos usados hoje foi descoberta e desenvolvida nas últimas quatro décadas.

Esta seção aborda os elementos usados para a descoberta de fármacos e a **farmacologia** (do grego *pharmacon*, fármaco a ciência das fármacos, incluindo composição, usos e efeitos). Ao final da seção, serão feitas considerações sobre um dos maiores sucessos dos métodos modernos de descoberta de fármacos, os inibidores da protease do HIV.

A. *Técnicas para o descobrimento de fármacos*

A maioria dos fármacos age modificando a função de um determinado **receptor** no organismo ou de um patógeno invasor. Na maioria dos casos, o receptor é uma proteína à qual o fármaco liga-se especificamente. Pode ser uma enzima, um canal transmembrana que transporta uma substância específica para dentro ou para fora da célula (Capítulo 20), e/ou uma proteína que participe de uma via de sinalização entre células ou intracelular (Capítulo 19). Em todos esses casos, uma substância que se ligue a um receptor modulando sua atividade é conhecida como **agonista**, enquanto uma substância que se liga a um receptor sem afetar sua função, mas bloqueando a ligação de agonistas, é denominada **antagonista**. Os efeitos bioquímicos e farmacológicos de um fármaco e dos seus mecanismos de ação são referidos como sua **farmacodinâmica**.

a. O descobrimento de fármacos é um processo complexo

Como se descobrem novas fármacos? Praticamente todos que estão em uso por mais de 15 anos foram descobertos fazendo-se a triagem de um grande número de compostos sintéticos e produtos naturais em função do efeito desejado. Os candidatos a fármaco que são produtos naturais são normalmente descobertos fracionando os organismos onde eles ocorrem, com frequência plantas usadas em remédios caseiros para a doença de interesse. Seres humanos que têm a doença para a qual se procura um tratamento não podem ser usados como modelo nos processos iniciais de triagem, e mesmo modelos ou outros animais de laboratório, como camundongos ou cães (caso sejam um modelo apropriado para a doença em questão) são demasiado caros para serem usados nos experimentos com os milhares de compostos que em geral são testados. Portanto, inicialmente usa-se **triagem** *in vitro*, como por exemplo a intensidade da ligação de um candidato a fármaco a uma enzima que esteja implicada na doença de interesse, a toxicidade para uma bactéria-alvo, no caso da procura de novos antibióticos, ou os efeitos sobre uma linhagem de células de mamíferos em cultura. Entretanto, à medida que o número de candidatos diminui, são empregados métodos mais sensíveis, como testes em animais de laboratório.

Um candidato a fármaco que apresente o efeito desejado é denominado de **composto-molde**. Um bom molde deve ligar-se ao receptor-alvo com uma constante de dissociação, K_D, < 1 μM. É necessária uma alta afinidade como esta para minimizar alguma ligação menos específica do fármaco a outras macromoléculas do organismo e para assegurar o uso de doses baixas. No caso de inibidores de enzimas, a constante de dissociação é o K_I ou K_I' do inibidor (Seção 14.3). Outras medidas muito comuns do efeito de um fármaco são a $\mathbf{CI_{50}}$, a *c*oncentração do *i*nibidor no qual a enzima apresenta 50% da sua atividade máxima, a $\mathbf{DE_{50}}$, a *d*ose *e*fetiva do fármaco necessário para produzir efeitos terapêuticos em 50% da amostra testada, a $\mathbf{DT_{50}}$, a metade da *d*ose *t*óxica necessária para produzir determinado efeito tóxico em animais, e a $\mathbf{DL_{50}}$, a *d*ose *l*etal média para matar 50% da amostra.

No caso de inibidores de enzimas que seguem a cinética de Michaelis-Menten, a CI_{50} é determinada medindo-se a relação v_I/v_o em vários valores de [I] com [S] constante, onde v_I é a velocidade inicial da enzima quando a concentração do inibidor for [I]. Dividindo-se a Eq. [14.24] pela Eq. [14.38] e definindo α de acordo com a Eq. [14.37], obtém-se

$$\frac{v_I}{v_o} = \frac{K_M + [S]}{K_M\alpha + [S]} = \frac{K_M + [S]}{K_M\left(1 + \frac{[I]}{K_I}\right) + [S]} \qquad [15.13]$$

quando v_I/v_o = 0,5 (inibição de 50%),

$$[I] = [IC_{50}] = K_I\left(1 + \frac{[S]}{K_M}\right) \qquad [15.14]$$

Consequentemente, se a determinação de v_I/v_o for feita com $[S] \ll K_M$, então $[CI_{50}] = K_I$.

A relação DT_{50}/DE_{50} é definida como **índice terapêutico**, a relação entre a dose do fármaco que intoxica e a dose que produz o efeito desejado. É preferível, obviamente, que um fármaco tenha um alto índice terapêutico, porém isso nem sempre é possível.

b. A catepsina K é um alvo de fármacos para a osteoporose

O desenvolvimento das técnicas de sequenciamento de genomas (Seção 7.2B) e a consequente caracterização de dezenas de milhares de genes antes desconhecidos estão fornecendo um número enorme de potenciais alvos de fármacos. Por exemplo, a **osteoporose** (do grego: *osteon*, osso + *poros*, poro), uma doença que afeta as mulheres após a menopausa, caracteriza-se pela perda progressiva de massa óssea, levando a um grande aumento na frequência de fraturas ósseas, frequentemente no pulso, bacia e espinha dorsal. Os ossos são formados por uma matriz proteica, que em mais de 90% é colágeno tipo I (Seção 8.2B), embebida de cristais de **hidroxiapatita**, $Ca_5(PO_4)OH$, em forma alongada ou de lâmina. Os ossos, de modo algum, são estruturas estáticas, pois continuamente são remodelados pela ação compensatória de dois tipos de células: os **osteoblastos** (do grego: *blast*, célula germinativa), que sintetizam a matriz orgânica dos ossos na qual os componentes minerais são depositados, e o **osteoclastos** (do grego: *clast*, quebrar), que solubilizam a matriz mineralizada dos ossos pela secreção de enzimas proteolíticas ao interior de um núcleo extracelular de reabsorção óssea, que é mantido em pH 4,5. A solução ácida dissolve os componentes minerais do osso, expondo então as proteínas da matriz à degradação proteolítica. A osteoporose aparece quando a reabsorção óssea supera a formação.

Na busca de um alvo de fármacos para a osteoporose, foi preparada uma biblioteca de cDNA (Seções 5.5E e 5.5Fa) a partir de um **osteoclastoma** (um câncer derivado de osteoclastos; normalmente os osteoclastos são células muito raras). Cerca de 4% desses cDNAs codificam para uma proteína até então desconhecida, que foi denominada **catepsina K** (as catepsinas são proteases que ocorrem nos lisossomos). Estudos posteriores, tanto no nível de cDNA como de proteína, indicaram que a catepsina K é expressa em altos níveis apenas em osteoclastos. O exame microscópico de osteoclastos corados com anticorpos contra catepsina K revelou que essa enzima localiza-se na zona de contato entre os osteoclastos e o núcleo de reabsorção óssea. Em seguida, foi mostrado que mutações no gene que codifica a catepsina K são a causa da **picnodisostose**, uma doença hereditária rara caracterizada por endurecimento e fragilização dos ossos, baixa estatura, deformidade no crânio e osteoclastos que desmineralizam os ossos normalmente, mas não degradam a matriz proteica. Evidentemente, a catepsina K atua na degradação da matriz proteica dos ossos, de modo que é um alvo muito atrativo para fármacos visando o tratamento da osteoporose. Na verdade, vários inibidores da catepsina K estão em testes clínicos (Seção 15.4Bb).

c. SARs e QSARs são ferramentas essenciais para o descobrimento de fármacos

Usa-se um composto-molde como ponto de partida para desenhar compostos mais eficazes. A experiência mostrou que mesmo uma pequena modificação em uma substância candidata a fármaco pode resultar em mudanças importantes nas propriedades farmacológicas. Assim, no esforço para incrementar a farmacodinâmica, pode-se colocar grupos metila, cloro, hidroxila ou benzoíla em vários lugares de um composto-molde. No caso de muitos dos fármacos que são utilizados hoje, foram sintetizados de 5 a 10 mil compostos até que fosse gerado um fármaco de utilidade médica. Esse trabalho não é feito ao acaso. Ele é orientado pela experiência à medida que os químicos de medicamentos testam vários derivados do composto-molde. Caso os compostos tenham aumento na eficiência, novos derivados são produzidos e testados, e assim sucessivamente. Esse processo foi sistematizado usando as **relações estrutura-atividade** (**SARs**, de *structure-activity relationships*): a determinação via síntese e triagem de quais são os grupos de um composto-molde importantes para a ação deste fármaco e quais não o são. Por exemplo, se um grupo fenila de um composto-molde interagir hidrofobicamente com uma região plana do seu receptor, a hidrogenação do anel aromático produzindo um anel de cicloexano, que não é planar, leva a um composto com menor afinidade pelo receptor.

O caminho lógico do conceito da SAR é quantificá-la, isto é, determinar a **relação estrutura-atividade quantitativa** (**QSAR**, de *quantitative structure-activity relationship*). Essa ideia baseia-se na premissa de que há uma relação matemática simples entre a atividade biológica do fármaco e suas propriedades físico-químicas. Por exemplo, se a hidrofobicidade de um fármaco for importante para a atividade biológica, então a troca de substituintes no fármaco alterará sua atividade. O **coeficiente de partição**, P, entre dois solventes imiscíveis em equilíbrio, octanol e água, é uma medida da hidrofobicidade de uma substância:

$$P = \frac{\text{concentração do fármaco no octanol}}{\text{concentração do fármaco na água}} \qquad [15.15]$$

A atividade biológica pode ser expressa como $1/C$, onde C é a concentração do fármaco necessária para atingir um nível específico da função biológica (p. ex., CI_{50}). Um gráfico de log $1/C$ *versus* log P (o uso de logaritmos coloca o gráfico em um escala manejável) para uma série de derivados do composto-molde usando uma faixa relativamente estreita para os valores de log P em geral resulta em uma relação linear (Fig. 15-29*a*), que pode então ser expressa da seguinte maneira:

$$\log\left(\frac{1}{C}\right) = k_1 \log P + k_2 \qquad [15.16]$$

em que k_1 e k_2 são constantes cujos valores ótimos nessa QSAR podem ser determinados por métodos computadorizados de ajuste de curvas. No caso de compostos usando uma faixa maior de valores de log P, é provável que a curva log $1/C$ *versus* log P alcance um valor máximo (Fig. 15.29*b*) e seja então melhor descrita por uma equação quadrática:

$$\log\left(\frac{1}{C}\right) = k_1(\log P)^2 + k_2 \log P + k_3 \qquad [15.17]$$

Obviamente, a atividade biológica de algumas substâncias depende somente de suas hidrofobicidades. Uma QSAR pode considerar simultaneamente várias propriedades físico-químicas dos substituintes, como valores de pK, raios de van der Waals, energia das ligações de hidrogênio e conformação. Os valores de cada uma dessas constantes, em termos de QSAR, indicam a contribuição de cada uma delas para a atividade do fármaco. Foi demonstrado que o uso de QSAR para otimizar a atividade biológica de um composto-molde é uma ferramenta valiosa para a descoberta de novos fármacos.

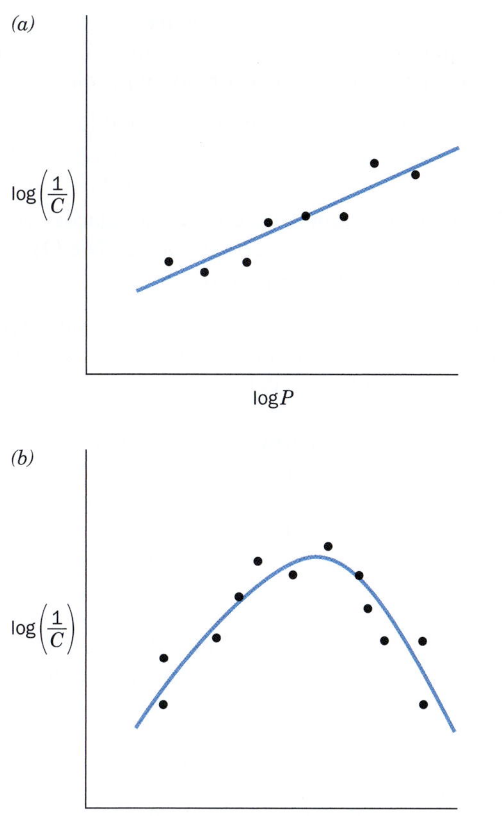

FIGURA 15.29 Gráficos hipotéticos da QSAR de log(1/C) *versus* log *P* para uma série de compostos parecidos. (*a*) Gráfico que é melhor descrito por uma equação linear. (*b*) Gráfico que é melhor descrito por uma equação quadrática.

d. Desenho de fármacos com base na estrutura

Desde meados da década de 1980, avanços dramáticos na velocidade e na precisão da determinação de estruturas macromoleculares por meio de cristalografia por raios X e de RM (Seção 8.3A) possibilitaram o **desenho de fármacos com base na estrutura**, um processo que reduz enormemente o número de compostos que precisam ser sintetizados, dentro dos programas de descoberta de fármacos. Como o nome indica, o planejamento com base na estrutura (também chamado de **desenho racional de fármacos**) usa a estrutura de um dado receptor complexado com a molécula candidata para orientar o planejamento de compostos ainda mais eficazes. Uma estrutura dessas poderá revelar, por exemplo, a posição dos doadores e aceptores das ligações de hidrogênio nos sítios de ligação do receptor e também nas cavidades dos sítios ativos nas quais podem ser colocados os substituintes da molécula candidata a fármaco de modo a aumentar a afinidade de ligação ao receptor. Essas técnicas de visualização direta em geral são complementadas por ferramentas de modelagem molecular, como, por exemplo, computação da energia mínima de conformação do derivado em questão, cálculos de mecânica quântica para determinar a distribuição de cargas (e, portanto, como pode se dar a interação eletrostática com o receptor) e simulações em modelo computadorizado do ancoramento do candidato a inibidor no receptor para poder avaliar as interações em potencial. O desenho de fármacos com base na estrutura é um processo interativo. A estrutura do complexo do receptor com um composto com melhores propriedades é determinada para, assim, melhorar ainda mais as propriedades desejadas.

e. Química combinatória, descoberta baseada na fragmentação do composto-molde e triagem de alto desempenho

Assim que os métodos com base na estrutura foram sendo desenvolvidos, pareceu que seriam os métodos predominantes na descoberta de fármacos. Entretanto, o advento de técnicas de **química combinatória** para a síntese rápida e barata de um grande número de compostos parecidos, combinado ao desenvolvimento de técnicas robotizadas de **triagem de alto desempenho**, causaram um movimento pendular no processo de descoberta de fármacos, voltando para uma abordagem do tipo "sintetizar muitos compostos e ver no que dá". Um exemplo familiar da química combinatória é a síntese em paralelo de um grande número de diferentes oligonucleotídeos em microarranjos de DNA (Seção 7.6B). De maneira semelhante, se um composto-molde puder ser sintetizado em etapas a partir de vários módulos pequenos, pode-se variar os substituintes em cada um desses módulos em um sistema de síntese paralela para formar uma biblioteca de compostos assemelhados (p. ex., Fig. 15.30).

Foram desenvolvidas muitas técnicas sintéticas que, em um único processo, permitem a síntese combinatória de milhares de compostos assemelhados. Se antes, na investigação da importância de um grupo hidrofílico em uma determinada posição de um composto-molde, podia-se fazer a síntese individual apenas dos derivados etila, propila e benzila do composto, o uso da síntese combinatória permite a geração de, talvez, 100 grupos diferentes nessa posição. Isso pode mapear com eficiência muito maior a série de substituintes e, possivelmente, identificar um análogo ativo imprevisto. De uma maneira muito interessante, técnicas de QSAR e computacionais foram associadas no desenvolvimento da "química combinatória virtual", um procedimento no qual bibliotecas de compostos são "sintetizadas" computacionalmente e "analisadas" para predizer os seus efeitos, reduzindo o número de compostos que realmente devem ser sintetizados para se obter um fármaco eficaz.

O desenvolvimento relativamente recente da abordagem de descoberta de fármacos conhecida como **descoberta por fragmentação do composto-molde** (**FBLD**) mostrou sinais promissores de sucesso. Neste método, em vez da triagem de um grande número de substâncias com potencial para serem compostos-molde, um pequeno número de compostos

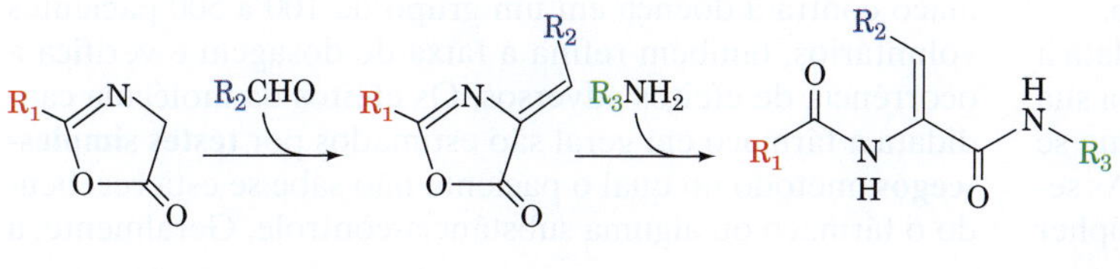

FIGURA 15.30 Síntese combinatória de arilideno-diamidas. Se 10 variantes diferentes de cada grupo R forem usados na síntese, serão sintetizados 1.000 derivados diferentes.

simples é submetido à triagem quanto à capacidade de se ligarem com baixa afinidade ao alvo do fármaco. Substâncias com essa capacidade, e, portanto, que provavelmente se ligam apenas a uma pequena parte da superfície do alvo do fármaco são então "crescidas"pela adição de grupos químicos e/ou por ligação de vários desses segmentos entre si. Deste modo, FBLD leva a descoberta de compostos-molde parte por parte em vez de tudo de uma única vez.

B. *Introdução à farmacologia*

O desenvolvimento *in vitro* de uma molécula candidata a fármaco eficaz é apenas a primeira etapa no processo de desenvolvimento. *Para que um fármaco seja útil, além de provocar a resposta desejada no seu receptor isolado, deve também ser disponibilizado em concentrações suficientemente altas para atingir o receptor, seja onde estiver localizado no organismo humano, sem causar efeitos adversos indesejáveis.*

a. A farmacocinética é um fenômeno multifacetado

A forma mais conveniente de administrar um fármaco é oralmente (pela boca). Para que atinja seu receptor-alvo, um fármaco administrado por essa via deve superar uma série de barreiras formidáveis: (1) deve ser estável quimicamente no pH altamente ácido (pH 1) do ambiente estomacal e não pode ser degradado pelas enzimas digestivas do trato gastrintestinal; (2) deve ser absorvido do trato gastrintestinal para a corrente sanguínea, isto é, deve passar através de várias membranas; (3) não deve se ligar com muita intensidade a outras substâncias do organismo (p. ex., substâncias lipofílicas tendem a ser absorvidas por certas proteínas do plasma e tecido gorduroso; ânions podem ligar-se a proteínas plasmáticas, principalmente à **albumina**, e os cátions podem ligar-se a ácidos nucleicos); (4) deve sobreviver à modificação por um grande número de enzimas, principalmente no fígado, que funciona destoxificando os **xenobióticos** (compostos estranhos ao organismo), como está descrito a seguir (lembrar que, como o sangue flui do intestino diretamente para o fígado por meio da veia porta, o fígado processa todas as substâncias ingeridas oralmente antes que elas atinjam o restante do organismo); (5) deve evitar a excreção rápida pelos rins; (6) deve passar dos capilares para o tecidos-alvo; (7) se o alvo for no cérebro, a droga deve atravessar a **barreira hematoencefálica**, que bloqueia a passagem da maioria das substâncias polares; e (8) se o alvo for um receptor intracelular, deve passar através da membrana plasmática e, possivelmente, outras membranas intracelulares. As maneiras pelas quais um determinado fármaco interage com essas várias barreiras é conhecida como sua **farmacocinética**. Assim, a **biodisponibilidade** de um fármaco (o quanto ele atinge o seu sítio de ação, em geral considerando a circulação sistêmica) depende tanto da dose administrada quanto da sua farmacocinética. Naturalmente, as barreiras (1) e (2) podem ser superadas pela injeção do fármaco (p. ex., algumas formas de penicilina [Fig. 11.28] devem ser injetadas, porque os anéis β-lactâmicos são altamente suscetíveis à hidrólise ácida), porém esse modo de administração não é apropriado para uso de longo prazo.

Uma vez que a farmacocinética da molécula candidata a fármaco é muito importante para a sua eficácia e para a sua farmacodinâmica, ambas devem ser otimizadas para que se obtenha um fármaco que seja útil como medicamento. As seguintes regras de base empírica, formuladas por Christopher Lipinski e conhecidas como "**as cinco regras de Lipinski**", dizem o quanto é provável que um composto administrado oralmente apresenta baixa absorção ou permeação caso:

1. Tenha massa molecular maior que 500 D.
2. Possua mais do que 5 doadores de ligações de hidrogênio (expresso como a soma dos seus grupos OH e NH).
3. Possua mais do que 10 aceptores de ligações de hidrogênio (expressa como a soma dos átomos de N e O).
4. O valor de log *P* seja maior que 5.

Moléculas candidatas a fármaco que desobedecem a Regra número 1 provavelmente possuem baixa solubilidade e atravessam membranas celulares com dificuldade. As que desobedecem as Regras números 2 e/ou 3 provavelmente são muito polares para atravessarem a membrana celular, e aquelas que desobedecem a Regra número 4 provavelmente são muito pouco solúveis em soluções aquosas e, portanto, incapazes de ter acesso à superfície de membranas. Desse modo, *os fármacos de maior eficácia são o resultado de um equilíbrio; eles não são nem muito lipofílicos e nem muito hidrofílicos.* Além disso, os valores de p*K* em geral estão na faixa de 6 a 8, de modo que, em pH fisiológico, essas moléculas podem assumir tanto uma forma ionizada como não ionizada. Isso permite que atravessem as membranas celulares na sua forma não ionizada e que se liguem ao receptor na forma ionizada. Entretanto, como a concentração do fármaco no receptor depende, como foi visto, de muitos fatores diferentes, a farmacocinética de uma molécula candidata a fármaco pode ser afetada enormemente até por alguma mudança química pequena. QSAR e as outras ferramentas computacionais foram desenvolvidas para prever esses efeitos, mas, até o momento, elas ainda são algo grosseiras.

b. Toxicidade e reações adversas eliminam a maioria das moléculas candidatas a fármaco

O critério final que uma molécula candidata a fármaco deve satisfazer é que seu uso seja seguro e eficaz no homem. Os testes para avaliar essas propriedades são feitos inicialmente em animais, mas como o homem e os animais em geral reagem de modo bem diferente a determinados fármacos, o fármaco deve finalmente ser testado em pessoas por **testes clínicos**. Nos Estados Unidos, os testes clínicos são controlados pela Food and Drug Administration (FDA) e possuem três fases progressivamente mais detalhadas e caras.

Fase I. Esta fase tem o propósito de testar a segurança da molécula candidata a fármaco, mas ela também é usada para determinar a faixa da dose e o melhor método de administração (p. ex., oralmente ou por injeção) e a frequência de sua administração. É normal que seja feita em pequeno número (20 a 100) de voluntários normais e saudáveis, mas, caso se saiba que a molécula é muito tóxica (p. ex., agente para a quimioterapia do câncer), esta fase é feita em voluntários que padeçam da doença em questão.

Fase II. Esta fase testa, principalmente, a eficiência do fármaco contra a doença em um grupo de 100 a 500 pacientes voluntários, também refina a faixa de dosagem e verifica a ocorrência de efeitos adversos. Os efeitos da molécula candidata a fármaco em geral são estimados por **testes simples-cegos**, método no qual o paciente não sabe se está recebendo o fármaco ou alguma substância-controle. Geralmente, a substância-controle é um **placebo** (substância inerte com a mesma aparência física, mesmo sabor, etc., do que o fármaco em teste). Entretanto, em casos de risco de vida, é eticamente necessário que a substância-controle seja o melhor tratamento disponível contra a doença.

Fase III. Esta fase visa verificar as reações adversas que aparecem com o uso prolongado e também confirmar a eficácia em um grupo entre 1.000 e 5.000 pacientes. Compara-se o fármaco candidato com uma substância-controle pela análise estatística de **testes duplo-cegos** cuidadosamente delineados. Nesse caso, nem os pacientes, nem os investigadores clínicos sabem se determinado paciente está recebendo o fármaco ou a substância-controle. Isso é feito para minimizar alguma influência subjetiva por parte dos pesquisadores.

De um modo geral, apenas 5 de cada 5.000 fármacos candidatos que entraram nos testes pré-clínicos chegam aos testes clínicos. Destes, apenas um, em média, é finalmente aprovado para uso clínico, sendo que cerca de 40% dos fármacos ultrapassam os testes da Fase I e 50% passam da Fase II (a maioria das moléculas candidatas a fármaco que entram nos testes da Fase III obtém sucesso). Nos últimos anos, a parte pré-clínica do processo de descoberta de fármacos tem levado, em média, cerca de 3 anos, enquanto testes clínicos de sucesso necessitam de mais 7 a 10 anos. Essas etapas sucessivas no processo de descoberta de fármacos são incrivelmente dispendiosas, sendo que para se colocar um novo fármaco no mercado o custo médio é de cerca de 300 milhões de dólares americanos.

A parte mais demorada e cara de um programa de desenvolvimento de fármacos é identificar reações adversas raras nas moléculas candidatas a fármaco. Apesar disso, não é raro que um fármaco seja colocado no mercado e seja retirado meses ou anos depois porque se descobriu que pode causar efeitos adversos letais imprevistos em proporções tão pequenas como 1 em cada 10.000 indivíduos (a procura por novas aplicações para os fármacos já aprovados e a vigilância pós-venda é conhecida como a Fase IV do teste clínico). Por exemplo, em 1977 a FDA retirou sua aprovação para o fármaco **fenfluramina (fen)**,

CH_3
$CH_2-CH-NH-CH_2-CH_3$
CF_3
Fenfluramina

CH_3
CH_2-C-NH_2
CH_3
Fentermina

que tinha recebido aprovação em 1973 para uso como moderador de apetite em programas de perda de peso de curta duração (poucas semanas). A fenfluramina foi amplamente prescrita, frequentemente para períodos extensos, em associação com outro moderador de apetite, a **fentermina (phen**, aprovada em 1959), uma associação conhecida como **fen-phen** (embora a FDA não tenha aprovado o uso combinado dos dois fármacos, já que aprova cada fármaco para determinada finalidade, os médicos podem prescrevê-lo para qualquer outra finalidade). A retirada da fenfluramina foi indicada por mais de 100 relatos de dano às válvulas cardíacas em pessoas (principalmente mulheres) que tomaram fen-phen por cerca de 12 meses (a fentermina não foi retirada do mercado porque as evidências demonstraram que o agente responsável era a fenfluramina). Esse efeito adverso raro não foi observado nos testes clínicos a que a fenfluramina foi submetida porque, em parte, ele é um tipo de reação a fármaco extremamente incomum.

Mais recentemente (2004), o analgésico **Vioxx** que era muito prescrito foi retirado de uso devido a efeitos adversos cardíacos não detectados anteriormente. Entretanto, embora o analgésico **Celebrex** seja muito parecido, ele permanece disponível (Seção 25.27Bb).

c. Os citocromos P450 metabolizam a maioria dos fármacos

Por que um fármaco que é bem-tolerado pela maioria dos pacientes pode ser perigoso para outros? *As diferenças nas reações aos fármacos derivam das diferenças genéticas entre os indivíduos, bem como das diferenças entre os estados da doença, dos outros fármacos que o paciente esteja recebendo, idade, sexo e fatores ambientais.* Os **citocromos P450**, que agem em grande parte na destoxificação de xenobióticos e participam na remoção da maioria dos fármacos atualmente em uso, são exemplos instrutivos desse fenômeno.

Os citocromos P450 formam uma superfamília de enzimas que contêm heme, presentes desde as bactérias até os mamíferos (o nome é baseado no pico do espectro de absorção característico em 450 nm quando, no estado Fe[II], reage com CO). O genoma humano codifica 57 **isoenzimas** (enzimas de um mesmo organismo que são semelhantes catalítica e estruturalmente, mas geneticamente distintas (isoenzimas também são chamadas de **isoformas**) de citocromos P450, sendo que cerca de um terço deles ocorre apenas no fígado (as várias isoenzimas do P450 são denominadas pelas três letras "CYP", seguidas de um número designando a família, uma letra maiúscula designando a subfamília e um outro número, p. ex., CYP2D6). Estas **mono-oxigenases** (Fig. 15.31),

FIGURA 15.31 Estruturas por raios X do citocromo P450 CYPC9 em complexo com o inibidor da coagulação varfarina. Diagrama em corte da região do sítio ativo da enzima desenhado com a superfície em roxo e com o esqueleto polipeptídico na forma de fita colorida em arco-íris ordenado de C-terminal (*azul*) para o C-terminal (*vermelho*). O grupo heme (vista lateral), a cadeia lateral da Cys que liga-se axialmente ao átomo de Fe do grupo heme e a varfarina (**coumadina**; Fig. 35.11) está mostrada na forma de esfera e bastões com C em cinza, N em azul, O em vermelho, S em amarelo e Fe em cor de laranja. (Cortesia de Astex Therapeutics, Limited PDBid 1OG5.)

que nos animais ficam inseridas na membrana do retículo endoplasmático, catalisam reações do tipo

$$RH + O_2 + 2H^+ + 2e^- \rightleftharpoons ROH + H_2O$$

Os elétrons (e^-) são fornecidos pelo NADPH, que os passa então para o grupo prostético heme do citocromo P450 por meio da intermediação da enzima **NADPH–P450-redutase.** Nesse esquema, RH representa uma ampla variedade de compostos, em geral lipofílicos, para os quais os diferentes citocromos P450 são específicos, incluíndo hidrocarbonetos aromáticos policíclicos (em geral compostos carcinogênicos – que causam câncer – presentes na fumaça do cigarro, carnes assadas e outros produtos de pirólise), bifenilas policíclicas (muito usadas como isolantes elétricos e plastificantes e que também são carcinogênicas), esteroides (em cujas sínteses o P450 participa, Seções 25.6A e 25.6C) e ainda muitos outros tipos diferentes de fármacos. Desse modo, os xenobióticos são convertidos em formas mais solúveis em água, o que facilita a excreção renal. Além disso, os novos grupos hidroxila gerados normalmente são conjugados (ligados de forma covalente) enzimaticamente a substâncias polares, como o ácido glicurônico (Seção 11.1Cb), a glicina, o sulfato e o acetato, que aumentam ainda mais a solubilidade em água. Supõem-se que os vários tipos de citocromos P450 presentes nos animais, e que possuem diferentes especificidades de substrato (embora a especificidade tenda a ser ampla e muito frequentemente sobreposta), tenham surgido ao longo da evolução em resposta às numerosas toxinas que as plantas produzem, supostamente para desencorajar seu consumo pelos animais (outra função dos P450 é catalizar reações biosintéticas específicas.

As ***interações fármaco-fármaco*** *são, geralmente, mediadas por citocromos P450.* Por exemplo, se o fármaco A for metabolizado por, ou inibir uma das isoenzimas do citocromo P450 que cataboliza o fármaco B, a administração conjunta dos fármacos A e B fará com que a biodisponibilidade do fármaco B aumente para um valor maior do que quando é administrada isoladamente. Esse fenômeno é de grande interesse caso o índice terapêutico do fármaco B seja baixo. Se, como ocorre frequentemente, o fármaco A induz aumento da expressão de uma isoenzima do citocromo P450 que metabolize tanto o fármaco A como o B, a administração conjunta dos dois fármacos reduzirá a biodisponibilidade do fármaco B, fenômeno que foi observado em certos antibióticos que causavam perda da eficácia de contraceptivos orais. De uma forma geral, caso o fármaco B seja metabolizado produzindo uma substância tóxica, o aumento na velocidade da reação pode levar a uma reação adversa. Poluentes ambientais, como hidrocarbonetos aromáticos policíclicos e bifenilas policíclicas, são também conhecidos por induzirem a expressão de isoenzimas específicas do citocromo P450, consequentemente alteram a taxa de metabolização de certos fármacos. Por fim, alguns desses efeitos podem ocorrer em pacientes com doenças do fígado, assim como em decorrência da idade, do sexo e de diferenças individuais da fisiologia hepática.

Embora supostamente o citocromo P450 esteja envolvido na destoxificação e/ou na eliminação de substâncias pre-

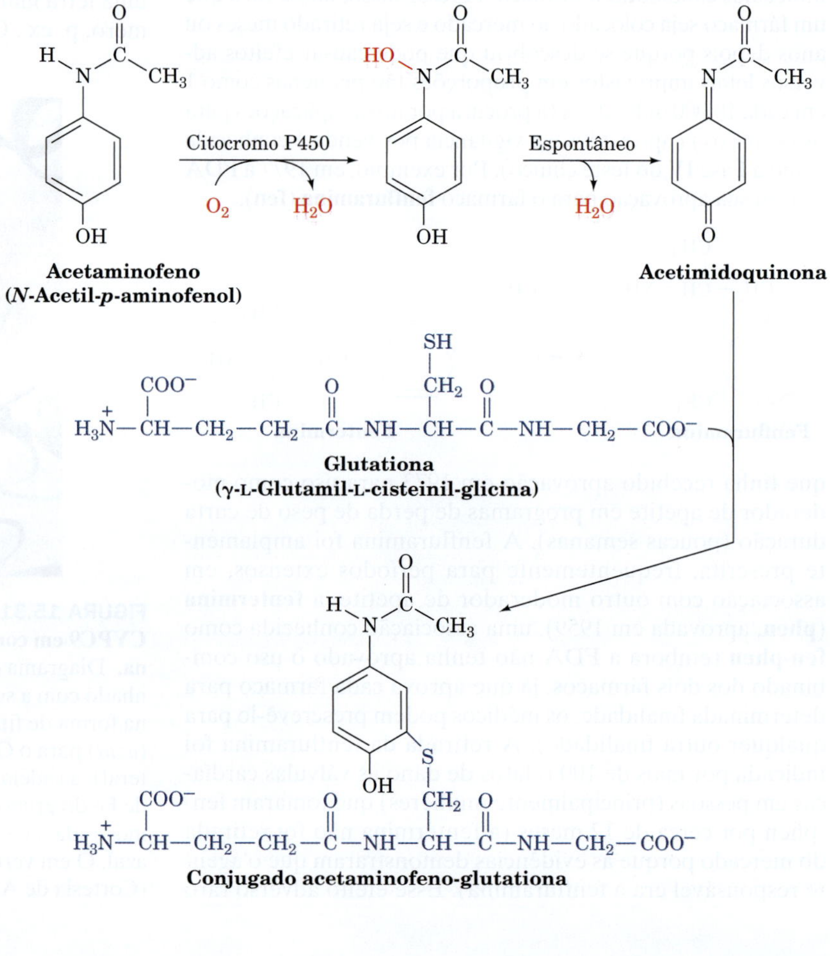

Citocromo P450 (O_2 → H_2O)
Espontâneo (H_2O)
Acetaminofeno (*N*-Acetil-*p*-aminofenol)
Acetimidoquinona
Glutationa (γ-L-Glutamil-L-cisteinil-glicina)
Conjugado acetaminofeno-glutationa

FIGURA 15.32 Reações metabólicas que convertem o acetaminofeno em seu conjugado com a glutationa.

judiciais, foi verificado que, em vários casos, ele participa na conversão de compostos relativamente inócuos em agentes tóxicos. Por exemplo, o **acetaminofeno** (Fig. 15.32), um analgésico e antipirético (redutor da febre) bastante utilizado, é seguro quando administrado em doses terapêuticas (1,2 g/dia para adultos), mas em altas doses (> 10 g) é altamente tóxico. Isso porque, em doses terapêuticas, 95% do acetaminofeno é enzimaticamente glicuronizado ou sulfatado no grupo —OH levando ao conjugado correspondente, que é excretado facilmente. Os restantes 5% são convertidos pela ação do citocromo P450 (CYP2E1) em **acetimidoquinona** (Fig. 15.32), que é então conjugada com **glutationa**, um tripeptídeo com uma ligação γ-amida incomum que participa de vários processos metabólicos (Seção 26.4C). Entretanto, quando o acetaminofeno é administrado em grandes quantidades, as vias de glicuronização e sulfatação ficam saturadas e, consequentemente, aumenta a importância da via mediada pelo citocromo P450. Caso o consumo da glutationa hepática seja mais rápido do que a sua reposição, a acetimidoquinona, um composto reativo, é conjugada com grupos sulfidrila de proteínas celulares, em geral produzindo uma hepatotoxicidade letal.

Surpreendentemente, muitos dos citocromos P450 humanos são **polimórficos**, isto é, existem vários alelos (variantes) dos genes que codificam essas enzimas. Para muitos dos citocromos P450, foram caracterizados alelos que levam a aumento, diminuição ou alterações qualitativas na velocidade de metabolização de fármacos. A distribuição desses vários alelos difere de forma marcante entre os diversos grupos étnicos e, provavelmente, eles apareceram para permitir que cada grupo enfrentasse as toxinas presentes em suas dietas específicas.

O polimorfismo de um dado citocromo P450 produz diferenças nas velocidades com as quais os indivíduos metabolizam certos fármacos. Por exemplo, nos casos em que uma das variantes de citocromo P450 tenha a sua atividade ausente ou diminuída, doses de um fármaco que normalmente seriam metabolizados podem fazer sua biodisponibilidade atingir níveis tóxicos. Agora, se uma determinada enzima P450 tem a atividade aumentada (normalmente porque o gene que a codifica foi duplicado uma ou mais vezes), deve-se administrar doses do fármaco maiores do que a dose normalmente metabolizada pela enzima para que se obtenha o efeito terapêutico desejado. Entretanto, se o fármaco for metabolizado em um produto tóxico, pode ocorrer uma reação adversa. Vários variantes de P450 têm a especificidade pelo substrato alterada de modo que levam à produção de metabólitos incomuns, que também podem provocar efeitos adversos danosos.

A experiência demonstrou que *não existe um fármaco completamente livre de reações adversas*. Entretanto, à medida que as enzimas e as suas variantes que participam no metabolismo de fármacos forem caracterizadas e forem desenvolvidos métodos rápidos e baratos de genotipagem, será possível prescrever tratamentos sob medida para as características genéticas de cada indivíduo, em vez de tratamentos iguais para populações inteiras. Esta área de estudo, chamada de **farmacogenômica** (ou mais coloquialmente de "genômica personalizada" ou "medicina personalizada") está em rápido desenvolvimento.

C. *Protease do HIV e seus inibidores*

Na **síndrome da imunodeficiência adquirida** (**Aids**) a principal causa epidemiológica de uma patologia anteriormente desconhecida e que apareceu no século XX (sua primeira descrição foi em 1981), é o **vírus tipo 1 da imunodeficiência humana** (**HIV-1**; o **HIV-2**, que é muito relacionado, mas não será discutido aqui, também causa Aids e responde a fármacos de maneira semelhante). O HIV-1, descoberto em 1983 por Françoise Barré-Sinoussi, Luc Montagnier e Robert Gallo, é um **retrovírus**, família de vírus que foi caracterizada de maneira independente em 1970 por David Baltimore

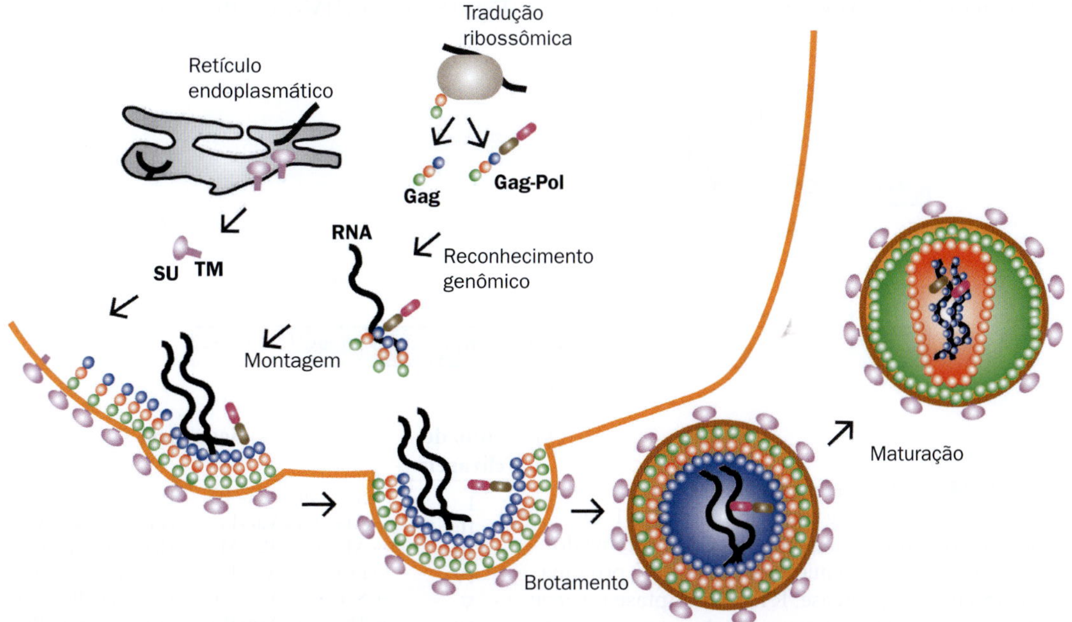

FIGURA 15.33 **Montagem, brotamento e maturação do HIV-1.** SU é a glicoproteína de superfície **gp120**, e TM é a proteína transmembrana **gp41**. (Segundo Turner, B.G. e Summers, M.F., *J. Mol. Biol.* **285**, 4 [1999].)

e por Howard Temin. O genoma do retrovírus é constituído por um RNA de fita única, que se reproduz dentro das células hospedeiras pela transcrição do RNA em DNA de fita dupla por meio de um processo mediado pela **transcriptase reversa**, uma enzima codificada pelo vírus (Seção 30.4C). O DNA, então, insere-se nos cromossomos da célula hospedeira pela ação de uma enzima denominada **integrase** e é replicado de forma passiva juntamente com o DNA celular. Entretanto, sob condições ativadoras (que normalmente, para o HIV-1, é uma infecção por outro patógeno), o DNA do retrovírus é transcrito e as proteínas que ele codifica são expressas, inseridas ou ancoradas na membrana plasmática da célula hospedeira e finalmente são produzidos novos **vírions** (partículas virais) pelo brotamento de segmentos da membrana plasmática que carregam proteínas do vírus, de modo a envelopar o RNA viral (Fig. 15.33).

O HIV-1 dirige-se especificamente e replica-se nas **células T auxiliares** (T *helper*), componentes essenciais do sistema imune (Seção 35.2Aa). Ao contrário da maioria dos tipos de retrovírus, o HIV-1 no final leva as células que o produzem à morte. Embora as células T auxiliares nas quais o HIV-1 esteja replicando ativamente sejam destruídas pelo sistema imune, aquelas células nas quais o HIV-1 esteja latente (seu DNA não está sendo transcrito) não são detectadas pelo sistema imune e assim servem de reservatório do HIV-1 (outros tipos de células também podem abrigar o HIV-1). Consequentemente, após um período de vários anos depois da infecção inicial (durante o qual a maioria dos contaminados não apresenta sintomas evidentes), o sistema imune da pessoa contaminada é paulatinamente exaurido, até que fique deteriorado de tal forma que o paciente torna-se vítima de patógenos oportunistas e finalmente morre devido a eles, enquanto os indivíduos com sistema imune funcionando normalmente resistem. É neste último estágio que a infecção por HIV é chamada de Aids. Sem terapia, a Aids é quase sempre fatal. Estima-se que até o ano de 2008 cerca de 30 milhões de pessoas tenham morrido de Aids e perto de outros 35 milhões de pessoas, principalmente na África subsaariana, eram positivos para HIV, número que aumenta a uma taxa de ~3 milhões por ano. Devido a essa catástrofe mundial, o HIV foi caracterizado e foram desenvolvidas medidas eficazes contra ele muito mais rapidamente do que contra qualquer outro patógeno em toda a história da humanidade.

a. Inibidores da transcriptase reversa têm efeito apenas parcial

O primeiro fármaco a ser aprovado pela FDA para combater a Aids foi o **3′-azido-3′-deoxitimidina** (**AZT**; **zidovudina**), em 1987. Ele foi sintetizado pela primeira vez em 1964 como um possível agente anticancerígeno (para este fim, ele é ineficaz). A AZT é um análogo de nucleosídeo que, após conversão intracelular enzimática ao seu trifosfato (a membrana plasmática é impermeável aos nucleosídeos trifosfato), inibe a transcriptase reversa do HIV-1, assim como o fazem várias outros fármacos (Seção 30.4Ca) que a FDA aprovou para tratar a Aids antes de 1996. Infelizmente, esses agentes apenas diminuem o avanço da infecção por HIV, mas não a suprimem. Isso porque eles são tóxicos, principalmente às células da medula óssea que são precursoras das células sanguíneas, e, portanto, não podem ser administrados em doses elevadas. Entretanto, e mais importante ainda, a transcriptase reversa, ao contrário da maioria das outras DNA-polimerases (Seção 30.2A), não pode corrigir seus erros e, em geral, origina mutações (cerca de uma por 10^4 pares de bases e, uma vez que o genoma consiste em ~10^4 pares de bases, cada genoma viral tem, em média, uma nova mutação). Consequentemente, *sob a pressão seletiva de fármacos anti-HIV, como a AZT, o receptor-alvo do fármaco evolui rapidamente para uma forma resistente ao fármaco.*

b. As poliproteínas do HIV-1 são clivadas por proteases do próprio HIV-1

Assim como outros retrovírus, o vírus HIV-1 sintetiza suas proteínas na forma de **poliproteínas**, cada uma delas sendo constituída de várias proteínas ligadas em *tandem* (Fig. 15.34). O HIV-1 codifica duas poliproteínas, a **gag** (55

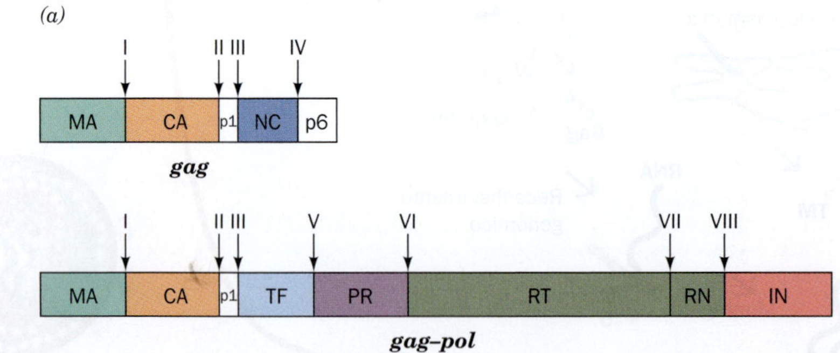

(b)

Sítio de clivagem	Sequência
I	··· Ser - Gln - Asn - Tyr — Pro - Ile - Val - Gln ···
II	··· Ala - Arg - Val - Leu — Ala - Glu - Ala - Met ···
III	··· Ala - Thr - Ile - Met — Met - Gln - Arg - Gly ···
IV	··· Pro - Gly - Asn - Phe — Leu - Gln - Ser - Arg ···
V	··· Ser - Phe - Asn - Phe — Pro - Gln - Ile - Thr ···
VI	··· Thr - Leu - Asn - Phe — Pro - Ile - Ser - Pro ···
VII	··· Ala - Glu - Thr - Phe — Tyr - Val - Asp - Gly ···
VIII	··· Arg - Lys - Ile - Leu — Phe - Leu - Asp - Gly ···

FIGURA 15.34 Poliproteínas do HIV-1. (*a*) Organização das poliproteínas gag e gag–pol do HIV-1. Os símbolos são MA, proteína da matriz; CA, proteína do capsídeo; NC, proteína do nucleocapsídeo; TF, proteína transmembrana; PR, protease; RT, transcriptase reversa; RN, ribonuclease; e IN, integrase. (*b*) As sequências que flanqueiam os sítios de clivagem da protease do HIV-1 (*ligações em vermelho*) indicadas na Parte *a*.

[1]Asp-Arg-Val-Tyr-Ile-His-Pro-Phe-His-Leu-Val-Ile-His[13]

Angiotensinogênio

H_2O ↓ Renina

[1]Asp-Arg-Val-Tyr-Ile-His-Pro-Phe-His-Leu[10] + Val-Ile-His

Angiotensina I

H_2O ↓ Enzima conversora da angiotensina (ECA)

[1]Asp-Arg-Val-Tyr-Ile-His-Pro-Phe[8] + His-Leu

Angiotensina II

FIGURA 15.35 Participação da renina na regulação da pressão sanguínea. A renina cliva proteoliticamente o polipeptídeo **angiotensinogênio** de 13 resíduos a polipeptídeo **angiotensina I** de 10 resíduos. Este último é então clivado pela **enzima conversora da angiotensina (ECA)** ao polipeptídeo **angiotensina II com 8 resíduos**, o qual, ao ligar-se ao seu receptor, induz vasoconstrição e retenção do Na^+ e água pelos rins, resultando em aumento da pressão sanguínea. Consequentemente, vários inibidores da renina e da ECA foram desenvolvidos para o controle da **hipertensão** (pressão sanguínea alta).

kDa) e a **gag-pol** (160 kDa), sendo ambas ancoradas à membrana plasmática por miristoilação do N-terminal (Seção 12.3Bb). Essas poliproteínas são então clivadas, liberando as proteínas que as compõem pela ação da **protease do HIV-1**, mas isso só ocorre depois dela mesmo ter sido excisada da gag-pol. Esse processo ocorre somente após o vírion ter brotado da célula hospedeira e leva a uma grande reorganização estrutural do vírion (Fig. 15.33). O vírion, então, é convertido da sua forma imatura, não infecciosa, em sua forma patogênica madura. Se a protease do HIV-1 for inativada, tanto por mutagênese ou por algum inibidor, o vírion permanece não infeccioso. Portanto, a protease do HIV-1 é um alvo muito apropriado para um fármaco.

c. As proteases aspárticas e os seus mecanismos catalíticos

A protease do HIV-1 pertence à família das **aspártico-proteases** (também conhecidas como **proteases ácidas**). Essa denominação deve-se ao fato de que todas essas enzimas contêm um resíduo de Asp essencial na sequência característica Asp−Thr/Ser−Gly. O homem possui várias aspártico-proteases bem conhecidas, incluindo a **pepsina**, uma enzima digestiva secretada pelo estômago (sua especificidade está indicada na Tabela 7.2), que funciona em pH 1 e que foi a primeira enzima a ser reconhecida (foi denominada por Theodor Schwann em 1836); a **quimosina** (antigamente chamada de **renina**), uma enzima do estômago que ocorre principalmente em crianças e que cliva especificamente uma ligação peptídica Phe−Met na proteína do leite **κ-caseína**, provocando a coagulação do leite e fazendo com que seja de fácil digestão (a quimosina do estômago de bezerros é usada há milênios para a fabricação de queijo); as **catepsinas D** e **E**, proteases de lisossomos, participam na degradação das proteínas intracelulares; a **renina** participa na regulação da pressão sanguínea e do balanço eletrolítico (Fig. 15.35); a **β-secretase** (também conhecida por **memapsina 2**), proteína transmembrana do cérebro que participa clivando a proteína precursora Aβ, produzindo a proteína amiloide β (Aβ) e que está implicada na doença de Alzheimer (Seção 9.5B). Além disso, muitos fungos secretam proteases ácidas, presumivelmente para auxiliar na invasão dos tecidos que eles colonizam.

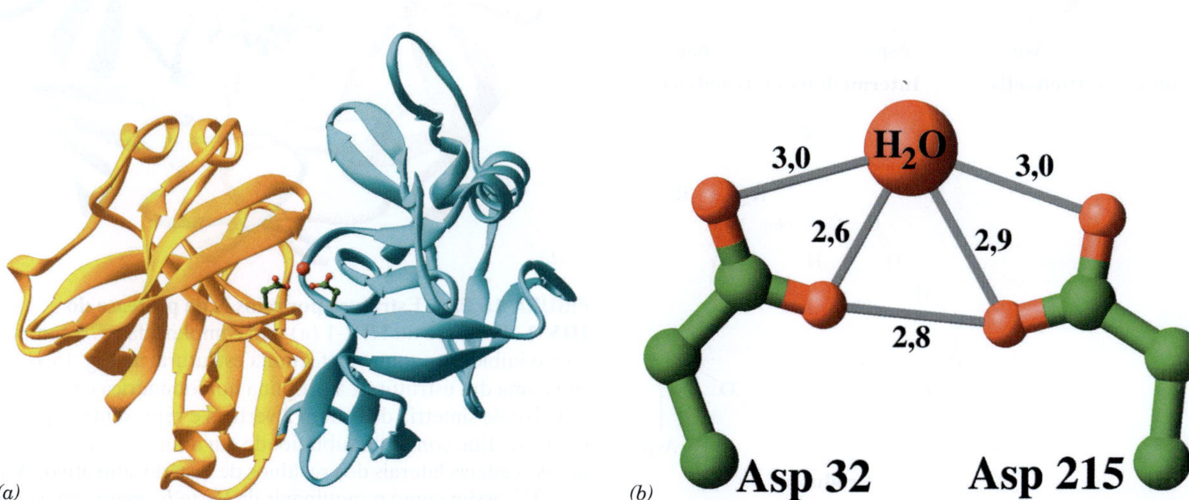

FIGURA 15.36 Estrutura por raios X da pepsina suína. (*a*) Diagrama de fita com o domínio N-terminal (resíduos 1-172) em dourado, domínio C-terminal (resíduos 173-326) em ciano; as cadeias laterais dos resíduos de Asp do sítio ativo estão mostradas na forma de esferas e bastões, com C em verde e O em vermelho; e a molécula de água ligada às cadeias laterais de Asp está representada por uma esfera vermelha. A proteína é vista com o eixo de pseudossimetria de ordem dois que relaciona as porções centrais dos dois domínios virado na vertical em direção ao observador. (*b*) Vista ampliada dos resíduos de Asp do sítio ativo e da molécula de água ligada, indicando os comprimentos (em Å) das possíveis ligações de hidrogênio (*ligações finas em cinza*). As estruturas por raios X de outras aspártico-proteases apresentam distâncias interatômicas similares. (Com base na estrutura por raios X obtida por Anita Sielecki e Michael James,University of Alberta, Edmonton, Canadá. PDBid 4PEP.)

As proteases dos eucariotos são proteínas monoméricas de ~330 resíduos. A estrutura por raios X da pepsina (Fig. 15.36*a*), que é muito semelhante a estrutura de outras aspártico-proteases de eucariotos, mostra que essa proteína com forma de meia-lua é formada por dois domínios homólogos associados segundo uma simetria de ordem dois (embora apenas 25 resíduos das folhas β centrais de cada domínio estejam intimamente associados segundo essa simetria). Cada domínio contém um Asp cataliticamente essencial e em posições análogas. As estruturas por raios X dos complexos enzima-inibidor de várias aspártico-proteases indicam que os substratos ligam-se a fendas proeminentes entre os dois domínios, fendas que podem acomodar um segmento polipeptídico de ~8 resíduos com uma conformação do tipo folha β estendida. Os resíduos de Asp do sítio ativo localizam-se no fundo dessa fenda (Fig. 15.36*a*).

Qual é o mecanismo catalítico das aspártico-proteases? De uma maneira geral, as enzimas proteolíticas têm três componentes catalíticos essenciais:

1. Um nucleófilo que ataca o átomo de C da carbonila da ligação peptídica suscetível, formando um intermediário tetraédrico (na tripsina, a Ser 195 serve para essa função; Fig. 15.23).
2. Um eletrofílico para estabilizar a carga negativa que aparece no átomo de O da carbonila do intermediário tetraédrico (doador para a ligação de hidrogênio do bolsão do oxiânion, na tripsina isto é feito pela Gly 193 e pela Ser 195; Fig. 15.25).
3. Um doador de próton para fazer o átomo de N da ligação suscetível ser um bom grupo de saída (o grupo imidazólico da His 57, na tripsina; Fig. 15.23).

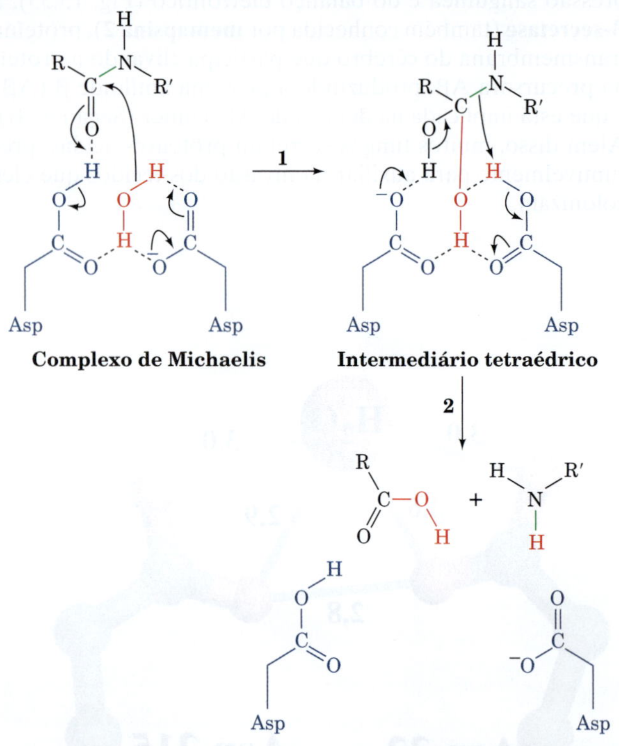

FIGURA 15.37 Mecanismo catalítico das aspártico-proteases. (**1**) Ataque nucleofílico da molécula de água (*vermelho*) ativada pela enzima sobre o átomo de carbono da carbonila da ligação peptídica suscetível (*verde*) para formar o intermediário tetraédrico. Esta etapa da reação é favorecida por uma catálise básica geral pelo Asp da direita e por uma catálise ácida geral pelo Asp da esquerda (*azul*). (**2**) A decomposição do intermediário tetraédrico, formando produtos por catálise ácida geral pelo Asp da direita e catálise básica geral pelo Asp da esquerda.

O perfil da atividade da pepsina em função do pH (Seção 14.4) sugere que ela tem dois resíduos ionizáveis essenciais, um com p$K \approx 1{,}1$ e o outro com p$K \approx 4{,}7$, que, com certeza, são os grupos carbonila dos resíduos de Asp essenciais. No pH do estômago, o resíduo de Asp com pK 4,7 está protonado e o resíduo de Asp com pK 1,1 está apenas parcialmente ionizado. Isso sugere que os grupos carboxila ionizáveis agem como nucleófilos para formar o intermediário tetraédrico proposto. Contudo, nunca se detectou a formação de intermediário covalente entre as proteases aspárticas e seus substratos.

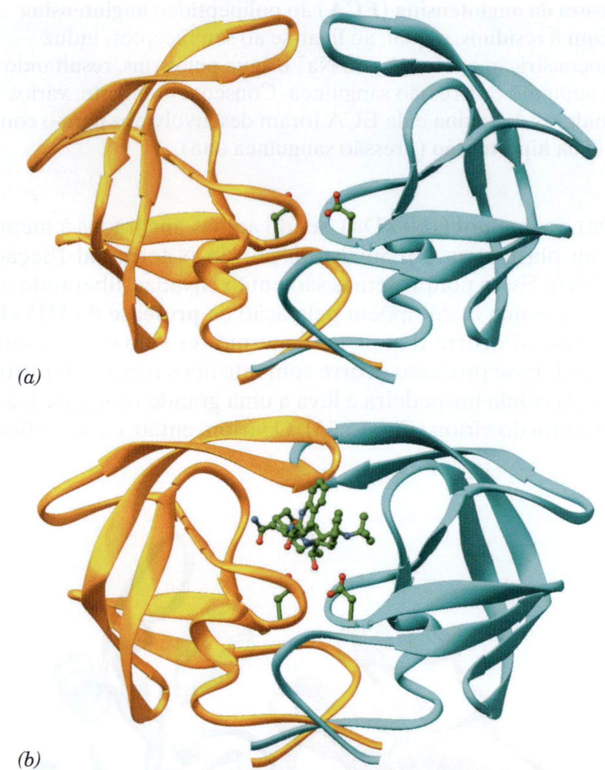

FIGURA 15.38 Estrutura por raios X da protease do HIV-1. Protease do HIV-1 (*a*) não complexada e (*b*) complexada com o inibidor saquinavir (fórmula estrutural na Fig. 15.41). Em cada uma das estruturas, a proteína homodimérica é vista com o seu eixo de simetria de ordem 2 vertical e representada por diagrama de fita, com uma subunidade em dourado e a outra em ciano. As cadeias laterais dos resíduos de Asp do sítio ativo, Asp 25 e Asp 25′, assim como o saquinavir da Parte *b,* aparecem na forma de esfera e bastões, com C em verde, N em azul e O em vermelho. Observar como as "abas" do grampo β no topo da enzima não complexada dobra-se sobre o inibidor no complexo com o saquinavir. Comparar essas estruturas com as mostradas para a pepsina na Fig. 15.36*a*. (Parte *a* com base na estrutura por raios X obtida por Tom Blundell, Birkbeck College, Londres, Reino Unido, e Parte *b* na estrutura por raios X obtida por Robert Crowther, Hoffmann-LaRoche Ltda., Nutley, New Jersey, EUA. PDBids [*a*] 3PHV e [*b*] 1HXB.) **Ver Exercício interativo 7**

Nas aspártico-proteases de eucariotos, os dois resíduos de Asp do sítio ativo estão muito próximos e parecem formar ligações de hidrogênio com uma molécula de água, formando uma ponte, e que está presente nas várias estruturas por raios X de aspártico-proteases já determinadas (Fig. 15.36*b*). Esse fato, juntamente com vários dados enzimológicos e cinéticos, levou Thomas Meek a propor o mecanismo catalítico para as aspártico-proteases descrito a seguir (Fig. 15.37):

1. O grupo carboxilado de um dos Asp do sítio ativo, agindo como uma base geral, ativa a molécula de água a ele ligada, a assim chamada água lítica, para que ela, como íon OH^-, ataque nucleofilicamente o C da carbonila da ligação peptídica suscetível de hidrólise. A doação de um próton (catálise ácida geral) pelo segundo Asp do sítio ativo (que perdeu a carga previamente) estabiliza o oxiânion, que, de outro modo, seria formado no intermediário tetraédrico.
2. O átomo de N da ligação peptídica suscetível é protonado pelo primeiro Asp (catálise ácida geral), o que resulta na cisão da ligação amida pelo rearranjo e a transferência de próton para o segundo Asp (catálise básica geral).

As aspártico-proteases são inibidas por compostos com átomos de C tetraédricos em posições que mimetizem a ligação peptídica suscetível (ver a seguir). Isso sugere fortemente que essas enzimas ligam preferencialmente os estados de transição (estabilização do estado de transição), assim intensificando a catálise.

d. Os inibidores da protease do HIV-1 são agentes anti-Aids eficazes

A protease do HIV-1 difere das aspártico-proteases dos eucariotos porque ela é um homodímero com subunidades de 99 resíduos. Todavia, a sua estrutura por raios X (Fig. 15.38*a*), determinada em 1989 independentemente por Alexander Wlodawer, por Manuel Navia e Paula Fitzgerald e por Tom Blundell, assemelha-se muito à estrutura de aspártico-proteases de eucariotos. Assim, a protease do HIV-1 tem a propriedade catalítica incomum de que seu sítio ativo é formado por duas subunidades iguais organizadas simetricamente.

Muito provavelmente, a protease do HIV-1 tem semelhança com a aspártico-protease primitiva que supostamente existiu e, pela duplicação de genes, evoluiu para formar as enzimas de eucariotos (embora a protease do HIV-1 seja bem adequada para a quantidade de informação genética limitada que os vírus podem portar).

A partir do momento em que a estrutura da protease do HIV ficou disponível, foram realizados esforços intensos em um grande número de laboratórios para encontrar inibidores

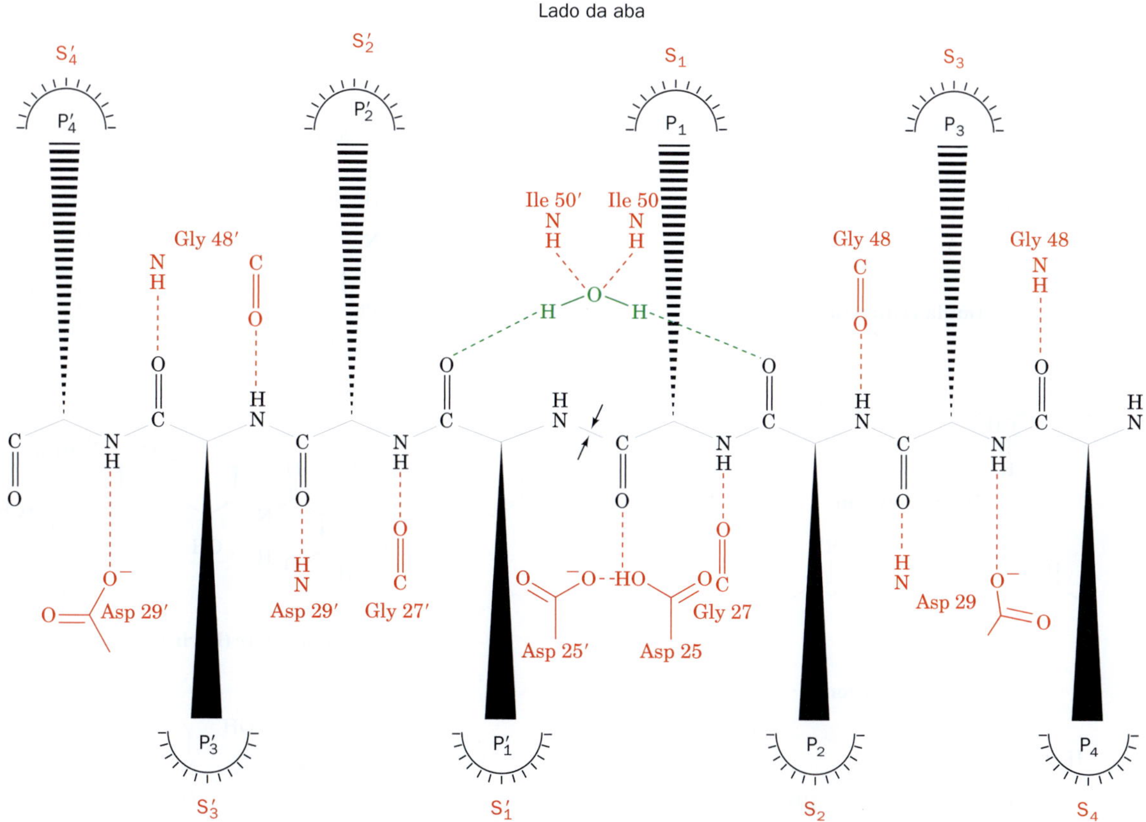

FIGURA 15.39 Organização das ligações de hidrogênio entre a protease do HIV-1 e um substrato modelo. Segundo a nomenclatura usada nesta figura, os resíduos polipeptídicos de uma subunidade são designados por números-linha, para diferenciá-los dos resíduos da outra subunidade. Os resíduos do lado N-terminal da ligação suscetível de hidrólise do substrato são designados de P_1, P_2, P_3,..., contando na direção do N-terminal. Os resíduos do lado C-terminal do substrato são denominados P_1', P_2', P_3',..., contando na direção do C-terminal. Os símbolos S_1, S_2, S_3,... e S_1', S_2', S_3', designam os correspondentes subsítios de ligação da enzima. A ligação peptídica suscetível está marcada por flechas. (Segundo Wlodawer, A. e Vondrasek, J., *Annu. Rev. Biophys. Biomol. Struct.* **27**, 257 [1998].)

terapeuticamente eficazes. Nesse processo, foram descritas cerca de ~300 estruturas por raios X e várias estruturas por RM para a protease do HIV-1, para seus mutantes e para proteases de outros retrovírus, tanto na forma isolada como formando complexos com um enorme número de inibidores. Portanto, a protease do HIV-1 talvez seja a estrutura proteica mais estudada até o presente momento.

A comparação entre a estrutura por raios X da protease do HIV-1 isolada (Fig. 15.38*a*) e as estruturas da enzima complexada com inibidores semelhantes a peptídeos (p. ex., Fig. 15.38*b*) revelou que, ao ligar o inibidor, as "abas" do grampo β que cobrem o topo da fenda de ligação ao substrato inclinam-se para baixo em cerca de 7 Å, prendendo o inibidor. Esses inibidores ligam-se à enzima (que possui simetria de ordem dois) segundo uma conformação de pseudossimetria de ordem dois, de tal forma que o inibidor interage com a enzima como uma fita em uma folha β (Fig. 15.39). No "assoalho" da fenda de ligação, cada uma das sequências características (Asp 25–Thr 26–Gly 27) localiza-se em uma alça que é estabilizada por uma rede de ligações de hidrogênio semelhante àquela observada nas demais aspártico-proteases. O inibidor interage com a enzima via uma ligação de hidrogênio com o Asp 25 do sítio ativo. Entretanto, ao contrário das aspártico-proteases dos eucariotos (Fig. 15.36*b*), nenhuma das estruturas por raios X da protease do HIV-1 contém qualquer molécula de água a uma distância correspondendo à distância de uma ligação de hidrogênio do Asp 25 ou do Asp 25′. Pelo lado da aba da fenda de ligação, o inibidor interage com Gly 48, Gly 48′ e com uma molécula de água que não aquela que faz o ataque nucleofílico, mas a que intermedeia os contatos entre os esqueletos da aba e do inibidor.

Embora a protease do HIV-1 clive especificamente as poliproteínas gag e gag–pol em um total de 8 posições (Fig. 15.34*b*), essas posições parecem ter muito pouco em

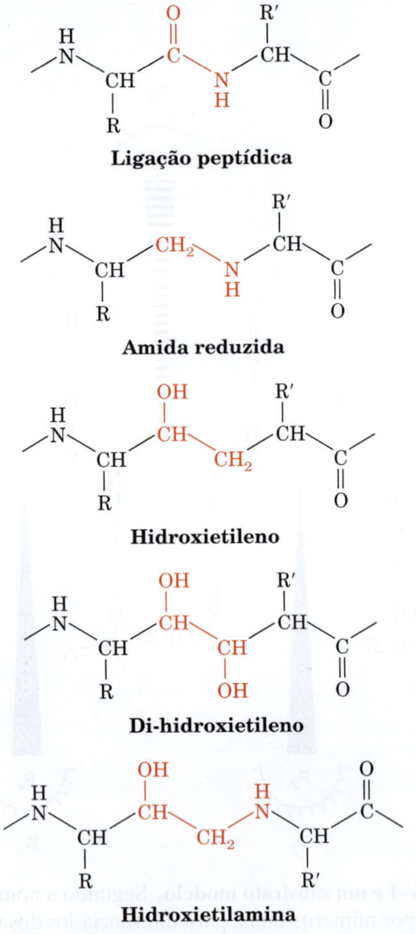

Ligação peptídica

Amida reduzida

Hidroxietileno

Di-hidroxietileno

Hidroxietilamina

FIGURA 15.40 Comparação entre uma ligação peptídica normal (*em cima*) com um grupo selecionado de isósteros (análogos estereoquímicos) do intermediário tetraédrico das reações catalisadas por proteases aspárticas.

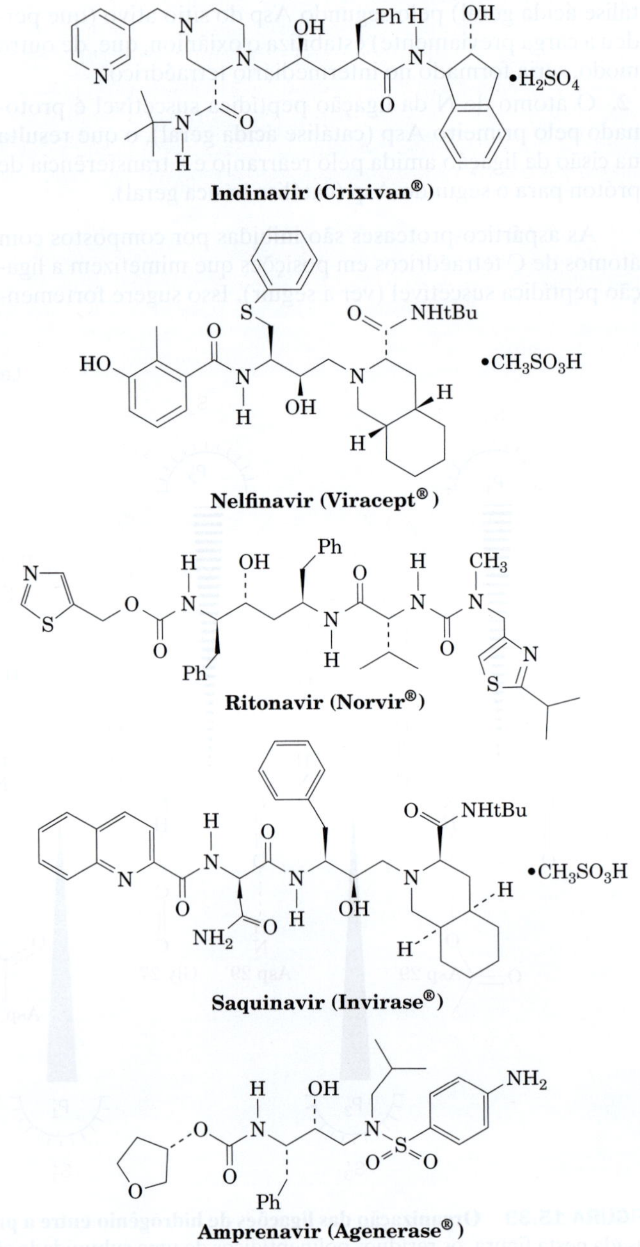

Indinavir (Crixivan®) •H_2SO_4

Nelfinavir (Viracept®) •CH_3SO_3H

Ritonavir (Norvir®)

Saquinavir (Invirase®) •CH_3SO_3H

Amprenavir (Agenerase®)

FIGURA 15.41 Alguns inibidores da protease do HIV-1 que estão em uso clínico. Observar que, além do nome genérico (nome químico), cada fármaco tem um nome comercial, colocado entre parênteses, sob o qual é vendido.

comum, exceto que os resíduos que as flanqueiam imediatamente são apolares e, na maioria, volumosos. Com efeito, estudos têm mostrado que a especificidade da protease do HIV-1 origina-se do efeito cumulativo das interações entre a enzima e os aminoácidos que correspondem às posições entre P_4 e P'_4. Três dos peptídeos clivados pelo HIV-1, porém, têm a sequência Phe-Pro ou Tyr-Pro, sequências que as aspártico-proteases humanas não clivam. Por isso, inibidores da protease do HIV-1 que contenham grupos semelhantes a esses dipeptídeos provavelmente não inibem aspártico-proteases humanas essenciais.

Um inibidor da protease do HIV-1 eficaz deve assemelhar-se a um substrato com o peptídeo suscetível substituído por um grupo que a enzima não possa clivar. Tal grupo poderia, preferencialmente, incrementar a afinidade da enzima pelo inibidor. A mimetização do intermediário tetraédrico (Fig. 15.37), isto é, do estado de transição, provavelmente pode fazer isso. Em vista disto, nos esforços para sintetizar inibidores da protease do HIV-1 com eficácia terapêutica, foi investigada um grande número desses grupos (Fig. 15.40).

Embora a protease do HIV-1 tenha uma alta afinidade *in vitro* por inibidores baseados em polipeptídeos, essas substâncias têm biodisponibilidade e farmacocinética muito baixas porque elas são degradadas pelas proteases digestivas e não atravessam facilmente as membranas celulares, respectivamente. Consequentemente, inibidores da protease do HIV-1 terapeuticamente eficazes devem ser **peptideomiméticos** (que mimetizam peptídeos), isto é, substâncias que espacialmente se assemelhem a polipeptídeos, talvez, fisicamente, mas não quimicamente. O uso de substâncias que mimetizam polipeptídeos permite também que às substâncias candidatas a fármaco sejam impostas restrições conformacionais não presentes nos polipeptídeos correspondentes.

A FDA aprovou 10 inibidores da protease de HIV-1 (Fig. 15.41); o primeiro deles, **saquinavir**, foi sancionado em 1995. Esses fármacos peptídeomiméticos têm CI_{50} contra o HIV em cultura que variam entre 2 e 60 nM, mas têm pouca ou nenhuma atividade sobre aspártico-proteases humanas ($K_I > 10\ \mu M$). Essas foram os primeiros fármacos a prolongar nitidamente a vida de vítimas da Aids. O desenvolvimento de cada um desses fármacos foi um processo interativo complexo que necessitou do desenho, da síntese e da avaliação de numerosos compostos parecidos entre si. Em vários casos, essas investigações aproveitaram-se da grande experiência ganha no desenvolvimento de peptideomiméticos inibidores da renina, uma aspártico-protease, que levou a um grande número de compostos.

Todos os inibidores da protease do HIV-1 aprovados pela FDA levaram a um declínio rápido e profundo na carga de HIV plasmática dos pacientes, que, em geral, é acompanhada de uma recuperação do sistema imune. Entretanto, como foi visto com os inibidores da transcriptase reversa, geralmente em 4 a 12 semanas aparecem formas mutantes da protease que são resistentes ao inibidor usado. Além disso, é muito provável que essas proteases mutantes também sejam resistentes a outros inibidores de proteases, pois todos os inibidores de protease de HIV-1 são dirigidos para o mesmo sítio de ligação. Isso levou ao uso de combinações de terapias nas quais inibidores da protease do HIV-1 são administrados juntamente com um ou, mais frequentemente, com dois inibidores de outros processos do vírus (inibidores da transcriptase reversa, da integrase e da entrada do vírus nas células). Isso porque mesmo que algum vírus adquira resistência para um dos fármacos da terapia será atingido por um ou mais dos demais fármacos usados. Além disso, o inibidor da protease do HIV-1 **ritonavir** mostrou-se um forte inibidor de algumas das isoformas do citocromo P450 (CYP3A4,5,7), que metaboliza outros inibidores de protease, de modo que em geral é receitado em baixas doses como adjuvante de outros inibidores de protease para aumentar a farmacocinética destes últimos.

Em muitos pacientes submetidos a terapias com associação de fármacos, o nível plasmático do vírus passou a não ser mais detectável, permanecendo assim por vários anos. Isso, entretanto, não se constitui cura, pois, se a terapia com os fármacos for interrompida, o vírus reaparecerá no plasma, porque certos tecidos do organismo abrigam formas latentes do vírus que não são afetadas e/ou são inacessíveis aos fármacos da terapia. Portanto, os medicamentos anti-HIV disponíveis atualmente devem ser tomados por toda a vida.

As terapias atuais contra o HIV estão longe do ideal. Para maximizar a biodisponibilidade oral, alguns dos fármacos devem ser tomados antes e depois das refeições, enquanto outros devem ser tomados nos intervalos entre as refeições. Para minimizar a probabilidade de aparecimento de formas de HIV resistentes, a biodisponibilidade de cada fármaco deve ser mantida em certos níveis mínimos, de modo que cada fármaco deve ser tomado segundo um esquema muito rígido. Ademais, esses fármacos têm efeitos adversos importantes, principalmente fadiga, náusea, diarreia, zunido e outros, no caso do ritonavir, e cálculos renais, no caso do **indinavir**. Consequentemente, um grande número de pacientes de Aids não toma sua medicação de forma adequada, o que aumenta muito a possibilidade de desenvolvimento de resistência aos fármacos do tratamento e de infecção de outras pessoas com vírus resistente a fármacos. Finalmente, como os inibidores da protease do HIV-1 são moléculas complexas, elas são difíceis de sintetizar e, consequentemente, são relativamente caras. Assim, nos países em desenvolvimento nos quais a prevalência da Aids é importante muitas pessoas e os governos não podem sustentar a compra desses fármacos, mesmo quando fornecidos a preço de custo. Por isso, é importante que novas terapias anti-HIV sejam desenvolvidas para que seja mais fácil para os pacientes seguirem o tratamento, tenha baixo custo e, o que seria ideal, venha a eliminar totalmente a infecção por HIV.

RESUMO DO CAPÍTULO

1 Mecanismo de catálise A maioria dos mecanismos de catálise enzimática tem amplos antecedentes em reações de catálise orgânica. As reações de catálise ácida e básica ocorrem, respectivamente, pela doação ou o recebimento de um próton, para ou de um reagente de modo a estabilizar o complexo do estado de transição da reação. Frequentemente, as enzimas usam cadeias de aminoácidos ionizáveis como catalisadores acidobásicos. A catálise covalente envolve um ataque nucleofílico do catalisador ao substrato, para formar uma ligação covalente transitória, que é seguida de estabilização eletrofílica de uma carga negativa em formação no estado de transição da reação. Várias cadeias laterais de proteínas e também determinadas coenzimas agem como catalisadores covalentes. Íons metálicos, que são componentes normais de enzimas, catalisam reações por estabilizarem cargas negativas em formação de maneira semelhante à catálise acidobásica. Moléculas de água ligadas a metais são uma potente fonte de íons OH^- em pH neutro. Íons metálicos também facilitam as reações enzimáticas pela blindagem de cargas nos substratos. Os grupos carregados nos sítios ativos das enzimas que têm constantes dielétricas baixas organizam-se de maneira a estabilizarem o complexo de transição, levando a uma reação enzimática por catálise eletrostática. As enzimas catalisam reações por manterem seus substratos a uma grande proximidade e em orientação apropriada para a reação. A ligação enzimática dos substratos nas reações bimoleculares limita as mobilidades relativas, levando a um aumento da velocidade de reação. Em uma reação catalítica, a ligação preferencial da enzima ao estado de transição em relação ao substrato é um mecanismo importante para aumentar a velocidade de reação. Os análogos do estado de transição são inibidores competitivos fortes, pois se ligam às enzimas mais firmemente do que os respectivos substratos.

2 Lisozima A lisozima catalisa a hidrólise de poli (NAG–NAM) ligado por ligações β(1→4), o polissacarídeo das paredes das bactérias, e também age sobre poli(NAG). A lisozima liga-se a hexossacarídeos de maneira a distorcer o anel D, levando o oxiânion do estado de transição planar a uma conformação de meia-cadeira. A seguir, a ligação C1–O1 é clivada entre os anéis D e E devido à doação de um próton pelo Glu 35. O oxiânion resultante do estado de transição é estabilizado eletrostaticamente pelo grupo carboxílico do Asp 52 (que está próximo) que então forma uma ligação covalente com C1. O grupo de saída do anel E é subsequentemente substituído por água no que, essencialmente, é o reverso da sequência de reações anterior, e ataca C1 produzindo o segundo produto da reação e regenerando a enzima. Os papéis do Glu 35 e do Asp 52 na catálise pela lisozima foram verificados por estudos de mutagênese. Estudos estruturais e de ligação também indicaram que a distorção é de importância fundamental no mecanismo da lisozima. Estudos por espectrometria de massa e raios X mostraram que a reação da lisozima ocorre via um intermediário glicosil-enzima covalente envolvendo o Asp 52, e não pela ligação não covalente do íon oxônio intermediário, postulado pelo mecanismo original proposto por Phillips.

3 Serino-proteases As serino-proteases formam uma ampla classe de enzimas proteolíticas, caracterizada por possuírem um resíduo ativo de Ser. As enzimas digestivas sintetizadas no pâncreas, tripsina, quimotripsina e elastase, estão relacionadas pelas suas sequências e estruturas, mas possuem especificidade para diferentes cadeias laterais nos substratos. As três possuem a mesma tríade catalítica, Asp 102, His 57 e Ser 195, nos sítios ativos. A especificidade da tripsina e da quimotripsina para diferentes cadeias laterais depende, de uma maneira bastante complexa, das estruturas das alças que conectam as paredes do bolsão de especificidade e também da carga das cadeias laterais situadas no fundo do bolsão de especificidade. Subtilisina, serino-carboxipeptidase II e ClpP são serino-proteases que não apresentam relação entre si, mas possuem, essencialmente, sítios ativos com a mesma geometria que as enzimas pancreáticas. Nas serino-proteases, a catálise inicia-se por um ataque nucleofílico do átomo de carbono do grupo carbonila do sítio ativo Ser sobre o peptídeo suscetível de hidrólise, formando um intermediário tetraédrico. Esse processo pode ser facilitado pela formação de uma ligação de hidrogênio de baixa barreira entre o Asp 102 e a His 57. O intermediário tetraédrico, que é estabilizado pela sua ligação preferencial ao sítio ativo da enzima, decompõe-se então em um intermediário acil-enzima, sob o ímpeto da doação do próton do Asp 102 polarizado pela His 57. Após a substituição do grupo de saída por H_2O do solvente, o processo catalítico é invertido para dar o segundo produto e a enzima regenerada. Normalmente, a Ser ativa não seria reativa, mas ela está localizada de forma apropriada para atacar nucleofilicamente o peptídeo suscetível ativado. A estrutura por raios X do complexo tripsina-BPTI indica a existência de um intermediário tetraédrico, enquanto a estrutura por raios X do complexo da elastase com o heptapeptídeo BCM7 permite visualizar tanto o intermediário acil-enzima como o intermediário tetraédrico. Os complexos enzima-substrato possuem panoramas de energia livre tais que facilitam a formação do estado de transição.

As serino-proteases pancreáticas são sintetizadas como zimogênios para evitar a autodigestão do pâncreas. O tripsinogênio é ativado por uma única clivagem proteolítica, catalisada pela enteropeptidase. Da mesma forma, a tripsina formada ativa o tripsinogênio e também o quimotripsinogênio, a pró-elastase e ainda outras enzimas digestivas pancreáticas. A tríade catalítica do tripsinogênio é estruturalmente intacta. A baixa atividade catalítica dos zimogênios deve-se à distorção dos seus bolsões de especificidade e dos bolsões do oxiânion, de modo que os zimogênios não são capazes de ligar produtivamente um substrato ou ligar preferencialmente o estado de transição da reação catalisada.

4 Desenho de fármacos Os fármacos agem porque se ligam a receptores e assim modificam as funções desses receptores. Muitos candidatos a fármacos, conhecidos como compostos-molde promissores, foram descobertos por métodos nos quais se testou um grande número de compostos quanto às suas eficácias, usando ensaios apropriados para a doença em questão. Para procurar compostos mais eficientes, esses compostos-molde são manipulados quimicamente. A relação estrutura-atividade (SAR) e a relação quantitativa entre a estrutura e a atividade (QSAR) constituem-se em ferramentas úteis para esse esforço. Para orientar a busca por melhores candidatos a fármaco, o desenho de fármacos com base na estrutura utiliza as estruturas por raios X e por RM das moléculas candidatas a fármaco, complexadas com as respectivas proteínas-alvo, juntamente com uma grande variedade de ferramentas de modelagem molecular. Contudo, o advento da química combinatória, descoberta baseada em fragmentação e os métodos de triagem de alto desempenho ampliaram as possibilidades da abordagem com base em "fazer o maior número de compostos possível e verificar o que eles fazem". Para encontrar os receptores-alvo, os fármacos devem ter uma farmacocinética favorável, isto é, eles devem atravessar facilmente as numerosas barreiras do organismo, evitar transformações químicas por enzimas e não serem excretados muito rapidamente. A maioria dos fármacos usados não é muito hidrofílica e nem muito lipofílica, de modo que pode ter acesso às membranas e também atravessá-las. A toxicidade, a dosagem, a eficácia e a natureza das características de efeitos adversos são determinadas por meio de testes clínicos planejados cuidadosamente. A maior parte dos fármacos é eliminada metabolicamente pela hidroxilação oxidativa feita por uma das inúmeras isoenzimas do citocromo P450. Assim, o fármaco hidroxilado pode ser conjugado enzimaticamente a grupos polares, como o ácido glicurônico e a glicina, que aumentam as velocidades de excreção pelos rins. Em geral, as interações fármaco-fármaco são mediadas pelos citocromos P450. O polimorfismo dos citocromos P450 é responsável pelas variações individuais nas respostas a determinados fármacos, inclusive efeitos adversos.

A formulação de inibidores da protease do HIV-1 para o controle da infecção por HIV é um dos maiores triunfos dos métodos modernos de descoberta de fármacos. O HIV é um retrovírus que ataca células específicas do sistema imune, degradando-o por um período de vários anos, até o ponto em que ele não é mais capaz de fazer a defesa contra infecções oportunistas. A protease do HIV-1 atua na clivagem das poliproteínas dos vírions imaturos do HIV-1 que brotam das células hospedeiras, gerando a forma madura e infecciosa do vírus. A protease do HIV-1 é uma aspártico-protease que, da mesma forma que as aspártico-proteases dos eucariotos (como a pepsina), utiliza seus dois resíduos de Asp para ativar a molécula de água lítica ligada à enzima em um nucleófilo que então ataca e cliva ligações peptídicas específicas na poliproteína substrato. Todos os peptideomiméticos inibidores da protease do HIV-1 aprovados pela FDA levam a uma diminuição rápida e intensa nos níveis de HIV-1 plasmáticos, embora não eliminem completamente o vírus. Esses fármacos são usados em associação com inibidores de outros processos do vírus para minimizar a capacidade que o HIV tem em desenvolver formas resistentes a fármacos.

REFERÊNCIAS

Geral

Fersht, A., *Structure and Mechanism in Protein Science*, Freeman (1999).

Frey, P.A. and Hegeman, A.D., *Enzymatic Reaction Mechanims*, Oxford (2007) [Um compêndio de reações enzimáticas.]

Jencks, W.P., *Catalysis in Chemistry and Enzymology*, Dover (1987). [Um trabalho clássico e, em muitos aspectos, ainda atual.]

Mecanismos de catálise

Bruice, T.C., Some pertinent aspects of mechanism as determined with small molecules, *Annu. Rev. Biochem.* **45,** 331–373 (1976).

Bruice, T.C. and Benkovic, S.J., Chemical basis for enzyme catalysis, *Biochemistry* **39,** 6267–6274 (2000); e Buice, T.C., and Lightstone, F.C., Ground state and transition state contributions to the rates of intramolecular and enzymatic reactions, *Acc. Chem. Res.* **32,** 127–136 (1999).

Christianson, D.W. and Cox, J.D., Catalysis by metal-activated hydroxide in zinc and manganese metalloenzymes. *Annu. Rev. Biochem.* **68,** 33–57 (1999). [Discussão sobre o mecanismo enzimático da anidrase carbônica.]

Garcia-Viloca, M., Gao, J., Kaplus, M. and Truhlar, D.G., How enzymes work: Analysis by modern rate theory and computer simulations, *Science* **303,** 186–195 (2004).

Hackney, D.D., Binding energy and catalysis, *in* Sigman, D.S., and Boyer, P.D. (Eds.), *The Enzymes* (3rd ed.), Vol. 19, *p.* 1-36, Academic Press (1990).

Jencks, W.P., Binding energy, specificity, and enzymatic catalysis: The Circe effect, *Adv. Enzymol.* **43,** 219–410 (1975).

Kraut, J., Carroll, K.S. and Herschlag, D., Challenges in enzyme mechanism and energetics, *Ann. Rev. Biochem.* **72,** 517–571 (2003).

Lolis, E. and Petsko, G.A., Transition-state analogues in protein crystallography: Probes of the structural source of enzyme catalysis. *Annu. Rev. Biochem.* **59,** 597–630 (1990).

Schramm, V.L., Enzymatic transition states and transition state analogs, *Curr. Opin. Struct. Biol.* **15,** 604–613 (2005).

Wolfenden, R., Analogue approaches to the structure of the transition state in enzyme reactions, *Acc. Chem. Res.* **5,** 10–18 (1972).

Lisozima

Blake, C.C.F., Johnson, L.N., Mair, G.A., North, A.C.T., Phillips, D.C. and Sarma, V.R., Crystallographic studies of the activity of hen egg-white lysozyme, *Proc. R. Soc. London. Ser. B* **167,** 378–388 (1967).

Chipman, D.M. and Sharon, N. Mechanism of lysozyme action, *Science* **165,** 454–465 (1969).

Ford, L.O., Johnson, L.N., Machin, P.A., Phillips, D.C. and Tijan, R., Crystal structure of a lysozyme-tetrasaccharide lactone complex. *J. Mol. Biol.* **88,** 349–371 (1974).

Imoto, T. Johnson, L.N., North, A.C.T., Phillips, D.C. and Rupley, J.A., Vertebrate lysozymes, *in* boyer, P.D. (Ed.), *The Enzymes* (3rd ed.), Vol. 7, *pp.* 665–868, Academic Press (1972). [Uma revisão extensa.]

Johnson, L.N., Cheetham, J., McLaughlin, P.J., Acharya, K.R., Barford, D. and Phillips, D.C., Protein–oligosaccharide interactions: Lysozyme, phosphorylase, amylases, *Curr. Top. Microbiol. Immunol.* **139,** 81–134 (1988).

Jollès, P. (Ed.), *Lysozymes: Model Enzymes in Biochemistry and Biology*, Birkhaüser Verlag (1996).

Kirby, A.J., The lyzsozyme mechanism sorted after–50 years, *Nature Struct. Biol.* **8,** 737–739 (2001). [Breve resumo da teoria e das evidências experimentais da existência de um intermediário covalente no mecanismo da lisozima]

Mooser, G., Glycosidases and glycosyltransferases, *in* Sigman, D.S. (Ed.), *The Enzymes* (3rd ed.), Vol. 20, *pp.* 187–233, Academic Press (1992). [A Seção II discute a lisozima.]

Phillips, D.C., The three-dimentional structure of an enzyme molecule, *Sci. Am.* **215**(5), 75–80 (1966).

Schindler, M., Assaf, Y., Sharon, N. and Chipman, D.M., Mechanism of lysozyme catalysis: Role of ground-state strain in subsite D in hen egg-white and human lysozymes, *Biochemistry* **16,** 423–431 (1977).

Secemski, I.I., Lehrer, S.S. and Lienhard, G.E., A transition state analogue for lysozyme, *J. Biol. Chem.* **247,** 4740–4748 (1972). [Estudos de ligação na lactona derivada do $(NAG)_4$.]

Strynadka, N.C.J. and James, M.N.G. Lysozyme revisited: Crystallographic evidence for distortion of an *N*-acethylmuramic acid residue bound in site D, *J. Mol. Biol.* **220,** 401–424 (1991).

Vocadlo, D.J., Davies, G.J., Laine, R. e Withers, S.G., Catalysis by hen egg-white lysozyme proceeds via covalent intermediate, *Nature* **412,** 835–838 (2001).

Warshel, A. and Levitt, M., Theoretical studies of enzymatic reactions; dieletric, electrostatic and steric stabilization of the carbonium íon in the reaction of lysozyme, *J. Mol. Biol.* **103,** 227–249 (1976). [Indicações teóricas de que a catálise da lisozima ocorre por torções eletrostáticas e não espaciais.]

Serino-proteases

Blow, D.M., The tortuous story of Asp...His...Ser: Structural analysis of chymotrypsin, *Trends Biochem. Sci.* **22,** 405–408 (1998) [Memória pessoal, entre 1967 e 1969, da determinação da estrutura da α-quimotripsina.]

Cleland, W.W., Frey, P.A. and Gerlt, J.A., The low barrier hydrogen bound in enzymatic catalysis, *J. Biol. Chem.* **273,** 25529–25532 (1998).

Corey, D.R. and Craik, C.S., An investigation into the minimum requirements for peptide hydrolysis by mutation of the catalytic triad of trypsin. *J. Am. Chem. Soc.* **114,** 1784–1790 (1992).

Ding, X., Rasmussen, B.F., Petsko, G.A. e Ringe, D., Direct structural observation of an acyl-enzyme intermediate in the hydrolysis of an ester substrate by elastase, *Biochemistry* **33,** 9285–9293 (1994).

Dodson, G. and Wlodawer, A., Catalytic triads and their relatives, *Trends Biochem. Sci.* **23,** 347–352 (1998).

Frey, P.A., Whitt, S.A. and Tobin, J.B., A low-barrier hydrogen bond in the catalytic triad of serine proteases, *Sciences* **264,** 1927–1930 (1994).

Hammes-Schiffer, S. and Benkovic, S.J., Relating protein motion to catalysis, *Ann. Rev. Biochem.* **75,** 519–541 (2006) *and* Benkovic, S.J., Hammes, G.g. and Hammes Schiffer, S., Free-energy landscape of enzyme catalysis, *Biochemistry* **47,** 3317–3321 (2008).

Hedstrom, L., Serine protease mechanism and specificity, *Chem Rev.* **102,** 4501–4523 (2002). [Uma revisão detalhada.]

Henzler-Wildman, K.A. et al., Intrinsic motions along an enzymatic reaction pathway, *Nature* **450,** 838–844 (2007).

James, M.N.G., Sielecki, A.R., Brayer, G.D., Delbaere, L.T.J. e Bauer, C.A., Structure of products and inhibitor complexes of *Streptomyces griseus* protease A at 1.8 Å resolution, *J. Mol. Biol.* **144,** 45–88 (1980).

Kuhn, P., Knapp, M., Soltis, S.M., Ganshaw, G., Thoene, M. and Bott, R., The 0.78 Å structure of a serine protease: *Bacillus lentus* subtilisin, *Biochemistry*, **37,** 13446–13452 (1998).

Liao, D.-I. and Remington, S.J., Structure of a wheat serine carboxypeptidase II at 3.5-Å resolution, *J. Biol. Chem.* **265,** 6528–6531 (1990).

Neurath, H. Evolution of proteolytic enzymes, *Science* **224,** 350–357 (1984).

Perona, J.J. and Craik, C.S., Evolutionary divergence of substrate specificity within the chymotrypsin-like serine protease fold, *J. Biol. Chem.* **272,** 29987–29990 (1997); *and* Structural basis of substrate specificity in the serine proteases, *Protein Sci.* **4,** 337–360 (1995).

Perrin, C.L. and Nielson, J.B., "Strong" hydrogen bonds in chemistry and biology, *Annu. Rev. Phys. Chem.* **48,** 511–544 (1997). [Revisão detalhada concluindo que a evidência da importância de LBHB nas reações enzimáticas é inconclusiva.]

Phillips, M.A. and Fletterick, R.J., Proteases, *Curr. Opin. Struct. Biol.* **2,** 713–720 (1992).

Radisky, E.S., Lee, J.M, Lu, C.-J.K and Koshland, D.E., Insights into the serine protease mechanism for atomic resolution structures of trypsin reaction intermediates, *Proc. Natl. Acad. Sci.* **103,** 6835–6840 (2006). [Desvenda os movimentos sutis dos resíduos catalíticos Ser e His, do substrato e da molécula de água hidrolítica que favorecem a catálise durante a reação de acilação.]

Roberts, R.M., Mathialagan, N., Duffy, J.Y. and Smith, G.W., Regulation and regulatory role of proteinase inhibitors, *Crit. Rev. Euk. Gene Express.* **5,** 385–435 (1995).

Shan, S., Loh, S. and Herschlag, D., The energetics of hydrogen bonds in model systems: Implications for enzymatic catalysis, *Science* **272,** 97–101 (1996).

Stroud, R.M., Kossiakoff, A.A. and Chambers, J.L., Mechanism of zymogen activation, *Annu. Rev. Biophysis. Bioeng.* **6,** 177–193 (1977).

Wang, J., Hartling, J.A. and Flanagan, J.M., The structure of ClpP at 2.3 Å resolution suggests a model for ATP-dependent proteolysis, *Cell,* **91,** 447–456 (1997).

Wilmouth, R.C., Edman, K., Neutze, R., Wright, P.A., Clifton, I.J., Schneider, T.R., Schofield, C.J. and Hajdu, J., X-ray snapshots of serine proteases catalysis reveals a tetrahedral intermediate, *Nature Struct. Biol.* **8,** 689–694 (2001); *and* Wilmouth, R.C., Clifton, I.J., Robinson, C.V., Roach, P.L., Aplin, R.T., Westwood, N.J., Hajdu, J. and Schofield, C.J., Structure of a specific acyl-enzyme complex formed between β-casomorphin-7 and porcine pancreatic elastase, *Nature Struct. Biol.* **4,** 456–461 (1997).

Descoberta de fármacos

Ahluwalia, V.K. and Chopra, M., *Medical Chemistry*, CRC Press (2008).

Bannwarth, W. e Hinzen, B. (Eds.), *Combinational Chemistry. From Theory to Applications* (2nd ed.), Wiley–VCH (2006).

Bruton, L., Lazo, J. and Parker, K. (Eds.), *Goodman & Gilman's The Pharmacologic Basis of Therape utics* (11th Ed.), McGraw-Hill (2006).

Corey, E.J., Czakó, B. and Kürti, L., *Molecules and Medicine*, Wiley (2007). [Discute a descoberta, aplicações e modo de ação das moléculas de inúmeros fármacos.]

Corson, T.W., and Crews, C.M. Molecular understanding and modern application of traditional medicines: triumphs and trials, *Cell* **130,** 769–774 (2007).

Debouck, C. and Metcalf, B., The impact of genomics on drug discovery, *Annu. Rev. Pharmacol. Toxicol.* **40,** 193–208 (2000).

Furge, L.L. and Metcalf, F.P., Cytochrome P450 enzymes in drug metabolism and chemical toxicology, *Biochem. Mol. Biol.* Educ. 34, 66–74 **(2006).**

Ingelman-Sundberg, M., Oscarson, M. and McLellan, R.A., Polymorphic human cytochromes P450 enzymes: An opportunity for individualized drug treatment, *Trends Pharmacol. Sci.* **20,** 342–349 (1999).

Jorgenson, W.L., the many roles of computation in drug discovery, *Science* **303,** 1813–1818 (2004).

Katzung, B.G. (Ed.), *Basic & Clinical Pharmacology* (10th ed.), Mcgraw-Hill (2007).

Lipinski, C. and Hopkins, A., Navigating chemical space for biology and medicine, *Nature* **432,** 855–861 (2004). [Discute estratégias para a descoberta de fármacos.]

MacCoss, M and Baillie, T.A., Organic chemistry in drug discovery, *Science* **303,** 1810–1813 (2004).

Ohlstein, E.H., Ruffolo Jr., R.R. and Elliott, J.D., Drug discovery in the next millennium, *Annu. Rev. Pharmacol. Toxicol.* **40,** 177–191 (2000).

Patrick, G.L., *An Introduction to Medicinal Chemistry* (3rd ed.), Oxford University Press (2005).

Smith, D.A. and van der Waterbeemd, H., Pharmacokinetics and metabolism in early drug design, *Curr. Opin. Chem. Biol.* **3,** 373-378 (1999).

Terrett, N.O., *Combinatorial Chemistry*, Oxford University Press (1998).

White, R.E., High-throughput screening in drug metabolism and pharmacokinetic support of drug discovery, *Annu. Rev. Pharmacol. Toxico*l. **40,** 133–157 (2000).

Willianms, P.A., Cosme, J., Ward, A., Angove, H.C., Matak, D. and Jhoti, H., Crystal structure of human cytochrome P450 2C9 with bound warfarin, *Nature* **424,** 464–468 (2000).

Wong, L.-L, Cytochrome P450 monooxygenase, *Curr. Opin. Chem. Biol.* **2,** 263–268 (1998).

Zartler, E.R. and Shapiro, M.J., *Fragment-Based Drug Discovery. A Practical Apporach*, Wiley (2008).

Proteases do HIV e outras aspártico-proteases

Davies, D.R., The structure and function of the aspartic proteases, *Annu. Rev. Biophys. Biophys. Chem.* **19,** 189–215 (1990).

Erickson, J.W. and Burt, S.K., Structural mechanisms of HIV drug resistence, *Annu. Rev. Pharmacol. Toxicol.* **36,** 545–571 (1996).

Flexner, C., Dual protease inhibitor therapy in HIV-infected patients: Pharmacological rationale and clinical benefits, *Annu. Rev. Pharmacol. Toxicol.* **40,** 649–674 (2000).

Kling, J., Blocking HIV's "scissors", *Modern Drug Discovery* **3**(2), 37–45 (2000).

Meek, T.D., Catalytic mechanisms of the aspartic proteases, *in* Sinnott, M. (Ed.), *Comprehensive biological Catalysis*, Vol. 1, *pp.* 327–344, Academic Press (1998).

Richman, D.D., HIV chemotherapy, *Nature* **410,** 995–1001 (2001).

Tomassellli, A.G., Thaisrivongs, S. and Heinrikson, R.L., Discovery and design of HIV protease inhibitors as drugs for treatment of Aids, *Adv. Antiviral Drug Design* 2, 173–228 (1996).

Turner, B.G. and Summers, M.F., Structural biology of HIV, *J. Mol. Biol.* **285,** 1–32 (1999). [Uma revisão.]

Wilk, T. and Fuller, S.D., Towards the structure of human immunodeficiency virus: Divide and conquer? *Curr. Opin. Struct. Biol.* **9,** 231–243 (1999).

Wlodawer, A., Rational approach to Aids drug design through structural biology, *Annu. Rev. Med.* **53**, 595–614 (2000); *and* Wlodawer, A., and Vondrasek, J., Inhibitors of HIV-1 protease: A major success of structureassisted drug design, *Annu. Rev. Biophys. Biomol. Struct.* **27,** 249-284 (1998).

EXERCÍCIOS DE BIOINFORMÁTICA

Exercícios de Biofinformática encontram-se disponíveis em www.wiley.com/college/voet.

Capítulo 12

Inibidores de enzimas e desenho racional de fármacos

1. **Di-hidrofolato redutase.** Examine a estrutura de uma enzima com um inibidor ligado.
2. **Protease do HIV.** Compare as estruturas dos complexos contendo proteases do HIV e inibidores.
3. **Farmacogenômica e polimorfismo de um único nucleotídeo.** Use bases de dados *on-line* para encontrar informações sobre polimorfismos no citocromo P450.

PROBLEMAS

1. Explique por que a γ-piridona não é tão efetiva como catalisador da mutarrotação da glicose como a α-piridona. O que se pode dizer sobre a β-piridona?

2. Em soluções alcalinas, o RNA é rapidamente hidrolisado produzindo uma mistura de nucleotídeos cujos grupos fosfato estão ligados a resíduos de ribose tanto na posição 2′ como na posição 3′. O DNA, que não tem grupo OH 2′ como o RNA, é resistente à degradação alcalina. Explique.

3. A carboxipeptidase A, uma enzima que contém Zn^{2+}, hidrolisa a ligação peptídica C-terminal de polipeptídeos (Fig. 8.19a). No complexo enzima-substrato, o íon Zn^{2+} coordena-se a três cadeias laterais da enzima, ao oxigênio da carbonila da ligação suscetível de hidrólise e a uma molécula de água. O diagrama de um modelo plausível para o mecanismo de ação da enzima consistente com dados enzimológicos e de raios X está mostrado na Fig. 15.42. Quais são os papéis do íon Zn^{2+} e do Glu 270 neste mecanismo?

4. Na seguinte reação de lactonização,

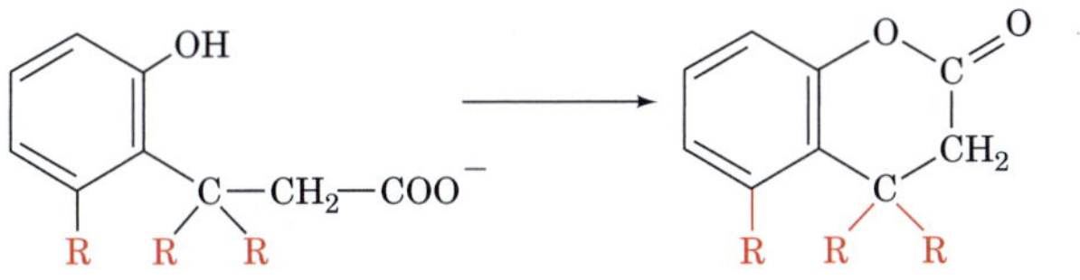

a velocidade relativa da reação é $3{,}43 \times 10^{11}$ maior quando $R = CH_3$ do que quando R = H. Explique.

5. Deduza uma equação análoga à Equação [15.11] para uma enzima que catalise a reação:

$$A + B \rightarrow P$$

Suponha que a enzima liga primeiro A e depois B:

$$E + A + B \rightleftharpoons EA + B \rightleftharpoons EAB \rightarrow EP$$

6. Explique, em termos termodinâmicos, por que uma "enzima" que estabiliza o complexo de Michaelis com a mesma intensidade que estabiliza o estado de transição não é capaz de catalisar a reação.

7. Sugira um análogo ao estado de transição da prolina-racemase diferente daquele apresentado no texto. Justifique a sugestão.

8. Wolfenden estabeleceu que não tem sentido fazer distinção entre "sítios de ligação" e "sítio catalíticos" de enzimas. Explique.

9. Explique por que o oxalato ($^-OOCCOO^-$) é um inibidor da oxalacetato-descarboxilase.

10. Explique por que, à luz das informações dadas neste capítulo, as enzimas são moléculas tão grandes? Por que os sítios ativos geralmente se localizam em fendas ou depressões na enzima e não em protuberâncias?

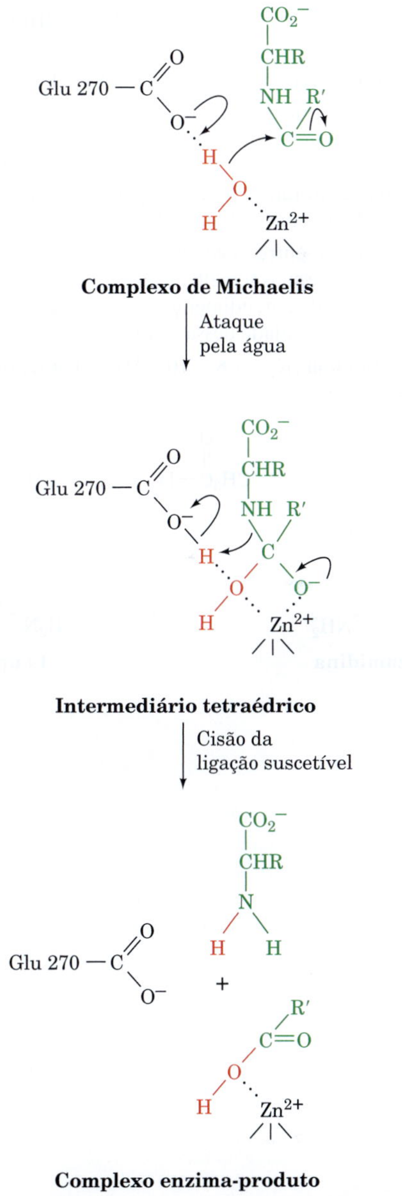

Complexo de Michaelis

Ataque pela água

Intermediário tetraédrico

Cisão da ligação suscetível

Complexo enzima-produto

FIGURA 15.42 **Mecanismo da carboxipeptidase A.**

11. Faça o prognóstico dos efeitos sobre a catálise realizada por uma molécula de lisozima que tenha a Phe 34, a Ser 36 e a Trp 108 modificadas para Arg, supondo que essa mudança não altere de forma significativa a estrutura da proteína.

12. A incubação de $(NAG)_4$ com a lisozima produz a formação lenta de $(NAG)_6$ e $(NAG)_2$. Proponha um mecanismo para essa reação. Quais dos aspectos do mecanismo da lisozima são compatíveis com essa reação?

13. Qual seria a afinidade da ligação da lisozima pelo tetrassacarídeo com ligação $\alpha(1\rightarrow4)$:

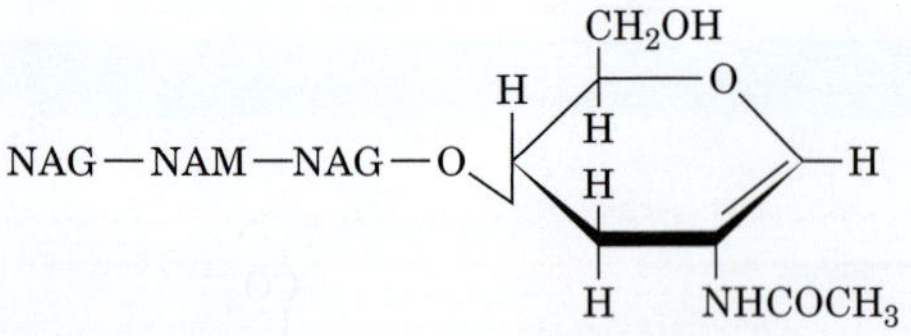

comparada com NAG–NAM–NAG–NAM? Explique.

14. Uma grande dificuldade na investigação das propriedades das serino-proteases pancreáticas reside no fato de que essas enzimas, sendo elas mesmas proteínas, sofrem autodigestão. Esse problema é menos grave, entretanto, para soluções de quimotripsina do que para soluções de tripsina e elastase. Explique.

15. A comparação entre as geometrias da quimotripsina e da subtilisina, supondo que suas semelhanças têm significado para a catálise, levou a um grande entendimento sobre o mecanismo dessas duas enzimas. Discuta a validade dessa estratégia.

16. A **benzamidina** ($K_I = 1{,}8 \times 10^{-5}$ M) e a **leupeptina** ($K_I = 1{,}8 \times 10^{-7}$ M; Fig. 15.19)

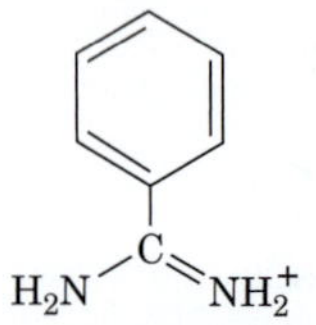

Benzamidina

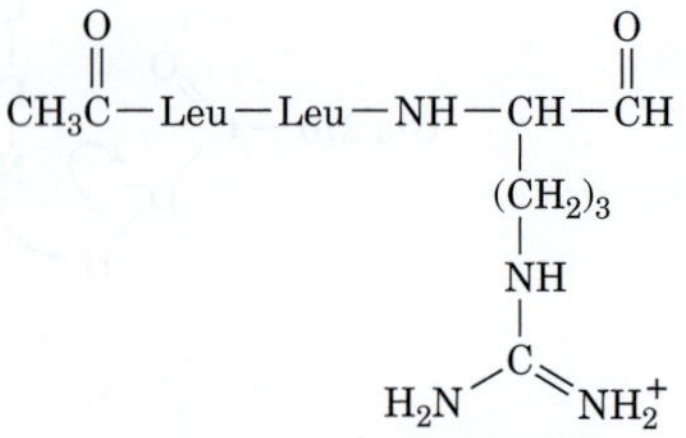

Leupeptina

são inibidores competitivos específicos da tripsina. Explique os seus mecanismos de inibição. Desenhe análogos da leupeptina que inibam a quimotripsina e a elastase.

17. Derivados trigonais de ácido borônico apresentam uma alta tendência a formarem adutos tetraédricos. O **ácido 2-feniletil borônico**

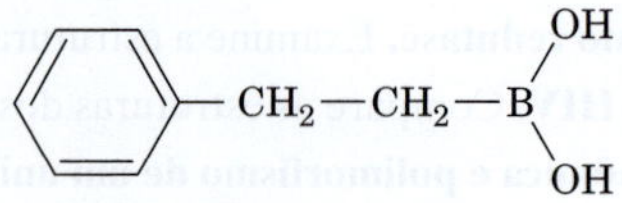

Ácido 2-feniletil borônico

é um inibidor da subtilisina e da quimotripsina. Indique a estrutura dos respectivos complexos enzima-inibidor.

18. O tofu (queijo de soja), um produto de soja com alto conteúdo proteico muito consumido na China e no Japão, é preparado de modo a remover o inibidor de tripsina presente na soja. Explique a razão ou as razões para esse tratamento.

19. Explique por que a mutação de três resíduos da tríade catalítica da tripsina produz o efeito na velocidade de catálise que não é muito diferente do que na mutação de apenas a Ser 195.

20. Explique por que a quimotripsina não se autoativa como a tripsina.

21. Pode a "regra dos cinco" de Lipinski prever se um hexapeptídeo pode ser um fármaco com eficácia terapêutica? Explique.

22. O antídoto preferido para tratamento de overdose de acetaminofeno é a *N*-acetilcisteína. Explique por que a administração dessa substância, que deve ser feita entre 8 e 16 horas após a overdose, é um tratamento eficiente.

23. Por que a ativação da protease do HIV-1 antes que o vírus brote da célula hospedeira é desvantajosa para o vírus? Explique.

Diagrama esquemático das principais vias do metabolismo energético.

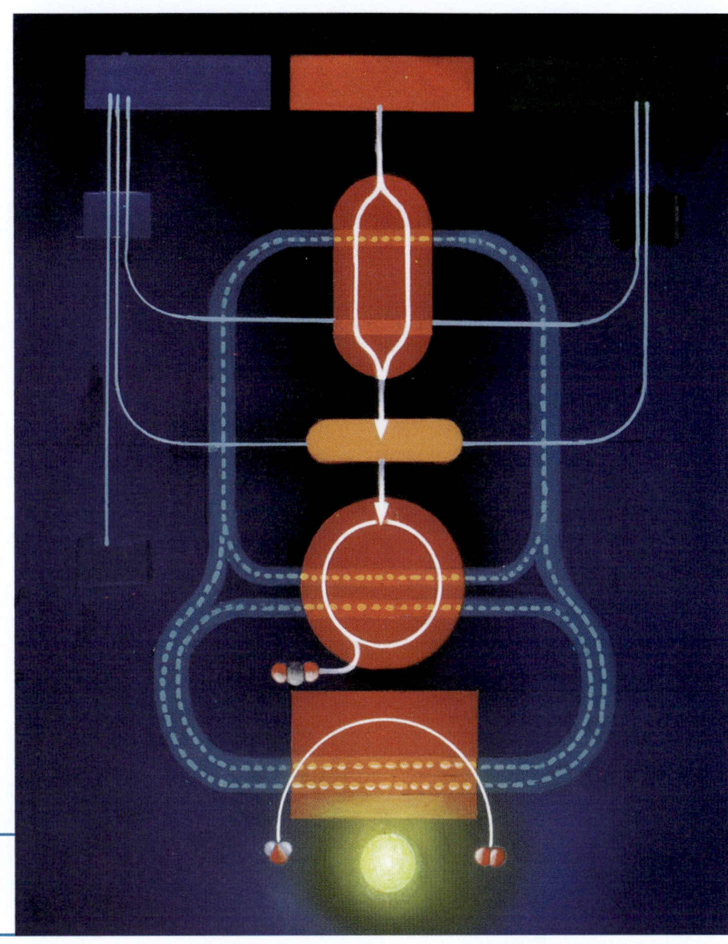

PARTE **IV**

METABOLISMO

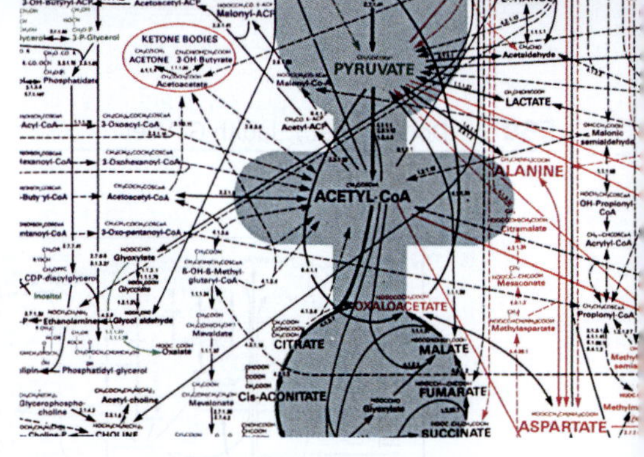

Introdução ao Metabolismo

CAPÍTULO 16

Organismos vivos não estão em equilíbrio. Ao contrário, eles necessitam de um influxo contínuo de energia livre para manter a ordem em um universo inclinado no sentido de maximizar a desordem. O **metabolismo** é o processo global pelo qual os sistemas vivos adquirem e utilizam a energia livre de que necessitam para realizar suas várias funções. *Eles o fazem acoplando reações exergônicas de oxidação de nutrientes a processos endergônicos necessários para manter o estado vivo,* tais como o desempenho de trabalho mecânico, o transporte ativo de moléculas contra gradientes de concentração e a biossíntese de moléculas complexas. Como as coisas vivas adquirem essa energia livre necessária? E qual a natureza do processo de acoplamento de energia?

Os **fotótrofos** (plantas e certas bactérias; Seção 1.1A) adquirem energia livre do sol por meio da **fotossíntese**, um processo em que a luz fornece energia para a reação endergônica de formação de carboidratos e O_2 a partir de CO_2 e H_2O (Capítulo 24). Os **quimiótrofos** obtêm sua energia livre pela oxidação de compostos orgânicos (carboidratos, lipídeos e proteínas) obtidos a partir de outros organismos, em última análise, dos fotótrofos. *Essa energia livre é frequentemente acoplada a reações endoergônicas por meio da síntese intermediária de compostos fosfatados de "alta-energia", tais como* ***trifosfato de adenosina (ATP****; Seção 16.4). Além de serem completamente oxidados, os nutrientes podem ser quebrados em uma série de reações metabólicas para produzir intermediários comuns, utilizados como precursores na síntese de outras moléculas biológicas.*

Uma propriedade notável dos sistemas vivos é que, apesar da complexidade de seus processos internos, eles mantêm o estado estacionário. Isso é demonstrado de forma impressionante pela observação de que, ao longo de 40 anos de vida, um humano adulto normal consome literalmente toneladas de nutrientes e bebe mais de 20.000 L de água, mas o faz sem significante alteração de peso. Esse estado estacionário é mantido por um conjunto sofisticado de sistemas regulatórios metabólicos. Neste capítulo de introdução ao metabolismo, serão delineadas as características gerais das vias metabólicas, serão estudados os principais tipos de reações químicas utilizadas nessas vias e consideradas as técnicas experimentais que têm sido mais úteis para sua elucidação. A seguir, serão discutidas as alterações na energia livre associadas com reações utilizando compostos fosfatados e com reações de oxidação-redução. Por fim, será considerada a natureza termodinâmica dos processos biológicos, ou seja, quais as propriedades da vida que são responsáveis por seu caráter de automanutenção.

1 VIAS METABÓLICAS

Vias metabólicas são séries de reações enzimáticas consecutivas, que produzem produtos específicos. Seus reagentes, intermediários e produtos são denominados **metabólitos**. Uma vez que um organismo utiliza muitos metabólitos, ele apresenta muitas vias metabólicas. A Figura 16.1 mostra um mapa metabólico para um célula típica, com muitas de suas vias interconectadas. Cada reação nesse mapa é catalisada por uma enzima distinta, das quais há ~4.000 conhecidas. Em um primeiro olhar, essa rede parece desesperadoramente complexa. Apesar disso, concentrando-se em suas principais áreas nos próximos capítulos, por exemplo, as principais vias da oxidação da glicose (as áreas sombreadas da Fig. 16.1), será possível uma familiarização com suas avenidas mais importantes e com suas inter-relações. Mapas metabólicos mais legíveis podem ser encontrados nos seguintes *sites:* http://www.expasy.org/cgi-bin/search-biochem-index, http://www.iubmb-nicholson.org e http://www.genome.ad.jp/kegg/metabolism.html.

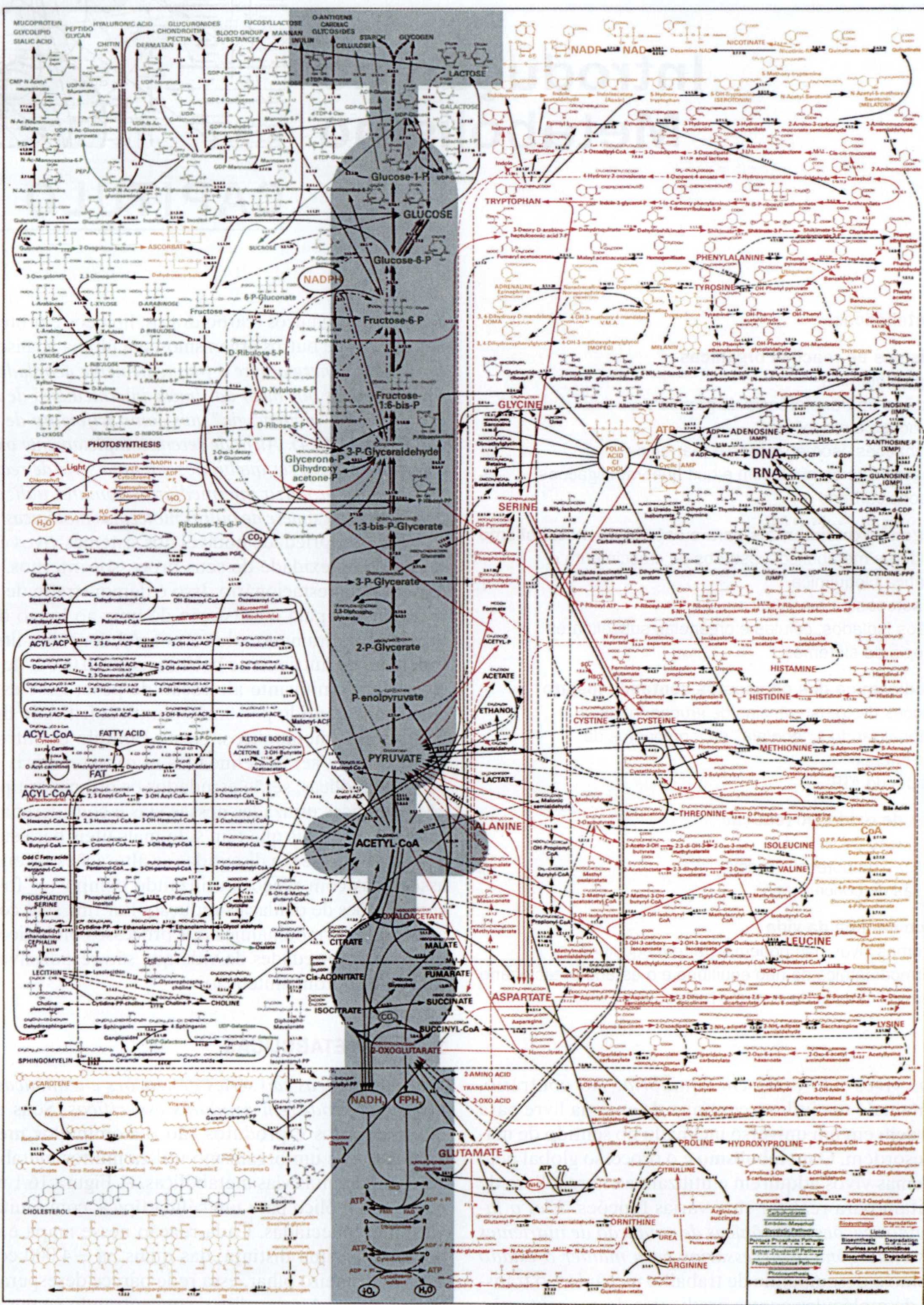

FIGURA 16.1 Mapa das principais vias metabólicas em uma célula típica. As principais vias do metabolismo da glicose estão sombreadas. (Mapa desenhado por Donald Nicholson. Publicado por BDH Ltda., Poole 2, Dorset, Inglaterra.)

As vias com as reações que compreendem o metabolismo são frequentemente divididas em duas categorias:

1. **Catabolismo**, ou degradação, no qual nutrientes e constituintes celulares são degradados exergonicamente para reaproveitar seus componentes ou para gerar energia livre;
2. **Anabolismo**, ou biossíntese, no qual as biomoléculas são sintetizadas a partir de compostos mais simples.

A energia livre liberada pelos processos catalíticos é conservada por meio da síntese de ATP a partir de ADP e fosfato ou por meio da redução da coenzima $NADP^+$ a NADPH (Fig. 13.2). ATP e NADPH são as principais fontes de energia livre para as vias anabólicas (Fig. 16.2).

Uma característica marcante do metabolismo de degradação é que *ele converte um grande número das mais diversas substâncias (carboidratos, lipídeos e proteínas) em intermediários comuns.* Esses intermediários são então posteriormente metabolizados em uma via oxidativa central que finda em uns poucos produtos. A Figura 16.3 esboça a degradação de vários constituintes da dieta, inicialmente em suas unidades monoméricas e, a seguir, em um intermediário comum, a **acetil-coenzima A** (**acetil-CoA**) (Fig. 21.2).

A biossíntese realiza o processo oposto. *Relativamente poucos metabólitos, principalmente piruvato, acetil-CoA e os intermediários do ciclo do ácido cítrico servem como material de partida para uma profusão dos mais variados produtos biossintéticos.* Nos próximos capítulos, serão discutidas em detalhe muitas vias de degradação e de biossíntese. Por ora, podem ser consideradas algumas características gerais desses processos.

Cinco características principais das vias metabólicas originam-se de suas funções como geradoras de produtos para a utilização pela célula:

1. **As vias metabólicas são irreversíveis**. Uma reação altamente exergônica (que apresenta uma variação de energia livre muito grande e negativa) é irreversível, ou seja, a transformação é completa. Se tal reação é parte de uma via contendo muitos passos, ela confere um sentido à via, pois faz as reações andar naquele sentido e torna toda a via irreversível.
2. **Vias catabólicas e anabólicas devem diferir**. *Se dois metabólitos forem metabolicamente interconversíveis, a via do primeiro para o segundo deve diferir da via do segundo de volta para o primeiro:*

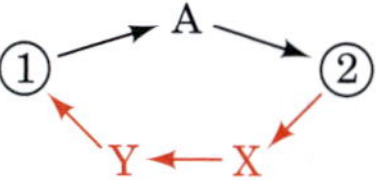

Isso se deve ao fato de que, caso o metabólito 1 seja convertido no metabólito 2 por um processo exergônico, a conversão do metabólito 2 no metabólito 1 requer que energia livre seja fornecida a fim de empurrar esse processo que, de outro modo, seria endergônico, "montanha acima". Consequentemente, as duas vias devem diferir em pelo me-

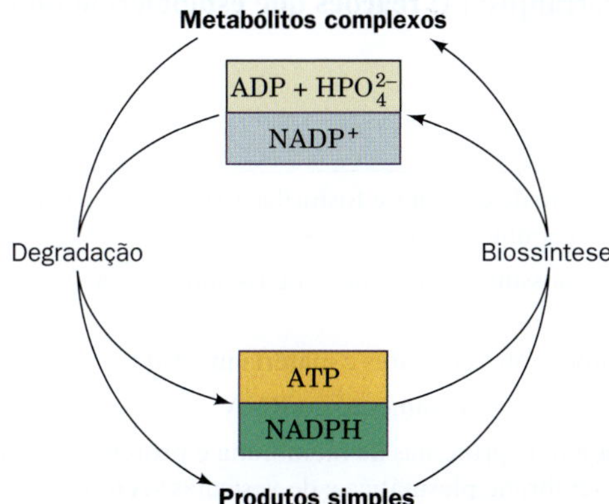

FIGURA 16.2 ATP e NADPH são fontes de energia livre para reações de biossíntese. Eles são produzidos pela degradação de metabólitos complexos.

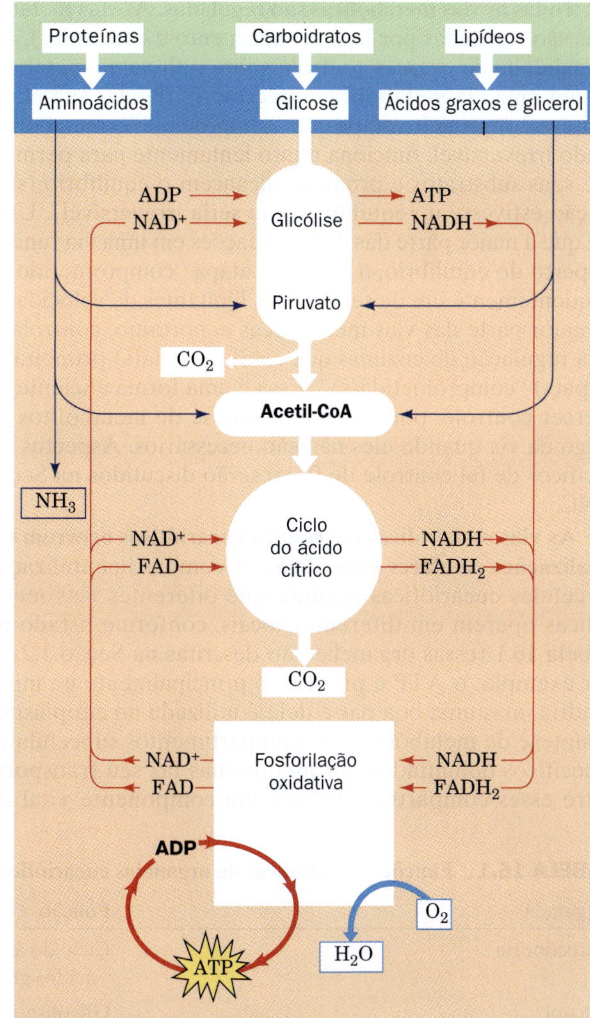

FIGURA 16.3 Visão geral do catabolismo. Metabólitos complexos, como carboidratos, proteínas e lipídeos, são degradados, inicialmente em suas unidades monoméricas, principalmente glicose, aminoácidos, ácidos graxos e glicerol, e, então, produzem o intermediário comum, a acetil-coenzima A (acetil-CoA). O grupo acetila é então oxidado a CO_2, via ciclo do ácido cítrico, com redução concomitante de NAD^+ e FAD. A reoxidação dessas últimas coenzimas pelo O_2, via cadeia transportadora de elétrons e fosforilação oxidativa, produz H_2O e ATP.

nos um de seus passos reacionais. *Como será visto, a existência de rotas de interconversão independentes é uma propriedade importante das vias metabólicas pois permite controle independente dos dois processos.* Se o metabólito 2 estiver sendo requerido pela célula em determinado momento, será necessário "desligar" a via de 2 para 1 ao mesmo tempo em que a via de 1 para 2 será "ligada". Tal controle independente seria impossível sem vias independentes.

3. **Cada via metabólica apresenta uma primeira etapa que compromete o metabólito com a via.** Embora as vias metabólicas sejam irreversíveis, a maior parte das reações que as constituem funciona próxima ao equilíbrio. Próxima ao início de cada via, entretanto, há uma reação irreversível (exoergônica), que "compromete" o metabólito que produz a continuar seguindo essa via.

4. **Todas as vias metabólicas são reguladas.** As vias metabólicas são reguladas por leis de suprimento e demanda. Com a finalidade de exercer controle sobre o fluxo de metabólitos em uma via metabólica, é necessário regular sua etapa limitante. A primeira etapa que "compromete" o metabólito, sendo irreversível, funciona muito lentamente para permitir que seus substratos e produtos alcancem o equilíbrio (se a reação estivesse no equilíbrio, não seria irreversível). Uma vez que a maior parte das demais reações em uma via funciona perto do equilíbrio, a primeira etapa "comprometido" é frequentemente um de seus passos limitantes de velocidade. A maior parte das vias metabólicas é, portanto, controlada pela regulação de enzimas que catalisam sua(s) primeira(s) etapa(s) "comprometida(s)". Essa é uma forma eficiente de exercer controle, pois previne a síntese de metabólitos ao longo da via quando eles não são necessários. Aspectos específicos de tal controle de fluxo serão discutidos na Seção 17.4C.

5. **As vias metabólicas em células eucarióticas ocorrem em localizações celulares específicas.** A compartimentalização de células eucarióticas permite que diferentes vias metabólicas operem em diferentes locais, conforme listado na Tabela 16.1 (essas organelas são descritas na Seção 1.2A). Por exemplo, o ATP é produzido principalmente na mitocôndria, mas uma boa parte dele é utilizada no citoplasma. A síntese de metabólitos em compartimentos subcelulares específicos delimitados por membranas faz seu transporte entre esses compartimentos ser um componente vital do metabolismo eucariótico. Membranas biológicas são seletivamente permeáveis a metabólitos devido à presença, nas membranas, de proteínas transportadoras específicas. A proteína transportadora que facilita a passagem do ATP pela membrana mitocondrial é discutida na Seção 20.4C, juntamente com as características de processos em geral de transporte através de membranas. A síntese e a utilização da acetil-CoA também são compartimentalizadas. Esse intermediário metabólico é utilizado na síntese citosólica de ácidos graxos, mas é sintetizado na mitocôndria. Apesar disso, não há proteína transportadora para a acetil-CoA na membrana mitocondrial. A forma como as células resolvem esse problema fundamental é discutida na Seção 25.4D. Em organismos multicelulares, a compartimentalização é levada uma etapa adiante, para o nível de tecidos e órgãos. O fígado de mamíferos, por exemplo, é o principal responsável pela síntese de glicose a partir de precursores não glicídicos (**gliconeogênese**; Seção 23.1), de forma a manter um nível relativamente constante de glicose na circulação, enquanto o tecido adiposo é especializado em armazenar e mobilizar triacilgliceróis. A interdependência metabólica de vários órgãos é o tema do Capítulo 27.

2 MECANISMOS DE REAÇÕES ORGÂNICAS

Quase todas as reações que ocorrem nas vias metabólicas são reações orgânicas catalisadas enzimaticamente. A Seção 15.1 detalha os vários mecanismos que as enzimas possuem à disposição para a catálise de reações: catálise acidobásica, catálise covalente, catálise por íons metálicos, catálise eletrostática, efeitos de proximidade e orientação e ligação com estado de transição. Poucas enzimas alteram os mecanismos químicos dessas reações, de modo que muito se pode aprender sobre os mecanismos enzimáticos a partir do estudo de modelos não enzimáticos de reações. Assim sendo, inicia-se o estudo de reações metabólicas esboçando os tipos de reações que serão encontrados e os mecanismos pelos quais tem sido observado que essas reações ocorrem em sistemas não enzimáticos.

Christopher Walsh classificou as reações bioquímicas em quatro categorias: (1) **reações de transferência de grupos**; (2) **reações de oxidação e redução**; (3) **eliminações, isomerizações e rearranjos**; (4) **reações que estabelecem ou quebram**

TABELA 16.1 Funções metabólicas de organelas eucarióticas

Organela	Função
Mitocôndria	Ciclo do ácido cítrico, transporte de elétrons e fosforilação oxidativa, oxidação de ácidos graxos, degradação de aminoácidos
Citosol	Glicólise, ciclo das pentoses, biossíntese de ácidos graxos, muitas reações da gliconeogênese
Lisossomos	Digestão enzimática de componentes celulares e matéria ingerida
Núcleo	Replicação do DNA, transcrição, processamento do RNA
Aparelho de Golgi	Processamento pós-traducional de proteínas de membrana e proteínas que serão secretadas; formação da membrana plasmática e de vesículas secretórias
Retículo endoplasmático rugoso	Síntese de proteínas ligadas a membranas e proteínas que serão secretadas
Retículo endoplasmático liso	Biossíntese de lipídeos e esteroides
Peroxissomos (glioxissomos nas plantas)	Reações oxidativas catalisadas por aminoácido-oxidases e pela catalase; nas plantas, reações do ciclo do glioxilato

ligações carbono-carbono. Muito se sabe acerca dos mecanismos dessas reações e sobre as enzimas que as catalisam. A discussão nos próximos capítulos enfoca esses mecanismos, na medida em que eles se aplicam a interconversões metabólicas específicas. Nesta seção, serão descritas as quatro categorias de reação e realizada uma discussão acerca de como os conhecimentos de seus mecanismos de reação derivam do estudo de reações orgânicas modelo. Inicia-se por uma revisão breve da lógica química utilizada na análise dessas reações.

A. *A lógica química*

Uma ligação covalente consiste em um par de elétrons compartilhado entre dois átomos. Com a quebra de tal ligação, o par de elétrons pode permanecer com um dos átomos (**clivagem heterolítica da ligação**) ou separar-se, de modo que cada elétron acompanha um dos átomos (**clivagem homolítica da ligação**) (Fig. 16.4). A clivagem homolítica da ligação, que normalmente produz radicais instáveis, ocorre principalmente em reações de oxidação-redução. Clivagem heterolítica de ligações C-H envolve a formação ou de carbânion e próton (H^+) ou de carbocátion (íon carbônium) e hidreto (H^-). Uma vez que íons hidreto são espécies altamente reativas e átomos de carbono são ligeiramente mais eletronegativos que átomos de hidrogênio, a clivagem da ligação em que o par de elétrons permanece com o átomo de carbono é o modo predominante de quebra da ligação C-H em sistemas bioquímicos. A remoção do íon hidreto ocorre apenas se este for transferido diretamente para um aceptor, como o NAD^+ ou o $NADP^+$.

Compostos que participam em reações envolvendo clivagem heterolítica de ligações e formação de ligações são divididos em duas amplas classes: ricos em elétrons e deficientes em elétrons. Compostos ricos em elétrons, que são denominados **nucleófilos** (gostam do núcleo), são carregados negativamente ou contêm pares de elétrons não compartilhados, que formam facilmente ligações covalentes com centros deficientes em elétrons. Grupos nucleofílicos biologicamente importantes incluem funções amino, hidroxila, imidazol e sulfidrila (Fig. 16.5*a*). As formas nucleofílicas desses grupos são também suas formas básicas. Na verdade, características nucleofílicas e básicas são propriedades proximamente relacionadas (Seção 15.1Ba): um composto atua como uma base quando forma uma ligação covalente com H^+, enquanto atua como um nucleófilo quando forma uma ligação covalente com um centro deficiente em elétrons distinto do H^+, normalmente um átomo de carbono deficiente em elétrons:

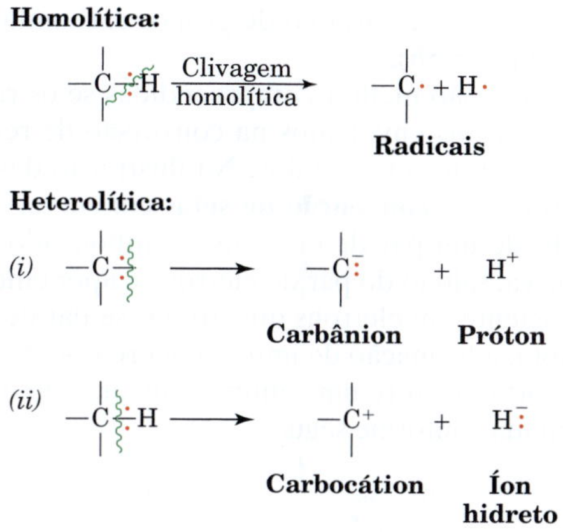

Homolítica:

$$-\overset{|}{\underset{|}{C}}\cdot\!\!\cdot H \xrightarrow{\text{Clivagem homolítica}} -\overset{|}{\underset{|}{C}}\cdot + H\cdot$$

Radicais

Heterolítica:

(*i*) $$-\overset{|}{\underset{|}{C}}{:} \longrightarrow -\overset{|}{\underset{|}{C}}{:}^- + H^+$$

Carbânion **Próton**

(*ii*) $$-\overset{|}{\underset{|}{C}}{:}H \longrightarrow -\overset{|}{\underset{|}{C}}^+ + H{:}^-$$

Carbocátion **Íon hidreto**

FIGURA 16.4 Formas de clivagem da ligação C–H. A clivagem homolítica produz radicais livres, enquanto a clivagem heterolítica produz ou (*i*) um carbânion e um próton ou (*ii*) um carbocátion e um íon hidreto.

Reação em que uma amina funciona como base

$$R{-}\ddot{N}H_2 + H^+ \longrightarrow R{-}N^+H_3$$

Reação nucleofílica de uma amina

$$R{-}\ddot{N}H_2 + \underset{R''}{\overset{R'}{\diagdown}}C{=}O \longrightarrow R{-}\underset{H}{N}{-}\underset{R''}{\overset{R'}{C}}{-}OH$$

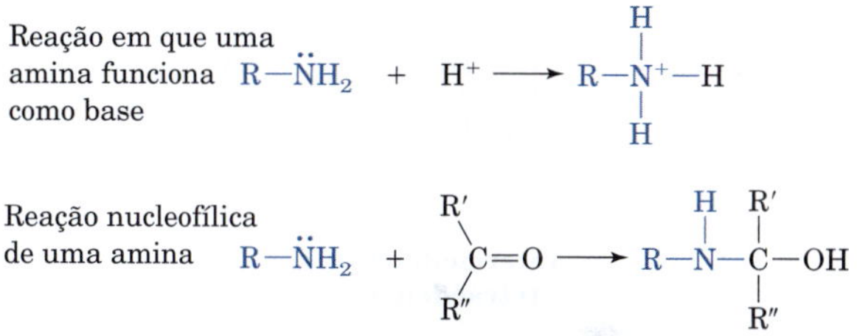

Compostos deficientes em elétrons são denominados **eletrofílicos** (que gostam de elétrons). Eles podem estar carregados positivamente, conter uma eletrosfera com valência não preenchida ou conter um átomo eletronegativo. Os eletrófilos mais comuns em sistemas bioquímicos são o H^+, íons

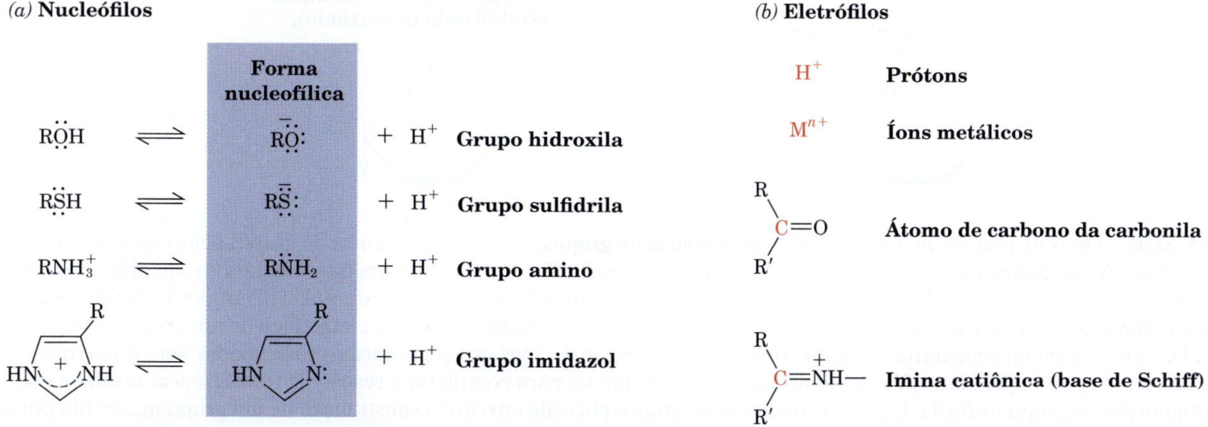

FIGURA 16.5 Grupos nucleofílicos e eletrofílicos biologicamente importantes. (*a*) Os nucleófilos são as bases conjugadas de ácidos fracos, tais como os grupos hidroxila, sulfidrila, amino e imidazol. (*b*) Os eletrófilos contêm um átomo deficiente em elétrons (*vermelho*).

metálicos, átomos de carbono de grupos carbonila e iminas catiônicas (Fig. 16.5*b*).

As reações são melhor compreendidas se os rearranjos do par de elétrons envolvidos na conversão de reatantes a produtos puderem ser seguidos. Na ilustração desses rearranjos, utiliza-se a **convenção de setas em curva**, na qual o movimento de um par de elétrons é simbolizado por uma seta em curva, saindo do par de elétrons e apontando para o centro deficiente em elétrons que atrai esse par de elétrons. Por exemplo, a formação de imina, uma reação bioquimicamente importante entre uma amina e um aldeído ou cetona, é representada conforme segue:

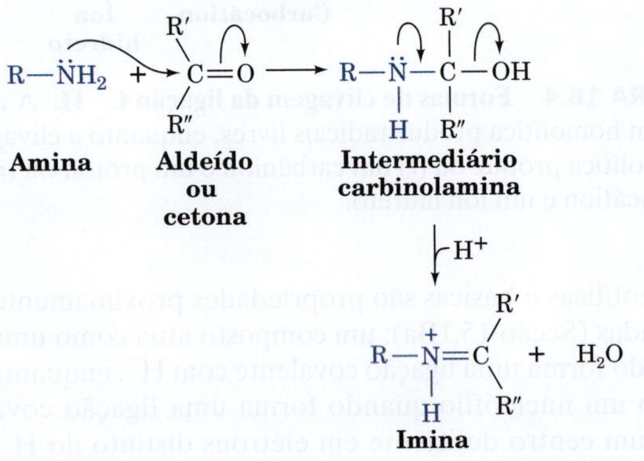

Na primeira etapa da reação, o par eletrônico não compartilhado da amina é adicionado ao átomo de carbono, deficiente em elétrons, da carbonila, enquanto um par de elétrons de sua ligação dupla C=O é transferido para o átomo de oxigênio. Na segunda etapa, o par de elétrons não compartilhado no átomo de nitrogênio é adicionado ao átomo de carbono deficiente em elétrons, com eliminação de água. *Em todos os momentos, as regras de razões químicas prevalecem:* por exemplo, nunca há cinco ligações em um átomo de carbono ou duas ligações em um átomo de hidrogênio.

B. Reações de transferência de grupos

As transferências de grupos que ocorrem em sistemas bioquímicos envolvem a transferência de um grupo eletrofílico de um nucleófilo para outro:

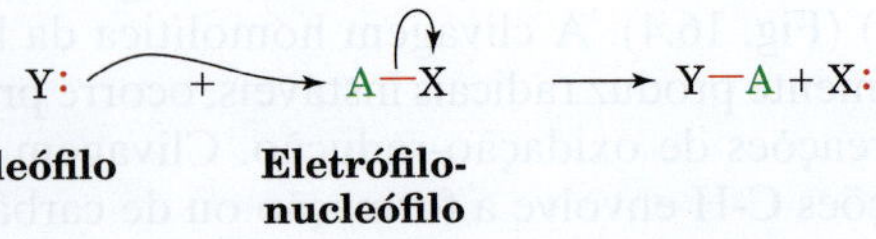

Essas reações poderiam igualmente ser chamadas de reações de substituição nucleofílica. Os grupos mais comumente transferidos em reações bioquímicas são os grupos acila, fosforila e glicosila (Fig. 16.6):

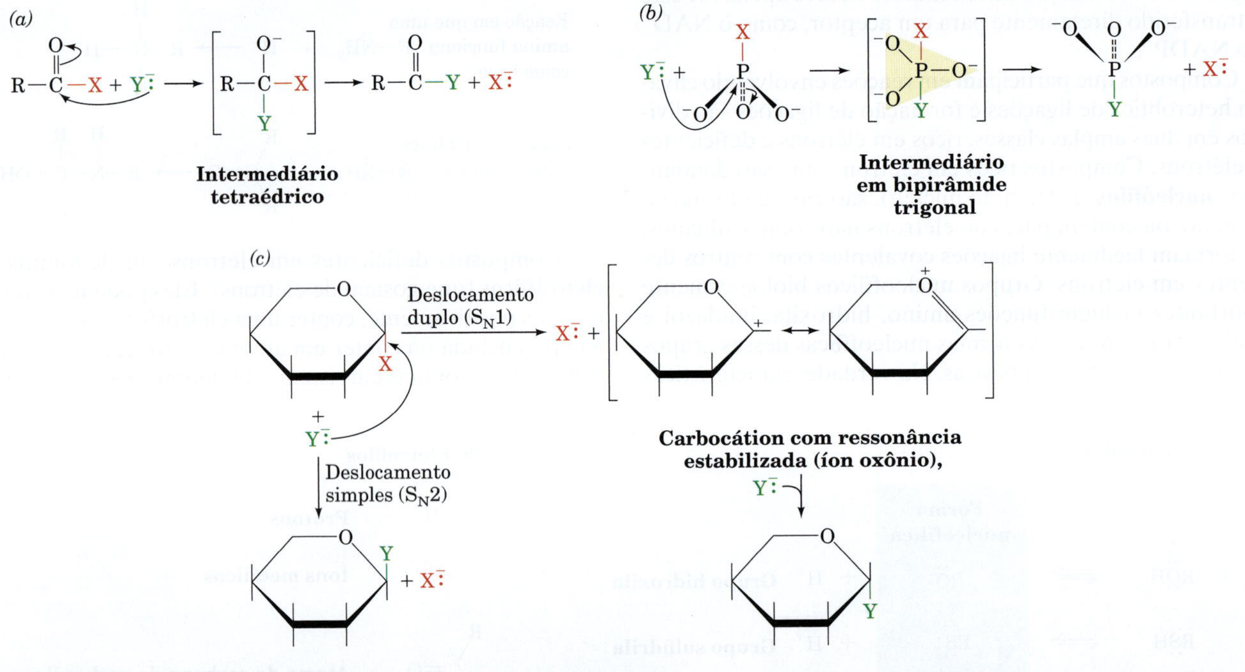

FIGURA 16.6 Tipos de reações metabólicas de transferência de grupos. (*a*) A transferência de grupos acila envolve a adição de um nucleófilo (Y) ao átomo de carbono eletrofílico de um composto acila, para formar um intermediário tetraédrico. O carreador original da acila (X) é então expelido, para formar um novo composto acilado. (*b*) A transferência de grupos fosforila envolve a adição em linha (com o grupo que está saindo) de um nucleófilo (Y) ao átomo de fósforo eletrofílico de um grupo fosforila tetraédrico. Isso produz um intermediário em forma de bipirâmide trigonal, cujas posições apicais são ocupadas pelo grupo que está saindo (X) e pelo grupo que ataca (Y). A eliminação do grupo que sai para completar a reação de transferência resulta na inversão da configuração do grupo fosforila. (*c*) A transferência de grupos glicosila envolve a substituição de um grupo nucleófilo por outro, no C1 do anel do açúcar. Essa reação normalmente ocorre via um mecanismo de duplo deslocamento, no qual a eliminação do carreador original da glicosila (X) é acompanhada pela formação intermediária de um carbocátion estabilizado por ressonância (íon oxônio), seguindo-se a adição do nucleófilo (Y). A reação também pode ocorrer via um mecanismo de deslocamento simples, no qual o Y desloca diretamente o X, com a inversão da configuração.

1. A **transferência de grupos acila** de um nucleófilo para outro envolve, quase invariavelmente, a adição de um nucleófilo ao átomo de carbono carbonila da acila, de modo a formar um intermediário tetraédrico (Fig. 16.6*a*). A hidrólise de ligações peptídicas, como a catalisada, por exemplo, pela quimotripsina (Seção 15.3C), é um exemplo conhecido de tal reação.

2. A **transferência de grupos fosforila** ocorre por meio da adição de um nucleófilo ao átomo de fósforo do grupo fosforila, produzindo um intermediário bipiramidal trigonal, cujos vértices estão ocupados pelos grupos que estão sendo adicionados e pelos que estão deixando o composto (Fig. 16.6*b*). A reação global resulta na inversão da configuração do tetraedro do grupo fosforila. De fato, tem sido demonstrado que compostos fosforila quirais sofrem tal inversão. Por exemplo, Jeremy Knowles sintetizou ATP tornado quiral em seu grupo γ-fosforila por substituição isotópica, e demonstrou que este grupo é invertido em sua transferência para a glicose na reação catalisada pela **hexocinase** (Fig. 16.7).

3. A **transferência de grupos glicosila** envolve a substituição de um grupo nucleofílico por outro no C1 do anel de um açúcar (Fig. 16.6*c*). Esse carbono é o carbono central de um acetal. Modelos químicos de reações de acetais ocorrem geralmente por meio de clivagem por catálise ácida da primeira ligação para produzir um carbocátion em C1 (um íon oxônio), estabilizada por ressonância. A hidrólise catalisada pela lisozima dos polissacarídeos da parede celular bacteriana (Seção 15.2Bb) é uma reação desse tipo.

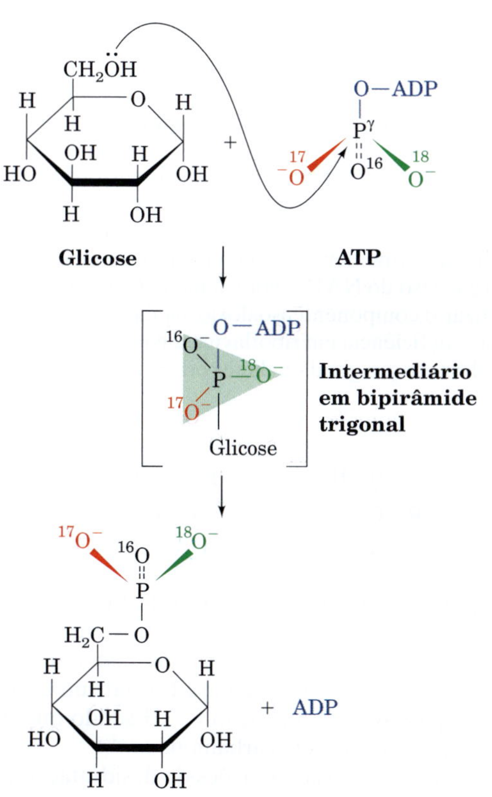

FIGURA 16.7 A reação de transferência de grupo fosforila, catalisada pela hexocinase. Durante sua transferência para a 6-OH da glicose, o grupo γ-fosforila do ATP, tornado quirálico por substituição isotópica, sofre inversão da configuração, via um intermediário em bipirâmide trigonal.

C. *Oxidações e reduções*

Reações de oxidação-redução (redox) envolvem a perda ou ganho de elétrons. A termodinâmica dessas reações é discutida na Seção 16.5. Muitas das reações redox que ocorrem nas vias metabólicas envolvem a clivagem de ligação C-H, com a perda, ao final, de dois elétrons ligados ao átomo de carbono. Esses elétrons são transferidos a um aceptor de elétrons, como o NAD^+ (Fig. 13.2). Não foi ainda estabelecido rigorosamente se essas reações envolvem a clivagem homolítica ou heterolítica da ligação. Na maior parte dos casos, presume-se que ocorra a clivagem heterolítica, quando espécies radicais não são observadas. É útil, no entanto, visualizar reações redox de clivagem da ligação C-H como transferências de hidreto, como diagramado abaixo para a oxidação de um álcool pelo NAD^+:

Base geral + Álcool + NAD^+ → $B{-}H^+$ + Cetona + NADH

Nos organismos aeróbios, o aceptor final para os pares de elétrons removidos dos metabólitos por sua oxidação é o oxigênio molecular (O_2). Deve-se lembrar que essa molécula é uma espécie dirradical em seu estado basal, cujos elétrons não pareados possuem *spins* paralelos. As regras de pareamento de elétrons (o princípio de exclusão de Pauli), portanto, determinam que o O_2 pode aceitar apenas elétrons não pareados, ou seja, os elétrons devem ser transferidos para o O_2 um de cada vez (ao contrário de processos redox nos quais os elétrons são transferidos em pares). Os elétrons que são removidos dos metabólitos em pares devem, portanto, ser transferidos ao O_2 pela cadeia de transporte de elétrons, um de cada vez. Isso é conseguido por meio da utilização de coenzimas conjugadas que apresentam estados de oxidação com radicais estáveis e podem, portanto, sofrer reações redox tanto com $1e^-$ quanto com

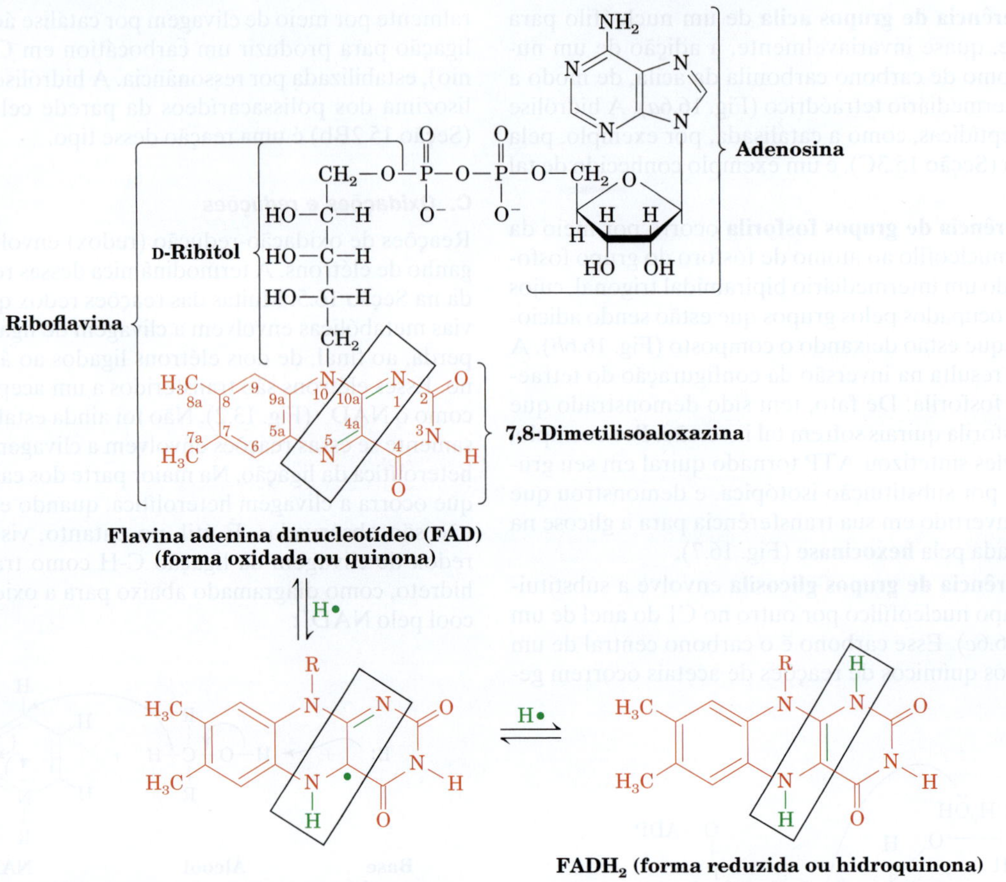

FIGURA 16.8 Fórmula molecular e reações da coenzima FAD. O termo "flavina" é sinônimo de sistema isoaloxazina. O resíduo D-ribitol é derivado do álcool do açúcar D-ribose. O FAD pode apresentar-se semirreduzido, dando o radical estável FADH·, ou completamente reduzido, dando $FADH_2$ (*quadros*). Consequentemente, diferentes enzimas contendo FAD fazem um ciclo entre os diferentes estados de oxidação do FAD. Em geral, o FAD apresenta-se ligado firmemente às suas enzimas, de modo que essa coenzima, via de regra, é um grupo prostético e não um cossubstrato, como é o caso do NAD^+, por exemplo. Consequentemente, embora o ser humano e outros animais superiores sejam incapazes de sintetizar o componente isoaloxazina das flavinas e, portanto, devam obtê-lo em suas dietas (p. ex., na forma de **riboflavina [vitamina B_2]**), a deficiência em riboflavina é bastante rara no homem. Os sintomas de deficiência em riboflavina, que estão associados com desnutrição geral ou dietas bizarras, incluem inflamação da língua, lesões nos cantos da boca e dermatite.

$2e^-$. Uma dessas coenzimas é a **flavina-adenina-dinucleotídeo (FAD**: Fig. 16.8). **Flavinas** (substâncias que contêm o anel **isoaloxazina**) podem sofrer duas trasnferências sequenciais de um elétron ou uma transferência simultânea de dois elétrons, em que não ocorre o estado intermediário de semiquinona.

D. *Eliminações, isomerizações e rearranjos*

a. Reações de eliminação formam ligações duplas carbono – carbono

Reações de eliminação resultam na formação de uma ligação dupla entre dois centros previamente saturados com ligações simples. As substâncias eliminadas podem ser H_2O, NH_3, um álcool (ROH) ou uma amina primária (RNH_2). A desidratação de um álcool, por exemplo, é uma reação de eliminação:

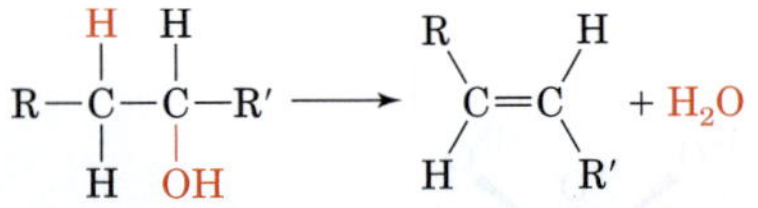

$$R-CH_2-CH(OH)-R' \longrightarrow RCH{=}CHR' + H_2O$$

A quebra e o estabelecimento de ligações nessa reação pode ocorrer por meio de um de três mecanismos (Fig. 16.9*a*): (1) em concerto; (2) em passos, com a ligação C—O sendo quebrada inicialmente para formar um carbocátion; ou (3) em passos, com a ligação C—H sendo quebrada inicialmente para formar um carbânion.

As enzimas catalisam reações de desidratação por meio de um dos dois mecanismos simples a seguir: (1) protonação do grupo OH por um grupo ácido (catálise ácida) ou (2) abstração do próton por um grupo básico (catálise básica). Além disso, em uma reação que ocorre em passos sequenciais, o intermediário carregado pode ser estabilizado por um grupa-

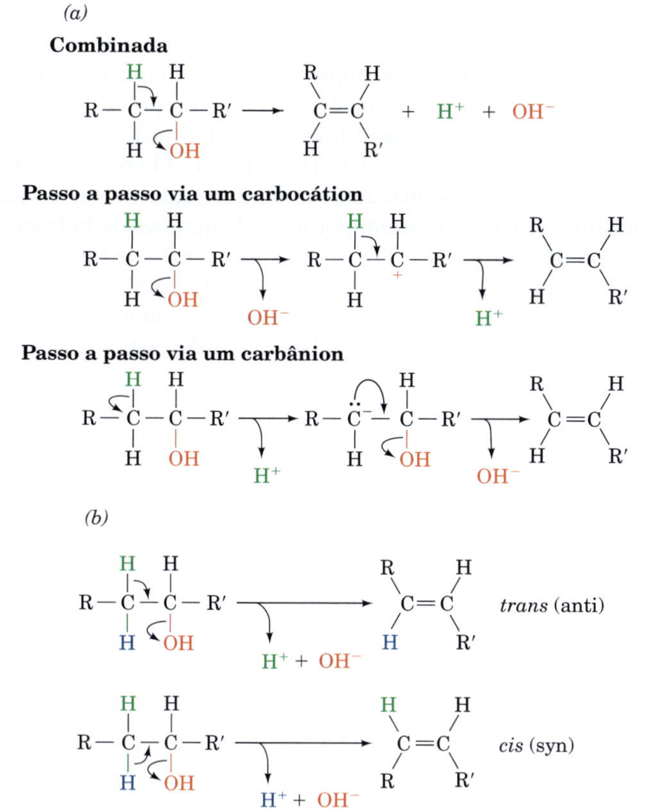

(a)

Combinada

Passo a passo via um carbocátion

Passo a passo via um carbânion

(b)

trans (anti)

cis (syn)

FIGURA 16.9 Possíveis mecanismos de reações de eliminação, utilizando como exemplo a reação de desidratação. As reações podem apresentar-se (*a*) combinadas, passo a passo, via formação de um intermediário carbocátion, ou passo a passo, via um intermediário carbânion; e podem ocorrer com (*b*) estereoquímica *trans* (anti) ou *cis* (syn).

mento com carga oposta no sítio ativo (catálise eletrostática). A enzima glicolítica **enolase** (Seção 17.2I) e a enzima do ciclo do ácido cítrico **fumarase** (Seção 21.3G) catalisam tais reações de desidratação.

As reações de eliminação podem seguir uma de duas possíveis vias estereoquímicas (Fig. 16.9*b*): (1) *trans* (anti) eliminações, o mecanismo bioquímico habitual e (2) *cis* (sin) eliminações, que são menos comuns bioquimicamente.

b. Isomerizações bioquímicas envolvem transferências intramoleculares de átomos de hidrogênio

Reações de isomerização na bioquímica envolvem a transferência intramolecular de um átomo de hidrogênio, de modo a trocar a localização de uma ligação dupla. Em tal processo, um próton é removido de um átomo de carbono e adicionado a outro. A reação de isomerização mais comumente observada no metabolismo é a **interconversão aldose-cetose**, uma reação que ocorre por meio de catálise básica, via intermediários **ânion enediolato** (Fig. 16.10). A enzima glicolítica **fosfoglicose isomerase** catalisa uma reação desse tipo (Seção 17.2B).

A **racemização** é uma reação de isomerização, na qual um átomo de hidrogênio troca sua posição estereoquímica

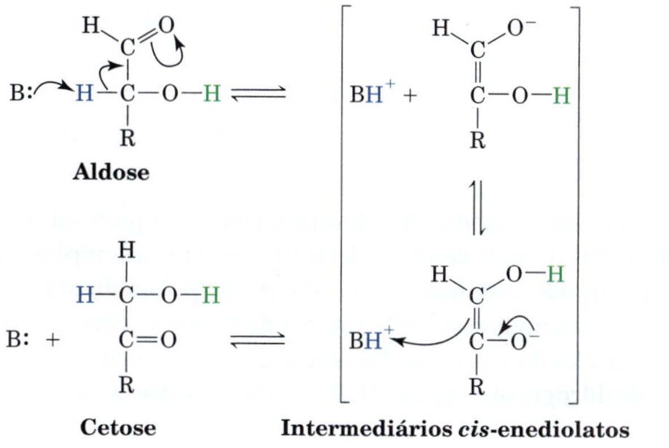

Aldose

Cetose

Intermediários *cis*-enediolatos

FIGURA 16.10 Mecanismo de isomerização aldose-cetose. A reação ocorre com catálise acidobásica e é realizada via intermediários *cis*-enediolatos.

no único centro quiral de uma molécula, de forma a inverter esse centro quiral (p. ex., a racemização da prolina pela prolina racemase; Seção 15.1Fa). Essa isomerização é denominada **epimerização** em uma molécula com mais de um centro quiral.

c. Os rearranjos alteram os esqueletos de carbono

Reações de rearranjo quebram e reestabelecem ligações C-C, de modo a rearranjar o esqueleto carbônico de uma molécula. Há poucas reações metabólicas desse tipo. Uma delas é a conversão do **L-metil-malonil-CoA** em **succinil-CoA** pela **metil-malonil-CoA mutase**, uma enzima cujo grupo prostético é um derivado da **vitamina B_{12}**:

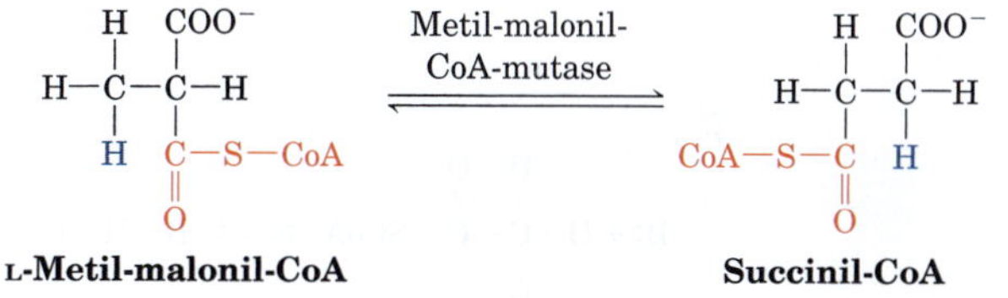

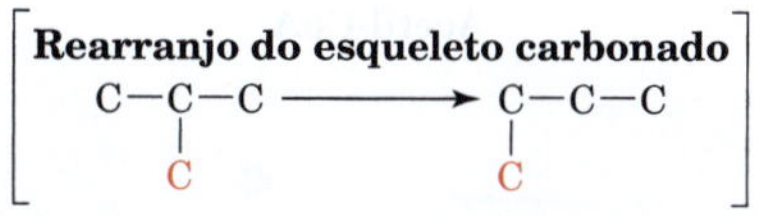

L-Metil-malonil-CoA ⇌ (Metil-malonil-CoA-mutase) **Succinil-CoA**

Rearranjo do esqueleto carbonado

Esta reação está envolvida na oxidação de ácidos graxos com número ímpar de átomos de carbono (Seção 25.2Ec) e de diversos aminoácidos (Seção 26.3Ec).

E. Reações que estabelecem e que quebram ligações carbono-carbono

Reações que estabelecem e que quebram ligações carbono-carbono formam a base do metabolismo de degradação e de biossíntese. A quebra da glicose até CO_2 envolve cinco dessas clivagens, enquanto sua síntese envolve o processo reverso. Tais reações, consideradas no sentido da síntese, envolvem a adição de um carbânion nucleofílico a um átomo de carbono eletrofílico. Os átomos de carbono eletrofílicos mais comuns nessas reações são os átomos de carbono com hibridização sp^2, de carbonilas de aldeídos, cetonas, ésteres e CO_2:

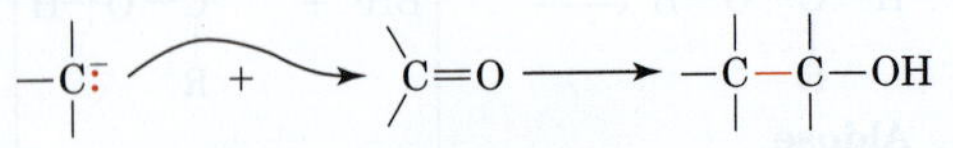

$$-\overset{|}{\underset{|}{C}}:^- + \; >C{=}O \longrightarrow -\overset{|}{\underset{|}{C}}-\overset{|}{\underset{|}{C}}-OH$$

Carbânions estabilizados devem ser gerados para serem adicionados a esses centros eletrofílicos. Três exemplos são a **condensação aldólica** (catalisada, p. ex., pela **aldolase**; Seção 17.2D), a **condensação de ésteres de Claisen** (**citrato sintase**; Seção 21.3A) e a descarboxilação de β-cetoácidos (**isocitrato-desidrogenase**; Seção 21.3C; e a **sintase dos ácidos graxos**; Seção 25.4C). Em sistemas não enzimáticos, tanto a condensação aldólica quanto a condensação de ésteres de Claisen envolvem a geração, por catálise básica, de um carbânion α a um grupo carbonila (Fig. 16.11*a*,*b*). O grupo carbonila é atrator de elétrons e assim fornece estabilização por ressonância, formando um enolato (Fig. 16.12*a*). O enolato pode ser ainda mais estabilizado pela neutralização de sua carga negativa. Enzimas o fazem por meio de ligações de hidrogênio ou de protonação (Fig. 16.12*b*), conversão de um grupo carbonila em uma base de Schiff protonada (catálise covalente; Fig. 16.12*c*) ou por ligação coordenada a um íon metálico (catálise por íon metálico; Fig. 16.12*d*). A descarboxilação de

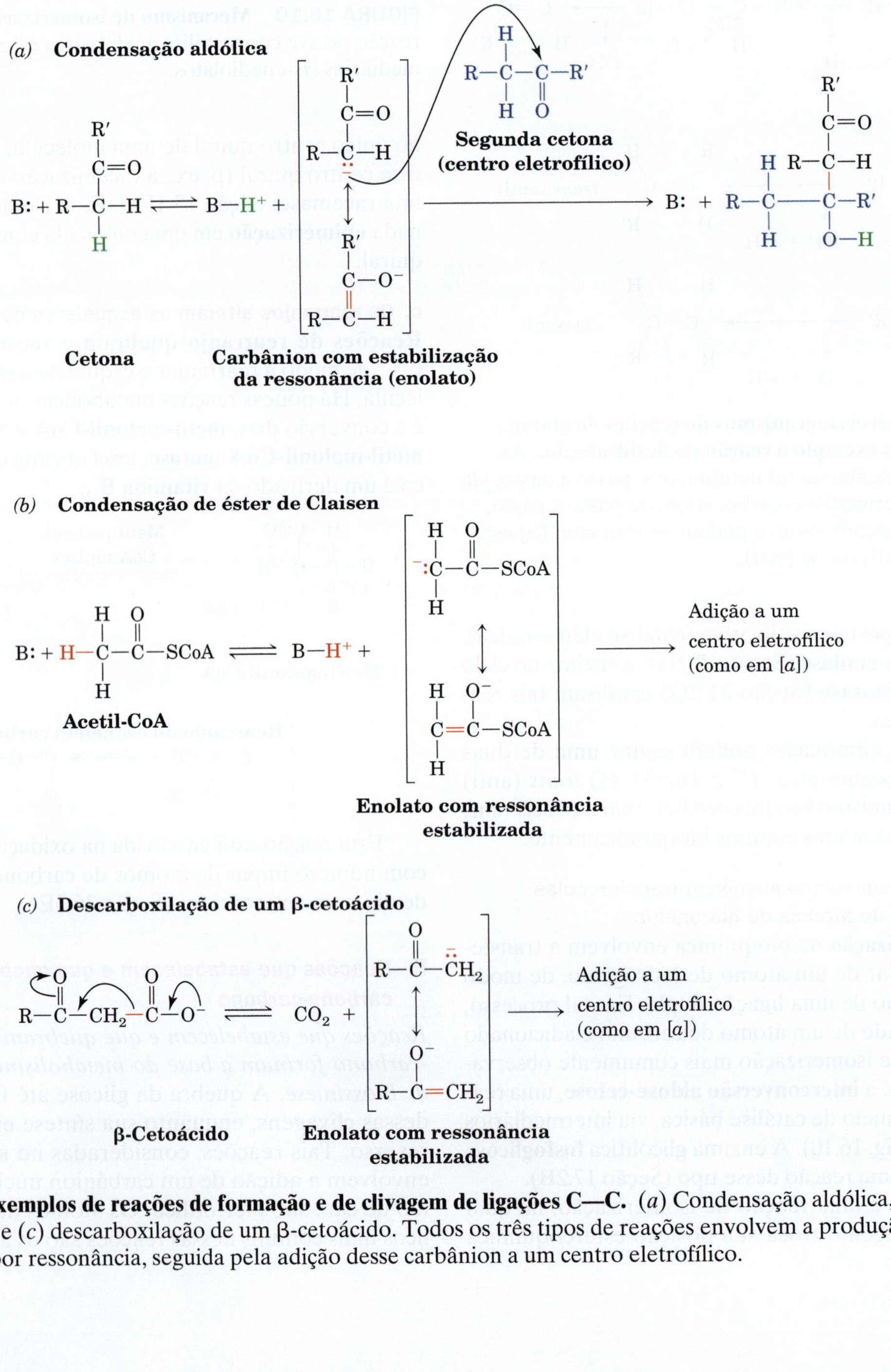

(*a*) **Condensação aldólica**

Cetona — **Carbânion com estabilização da ressonância (enolato)** — **Segunda cetona (centro eletrofílico)**

(*b*) **Condensação de éster de Claisen**

Acetil-CoA — **Enolato com ressonância estabilizada** — Adição a um centro eletrofílico (como em [*a*])

(*c*) **Descarboxilação de um β-cetoácido**

β-Cetoácido — **Enolato com ressonância estabilizada** — Adição a um centro eletrofílico (como em [*a*])

FIGURA 16.11 Exemplos de reações de formação e de clivagem de ligações C—C. (*a*) Condensação aldólica, (*b*) condensação de éster de Claisen e (*c*) descarboxilação de um β-cetoácido. Todos os três tipos de reações envolvem a produção de um carbânion com estabilização por ressonância, seguida pela adição desse carbânion a um centro eletrofílico.

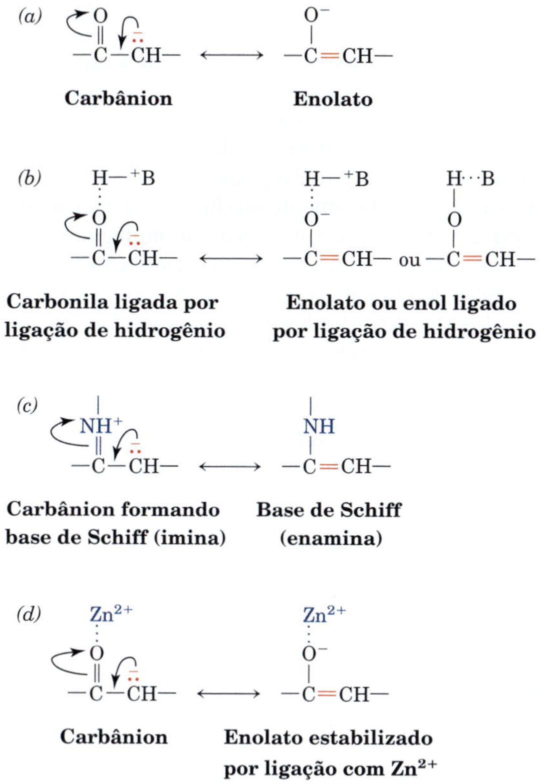

(a) Carbânion ⟷ Enolato

(b) Carbonila ligada por ligação de hidrogênio ⟷ Enolato ou enol ligado por ligação de hidrogênio

(c) Carbânion formando base de Schiff (imina) ⟷ Base de Schiff (enamina)

(d) Carbânion ⟷ Enolato estabilizado por ligação com Zn^{2+}

FIGURA 16.12 Estabilização de carbânions. (*a*) Carbânions adjacentes a grupos carbonila são estabilizados pela formação de enolatos. (*b*) Carbânions adjacentes a grupos carbonila unidos por ligações de hidrogênio a ácidos em geral são estabilizados eletrostaticamente ou por neutralização de carga. (*c*) Carbânions adjacentes a iminas protonadas (bases de Schiff) são estabilizados pela formação de enaminas. (*d*) Íons metálicos estabilizam carbânions adjacentes a grupos carbonila pela estabilização eletrostática do enolato.

um β-cetoácido não requer catálise básica para a produção de um carbânion estabilizado por ressonância; a formação altamente exoergônica de CO_2 fornece a força que impulsiona essa reação (Fig. 16.11*c*).

3 ABORDAGENS EXPERIMENTAIS PARA O ESTUDO DO METABOLISMO

Uma via metabólica pode ser compreendida em diferentes níveis:

1. Em termos da sequência de reações pelas quais um determinado nutriente é convertido em produto final, e da energia dessas conversões.
2. Em termos dos mecanismos pelos quais cada intermediário é convertido em seu sucessor. Tal análise requer o isolamento e a caracterização das enzimas específicas que catalisam cada reação.
3. Em termos dos mecanismos de controle que regulam o fluxo dos metabólitos pela via. Uma complexa e cuidadosamente elaborada rede de processos regulatórios torna as vias metabólicas notavelmente sensíveis às necessidades do organismo; os produtos de uma via geralmente ocorrem na medida do necessário.

Como se pode imaginar, a elucidação de uma via metabólica em todos esses níveis é um processo complexo, envolvendo contribuições de várias disciplinas. A maior parte das técnicas utilizadas para tal envolvem, de certo modo, perturbações do sistema e a observação dos efeitos dessa perturbação sobre o crescimento ou sobre a produção de intermediários metabólicos. Uma dessas técnicas é a utilização de inibidores metabólicos que bloqueiam vias metabólicas em passos enzimáticos específicos. Outra, é o estudo de anormalidades genéticas que interrompem vias metabólicas específicas. Também foram desenvolvidas técnicas para a dissecção dos organismos em seus órgãos componentes, assim como tecidos, células e organelas subcelulares, e para a purificação e identificação de metabólitos, assim como das enzimas que catalisam suas interconversões. A utilização de isótopos como traçadores para seguir as vias de determinados átomos e moléculas pelo labirinto metabólico tornou-se rotina. Técnicas utilizando ressonância magnética (RM) são capazes de seguir metabólitos de forma não invasiva, enquanto eles reagem *in vivo*. Esta seção descreve brevemente o uso dessas várias técnicas.

A. *Inibidores metabólicos, estudos de crescimento e genética bioquímica*

a. Intermediários de vias metabólicas acumulam-se na presença de inibidores metabólicos

A primeira via metabólica a ser completamente traçada foi a conversão de glicose em etanol em fungos, por meio de um processos conhecido como **glicólise** (Seção 17.1A). Durante esses estudos, descobriu-se que certas substâncias, denominadas **inibidores metabólicos**, bloqueavam a via em pontos específicos, causando, portanto, o acúmulo dos intermediários precedentes. Por exemplo, o iodoacetato faz os extratos de fungos acumular frutose 1,6-bifosfato, enquanto o fluoreto causa o acúmulo de dois ésteres de fosfato, o 3-fosfoglicerato e o 2-fosfoglicerato. O isolamento e a caracterização desses intermediários foi vital para a elucidação da via glicolítica: a intuição química combinada com essa informação levou à previsão dos passos intermediários dessa via. Ao final, demonstrou-se que cada uma das reações propostas ocorre *in vitro*, catalisada por uma enzima purificada.

b. Defeitos genéticos também causam o acúmulo de intermediários metabólicos

A observação de Archibald Garrod, no início do século XX, de que doenças genéticas humanas são consequência de deficiências em enzimas específicas (Seção 1.4Cd) também contribuiu para a elucidação de vias metabólicas. Por exemplo, após a ingestão de fenilalanina ou de tirosina, indivíduos com a condição herdada, basicamente sem grandes consequências, denominada **alcaptonuria** excretam **ácido homogentísico** na urina (Seção 26.3Hd), o que não ocorre em indivíduos normais. Isso ocorre porque o fígado de alcaptonúricos é deficiente em uma enzima que catalisa a degradação do ácido homogentísico. Uma outra doença genética, a **fenilcetonúria** (Seção 26.3Hd), resulta no acúmulo de **fenilpiruvato** na urina (essa doença, se não for tratada, causa grave deficiência intelectual em crianças). A fenilalanina e o fenilpiruvato ingeridos aparecem como fenilpiruvato na urina de indivíduos afetados, enquanto a tirosina é metabolizada normalmente. Os efeitos dessas duas anormalidades sugeriram a via para o metabolismo da fenilalanina, diagramada na Fig. 16.13. No entanto, a suposição de que fenilpiruvato, e não tirosina, estivesse na via normal do metabolismo da fenilalanina (o que era sugerido pelo fato do fenilpiruvato acumular-se na urina de fenilcetonúricos) mostrou ser incorreta. Isso ilustra as armadilhas de construir uma base apenas em bloqueios metabólicos e a consequente expansão do uso de intermediários como indicadores de uma via metabólica. Neste caso, a formação de fenilpiruvato foi posteriormente demonstrada surgir de uma via normalmente pouco importante, que torna-se significativa apenas quando a concentração de fenilalanina for anormalmente alta, como ocorre em fenilcetonúricos.

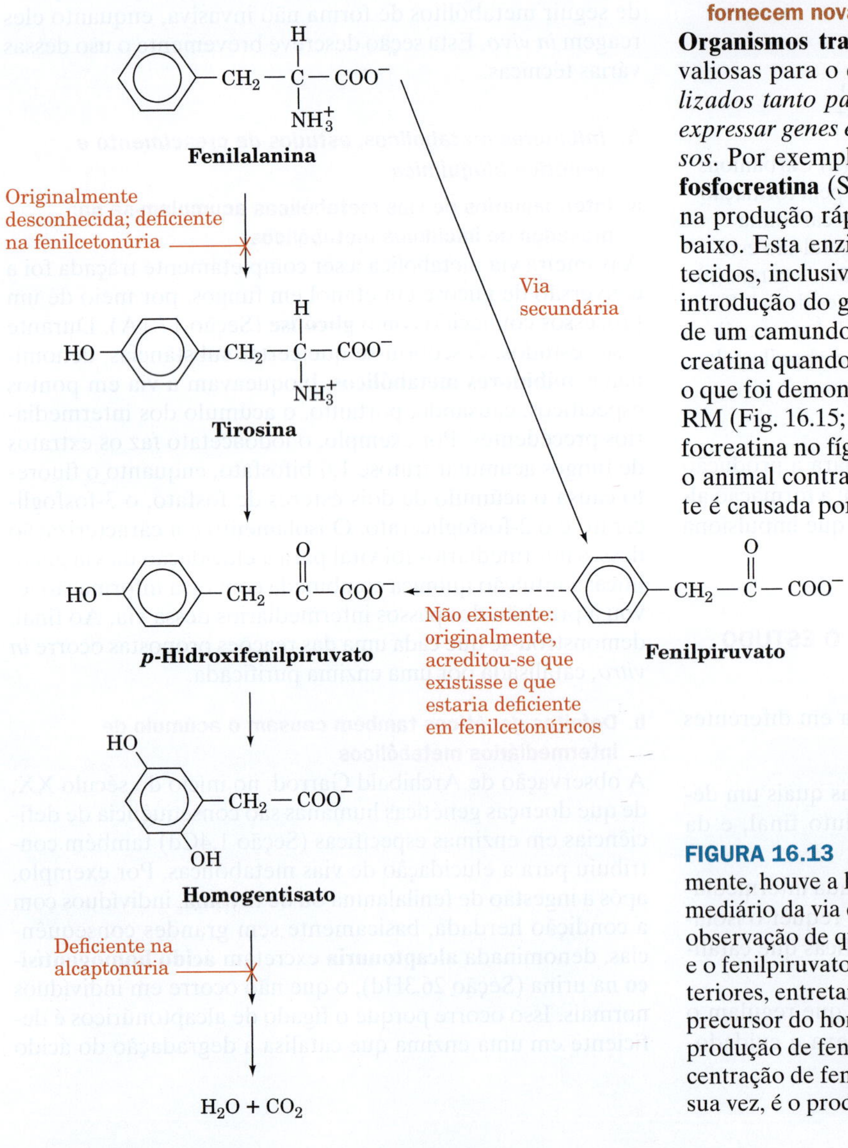

Fenilalanina

Originalmente desconhecida; deficiente na fenilcetonúria

Via secundária

Tirosina

p-Hidroxifenilpiruvato

Não existente: originalmente, acreditou-se que existisse e que estaria deficiente em fenilcetonúricos

Fenilpiruvato

Homogentisato

Deficiente na alcaptonúria

$H_2O + CO_2$

FIGURA 16.13 Vias de degradação da fenilalanina. Inicialmente, houve a hipótese de que o fenilpiruvato era um intermediário da via de degradação da fenilalanina, em função da observação de que fenilcetonúricos excretavam a fenilalanina e o fenilpiruvato ingeridos como fenilpiruvato. Estudos posteriores, entretanto, demonstraram que o fenilpiruvato não é precursor do homogentisato; em vez disso, observou-se que a produção de fenilpiruvato é significativa apenas quando a concentração de fenilalanina é anormalmente alta. A tirosina, por sua vez, é o produto normal da degradação da fenilalanina.

c. Bloqueios metabólicos podem ser produzidos por manipulação genética

Os primeiros estudos metabólicos levaram à espantosa descoberta de que *as vias metabólicas básicas são essencialmente idênticas na maioria dos organismos.* Essa uniformidade metabólica facilitou enormemente o estudo das reações metabólicas. Uma mutação que inativa ou suprime uma enzima em uma via de interesse pode ser facilmente produzida em microrganismos de reprodução rápida pela utilização de **mutágenos** (agentes químicos que induzem mudanças genéticas; Seção 32.1A), raios X ou técnicas de engenharia genética (Seção 5.5). Os mutantes desejados são identificados por sua necessidade do produto final da via para o crescimento. Por exemplo, George Beadle e Edward Tatum propuseram uma via para a biossíntese da arginina no fungo *Neurospora crassa*, com base em suas análises de três **mutantes auxotróficos** (mutantes que necessitam de um determinado nutriente para crescer) que necessitavam de arginina, os quais foram isolados após irradiação com raios X (Fig. 16.14). Este trabalho, que foi um marco no estudo das vias metabólicas, também demonstrou de forma conclusiva que as enzimas são especificadas por genes (Seção 1.4Cd).

d. Manipulações genéticas de organismos superiores fornecem novas concepções metabólicas

Organismos transgênicos (Seção 5.5H) constituem fontes valiosas para o estudo do metabolismo. *Eles podem ser utilizados tanto para criar bloqueios metabólicos quanto para expressar genes em tecidos onde normalmente não são expressos*. Por exemplo, a **creatina-cinase** catalisa a formação de **fosfocreatina** (Seção 16.4Cd), uma substância que funciona na produção rápida de ATP quando seu suprimento estiver baixo. Esta enzima está presente, normalmente, em muitos tecidos, inclusive encéfalo e músculo, mas não no fígado. A introdução do gene que codifica a creatina-cinase no fígado de um camundongo fez com que o fígado sintetizasse fosfocreatina quando o camundongo foi alimentado com creatina, o que foi demonstrado por técnicas de localização *in vivo*, por RM (Fig. 16.15; RM é discutida a seguir). A presença de fosfocreatina no fígado de um camundongo transgênico protege o animal contra a queda brusca na [ATP], que normalmente é causada por sobrecarga de frutose (Seção 17.5Aa). Essa

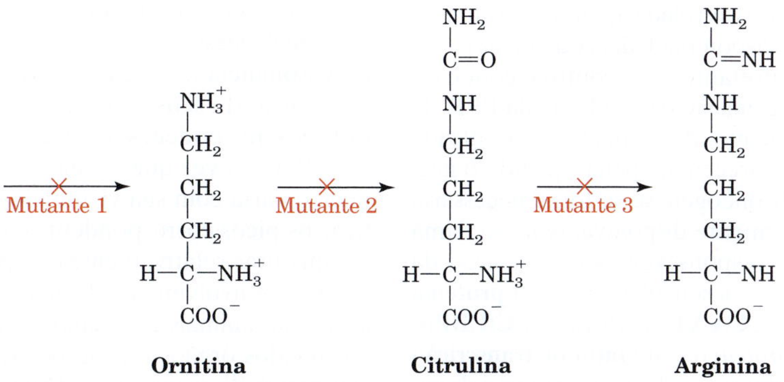

Mutante 1 → NH_3^+–CH_2–CH_2–CH_2–$H-C-NH_3^+$–COO^- **Ornitina** → Mutante 2 → NH_2–$C{=}O$–NH–CH_2–CH_2–CH_2–$H-C-NH_3^+$–COO^- **Citrulina** → Mutante 3 → NH_2–$C{=}NH$–NH–CH_2–CH_2–CH_2–$H-C-NH$–COO^- **Arginina**

FIGURA 16.14 Via de biossíntese de arginina, indicando as posições de bloqueios genéticos. Todos esses mutantes crescem na presença de arginina, mas o mutante 1 também cresce na presença dos α-aminoácidos **citrulina** e **ornitina** (que não são aminoácidos-padrão) e o mutante 2 cresce na presença de citrulina. Isso ocorre porque no mutante 1 uma enzima que leva à produção de ornitina está ausente, mas as enzimas seguintes na via são normais. No mutante 2, a enzima que catalisa a produção de citrulina está deficiente, enquanto no mutante 3 uma enzima envolvida na conversão de citrulina em arginina está ausente.

técnica de manipulação genética está sendo utilizada para o estudo de mecanismos de controle metabólico *in vivo*.

Vias metabólicas são reguladas pelo controle da atividade de enzimas regulatórias (Seções 17.4 e 18.3) e pelo controle de

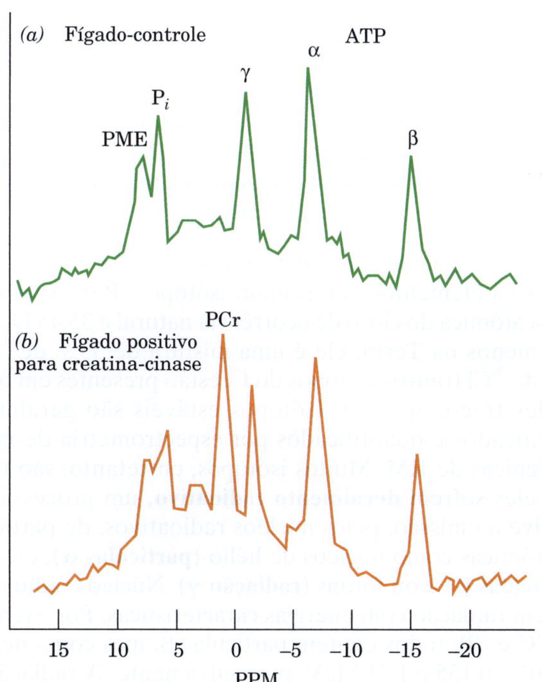

FIGURA 16.15 Expressão da creatina-cinase no fígado de camundongo transgênico, demonstrada por meio de ^{31}P RM, localizada *in vivo*. (*a*) O espectro de um fígado de camundongo normal, após o animal ter sido alimentado com uma dieta suplementada com 2% de creatina. Estão marcados os picos correspondentes ao fosfato inorgânico (P_i), aos grupos fosforila α, β e γ do ATP e a fosfomonoésteres (PME, de *phosphomonoesters*). (*b*) O espectro de um fígado de um camundongo transgênico para creatina-cinase que foi alimentado com uma dieta suplementada contendo 2% de creatina. O pico da fosfocreatina está marcado como PCr. (Segundo Koretsky, A.P., Brosnan, M.J., Chen, L., Chen, J., e Van Dyke, T.A., *Proc. Natl. Acad. Sci.* **87**, 3114 [1990].)

suas concentrações no nível da expressão gênica (Seções 31.3, 32.4 e 34.3). A importante questão a respeito de como os hormônios e a dieta controlam os processos metabólicos no nível da expressão gênica está sendo investigada com a utilização de animais transgênicos. **Genes-repórter** (genes cujos produtos são facilmente detectados; Seção 5.5Gd) são colocados sob a influência de **promotores** (elementos gênicos que regulam o início da transcrição; Seção 5.5Aa), que controlam a expressão de enzimas regulatórias específicas, e o gene composto resultante é expresso nos animais. Animais transgênicos podem então ser tratados com hormônios e/ou dietas específicos e a produção do produto do gene-repórter é medida. Por exemplo, em uma investigação realizada por Richard Hanson, o promotor da enzima **fosfoenolpiruvato-carboxicinase** (**PEPCK**) foi ligado ao gene estrutural que codifica o **hormônio do crescimento** (**GH**). A PEPCK, uma importante enzima regulatória da **gliconeogênese** (a síntese de glicose a partir de precursores não glicídicos; Seção 23.1), está normalmente presente no fígado e nos rins, mas não no sangue. O GH, entretanto, é secretado para o sangue, e sua presença pode ser facilmente quantificada por Elisa (Seção 6.1Da). Camundongos transgênicos para PEPCK/GH receberam dietas ou contendo alto conteúdo de carboidratos e pouca proteína ou alto conteúdo de proteína e pouco carboidrato, as quais sabe-se que, respectivamente, diminuem ou aumentam a atividade da PEPCK. GH em concentrações altas foi detectado apenas no soro de camundongos PEPCK/GH que receberam a dieta hiperproteica, indicando, portanto, que o GH foi sintetizado sob o controle pela dieta, o mesmo controle expresso pelo gene normal da PEPCK. Desse modo, a atividade da PEPCK em camundongos PEPCK/GH pode ser monitorada continuamente, embora de forma indireta, por ensaios de GH no soro (a medida direta da atividade da PEPCK no fígado ou nos rins de camundongos requer o sacrifício do animal e, portanto, pode ser feita apenas uma vez). Tal utilização de um gene-repórter provou ser de grande valia no estudo do controle genético do metabolismo.

Técnicas modernas também tornaram possível inserir uma mutação que inativa ou suprime uma enzima ou proteína de controle em uma via de interesse em organismos superiores tais como os camundongos (**camundongos nocaute**; Seção 5.5H). Camundongos nocaute têm se mostrado úteis para o estudo de mecanismos de controle metabólico. Por exemplo, acredita-se que a atividade da PEPCK seja controlada apenas pelo aumento ou pela diminuição de sua disponibilidade. A dieta afeta sua produção, como foi visto. Entretanto, esse controle com base na demanda é sobreposto à regulação da produção da PEPCK estabelecida pelo desenvolvimento. A enzima não é produzida no início da embriogênese, aparecendo apenas quando o nascimento está próximo e a gliconeogênese se torna necessária para suprir a glicose, anteriormente disponível *in utero*. Uma das proteínas possivelmente responsáveis pela regulação da produção da PEPCK durante o desenvolvimento é a **proteína α facilitadora de ligação em CCAAT** (**C/PFLα** ou **C/EBPα**, do inglês *enhancer-binding protein* α), um **fator de transcrição** (Seção 5.4Aa; a regulação transcricional em eucariotos é discutida na Seção 34.3B). Camundongos recém-nascidos, homozigotos para a supressão do gene *c/ebpα* (camundongos nocaute *c/ebpα*) não produzem C/EBPα e, portanto, não produzem PEPCK. Consequentemente, seus fígados não podem sintetizar a glicose necessária para manter níveis adequados de glicose no sangue quando forem desconectados da circulação materna. De fato, esses camundongos tornam-se tão hipoglicêmicos, que morrem dentro de 8 horas após o nascimento. Fica evidente que a C/EBPα desempenha um papel importante na regulação da produção da PEPCK durante o desenvolvimento.

B. *Os isótopos na bioquímica*

A marcação específica de metabólitos, de modo que suas interconversões possam ser rastreadas, é uma técnica indispensável para a elucidação de vias metabólicas. Franz Knoop elaborou esta técnica em 1904, para estudar a oxidação dos ácidos graxos. Ele alimentou cães com ácidos graxos marcados quimicamente com grupos fenila e isolou os produtos finais com substituintes fenila encontrados na urina. A partir das diferenças observadas nesses produtos quando o material de partida com substituintes fenila continha átomos de carbono em número par ou ímpar, ele deduziu que os ácidos graxos são degradados em unidades de 2C (Seção 25.2).

a. Os isótopos marcam especificamente as moléculas, sem alterar suas propriedades químicas

A marcação química tem a desvantagem de que as propriedades químicas dos metabólitos marcados diferem daquelas dos metabólitos normais. Esse problema é eliminado pela marcação das moléculas de interesse com **isótopos** (átomos com o mesmo número de prótons, mas um diferente número de nêutrons em seus núcleos). Deve-se lembrar que as propriedades químicas de um elemento são consequência de sua configuração eletrônica, a qual, por sua vez, é determinada por seu número atômico e não por sua massa atômica. O destino metabólico de um determinado átomo em um metabólito pode então ser determinado marcando-se isotopicamente aquela posição e seguindo-se seu progresso pela via metabólica de interesse. Desse modo, o advento da marcação isotópica e de técnicas de rastrear-se o destino de metabólitos, iniciado na década de 1940, revolucionou o estudo do metabolismo. (**Efeitos isotópicos**, que são mudanças nas velocidades de reação em virtude da diferença de massas entre os isótopos, são, na maior parte dos casos, desprezíveis. Quando são significativos, especialmente no caso do hidrogênio e seus isótopos deutério e trítio, têm sido utilizados para melhor compreender mecanismos de reações enzimáticas.)

b. A RM pode ser utilizada para o estudo do metabolismo em animais intactos

A ressonância magnética (RM) detecta isótopos específicos em função de seus *spins* nucleares característicos. Entre os isótopos que podem ser detectados pela RM estão o ^{1}H, o ^{13}C e o ^{31}P. Uma vez que o espectro de RM de um determinado núcleo varia com sua vizinhança imediata, é possível identificar os picos correspondentes a átomos específicos, mesmo em misturas relativamente complexas.

O desenvolvimento de magnetos grandes o suficiente para acomodar animais e humanos e para localizar espectros de determinados órgãos tornou possível o estudo não invasivo de vias metabólicas usando-se técnicas de RM. Desse modo, RM do ^{31}P pode ser utilizada para estudar o metabolismo energético no músculo, monitorando os níveis de ATP, ADP, fosfato inorgânico e fosfocreatina (Fig. 16.15). Na verdade, um sistema de RM do ^{31}P foi patenteado para medir a eficiência metabólica muscular e a potência máxima de cavalos de corrida enquanto estão caminhando ou correndo em uma esteira motorizada, a fim de identificar animais promissores e avaliar a eficácia de seus programas nutricionais e de treinamento.

A marcação isotópica de átomos específicos em metabólitos com ^{13}C (o qual apresenta uma abundância natural de apenas 1,10%) permite que o percurso metabólico dos átomos marcados seja seguido pela RM do ^{13}C. A Figura 16.16 mostra um espectro *in vivo* de RM do ^{13}C de um fígado de rato antes e após uma injeção de D-[1-^{13}C]glicose. O ^{13}C pode ser observado entrando no fígado e então sendo convertido em glicogênio (a forma de armazenamento da glicose; Capítulo 18). Técnicas de RM do ^{1}H estão sendo utilizadas para determinar os níveis *in vivo* de uma variedade de metabólitos em tecidos, tais como o tecido nervoso e o tecido muscular.

c. A detecção de isótopos radioativos

Todos os elementos apresentam isótopos. Por exemplo, a massa atômica do cloro de ocorrência natural é 35,45 D, pois, pelo menos na Terra, ele é uma mistura de 55% de ^{35}Cl e 45% de ^{36}Cl (outros isótopos do Cl estão presentes em quantidades traço, apenas). Isótopos estáveis são geralmente identificados e quantificados por espectrometria de massa ou técnicas de RM. Muitos isótopos, entretanto, são instáveis; eles sofrem **decaimento radioativo**, um processo que envolve a emissão, pelos núcleos radioativos, de partículas subatômicas como núcleos de hélio (**partículas α**), elétrons (**partículas β**) e/ou fótons (**radiação γ**). Núcleos radioativos emitem radiação com energias características. Por exemplo, ^{3}H, ^{14}C e ^{32}P, todos emitem partículas β, mas com energias de 0,018, 0,155 e 1,71 MeV, respectivamente. A radiação do ^{32}P é, portanto, altamente penetrante, enquanto aquelas do ^{3}H e do ^{14}C não o são. (Ainda assim, ^{3}H e ^{14}C, como todos os isótopos radioativos, devem ser manipulados com grande cuidado, pois podem causar danos genéticos com a ingestão.)

A radiação pode ser detectada por meio de várias técnicas. As mais comumente utilizadas em investigações bioquímicas são a **contagem proporcional** (conhecida na sua forma mais simples como **contagem Geiger**), a **contagem por cintilação líquida** e a **autorradiografia**. Contadores proporcionais detectam eletronicamente as ionizações causadas pela passagem de radiação em um gás. Além disso, também podem discriminar entre partículas de diferentes energias e, assim,

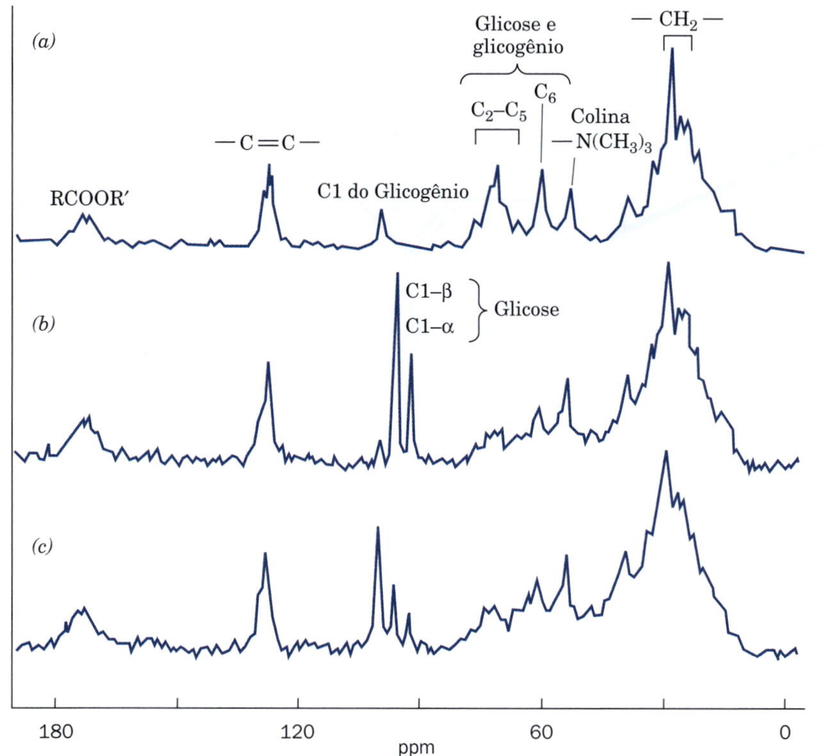

FIGURA 16.16 Conversão de [1-^{13}C]glicose a glicogênio, observada por ^{13}C RM, localizada *in vivo*. (*a*) Abundância natural no espectro ^{13}C RM do fígado de um rato vivo. Observe a ressonância correspondente ao C1 do glicogênio. (*b*) Espectro ^{13}C RM do fígado do mesmo rato ~5 minutos após uma injeção intravenosa de 100 mg de [1-^{13}C]glicose (90% enriquecida). As ressonâncias dos átomos C1 de α e β anômeros da glicose são claramente distinguíveis uma da outra e da ressonância do átomo C1 do glicogênio. (*c*) Espectro ^{13}C RM do fígado do mesmo rato ~30 minutos após a injeção de [1-^{13}C]glicose. As ressonâncias de C1 de α e β anômeros da glicose estão muito reduzidas, enquanto a ressonância de C1 do glicogênio aumentou. (Segundo Reo, N.V., Siegfried, B.A., e Acherman, J.J.H., *J. Biol. Chem.* **259**, 13665 [1984].)

detectar simultaneamente as quantidades de dois ou mais diferentes isótopos presentes.

Embora contadores proporcionais sejam relativamente simples de serem utilizados, as radiações de dois dos isótopos mais amplamente utilizados em análises bioquímicas, ^{3}H e ^{14}C, apresentam poder de penetração insuficiente para entrar na câmara de detecção de um contador proporcional com razoável eficiência. Essa limitação é vencida por meio de contagem com cintilação líquida. Nessa técnica, uma amostra radioativa é dissolvida ou suspensa em uma solução contendo substâncias fluorescentes que emitem um pulso de luz quando atingidas pela radiação. A luz é detectada eletronicamente, de modo que o número de pulsos de luz podem ser contados. O núcleo emissor também pode ser identificado, pois a intensidade de um pulso luminoso é proporcional à energia da radiação (o número de moléculas fluorescentes excitadas por uma partícula radioativa é proporcional à energia da partícula).

Na autorradiografia, a radiação é detectada pelo escurecimento causado em um filme fotográfico. A amostra radioativa é colocada sobre ou, em alguns casos, misturada com a emulsão fotográfica e, após um tempo suficiente de exposição (de minutos a meses), filme é revelado. A autorradiografia é amplamente utilizada para localizar substâncias radioativas em géis de poliacrilamida (p. ex., Fig. 6.27). Contadores de radiação sensíveis à posição (filmes eletrônicos) são empregados de modo semelhante.

d. Isótopos radioativos apresentam meias-vidas características

O decaimento radioativo é um processo randômico, cuja velocidade, para um dado isótopo, depende apenas do número de átomos radioativos presentes. Este é, portanto, um processo simples de primeira ordem, cuja meia-vida, $t_{1/2}$, é uma função apenas da constante de velocidade, k, para o processo de decaimento (Seção 14.1Ba):

$$t_{1/2} = \frac{\ln 2}{k} = \frac{0{,}693}{k} \qquad [14.5]$$

TABELA 16.2 Alguns isótopos-traço bioquimicamente importantes

Isótopos estáveis		
Núcleo	Abundância na natureza (%)	
^{2}H	0,012	
^{13}C	1,07	
^{15}N	0,36	
^{18}O	0,20	
Isótopos radioativos		
Núcleo	Tipo de radiação	Meia-vida
^{3}H	β	12,31 anos
^{14}C	β	5.715 anos
^{22}Na	$β^{+}$, γ	2,60 anos
^{32}P	β	14,28 dias
^{35}S	β	87,2 dias
^{45}Ca	β	162,7 dias
^{60}Co	β, γ	5.271 anos
^{125}I	γ	59,4 dias
^{131}I	β, γ	8,02 dias

Fonte: Holden, N.E., *in* Lide, D.R. (Ed.), *Handbook of Chemistry and Physics* (90th ed.), p. 11-51 a 266, CRC Press (2009-2010).

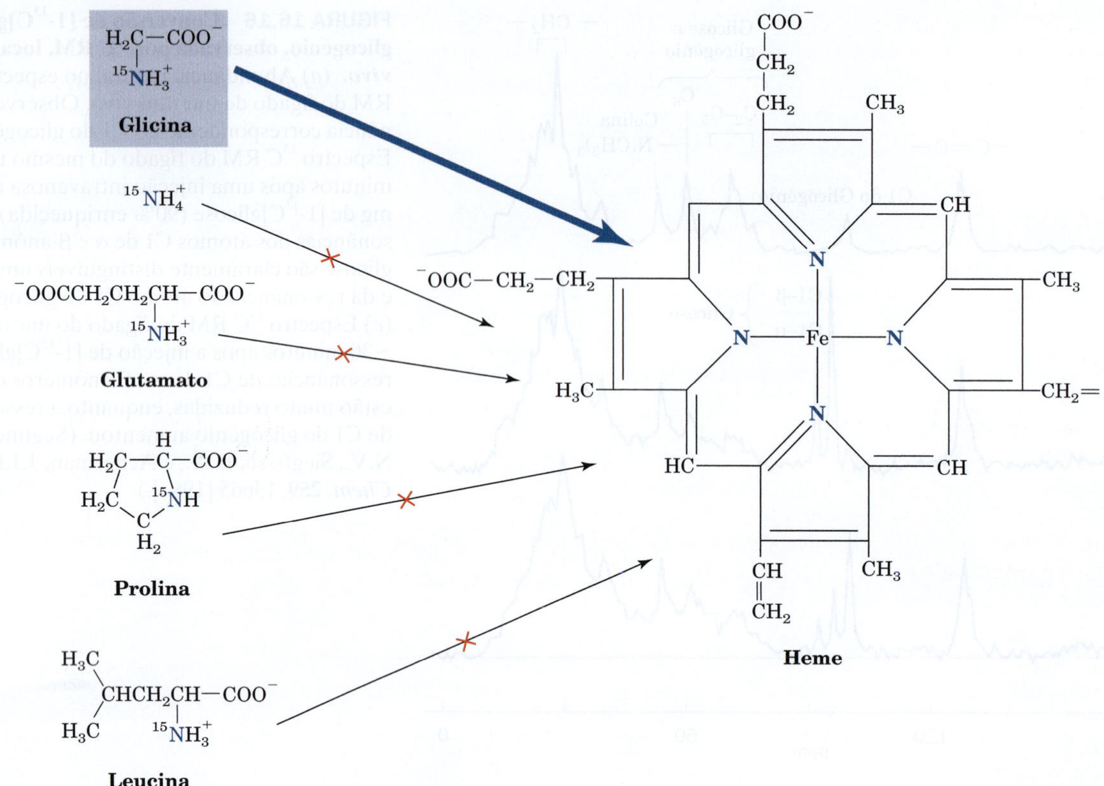

FIGURA 16.17 Origem metabólica dos átomos de nitrogênio no núcleo heme. Apenas [^{15}N]glicina, de muitos metabólitos marcados com ^{15}N, é precursor do heme marcado com ^{15}N.

Uma vez que k é diferente para cada isótopo radioativo, cada um deles apresenta uma meia-vida característica. As propriedades de alguns isótopos comumente utilizados em bioquímica estão listados na Tabela 16.2.

e. Isótopos são indispensáveis para o estabelecimento das origens metabólicas de metabólitos complexos e de relações precursor-produto

As origens metabólicas de moléculas complexas, tais como o heme, o colesterol e os fosfolipídeos, podem ser determinadas pela administração, a animais experimentais, de materiais precursores marcados isotopicamente, isolando-se posteriormente os produtos resultantes. Um dos primeiros avanços na compreensão do metabolismo, resultante da utilização de traçadores isotópicos, foi a demonstração, por David Shemin e David Rittenberg, em 1945, que os átomos de nitrogênio do heme são derivados da glicina e não da amônia, do ácido glutâmico, da prolina ou da leucina (Seção 26.4Aa). Eles o demonstraram alimentando ratos com esses nutrientes, marcados com ^{15}N, isolando o heme do sangue e analisando seu conteúdo de ^{15}N. Apenas quando os ratos eram alimentados com [^{15}N]glicina é que o heme continha ^{15}N (Fig. 16.17). Essa técnica foi também utilizada para demonstrar que todos os átomos de carbono do colesterol são derivados da acetil-CoA (Seção 25.6A).

Traçadores isotópicos são também úteis para o estabelecimento da ordem de aparecimento de intermediários metabólicos, as assim chamadas **relações precursor-produto**. Um exemplo de tal análise refere-se à biossíntese de fosfolipídeos complexos denominados **plasmalogênios** e **alquilacilglicerofosfolipídeos** (Seção 25.8Ab). Alquilacilglicerofosfolipídeos são éteres, enquanto os plasmalogênios, bastante relacionados estruturalmente, são éteres vinílicos. Sua semelhança estrutural levantou a interessante questão de suas relações biossintéticas: qual o precursor e qual o produto? Dois possíveis modos para a síntese podem ser imaginados (Fig. 16.18):

I. O material utilizado como precursor é convertido no éter vinílico (plasmalogênio), o qual é então reduzido para dar o éter (alquilacilglicerofosfolipídeo). Desse modo, o éter vinílico seria o precursor e o éter seria o produto.

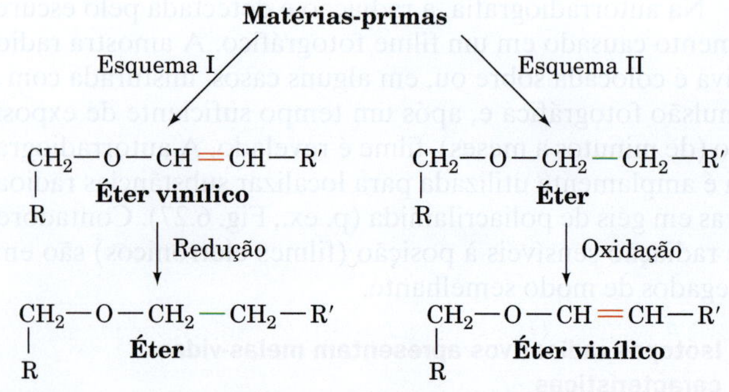

FIGURA 16.18 Duas possíveis vias para a biossíntese de fosfolipídeos contendo éter e éter vinílico. (**I**) O éter vinílico é o precursor, e o éter é o produto. (**II**) O éter é o precursor, e o éter vinílico é o produto.

II. O éter é formado inicialmente e então oxidado para produzir o éter vinílico. O éter seria então o precursor e o éter vinílico seria o produto.

Relações precursor-produto podem ser mais facilmente elucidadas pela utilização de traçadores radioativos. Um pulso do material de partida (precursor) é administrado a um organismo e as radioatividades específicas dos produtos metabólicos resultantes são seguidas ao longo do tempo (Fig. 16.19):

$$\text{Precursor}^* \rightarrow A^* \rightarrow B^* \rightarrow \text{Produtos subsequentes}^*$$

(aqui, o * representa a marcação radioativa). As vias metabólicas, como será visto na Seção 16.6Ba, normalmente operam no estado estacionário, ou seja, o fluxo de metabólitos em cada uma de suas reações constituintes é igual. Além disso, a velocidade da maioria das reações metabólicas é de primeira ordem para um dado substrato. A partir dessas premissas, observa-se que a velocidade de variação da radioatividade de B, [B*], é igual à velocidade de passagem da marcação de A* para B* menos a velocidade de passagem da marcação de B* para o próximo produto da via:

$$\frac{d[B^*]}{dt} = k[A^*] - k[B^*] = k([A^*] - [B^*]) \quad [16.1]$$

em que k é a constante de velocidade de pseudoprimeira ordem tanto para a conversão de A em B quanto para a conversão de B em seu produto, e t é o tempo. A inspeção dessa equação indica o critério que deve ser seguido para estabelecer que A é o precursor de B (Fig. 16.19):

1. Antes que a radioatividade do produto [B*] seja máxima, $d[B^*]/dt > 0$, de modo que $[A^*] > [B^*]$, ou seja, *enquanto a radioatividade de um produto está aumentando, ela deve ser menor que aquela de seu precursor.*
2. Quando [B*] é máxima, $d[B^*]/dt = 0$, de modo que $[A^*] = [B^*]$, ou seja, *quando a radioatividade de um produto atinge seu máximo, ela deve ser igual àquela de seu precursor.* Esse resultado também implica que *a radioatividade de um produto atinge seu pico após aquela de seu precursor.*

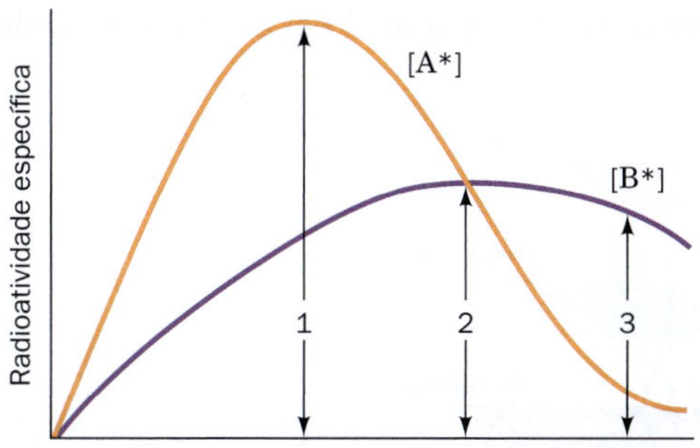

FIGURA 16.19 O fluxo de um pulso de radioatividade do precursor para o produto. No ponto 1, a radioatividade do produto (B*, púrpura) está aumentando, e é menor que a de seu precursor (A*, cor de laranja); no ponto 2, a radioatividade do produto é máxima e é igual àquela de seu precursor; e no ponto 3, a radioatividade do produto está diminuindo e é maior que a de seu precursor.

3. Após [B*] começar a diminuir, $d[B^*]/dt < 0$, de modo que $[A^*] < [B^*]$, ou seja, *após a radioatividade de um produto atingir seu pico, ela deve permanecer maior que aquela de seu precursor.*

Tal determinação da relação precursor-produto entre alquilacilglicerofosfolipídeo e plasmalogênio usando materiais de partida marcados com ^{14}C indicou que o éter é o precursor e o vinil-éter é o produto (Fig. 16.18, Esquema II).

C. Órgãos isolados, células e organelas subcelulares

Além de compreender a química e os eventos catalíticos que ocorrem a cada etapa de uma via metabólica, é importante saber onde uma dada via ocorre em um organismo. Os primeiros pesquisadores estudaram o metabolismo em animais intactos. Por exemplo, o papel do pâncreas no diabetes foi estabelecido por Frederick Banting e Charles Best em 1921, que observaram que a remoção cirúrgica desse órgão em cães levava ao desenvolvimento da doença.

Os produtos metabólicos produzidos em determinado órgão podem ser estudados por **perfusão de órgãos** ou em **fatias de tecido**. Na perfusão de órgãos, um órgão específico é removido cirurgicamente de um animal e as artérias e veias desse órgão são conectadas a um sistema circulatório artificial. A composição do material que entra no órgão pode então ser controlada e seus produtos metabólicos monitorados. Os processos metabólicos podem ser estudados de modo semelhante em fatias de tecido suficientemente finas, que possam receber nutrientes por difusão livre em uma solução contendo os nutrientes apropriados. Otto Warburg foi pioneiro nessa técnica de estudo em fatias de tecido, no início do século XX, realizando estudos acerca da respiração, em que usou um manômetro para medir mudanças no volume gasoso acima das fatias de tecido como consequência de seu consumo de O_2.

Um determinado órgão ou tecido geralmente contém diferentes tipos celulares. **Separadores celulares** são instrumentos capazes de separar células de acordo com seu tipo, uma vez que sejam tratadas com as enzimas tripsina e colagenase, que destroem a matriz intercelular que as conecta em um tecido. Essa técnica permite uma posterior localização de funções metabólicas. Pode-se também cultivar um único tipo celular em uma **cultura de tecidos**, para posterior estudo. Embora o cultivo de células frequentemente resulte na perda de suas funções diferenciadas, técnicas têm sido desenvolvidas para a manutenção de diversos tipos celulares que ainda expressam suas características originais.

Como discutido na Seção 16.1, as vias metabólicas em eucariotos são compartimentalizadas em várias organelas subcelulares (Tabela 16.1). Por exemplo, a fosforilação oxidativa ocorre na mitocôndria, enquanto a glicólise e a biossíntese de ácidos graxos ocorrem no citosol. Tais observações são efetuadas pela lise das células e fracionamento de seus componentes por centrifugação diferencial (Seção 6.1B), possivelmente seguindo-se ultracentrifugação por zona em um gradiente de densidade de sacarose ou por ultracentrifugação em um gradiente de densidade em equilíbrio, em um gradiente de densidade de CsCl, os quais separam partículas de acordo com seus tamanhos e densidades, respectivamente (Seção 6.5B). As funções bioquímicas dessas frações celulares são então analisadas.

D. Biologia de sistemas

O metabolismo tem sido tradicionalmente estudado pela pesquisa baseada em hipótese: isolando-se enzimas e metabólitos específicos e reunindo-os em vias metabólicas, guiando-se por hipóteses que podem ser testadas experimentalmente. Esta é uma abordagem reducionista: explica-se o funcionamento de um sistema em termos de suas partes constituintes. A **biologia de sistemas** representa uma abordagem diferente, a assim chamada abordagem integrativa, a qual emergiu com o advento de sequências genômicas completas, o desenvolvimento de técnicas rápidas e sensíveis para a análise em conjunto de grande número de transcritos gênicos, proteínas e metabólitos e o desenvolvimento de novas ferramentas computacionais e matemáticas. A biologia de sistemas é baseada na descoberta: a coleta e a integração de enormes quantidades de dados em bancos de dados, de modo que as propriedades e a dinâmica de redes biológicas completas podem ser analisadas. Como resultado, houve uma expansão da compreensão da via do genótipo ao fenótipo. Além do dogma central da biologia molecular (Seção 5.4), de que um único gene formado por DNA é transcrito no mRNA, o qual é traduzido em uma única proteína que influencia o metabolismo, estão sendo considerando cada vez mais objetos de estudo como genoma, transcriptoma, proteoma e **metaboloma** (o conjunto completo dos metabólitos de uma célula) e suas interrelações (Fig. 16.20). Foi até mesmo cunhado o termo **biblioma** (do grego *biblion*, livro), denotando a incorporação sistemática de informação preexistente acerca de mecanismos de reações e vias metabólicas. Nos parágrafos abaixo, discutem-se algumas dessas tecnologias emergentes e desses novos campos de estudo.

a. Transcriptômica

O conjunto das capacidades metabólicas de um organismo é codificado em seu genoma (o conjunto completo de genes). Em princípio, deve ser possível reconstruir as atividades metabólicas de uma célula a partir de sua sequência genômica. Hoje, no entanto, isso pode ser feito apenas em um sentido geral. Por exemplo, o genoma de 4,0 Mb do *Vibrio cholerae*, a bactéria que causa o cólera, contém um grande repertório de genes que codificam proteínas transportadoras e enzimas para o catabolismo de um amplo conjunto de nutrientes. Isso é consistente com o estilo complicado de vida do *V. cholerae*, que pode viver tanto independentemente quanto em associação com zooplâncton ou ainda no trato gastrintestinal humano (onde causa o cólera; Seção 19.2Cd). O simples catálogo dos genes de um organismo, no entanto, não revela como esses genes funcionam. Assim, alguns genes são expressos continuamente em níveis altos, enquanto outros são raramente expressos, por exemplo, apenas na presença de um certo metabólito.

A criação de um panorama acurado da transcrição gênica é o objetivo da **transcriptômica**, o estudo do transcriptoma de uma célula (o seu conjunto completo de mRNA). A identificação e a quantificação de todos os transcritos de um único tipo celular revela quais genes estão ativos. As células transcrevem milhares de genes simultaneamente, de modo que esse estudo requer o uso da tecnologia de microarranjos de DNA (*chips* de DNA; Seção 7.6B). Por exemplo, a Figura 7.39 mostra um microarranjo de DNA que indica diferenças na expressão gênica entre fungos cultivados na presença e na ausência de glicose.

Diferenças na expressão de determinados genes têm sido correlacionadas com muitos processos que ocorrem ao longo do desenvolvimento ou com padrões de crescimento. Por exemplo, microarranjos de DNA foram usados para determinar padrões de expressão gênica em células tumorais, pois diferentes tipos de tumores expressam diferentes tipos e quantidades de proteínas (Seção 34.3B). Tal informação é útil para a escolha do melhor tratamento para um determinado câncer.

b. Proteômica

A correlação entre a quantidade de um dado mRNA e a quantidade de seu produto proteico é imperfeita. Isso ocorre pois vários mRNA e suas proteínas correspondentes são sintetizados e degradados em velocidades distintas. Além disso, muitas proteínas são modificadas após a tradução, algumas vezes por meio de diversas formas diferentes (p. ex., fosforilação ou glicosilação). Consequentemente, o número de proteínas distintas em uma célula excede o número de distintos mRNA.

Uma maneira mais confiável que a transcriptômica para averiguar a expressão gênica é o exame do proteoma de uma célula, o conjunto completo das proteínas que a célula sintetiza. Essa abordagem **proteômica** requer que as proteínas sejam primeiramente separadas, em geral por meio de eletro-

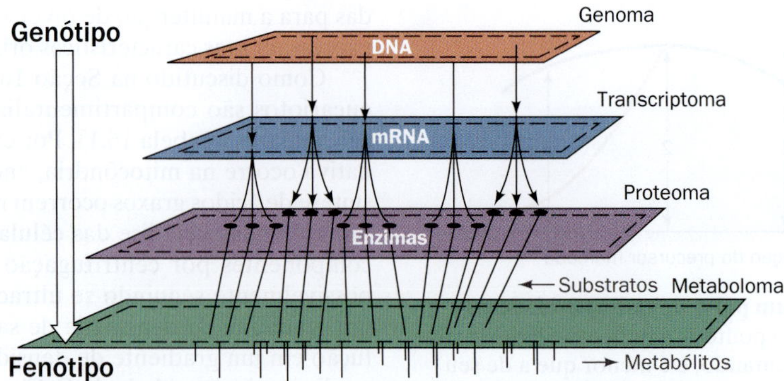

FIGURA 16.20 A relação entre genótipo e fenótipo. A via da informação genética (genótipo) para a informação metabólica (fenótipo) tem diversas etapas. Porções do genoma são transcritas, produzindo o transcriptoma, que dirige a síntese do proteoma, cujas várias atividades são responsáveis pela síntese e degradação dos componentes do metaboloma.

forese bidimensional (2D) em gel (Seção 6.4D). As proteínas individuais são então identificadas pelo uso de espectrometria de massa em *tandem*, para obter a sequência de aminoácidos nessa proteínas (Seção 7.1Ia), e tais sequências são correlacionadas com sequências em bancos de dados. Todas as proteínas contidas em uma célula ou tecido em determinado conjunto de condições podem assim ser catalogadas.

Pode-se comparar o conjunto de todas as proteínas sintetizadas em uma célula em diferentes condições utilizando-se diferentes reagentes marcados com isótopos e que estejam contidos no meio de crescimento (p. ex., aminoácidos marcados com deutério) ou que reajam com o extrato celular. Uma técnica para marcar proteínas celulares utiliza **marcadores de afinidade codificada por isótopos (MACIs)**, análogos aos corantes com diferentes fluorescências usados para marcar cDNA.

Um MACI contém três elementos funcionais: um grupo iodoacetila para reagir com resíduos de Cys, um elo contendo oito átomos de hidrogênio (leves) ou de deutério (pesados) e **biotina**, uma coenzima (Seção 23.1Ab), que é usada como uma ferramenta em biotecnologia, pois liga-se fortemente à proteína **avidina** ($K = 10^{-15}$ M; Fig. 16.21*a*). A avidina é imobilizada sobre uma resina cromatográfica, de modo que os peptídeos marcados com MACI podem ser isolados por cromatografia de afinidade usando biotina/avidina (Seção 6.3C).

O procedimento usando MACI é ilustrado na Fig. 16.21*b*. Duas misturas proteicas representando duas diferentes condições de crescimento são tratadas com versões leves (d0) ou pesadas (d8) do reagente MACI. As misturas proteicas marcadas são combinadas e digeridas com tripsina, produzindo peptídeos marcados contendo Cys, os quais são então isolados por cromatografia de afinidade usando biotina/avidina. Peptídeos individuais são separados por cromatografia líquida e detectados por espectrometria de massa (CL/EM). A razão das intensidades de sinais leves e pesados para os peptídeos indica a abundância relativa daquele peptídeo nas duas amostras. Espectrometria de massa em *tandem* é então utilizada para sequenciar cada peptídeo e determinar sua identidade. Esse método foi usado na identificação de muitas proteínas

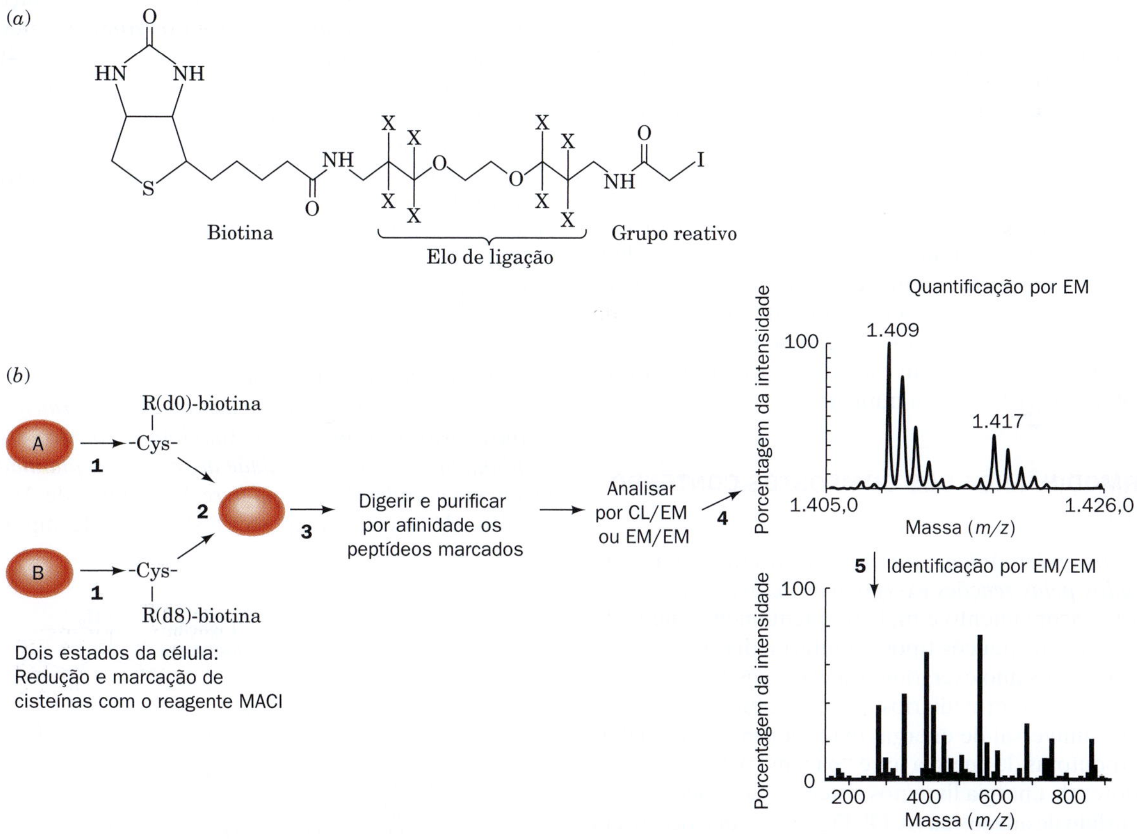

FIGURA 16.21 Método de marcação por afinidade codificada por isótopo (MACI) para análise quantitativa do proteoma. (*a*) Um exemplo de um reagente MACI que contém um grupo reativo iodoacetila, um composto que funciona como um elo de ligação e um resíduo de biotina. X denota a posição do hidrogênio (d0) ou do deutério (d8). (*b*) A estratégia MACI para marcação diferencial de proteínas expressas por células em dois diferentes conjuntos de condições. (1) Proteínas nos estados A e B são tratadas respectivamente com as formas leve (d0) e pesada (d8) do reagente MACI. (2) As misturas de proteínas marcadas são combinadas. (3) As proteínas marcadas são digeridas com tripsina, formando peptídeos marcados contendo cisteína. Esses peptídeos são então purificados por cromatografia de afinidade usando biotina/avidina. Os peptídeos purificados são analisados por espectrometria de massa de duas formas: (4) cromatografia líquida seguida por espectrometria de massa (CL/EM) é usada para quantificar os peptídeos. A razão das intensidades de sinais dos peptídeos leves e pesados correspondentes indica a abundância relativa dos peptídeos nas duas misturas. (5) Espectrometria de massa em *tandem* (EM/EM) é usada para determinar a sequência de aminoácidos em cada peptídeo e assim identificar a proteína da qual é derivado, comparando a sequência do peptídeo com a sequência em um banco de dados para todas as proteínas conhecidas.

de fungos cujos mRNA apresentam concentrações diminuídas ou aumentadas quando a glicose está ausente do meio de crescimento (Fig. 7.39). Uma esperança para o futuro é que amostras de tecidos de indivíduos saudáveis e doentes possam ser comparadas desse modo para se determinar marcadores previamente não conhecidos de doenças, que permitiriam diagnóstico precoce de várias doenças.

c. Metabolômica

A fim de descrever o estado funcional de uma célula (seu fenótipo), precisa-se, além do genoma daquela célula, de seu transcriptoma e do proteoma, de uma descrição quantitativa de todos os metabólitos que ela contenha em determinado conjunto de condições, o seu metaboloma. No entanto, uma célula ou tecido contém milhares de metabólitos, com propriedades enormemente variáveis, de modo que a identificação e quantificação dessas substâncias é uma tarefa assombrosa, que requer muitas ferramentas analíticas distintas. Consequentemente, esse enorme empreendimento é frequentemente subdividido. Por exemplo, a **lipidômica** é uma subdisciplina da **metabolômica**, cujo objetivo é identificar e caracterizar todos os lipídeos em uma célula, sob um determinado conjunto de condições, incluindo como esses lipídeos influenciam a estrutura de membranas, a sinalização celular, a expressão gênica, as interações célula-célula, etc., enquanto a **glicômica**, de modo semelhante, busca identificar e caracterizar todos os carboidratos em uma célula.

Um modelo recentemente construído do metaboloma humano – com base em 1.496 genes codificadores de proteínas, 2.004 proteínas, 2.766 metabólitos e 3.311 reações metabólicas e de transporte – tem sido utilizado para simular 288 funções metabólicas conhecidas em uma variedade de células e tipos celulares. Espera-se que esse modelo *in silico* (computadorizado) forneça um esqueleto para futuros avanços da biologia de sistemas em humanos.

4 A TERMODINÂMICA DOS COMPOSTOS CONTENDO FOSFATO

Os processos endergônicos que mantêm o estado vivo são possibilitados pelas reações exergônicas de oxidação de nutrientes. Esse acoplamento é mais frequentemente mediado pela síntese de uns poucos tipos de intermediários de "alta energia", cujo consumo exergônico alavanca os processos endergônicos. Esses intermediários, portanto, formam um tipo de "moeda" universal de energia livre, por meio da qual as reações produtoras de energia livre "pagam" pelos processos consumidores de energia livre nos sistemas biológicos.

O **trifosfato de adenosina** (**ATP**; Fig. 16.22), que ocorre em todas as formas de vida conhecidas, é o intermediário de "alta energia" que constitui a moeda de energia celular mais comum. Seu papel central no metabolismo energético foi inicialmente reconhecido em 1941 por Fritz Lipmann e Herman Kalckar. O ATP consiste em uma porção **adenosina**, à qual três **grupos fosforila** ($—PO_3^{2-}$) são ligados sequencialmente via uma **ligação fosfoéster**, seguindo-se duas **ligações fosfoanidrido**. O **difosfato de adenosina** (**ADP**) e o **5′-monofosfato de adenosina** (**AMP**) são constituídos de forma semelhante, mas apenas com duas unidades fosforila e uma unidade fosforila, respectivamente.

Nesta seção, considera-se a natureza das reações de transferência de grupos fosforila e discute-se o porquê de algumas delas serem tão exergônicas, além de ser feito um apanhado de como a célula consome e regenera ATP.

A. Reações de transferência de grupos fosforila

Reações de transferência de grupos fosforila,

$$R_1—O—PO_3^{2-} + R_2—OH \rightleftharpoons R_1—OH + R_2—O—PO_3^{2-}$$

são de enorme significado metabólico. Algumas das mais importantes reações desse tipo envolvem a síntese e a hidrólise do ATP:

$$ATP + H_2O \rightleftharpoons ADP + P_i$$
$$ATP + H_2O \rightleftharpoons AMP + PP_i$$

em que $\mathbf{P_i}$ e $\mathbf{PP_i}$, respectivamente, representam **ortofosfato** (PO_4^{3-}) e **pirofosfato** ($P_2O_7^{4-}$) em qualquer de seus estados de ionização. *Essas reações altamente exergônicas estão acopladas a numerosos processos bioquímicos endergônicos, de modo a impeli-los no sentido de sua conclusão. Por sua vez, o ATP é regenerado pelo acoplamento de sua formação a processos metabólicos mais altamente exergônicos* (a termodinâmica das reações acopladas é discutida na Seção 3.4C).

Para ilustrar esses conceitos, serão considerados dois exemplos de reações de transferência de grupos fosforila. A etapa inicial no metabolismo da glicose é sua conversão em glicose-6-fosfato (Seção 17.2A). Ainda assim, a reação direta a partir de glicose e P_i é termodinamicamente desfavorável (Fig. 16.23a). Em sistemas biológicos, porém, esta reação está acoplada à hidrólise exergônica do ATP, de modo que a reação global é termodinamicamente favorável. De modo semelhante, o ATP pode ser regenerado acoplando-se sua síntese a partir de ADP e P_i ao processo ainda mais exergônico de hidrólise do **fosfoenolpiruvato** (Fig. 16.23b; Seção 17.2J).

A utilidade bioenergética das reações de transferência de grupos fosforila vem de sua estabilidade cinética à hidrólise, combinada com sua capacidade de transferir quantidades relativamente grandes de energia livre. Os valores de $\Delta G°'$ para a hidrólise de diversos compostos fosforilados de importância na

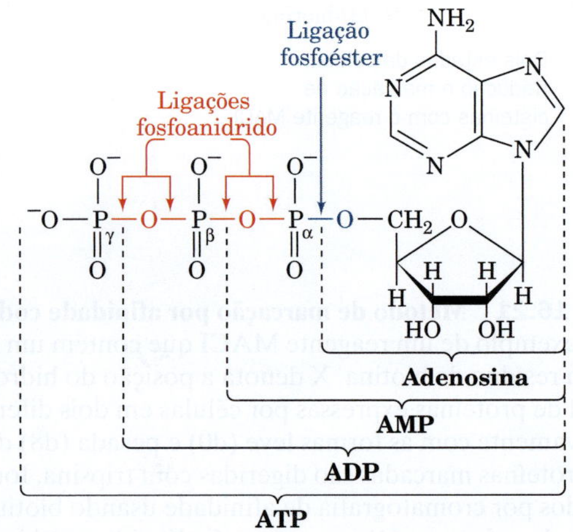

FIGURA 16.22 A estrutura do ATP, indicando sua relação com o ADP, o AMP e a adenosina. Os grupos fosforila, iniciando com aquele ligado ao AMP, são denominados fosfatos α, β e γ. Observe as diferenças entre as ligações fosfoéster e fosfoanidrido.

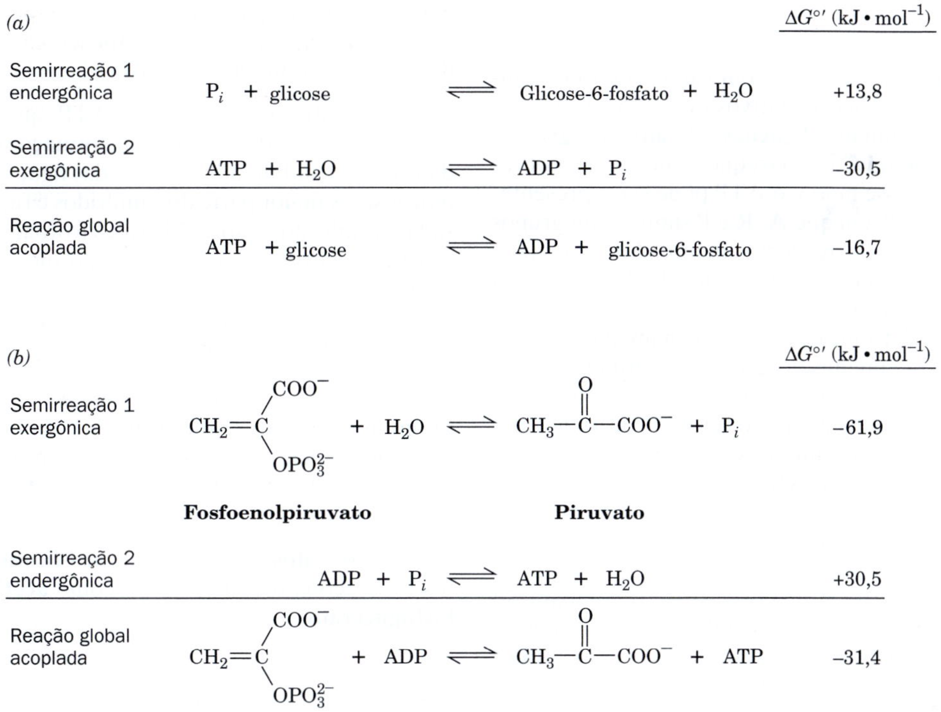

(*a*)

			ΔG°′ (kJ • mol^{-1})
Semirreação 1 endergônica	P_i + glicose	$\rightleftharpoons$ Glicose-6-fosfato + H_2O	+13,8
Semirreação 2 exergônica	ATP + H_2O	$\rightleftharpoons$ ADP + P_i	–30,5
Reação global acoplada	ATP + glicose	$\rightleftharpoons$ ADP + glicose-6-fosfato	–16,7

(*b*)

		ΔG°′ (kJ • mol^{-1})
Semirreação 1 exergônica	$CH_2{=}C(COO^-)(OPO_3^{2-})$ + H_2O $\rightleftharpoons$ $CH_3{-}C({=}O){-}COO^-$ + P_i	–61,9
	Fosfoenolpiruvato → **Piruvato**	
Semirreação 2 endergônica	ADP + P_i $\rightleftharpoons$ ATP + H_2O	+30,5
Reação global acoplada	$CH_2{=}C(COO^-)(OPO_3^{2-})$ + ADP $\rightleftharpoons$ $CH_3{-}C({=}O){-}COO^-$ + ATP	–31,4

FIGURA 16.23 Algumas reações acopladas gerais, envolvendo o ATP. (*a*) A fosforilação da glicose, produzindo glicose-6-fosfato e ADP. (*b*) A fosforilação do ADP pelo fosfoenolpiruvato, formando ATP e piruvato. Cada reação foi conceitualmente decomposta em uma etapa de fosforilação direta (semirreação 1) e uma etapa na qual o ATP é hidrolisado (semirreação 2). Ambas as semirreações ocorrem no sentido em que a reação global é exergônica ($\Delta G < 0$).

bioquímica estão na Tabela 16.3. A negatividade desses valores é frequentemente denominada de **potenciais de transferência de grupos fosfato**; eles são uma medida da tendência que os compostos fosforilados têm de transferir seus grupos fosforila para a água. Pode-se observar que o ATP tem um potencial intermediário para a transferência de grupos fosfato. Em condições padrão, os compostos acima do ATP na Tabela 16.3 podem transferir espontaneamente um grupo fosforila para o ADP, formando ATP, o qual pode, por sua vez, transferir espontaneamente um grupo fosforila aos produtos da hidrólise (forma ROH) dos compostos abaixo dele nessa tabela.

TABELA 16.3 Energia livre padrão para a hidrólise do fosfato de alguns compostos de interesse biológico

Composto	$\Delta G°'$ (kJ · mol^{-1})
Fosfoenolpiruvato	−61,9
1,3-Bifosfoglicerato	−49,4
ATP (→AMP + PP$_i$)	**−45,6**
Acetilfosfato	−43,1
Fosfocreatina	−43,1
ATP (→ADP + P$_i$)	**−30,5**
Glicose-1-fosfato	−20,9
PP$_i$	−19,2
Frutose-6-fosfato	−13,8
Glicose-6-fosfato	−13,8
Glicerol-3-fosfato	−9,2

Fonte: Obtido principalmente de Jencks, W.P., *in* Fasman, G.D. (Ed.). *Handbook of Biochemistry and Molecular Biology* (3rd ed.). *Physical and Chemical Data*, Vol. I, pp. 296-304, CRC Press (1976).

a. O ΔG da hidrólise do ATP varia com o pH, a concentração de íons metálicos divalentes e a força iônica

O ΔG de uma reação varia com as concentrações totais de seus reagentes e produtos, e portanto com seus estados iônicos (Eq. [3.15]). Os ΔG de hidrólise dos compostos fosforilados são, desse modo, altamente dependentes do pH, da concentração de íons metálicos divalentes (íons metálicos divalentes, como o Mg^{2+}, possuem altas afinidades de ligação ao fosfato) e da força iônica. Estimativas razoáveis dos valores intracelulares para essas quantidades, assim como de [ATP], [ADP] e [P_i] (que estão geralmente na ordem de milimolar) indicam que a hidrólise do ATP em condições fisiológicas apresenta $\Delta G \approx -50$ kJ · mol^{-1}, e não os $-30{,}5$ kJ · mol^{-1} de seu $\Delta G°'$. Ainda assim, em nome da consistência na comparação entre reações, normalmente é feita referência a este último valor.

A situação acima para o ATP não é única. É importante se ter em mente que, *dentro de uma dada célula, as concentrações da maioria das substâncias variam tanto segundo sua localização quanto com o tempo. De fato, as concentrações de muitos íons, coenzimas e metabólitos comumente variam em diferentes ordens de magnitude através dos limites de organelas membranosas.* Infelizmente, é em geral muito difícil a obtenção de uma medida acurada da concentração de qualquer espécie química em particular em um compartimento celular específico. Os ΔG para a maioria das reações *in vivo* são, portanto, pouco mais que estimativas.

B. *Racionalizando a "energia" em compostos de "alta energia"*

Ligações cujas hidrólises ocorrem com valores de $\Delta G^{\circ\prime}$ muito negativos (em geral, mais negativos que $-25\ \text{kJ} \cdot \text{mol}^{-1}$) geralmente são denominadas **ligações "de alta energia"** ou **ligações "ricas em energia"** e são frequentemente simbolizadas por um til (~). Desse modo, o ATP pode ser representado como AR—P~P~P, em que A, R e P simbolizam grupos adenila, ribosila e fosforila, respectivamente. Ainda assim, a ligação fosfoéster que une o grupo adenosila do ATP a seu grupo fosforila α parece não ser muito diferente, quanto a suas características eletrônicas, das assim chamadas ligações de "alta energia", que unem seus grupos fosforila β e γ. De fato, nenhuma dessas ligações apresenta quaisquer propriedades incomuns, de forma que o termo ligação de "alta energia" é, de certo modo, uma designação incorreta. (De qualquer modo, isso não deve ser confundido com o termo "energia de ligação", que é definida como a energia necessária para quebrar, não hidrolisar, uma ligação covalente.) Por que, então, as ligações de transferência do grupo fosforila do ATP são tão endergônicas? A resposta surge da comparação das estabilidades dos reagentes e produtos dessas reações.

Diversos fatores parecem ser responsáveis pelo caráter de "alta energia" das ligações fosfoanidrido, como aquelas do ATP (Fig. 16.24):

1. A estabilização por ressonância de uma ligação fosfoanidrido é menor que aquela de seus produtos de hidrólise. Isso ocorre pois os dois grupos fosforila fortemente extratores de elétrons de um fosfoanidrido devem competir pelo par isolado de elétrons do átomo de oxigênio que os liga, ao passo que essa competição está ausente em seus produtos de hidrólise. Em outras palavras, os requerimentos eletrônicos dos grupos fosforila são menos satisfeitos em um fosfoanidrido que em seus produtos de hidrólise.
2. Talvez de maior importância seja o efeito desestabilizador das repulsões eletrostáticas entre os grupos carregados de um fosfoanidrido em comparação àquelas de seus produtos de hidrólise. Em faixas fisiológicas de pH, o ATP apresenta três a quatro cargas negativas, cujas repulsões eletrostáticas mútuas são parcialmente aliviadas pela hidrólise do ATP.
3. Uma outra influência desestabilizadora, difícil de ser verificada, é a menor energia de solvatação de um fosfoanidrido

ou

—O—P—O—P—O—

⁻O ou O⁻

H_2O

—O—P—O—H + H—O—P—O—

⁻O O⁻

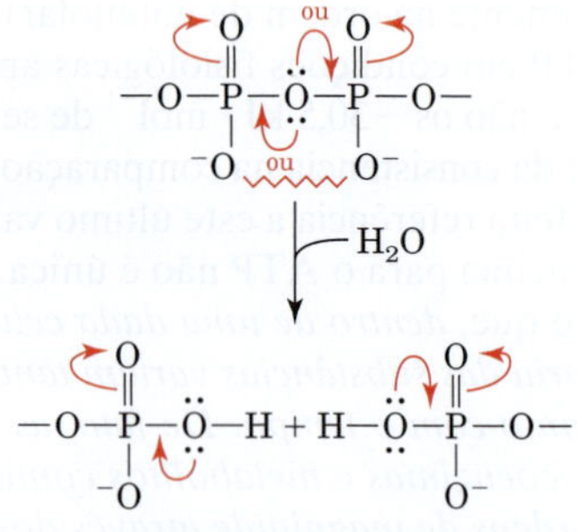

FIGURA 16.24 Ressonância e estabilização eletrostática em um fosfoanidrido e seus produtos de hidrólise. As possibilidades de ressonância, que competem entre si (*setas curvas* a partir do O central), e as repulsões carga-carga (*linha em zigue-zague*) entre os grupos fosforila de um fosfoanidrido diminuem sua estabilidade, em relação a seus produtos de hidrólise.

em comparação àquela de seus produtos de hidrólise. Algumas estimativas sugerem que esse fator seria a força predominante de propulsão termodinâmica para a hidrólise de fosfoanidridos.

Uma outra propriedade do ATP, que é adequada a seu papel de intermediário nas transformações energéticas, vem da relativa estabilidade cinética das ligações fosfoanidrido à hidrólise. A maior parte dos anidridos é rapidamente hidrolisada em solução aquosa. Ligações fosfoanidrido, no entanto, possuem energias livre de ativação incomumente grandes. Consequentemente, o ATP é relativamente estável em condições fisiológicas, mas é rapidamente hidrolisado em reações mediadas por enzimas.

a. Outros compostos de "alta energia"

Os compostos apresentados na Tabela 16.3 com potenciais de transferência de grupos fosfato significativamente maiores que aqueles do ATP apresentam influências desestabilizadoras adicionais:

1. **Acil-fosfatos.** A hidrólise de **acil-fosfatos** (anidridos mistos fosfórico-carboxílicos), tais como **acetil-fosfato** e **1,3-bifosfoglicerato**,

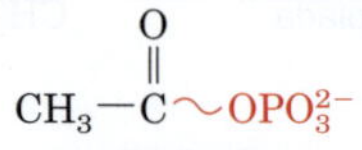

$CH_3—C(=O)\sim OPO_3^{2-}$

Acetil-fosfato

$^{-2}O_3POCH_2—CH(OH)—C(=O)\sim OPO_3^{2-}$

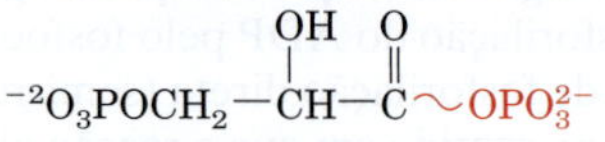

1,3-bifosfoglicerato

é compelida pelas mesmas influências de competição de ressonância e solvatação diferencial que funcionam na hidrólise de fosfoanidridos. Aparentemente, esses efeitos são mais pronunciados no caso dos acil-fosfatos que no caso dos fosfoanidridos.

2. **Enolfosfatos.** O alto potencial de transferência de grupos fosfato de um **enolfosfato**, como o fosfoenolpiruvato (Fig. 16.23b) resulta do fato de seu **enol**, produto da hidrólise, ser menos estável que seu tautômero **cetona**. Considere-se a reação de hidrólise de um enolfosfato como ocorrendo em duas etapas (Fig. 16.25). A etapa da hidrólise está sujeita às forças discutidas anteriormente. *É, portanto, a conversão altamente exergônica enol-cetona que fornece ao fosfoenolpiruvato o ímpeto termodinâmico para fosforilar o ADP, formando ATP.*
3. **Fosfoguanidinas.** Os altos potenciais de transferência de grupos fosfato das **fosfoguanidinas**, como a **fosfocreatina** e a **fosfoarginina**, são principalmente consequência da competição de ressonâncias em seus grupos **guanidino**, a qual é ainda mais pronunciada que nos grupos fosfato de fosfoanidridos (Fig. 16.26). Consequentemente, a fosfocreatina pode fosforilar o ADP (ver Seção 16.4Cd).

Compostos como a **glicose-6-fosfato** ou o **glicerol-3-fosfato**,

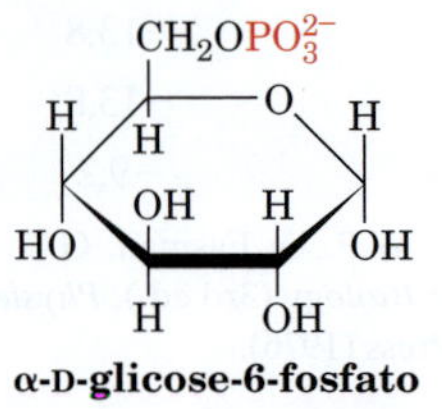

$CH_2OPO_3^{2-}$

H H O H

OH H

HO OH

H OH

α-D-glicose-6-fosfato

CH_2OH

HO—C—H

$CH_2OPO_3^{2-}$

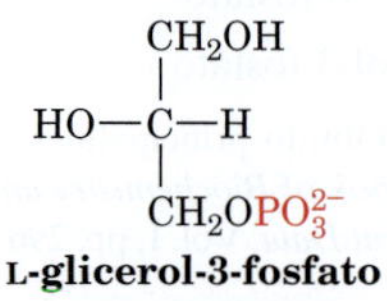

L-glicerol-3-fosfato

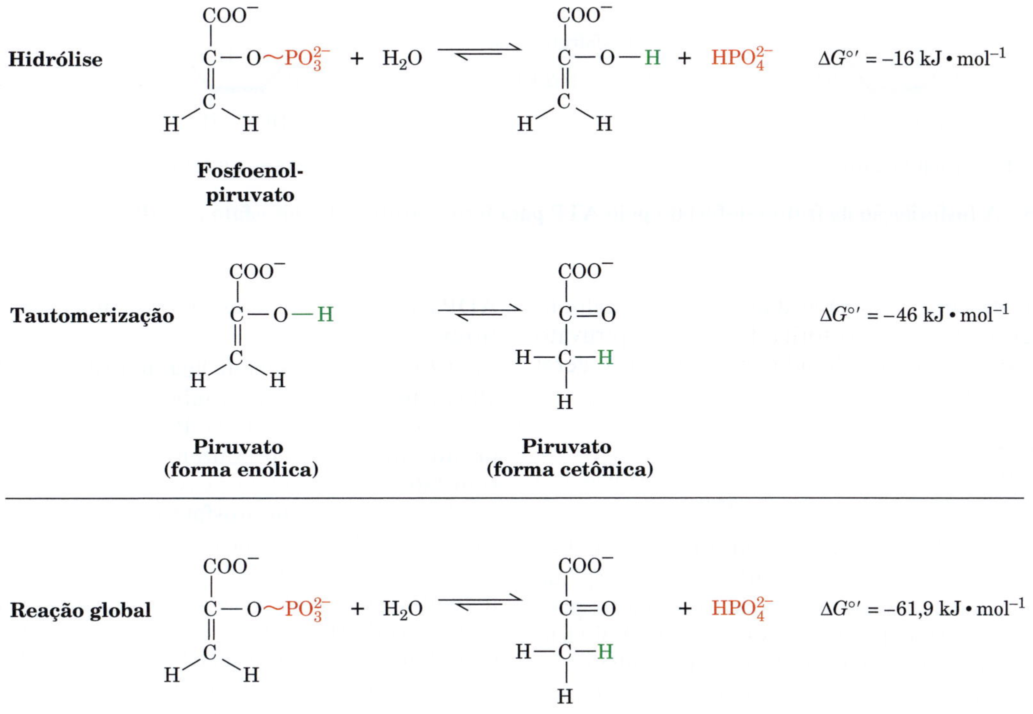

Hidrólise Fosfoenolpiruvato $+ H_2O \rightleftharpoons$ $COO^- - C(-O-H)=CH_2$ $+ HPO_4^{2-}$ $\Delta G^{\circ\prime} = -16\ kJ \cdot mol^{-1}$

Fosfoenol-piruvato

Tautomerização $COO^- - C(-O-H)=CH_2 \rightleftharpoons COO^- - C(=O) - CH_3$ $\Delta G^{\circ\prime} = -46\ kJ \cdot mol^{-1}$

Piruvato (forma enólica) **Piruvato (forma cetônica)**

Reação global Fosfoenolpiruvato $+ H_2O \rightleftharpoons COO^- - C(=O) - CH_3 + HPO_4^{2-}$ $\Delta G^{\circ\prime} = -61{,}9\ kJ \cdot mol^{-1}$

FIGURA 16.25 Hidrólise do fosfoenolpiruvato. A reação está separada em duas etapas: hidrólise e tautomerização.

que estão abaixo do ATP na Tabela 16.3, não apresentam diferenças significativas na estabilização de ressonância ou na separação de cargas em comparação com seus produtos de hidrólise. Suas energias livres de hidrólise são, portanto, muito menores que aquelas dos compostos precedentes, de "alta energia".

C. *O papel do ATP*

Como indicado na Tabela 16.3, *na hierarquia termodinâmica de agentes de transferência de grupos fosforila, o ATP ocupa uma posição intermediária*. Isso permite que o ATP sirva como um conduto de energia entre doadores de fosfato de "alta energia" e aceptores de fosfato de "baixa energia" (Fig. 16.27). Será examinado o esquema bioquímico geral de como isso ocorre.

Em geral, as reações altamente exergônicas de transferência de grupos fosforila na degradação de nutrientes estão acopladas à formação de ATP a partir de ADP e P_i, sob o patrocínio de várias enzimas conhecidas como **cinases**, as quais catalisam a transferência de grupos fosforila entre o ATP e outras moléculas. Sejam consideradas as duas reações na Fig. 16.23b. Se fossem realizadas independentemente, essas reações não influenciariam uma à outra. Na célula, no entanto,

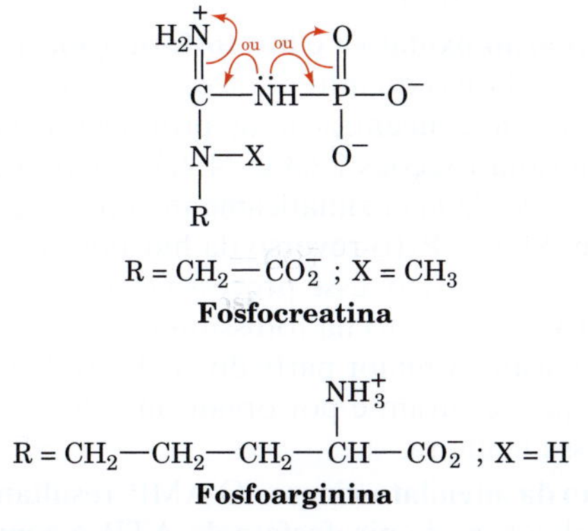

$H_2\overset{+}{N}$ (ou / ou) $C(-\ddot{N}H-P(=O)(-O^-)-O^-)-N(-X)-R$

$R = CH_2-CO_2^-$; $X = CH_3$
Fosfocreatina

$R = CH_2-CH_2-CH_2-CH(NH_3^+)-CO_2^-$; $X = H$
Fosfoarginina

FIGURA 16.26 Possibilidades de ressonância competindo em fosfoguanidinas.

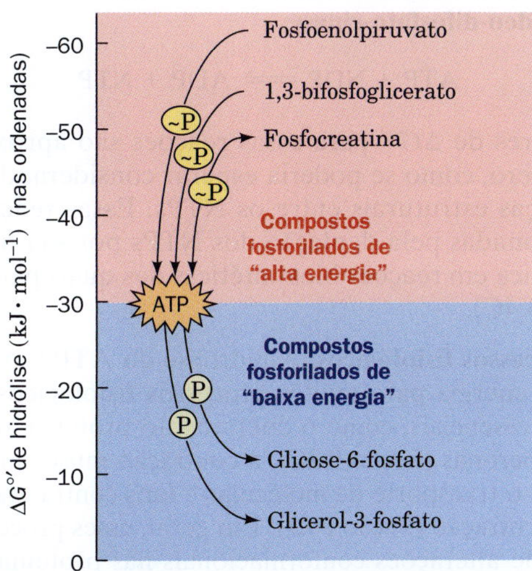

FIGURA 16.27 O fluxo de grupos fosforila, de doadores de fosfato de "alta energia", via sistema ATP-ADP, para aceptores de fosfato de "baixa energia".

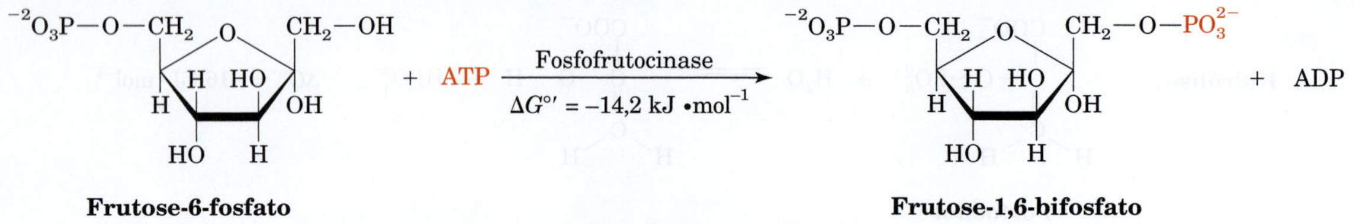

$$\text{Frutose-6-fosfato} + \text{ATP} \xrightarrow[\Delta G^{\circ\prime} = -14{,}2 \text{ kJ} \cdot \text{mol}^{-1}]{\text{Fosfofrutocinase}} \text{Frutose-1,6-bifosfato} + \text{ADP}$$

FIGURA 16.28 A fosforilação da frutose-6-fosfato pelo ATP para formar frutose-1,6-bifosfato e ADP.

a enzima **piruvato-cinase** acopla as duas reações, catalisando a transferência do grupo fosforila do fosfoenolpiruvato diretamente para o ADP, resultando em uma reação geral exergônica (Seção 17.2J).

a. Consumo de ATP

Em seu papel como moeda energética universal dos sistemas vivos, o ATP é consumido de várias maneiras:

1. **Estágios iniciais da degradação de nutrientes**. A hidrólise exergônica do ATP formando ADP pode ser acoplada enzimaticamente à reação endergônica de fosforilação, para formar compostos fosfatados de "baixa energia". Foi visto um exemplo desse acoplamento na formação de glicose-6--fosfato, catalisada pela hexocinase (Fig. 16.23a). Outro exemplo é a fosforilação da **frutose-6-fosfato**, formando **frutose-1,6-bifosfato**, na reação catalisada pela **fosfofrutocinase** (Fig. 16.28). Ambas as reações ocorrem no primeiro estágio da glicólise (Seção 17.2).

2. **Interconversão de nucleosídeos trifosfatados**. Muitos processos biossintéticos, como a síntese de proteínas e ácidos nucleicos, requerem outros nucleosídeos trifosfatados, que não o ATP. Esses incluem os ribonucleosídeos trifosfatados CTP, GTP e UTP, os quais, juntamente com o ATP, são utilizados, por exemplo, na biossíntese do RNA (Seção 31.2) e dos desoxirribonucleosídeos trifosfatados dATP, dCTP, dGTP e dTTP, precursores do DNA (Seção 5.4C). Todos esses **nucleosídeos trifosfatados** (**NTPs**) são sintetizados a partir do ATP e do **nucleosídeo difosfatado** (**NDP**) correspondente, em reações catalisadas pela enzima não específica **nucleosídeo-difosfato-cinase**:

$$\text{ATP} + \text{NDP} \rightleftharpoons \text{ADP} + \text{NTP}$$

Os valores de $\Delta G^{\circ\prime}$ para essas reações são aproximadamente zero, como se poderia esperar considerando as semelhanças estruturais entre os NTPs. Essas reações são impulsionadas pela depleção dos NTPs por sua hidrólise exergônica em reações biossintéticas das quais participam (Seção 3.4C).

3. **Processos fisiológicos**. A hidrólise do ATP a ADP e P_i fornece energia para muitos processos fisiológicos endergônicos essenciais, como o dobramento proteico auxiliado por chaperonas (Seção 9.2C), a contração muscular (Seção 35.3B) e o transporte de moléculas e íons contra gradientes de concentração (Seção 20.3). Em geral, esses processos resultam de alterações conformacionais nas proteínas (enzimas), os quais ocorrem em resposta a sua ligação ao ATP. Segue-se a hidrólise exergônica do ATP e a liberação do ADP e do P_i, tornando assim esses processos unidirecionais (irreversíveis).

4. **Clivagem adicional da ligação fosfoanidrido em reações altamente endergônicas**. Embora muitas reações que envolvem o ATP tenham ADP e P_i como produtos (**clivagem do ortofosfato**), outras produzem AMP e PP_i (**clivagem do pirofosfato**). Nesses últimos casos, o PP_i é rapidamente hidrolisado em $2P_i$ pela **pirofosfatase inorgânica** ($\Delta G^{\circ\prime} = -19{,}2$ kJ · mol^{-1}), de modo que *a clivagem do pirofosfato do ATP resulta, em última análise, na hidrólise de duas ligações fosfoanidrido de "alta energia"*. A ligação de aminoácidos a moléculas de tRNA para a síntese proteica é um exemplo desse fenômeno (Fig. 16.29 e Seção 32.2C). Os dois passos da reação envolvendo o aminoácido são facilmente reversíveis, pois as energias livres de hidrólise das ligações formadas são comparáveis àquela da hidrólise do ATP. A reação global é impulsionada no sentido de se completar pela hidrólise do PP_i, que é essencialmente irreversível. A biossíntese dos ácidos nucleicos a partir dos NTPs adequados também libera PP_i (Seções 30.1A e 31.2). As variações de energia livre para essas reações vitais são próximas de zero, de modo que a subsequente hidrólise do PP_i é essencial para impulsionar a síntese dos ácidos nucleicos.

b. Formação de ATP

Para completar sua função como intermediário metabólico, o ATP deve ser reposto. Isso ocorre por meio de três tipos de processos:

1. **Fosforilação no nível do substrato.** O ATP pode ser formado, como indicado na Fig. 16.23b, a partir do fosfoenolpiruvato, pela transferência direta de um grupo fosforila de um composto de "alta energia" para o ADP. Tais reações, que são denominadas **fosforilações no nível do substrato**, ocorrem mais comumente nos estágios iniciais do metabolismo dos carboidratos (Seção 17.2).

2. **Fosforilação oxidativa e fotofosforilação.** Tanto o metabolismo oxidativo quanto a fotossíntese atuam gerando um gradiente de concentração de prótons (H^+) através de uma membrana (Seções 22.3 e 24.2D). A descarga desse gradiente é acoplada enzimaticamente à formação de ATP a partir de ADP e P_i (o reverso da hidrólise do ATP). No metabolismo oxidativo, esse processo é chamado **fosforilação oxidativa**, enquanto na fotossíntese ele é denominado **fotofosforilação**. A maior parte do ATP produzido por organismos que respiram e por organismos fotossintéticos é gerado dessa maneira.

3. **Reação da adenilato-cinase.** O AMP, resultante das reações com clivagem do pirofosfato do ATP, é convertido em

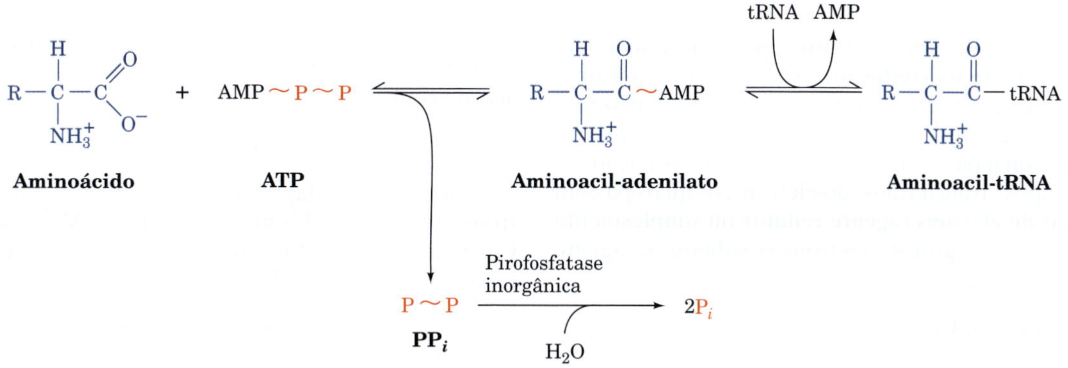

FIGURA 16.29 Clivagem do pirofosfato na síntese de um aminoacil-tRNA. Aqui, o til (~) representa uma ligação de "alta energia". Na primeira etapa da reação, o aminoácido é **adenilado** pelo ATP. Na segunda etapa, uma molécula de tRNA desloca a porção AMP para formar um aminoacil-tRNA. A hidrólise altamente exergônica do pirofosfato ($\Delta G°' = -33{,}5\ \text{kJ} \cdot \text{mol}^{-1}$) impulsiona a reação para a direita.

ADP em uma reação catalisada pela enzima **adenilato-cinase** (Seção 17.4Fe):

$$\text{AMP} + \text{ATP} \rightleftharpoons 2\text{ADP}$$

O ADP é convertido, subsequentemente, em ATP pela fosforilação no nível do substrato, pela fosforilação oxidativa ou pela fotofosforilação.

c. Velocidade de renovação do ATP

O papel celular do ATP é de um transmissor de energia livre e não de um reservatório de energia livre. A quantidade de ATP em uma célula é, em geral, suficiente apenas para suprir suas necessidades de energia livre durante um minuto ou dois. Assim sendo, o ATP está constantemente sendo hidrolisado e regenerado. De fato, experimentos utilizando marcação com ^{32}P indicam que a meia-vida metabólica de uma molécula de ATP varia de segundos a minutos, dependendo do tipo celular e de sua atividade metabólica. Por exemplo, as células nervosas possuem um suprimento de ATP suficiente apenas para poucos segundos (o que explica, em parte, a rápida deterioração do tecido nervoso pela privação de oxigênio). *Em média, uma pessoa em repouso consome e regenera ATP a uma velocidade de ~3 mol (1,5 kg) · h^{-1} e alcança uma velocidade até uma ordem de magnitude maior quando em atividade intensa.*

d. A fosfocreatina fornece um reservatório de "alta energia" para a formação de ATP

Células musculares e nervosas, que apresentam uma alta taxa de renovação para o ATP (um músculo em atividade máxima possui suprimento de ATP para apenas uma fração de segundo), possuem um reservatório de energia livre que funciona regenerando rapidamente o ATP. Em vertebrados, a fosfocreatina (Fig. 16.26) apresenta essa capacidade. Ela é sintetizada pela fosforilação reversível da creatina pelo ATP, catalisada pela **creatina-cinase**:

$$\text{ATP} + \text{creatina} \rightleftharpoons \text{fosfocreatina} + \text{ADP} \qquad \Delta G°' = +12{,}6\ \text{kJ} \cdot \text{mol}^{-1}$$

Pode-se observar que essa reação é endergônica em condições padrão. No entanto, as concentrações intracelulares de seus reagentes e produtos (geralmente 4 m*M* de ATP e 0,013 m*M* de ADP) são tais, que a reação opera próxima ao equilíbrio ($\Delta G \sim 0$). Consequentemente, quando a célula estiver em repouso, uma situação em que [ATP] é relativamente alta, a reação ocorre com síntese líquida de fosfocreatina, enquanto, em momentos de alta atividade metabólica, quando [ATP] é baixa, o equilíbrio se desloca no sentido de ocorrer síntese líquida de ATP. *A fosfocreatina, portanto, atua como um "tampão" de ATP nas células que contêm creatina-cinase.* O músculo esquelético dos vertebrados, em repouso, normalmente possui fosfocreatina suficiente para suprir suas necessidades de energia livre por diversos minutos (mas durante apenas uns poucos segundos quando em atividade intensa). Nos músculos de alguns invertebrados, como as ostras, a fosfoarginina desempenha a mesma função. Essas fosfoguanidinas são coletivamente denominadas **fosfágenos**.

5 REAÇÕES DE OXIDAÇÃO-REDUÇÃO

***Reações de oxidação-redução** são processos envolvendo a transferência de elétrons e são de imenso significado bioquímico; os seres vivos obtêm a maior parte de sua energia livre dessas reações.* Na fotossíntese (Capítulo 24), o CO_2 é **reduzido** (ganha elétrons) e H_2O é **oxidada** (perde elétrons), produzindo carboidratos e O_2 em um processo endergônico diferente, impulsionados pela energia da luz. No metabolismo aeróbio, utilizado por todos os eucariotos e por muitos procariotos, a reação global da fotossíntese é essencialmente revertida, de modo a aproveitar a energia livre da oxidação de carboidratos e outros compostos orgânicos na forma de ATP (Capítulo 22). O metabolismo anaeróbio produz ATP, embora com menor rendimento, por meio de oxidações-reduções intramoleculares de várias moléculas orgânicas, como por exemplo na glicólise (Capítulo 17). Em certas bactérias anaeróbicas, o ATP é gerado pelo uso de agentes oxidantes distintos do O_2, como sulfato ou nitrato. Nesta seção, foi delineada a termodinâmica das reações de oxidação-redução, para que se obtenha uma melhor compreensão dos aspectos quantitativos desses processos biológicos cruciais.

A. *Equação de Nernst*

Reações de oxidação-redução (também conhecidas como **reações redox** ou **de oxirredução**) assemelham-se a outros tipos de reações químicas quanto ao fato de envolverem transferência de grupos. Por exemplo, a hidrólise transfere um grupo funcional para a água. Nas reações de oxidação-redução, os "grupos" transferidos são elétrons, os quais passam de um **doador de elétrons** (**agente redutor** ou simplesmente **redutor**) para um **aceptor de elétrons** (**oxidante** ou **agente oxidante**). Por exemplo, na reação

$$Fe^{3+} + Cu^{+} \rightleftharpoons Fe^{2+} + Cu^{2+}$$

Cu^{+}, o redutor, é oxidado a Cu^{2+} enquanto o Fe^{3+}, o oxidante, é reduzido a Fe^{2+}.

Reações redox podem ser divididas em duas hemirreações ou pares redox, tais como

$$Fe^{3+} + e^{-} \rightleftharpoons Fe^{2+} \text{ (redução)}$$
$$Cu^{+} \rightleftharpoons Cu^{2+} + e^{-} \text{ (oxidação)}$$

cuja soma dá a reação global supradescrita. Essas hemirreações ocorrem durante o metabolismo oxidativo na transferência vital de elétrons na mitocôndria, mediada pela **citocromo *c* oxidase** (Seção 22.2C5). Pode-se observar que, para os elétrons serem transferidos, ambas as hemirreações devem ocorrer simultaneamente. Na verdade, os elétrons são o intermediário comum nas duas reações.

a. Células eletroquímicas

Uma hemirreação consiste em um doador de elétrons e seu aceptor de elétrons conjugado; na hemirreação de oxidação mostrada anteriormente, o Cu^{+} é o doador de elétrons, e o Cu^{2+} é seu aceptor de elétrons conjugado. Juntos, eles constituem um **par conjugado redox**, análogo a um par conjugado ácido-base (HA e A^{-}) de um ácido de Brønsted (Seção 2.2A). Uma diferença importante entre pares redox e pares ácido-base, no entanto, é que *as duas hemirreações de uma reação redox, cada uma consistindo de um par redox conjugado, pode ser separadas fisicamente de modo a constituir uma **célula eletroquímica*** (Fig. 16.30). Em tal aparelho, cada hemirreação ocorre em sua **semicélula** separada e os elétrons são passados entre as semicélulas na forma de uma corrente elétrica no cabo elétrico conectando os dois eletrodos. Uma ponte salina é necessária para completar o circuito elétrico, fornecendo um condutor para os íons migrarem, mantendo a neutralidade elétrica.

A energia livre de uma reação de oxidação-redução é especialmente fácil de ser determinada por meio da simples medida da diferença de voltagem entre as duas semicélulas. Considerar a reação redox geral:

$$A_{ox}^{n+} + B_{red} \rightleftharpoons A_{red} + B_{ox}^{n+}$$

na qual *n* elétrons por mol dos reagentes são transferidos do redutor (B_{red}) para o oxidante (A_{ox}^{n+}). A energia livre desta reação é expressa, de acordo com a Eq. [3.15], como

$$\Delta G = \Delta G^{\circ} + RT \ln\left(\frac{[A_{red}][B_{ox}^{n+}]}{[A_{ox}^{n+}][B_{red}]}\right) \quad [16.2]$$

A Equação [3.12] indica que, em condições reversíveis,

$$\Delta G = -w' = -w_{el} \quad [16.3]$$

em que w', o trabalho sem pressão e volume, é, neste caso, w_{el}, o trabalho elétrico necessário para transferir *n* moles de elétrons pela diferença de potencial elétrico $\Delta\mathscr{E}$. Este, de acordo com as leis da eletrostática, é

$$w_{el} = n\mathscr{F}\,\Delta\mathscr{E} \quad [16.4]$$

em que $\mathscr{F}$, o **Faraday**, é a carga elétrica de um mol de elétrons ($1\mathscr{F} = 96.485\ C \cdot mol^{-1} = 96.485\ J \cdot V^{-1} \cdot mol^{-1}$, em que C e V são os símbolos para coulomb e volt). Assim, substituindo a Eq. [16.4] na Eq. [16.3],

$$\Delta G = -n\mathscr{F}\,\Delta\mathscr{E} \quad [16.5]$$

Combinando as equações [16.2] e [16.5], e fazendo a substituição análoga para $\Delta G^{\circ\prime}$, tem-se a **equação de Nernst**:

$$\Delta\mathscr{E} = \Delta\mathscr{E}^{\circ} - \frac{RT}{n\mathscr{F}} \ln\left(\frac{[A_{red}][B_{ox}^{n+}]}{[A_{ox}^{n+}][B_{red}]}\right) \quad [16.6]$$

a qual foi originalmente formulada em 1881, por Walther Nernst. Aqui $\Delta\mathscr{E}$, a **força eletromotriz (fem)**, ou **potencial redox**, pode ser descrita como a "pressão eletrônica" exercida por uma célula eletroquímica. O valor $\Delta\mathscr{E}^{\circ}$, o potencial redox quando todos os componentes estão em seus estados-padrão, é denominado **potencial redox padrão**. Se esses estados-padrão referem-se a estados-padrão bioquímicos (Seção 3.4Ba), então $\Delta\mathscr{E}^{\circ}$ é substituído por $\Delta\mathscr{E}^{\circ\prime}$. Pode-se observar que um $\Delta\mathscr{E}$ positivo na Equação [16.5] resulta em um ΔG negativo. Em outras palavras, *um $\Delta\mathscr{E}$ positivo é indicativo de uma reação espontânea, que pode realizar trabalho.*

B. *Medidas do potencial redox*

A variação na energia livre de uma reação redox pode ser determinada, como indicado na Eq. [16.5], pela simples medida de seu potencial redox com um voltímetro (Fig. 16.30). Consequentemente, medidas de voltagem são comumente empregadas para caracterizar a sequência de reações compreendidas em uma via metabólica de transporte de elétrons (como a que medeia, p. ex., o metabolismo oxidativo; Capítulo 22).

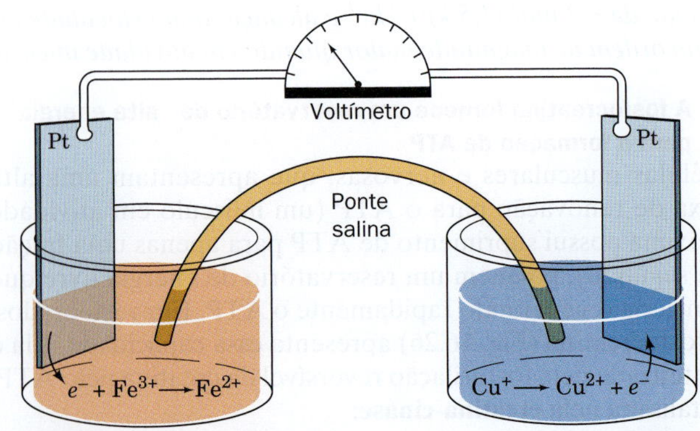

FIGURA 16.30 Exemplo de uma célula eletroquímica. A semicélula que sofre oxidação (aqui $Cu^{+} \rightarrow Cu^{2+} + e^{-}$) passa os elétrons liberados através do cabo elétrico para a semicélula que sofre redução (aqui $e^{-} + Fe^{3+} \rightarrow Fe^{2+}$). A eletroneutralidade nas duas semicélulas é mantida pela transferência de íons através da ponte salina, que contém eletrólitos.

Qualquer reação redox pode ser dividida em suas hemirreações componentes:

$$A_{ox}^{n+} + ne^- \rightleftharpoons A_{red}$$
$$B_{ox}^{n+} + ne^- \rightleftharpoons B_{red}$$

em que, por convenção, ambas as hemirreações são escritas como reduções. A essas hemirreações podem ser atribuídos **potenciais de redução**, $\mathscr{E}_A$ e $\mathscr{E}_B$, de acordo com a equação de Nernst:

$$\mathscr{E}_A = \mathscr{E}_A^\circ - \frac{RT}{n\mathscr{F}}\ln\left(\frac{[A_{red}]}{[A_{ox}^{n+}]}\right) \quad [16.7a]$$

$$\mathscr{E}_B = \mathscr{E}_B^\circ - \frac{RT}{n\mathscr{F}}\ln\left(\frac{[B_{red}]}{[B_{ox}^{n+}]}\right) \quad [16.7b]$$

Para as reações redox de quaisquer duas hemirreações:

$$\Delta\mathscr{E}^\circ = \mathscr{E}^\circ_{(e^-\text{aceptor})} - \mathscr{E}^\circ_{(e^-\text{doador})} \quad [16.8]$$

Assim sendo, quando a reação ocorre com A como o aceptor de elétrons e B como o doador de elétrons, $\Delta\mathscr{E}^\circ = \mathscr{E}_A{}^\circ - \mathscr{E}_B{}^\circ$, o que ocorre, de modo semelhante, para $\Delta\mathscr{E}$.

Os potenciais de redução, como as energias livres, devem ser definidos em relação a algum padrão arbitrário. Por convenção, potenciais de redução padrão são definidos em função da hemirreação padrão do hidrogênio

$$2H^+ + 2e^- \rightleftharpoons H_2(g)$$

na qual o H^+, em pH = 0, a 25° C e 1 atm, está em equilíbrio com o $H_2(g)$, que está em contato com um eletrodo de platina. A essa semicélula, é atribuído arbitrariamente um potencial de redução padrão de $\mathscr{E}^\circ = 0$ V (1 V = 1 J · C^{-1}). A convenção bioquímica também define a hemirreação padrão (pH = 0) do hidrogênio como tendo $\mathscr{E}' = 0$, de modo que a semicélula do hidrogênio, no estado bioquímico padrão (pH = 7), tem $\mathscr{E}^{\circ\prime} = -0{,}421$ V (Tabela 16.4). Quando $\Delta\mathscr{E}$ é positivo, ΔG é negativo (Eq. [16.5]), indicando um processo espontâneo. Portanto, na combinação de duas hemirreações nas condições-padrão, o sentido que indica a espontaneidade envolve a redução do par redox com o potencial de redução padrão mais positivo. Em outras palavras, *quanto mais positivo o potencial de redução padrão, maior a tendência da forma oxidada do par redox de aceitar elétrons e, assim tornar-se reduzida.*

TABELA 16.4 Potenciais de redução padrão para algumas hemirreações bioquimicamente importantes

Semirreação	$\mathscr{E}^{\circ\prime}$ (V)
$\frac{1}{2}O_2 + 2H^+ + 2e^- \rightleftharpoons H_2O$	0,815
$NO_3^- + 2H^+ + 2e^- \rightleftharpoons NO_2^- + H_2O$	0,42
Citocromo a_3 (Fe^{3+}) + e^- $\rightleftharpoons$ Citocromo a_3 (Fe^{2+})	0,385
O_2 (g) + $2H^+ + 2e^- \rightleftharpoons H_2O_2$	0,295
Citocromo *a* (Fe^{3+}) + e^- $\rightleftharpoons$ Citocromo *a* (Fe^{2+})	0,29
Citocromo *c* (Fe^{3+}) + e^- $\rightleftharpoons$ Citocromo *c* (Fe^{2+})	0,235
Citocromo c_1 (Fe^{3+}) + e^- $\rightleftharpoons$ Citocromo c_1 (Fe^{2+})	0,22
Citocromo *b* (Fe^{3+}) + e^- $\rightleftharpoons$ Citocromo *b* (Fe^{2+}) *(mitocôndria)*	0,077
Ubiquinona + $2H^+ + 2e^-$ $\rightleftharpoons$ Ubiquinol	0,045
Fumarato + $2H^+ + 2e^-$ $\rightleftharpoons$ Succinato$^-$	0,031
FAD + $2H^+ + 2e^-$ $\rightleftharpoons$ $FADH_2$ *(nas flavoproteínas)*	−0,040
Oxalacetato + $2H^+ + 2e^-$ $\rightleftharpoons$ Malato$^-$	−0,166
Piruvato + $2H^+ + 2e^-$ $\rightleftharpoons$ Lactato$^-$	−0,185
Acetaldeído + $2H^+ + 2e^-$ $\rightleftharpoons$ Etanol	−0,197
FAD + $2H^+ + 2e^-$ $\rightleftharpoons$ $FADH_2$ *(forma livre)*	−0,219
$S + 2H^+ + 2e^- \rightleftharpoons H_2S$	−0,23
Ácido lipoico + $2H^+ + 2e^-$ $\rightleftharpoons$ Ácido di-hidrolipoico	−0,29
$NAD^+ + H^+ + 2e^-$ $\rightleftharpoons$ NADH	−0,315
$NADP^+ + H^+ + 2e^-$ $\rightleftharpoons$ NADPH	−0,320
Cistina + $2H^+ + 2e^-$ $\rightleftharpoons$ 2 cisteína	−0,340
Acetoacetato$^-$ + $2H^+ + 2e^-$ $\rightleftharpoons$ β-hidroxibutirato$^-$	−0,346
$H^+ + e^- \rightleftharpoons \frac{1}{2}H_2$	−0,421
$SO_3^{2-} + 2H^+ + 2e^- \rightleftharpoons SO_2^{2-} + H_2O$	−0,454
Acetato$^-$ + $3H^+ + 2e^-$ $\rightleftharpoons$ Acetaldeído + H_2O	−0,581

Fonte: Obtida principalmente de Loach, P.H., *in*: Fasman, G.D. (Ed.) *Handbook of Biochemistry and Molecular Biology* (3rd Ed.), *Physical and Chemical Data*, Vol. I p. 123-130, CRC Preess (1976).

a. Hemirreações bioquímicas são fisiologicamente significativas

Os potenciais de redução padrão bioquímicos ($\mathscr{E}°'$) de algumas hemirreações bioquímicamente importantes estão listados na Tabela 16.4. A forma oxidada de um par redox com um potencial de redução padrão bastante positivo apresenta alta afinidade por elétrons e é um forte aceptor de elétrons (agente oxidante), enquanto seu redutor conjugado é um fraco doador de elétrons (agente redutor). Por exemplo, o O_2 é o agente mais fortemente oxidante na Tabela 16.4, enquanto a H_2O, que segura fortemente seus elétrons, é o agente redutor mais fraco da tabela. O mesmo ocorre, porém no sentido contrário, para hemirreações com potenciais de redução padrão bastante negativos. Uma vez que os elétrons fluem espontaneamente de compostos com baixos potenciais para compostos com altos potenciais de redução, eles são transferidos, em condições padrão, dos produtos reduzidos de qualquer hemirreação da Tabela 16.4, para reagentes oxidados de qualquer hemirreação na tabela (embora isso possa não ocorrer a uma velocidade apreciável na ausência de uma enzima adequada). Desse modo, em sistemas biológicos, o limite inferior para um potencial de redução padrão é aproximadamente −0,421 V, pois redutores com valores menores de $\mathscr{E}°'$ reduzirão prótons a H_2. Centros redutores nas proteínas, entretanto, que estão protegidos da água, podem ter potenciais de redução mais baixos. Pode-se observar que os íons Fe^{3+} dos vários citocromos apresentados na Tabela 16.4 apresentam potenciais redox significativamente diferentes. Isso indica que *os componentes proteicos de enzimas redox desempenham papéis ativos nas reações de transferência de elétrons, modulando os potenciais redox dos centros redox ativos ligados às enzimas*.

As reações de transferência de elétrons são de grande importância biológica. Por exemplo, na cadeia transportadora de elétrons mitocondrial (Seção 22.2), a fonte primária de ATP nos eucariotos, os elétrons passam do NADH (Fig. 13.2), através de uma série de aceptores de elétrons de potenciais de redução crescentes (muitos dos quais estão listados na Tabela 16.4), para o O_2. O ATP é gerado a partir de ADP e P_i pelo acoplamento de sua síntese a essa cascata de energia livre. *Dessa forma, o NADH funciona como uma coenzima transferidora de elétrons rica em energia*. De fato, a oxidação de um NADH a NAD^+ fornece energia livre suficiente para gerar 2,5 ATP (Seção 2.2Bb). O par redox NAD^+/NADH funciona como aceptor de elétrons em muitas oxidações metabólicas exergônicas. Ao funcionar como doador de elétrons na reação acoplada à síntese de ATP, esse par redox completa seu papel cíclico como um condutor de energia livre, de maneira análoga ao ATP. Os papéis metabólicos das coenzimas redox são discutidos nos capítulos que se seguem.

C. Células de concentração

Um gradiente de concentração apresenta uma menor entropia (maior ordem) que a solução correspondente uniformemente misturada e, portanto, requer fornecimento de energia livre para sua formação. Consequentemente, a descarga de um gradiente de concentração é um processo exergônico que pode ser aproveitado para impulsionar uma reação endergônica. Por exemplo, a descarga de um gradiente de concentração de prótons (gerado pelas reações da cadeia transportadora de elétrons) através da membrana mitocondrial interna impulsiona a síntese enzimática de ATP a partir de ADP e P_i (Seção 22.3). Da mesma maneira, impulsos nervosos, que requerem energia elétrica, são transmitidos pela descarga de gradientes de $[Na^+]$ e $[K^+]$, que as células nervosas geram ao longo de suas membranas plasmáticas (Seção 20.5B). A quantificação da energia livre contida em um gradiente de concentração pode ser obtida pela utilização dos conceitos de células eletroquímicas.

O potencial de redução e a energia livre de uma semicélula variam com as concentrações de seus reagentes. Uma célula eletroquímica pode, portanto, ser construída a partir de duas semicélulas que contenham a mesma espécie química, mas em diferentes concentrações. A reação global para tal célula eletroquímica pode ser representada como

$$A_{ox}^{n+}(\text{semicélula 1}) + A_{red}(\text{semicélula 2}) \rightleftharpoons A_{ox}^{n+}(\text{semicélula 2}) + A_{red}(\text{semicélula 1}) \quad [16.9]$$

e, de acordo com a equação de Nernst, uma vez que $\Delta\mathscr{E}° = 0$ quando a reação ocorre em ambas as células,

$$\Delta\mathscr{E} = \frac{RT}{n\mathscr{F}} \ln\left(\frac{[A_{ox}^{n+}(\text{semicélula 2})][A_{red}(\text{semicélula 1})]}{[A_{ox}^{n+}(\text{semicélula 1})][A_{red}(\text{semicélula 2})]}\right)$$

Tais **células de concentração** são capazes de gerar trabalho elétrico até atingirem o equilíbrio. Isso ocorre quando as razões das concentrações nas semicélulas igualarem-se ($K_{eq} = 1$). A reação constitui uma espécie de mistura das duas semicélulas; a energia livre gerada é um reflexo da entropia dessa mistura. A termodinâmica dos gradientes de concentração, conforme aplicada ao transporte entre os dois lados da membrana, é discutida na Seção 20.1.

6 A TERMODINÂMICA DA VIDA

Um dos últimos refúgios do **vitalismo**, a doutrina de que os processos biológicos não estão submetidos às leis físicas que governam os objetos inanimados, era a crença de que os seres vivos podiam, de alguma forma, evadir-se das leis da termodinâmica. Esse ponto de vista foi parcialmente refutado por medidas calorimétricas realizadas de forma elaborada em animais vivos, as quais são inteiramente consistentes com as predições da conservação de energia da primeira lei da termodinâmica. A verificação experimental da segunda lei da termodinâmica em sistemas vivos, no entanto, é mais difícil. Não tem sido possível medir a entropia da matéria viva, pois o calor, q_p, de uma reação a P e T constantes é igual a $T\,\Delta S$ apenas se a reação for realizada de forma reversível (Eq. [3.8]). Obviamente, o desmantelamento de um organismo vivo até suas moléculas componentes para tal medida resultaria invariavelmente em sua morte. Consequentemente, o estado atual do conhecimento experimentalmente verificado é que a entropia da matéria viva é menor que aquela dos produtos para os quais ela decai.

Nesta seção, serão considerados aspectos especiais da termodinâmica dos sistemas vivos. O conhecimento desses temas, que de forma alguma é completo, aumentou a compreensão de como as vias metabólicas são reguladas, como as células respondem a estímulos e como os organismos crescem e mudam com o tempo.

A. Os sistemas vivos não podem estar em equilíbrio

A **termodinâmica clássica** ou **do equilíbrio** (Capítulo 3) aplica-se principalmente a processos reversíveis em sistemas fechados. O destino de qualquer sistema isolado, como discutido na Seção 3.4A, é que ele deve inevitavelmente atingir o equilíbrio. Por exemplo, se seus reagentes estão em excesso, a reação ocorrerá no sentido direto a uma velocidade maior que a reação no sentido inverso até que o equilíbrio seja atingido ($\Delta G = 0$). Em contraste, sistemas abertos podem permanecer em um estado diferente do equilíbrio, desde que tenham a capacidade de obter energia livre de suas vizinhanças, na forma de reagentes, calor ou trabalho. Enquanto a termodinâmica clássica fornece informações extremamente valiosas com respeito aos sistemas abertos, indicando se um dado processo pode ocorrer espontaneamente, uma posterior análise termodinâmica de sistemas abertos necessita a aplicação de princípios elucidados mais recentemente da **termodinâmica irreversível** ou **de não equilíbrio**. Ao contrário da termodinâmica clássica, essa teoria leva o tempo explicitamente em conta.

Os sistemas vivos são sistemas abertos e, portanto, não podem estar em equilíbrio. Como indicado anteriormente, eles ingerem continuamente nutrientes de alta entalpia e baixa entropia, os quais são por eles convertidos em produtos de eliminação de baixa entalpia e alta entropia. A energia livre resultante desse processo é usada para realizar trabalho e produzir o alto grau de organização característico da vida. Se este processo for interrompido, o organismo atinge por fim o equilíbrio, o que, para os seres vivos, é sinônimo de morte. Por exemplo, uma teoria do envelhecimento propõe que a senescência resulte do acúmulo casual, porém inevitável, de defeitos genéticos nas células, os quais interferem com, e por fim interrompem, o funcionamento adequado dos seres vivos. (A teoria, entretanto, não explica como organismos unicelulares, ou células germinativas de organismos multicelulares [espermatozoides e óvulo], que são, na realidade, imortais, são capazes de escapar dessa assim chamada **catástrofe do erro**.)

Sistemas vivos devem manter um estado de não equilíbrio por diversas razões:

1. Apenas processos que não estejam em equilíbrio podem realizar trabalho útil.

2. As intrincadas funções regulatórias características da vida necessitam de um estado fora do equilíbrio, pois um processo em equilíbrio não pode ser controlado (do mesmo modo, um navio que está parado na água não responderá a seu leme).

3. Os complexos sistemas celulares e moleculares que conduzem os processos biológicos podem ser mantidos apenas no estado de não equilíbrio. Os sistemas vivos são inerentemente instáveis, pois degradam-se pelas mesmas reações bioquímicas que os originam. Sua regeneração, que deve ocorrer quase simultaneamente com sua degradação, requer constante influxo de energia livre. Por exemplo, como já foi mencionado, o consumo de glicose, que é capaz de produzir ATP (Seção 17.2), ocorre com o consumo inicial de ATP, que reage com a glicose para formar glicose-6-fosfato e com a frutose-6-fosfato para formar a frutose-1,6-bifosfato. Consequentemente, se o metabolismo for suspenso por tempo suficiente para esgotar o suprimento de ATP disponível, o metabolismo da glicose não poderá ser retomado. A vida, portanto, difere de forma fundamental de uma máquina complexa como um computador: ambos necessitam um suprimento contínuo de energia livre para estarem ativos; o funcionamento da máquina, no entanto, é com base em uma estrutura estática, de modo que ela pode ser repetidamente ligada e desligada, enquanto a vida, ao contrário, é fundamentada em um processo autodestrutivo, mas autorregenerador, o qual, uma vez interrompido, não pode ser iniciado novamente.

B. A termodinâmica do não equilíbrio e o estado estacionário

Em um processo que não está em equilíbrio, algo (como matéria, carga elétrica ou calor) deve fluir, ou seja, mudar sua distribuição espacial. Na mecânica clássica, a aceleração da massa ocorre em resposta a uma força. *De modo semelhante, o fluxo, em um sistema termodinâmico, ocorre em resposta a uma força termodinâmica (**força propulsora**), a qual resulta do estado de não equilíbrio do sistema.* Por exemplo, o fluxo da matéria em difusão é motivado pela força termodinâmica de um gradiente de concentração; a migração de carga elétrica (corrente elétrica) ocorre em resposta a um gradiente em um campo elétrico (uma diferença de voltagem); o transporte de calor resulta de um gradiente de temperatura; e uma reação química resulta de uma diferença no potencial químico. Tais fluxos são ditos **conjugados** à sua força termodinâmica.

Uma força termodinâmica, sob condições apropriadas, pode também promover um **fluxo não conjugado**. Por exemplo, um gradiente de concentração de matéria pode originar uma corrente elétrica (uma célula de concentração), calor (como ocorre ao misturar H_2O e HCl) ou uma reação química (a produção mitocondrial de ATP pela dissipação de um gradiente de prótons). Do mesmo modo, um gradiente de potencial elétrico pode motivar um fluxo de matéria (eletroforese), calor (aquecimento por uma resistência) ou uma reação química (o carregamento de uma bateria). Quando uma força termodinâmica estimula um fluxo não conjugado, o processo é denominado **transdução de energia**.

a. Seres vivos mantêm o estado estacionário

*Sistemas vivos são, em geral, caracterizados por estarem em um **estado estacionário**.* Isso significa que todos os fluxos no sistema são constantes, de modo que o sistema não muda com o tempo. Alguns processos ambientais em estado estacionário estão ilustrados esquematicamente na Fig. 16.31. Ilya Prigogine, que realizou trabalhos pioneiros no desenvolvimento da termodinâmica irreversível, demonstrou que um sistema no estado estacionário produz a máxima quantidade de trabalho útil para um dado gasto de energia nas condições prevalentes. *O estado estacionário de um sistema aberto é, portanto, seu estado de máxima eficiência termodinâmica.* Além disso, em analogia ao princípio de Le Châtelier (Seção 3.4A), pequenas perturbações do estado estacionário originam mudanças nos fluxos que se contrapõem a essas perturbações, de modo a permitir ao sistema voltar ao estado estacionário. *O estado estacionário de um sistema aberto é, portanto, análogo ao estado de equilíbrio de um sistema isolado; ambos são estados estáveis.*

Nos capítulos que se seguem, será possível ver que muitos mecanismos regulatórios biológicos funcionam de modo a manter um estado estacionário. Por exemplo, o fluxo de intermediários de reações em uma via metabólica é, em geral, inibido pelo excesso do produto final, e estimulado pelo

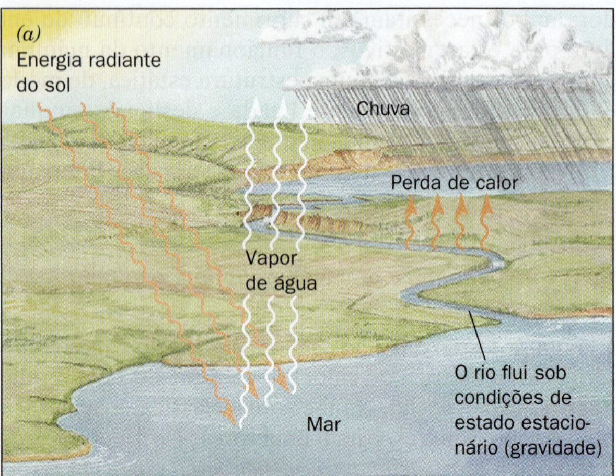

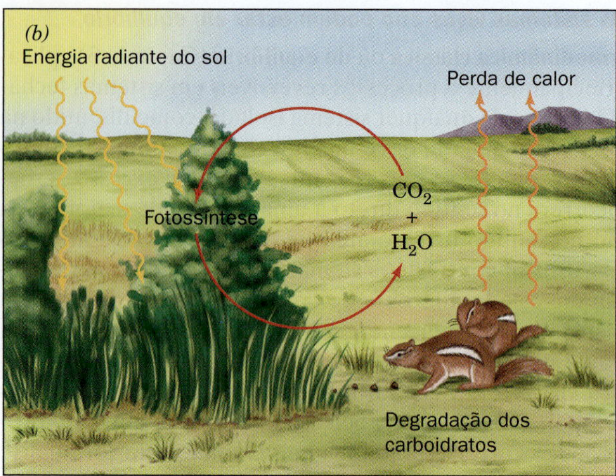

FIGURA 16.31 Dois exemplos de sistemas abertos em um estado estacionário. (*a*) O fluxo constante de água no rio ocorre devido à influência da força da gravidade. O nível de água no reservatório é mantido pela chuva, cuja principal fonte é a evaporação da água do mar. Assim sendo, todo o ciclo é, no final das contas, mantido pela força do sol. (*b*) O estado estacionário da biosfera é mantido pelo sol de forma semelhante. As plantas aproveitam a energia da irradiação do sol para sintetizar carboidratos a partir de CO_2 e H_2O. O metabolismo desses carboidratos pelas plantas, ou pelos animais que as ingerem, resulta, então, na liberação da energia livre neles armazenada e no retorno de CO_2 e H_2O para o ambiente, para completar o ciclo.

excesso de precursores, por meio da regulação alostérica de enzimas-chave (Seção 13.4).

Os seres vivos aparentemente evoluíram de modo a obter a máxima vantagem termodinâmica de seus ambientes.

C. *A termodinâmica do controle metabólico*

a. As enzimas catalisam as reações necessárias de modo seletivo

As reações biológicas são altamente específicas; apenas reações que situam-se em vias metabólicas ocorrem em velocidades significativas, apesar das muitas outras possíveis reações termodinamicamente favoráveis. Como exemplo, pode-se considerar as reações de ATP, glicose e água. Duas reações termodinamicamente favoráveis que o ATP pode sofrer são a transferência do grupo fosforila, para formar ADP e glicose-6-fosfato, e a hidrólise, para formar ADP e P_i (Fig. 16.23a). Os perfis de energia livre dessas reações estão diagramados na Fig. 16.32. A hidrólise do ATP é termodinamicamente favorecida sobre a transferência da fosforila para a glicose. Entretanto, suas velocidades relativas são determinadas pela energia livre de ativação de cada reação para atingir o esta-

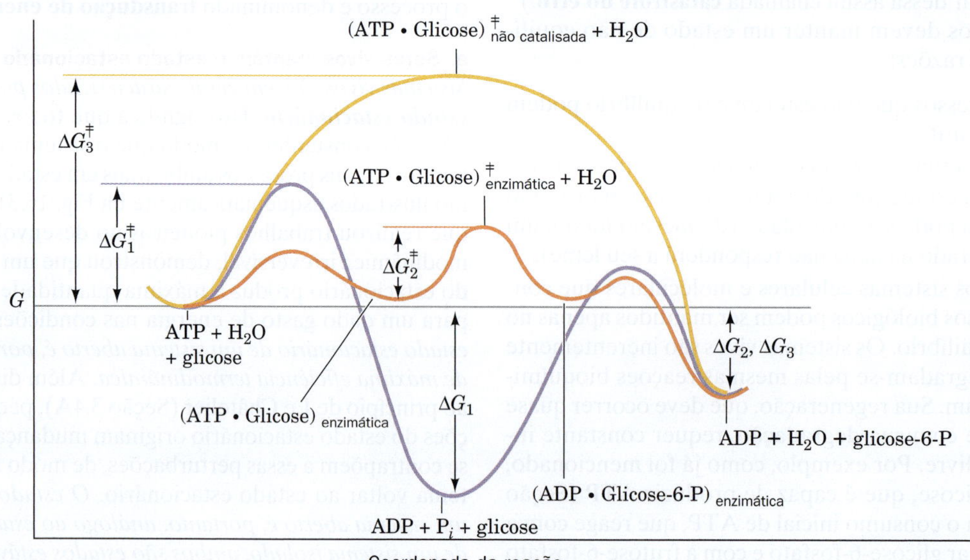

FIGURA 16.32 Diagramas das coordenadas de reação para (1) a reação de ATP e água (*curva em roxo*) e a reação de ATP e glicose (2) na presença (*curva cor de laranja*) e (3) na ausência (*curva amarela*) de uma enzima apropriada. Embora a hidrólise do ATP seja uma reação mais exergônica que a fosforilação da glicose (ΔG_1 é mais negativo que ΔG_2), na presença de uma enzima adequada a última reação predomina, pois é favorecida cineticamente ($\Delta G_2^\ddagger < \Delta G_1^\ddagger$).

do de transição (valores de $\Delta G^{\dagger}$; Seção 14.1Cb) e pelas concentrações relativas de glicose e água. Quanto maior $\Delta G^{\dagger}$, mas lenta a reação. Na ausência de enzimas, o $\Delta G^{\dagger}$ para a reação de transferência do grupo fosforila é maior que para a hidrólise, de modo que a reação de hidrólise predomina (embora nenhuma dessas reações ocorra em velocidade biologicamente significativa).

As barreiras de energia livre para ambas as reações não enzimáticas são muito maiores que aquela da transferência do grupo fosforila para a glicose, quando catalisada por enzima. Assim, a formação enzimática de glicose-6-fosfato é cineticamente favorecida sobre a hidrólise não enzimática do ATP. *O papel de uma enzima, neste caso a hexocinase, é reduzir de forma seletiva a energia livre de ativação de uma reação quimicamente acoplada, de modo que ela se aproxime do equilíbrio mais rapidamente que a reação não acoplada, termodinamicamente mais favorável.*

b. Muitas reações enzimáticas ocorrem próximas ao equilíbrio

Embora o metabolismo, como um todo, seja um processo que não está em equilíbrio, muitas de suas reações componentes funcionam próximas ao equilíbrio. A reação entre o ATP e a creatina, para formar fosfocreatina (Seção 16.4Cd) é um exemplo. A razão [creatina]/[fosfocreatina] depende da [ATP], pois a creatina-cinase, a enzima que catalisa esta reação, tem atividade suficiente para rapidamente equilibrar a reação. A velocidade de tal reação próxima ao equilíbrio é efetivamente controlada por meio da variação das concentrações de seus reagentes e/ou produtos.

c. O fluxo em vias metabólicas é regulado pelo controle de enzimas que operam em condições distantes do equilíbrio

Outras reações biológicas ocorrem em condições distantes do equilíbrio. Por exemplo, a reação da fosfofrutocinase (Fig. 16.28) tem uma constante de equilíbrio $K'_{eq} = 300$. Entretanto, em condições fisiológicas, no músculo cardíaco do rato, apresenta uma razão de ação de massas [frutose-1,6-bifosfato][ADP]/[frutose-6-fosfato][ATP] = 0,03, que corresponde a um $\Delta G = -25{,}7\ \text{kJ} \cdot \text{mol}^{-1}$ (Eq. [3.15]). Essa situação surge de um aumento na concentração dos reagentes, pois a atividade da fosfofrutocinase é insuficiente para equilibrar a reação. Mudanças nas concentrações dos substratos, portanto, têm relativamente pouco efeito sobre a velocidade da reação da fosfofrutocinase; a enzima está próxima da saturação. Apenas mudanças na atividade da enzima, por meio, por exemplo, de interações alostéricas, podem alterar de forma significativa essa velocidade. Uma enzima como a fosfofrutocinase é, portanto, análoga a uma represa em um rio. O **fluxo** de substrato (velocidade do fluxo) é controlado pela variação de sua atividade (alostericamente ou de outra forma), de modo semelhante à forma como é controlado o fluxo de um rio abaixo da represa, por variações na abertura de suas comportas (quando os níveis de água nos dois lados da represa são diferentes, ou seja, quando não estão em equilíbrio).

A compreensão de como é controlado o fluxo de reagentes em uma via metabólica requer o conhecimento de quais reações funcionam em condições próximas ao equilíbrio e quais estão distantes dele. A maioria das enzimas em uma via metabólica opera próxima ao equilíbrio e, assim, apresenta velocidades sensíveis apenas às concentrações de substratos. No entanto, como será visto nos capítulos que se seguem (especialmente na Seção 17.4), *certas enzimas, que estão localizadas estrategicamente em uma via metabólica, operam em condições distantes do equilíbrio. Essas enzimas, que são alvos de regulação metabólica por interações alostéricas e outros mecanismos, são responsáveis pela manutenção de um fluxo estável (estado estacionário) de metabólitos através da via.* Essa situação, como foi visto, maximiza a eficiência termodinâmica da via.

RESUMO DO CAPÍTULO

1 Vias metabólicas Vias metabólicas são séries de reações consecutivas enzimaticamente catalisadas, que geram produtos específicos para utilização por um organismo. A energia livre liberada pela degradação (catabolismo) é, pelo uso de intermediários como o ATP e o NADH, utilizada para impulsionar processos endergônicos de biossíntese (anabolismo). Carboidratos, lipídeos e proteínas são todos convertidos no intermediário comum acetil-CoA, cujo grupo acetila é então convertido em CO_2 e H_2O pela ação do ciclo do ácido cítrico e da fosforilação oxidativa. Um grupo relativamente pequeno de metabólitos servem como ponto de partida para todo um conjunto de produtos biossintéticos. As vias metabólicas apresentam cinco características principais: (1) vias metabólicas são irreversíveis; (2) se dois metabólitos são interconversíveis, a rota sintética do primeiro para o segundo deve diferir da rota do segundo para o primeiro; (3) cada via metabólica apresenta um primeiro passo exergônico, que compromete o metabólito com a via; (4) todas as vias metabólicas são reguladas, normalmente na primeira etapa de comprometimento; e (5) nos eucariotos, as vias metabólicas ocorrem em compartimentos subcelulares específicos.

2 Mecanismos das reações orgânicas Quase todas as reações metabólicas se enquadram em uma de quatro categorias: (1) reações de transferência de grupo; (2) reações de oxidação-redução; (3) eliminações, isomerizações e rearranjos; e (4) reações que estabelecem ou rompem ligações carbono-carbono. A maioria dessas reações envolve a clivagem heterolítica ou formação de uma ligação, por adição de nucleófilos a átomos de carbono eletrofílicos. Reações de transferência de grupo, portanto, envolvem a transferência de um grupo eletrofílico de um nucleófilo a outro. Os principais grupos eletrofílicos transferidos são os grupos acila, fosforila e glicosila. Os nucleófilos mais comuns são os grupos amino, hidroxila, imidazol e sulfidrila. Eletrófilos participantes de reações metabólicas são prótons, íons metálicos, átomos de carbono de carbonilas e iminas catiônicas. Reações de oxidação-redução envolvem perda ou ganho de elétrons. A oxidação do átomo de carbono normalmente envolve a clivagem de uma ligação C—H, com a perda, ao final, de dois elétrons que participavam de ligações com esse carbono e sua transferência a um aceptor de elétrons, como o NAD^+. O aceptor final de elétrons nos organismos aeróbios é o O_2. Reações de eliminação são aquelas em que uma ligação dupla C=C é criada a partir de dois centros de carbono saturados, com perda de H_2O, NH_3, ROH ou RNH_2. Reações de desidratação são as reações de eliminação mais comuns. Isomerizações envolvem a troca de ligações duplas dentro da molécula. Rearranjos são reações bioquímicas incomuns, nas quais ligações intramoleculares C—C são quebradas e novamente formadas, produzindo novos esqueletos carbonados. Reações que estabelecem ou quebram ligações C—C formam a base do metabolismo biossintético e do metabolismo degradativo. No sentido da síntese, essas reações envolvem a adição de um carbânion nucleofílico a um átomo de carbono eletrofílico. O átomo de carbono eletrofílico mais comum é o carbono carbonílico, enquanto carbânions são em geral gerados pela remoção de um próton a partir de um átomo de carbono adjacente a um grupo carbonílico ou por descarboxilação de um β-cetoácido.

3 Abordagens experimentais para o estudo do metabolismo Abordagens experimentais empregadas na elucidação de vias metabólicas incluem a utilização de inibidores metabólicos, estudos de crescimento e genética bioquímica. Inibidores metabólicos bloqueiam vias em passos enzimáticos específicos. A identificação dos intermediários resultantes indica o curso da via. Mutações, que ocorrem naturalmente em doenças genéticas ou podem ser induzidas por mutágenos, raios X ou engenharia genética, podem também resultar na ausência ou inatividade de uma enzima. Técnicas modernas em genética tornam possível expressar genes introduzidos em organismos superiores (animais transgênicos) ou inativar (nocautear) um gene e estudar os efeitos dessas mudanças no metabolismo. Quando marcações isotópicas são incorporadas em metabólitos e permite-se a sua entrada em um sistema metabólico, suas vias podem ser rastreadas a partir da distribuição da marcação nos intermediários. A RM é uma técnica não invasiva, que pode ser utilizada para detectar e estudar metabólitos *in vivo*. Estudos em órgãos isolados, fatias de tecido, células e organelas subcelulares têm contribuido enormemente para o conhecimento da localização das vias metabólicas. A biologia de sistemas empenha-se em descrever quantitativamente as propriedades e a dinâmica das redes biológicas como um todo, por meio da integração de informações da genômica, da transcriptômica, da proteômica e da metabolômica.

4 Termodinâmica de compostos fosforilados A energia livre para os processos metabólicos endergônicos é suprida pelo ATP produzido via processos metabólicos exergônicos. O $\Delta G^{\circ\prime}$ de hidrólise do ATP ($-30,5$ kJ · mol^{-1}) é intermediário entre aqueles dos metabólitos de "alta energia", como o fosfoenolpiruvato, e os metabólitos de "baixa energia", como a glicose-6-fosfato. Os grupos fosforila de "alta energia" são transferidos enzimaticamente ao ADP, e o ATP resultante, em uma reação separada, fosforila compostos de "baixa energia". O ATP pode também sofrer clivagem do pirofosfato, produzindo PP_i, cuja hidrólise subsequente adiciona maior ímpeto termodinâmico à reação. O estoque de ATP é muito limitado para que ele atue como reserva de energia. Nas células nervosas e musculares dos vertebrados, essa função é desempenhada pela fosfocreatina, que, em condições de baixas concentrações de ATP, transfere seu grupo fosforila para o ADP, formando ATP.

5 Reações de oxidação-redução As hemirreações das reações redox podem ser fisicamente separadas, formando duas semicélulas eletroquímicas. O potencial redox para a redução de A em B

$$A_{ox}^{n+} + B_{red} \rightleftharpoons A_{red} + B_{ox}^{n+}$$

em que *n* elétrons são transferidos, é dado pela equação de Nernst

$$\Delta\mathscr{E} = \Delta\mathscr{E}^{\circ} - \frac{RT}{n\mathscr{F}}\ln\left(\frac{[A_{red}][B_{ox}^{n+}]}{[A_{ox}^{n+}][B_{red}]}\right)$$

O potencial redox de tal reação está relacionado aos potenciais de redução de suas hemirreações componentes, $\mathscr{E}_A$ e $\mathscr{E}_B$, por

$$\Delta\mathscr{E} = \mathscr{E}_A - \mathscr{E}_B$$

Se $\mathscr{E}_A > \mathscr{E}_B$, então A_{ox}^{n+} tem maior afinidade por elétrons que B_{ox}^{n+}. A escala de potenciais de redução é definida arbitrariamente, estabelecendo o potencial padrão de redução para a semicélula do hidrogênio como zero. As reações redox são de grande importância metabólica. Por exemplo, a oxidação do NADH produz 2,5 ATPs, pela intermediação da cadeia transportadora de elétrons.

6 A termodinâmica da vida Organismos vivos são sistemas abertos e, portanto, não podem estar no equilíbrio. Eles devem dissipar energia livre continuamente, a fim de realizar suas várias funções e preservar suas estruturas altamente organizadas. O estudo da termodinâmica do não equilíbrio tem indicado que o estado estacionário, que é mantido pelos organismos vivos, é o estado de máxima eficiência nas condições que governam os sistemas abertos. Mecanismos de controle, que regulam os processos biológicos, preservam o estado estacionário regulando as atividades de enzimas estrategicamente localizadas nas vias metabólicas.

REFERÊNCIAS

Estudos metabólicos

Aebersold, R., Quantitative proteome analysis: Methods and applications, *J. Infect. Dis.* **182** (suplemento 2), S315–S320 (2003).

Beadle, G.W., Biochemical genetics, *Chem. Rev.* **37,** 15–96 (1945). [Uma revisão clássica, resumindo a hipótese "um gene – uma enzima".]

Campbell A.M. and Heyer L.J., *Discovering Genomics, Proteomics and Bioinformatics* (2nd ed.), Pearson Benjamin Cummings, New York (2007). [Uma introdução interativa a esses tópicos.]

Cerdan, S. and Seelig, J., NMR studies of metabolism, *Annu. Rev. Biophys. Biophys. Chem.* **19,** 43–67 (1990).

Choi, S. (Ed.), *Introduction to Systems Biology,* Humana Press (2007).

Cooper, T.G., *The Tools of Biochemistry,* Chapter 3, Wiley-Interscience (1977). [Uma apresentação de técnicas radioquímicas.]

Duarte, N.C., Becker, S.A., Jamshidi, N., Thiele, I., Mo, M.L., Vo, T.D., Srivas, R., and Palsson, B. Ø., Global reconstruction of the human metabolic network based on genomic and bibliomic data, *Proc. Natl. Acad. Sci.* **104,** 1777–1782 (2007).

Freifelder, D., *Biophysical Chemistry* (2nd ed.), Chapters 5 and 6, Freeman (1982). [Uma discussão acerca dos princípios da contagem da radiação e autorradiografia.]

Go,V.L.W., Nguyen, C.T.H., Harris, D.M., and Lee, W.-N.P., Nutrient-gene interaction: Metabolic genotype-phenotype relationship, *J. Nutr.* **135,** 2016s–3020s (2005).

Hevesy, G., Historical sketch of the biological application of tracer elements, *Cold Spring Harbor Symp. Quant. Biol.* **13,** 129–150 (1948).

Jeffrey, F.M.H., Rajagopal, A., Malloy, C.R., and Sherry, A.D., ^{13}C-NMR:A simple yet comprehensive method for analysis of in-termediary metabolism, *Trends Biochem. Sci.* **16,** 5–10 (1991).

Michal, G. (Ed.), *Biochemical Pathways. An Atlas of Biochemistry and Molecular Biology,* Wiley (1999). [Um compêndio enciclopédico das vias metabólicas.]

Shemin, D. and Rittenberg, D.,The biological utilization of glycine for the synthesis of the protoporphyrin of hemoglobin, *J. Biol Chem.* **166,** 621–625 (1946).

Shulman, R.G. and Rothman, D.L., ^{13}C NMR of intermediary metabolism: Implications for systematic physiology, *Annu. Rev. Physiol.* **63,** 15–48 (2001).

Smolin, L.A. and Grosvenor, M.B, *Nutrition: Science and Applications,* Wiley (2008). [Um bom texto para aqueles interessados no estudo dos aspectos nutricionais do metabolismo.]

Suckling, K.E. and Suckling, C.J., *Biological Chemistry,* Cambridge University Press (1980). [Apresenta a química orgânica das reações bioquímicas.]

Walsh, C., *Enzymatic Reaction Mechanisms,* Chapter 1, Freeman (1979). [Uma discussão dos tipos de reações bioquímicas.]

Wang, N.-D., Finegold, M.J., Bradley, A., Ou, C.N., Abdelsayed, S.V., Wilde, M.D., Taylor, L.R., Wilson, D.R., and Darlington, G.J., Impaired energy homeostasis in C/EBP– knockout mice, *Science* **269,** 1108–1112 (1995).

Weckwerth, W. (Ed.), *Metabolomics. Methods and Protocols,* Humana Press (2007).

Westheimer, F.H., Why nature chose phosphates, *Science* **235,** 1173–1178 (1987).

Xia, Y., Yu, H., Jansen, R., Seringhaus, M., Baxter, S., Greenbaum, D., Zhao, H., and Gerstein, M.,Analyzing cellular biochemistry in terms of molecular networks, *Annu. Rev. Biochem.* **73,** 1051–1087 (2004).

Zhu, H., Bilgin, M., and Snyder, M., Proteomics, *Annu. Rev. Biochem.* **72,** 783–812 (2003).

Bioenergética

Alberty, R.A., Standard Gibbs free energy, enthalpy and entropy changes as a function of pH and pMg for reactions involving adenosine phosphates, *J. Biol. Chem.* **244,** 3290–3302 (1969).

Alberty, R.A., Calculating apparent equilibrium constants of enzyme-catalyzed reactions at pH 7, *Biochem. Ed.* **28,** 12–17 (2000).

Caplan, S.R., Nonequilibrium thermodynamics and its application to bioenergetics, *Curr. Top. Bioenerg.* **4,** 1–79 (1971).

Crabtree, B. and Taylor, D.J.,Thermodynamics and metabolism, *in*

Jones, M.N. (Ed.), *Biochemical Thermodynamics, pp.* 333–378, Elsevier (1979).

Dickerson, R.E., *Molecular Thermodynamics,* Chapter 7, Benjamin (1969). [Um capítulo interessante acerca da termodinâmica da vida.]

Henley, H.J.M., An introduction to nonequilibrium thermodynamics, *J. Chem. Ed.* **41,** 647–655 (1964).

Katchelsky, A. and Curran, P.F., *Nonequilibrium Thermodynamics in Biophysics,* Harvard University Press (1965).

Morowitz, H.J., *Foundations of Bioenergetics,* Academic Press (1978).

EXERCÍCIOS DE BIOINFORMÁTICA

Exercícios de Bioinformática estão disponíveis em www.wiley.com/college/voet.

Capítulo 16

Enzimas Metabólicas. Explore as bases de dados relacionadas ao metabolismo.

PROBLEMAS

1. A glicólise (a quebra da glicose) apresenta a estequiometria global abaixo

$$\text{Glicose} + 2\text{ADP} + 2\text{P}_i + 2\text{NAD}^+ \longrightarrow 2\ \text{piruvato}^- + 2\text{ATP} + 2\text{NADH} + 4\text{H}^+ + 2\text{H}_2\text{O}$$

enquanto aquela da gliconeogênese (síntese de glicose) é

$$2\ \text{piruvato} + 6\text{ATP} + 2\text{NADH} + 4\text{H}^+ + 6\text{H}_2\text{O} \longrightarrow \text{glicose} + 6\text{ADP} + 6\text{P}_i + 2\text{NAD}^+$$

Qual a estequiometria global para a degradação glicolítica de 1 mol de glicose, seguindo-se sua síntese pela gliconeogênese? Explique por que é necessário que as vias desses dois processos sejam controladas independentemente e por que devem diferir em pelo menos uma reação.

2. Tem sido postulado que um intermediário, em que o fósforo pentavalente forma uma bipirâmide trigonal, pode sofrer um processo de deformação vibracional conhecido como **pseudorrotação**, no qual seus ligantes apicais trocam de posição com dois ligantes equatoriais, via um estado de transição em pirâmide tetragonal:

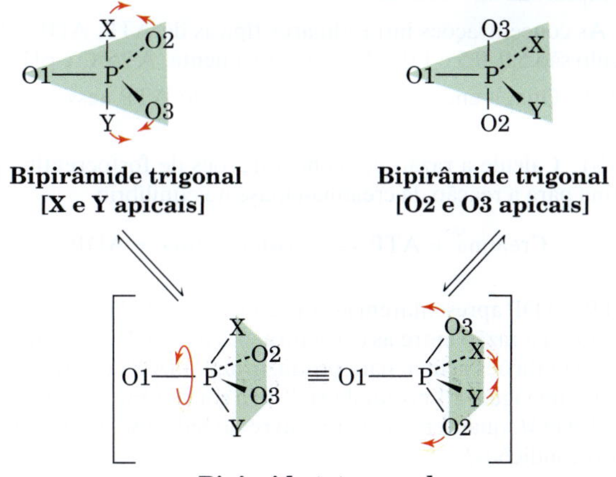

Em uma reação de substituição nucleofílica, dois ciclos de pseudorrotação (de modo a colocar o grupo que está saindo [X] em posição apical e o grupo que está atacando [Y] em posição equatorial) levariam à retenção ou à inversão da configuração, com a saída do grupo que parte?

3. Um **Curie** (**Ci**) de radioatividade é definido como $3{,}70 \times 10^{10}$ desintegrações por segundo, o número de desintegrações que ocorre em 1 g de ^{226}Ra puro. Uma amostra de $^{14}CO_2$ tem uma radioatividade específica de $5\ \mu Ci \cdot \mu mol^{-1}$. Qual porcentagem de seus átomos de C são ^{14}C?

4. Na hidrólise do ATP a ADP e P_i, a concentração de ATP no equilíbrio é muito pequena para ser acuradamente medida. Uma maneira melhor de determinar a K'_{eq} e, assim, o $\Delta G^{\circ\prime}$ da reação, é considerá-la em dois passos cujos valores de $\Delta G^{\circ\prime}$ podem ser medidos com exatidão. Isso tem sido feito utilizando o seguinte par de reações (o primeiro sendo catalisado pela **glutamina-sintase**):

(1) $ATP + \text{glutamato} + NH_4^+ \rightleftharpoons ADP + P_i + \text{glutamina} + H^+$

$$\Delta G_1^{\circ\prime} = -16{,}3\ kJ \cdot mol^{-1}$$

(2) $\text{Glutamato} + NH_4^+ \rightleftharpoons \text{glutamina} + H_2O + H^+$

$$\Delta G_2^{\circ\prime} = -14{,}2\ kJ \cdot mol^{-1}$$

Qual o $\Delta G^{\circ\prime}$ para a hidrólise do ATP, de acordo com esses dados?

***5.** Considere a reação catalisada pela hexocinase:

$$ATP + \text{glicose} \rightleftharpoons ADP + \text{glicose-6-fosfato}$$

Uma mistura contendo 40 mM de ATP e 20 mM de glicose foi incubada com hexocinase em pH 7 a 25°C. Calcule as concentrações dos reagentes e produtos no equilíbrio (ver Tabela 16.3).

6. No metabolismo aeróbio, a glicose é oxidada completamente na reação

$$\text{Glicose} + 6\ O_2 \rightleftharpoons 6CO_2 + 6H_2O$$

com a geração acoplada de 32 moléculas de ATP, a partir de 32 moléculas de ADP e 32 de P_i. Supondo que o ΔG para a hidrólise do ATP a ADP P_i nas condições intracelulares seja $-50\ kJ \cdot mol^{-1}$ e que o ΔG para a combustão da glicose seja $-2.823{,}2\ kJ \cdot mol^{-1}$, qual a eficiência da reação de oxidação da glicose em termos da energia livre capturada na forma de ATP?

7. As concentrações intracelulares típicas de ATP, ADP e P_i no músculo são 5,0, 0,5 e 1,0 mM, respectivamente. A 25°C e pH 7:

(a) Qual a energia livre de hidrólise do ATP nessas concentrações?

(b) Calcule a razão das concentrações de fosfocreatina para creatina para a reação da creatina-cinase no equilíbrio

$$\text{Creatina} + ATP \rightleftharpoons \text{fosfocreatina} + ADP$$

se ATP e ADP apresentarem as concentrações citadas anteriormente. (c) Qual a razão entre as concentrações de ATP e ADP necessária, nas condições acima, para produzir uma razão de fosfocreatina para creatina igual a 1 no equilíbrio? Se a concentração de P_i permanecer 1,0 mM, qual seria a energia livre de hidrólise do ATP nessas últimas condições?

***8.** Supondo que as concentrações intracelulares de ATP, ADP e P_i são aquelas fornecidas no problema 7: (a) Calcule a concentração de AMP em pH 7 e a 25°C quando a reação da adenilato-cinase

$$2ADP \rightleftharpoons ATP + AMP$$

estiver no equilíbrio. (b) Calcule a concentração de AMP no equilíbrio quando e energia livre de hidrólise do ATP para ADP e P_i é $-55\ kJ \cdot mol^{-1}$. Para este cálculo, suponha que $[P_i]$ e ([ATP] + [ADP]) permaneçam constantes.

9. Usando os dados fornecidos na Tabela 16.4, liste as seguintes substâncias em ordem decrescente de capacidade oxidante: (a) fumarato$^-$, (b) cistina, (c) O_2, (d) $NADP^+$, (e) citocromo c (Fe^{3+}), e (f) ácido lipoico.

10. Calcule as concentrações dos reagentes e produtos da reação

$$\text{Acetoacetato}^- + NADH + H^+ \rightleftharpoons \beta\text{-hidroxibutirato}^- + NAD^+$$

no equilíbrio, quando as concentrações iniciais de acetoacetato$^-$ e NADH são 0,01 e 0,005 M, respectivamente, e β-hidroxibutirato$^-$ e NAD^+ estão inicialmente ausentes. Suponha que a reação ocorra a 25° C e pH 7.

11. Em bactérias anaeróbias, o aceptor final dos elétrons no metabolismo é outra molécula, que não o O_2. Uma das principais exigências para qualquer par redox utilizado como fonte de energia livre metabólica é que ele forneça energia livre suficiente para gerar ATP a partir de ADP e P_i. Indique quais dos seguintes pares redox são suficientemente exergônicos para permitir que uma bactéria adequadamente equipada possa utilizá-los como principal fonte de energia. Suponha que as reações redox para a formação do ATP requerem dois elétrons e que $\mathscr{E} = \Delta\mathscr{E}^{\circ\prime}$.

(a) Etanol + NO_3^- (c) $H_2 + S$

(b) Fumarato$^-$ + SO_3^{2-} (d) Acetaldeído + acetaldeído

12. Calcule $\Delta G^{\circ\prime}$ para os seguintes pares de hemirreações em pH 7 e a 25°C. Escreva a reação equilibrada para a reação global e indique em que sentido ela ocorre espontaneamente em condições padrão.

(a) ($H^+/1/2\ H_2$) e ($1/2\ O_2 + 2H^+/H_2O$)

(b) (Piruvato$^-$ + $2H^+$/lactato$^-$) e ($NAD^+ + H^+/NADH$)

***13.** A hipótese quimiosmótica (Seção 22.3A) postula que o ATP é gerado na reação de 2 elétrons:

$$ADP + P_i + 2H^+\ (\text{baixo pH}) \rightleftharpoons ATP + H_2O + 2H^+\ (\text{alto pH})$$

que é impulsionada por um gradiente de pH gerado metabolicamente na mitocôndria. Qual a magnitude do gradiente de pH necessário para a síntese líquida de ATP a 25°C e pH 7 se as concentrações de ATP, ADP e P_i no estado estacionário forem 0,01, 10 e 10 mM, respectivamente?

14. O suco gástrico é constituído por HCl 0,15 M. O plasma sanguíneo, que é a fonte desses H^+ e Cl^-, possui uma concentração de Cl^- de 0,10 M e tem pH igual a 7,4. Calcule a energia livre necessária para produzir HCl em 0,1 L de suco gástrico, a 37°C.

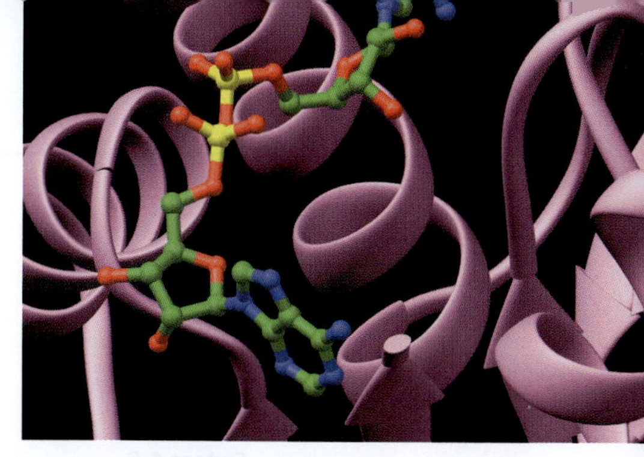

Glicólise

CAPÍTULO 17

Agora, inicia-se a discussão sobre rotas metabólicas específicas considerando a **glicólise** (do grego: *glykos*, doce; *lysis*, romper), a via pela qual a **glicose** é convertida em **piruvato** pela **frutose-1,6-bifosfato**, com a produção de 2 mols de ATP por mol de glicose. Essa sequência de 10 reações enzimáticas, que é provavelmente a rota bioquímica melhor compreendida, tem um papel central no metabolismo energético por produzir uma porção significativa da energia utilizada pela maioria dos organismos e por preparar a glicose, e também outros carboidratos, para a degradação oxidativa.

No estudo da glicólise, e no estudo de todo o metabolismo, tenta-se entender a via em quatro níveis:

1. As etapas da interconversão química, isto é, a sequência de reações pela qual a glicose é convertida nos produtos finais da via metabólica.
2. O mecanismo da conversão enzimática de cada intermediário da via no seu sucessor.
3. A energética das conversões.
4. Os mecanismos controladores do **fluxo** (velocidade de fluxo) dos metabólitos ao longo da via.

O fluxo dos metabólitos através da via é extremamente sensível às necessidades do organismo pelos produtos da via metabólica. O fluxo pela via, por meio de uma rede complexa de mecanismos de controle, aumenta somente o necessário.

1 A VIA GLICOLÍTICA

Uma visão geral do metabolismo da glicose está representada na Fig. 17.1. *Em condições aeróbias, o piruvato formado pela glicólise é oxidado pelo ciclo do ácido cítrico (Capítulo 21) e pela fosforilação oxidativa (Capítulo 22) até CO_2 e água. Em condições anaeróbias, entretanto, o piruvato é, em vez disso, convertido em um produto final reduzido, que é o* ***lactato*** *no músculo (****fermentação homoláctica****; a fermentação é um processo biológico de reações anaeróbias) e etanol + CO_2 em levedura (****fermentação alcoólica****).*

A. *Perspectiva histórica*

A fermentação da glicose até etanol e CO_2 pelas leveduras (Fig. 17.2) tem sido um processo utilizado desde antes do início de qualquer registro histórico. Tanto a vinificação como a panificação exploram esse processo. Mas a investigação científica do mecanismo da glicólise começou somente na segunda metade do século XIX.

Nos anos de 1854 a 1864, Louis Pasteur determinou que a fermentação é causada por microrganismos. Entretanto, foi somente em 1897 que Eduard Buchner demonstrou que extratos sem leveduras também podiam realizar esse processo.

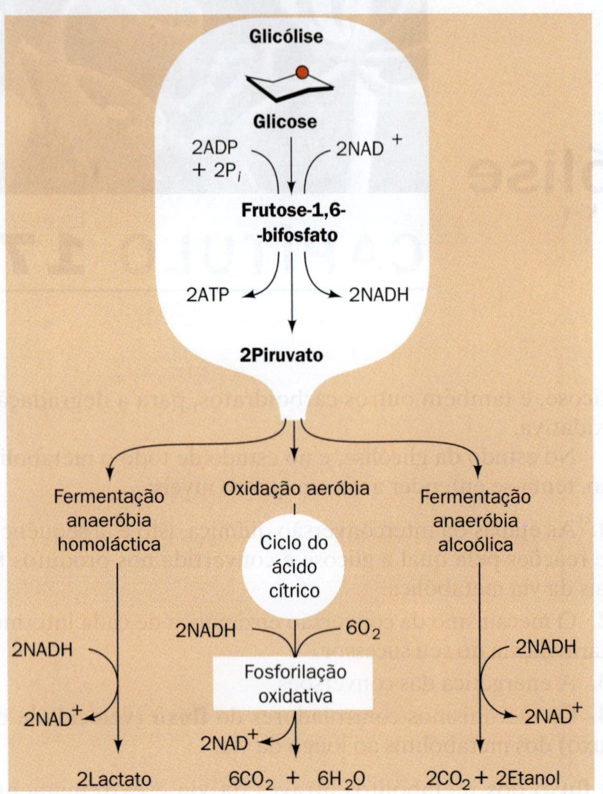

FIGURA 17.1 Glicólise. A glicólise converte glicose em piruvato, produzindo dois ATP. Em condições anaeróbias, a fermentação alcoólica do piruvato ocorre em leveduras, enquanto a fermentação homoláctica ocorre no músculo. Em condições aeróbias, o piruvato é oxidado em H_2O e CO_2 pelo ciclo do ácido cítrico (Capítulo 21) e da fosforilação oxidativa (Capítulo 22).

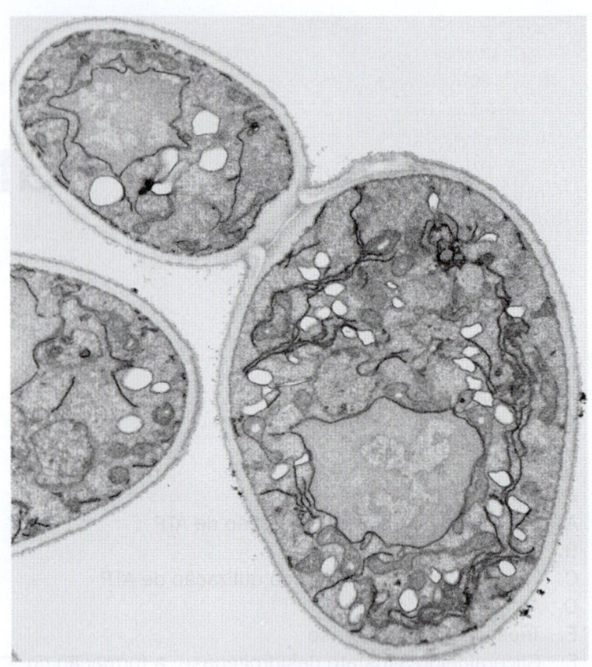

FIGURA 17.2 Micrografia eletrônica de células de levedura. (Biophoto Associates/Photo Researches, Inc.)

Essa descoberta desmentiu a crença então amplamente aceita de que a fermentação, e todo outro processo biológico, seria mediada por alguma "força vital" inerente à matéria viva e, assim, trouxe a glicólise para a competência da química. Esse foi o maior passo no desenvolvimento da bioquímica como ciência. Embora, a princípio, o uso de extratos isentos de células tenha permitido a "dissecção" sistemática das reações dessa via, a elucidação completa da via glicolítica foi um projeto a longo prazo, porque as técnicas analíticas para o isolamento e identificação de intermediários e enzimas tiveram de ser desenvolvidas simultaneamente.

Nos anos de 1905 a 1910, Arthur Harden e William Young fizeram duas importantes descobertas:

1. O fosfato inorgânico é necessário para a fermentação e é incorporado na frutose-1,6-bifosfato, um intermediário do processo.
2. Um extrato sem leveduras pode ser separado, por diálise, em duas frações que são ambas necessárias para a fermentação: uma fração não dializável sensível ao calor foi denominada **zimase**, e uma fração dializável, estável ao calor, foi denominada **cozimase**. Posteriormente, foi demonstrando que a cozimase é uma mistura de cofatores, coenzimas como o NAD^+, o ATP e o ADP, assim como íons metálicos.

Nos esforços para identificar os intermediários da via, os primeiros investigadores da glicólise desenvolveram uma técnica geral de investigação metabólica que é usada hoje: *foram encontrados reagentes que inibem a formação de produtos da via, causando, portanto, o acúmulo de metabólitos que podem então ser identificados como intermediários da via.* Ao longo dos anos da pesquisa que procurou identificar os intermediários da glicólise, foram descobertos vários reagentes que inibem a produção de etanol a partir de glicose em extratos de leveduras. O uso de inibidores diferentes resulta no acúmulo de diferentes intermediários. Por exemplo, a adição de iodoacetato a extratos de leveduras em fermentação causa o acúmulo de frutose-1,6-bifosfato, enquanto a adição de íon fluoreto induz o acúmulo de **3-fosfoglicerato** e **2-fosfoglicerato**:

3-fosfoglicerato	2-fosfoglicerato
$O=C_1(O^-)$ – $H-C_2-OH$ – $H-C_3-OPO_3^{2-}$ – H	$O=C_1(O^-)$ – $H-C_2-OPO_3^{2-}$ – $H-C_3-OH$ – H

Os mecanismos de ação desses inibidores são discutidos nas Seções 17.2Da e 17.2I, respectivamente.

Uma descoberta notável desses estudos foi que os mesmos intermediários e as atividades enzimáticas podiam ser isoladas não somente de leveduras, mas de uma grande variedade de outros microrganismos. Com poucas exceções (ver Problema 11 nesse capítulo), *todos os organismos vivos metabolizam a glicose por rotas metabólicas idênticas. Apesar de sua enorme diversidade, eles compartilham uma mesma bioquímica.*

Por volta de 1940, com a elucidação da via completa da glicólise, os esforços dos muitos pesquisadores frutificaram. O trabalho de três dessas pessoas, Gustav Embden, Otto Meyerhof e Jacob Parnas, foi tão reconhecido que a glicólise é conhecida também como **via de Embden-Meyerhof-Parnas**. Outras grandes contribuições para a elucidação dessa via foram dadas por Carl e Gerty Cori, Carl Neuberg, Robert Robison e Otto Warburg.

B. *Visão geral da via*

Antes de iniciar a discussão detalhada das enzimas da glicólise, será examinada a via como um todo e a forma como ela se encaixa no metabolismo animal de um modo geral. A glicose aparece com frequência no sangue como resultado da quebra de polissacarídeos grandes (Seções 11.2B; 11.2Db e 18.1) ou da sua síntese a partir de precursores não glicídicos (**gliconeogênese**; Seção 23.1). O destino das hexoses, que não a glicose, é discutido na Seção 17.5. A glicose entra na maioria das células por transportadores específicos que a levam do exterior da célula para o citosol (Seção 20.2E). *As enzimas da glicólise estão localizadas no citosol, onde estão fracamente associadas, se tanto, com estruturas celulares como as membranas.* Entretanto, existem consideráveis evidências circunstanciais mostrando que enzimas sucessivas na via glicolítica associam-se fracamente, possivelmente para facilitar a transferência eficiente de intermediários entre enzimas. Tais associações de enzimas funcionalmente relacionadas têm sido denominadas **metabolomas**. Entretanto, nenhum complexo de enzimas glicolíticas foi isolado até hoje.

A glicólise converte a glicose em duas unidades de C_3 (piruvato), com menor energia livre, em um processo que atrela a liberação de energia livre para sintetizar ATP a partir de ADP e P_i. Esse processo requer uma via de reações de transferência de grupos acopladas quimicamente (Seções 16.4 e 16.6). Então, a estratégia química da glicólise é:

1. Adição de grupos fosforilados à glicose.
2. Conversão química de intermediários fosforilados em compostos com alto potencial de transferência de grupos fosfato.
3. Acoplamento químico da subsequente hidrólise das substâncias reativas com a síntese de ATP.

As 10 reações da glicólise catalisadas enzimaticamente estão representadas na Fig. 17.3. Observe que o ATP é usado precocemente na via para sintetizar compostos fosforilados (Reações 1 e 3), mas, posteriormente, é ressintetizado (Reações 7 e 10). A glicólise pode ser dividida em dois estágios:

Estágio I (Reações 1.5): estágio preparatório em que a hexose-glicose é fosforilada e clivada para gerar duas moléculas da triose **gliceraldeído-3-fosfato**. Esse processo consome dois ATP como uma forma de investimento energético.

Estágio II (Reações 6-10): duas moléculas de gliceraldeído-3-fosfato são convertidas em piruvato, com a concomitante geração de quatro ATP. A glicólise, portanto, tem um rendimento de dois ATP por glicose: o estágio I consome dois ATP e o estágio II produz quatro ATP.

A reação total é:

$$\text{Glicose} + 2\text{NAD}^+ + 2\text{ADP} + 2\text{P}_i \longrightarrow 2\text{NADH} + 2\,\text{piruvato} + 2\text{ATP} + 2\text{H}_2\text{O} + 4\text{H}^+$$

a. O poder oxidante do NAD^+ deve ser reciclado

O NAD^+ é o principal agente oxidante da glicólise. O NADH produzido por esse processo (Fig. 17.3, Reação 6) deve ser continuamente reoxidado para manter a via suprida com NAD^+. Existem três vias comuns nas quais isso ocorre (Fig. 17.1, *parte inferior):*

1. No músculo, em condições anaeróbias, o NAD^+ é regenerado quando o NADH reduz o piruvato a lactato (fermentação homoláctica; Seção 17.3A).
2. Em leveduras, em condições anaeróbias, o piruvato é descarboxilado para gerar CO_2 e acetaldeído e é reduzido pelo NADH para gerar NAD^+ e etanol (fermentação alcoólica; Seção 17.3B).
3. Em condições aeróbias, a oxidação mitocondrial de cada NADH a NAD^+ gera 2,5 ATP (Seção 22.2A).

Portanto, na glicólise aeróbia, o NADH pode ser considerado como um composto de "alta energia", enquanto na glicólise anaeróbia a sua energia livre de oxidação é dissipada como calor.

2 AS REAÇÕES DA GLICÓLISE

Ver Exploração guiada 14: Visão geral da glicólise Nesta seção, as reações de glicólise serão examinadas mais detalhadamente, descrevendo as propriedades individuais das enzimas e seus mecanismos. Na Seção 17.3, será considerado o destino anaeróbio do piruvato. Finalmente, na Seção 17.4 será considerada a termodinâmica do processo inteiro e enfocado o controle do fluxo de metabólitos pela via. No decorrer do estudo de cada enzima glicolítica, serão encontrados muitos mecanismos de reações orgânicas (Seção 16.2). Certamente, o estudo dos mecanismos de reações orgânicas tem sido inestimável na compreensão dos mecanismos pelos quais as enzimas catalisam as reações.

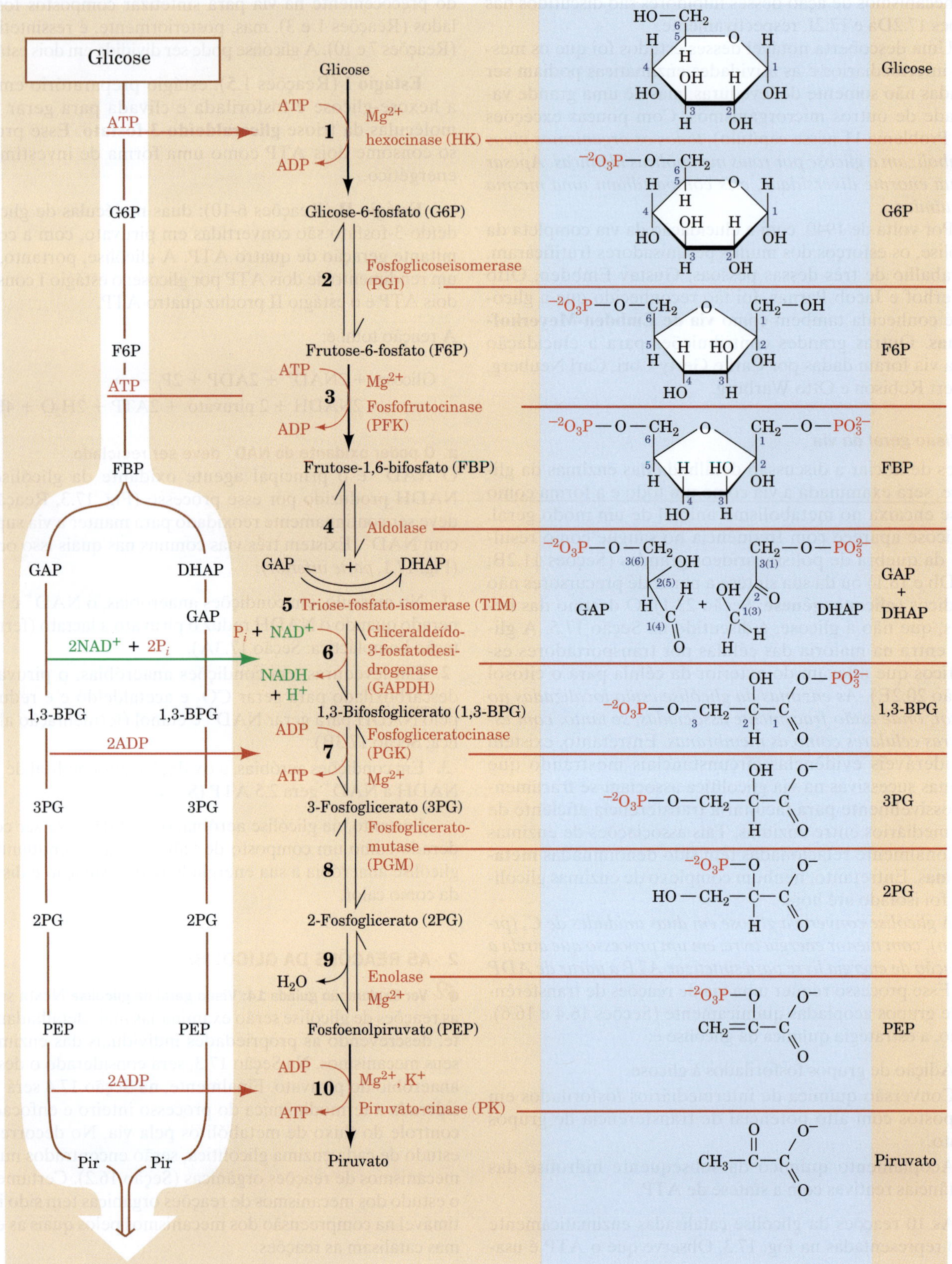

FIGURA 17.3 Degradação da glicose na via glicolítica. A glicólise pode ser dividida em duas etapas. Na etapa I (Reações **1-5**), a glicose é fosforilada e clivada para formar duas moléculas de triose, o gliceraldeído-3-fosfato. Esse procedimento necessita do gasto de dois ATP em um "investimento de energia" (Reações **1** e **3**). Na etapa II (Reações **6-10**), as duas moléculas de gliceraldeído-3--fosfato são convertidas a piruvato com a concomitante produção de quatro ATP (Reações **7** e **10**). **Ver Figuras animadas**

Observe que a estrutura por raios X de cada uma das 10 enzimas glicolíticas foi elucidada. Todas essas enzimas são homodímeros ou homotetrâmeros com simetria D_2 (Seção 8.5B), cujas subunidades consistem principalmente em domínios α/β (Seção 8.3B).

A. *Hexocinase: a primeira utilização de ATP*

A Reação 1 da glicólise é a transferência, na reação catalisada pela **hexocinase (HK)**, de um grupo fosforil do ATP para a glicose para formar **glicose-6-fosfato (G6P)**:

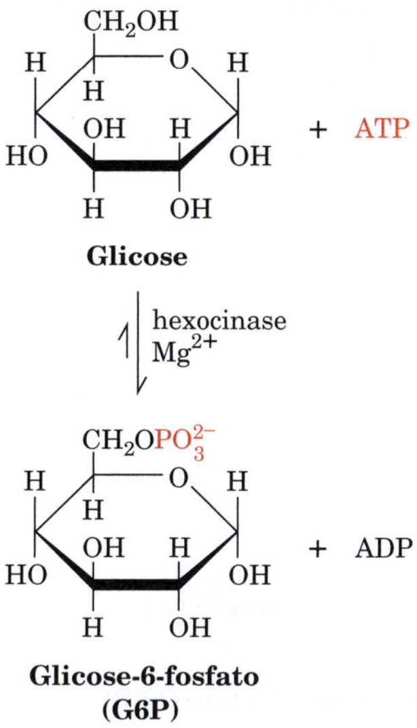

Glicose + ATP ⇌ (hexocinase, Mg^{2+}) Glicose-6-fosfato (G6P) + ADP + H^+

Cinases são enzimas que transferem grupos fosforil entre ATP e um metabólito (Seção 16.4C). O metabólito que serve como aceptor do grupo fosforil para uma cinase específica é identificado no prefixo do nome da cinase. A HK é uma enzima relativamente não específica encontrada em todas as células que catalisam a fosforilação de hexoses, como a D-glicose, a D-manose e a D-frutose. As células do fígado também contêm **glicocinase**, que catalisa a mesma reação, mas está principalmente envolvida na manutenção dos níveis de glicose sanguínea (Seção 18.3Fa). O segundo substrato da HK, assim como de outras cinases, é um complexo Mg^{2+}-ATP. Na verdade, o ATP não complexado é um potente inibidor competitivo da HK. Raramente será mencionada essa necessidade, mas Mg^{2+} é essencial para a atividade das cinases (outros íons metálicos divalentes, como o Mn^{2+}, frequentemente satisfazem a necessidade de íons metálicos das cinases *in vitro*, mas o Mg^{2+} é a espécie fisiológica normal).

a. A cinética e o mecanismo da reação da hexocinase

A hexocinase apresenta um mecanismo aleatório Bi Bi em que a enzima forma um complexo ternário com a glicose e o Mg^{2+}-ATP antes que a reação ocorra. Sabe-se que o Mg^{2+}, por meio da complexação com os átomos de oxigênio do fosfato, protege as cargas negativas do ATP, fazendo com que o átomo de fosfato seja mais acessível para o ataque nucleofílico pelo OH do C6 da glicose (Fig. 17.4).

Uma questão importante sobre o mecanismo é por que a HK catalisa a transferência do grupo fosforil do ATP

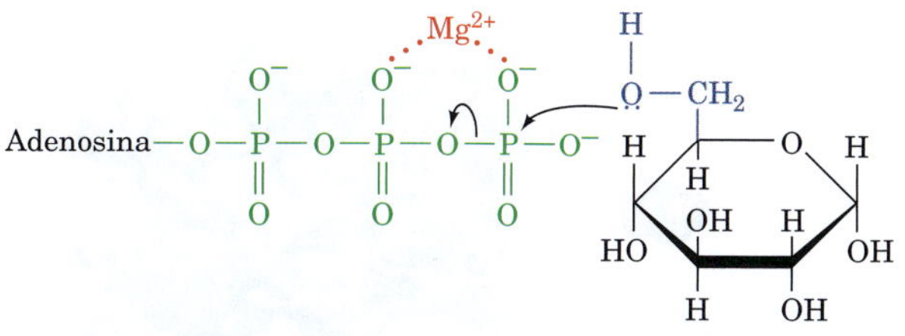

FIGURA 17.4 O ataque nucleofílico do grupo −OH do C6 da glicose sobre o γ-fosfato do complexo Mg^{2+}-ATP. A posição do íon Mg^{2+} é apresentada como um exemplo; sua posição verdadeira não pode ser determinada de forma conclusiva. De qualquer forma, o Mg^{2+} tem a função de proteger os grupos do ATP carregados negativamente e, desta forma, facilitar o ataque nucleofílico.

para a glicose, produzindo G6P, e não para a água, produzindo ADP + P_i (hidrólise do ATP)? A água, certamente, é pequena o suficiente para se encaixar com perfeição no sítio de ligação enzimática do grupo aceptor de fosfato. Além disso, a transferência do grupo fosforil do ATP para a água é mais exergônica do que a transferência do grupo fosforil para a glicose (Tabela 16.3), especialmente porque, *in vivo*, a $[H_2O]$ = 55,5 *M* e a [glicose] = 5 a 10 m*M*. Mesmo assim, a HK catalisa a transferência do fosforil para a glicose 40.000 vezes mais rapidamente do que o faz para a água.

A resposta para essa questão foi dada por Thomas Steitz por meio de estudos estruturais por raios X da HK de levedura. A comparação das estruturas por raios X da HK e do complexo HK-glicose indica que *a glicose induz uma grande mudança conformacional na HK (Fig. 17.5).* Os dois lóbulos que formam a cavidade do sítio ativo movem-se um em direção ao outro em até 11,5 Å, de forma a englobar a glicose, lembrando o fechamento de uma mandíbula. *Esse movimento coloca o ATP muito próximo do grupo* $-C6H_2OH$ *da glicose e elimina a água do sítio ativo (catálise por efeitos de proximidade; Seção 15.1E).* Se o grupo catalítico da enzima e o grupo reagente do substrato estivessem na posição adequada para a reação enquanto a enzima estivesse na posição aberta (Fig. 17.5a), a hidrólise do ATP seria a reação dominante. Essa conclusão é confirmada pela observação de que a **xilose**, que difere da glicose apenas pela falta do grupo $-C6H_2OH$,

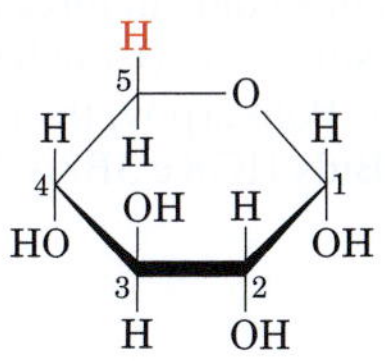

α-D-xilose

aumenta em muito a velocidade da hidrólise do ATP pela HK (supostamente, a xilose induz a mudança conformacional ativadora enquanto a água ocupa o sítio de ligação do grupo hidroximetila perdido). Claramente, *essa mudança* no momento da ligação com seu substrato. Isso sugere que todas as cinases têm mecanismos semelhantes para manterem a especificidade.

B. Fosfoglicose-isomerase

A Reação 2 da glicólise é a conversão de G6P em **frutose-6-fosfato (F6P)** pela **fosfoglicose-isomerase (PGI**; também denominada de **glicose-6-fosfato-isomerase**). Esta é uma isomerização de uma aldose para uma cetose:

$^{-2}O_3POCH_2$ (6)
H H O H
OH H OH
HO H OH

Glicose-6-fosfato (G6P)

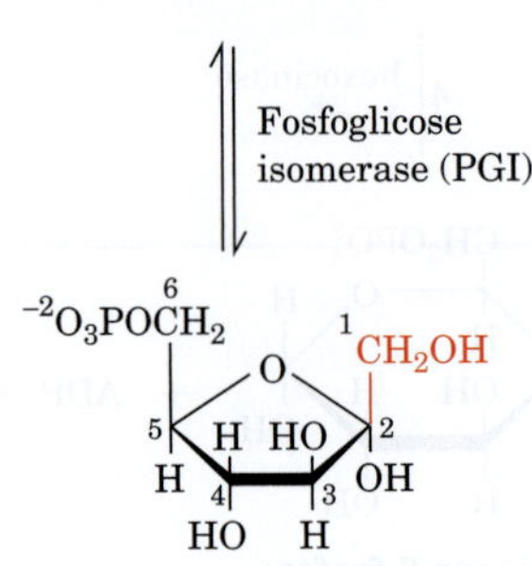

Frutose-6-fosfato (F6P)

Uma vez que tanto a G6P como a F6P ocorrem predominantemente em suas formas cíclicas (a Fig. 11.4 mostra essas estruturas para os açúcares não fosforilados), a reação requer a abertura do anel, seguida pela isomerização e posterior fechamento do anel. A determinação da dependência do pH da enzima levantou a hipótese da participação da cadeia lateral de um aminoácido no mecanismo catalítico. A velocidade catalítica apresenta uma curva de dependência de pH em forma de sino com pK característicos de 6,7 e 9,3, o que sugere a participação catalítica de His e Lys (Seção 14.4). Efetivamente, a comparação entre as sequências de aminoácidos de PGI de diferentes organismos demonstra que os resíduos da His e da Lys são conservados. Entretanto, um resíduo de Glu também é conservado e, como já foi observado para a lisozima (Seção 15.2Ba), o Glu pode ter um pK excepcionalmente alto em certas condições. Na verdade, a estrutura por raios X da PGI demonstra que o Glu 216 e a His 388 formam uma díade catalítica ligada por ligação de hidrogênio (assemelhando-se à interação dos resíduos de Asp e His na tríade catalítica das serino-proteases; Fig. 15.20), o que facilita a ação da His 388 como um catalisador acidobásico.

Um mecanismo de reação proposto para a reação da PGI envolve a catálise geral acidobásica pela enzima (Fig. 17.6):

Etapa 1 Ligação do substrato

Etapa 2 Um ácido, provavelmente o grupo ε-amino da Lys, catalisa a abertura do anel.

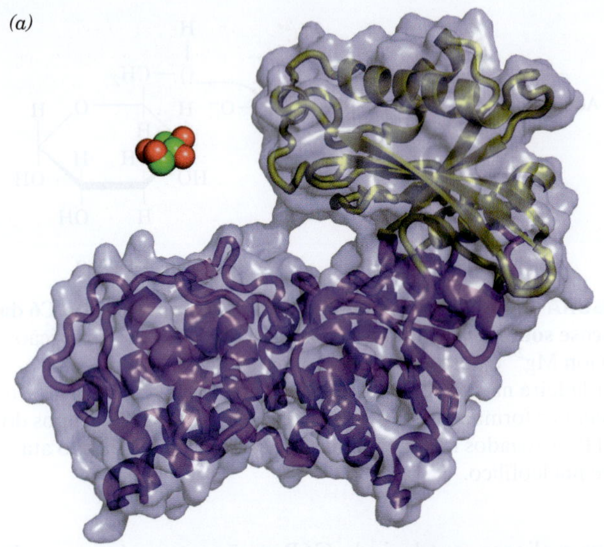

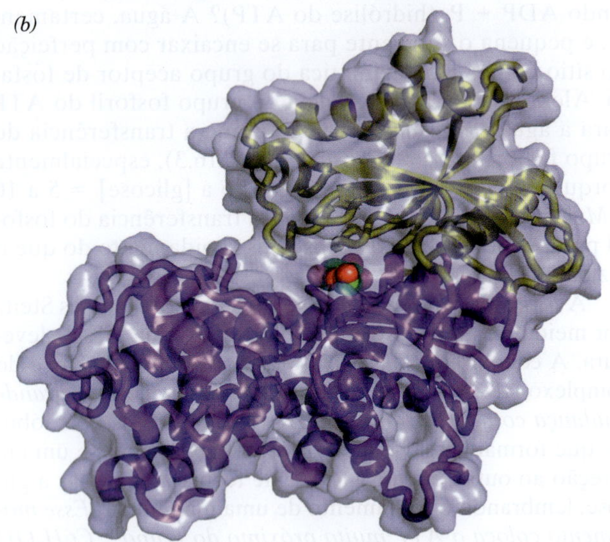

FIGURA 17.5 Modificações conformacionais na hexocinase de levedura induzidas pela glicose. A enzima está representada por sua superfície molecular transparente com suas fitas incorporadas em representação colorida com seu domínio grande em roxo e seu domínio pequeno em amarelo. Modelos de volume atômico da *(a)* hexocinase livre e *(b)* ligada com a glicose com o C em verde e o O em vermelho. Observe a aparência bilobular proeminente da enzima livre. Os dois lóbulos do complexo enzima-substrato movem-se um em direção ao outro por 17° de rotação, englobando o substrato. (Com base nas estruturas por raios X obtidas por Igor Polikarpov, Instituto de Física em São Carlos, São Paulo. PDBids 1IG8 e 3B8A.) **Ver Exercícios interativos**

conformacional induzida pelo substrato na HK é responsável pela especificidade da enzima. Além disso, a polaridade do sítio ativo é reduzida pela remoção da água, desencadeando o processo da reação nucleofílica. Outras cinases têm a mesma estrutura com uma cavidade tão profunda como a da HK (p. ex., Seção 17.2G) e passam por mudanças conformacionais

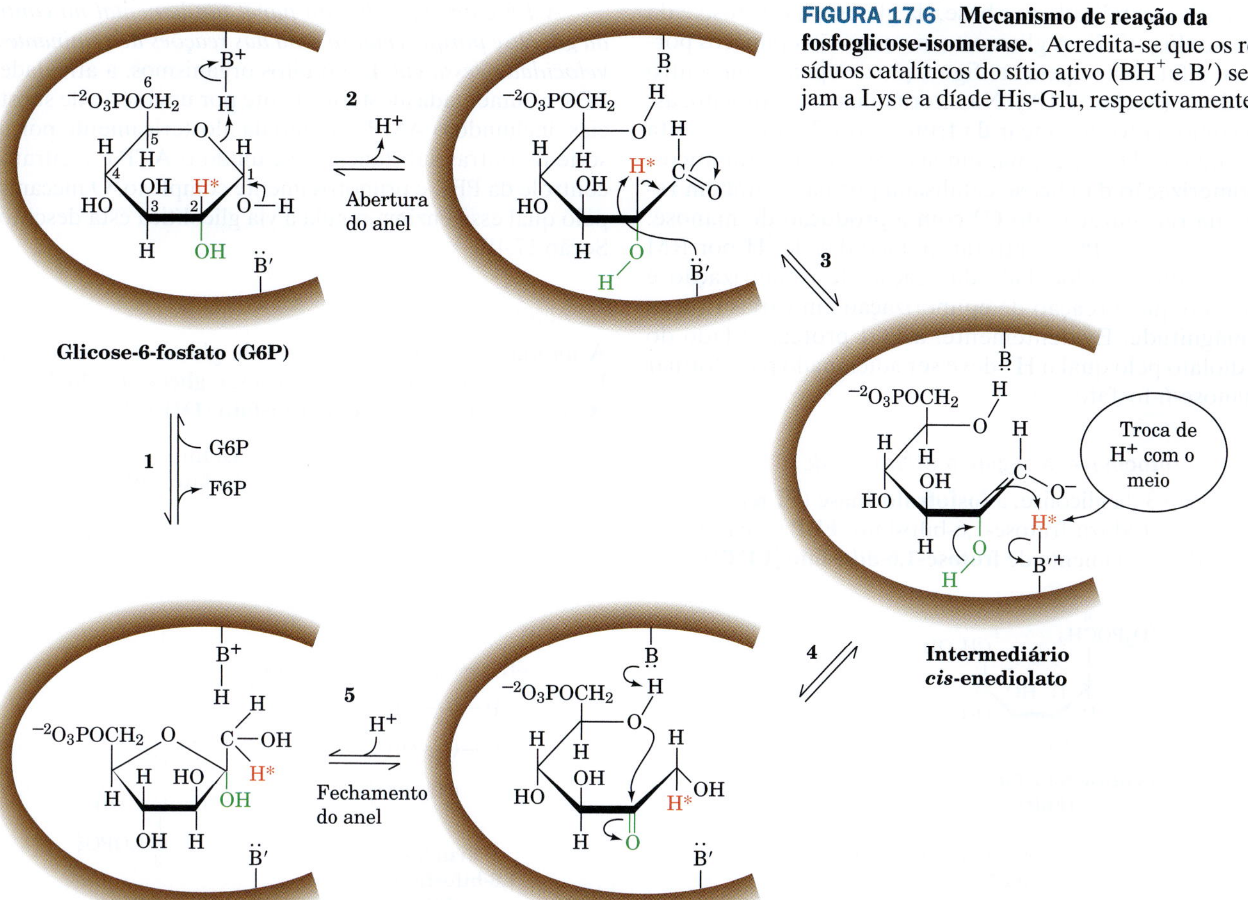

FIGURA 17.6 Mecanismo de reação da fosfoglicose-isomerase. Acredita-se que os resíduos catalíticos do sítio ativo (BH^+ e B′) sejam a Lys e a díade His-Glu, respectivamente.

Etapa 3 Uma base, provavelmente a porção imidazólica da díade His-Glu, retira o próton ácido do C2 para formar um intermediário *cis*-enediolato (esse próton é ácido porque ele está em α em relação a um grupo carbonila).

Etapa 4 O próton é substituído em C1 em uma transferência de prótons. Os prótons removidos pelas bases são lábeis e rapidamente substituídos por prótons do solvente. No entanto, Irwin Rose confirmou essa etapa por meio da demonstração de que a [2-^{3}H]G6P é ocasionalmente transformada em [1-^{3}H]F6P pela transferência intramolecular de prótons antes que ^{3}H tenha tido a chance de ser trocado com o meio.

Etapa 5 O fechamento do anel para formar o produto, que é posteriormente liberado para produzir a enzima livre, completando o ciclo catalítico.

A *PGI, assim como a maioria das enzimas, catalisa reações com estereoespecificidade praticamente absoluta.* Para compreender essa afirmação, deve-se comparar o mecanismo de reação enzimática proposto com a isomerização não

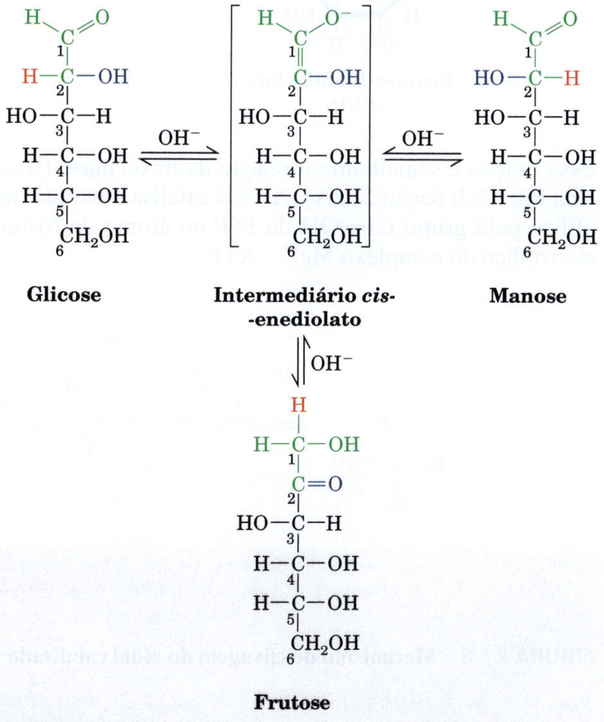

Glicose

Intermediário *cis*-enediolato

Manose

Frutose

FIGURA 17.7 Isomerização, catalisada por base, da glicose, da manose e da frutose. Na ausência da enzima, esta reação não é estereoespecífica.

enzimática, catalisada por base, da glicose, da frutose e da manose (Fig. 17.7). A glicose e a manose são epímeros porque se diferenciam pela configuração de apenas um centro quiral, C2 (Seção 11.1A). No intermediário enediolato, assim como na forma linear da frutose, o C2 não apresenta quiralidade. Dessa forma, em sistemas não enzimáticos, a isomerização da glicose catalisada por base também resulta na racemização do C2 com a produção de manose. Na presença de PGI, entretanto, medidas de ^1H por RM indicam que a velocidade da reação de isomerização é maior do que a reação de epimerização em várias ordens de magnitude. Evidentemente, a PGI protege o lado do enediolato pelo qual o H^+ deve ser adicionado para formar a manose-6-fosfato.

C. *Fosfofrutocinase: a segunda utilização de ATP*

Na Reação 3 da glicólise, a **fosfofrutocinase** (**PFK**) fosforila o F6P para produzir frutose-1,6-bifosfato (**FBP** ou **F1,6P**; denominada previamente de **frutose-1,6-difosfato** [**FDP**]):

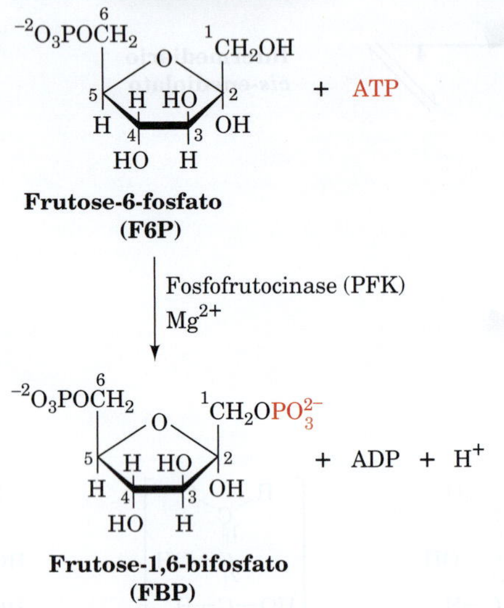

Frutose-6-fosfato (F6P) + ATP → (Fosfofrutocinase (PFK), Mg^{2+}) → Frutose-1,6-bifosfato (FBP) + ADP + H^+

Essa reação é semelhante à reação da hexocinase (Reação 1 na Fig. 17.3; Seção 17.2A). A PFK catalisa o ataque nucleofílico pelo grupo C1—OH da F6P no átomo de fósforo γ eletrofílico do complexo Mg^{2+}–ATP.

A PFK desempenha um papel fundamental no controle da glicólise porque catalisa uma das reações determinantes da velocidade dessa via. Em muitos organismos, a atividade da PFK é aumentada alostericamente por uma série de substâncias, incluindo o AMP, e é inibida alostericamente por uma série de outras substâncias, incluindo o ATP e o citrato. O controle da PFK é primorosamente complexo. O mecanismo pelo qual essa enzima regula a via glicolítica está descrito na Seção 17.4F.

D. *Aldolase*

A **aldolase** catalisa a Reação 4 da glicólise, a clivagem da FBP para produção de duas trioses, o **gliceraldeído-3-fosfato** (**GAP**) e a **di-hidroxiacetona-fosfato** (**DHAP**):

Fructose-1,6-bifosfato (FBP) ⇌ (Aldolase) Di-hidroxiacetona fosfato (DHAP) + Gliceraldeído-3-fosfato (GAP)

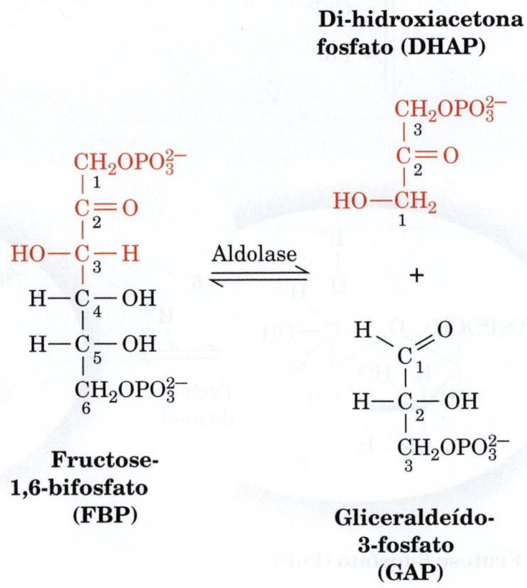

Essa reação é uma **clivagem de aldol** (**condensação inversa de aldol**), cujo mecanismo não enzimático, catalisado por uma base, é apresentado na Fig. 17.8. Observe que a clivagem de aldol entre o C3 e o C4 da FBP requer uma carbonila no C2 e uma hidroxila no C4. Dessa forma, a "lógica" da Reação 2 na via glicolítica, a isomerização da G6P em F6P, está esclarecida. A clivagem de aldol da G6P teria resultado em produtos de cadeia carbonada de comprimento desigual, enquanto a clivagem de aldol da FBP resulta em dois compostos de C3 interconversíveis que podem entrar

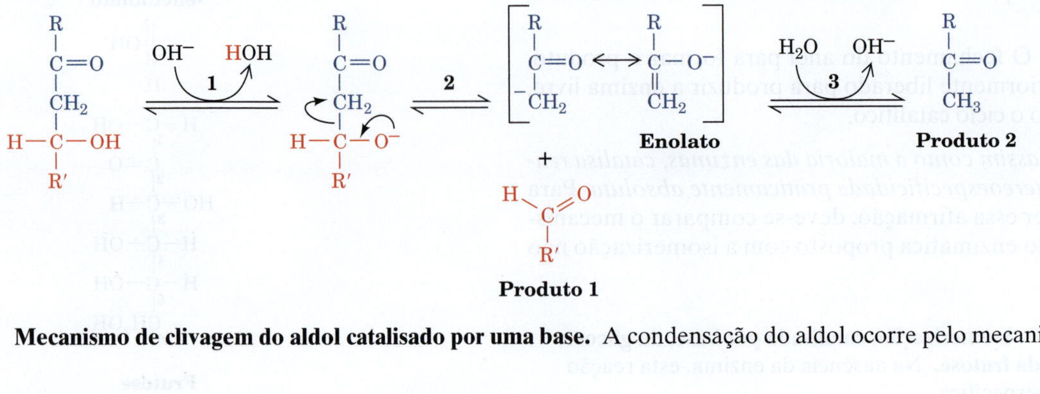

Enolato

Produto 1

Produto 2

FIGURA 17.8 Mecanismo de clivagem do aldol catalisado por uma base. A condensação do aldol ocorre pelo mecanismo inverso.

em uma mesma via de degradação. O intermediário enolato na clivagem de aldol é estabilizado pela ressonância resultante do caráter removedor de elétrons do átomo de oxigênio da carbonila.

Observe que, neste ponto da via, o sistema de numeração dos átomos muda. Os átomos 1, 2 e 3 da glicose se transformam nos átomos 3, 2 e 1 da DHAP, portanto invertendo a ordem. Os átomos 4, 5 e 6 se transformam em átomos 1, 2 e 3 do GAP (Fig. 17.3).

a. Há duas classes de mecanismos de aldolases

A clivagem de aldol é catalisada por meio da estabilização do intermediário enolato pelo aumento do deslocamento do elétron. Existem dois tipos de aldolases, que são classificadas conforme a química empregada para estabilizar o enolato. Nas aldolases de Classe I, presentes em animais e em plantas, a reação ocorre como descrito a seguir (Fig. 17.9):

Etapa 1 Ligação do substrato.

Etapa 2 Reação do grupo carbonila do FBP com o grupo ε-amino da Lys 229 do sítio ativo, para formar um cátion imina, isto é, uma base de Schiff protonada.

Etapa 3 Clivagem da ligação C3—O4, resultando na formação de enamina e na liberação de GAP. O íon imina, como foi visto na Seção 16.2E, é um grupo removedor de elétrons melhor do que o átomo de oxigênio do grupo carbonila do precursor. Dessa forma, a catálise ocorre porque o intermediário enamina (Fig. 17.9, Etapa 3) é mais estável do que o intermediário enolato correspondente da reação de clivagem de aldol, catalisada por uma base (Fig. 17.8; Etapa 2).

Etapa 4 Protonação da enamina, formando um íon imina.

Etapa 5 Hidrólise desse cátion imina para liberação de DHAP, com a regeneração da enzima livre.

A prova para a formação da base de Schiff na Etapa 2 foi a constatação do "aprisionamento" do ^{14}C-marcado da DHAP na enzima pela reação com $NaBH_4$, que reduz a imina à amina:

$$\begin{array}{l} CH_2OPO_3^{2-} \\ | \\ {}^{14}C{=}\overset{+}{N}H{-}(CH_2)_4{-}\text{Enzima} \\ | \\ CH_2OH \end{array}$$

$$\downarrow NaBH_4 \ \text{Redução}$$

$$\downarrow \text{Hidrólise} \ (\to P_i)$$

$$\begin{array}{l} \quad\ \ CH_2OH \qquad\qquad\qquad\quad COO^- \\ \quad\ \ | \qquad\qquad\qquad\qquad\quad\ | \\ H{-}{}^{14}C{-}NH{-}(CH_2)_4{-}CH \\ \quad\ \ | \qquad\qquad\qquad\qquad\quad\ | \\ \quad\ \ CH_2OH \qquad\qquad\qquad\quad NH_3^+ \end{array}$$

N^6-β-gliceril-lisina

O produto radioativo foi hidrolisado e identificado como **N^6-β-gliceril-lisina**.

Inicialmente, acreditava-se que os resíduos de Cys e de His agissem como catalisadores ácidos e básicos que facilitavam a transferência de prótons na reação da aldolase, porque os reagentes grupo-específicos apropriados inativam a enzima pela reação com esses resíduos. Por exemplo, a reação de um resíduo de Cys específico da aldolase com ácido iodoacético inativa a enzima e resulta no acúmulo de FBP observado nos estudos anteriores de inibição da glicólise (Seção 17.1A). Entretanto, a mutagênese sítio-dirigida do resíduo da Cys supostamente envolvido na atividade catalítica para Ala não leva à perda da função enzimática. A modificação desse resíduo de Cys aparentemente previne as mudanças conformacionais necessárias para a ligação produtiva de substratos.

Estudos iniciais da estrutura por raios X da aldolase sugeriram que a cadeia lateral da Tyr estaria posicionada para atuar como o catalisador acidobásico do sítio ativo, e que a His seria necessária para a manutenção da orientação cataliticamente ativa da Tyr. O reexame dos dados obtidos por raios X levaram a uma outra modificação no mecanismo. A Tyr vista originalmente no sítio ativo trocou de posição nessa nova análise, ficando fora do contato do sítio ativo. Nesse caso, o Asp 33 e a Lys 229 parecem atuar como catalisadores acidobásico. Esses resíduos são conservados evolutivamente e mutagênese nos mesmos elimina a atividade enzimática. Esse é um exemplo excelente da cautela que deve ser empregada na interpretação de modificações químicas e de dados estruturais e do poder da mutagênese sítio-dirigida para estudar os mecanismos enzimáticos (ver, no entanto, Seção 15.3Ba).

Aldolases de Classe II, as quais são encontradas em fungos, algas e algumas bactérias, não formam base de Schiff com o substrato. Em vez disso, um cátion divalente, em geral Zn^{2+} ou Fe^{2+}, polariza o oxigênio da carbonila do substrato para estabilizar o intermediário enolato da reação (Fig. 16.12*d*):

$$\begin{array}{l} CH_2OPO_3^{2-} \\ | \\ C{=}O\cdots Zn^{2+}{-}\text{Enzima} \\ | \\ HO{-}\overset{-}{C}{-}H \end{array} \longleftrightarrow \begin{array}{l} CH_2OPO_3^{2-} \\ | \\ C{-}O^-\cdots Zn^{2+}{-}\text{Enzima} \\ \| \\ HO{-}C{-}H \end{array}$$

As duas classes de aldolases estão relacionadas? Apesar de ambas as classes apresentarem a cinética Uni Bi implícita nos seus mecanismos, elas exibem apenas aproximadamente 15% de identidade entre suas sequências, colocando-as em uma zona obscura para o estabelecimento de homologias (Seção 7.4Ba). No entanto, suas estruturas por raios X revelam que elas apresentam o mesmo dobramento, o barril α/β. A evolução desse dobramento, que é muito comum, é abordada na Seção 8.3Bh.

b. Por que duas classes de aldolase?

Uma vez que a glicólise provavelmente surgiu muito precocemente na história evolutiva, a existência de duas classes de aldolase é inesperada. Foi postulado originalmente que, uma vez que as aldolases de Classe I ocorrem em organismos superiores, as aldolases de Classe II devem ser uma forma mais primitiva da enzima, isto é, menos capazes metabolicamente do que as enzimas de Classe I. Entretanto, a descoberta de que alguns organismos expressam simultaneamente as duas

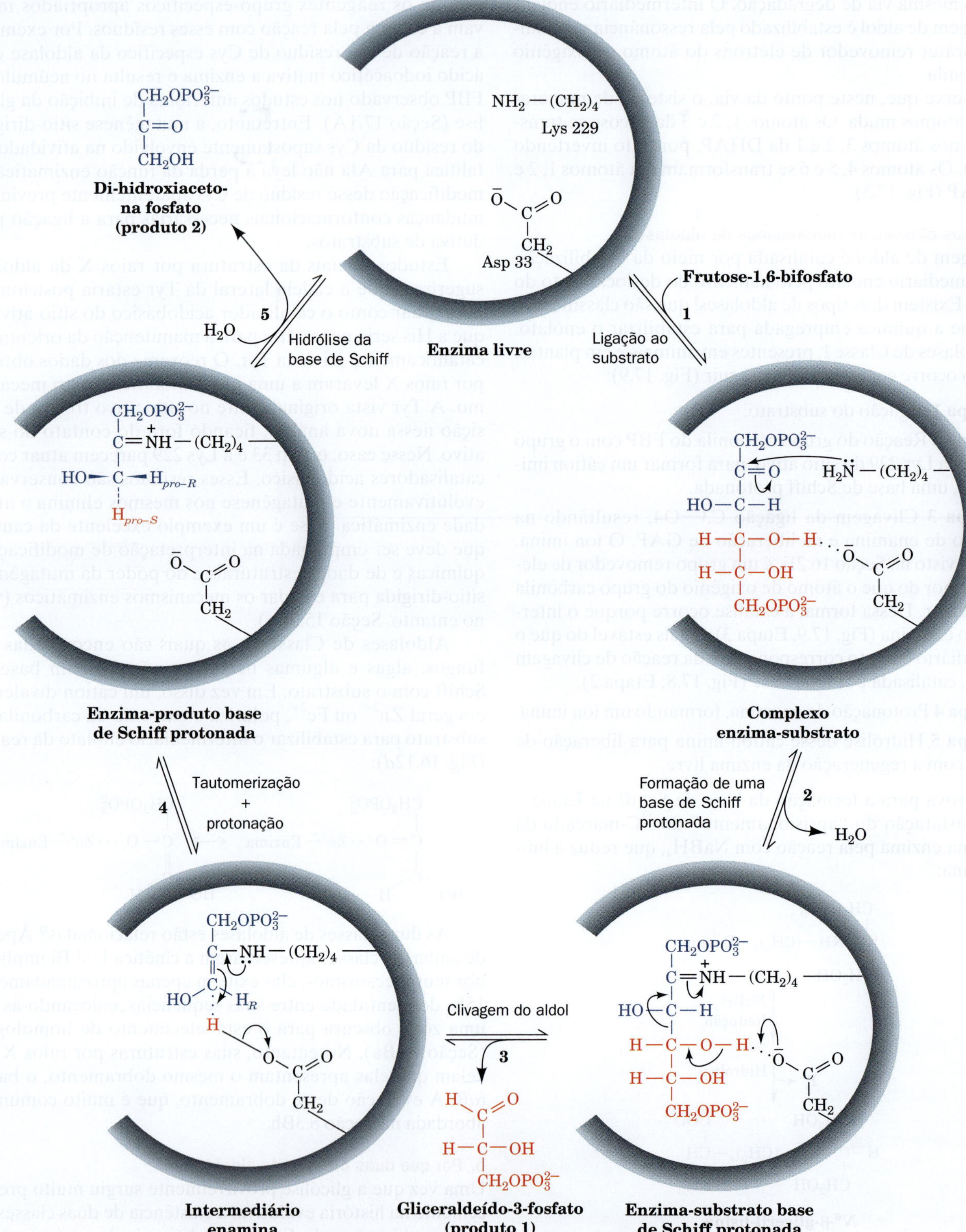

FIGURA 17.9 Mecanismo enzimático da aldolase de Classe I. A reação envolve (**1**) ligação do substrato; (**2**) formação de uma base de Schiff entre o resíduo de Lys do sítio ativo da enzima e a FBP; (**3**) a clivagem do aldol para formar o intermediário enamina da enzima e a DHAP, com a liberação de GAP (mostrado com sua face *re* para cima); (**4**) tautomerização e protonação da forma imina da base de Schiff; e (**5**) hidrólise da base de Schiff com a liberação de DHAP. **Ver Figuras animadas**

classes de aldolases sugere que ambas as classes de enzimas são antigas evolutivamente e igualmente aptas a exercer suas funções metabólicas. Portanto, a expressão das duas classes de aldolases em alguns organismos provavelmente indica uma antiga redundância metabólica eliminada da maioria dos organismos contemporâneos pela evolução. Seja qual for a razão para a existência de duas classes de aldolases, o fato de as aldolases de Classe II não serem encontradas em mamíferos as tornam um alvo atraente para o desenvolvimento de fármacos antibacterianos.

c. A aldolase é estereoespecífica

A reação da aldolase fornece um outro exemplo da estereoespecificidade extraordinária das enzimas. Na condensação aldólica não enzimática para formar hexose-1,6-bifosfato a partir de DHAP e GAP existem quatro produtos possíveis, dependendo se o hidrogênio *pro-R* ou o *pro-S* no C3 da DHAP é removido e se o carbânion resultante ataca o GAP na sua face *re* ou *si*:

$CH_2OPO_3^{2-}$ — C=O — HO—C—H — H—C—OH — H—C—OH — $CH_2OPO_3^{2-}$

D-frutose 1,6-bifosfato

$CH_2OPO_3^{2-}$ — C=O — H—C—OH — H—C—OH — H—C—OH — $CH_2OPO_3^{2-}$

D-psicose 1,6-bifosfato

$CH_2OPO_3^{2-}$ — C=O — HO—C—H — HO—C—H — H—C—OH — $CH_2OPO_3^{2-}$

D-tagatose 1,6-bifosfato

$CH_2OPO_3^{2-}$ — C=O — H—C—OH — HO—C—H — H—C—OH — $CH_2OPO_3^{2-}$

D-sorbose 1,6-bifosfato

Na condensação aldólica enzimática (Fig. 17.9 invertida), a formação do carbânion a partir do íon imina da DHAP ligada à enzima (Fig. 17.9, o inverso da Etapa 4) ocorre apenas com a remoção do hidrogênio *pro-S*. O ataque desse carbânion ocorre exclusivamente na face *si* do grupo carbonila do GAP ligado à enzima, de modo que apenas a FBP é formada (Fig. 17.9, inverso da Etapa 3).

E. *Triose-fosfato-isomerase*

Somente um dos produtos da reação de clivagem do aldol, o GAP, segue pela via glicolítica (Fig. 17.3). Entretanto, a DHAP e o GAP são isômeros cetose-aldose, assim como são a F6P e a G6P. A interconversão entre GAP e DHAP, então, provavelmente ocorre por meio de um intermediário enediol ou enediolato semelhantemente à reação da fosfoglicose-isomerase (Fig. 17.6). A **triose-fosfato-isomerase** (**TIM** ou **TPI**; Figs. 8.19*b* e 8.52) catalisa esse processo na Reação 5 da glicólise, a reação final do Estágio 1:

H—$_1$C=O — H—$_2$C—OH — $_3CH_2OPO_3^{2-}$

Gliceraldeído-3-fosfato (uma aldose)

⇌

[H—C(OH)=C(OH)—$CH_2OPO_3^{2-}$]

Intermediário enediol

⇌

H—$_1$C(H)—OH — $_2$C=O — $_3CH_2OPO_3^{2-}$

Di-hidroacetona-fosfato (uma cetose)

A ideia desse esquema de reação é apoiada pelo uso de análogos do estado de transição – o **fosfoglico-hidroxamato** e o **2-fosfoglicolato**, compostos estáveis cujas estruturas geométricas se assemelham à do intermediário enediol ou enediolato proposto:

HO—N=C(O^-)—$CH_2OPO_3^{2-}$

Fosfoglico-hidroxamato

O=C(O^-)—$CH_2OPO_3^{2-}$

2-fosfoglicolato

H—C(OH)=C(O^-)—$CH_2OPO_3^{2-}$

Intermediário enediolato proposto

Uma vez que as enzimas catalisam as reações por se ligarem ao complexo do estado de transição mais firmemente do que ao substrato (Seção 15.1F), o fosfoglico-hidroxamato e o 2-fosfoglicolato devem ligar-se mais firmemente à TIM do que o substrato. De fato, o fosfoglico-hidroxamato e o 2-fosfoglicolato ligam-se 155 e 100 vezes mais fortemente à TIM do que o GAP ou a DHAP.

a. O Glu 165 funciona como uma base geral

A dependência da reação da TIM pelo pH é uma curva em formato de sino com p*K* de 6,5 e 9,5. A semelhança do valor desses p*K* com os p*K* correspondentes da reação da fosfoglicoisomerase sugere a participação tanto de um ácido como de uma base também na reação da TIM. Entretanto, estudos de pH isoladamente são difíceis de interpretar em termos de resíduos de aminoácidos específicos, pois o ambiente do sítio ativo pode alterar o p*K* de um grupo ácido ou básico, como foi ressaltado anteriormente.

Reagentes marcadores de afinidade foram utilizados nos esforços realizados para identificar a base do sítio ativo da TIM. Tanto a **bromo-hidroxiacetona-fosfato** quanto o **glicidol-fosfato**

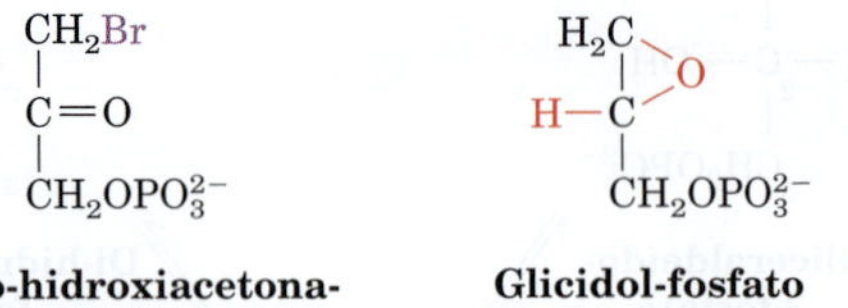

Bromo-hidroxiacetona-fosfato **Glicidol-fosfato**

inativam a TIM pela formação de ésteres do Glu 165, cujo grupo carboxilato está situado (evidenciado por estudos por raios X) para abstrair o próton do C2 do substrato (catálise básica geral). Na verdade, a reposição mutagênica do Glu 165 pelo Asp (cujos estudos por raios X demonstram o afastamento do grupo carboxilato por apenas ~1 Å do substrato, comparado à sua posição na enzima nativa) reduz o poder catalítico da TIM em ~1.000 vezes. Observe que o p*K* do Glu 165 é modificado drasticamente, de 4,1 (p*K* do aminoácido livre) para o valor de 6,5 observado. Este é mais um exemplo admirável do efeito do meio sobre as propriedades das cadeias laterais dos aminoácidos.

b. A reação da TIM provavelmente ocorre por meio de uma catálise geral acidobásica combinada que envolve ligações de hidrogênio de baixa barreira

A estrutura por raios X da TIM de levedura complexada com fosfoglico-hidroxamato indica que a His 95 forma ligação de hidrogênio, estando posicionada adequadamente para a protonação com o átomo de oxigênio da carbonila do GAP (catálise ácida geral):

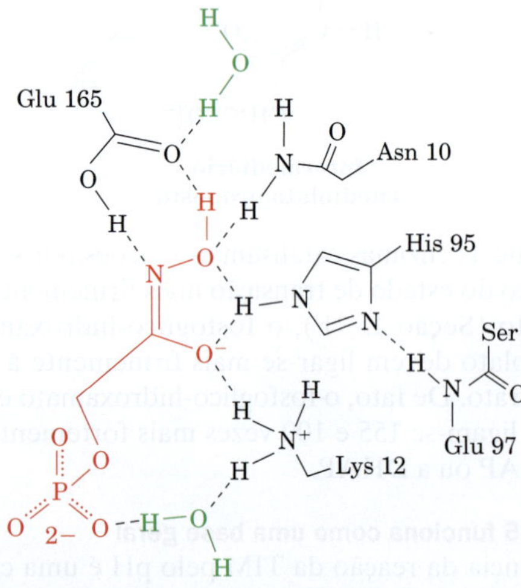

Entretanto, estudos de RM indicam que a His 95 está na sua forma imidazólica neutra em vez da forma imidazólica protonada. Como pode um grupo N3—H imidazólico, que tem um p*K* altamente básico (~14), protonar um átomo de oxigênio carbonila que, quando protonado, tem um p*K* tão ácido (< 0)? Da mesma forma, como pode o grupo carboxilato do Glu 165 (p*K* 6,5) abstrair o próton do C2 do GAP (p*K* ~17)? Uma resposta plausível é que essas mudanças de prótons são facilitadas pela formação de ligações de hidrogênio de baixa barreira (LHBB). Essas associações excepcionalmente fortes (−40 a −80 kJ · mol^{-1}, contra −12 a −30 kJ · mol^{-1} para ligações de hidrogênio normais), como foi observado no caso da tríade catalítica das serino-proteases (Seção 15.3Dd), formam-se quando os p*K* do grupo doador da ligação de hidrogênio e do grupo aceptor são aproximadamente iguais. Eles podem contribuir de forma importante para o aumento de velocidade caso se formem apenas no estado de transição de uma reação catalisada enzimaticamente.

Na conversão de GAP para o intermediário enediol (ou enediolato) (Fig. 17.10, *à esquerda*), o p*K* da forma protonada do oxigênio da sua carbonila, que se transforma em grupo hidroxila, aumenta para ~14, valor que se aproxima do p*K* do resíduo neutro His 95. A LHBB resultante entre esse grupo hidroxila e a His 95 permite a protonação do átomo de oxigênio da cadeia lateral imidazólica neutra. Da mesma forma, à medida que o oxigênio da carbonila é protonado, o p*K* do próton do C2-H diminui para ~7, próximo do p*K* do carboxilato do Glu 165. Parece, portanto, que a reação ocorre por meio da abstração do próton pelo Glu 165 e da protonação da His 95 simultâneas (catálise acidobásica geral combinada). Acredita-se que as LHBB supostamente formadas no estágio de transição (mas não no complexo de Michaelis) entre o Glu 165 e o C2—H e entre a His 95 e o átomo de oxigênio da carbonila auxiliem na estabilização do estado de transição necessária para catalisar a reação. A cadeia lateral da Lys 12 carregada positivamente, que é provavelmente responsável pelo p*K* de 9,5 observado no perfil de pH da TIM, é a responsável por estabilizar eletrostaticamente o estado de transição, carregado negativamente. A conversão do intermediário enediol (ato) da DHAP é, da mesma forma, facilitada pela formação das LHBB do estado de transição (Fig. 17.10, *à direita*). Na verdade, na estrutura por raios X em alta resolução (1,2 Å) ao complexo com DHAP, determinada por Ann McDermott e Liang Tong, a ligação de hidrogênio entre a His 95 e O2 da DHAP apresenta um distância pequena de 2,6 Å. Além disso, o átomo de oxigênio do carboxilato no Glu 165 forma contatos extraordinariamente próximos de ~3,0 Å com C1 e C2 do DHAP.

c. Uma alça flexível liga-se preferencialmente ao intermediário enediol e o protege

A comparação da estrutura por raios X do complexo TIM · fosfoglico-hidroxamato com a estrutura da TIM isoladamente revela que uma alça de 10 resíduos, que está fechada sobre o sítio ativo do complexo enzima-substrato, é torcida para cima no espaço desocupado do sítio ativo, como se fosse uma tampa dobrável. Este movimento envolve modificações maiores que 7 Å na cadeia principal (Fig. 17.11). Um segmento de quatro resíduos dessa alça forma uma ligação de hidrogênio com o grupo fosfato do substrato. A remoção desses quatro resíduos por mutagênese não distorce significativamente a proteína e tampouco impede consideravelmente a ligação do substrato. O poder catalítico da enzima mutante é, no entanto, reduzido em 10^5 vezes, e a enzima

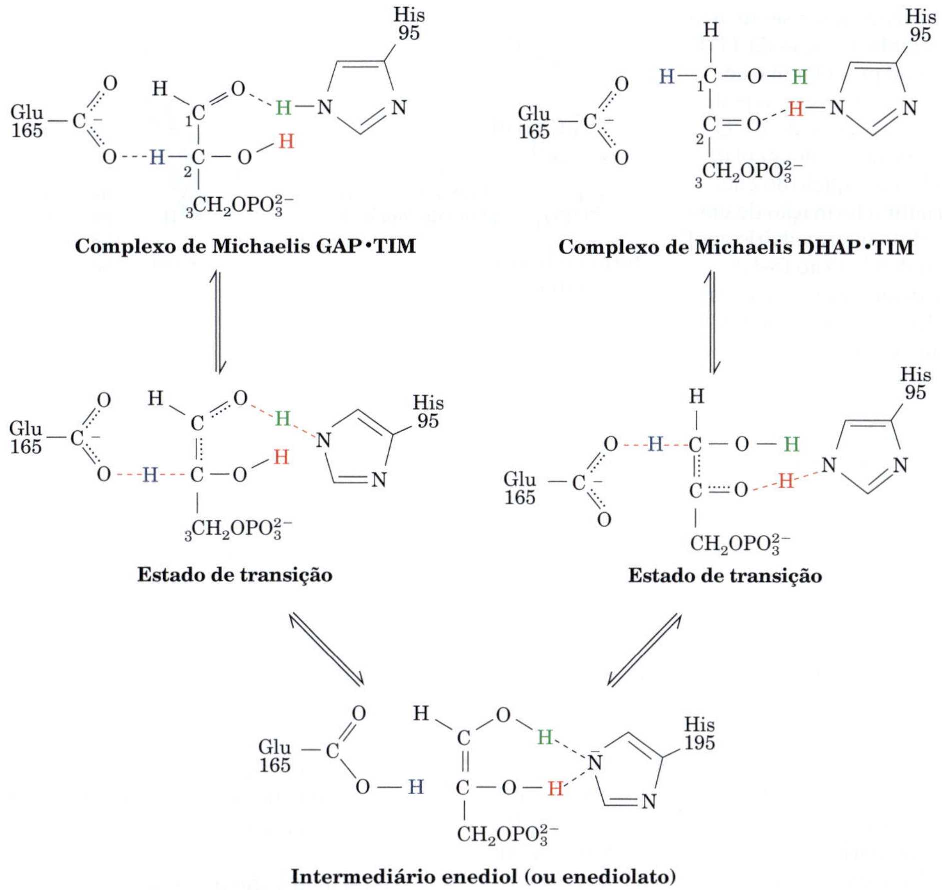

Complexo de Michaelis GAP•TIM

Complexo de Michaelis DHAP•TIM

Estado de transição

Estado de transição

Intermediário enediol (ou enediolato)

FIGURA 17.10 Mecanismo enzimático proposto para a reação da TIM. A reação progride pela abstração do próton do C2–H da GAP pelo grupo carboxilato do Glu 165 e da protonação do átomo de oxigênio carbonílico do GAP pelo grupo imidazólico da His 95. Os pK correspondentes dos grupos doador e aceptor participantes no processo de cada transferência de prótons ficam quase iguais aos do estado de transição e formam ligações de hidrogênio de baixa barreira (*linhas vermelhas tracejadas*), que estabilizam o estado de transição. O intermediário enediol resultante (ou possivelmente o enediolato estabilizado eletrostaticamente) reage de forma similar com o grupo carboxila do Glu 165, adicionando um próton no C1, enquanto o átomo N3 desprotonado da His 95 abstrai o próton do grupo 2-hidroxila para produzir DHAP.

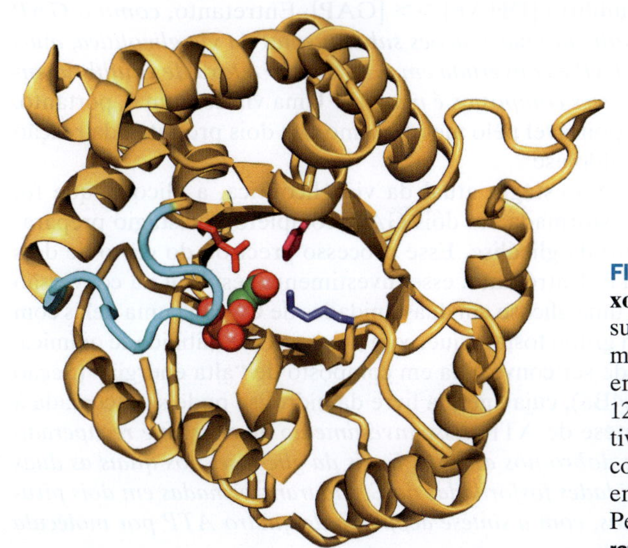

FIGURA 17.11 Diagrama de fita da TIM de levedura em um complexo com o análogo do estado de transição 2-fosfoglicolato. Uma única subunidade de 248 resíduos desta enzima homodimérica é visualizada mais ou menos ao longo de eixo do seu barril α/β. A alça flexível da enzima (resíduos 166 a 177) está em ciano, e as cadeias laterais da Lys 12, da His 95 e do Glu 165 estão em roxo, magenta e vermelho, respectivamente. O 2-fosfoglicolato é mostrado na forma de volume atômico, colorido conforme o tipo do átomo (C em verde, O em vermelho, P em amarelo). (Com base na estrutura por raios X obtida por Gregory Petsko, Brandeis University, EUA. PDBid 2YPI.) **Ver Exercício interativo 2 e Exercícios de cineimagem 12.1 e 12.2**

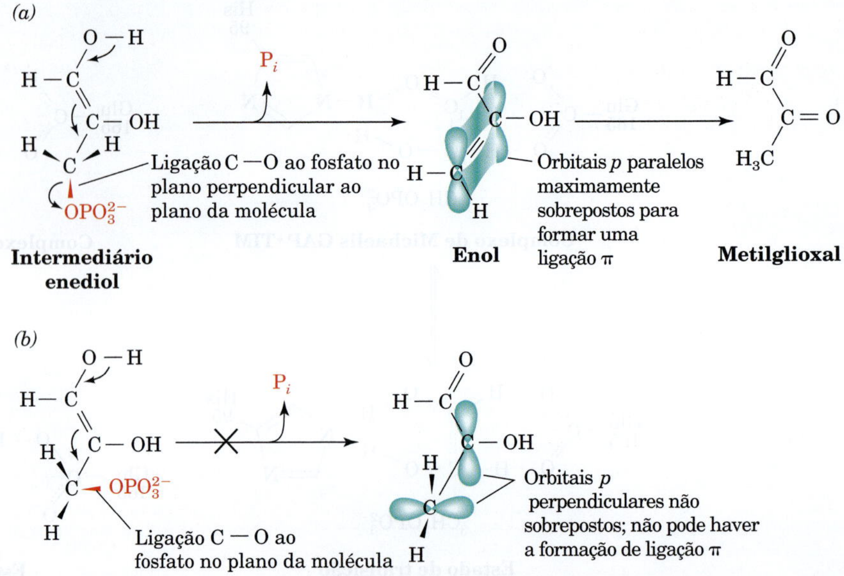

FIGURA 17.12 Decomposição espontânea do intermediário enediol na reação da TIM para formar metilglioxal pela eliminação de um grupo fosfato. (*a*) Esta reação pode ocorrer apenas quando a ligação do C–O ao grupo fosfato encontrar-se em um plano que é quase perpendicular àquele do enediol, de forma a permitir a formação de uma ligação dupla no produto intermediário enol. (*b*) Quando a ligação do C–O ao fosfato encontrar-se em um plano que é quase paralelo àquele do enediol, os orbitais *p* no produto intermediário resultante estariam em posição perpendicular e não ocorreria a sobreposição necessária para formar uma ligação π, isto é, uma ligação dupla. A capacidade insatisfatória de ligação resultante leva a um aumento significativo da energia do intermediário da reação e, assim, torna a reação altamente desfavorável.

mutante liga-se apenas fracamente ao fosfoglico-hidroxamato. Evidentemente, o fechamento da alça estabiliza de preferência o estado de transição do tipo enediol da reação enzimática.

A conformação fechada da alça na reação da TIM promove um exemplo notável do controle estereoeletrônico que as enzimas podem exercer sobre as reações (Seção 15.1Eb). Em solução, o intermediário enediol quebra-se prontamente com a eliminação do fosfato do C3 para formar o composto tóxico **metilglioxal** (Fig. 17.12*a*). Na superfície da enzima, entretanto, essa reação não ocorre, porque o grupo fosfato é mantido pela alça flexível no plano do enediol, em uma posição que não favorece a eliminação do fosfato. Para que essa eliminação ocorra, a ligação do C—O ao grupo fosfato deve estar, como mostrado na Fig. 17.12*a*, em plano perpendicular ao do enediol. Isso porque, se o grupo fosfato fosse eliminado enquanto esta ligação C—O estivesse no plano do enediol (como no esquema da Fig.17.12*b*), o grupo CH_2 do produto enol resultante deveria estar torcido em 90° para fora do plano do resto da molécula. Tal conformação é energeticamente proibida, pois ela impede a formação da ligação dupla do enol por remover a sobreposição entre seus orbitais *p*. Na enzima mutante sem a alça flexível, o enediol é capaz de escapar: ~85% do intermediário enediol são liberados em solução, onde rapidamente se decompõem em metilglioxal e P_i. Então, o fechamento da alça flexível também garante que o substrato seja de maneira eficiente transformado em produto.

Com base nas estruturas por raios X precedentes, foi suposto que a ligação do substrato à TIM seria **chaveada pelo ligante**, isto é, ela induziria o fechamento da alça. Se esse fosse o caso, a reversibilidade da reação da TIM e a semelhança química entre o reagente e o produto (o GAP e a DHAP) tornariam difícil racionalizar a forma de como o produto poderia ser liberado. Entretanto, medidas por RM tomadas por John Williams e McDermott revelam que, na verdade, o movimento da alça ainda ocorre quando a TIM está ligada ao glicerol-3-fosfato (um análogo do substrato) ou ao 2-fosfoglicolato (um análogo do estado de transição) e é rápida o suficiente (em uma escala de 100 μs) para ser responsável pela velocidade de reação catalítica (tempo de um ciclo de catálise de 230 μs). Esse é um exemplo muito claro de como a informação complementar fornecida pelos métodos por raios X e por RM têm gerado importantes conhecimentos nos mecanismos enzimáticos, que nenhuma outra técnica isoladamente poderia fornecer.

d. A TIM é uma enzima perfeita

A TIM, como Jeremy Knowles demonstrou, atingiu a perfeição catalítica, visto que a velocidade da reação bimolecular entre a enzima e o substrato é controlada apenas pela difusão; isto é, a formação do produto ocorre tão rapidamente quanto a enzima e o substrato possam colidir em solução. Desse modo, qualquer aumento na eficiência catalítica da TIM não aumentaria a velocidade da reação (Seção 14.2Bb). Devido à alta eficiência da interconversão entre GAP e DHAP, estes dois metabólitos são mantidos em equilíbrio: $K = [GAP]/[DHAP] = 4{,}73 \times 10^{-2}$; isto é, no equilíbrio [DHAP] >> [GAP]. Entretanto, *como o GAP é utilizado nas reações subsequentes da via glicolítica, mais DHAP é convertida em GAP, então a taxa de equilíbrio entre estes compostos é mantida.* Uma via comum é, portanto, responsável pelo metabolismo dos dois produtos da reação da aldolase.

No estágio atual da via glicolítica, a glicose, que foi transformada em dois GAP, completou o estágio preparatório da glicólise. Esse processo precisou do gasto de dois ATP. Entretanto, esse investimento resultou na conversão de uma glicose em duas unidades de C_3, cada uma delas com um grupo fosfato que, com um pouco de habilidade química, pode ser convertida em composto de "alta energia" (Seção 16.4Ba), cuja energia livre da hidrólise pode ser acoplada à síntese de ATP. *Esse investimento de energia é recuperado em dobro nos estágios finais da glicólise, nos quais as duas unidades fosforiladas de C_3 são transformadas em dois piruvatos, com a síntese acoplada de quatro ATP por molécula de glicose.*

F. Gliceraldeído-3-fosfato-desidrogenase: a formação do primeiro intermediário de "alta energia"

A Reação 6 da glicólise envolve a oxidação e a fosforilação do GAP pelo NAD^+ e pelo P_i, catalisada pela **gliceraldeído-3-fosfato-desidrogenase** (**GAPDH**; Figs. 8.45 e 8.53*b*):

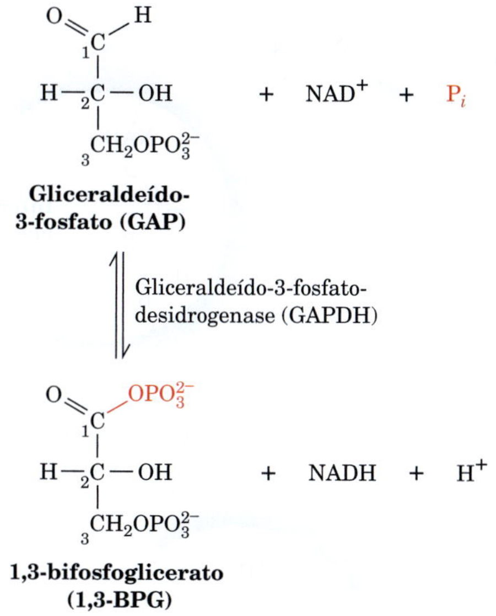

Gliceraldeído-3-fosfato (GAP) + NAD^+ + P_i ⇌ (Gliceraldeído-3-fosfato-desidrogenase (GAPDH)) 1,3-bifosfoglicerato (1,3-BPG) + NADH + H^+

Gliceraldeído-3-fosfato (GAP)

1,3-bifosfoglicerato (1,3-BPG)

Este é o primeiro exemplo da engenhosidade química mencionada anteriormente. *Nesta reação, a oxidação do aldeído, uma reação exergônica, impulsiona a síntese do acil-fosfato **1,3-bifosfoglicerato (1,3-BPG;** denominado anteriormente **1,3-difosfoglicerato)**.* Lembre-se que os acil-fosfatos são compostos com alto potencial de transferência de grupos fosfato (Seção 16.4B).

a. Estudos mecanísticos

Vários experimentos enzimológicos importantes contribuíram para a elucidação do mecanismo da reação da GAPDH (Fig. 17.13):

1. A GAPDH é inativada pela alquilação com quantidades estequiométricas de iodoacetato. A presença de **carboximetil-cisteína** no hidrolisado da enzima resultante da alquilação (Fig. 17.13*a*) sugere que a GAPDH tenha um grupo sulfidril de Cys no sítio ativo.
2. A GAPDH transfere quantitativamente ^3H do C1 do GAP para o NAD^+ (Fig. 17.13*b*), comprovando que essa reação ocorre pela transferência direta de hidreto.
3. A GAPDH catalisa a troca de ^{32}P entre o $[^{32}P]P_i$ e o produto análogo **acetil-fosfato** (Fig. 17.13*c*). Essas reações de troca de isótopos são indicativos da existência de um intermediário acil-enzima (Seção 14.5D).

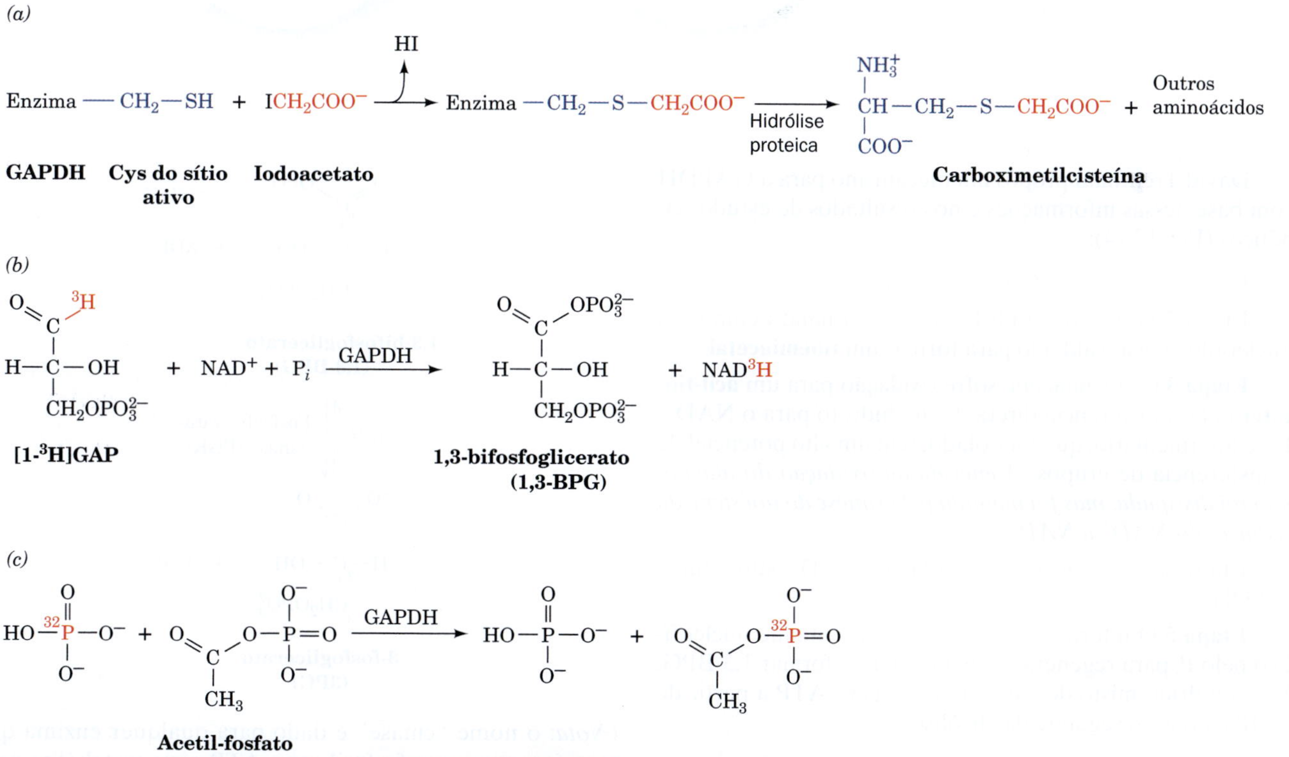

(*a*)

Enzima—CH_2—SH + ICH_2COO^- → (HI) Enzima—CH_2—S—CH_2COO^- → (Hidrólise proteica) $CH(NH_3^+)(COO^-)$—CH_2—S—CH_2COO^- + Outros aminoácidos

GAPDH Cys do sítio ativo **Iodoacetato** **Carboximetilcisteína**

(*b*)

[1-^{3}H]GAP + NAD^+ + P_i → (GAPDH) **1,3-bifosfoglicerato (1,3-BPG)** + NAD^3H

(*c*)

$HO-^{32}PO_3^{2-}$ + **Acetil-fosfato** → (GAPDH) $HO-PO_3^{2-}$ + $CH_3C(O)O-^{32}PO_3^{2-}$

FIGURA 17.13 Algumas reações empregadas na elucidação do mecanismo enzimático da GAPDH. (*a*) A reação do iodoacetato com um resíduo de Cys no sítio ativo. (*b*) Transferência quantitativa do trítio do substrato ao NAD^+. (*c*) A troca, catalisada pela enzima, do ^{32}P do fosfato ao acetil-fosfato.

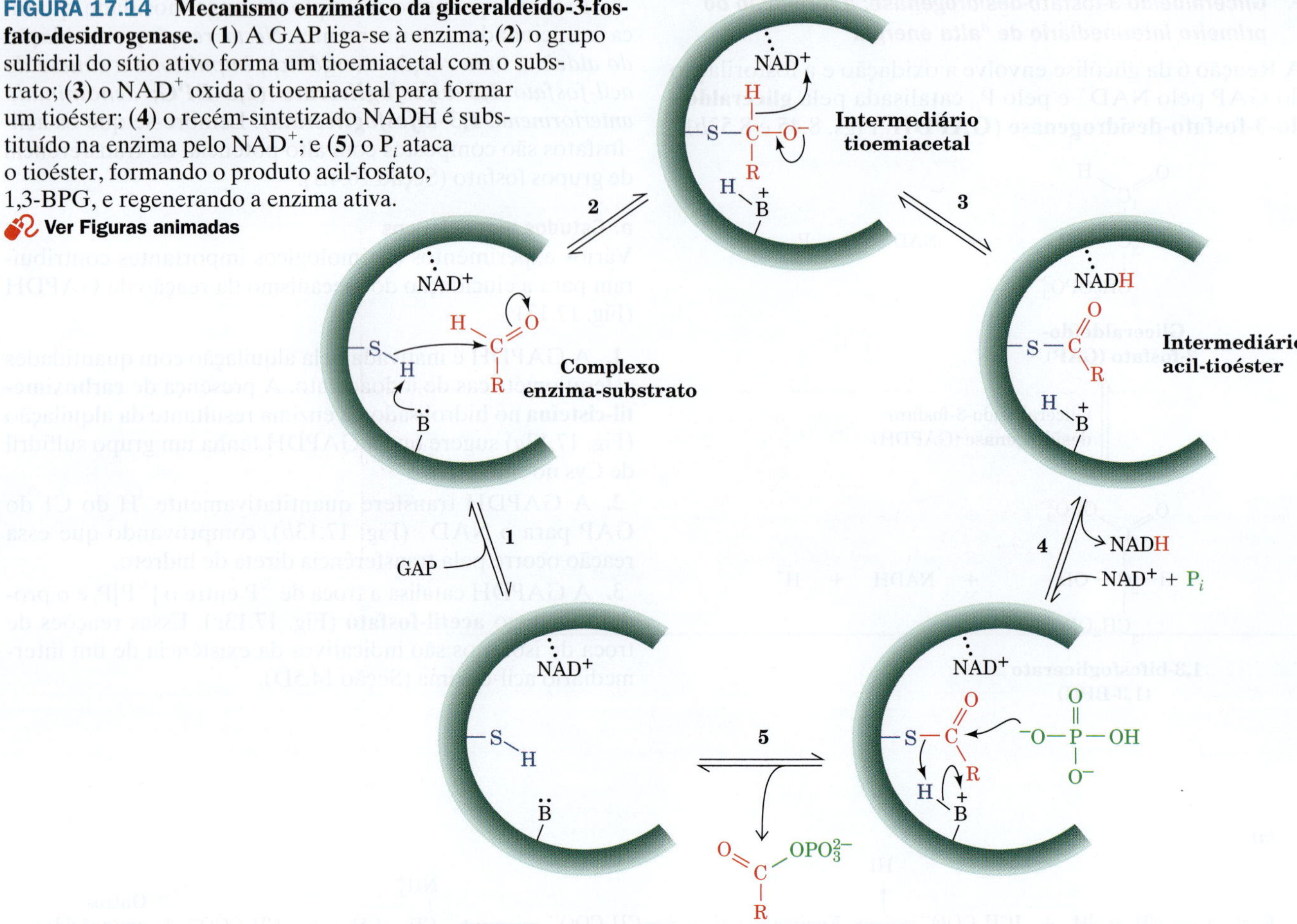

FIGURA 17.14 Mecanismo enzimático da gliceraldeído-3-fosfato-desidrogenase. (**1**) A GAP liga-se à enzima; (**2**) o grupo sulfidril do sítio ativo forma um tioemiacetal com o substrato; (**3**) o NAD^+ oxida o tioemiacetal para formar um tioéster; (**4**) o recém-sintetizado NADH é substituído na enzima pelo NAD^+; e (**5**) o P_i ataca o tioéster, formando o produto acil-fosfato, 1,3-BPG, e regenerando a enzima ativa.

Ver Figuras animadas

David Trentham propôs um mecanismo para a GAPDH com base nessas informações e nos resultados de estudos cinéticos (Fig. 17.14):

Etapa 1 Ligação do GAP à enzima.

Etapa 2 O grupo sulfidril essencial, atuando como um nucleófilo, ataca o aldeído para formar um **tioemiacetal**.

Etapa 3 O tioemiacetal sofre oxidação para um **acil-tioéster** pela transferência direta de um hidreto para o NAD^+. Esse intermediário, que foi isolado, tem um alto potencial de transferência de grupos. *A energia da oxidação do aldeído não foi dissipada, mas foi mantida pela síntese do tioéster e da redução do NAD^+ a NADH.*

Etapa 4 Uma outra molécula de NAD^+ substitui o NADH.

Etapa 5 O intermediário tioéster sofre ataque nucleofílico pelo P_i para regenerar a enzima livre e formar 1,3-BPG. Esse anidrido misto de "alta energia" gera ATP a partir de ADP na reação seguinte da glicólise.

G. *Fosfoglicerato-cinase: a primeira geração de ATP*

A Reação 7 da via glicolítica promove a primeira formação de ATP, juntamente com o **3-fosfoglicerato** (**3PG**), em uma reação catalisada pela **fosfoglicerato-cinase** (**PGK**):

1,3-bifosfoglicerato (1,3-BPG) + ADP

$$\rightleftharpoons \quad Mg^{2+} \quad \text{Fosfoglicerato-cinase (PGK)}$$

3-fosfoglicerato (3PG) + ATP

(*Nota*: o nome "cinase" é dado para qualquer enzima que transfere um grupo fosforil entre ATP e um metabólito, sem que haja qualquer implicação quanto à direção exergônica da transferência).

A estrutura por raios X da PGK de levedura no complexo com $Mg^{2+}-ATP$ e 3PG, seu complexo enzima-pro-

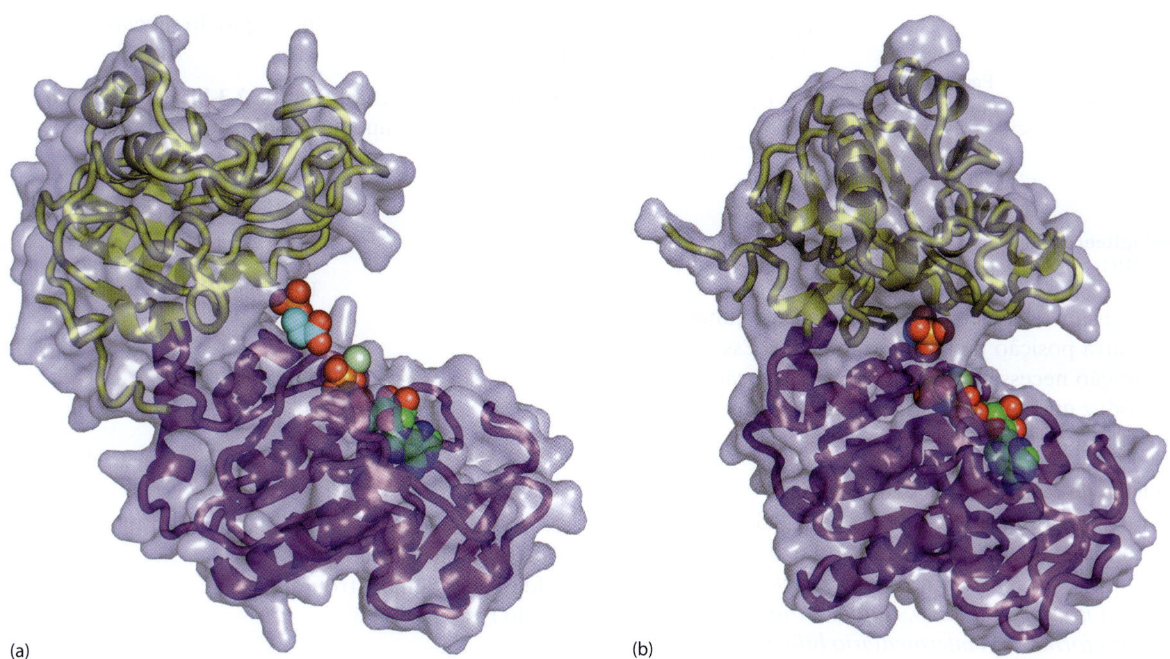

FIGURA 17.15 Estruturas por raios X da fosfoglicerato-cinase. (*a*) A enzima de levedura em complexo com 3PG e Mg^{2+}–ATP. (*b*) A enzima de *T. maritima* em complexo com 3PG e Mg^{2+}–AMPPNP. Em ambas as estruturas, a enzima está representada por sua superfície molecular transparente com seu diagrama em fita embutido colorido com seu domínio N-terminal em amarelo ao seu domínio C-terminal em púrpura. Mg^{2+}–ATP, Mg^{2+}–AMPPNP e 3PG foram desenhados na forma de volume atômico, coloridos de acordo com o tipo de átomo (ATP e AMPPNP C em verde, 3PG C ciano, N azul, O vermelho, P cor de laranja e Mg^{2+} verde-claro). Note a aparência global similar de PGK e hexocinase (Fig. 17.5), embora essas proteínas não sejam relacionadas. (Com base em estruturas por raios X obtidas por Herman Watson, University of Bristol, Reino Unido; e Günter Auerbach e Robert Huber; Max-Planck Institut für Biochemie, Martinsreid, Alemanha. PDBids 3PGK e 1VPE)

duto, foi determinado por Herman Watson (Fig. 17.15*a*). Observe a aparência bilobular e a aproximação entre o grupo γ-fosfato do ATP e um dos átomos de oxigênio do carboxilato do 3PG. O 3PG e o Mg-ATP estão ligados respectivamente aos domínios N- e C-terminais do PGK.

A estrutura por raios X da PGK da *Thermotoga maritima* termofílica no complexo com 3PG e o análogo do ATP não hidrolisado **AMPPNP** (ATP com o átomo O ligando seus grupos fosfatos β e γ substituídos por um grupo NH) revela que seus dois domínios se aproximaram em relação àqueles da PGK de levedura de identidade 50% (Fig. 17.15*b*). Essa forma o sítio catalítico e permite que o substrato reaja com o ambiente hidrofóbico, da mesma forma como ocorre com a hexocinase (Seção 17.2Aa).

A Fig. 17.16 indica o mecanismo de reação da PGK, o qual é consistente com a sua cinética sequencial observada. O oxigênio fosforil terminal do ADP faz um ataque nucleofílico ao átomo de fosfato do C1 do 1,3-BPG para formar o produto da reação.

A energética geral do par da reação GAPDH–PGK é:

$$\text{GAP} + \text{P}_i + \text{NAD}^+ \longrightarrow \text{1,3-BPG} + \text{NADH} \qquad \Delta G^{\circ\prime} = +6{,}7\ \text{kJ}\cdot\text{mol}^{-1}$$

$$\text{1,3-BPG} + \text{ADP} \longrightarrow \text{3PG} + \text{ATP} \qquad \Delta G^{\circ\prime} = -18{,}8\ \text{kJ}\cdot\text{mol}^{-1}$$

$$\text{GAP} + \text{P}_i + \text{NAD}^+ + \text{ADP} \longrightarrow \text{3PG} + \text{NADH} + \text{ATP} \qquad \Delta G^{\circ\prime} = -12{,}1\ \text{kJ}\cdot\text{mol}^{-1}$$

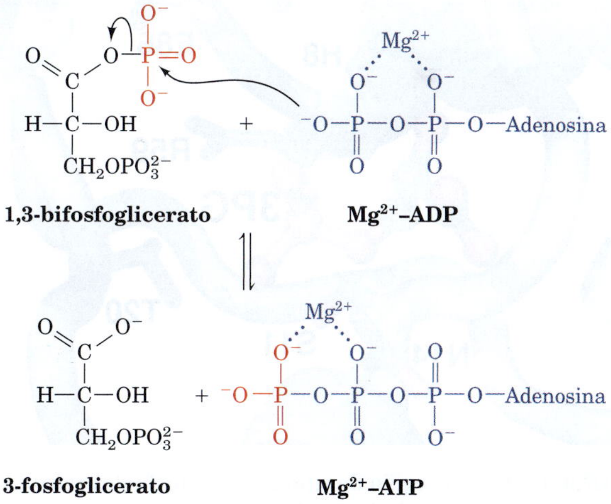

1,3-bifosfoglicerato + **Mg^{2+}-ADP** ⇌ **3-fosfoglicerato** + **Mg^{2+}-ATP**

FIGURA 17.16 Mecanismo da reação da PGK.

Ainda que a reação da GAPDH seja endergônica, a forte natureza exergônica da transferência do grupo fosforil da 1,3-BPG para o ADP torna favorável a síntese de NADH e de ATP a partir de GAP, P_i, NAD^+ e ADP.

H. *Fosfoglicerato-mutase*

Na Reação 8 da glicólise, o 3PG é convertido em **2-fosfoglicerato (2PG)** pela **fosfoglicerato-mutase (PGM)**:

$$\begin{array}{c} O\!=\!C_1\!-\!O^- \\ | \\ H\!-\!C_2\!-\!OH \\ | \\ H\!-\!C_3\!-\!OPO_3^{2-} \\ | \\ H \end{array} \underset{\text{mutase (PGM)}}{\overset{\text{Fosfoglicerato}}{\rightleftharpoons}} \begin{array}{c} O\!=\!C_1\!-\!O^- \\ | \\ H\!-\!C_2\!-\!OPO_3^{2-} \\ | \\ H\!-\!C_3\!-\!OH \\ | \\ H \end{array}$$

3-fosfoglicerato (3PG) — **2-fosfoglicerato (2PG)**

Mutases catalisam a transferência de um grupo funcional de uma para outra posição na mesma molécula. Essa reação é uma preparação necessária para a próxima reação na glicólise, que produz um composto fosforil de "alta energia" para ser usado na síntese de ATP.

a. Mecanismo de reação da fosfoglicomutase

À primeira vista, a reação catalisada pela PGM parece ser uma simples transferência intramolecular do grupo fosfato. Entretanto, esse não é o caso. *A enzima ativa tem um grupo fosforil no seu sítio ativo, o qual é transferido para o substrato para formar um intermediário bifosfato. Esse intermediário então refosforila a enzima para formar o produto e regenerar a fosfoenzima ativa.* Os seguintes dados experimentais permitiram a elucidação do mecanismo enzimático da PGM:

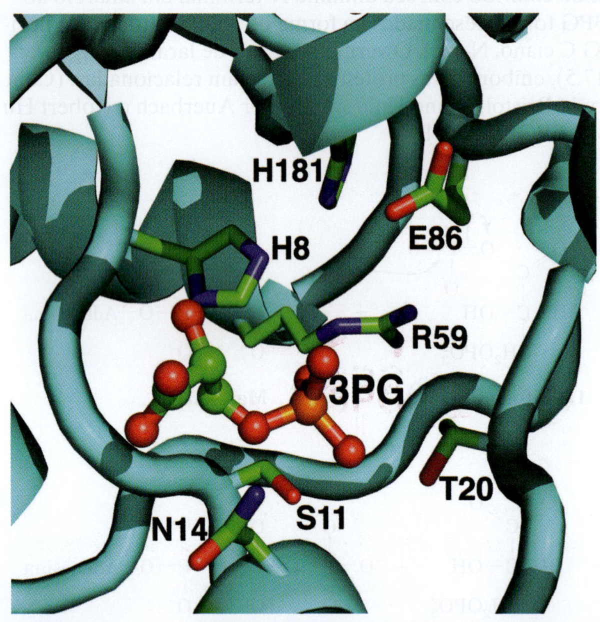

FIGURA 17.17 A região do sítio ativo da fosfoglicerato--mutase (forma desfosforilada) de levedura. O substrato 3PG, o qual está representado na forma de esferas e bastões com C em verde, O em vermelho e P em cor de laranja, se liga ao bolso iônico cujas cadeias laterais estão representadas na forma de bastões com C em verde, N em azul e O em vermelho. A His 8 é fosforilada na enzima ativa. (Segundo a estrutura por raios X obtida por Jennifer Littlechild, University of Exeter, Reino Unido. PDBid 1OHE.)

1. Quantidades catalíticas de **2,3-bifosfoglicerato (2,3-BPG;** anteriormente chamado **2,3-difosfoglicerato)**

$$\begin{array}{c} O\!=\!C_1\!-\!O^- \\ | \\ H\!-\!C_2\!-\!OPO_3^{2-} \\ | \\ H\!-\!C_3\!-\!OPO_3^{2-} \\ | \\ H \end{array}$$

2,3-bifosfoglicerato (2,3-BPG)

são necessárias para a atividade enzimática; isto é, o 2,3-BPG atua como um iniciador da reação.

2. A incubação da enzima com quantidades catalíticas de 2,3-BPG marcado com ^{32}P gera a enzima marcada com ^{32}P. Zelda Rose demonstrou que isso é o resultado da fosforilação do resíduo de His:

Enzima — CH_2 — (anel imidazol, N — PO_3^{2-})

Resíduo de His fosforilado

3. A estrutura por raios X da enzima mostra uma His no sítio ativo (Fig. 17.17). Na enzima ativa, a His 8 é fosforilada.

Esses dados são consistentes com um mecanismo no qual a enzima ativa contém um resíduo de His fosforilado no sítio ativo (Fig. 17.18):

Etapa 1 O 3PG liga-se à fosfoenzima que tenha a His 8 fosforilada.

Etapa 2 Esse grupo fosforil é transferido para o substrato, resultando em um complexo 2,3-BPG · enzima intermediário.

Etapas 3 e 4 O complexo decompõe-se para formar o produto 2PG e regenerar a fosfoenzima.

O grupo fosforil do 3PG, entretanto, acaba por ficar no C2 do próximo 3PG a sofrer a reação.

Ocasionalmente, o 2,3-BPG dissocia-se da enzima (Fig.17.18; Etapa 5), deixando-a em uma forma inativa. Entretanto, pequenas quantidades do 2,3-BPG deverão estar sempre disponíveis para regenerar a fosfoenzima ativa pela reação inversa.

b. A glicólise influencia o transporte de oxigênio

O 2,3-BPG liga-se especificamente à desoxiemoglobina, alterando a afinidade da hemoglobina pelo oxigênio (Seção 10.1D). A concentração do 2,3-BPG nos eritrócitos é muito maior (~5 m*M*) do que as pequenas quantidades necessárias para uso como iniciador da PGM. Os eritrócitos sinte-

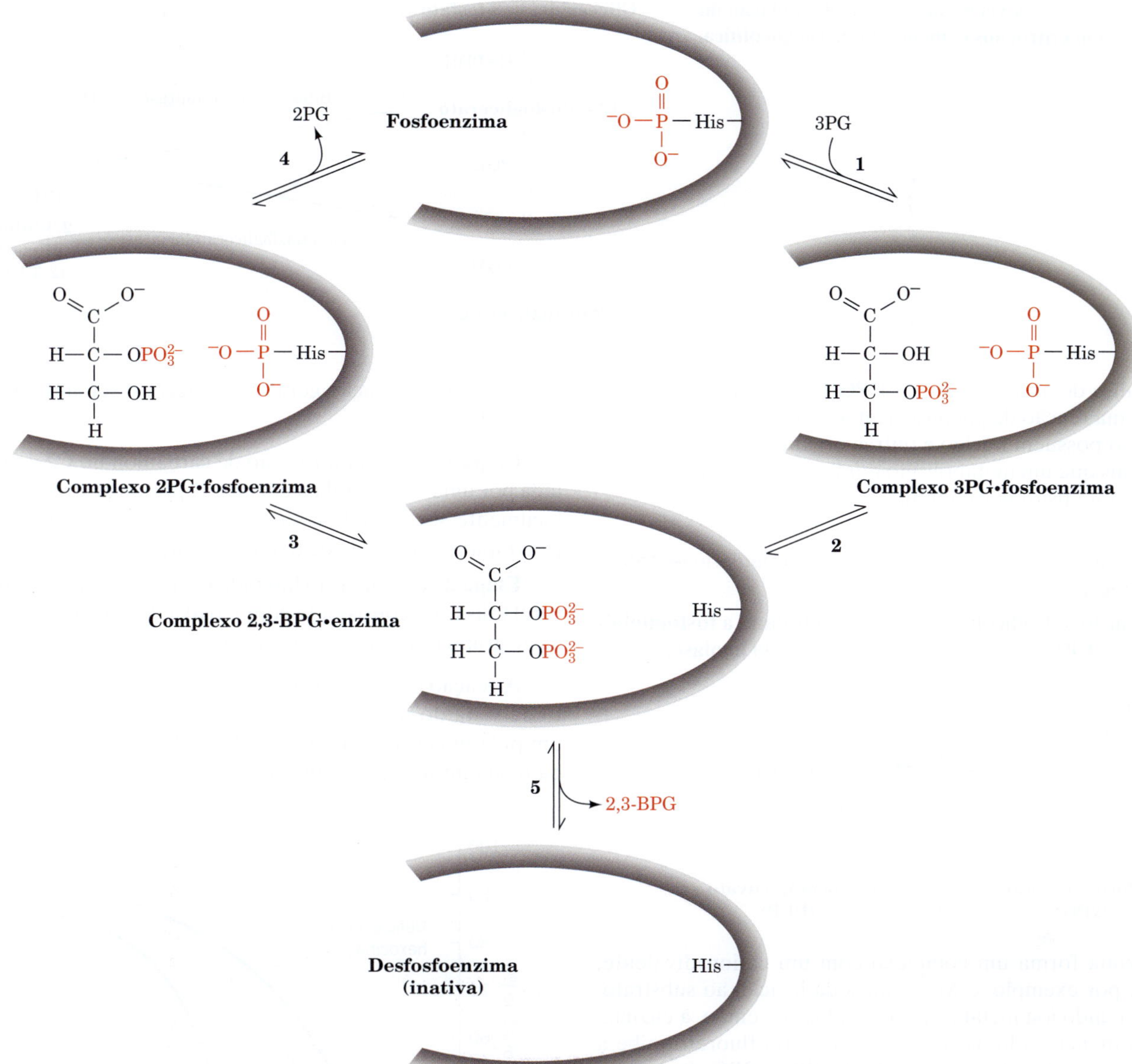

FIGURA 17.18 **Mecanismo de reação proposto para a fosfoglicerato-mutase.** A forma ativa da enzima contém um resíduo de His fosforilado no sítio ativo. (**1**) Formação do complexo enzima-substrato; (**2**) transferência do grupo fosforil ligado à enzima para o substrato; (**3**) refosforilação da enzima pelo outro grupo fosforil do substrato; e (**4**) liberação do produto, regenerando a fosfoenzima ativa. (**5**) Ocasionalmente, o 2,3-BPG dissocia-se da enzima, deixando-a na forma inativa, desfosforilada, que deve ser refosforilada pela reação inversa.

tizam e degradam o 2,3-BPG por um desvio da via glicolítica (esquema na Fig. 17.19). A **bifosfoglicerato-mutase** catalisa a transferência de um grupo fosforil do C1 para o C2 do 1,3-BPG. O 2,3-BPG resultante é hidrolisado a 3PG pela **2,3-bifosfoglicerato-fosfatase**. A velocidade da glicólise afeta a afinidade da hemoglobina pelo oxigênio por meio da mediação do 2,3-BPG. Consequentemente, defeitos hereditários na glicólise em eritrócitos alteram a capacidade do sangue de transportar oxigênio (Fig. 17.20). Por exemplo, a concentração dos intermediários glicolíticos em eritrócitos deficientes em hexocinase é menor do que a normal, porque a hexocinase catalisa a primeira reação da glicólise. Isso resulta em diminuição na concentração de 2,3-BPG e em aumento na afinidade da hemoglobina pelo oxigênio. Por outro lado, a deficiência da piruvato-cinase diminui a afinidade da hemoglobina pelo oxigênio

FIGURA 17.19 A via de síntese e de degradação do 2,3-BPG em eritrócitos é um desvio da via glicolítica.

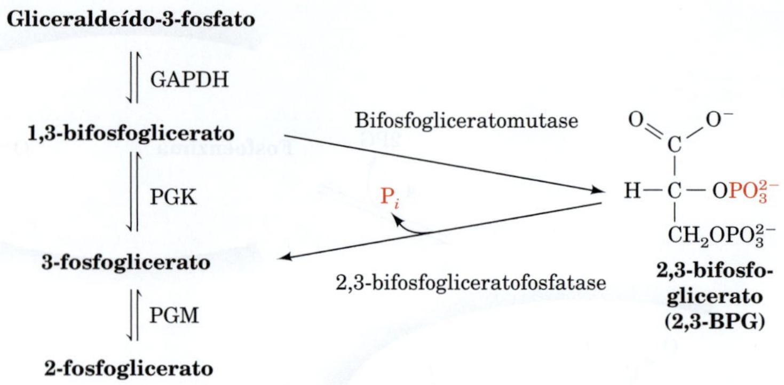

Gliceraldeído-3-fosfato

⇅ GAPDH

1,3-bifosfoglicerato → (Bifosfogliceratomutase) → 2,3-bifosfoglicerato (2,3-BPG)

⇅ PGK

3-fosfoglicerato ← (2,3-bifosfogliceratofosfatase, P_i) ← 2,3-BPG

⇅ PGM

2-fosfoglicerato

2,3-BPG: $^{-}O_2C{-}CH(OPO_3^{2-}){-}CH_2OPO_3^{2-}$

2,3-bifosfoglicerato (2,3-BPG)

por causa do aumento do 2,3-BPG resultante do bloqueio da última reação da glicólise. Então, apesar dos eritrócitos, que não possuem núcleo e outras organelas, apresentarem não mais que um metabolismo mínimo, esse metabolismo é importante fisiologicamente.

I. *Enolase: a formação do segundo intermediário de "alta energia"*

Na Reação 9 da glicólise, o 2PG é desidratado a **fosfoenolpiruvato** (**PEP**) em uma reação catalisada pela **enolase:**

$$\text{2-fosfoglicerato (2PG)}\; {}^{-}O_2C_1{-}C_2H(OPO_3^{2-}){-}C_3H_2(OH) \;\underset{}{\overset{\text{Enolase}}{\rightleftharpoons}}\; {}^{-}O_2C{-}C(OPO_3^{2-}){=}CH_2 \;\text{Fosfoenolpiruvato (PEP)} + H_2O$$

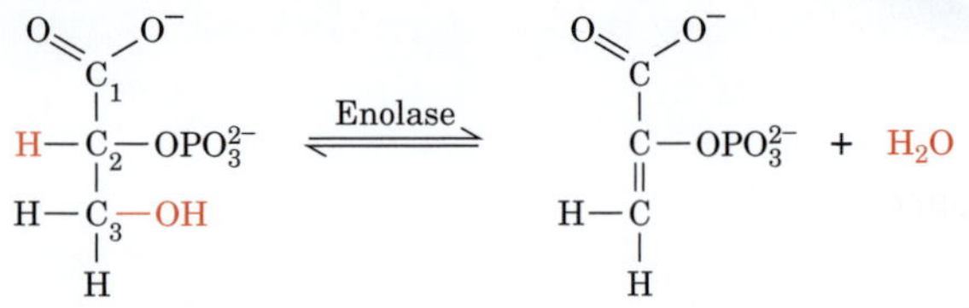

2-fosfoglicerato (2PG) **Fosfoenolpiruvato (PEP)**

A enzima forma um complexo com um cátion divalente, como, por exemplo, o Mg^{2+} antes da ligação ao substrato. Um segundo íon metálico divalente liga-se, então, à enzima. Como mencionado na Seção 17.1A, o íon fluoreto inibe a glicólise, resultando no acúmulo de 2PG e 3PG. Isso ocorre pela forte inibição da enolase na presença de P_i. O F^- e o P_i formam um complexo firmemente ligado com o Mg^{2+} no sítio ativo da enzima, impedindo a ligação do substrato e inativando a enzima. Assim, o substrato da enolase, o 2PG, acumula e, na medida em que isso ocorre, fica em equilíbrio com o 3PG pela ação da PGM.

a. O mecanismo catalítico da enolase

A desidratação (eliminação da H_2O) catalisada pela enolase pode ocorrer em uma de três formas (Fig. 16.9*a*): (1) o grupo —OH no C3 pode sair primeiro, gerando um carbocátion no C3; (2) o próton do C2 pode sair primeiro, gerando um carbânion no C2; ou (3) a reação pode ser combinada. Estudos de troca de isótopos feitos por Paul Boyer demonstraram que o próton do C2 do 2PG é trocado com o solvente 12 vezes mais rapidamente do que a velocidade de formação do PEP. Contudo, o oxigênio do C3 é trocado com o solvente a uma velocidade praticamente equivalente à velocidade da reação geral. Isso sugere o seguinte mecanismo (Fig. 17.21):

Etapa 1 A rápida formação de carbânion no C2 é facilitada por uma base geral na enzima. O próton abstraído pode facilmente ser trocado com o solvente, sendo responsável pela rápida velocidade de troca observada.

Etapa 2 A eliminação limitada pela velocidade do grupo —OH do C3 é consistente com a baixa velocidade de troca deste grupo hidroxila com o solvente.

A reação da enolase (Fig. 17.21) é interessante do ponto de vista do mecanismo porque envolve a abstração de um próton certamente não ácido no C2 ($pK > 30$), seguida pela eliminação de um íon OH^-, que é um pobre grupo

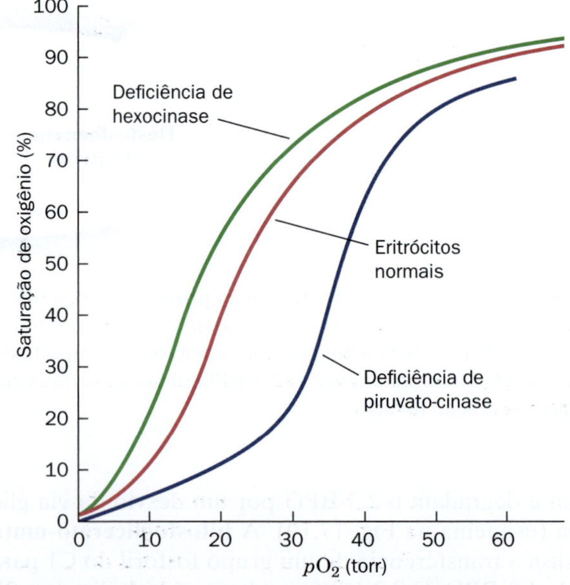

FIGURA 17.20 Curvas da saturação da hemoglobina por oxigênio de eritrócitos normais (*curva vermelha*) e de eritrócitos de pacientes com deficiência de hexocinase (*curva verde*) e de piruvato-cinase (*curva azul*). (Segundo Delivoria-Papadopoulos, M., Oski, F.A., e Gottlieb, A.J., *Science* **165**, 601 (1969).)

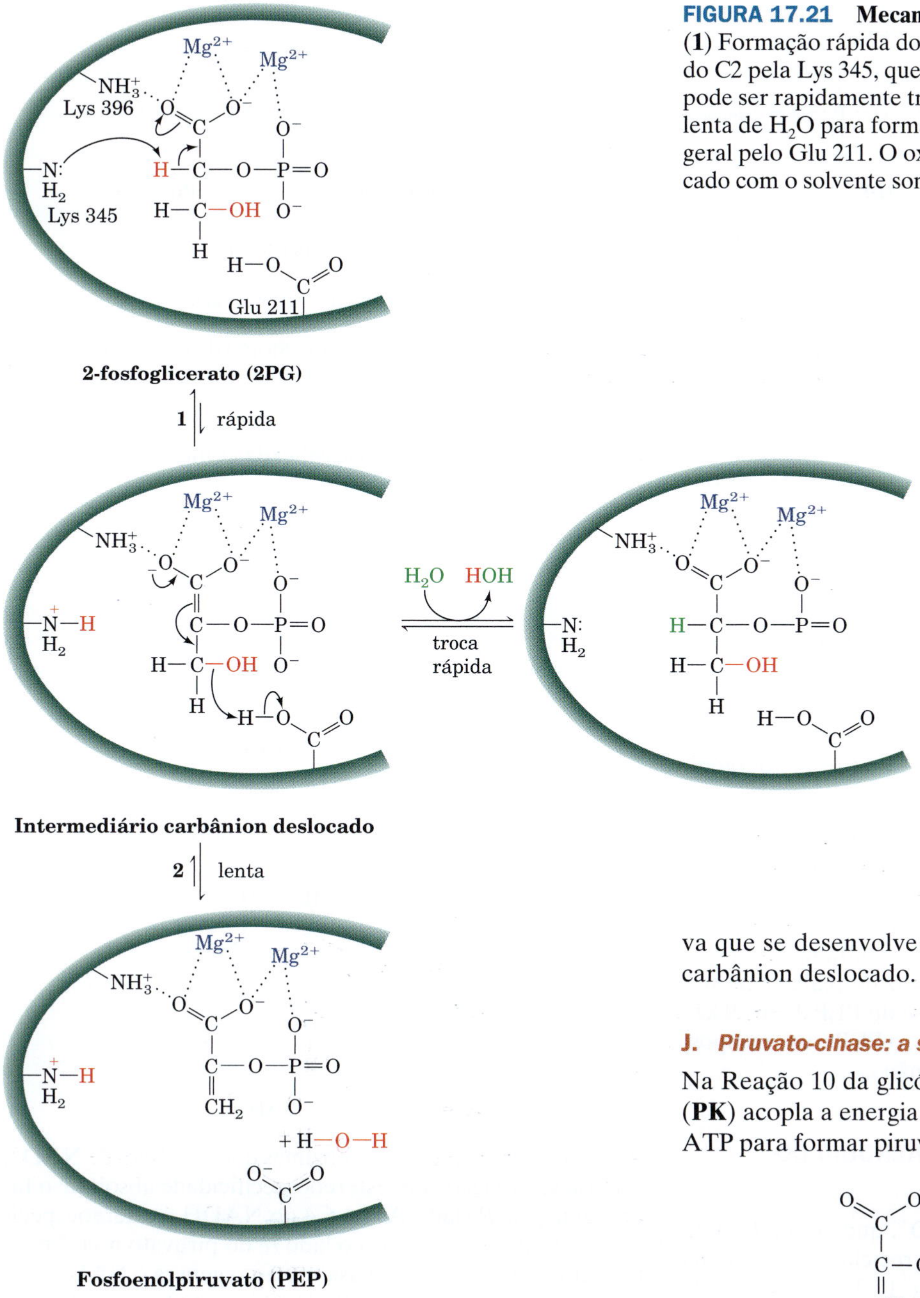

FIGURA 17.21 Mecanismo de reação proposto para a enolase. (**1**) Formação rápida do carbânion pela remoção de um próton do C2 pela Lys 345, que atua como uma base geral. Esse próton pode ser rapidamente trocado com o solvente. (**2**) Eliminação lenta de H_2O para formar fosfoenolpiruvato, com catálise ácida geral pelo Glu 211. O oxigênio do C3 do substrato pode ser trocado com o solvente somente na mesma velocidade desta etapa.

de saída. A estrutura por raios X da enolase de levedura, complexada com dois íons Mg^{2+} e em uma mistura em equilíbrio de 2PG e PEP (o substrato e o produto da enolase), determinada por George Reed e Ivan Rayment, revela que a enolase liga o 2PG em um complexo intrincado que envolve os dois íons Mg^{2+}. Estudos mutagênicos e enzimológicos indicam que as reações envolvem a cadeia lateral da Lys 345, que atua como base geral, e a cadeia lateral do Glu 211, que atua como ácido geral. Sabe-se que a Lys 396 e os dois íons Mg^{2+} estabilizam o aumento da carga negativa que se desenvolve no íon carboxilato do intermediário carbânion deslocado.

J. *Piruvato-cinase: a segunda geração de ATP*

Na Reação 10 da glicólise, a reação final, a **piruvato-cinase** (**PK**) acopla a energia livre da hidrólise do PEP à síntese de ATP para formar piruvato:

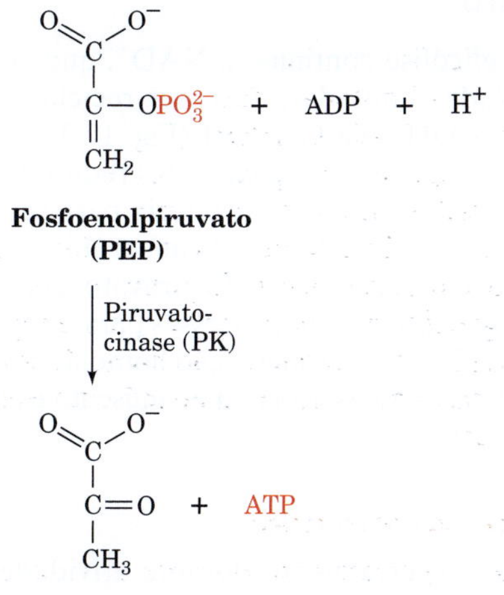

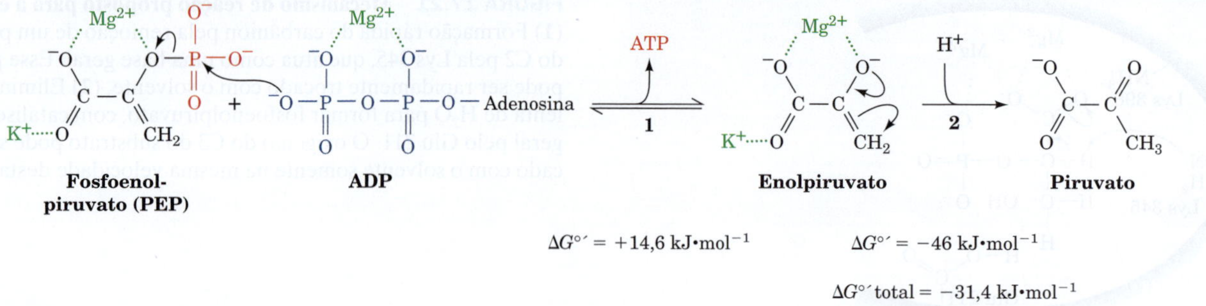

FIGURA 17.22 **Mecanismo da reação catalisada pela piruvato-cinase.** (**1**) Ataque nucleofílico de um átomo de oxigênio β-fosforil do ADP sobre o átomo de fósforo do PEP para formar ATP e enolpiruvato; e (**2**) tautomerização do enolpiruvato em piruvato.

a. Mecanismo catalítico da PK

A reação da PK, que necessita da participação de cátions monovalentes (K^+) e divalentes (Mg^{2+}), ocorre da seguinte forma (Fig. 17.22):

Etapa 1 Um oxigênio do grupo fosforil β do ADP ataca nucleofilicamente o átomo de fósforo do PEP, deslocando o enolpiruvato e formando ATP. Essa reação conserva a energia livre da hidrólise do PEP.

Etapa 2 O enolpiruvato converte-se em piruvato. Essa tautomerização de ceto-enol é suficientemente exergônica para favorecer a síntese acoplada de ATP (que é endergônica) (Seção 16.4Ba).

É possível ver agora a "lógica" da reação da enolase. A energia livre padrão de hidrólise do 2PG ($\Delta G^{\circ\prime}$) é de apenas $-17{,}6$ kJ · mol^{-1}. Isso é insuficiente para favorecer a síntese de ATP ($\Delta G^{\circ\prime} = 30{,}5$ kJ · mol^{-1} para síntese de ATP a partir de ADP e P_i). A desidratação de 2PG resulta na formação de um composto de "alta energia" capaz de realizar tal síntese (a energia livre padrão da hidrólise do PEP é $-61{,}9$ kJ · mol^{-1} [Fig. 16.25]). Em outras palavras, o PEP é um composto de "alta energia", enquanto o 2PG não é.

3 FERMENTAÇÃO: O DESTINO ANAERÓBIO DO PIRUVATO

Para que a glicólise continue, o NAD^+, que as células têm em quantidades limitadas, deve ser reciclado após a sua redução a NADH pela GAPDH (Fig. 17.3; Reação 6). Na presença de oxigênio, os equivalentes redutores do NADH são transportados para a mitocôndria para serem reoxidados (Capítulo 22). Sob condições anaeróbias, entretanto, o NAD^+ é reposto pela redução do piruvato, em uma continuação da via glicolítica. Dois processos para a reposição anaeróbica do NAD^+ são a fermentação homoláctica e a fermentação alcoólica, as quais ocorrem no músculo e em leveduras, respectivamente.

A. *Fermentação homoláctica*

No músculo, especialmente durante atividades físicas intensas, quando a demanda de ATP é alta e o oxigênio é limitado, a **lactato-desidrogenase** (**LDH**) catalisa a oxidação de NADH pelo piruvato para gerar NAD^+ e **lactato**. Essa reação é frequentemente classificada como a Reação 11 da glicólise:

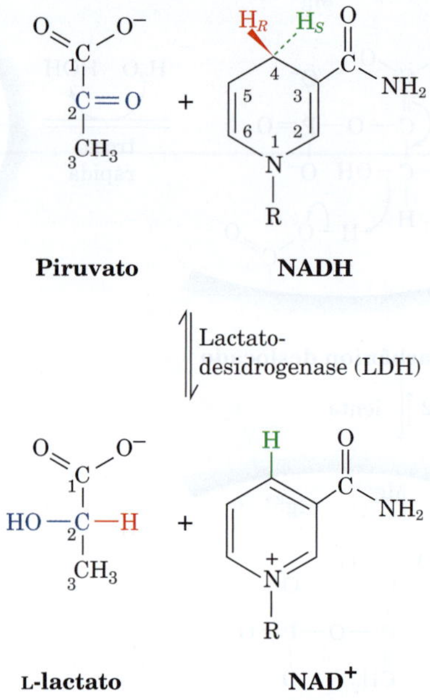

A LDH, assim como outras enzimas que precisam de NAD^+, catalisa sua reação com estereoespecificidade absoluta: o hidrogênio *pro-R* (lado A) no C4 do NADH é estereoespecificamente transferido para o lado *re* do piruvato no C2 para formar L- (ou *S*-) lactato. Essa reação regenera o NAD^+ para participar na reação da GAPDH. O hidreto transferido para o piruvato provém do mesmo lado do anel da nicotinamida, como no caso do acetaldeído na reação da álcool-desidrogenase (Seção 13.2A), mas do lado oposto (*si*) do anel da nicotinamida, como no caso do GAP na reação da GAPDH (Seção 17.2F).

Os mamíferos têm dois tipos diferentes de subunidades de LDH, o tipo M e o tipo H, que, juntas, podem formar cinco isozimas tetraméricas: M_4, M_3H, M_2H_2, MH_3 e H_4. Apesar dessas formas híbridas ocorrerem na maioria dos tecidos, a subunidade do tipo H predomina nos tecidos aeróbios, como por exemplo o músculo cardíaco, enquanto a subunidade do tipo M predomina nos tecidos sujeitos a condições anaeróbias, como o músculo esquelético e o fígado. A LDH H_4 tem um K_M baixo por piruvato e não é inibida por esse substra-

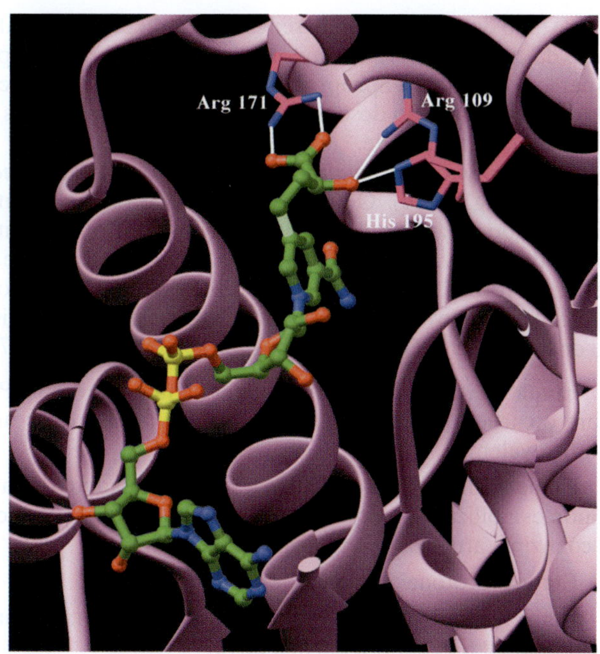

FIGURA 17.23 Região do sítio ativo da LDH H_4 suína complexada com a *S*-lac-NAD$^+$, um aduto covalente de lactato e NAD$^+$. O aduto está mostrado na forma de esferas e bastões, coloridos de acordo com o tipo de átomo (C em verde, N em azul, O em vermelho e P em amarelo), exceto para a ligação covalente entre o metileno substituinte do átomo de C3 do lactato com o átomo de C4 da nicotinamida, que está em verde-claro. As três cadeias laterais da LDH que formam ligações de hidrogênio (*linhas brancas*) com os resíduos do piruvato estão em forma de bastões e coloridas de acordo com o tipo de átomo, com o C em magenta e o N em azul. (Segundo a estrutura por raios X obtida por Michael Rossmann, Purdue University, EUA. PDBid 5LDH.)

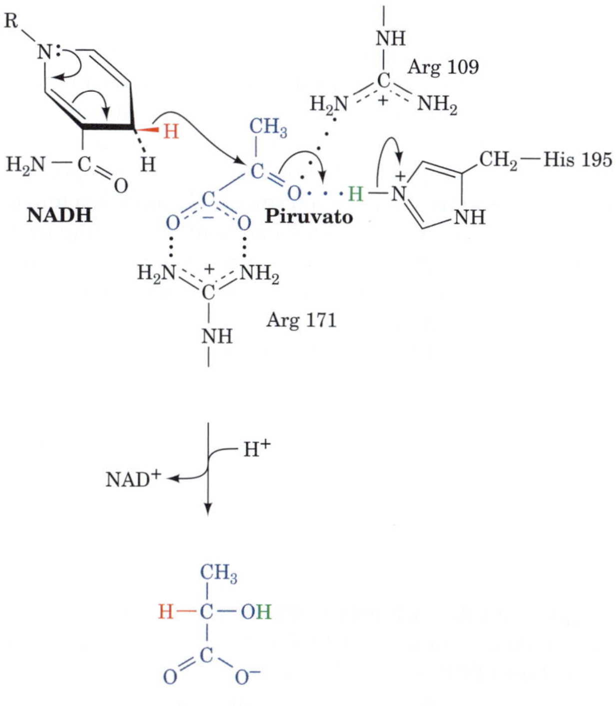

FIGURA 17.24 Mecanismo de reação da lactato-desidrogenase. A reação envolve a transferência direta de hidreto do NADH para o átomo de carbono carbonílico do piruvato, acompanhado pela doação de próton do grupo imidazólico da His 195 para o átomo de oxigênio carbonílico do piruvato. O último processo é facilitado pela carga positiva da cadeia lateral da Arg 109 das proximidades.

to. As outras isozimas têm propriedades intermediárias, as quais variam com a proporção entre as duas subunidades. Foi então proposto, embora com controvérsias, que a LDH do tipo H é mais adaptada à função de oxidação do lactato a piruvato, enquanto a LDH do tipo M é mais adequada para catalisar a reação inversa.

A estrutura por raios X da LDH H_4 suína complexada com ***S-lac*-NAD$^+$** (um análogo bissubstrato em que o átomo do C3 do lactato está ligado covalentemente ao átomo de C5 da nicotinamida do NAD$^+$ por meio do grupo CH_2) foi determinada por Michael Rossmann (Fig. 17.23; ele também determinou a estrutura por raios X da LDH M_4 do cação, mostrada na Fig. 8.54*a*). O átomo O2 do lactato (o oxigênio da hidroxila) está unido por uma ligação de hidrogênio às cadeias laterais da Arg 109 e da His 195, enquanto o grupo carboxil (em C1) do lactato está unido por duas ligações de hidrogênio à cadeia lateral da Arg 171. Com base nessas estruturas e em muitas evidências enzimológicas, Rossmann propôs o seguinte mecanismo de redução do piruvato pela LDH (Fig. 17.24): *o hidreto pro-R é transferido para o C4 do anel da nicotinamida do NADH para o C2 do piruvato, com a concomitante transferência de um próton da porção imidazólica da His 195 para o O2 do piruvato, produzindo assim NAD$^+$ e lactato*. A transferência do próton é facilitada por interações de repulsão com a cadeia lateral da Arg 109 adjacente, que é positivamente carregada. Essas interações, e também a ponte salina formada entre o grupo carboxila do piruvato e a cadeia lateral da Arg 171, servem para orientar adequadamente o piruvato.

O processo geral da glicólise anaeróbia no músculo pode ser representado como:

$$\text{Glicose} + 2\text{ADP} + 2\text{P}_i \longrightarrow 2\text{ lactato} + 2\text{ATP} + 2\text{H}_2\text{O} + 2\text{H}^+$$

Muito do lactato, o produto final da glicólise anaeróbia, é enviado da célula muscular pelo sangue até o fígado, onde é reconvertido em glicose (Seção 23.1C).

Ao contrário do que é amplamente aceito, não é o aumento de lactato no músculo *per se* que causa a fadiga muscular e a dor, mas sim o acúmulo de ácido gerado na glicólise (os músculos podem manter sua carga de trabalho na presença de altas concentrações de lactato desde que o pH seja mantido constante; ver Seção 27.2B). De fato, sabe-se entre os caçadores que a carne de um animal que teve de correr até a exaustão antes de ser abatido tem um sabor amargo. Esse é o resultado do aumento de ácido láctico nos músculos.

B. *Fermentação alcoólica*

Em condições anaeróbias, em leveduras, o NAD^+ é regenerado de uma forma que tem sido importante para a humanidade há milhares de anos: a conversão do piruvato em etanol e CO_2. O etanol, claro, é o ingrediente ativo dos vinhos e dos destilados. O CO_2 produzido faz crescer o pão. Do ponto de vista das leveduras, contudo, a fermentação alcoólica tem um benefício prático que a fermentação homoláctica não oferece. A levedura emprega o etanol como uma espécie de antibiótico para eliminar organismos competidores. Isso ocorre porque as leveduras podem crescer em meio com concentrações de etanol > 12% (2,5 *M*), enquanto poucos outros organismos podem sobreviver em concentrações de etanol > 5% (lembrem que o etanol é um antisséptico amplamente utilizado).

a. A TTP é um cofator essencial da piruvato-descarboxilase

A levedura produz etanol e CO_2 por meio de duas reações consecutivas (Fig. 17.25). A primeira reação é a descarboxilação do piruvato para formar acetaldeído e CO_2, catalisada pela **piruvato-descarboxilase** (**PDC**; uma enzima que não é encontrada em animais). A PDC contém a coenzima **tiamina pirofosfato** (**TPP**; Fig. 17.26; também denominada **tiamina difosfato [ThDP]**), à qual se liga firmemente, mas não covalentemente. A coenzima é empregada porque a descarboxilação de um α-cetoácido, como o piruvato, requer o aumento da carga negativa do átomo de carbono da carbonila no estado de transição, uma situação instável:

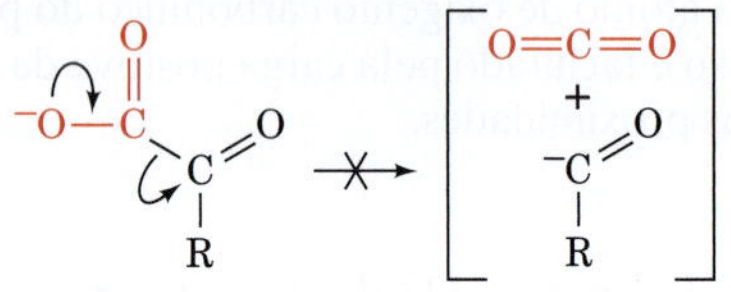

$$^{-}O-\overset{O}{\overset{\|}{C}}-\underset{R}{\underset{|}{C}}=O \;\not\longrightarrow\; \left[O=C=O \;+\; ^{-}\underset{R}{\underset{|}{C}}=O \right]$$

Esse estado de transição pode ser estabilizado pela deslocalização da carga negativa desenvolvida por meio de um grupo dispersor de elétrons apropriado. Os resíduos de aminoácidos das proteínas não desempenham bem essa tarefa, mas a TPP a faz com facilidade.

O grupo funcional cataliticamente ativo da TPP é o ***anel tiazólico*** (Fig. 17.26). O seu grupo C2¬H é relativamente ácido devido ao átomo de nitrogênio quaternário adjacente carregado positivamente, que estabiliza eletrostaticamente o carbânion formado na dissociação do próton. Esse carbânion dipolar (ou ilídeo) é a forma ativa da coenzima. O mecanismo da catálise da PDC ocorre da seguinte forma (Fig. 17.27):

Etapa 1 Ataque nucleofílico pela forma ilídeo da TPP sobre o carbono da carbonila do piruvato para formar um aduto covalente.

Etapa 2 Eliminação do CO_2 para gerar um aduto de carbânion estabilizado por ressonância, em que o anel tiazólico da coenzima atua como um dispersor de elétrons.

Etapa 3 Protonação do carbânion.

Etapa 4 Eliminação da forma ilídeo da TPP para formar acetaldeído e regenerar a enzima ativa.

Esse mecanismo foi corroborado pelo isolamento do intermediário **hidroxietiltiamina-pirofosfato** (Fig. 17.27).

A estrutura por raios X da PDC complexada com a TPP (Fig. 17.28), determinada por William Furey e Martin Sax, sugeriu o papel do anel aminopirimidina da TPP na formação da forma ilídeo ativa. A formação da forma ilídeo requer uma base para remover o próton do C2. A PDC, porém, não tem cadeia lateral básica que esteja posicionada adequadamente para exercer essa função. O grupo amino do anel aminopirimidina da TPP ligada à enzima está posicionado adequadamente para aceitar esse próton; entretanto, o seu p*K* é muito baixo para que possa fazê-lo de forma eficiente e, ainda, um

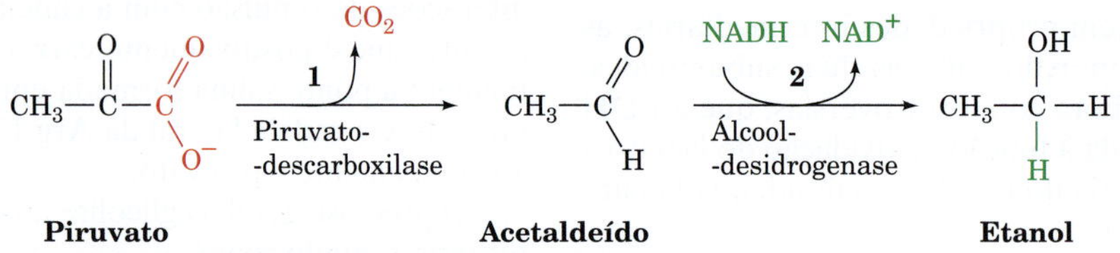

$$CH_3-\overset{O}{\overset{\|}{C}}-C(=O)O^- \xrightarrow[\text{Piruvato-descarboxilase}]{1,\ -CO_2} CH_3-C(=O)H \xrightarrow[\text{Álcool-desidrogenase}]{2,\ NADH \to NAD^+} CH_3-\underset{H}{\underset{|}{\overset{OH}{\overset{|}{C}}}}-H$$

FIGURA 17.25 As duas reações da fermentação alcoólica. (**1**) A descarboxilação do piruvato para formar acetaldeído é seguida pela (**2**) redução do acetaldeído a etanol pelo NADH.

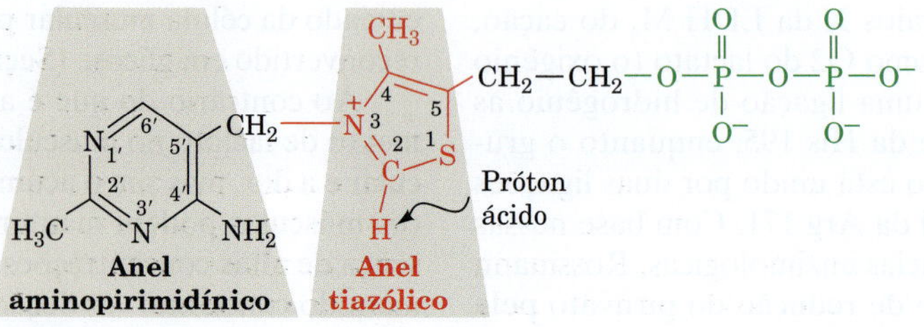

FIGURA 17.26 Tiamina-pirofosfato. O anel tiazólico constitui o grupo funcional ativo cataliticamente.

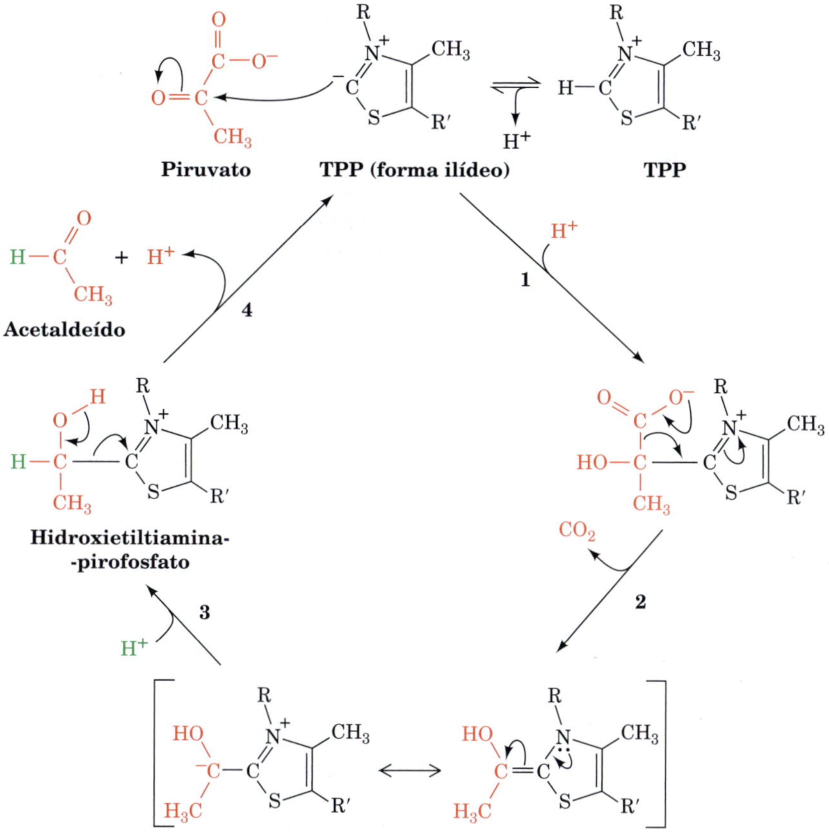

Piruvato

TPP (forma ilídeo)

TPP

Acetaldeído

Hidroxietiltiamina--pirofosfato

Carbânion estabilizado por ressonância

FIGURA 17.27 Mecanismo de reação da piruvato-descarboxilase. (**1**) O ataque nucleofílico pela forma ilídeo da TPP sobre o carbono carboxílico do piruvato; (**2**) saída de CO_2 para produzir um carbânion estabilizado por ressonância; (**3**) protonação do carbânion; e (**4**) eliminação de TPP ilídica e liberação do produto.

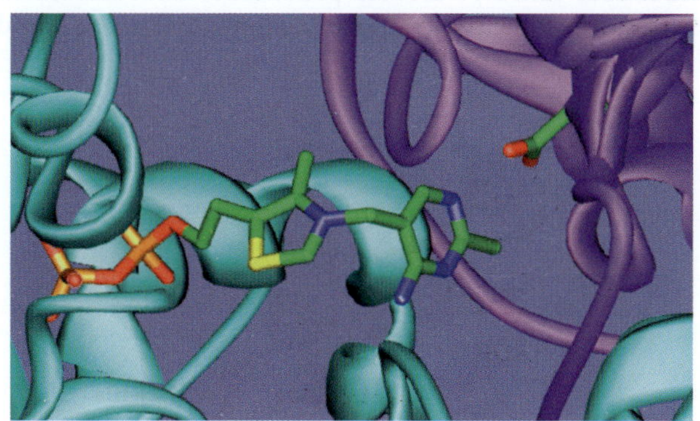

FIGURA 17.28 Parte da estrutura por raios X da piruvato--descarboxilase de *Saccharomyces uvarum* (levedura da cerveja) em complexo com o cofator TPP. As subunidades idênticas de 563 resíduos da enzima formam um dímero fortemente associado, dois dos quais, por sua vez, associam-se frouxamente formando um tetrâmero. A TPP e a cadeia lateral do Glu 51 estão mostradas na forma de bastões, com o C em verde, o N em azul, o O em vermelho, o S em amarelo e o P em dourado. A TPP liga-se em uma cavidade situada entre as duas subunidades do dímero (ciano e magenta), onde forma uma ligação de hidrogênio com o Glu 51. (Com base na estrutura por raios X obtida por William Furey e Martin Sax, Veterans Administration Medical Center and University of Pittsburgh, Pennsylvania, EUA. PDBid 1PYD.) Ver Exercício interativo 9

dos seus prótons colide estericamente com o próton do C2. Foi proposto, então, que o anel aminopirimidina é transformado na sua forma tautomérica imina na superfície da enzima em uma reação que envolve a doação de próton pelo Glu 51 (Fig. 17.29). O anel imina, por sua vez, aceita um próton do C2, gerando a forma ilídeo, com a tautomerização no sentido inverso (para a forma amino). A participação do N1′ e do grupo 4′-amino da aminopirimidina é sustentada por experimentos que mostram que os análogos do TPP que não apresentam uma dessas funcionalidades são inativos cataliticamente. Experimentos de troca H/D, seguidos pela análise por RM do ^{1}H dos produtos trocados, indicam que quando o TPP está ligado ao PDC em um complexo com o análogo do substrato **piruvamida** (CH_3—CO—CO—NH_2) a velocidade de troca para formar a espécie ativa (forma ilídeo) é muito maior ($> 6 \times 10^2\ s^{-1}$) do que a velocidade catalítica da enzima ($k_{cat} = 10\ s^{-1}$). Além disso, a mutação do Glu 51 para Gln na PDC reduz a velocidade de troca H/D para 1,7 s^{-1}, corroborando a função postulada para o Glu 51 de ser o doador de prótons para o N1’ do anel aminopirimidina da TPP.

b. O beribéri é uma doença relacionada à deficiência de tiamina

A capacidade do anel tiazólico da TPP de adicionar grupos carbonila e atuar como um dispersor de elétrons faz essa coenzima ser bastante utilizada em descarboxilações de α‴

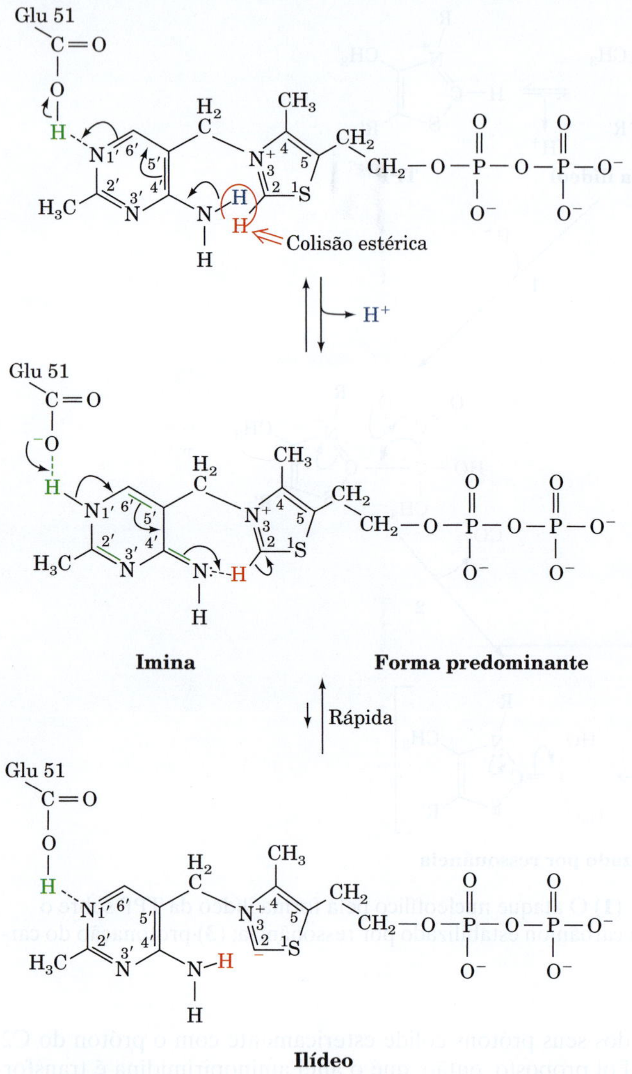

FIGURA 17.29 A formação da forma ilídeo ativa da TPP na reação da piruvato-descarboxilase. Essa reação necessita da participação do anel aminopirimidínico da TPP e de uma catálise ácida geral pelo Glu 51. A forma imina é a forma predominante do cofator na enzima, porém a velocidade de formação do ilídeo ativo é relativamente maior do que a velocidade catalítica da enzima.

-cetoácidos. A TPP está também envolvida em reações de descarboxilação que serão encontradas em outras vias metabólicas. Consequentemente, a tiamina (**vitamina B_1**), que não é sintetizada nem armazenada em quantidades significativas pelos tecidos da maioria dos vertebrados, é necessária na dieta desses animais. A deficiência de tiamina em seres humanos resulta em uma doença que pode ser fatal, conhecida como **beribéri** (na língua Cingalesa significa fraqueza extrema). Essa doença é caracterizada por distúrbios neurológicos que causam dor, paralisia e atrofia (enfraquecimento) dos membros e/ou falência cardíaca, resultando em edema (acúmulo de líquidos nos tecidos e nas cavidades do corpo). A prevalência do beribéri foi especialmente alta no final do século dezenove e início do século vinte em áreas da Ásia onde o consumo de arroz é muito grande, após a introdução de máquinas de moer a vapor que fazem o polimento do grão de arroz para remover as suas camadas externas, ásperas mas ricas em tiamina (os moinhos usados previamente nos procedimentos eram menos eficientes e, dessa forma, deixavam quantidade suficiente de tiamina nos grãos). A parbolização do arroz antes da moagem, um processo comum na Índia, propicia a absorção de nutrientes das camadas externas pelo núcleo do arroz, diminuindo, desse modo, a incidência de beribéri. Assim que a deficiência de tiamina foi reconhecida como a causa de beribéri, medidas de enriquecimento foram introduzidas de forma que terminar com o problema, exceto em áreas de fome. Entretanto, o beribéri desenvolve-se ocasionalmente em alcoólatras crônicos, devido à tendência de beber e não comer adequadamente.

c. Redução do acetaldeído e regeneração do NAD^+

O acetaldeído formado pela descarboxilação do piruvato é reduzido a etanol pelo NADH em uma reação catalisada pela **álcool-desidrogenase** (**ADH**). Cada uma das quatro subunidades da ADH de levedura (YADH) liga um NADH e um íon Zn^{2+}. O íon Zn^{2+} funciona polarizando o grupo carbonila do acetaldeído (Fig. 17.30) e assim estabilizando a carga negativa criada no estado de transição da reação (o papel dos íons metálicos em enzimas é abordado na Seção 15.1C). Isso facilita a transferência do hidrogênio *pro-R* do NADH (o mesmo átomo que a LDH transfere) para o lado *re* do acetaldeído, formando etanol, com o hidrogênio transferido na posição *pro-R* (Seção 13.2A).

Tanto a fermentação homoláctica como a fermentação alcoólica tem a mesma função: a regeneração anaeróbia do NAD^+ para continuidade da glicólise. Suas principais diferenças são os seus produtos metabólicos.

A ADH hepática de mamíferos (**LADH**) funciona para metabolizar tanto os alcoóis produzidos anaerobiamente pela flora intestinal como aqueles de fonte externa (o sentido

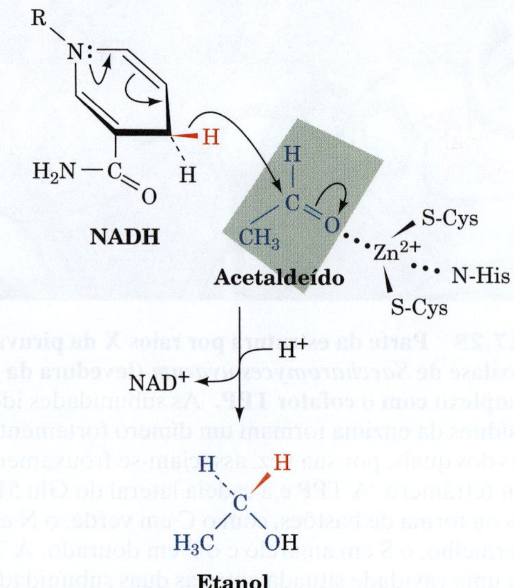

FIGURA 17.30 O mecanismo de reação da álcool-desidrogenase envolve a transferência direta de hidreto do hidrogênio *pro-R* do NADH para o lado *re* do acetaldeído.

da reação da ADH varia com as concentrações relativas de álcool e acetaldeído). Cada subunidade dessa enzima dimérica liga um NAD^+ e dois íons Zn^{2+}, embora apenas um desses íons participe diretamente da catálise. A similaridade na sequência de aminoácidos entre a YADH e a LADH é muito significativa, de forma que é muito provável que ambas as enzimas tenham o mesmo mecanismo geral.

C. *Energética da fermentação*

A termodinâmica nos permite dissecar o processo da fermentação nas suas etapas constituintes e contabilizar as variações de energia livre que ocorrem. Isso possibilita calcular a eficiência com a qual a energia livre da degradação da glicose é utilizada na síntese de ATP. A reação geral para a fermentação homoláctica é

$$\text{Glicose} \longrightarrow 2\ \text{lactato} + 2H^+ \qquad \Delta G^{\circ\prime} = -196\ \text{kJ} \cdot \text{mol}^{-1}\ \text{de glicose}$$

(O $\Delta G^{\circ\prime}$ é calculado a partir dos dados da Tabela 3.4 usando as Equações [3.19] e [3.21] adaptadas para íons $2H^+$). Para a fermentação alcoólica, a reação geral é

$$\text{Glicose} \longrightarrow 2CO_2 + 2\ \text{etanol} \qquad \Delta G^{\circ\prime} = -235\ \text{kJ} \cdot \text{mol}^{-1}\ \text{de glicose}$$

Cada uma dessas reações está acoplada à formação líquida de dois ATP, que requer $\Delta G^{\circ\prime} = +61\ \text{kJ} \cdot \text{mol}^{-1}$ de glicose consumida (Tabela 16.3). Dividindo-se o $\Delta G^{\circ\prime}$ da formação de ATP pelo da formação de lactato obtém-se 31% de "eficiência", isto é, 31% da energia livre liberada por esse processo em condições bioquímicas padrões é sequestrada na forma de ATP. O restante é dissipado como calor, tornando o processo irreversível. Da mesma forma, a fermentação alcoólica é 26% eficiente em condições bioquímicas padrões. Na prática, *em condições fisiológicas, em que as concentrações dos reagentes e dos produtos diferem daquelas do estado-padrão, essas reações têm eficiência termodinâmica de > 50%.*

a. A glicólise é usada para a produção rápida de ATP

A fermentação anaeróbia utiliza a glicose de uma forma perdulário, comparando-se com a fosforilação oxidativa. A fermentação resulta na produção de 2 ATP por molécula de glicose, enquanto a fosforilação oxidativa produz 38 ATP por molécula de glicose (Capítulo 22). Isso explica a observação de Pasteur de que as leveduras consomem muito mais açúcar quando estão crescendo anaerobiamente do que quando crescem aerobiamente (o chamado **efeito Pasteur**; Seção 22.4C). Entretanto, *a velocidade de produção de ATP pela glicólise anaeróbia pode ser até 100 vezes maior do que a fosforilação oxidativa. Consequentemente, quando tecidos, como por exemplo o músculo, estão consumindo ATP rapidamente, eles o obtêm quase que exclusivamente pela glicólise anaeróbia.* (Na verdade, a fermentação homoláctica não "desperdiça" glicose, já que o lactato é aerobiamente reconvertido em glicose pelo fígado; Seção 23.1C).

Os músculos esqueléticos são constituídos tanto de **fibras de contração lenta** (Tipo I) como de **fibras de contração rápida** (Tipo II). As fibras de contração rápida, chamadas dessa forma por serem predominantes em músculos capazes de realizar atividades repentinas, são praticamente desprovidas de mitocôndrias. Sendo assim, elas devem obter quase todo o seu ATP pela glicólise anaeróbia, para a qual têm uma capacidade especialmente elevada. Os músculos destinados à contração lenta e constante, por outro lado, são abundantes em fibras de contração lenta que são ricas em mitocôndrias e obtêm a maioria de seu ATP pela fosforilação oxidativa. (Fibras de contração rápida e fibras de contração lenta foram originalmente conhecidas como fibras brancas e fibras vermelhas, respectivamente, porque o tecido muscular, muitas vezes de cor pálida, ao ser enriquecido com mitocôndrias, adquire uma cor avermelhada característica de seus citocromos com grupamentos heme. Entretanto, a cor da fibra mostrou-se um indicador imperfeito da fisiologia do músculo.)

A cor da carne do peito das aves é um exemplo bem conhecido. Os músculos de voo dos pássaros migratórios, como os patos e os gansos, que necessitam de um suprimento de energia constante, são ricos em fibras de contração lenta, e esses pássaros apresentam carne escura no peito. Por outro lado, os músculos de voo de pássaros que voam menos, como as galinhas e os perus, que são usados apenas para atividades repentinas e curtas (geralmente para escapar do perigo), são constituídos principalmente por fibras de contração rápida, formando a carne branca. Em seres humanos, os músculos de velocistas são relativamente ricos em fibras de contração rápida, enquanto corredores de longa distância têm uma proporção maior de fibras de contração lenta (entretanto, seus músculos são da mesma cor). Os corredores de longa distância de categoria internacional têm uma capacidade excepcional de gerar ATP aerobiamente. Isso foi demonstrado pelo monitoramento, por RM com ^{31}P não invasivo, dos níveis de ATP, P_i, fosfocreatina e pH nos seus músculos, não treinados, do antebraço durante exercício. Essas observações sugerem que os músculos desses atletas são mais dotados geneticamente para exercícios prolongados do que aqueles de indivíduos "normais".

4 CONTROLE E REGULAÇÃO METABÓLICOS

Os organismos vivos, como foi visto na Seção 16.6, são sistemas abertos termodinamicamente, que tendem a manter um estado estacionário em vez de atingirem o equilíbrio (morte para os seres vivos). *Então, o **fluxo** (taxa de fluxo) de intermediários através de uma via metabólica é constante, isto é, as velocidades de síntese e de degradação de cada intermediário da via metabólica os mantêm em concentrações constantes.* Lembre-se que esse estado é de máxima eficiência termodinâmica (Seção 16.6B). *A regulação do estado estacionário (**homeostasia**) deve ser mantida à custa de variações no fluxo através das vias metabólicas em resposta a mudanças nas demandas.*

Os termos controle metabólico e regulação metabólica são, muitas vezes, usados com o mesmo significado. Entretanto, para objetivos deste estudo, serão fornecidas duas definições diferentes: **regulação metabólica** é o processo pelo qual é mantido o fluxo de metabólitos no estado estacionário através de uma via, enquanto **controle metabólico** é a influência exercida pelas enzimas de uma via em resposta a um sinal externo, visando à alteração do fluxo dos metabólitos.

A. *Homeostasia e controle metabólico*

Existem duas razões pelas quais o fluxo metabólico deve ser controlado:

I. Para fornecer cada produto nas velocidades em que são necessários, isto é, para equilibrar o fornecimento com a demanda.

II. Para manter as concentrações do estado estacionário dos intermediários de uma via metabólica dentro de uma estreita faixa de concentração (homeostasia).

Os organismos mantêm a homeostasia por várias razões:

1. Em um sistema aberto, como o metabolismo, o estado estacionário é o estado de máxima eficiência termodinâmica (Seção 16.6Ba).
2. Muitos intermediários participam de mais de uma via, sendo que alterações nas suas concentrações podem perturbar um equilíbrio delicado.
3. A velocidade da resposta de uma via a um sinal de controle diminui caso haja grandes variações nas concentrações dos intermediários.
4. Grandes variações nas concentrações dos intermediários podem ter efeito deletério nas propriedades osmósticas da célula.

As concentrações dos intermediários e o nível do fluxo metabólico que mantêm uma via variam de acordo com as necessidades do organismo por meio de um sistema altamente responsivo de controles precisos. Tais vias são análogas aos rios que são represados para gerar eletricidade. Apesar de a água estar continuamente fluindo para dentro e para fora do lago formado pela represa, um nível de água relativamente constante é mantido. A taxa de saída de água do lago é controlada de forma precisa na represa e varia em resposta à necessidade de eletricidade. Nesta seção, serão examinados os mecanismos pelos quais as vias metabólicas em geral, e a via glicolítica em particular, são controladas em resposta às necessidades energéticas biológicas.

B. *Fluxo metabólico*

Uma vez que uma via metabólica é uma série de reações catalisadas por enzimas, é fácil descrever o fluxo de metabólitos em uma via considerando seus passos de reações individualmente. O fluxo de metabólitos, J, através de cada etapa da reação é a velocidade da reação no sentido direto, v_f, menos a da reação inversa, v_r:

$$J = v_f - v_r \qquad [17.1]$$

No equilíbrio, por definição, não existe fluxo ($J = 0$), apesar de v_f e v_r poderem ser bastante altas. No outro extremo, em reações que estão longe do equilíbrio, $v_f >> v_r$, de forma que o fluxo é essencialmente igual à velocidade da reação no sentido direto, $J \approx v_f$. *O fluxo através de uma via em estado estacionário é constante e é determinado (gerado) pela etapa (ou etapas) determinante da velocidade da via. Consequentemente, o controle do fluxo através de uma via metabólica requer: (1) que o fluxo através dessa* ***etapa geradora do fluxo*** *varie conforme as necessidades metabólicas do organismo e (2) que essa mudança no fluxo seja transmitida pela via para a manutenção do estado estacionário.*

A descrição clássica de regulação e controle metabólico diz que cada via metabólica tem uma etapa limitante da velocidade e é regulada pelo controle da velocidade dessa enzima-chave. Essas chamadas enzimas regulatórias são quase sempre enzimas alostéricas sujeitas à inibição por retroalimentação (Seção 13.4) e são, frequentemente, também controladas por modificações covalentes (as quais são comentadas na Seção 18.3).

Várias questões vêm à tona. Essas enzimas regulatórias realmente limitam a velocidade da via metabólica? Existe realmente apenas uma etapa na via que limita a velocidade ou podem existir várias enzimas contribuindo para a regulação da via? Controlando-se essas enzimas, o fluxo de metabólitos ao longo da via é realmente controlado ou a inibição por retroalimentação é a função que realmente mantém o estado estacionário? Essas são questões complicadas com respostas complicadas.

C. *Análise do controle metabólico*

Embora geralmente se considere que cada via metabólica tem uma etapa limitante da velocidade, vários experimentos sugerem que a situação se torna mais complexa quando essas vias encontram-se combinadas nos organismos vivos. Consequentemente, é importante desenvolver métodos para analisar quantitativamente sistemas metabólicos, visando estabelecer mecanismos de controle e de regulação. A **análise de controle metabólico**, método desenvolvido por Henrik Kacser e Jim Burns e independentemente por Reinhart Heinrich e Tom Rapoport, fornece subsídios para considerar esses problemas. É uma forma de descrever quantitativamente o comportamento dos sistemas metabólicos como resposta a várias perturbações.

a. O coeficiente de controle de fluxo mede a sensibilidade do fluxo a variações na concentração enzimática

A análise do controle metabólico, *a priori*, não precisa supor que apenas uma etapa seja limitante da velocidade. Em vez disso, ela define um **coeficiente de controle de fluxo**, C^J (no qual J é um índice, não um expoente), para medir a sensibilidade do fluxo a uma variação na concentração da enzima. O coeficiente do controle de fluxo é definido como a variação do fluxo, J, em relação à variação na concentração da enzima, [E]:

$$C^J = \frac{\partial J/J}{\partial[\mathrm{E}]/[\mathrm{E}]} = \frac{\partial \ln J}{\partial \ln[\mathrm{E}]} \approx \frac{\Delta J/J}{\Delta[\mathrm{E}]/[\mathrm{E}]} \qquad [17.2]$$

(lembre-se que $\partial x/x = \partial \ln x$).

O coeficiente do controle do fluxo é o análogo da ordem cinética da reação. Se a reação é de primeira ordem para a concentração do substrato, [S], quando se dobra a [S] a velocidade da reação é duplicada, enquanto, se a reação é de ordem zero para [S] (i.e., em uma reação enzimática saturada), a velocidade da reação é insensível ao valor da [S]. De forma semelhante, se o coeficiente de controle de fluxo de uma enzima é 1, então dobrando a concentração da enzima, [E], o fluxo pela via metabólica é duplicado, ao passo que, se o coeficiente de controle de fluxo é zero, o fluxo não é sensível ao valor da [E]. É claro que o coeficiente do controle de fluxo pode ter valores intermediários entre 0 e 1. Por exemplo, se um aumento de 10% na concentração da enzima aumenta o fluxo em apenas 7,5%, o coeficiente de controle de fluxo seria 0,075/0,10 = 0,75.

O fluxo pelo sistema metabólico é em geral controlado por mais de uma enzima. Consequentemente, o coeficiente de controle do fluxo para cada enzima participante corresponde à fração do controle total sobre a via metabólica exercido por esta enzima. Então, *o somatório de todos os coeficientes de controle do fluxo envolvidos no controle de uma via metabólica deve ser igual a 1.* Esse é o **teorema da aditividade** do controle metabólico. Ele indica que o coeficiente de controle do fluxo de uma enzima específica em um sistema depende, parcialmente, dos coeficientes de controle do fluxo de outras enzimas no sistema; isto é, um coeficiente de controle de fluxo de uma enzima é uma propriedade do sistema como um todo. Na verdade, *o controle do fluxo em um sistema metabólico está dividido entre todas as enzimas no sistema*, apesar de que a maioria dos coeficientes de controle do fluxo sejam muito provavelmente pequenos.

b. A tecnologia do DNA recombinante tem sido usada para medir os coeficientes de controle do fluxo

O coeficiente de controle do fluxo é uma variável que tem sido determinada experimentalmente *in vivo* para muitas enzimas que foram previamente consideradas como catalisadoras de etapas determinantes da velocidade de suas vias metabólicas. Por exemplo, a enzima **citrato-sintase**, do ciclo do ácido cítrico (Seções 21.1A e 21.3A), catalisa uma reação irreversível ($\Delta G^{\circ\prime} = -31{,}5\ \text{kJ} \cdot \text{mol}^{-1}$) e é considerada como uma das enzimas que regulam o fluxo pelo ciclo do ácido cítrico (Seção 21.4). Daniel Koshland determinou a forma com que a atividade da citrato-sintase afeta o fluxo através do ciclo do ácido cítrico por meio de técnicas de engenharia genética, que lhe permitiram controlar a concentração da enzima *in vivo*. Ele construiu um plasmídeo (Fig. 17.31) contendo o gene da citrato-sintase sob o controle (situado imediatamente antes do gene) de um **promotor *lac*** modificado, juntamente com o gene ***lacI***, que codifica o **repressor *lac*** (na ausência do indutor, o repressor *lac* liga-se ao promotor *lac* e, dessa forma, impede a transcrição pela RNA-polimerase dos genes controlados por ela; Seção 5.4Aa) e o gene ***amp***^{R}, que confere resistência ao antibiótico **ampicilina**. Esse plasmídeo foi introduzido em uma *E. coli* mutante sem o gene da citrato-sintase e sensível a ampicilina. Essas *E. coli* cresceram na presença da ampicilina (que matou todas as células que não captaram o plasmídeo) e de quantidades variadas de **isopropiltiogalactosídeo (IPTG)**, um indutor não metabolizável do óperon *lac* (Seção 31.1Aa).

Usando esse sistema, a concentração da citrato-sintase foi medida como função da [IPTG], e a velocidade de crescimento da *E. coli* foi determinada como função da [IPTG] em condições nas quais a glicose e/ou o acetato eram as únicas fontes de carbono para o crescimento da bactéria. Quando o acetato era a única fonte de carbono, a *E. coli* obteve a maior parte da energia metabólica por meio do ciclo do ácido cítrico, e o crescimento variou proporcionalmente com a [citrato-sintase]. O coeficiente do controle do fluxo da enzima, nesse caso, foi próximo do seu valor máximo de 1, isto é, o fluxo pelo ciclo do ácido cítrico foi quase inteiramente controlado pela atividade da citrato-sintase. Entretanto, quando a glicose estava também disponível, a *E. coli* cresceu rapidamente, mesmo com [citrato-sintase] baixa, e não foi afetada pelas mudanças na concentração da enzima. Nesse caso, o coeficiente de controle do fluxo foi próximo de zero, indicando que o fluxo pelo ciclo do ácido cítrico foi reduzido ao ponto que, mesmo em baixas concentrações de citrato-sintase, ela já está cataliticamente em excesso (evidentemente, quando a glicose está presente, o ciclo do ácido cítrico tem um papel secundário na produção de energia e biossíntese em *E. coli*).

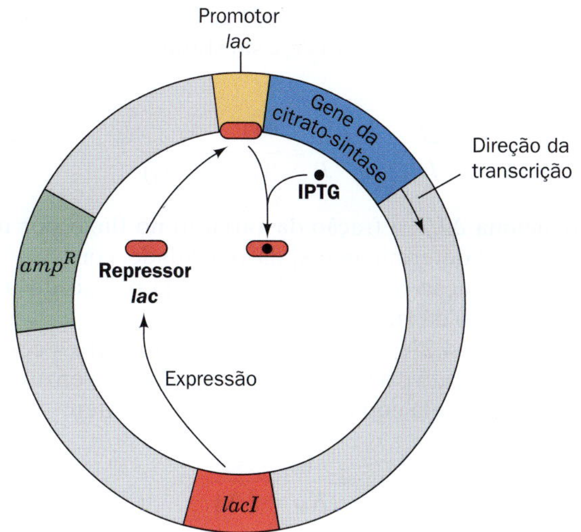

FIGURA 17.31 Esquema do plasmídeo construído para controlar a quantidade de citrato-sintase produzida por *E. coli*. O gene *lacI* codifica o repressor *lac*, que se liga ao promotor *lac*. Isto evita a transcrição do gene imediatamente a jusante, que codifica a citrato-cintase. Ao ligar IPTG, o repressor *lac* libera o promotor *lac*, possibilitando a expressão da citrato-sintase. Assim, a concentração de IPTG (molécula não metabolizável) controla o nível de expressão da citrato-sintase. O gene *amp*^{R} codifica a proteína que confere resistência ao antibiótico ampicilina. Então, na presença de ampicilina, crescem apenas aquelas *E. coli* que se tornaram resistentes à ampicilina por terem adquirido o plasmídeo.

c. As velocidades das reações enzimáticas respondem a mudanças no fluxo

Será considerado como um fluxo é mantido constante através de uma via metabólica pela análise da resposta de uma reação, catalisada por uma enzima, a mudanças no fluxo da reação precedente. Na seguinte via em estado estacionário:

$$S \xrightarrow[\substack{\text{etapa(s) determinante(s)} \\ \text{da velocidade}}]{J} A \underset{v_r}{\overset{v_f}{\rightleftharpoons}} B \xrightarrow{J} P$$

o fluxo, J, pela reação A B, que deve ser idêntico ao fluxo pela(s) etapa(s) determinante(s) da velocidade, está mostrado na Equação [17.1] ($J = v_f - v_r$). Se o fluxo da etapa determinante da velocidade aumentar em ΔJ, esse aumento deve ser transmitido para a próxima etapa da reação na via metabólica, pelo aumento na v_f (Δv_f), visando o restabelecimento do estado estacionário. Qualitativamente, pode-se ver que isso ocorre, porque um aumento no J causa um aumento na [A], que causa um aumento na v_f. A quantidade do aumento em [A] (Δ[A]) que leva a um aumento de v_f na quantidade apropriada (Δv_f) é determinada como mostrado a seguir:

$$\Delta J = \Delta v_f \qquad [17.3]$$

Dividindo-se a Equação [17.3] pelo valor de J, multiplicando-se o lado direito por v_f/v_f e substituindo-se na Equação [17.1] resulta em

$$\frac{\Delta J}{J} = \frac{\Delta v_f}{v_f}\frac{v_f}{J} = \frac{\Delta v_f}{v_f}\frac{v_f}{(v_f - v_r)} \qquad [17.4]$$

que relaciona $\Delta J/J$, a fração da variação no fluxo por meio da[s] etapa[s] determinante[s] da velocidade, com $\Delta v_f/v_f$ (a fração da variação na v_f), a velocidade da reação direta da próxima reação da via.

Na Seção 14.2A, foi discutida a relação entre a concentração do substrato e a velocidade de uma reação enzimática, como expresso pela equação de Michaelis-Menten:

$$v_f = \frac{V^f_{\text{máx}}[\text{A}]}{K_M + [\text{A}]} \qquad [14.24]$$

Na situação mais simples e mais comum fisiologicamente, $[\text{A}] << K_M$, então

$$v_f = \frac{V^f_{\text{máx}}[\text{A}]}{K_M} \qquad [17.5]$$

e

$$\Delta v_f = \frac{V^f_{\text{máx}}\Delta[\text{A}]}{K_M} \qquad [17.6]$$

Consequentemente,

$$\frac{\Delta v_f}{v_f} = \frac{\Delta[\text{A}]}{[\text{A}]} \qquad [17.7]$$

então, a variação da velocidade da reação direta é igual à variação na concentração do substrato. Dessa forma, pela substituição da Equação [17.7] na Equação [17.4], pode-se dizer que

$$\frac{\Delta J}{J} = \frac{\Delta[\text{A}]}{[\text{A}]}\frac{v_f}{(v_f - v_r)} \qquad [17.8]$$

Essa equação relaciona a fração da variação do fluxo pela etapa determinante da velocidade da via metabólica com a fração da variação na concentração de substrato necessária para comunicar essa mudança para as reações seguintes. *A grandeza $v_f/(v_f - v_r)$ é uma medida da sensibilidade da variação no fluxo de uma reação em função da variação da concentração do substrato.* Essa grandeza é também uma medida da reversibilidade da reação, isto é, o quanto a reação está perto do equilíbrio:

1. Em uma reação irreversível, v_i é próximo de 0 (relativo a v_f) e, dessa forma, $v_f/(v_f - v_r)$ é próximo de 1. A reação requer um aumento quase igual na concentração do substrato para que possa haver uma resposta de um aumento no fluxo.
2. Quando uma reação se aproxima do equilíbrio, v_r se aproxima de v_f, portanto $v_f/(v_f - v_r)$ se aproxima do infinito. A resposta da reação ao aumento do fluxo requer um aumento muito menor na concentração do substrato.

Consequentemente, *a capacidade de uma reação transmitir uma mudança no fluxo aumenta à medida que a reação se aproxima do equilíbrio.* Portanto, uma série de reações sequenciais que estão próximas do equilíbrio tem o mesmo fluxo e mantém as concentrações de seus intermediários em um estado estacionário (homeostasia).

d. O coeficiente de elasticidade mede a sensibilidade de uma reação enzimática a mudanças na concentração do substrato

A razão $v_f/(v_f - v_r)$, que mede a sensibilidade da velocidade de uma reação enzimática a mudanças na concentração do substrato, é chamada, em análises de controle metabólico, de **coeficiente de elasticidade**, ε. O coeficiente de elasticidade é a variação da velocidade final de uma reação enzimática, v, em relação à variação na concentração do substrato, [A]:

$$\varepsilon = \frac{\partial v/v}{\partial[\text{A}]/[\text{A}]} = \frac{\partial \ln v}{\partial \ln[\text{A}]} \approx \frac{v_f}{v_f - v_r} \qquad [17.9]$$

(Quando se estuda uma reação enzimática individualmente, na qual a variação da velocidade da reação $\Delta v/v$ corresponde à variação do fluxo, $\Delta J/J$, e $[\text{A}] << K_M$, esta equação é simplesmente um rearranjo da Equação [17.8].) O valor do coeficiente de elasticidade depende das características da enzima e de quanto essa enzima está trabalhando próxima do estado de equilíbrio. Como mencionado acima, se a enzima estiver trabalhando longe do estado de equilíbrio ($v_f >> v_r$), a alteração na concentração do substrato causará um pequeno efeito na velocidade final da reação enzimática (ε será perto de 1). Entretanto, se a enzima estiver trabalhando muito perto do equilíbrio, de forma que as velocidades tanto da reação direta como da reação inversa são muito maiores do que a velocidade final geral, **ε** se aproxima do infinito, e pequenas mudanças na concentração do substrato são suficientes para ajustar a reação a um novo fluxo. Grandes coeficientes de elasticidade estão, portanto, associados à manutenção da homeostasia.

D. *Análise do suprimento e da demanda*

Estudos anteriores sobre o controle das vias metabólicas enfocaram vias individuais, ignorando o conjunto de suas funções fisiológicas. Sempre se supôs que o controle estivesse dentro da própria via metabólica. Entretanto, muitas vezes, quando as enzimas que supostamente eram as "controladoras da velocidade" em uma dada via metabólica foram superproduzidas, por técnicas de engenharia genética, em organismos vivos, aumentos de até 10 vezes na concentração enzimática não apresentavam efeito sobre o fluxo pela via metabólica que estava sendo estudada. Os coeficientes de controle de fluxo das enzimas superproduzidas eram próximos de zero nos sistemas *in vivo*: elas já estavam presentes em excesso metabólico. O fluxo, de alguma forma, deve ter sido controlado de fora da via metabólica. Atualmente, sabe-se que isso ocorre porque é impossível separar uma via metabólica do(s) processo(s) que utiliza(m) o(s) produto(s) daquela via (i.e., os organismos vivos devem ter diminuído as atividades dessas enzimas para manter suas necessidades metabólicas, ou seja, eles mantiveram a homeostasia).

As vias de degradação estão intricadamente ligadas às vias sintéticas que utilizam seus produtos (Fig. 16.2). Esse é um **processo de suprimento e demanda**, e o suprimento e a demanda estão envolvidos nos dois desafios do controle metabólico: o controle de fluxo e a homeostasia. Jan-Hendrik Hofmeyer e Athel Cornish-Bowden usaram análise de controle metabólico para explorar tais sistemas, reunindo todas as reações da via alimentadora em um bloco e todas as reações da via consumidora em um segundo bloco.

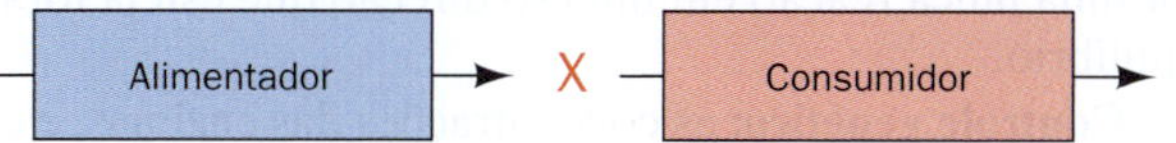

Aqui, X é o intermediário que é produzido pelo bloco alimentador para ser usado no bloco consumidor. Para o bloco alimentador, X é um produto e um inibidor por retroalimentação, de modo que, à medida que a concentração de X aumenta, a velocidade do fluxo através do bloco alimentador diminui. Para o bloco consumidor, X é um substrato, de modo que, à medida que a concentração de X aumenta, a velocidade do fluxo através do bloco consumidor aumenta até a sua saturação. Quando o fluxo através do bloco alimentador é igual ao fluxo através do bloco consumidor, a concentração de X está em estado estacionário, o ponto em que a velocidade de sua produção é igual à velocidade de seu consumo. Essa velocidade define o fluxo real pelo sistema de suprimento e demanda e a concentração de X no estado estacionário.

a. A concentração dos intermediários no estado estacionário responde a mudanças no suprimento e/ou na demanda

A resposta da concentração do intermediário X no estado estacionário a qualquer pequena mudança na velocidade do bloco alimentador e do bloco consumidor depende inteiramente do coeficiente de elasticidade dos dois blocos no estado estacionário. Imagine um aumento na atividade do bloco consumidor. Isso resultaria em uma diminuição da [X] e um concomitante aumento no fluxo através do bloco alimentador, devido à diminuição da inibição por retroalimentação. Essa alteração continuaria até que as velocidades dos fluxos através dos blocos alimentador e consumidor se igualassem, alterando o sistema para um novo estado estacionário, com uma baixa [X] e um alto fluxo geral. Alternativamente, se a atividade do bloco alimentador aumentasse, produzindo uma maior [X], o bloco consumidor responderia com um aumento da sua velocidade para restabelecer um novo estado estacionário nesta [X] mais elevada. *Quanto maior o coeficiente de elasticidade do bloco que está respondendo, menor a mudança que a [X] deve fazer para restabelecer o estado estacionário.*

Uma pergunta permanece. Onde fica o controle? Seria no bloco alimentador ou no bloco consumidor? A resposta: no bloco com o menor coeficiente de elasticidade. Uma vez que é a mudança na [X] que causa o reajuste do estado estacionário e a mudança no fluxo, o bloco em que a maior mudança da [X] é produzida para uma dada mudança de velocidade é o bloco controlador. A mudança de fluxo para uma dada mudança na velocidade em um bloco específico é o seu coeficiente de controle de fluxo, de modo que *o controle apoia-se no bloco que tem o maior coeficiente de controle de fluxo e o menor coeficiente de elasticidade.* Por exemplo, se o bloco alimentador tem um coeficiente de elasticidade muito alto, e o bloco consumidor tem um coeficiente de elasticidade muito baixo, um aumento da demanda precisa causar muito pouca diminuição na [X] para determinar uma mudança na velocidade de alimentação para alcançar o novo estado estacionário. Entretanto, por causa do baixo coeficiente de elasticidade do bloco consumidor, será necessário que haja um aumento muito grande na [X] devido ao aumento no suprimento para causar um aumento suficiente na velocidade do bloco consumidor que alcance um novo estado estacionário. Consequentemente, o aumento na atividade do bloco consumidor teria um efeito muito maior no fluxo do que um aumento na atividade do bloco alimentador. Então, nesse caso, o fluxo é muito mais sensível a mudanças na demanda do que a mudanças no suprimento, isto é, o coeficiente de controle de fluxo do bloco consumidor é muito maior do que aquele do bloco alimentador.

Existe uma relação recíproca entre o coeficiente de controle de fluxo e o coeficiente de elasticidade. Quanto maior o coeficiente de controle de fluxo, menor o coeficiente de elasticidade, e vice-versa. A razão do coeficiente de elasticidade do bloco alimentador pelo coeficiente de elasticidade do bloco consumidor determina a distribuição do controle de fluxo entre o suprimento e a demanda. *Quando a razão do coeficiente de elasticidade do suprimento pelo coeficiente de elasticidade da demanda for maior do que 1, como no exemplo acima, o controle do fluxo é colocado na porção da demanda da via, e vice-versa.*

b. O coeficiente de elasticidade descreve a regulação das concentrações dos intermediários no estado estacionário

Além do controle do fluxo através do sistema de suprimento e de demanda, as concentrações dos intermediários no estado estacionário são também reguladas. Foi visto que, quanto maior o coeficiente de elasticidade de um dado bloco, menor a mudança na [X] necessária para restabelecer o estado estacionário e mudar o fluxo. É muito importante que, ao alterar o fluxo e manter o estado estacionário, a mudança na [X] seja tão baixa quanto possível. *Quanto maior for o coeficiente de elasticidade, mais sensível é a regulação da homeostasia.*

O controle de fluxo precisa de um alto coeficiente de controle de fluxo, que precisa de um baixo coeficiente de elasticidade. A regulação da homeostasia precisa de um alto coeficiente de elasticidade, que precisa de um baixo coeficiente de controle de fluxo. Uma grande diferença nos coeficientes de elasticidade dos blocos alimentador e consumidor, entretanto, leva a um controle exclusivo do fluxo por um ou outro bloco. *As funções de controle de fluxo e de concentração são mutuamente exclusivas. Se o bloco consumidor controla o fluxo, a função do bloco alimentador é regular a homeostasia.*

c. A inibição por retroalimentação é necessária para a homeostasia, mas não para o controle de fluxo

Quando o bloco consumidor está exercendo o controle do fluxo, um aumento na demanda resulta em uma diminuição na concentração de X, dessa forma diminuindo a inibição por retroalimentação do bloco alimentador. A inibição por retroalimentação pode, portanto, parecer uma parte essencial do processo de controle. Na verdade, não é esse o caso. A inibição por retroalimentação não é parte do sistema de controle, mas parte do sistema de homeostasia. Ela determina a faixa da [X] na qual o estado estacionário é alcançado. Na ausência de inibição por retroalimentação, o bloco alimentador será insensível à [X] na maior parte da faixa de concentração, mas se tornará sensível à [X] perto do equilíbrio, quando o bloco consumidor pode, então, controlar o fluxo. Entretanto, isso necessitaria de concentrações tão altas de X e de outros metabólitos na via alimentadora que seria osmoticamente perigoso. A inibição por retroalimentação mantém a homeostasia em concentrações metabólicas fisiologicamente razoáveis.

E. *Mecanismos de controle de fluxo*

a. O fluxo ao longo de uma via é controlado na(s) sua(s) etapa(s) determinante(s) da velocidade

O fluxo metabólico através de uma via inteira é determinado pela etapa ou etapas determinantes da velocidade, as quais, por definição, são muito mais lentas do que as reações seguintes da via. Portanto, o produto ou os produtos das etapas determinantes da velocidade são removidos antes que eles possam atingir o equilíbrio com os reagentes, assim a etapa ou etapas determinantes da velocidade funcionam longe do equilíbrio e têm uma mudança de energia livre grandemente negativa. De modo semelhante, a corrente de um rio somente pode ser controlada por um dique, que cria uma diferença no nível de água; essa é uma situação que também tem uma mudança de energia livre grandemente negativa, neste caso resultando em pressão hidrostática. Ainda, como visto anteriormente, o coeficiente de elasticidade, $\boldsymbol{\varepsilon}$, de uma reação fora do equilíbrio ($v_f >> v_r$) é próximo de 1; isto é, a concentração do substrato deve dobrar (na ausência de outros efeitos de controle) para dobrar a velocidade da reação (Equação [17.8]). Entretanto, fluxos de algumas vias metabólicas variam por fatores que são bem maiores do que aqueles que possam ser explicados por mudanças na concentração do substrato. Por exemplo, sabe-se que fluxos glicolíticos variam por fatores de 100 ou mais, enquanto não são conhecidas variações tão grandes nas concentrações de substrato. Consequentemente, apesar de mudanças na concentração de substrato poderem transmitir uma mudança no fluxo da etapa ou das etapas determinantes da velocidade para outras etapas da via (perto do equilíbrio; $v_f \approx v_r$), devem existir outros mecanismos que controlam o fluxo da etapa ou das etapas determinantes da velocidade.

O fluxo por uma etapa ou pelas etapas determinantes da velocidade de uma via pode ser alterado por vários mecanismos:

1. **Controle alostérico:** muitas enzimas são alostericamente controladas (Seção 13.4) por efetores que são, muitas vezes, produtos ou coenzimas na via metabólica, mas não necessariamente das enzimas em questão (regulação por retroalimentação). Uma dessas enzimas é a PFK, uma importante enzima glicolítica regulatória (Seção 17.4Fb).
2. **Modificação covalente (interconversão enzimática):** muitas enzimas que regulam fluxos das vias têm sítios específicos que podem ser enzimaticamente fosforilados e desfosforilados em resíduos específicos de Ser, Thr e/ou Tyr, ou então modificados covalentemente de outras maneiras. Tais processos de modificação enzimática, que, por sua vez, também estão sujeitos a controle, alteram significativamente as atividades de enzimas modificadas. Esse mecanismo de controle de fluxo será discutido na Seção 18.3.
3. **Ciclos de substrato:** se v_f e v_r na Equação [17.8] representam as velocidades de duas reações opostas fora do equilíbrio e que são catalisadas por enzimas diferentes, v_f e v_r podem variar independentemente. O fluxo por esse ciclo de substrato, como será visto na próxima seção, é mais sensível a concentrações de efetores alostéricos do que é o fluxo por uma única reação em uma só direção que esteja fora do equilíbrio.
4. **Controle genético:** as concentrações das enzimas, e consequentemente as atividades enzimáticas, podem ser alteradas pela síntese proteica em resposta a necessidades metabólicas. O controle genético das concentrações enzimáticas é a maior preocupação da Parte V deste livro.

Os mecanismos 1 a 3 podem responder rapidamente (dentro de segundos ou minutos) a estímulos externos, sendo classificados como mecanismos de controle de "curto prazo". O mecanismo 4 responde mais lentamente a alterações das condições (dentro de horas ou dias em organismos superiores), sendo chamados de mecanismos de controle de "longo prazo".

F. *Regulação da glicólise no músculo*

A elucidação dos mecanismos de regulação do fluxo de uma dada via metabólica envolve a determinação das enzimas regulatórias da via envolvidas nas etapas determinantes da velocidade, juntamente com a identificação dos moduladores dos seus mecanismos. Deve-se então formular uma hipótese que possa ser testada *in vivo*. Um procedimento comum para estabelecer os mecanismos regulatórios envolve três etapas.

1. Identificação da etapa ou das etapas determinantes da velocidade da via. Uma maneira de fazer isso é medir os ΔG *in vivo* de todas as reações da via para determinar aquelas que funcionam perto do equilíbrio. As que operam longe do equilíbrio são pontos de controle em potencial; as enzimas que catalisam essas reações podem ser reguladas por um ou mais dos mecanismos listados acima. Outra maneira de estabelecer a etapa ou as etapas determinantes da velocidade de uma via é medir o efeito de um inibidor conhecido sobre uma etapa específica da reação e sobre o fluxo pela via como um todo. A razão da variação da atividade da enzima inibida pela variação do fluxo total (o coeficiente de controle de fluxo) irá variar entre 0 e 1. Quanto mais próxima de 1 for essa razão, maior será o envolvimento dessa enzima na regulação do fluxo total ao longo da via.
2. Identificação *in vivo* dos modificadores alostéricos das enzimas que catalisam as reações determinantes da velocidade. Os mecanismos pelos quais esses compostos agem são determinados por seus efeitos na cinética da enzima. A partir dessa informação, pode ser formulado um modelo de mecanismos alostéricos reguladores da via.
3. Medidas *in vivo* dos níveis dos reguladores propostos, em condições variadas, para estabelecer se essas mudanças de concentrações são consistentes com o mecanismo de regulação proposto.

a. Variações na energia livre das reações da glicólise

A termodinâmica da glicólise será examinada com ênfase nos seus mecanismos de regulação. Isso deve ser feito separada-

TABELA 17.1 $\Delta G^{\circ\prime}$ **e** ΔG **das reações da glicólise no músculo cardíaco***

Reação	Enzima	$\Delta G^{\circ\prime}$ (kJ · mol^{-1})	ΔG (kJ · mol^{-1})
1	HK	− 20,9	− 27,2
2	PGI	+ 2,2	− 1,4
3	PFK	− 17,2	− 25,9
4	Aldolase	+ 22,8	− 5,9
5	TIM	+ 7,9	Negativa
6 + 7	GAPDH + PGK	− 16,7	− 1,1
8	PGM	+ 4,7	− 0,6
9	Enolase	− 3,2	− 2,4
10	PK	− 23,0	− 13,9

**Calculado* a partir de dados de Newsholme, E.A., e Start, C., *Regulation in Metabolism*, *p. 97,* Wiley (1973).

mente para cada tipo de tecido em questão, porque a glicólise é regulada de diferentes maneiras em diferentes tecidos. O foco aqui é no tecido muscular. Primeiro, se estabelecem os possíveis pontos de regulação da via pela identificação das reações fora do equilíbrio. A Tabela 17.1 lista a variação de energia livre padrão ($\Delta G^{\circ\prime}$) e a variação de energia livre real do estado fisiológico (ΔG) associada com cada reação da via. É importante perceber que as variações na energia livre associadas com as reações em condições-padrão podem distinguir-se drasticamente daquelas em condições de fato fisiológicas. Por exemplo, a $\Delta G^{\circ\prime}$ para a aldolase é + 22,8 kJ · mol^{-1}, enquanto em condições fisiológicas no músculo cardíaco é próxima de zero, indicando que a atividade *in vivo* da aldolase é suficiente para equilibrar os substratos e os produtos. O mesmo é verdadeiro para a série de reações da GAPDH + PGK. Porém, em uma via em estado estacionário, todas as reações devem ter $\Delta G < 0$. Isso porque, se $\Delta G > 0$ para qualquer reação, seu fluxo seria no sentido inverso.

Na via glicolítica, somente três reações, aquelas catalisadas pela hexocinase (HK), pela fosfofrutocinase (PFK) e pela piruvato-cinase (PK), funcionam com grandes variações negativas de energia livre no músculo cardíaco em condições fisiológicas (Tabela 17.1). Essas reações de não equilíbrio da glicólise são candidatas a pontos de controle. As outras reações da via glicolítica funcionam próximas do equilíbrio: suas velocidades no sentido direto e inverso são muito mais rápidas do que o fluxo real pela via (embora a velocidade no sentido direto deva ser pelo menos um pouco maior do que a velocidade no sentido inverso). Consequentemente, essas reações próximas do equilíbrio são muito sensíveis a variações na concentração dos intermediários da via (elas tem alto coeficiente de elasticidade) e assim transmitem rapidamente para o resto da via qualquer variação de fluxo gerada nas etapas determinantes da velocidade, assegurando a manutenção do estado estacionário (homeostase).

b. A fosfofrutocinase é o maior alvo para a regulação do fluxo da glicólise no músculo

Estudos cinéticos *in vitro* da HK, da PFK e da PK indicam que cada uma é controlada por vários compostos, alguns dos quais estão listados na Tabela 17.2. Mesmo assim, quando a fonte de G6P para a glicólise é o glicogênio, e não a glicose, como é frequentemente o caso no músculo esquelético (Seção 18.1), a reação da hexocinase não é necessária. *A PFK, uma enzima regulada de forma elaborada que funciona longe do equilíbrio, é o principal alvo para regular a glicólise no músculo, na maioria das condições.*

A PFK (Fig. 17.32a) é uma enzima tetramérica com dois estados conformacionais, R e T, que estão em equilíbrio. O ATP é, ao mesmo tempo, um substrato e um inibidor alostérico da PFK. Cada subunidade possui dois sítios de ligação para o ATP, um de substrato e um de inibidor. O sítio do substrato liga o ATP igualmente bem nas duas conformações, mas o sítio do inibidor liga o ATP quase que exclusivamente no estado T. O outro substrato da PFK, F6P, liga-se preferencialmente ao estado R. Consequentemente, em altas concentrações, o ATP atua como um inibidor alostérico heterotrópico da PFK por se ligar ao estado T, alterando o equilíbrio $T \rightleftharpoons R$ a favor do estado T e, então, diminuindo a afinidade da PFK por F6P (isso é semelhante à ação do 2,3-BPG na diminuição da afinidade da hemoglobina pelo O_2; Seção 10.2F). Em termos gráficos, em altas concentrações de ATP, a curva hiperbólica (não cooperativa) da atividade da PFK *versus* a [F6P] é convertida em curva sigmoidal (cooperativa) característica de enzimas alostéricas (Fig. 17.33; processos cooperativos e não cooperativos são discutidos na Seção 10.1Ba). Por exemplo, quando a [F6P] = 0,5 mM (li-

TABELA 17.2 **Alguns efetores de enzimas das reações de não equilíbrio da glicólise**

Enzima	Inibidores	Ativadores*
HK	G6P	–
PFK	ATP, citrato, PEP	ADP, AMP, AMPc, FBP F2,6P, F6P, NH_4^+, P_i
PK (músculo)	ATP	AMP, PEP, FBP

*Os ativadores da PFK são melhor descritos como "desinibidores" do ATP, porque eles revertem o efeito de concentrações inibitórias de ATP.

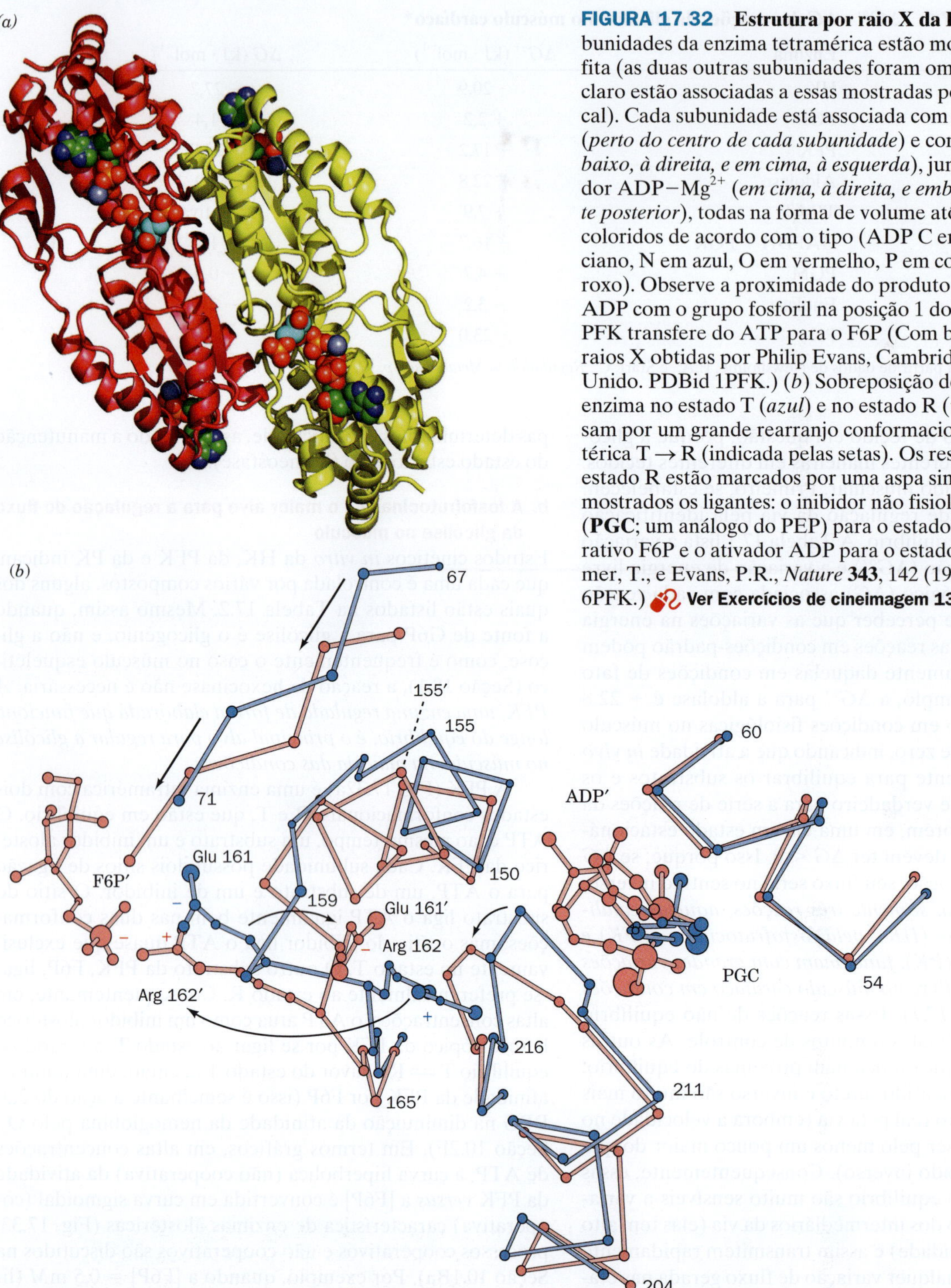

FIGURA 17.32 **Estrutura por raio X da PFK.** (*a*) As duas subunidades da enzima tetramérica estão mostradas na forma de fita (as duas outras subunidades foram omitidas para ficar mais claro estão associadas a essas mostradas por eixo duplo vertical). Cada subunidade está associada com seus produtos, F6P (*perto do centro de cada subunidade*) e com ADP−Mg^{2+} (*embaixo, à direita, e em cima, à esquerda*), juntamente com o ativador ADP−Mg^{2+} (*em cima, à direita, e embaixo, à esquerda, parte posterior*), todas na forma de volume atômico com os átomos coloridos de acordo com o tipo (ADP C em verde, FBP C em ciano, N em azul, O em vermelho, P em cor de laranja e Mg em roxo). Observe a proximidade do produto grupo fosfato β do ADP com o grupo fosforil na posição 1 do FBP, o grupo que o PFK transfere do ATP para o F6P (Com base na estrutura por raios X obtidas por Philip Evans, Cambridge University, Reino Unido. PDBid 1PFK.) (*b*) Sobreposição desses segmentos da enzima no estado T (*azul*) e no estado R (*vermelho*), que passam por um grande rearranjo conformacional na transição alostérica T → R (indicada pelas setas). Os resíduos da estrutura no estado R estão marcados por uma aspa simples. Também estão mostrados os ligantes: o inibidor não fisiológico 2-fosfoglicolato (**PGC**; um análogo do PEP) para o estado T, o substrato cooperativo F6P e o ativador ADP para o estado R. (Segundo Schirmer, T., e Evans, P.R., *Nature* **343**, 142 (1990). PDBids 4PFK e 6PFK.) **Ver Exercícios de cinemagem 13.1 e 13.2**

nha tracejada na Fig. 17.33), a enzima está próxima da sua atividade máxima, mas na presença de 1 m*M* de ATP, a atividade cai para 15% de seu nível original (uma diminuição próxima de 7 vezes). (Na verdade, o efetor alostérico mais potente da PFK é a **frutose-2,6-bifosfato** (**F2,6P**). O papel da F2,6P na regulação da atividade da PFK será discutido quando for estudado o mecanismo pelo qual o fígado mantém a concentração da glicose sanguínea [Seção 18.3Fc].)

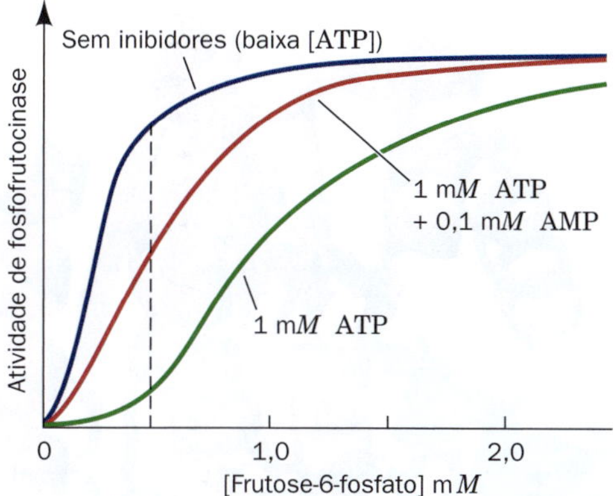

FIGURA 17.33 Atividade da PFK *versus* concentração da F6P. As várias condições são: em azul, sem inibidor (baixa [ATP], não inibitória); em verde, 1 m*M* ATP (inibitória); em vermelho, 1m*M* ATP + 0,1 m*M* AMP. (Segundo dados de Mansour, T.E., and Ahlfors, C.E., *J. Biol. Chem.* **243**, 2523-2533 [1968].) **Ver Figuras animadas**

c. A base estrutural da variação alostérica da PFK na afinidade por F6P

As estruturas por raios X da PFK de vários organismos foram determinadas para os estados R e T por Phillip Evans. O estado R da PFK é estabilizado homotropicamente pela ligação do substrato frutose-6-fosfato (F6P). No estado R da PFK do *Bacillus stearothermophilus*, a cadeia lateral da Arg 162 forma uma ponte salina com o grupo fosforil de uma F6P ligada no sítio ativo de outra subunidade (Fig. 17.32*b*). Entretanto, a Arg 162 está localizada no final de uma volta helicoidal que se desenrola na transição para o estado T. A cadeia lateral positivamente carregada da Arg 162 afasta-se e é substituída pela cadeia lateral carregada negativamente do Glu 161. Em função disso, o grupo fosforil duplamente negativo da F6P tem uma afinidade bastante diminuída pela enzima no estado T. O desenrolamento dessa volta helicoidal, que é obrigatória para a transição R $\rightarrow$ T, é impedido pela ligação do ativador ADP a seu sítio efetor na PFK no estado R, e facilitado pela ligação do ATP no sítio efetor no estado T. Evidentemente, a mesma mudança conformacional é responsável pelos efeitos alostéricos homotrópico e heterotrópico na PFK.

d. O AMP supera a inibição da PFK pelo ATP

O controle alostérico direto da PFK pelo ATP pode parecer, superficialmente, como o meio pelo qual o fluxo glicolítico é regulado. Afinal, quando a [ATP] é alta devido à baixa demanda metabólica, a PFK é inibida, e o fluxo pela via é baixo. Ao contrário, quando a [ATP] é baixa, o fluxo pela via é alto, e o ATP é sintetizado para recuperar o seu nível normal. Observações da variação fisiológica da concentração de ATP, entretanto, indicam que a situação deve ser mais complexa. O fluxo metabólico ao longo da glicólise pode variar em até mais de 100 vezes, dependendo da demanda metabólica por ATP. Entretanto, medidas da [ATP] *in vivo* em vários níveis de atividade metabólica indicam que a [ATP] varia $< 10\%$ entre a situação de repouso e o exercício vigoroso. Mesmo assim, *não existe um mecanismo alostérico conhecido que possa explicar uma mudança de 100 vezes no fluxo da reação de não equilíbrio com apenas 10% de alteração na concentração do efetor.* Assim, algum outro mecanismo (ou mecanismos) deve ser responsável por controlar o fluxo glicolítico.

A inibição da PFK pelo ATP é atenuada pelo AMP. Isso é consequência da ligação preferencial de AMP ao estado R da PFK. Se uma solução de PFK contendo 1 m*M* de ATP e 0,5 m*M* de F6P for colocada em 0,1 m*M* de AMP, a atividade de PFK aumenta de 10 para 50% da sua atividade máxima, um aumento de 5 vezes (Fig. 17.33).

A [ATP] é reduzida em apenas 10% ao se passar de um estado de repouso a uma atividade rigorosa, porque a [ATP] é tamponada pela ação de duas enzimas: a creatina-cinase (Seção 16.4Cd) e, de importância essencial para essa discussão, a **adenilato-cinase** (**AK**; também conhecida como **miocinase**). A adenilato-cinase catalisa a reação

$$2\text{ADP} \rightleftharpoons \text{ATP} + \text{AMP} \quad K = \frac{[\text{ATP}]\,[\text{AMP}]}{[\text{ADP}]^2} = 0{,}44$$

que rapidamente equilibra o ADP resultante da hidrólise do ATP na contração muscular com ATP e AMP.

No músculo, a [ATP] é ~ 50 vezes a [AMP] e ~ 10 vezes a [ADP]. Dessa forma, *como resultado da reação da adenilato-cinase, uma redução de 10% na [ATP] causará um aumento na [AMP] acima de 4 vezes* (ver Problema 12 deste capítulo). Consequentemente, um sinal metabólico que resulte em uma pequena redução na [ATP], mesmo que insuficiente para interromper a inibição da PFK, é amplificado significativamente pela reação da adenilato-cinase, que aumenta a [AMP] em uma quantidade que causa um grande aumento na atividade da PFK.

e. O movimento interno da adenilato-cinase age como um contrapeso energético para equilibrar a ligação do substrato

A adenilato-cinase, como outras cinases, deve ser específica para evitar reações indesejáveis de transferência de fosforil, como a hidrólise. Contudo, uma vez que a reação tenha ocorrido, o produto firmemente ligado deve ser rapidamente liberado para manter a eficiência catalítica da enzima. Em cinases tais como a hexocinase e a fosfoglicerato-cinase, esse processo é acompanhado pelo fechamento da "fenda" quando da ligação do substrato e pela sua abertura quando o produto é formado (Figs. 17.5 e 17.15), processo que é provavelmente conduzido pela variação exergônica de energia livre da reação que a enzima catalisa. Entretanto, uma vez que a reação da AK é energeticamente neutra (substitui uma ligação fosfodiéster por outra), a especificidade da AK é aperfeiçoada de diferentes maneiras. A comparação das estruturas por raios X, determinadas por Georg Schulz, de AK não ligadas com a estrutura da AK formando um complexo com o análogo bissubstrato inibitório **Ap$_5$A** (dois ADP

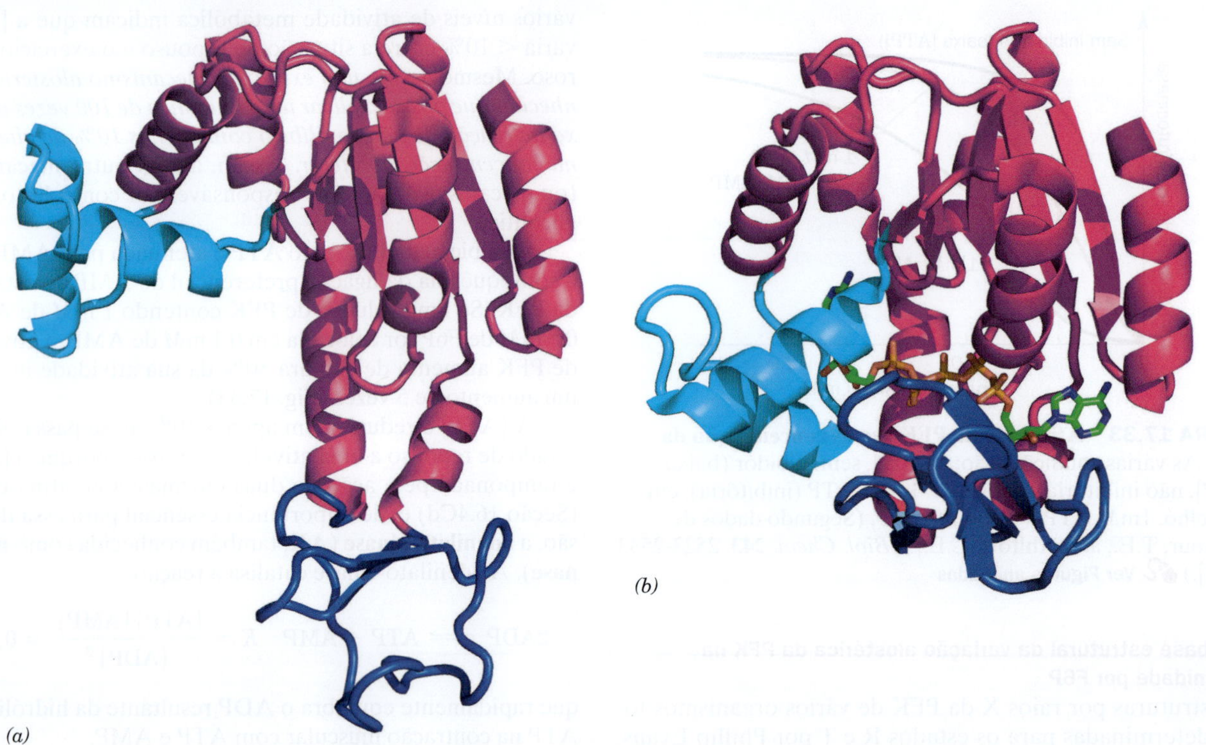

FIGURA 17.34 **Modificações conformacionais na adenilato-cinase (AK) de *E. coli* quando da ligação ao substrato.** (*a*) Enzima não ligada. (*b*) Enzima ligada ao análogo do substrato Ap_5A. O Ap_5A está mostrado na forma de bastões, com seus átomos de C em verde, N em azul, O em vermelho e P em amarelo. Várias cadeias laterais da AK que foram associadas com a ligação do substrato estão mostradas na forma de bastões, coloridas conforme o tipo de átomo. Os domínios em ciano e em azul da proteína passam por amplas modificações conformacionais quando da ligação ao substrato, enquanto o restante da proteína (*magenta*), cuja orientação é a mesma nas Partes *a* e *b*, mantém basicamente sua conformação. Compare essas estruturas com aquela da AK suína (Fig. 8.54*b*). (Com base em estruturas por raios X obtidas por Georg Schulz, Institut für Organische Chemie und Biochemie, Freiburg, Alemanha. PDBids (*a*) 4AKE e (*b*) 1AKE.) **Ver exercício interativo 9A**

conectados por um quinto fosfato) indica que dois domínios de ~ 30 resíduos da AK fecham-se sobre o Ap_5A, ligando-o firmemente e excluindo a água (Fig. 17.34). Essa comparação também sugere como a AK evita o poço de baixa energia da ligação firme de substratos e produtos. Na ligação do substrato, uma porção da proteína distante do sítio ativo aumenta a mobilidade da sua cadeia e, dessa forma, "absorve" um pouco da energia livre da ligação do substrato (lembre que determinações da estrutura por raios X revelam tanto mobilidades atômicas como posições; Seção 9.4). Essa região se "solidifica" novamente quando da liberação do produto. Uma hipótese lançada por Schulz diz que esse mecanismo age como um "contrapeso energético" que permite facilitar a liberação do produto e, consequentemente, mantém a alta velocidade da reação.

f. O ciclo do substrato aumenta a sensibilidade do fluxo

Mesmo que exista um mecanismo para amplificar o efeito de pequenas variações na [ATP], que acarreta uma grande variação na [AMP], um aumento de 4 vezes na [AMP] aumentaria alostericamente a atividade da PFK em apenas ~10 vezes, uma quantidade insuficiente para ser responsável pelo aumento observado de 100 vezes no fluxo glicolítico. Pequenas variações na concentração do efetor (e, portanto, na v_f) podem causar variações relativamente grandes no fluxo através da reação ($v_f - v_r$) apenas se a reação estiver funcionando próxima do equilíbrio. A razão para essa alta sensibilidade é que, para tais reações, o termo $v_f/(v_f - v_r)$ na Equação [17.8] (o coeficiente de elasticidade) é grande. Isto é, a reação inversa contribui significativamente para o valor do fluxo líquido. Não é esse o caso da reação da PFK.

Tais condições semelhantes ao equilíbrio podem ser impostas a uma reação de não equilíbrio se uma segunda enzima catalisar a regeneração do substrato a partir do produto de uma forma termodinamicamente favorável. Então, v_r não é mais desprezível quando comparado com v_f. Essa situação necessita que o processo direto (formação de FBP a partir de F6P) e o processo inverso (degradação de FBP em F6P) sejam obtidos por reações diferentes para que as leis da termodinâmica não sejam violadas. Nos parágrafos seguintes, será discutida a natureza de tais **ciclos de substrato**.

Em condições fisiológicas, a reação catalisada pela PFK:

$$\text{Frutose-6-fosfato} + \text{ATP} \longrightarrow \text{frutose-1,6-bifosfato} + \text{ADP}$$

é altamente exergônica ($\Delta G = -25{,}9\ \text{kJ} \cdot \text{mol}^{-1}$, Tabela 17.1). Como consequência, a reação inversa tem uma velocidade desprezível quando comparada à reação direta. A **frutose-1,6-bifosfatase** (**FBPase**), entretanto, que está presente em muitos tecidos de mamíferos (e que é uma enzima essencial na gliconeogênese; Seção 23.1), catalisa a hidrólise exergônica da FBP ($\Delta G = -8,6$ kJ · mol^{-1}):

$$\text{Frutose-1,6-bifosfato} + H_2O \longrightarrow \text{frutose-6-fosfato} + P_i$$

Observe que as reações combinadas, catalisadas pela PFK e pela FBPase, resultam na hidrólise de ATP:

$$\text{ATP} + H_2O \rightleftharpoons \text{ADP} + P_i$$

Esse conjunto de reações opostas é conhecido como um ciclo de substrato, devido à reciclagem entre o substrato, um intermediário e de volta ao substrato. Quando esse conjunto de reações foi descoberto, foi chamado de **ciclo fútil**, já que seu resultado líquido parecia ser um consumo inútil de ATP. Na verdade, quando se descobriu que os ativadores da PFK, o AMP e a F2,6P, inibem alostericamente a FBPase, foi sugerido que apenas uma dessas enzimas estaria funcionando em uma célula sob determinadas condições. Entretanto, foi demonstrado posteriormente que, muitas vezes, ambas as enzimas funcionam simultaneamente em velocidades significativas.

g. A reciclagem do substrato pode ser responsável pela variação no fluxo glicolítico

Eric Newsholme propôs que ciclos de substratos não são, de maneira alguma, "fúteis"; ao contrário: possuem funções regulatórias. As atividades de enzimas *in vivo* e as concentrações dos metabólitos são extremamente difíceis de medir, de modo que raramente seus valores são conhecidos de forma precisa. Entretanto, fazem-se suposições razoáveis fisiologicamente: um aumento na [AMP] em 4 vezes, resultante da reação da adenilato-cinase, causa um aumento entre 10 e 90% do valor máximo na atividade da PFK (v_f) e uma diminuição de 90 a 10% no valor máximo da atividade da FBPase (v_r). Estudos *in vitro* mostraram que a atividade máxima da PFK muscular é ~ 10 vezes maior do que a atividade da FBPase muscular. Então, se for determinado que a atividade total da PFK é 100 unidades arbitrárias, a atividade total da FBPase será 10 unidades. O fluxo pela reação da PFK na glicólise em condições de baixa [AMP] é

$$J_{baixo} = v_f(baixo) - v_r(baixo) = 10 - 9 = 1$$

onde v_f é catalisada pela PFK e v_r pela FBPase. O fluxo em condições de alta [AMP] é

$$J_{alto} = v_f(alto) - v_r(alto) = 90 - 1 = 89$$

A reciclagem do substrato, portanto, amplificaria o efeito de variações na [AMP] sobre a velocidade líquida da fosforilação de F6P. Sem o ciclo do substrato, um aumento de 4 vezes na [AMP] aumenta o fluxo líquido em aproximadamente 9 vezes, enquanto, com o ciclo, o mesmo aumento na [AMP] causa um aumento $J_{alto}/J_{baixo} = 89/1 \approx 90$ vezes no fluxo líquido. Consequentemente, pelas suposições acima, *uma variação de 10% na [ATP] poderia estimular uma variação de 90 vezes no fluxo ao longo da via glicolítica pela combinação da reação da adenilato-ciclase e dos ciclos do substrato.*

h. Impacto fisiológico da reciclagem do substrato

A reciclagem do substrato, embora tenha função regulatória, não aumenta o fluxo pela via. Ao contrário, funciona para diminuir o seu fluxo máximo. De certa forma, o substrato é colocado em um "padrão de espera". No caso descrito acima, *a reciclagem do substrato é o "preço" energético que o músculo deve pagar para ser capaz de mudar rapidamente do repouso, no qual a reciclagem de substrato é máxima, para um estado de alta atividade.* Entretanto, a velocidade da reciclagem do substrato pode estar sob controle hormonal ou nervoso em condições nas quais o organismo prevê uma alta atividade (briga ou fuga). O envolvimento hormonal na regulação metabólica será visto nas Seções 18.3E e 18.3F.

Em alguns tecidos, ciclos de substrato funcionam para produzir calor. Por exemplo, muitos insetos necessitam de uma temperatura torácica de 30° C para poder voar. As mamangabas são capazes de voar em temperatura ambiente de 10°C. A FBPase dos músculos de voo da mamangava tem uma atividade máxima semelhante à da PFK (dez vezes maior do que no exemplo do músculo mamífero). Além disso, diferentemente de todas as outras FBPases musculares conhecidas, ela não é inibida por AMP. Isso permite que a FBPase e a PFK dos músculos de voo da mamangava sejam ativadas simultaneamente, de forma a gerar calor. Entretanto, uma vez que a velocidade máxima possível de reciclagem da FBP nos músculos de voo da mamangava gera apenas 10 a 15% do calor necessário, outros mecanismos termogênicos também devem estar em operação. Apesar disso, a reciclagem da FBP é, provavelmente, significativa, porque as abelhas, que não têm atividade da FBPase em seus músculos de voo, não conseguem voar quando a temperatura ambiente é baixa, diferentemente das mamangavas.

i. Reciclagem do substrato, termogênese e obesidade

Muitos animais, incluindo os seres humanos adultos, geram parte do seu calor corporal, especialmente quando está frio, por meio da reciclagem do substrato nos músculos e no fígado, um processo conhecido como **termogênese sem tremor** (as contrações musculares no tremor ou qualquer outro movimento também produzem calor; outro mecanismo de termogênese não relacionado ao tremor está descrito na Seção 22.3D). A reciclagem do substrato é estimulada por hormônios da tireoide (que estimula o metabolismo na maioria dos tecidos; Seção 19.1D), como evidenciado, por exemplo, pela observação de que ratos que não possuem a glândula tireoide funcional não sobrevivem a 5°C. Os indivíduos cronicamente obesos tendem a ter índices metabólicos mais baixos que os normais, o que é, em parte, devido a um baixo índice na termogênese não relacionada ao tremor. Como consequência, esses indivíduos tendem a ser sensíveis ao frio. De fato, enquanto indivíduos normais aumentam a velocidade de ativação do hormônio da tireoide quando expostos ao frio, os animais geneticamente obesos e os seres humanos obesos não conseguem fazê-lo.

j. A superexpressão de PFK não aumenta a velocidade da glicólise

Sabe-se desde há muito tempo que a PFK é a enzima reguladora da glicólise. Por isso, seria de se esperar que o aumento nos níveis de expressão da PFK em leveduras por meio de técnicas de engenharia genética levasse a um aumento na velocidade da glicólise, independentemente da demanda por seus produtos. Foi amplamente demonstrado, entretanto, que isso não ocorre. Embora a PFK seja a principal enzima regulatória da glicólise, sua atividade catalítica é controlada, *in vivo*, pelas concentrações dos efetores que refletem as necessidades dos blocos que utilizam esses produtos.

A análise do controle metabólico, além de ajudar a reconhecer que o controle pode ser compartilhado por várias enzimas de uma via, também alerta quanto à diferença entre controle e regulação. *Embora a PFK tenha um papel relevante na regulação do fluxo pela glicólise, ela é controlada,* in vivo, *por fatores externos à via.* Consequentemente, um aumento na concentração da PFK *in vivo* não aumentará o fluxo pela via, porque esses fatores de controle ajustam a atividade catalítica da PFK somente para atender as necessidades da célula.

5 METABOLISMO DE OUTRAS HEXOSES

Enquanto a glicose é o principal produto da digestão do amido e do glicogênio (Seção 11.2D), três outras hexoses são também proeminentes produtos de digestão: a **frutose**, obtida a partir de frutas e da hidrólise da sacarose (açúcar de mesa), a **galactose**, obtida da hidrólise da lactose (açúcar do leite), e a **manose**, obtida a partir da digestão de polissacarídeos e glicoproteínas. Após a digestão, esses monossacarídeos entram na corrente sanguínea, que os transporta para vários tecidos. *Os metabolismos da frutose, da galactose e da manose ocorrem pela conversão a intermediários glicolíticos; a partir desse ponto elas são degradadas da mesma forma que a glicose.*

A. *Frutose*

A frutose é uma fonte de combustível importante em dietas que contenham grandes quantidades de sacarose (um dissacarídeo da frutose e da glicose; Fig. 11.13). Há duas vias para o metabolismo da frutose: uma ocorre no músculo e a outra no fígado. Essa dicotomia é resultante das diferentes enzimas presentes nesses tecidos.

O metabolismo da frutose no músculo difere pouco do metabolismo da glicose. A hexocinase (Seção 17.2A), que converte a glicose que entra na célula muscular em G6P, também fosforila a frutose, produzindo a F6P (Fig. 17.35, *à esquerda*). Portanto, a entrada de frutose na glicólise envolve apenas uma etapa de reação.

O fígado contém pouca hexocinase. Em vez dela, contém glicocinase, que fosforila apenas glicose (Seção 17.2A). O metabolismo da frutose no fígado deve, portanto, ser diferente do metabolismo no músculo. Na verdade, o fígado converte a frutose em intermediários glicolíticos por meio de uma via que envolve sete enzimas (Fig. 17.35, *à direita*):

1. A **frutocinase** catalisa a fosforilação da frutose pelo ATP no C1 para formar **frutose-1-fosfato.** *Nem a hexocinase nem a fosfofrutocinase podem fosforilar a frutose-1-fosfato no C6 para formar o intermediário glicolítico frutose-1,6-bifosfato.*

2. A aldolase de Classe I (Seção 17.2Da) tem várias formas isoenzimáticas. O músculo contém a aldolase Tipo A, que é específica para a frutose-1,6-bifosfato. O fígado, contudo, contém a aldolase Tipo B, que também utiliza frutose-1-fosfato como substrato (a aldolase Tipo B é também chamada de **frutose-1-fosfato-aldolase**). No fígado, a frutose-1-fosfato passa por uma clivagem aldólica (Seção 17.2D):

$$\text{Frutose-1-fosfato} \rightleftharpoons \text{di-hidroxiacetona fosfato} + \text{gliceraldeído}$$

3. A fosforilação direta do gliceraldeído pelo ATP por meio da ação da **gliceraldeído-cinase** forma o intermediário glicolítico gliceraldeído-3-fosfato.

4-7. Alternativamente, o gliceraldeído é convertido no intermediário glicolítico di-hidroxiacetona-fosfato pela redução a glicerol, dependente de NADH e catalisada pela álcool-desidrogenase (Reação 4), pela fosforilação a glicerol-3-fosfato, dependente de ATP, pela ação da **glicerol-cinase** (Reação 5), e reoxidação pelo NAD^+ a di-hidroxiacetona-fosfato, catalisada pela glicerol-fosfato-desidrogenase (Reação 6). A di-hidroxiacetona-fosfato é então convertida a GAP pela triose-fosfato-isomerase (Reação 7).

Como essa série complicada de reações sugere, o fígado tem um enorme repertório de enzimas. Isso porque o fígado está envolvido na degradação de uma grande variedade de metabólitos. A eficiência no processamento dos metabólitos determina que muitas dessas substâncias sejam convertidas em intermediários glicolíticos. O fígado, na verdade, contém muitas das enzimas necessárias para fazê-lo.

a. Excesso de frutose esgota o P_i do fígado

No passado, acreditava-se que a frutose tivesse vantagens sobre a glicose para a alimentação parenteral. O fígado, porém, apresenta problemas metabólicos quando a concentração desse açúcar é muito alta (maior do que aquela que poderia ser atingida apenas pela ingestão de alimentos que contenham frutose). Quando a concentração de frutose é alta, a frutose-1-fosfato pode ser produzida mais rapidamente do que a aldolase Tipo B consegue clivá-la. A alimentação intravenosa de grandes quantidades de frutose pode resultar em um acúmulo de frutose-1-fosfato suficiente para esgotar gravemente o estoque de P_i no fígado. Nessas condições, a [ATP] diminui, ativando a glicólise e a produção de lactato. A concentração de lactato no sangue e a consequente diminuição do pH em determinadas condições podem alcançar níveis fatais.

A **intolerância à frutose**, doença genética na qual a ingestão de frutose causa o mesmo acúmulo de frutose-1-fosfato que a alimentação intravenosa, é resultante da deficiência da aldolase Tipo B. Essa condição parece ser autolimitante: os

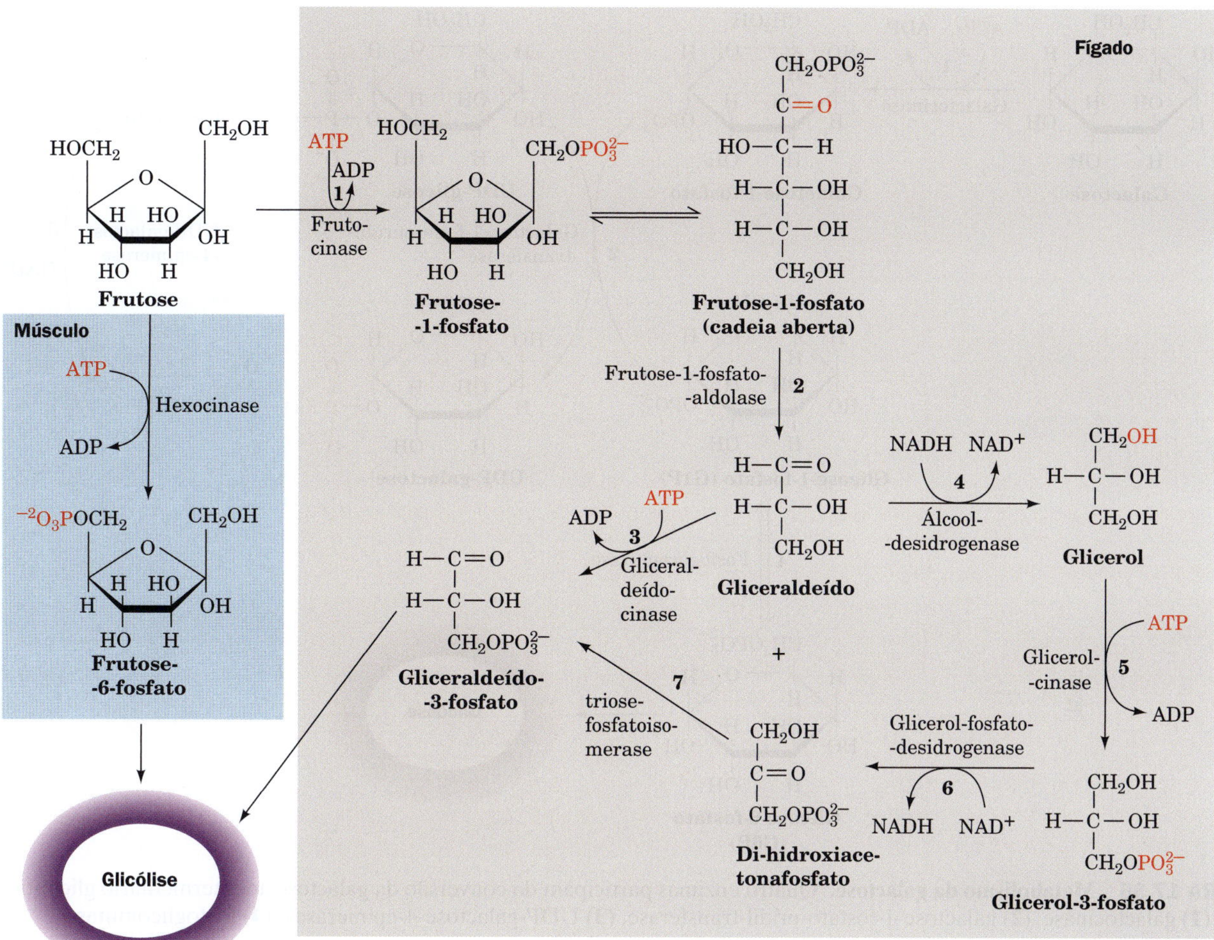

FIGURA 17.35 Metabolismo da frutose. No músculo (*à esquerda*), a conversão de frutose no intermediário glicolítico F6P envolve apenas uma enzima, a hexocinase. No fígado (*à direita*), sete enzimas participam da converssão de frutose em intermediários glicolíticos: (**1**) a frutocinase, (**2**) a frutose-1-fosfato-aldolase, (**3**) a gliceraldeído-cinase, (**4**) a álcool-desidrogenase, (**5**) a glicerol--cinase, (**6**) a glicerol-fosfato-desidrogenase e (**7**) a triose-fosfato-isomerase.

indivíduos com intolerância à frutose rapidamente desenvolvem uma forte aversão para o gosto doce.

B. *Galactose*

A galactose corresponde à metade da lactose (o açúcar do leite), sendo um importante constituinte combustível dos laticínios. A galactose e a glicose são epímeros que diferem apenas na configuração do C4:

α-D-glicose **α-D-galactose**

As enzimas da glicólise são específicas; elas não reconhecem a configuração da galactose. Uma reação de epimerização deve, portanto, ocorrer antes da entrada da galactose na via glicolítica. Essa reação ocorre após a conversão de galactose no seu derivado uridina-difosfato. O papel dos UDP-açúcares e outros nucleotidil-açúcares será discutido em detalhes nas Seções 18.2 e 23.3. A via completa de conversão da galactose em um intermediário glicolítico, que foi elucidada por Luis Leloir e é conhecida como **via Leloir**, envolve quatro reações (Fig. 17.36):

1. A galactose é fosforilada no C1 pelo ATP na reação catalisada pela **galactocinase**.
2. A **galactose-1-fosfato-uridil-transferase** transfere o grupo uridilila da **UDP-glicose** para a galactose-1-fosfato, produzindo **glicose-1-fosfato** (**G1P**) e **UDP-galactose** pela clivagem reversível da ligação pirofosforil da UDP-glicose.

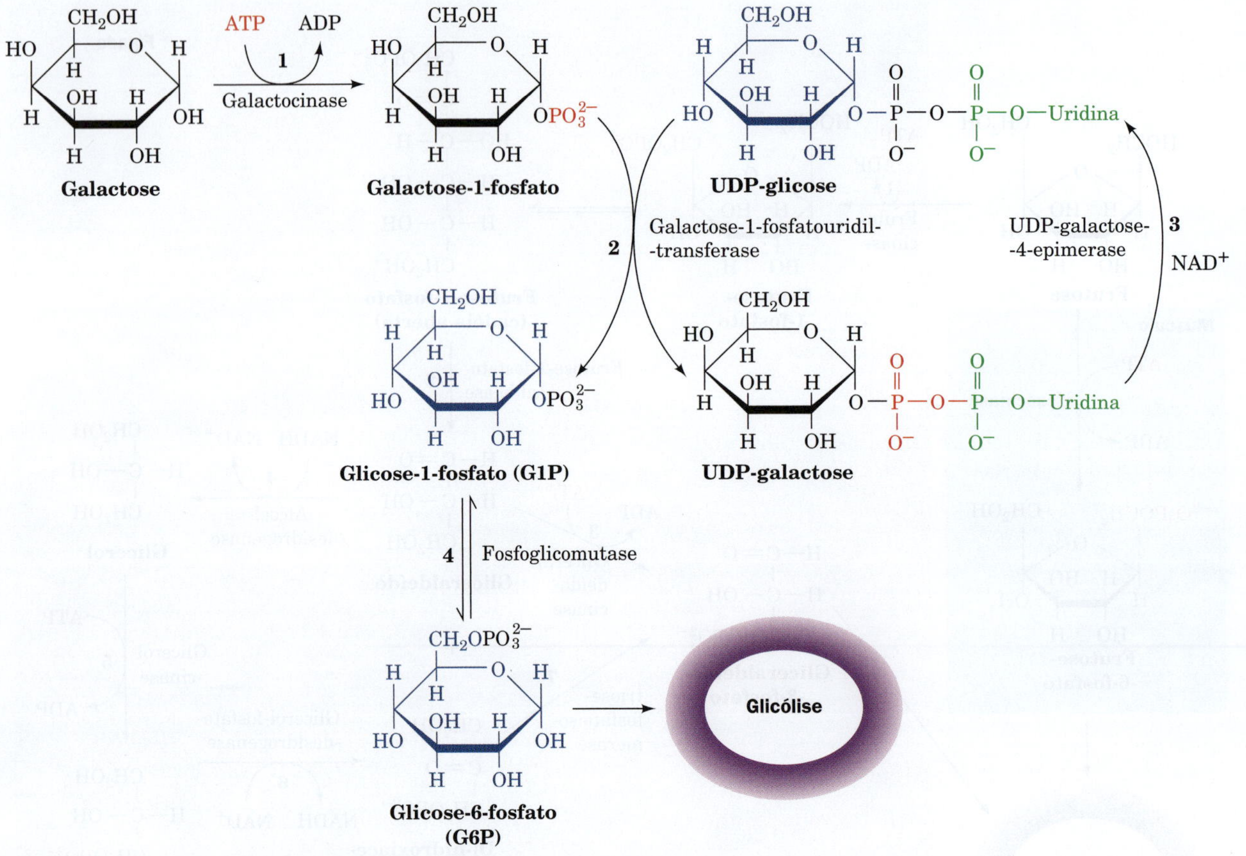

FIGURA 17.36 **Metabolismo da galactose.** Quatro enzimas participam da conversão da galactose ao intermediário glicolítico G6P: (**1**) galactocinase, (**2**) galactose-1-fosfato-uridil-transferase, (**3**) UDP-galactose-4-epimerase e (**4**) fosfoglicomutase.

3. A **UDP-galactose-4-epimerase** converte a UDP-galactose em UDP-glicose. Essa enzima tem uma NAD^+ associada, sugerindo que a reação envolve a oxidação e a redução, em sequência, do átomo C4 da hexose:

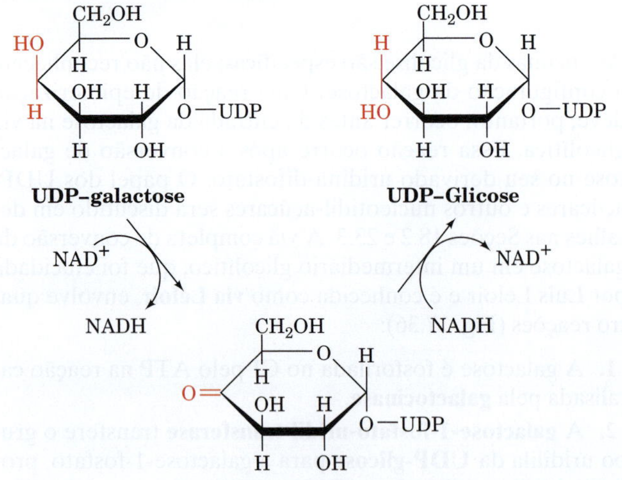

4. A G1P é convertida no intermediário glicolítico G6P pela ação da **fosfoglicomutase** (Seção 18.1B).

a. Galactosemia

A **galactosemia** é uma doença genética caracterizada pela incapacidade em converter a galactose em glicose. Os sintomas incluem deficiência de crescimento, deficiência intelectual e, em alguns casos, morte causada por dano hepático. A maioria dos casos de galactosemia envolve uma mutação na enzima que catalisa a Reação 2 da interconversão, a galactose-1-fosfato-uridil-transferase. Essa é uma reação de duplo deslocamento, em que a His da cadeia lateral da enzima ataca nucleofilicamente primeiro o grupo α-fosforil da UDP-glicose, deslocando a G1P e sintetizando o intermediário uridilil-His:

$$\text{UDP–glicose} + \text{E–His166} \rightleftharpoons \text{glicose-1-fosfato} + \text{E–His-UMP}$$

A galactose-1-fosfato então desloca o grupo uridila da His da enzima para formar UDP-galactose:

$$\text{Galactose-1-fosfato} + \text{E–His-UMP} \rightleftharpoons \text{UDP–galactose} + \text{E–His}$$

Um resíduo de Gln forma ligações de hidrogênio com os oxigênios do fosfato do grupo uridilila, estabilizando o intermediário uridilil-His. A mutação dessa Gln em Arg inativa a enzima. A formação da UDP-galactose a partir de galac-

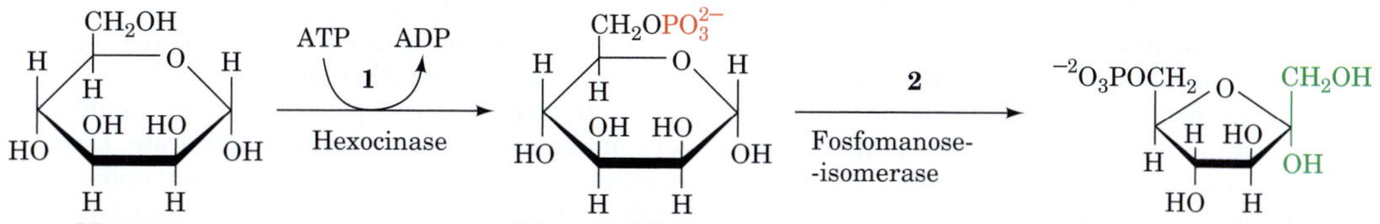

FIGURA 17.37 Metabolismo da manose. Duas enzimas são necessárias para converter manose no seu intermediário glicolítico F6P: (**1**) hexocinase e (**2**) fosfomanose-isomerase.

tose-1-fosfato é então evitada, ocasionando o acúmulo de metabólitos secundários tóxicos. Por exemplo, o aumento da concentração de galactose no sangue ocasiona um aumento da concentração de galactose no cristalino do olho, onde esse açúcar é reduzido a **galactitol**.

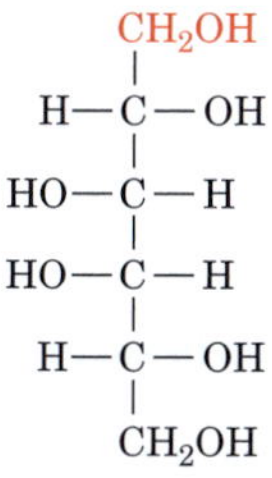

Galactitol

A presença desse açúcar alcoólico no cristalino causa a formação de catarata (opacidade do cristalino).

A galactosemia é tratada com uma dieta sem galactose. Exceto pela deficiência intelectual, esse tratamento reverte todos os sintomas da doença. As unidades galactosil que são essenciais para a síntese de glicoproteínas (Seção 11.3C) e glicolipídeos (Seção 12.1D) podem ser sintetizadas a partir da glicose pela reação inversa da epimerase. Essas sínteses, portanto, não necessitam de galactose da dieta.

C. *Manose*

A manose, um composto comum nas glicoproteínas (Seção 11.3C), e a glicose são epímeros no C2:

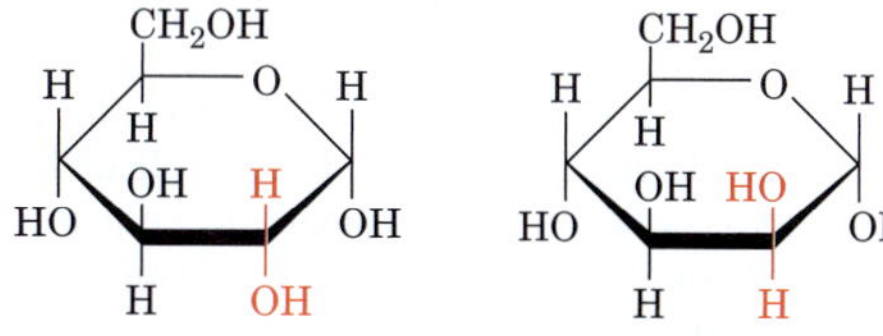

α-D-glicose **α-D-manose**

A manose entra na via glicolítica depois da sua conversão em F6P, por uma via de duas reações (Fig. 17.37):

1. A hexocinase (Seção 17.2A) converte a manose em manose-6-fosfato.
2. A **fosfomanose-isomerase**, então, converte essa aldose na cetose F6P. O mecanismo da reação da fosfomanose-isomerase se assemelha ao da fosfoglicose-isomerase (Seção 17.2B); essa reação envolve um intermediário enediolato.

RESUMO DO CAPÍTULO

1 A via glicolítica A glicólise é a via metabólica pela qual a maioria das formas de vida degrada a glicose em duas moléculas de piruvato com a concomitante produção líquida de dois ATP. A reação geral:

$$\text{Glicose} + 2\text{NAD}^+ + 2\text{ADP} + 2\text{P}_i \longrightarrow 2\text{NADH} + 2\text{piruvato} + 2\text{ATP} + 2\text{H}_2\text{O} + 4\text{H}^+$$

ocorre em 10 reações catalisadas enzimaticamente.

2 As reações da glicólise No estágio preparatório da glicólise, que compreende as primeiras cinco reações, a glicose reage com dois ATP, em um "investimento de energia", para formar frutose-1,6-bifosfato, que é, a seguir, convertida em duas moléculas de gliceraldeído-3-fosfato. No segundo estágio da glicólise, o estágio de "compensação", que compreende as últimas cinco reações, o gliceraldeído-3-fosfato reage com o NAD^+ e o P_i para formar o composto de "alta energia" 1,3-bifosfoglicerato. Esse composto reage nas últimas quatro reações da via com dois ADP para formar piruvato e dois ATP por molécula. Os mecanismos das 10 enzimas glicolíticas foram elucidados por meio de medidas químicas e cinéticas, combinadas com estudos de estruturas obtidas por raios X. As enzimas glicolíticas apresentam estereoespecificidade nas reações que catalisam. Em pelo menos duas cinases, a transferência do fosfato do substrato para a água é evitada por alterações conformacionais, induzidas pelo substrato, que formam o sítio ativo e excluem a água.

3 Fermentação: o destino anaeróbio do piruvato O NAD^+ consumido na formação do 1,3-BPG deve ser regenerado para que a glicólise prossiga. Na presença de O_2, o NAD^+ é regenerado pela fosforilação oxidativa nas mitocôndrias. Em condições anaeróbias no músculo, o piruvato é reduzido pelo NADH, produzindo lactato e NAD^+ em uma reação catalisada pela lactato-desidrogenase. Em muitos músculos, especialmente durante atividades extenuantes, o processo de fermentação homoláctica é uma grande fonte de energia livre. Em leveduras anaeróbias, o NAD^+ é regenerado pela fermentação alcoólica em duas reações. Primeiro, o piruvato é descarboxilado a acetaldeído pela piruvato-descarboxilase, uma enzima que necessita de tiamina-pirofosfato como cofator. O acetaldeído é, então, reduzido pelo NADH para formar etanol e NAD^+ em uma reação catalisada pela álcool-desidrogenase.

4 Controle e regulação metabólicos Regulação metabólica é o processo pelo qual o fluxo de metabólitos através de uma via é mantido em um estado estacionário. Controle metabólico é a força exercida sobre as enzimas da via em resposta a sinais externos, visando o aumento ou a diminuição do fluxo para mantê-lo, tanto quanto possível, em um estado estacionário. A homeostasia é a regulação desse estado estacionário. O fluxo metabólico deve ser controlado de forma a equibibrar o suprimento com a demanda e também para manter a homeostasia. É possível que mais de uma enzima seja limitante da velocidade da via metabólica. A análise do controle metabólico fornece um suporte para o estudo de sistemas metabólicos *in vivo* que compartilham o controle entre mais de uma enzima e descreve, quantitativamente, o controle de fluxo e a homeostasia. O coeficiente de controle de fluxo mede a sensibilidade do fluxo a mudanças na concentração da enzima. O coeficiente de elasticidade mede a sensibilidade da velocidade enzimática para mudanças na concentração do substrato. Ambos, suprimento e demanda, estão envolvidos no controle de fluxo e na homeostasia. A resposta da concentração dos intermediários no estado estacionário a mudanças nos blocos alimentador e consumidor depende inteiramente dos coeficientes de elasticidade dos dois blocos no estado estacionário. Quando o coeficiente de elasticidade do suprimento é maior do que o coeficiente de elasticidade da demanda, o controle de fluxo fica na porção da demanda da via, e vice-versa. O controle da homeostasia depende de grandes coeficientes de elasticidade, enquanto o controle de fluxo necessita de baixos coeficientes de elasticidade e um alto coeficiente de controle de fluxo. Se o bloco consumidor controla o fluxo, a função do bloco alimentador é o controle da homeostasia. A inibição por retroalimentação determina a faixa de concentração na qual os intermediários ficam no estado estacionário. A inibição por retroalimentação também mantém a homeostasia com concentrações dos metabólitos em níveis fisiológicos, algumas vezes longe das suas concentrações de equilíbrio.

O fluxo pela reação que está perto do equilíbrio é muito sensível a mudanças na concentração do substrato. Dessa forma, o fluxo do estado estacionário ao longo da via metabólica pode somente ser regulado pela reação de não equilíbrio. Reações de não equilíbrio são controladas por interações alostéricas, ciclos do substrato, modificações covalentes e mecanismos de controle genético (longo prazo). Na glicólise, no músculo, a fosfofrutocinase (PFK) catalisa uma das etapas geradoras de fluxo. Apesar da PFK ser inibida por altas concentrações de um de seus substratos, o ATP, uma variação de 10% na [ATP] acima da faixa de atividade metabólica é insuficiente para influenciar a atividade da PFK de forma a causar o aumento observado de 100 vezes do fluxo glicolítico. A [AMP] apresenta uma variação de quatro vezes como resposta a uma variação de 10% na [ATP], devido à ação da adenilato-cinase. Apesar do AMP liberar a inibição da PFK pelo ATP, sua variação de concentração é também insuficiente para ser responsável pela variação no fluxo glicolítico observada. Entretanto, o produto da reação da PFK, a frutose-1,6--bifosfato, é hidrolisado a F6P pela FBPase, que é inibida por AMP. O ciclo do substrato catalisado por essas duas enzimas confere ao fluxo glicolítico, pelo menos a princípio, a sensibilidade necessária a variações na [AMP]. A reciclagem de substrato é uma importante fonte de termogênese sem tremor.

5 Metabolismo de outras hexoses A digestão de carboidratos produz glicose como produto principal. Outros produtos importantes são a frutose, a galactose e a manose. Esses monossacarídeos são metabolizados por meio da sua conversão em intermediários glicolíticos.

REFERÊNCIAS

Gerais

Cornish-Bowden, A. (Ed.) *New Beer in a Old Bottle: Eduard Buchner and the Growth of Biochemical Knowledge.* Universitat de València (1997). [O artigo de 1897, escrito por Eduard Buchner, que descreve a descoberta de fermentação em ausência de célula (na língua alemã original e as traduções para o inglês e o espanhol), juntamente com uma série de artigos que discutem o contexto histórico da sua descoberta e o estudo moderno dos sistemas multienzimáticos.]

Fersht, A., *Structure and Mechanism in Protein Science*, Freeman (1999).

Frey, P.A. and Hegeman, A.D., *Enzymatic Reaction Mechanisms*, Oxford University Press (2007).

Fruton, J.S., *Molecules and Life: Historical Essays on the Interplay of Chemistry and Biology*, Wiley–Interscience (1974). [Inclui um relato histórico detalhado da elucidação da fermentação.]

Kim, J. and Dang, C.V., Multifaceted roles of glycolytic enzymes, *Trends Biochem. Sci.* **30,** 142–150 (2005). [Discute as várias funções não glicolíticas, principalmente regulatórias, adquiridas por enzimas glicolíticas.]

Saier, M.H., Jr., *Enzymes in Metabolic Pathways*, Chapter 5, Harper & Row (1987).

Enzimas da glicólise

The Enzymes of Glycolysis: Structure, Activity and Evolution, *Philos. Trans. R. Soc. London Ser. B* **293**, 1–214 (1981). [Uma série de discussões sobre as enzimas da glicólise.]

Allen, S.C., and Muirhead, H., Refined three-dimensional structure of cat-muscle (M1) pyruvate kinase at a resolution of 2.6 Å, *Acta Cryst.* D**52**, 499–504 (1996).

Bennett, W.S., Jr., and Steitz, T.A., Glucose-induced conformational change in yeast hexokinase, *Proc. Natl. Acad. Sci.* **75**, 4848–4852 (1978).

Bernstein, B.E., Michels, P.A.M., and Hol, W.G.J., Synergistic effects of substrate-induced conformational changes in phosphoglycerate activation, *Nature* **385**, 275–278 (1997).

Biesecker, G., Harris, J.I., Thierry, J.C., Walker, J.E., and Wonacott, A.J., Sequence and structure of D-glyceraldehyde-3-phosphate dehydrogenase from *Bacillus stearothermophilus, Nature* **266**, 328–333 (1977).

Cleland, W.W., and Kreevoy, M.M., Low-barrier hydrogen bonds and enzymic catalysis, *Science* **264**, 1887–1890 (1994), *and* Gerlt, J.A. and Gassman, P.G., Understanding the rates of certain enzyme-catalyzed reactions: Proton abstraction from carbon acids, acyl-transfer reactions, and displacement of phosphodiesters, *Biochemistry* **32**, 11943–11952 (1993).

Dalby, A., Dauter, Z., and Littlechild, J.A., Crystal structure of human muscle aldolase complexed with fructose 1,6-biphosphate: Mechanistic implicatios, *Protein Sci.* **8**, 291–297 (1999).

Davenport, R.C., Bash, P.A., Seaton, B.A., Karplus, M., Petsko, G.A., and Ringe, D., Structure of the triosephosphate isomerase-phosphoglycohydroxamate complex: An analogue of the intermediate on the reaction pathway, *Biochemistry* **30**, 5821–5826 (1991); *and* Lolis, E., and Petsko, G.A., Crystallographic analysis of the complex between triosephosphate isomerase and 2-phosphoglycolate at 2.5 Å resolution: Implications for catalysis, *Biochemistry* **29**, 6619–6625 (1990).

Evans, P.R., and Hudson, P.J., Structure and control of phosphofructokinase from *Bacillus stearothermophilus, Nature* **279**, 500–504 (1979).

Gefflaut, T., Blonski, C., Perie, J., and Willson, M., Class I aldolases: Substrate specificity, mechanism, inhibitors and structural aspects, *Prog. Biophys. Mol. Biol.* **63**, 301–340 (1995).

Hall, D.R., Leonard, G.A., Reed, C.D., Watt, C.I., Berry, A., and Hunter, W.N., The crystal structure of *Escherichia coli* class II fructose-1,6-bisphosphate aldolase in complex with phosphoglycohydroxamate reveals details of mechanism and specificity, *J. Mol. Biol.* **287**, 383–394 (1999).

Harlos, K., Vas, M., and Blake, C.C.F., Crystal structure of the binary complex of pig muscle phosphoglycerate kinase and its substrate 3-phospho-D-glycerate, *Proteins* **12**, 133–144 (1992).

Jedrzejas, M.J., Structure, function, and evolution of phosphoglycerate mutase: Comparison with fructose-2,6-biphosphatase, acid phosphatase, and alkaline phosphatase, *Prog. Biophys. Mol. Biol.* **73**, 263–287 (2000).

Jeffrey, C.J., Bahnson, B.J., Chien, W., Ringe, D., and Petsko, G.A., Crystal structure of rabbit phosphoglucose isomerase, a glycolytic enzyme that moonlights as neuroleukin, autocrine motility factor, and differentiation mediator, *Biochemistry* **39**, 955–964 (2000).

Jogl, G., Rozovsky, S., McDermott, A.E., and Tong, L., Optimal alignment for enzymatic proton transfer: Structure of the Michaelis complex of triosphosphate isomerase at 1.2- resolution, *Proc. Natl. Acad. Sci.* **100,** 50–55 (2003).

Joseph, D., Petsko, G.A., and Karplus, M., Anatomy of a conformational change: Hinged "lid" motion of the triosephosphate isomerase loop, *Science* **249**, 1425–1428 (1990).

Knowles, J.R., Enzyme catalysis: Not different, just better, *Nature* **350**, 121–124 (1991). [Uma discussão lúcida do mecanismo catalítico da TIM.]

Kuby, S.A. (Ed.), *A Study of Enzymes*, Vol. II, CRC Press (1991). [Os Capítulos 17, 18, 19 e 20 discutem o mecanismo da adenilatocinase, da PFK, da PGI e da TIM e a aldolase, respectivamente. O Capítulo 4 discute os mecanismos das reações dependentes de tiamina.]

Kuser, P., Cupri, F., Bleicher, L., and Polikarpov, I., Crystal structura of yeast hexokinase PI in complex with glucose: A classical "induced fit" example revised, *Proteins* **72,** 731–740 (2008).

Marsh, J.J., and Lebherz, H.G., Fructose-bisphosphate aldolases: An evolutionary history, *Trends Biochem. Sci.* **17**, 110–113 (1992).

Maurer, P.J., and Nowack, T., Fluoride inhibition of yeast enolase. 1. Formation of ligand complexes, *Biochemistry* **20**, 6894–6900 (1981); *and* Nowack, T. and Maurer, P.J., Fluoride inhibition of yeast enolase. 2. Structural and kinetic properties of ligand complexes determined by nuclear relaxation rate studies, *Biochemistry* **20**, 6901–6911 (1981).

Morris, A.J., and Tolan, D.R., Lysine-146 of rabbit muscle aldolase is essential for cleavage and condensation of the C3-C4 bond of fructose 1,6-bis(phosphate), *Biochemistry* **33**, 12291–12297 (1994); *and* Site-directed mutagenesis identifies aspartate 33 as a previously unidentified critical residues in the catalytic mechanism of rabbit aldolase A, *J. Biol. Chem.* **268**, 1095–1100 (1993).

Muirhead, H., and Watson, H. Glycolytic enzymes: From hexose to pyruvate, *Curr. Opin. Struct. Biol.* **2**, 870–876 (1992).

Reed, G.H., Poyner, R.R., Larsen, T.M., Wedekind, J.E., and Rayment, I., Structural and mechanistic studies on enolase, *Curr. Opin. Struct. Biol.* **6**, 736–743 (1996).

Seeholzer, S.H., Phosphoglucose isomerase: A ketol isomerase with aldol C2-epimerase activity, *Proc. Natl. Acad. Sci.* **90,** 1237–1241 (1993).

Williams, J.C., and McDermott, A.E., Dynamics of the flexible loop of triosephosphate isomerase: The loop motion is not ligand-gated, *Biochemistry* **34**, 8309–8319 (1995).

Enzimas de fermentação anaeróbia

Boyer, P.D. (Ed.), *The Enzymes* (3rd ed.), Vol.11, Academic Press (1975). [Contém revisões sobre a álcool-desidrogenase, a lactato-desidrogenase e a relação estrutural e evolucionária entre as desidrogenases.]

Dyda, F., Furey, W. Swaminathan, S., Sax, M., Farrenkopf, B., and Jordan, F., Catalytic centers in the thiamin diphosphate dependent enzyme pyruvate decarboxylase at 2,4-Å resolution, *Biochemistry* **32**, 6165–6170 (1993).

Golbik, R., Neef, H., Hubner, G., Konig, S., Seliger, B., Meshalkina, L., Kochetov, G.A., and Schellenberger, A., Function of the aminopyridine part in thiamine pryrophsphate enzymes, *Bioinorg. Chem.* **19**, 10–17 (1991).

Park, J.H., Brown, R.L., Park, C.R., Cohn, M., and Chance, B., Energy metabolism in the untrained muscle of elite runners as observed by ^{31}P magnetic resonance spectroscopy: Evidence suggesting a genetic endowment for endurance exercise. *Proc. Natl. Acad. Sci.* **85**, 8780–8785 (1988).

Controle do fluxo metabólico

Crabtree, B., and Newsholme, E.A., A systematic approach to describing and analyzing metabolic control systems, *Trends Biochem. Sci.* **12**, 4–12 (1987).

Fell, D.A., Metabolic control analysis: A survey of its theoretical and experimental development, *Biochem. J.* **286**, 313–330 (1992).

Fell, D., *Understanding the Control of Metabolism*, Portland Press (1997).

Hofmeyr, J.-H.S., and Cornish-Bowden, A., Regulating the cellular economy of supply and demand, *FEBS Lett.* **476**, 47–51 (2000).

Kacser, H., and Burns, J.A. (com comentários adicionais por Kacser, H. and Fell, D.A.), The control of flux, *Biochem. Soc. Trans.* **23**, 341–366 (1995).

Kacser, H., and Porteous, J.W., Control of metabolism: What do we have to measure? *Trends Biochem. Sci.* **12**, 5–14 (1987).

Lardy, H., and Schrago, E., Biochemical aspects of obesity, *Annu. Rev. Biochem.* **59**, 689–710 (1990).

Newsholme, E.A., Challiss, R.A.J., and Crabtree, B., Substrate cycles: their role in improving sensitivity in metabolic control, *Trends Biochem. Sci.* **9**, 277–280 (1984).

Perutz, M.F., Mechanism of cooperativity and allosteric regulation in proteins, *Q.Rev. Biophys.* **22**, 139–236 (1989). [A Seção 6 discute a PFK.]

Schaaf, I., Heinisch, J., and Zimmermann, K., Overproduction of glycolytic enzymes in yeast, *Yeast* **5**, 285–290 (1989).

Schirmer, T., and Evans, P.R., Structural bases of the allosteric behaviour of phosphofructokinase, *Nature* **343**, 140–145 (1990).

Walsh, K., and Koshland, D.E., Jr., Characterization of rate-controlling steps *in vivo* by use of an adjustable expression vector, *Proc. Natl. Acad. Sci.* **82**, 3577–3581 (1985).

Metabolismo de outras hexoses

Frey, P.A., The Leloir pathway: A mechanistic imperative for three enzymes to change the stereochemical configuration of a single carbon in galactose, *FASEB J.* **10**, 461–470 (1996).

Valle, D. (Ed.), *The Metabolic & Molecular Bases of Inherited Disease*, http://www.ommid.com [Os Capítulos 70 e 72 discutem o metabolismo da frutose e da galactose e suas doenças genéticas.]

PROBLEMAS

1. Escreva as reações da via glicolítica a partir de glicose até lactato, usando as fórmulas estruturais de todos os intermediários. Aprenda os nomes desses intermediários e as enzimas que catalisam as reações.

2. O $\Delta G°'$ para a reação da aldolase é +22,8 kJ · mol^{-1}. Na célula, a 37°C, [DHAP]/[GAP] = 5,5. Calcule a razão de equilíbrio da [FBP]/[GAP] quando [GAP] é (a) 2×10^{-5} *M* e (b) 10^{-3} *M*.

3. A dependência de pH da velocidade da reação da triose-fosfato-isomerase (TIM) tem um p*K* característico de 6,5 e 9,5. A His 95, um resíduo catalítico essencial, apresenta p*K* de 4,5. Por que a curva de pH não indica a existência desse p*K*?

4. O arsenato (AsO_4^{3-}), um análogo estrutural do fosfato, pode atuar como um substrato para qualquer reação na qual o fosfato seja substrato. Os ésteres de arsenato, diferentemente dos ésteres de fosfato, são cineticamente, assim com termodinamicamente, instáveis e hidrolisam quase que instantaneamente. Escreva uma equação balanceada para a conversão da glicose em piruvato na presença de ATP, ADP, NAD$^+$ e (a) fosfato ou (b) arsenato. (c) Por que o arsenato é um veneno?

5. Quando a glicose é degradada anaerobiamente na glicólise não ocorre oxidação ou redução total do substrato. A reação de fermentação está, então, balanceada. A energia livre necessária para a formação de ATP é obtida a partir de reações de transferência de elétrons. Qual intermediário metabólico é o doador de elétrons e qual intermediário é o aceptor de elétrons quando a glicose é degradada pela fermentação glicolítica balanceada: (a) em músculo e (b) em levedura?

6. Em qual átomo de carbono do piruvato seria encontrada radioatividade se a glicose metabolizada pela via glicolítica fosse marcada com ^{14}C no: (a) C1 e (b) C4? (*Observe:* suponha que a triose-fosfato-isomerase seja capaz de equilibrar a di-hidroxiacetona-fosfato e o gliceraldeído-3-fosfato.)

***7.** A seguinte reação é catalisada por uma enzima muito semelhante a aldolases de Classe I:

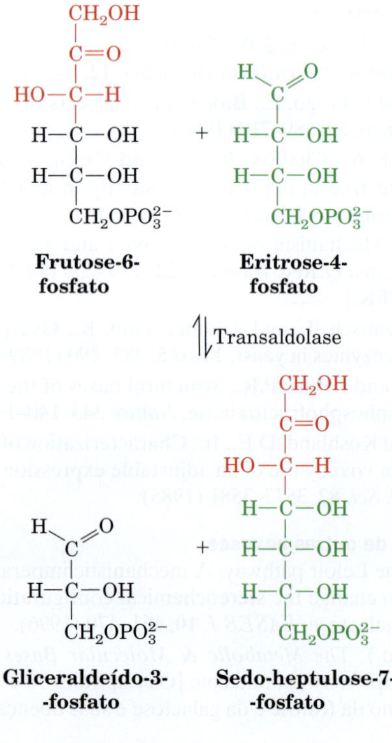

CH_2OH–C(=O)–(HO–C–H)–(H–C–OH)–(H–C–OH)–$CH_2OPO_3^{2-}$ + HC(=O)–(H–C–OH)–(H–C–OH)–$CH_2OPO_3^{2-}$

Frutose-6-fosfato + **Eritrose-4-fosfato**

⇌ Transaldolase

HC(=O)–(H–C–OH)–$CH_2OPO_3^{2-}$ + CH_2OH–C(=O)–(HO–C–H)–(H–C–OH)–(H–C–OH)–(H–C–OH)–$CH_2OPO_3^{2-}$

Gliceraldeído-3-fosfato + **Sedo-heptulose-7-fosfato**

Escreva um mecanismo plausível para essa reação usando setas curvas para indicar o fluxo de elétrons.

8. As semirreações envolvidas na reação da LDH e seus potenciais de redução padrão são:

$$\text{Piruvato} + 2H^+ + 2e^- \longrightarrow \text{lactato} \qquad \mathscr{E}°' = -0{,}185\text{ V}$$
$$NAD^+ + 2H^+ + 2e^- \longrightarrow NADH + H^+ \qquad \mathscr{E}°' = -0{,}315\text{ V}$$

Calcule o ΔG para a reação nas seguintes condições:

(a) [lactato]/[piruvato] = 1; [NAD$^+$]/[NADH] = 1

(b) [lactato]/[piruvato] = 160; [NAD$^+$]/[NADH] = 160

(c) [lactato]/[piruvato] = 1.000; [NAD$^+$]/[NADH] = 1.000

(d) Em que condições a reação favorecerá espontaneamente a oxidação do NADH?

(e) Para que a variação de energia livre da reação catalisada pela gliceraldeído-3-fosfato-desidrogenase favoreça a glicólise, a relação [NAD$^+$]/[NADH] deve ser mantida próxima de 10^3. Em condições anaeróbias, a lactato-desidrogenase desempenha essa função no músculo de mamíferos. Quão alta pode ser a relação [lactato]/[piruvato] antes que a reação catalisada pela LDH cesse de funcionar no sentido da formação de NAD$^+$ e, ao mesmo tempo, mantenha a relação [NAD$^+$]/[NADH] constante?

***9.** Apesar de não ser o ponto de controle de fluxo primário da glicólise, a piruvato-cinase está sujeita a regulação alostérica. (a) Qual é a importância metabólica da regulação de fluxo pela reação da piruvato-cinase? (b) Qual é a vantagem da ativação da piruvato cinase com a frutose-1,6-bifosfato?

***10.** Com base no envolvimento da tiamina-pirofosfatase (TPP) na reação da piruvato-descarboxilase, qual das seguintes reações, se é que alguma delas, pode utilizar a TPP como um cofator?

(*a*) $^-O(O=)C–CH_2–C(=O)–C(=O)O^-$ ⟶ CO_2 + $H_3C–C(=O)–C(=O)O^-$

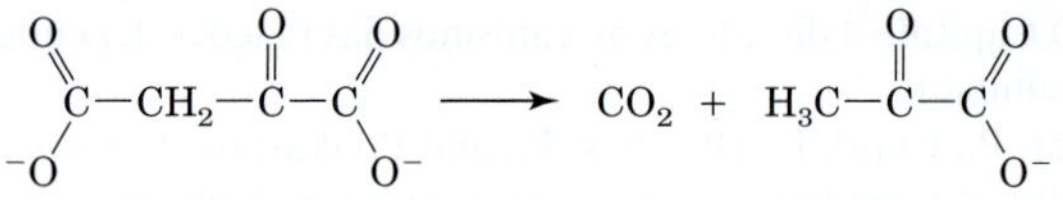

(*b*) 2 $^-O(O=)C–C(=O)–CH_3$ ⟶ CO_2 + $^-O(O=)C–C(OH)(CH_3)–C(=O)–CH_3$

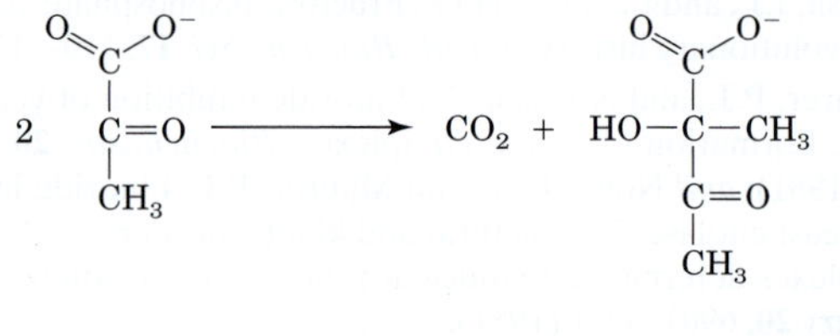

Escreva os mecanismos hipotéticos para cada reação, demonstrando onde a TPP está envolvida ou por que ela é necessária.

11. A via glicolítica de degradação da glicose é quase universal. Algumas bactérias, entretanto, utilizam uma rota alternativa, denominada de **via Entner-Doudoroff** (Fig. 17.38). Assim como na via glicolítica em leveduras, o produto final é o etanol. (a) Escreva as equações balanceadas para a conversão de glicose em etanol e CO_2 pela via Entner-Doudoroff e pela fermentação alcoólica em leveduras. (b) Infira, a partir da estequiometria, por que a via glicolítica, e não a via Entner-Doudoroff, é quase universal.

***12.** A hidrólise do ATP a ADP na célula resulta na concomitante variação na [AMP], mediada pela adenilato-cinase. (a) Presumindo que [ATP] W [AMP] e que a concentração total de nucleotídeos da adenina na célula, A_T = [AMP] + [ADP] + [ATP], é constante, derive uma expressão para [AMP] em termos de [ATP] e A_T. (b) Presumindo uma relação inicial [ATP]/[ADP] de 10 e A_T = 5 m*M*, calcule a relação do valor final pelo valor inicial da [AMP] após uma diminuição de 10% na [ATP].

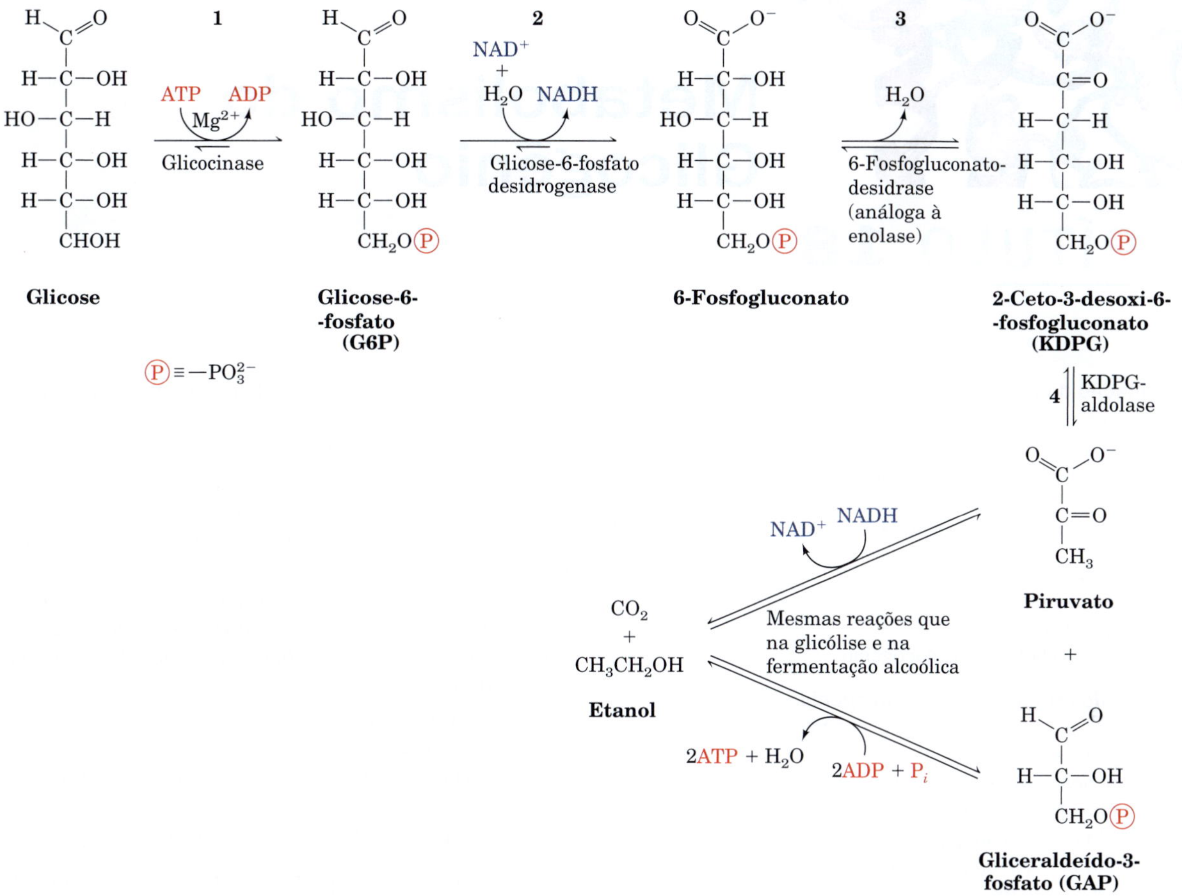

1 ATP ADP Mg^{2+} Glicocinase

2 NAD^+ + H_2O NADH Glicose-6-fosfato desidrogenase

3 H_2O 6-Fosfogluconato-desidrase (análoga à enolase)

Glicose

Glicose-6--fosfato (G6P)

6-Fosfogluconato

2-Ceto-3-desoxi-6--fosfogluconato (KDPG)

Ⓟ ≡ $-PO_3^{2-}$

4 KDPG-aldolase

Piruvato

+

Gliceraldeído-3-fosfato (GAP)

NAD^+ NADH

Mesmas reações que na glicólise e na fermentação alcoólica

2ATP + H_2O 2ADP + P_i

CO_2 + CH_3CH_2OH

Etanol

FIGURA 17.38 **Via Entner–Doudoraff para a degradação da glicose.**

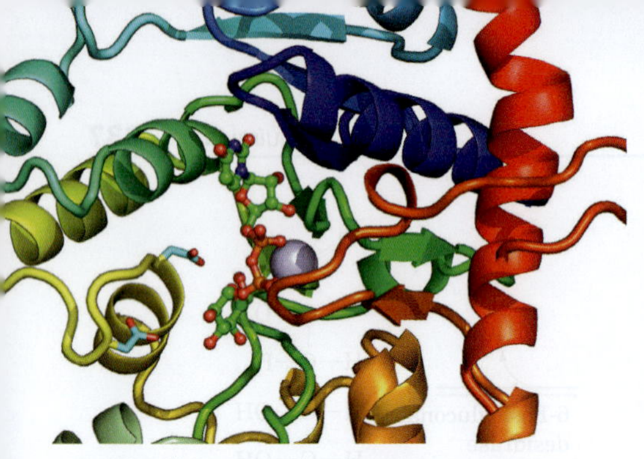

Metabolismo do Glicogênio

CAPÍTULO 18

Tudo deve ser feito tão simples quanto possível, mas não simploriamente.

Albert Einstein

A glicose, uma fonte importante de energia metabólica, é degradada pela glicólise para produzir ATP (Capítulo 17). Os organismos superiores se protegem da potencial falta de energia pela polimerização da glicose em excesso para armazenamento na forma de glicanos de alta massa molecular (polissacarídeos da glicose), que podem ser facilmente mobilizados nos momentos de necessidade metabólica. Nas plantas, a substância de armazenamento de glicose é o amido, uma mistura de glicanos de α-amilose unidos por ligação $\alpha(1 \rightarrow 4)$ (Fig. 11.18), e amilopectina, a qual difere da α-amilose pela presença de ramificações $\alpha(1 \rightarrow 6)$ a cada 24 a 30 resíduos (Fig. 11.19). Nos animais, o glicano armazenado é o **glicogênio** (Fig. 18.1), que difere da amilopectina apenas pelo fato de que suas ramificações ocorrem a cada 8 a 14 resíduos. O glicogênio ocorre em grânulos citoplasmáticos de 100 a 400 Å de diâmetro (Figs. 11.20 e 18.1*c*), contendo até 120 mil unidades de glicose cada um. Eles são especialmente importantes nas células que fazem uso máximo de glicogênio, nas células musculares (no máximo 1-2% de glicogênio em peso) e nas células hepáticas (no máximo 10% de glicogênio em peso, correspondendo a um suprimento de aproximadamente 12 horas de energia para o organismo). Os grânulos de glicogênio também contêm as enzimas que catalisam a síntese e a degradação do glicogênio, bem como algumas enzimas que regulam esse processo.

Como será visto neste capítulo, as unidades de glicose do glicogênio são mobilizadas pela remoção sequencial dessas unidades a partir da extremidade não redutora da cadeia do glicano (a extremidade sem grupo OH em C1). *A estrutura altamente ramificada do glicogênio, consequentemente, é de significância fisiológica. Ela permite a rápida degradação do glicogênio por meio da liberação de unidades de glicose da extremidade de cada ramificação.*

Qual seria a razão pela qual o organismo faria um esforço metabólico dessa ordem para usar glicogênio como fonte de energia, quando as gorduras, que são muitíssimo mais abundantes no organismo, aparentemente servem para o mesmo propósito? Três são as respostas.

1. Os músculos não podem mobilizar as gorduras tão rapidamente quanto o fazem com o glicogênio.
2. Os resíduos de ácidos graxos das gorduras não podem ser metabolizados anaerobiamente (Seção 25.2).
3. Os animais não podem converter ácidos graxos em glicose (Seção 23.1); desse modo, o metabolismo das gorduras não pode, sozinho, manter adequadamente os níveis de glicose no sangue (Seção 18.3F).

Assim como todos os processos metabólicos, o metabolismo do glicogênio pode ser compreendido em vários níveis. Esse processo será examinado de modo a entender as etapas termodinâmicas e o mecanismo de reação de cada etapa, mas será dada ênfase aos mecanismos pelos quais as velocidades de síntese e de degradação de glicogênio são controladas. As considerações sobre os mecanismos de controle metabólico iniciam na Seção 17.4, que discute o papel das interações alostéricas e dos ciclos de substrato na regulação da glicólise. Os sistemas mais complexos do controle do metabolismo do glicogênio servem de exemplo para vários processos de controle adicionais: modificações covalentes de enzimas e cascatas de enzimas. Além disso, considera-se o metabolismo do glicogênio como um modelo para explicar o papel dos hormônios no processo de regulação como um todo. O capítulo é finalizado com uma discussão sobre as consequências de defeitos genéticos em várias das enzimas do metabolismo do glicogênio.

1 DEGRADAÇÃO DO GLICOGÊNIO

O fígado e o músculo são os dois principais tecidos de armazenamento de glicogênio. No músculo, a necessidade de

(a)

Ligação α(1→6)

Extremidade redutora

Extremidade não redutora

Ponto de ramificação

Ligação α(1→4)

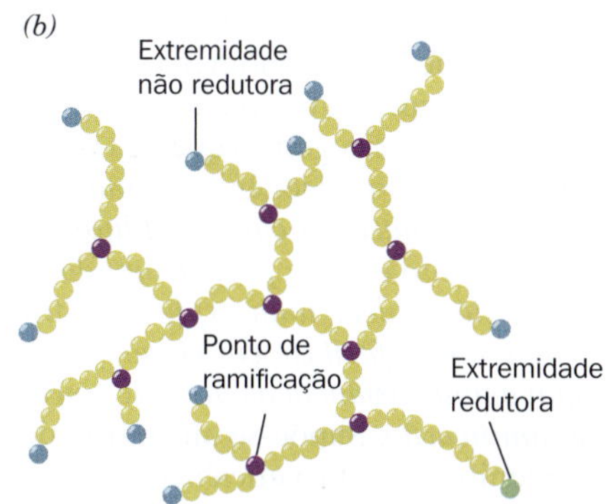

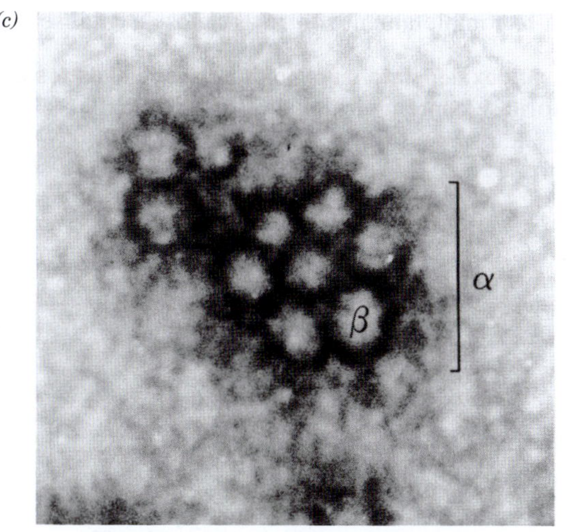

FIGURA 18.1 Estrutura do glicogênio. *(a)* Fórmula molecular. Na molécula real, as cadeias são muito mais longas do que o que está mostrado. *(b)* Diagrama esquemático que ilustra a estrutura ramificada do glicogênio. Os pontos de ramificação na molécula real são separados por 8 a 14 unidades glicosídicas. Observe que a molécula, qualquer que seja o seu tamanho, tem apenas uma extremidade redutora. *(c)* Micrografia eletrônica de um grânulo de glicogênio do músculo esquelético de rato. Cada grânulo (α) consiste em várias moléculas esféricas de glicogênio (β) associadas com proteínas. (Segundo Calder, P.C., *Int. J. Biochem.* **23**, 1339 [1991].) Direitos autorais de Elsevier Science. Reproduzida com permissão.)

ATP leva à conversão de glicogênio em glicose-6-fosfato (G6P) para entrar na glicólise. No fígado, baixas concentrações de glicose sanguínea provocam a degradação de G6P, a qual, neste caso, é hidrolisada a glicose e liberada na corrente sanguínea para reverter essa situação de baixa glicemia.

A degradação de glicogênio requer a ação de três enzimas:

1. A **glicogênio-fosforilase** (ou simplesmente **fosforilase**) catalisa a **fosforólise** do glicogênio (clivagem da ligação pela substituição por um grupo fosfato) para produzir **glicose-1--fosfato** (**G1P**).

$$\underset{(n \text{ resíduos})}{\text{Glicogênio}} + P_i \rightleftharpoons \underset{(n-1 \text{ resíduos})}{\text{glicogênio}} + \text{G1P}$$

Essa enzima libera unidades de glicose que estejam a pelo menos cinco unidades de um ponto de ramificação.

2. A **enzima desramificadora de glicogênio** remove as ramificações do glicogênio, permitindo, assim, que a reação de fosforólise do glicogênio seja completa. Ela também hidrolisa unidades glicosídicas com ligações α(1 → 6), produzindo glicose. Consequentemente, ~92% dos resíduos de glicose do glicogênio são convertidos em G1P. Os restantes ~ 8%, aqueles nos pontos de ramificação, são convertidos em glicose.

3. A **fosfoglicomutase** converte G1P em G6P, que, como visto anteriormente (Seção 17.2A), também é formada na primeira etapa da glicólise pela ação tanto da hexocinase como da glicocinase. A G6P pode continuar pela via glicolítica (como ocorre no músculo) ou ser hidrolisada a glicose (como ocorre no fígado).

As estruturas e os mecanismos de ação dessas três enzimas serão discutidos nesta seção.

A. *Glicogênio-fosforilase*

A glicogênio-fosforilase é um dímero de subunidades idênticas de 842 resíduos (97 kDa) que catalisa a etapa que controla a degradação do glicogênio. Ela é regulada tanto por interações alostéricas como por modificações covalentes. *A enzima que catalisa os processos de modificação/desmodificação produz duas formas de fosforilase: a* ***fosforilase a****, que tem, em cada subunidade, um grupo fosforil esterificado na*

Ser 14, e a ***fosforilase b****, que não tem esses grupos fosforil. Os inibidores alostéricos da fosforilase, ATP, G6P e glicose, e os seus ativadores alostéricos, AMP (para citar apenas os efetores mais proeminentes da enzima), interagem diferentemente com as enzimas fosforilada e desfosforilada, resultando em um processo de regulação extremamente sensível.* Esse processo de regulação será estudado na Seção 18.3C.

a. Domínios estruturais e sítios de ligação

As estruturas por raios X de alta resolução da fosforilase *a* e da fosforilase *b* foram determinadas por Robert Fletterick e Louise Johnson, respectivamente. A estrutura da fosforilase *b*, apesar da falta do fosfato ligado a Ser, é muito semelhante à da fosforilase *a* (Fig. 18.2). Ambas estruturas têm dois domínios, um domínio N-terminal (resíduos 1-484; um dos maiores domínios conhecidos) e um domínio C-terminal (resíduos 485-842). O domínio N-terminal é subdividido em um subdomínio de interface (resíduos 1-315), que inclui o sítio de modificação covalente (Ser 14), o sítio do efetor alostérico e todos os contatos entre as subunidades do dímero e o subdomínio de ligação ao glicogênio (resíduos 316-484), que contém "o sítio de armazenamento do glicogênio" (ver a seguir). O sítio catalítico está localizado no centro da subunidade, onde esses dois subdomínios juntam-se ao domínio C-terminal. Na Seção 18.3, são discutidos o comportamento alostérico da glicogênio-fosforilase e as diferenças conformacionais entre as fosforilases *a* e *b*.

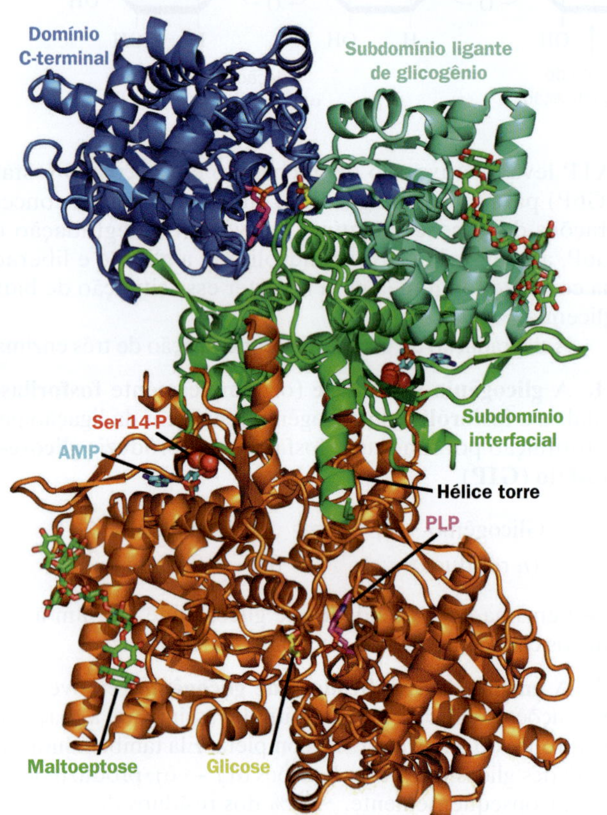

FIGURA 18.2 Estrutura por raios X da glicogênio-fosforilase *a* de músculo de coelho. A enzima homodimérica está representada na forma de fita e visualizada ao longo do seu eixo de simetria de ordem 2. Cada subunidade consiste em um domínio N-terminal, que é subdividido em um subdomínio interfacial (resíduos 1 a 315) e um subdomínio ligante de glicogênio (resíduos 316 a 484), e um domínio C-terminal (resíduos 485 a 842). Os vários ligantes da enzima estão representados na forma de bastões coloridos de acordo com o tipo com o N em azul, O em vermelho, P em cor de laranja e átomos de C como indicado. O sítio ativo está marcado por uma molécula de glicose ligada (C em amarelo). Piridoxal fosfato (PLP) está covalentemente ligado a cadeia lateral de Lys 678 no domínio C-terminal (C em magenta). Além disso, a enzima liga seu efetor alostérico AMP (C em ciano) e **maltoeptose** (C em verde), um heptâmero de glicose ligado por ligação $\alpha(1 \rightarrow 4)$, a qual está ligada na Ser 14-P do sítio de armazenamento de glicogênio da enzima, o grupamento fosforil no resíduo Ser 14, está representado na forma de volume atômico. (Estrutura por raios X cortesia de Stephen Sprang, University of Texas Southwest Medical Center, EUA.) **Ver Exercício de cineimagem 14.1**

O glicogênio forma uma hélice voltada à esquerda com 6,5 resíduos de glicose por volta, de forma semelhante à α-amilose (Fig. 11.18*b*). Uma fenda de ~ 30 Å de comprimento na superfície do monômero da fosforilase, que tem o mesmo raio de curvatura do glicogênio, conecta o sítio de armazenamento do glicogênio (que liga o glicogênio) ao sítio ativo (que fosforila o glicogênio). *Uma vez que essa fenda pode acomodar quatro ou cinco resíduos de açúcar de uma cadeia, mas é muito estreita para acomodar oligossacarídeos ramificados, ela fornece uma explicação física clara para a incapacidade da fosforilase em clivar resíduos glicosídicos que estejam a uma distância menor que cinco unidades de um ponto de ramificação.* Supõe-se que o sítio de armazenamento de glicogênio aumenta a eficiência catalítica da fosforilase por permitir que ela fosforile muitos resíduos de glicose na mesma partícula de glicogênio sem ter de dissociá-lo e reassociá-lo completamente entre os ciclos de catálise.

b. O piridoxal-fosfato é um cofator essencial da fosforilase

Fosforilase contém **piridoxal-5′-fosfato (PLP)**

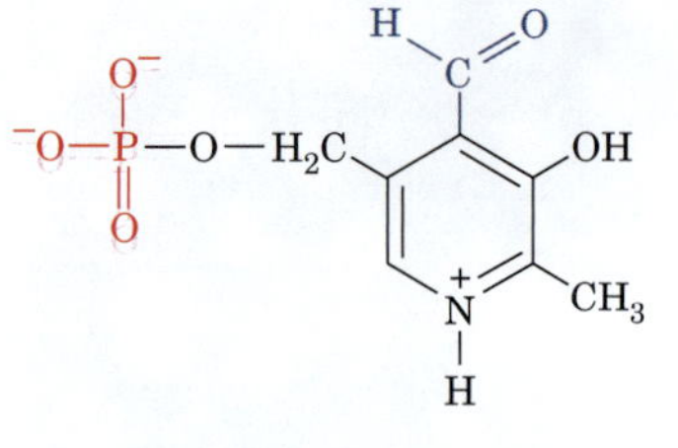

Piridoxal-5′-fosfato (PLP)

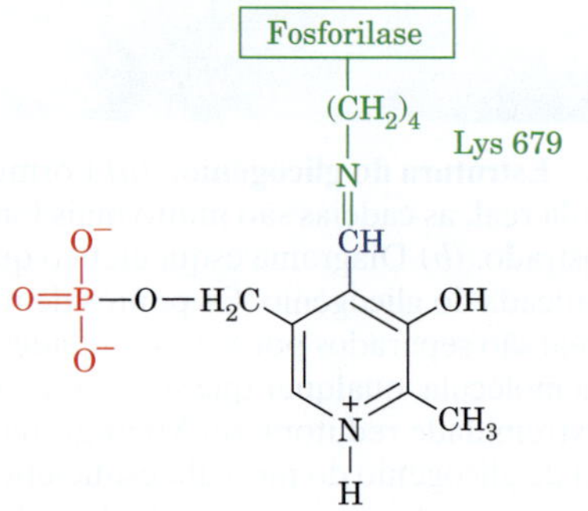

PLP ligado covalentemente à Lys 679 da fosforilase por meio de uma base de Schiff.

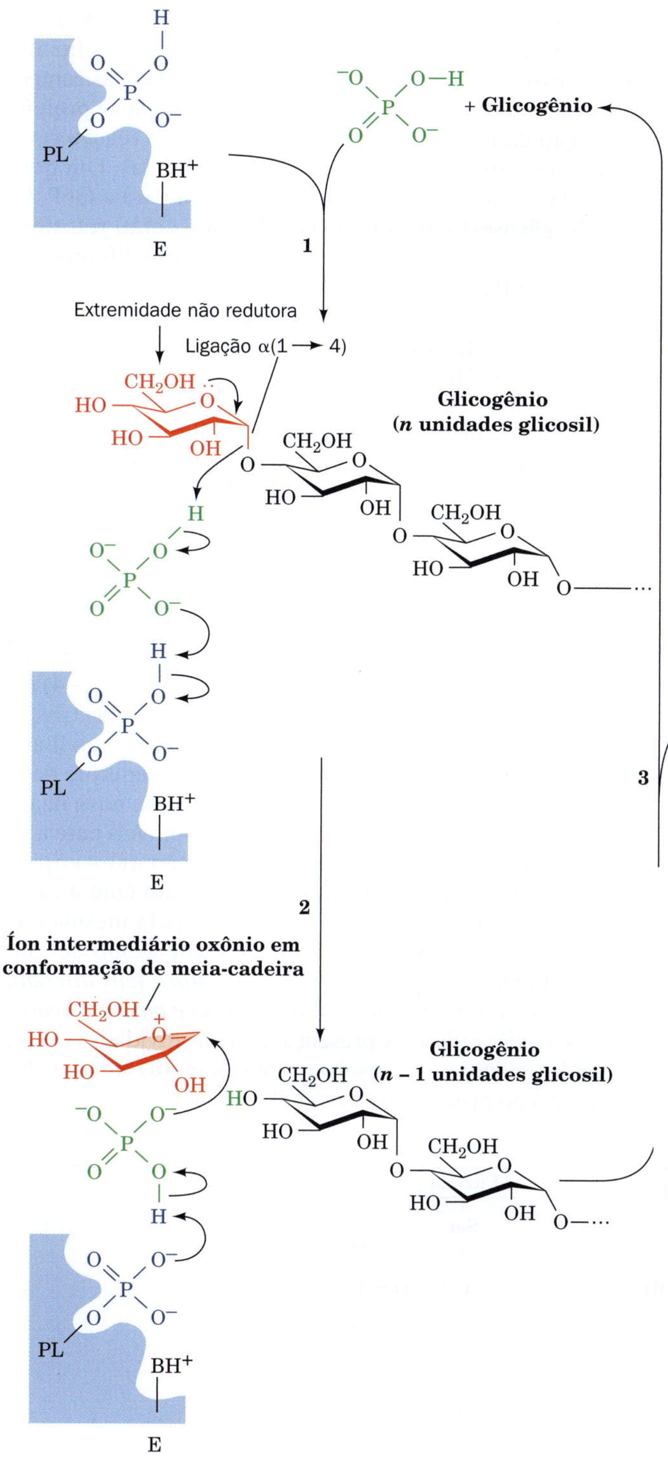

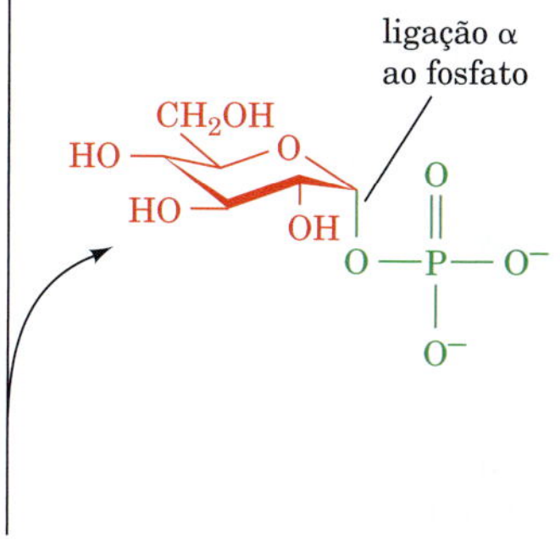

H
O
O
P
O
O⁻
PL
BH⁺
E
⁻O
O—H
P
O
O⁻
+ Glicogênio
1
Extremidade não redutora
Ligação α(1 → 4)
CH₂OH
HO
O
HO
OH
Glicogênio
(*n* unidades glicosil)
CH₂OH
O
O
HO
OH
CH₂OH
O
O
HO
OH
O—···
H
O⁻
O
P
O
O⁻
H
O
O
P
O
O⁻
PL
BH⁺
E
2
Íon intermediário oxônio em conformação de meia-cadeira
CH₂OH
HO
O
HO
OH
⁻O
O⁻
P
O
O
H
Glicogênio
(*n* – 1 unidades glicosil)
CH₂OH
HO
O
HO
OH
CH₂OH
O
O
HO
OH
O—···
O
O⁻
P
O
O⁻
PL
BH⁺
E
3
ligação α ao fosfato
CH₂OH
HO
O
HO
OH
O
O—P—O⁻
O⁻

FIGURA 18.3 Mecanismo de reação da glicogênio-fosforilase. Aqui, PL é uma enzima ligante de grupo piridoxil e BH^+ é uma cadeia lateral de um aminoácido carregado positivamente, provavelmente da Lys 568, necessária para a manutenção da neutralidade elétrica do PLP. (**1**) Formação de um complexo ternário E · P_i · glicogênio. (**2**) Formação do íon intermediário oxônio blindado a partir de um resíduo glicosil terminal com ligação α, envolvendo a catálise ácida de P_i facilitada pela transferência de prótons do PLP. O íon oxônio apresenta a conformação de meia-cadeira. (**3**) Reação de P_i com o íon oxônio com retenção geral da configuração em torno de C1 para formar α-D-glicose-1-fosfato. O glicogênio, com um resíduo a menos do que no início da reação, volta para a Etapa 1.

que é necessário para sua atividade. Esse derivado da vitamina B6 está ligado covalentemente à Lys 679 da fosforilase por meio de uma base de Schiff. O PLP liga-se de forma semelhante a várias enzimas envolvidas no metabolismo dos aminoácidos, no qual é um cofator essencial nas reações de transaminação (Seção 26.1Aa). O mecanismo de participação do PLP na reação da fosforilase deve divergir do mecanismo que ocorre em outras enzimas, porque, por exemplo, a redução da base de Schiff com $NaBH_4$ ($—HC{=}N— \rightarrow —H_2C—NH—$) não tem efeito na atividade da fosforilase, enquanto esse reagente inativa enzimas do metabolismo dos aminoácidos que necessitam de PLP. Esse é um exemplo intrigante do oportunismo da natureza em utilizar o mesmo cofator para executar químicas diferentes.

Amplos estudos com fosforilase usando análogos de PLP em que várias partes da molécula foram removidas ou modificadas indicam que apenas o grupo fosfato participa no processo catalítico. De fato, as estruturas por raios X da fosforilase revelam que apenas o grupo fosfato do PLP está próximo do sítio ativo da enzima. É altamente provável que esse grupo fosforil funcione como um catalisador acidobásico.

c. Cinética e mecanismo de reação

A reação da fosforilase resulta na clivagem da ligação C1–O1 de uma unidade glicosídica terminal não redutora do glicogênio, produzindo G1P. Essa reação prossegue com a retenção da configuração, sugerindo que a fosforólise ocorre via um mecanismo de duplo deslocamento (duas substituições nucleofílicas em sequência, ocorrendo inversão da configuração em cada uma delas; Fig. 16.6c) envolvendo um intermediário glicosil-enzima covalente. A fosforólise apresenta uma cinética de equilíbrio rápido aleatório Bi Bi (Seção 14.5) e não uma cinética Pingue-pongue, como seria o esperado no caso de mecanismo de duplo deslocamento. Além disso, todas as tentativas de provar a existência do suposto intermediário covalente não tiveram sucesso.

Um mecanismo alternativo (Fig. 18.3), que é compatível com os dados estruturais, químicos e cinéticos disponíveis, começa com a formação de um complexo ternário enzima · P_i · glicogênio, seguido pela produção de um íon oxônio intermediário blindado, semelhante ao estado de transição na reação da lisozima (que também envolve clivagem de uma ligação glicosídica no polissacarídeo; Seção 15.2B). *A clivagem da ligação, com a consequente formação do íon oxônio, é auxiliada pela protonação do oxigênio glicosídico pelo substrato P_i (catálise ácida).* A fosforilase não tem nenhum grupo nucleofílico ou carboxilato proteico nas vizinhanças da ligação glicosídica suscetível e, assim, não poderia formar um intermediário covalente como o que ocorre com a lisozima. Entretanto, uma vez que o grupo fosforil do PLP está dentro dos limites da distância de ligação de hidrogênio do P_i, parece que a clivagem da ligação é facilitada pela protonação simultânea do P_i reativo pelo grupo fosforil da PLP em um tipo de substituição de prótons. O íon oxônio resultante (Fig. 18.3) é estabilizado por meio da formação de um par iônico com o P_i aniônico (catálise eletrostática), que subsequentemente colapsa para gerar o produto, G1P, em uma etapa da reação que é facilitado pela remoção de um próton do P_i pelo grupo fosforil do PLP (catálise básica).

O mecanismo do íon oxônio é apoiado pela observação de que a **1,5-gliconolactona**

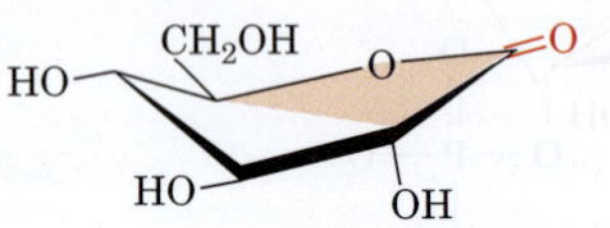

1,5-gliconolactona

é um potente inibidor da fosforilase. A 1,5-gliconolactona tem a mesma conformação de meia-cadeira do íon oxônio proposto, sugerindo que ela seja um análogo do estado de transição, mimetizando o íon oxônio no sítio ativo da fosforilase (Seção 15.1F).

B. *Fosfoglicomutase*

A fosforilase converte as unidades de glicose do glicogênio em G1P, que, por sua vez, é convertida pela fosfoglicomutase a G6P para entrar na glicólise no músculo ou para ser hidrolisada a glicose no fígado. A estrutura por raios X da fosfoglicomutase de músculo de coelho indica que o sítio ativo desta enzima monomérica, de 561 resíduos, está basicamente escondido no fundo de uma fenda bem profunda na proteína. A reação da fosfoglicomutase é semelhante à reação catalisada pela fosfoglicerato-mutase (Seção 17.2Ha). Um grupo fosforila é transferido da fosfoenzima ativa para a G6P, formando **glicose-1,6-bifosfato (G1,6P)**, que então refosforila a enzima para produzir G1P (Fig. 18.4). Uma diferença importante entre essa enzima e a fosfoglicerato-mutase é que o grupo fosforil na fosfoglicomutase está ligado covalentemente a um grupo hidroxila da Ser em vez de ao nitrogênio imidazólico da His.

A G1,6P ocasionalmente se dissocia da fosfoglicomutase, resultando na inativação dessa enzima. Portanto, a presença de pequenas quantidades de G1,6P é necessária para manter a fosfoglicomutase plenamente ativa. Esse intermediário é provido pela **fosfoglicocinase**, que catalisa a fosforilação do grupo OH do C6 da G1P pelo ATP.

C. *Enzima desramificadora do glicogênio*

A enzima desramificadora do glicogênio, um monômero de 1540 resíduos, atua como uma transglicosilase $\alpha(1 \rightarrow 4)$ (glicosil-transferase) pela transferência de uma unidade trissacarídica ligada por uma ligação $\alpha(1 \rightarrow 4)$ de um "ramo limite" de um glicogênio para uma extremidade não redutora de um outro ramo (Fig. 18.5). Essa reação forma uma nova ligação $\alpha(1 \rightarrow 6)$ com três unidades adicionais disponíveis para a fosforólise catalisada pela fosforilase. A ligação $\alpha(1 \rightarrow 6)$, que liga o resíduo glicosil remanescente no ramo com a cadeia principal, é hidrolisada (não fosforilada) pela mesma enzima desramificadora, gerando glicose e glicogênio desramificado. Portanto, *a enzima desramificadora tem diferentes sítios ativos para a reação de transferência e para a reação da $\alpha(1 \rightarrow 6)$-glicosidase.* A presença de duas atividades catalíticas independentes na mesma enzima melhora, sem dúvida, a eficiência do processo de desramificação.

Enzima — Ser — CH_2—O—PO_3^- ; $^{-2}O_3POCH_2$ (G6P) ⇌ (1) Enzima — Ser — CH_2OH ; G1,6P ⇌ (2) Enzima — Ser — CH_2—O—PO_3^- ; G1P

Glicose-6-fosfato (G6P) **Glicose-1,6-bifosfato (G1,6P)** **Glicose-1-fosfato (G1P)**

FIGURE 18.4 Mecanismo de ação da fosfoglicomutase. (**1**) O grupo OH no C1 da G6P ataca a fosfoenzima para formar o intermediário desfosfoenzima-G1,6P. (**2**) O grupo OH da Ser na desfosfoenzima ataca o grupo fosfato no C6 para regenerar a fosfoenzima, formando G1P.

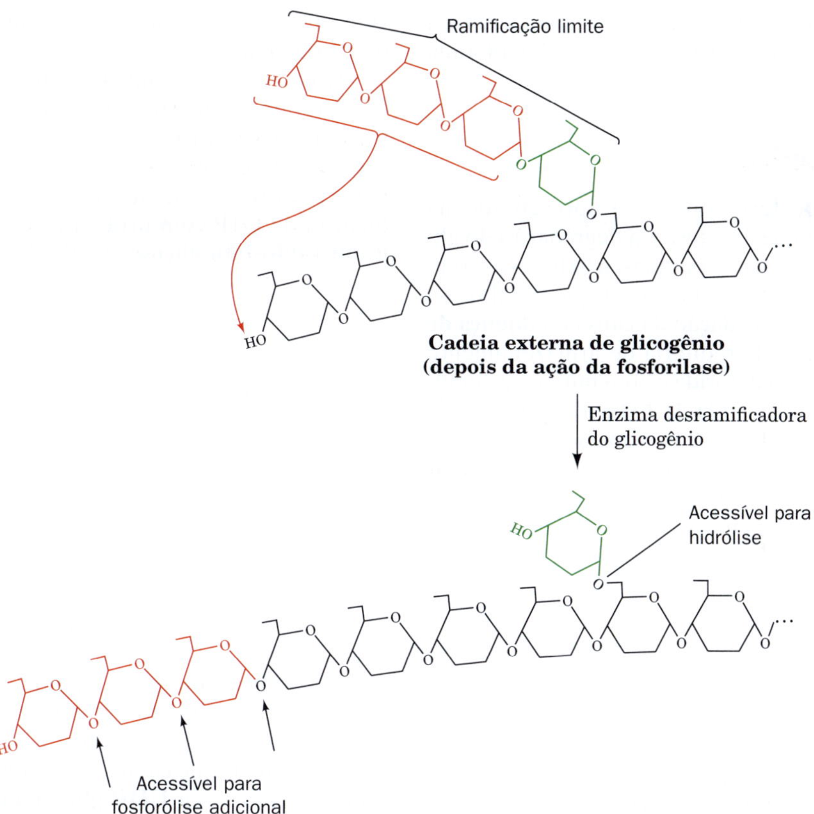

FIGURA 18.5 Reações catalisadas pela enzima desramificadora. A enzima transfere os três resíduos terminais de glicose ligados por ligação α(1 → 4) de uma "dextrina limite" do glicogênio para a extremidade não redutora de uma outra cadeia. A ligação α(1 → 6) do resíduo remanescente no ponto de ramificação é hidrolisada pela ação da enzima desramificadora para produzir glicose livre. A cadeia recém-alongada é substrato para degradação pela glicogênio-fosforilase.

A velocidade máxima da reação da glicogênio-fosforilase é muito maior do que a da reação desramificadora do glicogênio. Consequentemente, os ramos mais externos do glicogênio, que abrangem quase a metade dos resíduos de glicose, são degradados no músculo em poucos segundos em situações de alta demanda metabólica. A degradação do glicogênio além desse ponto necessita de desramificação, por esta razão ocorre mais vagarosamente. Isso, em parte, é responsável pelo fato de o músculo conseguir manter esforço máximo por apenas alguns segundos.

D. *Termodinâmica do metabolismo do glicogênio: a necessidade de vias de síntese e de degradação separadas*

O $\Delta G°'$ (ΔG sob condições bioquímicas padrão) para a reação da fosforilase é + 3,1 kJ · mol^{-1}, portanto, como indica a equação (3.15), essa reação está em equilíbrio (ΔG = 0) a 25°C, quando $[P_i]/[G1P]$ = 3,5. Na célula, entretanto, essa relação de concentração varia entre 30 e 100, que coloca o ΔG na faixa de −5 a −8 kJ · mol^{-1}, isto é, *sob condições fisiológicas, a degradação do glicogênio é exergônica.* A síntese do glicogênio, sob condições fisiológicas, a partir de G1P é desfavorável sem a entrada de energia livre. Consequentemente, *a biossíntese e a degradação de glicogênio devem ocorrer por vias separadas. Então, há uma estratégia metabólica recorrente: vias biossintéticas e degradativas do metabolismo são quase sempre diferentes (Seção 16.1).* Existem duas importantes razões para isso. A primeira, como visto anteriormente, é que as duas vias podem ser necessárias em concentrações metabólicas semelhantes *in vivo*. Essa situação é termodinamicamente impossível se uma via for apenas o inverso da outra. A segunda razão é igualmente importante: reações catalisadas por enzimas diferentes podem ser reguladas independentemente, o que permite um controle de fluxo muito fino. Esse princípio de operação foi visto na conversão glicolítica da frutose-6-fosfato (F6P) em frutose-1,6-bifosfato (F1,6P) pela fosfofrutocinase (PFK; Seção 17.4F). O processo inverso, nesse caso (hidrólise da F1,6P), é catalisado pela frutose-bifosfatase (FBPase). O controle independente dessas duas enzimas fornece uma regulação precisa do fluxo glicolítico.

O metabolismo do glicogênio, como a glicólise, é regulado perfeitamente por controles independentes de suas vias sintéticas e degradativas. Na próxima seção, será examinada a via de síntese de glicogênio e, na Seção 18.3, será explorada o processo regulatório.

2 SÍNTESE DE GLICOGÊNIO

Apesar de o argumento termodinâmico apresentado na Seção 18.1D demonstrar que a síntese e a degradação do glicogênio devem ocorrer por vias separadas, não foi esse argumento termodinâmico que permitiu a aceitação geral dessa ideia. Foi, em vez disso, a elucidação da causa da **doença de McArdle**, uma rara doença hereditária de armazenamento de glicogênio que resulta em dolorida cãibra muscular durante o exercício extenuante (Seção 18.4). O tecido muscular de indivíduos com doença de McArdle não apresenta atividade de glicogênio-fosforilase e é, portanto, incapaz de degradar glicogênio. Os seus músculos, contudo, contêm quantidades relativamente altas de glicogênio normal. Claramente, devem existir vias separadas para a síntese e para a degradação de glicogênio.

Uma vez que a conversão direta de G1P em glicogênio e P_i é termodinamicamente desfavorável (ΔG positivo), em todas as concentrações fisiológicas de P_i, a biossíntese de glicogênio requer um passo exergônico adicional. Como descoberto por Luis Leloir em 1957, esse passo é obtido pela combinação de G1P com uridina-trifosfato (UTP) para formar **uridina-difosfato-glicose** (**UDP-glicose** ou **UDPG**):

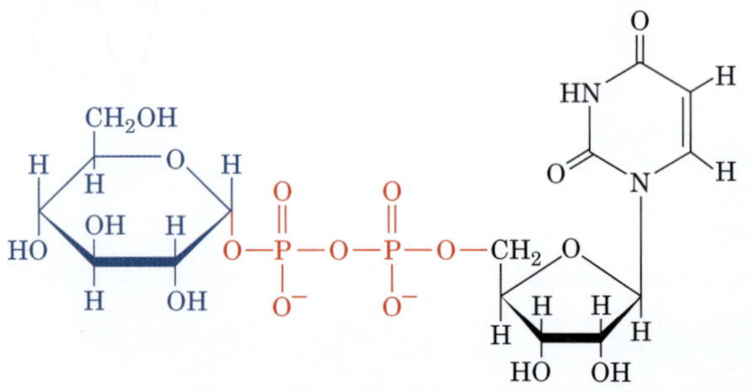

Uridina-difosfato-glicose (UDPG)

A condição de "alta energia" da UDPG permite-lhe doar espontaneamente unidades glicosídicas para a cadeia de glicogênio em crescimento.

As enzimas que catalisam os três passos da via de síntese do glicogênio são a **UDP-glicose-pirofosforilase**, **a glicogênio-sintase** e a **enzima ramificadora do glicogênio**. Nesta seção, serão examinadas as reações catalisadas por essas enzimas. A discussão de como essas enzimas são controladas está guardada para a Seção 18.3.

G1P — UTP — Pirofosfatase inorgânica — PP_i — H_2O — $2\,P_i$ — UDP-glicose

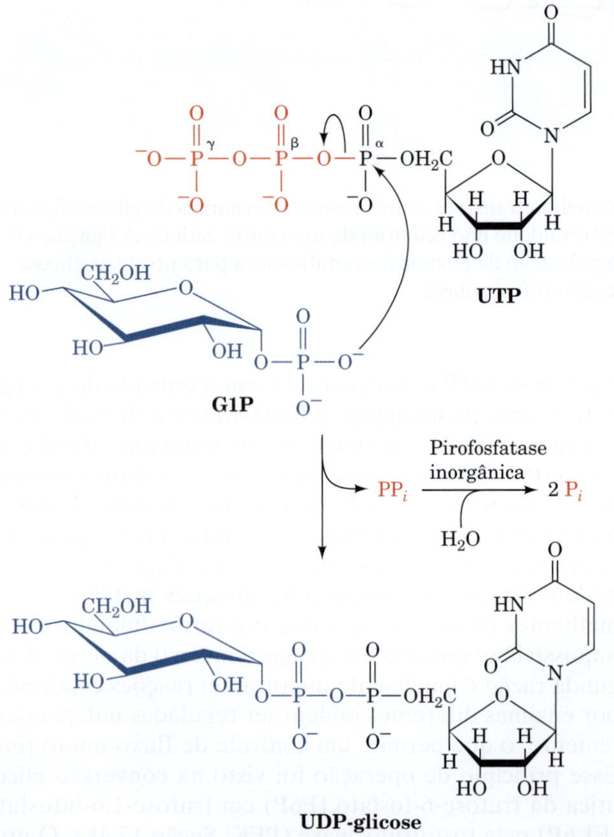

FIGURA 18.6 Reação catalisada pela UDP-glicose-pirofosforilase. A reação é uma troca fosfoanidrídica em que o oxigênio fosforil da G1P ataca o átomo fosfórico α do UTP para formar UDPG e liberar PP_i. O PP_i é rapidamente hidrolisado pela pirofosfatase inorgânica.

A. *UDP-glicose-pirofosforilase*

A UDP-glicose-pirofosforilase catalisa a reação da UTP e da G1P (Fig. 18.6). Nessa reação, o oxigênio do grupo fosforil da G1P ataca o átomo de fósforo α do UTP para formar UDPG e liberar PP_i. O $\Delta G^{\circ\prime}$ dessa troca de fosfoanidrido é, como esperado, praticamente zero. Entretanto, o PP_i formado é hidrolisado em uma reação exergônica pela enzima onipresente pirofosfatase inorgânica. A reação total para a formação de UDPG é, portanto, também altamente exergônica:

		$\Delta G^{\circ\prime}$ (kJ · mol^{-1})
	G1P + UTP $\rightleftharpoons$ UDPG + PP_i	~0
	H_2O + PP_i $\rightleftharpoons$ $2P_i$	−19,2
Total:	G1P + UTP $\rightleftharpoons$ UDPG + $2P_i$	−19,2

A clivagem do nucleosídeo-trifosfato para formar PP_i é uma estratégia biossintética bem comum. A energia livre da hidrólise do PP_i pode então ser utilizada juntamente com a energia livre da hidrólise do nucleosídeo-trifosfato para impelir até o fim uma reação que, de outra maneira, seria endergônica (Seção 16.4Ca).

B. *Glicogênio-sintase*

Na próxima etapa da síntese do glicogênio, a reação da glicogênio-sintase, a unidade glicosil da UDPG é transferida para o grupo OH do C4 em uma das extremidades não redutoras do glicogênio para formar uma ligação glicosídica $\alpha(1 \rightarrow 4)$ (Fig. 18.7). Acredita-se que a reação da glicogênio-sintase, da mesma forma como as reações da glicogênio-fosforilase e da lisozima, envolva um íon oxônio glicosil intermediário ou um estado de transição, uma vez que elas também são inibidas por 1,5-gliconolactona, um análogo que mimetiza a geometria em meia-cadeira do íon oxônio.

A $\Delta G^{\circ\prime}$ para a reação da glicogênio-sintase é $-$ 13,4 kJ · mol^{-1}, tornando a reação total espontânea nas mesmas condições em que a degradação do glicogênio pela glicogênio-fosforilase é também espontânea. As velocidades das duas reações podem então ser controladas independentemente. Existe, no entanto, um preço energético para que isso ocorra. Nesse caso, *para cada molécula de G1P que é convertida em glicogênio e então regenerada, uma molécula de UTP é hidrolisada a UDP e* P_i. *Portanto, o ciclo de síntese e degradação do glicogênio não é um moto contínuo mas, em vez disso, um "motor" cujo combustível é a hidrólise do UTP.* O UTP é reposto por uma reação de transferência de fosfato mediada pela **nucleosídeo-difosfato-cinase** (Seção 28.1Ba):

$$\text{UDP} + \text{ATP} \rightleftharpoons \text{UTP} + \text{ADP}$$

Assim, a hidrólise de UTP é equivalente energeticamente à hidrólise do ATP. Essa reação ocorre por meio de um mecanismo Pingue-pongue em que o resíduo de His do sítio ativo é fosforilado transitoriamente na sua posição N_δ, como ocorre na reação da fosfoglicerato-mutase da glicólise (Seção 17.2Ha). Os mamíferos expressam duas isoformas ~70% idênticas da glicogênio-sintase, uma predominantemente no músculo e outra no fígado, assim como no caso da glicogênio-fosforilase. Plantas e bactérias expressam **amido/glicogênio-sintases**, mas essas empregam **ADP-glicose** como doadoras de glicose em vez de UDP-glicose e demonstram pouca similaridade de sequência com glicogênio-sintases de animais.

a. A glicogenina inicia a síntese de glicogênio

A glicogênio-sintase não pode simplesmente ligar dois resíduos de glicose; pode apenas estender uma cadeia glicônica $\alpha(1 \rightarrow 4)$ preexistente. Como, então, é iniciada a síntese de glicogênio? A resposta é que a primeira etapa na síntese de glicogênio é a fixação autocatalisada de um resíduo de glicose ao grupo OH da Tyr 194 de uma proteína homodimérica de 332 resíduos denominada **glicogenina**. A glicogenina, que foi descoberta por William Whelan, estende a cadeia glicônica por até ~9 resíduos adicionais, fornecidos pela UDP-glicose, formando um "iniciador" para o início da síntese de glicogênio. É apenas nesse ponto que a glicogênio-sintase inicia a síntese de glicogênio,

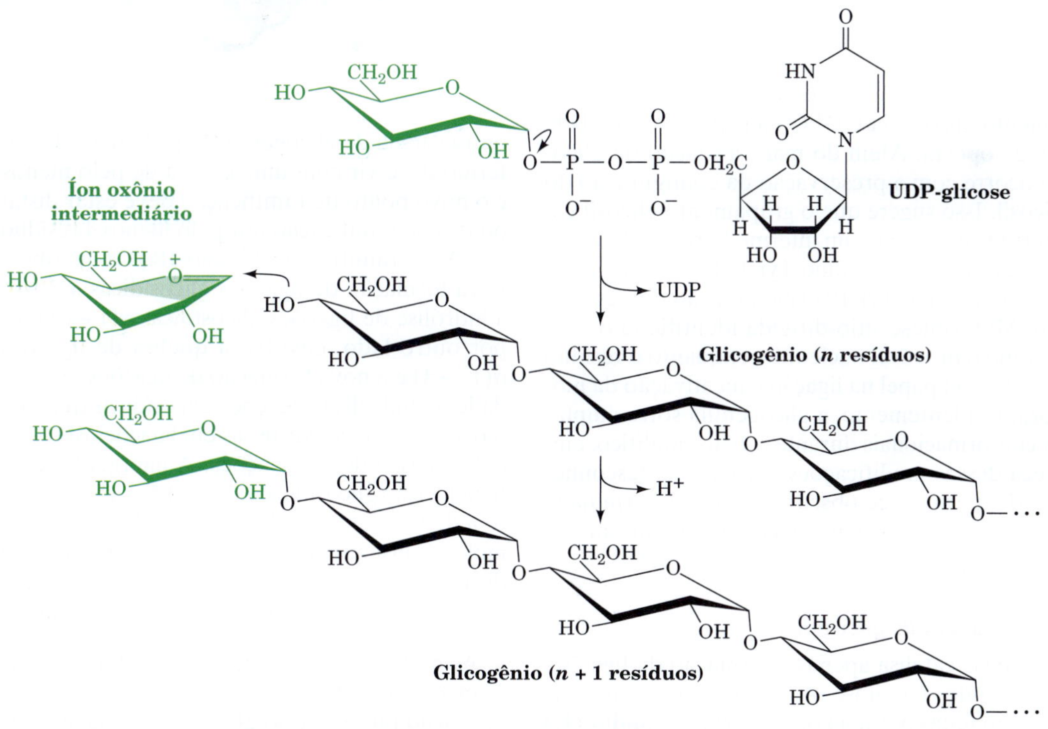

FIGURA 18.7 Reação catalisada pela glicogênio-sintase. A reação envolve um intermediário íon oxônio glicosil.

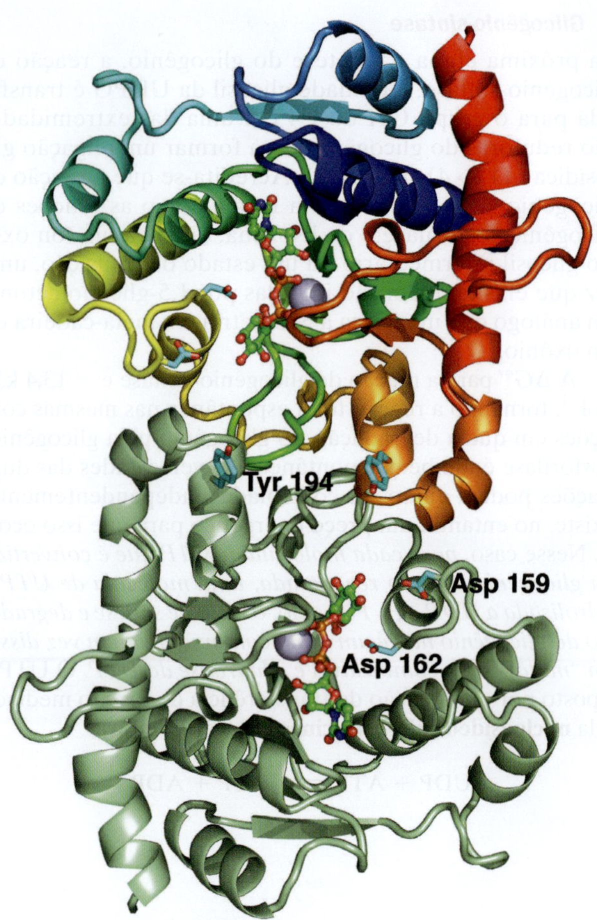

FIGURA 18.8 Estrutura por raios X da glicogenina do músculo de coelho. A subunidade mais acima desta enzima homodimérica está colorida nas cores do arco-íris a partir de seu N-terminal (*azul*) em direção a seu C-terminal (*vermelho*), e a parte inferior está em verde-claro. UDPG está desenhado na forma de esferas e varetas com C em verde, N azul, O vermelho e P cor de laranja. As cadeias laterais de Tyr 194, às quais o resíduo de glicose na extremidade redutora de glicogênio está ligado, e Asp 159 e Asp 162 estão desenhadas na forma de bastão, com C em ciano e O em vermelho. Os íons de Mn^{2+}, os quais se acreditava estabilizarem eletrostaticamente o grupo de saída, UDP, estão representados por esferas em lilás. Os resíduos 262 a 332, que estão implicados na ligação da glicogênio-sintase, não estão visíveis na estrutura por raios X e por isso desordenados. (Com base na estrutura por raio X de Thomas Hurley e Peter Roach, Indiana University School of Medicine, EUA. PDbid 1LL2.))

que começa no "iniciador", ainda complexada firmemente com a glicogenina. Essas proteínas, porém, dissociam-se após o crescimento do grânulo de glicogênio ter atingido um tamanho mínimo. A análise de grânulos de glicogênio quanto ao conteúdo de glicogenina e glicogênio-sintase demonstra que elas estão presentes em uma proporção 1:1. Evidentemente, cada molécula de glicogênio (Fig. 18.1*c*) está associada a uma molécula de glicogenina e a uma molécula de glicogênio-sintase.

A estrutura por raios X da glicogenina muscular de coelho no complexo com UDPG (Fig. 18.8), determinada por Thomas Hurley e Peter Roach, revela que a porção N-terminal da enzima é composta por uma prega tipo Rossmann (Seção 8.3Bi) que é comum no domínio de ligação de nucleotídeos da maioria das glicosiltransferases. O grupamento OH de seu resíduo Tyr 194 está 21 e 16 Å distante do C1 do grupamento glicosil da UDPG na mesma subunidade e na subunidade oposta. Além do mais, a reação da glicosiltransferase ocorre com a preservação da configuração do átomo C1 glicosil. Isso sugere que o grupamento glicosil é o primeiro a ser transferido para um intermediário nucleofílico e é então transferido para o resíduo Tyr 194 ou para glicose que está ligada ao resíduo Tyr 194 (uma reação de deslocamento duplo). Mutagênese sítio-dirigida identificou o resíduo Asp 162 como o provável nucleófilo, enquanto o resíduo Asp 159 parece ter um papel na ligação e na ativação da molecula aceptora. Evidentemente, a glicogenina sofre amplas modificações conformacionais durante o ciclo catalítico, embora a natureza dessas modificações permaneça desconhecida. Na verdade, permanece obscuro se uma determinada subunidade transfere o grupamento glicosil para si mesmo ou para a subunidade oposta.

C. *Enzima ramificadora do glicogênio*

A glicogênio-sintase catalisa apenas a formação de ligações $\alpha(1 \rightarrow 4)$, produzindo α-amilose. As ramificações para formar glicogênio são feitas por uma outra enzima, a **amilo-(1,4 → 1,6)-transglicosilase (enzima ramificadora de glicogênio)**, que é diferente da enzima desramificadora de glicogênio. As ramificações são criadas pela transferência de segmentos de cadeias terminais constituídas de ~7 resíduos glicosil para grupos OH do C6 dos resíduos de glicose da mesma ou de outra cadeia de glicogênio (Fig. 18.9). Cada segmento transferido deve vir com uma cadeia de pelo menos 11 resíduos, e o novo ponto de ramificação deve estar distante de outros pontos de ramificação por pelo menos 4 resíduos.

A desramificação (Seção 18.1C) envolve a quebra e a nova formação de ligações glicosídicas $\alpha(1 \rightarrow 4)$ e somente a hidrólise de ligações glicosídicas $\alpha(1 \rightarrow 6)$. A ramificação, por outro lado, envolve a quebra de ligações glicosídicas $\alpha(1 \rightarrow 4)$ e a nova formação de ligações $\alpha(1 \rightarrow 6)$. A necessidade de hidrolisar ligações glicosídicas $\alpha(1 \rightarrow 6)$ do glicogênio, em vez de convertê-las em ligações $\alpha(1 \rightarrow 4)$, é explicada pela energia dessas reações. A energia livre de hidrólise de uma ligação glicosídica $\alpha(1 \rightarrow 4)$ é $-15{,}5\ \text{kJ} \cdot \text{mol}^{-1}$, enquanto a de uma ligação glicosídica $\alpha(1 \rightarrow 6)$ é apenas $-7{,}1\ \text{kJ} \cdot \text{mol}^{-1}$. Consequentemente, a hidrólise de uma ligação glicosídica $\alpha(1 \rightarrow 4)$ impulsiona a síntese de uma ligação glicosídica $\alpha(1 \rightarrow 6)$, enquanto a reação inversa é endergônica.

a. As partículas de glicogênio são fabricadas para otimizar a mobilização de glicose

A função biológica do glicogênio é maximizar o armazenamento de unidades de glicose de maneira a condizer com a necessidade de mobilizá-las rapidamente quando em condições de alta demanda metabólica. Para isso, três parâmetros associados devem ser otimizados: o número de camadas de ramificações em uma molécula de glicogênio, o número de

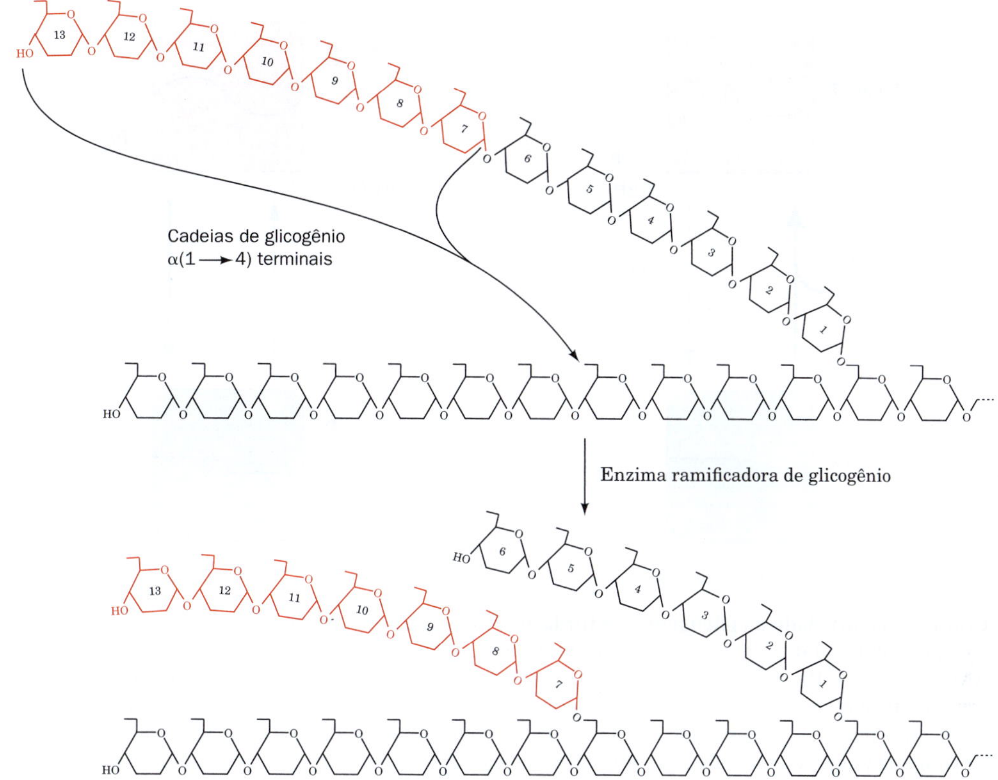

FIGURA 18.9 A ramificação do glicogênio. As ramificações são formadas pela transferência de um segmento terminal de 7 resíduos de uma cadeia glicônica ligados por ligação $\alpha(1 \rightarrow 4)$ ao OH do C6 de um resíduo de glicose na mesma ou de outra cadeia.

ramificações por camada e a média do comprimento da cadeia em cada camada. Para uma molécula de glicogênio com um número fixo de resíduos, o número de ramificações externas a partir das quais a glicose pode ser mobilizada antes que seja necessária a desramificação diminui à medida que o comprimento da cadeia aumenta (lembrar que a desramificação é um processo mais lento que a fosforólise). Entretanto, moléculas com cadeias longas têm um grande número de resíduos de glicose que podem sofrer fosforólise entre pontos de ramificações. Uma vez que a densidade de ramificações externas é limitada estericamente, o tamanho máximo de uma molécula de glicogênio diminui à medida que aumenta o número médio de ramificações por camada. As partículas de glicogênio maduras de vários animais apresentam ~12 camadas de ramificações, com ~2 ramificações por camada e, em média, com ~13 resíduos por ramificação. Um cálculo matemático sugere que esses valores estão próximos aos valores ótimos para mobilizar a maior quantidade de glicose no menor tempo possível.

3 CONTROLE DO METABOLISMO DO GLICOGÊNIO

Foi visto que tanto a síntese como a degradação de glicogênio são exergônicas nas mesmas condições fisiológicas. Se ambas as vias operassem simultaneamente, entretanto, tudo que fosse obtido seria desperdiçado na hidrólise do UTP. Essa situação é semelhante a do ciclo do substrato da fosfofrutocinase-frutose-bifosfatase (Seção 17.4Ff). Portanto, a glicogênio-fosforilase e a glicogênio-sintase devem estar sob rigoroso controle, para que o glicogênio seja sintetizado ou utilizado de acordo com a necessidade celular. O extraordinário mecanismo desse controle é o próximo tópico de discussão. Ele envolve não apenas controle alostérico e ciclo de substrato, mas também modificações covalentes catalisadas por enzimas tanto na glicogênio-sintase como na glicogênio-fosforilase. As próprias reações de modificações covalentes estão sob controle hormonal por meio de uma cascata enzimática.

A. *Controle alostérico direto da glicogênio-fosforilase e da glicogênio-sintase*

Foi visto na Seção 17.4B, que o fluxo líquido de reagentes, J, por um passo na via metabólica, é diferente entre a velocidade da reação direta e da reação inversa, v_f e v_r. A variação do fluxo por qualquer etapa na via com a troca da concentração do substrato se aproximará do infinito quando essa etapa da reação se aproximar do equilíbrio ($v_f \approx v_r$; Eq. [17.4]). O fluxo de uma reação próxima ao equilíbrio é, dessa forma, quase incontrolável. Entretanto, como visto no caso da PFK e FBPase, *um controle preciso no fluxo de uma via será possível quando a ação de uma enzima atuando longe do equilíbrio for oposta por uma enzima controlada separadamente. Então, v_f e v_r variam independentemente.*

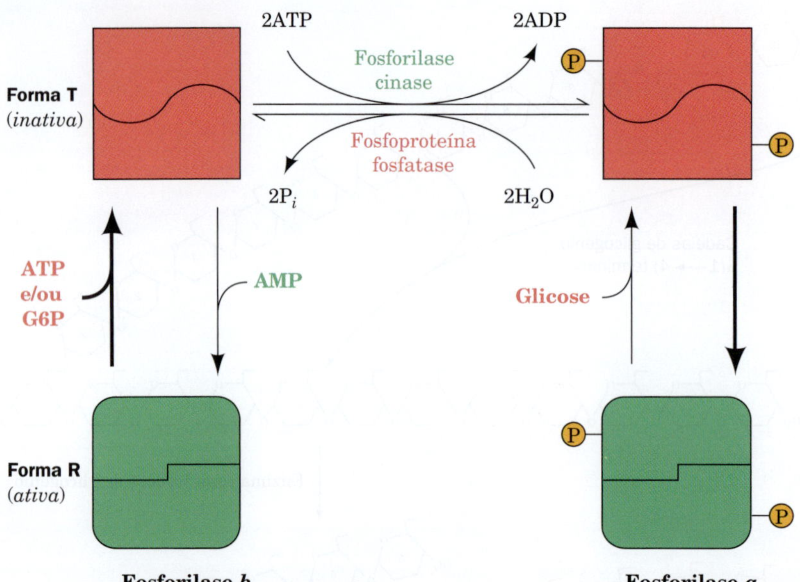

FIGURA 18.10 Controle da atividade da glicogênio-fosforilase. A enzima pode assumir a conformação enzimaticamente inativa T *(parte superior)* ou a forma R cataliticamente ativa *(parte inferior)*. A conformação da fosforilase *b* é controlada alostericamente pelos efetores AMP, ATP e G6P e, em condições fisiológicas, está, na maioria das vezes, no estado T. Por outro lado, a forma modificada da enzima, fosforilase *a*, é basicamente não responsiva a esses efetores e está, na maioria das vezes, no estado R, a não ser na presença de altos níveis de glicose. Sob condições fisiológicas usuais, a atividade enzimática da glicogênio-fosforilase é essencialmente determinada pelas velocidades de modificação e desmodificação. Observe que somente na forma T a enzima está sujeita à fosforilação e à desfosforilação, de forma que a ligação do efetor influencia as velocidades desses eventos de modificação/desmodificação.

Na verdade, nessas circunstâncias, até mesmo a direção do fluxo é controlada se v_f puder ser maior do que v_r. Essa situação ocorre exatamente no metabolismo do glicogênio pela oposição das reações da glicogênio-fosforilase e da glicogênio-sintase. As velocidades de ambas reações estão sob controle alostérico por efetores, que incluem ATP, G6P e AMP. No músculo, a glicogênio-fosforilase é ativada por AMP e inibida por ATP e G6P (Fig. 18.10, *esquerda*). A glicogênio-sintase, por outro lado, é ativada por G6P. Quando existe alta demanda por ATP (baixa [ATP], baixa [G6P] e alta [AMP]), a glicogênio-fosforilase é estimulada, e a glicogênio-sintase é inibida. O fluxo por essa via, portanto, favorece a degradação do glicogênio. Quando [ATP] e [G6P] estiverem altas, o inverso é verdadeiro, e a síntese de glicogênio é favorecida.

As diferenças estruturais entre as conformações ativa (R) e inativa (T) da glicogênio-fosforilase (Fig. 18.11*a* e 18.11*b*) podem ser compreendidas segundo o modelo de simetria do alosterismo (Seção 10.4B). O estado T da enzima tem um sítio ativo escondido e, portanto, baixa afinidade pelos substratos, enquanto o estado R da enzima tem um sítio catalítico acessível e um sítio de ligação de fosfato de alta afinidade.

O AMP promove a mudança conformacional da fosforilase T (*inativa*) para R (*ativa*) ao ligar-se ao sítio do efetor alostérico do estado R da enzima (Fig. 18.10, *esquerda*). Dessa forma, a adenina, a ribose e o grupo fosfato do AMP ligam-se em segmentos separados da cadeia polipeptídica de modo a ligar o sítio ativo, a subunidade da interface e a região N-terminal (Fig. 18.11*c*), sendo que a última sofre uma grande mudança conformacional (36 Å no caso da Ser 14) na sua posição no estado T da enzima (Fig. 18.11*a* e 18.11*b*). A ligação do AMP também produz uma inclinação nas hélices torres da fosforilase (Fig. 18.2 e 18.11), puxando-as de modo a chegar a um estado de compactação mais favorável. Esses movimentos terciários disparam uma transição T → R, que, basicamente, consiste em uma rotação de ~10° das duas subunidades, uma em relação à outra, em torno do eixo da interface das subunidades, que é perpendicular ao eixo de simetria de ordem 2 do dímero. A simetria de ordem dois da enzima é, desse modo, preservada, seguindo o modelo de simetria do alosterismo (Seção 10.4B). O movimento das hélices torres também desloca e desordena uma alça (a alça da região do resíduo 280 − resíduos 282-286), que cobre o sítio ativo do estado T de maneira a impedir o acesso do substrato. Isso também causa uma rotação na cadeia lateral da Arg 569 (que se localiza no sítio ativo, próxima ao grupo fosforil do PLP do sítio de ligação do P_i), que aumenta a afinidade da ligação da enzima pelo P_i (aniônico) do substrato (Fig. 18.10*a* e 18.11*b*).

Curiosamente, o ATP também se liga ao sítio do efetor alostérico, mas no estado T, de forma que inibe, em vez de promover, a mudança conformacional de T → R. Como indica a análise estrutural, isso ocorre porque os grupos fosfato β e γ do ATP ligam-se à enzima de forma que a ribose e os grupos fosfato α são deslocados em relação aos do AMP, desestabilizando assim o estado R. Dessa forma, pode-se entender a ação inibitória do ATP sobre a fosforilase: ele compete

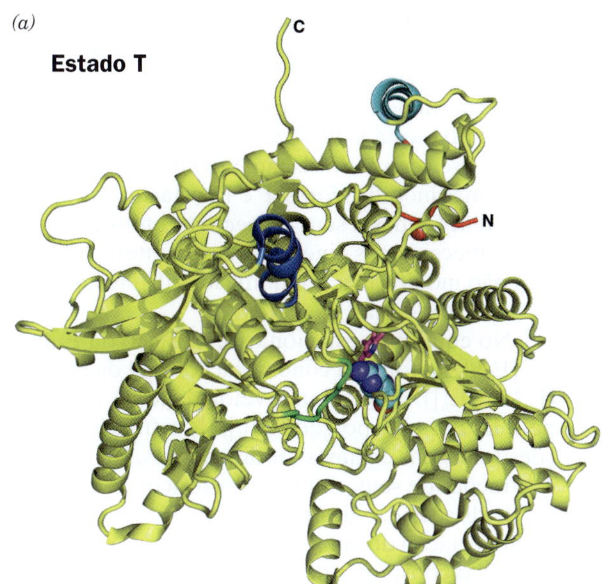

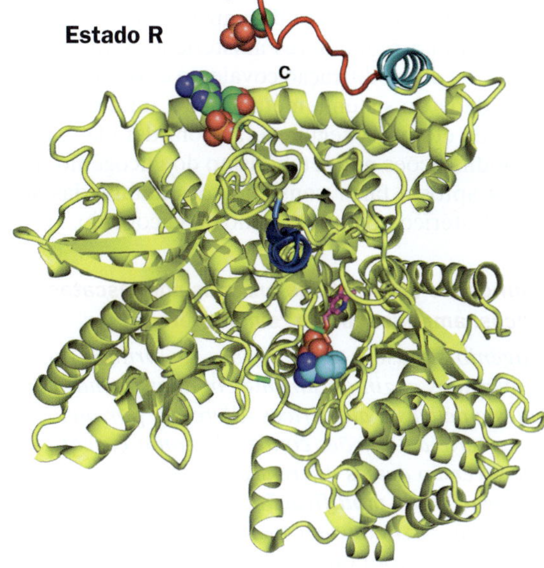

(c)
Glicose
Laço 280
80
310
265
N
AMP
Ser 14-P
Torre
Ser 14-P
AMP
265
N
310
80
Laço 280
Glicose

FIGURA 18.11 Mudanças conformacionais na glicogênio-fosforilase. Diagramas de fitas de uma subunidade da enzima dimérica glicogênio-fosforilase *b* *(a)* no estado T, na ausência de efetores alostéricos, e *(b)* no estado R, ligada ao AMP. A visualização é a partir da subunidade inferior (*em cor de laranja*) na Fig. 18.2, com rotação de ~45° a partir do eixo horizontal. A hélice torre está em azul; a hélice N-terminal está em ciano; os resíduos N-terminais que sofrem mudança de conformação pela ligação ao AMP estão em vermelho; e os resíduos 281 a 286, a alça 280, os quais no estado R estão completamente desordenados e, consequentemente, não visíveis, estão em verde. Dos grupos que estão mostrados segundo a representação de volume atômico, a cadeia lateral da Ser 14, o sítio de fosforilação, e o AMP, o qual está ligado apenas no estado R da enzima, apresentam o C em verde, o N em azul, o O em vermelho e o P em cor de laranja; a cadeia lateral da Arg 569, que reorienta a transição T → R de modo a interagir com o fosfato do substrato, apresenta C em ciano e N em azul; e os íons sulfato ligados perto da Ser 14 e do sítio ativo da enzima no estado R, o qual simula os íons fosfato estericamente semelhantes, tem O em vermelho e S em cor de laranja. O PLP no sítio ativo está representado por bastões com C em magenta, N em azul, O em vermelho e P em cor de laranja. (Com base na estrutura por raios X obtida por Louise Johnson, Oxford University, Reino Unido. PDBid 8GPB e 7GPB.) *(c)* A porção do dímero da fosforilase *a* das vizinhanças da interface do dímero, mostrando a posição do grupo fosfato da Ser 14, o sítio de ligação do efetor AMP e o sítio ativo que liga a molécula de glicose. A vista está mostrada ao longo do eixo molecular de simetria de ordem dois e, portanto, de maneira similar ao representado na Fig. 18.2. Os resíduos 5 a 80 e 265 a 310 estão, respectivamente, em ciano e azul em uma das subunidades e em cor-de-rosa e magenta na outra subunidade. O AMP e a glicose estão apresentados segundo o modelo de volume atômico, com C em verde, N em azul escuro, O em vermelho e P em cor de laranja. O grupo fosfato da Ser 14 também está representado segundo o modelo de volume atômico, com O em vermelho-escuro e P em amarelo. (As coordenadas da estrutura por raios X são uma cortesia de Stephen Sprang, University of Texas Southwest Medical Center, EUA.)
Ver Exercícios de cineimagem 14.2 e 14.3

com o AMP pela ligação à fosforilase e, ao fazer isso, evita o movimento relativo entre os três segmentos polipeptídicos necessários para a ativação da fosforilase.

As interações alostéricas descritas anteriormente estão sobrepostas a um sistema ainda mais sofisticado, envolvendo modificações covalentes (fosforilação/desfosforilação) da glicogênio-fosforilase e da glicogênio-sintase. Essas modificações alteram as estruturas das enzimas de forma a modificar a resposta a reguladores alostéricos. Será discutido o conceito geral de modificação covalente e como ela aumenta a sensibilidade do sistema metabólico a mudanças na concentração do efetor. A seguir, serão consideradas as funções dessas modificações no metabolismo do glicogênio. Depois, estaremos aptos a fazer considerações detalhadas sobre o controle alostérico no metabolismo do glicogênio.

B. Modificação covalente de enzimas por cascatas cíclicas: amplificação do "sinal" efetor

A glicogênio-sintase e a glicogênio-fosforilase podem ser interconvertidas enzimaticamente em duas formas com propriedades cinéticas e alostéricas diferentes por meio de uma complexa série de reações conhecida como ***cascata cíclica****. A interconversão dessas diferentes formas de enzima envolve distintas* ***reações de modificação e desmodificação covalentes****, catalisadas enzimaticamente.*

Comparadas com outras enzimas regulatórias, os sistemas de enzimas interconversíveis enzimaticamente:

1. Podem responder a um grande número de estímulos alostéricos.
2. Exibem grande flexibilidade nos padrões de controle.
3. Possuem um enorme potencial de amplificação nas respostas a variações nas concentrações de efetores.

Isso é devido ao fato de que *as enzimas que modificam e desmodificam uma enzima-alvo estão sob controle alostérico. É possível, portanto, que uma pequena mudança na concentração de um efetor alostérico de uma enzima modificadora possa determinar uma grande alteração na concentração de uma enzima-alvo ativa*. Essa cascata cíclica está esquematizada na Fig. 18.12.

a. Descrição de uma cascata cíclica geral

A Figura 18.12*a* mostra o esquema geral de uma cascata cíclica, onde, por convenção, a forma mais ativa da enzima-alvo está simbolizada pela letra *a*, e a forma menos ativa da enzima-alvo está simbolizada pela letra *b*. Aqui, modificações, nesse caso fosforilação, ativam a enzima. Observe que as enzimas modificadoras, F e R, estão ativas apenas quando estiverem ligadas a seus respectivos efetores alostéricos e_1 e e_2. Os mecanismos cinéticos para a interconversão das formas não modificadas e modificadas da enzima-alvo, E_b e E_a, estão indicados na Fig. 18.12*b*.

No equilíbrio estacionário, a fração da E na forma ativa, $[E_a]/[E]_T$ (onde a concentração total da enzima é $[E]_T = [E_a] + [E_b]$), determina a velocidade da reação catalisada pela E. Essa proporção $[E_a]/[E]_T$ é função das concentrações totais das enzimas modificadoras, $[F]_T$ e $[R]_T$, das concentrações de seus efetores alostéricos, e_1 e e_2, das constantes de dissociação destes efetores, K_1 e K_2, e das constantes de dissociação do substrato, K_f e K_r, das enzimas-alvo, bem como das constantes de velocidade, k_f e k_r, para as interconversões (Fig. 18.12). Obviamente, essa relação é complexa. Apesar disso, pode ser demonstrado que, em uma cascata cíclica, uma mudança relativamente pequena na concentração de e_1, o efetor alostérico da enzima modificadora F, pode resultar em uma mudança muito maior na $[E_a]/[E]_T$, a proporção da E na forma ativa. Em outras palavras, *a cascata funciona para amplificar a sensibilidade do sistema para efetores alostéricos*.

Foram consideradas, até o momento, as modificações covalentes de apenas uma enzima, uma **cascata monocíclica**. Imagine uma **cascata bicíclica**, envolvendo modificações covalentes de uma das enzimas modificadoras (F) e também da enzima-alvo (E) (Fig. 18.13). Como seria de se esperar, o potencial de amplificação de um "sinal", e_1, assim como a flexibilidade do controle de tal sistema, é enorme.

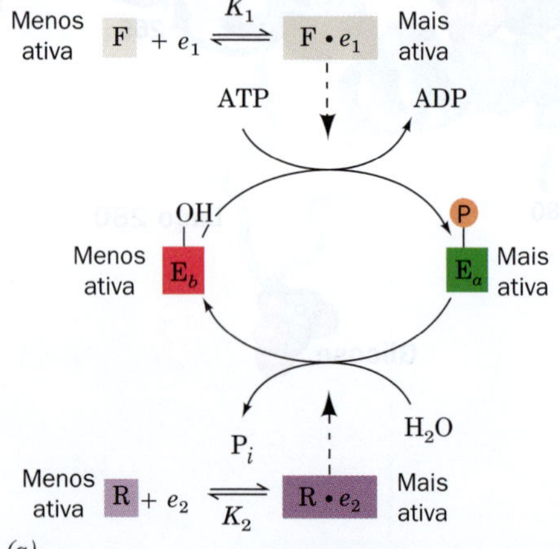

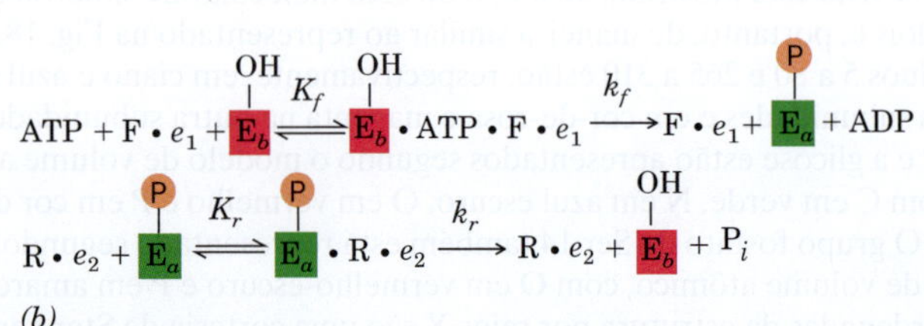

FIGURA 18.12 Cascata enzimática monocíclica. *(a)* Esquema geral, onde F e R são, respectivamente, as enzimas modificadora e desmodificadora. Essas enzimas são convertidas alostericamente da sua forma inativa para a sua conformação ativa pela ligação dos seus respectivos efetores, e_1 e e_2. A enzima-alvo, E, é mais ativa na forma modificada (E_a) e menos ativa na forma não modificada (E_b). As setas tracejadas simbolizam a catálise da reação indicada. *(b)* Equação química para a interconversão da enzima-alvo não modificada e as formas modificadas E_b e E_a.

As atividades tanto da glicogênio-fosforilase como da glicogênio-sintase são controladas por cascatas bicíclicas. Serão agora examinadas as interconversões enzimáticas envolvidas nessas cascatas bicíclicas. O foco será especificamente nas modificações covalentes da glicogênio-fosforilase e da glicogênio-sintase, nos efeitos estruturais dessas modificações covalentes e em como essas mudanças estruturais afetam as interações com os efetores alostéricos. Depois, serão consideradas as cascatas cíclicas como um todo, estudando as várias modificações nas enzimas envolvidas e nos seus efetores alostéricos "definitivos". Por último, será visto como as várias cascatas cíclicas do metabolismo do glicogênio funcionam em diferentes situações fisiológicas.

C. *Cascata bicíclica da glicogênio-fosforilase*

Em 1938, Carl e Gerty Cori descobriram que a glicogênio-fosforilase existe em duas formas, a forma *b*, que requer AMP para sua atividade, e a forma *a*, que é ativa sem AMP. Contudo, foram precisos 20 anos para o desenvolvimento de técnicas de química de proteínas por meio das quais Edwin Krebs e Edmond Fischer demonstraram, em 1959, que as fosforilases *a* e *b* correspondem a formas da proteína em que um resíduo específico, a Ser 14, é fosforilado e desfosforilado enzimaticamente, respectivamente.

a. Glicogênio-fosforilase: a enzima-alvo da cascata

A atividade da glicogênio-fosforilase é controlada alostericamente, como visto, por meio da ativação por AMP e inibição por ATP, G6P e glicose (Seção 18.3A). Sobreposto a esse controle alostérico, está o controle pela interconversão enzimática por meio da cascata bicíclica envolvendo as ações de três enzimas (Figs. 18.13 e 18.14, *à esquerda*):

1. **Fosforilase-cinase**, que fosforila especificamente a Ser 14 da glicogênio-fosforilase *b* (Fig. 18.13, enzima F_2).
2. **Proteína-cinase A**, que fosforila e, consequentemente, ativa a fosforilase-cinase (Fig. 18.13, enzima F_1).
3. **Fosfoproteína-fosfatase 1**, que defosforila e, consequentemente, desativa a glicogênio-fosforilase *a* e a fosforilase-cinase (Fig. 18.13, enzima R_1 e R_2).

Em um sistema de enzimas interconversíveis, a forma "modificada" da enzima carrega o prefixo *m* e a forma "original" (não modificada) carrega o prefixo *o*, considerando que a enzima mais ativa e a menos ativa estão identificadas com os sufixos *a* e *b*, respectivamente. Nesse caso, *o*-fosforilase *b* (não modificada, menos ativa) é a forma sob controle alostérico por AMP, ATP e G6P (Fig. 18.10, *à esquerda*). A fosforilação para produzir *m*-fosforilase *a* (modificada, mais ativa) remove quase que totalmente os efeitos desses moduladores alostéricos. Nos termos do modelo de simetria do alosterismo (Seção 10.4B), *a fosforilação da Ser 14 altera o equilíbrio das forma T da enzima (inativa)* $\rightleftharpoons$ *forma R (ativa), favorecendo a forma R (Fig. 18.10, à direita)*. De fato, *o grupo fosforil da Ser 14 da fosforilase a é análogo a um ativador alostérico*: forma pares iônicos com as cadeias laterais de duas Arg na subunidade oposta, entrelaçando as subunidades da mesma forma que o AMP o faz quando ele se liga fortemente a um sítio entre as subunidades (Fig. 18.11*b*).

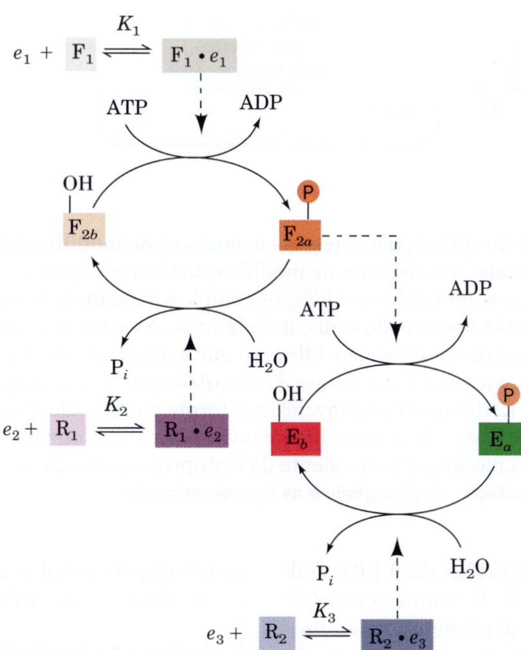

FIGURA 18.13 Uma cascata enzimática bicíclica. Ver a legenda da Fig. 18.12 para as definições dos símbolos. Em uma cascata bicíclica, uma das enzimas modificadoras (F_2) também está sujeita à modificação covalente. A enzima é ativa no estado modificado (F_{2a}) e inativa no estado não modificado (F_{2b}).

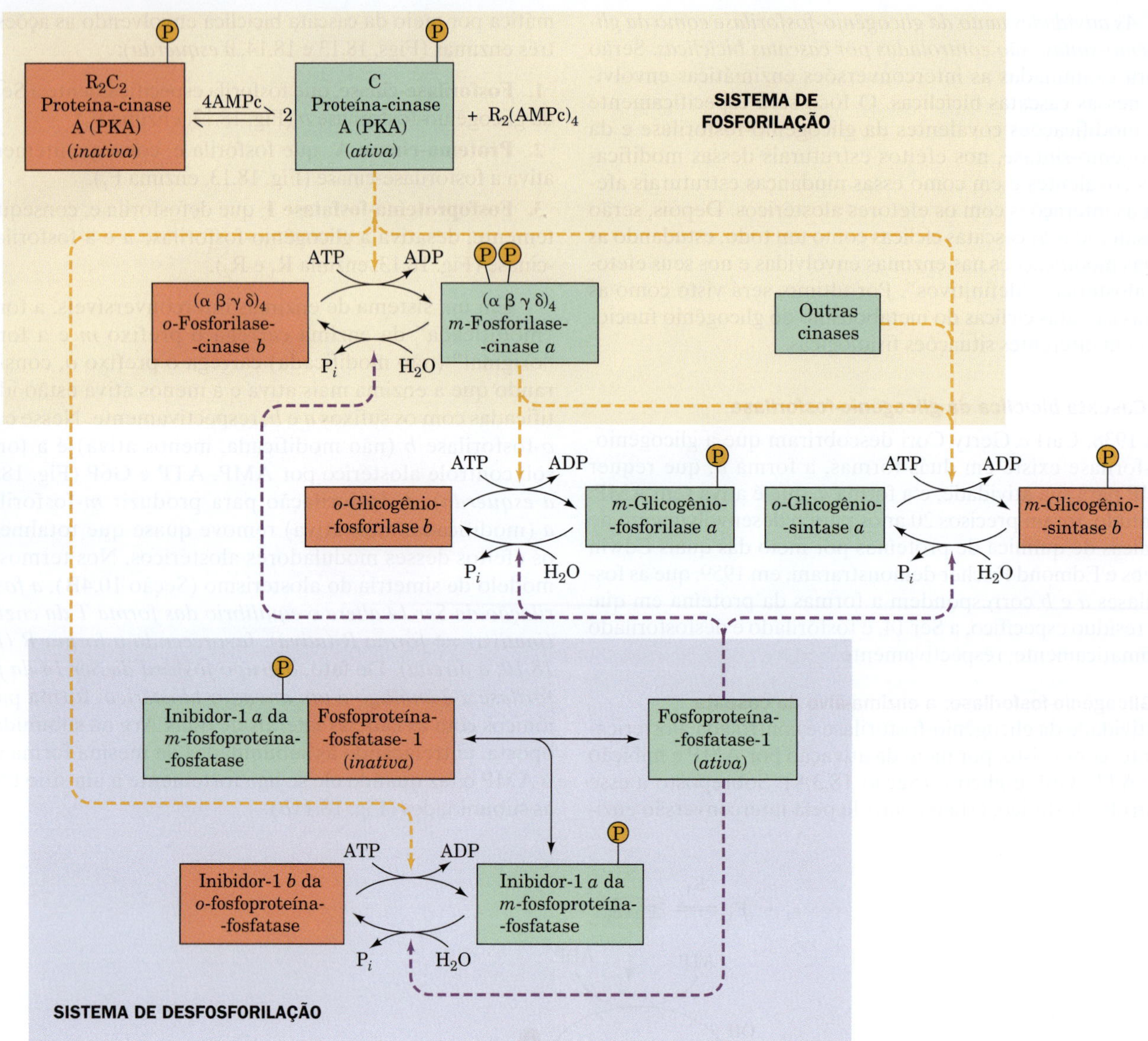

FIGURA 18.14 Diagrama esquemático dos principais sistemas enzimáticos de modificação/desmodificação envolvidos no controle do metabolismo do glicogênio no músculo. Os sistemas de modificação (fosforilação) estão sombreados em amarelo, os sistemas de desmodificação (desfosforilação) estão sombreados em lilás, os complexos enzimas ativas/inibidores estão sombreados em verde, e as enzimas inativas/inibidores estão sombreados em cor de laranja. As setas tracejadas em amarelo e roxo indicam a facilitação de uma reação de modificação ou de desmodificação. Observe que a atividade da glicogênio-fosforilase é controlada por uma cascata enzimática bicíclica (*à esquerda*), e a glicogênio-sintase é controlada por uma cascata enzimática bicíclica como também por uma cascata enzimática monocíclica (*à direita*). Por convenção, a forma modificada da enzima carrega o prefixo *m*, e a forma "original" (não modificada) carrega o prefixo *o*. As formas mais e menos ativas das enzimas estão identificadas pelos sufixos *a* e *b*, respectivamente. O controle adicional da modificação covalente da fosfoproteína-fosfatase-1 está representado na Fig. 18.22.
Ver Exploração guiada 15: Controle da degradação do glicogênio e as figuras animadas

Nas células em repouso, as concentrações de ATP e G6P são tão altas que inibem a fosforilase *b*. *Portanto, o nível de atividade da fosforilase é basicamente determinado pela proporção da enzima presente como fosforilase a.* A fração do equilíbrio estacionário da enzima fosforilada (E_a) depende da atividade relativa da fosforilase-cinase (F_2), proteína cinase A (F_1) e fosfoproteína-fosfatase 1 (R_1 e R_2). Esse inter-relacionamento é notavelmente sofisticado no caso da glicogênio-fosforilase. As ações dessas enzimas serão consideradas.

b. Proteína-cinase A: um elo regulatório crucial

A fosforilase-cinase, que converte a fosforilase *b* em fosforilase *a*, está, ela própria, sujeita a modificações covalentes (Fig. 18.14). Para a fosforilase-cinase ser totalmente ativa, o

Ca^{2+} deve estar presente (ver a seguir), e a proteína deve estar fosforilada.

Nas cascatas da glicogênio-fosforilase e da glicogênio-sintase, o principal sinal intracelular, e_1, *é o* ***3′,5′-adenosina-monofosfato cíclico*** *(**3′,5′-AMP cíclico** ou **AMPc**).* A concentração de AMPc na célula depende da relação entre a velocidade de sua síntese a partir do ATP pela **adenilato-ciclase** (**AC**; também denominada **adenilil-ciclase**) e a velocidade de degradação até AMP por enzimas denominadas **AMPc-fosfodiesterases** (**AMPc-PDEs**; Seção 19.2E):

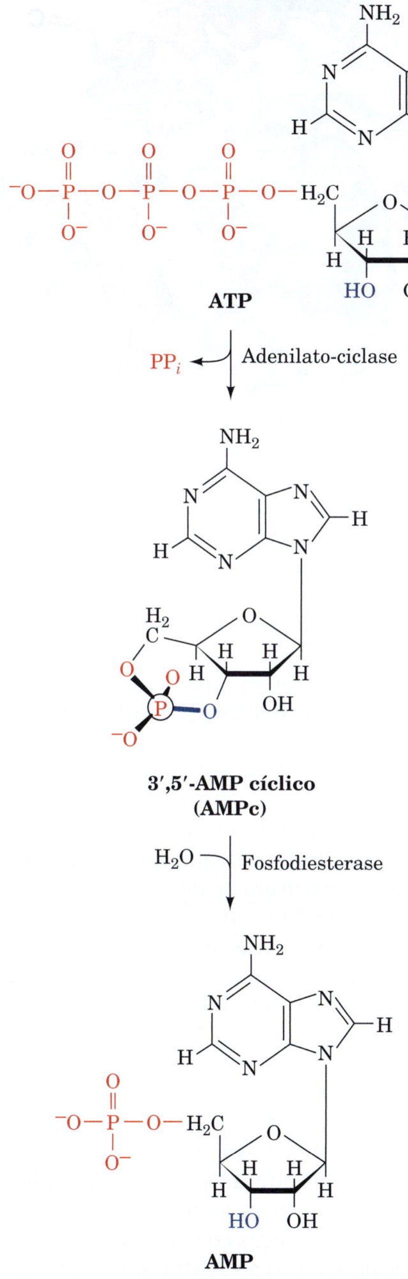

ATP

PP_i ← Adenilato-ciclase

3′,5′-AMP cíclico (AMPc)

H_2O → Fosfodiesterase

AMP

A AC é, por sua vez, ativada por certos hormônios (Seções 18.3Ea e 19.2D).

O *AMPc é realmente necessário para a atividade da **proteína-cinase A** (**PKA**; também chamada de **proteína-cinase dependente de AMPc** [**APKc**]), uma enzima que fosforila resíduos específicos de Ser e/ou de Thr de várias proteínas celulares, incluindo a fosforilase-cinase e a glicogênio-sintase.* Todas essas proteínas contêm uma sequência de reconhecimento consensual, Arg-Arg-X-Ser/Thr-Y, onde Ser/Thr é o sítio de fosforilação, X é qualquer resíduo pequeno e Y é um resíduo hidrofóbico grande. Na ausência de AMPc, a PKA é um heterotretâmero inativo formado por duas subunidades regulatórias (R) e duas subunidades catalíticas (C), R_2C_2. O AMPc liga-se às subunidades regulatórias de forma a causar dissociação dos monômeros catalíticos ativos (Fig. 18.14; *parte superior*). *Portanto, a concentração intracelular de AMPc determina a proporção de PKA que estará na forma ativa e, dessa maneira, a velocidade de fosforilação do seu substrato.* Na verdade, em todos os casos conhecidos de eucariotos, os efeitos fisiológicos do AMPc são manifestados pela ativação de proteínas-cinases específicas.

A estrutura por raios X da subunidade C, de 350 resíduos, da PKA de camundongos complexada com Mg^{2+}-ATP e um peptídeo inibidor de 20 resíduos foi determinada por Susan Taylor e Janusz Sowadski (Fig. 18.15); a de um complexo similar da enzima de coração de porco foi determinada por Robert Huber. A subunidade C, como em outras cinases de estrutura conhecida (p. ex., Figs. 17.5 e 17.15), é bilobular. Tem um domínio N-terminal que consiste em uma folha β de 5 fitas e uma α-hélice, e um amplo domínio C-terminal que é essencialmente α-helicoidal. Uma fenda profunda entre os lóbulos é ocupada por Mg^{2+}-ATP e pelo segmento do peptídeo inibidor que inclui a sequência consensual acima de 5 resíduos. Essa fenda, portanto, contém o sítio catalítico da PKA, com um pequeno domínio contribuindo para o sítio ligante de nucleotídeos e a subunidade grande fornecendo os resíduos ligantes do substrato e catalíticos.

A subunidade C da PKA deve ser fosforilada na Thr 197 para apresentar atividade. A Thr 197 é parte da chamada alça de ativação (abrangendo os resíduos 184 a 208), que está localizada na "entrada" da fenda entre os domínios N- e C-terminais da PKA. O grupo fosforil da Thr 197 mescla os vários components da PKA na sua conformação ativa por meio de várias interações com a proteína. Mais notavelmente, o grupamento fosforil interage com a Arg 165, um resíduo conservado adjacente ao Asp 166, a base catalítica que ativa o grupo hidroxila Ser/Thr alvo da fosforilação na proteína substrato, assim orientando adequadamente os resíduos do sítio ativa da PKA.

As proteínas-cinases desempenham um papel-chave nas rotas de sinalização pelas quais muitos hormônios, fatores de crescimento, neurotransmissores e toxinas afetam as funções de suas células-alvo (Capítulo 19), assim como no controle de rotas metabólicas. De fato, é previsto que 518 proteínas humanas, constituindo ~2,3% dos genes humanos, são proteínas-cinases, responsáveis pela observação de que ~30% das proteínas em células de mamíferos são fosforiladas. As >1.000 diferentes proteínas-cinases que foram sequenciadas compartilham um núcleo catalítico conservado, que corresponde aos 40 a 280 da subunidade

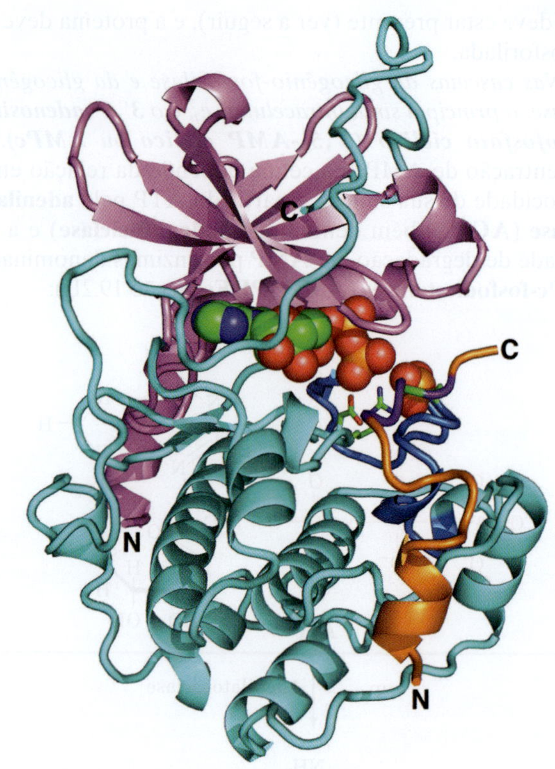

FIGURA 18.15 Estrutura por raios X da subunidade catalítica (C) da proteína-cinase dependente de AMPc (PKA) de camundongo. A proteína está formando um complexo com o ATP e com um segmento peptídico de 20 aminoácidos de um inibidor natural dessa proteína-cinase. O domínio N-terminal está em lilás, e o domínio C-terminal está em ciano, com a sua alça de ativação em azul. O polipeptídeo inibidor está em cor de laranja, e a sua sequência pseudoalvo, Arg-Arg-Asn-Ala-Ile, está em roxo, com a Ala que substitui a Ser a ser fosforilada em verde (note que a sequência-alvo verdadeira da enzima é Arg-Arg-X-Ser/Thr-Y, onde X é um aminoácido pequeno, e Y é um aminoácido hidrofóbico grande, sendo que a Ser/Thr, que está substituída por Ala no polipeptídeo inibidor, é o aminoácido fosforilado pela enzima). O ATP e o grupo fosforil da fosfoThr 197 estão representados segundo o modelo de volume atômico, e as cadeias laterais essenciais para a catálise, Arg 165, Asp 166 e Thr 197, estão representadas segundo o modelo em bastões, coloridas conforme o tipo de átomo (C em verde, N em azul, O em vermelho e P em amarelo). Observe que a sequência pseudoalvo do inibidor está próxima ao grupo fosfato γ do ATP, o grupo que a enzima transfere. (Com base na estrutura por raios X de Susan Taylor e Janusz Sowadski, University of California, São Diego, EUA. PDBid 1ATP.) **Ver Exercícios interativos e Exercício de cineimagem 15**

C das PKA. Além de fosforilar outras proteínas, muitas proteínas-cinases são fosfoproteínas cujas atividades são controladas por fosforilação, muitas vezes nas suas alças de ativação. Entretanto, uma vez que a PKA está, em geral, totalmente fosforilada na Thr 197 e resistente à desfosforilação, não está claro se sua atividade é regulada *in vivo* por fosforilação/desfosforilação.

c. A subunidade R da PKA inibe competitivamente sua subunidade C

A subunidade R da PKA tem um domínio estrutural bem definido, que foi caracterizado inicialmente por proteólise limitada. Ela consiste em, a partir da extremidade N-terminal para a C-terminal, um domínio de dimerização, um segmento autoinibitório e dois domínios homólogos em *tandem* ligadores de AMPc, A e B. No complexo R_2C_2, o segmento autoinibitório, que se assemelha ao peptídeo substrato da subunidade C, liga-se no sítio ativo da subunidade C (como ocorre com o peptídeo inibitório na Fig. 18.15), dessa forma bloqueando a ligação do substrato. Assim, a subunidade R é um inibidor competitivo das proteínas que são substrato da PKA.

Cada subunidade R liga cooperativamente duas moléculas de AMPc. Quando o domínio B não tem AMPc ligado, ele esconde o domínio A, de modo que ele não pode mais ligar AMPc. Entretanto, a ligação de AMPc ao domínio B provoca uma mudança conformacional que permite a ligação de AMPc ao domínio A, que libera, por sua vez, a subunidade C do complexo (ver a seguir).

Taylor determinou a estrutura por raios X da subunidade R complexada com dois AMPc e sem os 91 resíduos de aminoácidos da extremidade N-terminal (Fig. 18.16*a*). Essa proteína truncada não é capaz de formar dímeros, mas, na ausência de AMPc, forma um complexo inativo compacto com a subunidade C e, ao se ligar ao AMPc, libera a subunidade C ativa como ocorre com o dímero R_2. Como previsto inicialmente por alinhamento de sequências, os domínios A e B são estruturalmente similares entre si e a um regulador de transcrição procariótico ligante de AMPc, denominado **proteína ativadora do gene catabólito** (**CAP**; Seção 31.3Cb). O segmento autoinibitório, que na subunidade R livre é extremamente sensível à proteólise, apresenta, na estrutura por raios X, os primeiros 21 resíduos de aminoácidos desordenados.

A estrutura por raios X da subunidade R truncada no complexo com a subunidade C ligadora de AMPPNP (Fig. 18.16*b*), também determinada por Taylor, revela que a subunidade R sofreu uma reorganização conformacional drástica relativa a sua estrutura ligante de AMPc. A mudança mais intrigante é que 25 resíduos, um segmento helicoidal duplo dobrado ligando os domínios A e B (roxo na Fig. 18.16*a*) aglutinaram para formar um hélice reta única como a de sanduíche β no domínio B da subunidade R girando por ~180° em relação ao domínio A e separado desse domínio. Como consequência desse deslocamento tipo parafuso de ~60 Å do domínio B, a estrutura globular alongada do complexo do AMPc muda para a forma de haltere em que a interface entre os domínios A e B no complexo do AMPc é substituído por grandes interações com o domínio grande da subunidade C. Além disso, as regiões dos domínios A e B sofrem drásticas mudanças conformacionais que eliminam os seus sítios de ligação ao AMPc separando seus bolsos ligantes de fosfato dos seus bolsos ligantes de adenina. Todas essas posições do segmento autoinibidor da subunidade R segmentam-se na fenda do sítio ativo da subunidade C, desse modo, inativando-o.

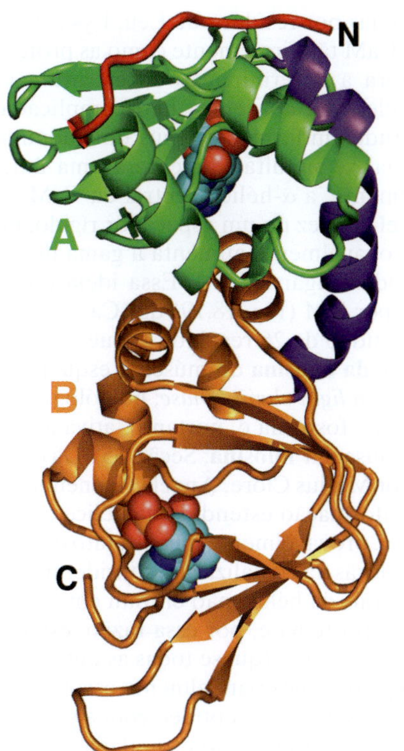

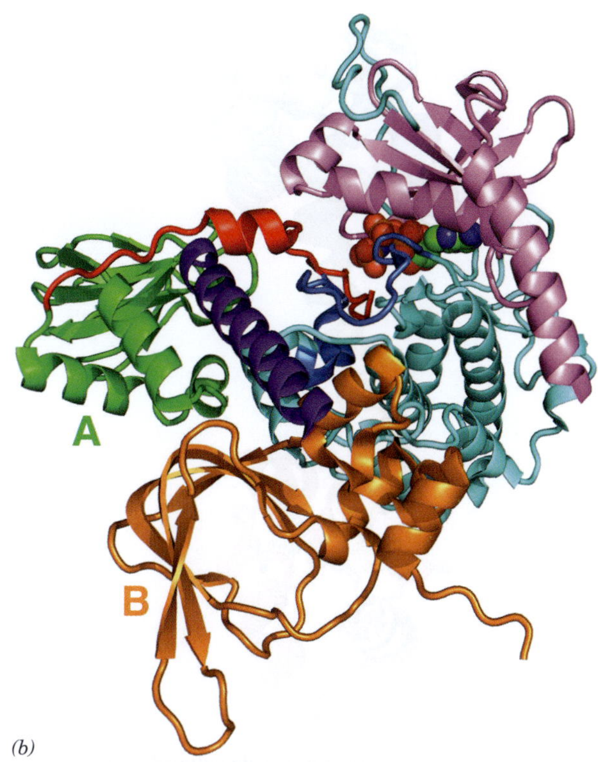

FIGURA 18.16 Estruturas por raios X da subunidade regulatória (R) da proteína-cinase A (PKA) bovina. *(a)* A subunidade R sem os seus 91 resíduos N-terminais (o qual forma o domínio de dimerização) no complexo com o AMPc. A região N-terminal, que inclui o seu segmento autoinibitório, está em vermelho, o domínio A está em verde, o domínio B está em cor de laranja e o segmento de dupla-hélice ligando os domínios A e B está em roxo. Os AMPc, que estão representados no modelo de volume atômico e coloridos conforme o tipo de átomo (C em ciano, N em azul, O em vermelho e P em cor de laranja), cada um se liga na abertura de uma fita de 8 voltas na forma de sanduíche β com os grupos fosfato confinando a extremidade N-terminal de um curto segmento helicoidal. *(b)* A subunidade R truncada no complexo com a subunidade C que está ligando AMPPNP. A subunidade R está colorida como na Parte *a* e a subunidade C está colorida como na Fig. 18.15. A subunidade C está a 180° em relação ao eixo vertical da Fig. 18.15 e a estrutura de sanduíche β do domínio A está orientada de forma semelhante a Parte *a*. Observe as diferenças conformacionais dramáticas entre a subunidade R nas Partes *a* e *b*, a qual, em grande parte, é causada pela junção e pelo endireitamento das duas hélices ligando os domínios A e B no complexo com o AMPc. Também observe que o novo ordenamento da porção N--terminal do segmento autoinibitório da subunidade R ocupa a fenda do sítio ativo da subunidade C. (Com base nas estruturas por raios X de Susan Taylor, University of California, São Diego, EUA. PDBid 1RGS e 2OCS.)

d. Fosforilase-cinase: coordenação da ativação da enzima com [Ca^{2+}]

*A fosforilase-cinase (**PhK**) é ativada por concentrações de Ca^{2+} tão baixas quanto $10^{-7}M$ e por modificações covalentes.* Essa enzima de 1.300 kDa consiste em quatro subunidades não idênticas que formam um oligômero ativo $(\alpha\beta\gamma\delta)_4$. A subunidade γ isolada é capaz de exercer atividade catalítica plena (capacidade de converter fosforilase *b* em fosforilase *a*), enquanto as subunidades α, β e δ são inibidoras da reação catalítica.

A subunidade δ, conhecida como **calmodulina (CaM)**, confere sensibilidade a Ca^{2+} ao complexo. Quando o Ca^{2+} se liga aos quatro sítios de ligação de Ca^{2+} da calmodulina, essa proteína regulatória eucariótica ubíqua passa por uma ampla mudança conformacional (ver a seguir), que ativa a fosforilase-cinase. A glicogênio-fosforilase torna-se, então, fosforilada, e a velocidade de degradação do glicogênio aumenta. O significado fisiológico desse processo de ativação por Ca^{2+} é que o impulso nervoso provoca a contração muscular por meio da liberação de Ca^{2+} dos reservatórios intracelulares (Seção 35.3C). *Esse aumento transitório na [Ca^{2+}] citosólica induz tanto contração muscular como aumento da degradação do glicogênio que abastece a glicólise, que, por sua vez, gera o ATP necessário para a contração muscular.*

e. Calmodulina: um interruptor ativado por Ca^{2+}

A calmodulina (CaM) é uma proteína eucariótica ubíqua ligante de Ca^{2+} que participa de vários processos regulatórios celulares. Em alguns deles, CaM funciona como uma proteína monomérica, enquanto em outros (p. ex., PhK) ela é uma das subunidades de uma proteína maior. A estrutura por raios X dessa proteína altamente conservada de 148 aminoácidos, determinada por Charles Bugg, mostra que ela tem uma curiosa forma de halteres, na qual os dois domínios globulares da CaM estão ligados por uma α-hélice de sete voltas

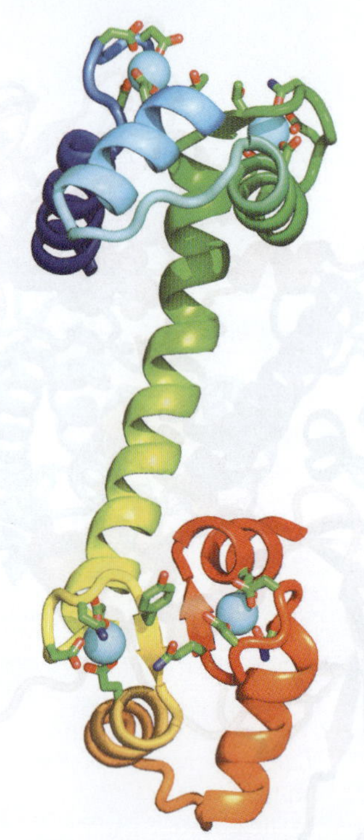

FIGURA 18.17 Estrutura por raios X da calmodulina de testículo de rato. Essa proteína monomérica de 148 aminoácidos, a qual está colorida conforme as cores do arco-íris a partir da extremidade N-terminal *(em azul)* até a extremidade C-terminal *(em vermelho)*, contém dois domínios globulares muito similares e separados por uma α-hélice de sete voltas. Os dois íons Ca^{2+} estão representados na forma de bastões e coloridos conforme o tipo de átomo (C em verde, N em azul e O em vermelho). (Com base na estrutura por raios X determinada por Charles Bugg, University of Alabama, Birmingham, EUA. PDBid 3CLN.)
Ver Exercício de cineimagem 16.1

(Fig. 18.16). A CaM tem dois sítios de alta afinidade por Ca^{2+} em cada um dos domínios globulares. Os dois domínios são formados por motivos hélice-alça-hélice praticamente sobreponíveis, conhecidos como **mão EF** (Fig. 18.18), que também ocorrem em várias proteínas sensíveis a Ca^{2+}. O íon Ca^{2+} ligado a cada um desses sítios é coordenado na forma de um octaedro por átomos de oxigênio do esqueleto da cadeia da proteína e pelas cadeias laterais da alça, assim como por uma molécula de água associada à proteína.

A ligação de Ca^{2+} em um dos domínios da CaM induz uma mudança conformacional nesse domínio, que expõe uma porção hidrofóbica rica em Met que normalmente fica escondida. Essa porção liga-se com alta afinidade ao domínio ligante de CaM da subunidade γ da fosforilase-cinase, assim como os domínios ligantes de Ca^{2+} de várias outras proteínas reguladas por Ca^{2+} (muitas das quais interagem com CaM que está livre na solução) e, ao fazer isso, modula a atividade dessas proteínas. Esses domínios ligantes de CaM têm pouca similaridade entre si, mas todos são α-hélices anfifílicas de caráter básico. Na verdade, segmentos de ~20 aminoácidos dessas hélices, assim como hélices anfifílicas sintéticas compostas apenas por resíduos de Leu, Lys e Trp, estão ligados por Ca^{2+}-CaM tão firmemente como as proteínas-alvo.

Embora a determinação da estrutura por raio X da CaM revele uma aparência não complicada (Fig. 18.17), vários estudos indicam que seus dois domínios globulares podem ligar-se simultaneamente a uma única hélice-alvo. Evidentemente, a α-hélice central da CaM serve como um elo flexível em vez de um espaçador rígido, uma propriedade que provavelmente aumenta a gama de sequências-alvo que se podem ligar à CaM. Essa ideia é confirmada pela estrutura por RM (Fig. 18.19) da $(Ca^{2+})_4$-CaM complexada ao seu peptídeo de 26 resíduos – que é o alvo da **cinase da cadeia leve da miosina** do músculo esquelético (**MLCK,** do inglês *myosin light chain kinase*; homóloga da subunidade C da PKA, que fosforila e, portanto, ativa as cadeias leves da proteína muscular **miosina**; Seção 35.3Da) –, que foi determinada por Marius Clore, Ângela Gronenborn e Ad Bax. De fato, a conformação estendida da hélice central da CaM na Fig. 18.17 é, provavelmente, um artefato originado por forças empacotadoras da cristalização, considerando que essas duas voltas centrais da hélice não entram em contato com outras porções da proteína e, por essa razão, estão maximamente expostas ao solvente (quase todas as outras α-hélices conhecidas são pelo menos parcialmente escondidas na proteína). Além do mais, um polipeptídeo com a sequência dessa hélice adota uma conformação espiralada ao acaso em solução aquosa. Contudo, um ligante flexível é essencial para a fun-

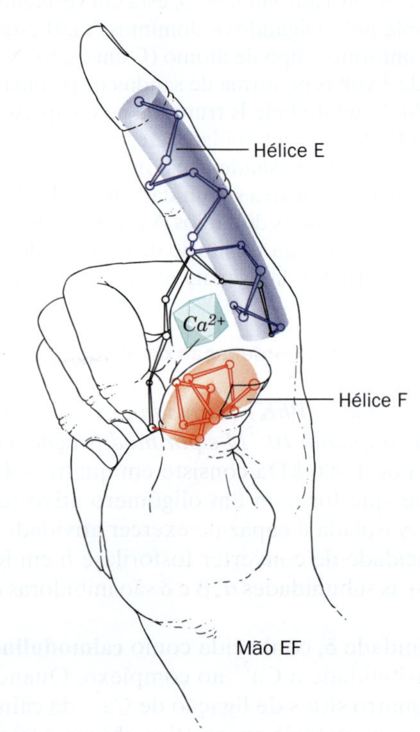

FIGURA 18.18 Mão EF. Os sítios ligantes de Ca^{2+} em muitas proteínas que funcionam como sensores dos níveis de Ca^{2+} são formados por motivos hélice-alça-hélice, conhecidos como mão EF. (Segundo Kretsinger, R.H., *Annu. Rev. Biochem.* **45,** 241 [1976].) **Ver Exercício de cineimagem 16.1**

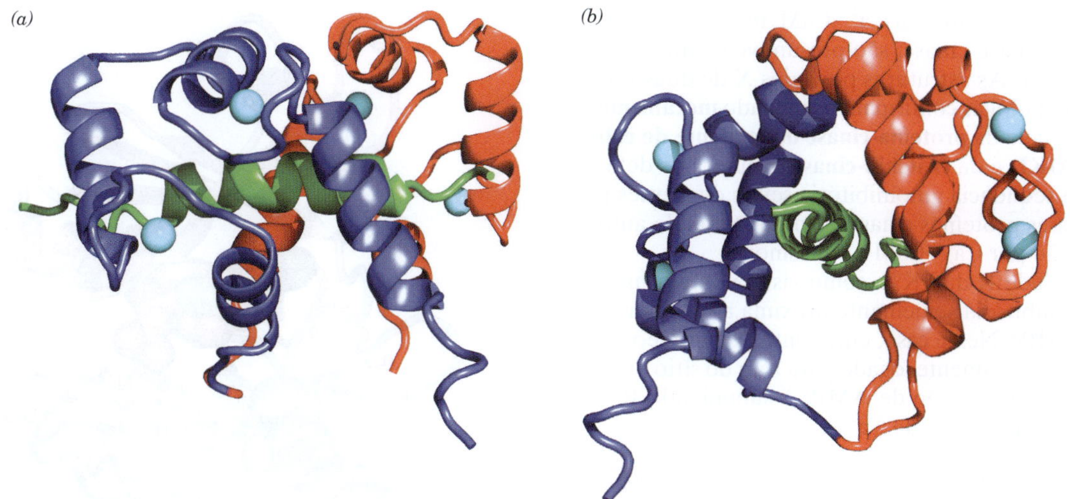

FIGURA 18.19 Estrutura por RM da $(Ca^{2+})_4$-CaM de *Drosophila melanogaster* complexada ao seu peptídeo-alvo de 26 resíduos da cinase da cadeia leve da miosina (MLCK) do músculo esquelético de coelho. O domínio N-terminal da CaM está representado em azul, o domínio C-terminal está em vermelho, o polipeptídeo-alvo está em verde e os íons Ca^{2+} estão representados por esferas em ciano. (*a*) Vista do complexo em que a extremidade N-terminal do polipeptídeo-alvo está à direita e (*b*) vista perpendicular observada a partir do lado direito da Parte *a*. Em ambas as vistas, o eixo de pseudo-ordem 2 que relaciona os domínios N- e C-terminais da CaM está aproximadamente na vertical. Observe como o segmento médio da longa hélice central na CaM não complexada (Fig. 18.17) está desenrolado e curvo (alça inferior na Parte *b*), de forma que a CaM forma uma proteína globular que basicamente circunda o peptídeo-alvo helicoidal dentro de um túnel hidrofóbico, lembrando duas mãos a segurar uma corda (o polipeptídeo-alvo adota uma conformação espiralada ao acaso em solução). Entretanto, as conformações dos dois domínios globulares da CaM não são modificadas pela complexação. Evidentemente, os íons Ca^{2+} ligados a CaM servem para organizar e estabilizar as conformações ligantes dos domínios globulares. (Com base na estrutura por RM obtida por Marius Clore, Angela Gronenborn e Ad Bax, National Institute of Health, EUA. PDBid 2BBM.) **Ver Exercício de cineimagem 16.2**

ção de CaM. Na presença de Ca^{2+}, domínios individuais de CaM (obtidos pela clivagem por tripsina), quando em altas concentrações, são capazes de ligar suas proteínas-alvo, mas fracassam em ativá-las até mesmo marginalmente, a menos que estejam em excesso.

Como a Ca^{2+}-CaM ativa suas proteínas-cinases? A MLCK contém um segmento C-terminal cuja sequência se assemelha ao polipeptídeo-alvo da MLCK na cadeia leve da miosina, mas não apresenta um sítio de fosforilação. Um modelo da MLCK, com base na estrutura por raios X da subunidade C da PKA, que é 30% idêntica à MLCK, sugere fortemente que esse peptídeo autoinibitório inativa a MLCK por se ligar ao seu sítio ativo. De fato, a retirada do peptídeo autoinibitório da MLCK por proteólise limitada ativa permanentemente essa enzima. O segmento de ligação de CaM da MLCK sobrepõe-se a esse peptídeo autoinibitório. Claramente, *a ligação de Ca^{2+}-CaM a esse segmento peptídico remove o autoinibidor do sítio ativo da MLCK, ativando essa enzima (Fig. 18.20).*

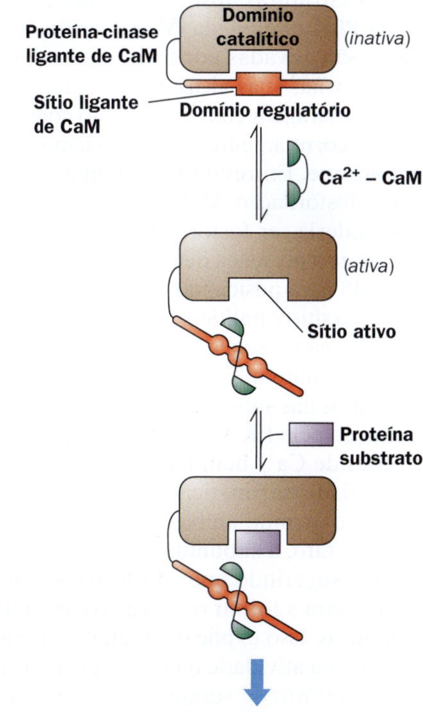

FIGURA 18.20 Diagrama esquemático da ativação dependente de Ca^{2+}-CaM de proteínas-cinases. Cinases autoinibíveis têm uma sequência pseudossubstrato no N- ou C-terminal (*em vermelho*), que se liga no, ou perto do, sítio ativo da enzima (*em marrom*), de modo a inibir a sua função. Esse segmento autoinibitório está muito próximo a ou se sobrepõe à sequência ligante de Ca^{2+}-CaM. Consequentemente, a Ca^{2+}-CaM (*em verde*) liga-se a essa sequência de forma a removê-la do sítio ativo da enzima, ativando a enzima para fosforilar outras proteínas (*em lilás*). (Segundo Crivici, A. e Ikura, M., *Annu. Rev. Biophys. Biomol. Struct.* **24,** 88 [1995].)

Outras proteínas-alvo da Ca^{2+}-CaM, incluindo a subunidade δ da fosforilase-cinase, são presumivelmente ativadas da mesma forma. As estruturas por raios X de duas proteínas-cinases homólogas confirmam o chamado **mecanismo intraestérico**, aquele da **proteína-cinase dependente de calmodulina I** (**CaMKI**) e da **twitchin-cinase**. Embora os detalhes da ligação da sequência autoinibitória sejam diferentes para cada uma dessas proteínas-cinases, o modo geral de autoinibição e ativação por Ca^{2+}-CaM é o mesmo.

A subunidade R da PKA, como visto, contém uma sequência autoinibitória semelhante próxima a seus domínios ligantes de AMPc. Nesse caso, entretanto, o peptídeo autoinibitório é alostericamente jogado para fora do sítio ativo da subunidade C pela ligação de AMPc à subunidade R (que não apresenta sítio ligante de Ca^{2+}-CaM).

f. A subunidade γ da fosforilase-cinase é controlada por múltiplos autoinibidores

A subunidade γ de 386 aminoácidos da fosforilase-cinase consiste em um domínio cinase N-terminal, que tem uma sequência que é 36% idêntica à subunidade C da PKA, e um domínio regulatório C-terminal, que contém um peptídeo ligante de CaM e um segmento autoinibitório sobreposto. Evidentemente, Ca^{2+}-CaM libera essa inibição, como indicado na Fig. 18.20. Isso explica porque o segmento de 298 aminoácidos N-terminais da subunidade γ da PhK, denominada **PhKγ_t** (t para truncada), exibe atividade catalítica comparável à PhK plenamente ativa, mas não é afetada por Ca^{2+} ou por sinais de fosforilação.

A estrutura por raios X da $PhK_{\gamma t}$ complexada com ATP e com um heptapeptídeo relacionado ao substrato natural foi determinada por Johnson (Fig. 18.21). Ela revela, como era esperado, que $PhK_{\gamma t}$ lembra estruturalmente tanto a PKA (Fig. 18.15) como também outras proteínas-cinases de estrutura conhecida, incluindo a CaMKI e a *twitchin*-cinase. Comparações dessas estruturas ilustram a forma como a atividade catalítica da PhK é regulada. Várias proteínas-cinases, incluindo a PKA, são ativadas por fosforilação dos resíduos de Ser, Thr e/ou Tyr nas suas alças de ativação, que, como visto na Fig. 18.15, interagem com um resíduo conservado de Arg que posiciona corretamente o resíduo vizinho de Asp cataliticamente importante. Entretanto, a subunidade γ da PhK não está sujeita à fosforilação. Melhor, seu resíduo na alça de fosforilação que poderia ser fosforilado é o Glu 182, cuja carga negativa mimetiza a presença de um grupo fosfato pela interação com a Arg 148 para posicionar corretamente o Asp 149 (Fig. 18.21). Então, o sítio catalítico da PhK mantém uma conformação ativa, mas, na presença de Ca^{2+}, é inativado pela ligação de seu segmento autoinibitório à extremidade C-terminal.

Sítios nas subunidades α e β da PhK estão sujeitos à fosforilação pela PKA (Fig. 18.14). Isso ativa a PhK em concentrações de Ca^{2+} bem mais baixas do que seria necessário, e a atividade enzimática plena é obtida na presença de Ca^{2+} somente quando ambas as subunidades estiverem fosforiladas. De fato, a subunidade β possui uma sequência autoinibitória, sugerindo que a fosforilação muda sua conformação de maneira a tornar o sítio ativo da subunidade γ inacessível à inibição. Isso explicaria o efeito sinérgico da fosforilação e do Ca^{2+} na atividade da PhK. A Ca^{2+}-CaM retira o segmento autoinibitório da subunidade γ, enquanto a fosforilação da subunidade β remove um outro autoinibidor. A forma pela qual a fosforilação da subunidade α modula a atividade da Phk ainda não é conhecida.

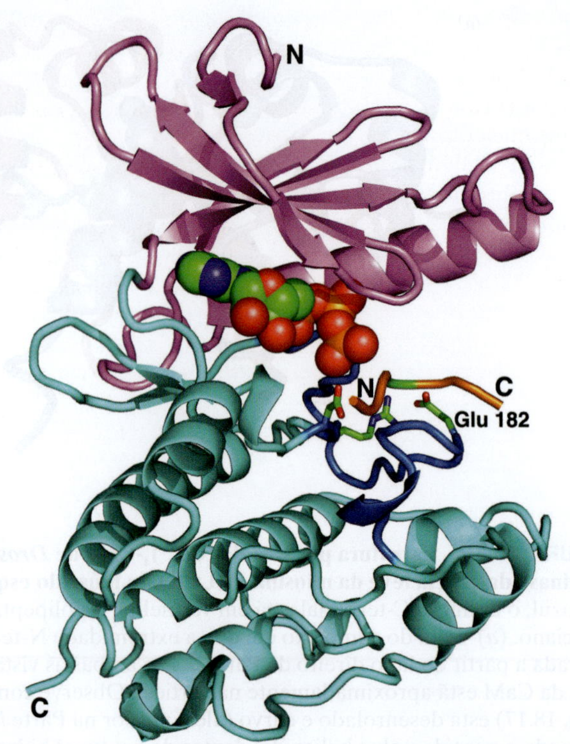

FIGURA 18.21 A estrutura por raios X da $PhK_{\gamma t}$ complexada com ATP e com um heptapeptídeo (RQMSFRL). A sequência desse heptapeptídeo é relacionada ao substrato natural da enzima (KQISVRG). A proteína está mostrada na orientação "padrão" da proteína-cinase, com seu domínio N-terminal em cor-de-rosa, seu domínio C-terminal em ciano e sua alça de ativação em azul claro. O heptapeptídeo está em cor de laranja, com o resíduo a ser fosforilado (Ser) em verde. O ATP está apresentado no modelo de volume atômico, e as cadeias laterais essenciais para a catálise, Arg 148, Asp 149 e Glu 182, estão apresentadas na forma de bastões, coloridos de acordo com o tipo de átomo (C em verde, N em azul, O em vermelho e P em cor de laranja). Observe as similaridades e as diferenças estruturais entre essa proteína e a subunidade C homóloga da PKA (Fig. 18.15). (Segundo a estrutura por raios X obtida por Louise Johnson, Oxford University, Oxford, Reino Unido. PDBid 2PHK.)

g. Fosfoproteína-fosfatase 1

O equilíbrio estacionário da fosforilação da maioria das enzimas envolvidas em cascatas cíclicas é mantido pela oposição entre as fosforilações catalisadas por cinases e as desfosforilações hidrolíticas catalisadas pelas fosfoproteína-fosfatases. A fosfatase envolvida na cascata cíclica que controla o metabolismo do glicogênio é a fosfoproteína-fosfatase 1. Essa enzima, como indicado na Fig. 18.14, hidrolisa os grupos fosforil da *m*-glicogênio-fosforilase *a*, as subunidades α e β da fosforilase-cinase, e outras duas proteínas envolvidas no metabolismo do glicogênio, como discutido a seguir.

A subunidade catalítica da fosfoproteína-fosfatase 1 (**PP1**), que é denominada **PP1c**, hidrolisa grupos fosforila de resíduos de Ser/Thr por meio de um mecanismo de uma única etapa. A estrutura por raios X da PP1c indica que ela contém um centro iônico metálico binuclear (ambos os metais são Mn^{2+} na enzima recombinante), que ativa a molécula de água (promove sua ionização a OH^-, Seção 15.1C) por ataque nucleofílico do grupo fosforil.

A PP1c liga-se ao glicogênio pela intermediação de proteínas regulatórias tanto no músculo como no fígado. No músculo, a PP1c está ativa somente quando estiver ligada ao glicogênio por meio da sua **subunidade G_M** ligante de glicogênio. A atividade da PP1c e sua afinidade pela subunidade G_M são reguladas pela fosforilação da subunidade G_M em dois sítios separados (Fig. 18.22). A fosforilação do sítio 1 pela **proteína-cinase estimulada por insulina** ativa a proteína-fosfatase 1, enquanto a fosforilação do sítio 2 pela PKA (que também pode fosforilar o sítio 1) causa a liberação da enzima no citoplasma, onde não pode desfosforilar as enzimas ligadas ao glicogênio do metabolismo do glicogênio.

No citosol, a PP1c é também inibida pela sua ligação à proteína **inibidora 1 da fosfoproteína-fosfatase** (**inibidor 1**). Essa última proteína fornece ainda um outro exemplo de controle por conversão enzimática: também é modificada pela PKA e desmodificada pela PP1c (Fig. 18.14, *parte inferior*), apesar de que, nesse caso, a Thr – e não a Ser – é fosforilada/desfosforilada. A proteína é um inibidor funcional somente quando está fosforilada. *Assim, a concentração de AMPc controla a proporção da enzima na sua forma fosforilada, não apenas pelo aumento da velocidade pela qual é fosforilada, mas também pela diminuição da velocidade pela qual é desfosforilada. No caso da glicogênio-fosforilase, um aumento na [AMPc] resulta não apenas no aumento da velocidade de ativação dessa enzima, mas também na diminuição da sua velocidade de desativação.*

A atividade da fosfoproteína-fosfatase 1 no fígado é também controlada pela sua ligação ao glicogênio pela intermediação da subunidade ligante de glicogênio, aqui denominada $\mathbf{G_L}$. Quando está ligada à G_L, a PP1c é ativada pela desfosforilação de enzimas ligadas ao glicogênio do metabolismo do glicogênio. Entretanto, a G_L não está sujeita a controle por fosforilação como ocorre com a G_M do músculo. Por outro lado, a ligação da *m*-fosforilase *a* à G_L inibe fortemente a atividade de PP1c por um mecanismo alostérico.

Entre as principais mudanças conformacionais pelas quais a glicogênio-fosforilase passa ao ser convertida do estado T para o estado R está o movimento do grupo fosforil da Ser 1 da superfície da enzima no estado T (inativa) para a posição escondida a poucos angstroms abaixo da superfície da proteína, na interface do dímero da enzima, no estado R (ativo) (Fig. 18.11*b*). Ambas as formas R e T da fosforilase *a* ligam o *complexo* $G_L \cdot$ PP1c, mas somente no estado T da enzima o grupo fosforil da Ser 14 estará acessível à hidrólise pela PP1c. Por consequência, nas condições em que a fosforilase *a* converte para o estado T (Seção 18.3G), a PP1c hidrolisa o grupo fosforil da Ser 14 desta enzima, que agora está exposto. Isso converte a *m*-fosforilase *a* para a *o*-fosforilase *b*, que tem uma baixa afinidade para ligar o complexo $G_L \cdot$ PP1c e não inibe a PP1c. Assim, um efeito da desmodificação da fosforilase *a* é liberar a inibição da PP1c e, portanto, permitir a remoção dos grupos fosforil de outras fosfoproteínas suscetíveis. Uma vez que a fosforilase *a* tem uma alta afinidade pelo complexo $G_L \cdot$ PP1c e está em concentrações ~10 vezes mais altas, *a liberação da inibição por PP1c ocorre ape-*

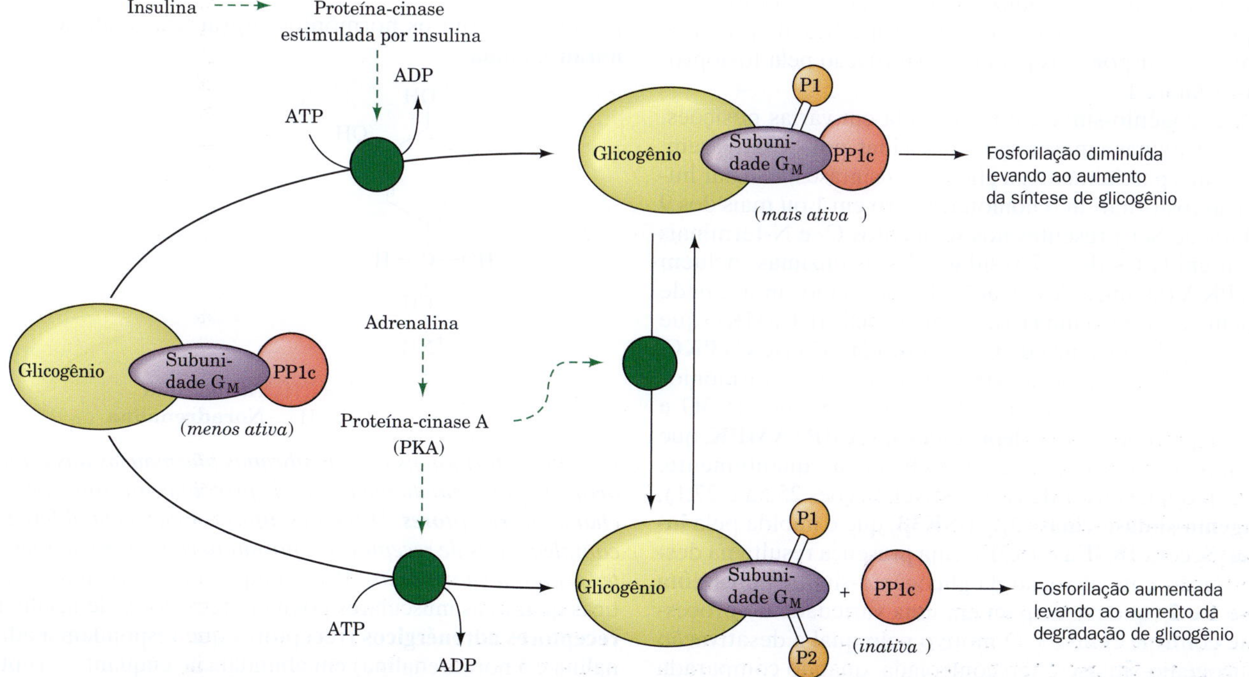

FIGURA 18.22 **O efeito antagonista da insulina e da adrenalina no metabolismo do glicogênio no músculo.** Isso ocorre por causa dos efeitos na subunidade catalítica da fosfoproteína-fosfatase 1, PP1c, via subunidade G_M ligante de glicogênio. Círculos verdes e setas tracejadas indicam ativação.

nas quando mais que ~90% da glicogênio-fosforilase estão na forma de o-fosforilase b. A glicogênio-sintase está entre as proteínas que são desfosforiladas pelo complexo $G_L \cdot$ PP1c quando não é mais inibida pela fosforilase. Porém, diferentemente da fosforilase, a desfosforilação ativa a glicogênio-sintase. Essa enzima está envolvida na própria cascata bicíclica, cujas propriedades serão vistas agora.

D. Cascata bicíclica da glicogênio-sintase

Assim como a glicogênio-fosforilase, a glicogênio-sintase existe em duas formas enzimaticamente interconversíveis:

1. A forma modificada (*m*; fosforilada), que é inativa em condições fisiológicas (forma *b*).
2. A forma original (*o*; desfosforilada), que é ativa (forma *a*).

A *m*-glicogênio-sintase *b* está sob controle alostérico. Ela é fortemente inibida por concentrações fisiológicas de ATP, ADP e P_i, sendo que a enzima modificada está quase totalmente inativa *in vivo*. A atividade da enzima não modificada é essencialmente independente desses efetores, de forma que a atividade da glicogênio-sintase da célula varia com a proporção da forma não modificada da enzima.

Os detalhes do mecanismo da interconversão das formas modificada e não modificada da glicogêncio-sintase são particularmente complexos e não são ainda tão bem compreendidos como os da glicogênio-fosforilase. Foi estabelecido claramente que a proporção da glicogênio-sintase não modificada é, em parte, controlada pela cascata bicíclica envolvendo a fosforilase-cinase (PhK) e a fosfoproteína-fosfatase 1, enzimas que também estão envolvidas na cascata bicíclica da glicogênio-fosforilase (Fig. 18.14; *à direita*). Esse processo de desmodificação é facilitado pela G6P, cuja ligação à *m*-glicogênio-sintase *b* induz a uma mudança conformacional que expõe seus grupos fosforil na superfície da proteína, tornando-os disponíveis para desfosforilação pela fosfoproteína-fosfatase 1.

A glicogênio-sintase é fosforilada em várias posições. Várias proteínas-cinases são conhecidas por desativarem, pelo menos parcialmente, a glicogênio-sintase muscular humana ao fosforilarem o homotetrâmero em 1 ou mais dos 9 resíduos de Ser presentes nos segmentos C- e N-terminais das subunidades de 737 resíduos. Essas enzimas incluem PhK, PKA (assim, a desativação da glicogênio-sintase pode também ocorrer via uma cascata monocíclica), CaMKI (que é ativada pela presença de Ca^{2+}), **proteína-cinase C** (**PKC**; que responde à presença extracelular de certos hormônios por meio de um mecanismo descrito nas Seções 18.3G e 19.4Cb), **proteína-cinase dependente de AMP** (**AMPK**; que responde à disponibilidade de ATP e, consequentemente, atua como um sensor de combustível; Seções 25.5a e 27.1), **glicogênio-sintase-cinase 3β** (**GSK3β**; que é inibida pela **insulina** [Seções 18.3Ea e 18.3F], cuja presença resulta na desfosforilação e na ativação da glicogênio-sintase) e **caseína cinase 1** e **2** (que participam em uma variedade de processos de controle celular). O motivo pelo qual a desativação da glicogênio-sintase é tão controlada, quando comparada com sua ativação ou com a ativação/desativação da glicogênio-fosforilase, não é conhecido. Contudo, seja qual for a razão, a desativação é monitorada de perto pelo estado metabólico do organismo.

E. Integração dos mecanismos de controle do metabolismo do glicogênio

A ocorrência ou não da síntese ou da degradação líquidas de glicogênio e em qual velocidade elas ocorrem depende do balanço relativo entre as formas ativas da glicogênio-sintase e da glicogênio-fosforilase. Isso, por sua vez, depende basicamente das velocidades das reações de fosforilação e desfosforilação das duas cascatas bicíclicas. Essas cascatas, uma controlando a velocidade de degradação de glicogênio e a outra controlando a velocidade de síntese de glicogênio, estão intimamente relacionadas. Elas são relacionadas pela proteína-cinase A e pela fosforilase-cinase, as quais, por meio de fosforilação, ativam a glicogênio-fosforilase e inativam a glicogênio-sintase (Fig. 18.13). As cascatas são também relacionadas pela fosfoproteína-fosfatase 1, que no fígado é inibida pela fosforilase *a* e, portanto, incapaz de ativar (desfosforilar) a glicogênio-sintase, a menos que antes inative (também por desfosforilação) a fosforilase *a*.

a. Hormônios são importantes reguladores do metabolismo do glicogênio

O metabolismo do glicogênio é basicamente regulado pelos hormônios peptídicos **insulina** (Fig. 7.2) e **glucagon**, que atuam em oposição um ao outro,

$^{+}H_3N$ - His - Ser - Glu - Gly - Thr - Phe - Thr - Ser - Asp - Tyr - 10
Ser - Lys - Tyr - Leu - Asp - Ser - Arg - Arg - Ala - Gln - 20
Asp - Phe - Val - Gln - Trp - Leu - Met - Asn - Thr - COO^- 29

Glucagon

juntamente com os hormônios suprarrenais **adrenalina** e **noradrenalina**:

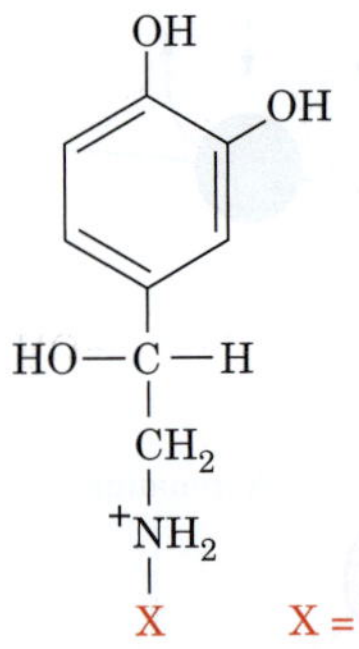

OH, OH (anel aromático)
HO—C—H
CH_2
$^{+}NH_2$
X

$X = CH_3$ **Adrenalina**
$X = H$ **Noradrenalina**

Estímulos hormonais nas membranas plasmáticas das células ocorrem por meio da mediação de proteínas transmembranas chamadas ***receptores****. Diferentes tipos celulares têm diferentes complementos de receptores e, portanto, respondem a diferentes grupos de hormônios.* Por exemplo, tanto as células hepáticas quanto as musculares possuem receptores de insulina e **receptores adrenérgicos** (receptores que respondem à adrenalina e à noradrenalina) em abundância, enquanto receptores para glucagon são mais prevalentes no fígado do que no músculo esquelético.

b. Segundos mensageiros fazem a mediação da degradação de glicogênio estimulada por glucagon e adrenalina

A resposta ao glucagon e à adrenalina envolve a liberação, no interior das células, de moléculas conhecidas como ***segundos mensageiros****, isto é, mediadores intracelulares da mensagem hormonal recebida do exterior.* Diferentes receptores atuam na liberação de diferentes segundos mensageiros. De fato, o AMPc foi o primeiro exemplo de segundo mensageiro conhecido. Earl Sutherland o identificou por meio da demonstração de que o glucagon e a adrenalina atuam na superfície celular estimulando a adenilciclase (AC) a aumentar a [AMPc] (o mecanismo de ativação da AC e a discussão de outros segundos mensageiros, incluindo Ca^{2+}, **inositol-1,4,5-trifosfato** (**IP_3**) e **diacilglicerol** (**DAG**), é tratado nas Seções 19.2D e 19.4A). Após essa descoberta, ficou evidente que o AMPc, que está presente em todas as formas de vida, é um elemento de controle essencial em muitos processos biológicos.

Quando a estimulação hormonal por glucagon ou adrenalina aumenta a concentração intracelular de AMPc, a atividade da proteína-cinase A aumenta, aumentando as velocidades de fosforilação de muitas proteínas e também diminuindo as velocidades de desfosforilação. Uma diminuição nas velocidades de desfosforilação, como observado anteriormente, aumenta os níveis de fosforilação do inibidor 1 da fosfoproteína-fosfatase, que por sua vez inibe a fosfoproteína-fosfatase 1. Um aumento na concentração da fosforilase *a* também contribui para a inibição da fosfoproteína-fosfatase 1.

Devido às propriedades de amplificação da cascata cíclica, uma pequena mudança na [AMPc] resulta em grande mudança na proporção das enzimas nas formas fosforiladas. Quando uma grande proporção das enzimas do metabolismo do glicogênio está presente na forma fosforilada, o fluxo metabólico está no sentido da degradação do glicogênio, uma vez que a glicogênio-fosforilase está ativa e a glicogênio-sintase está inativa. Quando a [AMPc] diminui, as velocidades de fosforilação diminuem, as velocidades de desfosforilação aumentam e a proporção das enzimas nas suas formas desfosforiladas aumenta. A consequente ativação da glicogênio-sintase e a inibição da glicogênio-fosforilase causam uma mudança no sentido do fluxo para a síntese líquida de glicogênio.

F. *Manutenção dos níveis de glicose sanguínea*

Uma função importante do fígado é a manutenção da concentração de glicose no sangue (a principal fonte de combustível do cérebro) em $\sim$ 5 m*M*. Quando a [glicose] diminui abaixo desse nível, em geral durante o exercício ou muito tempo depois da digestão dos alimentos, o fígado libera glicose na corrente circulatória. O processo é mediado pelo hormônio glucagon, conforme descrito abaixo:

1. A glicose inibe as células α pancreáticas de secretarem glucagon na corrente circulatória. Quando baixa a concentração de glicose no sangue, essa inibição é relaxada, fazendo com que as células α secretem glucagon.
2. Os receptores de glucagon na superfície da célula hepática respondem à presença de glucagon ativando a adenilato-ciclase e, devido a isso, aumentando a [AMPc] dentro dessas células.
3. O aumento da [AMPc], como descrito acima, dispara um aumento na velocidade de degradação de glicogênio, levando a um aumento intracelular na [G6P].
4. A G6P, ao contrário da glicose, não pode passar através da membrana celular. Entretanto, no fígado, que não utiliza glicose como fonte principal de energia, a enzima **glicose-6--fosfatase** (**G6Pase**) hidrolisa G6P:

$$\text{G6P} + \text{H}_2\text{O} \longrightarrow \text{glicose} + \text{P}_i$$

A glicose resultante entra na corrente sanguínea, aumentando a concentração de glicose no sangue. Porém, as células do cérebro e do músculo não possuem G6Pase, de forma que elas retêm G6P.

A hidrólise de G6P requer transporte intracelular de G6P. Ela é produzida no citosol, enquanto a G6Pase é uma proteína TM que reside na membrana do retículo endoplasmático (RE) com seu sítio ativo no lúmen do RE. A G6P deve, portanto, ser transportada pelo RE, o que se dá por meio da **G6P-transladase**, antes de ser hidrolisada. O P_i e a glicose resultantes são transportados para o citosol por uma via de proteínas transportadoras específicas (Seção 18.3G). Um defeito em qualquer um dos componentes desse sistema de hidrólise da G6P resulta na **doença de armazenamento de glicogênio tipo 1** (Seção 18.4).

Como esse delicado sistema equilibrado responde a um aumento na [glicose] no sangue? Quando o açúcar no sangue é alto, em geral após a digestão de uma refeição, os níveis de glucagon diminuem, e as células β pancreáticas liberam insulina. *A velocidade de transporte da glicose por muitas membranas celulares aumenta em resposta à insulina (pelo transportador de glicose dependente de insulina* ***GLUT4****; Seção 20.2E), a [AMPc] diminui e o metabolismo do glicogênio muda de degradação de glicogênio para síntese de glicogênio.* O mecanismo de ação da insulina é bastante complexo e não é completamente compreendido (Seções 19.3 e 19.4F), mas uma das suas enzimas-alvo parece ser a fosfoproteína-fosfatase 1.

No músculo, a insulina e a adrenalina têm efeitos antagônicos no metabolismo do glicogênio. A adrenalina promove glicogenólise pela ativação da cascata de fosforilação dependente de AMPc, que estimula a degradação do glicogênio e, simultaneamente, inibe a síntese de glicogênio. A insulina, como visto na Seção 18.3Cg, ativa a proteína-cinase estimulada por insulina a fosforilar o sítio 1 da subunidade G_M ligante de glicogênio da fosfoproteína-fosfatase 1 de forma a ativar essa proteína para desfosforilar as enzimas do metabolismo do glicogênio (Fig. 18.22). O armazenamento de glicose na forma de glicogênio é estimulado por meio da inibição da degradação e do estímulo da síntese de glicogênio.

No fígado, parece que a glicose e a glicose-6-fosfato podem ser os mensageiros aos quais o sistema do metabolismo do glicogênio responde. *A glicose inibe a fosforilase a por ligar-se apenas ao sítio ativo no estado T inativo da enzima, mas de uma maneira diferente do substrato.* A presença de glicose, entretanto, modifica o equilíbrio T $\rightleftharpoons$ R da fosforilase *a* para o lado do estado T (Fig. 18.10, *à direita*). Essa mudança conformacional, como visto na Seção 18.3Cg, expõe o grupo fosforil da Ser 14 à fosfoproteína-fosfatase 1, resultando na

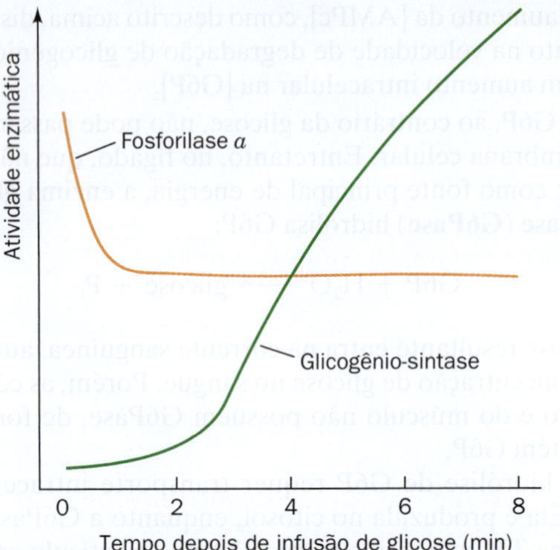

FIGURA 18.23 As atividades enzimáticas da fosforilase *a* e da glicogênio-sintase de fígado de camundongo em resposta a uma infusão de glicose. A fosforilase *a* é rapidamente inativada, e, um pouco depois, a glicogênio-sintase é ativada. (Segundo Stalmans, W., De Wulf, H., Hue, L., e Hers, H.-G. *Eur., J. Biochem.* **41**, 129 [1974].)

desmodificação da fosforilase *a*. Consequentemente, um aumento na concentração de glicose promove a inativação da glicogênio-fosforilase *a* por meio da conversão da enzima em fosforilase *b* (Fig. 18.23; isto é, a fosforilase *a* atua como um receptor de glicose). A concomitante liberação da inibição da fosfoproteína-fosfatase 1 (lembre que ela se liga especificamente e é inativada pela fosforilase *a*), de uma forma geral, resulta na ativação (desfosforilação) da *m*-glicogênio-sintase *b*. Além disso, a glicose é convertida em G6P pela **glicocinase** (ver a seguir), que facilita a desfosforilação e a consequente ativação da *m*-glicogênio-sintase *b* em *o*-glicogênio-sintase *a*. Acima de uma concentração de glicose de 7 m*M*, esses processos invertem o sentido do metabolismo do glicogênio de degradação para síntese. O fígado pode, portanto, armazenar o excesso de glicose na forma de glicogênio.

a. A glicocinase forma G6P a uma velocidade proporcional à concentração de glicose

A função do fígado em "tamponar" a [glicose] do sangue é possível porque esse órgão contém uma forma variante de hexocinase (a primeira enzima glicolítica; Seção 17.2A), conhecida como glicocinase (**GK**; também denominada **hexocinase D** e **hexocinase IV**). Na maioria das células, a hexocinase obedece à cinética de Michaelis-Menten, tem uma alta afinidade por glicose (K_M < 0,1 m*M*; valor no qual a [glicose] é tal que a enzima atinge uma velocidade igual à metade de sua velocidade máxima; Seção 14.2A) e é inibida pelo produto da reação, G6P. Já, a GK tem uma afinidade muito menor por glicose (atinge metade da velocidade máxima em ~5 m*M*) e apresenta uma cinética sigmoidal com uma constante de Hill (Seção 10.1Bb) de 1,5; *desse modo a atividade aumenta rapidamente quando a [glicose] no sangue ultrapassa a faixa de concentração normal (Fig. 18.24; ver o Problema 7 deste capítulo). Além disso, a GK não é inibida por concentrações fisiológicas de G6P.* Consequentemente, quanto maior a [glicose] sanguínea, mais rápido o fígado converte glicose em G6P (as células do fígado, ao contrário da maioria das células, possuem uma grande quantidade do transportador de glicose independente de insulina **GLUT2** (Seção 20.2Eb), sendo, portanto, livremente permeáveis à glicose; a velocidade de transporte é insensível à insulina). Assim, em baixa [glicose], o fígado não compete com os outros tecidos pela glicose disponível. Em [glicose] sanguínea alta, quando as necessidades dos demais tecidos por glicose estiverem satisfeitas, o fígado converte glicose em G6P. O excesso de glicose no fígado induz a ativação da glicogênio-fosforilase e a liberação de fosfoproteína-fosfatase 1, e a G6P facilita, alostericamente, a ativação da glicogênio-sintase via desfosforilação. O resultado final é a conversão do excesso de glicose em glicogênio pelo fígado. (Observe que, como a GK é uma enzima monomérica, a curva sigmoide da velocidade de ativação por [glicose] é um enigma à luz dos vários modelos de modulação alostérica, que indicam que as enzimas monoméricas são incapazes de apresentar cooperatividade. Uma vez que a GK não apresenta cinética de Michaelis-Menten, a concentração de glicose na qual a enzima apresenta metade da velocidade máxima é conhecida como $K_{0,5}$, em analogia com a definição operacional de K_M.)

A GK está sujeita a controles metabólicos. Emile Van Schaftingen isolou a **proteína regulatória da glicocinase** (um monômero de 625 resíduos de aminoácidos) de fígado de rato, que, na presença do intermediário glicolítico frutose-6-fosfato (G6P), é um inibidor competitivo da glicocinase. A frutose-1-fosfato (F1P), um intermediário do metabolismo hepático da frutose (Seção 17.5A), supera essa inibição. Uma vez que a disponibilidade de frutose é proveniente apenas das fontes normais da dieta (isto é, da sacarose), a frutose pode ser o sinal que ativa a tomada da glicose da dieta pelo fígado.

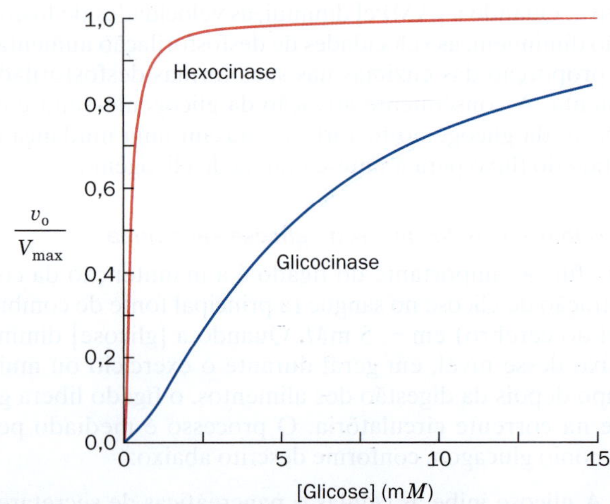

FIGURA 18.24 Comparação entre as atividades enzimáticas da hexocinase e da glicocinase na faixa fisiológica de glicose sanguínea. A afinidade da glicocinase por glicose ($K_{0,5}$ = 5 m*M*) é muito mais baixa do que a afinidade da hexocinase (K_M = 0,1 m*M*) e exibe variação sigmoide em vez de hiperbólica com a [glicose]. (A curva da glicocinase foi gerada a partir da equação de Hill − equação [10.7] − com K = 10 m*M* e n = 1,5, como determinado por Cardenas, M.L., Rabajille, E., e Niemeyer, H., *Eur. J. Biochem.* **145**, 163-171 [1984].)

b. A glicocinase regula a homeostase da glicose via um mecanismo intracelular

A localização intracelular desempenha um papel importante na inibição da GK pela **proteína regulatória da glicocinase**. A GK translada-se livremente entre o núcleo e o citoplasma. Entretanto, a proteína regulatória da glicocinase localiza-se exclusivamente no núcleo. Quando a concentração de glicose é baixa, a GK permanece ligada à proteína regulatória da glicocinase no núcleo, onde ela não tem possibilidade de fosforilar glicose. Quando a concentração de glicose e/ou de F1P aumenta, a GK dissocia-se da proteína regulatória da glicocinase e passa para o citoplasma, onde vai fosforilar glicose a G6P, iniciando o caminho na direção da síntese de glicogênio. O antagonismo entre a GK e a proteína regulatória da glicocinase é o principal mecanismo de controle da fosforilação e do metabolismo do glicogênio no fígado. Os coeficientes de controle de fluxo (Seção 17.4Ca) nas células hepáticas são próximos de +1 para a GK e de −1 para a proteína regulatória da glicocinase (coeficientes de controle de fluxo negativos são indicativos de inibição). É essa relação contrabalanceada que forma o mecanismo altamente sensível de manutenção da homeostase da glicose.

A fosfoglicomutase, que possui atividade alta o suficiente para equilibrar substrato e produto, e funciona, portanto, em ambas as direções, transforma G6P em G1P, que então é convertida em glicogênio. Parte da G6P é também convertida em glicose pela ação da glicose-6-fosfatase, fazendo um ciclo "fútil". Aparentemente, este é o preço energético para haver um "tamponamento" efetivo da glicose sanguínea.

c. A frutose-2,6-bifosfato ativa a glicólise

β-D-frutose-2,6-bifosfato (F2,6P)

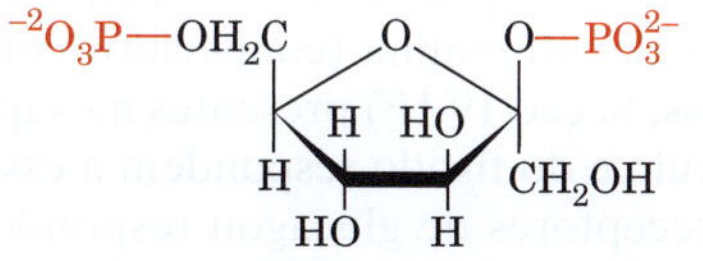

β-D-frutose-2,6-bifosfato
(F2,6P)

também é um fator importante na manutenção da [glicose] no sangue. *A F2,6P, que não é um metabólito da via glicolítica, é um ativador alostérico extremamente potente da fosfofrutocinase (PFK) animal e um inibidor da frutose-bifosfatase (FBPase).* A F2,6P, que foi descoberta em 1980 independentemente por Simon Pilkis, por Emile Van Schaftingen e Henri-Géry Hers e por Kosaku Uyeda, estimula o fluxo glicolítico (o ciclo de substrato F6P-FBP está discutido na Seção 17.4Ff).

*A concentração celular de F2,6P depende do equilíbrio entre as velocidades de síntese e de degradação pela **fosfofrutocinase-2 (PFK-2**; também denominada **6PF-2K**) e **frutose-bifosfatase-2 (FBPase-2**; também chamada de **F-2,6-Pase**), respectivamente (Fig. 18.25).* As atividades dessas enzimas estão localizadas em domínios diferentes de uma única proteína homodimérica de ~100 kDa, denominada **PFK-2/FBase-2**. A estrutura por raios X do mutante H256A da PFK-2/FBase-2 de testículo de rato complexada com F6P, P_i, succinato e o análogo não hidrolisável de ATP, **adenosina-5′-(β-γ-imido)trifosfato (AMPPNP)**

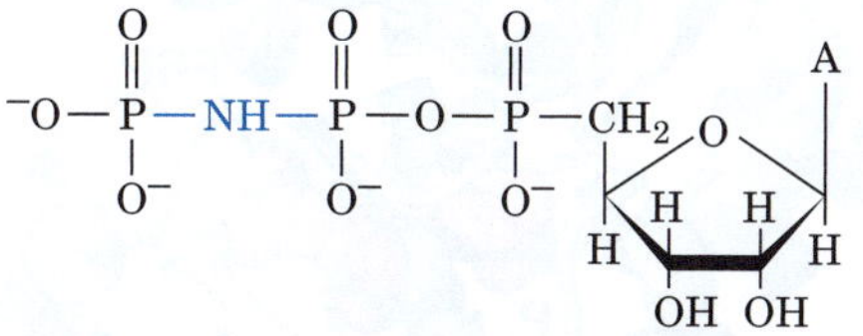

Adenosina-5′-(β,γ-imido)trifosfato
(AMPPNP)

foi determinada por Ueda e Charles Hasemann (Fig. 18.26). Ela indica, concordando com vários outros estudos, que a atividade da PFK-2 localiza-se nos domínios N-terminais de cada uma das subunidades de 246 resíduos de aminoácidos, ao passo que a atividade da FBPase-2 localiza-se nas extremidades C-terminais de cada uma das subunidades de 213 resíduos. O succinato, que se liga nas vizinhanças do grupo fosfato γ da AMPPNP, supostamente ocupa o bolsão de ligação para F6P do sítio ativo da PFK-2, enquanto F6P e P_i marcam o sítio de ligação para F2,6P no sítio ativo da FBPase. O domínio da FBPase-2 é estruturalmente relacionado com a enzima da via glicolítica fosfoglicerato-mutase (PGM; Seção 17.2H) e possui um mesmo mecanismo de catálise envolvendo um intermediário covalente fosfo-His (His 256 na FBPase). O domínio PFK-2 é estruturalmente relacionado com a adenilato-cinase (Seção 17.4Fe), mas não relacionado, como foi especulado, à PFK (também denominada de **PFK-1**, para distinguir essa enzima glicolítica da PFK-2).

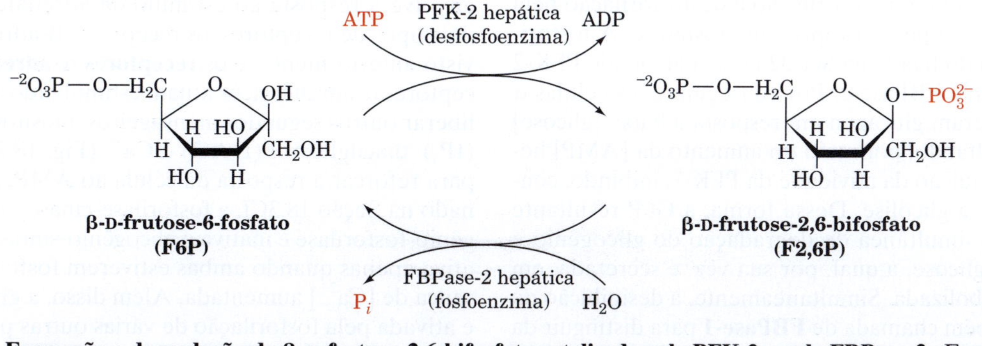

ATP — PFK-2 hepática (desfosfoenzima) → ADP

FBPase-2 hepática (fosfoenzima): H_2O → P_i

β-D-frutose-6-fosfato
(F6P)

β-D-frutose-2,6-bifosfato
(F2,6P)

FIGURA 18.25 **Formação e degradação da β-D-frutose-2,6-bifosfato catalisada pela PFK-2 e pela FBPase-2.** Essas duas atividades enzimáticas ocorrem em diferentes domínios da mesma molécula proteica. A desfosforilação da enzima hepática ativa a PFK-2, mas desativa a FBPase-2.

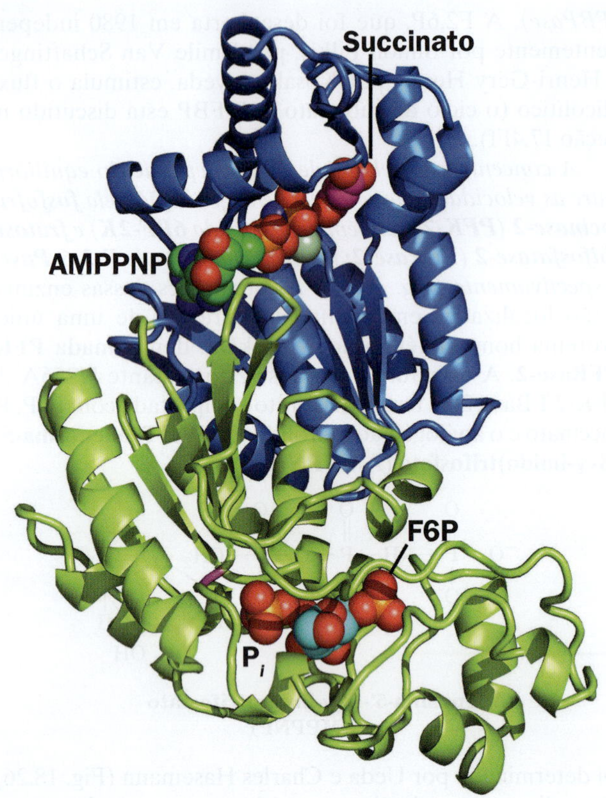

FIGURA 18.26 **Estrutura por raios X do mutante H256A da PFK-2/FBPase-2 de testículo de rato.** O domínio N-terminal da PFK-2 está em azul e o domínio C-terminal da FBPase-2 está em verde-limão. Os ligantes Mg^{2+}-AMPPNP, succinato, F6P e P_i estão representados na forma de volume atômico e coloridos conforme o tipo de átomo (C do AMPPNP em verde, C do succinato em magenta, C do F6P em ciano, N em azul, O em vermelho, Mg^{2+} em verde-claro e P em cor de laranja). O P_i, que ocupa o sítio de ligação do grupo fosfato 2 da F2,6P, está em posição oposta ao sítio que seria ocupado pela cadeia lateral da His 256 (*em magenta*) da enzima selvagem, para a qual ele seria transferido na reação catalítica. O succinato ocupa a suposta bolsa de ligação da F6P no domínio PFK-2. (Com base na estrutura por raios X determinada por Kosaku Uyeda e Charles Hasemann, University of Texas Southwestern Medical Center, EUA. PDBid 2BIF.)

As atividades enzimáticas da PFK-2/FBPase-2 estão sujeitas à regulação alostérica por vários intermediários do metabolismo e também por fosforilação e desfosforilação pela proteína-cinase A e pela fosfoproteína-fosfatase. A fosforilação da enzima do fígado na Ser 32 inibe a atividade PFK-2 e ativa a atividade FBPase-2. Por conseguinte, as células α do pâncreas liberam glucagon em resposta à baixa [glicose] sanguínea, resultando, por meio do aumento da [AMP] hepática, em diminuição da atividade da PFK-1, inibindo, consequentemente, a glicólise. Dessa forma, a G6P resultante da estimulação simultânea da degradação do glicogênio é convertida em glicose, a qual, por sua vez, é secretada, em vez de ser metabolizada. Simultaneamente, a desinibição da FBPase-2 (também chamada de **FBPase-1** para distinguir da FBPase-2) devido à diminuição na [F2,6P] estimula a **gliconeogênese** – a formação de glicose a partir de precursores não glicolíticos como os aminoácidos por uma via que efetivamente inverte o fluxo da glicólise (e no qual a FBPase-1 é a enzima regulatória-chave; Seção 23.1). Esse processo fornece uma segunda maneira de produzir glicose. De maneira oposta, quando a [glicose] sanguínea é alta, os níveis de AMPc diminuem, e a PFK-2/FBPase-2 é desfosforilada pela fosfoproteína-fosfatase-1 ativadora da PFK-2, que, por sua vez, provoca um aumento na [F2,6P]. Consequentemente, a PFK-1 é ativada, a FBPase-1 é inibida, e o fluxo líquido da glicólise muda da gliconeogênese para a glicólise.

O sistema de controle por F2,6P no músculo esquelético e no músculo cardíaco funcionam de maneira um tanto diferente do que no fígado devido à presença, nesses tecidos, de diferentes isoenzimas de PFK-2/FBPase-2. Nos músculos cardíaco e esquelético, o aumento na degradação de glicogênio é coordenado com um aumento na glicólise, e não com um aumento na secreção de glicose. Isso porque a fosforilação das isoenzimas da PFK-2/FBPase-2 do músculo cardíaco ocorre em uma posição completamente diferente (Ser 406 e Thr 475 da proteína de 470 resíduos) daquela que ocorre na isoenzima de fígado (Ser 32 da proteína de 470 resíduos) e ativa a PFK-2 no lugar de inibi-la. Consequentemente, os hormônios que estimulam a degradação de glicogênio também aumentam a [F2,6BP] do músculo cardíaco, de modo que também a glicólise é estimulada. As isoenzimas do músculo esquelético e do testículo não possuem o conjunto de sítios de fosforilação e, portanto, não estão sujeitas ao controle por fosforilação dependente de AMPc.

G. *Resposta ao estresse*

A adrenalina e a noradrenalina (chamados hormônios de "lutar ou fugir") são liberadas na corrente circulatória pelas glândulas suprarrenais em resposta ao estresse. Os receptores de adrenalina (conhecidos como **receptores β-adrenérgicos**; Seção 19.1F) presentes na superfície das células do músculo e do fígado respondem a esses hormônios, assim como receptores de glucagon respondem à presença de glucagon; eles ativam a adenilato-ciclase, aumentando a [AMPc] intracelular. De fato, a adrenalina também estimula as células α pancreáticas a liberar glucagon, que aumenta ainda mais a [AMPc]. O G6P produzido pela consequente degradação de glicogênio muscular entra na via glicolítica, dessa forma gerando ATP e ajudando o músculo a suportar o estresse gerado pela liberação de adrenalina.

A resposta do fígado ao estresse, além da resposta ao glucagon liberado pelo estímulo da adrenalina pancreática, envolve a resposta ao estímulo da adrenalina por meio de dois tipos de receptores, os receptores β-adrenérgicos, como visto anteriormente, e os **receptores α-adrenérgicos**. Os receptores α-adrenérgicos atuam estimulando a **fosfolipase C** a liberar outros segundos mensageiros, inositol-1,4,5-trifosfato (IP_3), diacilglicerol (DAG) e Ca^{2+} (Fig. 18.27*a*), que atuam para reforçar a resposta da célula ao AMPc. Como mencionado na Seção 18.3Cf, a fosforilase-cinase, que ativa a glicogênio-fosforilase e inativa a glicogênio-sintase, é plenamente ativa apenas quando ambas estiverem fosforiladas e na presença de [Ca^{2+}] aumentada. Além disso, a glicogênio-sintase é ativada pela fosforilação de várias outras proteínas-cinases dependentes de Ca^{2+}, incluindo a proteína-cinase C (Seção 18.3D). A proteína-cinase C requer DAG e Ca^{2+} para sua atividade (Seção 19.4C). Essa estimulação dupla dos recep-

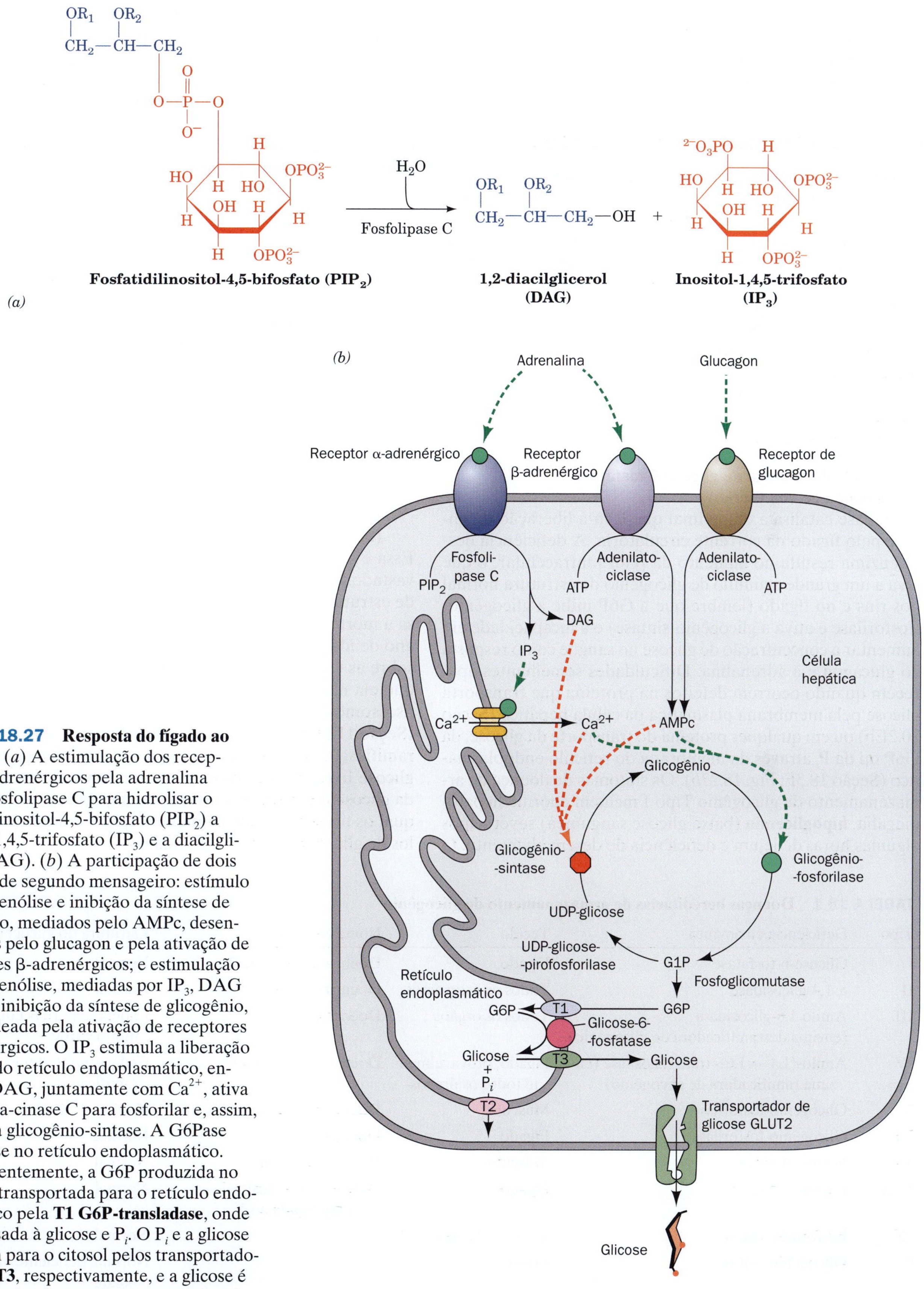

FIGURA 18.27 **Resposta do fígado ao estresse.** (*a*) A estimulação dos receptores α-adrenérgicos pela adrenalina ativa a fosfolipase C para hidrolisar o fosfatidilinositol-4,5-bifosfato (PIP_2) a inositol-1,4,5-trifosfato (IP_3) e a diacilglicerol (DAG). (*b*) A participação de dois sistemas de segundo mensageiro: estímulo da glicogenólise e inibição da síntese de glicogênio, mediados pelo AMPc, desencadeados pelo glucagon e pela ativação de receptores β-adrenérgicos; e estimulação da glicogenólise, mediadas por IP_3, DAG e Ca^{2+}, e inibição da síntese de glicogênio, desencadeada pela ativação de receptores α-adrenérgicos. O IP_3 estimula a liberação de Ca^{2+} do retículo endoplasmático, enquanto DAG, juntamente com Ca^{2+}, ativa a proteína-cinase C para fosforilar e, assim, inativar a glicogênio-sintase. A G6Pase localiza-se no retículo endoplasmático. Consequentemente, a G6P produzida no citosol é transportada para o retículo endoplasmático pela **T1 G6P-transladase**, onde é hidrolisada à glicose e P_i. O P_i e a glicose retornam para o citosol pelos transportadores **T2** e **T3**, respectivamente, e a glicose é exportada da célula pelo transportador de glicose GLUT2.

tores em resposta à adrenalina leva à produção de G6P pelo fígado, que é hidrolisada pela G6Pase, resultando na liberação de glicose na corrente circulatória, estimulando, dessa forma, ainda mais os músculos (Fig. 18.27*b*).

4 DOENÇAS DE ARMAZENAMENTO DO GLICOGÊNIO

Uma vez que o metabolismo do glicogênio é um sistema tão finamente controlado, não é surpreendente que deficiências enzimáticas determinadas geneticamente resultem em doenças. O estudo dessas doenças e as deficiências enzimáticas associadas a elas propiciaram maior compreensão sobre o equilíbrio do sistema. Nesse sentido, doenças genéticas são valiosas ferramentas de pesquisa. Por sua vez, a caracterização bioquímica das vias afetadas por uma doença genética conduz, muitas vezes, como será visto adiante, a estratégias proveitosas para seu tratamento. Muitas das doenças que foram caracterizadas resultam de deficiências hereditárias de uma ou outra enzima do metabolismo do glicogênio. Esses defeitos estão listados na Tabela 18.1 e discutidos nessa seção.

Tipo I: deficiência de glicose-6-fosfatase (doença de von Gierke)

A G6Pase catalisa a etapa final que leva-a liberação de glicose pelo fígado na corrente circulatória. A deficiência dessa enzima resulta no aumento da [G6P] intracelular, o que leva a um grande acúmulo de glicogênio de estrutura normal nos rins e no fígado (lembre que a G6P inibe a glicogênio-fosforilase e ativa a glicogênio-sintase) e à incapacidade em aumentar a concentração de glicose no sangue como resposta ao glucagon e à adrenalina. Dificuldades semelhantes aparecem quando ocorrem defeitos na proteína que transporta glicose pela membrana plasmática da célula hepática (Seção 20.2Eb) ou em qualquer proteína do transporte da glicose, da G6P ou da P_i através da membrana do retículo endoplasmático (Seção 18.3F; Fig. 18.27*b*). Os sintomas da doença de armazenamento de glicogênio Tipo I incluem enorme hepatomegalia, **hipoglicemia** (baixa glicose sanguínea) severa após algumas horas de jejum e deficiência de desenvolvimento. O tratamento dessa doença inclui inibição, induzida por medicamento, da absorção de glicose pelo fígado para aumentar a [glicose] sanguínea, alimentação intragástrica contínua noturna, novamente para aumentar a [glicose] sanguínea, administração oral de amido de milho cru (que é degradado vagarosamente em glicose) e transposição cirúrgica da veia porta, que normalmente alimenta o fígado diretamente do intestino, de forma a permitir que esse sangue rico em glicose chegue aos tecidos periféricos antes de chegar ao fígado. Esse último tratamento apresenta o benefício adicional de permitir que os tecidos recebam mais glicose e ao mesmo tempo diminuir o armazenamento de glicose sob a forma de glicogênio hepático. Transplante hepático foi bem-sucedido nos poucos pacientes em que esse tratamento foi utilizado.

Um protocolo de terapia gênica (Seção 5.5H) está sendo desenvolvido para corrigir a doença de armazenamento de glicogênio tipo I. Um camundongo nocaute deficiente em G6Pase (Seção 5.5H) foi tratado com um vetor viral contendo o gene da G6Pase murina. Esse tratamento, que libera G6Pase no fígado desses camundongos, aumenta consideravelmente a sobrevida e corrige a anormalidade metabólica associada a esta doença de armazenamento de glicogênio.

Tipo II: deficiência de α-1,4-glicosidase (doença de Pompe)

Essa é a doença de armazenamento de glicogênio mais devastadora. Ela resulta de um grande acúmulo de glicogênio de estrutura normal nos lisossomos de todas as células e causa a morte por falha cardiorrespiratória, em geral antes de 1 ano de idade. Não abordou-se a **α-1,4-glicosidase** nas seções sobre as vias de degradação e síntese do glicogênio, uma vez que ela não está entre essas enzimas. Ela é encontrada nos lisossomos, onde atua na hidrólise do dissacarídeo maltose (Seção 11.2B) e de oligossacarídeos lineares, assim como nas ramificações externas do glicogênio, dessa forma produzindo glicose livre. Entretanto, essa segunda via do metabolismo da glicose não é quantitativamente importante. A razão pela qual os lisossomos normalmente captam e degradam grânulos de glicogênio é desconhecida.

TABELA 18.1 Doenças hereditárias de armazenamento de glicogênio

Tipo	Deficiência enzimática	Tecido	Nome comum	Estrutura do glicogênio
I	Glicose-6-fosfatase	Fígado	Doença de von Gierke	Normal
II	α-1,4-glicosidase	Todos os lisossomos	Doença de Pompe	Normal
III	Amilo-1,6-glicosidase (enzima desramificadora de glicogênio)	Todos os órgãos	Doença de Cori	Cadeias externas faltando ou muito curtas
IV	Amilo-(1,4 → 1,6)- transglicosilase (enzima ramificadora de glicogênio)	Fígado, provavelmente todos os órgãos	Doença de Andersen	Cadeias muito longas não ramificadas
V	Glicogênio-fosforilase	Músculo	Doença de McArdle	Normal
VI	Glicogênio-fosforilase	Fígado	Doença de Hers	Normal
VII	Fosfofrutocinase	Músculo	Doença de Tarui	Normal
VIII	Fosforilase-cinase	Fígado	Deficiência de fosforilase-cinase ligada ao X	Normal
IX	Fosforilase-cinase	Todos os tecidos		Normal
0	Glicogênio-sintase	Fígado		Normal, deficiente em qualidade

Tipo III: deficiência de amilo-1,6-glicosidase (enzima desramificadora de glicogênio) (doença de Cori)

Nessa doença, glicogênio de estrutura anormal contendo ramificações externas muito pequenas é acumulado tanto no músculo como no fígado, uma vez que, na ausência da enzima desramificadora, o glicogênio não pode mais ser degradado. Os sintomas hipoglicêmicos são semelhantes, mas não tão severos, quanto aqueles da doença de von Gierke (Tipo I). A baixa concentração de açúcar no sangue, que nesse caso é o resultado de uma eficiência diminuída na degradação de glicogênio, é tratada com alimentações frequentes e com uma dieta rica em proteína (em resposta à baixa concentração de açúcar no sangue, o fígado, por meio da gliconeogênese [Seção 23.1], sintetiza glicose a partir de aminoácidos). Por razões desconhecidas, os sintomas da doença de Cori muitas vezes desaparecem na puberdade.

Tipo IV: deficiência de amilo-(1,4 → 1,6)-transglicosilase (enzima ramificadora de glicogênio) (doença de Andersen)

Essa é uma das mais severas doenças de armazenamento de glicogênio; por causa da disfunção hepática, as vítimas raramente sobrevivem após os 5 anos de idade. A concentração de glicogênio no fígado não está aumentada, mas sua estrutura é anormal, com cadeias não ramificadas muito longas, resultado da falta da enzima ramificadora de glicogênio. Essa diminuição de ramificações diminui consideravelmente a solubilidade do glicogênio. Foi sugerido que a disfunção hepática deve ser causada por reação imunológica a um "corpo estranho", o glicogênio anormal.

Tipo V: deficiência da glicogênio-fosforilase muscular (doença de McArdle)

Mencionou-se essa condição quando discutiu-se que a síntese e a degradação de glicogênio ocorrem por vias diferentes (Seção 18.2). O principal sintoma dessa doença, que se manifesta de forma severa na juventude, é cãibra muscular dolorida durante o exercício. Essa situação é o resultado da incapacidade do sistema de degradação do glicogênio de fornecer combustível suficiente para a glicólise de modo a suprir a demanda metabólica de ATP. Estudos por RM marcada com ^{31}P no músculo do antebraço humano confirmaram essa conclusão pela demonstração de que o exercício em indivíduos com doença de McArdle conduz a níveis elevados de ADP muscular, em comparação a indivíduos normais (Fig. 18.28). Curiosamente, se vítimas de McArdle continuam seus exercícios após um pequeno descanso, suas cãibras cessam. Esse efeito "secundário" foi atribuído à troca do metabolismo muscular de anaeróbio para aeróbio assim como à vasodilatação, que oferece ao músculo um acesso maior à glicose e a ácidos graxos no sangue para uso como combustível alternativo ao glicogênio. A glicogênio-fosforilase hepática é normal nesses indivíduos, sugerindo a presença de diferentes isoenzimas da glicogênio-fosforilase no fígado e no músculo.

Tipo VI: deficiência da glicogênio-fosforilase hepática (doença de Hers)

Pacientes com deficiência de fosforilase hepática apresentam sintomas semelhantes àqueles com as formas moderadas de doença de armazenamento de glicogênio Tipo I. A hipoglicemia, nesse caso, resulta da incapacidade da glicogênio-fosforilase de responder à necessidade de produção de glicose pelo fígado.

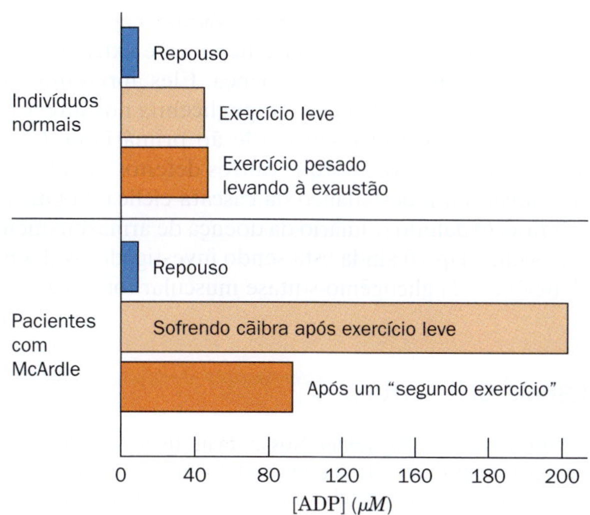

FIGURA 18.28 Concentração de ADP nos músculos do antebraço durante o repouso e após o exercício em indivíduos normais e em indivíduos com doença de McArdle. A concentração de ADP foi determinada por meio de medidas de RM ^{31}P em antebraços intactos. (Segundo Radda, G.K., *Biochem. Soc. Trans.* **14**, 522 [1986].)

Tipo VII: deficiência de fosfofrutocinase muscular (doença de Tarui)

O resultado da deficiência da enzima glicolítica PFK-1 no músculo é um acúmulo anormal dos metabólitos glicolíticos G6P e F6P. Altas concentrações de G6P aumentam as atividades da glicogênio-sintase (a G6P ativa a glicogênio-sintase e inativa a glicogênio-fosforilase) e de UDP-glicose-pirofosforilase (a G6P está em equilíbrio com G1P, um substrato para a enzima), de forma a acumular glicogênio no músculo. Outros sintomas são semelhantes àqueles da doença de armazenamento de glicogênio Tipo V, deficiência de fosforilase muscular, uma vez que a deficiência de PFK impede que a glicólise consiga suprir a demanda de ATP para a contração muscular.

Tipo VIII: deficiência de fosforilase-cinase hepática (deficiência de fosforilase-cinase ligada ao X)

Alguns indivíduos com sintomas de doença de armazenamento de glicogênio Tipo VI têm fosforilase hepática de estrutura normal. Entretanto, eles apresentam uma fosforilase-cinase defeituosa, que resulta na incapacidade de converter fosforilase *b* em fosforilase *a*. O gene que codifica a subunidade α da fosforilase-cinase localiza-se no cromossomo X e, dessa forma, a doença Tipo VIII é ligada ao X em vez de ser autossômica, como as demais doenças de armazenamento de glicogênio.

Tipo IX: deficiência de fosforilase-cinase

A deficiência de fosforilase-cinase, quando é autossômica recessiva, é causada por uma mutação em um dos genes codificantes das subunidades β, γ e δ da fosforilase-cinase. Uma vez que diferentes órgãos contêm diferentes isoenzimas da fosforilase-cinase, os sintomas e a severidade da doença Tipo IX variam com os órgãos afetados.

Tipo 0: Deficiência de glicogênio-sintase hepática

A atividade de glicogênio-sintase hepática é extremamente baixa em indivíduos com essa doença. Eles apresentam hiperglicemia após as refeições e hipoglicemia nos intervalos entre as refeições. Entretanto, a lesão primária pode não estar sempre na sintase, porque outros defeitos metabólicos podem levar a um desbalanço da cascata cíclica da glicogênio-sintase. O defeito primário da doença de armazenamento de glicogênio Tipo 0 ainda está sendo investigado. A doença de deficiência da glicogênio-sintase muscular foi descrita recentemente. Os doentes ficam exaustos facilmente e desenvolvem anormalidades cardíacas que podem causar parada cardíaca súbita. Observe que essas são as únicas doenças de armazenamento de glicogênio conhecidas nas quais ocorre deficiência em vez de superabundância de glicogênio. Isso sugere que ausência completa de glicogênio é letal.

Uma vez que muitas das doenças de armazenamento de glicogênio apresentam sintomas clínicos semelhantes, essas doenças são melhor diagnosticadas por meio de testes genéticos.

RESUMO DO CAPÍTULO

1 Degradação do glicogênio Nos animais, quando a glicose não é necessária como fonte de energia metabólica, ela é armazenada, predominantemente em células musculares e hepáticas, na forma de glicogênio, um glicano com ligações $\alpha(1 \rightarrow 4)$ com ramificações $\alpha(1 \rightarrow 6)$ a cada 8 a 14 resíduos. A degradação do glicogênio em glicose-6-fosfato (G6P) é um processo de duas etapas. A glicogênio-fosforilase catalisa a fosforólise da ligação glicosídica de um resíduo glicosil terminal para produzir glicose-1-fosfato (G1P). A fosfoglicomutase propicia a interconversão de G1P e G6P. A enzima desramificadora de glicogênio promove a degradação completa do glicogênio ao catalisar a transferência de cadeias de três resíduos para a extremidade não redutora de outras cadeias e ao catalisar a hidrólise da unidade glicosil com ligações $\alpha(1 \rightarrow 6)$ remanescente em glicose.

2 Síntese do glicogênio O glicogênio é sintetizado a partir de G6P por uma via diferente daquela da degradação do glicogênio. A G6P é convertida a G1P sob a influência da fosfoglicomutase. A UDP-glicose-pirofosforilase utiliza UTP para converter G1P em UDP-glicose, o intermediário ativado na síntese de glicogênio. A hidrólise do produto PP_i pela pirofosfatase inorgânica faz a reação ficar completa. Unidades glicosil são transferidas da UDP-glicose para o grupo C4-OH de um resíduo terminal em uma cadeia crescente de glicogênio pela glicogênio-sintase. A cadeia é iniciada pela glicogenina. As ramificações ocorrem pela ação da enzima ramificadora de glicogênio, que transfere segmentos de ~7 resíduos das cadeias com ligações $\alpha(1 \rightarrow 4)$ para o grupo C6-OH de um resíduo glicosil na mesma ou em outra cadeia de glicogênio.

3 Controle do metabolismo do glicogênio As velocidades nas quais o glicogênio é sintetizado pela glicogênio-sintase e degradado pela glicogênio-fosforilase são controladas pelos níveis de efetores alostéricos, como ATP, AMP, G6P e glicose. Sobreposto ao controle alostérico, há o controle pela fosforilação/desfosforilação dessas enzimas. As cinases e fosfatases que catalisam essas modificações são parte das cascatas de amplificação, que são, em última instância, controladas pelos hormônios glucagon, insulina e adrenalina e por Ca^{2+}. Glucagon e adrenalina estimulam a degradação de glicogênio por meio do estímulo da adenilato-ciclase para aumentar a [AMPc] intracelular. O AMPc é o “segundo mensageiro” que ativa a proteína-cinase A (PKA), que, por sua ativação pela fosforilase-cinase, leva à fosforilação de ambas, glicogênio-fosforilase e glicogênio-sintase. A fosforilação ativa a glicogênio-fosforilase, mas inativa a glicogênio-sintase. Além disso, a adrenalina causa um aumento na concentração de outros segundos mensageiros, inositol-1,4,5-trifosfato (IP_3), diacilglicerol (DAG) e Ca^{2+}, que reforçam as respostas dependentes de AMPc. O Ca^{2+}, que é também liberado no músculo por impulsos nervosos, liga-se à calmodulina de forma a induzir essa proteína a ativar proteínas-cinases por meio de um mecanismo intrínseco pelo qual Ca^{2+}-CaM remove sequências autoinibitórias dos sítios ativos das cinases. Uma diminuição na [AMPc] e/ou a presença de insulina leva à ativação da fosfoproteína-fosfatase-1, que então desfosforila a glicogênio-fosforilase e a glicogênio-sintase.

As fosfoproteínas que participam do metabolismo do glicogênio são desfosforiladas pela ação da fosfoproteína-fosfatase-1, que está ativa apenas quando associada a uma partícula de glicogênio, por meio da intermediação das subunidades G_L e G_M ligantes de glicogênio. Quando a [glicose] é alta, o fígado sintetiza glicose-6-fosfato (G6P) e glicogênio a partir de glicose pela ação da glicocinase (GK), que tem propriedades cinéticas distintas de outras hexocinases. Quando a [glicose] é baixa, a GK é inibida pela proteína reguladora da glicocinase, e a G6Pase hidrolisa a G6P produzida pela degradação do glicogênio (que é favorecido em baixa [glicose]) para exportação para outros tecidos. A concentração hepática de F2,6P, um ativador da PFK e inibidor da FBPase, também depende das velocidades de fosforilação e desfosforilação dependendentes de AMPc. Ela é sintetizada e degradada por meio da ação da PFK-2/FBPase-2, cujas atividades enzimáticas são opostamente controladas por regulação alostérica e por fosforilação/desfosforilação.

4 Doenças de armazenamento do glicogênio As doenças de armazenamento do glicogênio são causadas por deficiências genéticas de alguma das enzimas do metabolismo do glicogênio. Dez deficiências diferentes, variando no grau de severidade, foram relatadas nos seres humanos.

REFERÊNCIAS

Geral

Boyer, P.D. and Krebs, E.G. (Eds.), *The Enzymes* (3rd ed.), Vol. 17, Academic Press (1986). [Contém artigos detalhados sobre as enzimas do metabolismo do glicogênio e seus controles.]

Roach, R.J., Glycogen and its metabolism, *Curr. Mol. Med.* **2,** 101–120 (2002).

Metabolismo do glicogênio

Browner, M.F. and Fletterick, R.J., Phosphorylases: A biological transducer, *Trends Biochem. Scil.* **17,** 66–71 (1992).

Buchbinder, J.L., Rath, V.L., and Fletterick, R.J., Structural relationships among regulated and unregulated phosphorylases, *Annu. Rev. Biophys. Biomol. Struct.* **30,** 191–209 (2001).

Dai, J.-B., Liu, Y., Ray, W.J., Jr., and Konno, M., The crystal strutose of muscle phosphoglucomutase refined at 2.7-angstrom resolution, *J.Biol. Chem.* **267,** 6322–6337 (1992).

Gibbons, B.J., Roach, P.J., and Hurley, T.D., Crystal structure of the autocatalytic initiator of glycogen biosynthesis, glucogenin, *J. Mol. Biol.* **319,** 463–477 (2002); *and* Hurley, T.D., Stout, S., Miner, E., Zhou, J., and Roach, P.J., Requirements for catalysis in mammalian glycogenin, *J. Biol. Chem.* **280,** 23892–23899 (2005).

Johnson, L.N., Glycogen phosphorylase: Control by phosphorylation and allosteric effectors, *FASEB J.* **6,** 2274–2282 (1992); *and* Rabbit muscle glycogen phosphorylase *b.* The structural basis of activation and catalysis, *in* Harding, J.J., and Crabbe, M.J.C. (Eds.), *Post-Translational Modifications of Proteins, pp.* 81–151, CRC Press (1993).

Johnson, L.N., and Barford, D., Glycogen phopsphorylase, *J. Biol. Chem.* **265,** 2409–2412 (1990).

Madsen, N.B. Glycogen phosphorylase and glycogen synthetase, *in* Kuby, S.A. (Ed.), *A Study of Enzymes*, Vol. II, *pp.* 139-158, CRC Press (1991).

Meléndez-Hevia, E., Waddell, T.G., and Shelton, E.D., Optimization of molecular design in the evolution of metabolism: The glycogen molecule, *Biochem. J.* **295,** 477–483 (1993).

Palm, D., Klein, H.W., Schinzel, R.S., Bucher, M., and Helmreich, E.J.M., The role of pyridoxal 5′-phosphate in glcycogen phosphorylase catalysis., *Biochemistry* **29,** 1099–1107 (1990).

Smythe, C., and Cohen, P., The discovery of glycogenin and the priming mechanism for glycogen biosynthesis, *Eur. J. Biochem.* **200,** 625–631 (1991).

Sprang, S.R., Acharya, K.R., Goldsmith, E.J., Stuart, D.I., Varvill, K., Fletterick, R.J., Madsen, N.B., and Johnson, L.N., Structural changes in glycogen phosphorylase induced by phosphorylation, *Nature* **336,** 215–221 (1988).

Sprang, S.R., Withers, S.G., Goldsmith, E.J., Fletterick, R.J., and Madsen, N.B., Structural basis for the activation of glycogen phosphorylase *b* by adenosine monophosphate. *Science* **254,** 1367–1371 (1991).

Calmodulina e controle do metabolismo do glicogênio

Babu, Y.S., Sack, J.S., Greenough, T.J., Bugg, C.E., Means, A.R., and Cook, W.J., Three-dimensional structure of calmodulin, *Nature* **315,** 37–40 (1985).

Crivici, A., and Ikura, M., Molecular and structural basis of target recognition by calmodulin, *Annu. Rev. Biophys. Biomol. Struct.* **25,** 85–116 (1995).

Ikura, M., Clore, G.M., Gronenborn, A.M., Zhu, G., and Bax, A., Solution struture of a calmodulin-target peptide complex by multidimensional RM, *Science* **256,** 632–638 (1992) *and* Meador, W.E., Means, A.R., and Quiocho, F.A., Target enzyme recognition by calmodulin: 2.4 Å structure of a calmodulin-peptide complex, *Science* **257,** 1251–1255 (1992).

James, P., Vorherr, T., and Carafoli, E., Calmodulin-binding domains: Just two faced or multifaceted? *Trends Biochem. Sci.* **20,** 38–42 (1995).

Nakayama, S., and Kretsinger, R.H., Evolution of the EF-hand family of proteins, *Annu. Rev. Biophys. Biomol. Struct.* **23,** 473–507 (1994).

Proteína-cinases e proteína-fosfatases

Bollen, M., Keppens, S., and Stalmans, W., Specific features of glycogen metabolism in the liver, *Biochem. J.* **336,** 19–31 (1998).

Bossemeyer, D., Engh, R.A., Kinzel, V., Ponstingl, H., and Huber, R., Phosphotransferase and substrate binding mechanism of the cAMP-dependent protein kinase catalytic subunit from porcine heart as deduced from the 2.0 Å structure of the complex with Mn^{2+} adenyl imidodiphosphate and inhibitor peptide PKI (5-24), *EMBO J.* **12,** 849–859 (1993).

Egloff, M., Johnson, D.F. Moorhead, G., Cohen, P.T.W., Chohen, P., and Barford, D., Structural basis for the recognintion of regulatory subunits by the catalytic subunit of protein phosphatase 1, *EMBO J.* **16,** 1876–1887 (1997).

Goldberg, J., Huang, H., Kwon, Y., Greengard, P., Nairn, A.C., and Kuriyan, J., Three-dimensional structure of the catalytic subunit of protein serine/threonine phosphatase-1, *Nature* **376,** 745–753 (1995).

Johnson, L.N., Lowe, E.D., Noble, M.E.M, and Owen, D.J., The structural basis for substrate recognition and control by protein kinases, *FEBS Lett.* **430,** 1–11 (1998).

Kim, C., Cheng, C.Y., Saldanha, S.A., and Taylor, S.S., PKA-I holoenzume structure reveals a mechanism for cAMP-dependent activation, *Cell* **130,** 1032–1043 (2007).

Kobe, B., and Kemp, B.E., Active site-directed protein regulation, *Nature* **402,** 373–376 (1999). [Discute a regulação intraestérica.]

Lowe, E.D., Noble, M.E.M., Skamnaki, V.T., Oikonomakos, N.G., Owen, D.J., and Johnson, L.N., The crystal structure of a phosphorylase kinase peptide substrate complex: Kinase substrate recognition, *EMBO J.* **16,** 6646–6658 (1997).

Manning, G., Whyte, D.B., Martinez, R., Hunter, T., and Sundarsanum, S., The protein kinase complement of the human genome, *Science* **298,** 1912–934 (2002).

Nordlie, R.C., Foster, J.D., and Lange, A.J., Regulation of glucose production by the liver, *Annu. Rev. Nutr.* **19,** 379–406 (1999).

Smith, C.M., Radzio-Andzelm, E., Akamine, M.P., Madhusudan, and Taylor, S.S., The catalytic subunit of cAMP-dependent protein kinase: Prototype for an extended network of communication, *Prog. Biophys. Mol. Biol.* **71,** 313–341 (1999).

Su, Y., Dostmann, W.R.G., Herberg, F.W., Durick, K., Xuong, N. Ten Eyck, L., Taylor, S.S., and Varughese, K.I., Regulatory subunit of protein kinase A: Structure of deletion mutant with cAMP binding domains, *Science* **269,** 807–813 (1995).

Taylor, S.S., Knighton, D.R., Zheng, J., Sowadski, J.M., Gibbs, C.S., and Zoller, M.J., A template for the protein kinase family, *Trends Biochem. Sci.* **18,** 84–89 (1993); *and* Taylor, S.S. Knighton, D.R., Zheng, J., Ten Eyck, L.F., and Sowadski, J.M., Structural framework for the protein kinase family, *Annu. Rev. Cell Biol.* **8,** 429–462 (1992).

Villafranca, J.E., Kissinger, C.R., and Parge, H.E., Protein serine/threonine phosphatases, *Curr. Opin. Biotech.* **7,** 397-402 (1996).

Glicose-6-fosfatase, glicocinase e PFK-2/FBPase-2

Cornish-Bowden, A., and Cárdenas, M.L., Hexokinase and "glucokinase" in liver metabolism, *Trends Biochem. Sci.* **16,** 281–282 (1991).

de la Iglesia, N., Mukhtar, M., Seoane, J., Guinovart, J.J., and Agius, L., The role of the regulatory protein of glucokinase in the glucose sensory mechanism of the hepatocyte, *J. Biol. Chem.* **275,** 10597–10603 (2000).

Iynedjian, P.B., Mammalian glucokinase and its gene, *Biochem. J.* **293,** 1–13 (1993). [Revisão sobre a função e o controle da glicocinase.]

Okar, D.A., Manzano, À., Navarro-Sabatè, A., Riera, L., Bartrons, R., and Lange, A.J., PFK-2/FBPase-2: maker and breaker of the essential biofactor fructose-2,6-biphosphate, *Trends in Biochem. Sci.* **26,** 30–35 (2001).

Pilkis, S.J., 6-Phosphofructo-2-kinase/fructose-2,6-bisphosphatase: a metabolic signaling enzyme, *Annu. Rev. Biochem.* **64,** 799–835 (1995).

Rousseau, G.G., and Hue, L., Mammalian 6-phosphofructo-2-kinase/fructose-2,6-biphosphatase: A bifunctional enzyme that controls glycolysis, *Prog. Nucleic Acid Res. Mol. Biol.* **45,** 99–127 (1993).

Van Schaftingen, E. and Gerin, I., The glucose-6-phosphatase system, *Biochem. J.* **362,** 513–532 (2002).

Van Schaftingen, E., Vandercammen, A., Detheux, M., and Davies, D.R., The regulatory protein of liver glucokinase, *Adv.Enzyme Reg.* **32,** 133–148 (1992).

Yuan, M.H., Mizuguchi, H., Lee, Y.-H., Cook, P.F., Uyeda, K., and Hasemann, C.A., Crystal structure of the H256A mutant of rat testis fructose-6-phosphate,2-kinase/fructose-2,6-biphosphatase, *J. Biol. Chem.* **274,** 2176–2184 (1999) *and* Haseman, C.A., Istvan, E.S., Uyeda, K., and Deisenhofer, J., The crystal structure of the bifunctional enzyme 6-phosphofructo-2-kinase/fructose-2,6-biphosphatase reveals distinct homologies, *Structure* **4,** 1017–1029 (1996).

Doenças de armazenamento do glicogênio

Bartram, C., Edwards, R.H.T., and Beynon, R.J., McArdle's disease-muscle glycogen phosphorylase deficiency, *Biochem. Biophys. Acta* **1272,** 1–13 (1995). [Artigo de revisão.]

Chen, Y.-T., Glycogen storage diseases, *in* Valle, D. (Ed.), *The Online Metabolic and Molecular Bases of Inherited Disease,* Chapter 71, http://www.ommbid.com/. [Inicia com uma revisão sobre o metabolismo do glicogênio.]

Kolberg, G., Tulinius, M., Gilljam, T., Östman-Smith, I., Forsander, G., Jotorp, P., Oldfors, A., and Holme, E., Cardiomyopathy and exercise intolerance in muscle glycogen storage disease 0, *New Engl. J. Med.* **357,** 1507–1514 (2007).

Online Mendelian Inheritance in Man (OMIM), http://www.ncbi.nlm.nih.gov/sites/entrez?db=OMIM [Um compêndio abrangente de genes humanos e fenótipos genéticos contendo informação sobre todas as doenças mendelianas conhecidas, incluindo as doenças de armazenamento de glicogênio e envolvendo 12.000 genes].

Radda, G.K., Control of bioenergetics: From cells to man by phosphorus nuclear-magnetic-resonance spectroscopy, *Biochem. Soc. Trans.* **14,** 517–525 (1986). [Discute o diagnóstico não invasivo da doença de McArdle por RM ^{31}P.]

Zingone, A., Hiraiwa, H., Pan, C.-J., Lin, B., Chen, H., Ward, J.M., and Chou, J.Y., Correction of glycogen storage disease type 1a in a mouse model by gene therapy, *J. Biol. Chem.* **275,** 828–832 (2000).

PROBLEMAS

1. Uma molécula de glicogênio formada por 100.000 resíduos de glicose é ramificada, em média, a cada 10 resíduos, com uma ramificação por camada. (a) Quantas extremidades redutoras a molécula tem? (b) Em média, quantas camadas de ramificação a molécula possui?

2. Uma partícula de glicogênio madura possui, geralmente 12 camadas de ramificações com 2 ramificações por camada e 13 resíduos por ramificação. Quantas moléculas de glicose uma partícula dessas tem?

3. Cálculos com base no volume de um resíduo de glicose e o padrão de ramificação de glicogênio celular indica que a molécula de glicogênio pode ter até 28 níveis de ramificação antes de ficar extremamente densa. Quais são as vantagens desta molécula e por que não é encontrada *in vivo*?

4. A energia livre de hidrólise de uma ligação glicosídica $\alpha(1 \rightarrow 4)$ é $-15{,}5$ kJ · mol^{-1}, enquanto o de uma ligação glicosídica $\alpha(1 \rightarrow 6)$ é $-7{,}1$ kJ · mol^{-1}. Use esses dados para explicar o motivo pelo qual a desramificação de glicogênio inclui três reações [quebra e rearranjo ligações $\alpha(1 \rightarrow 4)$ e hidrolise de ligações $\alpha(1 \rightarrow 6)$], enquanto a ramificação do glicogênio requer apenas duas reações [quebra de ligações $\alpha(1 \rightarrow 4)$ e síntese de ligações $\alpha(1 \rightarrow 6)$].

5. A oxidação completa da glicose até CO_2 e O_2 rende 32 ATP (Seção 22.2Bc). Qual o custo energético, em porcentagem, de armazenar glicose como glicogênio e posteriormente metabolizar o glicogênio, em vez de metabolizar a glicose diretamente? (Lembre que a estrutura ramificada do glicogênio faz a sua degradação resultar em 92% de G1P e 8% de glicose.)

6. Quais são os efeitos das seguintes situações nas velocidades de síntese e degradação de glicogênio: (a) aumento da concentração de Ca^{2+}, (b) aumento na concentração de ATP, (c) inibição da adenilato-ciclase, (d) aumento na concentração de adrenalina e (d) aumento na concentração de AMP.

7. Demonstre que a atividade da hexocinase, mas não a atividade da glicocinase, é insensível à [glicose] sanguínea na faixa fisiológica. Calcule a relação de atividades glicocinase/hexocinase quando a [glicose] é 2 m*M* (hipoglicemia), 5 m*M* (normal) e 25 m*M* (diabetes). Suponha que $K_M = 0{,}1$ m*M* para a hexocinase e que ambas as enzimas possuem a mesma $V_{máx}$.

8. Compare as propriedades de uma cascata bicíclica com as de uma cascata monocíclica.

9. A $V_{máx}$ da glicogênio-fosforilase muscular é muito maior do que a hepática. Discuta o significado funcional deste fenômeno.

10. Como é que a adrenalina age no músculo para prepará-lo para "lutar ou fugir"?

***11.** Uma das complicações do metabolismo do glicogênio que não foi discutida é que muitas proteínas cinases, incluindo a fosforilase-cinase, são autofosforilantes, isto é, elas podem fosforilar especificamente e assim ativar a si mesmas. Discuta como esse fenômeno afeta o metabolismo do glicogênio, levando em consideração a possibilidade de que a autofosforilação da fosforilase-cinase pode ser tanto um processo intramolecular como intermolecular.

12. Explique os sintomas da doença de von Gierke.

13. Uma amostra de glicogênio de um paciente com doença hepática é incubada com P_i, glicogênio-fosforilase normal e enzima desramificadora normal. A relação entre a glicose-1-fosfato e a glicose formadas nessa mistura de reação é 100. Qual seria a deficiência enzimática mais provável nesse paciente? Qual seria a estrutura provável do glicogênio desse paciente?

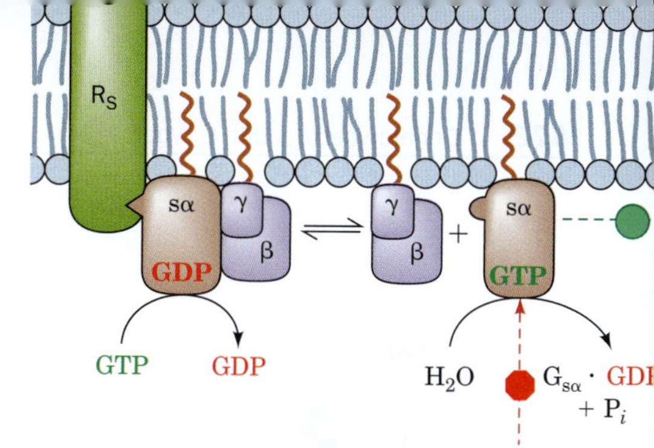

Transdução de Sinal

CAPÍTULO 19

Os seres vivos coordenam suas atividades em diferentes níveis de sua organização através de complexos sistemas de sinalização. A sinalização intercelular ocorre através de mensageiros químicos conhecidos por **hormônios** e, em animais superiores, por impulsos eletroquímicos transmitidos pelos neurônios. As comunicações intracelulares são mantidas pela síntese ou alteração de uma ampla variedade de diferentes substâncias, que frequentemente são componentes integrais dos processos que elas controlam. Por exemplo, vias metabólicas, como foi visto, são reguladas por retroalimentação de enzimas alostéricas por metabólitos da via ou por modificação covalente dessas enzimas. Neste capítulo, será considerada a sinalização química e como esses sinais são mediados. Primeiramente, serão discutidas as funções dos principais sistemas hormonais em humanos. Em seguida, discute-se as três principais vias pelas quais os sinais intercelulares são transduzidos (convertidos) em sinais intracelulares, ou seja, aqueles que utilizam (1) proteínas G heterotriméricas, (2) receptores tirosina-cinases e (3) cascatas de fosfoinositídeos. A neurotransmissão será discutida na Seção 20.5.

1 HORMÔNIOS

Os hormônios são classificados de acordo com a distância em que agem (Fig. 19.1).

1. **Hormônios endócrinos** agem em células distantes do local onde são liberados. Os hormônios endócrinos, por exemplo, insulina e adrenalina, são sintetizados e liberados na corrente sanguínea por glândulas endócrinas especializadas.
2. **Hormônios parácrinos** (alternativamente, **mediadores locais**) agem apenas em células próximas à célula de onde foram liberados. Por exemplo, um elemento essencial da resposta imune é iniciado quando uma célula branca, conhecida como **macrófago**, que encontrou um antígeno específico liga a chamada **célula T** específica para aquele antígeno. O macrófago, então, libera um fator de crescimento proteico chamado **interleucina-1 (IL-1)**, que estimula a proliferação e diferenciação da célula T ligada (Seção 35.2Aa).
3. **Hormônios autócrinos** agem na mesma célula que os libera. Por exemplo, a resposta de uma célula T à interleucina-1 é potencializada pela liberação do fator de crescimento **interleucina-2 (IL-2)** da própria célula T.

Certos aspectos do controle hormonal já foram abordados. Foi considerado como a adrenalina, a insulina e o glucagon regulam o metabolismo energético por meio de AMPc (Seções 18.3E e 18.3G). Nesta seção, essa informação será estendida e sistematizada. Antes, cabe ressaltar que as comunicações bioquímicas não são limitadas a sinais intracelulares ou intercelulares. Muitos organismos liberam substâncias chamadas **feromônios**, que alteram o comportamento de outros organismos da mesma espécie, muitas vezes de forma semelhante aos hormônios. Geralmente, feromônios são atrativos sexuais, mas alguns exercem outras

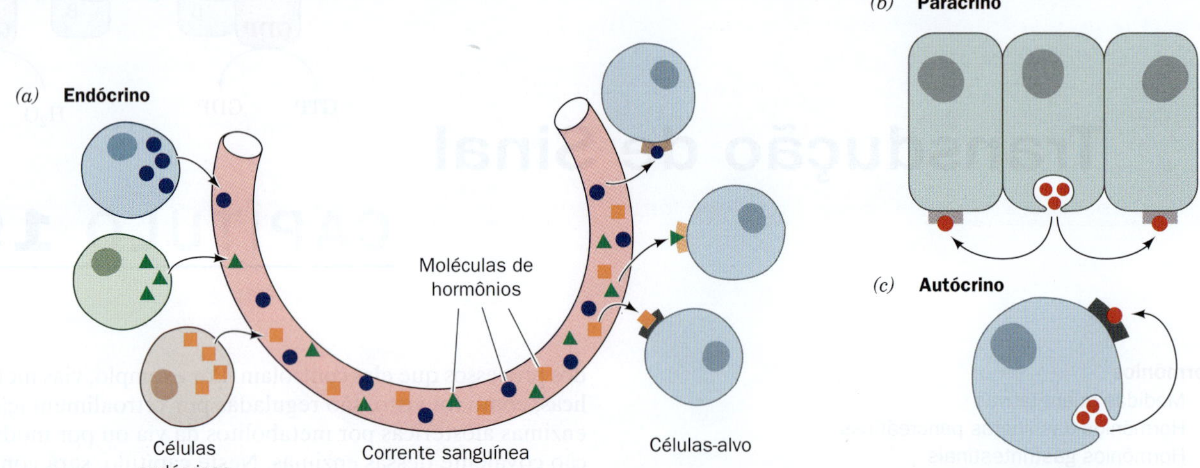

FIGURA 19.1 Classificação dos hormônios. As comunicações hormonais são classificadas de acordo com a distância na qual o sinal age: (*a*) sinais endócrinos são direcionados a células distantes através da corrente sanguínea, (*b*) sinais parácrinos são direcionados a células próximas, e (*c*) sinais autócrinos são direcionados às próprias células que os produzem.

funções em espécies como formigas, que possuem interações sociais complexas.

O sistema endócrino humano (Fig. 19.2) secreta uma ampla variedade de hormônios (Tabela 19.1), que permite ao corpo:

1. Manter a homeostasia (p. ex., a insulina e o glucagon mantêm o nível sanguíneo de glicose dentro de limites rígidos durante a fartura e a escassez).
2. Responder a uma grande variedade de estímulos externos (como a preparação para a "luta ou fuga" produzida pela adrenalina e noradrenalina).
3. Realizar vários programas cíclicos e de desenvolvimento (p. ex., os hormônios sexuais regulam a diferenciação sexual, a maturação, o ciclo menstrual e a gestação; Seções 19.1Gb e 19.1I).

A maioria dos hormônios são polipeptídeos, derivados de aminoácidos ou esteroides, embora existam importantes exceções a essa generalização. De qualquer forma, *apenas células com receptores específicos para um determinado hormônio irão responder à presença desse hormônio, mesmo que quase todas as células do corpo estejam expostas a este.* Consequentemente, mensagens hormonais são especificamente endereçadas.

Nesta seção, serão apresentados as funções hormonais das diferentes glândulas endócrinas. Ao longo dessa discussão, deve se ter em mente que essas glândulas não são apenas uma coleção de órgãos secretores independentes, mas formam um sistema de controle complexo e altamente interdependente. De fato, como será visto, a secreção de muitos hormônios é regulada por retroalimentação pela secreção de outros hormônios, aos quais responde a glândula secretora de hormônio original. Muitos dos conhecimentos das

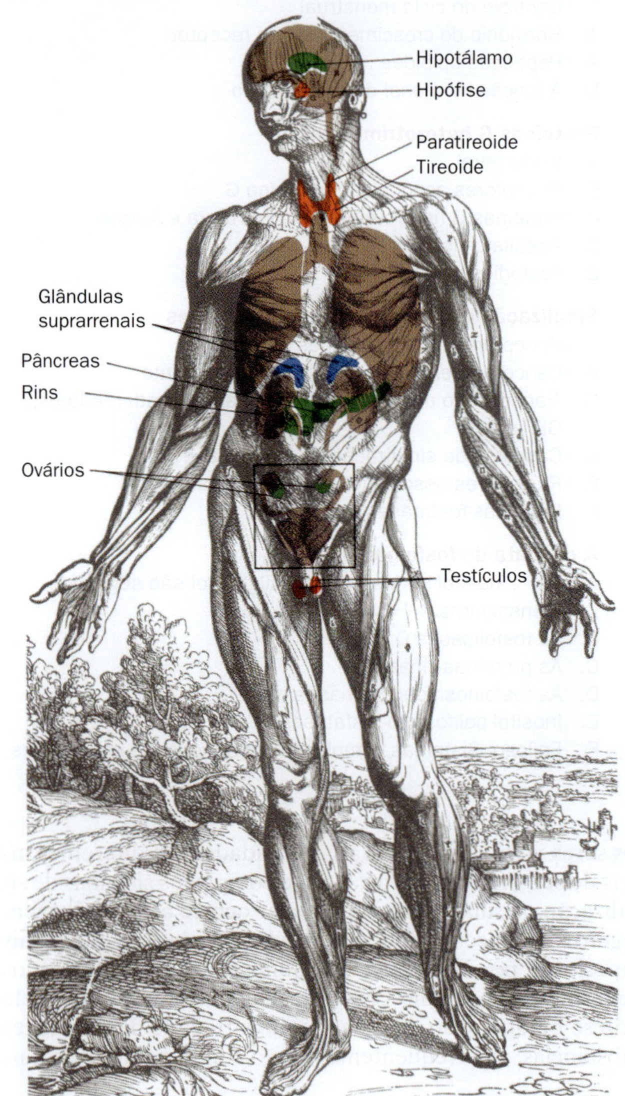

FIGURA 19.2 Principais glândulas do sistema endócrino humano. Outros tecidos, o intestino, por exemplo, também secretam hormônios endócrinos.

TABELA 19.1 Alguns hormônios de humanos

Hormônio	Origem	Principais Efeitos
Polipeptídeos		
Fator liberador de corticotrofina (CRF, de *corticotropin-releasing factor*)	Hipotálamo	Estimula a liberação de ACTH
Fator liberador de gonadotrofina GnRF, de *gonadotropin-releasing factor*)	Hipotálamo	Estimula a liberação de FSH e LH
Fator liberador de tireotrofina (TRF, de *thyrotropin-releasing factor*)	Hipotálamo	Estimula a liberação de TSH
Fator liberador do hormônio do crescimento (GRF, de *growth hormone-releasing factor*)	Hipotálamo	Estimula a liberação de hormônios do crescimento
Somatostatina	Hipotálamo	Inibe a liberação de hormônios do crescimento
Hormônio adrenocorticotrófico (ACTH, de *adrenocorticotropic hormone*)	Adeno-hipófise	Estimula a liberação de adrenocorticosteroides
Hormônio folículo-estimulante (FSH, de de *follicle-stimulating hormone*)	Adeno-hipófise	Nos ovários, estimula o desenvolvimento folicular, a ovulação e a síntese de estrogênio; nos testículos, estimula a espermatogênese
Hormônio luteinizante (LH, de *luteinizing hormone*)	Adeno-hipófise	Nos ovários, estimula a maturação dos oócitos e a síntese de estrogênios e progesterona; nos testículos, estimula a síntese de androgênios
Gonadotrofina coriônica (CG, de *chorionic gonadotropin*)	Placenta	Estimula a liberação de progesterona do corpo lúteo
Tireotrofina (TSH)	Adeno-hipófise	Estimula a liberação de T_3 e T_4
Somatotrofina (hormônio do crescimento)	Adeno-hipófise	Estimula o crescimento e a síntese de somatomedinas
Met-encefalina	Adeno-hipófise	Efeito opioide sobre o sistema nervoso central
Leu-encefalina	Adeno-hipófise	Efeito opioide sobre o sistema nervoso central
β-Endorfina	Adeno-hipófise	Efeito opioide sobre o sistema nervoso central
Vasopressina	Neuro-hipófise	Estimula a reabsorção de água pelos rins e o aumento da pressão sanguínea
Ocitocina	Neuro-hipófise	Estimula a contração uterina
Glucagon	Pâncreas	Estimula a liberação de glicose por meio da glicogenólise e estimula a lipólise
Insulina	Pâncreas	Estimula a captação de glicose por meio da gliconeogênese, a síntese de proteínas e a lipogênese
Gastrina	Estômago	Estimula a secreção de ácido gástrico e pepsinogênio
Secretina	Intestino	Estimula a secreção pancreática de HCO_3^-
Colecistocinina (CCK, de *cholecystokinin*)	Intestino	Estimula o esvaziamento da vesícula biliar e a secreção pancreática de enzimas digestivas e HCO_3^-.
Peptídeo inibidor gástrico	Intestino	Inibe a secreção de ácido gástrico e o esvaziamento gástrico; estimula a secreção pancreática de insulina.
Hormônio da paratireoide	Paratireoide	Estimula a captação de Ca^{2+} a partir dos ossos, dos rins e do intestino
Calcitonina	Tireoide	Inibe a captação de Ca^{2+} a partir dos ossos e dos rins
Somatomedinas	Fígado	Estimulam o crescimento de cartilagens; têm atividade tipo insulina
Esteroides		
Glicocorticoides	Córtex da suprarrenal	Afetam o metabolismo em diversas vias, diminuem a inflamação, aumentam a resistência ao estresse
Mineralocorticoides	Córtex da suprarrenal	Mantêm o equilíbrio entre sal e água
Estrogênios	Gônadas	Maturação e função dos órgãos sexuais secundários, especialmente em fêmeas
Androgênios	Gônadas	Maturação e função dos órgãos sexuais secundários, especialmente em machos; diferenciação sexual em machos
Progestinas	Ovários e placenta	Regulam o ciclo menstrual e mantêm a gestação
Vitamina D	Dieta e sol	Estimula a absorção de Ca^{2+} pelo intestino e reaborção a partir dos rins e ossos
Derivados de aminoácidos		
Adrenalina	Medula suprarrenal	Estimula a contração de alguns músculos lisos e relaxa outros, aumenta o ritmo cardíaco e a pressão arterial, estimula a glicogenólise no fígado e músculo, estimula a lipólise no tecido adiposo
Noradrenalina	Medula suprarrenal	Estimula a contração das arteríolas, diminui a circulação periférica, estimula a lipólise no tecido adiposo
Tri-iodotironina (T_3)	Tireoide	Estimula o metabolismo em geral
Tiroxina (T_4)	Tireoide	Estimula o metabolismo em geral

funções hormonais descende de cuidadosas medidas da concentração hormonal, dos efeitos de mudanças nessas concentrações nas funções fisiológicas e medidas da afinidade com que o hormônio liga-se ao receptor. Inicia-se, portanto, considerando como as concentrações fisiológicas de hormônios são medidas e como as interações receptor-ligante são quantificadas.

A. *Medidas quantitativas*

a. Radioimunoensaios

As concentrações séricas dos hormônios são extremamente baixas, normalmente entre 10^{-12} e 10^{-7} *M*, de forma que eles, via de regra, têm que ser medidos por meios indiretos. Ensaios biológicos foram originalmente empregados para esse propósito, mas eles são, em geral, lentos, inconvenientes e imprecisos. Consequentemente, esses ensaios foram amplamente substituídos por **radioimunoensaios**. Nessa técnica, desenvolvida por Rosalyn Yalow, a concentração desconhecida de um hormônio, H, é determinada medindo-se quanto de uma quantidade conhecida de um hormônio marcado radioativamente, H*, liga-se a uma quantidade determinada de anticorpo anti-H na presença de H. Essa reação de competição é facilmente calibrada pela construção de uma curva-padrão indicando quanto H* liga-se ao anticorpo como uma função da [H]. A alta afinidade e especificidade de ligação que os anticorpos possuem conferem ao radioimunoensaio as vantagens de alta sensibilidade e especificidade.

b. Ligação ao receptor

Receptores, como outras proteínas, interagem com seus ligantes correspondentes de acordo com a lei de ação das massas:

$$\mathrm{R + L \rightleftharpoons R \cdot L}$$

Aqui, R e L representam o receptor e o ligante, e a constante de dissociação da reação é expressa:

$$K_L = \frac{[\mathrm{R}][\mathrm{L}]}{[\mathrm{R \cdot L}]} = \frac{([\mathrm{R}]_T - [\mathrm{R \cdot L}])[\mathrm{L}]}{[\mathrm{R \cdot L}]} \qquad (19.1)$$

onde a concentração total de receptores $[\mathrm{R}]_T = [\mathrm{R}] + [\mathrm{R \cdot L}]$. A Equação [19-1] pode ser rearranjada a uma forma análoga da equação da cinética enzimática de Michaelis-Menten (Seção 14.2A):

$$Y = \frac{[\mathrm{R \cdot L}]}{[\mathrm{R}]_T} = \frac{[\mathrm{L}]}{K_L + [\mathrm{L}]} \qquad (19.2)$$

onde Y é a fração ocupada dos sítios de ligação. A Equação [19-2] representa uma curva hiperbólica (Fig. 19.3*a*), em que K_L pode ser operacionalmente definido como a concentração de ligante em que a metade da concentração de receptor está inteiramente ocupada pelo ligante.

Embora K_L e $[\mathrm{R}]_T$ possam, a princípio, ser determinados a partir da análise da curva hiperbólica, como na Fig. 19.3*a*, a análise da forma linear da equação é um procedimento mais simples. A Equação [19.1] pode ser rearranjada a:

$$\frac{[\mathrm{R \cdot L}]}{[\mathrm{L}]} = \frac{([\mathrm{R}]_T - [\mathrm{R \cdot L}])}{K_L} \qquad (19.3)$$

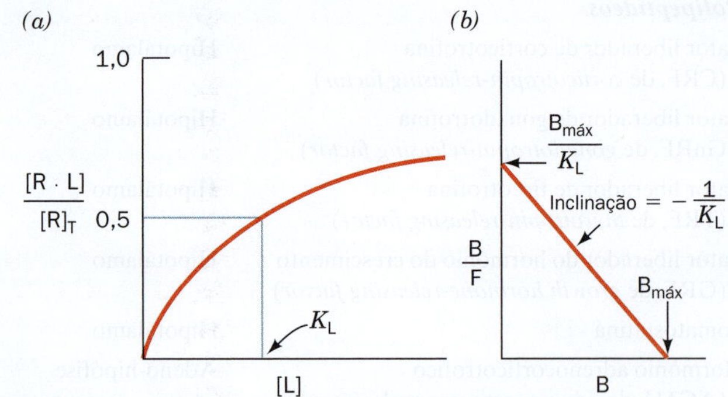

FIGURA 19.3 Interação do ligante com o receptor. (*a*) Uma curva hiperbólica. (*b*) Um gráfico de Scatchard. Aqui, $\mathrm{B} \equiv [\mathrm{R \cdot L}]$, $\mathrm{F} \equiv [\mathrm{L}]$, e $\mathrm{B_{máx}} \equiv [\mathrm{R}]_T$.

Agora, mantendo-se a nomenclatura habitual de receptor-ligante, será redefinido [R·L] como B (para ligante ligado ao receptor), [L] como F (para ligante livre) e $[\mathrm{R}]_T$ como $\mathrm{B_{máx}}$. Então a equação [19.3] torna-se

$$\frac{\mathrm{B}}{\mathrm{F}} = \frac{(\mathrm{B_{máx}} - \mathrm{B})}{K_L} = -\frac{1}{K_L} \cdot \mathrm{B} + \frac{\mathrm{B_{máx}}}{K_L} \qquad (19.4)$$

Um gráfico de B/F contra B, que é conhecido como **gráfico de Scatchard** (segundo George Scatchard, seu criador), rende uma linha reta de inclinação $-1/K_L$ cuja intersecção no eixo B é $\mathrm{B_{máx}}$ (Fig. 19.3b). Aqui, tanto B como F podem ser determinados por ensaios de filtragem da ligação, como a seguir. A maioria dos receptores são proteínas insolúveis ligadas à membrana e consequentemente podem ser separados do ligante solúvel por filtração (receptores que foram solubilizados podem ser separados por filtração do ligante livre, por exemplo, pelo emprego de nitrocelulose, já que proteínas se ligam de forma não específica à ela). Assim, pelo uso de ligante marcado radioativamente, os valores de B e F ([R·L] e [L]) podem ser determinados, respectivamente, a partir da radioatividade retida no filtro e da radioatividade que permanece em solução. A taxa de dissociação de R·L geralmente é tão lenta (tempo médio de minutos a horas) que o erro causado pela lavagem do filtro para remoção do ligante livre residual é insignificante.

c. Estudos de ligação competitiva

Uma vez que os parâmetros da interação receptor-ligante para um ligante tenham sido determinados, a constante de dissociação de outros ligantes para o mesmo sítio de ligação pode ser determinada por estudos de ligação competitiva. O modelo que descreve esse tipo de ligação é análogo ao da inibição enzimática competitiva de Michaelis-Menten (Seção 14.3A):

$$\begin{array}{ccc} \mathrm{R + L} & \overset{K_L}{\rightleftharpoons} & \mathrm{R \cdot L} \\ + & & \\ \mathrm{I} & & \\ \Big\| K_I & & \\ \mathrm{R \cdot I + L} & \longrightarrow & \text{Sem ligação} \end{array}$$

onde I é o ligante competidor cuja constante de dissociação com o receptor é expressa:

$$K_I = \frac{[R][I]}{[R \cdot I]} \tag{19-5}$$

Assim, em analogia direta com a derivação da equação que descreve a inibição competitiva:

$$[R \cdot L] = \frac{[R]_T[L]}{K_L\left(1 + \frac{[I]}{K_I}\right) + [L]} \tag{19-6}$$

As afinidades relativas de um ligante e de um inibidor podem ser determinadas dividindo a Equação [19-6] na presença de inibidor por aquela na ausência de inibidor:

$$\frac{[R \cdot L]_I}{[R \cdot L]_0} = \frac{K_L + [L]}{K_L\left(1 + \frac{[I]}{K_I}\right) + [L]} \tag{19-7}$$

Quando essa razão é 0,5 (50% de inibição), a concentração do competidor é referida como $[I_{50}]$, em analogia ao $[IC_{50}]$ de fármacos que inibem enzimas (Seção 15.4Aa). Assim, resolvendo a Equação [19-7] para K_I a 50% de inibição:

$$K_I = \frac{[I_{50}]}{1 + \frac{[L]}{K_L}} \tag{19-8}$$

B. *Hormônios das ilhotas pancreáticas*

O pâncreas é um órgão glandular, em que a maior parte é uma **glândula exócrina** dedicada a produzir enzimas digestivas, como tripsina, RNase A, α-amilase e fosfolipase A_2, que são secretadas para o intestino delgado pelo ducto pancreático. No entanto, ~1 a 2% do tecido pancreático consiste em conjuntos de células dispersos chamados **ilhotas de Langerhans**, que compreendem uma glândula endócrina responsável por manter a homeostase da energia metabólica. As ilhotas pancreáticas contêm três tipos de células, e cada uma delas secreta um hormônio polipeptídico característico:

1. As células α secretam glucagon (29 resíduos; Seção 18.3Ea).
2. As células β secretam insulina (51 resíduos; Fig. 9.4).
3. As células δ secretam **somatostatina** (14 resíduos).

A insulina, secretada em resposta a altos níveis de glicose no sangue, age principalmente estimulando o músculo, o fígado e as células adiposas a estocar glicose para uso posterior na síntese de glicogênio, proteínas e gordura (Seção 27.2). O glucagon, secretado em resposta a baixos níveis de glicose no sangue, exerce essencialmente os efeitos inversos aos da insulina: estimula o fígado a liberar glicose por meio da glicogenólise (Seção 18.3E) e da gliconeogênese (Seção 23.1) e estimula o tecido adiposo a liberar ácidos graxos por meio da lipólise. A somatostatina, que é também secretada pelo hipotálamo (Seção 19.1H), inibe a liberação de insulina e de glucagon de suas ilhotas; portanto, acredita-se que tenha uma função parácrina no pâncreas.

Hormônios polipeptídicos, à semelhança de outras proteínas destinadas à secreção, são sintetizados nos ribossomos como pré-pró-hormônios, processados no retículo endoplasmático rugoso e no aparelho de Golgi para formar o hormônio maduro e então empacotados em grânulos de secreção, à espera do sinal para sua liberação por exocitose (Seções 12-4B, 12-4C e 12-4D). Os estímulos fisiológicos mais potentes para a liberação de insulina e glucagon são, respectivamente, alta e baixa concentração de glicose no sangue, de forma que as ilhotas agem como sensores primários de glicose do corpo. No entanto, a liberação desses hormônios também é influenciada pelo sistema nervoso autônomo (involuntário) e por hormônios secretados pelo trato gastrintestinal (Seção 19.1C).

C. *Hormônios gastrintestinais*

A digestão e a absorção de nutrientes são processos complicados que são regulados pelo sistema nervoso autônomo combinado com um complexo sistema de hormônios polipeptídicos. De fato, hormônios gastrintestinais peptídicos são secretados na corrente sanguínea por um sistema de células especializadas que revestem o trato gastrintestinal, cuja massa agregada é maior que aquela do resto do sistema endócrino. Mais de vinte hormônios gastrintestinais foram descritos. Quatro desses hormônios melhor caracterizados são:

1. **Gastrina** (17 resíduos), produzida pela mucosa gástrica, estimula a secreção gástrica de HCl e **pepsinogênio** (o zimogênio da enzima digestiva pepsina). A liberação de gastrina é estimulada por aminoácidos e proteínas parcialmente digeridas, bem como pelo nervo vago (que inerva o estômago) em resposta à distenção do estômago. A liberação de gastrina é inibida por HCl e por outros hormônios gastrintestinais.
2. **Secretina** (27 resíduos), produzida pela mucosa do duodeno (intestino delgado superior) em resposta à acidificação pelo HCl gástrico, estimula a secreção pancreática de HCO_3^- para neutralizar esse ácido.
3. **Colecistocinina** (**CCK**; 8 resíduos), produzida pelo duodeno, estimula o esvaziamento da vesícula biliar e a secreção pancreática de enzimas digestivas e de HCO_3^- (aumentando assim o efeito da secretina) e inibe o esvaziamento gástrico. A CCK é liberada em resposta aos produtos da digestão de lipídeos e proteínas, ou seja, ácidos graxos, monoacilgliceróis, aminoácidos e peptídeos.
4. **Peptídeo inibidor gástrico** (**GIP**, também chamado **polipeptídeo insulinotrófico dependente de glicose**; 42 resíduos), produzido por células especializadas que revestem o intestino delgado, é um potente inibidor da secreção de ácido gástrico, da mobilidade gástrica e do esvaziamento gástrico. No entanto, a principal função fisiológica do peptídeo inibidor gástrico é estimular a secreção de insulina pancreática. De fato, a liberação do peptídeo inibidor gástrico é estimulada pela presença de glicose no trato gastrintestinal, que é responsável pela observação que, após uma refeição, os níveis sanguíneos de insulina no sangue aumentam antes dos níveis de glicose.

Esses hormônios gastrintestinais formam famílias de polipeptídeos relacionados: os pentapeptídeos C-terminais da gastrina e da CCK são idênticos; a secretina, o peptídeo inibidor gástrico e o glucagon são bastante similares. Dois outros hormônios gastrintestinais peptídicos são discutidos na Seção 27.3C.

D. Hormônios da tireoide

*A glândula tireoide produz dois hormônios relacionados, **tri-iodotironina** (T_3) e **tiroxina** (T_4),*

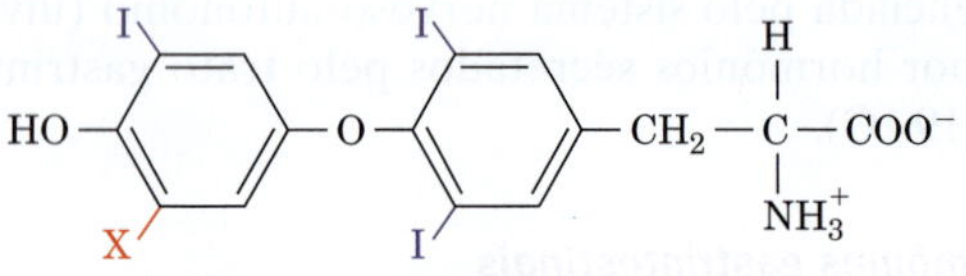

que estimulam o metabolismo na maioria dos tecidos (cérebro de adulto é uma exceção notável). A produção desses aminoácidos iodados incomuns é iniciada com a síntese de **tireoglobulina**, uma proteína de 2.748 resíduos. A tireoglobulina é modificada pós-traducionalmente em uma série de reações bioquímicas específicas (Fig. 19.4):

1. Em torno de 20% dos 140 resíduos de Tyr da tireoglobulina são iodados em uma reação catalisada pela **tireoperoxidase (TPO)**, formando resíduos de **2,5 di-iodotirosil**.
2. Dois desses resíduos são acoplados por oxidação, formando resíduos T_3 e T_4.
3. A tireoglobulina madura, por si só, é hormonalmente inativa. No entanto, cinco ou seis moléculas dos hormônios ativos, T_3 e T_4, são produzidas nos lisossomos pela proteólise da tireoglobulina, sob estimulação hormonal da tireoide (Seção 19.1H).

Como os hormônios da tireoide trabalham? T_3 e T_4, sendo substâncias apolares, são transportados pelo sangue com-

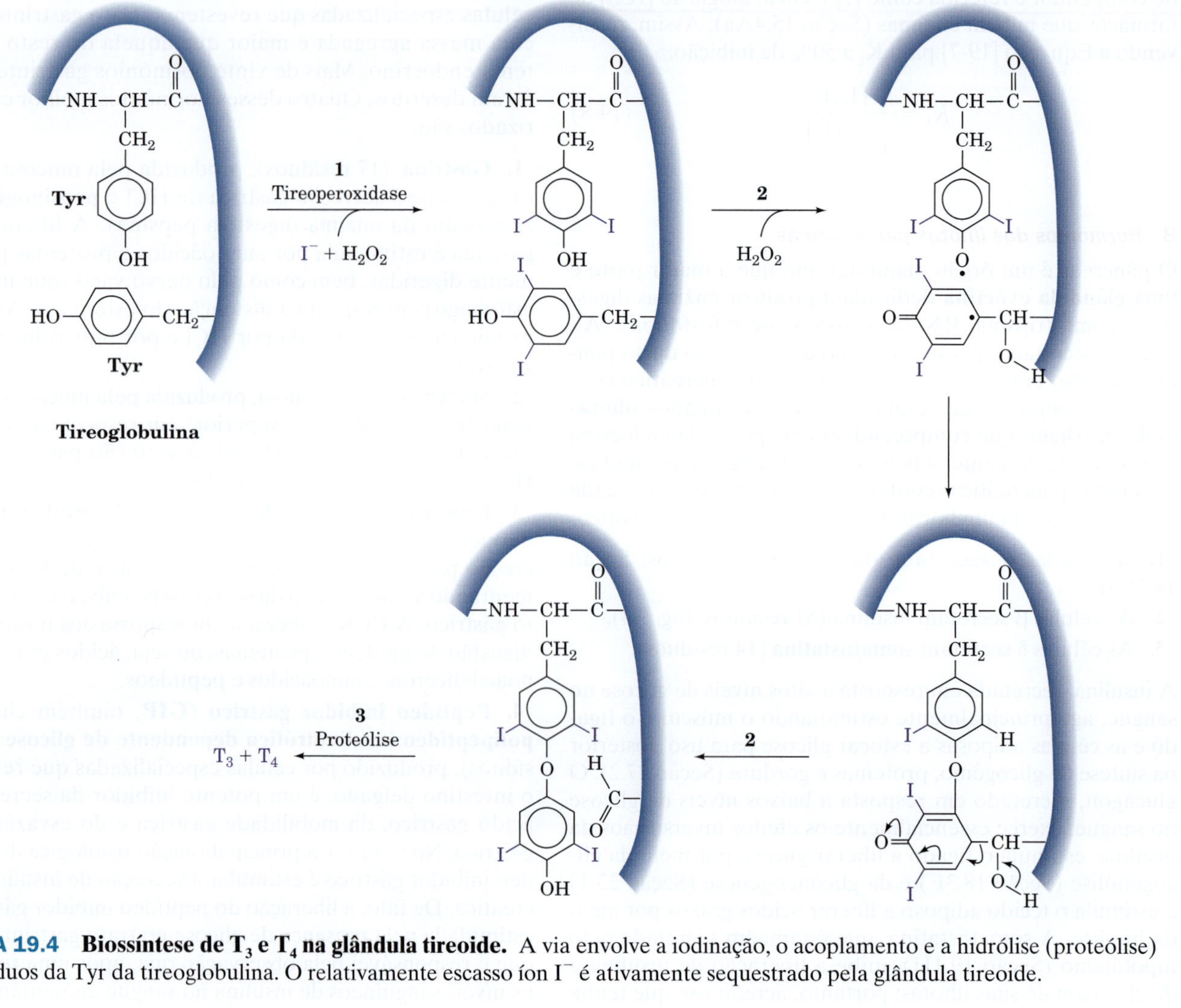

FIGURA 19.4 Biossíntese de T_3 e T_4 na glândula tireoide. A via envolve a iodinação, o acoplamento e a hidrólise (proteólise) de resíduos da Tyr da tireoglobulina. O relativamente escasso íon I^- é ativamente sequestrado pela glândula tireoide.

plexados a proteínas plasmáticas carreadoras, principalmente à **globina ligadora de tiroxina**, mas também à **prealbumina** e à **albumina**. Os hormônios, então, passam através das membranas das células-alvo para o citosol, onde se ligam a proteínas específicas. Uma vez que o complexo proteína-hormônio resultante não entra no núcleo, acredita-se que esse complexo funcione mantendo um reservatório intracelular de hormônios da tireoide. O verdadeiro **receptor de hormônios da tireoide** é uma proteína associada ao cromossomo que, portanto, não deixa o núcleo. *A ligação de T_3, e, em menor extensão, a de T_4, ativa a função de fator de transcrição desse receptor (Seção 5.4Aa), resultando em aumento na taxa de expressão de numerosas enzimas metabólicas.* Sítios de ligação a hormônios da tireoide de alta afinidade também ocorrem na membrana mitocondrial interna (o local de transporte de elétrons e da fosforilação oxidativa; Seção 22.1), sugerindo que esses receptores podem regular diretamente o consumo de O_2 e a produção de ATP.

Níveis anormais dos hormônios da tireoide são comuns em distúrbios humanos. O **hipotireoidismo** é caracterizado por letargia, obesidade e pele fria e ressecada, enquanto o **hipertireoidismo** ocasiona os efeitos opostos. Os habitantes de áreas em que o solo contém baixo conteúdo de iodo frequentemente desenvolvem hipotireoidismo, acompanhado por um aumento da glândula tireoide, uma condição chamada **bócio**. A pequena quantidade de NaI, geralmente adicionada ao sal comercialmente disponível (sal "iodado"), facilmente previne essa doença da deficiência de iodo. Mamíferos jovens requerem hormônios da tireoide para o crescimento e desenvolvimento normais: o hipotireoidismo durante os períodos fetal e pós-natal imediato resulta em deficiência física e intelectual irreversível, uma síndrome chamada **cretinismo**.

E. *Controle do metabolismo de cálcio*

O Ca^{2+} forma **hidroxiapatita**, $Ca_5(PO_4)_3OH$, o principal constituinte mineral dos ossos, e é um elemento essencial em muitos processos biológicos, incluindo a intermediação de sinais hormonais como um segundo mensageiro, o disparo da contração muscular, a transmissão de impulsos nervosos e a coagulação sanguínea. Assim, a $[Ca^{2+}]$ extracelular deve ser finamente regulada para se manter em seu nível normal de ~1,2 m*M*. Três hormônios têm sido implicados na manutenção da homeostasia do Ca^{2+} (Fig. 19.5):

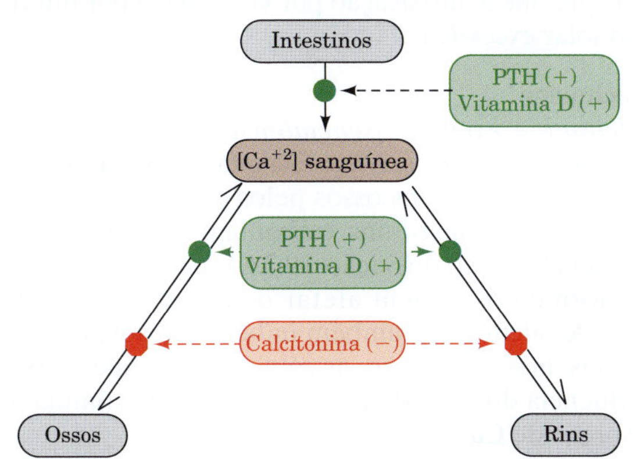

FIGURA 19.5 As funções de PTH, de vitamina D e de calcitonina no controle do metabolismo de Ca^{2+}.

1. **Hormônio da paratireoide** (**PTH**, de *parathyroid hormone*), um polipeptídeo de 84 resíduos, secretado pela glândula paratireoide, que aumenta a $[Ca^{2+}]$ sérica por estimular sua reabsorção a partir dos ossos e dos rins e por aumentar a absorção de Ca^{2+} da dieta pelo intestino.
2. **Vitamina D**, um grupo de substâncias do tipo esteroide, que age de maneira sinérgica com o PTH para aumentar a $[Ca^{2+}]$ sérica.
3. **Calcitonina**, um polipeptídeo de 33 resíduos, sintetizado por células especializadas da glândula tireoide, que diminui a $[Ca^{2+}]$ sérica por inibir a reabsorção de Ca^{2+} dos ossos e dos rins.

Brevemente serão discutidas as funções desses hormônios.

a. Hormônio da paratireoide

Os ossos, os principais reservatórios de Ca^{2+} do corpo, de modo algum são inertes metabolicamente. Eles são continuamente "remodelados" pela ação de dois tipos de células ósseas: os **osteoblastos** que sintetizam as fibras de colágeno que formam a maior parte da matriz orgânica dos ossos, o esqueleto no qual sua fase mineral $Ca_5(PO_4)_3OH$ é depositada; e os **osteoclastos**, que participam na reabsorção dos ossos (Seção 15.4Ab). *O PTH inibe a síntese de colágeno pelos osteoblastos e estimula a reabsorção óssea pelos osteoclastos. O principal efeito do PTH, entretanto, é aumentar a taxa na qual os rins excretam fosfato, o contra-íon do Ca^{2+} nos ossos.* A consequente diminuição da $[P_i]$ sérica causa a liberação de $Ca_5(PO_4)_3OH$ dos ossos, pela ação das massas, e assim aumenta a $[Ca^{2+}]$ sérica. Além disso, o PTH estimula a produção da forma ativa da vitamina D pelos rins, que, por sua vez, aumenta a transferência de Ca^{2+} do intestino para o sangue (ver a seguir).

b. Vitamina D

As vitaminas D compreendem um grupo de substâncias lipossolúveis da dieta que previnem o **raquitismo**, uma doença de crianças caracterizada por retardo do crescimento e deformação óssea devido à mineralização insuficiente dos ossos (a deficiência de vitamina D em adultos é conhecida como **osteomalácia**, uma condição caracterizada por ossos enfraquecidos e desmineralizados). Apesar de o raquitismo ter sido descrito em 1645, somente após o início do século XX foi descoberto que gorduras animais, especialmente o óleo de fígado de peixes, são efetivas em prevenir tal deficiência. Além disso, o raquitismo também pode ser evitado pela exposição das crianças à luz solar ou apenas à luz UV na faixa de comprimento de onda de 230 a 313 nm, independentemente de suas dietas.

As vitaminas D, como será vista adiante, de fato são hormônios derivados do esterol (Seção 12.1E) em que o anel B do esteroide é rompido entre C9 e C10. A forma natural da vitamina, a **vitamina D_3 (colecalciferol)**, é formada não enzimaticamente na pele dos animais por meio da ação fotolítica da luz UV sobre **7-desidrocolesterol**:

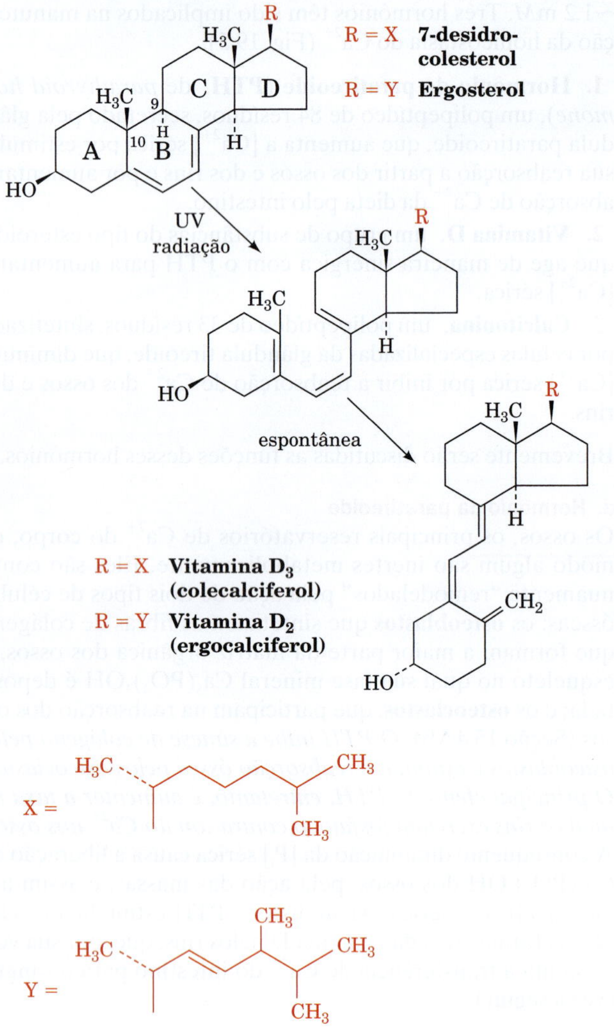

R = X 7-desidrocolesterol
R = Y Ergosterol

UV radiação

espontânea

R = X Vitamina D_3 (colecalciferol)
R = Y Vitamina D_2 (ergocalciferol)

A **vitamina D_2 (ergocalciferol)**, que difere da vitamina D_3 apenas por apresentar uma ligação dupla e um grupo metila na cadeia lateral, é formada pela irradiação UV do esterol vegetal **ergosterol**. Uma vez que as vitaminas D_2 e D_3 têm essencialmente atividades biológicas idênticas, a vitamina D_2 é comumente usada como suplemento vitamínico, principalmente no leite.

As vitaminas D_2 e D_3 como tal são hormonalmente inativas; elas adquirem atividade biológica por meio de processos metabólicos, primeiro no fígado e depois nos rins (Fig. 19.6):

1. No fígado humano, a vitamina D_3 é hidroxilada para formar **25-hidroxicolecalciferol** em uma reação dependente de O_2, catalisada por qualquer uma das duas enzimas do citocromo P450, CYP27A1 e CYP2R1 (Seção 15.4Bc).

2. O 25-hidroxicolecalciferol é transportado para os rins, onde é mais uma vez hidroxilado por CYP27B1, para formar o hormônio ativo **1,25-di-hidroxicolecalciferol-[1,25(OH)$_2$D]**. *CYP27B1 é ativado por PTH, então esta reação é um ponto de controle importante na homeostasia do Ca^{2+}.*

Essas diversas substâncias apolares são transportadas na corrente sanguínea complexadas com a **proteína ligadora de vitamina D**.

O 1,25(OH)$_2$D aumenta a [Ca^{2+}] sérica por promover a absorção intestinal de Ca^{2+} da dieta e por estimular a liberação de Ca^{2+} dos ossos. A absorção de cálcio intestinal é estimulada por meio do aumento da síntese de uma **proteína ligadora de Ca^{2+}**, que transporta cálcio através da mucosa intestinal. O 1,25(OH)$_2$D liga-se a receptores citoplasmáticos das células epiteliais intestinais, que, quando transportados para o núcleo, funcionam como fator de transcrição da proteína ligadora de Ca^{2+}. A manutenção da eletroneutralidade requer que o transporte de cálcio seja acompanhado pelo transporte de contra-íons, principalmente P_i, de forma que o 1,25(OH)$_2$D também estimule a absorção intestinal de P_i. A observação que o 1,25(OH)$_2$D, assim como o PTH, estimula a liberação de cálcio e P_i dos ossos parece paradoxal, já que baixo nível de 1,25(OH)$_2$D resulta em mineralização óssea deficiente. Supostamente, o aumento da [Ca^{2+}] sérica em decorrência da captação de Ca^{2+} intestinal estimulada por 1,25(OH)$_2$D faz os ossos apreender mais cálcio do que sua perda por estimulação hormonal direta. Além disso, tem sido demonstrado que a vitamina D modula a resposta imune, fornece proteção contra certos tipos de cânceres e foi implicada na prevenção/reversão de doenças cardíacas.

A vitamina D, ao contrário das vitaminas hidrossolúveis, é retida pelo corpo, de forma que a ingestão excessiva de vitamina D por longo período causa **intoxicação por vitamina D** (embora a maioria dos indivíduos, particularmente os idosos e aqueles com exposição solar limitada, possuam níveis menores de vitamina D no sangue que os recomendados). A alta [Ca^{2+}] sérica acarreta calcificação aberrante de uma grande variedade de tecidos moles. Os rins são particularmente propensos à calcificação, um processo que pode levar à formação de pedras renais e, em último caso, à falência renal. Além disso, a intoxicação por vitamina D promove desmineralização óssea de forma que os ossos são fraturados facilmente. A observação que o nível da pigmentação da pele de populações indígenas tende a aumentar com a proximidade ao equador é explicada pela hipótese que a pigmentação da pele previne a intoxicação por vitamina D por filtrar a radiação solar excessiva.

c. Calcitonina

A calcitonina exerce, essencialmente, o efeito oposto ao PTH; diminui a [Ca^{2+}] sérica. Ela o faz, primeiramente, inibindo a reabsorção dos ossos pelos osteoclastos. Uma vez que o PTH e a calcitonina estimulam a síntese de AMPc em suas células-alvo (Seção 19.2A), não está claro como esses hormônios podem afetar os osteoclastos de forma oposta. A calcitonina também inibe a reabsorção de cálcio pelos rins, mas nesse caso, as células renais que a calcitonina influencia diferem daquelas que o PTH estimula para a reabsorção de Ca^{2+}.

d. Osteoporose

A **osteoporose** (Seção 15.4Ab) é uma doença degenerativa dos ossos que resulta no risco aumentado de fratura devido à desmineralização óssea assim como à variação na quantidade

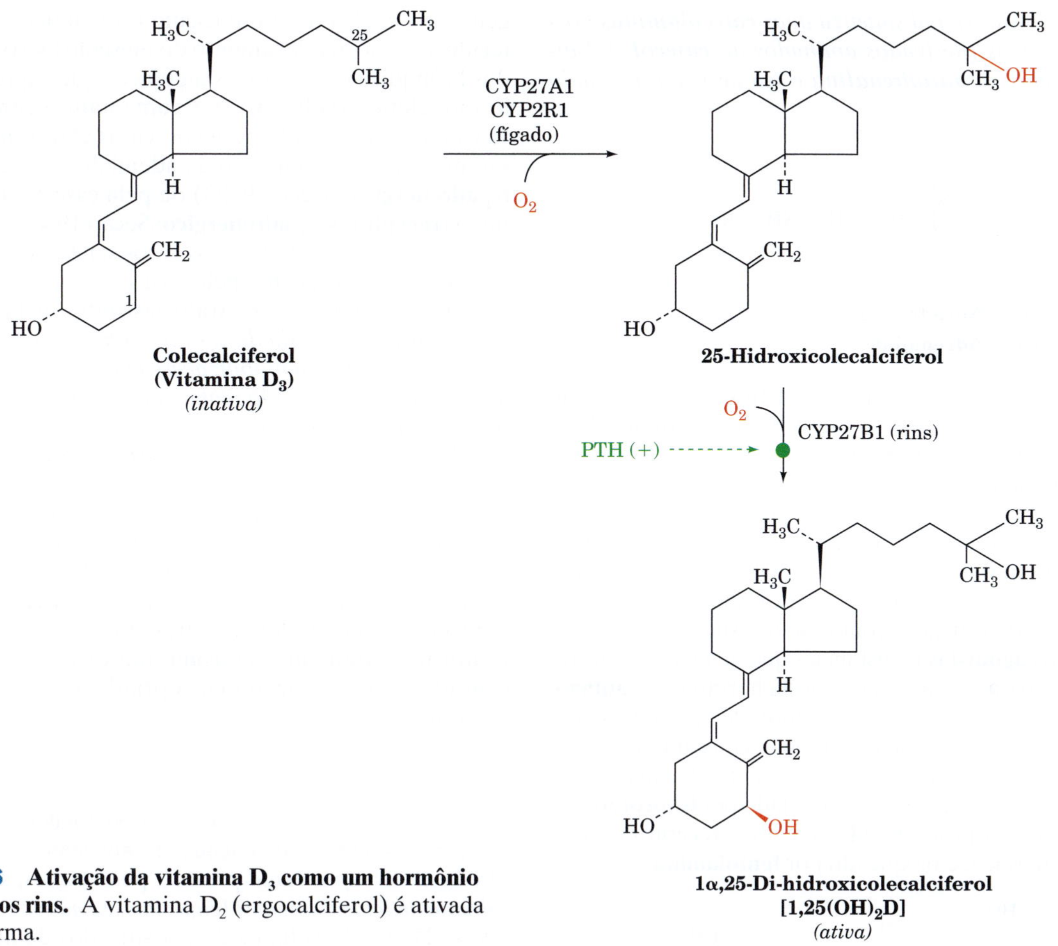

CYP27A1
CYP2R1
(fígado)

O_2

Colecalciferol (Vitamina D_3)
(inativa)

25-Hidroxicolecalciferol

O_2
CYP27B1 (rins)
PTH (+)

1α,25-Di-hidroxicolecalciferol [$1,25(OH)_2D$]
(ativa)

FIGURA 19.6 Ativação da vitamina D_3 como um hormônio no fígado e nos rins. A vitamina D_2 (ergocalciferol) é ativada da mesma forma.

e variedade de proteínas ósseas não colagenosas. É mais comum em mulheres pós-menopausa, embora também ocorra em homens idosos e em consequência de certos distúrbios hormonais ou pela administração de glicocorticoides por longo período de tempo (Seção 19.1G).

A osteoporose é comumente tratada pela administração de **bisfosfonatos** (Fig. 19.7). Esses fármacos se ligam ao tecido ósseo a partir do qual eles são absorvidas pelos osteoclastos. Lá elas inibem a **preniltransferase** (Sessão 25-6Ac), uma enzima da via formadora de grupos prenila que ancoram certas proteínas à membrana celular (Sessão 12-3Ba). Isso desfaz a região de contato entre o osteoclasto e a superfície óssea, deste modo diminuindo a reabsorção óssea. O tratamento com bisfosfonato é geralmente acompanhado por suplementos de cálcio e vitamina D além de exercício físico com carga.

F. *Adrenalina e noradrenalina*

As glândulas suprarrenais consistem em dois tipos de tecidos distintos: a **medula** (núcleo), que é uma verdadeira extensão do sistema nervoso simpático (uma parte do sistema nervoso autônomo), e o **córtex**, mais normalmente glandular (camada externa). Aqui, serão considerados os hormônios da medula suprarrenal; aqueles do córtex serão discutidos na subseção seguinte.

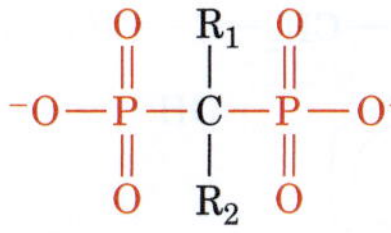

	R_1	R_2
Alendronato (Fosamax™)	OH	$(CH_2)_2N(CH_3)_2$
Ibandronato (Bonviva™)	OH	$(CH_2)_2N(CH_3)(CH_2)_4CH_3$
Risedronato (Actonel™)	OH	CH_2–(piridin-3-il) 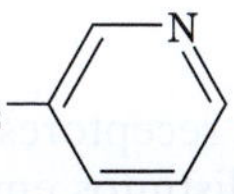

FIGURA 19.7 Alguns bisfosfonatos que estão em uso clínico contra osteosporose. Cada fármaco possui um nome genérico (químico) e um nome da marca proprietária sob o qual ele é comercializado, aqui em parênteses.

A medula suprarrenal sintetiza duas ***catecolaminas*** *hormonalmente ativas (derivados aminados do* ***catecol****, 1,2-di-hidroxibenzeno), a* ***noradrenalina*** *e seu derivado metilado* ***adrenalina****:*

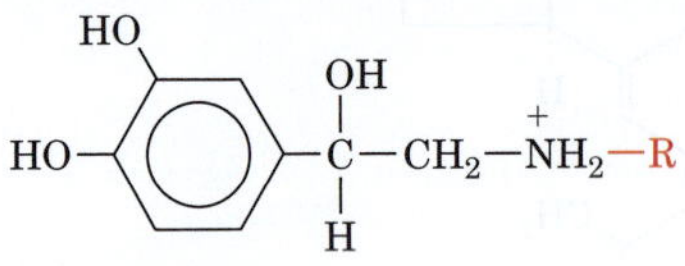

R = H **Noradrenalina**
R = CH_3 **Adrenalina**

Esses hormônios são sintetizados a partir da tirosina, como está descrito na Seção 26.4B, e estocados em grânulos, à espera de sua liberação por exocitose sob controle do sistema nervoso simpático.

Os efeitos biológicos das catecolaminas são mediados por duas classes de receptores transmembrana, os **receptores α- e β-adrenérgicos** (também conhecidos como adrenoceptores). Essas glicoproteínas TM (transmembrana) foram originalmente identificadas com base nas suas respostas variadas a certos **agonistas** (substâncias que ligam a receptores de hormônios para evocar uma resposta hormonal) e **antagonistas** (substâncias que ligam a receptores de hormônios, mas falham em evocar a resposta hormonal, consequentemente bloqueando a ação do agonista). O receptor β-, mas não o α- adrenérgico, por exemplo, é estimulado por **isoproterenol**, mas bloqueado por **propranolol** enquanto o receptor α-, mas não o β-adrenérgico, é bloqueado por **fentolamina**:

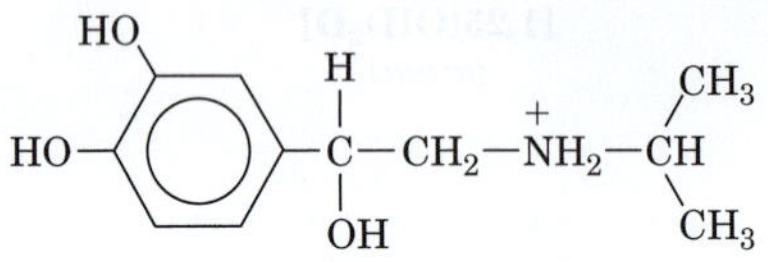

Isoproterenol

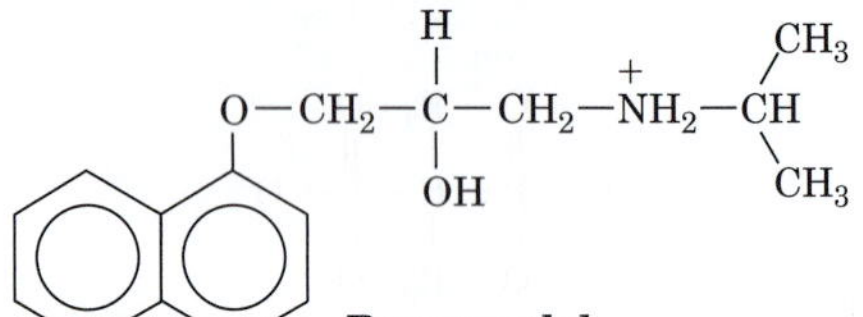

Propranolol

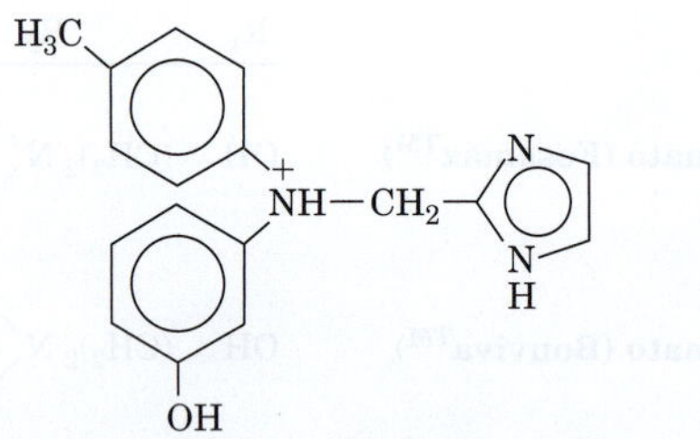

Fentolamina

Os receptores α- e β- adrenérgicos, que ocorrem em tecidos distintos em mamíferos, em geral respondem de forma diferente e, frequentemente, de maneira oposta às catecolaminas. Por exemplo, os receptores β-adrenérgicos, que ativam a adenilato-ciclase, estimulam a glicogenólise e a gliconeogênese no fígado (Seções 18.3Ea e 18.3G), a glicogenólise e a glicólise no músculo esquelético, a lipólise em tecido adiposo, o relaxamento do músculo liso (involuntário) dos brônquios e dos vasos sanguíneos que suprem o músculo esquelético (voluntário) e aumentam o ritmo cardíaco. Já os receptores α-adrenérgicos, cujos efeitos intracelulares são mediados pela inibição da adenilato-ciclase (**receptores α_2-adrenérgico**; Seção 19.2D) ou pela cascata do fosfoinositídeo (**receptores α_1-adrenérgico**; Seção 19.4A), estimulam a contração do músculo liso nos vasos sanguíneos que suprem órgãos periféricos, como pele e rins, o relaxamento do músculo liso nos pulmões e no trato gastrintestinal e a agregação plaquetária. *A maioria desses diferentes efeitos é direcionada a um final comum: a mobilização de fontes de energia e o seu desvio para onde elas são realmente necessárias para preparar o corpo para a ação súbita.*

As respostas variadas e a distribuição tecidual dos receptores α- e β-adrenérgicos, e seus subtipos, a diferentes agonistas e antagonistas têm consequências terapêuticas importantes. Por exemplo, o propranolol é utilizado para o tratamento da pressão sanguínea alta e protege vítimas de ataque cardíaco a ataques subsequentes, enquanto o efeito broncodilatador da adrenalina a torna clinicamente útil no tratamento da **asma**, um distúrbio respiratório causada pela contração inapropriada do músculo liso dos brônquios.

G. *Hormônios esteroides*

a. Os esteroides adrenocorticais fazem mediação com uma grande variedade de funções metabólicas

O córtex da suprarrenal produz, pelo menos, 50 ***esteroides adrenocorticais*** *diferentes (cuja síntese está esquematizada na Seção 25.6C).* Eles têm sido classificados de acordo com a resposta fisiológica que desencadeiam:

1. Os **glicocorticoides** afetam o metabolismo de carboidratos, proteínas e lipídeos de maneira quase oposta aos efeitos da insulina, e influenciam uma grande variedade de outras funções vitais, incluindo reações inflamatórias e a capacidade de suportar o estresse.
2. Os **mineralocorticoides** atuam sobretudo na regulação da excreção de sal e água pelos rins.
3. Os **androgênios** e **estrogênios** afetam o desenvolvimento e as funções sexuais. Eles são produzidos em grandes quantidades pelas gônadas.

Os glicocorticoides, sendo os mais comuns o **cortisol** (também conhecido como **hidrocortisona**) e a **corticosterona**, e os mineralocorticoides, sendo o mais comum a **aldosterona**, são compostos C_{21}:

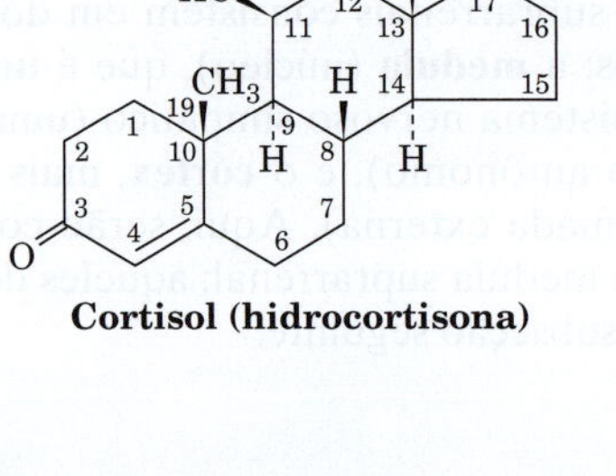

Cortisol (hidrocortisona)

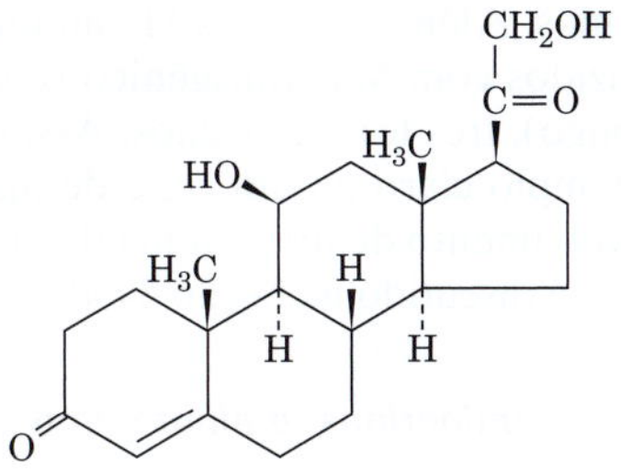

Corticosterona

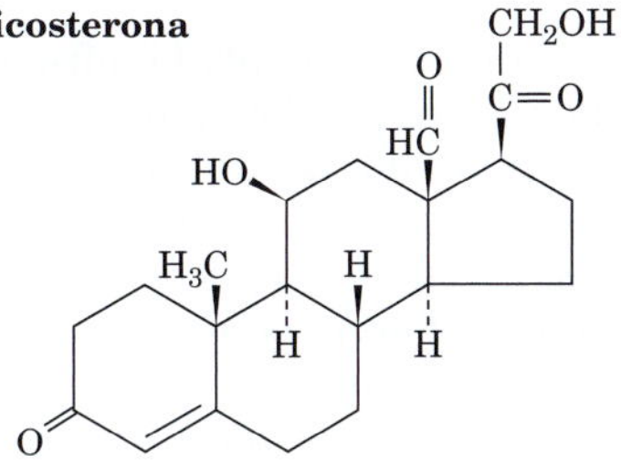

Aldosterona

Os esteroides, por serem insolúveis em água, são transportados pelo sangue, complexados com a glicoproteína **transcortina** e, em menor quantidade, com albumina. Os esteroides (incluindo a vitamina D) passam espontaneamente através das membranas de suas células-alvo para o citosol, onde se ligam a seus receptores correspondentes. Os complexos receptores-esteroides migram para o núcleo da célula, onde funcionam como fatores de transcrição para induzir, ou em alguns casos reprimir, a transcrição de genes específicos (um processo que é discutido na Seção 34.3Bn). Dessa forma, os glicocorticoides e os mineralocorticoides influenciam a expressão de numerosas enzimas metabólicas em seus respectivos tecidos-alvo. Hormônios da tireoide, que também são apolares, funcionam analogamente. No entanto, como será visto nas seções seguintes, todos os outros hormônios agem de forma menos direta, uma vez que eles se ligam a seus receptores de superfície celular correspondentes e, consequentemente, disparam complexas cascatas de eventos dentro da célula que acabam por influenciar a transcrição e outros processos celulares.

Prejuízos na função adrenocortical, por doença ou trauma, resultam em uma condição chamada **doença de Addison**, que é caracterizada por hipoglicemia, fraqueza muscular, perda de Na^+, retenção de K^+, funções cardíacas prejudicadas, perda de apetite e aumento na suscetibilidade ao estresse. A vítima, exceto se tratada com a administração de glicocorticoides e mineralocorticoides, debilita-se lentamente e morre sem nenhuma dor ou sofrimento em especial. O problema oposto, hiperfunção adrenocortical, que em geral é causado por um tumor no córtex da suprarrenal ou na glândula hipófise (Seção 19.1H), resulta na **síndrome de Cushing**, que é caracterizada por fadiga, hiperglicemia, edema (retenção de água) e uma redistribuição da gordura corporal que origina a característica "face de lua cheia". O tratamento de várias doenças com glicocorticoides sintéticos por longo período de tempo resulta em sintomas similares.

b. Os esteroides gonadais são responsáveis pelo desenvolvimento e função sexuais

*As **gônadas** (testículos nos machos, ovários nas fêmeas), além de produzirem espermatozoides ou óvulos, secretam hormônios esteroides (androgênios e estrogênios) que regulam a diferenciação sexual, a expressão de características sexuais secundárias e o perfil do comportamento sexual.* Embora tanto os testículos como os ovários sintetizem androgênios e estrogênios, os testículos secretam predominantemente androgênios, que são conhecidos como **hormônios sexuais masculinos**, enquanto os ovários produzem principalmente estrogênios, chamados de **hormônios sexuais femininos**.

Os androgênios, dos quais a **testosterona** é o protótipo,

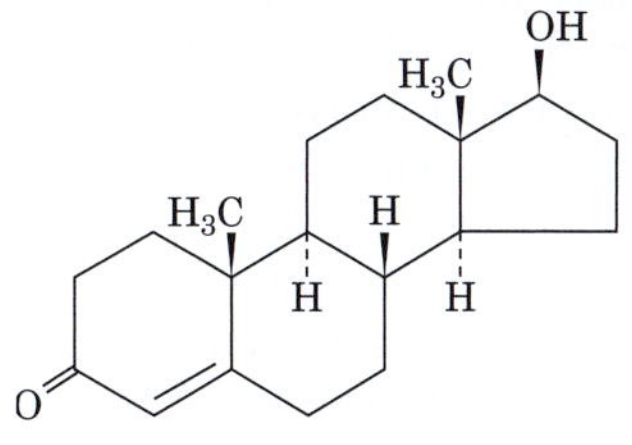

Testosterona

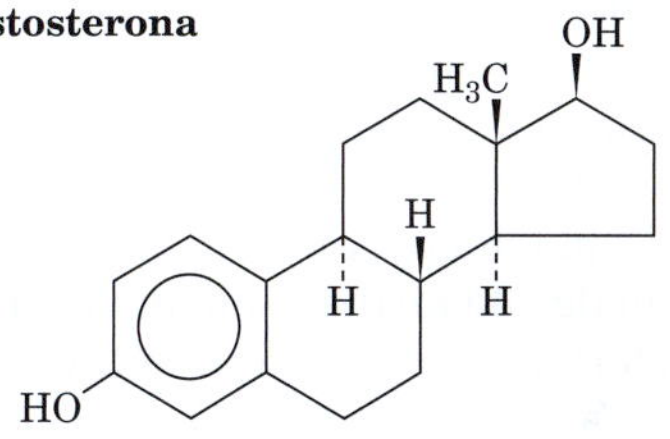

β-Estradiol

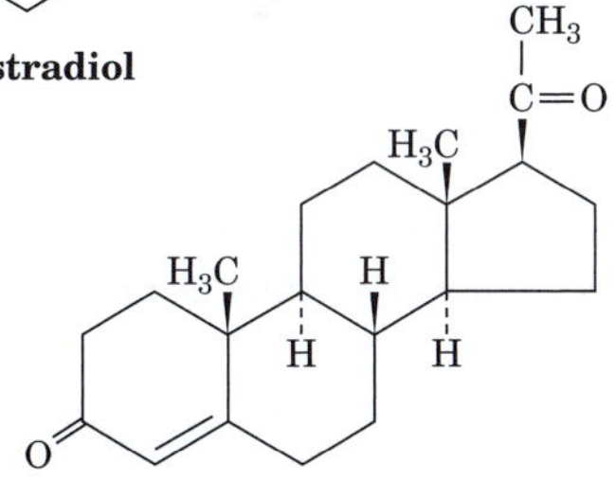

Progesterona

carecem do substituinte C_2 no C_{17}, presente em glicorticoides, e são, portanto, compostos C_{19}. Os estrogênios, como por exemplo o **β-estradiol**, assemelham-se aos androgênios, mas não possuem o grupo metila no C_{10} porque eles têm um anel A aromático, sendo portanto compostos C_{18}. Notavelmente, a testosterona é um intermediário na biossíntese de estrogênios (Seção 25.6C). Uma segunda classe de esteroides ovarianos, compostos C_{21} chamados **progestinas**, ajuda a mediar o ciclo menstrual e a gravidez (Seção 19.1I). A **progesterona**, a progestina mais abundante, é na verdade um precursor de glicocorticoides, mineralocorticoides e testosterona (Seção 25.6C).

c. A diferenciação sexual é controlada hormonal e geneticamente

Que fatores controlam a diferenciação sexual? Se as gônadas de um embrião de mamífero macho são removidas cirurgicamente, esse indivíduo terá um fenótipo feminino. Evidentemente, *mamíferos são programados a desenvolver-se como fêmeas a não ser que sejam submetidos à influência de hormônios testiculares durante a vida embrionária*. De fato, machos genéticos com receptores androgênicos citosólicos ausentes ou não funcionais possuem fenótipo feminino, uma condição chamada **feminização testicular**. Curiosamente, os estrogênios parecem não fazer parte do desenvolvimento sexual de embriões femininos, apesar de serem essenciais para a maturação e as funções sexuais femininas.

Indivíduos normais possuem genótipo XY (machos) ou XX (fêmeas; Seção 1.4C). No entanto, aqueles com genótipos anormais XXY (**síndrome de Klinefelter**) e X0 (apenas um cromossomo sexual; **síndrome de Turner**) possuem fenótipos masculino e feminino, respectivamente, embora ambos sejam estéreis. *Aparentemente, o cromossomo Y normal confere o fenótipo masculino, enquanto sua ausência confere um fenótipo feminino.* Existem, no entanto, raros (1 em 20.000) machos XX e fêmeas XY. Esses machos XX (que são estéreis e têm sido identificados em clínicas de infertilidade) possuem um segmento pequeno de um cromossomo Y normal transladado em um dos seus cromossomos X, enquanto em fêmeas XY esse segmento está ausente.

Embriões humanos masculinos e femininos até a sexta semana de desenvolvimento possuem genitália indiferenciada idêntica. Evidentemente, o cromossomo Y contém um gene, o **fator determinante de testículos** (**TDF**, de *testes-determining factor*), que induz a diferenciação dos testículos, cuja secreção hormonal, por sua vez, promove o desenvolvimento masculino. O segmento cromossômico mal-posicionado (transladado) em fêmeas XY e em machos XX tem uma sequência comum de 140 kb que contém um gene estrutural **SRY** (região determinante sexual de Y), que codifica um motivo de ligação ao DNA de 80 resíduos. Várias mulheres "gênero-revertido" XY possuem uma mutação na região do seu gene SRY que codifica esse domínio de ligação ao DNA, que elimina a sua capacidade de ligar o DNA, uma mutação que não está presente no gene paterno. O SRY é expresso nas células das gônadas embrionárias, responsáveis pela determinação dos testículos. Além disso, dos 11 camundongos XX que foram produzidos com ***Sry*** transgênico (o análogo de SRY em camundongo), três foram machos. Assim, TDF/SRY é o primeiro exemplo claro de um gene de mamífero que controla o desenvolvimento de um sistema de órgãos inteiro (desenvolvimento é discutido na Seção 34.4B).

H. Controle das funções endócrinas: o hipotálamo e a hipófise

O lobo anterior da **glândula hipófise** e o **hipotálamo**, uma porção do cérebro próxima à hipófise, constituem em uma unidade funcional que controla hormonalmente grande parte do sistema endócrino. *Os neurônios do hipotálamo sintetizam uma série de hormônios polipeptídicos conhecidos como **fatores liberadores** e **fatores inibidores da liberação** que, quando liberados na adeno-hipófise via uma conexão circulatória direta (o tempo de meia-vida desses fatores é da ordem de poucos minutos), estimulam ou inibem a liberação na corrente sanguínea dos **hormônios tróficos** correspondentes.* Por definição, hormônios tróficos estimulam seus tecidos endócrinos-alvo a secretar os hormônios que eles sintetizam. Já que os fatores liberadores e inibidores da liberação, os hormônios tróficos e os hormônios endócrinos são geralmente secretados em quantidades na ordem de nanogramas, microgramas e miligramas por dia, respectivamente, e tendem a ter tempos de meia-vida progressivamente maiores. Diz-se que esses sistemas hormonais formam cascatas que amplificam o sinal. Quatro desses sistemas são proeminentes em humanos (Fig. 19.8; *esquerda*):

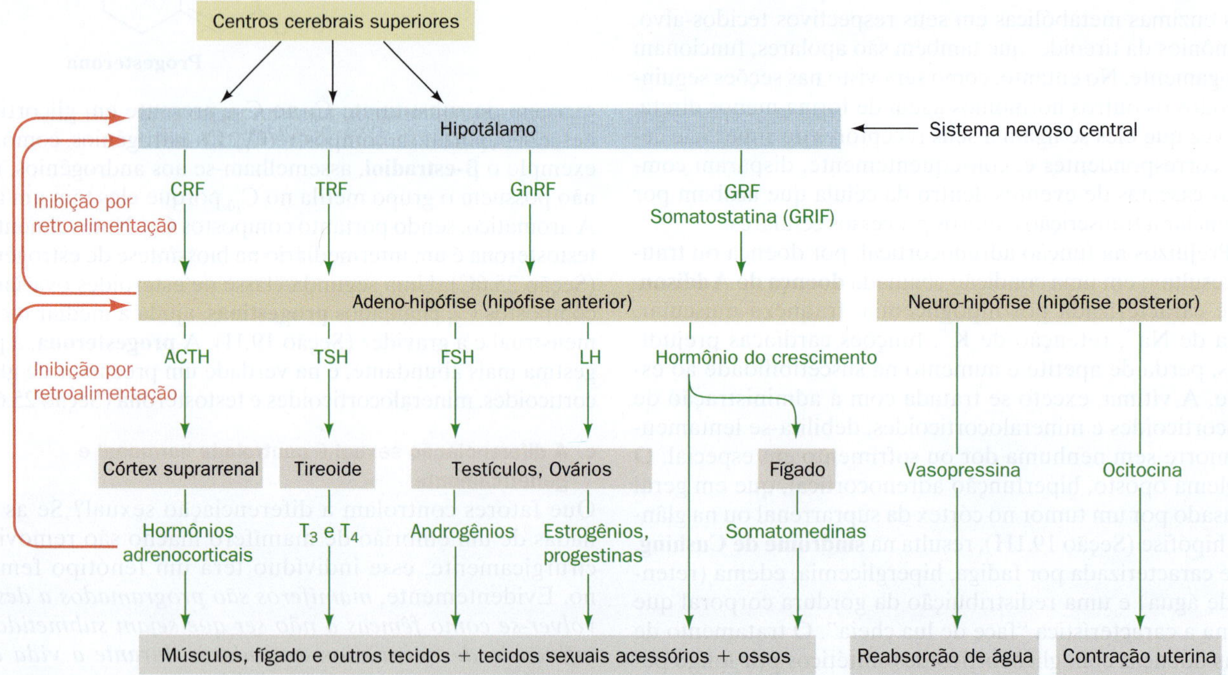

FIGURA 19.8 Circuitos de controle hormonal, indicando as relações entre o hipotálamo, a hipófise e os tecidos-alvo. Fatores de liberação e fatores inibidores da liberação secretados pelo hipotálamo sinalizam para a adeno-hipófise secretar ou parar de secretar o hormônio trófico correspondente, que, em geral, estimulam a(s) glândula(s) endócrina(s) correspondente(s) a secretar seus respectivos hormônios endócrinos. Os hormônios endócrinos, além de controlar o crescimento, diferenciação e o metabolismo dos seus tecidos-alvos correspondentes, influenciam a secreção de fatores de liberação e de hormônios tróficos através de inibição por retroalimentação. Os níveis dos hormônios tróficos, da mesma maneira, influenciam os níveis dos seus fatores liberadores correspondentes.

1. O **fator liberador de corticotrofina** (**CRF**; 41 resíduos) faz a adeno-hipófise liberar o **hormônio adrenocorticotrópico** (**ACTH**; 39 resíduos), que estimula a liberação de esteroides adrenocorticais. *O sistema completo está sob controle de retroalimentação: o ACTH inibe a liberação de CRF e os esteroides adrenocorticais inibem a liberação tanto de CRF como de ACTH. Além disso, o hipotálamo, sendo parte do cérebro, também está sujeito ao controle neuronal, assim, o hipotálamo forma a interface entre o sistema nervoso e o sistema endócrino.*

2. O **fator liberador de tireotrofina** (**TRF**), um tripeptídeo com um resíduo **piro-Glu** N-terminal (um derivado de Glu em que o grupo carboxil da cadeia lateral forma uma ligação amida com seu grupo amino),

piro-Glu–C(=O)–His–Pro(3)–NH_2

Fator liberador de tireotrofina (TRF)

estimula a adeno-hipófise a liberar o hormônio trófico **tireotrofina** (**hormônio estimulador da tireoide**; **TSH**) que, por sua vez, estimula a tireoide a sintetizar e liberar T_3 e T_4. O TRF, bem como outros fatores liberadores, está presente no hipotálamo apenas em quantidades infinitamente pequenas. Ele foi caracterizado independentemente em 1969 por Roger Guillemin e Andrew Schally ao usarem extratos de hipotálamo de mais de 2 milhões de ovelhas e 1 milhão de porcos.

3. **O fator liberador de gonadotrofina** (**GnRF**; 10 resíduos)

pyroGlu(1)-His-Trp-Ser-Tyr-Gly-Leu-Arg-Pro-Gly(10)-NH_2

Fator liberador de gonadotrofina (GnRF)

estimula a adeno-hipófise a liberar o **hormônio luteinizante** (**LH**) e o **hormônio folículo-estimulante** (**FSH**), que são coletivamente conhecidos como **gonadotrofinas**. Em machos, o LH estimula os testículos a secretar androgênios, enquanto o FSH promove a espermatogênese. Em fêmeas, o FSH estimula o desenvolvimento dos folículos ovarianos (que contêm o óvulo imaturo), enquanto o LH dispara a ovulação.

4. O **fator liberador do hormônio do crescimento** (**GRF**; 44 resíduos) e a **somatostatina** (14 resíduos; também conhecida como **fator inibidor da liberação de hormônio do crescimento** [**GRIF**, de *growth hormone release-inhibiting factor*]), estimula/inibe a liberação do **hormônio do crescimento** (**GH**, de *growth hormone*) da adeno-hipófise. O GH (também chamado **somatotrofina**), por sua vez, estimula o crescimento em geral (ver Fig. 5.5 para um exemplo desse efeito). O GH acelera diretamente o crescimento de uma variedade de tecidos (ao contrário de TSH, LH e FSH, que agem apenas indiretamente, ativando glândulas endócrinas) e induz o fígado a sintetizar uma série de fatores do crescimento polipeptídicos, chamados **somatomedinas**, que estimulam o crescimento de cartilagens e têm atividades semelhantes à da insulina.

O TSH, o LH e o FSH são glicoproteínas heterodiméricas que, em certas espécies, têm a mesma subunidade α (92 resíduos) e uma subunidade β homóloga (em humanos, 114, 114 e 118 resíduos, respectivamente). O GH humano consiste em uma única cadeia polipeptídica de 191 resíduos, que não é relacionada ao TSH, LH ou FSH.

a. A neuro-hipófise secreta ocitocina e vasopressina

O lobo posterior da hipófise, a **neuro-hipófise** (ou **hipófise posterior**), que é anatomicamente distinta da adeno-hipófise, secreta dois hormônios nonapeptídicos homólogos (Fig. 19.8, *à direita*): a **vasopressina** (também conhecida como **hormônio antidiurético** [**ADH**, de *antidiuretic hormone*]), que aumenta a pressão sanguínea e estimula os rins a reter água; e a **ocitocina**, que causa contração do músculo liso uterino e induz o trabalho de parto:

Cys(1)-Tyr-Phe-Gln-Asn-Cys-Pro-Arg-Gly(9)-NH_2 (S–S entre Cys1 e Cys6)

Vasopressina humana

Cys(1)-Tyr- Ile -Gln-Asn-Cys-Pro-Leu-Gly(9)-NH_2 (S–S entre Cys1 e Cys6)

Ocitocina humana

A taxa de liberação de vasopressina é amplamente controlada por osmorreceptores, que monitoram a pressão osmótica do sangue.

I. *Controle do ciclo menstrual*

O ciclo menstrual e a gravidez são particularmente ilustrativos da interação entre os sistemas hormonais. O ciclo menstrual humano, de ~28 dias (Fig. 19.9), é iniciado durante a menstruação por um leve aumento no nível de FSH, que inicia o desenvolvimento de um novo folículo ovariano. À medida que o folículo amadurece, ele próprio secreta estrógenos que sensibilizam a adeno-hipófise ao GnRF. Esse processo culmina no aumento abrupto de LH e FSH, que dispara a ovulação. O folículo ovariano rompido, o **corpo lúteo**, secreta progesterona e estrogênios, que inibem a secreção adicional de gonadotrofinas pela adeno-hipófise e estimulam

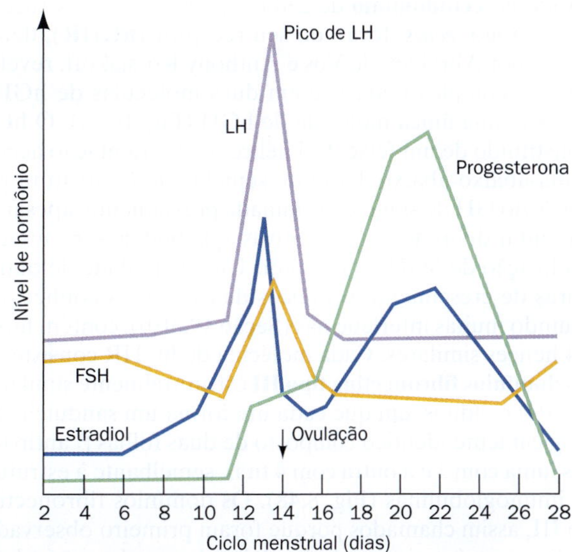

FIGURA 19.9 Perfil da secreção hormonal durante o ciclo menstrual em fêmeas humanas.

o revestimento uterino a se preparar para a implantação do óvulo fertilizado. Se a fertilização não ocorre, o corpo lúteo regride, os níveis de progesterona e estrogênios caem e, como consequência, ocorre a menstruação (o desprendimento do revestimento uterino). Os níveis reduzidos de esteroides também permitem um leve aumento no nível de FSH, que inicia um novo ciclo menstrual.

Um óvulo fertilizado, implantado no revestimento uterino preparado hormonalmente, logo inicia a síntese de **gonadotrofina coriônica (CG)**. Esse hormônio glicoproteico heterodimérico contém uma subunidade β de 145 resíduos, com alto grau de identidade de sequência com as de LH (85%), FSH (45%) e TSH (36%) na região N-terminal de 114 resíduos, e a mesma subunidade α. A CG estimula o corpo lúteo a continuar secretando progesterona, em vez de regredir, prevenindo a menstruação. Os testes de gravidez utilizam imunoensaios que detectam CG no sangue ou na urina dentro de poucos dias após a implantação do embrião. A maioria dos contraceptivos orais femininos (pílulas anticoncepcionais) contém derivados de progesterona, cuja ingestão induz um estado de pseudogravidez que inibe o aumento repentino de FSH e LH, prevenindo a ovulação.

J. *Hormônio do crescimento e seu receptor*

A ligação do hormônio do crescimento ativa seu receptor a estimular o crescimento e o metabolismo de células musculares, ósseas e cartilaginosas. Esse receptor, de 620 resíduos, é membro de uma grande família de receptores de fatores de crescimento proteicos, estruturalmente relacionados, que inclui aqueles de várias interleucinas (Seção 19.3Eb). Todos esses receptores são constituídos de um domínio N-terminal extracelular de ligação ao ligante, um único segmento transmembrana, que é quase certamente helicoidal, e um domínio C-terminal citoplasmático, que não apresenta homologia dentro da superfamília, mas em muitos casos possui atividade tirosina-cinase (Seção 19.3A).

A estrutura por raios X dos 191 resíduos do hormônio de crescimento humano (**hGH**, de *human growth factor*), complexado ao **ectodomínio** de 238 resíduos (porção extracelular; do grego: *ectos*: fora), do seu receptor (**hGHR**), determinada por Abraham de Vos e Anthony Kossiakoff, revelou que esse complexo consiste em duas moléculas de hGHR ligadas a uma única molécula de hGH (Fig. 19.10). O hGH é constituído de um feixe de 4 hélices com orientação acima-acima-abaixo-abaixo, bastante semelhante à estrutura por raios X do GH de suíno determinada previamente, apesar de apresentar diferenças significativas, que podem ser causadas pela ligação do hGH ao receptor. Uma variedade de outros fatores de crescimento proteicos de estruturas conhecidas, incluindo muitas interleucinas (Seção 19.3Eb), contém feixes de 4 hélices similares. Cada molécula de hGHR consiste em dois **domínios fibronectina tipo III** estruturalmente similares, de ~100 resíduos, em que cada um forma um sanduíche topologicamente idêntico composto de duas folhas β antiparalelas, uma com 3 e a outra com 4 fitas, semelhante à estrutura das imunoglobulinas (Fig. 8.48). Os domínios fibronectina tipo III, assim chamados porque foram primeiro observados na glicoproteína com multidomínios da matriz extracelular

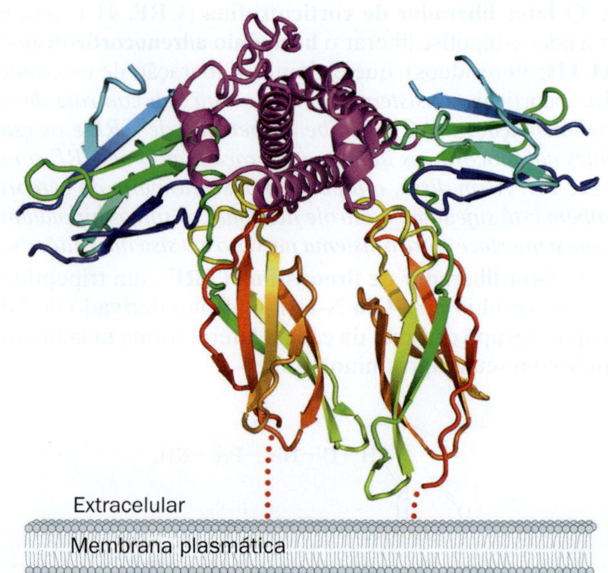

FIGURA 19.10 Estrutura por raios X do hormônio de crescimento humano (hGH) complexado ao domínio extracelular (hGHbp) de duas moléculas de seu receptor. As proteínas estão mostratadas em modelo de fitas, com hGH em magenta e as duas moléculas de hGHbp, que juntas ligam uma molécula de hGH, coloridas na ordem do arco-íris do N-terminal (*azul*) ao C-terminal (*vermelho*). A vista é ao longo do eixo do feixe de quatro hélices de hGH com o eixo de ordem dois em relação às duas moléculas de hGHbp vertical. As linhas pontilhadas vermelhas representam as vias que as cadeias de hGHbp penetram a membrana. Notar que a expessura da membrana é, na verdade quase a altura (~75 Å) do complexo hGHbp-hGH-hGHbp. (Com base na estrutura por raios X determinada por Abraham de Vos e Anthony Kossiakoff, Genentech Inc., South San Francisco, California, EUA. PDBid3HHR.) Ver Exercício interativo 11

fibronectina, estão entre os mais comuns módulos estruturais em receptores com ectodomínios.

As duas moléculas de hGHR ligam uma molécula de hGH por uma simetria de ordem 2 quase exata, sobre um eixo que é aproximadamente perpendicular ao eixo helicoidal do feixe de 4 hélices do GH e, presumivelmente, ao plano da membrana da célula, à qual o receptor do GH intacto está ancorado (Fig. 19.10). Os domínios C-terminais das duas moléculas de hGHR são quase paralelos e estão em contato um com o outro. Interessantemente, as duas moléculas de hGHR utilizam essencialmente os mesmos resíduos para ligar sítios que estão em lados opostos do feixe de 4 hélices do GH e que não possuem similaridade estrutural. A análise da estrutura por raios X é bastante consistente com os resultados de estudos de mutação destinados a identificar os resíduos de hGH e de hGHR importantes para a ligação ao receptor.

A dimerização do hGHR induzida pelo ligante tem implicações importantes para o mecanismo de transdução do sinal. A dimerização, que não ocorre na ausência de hGH, aparentemente aproxima os domínios intracelulares intactos do receptor de forma a ativar uma proteína efetora, como por exemplo uma tirosina-cinase (Seção 19.3A). De fato, mutantes de hGH que não induzem a dimerização do receptor são biologicamente inativos. Muitos outros fatores de crescimento proteicos também induzem a dimerização de seus receptores.

a. A produção anormal de GH causa crescimento anormal

A superprodução de GH, geralmente uma consequência de um tumor na hipófise, resulta em crescimento excessivo. Se essa condição inicia-se enquanto o esqueleto ainda está em crescimento, ou seja, antes das placas de crescimento terem sido ossificadas, então esse crescimento excessivo ocorre proporcionalmente por todo corpo, resultando em **gigantismo**. Além disso, uma vez que GH em excesso inibe a produção de testosterona necessária para a ossificação da placa de crescimento, tais "gigantes" continuam crescendo ao longo de suas vidas, que são excepcionalmente curtas. Se, no entanto, o esqueleto já estiver maduro, o GH estimula apenas o crescimento dos tecidos moles, resultando em mãos e pés alargados e traços faciais grosseiros, uma condição chamada **acromegalia** (Fig. 19.11). O problema oposto, deficiência de GH, que resulta em crescimento insuficiente (**nanismo**), pode ser tratado antes da maturidade do esqueleto por injeções regulares de hGH (o GH animal não é efetivo em humanos). O hGH era, a princípio, disponível apenas a partir de glândulas hipófises de cadáveres, consequentemente a oferta era extremamente pequena. Desde o início da década de 1980, no entanto, o hGH tem sido sintetizado em quantidades praticamente ilimitadas, por meio de técnicas de DNA recombinante. De fato, hGH tem sido ilicitamente obtido por indivíduos que desejam aumentar sua capacidade atlética (a proibição do uso de hGH não poderia ser executada até o início de 2000, quando foram desenvolvidos testes sanguíneos que podem distinguir entre hGH natural e recombinante).

FIGURA 19.11 Acromegalia. As feições aumentadas características de Akhenaton, o faraó que governou o Egito nos anos 1379-1362 a.C., sugerindo fortemente que ele sofria de acromegalia. (Bildarchiv Preussischer Kulturbesitz/Art Resource.)

K. *Peptídeos opioides*

Dentre os hormônios mais interessantes secretados pela adeno-hipófise estão os polipeptídeos que têm efeitos semelhantes aos dos narcóticos sobre o sistema nervoso central. Entre esses estão a **β-endorfina** (31 resíduos), o seu pentapeptídeo N-terminal, chamado **metionina-encefalina**, e a **leucina-encefalina** (embora as encefalinas sejam expressas independentemente).

Tyr(1)-Gly-Gly-Phe-Met(5)-Thr-Ser-Glu-Lys-Ser(10)-
Gln(11)-Thr-Pro-Leu-Val(15)-Thr-Leu-Phe-Lys-Asn(20)-
Ala(21)-Ile-Val-Lys-Asn(25)-Ala-His-Lys-Lys-Gly(30)-
Gln(31)-

β-Endorfina

Tyr-Gly-Gly-Phe-Met

Metionina-encefalina (Met-encefalina)

Tyr-Gly-Gly-Phe-Leu

Leucina-encefalina (Leu-encefalina)

Morfina (opioide)

Essas substâncias ligam-se a **receptores opiáceos** no cérebro, e foi mostrado que são seus agonistas fisiológicos. A função dos chamados **peptídeos opioides** ainda tem que ser estabelecida, mas parece que eles são importantes no controle da dor e do estado emocional. O alívio da dor pelo uso de acupuntura e placebos e também o prazer experienciado pelos corredores após o exercício intenso podem ser mediados por peptídeos opioides.

L. *A função hormonal do óxido nítrico*

O **óxido nítrico** (**NO**, de *nitric oxide*) é um radical livre gasoso, reativo e tóxico. Assim, foi uma grande surpresa quando se verificou que *essa molécula funciona como um sinal parácrino na regulação da dilatação dos vasos sanguíneos e atua como um neurotransmissor. Ele também interfere na resposta imune.* O papel do óxido nítrico na vasodilatação foi descoberto pela observação que substâncias como, por exemplo, acetilcolina (Seção 20.5Cb) e bradicinina (Seção 7.5B), que agem por meio do sistema de sinalização do fosfoinositídeo (Seção 19.4) e aumentam o fluxo sanguíneo por causar relaxamento do músculo liso, requerem um **endotélio** intacto recobrindo o músculo liso (o endotélio é uma camada de células que cobre a face interna de certas cavidades corporais, como os vasos sanguíneos). Evidentemente, as células endoteliais respondem à presença desses agentes vasodilatadores liberando uma substância difusível e altamente instável (tempo de meia-vida ~5 s), que induz o relaxamento das células do músculo liso. Essa substância foi identificada como o NO, em parte devido a estudos paralelos que identificaram o NO como o metabólito ativo mediador do conhecido efeito vasodilatador de nitratos orgânicos antianginais, como por exemplo a **nitroglicerina**

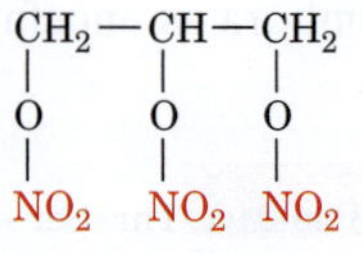

$$\begin{array}{ccccc} CH_2 & - & CH & - & CH_2 \\ | & & | & & | \\ O & & O & & O \\ | & & | & & | \\ NO_2 & & NO_2 & & NO_2 \end{array}$$

Nitroglicerina

(***angina pectoris*** é uma condição causada pelo fluxo sanguíneo insuficiente ao músculo cardíaco, levando à dor severa no peito; as propriedades vasodilatadoras da nitroglicerina foram descobertas no século XIX pela observação de que trabalhadores com *angina pectoris* de uma fábrica produtora de nitroglicerina passavam por fortes dores durante os finais de semana).

a. A óxido nítrico-sintase requer cinco cofatores redox ativos

O NO é sintetizado pela **NO-sintase** (**NOS**), que catalisa a oxidação, dependente de NADPH, de cinco elétrons da L-arginina por O_2, resultando em NO e o aminoácido **L-citrulina**, com a formação do intermediário ***N*$^{\omega}$-hidroxi-L-arginina** (**NOHA**; Fig. 19.12). Três isoenzimas de NOS foram identificadas em mamíferos, a **NOS neuronal** (**nNOS**), a **NOS induzível** (**iNOS**) e a **NOS endotelial** (**eNOS**), que também são conhecidas como **NOS-1**, **-2** e **-3**, respectivamente. Essas isoenzimas, que possuem 50 a 60% de identidade de sequência, são proteínas homodiméricas com subunidades de 125 a 160 kDa, em que cada subunidade consiste em dois domínios:

1. Um domínio oxigenase ou heme N-terminal, de ~500 resíduos, que catalisa os dois passos da reação da Fig. 19.12 e contém a interface do dímero. Esse domínio liga os substratos O_2 e L-arginina e os dois grupos prostéticos redox, Fe (III)-heme e **5,6,7,8-tetra-hidrobiopterina** (**H_4B**),

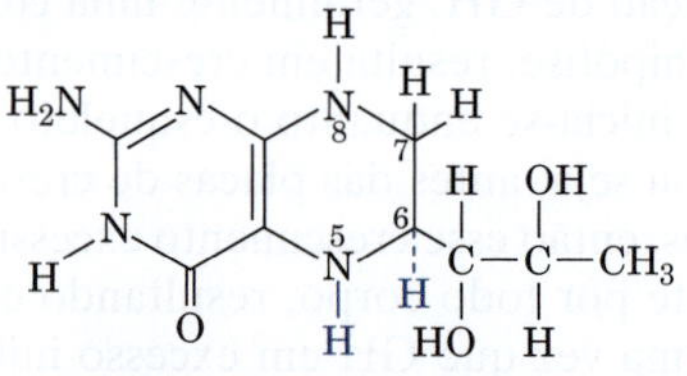

5,6,7,8-Tetra-hidrobiopterina

um composto que também age na hidroxilação da fenilalanina a tirosina (Seção 26.3Ha). As estruturas por raio X dos domínios oxigenases da nNOS (Fig. 19.13a), da iNOS e da eNOS são bastante semelhantes.

2. Um domínio redutase C-terminal, de ~600 resíduos, que fornece os elétrons para reação catalisada pela NOS. Ele liga NADPH e dois grupos prostéticos redox, um FAD (Fig. 16.8) e um **flavina mononucleotídeo** (**FMN**; FAD sem seu resíduo AMP; Fig. 22.17a), por meio de três módulos de ligação a nucleotídeo. Esse domínio é homólogo à **citocromo P450-redutase**, uma enzima que participa do processo de destoxificação (Secção 15-4Bc). A estrutura por raios X do domínio redutase da nNOS, determinada por John Tainer e Elizabeth Getzoff, está apresentada na Fig. 19.13b.

NADPH ligado ao domínio redutase transmite seus elétrons via FAD e depois FMN para o heme no domínio oxigenase. Curiosamente, o domínio redutase transmite seus elétrons ao domínio oxigenase da subunidade oposta. Isso foi mostrado por Dennis Stuehr pela construção de uma NOS heterodimérica na qual uma subunidade estava completa e a outra consistia apenas no domínio oxigenase. Se uma mutação que rompe o sítio de ligação a L-arginina estivesse na subunidade completa, a atividade enzimática desse heterodímero não seria afetada, mas se estivesse apenas no

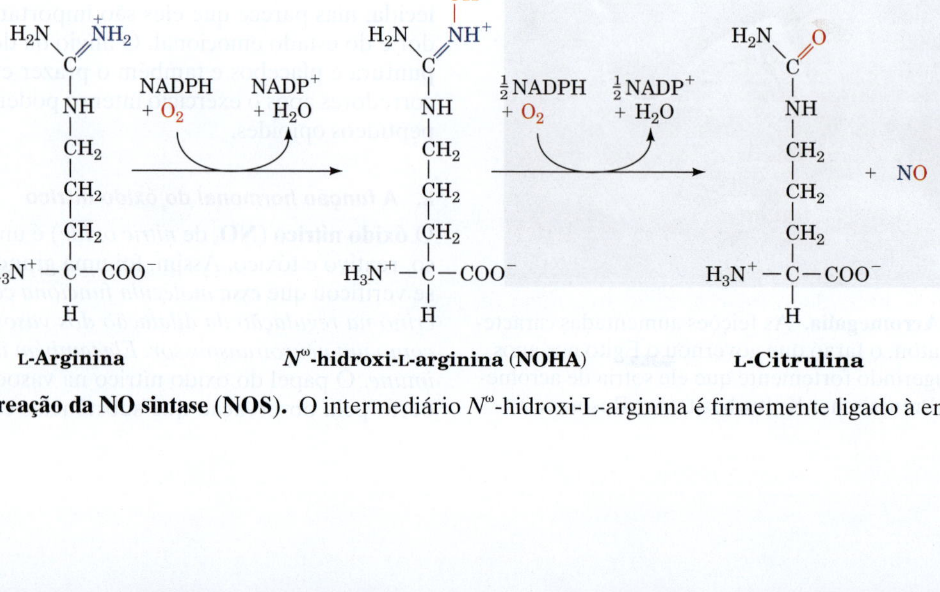

L-Arginina $\xrightarrow{\text{NADPH} + O_2 \;\to\; \text{NADP}^+ + H_2O}$ N^{ω}-hidroxi-L-arginina (NOHA) $\xrightarrow{\frac{1}{2}\text{NADPH} + O_2 \;\to\; \frac{1}{2}\text{NADP}^+ + H_2O}$ L-Citrulina + NO

FIGURA 19.12 **A reação da NO sintase (NOS).** O intermediário N^{ω}-hidroxi-L-arginina é firmemente ligado à enzima.

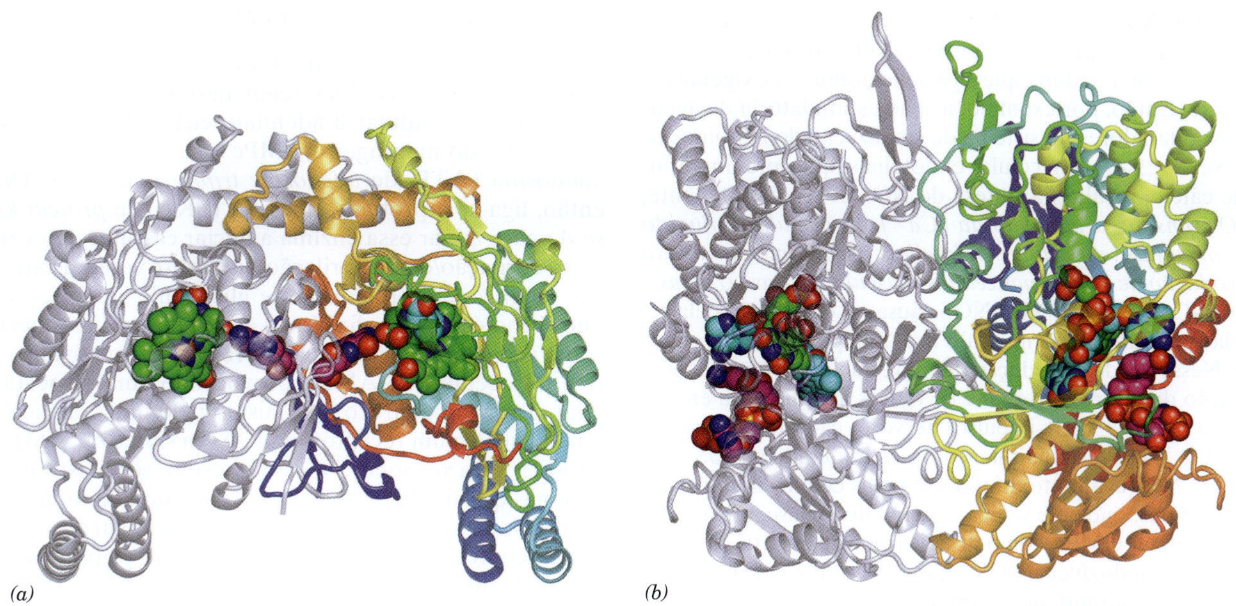

FIGURA 19.13 Estrutura por raios X da nNOS de rato. (*a*) Seu domínio oxigenase N-terminal está complexado com heme, L-arginina e H_4B. (*b*) Seu domínio redutase C-terminal está complexado com FMN, FAD e $NADP^+$. Em ambas estruturas, a proteína homodimérica está representada em modelo de fitas semitransparente ao longo do seu eixo de simetria de ordem 2 e com uma subunidade colorida na ordem do arco-íris, do N-terminal (*azul*) ao C-terminal (*vermelho*) e a outra subunidade em cinza. Os grupos ligados estão representados na forma de volume atômico coloridos de acordo com o tipo de átomo (com o C do heme e do FMN em verde, o C da L-arginina e do FAD em ciano, o C do H_4B e do $NADP^+$ em magenta, N em azul, O em vermelho, P em cor de laranja e Fe em marrom avermelhado). (Parte *a* com base em uma estrutura por raios X determinada por Thomas Poulos, Universidade da Califórnia em Irvine; e Parte *b* com base na estrutura por raios X determinada por John Tainer e Elizabeth Getzoff, do The Scripps Research Institute, La Jolla, California, EUA. PDBids 1OM4 e 1TLL.)

domínio oxigenase da subunidade, a atividade seria abolida. O átomo de ferro do grupo heme está coordenado por 5 ligações, com seu ligante axial sendo fornecido pelo átomo de enxofre de uma cisteína específica. O substrato L-arginina liga-se ao heme no lado oposto da ligação à cisteína, com o átomo de N a ser hidroxilado distante ~4,0 Å do átomo de Fe, uma distância muito grande para a formação de uma ligação covalente. Uma vez que o O_2 reage com o átomo de Fe do grupo heme, ele presumivelmente se liga entre o Fe e o átomo de N.

A NOS precisa da ligação de H_4B para produzir NO. Na ausência desse grupo prostético, a NOS catalisa de maneira eficiente a oxidação de O_2 a H_2O_2, mediada por NADPH. As investigações realizadas por Steuhr estabeleceram que H_4B funciona como um agente redox interno que, durante as reações que formam NOHA e NO, é oxidado à sua forma radical (H_4B) e em seguida é re-reduzido à sua forma reduzida (H_4B). Logo, H_4B não sofre oxidação líquida na reação catalisada por NOS (como acontece na reação de hidroxilação de fenilalanina a tirosina; Seção 26.3Ha).

O NO difunde-se rapidamente pela membrana da célula, embora sua alta reatividade evite que ele atue além de >1 mm de seu sítio de síntese (particularmente, ele reage de maneira eficiente com oxiemoglobina e desoxiemoglobina: $NO + HbO_2 \rightarrow NO_3^- + metHb$; e $NO + Hb \rightarrow HbNO$; Seção 10.1A). *O alvo fisiológico do NO nas células do músculo liso é a **guanilato-ciclase (GC)***, que catalisa a reação de GTP para formar **3′,5′-GMP cíclico (GMPc)**,

3′,5′-GMP cíclico (GMPc)

um segundo mensageiro intracelular semelhante ao 3′,5′-AMP cíclico (AMPc; a GC é um homólogo da adenilato-ciclase; Seção 19.2D). O GMPc causa relaxamento do músculo liso por estimular a fosforilação de proteínas pela ação da **proteína-cinase dependente de GMPc**. O NO reage com o grupo prostético heme da GC para formar **nitroso-heme**, cuja presença aumenta a atividade de GC em até 200 vezes, supostamente, por uma mudança conformacional semelhante à da hemoglobina ligada ao O_2 (Seção 10.2Ba; embora GC ligue O_2 fracamente).

b. eNOS e nNOS, mas não iNOS, são reguladas por $[Ca^{2+}]$

A Ca^{2+}-calmodulina ativa eNOS e nNOS ao se ligar ao segmento de ~30 resíduos que liga seus domínios oxigenase e redutase. Então, por exemplo, a ação estimulatória de agentes vasodilatadores no sistema de sinalização do fosfoinositídeo (Seção 19.4A) em células endoteliais, que gera um influxo de cálcio, resulta na síntese de NO. Consequentemente, o *NO transduz o aumento da $[Ca^{2+}]$ intracelular induzido por hormônios em células endoteliais para aumentar a taxa de produção de GMPc nas células musculares lisas vizinhas.*

O NO produzido pela nNOS causa vasodilatação pela estimulação neuronal do músculo liso, independente do endotélio. Nessa via de transdução de sinal, que é responsável pela dilatação da artéria cerebral e de outras artérias e da ereção peniana (Seção 19.2E), impulsos nervosos causam um aumento da $[Ca^{2+}]$ nos terminais nervosos, estimulando a NOS neuronal. O NO resultante difunde-se pelas células do músculo liso próximas, onde ele se liga à guanilato-ciclase, ativando-a para sintetizar GMPc, como descrito anteriormente.

A NOS induzível (iNOS) não responde a cálcio mesmo tendo duas subunidades calmodulina fortemente ligadas. Entretanto, ela é transcricionalmente induzida em macrófagos e em **neutrófilos** (células brancas do sangue que englobam e matam bactérias), tanto quanto em células endoteliais e do músculo liso (a eNOS e a nNOS, ao contrário, são expressas **constitutivamente**, ou seja, a uma taxa constante). Algumas horas após a exposição a **citocinas** (fatores de crescimento proteicos que regulam a diferenciação, proliferação e atividade de muitos tipos celulares; Seção 19.3Eb) e/ou **endotoxinas** (lipopolissacarídeos da parede celular de bactérias que provocam resposta inflamatória; Seção 35.2Fb), essas células iniciam a produção de grande quantidade de NO e continuam a produzi-lo por muitas horas. Macrófagos e neutrófilos ativados também produzem íon superóxido (O_2^-), que combina quimicamente com NO para formar o ainda mais tóxico **peroxinitrito** (**$OONO^-$**, que reage rapidamente com H_2O para formar o **radical hidroxila**, **OH·** altamente reativo, e NO_2), usado por estas células para matar a bactéria ingerida. De fato, inibidores de NOS bloqueiam a ação citotóxica de macrófagos.

As citocinas e as endotoxinas induzem vasodilatação persistente e profunda e uma resposta fraca a vasoconstritores, como adrenalina. A liberação contínua de NO tem sido implicada no **choque séptico** (uma hiperreatividade do sistema imune à infecção bacteriana, frequentemente fatal, que resulta na redução catastrófica da pressão sanguínea), no dano tecidual relacionado à inflamação como o que ocorre em doenças autoimunes como artrite reumatoide, e no dano a neurônios da vizinhança, mas não nos mortos diretamente pelo choque (lesão de reperfusão; Seção 10.1Aa). Muitas dessas condições poderiam ser aliviadas com o desenvolvimento de fármacos que inibissem seletivamente a iNOS e/ou a nNOS, ao mesmo tempo que permitissem que a eNOS cumprisse sua função essencial de manutenção do tônus vascular. Além disso, a administração de NO parece ser clinicamente útil. Por exemplo, a inalação de baixos níveis de NO tem sido usada para reduzir a **hipertensão pulmonar** (alta pressão sanguínea nos pulmões, uma condição frequentemente fatal, causada pela constrição das artérias pulmonares) em bebês recém-nascidos.

2 PROTEÍNAS G HETEROTRIMÉRICAS

Na Seção 18.3, foi visto que hormônios, como por exemplo glucagon e adrenalina, regulam o metabolismo de glicogênio por estimular a adenilato-ciclase (AC) a sintetizar o segundo mensageiro AMPc a partir de trifosfato de adenosina (ATP, de *adenosine triphosphate*). O AMPc, então, liga-se à proteína-cinase A (PKA, de *protein kinase A*) para ativar essa enzima a iniciar cascatas de eventos de fosforilação/desfosforilação que controlarão as atividades da glicogênio-fosforilase e glicogênio-sintase. Várias outras moléculas sinalizadoras extracelulares (conhecidas como agonistas, ligantes ou **efetores**) também ativam a síntese intracelular de AMPc, provocando uma resposta celular. Todavia, qual é o mecanismo pelo qual a ligação de um agonista a um receptor induz AC a sintetizar AMPc no citosol? Para responder a essa questão, será visto que os sistemas que ligam receptores à AC, tanto quanto a outros efetores, apresentam uma complexidade surpreendente que os confere uma grande capacidade de amplificação de sinal e flexibilidade regulatória.

A. Visão geral

Ver Exploração guiada 16: Mecanismos de sinalização hormonal envolvendo o sistema da adenilato-ciclase A adenilato-ciclase está localizada na superfície citosólica da membrana plasmática e os receptores que a ativam, cujos sítios de ligação ao agonista estão expostos no espaço extracelular, são proteínas distintas que não interagem fisicamente com a AC. *Elas são funcionalmente acopladas por* ***proteínas G heterotriméricas*** *(Fig. 19.14)*, assim chamadas porque ligam especificamente os nucleotídeos de guanina GTP e GDP. A AC é ativada por uma proteína G heterotrimérica (frequentemente chamada apenas de proteína G), mas somente quando a proteína G está complexada a GTP. No entanto, a proteína G hidrolisa lentamente GTP a GDP + P_i (a uma taxa de 2 a 3 min^{-1}) e dessa forma desativa-se a si mesma (se as proteínas G fossem enzimas eficientes, elas seriam incapazes de ativar AC efetivamente). A proteína G é reativada pela troca de seu GDP ligado por GTP, um processo mediado pelo complexo receptor-agonista, mas não pelo receptor desocupado. *Portanto, a proteína G heterotrimérica serve de intermediário na transdução de um sinal extracelular a um sinal intracelular (o AMPc). Além disso, o sistema receptor – proteína G – AC amplifica o sinal extracelular porque cada complexo agonista-receptor ativa muitas proteínas G antes de ser inativado pela dissociação espontânea do ligante e, durante o seu tempo de vida, cada complexo proteína G · GTP-AC catalisa a formação de muitas moléculas de AMPc.* Nesta seção, será discutido como esse processo ocorre.

As proteínas G heterotriméricas são membros da superfamília das GTPases regulatórias, coletivamente conhecidas como **proteínas G** (quando se refere à heterotrimérica ou a alguma outra espécie de proteína G, geralmente está claro no contexto). Proteínas G não heterotriméricas possuem ampla variedade de funções essenciais, incluindo transdução de sinal (p. ex., **Ras**; Seção 19.3Cf), tráfego de vesículas (p. ex., Arf, dinamina e Rab; Seções 12-4Cd e 12-4Db), tradução (como fatores acessórios ribossômicos; Seção 32.3) e direcionamento (como componentes da partí-

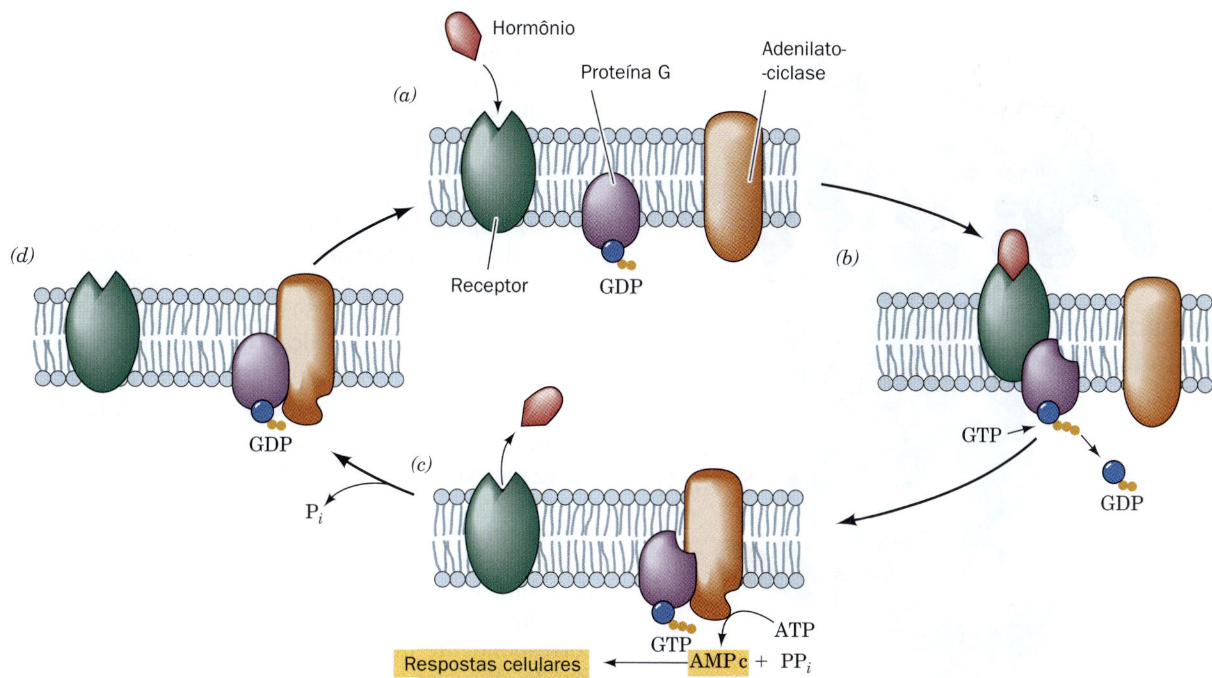

FIGURA 19.14 Ciclo de ativação/desativação de AC hormonalmente estimulada. (*a*) Na ausência do hormônio, a proteína G heterotrimérica liga GDP e AC está cataliticamente inativa. (*b*) O complexo hormônio-receptor estimula a proteína G a trocar seu GDP ligado por GTP. (*c*) O complexo proteína G · GTP, por sua vez, liga-se e consequentemente ativa AC a produzir AMPc. (*d*) A hidrólise final, catalisada pela proteína G, do GTP ligado à GDP leva a dissociação da proteína G e consequente inativação da AC.

cula de reconhecimento de sinal (SRP) e receptor de SRP; Seção 12.4Ba). As diferentes proteínas G compartilham motivos estruturais comuns que ligam nucleotídeos de guanina (GDP e GTP) e catalisam a hidrólise de GTP a GDP + P_i (ver a seguir).

B. *Receptores acoplados à proteína G*

Os receptores responsáveis por ativar a AC e outros alvos das proteínas G heterotriméricas são proteínas integrais com 7 hélices transmembrana (Fig. 19.15) cujo N-terminal está no espaço extracelular e o C-terminal no citosol. Esses **receptores acoplados à proteína G** (**RAPGs**; também chamados **heptaelicoidais**, **7TM** e **receptores serpentina**) constituem uma das maiores famílias de proteínas conhecidas (> 800 espécies em humanos, que constituem 3,5% dos ~23.000 genes do genoma humano). Eles incluem receptores para nucleosídeos,

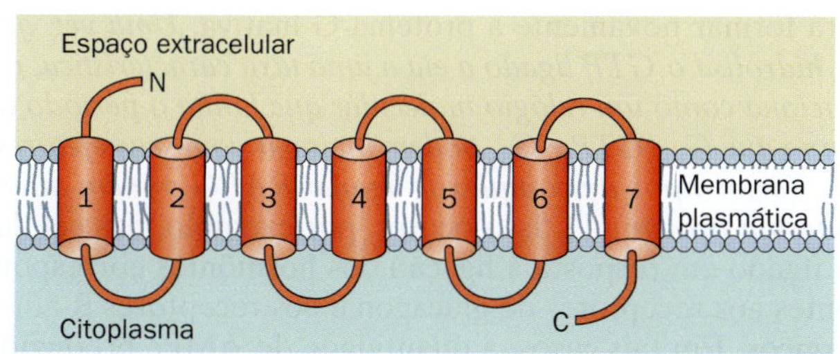

FIGURA 19.15 Estrutura geral de um receptor acoplado à proteína G (RAPG).

nucleotídeos, Ca^{2+}, catecolaminas (adrenalina e noradrenalina, assim como **dopamina** [Seção 26.4B]) e outras aminas biogênicas (p. ex., **histamina** e **serotonina**; Seção 26.4B) **eicosanoides** (**prostaglandinas, prostaciclinas, tromboxanos, leucotrienos** e **lipoxinas**, derivados do ácido graxo de 20 carbonos, o ácido araquidônico, são potentes mediadores locais de numerosos processos fisiológicos importantes; Seção 25.7), e receptores para a maioria da grande variedade de hormônios peptídicos e proteicos, discutidos na Seção 19.1. Além disso, RAPGs possuem importantes funções sensoriais: eles constituem os receptores olfatórios (odor) e gustatórios (gosto; estima-se que há ~460 tipos diferentes em humanos), assim como as várias proteínas sensíveis à luz na retina, que são conhecidas como **rodopsinas**. Além do mais, os **RAPGs** constituem a mais importante classe de alvos de fármacos do arsenal farmacêutico (Seção 15.4): ~50% dos fármacos aprovados exercem seus efeitos terapêuticos por interagir seletivamente com RAPGs específicos.

a. RAPGs possuem estruturas semelhantes

Apesar disso, as estruturas de apenas poucas espécies de RAPGs já foram elucidadas, principalmente devido às aparentes flexibilidades de seus segmentos extramembranas e a dificuldade em geral de cristalização de proteínas transmembrana (Seção 12.3Aa). O primeiro RAPG cuja estrutura por raios X foi reportada é o da rodopsina bovina (Fig. 19.16). A rodopsina é constituída de uma proteína de 348 resíduos, a **opsina**, que é covalentemente ligada ao cromóforo **retinal** (Fig. 12.24) por uma base de Schiff na Lys 296, como ocorre na proteína homóloga bacteriorrodopsina (Seção

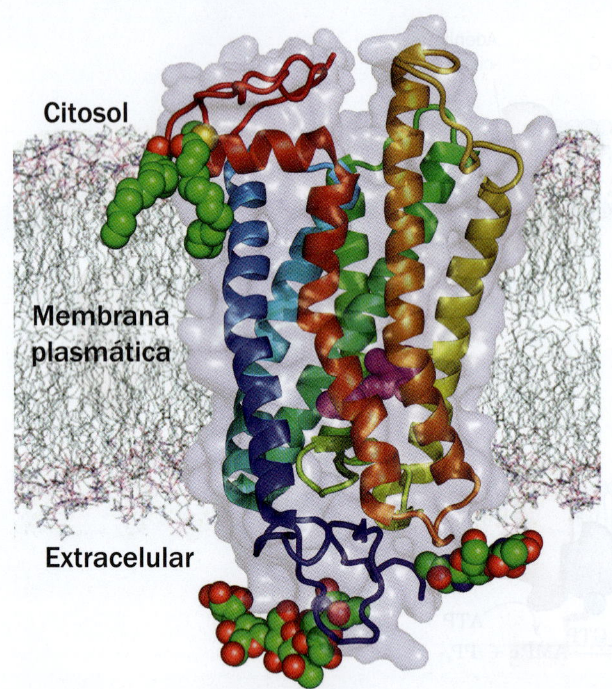

FIGURA 19.16 Estrutura por raios X da rodopsina bovina. A estrutura é vista em paralelo ao plano da membrana, com suas posições indicadas na figura. A superfície transparente representa a face da proteína acessível ao solvente com a sua cadeia polipeptídica representada na forma de fitas coloridas na ordem do arco-íris, do seu N-terminal (*azul*) ao C-terminal (*vermelho*). Note o feixe de 7 hélices transmembrana quase paralelas. O grupo prostético da proteína, o retinal, está mostrado na forma de volume atômico (*magenta*), assim como seus dois grupos palmitoil covalentemente ligados e seus dois oligossacarídeos (coloridos de acordo com o tipo de átomo, com C em verde, N em azul, O em vermelho e S em amarelo). (Com base na estrutura por raios X determinada por Tetsuji Okada, do National Institute of Advanced Industrial Science and Technology [Instituto Nacional de Ciência Industrial e Tecnologia Avançada], Quioto, Japão; e Volker Buss, da Universidade de Duisberg-Essen, Duisberg, Alemanha. PDBid 1U19.)

12.3Ab), uma bomba de prótons heptaelicoidal impelida por luz (Seção 22.3Bh). A absorção de um fóton induz a izomerização do retinal ligado à rodopsina, do seu estado fundamental 11-*cis* para sua forma todo-*trans*. Essa isomerização é acompanhada por uma mudança de conformação transitória na opsina antes que o todo-*trans*-retinal seja hidrolisado e dissociado da opsina (que é subsequentemente regenerada pela adição de 11-*cis*-retinal fornecido por células epiteliais adjacentes na retina). É essa mudança conformacional, que ocorre principalmente na superfície citosólica da rodopsina, que ativa sua proteína G cognata. As rodopsinas são únicas dentre os RAPGs em que seu "agonista" 11-*cis* retinal está covalentemente ligado à proteína. Todos os outros RAPGs ligam compostos difusíveis. As estruturas por raios X dos **receptores β1- e β2-adrenérgicos** e do **receptor de adenosina humano A_{2A}**, as únicas outras espécies de RAPGs cujas estruturas já foram determinadas, revela que suas porções transmembrana são bastante semelhantes entre si e com a da rodopsina, e que seus agonistas ligados ocupam posições semelhantes àquela do retinal na rodopsina. Note que as hélices transmembrana dos RAPGs são mais ou menos uniformes em tamanho (20 a 27 resíduos), mas seus segmentos extramembrana que formam os sítios de ligação ao ligante e à proteína G variam amplamente em extensão dependendo da identidade do RAPG (7 a 595 resíduos para N- e C-terminais e 5 a 230 resíduos para as alças conectando suas hélices TM).

C. *Proteínas G heterotriméricas: estrutura e função*

As proteínas G heterotriméricas, caracterizadas pela primeira vez por Alfred Gilman e Martin Rodbell, são mais complexas do que a Fig. 19.14 indica: elas consistem, como seu nome sugere, em três subunidades diferentes, α, β e γ (respectivamente, 45, 37 e 9 kDa), das quais a G_α é que liga GDP e GTP (Fig. 19.17) e portanto faz parte da superfamília das proteínas G. A ligação de $G_\alpha \cdot$ GDP-$G_\beta G_\gamma$ ao complexo ligante-RAPG correspondente induz G_α a trocar seu GDP por GTP e, ao fazê-lo, dissociar-se de $G_\beta G_\gamma$. G_β e G_γ, ao contrário, ligam-se uma à outra com afinidade tão alta que elas se dissociam apenas sob condições desnaturantes. Consequentemente, daqui por diante seu complexo será referido como $G_{\beta\gamma}$.

G_α e $G_{\beta\gamma}$ são proteínas ancoradas à membrana: G_α por miristoilação e/ou palmitoilação na, ou próximo da, sua região N-terminal (Seção 12.3Bb), e $G_{\beta\gamma}$ pela prenilação de G_γ em sua região C-terminal (Seção 12.3Ba). Essas modificações lipídicas estabilizam as interações de G_α com $G_{\beta\gamma}$, já que elas localizam ambas na superfície interna da membrana plasmática.

A ligação de GTP, além de diminuir a afinidade de G_α pelo complexo ligante-RAPG correspondente, aumenta sua afinidade pelo seu efetor, a AC. Portanto, *é a ligação de $G_\alpha \cdot$GTP que ativa a AC (Fig. 19.17, esquerda).*

$G_{\beta\gamma}$ também pode participar diretamente na transdução de sinal: ela ativa uma ampla variedade de proteínas sinalizadoras, incluindo algumas isoformas de AC (Seção 19.2D), certos canais iônicos específicos para Na^+, K^+ e Ca^{2+}, várias **proteínas tirosina-cinases** (Seção 19.3A) e **fosfolipase C-β** (**PLC-β**, *de phospholipase C*-β; um componente do sistema de sinalização do fosfoinositídeo; Seção 19.4Ba). Dessa forma, $G_{\beta\gamma}$ fornece uma fonte importante de intercomunicação entre os sistemas de sinalização.

Após a hidrólise de GTP, catalisada por G_α, o complexo $G_\alpha \cdot$ GDP resultante dissocia-se da AC e reassocia-se com $G_{\beta\gamma}$ para formar novamente a proteína G inativa. *Uma vez que G_α hidrolisa o GTP ligado a ela a uma taxa característica, ela funciona como um relógio molecular que limita o período de tempo que $G_\alpha \cdot$ GTP e $G_{\beta\gamma}$ podem interagir com seus efetores.*

Vários tipos de complexos ligante-RAPG podem ativar a mesma proteína G. Isso ocorre, por exemplo, nas células do fígado em resposta à ligação dos hormônios correspondentes aos receptores de glucagon e aos receptores β-adrenérgicos. Em tais casos, a quantidade de AMPc produzido é a soma daquela induzida pelos hormônios individuais. As

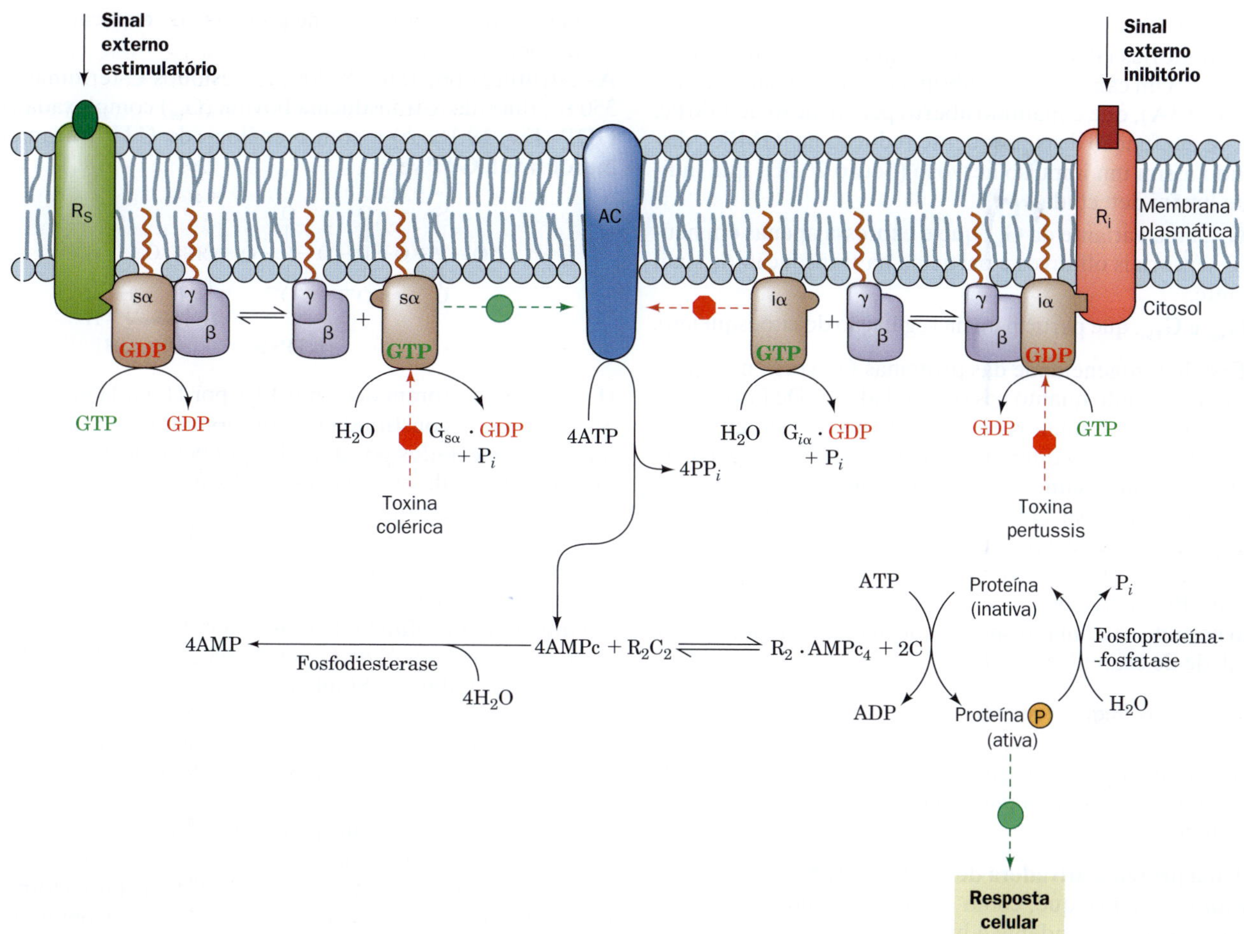

FIGURA 19.17 **Mecanismo de ativação/inibição da AC mediada por receptor.** A ligação do hormônio a um receptor estimulatório, R_s (*à esquerda*), induz sua ligação à proteína G_s, que, por sua vez, estimula a subunidade $G_{s\alpha}$ a trocar seu GDP ligado por GTP. O complexo $G_{s\alpha} \cdot$ GTP dissocia-se de $G_{\beta\gamma}$ e, à medida que hidrolisa o GTP a GDP, estimula a conversão de ATP em AMPc pela adenilato-ciclase (AC). A ligação do hormônio ao receptor inibitório, R_i (*à direita*), inicia uma cadeia de eventos quase idêntica, com a exceção de que o complexo formado, $G_{i\alpha} \cdot$ GTP, inibe a adenilato-ciclase de sintetizar AMPc. R_2C_2 representa a proteína-cinase dependente de AMPc cuja subunidade catalítica C, quando ativada pela dissociação do dímero regulatório $R_2 \cdot AMPc_4$ (Seção 18-3Cb), fosforila várias proteínas celulares, ativando-as. Os locais de ação das toxinas da cólera e pertussis estão indicados.

proteínas G também podem agir em outras vias que não pela ativação da AC: elas são conhecidas, por exemplo, por estimular a abertura de canais de K^+ em células cardíacas e por participar no sistema de sinalização de fosfoinositídeo (Seção 19.4A).

Alguns complexos ligante-RAPG inibem em vez de ativar a AC (*Fig. 19.17, direita*). Esses incluem os receptores α_2-adrenérgicos e receptores para somatostatina e opioides. O efeito inibitório é mediado pela proteína G "inibitória", $\mathbf{G_i}$, que pode ter as mesmas subunidades β e γ como tem a proteína G "estimulatória", $\mathbf{G_s}$, mas tem uma subunidade α diferente, $\mathbf{G_{i\alpha}}$ (41 kDa). G_i age analogamente à G_s, pois, quando ligada ao seu complexo ligante-RAPG correspondente, sua subunidade $G_{i\alpha}$ troca o GDP ligado por GTP e dissocia-se da $G_{\beta\gamma}$. No entanto, a $G_{i\alpha}$ inibe, em vez de ativar, a AC por meio de interações diretas e possivelmente porque a $G_{\beta\gamma}$ liberada liga e sequestra a $\mathbf{G_{s\alpha}}$. Esse mecanismo é sustentado pela observação que membranas de células hepáticas contêm muito mais G_i do que G_s. A ativação de G_i nessas células liberaria $G_{\beta\gamma}$ suficiente para ligar as $G_{s\alpha}$ disponíveis.

A $G_{s\alpha}$ e a $G_{i\alpha}$ são membros de uma família de proteínas relacionadas, muitas das quais possuem outros efetores a jusante que não AC. Essa família também inclui:

1. $\mathbf{G_{q\alpha}}$, que faz uma comunicação com o sistema de sinalização do fosfoinositídeo (Seção 19.4Ba).
2. **Transducina** ($\mathbf{G_{t\alpha}}$), uma variante da $G_{i\alpha}$, que transduz o estímulo visual por acoplar a mudança conformacional da rodopsina, induzida pela luz, à ativação de uma fosfodiesterase específica, que então hidrolisa GMPc a GMP. Essa **GMPc-fosfodiesterase** (**GMPc-PDE**) é um heterotetrâme-

ro $\alpha\beta\gamma_2$ que é ativado pelo deslocamento de suas subunidades γ inibitórias (**PDE-γ**) devido a sua ligação mais firme a $G_{t\alpha}$ · GTP. Um canal transmembrana específico para cátions (Seção 20.3A), que é mantido aberto pela ligação de GMPc, fecha-se em função da consequente redução na [GMPc], disparando assim um impulso nervoso (Seção 20.5B) que indica que luz foi detectada.

3. **G_{olf}**, uma variante da $G_{s\alpha}$, que é expressa apenas em neurônios sensoriais olfativos e participa na transdução de sinal odorante.

4. **$G_{12\alpha}$ e $G_{13\alpha}$**, que participam na regulação do citoesqueleto.

Essa heterogeneidade das proteínas G ocorre nas subunidades β e γ tanto quanto nas subunidades α. De fato, foram identificadas em humanos 21 subunidades α, 6 subunidades β e 12 subunidades γ diferentes, algumas das quais parecem ser expressas ubiquamente, enquanto outras são expressas apenas em células específicas. Assim, uma célula pode conter várias proteínas G de um determinado tipo relacionadas, que interagem com receptores e efetores com especificidades diferentes. Presumivelmente, esse complexo sistema de sinalização permite às células responder de maneira gradual a uma variedade de estímulos.

a. Proteínas G frequentemente necessitam de proteínas acessórias para funcionar

O funcionamento fisiológico apropriado de uma proteína G frequentemente requer a participação de vários outros tipos de proteínas:

1. Uma **proteína ativadora de GTPase** (**GAP**, de *GTPase-activating protein*), que, como seu nome indica, estimula a proteína G correspondente a hidrolisar o GTP ligado a ela. Esse aumento pode ser > 2.000 vezes. Os efetores a jusante de $G_{t\alpha}$ e $G_{q\alpha}$, GMPc-PDE (Seção 19.3E) e PLC-β (Seção 19.4Ba), respectivamente, apresentam atividades de GAP em relação à $G_{t\alpha}$ e $G_{q\alpha}$ (que de outra maneira hidrolisaria GTP a taxas fisiologicamente insignificantes), mas a AC não apresenta atividade de GAP em relação à $G_{s\alpha}$ ou $G_{i\alpha}$. No entanto, em humanos uma família diversa de mais de 37 **proteínas RGS** (reguladores de sinalização de proteína G) age como GAP para subunidades G_α, por ligar-se mais avidamente a elas quando estão no estado de transição conformacional para a hidrólise de GTP.

2. Um **fator trocador de nucleotídeo de guanina** ([**GEF**, de *guanine nucleotide exchange factor*]; também chamado **fator liberador de nucleotídeo de guanina** [**GRF**, de *guanine nucleotide releasing factor*]), induz a proteína G correspondente a liberar o GDP ligado a ela. A proteína G, subsequentemente, liga outro nucleotídeo de guanina (GTP ou GDP, que a maioria das proteínas G ligam praticamente com a mesma afinidade), mas, uma vez que as células mantêm uma concentração de GTP que é 10 vezes maior que a de GDP, isso acarreta a troca do GDP por GTP. Para proteínas G heterotriméricas, os complexos agonista-RAPG funcionam como GEF.

3. **Um inibidor da dissociação de nucleotídeo de guanina** (**GDI**, de *guanine nucleotide dissociation inhibitor*). O complexo $G_{\beta\gamma}$ pode ser considerado um GDI da G_α, porque o GDP dissocia-se lentamente de subunidades G_α isoladas, mas permanece quase irreversivelmente ligado aos heterotrímeros.

b. As estruturas por raios X de proteínas G_α explicam suas funções

As estruturas por raios X dos 325 resíduos C-terminais dos 350 resíduos da α-transducina bovina ($G_{t\alpha}$) complexada com GDP (Fig. 19.18*a*,*b*) e com o análogo de GTP fracamente hidrolisável, **GTPγS**

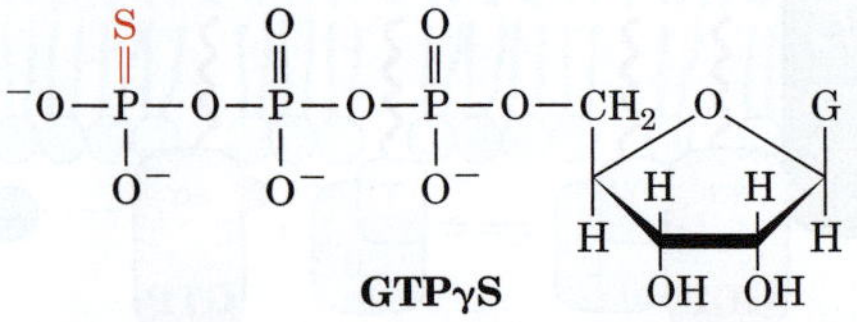

$$^{-}O-\overset{S}{\overset{\|}{\underset{O^-}{\underset{|}{P}}}}-O-\overset{O}{\overset{\|}{\underset{O^-}{\underset{|}{P}}}}-O-\overset{O}{\overset{\|}{\underset{O^-}{\underset{|}{P}}}}-O-CH_2-\text{ribose(OH, OH)}-G$$

GTPγS

(Fig. 19.18*c*,*d*), foram determinadas por Heidi Hamm e Paul Sigler. A $G_{t\alpha}$ é constituída de dois domínios claramente delineados conectados por dois elos polipeptídicos: (1) um domínio GTPase altamente conservado, que é estruturalmente similar àqueles em outras proteínas G de estrutura conhecida (e, por isso, frequentemente descrito como um domínio do tipo Ras), e (2) um domínio helicoidal, peculiar às proteínas G heterotriméricas. Nucleotídeos de guanina ligam-se à $G_{t\alpha}$ em uma fenda profunda, flanqueada por esses domínios. As estruturas por raios X de $G_{i\alpha}$ · GTPγS e $G_{s\alpha}$ · GTPγS, determinadas por Gilman e Stephen Sprang, são muito semelhantes à estrutura do complexo $G_{t\alpha}$ · GTPγS.

A comparação das estruturas dos complexos $G_{t\alpha}$ · GDP e $G_{t\alpha}$ · GTPγS revela que a presença do grupo fosfato γ do GTP

promove uma mudança conformacional significativa em três alças conhecidas como regiões comutadoras, todas localizadas na face frontal da $G_{t\alpha}$ na Fig. 19.18. O fosfato γ forma ligações de hidrogênio com as cadeias laterais dos Comutadores I e II, puxando esses segmentos polipeptídicos em sua direção e fazendo com que o Comutador II entre em contato com o Comutador III, de modo a puxá-lo para a direita na Fig. 19.18). Essas mudanças conformacionais combinadas formam uma cavidade extensa sobre o sítio de ligação a GDP, a ser preenchida em grande parte pelo complexo GTPγS.

Existem regiões equivalentes aos Comutadores I e II em outras proteínas G de estrutura conhecida. Porções desses segmentos polipeptídicos têm sido envolvidas nas interações entre $G_{t\alpha}$ e GMPc-PDE e nas interações entre $G_{s\alpha}$ e sua AC-alvo (Seção 19.2D).

c. As estruturas por raios X das proteínas G heterotriméricas

As estruturas por raios X das proteínas G heterotriméricas foram determinadas por Gilman e Sprang (G_i · GDP; Fig. 19.19) e por Hamm e Sigler (G_t · GDP). Essas estruturas revelam que a subunidade G_β (Fig. 19.19*b*) consiste em um domínio helicoidal N-terminal, seguido por um domínio C-terminal compreendendo sete folhas β antiparalelas de 4 fitas, arranjadas como pás de uma hélice de navio – uma hélice β em que cada uma das pás são formadas por motivos WD40 (Seção 12.4Cb) – que circunda um canal central repleto de água. O motivo WD40 ocorre em grupos funcionalmente diversos de proteínas contendo hélice β de 4 a 8 pás, incluindo o domínio N-terminal de 7 pás da cadeia pesada da clatrina (Seção 12.4Cb). A subunidade G_γ consiste, basicamente, em dois segmentos helicoidais unidos por um elo polipeptídico (Fig. 19.19*b*). Ela está fortemente associada à G_β ao longo de toda sua extensão, sobretudo por interações

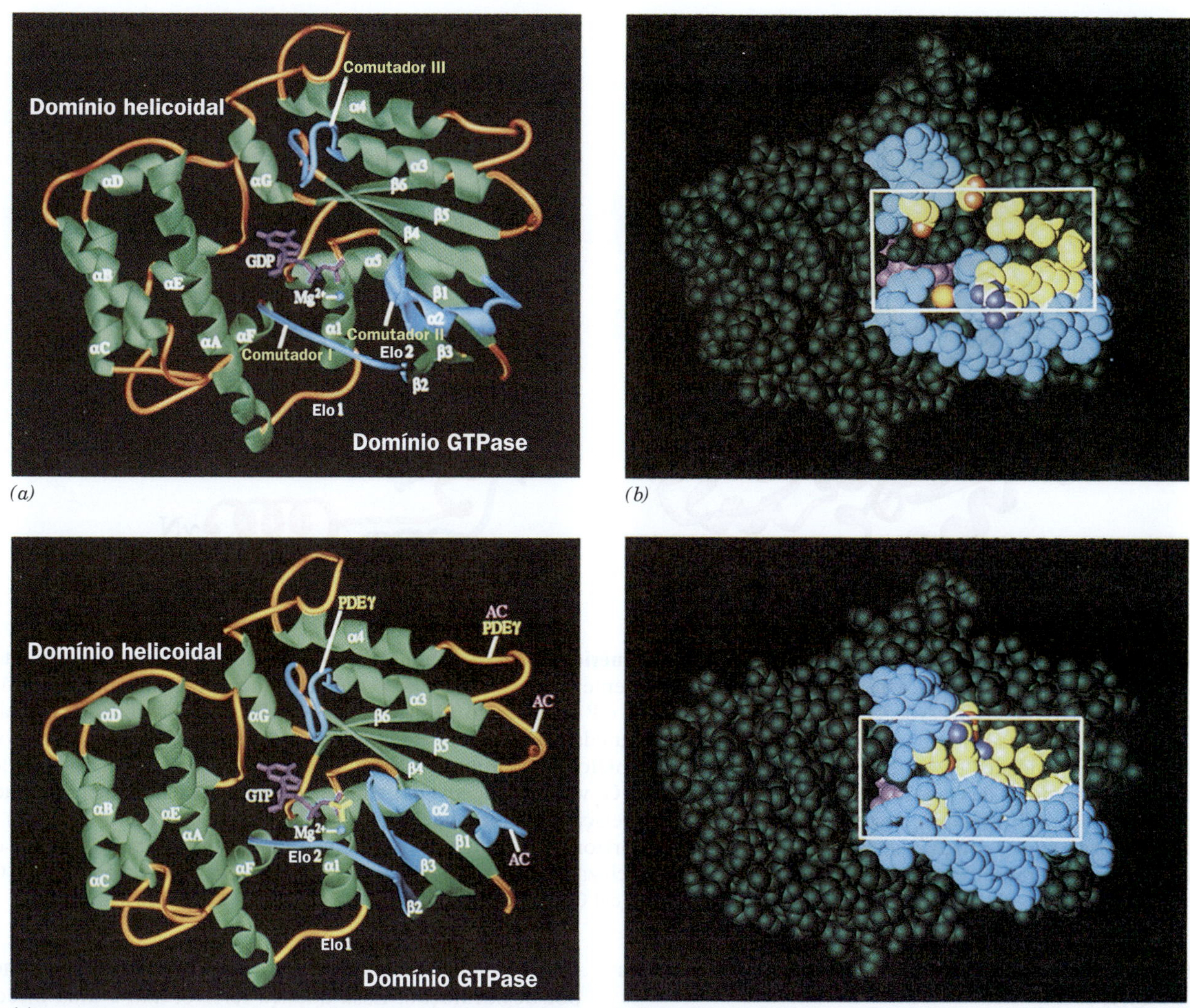

FIGURA 19.18 **Diferenças estruturais entre as formas inativas e ativas de $G_{t\alpha}$ (transducina).** A mudança na estrutura é indicada pela comparação da estrutura por raio X do complexo $G_{t\alpha} \cdot$ GDP representadas por (*a*) fitas, e (*b*) volume atômico, com aqueles do complexo $G_{t\alpha} \cdot$ GTPγS (*c*) fitas, e (*d*) volume atômico, todas vistas na mesma direção. Na representação em fitas, as hélices e as folhas β estão em verde; os segmentos conectando-as estão em amarelo-ouro; os nucleotídeos de guanina estão em magenta; exceto o fosfato γ do GTPγS que está em amarelo; e o íon Mg^{2+} está representado por uma pequena esfera azul. As três regiões comutadoras (I, II e II) da proteína estão destacadas em ciano. Na parte *c*, as duas alças da proteína que estão envolvidas nas interações com a subunidade da GMPc-fosfodiesterase (PDEγ), a qual elas se ligam estão marcadas em amarelo, enquanto as três alças envolvidas na interação de homólogos da $G_{s\alpha}$ com a adenilato-ciclase (AC) estão marcados em cor-de-rosa. O modelo de volume atômico está colorido da mesma maneira que os diagramas em fitas, exceto os resíduos amarelos, que aqui indicam aqueles que podem estar envolvidos na propagação ou na estabilização das transições estruturais induzidas pela ligação do grupo fosfato γ. O quadro no modelo de volume atômico contorna a cavidade em $G_{t\alpha} \cdot$ GDP que se fecha quando o GDP é substituído por GTPγS e que tem sido implicada na modulação da afinidade de $G_{t\alpha}$ por $G_{\beta\gamma}$ e pelo receptor. (Cortesia de Paul Sigler, Yale University, EUA. PDBids 1TAG e 1TND.)

hidrofóbicas, não possuindo estrutura terciária. A estrutura por raios X da $G_{\beta\gamma}$ isolada é essencialmente idêntica àquela do complexo $G_\alpha \cdot$ GDP–$G_{\beta\gamma}$, indicando que a estrutura de $G_{\beta\gamma}$ não muda por sua associação com $G_\alpha \cdot$ GDP.

G_α e $G_{\beta\gamma}$ associam-se principalmente por contatos altamente conservados entre as regiões dos Comutadores I e II da G_α e as alças e voltas na parte inferior da hélice β da $G_{\beta\gamma}$ (Fig. 19.19). Além disso, há uma interação menos extensa entre a hélice N-terminal de G_α (que é desordenada na G_α isolada) e a primeira pá da hélice G_β (lado posterior da Fig. 19.19*a*). A comparação da estrutura de $G_\alpha \cdot$ GDP–$G_{\beta\gamma}$ com a da $G_\alpha \cdot$ GTPγS revela por que G_a não pode simultaneamente ligar GTP e $G_{\beta\gamma}$: *em G_α·GDP-$G_{\beta\gamma}$, o segmento do Comutador II de G_α contata G_β de uma forma a prevenir que o Comutador II adote a conformação necessária para ligar o fosfato g de GTP.* Ademais, as mudanças conformacionais no Comutador II são coordenadas com aquelas no Comutador I, de modo que, juntas, elas se fecham sobre o GDP ligado a

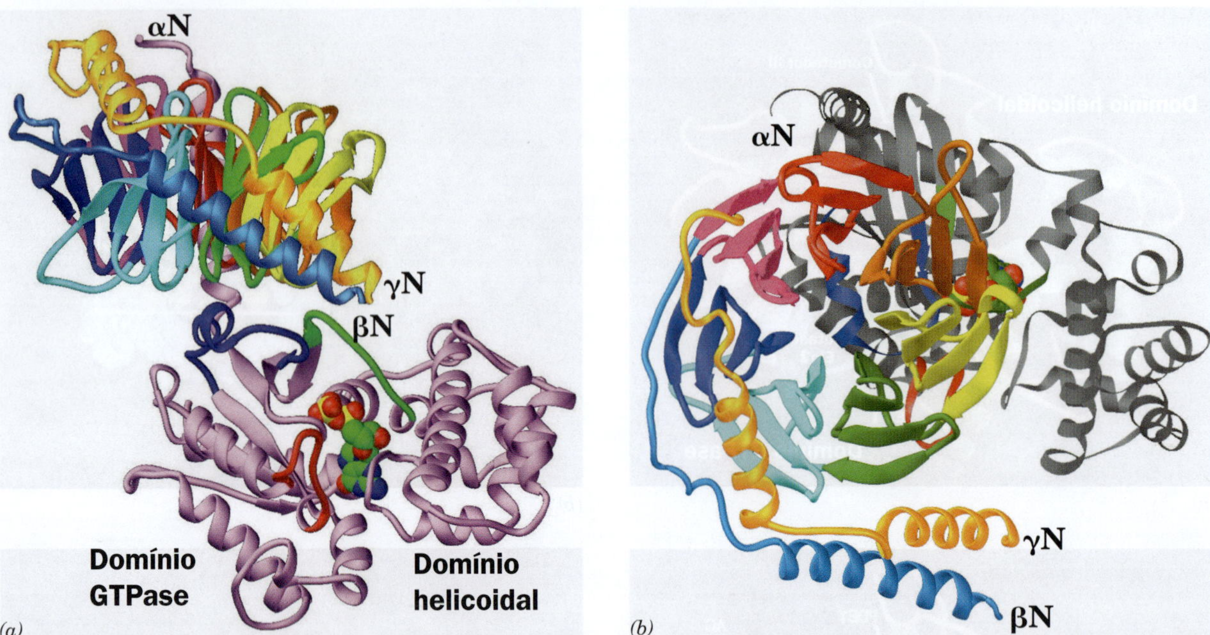

FIGURA 19.19 **Estrutura por raios X da proteína G heterotrimérica G_i.** (*a*) A subunidade G_α está em roxo com seus segmentos Comutadores I, II e III em verde, azul e vermelho, respectivamente, e com o GDP ligado representado na forma de volume atômico com os átomos de C em verde, N em azul, O em vermelho e P em amarelo. O segmento N-terminal da subunidade G_β está em azul e cada pá da sua hélice β tem uma cor diferente. A subunidade G_γ está em amarelo-ouro. A vista é perpendicular ao eixo da hélice β da subunidade G_β. A membrana plasmática estaria no topo do esquema, conforme deduzido a partir das posições da extremidade N-terminal da G_α e da extremidade C-terminal da G_γ vizinha, que, *in vivo*, estão conectadas à membrana plasmática por meio de lipídeos. Entretanto, a orientação da proteína em relação à membrana plasmática não é conhecida (ver Fig. 19-20). (*b*) Vista da parte *a* após rotação de 90° ao redor de seu eixo horizontal, olhando a partir da membrana plasmática. A proteína está colorida como na Parte *a*, exceto a subunidade G_α que está em cinza. (Com base na estrutura por raios X elucidada por Alfred Gilman e Stephan Sprang, University of Texas Southwestern Medical Center EUA, PDBid 1GP2.) **Ver Exercícios interativos**

G_α–$G_{\beta\gamma}$, o que explica sua ligação mais forte do que aquela em $G_\alpha \cdot$ GDP.

A pergunta permanece, como um RAPG ligado induz sua subunidade G_α-alvo a trocar seu GDP ligado por GTP? A estrutura por raios X da opsina em uma conformação ativada complexada com o segmento C-terminal de 11 resíduos de $G_{t\alpha}$, determinada por Oliver Ernst, sugere uma resposta parcial a esta questão. O segmento helicoidal (a extremidade a direita da hélice α5 na Fig. 19.18a e a extremidade esquerda da hélice cinza quase horizontal na parte superior da Fig. 19.19b), que foi mostrado ser o principal sítio de interação com a opsina ativada, liga-se na face citosólica da opsina. Isso levou à construção do modelo em que o restante de $G_{t\alpha}G_{\beta\gamma}$ é anexado no segmento C-terminal de $G_{t\alpha}$ (Fig. 19.20). Para evitar um empedimento estérico entre $G_{t\alpha}G_{\beta\gamma}$ e a membrana, $G_{t\alpha}G_{\beta\gamma}$ deve estar 40° inclinada para cima. Um mecanismo simples para esse processo é a reorientação da alça que conecta a hélice α5 e a fita β6 (Fig. 19.18a). Já que essa alça participa na ligação do anel de guanina do GDP, uma suposição razoável é que este ajuste conformacional expele GDP do seu bolso de ligação, quando opsina subsequentemente libera $G_{t\alpha}G_{\beta\gamma}$, permitindo a ligação de GTP em seu lugar.

d. A toxina colérica estimula a adenilato-ciclase por ativar a $G_{s\alpha}$ permanentemente

O principal sintoma da **cólera**, um distúrbio intestinal causado pela bactéria *Vibrio cholerae*, é uma diarreia intensa que, se não for tratada, frequentemente resulta em morte por desidratação. Essa doença terrível não é uma infecção no sentido estrito, já que o vibrião não invade nem danifica o tecido, mas simplesmente coloniza o intestino, assim como *E. coli*. A catastrófica perda de fluidos induzida pela cólera (muitas vezes acima de 6 litros por hora!) ocorre em resposta a uma toxina bacteriana. De fato, a simples reposição de água e sais às vítimas de cólera habilita-as a sobreviver os poucos dias necessários para eliminar imunologicamente a infestação bacteriana.

A **toxina colérica** (**TC**; também conhecida como **coleragênio**) é uma proteína de 87 kDa, composta pelas subunidades AB_5, em que as subunidades B (103 resíduos cada) formam um anel pentagonal ao qual está ligada a subunidade A (240 resíduos). Antes da TC ser secretada, a subunidade A é clivada em um único local por uma protease bacteriana, gerando dois fragmentos, A1 (~195 resíduos N-terminais) e o A2 (~ 45 resíduos C-terminais), que se mantêm ligados por uma ligação dissulfeto. Quando ocorre a ligação da TC ao seu receptor de superfície celular, o gangliosídeo G_{M1} (Seções 12-1D e 25-8Cd), a subunidade A clivada (mas não as subunidades B) é internalizada pela célula via endocitose mediada por receptor e percorre o caminho retrógrado ao longo da via secretória (Seção 12.4B) para o aparelho de Golgi. De lá, ela é conduzida para o retículo endoplasmático (RE) ao se ligar, por meio da sequência C-terminal KDEL de A2, a um receptor KDEL (que normalmente atua para

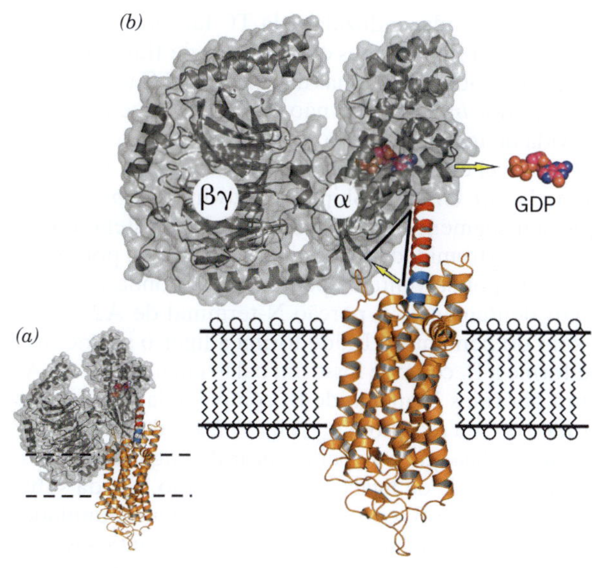

FIGURA 19.20 Modelo para a transmissão de sinal de um RAPG ativado à sua proteína G heterotrimérica-alvo. (*a*) A estrutura por raios X da opsina bovina ativada (em *cor de laranja*, orientada segundo aquela na Fig. 19-16 por rotação de ~90° sobre o eixo vertical) complexada com o segmento helicoidal C-terminal de 11 resíduos de $G_{t\alpha}$ (*azul*). A estrutura por raio X da $G_{t\alpha}G_{\beta\gamma}$ (*cinza*) está posicionada acima da estrutura da opsina de forma que essa porção da hélice C-terminal de $G_{t\alpha}$ (o restante está em vermelho) está sobreposta ao segmento helicoidal ligado à opsina. As linhas tracejadas delineiam a membrana em que a opsina está embebida. Note que este modelo resulta em um impedimento estérico entre a proteína G e a membrana. (*b*) Para aliviar o impedimento estérico, a proteína G girou 40° (*seta amarela mais abaixo*) por meio de uma mudança conformacional na alça que precede a hélice C-terminal de $G_{t\alpha}$. Essa alça participa na ligação de nucleotídeos de guanina (GDP e GTP) e consequentemente foi postulado que sua reorganização expele GDP (representado na forma de volume atômico com os átomos de C em magenta, N em azul e O e P em cor de laranja) de seu bolso de ligação (*seta amarela mais acima*). Na subsequente dissociação, a $G_{t\alpha}$ liga GTP (que a célula mantém a uma concentração 10 vezes maior que a de GDP), e consequentemente dissocia-se de $G_{\beta\gamma}$. (Cortesia de Oliver Ernst, Charité-Universitätsmedizin Berlim, Alemanha. PDBids 3DQB e 1GOT.)

recuperar proteínas residentes no RE que escaparam do RE; Seção 12.4Ch). O fragmento A1 é então liberado do A2 e entra no citoplasma através do translocon (que normalmente conduz polipeptídeos em crescimento e ainda desdobrados para o RE; Seção 12.4Bd) por um processo em que A1 é desdobrado pela ação do tipo chaperona da proteína dissulfeto-isomerase (PDI; Seção 9.2A).

No citoplasma, A1 catalisa a transferência irreversível de uma unidade ADP-ribose do NAD^+ para a cadeia lateral de uma arginina específica da $G_{s\alpha}$ (Fig. 19.21). Esta reação é amplamente acelerada pela interação de A1 com o **fator de ribosilação do ADP** (**FRA**), uma proteína G pequena tipo Ras, complexada com GTP, que normalmente da início à formação das vesículas revestidas por clatrina (Seção 12.4Cd). *A $G_{s\alpha}$ · GTP ADP-ribosilada pode ativar a AC, mas é incapaz de hidrolisar seu GTP.* Em consequência, a AC permanece sempre em seu estado ativo. As células epiteliais do intestino delgado normalmente secretam fluido digestivo (uma solução salina rica em HCO^-_3) em resposta a pequenos aumentos na [AMPc], que ativam bombas de Na^+ intestinais por meio da sua fosforilação pela PKA (bombas iônicas são discutidas nas Seções 20-3 e 20-4). O aumento em ~100 vezes na

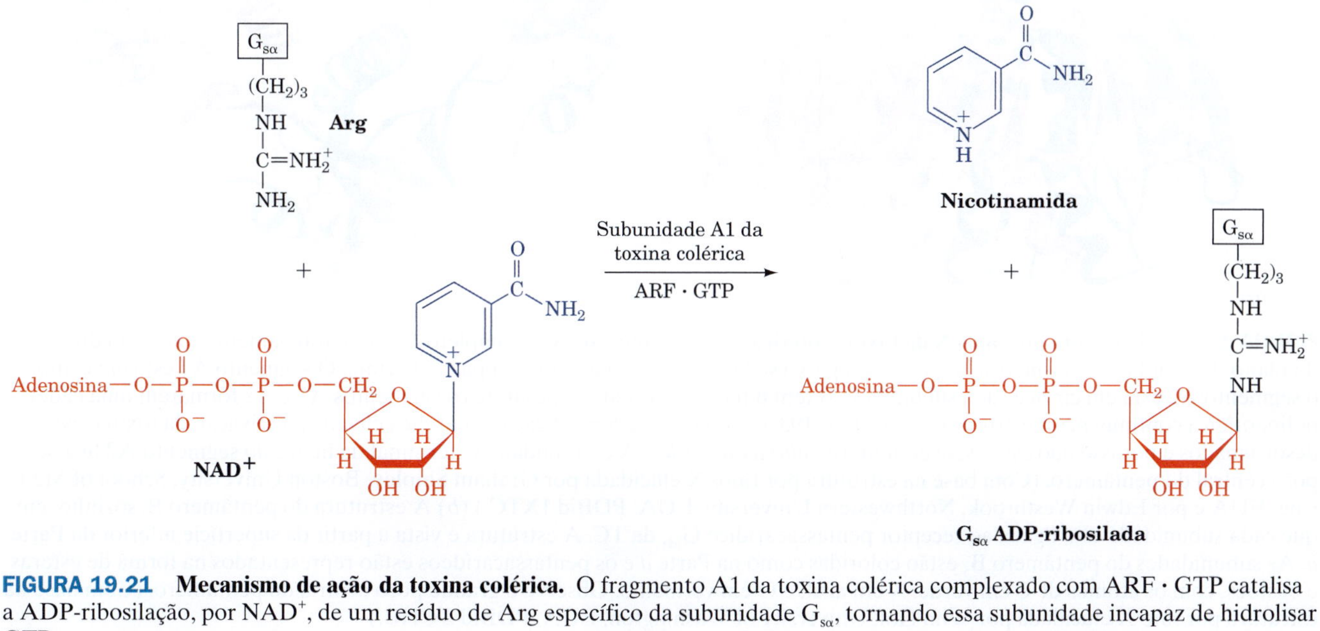

$G_{s\alpha}$–$(CH_2)_3$–NH–C(=NH_2^+)–NH_2 **Arg** + Adenosina–O–P(=O)(O⁻)–O–P(=O)(O⁻)–O–CH_2–ribose–nicotinamida (NAD^+)

$$\xrightarrow[\text{ARF · GTP}]{\text{Subunidade A1 da toxina colérica}}$$

Nicotinamida + **$G_{s\alpha}$ ADP-ribosilada**

FIGURA 19.21 Mecanismo de ação da toxina colérica. O fragmento A1 da toxina colérica complexado com ARF · GTP catalisa a ADP-ribosilação, por NAD^+, de um resíduo de Arg específico da subunidade $G_{s\alpha}$, tornando essa subunidade incapaz de hidrolisar GTP.

[AMPc] intracelular induzida pela TC faz essas células epiteliais eliminarem enormes quantidades de fluido digestivo, assim produzindo os sintomas da cólera. A TC também afeta outros tecidos *in vitro*, mas não *in vivo*, porque a TC não é absorvida do intestino para a corrente sanguínea.

A notável estrutura por raios X da TC (Fig. 19.22*a*), determinada por Graham Shipley e Edwin Westbrook, revela que seu segmento A2 forma uma hélice estendida incomum, cuja extremidade C-terminal se insere no poro central preenchido por solvente do pentâmero B_5, onde é ancorado não covalentemente. A porção N-terminal de A2 extende-se além do pentâmero B_5, de forma a ligar o segmento A1 cuneiforme a B_5 como se fosse um balão em uma corda. A estrutura por raios X apenas de B_5 complexada com o pentassacarídeo do seu receptor G_{M1} (Fig. 19.22*b*), determinada por Wim Hol, indica que esse pentassacarídeo liga-se, através de uma extensa rede de ligações de hidrogênio, a cada subunidade B na face de B_5 oposta à face que liga a subunidade A. A ligação da subunidade A ou do receptor pentassacarídico a B_5 causa somente pequenas mudanças estruturais em seus respectivos sítios de ligação, sem alterar a interface das subunidades B_5. A1 contém uma alongada fenda na vizinhança de um resíduo implicado na catálise, Glu 112, que presumivelmente forma seu sítio ativo.

Certas linhagens de *E. coli* causam uma doença diarreica similar (diarreia dos viajantes), embora consideravelmente menos severa do que a cólera, por produzirem uma **enterotoxina termolábil** (**TL**), uma proteína extremamente semelhante à TC (suas subunidades A e B são 80% idênticas e formam toxinas AB_5 com estruturas por raios X extremamente similares) e que possui o mesmo mecanismo de ação. As razões para a diferença na gravidade dessas infecções não estão claras (a cólera pode ser fatal dentro de horas, enquanto linhagens enterotóxicas de *E. coli* em geral apenas incapacitam um adulto temporariamente, apesar de serem responsáveis pela morte de centenas de milhares de crianças anualmente). Isso pode ser devido a modestas diferenças estruturais entre as toxinas, diferenças na quantidade de toxina secretada e/ou variações na ecologia microbiana.

Os resultados anteriores fornecem uma base estrutural para o desenho de ligantes que interferem com a ligação de TC e TL aos seus receptores. Uma vez que esses receptores ocorrem na superfície do epitélio intestinal, ligantes que competem por eles não precisam passar através de nenhuma membrana. Isso aumenta em muito o limite de tamanho usual de ~500 D para um fármaco candidato efetivo (Seção 15.4Ba). Além disso, é improvável que um ligante grande entre na corrente sanguínea e, assim, teria efeitos adversos

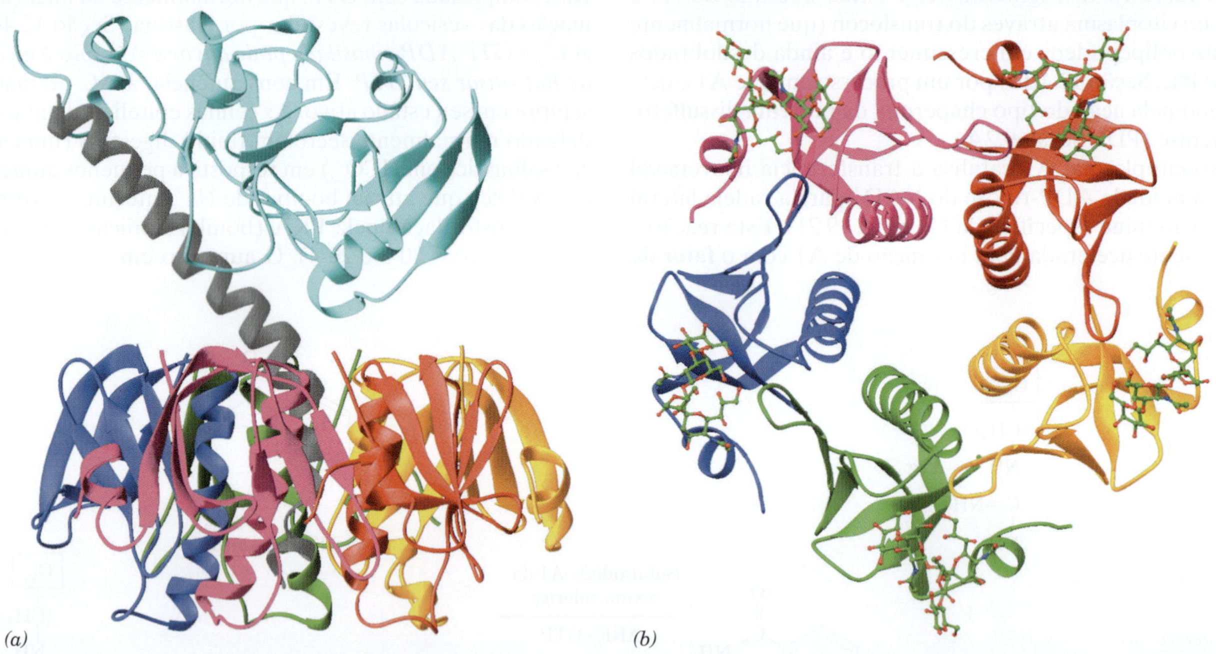

FIGURA 19.22 Estrutura por raios X da toxina colérica. (*a*) O complexo AB_5 completo é visto paralelamente à suposta direção do plano da membrana plasmática, à qual o complexo se liga, estando o exterior na parte de cima. O segmento A1 está em ciano, o segmento A2 está em cinza e cada subunidade B tem uma cor diferente. Apesar de os segmentos A1 e A2 formarem uma cadeia polipeptídica contínua nesta estrutura, os resíduos 193-195, que precedem a ligação peptídica clivada na ativação da toxina, estão desordenados e por isso não estão visíveis aqui (*no alto à esquerda*). A extremidade C-terminal da hélice do segmento A2 liga-se no poro central do pentâmero. (Com base na estrutura por raios X elucidada por Graham Shipley, Boston University, School of Medicine, EUA e por Edwin Westbrook, Northwestern University, EUA. PDBid 1XTC.) (*b*) A estrutura do pentâmero B_5 sozinho, em que cada subunidade está ligada ao receptor pentassacarídico G_{M1} da TC. A estrutura é vista a partir da superfície inferior da Parte *a*. As subunidades do pentâmero B_5 estão coloridas como na Parte *a* e os pentassacarídeos estão representados na forma de esferas e bastões, com os átomos de C em verde, N em azul, e O em vermelho. Observe o grande poro central do pentâmero. (Com base na estrutura por raio X elucidada por Wim Hol, University of Washington, EUA. PDBid 2 CHB.)

mínimos. Como consequência, a síntese de ligantes multivalentes que se liguem simultaneamente e com alta afinidade aos cinco sítios de ligação ao receptor de uma molécula AB_5 forneceria compostos promissores contra a TC e a TL.

e. A toxina pertussis ADP-Ribosila $G_{i\alpha}$

A *Bordetella pertussis*, a bactéria que causa **pertussis** (coqueluche; uma doença que ainda é responsável por ~300.000 mortes de crianças por ano em todo mundo), produz uma proteína AB_5, a **toxina pertussis (TP)**, que ADP-ribosila um resíduo de Cys específico em $G_{i\alpha}$. Ao fazer isso, ela evita que $G_{i\alpha}$ troque seu GDP por GTP e, consequentemente, que iniba a AC. A estrutura por raios X da TP, determinada por Randy Read, revela que suas unidades A e B são estruturalmente homólogas àquelas da TC e da TP, embora a subunidade A da TP se extenda a partir da face oposta do seu pentâmero B em relação àquela em TC. Além disso, o pentâmero B da TP consiste em 4 subunidades diferentes (uma com duas cópias), sendo que cada uma é apenas ~15% idêntica às subunidades B de TC e TL.

f. Receptores estão sujeitos à dessensibilização

Uma das características dos sistemas de sinalização biológicos é que eles se adaptam a estímulos de longa duração por reduzirem sua resposta a eles, um processo chamado **dessensibilização**. *Esses sistemas de sinalização, portanto, respondem a alterações nos níveis de estimulação e não aos seus valores absolutos.* Qual é o mecanismo de dessensibilização? No caso dos receptores β-adrenérgicos, o complexo epinefrina-receptor, mas não o receptor sozinho, é fosforilado em um ou mais resíduos de Ser e Thr em sua cauda C-terminal pela **receptor β-adrenérgico-cinase** (**βARK**; de *β-adrenergic receptor*). Essa proteína citosólica é recrutada para a membrana plasmática através de sua interação com G_γ quando ela não está ligada a $G_{S\alpha}$, que também é uma consequência da ativação do receptor. A fosforilação do receptor diminui a capacidade da adrenalina de influenciar, pelo menos em parte por reduzir a afinidade de ligação da adrenalina ao receptor. O receptor fosforilado, por sua vez, está ligado a uma de duas proteínas 78% idênticas conhecidas como **β-arrestinas**, de uma forma que bloqueia o receptor ativado de ativar sua proteína G-alvo. Além disso, a β-arrestina se liga à proteína adaptadora AP2 nas cavidades revestidas por clatrina (Seção 12.4Cd), por onde o complexo receptor β-adrenérgico-arrestina é endociticamente sequestrado (Seção 12.5Bc) em vesículas especializadas. A superfície extracelular de ligação à adrenalina do receptor, então volta-se ao interior da vesícula e a β-arrestina está localizada para fora de onde ela é subsequentemente liberada. As vesículas são desprovidas de proteína G heterotrimérica e de AC, dessa forma atenuando ainda mais a resposta da célula à adrenalina. Se, no entanto, o nível de adrenalina é reduzido, o receptor é lentamente desfosforilado por uma fosfatase e exocitoticamente retorna para a superfície da célula, assim restaurando a sensibilidade da célula à adrenalina. Alternativamente, as vesículas podem fusionar-se com endossomos para a transferência de seu conteúdo para os lisossomos, onde o receptor é proteoliticamente degradado (Fig. 12.91). Neste último caso, o restabelecimento da sensibilidade à adrenalina requer a síntese adicional de receptor.

βARK é um membro de uma família de sete proteínas conhecidas como **RAPG cinases** (**GRKs,** *de GPCR kinases*) que, junto com alguns outros tipos de proteínas cinases como PKA, fosforilam as caudas C-terminal e/ou as alças citosólicas da maioria dos RAPGs ocupados por agonista. Como mencionado acima, os RAPGs fosforilados são ligados pela β-arrestina e sequestrados em vesículas endocíticas, dessa forma isolando-os de suas proteínas G heterotriméricas correspondentes. Além disso, os locais de um determinado RAPG que são fosforilados variam de forma tecido-específica, o que proporciona flexibilidade regulatória adicional.

D. *Adenilato-ciclases*

As proteínas G heterotriméricas G_s e G_i atuam no controle das atividades da AC. Os mamíferos possuem 9 isoformas conhecidas de AC ligadas à membrana, AC1 até AC9 (ou AC-I até AC-IX), que são expressas de maneira tecido-específica e diferem em suas propriedades regulatórias. Essas glicoproteínas transmembrana de ~120 kDa consistem em um pequeno domínio N-terminal (N), seguido por duas repetições de uma unidade consistindo em um domínio transmembrana (M), seguido por dois domínios citoplasmáticos consecutivos (C), formando assim a sequência $NM_1C_{1a}C_{1b}M_2C_{2a}C_{2b}$ (Fig. 19.23). Os domínios C_{1a} e C_{2a}, ~30% idênticos, associam-se para formar o núcleo catalítico da AC, enquanto C_{1b}, C_{1a} e C_{2a} ligam moléculas regulatórias. Assim, $G_{i\alpha}$ inibe AC1, 5 e 6 por ligar a C_{1a}; $G_{s\alpha}$ ativa todas as isoformas de AC, exceto a AC9, por ligar a C_{2a}; $G_{\beta\gamma}$ inibe a AC1, 3 e 8 mas ativa a AC2, 4 e 7 por ligar a C_{2a}; e Ca^{2+}-calmodulina (Ca^{2+}-CaM; Seção 18.3Ce) ativa a AC1, 3 e 8 por ligar a C_{1b}. Ademais, a C_{2a} da AC2, 5 e 7 são ativadas pela fosforilação de Ser/Thr

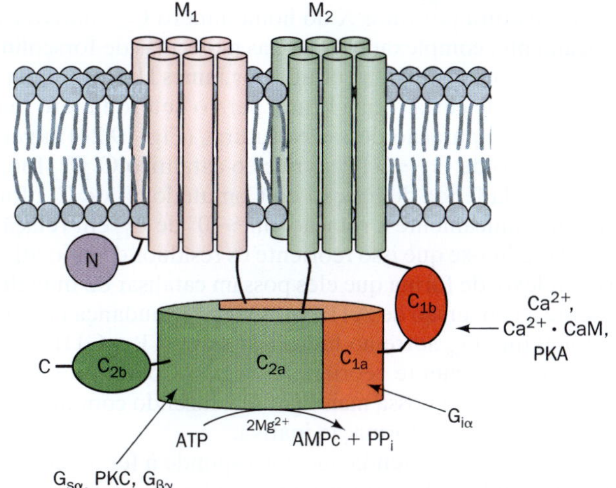

FIGURA 19.23 Diagrama esquemático de uma AC típica de mamíferos. Acredita-se que os domínios M_1 e M_2 contenham 6 hélices transmembrana cada um. C_{1a} e C_{2a} formam o núcleo catalítico pseudossimétrico da enzima. Os domínios com os quais interagem várias proteínas regulatórias conhecidas estão indicados. (Segundo Tesmer, J.J.G. e Sprang, S.R., *Curr. Opin. Struct. Biol.* **8**, 713 (1998).)

específicas em sítios de controle, por exemplo, por uma **proteína-cinase C** (**PKC**; Seção 19.4C), enquanto a C_{1b} da AC5 e 6 é similarmente inibida pela PKA. Claramente, as células podem responder a uma grande variedade de estímulos determinando seus níveis de AMPc.

Nenhuma estrutura por raios X de uma isoforma intacta de AC foi relatada. No entanto, Sprang determinou a estrutura por raios X de um núcleo catalítico híbrido, consistindo no domínio C_{1a} da AC5 (VC_1) e no domínio C_{2a} da AC2 (IIC_2) complexada com $G_{s\alpha} \cdot GTP\gamma S$, com **ATPαS** (um isômero de ATPγS com um átomo de S no fosfato α) e com **forscolina**

Forscolina

(um produto da planta *Coleus forskolii* que ativa todas as ACs, exceto a AC9, e atua diminuindo a pressão sanguínea). O núcleo catalítico do híbrido $VC_1 \cdot IIC_2$ é enzimaticamente ativo e sensível a $G_{s\alpha} \cdot GTP$ e a forscolina. Sua estrutura por raios X (Fig. 19.24) revela que VC_1 e IIC_2 formam um heterodímero pseudossimétrico, que liga ATPγS e forscolina em sítios relacionados pseudossimetricamente de suas interfaces.

A $G_{s\alpha} \cdot GTP\gamma S$ interage com IIC_2 principalmente por meio da sua hélice no Comutador II, que liga IIC_2 em uma fenda.

A estrutura por raios X do homodímero C_{2a}, inativo cataliticamente, complexado com duas moléculas de forscolina simetricamente arranjadas, obtida por James Hurley, oferece um modelo, de certa forma bruto, para o heterodímero inativado. A comparação dessas estruturas (Fig. 19.24) sugere que a ligação de $G_{s\alpha} \cdot GTP$ ao núcleo catalítico $C_{1a}C_{2a}$ força a abertura da fenda de ligação do Comutador II de C_{2a}, forçando mecanicamente a rotação em ~10° de C_{1a} em relação a C_{2a}. Acredita-se que isso reoriente os resíduos do sítio ativo do complexo, de forma que eles possam catalisar de maneira eficiente a conversão de ATP em AMPc. A mudança conformacional que $G_{s\alpha}$ sofre ao hidrolisar seu GTP a GDP (Fig. 19.18) aparentemente reorienta a região Comutador II de forma que ela não possa mais ligar C_{2a}, fazendo com que AC reverta para sua conformação inativa.

VC_1 possui uma fenda que corresponde à fenda de ligação a $G_{s\alpha}$ em IIC_2. Isso sugere que essa fenda em VC_1 seja o sítio de ligação para $G_{i\alpha}$. De fato, estudos de mutagênese em VC_1 são consistentes com essa hipótese. No entanto, a fenda em VC_1 é muito estreita para acomodar a ligação de uma hélice do Comutador II. Isso mais uma vez indica que a ligação de $G_{i\alpha} \cdot GTP$ a C_{1a} força a abertura dessa fenda de forma a reorientar os resíduos catalíticos do complexo para reduzir sua atividade catalítica.

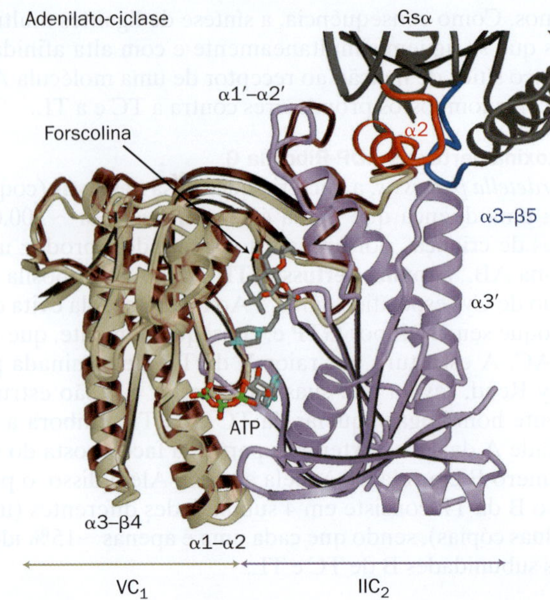

FIGURA 19.24 A estrutura por raios X do núcleo catalítico de uma AC. Este núcleo consiste nos domínios VC_1 de cachorro e IIC_2 de rato complexados com $G_{s\alpha} \cdot GTP\gamma S$ bovina e com forscolina e está representado com um modelo de ATP. VC_1 em bronze, IIC_2 em lilás e $G_{s\alpha}$, mostrado apenas em parte, em cinza-escuro, com os segmentos do Comutador II e a alça α3-β5 de IIC_2 destacados em vermelho e azul. A forscolina e o ATP estão representados na forma de bastão, com os átomos de C em cinza, N em ciano, O em vermelho e P em verde. A fita castanha mostra a porção não sobreposta do homodímero cataliticamente inativo de IIC_2 de rato, em que uma de suas subunidades está sobreposta em IIC_2 no complexo VC1-IIC_2. (Cortesia de Heidi Hamm, Northwestern University Medical School, EUA. As estruturas por raios X do complexo VC_1-IIC_2-$G_{s\alpha}$ e do homodímero IIC_2 foram determinadas por John Tesmer e Stephen Sprang, University of Texas, Southwestern Medical Center, EUA e por James Hurley, NIH, EUA. PDBids 1AZS e 1AB8.)

E. *Fosfodiesterases*

Em qualquer sistema de sinalização fundamentado quimicamente, a molécula sinalizadora deverá ser eliminada para que haja controle da amplitude e duração do sinal e para prevenir interferências no recebimento de sinais subsequentes. No caso do AMPc, esse segundo mensageiro é hidrolisado a AMP por enzimas conhecidas como **AMPc-fosfodiesterases** (**AMPc-PDEs**).

A superfamília PDE, que inclui AMPc-PDE e GMPc-PDE, é codificada em mamíferos por pelo menos 20 genes diferentes, agrupados em 12 famílias (PDE1 a PDE12). Além disso, muitos dos RNA mensageiros (mRNAs) transcritos desses genes têm sítios de iniciação alternativos e sítios de processamento alternativos (Seções 34-3C), de forma que mamíferos expressam ~50 isoformas de PDE. Essas são funcionalmente distintas por suas especificidades por substratos (por AMPc, GMPc ou ambos) e propriedades cinéticas, suas respostas (ou falta delas) a vários ativadores e inibidores (ver a seguir) e suas distribuições teciduais, celulares e subcelulares. As PDEs possuem arquitetura modular característica, com um domínio catalítico conservado de 270 resíduos próximo da extremidade C-terminal e domínios ou motivos regulatórios amplamente divergentes, geralmente em sua porção N-terminal. Algumas PDEs são ancoradas à membrana, enquanto outras são citosólicas.

A atividade da PDE, como poderia ser esperado, é cuidadosamente controlada. Dependendo de sua isoforma, uma PDE pode ser ativada por um ou mais agentes, incluindo Ca^{2+}-CaM; fosforilação por PKA, por proteína-cinase estimulada por insulina (Seção 18.3Cg) e por **proteína-cinase II dependente de calmodulina**; e a ligação de GMPc a um sítio não catalítico. Contudo, para algumas PDEs, o GMPc é inibitório. As PDEs fosforiladas são desfosforiladas por uma variedade de proteínas-fosfatases, incluindo a fosfatase dependente de Ca^{2+}–CaM e a **proteína-fosfatase-2A**. Assim, as PDEs se constituem em um meio para a "intercomunicação" entre sistemas de sinalização com base em AMPc e aqueles que usam outros tipos de sinais.

As PDEs são inibidas por vários fármacos que influenciam doenças tão divergentes quanto asma, falência cardíaca congestiva, depressão, disfunção erétil, inflamação e degeneração retinal. **Sildenafil** (nome comercial **Viagra**),

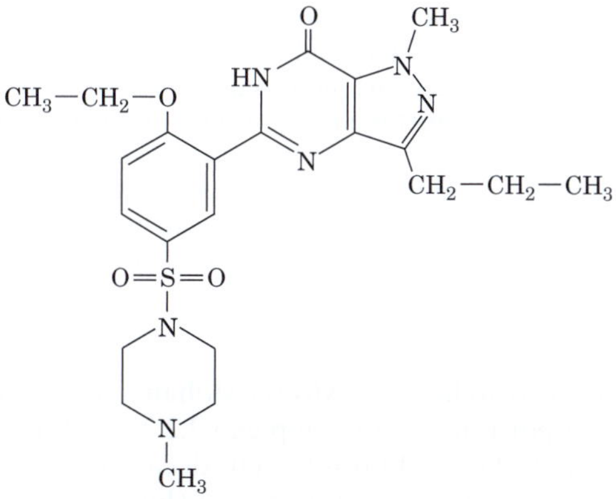

Sildenafil (Viagra™)

um composto usado para tratar a disfunção erétil, inibe especificamente a PDE5, que hidrolisa apenas GMPc. A estimulação sexual em machos causa a liberação de NO pelos nervos penianos, que ativa a produção de GMPc pela guanilato-ciclase. Isso induz o relaxamento do músculo liso vascular no pênis, aumentando assim o influxo de sangue, que resulta em uma ereção. Esse GMPc é finalmente hidrolisado pela PDE5. Por isso, em homens que não produzem NO e, consequentemente, GMPc suficientes, o tratamento com Sildenafil é efetivo, gerando uma ereção satisfatória.

3 SINALIZAÇÃO COM BASE EM TIROSINA-CINASE

Ver Exploração guiada 17: Mecanismos de sinalização hormonal que envolvem o sistema receptor tirosina-cinase Foi visto que a síntese e a degradação de glicogênio são reguladas pela fosforilação/desfosforilação das enzimas que catalisam esses processos metabólicos e também das muitas enzimas que catalisam esses processos de modificação (Seção 18.3). Vários outros processos em organismos celulares são regulados da mesma maneira. De fato, mais de um terço das proteínas em vertebrados são suscetíveis à fosforilação reversível, o genoma humano contém 518 genes de proteínas-cinases (o chamado ***Kinome***; o banco de dados de proteínas-cinases, *Protein Kinase Resource*, em http://pkr.genomics.purdue.edu/ e kinase.com no http://kinase.com/ são bases de dados para o kinome). A vasta maioria dos resíduos de aminoácidos fosforilados são Ser ou Thr; apenas cerca de 1 em 2.000 é Tyr. Contudo, como discutido nesta seção, a fosforilação de Tyr é de importância central na regulação de uma variedade de processos celulares essenciais.

A. Receptores tirosina-cinases

Fatores de crescimento proteicos controlam a diferenciação, proliferação, migração, estado metabólico e sobrevivência de suas células-alvo por ligarem a seus **receptores tirosina-cinases** (**RTKs**, de *receptor tyrosine kinases*) correspondentes. Os RTKs formam uma família diversa de 58 glicoproteínas transmembrana (Fig 19-25), que possuem um domínio C-terminal citoplamático, chamado **proteína tirosina-cinase** (**PTKs**, de *protein tyrosine kinase*), e um único segmento transmembrana, que presumivelmente é uma hélice α. Como seu nome indica, as PTKs catalisam a fosforilação, dependente de ATP, de proteínas-alvo em resíduos de Tyr específicos:

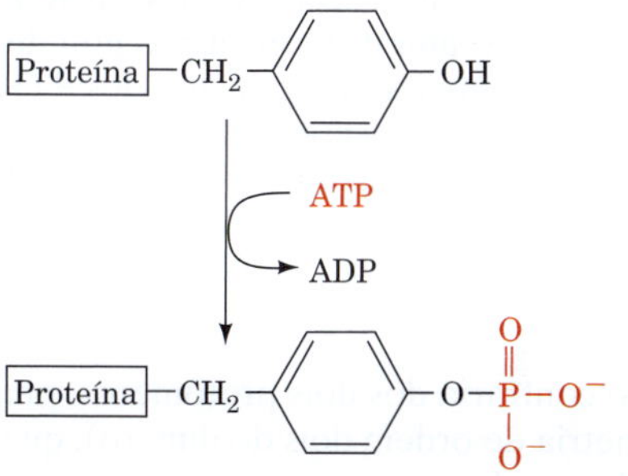

Proteína—CH_2—(fenil)—OH → (ATP → ADP) → Proteína—CH_2—(fenil)—O—PO_3^{2-}

Os domínios PTK dos RTKs são homólogos e, como veremos, assemelham-se estruturalmente às mais abundantes proteínas-cinases específicas para Ser/Thr, como, por exemplo, a PKA (Fig. 18.15).

Os RTKs são ativados pela ligação de um fator de crescimento proteico correspondente aos seus ectodomínios. Parece improvável que a única hélice transmembrana dos RTKs monoméricos, como, por exemplo, o **receptor do fator de crescimento derivado de plaquetas** (**PDGFR**, de *platelet-derived growth factor receptor*) e o **receptor do fator epidermal** (**EGFR**, de *epidermal growth factor*; Fig. 19.25), possuam a complexidade estrutural para transmitir o estado de ligação do ligante em seu ectodomínio ao seu domínio tirosina-cinase citoplasmático. Em vez, como visto para o receptor do hormônio do crescimento humano (que não é um RTK), a ligação do ligante induz a dimerização do receptor (Fig. 19.10). Isso, por sua vez, ativa a função PTK do RTK, como será discutido a seguir. Para RTKs que são dímeros permanentes, como o **receptor da insulina** (**InsR**, de *insulin receptor;* Fig. 19.25), acredita-se que o PTK seja ativado pela mudança estrutural induzida pelo ligante (provavelmente

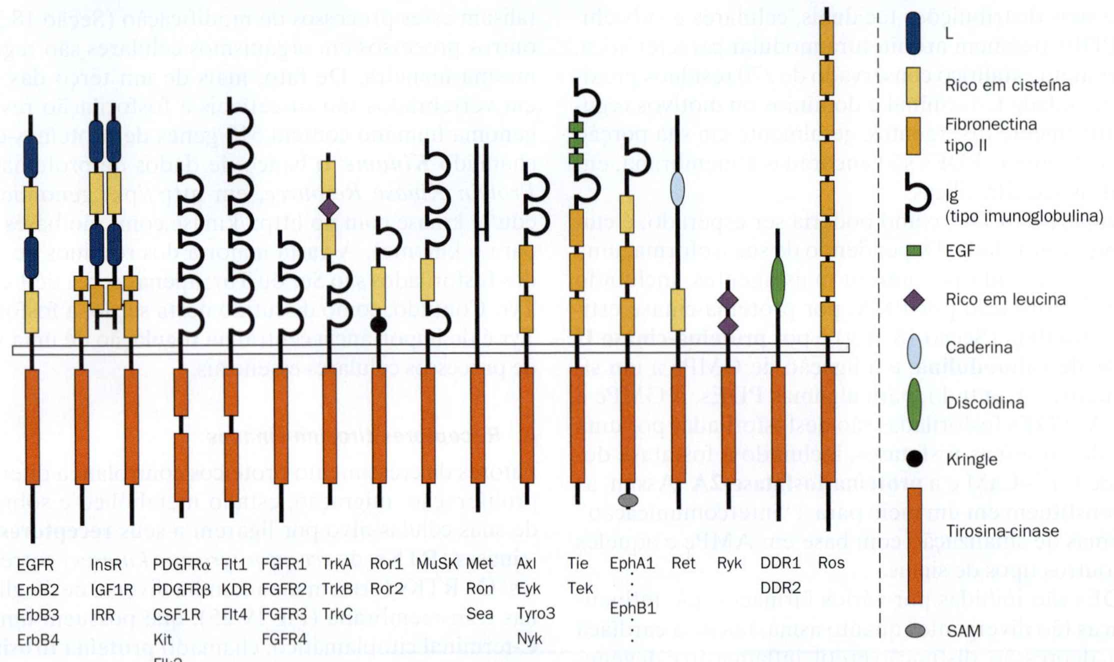

FIGURA 19.25 Organização dos domínios várias subfamílias de receptores tirosina-cinase (RTK). Estão representados de um a cinco membros de cada subfamília. O retângulo estreito que se estende horizontalmente ao longo do diagrama representa a membrana plasmática, com a região extracelular acima e o citosol abaixo. Os polipeptídeos estão mostrados em escala aproximada, com sua extremidade N-terminal acima. **EGFR**, **InsR**, **PDGFR** e **FGFR** referem-se, respectivamente, ao **receptor do fator de crescimento epidermal**, **receptor de insulina**, **receptor do fator de crescimento derivado de plaquetas** e **receptor do fator de crescimento de fibroblastos**. As porções extracelulares dos RTKs são modularmente construídas a partir de uma variedade de domínios que se repetem frequentemente, identificados no diagrama à direita. Note que os domínios tirosina-cinases das subfamílias do PDGFR e do **Flt1** são interrompidos por **inserções cinases** de ~100 resíduos e que os membros da subfamília de InsR são heterotetrâmeros $\alpha_2\beta_2$, cujas subunidades são ligadas por ligações dissulfeto (linhas horizontais curtas). (Cortesia de Stevan Hubbard, New York University School of Medicine, EUA.)

uma rotação contrária dos dois protômeros, preservando os eixos de simetria de ordem dois do dímero), que é transmitida através da membrana.

a. FGF e sulfato de heparina são necessários para ativar o receptor de FGF

Os **fatores de crescimento de fibroblastos** (**FGFs**, de *fibroblast growth factors*) em mamíferos formam uma família de pelo menos 21 proteínas estruturalmente relacionadas (FGF1-21) que regulam uma variedade de processos biológicos críticos, incluindo crescimento celular, diferenciação e migração, e que são expressos em padrões espaciais e temporais específicos em embriões e adultos. Os processos estimulados por FGF são mediados por quatro receptores de FGF (FGFR1-4), em que cada um liga um único subgrupo de FGF, sendo responsáveis pela diversidade e regulação rigorosa dos processos mencionados. A dimerização de FGFR em solução requer a presença de proteoglicanos, como o heparan-sulfato (Seção 11.3A), além de FGF.

Cada receptor de FGF consiste, da extremidade N-terminal à C-terminal (Fig. 19.25), em três domínios extracelulares do tipo imunoglobulina (D1-D3 para os domínios de 1-3), uma única hélice transmembrana e um domínio citoplamático com atividade PTK. Desses, apenas os domínios D2 e D3 estão envolvidos na ligação a FGF (em geral, apenas poucos dos domínios da porção extracelular de RTK participam da ligação ao ligante). Moosa Mohammadi determinou a estrutura por raios X do complexo 2:2:2 de FGF2 com os segmentos D2-D3 de FGFR1 e um decassacarídeo de heparina (Fig. 11.21). A estrutura revela (Fig. 19.26) que cada monômero de FGF liga os domínios D2 e D3 de uma subunidade do FGFR e, mais sutilmente, o domínio D2 de outra subunidade, enquanto a heparina faz uma ligação cruzada de cada monômero de FGF com os dois domínios D2 (cujos contatos, na ausência de FGF e heparina, são insuficientes para suportar dimerização de FGFR significativas).

b. Os dímeros de RTK são ativados por autofosforilação

A dimerização de um RTK (ou a mudança conformacional no caso da subfamília do receptor de insulina) posiciona lado a lado seus domínios PTKs localizados no citoplasma, de tal forma que eles fosforilam um ao outro em resíduos de Tyr específicos em suas alças de ativação (Fig. 19.27a). Essa **autofosforilação** ativa o PTK da mesma forma que a fosforilação da alça de ativação induz a PKA a fosforilar suas proteínas-alvo (Seção 18.3Cb). Em muitos casos, o domínio PTK ativado subsequentemente fosforila a subunidade oposta do RTK em resíduos específicos de Tyr, fora do domínio PTK (Fig 19-27). Isso, como será visto nas Seções 19-3Cb e 19-3Cc, fornece sítios de ligação para certas proteínas citoplasmáticas. O domínio PTK ativado pode também fosforilar resíduos específicos de Tyr em várias proteínas citoplasmáti-

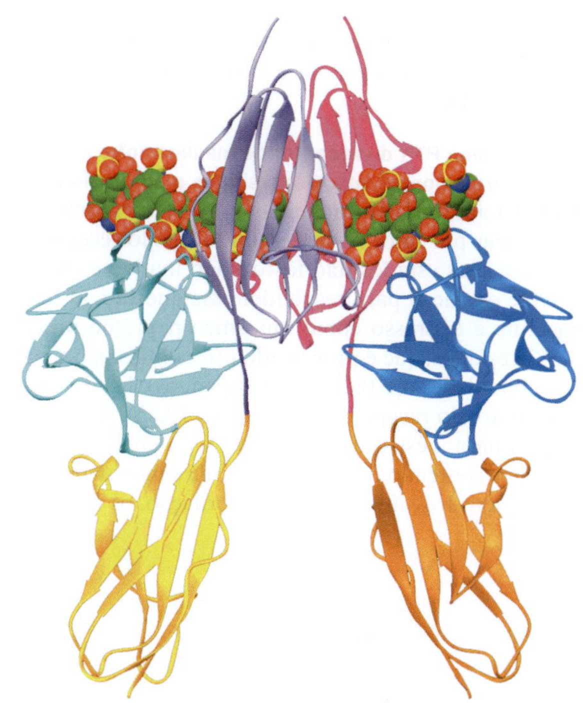

FIGURA 19.26 A estrutura por raios X do complexo 2:2:2 de FGF2, na porção D2-D3 do FGFR1, e uma heparina decassacarídica. A vista é perpendicular ao eixo de simetria de ordem 2 do complexo dimérico, com a membrana plasmática abaixo. Os polipeptídeos estão representados na forma de fitas, com as moléculas de FGF em ciano e azul-claro, os domínios D2 e D3 de um dos monômeros do FGFR em lilás e amarelo-ouro e os do outro monômero em magenta e cor de laranja. Os dois decassacarídeos de heparina estão representados na forma de volume atômico, com os átomos de C em verde, N em azul, O em vermelho e S em amarelo. Cada domínio D2 e D3 do FGFR possui a estrutura característica dos domínios imunoglobulinas (Ig): um sanduíche β constituído de uma folha β de 3 fitas antiparalelas e outra de 4 fitas antiparalelas (Seção 8-3Bg). (Com base na estrutura por raios X elucidada por Moosa Mohammadi, New York University School of Medicine EUA. PDBid 1FQ9.)

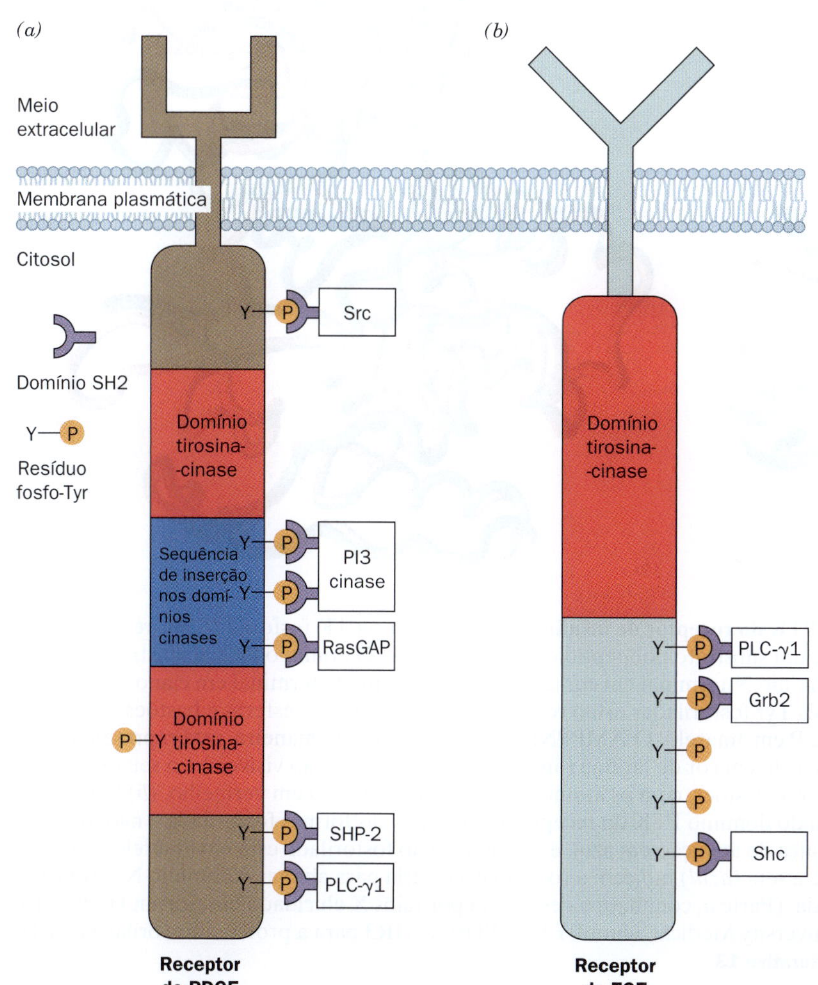

FIGURA 19.27 Diagrama esquemático de RTKs. (*a*) O receptor de PDGF e (*b*) o receptor de EGF. Seus sítios de autofosforilação e as proteínas que são ativadas por se ligarem a esses locais através de seus domínios SH2 (que são discutidos neste capítulo) estão indicados. Note que quase todos os resíduos de Tyr autofosforiláveis que se ligam a outras proteínas estão fora dos domínios tirosina-cinase. (Segundo Pawson, T. and Achlessinger, J. *Curr. Biol.* **3**, 435 [1993].)

cas. Em ambos os casos, como será discutido na Seção 19.3D, ocorre ativação de proteínas que executam as instruções relacionadas com a presença extracelular do fator de crescimento proteico.

c. O domínio PTK do receptor de insulina sofre mudanças conformacionais importantes após a autofosforilação

Como a autofosforilação ativa uma PTK? A comparação das estruturas por raios X do domínio PTK do receptor de insulina em seus estados não fosforilado inativo e trifosforilado ativo é essencial para responder essa questão. O receptor de insulina é expresso como um único peptídeo precursor de 1.382 resíduos, que é processado proteoliticamente para gerar as subunidades α e β (731 e 619 resíduos), ligadas por ligação dissulfeto, do receptor maduro (Fig. 19.25). Stevan Hubbard determinou a estrutura por raios X de um segmento de 306 resíduos contendo o domínio PTK da subunidade β fosforilado em seus três sítios de autofosforilação, os resíduos de Tyr 1158, 1162 e 1163 (utilizando o sistema de numeração do precursor), complexado com o análogo de ATP não hidrolisável AMPPNP e com um substrato peptídico de 18 resíduos. A estrutura revela (Fig. 19.28*a*) que esse domínio PTK é estruturalmente semelhante a outros domínios PTKs de estruturas conhecidas e a Ser/Thr-cinases, como, por exemplo, a PKA (Fig. 18.15) e a subunidade γ da fosforilase-cinase (Fig. 18.21).

A comparação dessa estrutura com aquela da proteína não fosforilada e não complexada, determinada por Hubbard e Wayne Hendrickson, revela que, quando fosforilado e ligado ao substrato, o lóbulo N-terminal do domínio PTK sofre uma rotação de 21° quase rígida em relação ao lóbulo C-terminal no eixo longitudinal da proteína (Fig. 19.28*b*). Essa mudança conformacional notável fecha a fenda do sítio ativo ao redor do AMPPNP e, provavelmente, posiciona corretamente os resíduos críticos para a ligação do substrato e para a catálise. Todos os três resíduos de Tyr fosforilados ocorrem na alça de ativação da PTK (resíduos 1149-1170;

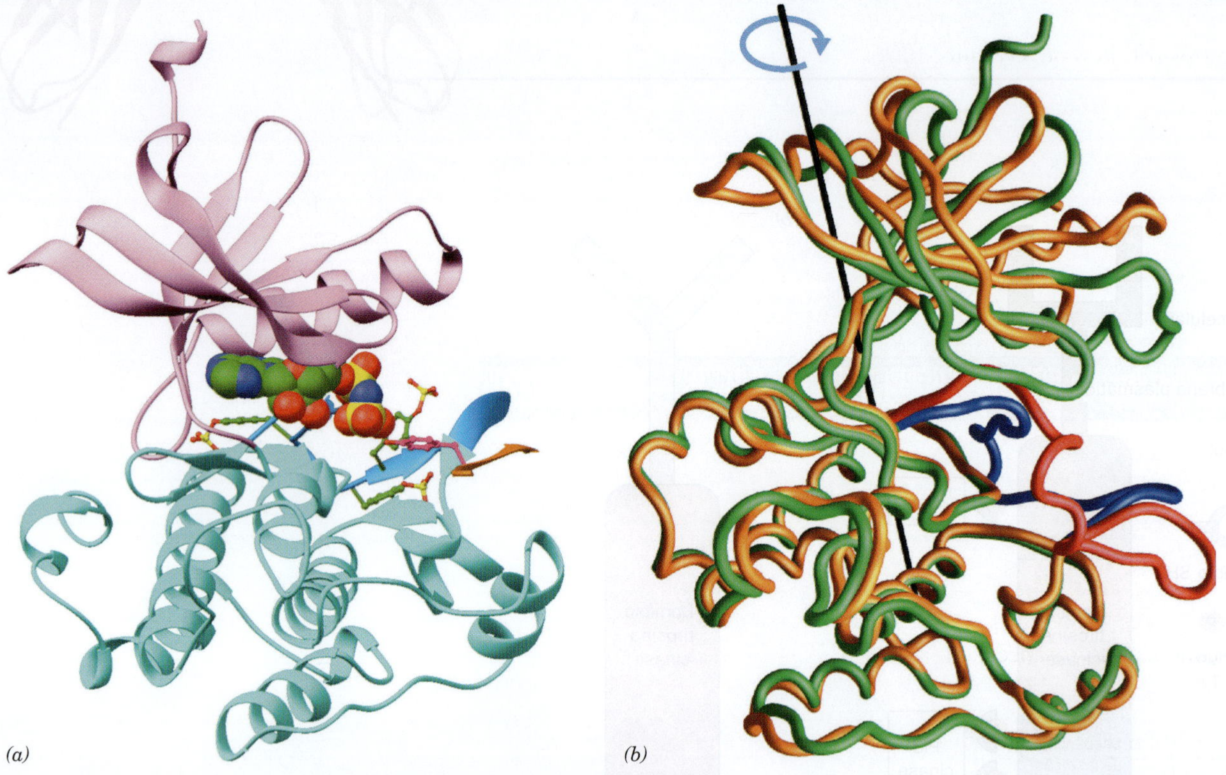

FIGURA 19.28 Estrutura por raios X do domínio PTK do receptor de insulina. (*a*) O domínio PTK fosforilado nos resíduos de Tyr 1158, 1162, e 1163 complexado com AMPPNP e um substrato polipeptídico de 18 resíduos. O domínio PTK é mostrado na orientação padrão de proteínas-cinases, com seu domínio N-terminal em cor-de-rosa, seu domínio C-terminal em ciano e sua alça de ativação em azul-claro. As cadeias laterais das três Tyr fosforiladas estão representadas na forma de esferas e bastões, com seus átomos de C em verde, N em azul, O em vermelho e P em amarelo. O AMPPNP, colorido da mesma maneira, está representado na forma de volume atômico. O substrato polipeptídico está em cor de laranja (apenas 6 dos resíduos estão visíveis) e o seu resíduo de Tyr fosforilável está representado na forma de esferas e bastões, com os átomos de C em magenta e O em vermelho. (*b*) Sobreposição do esqueleto polipeptídico do lóbulo C-terminal do domínio PTK do receptor de insulina nas formas fosforilada e não fosforilada. A proteína fosforilada está em verde com sua alça de ativação em azul, e a proteína não fosforilada está em amarelo com sua alça de ativação em vermelho. O eixo (*linha preta*) e a seta (*azul*) indicam a rotação necessária para alinhar o domínio N-terminal da proteína não fosforilada ao da proteína fosforilada. (Parte *a*, com base na estrutura por raios X elucidada por Stevan Hubbard, e Parte *b*, cortesia de Stevan Hubbard, New York University Medical School, EUA. PDBids 1IR3 para a proteína fosforilada e 1IRK para a proteína não fosforilada.) **Ver Exercício interativo 13**

lembre-se que muitas Ser/Thr-cinases também são fosforiladas em suas alças de ativação; Seção 18.3Cb). A alça de ativação não fosforilada entra no sítio ativo da PTK para prevenir a ligação tanto de ATP quanto de substratos proteicos. Entretanto, quando fosforilada, a alça de ativação adota uma conformação que não obstrui o sítio ativo (Fig. 19.28*b*), mas, ao contrário, faz parte do sítio de reconhecimento do substrato. O grupo fosfato da Tyr 1163 liga-se à alça de ativação por ligação de hidrogênio com a cadeia lateral da Arg 1155 conservada em um lado da alça e com o N da cadeia principal da Gly 1166, do outro lado da alça. O grupo fosfato da Tyr 1162 faz duas ligações de hidrogênio com a cadeia lateral da Arg 1164 conservada. No entanto, o grupo fosfato da Tyr 1168 não faz contatos com a proteína, o que sugere que ele forma sítios de atracamento (uma doca) para proteínas sinalizadoras a jusante (ver a seguir). Essas observações estão de acordo com experimentos indicando que a atividade tirosina-cinase do receptor de insulina aumenta com o grau de fosforilação das cadeias laterais das três Tyr autofosforiláveis e que a atividade total não é alcançada até que a Tyr 1163 seja fosforilada. De fato, quase todos os RTKs conhecidos possuem entre um e três resíduos de Tyr autofosforiláveis em suas alças de ativação (a principal exceção são os membros da subfamília EGFR; Fig. 19.27*b*) e todas proteínas-cinases fosforiladas de estrutura conhecida adotam conformações similares.

Apenas os 6 resíduos localizados na região central, GDYMNM, do substrato peptídico de 18 resíduos são vistos nas estruturas por raios X anteriores. Isso inclui a sequência YMXM encontrada em todos os substratos eficientes do receptor de insulina. Esse segmento associa-se com a cinase como uma fita em uma folha β. As cadeias laterais de Met encaixam-se em bolsos hidrofóbicos adjacentes da proteína, enquanto a cadeia lateral da Tyr fosforilável estende-se em direção ao grupo fosfato γ do AMPPNP (Fig. 19.28*a*). A especificidade da proteína na fosforilação de Tyr em vez de Ser ou Thr é explicada pela observação que a cadeia lateral da Tyr, mas não as da Ser ou Thr, é longa o suficiente para alcançar o sítio ativo.

B. *Câncer: a perda de controle do crescimento*

Antes de ir adiante na discussão sobre vias de sinalização, será considerado o câncer, um grupo de doenças caracterizado por defeitos na transdução de sinal que causam crescimento descontrolado. De fato, estudos sobre o câncer têm aumentado muito o entendimento sobre transdução de sinal e vice-versa.

As células do corpo, normalmente, permanecem sob rigoroso controle do desenvolvimento. Por exemplo, durante a embriogênese, as células devem diferenciar-se, proliferar, migrar e mesmo morrer na organização espacial e sequência temporal corretas, para gerar um organismo que funcione normalmente. No adulto, as células de certos tecidos, como por exemplo do epitélio intestinal, dos tecidos formadores do sangue na medula óssea e aqueles dos folículos pilosos, continuam a proliferar. A maioria das células do corpo adulto, no entanto, cessou permanentemente de proliferar.

Ocasionalmente, as células perdem seus controles de crescimento e iniciam uma proliferação excessiva. Os tumores resultantes podem ser de dois tipos:

1. **Tumores benignos**, como verrugas e sinais escuros, crescem por simples expansão e frequentemente permanecem encapsulados por uma camada de tecido conectivo. Raramente os tumores benignos representam ameaça à vida, apesar de que, se eles ocorrem em espaços restritos, como no cérebro, ou secretam grandes quantidades de certos hormônios, podem ser letais.
2. **Tumores malignos** ou **cânceres** crescem de maneira invasiva e liberam células que, em um processo conhecido como **metástase**, colonizam novos sítios no organismo. Tumores malignos representam, quase invariavelmente, uma ameaça à vida; eles são responsáveis por 20% da mortalidade nos Estados Unidos.

A mais óbvia e significativa propriedade das células cancerosas é que elas proliferam descontroladamente. Por exemplo, quando cultivadas em uma placa de cultura de células, células normais formam uma camada monocelular sobre o fundo da placa e depois, por um processo chamado **inibição por contato**, cessam a divisão (Fig. 19.29*a*). O crescimento de células malignas, ao contrário, não é dificultado por contatos intercelulares; em cultura, elas formam camadas multicelulares (Fig. 19.29*b*). Além disso, mesmo na ausência de inibição por contato, as células normais são muito mais limitadas em sua capacidade de reprodução do que as células cancerosas. As células normais, dependendo da espécie e idade do animal do qual elas foram retiradas, se dividirão em cultura apenas 20 a 60 vezes antes de alcançarem a **senescência** (um estágio em que elas param de se dividir) e morrem (um fenômeno que, sem dúvida, é a essência do processo de envelhecimento; Seção 30.4Db). *As células cancerosas, por outro lado, são imortais; não existe limite para o número de vezes que elas podem se dividir.* De fato, algumas linhagens de células cancerosas têm sido mantidas em cultura por centenas de divisões ao longo de seis décadas. Células imortais, no entanto, não são necessariamente malignas: *a marca característica do câncer é imortalidade combinada com crescimento descontrolado.*

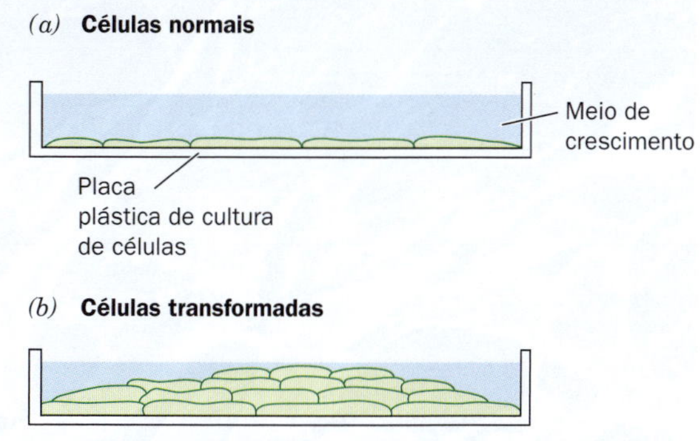

FIGURA 19.29 Padrão de crescimento de células de vertebrados em cultura. (*a*) Células normais param de crescer devido à inibição por contato tão logo tenham formado uma monocamada confluente. (*b*) Em contraste, células transformadas carecem de inibição por contato; elas empilham-se formando uma multicamada.

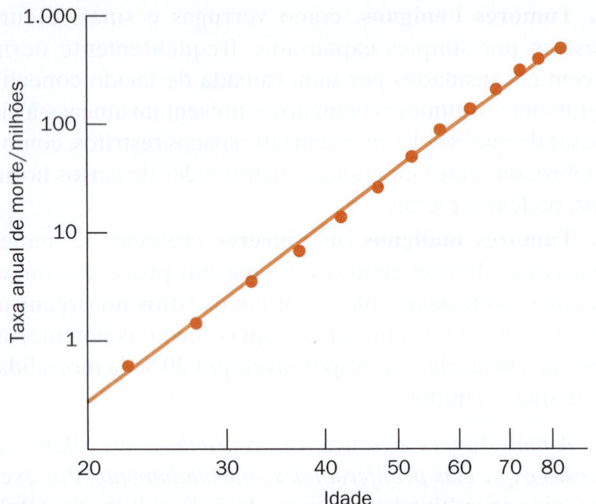

FIGURA 19.30 Variação da taxa da mortalidade por câncer em humanos de acordo com a idade. A linearidade desse gráfico duplo logarítmico pode ser explicada pela hipótese que é necessária a ocorrência de várias mutações aleatórias para gerar uma malignidade. A inclinação da reta sugere que, em média, são necessárias cinco dessas mutações para uma transformação maligna.

a. O câncer é causado por carcinógenos, radiação e vírus

A maioria dos cânceres é causada por agentes que danificam o DNA ou interferem com a sua replicação ou reparo. Esses agentes incluem uma grande variedade de substâncias produzidas pelo homem e que ocorrem na natureza, conhecidas como **carcinógenos químicos** (Seção 30.5F), bem como radiação, eletromagnética e particulada, com energia suficiente para quebrar ligações químicas. Além disso, *certos vírus induzem a formação de tumores malignos em seus hospedeiros* (ver a seguir).

Quase todos os tumores malignos resultam da **transformação** de uma única célula (conversão para o estado canceroso; esse termo não deve ser confundido com a aquisição de informação genética de DNA fornecido exogenamente [Seção 5.2A]), que, estando livre das limitações normais do desenvolvimento, prolifera. Contudo, considerando, por exemplo, que o corpo humano consiste em aproximadamente 10^{14} células, a transformação deve ser um evento muito raro. Uma das principais razões para isso, como indica a distribuição de idade na taxa de mortalidade por câncer (Fig. 19.30), é que a *transformação requer que uma célula, ou suas ancestrais, tenha sofrido várias mudanças carcinogênicas independentes e presumivelmente improváveis.* Como consequência, a exposição a um carcinógeno pode iniciar a transformação de muitas células, mas um tumor maligno pode não se formar até décadas depois, quando uma dessas células sofrer um evento final de transformação.

A indução viral de câncer foi primeiramente observada em 1911 por Peyton Rous, que demonstrou que filtrados livres de células de certos **sarcomas** de galinha (tumores malignos do tecido conectivo) promovem novos sarcomas em galinhas (Fig. 19.31). Embora décadas se passariam antes que o significado desse trabalho fosse apreciado (Rous recebeu o prêmio Nobel em 1966 com 85 anos de idade), muitos outros **vírus tumorais** foram desde então caracterizados. O **vírus do sarcoma de Rous** (**RSV**, de *Rous sarcoma virus*), bem como todos os vírus de RNA tumorais conhecidos, é um retrovírus (um vírus de RNA que replica seu cromossomo ao copiá-lo a DNA, em um processo mediado por uma transcriptase reversa codificada pelo vírus, inserindo o DNA no genoma do hospedeiro e assim transcrevendo esse DNA). O RSV contém um gene, ***v-src*** ("v" de viral e "src" de sarcoma), que codifica uma proteína chamada **v-Src**, que serve de mediadora da transformação da célula hospedeira. O gene *v-src* foi então denominado **oncogene** (do grego: *onkos*, massa ou tumor).

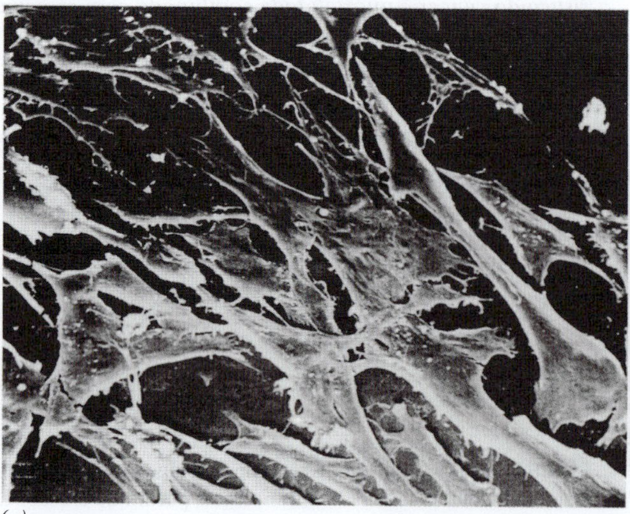
(*a*)

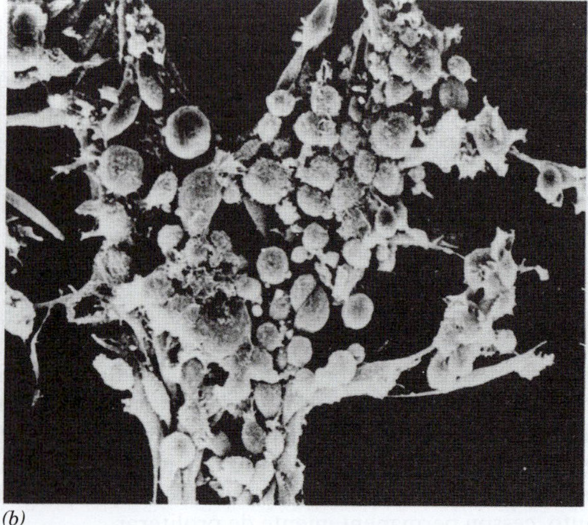
(*b*)

FIGURA 19.31 Transformação de uma cultura de fibroblastos de galinha pelo vírus do sarcoma Rous (RSV). (*a*) Células normais aderem à superfície da placa de cultura, onde adotam uma conformação estendida. (*b*) Quando infectadas com o RSV, essas células tornam-se esféricas e agrupam-se em montes. (Cortesia de G. Steven Martin, University of California at Berkeley, EUA.)

Qual é a origem do *v-src* e qual é sua função viral? Estudos de hibridização (Seção 5.3Cb) realizados por Michael Bishop e Harold Varmus em 1976 levaram à admirável descoberta que *as células de galinha não infectadas contêm um gene,* ***c-src*** (“c” de celular), homólogo ao *v-src*. Além disso, *c-src* é altamente conservado em vários eucariotos, estendendo-se na escala evolucionária desde *Drosophila* até humanos. Essa observação sugere fortemente que *c--src*, cujos anticorpos contra v-Src indicaram ser expresso em células normais, é um gene essencial para a célula. De fato, *tanto v-Src quanto seu análogo celular normal,* ***c-Src****, agem estimulando a proliferação celular* (Seção 19.3Ea). Aparentemente, *v-src* foi originalmente adquirido a partir de uma fonte celular por um ancestral do RSV que não formava tumores. Ao manter a célula hospedeira em um estado proliferativo (normalmente as células não morrem pela infecção com RSV), v-Src supostamente aumenta a taxa de replicação viral.

b. Produtos de oncogenes virais mimetizam os efeitos de fatores de crescimento proteicos e hormônios

As proteínas codificadas por muitos oncogenes virais são análogas de vários fatores de crescimento e componentes do sistema hormonal. Por exemplo:

1. O oncogene ***v-sis*** do **vírus do sarcoma símio** codifica uma proteína secretada pelas células infectadas que é quase idêntica ao PDGF. Portanto, o crescimento descontrolado das células infectadas pelo vírus do sarcoma símio, aparentemente, resulta da presença contínua e inapropriada desse homólogo de PDGF.
2. Aproximadamente metade dos mais de 20 oncogenes retrovirais conhecidos, incluindo o *v-src*, codifica PTK. Por exemplo, o oncogene ***v-erbB*** codifica uma versão truncada do receptor de EGF (Fig. 19.27*b*) que é desprovido do domínio de ligação ao EGF, mas mantém o seu segmento transmembrana e seu domínio proteína-cinase. *Evidentemente, PTKs codificadas por oncogenes fosforilam inapropriadamente as proteínas-alvo, normalmente reconhecidas por RTKs, dessa forma direcionando as células afetadas a um estado de proliferação descontrolado.*
3. O oncogene ***v-ras*** codifica uma proteína, **v-Ras**, que se assemelha funcionalmente à proteína G monomérica **c-Ras** (Seção 19.3Cf), uma vez que está localizada no lado citoplasmático da membrana plasmática de mamíferos, onde, quando ligada a GTP, ativa uma variedade de processos celulares por estimular a fosforilação de numerosas proteínas em resíduos de Ser e Thr específicos. Embora v-Ras hidrólise GTP a GDP, ela o faz muito mais lentamente do que a c-Ras. A restrição à fosforilação de proteínas que a hidrólise de GTP normalmente imporia sobre c-Ras é fortemente reduzida em v-Ras, transformando assim as células.
4. Vários oncogenes virais, incluindo ***v-jun*** e ***v-fos***, codificam proteínas nucleares, cujos análogos correspondentes em células normais são sintetizados em resposta a fatores de crescimento, como por exemplo EGF e PDGF, que induzem mitose (divisão celular). Muitas dessas proteínas, incluindo os produtos dos genes *v-jun* e *v-fos*, ligam-se ao DNA, sugerindo fortemente que elas influenciam sua transcrição e/ou replicação. De fato, a sequência de ***v-jun*** é 80% idêntica à do **proto-oncogene** (análogo celular normal de um oncogene) ***c-jun***, que codifica um fator de transcrição chamado **Jun** (também chamado **AP-1**; Seção 19.3D). Ademais, Jun/AP-1 forma um complexo firme com a proteína codificada pelo proto-oncogene ***c-fos***, o que aumenta muito a capacidade de Jun/AP-1 de estimular a transcrição de genes responsivos a Jun.

Os produtos de oncogenes, portanto, parecem ser componentes funcionalmente modificados ou inapropriadamente expressos de elaboradas redes de controle, que regulam o crescimento celular e a diferenciação. A complexidade dessas redes (como será visto, as células geralmente respondem a uma variedade de fatores de crescimento, hormônios e fatores de transcrição em vias parcialmente sobrepostas) é, provavelmente, a razão pela qual a transformação maligna exige vários eventos carcinogênicos independentes. Note, no entanto, que poucos cânceres humanos são induzidos por vírus; quase todos eles surgem de alterações genéticas envolvendo proto-oncogenes. A natureza dessas alterações será discutida na Seção 34.3C.

C. *Transmissão do sinal: Módulos ligadores, adaptadores, GEF e GAP*

Muitos RTKs autofosforilados podem fosforilar diretamente suas proteínas-alvo. Surpreendentemente, no entanto, nem todos os RTKs o fazem. Então, como eles ativam suas proteínas-alvo? A resposta é por meio de um conjunto altamente diverso e complicado de vias de sinalização interconectadas, envolvendo cascatas de proteínas.

a. Sistemas dois-híbridos identificam proteínas que interagem *in vivo*

Antes de considerar as proteínas que participam na transdução de sinal mediada por RTK, será discutido um dos mais frequentes métodos utilizados para detectar suas associações *in vivo*, o sistema **dois-híbridos**. Essa técnica experimental engenhosa, formulada por Stanley Fields, é fundamentada na natureza bipartida peculiar de muitos fatores de transcrição (proteínas que se ligam aos promotores e em outras regiões de controle a montante dos genes de eucariotos e, ao fazê-lo, influenciam a taxa em que a RNA-polimerase inicia a transcrição desses genes; Seção 5.4Ab). Esses fatores de transcrição, como será discutido mais adiante na Seção 34.3Bi, contêm um domínio de ligação ao DNA (DLD), que direciona o fator de transcrição para uma sequência específica de DNA, e um domínio de ativação (DA), que recruta a RNA-polimerase a iniciar a transcrição em um sítio de iniciação da transcrição próximo. Esses dois domínios funcionam independentemente, de forma que uma proteína híbrida, construída geneticamente, com o DLD de um fator de transcrição e o DA de outro, ativará a transcrição do gene para o qual o DLD é direcionado. Além disso, faz pouca diferença se o DLD está no lado N-terminal ou C-terminal de DA, independentemente de como eles estão organizados em suas proteínas de origem. Evidentemente, desde que um DLD e um DA sejam mantidos próximos, eles funcionam como um fator de transcrição do(s) gene(s) para o(s) qual(ais) o DLD é direcionado.

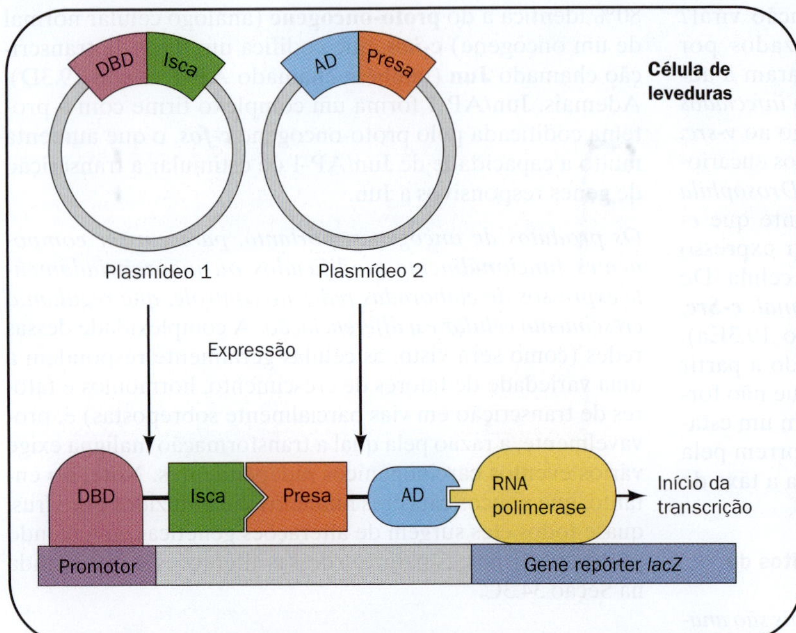

FIGURA 19.32 O sistema dois-híbridos. Dois plasmídeos são expressos em leveduras: um codifica uma proteína híbrida constituída de um domínio de ligação ao DNA (DLD) de um fator de transcrição fusionado à uma proteína "isca", enquanto o outro codifica o domínio de ativação (DA) de um fator de transcrição fusionado à uma proteína "presa". O DLD liga-se especificamente ao promotor de um gene repórter, neste caso, *lacZ*. Se a proteína "presa" se associar à proteína "isca", o DA recruta a RNA-polimerase para iniciar a transcrição do gene repórter. A β-galactosidase codificada pelo gene *lacZ* é prontamente detectada pelo uso de X-gal, que torna-se azul quando hidrolisado pela β-galactosidase. As colônias de leveduras expressando as proteínas "isca" e "presa" que não interagem, permanecem incolores, como são as colônias que não expressam os dois plamídeos.

O sistema dois-híbridos emprega dois plasmídeos diferentes em leveduras (Fig. 19.32): um codifica uma proteína híbrida, constituída em um DLD fusionado à proteína chamada *isca* ou *sonda*; o outro codifica uma proteína híbrida, consistindo em um DA fusionado à proteína chamada *presa* ou *alvo*. O DLD é direcionado a um gene repórter que foi construído no cromossomo da levedura, como por exemplo o gene *lacZ* de *E. coli*, que codifica a enzima β-galactosidase. Sobre placas de cultura contendo X-gal (um composto incolor que se torna azul ao ser hidrolisado pela β-galactosidase; Seção 5.5Ca), as colônias de leveduras expressando β-galactosidase tornam-se azuis, indicando que as proteínas *isca* e *presa* codificadas associam-se uma à outra. Usando essa técnica, células podem ser submetidas à triagem para identificar proteínas *presas* que interagem especificamente com uma proteína *isca* particular, por meio da inserção apropriada em um plasmídeo contendo DA de vários DNAs complementares (cDNA) (Seção 5.5F) derivados da célula. A proteína *presa* selecionada dessa forma pode ser identificada pelo sequenciamento de seu cDNA.

b. Domínios SH2 são mediadores da transdução de sinal

Agora, retorna-se à discussão sobre a sinalização mediada por RTK. Muitas (> 100) das diversas proteínas citoplasmáticas que se ligam a receptores autofosforilados, por exemplo, a PTK citoplasmática **c-Src** (daqui por diante referida apenas como Src), certas proteínas ativadoras de GTPase (GAP) e **fosfolipase C-γ** (Seção 19.4Bc), contêm um ou dois módulos conservados, de ~100 resíduos, conhecidos como **domínio 2 de homologia à Src (SH2**, de *Src homology domain 2*; assim chamado porque eles foram primeiramente observados em tirosina-cinases relacionadas à Src; **SH1** refere-se aos seus domínios catalíticos). *Os domínios SH2 ligam-se especificamente aos resíduos de fosfoTyr em seus peptídeos-alvo, com alta afinidade;* e ligam-se muito fracamente, se é que ligam, a seus peptídeos-alvo não fosforilados. A maioria dos resíduos de fosfoTyr aos quais SH2 se liga estão localizados na região justamembrana (logo após a hélice transmembrana), nas inserções nos domínios cinase e nas regiões C-terminais dos RTKs; aqueles na alça de ativação funcionam, principalmente, para estimular a atividade de PTK. De fato, a autofosforilação de RTK ocorre em duas fases: primeiro, as alças de ativação do RTK são fosforiladas e, em seguida, a PTK ativada resultante fosforila os outros sítios na subunidade oposta do RTK.

As estruturas por raios X e ressonância magnética nuclear (RM) dos domínios SH2 de várias proteínas, sozinhos e complexados com polipeptídeos contendo fosfo-Tyr (pY), têm sido determinadas. SH2 é um domínio em forma semiesférica, que contém uma folha β antiparalela de 5 fitas central, encaixada entre duas hélices α quase paralelas. Os resíduos N- e C-terminais de SH2 estão muito próximos na superfície oposta ao sítio de ligação ao peptídeo, o que sugere que esse domínio pode estar inserido entre dois resíduos de superfície quaisquer de uma proteína, sem perturbar muito seu dobramento ou função. De fato, as sequências de várias proteínas contendo SH2 não revelaram preferência pela localização desse domínio na proteína.

John Kuriyan determinou a estrutura por raios X do domínio SH2 da Src complexado a um polipeptídeo de 11 resíduos contendo a sequência pYEEI, um segmento tetrapeptídico que se liga ao domínio SH2 com alta afinidade. O peptídeo de 11 resíduos liga-se ao domínio SH2 em uma conformação estendida, em que o contato é feito sobretudo pelo tetrapeptídeo pYEEI (Fig. 19.33*a*). A cadeia lateral da fosfotirosina insere-se em uma pequena fenda formada, em parte, por três resíduos carregados positivamente altamente conservados, incluindo a cadeia lateral de uma Arg invariante que contacta o grupo fosfato. A cadeia lateral da Ile também está inserida em um bolso hidrofóbico próximo e o segmento tetrapeptídico inteiro interage muito firmemente com SH2, apesar das cadeias laterais dos dois resíduos de Glu centrais do peptídeo não se projetarem em direção ao SH2. Assim,

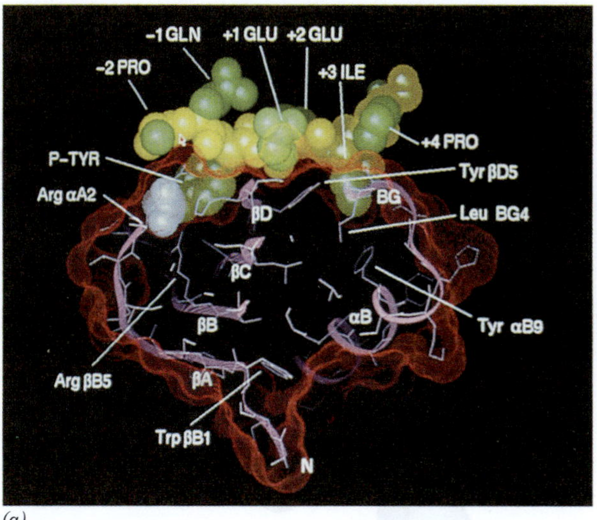

(*a*)

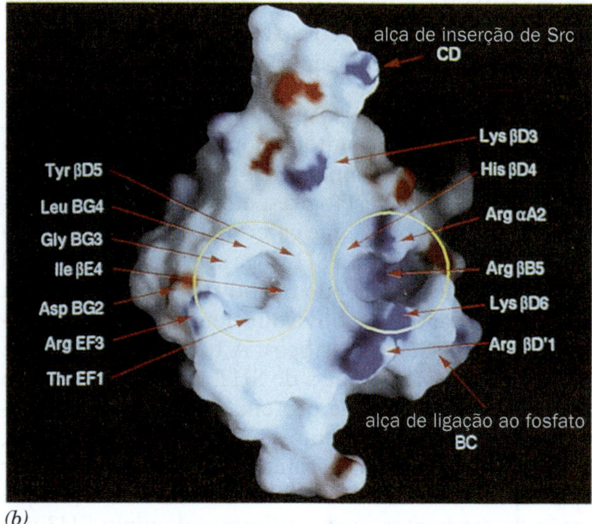

(*b*)

FIGURA 19.33 Estrutura por raios X do domínio SH2, de 104 resíduos, da Src complexado com um polipeptídeo de 11 resíduos (EPQpYEEIPIYL) que contém o tetrapeptídeo-alvo pYEEI da proteína. (*a*) Vista em corte do complexo, em que a superfície acessível ao solvente está representada pelo pontilhado vermelho, a proteína (*cor-de-rosa*) está mostrada na forma de fita com as cadeias laterais na forma de bastão (*azul claro*), e o segmento N-terminal de 8 resíduos do polipeptídeo ligado está mostrado na forma de volume atômico, com seu esqueleto em amarelo, cadeias laterais em verde e o grupo fosfato em branco (a cadeia lateral da Pro N-terminal [*esquerda*] está parcialmente oculta nesta representação, e os três resíduos C-terminais estão desordenados). (*b*) A superfície molecular apenas da proteína, conforme visualizada em relação ao sítio de ligação ao peptídeo, colorida de acordo com seu potencial eletrostático local, com as regiões mais positivas em azul escuro e as regiões mais negativas em vermelho escuro. Os bolsões de ligação à fosfoTyr (*direita*) e às cadeias laterais de Ile (*esquerda*) estão circulados em amarelo e os resíduos importantes estão identificados por setas vermelhas. (Cortesia de John Kuriyan, The Rockefeller University, EUA.)

o peptídeo assemelha-se a uma flecha de tomada, que é inserida em um encaixe de dois furos em SH2 (Fig. 19.33*b*). A comparação dessa estrutura com aquela do domínio SH2 da Src não complexada indica que, quando o peptídeo está ligado, SH2 sofre apenas pequenas mudanças conformacionais, que estão localizadas em seu sítio de ligação ao peptídeo. Essas estruturas fornecem uma explicação simples para a razão pela qual SH2 não se liga aos peptídeos contendo fosfoSer e fosfoThr, muito mais abundantes: as cadeias laterais desses resíduos são muito curtas para que seus grupos fosfato entrem em contato com a cadeia lateral da Arg invariante na parte inferior do bolso de ligação à fosfoTyr.

c. Domínios PTB também ligam peptídeos contendo FosfoTyr

Um segundo tipo de motivo que liga especificamente peptídeos-alvo que contêm fosfoTyr é conhecido como o **domínio de ligação à fosfotirosina** (**PTB**, de *phospho-Tyr binding*). Os domínios PTB ligam especificamente a sequência consenso NPXpY (onde X é qualquer resíduo), reconhecendo portanto a sequência no lado N-terminal de pY, em vez daquela no lado C-terminal, como fazem os domínios SH2.

A estrutura por RM do domínio PTB de 195 resíduos da **Shc**, uma proteína adaptadora (ver a seguir), complexado a um peptídeo-alvo de 12 resíduos contendo a sequência NPQpY localizada centralmente foi determinada por Stephen Fesik. A estrutura consiste em um sanduíche β feito de duas folhas β antiparalelas quase perpendiculares flanqueadas por três α-hélices (Fig. 19.34). O segmento N-terminal do fosfopeptídeo-alvo adota uma conformação estendida que, na verdade, forma uma fita β antiparalela adicional a partir de uma das folhas β. O segmento NPQpY

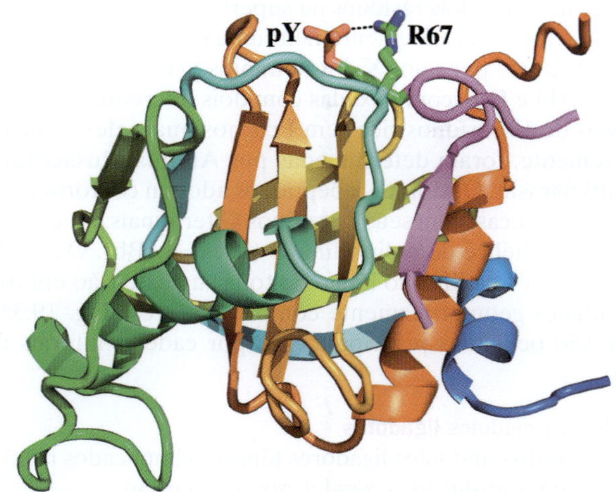

FIGURA 19.34 Estrutura por RM do domínio PTB de Shc complexado com um polipeptídeo de 12 resíduos (HIIENPQpYFSDA) do sítio de ligação à Shc do receptor do fator de crescimento de nervos (NGF, de *nerve growth factor*). O domínio PTB está colorido na ordem do arco-íris da extremidade N-terminal (*azul*) a extremidade C-terminal (*vermelha*) e o peptídeo-alvo em magenta. A cadeia lateral de fosfoTyr (pY) do peptídeo-alvo e a cadeia lateral da Arg 67, que formam uma ponte salina (*linha tracejada*) estão representados na forma de bastão, com os átomos de C em verde, N em azul, O em vermelho e P em amarelo. Note que a cadeia lateral da pY estende-se a partir de uma volta β do ligante peptídico. (Com base na estrutura de RM elucidada por Stephen Fesik, Abbott Laboratories, Abbott Park, Illinois, EUA. PDBid 1SHC.)

forma uma volta β em que o grupo fosfato contata a cadeia lateral de uma Arg, que, de acordo com estudos mutacionais, é essencial para a ligação do peptídeo-alvo.

d. Domínios SH3 ligam peptídeos ricos em prolina

Muitos dos RTKs que contêm domínios SH2 também possuem um ou mais **domínios SH3**, de 50 a 75 resíduos. Ademais, domínios SH3 estão presentes em diversas proteínas associadas à membrana que carecem de SH2. O domínio SH3, que não é relacionado a SH2, liga sequências de 9 ou 10 resíduos ricas em Pro, contendo o motivo Pro-X-X-Pro, com os resíduos ao redor deste motivo direcionando estas sequências para domínios SH3 específicos. A função fisiológica de SH3 é menos evidente do que a de SH2, porque SH3 ocorre em uma maior variedade de proteínas, incluindo tirosina-cinases receptoras e não receptoras, proteínas adaptadoras, como a **Grb2** (ver a seguir), e proteínas estruturais, como por exemplo espectrina e miosina. Entretanto, a observação que a deleção de segmentos que codificam o domínio SH3 dos proto-oncogenes *Src* e ***Abl*** (ambos codificam PTK) os convertem em oncogenes sugere que SH3, assim como SH2 e PTB, age mediando as interações entre cinases e proteínas regulatórias. Por esse motivo, SH2, PTB e SH3 têm sido chamados "velcros moleculares".

As estruturas por raios X e RM de domínios SH3 de várias proteínas indicam que o núcleo de SH3 é constituído de 2 folhas β antiparalelas de 3 fitas, comprimidas uma contra a outra com suas fitas quase perpendiculares. Assim como em SH2, a proximidade entre as regiões N- e C-terminais de SH3 sugere que esse domínio poderia estar inserido modularmente entre dois resíduos na superfície de outra proteína sem perturbar grandemente nenhuma das duas estruturas. As estruturas por raios X dos domínios SH3 das tirosina-cinases Abl e **Fyn**, complexadas com dois diferentes polipeptídeos de 10 resíduos ricos em Pro, aos quais eles se ligam fortemente, foram determinadas por Andrea Musacchio e Matti Saraste. Os dois decapeptídeos adotam conformações quase idênticas, com seus 7 resíduos C-terminais em conformação de hélice de poliprolina II (Seção 8.1Bb). Os peptídeos ligam-se a SH3 ao longo de toda sua extensão em três cavidades geometricamente complementares (Fig. 19.35), que são ocupadas principalmente por cadeias laterais de Pro.

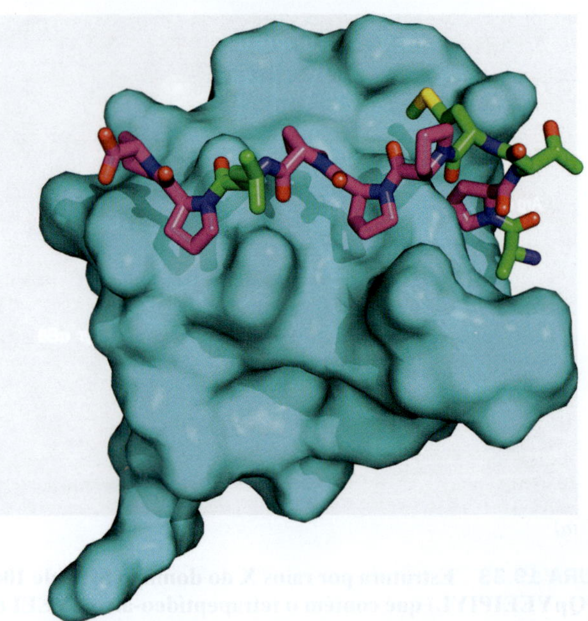

FIGURA 19.35 Estrutura por raios X do domínio SH3 da proteína Abl complexada com seu polipeptídeo-alvo de 10 resíduos (APTMPPPLPP), rico em Pro. A proteína está representada por diagrama de superfície (*ciano*) e o peptídeo está representado na forma de bastão, com o átomo de C da Pro em magenta e os outros átomos de C em verde, N em azul, O em vermelho e S em amarelo. (Com base na estrutura por raio X elucidada por Andrea Musacchio, European Molecular Biology Laboratory, Heidelberg, Alemanha, PDBid 1ABO.)

e. Outros módulos ligadores

Vários outros módulos ligadores têm sido implicados na mediação da transdução de sinal. Entre esses estão:

1. O **domínio WW** (assim chamado devido aos seus dois resíduos de Trp altamente conservados), um módulo de ~40 resíduos que liga sequências ricas em Pro em suas proteínas-alvo.

2. O **domínio de homologia a pleckstrina** (**PH**; assim chamado porque foi primeiro reconhecido na **pleckstrina** [de *platelet and leucocyte C kinase substrate protein*, proteína-substrato da proteína-cinase C de plaquetas e leucócitos]), um módulo de ~120 resíduos que está presente em > 100 proteínas. Estruturalmente, assemelha-se ao domínio PTB (Fig. 19.34), mas se liga ao grupo inositol dos fosfoinositídeos (Seção 19.4). Consequentemente, direciona as proteínas ligadas a ele para a superfície interna da membrana plasmática. Além de seu papel na sinalização intracelular, o domínio PH participa na organização do citoesqueleto, regulação do transporte de membranas intracelulares e modificação de lipídeos de membrana. Sua estrutura é discutida na Seção 19.4Bb.

3. O **domínio PDZ** (assim chamado devido às três proteínas em que foi primeiro descrito: *P*SD-95, *D*lg e *Z*O-1), um módulo de ~100 resíduos que liga principalmente o tripeptídeo C-terminal Ser/Thr-X-Val de suas proteínas-alvo.

Muitas das proteínas que participam na transdução de sinal são constituídas de várias unidades modulares que também ocorrem em algumas, se não muitas, outras proteínas sinalizadoras. Esses módulos podem ter atividade enzimática (p. ex., atividade PTK) ou se ligar a motivos moleculares específicos, tal como um resíduo fosfoTyr em uma sequência específica (p. ex., domínios SH2) ou a outro módulo proteico (p. ex., domínios SH3). Aparentemente, *proteínas sinalizadoras surgiram pelo embaralhamento evolucionário desses módulos, gerando diferentes combinações de interações e atividades.* De fato, será visto que o comportamento complexo dessas proteínas sinalizadoras é uma consequência das interações entre seus vários módulos.

f. Ras é ativada por RTKs fosforilados por um complexo Grb2-Sos

c-Ras *(ou apenas* Ras*), produto de um proto-oncogene, é uma proteína G monomérica ancorada à membrana (por* *prenilação), posicionada no centro de um sistema de sinalização intracelular: ela regula funções celulares essenciais, como crescimento e diferenciação, pela fosforilação, e consequente ativação, de uma variedade de proteínas.* A Ras é o membro protótipo da superfamília de proteínas G pequenas, cujos 154 membros formam cinco famílias principais, (1) Ras; (2) Arf e (3) Rab, ambas agem no tráfego de vesículas (Seções 12-4Cd e 12-4Db); (4) **Rho**, que está envolvida principalmente na regulação do citoesqueleto (Seção 35.3Ed); e (5) **Ran**, que regula a importação e exportação nuclear. Na via de sinalização descrita na Seção 19.3D, a interação do ligante ao RTK ativa um fator trocador de nucleotídeos de guanina (GEF; Seção 19.2Ca), que causa a troca do GDP ligado à Ras por um GTP. Apenas Ras · GTP é capaz de transmitir o sinal. No entanto, como faz a homóloga e estruturalmente similar subunidade α das proteínas G heterotriméricas, a Ras hidrolisa seu GTP a GDP, dessa forma interrompendo a transmissão do sinal e limitando a magnitude do sinal gerado pela interação do ligante ao receptor. De fato, a estrutura da Ras é muito parecida com aquelas dos domínios GTPase das subunidades G_α das proteínas G heterotriméricas, incluindo as regiões dos Comutadores I e II (Fig. 19.18). Células de mamíferos expressam quatro homólogos de Ras: H-Ras, N-Ras, K-Ras 4A e K-Ras 4B.

Estudos de genética molecular das vias de sinalização em uma variedade de organismos geneticamente distantes (especialmente humanos, ratos, *Xenopus*, *Drosophila* e o verme nematódio *Caenorhabditis elegans*) revelaram uma via surpreendentemente conservada para a qual os *RTKs convergem o sinal da interação com um ligante para Ras, que, por sua vez, retransmite o sinal pela cascata da MAP-cinase para o aparato transcricional no núcleo* (*Seção 19.3D*). No entanto, a forma em que as mensagens são transmitidas entre os RTKs e Ras permaneceu incógnita por vários anos, até que investigações em inúmeros laboratórios revelaram seus principais detalhes. Em particular, esses estudos demonstraram que *duas proteínas previamente caracterizadas*, ***Grb2*** e ***Sos***, formam um complexo que serve de ponte entre RTKs ativados e Ras de uma forma que induz a Ras a trocar o GDP ligado a ela por GTP, ativando-a (ou seja, eles agem como uma GEF).

A proteína Grb2 de mamíferos, um homólogo de 217 resíduos da **drk** em *Drosophila* e da **Sem-5** em *C. elegans*, consiste quase inteiramente em um domínio SH2 flanqueado por dois domínios SH3. A proteína Sos (o produto de 1.596 resíduos do gene *Son of Sevenless*, assim chamado porque Sos interage com o produto do gene *Sevenless*, ou "sem-sete", um RTK que regula o desenvolvimento do fotorreceptor celular R7 de olhos de *Drosophila*), necessária para a sinalização mediada por Ras, contém um domínio central homólogo a Ras-GEFs conhecidas e ao segmento C-terminal destas rico em Pro, similar a motivos de ligação a SH3 conhecidos. Além disso, tem sido mostrado que homólogos de Sos em mamíferos (**mSos**) estimulam especificamente a troca de nucleotídeos de guanina em proteínas Ras de mamíferos. Técnicas de *Werstern blotting* (Seção 6.4Bc) utilizando anticorpos anti-Grb2 e anti-mSos indicaram que Grb2 liga o segmento C-terminal de mSos, mas não liga quando um dos resíduos de Pro no motivo de ligação a SH3 da mSos foi substituído por Leu ou na presença de polipeptídeos sintéticos que contenham essa sequência rica em Pro. Estudos similares indicaram que, na presença de EGF, o receptor de EGF (um RTK; Figs. 19-25 e 19-27*b*) liga especificamente o complexo Grb2-mSos. No entanto, essa interação é bloqueada pela presença de um fosfopeptídeo contendo a sequência do segmento peptídico de um dos resíduos de fosfoTyr do receptor de EGF ativado. Evidentemente, o domínio SH2 de Grb2 liga um segmento peptídico contendo fosfoTyr em um RTK ativado, enquanto seus dois domínios SH3 ligam as sequências ricas em Pro de Sos. Dessa forma, a função GEF de Sos é estimulada a ativar Ras.

g. Grb2, Shc e IRS são adaptadores que recrutam Sos para a vizinhança de Ras

A estrutura por raios X de Grb2, determinada por Arnaud Ducruix, revela que nenhum dos seus domínios SH3 entram em contato com seus domínios SH2 (Fig. 19.36). Ademais, apesar dos dois domínios SH3 estarem em contato, a área de sua interface é relativamente pequena, consequentemente é mais provável que seja um artefato da cristalização do que uma característica estrutural de Grb2 em solução. Por essa razão, parece que os domínios SH3 da Grb2 são ligados de maneira flexível ao seu domínio SH2. Como a ligação do **adaptador** flexível (um acoplador que carece de atividade enzimática) a um RTK fosforilado estimula Sos a agir como uma GEF de Ras? A ligação entre Grb2 e Sos é tão forte que elas estão permanentemente

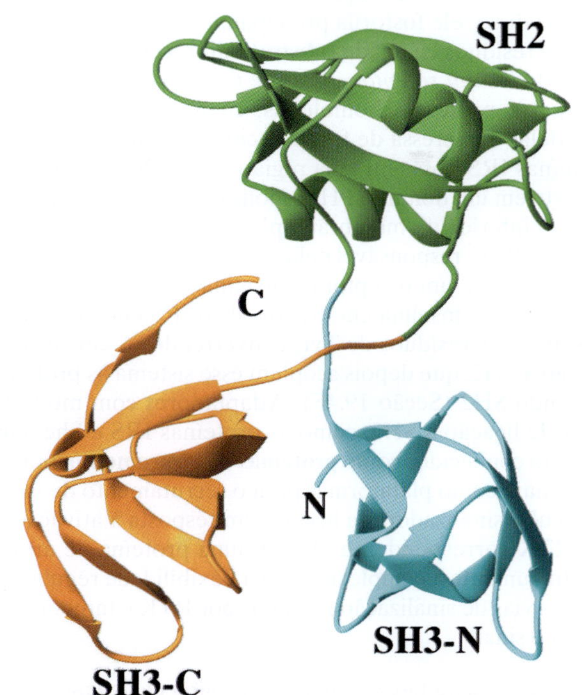

FIGURA 19.36 Estrutura por raios X de Grb2. Seu domínio SH2 (*verde*) está ligado aos seus domínios SH3 flanqueadores (*ciano e cor de laranja*) por 4 resíduos acopladores aparentemente não estruturados e, portanto, flexíveis. (Com base na estrutura por raio X elucidada por Arnaud Ducruix, Université de Paris-Sud, Gif sur Yvette Cedex, França. PDBid 1GRI.)

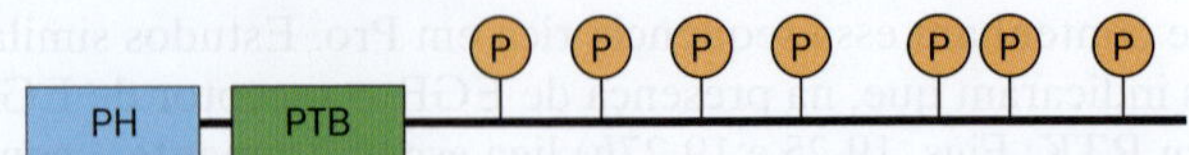

FIGURA 19.37 Estrutura de um substrato do receptor de insulina (IRS). Uma IRS contém um domínio PH e um domínio PTB em sua extremidade N-terminal, seguidos por múltiplos sítios de ligação contendo fosfoTyr para os domínios SH2 de proteínas sinalizadoras a jusante.

associadas na célula. Então, quando Grb2 liga seu RTK-alvo fosforilado, ela recruta Sos para a superfície interna da membrana plasmática, onde o aumento da concentração local de Sos faz ela se ligar mais prontamente à proteína Ras ancorada à membrana.

As proteínas Shc também são adaptadores que fazem a conexão de RTK ativados à Ras. Proteínas Shc são constituídas de um domínio PTB N-terminal (Fig. 19.34), uma região efetora central (CH1) e um domínio SH2 C-terminal que liga certos RTKs ativados. Além disso, as proteínas Shc também são importantes alvos de vários RTKs, que as fosforilam em seus domínios CH1 em sequências que, então, formam sítios de ligação ao domínio SH2 de Grb2. Assim, RTKs ativados podem ligar Grb2 indiretamente, por Shc, e também diretamente. Além disso, em alguns casos, um complexo Shc-Grb2-Sos que não está ligado a um RTK pode ativar Ras.

O receptor de insulina ativado (autofosforilado) não interage diretamente com proteínas contendo domínios SH2. Em vez disso, ele fosforila principalmente uma proteína de ~1.300 resíduos chamada **substrato do receptor de insulina** (**IRS**, de *insulin receptor substrate* na verdade, uma família de quatro proteínas homólogas, chamadas IRS1-4, cada uma delas é expressa de forma tecido-específica). Todas as proteínas IRS possuem uma região "alvo" N-terminal, que consiste em um domínio PH responsável pela localização do IRS no interior da membrana plasmática, seguido por um domínio PTB, responsável pela ligação do IRS a um resíduo de fosfoTyr de um receptor de insulina ativado (Fig. 19.37). O receptor de insulina então fosforila o IRS em um ou mais de seus 6 a 8 resíduos de Tyr, convertendo-os em sítios de ligação a SH2, que depois acoplam esse sistema às proteínas contendo SH2 (Seção 19.4F). Adaptadores com múltiplos sítios de ligação a SH2, como as proteínas IRS e Shc, também são conhecidos como **proteínas de atracamento**, porque funcionam como plataformas para o recrutamento de várias moléculas sinalizadoras a jusante em resposta à ativação de seu RTK correspondente. Assim, uma proteína de atracamento aumenta a complexidade e a flexibilidade regulatória de suas vias de sinalização iniciadas por RTK e também amplifica o sinal.

h. Sos serve para forçar a abertura do sítio de ligação a nucleotídeos de Ras

A estrutura por raios X de Ras, determinada por Kuriyan, complexada com um segmento da Sos de 506 resíduos que contém GEF revela como a Sos induz Ras a trocar seu GDP, normalmente ligado firmemente, por GTP. Esse segmento da Sos consiste em dois domínios hélices α, dos quais apenas o C-terminal, chamado domínio catalítico, entra em contato com a Ras. A Ras é comprimida contra o centro do domínio catalítico, que possui forma côncava e alongada (Fig. 19.38). Essas porções de Ras que interagem com o domínio catalítico incluem as regiões dos Comutadores I e II e a alça que liga os fosfatos α e β de GDP e GTP, a chamada **alça-P** (apesar do GMP ligar-se à Ras com 10^6 menos afinidade do que GDP, de modo que o fosfato β do GDP é grandemente responsável por sua forte ligação à Ras). Essa interação desloca o Comutador I em relação à sua posição na estrutura por raios X de Ras complexada com o análogo de GTP não hidrolisável **GMPPNP**:

Guanosina-5-(β, γ-imido)trifosfato (GDPNP)

O sítio de ligação a nucleotídeos da Ras abre-se parcialmente e a cadeia lateral de uma Leu e a de um Glu da Sos são, respectivamente, introduzidas no sítio de ligação a Mg^{2+} da Ras e no sítio que liga o grupo fosfato α de GDP/GTP. No entanto, essa interação não obstrui significativamente os sítios de ligação à guanina e à ribose da Ras. Isso explica como a interação Sos-Ras pode ser forte o suficiente para deslocar o GDP fortemente ligado à Ras, mas ainda fraca o suficiente para que o GTP (ou GDP, 10 vezes menos abundante) possa posteriormente deslocar Sos de Ras.

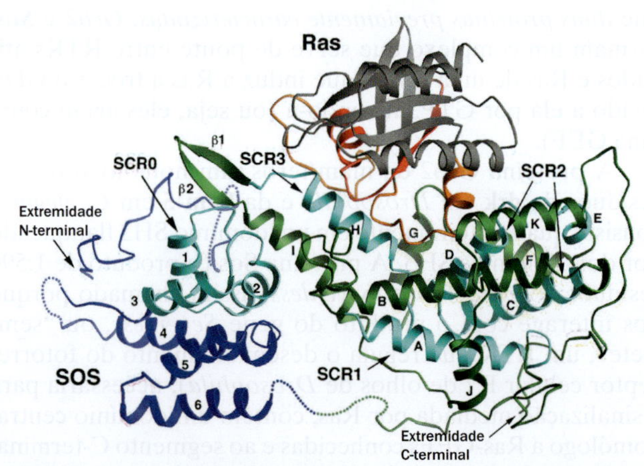

FIGURA 19.38 Estrutura por raios X do complexo entre Ras e a região de Sos contendo GEF. O domínio N-terminal de Sos está em azul, seu domínio catalítico está em verde, e Ras está em cinza, com as regiões dos Comutadores I e II em cor de laranja e sua alça P em vermelho. As regiões conservadas (SCRs) dentre as GEFs da família Ras estão em ciano. (Cortesia de John Kuriyan, The Rockefeller University, EUA.)

As diferentes famílias de pequenas proteínas G interagem com diferentes classes de GEF, cujos domínios catalíticos não compartilham similaridade de sequência e não são estruturalmente relacionados (p. ex., a rodopsina [Fig. 19.16] é uma GEF para $G_{t\alpha}$). Entretanto, muitas dessas GEFs compartilham o mesmo mecanismo geral na promoção da troca GDP-GTP, o que sugere que esse mecanismo tenha surgido em várias ocasiões e sofreu evolução convergente.

i. GAP_s desligam o sinal mediado por Ras

A Ras hidrolisa o GTP ligado a ela a uma taxa constante de 0,02 min^{-1} (*versus* 2-3 min^{-1} para a subunidade G_α), muito lentamente para transdução de sinal efetiva. Isso levou à descoberta de uma proteína ativadora de GTPase, de 120 kDa, a **RasGAP**, que, quando ligada à Ras · GTP, acelera a taxa de hidrólise do GTP por um fator de 10^5. A importância fisiológica de Ras-GAP como um regulador da transdução de sinal mediada por Ras é demonstrada pela observação que as atividades biológicas relativas de mutantes de Ras estão melhor correlacionadas com suas resistências à regulação por RasGAP do que com suas atividades GTPases intrínsecas.

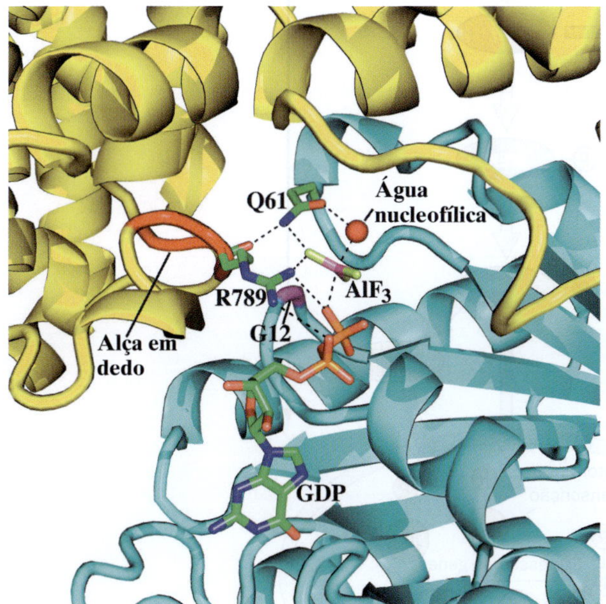

FIGURA 19.39 Estrutura por raios X do complexo GAP334 · Ras·GDP·AIF$_3$. As regiões do sítio ativo das proteínas estão representadas em forma de fitas, com Ras em ciano, sua Gly12 em roxo, GAP334 em amarelo e sua alça em dedo em vermelho. Os GDP, AIF3 e as cadeias laterais da Asn 61 de Ras e da Arg 789 da GAP334 estão representadas na forma de bastões, com o átomo de C em verde, N em azul, O em vermelho, F em amarelo-verde, P em cor de laranja e Al em cor-de-rosa; a molécula de água nucleofílica está representada por uma esfera vermelha; pontes de hidrogênio estão representadas com linhas tracejadas. (Com base na estrutura por raios X elucidada por Alfred Wittinghofer, Max-Planck-Institut für Molekulare Physiologie, Dortmund, Alemanha. PDBid 1WQ1.)

O mecanismo pelo qual RasGAP estimula a atividade GTPase de Ras foi revelado pela estrutura por raios X, determinada por Alfred Wittinghofer, dos 334 resíduos do domínio de ativação GTPase da RasGAP (GAP 334) ligado à Ras complexada com GDP e AlF_3 (Fig. 19.39). O GAP 334, que consiste em dois domínios helicoidais, interage com a Ras ao longo de uma superfície extensa que inclui as regiões de seus Comutadores I e II. O AlF_3, que possui simetria trigonal planar, liga-se à Ras na posição supostamente ocupada pelo grupo fosfato γ de GTP, com o átomo de Al em oposição a uma molécula de água que presumivelmente seria o nucleófilo na reação GTPase. Uma vez que as ligações Al—F e P—O possuem comprimentos semelhantes e as reações de transferência de grupo fosforil ocorrem por um estado de transição bipiramidal (Fig. 16.6*b*), o arranjo GDP–AlF_3–H_2O presumivelmente se assemelha ao estado de transição da reação GTPase, com o AlF_3 mimetizando o grupo PO_3 planar. Note que Ras · GDP por si só não liga AlF_3.

O GAP 334 liga-se à Ras com sua alça em forma de dedo exposta inserida no sítio ativo da Ras, de forma que a cadeia lateral da Arg 789 da alça em dedo interage com o fosfato b do GDP ligado à Ras e com o AlF_3 (Fig. 19.39). Na Ras·GTP, essa cadeia lateral da Arg estaria em uma posição excelente para estabilizar a carga negativa em desenvolvimento no estado de transição da reação de GTPase. De fato, as subunidades G_α, cataliticamente mais efetivas, contêm um resíduo de Arg (Arg 178 em $G_{i\alpha}$) cujo grupo guanidina ocupa uma posição quase idêntica (na $G_{s\alpha}$, esta é a cadeia lateral da Arg ADP-ribosilada pela toxina da cólera; Seção 19.2Cd). O átomo de O da carbonila da Arg 789 faz uma ligação de hidrogênio com o N da cadeia lateral da cataliticamente importante Gln 61 da Ras. O átomo de O dessa cadeia lateral é, dessa forma, posicionado para fazer uma ligação de hidrogênio com a molécula de água nucleofílica, enquanto seu grupo NH_2 interage com um átomo de F do AlF_3 (Fig. 19.*37*), um arranjo que, supostamente, estabiliza o estado de transição da reação da GTPase.

j. Mutantes oncogênicos de Ras são insensíveis à GAP

Mutações na Gly 12 e Gln 61 da Ras são suas mutações oncogênicas mais comuns (uma forma oncogênica encontrada em ~30% dos cânceres humanos). Essas mutações evitam que a Ras seja ativada pela RasGAP e hidrolise seu GTP, trancando Ras em sua conformação ativa. A estrutura por raios X revela por que esses mutantes são insensíveis a GAP. A Gly 12 está tão próxima da alça em dedo que mesmo a troca pelo resíduo menor possível (por Ala) interferiria estericamente com a geometria do estado de transição devido ao impedimento estérico com a cadeia principal da Arg 789 (de RasGAP) e com o NH_2 da cadeia lateral da Gln 61. A observação que os mutantes em Gly 12 de Ras ligam GTP com afinidade semelhante à do tipo selvagem sugere que cadeias laterais maiores podem ser toleradas no resíduo 12 de Ras no complexo de Michaelis Ras–RasGAP, mas não no estado de transição. A aparente participação da Gln 61 na estabilização do estado de transição confirma que esse resíduo possui um papel essencial na catálise.

D. Cascatas de sinalização da MAP-Cinase

A via de sinalização a jusante de Ras consiste em uma série linear de Ser/Thr-cinases que formam a chamada ***cascata da MAP-cinase*** *(Fig. 19.40). Muitas das proteínas que participam de cascatas da MAP-cinase são produtos de proto-oncogenes:*

1. Raf, uma proteína Ser/Thr-cinase, é ativada por interação direta com Ras-GTP (embora outras vias de sinalização

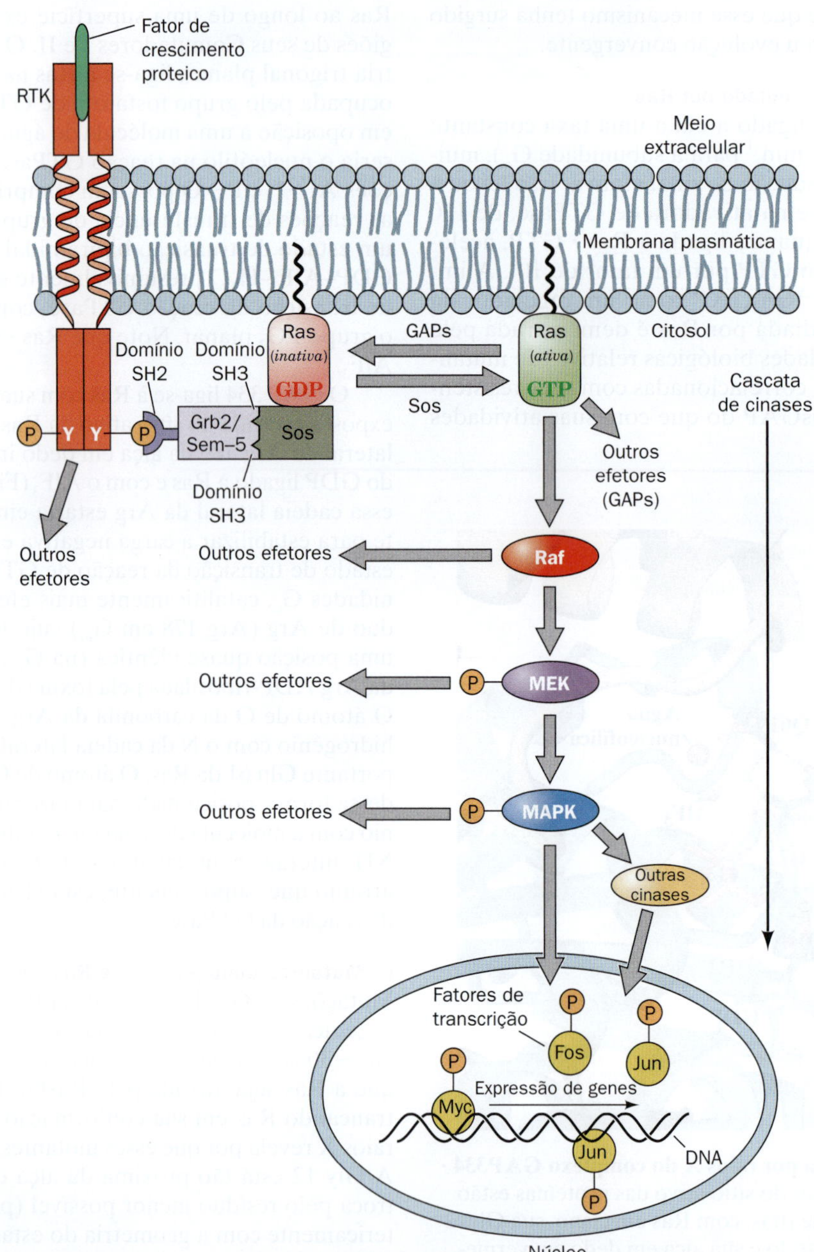

FIGURA 19.40 A cascata da MAP-cinase ativada por Ras. Essa cascata de sinalização tem início quando um RTK liga o fator de crescimento correspondente, induzindo a autofosforilação do domínio citosólico deste RTK. Grb2/Sem-5 liga-se ao segmento peptídeo resultante contendo fosfoTyr através de seu domínio SH2 e, simultaneamente, liga-se a segmentos ricos em Pro de Sos, através de seus dois domínios SH3. Isso ativa a função de fator liberador de nucleotídeo de guanina (GEF) da Sos, que promove a troca de GDP por GTP, o que ativa a Ras a ligar Raf. Então, a Raf, uma Ser/Thr-cinase, fosforila MEK, que por sua vez fosforila a MAPK, que então migra para o núcleo, onde ela fosforila fatores de transcrição, como Fos, Jun, e Myc, dessa forma modulando a expressão gênica. A cascata da MAP-cinase, finalmente, retorna ao seu estado latente por meio da ação de proteínas-fosfatases (Seção 19-F) após uma proteína ativadora de GTPase (GAP) desativar Ras por induzi-la a hidrolisar seu GTP a GDP. (Segundo Egan, S.E. and Weinberg, R.A. *Nature* **365**, 782 [1993].) **Ver Figuras animadas**

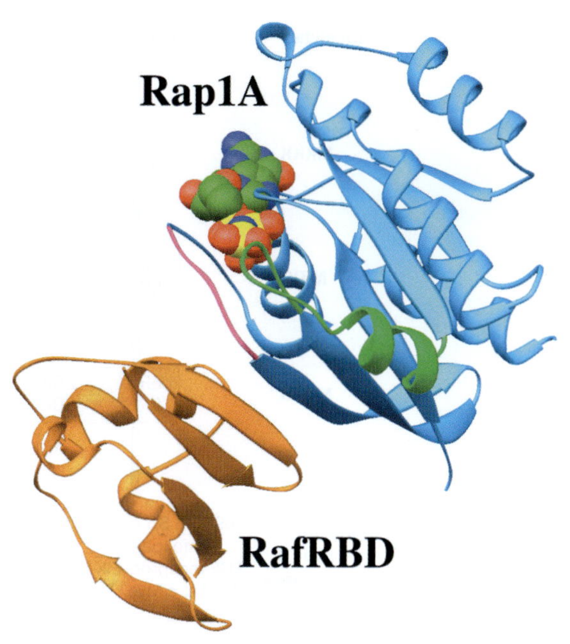

FIGURA 19.41 Estrutura por raios X do domínio de ligação a Ras de Raf (RafRBD; *cor de laranja*) complexada com Rap1A. GMPPNP (*azul*). As regiões dos Comutadores I e II da Rap1A estão em roxo e verde, e o GMPPNP ligado está representado na forma de volume atômico, com os átomos de C em verde, N em azul, O em vermelho e P em amarelo. Rap1A. GMPPNP e Ras. GMPPNP possuem estruturas praticamente idênticas. (Com base na estrutura por raios X elucidada por Alfred Wittinghofer, Max-Planck-Institut für Molekulare Physiologie, Dortmund, Alemanha. PDBid 1GUA.)

possam ativar Raf fosforilando-a em múltiplos resíduos de Ser ou Thr; ver a seguir). A estrutura por raios X da homóloga de Ras, **Rap1A**, complexada com GMPPNP e com o domínio de ligação à Ras da Raf (RafRBD), determinada por Wittinghofer, revela que as duas proteínas associam-se amplamente por estenderem mutuamente suas folhas β antiparalelas por uma interface essencialmente polar (Fig. 19.41). Apesar de Ras · GTP possuir afinidade de ligação 1.300 vezes maior do que Ras · GDP por Raf, não está claro, a partir dessa estrutura, como a hidrólise de GTP por Ras afeta a interface Ras-Raf. Muito possivelmente a mudança conformacional no Comutador I de Ras perturba a interface Ras-Raf a ponto de se dissociarem.

2. A Raf ativada fosforila uma proteína conhecida como **MEK** ou como **MAP-cinase-cinase** (**MKK**) em resíduos específicos de Ser e Thr, estimulando sua atividade Ser/Thr-cinase. (Raf é, consequentemente, uma **MAP-cinase-cinase-cinase** [**MKKK**].)

3. A MEK ativada fosforila uma família de proteínas chamadas **proteínas-cinases ativadas por mitógeno** (**MAP-cinases** ou **MAPKs**; de *mitogen-activated protein kinases*) ou **cinases reguladas por sinal extracelular** (**ERKs**; de *extracellular-signal-regulated kinases*). Para uma ativação efetiva, uma MAPK deve ser fosforilada nos resíduos de Thr e Tyr na sequência Thr-X-Tyr. MEK (que significa cinase ativada por *M*AP/*E*RK-kinase) catalisa as duas fosforilações e, portanto, possui especificidade dupla por Ser/Thr e Tyr. A estrutura por raios X da MAP-cinase ERK2 não fosforilada, determinada por Elizabeth Goldsmith, revela que essa proteína assemelha-se estruturalmente a outras proteínas-cinases de estrutura conhecida e que seu resíduo de Tyr que é fosforilado bloqueia o sítio de ligação ao peptídeo quando não fosforilado.

4. As MAPKs ativadas fosforilam uma variedade de proteínas citoplasmáticas e proteínas associadas à membrana, incluindo Sos e EGFR, em motivos Ser/Thr-Pro. Além disso, as MAPKs migram do citosol para o núcleo, onde fosforilam vários fatores de transcrição, incluindo Jun/AP-1, Fos e **Myc**. Esses fatores de transcrição ativados, por sua vez, induzem a transcrição de seus genes-alvo (Seção 34.4Bd). Os efeitos encomendados pela presença extracelular do fator de crescimento proteico, que iniciou a cascata de sinalização, são então produzidos.

As cascatas da MAP-cinase podem ser ativadas também de outras formas que não por RTKs ativados. Por exemplo, a Raf pode ser ativada por meio da fosforilação de suas Ser/Thr pela **PKC**, que é ativada pelo sistema de sinalização do fosfoinositídeo, descrito na Seção 19.4. Alternativamente, a Ras pode ser ativada por subunidades de certas proteínas G heterotriméricas. Assim, *a cascata da MAP-cinase serve para integrar uma variedade de sinais extracelulares.*

a. Proteínas estruturais e ancoradoras organizam e posicionam as proteínas-cinases

Células eucarióticas contêm muitas cascatas de sinalização de MAPK diferentes, cada uma com um conjunto característico de componentes cinases, que em mamíferos compreende pelo menos 14 MKKKs, 7 MKKs e 12 MAPKs (Fig. 19.42). Apesar de cada MAPK ser ativada por uma MKK específica, uma dada MKK pode ser ativada por mais de uma MKKK. Além disso, várias vias podem ser ativadas por um único tipo de receptor. Como, então, uma célula previne a intercomunicação inapropriada entre vias de sinalização intimamente relacionadas? Uma forma é pelo uso de **proteínas estruturais**, proteínas que ligam alguns ou todos os componentes proteínas-cinases de uma cascata de sinalização particular para assegurar que as proteínas-cinases de uma determinada via interajam apenas uma com a outra. Ademais, uma proteína estrutural pode controlar a localização subcelular de suas cinases associadas.

A primeira proteína estrutural conhecida foi descoberta por meio de análises genéticas de uma cascata de MAP-cinase em leveduras, que demonstraram que essa proteína, **Ste5p**, liga os componentes MKKK, MKK e MAPK da via e que, *in vivo*, a ausência da estrutura inativa a via. Evidentemente, as interações entre os componentes cinases sucessivos dessa cascata de MAP-cinase são, por si só, insuficientes para a transmissão do sinal.

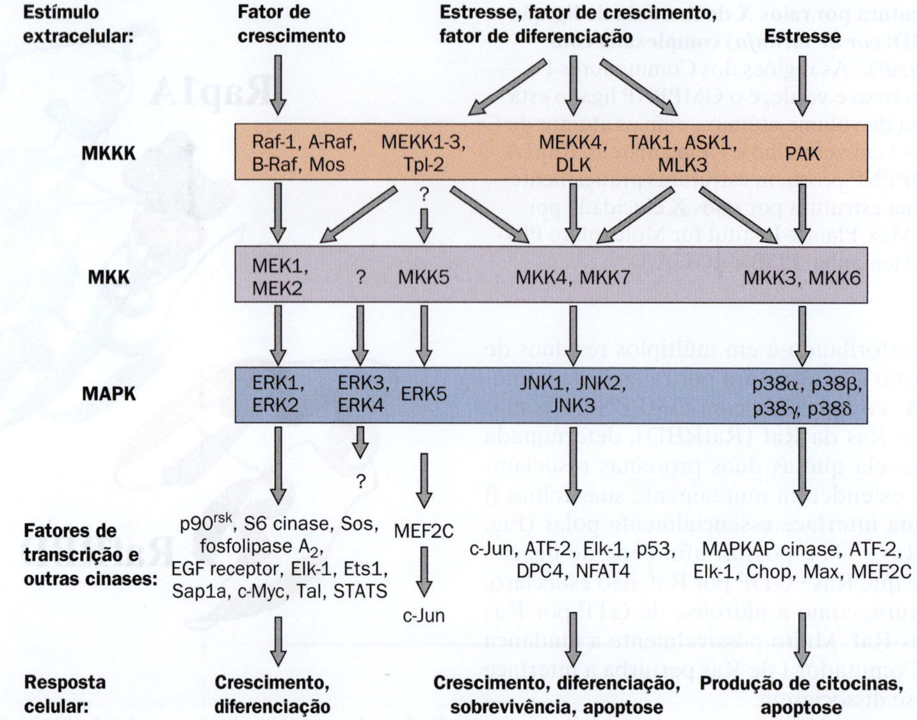

FIGURA 19.42 Cascatas de MAP-cinases em células de mamíferos. Cada cascata de MAP-cinase consiste em uma MKKK, uma MKK e uma MAPK. Vários estímulos externos podem ativar uma ou mais MKKKs, que, por sua vez, podem ativar uma ou mais MKKs. No entanto, as MKKs são relativamente específicas para suas MAPKs-alvo. As MAPKs ativadas fosforilam fatores de transcrição específicos (p.ex. **Elk-1**, **Ets1**, **p53**, **NFAT4**, **Max**), assim como cinases específicas (p. ex. **p90^{rsk}**, **S6 cinase**, **MAPKAP-cinase**). Os fatores de transcrição e as cinases ativados resultantes induzem respostas celulares, tais como crescimento, diferenciação e **apoptose** (morte celular programada; Seção 34-4E. (De acordo com Garrington, T. P. and Johnson, G.L., *Curr. Opin. Cell Biol.***11**, 212 [1999].)

JIP-1 (de ***JNK Interacting Protein-1***; proteína de interação com JNK-1; Fig. 19.43*a*) é uma proteína estrutural que liga simultaneamente

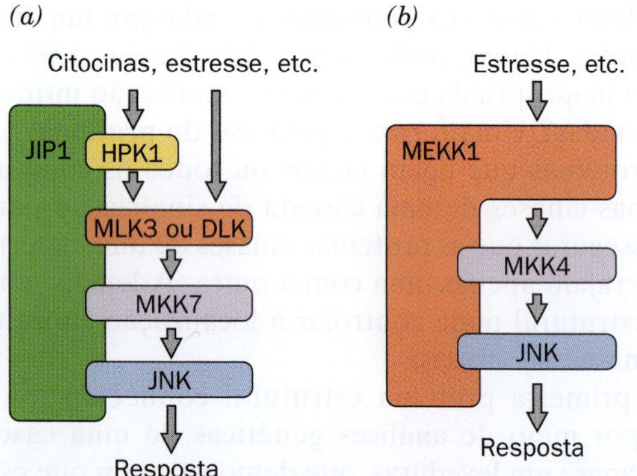

FIGURA 19.43 Alguns exemplos de proteínas estruturais que modulam cascatas de MAP-cinases em mamíferos. (*a*) A JIP-1 liga todos os componentes proteicos da cascata de MAP cinase em que a HPK1 fosforila a MKL3 ou a DLK (MKKKs), que então fosforila a MKK7, que fosforila a JNK (uma MAPK). (*b*) A MEKK1 (uma MKKK) é a cinase para MKK4 e também liga a JNK, a MAPK-alvo da MKK4. (De acordo com Garrington, T. P. and Johnson, G.L., *Curr. Opin. Cell Biol.***11,** 213 [1999].)

HPK1 (de ***hematopoietic progenitor kinase-1***; cinase-1 progenitora hematopoiética), um análogo de Ras e portanto uma **MKKK-cinase** (**MKKKK**); as MKKKs **MLK3** e **DL3**; a **MKK7**; e a MAPK **JNK** (de ***Jun N-terminal kinase***). **MEKK1** é um tipo um pouco diferente de proteína estrutural (Fig. 19.43*b*); essa MKKK funcional liga seu substrato, **MKK4**, tanto quanto o substrato anterior, JNK.

Proteínas Ser/Thr-cinases podem, da mesma maneira, estar individualmente amarradas aos seus sítios de ação por **proteínas ancoradoras**. Por exemplo, a PKA, que participa de numerosas vias de sinalização paralelas, incluindo a que regula o metabolismo do glicogênio (Seção 18.3), associa-se com várias proteínas não relacionadas chamadas **proteínas ancoradoras de cinase A**. Todas as diferentes proteínas ancoradoras de PKA ligam as subunidades regulatórias (R) da PKA, direcionam a PKA para diferentes localizações subcelulares (p. ex., para vesículas, para a membrana plasmática ou para receptores específicos) e podem ligar também outras proteínas sinalizadoras (p. ex., PP1, a proteína-fosfatase que remove grupos fosfatos instalados pela PKA; Seção 18.3Cg), dessa forma agindo para integrar os sinais intracelulares.

b. O fator letal antraz cliva especificamente MAPKK

Antraz, uma doença infecciosa causada pela bactéria *Bacillus anthracis*, afeta principalmente animais herbívoros, como bovinos, ovelhas e cabras. Em raras ocasiões, no entanto, pode ser transmitida para o homem (mas não entre homens), em quem, se não tratada, é frequentemente fatal devido ao severo choque séptico (Seção 19.1Lb). Esporos de antraz são agentes significativos em guerra biológica porque sua inalação resulta em uma forma da doença que quase sempre é fatal. Isso porque até que os sintomas do antraz inalado tornem-se aparentes, a infecção bacteriana já liberou tanta toxina que a eliminação da infecção por tratamento com antibióticos não reverte o progresso da doença.

A **toxina antraz** é constituída de três proteínas que agem em conjunto: o **antígeno protetor** (**AP**), o **fator letal** (**FL**) e o **fator edema** (**FE**). O AP, assim chamado pelo seu uso em vacinas, é uma proteína de 4 domínios e 735 resíduos que se liga a seu receptor de superfície celular no hospedeiro (uma proteína que possui um único segmento transmembrana) por seu domínio C-terminal. A maior parte do domínio N-terminal do AP é clivada por uma protease de superfície celular, onde a porção do AP que permanece ligada à membrana forma heptâmeros cíclicos similares aos pentâmeros cíclicos formados pela toxina colérica (Fig. 19.22). O AP heptamérico, então, liga os domínios N-terminais homólogos do FL e FE, servindo de mediador da captação por endocitose ao interior da célula dessas proteínas. De fato, a administração intravenosa apenas do AP e FL mata animais rapidamente. O FE é uma AC ativada por calmodulina cuja ação altera a homeostasia da água, sendo provavelmente responsável pelo **edema** maciço (retenção anormal de fluidos intercelulares) observado em infecções cutâneas por antraz.

O FL é uma protease monomérica de 776 resíduos que possui apenas um alvo celular conhecido: *ele cliva membros da família de proteínas MAAPKK próximo ao N-terminal, de forma que retira as sequências de atracamento de suas MAPKs correspondentes adiante na sinalização.* Por isso, a via de transdução do sinal em que essas proteínas participam é interrompida. Entretanto, a infecção com antraz tem como alvo principal os macrofágos, um tipo de células brancas do sangue (camundongos cujo sangue foi depletado de macrófagos são resistentes ao antraz). Baixos níveis de FL, que ocorrem no estado inicial da infecção com antraz, clivam a MAPKK-3, o que inibe a liberação pelos macrófagos, mas não a produção, dos mediadores inflamatórios NO (Seção 19.1Lb) e **fator de necrose tumoral-α** (**TNF-α**, de *tumor nervosis factor*-α; uma citocina que tem efeitos opostos à maioria dos fatores de crescimento proteicos e é em grande parte responsável pelo enfraquecimento observado nas infecções crônicas). Isso tem o efeito de reduzir e/ou retardar a resposta imune. Ao contrário, altos níveis de FL, que ocorrem no estágio avançado da infecção, provocam a lise do macrófago, causando liberação abrupta de NO e TNF-α, que presumivelmente resulta no choque séptico que causa a morte.

E. *Receptores associados à tirosina-cinase*

Muitos receptores de superfície celular não são membros das famílias de receptores que foram discutidos e não respondem à interação do ligante por autofosforilação. Dentre esses estão os receptores das citocinas, (Seção 19.3Eb) e **receptores de célula T** (que controlam a proliferação das células do sistema imune conhecidas como linfócitos T [células T]; Seção 35.2D). *A interação com o ligante induz a dimerização (e, em alguns casos, a trimerização ou formação de oligômeros ainda maiores) desses* ***receptores associados à tirosina-cinase****, frequentemente com diferentes tipos de subunidades, de forma que ativa* ***tirosinas-cinase não receptoras*** *(****NRTK****,* de *nonreceptor tyrosine kinases) associadas.* A organização dos domínios das principais subfamílias de NRTKs está esquematizada na Fig. 19.44.

a. A estrutura de Src revela seu mecanismo autoinibitório

Muitas das NRTKs que são ativadas por receptores associados à tirosina-cinase pertencem à **família Src**, que contém pelo menos nove membros, incluindo Src, Fyn e **Lck**. A maioria dessas proteínas, de ~530 resíduos, ancoradas à membrana (por miristoilação) possui um domínio SH2 e um SH3 e todas têm um domínio PTK. Então, uma cinase relacionada à Src também pode ser ativada por associação com um RTK autofosforilado. Embora cinases relacionadas à Src estejam associadas a diferentes receptores, elas fosforilam grupos sobrepostos de proteínas-alvo. Essa complexa rede

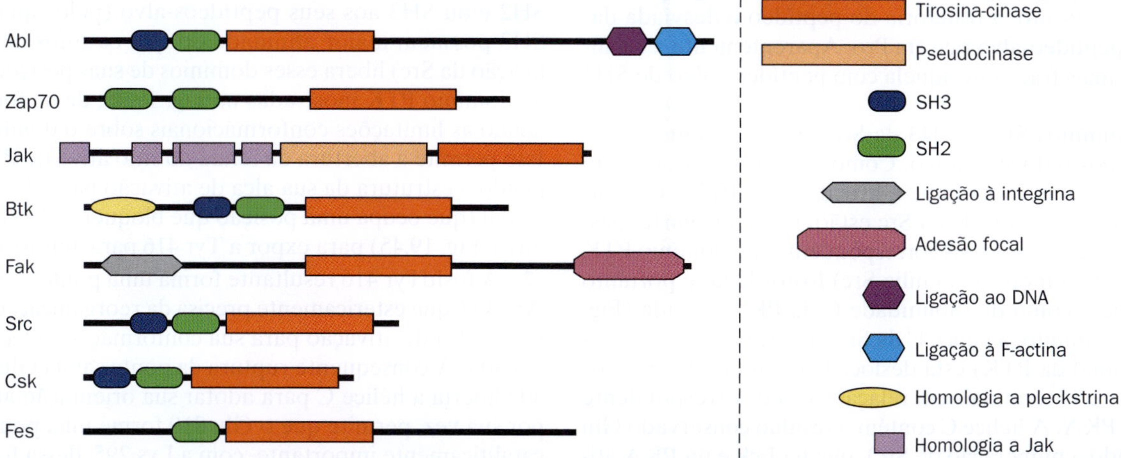

FIGURA 19.44 Organização dos domínios das principais subfamílias de NRTKs. A extremidade N-terminal desses polipeptídeos, que estão representados aproximadamente em escala, está à esquerda, e a identificação dos domínios está à direita. (Cortesia de Stevan Hubbard, New York University School of Medicine, EUA.)

de interações explica por que diferentes ligantes frequentemente ativam a mesma via de sinalização.

A Src, como indicado na Fig. 19.44, é constituída de, a partir da extremidade N- para a C-terminal, um domínio N-terminal miristoilizado característico, que difere entre os membros da família Src, um domínio SH3, um domínio SH2, um domínio PTK e uma cauda C-terminal curta. A fosforilação da Tyr 416 na alça de ativação do domínio PTK ativa a Src, enquanto a fosforilação da Tyr 527 em sua cauda C-terminal a desativa. *In vivo*, a Src está fosforilada na Tyr 416 ou na Tyr 527, mas não em ambas. A desfosforilação da Tyr 527 ou a interação de um ligante externo ao domínio SH2 ou ao SH3 ativa a Src, um estado que é mantido pela autofosforilação da Tyr 416. Quando a Tyr 527 está fosforilada e não estão disponíveis fosfopeptídeos ativadores, os domínos SH2 e SH3 da Src desativam seu domínio PTK, isto é, a Src é então autoinibida.

A estrutura por raios X de Src-AMPPNP deficiente em seu domínio N-terminal e com a Tyr 527 fosforilada, determinada por Stephen Harrison e Michael Eck, revela a base estrutural da autoinibição da Src (Fig. 19.45). Conforme estudos bioquímicos mostraram previamente, o domínio SH2 liga a fosfoTyr 527, que ocorre na sequência pYNPG, em vez da sequência pYEEI característica de peptídeos-alvo, de alta afinidade, de SH2 da Src. Embora o segmento pYNP ligue-se a SH2, como o faz o segmento pYEE na Fig. 19.33*b*, os resíduos seguintes estão fracamente ordenados na estrutura por raios X e, além disso, o bolso SH2, ao qual se liga a cadeia lateral da Ile do pYEEI, não está ocupado. Aparentemente, o segmento peptídico contendo a fosfoTyr 527 liga-se ao domínio SH2 de Src com afinidade reduzida em relação aos seus peptídeos-alvo.

O domínio SH3 liga-se ao elo que conecta o domínio SH2 ao lóbulo N-terminal do domínio PTK. Os resíduos 249 a 253 desse elo formam uma hélice de poliprolina II que se liga ao domínio SH3 mais ou menos como fazem os peptídeos-alvo ricos em Pro de SH3 (Fig. 19.33). No entanto, a única Pro nesse segmento é o resíduo 250. A cadeia lateral polar da Gln 253, que ocupa a posição da segunda Pro na sequência-alvo Pro-X-X-Pro normal de SH3 não entra no bolso de ligação hidrofóbico que a segunda prolina ocuparia (Fig. 19.35), e assim, nesse ponto, a trajetória do peptídeo é desviada daquela do peptídeo-alvo rico em Pro. Aparentemente, essa interação é mais fraca que aquela com peptídeos-alvo de SH3 da Src.

Os domínios SH2 e SH3 da Src ligam o domínio PTK no lado oposto do sítio ativo. Como, então, a conformação mostrada na Fig. 19.45 inibe a atividade de PTK? Os dois lóbulos do domínio PTK da Src estão, na maior parte, bastante sobrepostos aos seus correspondentes no domínio PTK da Lck (um membro da família Src) fosforilada, e portanto ativada, bem como da subunidade C da PKA ativada (Fig. 18.15). No entanto, a hélice C da Src (a única hélice no lóbulo N-terminal da PTK) está deslocada da interface entre os lóbulos N- e C-terminais em relação ao seu correspondente em Lck e PKA. A hélice C contém o resíduo conservado Glu 310 (usando a numeração de Src), que na Lck e na PKA ativadas projeta-se para dentro da fenda catalítica, onde forma

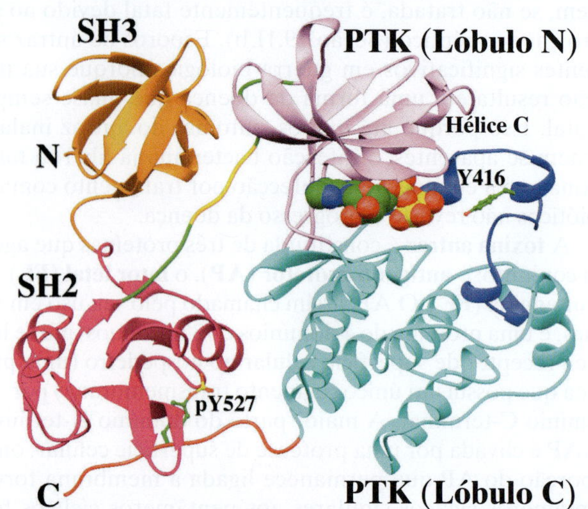

FIGURA 19.45 Estrutura por raios X de Src. AMPPNP sem seu domínio N-terminal e com a Tyr 527 fosforilada. O domínio SH3 está em cor de laranja, o domínio SH2 está em magenta, o elo ligando o domínio SH2 ao domínio PTK está em verde com os 5 resíduos da hélice de poliprolina II em amarelo-ouro, o lóbulo N-terminal do domínio PTK está em cor-de-rosa, o lóbulo C-terminal está em ciano com sua alça de ativação em azul e a cauda C-terminal está em cor de laranja. O AMPPNP está representado na forma de volume atômico e Y416 e pY527 estão representadas na forma de esferas e bastões, todas com os átomos de C em verde, N em azul, O em vermelho e P em amarelo. (Com base na estrutura elucidada por Stephen Harrison e Michael Eck, Harvard Medical School, EUA. PDBid 2SRC.)

uma ponte salina com a Lys 295, um ligante importante dos fosfatos α e β do substrato ATP. No entanto, na Src inativa, o Glu 310 forma uma ponte salina alternativa com a Arg 409, enquanto a Lys 295 interage com o Asp 404. Na Lck ativada, a Arg 409 forma uma ponte salina com a fosfoTyr 416.

As observações estruturais anteriores sugerem o seguinte cenário para a ativação de Src (Fig. 19.46):

1. A desfosforilação da Tyr 527 e/ou a ligação do domínio SH2 e/ou SH3 aos seus peptídeos-alvo (pelos quais SH2 e SH3 possuem maior afinidade do que os sítios internos de ligação da Src) libera esses domínios de suas posições ligadas ao domínio PTK mostradas na Fig. 19.45, dessa forma relaxando as limitações conformacionais sobre o domínio PTK. Isso permite a abertura da fenda do sítio ativo de PTK, rompendo a estrutura da sua alça de ativação parcialmente helicoidal (que ocupa uma posição que bloqueia a fenda do sítio ativo; Fig. 19.45) para expor a Tyr 416 para autofosforilação.
2. A fosfoTyr 416 resultante forma uma ponte salina com a Arg 409, que estericamente precisa da reorganização estrutural da alça de ativação para sua conformação ativa, não bloqueada. A consequente ruptura da ponte salina Glu 310-Arg 409 liberta a hélice C para adotar sua orientação ativa, que, por sua vez, permite que o Glu 310 forme uma ponte salina, cataliticamente importante, com a Lys 295, dessa forma estimulando a atividade PTK de Src.

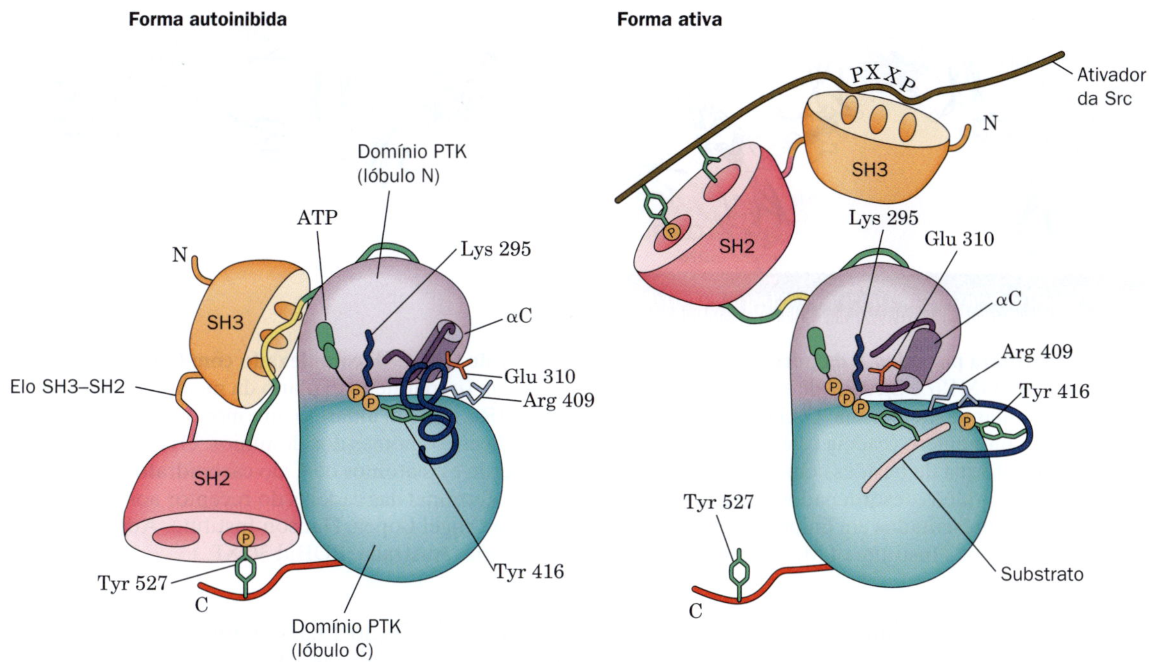

FIGURA 19.46 Modelo esquemático da ativação de Src. Ver o texto para explicações. O esquema de cores e a orientação são basicamente os mesmos da Fig. 19-45. (De acordo com Young, M.A., Gonfloni, F., Superti-Furga, G., Roux, B. e Kuriyan, J., *Cell*, **105**, 115[2001].)

O mecanismo anterior, talvez inesperadamente, é crucialmente dependente da rigidez dos 8 resíduos do elo que liga os domínio SH2 e SH3. Assim, substituindo três desses resíduos do elo de ligação por Gly (cuja falta de um átomo de C_β o torna o resíduo menos restrito conformacionalmente) resulta em uma proteína que não é mais desativada pela fosforilação da Tyr 527. Isso é corroborado por simulações de dinâmica molecular (Seção 9.4), que indicam que o movimento térmico dos domínios SH2 e SH3 é altamente correlacionado (move-se como uma unidade) quando a Tyr 527 está fosforilada, mas que essa correlação é significativamente reduzida quando a Tyr 527 está desfosforilada ou quando Gly substitui os três resíduos do elo.

b. A via JAK-STAT transmite sinais de citocinas

As citocinas formam um grupo diverso de pequenas proteínas solúveis que, quando secretadas pelas células, agem de forma autócrina, parácrina ou endócrina para induzir uma grande variedade de respostas, inclusive resposta imune (Seção 35.2Aa), proliferação, crescimento e diferenciação celular, **apoptose** (morte celular programada; Seção 34.4E) e **quimiotaxia** (o movimento de uma célula móvel através de um gradiente de concentração de uma substância específica). Dentre elas estão as 35 **interleucinas** (**IL-1** a **IL-35**) diferentes, os fatores estimuladores de colônia (que incluem o **fator estimulador de colônia de macrófagos** [**M-CSF**], o **fator estimulador de colônias de granulócitos** [**G-CSF**] e o **fator estimulador de colônia de macrófagos e granulócitos** [**GM-CSF**]; macrófagos e granulócitos são tipos de células brancas do sangue), hormônio do crescimento (Seção 19.1J), **eritropoietina** (**EPO**; que estimula a produção de eritrócitos), os **interferons** (proteção contra infecção viral; Seção 32.4Ab) os **fatores de necrose tumoral** (**TNFs**), o **fator de crescimento de nervos** (**NGF**) e as **quimiocinas** (que induzem quimiotaxia em células responsivas). Anormalidades em citocinas específicas ou em seus receptores tem sido implicadas em uma grande variedade de doenças e, reciprocamente, diversas citocinas são úteis terapeuticamente no alívio de certos estados patológicos (p. ex., EPO é usado para tratar anemia resultante de doença crônica dos rins [EPO é produzido pelos rins] e GM-CSF é usado para estimular a produção de células brancas após quimioterapia [que mata células em rápido crescimento como as células brancas]).

A maioria dos **receptores de citocinas**, como visto para o hormônio do crescimento humano (Seção 19.1J), são ativados por meio da agregação de dois ou mais componentes do receptor induzida pelo ligante. Por exemplo, o receptor de **GM-CSF** consiste em dois tipos diferentes de subunidades: **GMRα**, que é específica para GM-CSF, e β_c, que é uma subunidade comum para os receptores de GM-CSF, **IL-3** e **IL-5**. As duas subunidades consistem em um domínio citosólico N-terminal, uma única hélice transmembrana e um ectodomínio C-terminal, que em GMRα consiste em dois domínios fibronectina tipo III (Seção 19.1J) e em β_c consiste em quatro desses domínios.

A estrutura por raios X de GM-CSF complexada com o ectodomínio de seu receptor, determinada por Angel Lopez e Michael Parker, revela que ele consiste em um complexo 2:2:2 de GM-CSF, GMRα e β_c (Fig. 19.47). GM-CSF, como foi previamente determinado, consiste em um feixe de qua-

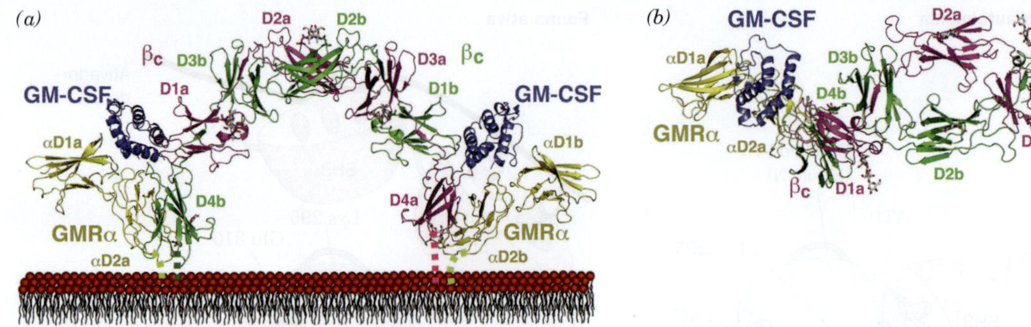

FIGURA 19.47 Estrutura por raios X da porção extracelular do receptor de GM-CSF complexado com GM-CSF. A estrutura do complexo GM-CSF, GMRα e β_c, 2:2:2 de simetria de ordem 2, é vista em (*a*) paralelo ao plano da membrana plasmática e (*b*) a partir do lado extracelular da membrana. O GM-CSF está em roxo, o GMRα está em amarelo, um monômero de β_c (cadeia a) está em magenta e o outro monômero (cadeia b) está em verde. Os rótulos indicam os nomes dos domínios. Os carboidratos N-ligados estão representados na forma de bastões com o átomo de C da Asn em verde e os átomos de C do carboidrato em cinza, N em azul e O em vermelho. Os peptídeos desordenados que ligam a extremidade C-terminal das cadeias do receptor aos seus segmentos transmembrana estão representados em linhas tracejadas. (Modificada por Angel Lopez, Hanson Institute, Adelaide, Australia, e Michael Parker, St. Vincent's Institute of Medical Research, Fitzroy. Victoria, Australia. PDBid 3CXE.)

tro hélices orientadas acima-acima-abaixo-abaixo, uma topologia que ocorre apenas em citocinas helicoidais. Cada molécula de GM-CSF interage com os dois domínios de uma subunidade GMRα e com o domínio N-terminal de uma subunidade β_c (D1) e com o domínio C-terminal da outra subunidade β_c (D4). Este fenônemo, em que o domínio de uma subunidade é trocado pelo mesmo domínio de uma subunidade idêntica para formar um dímero entrelaçado, é conhecido como **troca de domínios**. Este é um mecanismo comum para a montagem de oligômeros.

Embora as estruturas por raios X dos ectodomínios de alguns receptores de citocinas tenham sido determinadas, a estrutura de seus domínios citosólicos é, até agora, desconhecida. No entanto, conforme James Darnell elucidou, o sinal de citocinas helicoidais ligadas a seus receptores cognatos é transmitido para dentro da célula pela **via JAK-STAT**. Os receptores dessas citocinas formam complexos com proteínas da família **Janus-cinase** (**JAK**, de *Janus kinase*) de NRTKs, assim chamadas porque cada um de seus 4 membros (**JAK1, JAK2, JAK3** e **Tyk2**), de ~1.150 resíduos, possui dois domínios PTK (Janus é o Deus romano de duas faces dos portões e entradas), embora apenas o domínio C-terminal seja funcional (Fig. 19.44). As **STATs** (de ***s**ignal **t**ransducers and **a**ctivators of **t**ranscription*; transmissores de sinal e ativadores de transcrição) compreendem uma família de sete proteínas de ~800 resíduos, que são os únicos fatores de transcrição conhecidos cujas atividades são reguladas por fosforilação de Tyr e que possuem domínios SH2.

A via JAK-STAT funciona como está esquematizado na Fig. 19.48:

1. A interação com a citocina induz a oligomerização do receptor de citocinas.
2. As duas JAKs associadas ao receptor de citocina são aproximadas (no caso do receptor de GM-CSF, JAK2 liga-se ao domínio citosólico β_c), quando então elas se fosforilam reciprocamente e depois fosforilam seus receptores associados, em um processo semelhante à autofosforilação de RTKs dimerizados (Seção 19.3Ab). Observe que, ao contrário da maioria das NRTKs, as JAKs não possuem domínios SH2 e nem SH3.
3. As STATs ligam-se ao grupo fosfoTyr em seu receptor ativado cognato por seu domínio SH2 e são então fosforiladas pela JAK associada em um resíduo de Tyr conservado.
4. Após a dissociação do receptor, as STATs fosforiladas homo ou heterodimerizam-se pela associação de seu resíduo de Tyr fosforilado com o domínio SH2 na subunidade oposta.
5. Os dímeros de STAT são transladados para o núcleo, onde são fatores de transcrição funcionais que induzem a expressão de seus genes-alvo da mesma forma que os fatores de transcrição que são fosforilados pela MAPK (Fig. 19.40).

c. PTK são alvos de fármacos antitumorais

A principal característica da **leucemia mieloide crônica** (**LMC**) é um translado cromossômico específico, (Seção 34.4C) que forma o chamado **cromossomo Filadélfia**, em que o gene *Abl* (que codifica a NRTK Abl) é fusionado ao gene *Bcr* (que codifica a proteína Ser/Thr-cinase **Bcr**). A porção Abl dessa proteína de fusão Bcr-Abl é constitutivamente (continuamente, sem regulação) ativa, provavelmente porque sua porção Bcr oligomeriza. As células-tronco hematopoiéticas (das quais descendem todas as células do sangue) contendo o cromossomo Filadélfia são portanto predispostas a desenvolver LMC (a malignidade requer várias alterações genéticas independentes; Seção 19.3Ba). Sem um transplante de medula óssea (um procedimento de alto risco, que não está disponível para a maioria dos indivíduos devido à falta de um doador compatível), a LMC é invariavelmente fatal, com um tempo médio de sobrevivência de ~6 anos.

Esperaria-se que um inibidor de Abl prevenisse a proliferação de, ou mesmo eliminasse, as células de LMC. No entanto, para ser um agente anti-LMC efetivo, tal substância não deve inibir outras proteínas-cinases porque isso certamente causaria sérios efeitos adversos. Derivados da 2-feni-

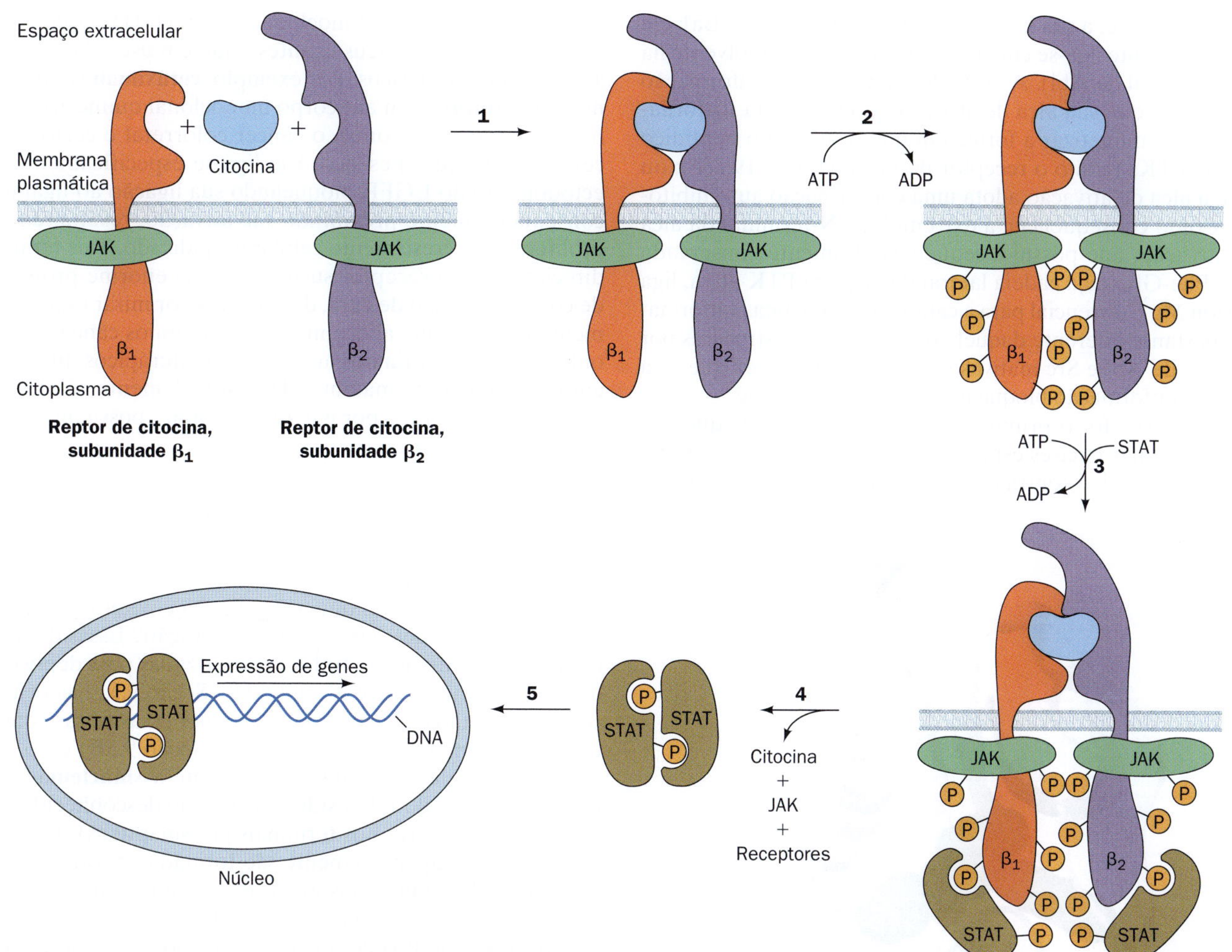

FIGURA 19.48 **A via JAK-STAT para a transmissão intracelular dos sinais de citocinas.** Ver o texto para detalhes. (De acordo com Carpenter, L.R., Yancopoulos, G.D., e Stahl, N., *Adv Protein Chem.* **52**, 109 [1999].)

laminopirimidina ligam Abl com afinidade e especificidade excepcionalmente altas. Um desses derivados é o **imatinib** (nome comercial **Glivec**),

Imatinib (Glivec™)

desenvolvido por Brian Druker e Nicholas Lydon, que causa a remissão dos sintomas em ~90% dos pacientes com LMC e quase sem efeitos adversos sérios. Esse desempenho sem precedentes ocorre, em parte, porque o Glivec é essencialmente inativo contra outras PTKs (uma exceção é o receptor de PDGF) e contra proteínas Ser/Thr-cinases.

Abl é semelhante à Src (Fig. 19.44), mas carece do sítio de fosforilação C-terminal regulatório da Src (Figs. 19.45 e 19.46). A estrutura por raios X do domínio PTK da Abl complexado com uma forma truncada de Glivec,

determinada por Kuriyan (Fig. 19.49), revela, como esperado, que o Glivec truncado liga-se no sítio de ligação a ATP de Abl (o grupo piperazinil que falta nesse inibidor em relação ao Glivec não altera significativamente a discriminação de seu alvo, mas aumenta a solubilidade do fármaco e, consequentemente, a sua biodisponibilidade [Seção 15.4Ba]; ele provavelmente liga-se em uma fenda acessível ao solvente na região dorsal de Abl). A Abl adota então uma conformação inativa em que sua alça de ativação, que não está fosforilada, parece mimetizar a forma em que o substrato peptídico liga as PTKs (como o receptor de insulina, Fig. 19.28*a*); ou seja, a alça de ativação adota uma conformação autoinibitória. Como consequência, a extremidade N-terminal da alça de ativação, que possui a sequência altamente conservada Asp-Phe-Gly (cuja cadeia lateral da Asp, na PTK ativa, liga um íon Mg^{2+}, essencial para a catálise), adota uma conformação bastante diferente daquela observada nas estruturas por raios X de Abl e Src inativas (Fig. 19.45), uma vez que esta última conformação bloquearia a ligação do Glivec.

O Glivec foi o primeiro de vários compostos que inibem proteínas-cinases específicas a ser aprovado pelo FDA para o uso clínico contra certos tipos de cânceres. Além disso, alguns anticorpos monoclonais (Seção 6.1Da) que ligam PTKs específicos ou seus ligantes estão em uso clínico como agentes antineoplásicos. Por exemplo, **cetuximab** (nome comercial **Erbitux**), um anticorpo monoclonal quimérico rato/humano, é efetivo contra o câncer colorretal e certos cânceres de cabeça e pescoço. Ele liga-se especificamente ao ectodomínio do EGFR bloqueando sua ligação ao ligante e consequentemente previnindo sua ativação, resultando em proliferação e crescimento celular prejudicado. Tais terapias direcionadas ao receptor sustentam uma enorme promessa de controle, se não de cura, de cânceres por mirar especificamente nas proteína aberrantes que causam os cânceres. Por outro lado, a maioria dos agentes quimioterápicos que estão em uso atualmente matam indiscriminadamente células em crescimento rápido e por isso quase sempre possuem efeitos adversos debilitantes.

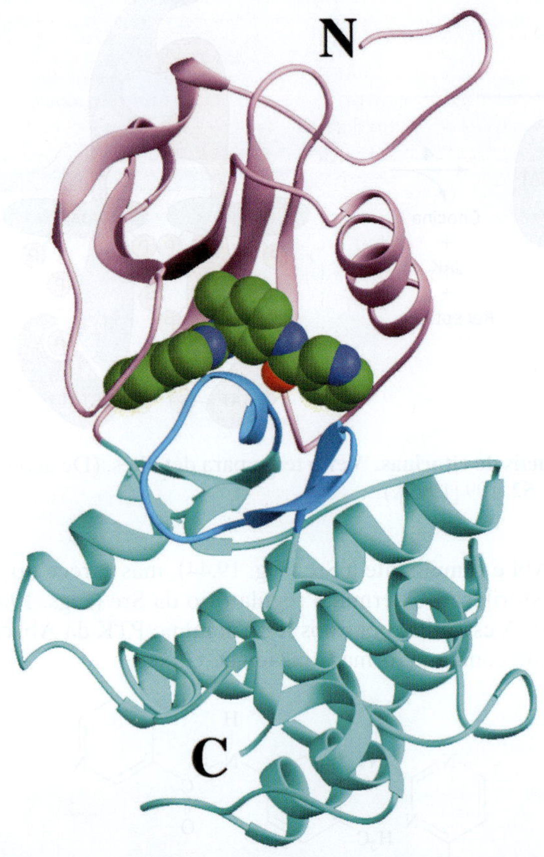

FIGURA 19.49 Estrutura por raios X do domínio PTK de Abl complexada com um derivado truncado de Glivec. A proteína está mostrada do lado direito da vista-padrão de proteínas-cinases (p. ex., Figs. 19-28a e 19-45), com seu lóbulo N-terminal em cor-de-rosa, seu lóbulo C-terminal em ciano, e sua alça de ativação em azul. O Glivec truncado, que ocupa o sítio de ligação a ATP da PTK, está mostrado na forma de volume atômico com os átomos de C em verde, N em azul, e O em vermelho. (Com base na estrutura por raios X determinada por John Kuriyan, The Rockefeller University, EUA. PDBid 1FPU.)

d. O aumento da atividade de chaperona facilita o câncer

Estudos epidemiológicos têm mostrado que indivíduos com doenças neurodegenerativas relacionadas à idade, tais como mal de Alzheimer e Parkinson possuem incidência muito menor de câncer do que a população em geral. Qual é a base bioquímica dessa intrigante observação? Essas doenças neurodegenerativas são todas caracterizadas pela deposição de placas contendo fibras amiloides (Seção 9.5) nas células cerebrais afetadas. No mal de Alzheimer essas fibras consistem principamente em proteína Aβ (Seção 9.5B) e no mal de Parkinson elas contêm principalmente **α-sinucleína** (uma proteína solúvel de 140 resíduos de função desconhecida que normalmente ocorre nos terminais pré-sinápticos). Essas fibras amiloides aparentemente são formadas devido à redução associada à idade nos níveis de atividade das proteínas chaperona que normalmente previnem sua agregação.

Muitos produtos de oncogenes, como visto, são formas mutantes de proteínas que participam na transdução de sinal e consequentemente possuem sua funcionalidade alterada. Tais proteínas mutantes são em geral menos estáveis do que suas formas não mutadas e por isso requerem mais atenção das proteínas chaperonas que o normal para manter suas conformações ativas. Em particular, a proteína chaperona Hsp90 (Seção 9.2C) facilita o último estágio de dobramento de numerosas proteínas de sinalização e, presumivelmente, de seus mutantes oncogênicos. De fato, muitas proteínas de sinalização não mutadas são instáveis a não ser que elas estejam ligadas aos seus ligantes correspondentes ou proteínas, e consequentemente estão presentes nas células complexadas com Hsp90 (responsável pela alta abundância de Hsp90, normalmente de 1 a 2% das proteínas solúveis de uma célula).

Hsp90 está superexpressa em muitos tipos de cânceres, uma situação que está relacionada com a resistência à terapia, e por isso, prognóstico ruim (e responsável pela observação de que indíviduos com doenças neurodegenerativas raramente desenvolvem câncer). Consequentemente, inibidores de Hsp90 são fármacos antineoplásicos. Diversos inibidores de Hsp90, todos interferem com sua função ATPásica, estão atualmente em triagem clínica. Essas substâncias, ao contrário da mais visada dos fármacos antineoplásicos (Glivec), provavelmente são efetivos contra uma ampla gama de cânceres.

F. *Proteínas-fosfatases*

Como discutido anteriormente (Seção 19.2E), para prevenir que uma via de sinalização celular permaneça na posição "ligada", seu sinal deve ser rapidamente eliminado tão logo a mensagem tenha sido desencadeada. Para proteínas com resíduos de fosfoTyr ou fosfo-Ser/Thr, essa tarefa é realizada por uma variedade de proteínas-fosfatases; ~500 fosfatases são codificadas pelo genoma humano (em torno do mesmo número de proteínas-cinases, o que sugere que essas famílias possuem níveis similares de complexidade). As proteínas-fosfatases, como será visto, não são apenas simples enzimas de manutenção, mas são transdutores de sinal propriamente dito. Assim, enquanto as cinases controlam a amplitude de uma resposta sinalizadora, as proteínas-fosfatases controlam sua taxa e duração.

a. Proteínas tirosinas-fosfatase também são mediadores de transdução de sinal

As enzimas que desfosforilam resíduos de Tyr, as **proteínas tirosina-fosfatases** (**PTPs**, *protein tyrosine phosphatases*), descobertas por Nicholas Tonks, formam uma grande família de diversas proteínas que estão presentes em todos os eucariotos (humanos possuem 107 genes de PTP *versus* 90 genes de PTK). Cada PTP contém, pelo menos, um domínio fosfatase conservado com ~280 resíduos, que possui a assinatura de sequência de 11 resíduos (I/V)HCXAGXGR(S/T)G, o chamado motivo HCX_5R, que contém os resíduos de Cys e Arg cataliticamente essenciais para a enzima. A reação se dá pelo ataque nucleofílico do grupo tiolato da Cys sobre o átomo de P da fosfoTyr para formar Tyr e um intermediário cisteinil-fosfato, subsequentemente hidrolisado. A cadeia lateral da Arg participa na ligação do substrato e estabiliza o intermediário cisteinil-fosfato.

As PTPs têm sido classificadas em três grupos: (1) PTPs do tipo receptor, (2) PTPs intracelulares, e (3) PTPs de dupla especificidade, que também podem desfosforilar resíduos de fosfo-Ser/Thr. As PTPs do tipo receptor são construções muito semelhantes aos RTKs (Fig. 19.25); ou seja, elas possuem, a partir da extremidade N- para a C-terminal, um ectodomínio constituído de módulos repetitivos frequentemente múltiplos, que ocorrem em outras proteínas, uma única hélice transmembrana e um domínio citosólico que consiste em um domínio PTP cataliticamente ativo, que, na maioria dos casos, é seguido por um segundo domínio PTP com pouca ou nenhuma atividade catalítica. Apesar disso, esses domínios PTP inativos que são altamente conservados, são importantes para a atividade, especificidade e estabilidade de PTP.

Análises bioquímicas e estruturais indicam que a dimerização induzida pelo ligante de uma PTP do tipo receptor reduz sua atividade catalítica, provavelmente por bloquear seus sítios ativos. As PTPs intracelulares contêm apenas um domínio PTP, flanqueado por regiões contendo motivos, como, por exemplo, domínios SH2, que participam de interações proteína-proteína. Estudos estruturais revelam que os sítios ativos das PTPs do tipo receptor e as intracelulares são muito profundos para ligar cadeias laterais de fosfo-Ser/Thr – como visto também ser o caso da PTK e dos domínios SH2 (Seções 19.3Ac e 19.3Cb). No entanto, o bolso do sítio ativo de PTP de dupla especificidade é suficientemente raso para ligar tanto resíduos de fosfoTyr como de fosfo-Ser/Thr.

b. SHP-2 é inativada pela ligação de seu domínio SH2 N-terminal livre

A PTP citoplasmática **SHP-2** (de *SH2 domain containing phosphatase 2*), que é expressa em todas as células de mamíferos, liga-se a PTKs que são ativadas por vários ligantes, incluindo citocinas, fatores de crescimento e hormônios. A SHP-2, de 591 resíduos, é constituída de dois domínios SH2 consecutivos, seguido por um domínio PTP e uma cauda C-terminal de 66 resíduos que contém sítios de fosforilação de Tyr e um segmento rico em Pro que pode ligar proteínas contendo SH3- ou WW. A atividade PTP da SHP-2 aumenta ~10 vezes pela ligação a peptídeos com um único resíduo de fosfoTyr, e ~100 vezes àqueles contendo dois resíduos de fosfoTyr e em concentrações muito menores do peptídeo. A SHP-2 liga-se ao receptor dos fatores de crescimento e ao de certas citocinas por seu domínio SH2 e, quando sua cauda C-terminal está fosforilada, também funciona como um adaptador para recrutar Grb2 a fim de ativar a via da MAP-cinase (Seção 19.3D). Mutações no gene que codifica SHP-2 são responsáveis por ~50% dos casos de **síndrome de Noonan**, um distúrbio relativamente comum (1 em ~2000 nativivos) caracterizada principalmente por anormalidades cardíacas, baixa estatura, dificuldade de aprendizado, e aspecto facial característico.

A estrutura por raios X de SHP-2 sem sua cauda C-terminal (Fig. 19.50), determinada por Eck e Steven Shoelson, revela que o domínio SH2 N-terminal (N-SH2) interage extensivamente com o domínio PTP. N-SH2 inibe a PTP por inserir profundamente sua alça D′E na fenda catalítica de 9 Å de profundidade da PTP, onde a alça interage com os resíduos catalíticos de Arg e Cys da PTP e previne o fechamento do sítio ativo, observado na estrutura por raios X de uma PTP complexada com um fosfopeptídeo. O domí-

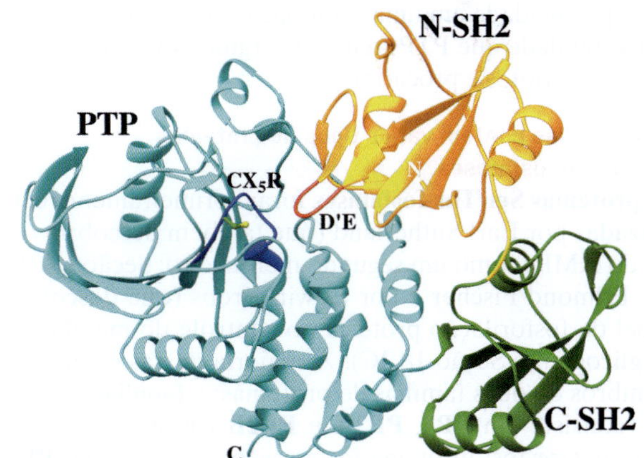

FIGURA 19.50 Estrutura por raios X da proteína tirosina-fosfatase SHP-2. Nessa estrutura, o domínio N-SH2 está em amarelo-ouro, com sua alça D′E em vermelho, o domínio C-SH2 está em verde e o domínio PTP em ciano, com sua assinatura de sequência de 11 resíduos e seu motivo CX_5R em azul e a cadeia lateral de seu resíduo de Cys cataliticamente essencial mostrado na forma de esferas e bastões, com os átomos de C em verde e S em amarelo. (Com base na estrutura por raios X determinada por Michael Eck e Steven Shoelson, Harvard Medical School, EUA. PDBid 2SHP.)

nio SH2 C-terminal (C-SH2), ao contrário, não possui uma interface significativa com os domínios N-SH2 ou PTP.

Os sítios de ligação ao fosfopeptídeo nos dois domínios SH2 estão em faces opostas do domínio PTP e, por essa razão, estão completamente expostos na superfície da proteína. No entanto, a comparação da estrutura de N-SH2 complexado a um fosfopeptídeo com aquela da forma autoinibida de SHP-2 descrita anteriormente indica que, na forma autoinibida, N-SH2 adota uma conformação em que é incapaz de ligar fosfoTyr. Evidentemente, as conformações da superfície de ligação a PTP e do sítio de ligação a fosfopeptídeo de N-SH2 estão alostericamente relacionadas, a tal ponto que as ligações a PTP e a fosfopeptídeos são mutuamente exclusivas. O domínio C-SH2 não participa na ativação de PTP, embora quase certamente contribui fornecendo energia e especificidade para a ligação de um fosfopeptídeo.

c. A virulência da peste bubônica envolve uma PTP

Bactérias não possuem PTK e, portanto, não sintetizam resíduos de fosfoTyr. Todavia, PTPs são expressas por bactérias do gênero *Yersinia*, mais especificamente *Yersinia pestis*, o patógeno que causa a **peste bubônica** (uma doença transmitida por pulga, a "Peste Negra", que se estima ser responsável, desde o século VI, por ~200 milhões de mortes, incluindo cerca de um terço da população da Europa entre os anos 1347 e 1350). A PTP de *Y. pestis*, **YopH**, necessária para a virulência bacteriana, é muito mais ativa que outras PTPs conhecidas. Assim, quando a *Yersinia* injeta YopH no interior de uma célula, as proteínas celulares contendo fosfoTyr são desastradamente desfosforiladas. Embora a sequência de YopH seja somente ~15% idêntica à PTP de mamíferos, ela contém todos os resíduos invariantes e suas estruturas por raios X são bastante similares. Isso sugere que um ancestral da *Yersinia* adquiriu o gene de uma PTP de um eucarioto. No entanto, com a descoberta de uma proteína-fosfatase de dupla especificidade em uma cianobactéria de vida livre, surge a possibilidade que PTPs tenham surgido antes da divergência de eucariotos e procariotos.

d. As células contêm vários tipos de proteínas Ser/Thr-fosfatases

As **proteínas Ser/Thr-fosfatases** foram primeiramente caracterizadas por Earl Sutherland (que também descobriu o papel do AMPc como um segundo mensageiro; Seção 18.3Eb), por Edmond Fischer e por Edwin Krebs (que descobriu o papel da fosforilação proteica no controle do metabolismo do glicogênio; Seção 18.3C). A maioria dessas enzimas são membros de duas famílias de proteínas: a **família das PPPs**, que consiste em **PP1**, **PP2A** e **PP2B** (de *phosphoprotein phosphatase*; fosfoproteína-fosfatases); e a **família das PPMs**, que consiste em **PP2C**. As famílias PPP e PPM não são relacionadas uma com a outra ou com as PTKs. Já consideramos a PP1 com relação ao papel de sua subunidade catalítica, PP1c, na desfosforilação das proteínas que regulam o metabolismo do glicogênio e quanto às funções de suas subunidades-alvo, G_M e G_L, na ligação da PP1c ao glicogênio no músculo e fígado (Seção 18.3Cg). De fato, todas as PP1cs estão associadas com uma ou duas subunidades regulatórias (R), que funcionam na modulação da atividade de suas PP1cs ligadas, direcionando-as para substratos em localizações subcelulares específicas ou modificando sua especificidade ao substrato. É a grande variedade dessas subunidades R altamente não relacionadas que permite que o número limitado (1-8) de PP1cs, geneticamente distintas, mas intimamente similares (~90% de identidade de sequência), realize suas diversas funções em células eucarióticas.

Estruturas por raios X mostram que cada um dos centros catalíticos das PPPs contém um íon Fe^{2+} (ou possivelmente um Fe^{3+}) e um íon Zn^{2+} (ou possivelmente um Mn^{2+}), enquanto cada centro catalítico das PPMs contém dois íons Mn^{2+}. Esses centros binucleares contendo íons metálicos ativam nucleofilicamente moléculas de água a desfosforilar substratos em uma reação de um único passo.

e. PP2A é estruturalmente variável e funcionalmente diversa

A PP2A participa de uma ampla variedade de processos regulatórios, incluindo aqueles que governam o metabolismo, a replicação do DNA, a transcrição e o desenvolvimento. É constituída de três subunidades diferentes:

1. Uma subunidade catalítica de ~36 kDa (C), cujo domínio catalítico N-terminal contém o núcleo catalítico de ~280 resíduos, comum a todos os membros da família PPP. Seu domínio regulatório C-terminal contém um sítio de ativação para ligação de Ca^{2+}-calmodulina, um sítio de inativação para fosforilação de Tyr que é alvo de várias PTKs, incluindo os receptores de EGF e de insulina, e uma cauda autoinibitória C-terminal. A subunidade C é altamente conservada de leveduras a mamíferos.
2. Uma subunidade estrutural de ~65 kDa (A; também chamada PR65), com a qual a subunidade C está firmemente associada dentro da célula.
3. Uma de quatro subunidades regulatórias diferentes (B, B′, B″ e B9‴), que liga as subunidades A e C, e em maior extensão, controla a especificidade ao substrato de PP2A.

Todas as subunidades de PP2A possuem múltiplas isoformas e variantes de *splicing*, que são expressas de maneira tecido-específica e de acordo com o estágio do desenvolvimento, gerando uma gama enorme de enzimas que são direcionadas a diferentes fosfoproteínas em sítios subcelulares distintos. Essa complexidade é a principal causa do limitado entendimento de como a PP2A cumpre suas diversas funções celulares, ainda que compreenda somente entre 0,3 e 1% das proteínas celulares e, em conjunto com PP1, é responsável por >90% da atividade Ser/Thr fosfatase na maior parte das células.

A estrutura por raio X da subunidade A de PP2A (Fig. 19.51a), determinada por David Barford, revela uma extraordinária proteína solenoide constituída de 15 repetições sucessivas imperfeitas de uma sequência de 39 resíduos, chamada HEAT (porque ela ocorre nas proteínas chamadas *H*untinina, *E*F3, subunidade *A* de PP2A e *T*OR-1). Sucessivas repetições HEAT, em que cada uma consiste em duas hélices antiparalelas ligadas por um pequeno elo, empilham-se uma sobre a outra com suas hélices correspondentes quase paralelas, formando uma super-hélice longa, de ~100 Å, voltada à direita (hélice de hélices) em forma de gancho.

A estrutura por raio X por uma **holoenzima** PP2A (enzima completa; Fig. 19.51b), determinada independentemente por Yigong Shi e Wenqing Xu, revela, inesperadamente, que a sua subunidade regulatória consiste em 8 repetições do tipo

HEAT uma seguida da outra arranjada como aquela da subunidade A, apesar da ausência de similaridade de sequencia. A subuniddade C liga a superfície côncava da subunidade A ao longo de uma crista de cadeias laterais hidrofóbicas conservadas abrangendo 11 a 15 repetições HEAT. A subunidade regulatória similarmente interage com 2 a 8 repetições HEAT da subunidade A e também liga a subunidade C por meio de uma crista abrangendo 6 a 8 repetições próprias do tipo HEAT. O lado convexo, altamente ácido, da subunidade regulatória (parte inferior da Fig. 19.51b) é assim deixado desocupado, o que sugere que ele interage com substratos proteicos. A subunidade C é estruturalmente semelhante às subunidades catalíticas de PP1 e PP2B.

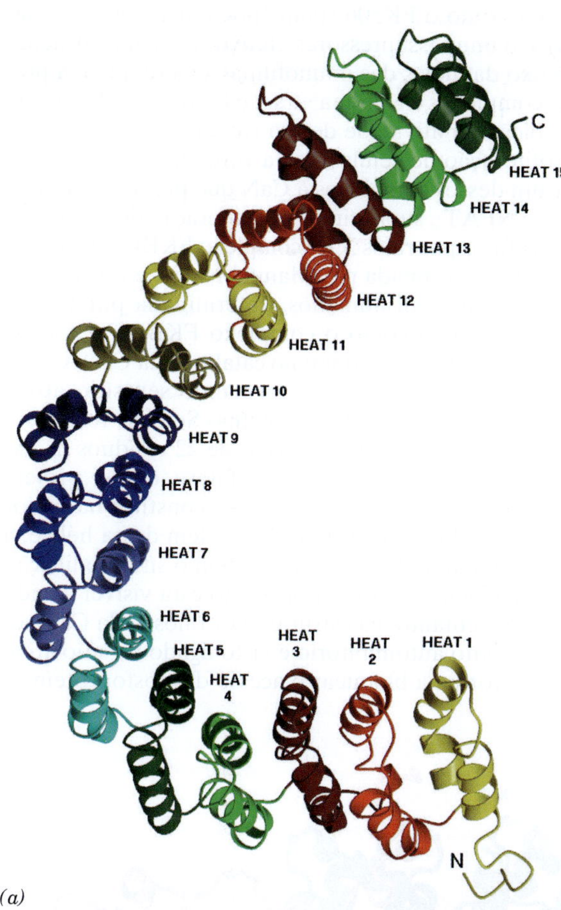

FIGURA 19.51 Estrutura por raios X da proteína-fosfatase PP2A. (*a*) Estrutura de uma subunidade estrutural (A) isolada. As repetições HEAT, que estão representadas em cores diferentes, consistem em duas hélices antiparalelas ligadas por um pequeno elo. Elas empilham-se uma sobre a outra, com as suas hélices correspondentes quase paralelas, formando uma super-hélice voltada para direita, de ~100 Å de extensão (hélice de hélices) em forma de gancho. Compare essa estrutura com aquela de uma porção de anquirina humana (Fig. 12.39), que também forma um solenoide voltado à direita, consistindo em repetições de anquirina. (Cortesia de Bostjan Kobe, St. Vincent's Institute of medical Research, Fitzroy, Victoria, Australia. Estrutura por raios X determinada por David Barford, University of Oxford, Reino Unido. PDBid 1B3U.) (*b*) A estrutura de um heterotrímero de PP2A observada com a subunidade estrutural orientada aproximadamente como na Parte *a*. Aqui, as subunidades estrutural (A; 589 resíduos) e regulatória (B′; 449 resíduos) estão representadas na forma de gancho, cada uma colorida na ordem do arco-íris da extremidade N-terminal (*azul*) para a extremidade C-terminal (*vermelho*). Além disso, a subunidade A está embebida em sua superfície molecular transparente. A subunidade catalítica (C; 309 resíduos)(*magenta*), está representada na forma de fitas. Note a grande semelhança estrutural das subunidades A e B′. (Com base na estrutura por raios X elucidada por Yigong Shi, Princeton University, EUA. PDBid 2NPP.)

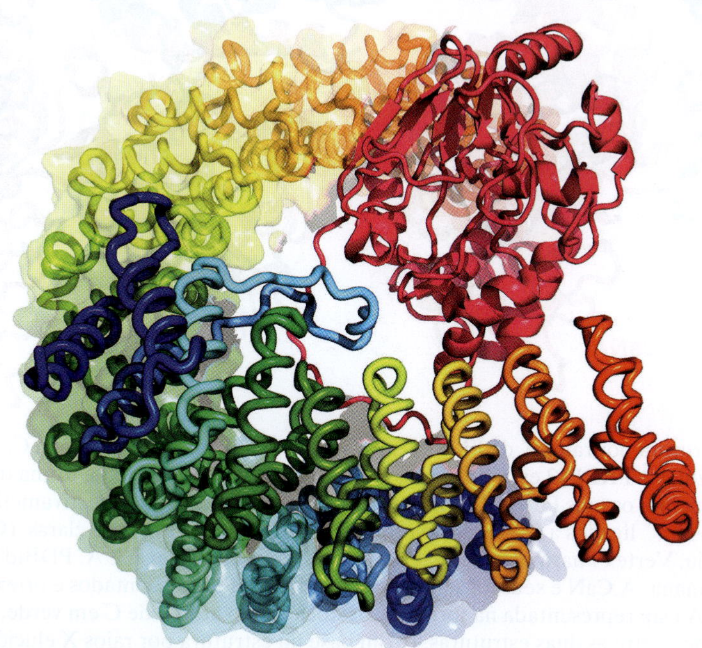

f. PP2B é o alvo de fármacos imunossupressores

A PP2B, também conhecida como **calcineurina** (**CaN**), é a única dentre as proteínas Ser/Thr-fosfatases que é ativada por Ca^{2+}. A CaN é um heterodímero composto de uma subunidade catalítica A (CaNA) e uma subunidade regulatória B (CaNB). A CaNA contém um domínio catalítico N-terminal seguido por um domínio de ligação à CaNB, um domínio de ligação à calmodulina (CaM) e um segmento C-terminal autoinibitório. A CaNB, que possui 35% de identidade de sequência com CaM, liga quatro íons Ca^{2+} por meio de seus quatro motivos mãos EF (Seção 18.3Ce). A CaN é ativada pela ligação de Ca^{2+} à CaNB e de Ca^{2+}-CaM à CaNA.

A calcineurina tem um papel essencial na proliferação de células T induzida por antígeno. Como discutido na Seção 35.2D, a ligação de um peptídeo antigênico a um **receptor de células T**, um receptor associado a tirosina-cinase, inicia uma série complexa de eventos de sinalização que envolve as PTK da família Src, Lck e Fyn, uma cascata de MAP-cinase e uma cascata de fosfoinositídeo (Seção 19.4), que, entre outras coisas, libera Ca^{2+} no citosol. O Ca^{2+}, por sua vez, ativa a CaN a desfosforilar o fator de transcrição **$NFAT_p$** (*f*ator *n*uclear de *a*tivação de células *T*). O $NFAT_p$ complexado a CaN é, então, transladado para o núcleo, onde, combinado com outros fatores de transcrição, induz algumas das etapas iniciais na proliferação de células T.

Como discutido na Seção 9.2B, os produtos fúngicos **ciclosporina A** (**CsA**) e **FK506** são imunossupressores altamente efetivos que estão em uso clínico para a prevenção de rejeição de órgãos transplantados e para o tratamento de doenças autoimunes (processos mediados por células T). CsA e FK506 ligam, respectivamente, as peptidil-prolil-*cis*-*trans*-isomerases (rotamases) **ciclofilina** e **proteína ligadora de FK506** (**FKBP12**), que, por essa razão, são coletivamente conhecidas como **imunofilinas**. No entanto, a observação que tanto a CsA como o FK506 (também conhecidos como **tacrolimus**) são imunossupressores efetivos em concentrações muito abaixo daquelas das imunofilinas sugere que é a presença dos complexos ciclofilina · CsA e FKBP12 · FK506, em vez da inibição da atividade de sua rotamase, que interfere com a proliferação de células T. Na verdade, é a ligação de qualquer um desses complexos à CaN que previne a desfosforilação de $NFAT_p$, suprimindo a proliferação de células T.

As estruturas por raios X do complexo FKBP12 · FK506-CaN bovino, determinada por Manuel Navia, e do complexo correspondente em humanos, determinada por Ernest Villafranca, revelam como o complexo FKBP12 · FK506 liga a CaN (Fig. 19.52*a*). O domínio catalítico da CaNA, com seu centro binuclear Fe^{2+}-Zn^{2+} formando seu sítio ativo, assemelha-se àqueles de outras proteínas Ser/Thr-fosfatases de estrutura conhecida. Uma hélice α de 22 resíduos na extremidade C-terminal do domínio fosfatase, que se projeta a partir deste domínio em até 40 Å, se constitui na maior parte do sítio de ligação à CaNB. Para além dessa hélice, a porção C-terminal de CaNA, que contém o sítio de ligação à CaM e o segmento autoinibitório, não está visível devido a distúrbio. No entanto, na estrutura por raios X da CaN sozinha, o segmento autoinibitório é visto ligado no sítio ativo de CaNA de forma a bloquear o acesso das fosfoproteínas-

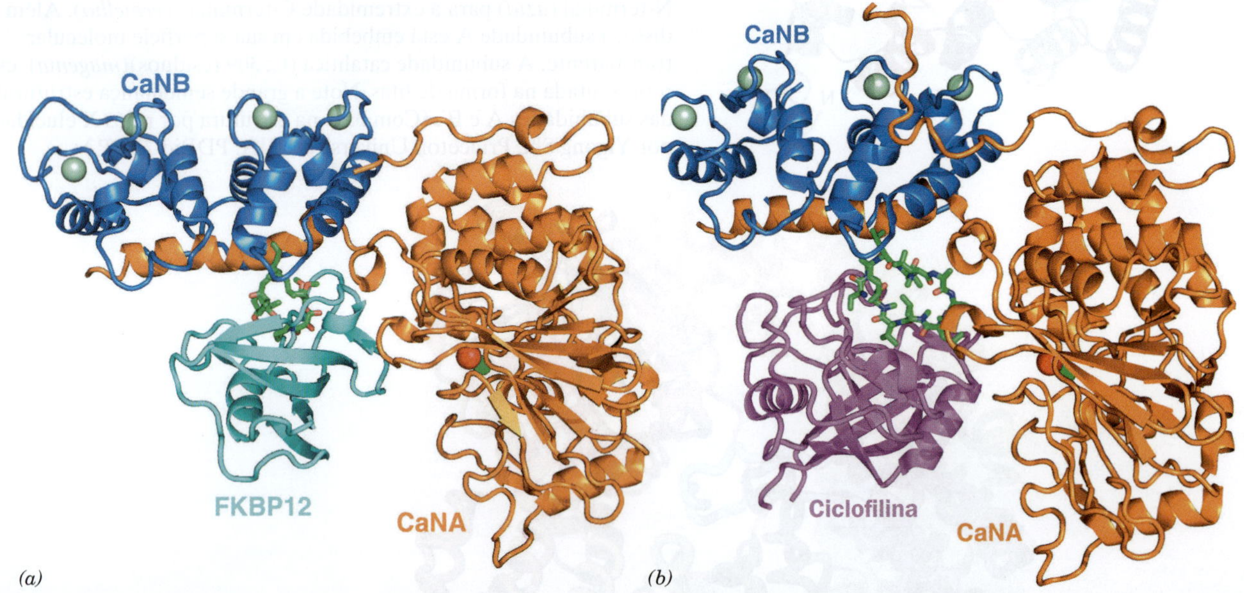

FIGURA 19.52 Calcineurina. (*a*) Estrutura por raios X de FKBP12. FK506-CaN bovino. A subunidade CaNA está em cor de laranja, a subunidade CaNB está em azul, e a FKBP12 está em ciano. O FK506 está representado na forma de bastões com o átomo de C em verde, N em azul, e O em vermelho; os íons Fe^{2+} e Zn^{2+} no sítio ativo de CaNA estão, respectivamente, representados esferas vermelha e verde; e os quatro íons Ca^{2+} ligados a CaNB estão representados por esferas verde-claras. (Com base na estrutura por raios X elucidada por Manual Navia, Vertex Pharmaceuticals, Cambridge, Massachusetts, EUA. PDBid 1TCO.) (*b*) Estrutura por raios X da ciclofilina.CsA-CaN humana. A CaN e seus íons metálicos ligados estão representados e orientados como na Parte *a*, a ciclofilina está em magenta, e a CsA está representada na forma de bastões com o átomo de C em verde, N em azul, e O em vermelho. Observar a grande semelhança entre as duas estruturas. (Com base na estrutura por raios X elucidada por Hengming Ke, University of North Carolina, Chapel Hill, North Carolina, EUA. PDBid 1M63.)

-substrato. A estrutura da CaNB, que possui quatro íons Ca^{2+} ligados, assemelha-se àquela da Ca^{2+}-CaM complexada com um peptídeo-alvo helicoidal (Fig. 18.19), exceto que os dois domínios globulares de CaNB estão no mesmo lado do peptídeo, em vez de em lados opostos, como estão aqueles da Ca^{2+}-CaM. Consequentemente, a CaNB forma uma fenda contínua, onde se liga a hélice da CaNA.

FKBP12 · FK506, um inibidor misto de CaN (Seção 14.3C) liga de forma a contatar ambos CaNA e CaNB, com a porção de FK506 que se extende a partir do sítio de ligação a FKBP12 formando uma parte significativa dessa interface. As estruturas de FKBP12 e CaN nesse complexo assemelham-se muito àquelas nas estruturas por raios X dessas proteínas sozinhas. Assim, parece que FK506 é responsável por um componente crítico desse contato. Entretanto, nenhuma parte do complexo FKBP12 · FK506 está dentro dos limites de 10 Å do sítio fosfatase de CaN (apesar do segmento autoinibitório de CaN ter sido deslocado). Isso explica a observação que FKBP12 · FK506 inibe fortemente a CaN na desfosforilação de um fosfopeptídeo de 20 resíduos, mas realmente aumenta, por um fator de 3, a taxa em que CaN desfosforila o substrato muito menor *p*-nitrofenilfosfato.

A estrutura por raios X da ciclofilina CsA-CaN humana (Fig. 19.52b), independentemente determinada por Hengming Ke e Harrison, é notavelmente semelhante àquela de FKBP12 · FK506-CaN apesar do fato de que não existe semelhança entre ciclofilina · CsA e FKBP12 · FK506. A ciclofilina liga-se essencialmente na mesma região de CaNA, assim como FKBP12 com CsA formando um componente essencial deste contato, desse modo limitando o acesso do sítio ativo de CaN da mesma forma que faz FKBP12 · FK506. Todavia, as características das rotamases que aparentemente as adaptam para os seus papéis na inibição de CaN permanecem enigmáticas.

4 A CASCATA DO FOSFOINOSITÍDEO

Sinais extracelulares frequentemente causam uma elevação transitória na [Ca^{2+}] citosólica, que, por sua vez, ativa uma grande variedade de enzimas por intermédio da calmodulina e seus homólogos. Um aumento na [Ca^{2+}] citosólica dispara processos celulares tão diversos quanto glicogenólise (Seção 18.3Ce) e contração muscular (Seção 35.3C). Qual é a fonte desse Ca^{2+} e como ele entra no citosol? Em certos tipos de células, neurônios (células nervosas; Fig. 1.10*d*), por exemplo, o Ca^{2+} origina-se do fluido extracelular. No entanto, a observação que a ausência de Ca^{2+} extracelular não inibe certos processos mediados por Ca^{2+} levou à descoberta que, nesses casos, o Ca^{2+} citosólico é obtido a partir de reservatórios intracelulares, principalmente do retículo endoplasmático (e seu equivalente no músculo, o retículo sarcoplasmático). Então, o estímulo extracelular que causa a liberação de Ca^{2+} deve ser mediado por um sinal intracelular.

A primeira evidência sobre a natureza desse sinal foi obtida de observações que a mobilização de Ca^{2+} intracelular e a renovação de **fosfatidilinositol-4,5-bifosfato (PIP_2 ou PtdIns-4,5-P_2**; Fig. 19.53), que ocorre principalmente na membrana plasmática como um componente minoritário (<1%) da camada citosólica, estão fortemente relacionadas. Essa informação levou Robert Michell a propor, em 1975,

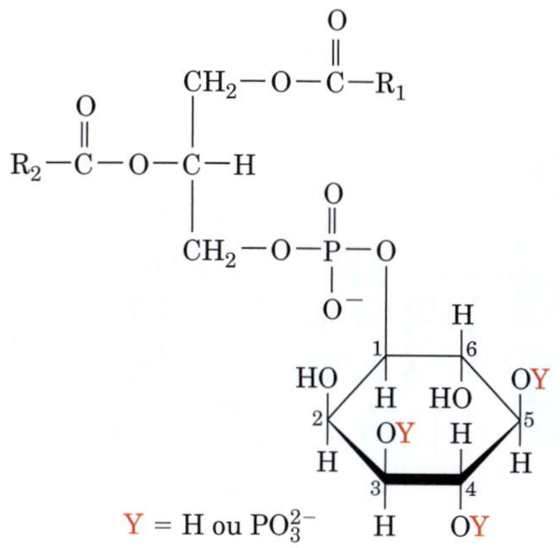

Y = H ou PO_3^{2-}

FIGURA 19.53 Fórmula molecular dos fosfatidilinositídeos. O grupo polar desses glicerofosfolipídeos é o *myo*-inositol fosforilado nas posições 3-, 4-, e/ou 5-. R_1 é predominantemente a cauda hidrocarbônica do ácido esteárico (um ácido graxo 18:0; Tabela 12.1) e R_2 é predominantemente a cauda hidrocarbônica do ácido araquidônico (um ácido graxo 20:4).

que a hidrólise de PIP_2 de alguma forma está associada à liberação de Ca^{2+}.

A. Ca^{2+}, Inositol-trisfosfato e diacilglicerol são segundos mensageiros

Investigações, particularmente por Mabel e Lowell Hokin, Michael Berridge e Michell, revelaram que *o PIP_2 faz parte de um importante sistema de segundo mensageiro, a* ***cascata do fosfoinositídeo****, que é mediador da transmissão de numerosos sinais hormonais*, incluindo aqueles de vasopressina, CRF, TRF (Seção 19.1H), acetilcolina (neurotransmissor; Seção 20.5Cb), adrenalina (com receptores α_1-adrenérgicos; Seção 19.1F), EGF e PDGF. Surpreendentemente, esse sistema gera três tipos distintos de segundos mensageiros pela seguinte sequência de eventos (Fig. 19.54).

1-3. A interação ligante-receptor descrita a seguir ativa uma **fosfolipase C** (**PLC**, de *phospholipase C;* Seção 19.4B) específica para fosfoinositídeo para hidrolisar PIP_2 a **inositol-1,4,5-trifosfato (IP_3** ou **Ins-1,4,5-P_3)** e ***sn*-1,2-diacilglicerol** (**DAG** ou **DG**)

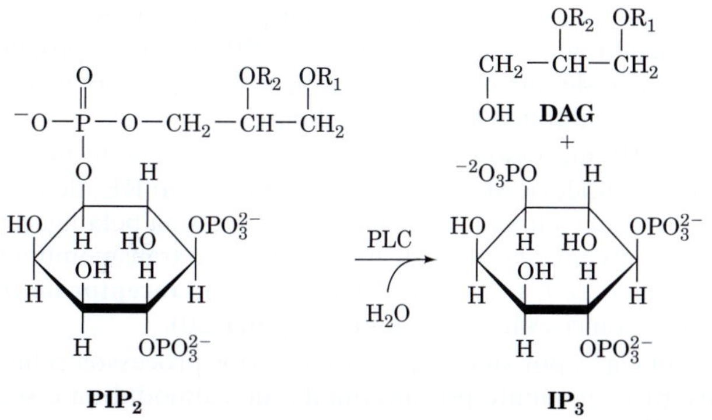

PIP_2 + H_2O → (PLC) DAG + IP_3

(o sistema de numeração estereoespecífica [*sn*, de *stereospecific numbering*] está descrito na legenda da Fig. 12.3). As PLCs catalisam a hidrólise da ligação de um glicerofosfolipí-

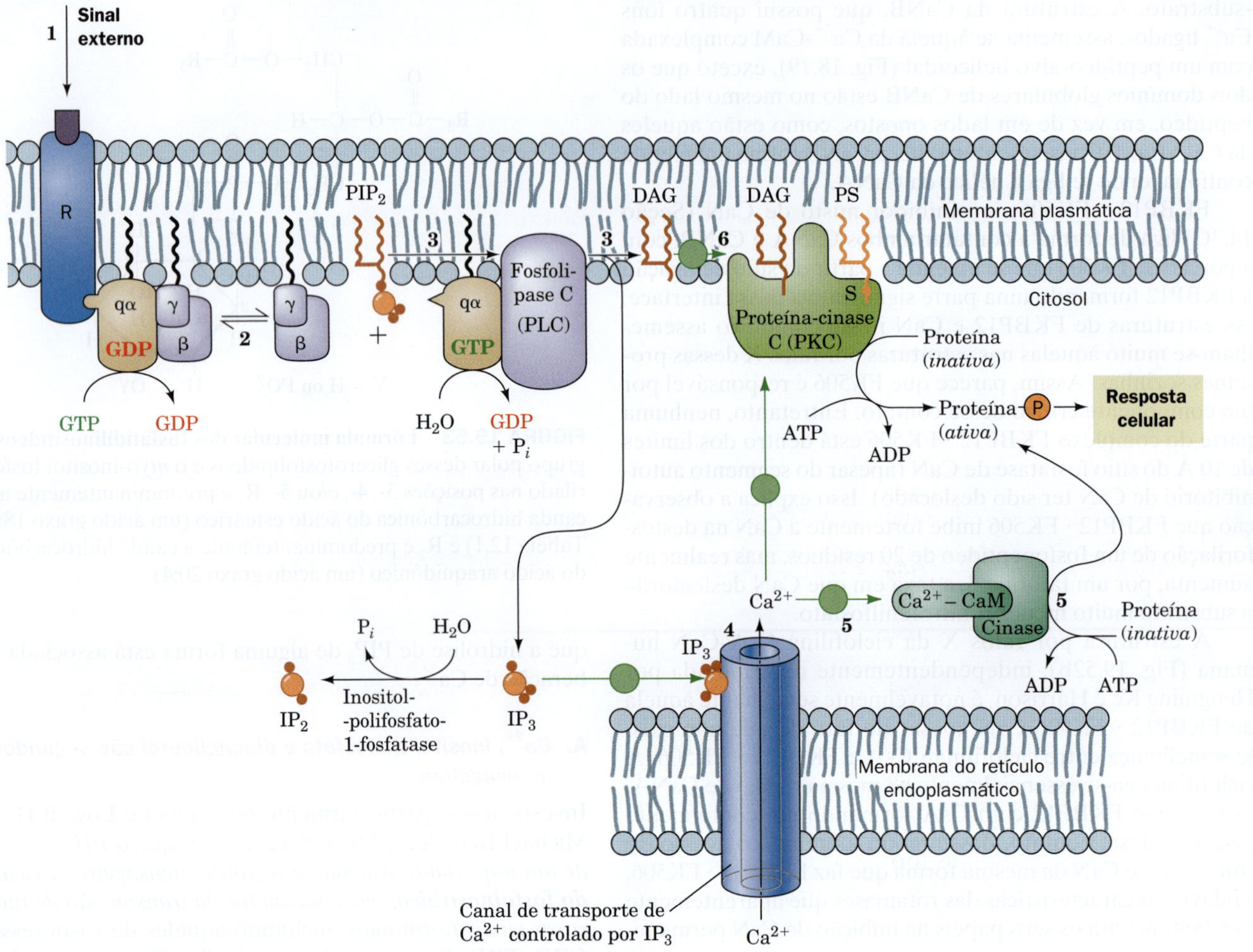

FIGURA 19.54 Função de PIP_2 na sinalização intracelular. **(1)** A interação de um ligante a um receptor de superfície celular, R, ativa uma fosfolipase C fosfoinositídeo-específica por intermédio do que é mostrado aqui como **(2)** uma proteína G (G_q; Fig. 19-17), mas em muitos casos é um RTK, um NRTK ou possivelmente Ca^{2+}. A fosfolipase C catalisa a hidrólise de PIP_2 a IP_3 e DAG **(3)**. O IP_3 hidrosolúvel estimula a liberação de Ca^{2+} sequestrado no retículo endoplasmático **(4)** que, por sua vez, ativa numerosos processos celulares por intermédio de calmodulina e seus homólogos **(5)**. O DAG, apolar, permanece associado à camada interna da membrana onde ativa a proteína-cinase C para esta fosforilar e dessa forma modular a atividade de várias proteínas celulares **(6)**. Esse último processo de ativação também requer a presença do lipídeo de membrana fosfatidilserina (PS) e Ca^{2+}. **Ver Figuras animadas**

deo ao seu grupo fosforil, como indicado na Fig. 19.55 (que também mostra a atividade de outros tipos de fosfolipases). Note que essa reação ocorre na interface entre a fase aquosa e a membrana, de modo que tanto o PIP_2 como seu produto anfipático de hidrólise, o DAG, permanecem associados à membrana durante a reação catalítica.

4. O IP_3 hidrossolúvel, agindo como um segundo mensageiro, difunde-se através do citoplasma para o RE, de onde ele estimula a liberação de Ca^{2+} ao citoplasma pela ligação, e consequente abertura, de um canal iônico transmembrana específico de Ca^{2+} no RE conhecido como **receptor de IP_3** (canais iônicos são discutidos no Capítulo 20).

5. O Ca^{2+}, por sua vez, estimula vários processos celulares, principalmente por intermédio de calmodulina e seus homólogos.

6. O DAG anfipático está obrigado a permanecer na camada interna da membrana plasmática, onde, entretanto, também age como um segundo mensageiro ativando a **proteína-cinase C (PKC;** Seção 19.4C) na presença de Ca^{2+} e fosfatidilserina (PS; que está localizada exclusivamente na

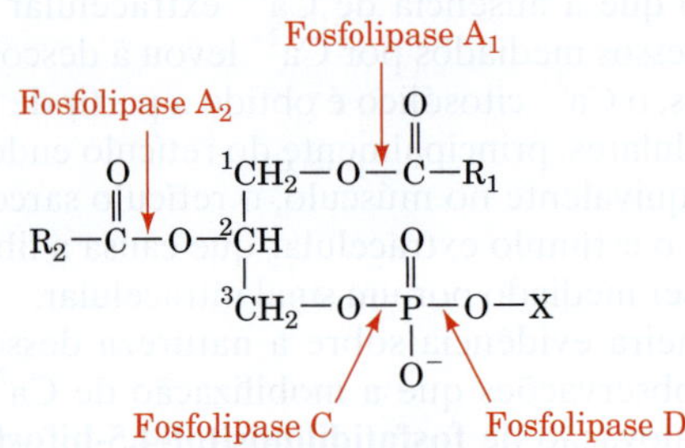

FIGURA 19.55 A fosfolipase é nomeada de acordo com a ligação que ela cliva no glicerofosfolipídeo. X é um grupo fosfoinositol para essa discussão.

face citosólica da membrana plasmática). Essa enzima ligada à membrana (na verdade, uma família de enzimas; Seção 19.4C), por sua vez, fosforila Ser/Thr e consequentemente modula a atividade de várias proteínas diferentes, incluindo a glicogênio-sintase (Seção 18.3D). O DAG, que predominantemente tem um grupo estearoil em sua posição 1 e um grupo araquidonoil em sua posição 2, é subsequentemente degradado em algumas células pela **fosfolipase A_2 citosólica** (**cPLA_2**, de *cytosolic phospholipase* A_2), produzindo araquidonato, o principal substrato para a biossíntese de prostaglandinas, prostaciclinas, tromboxanos, leucotrienos e lipoxinas. Esses hormônios parácrinos, como discutido na Seção 25.7, são mediadores ou modulam uma ampla variedade de funções fisiológicas.

B. *As fosfolipases C*

Em mamíferos, as PLCs específicas para fosfoinositídeos são classificadas em seis famílias, compreendendo 13 isoenzimas de acordo com sua sequência e modo de regulação: β(1−4), γ(1−2), δ(1, 3, 4), ε, η(1–2) e ζ (Fig. 19.56; a isoenzima originalmente chamada PLC-α é na verdade um fragmento proteolítico da PLC-δ1), muitas possuem também variantes de processamento. Todas essas PLCs requerem a presença de íons Ca^{2+} para a atividade enzimática. A isoenzima PLC-δ (~760 resíduos) consiste em, a partir da extremidade N- para a C-terminal, um domínio de homologia a pleckstrina (PH, de *pleckstrin homology* Seção 19.3Ce) de ~120 resíduos; um domínio mão EF de ~130 resíduos que contém quatro motivos mãos EF (Fig. 18.18); duas regiões conservadas conhecidas como X e Y, que juntas formam o domínio catalítico de ~250 resíduos da PLC e que são separadas por um elo de ~60 resíduos; e um **domínio C2** de ~120 resíduos, que em muitos casos liga Ca^{2+} e que ocorre em > 650 proteínas que participam sobretudo em transdução de sinal e interações com membranas. As isoenzimas de PLC-β (~1.200 resíduos) possuem uma cauda C-terminal adicional de ~420 resíduos, que tem sido implicada na associação à membrana e regulação por proteínas G (ver a seguir). Em contraste, as isoenzimas de PLC-γ (~1.270 resíduos) contêm uma inserção de ~420 resíduos entre as regiões X e Y constituída de um domínio PH adicional dividido por dois domínios SH2, envolvidos na ligação a PTKs ativadas (ver a seguir), e um domínio SH3. A PLC-ε (~2.300 resíduos), que é ativada por várias proteínas G relacionadas à Ras, possui um domínio RasGEF N-terminal e dois domínios de ligação a Ras (**RA**) C-terminais. A PLC-η (~1000 resíduos), que ocorre apenas em tecido nervoso, contém uma região rica em Ser/Pro (S/P), na porção C-terminal, de função desconhecida. A PLC-ζ (~650 resíduos), a menor das PLCs e a única que não possui um domínio PH, ocorre apenas no esperma. A observação que as PLCs em plantas e em eucariotos inferiores, como leveduras, são do tipo δ sugere que as várias isoenzimas de PLC em mamíferos evoluíram de uma PLC-δ primordial.

a. Gq_α · GTP, $G_{\beta\gamma}$, e Rac · GTP Ativam PLC-βs trazendo-as em contato com a membrana

As PLC-βs são hormonalmente reguladas por certos receptores acoplados à proteína G (p. ex., aqueles para histamina, vasopressina, TSH, tromboxano A_2 e angiotensina II) por meio

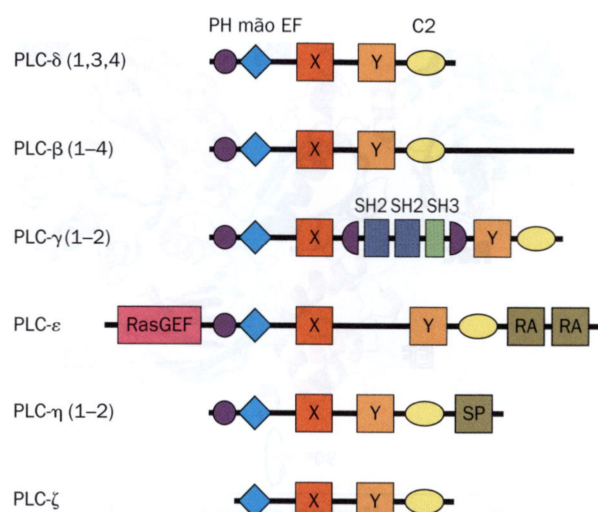

FIGURA 19.56 **Organização dos domínio das seis classes PLCs específicas para fosfoinositídeos.**

de suas proteínas G heterotriméricas associadas, como indicado na Fig. 19.54. Em particular, eles são ativados através de sua interação com a subunidade α da subfamília G_q (Seção 19.2C) complexada com GTP. $G_{q\alpha}$ · GTPγS ativa as isoformas de PLC-βs na ordem de potência β1 > β3 > β2, com a posição de β4 indeterminada nesta hierarquia porque ela é inibida por GTPγS. Além disso, um aspecto importante da regulação das PLC-βs por $G_{q\alpha}$ · GTP é que as PLC-βs agem como GAPs aumentando a atividade GTPásica de $G_{q\alpha}$ em >50 vezes, dessa forma limitando a função ativadora de $G_{q\alpha}$.

As isoformas de PLC-β são independentemente ativadas pelos complexos $G_{\beta\gamma}$, que podem ser fornecidos pela dissociação de proteínas G heterotriméricas exceto $G_{q\alpha}G_{\beta\gamma}$. Além disso, sua ordem de eficácia com $G_{\beta\gamma}$ difere daquela com $G_{q\alpha}$ · GTP: β3 > β2 > β1, com β4 insensível à presença de $G_{\beta\gamma}$. Embora a concentração de $G_{\beta\gamma}$ necessária para máxima ativação das PLC-βs seja muito maior do que a de $G_{q\alpha}$ · GTP, a extensão final da ativação é similar. Os sítios de PLC-β2 que interagem com $G_{\beta\gamma}$ são os domínios PH e um segmento de 10 resíduos próximo ao N-terminal da sua região Y. A região de $G_{\beta\gamma}$ que interage com PLC-βs sobrepõe a região por meio da qual ela liga as subunidades G_α, dessa forma explicando porque $G_{\beta\gamma}$ não pode ligar simultaneamente uma PLC-β e uma G_α · GDP.

A pequena proteína G da família Rho chamada **Rac1**, em complexo com GTP, ativa PLC-β2, -β3, e -γ2. A estrutura por raios X de um complexo da PLC-β2 sem sua cauda C-terminal (mas ainda cataliticamente ativa *in vitro*) com Rac1 · GTPγS foi determinada por John Sondek. Ela revela (Fig. 19.57) que os quatro domínios restantes de PLC-β2 estão ligados por segmentos polipeptídicos estendidos que formam interações fortes com esses domínios. Os motivos mãos EF 1 e 2 formam um lóbulo que está intimamente sobreposto aos lóbulos N- e C-terminais da calmodulina (Figs. 18.17 e 18.19), como fazem os motivos mãos EF 3 e 4. Apesar de os motivos mãos EF estarem geralmente associados a íons Ca^{2+}, os resíduos necessários para essa ligação são fracamente con-

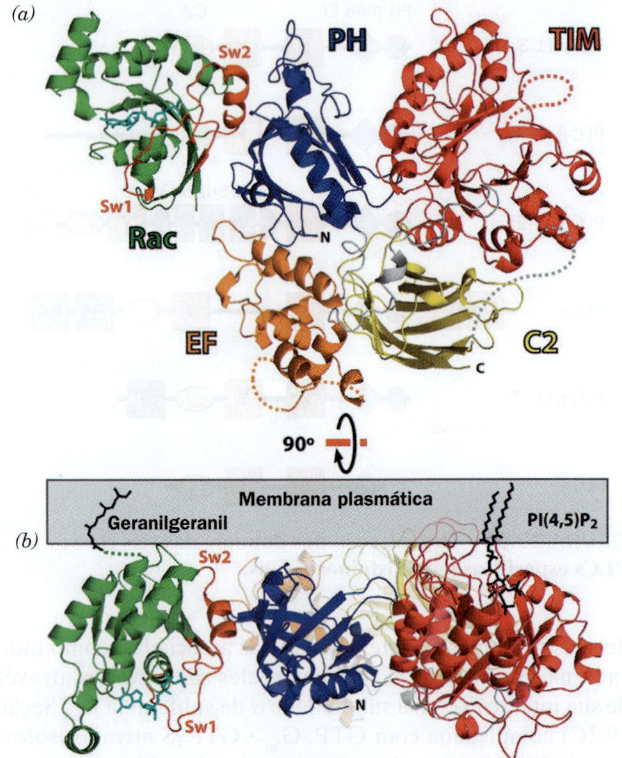

FIGURA 19.57 Estrutura por raios X da PLC-β2, sem sua cauda C-terminal, complexada com Rac1 · GTPγS. O domínio de homologia a pleckstrina (PH) da PLC-β2 está em azul, o domínio em mão EF (EF) está em cor de laranja, o barril TIM(α/β) está em vermelho e o domínio C2 está em amarelo. A Rac1 está em verde com as regiões Comutadoras (Sw1 e Sw2) em vermelho e seu GTPγS ligado representado na forma de bastões em ciano. (*a*) Vista em direção a superfície citosólica da membrana. (*b*) Vista em relação a um ângulo de 90° do eixo horizontal da Parte *a*. O grupo geranilgeranil na extremidade C-terminal de Rac1 e o substrato PIP_2 (*bastões pretos*) estão mostrados como sítios de inserção à membrana. Note que as três alças do barril TIM, que formam uma crista hidrofóbica, estão inseridos na membrana. (Cortesia de John Sondek, University of North Carolina School of Medicine, EUA. PDBid 2FJU.)

servados nas PLCs. Assim, apesar de mutações nesse domínio serem deletérias para a atividade catalítica das PLCs, sua função não está clara.

As regiões X e Y do domínio catalítico da PLC-β2 formam um TIM (ou barril α/β; Seção 8.3B). A região X contribui com um motivo βαβαβαβ típico para formar aproximadamente metade do barril, e a região Y contribui com o restante. A parte visível do peptídeo, parcialmente desordenado, de 70 resíduos que une as regiões X e Y obstrui o sítio ativo da enzima, que, como é o caso para todas as enzimas barril TIM, está localizada na boca do barril na extremidade C-terminal de sua folha β. A deleção do elo X-Y aparentemente autoinibitório aumenta a atividade fosfolipásica da enzima em ~10 vezes, embora ela ainda possa ser mais ativada por várias proteínas G. Apesar da ligação X-Y de muitas PLCs compartilharem pequena identidade de sequência, todas elas contêm aglomerações de resíduos negativamente carregados. Isso sugere que quando a PLC aproxima-se da face citosólica negativamente carregada da membrana, seu elo X-Y é eletrostaticamente repelido do sítio ativo da PLC, dessa forma permitindo o acesso dessas enzimas aos seus substratos, como PIP_2, ligados à membrana.

Todas as PLCs requerem um íon Ca^{2+} ligado para atividade catalítica. A constelação dos resíduos do sítio ativo na estrutura de PLC-β2 é rigorosamente semelhante àquela da estrutura por raios X da PLC-δ1 complexada com IP_3 e com íon Ca^{2+}. Nessa última estrutura, um Ca^{2+} está coordenado por seis ligações na base do sítio ativo, sendo um dos seus ligantes o grupo 2-hidroxila de IP_3 e os demais as cadeias laterais altamente conservadas de Asp, Glu e Asn. Portanto, postula-se que a reação catalítica ocorra por um mecanismo análogo àquele da hidrólise de RNA catalisada pela RNase A (Fig. 15.3), em que o grupo 2-hidroxila de PIP_2 faz um ataque nucleofílico ao grupo fosfato-1 vizinho para formar DAG e um intermediário fosfodiéster cíclico, que é subsequentemente hidrolisado para formar IP_3. O íon Ca^{2+} (em vez da cadeia lateral de uma His, como na RNase A) está apropriadamente posicionado para promover a desprotonação do grupo 2-hidroxila, de modo a aumentar sua capacidade nucleofílica e subsequentemente ajudar a estabilizar a carga negativa em desenvolvimento do fósforo pentavalente no estado de transição da reação catalítica (Fig. 16.6*b*). Isso explica por que o **2-desoxi-PIP_2** não é hidrolisado por PLCs específicas para fosfoinositídeo de mamíferos.

Rac1 · GTPγS liga-se ao domínio PH da PLC-β2 exclusivamente por meio das regiões comutadoras de Rac1 (Fig. 19.57), o que explica porque Rac1 · GDP não liga PLC-β2. No entanto, a comparação da estrutura por raios X da PLC-β2 sozinha com aquela de seu complexo com Rac1 · GTPγS indica que a ligação de Rac1 · GTPγS não altera a conformação de PLC-β2. Como, então, Rac1 · GTPγS ativa PLC-β2? A maior parte dos domínios PH liga fosfoinositídeos associados à membrana (ver a seguir), mas aqueles da PLC-β2 e β3 não possuem os resíduos necessários para isso. Em vez disso, geranilgeranil na extremidade C-terminal de Rac1 a ancora à membrana (Seção 12.3Ba), localizando PLC-β2 e provavelmente PLC-β3 na face citosólica da membrana plasmática (Fig. 19.57*b*), onde elas podem hidrolisar de maneira eficiente os fosfoinositídeos. Semelhantemente, $G_{q\alpha}$ · GTP e Gβγ ancorados à membrana servem para localizar PLC-β2 à membrana.

O domínio C2, consiste em um sanduíche de duas folhas β antiparalelas de 4 fitas cada, com alças intercadeias variáveis. A estrutura por raios X de PLC-δ1 complexada com lantânio, um análogo de cálcio, revelou que o domínio C2 contém três sítios de ligação a íons Ca^{2+} muito próximos um do outro. Todos esses íons metálicos permanecem em uma estreita fenda em uma extremidade do sanduíche β, onde eles estão expostos na superfície da enzima. Então, parece provável que, *in vivo*, eles associam-se a grupos polares aniônicos, como os de PS, na superfície da membrana. Uma vez que a extensa interface entre o domínio C2 e o domínio catalítico parece ser rígida, essa interação provavelmente auxilia na ligação do domínio catalítico à membrana de forma que ele possa interagir produtivamente com moléculas de PIP_2. Essa associação parece ser suplementada pela interação de uma saliência hidrofóbica, formada por três alças, de um lado da abertura do sítio ativo, que supostamente penetra na região apolar da membrana durante a catálise (Fig. 19.57*b*). Isso explicaria como a enzima pode catalisar a hidrólise de PIP_2 a DAG e IP_3 enquanto PIP_2 e DAG permanecem associados com a membrana.

A cauda C-terminal, que é única para as isoformas PLC-β (Fig. 19.56) tem sido implicada, por meio de estudos de enzimas truncadas, na ligação de $G_{q\alpha} \cdot$ GTP. A estrutura por raios X desse segmento de ~420 resíduos revela que ele consiste quase inteiramente em três longas hélices que formam uma espiral enrolada que dimeriza ao longo de seu eixo longitudinal. Ele contém um grande número de resíduos básicos que estão aglomerados em uma face do dímero e cuja mutação resulta em respostas reduzidas a $G_{q\alpha} \cdot$ GTP. Essa superfície positivamente carregada é provável que interaja com fosfolipídeos ácidos, assim como recrute sua PLC-β anexada à membrana. Portanto, parece que *a ativação das PLC-βs é quase inteiramente o resultado da sua associação íntima com a membrana negativamente carregada.*

b. O domínio de homologia a pleckstrina amarra PLC-δ1 à membrana

A estrutura por raios X do domínio PH N-terminal da PLC-δ1 complexada com IP_3, determinada por Joseph Schlessinger e Sigler, revela que o IP_3 se liga a uma superfície positivamente carregada da proteína (Fig. 19.58). Isso é coerente com a sugestão que o domínio PH serviria de âncora junto à membrana, sugestão que é reforçada pela observação que este domínio PH liga PIP_2 com afinidade muito maior (K_D = 1,7 μ*M*) do que o domínio catalítico de PLC-δ1 (K_D > 0,1 m*M*). Uma vez que o segmento peptídico que liga o domínio PH ao resto da enzima provavelmente é flexível, parece que o domínio PH em PLC-δ1 atua para amarrar a enzima à membrana. Isso explica as medidas cinéticas que indicam que a enzima catalisa múltiplos ciclos de hidrólise de PIP_2 sem se liberar da membrana.

Apesar disso, o modo em que as isoenzimas PLC-δ são reguladas é insuficientemente entendido. A maior sensibilidade das isoenzimas PLC-δ ao íon Ca^{2+} comparado àquelas de outras PLCs sugere que as isoenzimas PLC-δ são reguladas por variações na $[Ca^{2+}]$ intracelular. Assim, a ativação das isoenzimas PLC-δ pode ocorrer secundariamente à ativação mediada por receptor de outras isoenzimas PLC por meio da indução da abertura dos canais de Ca^{2+} (Fig. 19.54).

c. Proteínas tirosinas-cinases recrutam isoenzimas PLC-γ para a membrana.

Em vários tipos celulares, as isoenzimas de PLC-γ são ativadas por certos fatores de crescimento proteicos, incluindo EGF, PDGF, FGF e NGF. Esses fatores de crescimento causam a autofosforilação de seus receptores correspondentes, que são RTKs (Seção 19.3A), em resíduos específicos de Tyr. Alguns desses sítios de fosfoTyr são ligados, de acordo com estudos mutacionais, especificamente pelo domínio SH2 N-terminal (N-SH2) da PLC-γ1 (Figs. 19.56 e 19.27*a*), mas não por seu domínio C-SH2. O domínio N-SH2 liga peptídeos contendo um resíduo de fosfoTyr seguido por pelo menos 5 resíduos predominantemente hidrofóbicos, ao contrário do domínio SH2 de Src, que liga preferencialmente peptídeos contendo pYEEI (Seção 19.3Cb).

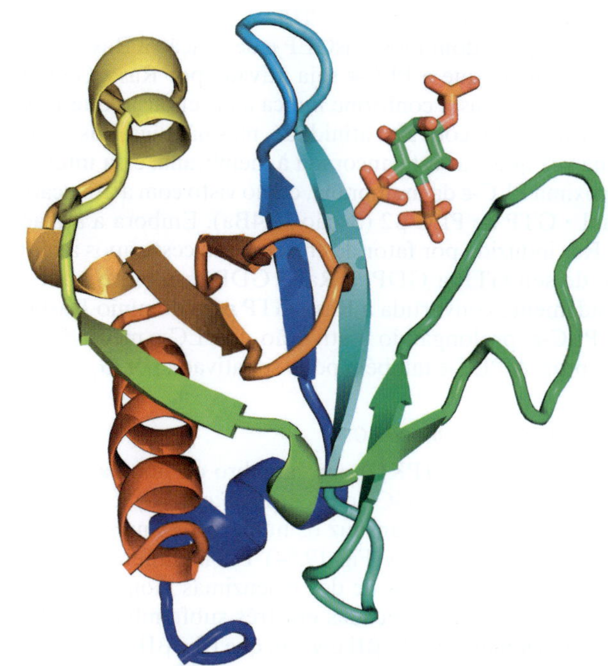

FIGURA 19.58 Estrutura por raios X do domínio de homologia a pleckstrina da PLC-δ1 complexada com PIP_3. A cadeia peptídica está representada na forma de fitas, colorida na ordem do arco-íris, da extramidade N-terminal (*azul*) a extremidade C-terminal (*vermelho*). O PIP_3 está mostrado na forma de bastões, com o átomo de C em verde, O em vermelho e P em cor de laranja. O domínio PH consiste basicamente em um sanduíche de β barril de 7 fitas antiparalelas e uma α-hélice C-terminal comuns a vários domínios PH de estrutura conhecida. (Com base na estrutura por raios X determinada por Joseph Schlessinger, New York University Medical Center, e Paul Sigler, Yale University EUA. PDBid 1MAI.)

Os receptores ativados dos quatro fatores de crescimento anteriores fosforilam PLC-γ1 nos mesmos três resíduos de Tyr, 771, 783 (localizado entre os domínios SH2 e SH3) e 1254 (localizado na cauda C-terminal). Na verdade, a mutação da Tyr 783 para Phe bloqueia completamente a ativação da PLC-γ1 por PDGF, apesar deste mutante de PLC-γ1 ainda se associar com o receptor de PDGF. Da mesma maneira, a mutação de certos sítios de autofosforilação (p. ex., a Tyr 1021 do receptor de PDGF) nos RTKs interrompe a ligação e a consequente ativação, de PLC-γ1, ainda que esses receptores mutados catalisem a fosforilação de Tyr dependente do fator de crescimento em PLC-γ1 em níveis detectáveis. Evidentemente, a ativação de PLC-γ1 induzida por fator de crescimento necessita da fosforilação da Tyr em PLC-γ1 e de sua associação com o receptor do fator de crescimento, sendo que este último evento, presumivelmente, traz PLC-γ1 em contato com seu substrato PIP_2, na camada citosólica da membrana plasmática. As isoenzimas de PLC-γ também podem ser ativadas por proteínas tirosina-cinases não receptoras, como por exemplo membros das famílias Src e JAK (todas associadas à membrana), que são ativadas por receptores associados a tirosina-cinase (Seção 19.3E). A função do domínio SH3 de PLC-γ não está clara.

d. A PLC-ε é ativada por Ras · GTP

A presença de domínios RasGEF e de ligação à Ras (RA) na PLC-ε sugere que a PLC-ε seja ativada por Ras · GTP. De fato, é este o caso, conforme indica a observação que PLC-ε liga Ras · GTP com alta afinidade, mas não liga Ras · GDP. Uma vez que Ras está ancorada à membrana, essa interação aproxima PLC-ε da membrana, como visto com a ativação de Rac1 · GTP de PLC-β2 (Seção 19.4Ba). Embora a ativação de Ras induzida por fator de crescimento cesse após a hidrólise de seu GTP a GDP, a Ras · GDP resultante pode ser rapidamente convertida a Ras · GTP pelo domínio RasGEF da PLC-ε, prolongando a ativação da PLC-ε mediada pelo receptor. A PLC-ε também pode ser ativada por $G_{12\alpha}$.

C. *As proteínas-cinases C*

Proteína-cinase C (PKC), um membro da **família AGC** de proteínas-cinases (AGC de PK*A*, PK*G* e PK*C*), é a proteína Ser/Thr-cinase que transduz os numerosos sinais mediados pela liberação de DAG (Fig. 19.54). Em mamíferos elas compreendem uma família de dez isoenzimas monoméricas de ~700 resíduos, classificadas em três subfamílias: as PKCs "convencionais" (α, βI, βII e γ, em que βI e βII são variantes de processamento do mesmo gene); as PKCs "novas" (δ, ε, η e θ); e as PKCs "atípicas" (ζ e ι (humano)/λ(camundongo). As PKCs convencionais, que são ativadas por DAG e Ca^{2+}, consistem em um pseudossubstrato N-terminal autoinibitório (que assemelha-se ao peptídeo alvo da enzima, mas com o sítio de fosforilação Ser/Thr substituído por Ala) seguido por quatro domínios conservados, C1 a C4 (C1 para região *c*onservada *1* da PKC, etc.). O **domínio C1** de ligação a DAG, que ocorre em >50 outras proteínas, incluindo Raf (esta não liga DAG), consiste em dois motivos em sequência, de ~50 resíduos, ricos em Cys, C1A e C1B. No entanto, apenas C1B liga DAG. C2, que frequentemente liga íon Ca^{2+}, também é um componente da PLC (Fig. 19.57) e de numerosas outras proteínas de sinalização. C3 e C4 formam os lóbulos N- e C-terminais da proteína-cinase, que é similar em sequência e estrutura à subunidade catalítica da PKA (Fig. 18.15). A proteína-cinase é mantida em seu estado inativo pela ligação do pseudossubstrato (como na MLCK; Seção 18.3Ce). As PKCs novas, que são ativadas por DAG, mas não por Ca^{2+}, assemelham-se às PKCs convencionais, exceto pelo fato que seus domínios C2 não ligam Ca^{2+}. As PKCs atípicas, que não são responsivas a DAG ou Ca^{2+}, possuem apenas um motivo rico em Cys em seus domínios C1 e carecem de domínios C2.

Além de suas propriedades regulatórias diferentes, as várias PKCs estão localizadas em diferentes compartimentos subcelulares (p. ex., membrana plasmática, membrana nuclear, retículo endoplasmático, aparelho de Golgi, mitocôndria) de forma que varia com o tipo celular e estímulo externo. Essa especificidade é fornecida tanto por sequências de direcionamento na PKC assim como por proteínas estruturais que posicionam as PKCs individuais em microdomínios específicos de membranas em íntima proximidade com seus substratos e proteínas regulatórias. Por exemplo, os membros de uma família de proteínas associadas à membrana conhecidas como **RACKs** (de ***r****eceptors of* ***a****ctivated* ***C****-****k****inases;* receptores de cinases C ativadas) cada uma ancora uma PKC ativada específica em uma localização subcelular particular.

a. Os domínios C1 e C2 ancoram PKC na membrana plasmática

Ésteres de forbol, como o **12-*O*-miristoilforbol-13-acetato**

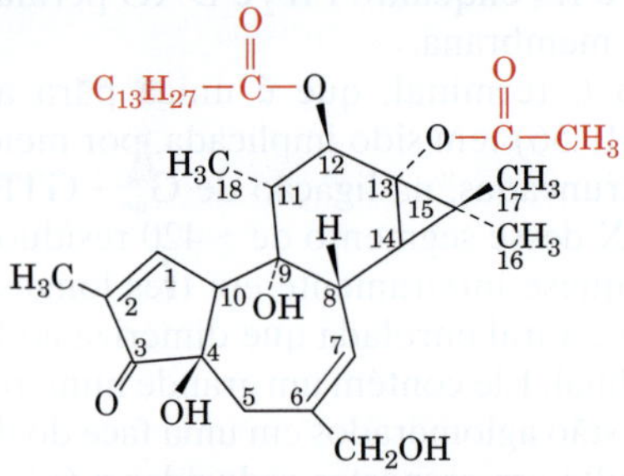

12-*O*-Miristoilforbol-13-acetato

(que ocorre no óleo de sementes de crotão e foi usado como um purgativo forte na medicina popular), são ativadores potentes da PKC; eles assemelham-se estruturalmente ao DAG, mas ligam PKC com afinidade ~250 vezes maior. Consequentemente, os ésteres de forbol são os mais efetivos **promotores de tumor**, substâncias que não são carcinogênicas por si só, mas aumentam a potência de carcinógenos conhecidos. Eles aumentam a potência de carcinógenos por inibirem a apoptose, (morte celular programada; Seção 34.4E) e estimulam a proliferação de células pré-cancerosas (células com algumas das mutações que as fazem cancerosas, mas que reduzem a sensibilidade da célula a sinais apoptóticos e aumentam a sensibilidade a sinais proliferativos), assim como estimulam processos metabólicos que geram agentes carcinogênicos (p. ex., radicais livres). Isso aumenta a probabilidade de que tal célula completará sua transformação malígna. Não é surpreendente, portanto que, a atividade alterada de PKC esteja associada com vários tipos de cânceres.

A estrutura por raios X do motivo C1B da PKC-δ complexado com 12-*O*-miristoilforbol-13-acetato, determinada por Hurley, revela que este motivo de 50 resíduos é, em grande parte, unido por dois íons Zn^{2+}, cada um ligado tetraedricamente pelas cadeias laterais de uma His e três Cys (Fig. 19.59). O éster de forbol liga em um sulco estreito entre duas alças constituídas principalmente de resíduos apolares. Já que ésteres de forbol também são apolares, todo o terço superior do complexo, conforme mostrado na Fig. 19.59, forma uma superfície hidrofóbica altamente conservada. Pouquíssimas proteínas solúveis possuem uma fração tão grande de sua superfície formada por uma região apolar contínua. Além disso, a terça parte central da superfície da proteína, abaixo da região apolar, forma um cinturão de cargas positivas ao redor da proteína. Isso sugere que, *in vivo*, a porção hidrofóbica do complexo está inserida na região apolar da membrana, de forma que o cinturão positivamente carregado interage com os grupos polares negativamente carregados da membrana. Essa hipótese é apoiada por medidas de RM que indicam que os resíduos na porção de interação ao ligante de C1B interagem com lipídeos. O grupo acil-graxo que é esterificado na posição 12 do forbol em promotores de tumor efetivos, presumivelmente extende-se para dentro da membrana para ajudar a ancorar o domínio C1 na membrana.

A comparação dessa estrutura com aquela de C1B sozinho indica que C1B não sofre significativas mudanças estruturais quando ligado ao éster de forbol. Evidentemente,

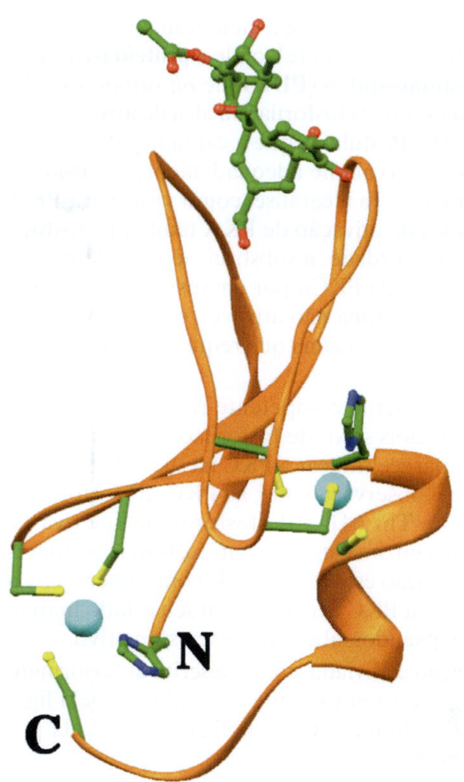

FIGURA 19.59 Estrutura por raio X do motivo C1B da PKCδ, complexada com 12-*O*-miristoilforbol-13-acetato. A proteína liga tetraedricamente dois íons Zn^{2+} (*esferas ciano*), cada um pelas cadeias laterais de uma His e três Cys. Essas cadeias laterais e o 12-*O*-miristoilforbol-13-acetato ligado estão mostradas na forma de esferas e bastões, com o átomo de C em verde, N em azul, O em vermelho, e S em amarelo. Os domínios C1B das PKCα e γ possuem estruturas semelhantes. [Com base na estrutura por raio X determinada por James Hurley, NIH, EUA. PDBid 1PTR.]

ésteres de forbol, e provavelmente DAG, ativam PKC por ancorá-la à membrana, em vez de por um mecanismo alostérico. O domínio C2, como visto para PLC (Seção 19.4Ba), também o faz por meio da ligação mediada por Ca^{2+} a grupos polares de PSs presentes na membrana. Essas interações são sinérgicas, já que, quanto maior a concentração de Ca^{2+}, menores concentrações de éster de forbol e de DAG são necessárias para ativar PKC e vice-versa. Entretanto, tanto o domínio C1 como o C2 devem estar ancorados à membrana para ativar a proteína-cinase, pois nesta conformação ocorre a remoção do pseudossubstrato N-terminal do sítio ativo da proteína-cinase.

b. A ativação de PKC é iniciada por fosforilação

A ativação de todas as PKCs de mamíferos, exceto as PKCs atípicas, é acompanhada pela fosforilação de três resíduos de Ser ou Thr conservados. Um desses resíduos (Thr 500 na PKC βII) está na alça de ativação da proteína-cinase, enquanto os dois restantes estão no seu segmento C-terminal (Thr 641 e Ser 660 dos 673 resíduos da PKC βII). Nas PKCs atípicas, o último resíduo de Ser/Thr é substituído por um resíduo de Glu mimetizando fosfato. A sequência de eventos que ativam as PKCs, elucidada por Alexandra Newton, acontece como a seguir (Fig. 19.60):

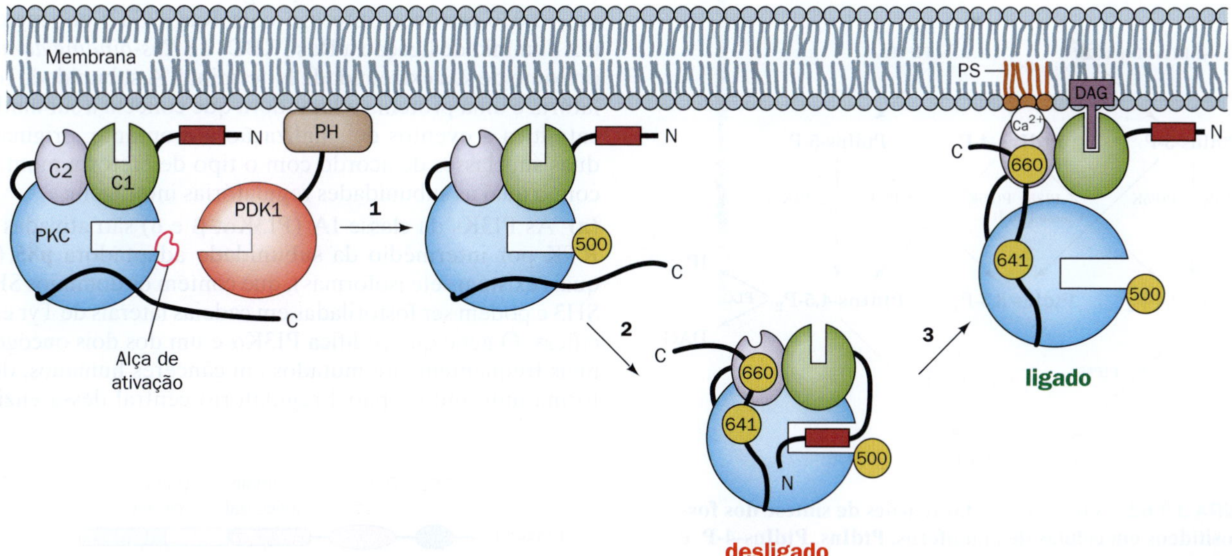

FIGURA 19.60 Ativação de PKC. (**1**) A PKC recém-sintetizada é fosforilada em sua alça de ativação (aqui representada por Thr 500 da PKC βII; *esferas amarelas*) por uma proteína-cinase-1 dependente de fosfoinositídeo (PDK1), que está amarrada à membrana através de seu domínio de homologia a pleckstrina (PH) na extremidade C-terminal. (**2**) A PKC agora cataliticamente competente autofosforila dois sítios em seu segmento C-terminal (aqui representados por Thr641 e Ser660 de PKCβII). No entanto o segmento pseudossubstrato N-terminal liga o sítio ativo da PKC, de forma que a enzima permanece inativa. (**3**) Quando o domínio C1 da PKC liga-se a DAG ancorado à membrana (produto de sinais extracelulares que induzem a hidrólise de fosfoinositídeo) juntamente com a ligação mediada por Ca^{2+} do domínio C2 a fosfatidilserina (PS) na membrana, o pseudossubstrato é ejetado do sítio ativo da PKC, dessa forma gerando a enzima ativa. (De acordo com a representação de Toker, A. e Newton, A.C., *Cell* **103**, 187 [2000].)

1. PKC recém-sintetizada liga-se à membrana (ou possivelmente ao citoesqueleto subjacente), onde a **proteína-cinase-1 dependente de fosfoinositídeo** (**PDK1**, de *phosphoinositide-dependent protein kinase-1*) fosforila sua alça de ativação (na Thr 500 na PKC βII). Postula-se que a carga negativa resultante na alça de ativação alinhe adequadamente os resíduos do sítio ativo de PKC para a catálise, como visto para PKA (Seção 18.3Cb; a alça de ativação de PKA também é fosforilada pela PDK1). Na verdade, a substituição mutagênica da Thr da alça de ativação da PKCα por um resíduo neutro não fosforilável gera uma enzima não ativável, enquanto a substituição por Glu gera uma enzima que requer apenas DAG e Ca^{2+} para a ativação.

2. A PKC cataliticamente competente rapidamente autofosforila seus outros dois sítios de fosforilação. A autofosforilação da Thr 641 parece trancar a PKC na sua conformação ativa, como sugere a observação que, na PKC βII fosforilada apenas na Thr 500 e Thr 641, a desfosforilação seletiva da Thr 500 fornece uma enzima ativa. A autofosforilação do terceiro sítio de fosforilação está relacionada com a liberação da PKC ao citosol, onde a PKC é mantida em seu estado inativo pela ligação do seu pseudossubstrato ao seu sítio ativo.

3. Essa autoinibição é aliviada, como descrito anteriormente, quando a PKC liga-se novamente à membrana pela ligação de DAG ao seu domínio C1 e da ligação mediada por Ca^{2+} de seu domínio C2 a PS.

A atividade da PKC é regulada pela proteína-fosfatase **PHLPP** (de ***PH** **d**omains **l**eucine-rich repeat **p**rotein **p**hosphatase*), que desfosforila especificamente sua Thr 641.

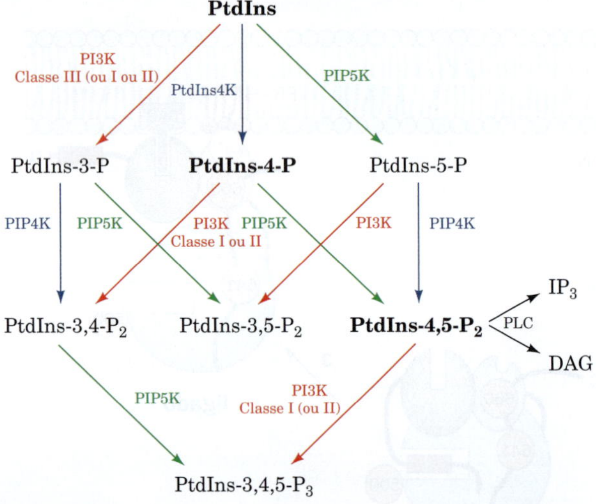

FIGURA 19.61 Fluxograma das reações de síntese dos fosfoinositídeos em células de mamíferos. PtdIns, PtdIns-4-P e PtdIns-4,5-P_2 (PIP_2) estão escritos em negrito para indicar sua abundância. Juntos eles compreendem ~90% do total de fosfoinositídeos das células. **PtdIns-3-P e PtdIns-5-P** compreendem, cada um, 2-5% do total, enquanto os níveis de **PtdIns-3,4-P_2** e **PtdIns-3,4,5-P_3** (PIP_3) são fracamente detectáveis em células quiescentes, mas se elevam para 1 a 3% do total em células estimuladas. **PtdIns-3,5-P_2** compreendem ~2% dos fosfoinositídeos em fibroblastos. (De acordo com Fruman, D.A., Meyers, R.E. e Cantley, L.C., *Annu. Rev. Biochem.* **67**, 501 [1998].)

D. *As fosfoinositídeo-3-cinases*

O grupo inositol do fosfatidilinositol possui 5 grupos hidroxila livres que podem ser fosforilados (Fig. 19.53). No entanto, sabe-se que apenas suas posições 3, 4 e 5 são fosforiladas *in vivo*, sendo que *essas fosforilações ocorrem em todas as sete combinações possíveis (Fig. 19.61) e cada uma dessas combinações participa em sinalização.* Além da membana plasmática, eles ocorrem nas membranas do RE, Golgi e endossomo, embora com diferentes distribuições em cada um desses compartimentos subcelulares.

As fosforilações desses vários fosfoinositídeos são catalisadas por enzimas dependentes de ATP conhecidas como **fosfoinositídeo-3-cinases** (**PI3Ks**), **fosfoinositídeo-4-cinases** (**PIP4Ks**) e **fosfoinositídeo-5-cinases** (**PIP5Ks**). Seus vários produtos agem como segundos mensageiros recrutando as proteínas que os ligam à superfície citosólica da membrana plasmática (ver a seguir). A consequente co-localização das enzimas e substratos resulta em atividade de sinalização adicional, que controla funções vitais, como, por exemplo, sobrevivência celular, proliferação, rearranjo do citoesqueleto, endocitose e tráfego de vesículas.

As PI3Ks são as fosfoinositídeo-cinases melhor compreedidas atualmente. Assim, nesta subseção serão discutidos as PI3Ks e seus produtos como um paradigma de todas as fosfoinosítideo-cinases e os sinais produzidos por elas.

a. As PI3Ks Possuem três classes

As PI3Ks de mamíferos são divididas em três classes de acordo com suas estruturas (Fig. 19.62), especificidade a substratos e modos de regulação:

1. As PI3Ks da Classe I são enzimas heterodiméricas reguladas por receptor que fosforilam preferencialmente **PIP_2** (alternativamente, PtdIns-4,5-P_2). A subunidade catalítica, de ~1.070 resíduos, interage com Ras · GTP por meio de um domínio de ligação a Ras (RBD, de *Ras-binding domain*) próximo de sua extremidade N-terminal. A subunidade regulatória é uma proteína adaptadora que conecta a subunidade catalítica a eventos de sinalização a montante, originando duas subclasses de acordo com o tipo de efetor a montante com o qual as subunidades regulatórias interagem:

(a) As PI3Ks da classe IA (PI3Kα, β e δ) são ativadas por RTK por intermédio da subunidade adaptadora **p85** (dos quais existem sete isoformas), que contém os domínios SH2 e SH3 e podem ser fosforiladas em cadeias laterais de Tyr específicas. O gene que codifica PI3Kα é um dos dois oncogenes mais frequentemente mutados em cânceres humanos, dessa forma indicando o papel regulatório central dessa enzima.

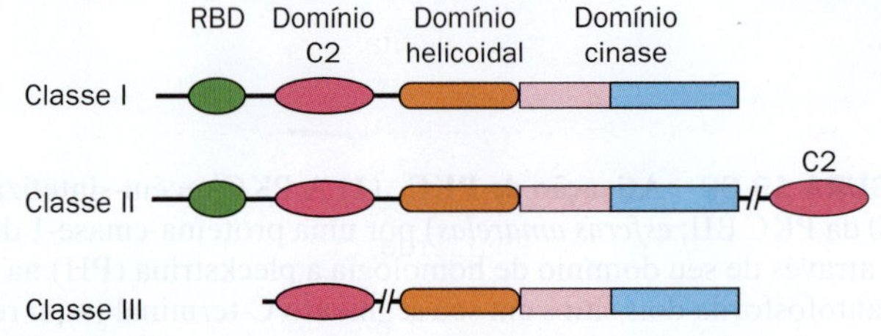

FIGURA 19.62 Organização dos domínios das três classes de PI3Ks. (De acordo com Walker, E.H., Persic, O., Ried, C., Stephens, L. e Williams, R.L., *Nature* **402**, 314 [1999].)

Várias das mutações mais comuns em oncogenes resultam em aumento da atividade enzimática por alterar as interações entre seu domínio cinase e seus domínios regulatórios ou p85.

(b) A PI3K da classe IB, que tem PI3Kγ como seu único membro, é ativada por dímeros $G_{\beta\gamma}$ de proteínas G heterotriméricas, com sua subunidade adaptadora **p101** tornando-a muito mais sensível a $G_{\beta\gamma}$.

2. As PI3Ks da classe II (PI3K-C2α, β e γ) são monômeros, de ~1.650 resíduos, caracterizados por um domínio C2 C-terminal que não liga Ca^{2+}. Elas fosforilam preferencialmente PtdIns e **PtdIns-4-P**. Já que elas não possuem adaptadores, a forma que as PI3Ks de classe II são controladas não é conhecida.

3. A PI3K da classe III, que possui uma isoforma conhecida, fosforila apenas PtdIns. É um heterodímero com uma subunidade catalítica com 887 resíduos e uma subunidade adaptadora conhecida como **p150**. A PI3K da classe III é ativa constitutivamente, ou seja, não é regulada e por isso considera-se que seja o principal provedor de **PtdIns-3-P** da célula, cujo nível permanece essencialmente inalterado sob estimulação celular. Acredita-se que elas sejam os antecessores evolucionários das outras classes porque é a única classe de PI3K encontrada em leveduras.

Além das atividades de lipídeo-cinases, todas as PI3Ks apresentam atividade Ser/Thr-cinase, embora o significado fisiológico dessa dupla especificidade não esteja claro.

b. A PI3Kγ é uma proteína multidomínio

A estrutura por raios X de PI3Kγ · ATP, em que faltam os 143 resíduos N-terminais da PI3Kγ (que são importantes para a interação com o adaptador p101; a porção análoga de PI3Kα interage com seu adaptador p85), foi determinada por Roger Williams. Ela revela que seus domínios RBD, C2 e helicoidal formam uma camada relativamente compacta que se empilha sobre a região "dorsal" do domínio cinase (Fig. 19.63). Como esperado, o domínio cinase é, assim como ocorre nas proteínas-cinases, bilobular, com seu lóbulo N consistindo em uma folha β de cinco fitas e seu lóbulo C sendo predominantemente helicoidal. No entanto, também existem diferenças importantes entre esses domínios cinases, como pode ser visto comparando o domínio catalítico na Fig. 19.63 com aquele da Fig. 19.28*a*, por exemplo.

O domínio RBD da PI3Kγ possui o mesmo dobramento de RafRBD (Fig. 19.41). De fato, na estrutura por raios X de PI3Kγ-Ras · GMPPNP (Fig. 19.64), também determinada por Williams, o RBD de PI3K interage com Ras formando uma folha β central da mesma maneira como RafRBD o faz com o homólogo de Ras, Rap1A (Fig. 19.41). No entanto, a ligação entre Ras e PI3Kγ apresenta uma rotação de 35° em relação à ligação entre Rap1A e RafRBD. Os contatos entre a região do Comutador I de Ras e a PI3Kγ estabilizam essa interação e asseguram sua dependência de Ras · GTP. Esse complexo também contém contatos intermoleculares envolvendo a região do Comutador II de Ras. Essa interação tinha sido previamente observada apenas entre Ras e seus efetores a montante. Comparações da estrutura do complexo PI3Kγ–Ras com aquela de PI3Kγ · ATP (Fig. 19.63) indicam que a ligação de Ras induz o lóbulo C do domínio catalítico da PI3Kγ a girar em torno do eixo em relação a seu lóbulo N de forma que altera substancialmente o suposto bolso de ligação do grupo polar do fosfoinositídeo. Presumivelmente, isso

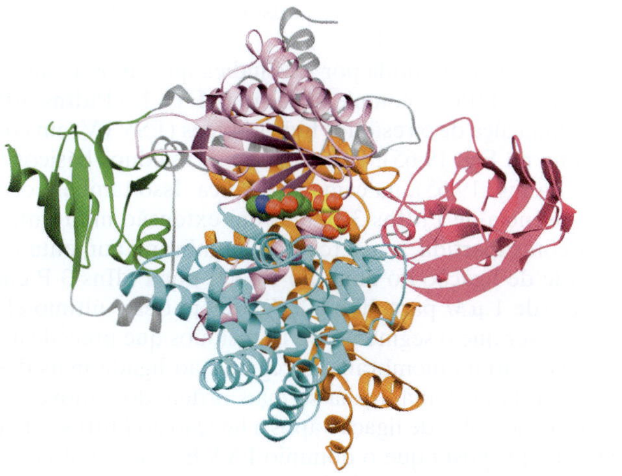

FIGURA 19.63 Estrutura por raios X de PI3Kγ · ATP. A proteína está representada na forma de fitas com seu domínio de ligação a Ras (RBD) em verde, seu domínio C2 em magenta, seu domínio helicoidal em cor de laranja, os lóbulos N- e C-terminais de seu domínio cinase em cor-de-rosa e ciano e os segmentos interdomínios em cinza. O ATP está representado na forma de volume atômico com os átomos de C em verde, N em azul, O em vermelho, e P em amarelo. A proteína está orientada de forma que seu domínio cinase é visto da forma padrão. A proteína parece fragmentada porque vários de seus segmentos estão desordenados, incluindo grande parte da alça de ativação da cinase. (Com base na estrutura por raios X determinada por Roger Wiolliams, MRC Laboratory of Molecular Biology, Cambridge, Reino Unido PDBid 1E8X.)

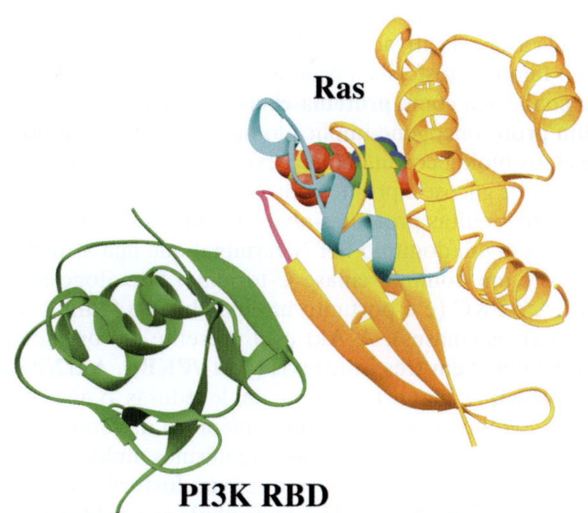

FIGURA 19.64 Estrutura por raios X de PI3Kγ–Ras · GMPPNP. Aqui, estão representados apenas o domínio RBD da PI3Kγ (*verde*) e a Ras · GMPPNP (*amarelo-ouro*), com as regiões Comutadoras I e II da Ras em magenta e ciano e seu GMPPNP ligado mostrado na forma de volume atômico (com os átomos de C em verde, N em azul, O em vermelho e P em amarelo). A vista, similar à da Fig. 19-41, está relacionada àquela da Fig. 19-63 girando ~40° no sentido horário em relação ao seu eixo vertical e depois girando 180° em relação ao eixo perpendicular à página. (Com base na estrutura por raios X determinada por Roger Williams, MRC Laboratory of Molecular Biology, Cambridge, Grã-Bretanha, PDBid 1HE8.)

é responsável pela ativação de ~15 vezes de PI3Kγ quando ligada à Ras · GTP.

O domínio C2 da PI3Kγ forma o mesmo sanduíche de duas folhas β antiparalelas de 4 fitas visto no domínio C2 da PLC-δ1 (Seção 19.4Ba). No entanto, ao contrário do domínio C2 de PLC-δ1, o da PI3Kγ não liga íons Ca^{2+}. Todavia, o domínio C2 da PI3Kγ parece participar na associação à membrana, conforme indicado pela observação que esse domínio C2 isolado liga vesículas de fosfolipídeos com afinidade similar àquela da enzima intacta. Supostamente, essa interação é mediada por porções de resíduos básicos na superfície do domínio C2.

O domínio helicoidal de PI3Kγ consiste em cinco repetições de pares de hélices antiparalelas que formam uma super-hélice, muito parecida com aquela formada pelas repetições HEAT na subunidade A da proteína fosfatase 2A (PP2A; Fig. 19.51*a*), ainda que PI3Kγ não contenha o motivo de sequência HEAT. Em analogia com a função da subunidade A da PP2A em ligar outras proteínas (Seção 19.3Fe), propõe-se que o domínio helicoidal de PI3Kγ amplamente exposto ao solvente sirva para interagir com as proteínas que ligam PI3Kγ, como por exemplo seu adaptador p101 e $G_{\beta\gamma}$.

c. A ativação de Akt necessita da ligação de 3-fosfoinositídeo mediada por seu domínio PH

Os produtos da PI3K PtdIns-3,4-P_2 e PtdIns-3,4,5-P_3 (Fig. 19.61) ligam-se a seus efetores a jusante sobretudo pelos domínios de homologia a pleckstrina (PH), que preferencialmente ligam-se aos grupos da cabeça polar desses 3-fosfoinositídeos em vez de PIP_2 (como faz o domínio PH da PLC-δ; Fig. 19.58). Outro exemplo de uma proteína contendo domínio PH que faz o mesmo é a proteína-cinase 1 dependente de fosfoinositídeo (PDK1) de 556 resíduos que, como visto, fosforila a alça de ativação da PKA e da PKC (Seção 19.4Cb). PDK1 também fosforila a proteína Ser/Thr-cinase **Akt** (também conhecida como **proteína-cinase B [PKB]**), um produto de um proto-oncogene implicado na regulação de múltiplos processos biológicos, incluindo expressão gênica, apoptose, captação de glicose e proliferação celular, e consequentemente fosforila muitas proteínas-alvo. A Akt, de ~480 resíduos, consiste em um domínio PH N-terminal que liga 3-fosfoinositídeos e um domínio cinase C-terminal homólogo àquele de PKA e PKC (e é portanto um membro da família AGC de proteínas-cinases). A Akt está presente em organismos multicelulares em três isoformas (**Akt1/PKBα, Akt2/PKBβ e Akt3/PKBγ**), mas está ausente em leveduras, o que sugere que ela evoluiu a partir de outro membro da família AGC simultaneamente à evolução dos organismos multicelulares.

A ativação total de Akt requer sua fosforilação na Ser 473 e na Tyr 308. A Ser 473 é fosforilada por **mTORC2** (de ***m****ammalian* ***t****arget* ***o****f* ***r****apomycin* ***c****omplex* ***2***; **rapamicina** é um imunossupressor semelhante à FK506 [Seção 9.2B]). Isso estimula PDK1 a fosforilar Thr 308, que está localizada na alça de ativação da Akt. Mutações em resíduos do domínio PH da Akt, responsáveis pela ligação do lipídeo, bloqueiam sua fosforilação por PDK1 *in vitro*. No entanto, a remoção do domínio PH de Akt supera essa necessidade da enzima por ligação a 3-fosfoinositídeos. Isso sugere que a ligação de Akt a esses lipídeos ligados à membrana induz uma mudança conformacional que permite que Akt seja fosforilada e ativada por PDK1. Portanto, parece que é a colocalização de Akt e PDK1 mediada por 3-fosfoinositídeo que leva à ativação da Akt, sendo esta a ação da PI3K que é funcionalmente responsável por esse processo. Em contraste, a fosforilação mediada por PDK1 da PKA e PKC, que não possui domínios PH, ocorre na ausência de 3-fosfoinositídeos, sendo, por isso, constitutiva. A proteína-fosfatase PHLPP regula a atividade de Akt por desfosforilar sua Ser 473, quase da mesma forma como visto que PHLPP desfosforila PKC (Seção 19.4Cb).

d. O domínio FYVE liga o grupo da cabeça polar do PtdIns-3-P

O PtdIns-3-P monofosforilado raramente é ligado por domínios PH. Seus efeitos diretos são mediados por **domínios FYVE** (assim chamados devido às quatro proteínas em que foram primeiro identificados: *F*ab1p, *Y*OTB, *V*AC1p e, do inglês, **"early endossome antigen-1"** [**EEA1**]), que foram identificados em ~60 proteínas. Por exemplo, a proteína eucariótica EEA1, de 1.410 resíduos, que possui um domínio FYVE C-terminal de 65 resíduos, inicia a fusão do endossomo em células eucarióticas (Fig. 12.91) recrutando a pequena proteína G ancorada à membrana **Rab5** e a proteína SNARE transmembrana **sintaxina** (Seção 12.4Db).

A estrutura por RM do domínio FYVE de EEA1, determinada por Michael Overduin, revela que ele adota conformações similares no estado livre, quando ligado ao dibutanoil-PtdIns-3-P (Fig. 19.65) e quando ligado a micelas de dodecilfosfocolina (DPC, de *dodecylphosphocholine*) enriquecidas com PtdIns-3-P. A proteína é basicamente mantida unida por dois íons Zn^{2+}, em que cada um deles está ligado tetraedricamente por quatro cadeias laterais de Cys conservadas. O grupo da cabeça polar do PtdIns-3-P é mantido em seu bolso de ligação por uma rede de interações eletrostáticas, ligações de hidrogênio e interações hidrofóbicas envolvendo o motivo altamente conservado (R/K)(R/K)HHCR (RRHHCR em EEA1).

A evidência obtida por RM indica que, após a adição de micelas de DPC, o complexo domínio FYVE · PtdIns-3-P insere uma alça de 5 resíduos hidrofóbicos (FSVTV; em cor de laranja na Fig. 19.65), flanqueada por resíduos básicos (em azul na Fig. 19.65), na camada lipídica. Isso também ocorre na ausência de PtdIns-3-P, mas em extensão muito menor. Em contrapartida, a inserção na membrana aumenta a afinidade de ligação do domínio FYVE por PtdIns-3-P em 20 vezes (de 1 μ*M* para 50 n*M*). A origem deste último efeito parece ser que o segmento de 10 resíduos que precede a alça de inserção na membrana, a região não ligada mais desordenada da proteína, torna-se mais ordenado e move-se em direção ao bolso de ligação após a ligação ao PtdIns-3-P. Isso levou à proposta que o domínio FYVE é recrutado para as membranas por meio da inserção de sua alça hidrofóbica na bicamada lipídica. Isso, por sua vez, prepara a proteína para o reconhecimento de PtdIns-3-P, cuja ligação induz o segmento N-terminal outrora móvel da proteína a prender o grupo da cabeça polar do PtdIns-3-P.

E. *Inositol-polifosfato-fosfatases*

A sinalização pela cascata do fosfoinositídeo é encerrada pela ação de várias inositol-fosfatases, funcionalmente classificadas como 1-, 3-, 4- e 5-fosfatases. A consideração sobre a cascata do fosfoinositídeo será finalizada com a discussão das características dessas enzimas essenciais.

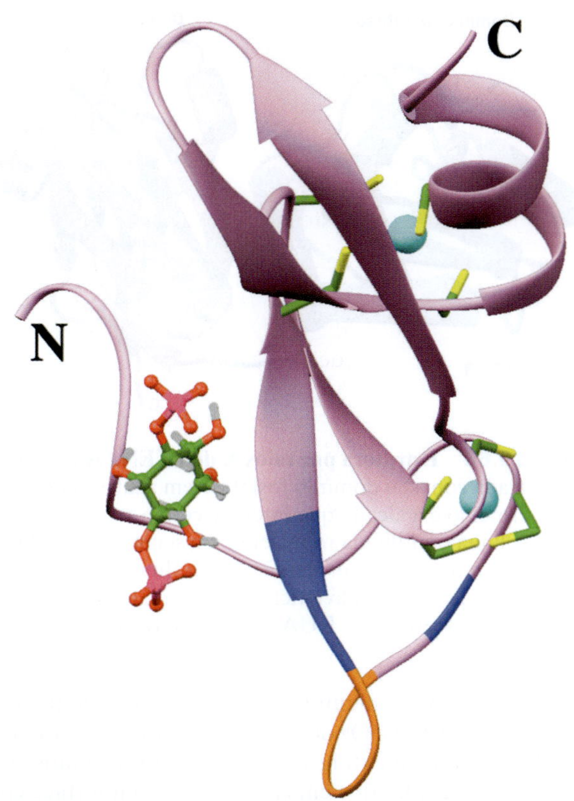

FIGURA 19.65 Estrutura de RM do domínio FYVE de EEA1, complexada com PtdIns-3-P. O grupo polar do PtdIns-3-P está representado na forma de esferas e bastões (com os átomos de C em verde, O em vermelho, P em magenta, H em cinza). A proteína liga dois íons Zn^{2+} (*esferas em ciano*) que são, cada uma, tetraedricamente ligadas por quatro cadeias laterais de Cys, que estão representadas na forma de bastões (átomos de C em verde e S em amarelo). A alça de 5 resíduos que se insere nas micelas de DPC está em cor de laranja e seus resíduos básicos flanqueadores estão em azul. (Com base na estrutura de RM determinada por Michael Overduim, University of Colorado Health Sciences Center, EUA. PDBid 1HYI.)

a. As inositol-polifosfato-5-fosfatases agem em numerosas vias de sinalização

As primeiras **inositol-polifosfato-5-fosfatases** estudadas hidrolisam IP_3 (Ins-1,4,5-P_3) a IP_2 (Ins-1,4-P_2), encerrando a mobilização de Ca^{2+} celular (Fig. 19.54, *parte inferior*). Mamíferos expressam mais de 10 isoenzimas que possuem atividade 5-fosfatase. Essas enzimas compartilham um núcleo catalítico comum e têm sido classificadas em dois grupos de acordo com sua especificidade a substratos: enzimas do tipo I desfosforilam inositol-fosfatos, enquanto as enzimas do tipo II, além disso, hidrolisam os fosfoinositídeos correspondentes.

As **5-fosfatases do tipo I**, que hidrolisam apenas IP_3 e **Ins-1,3,4,5-P_4**, são ancoradas à membrana por prenilação. A 5-fosfatase do tipo I expressa em plaquetas sanguíneas (um tipo de célula do sangue que participa da coagulação sanguínea; Seção 35.1), que é representativa deste grupo, forma um complexo estequiométrico com a **pleckstrina**, uma proteína de 350 resíduos que consiste basicamente em dois domínios PH. Quando as plaquetas são estimuladas pela enzima proteolítica da coagulação **trombina** (Seção 35.1B), a pleckstrina é fosforilada em resíduos de Ser e Thr pela PKC, o que, por sua vez, ativa sua 5-fosfatase associada. Observe que a PKC é ativada por DAG, um produto da PLC, que simultaneamente gera IP_3, o substrato da 5-fosfatase do tipo I (Fig. 19.54). Portanto, o IP_3 produzido pela PLC ativa a liberação de íon Ca^{2+}, enquanto o seu coproduto DAG ativa a 5-fosfatase do tipo I pela fosforilação da pleckstrina para terminar o sinal de Ca^{2+}. Aparentemente, essa terminação é importante para o crescimento normal da célula, já que o decréscimo na expressão da 5-fosfatase do tipo I causa crescimento celular aumentado, ou mesmo, descontrolado (maligno).

As 5-fosfatases do tipo II compartilham similaridade maior em seus núcleos catalíticos em relação às enzimas do tipo I e, além disso, possuem um chamado domínio do tipo II no lado N-terminal de seus núcleos catalíticos. Elas ocorrem em três subtipos principais: **GIPs**, **SHIPs** e **SCIPs**. As GIP são assim chamadas porque elas possuem um domínio GAP C-terminal (inositol-fosfatase contendo GAP; de *GAP-containing inositol phosphatase*), apesar de elas não demonstrarem atividade de GAP. As GIPs hidrolisam IP_3 e Ins-1,3,4,5-P_4 e seus lipídeos correspondentes, PtdIns-4,5-P_2 e PtdIns-3,4,5-P_3, embora com diferente eficiência catalítica.

Existem apenas duas GIPs conhecidas, **5-fosfatase II** e **OCRL**. A OCRL é assim chamada porque sua mutação causa a doença hereditária ligada ao cromossomo X **distrofia oculocerebrorrenal** (também chamada **síndrome de Lowe**), caracterizada por catarata congênita, progressiva degeneração da retina, deficiência intelectual e defeito nos túbulos renais que causa falência renal no início da idade adulta. A OCRL, de 901 resíduos, está presente sobretudo na superfície de lisossomos, onde está ancorada por prenilação. As células do túbulo renal de pacientes com a síndrome de Lowe são deficientes na atividade hidrolítica de PtdIns-4,5-P_2 e PtdIns-3,4,5-P_3, enquanto os inositol-fosfatos correspondentes são hidrolisados normalmente, o que indica que a OCRL é uma fosfatase de lipídeos. O PtdIns-4,5-P_2 estimula o brotamento de vesículas membranosas a partir do lisossomo, de forma que o acúmulo desses lipídeos provavelmente leva a um aumento anormal do tráfego de enzimas do lisossomo para o espaço extracelular. De fato, as enzimas lisossômicas nessas células parecem estar desordenadas (como estão várias hidrolases lisossômicas na doença celular I; Seção 12.4Cg). Por esse motivo, acredita-se que esse vazamento perpétuo de enzimas do lisossomo nos pacientes com síndrome de Lowe leva a dano tecidual, que acaba por resultar em falência renal e cegueira.

As SHIPs hidrolisam apenas substratos que também possuem um fosfato na posição 3. Os dois membros conhecidos desse grupo, **SHIP** (de, *SH2-containing inositol-5-phosphatase*; inositol 5-fosfatase contendo SH2) e **SHIP2**, são proteínas de ~1.200 resíduos que possuem um domínio SH2 N-terminal. Assim, essas proteínas podem ligar PTK e, na verdade, são fosforiladas por elas para formar uma sequência consenso de ligação a domínios PTB (NPXpY; Seção 19.3Cc). Ademais, elas também contêm um domínio rico em Pro C-terminal, que pode ligar proteínas contendo SH3. Assim, parece que a atividade de SHIP pode estar sob o controle de vários sistemas. De fato, SHIP, que é expressa apenas em células hematopoiéticas (formadoras do sangue), associa-se com as proteínas adaptadoras Grb2 e Shc (Seção 19.3Cf). Ela age hidrolisando PtdIns-3,4,5-P_3 envolvido na ativação de Akt e PLC. A SHIP2 age de maneira semelhante em células não hematopoiéticas, onde ela limita as respostas celulares à insulina, EGF e PDGF.

As SCIPs (de *Sac1-containing inositol phosphatases*; inositol-fosfatases contendo Sac1) são assim chamadas porque elas contêm um domínio N-terminal homólogo à fosfatidilinositol-fosfatase de leveduras **Sac1**. A primeira SCIP caracterizada foi chamada **sinaptojanina 1** porque foi purificada de vesículas sinápticas e porque a presença de dois domínios fosfatases é remanescente de dois domínios cinases em Janus cinases (JAKs; Seção 19.3Eb). O domínio 5-fosfatase de sinaptojanina 1, de 1575 resíduos, hidrolisa PIP_3 e PtdIns-4,5-P_2 e o seu domínio fosfatase Sac1 hidrolisa PtdIns-3-P e PtdIns-4-P. A sinaptojanina 1 é expressa apenas em neurônios, onde forma complexos com a proteína G dinamina (Seção 12.4Cd), participando na reciclagem de vesículas sinápticas. A **sinaptojanina 2**, muito similar à sinaptojanina 1, é ubiquamente expressa, mas suas funções são desconhecidas.

b. A inositol-polifosfato-1-fosfatase está envolvida no distúrbio bipolar

Os mamíferos expressam apenas um tipo de **inositol-polifosfato-1-fosfatase**, uma enzima de 399 resíduos que hidrolisa **Ins-1,4-P_2** e Ins-1,3,4-P_3 (IP_3), mas não age em substratos lipídicos. Essa enzima é inibida pelo íon Li^+. A eficácia terapêutica do Li^+ no controle das oscilações do humor incapacitantes de indivíduos maníaco-depressivos (aqueles com **transtorno bipolar**) sugere que essa doença mental é causada por uma aberração da 1-fosfatase no cérebro, possivelmente resultando em ativação anormal de receptores que mobilizam Ca^{2+} (Fig. 19.54, *parte inferior*). De fato, espécimes de *Drosophila* em que essa 1-fosfatase foi anulada exibem déficits neurológicos (o fenótipo "trêmulo") que parecem idênticos àqueles de espécimes selvagens tratadas com Li^+.

c. A inositol-polifosfato-3-fosfatase PTEN é um supressor de tumor

As **inositol-polifosfato-3-fosfatases** desfazem as ações das PI3Ks. Dessas enzimas, a melhor caracterizada é a **PTEN**, de 403 resíduos (de ***ph**osphatase and **ten**sin homolog*; homólogo de fosfatase e tensina; **tensina** é uma proteína de ligação à actina do citoesqueleto) que, *in vitro*, desfosforila todos fosfoinositídeos 3-fosforilados e Ins-1,3,4,5-P_4. A PTEN é um **supressor de tumor** (uma proteína cuja perda de função é uma causa do câncer), presumivelmente porque sua atividade 3-fosfatase atua diminuindo a ativação da Akt, que é ativada por PtdIns-3,4,5-P_3. Na verdade, mutações ou perda de PTEN comumente ocorrem em muitos tipos de cânceres. A PTEN também pode desfosforilar peptídeos Ser-, Thr- e Tyr-fosforilados, apesar de que essa atividade requer que os peptídeos sejam altamente ácidos.

A estrutura por raios X da PTEN, determinada por Jack Dixon e Nikola Pavletich, revela que a proteína consiste em um domínio fosfatase N-terminal e um domínio C2 C-terminal (Fig. 19.66). A estrutura de seu domínio fosfatase assemelha-se àquele comum aos domínios proteína-Tyr-fosfatase (PTP; Fig. 19.50), mas com o bolso do sítio ativo maior, supostamente para acomodar o grande volume do seu substrato PtdIns-3,4,5-P_3. O domínio C2 não possui íon Ca^{2+} ligado nem ligantes para ligá-lo, mas mesmo assim liga-

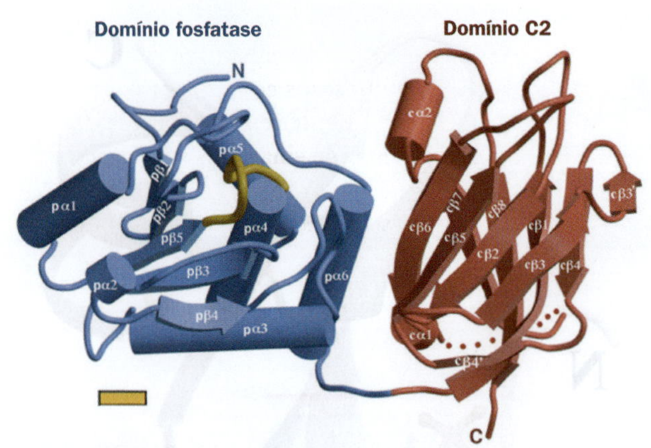

FIGURA 19.66 Estrutura por raios X de PTEN. A proteína está mostrada com seu domínio fosfatase em azul, seu domínio C2 em vermelho e a alça P, que interage com o substrato, em bronze. A linha pontilhada representa um segmento de 24 resíduos que foi removido da proteína para facilitar sua cristalização. (Cortesia de Nikola Pavletich, Memorial Sloan-Kettering Cancer Center, New York, EUA. PDBid 1DR5.)

-se a fosfolipídeos de membranas, como o faz o domínio C2 da PI3Kγ (Fig. 19.63). Os domínios fosfatase e C2 associam-se ao longo de uma extensa interface, cujos resíduos estão frequentemente mutados em cânceres. Uma interface compacta similar entre C2 e o domínio cinase ocorre na PLC-βII (Fig. 19.57). Isso sugere que o domínio C2 de PTEN atua posicionando produtivamente seu domínio fosfatase na membrana.

d. As inositol-polifosfato-4-fosfatases controlam o nível de PtdIns-3,4-P_2

Existem duas isoformas de inositol-4-fosfatases, **4-fosfatases I** e **II**, que catalisam a hidrólise de **Ins-1,3,4-P_3**, **Ins-2,4-P_2** e PtdIns-3,4-P_2. Na verdade, essas proteínas de ~940 resíduos são responsáveis por mais de 95% da atividade fosfatásica sobre PtdIns-3,4-P_2 observada em muitos tecidos humanos, sugerindo que elas exerçam uma função importante no metabolismo desse segundo mensageiro. Isso é apoiado pela observação que o estímulo de plaquetas humanas com trombina ou íon Ca^{2+} acarreta a inativação da 4-fosfatase I, devido à clivagem proteolítica pela protease dependente de Ca^{2+} **calpaína**. Essa inativação da 4-fosfatase I está relacionada com o acúmulo de PtdIns-3,4-P_2 dependente de Ca^{2+} e/ou de agregação, característico de plaquetas humanas (que se agregam no estágio inicial da formação do coágulo sanguíneo; Seção 35.1).

F. *Epílogo: Sistemas complexos e propriedades emergentes*

Sistemas complexos são, por definição, difíceis de entender e de comprovar. Exemplos conhecidos são o sistema climático da Terra, a economia de países grandes, a ecologia de áreas mesmo que pequenas e o cérebro humano. Os sistemas de transdução de sinais biológicos, como fica evidente a partir da leitura deste capítulo, são sistemas complexos. Então, como visto, um sinal hormonal é normalmente transduzido por meio de várias vias de sinalização intracelulares, em que cada uma consiste em numerosos componentes, muitos dos quais interagem com componentes de outras vias de sinalização. Por exemplo, o **sistema de sinalização da insulina** (Fig. 19.67), apesar de ainda não estar totalmente elucidado, é obviamente muito complexo. Quando ligado à insulina, o receptor de insulina se autofosforila em vários resíduos de Tyr (Seção 19.3Ac) e depois fosforila Tyr em suas proteínas-alvo, ativando várias vias de sinalização que controlam uma gama de diferentes efeitos:

1. A fosforilação de Shc (Seção 19.3Cc) resulta na estimulação de uma cascata de MAP-cinases (Seção 19.3D), que afetará crescimento e diferenciação.

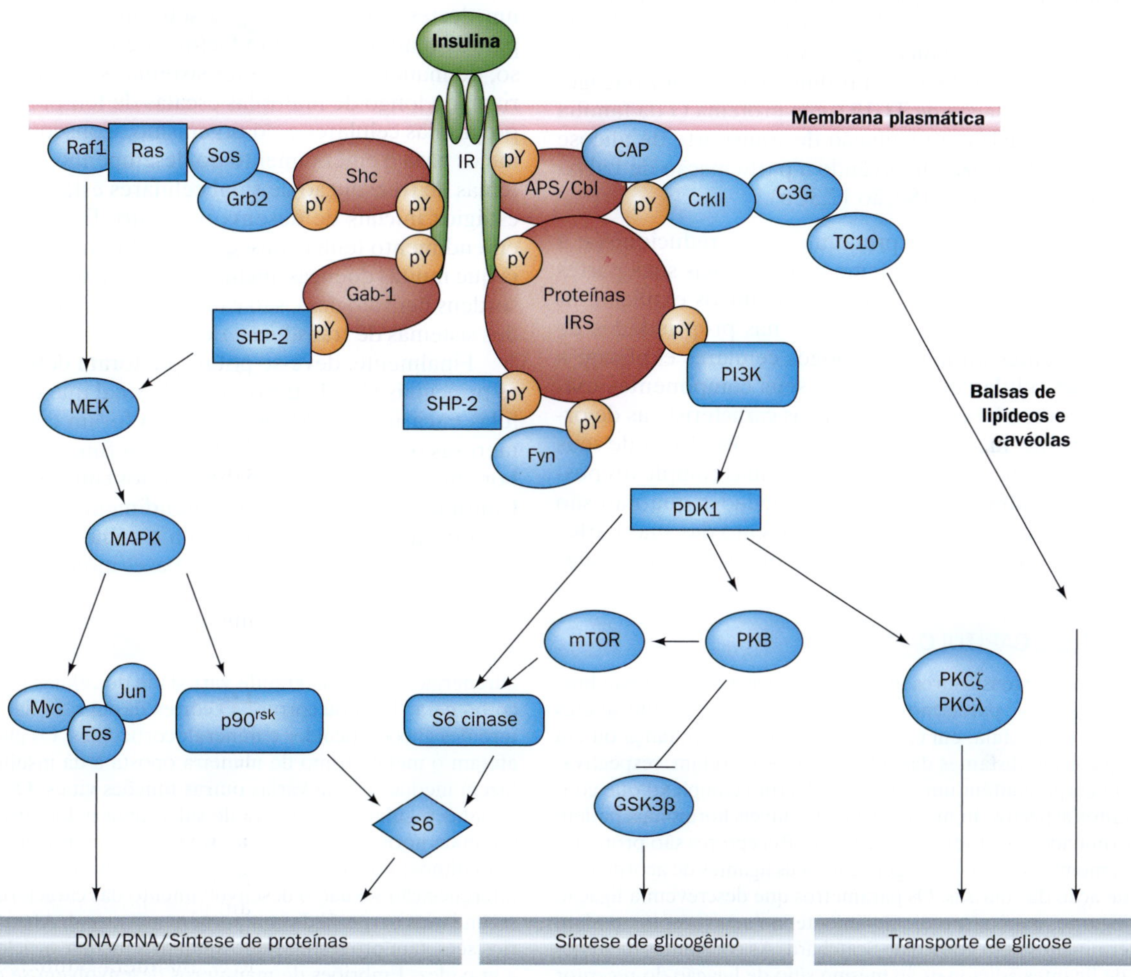

FIGURA 19.67 Transdução do sinal de insulina. A ligação de insulina ao receptor de insulina (**IR**, de *insulin receptor*) induz sua autofosforilação em vários resíduos de Tyr em suas subunidades β. Várias proteínas, incluindo Shc, Gab-1, o complexo APS/Cbl e proteínas IRS, ligam-se a esses resíduos pY, Tyr-fosforilados pelo receptor de insulina ativado, ativando as cascatas de fosforilação da MAPK e PI3K, bem como processos de regulação associados a balsas de lipídeos e cavéolas. A cascata da MAPK regula a expressão de genes envolvidos no crescimento celular e diferenciação. A cascata da PI3K leva a mudanças no estado de fosforilação de várias enzimas, de modo a estimular a síntese de glicogênio, e de outras vias. A cascata de PI3K também participa no controle do tráfego de vesículas, levando ao deslocamento do transportador de glicose **GLUT4** para a superfície celular aumentando assim a taxa de transporte de glicose para dentro da célula (Seção 20.2Ec). O controle do transporte de glicose também é exercido pelo sistema APS/Cbl de maneira independente de PI3K, envolvendo balsas de lipídeos e cavéolas. Outros símbolos: Myc, Fos e Jun (fatores de transcrição; Seção 19.3D), SHP-2 (uma PTP contendo SH2; Seção 19.3Fb), **CAP** (proteína associada a Cbl), **C3G** (um fator trocador de nucleotídeo de guanina [GEF]), **CrkII** (uma proteína adaptadora contendo SH2/SH3), PDK1 (proteína-cinase 1 dependente de fosfoinositídeo; Seção 19.4Cb), PKB (proteína-cinase B, também chamada Akt; Seção 19.4Dc), **mTOR** (do inglês: m*amalian* t*arget of* r*apamycin*, uma proteína-cinase relacionada a PI3K [Seção 9.2B]; mTOR também é conhecida como **proteína associada a FKBP12-rapamicina** [**FRAP**], **S6** (uma subunidade proteica da subunidade pequena dos ribossomos eucarióticos (Seção 32.3Ab; sua fosforilação estimula a tradução), e PKCζ e PKCλ (isoformas atípicas da proteína-cinase C; Seção 19.4C). (De acordo com Zick, Y. *Trends Cell Biol.* **11**, 437 [2001].)

2. A fosforilação de **Gab-1** (**ligador 1 associado à Grb2**) também ativa essa cascata de MAP-cinases.

3. A fosforilação das proteínas-substrato do receptor de insulina (IRS; Seção 19.3Cg) ativa, via uma PI3K, a cascata do fosfoinositídeo (Seção 19.4Da), que estimulará vários processos metabólicos, incluindo a síntese de glicogênio (Seção 18.3E) e o transporte de glicose (Seção 20.2E), bem como o crescimento e a diferenciação celular.

4. A fosforilação do complexo **APS/Cbl** (APS significa proteína *a*daptadora contendo o domínio de homologia a *p*leckstrina e o domínio 2 de homologia a *S*rc; Cbl é uma proteína ancoradora de SH2/SH3 que é produto de um proto-oncogene) causa a estimulação de **TC10** (uma proteína G da família Rho [Seção 35.3E]) e a regulação do transporte de glicose independente de PI3K, envolvendo a participação de balsas de lipídeos e de cavéolas (Seção 12.3Cb).

Na ciência, o caminho predominante é reducionista: a tentativa de entender um sistema com base nas suas partes componentes. Assim, químicos e bioquímicos explicam as propriedades de moléculas com base nas propriedades de seus componentes atômicos, biólogos celulares explicam a natureza das células com base nos seus componentes macromoleculares, e biólogos explicam as características de organismos multicelulares com base nas propriedades de seus componentes celulares. No entanto, sistemas complexos possuem **propriedades emergentes**, propriedades que não são facilmente preditas a partir do entendimento das suas partes componentes (ou seja, o conjunto é maior que a soma de suas partes). De fato, a vida por si só é uma propriedade emergente que surge a partir das inúmeras reações químicas que ocorrem em uma célula.

Para elucidar as propriedades emergentes de um sistema complexo, é necessário uma abordagem integrativa. Para sistemas de transdução de sinal, essa abordagem exigiria determinar-se como cada um dos componentes de cada via de sinalização em uma célula interage com todos os outros demais componentes sob as condições experienciadas por cada um destes componentes em seu ambiente local. Técnicas para isso ainda não estão facilmente disponíveis. Além disso, de maneira alguma esses sistemas são estáticos, mas variam, ao longo de múltiplas escalas de tempo, em resposta a programas celulares e do organismo. Consequentemente, os meios para o entendimento do desempenho holístico dos sistemas de transdução de sinal celulares estão apenas em seus estágios iniciais de desenvolvimento. É provável que esse entendimento tenha consequências biomédicas importantes, já que muitas doenças, incluindo câncer, diabetes e várias desordens neurológicas, são causadas pelo mau funcionamento dos sistemas de transdução de sinal.

Finalmente, deve-se notar que foram delineadas apenas as principais vias de transdução de sinal que ocorrem em células eucarióticas. Além disso, não foram consideradas numerosas outras vias que controlam as funções celulares (embora muitas delas estão discutidas nos capítulos posteriores). Contudo, está claro que um entendimento completo das vias de transdução de sinal da célula e como elas interagem é a chave para o entendimento das bases moleculares da vida.

RESUMO DO CAPÍTULO

1 Hormônios Mensageiros químicos são classificados como hormônios autócrinos, parácrinos ou endócrinos dependendo se eles agem na mesma célula, em células que estão na vizinhança ou em células que estão distantes das células que os secretam, respectivamente. O corpo contém um sistema endócrino complexo que controla muitos aspectos do metabolismo. Os níveis hormonais podem ser determinados por radioimunoensaios. Receptores são proteínas ligadas à membrana que interagem com seus ligantes de acordo com as leis de ação das massas. Os parâmetros que descrevem a ligação de um ligante, marcado radioativamente, ao seu receptor podem ser determinados pelo gráfico de Scatchard. As constantes de dissociação de ligantes adicionais ao mesmo sítio de ligação do receptor podem ser determinadas por meio de estudos de ligação competitiva. As células das ilhotas pancreáticas secretam insulina e glucagon, hormônios polipeptídicos que induzem o fígado e o tecido adiposo a estocar ou liberar glicose e gordura, respectivamente. Hormônios polipeptídicos gastrintestinais coordenam vários aspectos da digestão. Os hormônios da tireoide, T_3 e T_4, são derivados iodinados de aminoácidos que geralmente estimulam o metabolismo por ativar fatores de transcrição celular. O metabolismo do Ca^{2+} é regulado pelos níveis de PTH, vitamina D e calcitonina. O PTH e a vitamina D induzem um aumento na $[Ca^{2+}]$ por estimular a liberação de Ca^{2+} dos ossos e sua absorção dos rins e do intestino, enquanto a calcitonina tem os efeitos opostos. A vitamina D é um derivado esteroidal que deve ser obtido da dieta ou por exposição à radiação UV. A vitamina D, depois de ter sido processada no fígado e nos rins a $1,25(OH)_2D$, estimula a síntese de uma proteína ligadora de Ca^{2+} no epitélio do intestino. A medula suprarrenal secreta as catecolaminas adrenalina e noradrenalina, que se ligam aos receptores α- e β-adrenérgicos em uma grande variedade de células para preparar o corpo para "lutar ou correr". O córtex da suprarrenal secreta os esteroides glicocorticoides e mineralocorticoides. Os glicocorticoides afetam o metabolismo de maneira oposta à da insulina e também fazem mediação com várias outras funções vitais. Os mineralocorticoides regulam a excreção de sal e água pelos rins. As gônadas secretam hormônios esteroides sexuais, os androgênios (hormônios masculinos) e estrogênios (hormônios femininos), que regulam a diferenciação sexual, o desenvolvimento das características sexuais secundárias e o perfil do comportamento sexual. Além disso, os ovários secretam progestinas que ajudam a mediar o ciclo menstrual e a gravidez. Embriões de mamíferos desenvolvem-se como fêmeas a não ser que submetidos à influência do androgênio testosterona. *SRY*, um gene que codifica uma proteína ligadora de DNA e que normalmente está localizado no cromossomo Y, induz o desenvolvimento dos testículos, que por sua vez produzem testosterona. O hipotálamo secreta uma série de fatores liberadores de polipeptídeos e fatores inibidores da liberação, como, por exemplo, CRF, TRF, GnRF e somatostatina, que controlam a secreção do hormônio trófico correspondente a partir da adeno-hipófise. A maioria desses hormônios tróficos, como ACTH, TSH, LH e FSH, estimula suas glândulas endócrinas-alvo a secretar os hormônios correspondentes. Entretando, o hormônio do crescimento age diretamente nos tecidos, tanto quanto estimulando o fígado a sintetizar fatores de crescimento conhecidos como somatomedinas. A neuro-hipófise secreta os polipeptídeos vasopressina, que estimula os rins a reter água, e ocitocina, que estimula a contração uterina. O ciclo menstrual resulta de uma atuação complexa dos hormônios hipotalâmicos, adeno-hipofisários e esteroides sexuais. O ovo fertilizado e implantado secreta GC, que liga o mesmo receptor e tem efeitos similares aos do LH, prevenindo a menstruação. A ligação de hGH ao seu receptor causa a dimerização do receptor, gerando o sinal intracelular que sinaliza a ligação de hCG ao receptor. Muitos outros sinais hormonais são mediados da mesma maneira. A adeno-hipófise também secreta peptídeos opioides que têm efeitos semelhantes aos dos narcóticos no sistema nervoso central. O óxido nítrico (NO), um radical gasoso altamente reativo, funciona como um mediador local que regula a vasodilatação, serve como neurotransmissor e age na resposta imune. Em mamíferos, ele é sintetizado por três isoenzimas da óxido nítrico sintase (NOS), uma enzima que contém 5 grupos prostéticos redox ativos. A eNOS e a nNOS são ativadas por Ca^{2+} pela ligação de Ca^{2+}-calmodulina; a iNOS é transcricionalmente regulada. NO ativa a guanilato-ciclase a produzir GMPc, que por sua vez ativa a proteína-cinase dependente de GMPc.

2 Proteínas G heterotriméricas A interação do ligante (hormônio) a receptores acoplados à proteína G (RAPGs) ativa a subunidade $G_{S\alpha}$ de uma proteína G estimulatória para substituir o GDP ligado a ela por GTP, liberar suas subunidades $G_{\beta\gamma}$ e ativar a adenilato-ciclase (AC) para que esta sintetize AMPc; a ativação continua até $G_{S\alpha}$ hidrolisar seu GTP a GDP e recombinar com $G_{\beta\gamma}$. Vários tipos de receptores ativados por hormônios em uma célula podem estimular a mesma proteína G_s. Existem também proteínas G inibitórias, que podem ter as mesmas subunidades G_β e G_γ da G_s, mas que possuem uma subunidade inibitória $G_{i\alpha}$ que desativa a adenilato-ciclase. A toxina colérica (TC) e a enterotoxina termolábil (TL), relacionadas às proteínas AB_5 bacterianas, induzem a produção descontrolada de AMPc por ADP-ribosilar a $G_{s\alpha}$ e torná-la incapaz de hidrolisar GTP. A toxina pertussis, também uma proteína AB_5, também ADP-ribosila a $G_{i\alpha}$. Os sistemas de sinalizações biológicos estão sujeitos à dessensibilização por fosforilação e sequestro por endocitose do receptor da superfície celular.O núcleo catalítico das numerosas isoformas de AC são heterodímeros pseudossimétricos que são ativados, na maioria dos casos, pela ligação da região do Comutador II de $G_{s\alpha}$ · GTP a uma fenda em um domínio C_{1a} da AC. AMPc e GMPc são eliminados pela ação de numerosas fosfodiesterases (PDEs), cujas atividades são controladas por vários agentes, dessa forma provendo intercomunicação entre os sistemas de sinalização.

3 Sinalização com base em tirosina-cinase A ligação de ligantes, como hormônios e fatores de crescimento proteicos, ativa receptores tirosina-cinases (RTKs), induzindo-os a dimerizar e então autofosforilar resíduos de Tyr específicos em alças de ativação de seus domínios tirosina-cinases. Normalmente, isso é seguido pela autofosforilação em resíduos de Tyr em outros domínios citoplasmáticos. A imortalidade e proliferação descontrolada de células cancerosas as provêm com a capacidade para formar tumores invasivos e metastáticos. O vírus do sarcoma de Rous, um retrovírus que causa sarcoma em galinhas, carrega um oncogene, *v-src*, homólogo ao gene celular normal *c-src*. Ambos genes codificam uma proteína tirosina-cinase (PTK) que estimula a divisão celular. Produtos de oncogenes incluem análogos de fatores de crescimento, receptores de fatores de crescimento, proteínas nucleares que estimulam a transcrição e/ou divisão celular e proteínas G.

Sistemas dois-híbridos são usados para identificar proteínas interatuantes. Um RTK autofosforilado pode ativar outros fosforilando-os em cadeias laterais de Tyr específicas. Isso também pode modular as atividades de proteínas específicas pela ligação de um segmento peptídico contendo fosfoTyr de um RTK a domínios SH2 e PTB nessas proteínas ou por um adaptador que liga essas proteínas. Grb2, uma proteína adaptadora, liga-se a certos RTKs ativados e, simultaneamente, a proteínas Sos, por domínios SH3. Por sua vez, a Sos ligada age como um fator trocador de nucleotídeos de guanina (GEF) para induzir a pequena proteína G, Ras, a trocar o GDP ligado a ela por GTP. Ras é uma GTPase fraca, mas ela é auxiliada a hidrolisar seu GTP a GDP por uma proteína ativadora de GTPase (GAP), RasGAP, que insere uma cadeia lateral da Arg cataliticamente importante no antes ineficiente sítio ativo de Ras. Mutações que interferem com a capacidade de Ras-RasGAP em hidrolisar o GTP ligado à Ras são oncogênicas.

A ligação de Ras · GTP a Raf, uma proteína Ser/Thr-cinase, ativa Raf a fosforilar MEK, uma MAP-cinase-cinase (MKK), que por sua vez fosforila a MAP-cinase (MAPK). A MAPK ativada fosforila várias proteínas citoplasmáticas e associadas à membrana e, além disso, é transladada para o núcleo, onde fosforila certos fatores de transcrição, que então induzirão a transcrição de seus genes-alvo. As proteínas na cascata das MAP-cinases são organizadas pela ligação a proteínas estruturais, que também previnem que membros de diferentes cascatas de MAP-cinases em uma célula fosforilem uma a outra inapropriadamente. No entanto, membros ativados de uma cascata de MAP-cinases podem fosforilar outras proteínas regulatórias, estabelecendo uma intercomunicação entre diferentes vias de transdução de sinal.

O receptores associados a tirosina-cinases, como os receptores de citocinas, transduzem o sinal da ligação com o efetor por ativar tirosina-cinases não receptoras associadas (NRTKs), muitas das quais são membros da família Src ou JAK. Proteínas JAK ativadas fosforilam proteínas STAT, que dimerizam e são transladadas para o núcleo, onde funcionam como fatores de transcrição. O Glivec é um inibidor de Abl altamente seletivo, clinicamente efetivo no tratamento da leucemia mieloide crônica (LMC). Muitos cânceres requerem níveis elevados da atividade de Hsp90 para sua viabilidade, já que suas proteínas oncogênicas tendem a ser relativamente instáveis. Proteínas fosforiladas são desativadas por proteínas-fosfatases. Algmas proteínas Tyr-fosfatases (PTPs) são receptores transmembrana que são desativados por dimerização induzida pelo ligante. Outras PTPs são citoplasmáticas e são ativadas por sua ligação a PTKs ativadas, por exemplo, via domínios SH2, como faz SHP-2.

As células contêm vários tipos de proteínas Ser/Thr-fosfatases: a PP1 participa na regulação do metabolismo de glicogênio; a PP2A, que participa em uma ampla variedade de processos regulatórios, é um heterotrímero com numerosas variantes e por isso diferentes especificidades e localização celular; e a calcineurina (CaN; também chamada PP2B) é uma fosfatase heterodimérica ativada por Ca^{2+} que é o alvo dos fármacos imunossupressores ciclosporina A e FK506, pela ligação de seus complexos com as rotamases ciclofilina e FKBP12 a CaN, prevenindo a ligação dos fosfopeptídeos-alvo de CaN.

4 A cascata do fosfoinositídeo PIP_2, um componente fosfolipídico da camada interna da membrana plasmática presente em baixa quantidade, pode gerar até três tipos de segundos mensageiros. Interações hormônio-receptor, por intermédio de uma proteína G ou RTK, estimulam a fosfolipase C (PLC) correspondente a hidrolisar PIP_2 a IP_3 hidrossolúvel e DAG ligado à membrana. O IP_3 estimula a liberação de Ca^{2+} do retículo endoplasmático por canais controlados por ligante. O Ca^{2+} liga a calmodulina, que, por sua vez, ativa uma variedade de processos celulares. O DAG ativa a proteína-cinase C (PKC) a fosforilar e modular as atividades de numerosas proteínas celulares. DAG também pode ser degradado para gerar araquidonato, um importante intermediário na biossíntese de prostaglandinas e compostos relacionados.

As várias classes de PLC são ativadas de diferentes formas, mas todas trazem a PLC em contato com seu substrato PIP_2 na membrana: PLC-β pela ligação a $G_{q\alpha}$ · GTP e $G_{\beta\gamma}$, Rac1 · GTP ancorada à membrana; PLC-γ pela ligação a PTKs fosforiladas pelo domínio SH2, seguido da fosforilação de PLC pela PTK; PLC-δ por

Ca^{2+}; e PLC-ε pela ligação a Ras · GTP. As PKCs "convencionais" são ativadas por Ca^{2+} e DAG. Ésteres de forbol, que mimetizam DAG e ativam a PKC, são os mais potentes promotores de tumor conhecidos. DAG e Ca^{2+} ligam sinergicamente PKC à membrana por seus domínios C1 e C2, que extraem conformacionalmente o pseudossubstrato N-terminal da PKC do sítio ativo da cinase. A cinase é cataliticamente ativada por fosforilação por PDK1 em sua alça de ativação, seguida por autofosforilação em mais dois sítios.

Os fosfoinositídeos podem ser fosforilados em seu grupo inositol nas posições 3-, 4- e 5-, em todas as sete combinações, gerando segundos mensageiros ligados à membrana que funcionam recrutando as proteínas que os ligam à superfície da membrana. As fosfoinositídeo-3-cinases (PI3K) de mamíferos formam três classes que diferem de acordo com suas estruturas, especificidade a substrato e modo de regulação. Os produtos de PI3K, PtdIns-3,4-P_2 e PtdIns-3,4,5-P_3, ligam ao domínio PH do produto do proto-oncogene Akt (PKB), colocalizando Akt com PDK1, que também está amarrada à membrana por seu domínio PH, de forma que PDK1 fosforila e, assim, ativa Akt. PtdIns-3-P é ligado por domínios FYVE, que, assim como os domínios PH, são mantidos juntos por dois íons Zn^{2+} ligados tetraedricamente.

Os vários tipos de inositídeo-polifosfato-fosfatases agem terminando a sinalização da cascata do fosfoinositídeo. OCRL, uma 5-fosfastase do tipo II que participa no controle do brotamento de vesículas do lisossomo, está mutada na doença oculocerebrorrenal (síndrome de Lowe). A única 1-fosfatase expressa em mamíferos, que hidrolisa Ins-1,4-P_2 e PIP_3, é inibida pelo íon Li^+ e por isso está implicada no transtorno bipolar. A 3-fosfatase PTEN, um supressor de tumor cuja forma mutante é comum em muitos cânceres, desfaz as ações das PI3Ks. A 4-fosfatase tipo I em plaquetas sanguíneas é inativada por clivagem proteolítica pela protease ativada por Ca^{2+} calpaína. Sistemas de transdução de sinal celular, como o sistema de sinalização de insulina, são sistemas complexos com propriedades emergentes, até agora insuficientemente compreendidas.

REFERÊNCIAS

Geral

Gomperts, B.D., Tatham, P.E.R., and Kramer, I.M., *Signal Transduction,* Academic Press (2002).

Helmreich, E.J.M., *The Biochemistry of Cell Signaling,* Oxford (2001).

Krauss, G., *Biochemistry of Signal Transduction and Regulation* (4th ed.), Wiley-VCH (2008).

Marks, F., Klingmüller, U., and Müller-Decker, K., *Cellular Signal Processing. An Introduction to the Molecular Mechanisms of Signal Transduction,* Garland Science (2009).

Nelson, J., *Structure and Function in Cell Signaling,* Wiley (2008).

Science's Signal Transduction Knowledge Environment (STKE). http://stke.sciencemag.org/cm/. [Base de dados sobre moléculas sinalizadoras e as relações entre si. Esta base de dados é introduzida em uma série de artigos na *Science* **296**, 1632-1657 (2002). O acesso completo à base de dados requer a assinatura individual ou institucional do periódico, No Brasil, a Science está acessível pelo Portal de Periódicos da Capes.]

Hormônios

Alderton, W.K., Cooper, C.E., and Knowles, R.G., Nitric oxide synthases: structure, function, and inhibition, *Biochem. J.* **357,** 593–615 (2002).

Capel, B., Sex in the 90s: *SRY* and the switch to the male pathway, *Annu. Rev. Physiol.* **60,** 497–523 (1998).

Cary, S.P.L., Winger, J.A., Derbyshire, E.R., and Marletta, M.A., Nitric oxide signaling: no longer simply on or off, *Trends Biochem. Sci.* **31,** 231–239 (2006).

DeGroot, L.J. and Jameson, J.L. (Eds.), *Endocrinology* (5th ed.), Saunders (2006). [Um compêndio de 3 volumes.]

Garcin, E.D., Bruns, C.M., Lloyd, S.J., Hosfield, D.J., Tiso, M., Gachhui, R., Stuehr, D.J., Tainer, J.A., and Getzoff, E.D., Structural basis for isozyme-specific regulation of electron transfer in nitric-oxide synthase, *J. Biol. Chem.* **36,** 37918–37927 (2004). [Estrutura por raios X do domínio redutase da nNOS.]

Greenstein, B. and Wood, D., *The Endocrine System at a Glance* (2nd ed.), Blackwell Publishing (2006).

Hadley, M.E. and Levine, J.E., *Endocrinology* (6th ed.), Benjamin Cummings (2007).

Ignarro, L.J. (Ed.), *Nitric Oxide. Biology and Pathobiology,* Academic Press (2000).

Kossiakoff, A.A. and de Vos, A.M., Structural basis for cytokine hormone–receptor recognition and receptor activation, *Adv. Protein Chem.* **52,** 67–108 (1999).

Li, H. and Poulos, T.L., Structure–function studies on nitric oxide synthases, *J. Inorg. Biochem.* **99,** 293–305 (2005).

Ma, Y.-A., Sih, C.J., and Harms, A., Enzymatic mechanism of thyroxine biosynthesis. Identification of the "lost three-carbon fragment," *J. Am. Chem. Soc.* **121,** 8967–8968 (1999).

Murphy, K.G. and Bloom, S.R., Gut hormones and the regulation of energy homeostasis, *Nature* **444,** 854–859 (2006).

Prosser, D.E. and Jones, G., Enzymes involved in the activation and inactivation of vitamin D, *Trends Biochem. Sci.* **29,** 664–673 (2004).

Schafer, A.J. and Goodfellow, P.N., Sex determination in humans, *Bio Essays* **18,** 955–963 (1996).

Wei, C.-C., Wang, Z.-Q., Tejero, J., Yang, Y.-P., Hemann, C., Hille, R., and Steuhr, D.J., Catalytic reduction of a tetrahydro-biopterin radical with nitric-oxide synthatase, *J. Biol. Chem.* **283,** 11734–11742 (2008).

Proteínas G heterotriméricas

Cooper, D.M.F. and Crossthwaite, A.J., Higher order organization and regulation of adenylyl cyclases, *Trends Pharmacol. Sci.* **27,** 426–431 (2006).

Corbin, J.D. and Francis, S.H., Cyclic GMP phosphodiesterase-5: Target of sildenafil, *J. Biol. Chem.* **274,** 13729–13732 (1999).

Fan, E., Merritt, E.A., Verlinde, C.L.M.J., and Hol, W.G.J., AB_5 toxins: Structures and inhibitor design, *Curr. Opin. Struct. Biol.* **10,** 680–686 (2000).

Hanson, M.A. and Stevens, R.C., Discovery of new GPCR biology: one receptor structure at a time, *Structure* **17,** 8–17 (2009). [Compara as estruturas conhecidas dos GPCRs.]

Marchese, A., Chen, C., Kim, Y.-M., and Benkovic, J.L., The in and outs of G protein-coupled receptor trafficking, *Trends Biochem. Sci.* **28,** 369–376 (2003). [Revisa os mecanismos de dessensibilização.]

Okada, T., Sugihara, M., Bondar, A.-N., Elstner, M., Entel, P., and Buss, V., The retinal conformation and its environment in rhodopsin in light of a new 2.2 Å crystal structure, *J. Mol. Biol.* **342,** 571–583 (2004).

Oldham,W.M. and Hamm, H.E., Heterotrimeric G protein activation by G-protein-coupled receptors, *Nature Rev. Mol. Cell Biol.* **9,** 60–71 (2008); *and* Structural basis of function in heterotrimeric G proteins, *Q. Rev. Biophys.* **39,** 117–166 (2006).

Palczewski, K., G protein–coupled receptor rhodopsin, *Annu. Rev. Biochem.* **75,** 743–767 (2006).

Rasmussen, S.G.F., et al., Crystal structure of the human β_2 adrenergic G-protein-coupled receptor, *Nature*, **450,** 383–387 (2007); *and* Cherezov, V., et al., High-resolution crystal structure of an engineered human β_2 adrenergic G protein–coupled receptor, *Science* **318,** 1259–1265 (2007).

Reiter, E. and Lefkowitz, R.J., GRKs and β-arrestins: roles in receptor silencing, trafficking and signaling, *Trends Endocrinol. Metab.* **17,** 159–165 (2006).

Scheerer, P., Park, J.H., Hildebrand, P.W., Kim, Y.J., Krauss, N., Choe, H.-W., Hofmann, K.P., and Ernst, O.P., Crystal structure of opsin in its G-protein-interacting conformation, *Nature* **455,** 497–502 (2008). [Propõe um modelo estrutural para a ativação pela opsina de suas proteínas G heterotriméricas correspondentes.]

Soundararajan, M., et al., Structural diversity in the RGS domain and its interaction with hetertrimeric G protein α-subunits, *Proc. Natl. Acad. Sci.* **105,** 6457–6462 (2008).

Sprang, S.R. (Ed.), Mechanisms and Pathways of Heterotrimeric G Protein Signaling, *Adv. Prot. Chem.* **74** (2007).

Tesmer, J.J.G. and Sprang, S.R.,The structure, catalytic mechanism and regulation of adenylyl cyclase, *Curr. Opin. Struct. Biol.* **8,** 713–719 (1998).

Tesmer, J.J.G., Sunahara, R.K., Gilman, A.G., and Sprang, S.R., Crystal structure of the catalytic domains of adenylyl cyclase in a complex with $G_{s\alpha}$ · GTPγS, *Science* **278,** 1907–1916 (1997).

Tobin, A.B., Butcher, A.J., and Kong, K.C., Location, location, location. . . . Site-specific GPCR phosphorylation offers a mechanism for cell-type-specific signaling, *Trends Pharm. Sci.* **29,** 5–12 (2008).

Vetter, I.R., and Wittinghofer, A., The guanine nucleotide–binding switch in three dimensions, *Science* **294,** 1299–1304 (2001).

Wall, M.A., Coleman, D.E., Lee, E., Iñiguez-Lluhi, J.A., Posner, B.A., Gilman, A.G., and Sprang, S.R., The structure of the G protein heterotrimer $G_{i\alpha 1}\beta_1\gamma_2$, *Cell* **83,** 1047–1058 (1995); *and* Lambright, D.G., Sondek, J., Bohm, A., Skiba, N.P., Hamm, H.E., and Sigler, P.B., The 2.0 Å crystal structure of a heterotrimeric G protein, *Nature* **379,** 311–319 (1996).

Weis, W.I., and Kobilka, B.K., Structural insights into G-protein-coupled receptor activation, *Curr. Opin. Struct. Biol.* **18,** 734–740 (2008); *and* Deupi, X. and Kobilka, B., Activation of G protein–coupled receptors, *Adv. Protein Chem.* **74,** 137–165 (2007).

Willars, G.B., Mammalian RGS proteins: Multifunctional regulators of cell signaling, *Semin. Cell Dev. Biol.* **17,** 363–376 (2006).

Zhang, R.-G., Scott, D.L., Westbrook, M.L., Nance, S., Spangler, B.D., Shipley, G.G., and Westbrook, E.M.,The three-dimensional crystal structure of cholera toxin, *J. Mol. Biol.* **251,** 563–573 (1995); *and* Merrit, E.A., Sarfaty, S., Jobling, M.G., Chang, T., Holmes, R.K., Hirst,T.R., and Hol,W.G.J., Structural studies of receptor binding by cholera toxin mutants, *Protein Sci.* **6,** 1516–1528 (1997).

Sinalização com base em tirosina-cinase

Alonso, A., et al., Protein tyrosine phosphatases in the human genome, *Cell* **117,** 699–711 (2004). [Uma revisão que enumera, classifica e discute as funções de todas as PTPs humanas.]

Beene, D.L. and Scott, J.D., A-kinase anchoring proteins take shape, *Curr. Opin. Cell Biol.* **19,** 192–198 (2007).

Bhattacharyya, R.P., Reményi, A., Yeh, B.J., and Lim, W.A., Domains, motifs and scaffolds: The role of modular interactions in the evolution and wiring of cell signaling circuits, *Annu. Rev. Biochem.* **75,** 655–680 (2006).

Boggon, T.J. and Eck, M.J., Structure and regulation of Src family kinases, *Oncogene* **23,** 7918–7927 (2004).

Bollen, M., Combinatorial control of protein phosphatase-1, *Trends Biochem. Sci.* **26,** 426–431 (2001).

Boriak-Sjodin, P.A., Margarit, S.M., Bar-Sagi, D., and Kuriyan, J., The structural basis of the activation of Ras by Sos, *Nature* **394,** 337–343 (1998).

Bos, J.L., Rehmann, H., and Wittinghofer, A., GEFs and GAPs: Critical elements in the control of small G proteins, *Cell* **129,** 865–877 (2007).

Baselga, J., Targeting tyrosine kinases in cancer: The second wave, *Science* **312,** 1175–1178 (2006).

Calderwood, S.K., Khaleque, M.A., Sawyer, D.B., and Ciocca, D.R., Heat shock proteins in cancer: chaperones of tumorigenesis, *Trends Biochem. Sci.* **31,** 164–172 (2006).

Capdeville, R., Buchdunger, E., Zimmermann, J., and Matter, A., Glivec (STI571, ImatinIB), a rationally developed targeted anticancer drug, *Nature Rev. Drug Discov.* **1,** 493–502 (2002). [Glivec era o nome anterior do Gleevec.]

Carlisle Michel, J.J. and Scott, J.D., AKAP mediated signal transduction, *Annu. Rev. Pharmacol. Toxicol.* **42,** 235–257 (2002).

Cho, U.S. and Xu, W., Crystal structure of a protein phosphatase 2A heterotrimeric holoenzyme, *Nature* **445,** 53–57 (2007); *and* Xu,Y., Xing,Y., Chen,Y., Chao,Y., Lin, Z., Fan, E.,Yu, J., Stack, S., Jeffrey, P., and Shi, Y., Structure of the protein phosphatase 2A holoenzyme, *Cell* **127,** 1239–1251 (2006).

Chang, L. and Karin, M., Mammalian MAP kinase signaling cascades, *Nature* **410,** 37–40 (2001).

De Meyts, P., The insulin receptor: A prototype for dimeric, allosteric membrane receptors? *Trends Biochem. Sci.* **33,** 376–384 (2008).

Druker, B.J. and Lydon, N.B., Lessons learned from the development of an Abl tyrosine kinase inhibitor for chronic myelogenous leukemia, *J. Clin. Invest.* **105,** 3–7 (2000).

Garcia, K.C. (Ed.), Cell Surface Receptors, *Adv. Protein Chem.* **68** (2004).

Griffith, J.P., Kim, J.L., Kim, E.E., Sintchak, M.D., Thomson, J.A., Fitzgibbon, M.J., Fleming, M.A., Caron, P.R., Hsiao, K., and Navia, M.A., X-ray structure of calcineurin inhibited by the immunophilin-immunosuppresant FKBP12-FK506 complex, *Cell* **82,** 507–522 (1995); *and* Huai, Q., Kim, H.-Y., Liu,Y., Zhao, Y., Mondragon, A., Liu, J.O., and Ke, H., Crystal structure of calcineurin–cylophilin–cyclosporin shows common but distinct recognition of immunophilin–drug complexes, *Proc. Natl. Acad. Sci.* **99,** 12037–12042 (2002).

Groves, M.R., Hanlon, N., Turowski, P., Hemmings, B.A., and Barford, D., The structure of the protein phosphatase 2A PR65/A subunit reveals the conformation of its 15 tandemly repeated HEAT motifs, *Cell* **96,** 99–110 (1999).

Hansen, G., et al., The structure of the GM-CSF receptor complex reveals a distinct mode of cytokine receptor activation, *Cell* **134,** 496–507 (2008).

Hof, P., Pluskey, S., Dhe-Paganon, S., Eck, M.J., and Shoelson, S.E., Crystal structure of tyrosine phosphatase SHP-2, *Cell* **92,** 441–450 (1998).

Hubbard, S.R., Crystal structure of the activated insulin receptor tyrosine kinase in complex with peptide substrate and ATP analog, *EMBO J.* **16,** 5572–5581 (1997); *and* Hubbard, S.R., Wei, L., Ellis, L., and Hendrickson, W.A., Crystal structure of the tyrosine kinase domain of the human insulin receptor, *Nature* **372,** 746–753 (1994).

Hubbard, S.R. and Miller, W.T., Receptor tyrosine kinases: mechanisms of activation and signaling, *Curr. Opin. Cell Biol.* **19,** 117–123 (2007).

Karnoub, A.E. and Weinberg, R.A., Ras ongenes: split personalities, *Nature Rev. Mol. Cell Biol.* **9,** 517–531 (2008).

Kolch, W., Coordinating ERK/MAPK signaling through scaffolds and inhibitors, *Nature Rev. Mol. Cell Biol.* **6,** 827–838 (2005).

Li, L. and Dixon, J.E., Form, function, and regulation of protein tyrosine phosphatases and their involvement in human disease, *Semin. Immunol.* **12,** 75–84 (2000).

Lim, W.A., The modular logic of signaling proteins: building allosteric switches from simple binding domains, *Curr. Opin. Struct. Biol.* **12,** 61–68 (2002).

Linder, J.U and Schultz, J.E., Versatility of signal transduction encoded in dimeric adenylyl cyclases, *Curr. Opin. Struct. Biol.* **18,** 667–672 (2008).

Maignan, S., Guilloteau, J.-P., Fromage, N., Arnoux, B., Becquart, J., and Ducruix, A., Crystal structure of the mammalian Grb2 adaptor, *Science* **268,** 291–293 (1995).

McKay, M.M. and Morrison, D.K., Integrating signals from RTKs to ERK/MAPK, *Oncogene* **26,** 3113–3121 (2007).

Musacchio, A., Sareste, M., and Wilmanns, M., High-resolution crystal structures of tyrosine kinase SH3 domains complexed with proline-rich peptides, *Nature Struct. Biol.* **1,** 546–551 (1994).

Nassar, N., Horn, G., Herrmann, C., Scherer, A., McCormack, F., and Wittinghofer, A., The 2.2 Å crystal structure of the Rasbinding domain of the serine/threonine kinase c-Raf1 in complex with Rap1A and a GTP analogue, *Nature* **375,** 554–560 (1995).

Neel, B.G., Gu, H., and Pao, L., The 'Shp'ing news: SH2 domain-containing tyrosine phosphatases in cell signaling, *Trends Biochem. Sci.* **28,** 284–293 (2003).

Noble, M.E.M., Endicott, J.A., and Johnson, L.N., Protein kinase inhibitors: Insights into drug design from structure, *Science* **303,** 1800–1805 (2004).

O'Shea, J.J., Gadino, M., and Schreiber, R.D., Cytokine signaling in 2002: New surprises in the Jak/Stat pathway, *Cell* **109,** S121–S131 (2002).

Pawson,T., Dynamic control of signaling by modular adapter proteins, *Curr. Opin. Cell Biol.* **19,** 112–116 (2007).

Pawson, T. and Scott, J.D., Protein phosphorylation in signaling—50 years and counting, *Trends Biochem. Sci.* **30,** 286–290 (2005). [Uma revisão histórica.]

Pellizzari, R., Guidi-Rontani, C., Vitale, G., Mock, M., and Montecucco, C., Anthrax lethal factor cleaves MKK3 in macrophages and inhibits the LPS/IFNγ-induced release of NO and TNFα , *FEBS Lett.* **462,** 199–204 (1999).

Scheffzek, K., Ahmadian, M.R., Kabsch, W., Wiesmüller, L., Lautwein, A., Schmitz, F., and Wittinghofer, A., The Ras-RasGAP complex: Structural basis for GTPase activation and its loss in oncogenic Ras mutants, *Science* **277,** 333–338 (1997).

Schindler, T., Bornmann, W., Pellicenna, P., Miller, W.T., Clarkson, B., and Kuriyan, J., Structural mechanism for STI-571 inhibition of Abelson tyrosine kinase, *Science* **289,** 1938–1942 (2000). [STI-571 era o nome original do Gleevec.]

Schlessinger, J., Plotnikov,A.N., Ibrahimi, O.A., Eliseenkova, A.V., Yeh, B.K., Yayon, A., Linhardt, R.J., and Mohammadi, M., Crystal structure of a ternary FGF-FGFR-heparin complex reveals a dual role for heparin in FGF binding and dimerization, *Mol. Cell* **6,** 743–750 (2000).

Sebolt-Leopold, J.S. and English, J.M., Mechanisms of drug inhibition of signaling molecules, *Nature* **441,** 457–462 (2006).

Sprang, S., GEFs: Master regulators of G-protein activation, *Trends Biochem. Sci.* **26,** 266–267 (2001).

Stoker, A.W., Protein tyrosine phosphatases and signaling, *J. Endocrinol.* **185,** 19–33 (2005).

Tiganis,T. and Bennett,A.M., Protein tyrosine kinase function: the substrate perspective, *Biochem.* **402,** 1–15 (2007).

Tonks, N.K., Protein tyrosine phosphatases: from genes, to function, to disease, *Nature Rev. Mol. Cell Biol.* **7,** 833–846 (2006).

Wang, X., Lupardus, P., La Porte, S.L., and Garcia, K.C., Structural biology of shared cytokine receptors, *Annu. Rev. Immunol.* **27,** 29–60 (2009).

Ward, C.W., Lawrence, M.C., Streltsov, V.A., Adams, T.E., and McKern, N.M., The insulin and EGF receptor structures: insights into ligand-induced receptor activation, *Trends Biochem. Sci.* **32,** 129–137 (2007).

Whitesell, L. and Lindquist, S.L., Hsp90 and the chaperoning of cancer, *Nature Rev. Cancer* **5,** 761–772 (2005).

Whitmarsh, A.J. and Davis, R.J., Structural organization of MAP-kinase signaling modules by scaffold proteins in yeast and mammals, *Trends Biochem. Sci.* **23,** 481–485 (1998).

Xu, W., Doshi, A., Lei, M., Eck, M.J., and Harrison, S.C., Crystal structures of c-Src reveal features of its autoinhibitory mechanism, *Mol. Cell* **3,** 629–638 (1999); *and* Xu, W., Harrison, S.C., and Eck, M.J., Three dimensional structure of the tyrosine kinase c-Src, *Nature* **385,** 595–602 (1995).

Yaffe, M.B., Phosphotyrosine-binding domains in tyrosine transduction, *Nature Rev. Mol. Cell Biol.* **3,** 177–186 (2002).

Young, M.A., Gonfloni, F., Superti-Furga, G., Roux, B., and Kuriyan, J., Dynamic coupling between the SH2 and SH3 domains of c-Src and Hck underlies their inactivation by C-terminal tyrosine phosphorylation, *Cell* **105,** 115–126 (2001).

Zhang, Z.-Y., Protein tyrosine phosphatases: structure and function, substrate specificity, and inhibitor development, *Annu. Rev. Pharmacol. Toxicol.* **42,** 209–234 (2002).

Zhou, M.-M., et al., Structure and ligand recognition of the phosphotyrosine binding domain of Shc, *Nature* **378,** 584–592 (1995).

A cascata do fosfoinocitídeo

Brazil, D.P., Yang, Z.-Z., and Hemmings, B.A., Advances in protein kinase B signaling: *AKT*ion on multiple fronts, *Trends Biochem. Sci.* **29,** 233–242 (2004).

Brognard, J. and Newton, A.C., PHLiPPing the switch on Akt and protein kinase C signaling, *Trends Endocrinol. Metab.* **19,** 223–230 (2008).

Carrasco, S. and Mérida, I., Diacylglycerol, when simplicity becomes complex, *Trends Biochem. Sci.* **32,** 27–36 (2007).

Cho, W. and Stahelin, R.V., Membrane-protein interactions in cell signaling and membrane trafficking, *Annu. Rev. Biophys. Biomol. Struct.* **34,** 119–151 (2005).

Clapham, D.E., Calcium signaling, *Cell* **131,** 1047–1058 (2007).

Cockcroft, S. (Ed.), *Biology of Phosphoinositides,* Oxford (2000).

Di Paolo, G. and De Camilli, P., Phosphoinositides in cell regulation and membrane dynamics, *Nature* **443,** 651–657 (2006).

Dekker, L.V. (Ed.), *Protein Kinase C* (2nd ed.), Kluwer Academic/ Plenum Publishers (2004).

Ferguson, K.M., Lemmon, M.A., Schlessinger, M.A., and Sigler, P.B., Structure of the high affinity complex of inositol trisphosphate with a phospholipase C pleckstrin homology domain, *Cell* **83,** 1037–1046 (1995).

Gallegos, L.L. and Newton, A.C., Spaciotemporal dynamics of lipid signaling: Protein kinase C as a paradigm, *IUBMB Life* **60,** 782–786 (2008).

Harden, T.K. and Sondek, J., Regulation of phospholipase C isozymes by Ras superfamily GTPases, *Annu. Rev. Pharmacol. Toxicol.* **46,** 355–379 (2006).

Huang, C.-H., Mandelker, D., Schmidt-Kittler, O., Samuels,Y.,Velculescu, V.E., Kinzler, K.W., Vogelstein, B., Gabelli, S.B., and Amzel, L.M., The structure of a human p110α/

p85α complex elucidates the effects of oncogenic PI3Kα mutations, *Science* **318,** 1744–1748 (2007). [p110α é a subunidade catalítica de P13Kα.]

Hurley, J.H. and Misra, S., Signaling and subcellular targeting by membrane-binding domains, *Annu. Rev. Biophys. Biomol. Struct.* **29,** 49–79 (2000).

Jezyk, M.R., Snyder, J.T., Gershberg, S., Worthylake, D.K., Harden, T.K., and Sondek, J., Crystal structure of Rac1 bound to its effector phospholipase C-β2, *Nature Struct. Mol. Biol.* **13,** 1135–1140 (2006); *and* Hicks, S.N., Jezyk, M.R., Gershberg, S., Seifer, J.P., Harden, T.K., and Sondek, J., General and versatile autoinhibition of PLC isoenzymes, *Mol. Cell* **31,** 383–394 (2008).

Katso, R., Okkenhaug, K., Ahmadi, K.,White, S.,Timms, J., and Waterfield, M.D., Cellular function of phosphoinositide 3-kinases: Implications for development, immunity, homeostasis, and cancer, *Annu. Rev. Cell Dev. Biol.* **17,** 615–675 (2001).

Kok, K., Geering, B., and Vanhaesebroeck, B., Regulation of phosphoinositide 3-kinase expression in health and disease, *Trends Biochem. Sci.* **34,** 115–127 (2009).

Kutateladze, T. and Overduin, M., Structural mechanism of endosome docking by the FYVE domain, *Science* **291,** 1793–1796 (2001).

Lee, J.-O., Yang, H., Georgescu, M.-M., Di Cristofano, A., Maehama, T., Shi, Y., Dixon, J.E., Pandolfi, P., and Pavletich, N.P., Crystal structure of the PTEN tumor suppressor: Implications for its phosphoinositide phosphatase activity and membrane association, *Cell* **99,** 323–344 (1999).

Maehama, T., Taylor, G.S., and Dixon, J.E., PTEN and myotubularin: Novel phosphoinositide phosphatases, *Annu. Rev. Biochem.* **70,** 247–279 (2001).

Manning, B.D. and Cantley, L.C., AKT/PKB signaling: Navigating downstream, *Cell* **129,** 1261–1274 (2007).

Michell, R.H., Inositol derivatives: evolution and function, *Nature Rev. Mol. Cell Biol.* **9,** 151–161 (2008).

Patterson, R.L., van Rossum, D.B., Nikolaidis, N., Gill, D.L., and Snyder, S.H., Phospholipase C-$_3$: diverse roles in receptor-mediated calcium signaling, *Trends Biochem. Sci.* **32,** 688–697 (2005).

Rhee, S.G., Regulation of phosphoinositide-specific phospholipase C, *Annu. Rev. Biochem.* **70,** 281–312 (2001).

Salmena, L., Carracedo, A., and Pandolfi, P.P., Tenets of PTEN tumor suppression, *Cell* **133,** 403–414 (2008).

Saltiel, A.R. and Pessin, J.E., Insulin signaling pathways in time and space, *Trends Cell Biol.* **12,** 65–71 (2002).

Steinberg, S.F., Structural basis of protein kinase C isoform function, *Physiol. Rev.* **88,** 1341–1378 (2008). [Uma revisão detalhada.]

Vanhaesebroek, B., Leevers, S.J., Ahmadi, K., Timms, J., Katso, R., Driscoll, P.C.,Woscholski, R., Parker, P.J., and Waterfield, M.D., Synthesis and function of 3-phosphorylated inositol lipids, *Annu. Rev. Biochem.* **70,** 535–632 (2001).

Walker, E.H., Persic, O., Ried, C., Stephens, L., and Williams, R.L., Structural insights into phosphoinositide 3-kinase catalysis and signaling, *Nature* **402,** 313–320 (1999); *and* Pacold, M.E., et al., Crystal structure and functional analysis of Ras binding to its effector phosphoinositide 3-kinase γ, *Cell* **103,** 931–943 (2000).

Weng, G., Bhalla, U.S., and Iyengar, R., Complexity in biological signaling systems, *Science* **284,** 92–96 (1999).

Zick, Y., Insulin resistance: a phosphorylation-based uncoupling of insulin signaling, *Trends Cell Biol.* **11,** 437–441 (2001).

PROBLEMAS

1. Explique as seguintes observações: (a) Ratos tireoidectomizados sobrevivem por 20 dias, quando privados de comida, enquanto ratos normais morrem de fome em 7 dias. (b) A síndrome de Cushing, resultante da secreção excessiva de esteroides adrenocorticais, pode ser causada por um tumor na hipófise. (c) O **diabetes insípido**, caracterizado por urinação incessante e sede insaciável, resulta de um dano na hipófise. (d) O crescimento de tumores malignos derivados de órgãos sexuais pode ser retardado ou mesmo revertido por remoção cirúrgica das gônadas e das glândulas suprarrenais.

2. Como a presença do análogo de GTP não hidrolisável GMPPNP afeta sistemas de receptores dependentes de AMPc?

3. Explique por que indivíduos que manuseiam dinamite regularmente (que é nitroglicerina embebida em um absorvente, como polpa de madeira) como parte de seu trabalho possuem incidência excepcionalmente alta de ataques cardíacos nos finais de semana?

4. Um efeito adverso dose-dependente do Sildenafil (Viagra) é a diminuição transitória da capacidade de discriminar entre as cores azul e verde. Qual é a base bioquímica desse fenômeno?

5. Retrovírus possuidores de oncogenes infectam células de seus animais hospedeiros correspondentes, mas normalmente não os transformam. No entanto, esses retrovírus transformarão prontamente células imortalizadas derivadas do mesmo organismo. Explique.

6. Explique por que mutações no resíduo de Arg da $G_{s\alpha}$, que é ADP-ribosilado pela toxina colérica, são mutações oncogênicas. Por que a toxina colérica não causa câncer?

7. As seguintes alterações da Src seriam oncogênicas? Explique. (a) A remoção ou inativação do domínio SH3. (b) A mutação da Tyr 416 por Phe. (c) A mutação da Tyr 527 por Phe. (d) A substituição dos resíduos 249 a 253 da Src pela sequência APTMP.

8. JIP-1 foi originalmente assim chamada porque, quando foi pela primeira vez caracterizada por superexpressão em células de mamíferos, ela parecia atuar como uma "proteína inibidora de JNK". Qual é a base dessa observação?

9. Por que a toxina pertussis parece inibir certas isoenzimas de PLC? Identifique essas isoenzimas.

10. Fosfatidiletanolamina e PIP_2 contendo resíduos idênticos de ácidos graxos podem ser hidrolisados com a mesma eficiência por uma certa fosfolipase C. Os produtos de hidrólise dos dois lipídeos exercem o mesmo efeito sobre a proteína-cinase C? Explique.

11. O pseudossubstrato autoinibitório da PKC ocorre na sua extremidade N-terminal, enquanto o MLCK ocorre na sua extremidade C-terminal (Fig. 18.20). Para investigar melhor esse fenômeno, um colega propôs construir uma PKC com seu pseudossubstrato anexado à extremidade C-terminal da proteína com um elo suficientemente longo para que o pseudossubstrato pudesse ligar o sítio ativo da enzima. Você esperaria que essa variante de PKC fosse ativável? Explique.

Transporte através de Membranas

CAPÍTULO 20

O metabolismo realiza-se dentro da célula, que está separada do meio extracelular pela membrana plasmática. Além disso, as células eucarióticas são compartimentalizadas pelas membranas intracelulares, que formam os limites e as estruturas internas de suas várias organelas. O cerne apolar das membranas biológicas as torna altamente impermeáveis à maioria das substâncias iônicas e polares, de forma que *essas substâncias atravessam as membranas pela ação de* ***proteínas transportadoras*** *específicas.* Tais proteínas são necessárias na mediação de todos os movimentos transmembrana de íons, como Na^+, K^+, Ca^{2+} e Cl^-, bem como de metabólitos, como piruvato, aminoácidos, açúcares, e nucleotídeos, e mesmo água (a despeito de sua permeabilidade relativamente alta nas bicamadas; Seção 12.2B). As proteínas de transporte são também responsáveis por todos os fenômenos bioeletroquímicos, como, por exemplo, a neurotransmissão. Neste capítulo, serão discutidos a termodinâmica, a cinética e os mecanismos químicos desses sistemas de transporte, encerrando com uma discussão a respeito do mecanismo da neurotransmissão.

1 A TERMODINÂMICA DO TRANSPORTE

Conforme visto na Seção 3.4A, a energia livre de um soluto A varia com sua concentração:

$$\overline{G}_A - \overline{G}_A^{\circ\prime} = RT\ln[A] \qquad [20.1]$$

onde $\overline{G}_A$ é o **potencial químico** (energia livre parcial molar) de A (a barra indica quantidade por mol) e $\overline{G}_A^{\circ\prime}$ é o potencial químico do seu estado-padrão. No sentido exato da palavra, essa equação só se aplica para soluções ideais; para soluções não ideais (reais), as concentrações devem ser substituídas por atividade (Apêndice do Capítulo 3). Nas soluções diluídas (milimolar), características das condições de laboratório, o valor da atividade de uma substância está muito próximo de sua concentração molar. Contudo, esse não é o caso no meio celular altamente concentrado (Apêndice do Capítulo 3). Ainda, é difícil determinar a atividade de uma substância em um compartimento celular. Por essa razão, será feita uma simplificação nas equações que seguem, considerando as atividades iguais às concentrações molares.

A difusão de uma substância entre os dois lados de uma membrana

$$A(exterior) \rightleftharpoons A(interior)$$

lembra, termodinamicamente, um equilíbrio químico. A diferença na concentração da substância nos dois lados da membrana gera uma diferença de potencial químico:

$$\Delta\overline{G}_A = \overline{G}_A(interior) - \overline{G}_A(exterior) = RT\ln\left(\frac{[A]_{interior}}{[A]_{exterior}}\right) \qquad [20.2]$$

Em consequência, se a concentração de A do lado de fora da membrana for maior do que do lado de dentro, $\Delta\overline{G}_A$ para a transferência de A de dentro para fora será negativo e o fluxo líquido espontâneo de A será para dentro. Se, contudo, a concentração de A for maior do lado de dentro, $\Delta\overline{G}_A$ será positivo e um fluxo líquido de A para dentro só poderá ocorrer se estiver acoplado a um processo exergônico, como a hidrólise de trifosfato de adenosina (ATP, de *adenosine triphosphate*), para tornar negativa a troca de energia livre total.

a. O potencial de membrana origina-se da diferença de concentração transmembrana de substâncias iônicas

A permeabilidade das membranas biológicas a íons como H^+, Na^+, K^+, Cl^- e Ca^{2+} é controlada por sistemas de transporte específicos inseridos na membrana, que serão apresentados mais adiante. *As diferenças de carga resultantes através de uma membrana biológica geram uma diferença de potencial elétrico,* $\Delta\Psi = \Psi(interior) - \Psi(exterior)$, sendo $\Delta\Psi$ denominado **potencial de membrana**. Consequentemente, se A for um íon, a Equação [20.2] deve ser corrigida para incluir o trabalho elétrico necessário para transferir um mol de A através da membrana, de fora para dentro:

$$\Delta\overline{G}_A = RT \ln\left(\frac{[A]_{interior}}{[A]_{exterior}}\right) + Z_A\mathcal{F}\Delta\psi \qquad [20.3]$$

onde Z_A é a carga elétrica de A; $\mathcal{F}$, a constante de Faraday, é a carga de um mol de elétrons ($96.485\ C \cdot mol^{-1}$); e $\overline{G}_A$ é agora denominado **potencial eletroquímico** de A.

O potencial de membrana das células vivas pode ser medido com microeletrodos. Valores de $\Delta\Psi$ de -100 mV (interior negativo) não são raros (note que $1\ V = 1\ J \cdot C^{-1}$). Assim, o último termo da Equação [20.3] é, com frequência, significativo para substâncias iônicas.

2 A CINÉTICA E OS MECANISMOS DE TRANSPORTE

A termodinâmica indica se um dado processo de transporte será espontâneo, mas, como visto nas reações químicas e enzimáticas, não dá indicação da velocidade desses processos. Análises cinéticas dos processos de transporte, juntamente com os estudos mecanísticos, têm, no entanto, permitido sua caracterização. Existem dois tipos de transporte: **transporte não mediado** e **transporte mediado**. O primeiro acontece por difusão simples. Em contraste, *o transporte mediado ocorre pela ação de proteínas carregadoras específicas*, que são variadamente denominadas **carreadores**, **permeases**, **carregadores**, **transladases**, **translocadores** e **transportadores**. O transporte mediado é classificado em duas categorias, dependendo da termodinâmica do sistema:

1. **Transporte mediado passivo** ou **difusão facilitada**, no qual uma molécula específica flui da região onde está em alta concentração para onde está em baixa concentração, de modo a equilibrar seu gradiente de concentração.
2. **Transporte ativo**, no qual moléculas específicas são transportadas da região onde estão em baixa concentração para onde estão em alta concentração, isto é, contra seus gradientes de concentração. Esse processo endergônico deve estar acoplado a um processo suficientemente exergônico que o torne favorável.

Nessa seção, será considerada a natureza do transporte não mediado e comparada com o transporte mediado passivo representado pelos ionóforos, as porinas, os transportadores de glicose, os canais de K^+, os canais de Cl^- e as aquaporinas. O transporte ativo será examinado nas seções subsequentes.

A. *Transporte não mediado*

O gradiente de potencial eletroquímico de uma substância A é a força que impulsiona o fluxo não mediado de A através de um meio. Essa relação é expressa pela **equação de Nernst-Planck**:

$$J_A = -[A]U_A\,(d\overline{G}_A/dx) \qquad [20.4]$$

onde J_A é o **fluxo** (velocidade de passagem por unidade de área) de A, x é a distância, $d\overline{G}_A/dx$ é o gradiente do potencial eletroquímico de A e U_A é a sua **mobilidade** (velocidade por unidade de força) no meio. Presumindo-se, para simplificar, que A é uma molécula sem carga, de forma que $\overline{G}_A$ é dado pela Equação [20.1], a equação se reduz a:

$$J_A = -D_A(d[A])/dx \qquad [20.5]$$

onde $D_A \equiv RTU_A$ é o **coeficiente de difusão** de A no meio de interesse. Essa é a **primeira lei da difusão de Fick**, que estabelece que *uma substância se difunde na direção que anula seu gradiente de concentração, d[A]/dx, a uma velocidade proporcional à magnitude desse gradiente.*

Para uma membrana de espessura x, a Equação [20.5] é aproximada para

$$J_A = \frac{D_A}{x}([A]_{exterior} - [A]_{interior}) = P_A([A]_{exterior} - [A]_{interior}) \qquad [20.6]$$

onde D_A é o coeficiente de difusão de A no interior da membrana e $P_A = D_A/x$ é denominado o **coeficiente de permeabilidade** da membrana para A. O coeficiente de permeabilidade é indicativo da tendência do soluto em se transferir do solvente aquoso para o núcleo apolar da membrana. Esse coeficiente deve variar com o **coeficiente de partição** do soluto entre os dois solventes, que é dado pela relação entre a solubilidade do soluto em um solvente apolar semelhante ao núcleo da membrana (p. ex., óleo de oliva) e sua solubilidade na água. De fato, o fluxo de muitas substâncias sem carga elétrica através da membrana do eritrócito varia linearmente com suas diferenças de concentração através da membrana, conforme previsto pela Equação [20.6] (Fig. 20.1). Além disso, seus coeficientes de permeabilidade, obtidos a partir da inclinação da curva mostrada na Fig. 20.1, têm uma melhor

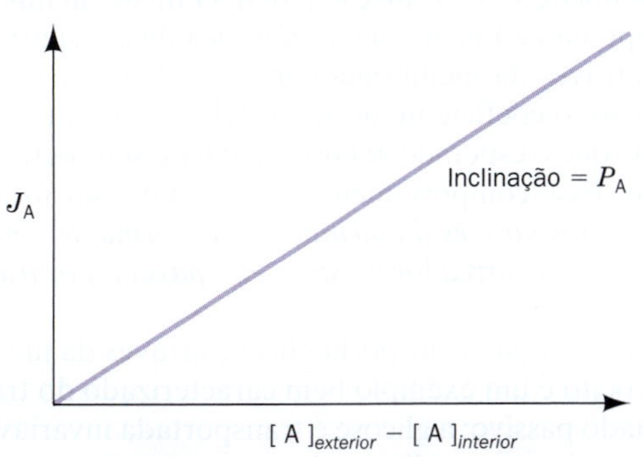

FIGURA 20.1 Relação linear entre o fluxo difusional (J_A) e ($[A]_{exterior} - [A]_{interior}$) através de uma membrana semipermeável. Ver Equação [20.6].

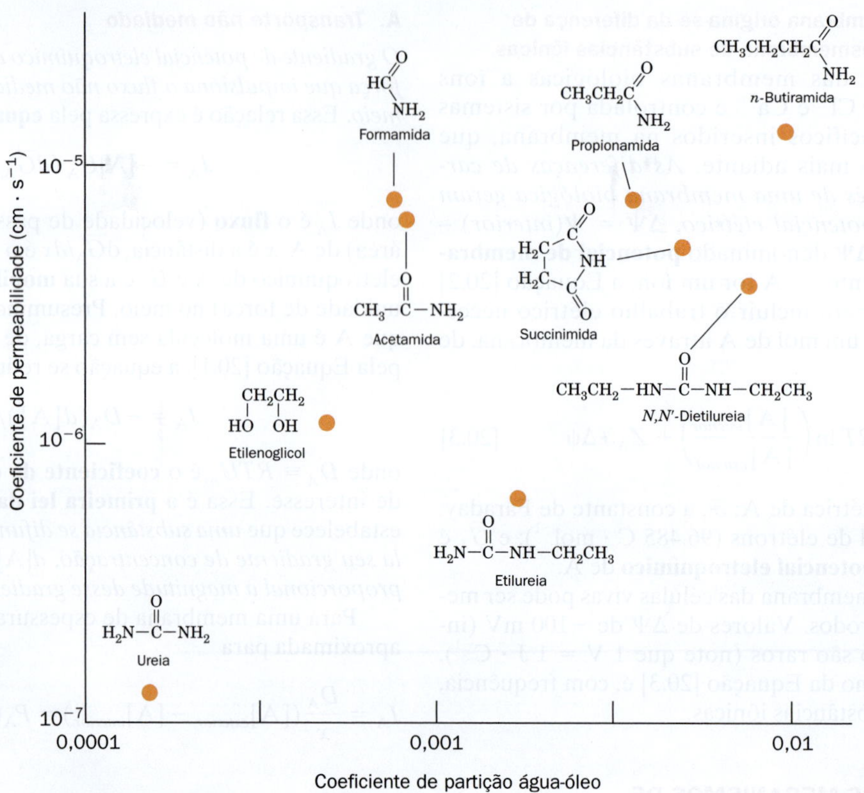

FIGURA 20.2 Correlação da permeabilidade com a solubilidade na membrana. Coeficientes de permeabilidade na membrana plasmática de várias moléculas orgânicas da alga *Nitella mucronata versus* seus coeficientes de partição entre óleo de oliva e água (uma medida da polaridade da molécula). Esta curva, em escala logarítmica, quase linear indica que a etapa limitante da entrada não mediada de uma molécula à célula é a sua passagem através do núcleo hidrofóbico da membrana. (Com base em dados de Collander, R., *Physiol. Plant.* **7**, 433-434 [1954].)

correlação com os coeficientes de partição medidos entre um solvente apolar e a água (Fig. 20.2).

B. *A cinética do transporte mediado: o transporte de glicose nos eritrócitos*

Apesar do sucesso dos modelos precedentes em predizer as taxas de passagem de muitas moléculas através das membranas, existem várias combinações de solutos e membranas que não obedecem à Equação [20.6]. O fluxo em um sistema desse tipo não é linear com a diferença de concentração do soluto através da membrana correspondente (Fig. 20.3) e, além disso, o coeficiente de solubilidade do soluto é muito maior do que o esperado, tendo como base seu coeficiente de partição. Esse comportamento indica que *esses solutos são transportados através da membrana na forma de complexos com moléculas carreadoras, isto é, eles passam por transporte mediado.*

O sistema que transporta glicose através da membrana do eritrócito é um exemplo bem caracterizado do transporte mediado passivo: a glicose é transportada invariavelmente a favor de seu gradiente de concentração, mas não na taxa predita pela Equação [20.6]. Na verdade, o **transportador de glicose dos eritrócitos** apresenta quatro características que diferenciam o transporte mediado do não mediado: (1) *velocidade e especificidade, (2) cinética de saturação, (3)*

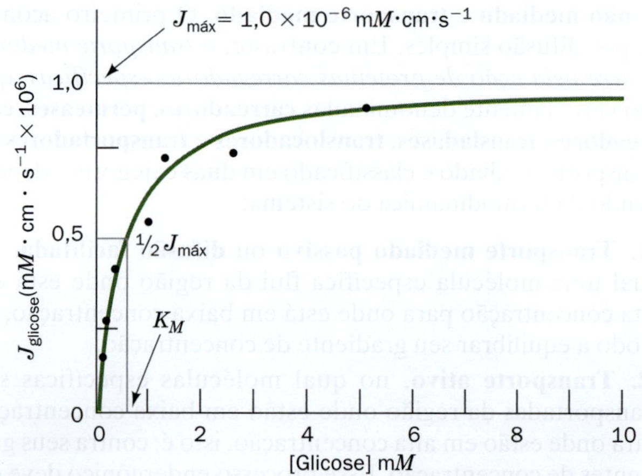

FIGURA 20.3 Variação do fluxo da glicose em eritrócitos humanos em função da concentração externa de glicose a 5°C. Os pontos pretos correspondem a dados determinados de forma experimental, e a linha sólida verde é obtida a partir da Equação [20.7], onde $J_{máx.} = 1 \times 10^{-6}$ m*M* · cm · s^{-1} e $K_M = 0,5$ m*M*. O fluxo não mediado de glicose aumenta de forma linear com o aumento da concentração do açúcar (Fig. 20.1), mas não inicia na linha de base na escala desta figura. (Com base em dados de Stein, W.D., *Movement of Molecules across Membranes*, p.134, Academic Press [1967].)

suscetibilidade à inibição competitiva e (4) suscetibilidade à inativação química. Nos parágrafos seguintes, será visto como tais propriedades são exibidas por esse transportador de glicose.

a. Velocidade e especificidade

Os dados da Tabela 20.1 indicam que os coeficientes de permeabilidade da D-glicose e do D-manitol em bicamadas sintéticas, e o do D-manitol na membrana do eritrócito, estão em concordância aceitável com os valores calculados a partir dos coeficientes de difusão e de partição desses açúcares entre a água e o óleo de oliva. Contudo, o coeficiente de permeabilidade para a D-glicose na membrana do eritrócito, determinado experimentalmente, é quatro ordens de grandeza maior do que os valores esperados. *A membrana do eritrócito deve, portanto, ter um sistema que transporta glicose rapidamente e que a distingue do D-manitol.*

b. Cinética de saturação

A dependência de concentração do transporte da glicose indica que o seu fluxo obedece à relação:

$$J_A = \frac{J_{máx}[A]}{K_M + [A]} \quad [20.7]$$

Esta **função de saturação** tem uma forma hiperbólica familiar (Fig. 20.3). Ela foi vista na equação que descreve a ligação do O_2 à mioglobina (Equação [10.4]) e na equação de Michaelis-Menten que descreve as velocidades das reações enzimáticas (Equação [14.24]). Aqui, também, o K_M pode ser definido de forma operacional como a concentração de glicose quando o fluxo do transporte for a metade de sua velocidade máxima, $J_{máx}/2$. *A observação da* ***cinética de saturação*** *para o transporte de glicose foi a primeira evidência a mostrar que sítios na membrana, específicos e saturáveis, estavam envolvidos com o transporte de substâncias.*

TABELA 20.1 Coeficientes de permeabilidade de membranas naturais e sintéticas à D-glicose e ao D-manitol a 25°C

Preparação de membrana	Coeficiente de permeabilidade ($cm \cdot s^{-1}$)	
	D-glicose	D-manitol
Bicamada lipídica sintética	$2,4 \times 10^{-10}$	$4,4 \times 10^{-11}$
Difusão não mediada	4×10^{-9}	3×10^{-9}
Eritrócito humano intacto	2×10^{-4}	5×10^{-9}

Fonte: Jung, C.Y., *in* Surgenor, D. (Ed). *The Red Blood Cell,* Vol. 2, *p.* 709, Academic Press (1975).

O processo de transporte pode ser descrito por meio de um esquema simples de cinética de quatro etapas, envolvendo ligação, transporte, dissociação e recuperação (Fig. 20.4). As etapas de ligação e dissociação são análogas ao reconhecimento do substrato e à liberação do produto por uma enzima. Os mecanismos de transporte e recuperação serão descritos na Seção 20.2D.

c. Suscetibilidade à inibição competitiva

Muitos compostos estruturalmente semelhantes à D-glicose inibem o seu transporte. Uma curva de duplo-recíproco (Seção 14.2B) do fluxo de glicose para os eritrócitos na presença ou ausência de 6-*O*-benzil-D-galactose (Fig. 20.5) mostra o comportamento típico de inibição competitiva do transporte (a inibição competitiva no caso de enzimas é apresentada na Seção 14.3A). *A suscetibilidade à inibição competitiva mostra que existe um número limitado de sítios disponíveis para o transporte mediado.*

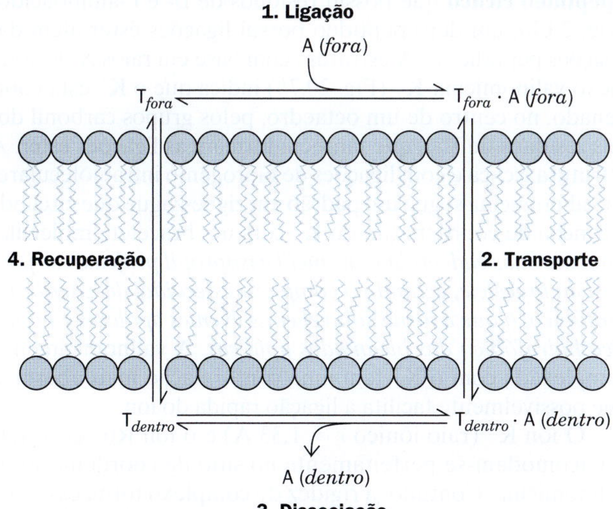

FIGURA 20.4 Esquema cinético geral para o transporte de membrana. O esquema envolve quatro etapas: ligação, transporte, dissociação e recuperação. T é a proteína transportadora cujo sítio de ligação para o soluto A está localizado alternadamente do lado de dentro ou do lado de fora da membrana.

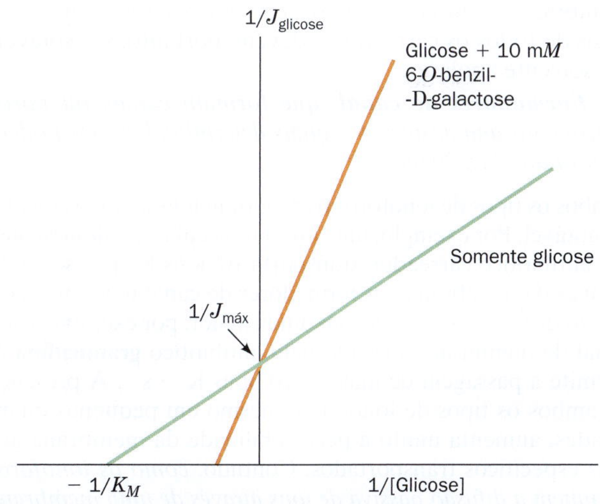

FIGURA 20.5 Gráfico duplo-recíproco para o fluxo líquido da glicose ao interior de eritrócitos na presença e na ausência de 6-*O*-benzil-D-galactose. O padrão é o de inibição competitiva. (Segundo Barnett, J.E.G., Holman,G.D., Charkley, R.A., e Munday, K.A., *Biochem. J.* **145**, 422 [1975].)

d. Suscetibilidade à inativação química

O tratamento dos eritrócitos com $HgCl_2$, que reage com os grupos sulfidril das proteínas,

$$RSH + HgCl_2 \rightarrow RS{-}Hg{-}Cl + HCl$$

inativando muitas enzimas, causa o desaparecimento do fluxo de glicose rápido e saturável, de forma que a constante de permeabilidade da glicose se aproxima à do manitol. *A suscetibilidade do sistema de transporte eritrocitário de glicose a tais agentes modificadores de proteínas indica que esse sistema é, de fato, uma proteína.*

Todas as observações descritas anteriormente indicam que *o transporte de glicose através da membrana do eritrócito é mediado por um número limitado de carreadores proteicos.* Antes de se discutir o mecanismo desse sistema de transporte, contudo, serão examinados alguns modelos mais simples de difusão facilitada.

C. *Ionóforos*

O conhecimento do transporte mediado foi ampliado pelo estudo dos **ionóforos** (do grego *phoros* = portador*)*, substâncias que aumentam muito a permeabilidade das membranas a determinados íons.

a. Os ionóforos podem ser carreadores ou formadores de canal

Os ionóforos são moléculas orgânicas de diversos tipos, muitos dos quais são antibióticos de origem bacteriana. As células e as organelas mantêm, ativamente, gradientes de concentração de vários íons através de suas membranas (Seção 20.3A). As propriedades antibióticas dos ionóforos derivam de sua tendência em eliminar esses gradientes vitais.

Existem dois tipos de ionóforos:

1. ***Carreadores**, que aumentam a permeabilidade das membranas a determinados íons por ligarem-se a eles, difundirem-nos através da membrana e liberá-los do lado oposto* (Fig. 20.6*a*). Para que ocorra um transporte líquido, o ionóforo não complexado deve retornar para o lado de origem da membrana, pronto para repetir o processo. Os complexos iônicos de todos os carreadores devem, portanto, ser solúveis em solvente apolares.
2. ***Formadores de canal**, que formam canais ou poros transmembrana através dos quais determinados íons podem se difundir (Fig. 20.6b).*

Ambos os tipos de ionóforos transportam íons a uma velocidade notável. Por exemplo, uma única molécula de **valinomicina**, um antibiótico carreador, transporta 10^4 íons K^+ por segundo através da membrana. Os formadores de canal têm um rendimento de transferência de íons ainda maior: por exemplo, cada canal de membrana formado pelo antibiótico **gramicidina A** permite a passagem de mais de 10^7 íons $K^+ \cdot s^{-1}$. A presença de ambos os tipos de ionóforos, mesmo em pequenas quantidades, aumenta muito a permeabilidade da membrana aos íons específicos transportados. Contudo, *como os ionóforos permitem a difusão passiva de íons através de uma membrana em ambas as direções, seu efeito é unicamente o de equilibrar as concentrações desses íons específicos através da membrana.*

Os ionóforos carreadores e os formadores de canal podem ser facilmente distinguidos de forma experimental por meio de diferenças na dependência da temperatura para sua

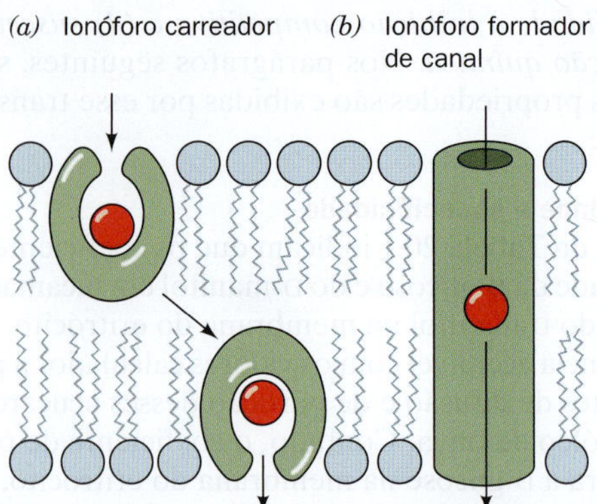

FIGURA 20.6 Transporte de íons por ionóforos. (*a*) Ionóforos carreadores transportam íons porque se difundem através da bicamada lipídica. (*b*) Ionóforos formadores de canal formam canais que atravessam a membrana, através dos quais os íons podem se difundir.

atuação. Os carreadores dependem de sua capacidade de difusão livre através da membrana. Em consequência, o resfriamento da membrana abaixo de sua temperatura de transição (a temperatura abaixo da qual ela se torna um sólido tipo gel; Seção 12.2Cb) elimina sua permeabilidade iônica na presença de carreadores. Em contraste, a permeabilidade da membrana na presença dos formadores de canal é insensível à temperatura, pois, uma vez posicionados, os canais não precisam se mover para mediar o transporte dos íons.

b. O complexo K^+-valinomicina tem o interior polar e o exterior hidrofóbico

A valinomicina, um produto de várias linhagens de bactérias do gênero *Streptomyces* e que liga especificamente íons K^+ e o íon Rb^+ (este sem importância biológica), é talvez o ionóforo carreador melhor caracterizado. O antibiótico é um **depsipeptídeo cíclico** que possui resíduos de D- e L-aminoácidos (Fig. 20.7*a*; um depsipeptídeo possui ligações éster além das ligações peptídicas). A estrutura com base em raios X do complexo valinomicina-K^+ (Fig. 20.7*b*) indica que o K^+ está coordenado, no centro de um octaedro, pelos grupos carbonil dos seis resíduos de Val, que também formam as ligações éster. A estrutura cíclica e com ligações de hidrogênio intramoleculares da valinomicina segue um padrão em zigue-zague que circunda a concha de coordenação do K^+ com um bracelete molecular sinuoso. *Suas cadeias laterais metil e isopropil projetam-se para fora do bracelete, gerando o complexo esferoidal de exterior hidrofóbico, o que a torna solúvel em solventes apolares e no núcleo hidrofóbico das bicamadas lipídicas.* A valinomicina não complexada com o K^+ tem uma conformação mais aberta, o que possivelmente facilita a ligação rápida do íon.

O íon K^+ (raio iônico r = 1,33 Å) e o íon Rb^+ (r = 1,49 Å) acomodam-se perfeitamente no sítio de coordenação da valinomicina. Contudo, a rigidez do complexo torna esse sítio grande demais para acomodar adequadamente o íon Na^+ (r = 0,95 Å) ou o Li^+ (r = 0,60 Å), isto é, os seis átomos de oxigênio das carbonilas não podem coordenar esses íons simultaneamente. Assim, os complexos desses íons com água são mais favoráveis energeticamente do que seus complexos com a valinomicina. Isso é responsável pela afinidade de ligação da valinomicina pelo Na^+ ser 10.000 vezes menor do que pelo

$$\left[-\mathrm{HN}-\underset{\mathrm{H}}{\overset{\mathrm{CH(CH_3)_2}}{\mathrm{C}}}-\overset{\mathrm{O}}{\overset{\|}{\mathrm{C}}}-\mathrm{O}-\underset{\mathrm{CH(CH_3)_2}}{\overset{\mathrm{H}}{\mathrm{C}}}-\overset{\mathrm{O}}{\overset{\|}{\mathrm{C}}}-\underset{\mathrm{H}}{\mathrm{N}}-\underset{\mathrm{CH(CH_3)_2}}{\overset{\mathrm{H}}{\mathrm{C}}}-\overset{\mathrm{O}}{\overset{\|}{\mathrm{C}}}-\mathrm{O}-\underset{\mathrm{H}}{\overset{\mathrm{H_3C}}{\mathrm{C}}}-\overset{\mathrm{O}}{\overset{\|}{\mathrm{C}}}- \right]_3$$

L-Valina | Ácido D-hidróxi-isovalérico | D-Valina | Ácido L-láctico

(a) **Valinomicina**

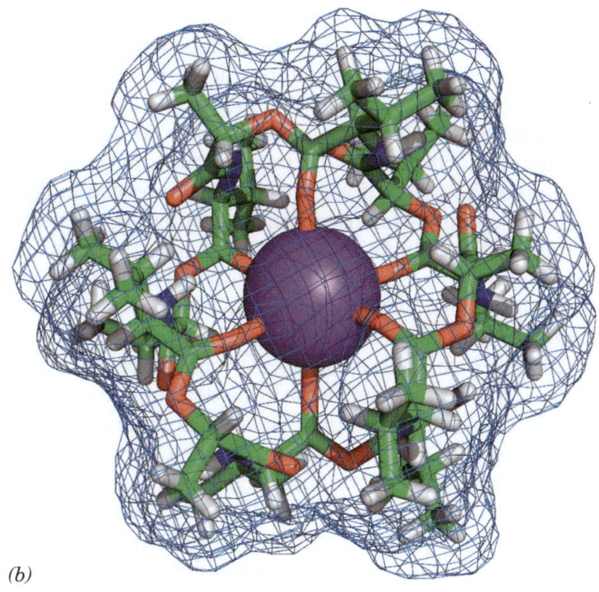

(b)

FIGURA 20.7 Valinomicina. (*a*) Este depsipeptídeo cíclico (possui ligações éster e amida) contém D- e L-aminoácidos. (*b*) A estrutura por raios X da valinomicina em complexo com um íon K^+ mostrada na forma de bastão colorido de acordo com o tipo de átomo (C verde, H cinza, N azul, O vermelho e K^+ púrpura) e embebida em sua superfície molecular. Observe que o íon K^+ está em coordenação octaédrica com os átomos carbonil de seis resíduos de Val da valinomicina e que a superfície do complexo é amplamente coberta por grupos metil. (Com base em uma estrutura por raios X obtida por Max Dobler, ETH, Zurique, Suíça.)

K^+. Nenhuma outra substância conhecida discrimina tão bem K^+ e Na^+. Se conhece uma grande variedade de ionóforos carreadores com características semelhantes, mas com estruturas químicas e especificidades por íons metálicos diferentes.

D. *Maltoporina: a base estrutural da discriminação entre açúcares*

As **porinas** são proteínas transmembrana homotriméricas que facilitam o transporte de pequenas moléculas e de íons através da membrana externa de bactérias gram-negativas e das mitocôndrias. Cada subunidade consiste em um barril β antiparalelo contendo de 16 a 22 fitas que formam um canal acessível a solvente ao longo do eixo do barril (Seção 12.3Ad). Na porina OmpF de *E. coli* (Fig. 12.27), esse canal tem ~50 Å de comprimento e possui uma constrição próxima ao centro da molécula, formando um poro elíptico com uma secção transversal mínima de 7 × 11 Å. Como consequência, solutos maiores do que ~600 daltons são demasiadamente grandes para passar através do canal.

A **maltoporina** é uma porina bacteriana que facilita a difusão das **maltodextrinas** (oligossacarídeos de glicose em ligação α [1 → 4] produzidos pela degradação do amido; p. ex., maltose [Fig. 11.13]). A estrutura por raios X da maltoporina de *E. coli* (Fig. 20.8), determinada por Tilman Schirmer, revela que essa proteína tem semelhança estrutural com a porina OmpF (Fig. 12.27), mas cada subunidade do canal transportador é

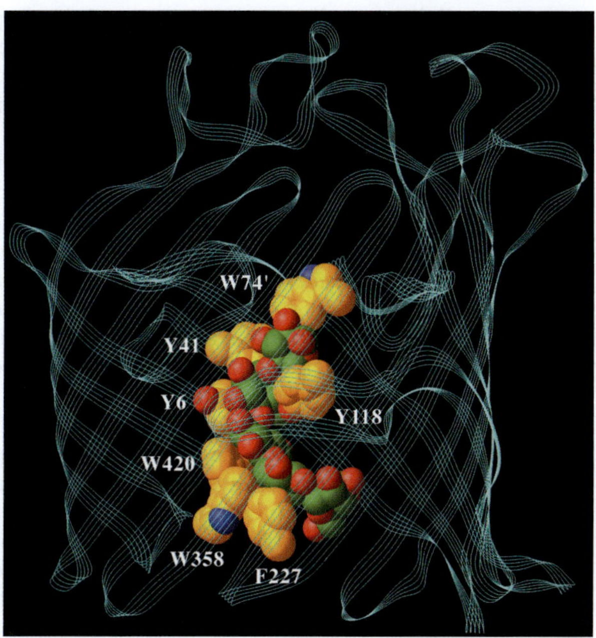

FIGURA 20.8 Estrutura por raios X de uma subunidade da maltoporina de *E. coli* formando complexo com uma maltodextrina com seis unidades de glicosil (Glc_6). A estrutura é vista de dentro da membrana externa da bactéria, tendo acima sua superfície extracelular. O esqueleto polipeptídico está representado por uma fita em ziguezague múltiplo (*ciano*). A Glc_6 (somente cinco das unidades glicosil são observadas) e as cadeias laterais aromáticas que revestem a região estreitada do canal proteico de transporte centralizado são mostradas na forma de preenchimento espacial e coloridas de acordo com o tipo de átomo (N em azul, O em vermelho, C das cadeias laterais da proteína em amarelo-ouro, C dos grupos glicosil em verde). Observe a pronunciada torção helicoidal para a esquerda da unidade Glc_6. O chamado escorregador apolar, que consiste nas cadeias laterais aromáticas de seis resíduos (o W74' é contribuição de uma alça suspensa de uma subunidade adjacente), está bem de acordo com essa forma. A cadeia lateral de Y118 se projeta para dentro do canal no lado oposto ao escorregador apolar, de forma a permitir somente o trânsito de grupos quase planos, como os resíduos de glicosil. Os grupos hidroxila da maltodextrina estão arranjados em duas faixas que flanqueiam o escorregador apolar (somente uma delas pode ser vista aqui), formando uma extensa rede de ligações de hidrogênio, principalmente com cadeias laterais carregadas (não mostradas). (Com base em uma estrutura por raios X, obtida por Tilman Schirmer, University of Basel, Suíça. PDBid 1MPO.)

constituída por um barril β antiparalelo de 18 fitas e não de 16. Três longas alças dobram-se, a partir da face extracelular de cada subunidade, na direção do interior do barril, reduzindo o diâmetro do canal para ~5 Å na região próxima ao centro da membrana (o que é consideravelmente menor do que a abertura da OmpF) e conferindo-lhe uma secção transversal em forma de ampulheta. Um dos lados do canal é revestido com uma série de seis aminoácidos aromáticos contíguos, organizados em uma hélice voltada para a esquerda que se encaixa na curvatura helicoidal à esquerda da α-amilose (Fig. 11.18). Esse "escorregador oleoso" estende-se desde a base do vestíbulo do canal, através da sua constrição, até a região periplásmica.

A maneira pela qual os oligossacarídeos interagem com a maltoporina foi investigada a partir da determinação da estrutura por raios X da proteína e dela em complexo com as maltodextrinas Glc_2 (maltose), Glc_3, Glc_6 e com a sacarose (um dissacarídeo formado por glicose e frutose; Figura 11.13). Duas moléculas de Glc_2, uma molécula de Glc_3 e um segmento Glc_5 da Glc_6 ocupam o canal da maltoporina, entrando em contato e encaixando-se no escorregador oleoso. Assim, a face hidrofóbica dos resíduos de glicosil da maltodextrina se encaixa nas cadeias laterais aromáticas, como se observa com frequência em complexos de açúcares com proteínas. Os grupos hidroxila da glicose, que estão organizados em duas faixas ao longo das bordas opostas da maltodextrina, formam numerosas ligações de hidrogênio com as cadeias laterais polares que recobrem essas faixas. Seis dessas sete cadeias laterais polares são carregadas, o que provavelmente reforça suas ligações de hidrogênio, como se observa em complexos de açúcares com proteínas. A Tyr 118, que se projeta para dentro do canal no lado oposto ao escorregador oleoso, funciona aparentemente como uma barreira estérica que permite somente a passagem de grupos quase planares, como os resíduos de glicosil. Assim, a sacarose, em formato de gancho, que é transportada de forma bem lenta pela maltoporina, liga-se à proteína somente por seu resíduo de glicose inserido na região de constrição do canal, enquanto seu resíduo de frutose, mais volumoso, estende-se para o vestíbulo extracelular.

As estruturas descritas anteriormente sugerem um modelo para o transporte seletivo das maltodextrinas pela maltoporina. No início do processo de translado, o resíduo glicosil interage prontamente com a extremidade acessível do escorregador oleoso no vestíbulo extracelular do canal. A continuação do translado ao longo do canal helicoidal exige que a maltodextrina siga um caminho em espiral, semelhante ao movimento de um parafuso através de uma porca, que mantém a estrutura helicoidal do oligossacarídeo, excluindo, dessa forma, moléculas de mesmo tamanho, mas que tenham formas diferentes. Devido à superfície lisa do escorregador oleoso e dos grupos polares múltiplos na constrição do canal, que permitem a troca contínua de ligações de hidrogênio à medida que a maltodextrina se desloca através da constrição, é improvável que o processo de translado encontre alguma grande barreira energética. Assim, a maltoporina pode ser considerada uma enzima que catalisa o translado de seu substrato de um compartimento para outro.

E. *Transporte mediado passivo da glicose*

O transportador de glicose dos eritrócitos humanos é uma glicoproteína de 492 resíduos que, de acordo com a análise de hidropatia da sua sequência (Seções 8.4C e 12.3Aa), possui 12 hélices α transmembrana (Fig. 20.9) que formariam um cilindro hidrofóbico. Cinco dessas hélices (3, 5, 7, 8 e 11) são anfipáticas, e muito provavelmente são as que formam um canal hidrofílico através do qual a glicose é transportada. Um domínio de 66 resíduos altamente carregado, situado entre as hélices 6 e 7, e o domínio C-terminal de 43 resíduos localizam-se no citoplasma, enquanto um domínio de 34 resíduos ligado a carboidratos, situado entre as hélices 1 e 2, localiza-se no exterior da célula. O transportador de glicose representa 2% das proteínas da membrana do eritrócito e migra como a banda 4,5 em géis de SDS-poliacrilamida de membranas eritrocitárias (Seção 12.3Da; não está visível no gel mostrado na Fig. 12.37, pois a heterogeneidade dos oligossacarídeos torna a banda proteica difusa).

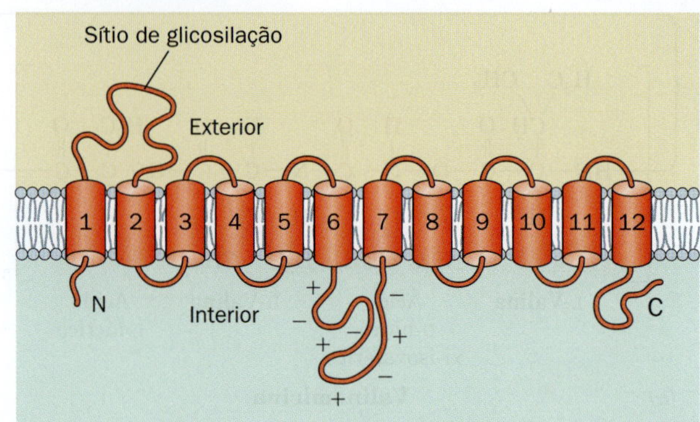

FIGURA 20.9 Estrutura secundária predita do transportador de glicose e sua orientação na membrana.

a. O transporte da glicose é realizado por meio de um mecanismo de poro com portão

O transportador de glicose dos eritrócitos possui sítios de ligação à glicose nos dois lados da membrana, que apresentam exigências estéricas diferentes. John Barnett mostrou que a 1-propilglicose se liga somente à superfície citoplasmática do transportador, enquanto a 6-propilglicose se liga somente à sua superfície extracelular. Ele propôs, então, que o transportador de glicose apresenta duas conformações alternadas: uma com o sítio de ligação à glicose voltado para a superfície externa da célula, exigindo contato com O_1 e deixando livre o O_6, e a outra com o sítio de ligação voltado para o citoplasma, exigindo contato com o O_6 e deixando livre o O_1 (Fig. 20.10). *O transporte acontece, aparentemente, pela ligação da glicose à proteína em um dos lados da membrana, seguido de uma mudança conformacional que fecha o primeiro sítio e expõe o outro.* A glicose pode dissociar-se da proteína depois de ter sido translocado através da membrana. O ciclo de transporte desse **poro com portão** é completado pela reversão do transportador à sua conformação inicial na ausência da glicose. Uma vez que o ciclo pode ocorrer em ambas as direções, a direção do transporte líquido da glicose é do lado de maior concentração para o lado de menor concentração do açúcar. Dessa forma, o transportador garante o equilíbrio da concentração de glicose através da membrana do eritrócito sem vazamento de pequenas moléculas e íons.

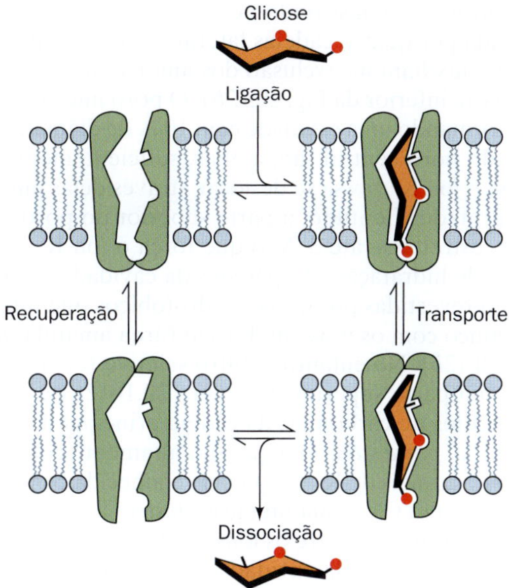

FIGURA 20.10 **Modelo de conformação alternada para o transporte da glicose.** Esse sistema é também conhecido como um "poro com portão". (Conforme Baldwin, S.A., and Lienhard, G.E., *Trends Biochem. Sci.* **6**, 210 [1981].)
Ver Figuras animadas

b. Os eritrócitos expressam uma grande variedade de transportadores de glicose

O transportador de glicose dos eritrócitos, também conhecido como **GLUT1** (de *glucose transporter 1*), tem uma sequência de aminoácidos altamente conservada (98% de identidade entre humanos e ratos), o que sugere que todos os segmentos dessa proteína são funcionalmente significantes. O GLUT1 é expresso na maioria dos tecidos, embora esteja em quantidade muito pequena em tecidos que realizam muito transporte de glicose, como fígado e músculo. Foram bem caracterizados outros três transportadores, **GLUT2**, **GLUT3** e **GLUT4** (originalmente, o **GLUT5** foi considerado um transportador de glicose, porém mais tarde foi identificado como um transportador de frutose). Eles apresentam entre 40 e 65% de identidade com o GLUT1, mas estão presentes em tecidos diferentes. Por exemplo, o GLUT2 é abundante nas células β pancreáticas (que secretam insulina em resposta à alta concentração sanguínea de glicose; Seção 18.3F), no fígado (onde sua deficiência resulta em sintomas semelhantes aos da doença de armazenamento de glicogênio Tipo I; Seção 18.4), e no intestino (que absorve a glicose da dieta; Seção 20.4A); GLUT3 é expressado nos neurônios e na placenta, enquanto o GLUT4 ocorre principalmente no músculo e nas células adiposas. É importante observar que a distribuição tissular desses transportadores tem correlação com a resposta dos tecidos à insulina: o fígado é insensível à insulina (esse órgão atua na manutenção dos níveis sanguíneos de glicose; Seção 18.3Fb), enquanto o músculo e as células adiposas captam glicose sob estímulo de insulina. A análise do genoma humano identificou oito outros membros da família GLUT, de **GLUT 6** até **GLUT12** e **HMIT** (de H^+ *coupled myo-inositol transporter*, ou transportador de mio-inositol acoplado a H^+) embora ainda não estejam completamente caracterizados. Todos são membros da **superfamília do facilitador principal** (**MSF**, de *major facilitator superfamily*).

c. A captação celular da glicose é regulada pela exocitose/endocitose dos transportadores sensível à insulina

A insulina estimula a captação da glicose pelas células adiposas e musculares. Em 2 ou 3 minutos após a administração de insulina às células adiposas, o $J_{máx.}$ para o transporte mediado passivo de glicose por essas células aumenta de 20 a 30 vezes, enquanto o K_M permanece constante. Após a remoção da insulina, a taxa de captação da glicose retorna ao seu nível basal dentro de 20 minutos a 2 horas, dependendo das condições. O aumento e a redução na velocidade de transporte da glicose não são afetados pela presença de inibidores de síntese proteica, portanto esse aumento e essa redução não podem ser consequência da síntese de novos transportadores ou de uma proteína que os iniba. De que forma, então, a insulina regula o transporte da glicose?

O GLUT 4 é o transportador dominante no músculo esquelético e nas células adiposas. No seu estado basal estas células *armazenam os GLUT4 em **vesículas especializadas de armazenamento de GLUT4**. Sob estímulo da insulina, essas vesículas fundem-se com a membrana plasmática em um processo conhecido como **exocitose** (Fig. 20.11).* O consequente aumento do número de transportadores na superfície celular resulta em um aumento proporcional da taxa de captação de glicose pelas células. Após a remoção da insulina, o processo

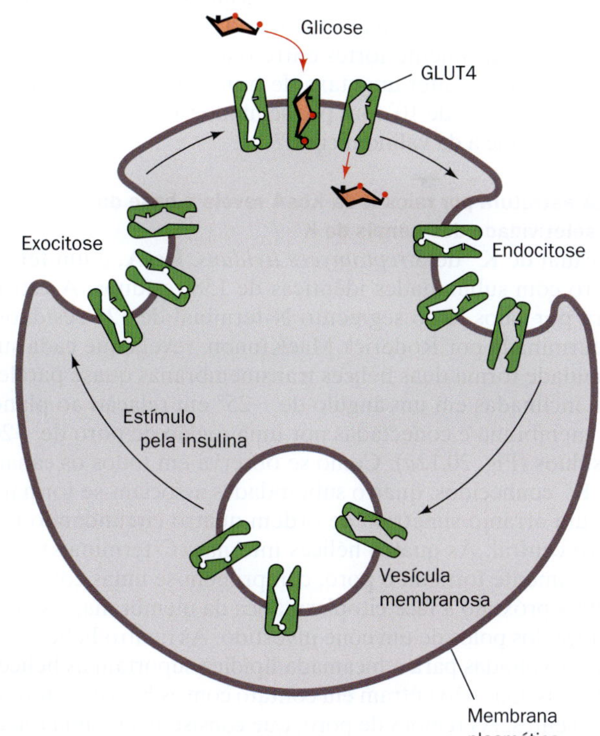

FIGURA 20.11 **Regulação da captação da glicose pelas células musculares e adiposas.** A regulação é mediada pela exocitose estimulada por insulina (o oposto da endocitose; Seção 12.5Bc) das vesículas contendo os transportadores GLUT4 (*à esquerda*). Após remoção da insulina, o processo é revertido pela endocitose (*à direita*). **Ver Figuras animadas**

é revertido pela endocitose dos transportadores. A remoção ou mutação dos oito resíduos N-terminais do GLUT4, especialmente Phe 5, faz esse transportador se acumular na membrana plasmática. Uma sequência de Leu-Leu e um motivo ácido próximo da extremidade C-terminal do GLUT4 são da mesma forma essenciais para que a proteína seja sequestrada pela maquinaria endocítica celular. Não está totalmente esclarecido como a insulina controla esse sistema, responsável pela maioria dos efeitos do hormônio nas células musculares e adiposas. Contudo, está claro que o mecanismo envolve uma cascata de fosforilação de tirosinas que é desencadeada pela ligação da insulina ao seu receptor (Seção 19.3Ac e Fig. 19.67), e inclui a ativação de uma fosfoinositídeo-3-cinase de classe IA (PI3K; Seção 19.4Da).

F. *Canais de K^+: discriminação entre íons*

Os íons potássio difundem-se do citoplasma (onde $[K^+] > 100$ m*M*) para o espaço extracelular (onde $[K^+] < 5$ m*M*) através de proteínas transmembrana conhecidas como **canais de K^+**, um processo que é a base de numerosos e importantes processos biológicos, entre os quais estão a manutenção do balanço osmótico celular, a neurotransmissão (Seção 20.5) e a transdução de sinal (Capítulo 19). Apesar de existir uma grande diversidade de canais de K^+, mesmo em um só organismo, todos apresentam sequências semelhantes, possuem características de permeabilidade comparáveis e, o mais importante, são pelo menos 10.000 vezes mais permeáveis ao K^+ do que ao Na^+. Uma vez que essa alta seletividade (quase a mesma da valinomicina; Seção 20.2Cb) implica em interações energeticamente fortes entre o íon e a proteína, como pode o canal manter uma taxa de transporte, próxima do limite de difusão, de 10^8 íons por segundo (uma taxa 10^4 vezes maior do que a da valinomicina)?

a. A estrutura por raios X da KcsA revela a base da seletividade dos canais de K^+

O canal de K^+ de *Streptomyces lividans,* **KcsA**, é um tetrâmero com subunidades idênticas de 158 resíduos. A estrutura por raios X do segmento N-terminal de 125 resíduos, determinada por Roderick MacKinnon, revela que cada subunidade forma duas hélices transmembranas quase paralelas, inclinadas em um ângulo de ~25° em relação ao plano da membrana e conectadas por uma região de poro de ~20 resíduos (Fig. 20.12*a*). Como se observa em todos os canais de K^+ conhecidos, quatro subunidades associam-se formando um arranjo simétrico de ordem quatro circundando um poro central. As quatro hélices internas (C-terminais), que basicamente formam o poro, comprimem-se umas contra as outras próximo à face citoplasmática da membrana, à semelhança dos polos de um cone invertido. As quatro hélices externas voltadas para a bicamada lipídica suportam as hélices internas, mas não entram em contato com as hélices externas adjacentes. As regiões de poro, que consistem em uma torre, uma hélice e um filtro seletivo, ocupam a base extracelular aberta do cone, com as hélices do poro encaixando-se entre seus polos. Vários íons K^+ e moléculas de água ordenadas ocupam o poro central (Figs. 20.12*b* e 20.13*a*).

O poro central, de 45 Å de comprimento, possui largura variável: ele começa no lado citoplasmático (Fig. 20.12*b*, *parte inferior*) como um túnel de 6 Å de diâmetro e 18 Å de comprimento, consistindo no poro interno, cuja entrada é revestida por quatro cadeias laterais aniônicas que provavelmente auxiliam na exclusão dos ânions (área em vermelho na parte inferior da Fig. 20.*12b*). O poro interno então se alarga, formando uma cavidade com 10 Å de diâmetro. Essas regiões do poro central são, ambas, suficientemente largas para que o íon K^+ possa se deslocar através delas em seu estado hidratado. Contudo, a parte superior do poro, o filtro seletivo, estreita-se até 3 Å, o que força o íon K^+ a repelir sua água de hidratação. As paredes da cavidade do poro interno são revestidas por grupos hidrofóbicos que interagem muito pouco com os íons em difusão (área amarela do poro na Fig. 20.12*b*). No entanto, o filtro seletivo (área vermelha do poro na parte superior da Figura 20.1612*b*) é revestido por oxigênios de carbonilas da cadeia principal de resíduos (Fig. 20.13*a, parte superior*) que são altamente conservados em todos os canais de K^+ (sequência conhecida como sua assinatura, TVGYG) e cuja mutação destrói a capacidade do canal em discriminar entre os íons K^+ e Na^+.

Qual é a função da cavidade? Cálculos energéticos indicam que, ao se deslocar através de um poro estreito, o íon deve transpor uma barreira de energia que é máxima no centro da membrana. A existência da cavidade reduz essa desestabilização eletrostática, pois circunda o íon com moléculas de água polarizáveis (Fig. 20.12*c*). Além disso, as extremidades C-terminais das quatro hélices do poro apontam diretamente para o centro da cavidade, de forma que seus dipolos impõem um potencial eletrostático negativo na cavidade, reduzindo assim a barreira eletrostática que se opõe à passagem do cátion através da bicamada lipídica.

É notável que o íon K^+ que ocupa a cavidade está ligado a 8 moléculas de água ordenadas, localizadas nos vértices de um antiprisma quadrado (um cubo com uma face torcida em um ângulo de 45° em relação à face oposta) no qual o íon está centralizado (Fig. 20.13*a, parte inferior*; sabia-se que o íon K^+ em solução aquosa possuía uma capa de hidratação interna, mas que nunca havia sido visualizada anteriormente). O íon está centralizado na cavidade, mas as moléculas de água ligantes não estão em contato de van der Waals com as paredes da cavidade. De fato, existe espaço na cavidade para acomodar ~40 moléculas adicionais de água, embora estas não sejam visualizadas na estrutura por raios X, pois estão desordenadas. Essa desordem surge porque a cavidade é recoberta por grupos hidrofóbicos (principalmente pelas cadeias laterais da Ile 100 e da Phe 103; Fig. 20.13*a*) que interagem fracamente com as moléculas de água, permitindo-lhes interagir livremente com o íon K^+ e levando à formação de uma capa de hidratação externa. O que, então, mantém o íon hidratado na posição correta? Aparentemente são ligações de hidrogênio indiretas muito fracas que envolvem os grupos proteicos, como os grupos hidroxila da Thr 107, e possivelmente os oxigênios carbonílicos do poro e das hélices internas. A ausência de um complexo de hidratação ordenado quando a cavidade é ocupada pelo íon Na^+ em vez do íon K^+ é indicativa de uma combinação geométrica precisa entre o íon hidratado e a cavidade (os raios iônicos do Na^+ e do K^+são, respectivamente, 0,95 Å e 1,33 Å). Por isso, a cavidade proporciona uma alta concentração efetiva de K^+(~2 *M*) no centro da membrana e posiciona o íon no eixo do poro, pronto para entrar no filtro seletivo.

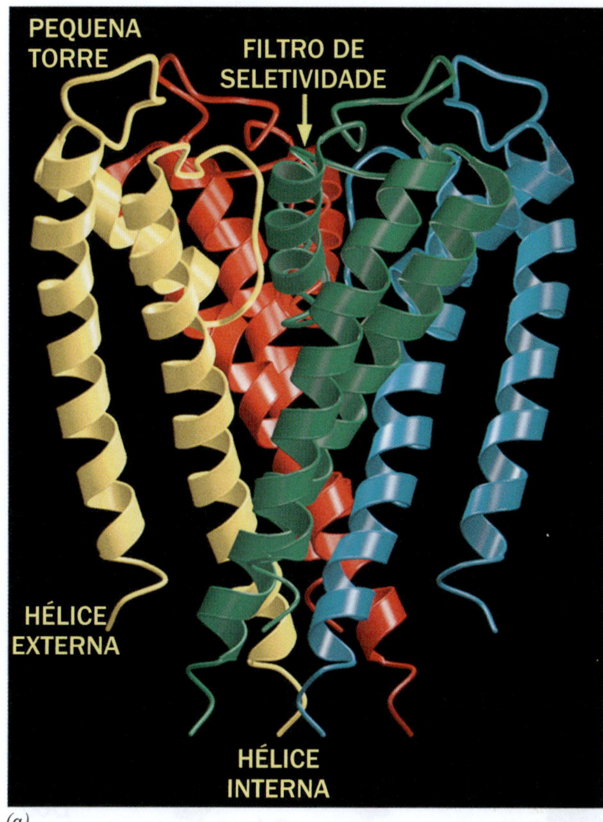

(a)

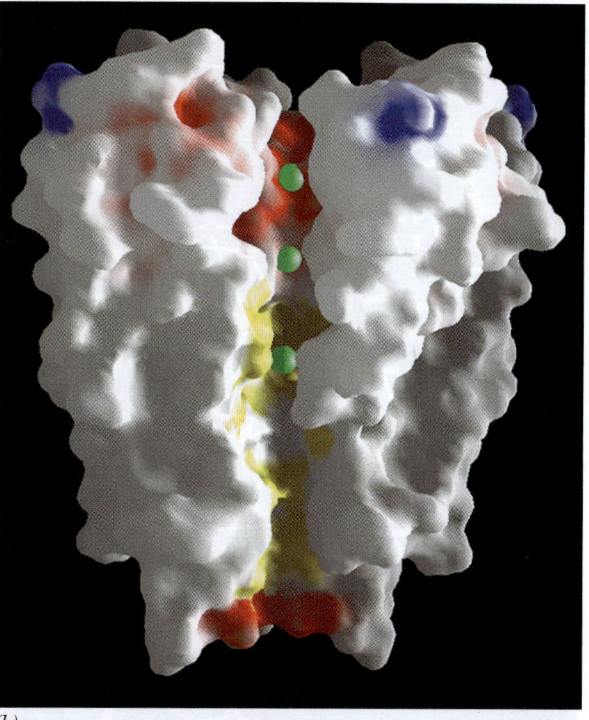

(b)

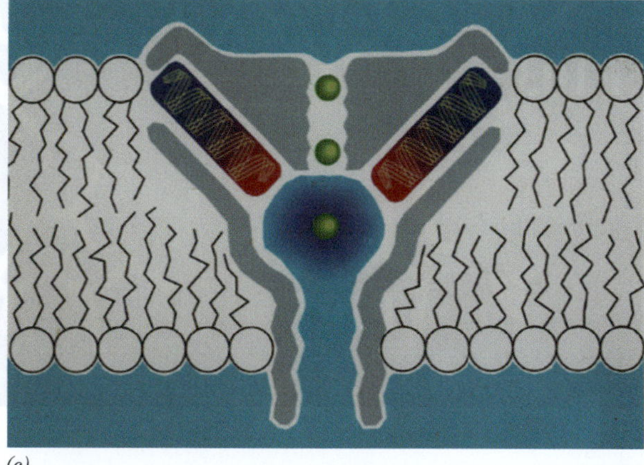

(c)

FIGURA 20.12 Estrutura por raios X do canal de K^+ KcsA. (*a*) Diagrama de fitas do tetrâmero conforme visto de dentro do plano da membrana, tendo acima a região extracelular e abaixo o citoplasma. O eixo rotacional de ordem 4 da proteína é vertical e cada uma das suas subunidades idênticas está representada com uma cor diferente. (*b*) Diagrama em corte visto de maneira similar à Parte *a*, no qual o canal de K^+ está representado por sua superfície acessível ao solvente. A superfície está colorida de acordo com suas propriedades físicas, em vermelho as áreas carregadas negativamente, em branco as áreas sem carga, em azul as áreas carregadas positivamente e em amarelo as áreas hidrofóbicas do canal central. Os íons K^+ estão representados pelas esferas verdes. (*c*) Diagrama esquemático indicando como o canal de K^+ estabiliza um cátion no centro da membrana. A cavidade aquosa com 10 Å de diâmetro do poro central (que contém 50 moléculas de água) estabiliza um íon K^+ (*esferas verdes*) no interior hidrofóbico da membrana. Além disso, todas as extremidades C-terminais das hélices do poro (em *vermelho*) apontam para o íon K^+, estabilizando-o eletrostaticamente devido a seus momentos de dipolo (uma hélice α tem um momento dipolar forte, com sua extremidade negativa apontando para a extremidade C-terminal da hélice, já que todos os dipolos formados pelos grupos carbonil e N—H estão paralelos ao eixo da hélice; Fig. 8.11). Esse efeito é amplificado pela baixa constante dielétrica no centro do interior da membrana. Os cálculos eletrostáticos indicam que a cavidade é ajustada para estabilizar ao máximo cátions monovalentes. (Cortesia de Roderick MacKinnon, Rockefeller University, EUA. PDBid 1BL8.)

Como o canal discrimina tão acuradamente entre os íons K^+ e Na^+? Os oxigênios da cadeia principal que recobrem o filtro seletivo formam uma pilha de anéis (Fig. 20.13*a*; *parte superior*) que gera uma série de sítios espaçados de dimensões apropriadas para coordenar os íons K^+ desidratados, mas não os íons Na^+, que são menores. Se o diâmetro observado do filtro seletivo for firmemente mantido, ele poderia tornar a energia do Na^+ desidratado no filtro seletivo consideravelmente maior do que a do íon hidratado e assim ser o responsável pela alta seletividade dos canais de K^+. Contudo, as proteínas não são estruturas estáticas. Na verdade, evidências por raios X e por simulações de dinâmica molecular (Seção 9.4a) indicam que, em temperaturas fisiológicas, os átomos que formam o filtro de seletividade KscA são submetidos a desvios térmicos com média de 1 Å, flutuações suficientes para acomodar confortavelmente os íons Na^+ com um custo energético baixo. Em vez disso, são

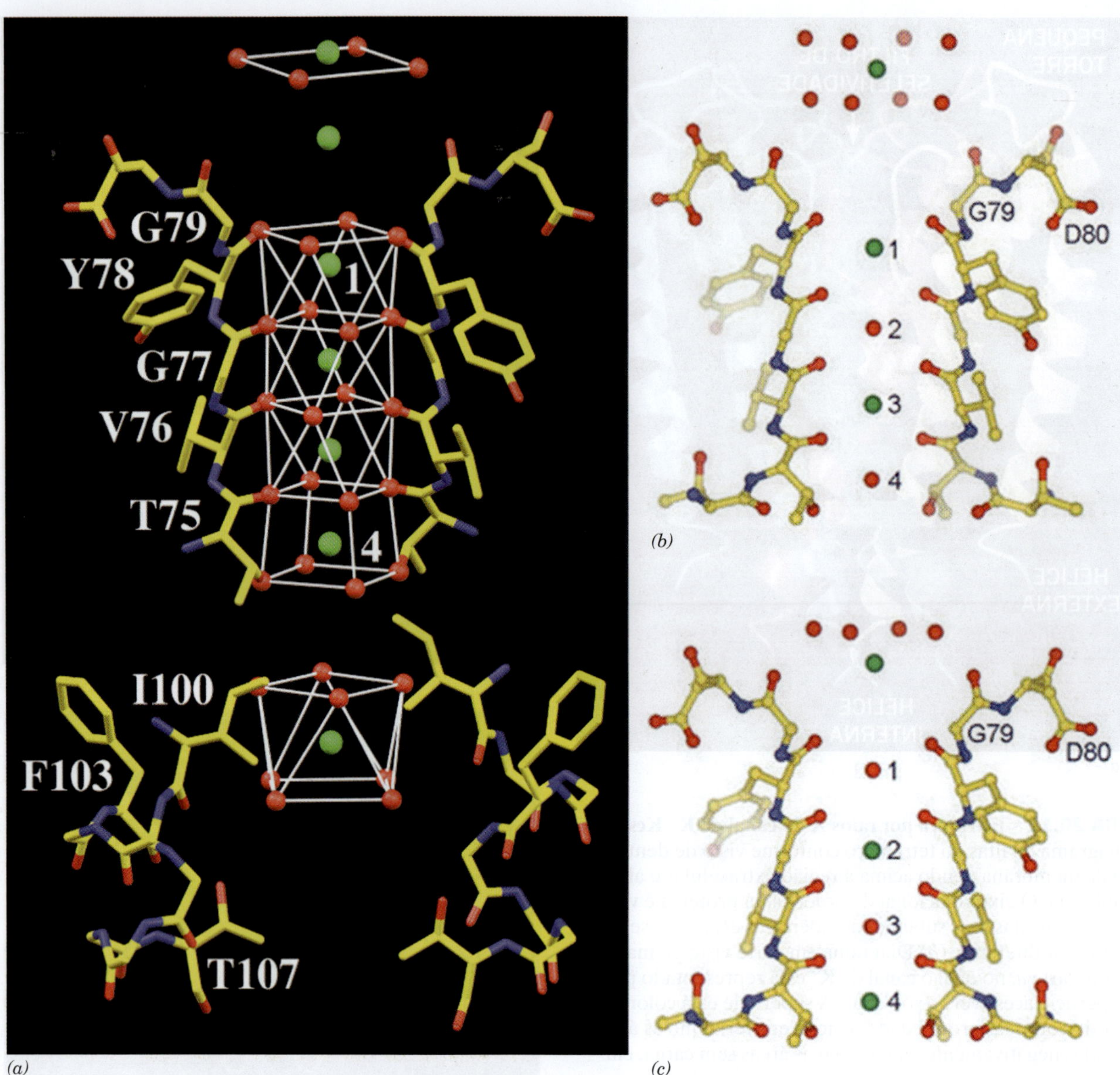

FIGURA 20.13 Porções do canal de K^+ KcsA responsáveis por sua seletividade iônica, vistas de forma similar à Fig. 20.12. (*a*) A estrutura por raios X dos resíduos que formam a cavidade (*parte inferior*) e o filtro de seletividade (*no topo*), mas com as subunidades da frente e de trás omitidas para maior clareza. Os átomos estão coloridos de acordo com o tipo, com C em amarelo, N em azul, O em vermelho e os íons K^+ representados como esferas verdes. Os átomos O da água e da proteína que ligam os íons K^+, incluindo aqueles pertencentes às subunidades da frente e de trás, estão representados por esferas vermelhas. Os poliedros de coordenação formados por esses átomos O estão contornados por finas linhas brancas. (*b* e *c*) Dois estados alternativos do filtro de seletividade para ligação ao K^+, cuja sobreposição, presume-se, é responsável pela densidade eletrônica observada na estrutura por raios X do KcsA. Os átomos estão coloridos como na Parte *a*. Note que os íons K^+ que ocupam o filtro de seletividade estão intercalados com moléculas de água e que o íon imediatamente acima do filtro na Parte *b* está mais longe acima da proteína do que o da Parte *c*. Consequentemente, esses íons mantêm um espaçamento constante enquanto estão atravessando o filtro de seletividade. (Parte *a* com base em uma estrutura por raios X obtida por Roderick MacKinnon, e Partes *b* e *c* cortesia do mesmo autor, Rockefeller University, EUA. PDBid 1K4C.) **Ver Exercício interativo 14**

as interações eletrostáticas dos grupos carbonil com o cátion e entre si que conferem especificidade para a ligação dos íons K^+, conforme foi demonstrado por cálculos de energia livre. Isto é consistente com a observação que os canais proteicos específicos para Na^+ não evoluíram pelo refinamento da estrutura de um canal tipo KscA.

Uma vez que o filtro seletivo parece projetado para ligar especificamente íons K^+, como ele suporta a alta taxa de travessia desses íons (10^8 íons · s^{-1})? A estrutura apresentada na Fig. 20.13*a* mostra o que parecem ser quatro íons K^+ no filtro seletivo e mais dois fora dele, exatamente no lado extracelular. Esses íons positivos muito próximos repelem-

-se fortemente e por isso representam uma situação de alta energia. Contudo, muitas evidências sugerem que essa estrutura é, na verdade, uma sobreposição de dois conjuntos de íons K^+, um com os íons na posição mais alta na Fig. 20.13*a* e nas posições 1 e 3 no filtro seletivo (Fig. 20.13*b*), e o outro com os íons na segunda posição a partir da parte superior da Fig. 20.13*a* e nas posições 2 e 4 no filtro seletivo (Fig. 20.13*c*; as estruturas por raios X podem mostrar átomos sobrepostos, pois são médias de muitas unidades celulares). Dentro do filtro seletivo, as posições não ocupadas pelos íons K^+ são ocupadas por moléculas de água que coordenam os íons K^+ vizinhos.

A densidade eletrônica representada pelas 4 moléculas de água na parte mais alta da Fig. 20.13*a* está muito alongada na direção vertical nessa estrutura de alta resolução (2,0 Å). Por isso, imagina-se que provenha na verdade de 8 moléculas de água que se ligam ao íon K^+ na posição mais alta na Fig. 20.13*b*, formando uma capa de hidratação interna semelhante à do K^+ na cavidade central (Fig. 20.13*a, parte inferior*). Além disso, as 4 moléculas de água ligadas ao K^+ representado na parte mais alta da Fig. 20.13*c* também contribuem para essa densidade eletrônica. Esse último anel de 4 águas fornece a metade dos 8 átomos de oxigênio associados ao íon K^+. Os demais são fornecidos pelos oxigênios carbonílicos dos 4 resíduos de Gly 79 que estão orientados corretamente para isso. Parece, então, que o íon K^+ desidratado transita pelo filtro seletivo (move-se para posições sucessivas na Fig. 20.13*b*, *c*), pela troca com os ligantes espaçados de forma adequada que se estendem das paredes do filtro, e sai para o líquido extracelular, pela troca dos ligantes proteicos por moléculas de água, adquirindo novamente uma capa de hidratação. Esses ligantes estão espaçados e orientados de forma a haver pouca mudança de energia livre (estimada em $< 12\ \text{kJ} \cdot \text{mol}^{-1}$) ao longo da reação coordenada através da qual o íon K^+ atravessa o filtro seletivo e alcança o líquido extracelular. A desidratação rápida do íon K^+ que entra no filtro a partir da cavidade é presumivelmente controlada de forma semelhante. É certo que a "paisagem" de energia livre essencialmente nivelada ao longo desse processo promove o trânsito rápido de íons K^+ pelo canal, e deve ser resultado de fino ajuste evolucionário. Os cálculos de energia indicam que a repulsão eletrostática mútua entre os íons K^+ sucessivos, cujos movimentos estão coordenados, equilibra as interações atrativas que mantêm esses íons no filtro seletivo, facilitando ainda mais sua passagem rápida.

G. *Canais de Cl^-*

Os canais de Cl^-, que ocorrem em todos os tipos celulares, permitem o movimento transmembrana de íons cloreto a favor de seu gradiente de concentração. Nos mamíferos, a concentração extracelular de Cl^- é de 120 m*M* e a intracelular é de 4 m*M*.

Os **canais ClC** formam uma grande família de canais de Cl^- que ocorrem em todos os seres vivos. As estruturas por raios X dos canais ClC de duas espécies de bactérias, determinadas por Raimund Dutzler e MacKinnon, revelam, conforme previamente sugerido por medidas biofísicas, que os canais ClC são homodímeros com subunidades contendo ~470 resíduos cada uma formando um poro aniônico seletivo (Fig. 20.14). Cada subunidade consiste principalmente em 18 hélices α na maioria transmembrana que estão inclinadas com relação ao plano da membrana e têm comprimentos variáveis quando comparadas às hélices transmembrana de outras proteínas integrais de estruturas conhecidas. Os segmentos N e C-terminais de cada subunidade estão relacionados por um eixo de pseudossimetria de ordem 2 paralelo ao plano da membrana e por isso os dois segmentos têm orientações opostas na membrana. Isto sugere que o canal ClC se originou por duplicação gênica embora esses dois segmentos exibam apenas uma fraca similaridade de sequências. Tal arquitetura antiparalela ocorre em vários tipos de proteínas de transporte transmembrana.

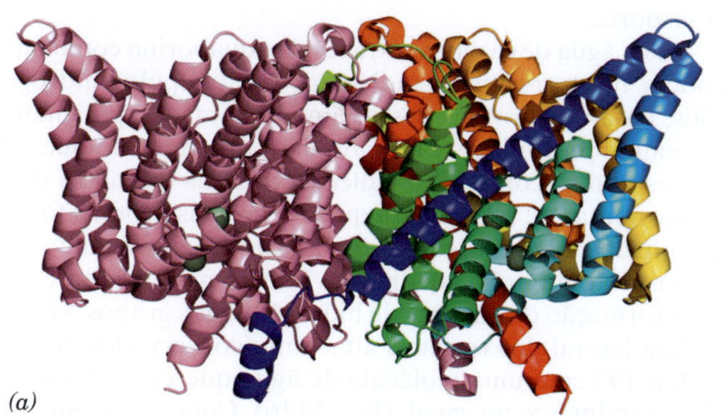
(*a*)

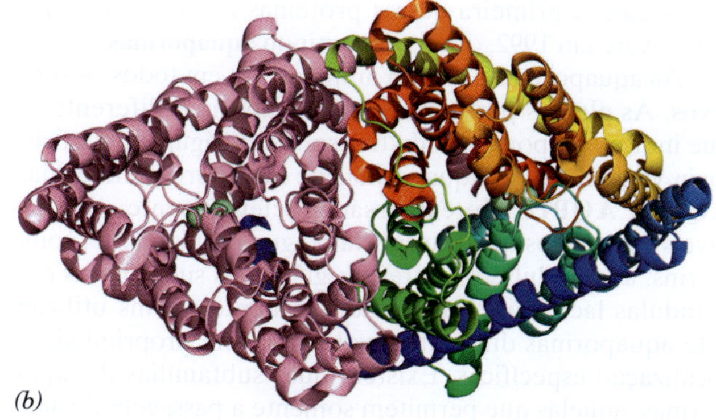
(*b*)

FIGURA 20.14 Estrutura por raios X do canal de Cl^- ClC de *E. coli*. Cada subunidade do homodímero possui 18 hélices α de comprimentos variáveis. As subunidades estão desenhadas na forma de fita e uma delas está colorida de acordo com as cores do arco-íris, da extremidade N-terminal (*azul*) para a extremidade C-terminal (*vermelho*), e a outra em cor-de-rosa. Os dois íons Cl^- ligados ao filtro de seletividade de cada subunidade estão representados por esferas verde-claro. (*a*) Vista a partir do lado interno da membrana com a superfície extracelular acima e o eixo de simetria de ordem 2 que relaciona as duas subunidades na posição vertical. (*b*) Vista a partir do lado extracelular da membrana ao longo do eixo de ordem 2. (Com base em uma estrutura por raios X obtida por Raimund Dutzler e Roderick MacKinnon, Rockefeller University, EUA. PDBid 1OTS.)

O canal ClC de Cl^- está localizado na interface entre seus segmentos N e C terminais. A especificidade do canal é resultado de um campo eletrostático formado por aminoácidos básicos na superfície da proteína, que ajuda na condução dos ânions para o poro, e por um filtro de seletividade formado pelos dipolos de várias hélices α orientadas com suas extremidades N-terminais carregadas positivamente apontando para os íons Cl^- (em oposição à sua orientação no canal KcsA; Fig. 20.12*c*). Esta característica do filtro de seletividade auxilia os íons Cl^-, os quais são especificamente coordenados pelos nitrogênios amídicos da cadeia principal e pelas hidroxilas das cadeias laterais dos resíduos de Ser e Tyr. Um resíduo positivamente carregado como Lys ou Arg, se estivesse presente no filtro de seletividade, provavelmente ligaria um íon Cl^- muito fortemente, o que dificultaria seu trânsito rápido através do canal.

Ao contrário do canal KcsA, que possui uma cavidade central aquosa (Fig. 20.12*c*), o canal de Cl^- tem a forma de uma ampulheta, com sua parte mais estreita no centro da membrana e flanqueada por vestíbulos aquosos mais largos. Uma cadeia lateral de um Glu conservado se projeta para dentro do poro. Este grupo repele outros ânions, sugerindo que o fluxo rápido de Cl^- requer uma mudança na conformação na proteína na qual a cadeia lateral do Glu se afasta do poro. Outro ânion empurraria o Glu, o que explica porque alguns canais de Cl^- parecem ser ativados por íons Cl^-, isto é, se abrem em resposta a uma determinada concentração de Cl^- no fluido extracelular.

H. *Aquaporinas*

A passagem rápida de moléculas de água observada através das membranas biológicas é assumida desde muito tempo como feita por difusão simples sendo possível pelo pequeno tamanho e a alta concentração das moléculas de água. No entanto, determinadas células, como os eritrócitos e as células renais, sustentam velocidades relativamente rápidas de transporte de água, as quais são inibidas reversivelmente pelo íon mercúrio. Isto sugere a existência de poros proteicos desconhecidos que conduzem a água através das membranas biológicas. A primeira dessas proteínas foi descoberta por Peter Agre em 1992, que as denominou **aquaporinas**.

As aquaporinas ocorrem amplamente em todos os seres vivos. As plantas possuem até 50 aquaporinas diferentes, o que indica a importância do transporte de água para a fisiologia vegetal. As 13 aquaporinas de mamíferos conhecidas, **AQP0** a **AQP12**, são expressadas seletivamente em altos níveis em tecidos que transportam água rapidamente, como os rins, as glândulas salivares, as glândulas sudoríparas e as glândulas lacrimais. Na verdade, somente os rins utilizam sete aquaporinas diferentes, cada uma com propriedades e localização específicas. Existem duas subfamílias de aquaporinas: aquelas que permitem somente a passagem de água e aquelas que também permitem a passagem de moléculas neutras pequenas como o glicerol e a ureia e por isso são denominadas **aquagliceroporinas**. As aquaporinas permitem a passagem das moléculas de água em velocidades extremamente altas (até 3×10^9 por segundo) mas, surpreendentemente, não permitem a passagem de prótons (íons hidrônio; H_3O^+), cuja passagem livre eliminaria o potencial de membrana da célula.

Todas as aquaporinas conhecidas são homotetrâmeros, e cada uma das subunidades possui um canal de transporte de água (ao contrário dos canais de K^+, cujos canais de transporte ficam ao longo de seus eixos de ordem 4; Seção 20.2Fa). A estrutura por raios X da aquaporina mais estudada, a **AQP1** bovina, revela que cada uma das suas subunidades com 271 resíduos consiste principalmente em 6 hélices α transmembrana mais duas hélices mais curtas que são componentes das alças que se estendem somente no meio da bicamada (Fig. 20.15*a*). Outras aquaporinas de estruturas conhecidas são semelhantes. Os segmentos N e C terminais das aquaporinas têm 20% de identidade de sequência e estão relacionados por um eixo de simetria de pseudo-ordem 2 que é paralelo ao plano da membrana (Fig. 20.15*a*). Evidentemente, estes segmentos se originaram por duplicação gênica. Os canais ClC têm uma arquitetura antiparalela semelhante (Seção 20.2G).

As hélices da AQP1 circundam um canal alongado em forma de ampulheta atravessando a membrana (Fig. 20.16) que no seu ponto mais estreito tem uma largura de ~2,8 Å, o diâmetro de uma molécula de água. Esta região é formada pelas cadeias laterais dos resíduos altamente conservados de Phe 58, His 182 e Arg 197 (Fig. 20.12*b*, *subunidade abaixo à direita)* sendo por isso conhecida como **constrição ar/R** (ar, de aromático). A cadeia lateral da Cys 191, que também faz parte dessa constrição, é o sítio de bloqueio do canal pela ligação do íon mercúrio. Para que uma molécula de água passe pela constrição ar/R, ela deve soltar sua camada de moléculas de água associadas. Isto é facilitado pelas cadeias laterais da His 182 e da Arg 197. As moléculas de água continuam então em fila única através da porção do canal com ~25 Å de comprimento e ~4 Å de largura, a qual é revestida por grupos hidrofóbicos entremeados com vários grupos com ligações de hidrogênio. A falta de interação das moléculas de água com as paredes hidrofóbicas do canal facilita sua rápida passagem através dele, enquanto os grupos com ligações de hidrogênio reduzem a barreira de energia para o transporte. Provavelmente é o equilíbrio entre esses fatores opostos o responsável pela permeabilidade seletiva da aquaporina à água e sua alta velocidade de transporte.

Se a água deve passar através da aquaporina como uma cadeia ininterrupta de moléculas ligadas pelos hidrogênios, então os prótons passariam ainda mais rapidamente via saltos protônicos (Fig. 2.10; para que mais do que um desses saltos ocorra, cada molécula de água da cadeia deve se reorientar de tal maneira que um de seus prótons forme uma ligação de hidrogênio com a próxima molécula na cadeia). No entanto, a aquaporina interrompe esse processo pela formação de ligações de hidrogênio dos grupos NH_2 da cadeia lateral dos resíduos altamente conservados Asn 78 e Asn 194 com uma molécula de água que esteja localizada centralmente no canal. (Fig. 20.16). Consequentemente, embora esta molécula central possa efetivamente doar ligações de hidrogênio para suas moléculas vizinhas na cadeia, ela não pode aceitar ligações das moléculas se não estiver reorientada, desta forma cortando o "fio condutor de prótons". Ambos os resíduos de Asn ocorrem na sequência Asn-Pro-Ala (NPA), a sequência de assinatura das aquaporinas, na qual a Ala está localizada na extremidade N-terminal de cada uma das hélices.

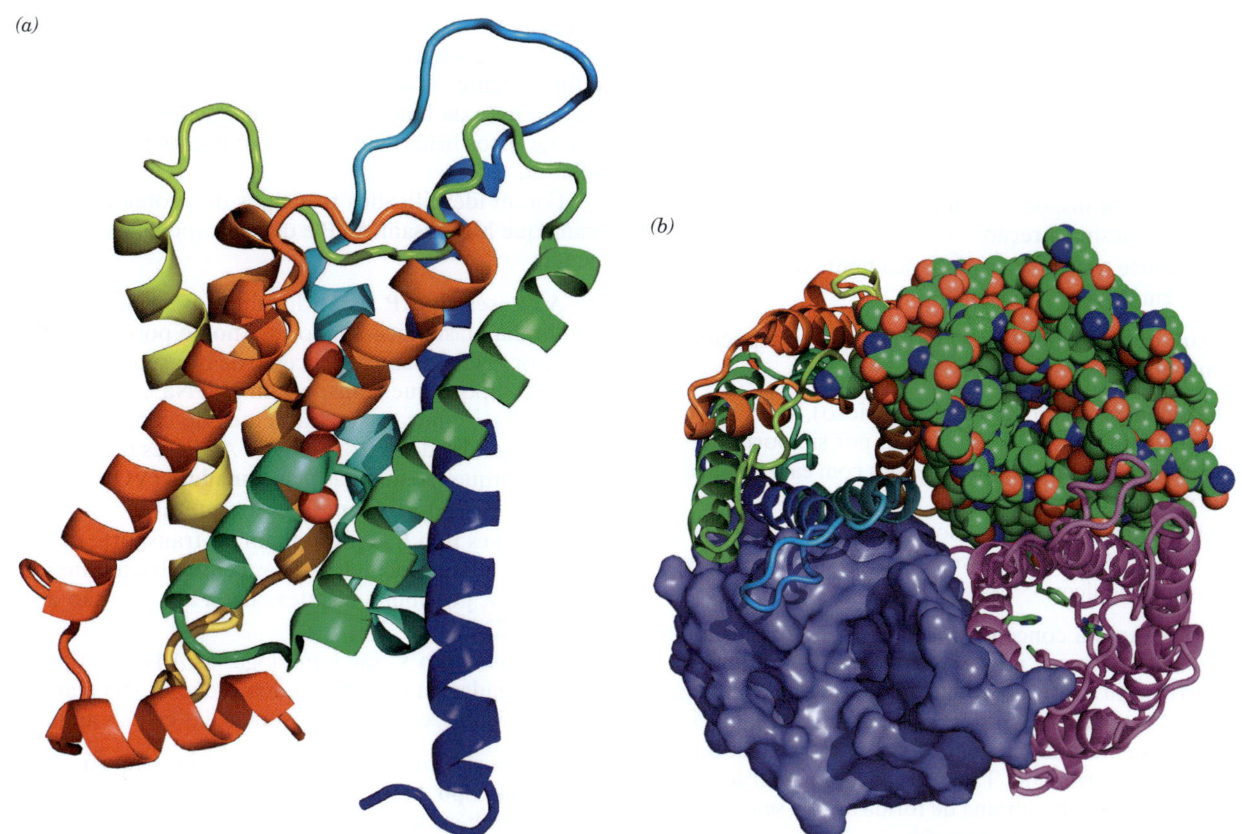

FIGURA 20.15 Estrutura por raios X da aquaporina AQP1 de eritrócitos bovinos. (*a*) Diagrama em fita de uma subunidade colorida de acordo com as cores do arco-íris, da extremidade N-terminal (*azul*) para a extremidade C-terminal (*vermelho*). A vista é a partir do lado interno da membrana tendo na parte superior sua superfície extracelular e, ao longo do eixo de pseudo simetria de ordem 2. Observe que as duas hélices mais próximas ao observador (*cor de laranja* e *verde-azulado*) são porções de alças que se estendem somente para o centro da bicamada. As quatro moléculas de água que ocupam a porção central do canal de transporte da AQP1 estão representadas por esferas vermelhas. (*b*) Vista do homotetrâmero a partir da superfície extracelular ao longo de seu eixo de simetria de ordem 4. A subunidade na parte superior direita está desenhada na forma de volume atômico com C em verde, N em azul e O em vermelho; a subunidade na parte superior esquerda está representada em forma de fita e colorida de acordo com as cores do arco-íris, da extremidade N-terminal (*azul*) para a extremidade C-terminal (*vermelho*), e na parte inferior esquerda está representada por sua superfície acessível ao solvente; a subunidade na parte inferior direita mostra, em forma de bastões, as cadeias laterais que formam a constrição ar/R (as cadeias de Phe 58, His 182, Cys 191 e Arg 197). Cada subunidade forma um canal de transporte de água, que é visível mais claramente na subunidade desenhada na forma de volume atômico. (Com base em uma estrutura por raios X obtida por Bing Jap, University of California at Berkeley, EUA. PDBid 1J4N.)

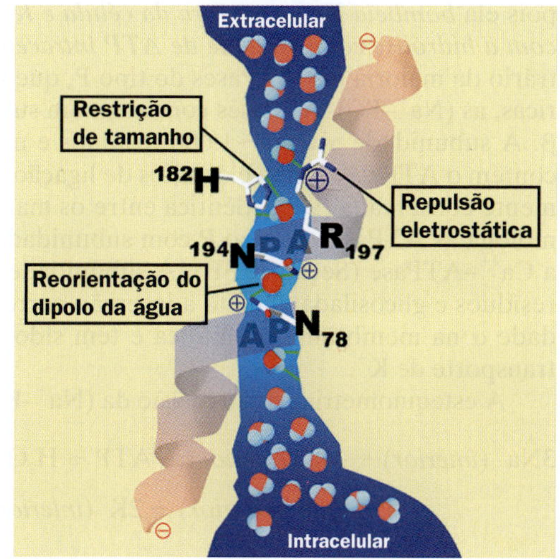

FIGURA 20.16 Desenho esquemático do poro condutor de água da aquaporina bovina AQP1. O poro é visto a partir da parte interna da membrana tendo na parte superior a superfície extracelular. A posição dos resíduos críticos que impedem a passagem de prótons, outros íons e pequenas moléculas de soluto está indicada. (Cortesia de Peter Agre, Johns Hopkins School of Medicine, EUA.)

3 TRANSPORTE ATIVO IMPULSIONADO POR ATP

O transporte mediado é classificado de acordo com a estequiometria do processo (Fig. 20.7):

1. O **uniporte** envolve o movimento de uma única molécula de cada vez. A maltoporina e o GLUT1 são uniportes.
2. O **simporte** transporta simultaneamente duas moléculas diferentes na mesma direção.
3. O **antiporte** transporta simultaneamente duas moléculas diferentes em direções opostas.

O caráter elétrico do transporte de íons é especificado também como:

1. **Eletroneutro** (eletricamente silencioso), se existir neutralização simultânea de cargas, tanto por simporte de íons com cargas opostas ou antiporte de íons com cargas iguais. A aquaporina é eletroneutra.
2. **Eletrogênico**, se o processo de transporte resultar em uma separação de cargas através da membrana. O KcsA e o CIC são eletrogênicos.

Uma vez que a concentração de glicose no plasma em geral é mais alta do que nas células, o GLUT1 normalmente a transporta para dentro da célula, onde é metabolizada pela glicólise. Muitas substâncias estão, contudo, disponíveis de um lado da membrana em concentração mais baixa do que a requerida do outro lado. Tais substâncias devem ser transportadas através da membrana de forma ativa e seletiva, contra seus gradientes de concentração.

O transporte ativo é um processo endergônico que com frequência está acoplado à hidrólise de ATP. Como esse acoplamento é realizado? Nas reações biossintéticas endergônicas, o acoplamento frequentemente acontece por meio da fosforilação direta de um substrato pelo ATP; por exemplo, a formação de UTP na síntese do glicogênio (Seção 18.2B).

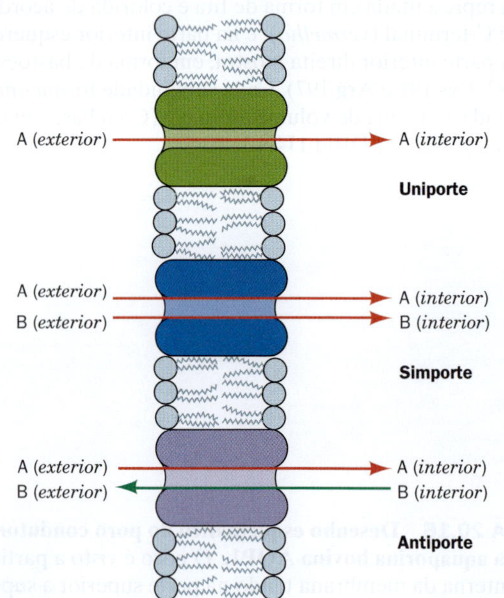

FIGURA 20.17 Sistemas de transporte uniporte, simporte e antiporte.

O transporte de membrana, contudo, em geral é um processo físico e não químico; a molécula transportada não é alterada quimicamente. A determinação do mecanismo pelo qual a energia livre de hidrólise do ATP é acoplada aos processos endergônicos físicos tem sido, no entanto, um problema desafiador.

Foram identificados três tipos de proteínas transmembrana que hidrolisam ATP e que transportam cátions ativamente:

1. **ATPases tipo P** estão localizadas principalmente na membrana plasmática, tendo esse nome porque são fosforiladas por ATP durante o processo de transporte. Conhece-se ATPases tipo P que transportam H^+, Na^+, K^+, Ca^{2+}, Cu^{2+}, Cd^{2+} e Mg^{2+} contra seus gradientes de concentração. Elas são distinguidas de outros tipos de ATPases transportadoras de íons porque são inibidas pelo **vanadato** (VO_4^{3-}, um análogo do fosfato; ver Problema 4 neste capítulo).
2. **ATPases tipo F (F_1F_0)** atuam no transporte de prótons para dentro da mitocôndria e das células bacterianas, o que, por sua vez, possibilita a síntese de ATP. Elas são descritas na Seção 22.3C.
3. **ATPases tipo V** são homólogas às ATPases tipo F e estão localizadas na membrana dos vacúolos das plantas e de vesículas ácidas, como os lisossomos das células animais.

Ânions são transportados por um quarto tipo de ATPases, as **ATPases tipo A**. Nesta seção, serão discutidas as ATPases tipo P. Também será examinado um processo de transporte ativo bacteriano, no qual as moléculas transportadas são concomitantemente fosforiladas, e os transportadores ABC, os quais transportam uma ampla variedade de substâncias através das membranas. Na próxima seção, serão estudados os sistemas de transporte ativo secundário, assim chamados porque utilizam a energia livre dos gradientes eletroquímicos gerados pelas ATPases bombeadoras de íons para transportar íons e moléculas neutras contra seus gradientes de concentração.

A. *(Na^+-K^+)-ATPase da membrana plasmática*

Um dos sistemas de transporte ativo melhor estudado é o da **(Na^+–K^+)–ATPase** da membrana plasmática. Essa proteína transmembrana foi isolada pela primeira vez em 1957 por Jens é, com frequência, denominada **bomba de (Na^+–K^+)**, pois ela *bombeia Na^+ para fora da célula e K^+ para dentro, com a hidrólise concomitante de ATP intracelular.* Ao contrário da maioria das ATPases do tipo P, que são monoméricas, as (Na^+–K^+)–ATPases consistem em subunidades α e β. A subunidade α com ~1.000 resíduos e não glicosilada contém o ATP da enzima e os sítios de ligação a íons. É altamente conservada (98% idêntica entre os mamíferos) e homóloga às ATPases do tipo P com subunidade única como a Ca^{2+}–ATPase (Seção 20.3B). A subunidade β, com ~300 resíduos e glicosilada, facilita a inserção correta da subunidade α na membrana plasmática e tem sido implicada no transporte de K^+.

A estequiometria para a reação da (Na^+–K^+)–ATPase é

$$3Na^+\ (interior) + 2K^+(exterior) + ATP + H_2O \rightleftharpoons 3Na^+\ (exterior) + 2K^+(interior) + ADP + P_i$$

A $(Na^+–K^+)$–ATPase é, portanto, um antiporte eletrogênico: três cargas positivas deixam a célula para cada duas que entram. Essa saída de Na^+ permite que as células animais façam o controle osmótico de seu conteúdo de água; com bombas de $(Na^+–K^+)$ não funcionais as células animais, que não possuem paredes celulares, inchariam e estourariam (lembre que a bicamada lipídica é permeável à água; Seção 12.2Ba). Além disso, o gradiente de potencial eletroquímico gerado pela bomba é responsável pela excitabilidade das células nervosas (Seção 20.5Ba) e fornece a energia para o transporte ativo de glicose e de aminoácidos em alguns tipos celulares. Na verdade, *todas as células gastam uma grande quantidade do ATP que produzem (30%, podendo chegar a 70% nas células nervosas) para manter as concentrações citosólicas requeridas de Na^+ e K^+.*

a. O ATP fosforila um Asp essencial durante o processo de transporte

A energia livre da hidrólise do ATP impulsiona o transporte endergônico do Na^+ e do K^+ contra um gradiente eletroquímico. Ao acoplar esses dois processos, de alguma forma deve ser erguida uma barreira cinética contra o transporte desses íons a favor de seus gradientes de concentração, e, ao mesmo tempo, facilitar o transporte desses íons contra os respectivos gradientes. Além disso, deve ser evitada a hidrólise fútil do ATP na ausência de transporte contra os gradientes. Não se sabe como a enzima faz isso, embora já tenham sido elucidados muitos aspectos do seu mecanismo.

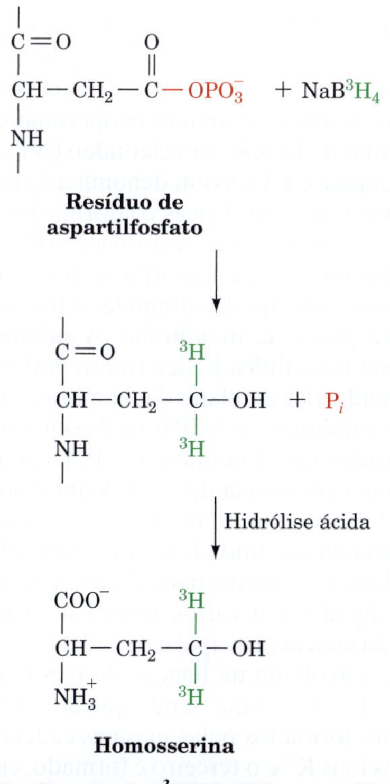

C=O O ‖ CH—CH_2—C—OPO_3^- + NaB^3H_4 NH

Resíduo de aspartilfosfato

↓

C=O ^3H CH—CH_2—C—OH + P_i NH ^3H

↓ Hidrólise ácida

COO^- ^3H CH—CH_2—C—OH NH_3^+ ^3H

Homosserina

FIGURA 20.18 Reação de $[^3H]NaBH_4$ com a $(Na^+–K^+)$-ATPase fosforilada. O isolamento da $[^3H]$homosserina após hidrólise ácida da proteína indica que o Asp é o resíduo de aminoácido originalmente fosforilado.

A descoberta-chave foi que a proteína é fosforilada pelo ATP na presença do Na^+ durante o transporte. O uso de técnicas de armadilhas químicas demonstrou que essa fosforilação ocorre em um resíduo Asp, formando um intermediário **aspartilfosfato** altamente reativo. Por exemplo, o boroidreto de sódio reduz os acilfosfatos a seus alcoóis correspondentes. No caso do resíduo aspartilfosfato, o álcool é a **homosserina.** Utilizando $[^3H]NaBH_4$ para reduzir a enzima fosforilada, foi isolada a homosserina radioativa a partir do hidrolisado ácido (Fig. 20.18). O resíduo fosforilado, Asp 374, está no início da sequência DKTG, altamente conservada, localizada na região central da cadeia polipeptídica.

b. A $(Na^+–K^+)$–ATPase tem dois estados conformacionais principais

As observações que o ATP fosforila a $(Na^+–K^+)$–ATPase somente na presença de Na^+ enquanto o resíduo aspartilfosfato está sujeito à hidrólise somente na presença de K^+ levam à conclusão que a *enzima possui dois estados conformacionais principais, E1 e E2.* Esses estados têm estruturas terciárias diferentes, atividades catalíticas diferentes e diferentes especificidades de ligantes:

1. *E1* tem um sítio de ligação intracelular de alta afinidade com o Na^+ (K_M = 0,2 m*M*, bem abaixo da concentração intracelular do íon) e reage com o ATP para formar o produto ativado *E1* ~ P somente quando o Na^+ estiver ligado.
2. *E2*-P tem um sítio de ligação extracelular de alta afinidade com o K^+ (K_M = 0,5 *M*, bem abaixo da concentração extracelular do íon) e é hidrolisado para formar P_i + *E2* somente quando o K^+ estiver ligado.

c. Um mecanismo cinético sequencial ordenado é responsável pelo acoplamento do transporte ativo com a hidrólise do ATP

Acredita-se que a $(Na^+–K^+)$–ATPase atue de acordo com o seguinte esquema de reações sequenciais (Fig. 20.19):

1. E1 · ATP que capta o ATP intracelular, liga $3Na^+$ e gera o complexo ternário *E*1 · ATP · $3Na^+$.
2. O complexo ternário forma o intermediário de "alta energia" aspartilfosfato E1~P · $3Na^+$.
3. Esse intermediário de "alta energia" adquire sua conformação de "baixa energia" E2–P · $3Na^+$ e libera o Na^+ do lado de fora da célula; isto é, o Na^+ é transportado através da membrana.
4. E2–P liga $2K^+$ do lado de fora da célula e forma E_2–P · $2K^+$.
5. O grupo fosfato é hidrolisado, produzindo E2 · $2K^+$.
6. E2 · $2K^+$ altera sua conformação para E1, liga ATP, e libera os $2K^+$ no interior da célula, completando o ciclo de transporte.

A enzima parece possuir somente um conjunto de sítios de ligação a cátions que, aparentemente, altera tanto sua orientação como sua especificidade durante o ciclo de transporte.

A ordem obrigatória da reação requer que o ATP seja hidrolisado somente quando o Na^+ é transportado contra seu gradiente de concentração. Reciprocamente, o Na^+ pode ser transportado a favor de seu gradiente somente se houver

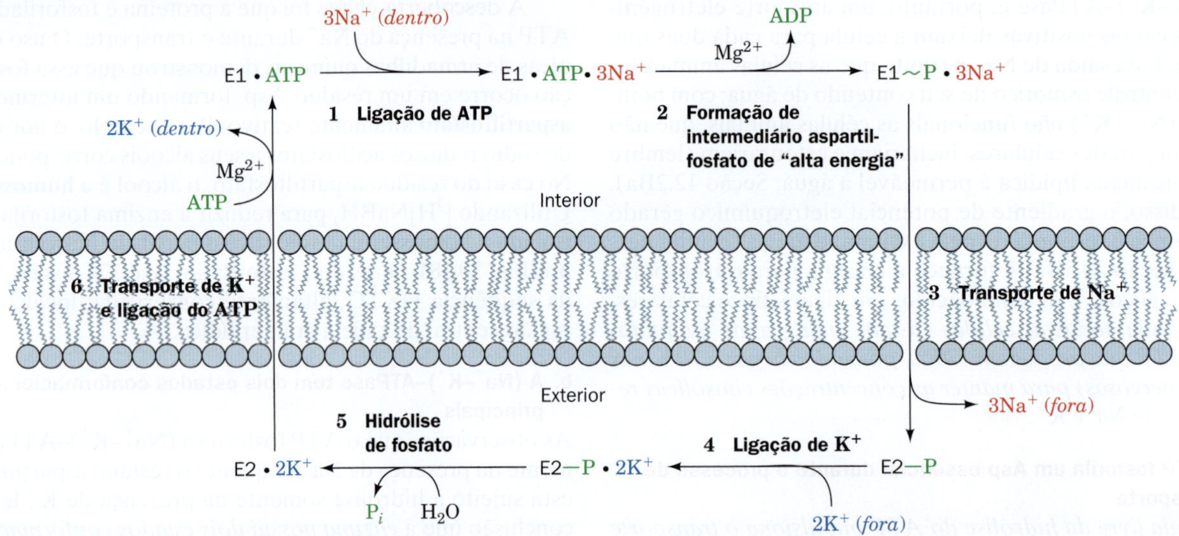

FIGURA 20.19 **Esquema da cinética do transporte ativo de Na^+ e K^+ pela (Na^+–K^+)–ATPase.** Neste caso, (*dentro*) se refere ao citosol e (*fora*) se refere ao exterior da célula.

síntese concomitante de ATP. Como consequência, embora cada uma das etapas apresentadas seja reversível individualmente, sob condições fisiológicas o ciclo é processado no sentido horário, conforme esquematizado na Fig. 20.19; isto é, a hidrólise do ATP e o transporte dos íons são processos acoplados. Observe que a natureza **vetorial** (unidirecional) do ciclo de reações é resultado da alternância das etapas da hidrólise exergônica do ATP (Etapa 1, Etapa 5, e ligação do ATP na etapa 6) com as etapas do processo endergônico do transporte de íons (Etapa 1, Etapas 3 + 4 e liberação de K^+ na Etapa 6). Assim, uma reação não pode se completar sem que a outra também se complete.

d. A desestabilização mútua é responsável pela velocidade do transporte de Na^+ e K^+

O mecanismo cinético ordenado descrito anteriormente é responsável somente pelo acoplamento do transporte ativo à hidrólise do ATP. *Para que seja mantida uma taxa de transporte razoável, a energia livre de todos os intermediários deve ser aproximadamente a mesma. Se alguns deles forem muito mais estáveis do que os outros, os intermediários estáveis se acumularão, reduzindo de forma drástica a taxa total de transporte.* Por exemplo, para que o Na^+ seja transportado para fora da célula contra seu gradiente de concentração, sua ligação a E1 deve ser forte no interior e a E2 fraca no exterior. Ligação forte significa maior estabilidade e um potencial estrangulamento. Essa dificuldade é neutralizada pela fosforilação de E1 · $3Na^+$ e sua consequente mudança conformacional, que produz o E2–P de baixa afinidade com o Na^+ (Etapas 2 e 3, Fig. 20.19). Da mesma forma, a ligação forte do K^+ ao E2–P do lado de fora é atenuada por sua desfosforilação e mudança conformacional par gerar E1 com baixa afinidade por K^+ (Etapas 5 e 6, Fig. 20.19). É essa desestabilização mútua que permite que Na^+ e K^+ apresentem uma alta taxa de transporte.

e. A estrutura por raios X da (Na^+–K^+)–ATPase

Chikashi Toyshima determinou a estrutura por raios X da (Na^+–K^+)–ATPase de tubarão em complexo com íons K^+, um íon MgF_4^{2-} (mimetiza de P_i) e uma subunidade com 74 resíduos denominada FXYD que atua como um regulador tecido-específico. A estrutura elucidada (Fig. 20.20) é a do complexo E2–P · $2K^+$ (Fig. 20.19). A subunidade α desta proteína com ~160 Å de comprimento consiste em um domínio transmembrana (M) composto por 10 hélices (M1α – M10α) de comprimentos variados e, da parte superior à inferior na Figura 20.20, três domínios citoplasmáticos bem separados: o domínio de ligação a nucleotídeo (N), que liga ATP; o domínio acionador (A), assim denominado porque participa na transmissão das mudanças conformacionais principais (ver a seguir); e o domínio de fosforilação (P), que contêm o resíduo de Asp passível de fosforilação na proteína. A hélice única transmembrana da subunidade β é inclinada ~32^0 em relação ao plano da membrana. A subunidade FXYD também possui uma única hélice transmembrana, mas esta é quase perpendicular ao plano da membrana. O íon MgF_4^{2-} marca o sítio catalítico da ATPase e é coordenado por resíduos conservados nos domínios A e P. Dois íons K^+ estão localizados a uma distância de ~4,1 Å um do outro em uma cavidade de ligação comum próxima ao centro do domínio transmembrana da subunidade α que é formado, em grande parte, pelo desenrolamento parcial das hélices M5α e M7α e onde estão ligados por vários átomos de oxigênio de grupos carbonil da cadeia principal e da cadeia lateral. A mesma cavidade está envolvida na ligação de três íons Na^+ que se ligam à forma E1 da enzima, sendo que dois destes sítios são provavelmente formados pelas mesmas cadeias laterais que coordenam os íons K^+ e o terceiro é formado, em parte, pelas cadeias laterais da pequena hélice C-terminal da subunidade α. Não se observa nenhum canal que vá de cada um dos lados da membrana para essa cavidade de ligação.

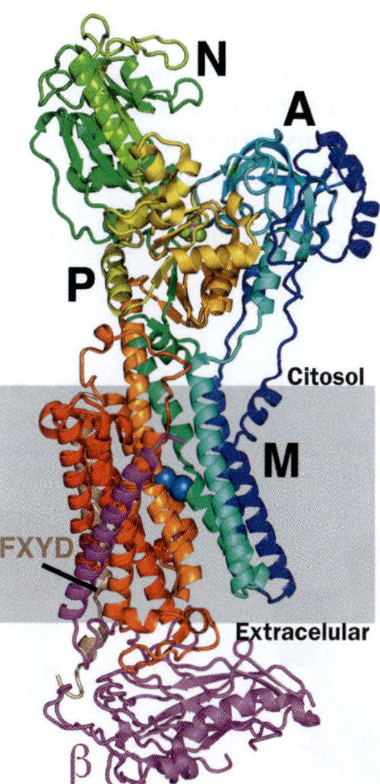

FIGURA 20-20 **Estrutura por raios X da (Na^+–K^+)–ATPase de tubarão em complexo com os íons K^+ e MgF_4^{2-}.** A proteína está desenhada em forma de fita em vista paralela ao plano da membrana (*retângulo cinza*) com o citosol acima. A subunidade α está colorida de acordo com as cores do arco-íris, da extremidade N-terminal (*azul*) para a extremidade C-terminal (*vermelho*), a subunidade β está em magenta e a subunidade FXYD está em marrom. Os íons K^+ e MgF_4^{2-} ligados à subunidade α estão desenhados na forma de volume atômico com K em azul-claro, Mg em cor-de-rosa e F em verde-claro. (Com base em uma estrutura por raios X obtida por Chikashi Toyoshima, University of Tokyo, Japão. PDBid 2ZXE.)

f. Os glicosídeos cardíacos inibem a (Na^+–K^+)–ATPase de forma específica

O estudo da (Na^+–K^+)–ATPase tem sido bastante facilitado pelo uso dos **glicosídeos cardíacos** (também chamados **esteroides cardiotônicos**), produtos naturais que aumentam a intensidade das contrações da musculatura cardíaca. De fato, a **digitalis**, um extrato de folhas da dedaleira púrpura (Fig. 20.21*a*), que contém uma mistura de glicosídeos cardíacos, incluindo a **digitalina**; (Fig. 20.21*b*), tem sido usada há séculos para tratar insuficiência cardíaca. O glicosídeo cardíaco ouabaína (Fig. 20.21*b*), um produto da árvore *Acokanthera ouabaio* do leste da África, há muito tem sido usado como veneno de flechas. Esses dois esteroides, que estão entre os fármacos cardíacos mais comumente prescritos, inibem a (Na^+–K^+)–ATPase por se ligarem firmemente a uma porção da enzima exposta no exterior da célula (os fármacos não têm efeito quando são injetados dentro das células), bloqueando a Etapa 5 da Fig. 20.19. O resultante aumento na concentração intracelular de Na^+ estimula o sistema antiporte (Na^+–Ca^{2+}) cardíaco que bombeia Na^+ para fora da célula e Ca^{2+} para dentro (Seção 22.1Bb). O aumento na concentração citosólica de Ca^{2+} ocasiona um aumento em sua concentração em outras organelas, principalmente no retículo sarcoplasmático (**RS**). Assim, a liberação do Ca^{2+} para desencadear a contração muscular (Seção

Digitalina

Ouabaína

(*b*)

FIGURA 20.21 **Glicosídeos cardíacos.** (*a*) As folhas da dedaleira púrpura são as fontes de digitalis, estimulante da musculatura cardíaca. [iStockphoto] (*b*) A digitalina, o componente principal da digitalis, e a ouabaína, um glicosídeo cardíaco isolado de uma árvore do leste da África chamada *Acokanthera ouabaio*, estão entre os fármacos cardíacos mais comumente prescritos.

35.3Cb) produz um aumento no [Ca^{2+}] citosólico maior do que o normal, intensificando a força de contração do músculo cardíaco. Acreditava-se que a ouabaína fosse produzida somente por plantas, mas sabe-se hoje que é também um hormônio animal secretado pelo córtex suprarrenal e que atua na regulação da concentração celular de Na^+ e no equilíbrio de água e de sal do organismo.

B. Ca^{2+}-ATPase

O íon cálcio com frequência atua como um segundo mensageiro de maneira similar ao AMP cíclico (AMPc) *(Seção 19.4).* Aumentos transitórios na sua concentração citosólica desencadeiam numerosas respostas celulares, incluindo a contração muscular (Seção 35.3Ca), a liberação de neurotransmissores (Seção 20.5Cb) e a degradação do glicogênio

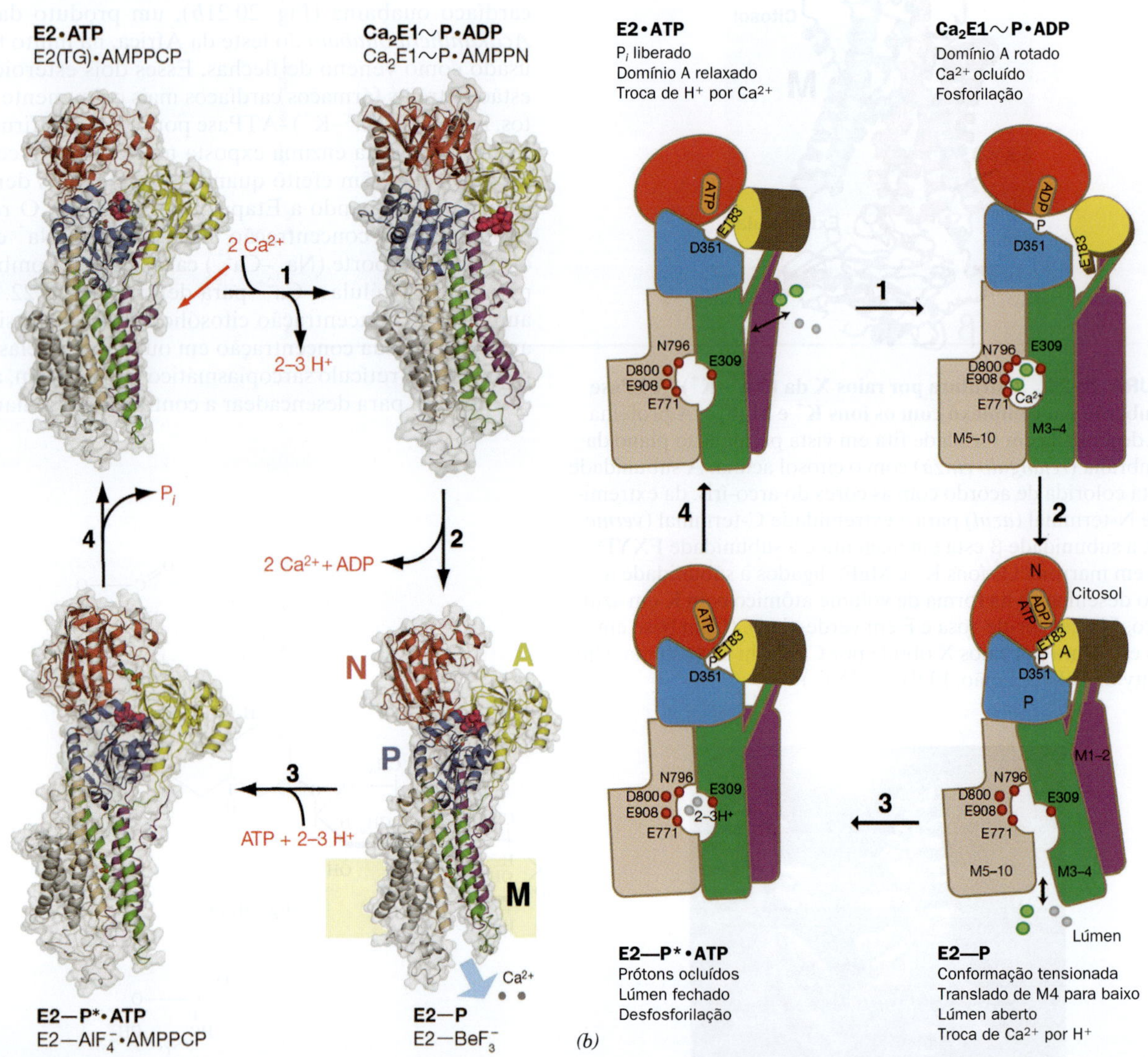

FIGURA 20.22 Mecanismo da SERCA com base em quatro estruturas por raios X. *(a)* As estruturas por raios X dos complexos SERCA indicados em tipo fino são modelos dos estados conformacionais indicados em negrito. Estes modelos correspondem aproximadamente àqueles mostrados nas margens da Fig. 20.19. As estruturas estão representadas por seus diagramas de fita encaixadas em suas superfícies transparentes (*cinza*) vistas ao longo do plano da membrana com o citosol na parte superior. Os domínios A, N e P estão coloridos em amarelo, vermelho e azul e as hélices transmembrana Mi-2, M3-4, M5-6 e M7-10 estão em púrpura, verde, bronze e cinza, e os íons Ca^{2+} ligados estão representados por esferas cinza. O ATP e seus similares estão desenhados em forma de bastões com C em verde, O em vermelho e P em cor de laranja. Uma sequência TGES conservada está desenhada em forma de volume atômico em magenta. No desenho abaixo à direita, a posição da bicamada lipídica está indicada pelo retângulo amarelo. *(b)* Diagrama esquemático das mudanças conformacionais realizadas pela SERCA durante seu ciclo catalítico. Os componentes proteicos estão coloridos como na Parte *a* com exceção das hélices M5–10 que estão em bronze, e os íons Ca^{2+} ligados representados por esferas verdes. Além disso, os prótons estão representados por esferas cinza, e os resíduos que ligam Ca^{2+} à cavidade de ligação estão indicados por esferas vermelhas. (Modificado a partir de desenhos feitos por Poul Nissen, University of Aarhus, Dinamarca. PDBids 2C88, 3BA6, 3B9B e 3B9R.)

(Seção 18.3Ce). Além disso, o Ca^{2+} é um ativador importante do metabolismo oxidativo (Seção 22.4).

O uso do fosfato como uma moeda energética básica requer que as células mantenham uma baixa concentração interna de Ca^{2+}, pois o $Ca_3(PO_4)_2$ tem uma solubilidade máxima, em água, de 65 μM. Assim, a concentração de Ca^{2+} no citosol (~0,1 μM) é quatro ordens de grandeza menor do que no espaço extracelular (~1.500 μM). Esse grande gradiente de concentração é mantido pelo transporte ativo de Ca^{2+} através da membrana plasmática, da membrana do retículo endoplasmático (RE; RS no músculo) e da membrana mitocondrial interna. O sistema mitocondrial é discutido na Seção 22.1Bb. A membrana plasmática e o retículo sarco(endo)plasmático possuem uma **Ca^{2+}–ATPase (bomba de Ca^{2+})** tipo P que bombeia ativamente o íon para fora do citosol às expensas da hidrólise de ATP. Seu mecanismo cinético é o mesmo do da (Na^+–K^+)–ATPase (Fig. 20.19) exceto que dois íons Ca^{2+} substituem os três íons Na^+, dois ou três íons H^+ substituem os três íons K^+, e (*fora*) significa do lado de fora da célula para a Ca^{2+}–ATPase da membrana plasmática ou a luz do retículo sarco(endo)plasmático para a Ca^{2+}–ATPase desta membrana.

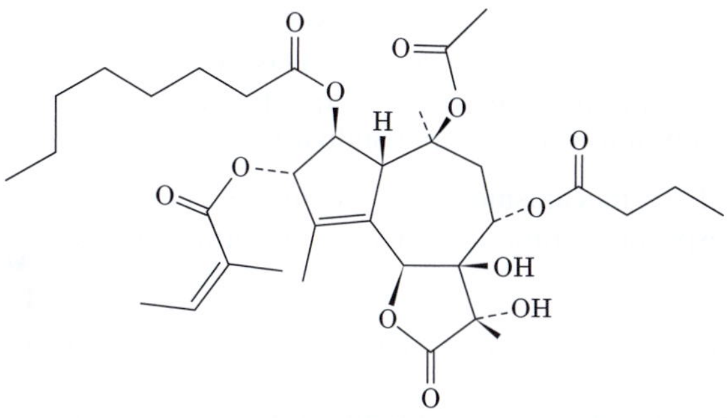

a. A estrutura por raios X da Ca^{2+}–ATPase sugere seu mecanismo

A estrutura por raios X da Ca^{2+}–ATPase do retículo sarcoplasmático de músculo de coelho com 994 resíduos (também conhecida como **SERCA**, (do inglês *sarco(endo)plasmic reticulum Ca^{2+}-ATPase*) em seus complexos com uma grande variedade de análogos de ATP foi elucidada e seus componentes foram determinados, sendo o primeiro deles descrito por Toyoshima. A SERCA, que constitui 90% das proteínas de membrana do RS, é uma proteína monomérica com 140 Å de comprimento, que lembra muito a subunidade α da (Na^+–K^+)–ATPase (Fig. 20.20). Possui um domínio transmembrana com 10 hélices, um domínio acionador (A), um domínio de ligação a nucleotídeos (N) no qual se liga o ATP, e um domínio de fosforilação (P) que contém a Asp 351 fosforilável. Os dois íons Ca^{2+} estão ligados em uma cavidade, similar à da (Na^+–K^+)–ATPase, a qual é formada, em grande parte, pela ruptura das hélices M4 e M6 nesta região.

Quatro dessas estruturas, todas determinadas por Poul Nissen, sugerem coletivamente um mecanismo de ação das ATPases do tipo P que resultam de uma série vetorial de mudanças conformacionais impulsionadas pela ligação do ATP, hidrólise e liberação (Fig. 20.22):

1. Permita-nos começar com a estrutura por raios X da SERCA em sua conformação E2 em complexo com o inibidor **tapsigargina** (**TG**; Fig. 22.23*a*), que estabiliza o estado E2, e o análogo de ATP não hidrolisável **adenosina-5′-(β,γ-metileno)trifosfato** (**AMPPCP**; Fig. 22.23*b*). Esta estrutura fornece um modelo para o estado E2 · ATP (Fig. 20.22, *parte superior à esquerda*). A troca de 2 a 3 prótons por 2 íons Ca^{2+} causa uma rotação no domínio A que oclui a cavidade de ligação. Isto ativa o sítio catalítico da ATPase que fosforila o Asp 351 gerando ADP, o qual libera o domínio N do domínio P pela quebra da ligação fosfodiéster β,γ do ATP que unia previamente esses dois domínios. Um modelo do estado Ca_2E1~P · ADP resultante é fornecido pela estrutura por raios X da SERCA em seu estado E1 com Asp 351 fosforilado (via uma ligação de "alta energia" representada por um til [~]) e em complexo com o análogo de ADP **adenosina-5′-(β‴-amino)difosfato** (**AMPPN**; Fig. 22.23*c*).

(*a*) **Tapsigargina (TG)**

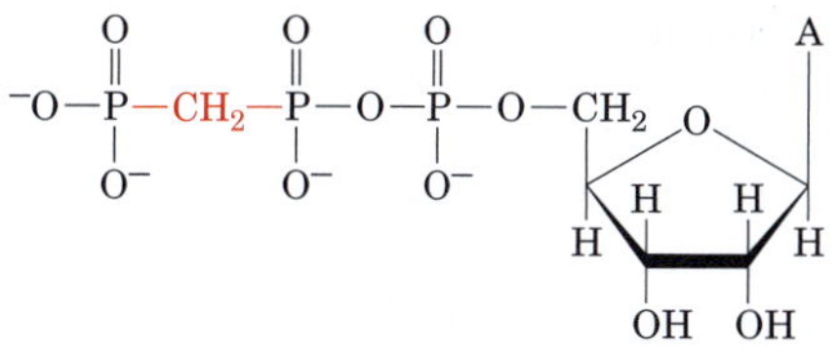

(*b*) **Adenosina-5′-(β,γ-metileno)trifosfato (AMPPCP)**

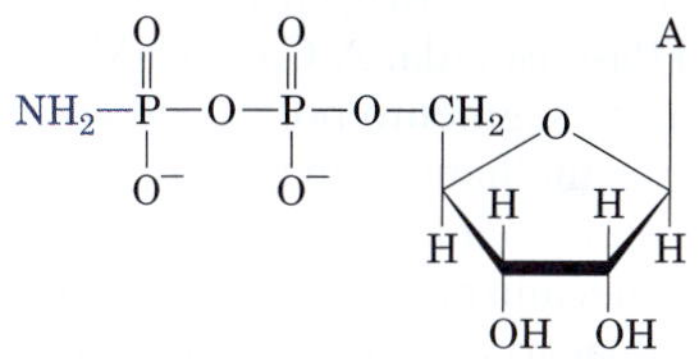

(*c*) **Adenosina-5′-(β-amino)difosfato (AMPPN)**

FIGURA 20.23 Fórmulas moleculares de vários inibidores de SERCA. (*a*) Tapsigargina (TG), produto extraído da planta *Thapsia garganica,* (*b*) AMPPCP e (*c*) AMPPN.

2. O domínio A sofre uma rotação em direção do sítio de fosforilação, promovendo desta forma o contato entre os domínios P e N. Este movimento empurra para baixo o segmento M3-4 e empurra para cima o segmento M1-2, separando assim do segmento M5-6 as porções mais baixas desses segmentos. Isto expõe a cavidade de ligação ao Ca^{2+} para a luz do RS e força o afastamento dos resíduos que ligaram íons Ca^{2+} na cavidade, resultando na liberação dos íons na luz do RS. Um modelo deste estado E2—P é proporcionado pela estrutura por raios X da SERCA em seu estado E2 no qual BeF^{-3} está ligado covalentemente ao Asp 351 formando uma imitação de um grupo fosfato.

3. Dois ou três prótons se ligam à luz exposta da cavidade de ligação. Isto, juntamente com a troca do ADP por ATP no domínio N resulta em movimentos das hélices transmembrana que ocluem novamente a cavidade da luz. Um modelo do estado E2—P* · ATP resultante (no qual o asterisco [*] indica um estado de transição) é fornecido pela estrutura por raios X da SERCA em seu estado E2 em complexo com AMPPCP e AlF^{-4}, que está unido covalentemente ao Asp 351 formando uma imitação bipiramidal triangular do estado hidrolítico de transição (Fig. 16.6*b*).

4. A desfosforilação do Asp 351, estimulada pela ligação prévia do ATP, motiva mudanças conformacionais que abrem um canal para o citosol que permite a troca dos prótons por íons Ca^{2+}, completando assim o ciclo catalítico.

Esse mecanismo explica como as ATPases do tipo P transportam cátion contra seus altos gradientes de concentração.

b. A calmodulina regula a bomba de Ca2^{+} da membrana plasmática

Para que uma célula mantenha seu estado fisiológico adequado, ela deve regular de modo preciso as atividades de suas bombas iônicas. *A regulação da bomba de Ca^{2+} da membrana plasmática é controlada pelos níveis de Ca^{2+} por meio da **calmodulina (CaM)**.* Essa proteína ubíqua eucariótica ligadora de Ca^{2+} participa de vários processos regulatórios celulares, incluindo o controle do metabolismo do glicogênio, conforme já visto (Seção 18.3Ce).

A Ca^{2+}–Calmodulina ativa a Ca^{2+}–ATPase da membrana plasmática. A ativação resulta em um decréscimo de seu K_M para o Ca^{2+} de 20 para 0,5 μM, conforme deduzido de estudos da ATPase isolada. A Ca^{2+}–CaM ativa a bomba porque se liga a um segmento polipeptídico inibitório da mesma, de forma semelhante à maneira pela qual essa proteína ativa suas proteína-cinases alvo (Seção 18.3Cf). Evidências a favor desse mecanismo provêm da remoção proteolítica do peptídeo de ligação à CaM, gerando uma bomba truncada que é ativa mesmo na ausência de CaM. Peptídeos sintéticos correspondentes ao segmento de ligação à CaM não apenas se ligam à Ca^{2+}-CaM como também inibem a bomba truncada, aumentando seu K_M para o Ca^{2+} e reduzindo sua $V_{máx}$. Isso sugere que, na ausência de Ca^{2+}–CaM, o segmento de ligação à CaM interage com o restante da proteína, inibindo sua atividade. Quando a concentração de Ca^{2+} aumenta, forma-se a Ca^{2+}–CaM que, ao se ligar ao segmento na bomba, desfaz sua associação com o restante da proteína e remove a inibição.

Agora pode-se analisar como o Ca^{2+} regula sua própria concentração citoplasmática. Quando os níveis de Ca^{2+} estão abaixo de ~1 μM, que é o valor da constante de dissociação da calmodulina para o íon, a Ca^{2+}–ATPase é relativamente inativa devido à autoinibição pelo seu segmento de ligação à CaM. Contudo, se a concentração do íon se elevar acima desse nível, o Ca^{2+} liga-se à calmodulina, que por sua vez se liga ao segmento, livrando a inibição e ativando a bomba:

$$Ca^{2+} + CaM \rightleftharpoons Ca^{2+}-CaM^{*} + \text{bomba}(\textit{inativa}) \rightleftharpoons Ca^{2+}-CaM^{*} \cdot \text{bomba}(\textit{ativa})$$

(CaM* significa calmodulina ativada). Essa interação reduz o K_M da bomba para o Ca^{2+} para níveis abaixo da concentração ambiente do íon, provocando seu bombeamento para fora do citosol. Quando a concentração do íon estiver suficientemente reduzida, ele dissocia-se da calmodulina e essa série de eventos é revertida, inativando a bomba. Por isso, o sistema inteiro é análogo a uma bomba d'água que é automaticamente ativada por uma boia quando a água atinge um determinado nível.

C. (H^+–K^+)-ATPase da mucosa gástrica

As células parietais da mucosa gástrica dos mamíferos secretam HCl a uma concentração de 0,15 *M* (pH 0,8). Uma vez que o pH citosólico dessas células é 7,4, há uma diferença de pH de 6,6 unidades, a maior conhecida em células eucarióticas. Os prótons secretados são derivados da hidratação intracelular de CO_2 pela anidrase carbônica:

$$CO_2 + H_2O \rightleftharpoons HCO_3^- + H^+$$

A secreção de H^+ envolve uma **(H^+–K^+)–ATPase**, um antiporte eletroneutro com estrutura e propriedades semelhantes às da Ca^{2+}–ATPase. Tal como as outras ATPases do tipo P, ela é fosforilada durante o processo de transporte. Nesse caso, contudo, o K^+, que entra na célula à medida que o H^+ é bombeado para fora dela, é subsequentemente externalizado pelo seu cotransporte com Cl^-. Portanto, HCl é o produto final transportado.

a. Cimetidina e omeprazol previnem úlceras gástricas e azia

Por muitos anos, o tratamento de úlceras pépticas, uma condição frequentemente fatal causada pelo ataque do ácido do estômago sobre a mucosa gástrica, comumente requeria a remoção cirúrgica das porções afetadas, ou às vezes do estômago inteiro. A descoberta, por James Black, da **cimetidina**,

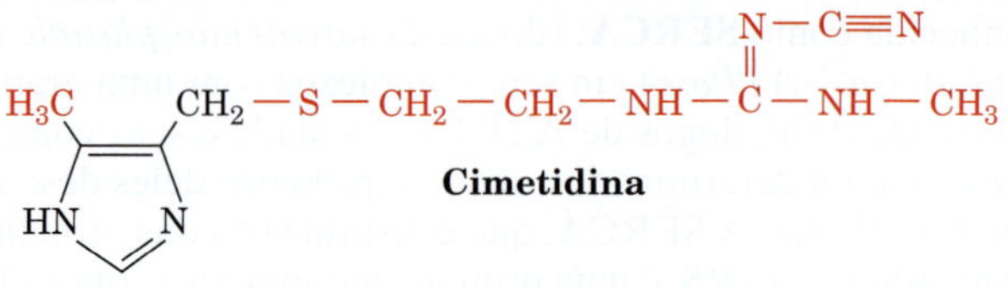

H_3C — (anel imidazol) — $CH_2-S-CH_2-CH_2-NH-C(=N-C\equiv N)-NH-CH_3$

Cimetidina

(anel imidazol) — $CH_2-CH_2-NH_3^+$

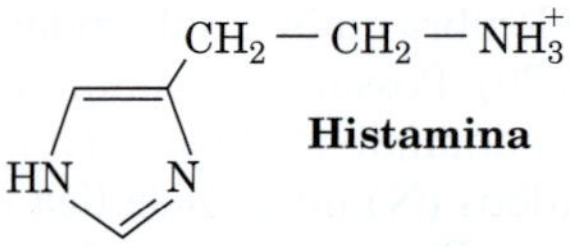

Histamina

que inibe a secreção ácida do estômago, eliminou quase totalmente a necessidade dessa cirurgia perigosa e debilitante.

A (H^+–K^+)–ATPase da mucosa gástrica é ativada pela estimulação, por histamina, do **receptor de H_2** em um processo mediado pelo AMPc. A cimetidina (nome comercial **Tagamet**), que tornou-se disponível em 1976, foi o primeiro de vários fármacos amplamente utilizados que inibem competitivamente a ligação da histamina ao seu receptor. Esses fármacos aliviam também os sintomas da **doença de refluxo gastresofágico** (conhecida como **azia**), a qual é causada pela regurgitação do ácido do estômago para o esôfago, uma condição comum e dolorosa que, quando crônica, pode danificar o esôfago e causar câncer. A azia pode também ser aliviada com antiácidos, mas os efeitos da cimetidina e seus análogos são mais duradouros (6 a 10 horas *versus* 1 a 2 horas dos antiácidos, embora os primeiros demorem cerca de 30 minutos para fazer efeito) e podem ser tomadas antes das refeições para impedir que a azia ocorra. Uma desvantagem da maioria dessas substâncias é que inibem vários citocromos P450 e por isso interferem com o metabolismo de numerosos outros fármacos amplamente utilizados (Seção 15.4Bc).

O **omeprazol** (nomes comerciais **Prilosec** e **Nexium**),

Omeprazol

inibem a $(H^+–K^+)$–ATPase pela formação de um aduto com a cadeia lateral de sua Cys 831. Desde sua introdução em 1989, o omeprazol tem suplantado o uso da cimetidina e de seus análogos devido à natureza irreversível de sua inibição (que reduz a secreção ácida em até 99%) e a inexistência de interações com outros fármacos. Assim, atualmente, o omeprazol é um dos fármacos mais utilizados no mundo.

D. *Transporte de grupo*

O **transporte de grupo** é uma variação do transporte ativo impulsionado por ATP que a maioria das bactérias usa para importar determinados açúcares. É requerido para muitos processos bacterianos, tanto úteis como perigosos (para os humanos), tais como os que produzem queijo, molho de soja e cáries dentárias. *Ele difere do transporte ativo pelo fato das moléculas transportadas sofrerem modificações químicas simultaneamente ao transporte.* O **sistema da fosfotransferase dependente do fosfoenolpiruvato** de *E.coli,* descoberto por Saul Roseman em 1964, é o exemplo de transporte de grupo mais extensivamente estudado. O fosfoenolpiruvato (PEP, de *phosphoenolpyruvate*) é o doador do grupo fosforil nesse sistema (lembre que o PEP é o doador de grupo fosforil de "alta energia" para a síntese de ATP na reação catalisada pela piruvato-cinase na glicólise; Seção 17.2J). *O sistema da fosfotransferase transporta os açúcares e os fosforila simultaneamente. Os açúcares fosfatados, assim que entram na célula, lá permanecem, já que a membrana celular é impermeável a eles.* Alguns dos açúcares transportados pelo sistema da fosfotransferase estão listados na Tabela 20.2.

TABELA 20.2 Alguns dos açúcares transportados pelo sistema da fosfotransferase dependente de PEP de *E.coli*

Glicose	Galactitol
Frutose	Manitol
Manose	Sorbitol
N-Acetilglicosamina	Xilitol

O sistema da fosfotransferase envolve duas proteínas citoplasmáticas solúveis, a **Enzima I** (**EI**) e a **HPr** (proteína, que contém histidina, carreadora de fosfato), que participam no transporte de todos os açúcares (Fig. 20.24). Além disso, para cada açúcar que o sistema transporta, existe uma proteína transmembrana de transporte específica chamada **EII**, que consiste em pelo menos três componentes funcionais: **EIIA** e **EIIB** citoplasmáticas e o canal transmembrana **EIIC**. Esses três componentes associam-se diferentemente em diferentes EII. Em *E. coli*, por exemplo, EIIA, EIIB e EIIC são subunidades separadas na EII específica da celobiose; EIIB e EIIC estão ligadas covalentemente e EIIA está separada na EII específica da glicose; e todos os três componentes estão presentes formando um único peptídeo na EII específica do manitol.

O transporte da glicose, que é semelhante ao dos outros açúcares, envolve a transferência de um grupo fosforil do PEP para o açúcar com a inversão da configuração ao redor do átomo de fósforo. Um número ímpar de transferências deve estar envolvido, uma vez que cada transferência de um grupo fosforil envolve inversão (Seção 16.2A). Foram identi-

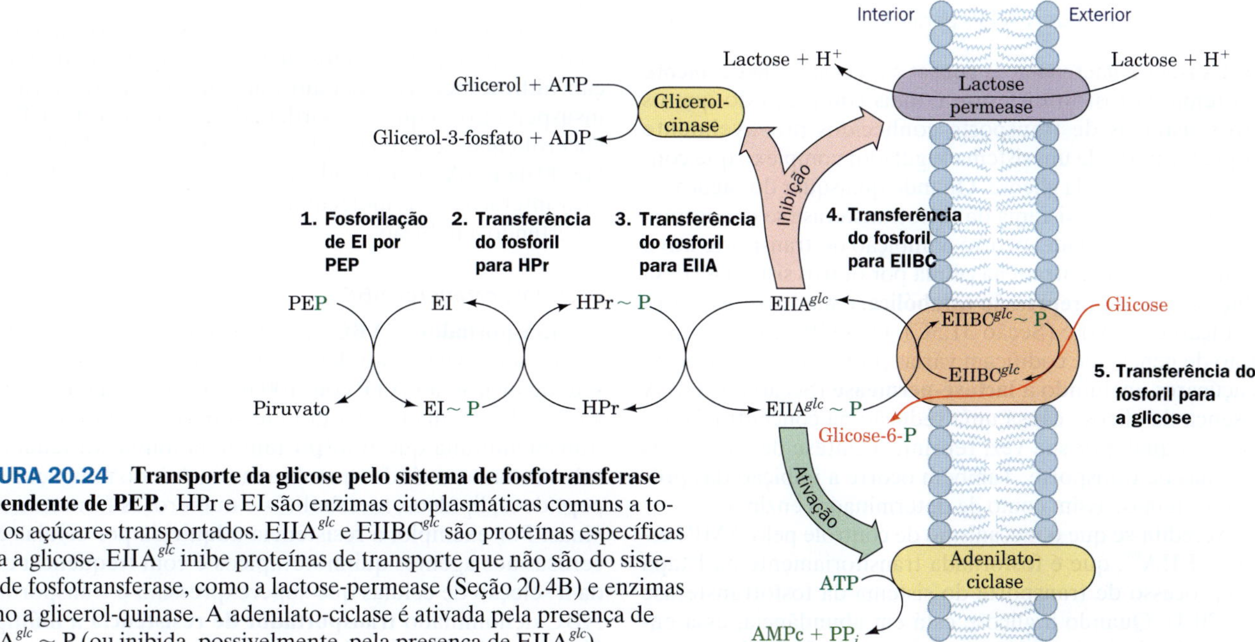

FIGURA 20.24 Transporte da glicose pelo sistema de fosfotransferase dependente de PEP. HPr e EI são enzimas citoplasmáticas comuns a todos os açúcares transportados. $EIIA^{glc}$ e $EIIBC^{glc}$ são proteínas específicas para a glicose. $EIIA^{glc}$ inibe proteínas de transporte que não são do sistema de fosfotransferase, como a lactose-permease (Seção 20.4B) e enzimas como a glicerol-quinase. A adenilato-ciclase é ativada pela presença de $EIIA^{glc} \sim P$ (ou inibida, possivelmente, pela presença de $EIIA^{glc}$).

ficados quatro intermediários proteicos fosforilados, indicando a transferência de cinco grupos fosforil:

$$\text{PEP} \rightarrow \text{EI} \rightarrow \text{HPr} \rightarrow \text{EIIA}^{glc} \rightarrow \text{EIIBC}^{glc} \rightarrow \text{glicose}$$

O processo de transporte ocorre da seguinte forma (Fig. 20.4):

1. O PEP fosforila a EI no N3 (N_ε) da His 189, formando um aduto fosfoistidina reativo.

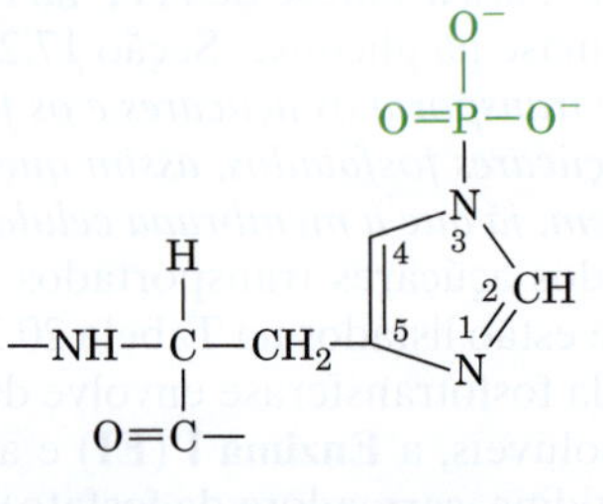

Resíduo de fosfoistidina

2. O grupo fosforil é transferido para o N1 (N_δ) da His 15 na HPr. A His é, aparentemente, o aceptor preferido de grupos fosforil nas reações de transferência. Ela também participa na reação da fosfoglicerato-mutase da glicólise (Seção 17.2Ha).
3. HPr~P continua a cadeia de transferência pela fosforilação de EIIA^{glc} no N3 da His 90.
4. A quarta transferência de grupo fosforil é para a Cys 421 da EIIB^{glc}.
5. O grupo fosforil é finalmente transferido da EIIB^{glc} para a glicose, que é transportada através da membrana pela EIIC^{glc}. A glicose é liberada no citoplasma somente depois de ser fosforilada à glicose-6-fosfato (G6P).

Portanto, o transporte da glicose é impulsionado pela sua fosforilação pelo PEP, indireta e exergônica. O sistema da fosfotransferase é energeticamente eficiente, uma vez que gasta somente um equivalente de ATP no transporte e na fosforilação da glicose. Quando o transporte ativo e a fosforilação ocorrem de forma separada, como acontece em muitos tipos celulares, são hidrolisados dois ATPs para cada glicose transportada.

a. O transporte bacteriano de açúcar é regulado geneticamente

O sistema da fosfotransferase é mais complexo do que os outros sistemas de transporte conhecidos provavelmente porque faz parte de um sistema regulador complexo que controla o transporte da glicose. Quando quaisquer dos açúcares transportados pelo sistema da fosfotransferase se encontram em grande quantidade, ocorre a inibição do transporte ativo dos açúcares, que entram na célula por outros sistemas. Essa inibição, chamada **repressão catabólica**, é mediada pela concentração de AMPc (Seção 31.3C). O AMPc ativa a transcrição de genes que codificam várias proteínas de transporte de açúcares, incluindo a **lactose-permease** (Seção 20.4B). A presença da glicose causa uma redução na concentração do AMPc, o qual, por sua vez, reprime a síntese dessas outras proteínas de transporte. Também ocorre a inibição das próprias proteínas, assim como de determinadas enzimas.

Acredita-se que o mecanismo de controle pelo AMPc esteja na EIIA^{glc}, que é fosforilada transitoriamente na Etapa 3 do processo de transporte do sistema da fosfotransferase (Fig. 20.4). Quando a glicose está em abundância, essa enzima está principalmente na sua forma desfosforilada, uma vez que EIIA^{glc}~P transfere rapidamente, via EIIBC^{glc}, seu grupo fosforil para a glicose. A adenilato-ciclase está inativa sob essas condições, embora não esteja claro se a EIIA^{glc} desfosforilada a inibe ou a se EIIA^{glc}~P a ativa. Contudo, a EIIA^{glc} liga-se a e inibe muitos transportadores que não o sistema da fosfotransferase e enzimas que participam do metabolismo de outros açúcares que não a glicose (o metabólito de escolha de muitas bactérias), incluindo a lactose-permease e a **glicerol-cinase** (Seção 17.5A). Na ausência de glicose, a EIIA^{glc} é convertida em EIIA^{glc}~P, revertendo assim a inibição dos não transportadores de fosfotransferase. Além disso, a adenilato-ciclase está ativada para produzir AMPc, que, por sua vez, induz um aumento na produção de alguns dos não transportadores de fosfotransferase e enzimas que são inibidas por EIIA^{glc}. Essa é uma forma de conservação de energia para a célula. Por que sintetizar as proteínas necessárias para o transporte e o metabolismo de todos os açúcares se o metabolismo de apenas um açúcar por vez é suficiente?

b. A estrutura por raios X da EIIA^{glc} em complexo com a glicerol-cinase

A estrutura por raios X da EIIA^{glc}, tanto sozinha como em complexo com um dos seus alvos reguladores, a glicerol-cinase, foi elucidada por James Remington e Roseman, e revela como a EIIA^{glc} inibe pelo menos alguns de seus alvos e por que a EIIA^{glc}~P não o faz. A EIIA^{glc} possui dois resíduos de histidina, His 75 e His 90, que são requeridas para a transferência de grupos fosforil, embora somente a His 90 seja necessária para que a EIIA^{glc} aceite um fosfato da HPr. A estrutura por raios X da EIIA^{glc} de *E.coli* sozinha revela que esses dois resíduos de His estão muito próximos (seus átomos N3 estão a uma distância de 3,3 Å entre si) em uma depressão na superfície da proteína que é circundada por um impressionante anel hidrofóbico com 18 Å de diâmetro, constituído de 11 cadeias laterais de Phe, Val e Ile.

A estrutura por raios X da EIIA^{glc} em complexo com a glicerol-cinase (Fig. 20.25) confirma que essa guarnição hidrofóbica é de fato o sítio de interação entre as duas proteínas e revela como a fosforilação da His 90 rompe essa interação. Os dois resíduos de His do sítio ativo, que estão completamente escondidos dentro da superfície de interação hidrofóbica, coordenam um íon Zn^{2+} (anteriormente insuspeitado), o qual é coordenado também ao Glu 478 da glicerol-cinase e a uma molécula de água. A fosforilação da His 90 da EIIA^{glc} para produzir EIIA^{glc}~P sem dúvida rompe essa interação intermolecular, liberando a glicerol-cinase e revertendo a inibição.

E. *Transportadores ABC*

Os **transportadores ABC**, que ocorrem amplamente em todos os seres vivos, são denominados com base em seu cassete de ligação ao ATP com 100 resíduos, altamente conservado. Eles formam uma grande superfamília de proteínas transmembrana que transportam uma ampla variedade de substâncias através das membranas, incluindo íons, açúcares, peptídeos, lipídeos, metabólitos e numerosos fármacos e toxinas. Por exemplo, a resistência adquirida por células cancerosas aos agentes quimioterápicos é com frequência devida à seleção de células que superexpressam o transportador ABC denominado **transportador de resistência a múltiplos fármacos** (**MDR**) (também chamado de **glicoproteína-P**),

FIGURA 20.25 Estrutura por raios X da EIIA^{glc} de *E. coli* (em *amarelo* o monômero de 168 resíduos) em complexo com um dos seus alvos regulatórios, a glicerol-cinase (em *azul*, um tetrâmero de subunidades idênticas de 501 resíduos). As duas proteínas associam-se, em parte, pela coordenação tetraédrica de um íon Zn^{2+} via cadeias laterais da His 75 e da His 90 da EIIA^{glc}, um oxigênio da carboxila do Glu 478 da glicerol-cinase e uma molécula de água. Esses grupos estão representados na forma de esfera e bastão, com C em cinza, N em azul, O em vermelho e Zn^{2+} em branco. A interação, mediada pelo Zn^{2+}, entre a EIIA^{glc} e a glicerol-cinase inativa a enzima, provavelmente por meio de um mecanismo de adaptação induzida. A fosforilação de EIIA^{glc} na His 90 rompe essa interação, revertendo assim a inibição da glicerol-cinase. (Cortesia de James Remington, University of Oregon, EUA. PDBid 1GLA.)

que bombeia um amplo sortimento de substâncias anfifílicas – incluindo muitos fármacos – para fora da célula. Proteínas semelhantes em bactérias são, em muitos casos, responsáveis por sua resistência a antibióticos. O genoma humano codifica 48 transportadores ABC e seus defeitos são responsáveis por várias doenças hereditárias incluindo a fibrose cística (Seção 12.4Bf), a doença de Tangier (Seção 12.5Cd) e a **adrenoleucodistrofia** (Seção 25.2Fa).

Os transportadores ABC consistem em pelo menos quatro módulos: dois domínios citosólicos de ligação a nucleotídeos, altamente conservados, e dois domínios que possuem, cada um, seis hélices transmembrana. Nas bactérias, os quatro domínios estão contidos em dois ou quatro polipeptídeos separados. Nos eucariotos, um único polipeptídeo engloba os quatro domínios. Os transportadores ABC bacterianos fazem a mediação da importação e da exportação de uma grande variedade de compostos, enquanto seus equivalentes eucarióticos atuam somente como exportadores que transportam moléculas para fora da célula ou para dentro de compartimentos intracelulares tais como o RE. O transportador ABC das bactérias gram-negativas denominado **MsbA**, um homólogo do transportador MDR, atua no transporte de lipopolissacarídeos (Seção 11.3Bc) e seu componente glicolipidíco, **lipídeo A**, da camada citoplasmática da membrana para a camada periplásmica; isto é, MbsA é uma flipase (Seção 12.4Aa). As estruturas por raios X da

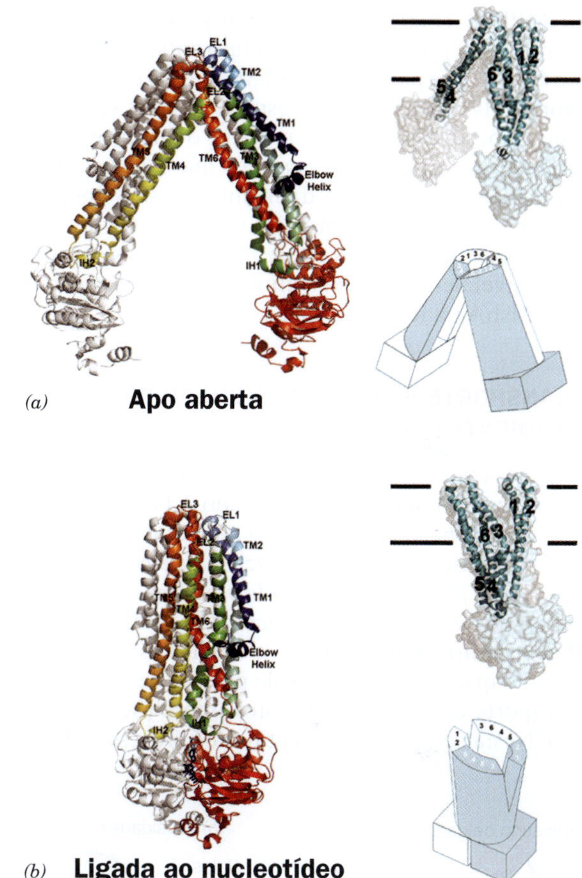

FIGURA 20.26 Estruturas por raios X do transportador ABC MbsA. *(a)* MsbA de *E. coli* na ausência do nucleotídeo (Apo Aberta). *(b)* MsbA de *S. typhimurium* em complexo com AMPPNP (Ligada ao Nucleotídeo). As estruturas, à esquerda, estão desenhadas na forma de fita e vistas ao longo do plano da membrana, tendo na parte superior o espaço periplásmico. Uma subunidade de cada homodímero está colorida de acordo com as cores do arco-íris a partir da extremidade N-terminal (*azul*) para a extremidade C-terminal (*vermelho*) e, a outra subunidade está em cinza.O AMPPNP na Parte *b* está desenhado na forma de bastão e em azul. As hélices transmembrana (TM1-6), as alças extracelulares (EL1-3) e as hélices intracelulares (IH1-2) estão indicadas. Na parte superior direita, as estruturas estão desenhadas como diagramas de superfície semitransparente sendo uma subunidade em ciano e a outra em cinza, mostrando ainda as hélices transmembrana (1-6) da subunidade ciano inseridas. As linhas horizontais delimitam a bicamada lipídica. Na parte inferior direita, as estruturas estão representadas por diagramas esquemáticos com uma subunidade em ciano e a outra em branco com as indicações das posições das hélices transmembrana. (Modificado a partir de desenhos feitos por Geoffrey Chang, The Scripps Research Institute, La Jolla, California, EUA. PDbids 3B5W e 3B60.)

Msb, determinadas por Geoffrey Chang, revelam que suas duas subunidades com 582 resíduos estão extensamente entrelaçadas (Fig. 20.26). Na estrutura sem nucleotídeo (apo) (Fig. 20.26*a*) cada subunidade compromete quatro de suas seis hélices transmembrana (TM1–3 e 6) a uma perna do homodímero em forma de Λ e duas (TM4–5) para a outra perna. Os domínios de ligação a nucleotídeos (DLNs; porções globulares na extremidade de cada braço) estão separados por uma distância de ~50 Å. No entanto, no seu complexo com AMPPNP (Fig. 20.26*b*), as duas pernas do Λ oscilam juntas por ~60° promovendo o contato entre os DLNs, com TM3 e 6 oscilando para longe da TM1–2 para entrar em contato com TM4–5. Isto abre um espaço entre as subunidades na camada periplásmica da membrana, o que provavelmente permite que um lipopolissacarídeo que tenha se ligado à MsbA na camada citosólica da membrana seja liberado na camada periplásmica. O transporte unidirecional de substrato pode ser facilitado pelos diferentes tamanhos das aberturas, e possivelmente, por uma afinidade reduzida pelo substrato da MsbA na forma ligada ao ATP.

4 TRANSPORTE ATIVO IMPULSIONADO POR GRADIENTE IÔNICO

Os sistemas como a $(Na^+–K^+)$–ATPase discutidos anteriormente utilizam a energia da hidrólise do ATP para gerar gradientes de potencial eletroquímico através das membranas. Reciprocamente, *a energia armazenada em um gradiente eletroquímico pode ser aproveitada para impulsionar vários processos fisiológicos endergônicos.* De fato, a síntese de ATP pelas mitocôndrias e pelos cloroplastos é impulsionada pela dissipação do gradiente de prótons gerado por meio do transporte de elétrons e da fotossíntese (Seções 22.3C e 24.2D). Nesta seção, serão discutidos os processos de transporte ativo que são impelidos pela dissipação dos gradientes de íons. Serão considerados três exemplos: a captação intestinal de glicose pelo **simporte Na^+–glicose**, a captação de lactose pela **lactose-permease** de *E.coli* e o **transportador ATP–ADP** mitocondrial.

A. Simporte Na^+–glicose

A glicose derivada da alimentação é concentrada ativamente nas **células com borda em escova** do epitélio intestinal por um simporte dependente de Na^+ (Fig. 20.27). O açúcar é transportado dessas células para o sistema circulatório via GLUT2 (Seção 20.2Eb) por meio de difusão facilitada por um uniporte localizado no lado capilar da célula. Note que, *embora a fonte imediata de energia para o transporte da glicose no intestino seja o gradiente de Na^+, é a energia de hidrólise do ATP que impulsiona efetivamente o processo por meio da manutenção do gradiente de Na^+ pela $(Na^+–K^+)$–ATPase.* Todavia, uma vez que a glicose aumenta a reabsorção de Na^+, que por sua vez aumenta osmoticamente a reabsorção de água, a glicose deve ser administrada (possivelmente como sacarose), juntamente com sal e água, a indivíduos com perda grave desses compostos devido à diarreia (beber somente água ou uma solução salina não surtem efeito já que são rapidamente excretados pelo trato intestinal). Estima-se que a introdução desse tratamento simples e barato, chamado **terapia de reidratação oral**, reduziu o número anual de mortes por diarreia severa de 4,6 para 1,6 milhão, principalmente em crianças de países menos desenvolvidos.

a. Transportadores ativos e passivos de glicose apresentam diferentes suscetibilidades a fármacos

Os dois sistemas de transporte de glicose são inibidos por diferentes fármacos:

1. A **florizina** inibe o transporte dependente de Na^+.

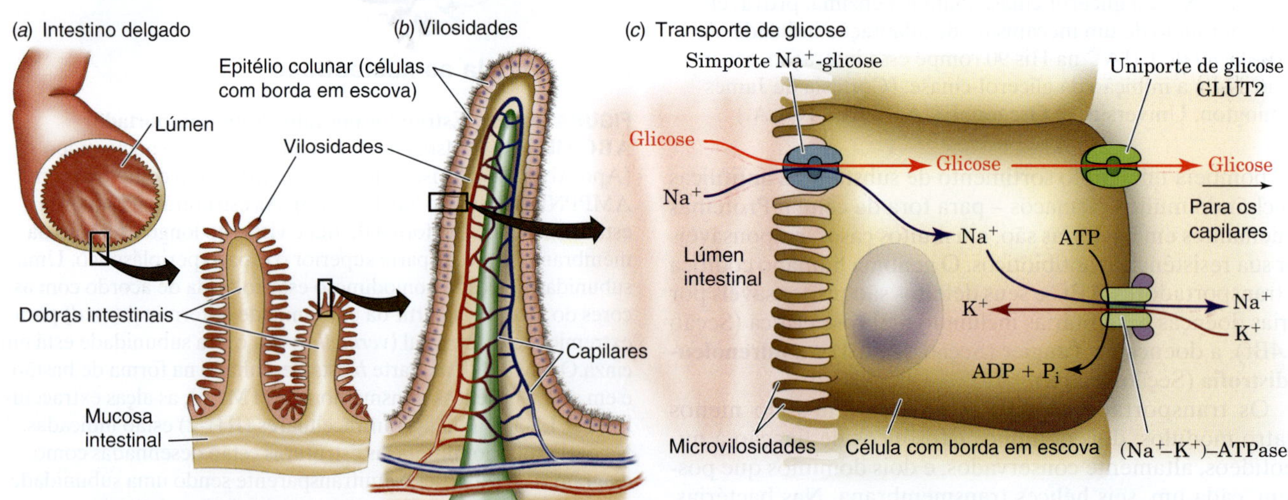

FIGURA 20.27 Transporte de glicose no epitélio intestinal. As vilosidades do intestino delgado com borda em escova aumentam muito sua superfície (*a*), facilitando a absorção dos nutrientes. As células com borda em escova a partir das quais são formadas as vilosidades (*b*) concentram glicose ativamente a partir da luz intestinal em simporte com Na^+ (*c*), em um processo impulsionado pela $(Na^+–K^+)$–ATPase, que está localizada no lado da célula em contato com os capilares e funciona para manter baixa a concentração interna de Na^+. A glicose é exportada para a corrente sanguínea via GLUT2, um sistema uniporte separado passivo mediado (Seção 20.2Eb).

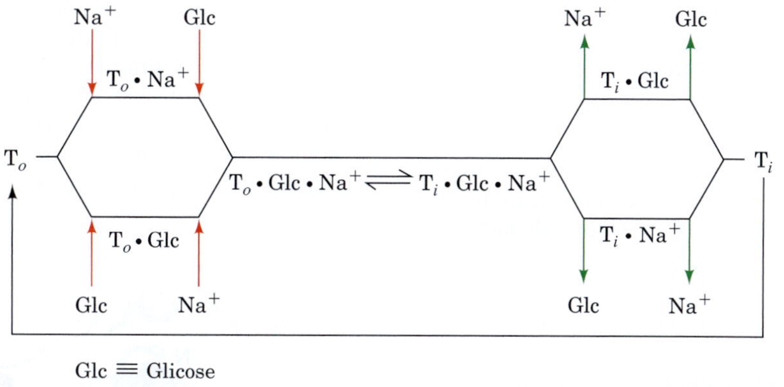

Na^+ Glc $T_o \cdot Na^+$ $T_i \cdot Glc$ Glc Na^+

T_o $T_o \cdot Glc \cdot Na^+ \rightleftharpoons T_i \cdot Glc \cdot Na^+$ T_i

$T_o \cdot Glc$ $T_i \cdot Na^+$

Glc Na^+ Glc Na^+

Glc ≡ Glicose

FIGURA 20.28 O sistema simporte Na^+–glicose representado como um mecanismo cinético Bi Bi aleatório. A ligação do Na^+ aumenta a afinidade do transportador com a glicose a ponto de favorecer bastante a rota superior. T_e e T_i representam, respectivamente, a proteína transportadora com seu sítio de ligação exposto para as superfícies externa e interna da membrana. (Conforme Crane, R.K., e Dorando, F.C., *in* Martonosi, A.N. (Ed.), *Membranes and Transport,* Vol. 2, *p.* 154, Plenum Press [1982].)

2. A **citocalasina B** inibe o transporte independente de Na^+.

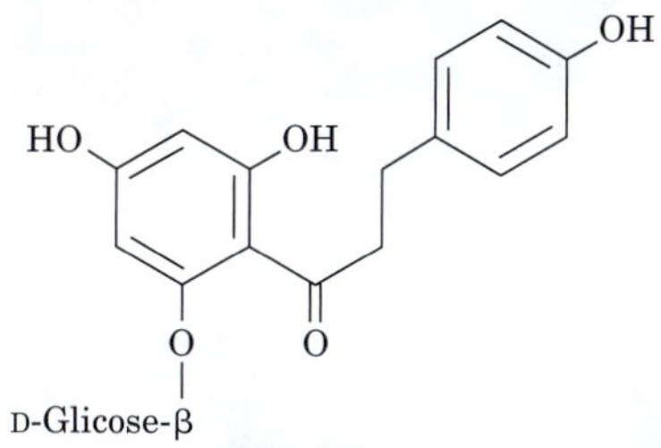

HO OH OH O O D-Glicose-β

Florizina

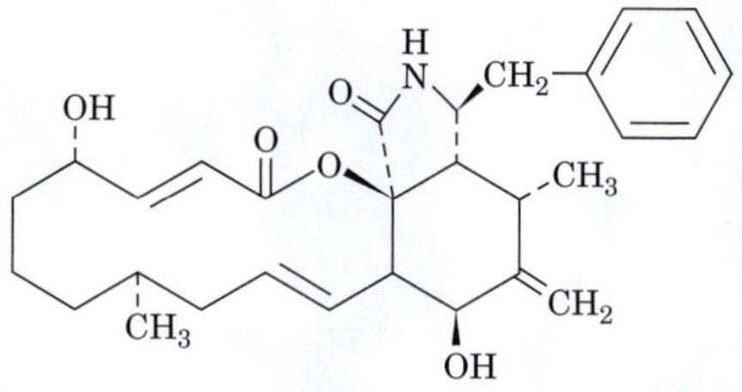

OH O O H N CH_2 CH_3 CH_2 CH_3 OH

Citocalasina B

A florizina liga-se somente à superfície externa do transportador de glicose dependente de Na^+, enquanto a citocalasina B se liga à superfície citoplasmática do transportador de glicose independente de Na^+. Isso também indica que essas proteínas estão inseridas na membrana de forma assimétrica. O uso desses inibidores permite que as atividades dos dois transportadores sejam estudadas separadamente em células intactas.

Os estudos cinéticos indicam que o simporte Na^+–glicose se liga aos seus substratos, glicose e Na^+, de forma aleatória (Fig. 20.28), embora a ligação do Na^+ aumente a afinidade do transportador pela glicose de modo que a via acima é altamente favorecida. Contudo, somente quando os dois substratos estão ligados, a proteína muda sua conformação e expõe os sítios de ligação para o interior da célula. Essa exigência de transporte concomitante de glicose e Na^+ previne o desperdício na dissipação do gradiente de Na^+.

B. *Lactose-permease*

As bactérias gram-negativas, como a *E. coli,* possuem vários sistemas de transporte ativo para concentrar açúcares. Já discutiu-se o sistema da fosfotransferase. Outro sistema muito estudado é o da **lactose-permease** (conhecido também como **galactosídeo-permease**), *que utiliza o gradiente de prótons através da membrana da bactéria para cotransportar H^+ e lactose* (Fig. 20.29). O gradiente de prótons é gerado pelo metabolismo oxidativo de forma semelhante ao que ocorre na mitocôndria (Seção 22.3B). O gradiente de potencial eletroquímico criado pelos dois sistemas é utilizado sobretudo na síntese de ATP.

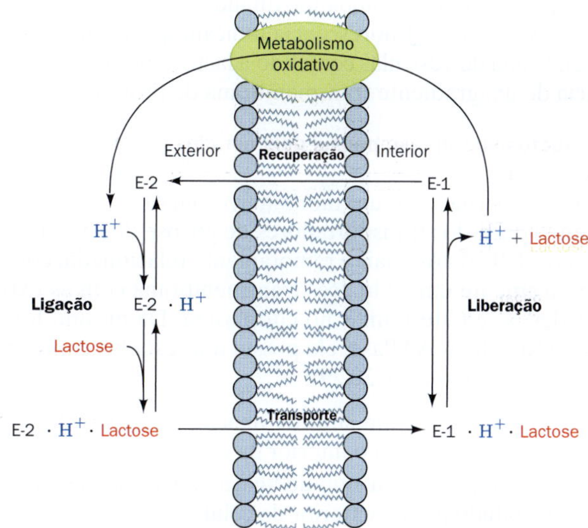

FIGURA 20.29 Mecanismo cinético da lactose-permease em *E. coli.* O H^+ liga-se à E-2 no exterior da célula, seguido pela lactose. Eles são liberados de E-1 ao acaso no interior da célula. E-2 deve ligar-se à lactose e ao H^+ simultaneamente para que a conformação de E-1 seja alterada e, com isso, ocorra o co-transporte dessas substâncias para o interior da célula. E-1 altera sua conformação para E-2 quando não está ligada à lactose nem ao H^+, completando o ciclo de transporte.

Como se sabe que o transporte de lactose exige a presença de um gradiente de prótons? Ronald Kaback estabeleceu essa exigência com base nas seguintes observações:

1. A velocidade de transporte é aumentada enormemente pela adição de D-lactose, uma fonte de energia para a geração do gradiente de prótons transmembrana. Reciprocamente, inibidores do metabolismo oxidativo, como o cianeto, bloqueiam a formação do gradiente e o transporte de lactose.
2. O 2,4-dinitrofenol, um ionóforo de prótons que dissipa os gradientes transmembrana de prótons (Seção 22.3D), inibe o transporte de lactose tanto em bactérias íntegras como em vesículas membranares.
3. A fluorescência do **dansilaminoetiltiogalactosídeo**,

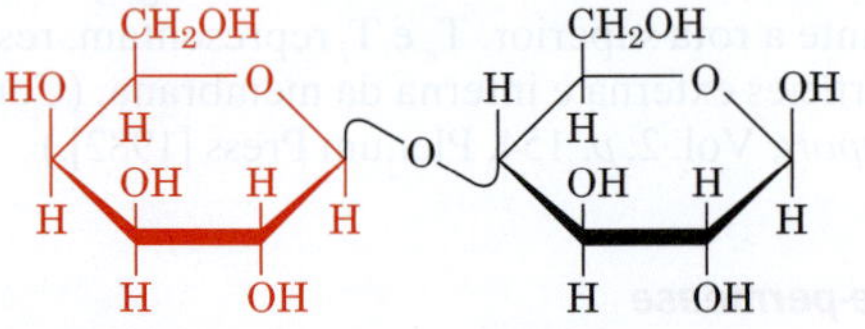

Lactose

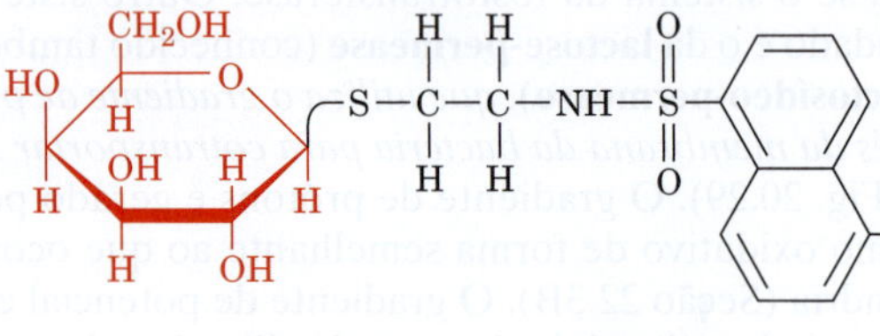

Dansilaminoetiltiogalactosídeo

um inibidor competitivo do transporte de lactose, é sensível à polaridade do meio, mudando quando se liga à lactose-permease. Medidas de fluorescência indicam que ele não se liga à membrana de vesículas contendo a lactose-permease na ausência de um gradiente transmembrana de prótons.

a. A lactose-permease possui dois estados conformacionais principais

A lactose-permease é um monômero com 417 resíduos que, à semelhança dos transportadores de glicose dos mamíferos (Seção 20.2Eb) aos quais é remotamente relacionada, consiste basicamente em 12 hélices transmembrana com as extremidades N- e C-terminais no citoplasma. Da mesma forma que a $(Na^+–K^+)$–ATPase, ela possui dois estados conformacionais principais (Fig. 20.29):

1. E-1, que possui um sítio de ligação à lactose, de baixa afinidade, voltado para o interior da célula.
2. E-2, que possui um sítio de ligação à lactose, de alta afinidade, voltado para o exterior da célula.

E-1 e E-2 podem ser interconvertidos somente quando seus sítios para H^+ e para lactose estiverem ambos ocupados ou ambos vazios. Isso impede não somente a dissipação do gradiente de H^+ sem o cotransporte da lactose, mas também o transporte de lactose para fora da célula sem o cotransporte de H^+ contra seu gradiente de concentração.

A estrutura por raios X da lactose permease em complexo com um análogo de lactose firmemente ligado, determinada por Kaback e So Iwata, revela que esta proteína consiste em dois domínios relacionados com estrutura semelhante e uma pseudossimetria de ordem 2 contendo, cada um, seis hélices transmembrana (Fig. 20.30*a*). Uma grande cavidade interna hidrofílica se abre para o lado citoplasmático da membrana (Fig. 20.30*b*) de forma que a estrutura representa o estado E-1 da proteína. O análogo da lactose está ligado na cavidade em uma posição aproximadamente equidistante de

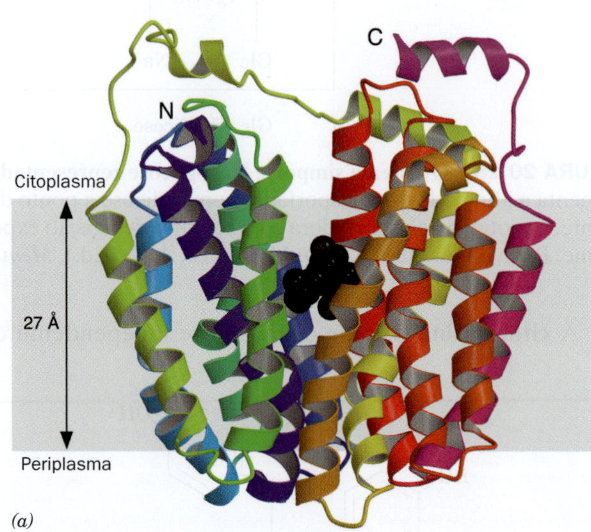

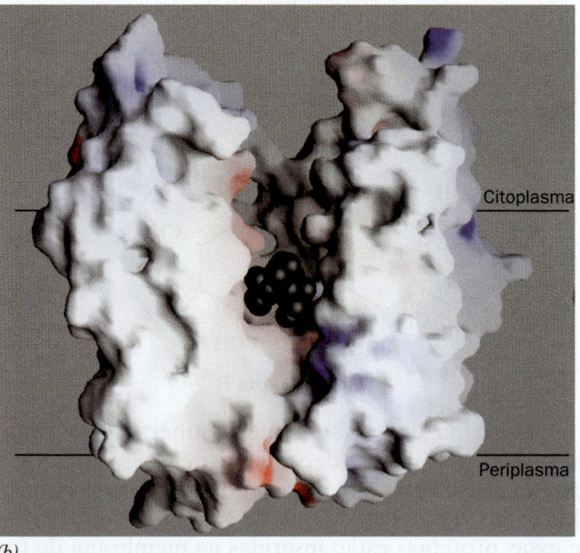

FIGURA 20.30 Estrutura por raios X da permease da lactose de *E. coli*. *(a)* Diagrama de fita com vista a partir da membrana tendo acima a face citoplasmática. As 12 hélices transmembrana da proteína estão coloridas de acordo com as cores do arco-íris sendo a extremidade N-terminal em púrpura e a C-terminal em cor-de-rosa. O análogo de lactose ligado está representado por esferas negras. *(b)* Modelo de superfície molecular visto como na Parte *a* mas com a remoção das hélices mais próximas do observador para mostrar a cavidade de ligação à lactose. A superfície está colorida de acordo com seu potencial eletrostático sendo, em azul, as áreas carregadas positivamente, em vermelho as carregadas negativamente e, em branco, as áreas neutras. (Cortesia de H. Ronald Kaback, UCLA, EUA. PDBid 1PV7.)

ambos os lados da membrana, consistente com o modelo que mostra que o sítio de ligação à lactose é acessível alternadamente de cada lado da membrana (p. ex., Fig. 20.10). Os resíduos de Arg, His, e Glu que foram implicados, por estudos mutacionais, no translado de prótons estão localizados nas vizinhanças do sítio de ligação à lactose.

C. *Transportador ATP–ADP*

O ATP gerado na matriz mitocondrial (compartimento interno da organela; Seção 1.2A) pela fosforilação oxidativa (Seção 22.3C) é utilizado, no citosol, em processos endergônicos como biossíntese, transporte ativo e contração muscular. A membrana mitocondrial interna possui uma proteína transmembrana que exporta ATP para fora da matriz e importa o ADP produzido no citosol pela hidrólise do ATP. Esse antiporte, o **transportador ATP–ADP** (também chamado de **carreador ADP/ATP**), é eletrogênico, uma vez que troca ADP^{3-} por ATP^{4-}. É o membro mais abundante da **família de carreadores mitocondriais** de proteínas que transportam uma grande variedade de metabólitos através da membrana mitocondrial interna; constitui ~10% das proteínas de membrana da mitocôndria.

Vários produtos naturais inibem o transportador ATP–ADP. O **atractilosídeo** (um veneno produzido pelo cardo do Mediterrâneo *Atractylis gummifera* que era conhecido pelos antigos egípcios) e seu derivado **carboxiatractilosídeo (CATR)** inibem o processo somente a partir da superfície externa da membrana mitocondrial interna; o **ácido bongcréquico** (um produto da bactéria *Pseudomonas cocovenenans*) exerce seus efeitos somente na superfície interna.

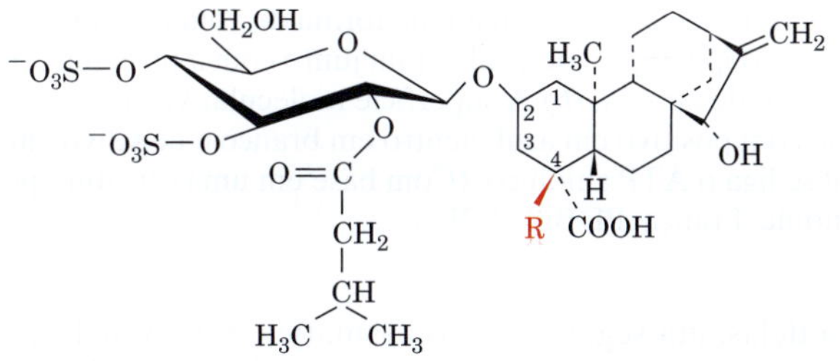

R = H **Atractilosídeo**
R = COOH **Carboxiatractilosídeo**

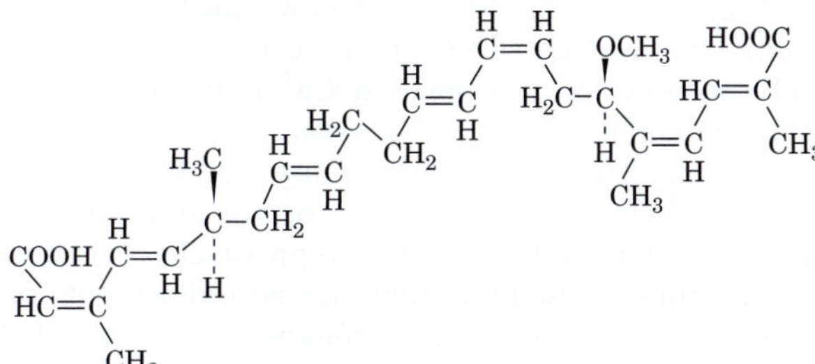

Ácido bongcréquico

Esses inibidores, com atividades diferentes, têm sido utilizados como ferramentas valiosas no isolamento do transladador ATP–ADP e na elucidação de seus mecanismos de ação. Por exemplo, o transladador foi purificado por cromatografia de afinidade (Seção 6.3C) usando derivados do atractilosídeo como ligantes. A ligação ao atractilosídeo é também um meio conveniente de identificação do transportador.

O transportador ATP–ADP, um dímero de subunidades idênticas de 300 resíduos, possui características semelhantes às de outras proteínas de transporte. Possui um sítio de ligação pelo qual ATP e ADP competem. Possui duas conformações principais, uma com o sítio de ligação a ATP–ADP voltado para a matriz da mitocôndria e outra com esse sítio voltado para fora da organela. Em sua estrutura por raios X em complexo com CATR (Fig. 20.31), determinada por Eva Pebay-Peyroula, cada uma das seis subunidades das hélices transmembrana circundam uma cavidade profunda e em forma de cone aberta para a matriz que é ocupada pela CATR. O transportador é um antiporte porque deve estar com seu ligante no sítio de ligação para alterar seu estado conformacional a uma velocidade fisiologicamente razoável.

O transportador ATP–ADP não constitui um sistema de transporte ativo propriamente dito. No entanto, a exportação eletrogênica de uma carga negativa por ciclo de transporte, na direção da exportação de ATP e de importação de ADP, é impelida pela diferença de potencial, $\Delta\Psi$, através da membrana mitocondrial interna (positiva do lado de fora). Isso resulta na formação de gradientes de ATP e ADP através da membrana.

5 NEUROTRANSMISSÃO

Nos animais superiores, as comunicações intercelulares mais rápidas e complexas são mediadas por impulsos nervosos. O neurônio (célula nervosa; p. ex., Fig. 1.10*d*) transmite eletricamente os sinais ao longo de seu extenso prolongamento (seu **axônio**, que chega a atingir o comprimento de mais de 1 m nos animais maiores) como uma onda de correntes iônicas. A transmissão dos sinais entre os neurônios, bem como entre neurônios e músculos ou glândulas, em geral é mediada quimicamente por neurotransmissores. Nesta seção, serão discutidos os aspectos elétricos e químicos da transmissão do impulso nervoso.

A. *Canais iônicos dependentes de voltagem*

Os gradientes iônicos através das membranas celulares, conforme visto, são gerados por bombas específicas dependentes de energia (Seção 20.3). Esses gradientes são, por sua vez, descarregados através de canais iônicos, como os canais de K^+ (Seção 20.2F). Contudo, as bombas não podem suportar o fluxo massivo de íons passando através dos canais. Por isso, esses canais estão normalmente fechados e abrem-se apenas de forma transitória para realizar algumas tarefas específicas. Os processos de abertura e fechamento dos canais iônicos ocorrem em resposta a uma variedade de estímulos:

1. **Canais controlados por ligante** abrem-se em resposta a estímulos extracelulares. Por exemplo, o canal de K^+ KcsA (Seção 20.2F) abre-se quando o pH extracelular está abaixo de 4 (a estrutura por raios X mostrada na Fig. 20.12 é a de sua conformação fechada), enquanto nas células nervosas a abertura desses canais se dá por ligação de neurotransmissores extracelulares específicos (Seção 20.5C).

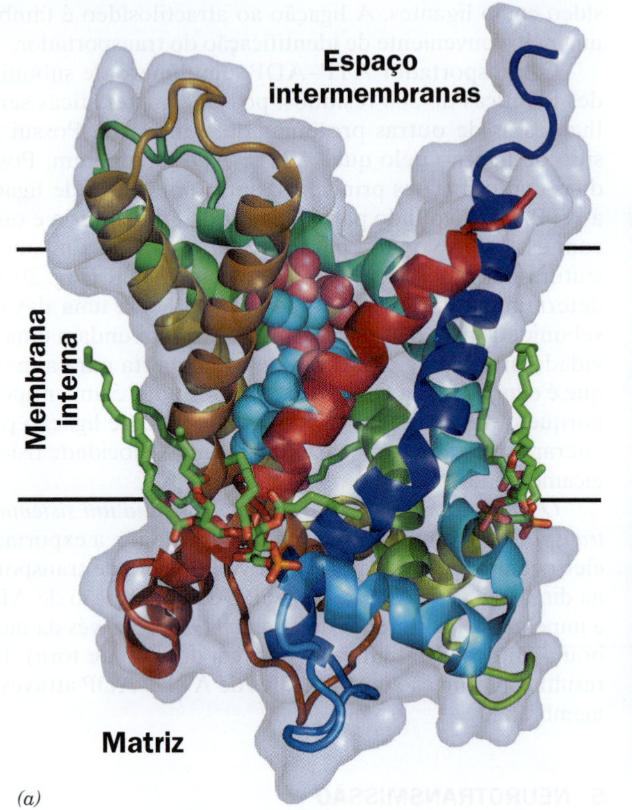

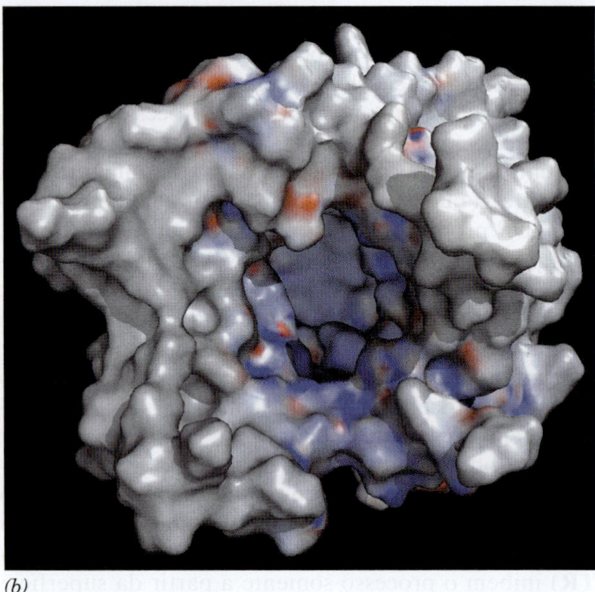

FIGURA 20.31 **Estrutura por raios X do translocador ATP-ADP de coração bovino em complexo com carboxiatractilosídeo.** *(a)* Uma subunidade da proteína homodimérica é vista a partir do plano da membrana interna tendo acima o espaço intermembranas, e está desenhada na forma de fita colorida com as cores do arco-íris, sendo a extremidade N-terminal azul e a C-terminal vermelha, e inserida no seu diagrama de superfície semitransparente. O carboxiatractilosídeo está desenhado na forma de volume atômico com C em ciano, O em vermelho e S em amarelo. As três moléculas de cardiolipina que cocristalizaram junto com a proteína estão desenhadas em forma de bastão com C em verde, O em vermelho e P em cor de laranja. *(b)* A superfície molecular vista a partir do espaço intermembranas e colorida de acordo com sua carga de superfície com positivo em azul, neutro em branco e negativo em vermelho. Observe a cavidade profunda carregada positivamente à qual se liga o ATP aniônico. (Com base em uma estrutura por raios X obtida por Eva Pebay-Peyroula, Université Joseph Fourier, Grnoble, França. PDBid 2C3E.)

2. **Canais controlados por sinal** abrem-se em resposta à ligação intracelular de um segundo mensageiro, como o íon Ca^{2+} ou a subunidade $G_{\beta\gamma}$ da proteína G heterotrimérica (Seção 19.2C).

3. **Canais mecanossensíveis** se abrem sob a influência de estiramento, pressão ou deslocamento. Nas bactérias, eles parecem funcionar como válvulas de segurança para aliviar a pressão osmótica interna alta que poderia romper a parede celular, enquanto nos animais eles são importantes em funções sensoriais como toque e audição.

4. **Canais dependentes de voltagem** abrem-se em resposta a uma alteração no potencial de membrana. Os organismos multicelulares possuem inúmeras variedades desse tipo de canal. Por exemplo, os impulsos nervosos são gerados a partir da abertura sequencial de canais dependentes de voltagem ao longo do comprimento da célula nervosa (Seção 20.5Ba).

a. O controle por voltagem nos canais Kv é desencadeado pelo movimento de uma hélice proteica carregada positivamente

Todos os canais de K^+ dependentes de voltagem são homotetrâmeros transmembrana cujas subunidades possuem, cada uma delas, um segmento citoplasmático N-terminal de 220 resíduos, um segmento transmembrana de 250 resíduos consistindo em seis hélices, S1 a S6, e um segmento citoplasmático C-terminal de 150 resíduos (Fig. 20.32). As hélices S5 e S6, são homólogas às hélices internas e externas do canal KcsA (Fig. 20.12*a*), com sua alça P interveniente possuindo a sequência de assinatura TVGYG dos canais de K^+.

Os **canais de Na^+** e os **canais de Ca^{2+}** dependentes de voltagem são monômeros de ~2.000 resíduos que consistem em quatro domínios consecutivos homólogos ao domínio transmembrana do canal de K^+, separados por alças citosólicas normalmente longas. Esses domínios provavelmente adotam uma conformação pseudotetramérica ao redor de um poro central que é semelhante à das subunidades dos canais de K^+ dependentes de voltagem. Essa homologia estrutural sugere que os canais iônicos dependentes de voltagem compartilham uma arquitetura comum, na qual as diferenças de seletividade iônica são resultado de variações estereoquímicas precisas dentro do poro central. Contudo, fora do seu núcleo transmembrana conservado, esses canais são altamente divergentes. Por exemplo, os canais de K^+ dependentes de voltagem,

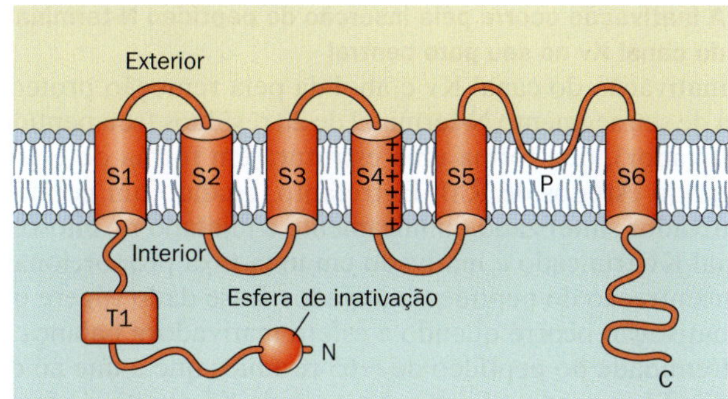

FIGURA 20.32 **Estrutura secundária e orientação na membrana do canal de K^+ dependente de voltagem.**

que são conhecidos como **canais Kv**, possuem um domínio conservado, com ~100 resíduos, chamado domínio T1 (Fig. 20.32), que precede o domínio transmembrana e que não está presente em outros tipos de canais iônicos dependentes de voltagem. O domínio T1 confere especificidade na oligomerização das subunidades: ele impede que as subunidades Kv de subfamílias diferentes se organizem no mesmo tetrâmero.

Qual é a natureza da maquinaria de regulação nos canais iônicos dependentes de voltagem? A estrutura por raios X do canal Kv de cérebro de rato denominado **Kv1.2** na sua forma aberta, determinada por MacKinnon (Fig. 20.23), revela que suas hélices de S1 a S4 formam domínios semelhantes a remos separados que se estendem radialmente para fora das hélices formadoras do canal S5 e S6. As hélices S4, de ~19 resíduos contêm cinco resíduos positivamente carregados (quatro Arg e um Lys) espaçados por ~3 resíduos, atuam como sensores de voltagem. Isso foi mostrado pela ligação covalente a qualquer um dos vários resíduos de S4 de um corante cujo espectro de fluorescência varia com a polaridade do meio. As medidas de fluorescência desses canais iônicos marcados revelaram que, quando o potencial de membrana diminui (o citosol torna-se mais negativo, o que causa o fechamento do canal), um segmento de pelo menos 7 resíduos na extremidade N-terminal de S4 desloca-se de uma posição próxima do meio extracelular para o centro da membrana. Esse movimento sugere que os cinco resíduos positivamente carregados da hélice S4 são puxados para o citosol (parte inferior na Fig. 20.34*a,b*) por uma distância de 15 Å, empurrando para baixo a hélice conectora S4-S5, a qual por sua vez empurra para baixo a hélice S6, unindo desta forma as extremidades das hélices S6 de modo a fechar a entrada citosólica do canal de K^+ (Fig. 20.34*c,d*).

b. O canal Kv têm dois portões

Medidas eletrofisiológicas indicam que o canal Kv se fecha de forma espontânea (sem mudança adicional no potencial de membrana) poucos milissegundos após se abrir, um processo denominado **inativação**, e abre-se novamente somente depois que a membrana foi repolarizada (recuperou seu potencial de repouso). É evidente que *o canal Kv possui dois portões sensíveis à voltagem, um que abre o canal com o aumento do potencial de membrana e um que o fecha pouco depois,* um fenômeno que tem consequências importantes na transmissão do impulso nervoso (Seção 20.5B). De fato, se forem bloqueadas as correntes de íons K^+ através da membrana pela obstrução dos canais Kv, a partir de sua face citosólica, por altas concentrações de íons Cs^+ ou de tetrametilamônio (que são grandes demais para passar pelo

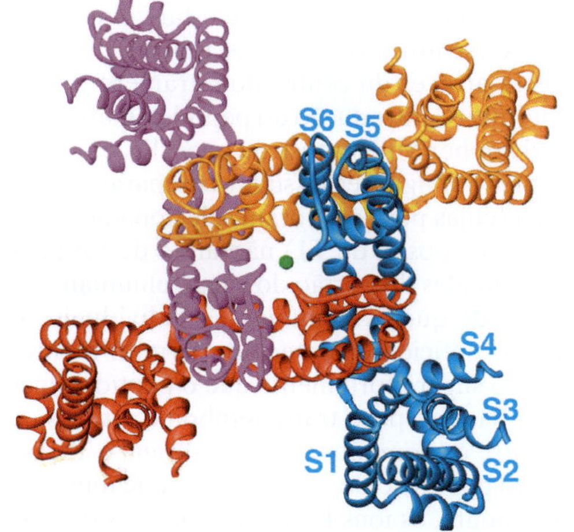

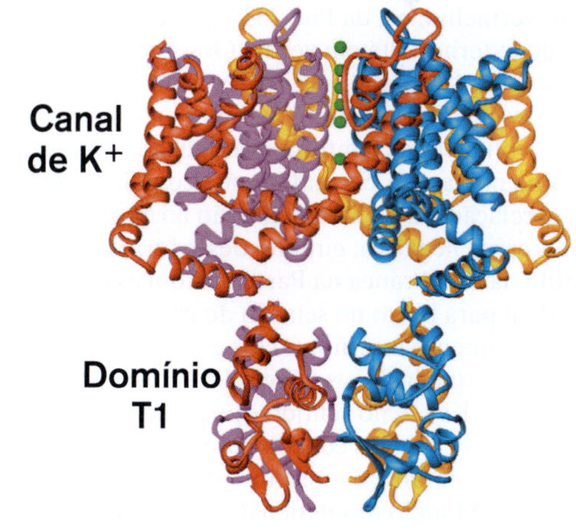

FIGURA 20.33 **Estrutura por raios X do canal de K^+ Kv1.2 controlado por voltagem.** *(a)* Vista ao longo do eixo de simetria de ordem 4 da proteína tetramérica a partir da face extracelular da membrana na qual está inserido. As quatro subunidades idênticas estão em cores diferentes e o domínio T1 foi omitido para maior clareza. A aparência fragmentada das cadeias polipeptídicas é devido à alta mobilidade dos segmentos que estão faltando. As hélices S5 e S6 com suas alças P intervenientes formam o poro para a passagem dos íons K^+ (representados por esferas verdes). As hélices de S1 a S4 formam um domínio transmembrana sensor de voltagem separado que se associa com as hélices S5 e S6 da subunidade adjacente no sentido horário. *(b)* Vista perpendicular em relação à da Parte *a* tendo na parte superior a face extracelular da membrana. O poro e os domínios sensores de voltagem abrangem uma distância de 30 Å, que corresponde à espessura do núcleo hidrofóbico da membrana. O domínio T1, que ocupa o citoplasma, forma o vestíbulo do canal. As quatro amplas aberturas entre o domínio T1 e o canal são os portais através dos quais os íons K^+ entram no canal. (Com base em uma estrutura por raios X obtida por Roderick MacKinnon, Rockefeller University, EUA. PDBid 2A79.)

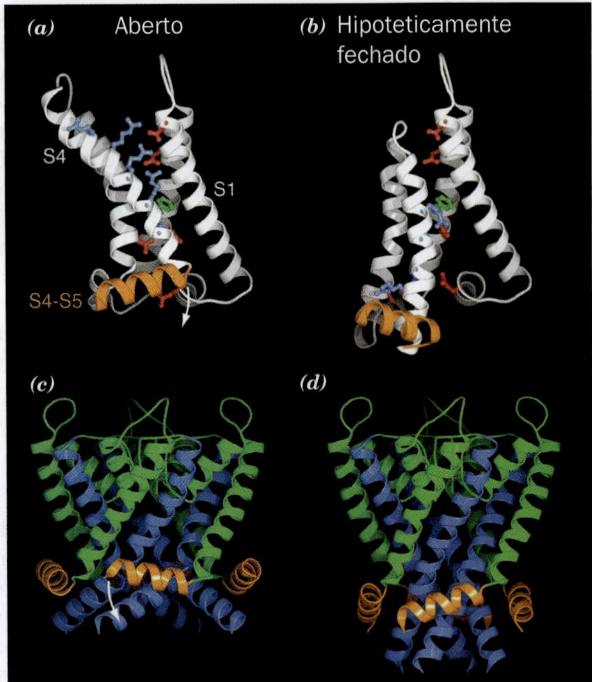

FIGURA 20.34 Mecanismo proposto de controle da abertura do canal de K^+ Kv1.2 controlado por voltagem. *(a)* O domínio sensor de voltagem na estrutura por raios X do Kv1.2 na sua conformação aberta visto a partir do poro paralelo ao plano da membrana tendo na parte superior a solução extracelular. A cadeia polipeptídica está desenhada em forma de fita com as hélices de S1 a S4 em branco e a hélice que conecta S4 a S5 em cor de laranja. As cadeias laterais estão mostradas na forma de esferas e bastões nas quais as dos resíduos de Arg e Lys da S4, as chamadas cargas do portão, estão em ciano, as dos resíduos de Asp e Glu nos chamados agrupamentos externo e interno estão em vermelho, e a da Phe 233, que separa o agrupamento interno do externo, está em verde. Observe que as cargas do portão se estendem para cima e para dentro da solução extracelular e se associam com o agrupamento externo. *(b)* O domínio sensor de voltagem na conformação fechada hipotética é mostrado como na Parte *a*. S4 juntamente com S3 foi movida para baixo em relação a S1 e S2 em direção ao citosol que agora está com mais carga negativa, girando desta forma a hélice S4-S5 no sentido da seta branca na Parte *a*. Aqui as cargas do portão se estendem para baixo no sentido do citoplasma e se associam com o agrupamento interno. *(c)* Os conectores S4-S6 e o conjunto do poro, que inclui as hélices S5 e S6 é vista, na estrutura por raios X do Kv1.2, no sentido oposto ao da Parte *a*. As hélices S6 estão em azul, os conectores S4-S5 que contatam a S6 estão em cor de laranja e o restante do conjunto do poro está em verde. *(d)* Modelo hipotético do conector S4-S5 na conformação fechada, apresentado como na Parte *c* com a estrutura do conjunto do poro para o K^+ baseada na estrutura por raios X do canal KscA (Fig. 20.12*a*). (Cortesia de Roderick MacKinnon, Rockefeller University, EUA. PDBid 2R9R.)

poro do canal de K^+, mas aparentemente ficam presos dentro dele), podem ser detectadas diminutas "correntes intrínsecas do portão", que se originam dos movimentos de abertura e fechamento desses portões carregados positivamente (a corrente elétrica é o movimento de carga).

c. A inativação ocorre pela inserção do peptídeo N-terminal do canal Kv no seu poro central

A inativação do canal Kv é abolida pela remoção proteolítica de seu segmento N-terminal de 20 resíduos (seu peptídeo inativador), que forma uma estrutura em forma de esfera, segundo estudos de RM. Entretanto, quando um peptídeo inativador sintetizado quimicamente é injetado no citosol, o canal Kv truncado é inativado em uma taxa proporcional à concentração do peptídeo inativador. Esse dado sugere que a inativação ocorre quando a esfera inativadora balança na extremidade do peptídeo de ~65 resíduos que a une ao domínio T1, fazendo-a ligar-se ao poro de K^+ aberto de forma a bloquear fisicamente a passagem dos íons K^+, mecanismo conhecido por esfera e cadeia. De fato, o tempo que o canal permanece aberto varia com o comprimento dessa "cadeia", o que foi ajustado por meio de mutações.

Onde se localiza o sítio de ligação do peptídeo inativador? Uma análise mutacional, realizada por MacKinnon, revelou que os resíduos hidrofóbicos que revestem o poro interno e a cavidade central do canal Kv formam o sítio receptor para o peptídeo inativador. Uma vez que a entrada citosólica – com diâmetro de ~6 Å – para o poro interno é muito estreita para que a esfera passe, o peptídeo deve se desdobrar para que isso aconteça. Os primeiros 10 resíduos são predominantemente hidrofóbicos, enquanto os 10 seguintes são hidrofílicos e possuem vários resíduos básicos. Parece, portanto, que a inativação ocorre pela ligação da porção N-terminal do peptídeo totalmente estendido ao interior do poro por interações hidrofóbicas, sendo essa associação incrementada pela ligação dos resíduos básicos do segmento C-terminal esférico do peptídeo aos resíduos ácidos que revestem a entrada do poro. Assim, o peptídeo inativador atua mais como uma serpente do que como uma esfera e cadeia.

De que forma o peptídeo inativador entra em contato com o poro interno, que parece estar coberto pelo tetrâmero T1? A estrutura por raios X mostra (Fig. 20.33*b*) que a passagem através do centro do tetrâmero é estreita demais para permitir a introdução do peptídeo inativador. Além disso, Christopher Miller mostrou que a ligação de domínios T1 adjacentes por ligações dissulfeto preparadas por engenharia genética (cujas posições foram selecionadas com base na estrutura por raios X de T1) não afeta de forma significativa as propriedades do portão do canal, eliminando assim a possibilidade de que os domínios T1 individuais no tetrâmero se afastem suficientemente para permitir a entrada do peptídeo. Isso sugere fortemente que o peptídeo inativador tem acesso à base do poro transmembrana através de janelas laterais entre os domínios transmembrana e T1, ladeadas pelo segmento peptídico de ~35 resíduos que une esses domínios. Supostamente, os íons K^+ passam através dessas mesmas janelas quando o canal Kv está aberto.

Um canal Kv modificado de maneira que somente uma das quatro subunidades possui peptídeo de inativação ainda é inativado, porém a uma taxa que é um quarto da normal. Aparentemente, qualquer um dos quatro peptídeos de inativação do canal de Kv normal pode bloquear o canal, sendo simplesmente aleatório qual deles o faz. Os canais de Na^+ dependentes de voltagem, ao contrário, possuem apenas um peptídeo de inativação, localizado no segmento que une os domínios terceiro e quarto transmembrana homólogos do canal de Na^+. Consequentemente, a remoção, por engenha-

TABELA 20.3 Concentrações iônicas e coeficientes de permeabilidade da membrana em mamíferos

Íon	Célula (m*M*)	Sangue (m*M*)	Coeficiente de permeabilidade ($cm \cdot s^{-1}$)
K^+	139	4	5×10^{-7}
Na^+	12	145	5×10^{-9}
Cl^-	4	116	1×10^{-8}
X^-*	138	9	0

*X^- representa as macromoléculas que estão carregadas negativamente em condições fisiológicas.

Fonte: Darnell, J., Lodish, H., and Baltimore, D., *Molecular Cell Biology*, p. 618 e 725, Scientific American Books (1986).

ria genética, da cadeia do peptídeo nessa região anula a inativação do canal.

B. *Potenciais de ação*

Os neurônios, assim como outras células, geram gradientes iônicos através de sua membrana plasmática pela ação de bombas iônicas específicas. Uma (Na^+-K^+)-ATPase em especial (Seção 20.3A), bombeia K^+ para dentro e Na^+ para fora do neurônio para manter as concentrações intra e extracelulares em valores semelhantes àqueles constantes da Tabela 20.3. O potencial de membrana resultante, $\Delta\Psi$, através da membrana celular é descrito pela **equação de Goldman**, uma extensão da Equação [20.3], que leva em consideração explicitamente as diferentes permeabilidades da membrana aos vários íons:

$$\Delta\Psi = \frac{RT}{\mathcal{F}} \ln \frac{\sum P_c[\text{C}(exterior)] + \sum P_a[\text{A}(interior)]}{\sum P_c[\text{C}(interior)] + \sum P_a[\text{A}(exterior)]} \quad [20.8]$$

Onde, C e A representam respectivamente cátions e ânions, e, para simplificar, supõe-se (o que é fisiologicamente razoável) que somente os íons monovalentes estão em concentrações significativas. As quantidades P_c e P_a, ou seja, os **coeficientes de permeabilidade** respectivos para os vários cátions e ânions, são indicativas da facilidade com que os íons correspondentes atravessam a membrana (o coeficiente de permeabilidade é igual ao coeficiente de difusão de um dado íon através da membrana dividido pela espessura da membrana; Seção 20.2A). Note que a Equação [20.8] é reduzida à Equação [20.3], caso se suponha que todos os coeficientes de permeabilidade dos íons móveis sejam iguais.

Aplicando a Equação [20.8] aos dados da Tabela 20.3 e adotando-se uma temperatura de 25°C, obtém-se $\Delta\Psi = -83$ mV (interior negativo), o que concorda com os potenciais de membrana medidos experimentalmente para células de mamíferos. Esse valor é um pouco maior do que o potencial de equilíbrio do K^+, o valor de $\Delta\Psi = -91$ mV obtido supondo-se que a membrana seja permeável somente aos íons K^+ ($P_{Na^+} = P_{Cl^-} = 0$). O potencial de membrana é gerado por um desequilíbrio surpreendentemente pequeno na distribuição dos íons através da membrana. Somente um par iônico em um milhão é separado pela membrana, com o ânion indo para o lado citosólico e o cátion para o lado externo. Entretanto, o campo elétrico resultante é enorme para padrões macroscópicos: presumindo-se uma espessura de membrana de 50 Å, seu valor é de cerca de 170.000 $V \cdot cm^{-1}$.

a. Os impulsos nervosos propagam-se por potenciais de ação

Um impulso nervoso consiste em uma onda de despolarização transitória da membrana conhecida como ***potencial de ação,*** *que percorre a célula nervosa.* Um microeletrodo implantado em um axônio registra que, durante os primeiros 0,5 ms de um potencial de ação, o $\Delta\Psi$ aumenta de -60 mV, que é o valor de seu potencial de repouso, para ~30 mV (Fig. 20.35*a*). Essa despolarização é seguida por uma onda de repolariza-

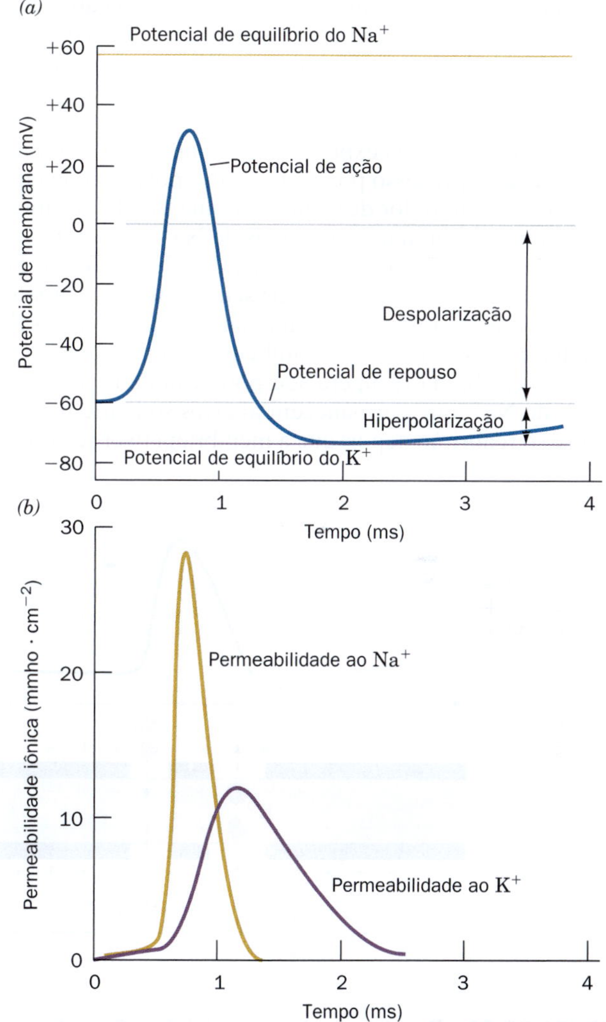

FIGURA 20.35 Cinética de um potencial de ação. (*a*) A membrana do axônio sofre uma despolarização rápida, seguida por uma hiperpolarização quase tão rápida e uma recuperação lenta ao seu potencial de repouso. (*b*) A despolarização é causada pelo aumento transitório na permeabilidade ao Na^+ (condutância), enquanto a hiperpolarização resulta de um aumento mais prolongado da permeabilidade ao K^+, iniciada uma fração de milissegundo mais tarde. A unidade de condutância, 1 mho = 1 ohm^{-1}. (Conforme Hodgkin, A.L., e Huxley, A.F., *J. Physiol.* **117**, 530 [1952].)

ção quase tão rápida, ultrapassando o potencial de repouso até o valor do potencial de equilíbrio do K^+ (hiperpolarização), seguida de uma recuperação mais lenta ao potencial de repouso. Qual é a origem desse complicado comportamento elétrico? Em 1952, Alan Hodgkin e Andrew Huxley demonstraram que o potencial de ação resulta de um aumento transitório da permeabilidade da membrana aos íons Na^+ (P_{Na^+}) seguida, dentro de uma fração de milissegundo, por um aumento transitório da permeabilidade da membrana aos íons K^+ (P_{K^+}) Fig. 20.35*b*).

As mudanças na permeabilidade específica aos íons que caracterizam o potencial de ação são resultantes da presença de canais específicos de Na^+ e K^+ dependentes de voltagem. Quando um impulso nervoso alcança uma determinada porção da membrana da célula nervosa, o aumento do potencial de membrana induz a abertura transitória dos canais de Na^+, e os íons difundem para dentro da célula nervosa a uma velocidade de ~6.000 íons · ms^{-1} por canal. Esse aumento na $P_{Na}{}^+$ causa um aumento no $\Delta\Psi$ (Equação [20.3]), o que, por sua vez, induz a abertura de mais canais de Na^+, causando uma entrada explosiva do íon na célula. Contudo, antes que esse processo possa alcançar o potencial de equilíbrio do Na^+, ao redor de 60 mV, os canais de K^+ se abrem ($P_K{}^+$ aumenta) enquanto os canais de Na^+ se fecham (são inativados; a $P_{Na}{}^+$ retorna ao seu valor de repouso). Por isso, o $\Delta\Psi$ reverte o sinal e excede seu potencial de repouso e se aproxima do valor do potencial de equilíbrio do K^+. Finalmente, os canais de K^+ também são inativados e a região da membrana recupera seu potencial de repouso. Os canais de Na^+, que permanecem abertos somente de 0,5 a 1,0 ms, só reabrirão depois que a membrana tiver retornado ao seu estado de repouso, limitando assim a velocidade de descarga do axônio.

Um potencial de ação é desencadeado por um aumento de ~20 mV no $\Delta\Psi$, que chega a −40 mV. Portanto, o potencial de ação propaga-se ao longo de um axônio porque o aumento inicial do $\Delta\Psi$ em uma dada região da membrana axonal desencadeia o potencial de ação em uma região adjacente da membrana, que o faz em outra região adjacente, etc. (Fig. 20.36). Assim, o impulso nervoso é continuamente amplificado, de forma que a amplitude do sinal permanece constante ao longo do comprimento do axônio (ao contrário, um impulso elétrico percorrendo um fio condutor dissipa-se em consequência dos efeitos de resistência e capacitância). Observe, contudo, que, uma vez que o desequilíbrio iônico relativo responsável pelo potencial de repouso é pequeno, somente uma fração muito pequena do gradiente de Na^+-K^+ da célula nervosa é descarregada em um único impulso nervoso (conforme medidas realizadas com Na^+ radioativo, dos 3.000 a 300.000 íons K^+ existentes no citosol, somente um é trocado por um Na^+). Por isso, um axônio pode transmitir um impulso nervoso em poucos milissegundos sem pausa. Sua capacidade de disparar rapidamente é um aspecto essencial da comunicação neuronal: *uma vez que todos os impulsos nervosos têm a mesma amplitude, a magnitude do estímulo é propagada pela velocidade de disparo do nervo.*

b. O canal de Na^+ dependente de voltagem é o alvo de numerosas neurotoxinas

Neurotoxinas têm sido ferramentas valiosas no esclarecimento de vários aspectos mecanísticos da neurotransmissão.

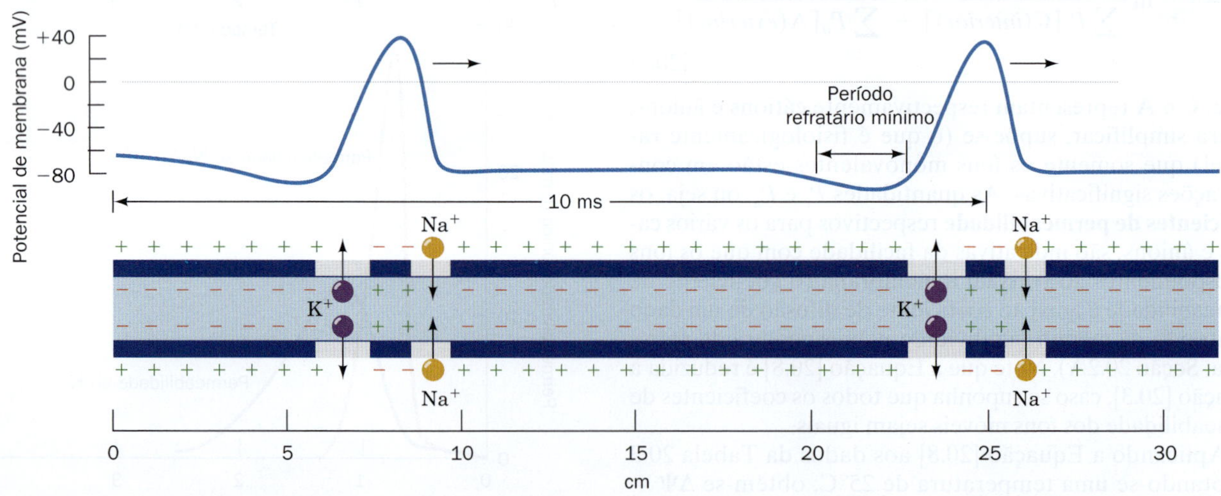

FIGURA 20.36 Propagação do potencial de ação ao longo do axônio. A despolarização da membrana na frente de propagação de um potencial de ação desencadeia um potencial de ação na porção da membrana do axônio imediatamente adiante, pela indução da abertura dos canais de Na^+ dependentes de voltagem. À medida que a onda de despolarização avança, os canais de Na^+ fecham-se e os canais de K^+ abrem-se para hiperpolarizar a membrana. Após um período refratário curto, durante o qual os canais de K^+ se fecham e a membrana hiperpolarizada recupera seu potencial de repouso, um segundo impulso pode ser iniciado. A velocidade de propagação do impulso indicada é aquela medida no axônio gigante de lula, que é o modelo experimental favorito dos neurofisiologistas, devido à sua extraordinária largura (até ~1 mm). Note que, nesta figura, o potencial de ação aparece no sentido contrário daquele da Fig. 20.35, porque esta figura mostra a distribuição do potencial de membrana ao longo de um axônio em um dado instante, enquanto a Fig. 20.35 mostra a variação do potencial de membrana em função do tempo em um ponto fixo do axônio.

Como será visto, muitas neurotoxinas interferem na atividade dos canais de Na^+ dependentes de voltagem neuronais, mas, curiosamente, são conhecidas poucas que afetam os canais de K^+ dependentes de voltagem.

A **tetrodotoxina**,

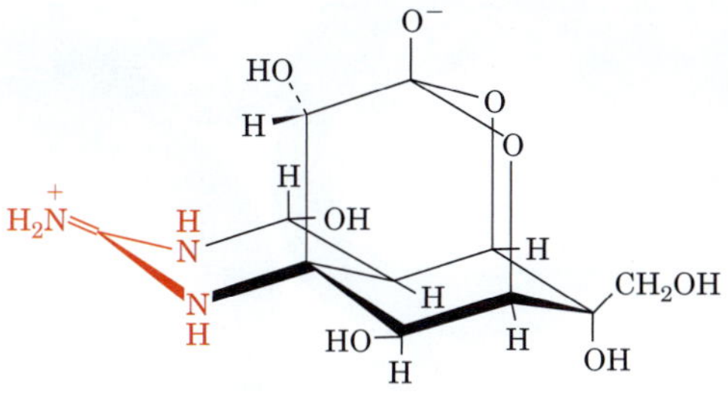

Tetrodotoxina

um veneno paralisante de enorme potência, que ocorre principalmente na pele, nos ovários, no fígado e nos intestinos do peixe baiacu (conhecido no Japão como fugu, uma especialidade que deve ser preparada somente por cozinheiros que possam atestar seu conhecimento da anatomia do peixe), atua bloqueando especificamente o canal de Na^+. O mesmo é bloqueado de forma semelhante pela **saxitoxina**,

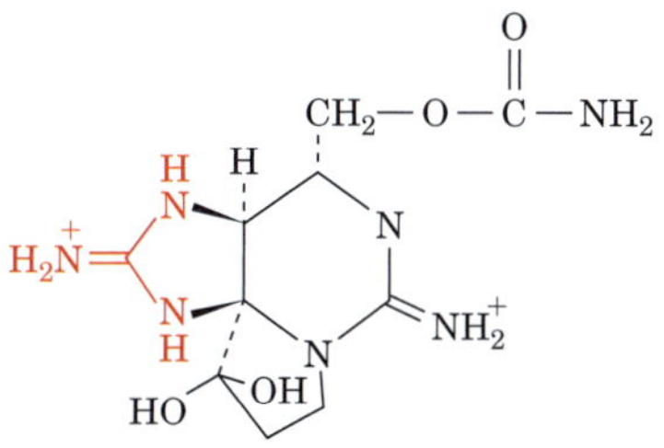

Saxitoxina

um produto de dinoflagelados marinhos (um tipo de plâncton conhecido como "maré vermelha") que é concentrado por determinados moluscos que se alimentam desse plâncton, a tal ponto que apenas um pequeno número desses moluscos pode conter uma quantidade de saxitoxina suficiente para matar 50 pessoas. Essas duas neurotoxinas possuem um grupo guanidino catiônico e ambas são efetivas somente quando aplicadas na superfície externa do neurônio (sua injeção no citosol não produz efeito). Por essa razão, imagina-se que essas toxinas interajam especificamente com um grupo carboxilato aniônico localizado no lado extracelular da entrada do canal de Na^+.

A **batracotoxina**,

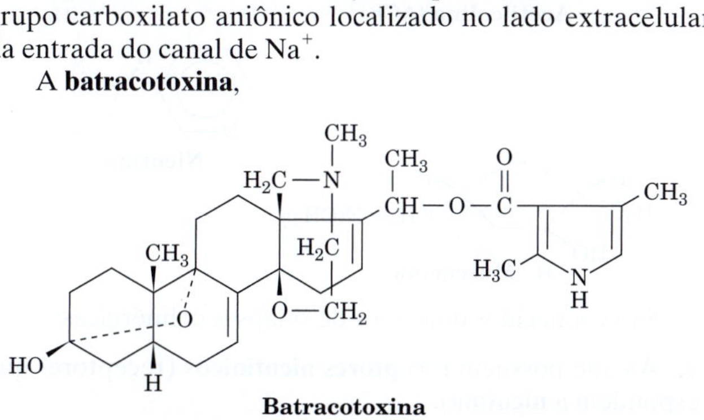

Batracotoxina

um alcaloide esteroide secretado pela pele do sapo colombiano *Phyllobates aurotaenia,* é o mais potente veneno conhecido (2 μg · kg^{-1} de peso corporal é 50% letal para camundongos). Essa substância também se liga especificamente ao canal de Na^+ dependente de voltagem, mas, ao contrário da ação da tetrodotoxina e da saxitoxina, torna a membrana axonal altamente permeável ao Na^+. De fato, a despolarização axonal induzida pela batracotoxina é revertida pela tetrodotoxina. A observação que a estimulação elétrica repetida de um neurônio aumenta a ação da batracotoxina indica que esta se liga ao canal de Na^+ no seu estado aberto.

Venenos de escorpiões americanos possuem famílias de neurotoxinas proteicas de 60 a 70 resíduos que também despolarizam neurônios por meio da sua ligação aos canais de Na^+ (as diferentes neurotoxinas em um mesmo veneno parecem ser especializadas em se ligar a canais de Na^+ das diferentes espécies animais que o escorpião tem a probabilidade de encontrar). No entanto, as toxinas de escorpião e a tetrodotoxina não competem entre si pela ligação ao canal de Na^+, devendo, por isso, se ligar a sítios diferentes.

c. A velocidade do impulso nervoso aumenta com a mielinização

Os axônios dos maiores neurônios dos vertebrados são envoltos por **mielina**, uma "fita isolante" biológica que forma um invólucro ao redor do axônio (Fig. 20.37*a*), isolando-o eletricamente do meio extracelular. Nos nervos mielinizados, os impulsos propagam-se com velocidades de até 100 m · s^{-1}, não passando de 10 m · s^{-1} nos nervos não mielinizados (p. ex., imagine as dificuldades de coordenação que uma girafa teria se contasse somente com nervos não mielinizados).

De que forma a mielinização aumenta a velocidade dos impulsos nervosos? A bainha de mielina é interrompida ao longo do axônio aproximadamente a cada milímetro por espaços estreitos não mielinizados conhecidos como **nódulos de Ranvier** (Fig. 20.37*b*), através dos quais o axônio entra em contato com o meio extracelular. Estudos de ligação utilizando tetrodotoxina radioativa indicam que os canais de Na^+ dependentes de voltagem dos axônios não mielinizados estão distribuídos na membrana axonal de forma uniforme, mas esparsa, com ~20 canais por μm^2. Em contraste, os canais de Na^+ dos axônios mielinizados ocorrem somente nos nódulos de Ranvier, onde estão concentrados em uma densidade de 10^4 canais por μm^2. O potencial de ação de um axônio mielinizado salta entre os nódulos, em um processo chamado **condução saltatória**. Por isso, a transmissão do impulso nervoso entre os nódulos deve ocorrer por meio da condução passiva de uma corrente iônica, um mecanismo que é inerentemente muito mais rápido do que a propagação contínua de um potencial de ação, mas que é dissipável. Os nódulos atuam como estações de amplificação para manter a intensidade do impulso elétrico à medida que ele se propaga pelo axônio. Sem o isolamento de mielina, o impulso elétrico se tornaria muito atenuado, pelo vazamento iônico transmembrana e pelos efeitos de capacitância, para desencadear um potencial de ação no nódulo seguinte. De fato, a **esclerose múltipla**, uma doença autoimune que destrói a mielina das fibras nervosas do cérebro e da medula espinal, resulta em deficiências neurológicas sérias e, embora raramente fatais.

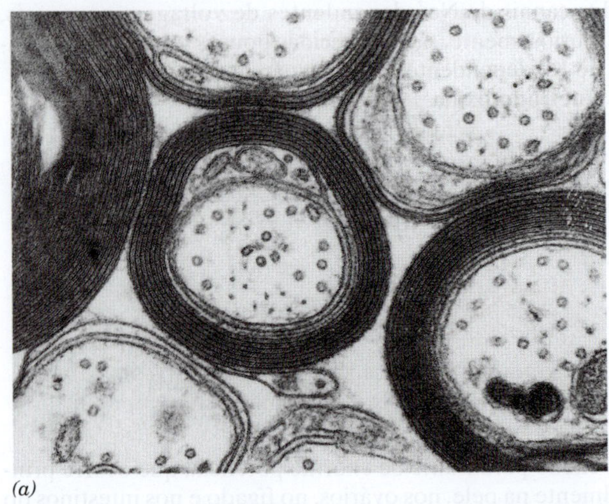

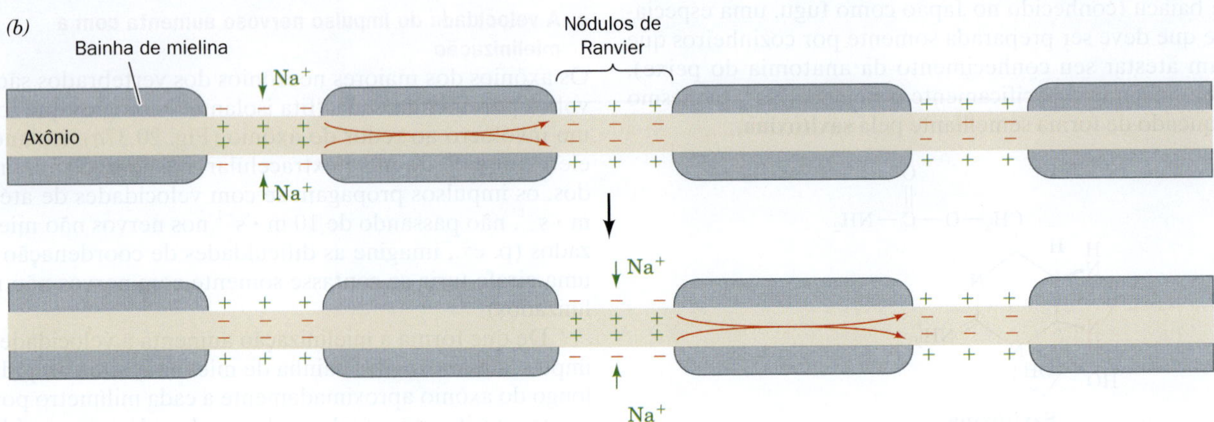

FIGURA 20.37 Mielinização. (*a*) Uma micrografia eletrônica de fibras nervosas mielinizadas em secção transversal. A bainha de mielina que envolve o axônio é a membrana plasmática de uma **célula de Schwann** que, à medida que cresce de forma espiralada ao redor do axônio, expele seu citoplasma por entre as camadas de membrana. A dupla bicamada resultante, que perfaz de 10 a 150 voltas ao redor do axônio, é um bom isolante elétrico devido ao seu conteúdo lipídico particularmente alto (79%). (Cortesia de Cedric Raine, Albert Einstein College of Medicine of Yeshiva University, EUA.) (*b*) Desenho esquemático de um axônio mielinizado em secção longitudinal, indicando que a membrana axonal está em contato com meio extracelular na região dos nódulos de Ranvier (que são os espaços relativamente pequenos entre células mielinizadas adjacentes). A despolarização gerada por um potencial de ação em um nódulo salta, via condução iônica, ao longo do axônio mielinizado (*flechas vermelhas*) para o nódulo vizinho, onde induz um novo potencial de ação. Consequentemente, os impulsos nervosos nos axônios mielinizados são transmitidos por condução saltatória.

C. *Neurotransmissores e seus receptores*

As junções através das quais os neurônios transmitem sinais para outros neurônios, para os nervos ou para as glândulas são chamadas **sinapses**. Nas **sinapses elétricas**, que são especializadas na transmissão rápida do sinal, as células são separadas por um espaço de apenas 20 Å, a **fenda sináptica**, que é atravessada por junções comunicantes (Seção 12.3F). Assim, um potencial de ação chegando ao lado pré-sináptico da fenda é capaz de despolarizar suficientemente a membrana pós-sináptica e desencadear diretamente seu potencial de ação. Contudo, o espaço > 200 Å da maioria das sinapses é grande demais para esse acoplamento elétrico direto. Nessas **sinapses químicas**, a chegada do potencial de ação desencadeia a liberação, pelo neurônio pré-sináptico, de uma substância específica conhecida como **neurotransmissor**, o qual se difunde através da fenda e se liga ao seu receptor correspondente na membrana pós-sináptica. Nas **sinapses excitatórias**, a ligação do neurotransmissor induz a despolarização da membrana, desencadeando um potencial de ação na membrana pós-sináptica. Já, nas **sinapses inibitórias**, a ligação do neurotransmissor altera a permeabilidade da membrana pós-sináptica de forma a inibir um potencial de ação e assim atenuar os sinais excitatórios. Qual é o mecanismo pelo qual um potencial de ação estimula a liberação do neurotransmissor, e de que maneira sua ligação ao receptor altera a permeabilidade da membrana pós-sináptica? Para responder essas perguntas, deve-se considerar o funcionamento das **sinapses colinérgicas**, isto é, as sinapses que usam a **acetilcolina (ACh)** como neurotransmissor.

$$CH_3-\overset{\overset{\displaystyle O}{\|}}{C}-O-CH_2-CH_2-\overset{+}{N}(CH_3)_3$$

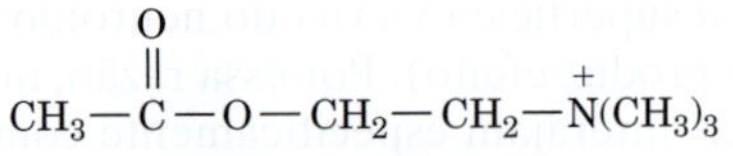

Acetilcolina (ACh)

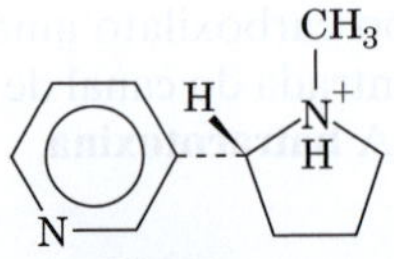

Nicotina

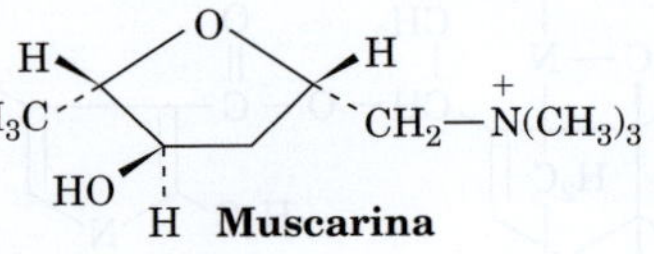

Muscarina

São conhecidos dois tipos de sinapses colinérgicas:

1. As que possuem **receptores nicotínicos** (receptores que respondem à **nicotina**).
2. As que possuem **receptores muscarínicos** (receptores que respondem à **muscarina**, um alcaloide produzido pelo cogumelo venenoso *Amanita muscaria*).

A seguir, será dado foco às sinapses colinérgicas contendo receptores nicotínicos, já que estas são as sinapses melhor caracterizadas e que ocorrem em todas as junções neuromusculares excitatórias dos vertebrados e em vários locais no sistema nervoso.

a. Os órgãos elétricos das arraias elétricas são fontes ricas em sinapses colinérgicas

O estudo da função sináptica foi bastante facilitado pela descoberta que a homogeneização do tecido nervoso provoca o rompimento das extremidades pré-sinápticas e seu fechamento, formando os **sinaptossomos** (Seção 12.4Da). O uso dos sinaptossomos, que podem ser isolados por ultracentrifugação em gradiente de densidade, traz a vantagem de que eles podem ser manipulados e analisados sem a interferência de outros componentes neuronais.

A fonte mais rica de sinapses colinérgicas são os órgãos elétricos da enguia de água doce *Electrophorus electricus* e da arraia elétrica marinha do gênero *Torpedo.* Os órgãos elétricos, que esses animais usam para atordoar ou matar suas presas, consistem em pilhas de ~5.000 células delgadas e achatadas, chamadas **eletroplacas**, que iniciam seu desenvolvimento como células musculares, mas acabam por perder seu aparato contrátil. Um dos lados de uma eletroplaca é ricamente inervado e tem alta resistência elétrica, enquanto o lado oposto não possui inervação e sua resistência elétrica é baixa. Ambos os lados mantêm um potencial de membrana em torno de −90 mV. Sob estimulação neuronal, todas as membranas inervadas em uma pilha de eletroplacas despolarizam simultaneamente para um potencial de membrana de ~40 mV, produzindo uma diferença de potencial de 130 mV através de cada célula (Fig. 20.38). Uma vez que 5.000 eletroplacas são "conectadas" em série, como as baterias de uma lanterna, a diferença de potencial total através da pilha é ~5.000 × 0,130 V = 650 V, suficiente para matar um ser humano.

b. A ACh é liberada pela exocitose das vesículas sinápticas desencadeada pelo Ca^{2+}

A ACh é sintetizada próximo à extremidade pré-sináptica do neurônio pela transferência de um grupo acetil da **acetil-CoA** (a estrutura da coenzima A [CoA] está mostrada na Fig. 21.2) para a **colina**, em uma reação catalisada pela **colina-acetiltransferase**.

$$\underset{\textbf{Acetil-CoA}}{H_3C-\overset{\overset{\displaystyle O}{\|}}{C}-S-CoA} + \underset{\textbf{Colina}}{HO-CH_2-CH_2-\overset{+}{N}(CH_3)_3} \xrightarrow{\text{Colina-acetiltransferase}} \underset{\textbf{Acetilcolina}}{H_3C-\overset{\overset{\displaystyle O}{\|}}{C}-O-CH_2-CH_2-\overset{+}{N}(CH_3)_3} + HS-CoA$$

Muito dessa ACh é sequestrada em **vesículas sinápticas** de 400 Å de diâmetro e envoltas por membrana, que contêm, cada uma delas, ~10^4 moléculas de ACh.

A chegada de um potencial de ação na membrana pré-sináptica desencadeia a abertura de ***canais de Ca^{2+} dependentes de voltagem****, que aumentam transitoriamente a concentração local do íon, de seu nível em repouso de 0,1 μM, para 10 a 100 μM. O influxo de Ca^{2+} extracelular, por sua vez, estimula a exocitose das vesículas sinápticas nas vizinhanças do canal de Ca^{2+}, de forma que elas liberam seu conteúdo de ACh na fenda sináptica (Fig. 12.73).* Na Seção 12.4D, é apresentado o mecanismo pelo qual as vesículas sinápticas se fundem com a membrana pré-sináptica.

O mecanismo por meio do qual o Ca^{2+} induz a exocitose das vesículas sinápticas está começando a ser esclarecido. A principal proteína sensora de Ca^{2+} parece ser a **sinaptotagmina I**, uma proteína com uma única hélice atravessando a membrana da vesícula sináptica, cujo domínio citosólico contém quatro sítios de ligação ao Ca^{2+}. Em níveis basais de Ca^{2+}, a sinaptotagmina I liga-se à Q-SNARE sintaxina (Seção 12.4Db), bloqueando sua ligação à R-SNARE sinaptobrevina e à Q-SNARE SNAP25 e impedindo, assim, a fusão das vesículas. Contudo, ao se ligar ao Ca^{2+}, a sinaptotagmina I libera a sintaxina, permitindo o início da fusão.

Uma vez desencadeada, a fusão das vesículas sinápticas com a membrana pré-sináptica ocorre muito rapidamente (em < 0,3 ms), porque muitas delas já estão ancoradas na membra-

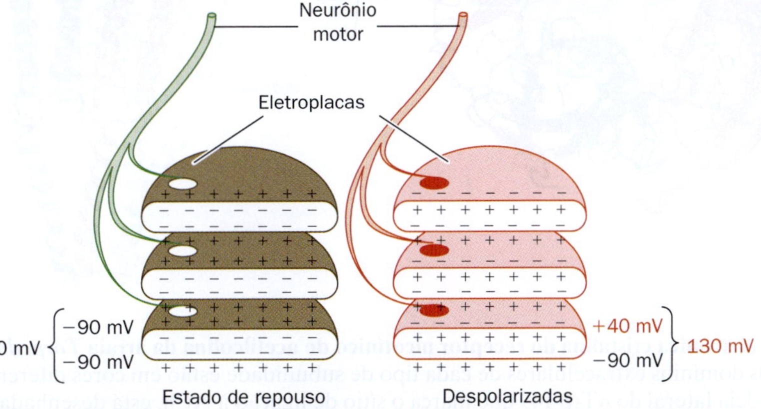

FIGURA 20.38 A despolarização simultânea (em *vermelho,* à *direita*) das membranas inervadas em uma pilha de eletroplacas "ligadas" em série resulta em uma grande diferença de voltagem entre as duas extremidades da pilha. Isso se deve ao fato da voltagem total através da pilha ser a soma das voltagens geradas por cada uma de suas numerosas eletroplacas.

na. Cada pulso de Ca^{2+} desencadeia a exocitose de cerca de 10% dessas vesículas. Contudo, elas são rapidamente repostas, porque a maioria das vesículas sinápticas remanescentes é mantida em uma reserva, chamada zona ativa, a uma distância de 20 nm da membrana pré-sináptica. As vesículas são mantidas nessa zona por meio de uma fosfoproteína fibrosa chamada **sinapsina I**, que também se liga às proteínas do citoesqueleto, actina e espectrina (Seção 12.3Db). A sinapsina I é um substrato para a proteína-cinase dependente de calmodulina (Seção 18.3Ce), de modo que um aumento na concentração do Ca^{2+} causa sua fosforilação. Isso aparentemente libera as vesículas sinápticas da zona ativa, permitindo que ancorem na membrana pré-sináptica em preparação para a exocitose. A distância de 20 nm entre a zona ativa e a membrana pode ser suficientemente curta para que a Q- e a R-SNARE iniciem a formação de seu complexo em espiral enrolada (Fig. 12.74), que pode facilitar o processo de ancoramento.

A aranha viúva-negra beneficia-se desse sistema: seu veneno proteico altamente neurotóxico, a **α-latrotoxina** (130 kDa), causa liberação maciça de ACh na junção neuromuscular, pela formação de canais transmembrana homotetraméricos na membrana pré-sináptica que atuam como ionóforos de Ca^{2+}. Em contraste, a **toxina botulínica**, como já visto (Seção 12.4Dd), interfere com a exocitose das vesículas sinápticas, pois ataca proteoliticamente proteínas SNARE específicas, impedindo a liberação da ACh.

As proteínas das vesículas sinápticas exocitadas são rapidamente resgatadas da membrana pré-sináptica via endocitose, principalmente em vesículas recobertas por clatrina (Seção 12.4C). No entanto, ao perderem sua cobertura de clatrina, essas vesículas não se fundem com endossomos, como normalmente acontece (Fig. 12.91). Em vez disso, elas são imediatamente recarregadas com ACh por um antiporte H^+–ACh, que é impulsionado pelo bombeamento de prótons para dentro das vesículas por uma ATPase tipo V (Seção 20.3), e transladadas para a zona ativa. Essa reciclagem rápida das vesículas sinápticas (que demora menos de 1 minuto) permite que os neurônios sejam excitados continuamente a uma velocidade de ~50 vezes por segundo.

c. O receptor da acetilcolina é um canal de cátions controlado por ligante

Após sua liberação da membrana pré-sináptica, a acetilcolina se difunde rapidamente através da fenda sináptica para a membrana pós-sináptica, onde se liga ao **receptor de acetilcolina** com 290 kDa (**AchR**), uma glicoproteína transmembrana $\alpha_2\beta\gamma\delta$, cujas quatro diferentes subunidades com 490 resíduos são homólogas. *A ligação de duas moléculas de ACh ao receptor induz alostericamente a abertura de um canal através do receptor que permite a difusão dos íons* Na^+ *para dentro da célula com uma velocidade máxima de 30.000 íons por milissegundo. A despolarização resultante da membrana pós-sináptica inicia um novo potencial de ação.* O AChR também é permeável aos íons K^+ e Ca^{2+}. Contudo, relativamente poucos íons K^+ são transferidos uma vez que as forças termodinâmicas impulsoras exercidas pelo potencial de repouso da

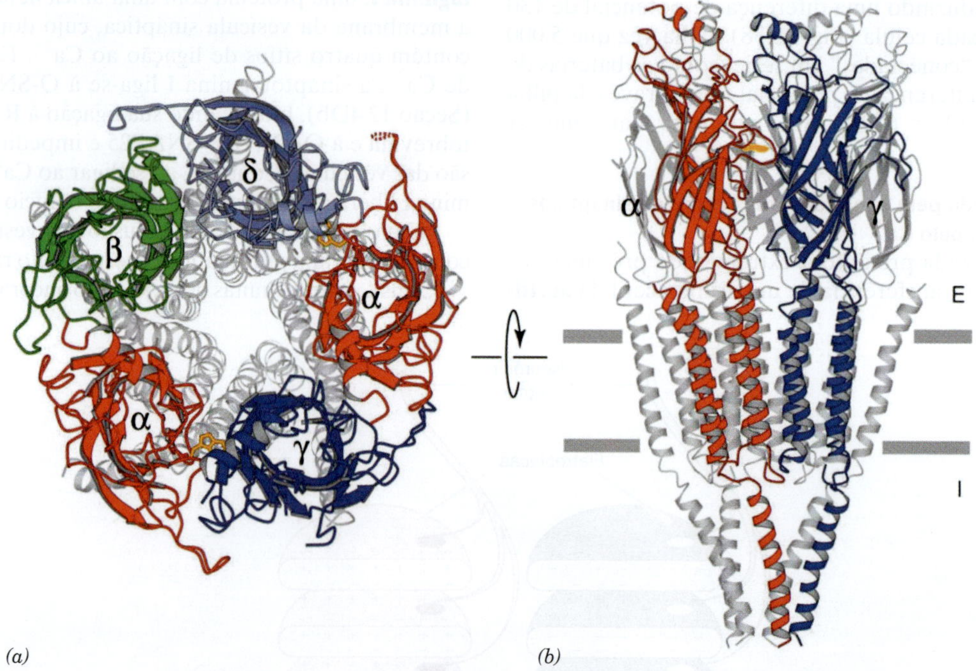

FIGURA 20.39 **Estrutura eletrônica cristalina do receptor nicotínico de acetilcolina da arraia *Torpedo marmorata*.** *(a)* Vista a partir da fenda sináptica. Os domínios extracelulares de cada tipo de subunidade estão em cores diferentes e suas porções remanescentes estão em cinza. A cadeia lateral do αTrp 149 que marca o sítio de ligação à ACh, está desenhada na forma de bastões (em *dourado*). *(b)* Vista paralela à membrana tendo a fenda sináptica na parte superior. Somente as duas subunidades frontais estão coloridas. As barras horizontais cinza representam a posição da membrana pós-sináptica. (Cortesia de Nigel Unwin, MRC Laboratory of Molecular Biology, Cambridge, Reino Unido. PDBid 2BG9.)

membrana e o gradiente de concentração do K^+ se opõem e se equilibram (para os íons Na^+, essas forças se reforçam mutuamente). A concentração extracelular de Ca^{2+} é tão mais baixa do que a de Na^+ que sua contribuição à corrente iônica de entrada é negligenciável. Após 1 a 2 ms, a ACh se dissocia espontaneamente do receptor e o canal se fecha. A estrutura baseada na cristalografia eletrônica (Seção 12.3Ab) do AChR na sua forma fechada (sem o ligante), determinada por Nigel Unwin, quando visto a partir da fenda sináptica é a de um cilindro com 80 Å de diâmetro organizado com uma simetria de pseudo-ordem cinco na maior parte do seu comprimento, cujas subunidades estão dispostas no sentido horário com a ordem -α-β-δ-α-γ- (Fig. 20.39*a*). Quando observado paralelamente ao plano da membrana pós-sináptica, é uma partícula com 160 Å de comprimento e com forma de cunha (Fig. 20.39*b*). Cada uma de suas subunidades consistem em três domínios: um arranjo N-terminal extracelular que consiste principalmente em um barril β com 10 fitas; um feixe transmembrana em zigue-zague com 4 hélices (M1-M4); e um componente intracelular formado principalmente por um segmento desorganizado que se estende do M3 seguido de uma hélice curva (MA) que precede M4. Os sítios de ligação à ACh estão localizados entre as interfaces α-γ e α-δ de seu domínio extracelular.

O aspecto estrutural mais impressionante do receptor da ACh é a presença de um canal central aquoso com ~20 Å de diâmetro por ~65 Å de comprimento, que se estende desde a entrada do receptor até o nível da bicamada lipídica. Assim forma um poro mais estreito com ~30 Å de comprimento, construído a partir do anel das 5 hélices M2, que é bloqueado na altura da metade da bicamada. Esse bloqueio, que se presume seja o portão do canal, consiste em anéis de cadeias laterais da Leu 264 e Val/Ile 268 conservadas, que se projetam para dentro do canal a partir das hélices M2. Unwin propôs que a ligação da ACh ao receptor induz alostericamente rotações no sentido horário (vistas a partir da fenda sináptica) da subunidade α das hélices M2 que resultam na abertura do portão.

A extremidade intracelular do receptor contém uma cavidade central com ~20 Å de diâmetro e ~20 Å de comprimento e está conectada com o citosol via aberturas laterais entre as hélices MA adjacentes, em um nível ~30 Å abaixo da superfície da membrana. Essas aberturas são formadas na maior parte por resíduos aniônicos e têm a largura de ~8 Å, que é comparável com os diâmetros dos íons K^+ e Na^+ envoltos por suas primeiras camadas de hidratação. Assim, eles provavelmente servem de filtro que impede a passagem de ânions citoplasmáticos e de cátions grandes. Recorde que os canais Kv possuem aberturas laterais para o citoplasma similares (Seção 20.5Ac).

O receptor de ACh é o alvo de uma das mais mortíferas neurotoxinas conhecidas (a morte ocorre por parada respiratória), cujo uso tem sido um grande auxílio na elucidação da função do receptor. A **histrionicatoxina**, um alcaloide secretado pela pele do sapo colombiano *Dendrobates histrionicus*, e a ***d*-tubocurarina**, o ingrediente ativo do veneno de flechas amazônico **curare**, que é também um agente paralisante útil em medicina, são ambos antagonistas da ACh que impedem a abertura do canal do receptor:

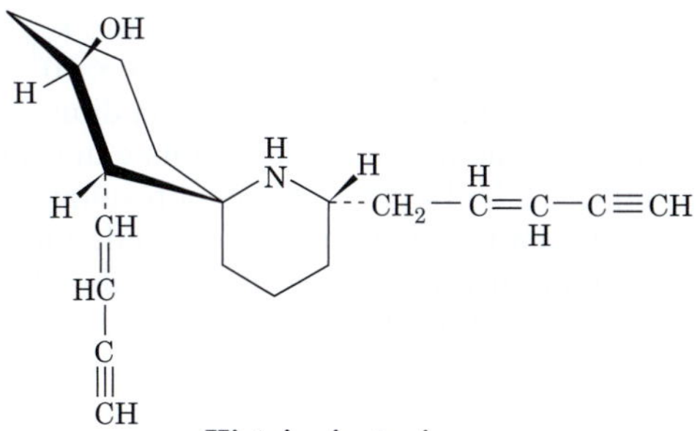

Histrionicatoxina

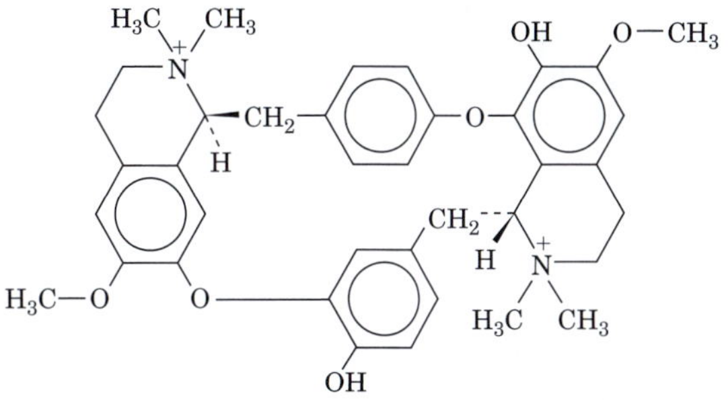

***d*-Tubocurarina**

De forma semelhante, uma família de venenos proteicos homólogos, com 7 a 8 kDa, provenientes de algumas das serpentes mais peçonhentas do mundo, que inclui a **α-bungarotoxina** das serpentes do gênero *Bungarus*, a **erabutoxina** de serpentes marinhas e a **cobratoxina** de serpentes *Naja naja* (elapídeos), impede a abertura do canal do receptor da ACh por se ligar especificamente a todas as suas subunidades, mas de forma irreversível às subunidades α. Na verdade, o receptor solubilizado com detergente foi purificado por cromatografia de afinidade em uma coluna contendo a cobratoxina ligada covalentemente. A **miastenia grave** (do grego: *mys,* músculo + *astheneia,* fraqueza e do latim: *gravis,* sério), uma doença autoimune caracterizada por fraqueza muscular, é causada por anticorpos que se ligam ao AChR o que leva à sua destruição ou ao bloqueio da ligação da ACh.

d. A acetilcolina é degradada rapidamente pela acetilcolinesterase

Uma molécula de ACh que participa na transmissão de um determinado impulso nervoso deve ser degradada nos poucos milissegundos antes da chegada do impulso nervoso seguinte. Essa função essencial é desempenhada pela ***acetilcolinesterase (AChE)****,* uma enzima com 75 kDa e de atuação rápida, que está ancorada por um GPI à superfície da membrana pós-sináptica

$$H_3C-\overset{\overset{\displaystyle O}{\|}}{C}-O-CH_2-CH_2-\overset{+}{N}(CH_3)_3 + H_2O$$

Acetilcolina

↓ Acetilcolinesterase

$$H_3C-\overset{\overset{\displaystyle O}{\|}}{C}-O^- + HO-CH_2-CH_2-\overset{+}{N}(CH_3)_3 + H^+$$

Acetato **Colina**

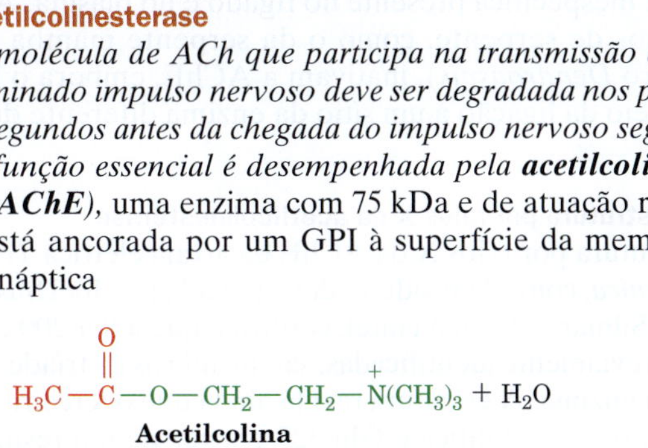

(o número de renovação [*turnover*] da AChE, k_{cat} = 14.000 s^{-1}; e sua eficiência catalítica, $k_{cat}/K_M = 1{,}5 \times 10^8\ M^{-1} \cdot s^{-1}$, estão próximos do limite determinado pela difusão da enzima e do substrato, de forma que a enzima é um catalisador quase perfeito; Seção 14.2Bb). A colina resultante é captada pela membrana pré-sináptica por meio de um simporte Na^+–colina, para ser utilizada na ressíntese de ACh. O funcionamento desse transportador é semelhante ao do simporte Na^+–glicose das células com borda em escova do intestino (Seção 20.4A).

A AChE é uma serina-esterase, isto é, seu mecanismo catalítico lembra o das serina-proteases como a tripsina. Como visto na Seção 15.3Ab, essas enzimas são inibidas irreversivelmente por alquilfosfofluoridatos, tais como o di-isopropilfosfofluoridato (DIPF). De fato, compostos relacionados, como o **tabun** e o **sarin**

$(CH_3)_2N-P(=O)(CN)-O-CH_2-CH_3$ **Tabun**

$(CH_3)_2CH-O-P(=O)(F)-CH_3$ **Sarin**

são gases militares, pois sua inativação eficiente da AChE humana, por reação com a Ser do sítio ativo, causa paralisia pelo bloqueio do impulso nervoso colinérgico e, em consequência, morte por asfixia. A **succinilcolina**,

$$\begin{matrix} H_2C-C(=O)-O-CH_2-CH_2-\overset{+}{N}(CH_3)_3 \\ | \\ H_2C-C(=O)-O-CH_2-CH_2-\overset{+}{N}(CH_3)_3 \end{matrix}$$

Succinilcolina

que é utilizada como um relaxante muscular durante cirurgias, é um agonista da ACh lentamente hidrolisado pela AChE, embora seja liberado rapidamente pelo receptor de ACh. Por isso, a succinilcolina produz despolarização persistente da membrana pós-sináptica. Seus efeitos, no entanto, são de curta duração, porque ela é rapidamente hidrolisada pela **butirilcolinesterase**, uma enzima relativamente inespecífica presente no fígado e no plasma. Alguns venenos de serpente, como o da serpente mamba verde (gênero *Dendroaspis*), inativam a AChE, embora o façam por meio da ligação a um sítio da enzima diferente do sítio ativo.

e. A estrutura por raios X da acetilcolinesterase

A estrutura por raios X da AChE da arraia elétrica *Torpedo californica*, com 537 resíduos, determinada por Joel Sussman, Israel Silman e Michal Harel, confirma que a Ser 200 e a His 440, previamente identificadas, são membros da tríade catalítica da enzima. A estrutura revela ainda que o terceiro membro da tríade catalítica é Glu 327 em vez de um resíduo de Asp, constituindo o segundo exemplo de Glu nessa posição, entre as muitas serina-proteases, lipases e esterases de estruturas conhecidas. A tríade catalítica da AChE está estruturada no que parece ser uma imagem especular das tríades catalíticas da tripsina e da subtilisina (Fig. 15-20), embora é claro que esse não é realmente o caso, já que todas as proteínas são formadas por resíduos de L-aminoácidos.

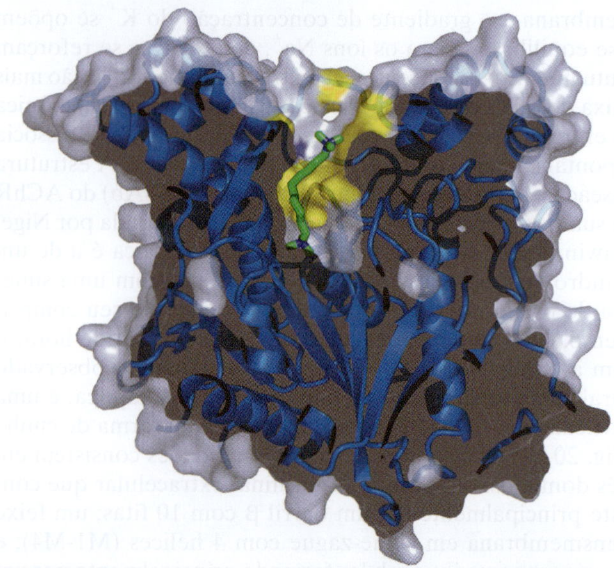

FIGURA 20.40 Estrutura por raios X da acetilcolinesterase de *Torpedo californica* em complexo com o seu inibidor íon decametonio $[(CH_3)_3N^+(CH_2)_{10}N^+(CH_3)_3]$. Neste desenho de um corte através do sulco do sítio ativo da enzima, o diagrama de fita da proteína está inserido no seu diagrama de superfície semitransparente, e está colorido de azul com exceção dos resíduos aromáticos (Phe, Prp e Tyr) que revestem o sulco do sítio ativo, que estão em amarelo. O íon decametonio que está ligado ao sulco do sítio ativo está desenhado na forma de bastões, com C em verde e N em azul. (Baseado em uma estrutura por raios X obtida por Joel Sussman, Israel Silman e Michal Harel, The Waizmann Institute of Science, Rehovot, Israel. PDBid 1ACL.)

O sítio catalítico da AChE está próximo da base de um sulco estreito de 20 Å de profundidade, que se estende até a metade da proteína, alargando-se próximo de sua base (Fig. 20.40). Os lados desse sulco do sítio ativo são revestidos pelas cadeias laterais de 14 resíduos aromáticos, que compreendem 40% de sua superfície. Uma vez que o oxigênio da cadeia lateral da Ser do sítio ativo está somente a 4 Å da base do sulco, a ACh deve ligar-se no sulco pelo seu grupo trimetilamônio positivamente carregado, rodeado por cadeias laterais aromáticas. Essa conclusão é uma surpresa, já que se esperaria que o grupo trimetilamônio se ligasse a um sítio aniônico. Talvez a ligação fraca proporcionada pelas interações do grupo com os elétrons π dos anéis aromáticos facilite a difusão rápida da ACh para a base do sulco, respondendo assim pelo alto número de renovação da enzima. De fato, foram sintetizados modelos de compostos aromáticos que também ligam compostos de amônio quaternário.

f. Aminoácidos e derivados funcionam como neurotransmissores

O sistema nervoso dos mamíferos utiliza mais de 30 substâncias como neurotransmissores. Algumas dessas substâncias são aminoácidos, como a glicina e o glutamato; muitas outras são produtos da descarboxilação de aminoácidos ou seus derivados (frequentemente chamados **aminas biogênicas**). Por exemplo, como será visto na Seção 26.4B, a **dopamina**, a noradrenalina e a adrenalina (que são coletivamente denominadas catecolaminas porque são derivadas do catecol [1,2-di-

-hidroxibenzeno]) são sintetizadas em sequência a partir da tirosina, enquanto o **ácido γ-aminobutírico (GABA)**, a **histamina** e a **serotonina** são derivados respectivamente do glutamato, da histidina e do triptofano (Fig. 20.41). Muitas dessas substâncias são hormonalmente ativas, presentes na corrente sanguínea. Contudo, como o cérebro é bastante isolado da circulação geral por um sistema de filtração seletiva conhecido como **barreira hematoencefálica** (Seção 15.4Ba), a presença dessas substâncias no sangue não tem efeito direto sobre o cérebro. Aparentemente, o uso dos mesmos compostos como hormônios e como neurotransmissores não tem significado fisiológico, mas imagina-se que reflitam um oportunismo evolutivo em adaptar sistemas já disponíveis a novas regras.

O uso de técnicas de coloração seletiva mostrou que cada um dos diferentes neurotransmissores é usado em regiões discretas e frequentemente bem localizadas do sistema nervoso. Todavia, os vários neurotransmissores não são simplesmente equivalentes funcionais da ACh. Muitos deles têm papéis fisiológicos distintos. Por exemplo, tanto o GABA quanto a glicina são neurotransmissores inibitórios em vez de excitatórios. Os receptores para essas substâncias são canais seletivamente permeáveis ao Cl^-, controlados por ligantes. Assim, sua abertura tende a hiperpolarizar a membrana (tornando o potencial de membrana mais negativo). Um neurônio inibido dessa maneira precisa ser despolarizado de forma mais intensa para desencadear um potencial de ação (note que esses neurônios respondem a mais de um tipo de neurotransmissor). Assim, os canais aniônicos são inibitórios, enquanto os canais catiônicos são excitatórios. Considera-se que o etanol não é um fármaco, mas uma droga psicoativa mais antiga e mais amplamente utilizada, e atua induzindo os receptores GABA do cérebro a abrir seus canais de Cl^-.

As subunidades dos vários canais de cátions controlados por neurotransmissores apresentam uma identidade de sequência de 20 a 40%, semelhante à identidade que os canais de ânions apresentam entre si. No entanto, as duas famílias de proteínas-canais não parecem ser relacionadas. A despeito da falta de homologia, as sequências dos dois tipos de canais sugerem que eles possuem similaridade estrutural considerável.

A natureza real da resposta de um neurônio a um neurotransmissor depende mais das características do receptor correspondente do que da identidade do neurotransmissor. Assim, como foi visto, os receptores nicotínicos, que desencadeiam a contração rápida dos músculos esqueléticos, respondem à ACh dentro de poucos milissegundos, despolarizando a membrana pós-sináptica. Em contraste, a ligação da ACh aos receptores muscarínicos no músculo cardíaco inibe a contração muscular por um período de vários segundos (vários batimentos cardíacos). Isso é realizado pela hiperpolarização da membrana pós-sináptica pelo fechamento dos canais de K^+ outrora abertos. Neurotransmissores de ação lenta podem agir pela indução da formação de um segundo mensageiro, como o AMPc. Na verdade, o cérebro possui a mais alta concentração de cinases dependentes de AMPc do corpo. A ligação das catecolaminas aos seus respectivos receptores neuronais, pela intermediação da adenilato-ciclase e do AMPc, ativa as proteína-cinases que fosforilam canais iônicos de forma a alterar as propriedades elétricas dos neurônios. O efeito final desse processo pode ser tanto excitatório como inibitório. Assim, as catecolaminas, quer estejam agindo como hormônios (Seção 19.1F) ou como neurotransmissores, apresentam mecanismos semelhantes de ativação do receptor.

g. Os neuropeptídeos são neurotransmissores

Uma grande e crescente lista de polipeptídeos com atividade hormonal, conhecidos como **neuropeptídeos**, também atuam como neurotransmissor. Não é surpreendente que os peptídeos opioides β-endorfina, met-encefalina e leu-encefalina (Seção 19.1K), assim como os fatores hipotalâmicos de liberação TRF, GnRF, e somatostatina (Seção 19.1Ha), estejam nessa categoria. O que é menos esperado é que vários polipeptídeos gastrintestinais, incluindo os hormônios

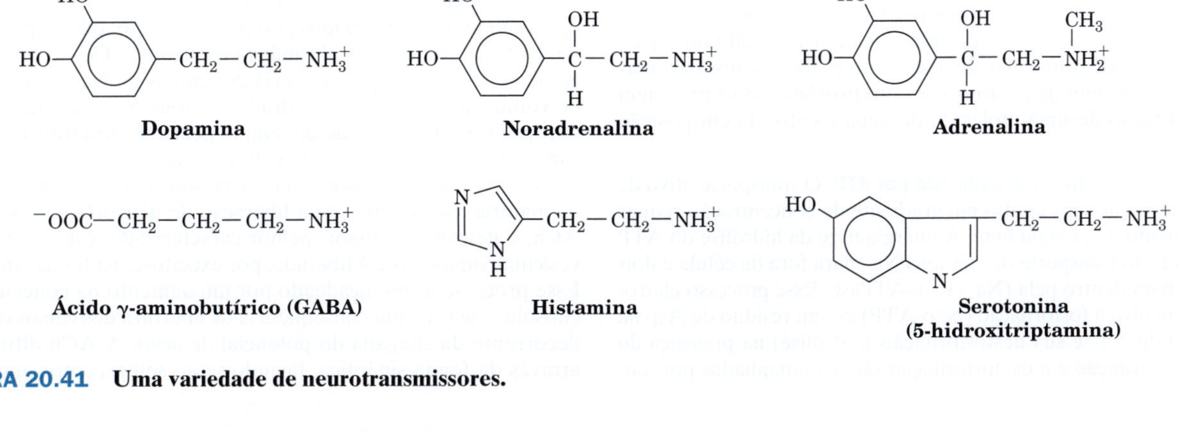

$H_3\overset{+}{N}-CH_2-COO^-$

Glicina

$H_3\overset{+}{N}-CH(CH_2CH_2COO^-)-COO^-$

Glutamato

Dopamina

Noradrenalina

Adrenalina

$^-OOC-CH_2-CH_2-CH_2-NH_3^+$

Ácido γ-aminobutírico (GABA)

Histamina

Serotonina (5-hidroxitriptamina)

FIGURA 20.41 **Uma variedade de neurotransmissores.**

gastrina, secretina e colecistocinina (CCK, de *cholecystokinin*; Seção 19.1C), podem também atuar como neurotransmissores em regiões discretas do cérebro, como o fazem os hormônios da hipófise ocitocina e a vasopressina (hormônio antidiurético) (Seção 19.1H). Tais neuropeptídeos diferem dos neurotransmissores mais simples pelo fato de, aparentemente, induzirem padrões de comportamento complexos. Por exemplo, a injeção intracraniana de um nanograma de vasopressina em ratos aumenta bastante sua capacidade de aprender e de lembrar de novas tarefas. A injeção de GnRF em uma fêmea ou em um macho de rato evoca a postura requerida para a cópula. Como esses neuropeptídeos atuam exatamente é apenas um dos muitos enigmas da organização e função cerebrais.

RESUMO DO CAPÍTULO

1 A termodinâmica do transporte Moléculas polares e íons são transportados através das membranas biológicas por proteínas de transporte específicas. A variação de energia livre das substâncias transportadas depende da proporção das suas concentrações nos dois lados da membrana e do potencial de membrana $\Delta\Psi$ se a substância possuir carga elétrica.

2 A cinética e os mecanismos de transporte A velocidade da difusão não mediada (difusão simples) através da membrana é uma função linear da diferença de concentração da substância nos dois lados da membrana, de acordo com a primeira lei da difusão de Fick. O transporte mediado (difusão facilitada) é caracterizado por uma cinética de saturação rápida e de especificidade pela substância transportada. Ele está também sujeito à inibição competitiva e à inativação química. Ionóforos transportam íons através das membranas. Os ionóforos carreadores, como a valinomicina, o fazem envolvendo o íon específico em uma cobertura hidrofóbica, solúvel na membrana, que pode difundir-se livremente através da bicamada. A maltoporina é específica para a passagem de maltodextrinas, pois seu canal de transporte se encaixa na forma de hélice à esquerda das maltodextrinas e é revestido por cadeias laterais aromáticas que formam o chamado escorregador oleoso. O transporte da glicose através da membrana do eritrócito é mediado por glicoproteínas transmembrana diméricas que podem adotar duas conformações: uma com o sítio de ligação à glicose voltado para a superfície externa da célula, e outra com o sítio voltado para o citosol. O transporte ocorre pela ligação da glicose à proteína em um dos lados da membrana, seguido pela mudança conformacional que fecha este sítio e expõe o outro (um poro com portão). GLUT4 é armazenado em vesículas especializadas, as quais se fundem com a membrana plasmática quando estimuladas pela insulina.

O canal de K^+ KcsA, um homotetrâmero transmembrana, permite a passagem rápida de íons K^+, para os quais é altamente seletivo. Essa seletividade é devida em parte à formação de uma cavidade aquosa circundada pelas extremidades negativas dos dipolos das hélices que estabilizam os íons K^+ no meio da bicamada. São transportados os íons K^+ e não os íons Na^+, que são menores, pois o filtro de seletividade do canal coordena seletivamente os íons K^+ por anéis de átomos de oxigênio de forma a permitir sua desidratação, passagem e subsequente hidratação sem barreiras de ativação significativas. Os canais ClC de Cl^- são homodímeros TM, e cada subunidade possui um canal em forma de ampulheta. As aquaporinas são homotetrâmeros TM com um canal em forma de ampulheta através de cada subunidade. Elas facilitam a passagem rápida de moléculas de água através das membranas mas inibem a passagem de prótons via salto protônico pois previnem a reorientação de uma molécula de água localizada em posição central.

3 Transporte ativo impulsionado por ATP O transporte ativo de moléculas ou de íons contra um gradiente de concentração requer fornecimento de energia livre. A energia livre da hidrólise do ATP é acoplada ao transporte de três íons Na^+ para fora da célula e dois íons K^+ para dentro pela (Na^+–K^+)–ATPase. Esse processo eletrogênico envolve a fosforilação (pelo ATP) de um resíduo de Asp na presença do Na^+ e sua desfosforilação (hidrólise) na presença do K^+. A fosforilação e a desfosforilação são acompanhadas por mudanças conformacionais que asseguram uma rápida interconversão de todos os intermediários ao longo da rota de transporte.

A estrutura por raios X da (Na^+–K^+)–ATPase mostra que ela possui um domínio transmembrana com 10 hélices que liga dois íons Ca^{2+} próximos do seu centro, e três domínios citoplasmáticos bem definidos. As estruturas por raios X de quatro estados conformacionais diferentes da Ca^{2+}–ATPase (SERCA) indicam seu mecanismo de transporte e das ATPases do tipo P em geral. A $Ca^{2}{}_{+}$–ATPase da membrana plasmática é ativada pela Ca^{2+}–calmodulina. A (H^+–K^+)–ATPase do estômago é inibida indiretamente por cimetidina e seus análogos e inibida diretamente por omeprazol. As bactérias transportam açúcares por translado de grupo, um processo no qual a substância transportada é modificada quimicamente. O sistema da fosfotransferase dependente do fosfoenolpiruvato, que tem funções regulatórias importantes, fosforila os açúcares à medida que são transportados, utilizando o fosfoenolpiruvato como doador de grupos fosforil. Os transportadores ABC usam ATP para impulsionar mudanças conformacionais que transportam uma ampla variedade de substâncias através das membranas.

4 Transporte ativo impulsionado por gradiente iônico O transporte ativo pode ser impulsionado pela energia livre armazenada nos gradientes iônicos (transporte ativo secundário). A glicose é transportada para dentro das células epiteliais do intestino contra seu gradiente de concentração por um simporte Na^+–glicose. A energia para esse processo provém basicamente da energia livre da hidrólise do ATP, já que o gradiente de Na^+ é mantido pela (Na^+–K^+)–ATPase. O sistema está de acordo com o mecanismo cinético Bi Bi aleatório, significando que o Na^+ e a glicose devem estar ligados para que ocorra a mudança conformacional que possibilita o transporte. A lactose é transportada para dentro da *E.coli* pela lactose-permease, um simporte H^+–lactose. Esse processo é impulsionado pelo gradiente eletroquímico celular de H^+, que, por sua vez, é mantido por uma bomba de prótons acoplada ao metabolismo oxidativo. O transladador ATP–ADP mitocondrial também interage com o potencial de membrana no transporte assimétrico de ATP para fora e de ADP para dentro da mitocôndria.

5 Neurotransmissão Os canais de cátions dependentes de voltagem, como os canais Kv, abrem-se em resposta ao potencial de membrana e fecham-se, após um curto período de tempo, pela ação de um segundo portão que funciona por um mecanismo de "esfera e cadeia" modificado. Os impulsos nervosos são ondas de excitação elétrica, chamados potenciais de ação, que se propagam ao longo da membrana plasmática do axônio. Tais impulsos são gerados pela abertura transitória dos canais de Na^+ dependentes de voltagem, permitindo a entrada dos íons Na^+ na célula, seguida, após um curto período de tempo, pela abertura transitória dos canais de K^+ dependentes de voltagem, que permitem a saída do K^+. Os impulsos nervosos são transmitidos quimicamente através da maioria das sinapses pela liberação de neurotransmissores. A ACh, o neurotransmissor melhor caracterizado, está contida em vesículas sinápticas e é liberada, por exocitose, na fenda sináptica. Esse processo é desencadeado por um aumento na concentração citosólica de Ca^{2+} em consequência da abertura dos canais de Ca^{2+} decorrente da chegada do potencial de ação. A ACh difunde-se através da fenda sináptica, ligando-se ao seu receptor, um canal de cátions transmembrana na membrana pós-sináptica, que se abre em resposta à ligação da ACh. O consequente fluxo de Na^+ para dentro e de K^+ para fora da célula pós-sináptica despolariza a membrana pós-sináptica, que, se quantidade suficiente de neurotransmissor tiver sido liberada, desencadeia um potencial de ação pós-sináptico. O receptor de ACh é alvo de várias neurotoxinas letais, incluindo a histrionicatoxina, a *d*-tubocurarina e a cobratoxina de *Naja naja*, as quais se ligam ao receptor impedindo sua abertura. A ACh é rapidamente degradada, antes da chegada do impulso nervoso seguinte, pela AChE, uma serina-esterase de ação rápida que possui um sulco incomum no sítio ativo revestido por uma cadeia lateral aromática. Os gases nervosos e a succinilcolina inibem a AChE, bloqueando a transmissão do impulso nervoso nas sinapses colinérgicas.

Muitas regiões específicas do sistema nervoso utilizam outros neurotransmissores que não a ACh. A maioria deles são aminoácidos, tais como glicina e glutamina, ou seus produtos de descarboxilação e seus derivados, incluindo catecolaminas, GABA, histamina e serotonina. Muitos desses compostos têm também atividade hormonal, mas são excluídos do cérebro pela barreira hematoencefálica. Embora muitos neurotransmissores sejam excitatórios, como a ACh, outros são inibitórios. Estes últimos estimulam a abertura de canais aniônicos (Cl^-), causando com isso a hiperpolarização da membrana pós-sináptica, de forma que ela necessita ser muito mais despolarizada para desencadear um potencial de ação. Existe também uma lista crescente de neurotransmissores polipeptídicos, muitos dos quais são também hormônios, que induzem padrões complexos de comportamento.

REFERÊNCIAS

Gerais

Alberts, B., Johnson, A., Lewis, J., Raff, M., Roberts, K., and Walter, P., *The Molecular Biology of the Cell* (5th ed.), Chapter 11, Garland Science (2008).

Ashcroft, F.M., From molecule to malady, *Nature* **440,** 440–447 (2006). [Revisão sobre canais iônicos e seus defeitos.]

Busch, W. and Saier, M.H., Jr., The transporter classification (TC) system, 2002, *Crit. Rev. Biochem. Mol. Biol.* **37,** 287–337 (2002). [Resume a classificação das quase 400 famílias de sistemas de transporte e sua distribuição entre os três domínios da vida.]

Gadsby, D.C., Ion channels versus ion pumps: the principal difference, in principle, *Nature Struct. Mol. Biol.* **10,** 344–352 (2009).

Gouaux, E. and MacKinnon, R., Principles of selective ion pump transport in channels and pumps, *Science* **310,** 1461–1465 (2005). [Compara várias proteínas de transporte de estruturas conhecidas e discute a seletividade do transporte de K^+, Na^+, Ca^{2+} e Cl^-.]

Lodish, H., Berk, A., Kaiser, C.A., Krieger, M., Scott, M.P., Bretscher, A., Ploegh, H., and Matsudaira, P., *Molecular Cell Biology* (6th ed.), Chapters 11 and 23, Freeman (2008).

Cinética e mecanismo de transporte

Clapham, D.E., Unlocking family secrets: K^+ channel transmembrane domains, *Cell* **97,** 547–550 (1999).

Dutzler, R., Wang, Y.-F., Rizkallah, P.J., Rosenbusch, J.P., and Schirmer, T., Crystal structures of various maltooligosaccharides reveal a specific sugar translocation pathway, *Structure* **4,** 127–134 (1996); *and* Dutzler, R., Schirmer, T., Karplus, M., and Fischer, S.,Translation mechanism of long sugar chains across the maltoporin membrane channel, *Structure* **10,** 1273–1284 (2002).

Transporte de glicose

Barnett, J.E.G., Holman, G.D., Chalkley, R.A., and Munday, K.A., Evidence for two asymmetric conformational states in the human erythrocyte sugar transport system, *Biochem. J.* **145,** 417–429 (1975).

Huang, S. and Czech, M.P., The GLUT4 glucose transporter, *Cell. Metab.* **5,** 237–252 (2007).

Watson, R.T. and Pessin, J.E., GLUT4 translocation: The last 200 nanometers, *Cell. Signal.* **19,** 2209–2217 (2007); *and* Bridging the GAP between insulin signaling and GLUT4 translocation, *Trends Biochem. Sci.* **31,** 215–222 (2006).

Canais de K^+

Roux, B., Ion conduction and selectivity in K^+ channels, *Annu. Rev. Biophys. Biomol. Struct.* **34,** 153–171 (2005).

Zhou, Y., Morais-Cabral, J.H., Kaufman, A., and MacKinnon, R., Chemistry of ion coordination and hydration revealed by a K^+ channel–Fab complex at 2.0 Å resolution, *Nature* **414,** 43–48 (2001); *and* Doyle, D.A., Morais-Cabral, J.M., Pfuetzner, R.A., Kuo, A., Gulbis, J.M., Cohen, S.L., Chait, B.T., and MacKinnon, R., The structure of the potassium channel: Molecular basis of K^+ conduction and selectivity, *Science* **280,** 69–77 (1998). [Estruturas por raios X de alta e média resoluções do canal KcsA.]

Canais de Cl^-

Dutzler, R., The ClC family of chloride channels and transporters, *Curr. Opin. Struct. Biol.* **16,** 439–446 (2006).

Dutzler, R., Campbell, E. B., Cadene, M., Chait, B. T., and MacKinnon, R., X-ray structure of a ClC chloride channel at 3.0 Å reveals the molecular basis of anion selectivity, *Nature* **415,** 287–294 (2002).

Lobet, S. and Dutzler, R., Ion-binding properties of the ClC chloride selectivity filter, *EMBO J.* **25,** 24–33 (2006).

Aquaporinas

Fu, D. and Lu, M., The structural basis of water permeation and proton exclusion in aquaporins, *Mol. Memb. Biol.* **24,** 366–374 (2007). [Uma revisão.]

Gonen, T. and Walz, T., The structure of aquaporins, *Q. Rev. Biophys.* **39,** 361–396 (2006).

King, L.S., Kozono, D., and Agre, P., From structure to disease: The evolving tale of aquaporin biology, *Nature Rev. Mol. Cell Biol.* **5,** 687–698 (2004).

Sui, H., Han, B.-G., Lee, J.K., and Jap, B.K., Structural basis of water-specific transport through the AQP1 water channel, *Nature* **414,** 872–878 (2001).

(Na^+–K^+)–ATPase

Blaustein, M.P., Physiological effects of endogenous ouabain: Control of intracellular Ca^2 stores and cell responsiveness, *Am. J. Physiol.* **264,** C1367–C1378 (1993).

Kaplan, J.H., Biochemistry of the Na,K-ATPase, *Annu. Rev. Biochem.* **71,** 511–535 (2002).

Morph, J.P., Pedersen, B.P., Toustrop-Jensen, M.S., Sørensen, T.L.-M., Petersen, J., Andersen, J.P., Vilsen, B., and Nissen, P., Crystal structure of the sodium–potassium pump, *Nature* **450,** 1043–1049 (2007). [A estrutura da enzima de porco na resolução de 3,4 Å.]

Shinoda, T., Ogawa, H., Cornelius, F., and Toyoshima, C., Crystal structure of the sodium–potassium pump at 2.4 Å resolution, *Nature* **459,** 446–450 (2009). [A enzima de tubarão.]

Ca^2–ATPase

Enyedi, A., Vorherr, T., James, P., McCormick, D.J., Filoteo, A.G., Carafoli, E., and Penniston, J.T., The calmodulin binding do-main of the plasma membrane Ca^2 pump interacts both with calmodulin and with another part of the pump, *J. Biol. Chem.* **264,** 12313–12321 (1989).

Jencks, W.P., Coupling of hydrolysis of ATP and the transport of Ca^2 by the calcium ATPase of sarcoplasmic reticulum, *Biochem. Soc. Trans.* **20,** 555–559 (1992). [Excelente discussão sobre o mecanismo de acoplamento de energia química ao transporte vetorial de íons contra o gradiente de concentração.]

Olesen, C., Picard, M., Winther, A.-M.L., Gyrup, C., Morth, J.P., Oxvig, C., Møller, J.V., and Nissen, P., The structural basis of calcium transport by the calcium pump, *Nature* **450,** 1036–1042 (2007).

Toyoshima, C. and Inesi, G., Structural basis of ion pumping by Ca^2 -ATPase of the sarcoplasmic reticulum, *Annu. Rev. Biochem.* **73,** 269–292 (2004).

Toyoshima, C., Nakasako, M., and Ogawa, H., Crystal structure of the calcium pump of sacroplasmic reticulum at 2.6 Å resolu-tion, *Nature* **405,** 647–655 (2000).

(H^+–K^+)–ATPase

Besanèon, M., Shin, J.M., Mercier, F., Munson, K., Rabon, E., Hersey, S., and Sachs, G., Chemomechanical coupling in the gastric H,K ATPase, *Acta Physiol. Scand.* **146,** 77–88 (1992).

Pedersen, B.P., Buch-Pedersen, M.J., Morth, J.P., Palmgren, M.G., and Nissen, P., Crystal structure of the plasma membrane proton pump, *Nature* **450,** 1111–1114 (2007).

Sistema de fosfotransferase dependente de PEP

Herzberg, O. and Klevit, R., Unraveling a bacterial hexose trans-port pathway, *Curr. Opin. Struct. Biol.* **4,** 814–822 (1994).

Hurley, J.H., Faber, H.R.,Worthylake, D., Meadow, N.D., Roseman, S., Pettigrew, D.W., and Remington, S.J., Structure of the regulatory complex of *Escherichia coli* E III^{glc} with glycerol kinase, *Science* **259,** 673–677 (1993). [A EIIA era antes chamada EIII.]

Meadow, N.D., Fox, D.K., and Roseman, S.,The bacterial phospho-enolpyruvate:glucose phosphotransferase system, *Annu. Rev. Biochem.* **59,** 497–542 (1990); *and* Feese, M., Pettigrew, D.W., Meadow, N.D., Roseman, S., and Remington, S.J., Cation pro-moted association (CPA) of a regulatory and target protein is controlled by protein phosphorylation, *Proc. Natl. Acad Sci.* **91,** 3544–3548 (1994).

Saier, M.H., Jr., Chauvaux, S., Deutscher, J., Reizer, J., and Ye, J.-J., Protein phosphorylation and regulation of carbon metabolism in gram-negative versus gram-positive bacteria, *Trends Biochem. Sci.* **20,** 267–271 (1995).

Transportadores ABC

Higgins, C.F., Multiple molecular mechanisms for multidrug re-sistance transporters, *Nature* **446,** 749–757 (2007).

Hollerstein, K., Dawson, R.J.P., and Locher, K.P., Structure and mechanism of ABC transporter proteins, *Curr. Opin. Struct. Biol.* **17,** 412–418 (2007).

Jones, P.M., O'Mara, M.L., and George,A.M.,ABC transporters: a riddle wrapped in a mystery inside an enigma, *Trends Biochem. Sci.* **34,** 520–531 (2009).

Oldham, M.L., Davidson, A.L., and Chen, J., Structural insights into ABC transporter mechanism, *Curr. Opin. Struct. Biol.* **18,** 726–733 (2008).

Rees, D.C., Johnson, E., and Lewinson, O., ABC transporters: the power to change, *Nature Rev. Mol. Cell Biol.* **10,** 218–227 (2009).

Ward, A., Reyes, C.L., Yu, J., Roth, C.B., and Chang, G., Flexibility in the ABC transporter MsbA: Alternating access with a twist, *Proc. Natl. Acad Sci.* **104,** 19005–19010 (2007).

Simporte Na^+–glicose

Faham, S.,Watanabe, A., Besserer, G.M., Cascio, D., Specht, A., Hi-rayama, B.A., Wright, E.M., and Abramson, J., The crystal structure of a sodium galactose transporter reveals insights into Na /sugar symport, *Science* **321,** 810–814 (2008).

Wright, E.M., Hirayama, B.A., and Loo, D.F., Active sugar trans-port in health and disease, *J. Intern. Med.* **261,** 32–43 (2007).

Lactose permease

Abramson, J., Smirnova, I., Kasho, V., Verner, G., Kaback, H.R., and Iwata, S., Structure and mechanism of the lactose perme-ase of *Escherichia coli, Science* **301,** 610–615 (2003).

Guan, L. and Kaback, H.R., Lessons from lactose permease, *Annu. Rev. Biophys. Biomol. Struct.* **35,** 67–91 (2006).

Transladador ATP-ADP

Klingenberg, M., Molecular aspects of the adenine nucleotide car-rier from mitochondria, *Arch. Biochem. Biophys.* **270,** 1–14 (1989).

Nury, H., Dahout-Gonzalez, C., Trézéguet, V., Lauquin, G.J.M., Brandolin, G., and Pebay-Peyroula, E., Relations between structure and function of the mitochondrial ADP/ATP carrier, *Annu. Rev. Biochem.* **75,** 713–741 (2006).

Neurotransmissão

Bezanilla, F., How membrane proteins sense voltage, *Nature Rev. Mol. Cell Biol.* **9,** 323–332 (2008).

Catterall, W.A., Structure and regulation of voltage-gated Ca^2 channels, *Annu. Rev. Cell Dev. Biol.* **16,** 521–555 (2000).

Geppert, M. and Südhof, T.C., Rab3 and synaptotagmin. The yin and yang of synaptic transmission, *Annu. Rev. Neurosci.* **21,** 75–95 (1998).

Gulbis, J.M. and Doyle, D.A., Potassium channel structures: do they conform? *Curr. Opin. Struct. Biol.* **14,** 440–446 (2004).

Hille, B., *Ionic Channels of Excitable Membranes* (3rd ed.), Sinauer Associates (2001).

Lin, R.C. and Scheller, R.H., Mechanisms of synaptic vesicle exo-cytosis, *Annu. Rev. Cell Dev. Biol.* **16,** 19–49 (2000).

Long, S.B., Campbell, E.B., and MacKinnon, R., Crystal structure of a mammalian voltage-dependent *Shaker* family K channel; *and* Voltage sensor of Kv1.2: Structural basis of electromechan-ical coupling, *Science* **309,** 897–903; *and* 903–908 (2005).

Long, S.B., Tao, X., Campbell, E.B., and MacKinnon, R., Atomic structure of a voltage-dependent K channel in a lipid membrane-like environment, *Nature* **450,** 376–382 (2007).

Orlova, E.V., Rahman, M.A., Gowen, B., Volynski, K.E., Ashton, A.C., Manser, C., van Heel, M., and Ushkaryov,Y.A., Structure of α-latrotoxin oligomers reveals that divalent cation-dependent tetramers form membrane pores, *Nature Struct. Biol.* **7,** 48–53 (2000).

Roosild, T.P., Lê, K.-T., and Choe, S., Cytoplasmic gatekeepers of K -channel flux: a structural perspective, *Trends Biochem. Sci.* **29,** 39–45 (2004).

Sussman, J.L., Harel, M., Frolow, F., Oefner, C., Goldman, A., Toker, L., and Silman, I., Atomic structure of acetylcholinestera-se from *Torpedo californica:* A prototypic acetylcholine-binding pro-tein, *Science* **253,** 872–879 (1991).

Swartz, K.J., Sensing voltage across lipid membranes, *Nature* **456,** 891–897 (2008).

Unwin, N., Refined structure of the nicotinic acetylcholine receptor at 4 Å resolution, *J. Mol. Biol.* **346,** 967–989 (2004); *and* Miyazawa, A., Fujiyoshi,Y., and Unwin, N., Structure and gat-ing mechanism of the acetylcholine receptor pore, *Nature* **423,** 949–955 (2003).

Yellin, G., The voltage-gated potassium channels and their relatives, *Nature* **419,** 35–42 (2002).

Zhou, M., Morais-Cabral, J.H., Mann, S., and MacKinnon, R., Potassium channel receptor site for the inactivation gate and quaternary amine inhibitors, *Nature* **411,** 657–661 (2001).

PROBLEMAS

1. Se a concentração da glicose fora da célula é de 10 mM mas dentro da célula é de 0,1 mM, qual é a diferença de potencial químico da glicose através da membrana a 37°C?

***2.** Se uma solução de uma macromolécula eletricamente carregada for equilibrada com uma solução salina da qual está separada por uma membrana através da qual somente os íons salinos podem passar, é gerado um potencial de membrana. Este **equilíbrio Donnan** forma-se porque a impermeabilidade da membrana a determinados íons impede o equilíbrio das concentrações iônicas dos dois lados da membrana. Para demonstrar esse efeito, presuma que o sal de Cl^- de uma proteína, monocatiônica P^+ é dissolvido em água de forma que $[Cl^-] = 0,1\ M$ e o sal está separado de uma solução de 0,1 M de NaCl de mesmo volume por uma membrana impermeável à proteína, mas não ao NaCl. Presumindo que não haja mudança de volume nos dois compartimentos, quais são as concentrações das diferentes espécies iônicas em ambos os lados da membrana quando o sistema atinge o equilíbrio? Qual é o valor do potencial de membrana? (*Dica:* a massa é conservada e a solução em cada lado da membrana deve ser eletricamente neutra. No equilíbrio: $\Delta G_{Na^+} + \Delta G_{Cl^-} = 0$.)

3. A **gramicidina A**, um dímero de polipeptídeos com 15 resíduos que formam uma hélice oca, é um ionóforo formado por canal que permite a passagem, através da membrana, de 10^7 íons metálicos alcalinos por segundo. Quanto tempo demora uma molécula de gramicidina A para transportar Na^+ suficiente para o interior de um eritrócito com um volume de 80 μm^3 de modo a alterar em 10 mM sua concentração? Presuma que as bombas de sódio do eritrócito não estão funcionando e que a gramicidina A também não transporta íons para fora da célula, o que ela na verdade faz.

4. Prediga se os seguintes compostos podem atravessar a membrana sem mediação ou necessitam facilitação. Indique os critérios usados para fazer estas predições. (a), etanol, (b) glicina, (c) colesterol, e (d) ATP.

5. A velocidade do deslocamento (fluxo) de uma substância X para dentro das células foi medida em diferentes concentrações de X para traçar o gráfico abaixo.

(a) Esta informação sugere que o deslocamento de X para dentro das células é mediado por um transportador proteico? Explique.

(b) Que experimento adicional você faria para verificar se uma proteína de transporte está ou não envolvida?

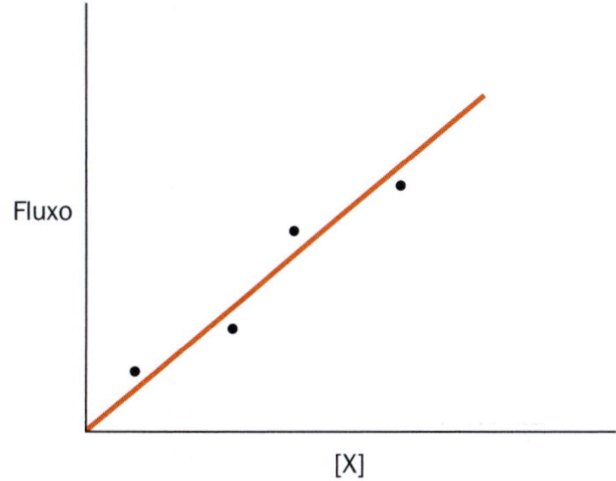

6. Você isolou uma nova linhagem de bactéria e gostaria de saber se a leucina e o etilenoglicol entram nas células por difusão mediada ou somente por uma rota não mediada. Para isso, você mede as taxas iniciais de captação dessas moléculas em função da concentração externa e coloca os dados na seguinte tabela:

Composto	Concentração (M)	Taxas iniciais de captação (unidades arbitrárias)
Leucina	1×10^{-6}	110
	2×10^{-6}	220
	5×10^{-6}	480
	1×10^{-5}	830
	3×10^{-5}	1.700
	1×10^{-4}	2.600
	5×10^{-4}	3.100
Etilenoglicol	1×10^{-3}	3.200
	1×10^{-3}	1
	5×10^{-3}	5
	0,01	10
	0,05	50
	0,1	100
	0,5	500
	1,0	1.000

Qual(is) composto(s) entra(m) pela rota mediada? Que critérios você usou para esta conclusão?

7. A aquaporina AQP1 (Fig. 20.15) forma um poro em forma de ampulheta que, na sua região mais estreita, tem 3 Å de diâmetro. A AQP1 é impermeável ao glicerol ($CHOH[CH_2OH]_2$). No entanto, uma aquagliceroporina homóloga e estruturalmente similar, que tem uma largura de, pelo menos, 3,4 Å, permite a passagem do glicerol, mas é pouco permeável à água. Discuta as possíveis diferenças entre esses canais que poderiam ser as responsáveis por suas permeabilidades diferentes.

8. A (Na^+–K^+)–ATPase é inibida por concentrações nanomolares de vanadato, que forma um íon pentavalente, VO_3^{-5}, com simetria triangular bipiramidal. Explique o mecanismo dessa inibição. (*Dica:* ver Seção 16.2B.)

9. Para que serviria a síntese da digitalis na planta dedaleira púrpura?

10. A (H^+–K^+)–ATPase secreta H^+ de células com um pH interno de 7, a uma concentração de 0,18 M. Qual é a ΔG necessária para o transporte de 1 mol de H^+ sob essas condições? Presumindo que a ΔG para a hidrólise do ATP é $-31,5\ kJ \cdot mol^{-1}$ sob essas condições, e que o potencial de membrana é 0,06 V com o interior negativo, quanto ATP deve ser hidrolisado por mol de H^+ transportado para que esse transporte seja exergônico?

11. Uma membrana com 100 Å de espessura tem um potencial de membrana de 100 mV. Qual é a magnitude dessa diferença de potencial em $V \cdot cm^{-1}$? Comente a magnitude desse potencial em termos macroscópicos.

12. O potencial de repouso ($\Delta\Psi$) de um neurônio a 37°C é −60 mV (interior negativo). Se a variação de energia livre associada ao transporte de um íon Na^+ de fora para dentro for $-11,9\ kJ \cdot mol^{-1}$ e a concentração de Na^+ no exterior da célula for de 260 mM, qual é a $[Na^+]$ no interior da célula?

13. Escreva um esquema cinético para a (H^+–K^+)–ATPase que faça o acoplamento do transporte do H^+ com a hidrólise de ATP. Discuta a ordem de adição das substâncias necessárias para o acoplamento. Identifique as etapas nas quais a desestabilização mútua resulta em taxas razoáveis de transporte.

14. Se o suprimento de ATP na célula mostrado na Fig. 20.27*c* acabasse subitamente, a concentração intracelular de glicose aumentaria, diminuiria ou permaneceria a mesma?

15. As células endoteliais e os pericitos na retina do olho têm mecanismos de captação de glicose diferentes. A figura abaixo mostra a velocidade de captação da glicose por cada tipo de célula na presença de quantidades crescentes de sódio. O que estes resultados revelam a respeito do transportador 4 de glicose em cada uma dessas células?

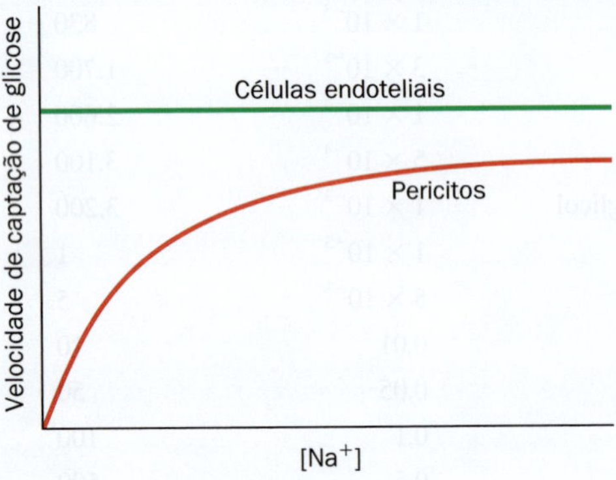

16. Por que os impulsos nervosos não se propagam no sentido inverso?

17. Qual é o potencial de membrana de um axônio a 25°C (a) na presença da tetrodotoxina ou (b) com uma alta concentração de Cs^+ dentro do axônio (use os dados da Tabela 20.3)? Como essas substâncias afetam o potencial de ação do axônio?

18. O **íon decametônio** ($[CH_3]_3N^+[CH_2]_{10}N^+[CH_3]_3$) é um relaxante muscular sintético. Qual é o seu mecanismo de ação?

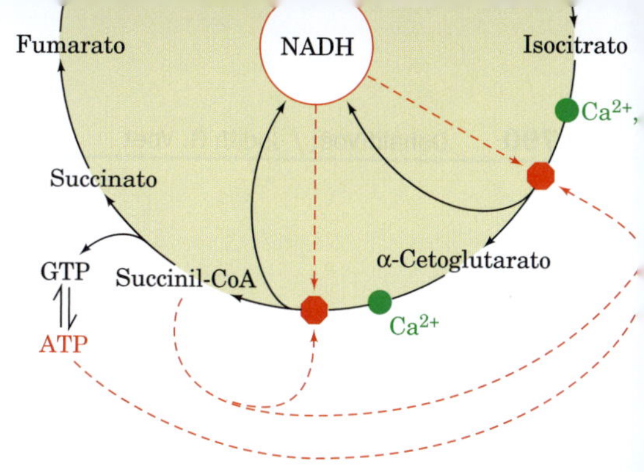

O Ciclo do Ácido Cítrico

CAPÍTULO 21

Neste capítulo, será dada continuidade aos estudos metabólicos examinando o **ciclo do ácido cítrico**, a via comum de degradação oxidativa em eucariotos e procariotos. Esse ciclo, que é também conhecido como **ciclo dos ácidos tricarboxílicos** (**CAT**) e como **ciclo de Krebs**, marca o "ponto central" do sistema metabólico: *ele é responsável pela maior parte da oxidação de carboidratos, ácidos graxos e aminoácidos e produz numerosos precursores biossintéticos.* O ciclo do ácido cítrico é, portanto, **anfibólico**, ou seja, ele opera tanto catabólica quanto anabolicamente.

Será dado início ao estudo acerca do ciclo do ácido cítrico com uma visão geral das reações que o compõem e uma sinopse da história da sua elucidação. A seguir, serão investigadas as origens do composto que inicia o ciclo, a **acetil-coenzima A** (**acetil-CoA**), o intermediário comum, produzido pela degradação da maior parte dos combustíveis metabólicos. Então, após uma discussão sobre os mecanismos de reação das enzimas que catalisam o ciclo, serão consideradas as várias formas por meio das quais ele é regulado. Finalmente, será observada a natureza anfibólica do ciclo do ácido cítrico, examinando suas inter-relações com outras vias metabólicas.

1 VISÃO GERAL DO CICLO

Ver Exploração guiada 18: Visão geral do ciclo do ácido cítrico *O ciclo do ácido cítrico* (Fig. 21.1) *é uma série engenhosa de reações que oxida o grupo acetila da acetil-CoA a duas moléculas de CO_2, de forma a conservar a energia livre liberada para a utilização na produção de ATP.* Antes de estudar essas reações em detalhe, pode-se considerar a estratégia química do ciclo, "caminhando" pelo ciclo e observando o destino do grupo acetila em cada passo. Após essa visão prévia, serão consideradas algumas das principais descobertas que levaram ao conhecimento que se tem agora do ciclo do ácido cítrico.

A. *As reações do ciclo*

As oito enzimas do ciclo do ácido cítrico (Fig. 21.1) catalisam uma série de reações orgânicas bem conhecidas, que resultam na oxidação cumulativa de um grupo acetila em duas moléculas de CO_2, com a produção concomitante de três NADHs, um $FADH_2$ e um GTP:

1. A **citrato-sintase** catalisa a condensação de acetil-CoA e **oxalacetato** para produzir **citrato**, dando ao ciclo seu nome.
2. A estratégia das duas etapas seguintes do ciclo é rearranjar a molécula de citrato em um isômero mais facilmente oxidável e então oxidá-lo. A **aconitase** isomeriza o citrato, um álcool terciário não facilmente oxidável, em um álcool secundário facilmente oxidável, o **isocitrato**. A sequência da reação envolve uma desidratação, produzindo o intermediário ligado à enzima ***cis*-aconitato**, seguida por uma hidratação, de forma que o grupo hidroxila do citrato é, efetivamente, transferido para um átomo de carbono adjacente.
3. A **isocitrato-desidrogenase** oxida o isocitrato em um β-cetoácido intermediário, o **oxalossuccinato**, com a redução acoplada de NAD^+ a NADH; o oxalossuccinato é, então, descarboxilado, produzindo **α-cetoglutarato**. Esse é o primeiro passo em que a oxidação é acoplada à produção de NADH e também o primeiro passo com produção de CO_2.
4. O complexo multienzimático da **α-cetoglutarato-desidrogenase** descarboxila oxidativamente o α-cetoglutarato, produzindo **succinil-coenzima A**. A reação envolve a redução de um segundo NAD^+ a NADH e a geração de uma segunda molécula de CO_2. Nesse ponto do ciclo, duas moléculas de CO_2 foram produzidas, de modo que a oxidação do grupo acetila está completa. Pode-se observar, entretanto, que os átomos de carbono que são oxidados não são os átomos de carbono da acetil-CoA que entrou no ciclo.

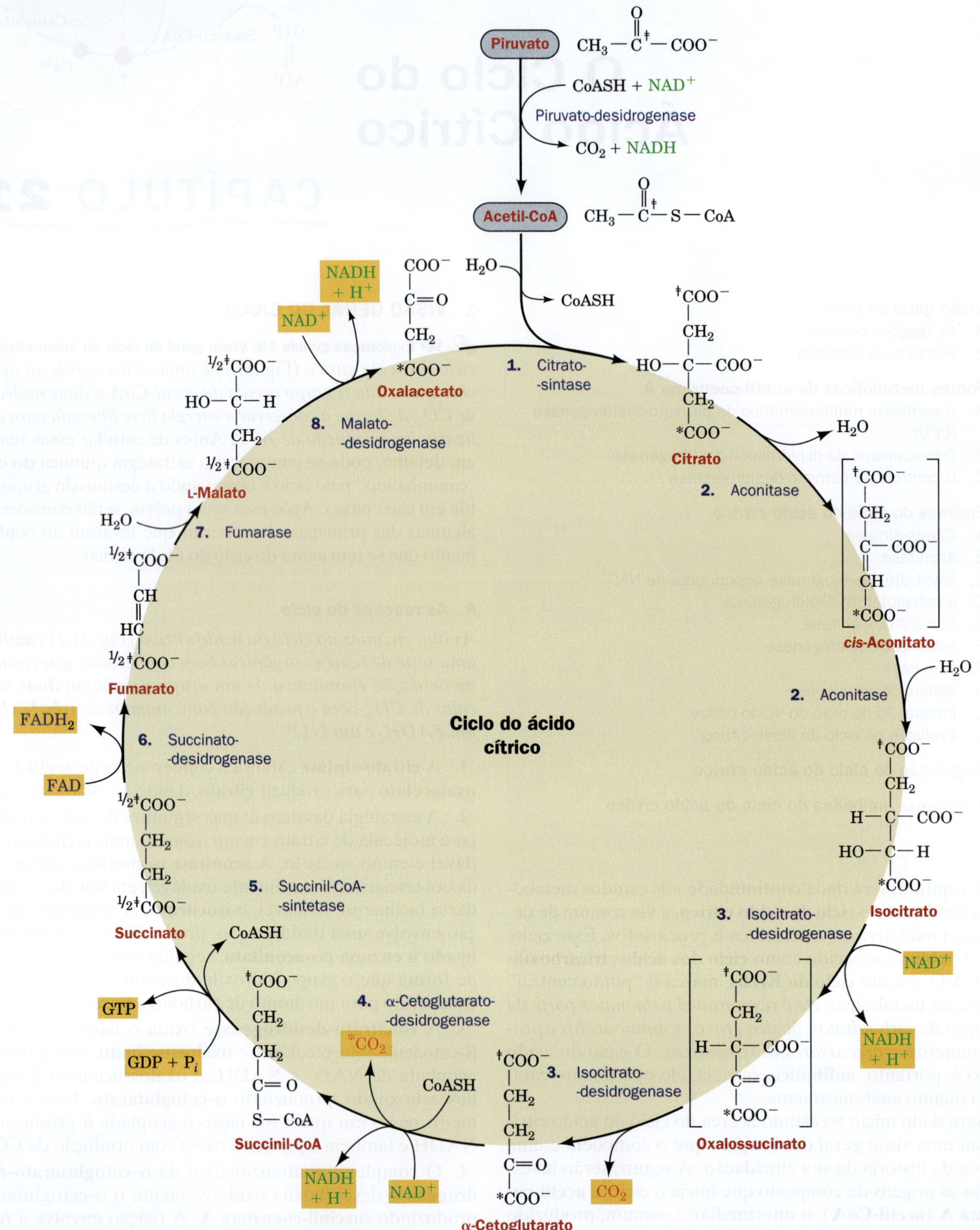

FIGURA 21.1 Reações do ciclo do ácido cítrico. Os reagentes e produtos desse ciclo catalítico estão nos quadros. A reação piruvato → acetil-CoA (*parte superior*) fornece o substrato do ciclo via metabolismo de carboidratos, mas não é considerada parte do ciclo. Os compostos entre colchetes são intermediários ligados às enzimas. Uma marcação isotópica no C4 do oxalacetato (*) torna-se C1 do α-cetoglutarato e é liberada como CO_2 na Reação 4. Uma marcação isotópica no C1 da acetil-CoA (‡) torna-se o C5 do α-cetoglutarato e é dividida na Reação 5 entre os C1 e C4 do succinato (1/2‡). **Ver Figuras animadas**

5. A **succinil-CoA-sintase** converte a succinil-coenzima A em **succinato**. A energia livre da ligação tioéster é conservada nessa reação, pela formação de GTP de "alta energia" a partir de GDP + P_i.

6. As demais reações servem para oxidar o succinato produzindo novamente oxalacetato, preparando outra volta do ciclo. A **succinato-desidrogenase** catalisa a oxidação da ligação simples central do succinato, produzindo uma ligação dupla *trans*, gerando **fumarato**, com redução concomitante da coenzima redox FAD em $FADH_2$ (as formas moleculares do FAD e do $FADH_2$ e as reações por meio das quais elas se interconvertem estão mostradas na Fig. 16.8).

7. A **fumarase** catalisa então a hidratação da ligação dupla do fumarato, produzindo **malato**.

8. Finalmente, a **malato-desidrogenase** forma novamente o oxalacetato, oxidando o grupo alcoólico secundário do malato na cetona correspondente, com redução concomitante de um terceiro NAD^+ a NADH.

Os grupos acetila são, portanto, completamente oxidados em CO_2 com a seguinte estequiometria:

$$3NAD^+ + FAD + GDP + P_i + \text{acetil-CoA} \longrightarrow 3NADH + FADH_2 + GTP + CoA + 2CO_2$$

O ciclo do ácido cítrico funciona cataliticamente como consequência da regeneração do oxalacetato: um grande número de grupos acetila pode ser oxidado pela utilização de uma única molécula de oxalacetato.

NADH e $FADH_2$ são produtos vitais do ciclo do ácido cítrico. Sua reoxidação pelo O_2, mediante a cadeia de transporte de elétrons e a fosforilação oxidativa (Capítulo 22), completa a quebra do combustível metabólico de forma a impulsionar a síntese de ATP. Outras funções do ciclo são discutidas na Seção 21.5.

B. *Perspectiva histórica*

O ciclo do ácido cítrico foi proposto em 1937 por Hans Krebs, uma contribuição que situa-se entre as mais importantes da química metabólica. Assim, será esboçada a história intelectual da descoberta desse ciclo.

No início da década de 1930, um progresso significativo havia sido feito na elucidação da via glicolítica (Seção 17.1A). Apesar disso, o mecanismo da oxidação da glicose e sua relação com a respiração celular (captação de oxigênio) continuava a ser um mistério. Já era reconhecido, porém, o envolvimento de diversos metabólitos nos processos oxidativos celulares. Por exemplo, estava bem determinado que, além do lactato e do acetato, os ácidos dicarboxílicos succinato, malato e α-cetoglutarato, assim como o ácido tricarboxílico citrato, eram rapidamente oxidados pelo tecido muscular durante a respiração. Havia também sido demonstrado que o **malonato** (Seção 21.3F), um potente inibidor da oxidação do succinato a fumarato, também inibia a respiração celular, sugerindo, portanto, que o succinato não era apenas outro combustível metabólico, mas um composto que desempenhava um papel central no metabolismo oxidativo.

Em 1935, Albert Szent-Györgyi demonstrou que a respiração celular é acelerada dramaticamente por quantidades catalíticas de succinato, fumarato, malato e oxalacetato; ou seja, *a adição de qualquer dessas substâncias a tecido muscular macerado estimulava a captação de O_2 e a produção de CO_2 em taxas muito mais altas que aquelas necessárias para oxidar esses ácidos dicarboxílicos.* Szent-Györgyi mostrou posteriormente que esses compostos eram interconvertidos, de acordo com a seguinte sequência de reação:

$$\text{Succinato} \longrightarrow \text{fumarato} \longrightarrow \text{malato} \longrightarrow \text{oxalacetato}$$

Pouco mais tarde, Carl Martius e Franz Knoop demonstraram que o citrato é rearranjado, via *cis*-aconitato, produzindo isocitrato, e, então, desidrogenado para dar α-cetoglutarato. Já era conhecido que o α-cetoglutarato sofria descarboxilação oxidativa produzindo succinato e CO_2. Isso ampliou a sequência de reações proposta para

$$\text{Citrato} \longrightarrow cis\text{-aconitato} \longrightarrow \text{isocitrato} \longrightarrow \alpha\text{-cetoglutarato} \longrightarrow \text{succinato} \longrightarrow \text{fumarato} \longrightarrow \text{malato} \longrightarrow \text{oxalacetato}$$

Era ainda necessário, para fechar o ciclo de modo a tornar o sistema catalítico, estabelecer que o oxalacetato era convertido em citrato. Em 1936, Martius e Knoop demonstraram que o citrato podia ser formado não enzimaticamente a partir do oxalacetato e do piruvato, por tratamento com peróxido de hidrogênio em condições básicas. Krebs utilizou esse modelo químico como ponto de partida para os experimentos bioquímicos que levaram à sua proposta do ciclo do ácido cítrico.

A hipótese de Krebs era fundamentada em suas investigações, iniciadas em 1936, a respeito da respiração em macerado de músculo de peito de pombo (que possui uma taxa de respiração especialmente alta). A ideia de um ciclo catalítico não lhe era nova: em 1932, ele e Kurt Henseleit haviam elucidado as linha gerais do **ciclo da ureia**, um processo no qual a amônia e o CO_2 são convertidos em ureia (Seção 26.2). As observações mais importantes feitas por Krebs como evidências da existência do ciclo do ácido cítrico foram as seguintes:

1. O succinato é formado a partir de fumarato, malato ou oxalacetato na presença do inibidor metabólico malonato. Uma vez que o malonato inibe a redução direta do fumarato a succinato, o succinato deve ser formado por um ciclo oxidativo.

2. O piruvato e o oxalacetato podem produzir citrato enzimaticamente. Krebs então sugeriu que o ciclo metabólico é encerrado com a reação:

$$\text{Piruvato} + \text{oxalacetato} \longrightarrow \text{citrato} + CO_2$$

3. As velocidades de interconversão nas etapas individuais do ciclo são suficientemente rápidas para explicar as taxas de respiração observadas, de modo que ele deve ser (no mínimo) a principal via de oxidação de piruvato no músculo.

Embora Krebs tenha estabelecido a existência do ciclo do ácido cítrico, alguns pontos importantes ainda permaneciam para serem elucidados. O mecanismo da formação do citrato não foi esclarecido até Nathan Kaplan e Fritz Lipmann descobrirem a **coenzima A**, em 1945 (Seção 21.2), e Severo Ochoa e Feodor Lynen estabelecerem, em 1951, que a acetil-CoA é o intermediário que é condensado com o oxalacetato para formar o citrato. Também foi demonstrado o envolvimento da coenzima A na descarboxilação oxidativa do α-cetoglutarato, produzindo succinato, tendo como intermediário o succinil-CoA.

A elucidação do ciclo do ácido cítrico foi um grande feito e, como todas as realizações dessa magnitude, necessitou do esforço de numerosos pesquisadores. Na verdade, bioquímicos ainda estão trabalhando para compreender o ciclo no nível molecular e enzimático. Serão estudadas as oito enzimas que catalisam o ciclo após uma discussão sobre o principal combustível do ciclo, a acetil-CoA, e sua formação a partir do piruvato.

2 FONTES METABÓLICAS DA ACETIL-COENZIMA A

*Grupos acetila entram no ciclo do ácido cítrico como **acetil-coenzima A** (**acetil-SCoA** ou **acetil-CoA**; Fig. 21.2), o produto comum da degradação de carboidratos, ácidos graxos e aminoácidos.* A **coenzima A** (**CoASH** ou **CoA**) consiste em um grupo β-mercaptoetilamina unido, por uma ligação amida, à vitamina **ácido pantotênico**, a qual, por sua vez, está ligada à porção 3′-fosfoadenosina por uma ponte pirofosfato. O grupo acetila da acetil-CoA liga-se como um tioéster à porção sulfidrila do grupo β-mercaptoetilamina. *A CoA, portanto, funciona como um carreador de acetila e de outros grupos acila (o A da CoA vem de "Acetilação").*

A acetil-CoA é um composto de "alta energia": o $\Delta G°'$ para a hidrólise de sua ligação tioéster é −31,5 kJ · mol^{-1}, o que torna essa reação ligeiramente mais exergônica (1 kJ · mol^{-1}) que aquela da hidrólise do ATP (Seção 16.4A). A formação dessa ligação tioéster em um intermediário metabólico, portanto, conserva uma parte da energia livre da oxidação dos combustíveis metabólicos.

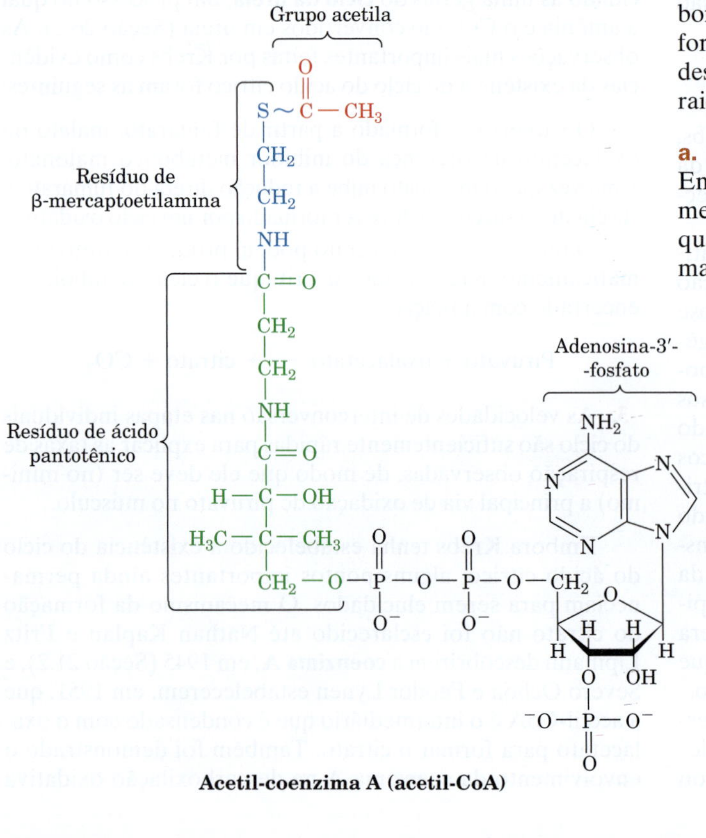

Grupo acetila
Resíduo de β-mercaptoetilamina
Resíduo de ácido pantotênico
Adenosina-3′-fosfato

Acetil-coenzima A (acetil-CoA)

FIGURA 21.2 Estrutura química da acetil-CoA. A ligação tioéster está desenhada como um til (~) para indicar que é uma ligação de "alta energia". Na CoA, o grupo acetila é substituído por um átomo de hidrogênio.

A. O complexo multienzimático da piruvato-desidrogenase (CPD)

O precursor imediato para a acetil-CoA oriunda de carboidratos é o piruvato, produto da glicólise. Como foi visto na Seção 17.3, em condições anaeróbias, o NADH produzido pela glicólise é reoxidado com redução concomitante de piruvato a lactato (no músculo) ou etanol (em leveduras). Em condições aeróbias, entretanto, o NADH é reoxidado pela cadeia de transporte de elétrons da mitocôndria (Seção 22.2), de forma que o piruvato, que entra na mitocôndria por um simporte piruvato-H^+ (a nomenclatura para tipos de transporte através da membrana é discutida na Seção 20.3), possa posteriormente sofrer oxidação. (A formação de acetil-CoA a partir de ácidos graxos e aminoácidos é discutida nas Seções 25.2 e 26.3.)

A acetil-CoA é sintetizada a partir do piruvato e de CoA por descarboxilação oxidativa, catalisada por um **complexo multienzimático** denominado **piruvato-desidrogenase.** Em geral, complexos multienzimáticos são grupos de enzimas associadas de forma não covalente, que catalisam dois ou mais etapas sequenciais em uma via metabólica. O **complexo multienzimático da piruvato-desidrogenase** (**CPD**) consiste em três enzimas: **piruvato-desidrogenase** (**E1**), **di-hidrolipoil-transacetilase** (**E2**) e **di-hidrolipoil-desidrogenase** (**E3**). O complexo da piruvato-desidrogenase da *E. coli*, cuja caracterização foi feita a partir de trabalhos pioneiros de Lester Reed, é uma partícula poliédrica de ~4.600 kDa, com ~300 Å de diâmetro (Fig. 21.3*a*). A E2 isolada de *E. coli* forma uma partícula com 24 subunidades idênticas, as quais, conforme indicado por micrografias eletrônicas (Figs. 21.3*b* e 21.4*a*), juntamente com sua estrutura por raios X (Fig. 21.5*a*), estão arranjadas com simetria cúbica. As subunidades da E1 formam dímeros que se associam com o cubo formado pela E2 nos centros das 12 bordas do cubo (Fig. 21.4*b*,*c*), enquanto as subunidades da E3 formam dímeros que estão localizados nos centros das 6 faces desse cubo. A seguir serão discutidas as estruturas obtidas por raios X das subunidades da E1, da E2 e da E3.

a. Alguns CPDs apresentam a forma de um dodecaedro

Embora todos os CPDs catalisem as mesmas reações usando mecanismos semelhantes, eles podem apresentar estruturas quaternárias diferentes. Enquanto os CPDs de *E. coli* e da maior parte de outras bactérias gram-negativas apresentam

FIGURA 21.3 Micrografias eletrônicas do complexo multienzimático da piruvato-desidrogenase de *E. coli*. (*a*) O complexo intacto. (*b*) O "núcleo" do complexo di-hidrolipoil-transacetilase (E2). (Cortesia de Lester Reed, University of Texas, EUA.)

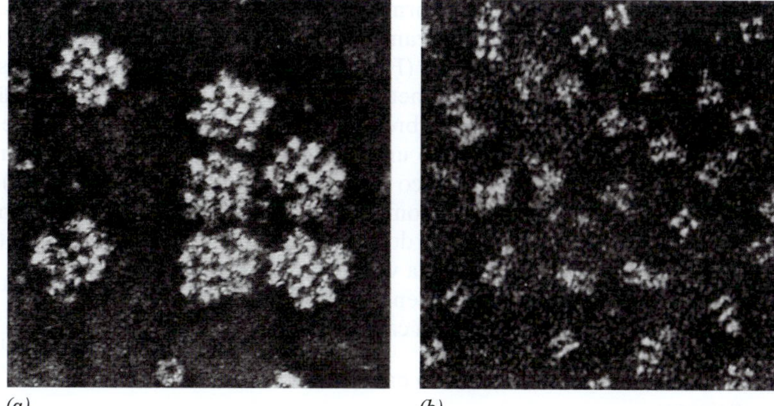

FIGURA 21.4 Organização estrutural do CPD de *E. coli*. (*a*) O "núcleo" de di-hidrolipoil-transacetilase (E2). Suas 24 subunidades (*esferas verdes*) associam-se como trímeros, localizados nos vértices de um cubo, para formar uma partícula com simetria cúbica (Simetria *O*; Seção 8.5B). (*b*) As 24 subunidades da piruvato-desidrogenase (E1; *esferas alaranjadas*) formam dímeros que associam-se com o núcleo E2 (*cubo sombreado*) nos centros de cada uma de suas 12 arestas, enquanto as 12 subunidades da di-hidrolipoil-desidrogenase (E3; *esferas roxas*) formam dímeros, que ligam-se ao cubo E2 nos centros de cada uma de suas 6 faces. (*c*) As partes *a* e *b* combinam-se para formar o complexo inteiro, de 60 subunidades.

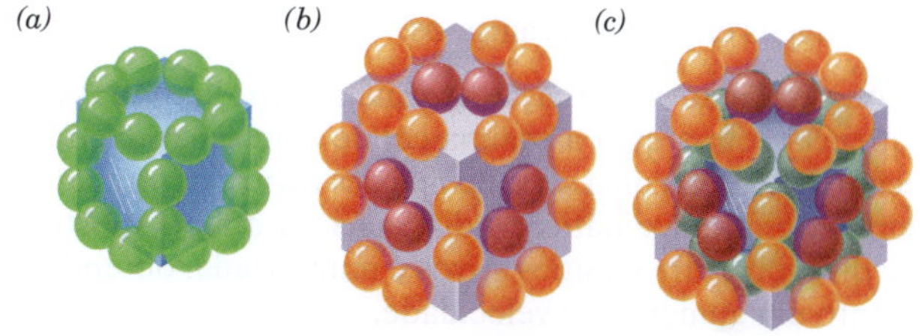

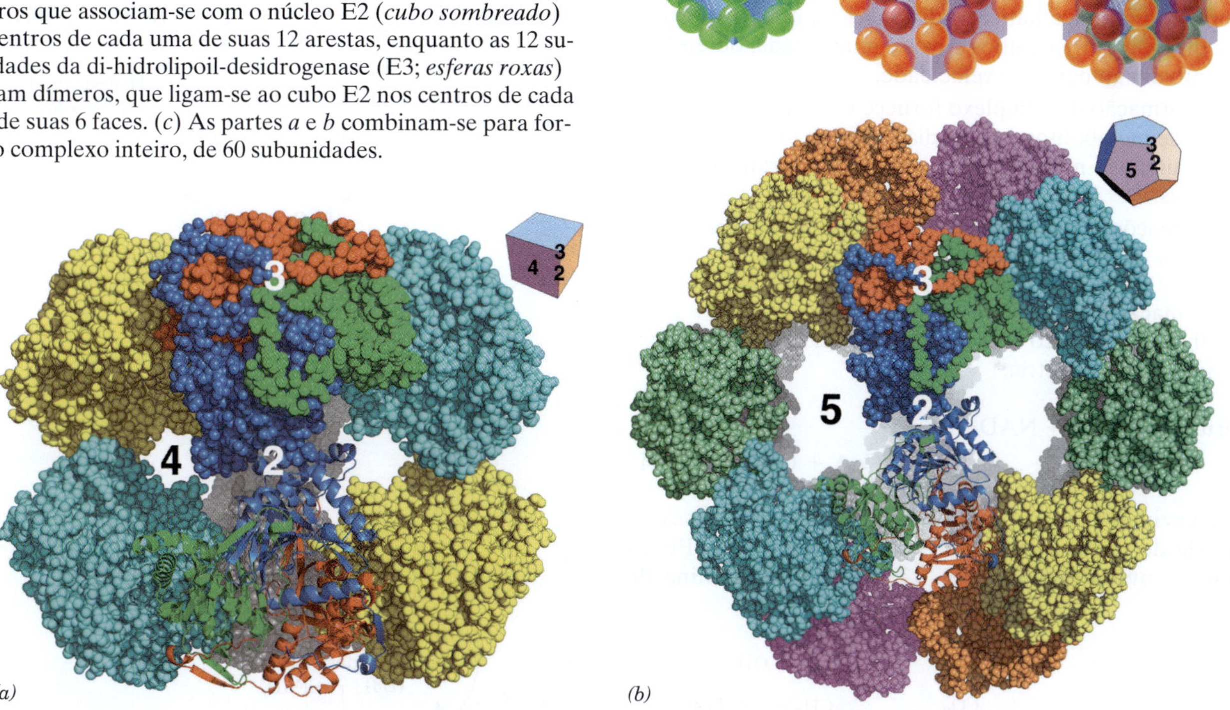

FIGURA 21.5 Comparação das estruturas obtidas por raios X dos núcleos da di-hidrolipoil-transacetilase (E2) de CPDs. As estruturas são mostradas principalmente por representações em volume atômico e observadas aos longo de seus eixos de simetria dupla. (*a*) O núcleo cúbico (simetria *O*; Fig. 8.65c) de E2 com 125 Å de altura da bactéria gram-negativa *Azotobacter vinelandii*. Ele consiste em 24 subunidades que formam 8 trímeros, aqui mostrados em diferentes cores. As posições de eixos de simetria de ordem 2, 3 e 4 estão indicadas. O inserto (*parte superior, à direita*) é um desenho em perspectiva de um cubo. (*b*) O núcleo dodecaédrico (simetria *I*; Fig. 8.65c) de E2 de 237 Å de diâmetro da bactéria gram-positiva *Bacillus stearothermophilus*. Ele consiste em 60 subunidades que formam 20 trímeros, mostrados aqui em diferentes cores. As posições de eixos de simetria de ordem 2, 3 e 5 estão indicadas. O inserto (*parte superior, à direita*) é um desenho em perspectiva de um dodecaedro. A parte do fundo de cada complexo, que é quase completamente eclipsada pela porção dianteira, está em cinza. As subunidades formando o trímero que estão mais próximas ao observador em cada desenho estão coloridas individualmente, com o trímero inferior desenhado em forma de fita. Observar que essas subunidades estão intimamente associadas e que os trímeros nos dois complexos possuem estruturas bastante similares. Em contraste, as interações entre trímeros que estabelecem contatos em ambos os tipos de complexos são relativamente tênues. Também observar que esses trímeros que estabelecem contatos formam anéis de 4 e 5 membros, que compreendem as faces quadradas e pentagonais dos complexos cúbico e dodecaédrico, respectivamente. (Com base em estruturas por raios X obtidos por Wim Hol, University of Washington, EUA. PDBids 1EAB e 1B5S.)

a simetria cúbica descrita anteriormente, aqueles dos eucariotos e de algumas bactérias gram-positivas apresentam uma forma análoga, dodecaédrica (Fig. 21.5*b*; um dodecaedro é um poliedro regular com simetria *I* [Seção 8.5B], que apresenta 20 vértices, cada um sobre um eixo de ordem 3, e 12 faces pentagonais, possuindo um agregado de 30 bordas). Assim, o complexo eucariótico localizado na mitocôndria, com ~10.000 kDa, o maior complexo multienzimático conhecido, consiste em um núcleo dodecaédrico com 20 trímeros de E2 (um centrado em cada vértice), cercado por 30 heterotetrâmeros $\alpha_2\beta_2$ de E1 (um centrado em cada borda) e 12 dímeros de E3 (um centrado em cada face).

b. Complexos multienzimáticos são cataliticamente eficientes

Complexos multienzimáticos representam um passo adiante na evolução da eficiência catalítica. Eles oferecem as seguintes vantagens em seus mecanismos:

1. As velocidades da reação enzimática são limitadas pela frequência com a qual a enzima colide com seus substratos (Seção 14.2Ba). Se uma série de reações ocorre dentro de um complexo multienzimático, a distância na qual o substrato deve difundir entre os sítios ativos é minimizada, obtendo-se portanto um aumento de velocidade.
2. A formação do complexo fornece os meios para a **canalização** de metabólitos intermediários entre enzimas sucessivas em uma via metabólica, minimizando portanto reações colaterais.
3. As reações catalisadas por um complexo multienzimático podem ser controladas de forma coordenada.

c. A formação da acetil-CoA ocorre em cinco reações

O CPD catalisa cinco reações sequenciais (Fig. 21.6) com a seguinte estequiometria:

$$\text{Piruvato} + \text{CoA} + \text{NAD}^+ \longrightarrow \text{acetil-CoA} + \text{CO}_2 + \text{NADH}$$

As coenzimas e os grupos prostéticos necessários nessa sequência de reações são o pirofosfato de tiamina (TPP, de *thiamine pyrophosphate*; Fig. 17.26), flavina adenina dinucleotídeo (FAD; Fig. 16.8), nicotinamida adenina dinucleotídeo (NAD^+; Fig. 13.2) e a **lipoamida** (Fig. 21.7); suas funções estão listadas na Tabela 21.1. A lipoamida consiste no **ácido lipoico** unido, por uma ligação amida, ao grupo ε-amino de um resíduo de lisina. A redução de seu dissulfeto cíclico para um ditiol, **di-hidrolipoamida**, e sua reoxidação (Fig. 21.7) são as funções desse grupo prostético.

As cinco reações catalisadas pelo CPD ocorrem conforme segue (Fig. 21.6):

1. A piruvato-desidrogenase (E1), uma enzima que requer TPP, descarboxila o piruvato, com a formação intermediária de hidroxietil-TPP. Essa reação é idêntica àquela catalisada pela piruvato-descarboxilase de fungos (Seção 17.3B):

TPP • E1 + Piruvato → (H^+) → → (CO_2) Hidroxietil-TPP • E1

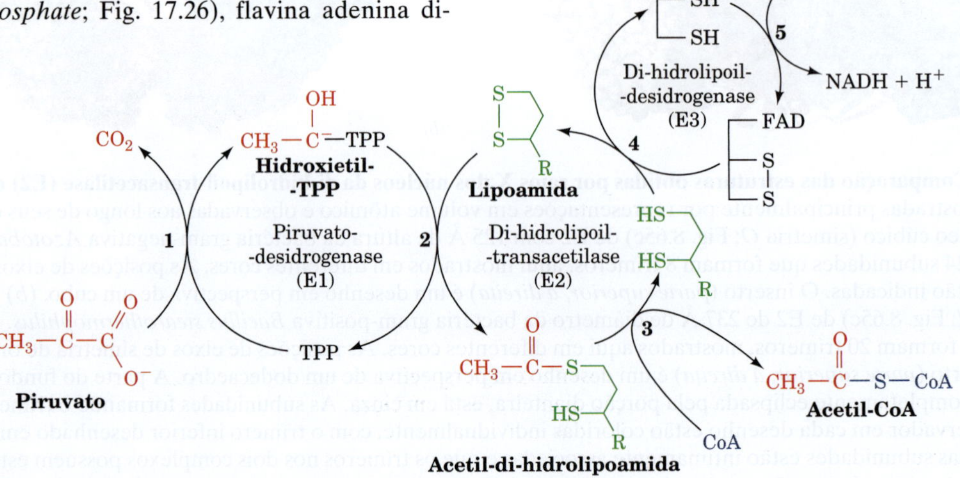

FIGURA 21.6 As cinco reações do CPD. E1 (piruvato-desidrogenase) contém TPP e catalisa as Reações 1 e 2. E2 (di-hidrolipoil-transacetilase) contém lipoamida e catalisa a Reação 3. E3 (di-hidrolipoil-desidrogenase) contém FAD e um dissulfeto com atividade redox e catalisa as Reações 4 e 5.

2. Diferentemente da piruvato-descarboxilase, entretanto, a piruvato-desidrogenase não converte o hidroxietil-TPP intermediário em acetaldeído e TPP. Em vez disso, o grupo hidroxietila é transferido para a próxima enzima na sequência multienzimática, a di-hidrolipoil-transacetilase (E2). A reação ocorre pelo ataque do carbânion no grupo hidroxietil sobre o dissulfeto de lipoamida, seguido pela eliminação do TPP do aduto intermediário, para formar acetil-di-hidrolipoamida e regenerar a E1 ativa. O carbânion hidroxietila é então oxidado a um grupo acetila, pela redução concomitante da ligação dissulfeto da lipoamida:

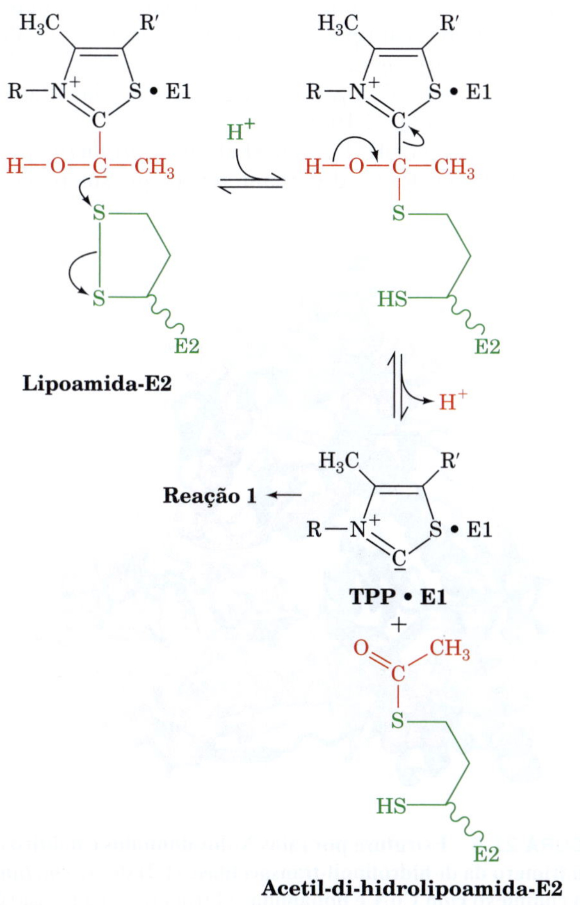

Lipoamida-E2

Reação 1

TPP • E1

Acetil-di-hidrolipoamida-E2

3. A E2 catalisa, então, a transferência do grupo acetila para a CoA, produzindo acetil-CoA e di-hidrolipoamida-E2:

Acetil-CoA

Acetil-di-hidrolipoamida-E2 **Di-hidrolipoamida-E2**

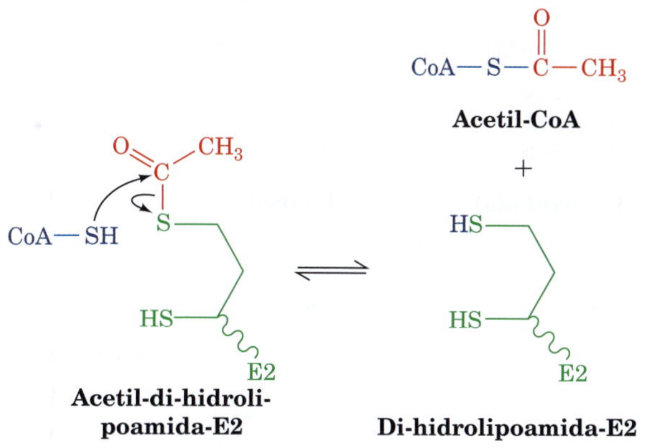

Esta é uma transesterificação, na qual o grupo sulfidrila da CoA ataca o grupo acetila da acetil-di-hidrolipoamida-E2, para formar um intermediário tetraédrico (não mostrado), que decompõe-se, dando acetil-CoA e di-hidrolipoamida-E2.

Ácido lipoico — Lys

Lipoamida

$2H^+ + 2e^-$

Di-hidrolipoamida

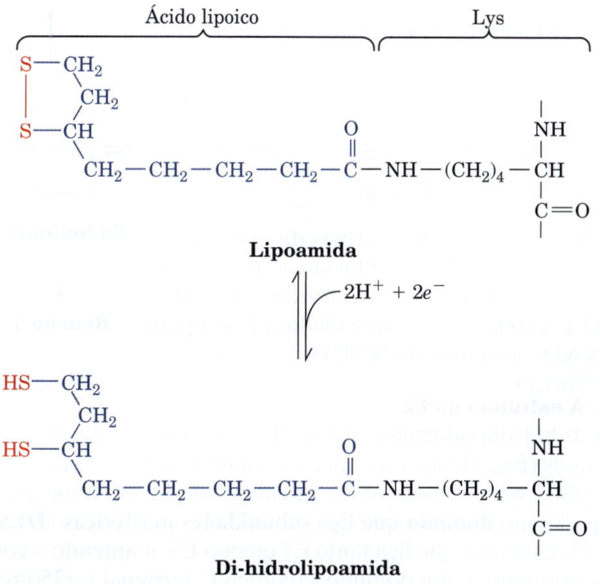

FIGURA 21.7 Interconversão entre lipoamida e di-hidrolipoamida. A lipoamida é o ácido lipoico ligado covalentemente ao grupo ε-amino de um resíduo de Lys, por uma ligação amida.

TABELA 21.1 As coenzimas e os grupos prostéticos da piruvato-desidrogenase

Cofator	Localização	Função
Tiamina pirofosfato (TPP)	Ligada a E_1	Descarboxila o piruvato, produzindo um carbânion hidroxietil-TPP
Ácido lipoico	Ligado covalentemente a um resíduo de Lys em E2 (lipoamida)	Aceita o hidroxietil carbânion do TPP como um grupo acetila
Coenzima A (CoA)	Substrato para E2	Aceita o grupo acetila da acetil-di-hidrolipoamida
Flavina adenina dinucleotídeo (FAD)	Ligado a E3	Reduzido pela di-hidrolipoamida
Nicotinamida adenina dinucleotídeo (NAD^+)	Substrato para E3	Reduzido pelo $FADH_2$

4. A di-hidrolipoil-desidrogenase (E3; também denominada **di-hidrolipoamida-desidrogenase**) reoxida a di-hidrolipoamida, assim completando o ciclo catalítico da E2:

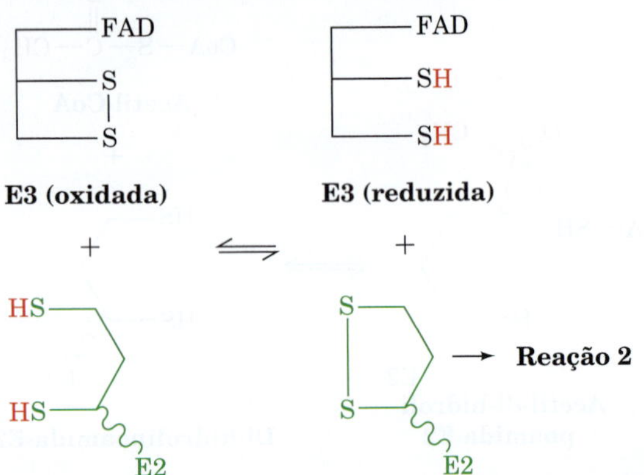

A E3 oxidada contém um grupo dissulfeto reativo e um FAD fortemente ligado. A oxidação da di-hidrolipoamida é uma reação de troca de dissulfeto (Seção 9.1A): a ligação dissulfeto da lipoamida forma-se com a concomitante redução do dissulfeto reativo da E3 para dois grupos sulfidrila.

5. A E3 reduzida é reoxidada pelo NAD^+:

FAD / SH / SH → [$FADH_2$ / S–S] ⇌ (NAD^+ → NADH + H^+) FAD / S–S

E3 (oxidada)

↓

Reação 4

Os grupos sulfidrila ativos da enzima são reoxidados pelo FAD ligado à enzima, que é, em consequência, reduzido a $FADH_2$. O $FADH_2$ é então reoxidado a FAD pelo NAD^+, produzindo NADH.

d. A estrutura da E2

A di-hidrolipoil-transacetilase (E2) consiste em diversos domínios (Fig. 21.8): entre um e três domínios N-terminais lipoil (~80 resíduos), cada um covalentemente ligado a um grupo lipoila; um **domínio que liga subunidades periféricas** (**DLSP**; ~35 resíduos), que liga tanto E1 quanto E3, mantendo o complexo unido; e um domínio catalítico C-terminal (~250 resíduos), que contém o centro catalítico da enzima e seus sítios de ligação intersubunidades. Esses domínios estão ligados por segmentos de 20 a 40 resíduos, ricos em Pro e Ala, que são bastante estendidos e altamente flexíveis e, portanto, fornecem aos domínios lipoil a mobilidade necessária para interagir com E1 e E3, e com as subunidades E2 vizinhas (ver a seguir).

A estrutura oca em forma de gaiola formada pelos domínios catalíticos da E2 (Fig. 21.5) contém canais suficientemente grandes de modo a permitir a difusão dos substratos para dentro e para fora. De fato, a coenzima A e a lipoamida ligam-se em conformações estendidas nas extremidades opostas de um canal de 30 Å de comprimento, localizado na interface de cada par de subunidades em um trímero (Fig. 21.9). Esse arranjo requer que a CoA aproxime-se de seu sítio de ligação a partir do interior da estrutura.

As estruturas por ressonância magnética (RM) dos domínios lipoil da E2 de diversas fontes mostram a natureza exposta do sítio do grupo lipoil. Eles consistem em um barril β/sanduíche contendo uma folha β antiparalela contendo 4 fitas e uma folha β antiparalela com 3 fitas, com a Lys à qual o grupo lipoil seria ligado estendendo-se em uma posição exposta sobre uma dobra β tipo I, ligando duas das fitas β na folha de 4 fitas (Fig. 21.10*a*).

A estrutura por RM do DLSP de *B. stearothermophilus*, determinada por Richard Perham, revela que sua região or-

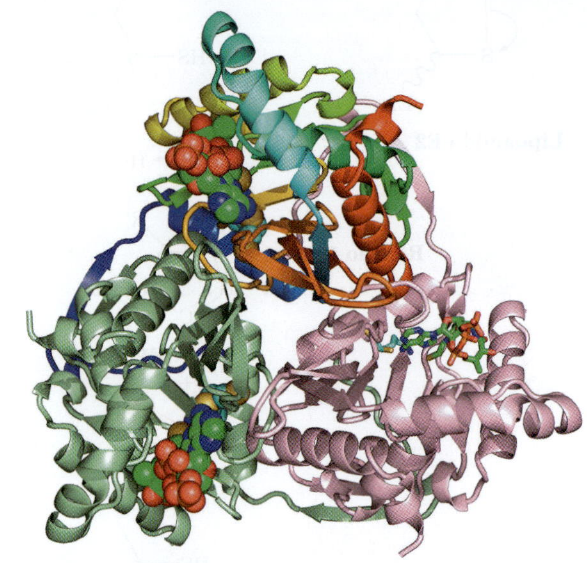

FIGURA 21.9 Estrutura por raios X dos domínios catalíticos de um trímero da di-hidrolipoil-transacetilase (E2) de *A. vinelandii* em complexo com CoA e lipoamida. O trímero, uma porção do complexo cúbico (Fig. 21.5*a*) é desenhado em fitas e é visto ao longo de seu eixo de ordem 3 (a diagonal do corpo do complexo cúbico) a partir de dentro do cubo. As três subunidades idênticas têm diferentes cores, com a subunidade superior colorida na ordem do arco-íris a partir da porção N-terminal (*em azul*) até a porção C-terminal (*em vermelho*). A CoA e a lipoamida ligadas às subunidade superior e à inferior à esquerda são desenhadas na forma de volume atômico, e aquelas ligadas à subunidade inferior à direita são desenhadas na forma de bastões, com C da CoA em verde, C da lipoamida em ciano (azul água), N azul, O vermelho P cor de laranja e S amarelo. Observar como o "cotovelo" N--terminal de cada subunidade estende-se para trás da subunidade vizinha no sentido anti-horário; sua deleção desestabiliza muito o complexo. (Com base em uma estrutura por raios X obtida por Wim Hol, University of Washington, EUA. PDBid 1EAB.)

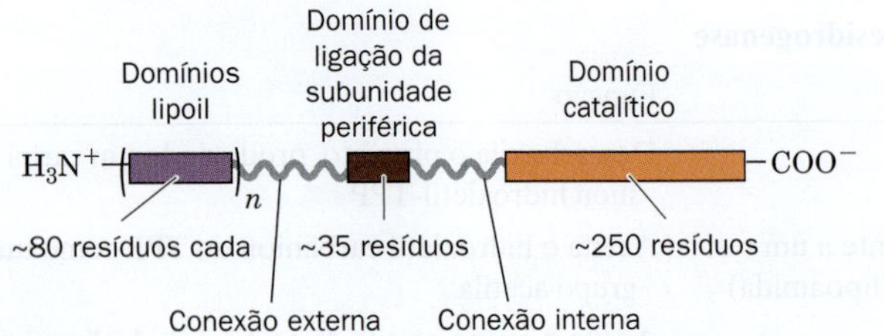

FIGURA 21.8 Estrutura dos domínios da subunidade di-hidrolipoil-transacetilase (E2), do CPD. O número de domínios lipoil, *n*, é dependente da espécie: *n* = 3 para *E. coli* e *A. vinelandii*, *n* = 2 para mamíferos e *Streptococcus faecalis* e *n* = 1 para *B. stearothermophilus* e leveduras.

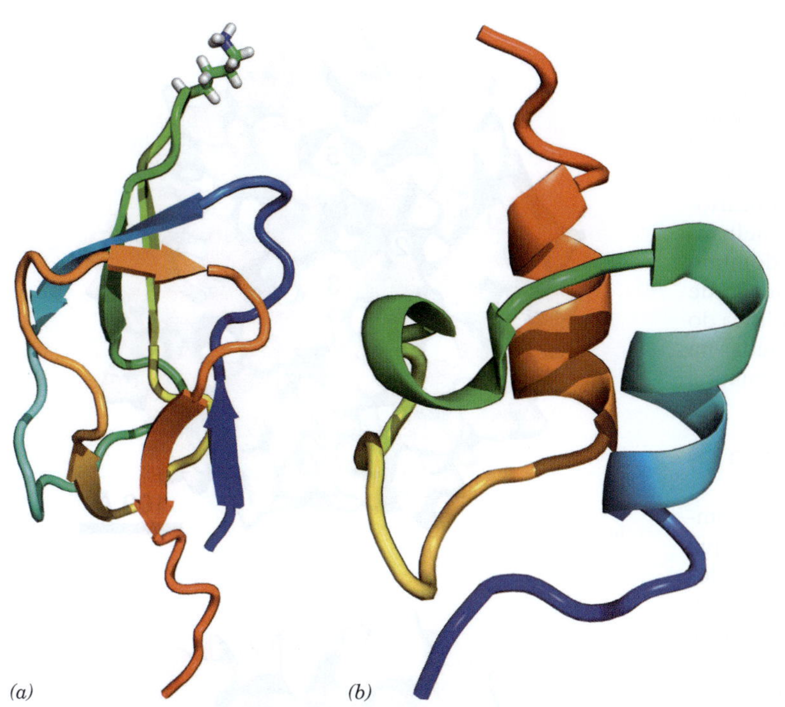

FIGURA 21.10 Estruturas por RM do domínio lipoil e do domínio de ligação da subunidade periférica da di-hidrolipoil-transacetilase (E2). (*a*) A estrutura por RM do domínio lipoil da di-hidrolipoil-transacetilase (E2) de *A. vinelandii*. A cadeia polipeptídica está colorida na ordem do arco-íris, a partir da porção N-terminal (*em azul*) até a porção C-terminal (*em vermelho*). A cadeia lateral da Lys, à qual o grupo lipoil estaria ligado, é mostrada no modelo de bastões, colorido de acordo com o tipo de átomo (C, verde, H, branco e N, azul) e está localizada em uma alça β do tipo I. (Com base em uma estrutura por RM obtida por Aart de Kok, Wageningen Agricultural University, Wageningen, Holanda. PDBid 1IYU.) (*b*) A estrutura por RM do domínio de ligação à subunidade periférica (DLSP) da E2 de *B. stearothermophilus*. A cadeia polipeptídica está na ordem do arco-íris, a partir da porção N-terminal (*em azul*) até a porção C--terminal (*em vermelho*). (Com base em uma estrutura por RM obtida por Richard Perham, Cambridge University, Reino Unido, PDBid 2PDD.)

denada de ~35 resíduos consiste em duas hélices paralelas separadas por uma alça, que forma um núcleo hidrofóbico densamente empacotado (Fig. 21.10*b*). Esse é um dos menores polipeptídeos conhecidos que apresentam uma estrutura globular, mas não tem ligações dissulfeto ou grupos prostéticos.

e. Intermediários são transferidos entre subunidades enzimáticas por meio de guias flexíveis

Como os intermediários das reações são transferidos entre as enzimas componentes do CPD? O grupo entre a ligação dissulfeto da lipoamida e a estrutura polipeptídica da E2, o chamado **braço lipoilisila**, tem um comprimento de 14 Å, quando completamente estendido:

14 Å

Braço lipoilisila (completamente extendido)

Evidentemente, *o braço lipoilisila, em combinação com o segmento externo de ligação, que apresenta um comprimento > 140 Å (Fig. 21.8), atua como uma longa guia flexível, que move seu grupo lipoil ligado entre os sítios ativos de E1, E2 e E3*. Além disso, há um rápido intercâmbio de grupos acetila entre os grupos lipoil do núcleo da E2 (3 × 24 = 72 grupos lipoil em um CPD de *E. coli*; 2 × 60 = 120, em mamíferos); os braços-guia também movem-se entre eles mesmos, intercambiando tanto grupos acetila quanto dissulfetos:

Uma subunidade de E1 pode, portanto, acetilar numerosas subunidades de E2 e uma subunidade de E3 pode reoxidar diversos grupos di-hidrolipoamida.

f. CPDs de mamíferos e de fungos contêm subunidades adicionais

Em mamíferos e em leveduras, a estrutura já complicada do dodecaedro do CPD apresenta um nível adicional de complexidade, pois contém subunidades adicionais: cerca de 12 cópias da **proteína ligadora de E3** (**PLE3**) facilitam a ligação de E3 ao núcleo de E2 do complexo dodecaédrico eucariótico. A PLE3 apresenta um domínio lipoil-lisina semelhante à E2 e pode aceitar um grupo acetila, mas seu domínio C-terminal não possui atividade catalítica e a remoção de seu domínio lipoil-lisina não diminui a atividade catalítica do complexo. A principal função da PLE3 parece ser ajudar na ligação de E3, pois a proteólise limitada da PLE3 diminui a capacidade de ligação de E3.

g. A microscopia crioeletrônica revela a estrutura do CPD dodecaédrico

James Stoops e Reed determinaram a organização do complexo dodecaédrico de rim bovino por meio de microscopia crioeletrônica (Fig. 21.11). Como esperado, as subunidades de E2 formam um núcleo dodecaédrico, cercado por um dodecaedro concêntrico de subunidades de E1 (Fig. 21.11*a*,*b*). As subunidades de E2 ligam-se às subunidades de E1 por meio de elos internos radialmente estendidos, com ~50 Å de comprimento, que precedem o DLSP da E2 (Fig. 21.8; esses elos não são representados na Fig. 21.5*b*, pois a estrutura observada por raios X apenas contém o domínio catalítico da E2). Embora o CPD de rim bovino utilizado para a determinação da estrutura não apresente PLE3·E3 em quantidade suficiente para ser visível, sua posição na estrutura, com base na microscopia eletrônica do CPD de levedura, indica que um dímero de E3 ocupa e preenche largamente cada abertura pentagonal do núcleo de E2 (Fig. 21.11*c*). As subunidades E3 não estão, portanto, arranjadas com simetria dodecaédrica (da mesma forma, as subunidades de E3 no CPD cúbico da *E. coli* não estão arranjadas com simetria cúbica;

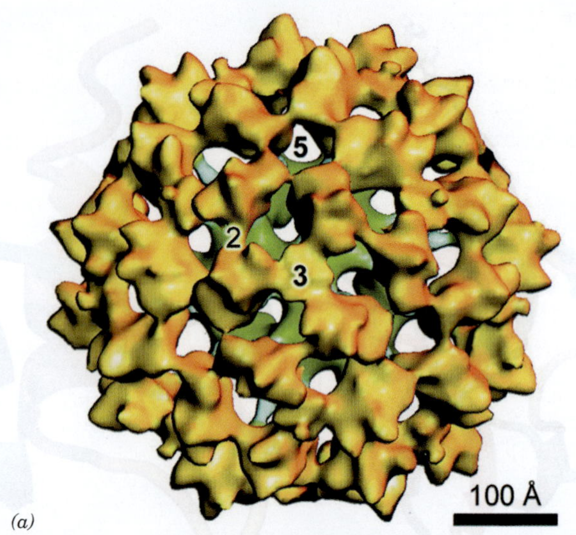

(*a*)

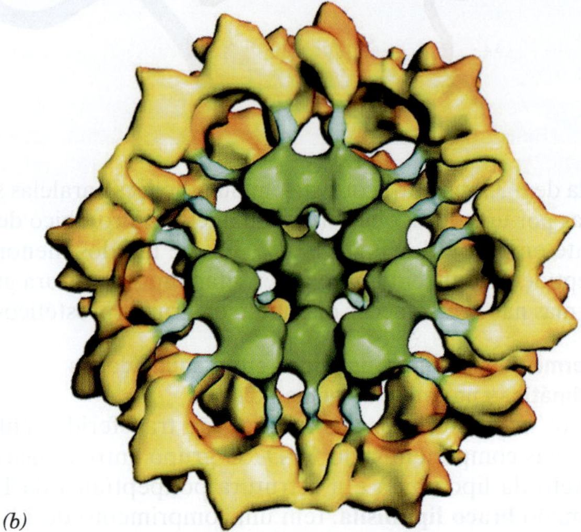

(*b*)

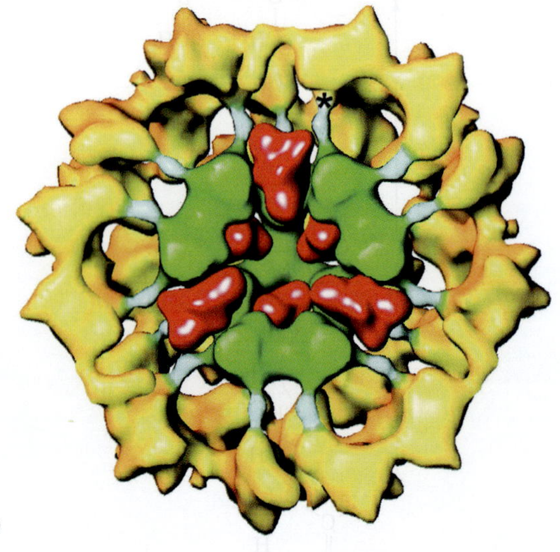

(*c*)

FIGURA 21.11 **Imagens com base em microscopia eletrônica do complexo da piruvato-desidrogenase de rim de bovinos, em uma resolução de ~35 Å.** (*a*) A partícula completa, como vista ao longo de seu eixo de simetria de ordem 3. E1 está mostrada na cor amarela, o núcleo catalítico da E2 está em verde e as conexões internas que ligam domínios catalíticos da E2 a seus domínios de ligação à E1 (DLSP) estão em ciano (Fig. 21.8). A partícula é vista ao longo de seu eixo de simetria de ordem 3, com as posições de um eixo de ordem 5 e de um eixo de ordem 2 também marcadas. (*b*) O diagrama de uma seção, visto e colorido como na Parte *a*, mas com a metade mais próxima da partícula removida para revelar o núcleo catalítico da E2 e as conexões internas. Comparar a porção verde com a estrutura por raios X do núcleo catalítico dodecaédrico de uma E2, como mostrada ao longo de seu eixo de ordem 2 (Fig. 21.5*b*). (*c*) O diagrama de uma seção, como na Parte *b*, mas com dímeros de E3 (Fig. 21.13*a*), mostrado com resolução de 20 Å (*vermelho*), modelado considerando as aberturas pentagonais do núcleo da E2. A posição de um sítio de ligação de subunidade periférica na extremidade de uma conexão com E2 está marcada por um asterisco (*). (Segundo Zhou, Z.H., McCarthy, D.B., O'Connor, C.M., Reed, L.J., e Stoops, J.K., *Proc. Natl. Acad. Sci.* **98**, 14802 [2001].)

Fig. 21.4*b*). O DLSP, localizado na extremidade do elo interno da E2 (* na Fig. 21.11*c*), é o ponto a partir do qual o domínio lipoil da E2 estabelece seu eixo (Fig. 21.10*a*). Ele está a ~50 Å dos sítios ativos mais próximos de E1, E2 e E3.

Além da PLE3, o CPD de mamíferos contém de uma a três cópias de cada uma das enzimas **piruvato-desidrogenase-cinase** e **piruvato-desidrogenase-fosfatase**. A cinase e a fosfatase funcionam regulando a atividade catalítica do complexo (Seção 21.2Cb).

h. Dois outros complexos multienzimáticos assemelham-se bastante ao CPD

Além do CPD, a maioria das células contém dois outros complexos multienzimáticos bastante relacionados: o **complexo da α-cetoglutarato-desidrogenase** (também chamado **2-oxoglutarato-desidrogenase [OGDH]**, que catalisa a reação 4 do ciclo do ácido cítrico; Fig. 21.1) e o **complexo da desidrogenase dos α-cetoácidos de cadeia ramificada** (**CCRDH**; que participa na degradação de isoleucina, leucina e valina; Seção 26.3Ee). Esses complexos multienzimáticos catalisam reações similares: a descarboxilação oxidativa, ligada ao NAD^+, de um α-cetoácido, com a transferência do grupo acila resultante para a CoA. De fato, todos os três membros dessa família de **desidrogenases de 2-cetoácidos** (alternativamente, família de **2-oxoácidos desidrogenases**) de complexos multienzimáticos compartilham a mesma subunidade E3, e suas subunidades E1 e E2, que são específicas para os substratos correspondentes, são homólogas e utilizam cofatores idênticos. Desse modo, para diferenciá-las, as subunidades E1 para o CPD, o OGDH e o CCRDH são frequentemente referidas como **E1p**, **E1o** e **E1b**, respectivamente, e, do mesmo modo, suas subunidades E3 são denominadas **E3p**, **E3o** e **E3b**.

i. Compostos arsenicais são tóxicos pois sequestram lipoamida

Desde tempos antigos é sabido que o arsênico é uma substância muito tóxica. Compostos contendo As(III), como **arsenito** (AsO_3^{3-}) e arsenicais orgânicos, são tóxicos devido à sua capacidade de ligar-se covalentemente a compostos sulfidrila. Isso é particularmente verdadeiro no caso de sulfidrilas vicinais (adjacentes), como aquelas da lipoamida, pois formam adutos bidentados:

$$^{-}O{-}As(OH)_2 \;+\; (HS)(HS)\text{-R} \longrightarrow {}^{-}O{-}As(S)(S)\text{-R} \;+\; 2\,H_2O$$

Arsenito **Di-hidrolipoamida**

$$R'{-}As{=}O \;+\; (HS)(HS)\text{-R} \longrightarrow R'{-}As(S)(S)\text{-R} \;+\; H_2O$$

Arsenical orgânico

A consequente inativação de enzimas contendo lipoamida, especialmente da piruvato-desidrogenase e da α-cetoglutarato-desidrogenase (Seção 21.3D), leva a uma parada respiratória.

Arsenicais orgânicos são mais tóxicos para microrganismos que para humanos, aparentemente devido a diferenças nas sensibilidades de várias enzimas a esses compostos. Essa toxicidade diferencial é a base para o uso, no início do século XX, de arsenicais orgânicos para o tratamento da **sífilis** (agora suplantado pela penicilina) e da **tripanossomíase** (tripanossomos são protozoários parasitas que causam diversas doenças, incluindo a **doença do sono africana** e a **doença de Chagas-Cruz**). Esses compostos foram de fato os primeiros antibióticos, embora, como não é de surpreender, eles tenham diversos efeitos adversos.

j. Envenenamento por arsênico, Napoleão e Darwin

O arsênico é geralmente suspeito como um veneno em casos de mortes prematuras. De fato, acredita-se, há tempo, que Napoleão Bonaparte tenha morrido de envenenamento por arsênico enquanto estava no exílio em Santa Helena, uma ilha no Oceano Atlântico. Essa suspeita, e a análise química que provocou, levou a uma fascinante historieta química. A verificação de que uma mecha do cabelo de Napoleão de fato continha altos níveis de arsênico apoia a noção de que o envenenamento por arsênico tenha pelo menos contribuído para sua morte. Foi, porém, assassinato ou poluição ambiental? Foi descoberto que uma amostra do papel de parede do quarto de vestir de Napoleão continha um pigmento verde normalmente usado (naquela época), arsenato de cobre ($CuHAsO_4$). Concluiu-se, enfim, que, em um clima úmido, como é o caso de Santa Helena, fungos que crescem no papel de parede eliminam o arsênico convertendo-o em um composto volátil e altamente tóxico, trimetil-arsênio [$(CH_3)_3As$]. De fato, visitantes regulares de Napoleão também sofriam de sintomas de envenenamento por arsênico (p. ex., perturbações gastrintestinais), que pareciam melhorar quando passavam boa parte do tempo ao ar livre. Desse modo, o envenenamento de Napoleão por arsênico pode ter sido não intencional.

Trabalho de detetive em retrospectiva também sugere que Charles Darwin foi uma vítima de envenenamento crônico por arsênico. Na maior parte de sua vida, após ter voltado de sua viagem épica, Darwin queixou-se de numerosas indisposições, incluindo eczema, vertigem, dores de cabeça, artrite, gota, palpitações e náusea, todos sintomas de envenenamento por arsênico. A solução de Fowler, um tônico comum no século XIX, continha 10 mg de arsênico · mL^{-1}. Muitos indivíduos, e possivelmente o próprio Darwin, tomaram essa "medicação" por anos.

k. A estrutura da E1

Nos CPDs dodecaédricos, a E1 (piruvato-desidrogenase) é um heterotetrâmero com duas partes simétricas $\alpha_2\beta_2$. Entretanto, nos CPDs cúbicos e na α-cetoglutarato-desidrogenase, que também é cúbica, as subunidades α e β estão geneticamente fundidas, formando um único polipeptídeo e, assim, uma enzima homodimérica.

A estrutura por raios X da E1 do CPD dodecaédrico de *B. stearothermophilus*, em complexo com TPP e um domínio que liga subunidades periféricas (Fig. 21.12*a*), conforme determinada por Perham e Ben Luisi, revela um heterotetrâmero $\alpha_2\beta_2$ firmemente associado, cujas subunidades α de 368 resíduos e subunidades β de 324 resíduos consistem, cada uma, em dois domínios. Um único DLSP liga-se aos domínios C-terminais ao longo do eixo de simetria dupla, relacionando-os de modo tal que impede estericamente a ligação de um segundo DLSP. Assim sendo, o DLSP interage assimetricamente com os dois domínios quimicamente idênticos, de maneira semelhante ao modo como o hormônio do crescimento humano interage com seu receptor homodimérico (Seção 19.1J). O núcleo estrutural conservado, de ~310 resíduos, de E1 ocorre em outras enzimas de estruturas conhecidas que utilizam TPP, incluindo a piruvato-descarboxilase (Seção 17.3Ba). Cada TPP encontra-se ligado entre os domínios N-terminais de uma subunidade α e uma β, na extremidade de um canal em forma de funil com ~21 Å de profundidade, com seu anel tiazólio (seu grupo reativo) mais próximo à entrada do canal. Aparentemente, o braço lipoilisila, na extremidade do domínio lipoil de uma E2 está inserido nesse canal, em uma conformação estendida, para a transferência do substituinte hidroxiacil do TPP para a lipoamida.

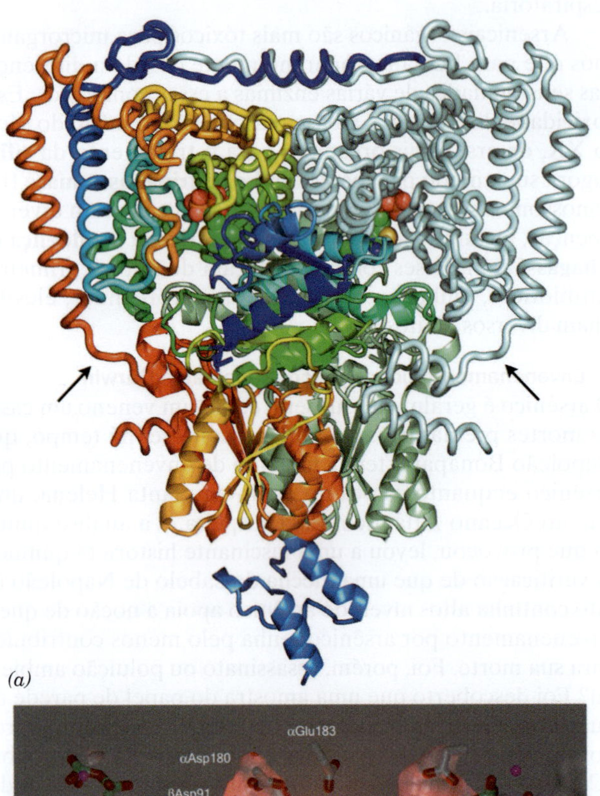

(*a*)

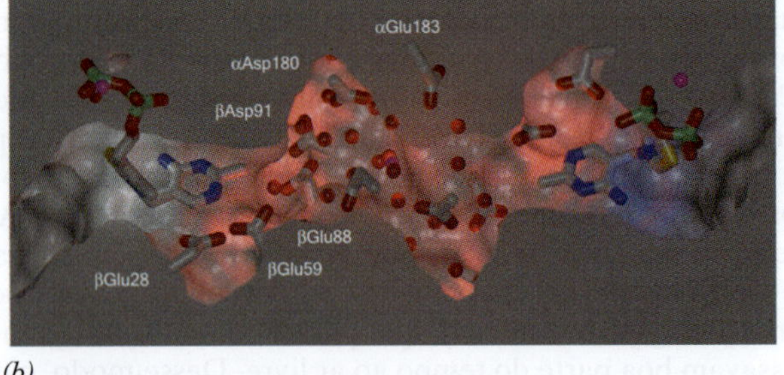

(*b*)

FIGURA 21.12 Estrutura por raios X da E1 de *B. stearothermophilus* em complexo com TPP e o domínio de ligação à subunidade periférica (DLSP). (*a*) O heterotetrâmero $\alpha_2\beta_2$ de E1, visto com seu eixo de simetria dupla na vertical e o dodecaedro de E2 abaixo, está desenhado com suas subunidades α na forma de vermes e suas subunidades β na forma de fitas. As subunidades α e β mais próximas ao observador e predominantemente à esquerda são, cada uma, coloridas na ordem do arco-íris, de suas porções N-terminais (*em azul*) a suas porções C-terminais (*em vermelho*); as subunidades α e β remanescentes estão representadas em ciano-claro e verde-claro. O DLSP (*abaixo*) está representado em azul-claro. O TPP é mostrado na forma de volume atômico, com C verde, N azul, O vermelho, P cor de laranja e S amarelo. As entradas para os canais dos sítios ativos da enzima estão indicadas por setas pretas. (*b*) Um diagrama com secção da superfície do túnel preenchido com solvente, que conecta os dois sítios ativos da enzima. Os grupos hidroximetil-TPP ligados aos sítios ativos da enzima e as cadeias laterais de Asp e Glu que revestem o túnel estão desenhadas em forma de bastões, com C cinza, N azul, O vermelho, P verde e S amarelo. Moléculas de água e íons Mg^{2+} estão representados como esferas em vermelho e fúcsia. (Parte *a*, com base em uma estrutura por raios X obtida por, e parte *b* cortesia de Richard Perham e Ben Luisi, University of Cambridge, Reino Unido. PDBid 1W85.)

l. Os sítios ativos da E1 são coordenados via um cabo de prótons

Quando a apo-E1 é misturada com TPP, o primeiro TPP a ligar-se nessa proteína com aparente simetria dupla o faz ordens de magnitude mais rapidamente que o segundo TPP. Isso indica que esses dois sítios de ligação, que estão separados por ~20 Å de algum modo se comunicam. De fato, os dois sítios ativos da enzima, na estrutura por raios X descrita anteriormente, possuem estruturas diferentes, pois duas alças conservadas (resíduos 203-212 e 276-287 das subunidades α) na entrada do canal que leva ao TPP estão ordenadas em uma das subunidades de modo a bloquear o sítio ativo e estão desordenadas na outra subunidade. A possibilidade de que essa disposição estrutural fosse artefato do processo de cristalização foi excluída pela observação de que uma proteólise limitada cliva mais a porção C-terminal dessas alças em uma das subunidades, e não na outra. Assimetrias semelhantes têm sido observadas em todas as enzimas dependentes de TPP de estruturas conhecidas.

A estrutura por raios X da E1 revela um túnel preenchido com solvente que liga seus dois sítios ativos, recoberto com 10 resíduos ácidos conservados (Fig. 21.12*b*). Túneis com características ácidas semelhantes estão presentes em todas as enzimas de estruturas conhecidas que são dependentes de TPP, todas as quais são diméricas ou tetraméricas. Isso levou Luisi e Perham a propor que, à medida que o piruvato segue através das reações 1 e 2 catalisadas por E1, como discutido na Seção 21.2Ac, o próton necessário na reação 1 em um sítio ativo é fornecido pelo próton liberado pela reação 2 no outro sítio ativo. Presume-se que os prótons sejam transferidos entre os dois sítios ativos por uma série de saltos de prótons (Seção 2.1C) através do túnel ácido, que então funciona como um **cabo de prótons**. Consequentemente, na medida em que os dois sítios ativos progridem em seus ciclos catalíticos, eles devem manter-se fora de fase um em relação ao outro, ou seja, um sítio requer uma base geral enquanto o outro requer um ácido geral e vice-versa, de modo a atenderem reciprocamente suas necessidades catalíticas por meio do cabo de prótons. Isso explica a cooperatividade negativa observada para a ligação do substrato em E1. Estruturalmente, isso é racionalizado pela fechamento e abertura alternados dos sítios ativos pelo ordenamento e desordenamento fora de fase das alças nas entradas de cada canal dos sítios ativos.

B. O mecanismo da di-hidrolipoil-desidrogenase

A reação catalisada pela di-hidrolipoil-desidrogenase (E3) é mais complexa do que sugerem as Reações 4 e 5 na Fig. 21.6. Vincent Massey demonstrou que *a di-hidrolipoil-desidrogenase oxidada contém uma ligação dissulfeto "redox ativa", a qual aceita um par de elétrons, ocorrendo então clivagem dessa ligação, produzindo a forma reduzida da enzima e formando um ditiol:*

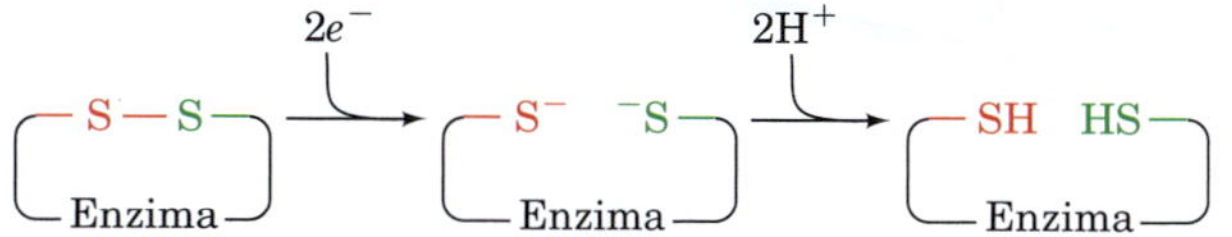

Ele estabeleceu os fatos anteriores devido às seguintes observações, envolvendo o arsenito (o qual, como foi visto na Seção 21.2Ai, reage com grupos sulfidrila vicinais, mas não com dissulfetos).

1. O espectro da di-hidrolipoil-desidrogenase oxidada (E) não é afetado pelo arsenito.
2. Quando o NADH reage com a enzima oxidada na presença de arsenito, a enzima reduzida resultante (EH_2) liga-se ao arsenito, formando uma espécie enzimaticamente inativa.
3. O estado de oxidação da flavina em uma **flavoproteína** (proteína contendo flavina) é facilmente estabelecido a partir de seu espectro UV-visível característico: o FAD tem cor amarela intensa enquanto o $FADH_2$ é amarelo pálido. O espectro da EH_2 inativada pelo arsenito indica que seu grupo prostético FAD está completamente oxidado.

A di-hidrolipoil-desidrogenase oxidada deve, portanto, ter um segundo aceptor de elétrons, além do FAD; a conhecida especificidade do arsenito sugere que o aceptor seja um dissulfeto. A sequência de aminoácidos da di-hidrolipoil-desidrogenase indica que sua ligação dissulfeto com atividade redox seja formada entre sua Cys 43 e sua Cys 48, que ocorrem em um segmento altamente conservado da cadeia polipeptídica da enzima.

a. As estruturas por raios X da di-hidrolipoil-desidrogenase e da glutationa-redutase

As estruturas por raios X da di-hidrolipoil-desidrogenase de diversos microrganismos, determinadas principalmente por Hol, revelam que cada subunidade de ~470 resíduos dessas enzimas homodiméricas está organizada em 4 domínios, todos eles participando na formação do centro catalítico da subunidade (Fig. 21.13*a*). Um DLSP da E2 (não representado na Fig. 21.13) liga-se ao fundo da enzima ao longo de seu eixo de simetria dupla, de modo semelhante à forma como se liga à E1 (Fig. 21.12). A flavina está quase completamente enterrada na proteína, o que previne que a solução ao seu redor interfira com a reação de transferência de elétrons catalisada pela enzima ($FADH_2$, mas não NADH ou tiol, é rapidamente oxidado pelo O_2). O dissulfeto com atividade redox, que está localizado no lado oposto do anel da flavina, em relação ao anel da nicotinamida (Fig. 21.13*b*), une voltas sucessivas em um segmento distorcido de uma hélice α (em uma hélice sem distorções, os átomos de C_α da Cys 43 e da Cys 48 estariam muito afastados para permitir que a ligação dissulfeto se formasse).

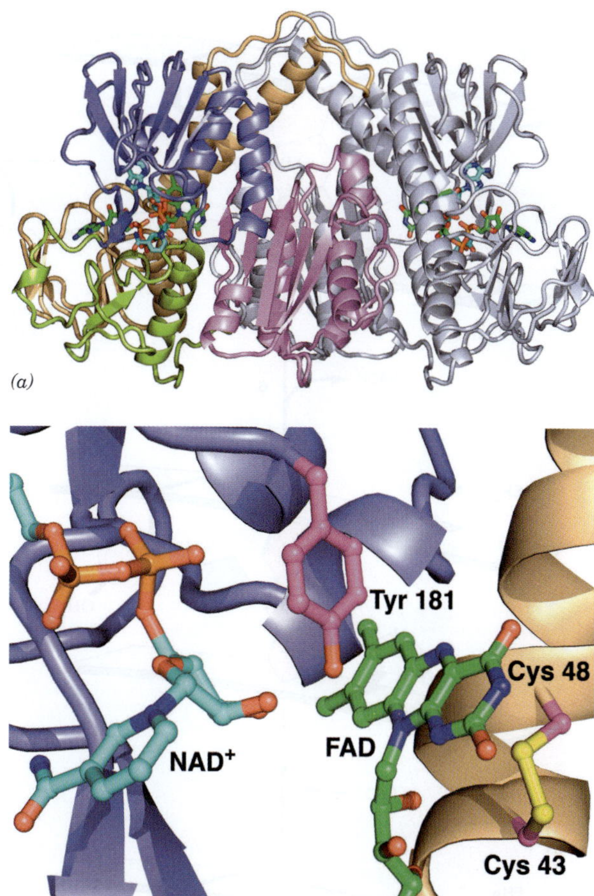

FIGURA 21.13 Estrutura por raios X da di-hidrolipoil-desidrogenase (E3) da bactéria gram-negativa *Pseudomonas putida*, em complexo com FAD e NAD^+. (*a*) A enzima homodimérica é vista com seu eixo de simetria de ordem 2 na vertical, com o dodecaedro da E2 abaixo. Uma subunidade é representada em cinza e a outra é colorida de acordo com o domínio, com seu domínio de ligação ao FAD (resíduos 1-142) em cor de laranja-claro, seu domíno de ligação ao NAD^+ (resíduos 143-268) em roxo, seu domínio central (resíduos 269-337) em verde-amarelado, e seu domínio na interface (resíduos 338-458) em cor-de-rosa. O NAD^+ e o FAD em ambas as subunidades são mostrados no modelo de bastões, com C do FAD em verde, C do NAD^+ em ciano, N azul, O vermelho e P cor de laranja. (*b*) A região do sítio ativo na subunidade à esquerda, na Parte *a*, com os domínios central e de interface removidos, para maior clareza. A figura é vista aproximadamente a partir do mesmo ponto que na Parte *a*. A porção com atividade redox dos cofatores NAD^+ e FAD ligados, as cadeias laterais da Cys 43 e da Cys 48, que formam a ligação dissulfeto com atividade redox, e a cadeia lateral da Tyr 181 são mostradas no modelo de esferas e bastões, com C do FAD em verde, C do NAD^+ em ciano, C da cadeia lateral em fúcsia, N azul, O vermelho, P fúcsia e S amarelo. Observar que a cadeia lateral da Tyr 181 está interposta entre os anéis da flavina e da nicotinamida. (Com base em uma estrutura por raios X de Wim Hol, University of Washington, EUA. PDBid 1LVL.)

O mecanismo catalítico da E3 foi em grande parte determinado por meio de analogia com uma enzima homóloga (~33% idêntica), mas com estrutura mais extensamente ca-

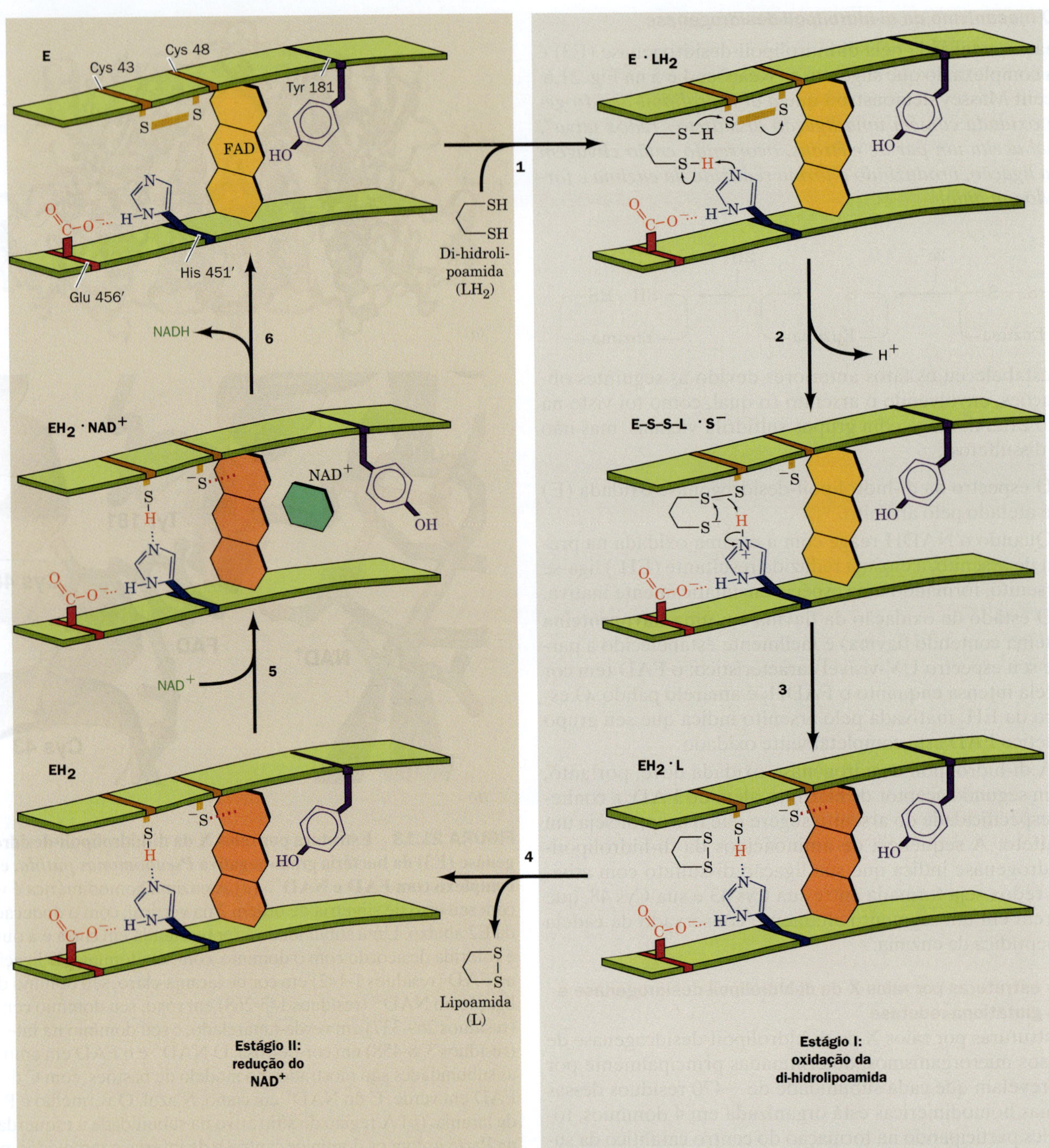

FIGURA 21.14 Ciclo da reação catalítica da di-hidrolipoil-desidrogenase. O centro catalítico é cercado pela proteína, de modo que os sítios de ligação do NAD^+ e da di-hidrolipoamida estão em bolsos profundos. O ciclo catalítico consiste em seis etapas, conforme descrito a seguir. **(1)** A enzima oxidada, E, que contém uma ligação dissulfeto com atividade redox entre Cys 43 e Cys 48, liga di-hidrolipoamida, LH_2, o primeiro substrato da enzima, para formar um complexo enzima-substrato, E · LH_2. **(2)** Um átomo S do substrato ataca nucleofilicamente S_{43} para produzir uma ligação dissulfeto e liberar S_{48}, como um íon tiolato. O próton, no segundo grupo tiol do substrato, é abstraído pela His 451′, para produzir um segundo íon tiolato, E−S−S−L · S^-. **(3)** O íon tiolato do substrato desloca nucleofilicamente o S_{43}, auxiliado por catálise ácida geral pela His 451′, para produzir o produto lipoamida da enzima em seu complexo com a enzima reduzida, estável, EH_2 · L, em que o S_{48} forma um complexo de transferência de carga com o anel flavina (*linha vermelha pontilhada para o anel vermelho da flavina*). **(4)** O produto lipoamida é liberado, produzindo EH_2. A cadeia lateral fenólica da Tyr 181 continua a bloquear o acesso ao anel de flavina do FAD, de modo a impedir a oxidação da enzima pelo O_2. **(5)** O segundo substrato da enzima, NAD^+, liga-se à EH_2 para formar EH_2 · NAD^+. A cadeia lateral fenólica da Tyr 181 é empurrada para o lado pelo anel nicotinamida do NAD^+. **(6)** O ciclo catalítico é encerrado pela redução do NAD^+ por EH_2, para regenerar a forma oxidada da enzima, E, produzindo o segundo produto da enzima, NADH.

racterizada, a **glutationa-redutase** (**GR**). Essa enzima quase ubíqua catalisa a redução dependente de NADPH da **glutationa-dissulfeto** (**GSSG**), produzindo o agente redutor intracelular **glutationa** (**GSH**; sua função fisiológica é discutida nas Seções 23.4E e 26.4C):

$$\overset{+}{H_3N}-\underset{\underset{COO^-}{|}}{CH}-CH_2-CH_2-\overset{\overset{O}{\|}}{C}-NH-\underset{\underset{\underset{\underset{S}{|}}{\underset{S}{|}}}{CH_2}}{CH}-\overset{\overset{O}{\|}}{C}-NH-CH_2-COO^-$$

$$\overset{+}{H_3N}-\overset{\overset{COO^-}{|}}{CH}-CH_2-CH_2-\overset{\overset{O}{\|}}{C}-NH-\overset{\overset{CH_2}{|}}{CH}-\overset{\overset{O}{\|}}{C}-NH-CH_2-COO^-$$

Glutationa-dissulfeto (GSSG)

$$NADPH + H^+ \rightarrow NADP^+ \quad \text{Glutationa-redutase}$$

$$2\ \overset{+}{H_3N}-\underset{\underset{COO^-}{|}}{CH}-CH_2-CH_2-\overset{\overset{O}{\|}}{C}-NH-\underset{\underset{\underset{SH}{|}}{CH_2}}{CH}-\overset{\overset{O}{\|}}{C}-NH-CH_2-COO^-$$

Glutationa (GSH)
(γ-L-glutamil-L-cisteinilglicina)

Pode-se observar que essa reação é análoga àquela catalisada pela di-hidrolipoil-desidrogenase, mas que essas duas reações normalmente ocorrem em sentidos opostos; ou seja, a di-hidrolipoil-desidrogenase normalmente usa NAD^+ para oxidar dois grupos tiol, formando um dissulfeto (Fig. 21.6), enquanto a GR utiliza NADPH para reduzir um dissulfeto para dois grupos tiol. Ainda assim, os sítios ativos dessas duas enzimas são bastante sobreponíveis.

O arranjo dos grupos no centro catalítico da di-hidrolipoil-desidrogenase e sua sequência de reação estão diagramados na Fig. 21.14. O sítio de ligação do substrato está localizado na interface entre as duas subunidades da enzima, na vizinhança do dissulfeto com atividade redox. Na ausência de NAD^+, a cadeia lateral fenólica da Tyr 181 da enzima cobre a cavidade de ligação da nicotinamida, de modo a proteger a flavina de contato com a solução. De fato, a Fig. 21.13*b* mostra um complexo enzima-produto de di-hidrolipoil-desidrogenase oxidada com NAD^+, no qual a cadeia lateral da Tyr 181 está interposta entre o anel nicotinamida e seu sítio de ligação no centro catalítico da enzima. Já na estrutura por raios X da GR em complexo com o NADPH, determinada por Georg Schulz e Heiner Schirmer, essa cadeia lateral moveu-se para o lado, de forma que o anel reduzido da nicotinamida liga-se paralelamente ao anel flavina da enzima completamente oxidada, E, estabelecendo contato por meio de ligações de van der Waals (Fig. 21.15). O H_S substituinte desse átomo C4 pró-quiral da nicotinamida reduzida (que está em frente à flavina), o átomo de H que será perdido na reação da GR, situa-se próximo ao átomo N5 da flavina, a posição pela qual os elétrons frequentemente entram no anel da flavina quando ela é reduzida. Esse posicionamento é particularmente significativo em vista do mecanismo catalítico descrito a seguir.

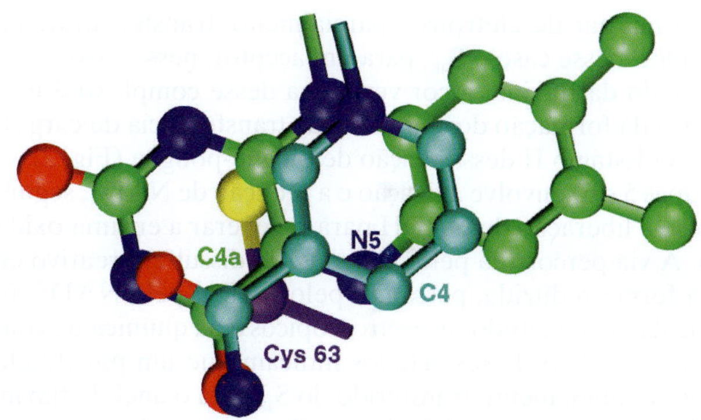

FIGURA 21.15 Complexo formado entre o anel da flavina, o anel da nicotinamida e a cadeia lateral da Cys 63, observado na estrutura por raios X para a glutationa-redutase de eritrócitos humanos. Vista perpendicular ao anel da flavina. Os átomos estão coloridos de acordo com o tipo, com C da nicotinamida em ciano, C da flavina verde, C da Cys 63 roxo, N azul, O vermelho e S amarelo. Os dois heterociclos planares são paralelos e em contato por forças de van der Waals. O átomo de S da Cys 63 (equivalente ao S_{48} da di-hidrolipoil-desidrogenase), um membro do dissulfeto com atividade redox, também está em contato de van der Waals com o anel de flavina no lado oposto ao anel de nicotinamida. (Com base em uma estrutura por raios X obtida por Andrew Karplus e Georg Schulz, Institut für Organische Chemie und Biochemie, Freiburg, Alemanha. PDBid 1GRB.)

b. Mecanismo catalítico

Estruturas de proteínas obtidas por raios X não revelam as posições dos átomos H (exceto em estruturas com a mais alta resolução), nem indicam vias de transferência de elétrons. A via de transferência de elétrons na reação da glutationa-redutase foi, ainda assim, inferida a partir de estruturas por raios X de uma série de intermediários estáveis da reação enzimática, acrescidas de uma série de dados enzimológicos. Apresenta-se aqui esse mecanismo em termos da reação catalisada pela di-hidrolipoil-desidrogenase (Fig. 21.14) que é muito semelhante à glutationa-redutase.

A di-hidrolipoil-desidrogenase apresenta um mecanismo de pingue-pongue (Seção 14.5Aa); cada um de seus dois substratos, di-hidrolipoamida e NAD^+, reage na ausência do outro (Fig. 21.6, Reações 4 e 5). O Estágio I da reação catalítica (Fig. 21.14, Etapas 1 a 4) envolve uma reação de troca de dissulfeto entre o primeiro substrato, a di-hidrolipoamida (LH_2), e o dissulfeto com atividade redox da enzima, um processo no qual a His 451′ funciona como um aceptor acidobásico geral (resíduos marcados com linha [′] referem-se à subunidade oposta). De fato, Glu 456′, His 451′ e Cys 43 estão arranjados de forma muito semelhante à tríade catalítica das serina-proteases (Seção 15.3B), com a Cys SH no lugar da Ser OH. A importância da His 451′ como um catalisador acidobásico foi estabelecida por Charles Williams, observando que, alterando esse aminoácido por mutação, substituindo-o por Gln, obtém-se uma enzima com apenas ~0,4% da atividade catalítica da enzima original.

O ânion tiolato, formado pela Cys 48 no Etapa 2, forma um **complexo de transferência de carga** com a flavina, no qual S_{48}^- (o átomo de S da Cys 48) estabelece contato com o anel de flavina próximo à sua quarta posição (um complexo de transferência de carga é uma interação não covalente, na qual um par de elétrons é parcialmente transferido de um doador, nesse caso o S_{48}^-, para um aceptor, nesse caso o anel oxidado da flavina; a cor vermelha desse complexo é indicativa da formação do complexo de transferência de carga).

O Estágio II dessa reação de pingue-pongue (Fig. 21.14, Etapas 5 e 6) envolve a ligação e a redução de NAD^+, seguindo-se a liberação de NADH para regenerar a enzima oxidada. A via percorrida pelos elétrons, do dissulfeto reativo em sua forma reduzida, passando pelo FAD e pelo NAD^+, foi elucidada por estudos espectroscópicos e da química de compostos-modelo. Esses estudos indicam que um par de elétrons é rapidamente transferido do S_{48}^- para o anel de flavina pela formação transitória de uma ligação covalente entre o S_{48} e o átomo 4a da flavina (Fig. 21.16, Etapa 1). A His 451′ então abstrai um próton do tiol S_{43}, formando um íon tiolato, que ataca nucleofilicamente o S_{48}, para formar novamente o grupo dissulfeto com atividade redox (Fig. 21.16, Etapa 2). O ânion flavina reduzido ($FADH^-$) resultante dessa etapa tem uma existência bastante transitória. O átomo de H substituinte no N5 do $FADH^-$ é imediatamente transferido (formalmente como um íon hidreto) ao átomo de C4 justaposto do anel da nicotinamida (Fig. 21.15), produzindo FAD e o segundo produto da reação, NADH, completando assim o ciclo catalítico. Desse modo, o FAD parece funcionar mais como um eletroduto entre a forma reduzida do dissulfeto redox ativo e o NAD^+ do que como uma fonte ou escoadouro de elétrons.

C. O controle da piruvato-desidrogenase

O CPD regula a entrada de unidades acetila derivadas de fontes constituídas por carboidratos no ciclo do ácido cítrico. A descarboxilação do piruvato pela E1 é irreversível e, uma vez que nos mamíferos não há outras vias para a síntese de acetil-CoA a partir do piruvato, é crucial que a reação seja cuidadosamente controlada. Dois sistemas regulatórios são utilizados:

1. Inibição pelos produtos NADH e acetil-CoA (Fig. 21.17*a*).
2. Modificação covalente por fosforilação/desfosforilação da subunidade E1 da piruvato-desidrogenase (Fig. 21.17*b*; a regulação enzimática por modificação covalente é discutida na Seção 18.3Ba).

a. Controle por inibição pelo produto

O NADH e a acetil-CoA competem com o NAD^+ e com a CoA pelos sítios de ligação em suas respectivas enzimas. Eles também revertem o equilíbrio das reações reversíveis da transacetilase (E2) e da di-hidrolipoil-desidrogenase (E3) (Fig. 21.17a). Relações [NADH]/[NAD^+] e [acetil-CoA]/[CoA] altas, portanto, mantêm E2 na sua forma acetilada, incapaz de aceitar o grupo hidroxietila do TPP, na E1. Isso, por sua vez, mantém o TPP na subunidade E1 em sua forma hidroxietila, diminuindo a velocidade de descarboxilação do piruvato.

b. Controle por fosforilação/desfosforilação

O controle por fosforilação/desfosforilação ocorre apenas nos complexos enzimáticos de eucariotos. Esses complexos

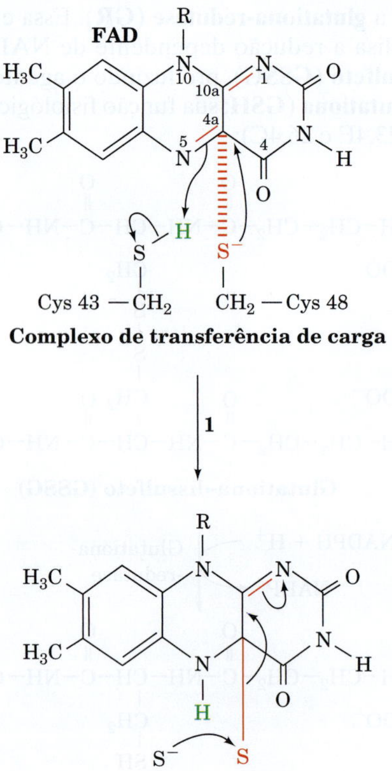

FAD

Complexo de transferência de carga

Aduto covalente

Ânion $FADH^-$

Dissulfeto com atividade redox

FIGURA 21.16 A reação de transferência de um par de elétrons da forma reduzida do dissulfeto com atividade redox da di-hidrolipoil-desidrogenase para o anel da flavina ligado à enzima. (**1**) O colapso do complexo de transferência de carga entre o íon tiolato da Cys 48 e o anel de flavina (*linha vermelha tracejada*) para formar uma ligação covalente entre S_{48} e o átomo C4a da flavina. O S_{48} está localizado fora do plano da flavina, como indica a Fig. 21.15. O átomo N5 da flavina adquire um próton, possivelmente do S_{43}, que torna-se um íon tiolato. (**2**) O tiolato S_{43} ataca nucleofilicamente o S_{48}, para formar uma ligação dissulfeto com atividade redox, assim liberando o ânion flavina reduzido, $FADH^-$.

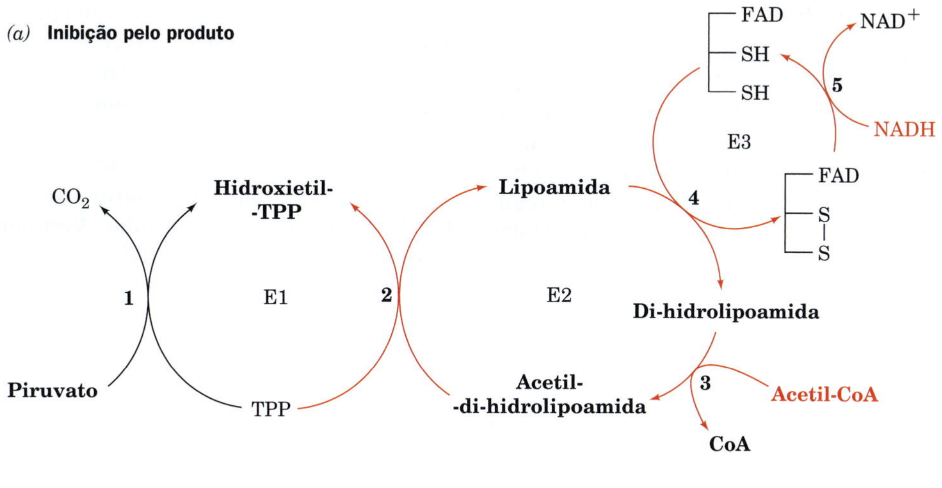

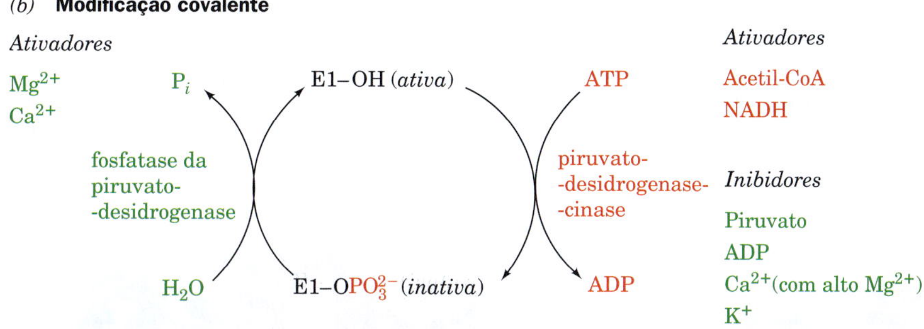

FIGURA 21.17 **Fatores que controlam a atividade do CPD.** (*a*) Inibição pelo produto. O NADH e a acetil-CoA competem, respectivamente, com o NAD^+ e a CoA, nas Reações 3 e 5 da sequência de reação da piruvato-desidrogenase. Quando as concentrações relativas de NADH e acetil-CoA estão altas, as reações reversíveis catalisadas por E2 e E3 são deslocadas no sentido contrário (*setas vermelhas*), inibindo uma posterior formação de acetil-CoA. (*b*) Modificação covalente no complexo em eucariotos. A piruvato-desidrogenase (E1) é inativada por fosforilação específica de um de seus resíduos Ser, em uma reação catalisada pela piruvato-desidrogenase-cinase (*à direita*). Esse grupo fosforila é hidrolisado pela ação da piruvato-desidrogenase-fosfatase (*à esquerda*), reativando E1. Os ativadores e inibidores da cinase estão listados à direita e os ativadores da fosfatase estão listados à esquerda.

contêm piruvato-desidrogenase-cinase e piruvato-desidrogenase-fosfatase, ligadas ao núcleo di-hidrolipoil-transacetilase (E2). *A cinase inativa a subunidade piruvato-desidrogenase (E1), catalisando a fosforilação dependente de ATP de um resíduo Ser na alça mais C-terminal na entrada do canal do sítio ativo (Fig. 21.17b).* Além disso, a fosforilação em apenas um dos dois sítios ativos de E1 inativa toda a enzima, ressaltando novamente a natureza obrigatória do acoplamento fora de fase entre esses dois sítios ativos (Seção 21.2Al). *A hidrólise desse resíduo de fosfo-Ser pela fosfatase reativa o complexo.*

A piruvato-desidrogenase-cinase é ativada por sua interação com a forma acetilada da E_2. Consequentemente, os produtos da reação, NADH e acetil-CoA, além de seus efeitos diretos sobre o CPD, ativam indiretamente a piruvato-desidrogenase-cinase. A fosforilação resultante inativa o complexo, assim como os próprios produtos o inibem. Acetil-CoA e NADH são produtos da oxidação dos ácidos graxos (Seção 25.2), de modo que essa inibição do CPD serve para preservar fontes de carboidratos quando fontes lipídicas de combustível estão disponíveis.

O Ca^{2+} é um importante segundo mensageiro, sinalizando a necessidade de aumento na demanda energética (p. ex., para a contração muscular). O aumento na [Ca^{2+}] aumenta a atividade da piruvato-desidrogenase-fosfatase, ativando assim o CPD.

A insulina está envolvida no controle desse sistema, pela ativação indireta da piruvato-desidrogenase-fosfatase. Deve-se lembrar que a insulina ativa também a síntese de glicogênio, pela ativação da fosfoproteína-fosfatase-1 (Seção 18.3Cg). A insulina, em resposta a um aumento na glicose sanguínea, é agora vista como promotora da síntese de acetil-CoA, assim como do glicogênio. Como será visto na Seção 25.4, além de ser o combustível para o ciclo do ácido cítrico, a acetil-CoA é precursora de ácidos graxos. Vários outros ativadores e inibidores regulam o sistema da piruvato-desidrogenase (Fig. 21.17*b*); este, entretanto, em contraste com o sistema de controle do metabolismo do glicogênio (Seção 18.3), não é afetado pelo AMP cíclico.

3 ENZIMAS DO CICLO DO ÁCIDO CÍTRICO

Nesta seção, serão discutidos os mecanismos de reação das oito enzimas do ciclo do ácido cítrico. O conhecimento a respeito desses mecanismos repousa sobre uma enorme quantidade de trabalho experimental; à medida que houver uma progressão nos estudos, serão examinados alguns detalhes desses experimentos. Considerações acerca de como é regulado esse ciclo e de suas relações com o metabolismo celular são assuntos das próximas seções.

A. *Citrato-sintase*

*A citrato-sintase (originalmente denominada **enzima de condensação do citrato**) catalisa a condensação da acetil-CoA e do oxalacetato (Reação 1 da Fig. 21.1).* Essa reação inicial do ciclo do ácido cítrico é o ponto no qual os átomos de carbono são adicionados para "alimentar a fornalha", na forma de acetil-CoA. A reação da citrato-sintase ocorre por um mecanismo cinético ordenado e sequencial (Seção 14.5Aa), com o oxalacetato sendo adicionado à enzima antes da acetil-CoA.

A estrutura por raios X da enzima dimérica livre, determinada por James Remington e Robert Huber, mostra que ela adota uma "forma aberta", na qual os dois domínios de cada subunidade formam uma fenda profunda que contém o sítio de ligação do oxalacetato (Fig. 21.18*a*). Ao ligar o oxalacetato, entretanto, o domínio menor sofre uma notável rotação de 18° em relação ao domínio maior, fechando a fenda (Fig. 21.18*b*).

As estruturas por raios X de dois inibidores da citrato-sintase em um complexo ternário com a enzima e o oxalacetato também foram determinadas. **Acetonil-CoA**, um inibidor análogo à acetil-CoA no estado basal, e **carboximetil-CoA**, proposta como análoga no estado de transição (ver a seguir),

$$\mathrm{CoAS{-}C({=}O){-}CH_3}$$

Acetil-CoA

$$\mathrm{CoAS{-}C(OH){=}CH_2}$$

Intermediário enol proposto

$$\mathrm{CoAS{-}CH_2{-}C({=}O){-}CH_3}$$

Acetonil-CoA

$$\mathrm{CoAS{-}CH_2{-}C(OH){=}O}$$

Carboximetil-CoA

(*a*) (*b*)

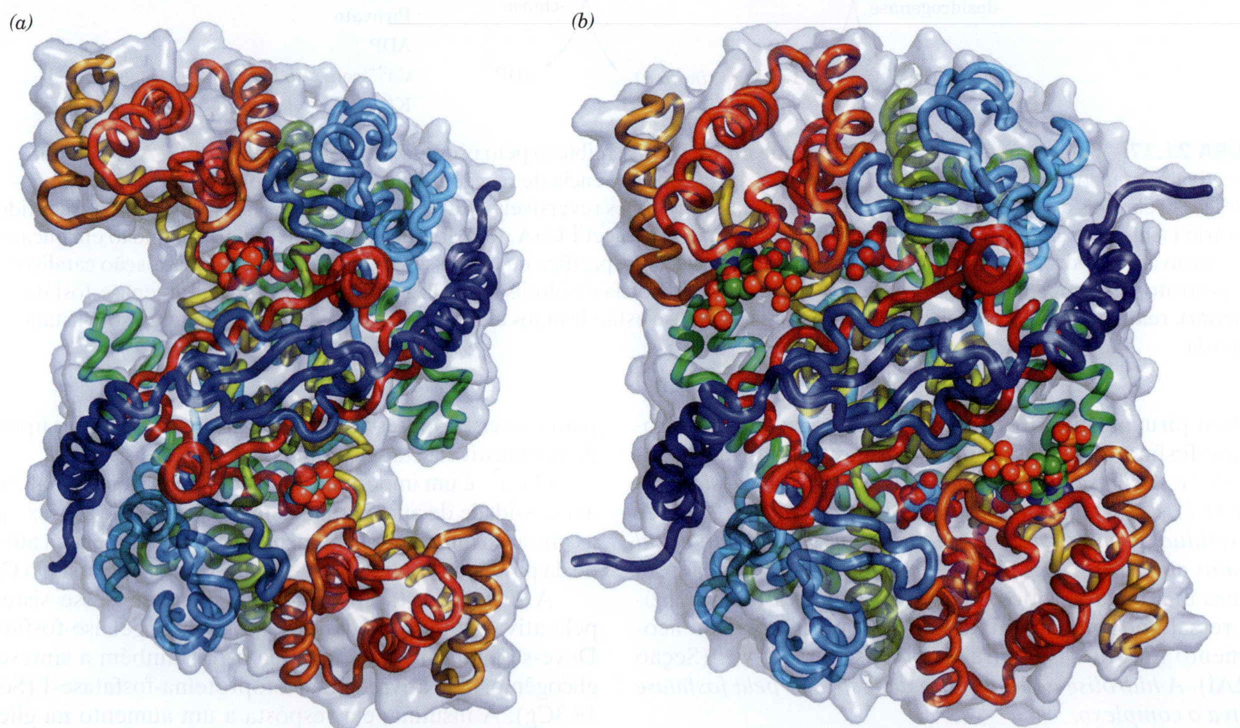

FIGURA 21.18 Alterações conformacionais na citrato-sintase. (*a*) Conformação aberta. (*b*) Conformação fechada, para ligação do substrato. Em ambas as formas, a proteína homodimérica é vista ao longo de seu eixo de simetria de ordem 2, e é representada com sua superfície molecular transparente e as cadeias polipeptídicas desenhadas em forma de verme e coloridas na ordem do arco-íris, de azul na porção N-terminal a vermelho, na porção C-terminal. O produto da reação, citrato, que está ligado a ambas as formas da enzima, e a coenzima A, que também está ligada à forma fechada, são mostrados na forma de volume atômico, com C do citrato em ciano, C da CoA em verde, N azul, O vermelho e P cor de laranja. A grande alteração conformacional entre as formas aberta e fechada impõe uma rotação de 18° dos domínios menores (*parte superior à esquerda e parte inferior à direita*) em relação aos domínios maiores, resultando em movimentos interatômicos relativos de até 15 Å. (Com base em estruturas por raios X determinadas por James Remington e Robert Huber, Max-Planck-Institut für Biochemie, Martinsried, Alemanha. PDBids 1CTS e 2CTS.)

Ver Exercício interativo 15

ligam-se à enzima em sua forma "fechada", permitindo, desse modo, a identificação do sítio de ligação da acetil-CoA. A existência das formas "aberta" e "fechada" explica o comportamento de cinética sequencial ordenado da enzima: *a alteração conformacional induzida pela ligação do oxalacetato gera o sítio de ligação da acetil-CoA, ocluindo o acesso do solvente ao oxalacetato ligado.* Esse é um exemplo clássico do modelo do encaixe induzido de ligação do substrato (Seção 10.4C). A hexocinase apresenta um comportamento semelhante (Seção 17.2Aa).

A reação da citrato-sintase é uma condensação mista aldol-éster de Claisen, sujeita à catálise acidobásica geral com a participação intermediária da forma enol(ato) da acetil-CoA. A estrutura por raios X da enzima em complexo ternário com o oxalacetato e a carboximetil-CoA revela que três de suas cadeias laterais ionizáveis estão orientadas adequadamente para desempenhar papéis catalíticos: His 274, Asp 375 e His 320. Os átomos N1 nas cadeias laterais de ambas His estabelecem ligações de hidrogênio com dois grupos NH do esqueleto da cadeia peptídica, indicando que esses átomos N1 não estão protonados. A participação de His 274, Asp 375 e His 320 foi confirmada por estudos cinéticos de enzimas mutantes, produzidas por mutagênese direcionada. O seguinte mecanismo de três etapas, formulado principalmente por Remington, leva em conta essas observações (Fig. 21.19):

1. O enolato de acetil-CoA é produzido na etapa limitante da reação, com a participação catalítica do Asp 375, atuando como uma base para remover um próton do grupo metila, e da His 274, na sua forma neutra, ligando, pelo H, o oxigênio enolato (cuja forma carbonila protonada é normalmente muito mais ácida que a cadeia lateral de uma His neutra). De modo muito parecido com o que foi discutido para um passo semelhante na reação da triose-fosfato-isomerase (Seção 17.2Eb), o pK da forma protonada do substrato tioéster carbonil oxigênio aumenta para ~14 com a enolização, que se aproxima daquele da His 274 neutra. Desse modo, foi proposto que essa etapa é facilitada pela formação de uma ligação de hidrogênio de baixa barreira (a qual, deve-se lembrar, é uma forma particularmente forte de interação por ligação de hidrogênio, na qual o átomo de hidrogênio é mais ou menos igualmente compartilhado entre os átomos "doador" e "aceptor"; Seção 15.3Dd). No entanto, a formação de fato dessa ligação de hidrogênio de baixa barreira é um assunto controverso. A presença do tioéster ligado à coenzima A facilita a enolização; a enolização do acetato isolado necessitaria da formação de um intermediário muito mais altamente carregado e, portanto, menos estável.
2. A **citril-CoA** é formada em uma segunda etapa, em uma catálise acidobásica, na qual o enolato da acetil-CoA ataca nucleofilicamente o oxalacetato, enquanto a His 320, também em sua forma neutra, doa um próton para o grupo carbonila do oxalacetato. A citril-CoA permanece ligada à enzima.
3. A citril-CoA é hidrolisada a citrato e CoA, com a His 320, agora na forma aniônica, abstraindo um próton da água, enquanto ataca o grupo carbonila da citril-CoA, e a forma acídica do Asp 375 doando um próton à CoA, enquanto ela sai. Essa hidrólise fornece a força termodinâmica de impulsão da reação ($\Delta G°' = -31{,}5$ kJ · mol^{-1}). Será visto brevemente por que a reação necessita de uma liberação de energia livre tão grande e, aparentemente, com tal desperdício.

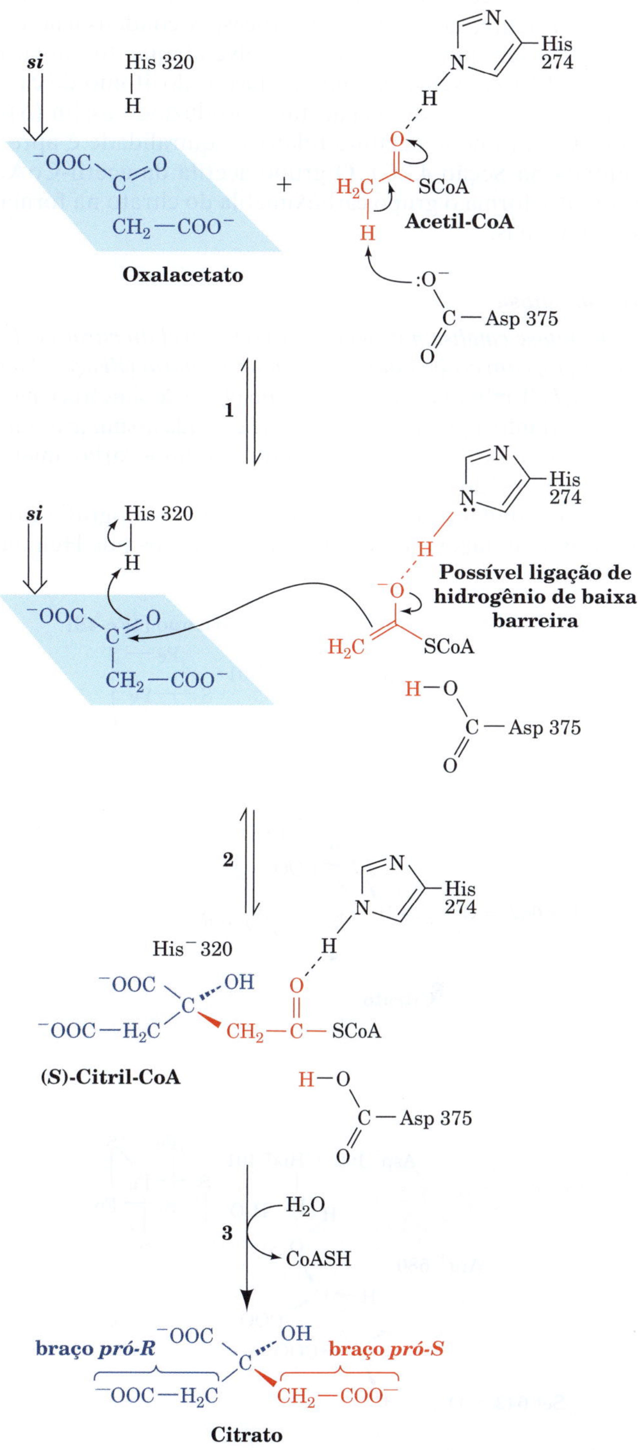

FIGURA 21.19 Mecanismo e estereoquímica da reação da citrato-sintase. His 274 e His 320 em suas formas neutras e Asp 375 têm sido implicados em um mecanismo de catálise acidobásica geral. A etapa limitante da velocidade da reação global é a formação de enolato de acetil-CoA, que pode ser estabilizado por uma ligação de hidrogênio de baixa barreira à His 274. O enolato da acetil-CoA ataca então nucleofilicamente a face *si* do carbono da carbonila do oxalacetato. O intermediário resultante, (*S*)-citril-CoA, é hidrolisado, produzindo citrato e CoA. (Segundo principalmente Remington, S.J., *Curr. Opin. Struct. Biol.* **2**, 732 [1992].)

Reações catalisadas por enzimas, como se observou anteriormente, são estereoespecíficas. A condensação de aldol-Claisen que ocorre aqui envolve ataque do enolato da acetil-CoA exclusivamente na face *si* do átomo de carbono da carbonila do oxalacetato, produzindo assim (*S*)-citril-CoA (a nomenclatura relativa à quiralidade é apresentada na Seção 4.2C). O grupo acetila da acetil-CoA, portanto, forma o grupo carboximetila do citrato na forma *pro-S* apenas.

B. Aconitase

A aconitase catalisa a isomerização reversível do citrato e do isocitrato, com cis-aconitato como intermediário (Reação 2 da Fig. 21.1). Embora o citrato tenha um plano de simetria e não seja, portanto, opticamente ativo, ele é, ainda assim, pró-quiral; a aconitase pode distinguir entre os grupos carboximetil *pro-R* e *pro-S* do citrato.

A combinação de experimentos de cristalografia por raios X e mutagênese direcionada, realizados por Helmut Beinert e David Stout, identificou diversos resíduos de aminoácidos que participam na catálise. A formação do intermediário *cis*-aconitato envolve uma desidratação, na qual a Ser 642 alcóxido, atuando como uma base geral, abstrai o próton *pro-R* do C2 do grupo carboximetil *pro-R* do citrato (Fig. 21.20, *parte superior*). (O O_γ da Ser 642 ocupa uma espécie de fenda para oxiânion [Seção 15.3Db], que aparentemente lhe dá estabilidade, pois, de outro modo, sua forma alcóxido seria altamente básica. O carbânion formado no estado de transição dessa reação não está mostrado.) Essa etapa é seguida pela perda do grupo OH em C3, em uma eliminação *trans* de H_2O para formar o intermediário *cis*-aconitato. A última etapa da reação é facilitada por meio de catálise ácida geral pela His 101, cujo grupo imidazol é polarizado por pareamento iônico com a cadeia lateral do Asp 100. Esse modelo é corroborado por observações de que a mutagênese de Asp 100, His 101 ou Ser 642 resulta em uma redução da atividade catalítica da aconitase de cerca de 10^3 a 10^5 vezes, sem afetar notavelmente sua afinidade de ligação ao substrato.

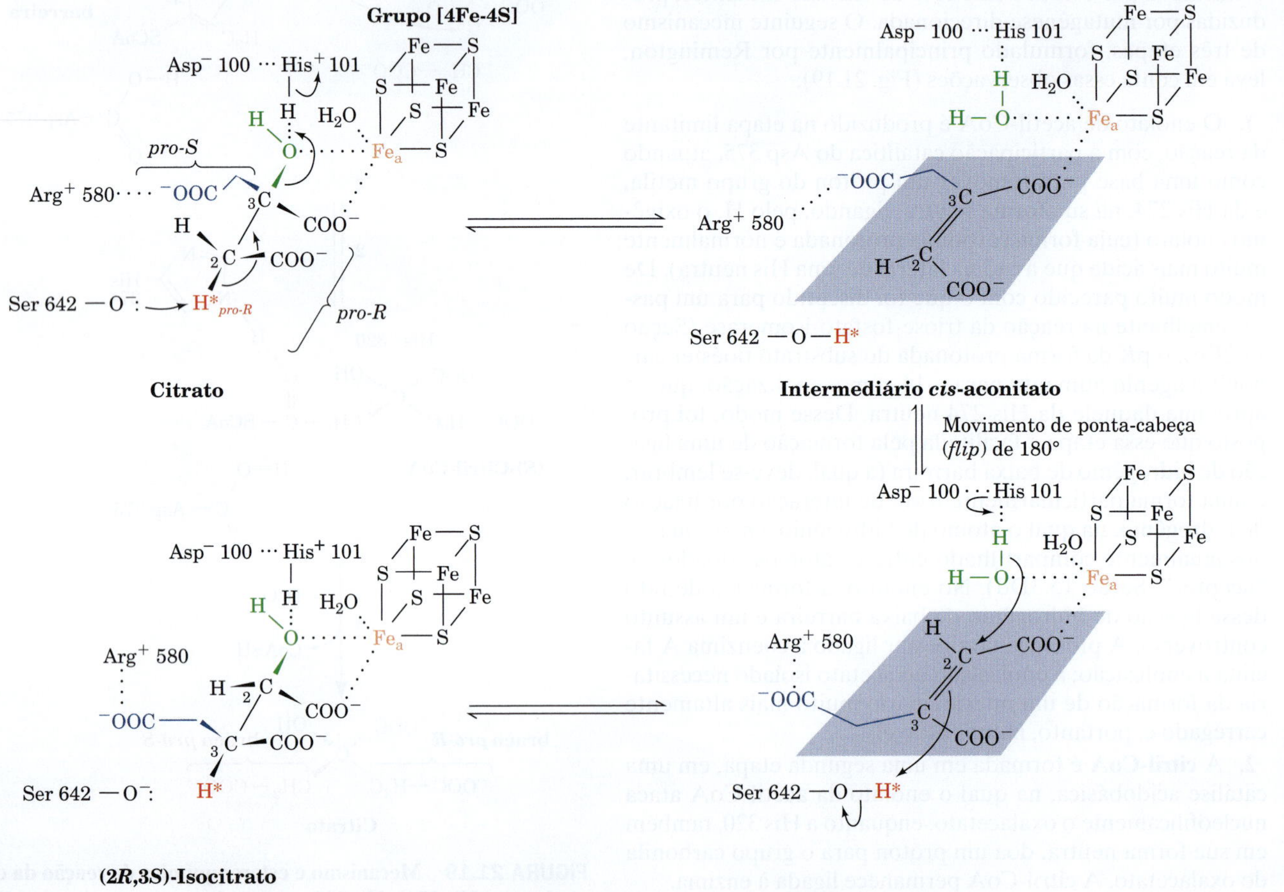

FIGURA 21.20 Mecanismo e estereoquímica da reação da aconitase. O Fe_a, do grupo [4Fe-4S] da enzima, estabelece uma ligação coordenada entre os grupos hidroxila e carboxila central do citrato; a Arg 580 forma uma ponte salina com o grupo carboxila *pro-S*; a Ser 642, em sua forma alcóxido, atua como uma base geral e a His 101 polarizada pelo Asp 100 atua como um ácido geral na eliminação de água para formar *cis*-aconitato. Observar o movimento de ponta-cabeça (*flip*) de 180°, pouco comum, que aparentemente o *cis*-aconitato sofre, possivelmente enquanto ainda está ligado ao sítio ativo. Dessa forma, a reidratação ocorre na face oposta do substrato, em relação àquela onde ocorreu a desidratação, produzindo assim o (2*R*,3*S*)-isocitrato.

A aconitase contém um **centro ferro-enxofre [4Fe–4S]** ligado, que é necessário para a atividade catalítica (as propriedades dos centros ferro-enxofre são discutidas na Seção 22.2Ca). Acredita-se que um átomo Fe(II) específico desse centro, denominado átomo Fe_a, estabeleça uma ligação coordenada com o grupo OH do substrato, de modo a facilitar sua eliminação. Centros ferro-enxofre estão quase sempre associados com processos redox, embora, curiosamente, isso não ocorra no caso da aconitase. Tem sido postulado que as propriedades eletrônicas do centro [4Fe–4S] permitem que o átomo Fe_a expanda seu número de coordenação de quatro ligantes, observados na estrutura por raios X da enzima livre (três íons S^{2-} e um íon OH^-), para seis ligantes arranjados de forma octaédrica, observados no complexo enzima-substrato. Um único íon metálico, como o Zn^{2+} ou o Cu^{2+}, seria incapaz de fazê-lo, e assim necessitaria que alguns de seus ligantes fossem deslocados quando da ligação com o substrato.

O segundo estágio da reação da aconitase é a reidratação da ligação dupla do *cis*-aconitato, formando isocitrato (Fig. 21.20, *parte inferior*). A adição não enzimática de H_2O à ligação dupla do *cis*-aconitato produziria quatro estereoisômeros. A aconitase, no entanto, catalisa a adição *trans* estereoespecífica de OH^- e H^+ à ligação dupla, formando apenas (2*R*,3*S*)-isocitrato, na reação para a direita, e citrato, na reação reversa.

Embora o grupo OH do citrato seja perdido para o solvente na reação da aconitase, o H^+ abstraído é retido pela Ser 642. Notavelmente, ele é adicionado em faces opostas da ligação dupla do *cis*-aconitato ao formar o citrato ou o isocitrato. Para a formação de isocitrato, o *cis*-aconitato deve expor uma face diferente para o H^+ sequestrado. Acredita-se que isso ocorra por um movimento de ponta-cabeça (*flip*) de 180° do intermediário sobre a superfície da enzima enquanto mantém sua associação com a Arg 580, ou então por dissociação da enzima e substituição por outro *cis*-aconitato na orientação de "ponta-cabeça".

a. O fluorcitrato inibe a aconitase

O **fluoracetato**, uma das moléculas pequenas mais tóxicas conhecidas (LD_{50} = 0,2 mg · kg^{-1} de peso corporal em ratos), é encontrado em folhas de certas plantas venenosas na África, Austrália e América do Sul. É interessante que o fluoracetato, por si só, apresenta pequeno efeito tóxico sobre as células; já as células o convertem enzimaticamente, primeiro a fluoracetil-CoA, e a seguir a **(2*R*,3*R*)-2-fluorcitrato**, o qual inibe especificamente a aconitase (ver Problema 9):

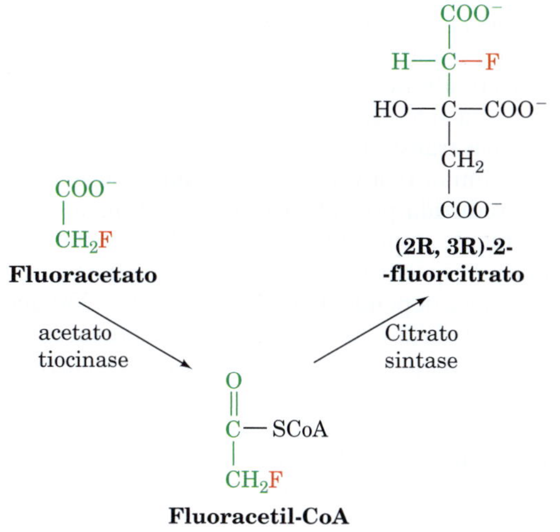

COO^-–CH_2F **Fluoracetato** —(acetato tiocinase)→ FCH_2–C(=O)–SCoA **Fluoracetil-CoA** —(Citrato sintase)→ ^-OOC–CHF–C(OH)(COO^-)–CH_2–COO^- **(2R, 3R)-2-fluorcitrato**

Não está esclarecido, entretanto, se a inibição da aconitase é a única responsável pela alta toxicidade do fluorcitrato. Na verdade, o fluorcitrato também inibe o transporte de citrato através da membrana mitocondrial.

C. Isocitrato-desidrogenase dependente de NAD^+

A isocitrato-desidrogenase catalisa a descarboxilação oxidativa do isocitrato, dando α-cetoglutarato, e produzindo o primeiro CO_2 e o primeiro NADH do ciclo do ácido cítrico (Reação 3 da Fig. 21.1).

Tecidos de mamíferos contêm duas isoformas dessa enzima. Embora ambas catalisem a mesma reação, uma isoforma participa do ciclo do ácido cítrico, localiza-se inteiramente na mitocôndria e utiliza NAD^+ como cofator. A outra isoforma ocorre tanto na mitocôndria quanto no citosol, utiliza $NADP^+$ como cofator e produz NADPH para utilização em reações de redução na biossíntese.

A isocitrato-desidrogenase dependente de NAD^+, que requer Mn^{+2} ou Mg^{+2} como cofator, catalisa a oxidação de um álcool secundário (isocitrato), produzindo uma cetona (oxalossuccinato), seguindo-se a descarboxilação do grupo carboxila β para a cetona (Fig. 21.21). Nessa sequência, o grupo cetona β ao grupo carboxílico facilita a descarboxilação, atuando como um sumidouro de elétrons. A oxidação ocorre com a redução estereoespecífica do NAD^+ em sua face *re* (adição no lado A; Seção 13.2Aa). O Mn^{+2} estabelece

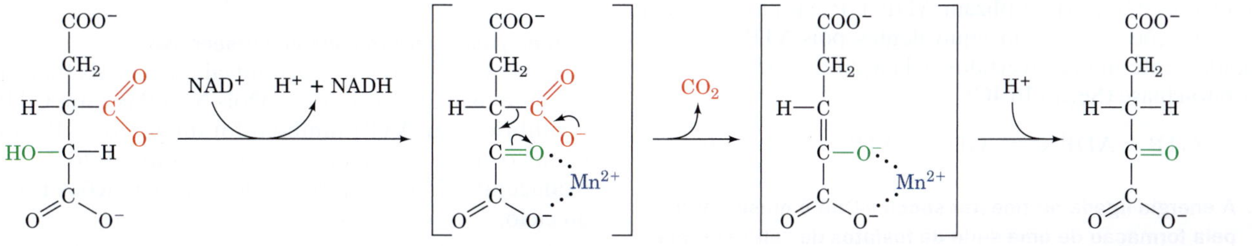

Isocitrato —(NAD^+ → H^+ + NADH)→ [**Oxalossuccinato** (Mn^{2+})] —(CO_2)→ [intermediário enolato (Mn^{2+})] —(H^+)→ **α-Cetoglutarato**

FIGURA 21.21 Possível mecanismo de reação da isocitrato-desidrogenase. O oxalossuccinato é mostrado entre colchetes, pois não se dissocia da enzima.

uma ligação coordenada com o grupo carbonil recém-formado de modo a polarizar sua carga eletrônica.

Embora a formação intermediária do oxalossuccinato seja uma possibilidade quimicamente lógica, evidências a seu favor têm sido difíceis de obter, pois ele tem uma existência apenas transitória nas reações catalisadas pela enzima nativa. No entanto, a velocidade de uma reação enzimática pode ser reduzida por mutação em determinados resíduos cataliticamente importantes, resultando no acúmulo de intermediários específicos. Desse modo, quando, na isocitrato-desidrogenase dependente de $NADP^+$, a Lys 230 que facilita a descarboxilação do intermediário oxalossuccinato (Fig. 21.21) é mutada para Met, o intermediário oxalossuccinato se acumula. O acúmulo desse intermediário foi visualizado diretamente na estrutura por raios X da enzima mutante, observada pela utilização de medidas rápidas de intensidade de raios X em presença de um fluxo contínuo de substrato.

D. α-Cetoglutarato-desidrogenase

A α-cetoglutarato-desidrogenase catalisa a descarboxilação oxidativa de um α-cetoácido (α-cetoglutarato), produzindo o segundo CO_2 e o segundo NADH do ciclo do ácido cítrico (Reação 4 da Fig. 21.1). A reação global, que assemelha-se quimicamente àquela catalisada pelo CPD (Fig. 21.6), é mediada por um complexo multienzimático homólogo, consistindo em **α-cetoglutarato-desidrogenase (E1o)**, **di-hidrolipoil-transuccinilase (E2o)** e di-hidrolipoil-desidrogenase (E3), no qual as subunidades E3 são idênticas àquelas do CPD (Seção 21.2A).

As reações individuais catalisadas pelo complexo ocorrem por meio de mecanismos idênticos àqueles da reação da piruvato-desidrogenase (Seção 21.2A), o produto igualmente é um tioéster de "alta energia", nesse caso succinil-CoA. No entanto, não existem enzimas que produzam modificações covalentes no complexo da α-cetoglutarato-desidrogenase.

E. Succinil-CoA-sintase

*A succinil-CoA-sintase (também denominada **succinato-tiocinase**) hidrolisa o composto de "alta energia" succinil-CoA com a síntese acoplada de um nucleosídeo trifosfatado de "alta energia" (Reação 5 da Fig. 21.1).* (Nota: os nomes de enzimas podem referir-se à reação no sentido direto ou reverso; nesse caso, succinil-CoA-sintase e succinato-tiocinase referem-se à reação no sentido reverso.) GTP é sintetizado a partir de GDP + P_i pela enzima de mamíferos; enzimas de plantas e bactérias utilizam ADP + P_i para formar ATP. Essas reações são, porém, equivalentes, pois ATP e GTP são rapidamente interconvertidos pela ação da nucleosídeo-difosfato-cinase (Seção 16.4C):

$$\text{GTP} + \text{ADP} \rightleftharpoons \text{GDP} + \text{ATP} \qquad \Delta G^{\circ\prime} = 0$$

a. A energia ligada ao tioéster succinil-CoA é preservada pela formação de uma série de fosfatos de "alta energia"

Como a succinil-CoA-sintase acopla a hidrólise exergônica de succinil-CoA ($\Delta G^{\circ\prime} = -32{,}6\ \text{kJ} \cdot \text{mol}^{-1}$) à formação endergônica de um nucleosídeo trifosfatado ($\Delta G^{\circ\prime} = 30{,}5\ \text{kJ} \cdot \text{mol}^{-1}$)? Essa pergunta foi respondida pelo uso criativo de isótopos como traçadores. Na ausência de succinil-CoA, a enzima do espinafre (que utiliza nucleotídeos da adenina) catalisa a transferência do grupo γ-fosforil do ATP para o ADP. Isso foi detectado marcando o ADP com ^{14}C e observando a marcação aparecer no ATP. Tal reação de troca de isótopos (Seção 14.5D) sugere a participação de um intermediário fosforil-enzima como mediador na sequência de reação:

Etapa 1

$$\underset{\textbf{ATP}}{\text{A—Ⓟ—Ⓟ—Ⓟ}} + \text{E} \rightleftharpoons \underset{\textbf{ADP}}{\text{A—Ⓟ—Ⓟ}} + \underset{\textbf{Fosforil-enzima}}{\text{E—Ⓟ}}$$

Etapa 2

$$\underset{\textbf{ADP*}}{\text{A—Ⓟ—Ⓟ}} + \text{E—Ⓟ} \rightleftharpoons \underset{\textbf{ATP*}}{\text{A—Ⓟ—Ⓟ—Ⓟ}} + \text{E}$$

De fato, essa informação levou ao isolamento de um intermediário fosforil-enzima cineticamente ativo, em que o grupo fosforila está covalentemente ligado na posição N3 de um resíduo de His.

Quando a reação da succinil-CoA-sintase, que é livremente reversível, funciona no sentido da síntese de succinil-CoA (oposta ao seu sentido no ciclo do ácido cítrico), usando [^{18}O]succinato como substrato, o ^{18}O é transferido do succinato para o fosfato. Assim evidencia-se que succinil-fosfato, um anidrido misto de "alta energia", é formado transitoriamente durante a reação.

Essas observações sugerem a seguinte sequência de três etapas para a reação da succinil-CoA-sintase de mamíferos (Fig. 21.22):

1. A succinil-CoA reage com P_i para formar succinil-fosfato e CoA (explicando a reação de troca de ^{18}O).
2. O grupo fosforila do succinil-fosfato é transferido para um resíduo de His da enzima, liberando succinato (explicando o resíduo de 3-fosfo-His).
3. O grupo fosforila é transferido da enzima para o GDP, formando GTP (explicando a reação de troca de nucleosídeo difosfatado).

Pode-se observar como, em cada uma dessas etapas, *a energia livre de hidrólise do succinil-CoA de "alta energia" é conservada pela formação sucessiva de compostos de "alta energia": primeiramente o succinil-fosfato, a seguir um resíduo de 3-fosfo-His e, finalmente, GTP.* O processo é semelhante a passar uma batata quente de uma pessoa à outra.

b. Uma pausa para tomada de perspectiva

Até esse ponto do ciclo, um equivalente acetila foi completamente oxidado a dois CO_2. Dois NADHs e um GTP (em equilíbrio com ATP) também foram gerados. Para completar o ciclo, o succinato deve ser convertido de volta a oxalacetato. Isso é realizado pelas três reações restantes do ciclo.

F. Succinato-desidrogenase

A succinato-desidrogenase catalisa a desidrogenação estereoespecífica de succinato a fumarato (Reação 6 da Fig. 21.1):

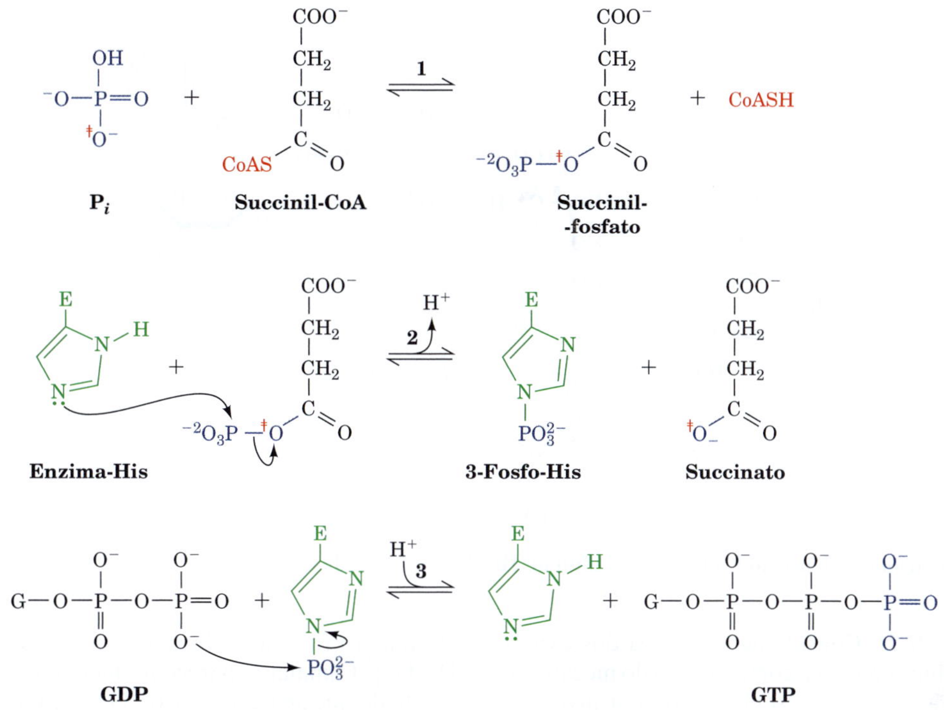

P_i + Succinil-CoA ⇌(1) Succinil-fosfato + CoASH

Enzima-His + Succinil-fosfato ⇌(2) 3-Fosfo-His + Succinato + H^+

GDP + 3-Fosfo-His ⇌(3) Enzima-His + GTP

FIGURA 21.22 Reações catalisadas pela succinil-CoA-sintase. (**1**) Formação de succinil-fosfato, um anidrido misto de "alta energia". (**2**) Formação de fosforil-His, um intermediário de "alta energia". (**3**) Transferência do grupo fosforila para o GDP, formando GTP. O símbolo ‡ representa ^{18}O em reações de marcação isotópica.

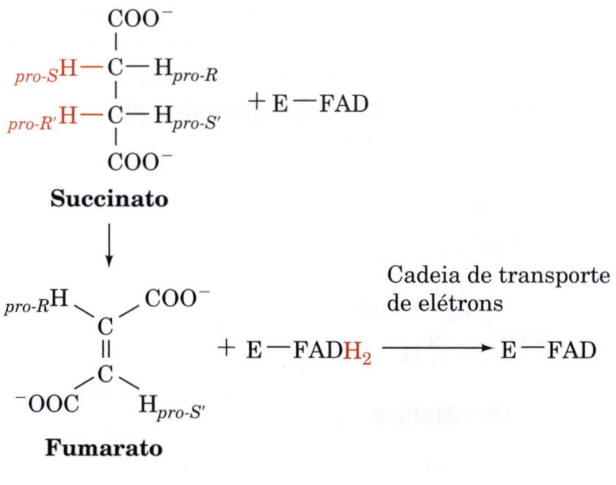

Succinato + E—FAD → Fumarato + E—$FADH_2$ → (Cadeia de transporte de elétrons) → E—FAD

A enzima é fortemente inibida pelo **malonato**, um análogo estrutural do succinato e um exemplo clássico de inibidor competitivo:

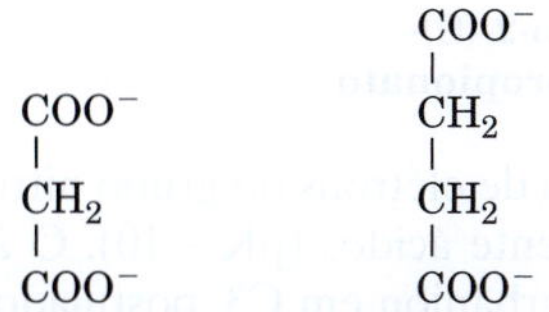

Malonato   Succinato

Deve-se lembrar que a inibição da respiração celular pelo malonato foi uma das observações que levaram Krebs a propor a hipótese do ciclo do ácido cítrico (Seção 21.1B).

A succinato-desidrogenase contém um FAD, o aceptor de elétrons da reação. Em geral, o FAD funciona bioquimicamente oxidando alcanos a alcenos, enquanto o NAD^+ oxida álcoois a aldeídos ou cetonas. Isso ocorre porque a oxidação de um alcano (como o succinato) a um alceno (como o fumarato) é suficientemente exergônica para reduzir um FAD a $FADH_2$, mas não para reduzir um NAD^+ a NADH. A oxidação de álcoois, contudo, pode reduzir NAD^+ (Tabela 16.4).

O FAD da succinato-desidrogenase está ligado covalentemente por meio de seu átomo C8a a um resíduo de His da enzima (Fig. 21.23). Uma ligação covalente entre FAD e uma proteína é incomum; na maioria dos casos, o FAD está ligado firmemente, mas de modo não covalente, à enzima à qual esteja associado (p. ex., a di-hidrolipoil-desidrogenase; Seção 21.2Ba).

Como é reoxidado o $FADH_2$ da succinato-desidrogenase? Estando ligado permanentemente à enzima, esse grupo prostético não pode funcionar como um metabólito, como o NADH. Em vez disso, *a succinato-desidrogenase (também conhecida como Complexo II) é reoxidada pela coenzima Q, a qual está solúvel na membrana e participa da cadeia de transporte de elétrons*, um aspecto de sua função que será discutido na Seção 22.2C. Isso explica por que a succinato-desidrogenase é a única enzima do ciclo do ácido cítrico que está ancorada à membrana mitocondrial interna; todas as demais estão dissolvidas na matriz mitocondrial (a anatomia mitocondrial é descrita na Seção 22.1A).

G. *Fumarase*

*A fumarase (**fumarato-hidratase**) catalisa a hidratação da ligação dupla do fumarato para formar (S)-malato (L-malato)*

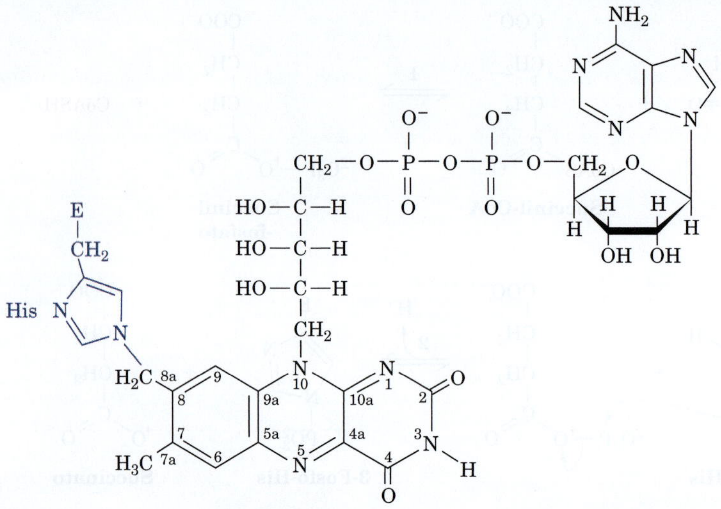

FIGURA 21.23 **Ligação covalente do FAD a um resíduo de His da succinato-desidrogenase.**

(Reação 7 da Fig. 21.1). Considerações acerca dos experimentos que contribuíram para a compreensão do mecanismo da fumarase ilustram o papel desempenhado por investigações independentes.

a. Evidências de mecanismos conflitantes: qual a sequência na adição de H^+ e OH^-?

Experimentos planejados para estabelecerem se a reação da fumarase ocorre por um mecanismo em que há formação de um carbânion (adição de OH^- primeiro) ou um carbocátion (adição de H^+ primeiro) trouxeram informações contraditórias (Fig. 21.24). Evidências favorecendo o mecanismo do carbocátion foram obtidas pelo estudo da desidratação do

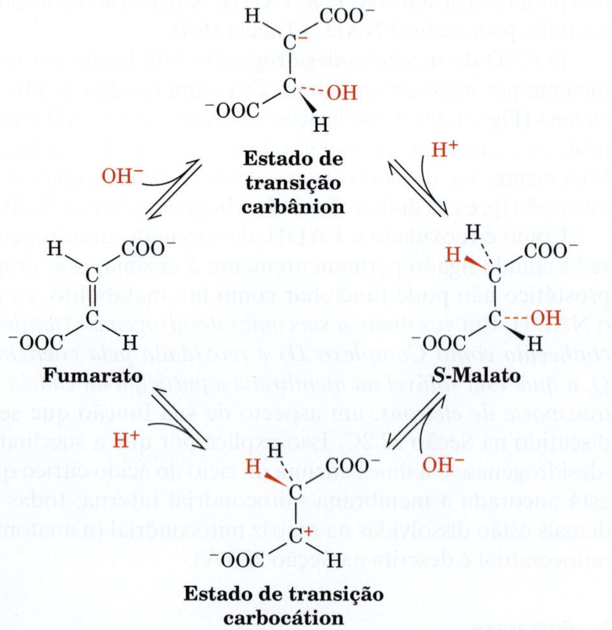

FIGURA 21.24 **Possíveis mecanismos para a hidratação do fumarato, catalisada pela fumarase.**

(S)-malato (a reação da fumarase no sentido inverso) em $H_2{}^{18}O$. [^{18}O]malato aparece no meio da reação mais rapidamente do que apareceria se o ^{18}O fosse incorporado pela reação reversa a partir do fumarato recém-formado. Isso sugere a rápida formação de um carbocátion intermediário em C2, a partir do qual OH^- pode ser trocado com $^{18}OH^-$, seguindo-se a lenta remoção do hidrogênio em C3 (Fig. 21.24, *rota na parte inferior da figura*).

Outras observações, entretanto, indicam que a reação ocorre via formação de um carbânion intermediário em C3 (Fig. 21.24, *rota na parte superior da figura*). David Porter sintetizou **3-nitro-2-(*S*)-hidroxipropionato**, que assemelha-se estericamente ao (S)-malato:

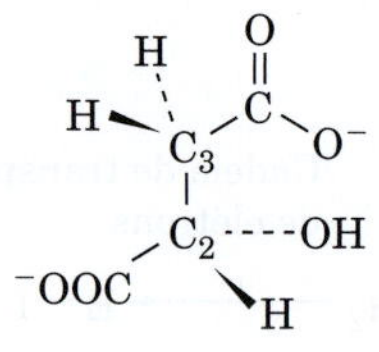

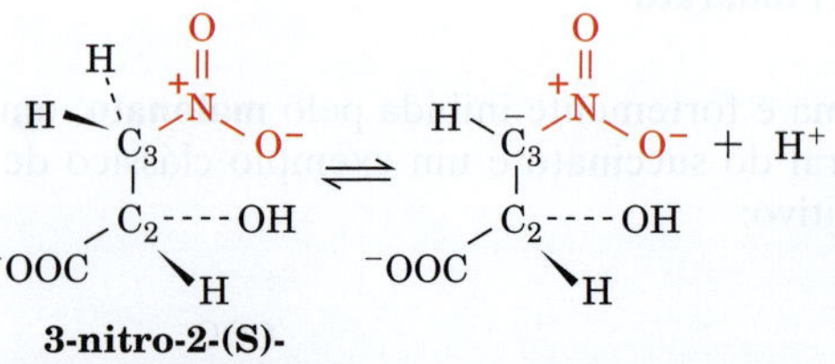

O caráter atrativo de elétrons do grupo nitro torna os prótons em C3 relativamente ácidos (pK ≈10). O ânion resultante é um análogo do carbânion em C3, postulado para o estado de transição da reação da fumarase, mas não do carbocátion em C2 do estado de transição (Fig. 21.24; análogos dos estados de transição são discutidos na Seção 15.1Fa). Esse ânion é, de fato, um excelente inibidor da fumarase: apresenta uma afinidade de ligação 11.000 vezes maior pela enzima que o (S)-malato.

Se a reação da fumarase ocorre pelo mecanismo do carbânion, como pode ser explicada a rápida troca de OH^-? Por outro lado, se o mecanismo apresenta o carbocátion, por que o ânion nitro é um inibidor tão efetivo? Esse conjunto de observações contraditórias torna clara apenas uma coisa: *quando se estudam mecanismos enzimáticos de reação, é sempre necessário abordar o problema de diferentes direções. Um conjunto de experimentos nunca deve ser tomado como uma prova e a interpretação nunca deve ser tomada como um fato definitivo.* Na verdade, a reinterpretação do experimento a respeito da troca do ^{18}O é consistente com o mecanismo de um carbocátion. Ocorre que a liberação do produto é a etapa limitante na determinação da velocidade da ação da enzima:

$$E + Mal \underset{}{\overset{1}{\rightleftharpoons}} E \cdot Mal \overset{2}{\rightleftharpoons} EH^+ \cdot Mal^- \overset{3}{\rightleftharpoons} EH^+ \cdot Fum \cdot OH^-$$

Intermediário carbânion

4 Rápido; $^{18}OH^-$ → OH^-

$$E + H^+ + Fum \overset{5}{\rightleftharpoons} E \cdot H^+ \cdot Fum$$

Lento

O malato liga-se à fumarase (**1**), forma um carbânion (**2**), elimina OH^- para formar fumarato (**3**) e rapidamente libera OH^- da superfície da enzima (**4**). A liberação de outros produtos (**5**) é lenta. $^{18}OH^-$ pode, portanto, ser trocado com OH^- para produzir [^{18}O]malato mais rapidamente que a taxa geral da reação da fumarase.

H. *Malato-desidrogenase*

A malato-desidrogenase catalisa a reação final do ciclo do ácido cítrico, a regeneração de oxalacetato (Reação 8 da Fig. 21.1). Isso ocorre pela oxidação do grupo hidroxila do (*S*)-malato, produzindo um grupo cetona em uma reação dependente de NAD^+:

$$\text{(S)-Malato} + NAD^+ \rightleftharpoons \text{Oxalacetato} + NADH + H^+$$

(S)-Malato

Oxalacetato

O íon hidreto liberado pelo álcool nessa reação é transferido para a face *re* do NAD^+, a mesma face sobre a qual atua a lactato-desidrogenase (Seção 17.3A) e a álcool-desidrogenase (Seção 17.3Bc). De fato, *comparações por cristalografia por raios X dos domínios de ligação do NAD^+ para essas três desidrogenases indicam que elas são notavelmente semelhantes, e levaram à proposta de que todos os domínios de ligação do NAD^+ tenham evoluído de um ancestral comum (Seção 9.3B).*

O $\Delta G°'$ para a reação da malato-desidrogenase é +29,7 kJ · mol^{-1}; a concentração do oxalacetato formado, no equilíbrio, é consequentemente muito baixa. Deve-se lembrar, no entanto, que a reação catalisada pela citrato-sintase, a primeira enzima do ciclo, é altamente exergônica ($\Delta G°'$ = −31,5 kJ · mol^{-1}; Seção 21.3A), devido à hidrólise da ligação tioéster da citril-CoA. Pode-se agora entender a necessidade de um processo que aparentemente é de desperdício. Ele permite que a formação de citrato seja exergônica mesmo nas baixas concentrações fisiológicas de oxalacetato, levando assim ao início de outra volta do ciclo.

I. *Integração do ciclo do ácido cítrico*

a. O impacto do ciclo do ácido cítrico sobre a produção de ATP

A discussão precedente indica que uma volta do ciclo do ácido cítrico resulta nas seguintes transformações químicas (Fig. 21.1):

1. Um grupo acetila é oxidado a duas moléculas de CO_2, um processo envolvendo quatro pares de elétrons (embora, como será discutido a seguir, não sejam os átomos de carbono do grupo acetila que está entrando aqueles que são oxidados).
2. Três moléculas de NAD^+ são reduzidas a NADH, mostrando o destino de três dos pares de elétrons.
3. Uma molécula de FAD é reduzido a $FADH_2$, explicando o quarto par de elétrons.
4. Um grupo fosfato de "alta-energia" é produzido como GTP (ou ATP).

Os oito elétrons abstraídos do grupo acetila no ciclo do ácido cítrico passam subsequentemente para a cadeia de transporte de elétrons, onde ao final reduzem duas moléculas de O_2 a H_2O. Os três pares de elétrons doados pelo NADH produzem, cada um, ~2,5 ATPs via fosforilação oxidativa, enquanto o par de elétrons doado pelo $FADH_2$ produz ~1,5 ATP. *Uma volta do ciclo do ácido cítrico, portanto, resulta na produção de ~10 ATPs.* A cadeia de transporte de elétrons e a fosforilação oxidativa são o tema do Capítulo 22.

b. Testes isotópicos da estereoquímica do ciclo do ácido cítrico

As reações do ciclo do ácido cítrico foram confirmadas por meio da utilização de experimentos com traçadores radioativos, que se tornaram uma possibilidade no final da década de 1930 e início da década de 1940. Naquela época, tornou-se possível sintetizar compostos enriquecidos com o isótopo estável ^{13}C (detectável na época por espectroscopia de massa e hoje também por RM) ou com o isótopo radioativo ^{11}C, que tem uma meia-vida de apenas 20 minutos. O ^{14}C, cuja utilização foi iniciada por Samuel Ruben e Martin Kamen no final da década de 1940, apresenta, sobre o ^{11}C, a vantagem de possuir uma meia-vida de 5.715 anos.

Em um experimento que se tornou referência, [4-^{11}C] oxalacetato foi produzido a partir de $^{11}CO_2$ e piruvato:

$$\text{*}CO_2 + CH_3-\overset{\overset{O}{\|}}{C}-CO_2^- \quad \textbf{Piruvato}$$

ATP → ADP + P_i (Piruvato-carboxilase)

$$^-OOC^*-CH_2-\overset{\overset{O}{\|}}{C}-CO_2^- \quad \textbf{Oxalacetato}$$

Isso ocorreu no ciclo do ácido cítrico de células musculares oxidando compostos ativamente. Os intermediários do ciclo resultantes foram isolados. A identificação da posição marcada no α-cetoglutarato isolado causou sensação. Como visto nas Seções 21.3A e 21.3B, a citrato-sintase e a aconitase catalisam reações estereoespecíficas, nas quais a citrato-sintase pode distinguir entre as duas faces do grupo carbonila do oxalacetato e a aconitase pode distinguir entre os grupos carboximetil *pro-R* e *pro-S* do citrato. No início da década de 1940, entretanto, o conceito de pró-quiralidade não havia sido estabelecido. Supunha-se que as duas metades do citrato fossem indistinguíveis (em sistemas não enzimáticos, esse é, com efeito, o caso). Supunha-se, portanto, que a radioatividade, originalmente localizada no C4 do oxalacetato (* na Fig. 21.1), iria misturar-se na molécula do citrato, de modo que seus átomos C1 e C6 seriam igualmente marcados, resultando em α-cetoglutarato marcado em ambos os átomos, C1 e C5. Descobriu-se que apenas C1, o grupo carboxila α ao grupo cetona do α-cetoglutarato, era radioativo (Fig. 21.1). Esse resultado lançou dúvidas sobre a identidade do produto da condensação de acetil-CoA e oxalacetato. Como este poderia ser a molécula de citrato, que é simétrica, em vista de tão "conclusivos" experimentos de marcação? Esse problema acerca de qual ácido tricarboxílico seria o produto original de condensação no ciclo resultou na mudança do nome de ciclo do ácido cítrico (proposto por Krebs) para ciclo do ácido tricarboxílico.

Em 1948, Alexander Ogston observou que o ácido cítrico, embora simétrico, é pró-quiral e, portanto, pode interagir assimetricamente com a superfície da aconitase (Seção 13.2A). Embora o citrato seja hoje aceito como um intermediário do ciclo, ainda persiste a dualidade no nome do ciclo.

Embora a reação líquida do ciclo seja a oxidação dos átomos de carbonos de unidades acetil até CO_2, o CO_2 perdido em uma dada volta do ciclo é proveniente do esqueleto carbonado do oxalacetato. Isso pode ser demonstrado seguindo-se o destino do átomo C4 do oxalacetato, marcado isotopicamente (* na Fig. 21.1), ao longo do ciclo do ácido cítrico. Pode-se observar (Fig. 21.1) que ele é perdido como CO_2 na reação da α-cetoglutarato-desidrogenase.

Experimentos foram executados utilizando [1-^{14}C]acetato, que nas células é convertido em [1-^{14}C]acetil-CoA:

$$\underset{\textbf{Acetato}}{CH_3-{}^*COO^-} + CoASH \xrightarrow[\text{Acetato tiocinase}]{ATP \quad AMP + PP_i} \underset{\textbf{Acetil-CoA}}{CH_3-\overset{\overset{O}{\|}}{C}{}^*-SCoA}$$

Seguir a via dessa marcação (ǂ na Fig. 21.1) permite ao leitor certificar-se de que a marcação não é perdida como CO_2. Ela se mescla (1/2 ǂ na Fig. 21.1) durante o ciclo, mas não antes da formação do succinato, o primeiro intermediário rotacionalmente simétrico (não pró-quiral) do ciclo.

J. Evolução do ciclo do ácido cítrico

O ciclo do ácido cítrico é ubíquo nos organismos aeróbios, onde desempenha uma papel central no metabolismo energético. No entanto, um ciclo catalítico de oito etapas, como é o caso do ciclo do ácido cítrico, não pode ter surgido como um todo e deve então ter evoluído a partir de conjuntos mais simples de reações enzimáticas. Evidências a respeito das origens do ciclo do ácido cítrico podem ser encontradas observando-se o metabolismo de células que se assemelham a formas primordiais de vida. Tais organismos surgiram mais de 3 bilhões de anos atrás (Seção 1.5), antes que quantidades significativas de O_2 atmosférico estivessem disponíveis. Essas células provavelmente utilizavam enxofre como agente oxidante final, reduzindo-o a H_2S. Suas contrapartes modernas são os autótrofos anaeróbios (células que sintetizam todos os seus componentes a partir de moléculas simples, como H_2O, CO_2, NH_3 e H_2S), os quais obtêm sua energia livre por meio de vias independentes daquelas que oxidam compostos contendo carbono. Esses organismos, portanto, não utilizam o ciclo do ácido cítrico para gerar cofatores reduzidos, como o NADH, que são subsequentemente oxidados pelo O_2.

A tarefa de divisar as capacidades metabólicas de um organismo tem sido facilitada pela bioinformática. Pela comparação das sequências de genomas procarióticos e pela determinação de funções de vários genes homólogos é possível reconstruir suas vias metabólicas centrais. Essa abordagem tem sido produtiva, pois os genes que codificam enzimas que geram energia livre e os metabólitos mais comuns de uma célula são altamente conservados entre diferentes espécies e, assim, são reconhecidos com relativa facilidade.

Muitos procariotos não apresentam o ciclo do ácido cítrico. Esses organismos, no entanto, apresentam genes para algumas enzimas do ciclo do ácido cítrico. As últimas três reações do ciclo, que levam de succinato a oxalacetato, parecem ser as mais altamente conservadas. Esse fragmento de via constitui um mecanismo para aceitar elétrons liberados durante a fermentação de açúcares. Por exemplo, a reversão dessa via poderia regenerar NAD^+ a partir do NADH produzido na reação da gliceraldeído-3-fosfato-desidrogenase, da glicólise.

Oxalacetato → Malato (NADH → NAD^+) → Fumarato → Succinato (NADH → NAD^+)

O succinato resultante poderia, então, ser utilizado como ponto de partida para a biossíntese de outros compostos.

Muitas arqueobactérias possuem uma **piruvato:ferredoxina-oxidorredutase,** que converte piruvato em acetil-CoA (porém sem produzir NADH). Em uma célula primitiva, os grupos acetila resultantes poderiam ter condensado com oxalacetato (pela ação de uma citrato-sintase), originando finalmente uma sequência oxidativa de reações que se assemelha às primeiras etapas do ciclo do ácido cítrico atual.

Acetil-CoA
Oxalacetato
Citrato
Isocitrato
NAD^+
CO_2
NADH
α-Cetoglutarato

O α-cetoglutarato assim produzido pode ser convertido em glutamato e outros aminoácidos (Seção 26-5Ab).

Os ramos redutores e oxidativos do ciclo do ácido cítrico delineados até aqui ocorrem em células bacterianas atuais, como células de *E. coli* que estão crescendo anaerobiamente, sugerindo que vias similares podem ter sido usadas para atender às necessidades metabólicas de células primordiais. A evolução de um ciclo do ácido cítrico completo, no qual os dois ramos são unidos e ocorrem no sentido oxidativo (horário) necessitaria de uma enzima como a **α-cetoglutarato:ferredoxina--redutase** (homóloga da piruvato:ferrodoxina-oxidorredutase) para unir α-cetoglutarato e succinato.

É interessante considerar que um ciclo do ácido cítrico primitivo, que operasse no sentido reverso (anti-horário), forneceria uma via para a incorporação de CO_2 em moléculas biológicas.

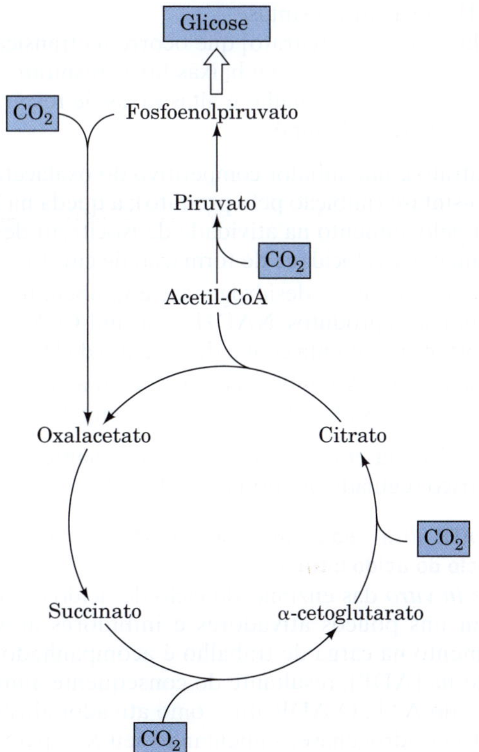

Os genes que codificam enzimas que catalisam as etapas de tal via foram identificados em diversas bactérias autotróficas modernas. Essa via redutora, que ocorre em algumas espécies de arqueobactérias com profundas raízes filogenéticas, possivelmente predam a via de fixação de CO_2 usada em algumas bactérias fotossintéticas e nos cloroplastos de plantas verdes (Seção 24.3A).

4 REGULAÇÃO DO CICLO DO ÁCIDO CÍTRICO

Nesta seção, considera-se como é regulado o fluxo de metabólitos pelo ciclo do ácido cítrico. Nas discussões sobre controle de fluxo metabólico (Seção 17.4), estabeleceu-se que, para compreender como uma via metabólica é controlada, deve-se identificar a(s) enzima(s) que catalisa(m) a(s) sua(s) etapa(s) determinante(s) de velocidade, os efetores *in vitro* dessas enzimas e as concentrações *in vivo* dessas substâncias. *Qualquer mecanismo de controle de fluxo que seja proposto deve demonstrar que um aumento ou decréscimo no fluxo correlaciona-se com um aumento ou decréscimo na concentração do efetor proposto.*

a. Citrato-sintase, isocitrato-desidrogenase e α-cetoglutarato-desidrogenase são as enzimas controladoras da velocidade do ciclo do ácido cítrico

Estabelecer as etapas determinantes da velocidade do ciclo do ácido cítrico é mais difícil que estabelecer o mesmo para a glicólise, pois a maior parte dos metabólitos do ciclo está presente tanto na mitocôndria quanto no citosol e não se sabe sua distribuição entre esses dois compartimentos (deve-se lembrar que identificar a[s] etapa[s] limitante[s] de uma via requer a determinação do ΔG de cada uma de suas reações a partir das concentrações de seus substratos e produtos). No entanto, se for assumido um equilíbrio entre os dois compartimentos, pode-se utilizar o conteúdo total dessas substâncias na célula para estimar sua concentração mitocondrial. A Tabela 21.2 dá as variações de energia livre padrão para as oito enzimas do ciclo do ácido cítrico e estima as variações fisiológicas de energia livre para as reações

TABELA 21.2 Variações de energia livre padrão ($\Delta G°'$) e variações fisiológicas de energia livre (Δg) para as reações do ciclo do ácido cítrico

Reação	Enzima	$\Delta G°'$ ($kJ \cdot mol^{-1}$)	ΔG ($kJ \cdot mol^{-1}$)
1	Citrato-sintase	−31,5	Negativo
2	Aconitase	~5	~0
3	Isocitrato--desidrogenase	−21	Negativo
4	Complexo multienzimático da α-cetoglutarato-desidrogenase	−33	Negativo
5	Succinil-CoA-sintase	−2,1	~0
6	Succinato--desidrogenase	+6	~0
7	Fumarase	−3,4	~0
8	Malato-desidrogenase	+29,7	~0

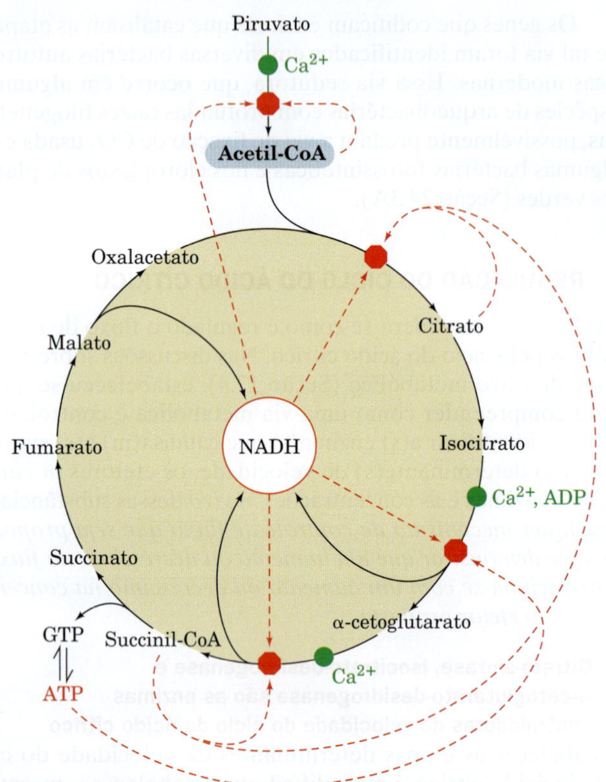

FIGURA 21.25 Regulação do ciclo do ácido cítrico. Este diagrama do ciclo do ácido cítrico e da reação da piruvato-desidrogenase indica os pontos de inibição (*octágonos vermelhos*) e os intermediários da via que funcionam como inibidores (*setas vermelhas tracejadas*). ADP e Ca^{2+} (*pontos verdes*) são ativadores. **Ver Figuras animadas**

no tecido muscular cardíaco e no tecido hepático. Pode-se ver que três das enzimas provavelmente funcionam longe do equilíbrio em condições fisiológicas (ΔG negativo): a citrato--sintase, a isocitrato-desidrogenase dependente de NAD^+ e a α-cetoglutarato-desidrogenase. Portanto, o foco será dado à discussão sobre a forma como essas enzimas são reguladas (Fig. 21.25).

b. O ciclo do ácido cítrico é regulado principalmente pela disponibilidade de substrato, inibição por produtos e inibição por outros intermediários do ciclo

No músculo cardíaco, onde o ciclo do ácido cítrico funciona principalmente para gerar ATP para utilização na contração muscular, as enzimas do ciclo quase sempre atuam como uma unidade funcional, com seus fluxos metabólicos proporcionais à velocidade de consumo de oxigênio pela célula. *Uma vez que o consumo de oxigênio, a reoxidação do* NAD^+ *e a síntese de ATP estão intimamente acoplados (Seção 22.4), o ciclo do ácido cítrico deve ser regulado por mecanismos de retroalimentação que coordenam sua produção de NADH com os gastos de energia.* Diferentemente das enzimas limitantes de velocidade da glicólise e do metabolismo do glicogênio, que utilizam elaborados sistemas de controle alostérico, ciclos de substrato e modificações covalentes como mecanismos de controle de fluxo, as enzimas reguladoras do ciclo do ácido cítrico parecem ser controladas quase inteiramente de três formas simples: (1) disponibilidade de substrato, (2) inibição pelo produto e (3) inibição por retroalimentação competitiva por intermediários mais distantes no ciclo. Serão encontrados diversos exemplos desses mecanismos diretos na discussão que se segue.

Talvez os reguladores mais cruciais do ciclo do ácido cítrico sejam seus substratos, acetil-CoA e oxalacetato, e seu produto NADH. Tanto a acetil-CoA quanto o oxalacetato estão presentes na mitocôndria em concentrações que não são saturantes para a citrato-sintase. O fluxo metabólico pela enzima varia, então, com a concentração de substrato e está sujeito ao controle pela disponibilidade de substrato. A produção de acetil-CoA a partir do piruvato é regulada pela atividade da piruvato-desidrogenase (Seção 21.2C). O oxalacetato está em equilíbrio com o malato, sua concentração varia com a relação [NADH]/[NAD^+], de acordo como a expressão de equilíbrio

$$K = \frac{[\text{oxalacetato}]\,[\text{NADH}]}{[\text{malato}]\,[\text{NAD}^+]}$$

Na transição de baixas taxas de trabalho e respiração para altas taxas, a [NADH] mitocondrial diminui. O aumento consequente na [oxalacetato] estimula a reação da citrato--sintase, que controla a velocidade de formação de citrato.

A observação de que a [citrato] invariavelmente diminui na medida em que a carga de trabalho aumenta indica que a velocidade de remoção do citrato aumenta mais que sua velocidade de formação. A velocidade de remoção do citrato é governada pela isocitrato-desidrogenase dependente de NAD^+ (a aconitase funciona próxima ao equilíbrio), a qual é fortemente inibida *in vitro* pelo NADH (inibição pelo produto). A citrato-sintase também é inibida pelo NADH. Evidentemente, a isocitrato-desidrogenase dependente de NAD^+ é mais sensível a mudanças na [NADH] que a citrato-sintase.

A diminuição na [citrato] que ocorre na transição de situações de pouco trabalho e baixas taxas respiratórias para situações de grande trabalho e altas taxas de respiração resulta em um efeito dominó:

1. O citrato é um inibidor competitivo do oxalacetato para a citrato-sintase (inibição pelo produto); a queda na [citrato] causada pelo aumento na atividade da isocitrato-desidrogenase aumenta a velocidade de formação de citrato.
2. A α-cetoglutarato-desidrogenase é também fortemente inibida por seus produtos, NADH e succinil-CoA. Sua atividade, portanto, aumenta com o decréscimo da [NADH].
3. A succinil-CoA também compete com a acetil-CoA na reação da citrato-sintase (retroinibição competitiva).

Esse sistema entrelaçado serve para manter o ciclo do ácido cítrico regulado de forma coordenada.

c. ADP, ATP e Ca^{2+} são reguladores alostéricos das enzimas do ciclo do ácido cítrico

Estudos *in vitro* das enzimas do ciclo do ácido cítrico identificaram uns poucos ativadores e inibidores alostéricos. Um aumento na carga de trabalho é acompanhado por um aumento na [ADP], resultante do consequente aumento na hidrólise do ATP. O ADP atua como ativador alostérico da isocitrato-desidrogenase, aumentando seu K_M aparente para o isocitrato. O ATP, que aumenta quando o músculo está em repouso, inibe essa enzima.

O Ca^{2+}, entre suas muitas funções biológicas, é também um regulador metabólico essencial. Ele estimula a degradação do glicogênio (Seção 18.3Ce), dispara o processo de contração muscular (Seção 35.3Ca) e é mediador de muitos sinais hormonais como um segundo mensageiro (Seção 19.4A). O Ca^{2+} também desempenha um papel importante na regulação do ciclo do ácido cítrico (Fig. 21.25). Ele ativa a piruvato-desidrogenase-fosfatase e inibe a piruvato-desidrogenase-cinase, de modo a ativar o CPD a produzir acetil-CoA (Fig. 21.17*b*). Além disso, o Ca^{2+} ativa a isocitrato-desidrogenase e a α-cetoglutarato-desidrogenase. Assim sendo, o mesmo sinal estimula a contração muscular e a produção de ATP para fornecer-lhe energia.

No fígado, o papel do ciclo do ácido cítrico é mais complexo que no músculo cardíaco. O fígado sintetiza muitas substâncias necessárias ao organismo, incluindo glicose, ácidos graxos, colesterol, aminoácidos e porfirinas. Além de seu papel no metabolismo energético, as reações do ciclo do ácido cítrico desempenham um papel em muitas dessas vias biossintéticas. Na próxima seção, será discutida a contribuição do ciclo do ácido cítrico para esses processos.

d. As enzimas do ciclo do ácido cítrico estão organizadas em um metaboloma?

Uma eficiência considerável pode ser obtida pela organização das enzimas de uma via metabólica de forma que enzimas catabolizando etapas sequenciais interajam de modo a canalizar os intermediários entre elas. De fato, observa-se que isso é o que ocorre com o CPD (Seção 21.2A). As vantagens de tal agrupamento, denominado **metaboloma**, inclui a proteção de intermediários lábeis e o aumento de sua concentração local para uma catálise mais eficiente. Um esforço considerável foi utilizado para obter evidências de tais interações nas principais vias metabólicas, incluindo a glicólise e o ciclo do ácido cítrico. Entretanto, como os intermediários do ciclo do ácido cítrico devem estar disponíveis para utilização em outras vias metabólicas, quaisquer complexos entre as enzimas do ciclo do ácido cítrico seriam provavelmente fracos e, portanto, incapazes de suportar as manipulações laboratoriais necessárias para isolá-los.

Apesar do exposto, interações específicas foram demonstradas *in vivo* entre os membros de diversos pares de enzimas do ciclo do ácido cítrico, incluindo aqueles entre a citrato-sintase e a malato-desidrogenase. Por exemplo, Paul Srere isolou o gene de uma citrato-sintase mutante de levedura, que ele denominou de "mutante na associação", pois tem atividade enzimática normal *in vitro*, porém ainda assim causa um deficiência no ciclo do ácido cítrico *in vivo*. Essa mutação ocorre em um segmento da enzima altamente conservado, de 13 resíduos (Pro 354–Pro 366 em levedura), que forma uma alça exposta ao solvente e que poderia interagir com outras proteínas. Para investigar melhor esse fenômeno, Srere construiu um plasmídeo expressando uma proteína de fusão (Seção 5.5Ga), consistindo no tipo selvagem (normal) desse peptídeo da citrato-sintase ligado ao terminal carboxila de uma proteína verde fluorescente (PVF; Seção 5.5Gd). Se o peptídeo de fato se liga à malato-desidrogenase, a expressão dessa proteína de fusão, enzimaticamente inativa, na levedura iria inibir o ciclo do ácido cítrico. Isso de fato ocorre, a julgar-se pela capacidade gravemente prejudicada que essas leveduras têm em crescer em meio contendo acetato, um metabólito que pode apenas ser metabolizado por meio do ciclo do ácido cítrico. Além disso, a substituição do peptídeo da citrato-sintase na proteína de fusão por um peptídeo não relacionado apenas diminui ligeiramente a taxa de crescimento normal em acetato, demonstrando que a sequência específica do peptídeo da citrato-sintase é a principal causa dessa inibição do crescimento. Se a diminuição na taxa de crescimento for de fato causada pela competição do peptídeo com a citrato-sintase por um composto para interagir em um metaboloma, então essa inibição deveria ser revertida pela superexpressão, seja de citrato-sintase ou de seu parceiro de interação. De fato, quando a citrato-sintase ou a malato-desidrogenase são superexpressas na levedura que expressa o peptídeo da citrato-sintase ligado à proteína de fusão e à PVF, a taxa de crescimento em acetato é restaurada. A superexpressão da aconitase, entretanto, não compensa essa inibição do crescimento. Essas observações apoiam a hipótese de que a malato-desidrogenase e a citrato-sintase devem interagir para uma função ótima do ciclo do ácido cítrico e identificam o sítio de interação para a malato-desidrogenase na citrato-sintase como o peptídeo de 13 resíduos de aminoácidos entre Pro 354–Pro 366.

e. Uma isocitrato-desidrogenase bacteriana é regulada por fosforilação

A isocitrato-desidrogenase da *Escherichia coli* é um dímero de subunidades idênticas de 416 resíduos, que é inativado por fosforilação em sua Ser 113, um resíduo do sítio ativo. Em contraste, a maioria das outras enzimas que sabe-se serem sujeitas à modificação covalente, por exemplo, a glicogênio-fosforilase (Seção 18.3), é fosforilada em sítios alostéricos. No caso da isocitrato-desidrogenase, a fosforilação torna a enzima incapaz de ligar-se a seu substrato, o isocitrato.

Uma comparação entre as estruturas por raios X, determinadas por Daniel Koshland e Robert Stroud, da isocitrato-desidrogenase isolada, em sua forma fosforilada e com o isocitrato ligado, revela apenas pequenas diferenças conformacionais, sugerindo que repulsões eletrostáticas entre o isocitrato aniônico e os grupos fosfato da Ser impedem a enzima de ligar-se a seu substrato. Evidentemente, a fosforilação pode regular a atividade enzimática por interferir diretamente com a ligação do substrato no sítio ativo, assim como por induzir uma alteração conformacional de um sítio alostérico.

5 A NATUREZA ANFIBÓLICA DO CICLO DO ÁCIDO CÍTRICO

Normalmente, pensa-se em uma via metabólica sendo ou catabólica, com liberação (e conservação) de energia livre, ou anabólica, com necessidade de suplementação de energia livre. O ciclo do ácido cítrico é, naturalmente, catabólico, pois envolve degradação e é um sistema importante de conservação de energia livre na maior parte dos organismos. Os intermediários do ciclo são necessários apenas em quantidades catalíticas para manter a função de degradação desempenhada pelo ciclo. Entretanto, diversas vias biossintéticas utilizam intermediários do ciclo do ácido cítrico como matéria prima (anabolismo). O ciclo do ácido cítrico é, portanto, **anfibólico** (tanto catabólico quanto anabólico).

Todas as vias biossintéticas que utilizam intermediários do ciclo do ácido cítrico também necessitam de energia livre. Consequentemente, a função catabólica do ciclo não pode ser interrompida; *os intermediários do ciclo que foram removidos devem ser repostos*. Embora os aspectos mecanísticos das reações enzimáticas envolvidas nas vias que utilizam e repõem intermediários do ciclo do ácido cítrico sejam discutidos em capítulos subsequentes, será útil mencionar brevemente essas interconexões metabólicas aqui (Fig. 21.26).

a. Vias que utilizam intermediários do ciclo do ácido cítrico

Reações que utilizam e, portanto, drenam intermediários do ciclo do ácido cítrico são denominadas **reações catapleróticas** (esvaziamento; do grego: *cata*, para baixo, e *plerotikos*, preencher). Essas reações servem não apenas para sintetizar produtos importantes, mas também para evitar o aumento inapropriado de intermediários do ciclo do ácido cítrico na mitocôndria, por exemplo quando é alta a velocidade de quebra de aminoácidos, transformando-os em intermediários do ciclo do ácido cítrico (Seção 26.3). Reações catapleróticas ocorrem nas seguintes vias:

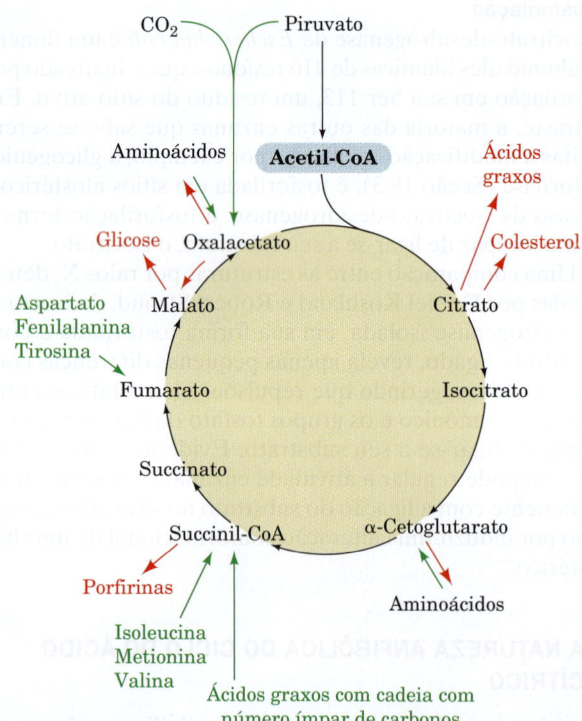

FIGURA 21.26 Funções anfibólicas do ciclo do ácido cítrico. Este diagrama indica as posições nas quais os intermediários são drenados catapleroticamente para utilização em vias anabólicas (*setas vermelhas*) e os pontos em que reações anapleróticas repõem os intermediários exauridos do ciclo (*setas verdes*). As reações envolvendo transaminação e desaminação de aminoácidos são reversíveis, de modo que seus sentidos variam conforme a demanda metabólica. **Ver Figuras animadas**

1. A **biossíntese de glicose** (**gliconeogênese**; Seção 23.1), que ocorre no citosol, utiliza oxalacetato como matéria-prima. O oxalacetato não é transportado através da membrana mitocondrial, mas o malato é. O malato que foi transportado através da membrana mitocondrial é convertido em oxalacetato no citosol, para ser utilizado na gliconeogênese.

2. A **biossíntese de lipídeos**, que inclui a **biossíntese de ácidos graxos** (Seção 25.4) e a **biossíntese de colesterol** (Seção 25.6A) é um processo citosólico que necessita de acetil-CoA. A acetil-CoA é produzida na mitocôndria e não é transportada através da membrana interna da mitocôndria. Assim, a acetil-CoA citosólica é produzida pela quebra de citrato, que pode cruzar a membrana interna da mitocôndria, em uma reação catalisada pela **ATP-citrato-liase** (Seção 25.4D):

$$\text{ATP} + \text{citrato} + \text{CoA} \rightleftharpoons \text{ADP} + \text{P}_i + \text{oxalacetato} + \text{acetil-CoA}$$

3. A **biossíntese de aminoácidos** utiliza intermediários do ciclo do ácido cítrico de duas maneiras. O α-cetoglutarato é convertido em glutamato em uma reação de aminação redutora, envolvendo NAD^+ ou $NADP^+$ catalisada pela **glutamato-desidrogenase** (Seção 26.1):

$$\alpha\text{-cetoglutarato} + \text{NAD(P)H} + \text{NH}_4^+ \rightleftharpoons \text{glutamato} + \text{NAD(P)}^+ + \text{H}_2\text{O}$$

α-Cetoglutarato e oxalacetato são também usados para sintetizar glutamato e aspartato em reações de transaminação (Seção 26.1):

$$\alpha\text{-cetoglutarato} + \text{alanina} \rightleftharpoons \text{glutamato} + \text{piruvato}$$

e

$$\text{Oxalacetato} + \text{alanina} \rightleftharpoons \text{aspartato} + \text{piruvato}$$

4. A **biossíntese de porfirinas** (Seção 26.4A) utiliza succinil-CoA como matéria prima.

5. A **oxidação completa de aminoácidos** requer que os intermediários do ciclo do ácido cítrico nos quais os aminoácidos são transformados durante sua degradação sejam convertidos inicialmente em PEP (em uma reação catalisada pelo **fosfoenolpiruvato-carboxicinase** [**PEPCK**; Seção 23.1]: oxalacetato + GTP $\rightleftharpoons$ PEP + GDP), a seguir a piruvato, pela piruvato-cinase (Seção 17.2J), e, finalmente, a acetil-CoA, pela piruvato-desidrogenase (Seção 21.2A).

b. Reações que repõem intermediários do ciclo do ácido cítrico

Reações que repõem intermediários do ciclo do ácido cítrico são denominadas **reações anapleróticas** (enchimento, do grego: *ana*, para cima). A principal reação desse tipo é catalisada pela **piruvato-carboxilase**, que produz oxalacetato (Seção 23.1Aa):

$$\text{Piruvato} + \text{CO}_2 + \text{ATP} + \text{H}_2\text{O} \rightleftharpoons \text{oxalacetato} + \text{ADP} + \text{P}_i$$

Essa enzima "percebe" a necessidade de mais intermediários do ciclo do ácido cítrico por meio de seu ativador, acetil-

-CoA. Qualquer decréscimo na velocidade do ciclo, causado por quantidade insuficiente de oxalacetato ou de outro intermediário do ciclo, resulta em um aumento nos níveis de acetil-CoA, devido à sua subutilização. Isso ativa a piruvato-carboxilase, que repõe o oxalacetato, aumentando a velocidade do ciclo. Naturalmente, se o ciclo do ácido cítrico for inibido em alguma outra etapa, por alta concentração de NADH, por exemplo, um aumento na concentração de oxalacetato não ativará o ciclo. O excesso de oxalacetato, em vez de ser utilizado para acelerar o ciclo, entra em equilíbrio com o malato, que é transportado para fora da mitocôndria para ser utilizado na gliconeogênese.

Vias catabólicas que produzem intermediários do ciclo do ácido cítrico:

1. A oxidação de ácidos graxos com número ímpar de carbonos (Seção 25.2E) leva à produção de succinil-CoA.
2. A degradação dos aminoácidos isoleucina, metionina e valina (Seção 26.3E) também leva à produção de succinil-CoA.
3. A transaminação e a desaminação de aminoácidos levam à produção de α-cetoglutarato e oxalacetato. Essas reações são reversíveis e, dependendo da demanda metabólica, servem para remover ou repor esses intermediários do ciclo do ácido cítrico.

O ciclo do ácido cítrico é verdadeiramente o centro do metabolismo (ver Fig. 16.1). Seus produtos reduzidos, NADH e $FADH_2$, são reoxidados pela cadeia de transporte de elétrons ao mesmo tempo em que ocorre a fosforilação oxidativa, e a energia livre liberada é acoplada à biossíntese de ATP. Intermediários do ciclo do ácido cítrico são utilizados na biossíntese de muitos constituintes celulares vitais. Nos próximos capítulos, serão investigadas as inter-relações dessas vias em mais detalhes.

RESUMO DO CAPÍTULO

1 Visão geral do ciclo O ciclo do ácido cítrico, a via comum do metabolismo oxidativo na maioria dos organismos, é mediado por oito enzimas que, coletivamente, convertem 1 acetil-CoA a 2 moléculas de CO_2 produzindo 3 NADHs, 1 $FADH_2$ e 1 GTP (ou ATP). Os NADHs e o $FADH_2$ são oxidados pelo O_2 na cadeia transportadora de elétrons, com a concomitante síntese de cerca de ~9 outros ATPs, dando um total de cerca de 10 ATPs por volta do ciclo do ácido cítrico.

2 Fontes metabólicas de acetil-coenzima A Piruvato, o produto final da glicólise em condições aeróbias, é convertido em acetil-CoA pelo complexo multienzimático da piruvato-desidrogenase (CPD), um aglomerado cúbico ou dodecaédrico de três enzimas: piruvato-desidrogenase (E1), di-hidrolipoil-transacetilase (E2) e di-hidrolipoil-desidrogenase (E3). A subunidade piruvato-desidrogenase catalisa a conversão de piruvato em CO_2 mais um intermediário hidroxietil-TPP. Este último é conduzido para a di-hidrolipoil-transacetilase, que oxida o grupo hidroxietil dando acetato e o transfere para a coenzima A, produzindo acetil-CoA. O grupo prostético lipoamida, que é reduzido para sua forma di-hidro nesse processo, é reoxidado pela di-hidrolipoil-desidrogenase, em uma reação que envolve o FAD ligado e que reduz o NAD^+ a NADH. A di-hidrolipoil transacetilase é inativada pela formação de um aduto covalente entre a lipoamida e compostos As(III). Os dois sítios ativos da piruvato-desidrogenase são conectados por meio de um túnel rico em grupos ácidos, através do qual os dois sítios ativos fornecem e abstraem prótons alternadamente um do outro, mantendo suas reações fora de fase. A di-hidrolipoil-desidrogenase, que assemelha-se bastante à glutationa-redutase, catalisa uma reação em dois estágios. No primeiro estágio, a di-hidrolipoamida reduz o grupo dissulfeto com atividade redox da enzima, dando o primeiro produto da reação, a lipoamida. No segundo estágio, o NAD^+ reoxida a enzima reduzida, processo mediado pelo grupo prostético da enzima, o FAD, fechando assim o ciclo catalítico e produzindo o segundo produto da enzima, o NADH. A atividade do complexo da piruvato-desidrogenase varia com as relações $[NADH]/[NAD^+]$ e [acetil-CoA]/[CoA]. Em eucariotos, a subunidade da piruvato-desidrogenase é também inativada por fosforilação de um resíduo específico de Ser e é reativada pela remoção do fosfato. Essas modificações são mediadas, respectivamente, pela piruvato-desidrogenase-cinase e pela piruvato-desidrogenase-fosfatase, que são componentes do complexo multienzimático e respondem aos níveis de intermediários metabólicos como o NADH e a acetil-CoA.

3 Enzimas do ciclo do ácido cítrico O citrato é formado pela condensação de acetil-CoA e oxalacetato pela citrato-sintase. O citrato é desidratado dando *cis*-aconitato e, a seguir, reidratado em isocitrato, em uma reação estereoespecífica catalisada pela aconitase. Essa enzima é inibida especificamente por (2*R*,3*R*)-2-fluorcitrato, que é sintetizado de forma enzimática a partir do fluoracetato e do oxalacetato. O isocitrato é descarboxilado oxidativamente pela isocitrato-desidrogenase, dando α-cetoglutarato, NADH e CO_2. O α-cetoglutarato, por sua vez, é descarboxilado oxidativamente pela α-cetoglutarato-desidrogenase, um complexo multienzimático homólogo ao CPD. Essa reação produz o segundo NADH e o segundo CO_2. A succinil-CoA resultante é convertida em succinato, com produção de GTP (ATP em plantas e bactérias), pela succinil-CoA-sintase. O succinato é desidrogenado estereoespecificamente pela succinato-desidrogenase dando fumarato, uma reação que produz $FADH_2$. As duas reações finais do ciclo do ácido cítrico, que são catalisadas pela fumarase e pela malato-desidrogenase, por sua vez, hidratam o fumarato a (*S*)-malato e oxidam esse álcool à sua cetona correspondente, o oxalacetato, com produção concomitante do terceiro e último NADH dessa via. O ciclo do ácido cítrico parece ter evoluído pela junção de reações enzimáticas que, originalmente, desempenhavam outras funções metabólicas.

4 Regulação do ciclo do ácido cítrico As enzimas do ciclo do ácido cítrico atuam como uma unidade funcional que mantém o passo com as necessidades metabólicas da célula. As enzimas controladoras do fluxo parecem ser a citrato-sintase, a isocitrato-desidrogenase e a α-cetoglutarato-desidrogenase. Suas atividades são controladas pela disponibilidade de substrato, por inibição pelo produto, inibição por intermediários do ciclo e ativação por Ca^{2+}. As enzimas do ciclo do ácido cítrico podem estar organizadas, *in vivo*, em um metaboloma para condução dos produtos de uma enzima para a próxima enzima no ciclo.

5 A natureza anfibólica do ciclo do ácido cítrico Diversas vias anabólicas utilizam catapleroticamente intermediários do ciclo do ácido cítrico como matéria-prima. Essas substâncias essenciais são repostas por reações anapleróticas, das quais a principal é a síntese de oxalacetato a partir de piruvato e CO_2 pela piruvato-carboxilase.

REFERÊNCIAS

História

Holmes, F.L., *Hans Krebs*: Vol. 1: *The Formation of a Scientific Life, 1900–1933*; and Vol. 2: *Architect of Intermediary Metabolism, 1933–1937*, Oxford University Press (1991 and 1993). [A biografia do descobridor do ciclo do ácido cítrico na época de sua descoberta.]

Kornberg, H.L., Tricarboxylic acid cycles, *BioEssays* **7**, 236–238 (1987). [Uma sinopse histórica dos acontecimentos intelectuais que levaram à descoberta do ciclo do ácido cítrico.]

Krebs, H.A, The history of the tricarboxylic acid cycle, *Perspect. Biol. Med.* **14**, 154–170 (1970).

O complexo multienzimático da piruvato-desidrogenase

Frank, R.A.W., Pratap, J.V., Pei, X.Y., Perham, R.N., and Luisi, B.F., The molecular origins of specificity in the assembly of a multienzyme complex, *Structure* **13**, 1119–1130 (2005). [A estrutura por raios X do DLSP da E1 TPP de *B. stearothermophilus*.]

Frank, R.A.W., Titman, C.M., Pratap, J.V., Luisi, B.F., and Perham, R.N., A molecular switch and proton wire synchronize the active sites in thiamine enzymes, *Science* **306**, 872–876 (2004).

Izard, T., Ævarsson, A., Allen, M.D., Westphal, A.H., Perham, R.N., de Kok, A., and Hol. W.G.J., Principles of quasi-equivalence and euclidean geometry govern the assembly of cubic and dodecahedral cores of pyruvate dehydrogenase, *Proc. Natl. Acad. Sci.* **96**, 1240–1245 (1999).

Karplus, P.A., and Schulz, G.E., Refined structure of glutathione reductase at 1.54 Å resolution, *J. Mol. Biol.* **195**, 701–729 (1987).

Karplus, P.A., and Schulz, G.E., Substrate binding and catalysis by glutathione reductase derived from refined enzyme: substrate crystal structures at 2Å resolution, *J. Mol. Biol.* **210**, 163–180 (1989).

Lengyel, J.S., Stott, K.M., Wy, X., Brooks, B.R., Balbo, A., Schuck, P., Perham, R.N., Subramaniam, S., and Milne, J.L.S., Extended polypeptide linkers establish the spatial architecture of a pyruvate dehydrogenase multienzyme complex, *Structure* **16**, 93–103 (2008).

Mande, S.S., Sarfaty, S., Allen, M.D., Perham, R.N., and Hol, W.G.J., Protein–protein interactions in the pyruvate dehydrogenase complex: dihydrolipoamide dehydrogenase complexed with the binding domain of dihydrolipoamide acetyltransferase, *Structure* **4**, 277–2876 (1996).

Mattevi, A., Obmolova, G., Sokatch, J.R., Betzel, C., and Hol, W.G.J., The refined crystal structure of *Pseudomonas putida* lipoamide dehydrogenase complexed with NAD^+ at 2.45 Å resolution, *Proteins* **13,** 336–351 (1992); *and* Mattevi, A., Schierbeek, A.J., and Hol, W.G.J., Refined crystal structure of lipoamide dehydrogenase from *Azotobacter vinelandii* at 2.2 Å resolution. A comparison with the structure of glutathione reductase, *J. Mol. Biol.* **220,** 975–994 (1991).

Milne, J.L.S., Wu, X., Borgnia, M.J, Lengyel, J.S., Brooks, B.R., Shi, D., Perham, R.N., and Subramaniam, S., Molecular structure of a 9-MDa icosahedral pyruvate dehydrogenase subcomplex containing the E2 and E3 enzymes, using cryoelectron microscopy, *J. Biol. Chem.* **281**, 4364–4370 (2006).

Patel, M.S., and Korotchkina, L.G., The biochemistry of the pyruvate dehydrogenase complex, *Biochem. Mol. Biol. Educ.* **31,** 5–15 (2003).

Perham, R.N., Swinging arms and swinging domains in multifunctional enzymes: Catalytic machines for multistep reactions, *Annu. Rev. Biochem.* **69,** 961–1004 (2000). [Uma revisão sobre complexos multienzimáticos.]

Reed, L.J., A trail of research from lipoic acid to α-keto acid dehydrogenase complexes, *J. Biol. Chem.* **276,** 38329–38336 (2001). [Memória científica]

Roche, T.E., Baker, J.C., Yan, X., Hiromasa, Y., Gong, X., Peng, T., Dong, J., Turkan, A., and Kasten, S.E., Distinct regulatory properties of pyruvate dehydrogenase kinase and phosphatase isoforms, *Prog. Nucleic. Acid Res. Mol. Biol.* **70,** 33–75 (2001).

Williams, C.H., Jr., Lipoamide dehydrogenase, glutathione reductase, thioredoxin reductase, and mercuric ion reductase—A family of flavoenzyme transhydrogenases, *in* Müller, F. (Ed.), *Chemistry and Biochemistry of Flavoenzymes,* Vol. III, *pp.* 121–211, CRC Press (2000).

Zhou, Z.H., McCarthy, D.B., O'Connor, C.M., Reed, L.J., and Stoops, J.K., The remarkable structural and functional organization of the eukaryotic pyruvate dehydrogenase complexes, *Proc. Natl. Acad. Sci.* **98,** 14802–14807 (2001).

As enzimas do ciclo do ácido cítrico

Beinert, H., Kennedy, M.C., and Stout, D.C., Aconitase as iron-sulfur protein, enzyme, and iron-regulatory protein, *Chem. Rev.* **96,** 2335–2374 (1996).

Bolduc, J.M., Dyer, D.H., Scott, W.G., Singer, P., Sweet, R.M., Koshland, D.E., Jr., and Stoddard, B.L., Mutagenesis and Laue structures of enzyme intermediates: Isocitrate dehydrogenase, *Science* **268,** 1312–1318 (1995).

Cleland, W.W., and Kreevoy, M.M., Low-barrier hydrogen bonds and enzymic catalysis, *Science* **264,** 1887–1890 (1994).

Frey, P.A., and Hegeman, A.D., *Enzymatic Reaction Mechanisms*, Oxford (2007). [Contém discussões acerca dos mecanismos de várias enzimas do ciclo do ácido cítrico.]

Huynen, M.A., Dandekar, T. and Bork, P., Variation and evolution of the citric-acid cycle: a genomic perspective, *Trends Microbiol.* **7**, 281–291 (1999). [Discute como estudos genômicos podem permitir a reconstrução de vias metabólicas, mesmo quando algumas enzimas parecem estar faltando.]

Karpusas, M., Branchaud, B., and Remington, S.J., Proposed mechanism for the condensation reaction of citrate synthase: 1.9-Å structure of the ternary complex with oxaloacetate and carboxymethyl coenzyme A, *Biochemistry* **29,** 2213–2219 (1990).

Kurz, L.C., Nakra, T., Stein, R., Plungkhen, W., Riley, M., Hsu, F., and Drysdale, G.R., Effects of changes in three catalytic residues on the relative stabilities of some of the intermediates and transition states in the citrate synthase reaction, *Biochemistry* **37,** 9724–9737 (1998).

Lauble, H., Kennedy, M.C., Beinert, H., and Stout, D.C., Crystal structures of aconitase with isocitrate and nitroisocitrate bound, *Biochemistry* **31,** 2735–2748 (1992).

Mulholland, A.J., Lyne, P.D., and Karplus, M., Ab initio QM/MM study of the citrate synthase mechanism. A low-barrier hydrogen bond is not involved, *J. Am. Chem. Soc.* **122,** 534–535 (2000).

Porter, D.J.T., and Bright, H.J., 3-Carbanionic substrate analogues bind very tightly to fumarase and aspartase, *J. Biol. Chem.* **255,** 4772–4780 (1980).

Remington, S.J., Structure and mechanism of citrate synthase, *Curr. Top. Cell Regul.* **33,** 202–229 (1992); *and* Mechanisms of citrate synthase and related enzymes (triose phosphate isomerase and mandelate racemase), *Curr. Opin. Struct. Biol.* **2,** 730–735 (1992).

Wolodk, W.T., Fraser, M.E., James, M.N.G., and Bridger, W.A., The crystal structure of succinyl-CoA synthetase from *Escherichia coli* at 2.5 Å resolution, *J. Biol. Chem.* **269,** 10883–10890 (1994).

Zheng, L., Kennedy, M.C., Beinert, H., and Zalkin, H. Mutational analysis of active site residues in pig heart aconitase, *J. Biol. Chem.* **267,** 7895–7903 (1992).

Venenos metabólicos

Gibble, G.W., Fluoroacetate toxicity, *J. Chem. Educ.* **50,** 460–462 (1973).

Jones, D.E.H., and Ledingham, K.W.D., Arsenic in Napoleon's wallpaper, *Nature* **299,** 626–627 (1982).

Lauble, H., Kennedy, M.C., Emptage, M.H., Beinert, H., and Stout, C.D., The reaction of fluorocitrate with aconitase and the crystal structure of the enzyme-inhibitor complex, *Proc. Natl. Acad. Sci.* **93,** 13699–13703 (1996).

Winslow, J.H., *Darwin's Victorian Malady,* American Philosophical Society (1971).

Mecanismos de controle

Hurley, J.H., Dean, A.M., Sohl, J.L., Koshland, D.E., Jr., and Stroud, R.M., Regulation of an enzyme by phosphorylation at the active site, *Science* **249,** 1012–1016 (1990).

Owen, O.E., Kalhan, S.C., and Hanson, R.W., The key role of anaplerosis and cataplerosis for citric acid cycle function, *J. Biol. Chem.* **277,** 30409–30412 (2002).

Reed, L.J., Damuni, Z., and Merryfield, M.L., Regulation of mammalian pyruvate and branched-chain α-keto-acid dehydrogenase complexes by phosphorylation and dephosphorylation, *Curr. Top. Cell. Regul.* **27,** 41–49 (1985).

Srere, P.A., Sherry, A.D., Malloy, C.R., and Sumegi, B., Channelling in the Krebs tricarboxylic acid cycle, *in* Agius, L. and Sherratt, H.S.A. (Eds.), *Channelling in Intermediary Metabolism, pp.* 201–217, Portland Press (1997).

Stroud, R.M., Mechanisms of biological control by phosphorylation, *Curr. Opin. Struct. Biol.* **1,** 826–835 (1991). [Revisão, entre outros tópicos, acerca da inativação da isocitrato desidrogenase por meio de fosforilação.]

Vélot, C., Mixon, M.B., Teige, M., and Srere, P.A., Model of a quinary structure between Krebs TCA cycle enzymes: A model for the metabolon, *Biochemistry* **36,** 14271–14276 (1997).

Vélot, C., and Srere, P.A., Reversible transdominant inhibition of a metabolic pathway. *In vivo* evidence of interaction between two sequential tricarboxylic acid cycle enzymes in yeast. *J. Biol. Chem.* **275,** 12926–12933 (2000).

PROBLEMAS

1. Siga o caminho da marcação radioativa da [2-^{14}C]glicose durante a glicólise e o ciclo do ácido cítrico. Em que ponto(s), no ciclo, a radioatividade será liberada na forma de $^{14}CO_2$? Quantas voltas do ciclo serão necessárias para a conversão completa da radioatividade em CO_2? Repita esse problema para piruvato marcado com ^{14}C em seu grupo metila.

2. A reação da glutationa-redutase com um excesso de NADPH produz, na presença de arsenito, uma forma reduzida não fisiológica da enzima, com 4 elétrons. Qual a natureza química dessa espécie cataliticamente inativa?

3. A di-hidrolipoil-desidrogenase reduzida com dois elétrons (EH_2), mas não a enzima oxidada (E), reage com iodoacetato (ICH_2COO^-) dando uma enzima inativa. Explique.

4. Dada a informação a seguir, calcule o ΔG fisiológico da reação da isocitrato-desidrogenase a 25°C e pH 7,0: $[NAD^+]/[NADH] = 8$; [α-cetoglutarato] = 0,1 m*M*; [isocitrato] = 0,02 m*M*; considere condições-padrão para o CO_2 ($\Delta G°'$ é dado na Tabela 21.2). Seria esta reação um sítio provável para controle metabólico? Explique.

5. A oxidação de acetil-CoA dando duas moléculas de CO_2 envolve a transferência de quatro pares de elétrons para coenzimas redox. Em quais das reações do ciclo ocorrem essas transferências? Identifique a coenzima redox em cada caso. Para cada reação, desenhe as fórmulas estruturais dos reagentes, intermediários e produtos e mostre, utilizando setas curvas, como os elétrons são transferidos.

6. Tem sido proposto que a reação da citrato-sintase ocorra por meio da produção de uma forma enol(ato) da acetil-CoA. Como, então, você explicaria a observação de que ^{3}H não é incorporado na acetil-CoA quando a acetil-CoA é incubada com citrato-sintase em um meio de ^3H_2O?

7. O malonato é um inibidor competitivo do succinato na reação da succinato-desidrogenase. (a) Faça um esboço dos gráficos que seriam obtidos ao colocar-se 1/*v versus* 1/[succinato] em três concentrações diferentes de malonato. Marque as linhas para baixas, médias ou altas [malonato]. (b) Explique por que o aumento da concentração de oxalacetato em uma célula pode compensar a inibição pelo malonato.

8. Krebs descobriu que a inibição do ciclo do ácido cítrico pelo malonato poderia ser contornada aumentando-se a concentração de oxalacetato. Explique o mecanismo desse processo utilizando seus achados no Problema 7.

***9.** (2*R*,3*R*)-2-Fluorcitrato contém F no braço *pro-S* carboximetil do citrato (observe que as regras para a nomenclatura orgânica requerem que o átomo C2 no citrato [Fig. 21.20] seja numerado como C4 no [2*R*,3*R*]-2-fluorcitrato). Esse composto, mas não seu diastereoisômero, é um potente inibidor da aconitase. (a) Desenhe o caminho da reação catalisada pela aconitase para o (2*R*,3*R*)-2-fluorcitrato, presumindo-se que siga o mesmo caminho que o citrato (Fig. 21.20). (b) A aconitase, na verdade, não catalisa a reação citada com o (2*R*,3*R*)-2-fluorcitrato, mas sim produz o seguinte inibidor firmemente ligado:

```
                   OH
                   |
                  C
  -OOC       H  /   \  COO-
       \       /
        C == C
       /       \
      H         COO-
```

Desenhe uma reação alternativa catalisada pela aconitase, que produziria esse inibidor. (c) Desenhe a reação catalisada pela aconitase para o (2*S*,3*R*)-3-fluorcitrato, o diastereoisômero do (2*R*,3*R*)-2-fluorcitrato (fluorcitrato contendo F no braço *pro-R* carboximetil do citrato; aqui o esquema de numeração dos átomos é o mesmo que o da Fig. 21.20). Seria formado um inibidor com alta capacidade de ligação?

10. Qual dos seguintes metabólitos sofre oxidação pelo ciclo do ácido cítrico: (a) α-cetoglutarato, (b) succinato, (c) citrato e (d) acetil-CoA?

11. Embora não haja síntese líquida de intermediários pelo ciclo do ácido cítrico, os intermediários do ciclo são utilizados em reações biossintéticas, como a síntese de porfirinas a partir de succinil-CoA. Escreva uma reação para a síntese de succinil-CoA a partir de piruvato.

12. Oxalacetato e α-cetoglutarato são precursores dos aminoácidos aspartato e glutamato, além de serem intermediários catalíticos no ciclo do ácido cítrico. Descreva a síntese de α-cetoglutarato a partir de piruvato, em que não há depleção de intermediários do ciclo do ácido cítrico.

13. O ácido lipoico apresenta-se ligado a enzimas que catalisam a descarboxilação oxidativa de α-cetoácidos. (a) Qual o tipo de ligação química do ácido lipóico às enzimas? (b) Usando estruturas químicas, mostre como o ácido lipoico participa na descarboxilação oxidativa de α-cetoácidos.

14. O **antilevisita britânico** (**BAL**, sigla para *british anti-lewisite*), que foi desenhado para contrabalançar os efeitos do gás de arsênico **levisita**, utilizado na guerra química, é útil no tratamento de envenenamento por arsênico. Explique.

$$\begin{array}{l} CH_2-SH \\ | \\ CH-SH \\ | \\ CH_2-OH \end{array} \qquad Cl-CH=CH-AsCl_2$$

Antilevisita britânico (BAL) **Levisita**

15. Os primeiros organismos na Terra podem ter sido quimioautótrofos, nos quais o ciclo do ácido cítrico operava de forma reversa, para "fixar" CO_2 atmosférico em compostos orgânicos. Complete um ciclo catalítico que inicia com a reação global hipotética succinato + 2 CO_2 → citrato.

16. Por que é vantajoso que o citrato, o produto da Reação 1 do ciclo do ácido cítrico, iniba a fosfofrutocinase, que catalisa a terceira reação da glicólise?

17. Reações anapleróticas permitem que o ciclo do ácido cítrico forneça intermediários para vias biossintéticas, ao mesmo tempo em que são mantidos níveis adequados de intermediários do ciclo. Escreva a equação para a síntese de citrato a partir de piruvato.

18. Muitos aminoácidos são degradados com produção de intermediários do ciclo do ácido cítrico. (a) Por que esses "remanescentes" de aminoácidos não podem ser oxidados diretamente a CO_2 pelo ciclo do ácido cítrico? (b) Explique por que os aminoácidos que são degradados a piruvato podem ser completamente oxidados pelo ciclo do ácido cítrico.

Transporte de Elétrons e Fosforilação Oxidativa

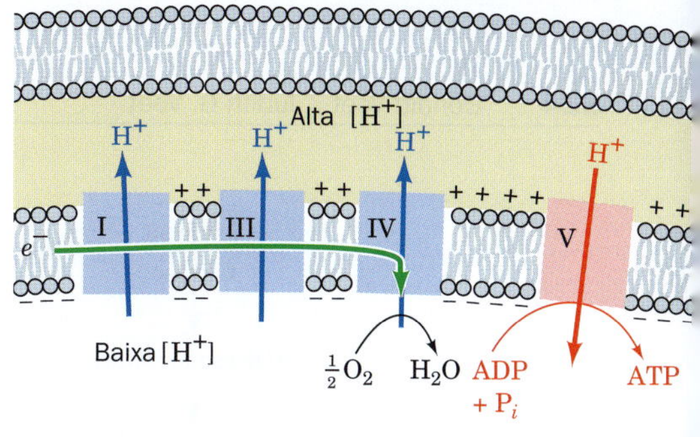

CAPÍTULO 22

Em 1789, Armand Séguin e Antoine Lavoisier (o pai da química moderna) escreveram:

> *... em geral, a respiração nada é além de uma lenta combustão de carbono e hidrogênio, inteiramente semelhante àquela que ocorre em um lampião ou em uma vela acesos e, deste ponto de vista, animais que respiram são verdadeiros corpos capazes de combustão, que queimam e se consomem.*

Lavoisier havia, nessa época, demonstrado que animais vivos consomem oxigênio e produzem dióxido de carbono. Entretanto, foi apenas no início do século XX, com o avanço da enzimologia, que foi estabelecido, principalmente pelo trabalho de Otto Warburg, que as oxidações biológicas são catalisadas por enzimas intracelulares. Como foi visto, a glicose é completamente oxidada a CO_2 por meio de reações enzimáticas da glicólise e do ciclo do ácido cítrico. Neste capítulo, será examinado o destino dos elétrons que são removidos da glicose por esse processo oxidativo.

A oxidação completa da glicose pelo oxigênio molecular é descrita pela seguinte equação redox:

$$C_6H_{12}O_6 + 6O_2 \longrightarrow 6CO_2 + 6H_2O \qquad \Delta G^{\circ\prime} = -2.823 \text{ kJ} \cdot \text{mol}^{-1}$$

Para ver mais claramente a transferência de elétrons, parte-se equação em duas semirreações. Na primeira semirreação, os átomos de carbono da glicose são oxidados:

$$C_6H_{12}O_6 + 6H_2O \longrightarrow 6CO_2 + 24H^+ + 24e^-$$

e, na segunda, o oxigênio molecular é reduzido:

$$6O_2 + 24H^+ + 24e^- \longrightarrow 12H_2O$$

Nos sistemas vivos, o processo de transferência de elétrons que conecta essas semirreações ocorre por meio de uma via com múltiplas etapas, que recolhe a energia livre liberada para formar ATP.

Os doze pares de elétrons envolvidos na oxidação da glicose não são transferidos diretamente para o O_2. Em vez disso, como visto, *são transferidos às coenzimas NAD^+ e FAD para formar 10 NADH e 2 $FADH_2$* (Fig. 22.1), nas reações catalisadas pela enzima glicolítica gliceraldeído-3-fosfato-desidrogenase (Seção 17.2F), pela piruvato-desidrogenase (Seção 21.2A) e pelas enzimas do ciclo do ácido cítrico isocitrato-desidrogenase, α-cetoglutarato-desidrogenase, succinato-desidrogenase (a única redução de um FAD) e malato-desidrogenase (Seção 21.3). *Os elétrons passam então por uma **cadeia de transporte de elétrons** (alternativamente, a **cadeia respiratória**) onde, pela reoxidação do NADH e do $FADH_2$, participam da oxidação-redução sequencial de mais de dez centros redox, antes de reduzirem o O_2 a H_2O. Nesse processo, prótons são expelidos da mitocôndria. A energia livre armazenada no gradiente de pH resultante impulsiona a síntese de ATP a partir de ADP e P_i, por meio da **fosforilação oxidativa**.* A reoxidação de cada NADH resulta na síntese de ~2,5 ATPs e a reoxidação do $FADH_2$ fornece ~1,5 ATP, com um total de ~32 ATPs para cada glicose oxidada completamente a CO_2 e H_2O (incluindo os 2 ATPs produzidos na glicólise e os 2 ATPs produzidos no ciclo do ácido cítrico).

Neste capítulo, serão estudados os mecanismos do transporte de elétrons e da fosforilação oxidativa e sua regulação. Inicia-se com uma discussão sobre a estrutura mitocondrial e seus sistemas de transporte.

1 A MITOCÔNDRIA

A mitocôndria (Seção 1.2Ac) é o sítio do metabolismo oxidativo em eucariotos. Ela contém, como demonstrado por Albert Lehninger e Eugene Kennedy em 1948, as enzimas que fazem a mediação desse processo, incluindo a piruvato-desidrogenase e as enzimas do ciclo do ácido cítrico, as enzimas que catalisam a oxidação dos ácidos graxos (Seção 25.2C) e as enzimas e proteínas redox envolvidas no transporte de elétrons e na fosforilação oxidativa. É, portanto, por boas razões que a mitocôndria é descrita como a "casa de força" da célula.

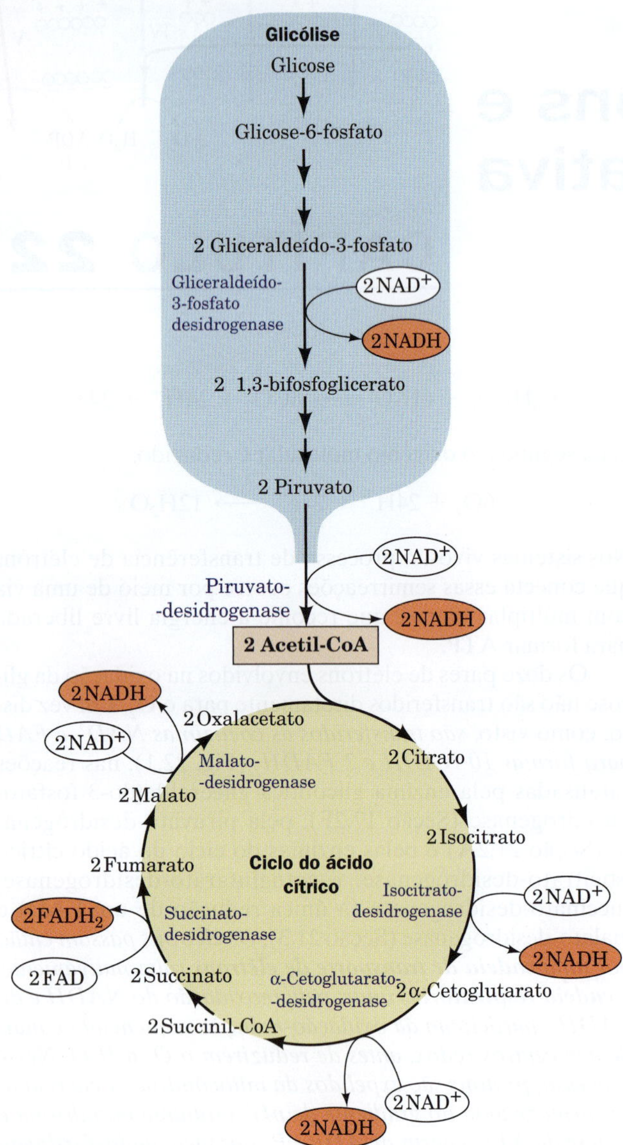

FIGURA 22.1 Os sítios de transferência de elétrons que produzem NADH e $FADH_2$ na glicólise e no ciclo do ácido cítrico.

A. *A anatomia mitocondrial*

As mitocôndrias apresentam considerável variação quanto ao tamanho e à forma, dependendo da fonte de onde são obtidas e de seu estado metabólico. São geralmente elipsoides, com ~0,5 μm de diâmetro e 1 μm de comprimento (aproximadamente o tamanho de uma bactéria; Fig. 22.2). A mitocôndria apresenta-se envolvida por uma membrana externa lisa e contém uma membrana interna com grande número de invaginações. O número de invaginações, denominadas **cristas**, varia com a atividade respiratória de determinado tipo de célula. Isso ocorre porque as proteínas que fazem a mediação do transporte de elétrons e a fosforilação oxidativa estão ligadas à membrana mitocondrial interna, de modo que a taxa respiratória varia com a área da superfície da membrana. O fígado, por exemplo, que apresenta uma taxa respiratória relativamente baixa, contém mitocôndrias com relativamente poucas cristas, enquanto aquelas do músculo cardíaco contêm muitas cristas. Ainda assim, a área total das membranas mitocondriais internas em uma célula hepática é ~15 vezes maior que aquela de sua membrana plasmática.

O compartimento mitocondrial interno, denominado **matriz**, consiste em uma substância semelhante a um gel com menos de 50% de água, e contém concentrações notavelmente altas de enzimas solúveis envolvidas no metabolismo oxidativo (p. ex., enzimas do ciclo do ácido cítrico), assim como substratos, nucleotídeos que atuam como cofatores e íons inorgânicos. A matriz também contém a maquinaria genética da mitocôndria – DNA, RNA e ribossomos –, que nos mamíferos expressa apenas 13 das proteínas da membrana mitocondrial interna, juntamente com 22 tRNA e dois RNA ribossomais.

a. A membrana mitocondrial interna e as cristas compartimentalizam funções metabólicas

A membrana mitocondrial externa contém **porina**, uma proteína que forma poros não específicos, que permitem a difusão livre de moléculas de até 10 kDa (as estruturas por raios X de porinas de bactérias são discutidas nas Seções 12.3Ad e 20.2D). A membrana interna, cuja massa é constituída ~75% por proteínas, é consideravelmente mais rica em proteínas que a membrana externa (Fig. 22.3). Ela é livremente permeável apenas a O_2, CO_2 e H_2O e contém, além das proteínas da cadeia respiratória, numerosas proteínas de transporte que controlam a passagem de metabólitos como ATP, ADP, piruvato, Ca^{2+} e fosfato (ver a seguir). *Essa impermeabilidade controlada da membrana mitocondrial interna à maioria dos íons, metabólitos e compostos de baixa massa molecular permite a geração de gradientes iônicos por esta barreira e resulta na compartimentalização de funções metabólicas entre o citosol e a mitocôndria.*

Micrografias eletrônicas bidimensionais da mitocôndria, como a apresentada na Fig. 22.2*a*, sugerem que as cristas assemelham-se a septos, e que os espaços intercristas comunicam-se livremente com o espaço intermembranas da mitocôndria, como está implícito na Fig. 22.2*b*. Entretanto, métodos de reconstrução de imagens tridimensionais com base em microscopia eletrônica têm mostrado que as cristas podem variar em sua forma, de entidades tubulares simples a conjuntos lamelares mais complicados, que se fundem com a membrana interna por meio de estruturas tubulares estreitas (Fig. 22.4). Evidentemente, as cristas formam microcompartimentos que restringem a difusão de substratos e íons entre os espaços intercristas e intermembranas. Isso possui importantes implicações funcionais, pois resultaria em um maior gradiente de pH local, entre os dois lados das membranas das cristas, comparado com o gradiente da parte da membrana interna que não apresenta cristas, influenciando assim significativamente a taxa de fosforilação oxidativa (Seção 22.3).

B. *Sistemas de transporte mitocondriais*

A membrana mitocondrial interna é impermeável à maior parte das substâncias hidrofílicas. Ela deve, portanto, conter sistemas transportadores específicos que permitam os processos listados a seguir:

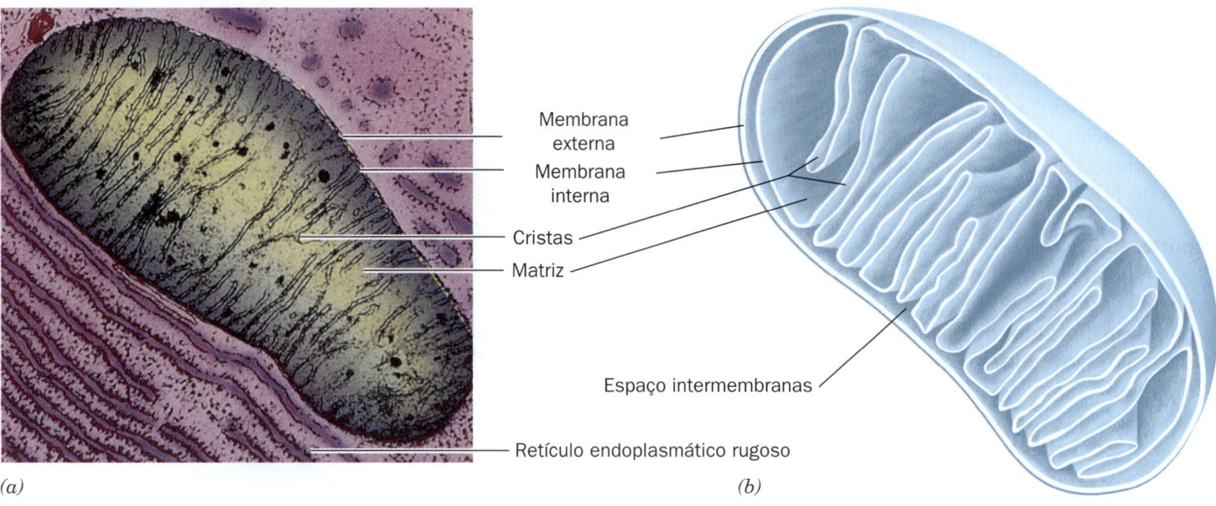

FIGURA 22.2 A mitocôndria. (*a*) Micrografia eletrônica de uma mitocôndria animal. (K.R. Porter/Photo Researchers, Inc.) (*b*) Diagrama de um corte de mitocôndria.

1. O NADH citosólico produzido durante a glicólise deve obter acesso à cadeia transportadora de elétrons para oxidação aeróbia.
2. Metabólitos produzidos na mitocôndria, tais como oxalacetato e acetil-CoA, precursores para a biossíntese citosólica de glicose e de ácidos graxos, respectivamente, devem alcançar seus destinos metabólicos.
3. O ATP produzido na mitocôndria deve alcançar o citosol, onde ocorre a maior parte das reações de utilização do ATP, enquanto ADP e P_i, substratos para a fosforilação oxidativa, devem entrar na mitocôndria.

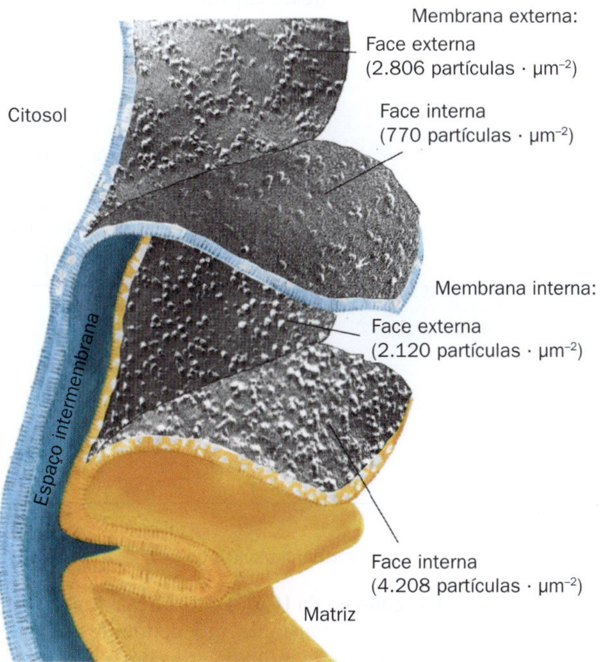

FIGURA 22.3 Micrografias eletrônicas com criofratura e ataque por congelamento (*freeze-etch*) das membranas mitocondriais interna e externa. A membrana mitocondrial interna tem inserido um número de partículas cerca de duas vezes maior que a membrana externa. (Cortesia de Lester Packer, University of California em Berkeley, EUA.)

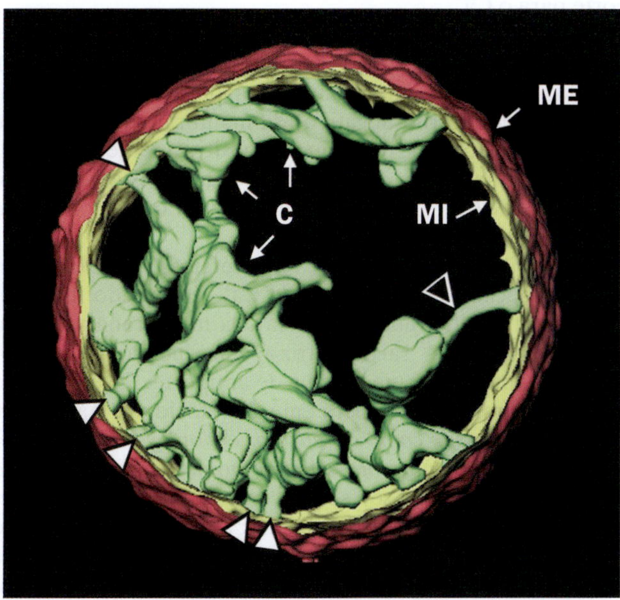

FIGURA 22.4 Imagem tridimensional de mitocôndria de fígado de rato reconstituída com base em microscopia eletrônica. A membrana externa (ME) está em vermelho, a membrana interna (MI) é apresentada em amarelo e as cristas (C) em verde. A cabeça de seta aponta para regiões tubulares das cristas, que as conectam à membrana interna e uma à outra. (Cortesia de Carmen Mannella, Wadsworth Center, Albany, Nova York, EUA.)

Já foram estudadas a translocação ADP–ATP e sua dependência do $\Delta\Psi$, a diferença de potencial elétrico da membrana mitocondrial (Seção 20.4C). Os mecanismos para a exportação de oxalacetato e acetil-CoA da mitocôndria são discutidos nas Seções 23.1Ag e 25.4D, respectivamente. No restante desta seção, serão examinados os sistemas de transporte mitocondrial de P_i e Ca^{2+} e os sistemas de lançadeiras de elétrons do NADH.

a. Transporte do P_i

O ATP é produzido a partir de ADP e P_i na mitocôndria, porém é utilizado no citosol. O P_i produzido volta para a mitocôndria pelo **transportador de fosfato**, um sistema de simporte P_i–H^+ eletricamente neutro, acionado pelo ΔpH. O próton que acompanha o fosfato para dentro da mitocôndria foi, na verdade, expelido previamente da mitocôndria pelas bombas ativadas por reações redox da cadeia de transporte de elétrons (Seção 22.3B). O gradiente de potencial eletroquímico produzido por essas bombas de prótons é, portanto, responsável pela manutenção de altas concentrações mitocondriais de ADP e P_i, além de fornecer a energia livre para a síntese de ATP.

b. Transporte de Ca^{2+}

Uma vez que o Ca^{2+}, assim como o AMP cíclico (AMPc), funciona como um segundo mensageiro (Seção 18.3Ce), suas concentrações nos vários compartimentos celulares devem ser controladas com precisão. A mitocôndria, o retículo endoplasmático e os espaços extracelulares atuam como tanques reservatórios de Ca^{2+}. Foram estudadas as Ca^{2+}–ATPases da membrana plasmática, do retículo endoplasmático e do retículo sarcoplasmático na Seção 20.3B. Aqui, são considerados os sistemas mitocondriais de transporte para o Ca^{2+}.

Sistemas da membrana mitocondrial interna fazem a mediação separadamente de influxo e efluxo de Ca^{2+} (Fig. 22.5). O influxo de Ca^{2+} é impulsionado pelo potencial de membrana ($\Delta\Psi$, lado interno negativo) da membrana mitocondrial interna, que atrai íons carregados positivamente. A velocidade de influxo varia com $[Ca^{2+}]$ externa, pois o K_M para o transporte de Ca^{2+} por esse sistema é maior que a concentração citosólica de Ca^{2+}.

Nas mitocôndrias de coração, encéfalo e músculo esquelético, especialmente, o efluxo de Ca^{2+} é mantido independentemente pelo gradiente de Na^+ da membrana mitocondrial interna. O Ca^{2+} sai da matriz apenas quando trocado por Na^+, portanto esse é um sistema de antiporte. Esse processo de troca normalmente opera em sua velocidade máxima. *A mitocôndria (assim como os retículos endoplasmático e sarcoplasmático) pode, portanto, atuar como um "tampão" para o Ca^{2+} citosólico* (Fig. 22.6): se $[Ca^{2+}]$ citosólica aumenta, a velocidade do influxo mitocondrial de Ca^{2+} aumenta, enquanto a velocidade do efluxo de Ca^{2+} permanece constante, fazendo com que a $[Ca^{2+}]$ mitocondrial aumente, enquanto a $[Ca^{2+}]$ citosólica diminui para seu nível original (seu ponto de ajuste). Já uma diminuição na $[Ca^{2+}]$ citosólica reduz a velocidade do influxo, causando efluxo líquido de $[Ca^{2+}]$ e um aumento da $[Ca^{2+}]$ citosólica, de volta ao ponto de ajuste.

A oxidação realizada pelo ciclo do ácido cítrico na matriz mitocondrial é controlada pela $[Ca^{2+}]$ na matriz (Seção 21.4c). Por conseguinte, é interessante observar que, em resposta a aumentos na $[Ca^{2+}]$ citosólica, causados por aumento na atividade muscular, a $[Ca^{2+}]$ na matriz aumenta, ativando assim as enzimas do ciclo do ácido cítrico. Isso leva a um aumento na [NADH], cuja reoxidação pela fosforilação oxidativa (como estudado neste capítulo) produz o ATP necessário para essa atividade muscular aumentada.

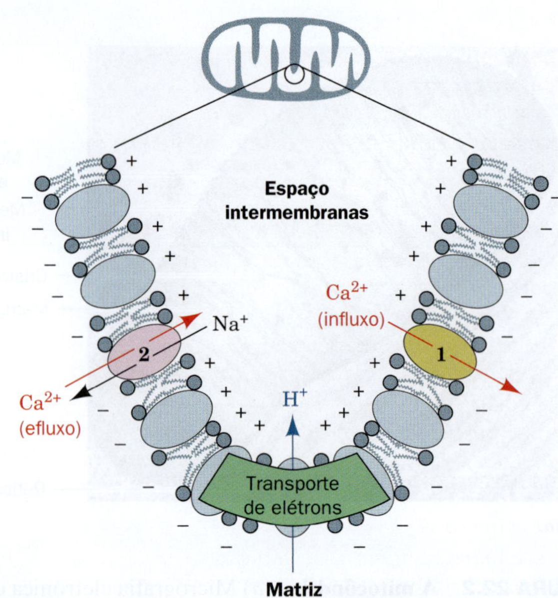

FIGURA 22.5 Os dois sistemas de transporte de Ca^{2+} mitocondriais. O sistema 1 faz a mediação do influxo de Ca^{2+} para a matriz em resposta ao potencial de membrana (negativo do lado de dentro). O sistema 2 faz a mediação do efluxo de Ca^{2+}, trocado por Na^+.

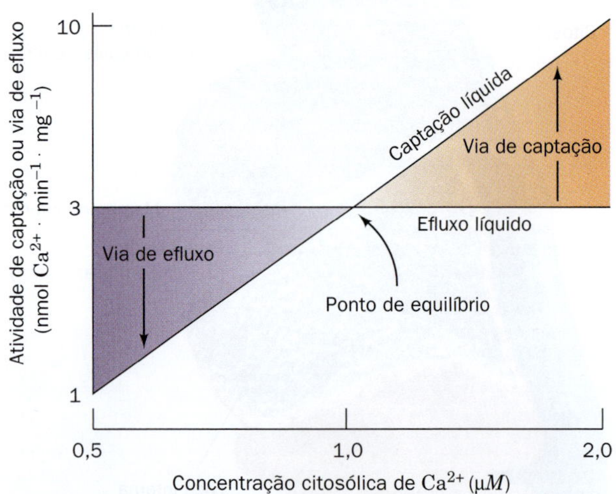

FIGURA 22.6 A regulação da $[Ca^{2+}]$ citosólica. A via de efluxo opera a uma velocidade constante, independente da $[Ca^{2+}]$, enquanto a atividade da via de influxo varia com a $[Ca^{2+}]$. No ponto de equilíbrio, as atividades das duas vias são iguais e não há fluxo líquido de Ca^{2+}. Um aumento na $[Ca^{2+}]$ citosólica resulta em influxo líquido mitocondrial e um decréscimo na $[Ca^{2+}]$ citosólica resulta em efluxo líquido mitocondrial. Ambos os efeitos levam à restauração da $[Ca^{2+}]$ citosólica. (Segundo Nicholls, D., *Trends Biochem. Sci.* **6**, 37 [1981].)

c. Sistemas citoplasmáticos de lançadeiras de elétrons "transportam" NADH através da membrana mitocondrial interna

Embora a maior parte do NADH produzido pela oxidação da glicose seja formada na matriz mitocondrial, via ciclo do ácido cítrico, aquela produzida pela glicólise ocorre no citosol. Apesar disso, a membrana mitocondrial interna não apresenta uma proteína transportadora para o NADH. *Apenas os elétrons do NADH citosólico são transportados para dentro da mitocôndria, por meio de um entre uma série de engenhosos sistemas de "lançadeiras".* Na **lançadeira do malato-aspartato** (Fig. 22.7), que funciona no coração, fígado e rim, o NAD^+ mitocondrial é reduzido pelo NADH citosólico por meio da redução intermediária do oxalacetato, com sua subsequente regeneração. Esse processo ocorre em duas fases, de três reações cada:

Fase A (transporte dos elétrons para dentro da matriz)

1. No citosol, o NADH reduz o oxalacetato para produzir NAD^+ e malato, em uma reação catalisada pela malato-desidrogenase citosólica.

2. O transportador de **malato-α-cetoglutarato** transporta o malato do citosol para a matriz mitocondrial, trocando-o por α-cetoglutarato que sai da matriz.

3. Na matriz, o NAD^+ reoxida o malato para produzir NADH e oxalacetato, em uma reação catalisada pela malato-desidrogenase mitocondrial (Seção 21.3H).

Fase B (regeneração do oxalacetato citosólico)

4. Na matriz, uma transaminase (Seção 26.1A) converte oxalacetato em aspartato, com a conversão concomitante de glutamato em α-cetoglutarato.

5. O **transportador de glutamato-aspartato** transporta o aspartato da matriz para o citosol, trocando-o por glutamato citosólico.

6. No citosol, uma transaminase converte aspartato em oxalacetato, com a conversão concomitante de α-cetoglutarato em glutamato.

Os elétrons do NADH citosólico são assim transferidos para o NAD^+ mitocondrial para formar NADH, que é reoxidado pela cadeia transportadora de elétrons. *A lançadeira do malato-aspartato produz ~2,5 ATPs para cada NADH citosólico.* Observe, entretanto, que cada NADH que entra na matriz é acompanhado por um próton, o qual, como será visto (Seção 22.3C), iria, de outra forma, ser utilizado para produzir ~0,3 ATP. Como consequência, *cada NADH citosólico*

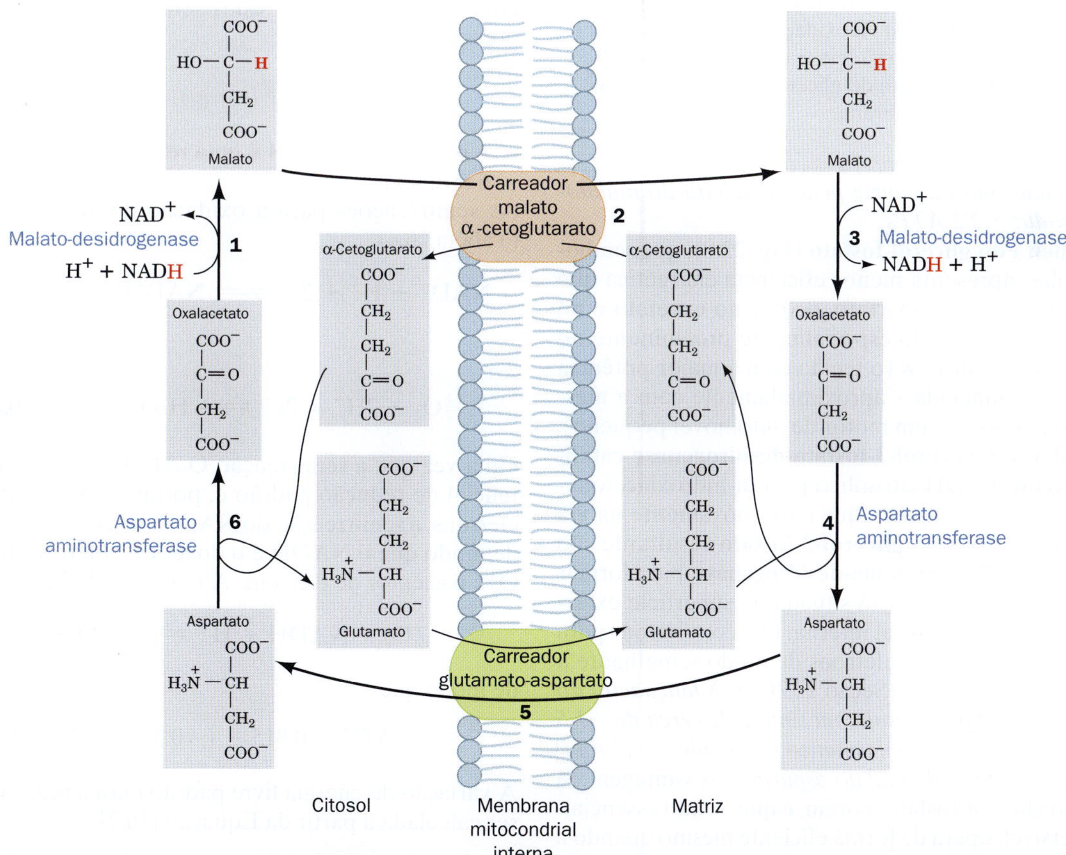

FIGURA 22.7 **A lançadeira do malato-aspartato.** Os elétrons do NADH citosólico são transportados para o NADH mitocondrial (mostrado em vermelho como transferência de hidreto) nas Etapas **1** a **3**. As Etapas **4** a **6** regeneram então o oxalacetato citosólico.

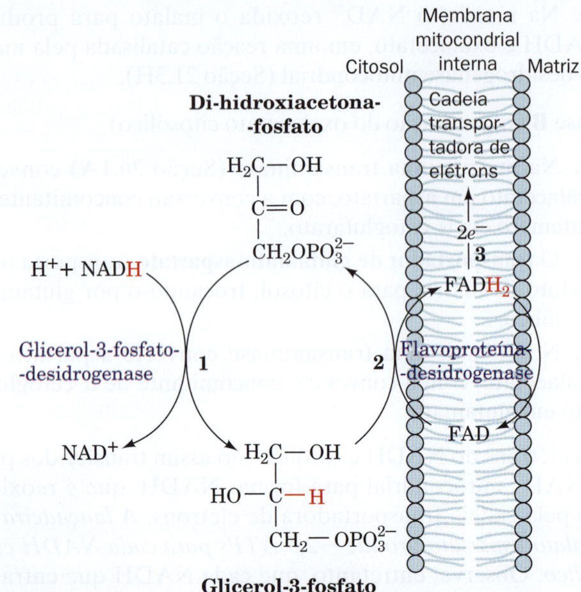

FIGURA 22.8 A lançadeira do glicerol-fosfato. Os elétrons do NADH citosólico são transportados para a cadeia transportadora de elétrons mitocondrial em três etapas (mostrados em vermelho à medida em que o hidreto é transferido): **(1)** Oxidação citosólica do NADH pela di-hidroxiacetona-fosfato, catalisada pela glicerol-3-fosfato-desidrogenase. **(2)** Oxidação do glicerol-3-fosfato pela flavoproteína-desidrogenase, com redução de FAD a $FADH_2$. **(3)** Reoxidação do $FADH_2$ com a passagem dos elétrons para a cadeia transportadora de elétrons. Observe que a lançadeira do glicerol-fosfato não é um sistema de transporte da membrana.

que é transladado para a matriz pela lançadeira do malato-aspartato produz ~2,2 ATPs.

A **lançadeira do glicerol-fosfato** (Fig. 22.8), que, embora mais simples, apresenta menor eficiência energética que a lançadeira do malato-aspartato, ocorre no encéfalo e no músculo esquelético, sendo especialmente proeminente no músculo de voo dos insetos (o tecido com a maior potência inicial de força conhecida – aproximadamente com a mesma razão força:peso que um motor de automóvel pequeno). Nessa lançadeira, a **glicerol-3-fosfato-desidrogenase** catalisa a oxidação do NADH citosólico pela di-hidroxiacetona-fosfato para produzir NAD^+, que entra novamente na via glicolítica. Os elétrons do **glicerol-3-fosfato** resultante são transferidos para a **flavoproteína-desidrogenase**, para formar $FADH_2$. Essa enzima, que está situada na superfície externa da membrana mitocondrial interna, fornece elétrons para a cadeia transportadora de elétrons de modo semelhante à da succinato-desidrogenase (Seção 22.2C2). *A lançadeira do glicerol-fosfato, portanto, resulta na síntese de cerca de ~1,5 ATPs para cada NADH citoplasmático reoxidado, ~0,7 ATP menos que a lançadeira do malato-aspartato.* A vantagem da lançadeira do glicerol-fosfato, porém, é que, sendo essencialmente irreversível, opera de forma eficiente mesmo quando a concentração de NADH citosólico é baixa em relação àquela de NAD^+, como ocorre em tecidos com metabolismo rápido. Em contraste, a lançadeira do malato-aspartato é reversível e, portanto, é impulsionada por gradientes de concentrações.

2 TRANSPORTE DE ELÉTRONS

No processo de transporte de elétrons, a energia livre da transferência de elétrons do NADH e do $FADH_2$ para o O_2, via centros redox ligados a proteínas, está acoplada à síntese de ATP. Inicia-se o estudo desse processo considerando sua termodinâmica. Será examinado a seguir o caminho dos elétrons pelos centros redox do sistema e serão discutidos os experimentos utilizados para elucidar essa via. Finalmente, serão estudados os quatro complexos que constituem a cadeia transportadora de elétrons. Na próxima seção, será discutido como a energia livre produzida pelo processo de transporte de elétrons está acoplada à sintese de ATP.

A. *Termodinâmica do transporte de elétrons*

Pode-se estimar a eficiência termodinâmica do transporte de elétrons ao se conhecerem os potenciais de redução padrão. Como foi visto nas considerações termodinâmicas das reações de oxidação redução (Seção 16.5), a afinidade de um substrato oxidado por elétrons aumenta com seu potencial de redução padrão, $\mathscr{E}°'$ (a voltagem gerada pela reação da semicélula em condições bioquímicas-padrão [1 *M* dos reatantes e produtos, com $[H^+]$ definida em pH 7] em relação ao potencial padrão do hidrogênio; a Tabela 16.4 lista os potenciais de redução padrão de diversas semirreações de interesse bioquímico). A diferença de potencial de redução padrão, $\Delta\mathscr{E}°'$, para uma reação redox envolvendo quaisquer duas semirreações é, portanto, expressa como:

$$\Delta\mathscr{E}°' = \mathscr{E}°'_{(e^- \text{ aceptor})} - \mathscr{E}°'_{(e^- \text{ doador})}$$

a. A oxidação do NADH é uma reação altamente exergônica

As semirreações para a oxidação do NADH pelo O_2 são (Tabela 16.4)

$$NAD^+ + H^+ + 2e^- \rightleftharpoons NADH \qquad \mathscr{E}°' = -0{,}315 \text{ V}$$

e

$$\tfrac{1}{2}O_2 + 2H^+ + 2e^- \rightleftharpoons H_2O \qquad \mathscr{E}°' = 0{,}815 \text{ V}$$

Uma vez que a semirreação O_2/H_2O apresenta o maior potencial de redução padrão e, portanto, maior afinidade por elétrons, a semirreação do NADH ocorre no sentido reverso, de modo que o NADH é o doador de elétrons nesse par e o O_2 é o aceptor de elétrons. A reação global é

$$\tfrac{1}{2}O_2 + NADH + H^+ \rightleftharpoons H_2O + NAD^+$$

de modo que

$$\Delta\mathscr{E}°' = 0{,}815 - (-0{,}315) = 1{,}130 \text{ V}$$

A variação de energia livre padrão para a reação pode então ser calculada a partir da Equação [16.7]:

$$\Delta G°' = -n\mathscr{F}\,\Delta\mathscr{E}°'$$

onde $\mathscr{F}$, a constante de Faraday, é 96.485 C · mol^{-1} de elétrons e *n* é o número de elétrons transferidos por mol de reagentes. Desse modo, uma vez que 1 V = 1 J · C^{-1}, para a oxidação do NADH:

$$\Delta G^{\circ\prime} = -2 \frac{\text{mol } e^-}{\text{mol reagente}} \times 96.485 \frac{\text{C}}{\text{mol } e^-} \times 1{,}13 \text{ J} \cdot \text{C}^{-1}$$
$$= -218 \text{ kJ} \cdot \text{mol}^{-1}$$

Em outras palavras, a oxidação de 1 mol de NADH pelo O_2 (a transferência de 2 e^-) em condições bioquímicas padrão está associada com a liberação de 218 kJ de energia livre.

b. O transporte de elétrons é termodinamicamente eficiente

A energia livre padrão necessária para sintetizar 1 mol de ATP a partir de ADP + P_i é 30,5 kJ. A energia livre padrão da oxidação do NADH pelo O_2, se acoplada à síntese de ATP, é, portanto, suficiente para levar à formação de diversos moles de ATP. Esse acoplamento, como será visto, é alcançado por uma cadeia transportadora de elétrons na qual os elétrons passam por três complexos proteicos contendo centros redox com afinidades por elétrons progressivamente maiores (potenciais de redução padrão crescentes), em vez de passarem diretamente ao O_2. *Isso permite que a grande variação global de energia livre seja quebrada em três pacotes menores, cada um deles acoplado à síntese de ATP em um processo denominado **fosforilação oxidativa**. A oxidação de 1 NADH, portanto, resulta na síntese de ~2,5 ATPs.* (A oxidação do $FADH_2$, cuja entrada na cadeia transportadora de elétrons é regulada por um quarto complexo proteico, é acoplada, de modo semelhante, à síntese de ~1,5 ATP.) A eficiência termodinâmica da fosforilação oxidativa, portanto, é 2,5 × 30,5 kJ · mol^{-1} × 100/218 kJ · mol^{-1} = 35% em condições bioquímicas padrão. Entretanto, acredita-se que, em condições fisiológicas, na mitocôndria ativa (onde as concentrações dos reagentes e produtos, assim como o pH, desviam-se das condições padrão), essa eficiência termodinâmica seja ~70%. Em comparação, a eficiência energética de um motor típico de automóvel é < 30%.

B. *A sequência do transporte de elétrons*

Ver Exploração guiada 19: Visão geral do transporte de elétrons e da fosforilação oxidativa *A energia livre necessária para produzir ATP é extraída da oxidação de NADH e $FADH_2$ pela cadeia de transporte de elétrons, uma série de quatro complexos proteicos pelos quais os elétrons passam, dos potenciais de redução padrão mais baixos para aqueles com potenciais mais altos* (Fig. 22.9). Os elétrons são transportados dos **Complexos I** e **II** para o **Complexo III** pela **coenzima Q** (**CoQ** ou **ubiquinona**; assim denominada devido à sua ubiquidade em organismos que respiram) e do Complexo III para o **Complexo IV** pela proteína periférica de membrana **citocromo *c*** (Seções 7.3B e 9.6A).

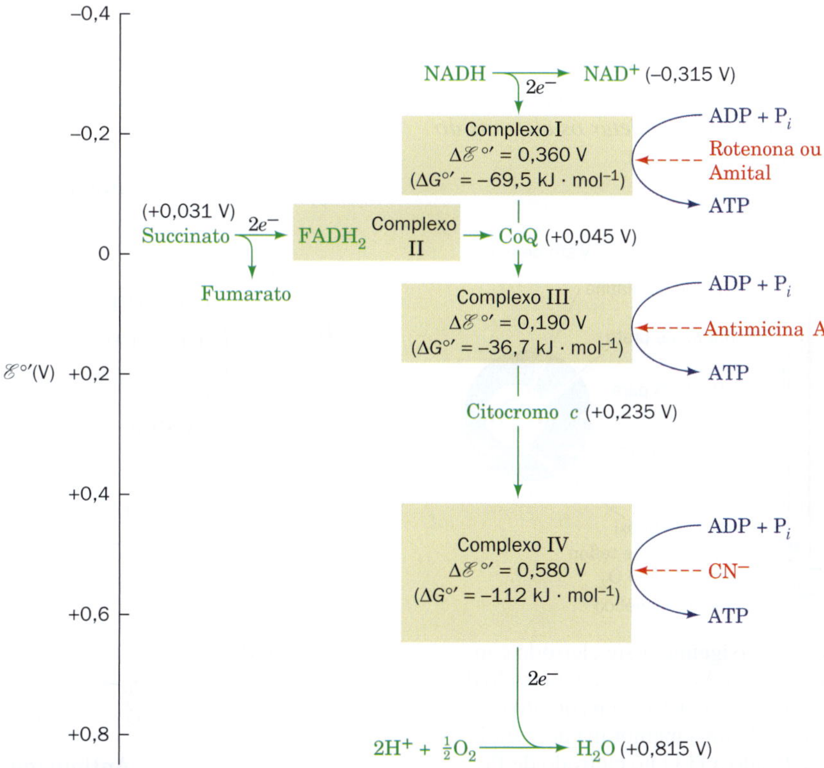

FIGURA 22.9 A cadeia transportadora de elétrons mitocondrial. Os potenciais de redução padrão dos componentes mais móveis (*verde*) da cadeia transportadora de elétrons estão indicados, assim como os pontos onde é liberada energia livre suficiente para sintetizar ATP (*azul*) e os sítios de ação de diversos inibidores respiratórios (*vermelho*). (Observe que os Complexos I, III e IV não sintetizam diretamente o ATP mas, em vez disso, sequestram a energia livre necessária para fazê-lo por meio do bombeamento de prótons para fora da mitocôndria, para formar um gradiente de prótons; Seção 22.3.)

O Complexo I catalisa a oxidação do NADH pela CoQ:

$$\text{NADH} + \text{CoQ}\ (oxidada) \longrightarrow \text{NAD}^+ + \text{CoQ}\ (reduzida)$$

$$\Delta\mathscr{E}^{\circ\prime} = 0{,}360\ \text{V} \qquad \Delta G^{\circ\prime} = -69{,}5\ \text{kJ} \cdot \text{mol}^{-1}$$

O Complexo III catalisa a oxidação da CoQ (reduzida) pelo citocromo c:

$$\text{CoQ}\ (reduzida) + 2\ \text{citocromos}\ c\ (oxidados) \longrightarrow \text{CoQ}\ (oxidada) + 2\ \text{citocromos}\ c\ (reduzidos)$$

$$\Delta\mathscr{E}^{\circ\prime} = 0{,}190\ \text{V} \qquad \Delta G^{\circ\prime} = -36{,}7\ \text{kJ} \cdot \text{mol}^{-1}$$

O Complexo IV catalisa a oxidação do citocromo c (reduzido) pelo O_2, o aceptor final de elétrons no processo de transporte de elétrons:

$$2\ \text{citocromos}\ c\ (reduzidos) + \tfrac{1}{2}\text{O}_2 \longrightarrow 2\ \text{citocromos}\ c\ (oxiduzidos) + \text{H}_2\text{O}$$

$$\Delta\mathscr{E}^{\circ\prime} = 0{,}580\ \text{V} \qquad \Delta G^{\circ\prime} = -112\ \text{kJ} \cdot \text{mol}^{-1}$$

As variações de potenciais padrão de redução de um par de elétrons na medida em que ele sucessivamente atravessa os Complexos I, III e IV correspondem, em cada estágio, a uma quantidade de energia livre suficiente para prover a energia para a síntese de pouco menos que uma molécula de ATP.

O Complexo II catalisa a oxidação do $FADH_2$ pela CoQ:

$$\text{FADH}_2 + \text{CoQ}\ (oxidada) \longrightarrow \text{FAD} + \text{CoQ}\ (reduzida)$$

$$\Delta\mathscr{E}^{\circ\prime} = 0{,}085\ \text{V} \qquad \Delta G^{\circ\prime} = -16{,}4\ \text{kJ} \cdot \text{mol}^{-1}$$

Essa reação redox não libera energia livre suficiente para sintetizar ATP; ela funciona apenas para injetar os elétrons do $FADH_2$ na cadeia de transporte de elétrons.

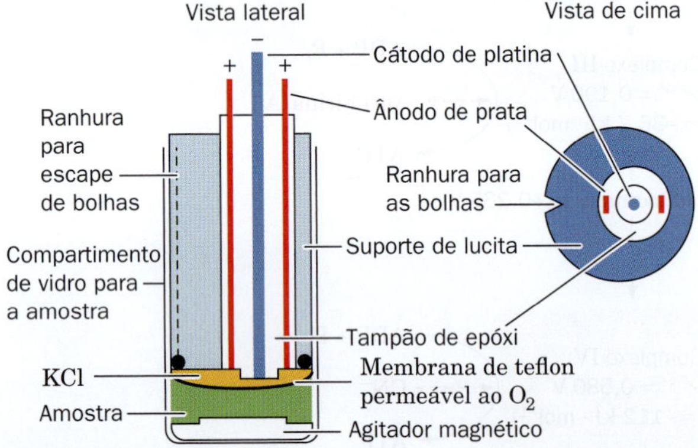

FIGURA 22.10 O eletrodo de oxigênio. Este eletrodo consiste em um eletrodo de referência Ag/AgCl e um eletrodo de Pt, ambos imersos em uma solução de KCl e em contato com a câmara da amostra por meio de uma membrana de Teflon permeável ao O_2. O O_2 é reduzido a H_2O no eletrodo de Pt, gerando assim uma voltagem em relação ao eletrodo de Ag/AgCl, que é proporcional à concentração de O_2 na câmara selada contendo a amostra. (Segundo Cooper, T.G., *The Tools of Biochemistry*, p. 69, Wiley [1977].)

a. O funcionamento da cadeia transportadora de elétrons foi elucidado utilizando-se inibidores

A compreensão da sequência de eventos no transporte de elétrons fundamenta-se amplamente na utilização de inibidores específicos. Essa sequência tem sido corroborada por medidas dos potenciais padrão de redução dos componentes redox de cada um dos complexos, assim como pela determinação da estequiometria do transporte de elétrons e da síntese acoplada de ATP.

A taxa de consumo de O_2 por uma suspensão de mitocôndrias nos dá uma medida bastante sensível do funcionamento da cadeia de transporte de elétrons. Essa taxa é convenientemente medida utilizando-se um **eletrodo de oxigênio** (Fig. 22.10). Compostos que inibem o transporte de elétrons, avaliado por seus efeitos no desaparecimento do O_2 em tal sistema experimental, têm funcionado como valiosas sondas experimentais para seguir o caminho dos elétrons na cadeia transportadora de elétrons e na determinação dos pontos de entrada dos elétrons a partir de vários substratos. Entre as mais úteis de tais substâncias está a **rotenona** (uma toxina extraída de plantas, utilizada pelos índios da Amazônia como veneno para pescar e que também é usada como inseticida), o **amital** (um barbitúrico), a **antimicina** (um antibiótico) e o **cianeto**:

Rotenona

Amital

$^-C{\equiv}N$

Cianeto

Antimicina

O experimento a seguir ilustra a utilização desses inibidores:

Uma solução tamponada, contendo excesso de ADP e P_i, é equilibrada no tubo de reação de um eletrodo de oxi-

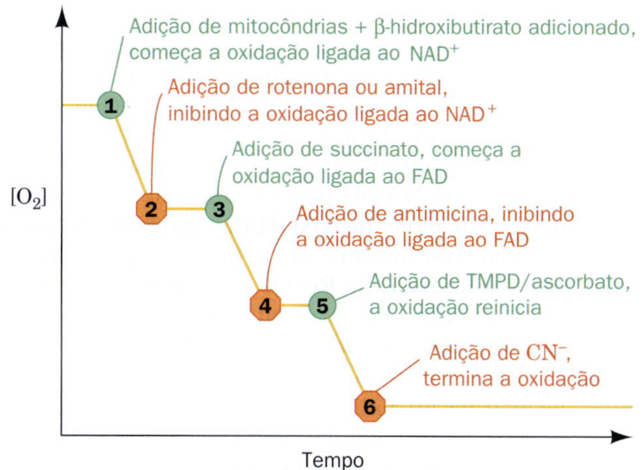

FIGURA 22.11 Efeito de inibidores do transporte de elétrons. Este diagrama mostra o traçado de um eletrodo de oxigênio idealizado para uma suspensão de mitocôndrias contendo excesso de ADP e P_i. Nos pontos numerados, os reagentes indicados são injetados nas câmaras contendo a amostra e as alterações resultantes na $[O_2]$ são registradas. Os números referem-se à discussão no texto. (Segundo Nicholls, D.G., *Bioenergetics*, p. 110, Academic Press [1982].)

gênio. Reagentes são então injetados no compartimento e o consumo de O_2 é registrado (Fig. 22.11):

1. Mitocôndrias e **β-hidroxibutirato** são injetados no compartimento. As mitocôndrias fazem a mediação da oxidação do β-hidroxibutirato ligada ao NAD^+ (Seção 25.3):

$$CH_3-CH(OH)-CH_2-CO_2^-$$

β-Hidroxibutirato

$NAD^+ \rightarrow NADH + H^+$ (β-hidroxibutirato desidrogenase)

$$CH_3-C(=O)-CH_2-CO_2^-$$

Acetoacetato

À medida que o NADH resultante é oxidado na cadeia transportadora de elétrons, com O_2 sendo o aceptor final de elétrons, a concentração de O_2 na mistura da reação diminui.

2. A adição de rotenona ou amital faz cessar completamente a oxidação do β-hidroxibutirato.

3. A adição de succinato, que sofre oxidação ligada ao FAD, faz a $[O_2]$ continuar a diminuir. Os elétrons do $FADH_2$ ainda são, portanto, capazes de reduzir o O_2 na presença de rotenona; ou seja, *os elétrons do $FADH_2$ entram na cadeia transportadora de elétrons após a etapa onde está o bloqueio causado pela rotenona.*

4. A adição de antimicina inibe o transporte de elétrons a partir do $FADH_2$.

5. Embora o NADH e o $FADH_2$ sejam fisiologicamente os dois doadores de elétrons para a cadeia de transporte de elétrons, agentes redutores não fisiológicos podem também ser utilizados como sondas para o fluxo de elétrons. O **tetrametil-*p*-fenilenodiamina (TMPD)** é um carreador redox, que pode ser reduzido pelo ascorbato e transferir os elétrons diretamente para o citocromo *c*:

Tetrametil-*p*-fenilenodiamina (TMPD), forma oxidada + **Ácido ascórbico**

↓

TMPD, forma reduzida + **Ácido di-hidroascórbico**

A adição de TMPD e ascorbato ao meio de reação inibido pela antimicina resulta na retomada do consumo de oxigênio; evidentemente, *há um terceiro ponto por onde os elétrons podem entrar na cadeia transportadora de elétrons.*

6. A adição de CN^- inibe completamente a oxidação de todos os três doadores de elétrons, indicando que esse composto bloqueia a cadeia transportadora de elétrons após o terceiro ponto de entrada de elétrons.

Experimentos como esses estabeleceram a sequência do fluxo de elétrons pelos complexos da cadeia transportadora de elétrons e as posições bloqueadas pelos vários inibidores do transporte de elétrons (Fig. 22.9). Essa sequência foi confirmada e ampliada por observações de que os potenciais de redução padrão dos transportadores redox que formam os complexos da cadeia transportadora de elétrons são muito próximos aos potenciais de redução padrão de seus substratos doadores de elétrons (Tabela 22.1). *Os três saltos no potencial de redução entre NADH, CoQ, citocromo c e O_2 são, cada um deles, de magnitude suficiente para impulsionar a síntese de ATP.* De fato, esses saltos de potencial redox correspondem aos pontos de inibição da rotenona (ou amital), antimicina e CN^-.

b. A fosforilação e a oxidação estão rigidamente acopladas

Os estudos termodinâmicos mencionados anteriormente sugerem que a oxidação de NADH, $FADH_2$ e ascorbato pelo O_2 está associada com a síntese de aproximadamente 2,5, 1,5 e 1 ATPs, respectivamente. Essa estequiometria, denominada **razão P/O** (a razão da síntese de ATP por átomo de O reduzido [pares de elétrons captados]), tem sido confirmada de forma experimental por medidas da captação de O_2 por mitocôndrias em repouso e em atividade. Um exemplo de experimento típico utilizado para determinar a razão P/O é o seguinte: uma suspensão de mitocôndrias (isoladas por centrifugação diferencial após ruptura celular; Seção 6.1B) contendo excesso de P_i, mas não ADP, é incubada no compartimento de reação de um eletrodo de oxigênio. *A oxidação e*

TABELA 22.1 Potenciais de redução dos componentes da cadeia de transporte de elétrons na mitocôndria em repouso

Componente	$\mathscr{E}°'$(V)
NADH	−0,315
Complexo I (NADH:CoQ oxidorredutase; ~900 kDa, 45 subunidades):	
FMN	−0,380
[2Fe−2S]N1a	−0,370
[2Fe−2S]N1b	−0,250
[4Fe−4S]N3,4,5,6a,6b,7	−0,250
[4Fe−4S]N2	−0,150
Succinato	0,031
Complexo II (succinato:CoQ oxidorredutase; ~420 kDa, 4 subunidades):	
FAD	−0,040
[2Fe-2S]	−0,030
[4Fe-4S]	−0,245
[3Fe-4S]	−0,060
Heme b_{560}	−0,080
Coenzima Q	0,045
Complexo III (CoQ:citocromo *c* oxidorredutase; ~450 kDa, 9-11 subunidades):	
Heme b_H (b_{562})	0,030
Heme b_L (b_{566})	−0,030
[2Fe−2S]	0,280
Heme c_1	0,215
Citocromo *c*	0,235
Complexo IV (citocromo *c* oxidase; ~410 kDa, 8-13 subunidades):	
Heme *a*	0,210
Cu_A	0,245
Cu_B	0,340
Heme a_3	0,385
O_2	0,815

Fonte: Principalmente Wilson, D.F., Erecinska, M., e Dutton, P.L., *Annu. Rev. Biophys. Bioeng.* **3**, 205 e 208 (1974); e Wilson, D.F., *In* Bittar, E.E. (Ed.), *Membrane Structure and Function*, Vol. 1, *p.* 160, Wiley (1980).

a fosforilação estão intimamente acopladas em mitocôndrias funcionando normalmente, de modo que o transporte de elétrons pode ocorrer apenas se o ADP estiver sendo fosforilado (Seção 22.3). De fato, o metabolismo mitocondrial é regulado de forma tão firme, que inclusive a aparência das mitocôndrias respirando ativamente é bastante diferente da aparência daquelas em repouso (Fig. 22.12). Uma vez que não há ADP na mistura de reação, as mitocôndrias estão em repouso e a taxa de consumo de O_2 é mínima (Fig. 22.13; Região 1). O sistema é então manipulado conforme explicado a seguir:

(a) ADP (75 μmol) e um excesso de β-hidroxibutirato (um substrato ligado ao NAD^+) são adicionados. As mitocôndrias entram imediatamente em atividade e a taxa de consumo de oxigênio aumenta (Fig. 22.13, Região 2) e mantém-se nesse nível elevado até que todo o ADP esteja fosforilado. As mitocôndrias então retornam ao estado de repouso (Fig. 22.13, Região 3). A fosforilação de 75 μmol de ADP nessas condições consome 15 μmol de O_2. Uma vez que a oxidação do NADH pelo O_2 consome duas vezes o número de moles de NADH (i.e., pares de elétrons), em comparação com o O_2, a razão P/O para a reoxidação do NADH na Região 2 é 75 μmol de ADP/(2 × 15 μmol de O_2) = 2,5; ou seja, *2,5 moles de ADP são fosforilados por mol de NADH oxidado.*

(b) O experimento continua, inibindo-se a transferência de elétrons do NADH com rotenona e acrescentando-se mais 75 μmol de ADP (Fig. 22.13, Região 4), desta vez juntamente com um excesso do substrato ligado ao FAD, succinato. O consumo de oxigênio continua novamente, até que todo o ADP esteja fosforilado, quando o sistema retorna, novamente, ao estado de repouso (Fig. 22.13, Região 5). O cálculo da razão P/O para a oxidação do $FADH_2$ nos dá o valor de 1,5, ou seja, *1,5 moles de ADP são fosforilados por mol de $FADH_2$ oxidado.*

(c) Da mesma maneira, *a oxidação de ascorbato/TMPD produz uma razão P/O de 1 (Fig. 22.13, Regiões 6 e 7).*

Essas conclusões concordam com os estudos utilizando inibidores, indicando que há três pontos de entrada para os elétrons na cadeia de transporte de elétrons, e também concordam com as medidas dos potenciais de redução padrão, que mostram três saltos de potencial, cada um deles suficiente para fornecer a energia livre para a síntese de ATP (Fig. 22.9).

c. As razões P/O são difíceis de medir com exatidão

Medidas das razões P/O estão sujeitas a erros experimentais sistemáticos, para os quais é difícil fazer correções, como imprecisões nas medidas da concentração de oxigênio, a presença de AMP e o vazamento de prótons pela membrana mitocondrial interna. Na literatura mais antiga, esses valores eram aceitos como 3, 2 e 1. No entanto, medidas cuidadosas realizadas por Peter Hinkle obtiveram valores próximos de 2,5, 1,5 e 1 para essas razões (será visto na Seção 22.3 que o mecanismo da fosforilação oxidativa não requer que as razões P/O sejam valores inteiros). Se esses últimos valores são corretos, então o número de moléculas de ATP sintetizadas por molécula de glicose oxidada é 2,5ATP/NADH × 10 NADH/glicose + 1,5 ATP/$FADH_2$ × 2 $FADH_2$/glicose + 2 ATP do ciclo do ácido cítrico/glicose + 2 ATP/glicose da glicólise = 32 ATP/glicose (e não o valor de 38 ATP/glicose, calculados pelas razões P/O de 3, 2 e 1).

A determinação do ganho de ATP/glicose *in vivo* é ainda mais problemática. Os equivalentes redutores para o NADH gerado pela GAPDH podem ser importados pela mitocôndria via a lançadeira do glicerofosfato, a qual produz $FADH_2$, ou pela lançadeira do malato-aspartato, que produz NADH, mas passa um próton para a matriz (Seção 22.1Bc). A utilização desses dois sistemas de lançadeiras varia de um tecido para outro e, assim, varia a produção de ATP. Além disso, a taxa de vazamento de prótons pela membrana interna da mi-

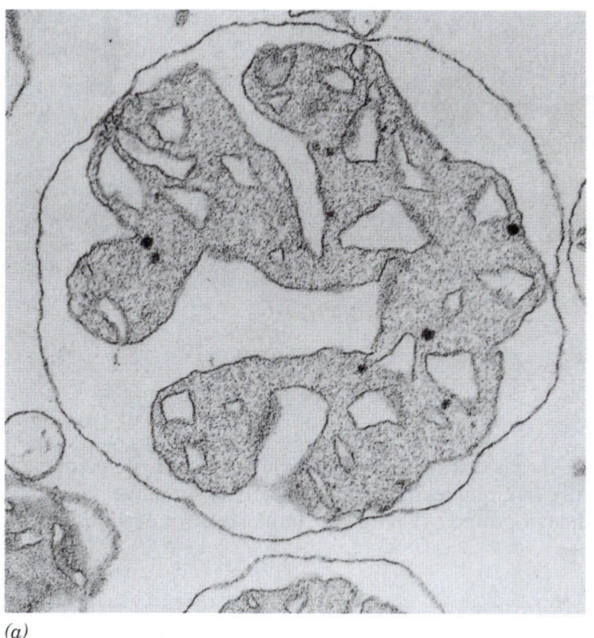

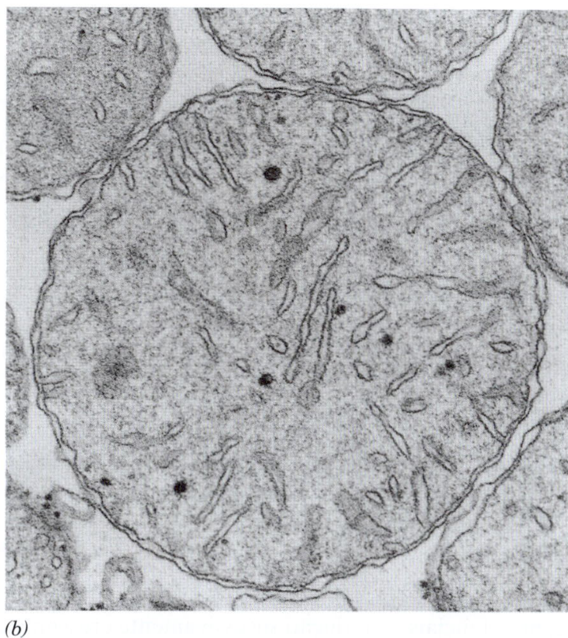

FIGURA 22.12 Micrografias eletrônicas de mitocôndrias de fígado de camundongo. (*a*) Estado com respiração ativa e (*b*) estado em repouso. As cristas nas mitocôndrias respirando ativamente são muito mais condensadas do que aquelas nas mitocôndrias em repouso. (Cortesia de Charles Hackenbrock, University of North Carolina Medical School EUA.)

tocôndria, que é significativa, pode variar com as condições e a identidade celular. Desse modo, é provável que o ganho *in vivo* de ATP por glicose seja significativamente menor que os valores acima de 32 ATP/glicose.

A maneira como a energia livre do transporte de elétrons é na verdade acoplada à síntese de ATP, um tema de ativas pesquisas, será discutida na Seção 22.3. Serão examinadas inicialmente as estruturas dos quatro complexos respiratórios a fim de se compreender como estão relacionados com a função da cadeia transportadora de elétrons. Tenha em mente, no entanto, que, como na maioria das áreas da bioquímica, esse campo está sob intensa verificação e muito da informação de que se precisa para uma compreensão completa dessas relações ainda está para ser elucidado.

C. *Componentes da cadeia transportadora de elétrons*

Muitas das proteínas que estão embebidas na membrana mitocondrial interna estão organizadas nos quatro complexos respiratórios da cadeia transportadora de elétrons. Cada complexo consiste em diversos componentes proteicos, que estão associados com vários grupos prostéticos com atividade

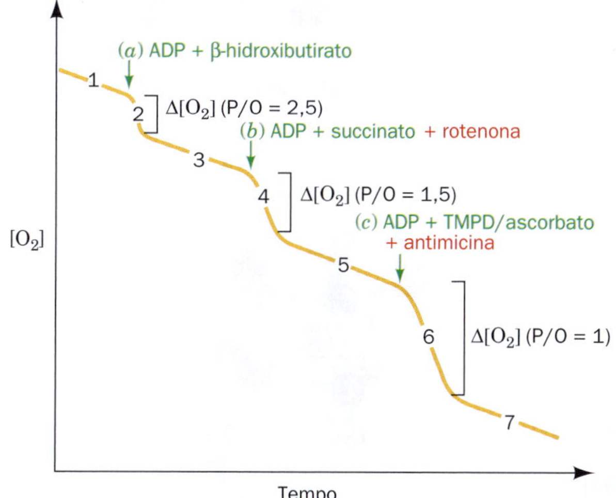

FIGURA 22.13 Determinação da estequiometria da oxidação acoplada à fosforilação (razão P/O) com diferentes doadores de elétrons. Mitocôndrias são incubadas em excesso de tampão de fosfato na câmara da amostra de um eletrodo de oxigênio. (*a*) A seguir, são adicionados 75 μmol de ADP e β-hidroxibutirato em excesso. A respiração continua até que todo o ADP seja fosforilado. ΔO_2 na Região 2 é 15 μmol, correspondendo a 30 μmol de NADH oxidados; assim sendo, P/O = 75/30 = 2,5. (*b*) A seguir, são adicionados 75 μmol de ADP e succinato em excesso, juntamente com rotenona, para inibir a transferência de elétrons a partir do NADH. ΔO_2 na Região 4 é 25 μmol, correspondendo a 50 μmol de $FADH_2$ oxidados; P/O = 75/50 = 1,5. (*c*) Finalmente, são adicionados 75 μmol de ADP e TMPD/ascorbato em excesso, juntamente com antimicina, para inibir a transferência de elétrons do $FADH_2$. ΔO_2 na Região 6 é 37,5 μmol, correspondendo a 75 μmol de ascorbato oxidados; P/O = 75/75 = 1.

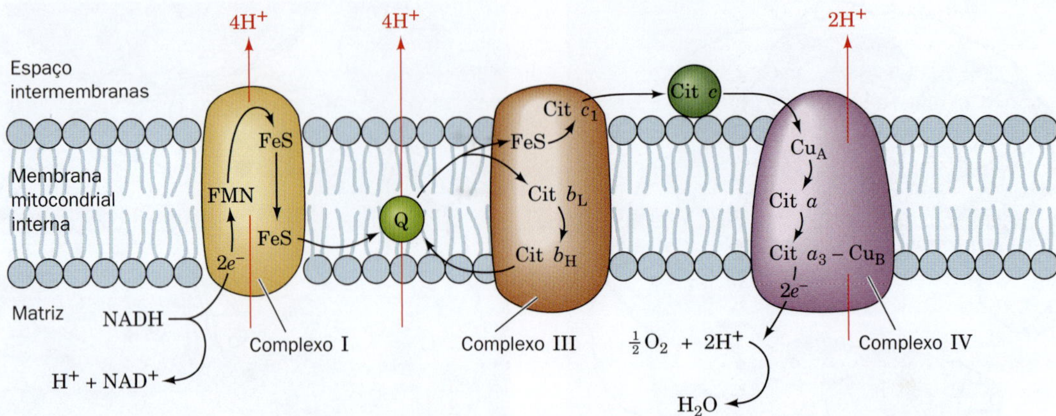

FIGURA 22.14 **A cadeia transportadora de elétrons da mitocôndria.** As vias de transferência de elétrons (*preto*) e bombeamento de prótons (*vermelho*) estão indicadas. Os elétrons são transferidos entre os Complexos I e III pela CoQ (Q), solúvel na membrana, e entre os Complexos III e IV pela proteína periférica de membrana citocromo *c* (Cit *c*). O Complexo II (que não está mostrado) transfere elétrons do succinato para a CoQ. **Ver Figuras animadas**

redox, com potenciais de redução sucessivamente crescentes (Tabela 22.1). Nos parágrafos a seguir, serão examinadas suas estruturas e os agentes que transferem elétrons entre eles. Suas relações estão resumidas na Fig. 22.14.

1. Complexo I (NADH-desidrogenase ou NADH-coenzima Q-oxidorredutase)

*O Complexo I (também denominado **NADH-desidrogenase**) passa elétrons do NADH para a CoQ.* Ele é provavelmente o maior componente proteico da membrana mitocondrial interna (~980 kDa em mamíferos e ~700 kDa em *Neurospora crassa*) e contém uma molécula de **flavina mononucleotídeo** (**FMN**; um grupo prostético com atividade redox que se diferencia do FAD apenas pela ausência de um grupo AMP) e oito ou nove **centros ferro-enxofre**, que participam do processo de transporte de elétrons (Tabela 22.1). Nos mamíferos, 7 de suas 45 subunidades, as subunidades mais hidrofóbicas e que formam o núcleo de sua região transmembrana, são codificadas por genes mitocondriais. As restantes são codificadas por genes nucleares. A maioria de suas subunidades são homólogas a proteínas solúveis que contêm centros redox, o que sugere fortemente que o Complexo I tenha surgido evolutivamente pela agregação dessas proteínas previamente existentes.

a. Os centros ferro-enxofre apresentam atividade redox

Os centros ferro-enxofre, descobertos inicialmente por Helmut Beinert, ocorrem comumente como grupos prostéticos em **proteínas ferro-enxofre**. Há quatro tipos comuns de centros ferro-enxofre (Fig. 22.15). Aqueles designados **centros [2Fe-2S]** e **[4Fe-4S]** consistem em igual número de íons ferro e sulfeto e são coordenados a quatro grupos sulfidrila de resíduos de Cys das proteínas. O **centro [3Fe-4S]** é, es-

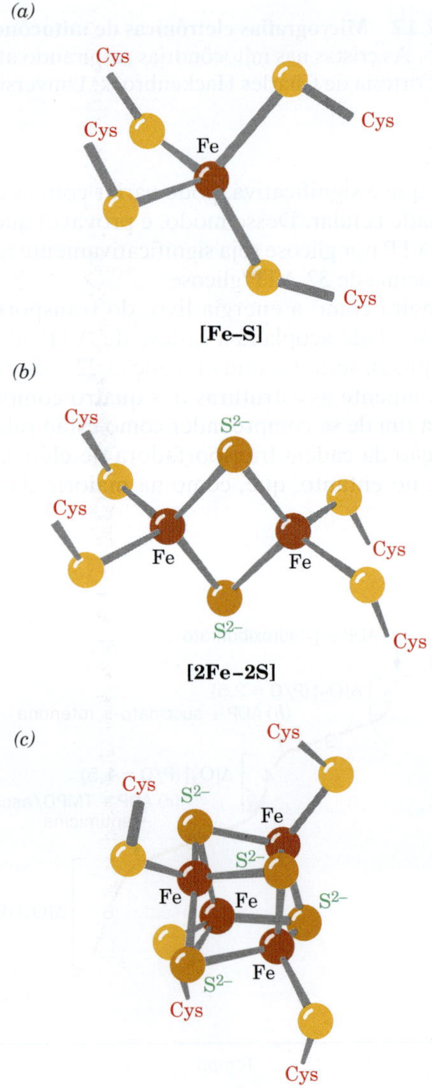

FIGURA 22.15 **Estruturas de centros ferro-enxofre comuns.** (*a*) Um centro [Fe–S], (*b*) um centro [2Fe–2S] e (*c*) um centro [4Fe–4S]. O centro [3Fe–4S] assemelha-se ao centro [4Fe–4S] com um de seus íons Fe removidos. Observe que, enquanto os íons Fe e S^{-2} dos centros [4Fe–4S] formam o que parece ser um cubo distorcido, a estrutura é, na verdade, dois tetraedros de íons Fe e S^{-2} que se interpenetram.

sencialmente, um centro [4Fe-4S] sem um Fe. Uma maneira de identificar esses centros aproveita o fato de que seus íons sulfeto são lábeis em meio ácido: são liberados como H_2S em pH próximo a 1. O **centro [Fe-S]**, que ocorre apenas em bactérias, apresenta um único átomo de Fe ligado a quatro resíduos de Cys. Observe que os íons Fe, em todos os quatro tipos de centros, são, cada um deles, coordenados a quatro átomos S, os quais estão dispostos de forma aproximadamente tetraédrica ao redor do Fe. Entretanto, nas **proteínas ferro-enxofre de Rieske** (assim designadas em homenagem a seu descobridor, John Rieske), um dos átomos de Fe em um centro [2Fe-2S] está coordenado a dois resíduos de His, ao invés de dois resíduos de Cys.

Os estados oxidado e reduzido de todos os centros ferro-enxofre diferem em uma carga formal, independentemente de seu número de íons Fe. Isso ocorre porque os íons Fe em cada centro formam um sistema conjugado e, assim, podem apresentar estados de oxidação entre os valores +2 e +3, os valores possíveis para íons Fe individuais. Por exemplo, cada um dos dois centros [4Fe-4S] na proteína **ferredoxina** (Fig. 22.16) contém um Fe(II) e três Fe(III) em sua forma oxidada e dois Fe(II) e dois Fe(III) em sua forma reduzida. O potencial de redução padrão de um dado tipo de centro ferro-enxofre depende da interação com sua proteína associada, assim como de seu estado de oxidação. Proteínas ferro-enxofre também ocorrem nas cadeias fotossintéticas de transporte de elétrons

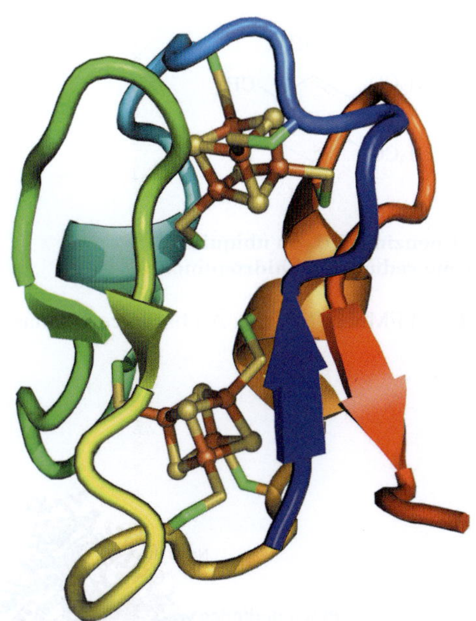

FIGURA 22.16 Estrutura por raios X da ferredoxina de *Peptostreptococcus asaccharolyticus*. Esta proteína monomérica com 55 resíduos está desenhada na forma de fitas coloridas na ordem do arco-íris, de sua porção N-terminal (*azul*) para sua porção C-terminal (*vermelho*). Seus dois centros [4Fe-4S] estão desenhados na forma de esferas e bastões, com S em amarelo e Fe em marrom avermelhado. As cadeias laterias de Cys que ligam cada átomo de Fe estão desenhadas em forma de bastões, com C em verde e S em amarelo. (Com base na estrutura por raios X obtida por Elinor Adman, Larry Sieker e Lyle Jensen, University of Washington, EUA. PDBid 1DUR.)

Ver Exercício interativo 16

de plantas e bactérias (Seção 24.2); de fato, acredita-se que cadeias fotossintéticas de transporte de elétrons sejam os precursores evolutivos das cadeias oxidativas de transporte de elétrons (Seção 1.5Cb).

b. As coenzimas do Complexo I

FMN e ubiquinona (CoQ), as coenzimas do Complexo I, podem adotar, cada uma, três estados de oxidação (Fig. 22.17). Embora o NADH possa participar apenas da transferência de dois elétrons, tanto FMN quanto CoQ são capazes de aceitar e doar tanto um quanto dois elétrons, pois suas formas semiquinona são estáveis. Em contraste, os citocromos do Complexo III (ver a seguir), para os quais a CoQ reduzida passa seus elétrons, são capazes apenas de reduções de um elétron. *FMN e CoQ, portanto, fornecem um eletroduto entre um doador de dois elétrons, o NADH, e aceptores de um elétron, os citocromos.*

A cauda hidrofóbica da CoQ a torna solúvel na bicamada lipídica da membrana mitocondrial interna. Em mamíferos, essa cauda consiste em dez unidades isoprenoides C_5 e, portanto, a coenzima é designada $\mathbf{Q_{10}}$. Em outros organismos, a CoQ pode apresentar apenas seis ($\mathbf{Q_6}$) ou oito ($\mathbf{Q_8}$) unidades isoprenoides.

c. Os elétrons seguem uma via de múltiplas etapas pelo Complexo I

O Complexo I dos procariotos consiste em 13 a 15 subunidades, com uma massa molecular total de ~550 kDa. Homólogos de todas as suas subunidades conservadas ocorrem na enzima mitocondrial, e eles contêm componentes redox equivalentes. Evidentemente, a enzima procariótica é uma versão menor do Complexo I mitocondrial. As funções das 30 a 32 subunidades "acessórias" adicionais que são componentes do Complexo I mitocondrial são em grande parte desconhecidas.

A estrutura por raios X de baixa resolução do Complexo I de 15 subunidades da bactérias termófila *Thermus thermophilus* (Fig. 22.18), determinada por Leonid Sazanov, revela uma proteína em forma de L, com um braço do L, o braço transmembrana, imerso na membrana plasmática (a membrana mitocondrial interna para os eucariotos), e o outro, o braço periférico, estendendo-se para dentro do citosol (da matriz, no caso dos eucariotos). O braço transmembrana consiste em sete subunidades, que coletivamente têm 63 hélices transmembrana. As três maiores subunidades transmembrana, Nqo12, 13 e 14, são estruturalmente semelhantes uma à outra e às estruturas de transportadores Na^+/K^+ (em um sistema de antiporter). A característica mais incomum da porção transmembrana, no entanto, é uma hélice α anfipática de 110 Å de comprimento, que se estende de Nqo12 paralelamente ao plano da membrana, de modo a alcançar Nqo13 e 14.

A estrutura por raios X de alta resolução do braço periférico, hidrofílico, de 8 subunidades do Complexo I da bactéria termófila, *Thermophilus*, também determinada por Sazanov, revela um agrupamento das subunidades em forma de Y, de 140 Å de altura (Fig. 22.19*a*). Esse subcomplexo contêm todos os centros redox da enzima: um FMN, sete centros [4Fe-4S] e dois centros [2Fe-2S]. O FMN está localizado na extremidade de uma cavidade exposta ao solvente, que presumivelmente forma o sítio de ligação do NADH. Construção de modelos sugere que o NADH ligado proteja o FMN do solvente. O

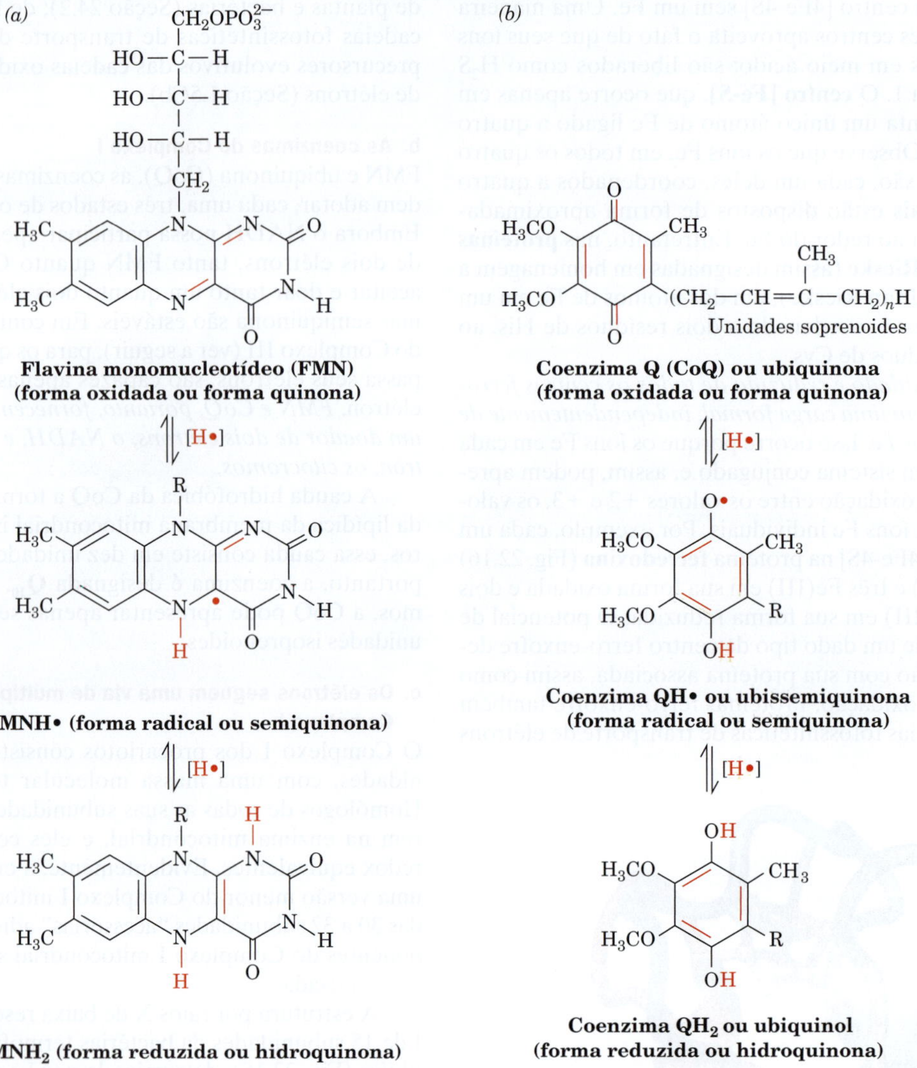

(a)

Flavina monomucleotídeo (FMN) (forma oxidada ou forma quinona)

[H•]

FMNH• (forma radical ou semiquinona)

[H•]

FMNH$_2$ (forma reduzida ou hidroquinona)

(b)

Unidades soprenoides

Coenzima Q (CoQ) ou ubiquinona (forma oxidada ou forma quinona)

[H•]

Coenzima QH• ou ubissemiquinona (forma radical ou semiquinona)

[H•]

Coenzima QH$_2$ ou ubiquinol (forma reduzida ou hidroquinona)

FIGURA 22.17 Estados de oxidação das coenzimas orgânicas do Complexo I. (*a*) FMN e (*b*) CoQ. Ambas as coenzimas formam estados de radicais livres com semiquinonas estáveis.

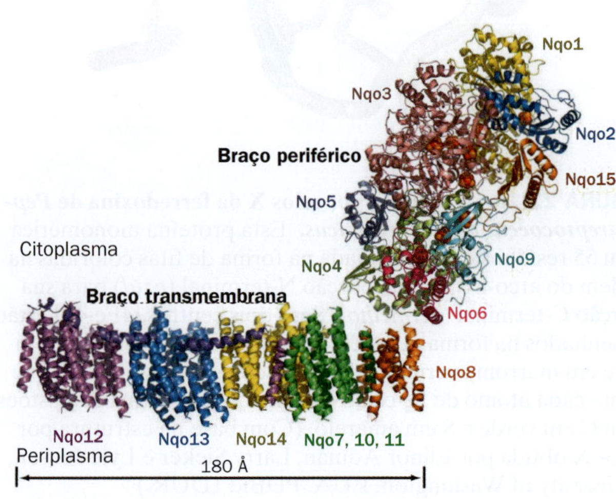

FIGURA 22.18 Estrutura por raios X em baixa resolução (4,5 Å) do Complexo I de *T. thermophilus*. A estrutura é vista paralelamente ao plano da membrana plasmática, com o citoplasma acima e o periplasma abaixo. Suas 15 subunidades estão desenhadas em forma de fitas, em diferentes cores, com a hélice horizontal de 110 Å de comprimento de Nqo12 em púrpura. Os nove centros Fe-S no braço periférico estão desenhados na forma de volume atômico, com S em amarelo e Fe em marrom-avermelhado. Nessa estrutura de baixa resolução, apenas as hélices transmembrana do braço transmembrana podem ser observadas; as alças que formam as conexões não são visíveis, o que explica a aparente falta de ligação entre os braços transmembrana e periférico. As alças do braço periférico, no entanto, são visíveis, pois essa parte da estrutura foi baseada na estrutura por raios X de maior resolução do braço periférico apenas (ver Fig. 22.19). (Cortesia de Leonid Sazanov, Medical Research Council, Cambridge, Reino Unido. PDBid 3M9S.)

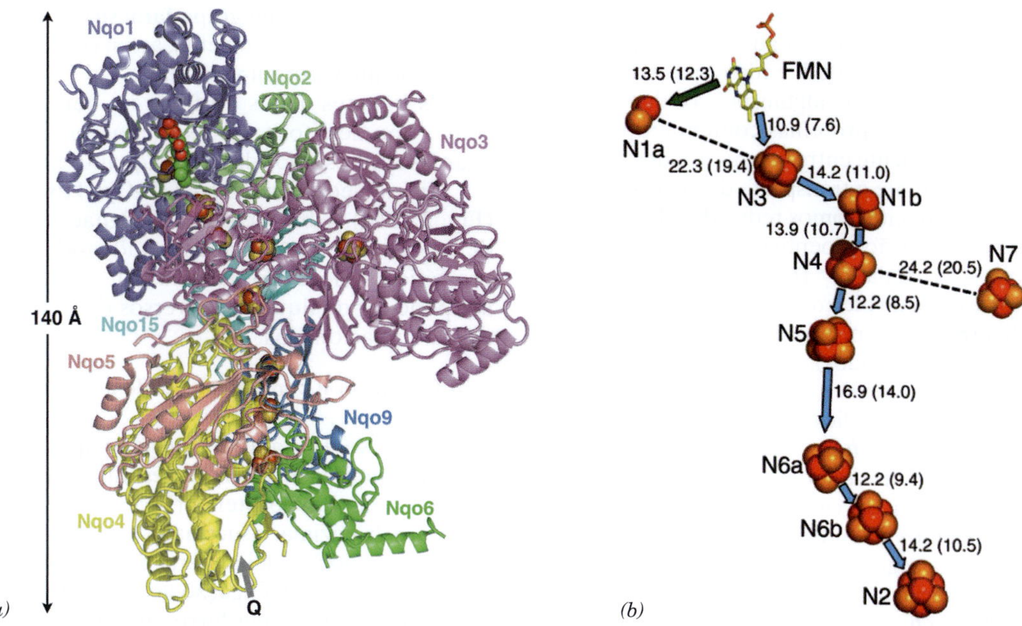

FIGURA 22.19 Estrutura por raios X do braço periférico do Complexo I de *T. thermophilus*. (*a*) A proteína é vista paralelamente ao plano da membrana plasmática, mas orientada diferentemente em relação àquela da Fig. 22.18. Suas oito subunidades estão desenhadas em forma de fitas semitransparentes em diferentes cores (que diferem daquelas na Fig. 22.18). O FMN (*parte superior à esquerda*) e os nove centros Fe-S são mostrados na forma de volume atômico, com C em verde, N em azul, O em vermelho, P em cor de laranja, S em amarelo e Fe em marrom-avermelhado. O provável sítio de ligação da CoQ é indicado por uma seta cinza. (*b*) O arranjo dos grupos redox, visto de forma similar à Parte *a*. O FMN (modelo de bastões com C em amarelo e os dois centros [Fe-S] e os sete centros [4Fe-4S] (modelos de volume atômico) são mostrados juntos, com suas distâncias centro-a-centro em angstroms (as distâncias borda a borda, mais curtas, são indicadas entre parênteses). Setas azuis indicam a principal via, de ~94 Å de comprimento, para os elétrons, após serem transferidos do NADH para o FMN. Os centros Fe-S N1A e N7 situam-se muito distantes dessa via para os elétrons fluirem através deles, mas talvez funcionem no ajuste fino de suas propriedades eletrônicas. Medidas espectroscópicas sugerem que o sítio de ligação da CoQ está a ~12 Å de distância de N2. (Parte *a* baseada em uma estrutura por raios X obtida por e Parte *b* cortesia de Leonid Sazanov, Medical Research Council, Cambridge, Reino Unido. PDBid 2FUG.)

sítio de ligação da CoQ parece localizar-se em uma cavidade abaixo do centro [4Fe-4S] N2, que está localizado na interface com o braço transmembrana do Complexo I.

O trânsito dos elétrons do NADH para a coenzima Q no Complexo I começa com uma redução de dois elétrons, na forma da transferência de um íon hidreto (H^-) do NADH para o FMN, produzindo NAD^+ e $FMNH^-$ (de modo semelhante ao reverso da última etapa da reação da di-hidrolipoil-desidrogenase; Seção 21.2Bb). Os elétrons são então transferidos, um de cada vez, para o centro Fe-S N3 e, então, entre os centros Fe-S ao longo de um gradiente de potencial redox crescente (Tabela 22.1), até alcançarem o centro Fe-S N2. Esse processo "escada abaixo" envolve a redução transitória de cada centro Fe-S, à medida que ele liga os elétrons, e sua reoxidação, quando passa os elétrons para o próximo centro. O arranjo espacial desses centros indica a via provável dos elétrons (Fig. 22.19*b*). Observe que os centros redox não necessitam estar em contato a fim de que ocorra a transferência dos elétrons. Finalmente, os elétrons passam do N2 para a CoQ, que é reduzida sequencialmente a $CoQH^-$ e então a $CoQH_2$, que é liberada para a membrana e substituída por CoQ, completando o ciclo catalítico.

Na translocação de um par de elétrons do NADH para a CoQ, o Complexo I bombeia quatro prótons para fora da matriz mitocondrial (ou da célula bacteriana). A forma como o Complexo I realiza essa tarefa será discutida na Seção 22.3Bj.

2. Complexo II (succinato-desidrogenase ou succinato-coenzima Q-oxidorredutase [SQR])

O Complexo II, que também é a enzima do ciclo do ácido cítrico succinato-desidrogenase (Seção 21.3F), passa elétrons do succinato para a CoQ, produzindo fumarato e $CoQH_2$. O Complexo II faz isso com a participação de um FAD ligado covalentemente, um centro [2Fe-2S], um centro [4Fe-4S], um centro [3Fe-4S] e um heme b_{560} (Tabela 22.1). Todas as suas quatro subunidades são codificadas por genes nucleares.

A diferença de potencial redox padrão para a transferência de elétrons do succinato para a CoQ (Fig. 22.9) é insuficiente para fornecer a energia livre necessária para impulsionar a síntese de ATP. O Complexo II é, ainda assim, importante, pois injeta esses elétrons de potencial relativamente alto na cadeia de transporte de elétrons. Duas outras enzimas, além dos Complexos I e II, sintetizam e liberam $CoQH_2$ na membrana mitocondrial interna e, portanto, acionam a fosforilação oxidativa por meio da ação dos Complexos III e IV. Essas enzimas são a glicerol-3-fosfato-desidrogenase, da lançadeira do glicerol-fosfato (Fig. 22.8), e a **ETF-ubiquinona-oxidorredutase**, que participa da oxidação dos ácidos graxos (Seção 25.2Ca; ETF significa flavoproteína de transferência de elétrons).

a. Citocromos são proteínas heme que transportam elétrons

Os citocromos, cuja função foi elucidada em 1925 por David Keilin, são proteínas com atividade redox, que ocorrem em todos os organismos, exceto em alguns poucos tipos de anaeróbios obrigatórios. Essas proteínas contêm grupos heme que alternam reversivelmente entre os seus estados de oxidação Fe(II) e Fe(III) durante o transporte de elétrons.

Os grupos heme dos citocromos reduzidos [Fe(II)] apresentam espectro de absorção proeminente no visível, consistindo em três picos, as bandas $\alpha < \beta$ e γ (**Soret**) (Fig. 22.20*a*). O comprimento de onda do pico α, que varia de forma característica com determinada espécie de citocromo reduzido (é ausente nos citocromos oxidados), é útil na diferenciação dos vários citocromos. Assim sendo, o espectro das membranas mitocondriais (Fig. 22.20*b*) indica que elas contêm três tipos de citocromos, **citocromos *a*, *b* e *c*.**

Dentro de cada tipo de citocromo, diferentes ambientes para o grupo heme podem ser caracterizados por leves diferenças nos comprimentos de onda dos picos α. Por exemplo, o Complexo III (ver a seguir) apresenta dois hemes tipo *b*: aqueles com absorbância máxima em 562 nm são denominados como heme b_{562} ou b_H (de potencial *alto*, *high* em inglês), enquanto aqueles com absorbância máxima em 566 nm são denominados heme b_{566} ou b_L (de potencial *baixo*, *low* em inglês).

Cada tipo de citocromo contém um anel porfirina com diferentes substituintes (Fig. 22.21*a*), coordenado com o átomo de ferro com atividade redox. Um citocromo do tipo *b* contém **protoporfirina IX**, que também ocorre na hemoglobina e na mioglobina (Seção 10.1A). O grupo heme de um citocromo do tipo *c* difere daquele da protoporfirina IX pelo fato de que aos grupos vinil (em suas ligações duplas) são adicionadas sulfidrilas de Cys, na sequência Cys-X-Y-Cys-His, para formar ligações tioéter com a proteína (Fig. 9.39). O heme *a* contém uma longa cauda hidrofóbica de três unidades de isopreno (um grupo **farnesil**) ligada à porfirina por meio de um grupo hidroxietila, assim como um grupo formila em vez de um substituinte metila.

Os ligantes axiais do ferro no heme também variam com o tipo de citocromo. Nos citocromos *a* e *b*, ambos os ligantes são resíduos de His, enquanto no citocromo *c*, um é a His na sequência Cys-X-Y-Cys-His e o outro é Met (Fig. 22.21*b*). Observe que a designação de um dado tipo de citocromo refere-se apenas à identidade do(s) grupo(s) prostético(s) heme do citocromo. Um dado tipo de citocromo pode ter qualquer de diversos dobramentos de proteínas não relacionadas.

b. O Complexo II contém uma cadeia linear de cofatores redox

O Complexo II, tanto bacteriano quanto mitocondrial, consiste em quatro subunidades: duas subunidades hidrossolúveis, uma flavoproteína (Fp, ~665 resíduos) que liga o substrato da enzima, o succinato, e o FAD (que está covalentemente ligado à cadeia lateral de um resíduo específico de His por meio de uma ligação ao átomo C8a do FAD; Seção 21.3F), e uma proteína ferro-enxofre (Ip, ~290 resíduos), que liga os três centros Fe-S; e duas subunidades transmembrana, CybL (~170 resíduos) e CybS (~160 resíduos), que, coletivamente, ligam o heme b_{560} e a CoQ. Fp e Ip são altamente conservadas, enquanto as sequências de CybS e CybL variam entre diferentes organismos.

As estruturas por raios X do Complexo II de porco, galinha e de *E. coli* foram determinadas independentemente por Zihe Rao, Edward Berry e So Iwata. Em todos os casos, ele apresenta a forma da letra "q", com o lobo superior contendo Fp e Ip e a cauda composta pelas subunidades transmembrana (Fig. 22.22*a*). O complexo está de tal modo orientado na membrana mitocondrial interna que Fp e Ip se estendem para dentro da matriz. Os sítios de ligação para o substrato

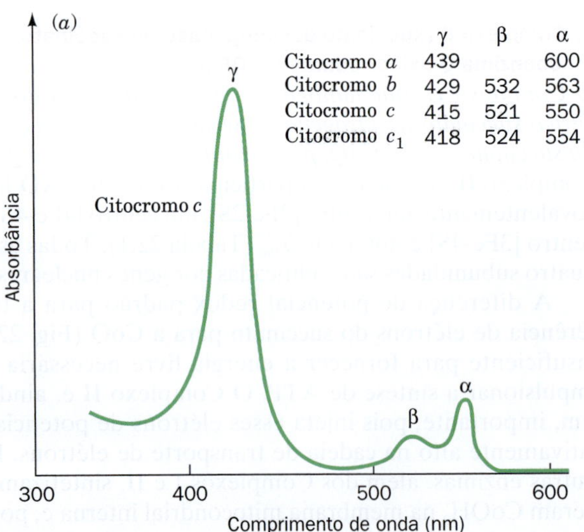

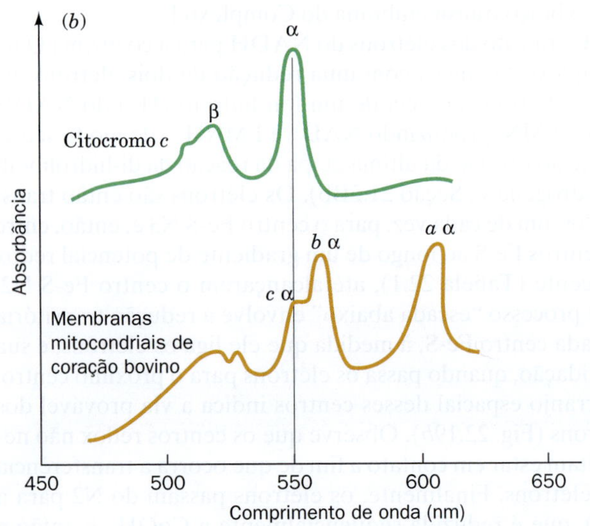

FIGURA 22.20 Espectro de absorção visível dos citocromos. (*a*) Espectro de absorção do citocromo *c* reduzido, mostrando suas bandas de absorção características α, β e γ (Soret). As absorções máximas para os citocromos *a, b, c* e c_1 estão listadas. (*b*) As três bandas α separadas no espectro de absorção visível de membranas mitocondriais de coração bovino (*parte inferior da figura*) indicam a presença dos citocromos *a, b* e *c*. O espectro do citocromo *c* purificado (*parte superior*) é fornecido como referência. (Segundo Nicholls, D.G., e Ferguson, S.J., *Bioenergetics 3, p.* 96, Academic Press [2002].)

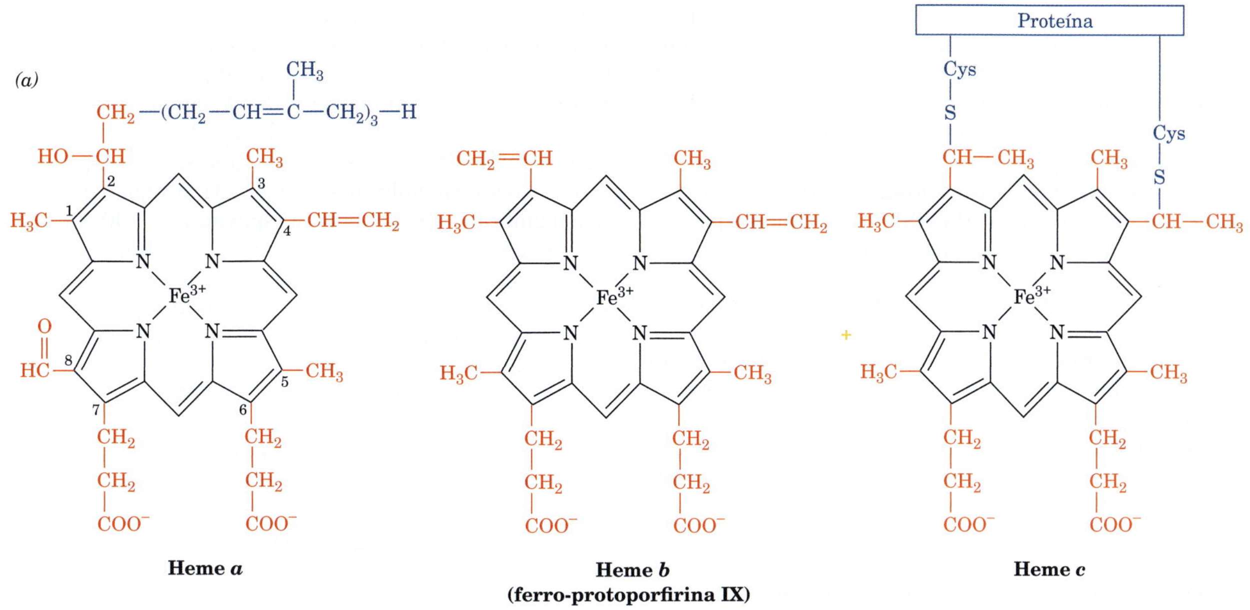

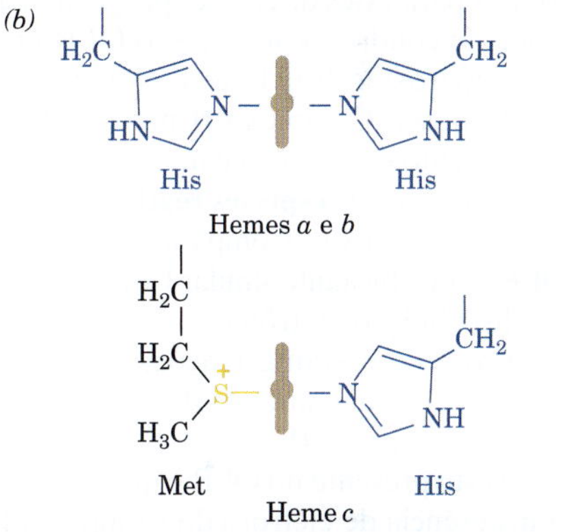

(a)

Heme *a*

Heme *b* (ferro-protoporfirina IX)

Proteína

Heme *c*

FIGURA 22.21 Anéis porfirínicos nos citocromos. São mostrados (*a*) as estruturas químicas e (*b*) os ligantes axiais dos grupos heme contidos nos citocromos *a*, *b* e *c*.

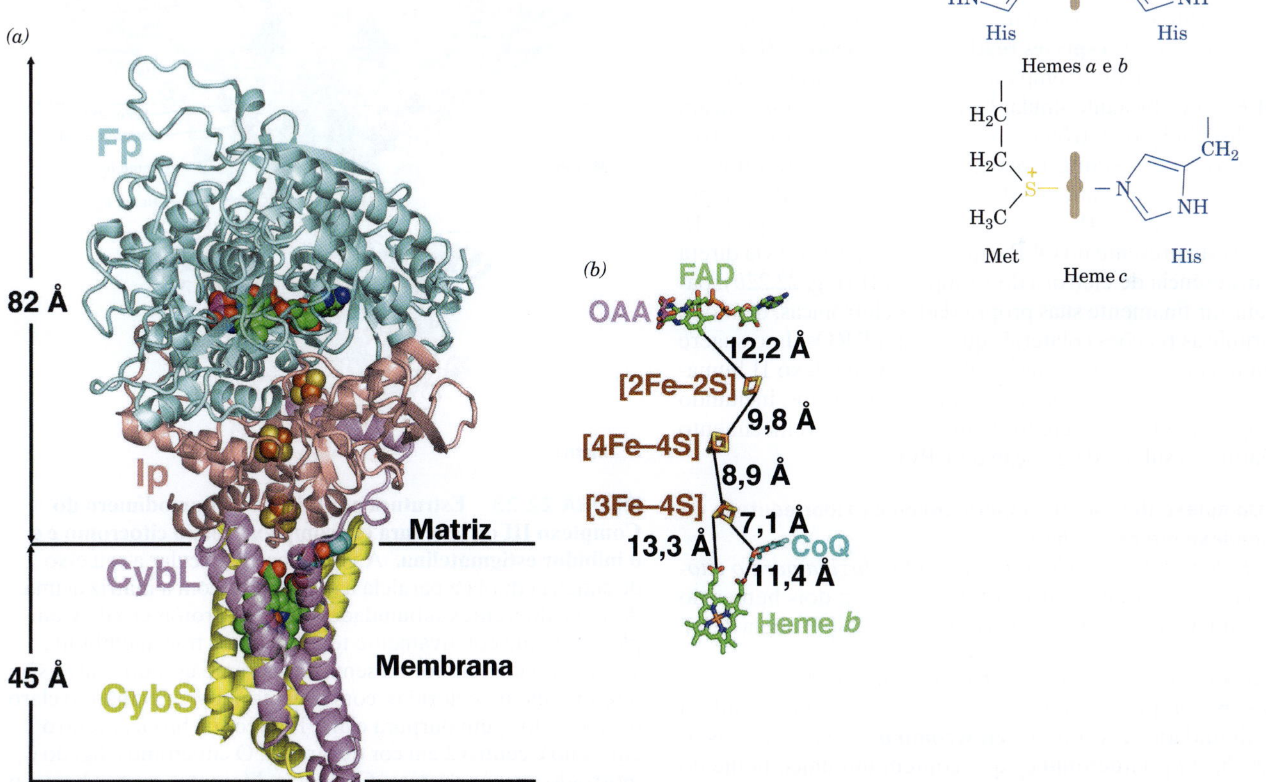

FIGURA 22.22 Estrutura por raios X do Complexo II de galinha em complexo com seu inibidor oxalacetato e com a CoQ. (*a*) Um diagrama de fitas semitransparente é visto paralelamente à membrana mitocondrial interna, com a matriz acima; as quatro subunidades da enzima estão desenhadas em cores diferentes. O oxalacetato (OAA), o FAD, três centros Fe-S, a CoQ e o heme *b* são mostrados na forma de volume atômico, com C do OAA em magenta, C do FAD e do heme *b* em verde, C da CoQ em ciano, N em azul, O em vermelho, P em cor de laranja, S em amarelo e Fe em marrom-avermelhado. A posição inferida para a membrana mitocondrial interna está indicada. (*b*) Ligantes e cofatores redox, vistos e coloridos como na Parte *a*, mas desenhados na forma de bastões. Suas distâncias borda a borda mais próximas estão indicadas. (Com base em uma estrutura por raios X obtida por Edward Berry, Lawrence Berkeley National Laboratory, Berkeley, California, EUA. PDBid 1YQ3.)

e para a CoQ estão conectados por uma cadeia de centros redox aproximadamente linear, de ~40 Å de comprimento, com a sequência substrato-FAD-[2Fe-2S]-[4Fe-4S]-[3Fe-4S]--CoQ (da parte superior para a parte inferior na Fig. 22.22*b*). Desse modo, apesar do potencial de redução medido de −0,245 V do centro [4Fe-4S] (Tabela 22.1), que pareceria muito baixo para aceitar elétrons do succinato na reação succinato → fumarato, o centro [4Fe-4S] provavelmente participa do processo de transferência de elétrons.

c. O Complexo II suprime a formação de espécies reativas de oxigênio

O complexo respiratório bacteriano **quinol-fumarato-redutase** (**QFR**) é um homólogo do Complexo II, que funciona em organismos anaeróbios que utilizam fumarato como um aceptor terminal de elétrons. Ali, ele catalisa a mesma reação que o Complexo II, mas no sentido oposto, ou seja, usa um quinol para reduzir o fumarato a succinato.

Embora o QFR e o Complexo II tenham estruturas similares, organismos como a *E. coli*, capazes tanto de metabolismo aeróbio quanto anaeróbio, empregam os dois complexos diferentes para esses diferentes propósitos. Isso parece ocorrer porque, em condições aeróbias, o QFR produz 25 vezes mais radical superóxido ($O_2^{\cdot -}$) que o Complexo II da *E. coli*, além de H_2O_2, que o Complexo II não produz, presumivelmente por vazamento de elétrons para o O_2. Como já foi discutido na Seção 22.4Cg, essas **espécies reativas de oxigênio** (**EROs**) são altamente destrutivas. Comparações de estruturas por raios X do QFR com o bastante similar Complexo II de *E. coli* indicam que a distribuição eletrônica ao redor de seus vários centros redox favorece bastante reações colaterais (e geradoras de EROs) do O_2 com o anel da flavina do QFR, quando comparada à do Complexo II. De fato, o heme b_{560} do Complexo II, que não está presente no QFR e que não faz parte da via direta de transferência de elétrons do Complexo II (Fig. 22.22*b*), parece ajustar finamente suas propriedades eletrônicas, de modo a suprimir as reações colaterais que geram EROs. Isso sugere que mutações dos genes que codificam o Complexo II humano, que causam uma ampla variedade de distúrbios, incluindo formação de tumores, defeitos neurológicos e envelhecimento prematuro, resultam da geração de EROs.

3. O Complexo III (coenzima *Q*-citocromo *c*-oxidorredutase ou complexo citocromo bc_1)

O Complexo III passa elétrons da CoQ reduzida para o citocromo c. Ele contém quatro cofatores redox: dois hemes do tipo *b*, um heme do tipo *c* e um centro [2Fe-2S] (Tabela 22.1).

a. Estrutura por raios X do complexo citocromo bc_1

Todos os complexos conhecidos de citocromo bc_1 contêm três subunidades em comum: **citocromo *b***, que liga ambos os hemes, b_H e b_L, **citocromo c_1**, que contém um único heme do tipo *c* e uma proteína ferro-enxofre de Rieske (**PFE**), que contém um centro [2Fe−2S]. O complexo bc_1 bovino contêm 8 subunidades adicionais, de um total de 11 subunidades diferentes, que se combinam para formar um protômero de 2.166 resíduos (243 kDa) que dimeriza. Destes, apenas o citocromo *b* é codificado por um gene mitocondrial.

As estruturas por raios X dos complexos de citocromo bc_1 bovino, de galinha e de levedura foram determinadas independentemente por Johann Deisenhofer, por Iwata e Bing Jap, por Berry, Antony Crofts e Sung-Hou Kim e por Hartmut Michel. Todas essas estruturas revelam uma molécula com formato de pera, de simetria dupla, com diâmetro máximo de ~130 Å e altura de ~150 Å, cuja extremidade mais ampla estende-se ~75 Å para dentro do espaço da matriz e cuja extremidade mais estreita estende-se ~35 Å para dentro do espaço intermembranas (Fig. 22.23). A região que atravessa a membrana apresenta uma espessura de ~40 Å e consiste em 13 hélices transmembrana em cada protômero (12 na levedura, que consiste em 9 subunidades diferentes). Oito dessas hélices transmembrana são constituídas pela subunidade citocromo *b*, que liga ambos heme b_H e heme b_L dentro de sua região transmembrana, com o heme b_L estando mais próximo do espaço intermembranas. Uma das hélices transmembrana restantes ancora o citocromo c_1 na membrana, sendo que o restante da molécula é um domínio globular, que estende-se para dentro do espaço intermembranas. Essa é a porção do complexo que contém heme c_1 e que serve de ancoradouro para o citocromo *c* (Fig. 22.23). Do mesmo modo, a PFE é ancorada por uma única hélice transmembrana e estende-se

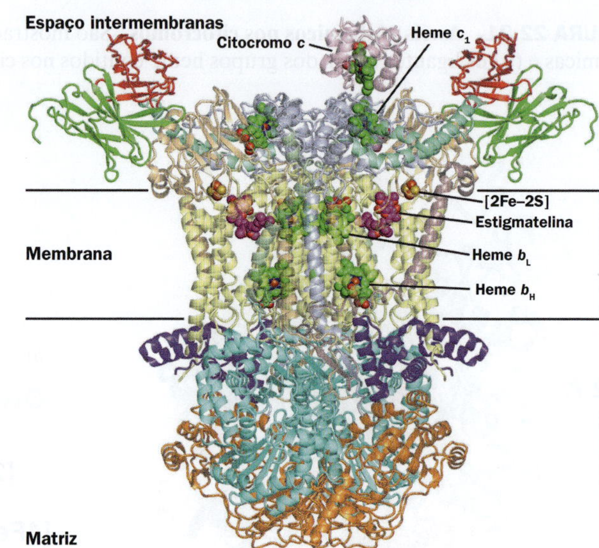

FIGURA 22.23 Estrutura por raios X de homodímero do Complexo III de levedura em complexo com o citocromo *c* e o inibidor estigmatelina. A vista é perpendicular a seu eixo de simetria dupla e paralela à membrana, com a matriz acima. As nove diferentes subunidades em cada protômero do Complexo III, que coletivamente têm 12 hélices transmembrana, são desenhadas em forma semitransparente usando fitas, e são diferentemente coloridas, com o citocromo *b* em amarelo claro, o citocromo c_1 em púrpura clara, PFE cor de bronze, centro 1 em ciano e centro 2 em cor de laranja. O citocromo *c* ligado é mostrado em cor-de-rosa. Os quatro diferentes grupos heme, o centro [2Fe-2S] e a estigmatelina são desenhados em forma de volume atômico, com C do heme em verde, C da estigmatelina em magenta, N em azul, O em vermelho, S em amarelo e Fe em marrom-avermelhado. As linhas horizontais delimitam a posição inferida para a membrana. Observe que apenas um citocromo *c* está ligado ao Complexo III homodimérico. (Com base em uma estrutura por raios X obtida por Carola Hunte, Max Planck Institute for Biophysics, Frankfurt am Main, Alemanha. PDBid 1KYO.) **Ver Exercício interativo 17**

para dentro do espaço intermembranas. É interessante que as duas PFEs do complexo dimérico apresentam domínios intercambiados (são entrelaçadas) de tal forma que o domínio que contém o centro [2Fe-2S] de um protômero interage com as subunidades citocromo *b* e citocromo c_1 do outro protômero. As distâncias entre os vários centros de metais são bastante grandes, variando de 21 a 34 Å. A porção do complexo que ocupa a matriz, que perfaz mais da metade da massa do citocromo bc_1, consiste principalmente nas proteínas estruturalmente homólogas **Centro 1** e **Centro 2**.

A rota dos elétrons pelo Complexo citocromo bc_1 é discutida na Seção 22.3B, juntamente com o mecanismo pelo qual o complexo preserva a energia livre decorrente da transferência de elétrons da $CoQH_2$ para o citocromo *c* para impulsionar a síntese de ATP.

4. Citocromo c

O citocromo *c*, cuja evolução foi discutida na Seção 7.3B, é uma proteína periférica de membrana, cuja estrutura cristalina é conhecida (Figs. 8.42 e 9.41*c*), e que está ligada frouxamente à superfície externa da membrana mitocondrial interna. *Ele liga-se alternadamente ao citocromo* c_1 *(do Complexo III) e à citocromo* c*-oxidase (Complexo IV) e assim funciona transferindo elétrons entre eles.*

A estrutura por raios X do citocromo bc_1 de levedura, complexado com o citocromo *c*, determinada por Carola Hunte, revela, conforme o esperado, que o citocromo *c* liga-se à subunidade citocromo c_1 do citocromo bc_1 (Fig. 22.23). Essa associação parece ser particularmente tênue, uma vez que sua área de interface (880 $Å^2$) é significativamente menor que aquela apresentada por complexos proteína-proteína que sabe-se terem baixa estabilidade (geralmente < 1.600 $Å^2$). Tão pequena interface é adequada para ligação e liberação rápidas. A menor distância entre os grupos heme das proteínas que estabelecem esse contato é de 4,5 Å, entre os átomos de seus respectivos substituintes unidos por ligação tioéter, e sua distância Fe–Fe é 17,4 Å. Isso explica a taxa de transferência de elétrons de $8{,}3 \times 10^6\ s^{-1}$ entre esses dois centros redox (ver a seguir).

a. A estrutura proteica influencia a velocidade de transferência de elétrons

Grupos heme reduzidos são entidades altamente reativas; podem transferir elétrons ao longo de distâncias de 10 a 20 Å em velocidades fisiologicamente significativas. Assim sendo, os citocromos, em certo sentido, apresentam função oposta à das enzimas: em vez de estimularem substratos pouco reativos a reagir, eles devem evitar que seus núcleos heme transfiram elétrons de modo não específico para outros componentes celulares. Essa, sem dúvida, é a razão pela qual esses hemes estão quase inteiramente envolvidos por proteínas. Os citocromos, no entanto, também devem fornecer uma via para que os elétrons sejam transferidos para um composto adequado.

Nas proteínas, a transferência de elétrons ocorre entre cofatores com atividade redox, tais como os hemes e os centros Fe-S. Entretanto, uma inspeção das proteínas de estrutura conhecida que funcionam na transferência de elétrons revela que os elétrons não viajam mais de 14 Å entre centros redox embutidos nas proteínas, e que as transferências ao longo de distâncias maiores sempre envolvem cadeias de cofatores com atividade redox (p. ex., Figs. 22.19*b* e 22.22*b*). A transferência de elétrons ocorre de maneira muito mais eficiente por meio de ligações que pelo espaço, via um processo mecânico quântico conhecido como **tunelamento eletrônico**. Assim, como Harry Gray demonstrou de forma experimental, o tunelamento de elétrons dentro das proteínas ocorre principalmente através de cadeias polipeptídicas entre os grupos ligados com atividade redox, e a velocidade de transferência de elétrons varia com a estrutura do polipeptídeo participante. Além disso, o tunelamento entre interfaces proteína-proteína é mediado principalmente por interações de van der Waals e ligações de hidrogênio com a água. Apesar disso, Leslie Dutton demonstrou que a velocidade de transferência de elétrons dentro de proteínas, medida experimentalmente, varia apenas com a distância entre o doador e o aceptor de elétrons e diminui em uma taxa ~10 vezes a cada aumento de 1,7 Å nessa distância.

5. O Complexo IV (citocromo c-oxidase)

*A citocromo c-oxidase (***COX** *ou* **CcO***), a enzima terminal da cadeia de transporte de elétrons, catalisa as oxidações de um elétron de cada uma de quatro moléculas de citocromo c reduzidas consecutivamente e a concomitante redução de quatro elétrons de uma molécula de* O_2 *para produzir* $2H_2O$:

$$4 \text{ citocromos } c^{2+} + 4H^+ + O_2 \longrightarrow 4 \text{ citocromos } c^{3+} + 2H_2O$$

A COX de eucariotos é uma proteína transmembrana de ~200 kDa, composta de 8 a 13 subunidades, cujas cadeias maiores e mais hidrofóbicas, as subunidades I, II e III, são codificadas por genes mitocondriais, sendo as demais subunidades codificadas por genes nucleares. A COX de eucariotos ocorre nas membranas como um dímero. As subunidades I e II desse complexo contêm todos os seus quatro centros com atividade redox: dois hemes do tipo *a*, (*a* e a_3) e dois centros contendo cobre, (Cu_A e Cu_B). O centro Cu_A e o heme *a* são de baixo potencial (0,245 e 0,210 V; Tabela 22.1), enquanto o Cu_B e o heme a_3 são de potencial mais alto (0,340 e 0,385 V). Estudos espectroscópicos indicaram que os elétrons são transferidos do citocromo *c* para o centro Cu_A, então para o heme *a* e, finalmente, para um complexo binuclear de heme a_3 e Cu_B. O O_2 liga-se a esse complexo binuclear e é reduzido a H_2O, em uma reação complexa de transferência de quatro elétrons (ver a seguir).

a. Estruturas por raios X da citocromo c-oxidase

As estruturas por raios X de três espécies de citocromo *c*-oxidase foram determinadas: duas formas relativamente simples, extraídas da bactéria encontada no solo *Paracoccus denitrificans* (1.106 resíduos) por Michel e da bactéria fotossintética púrpura *Rhodobacter sphaeroides* por Iwata, e uma forma mais complexa, obtida de coração bovino (1.806 resíduos) por Shinya Yoshikawa. Cada protômero da forma dimérica de COX bovina com simetria de ordem 2 apresenta uma forma elipsoidal (em forma de batata), formada pela porção transmembrana de 48 Å de espessura, e pelas porções hidrofílicas que se projetam 32 e 37 Å em direção à matriz mitocondrial e ao espaço intermembranas, respectivamente (Fig. 22.24). Esses protômeros consistem cada um em 13 subunidades diferentes, que formam principalmente 28 hélices transmembrana. As superfícies dos protômeros que compreendem a interface dos dímeros são côncavas (Fig. 22.24) e, assim, seus contatos relativamente tênues cercam

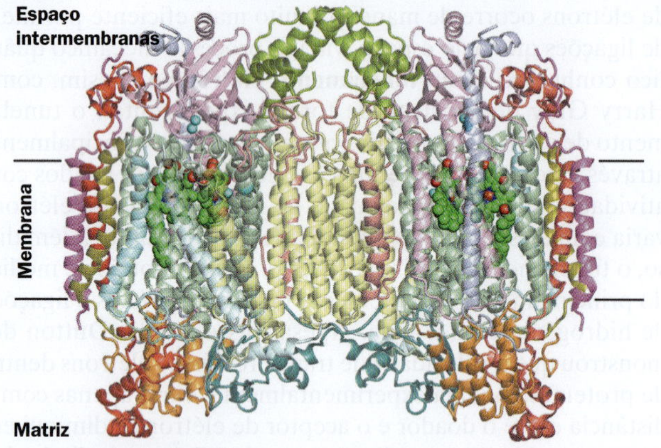

FIGURA 22.24 Estrutura por raios X do homodímero da citocromo *c*-oxidase de coração bovino. A vista é perpendicular a seu eixo de simetria dupla e paralela à membrana, com a matriz abaixo. As 13 subunidades em cada protômero, que coletivamente têm 28 hélices transmembrana, estão desenhadas na forma semitransparente de fitas, coloridas diferentemente de acordo com o tipo, com a Subunidade I em verde-claro, a Subunidade II em cor-de-rosa e a Subunidade III em amarelo-claro. Os grupos heme ligados à proteína e os íons Cu estão desenhados na forma de volume atômico, com C em verde, N em azul, O em vermelho, Fe em marrom-avermelhado e Cu em ciano. As linhas escuras horizontais delimitam a posição inferida para a membrana mitocondrial interna. (Com base em uma estrutura por raios X obtida por Shinya Yoshikawa, Himeji Institute of Technology, Hyogo, Japão. PDBid 1V54.)

Ver Exercício interativo 18

uma cavidade preenchida com lipídeos. Além disso, a COX mitocondrial é ativa como monômero. Assim, um papel para a formação do dímero no mecanismo parece improvável. A COX de *P. denitrificans* e de *Rb. sphaeroides* são complexos poliméricos, cada um deles consistindo em apenas 4 subunidades que coletivamente contêm 22 hélices transmembrana.

As estruturas das Subunidades I (12 hélices transmembrana) e II (2 hélices transmembrana) da COX bovina, que ligam todos os quatro centros redox do complexo, são bastante semelhantes àquelas das COX de *P. denitrificans* e de *Rb. sphaeroides*. Estas são as subunidades que desempenham as principais funções do complexo: transportam elétrons do citocromo *c* ao O_2 para produzir água, enquanto bombeiam prótons da parte interna (como se refere à matriz mitocondrial e ao citoplasma bacteriano; também chamados **lado N**, devido a sua carga *n*egativa) para o lado de fora (como se refere ao espaço intermembranas mitocondrial e ao espaço periplásmico bacteriano; também chamados **lado P**, devido a sua carga *p*ositiva). A Subunidade III bovina (7 hélices transmembrana), cuja estrutura também assemelha-se àquela de sua equivalente no *P. denitrificans* e no *Rb. sphaeroides*, não parece participar diretamente da transferência de elétrons ou do translado de prótons. De fato, um complexo consistindo apenas nas Subunidades I e II de *P. denitrificans* pode transportar ativamente elétrons e bombear prótons. Assim, a função da Subunidade III permanece desconhecida, embora existam evidências de que ela facilite a união das Subunidades I e II para formar o complexo ativo. Observe, entretanto, que a Subunidade III não estabelece contato com a Subunidade II. Nenhuma das dez subunidades com codificação nuclear da COX bovina assemelha-se à Subunidade IV das COX de *P. denitrificans* e de *Rb. sphaeroides* (uma hélice transmembrana). Sete dessas subunidades bovinas apresentam, cada uma, uma hélice transmembrana, todas orientadas com suas porções N-terminais no lado da membrana voltado para a matriz. Essas subunidades estão distribuídas próximas à periferia do núcleo dimérico formado pelas Subunidades I, II e III. As três subunidades restantes da COX bovina são globulares e associam-se inteiramente com porções extramembrana do complexo. Estruturas por raios X da COX bovina fornecem poucas indicações acerca das funções de quaisquer de suas subunidades codificadas no núcleo. Talvez essas subunidades tenham papéis regulatórios.

A Subunidade I liga-se ao centro binuclear heme *a* e heme a_3–Cu_B (Fig. 22.25), cujos íons metálicos estão todos localizados ~13 Å abaixo da superfície da membrana, em seu lado intermembrana/periplásmico (Fig. 22.24). O Fe do heme a_3 apresenta uma ligação axial com His, o Fe do heme *a*

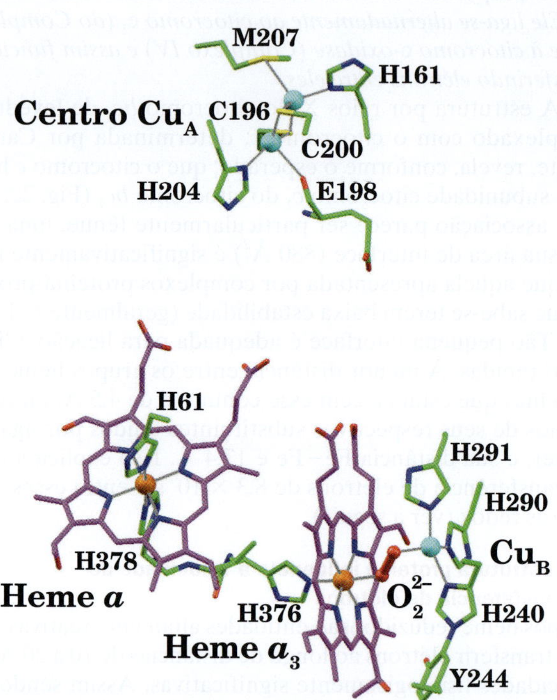

FIGURA 22.25 Os centros redox na estrutura por raios X da citocromo *c*-oxidase de coração bovino. A vista é semelhante àquela do protômero à esquerda na Figura 22.24. Os íons Fe e Cu estão representados por esferas cor de laranja e ciano. Os grupos heme ligados e os grupos ligantes das proteínas (da Subunidade II para o centro Cu_B e da Subunidade I para os demais) estão desenhados na forma de bastões, coloridos de acordo com o tipo de átomo (C do grupo heme em magenta, C da proteína em verde, N em azul, O em vermelho e S em amarelo). O grupo peroxil, que une os íons de Cu_B e Fe do heme a_3, é mostrado na forma de esferas e bastões, em vermelho. Ligações coordenadas são mostradas como finas linhas em cinza. Observe que as cadeias laterais da His 240 e da Tyr 244 estão unidas por uma ligação covalente (*parte inferior, à direita*). (Com base em uma estrutura por raios X obtida por Shinya Yoshikawa, Instituto de Tecnologia Himeji, Hyogo, Japão. PDBid 2OCC.)

apresenta duas ligações axiais com His (como na Fig. 22.21*b*, *parte superior*) e o átomo Cu_B apresenta três ligações com His, cujos átomos de coordenação N estão arranjados em um triângulo equilátero centrado no Cu_B e paralelos ao heme a_3. A estrutura por raios X da COX de bovino completamente oxidada revela um grupo peróxido (O_2^{2-}; Fig. 22.25) que forma uma ponte com o átomo de Fe do heme a_3 e o Cu_B (que estão separados por 4,9 Å), assim ligando o Cu_B, via um arranjo distorcido quadrado-planar, uma geometria de coordenação estável para o Cu(II). Entretanto, na estrutura por raios X da forma completamente reduzida da COX bovina (na qual a distância entre o Fe do heme a_3 e o Cu_B é 5,2 Å), esse ligante está ausente, de modo que o Cu_B está ligado de forma trigonal, uma geometria de coordenação estável para o Cu(I). A maior aproximação dos dois grupos heme é de 4 Å e a distância entre seus átomos de Fe é de 13,2 Å.

Além de suas duas hélices transmembrana, a Subunidade II apresenta na superfície externa um domínio globular, que liga o centro Cu_A e consiste principalmente em um barril β contendo 10 fitas de estrutura β (Fig. 22.24). O centro Cu_A está localizado a ~8 Å da superfície externa da membrana. Embora se tenha acreditado por muitos anos que o centro Cu_A continha apenas um átomo de Cu, as estruturas por raios X da COX indicam claramente que o centro Cu_A contém dois átomos de Cu (Fig. 22.25). Estes estão ligados por dois átomos de S de resíduos de Cys e possuem, cada um, dois ligantes adicionais da proteína, formando um arranjo semelhante ao de um centro [2Fe–2S] (Fig. 22.15*b*), no qual os dois átomos de Cu estão separados por uma distância de 2,4 Å. Medidas espectroscópicas indicam que, na forma reduzida do centro Cu_A, ambos os átomos Cu estão em seus estados Cu(I), enquanto na forma completamente oxidada um elétron parece estar deslocalizado entre os dois átomos de Cu, de modo que assumem o estado $[Cu^{1,5+} \cdots Cu^{1,5+}]$.

b. Aquisição de elétrons e de prótons

Postula-se que o sítio de ligação do citocromo *c* da COX esteja em um canto formado entre o domínio globular da Subunidade II e a superfície externa da Subunidade I, uma vez que essa região está próxima ao sítio Cu_A e contém 10 cadeias laterais ácidas, que poderiam interagir com um anel de cadeias laterais de Lys, que cerca o núcleo heme do citocromo *c*. De fato, a marcação diferencial dos grupos carboxila da citocromo *c*-oxidase, na presença e na ausência de citocromo *c*, demonstram que o citocromo *c* funciona como um escudo para os resíduos invariáveis Asp 112, Glu 114 e Glu 198 da Subunidade II (numeração no complexo bovino). O Glu 198 está localizado entre os dois resíduos de Cys da Subunidade II que ligam o Cu_A (Fig. 22.25). Essa observação apoia evidências espectroscópicas que colocam o sítio de ligação do citocromo *c* na Subunidade II bastante próximo do Cu_A. Adicionalmente, estudos de ligações cruzadas têm mostrado que a superfície do citocromo *c* oposta ao sítio de transferência de elétrons interage com a Subunidade III, sugerindo que esta também participe na ligação do citocromo *c*.

Estudos espectroscópicos com boa resolução temporal indicam que um elétron obtido do citocromo *c* é inicialmente captado pelo centro Cu_A e, a seguir, é transferido para o heme *a*, e não para o heme a_3, provavelmente devido ao fato de que a menor distância $Cu_A \cdots$ heme *a* (de 11,7 Å) é menor que a menor distância $Cu_A \cdots$ heme a_3 (de 14,7 Å). O elétron

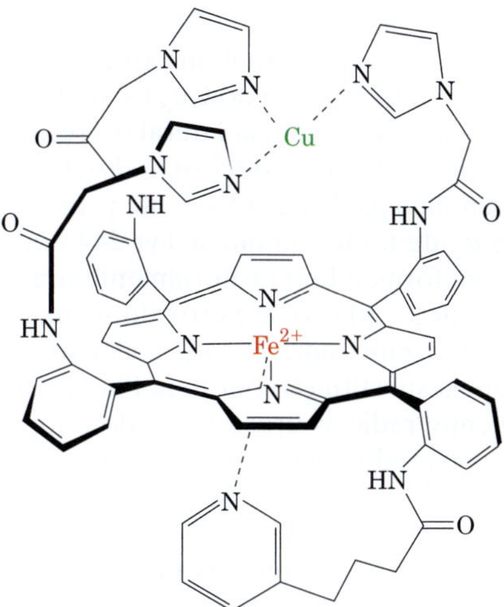

FIGURA 22.26 Modelo sintético do complexo binuclear citocromo a_3-Cu_B. Esta estrutura reduz de forma eficiente O_2 a H_2O, quando ligada a um eletrodo. O grupo piridina, que liga axialmente o íon Fe (*parte inferior*) pode ser substituído por um grupo imidazol.

é então rapidamente transferido ao centro binuclear heme a_3–Cu_B, onde participa na redução do O_2 a H_2O. Observe que o quinto ligante do heme *a*, His 378, está separado do quinto ligante do heme a_3, His 376, por um resíduo apenas e, assim, há uma via de transferência de elétrons através das ligações que é relativamente curta, entre o heme *a* e o heme a_3 (Fig. 22.25, *parte inferior à esquerda*). Além disso, a aproximação máxima entre os dois hemes é de 4 Å.

A COX deve captar, a partir do interior, quatro dos assim chamados **prótons químicos** ou **escalares** para cada molécula de O_2 que é reduzido a H_2O. Esse processo de quatro elétrons está acoplado ao translado de até quatro **prótons** denominados **bombeados** ou **vetoriais**, do interior para o exterior, assim contribuindo para o gradiente de prótons que impulsiona a síntese de ATP (Seção 22.3C). Observe que, para cada renovação da enzima,

$$8H^+_{interior} + 4 \text{ cit } c^{2+} + O_2 \longrightarrow 4 \text{ cit } c^{3+} + 2H_2O + 4H^+_{exterior}$$

um total de oito cargas positivas são transportadas pela membrana, contribuindo assim para seu potencial de membrana.

c. A redução do O_2 pela citocromo *c*-oxidase ocorre em múltiplas etapas

A redução do O_2 a $2H_2O$ pela citocromo *c*-oxidase ocorre no complexo binuclear citocromo a_3–Cu_B (Fig. 22.25). De fato, um modelo sintético para esse complexo binuclear (Fig. 22.26), sintetizado por James Collman, quando ligada a um eletrodo catalisa de maneira eficiente a redução do O_2 a H_2O.

A redução do O_2 mediada pela COX requer, como será visto, a entrada quase simultânea de quatro elétrons. Entretanto, o complexo binuclear a_3^{2+}–Cu_B^{1+}, quando completamente reduzido, pode contribuir facilmente com apenas três elétrons para o O_2 que tem ligado, alcançando o estado completamente oxidado a_3^{4+}–Cu_B^{2+} (o citocromo a_3 assume transitoriamente seu estado de oxidação Fe[IV] ou **ferril** durante a redução do O_2; ver a seguir). Qual a origem do quarto elétron?

As estruturas por raios X da COX bovina e da COX de *P. denitrificans* indicam claramente que o ligante His 240 (numeração da COX bovina) do Cu_B estabelece ligações covalentes cruzadas com a cadeia lateral do resíduo conservado Tyr 244 (Fig. 22.25, *parte inferior, à direita*). Isso coloca o grupo OH fenólico da Tyr 244 bastante próximo do O_2 ligado ao heme a_3, de tal forma que a Tyr 244 pode fornecer o quarto elétron, formando transitoriamente um radical tirosil (TyrO·). De fato, a adição de peróxido à enzima no estado de repouso produz um radical tirosil e, além disso, a mutação da Tyr 244, pela substituição por uma Phe, inativa a enzima. Adicionalmente, radicais tirosil têm sido implicados em diversos processos redox mediados enzimaticamente, incluindo a produção de O_2 a partir de H_2O na fotossíntese (que é, em um certo sentido, o reverso da reação da COX; Seção 24.2Cd) e na reação da **ribonucleotídeo-redutase** (que converte NDP a dNDP; Seção 28.3Aa). O grupo OH fenólico da Tyr 244 está a uma distância equivalente a uma ligação de hidrogênio do O_2 ligado à COX e, assim, é um provável doador de H^+ durante a clivagem da ligação O−O. Supõe-se que a formação da ligação cruzada covalente diminua tanto o potencial de redução quanto o p*K* da Tyr 244, desse modo facilitando tanto a formação de radical quanto a doação de próton (o complexo binuclear sintético, na Fig. 22.26, pode funcionar sem um radical tirosil associado, possivelmente porque seu eletrodo associado pode fornecer elétrons mais rapidamente que o citocromo *c* pode entregá-los à COX).

A reação da COX, elucidada em parte por Mårten Wikström e Gerald Babcock, utilizando várias técnicas espectroscópicas, envolve quatro transferências consecutivas de um elétron dos sítios Cu_A e citocromo *a* e ocorre como segue (Fig. 22.27):

1 e 2. O complexo binuclear oxidado $[Fe(III)_{a3} - OH^- \; Cu(II)_B]$ é reduzido para seu estado $[Fe(II)_{a3} \; Cu(I)_B]$ por duas transferências consecutivas de um elétron do citocromo *c*, via citocromo *a* e Cu_A. Um próton da matriz é adquirido concomitantemente e uma molécula de H_2O é liberada nesse processo. A Tyr 244 (Y—OH) está em seu estado fenólico.

3. O O_2 liga-se ao complexo binuclear reduzido, como um ligante de seu átomo $Fe(II)_{a3}$. O O_2 liga-se ao heme com uma configuração semelhante àquela da oxi-hemoglobina (Fig. 10.12).

4. A redistribuição interna de elétrons rapidamente produz o complexo oxiferril $[Fe(IV){=}O^{2-} \; HO^- —Cu(II)]$, no qual a Tyr 244 doou um elétron e um próton para o complexo e, assim, assumiu seu estado de radical neutro (Y—O·). Este é conhecido como composto P, pois pensou-se inicialmente que esse estado, identificado de forma espectroscópica, era um complexo peroxil. Entretanto, tem sido demonstrado desde então que um composto peroxil não participa das etapas da reação. O complexo peróxi, mostrado na Fig. 22.25, é um estado da enzima com "valência mista", reduzido por dois elétrons, que não pode reduzir o O_2 além de sua forma peróxi.

Uma terceira transferência de um elétron do citocromo *c*, juntamente com a aquisição de dois prótons, reconverte a Tyr 244 a seu estado fenólico, produzindo o composto F (de ferril) e liberando uma molécula de H_2O.

6. Uma quarta e última transferência de um elétron e aquisição de um próton produz o complexo oxidado $[Fe(III)_{a3} —OH^- \; Cu(II)_B]$, completando assim o ciclo catalítico.

A COX apresenta geralmente uma frequência de 100 a 200 renovações por segundo, de modo que um ciclo catalítico ocorre em apenas uns poucos milissegundos. Observe que a reação da COX ocorre sem a liberação de espécies reativas parcialmente reduzidas de oxigênio (EROs) de seu sítio ativo, os quais seriam compostos prejudiciais. As posições nas quais os prótons parecem ser bombeados da matriz (ou do

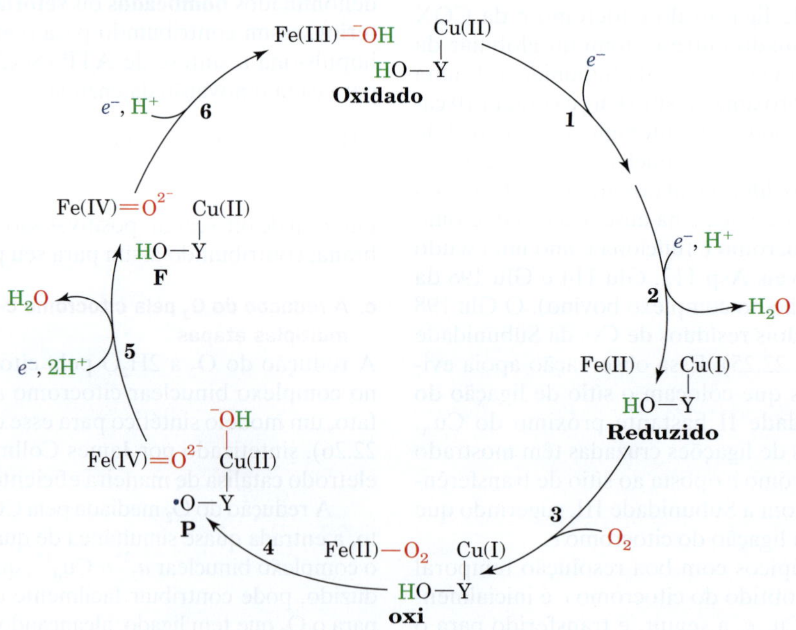

FIGURA 22.27 Sequência de reações proposta para a redução do O_2 pelo complexo binuclear citocromo a_3-Cu_B da citocromo *c*-oxidase. As etapas indicadas por números são discutidos no texto. A reação global é extremamente rápida, completando-se em ~1 ms à temperatura ambiente. (Modificada a partir de Babcock, G.T., *Proc. Natl. Acad. Sci.* **96**, 12971 [1999].)

citoplasma bacteriano) para o espaço intermembranas (ou espaço periplásmico nas bactérias) correspondentes a essa proposta de ciclo catalítico estão discutidas na Seção 22.3B. Deve-se ter em mente, entretanto, que alguns detalhes desse ciclo são incertos e/ou contestados e, desse modo, ele continua a ser um tema de investigação.

d. Os Complexos I, III e IV formam supercomplexos

Por muitos anos, a ideia amplamente aceita era que os complexos da cadeia respiratória eram móveis lateralmente dentro da membrana mitocondrial interna e, assim sendo, não se associavam. No entanto, o desenvolvimento de métodos para separar com delicadeza os componentes da membrana mitocondrial interna tornou cada vez mais claro que esses complexos proteicos já grandes formam supercomplexos. De fato, vários supercomplexos de diversos organismos têm sido caracterizados, incluindo III_2IV_2 de levedura, I_1III_2 de bovinos e de *Arabadopsis thaliana* (uma planta) e $I_1III_2IV_1$ de bovinos (nos quais, por exemplo, IV_1 representa um protômero do Complexo IV). Imagens baseadas em microscopia eletrônica, como na Fig. 22.28, indicam que monômeros do Complexo IV associam-se com dímeros do Complexo III, o que limita em < 40 Å a distância que o citocromo *c* deve atravessar para transportar um elétron do Complexo III ao Complexo IV. Do mesmo modo, a associação do Complexo III com o Complexo I reduz a distância ao longo da qual a $CoQH_2$ deve difundir entre esses dois complexos. Esses complexos supermoleculares aparentemente funcionam no sentido de aumentar a eficiência do transporte de elétrons pela canalização dos intermediários, uma conclusão apoiada por medidas cinéticas. Observe que nenhum desses supercomplexos contém o Complexo II, o que também está de acordo com medidas cinéticas.

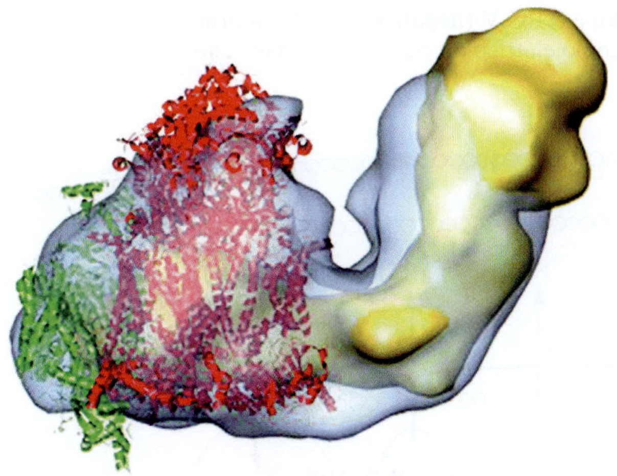

FIGURA 22.28 Acoplamento entre o transporte de elétrons (*seta verde*) e a síntese de ATP. H^+ é bombeado para fora da mitocôndria pelos Complexos I, III e IV da cadeia transportadora de elétrons (*setas azuis*), gerando assim um gradiente eletroquímico entre os dois lados da membrana mitocondrial interna. O retorno exergônico desses prótons para a matriz impulsiona a síntese de ATP (*seta vermelha*). Observe que a membrana mitocondrial externa é permeável a moléculas pequenas e a íons pequenos, incluindo o H^+. **Ver Figuras animadas**

3 FOSFORILAÇÃO OXIDATIVA

A síntese endergônica de ATP a partir de ADP e P_i na mitocôndria, que é catalisada, como será visto, por uma **ATP-sintase transladadora de prótons** (**Complexo V**), é impulsionada pelo processo de transporte de elétrons. Ainda assim, uma vez que o Complexo V é fisicamente distinto das proteínas que fazem a mediação do transporte de elétrons (Complexos I a IV), *a energia livre liberada pelo transporte de elétrons deve ser conservada em uma forma que a ATP-sintase possa utilizar*. Tal conservação de energia é denominada **acoplamento de energia** ou **transdução de energia**.

A caracterização física do acoplamento energético mostrou-se um procedimento surpreendentemente difícil; muitas ideias sensatas e, em geral, engenhosas falharam, não resistindo aos testes de verificação experimental. Nesta seção, serão examinadas inicialmente algumas das hipóteses que foram formuladas para explicar o acoplamento do transporte de elétrons com a síntese de ATP. Serão estudados a seguir os mecanismos acopladores que acumularam maiores evidências experimentais a seu favor, será analisado o mecanismo pelo qual o ATP é sintetizado pela ATP-sintase e, finalmente, será discutido como o transporte de elétrons e a síntese de ATP podem ser desacoplados.

A *Hipóteses do acoplamento energético*

Nos mais de 70 anos em que o transporte de elétrons e a fosforilação oxidativa têm sido estudados, numerosos mecanismos têm sido propostos para explicar como esses processos estão acoplados. Nos parágrafos seguintes, serão examinados os mecanismos que receberam maior atenção experimental.

1. A hipótese do acoplamento químico. Em 1953, Edward Slater formulou a **hipótese do acoplamento químico**, na qual propõe que o transporte de elétrons produziria intermediários reativos cuja quebra subsequente induziria a fosforilação oxidativa. Foi visto, por exemplo, que tal mecanismo é responsável pela síntese de ATP na glicólise (Seções 17.2G e 17.2J). Assim, a oxidação exergônica do gliceraldeído-3-fosfato pelo NAD^+ produz 1,3-bifosfoglicerato, um acil-fosfato reativo (de "alta energia"), cujo grupo fosforila é então transferido ao ADP para formar ATP, na reação da fosfoglicerato-cinase. A dificuldade com esse mecanismo para a fosforilação oxidativa, que levou ao abandono dessa hipótese, foi que, apesar dos esforços intensos feitos em numerosos laboratórios ao longo de muitos anos, não foram identificados intermediários reativos adequados.

2. A hipótese do acoplamento conformacional. A hipótese do acoplamento conformacional, formulada em 1964 por Paul Boyer, propõe que o transporte de elétrons determina que as proteínas da membrana mitocondrial interna assumam estados conformacionais "ativados", ou "energizados". Essas proteínas estão de algum modo associadas à ATP-sintase, de forma que seu relaxamento, voltando à conformação não ativada, transfere a energia para a síntese de ATP. Assim como no caso da hipótese do acoplamento químico, a hipótese do acoplamento conformacional encontrou pouco apoio experimental. Entretanto, um acoplamento conformacional de um tipo diferente parece estar envolvido na síntese de ATP (Seção 22.3Cd).

3. **A hipótese quimiosmótica**. A **hipótese quimiosmótica**, proposta em 1961 por Peter Mitchell, estimulou considerável controvérsia, assim como muita pesquisa, e é atualmente o modelo mais consistente com as evidências experimentais. Essa hipótese postula que *a energia livre do transporte de elétrons é conservada pelo bombeamento de H^+ da matriz mitocondrial para o espaço intermembranas, de modo a criar um gradiente eletroquímico de H^+ entre os dois lados da membrana mitocondrial interna. O potencial eletroquímico desse gradiente é aproveitado para a síntese de ATP* (Fig. 22.29).

Diversas observações-chave são explicadas pela hipótese quimiosmótica:

(a) A fosforilação oxidativa requer que a membrana mitocondrial interna esteja íntegra.

(b) A membrana mitocondrial interna é impermeável a íons, tais como H^+, OH^-, K^+ e Cl^-, cuja difusão livre desfaria um gradiente eletroquímico.

(c) O transporte de elétrons resulta no transporte de H^+ para fora da mitocôncria intacta, criando assim um gradiente eletroquímico mensurável entre os dois lados da membrana mitocondrial interna.

(d) Compostos que aumentam a permeabilidade da membrana mitocondrial interna a prótons, dissipando assim o gradiente eletroquímico, permitem a continuidade da passagem de elétrons (da oxidação de NADH e de succinato), mas inibem a síntese de ATP; isto é, eles "desacoplam" o transporte de elétrons da fosforilação oxidativa. Por sua vez, um aumento na acidez do lado de fora da membrana mitocondrial interna estimula a síntese de ATP.

No restante desta seção, serão examinados os mecanismos pelos quais o transporte de elétrons pode resultar no translado de prótons e como um gradiente eletroquímico pode interagir com a ATP-sintase para impulsionar a síntese de ATP.

B. Produção do gradiente de prótons

O transporte de elétrons, como será visto, faz os Complexos I, III e IV transportar prótons pela membrana mitocondrial interna a partir da matriz, região de baixa $[H^+]$ e potencial elétrico negativo, para o espaço intermembranas (que está em contato com o citosol), região de alta $[H^+]$ e potencial elétrico positivo (Fig. 22.14). A energia livre sequestrada pelo gradiente eletroquímico resultante (a qual, por analogia ao termo força eletromotriz [fem], é denominada **força próton-motriz [fpm]**) é utilizada para a síntese de ATP.

a. O bombeamento de prótons é um processo endergônico

A variação de energia livre no transporte de um próton para fora da mitocôndria contra um gradiente eletroquímico é expressa pela Equação [20.3], que, em termos de pH, é

$$\Delta G = 2{,}3\,RT[\text{pH}(interno) - \text{pH}(externo)] + Z\mathcal{F}\,\Delta\Psi \quad [22.1]$$

em que Z é a carga do próton (incluindo o sinal), $\mathcal{F}$ é a constante de Faraday e ΔG é o potencial de membrana. A convenção para o sinal de ΔG é que, quando um íon positivo é transportado, do lado negativo para o positivo, ΔG é positivo. Uma vez que o pH(*externo*) é menor que o pH(*interno*), a exportação de prótons a partir da matriz mitocondrial (contra o gradiente de prótons) é um processo endergônico. Além disso, *o transporte de prótons para fora da matriz torna a superfície interna da membrana interna mais negativa que a superfície externa.* O transporte de um íon positivo para fora é, consequentemente, associado com ΔG positivo e com um aumento da energia livre (processo endergônico), enquanto o transporte de um íon negativo para fora leva ao resultado oposto. Obviamente, é sempre necessário descrever a polaridade da membrana ao especificar-se um potencial de membrana.

O potencial de membrana medido entre os dois lados da membrana interna de uma mitocôndria de fígado, por exemplo, é 0,168 V (negativo no lado interno; corresponde a um campo elétrico de ~210.000 V · cm^{-1}, ao longo de sua espes-

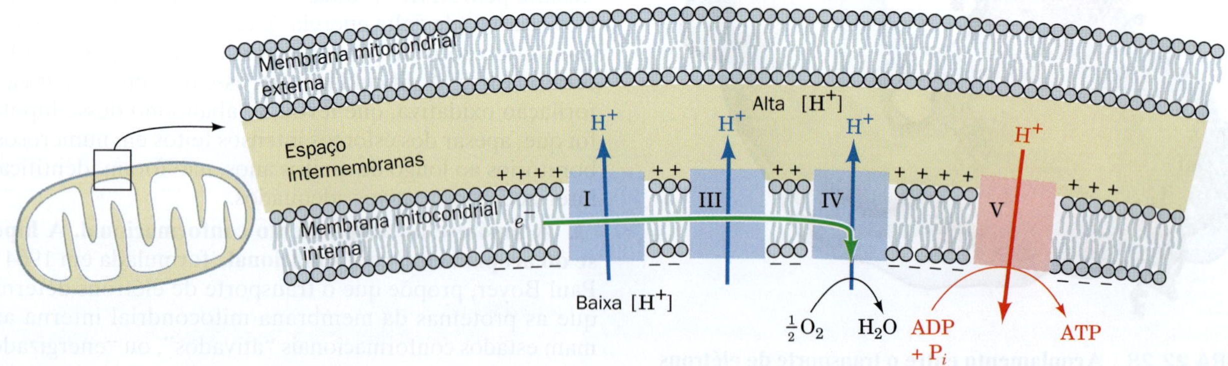

FIGURA 22.29 Acoplamento entre o transporte de elétrons (*seta verde*) e a síntese de ATP. H^+ é bombeado para fora da mitocôndria pelos Complexos I, III e IV da cadeia transportadora de elétrons (*setas azuis*), gerando assim um gradiente eletroquímico entre os dois lados da membrana mitocondrial interna. O retorno exergônico desses prótons para a matriz impulsiona a síntese de ATP (*seta vermelha*). Observe que a membrana mitocondrial externa é permeável a moléculas pequenas e a íons pequenos, incluindo o H^+. **Ver Figuras animadas**

sura de ~80 Å). O pH da matriz é 0,75 unidade maior que o pH do espaço intermembranas. O ΔG para o transporte de prótons para fora dessa matriz mitocondrial é, portanto, 21,5 kJ · mol^{-1}.

b. É necessária a passagem de cerca de três prótons para a síntese de um ATP

A energia livre calculada para a síntese fisiológica de uma molécula de ATP, cerca de +40 a +50 kJ · mol^{-1}, é muito grande para ser fornecida pela passagem de um único próton de volta para a matriz mitocondrial; pelo menos dois prótons são necessários. Esse número é difícil de ser medido com precisão, em parte porque o transporte de prótons tende a vazar de volta para a matriz, pela membrana mitocondrial. Entretanto, muitas estimativas indicam que cerca de três prótons são passados para cada ATP sintetizado.

c. Dois mecanismos foram propostos para o transporte de prótons

Três dos quatro complexos transportadores de elétrons, os Complexos I, III e IV, estão envolvidos no translado de prótons. Dois mecanismos foram sugeridos para acoplar a energia livre do transporte de elétrons ao transporte ativo de prótons: o **mecanismo da alça redox** e o **mecanismo de bombeamento de prótons**.

d. O mecanismo da alça redox

Esse mecanismo, proposto por Mitchell, requer que os centros redox da cadeia respiratória (FMN, CoQ, citocromos e centros ferro-enxofre) estejam arranjados na membrana de tal forma que a redução envolveria um centro redox aceitando simultaneamente e^- e H^+ do lado da membrana voltado para a matriz. A reoxidação desse centro redox pelo próximo centro na cadeia envolveria a liberação dos H^+ no lado citosólico da membrana, juntamente com a transferência de elétrons de volta para o lado da matriz (Fig. 22.30). O fluxo de elétrons de um centro para o próximo produziria então o translado líquido de H^+ e a criação de um gradiente eletroquímico (ΔG e ΔpH).

O mecanismo da alça redox requer que o primeiro carreador redox contenha mais átomos de hidrogênio em seu estado reduzido que em seu estado oxidado e que o segundo carreador não apresente diferenças em seu conteúdo de átomos de hidrogênio entre os estados reduzido e oxidado. Esses requisitos são satisfeitos na cadeia de transporte de elétrons? Alguns dos carreadores redox, FMN e CoQ, de fato, contêm mais átomos de hidrogênio em seus estados reduzidos que em seus estados oxidados e, portanto, podem qualificar-se tanto como carreadores de prótons quanto de elétrons. Se esses centros estivessem alternados espacialmente com carreadores apenas de elétrons (citocromos e centros ferro-enxofre), tal mecanismo poderia ser convenientemente acomodado.

A principal dificuldade com o mecanismo da alça redox envolve a falta de carreadores de ($H^+ + e^-$), que possam alternar-se com carreadores apenas de elétrons. Enquanto a cadeia transportadora de elétrons apresenta cerca de 15 carreadores apenas de e^- (até oito proteínas ferro-enxofre, 5 citocromos e 2 centros Cu), ela possui apenas 2 carreadores de

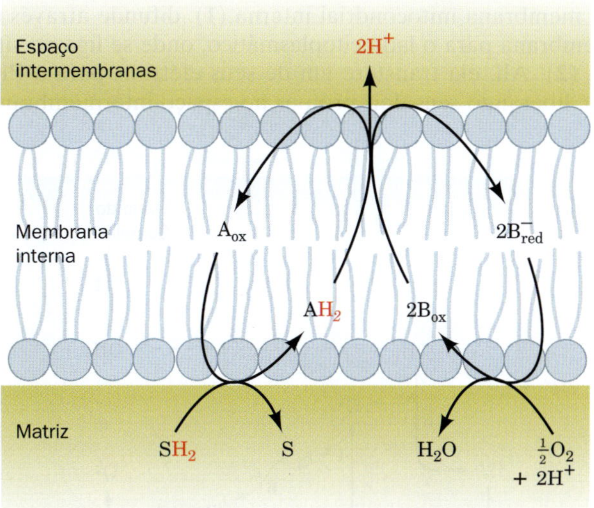

FIGURA 22.30 Mecanismo de alça redox para o translado de prótons ligado ao transporte de elétrons. AH_2 representa carreadores ($H^+ + e^-$), tais como $FMNH_2$ e $CoQH_2$, enquanto B representa carreadores puramente de elétrons, tais como centros ferro-enxofre e citocromos. Esses componentes estão arranjados de modo a requerer que o transporte de elétrons seja acompanhado pelo translado de H^+.

($H^+ + e^-$). O fato de que há três complexos com variações de potencial redox padrão suficientemente grandes para fornecer energia livre para a síntese de ATP sugere a necessidade de pelo menos três carreadores redox para o transporte de prótons. Como será visto, entretanto, há, de fato, três sítios de transporte de prótons, mas apenas 2 carreadores redox para o transporte de prótons. São empregados, portanto, tanto o mecanismo da alça redox, quanto o mecanismo do bombeamento de prótons (discutido a seguir).

e. O Complexo III bombeia prótons via ciclo Q, um tipo de alça redox

Ver Exploração guiada 20: O ciclo Q Mitchell postulou que o Complexo III funciona de modo a permitir que uma molécula de $CoQH_2$ (carreador de dois elétrons) reduza sequencialmente duas moléculas de citocromo *c* (carreador de um elétron) enquanto transporta quatro prótons. Isso ocorre via um mecanismo modificado de alça redox, envolvendo uma bifurcação notável do fluxo de elétrons da $CoQH_2$ para o citocromo c_1 e para o citocromo *b*. É por meio desse ciclo, denominado **ciclo Q**, que o Complexo III bombeia prótons da matriz para o espaço intermembranas.

A essência do ciclo Q é que *a $CoQH_2$ sofre uma reoxidação em dois ciclos, em que a semiquinona $Q^{\cdot-}$ é um intermediário estável.* Isso envolve dois sítios de ligação independentes para a coenzima Q: Q_o, que liga $CoQH_2$ e está localizado entre a PFE e o heme b_L, próximo ao espaço intermembranas (Fig. 22.23); e Q_i, que liga tanto $Q^{\cdot-}$ quanto CoQ, e está localizado próximo ao heme b_H, nas vizinhanças da matriz. No primeiro ciclo (Fig. 22.31*a*), a $CoQH_2$, reduzida pelos Complexos I e II, no lado voltado para a matriz da membrana mitocondrial interna (**1**), difunde através da membrana para o lado citoplasmático, onde se liga ao sítio Q_o (**2**). Ali, ela transfere um de seus elétrons para a PFE (**3**), liberando seus dois prótons no espaço intermembranas

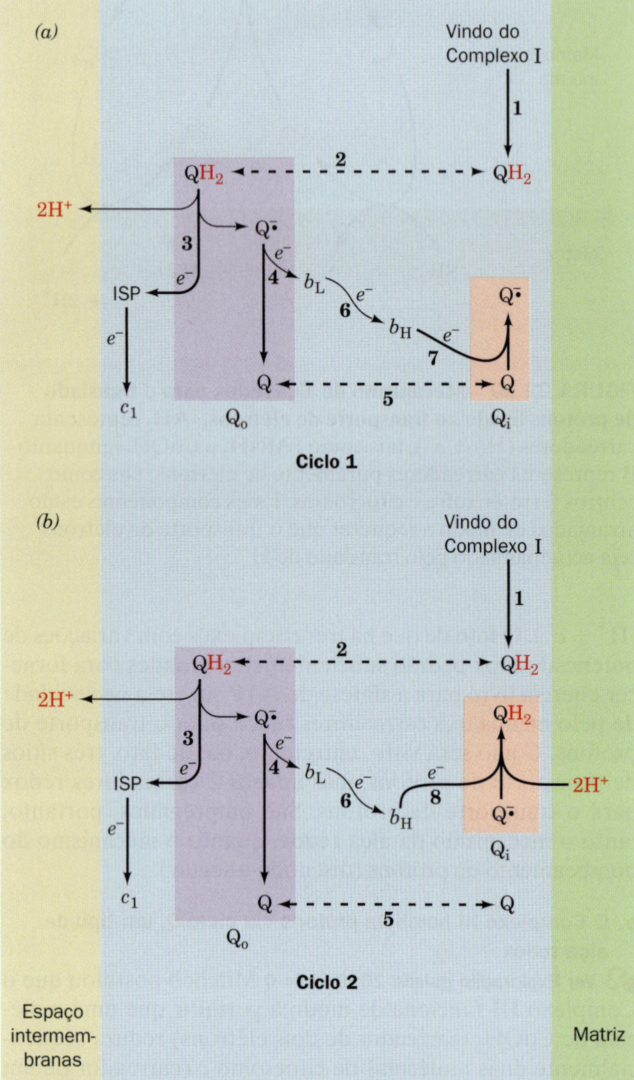

FIGURA 22.31 **O ciclo Q.** O ciclo Q é um ciclo de transporte de elétrons no Complexo III que é responsável pelo translado de H^+ durante o transporte de elétrons do citocromo *b* para o citocromo *c*: o conjunto completo do ciclo compreende, na verdade, dois ciclos, o primeiro (*a*) compreendendo as Reações 1 a 7 e o segundo (*b*) compreendendo as Reações 1 a 6 e 8. (**1**) A coenzima QH_2 é suprida com elétrons pelo Complexo I, no lado da membrana voltado para a matriz. (**2**) QH_2 difunde para o lado externo da membrana. (**3**) QH_2 reduz a proteína ferro-enxofre (PFE) de Rieske, formando a semiquinona $Q^{\cdot}$ e liberando $2H^+$. PFE prossegue, reduzindo o citocromo c_1. (**4**) $Q^{\cdot}$ reduz o heme b_L, formando coenzima Q. (**5**) Q difunde para o lado da matriz. (**6**) O heme b_L reduz o heme b_H. (**7**, apenas no ciclo 1) Q é reduzida para $Q^{\cdot}$ pelo heme b_H. (**8**, apenas no ciclo 2) $Q^{\cdot}$ é reduzida a QH_2 pelo heme b_H. (Segundo Trumpower, B.L., *J. Biol. Chem.* **265**, 11410 [1990].)

e produzindo $Q^{\cdot}$. A PFE, então, reduz o citocromo c_1, enquanto a $Q^{\cdot}$ transfere seu elétron remanescente para o heme b_L (**4**), resultando na CoQ completamente oxidada. O heme b_L então reduz o heme b_H (**6**). A CoQ da Etapa 4 é liberada do sítio Q_o e difunde de volta, pela membrana, para ligar-se novamente ao sítio Q_i (**5**), onde recolhe o elétron do heme b_H (**7**), reconvertendo-se à forma de semiquinona, $Q^{\cdot}$. Assim, a reação para o primeiro ciclo é

$$\text{CoQH}_2 + \text{citocromo } c_1(\text{Fe}^{3+}) \longrightarrow \text{Q}^{\cdot} + \text{citocromo } c_1(\text{Fe}^{2+}) + 2\text{H}^+(\textit{exterior})$$

No segundo ciclo (Fig. 22.31*b*), uma outra $CoQH_2$ repete as Etapas 1 a 6: um elétron reduz a PFE e a seguir o citocromo c_1. O outro elétron reduz sequencialmente o heme b_L e, então, o heme b_H. Esse segundo elétron então reduz a $Q^{\cdot}$ do sítio Q_i, produzida no primeiro ciclo (**8**), gerando $CoQH_2$. Os prótons captados nessa última etapa originam-se da matriz mitocondrial. A reação para o segundo ciclo é, portanto,

$$\text{CoQH}_2 + \text{Q}^{\cdot} + \text{citocromo } c_1(\text{Fe}^{3+}) + 2\text{H}^+(\textit{matriz}) \longrightarrow \text{CoQ} + \text{CoQH}_2 + \text{citocromo } c_1(\text{Fe}^{2+}) + 2\text{H}^+(\textit{exterior})$$

Para cada duas $CoQH_2$ que entram no ciclo Q, uma $CoQH_2$ é regenerada. A combinação de ambos os ciclos, nos quais dois elétrons são transferidos da $CoQH_2$ para o citocromo c_1, resulta na reação global a seguir:

$$\text{CoQH}_2 + 2\text{ citocromo } c_1(\text{Fe}^{3+}) + 2\text{H}^+(\textit{matriz}) \longrightarrow \text{CoQ} + 2\text{ citocromo } c_1(\text{Fe}^{2+}) + 4\text{H}^+(\textit{exterior})$$

Estudos por raios X do Complexo III fornecem evidências diretas da existência independente dos sítios Q_o e Q_i. Os agentes antifúngicos **mixotiazol** e **estigmatelina**,

Mixotiazol

Estigmatelina

que bloqueiam o fluxo de elétrons da $CoQH_2$ para a PFE e para o heme b_L (Etapas 3 e 4 de ambos os ciclos), ligam-se a um bolsão dentro do citocromo b, entre a PFE e o heme b_L (Fig. 22.23). Evidentemente, esse bolsão de ligação se sobrepõe ao sítio Q_o. Da mesma maneira, a antimicina (Seção 22.2Ba), que bloqueia o fluxo de elétrons do heme b_H para CoQ e $Q^{\cdot-}$ (Etapa 7 do Ciclo 1 e Etapa 8 do Ciclo 2), liga-se a um bolsão próximo ao heme b_H, assim identificando esse bolsão como sítio Q_i.

A rota em circuitos da transferência de elétrons no Complexo III está condicionada à capacidade da coenzima Q de difundir-se no interior hidrofóbico da membrana, a fim de poder ligar-se a ambos os sítios, Q_o e Q_i. Esse processo é facilitado por uma porção côncava na superfície da região transmembrana do citocromo b, que contém Q_o de um protômero e Q_i de outro. *Quando a $CoQH_2$ é oxidada, duas moléculas reduzidas de citocromo c e quatro prótons aparecem no lado externo da membrana.* Assim, o transporte de prótons pelo ciclo Q segue o mecanismo da alça redox para o transporte de prótons, no qual o próprio centro redox (CoQ) é o carreador de prótons. Como será visto a seguir, entretanto, os Complexos I e IV seguem um mecanismo diferente para o transporte de prótons, o mecanismo de bombeamento de prótons.

f. A bifurcação do fluxo de elétrons através do ciclo Q ocorre por meio do movimento de um domínio

Por que a $Q^{\cdot-}$ ligada ao sítio Q_o reduz exclusivamente o heme b_L (Etapa 4 do ciclo Q) em vez do centro de Rieske [2Fe–2S] da PFE, apesar da maior diferença de potencial de redução ($\Delta\mathscr{E}$) favorecendo essa última reação (Tabela 22.1)? A resposta a essa questão dá uma ideia fascinante dos mecanismos internos de funcionamento do Complexo III. Embora a ligação da estigmatelina e do mixotiazol ao sítio Q_o sejam mutuamente excludentes, esses inibidores afetam o sítio de modo diferente: a estigmatelina altera o espectro e as propriedades redox do centro de Rieske [2Fe–2S] da PFE, e impede este último de oxidar o citocromo c_1, enquanto o mixotiazol não interage com a PFE, mas, em vez disso, desloca o espectro do heme b_L. Evidentemente, a estigmatelina é um análogo da $CoQH_2$, enquanto o mixotiazol mimetiza a $Q^{\cdot-}$.

Estruturas por raios X do Complexo III revelam que seu sítio Q_o é um bolsão bifurcado, no qual a estigmatelina liga-se próxima à interface de ancoramento da PFE (ver a seguir), enquanto o mixotiazol liga-se na vizinhança do heme b_L (Fig. 22.32; suas ligações ao sítio Q_o são mutuamente excludentes, pois suas caudas hidrofóbicas iriam se sobrepor). Além disso, o domínio globular contendo o centro [2Fe–2S] de Rieske da PFE (Fig. 22.23, *parte superior*) é conformacionalmente móvel, e assume um estado conformacional que é controlado pelo estado do ligante do sítio Q_o. Ele se liga ao citocromo b próximo ao sítio do heme b_L quando a estigmatelina está ligada ao sítio Q_o, mas oscila (por meio de um movimento de ~57° que deixa intacta sua estrutura terciária) em ~20 Å para ligar-se ao citocromo c_1, próximo ao heme c, quando mixotiazol está ligado ao Q_o. Aparentemente, o domínio globular da PFE funciona para lançar um elétron da $CoQH_2$, que está ligada ao Q_o, próxima da interface de ancoramento da PFE, para o heme c_1, por meio da oscilação mecânica, entre um e outro desses sítios, do centro de Rieske [2Fe–2S] reduzido. A $Q^{\cdot-}$ resultante desloca-se para a posição próxima ao heme b_L (provavelmente via uma rotação sobre uma liga-

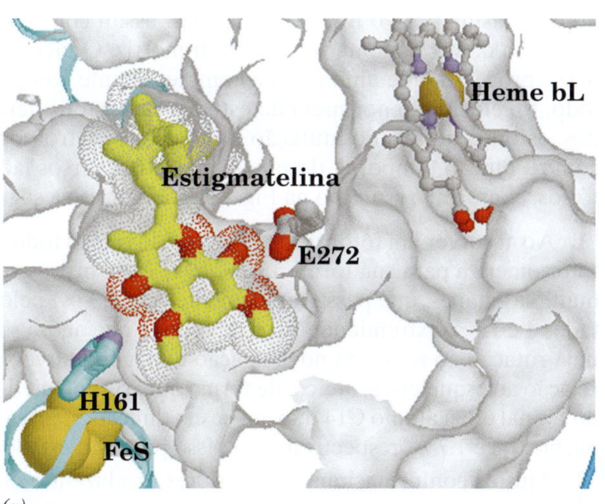

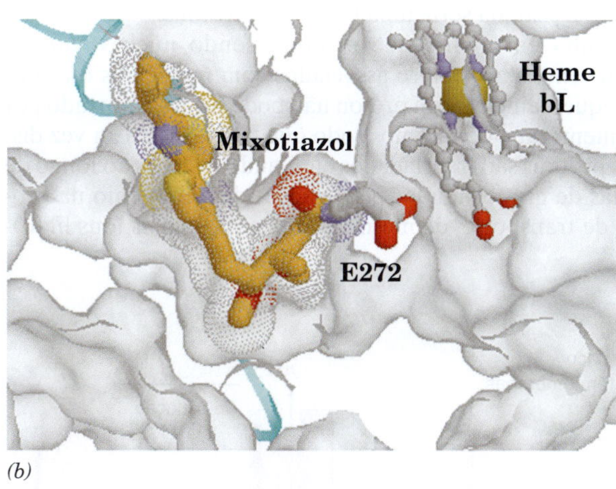

FIGURA 22.32 Estrutura por raios X do sítio de ligação de Q_o do complexo citocromo bc_1 de galinha ocupado por inibidores. As estruturas mostram (*a*) o complexo com estigmatelina e (*b*) o complexo com mixotiazol. A superfície da proteína (*em branco*) foi removida para mostrar o bolsão Q_o. O heme b_L (*parte superior, à direita*) é mostrado em forma de esferas e bastões com C em cinza, N em azul, O em vermelho e Fe em cor de bronze. Na Parte *a*, a estigmatelina é desenhada como um modelo em bastões (C em amarelo) e seu volume é representado pela superfície pontilhada. O centro de Rieske [2Fe–2S] (*parte inferior à esquerda*) é representado por esferas douradas e o domínio PFE ao qual está ligado é desenhado como uma fita em ciano. Observe que a His 161, que é um ligante do centro de Rieske [2Fe–2S], forma uma ligação de hidrogênio com a estigmatelina. Na Parte *b*, o mixotiazol é desenhado como um modelo de bastões com C em cor de laranja. Observe que a porção do mixotiazol que mimetiza a semiquinona liga-se ao Q_o próxima ao heme b_L, enquanto a sua cauda hidrofóbica ocupa a mesma posição da estigmatelina. Observe também que o centro [2Fe–2S] que contém o domínio PFE não é visível neste diagrama; ele foi girado em proximidade com o citocromo c_1. (Cortesia de Antony Crofts, University of Illinois em Urbana – Champagne, e Edward Berry, University of California em Berkeley, EUA. PDBid 3BCC.)

ção que conecta o anel semiquinona a sua cauda não polar), o qual é, então, reduzido. Assim, a $Q^{\cdot-}$ é incapaz de reduzir a PFE (após ter reduzido o citocromo c_1), pois está muito distante para fazê-lo. Esse novo mecanismo é evidenciado pela observação de que a inserção, por mutagênese, de uma ligação dissulfeto, seja dentro da PFE ou entre ela e o citocromo *b*, diminui enormemente a atividade do Complexo III, mas a atividade é restaurada pela exposição a agentes redutores.

g. O mecanismo de bombeamento de prótons

O Complexo IV (COX) transporta quatro prótons da matriz para o espaço intermembranas, para cada O_2 que ele reduz ($2H^+$ por par de elétrons; Fig. 22.14). Ele não apresenta transportadores de ($H^+ + e^-$) e, portanto, não pode fazê-lo por meio de um sistema em alça redox (semelhante ao ciclo Q). Em vez disso, ele o faz, como será visto, por meio de um mecanismo de bombeamento de prótons (Fig. 22.33), que não requer que os próprios centros redox sejam os carreadores de H^+. Nesse modelo, *a transferência de elétrons resulta em alterações conformacionais no complexo. O translado unidirecional de prótons ocorre como resultado da influência dessas alterações conformacionais sobre os pKs de cadeias laterais de aminoácidos e de sua exposição que se alterna entre os lados interno e externo da membrana.* Foi visto anteriormente que a conformação pode influenciar o p*K*. O efeito Bohr na hemoglobina, por exemplo, é o resultado de alterações conformacionais induzidas pela ligação do O_2, que causa alterações de p*K* em grupos acidobásicos das proteínas (Seção 10.2E). Se tal proteína estivesse localizada em uma membrana e se, além da mudança no p*K*, as alterações conformacionais mudassem o lado da membrana ao qual estivesse exposta a cadeia lateral do aminoácido afetado, teria-se como resultado o transporte de H^+ e o sistema seria uma bomba de prótons.

Tenha em mente que prótons, sendo núcleos atômicos, devem estar sempre associados com moléculas ou íons. Consequentemente, um próton não pode ser transportado por uma membrana do mesmo modo que um íon K^+. Em vez disso, os prótons são transladados efetuando ligações ao longo de cadeias de grupos unidos por ligações de hidrogênio na proteína de transporte, da mesma forma pela qual os íons hidrônio migram através de uma solução aquosa (Fig. 2.10), ou seja, eles se movem ao longo de um "circuito de prótons" (Seção 21.2Al). Diferente de um cabo em um circuito elétrico, entretanto, não é preciso que todos os elementos de um circuito de prótons estejam conectados ao mesmo tempo e, além disso, moléculas de água internas, que nem sempre aparecem em estruturas por raios X, são provavelmente partes integrais do circuito de prótons. Assim, a elucidação da via exata do transporte de prótons por uma proteína é um tarefa difícil e incerta. Observe que o bombeamento de prótons, como outros sistemas de transporte ativo, deve ter um portão, para impedir o vazamento de prótons de volta à matriz através da bomba, o que causaria um curto-circuito do sistema.

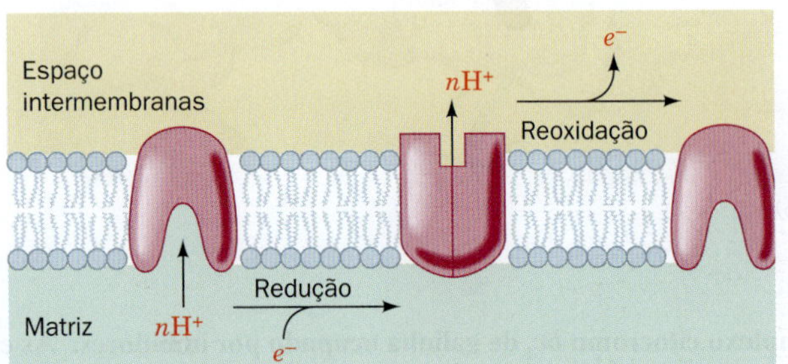

FIGURA 22.33 Mecanismo de bombeamento de prótons no translado de prótons ligado ao transporte de elétrons. Em cada um dos sítios de translado de H^+, *n* prótons ligam-se a cadeias laterais de aminoácidos no lado da membrana voltado para a matriz (lado interno). A redução causa uma alteração conformacional que diminui os p*K*s dessas cadeias laterais e os expõe do lado citosólico (lado externo) da membrana, onde os prótons se dissociam. A reoxidação resulta em uma alteração conformacional que restaura a conformação original da bomba.

h. A bacteriorrodopsina é uma bomba de prótons estimulada pela luz

Entre as bombas de prótons conhecidas, a mais simples e melhor caracterizada é a proteína intrínseca de membrana **bacteriorrodopsina**, do *Halobacterium halobium*. Ela consiste principalmente em sete hélices transmembrana, A a G, que formam um canal central polar (Seção 12.3Ab). Esse canal contém um grupo prostético retinal, que está covalentemente ligado, por meio de uma base de Schiff protonada, à Lys 216 e que se estende a partir da hélice G (Fig. 12.24). A proteína obtém a energia livre necessária para o bombeamento unidirecional de prótons a partir da absorção de um fóton pelo retinal. Isso inicia uma sequência de eventos na qual a proteína ajusta sua conformação por meio de intermediários sucessivos, caracterizados de forma espectroscópica, designados J, K, L, M, N e O, à medida que o sistema volta a seu estado basal ao longo de um período de ~10 ms. O resultado desse ciclo é o translado líquido de um próton a partir do citoplasma para o meio extracelular, assim convertendo a energia da luz em uma força próton-motriz. O mecanismo desse processo, que ainda não é completamente compreendido, foi elucidado por meio de estudos estruturais detalhados, estudos utilizando mutação e estudos espectroscópicos com resolução temporal, desenvolvidos em diversos laboratórios, conforme resumido na Fig. 22.34 e descrito a seguir.

1. Ao absorver um fóton, o estado basal do retinal todo-*trans* fotoisomeriza para sua forma 13-*cis*. Esse é um processo com múltiplas etapas, que passa rapidamente (em ~3 ps) pelos estados J e K. A extremidade livre do retinal, que agora sofreu uma rotação ao redor da nova ligação dupla *cis*, move-se em relação ao esqueleto proteico, de forma que o grupo metil C13 do retinal e seu átomo C14 movem-se em direção à parte interna, por 1,3 e 1,7 Å, respectivamente. Isso produz o estado L.

2. Ajustes conformacionais posteriores produzem o estado M. Aqui, o átomo de N da base de Schiff sofreu uma rotação, mudando de sua posição no estado basal, no qual está unido por uma ligação de hidrogênio a uma molécula de água interna, para uma posição em que está voltado em direção à face interna da proteína, na vizinhança das cadeias laterais hidrofóbicas da Val 49 e da Leu 93. Isso reduz o p*K* da base de Schiff protonada. Em contraste, o p*K* do Asp 85 aumenta. Isso ocorre porque, no estado basal, o Asp 85 funciona efetivamente como o íon de sinal contrário próximo à base de Schiff protonada e participa na rede de ligações de hidrogênio com três moléculas de água internas, porém, no estado M, está apenas associado a uma única molécula de água. Consequentemente,

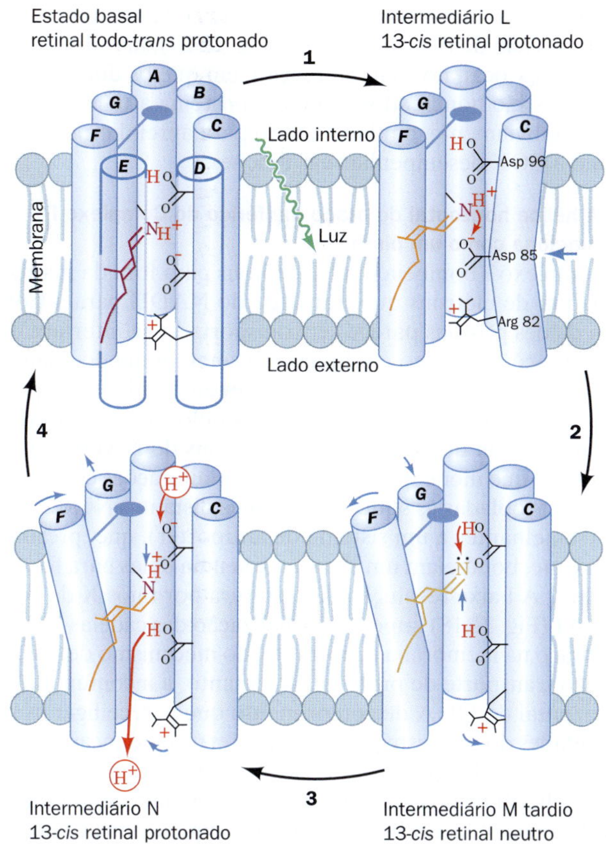

FIGURA 22.34 Bomba de prótons da bacteriorrodopsina. Ver o texto para uma descrição desse mecanismo. A proteína é representada por suas sete hélices transmembrana, de A a G (com as hélices D e E omitidas para maior clareza em todas as representações, com exceção do painel superior, à esquerda), e diversas cadeias laterais importantes para o mecanismo da reação. O retinal é desenhado com a cor aproximada do complexo, em seus vários estados caracterizados de forma espectroscópica. Setas vermelhas indicam movimento de prótons, setas azuis indicam movimentos de grupos de átomos e a "pá" ligada à hélice F representa cadeias laterais volumosas, que devem mover-se para abrir o canal citoplásmico. (Segundo Kühlbrandt, W., *Nature* **406**, 569 [2000].)

a base de Schiff causa a protonação do Asp 85. Esse processo é facilitado por um leve movimento da hélice C, que traz o Asp 85 para mais perto do átomo N da base de Schiff. O retinal sem o próton distende-se e, ao fazê-lo, move-se para cima (em direção ao lado interno) por 0,7 a 1,0 Å. Ele assim é empurrado contra a hélice F, fazendo com que sua porção de dentro (citoplasmática) sofra uma inclinação para fora do canal por ~3,5 Å, sendo parcialmente substituída pela hélice G.

3. O movimento da hélice F abre o canal central no lado de dentro da membrana, permitindo a entrada de diversas moléculas de água, que formam uma cadeia de ligações de hidrogênio entre o Asp 96 e a base de Schiff. Uma dessas moléculas de água estabelece uma ligação de hidrogênio com o Asp 96, diminuindo o seu p*K*. Isso possibilita que o Asp 96 doe um próton à base de Schiff, com a intermediação da cadeia de moléculas de água unidas por ligações de hidrogênio, produzindo assim o estado N.

4. O Asp 96 recebe novamente um próton, a partir da solução citoplasmática. As alças que formam a superfície interna da bacteriorrodopsina apresentam numerosos resíduos carregados que, assim, parecem funcionar como "antenas", para captar prótons do meio citoplasmático, alcalino. O Asp 85 transfere seu próton ao meio extracelular, por meio de uma rede de ligações de hidrogênio que inclui diversas moléculas de água ligadas. Esse processo é facilitado por um deslocamento prévio de 1,6 Å da cadeia lateral da Arg 82 em direção a um complexo de resíduos que inclui Glu 194 e Glu 204, assim reduzindo o p*K* desse complexo. O retinal então relaxa, por meio do estado O, para sua forma original todo-*trans* e as hélices F e G voltam às suas posições originais, assim formando novamente o estado basal da proteína e completando o ciclo catalítico.

O retinal, que ocupa o centro do canal proteico, atua assim como uma válvula de prótons de uma única via. A natureza vetorial desse processo surge em função dessa série de alterações conformacionais unidirecionais realizadas pelo retinal fotoexcitado, na medida em que ele relaxa para seu estado basal. Os principais movimentos da proteína no bombeamento de prótons são notavelmente pequenos, envolvendo movimentos de grupos de ~1 Å ou menores, em resposta ao flexionamento do retinal induzido pela luz. Ainda assim, esse movimentos causam alterações de p*K* em vários resíduos, as quais facilitam a transferência de prótons, assim como o estabelecimento e a quebra de redes de ligações de hidrogênio entre grupos protéicos e moléculas de água, na sequência adequada para transportar um próton. Um mecanismo semelhante provavelmente opere na COX, no entanto ali as mudanças conformacionais são induzidas por reações redox e não por fotoexcitação.

i. A COX apresenta dois canais de translado de prótons

Dois canais, candidatos para o translado de prótons do lado interno para a vizinhança do centro redutor de O_2, foram descritos na COX bovina, na de *P. denitrificans* e na de *Rb. sphaeroides* (Fig. 22.35). Esses canais, ambos contidos na Subunidade I, são designados canais K e D, em função de seus respectivos resíduos-chave (K319 e D91, segundo o esquema de numeração da COX bovina, que será usada na discussão a seguir). Ambos os supostos canais são semelhantes, quanto ao caráter, ao canal presente na bacteriorrodopsina, pois consistem em cadeias de grupos proteicos ligados por ligações de hidrogênio e por grupos proteicos potencialmente capazes de estabelecerem ligações de hidrogênio, moléculas de água ligadas e cavidades preenchidas com água.

O canal K situa-se desde K319, que está exposto no lado interno, a Y244, o resíduo proposto como substrato para doação de elétron e próton na reação que forma o estado P (Etapa 4 da Fig. 22.27). O mutante K319M apresenta uma atividade extremamente baixa (< 0,05% em comparação ao tipo selvagem), que não é aumentada se forem fornecidos prótons adicionais ao lado interno. Assim sendo, parece que o canal K não está conectado ao suposto canal de saída (Fig. 22.35) que leva para o lado externo. Parece então provável que o canal K funcione apenas para fornecer prótons químicos para o centro redutor do O_2.

A entrada para o canal D está dentro de uma região na superfície da proteína que parece, provavelmente, atuar como uma antena coletora de prótons. A mutação de D91 para qualquer resíduo não carboxilado elimina o bombea-

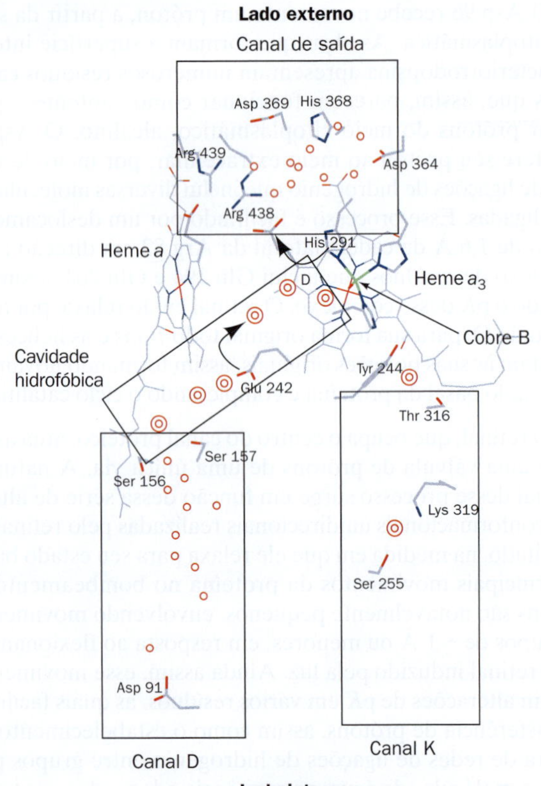

FIGURA 22.35 Os canais de translado de prótons na COX bovina. A enzima é vista paralelamente à membrana, com a matriz na parte inferior. Os quatro retângulos delimitam os condutos propostos para entrada e saída de prótons. Círculos simples e duplos representam, respectivamente, moléculas de água que são observadas em estruturas obtidas por raios X ou que métodos teóricos têm sugerido estarem provavelmente presentes. (Segundo um desenho de Märten Wikström, University of Helsinki, Helsinki, Finlândia.)

mento de prótons, mas a redução de O_2 é de apenas 45% da taxa do tipo selvagem (na *E. coli*). Evidentemente, o canal D, em série com os canais de saída, é o canal de bombeamento de prótons. Além disso, o canal D, que estende-se para as vizinhanças do centro binuclear heme a_3-Cu_B, também é o conduto para prótons químicos necessários para a segunda parte do ciclo de reações (Etapas 5 e 6 da Fig. 22.27).

Qual o mecanismo do acoplamento da redução do O_2 com o bombeamento de prótons na COX? Infelizmente, a cristalografia por raios X tem dado poucas orientações para responder essa questão, pois foram determinadas estruturas por raios X de apenas poucos estados diferentes da COX, e a resolução de diversas dessas estruturas é muito pequena para mostrar com fidedignidade pequenas diferenças estruturais entre elas. Consequentemente, os mecanismos propostos para explicar como a COX bombeia prótons são em geral inferências com base em informações estruturais limitadas, interpretações de experimentos usando mutagênese direcionada, dados espectroscópicos, considerações teóricas e intuição química. Foram propostos diversos modelos engenhosos, embora amplamente fenomenológicos, de como a COX bombeia prótons. Esses modelos concordam em que pelo menos um próton é bombeado durante cada um dos Etapas 5 e 6 no ciclo de reação da COX (Fig. 22.27), mas discordam quanto ao local, no ciclo de reação, em que os dois prótons restantes são bombeados e como a proteína atua nesse processo. Obviamente, ainda há muito para aprendermos sobre como a COX desempenha suas funções.

j. A hélice horizontal do braço periférico do Complexo I funciona como um pistão

O complexo I bombeia quatro prótons para fora da matriz a cada par de elétrons que translada do NADH para a CoQ. Um desses prótons parece ser transportado na interface entre o braço periférico e o braço transmembrana do complexo I (Fig. 2.18), de forma presumivelmente estimulada pelas alterações conformacionais sofridas pelo braço periférico, na medida em que ele translada elétrons do NADH para a CoQ. De que modo, porém, estão essas alterações conformacionais acopladas às subunidades mais distantes Nqo12, 13 e 14 (semelhantes a um sistema de antiporter), que, presumivelmente, bombeiam um próton cada uma delas para fora da matriz? A baixa resolução da estrutura por raios X do complexo I (Fig. 22.18) impede a visualização das cadeias laterais do braço na membrana e, portanto, do mecanismo detalhado para o transporte de prótons. No entanto, a incomum hélice horizontal de 110 Å de comprimento que parece ligar as subunidades do tipo sistema de antiporter às mudanças conformacionais no braço periférico levou Sazanov a postular que essa hélice funciona como um pistão, acoplando as alterações conformacionais no braço periférico àquelas nos canais do tipo sistema antiporter.

C. *Mecanismo da síntese de ATP*

Ver Exploração guiada 21: F_1F_0-ATP-sintase e o mecanismo de mudança da ligação *A força próton-motriz da membrana mitocondrial é utilizada para a síntese de ATP pela* ***ATP-sintase translSadadora de prótons*** *(também conhecida como* ***F_1F_0-ATPase***, ***Complexo V*** *e* ***H^+-ATPase do tipo F****)*. Nas subseções a seguir, serão discutidas a localização e a estrutura dessa ATP-sintase e o mecanismo pelo qual ela atrela o fluxo de prótons à síntese de ATP.

a. A ATP-sintase transladadora de prótons é uma proteína transmembrana com múltiplas subunidades

A ATP-sintase transladadora de prótons consiste em duas subestruturas principais, compreendendo 8 a 13 subunidades diferentes. Micrografias eletrônicas da mitocôndria (Fig. 22.36) mostram estruturas em forma de pirulito salpicando a superfície da membrana mitocondrial interna no lado da matriz (Fig. 22.36*a*). Entidades semelhantes foram observadas revestindo a superfície interna da membrana plasmática bacteriana e nos cloroplastos (Seção 24.2Da). A sonicação da membrana mitocondrial interna produz vesículas seladas, **partículas submitocondriais**, em que os "pirulitos" projetam-se para fora (Fig. 22.36*b*) e que podem realizar síntese de ATP.

Efraim Racker descobriu que a ATP-sintase transladadora de prótons de partículas submitocondriais consiste em duas unidades funcionais, $\mathbf{F_0}$ e $\mathbf{F_1}$. F_0 é uma proteína transmembrana insolúvel em água composta por até oito diferentes tipos de subunidades (embora apenas três na *E. coli*), que contém um canal de translado de prótons. F_1 é uma

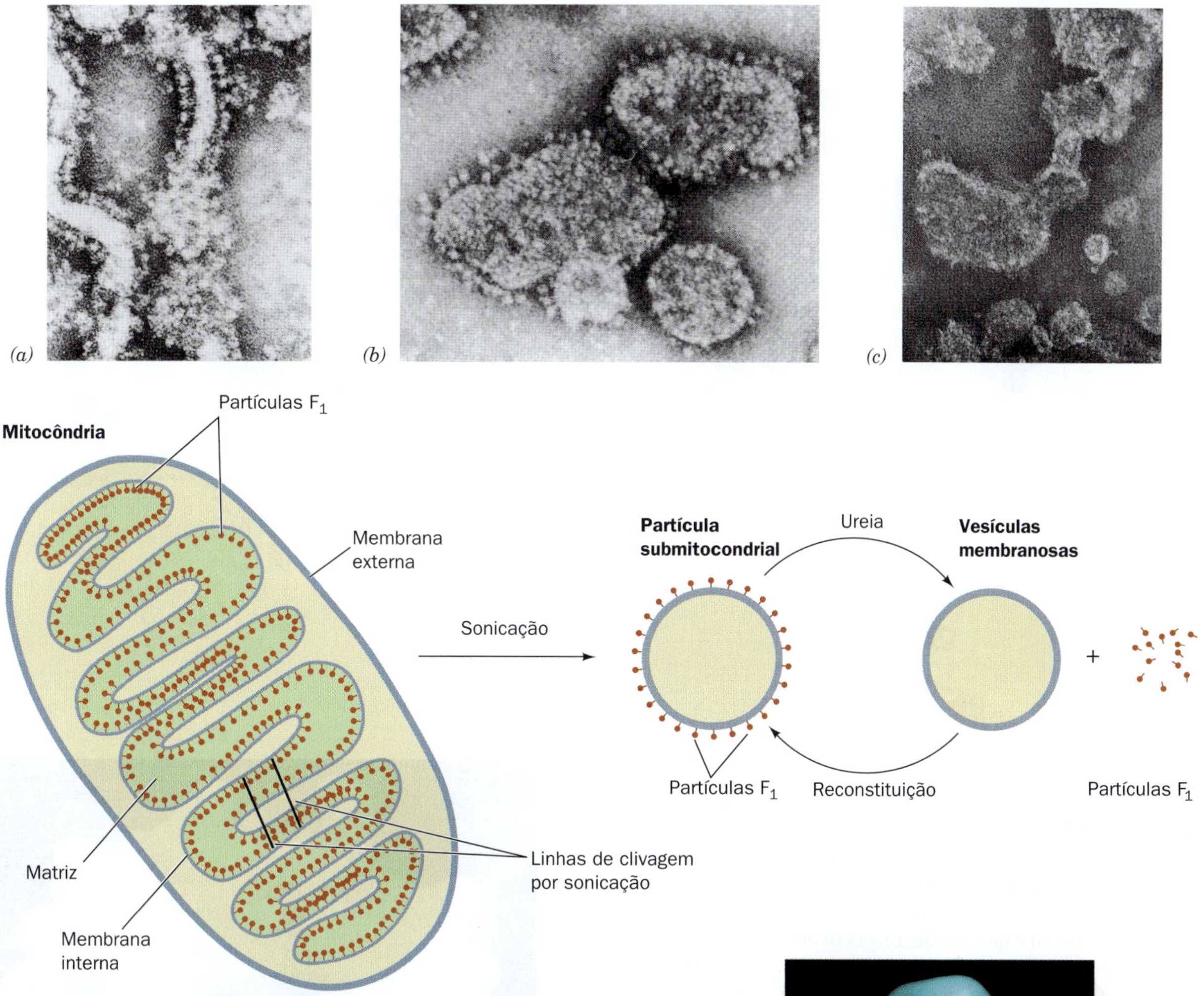

(a) (b) (c)

Mitocôndria
Partículas F_1
Membrana externa
Matriz
Membrana interna
Linhas de clivagem por sonicação
Sonicação
Partícula submitocondrial
Ureia
Vesículas membranosas
Partículas F_1
Reconstituição
Partículas F_1

FIGURA 22.36 Micrografias eletrônicas e desenhos interpretativos da membrana mitocondrial em vários estágios de dissecação. (*a*) Cristas de mitocôndrias intactas mostrando F_1 em forma de "pirulitos" projetando-se para dentro da matriz. (Segundo Parsons, D.F., *Science* **140**, 985 [1963]. Copyright © 1963 American Association for the Advancement of Science. Utilizada com permissão.) (*b*) Partículas submitocondriais, mostrando seus F_1 projetando-se como "pirulitos" para o lado de fora. Partículas submitocondriais são preparadas por sonicação (ruptura ultrassônica) de membranas mitocondriais internas. (Cortesia de Peter Hinkle, Cornell University.) (*c*) Partículas submitocondriais após tratamento com ureia. (Cortesia de Efraim Racker, Cornell University, EUA.)

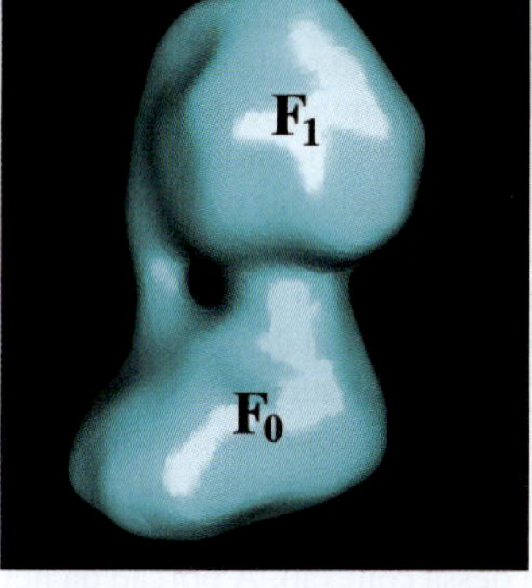

FIGURA 22.37 Imagem com base em microscopia crioeletrônica da F_1F_0-ATPase de mitocôndria de coração bovino. (Cortesia de John Rubinstein, University of Toronto, Canadá, e John Walker e Richard Henderson, MRC Laboratory of Molecular Biology, Cambridge, Reino Unido.)

proteína periférica de membrana, solúvel em água, composta por cinco tipos de subunidades, facilmente dissociável de F_0 por tratamento com ureia. A F_1 solubilizada pode hidrolisar ATP, mas não pode sintetizá-lo (daí o nome ATPase). As partículas submitocondriais das quais a F_1 foi removida pelo tratamento com ureia não mais exibem os pirulitos em suas micrografias eletrônicas (Fig. 22.36*c*) e não apresentam capacidade de síntese de ATP. No entanto, se a F_1 é colocada de volta nessas partículas submitocondriais contendo F_0, sua capacidade de sintetizar ATP é restaurada e suas micrografias eletrônicas mostram novamente os pirulitos. Portanto, *os pirulitos são as partículas F_1*. Imagens com base em criomicrografias eletrônicas de alta resolução da ATP-sintase de mitocôndrias de coração bovino revelam que seus componentes F_1 e F_0 estão unidos tanto por uma haste central de 50 Å de comprimento quanto por uma haste periférica, menor (Fig. 22.37). Certas F_1-F_0-ATPases bacterianas transladam íons Na^+ em vez de prótons.

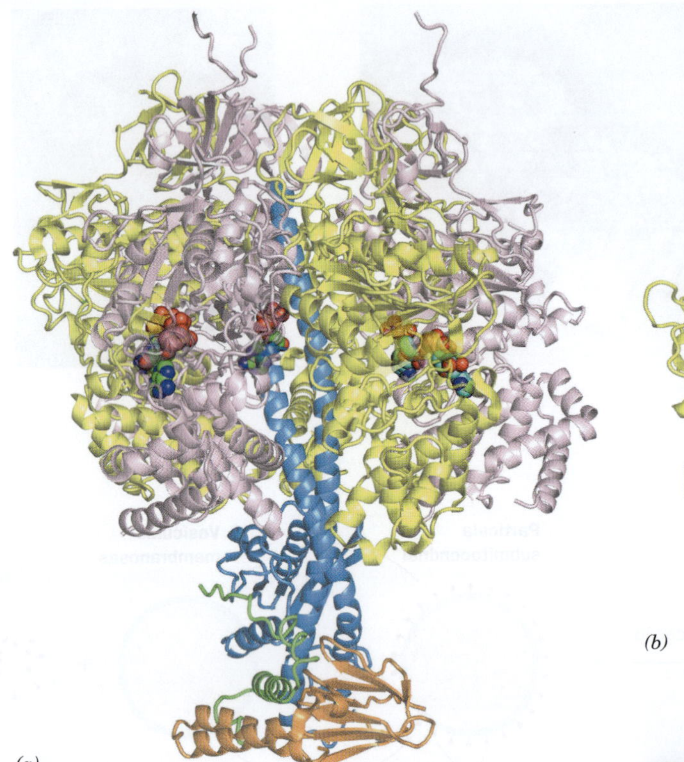

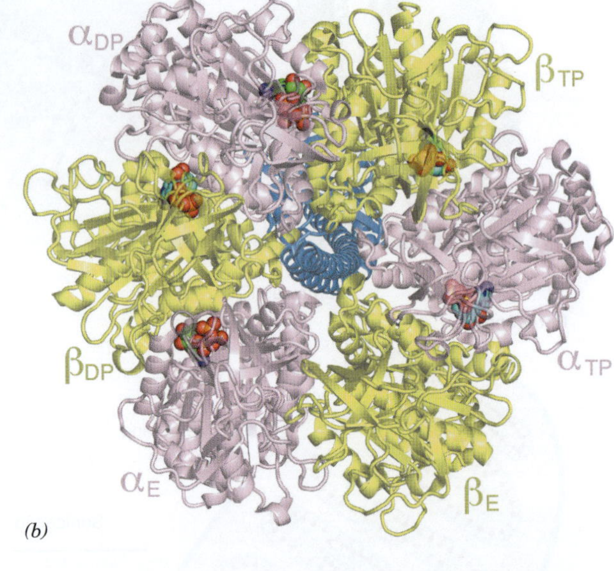

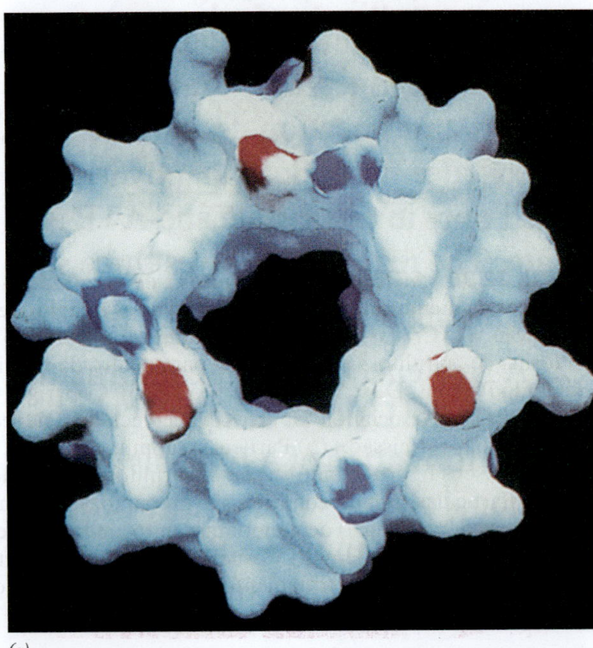

FIGURA 22.38 Estruturas por raios X da F_1-ATPase de mitocôndria de coração bovino. (*a*) F_1-ATPase em complexo com ADP e ATP, desenhada como um diagrama de fitas semitransparente, visto paralelamente à membrana, com a matriz acima. As subunidades α, β, γ, δ e ε estão representadas em cor-de-rosa, amarelo, azul, cor de laranja e verde, respectivamente, e os nucleotídeos são mostrados na forma de volume atômico com C do ATP em verde, C do ADP em ciano, N azul, O vermelho e P cor de laranja. (*b*) A estrutura na parte *a* sofreu uma rotação de 90° ao longo de seu eixo horizontal, de modo que a proteína é vista ao longo de seu eixo de simetria de ordem 3, a partir da matriz. As subunidades δ e ε foram excluídas para maior clareza. Observe que, embora as subunidades α_{TP} e β_{TP} normalmente liguem ATP, nesta estrutura elas apresentam ADP ligado. (*c*) Um diagrama da superfície da porção interna do agrupamento $\alpha_3\beta_3$, pela qual a hélice da porção terminal da subunidade γ penetra, conforme vista da matriz. A superfície está colorida de acordo com seu potencial elétrico, com potenciais positivos em azul, potenciais negativos em vermelho e neutros em branco. Observa a ausência de carga na superfície interna dessa conexão. A porção da hélice C-terminal da subunidade γ que estabelece contato com essa conexão é igualmente desprovida de carga. (Partes *a* e *b* são baseadas em uma estrutura por raios X obtida por Andrew Leslie e John Walker, MRC Laboratory of Molecular Biology, Cambridge, Reino Unido, PDBid 1E79. Parte *c*, segundo Abrahams, J.P., Leslie, A.G.W., Lutter, R., e Walker, J.E., *Nature* **370**, 621 [1994]. PDBid 1BMF.)

Ver Exercício interativo 19

b. A estrutura por raios X da F_1 revela as bases da sua estrutura em forma de pirulito

A F_1 mitocondrial é um nonâmero $\alpha_3\beta_3\gamma\delta\varepsilon$, no qual as subunidades β contém os sítios catalíticos para a síntese de ATP e a subunidade δ é necessária para ligar F_1 a F_0. A estrutura por raios X da F_1 de mitocôndria de coração bovino, determinada por John Walker e Andrew Leslie, revela que essa proteína de ~400 kDa é um esferoide de 100 Å de altura e 100 Å de largura, montado sobre uma haste de 50 Å de comprimento (Fig. 22.38*a,b*). As subunidades α e β da F_1 (553 e 528 resíduos), que apresentam uma identidade de 20% em sua sequência e formam dobramentos quase idênticos, estão arranjadas alternadamente, como os gomos de uma laranja, sobre a porção superior de uma hélice α de 114 Å de comprimento e 74 resíduos, formada pela subunidade γ (298 resíduos). A extremidade C dessa hélice forma uma protu-

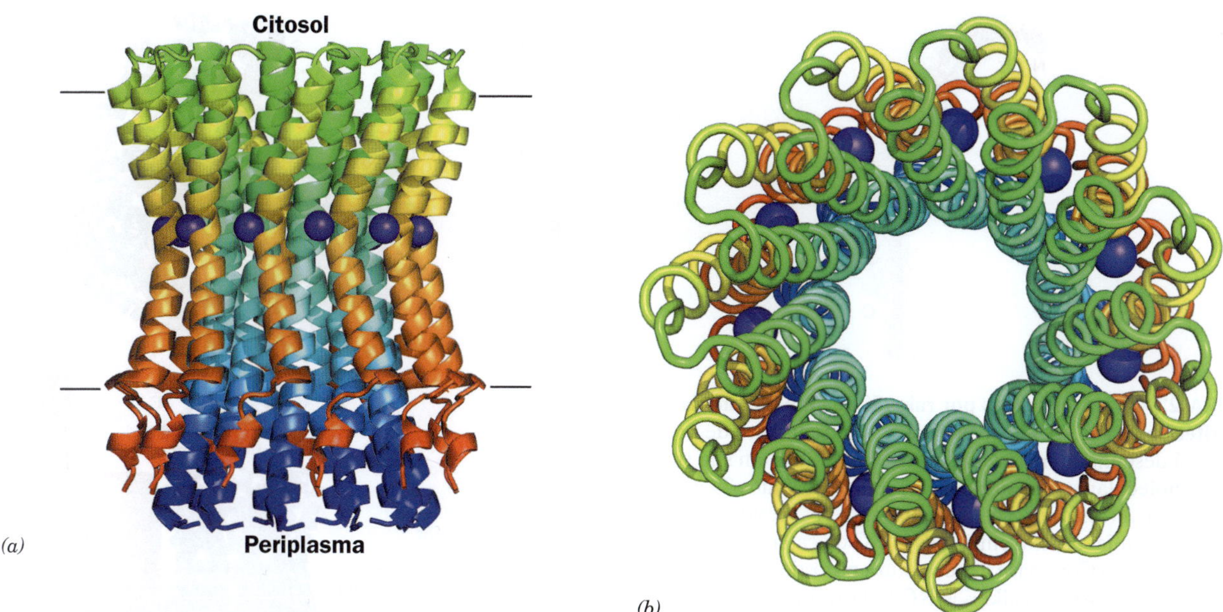

FIGURA 22.39 **A estrutura por raios X da unidade c_{11} da F_1F_0-ATPase transladadora de íons Na^+ de *I. tartaricus*.** *a*) Diagrama de fitas, observado ao longo do plano da membrana plasmática, com o citosol acima. Cada subunidade foi colorida na ordem do arco-íris, a partir da porção N-terminal (*azul*) até a porção C-terminal (*vermelho*). Íons Na^+ ligados são representados por esferas na cor púrpura. As linhas paralelas delimitam a posição inferida para a membrana plasmática. (*b*) Vista a partir do citosol, paralelamente ao eixo de ordem 11 da reunião de subunidades, em que cada subunidade é desenhada em forma de verme e colorida como na Parte *a*. O canal central, com pelo menos ~20 Å de diâmetro, contém, presumivelmente, uma bicamada lipídica. (Com base em estrutura por raios X obtida por Peter Dimroth, ETH, Zurique, Suiça. PDBid 1YCE.)

berância para dentro de uma pequena depressão de 15 Å de profundidade, localizada centralmente na parte superior do esferoide. A metade inferior da hélice forma uma hélice que gira para a esquerda em espiral antiparalela com o segmento N-terminal da subunidade γ. Essa hélice em espiral forma boa parte da haste central de ~50 Å de comprimento, observada em imagens com base em criomicrografias eletrônicas (crioME) da F_1F_0-ATPase, como na Fig. 22.37.

O arranjo cíclico e as semelhanças estruturais das subunidades α e β da F_1 dão a elas pseudossimetrias rotacionais triplas e sêxtuplas. Ainda assim, a proteína é assimétrica. Isso ocorre em parte em função da presença das subunidades γ, δ e ε, mas, mais importante, porque cada uma das subunidades α e β tem uma conformação de algum modo diferente. Assim, uma subunidade β (designada β_{TP}) normalmente liga-se a uma molécula de ATP, uma segunda subunidade β (designada β_{DP}) liga ADP e a terceira (β_E) possui um sítio de ligação vazio e distorcido. Todas as subunidades α, normalmente, ligam ATP, embora elas também apresentem diferenças conformacionais uma em relação à outra (no entanto, ambos α_{TP} e β_{TP} ligam ADP na Fig. 22.38*a,b*). Os sítios de ligação para ATP e ADP situam-se cada qual em um raio de ~20 Å, próximos de uma interface entre subunidades adjacentes α e β e, na verdade, todos esses sítios incorporam alguns resíduos da subunidade adjacente.

As subunidades α e β ambas contêm dois motivos com determinadas sequências, o **motivo A de Walker** (GXXXXGKT/S, onde X é qualquer resíduo) e o **motivo B de Walker** (R/KXXXGXXL/VhhD, onde h é um resíduo hidrofóbico), os quais participam na ligação do ATP e ocorrem amplamente em todos os tipos de proteínas que ligam nucleotídeos.

As subunidades δ e ε (168 e 51 resíduos) estão enroladas em volta da base da hélice em espiral da subunidade γ. A estrutura por raios X da F_1 de *E. coli* assemelha-se à sua equivalente bovina. Observe, entretanto, que, por uma infeliz confusão de nomenclatura, a subunidade ε da *E. coli* é o homólogo da subunidade δ mitocondrial; a subunidade δ da *E. coli* é a contrapartida da **proteína que confere sensibilidade à oligomicina** mitocondrial (**PCSO**; ver Problema 11) e a subunidade ε mitocondrial não apresenta uma contrapartida nas ATP-sintases de bactérias ou de cloroplastos.

c. As subunidades c da F_0 formam um anel transmembrana

O componente F_0 da F_1F_0-ATPase de *E. coli* consiste em três subunidades transmembrana, *a*, *b* e *c* (271, 161 e 89 resíduos), que formam um complexo $a_1b_2c_{12}$. O número de subunidades c no componente F_0, porém, varia de 10 a 15, dependendo da espécie. A F_0 mitocondrial contém, adicionalmente, uma cópia de cada uma de três outras subunidades diferentes, *d*, F_6 e PCSO (de 256, 108 e 213 resíduos), além de diversas subunidades "menores", *e*, *f*, *g* e A6L, de funções desconhecidas. As subunidades *a* e A6L são codificadas por genes mitocondriais. Uma variedade de evidências indica que as subunidades hidrofóbicas *c* associam-se para formar um anel com a unidade ab_2 localizada em sua periferia (ver a seguir). A sequência da subunidade *a* sugere que esse peptídeo altamente hidrofóbico forme cinco hélices transmembrana.

A estrutura por raios X da unidade c_{11} da F_1F_0-ATPase transladadora de íons Na^+ da bactéria gram-negativa *Ilyobacter tartaricus*, determinada por Peter Dimroth, revela uma reunião cilíndrica de simetria de ordem 11, com 70 Å de altura e ~50 Å de diâmetro (Fig. 22.39). Cada uma de suas

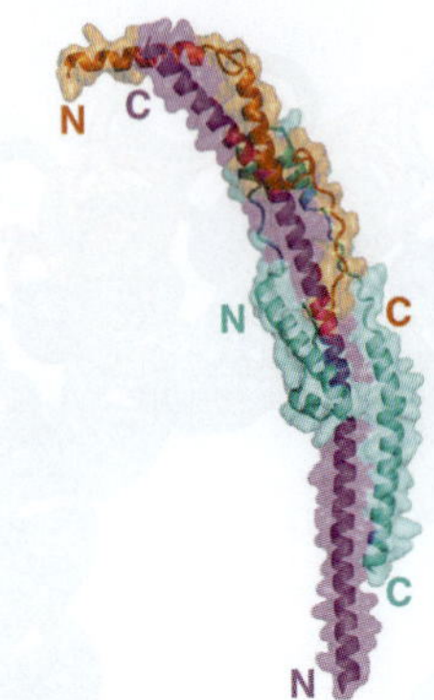

FIGURA 22.40 **A estrutura por raios X de uma porção da haste periférica da F_1F_0-ATPase bovina.** Esse fragmento de proteína está desenhado na forma de fitas embebidas em sua superfície molecular semitransparente, com *b* (resíduos 79 a 183) em magenta, *d* (resíduos 3 a 123) em ciano e F_6 (resíduos 5 a 70) em cor de laranja. As extremidades N e C de cada subunidade estão indicadas. (Com base em estrutura por raios X obtida por Andrew Leslie e John Walker, MRC Laboratory of Molecular Biology, Cambridge, Reino Unido. PDBid 2CLY.)

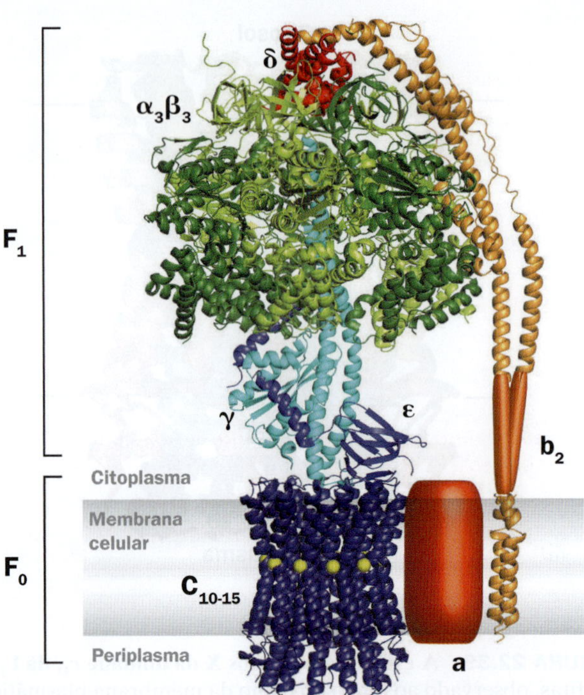

FIGURA 22.41 **Um modelo composto da F_1F_0-ATPase de *E. coli*.** Este modelo é baseado na estrutura por raios X da subunidade F_1 de *E. coli* (PDBid 1JNV), que assemelha-se à F_1 bovina (Fig. 22.38), nas estruturas mostradas nas Figs. 22.39 e 22.40, e nas estruturas por RM da subunidade δ e do segmento transmembrana de *b* de *E. coli* (PDBids 2A7U e 1B9U). As estruturas de *a* e da assim chamada região em dobradiça de *b* são desconhecidas. (Cortesia de Peter Dimroth, ETH, Zurique, Suiça.)

subunidades idênticas e amplamente hidrofóbicas consiste quase inteiramente em uma hélice interna, que define o comprimento do cilindro, e uma hélice externa, um pouco mais curta. Ambas as hélices são dobradas nas vizinhanças do sítio de ligação do íon Na^+, conferindo a esse conjunto c_{11} um formato semelhante a uma ampulheta (Fig. 22.39*a*). Cada íon Na^+ está ligado a resíduos de ambas as hélices de uma dada subunidade, assim como por aqueles da hélice externa vizinha, no sentido horário, como pode ser observado na Fig. 22.29b.

Em vertebrados, a haste periférica (Fig. 22.37) consiste nas subunidades PCSO (proteína que confere sensibilidade à oligomicina), *b*, *d* e F_6, enquanto na maior parte dos procariotos essa haste consiste em uma proteína homóloga à PCSO, δ, e duas cópias de *b*. A estrutura por raios X da maior parte da porção citosólica de um complexo de subunidades *b*, *d* e F_6 bovino, que constitui 54% do segmento extramembrana da haste periférica, determinada por Leslie e Walker, revela que esse fragmento *b* forma uma hélice α curva e de 160 Å de comprimento e que os fragmentos das outras subunidades são também principalmente helicoidais (Fig. 22.40). A curvatura desse conjunto de subunidades aproxima-se bastante daquela da haste periférica nas imagens baseadas em crioME da F_1F_0-ATPase (p. ex., Fig. 22.37). Tais imagens baseadas em crioME, juntamente com as estruturas por raios X mencionadas acima e estruturas por RM de δ e do segmento transmembrana de *b*, ambos de *E. coli*, permitiram a construção de um modelo composto da F_1F_0-ATPase de *E. coli* (Fig. 22.41), o qual, naturalmente, assemelha-se ao complexo mitocondrial. Observe o grande número de contatos entre γ e ε e a parte superior do cilindro c.

d. O mecanismo de mudança na capacidade de ligação: o translado de prótons pela ATP-sintase é estimulada por mudanças conformacionais

O mecanismo de síntese de ATP pelo translado de prótons pela ATP-sintase pode ser dividido conceitualmente em três fases:

1. O translado de prótons, realizado pela F_0.
2. Catálise da formação da ligação fosfoanidrido do ATP, realizada pela F_1.
3. Acoplamento da dissipação do gradiente de prótons com a síntese de ATP, que requer interação entre F_1 e F_0.

As evidências disponíveis apoiam um mecanismo para a síntese de ATP, proposto por Boyer, que assemelha-se à hipótese de acoplamento conformacional da fosforilação oxidativa (Seção 22.3A). No entanto, as mudanças conformacionais na ATP-sintase que irão fornecer energia para a síntese de ATP são produzidas pelo translado de prótons e não por transferência direta de elétrons, conforme havia sido proposto na formulação original da hipótese do acoplamento conformacional.

Propõe-se que F_1 tenha três protômeros cataliticamente interativos, cada um dos quais em um diferente estado conformacional: um estado que liga substratos e produtos fracamente (estado L, do inglês *loose*), um que os liga firmemente (estado T, do inglês *tight*) e um terceiro estado que não liga substratos e produtos (estado aberto ou O, de *open*). A energia livre liberada pelo translado de prótons é aproveitada na interconversão entre esses três estados. A ligação fosfoanidrido do ATP é sintetizada apenas no estado T e o ATP é liberado apenas no estado O. A reação envolve três etapas (Fig. 22.42):

1. Ligação de ADP e P_i ao sítio de ligação no estado L.

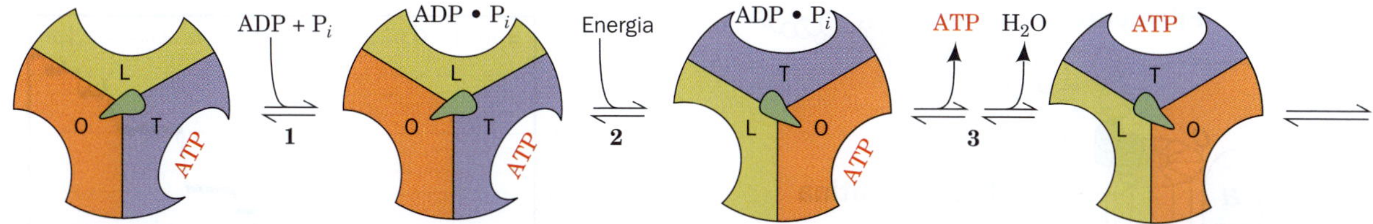

FIGURA 22.42 Mecanismo de mudança de ligação dependente de energia para a síntese de ATP pela ATP-sintase transladadora de prótons. F_1 apresenta três protômeros αβ interagentes, quimicamente idênticos, mas conformacionalmente distintos: O, a conformação aberta, apresenta afinidade muito baixa por ligantes e é cataliticamente inativo; L apresenta pouca afinidade por ligantes e é cataliticamente inativo; T apresenta alta afinidade por seus ligantes e é cataliticamente ativo. A síntese de ATP ocorre em três etapas. (**1**) Ligação de ADP e P_i ao sítio L. (**2**) Alteração conformacional dependente de energia, convertendo o sítio de ligação L em T, T em O e O em L. (**3**) Síntese de ATP no sítio T e liberação de ATP no sítio O. A enzima retorna a seu estado inicial após mais dois lances dessa sequência de reação. A energia que impulsiona as alterações conformacionais é transmitida, aparentemente, ao agrupamento catalítico $\alpha_3\beta_3$ pela rotação do agrupamento γε (na *E. coli*; γδε na mitocôndria), aqui representado pelo objeto assimétrico localizado centralmente (*verde*). (Segundo Cross, R.L., *Annu. Rev. Biochem.* **50**, 687 [1980].) **Ver Figuras animadas**

2. Uma alteração conformacional impulsionada pela energia livre que converte o sítio L em um sítio de ligação mais firme (T), e que catalisa a formação de ATP. Essa etapa também envolve alterações conformacionais das outras duas subunidades, que convertem o sítio T, contendo ATP, em um sítio "aberto" (O) e o sítio O em um sítio L.
3. O ATP é sintetizado no sítio T de uma subunidade, enquanto o ATP se dissocia do sítio O de outra subunidade. Na superfície do sítio ativo, a formação de ATP a partir de ADP e P_i acarreta uma mudança pequena na energia livre, ou seja, a reação está essencialmente em equilíbrio. Consequentemente, a energia livre fornecida pelo fluxo de prótons tem a função primária de facilitar a liberação do ATP recém-sintetizado da enzima, ou seja, impulsiona a transição T → O, assim rompendo as interações enzima-ATP que haviam previamente promovido a formação espontânea de ATP a partir de ADP e P_i, no sítio T.

Como a energia da transferência de prótons é acoplada à síntese de ATP? Boyer propôs que *as alterações nas ligações são estimuladas pela rotação do conjunto catalítico $\alpha_3\beta_3$, em relação às outras porções da F_1F_0-ATPase.* Essa hipótese é apoiada pela estrutura por raios X da F_1. Assim, o encaixe estreito do arranjo quase circular das superfícies internas das subunidades α e β ao redor da hélice na porção C-terminal da subunidade γ é similar a um suporte cilíndrico girando em uma conexão (Fig. 22.38*c*). De fato, as superfícies hidrofóbicas que estabelecem contato nessa reunião são desprovidas de ligações de hidrogênio e de interações iônicas, que interfeririam com uma rotação livre; ou seja, o cilindro e a conexão parecem estar "lubrificados". Além disso, a cavidade central formada pelo conjunto $\alpha_3\beta_3$ (Fig. 22.38*a*) permitiria a passagem da hélice N-terminal da subunidade γ dentro do núcleo dessa partícula durante a rotação. Finalmente, as diferenças conformacionais entre os três sítios catalíticos da F_1 parecem estar correlacionadas com a posição rotacional da subunidade γ. *Aparentemente, a subunidade γ, que, acredita-se, gira dentro do conjunto $\alpha_3\beta_3$ fixo, atua como um eixo excêntrico molecular, ligando o motor rotatório acionado pela força próton-motriz às alterações conformacionais dos sítios catalíticos de F_1.* Esse conceito é apoiado por simulações de dinâmica molecular (Seção 9.4) realizadas por Leslie, Walker e Martin Karplus indicando que as mudanças conformacionais nas subunidades β surgem de interações tanto estéricas quanto eletrostáticas com a subunidade rotatória γ.

Conjuntos rotatórios não são algo sem precedentes nos sistemas biológicos. Já se demonstrou que flagelos bacterianos, que funcionam como propulsores, são máquinas rotativas montadas sobre membranas, impulsionadas pela descarga de um gradiente de prótons (Seção 35.3Ib).

e. A F_1F_0-ATPase é uma máquina rotativa

Propõe-se que, na F_1F_0-ATPase, o rotor seja uma união do anel *c* e sua subunidade γ associada e (na *E. coli*), subunidades ε, enquanto a unidade ab_2 e a subunidade δ (na *E. coli*), juntamente com o esferoide $\alpha_3\beta_3$, formem a parte fixa (Fig. 22.41). A rotação do anel *c* na membrana, em relação à subunidade *a* estacionária, é possibilitada pela energia fornecida pela migração de prótons do lado de fora para o lado de dentro, como discutido abaixo. O braço periférico ($b_2\delta$) possivelmente funciona segurando o esferoide $\alpha_3\beta_3$ no lugar, enquanto a subunidade γ gira dentro dele.

A rotação do rotor formado pelo anel γε-*c* na *E. coli*, em relação à parte fixa $ab_2\delta$-$\alpha_3\beta_3$, foi demonstrada de forma engenhosa por Masamitsu Futai, utilizando técnicas desenvolvidas por Kazuhiko Kinosita Jr. e Masasuke Yoshida (Fig. 22.43*a*). O esferoide $\alpha_3\beta_3$ da F_1F_0-ATPase da *E. coli* foi fixado, de cabeça para baixo, em uma superfície de vidro, como segue: seis resíduos consecutivos de His (denominados **etiqueta His**; Seção 6.3Dg) foram adicionados por mutagênese à porção N-terminal da subunidade α, que se localiza no topo do esferoide $\alpha_3\beta_3$, conforme representado na Fig. 22.38*a*. O conjunto de moléculas contendo a etiqueta His foi aplicado a uma superfície de vidro, revestida com peroxidase de raiz forte (a qual, como a maior parte das proteínas, adere ao vidro) conjugada com Ni^{2+}-**ácido nitriloacético** ($N[CH_2COOH]_3$, que liga fortemente etiquetas His), ligando portanto a F_1F_0-ATPase com sua porção F_0 voltada para o lado oposto à superfície de vidro. Os resíduos Glu 2 das subunidades *c* desse conjunto de moléculas, que estão localizados no lado do anel *c* oposto à posição da F_1, haviam sido substituídos mutagenicamente por resíduos de Cys, os quais foram ligados covalentemente à **biotina** (uma coenzima que normalmente participa de reações de carboxilação; Seção 23.1Ab). Um filamento da proteína muscular **actina** (Seção 35.3Ac), marcado com fluorescência e biotinilado (em uma extremidade), foi então

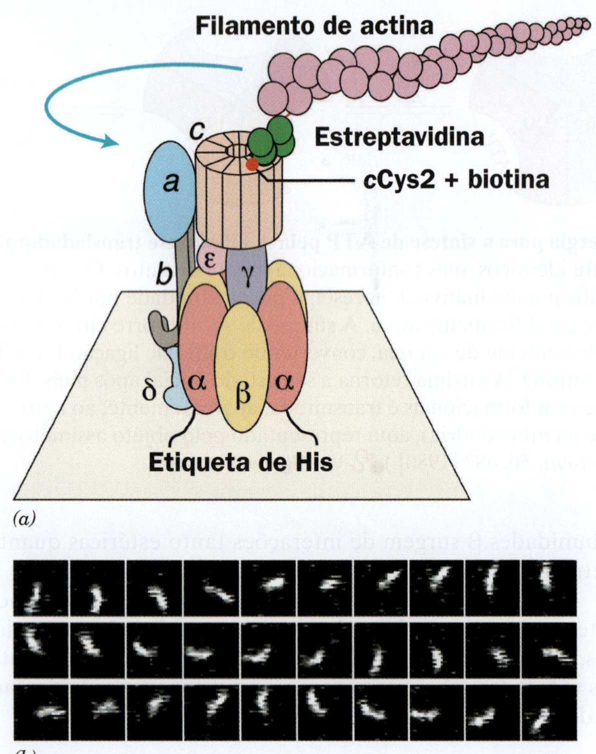

FIGURA 22.43 Rotação do anel *c* na F_1F_0-ATPase de *E. coli*. (*a*) Sistema experimental utilizado para observar a rotação. Ver texto para detalhes. A seta azul indica o sentido de rotação observado para filamentos de actina marcados com fluorescência que foram ligados ao anel *c*. (*b*) A rotação de um filamento de actina de 3,6 μm de comprimento na presença de 5 m*M* de MgATP, conforme é observada em sucessivas imagens de vídeo, obtidas por meio de um microscópio de fluorescência. (Cortesia de Masamitsu Futai, Osaka University, Osaka, Japão.)

ligado à subunidade *c* por meio da adição de uma molécula de ligação, a **estreptavidina**, que é uma proteína que liga avidamente a biotina em cada um de seus quatro sítios de ligação (a Cys 193 da subunidade γ, o único outro resíduo de Cys no rotor, foi substituída mutagenicamente por Ala para impedi-la de ligar-se a um filamento de actina).

A F_1F_0–ATPase da *E. coli* pode funcionar ao revés, isto é, pode bombear prótons do lado de dentro (citoplasma) para o lado de fora (periplasma), às custas da hidrólise de ATP (isso permite que a bactéria mantenha seu gradiente de prótons em condições anaeróbias, gradiente esse que ela utiliza para ativar vários processos, como rotação do flagelo). Desse modo, a preparação descrita anteriormente foi observada em um microscópio de fluorescência, quando uma solução de MgATP 5 m*M* foi infundida sobre a preparação. *Observou-se que muitos dos filamentos de actina rotaram (Fig. 22.43b) e sempre em sentido anti-horário, quando observados olhando-se na direção da superfície de vidro (a partir do lado de fora).* Isso possibilitaria que a subunidade γ interagisse sequencialmente com as subunidades β na direção

$$\beta_E(\text{estado O}) \longrightarrow \beta_{TP}(\text{estado L}) \longrightarrow \beta_{DP}(\text{estado T})$$

(Figs. 22.38*b* e 22.42), a direção esperada para a hidrólise do ATP.

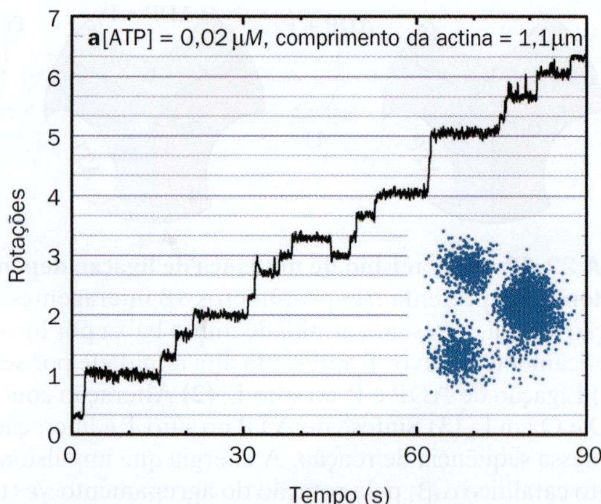

FIGURA 22.44 Rotação gradual da subunidade γ da F_1 em relação a uma unidade $\alpha_3\beta_3$ imobilizada em concentrações baixas de ATP, conforme observado em microscópio de fluorescência. O gráfico mostra o número cumulativo de rotações realizadas por um filamento de actina marcado com fluorescência que foi unido a uma extremidade da subunidade γ, em uma preparação semelhante àquela do diagrama da Fig. 22.43*a* (mas em ausência de F_0, δ e ε). Observe que o filamento de actina gira em incrementos de 120º. Isso também é observado no inserto, que mostra a sobreposição dos centros das imagens de actina (o agrupamento $\delta_3\beta_3\gamma$ está fixo no centro). (Cortesia de Kazuhiko Kinosita Jr., Keio University, Yokohama, Japão.)

Em uma variação dos experimentos anteriores, a subunidade γ do complexo $\alpha_3\beta_3\gamma$ foi ligada diretamente, por uma ligação cruzada, via sua Cys 193, a um filamento de actina marcado com fluorescência e, nesse caso, as subunidades β foram imobilizadas por suas etiquetas His anexadas. Em concentrações de ATP muito baixas (p. ex., 0,02 μ*M*), imagens de vídeo (Fig. 22.44) revelaram que o filamento fluorescente de actina girava no sentido anti-horário, em passos discretos de 120°, conforme predizia o mecanismo de mudança na capacidade de ligação. Além disso, o cálculo do trabalho friccional realizado em cada etapa de rotação é aproximadamente igual à energia disponível para a hidrólise de uma molécula de ATP, ou seja, *a F_1-F_0–ATPase converte energia química em mecânica com cerca de 100% de eficiência.*

O sistema acima também trabalha no modo reverso. Uma conta magnética com ~0,7 μm de diâmetro foi revestida com estreptavidina e ligada à subunidade γ biotinilada de um complexo $\alpha_3\beta_3\gamma$. Quando esse conjunto de subunidades foi colocado em um campo magnético girando na presença de ADP e P_i, observou-se que ATP era produzido quando o campo magnético girava no sentido horário, mas era hidrolisado quando o campo magnético girava no sentido anti-horário. Isso demonstra mais uma vez que F_1 é um dispositivo que interconverte energia mecânica e energia química.

f. A rotação do anel c é proporcionada por alterações conformacionais induzidas por H^+

As informações estruturais e bioquímicas mencionadas anteriormente levaram ao modelo da rotação da subunidade F_0 estimulada por prótons, que é diagramado na Fig. 22.45. Os prótons do lado de fora entram por um canal hidrofílico entre a subunidade *a* e o anel *c*, onde se ligam a uma subunidade *c*.

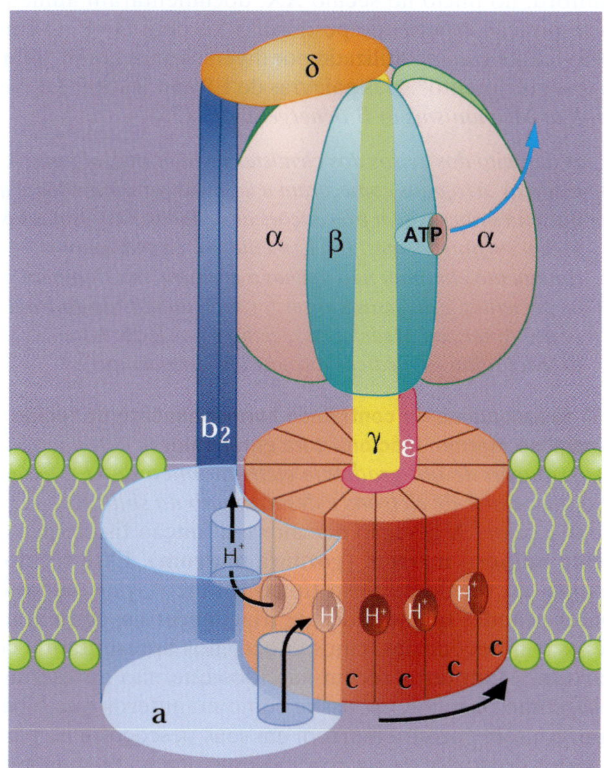

FIGURA 22.45 Diagrama esquemático da ação da F_1F_0–ATPase de *E. coli*. O complexo do anel $\gamma\varepsilon$–c_{12} é o rotor e o complexo ab_2–$\alpha_3\beta_3\delta$ é a porção fixa. O movimento rotacional é conferido ao rotor pela passagem de prótons oriundos do lado de fora (periplasma) para o lado de dentro (citoplasma). Os prótons entrando a partir do lado de fora ligam-se a uma subunidade *c* no local em que ela interage com a subunidade *a,* e terminam no lado de dentro após o anel *c* ter efetuado uma rotação quase completa, conforme indicado (*setas pretas*), de modo que a subunidade *c* estabelece contato novamente com a subunidade *a*. O complexo $b_2\delta$ possivelmente tem a função de evitar que o agrupamento $\alpha_3\beta_3$ gire juntamente com a subunidade γ. (Cortesia de Richard Cross, State University of New York, Siracusa, Nova York, EUA.)

O anel *c* gira então quase uma volta inteira (enquanto prótons ligam-se a subunidades *c* sucessivas, à medida que elas passam por esse canal de entrada de prótons), até que a subunidade alcance um segundo canal hidrofílico, entre a subunidade *a* e o anel *c*, que se abre para o lado de dentro. Ali, o próton é liberado. Assim, a F_1-F_0-ATPase de *E. coli*, que apresenta 12 subunidades *c* em sua porção F_0 e gera 3 ATP por volta, idealmente produz 3/12 = 0,25 ATP para cada próton que passa do espaço periplásmico (do lado de fora) para o citosol (do lado de dentro). Organismos com mais/menos subunidades *c* em seu rotor-*c* tendem a apresentar menores/maiores valores de força próton-motriz em suas membranas e, portanto, menor/maior impulso é fornecido a seus rotores-*c* por próton que passa. Assim, é necessária a passagem de proporcionalmente mais/menos prótons para gerar cada ATP, conforme determinado pela primeira lei da termodinâmica.

Todavia, como a passagem dos prótons por esse sistema induz a rotação do anel *c* e, assim, a síntese de ATP? A mutação do Asp 61, o qual é conservado na subunidade *c*, para Asn inativa a F_1-F_0–ATPase de *E. coli*. A Arg 210, invariável na subunidade *a* (numeração de acordo com a proteína na *E. coli*), do mesmo modo tem sido implicada no translado de prótons. Por meio de conversão por mutagênese de resíduos selecionados nas subunidades *a* e *c* para Cys, Robert Fillingame mostrou que a hélice externa (C-terminal) da subunidade *c* da *E. coli* (Fig. 22.39), que contém Asp 61, pode ser ligada de forma cruzada por meio de ligações dissulfeto à suposta quarta hélice da subunidade *a*, que contém Arg 210. Evidentemente, essas hélices estão justapostas em algum ponto no ciclo de rotação do anel *c*. Assim, postula-se que a protonação do Asp 61 o libere de sua atração à Arg 210, permitindo assim a rotação do anel *c*.

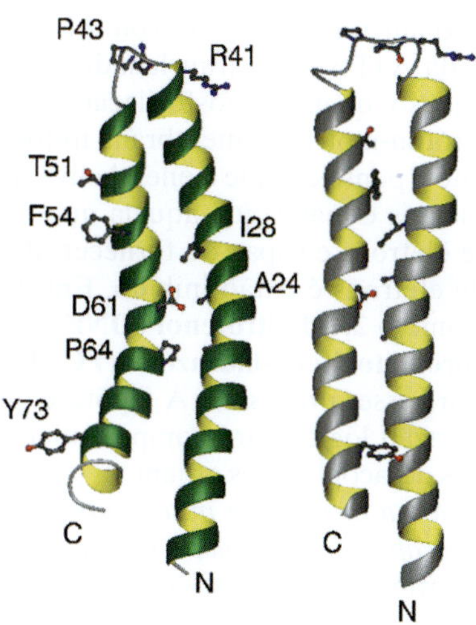

FIGURA 22.46 Estruturas por RM da subunidade *c* da F_1F_0-ATPase de *E. coli*. As estruturas, que se assemelham bastante àquelas na Fig. 22.39, foram determinadas em solução clorofórmio-metanol-água (4:4:1) em (*a*) pH 8 (em que D61 está desprotonado) e (*b*) pH 5 (em que D61 está protonado). Cadeias laterais selecionadas são mostradas para auxiliar na comparação das duas estruturas. Observe que a hélice C-terminal na estrutura em pH 8 foi girada em 140° no sentido horário, como observado a partir da parte superior do desenho, com relação à estrutura em pH 5. (Cortesia de Mark Girvin, Albert Einstein College of Medicine, EUA. PDBids [*a*] 1C99 e [*b*] 1C0V.)

Comparações das estruturas obtidas por RM da subunidade *c* em pH 8 e em pH 5 (Fig. 22.46), nos quais o Asp 61 está, respectivamente, sem o próton e protonado, revelam que sua principal alteração conformacional com a protonação é uma rotação de ~140° no sentido horário (conforme observado olhando-se do lado de F_1) de sua hélice C-terminal contendo o Asp 61, com relação à hélice N-terminal. Uma vez que a hélice C-terminal é a hélice externa do anel *c* (Fig. 22.39*b*), isso sugere que, com a protonação, a rotação da hélice C-terminal empurra mecanicamente a subunidade *a* justaposta, de forma a causar uma rotação do anel *c* na direção indicada na Fig. 22.45.

D. *Desacoplamento da fosforilação oxidativa*

O transporte de elétrons (a oxidação do NADH e do $FADH_2$ pelo O_2) e a fosforilação oxidativa (a síntese de ATP) em geral estão firmemente acoplados, devido à impermeabilidade da membrana mitocondrial interna à passagem de prótons.

Dessa forma, o único modo do H^+ voltar à matriz é através da porção F_0 da ATP-sintase transladadora de prótons. No estado de repouso, quando a fosforilação oxidativa é mínima, a força próton-motriz da membrana mitocondrial interna aumenta até o ponto em que a energia livre para bombear prótons adicionais é maior que aquela que a cadeia transportadora de elétrons é capaz de fornecer, de modo que o transporte de elétrons é então inibido. Entretanto, muitos compostos, como o **2,4-dinitrofenol** (**DNF**) e o **carbonilcianeto-*p*-trifluorometoxifenil-hidrazona** (**FCCP**), são capazes de "desacoplar" esses processos. A hipótese quimiosmótica fornece uma razão lógica para compreender o mecanismo pelo qual esses desacopladores atuam.

A presença, na membrana mitocondrial interna, de um agente que seja capaz de torná-la permeável ao H^+, desacopla a fosforilação oxidativa do transporte de elétrons, pois fornece uma via para a dissipação da força próton-motriz que não requer a síntese de ATP. O desacoplamento, portanto, permite que o transporte de elétrons prossiga sem ser reprimido, mesmo quando a síntese de ATP está inibida. O DNF e o FCCP são ácidos fracos e lipofílicos, que cruzam membranas facilmente. Em um gradiente de pH, eles ligam prótons no lado da membrana com maior acidez, difundem-se através dela e liberam esses prótons no lado alcalino, dissipando assim o gradiente (Fig. 22.47). Desse modo, *tais desacopladores são ionóforos transportadores de prótons* (Seção 20.2C).

Mesmo antes do mecanismo de desacoplamento ser conhecido, sabia-se que a taxa metabólica era aumentada por tais compostos. Estudos realizados na Universidade de Stanford, no início no século XX, documentaram aumento na respiração e perda de peso causados pelo DNP. O composto foi até mesmo utilizado por diversos anos como "pílula de emagrecimento". Nas palavras de Efraim Racker (*A New Look at Mechanisms in Bioenergetics, p. 155*):

> *A despeito dos avisos dos cientistas de Stanford, alguns médicos arrojados começaram a administrar dinitrofenol a pacientes obesos sem precauções adequadas. Os resultados foram surpreendentes. Infelizmente, em alguns casos o tratamento eliminou não apenas a gordura, mas também os pacientes, e diversas mortes foram relatadas no Journal of the American Medical Association, em 1929. Isso desencorajou os médicos durante um certo tempo ...*

a. O desacoplamento controlado hormonalmente no tecido adiposo marrom funciona para gerar calor

A dissipação de um gradiente eletroquímico de H^+, gerado pelo transporte de elétrons e desacoplado da síntese de ATP, produz calor. A geração de calor é a função fisiológica do **tecido adiposo marrom** (**gordura marrom**). Esse tecido é distinto do tecido adiposo típico (branco), pois, além de conter grandes quantidades de triacilgliceróis, contém numerosas mitocôndrias, cujos citocromos apresentam a cor marrom. Mamíferos recém-nascidos que não apresentam pelo, como os humanos, assim como mamíferos que hibernam, contêm gordura marrom em seus pescoços e na parte superior do dorso, e essa gordura funciona na **termogênese sem tremores**, ou seja, como um "acolchoado biológico de aquecimento". (A hidrólise de ATP que ocorre durante as

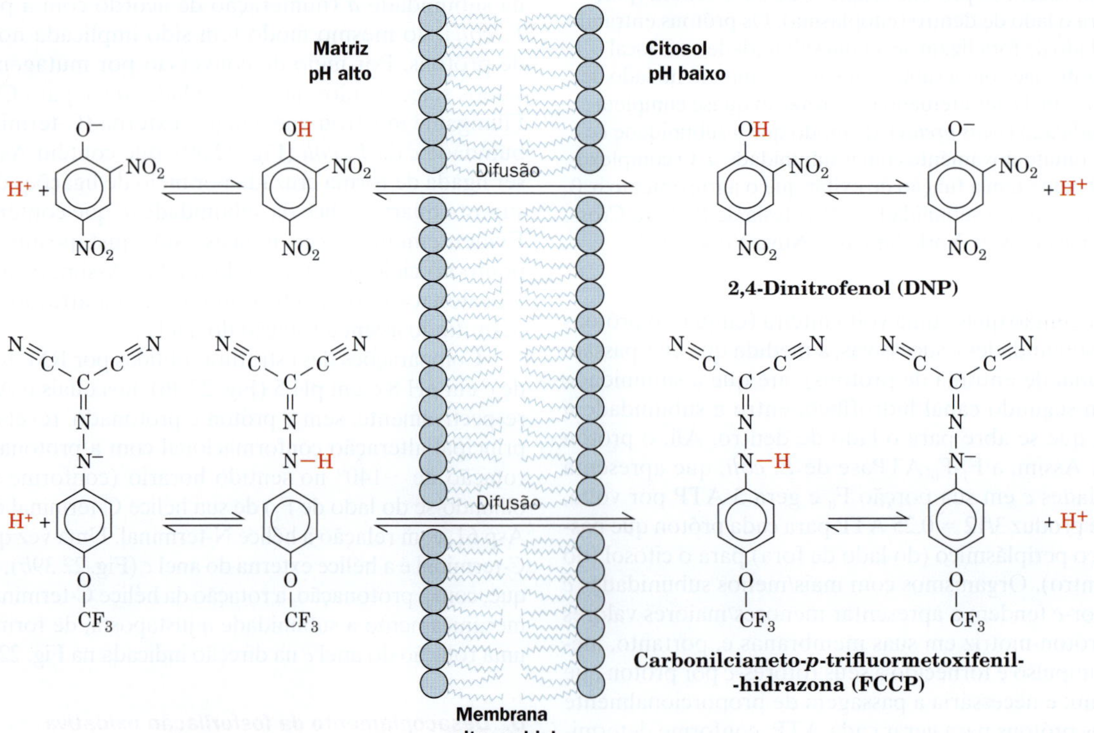

FIGURA 22.47 Desacoplamento da fosforilação oxidativa. Os ionóforos transportadores de prótons DNP e FCCP desacoplam a fosforilação oxidativa do transporte de elétrons, pois desfazem o gradiente eletroquímico de prótons gerado pelo transporte de elétrons.

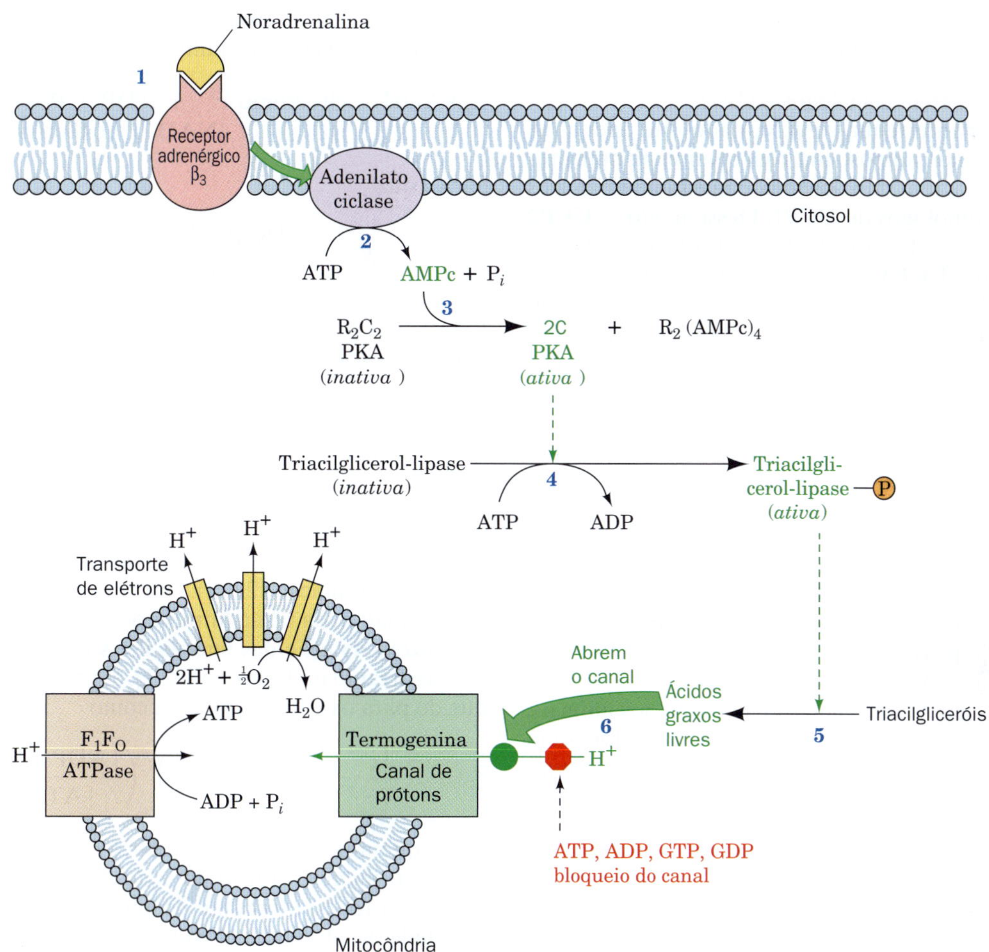

FIGURA 22.48 **Mecanismo, induzido por hormônio, do desacoplamento da fosforilação oxidativa em mitocôndria de gordura marrom.** (**1**) A noradrenalina liga-se a um receptor adrenérgico β_3. (**2**) O complexo noradrenalina-receptor estimula a proteína G heterotrimérica associada a ativar a adenilato-ciclase (*seta verde na parte superior*), a qual sintetiza AMPc. (**3**) A ligação do AMPc ativa a proteína-cinase A (PKA). (**4**) A PKA fosforila a triacilglicerol-lipase sensível a hormônio, que assim é ativada. (**5**) Triacilgliceróis são hidrolisados, produzindo ácidos graxos livres. (**6**) Ácidos graxos livres sobrepassam o bloqueio de nucleotídeos purinérgicos no canal de prótons formado pela termogenina (*seta verde na parte inferior*), permitindo ao H^+ entrar na mitocôndria e desacoplando a síntese de ATP.

contrações musculares nos tremores – ou em qualquer outro movimento – também produz calor. A termogênese sem tremores realizada com utilização de substratos é discutida na Seção 17.4Fi).

O mecanismo de produção de calor na gordura marrom envolve o desacoplamento regulado da fosforilação oxidativa em suas mitocôndrias. Essas mitocôndrias contêm a proteína **termogenina** (também denominada **proteína desacopladora** [**UCP**, de *uncoupling protein*]), um homodímero transmembrana cujas subunidades, que contêm 307 resíduos, atuam como um canal, controlando a permeabilidade da membrana mitocondrial interna a prótons. Em animais adaptados ao frio, a termogenina constitui até 15% das proteínas da membrana mitocondrial interna das mitocôndrias da gordura marrom. O fluxo de prótons nesse canal proteico é inibido por concentrações fisiológicas de nucleotídeos púricos (ADP, ATP, GDP, GTP), mas essa inibição pode ser superada na presença de ácidos graxos livres. Os componentes desse sistema interagem sob controle hormonal.

Nas mitocôndrias da gordura marrom, a termogênese é ativada por ácidos graxos livres. Esses compostos neutralizam os efeitos inibitórios dos nucleotídeos púricos, de modo a estimular o fluxo através do canal de prótons, desacoplando o transporte de elétrons da fosforilação oxidativa. *A concentração de ácidos graxos no tecido adiposo marrom é controlada pelo hormônio suprarrenal noradrenalina (também chamada noradrenalina; Seção 18.3E), para o qual o AMPc atua como segundo mensageiro* (Seção 18.3). A noradrenalina liga-se ao **receptor adrenérgico do tipo β_3**, um receptor acoplado à proteína G (GPCR), o qual, por meio de uma proteína G heterotrimérica associada, estimula a adenilato-ciclase a sintetizar AMPc (Fig. 22.48), conforme descrito na Seção 19.2. O AMPc, por sua vez, ativa alostericamente a proteína-cinase A (PKA, de *protein kinase A*), que ativa, por fosforilação, a **triacilglicerol-lipase sensível a hormônio** (Seção 25.5). A lipase ativada, então, hidrolisa triacilgliceróis, produzindo ácidos graxos livres, que abrem o canal de prótons da termogenina. A transcrição do gene que codifica a termogenina é estimulada pelo hormônio da tireoide, a tri-iodotironina (T3; Seção 19.1D).

b. Outros tecidos contêm homólogos da UCP

Embora originalmente tenha-se acreditado que apenas as mitocôndrias do tecido adiposo marrom continham uma proteína desacopladora, tem sido observado que também outros tecidos contêm homólogos de UCP1. Desse modo, a **UCP2** é expressa em muitos tecidos, inclusive no tecido adiposo branco, enquanto a **UCP3** ocorre em ambos os tecidos adiposos, marrom e branco, e também no músculo. Essas proteínas podem ajudar a regular as taxas metabólicas, e variações nos níveis ou na atividade das UCPs poderiam explicar por que algumas pessoas parecem ter um metabolismo "rápido" ou "lento" (Seção 27.3E). As UCPs estão sendo estudadas como alvo para o tratamento da obesidade, pois o aumento de sua atividade poderia desacoplar a respiração da síntese de ATP, assim permitindo que os combustíveis metabólicos armazenados (especialmente gordura) sejam metabolisados. As recentes descobertas de que humanos adultos apresentam pequenos depósitos de gordura marrom, que são ativados pelo frio, tornou atraente essa estratégia para a perda de peso, embora seja possível que o estímulo das UCPs possa levar a um aumento compensatório no apetite.

Proteínas desacopladoras não são limitadas aos animais. Algumas plantas expressam proteínas desacopladoras em resposta ao estresse por frio ou para aumentar a temperatura das flores, possivelmente com a finalidade de aumentar a vaporização do aroma para atrair agentes de polinização.

4 CONTROLE DA PRODUÇÃO DE ATP

Uma mulher adulta típica requer cerca de 1.500 a 1.800 kcal (6.300 a 7.500 kJ) de energia metabólica por dia. Isso corresponde à energia livre da hidrólise de mais de 200 moles de ATP a ADP e P_i. Ainda assim, a quantidade total de ATP presente no organismo em um dado momento é $< 0{,}1$ mol; obviamente, esse escasso suprimento de ATP deve ser continuamente reciclado. Como será visto, quando carboidratos funcionam como substrato para a produção de energia e condições aeróbias prevalecem, essa reciclagem envolve glicogenólise, glicólise, ciclo do ácido cítrico e fosforilação oxidativa.

Obviamente, a necessidade de ATP não é constante. Há uma variação de 100 vezes na utilização de ATP entre o sono e a atividade física vigorosa. *As atividades das vias produtoras de ATP estão sob estrito e coordenado controle, de modo que o ATP nunca é produzido mais rapidamente do que é necessário.* Já foram discutidos os mecanismos de controle da glicólise, da glicogenólise e do ciclo do ácido cítrico (Seções 17.4, 18.3 e 21.4). Nesta seção, serão discutidos os mecanismos pelos quais a fosforilação oxidativa é controlada e como todos os quatro sistemas estão sincronizados para produzir ATP precisamente na velocidade necessária a qualquer dado momento.

A. Controle da fosforilação oxidativa

Na discussão a respeito do controle da glicólise, foi visto que a maioria das reações em uma via metabólica funciona próxima ao equilíbrio. *As poucas reações irreversíveis constituem potenciais pontos de controle das vias e, normalmente, são catalisadas por enzimas regulatórias, sob controle alostérico.* No caso da fosforilação oxidativa, a via do NADH ao citocromo c funciona próxima ao equilíbrio ($\Delta G \approx 0$):

$$\tfrac{1}{2}\text{NADH} + \text{citocromo } c^{3+} + \text{ADP} + \text{P}_i \rightleftharpoons \tfrac{1}{2}\text{NAD}^+ + \text{citocromo } c^{2+} + \text{ATP}$$

para a qual

$$K_{\text{eq}} = \left(\frac{[\text{NAD}^+]}{[\text{NADH}]}\right)^{1/2} \frac{[c^{2+}]}{[c^{3+}]} \frac{[\text{ATP}]}{[\text{ADP}][\text{P}_i]} \qquad [22.2]$$

Essa via é, portanto, facilmente reversível pela adição de ATP. *A reação da citocromo c-oxidase, entretanto, a última etapa da cadeia de transporte de elétrons, é irreversível e é, assim, um dos sítios reguladores importantes nessa via.* A citocromo c-oxidase, em contraste com a maioria dos sistemas enzimáticos regulatórios, parece ser controlada exclusivamente pela disponibilidade de um de seus substratos, o citocromo c reduzido (c^{2+}). Uma vez que esse substrato está em equilíbrio com o restante do sistema acoplado da fosforilação oxidativa (Equação [22.2]), sua concentração depende, em última análise, da razão intramitocondrial $[\text{NADH}]/[\text{NAD}^+]$ e da **razão da ação das massas do ATP** ($[\text{ATP}]/[\text{ADP}][\text{P}_i]$). Pelo rearranjo da Equação [22.2], a razão de citocromo c reduzido para oxidado é expressa como

$$\frac{[c^{2+}]}{[c^{3+}]} = \left(\frac{[\text{NADH}]}{[\text{NAD}^+]}\right)^{1/2} \left(\frac{[\text{ADP}][\text{P}_i]}{[\text{ATP}]}\right) K_{\text{eq}} \qquad [22.3]$$

Consequentemente, quanto maior a razão $[\text{NADH}]/[\text{NAD}^+]$ e quanto menor a razão da ação das massas para o ATP, maior é a $[c^{2+}]$ (citocromo c reduzido) e, assim, maior é a atividade da citocromo c-oxidase.

Como esse sistema pode ser afetado por alterações na atividade física? Em um indivíduo em repouso, a hidrólise de ATP para ADP e P_i é mínima e a razão da ação das massas do ATP é alta; a concentração de citocromo c reduzido é baixa, portanto, e a fosforilação oxidativa é mínima. Um aumento na atividade física resulta em aumento na hidrólise de ATP a ADP e P_i, diminuindo assim a razão da ação das massas do ATP e aumentando a concentração de citocromo c reduzido. Isso resulta em um aumento na velocidade de transporte de elétrons e na fosforilação oxidativa acoplada. Tal controle da fosforilação oxidativa pela razão da ação das massas do ATP é denominado **controle pelo aceptor**, pois a velocidade da fosforilação oxidativa aumenta com a concentração de ADP, o aceptor do grupo fosforila. Em termos de um sistema de suprimento-demanda (Seção 17.4D), o controle pelo aceptor é compreendido como um controle pelo bloco de demanda.

A compartimentalização da célula em mitocôndria, onde o ATP é sintetizado, e citoplasma, onde ele é utilizado, apresenta um interessante problema de controle: em última análise, é a razão da ação das massas do ATP no citosol ou na matriz mitocondrial a controladora da fosforilação oxidativa? Obviamente, a razão da ação das massas do ATP que exerce controle direto deve ser aquela da matriz mitocondrial, onde o ATP é sintetizado. Entretanto, a membrana mitocondrial interna, que é impermeável a nucleotídeos da adenina e ao P_i, depende de sistemas específicos de transporte para manter a comunicação entre os dois compartimentos (Seção 20.4C). Essa organização torna possível que o transporte de nucleotídeos de adenina ou P_i participem do controle da fosforilação oxidativa.

Um considerável esforço de pesquisa tem sido dirigido para a determinação da forma como a fosforilação oxidativa é controlada em termos de análise de controle metabólico. Por exemplo, Hans Westerhoff e Martin Kushmerick empregaram RM (para ^{31}P) para medir as razões ATP/ADP em músculo do antebraço humano em repouso e durante contrações rápidas causadas por estimulação elétrica externa (o espectro de RM do ^{31}P para o ATP é mostrado na Fig. 16.15). Em condições de demanda de ATP baixa a moderada, a razão da ação das massas citosólica, conforme controlada pelo bloco de demanda do sistema, parece ser o principal fator controlador para a oxidação mitocondrial. Entretanto, conforme outros laboratórios mostraram, à medida que a demanda por ATP aumenta, o transladador ATP-ADP exerce maior controle até que, finalmente, quando a demanda por ATP é alta, o controle desloca-se para o bloco de suprimento do sistema, a própria fosforilação oxidativa.

B. *Controle coordenado da produção de ATP*

A glicólise, o ciclo do ácido cítrico e a fosforilação oxidativa constituem as principais vias para a produção celular de ATP. O controle da fosforilação oxidativa pela razão da ação das massas do ATP depende, naturalmente, de um suprimento adequado de elétrons como substrato para a cadeia de transporte de elétrons. Esse aspecto do controle do sistema é, por sua vez, dependente da razão [NADH]/[NAD^+] (Equação [22.3]), a qual é mantida alta pela ação combinada da glicólise e do ciclo do ácido cítrico, convertendo 10 moléculas de NAD^+ em NADH por molécula de glicose oxidada (Fig. 22.1). É claro, portanto, que é necessário um controle coordenado para os três processos. Isso é obtido com a regulação de cada um dos pontos de controle da glicólise (hexocinase, fosfofrutocinase [PFK, de *phosphofructokinase*] e piruvato-cinase) e do ciclo do ácido cítrico (piruvato-desidrogenase, citrato-sintase, isocitrato-desidrogenase e α-cetoglutarato-desidrogenase) por nucleotídeos da adenina ou NADH ou ambos, assim como por certos metabólitos (Fig. 22.49).

a. O citrato inibe a glicólise

Os principais pontos de controle da glicólise e do ciclo do ácido cítrico são regulados por diversos efetores, além dos nucleotídeos da adenina e do NADH (Fig. 22.49). Esse é um sistema extremamente complexo, com demandas complexas. Seus muitos efetores, os quais estão envolvidos em diversos aspectos do metabolismo, aumentam sua sensibilidade regulatória. Um efeito regulatório especialmente interessante é a inibição da PFK por citrato. Quando a demanda por ATP diminui, [ATP] aumenta e [ADP] diminui. O ciclo do ácido cítrico diminui sua velocidade nas reações da isocitrato-desidrogenase (ativada

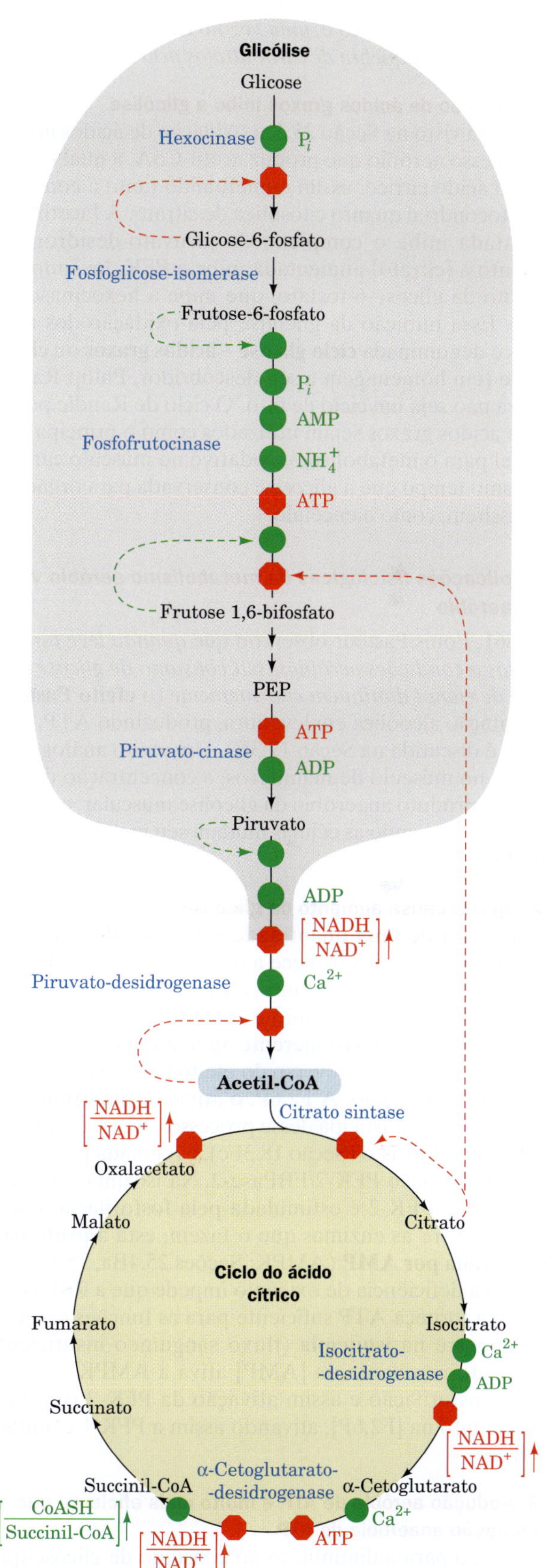

FIGURA 22.49 Diagrama esquemático, descrevendo o controle coordenado da glicólise e do ciclo do ácido cítrico por ATP, ADP, AMP, P_i, Ca^{2+} e pela razão [NADH]/[NAD^+] (as setas verticais indicam aumentos nessa razão). Aqui o ponto verde significa ativação e um octágono vermelho representa inibição. (Segundo Newsholme, E.A., e Leech, A.R., *Biochemistry for the Medical Sciences*, p. 316 e 320, Wiley [1983].)
Ver Figuras animadas

por ADP) e da α-cetoglutarato-desidrogenase (inibida por ATP), fazendo com que a concentração de citrato aumente. O citrato pode deixar a mitocôndria por meio de um sistema transportador específico e, *uma vez no citosol, atua restringindo uma posterior quebra de carboidratos pela inibição da PFK.*

b. A oxidação de ácidos graxos inibe a glicólise

Como será visto na Seção 25.2, a oxidação de ácidos graxos é um processo aeróbio que produz acetil-CoA, a qual entra no ciclo do ácido cítrico, assim aumentando tanto a concentração mitocondrial quanto citosólica de citrato. A [acetil-CoA] aumentada inibe o complexo da piruvato-desidrogenase enquanto a [citrato] aumentada inibe a PFK, levando a um aumento da glicose-6-fosfato, que inibe a hexocinase (Fig. 22.49). Essa inibição da glicólise pela oxidação dos ácidos graxos é denominada **ciclo glicose – ácidos graxos** ou **ciclo de Randle** (em homenagem a seu descobridor, Philip Randle), embora não seja um ciclo de fato. O ciclo de Randle permite que os ácidos graxos sejam utilizados como o principal combustível para o metabolismo oxidativo no músculo cardíaco, ao mesmo tempo que a glicose é conservada para órgãos que a necessitem, como o encéfalo.

C. *Implicações fisiológicas do metabolismo aeróbio* versus *anaeróbio*

Em 1861, Louis Pasteur observou que *quando leveduras são expostas a condições aeróbias, seu consumo de glicose e produção de etanol diminuem enormemente* (o **efeito Pasteur**; a fermentação alcoólica em levedura, produzindo ATP, CO_2 e etanol, é discutida na Seção 17.3B). Um efeito análogo é observado no músculo de mamíferos; a concentração de ácido láctico, o produto anaeróbio da glicólise muscular, cai significativamente quando as células mudam seu metabolismo para o modo aeróbio.

a. A hipoxia causa aumento da glicólise

Na presença de uma quantidade suficiente de oxigênio, a fosforilação oxidativa fornece a maior parte do ATP necessário ao organismo. Entretanto, durante uma **hipóxia** (quando a quantidade de oxigênio é limitante), a glicólise deve ser estimulada (com seu inerente aumento na velocidade de consumo de glicose; o reverso do efeito Pasteur) para fornecer o ATP necessário. A F2,6P, o ativador mais potente da PFK-1, também participa desse processo. A concentração de F2,6P, como foi visto (Seção 18.3Fc), é regulada pela enzima com dupla função PFK-2/FBPase-2. Na isozima cardíaca, a atividade da PFK-2 é estimulada pela fosforilação em sua Ser 466. Entre as enzimas que o fazem, está a **proteína-cinase ativada por AMP** (AMPK; Seções 25.4Ba, 25.5 e 27.1). Quando a deficiência de oxigênio impede que a fosforilação oxidativa forneça ATP suficiente para as funções cardíacas, como ocorre na **isquemia** (fluxo sanguíneo insuficiente), o aumento resultante na [AMP] ativa a AMPK. A consequente fosforilação e assim ativação da PFK-2 resulta em um aumento na [F2,6P], ativando assim a PFK-1 e, então, a glicólise.

b. A produção aeróbia de ATP é muito mais eficiente que a produção anaeróbia de ATP

Uma razão para a diminuição no consumo de glicose quando ocorre a troca do metabolismo anaeróbio para o aeróbio torna-se clara a partir de um exame das estequiometrias das quebras anaeróbia e aeróbia da glicose ($C_6H_{12}O_6$).

Glicólise anaeróbia:

$$C_6H_{12}O_6 + 2ADP + 2P_i \longrightarrow 2\text{ lactato} + 2H^+ + 2H_2O + 2ATP$$

Metabolismo aeróbico da glicose:

$$C_6H_{12}O_6 + 32ADP + 32P_i + 6O_2 \longrightarrow 6CO_2 + 38H_2O + 32ATP$$

(2,5 ATPs para cada um dos 10 NADHs gerados por molécula de glicose oxidada, 1,5 ATP para cada um dos 2 $FADH_2$ gerados, 2 ATPs produzidos na glicólise e 2 GTPs $\rightleftharpoons$ 2 ATPs produzidos no ciclo do ácido cítrico.) Assim, *o metabolismo aeróbio é 16 vezes mais eficiente que a glicólise anaeróbia na produção de ATP.* A mudança para o metabolismo aeróbio, portanto, aumenta rapidamente a razão da ação das massas do ATP. À medida que a razão da ação das massas do ATP aumenta, a velocidade de transporte de elétrons diminui, o que causa um aumento na relação [NADH] / [NAD^+]. O aumento nas [ATP] e [NADH] inibe suas enzimas-alvo no ciclo do ácido cítrico e na via glicolítica. *A atividade da PFK, que é regulada por citrato, por nucleotídeos da adenina e é uma das enzimas controladoras da velocidade da glicólise, diminui muitas vezes quando da mudança do metabolismo anaeróbio para aeróbio. Isso explica o dramático decréscimo na glicólise.*

c. A glicólise anaeróbia apresenta tanto vantagens como limitações

Os animais podem sustentar a glicólise anaeróbia apenas durante curtos períodos de tempo. Isso ocorre porque a PFK, que não pode funcionar de maneira eficiente muito abaixo do pH 7, é inibida pela acidificação que ocorre com a produção de ácido láctico. Apesar dessa limitação, e da baixa eficiência da produção glicolítica de ATP, *as enzimas da glicólise estão presentes em concentrações tão grandes que, quando não estão inibidas, o ATP pode ser produzido muito mais rapidamente que pela fosforilação oxidativa.*

As diferentes características do metabolismo aeróbio em relação ao anaeróbio nos permitem compreender certos aspectos do metabolismo de células tumorais e de doenças cardiovasculares.

d. Metabolismo de células tumorais

Como foi inicialmente observado por Warburg em 1926, certas células tumorais produzem mais ácido láctico que células normais em condições aeróbias. Isso ocorre porque a via glicolítica nessas células produz piruvato mais rapidamente do que o ciclo do ácido cítrico pode consumir. Como isso pode ocorrer, dados os controles entrelaçados desse sistema? Uma explicação é que esses controles podem ter sido rompidos nas células cancerosas. Outra explicação é que sua utilização de ATP ocorre em taxas muito rápidas para que ele seja reposto pela fosforilação oxidativa. Isso alteraria as razões entre os nucleotídeos da adenina, de forma a aliviar a inibição sobre a PFK-1. Além disso, muitas linhagens de células tumorais apresentam [F2,6P] muito maior que células normais. Essas células contêm uma isozima induzível de PFK-2/FBPase-2, que apresenta um sítio fosforilável pela AMPK para ativação da PFK-2. Consequentemente, qualquer aumento na [AMP] nessas células resulta em aumento em sua [F2,6P], que ativa ainda mais a PFK-1 e a glicólise. Esforços no sentido de compreender as diferenças metabólicas entre células tumorais e normais podem por fim levar a um tratamento de certas formas dessa doença devastadora.

e. Doenças cardiovasculares

A privação de oxigênio em certos tecidos, em função de doenças cardiovasculares, é um tópico de grande interesse para a medicina. Por exemplo, duas das causas de morte mais comuns na população humana, o **infarto do miocárdio** (ataque cardíaco) e **acidentes vasculares cerebrais** (derrames e isquemias), são causados pela interrupção do fornecimento sanguíneo (O_2) a uma parte do coração ou do encéfalo, respectivamente. A razão pela qual isso resultaria na interrupção da atividade celular parece óbvia, mas por que causa morte celular?

Na ausência de O_2, uma célula, que nesse momento conta apenas com a glicólise para a produção de ATP, gasta rapidamente seus estoques de fosfocreatina (uma fonte de rápida produção de ATP; Seção 16.4Cd) e glicogênio. À medida que a produção de ATP cai abaixo da quantidade necessária para as bombas iônicas da membrana manterem concentrações iônicas intracelulares adequadas, o balanço osmótico do sistema é rompido, de modo que a célula e suas organelas envolvidas por membranas começam a inchar. Como resultado, as membranas tornam-se superdistendidas e permeáveis, perdendo seus conteúdos. (De fato, um critério diagnóstico útil para o infarto do miocárdio é a presença, no sangue, de enzimas específicas do músculo cardíaco, como a isozima do tipo H para a lactato-desidrogenase [enquanto a isozima do tipo M predomina no músculo esquelético; Seção 17.3A], que vaza do tecido cardíaco necrótico [morto].) Além disso, a diminuição no pH intracelular que acompanha a glicólise anaeróbia (devido à produção de ácido láctico; Seção 17.3A) permite que enzimas lisossômicas liberadas (as quais são ativas apenas em pH ácido) degradem o conteúdo celular. Assim, o cessar da atividade metabólica resulta em dano celular irreversível. Tecidos que respiram rapidamente, como os tecidos cardíaco e nervoso, são especialmente suscetíveis a tais danos.

f. IF_1 Inibe a F_1-F_0-ATPase durante a hipoxia

Em condições de hipóxia, a força próton-motriz da membrana mitocondrial interna é reduzida a tal ponto que a F_1-F_0-ATPase mudaria sua ação da síntese para hidrólise de ATP, resultando em uma perda catastrófica de ATP. Isso é impedido pela interação da F_1-F_0-ATPase com uma proteína reguladora de 84 resíduos, denominada $\mathbf{IF_1}$. Em condições fisiológicas normais, a IF_1 forma tetrâmeros inativos e oligômeros de alta ordem. Entretanto, quando o pH cai abaixo de 6,5, o que ocorre em condições anaeróbias devido à produção de ácido láctico, a IF_1 forma dímeros, em que suas subunidades, constituídas quase completamente por hélices α, associam-se via uma hélice em espiral antiparalela envolvendo seus resíduos 48 a 84. A estrutura por raios X da F_1 em complexo com AMPPNP e IF_1, determinada por Leslie e Walker, revela que cada segmento N-terminal do dímero da IF_1 está ligado à interface α_{DP}-β_{DP} (Fig. 22.38*b*) de uma F_1 separada. Isso prende o AMPPNP e, presumivelmente, o ATP no sítio de ligação β_{DP}, o que o impediria de hidrolisar o ATP (uma vez que AMPPNP, em vez de ADP, está ligado a β_{DP}, sugere-se que essa estrutura seja de uma etapa pré-hidrólise na reação catalítica). Quando o oxigênio torna-se disponível, a célula dispõe novamente de energia e seu pH aumenta, causando a dissociação da proteína IF_1, que se separa de F_1-F_0, o qual começa então a sintetizar o ATP.

g. Redução parcial no oxigênio produz espécies reativas de oxigênio (EROs)

Embora a redução do O_2 por quatro elétrons, transferidos pela citocromo c*-oxidase, normalmente se dê de forma a completar-se, a enzima libera, de modo não frequente, espécies reativas de oxigênio (EROs) parcialmente reduzidas, que reagem facilmente com uma variedade de componentes celulares.* A ERO mais conhecida é o radical superóxido, $O_2^{-}\cdot$. Esse radical também é produzido a partir do vazamento ocasional de elétrons dos Complexos I e III:

$$O_2 + e^- \longrightarrow O_2^{\overline{\cdot}}$$

Sua produção é aumentada em condições de hipóxia.

O radical superóxido é um precursor de outras espécies reativas. A protonação do $O^{\overline{\cdot}}$ produz $\mathbf{HO_2\cdot}$, um oxidante muito mais forte que o $O_2^{\overline{\cdot}}$. A espécie de oxigênio mais potente nos sistemas biológicos é provavelmente o **radical hidroxila**, que forma-se a partir do relativamente inofensivo peróxido de hidrogênio (H_2O_2):

$$H_2O_2 + Fe^{2+} \longrightarrow \cdot OH + OH^- + Fe^{3+}$$

O radical hidroxila também é formado por meio da reação do superóxido com H_2O_2:

$$O_2^{\overline{\cdot}} + H_2O_2 \longrightarrow O_2 + OH^- + \cdot OH$$

As EROs extraem facilmente elétrons de outras moléculas, convertendo-as em radicais livres e assim iniciando uma reação em cadeia.

A natureza randômica dos ataques de EROs torna difícil caracterizar seus produtos reacionais, mas todas as classes de moléculas biológicas são suscetíveis ao dano oxidativo causado pelos radiciais livres. A oxidação de lipídeos poli-insaturados em células pode romper as estruturas das membranas e o dano oxidativo ao DNA pode resultar em mutações pontuais. A função enzimática pode também ser comprometida por meio de reações dos radicais com cadeias laterais de seus resíduos de aminoácidos. Uma vez que a mitocôndria é o sítio da maior parte do metabolismo oxidativo da célula, seus lipídeos, DNA e proteínas sofrem a maior parte do ataque causado pelos radicais livres.

Diversas doenças degenerativas, incluindo as doenças de Parkinson, Alzheimer e Huntington, estão associadas com danos oxidativos à mitocôndria. Tais observações levaram à teoria dos radicais livres e envelhecimento, que considera que *as reações causadas pelos radicais livres durante o decurso do metabolismo oxidativo normal são, pelo menos em parte, responsáveis pelo processo de envelhecimento.* De fato, indivíduos com defeitos congênitos em seu DNA mitocondrial sofrem de uma variedade de sintomas típicos da idade avançada, incluindo dificuldades neuromotoras, surdez e demência. Esses defeitos genéticos podem aumentar a suscetibilidade das mitocôndrias aos danos produzidos pelas EROs.

h. As células estão equipadas com mecanismos antioxidantes

Antioxidantes são capazes de eliminar radicais livres oxidativos, como $O_2^{\overline{\cdot}}$ e $\cdot OH$. Em 1969, Irwin Fridovich descobriu que a enzima **superóxido-dismutase (SOD),** que está presente em quase todas as células, catalisa a conversão do $O_2^{\cdot-}$ em H_2O_2:

$$2O_2^{\cdot-} + 2H^+ \longrightarrow H_2O_2 + O_2$$

A SOD mitocondrial e a SOD bacteriana são ambas tetrâmeros que contêm Mn^{2+}; a SOD citosólica dos eucariotos é um dímero, que contém tanto íons Cu^{2+} quanto Zn^{2+}. Embora a taxa de degradação não enzimática do superóxido seja ~$2 \times 10^5\ M^{-1} \cdot s^{-1}$, aquela da reação catalisada pela Cu,Zn-SOD é ~$2 \times 10^9\ M^{-1} \cdot s^{-1}$, próxima ao limite de controle por difusão (Seção 14.2Bb). Isso é realizado, aparentemente, por orientação eletrostática do substrato superóxido, negativamente carregado, no centro ativo da enzima (Fig. 14.10).

O H_2O_2 é degradado em água e oxigênio por enzimas como a **catalase**, que catalisa a reação

$$2H_2O_2 \longrightarrow 2H_2O + O_2$$

e a **glutationa-peroxidase**, que utiliza glutationa (GSH; Seção 21.2Ba) como agente redutor:

$$2GSH + H_2O_2 \longrightarrow GSSG + 2H_2O$$

Essa última enzima também catalisa a degradação de hidroperóxidos orgânicos. Alguns tipos de glutationa-peroxidase necessitam Se para sua atividade, e essa é uma das razões pelas quais o Se parece ter atividade antioxidante.

Outros potenciais antioxidantes são compostos derivados de plantas, como o ácido ascórbico (vitamina C; Seção 11.1Cb) e a **vitamina E**, um grupo de compostos cujo membro mais proeminente é o **α-tocoferol**.

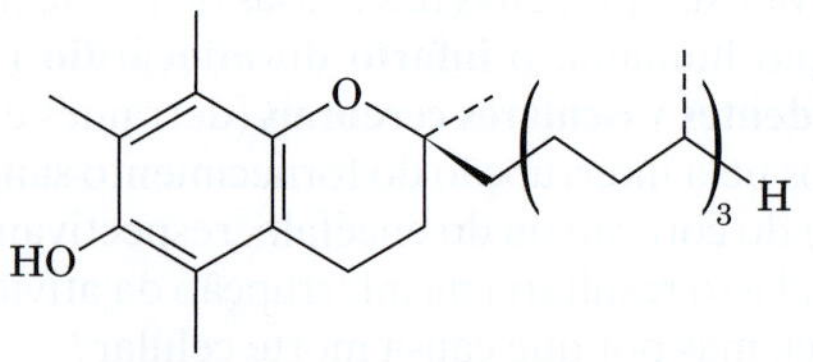

α-Tocoferol (vitamina E)

Esses compostos podem ajudar a proteger plantas de danos oxidativos durante a fotossíntese, um processo no qual H_2O é oxidada a O_2 (Seção 24.2). Testes clínicos, no entanto, indicam que seu uso não contribui para a longevidade em humanos.

RESUMO DO CAPÍTULO

1 A mitocôndria A fosforilação oxidativa é o processo pelo qual o NADH e o $FADH_2$, produzidos pela oxidação de nutrientes, são oxidados, com a formação concomitante de ATP. O processo ocorre na mitocôndria, uma organela elipsoide, envolta por uma membrana externa permeável, contendo também uma membrana interna impermeável e altamente invaginada, que delimita a matriz. As enzimas da fosforilação oxidativa estão embebidas na membrana mitocondrial interna. O P_i é importado para a mitocôndria por uma proteína específica de transporte. Proteínas que importam e que exportam Ca^{2+} operam a fim de manter $[Ca^{2+}]$ citosólica constante. Os elétrons do NADH são importados para a mitocôndria por sistemas de lançadeiras, tais como a lançadeira do glicerol-fosfato e a lançadeira do malato-aspartato.

2 Transporte de elétrons A variação de energia livre padrão para a oxidação do NADH pelo O_2 é $\Delta G°' = -218\ kJ \cdot mol^{-1}$, enquanto a energia para a síntese de ATP a partir de ADP e P_i é $\Delta G°' = 30{,}5\ kJ \cdot mol^{-1}$. Consequentemente, a energia livre molar para a oxidação do NADH pelo O_2 é suficiente para fornecer energia para a síntese de diversos moles de ATP em condições padrão. Os elétrons gerados pela oxidação do NADH e do $FADH_2$ passam por quatro complexos proteicos, a cadeia transportadora de elétrons, com a síntese acoplada de ATP. Os Complexos I, III e IV participam da oxidação do NADH, produzindo ~2,5 ATPs por NADH, enquanto a oxidação do $FADH_2$, que envolve os Complexos II, III e IV, produz apenas ~1,5 ATPs por $FADH_2$. Assim, a razão de moles de ATP produzidos por mol de coenzima oxidada pelo O_2, a razão P/O, é ~2,5 para a oxidação do NADH e ~1,5 para a oxidação do $FADH_2$. A trajetória dos elétrons na cadeia transportadora de elétrons foi elucidada em parte pela utilização de inibidores do transporte de elétrons. A rotenona e o amital inibem o Complexo I, a antimicina inibe o Complexo III e o CN^- inibe o Complexo IV. Também foram utilizadas medidas dos potenciais de redução dos grupos prostéticos carreadores de elétrons, contidos nos complexos transportadores de elétrons.

O Complexo I contém FMN e nove centros ferro-enxofre em um complexo proteico transmembrana, constituído por 45 subunidades (em mamíferos). Esse complexo com formato de L transfere elétrons do NADH para a CoQ, uma pequena molécula apolar, livremente difusível dentro da membrana. O Complexo II, que também é a enzima succinato-desidrogenase do ciclo do ácido cítrico, também transfere elétrons para a CoQ, nesse caso a partir do succinato, através do FAD e de três centros ferro-enxofre. A estrutura por raios X do Complexo II indica que seus cofatores redox estão arranjados em uma cadeia linear. A $CoQH_2$ passa elétrons para o Complexo III (citocromo bc_1), um complexo homodimérico cujos protômeros contêm, cada um, dois núcleos heme do tipo b ligados a uma subunidade de citocromo b, uma proteína ferro-enxofre de Rieske (PFE) e um citocromo c_1. Um elétron do citocromo c_1 do Complexo III é transferido para o centro Cu_A do Complexo IV (citocromo c-oxidase) via uma proteína periférica de membrana, o citocromo c. Esse elétron é então transferido para o citocromo a, que, por sua vez, o transfere para um centro binuclear composto por heme a_3 e Cu_B, que reduz O_2 a H_2O. Esse processo ocorre em quatro etapas, com transferência de um elétron em cada etapa, quando são bombeados quatro prótons da matriz mitocondrial (ou do citoplasma bacteriano) para o espaço intermembrana (ou para o periplasma). Os Complexos I, III e IV formam supercomplexos, o que aumenta a eficiência do transporte de elétrons.

3 Fosforilação oxidativa O mecanismo pelo qual a energia livre liberada pela cadeia transportadora de elétrons é armazenada e utilizada na síntese de ATP é descrito pela hipótese quimiosmótica. Essa hipótese estabelece que a energia livre liberada pelo transporte de elétrons é conservada por meio da produção de um gradiente eletroquímico de prótons através da membrana mitocondrial interna (membrana celular nas bactérias; o lado de fora mais positivo e ácido), o qual é utilizado para a síntese de ATP. O gradiente de prótons é criado e mantido pelo translado forçado de H^+ para o lado de fora da membrana mitocondrial interna, à medida que os elétrons fluem pelos Complexos I, III e IV.

O Complexo III bombeia prótons por meio de um mecanismo envolvendo uma alça redox, denominado ciclo Q, um ciclo duplo bifurcado, em que uma molécula de $CoQH_2$ é oxidada a CoQ e então novamente reduzida a $CoQH_2$ por uma segunda molécula de $CoQH_2$, em um processo que transfere coletivamente quatro prótons do lado interno para o lado externo, ao mesmo tempo em que uma molécula de $CoQH_2$ é oxidada a CoQ. Elétrons são transferidos entre as duas CoQ, que estão ligadas em diferentes sítios, Q_o e Q_i, assim como entre a $CoQH_2$ ligada ao Q_o e o citocromo c_1 via PFE, que sofre uma alteração conformacional nessa reação. O Complexo IV não contém carreadores ($H^+ + e^-$), como a $CoQH_2$, e por essa razão translada prótons por um mecanismo de bombeamento de prótons. A bacteriorrodopsina, a bomba de prótons melhor caracterizada, translada prótons em um processo estimulado pela luz. Isso envolve a isomerização de *trans* para *cis* do grupo prostético retinal da bacteriorrodopsina ao absorver um fóton, seguida pelo translado de um próton através do canal central hidrofílico dessa proteína transmembrana, por um processo que envolve mudanças conformacionais e de p*K* dos grupos polares que revestem o canal, na medida em que o retinal relaxa de volta ao estado fundamental. Acredita-se que o Complexo IV bombeie prótons por um mecanismo semelhante, impulsionado em função de mudanças no estado redox de seu centro binuclear heme a_3–Cu_B, quando este reduz o O_2 a H_2O.

A energia armazenada no gradiente eletroquímico de prótons é utilizada pela ATP-sintase transladadora de prótons (Complexo V, F_1F_0–ATPase) para a síntese de ATP, por meio do mecanismo de mudança na capacidade de ligação, acoplando esse processo ao transporte exergônico de H^+ de volta ao lado interno. A ATP-sintase transladadora de prótons mitocondrial consiste em dois componentes oligoméricos: F_1 ($\alpha_3\beta_3\gamma\delta\varepsilon$), uma proteína periférica de membrana, que aparece como "pirulitos" em micrografias eletrônicas da membrana mitocondrial interna, e F_0 (ab_2c_{12} na *E. coli*), uma proteína integral da membrana, que contém o canal de prótons. As alterações conformacionais que promovem a síntese de ATP a partir de ADP + P_i ocorrem pela já demonstrada rotação da subunidade γ em relação ao conjunto catalítico $\alpha_3\beta_3$, que contém os três sítios ativos da enzima. A subunidade γ está ligada a um anel de subunidades *c* na F_0, cuja rotação é acionada pela passagem de prótons entre ela e a subunidade *a*.

Compostos como o 2,4-dinitrofenol são desacopladores da fosforilação oxidativa, pois transportam H^+ pela membrana mitocondrial, de modo a dissipar o gradiente de prótons, permitindo que o transporte de elétrons continue sem síntese concomitante de ATP. Mitocôndrias da gordura marrom contêm um sistema desacoplador regulado que, sob controle hormonal, produz calor em vez de ATP.

4 Controle da produção de ATP Sob condições aeróbias, a velocidade de síntese de ATP pela fosforilação oxidativa é regulada pela razão da ação das massas do ATP, um fenômeno conhecido como controle pelo aceptor. A síntese de ATP é intimamente acoplada à oxidação de NADH e $FADH_2$ pela cadeia de transporte de elétrons. A glicólise e o ciclo do ácido cítrico são controlados de modo coordenado para produzir NADH e $FADH_2$ somente na velocidade necessária para atender à demanda do sistema por ATP. O IF_1 inibe a hidrólise do ATP pela F_1F_0-ATPase mitocondrial, o que ocorreria em condições de hipóxia. Reações incompletas e colaterais dos Complexos I, III e IV produzem espécies reativas de oxigênio (EROs) capazes de causar danos, as quais são em grande parte eliminadas pela ação de diversas enzimas celulares, notavelmente a superóxido-dismutase.

REFERÊNCIAS

Visão histórica geral

Ernster, L., and Schatz, G., Mitochondria: A historical review, *J. Cell Biol.* **91**, 227s–255s (1981).

Fruton, J.S., *Molecules and life*, p. 262–396, Wiley–Interscience (1972).

Krebs, H., *Otto Warburg. Cell Physiologist, Biochemist, and Eccentric*, Clarendon Press (1981). [Biografia de um dos pioneiros dos estudos bioquímicos da respiração, por um estudante notável.]

Prebble, J., Peter Mitchell and the ox phos wars, *Trends Biochem. Sci.* **27**, 209–212 (2002).

Racker, E., *A New Look at Mechanisms in Bioenergetics*, Academic Press (1976). [Relato pessoal fascinante por um dos mais notáveis colaboradores nesse campo.]

Geral

Nicholls, D.G., and Ferguson, S.J., *Bioenergetics* (3rd ed.), Academic Press (2002). [Uma monografia competente devotada quase inteiramente ao mecanismo da fosforilação oxidativa e às técnicas utilizadas para elucidá-la.]

Schäfer, G., and Penefsky, H. (Eds.) *Bioenergetics*, Springer (2008).

Schultz, B.E., and Chan, S.I., Structures and proton-pumping strategies of mitochondrial respiratory enzymes, *Annu. Rev. Biophys. Biomol. Struct.* **30**, 23–65 (2001).

Mitocôndria

Goodsell, D.S., Mitochondrion, *Biochem. Mol. Biol. Educ.* **38**, 134–140 (2010). [Um guia ilustrado para a mitocôndria.]

Frey, T.G., and Mannella, C.A., The internal structure of mitochondria, *Trends Biochem. Sci.*, **23**, 319–324 (2000).

Frey, T.G., Perkins, G.A., and Ellisman, M.H., Electron tomography of membrane-bound cellular organelles, Annu. Rev. Biophys. Biomol. Struct. 35, 199–224 (2006).

Logan, D.C., The mitochondrial compartment, *J. Exp. Botany* **57**, 1225–1243 (2006).

Scheffler, I.E., *Mitochondria* (2nd ed.). Wiley-Liss (2008).

Transporte de elétrons

Beinert, H., Holm, R.H., and Münck, E., Iron-sulfur clusters: Nature's modular, multipurpose structures, *Science* **277**, 653–659 (1997).

Belevich, I., and Verkhovsky, M.I., Molecular Mechanism of proton translocation by cytochrome *c* oxidase, *Antioxidants Redox Signaling* **10**, 1–29 (2008). [Uma revisão abrangente.]

Brandt, U., Energy converting NADH:quinone oxidoreductase (Complex I), *Annu. Rev. Biochem.* **75**, 69–92 (2006).

Collman, J.P., Rapta, M., Bröring, M., Raptova, L., Schwenninger, R., Boitrel, B., Fu, L., and L'Her, M., Close structural analogues of the cytochrome *c* oxidase Fe_{a3}/Cu_B center show clean $4e^-$ electroreduction of O_2 to H_2O at physiological pH, *J. Am. Chem. Soc.* **121**, 1387–1388 (1999).

Crofts, A.R., The cytochrome bc_1 complex: Function in the context of structure, *Annu. Rev. Physiol.* **66**, 689–733 (2004).

Efremov, R.G., Baradaran, R., and Sazanov, L.A., The architecture of respiratory complex I, *Nature* **465**, 441–445 (2010).

Hinkle, P.C., P/O Ratios of mitochondrial oxidative phosphorylation, *Biochem. Biophys. Acta* **1706**, 1–11 (2005).

Hosler, J.P., Ferguson-Miller, S., and Mills, D.A., Energy transduction: Proton transfer through the respiratory complexes, *Annu. Rev. Biochem.* **75**, 165–187 (2006). [Uma revisão cujo foco é a citocromo *c* oxidase.]

Huang, L., Sun, G., Cobessi, D., Wang, A.C., Shen, J.T., Tung, E.Y., Anderson, V.E., and Berry, E.A., 3-Nitropropionic acid is a suicide inhibitor of mitochondrial respiration that, upon oxidation by Complex II, forms a covalent adduct with a catalytic base arginine in the active site of the enzyme, *J. Biol. Chem.* **281**, 5965–5972 (2006). [Estrutura por raios X do Complexo II de galinha.]

Hunte, C., Koepke, J., Lange, C., Rossmanith, T., and Michel, H., Structure at 2.3 Å resolution of the cytochrome bc_1 complex from the yeast *Saccharomyces cerevisiae* co-crystallized with an antibody Fv fragment, *Structure* **8**, 669–684 (2000).

Iwata, S., Ostermeier, C., Ludwig, B., and Michel, H., Structure at 2.8 Å resolution of cytochrome *c* oxidase from *Paracoccus denitrificans, Nature* **376**, 660–669 (1995).

Iwata, S., Lee, J.W., Okada, K., Lee, J.K., Iwata, M., Rasmussen, B., Link, T.A., Ramaswamy, S., and Jap, B.K., Complete structure of the 11-subunit bovine mitochondrial cytochrome bc_1 complex, *Science* **281**, 64–71 (1998).

Johnson, D.C., Dean, D.R., Smith, A.D., and Johnson, M.K., Structure, function, and formation of biological iron–sulfur clusters, *Annu. Rev. Biochem.* **74**, 247–281 (2005).

Lenaz, G., Fato, R., Genova, M.L., Bergamini, C., Bianchi, C., and Biondi, A., Mitochondrial complex I: Structural and functional aspects, *Biochim. Biophys. Acta* **1757**, 1406–1420 (2006).

Michel, H., Behr, J., Harrenga, A., and Kannt, A., Cytochrome *c* oxidase: Structure and spectroscopy, *Annu. Rev. Biophys. Biomol. Struct.* **27**, 329–356 (1998).

Moser, C.C., Keske, J.M., Warncke, K., Farid, R.S., and Dutton, L.S., Nature of biological electron transfer, *Nature* **355**, 796–802 (1992).

Osyczka, A., Moser, C.C., and Dutton, P.L., Fixing the Q cycle, *Trends Biochem. Sci.* **30**, 176–182 (2005).

Radermacher, M., Ruiz, T., Clason, T., Benjamin, S., Brandt, U., and Zickerman, V., The three dimensional structure of complex I from *Yarrowia lipolytica*: A highly dynamic enzyme, *J. Struct. Biol.* **154**, 269–279 (2006).

Sazanov, L.A. and Hinchliffe, P., Structure of the hydrophilic domain of respiratory Complex I from *Thermus thermophilus*, *Science* **311**, 1430–1436 (2006); *and* Sazanov, L.A., Respiratory Complex I: Mechanistic and structural insights provided by the crystal structure of the hydrophilic domain, *Biochemistry* **46**, 2275–2288 (2007).

Schäfer, E., Dencher, N.A., Vonck, J., and Parcej, D.N., Three dimensional structure of the respiratory supercomplex $I_1III_2IV_1$ from bovine heart mitochondria, *Biochemistry* **46**, 12579–12585 (2007); *and* Vonck, J., and Schäfer, E., Supra-molecular organization of protein complexes in the mitochondrial inner membrane, *Biochim. Biophys. Acta* **1793**, 117–124 (2009).

Solmaz, S.R.N. and Hunte, C., Structure of Complex III with bound cytochrome *c* in reduced state and definition of a minimal core interface for electron transfer, *J. Biol. Chem.* **283**, 17542–17549 (2008); *and* Lange, C. and Hunte, C., Crystal structure of the yeast cytochrome bc_1 complex with its bound substrate cytochrome *c*, *Proc. Natl. Acad. Sci.* **99**, 2800–2805 (2002).

Sun, F., Huo, X., Zhai, Y., Wang, A., Xu, J., Su, D., Bartlam, M., and Rao, Z., Crystal structure of mitochondrial respiratory protein Complex II, *Cell* **121**, 1043–1057 (2005).

Tsukihara, T., Aoyama, H., Yamashita, E., Tomizaki, T., Yamaguchi, H., Shinzawa-Itoh, K., Nakashima, R., Yaono, R., and Yoshikawa, S., The whole structure of the 13-subunit oxidized cytochrome *c* oxidase at 2.8 Å, *Science* **272**, 1136–1144 (1996).

Xia, D., Yu, C.-A., Kim, H., Xia, J.-Z., Kachurin, A.M., Zhang, L., Yu, L., and Deisenhofer, J., Crystal structure of the cytochrome bc_1 complex from heart mitochondria, *Science* **277**, 60–66 (1997).

Yankovskaya, V., Horsefield, R., Törnroth, S., Luna-Chavez, C., Miyoshi, H., Légar, C., Byrne, B., Cecchini, G., and Iwata, S., Architecture of succinate dehydrogenase and reactive oxygen species generation, *Science* **299**, 700–704 (2003).

Yoshikawa, S., et al., Redox-coupled crystal structural changes in bovine heart cytochrome *c* oxidase, *Science* **280**, 1723-1729 (1998); *and* Yoshikawa, S., Beef heart cytochrome *c* oxidase, *Curr. Opin. Struct. Biol.* **7**, 574–579 (1997).

Zhang, Z., Huang, L., Shulmeister, V.M., Chi, Y.-L., Kim, K.K., Huang, L.-W., Crofts, A.R., Berry, E.A., and Kim, S.H., Electron transfer by domain movement in cytochrome bc_1, *Nature* **392**, 677–684 (1998).

Bacteriorrodopsina

Heberle, J., Proton transfer reactions across bacteriorhodopsin and along the membrane, *Biochim. Biophys. Acta* **1458**, 135–147 (2000).

Kühlbrandt, W., Bacteriorhodopsin – the movie, *Nature* **406**, 569–570 (2000).

Lanyi, J.K., Bacteriorhodopsin, *Annu. Rev. Physiol.* **66**, 665–688 (2004).

Fosforilação oxidativa

Abrahams, J.P., Leslie, A.G.W., Lutter, R., and Walker, J.E., Structure at 2.8 Å resolution of F_1-ATPase from bovine heart mitochondria, *Nature* **370**, 621–628 (1994).

Boyer, P.D., The binding change mechanism for ATP synthase–some probabilities and possibilities, *Biochim. Biophys. Acta* **1140**, 215–250 (1993).

Boyer, P.D., The ATP synthase–a splendid molecular machine, *Annu. Rev. Biochem.* **66**, 717–749 (1997).

Capaldi, R., and Aggeler, R., Mechanism of F_1-F_0-type ATP synthase, a biological rotary motor, *Trends Biochem. Sci.* **27**, 154–160 (2002).

Dickson, V.K., Silvester, J.A., Fearnley, I.M., Leslie, A.G.W., and Walker, J.E., On the structure of the stator of the mitochondrial ATP synthase, *EMBO J.* **25**, 2911–2918 (2006).

Gibbons, C., Montgomery, M.G., Leslie, A.G.W., and Walker, J.E., The structure of the central stalk in bovine F_1-ATPase at 2.8 Å resolution, *Nature Struct. Biol.* **7**, 1055–1061 (2000).

Hausrath, A.C., Capaldi, R.A., and Matthews, B.M., The conformation of the ε– and γ-subunits of *Escherichia coli* F_1 ATPase, *J. Biol. Chem.* **276**, 47227–47232 (2001). [Estrutura por raios X da F_1 de *E. Coli*.]

Itoh, H., Takahashi, A., Adachi, K., Noji, H., Yasuda, R., Yoshida, M., and Kinosita, K., Jr., Mechanically driven ATP synthesis by F_1 ATPase, *Nature* **427**, 465–468 (2004).

Klingenberg, M., Mechanism and evolution of the uncoupling protein of brown adipose tissue, *Trends Biochem. Sci.* **15**, 108–112 (1990).

Ma, J., Flynn, T.C., Cui, Q., Leslie, A.G.W., Walker, J.E., and Karplus, M., A dynamic analysis of the rotation mechanism for the conformational change in F_1-ATPase, *Structure* **10**, 921–931 (2002).

Meier, T., Polzer, P., Diederichs, K., Welte, W., and Dimroth, P., Structure of the rotor ring of F-type Na^+-ATPase from *Ilyobacter tartaricus*, *Science* **308**, 659–662 (2005).

Mitchell, P., Vectorial chemistry and the molecular mechanics of chemiosmotic coupling: Power transmission by proticity, *Biochem. Soc. Trans.* **4**, 398–430 (1976).

Nicholls, D.G., and Rial, E., Brown fat mitochondria, *Trends Biochem. Sci.* **9**, 489–491 (1984).

Noji, H., and Yoshida, M., The rotary engine in cell ATP synthase, *J. Biol. Chem.* **276**, 1665–1668 (2001).

Rastogi, V.K., and Girvin, M.E., Structural changes linked to proton translocation by subunit *c* of the ATP synthase, *Nature* **402**, 262–268 (1999); *and* Girvin, M.E., Rastogi, V.K., Abildgaard, F., Markley, J.L., and Fillingame, R.H., Solution structure of the transmembrane H^+-transporting subunit *c* of the ATP synthase, *Biochemistry* **37**, 8817–8824 (1998).

Rubinstein, J.L., Walker, J.E., and Henderson, R., Structure of the mitochondrial ATP synthase by electron cryomicroscopy, *EMBO J.* **22**, 6182–6192 (2003).

Sambongi, Y., Iko, Y., Tanabe, M., Omote, H., Iwamoto-Kihara, A., Ueda, I., Yanagida, T., Wada, Y. and Futai, M., Mechanical rotation of the *c* subunit oligomer in ATP synthase (F_0F_1): Direct observation, *Science* **286**, 1722–1724 (1999).

Stock, D., Gibbons, C., Arechaga, I., Leslie, A.G.W., and Walker, J.E., The rotary motor of ATP synthase, *Curr. Opin. Struct. Biol.* **10**, 672–679 (2000).

Verkhovsky, M.I., Jasaitis, A., Verkhovskaya, M.L., Morgan, J.E., and Wikström, M., Proton translocation by cytochrome *c* oxidase, *Nature* **400**, 480–483 (1999).

von Ballamoos, C., Wiedenmann, A., and Dimroth, P., Essentials for ATP synthesis by F_1F_0 ATP synthases, *Annu. Rev. Biochem.* **78**, 649–672 (2009); *and* von Ballamoos, C., Cook, G.M., and Dimroth, P., Unique rotary ATP synthase and its biological diversity, *Annu. Rev. Biophys.* **37**, 43–64 (2008).

Wilkens, S., Rotary molecular motors, *Adv. Prot. Chem.* **71,** 345–382 (2005).

Yasuda, R., Noji, H., Kinosita, K., Jr., and Yoshida, M., F_1-ATPase is a highly efficient molecular motor that rotates with discrete 120° steps, *Cell* **93**, 1117–1124 (1998).

Yoshida, M., Muneyuki, E., and Hisabori, T., ATP synthase–a marvelous rotary engine of the cell, *Nature Rev. Mol. Cell. Biol.* **2**, 669–677 (2001); *and* Noji, H., and Yoshida, M., The rotary machine in the cell ATP synthase, *J. Biol. Chem.* **276**, 1665–1668 (2001).

Controle da produção de ATP

Brown, G.C., Control of respiration and ATP synthesis in mammalian mitochondria and cells, *Biochem. J.* **284**, 1–13 (1992).

Cabezón, E., Montgomery, M.G., Leslie, A.G.W., and Walker, J.E., The structure of bovine F_1-ATPase in complex with its regulatory protein IF_1, *Nature Struct. Biol.* **10**, 744–750 (2003).

Celi, F.S., Brown adipose tissue–when it pays to be inefficient, *New Engl. J. Med.* **360**, 1553–1556 (2009).

Chesney, J., Mitchell, R., Benigni, F., Bacher, M., Spiegel, L., Al-Abed, Y., Han, J.H., Metz, C., and Bucala, R., An inducible gene product for 6-phosphofructo-2-kinase with an AU-rich instability element: role in tumor cell glycolysis and the Warburg effect, *Proc. Natl. Acad. Sci.* **96**, 3047–3052 (2000).

Harris, D.A., and Das, A.M., Control of mitochondrial ATP synthesis in the heart, *Biochem. J.* **280**, 561–573 (1991).

Jeneson, J.A.L., Westerhoff, H.V., and Kushmerick, M.J., A metabolic control analysis of kinetic controls in ATP free energy metabolism in contracting skeletal muscle, *Am. J. Physiol. Cell Physiol.* **279**, C813–C832 (2000).

Marsin, A.-S., Bertrand, L., Rider, M.H., Deprez, J., Beauloye, C., Vincent, M.F., Van den Berghe, G., Carling, D., and Hue, L., Phosphorylation and activation of heart PFK-2 by AMPK has a role in the stimulation of glycolysis during ischaemia, *Curr. Biol.* **10**, 1247–1255 (2000).

Marsin, A.-S., Bouzin, C., Bertrand, L., and Hue, L., The stimulation of glycolysis by hypoxia in activated monocytes is mediated by AMP-activated protein kinase and inducible 6-phosphofructo-3-kinase, *J. Biol. Chem.* **277**, 30778–30783 (2002).

Randle, P.J., Regulatory interactions between lipids and carbohydrates: The glucose fatty acid cycle after 35 years. *Diabetes/Metab. Rev.* **14**, 263–283 (1998).

Ricquier, D., and Bouillaud, F., The mitochondrial uncoupling protein: Structural and genetics studies, *Prog. Nucleic Acid Res. Mol. Biol.* **56**, 83–108 (1997).

PROBLEMAS

1. Ordene as seguintes coenzimas e grupos prostéticos com atividade redox da cadeia transportadora de elétrons em ordem crescente de afinidade por elétrons: citocromo *a*, CoQ, FAD, citocromo *c*, NAD^+.

2. Por que a oxidação do succinato a fumarato está associada com a produção de apenas dois ATPs durante a fosforilação oxidativa, enquanto a oxidação do malato a oxalacetato está associada com a produção de três ATPs?

3. Qual a eficiência termodinâmica da oxidação de $FADH_2$ de forma a sintetizar dois ATPs em condições bioquímicas padrão?

4. O envenenamento subletal por cianeto pode ser revertido pela administração de nitritos. Essas substâncias oxidam a hemoglobina, que apresenta uma afinidade relativamente baixa por CN^-, produzindo metemoglobina, que apresenta uma afinidade relativamente alta por CN^-. Por que esse tratamento é efetivo?

5. Ligue os compostos a seguir com seus efeitos: (1) rotenona, (2) dinitrofenol e (3) antimicina. (a) Inibe a fosforilação oxidativa quando o substrato é o piruvato, mas não quando o substrato é o succinato. (b) Inibe a fosforilação oxidativa tanto quando o substrato é o piruvato quanto quando o substrato é o succinato. (c) Permite que o piruvato seja oxidado pela mitocôndria mesmo na ausência de ADP.

6. A **nigericina** é um ionóforo (Seção 20.2C) que troca K^+ por H^+ entre os dois lados da membrana. Explique como o tratamento de mitocôndrias funcionais com nigericina desacopla o transporte de elétrons da fosforilação oxidativa. A valinomicina, um ionóforo que transporta K^+, mas não H^+, faz o mesmo? Explique.

7. Por que é possível elétrons fluírem, em um complexo de transferência de elétrons, de um centro redox para outro com menor valor de $\mathcal{E}°'$?

8. Como diferem as razões P/O para o NADH em ATP-sintases que contenham 10 e 15 subunidades *c*?

9. A diferença de pH entre as superfícies interna e externa da membrana mitocondrial interna é 1,4 unidade de pH (com o lado externo mais ácido). Se o potencial de membrana é 0,06 V (lado interno negativo), qual a energia livre liberada no transporte de 1 mol de prótons de volta através da membrana? Quantos prótons devem ser transportados para fornecer energia livre suficiente para a síntese de 1 mol de ATP? (Considere condições bioquímicas padrão.)

***10.** (a) Uma interpretação simplista do ciclo Q prediria que a eficiência do bombeamento de prótons pelo citocromo bc_1 seria reduzida por no máximo 50% na presença de concentrações saturantes de antimicina. Explique. (b) Indique por que o citocromo bc_1 é inibido em quase 100% pela antimicina.

11. O antibiótico oligomicina B

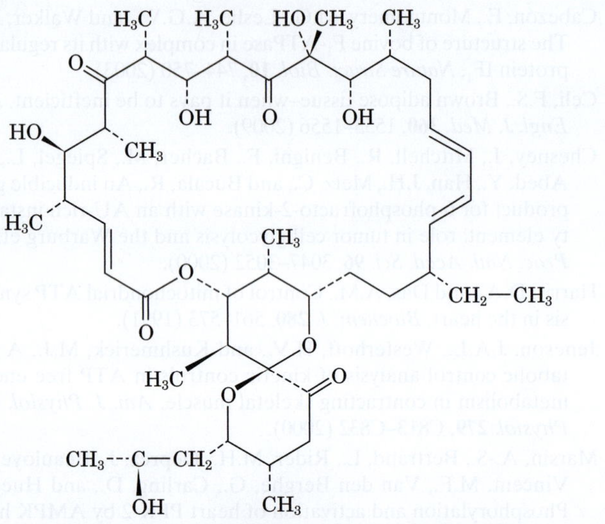

Oligomicina B

liga-se à subunidade F_0 da F_1F_0-ATPase mitocondrial e assim impede a síntese de ATP nesse sítio (observe que a proteína que confere sensibilidade à oligomicina [PCSO], a contraparte mitocondrial da subunidade δ da *E. coli* [Fig. 22.41], não liga a oligomicina B). Explique por que (a) partículas submitocondriais das quais F_1 foi removida são permeáveis a prótons e (b) por que a adição de oligomicina B a partículas submitocondriais desprovidas de F_1 causa uma redução de várias vezes nessa permeabilidade.

12. A oligomicina B (ver Problema 11) e o cianeto inibem a fosforilação oxidativa tanto quando o substrato é o piruvato quanto quando o substrato é o succinato. O dinitrofenol pode ser utilizado para distinguir entre esses dois inibidores. Explique.

13. A F_1F_0-ATPase da *E. coli* não pode sintetizar ATP quando a Met 23 de sua subunidade γ for mutada para Lys. Ainda assim, o componente F_1 desse complexo ainda apresenta rotação de sua subunidade γ em relação a seu esferoide $\alpha_3\beta_3$, quando é suprido com ATP. Sugira uma razão para esses efeitos.

14. Para a oxidação de uma determinada quantidade de glicose, qual o processo que produz mais calor: a termogênese sem tremor pelo tecido adiposo marrom ou a termogênese com tremor pelo músculo?

15. Qual a vantagem da ativação hormonal de uma lipase durante a estimulação da termogênese sem tremor no tecido adiposo marrom em vez de se estimular diretamente a UCP1?

16. Como o atractilosídeo afeta a respiração mitocondrial? (*Dica*: Ver Seção 20.4C.)

17. Certas empresas inescrupulosas oferecem, mediante pagamento de uma taxa, o congelamento de indivíduos recentemente falecidos em nitrogênio líquido até que a medicina possa curar a doença da qual morreram. Qual a falácia bioquímica desse procedimento?

Outras Rotas para o Metabolismo de Carboidratos

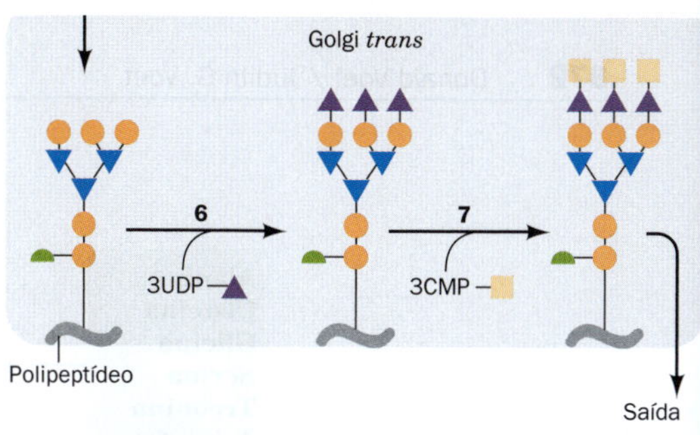

CAPÍTULO 23

Até o momento, o foco tem sido em muitos aspectos do metabolismo de carboidratos. Foi visto como a energia livre da oxidação da glicose é sequestrada na forma de ATP por meio da glicólise, do ciclo do ácido cítrico e da fosforilação oxidativa. Estudou-se também o mecanismo pelo qual a glicose é armazenada como glicogênio para uso futuro e como o metabolismo do glicogênio é controlado em resposta às necessidades do organismo. Neste capítulo, serão examinadas várias outras rotas importantes do metabolismo de carboidratos:

1. A **gliconeogênese**, através da qual precursores que não são carboidratos, tais como lactato, piruvato, glicerol e aminoácidos, são convertidos em glicose.
2. O **ciclo do glioxalato**, através do qual as plantas convertem acetil-CoA em glicose.
3. **Biossíntese de oligossacarídeos e glicoproteínas**, por meio da qual oligossacarídeos são sintetizados e adicionados a resíduos de aminoácidos específicos de proteínas.
4. A **via das pentoses-fosfato**, uma via alternativa de degradação de glicose, que gera **NADPH**, a fonte de equivalentes redutores na biossíntese redutora, e **ribose-5-fosfato**, o açúcar precursor dos ácidos nucleicos.

Este capítulo completa o estudo sobre o metabolismo de carboidratos em animais; a fotossíntese, que ocorre apenas em plantas e certas bactérias, é o assunto do Capítulo 24.

1 A GLICONEOGÊNESE

A glicose ocupa um papel central no metabolismo, tanto como combustível quanto como um precursor de carboidratos estruturais essenciais e de outras biomoléculas. O cérebro e as células vermelhas do sangue são quase completamente dependentes da glicose como fonte de energia. Porém, a capacidade de armazenamento de glicogênio no fígado é suficiente para suprir o cérebro com glicose por apenas aproximadamente meio dia sob jejum ou inanição. Portanto, *quando em jejum, a maior parte da glicose do organismo deve ser suprida por meio da gliconeogênese (literalmente, síntese de glicose nova), que é a biossíntese de glicose a partir de precursores não carboidratos.* De fato, estudos com marcação isotópica para determinar a fonte da glicose presente no sangue durante o jejum mostraram que a gliconeogênese é responsável por 64% da produção total de glicose durante as primeiras 22 horas de jejum e responde por praticamente toda a produção de glicose após 46 horas. Assim, a gliconeogênese provê uma fração substancial da glicose produzida em seres humanos em jejum, mesmo após algumas horas. A gliconeogênese ocorre no fígado e, em menor extensão, nos rins.

Os precursores não carboidratos que podem ser convertidos em glicose incluem os produtos da glicólise, lactato e piruvato, intermediários do ciclo do ácido cítrico e os esqueletos de carbono da maioria dos aminoácidos. Primeiramente, entretanto, todas essas substâncias devem ser convertidas em oxalacetato, o material de partida para a gliconeogênese (Fig. 23.1). Os únicos aminoácidos que não podem ser convertidos em oxalacetato em animais são leucina e lisina, pois sua hidrólise gera apenas acetil-CoA (Seção 26.3F). *Não existe nenhuma rota para a conversão de acetil-CoA em oxalacetato em animais.* Da mesma maneira, ácidos graxos não podem servir como precursores de glicose em animais porque a maioria é degradada completamente a acetil-CoA (Seção 25.2C). Entretanto, ao contrário do que acontece em animais, as plantas possuem uma rota para a conversão de acetil-CoA em oxalacetato, o **ciclo do glioxalato** (Seção 23.2), de modo que os ácidos graxos podem ser a única fonte de carbono das células vegetais. Glicerol, um produto da hidrólise de triacilgliceróis, é convertido em glicose por meio da síntese do intermediário glicolítico di-hidroxiacetona-fosfato, como descrito na Seção 25.1.

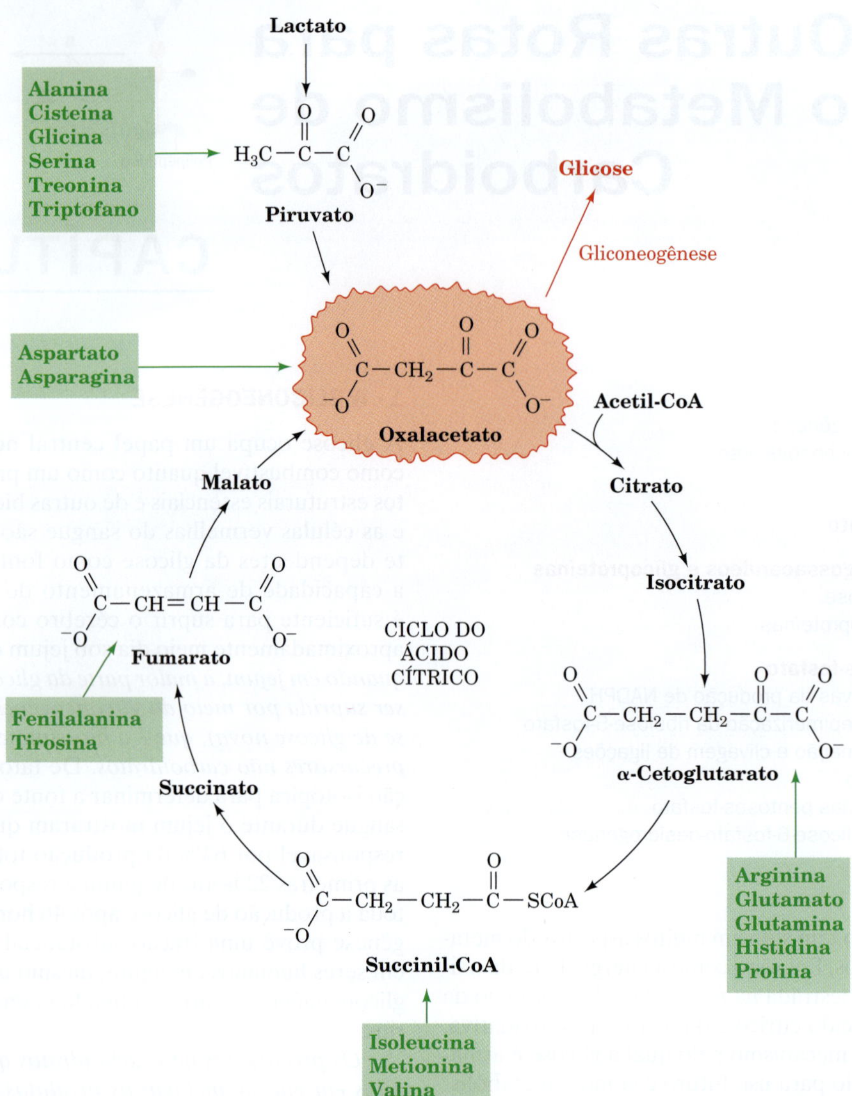

FIGURA 23.1 As rotas que convertem lactato, piruvato e intermediários do ciclo do ácido cítrico em oxalacetato. Os esqueletos de carbono de todos os aminoácidos, exceto leucina e lisina, podem ser, pelo menos em parte, convertidos em oxalacetato e, então, em glicose por meio destas reações.

A. *A via da gliconeogênese*

A gliconeogênese utiliza enzimas glicolíticas. Contudo, três dessas enzimas, hexocinase, fosfofrutocinase (PFK) e piruvato-cinase, catalisam reações com grandes variações de energia livre negativa na direção da glicólise. Essas reações devem, portanto, ser substituídas na gliconeogênese por reações que tornem a síntese de glicose termodinamicamente favorável. Aqui, como no metabolismo do glicogênio (Seção 18.1D), observa-se o tema recorrente que *rotas de biossíntese e rotas de degradação diferem em pelo menos uma reação. Isso não apenas permite que ambas as direções sejam, de forma termodinâmica, favoráveis sob as mesmas condições fisiológicas, mas também permite que as rotas sejam independentemente controladas, de modo que uma direção possa estar ativada enquanto a outra está inibida.*

a. O piruvato é convertido em oxalacetato antes da conversão em fosfoenolpiruvato

A formação de fosfoenolpiruvato (PEP) a partir de piruvato, o inverso da reação da piruvato-cinase, é uma reação endergônica e, portanto, requer um aporte de energia livre. Este aporte é efetuado pela conversão de piruvato primeiramente em oxalacetato. O oxalacetato é um intermediário de "alta energia", cuja descarboxilação exergônica supre a energia livre necessária para a síntese de PEP. O processo requer a participação de duas enzimas (Fig. 23.2):

1. A **piruvato-carboxilase**, que catalisa a formação de oxalacetato a partir de piruvato e HCO_3^-, em uma reação dependente de ATP.
2. A **PEP-carboxicinase (PEPCK)**, que converte oxalacetato em PEP, em uma reação que utiliza GTP como agente fosforilante.

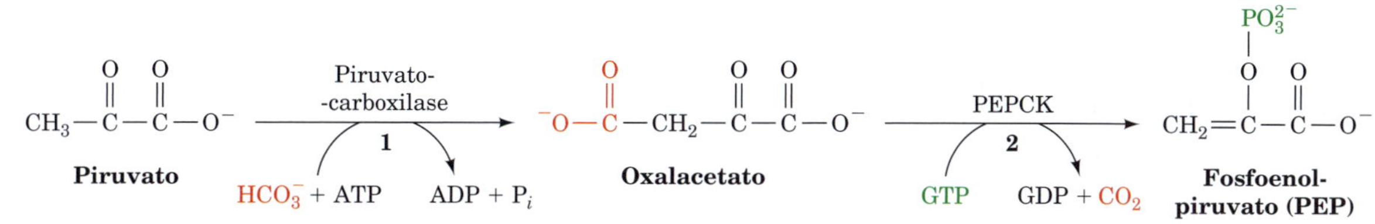

FIGURA 23.2 Conversão de piruvato em oxalacetato e, então, em fosfoenolpiruvato. As enzimas envolvidas são (**1**) a piruvato-carboxilase e (**2**) a PEP-carboxicinase (PEPCK).

b. A piruvato-carboxilase possui um grupo prostético biotina

A enzima piruvato-carboxilase, descoberta em 1959 por Merton Utter, é uma proteína tetramérica com subunidades idênticas de ~130 kDa, cada uma possuindo um grupo prostético **biotina**. *A biotina* (Fig. 23.3a) *funciona como um transportador de CO_2 ao adquirir um substituinte carboxila em seu **grupo ureido*** (Fig. 23.3b). A biotina está covalentemente ligada à enzima por meio de uma ligação amida entre o grupo carboxila da cadeia lateral de valerato da biotina e o grupo ε-amino de um resíduo de Lys da enzima, formando um resíduo **biocitina** (alternativamente, **biotinil-lisina**) (Fig. 23.3*b*). O sistema de anéis da biotina está, assim, na extremidade de um braço flexível de 16 Å de comprimento, muito similar àquele do grupo prostético ácido lipoico do complexo multienzimático da piruvato-desidrogenase (Seção 21.2Ac).

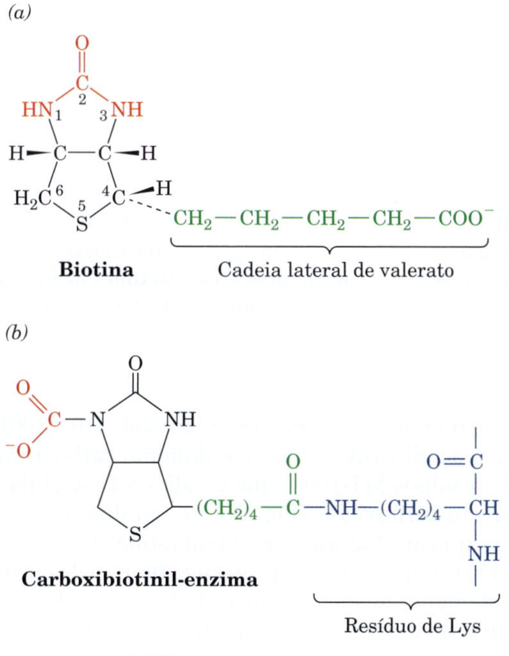

FIGURA 23.3 A biotina e a carboxibiotinil-enzima. (*a*) A biotina é constituída por um anel imidazolina, fusionado em *cis* a um anel tetra-hidrotiofeno que possui uma cadeia lateral de valerato. A quiralidade de cada um dos seus três centros assimétricos está indicada. As posições 1, 2 e 3 constituem um grupo ureido. (*b*) Na carboxibiotinil-enzima, o N1 do grupo ureido da biotina é o sítio de carboxilação. A biotina é covalentemente ligada a carboxilases por meio de uma ligação amida entre o seu grupo carboxila da cadeia lateral de valerato e o grupo ε-amino da cadeia lateral de uma lisina da enzima para formar biocitina.

A biotina, que foi primeiramente identificada como um fator de crescimento de leveduras, em 1935, é um nutriente essencial para humanos. A deficiência nutricional, entretanto, é rara, pois a biotina está presente em muitos alimentos e é sintetizada pelas bactérias intestinais. Em humanos, a deficiência de biotina quase sempre resulta do consumo de grandes quantidades de ovos crus. Isso ocorre porque a clara do ovo contém uma proteína, chamada **avidina**, que se liga à biotina tão fortemente (constante de dissociação, $K = 10^{-15}\ M$) que impede a sua absorção intestinal (ovos cozidos não causam esse problema, porque o cozimento desnatura a avidina). Acredita-se que a presença de avidina em ovos tenha a função de inibir o crescimento de microrganismos neste ambiente altamente nutritivo. O homólogo da avidina, a **estreptavidina**, que é secretada por *Streptomyces avidinii*, é utilizado como um agente de ligação com numerosas aplicações em biotecnologia (p. ex., Seção 22.3Ce), por causa de sua afinidade especialmente alta com a biotina.

c. A reação da piruvato-carboxilase

A reação da piruvato-carboxilase ocorre em duas fases (Fig. 23.4):

Fase I A biotina é carboxilada em seu átomo N1 pelo íon bicarbonato por meio de uma reação em três etapas, em que a hidrólise de ATP a ADP + P_i tem como função, pela formação do intermediário **carboxifosfato**, desidratar o bicarbonato. Essa desidratação libera CO_2, que possui energia livre suficiente para carboxilar a biotina. O grupo carboxila resultante está ativado em relação ao bicarbonato (o $\Delta G°'$ para sua clivagem é $-19{,}7\ kJ \cdot mol^{-1}$) e pode, portanto, ser transferido sem um aporte adicional de energia livre.

Fase II O grupo carboxila ativado é transferido da carboxibiotina para o piruvato por meio de uma reação em três etapas, para formar oxalacetato.

Essas duas fases da reação ocorrem em diferentes sítios ativos da mesma enzima.

d. A acetil-CoA regula a piruvato-carboxilase

A síntese de oxalacetato é uma reação anaplerótica (de reposição) que aumenta a atividade do ciclo do ácido cítrico (Seção 21.5b). O acúmulo do substrato do ciclo do ácido cítrico, acetil-CoA é, portanto, um indicativo da necessidade de mais oxalacetato.

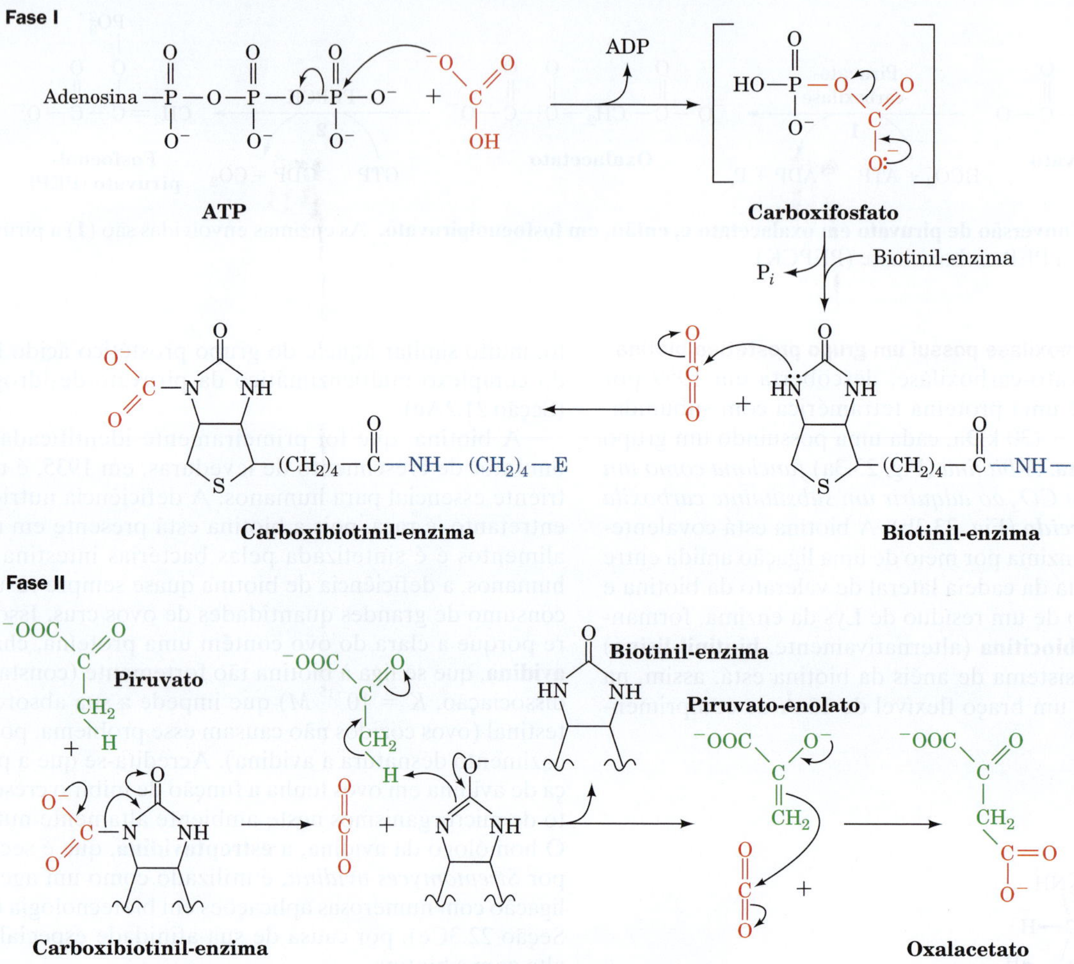

FIGURA 23.4 O mecanismo da reação em duas fases da piruvato-carboxilase. A **fase I** é uma reação em três etapas, nas quais carbóxi-fosfato é formado a partir de bicarbonato e ATP, seguindo-se a geração de CO_2 na enzima, que então carboxila a biotina. A **fase II** é uma reação em três etapas, nas quais CO_2 é produzido no sítio ativo por meio da eliminação da biotinil-enzima, que aceita um próton do piruvato para formar piruvato-enolato. Este, por sua vez, ataca nucleofilicamente o CO_2, gerando oxalacetato. (Com base em Knowles, J.R., *Annu. Rev. Biochem.* **58**, 217 [1989].)

De fato, a acetil-CoA é um potente ativador alostérico da piruvato-carboxilase; a enzima está funcional, mas inativa, se não estiver ligada a acetil-CoA. *Caso, entretanto, o ciclo do ácido cítrico esteja inibido (por ATP ou NADH, cuja presença em altas concentrações indica o suprimento da demanda para a fosforilação oxidativa; Seção 21.4), o oxalacetato, em vez de entrar no ciclo do ácido cítrico, entra na rota de gliconeogênese.*

e. A estrutura por raios X da piruvato-carboxilase sugere um mecanismo para a transferência do grupo carboxila

A estrutura por raios X da piruvato-carboxilase, isolada da bactéria do solo *Rhizobium etli*, em complexo com a ATPγS e *etil-CoA* (acetil-CoA com um grupo etila no lugar do grupo acetila), determinada por Ivan Rayment, revela que cada subunidade desta proteína homotetramérica de 1154 resíduos é constituída por quatro domínios (Fig. 23.5*a*): um domínio de carboxilação da biotina (CB; resíduos 1-465) que executa a Fase I da reação da piruvato-carboxilase (Fig. 23.4); um domínio alostérico (resíduos 466-510 e 1001-1073) ao qual a acetil-CoA se liga; um domínio carboxitransferase (CT; resíduos 511-1000) que catalisa a Fase II da reação da piruvato-carboxilase (Fig.23.4); e um domínio nomeado proteína transportadora de carboxibiotina (PTCB; resíduos 1074-1154) ao qual o grupo prostético biotina da enzima está covalentemente ligado por meio da Lys 1119 (Fig. 23.3). O sítio ativo do domínio CB é identificado por estar ligado a ATPγS, o domínio CT constitui-se principalmente de uma estrutura em barril α/β (vista lateral na Fig. 23.5*a*) cujo sítio ativo é localizado na boca do barril e é identificado por estar ligado ao íon Zn^{2+}, e o domínio alostérico liga-se a etil-CoA que, como a acetil-CoA, ativa a enzima.

O grupo prostético biotina no domínio PTCB é desordenado e portanto não visível. De qualquer modo, é claro que a distância de ~80 Å entre os sítios ativos das subunidades é muito extensa para ser unida pelos 16 Å de comprimento do braço de carboxibiotina (Fig. 23.3*b*). Entretanto, o domínio PTCB é conectado à enzima por uma região de ligação po-

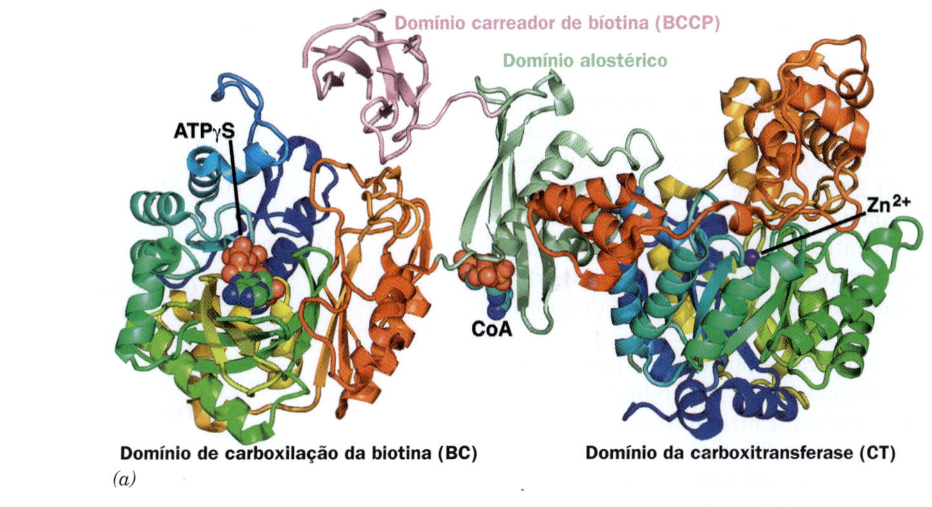

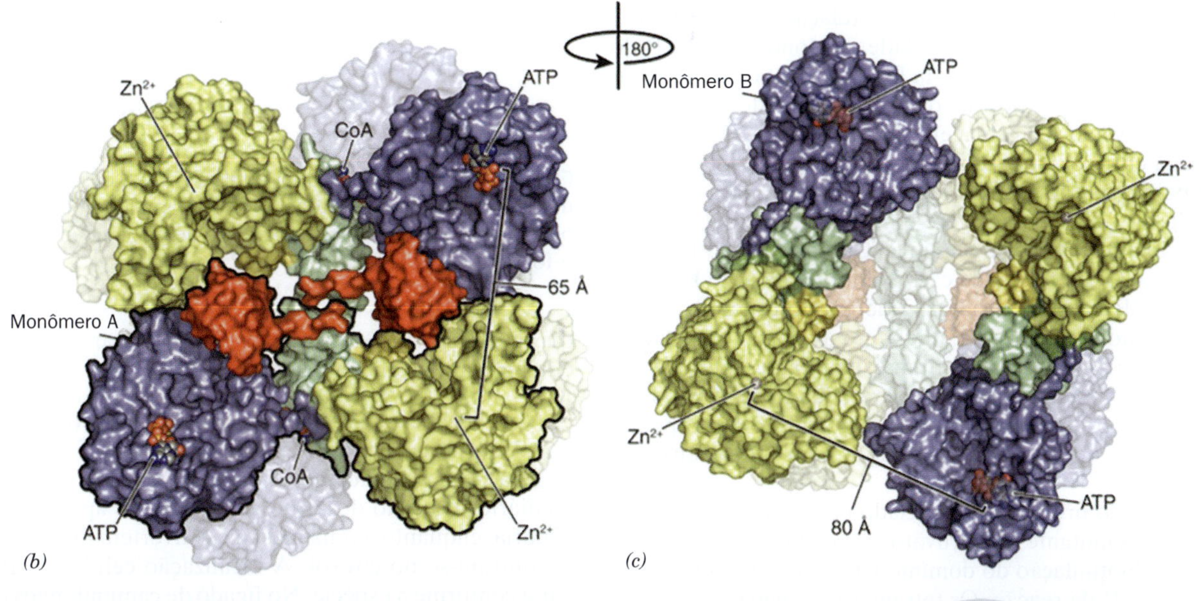

FIGURA 23.5 **A estrutura por raios X da piruvato-carboxilase de *R. etli*.** *(a)* Diagrama em forma de fitas no qual os domínios CB e CT estão coloridos de acordo com as cores do arco-íris a partir do N-terminal (*azul*) até o C-terminal (*vermelho*), o domínio alostérico está em verde-claro e o domínio PTCB está em cor-de-rosa. O ATPγS ligado ao sítio ativo do domínio CB e a etil-CoA ligada ao domínio alostérico (com apenas sua porção nucleotídica visível) estão representados na forma de volume atômico com o C do ATPγS em verde, e, na etil-CoA, C em ciano, N em azul, O em vermelho e P em cor de laranja. O íon Zn^{2+} ligado ao sítio ativo do domínio CT está representado por uma esfera roxa. *(b)* Representações de superfície do tetrâmero visto ao longo do eixo de ordem 2 com as duas subunidades ativas mais próximas ao observador. O domínio CB está em roxo, o domínio alostérico em verde-claro, o domínio CT em amarelo e o domínio PTCB em vermelho. Para maior clareza, uma das subunidades está contornada em preto. A distância entre o ATPγS no sítio ativo do domínio CB e o íon Zn^{2+} no sítio ativo do domínio CT é 65 Å. *(c)* Vista rotada em 180° no eixo vertical em relação a *(b)*. O par de subunidades superiores passou por uma mudança conformacional em relação ao par superior em (*b*) de modo que a distância ATPγS-Zn^{2+} entre subunidades vizinhas é 80 Å. Além disso, os domínios PTCB no par superior agora estão desorganizados. *(d)* Modelo do tetrâmero indicando como o domínio PTCB transfere um grupo carboxila entre o domínio CB da mesma subunidade e o domínio CT da subunidade vizinha. A vista e as cores dos domínios são idênticas àquelas em *(b)*. (Parte *(a)*, com base na estrutura por raios X de Ivan Rayment, e partes *(b)*, *(c)* e *(d)* são cortesia de Ivan Rayment, University of Wisconsin, Madison, Wisconsin, EUA. PDBid 2QF7.)

lipeptídica flexível com 34 Å de comprimento, muito similar àquele que conecta o(s) domínio(s) lipoil a cada subunidade di-hidrolipoli-transacetilase (E2) do complexo da piruvato--desidrogenase (Seção 21.2A*e*). Ainda assim, seria necessário um movimento dramático do domínio PTCB inteiro para transferir o substrato entre os dois sítios ativos de uma única subunidade. Como, então, o domínio PTCB transporta o grupo carboxibiotina entre os sítios ativos de um domínio CB e um domínio CT?

A estrutura homotetramérica da piruvato-carboxilase é essencial para sua atividade enzimática; as subunidades isoladas são cataliticamente inativas. Entretanto, o tetrâmero contém apenas simetria de ordem 2 pois o par de subunidades no topo da Fig. 23.5*b* difere em conformação do par no topo da Fig. 23.5c por uma rotação de 40° e uma translocação de 40 Å do domínio CB em relação ao domínio CT da mesma subunidade. Na verdade, os domínios PTCB do par de subunidades no topo da Fig. 23.5*c* estão desordenados, provavelmente porque os domínios alostéricos destas subunidades não se ligam a etil-CoA. Consequentemente, a distância entre os sítios ativos das subunidades adjacentes é 65 Å para o par no topo da Fig. 23.5b, e 80 Å para o par no topo da Fig. 23.5c. Isto sugere o modelo esquematizado na Fig. 23.5d, no qual cada domínio PTCB no topo da Fig. 23.5b transfere CO_2 na forma de carboxibiotina do sítio ativo do domínio CB da mesma subunidade para o domínio CT de uma subunidade adjacente, enquanto as outras duas subunidades estão inativas. Este é um exemplo incomum de ativação alostérica acoplada a cooperatividade negativa. Este mecanismo pode permitir que a carboxilase desempenhe uma catálise eficiente em associação com outras enzimas metabólicas.

O modelo proposto é embasado por experimentos com duas formas mutantes da piruvato-carboxilase: K1119Q, que elimina a biotinilação do domínio CB; e K718Q, que prejudica a Fase II da reação. Os tetrâmeros de cada uma destas subunidades mutantes apresentam respectivamente 0,1 e 4% da atividade enzimática da enzima selvagem. Entretanto, tetrâmeros mistos apresentam 20% da atividade, portanto indicando a formação de pares vizinhos contendo domínios CB e CT funcionais.

f. A PEP-carboxicinase

A PEPCK, uma enzima monomérica de ~630 resíduos, catalisa a descarboxilação, dependente de GTP, do oxalacetato para formar PEP e GDP (Fig. 23.6). Observe que o CO_2 que carboxila o piruvato para formar oxalacetato é eliminado na formação de PEP. O oxalacetato pode, portanto, ser considerado o piruvato "ativado", sendo o CO_2 e a biotina os facilitadores desta ativação, que ocorre à custa da hidrólise de ATP. A acetil-CoA é ativada de maneira similar para a biossíntese de ácidos graxos, por meio de um processo de carboxilação--descarboxilação (formando malonil-CoA; Seção 25.4B). Em geral, β-cetoácidos podem ser considerados compostos de "alta energia" devido à alta energia livre da descarboxilação do grupo β-carboxil. Os enolatos que esses compostos liberam são utilizados para formar ligações carbono-carbono durante a biossíntese de ácidos graxos ou para formar fosfoenolpiruvato na gliconeogênese.

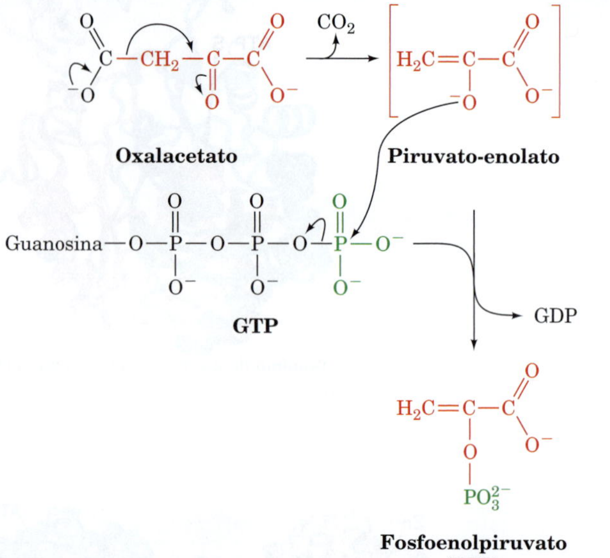

FIGURA 23.6 **O mecanismo da PEPCK.** A descarboxilação do oxalacetato (um β-cetoácido) forma um ânion enolato, estabilizado por ressonância, cujo átomo de oxigênio ataca o grupo γ-fosforil do GTP, formando PEP e GDP.

g. A gliconeogênese requer o transporte de metabólitos entre a mitocôndria e o citosol

A geração de oxalacetato a partir de piruvato ou de intermediários do ciclo do ácido cítrico ocorre apenas na mitocôndria, enquanto as enzimas que convertem PEP em glicose encontram-se no citosol. A localização celular da PEPCK varia conforme a espécie. No fígado de camundongos e ratos, ela está localizada quase que exclusivamente no citosol; no fígado de pombos e coelhos, ela é mitocondrial; em porquinhos-da-índia e humanos, ela está mais ou menos igualmente distribuída entre ambos os compartimentos. Para que a gliconeogênese ocorra, o oxalacetato deve sair da mitocôndria para ser convertido em PEP ou o PEP formado na mitocôndria deve ir para o citosol.

O PEP é transportado através da membrana mitocondrial por proteínas de transporte de membrana específicas. Não há, entretanto, um sistema de transporte semelhante para o oxalacetato. Ele deve ser primeiramente convertido em aspartato (Fig. 23.7, Rota 1) ou em malato (Fig. 23.7, Rota 2), para os quais existe um sistema de transporte mitocondrial (Seção 22.1B). A diferença entre essas duas rotas envolve o transporte de equivalentes redutores de NADH. A rota da **malato-desidrogenase** (Rota 2) resulta no transporte de equivalentes redutores da mitocôndria para o citosol, já que ela utiliza NADH mitocondrial e gera NADH citosólico. A rota da **aspartato-aminotransferase** (Rota 1) não envolve NADH. O NADH citosólico é requerido para a gliconeogênese, então, sob a maioria das condições, a rota através do

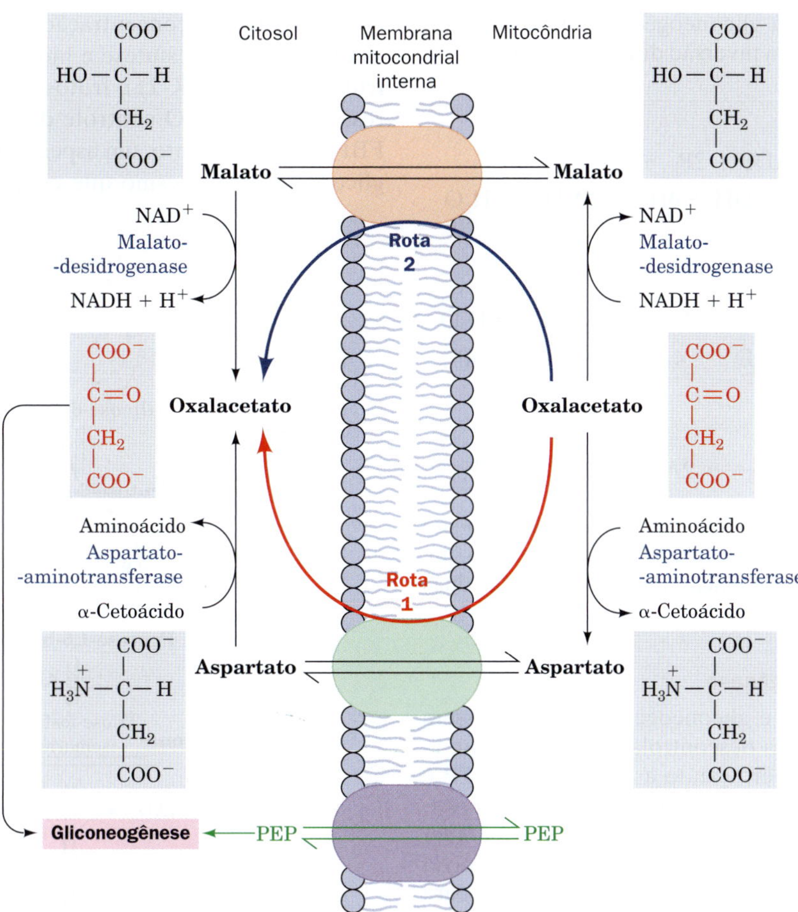

FIGURA 23.7 Transporte de PEP e oxalacetato da mitocôndria para o citosol. O PEP é transportado diretamente entres esses dois compartimentos. O oxalacetato, entretanto, deve ser primeiro convertido em aspartato, pela ação da enzima **aspartato-aminotransferase** (Rota 1) ou em malato, pela malato-desidrogenase (Rota 2). A Rota 2 envolve a oxidação mitocondrial de NADH, seguida pela redução citosólica de NAD^+, transferindo portanto equivalentes redutores de NADH da mitocôndria para o citosol.
Ver Figuras animadas

malato é necessária. Quando o precursor para a gliconeogênese é o lactato, entretanto (Seção 23.1C), a sua oxidação a piruvato gera NADH citosólico, de modo que qualquer rota de transporte pode, então, ser utilizada. É claro que, como visto, durante o metabolismo oxidativo, as duas rotas podem também funcionar alternativamente (com a Rota 2 invertida) para formar o transportador malato-aspartato, que transporta equivalentes redutores NADH para dentro da mitocôndria (Seção 22.1Bc).

No fígado, onde ocorre o ciclo da ureia (Seção 26.2), uma terceira rota, uma modificação da Rota 1, pode ser acompanhada pelo transporte de oxalacetato para o citosol. O aspartato que entra no citosol pela Rota 1 pode ser convertido em fumarato como parte do ciclo da ureia (Fig. 26.8), em vez de ser transaminado. O fumarato é então hidratado a malato e desidrogenado a oxalacetato pelas equivalentes citosólicas das enzimas do ciclo do ácido cítrico. Essa terceira rota gera NADH citosólico pelo mesmo mecanismo utilizado pela Rota 2.

h. As reações de hidrólise desviam da PFK e da hexocinase

As rotas opostas de gliconeogênese e glicólise utilizam muitas enzimas em comum (Fig. 23.8). Porém, a variação de energia livre é altamente desfavorável na direção da gliconeogênese em dois outros pontos da rota além da reação catalisada pela piruvato-cinase: a reação da PFK e a reação da hexocinase. Nesses pontos, em vez de ocorrer a geração de ATP pela inversão das reações glicolíticas, FBP e G6P são hidrolisadas, liberando P_i através de processos exergônicos catalisados pelas enzimas **frutose-1,6-bifosfatase** (**FBPase**) e **glicose-6-fosfatase**, respectivamente. *A glicose-6-fosfatase é exclusiva do fígado e dos rins, permitindo a estes órgãos suprir a glicose para os outros tecidos.*

Devido à presença, na rota da gliconeogênese, de enzimas diferentes em três etapas irreversíveis da conversão glicolítica de glicose em piruvato, tanto a glicólise quanto a gliconeogênese tornam-se favoráveis de forma termodinâmica. Isso é realizado à custa da energia livre da hidrólise de duas moléculas de ATP e duas moléculas de GTP para cada molécula de glicose sintetizada pela gliconeogênese, além daquelas que seriam consumidas pela inversão direta da glicólise.

Glicólise:

$$\text{Glicose} + 2\text{NAD}^+ + 2\text{ADP} + 2\text{P}_i \longrightarrow 2\text{ piruvato} + 2\text{NADH} + 4\text{H}^+ + 2\text{ATP} + 2\text{H}_2\text{O}$$

Gliconeogênese:

$$2\text{ Piruvato} + 2\text{NADH} + 4\text{H}^+ + \mathbf{4ATP} + \mathbf{2GTP} + 6\text{H}_2\text{O} \longrightarrow \text{glicose} + 2\text{NAD}^+ + 4\text{ADP} + 2\text{GDP} + 6\text{P}_i$$

Reação global:

$$2\text{ATP} + 2\text{GTP} + 4\text{H}_2\text{O} \longrightarrow 2\text{ADP} + 2\text{GDP} + 4\text{P}_i$$

Essas perdas de energia livre em um processo cíclico são inevitáveis de maneira termodinâmica. Elas são o preço que deve ser pago para que a regulação independente das duas rotas seja mantida.

B. Regulação da gliconeogênese

Se as duas rotas, glicólise e gliconeogênese, acontecessem continuamente, de maneira descontrolada, o efeito líquido seria um ciclo inútil, desperdiçando a hidrólise de ATP e GTP. Isso não acontece. Ao contrário, *essas rotas são reciprocamente reguladas de modo a satisfazer as necessidades do organismo*. No organismo alimentado, quando o nível sanguíneo de glicose é elevado, o fígado é direcionado para a "conservação de combustível": o glicogênio é sintetizado e a rota glicolítica e a piruvato-desidrogenase são ativadas, hidrolisando a glicose a acetil-CoA para a síntese de ácidos graxos e o armazenamento de lipídeos. No organismo em jejum, entretanto, o fígado mantém o nível de glicose no sangue hidrolisando o glicogênio e invertendo o fluxo da glicólise para a gliconeogênese (utilizando principalmente produtos da degradação de proteínas, através do **ciclo glicose-alanina** [Seção 26.1Ad], e glicerol, originado da hidrólise de triacilgliceróis [Seção 25.1e]).

a. A glicólise e a gliconeogênese são controladas por interações alostéricas e modificações covalentes

A velocidade e a direção da glicólise e da gliconeogênese são controladas nas etapas em que as direções direta e inversa podem ser reguladas de forma independente: as reações catalisadas por (1) hexocinase/glicose-6-fosfatase, (2) PFK/FBPase e (3) piruvato-cinase/piruvato-carboxilase-PEPCK (Fig. 23.8). A Tabela 23.1 lista essas enzimas de regulação e os seus reguladores. Os mecanismos dominantes são interações alostéricas e modificações covalentes dependentes de AMPc (fosforilação/desfosforilação; Seção 18.3). A modificação covalente dependente de AMPc torna esse sistema sensível ao controle por glucagon e outros hormônios que alteram os níveis de AMPc.

Um dos mais importantes efetores alostéricos envolvido na regulação da glicólise e da gliconeogênese é a frutose-2,6-bifosfato (F2,6P), que ativa a PFK e inibe a FBPase (Seção 18.3F). A concentração de F2,6P é controlada por sua velocidade de síntese e hidrólise pelas enzimas fosfofrutocinase-2 (PFK-2) e frutose-bifosfatase-2 (FBPase-2), respectivamente. O controle da atividade da PFK-2 e da FBPase-2 é, portanto, um aspecto importante da regulação gliconeogênica, mesmo que essas enzimas não catalisem

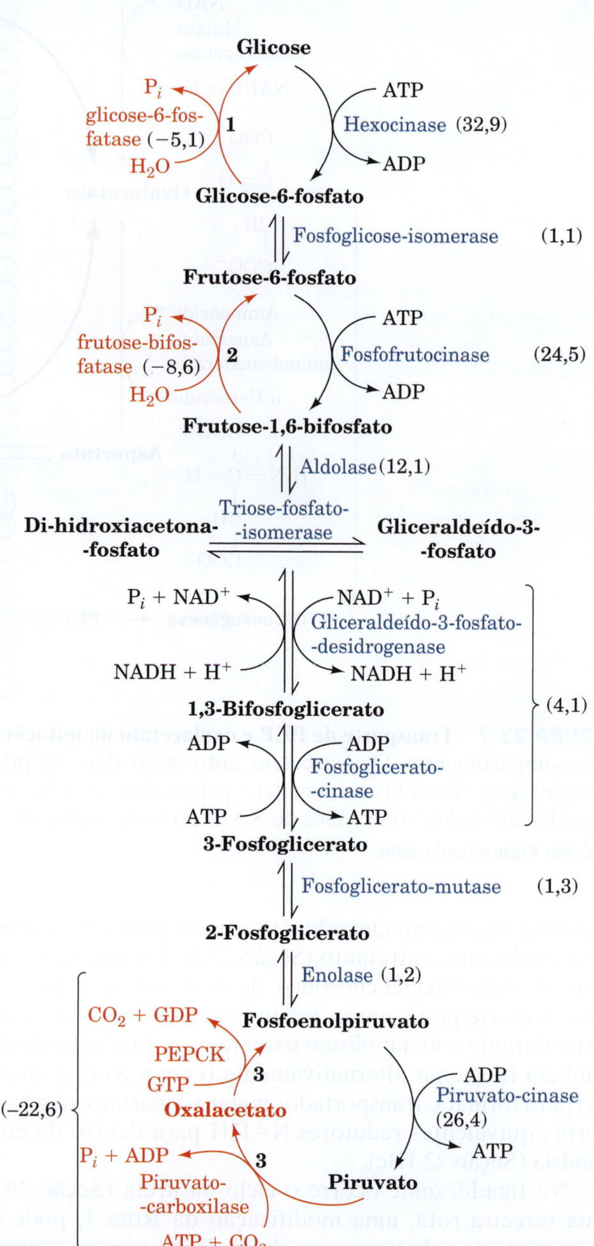

FIGURA 23.8 Rotas da gliconeogênese e glicólise. As três etapas numeradas, que são catalisadas por enzimas diferentes na gliconeogênese, possuem setas vermelhas. O ΔG para as reações nas condições fisiológicas do fígado, na direção da gliconeogênese, está indicado entre parênteses em $kJ \cdot mol^{-1}$. (ΔG obtido a partir de Newsholme, E.A., and Leech, A.R., *Biochemistry for the Medical Sciences*, p. 448, Wiley [1983].)

Ver Figuras animadas

TABELA 23.1 Reguladores da atividade das enzimas gliconeogênicas

Enzima	Inibidores alostéricos	Ativadores alostéricos	Fosforilação da enzima	Síntese da enzima
PFK	ATP, citrato	AMP, F2,6P		
FBPase	AMP, F2,6P			
Piruvato-cinase	Alanina	F1,6P	Inativa	
Piruvato-carboxilase		Acetil-CoA		
PEPCK				Estimulada por glucagon, hormônio da tireoide e glicocorticoides; inibida por insulina
PFK-2	Citrato	AMP, F6P, P_i	Inativa	
FBPase-2	F6P	Glicerol-3-fosfato	Ativa	

reações da rota. As atividades da PFK-2 e da FBPase-2, que ocorrem em domínios separados da mesma enzima bifuncional, estão sujeitas a regulação alostérica e ao controle por modificações covalentes (Tabela 23.1). Baixos níveis de glicose no sangue resultam em ativação hormonal da gliconeogênese, por meio da regulação da concentração de F2,6P (Fig. 23.9).

A ativação da gliconeogênese no fígado também envolve a inibição da glicólise, no nível da piruvato-cinase. *A piruvato-cinase hepática é inibida tanto alostericamente, pela alanina (um precursor do piruvato, Seção26.1Ad), quanto por fosforilação.* A hidrólise do glicogênio, ao contrário, é estimulada por fosforilação (Seção 18.3C). Ambas as rotas acabam em G6P, que é convertida em glicose para exportação ao músculo e ao cérebro. A piruvato-cinase do músculo, uma isoenzima da enzima hepática, não está sujeita a esses controles. De fato, tais controles seriam inúteis no músculo, já que este tecido carece de glicose-6-fosfato e, portanto, é incapaz de sintetizar glicose pela rota gliconeogênica.

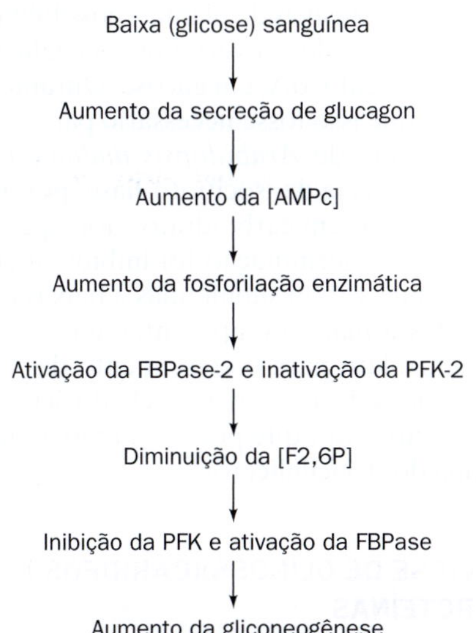

FIGURA 23.9 Regulação hormonal da [F2,6P]. Esse processo ativa a gliconeogênese no fígado em resposta a baixa [glicose] no sangue.

b. A concentração de PEPCK é controlada por transcrição

A PEPCK é a enzima que catalisa a primeira reação comprometida da gliconeogênese. É, portanto, interessante (Tabela 23.1) que a atividade da PEPCK seja controlada somente pela regulação da transcrição do gene que a codifica (a regulação transcricional está resumida na Seção 5.4Aa e discutida com detalhes nas Seções 31.3 e 34.3). Particularmente, a transcrição do gene da PEPCK é estimulada por glucagon, glicocorticoides e hormônios da tireoide, enquanto é inibida pela insulina. Por exemplo, o AMPc que é produzido no fígado em resposta ao estímulo por glucagon, além de iniciar as cascatas de fosforilação (Seção 18.3), induz a transcrição do gene da PEPCK.

Richard Hanson mostrou que isso acontece porque o **promotor** do gene da PEPCK (promotor é uma região de controle que precede o local de início da transcrição dos genes que codificam proteínas, Seção 5.4Aa) contém uma sequência de DNA específica, chamada **elemento de resposta a AMPc** (**CRE**, do inglês *CAMP response ellement*), onde se liga um **fator de transcrição** chamado **proteína de ligação a CRE** (**CREB**, do inglês *CRE binding protein*); entretanto, esta ligação só ocorre quando CREB está ligado também a AMPc (lembre que um fator de transcrição é uma proteína que se liga a um segmento específico de seu promotor-alvo e, assim, ativa a RNA-polimerase para iniciar a transcrição do gene associado; Seção 5.4Aa). O promotor do gene da PEPCK, porém, contém vários outros locais de ligação para fatores de transcrição específicos. Entre eles, está o **elemento de resposta ao hormônio da tireoide** (**TRE**, do inglês *thyroid hormone response ellement*), onde se liga o receptor do hormônio da tireoide quando complexado com este (Seção 19.1D), e o **elemento de resposta ao hormônio glicocorticoide** (**GRE**, do inglês *glucocorticoid hormone response ellement*), onde se liga o **receptor glicocorticoide** quando complexado com um hormônio glicocorticoide (Seção 19.1G e 34.3Bn). A transcrição do gene da PEPCK, ao contrário, é fortemente reprimida por fatores proteicos fosforilados pela rota de sinalização da PI3K (Seção 19.4D), iniciada pela ligação da insulina ao receptor de insulina (esses fatores proteicos podem reprimir a transcrição por interferirem na ligação dos fatores de transcrição citados anteriormente; o mecanismo de sinalização da insulina está discutido nas Seções 19.3Ac, 19.3Cg e 19.4F). A velocidade de produção do mRNA da PEPCK é determinada pela integração dessas várias interações e, portanto, pelos sinais que as causam.

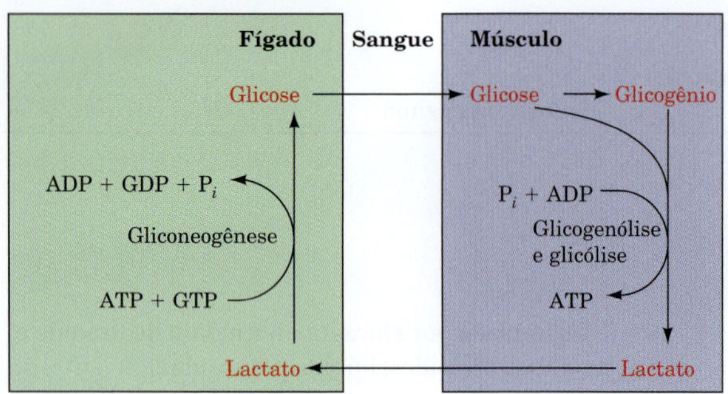

FIGURA 23.10 **O ciclo de Cori.** O lactato produzido pela glicólise muscular é transportado através da corrente sanguínea para o fígado, onde ele é convertido em glicose pela gliconeogênese. A corrente sanguínea leva a glicose de volta aos músculos, onde ela pode ser armazenada como glicogênio. **Ver Figuras animadas**

C. *O ciclo de Cori*

A contração muscular é movida pela hidrólise de ATP, que é regenerado por meio da fosforilação oxidativa nas mitocôndrias das fibras musculares de contração lenta (vermelhas) e pela glicólise, gerando lactato, nas fibras musculares de contração rápida (brancas). As fibras de contração lenta também produzem lactato, quando a demanda por ATP excede o fluxo oxidativo. O lactato é transportado, pela corrente sanguínea, para o fígado, onde ele é convertido em piruvato pela lactato-desidrogenase e, então, em glicose, pela via da gliconeogênese. Assim, por intermédio da corrente sanguínea, fígado e músculo participam de um ciclo metabólico conhecido como o **ciclo de Cori** (Fig. 23.10), em honra a Carl e Gerty Cori, que primeiro o descreveram. Este é o mesmo "ciclo inútil" de glicólise/gliconeogênese, consumindo ATP, que foi discutido anteriormente. Aqui, entretanto, em vez de ocorrer na mesma célula, as duas vias ocorrem em diferentes órgãos. O ATP do fígado é utilizado para ressintetizar glicose a partir do lactato produzido no músculo. A glicose ressintetizada retorna ao músculo, onde ela é armazenada como glicogênio e utilizada, conforme a demanda, para gerar ATP para a contração muscular. O ATP utilizado pelo fígado para esse processo é reposto pela fosforilação oxidativa. Após exercícios vigorosos, são necessários, em geral, pelo menos 30 minutos para que todo o lactato produzido seja convertido em glicogênio e a velocidade de consumo de oxigênio retorne ao nível de repouso, um fenômeno conhecido como **débito de oxigênio**.

2 O CICLO DO GLIOXALATO

Os vegetais, mas não os animais, possuem enzimas para a conversão líquida de acetil-CoA em succinato, que é, então, convertido, via malato, no oxalacetato. Isso é realizado por meio do **ciclo do glioxalato** (Fig. 23.11), uma rota que envolve enzimas do **glioxissomo** (uma organela membranosa de plantas; Seção 1.2Ad). O ciclo do glioxalato envolve cinco enzimas, três das quais também participam do ciclo do ácido cítrico: citrato-sintase, aconitase e malato-desidrogenase. As duas outras enzimas, isocitrato-liase e malato-sintase, são exclusivas desse ciclo.

O ciclo do glioxalato consiste em cinco reações (Fig. 23.11):

Reações 1 e 2. O oxalacetato do glioxissomo é condensado com acetil-CoA para formar citrato, que é, então, isomerizado a isocitrato, como acontece no ciclo do ácido cítrico. Como o glioxissomo não contém aconitase, a Reação 2, presumivelmente, ocorre no citosol.

Reação 3. A **isocitrato-liase** glioxissômica cliva o isocitrato em succinato e **glioxalato** (daí o nome do ciclo).

Reação 4. A malato-sintase, uma enzima glioxissômica, condensa o glioxalato com uma segunda molécula de acetil-CoA, para formar malato.

Reação 5. A malato-desidrogenase glioxissômica catalisa a oxidação pelo NAD^+ do malato a oxalacetato, completando, dessa maneira, o ciclo.

O ciclo do glioxalato, portanto, resulta na conversão líquida de duas moléculas de acetil-CoA em succinato, em vez de gerar quatro moléculas de CO_2, como aconteceria no ciclo do ácido cítrico. O succinato produzido na Reação 3 é transportado para a mitocôndria, onde ele entra no ciclo do ácido cítrico e é convertido em malato, que tem dois destinos possíveis: (1) ele pode ser convertido em oxalacetato na mitocôndria, continuando o ciclo do ácido cítrico e tornando a rota do glioxalato um processo anaplerótico (Seção 21.5b); ou (2) ele pode ser transportado para o citosol, onde é convertido em oxalacetato para entrar na via da gliconeogênese.

A reação global do ciclo do glioxalato pode ser considerada a formação de oxalacetato a partir de duas moléculas de acetil-CoA.

$$\text{2 Acetil-CoA} + 2\text{NAD}^+ + \text{FAD} \longrightarrow \text{oxalacetato} + 2\text{CoA} + 2\text{NADH} + \text{FADH}_2 + 2\text{H}^+$$

A isocitrato-liase e a malato-sintase, as únicas enzimas da rota do glioxilato exclusivas de plantas, possibilitam a sementes que estão germinando converter os triacilgliceróis estocados, por meio da acetil-CoA, em glicose. Durante muito tempo, presumiu-se que isso fosse necessário para a germinação. Porém, um mutante de *Arabidopsis thaliana* (uma planta oleaginosa) que carecia da isocitrato-liase, portanto incapaz de converter lipídeos em carboidratos, foi, apesar disso, capaz de germinar. A germinação foi inibida apenas quando as plantas mutantes foram submetidas a baixas condições de iluminação. Dessa maneira, aparentemente a importância do ciclo do glioxalato para o crescimento das mudas é sua função anaplerótica de abastecer o ciclo do ácido cítrico com unidades de 4 carbonos, que podem, então, oxidar a acetil-CoA derivada dos triacilgliceróis.

3 BIOSSÍNTESE DE OLIGOSSACARÍDEOS E GLICOPROTEÍNAS

Oligossacarídeos consistem em unidades de monossacarídeos unidas por ligações glicosídicas (ligações entre o C1, o carbono anomérico, de uma unidade e um grupo OH de uma segunda unidade; Seção 11.1C). São conhecidos aproximadamente 80 tipos diferentes de ligações glicosídicas que

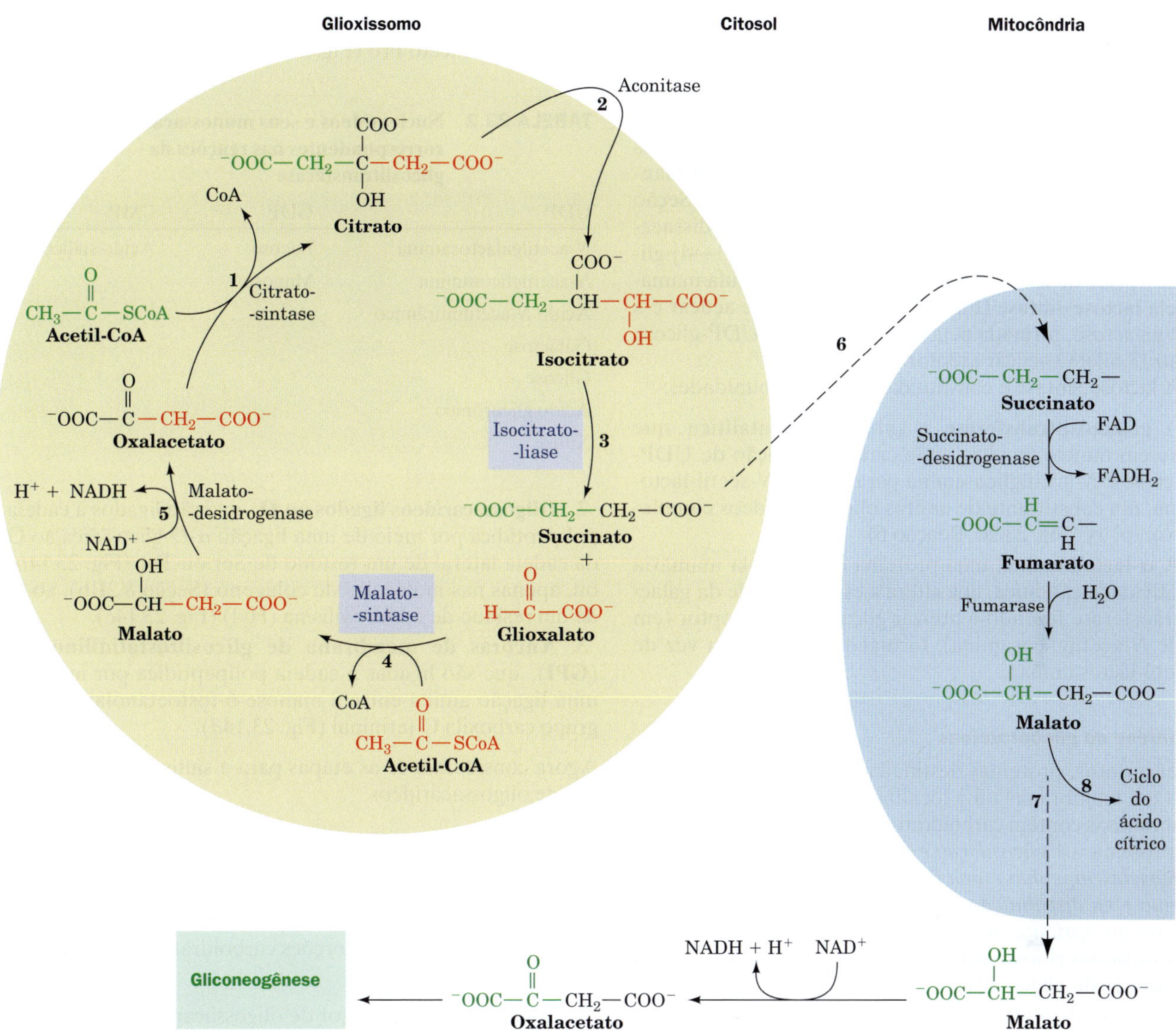

FIGURA 23.11 **O ciclo do glioxalato.** O ciclo resulta na conversão líquida de duas acetil-CoA em succinato, no glioxissomo; o succinato pode ser convertido em malato na mitocôndria para entrar na gliconeogênese. A isocitrato-liase e a malato-sintase, enzimas exclusivas do glioxissomo (que, por sua vez, existe apenas em plantas), estão marcadas em azul. (**1**) A citrato-sintase glioxissômica catalisa a condensação do oxalacetato com a acetil-CoA, formando citrato. (**2**) A aconitase citosólica catalisa a conversão de citrato em isocitrato. (**3**) A isocitrato-liase catalisa a clivagem de isocitrato em succinato e glioxalato. (**4**) A malato-sintase catalisa a condensação de glioxalato com acetil-CoA, para formar malato. (**5**) A malato-desidrogenase glioxissômica catalisa a oxidação do malato a oxalacetato, completando o ciclo. (**6**) O succinato é transportado para a mitocôndria, onde é convertido em malato no ciclo do ácido cítrico. (**7**) O malato é transportado para o citosol, onde a malato-desidrogenase catalisa sua oxidação a oxalacetato, que pode, então, ser utilizado na gliconeogênese. (**8**) Alternativamente, o malato pode continuar no ciclo do ácido cítrico, tornando o ciclo do glioxalato anaplerótico.

ocorrem na natureza, a maioria delas envolvendo manose, *N*-acetilglicosamina, ácido *N*-acetilmurâmico, glicose, galactose, fucose (6-desoxigalactose), ácido *N*-acetilneuramínico (ácido siálico) e *N*-acetilgalactosamina (Seção 11.1C). Ligações glicosídicas também ocorrem em lipídeos (p. ex., glicoesfingolipídeos; Seção 12.1D) e proteínas (glicoproteínas, Seção 11.3C).

A formação da ligação glicosídica requer um aporte de energia livre sob as condições fisiológicas ($\Delta G^{\circ\prime} = 16$ kJ·mol^{-1}). Essa energia livre, como visto no caso da síntese de glicogênio (Seção 18.2B), é adquirida pela conversão de unidades de monossacarídeos em açúcares de nucleotídeos. Um nucleotídeo ligado ao átomo de carbono anomérico de um açúcar é um bom grupo de saída e, portanto, facilita a formação de uma ligação glicosídica com uma segunda unidade de açúcar, por meio de reações catalisadas por **glicosiltransferases** (Fig. 23.12). Os nucleotídeos que participam da transferência de monossacarídeos são UDP, GDP e CMP; um determinado açúcar associa-se apenas a um desses nucleotídeos (Tabela 23.2).

A. Síntese de lactose

Alguns dissacarídeos são sintetizados para serem utilizados posteriormente como combustíveis metabólicos. Em plantas, o principal combustível dissacarídico é a sacarose (Seção 11.2B), cuja síntese é discutida na Seção 24.3Ad. O dissacarídeo típico de mamíferos é a lactose (β-galactosil-[1→4]-glicose; o açúcar do leite), que é sintetizada na glândula mamária pela **lactose-sintase** (Fig. 23.13). O doador de açúcar é a UDP-galactose, formada pela epimerização de UDP-glicose (Seção 17.5B). O açúcar aceptor é a glicose.

A lactose-sintase é constituída por duas subunidades:

1. A **galactosiltransferase**, a subunidade catalítica, que ocorre em muitos tecidos, onde catalisa a reação de UDP-galactose e *N*-acetilglicosamina para formar *N*-acetil-lactosamina, um constituinte de muitos oligossacarídeos complexos (ver, p. ex., Fig. 23.20, Reação 6).
2. A **α-lactalbumina**, uma proteína da glândula mamária sem atividade catalítica, que altera a especificidade da galactosiltransferase fazendo-a utilizar glicose como aceptor (em vez de *N*-acetilglicosamina), formando lactose (em vez de *N*-acetil-lactosamina).

B. Síntese de glicoproteínas

Em eucariotos, proteínas destinadas à secreção, à incorporação em membranas ou à localização dentro de organelas membranosas contêm carboidratos, sendo classificadas como glicoproteínas. *A glicosilação e o processamento de oligossacarídeos desempenham uma função indispensável no endereçamento e na distribuição dessas proteínas aos seus destinos celulares apropriados.* Seus componentes polipeptídicos são sintetizados no ribossomo e processados pela adição e pela modificação de oligossacarídeos.

As porções oligossacarídicas das glicoproteínas, como visto nas Seções 11.3C e 12.3Bc, são classificadas em três grupos:

1. **Oligossacarídeos ligados ao *N*,** que são ligados à cadeia polipeptídica por meio de uma ligação β-*N*-glicosídica ao N da cadeia lateral de um resíduo de Asn, presente na sequência Asn-X-Ser ou Asn-X-Thr, sendo X qualquer resíduo de aminoácido, exceto Pro (Fig. 23.14*a*).

TABELA 23.2 Nucleotídeos e seus monossacarídeos correspondentes nas reações da glicosiltransferase

UDP	GDP	CMP
N-acetilgalactosamina	Fucose	Ácido siálico
N-acetilglicosamina	Manose	
Ácido *N*-acetilmurâmico		
Galactose		
Glicose		
Ácido glicurônico		
Xilose		

2. **Oligossacarídeos ligados ao *O*,** que são ligados à cadeia polipeptídica por meio de uma ligação α-*O*-glicosídica ao O da cadeia lateral de um resíduo de Ser ou Thr (Fig. 23.14*b*) ou, apenas nas moléculas de colágeno (Seção 8.2Bb), ao O de um resíduo de 5-hidroxilisina (Hyl) (Fig. 23.14*c*).
3. **Âncoras de membrana de glicosilfosfatidilinositol (GPI)**, que são ligadas à cadeia polipeptídica por meio de uma ligação amina entre a manose-6-fosfoetanolamina e o grupo carboxila C-terminal (Fig. 23.14*d*).

Agora consideram-se as etapas para a síntese desses três tipos de oligossacarídeos.

a. As glicoproteínas *N*-ligadas são sintetizadas em quatro estágios

As glicoproteínas N-ligadas são formadas no retículo endoplasmático e posteriormente processadas no aparelho de Golgi. A síntese de suas porções carboidrato ocorre em quatro estágios:

1. Síntese de um precursor de oligossacarídeo, ligado a um lipídeo.
2. Transferência desse precursor para o N da cadeia lateral de um resíduo de Asn do polipeptídeo que está sendo sintetizado.
3. Remoção de algumas unidades de açúcar do precursor.
4. Adição de resíduos de açúcar ao núcleo oligossacarídico.

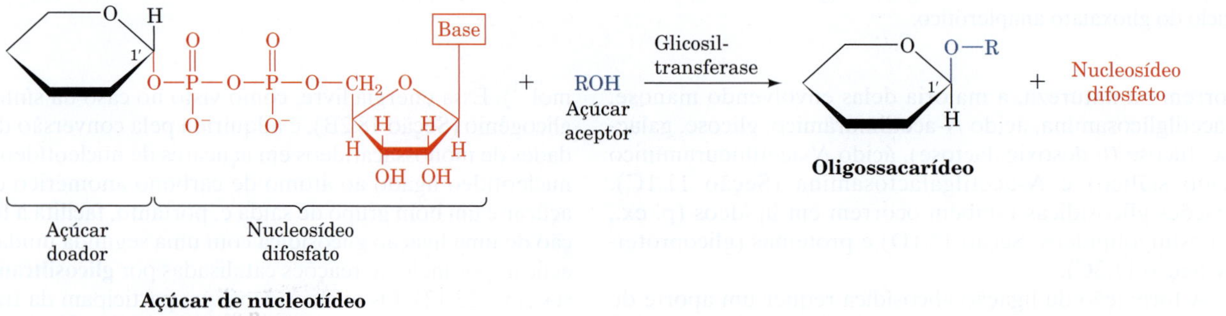

FIGURA 23.12 Função dos açúcares de nucleotídeos. Esses compostos são os doadores de glicosil na biossíntese de oligossacarídeos catalisada pelas glicosiltransferases.

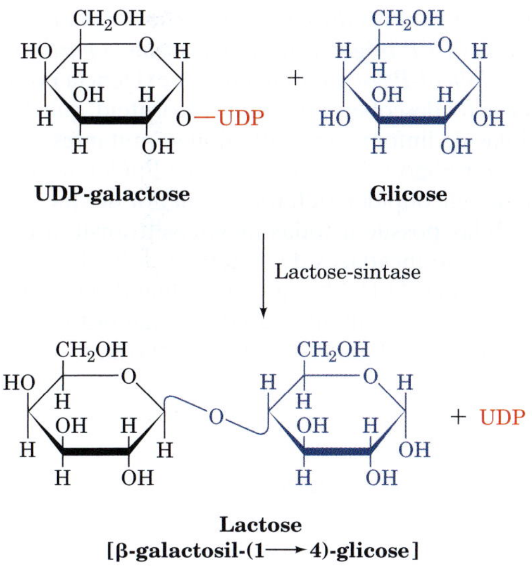

UDP-galactose + Glicose

Lactose-sintase

Lactose
[β-galactosil-(1⟶4)-glicose] + UDP

FIGURA 23.13 **Lactose-sintase.** Esta enzima catalisa a formação de lactose a partir de UDP-galactose e glicose.

A seguir esses estágios serão discutidos nessa ordem.

b. Oligossacarídeos ligados ao *N* são construídos a partir do transportador dolicol

Os oligossacarídeos ligados ao N são inicialmente sintetizados como precursores ligados a lipídeos. O componente lipídico desse processo é o **dolicol**, um poli-isoprenol contendo de 14 a 24 unidades isoprenoides (de 17 a 21 unidades em animais e de 14 a 24 unidades em fungos e plantas; unidades isoprenoides são unidades C_5 com o esqueleto de carbonos do isopreno; Seção 25.6A), que está ligado ao precursor do oligossacarídeo por uma ponte de pirosfosfato (Fig. 23.15). O dolicol aparentemente ancora o oligossacarídeo que está sendo sintetizado, à membrana do retículo endoplasmático. O envolvimento de oligossacarídeos ligados a lipídeos na síntese de glicoproteínas *N*-ligadas foi demonstrado pela primeira vez em 1972 por Armando Parodi e Luis Leloir, que mostraram que, quando um oligossacarídeo ligado a lipídeo contendo [^{14}C]glicose é incubado com **microssomos** de fígado de rato (microssomos são fragmentos vesiculares de retículo endoplasmático isolado), a radioatividade torna-se associada à proteína.

c. Glicoproteínas *N*-ligadas possuem um núcleo oligossacarídico comum

A rota de síntese do dolicol-PP-oligossacarídeo envolve a adição gradativa (uma por uma) de unidades de monossa-

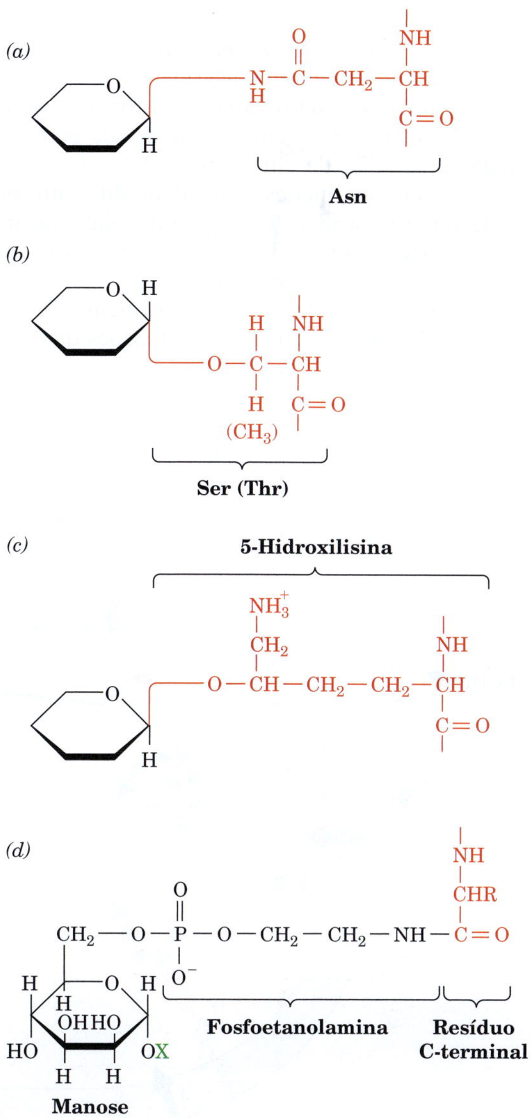

(*a*) Asn

(*b*) Ser (Thr)

(*c*) 5-Hidroxilisina

(*d*) Manose — Fosfoetanolamina — Resíduo C-terminal

FIGURA 23.14 **Tipos de ligações sacarídeo-polipeptídeo em glicoproteínas.** (*a*) Uma ligação glicosídica *N*-ligada a um resíduo de Asn na sequência Asn-X-Ser/Thr. (*b*) Uma ligação glicosídica *O*-ligada a um resíduo de Ser (ou Thr). (*c*) Uma ligação glicosídica *O*-ligada a um resíduo de 5-hidroxilisina no colágeno. (*d*) Uma ligação amida entre o aminoácido C-terminal de uma proteína e a ponte de fosfoetanolamina na posição 6 da manose em uma âncora de glicosilfosfatidilinositol (GPI). O grupo X (*em verde*) representa o restante da âncora de GPI (Fig. 12.30).

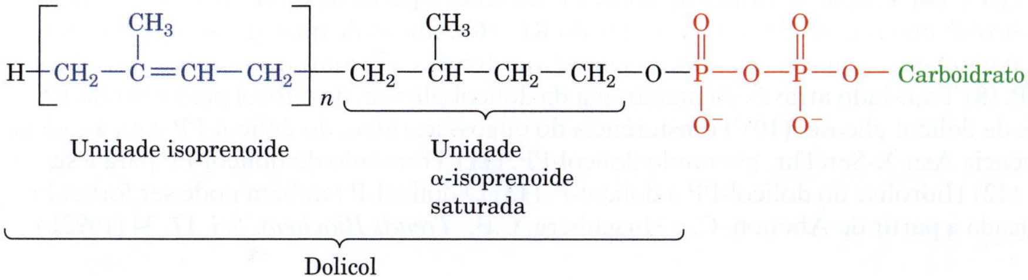

Unidade isoprenoide — Unidade α-isoprenoide saturada — Carboidrato

Dolicol

FIGURA 23.15 **Glicosídeo dolicol-pirofosfato.** Os precursores dos carboidratos de glicosídeos *N*-ligados são sintetizados como glicosídeos dolicol-pirofosfato. Os dolicóis são longas cadeias de poli-isoprenoides (n = 14−24) nas quais a unidade α-isoprenoide é saturada.

carídeo ao glicolipídeo nascente, feita por glicosiltransferases específicas, para formar um "núcleo estrutural" comum. Cada unidade de monossacarídeo é adicionada por uma glicosiltranferase exclusiva (Fig. 23.16). Por exemplo, na Reação 2 da Fig. 23.16, cinco unidades de manosil são adicionadas pela ação de cinco manosiltransferases diferentes, cada uma com uma especificidade diferente para o aceptor de oligossacarídeo. O núcleo do oligossacarídeo, o produto da Reação 9 na Fig. 23.16, tem a composição (N-acetilglicosamina)$_2$(manose)$_9$(glicose)$_3$.

Embora os açúcares de nucleotídeos sejam os doadores de monossacarídeos mais comuns nas reações das glicosiltranferases, *alguns resíduos manosil e glicosil são transferidos para o dolicol-PP-oligossacarídeo nascente a partir dos derivados do dolicol-P correspondentes.* A exigência por **dolicol-P-manose** foi descoberta por Stuart Kornfeld, que descobriu que células de linfoma de camundongo mutantes, incapazes de sintetizar oligossacarídeos ligados a lipídeo normais, formavam um glicolipídeo defeituoso, menor do que o normal. Essas células possuem todas as glicosiltransferases necessárias, mas são incapazes de sintetizar dolicol-P-manose (a Reação 4 da Fig. 23.16 é bloqueada). Quando essa substância é suprida às células mutantes, unidades manosil são adicionadas ao dolicol-PP-oligossacarídeo defeituoso.

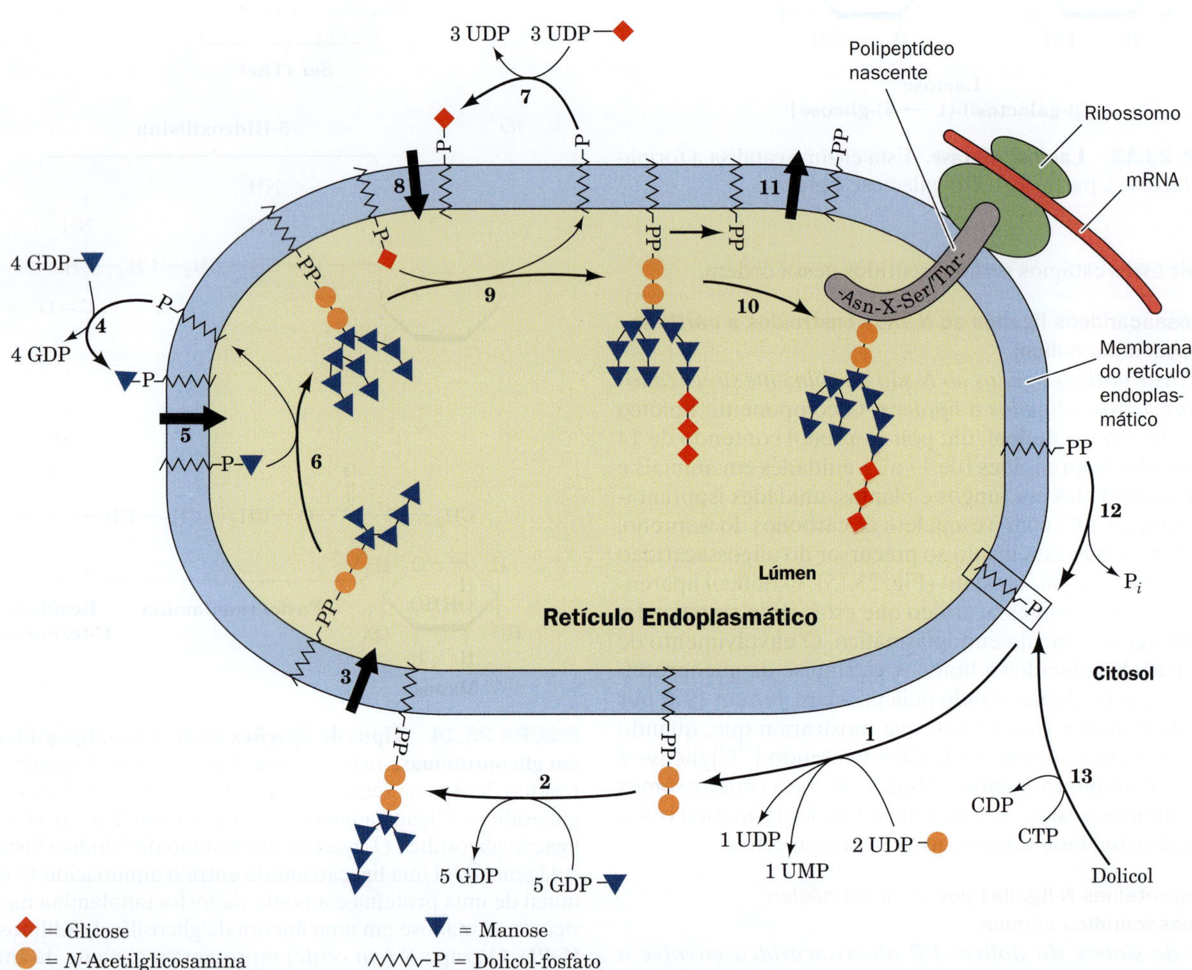

FIGURA 23.16 Rota da síntese do oligossacarídeo-PP-dolicol. (**1**) Adição de N-acetilglicosamina-1-P e de uma segunda molécula de N-acetilglicosamina ao dolicol-P. (**2**) Adição de cinco resíduos manosil, derivados de GDP-manose, em reações catalisadas por cinco diferentes manosil-transferases. (**3**) Translado através da membrana da dolicol-PP-(N-acetilglicosamina)$_2$(manose)$_5$, do citosol para a luz do retículo endoplasmático (RE). (**4**) Síntese citosólica de dolicol-P-manose, a partir de GDP-manose e dolicol-P. (**5**) Translado através da membrana da dolicol-P-manose, do citosol para a luz do RE. (**6**) Adição de quatro resíduos manosil, derivados da dolicol-P-manose, em reações catalisadas por quatro diferentes manosiltransferases. (**7**) Síntese citosólica de dolicol-P-glicose, a partir de UDP-glicose e dolicol-P. (**8**) Translado através da membrana da dolicol-glicose, do citosol para a luz do RE. (**9**) Adição de três resíduos glicosil, derivados da dolicol-glicose. (**10**) Transferência do oligossacarídeo, do dolicol-PP para a cadeia polipeptídica, em um resíduo de Asn na sequência Asn-X-Ser/Thr, liberando dolicol-PP. (**11**) Translado do dolicol-PP para a superfície citoplasmática da membrana do RE. (**12**) Hidrólise do dolicol-PP a dolicol-P. (**13**) O dolicol-P também pode ser formado pela fosforilação do dolicol por CTP. (Modificada a partir de Abeijon, C. e Hirschberg, C.B., *Trends Biochem. Sci.* **17**, 34 [1992].)

Ver Figuras animadas

d. A síntese de dolicol-PP-oligossacarídeo envolve alterações topológicas nos intermediários

As Reações 1, 2, 4 e 7 da Fig. 23.16 ocorrem na face citoplasmática da membrana do retículo endoplasmático (RE). Isso foi determinado quando se usou vesículas de RE rugoso e se observou que diversos reagentes impermeáveis à membrana podem impedir uma ou outra dessas reações. As Reações 6, 9 e 10 ocorrem na luz do RE, visto que a concanavalina A, uma **lectina** (proteína que se liga a carboidratos), é incapaz de se ligar aos produtos destas reações, a menos que a membrana seja permeabilizada. O produto da Reação 2, $(\text{manose})_5(N\text{-acetilglicosamina})_2$-PP-dolicol, o produto da Reação 4, dolicol-P-manose, e o produto da Reação 7, dolicol-P-glicose, devem, portanto, ser transportados através da membrana do RE (Reações 3, 5 e 8), de modo que eles se estendam a partir da superfície luminal para que a síntese de oligossacarídeos *N*-ligados possa continuar. O transporte destes produtos é mediado por flipases específicas independentes de ATP.

e. Os oligossacarídeos ligados ao N são adicionados às proteínas durante a tradução

O **vírus da estomatite vesicular** (**VSV**), que infecta bovinos produzindo sintomas similares à infecção pelo vírus da gripe (*influenza*), é um excelente modelo para o estudo do processamento de glicoproteínas *N*-ligadas. O envelope do VSV é constituído pela membrana da célula hospedeira, na qual uma única glicoproteína viral, a **proteína G do VSV** (não confundir com as GTPases envolvidas na transdução de sinal; Capítulo 19), está inserida. Como uma infecção viral usurpa quase que totalmente a maquinaria de síntese de proteínas da célula infectada, o aparelho de Golgi de uma célula infectada por VSV, que normalmente conteria centenas de tipos diferentes de glicoproteínas, não contém praticamente nenhuma glicoproteína além da proteína G. Consequentemente, acompanhar a maturação da proteína G é relativamente fácil.

Dos sítios Asn-X-Ser/Thr das proteínas eucarióticas maduras, 70% a 90% são *N*-glicosilados. Estudos com células infectadas por VSV indicam que *a transferência do oligossacarídeo ligado ao lipídeo para o polipeptídeo ocorre enquanto a cadeia polipeptídica ainda está sendo sintetizada.* Predições de estrutura (Seção 9.3A), juntamente com estudos de glicosilação de peptídeos-modelo, sugerem que as sequências de aminoácidos que flanqueiam sítios de *N*-glicosilação conhecidos ocorrem em voltas ou alças β, nas quais o grupo N–H do esqueleto da Asn está ligado por ligação de hidrogênio ao átomo de O da hidroxila da Ser/Thr (Fig. 23.17*a*). Isso explica por que Pro não pode ocupar a posição X; ela impediria a sequência Asn-X-Ser/Thr de adotar essa conformação, formada pela ligação de hidrogênio, que é supostamente necessária.

A proteína G do VSV é *N*-glicosilada pela **oligossacariltransferase** (**OST**), uma enzima ligada à membrana, com 8 subunidades e ~300 kDa, que reconhece a sequência de aminoácidos Asn-X-Ser/Thr (Fig. 23.16, Reação 10). Ernst

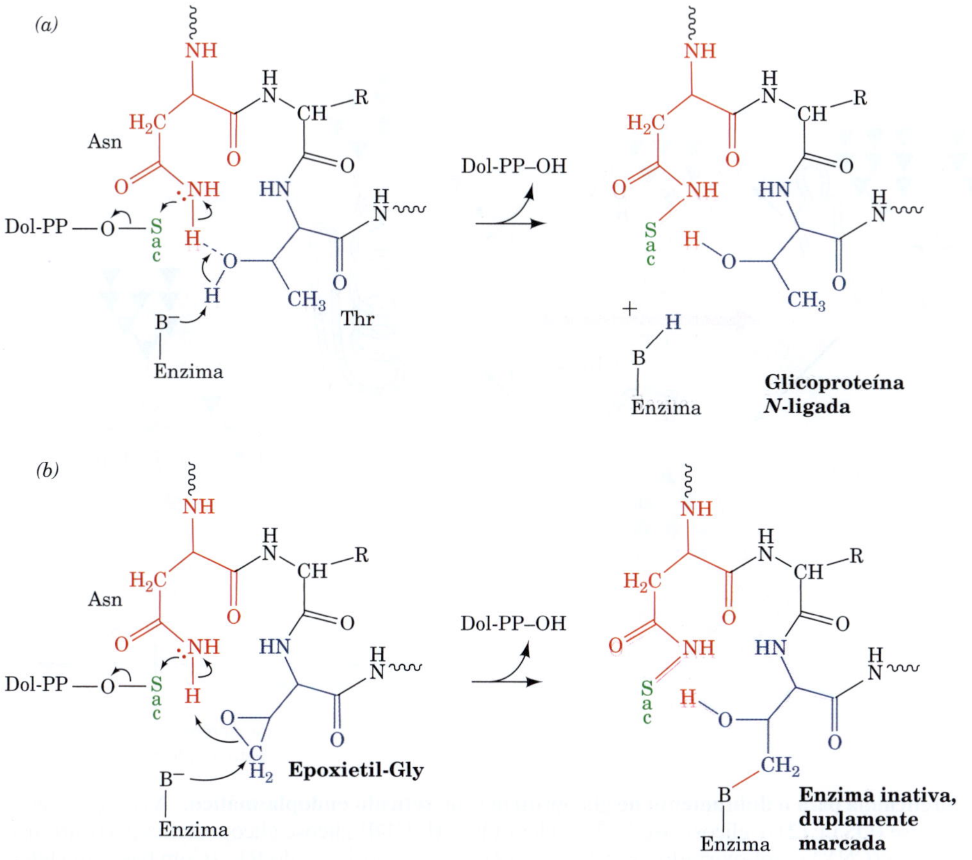

(a) Asn, Dol-PP—O—Sac, Thr, B⁻ Enzima → Dol-PP–OH → Glicoproteína *N*-ligada + H–B–Enzima

(b) Asn, Dol-PP—O—Sac, Epoxietil-Gly, B⁻ Enzima → Dol-PP–OH → Enzima inativa, duplamente marcada

FIGURA 23.17 A reação da oligossacariltransferase (OST). (*a*) O componente Asn-X-Thr de um substrato-modelo hexapeptídico forma um anel que é fechado por uma ligação de hidrogênio entre o grupo amida da Asn e o grupo hidroxila da Thr. Um grupo básico da enzima facilita o deslocamento nucleofílico do dolicol-pirofosfato pelo nitrogênio da amida, liberando a molécula de oligossacarídeo (Sac). (*b*) A inativação da OST pela reação com um hexapeptídeo contendo Asn-Gly-epoxietil-Gly, na presença de dolicol-PP-oligossacarídeo. Isso marca quimicamente o grupo básico com o oligopeptídeo, ao qual o oligossacarídeo ligou-se covalentemente.

Bause propôs um mecanismo catalítico para a OST, no qual um grupo básico da enzima retira um próton do grupo hidroxila da Ser/Thr, que, por sua vez, retira um próton do grupo NH_2 da Asn, promovendo, assim, o ataque nucleofílico da Asn sobre o oligossacarídeo (Sac), que, então, desloca o dolicol-pirofosfato (Fig. 23.17*a*). Esse mecanismo é apoiado pela observação de que a reação da OST com dolicol-PP-oligossacarídeo e um substrato-modelo hexapeptídico, contendo a sequência Asn-X-epoxietil-Gly (no lugar de Asn-X-Ser/Thr), inativa irreversivelmente a enzima, por ligá-la covalentemente ao agora glicosilado hexapeptídeo (Fig. 23.17*b*).

f. O ciclo calnexina/calreticulina facilita o dobramento da glicoproteína

O processamento de um núcleo oligossacarídico N-ligado começa no retículo endoplasmático, com a remoção enzimática de seus três resíduos de glicose (Fig. 23.18, Reações 2 e 3) e um de seus resíduos de manose (Fig. 23.18, Reação 4), antes que a proteína se tenha dobrado em sua conformação nativa. Entretanto, esse não é um processo simples, pois a **UDP-glicose:glicoproteína-glicosiltransferase (GT)**, uma proteína solúvel de 1.513 resíduos, glicosila novamente os oligossacarídeos das glicoproteínas parcialmente dobradas, uma reação que reverte a remoção do último dos três resíduos de glicose, feita pela enzima **glicosidase II** (Fig. 23.18, Reação 3). Esse ciclo fútil (a maioria das glicoproteínas são reglicosiladas pelo menos uma vez) é parte de um processo de dobramento de glicoproteínas mediado por chaperonas, o chamado **ciclo calnexina/calreticulina**. A **calnexina** (**CNX**, ~570 resíduos), que está ligada à membrana, e a **calreticulina** (**CRT**, ~400 resíduos), o seu homólogo solúvel, são lectinas residentes no RE que se ligam a glicoproteínas parcialmente dobradas ligadas a oligossacarídeos monoglicosilados, de forma a protegê-las da degradação e da transferência prematura ao aparelho de Golgi. Se a glicoproteína é liberada e desglicosilada antes de estar corretamente dobrada, a GT, que reconhece apenas glicoproteínas não nativas, glicosila essa proteína novamente, de modo que o ciclo CNX/CRT possa se repetir. Tanto a CNX quanto a CRT se ligam à **ERp57**, uma tiol-oxirredutase de 481 resíduos homóloga à proteína dissulfeto-isomerase (PDI, Seção 9.2A). Enquanto a glicoproteína parcialmente dobrada estiver ligada ao complexo, a ERp57 catalisa reações de troca de dissulfeto para facilitar a formação das pontes dissulfeto corretamente pareadas. Os complexos CNX/Erp57 e CRT/Erp57 são, portanto, responsáveis pelo correto dobramento e formação de pontes dissulfeto das glicoproteínas no RE. A importância desse processo é demonstrada ao se observar que camundongos nocaute, com o gene da CRT ausente, morrem *in utero*.

A estrutura por raios X do domínio luminal da calnexina (resíduos 61-458), determinada por Miroslaw Cygler, revelou uma estrutura incomum (Fig. 23.19): um domínio globular compacto (resíduos 61-262 e 415-458), a partir do qual se estende um braço de 145 Å de comprimento (resíduos 270-414). O domínio globular forma um sanduíche com duas folhas β

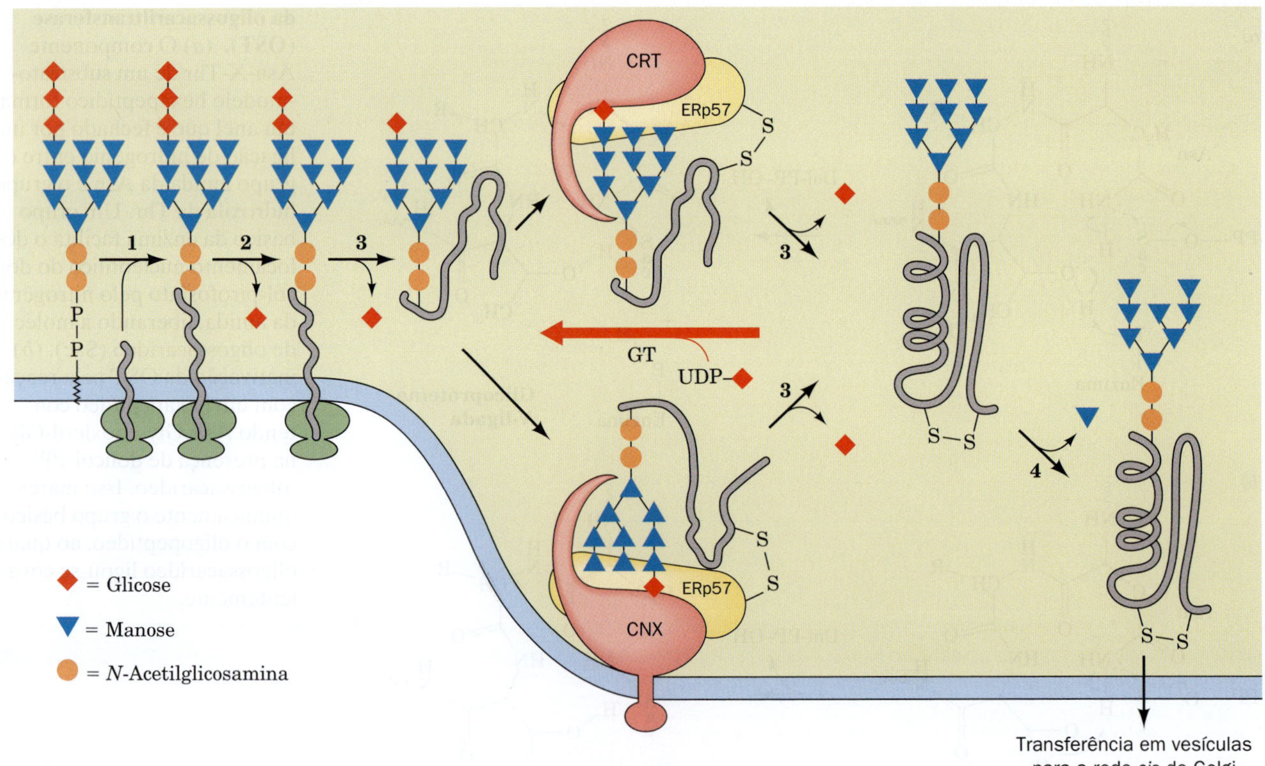

FIGURA 23.18 O ciclo calnexina/calreticulina para o dobramento de glicoproteínas no retículo endoplasmático. As reações são catalisadas pela (**1**) oligossacariltransferase (OST); (**2**) α-glicosidase I; (**3**) α-glicosidase II, UDP-glicose:glicoproteína-glicosiltransferase (GT), calreticulina (CRT), calnexina (CNX) e tiol-oxirredutase ERp57; e (**4**) α-1,2-manosidase do RE. (Com base em Helenius, A., e Aebi, M., *Science* **291**, 2367 [2001].)

antiparalelas, uma de 6 fitas e uma de 7 fitas, que se liga a um íon Ca^{2+} e se assemelha a lectinas de leguminosas, tais como a concanavalina A (Fig. 8.40). A superfície côncava (*azul*) desse domínio, que é revestida por grupos que formam ligações de hidrogênio (e, conforme sugerido pela construção de modelos, se liga à porção $[glicose]_1[manose]_3$ do substrato natural da calnexina, $[glicose]_1[manose]_9$), liga glicose. O longo braço, que consiste em uma estrutura em grampo de cabelo estendida, é conhecido como o domínio P, pois possui quatro cópias de dois diferentes motivos ricos em Pro, organizados na sequência 11112222; cada motivo 1 (~18 resíduos) está em associação antiparalela com um motivo 2 (~14 resíduos), presente na fita oposta da estrutura em grampo de cabelo. Cada um desses pares de motivos possui uma estrutura similar, com seus resíduos conservados mantendo interações idênticas em cada par. Tem sido mostrado que o domínio P forma um sítio de ligação para a ERp57, tanto na calnexina quanto na calreticulina.

g. O processamento de glicoproteínas é finalizado no aparelho de Golgi

Uma vez que a glicoproteína se tenha dobrado em sua conformação nativa e que a α-1,2-manosidase tenha removido um de seus resíduos de manose (Fig. 23.18, Etapa 4), a glicoproteína é transportada, em vesículas membranosas, para o aparelho de Golgi, onde ela continua a ser processada (Fig. 23.20). O aparelho de Golgi (Fig. 12.58), como discutido na Seção 12.4C, é constituído, a partir do RE, pela rede Golgi *cis*, através da qual as glicoproteínas entram no

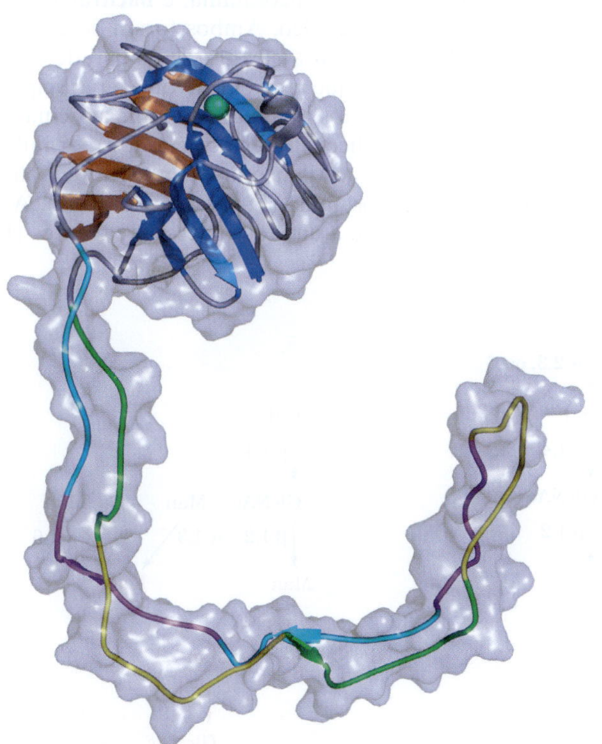

FIGURA 23.19 Estrutura por raios X da porção luminal da calnexina canina. A proteína está representada em modelo de fitas sobreposto à sua superfície molecular semitransparente. As folhas β antiparalelas de 6 fitas e 7 fitas do domínio globular estão coloridas em cor de laranja e azul, com as porções remanescentes em cinza e o íon Ca^{2+} representado por uma esfera verde claro. No domínio P, os motivos 1 estão coloridos alternadamente em verde e amarelo, e os motivos 2 estão coloridos alternadamente em magenta e ciano. (Com base na estrutura por raios X de Miroslaw Cygler, Biotechnology Research Institute, NRC, Montreal, Quebec, Canadá. PDBid 1JHN.)

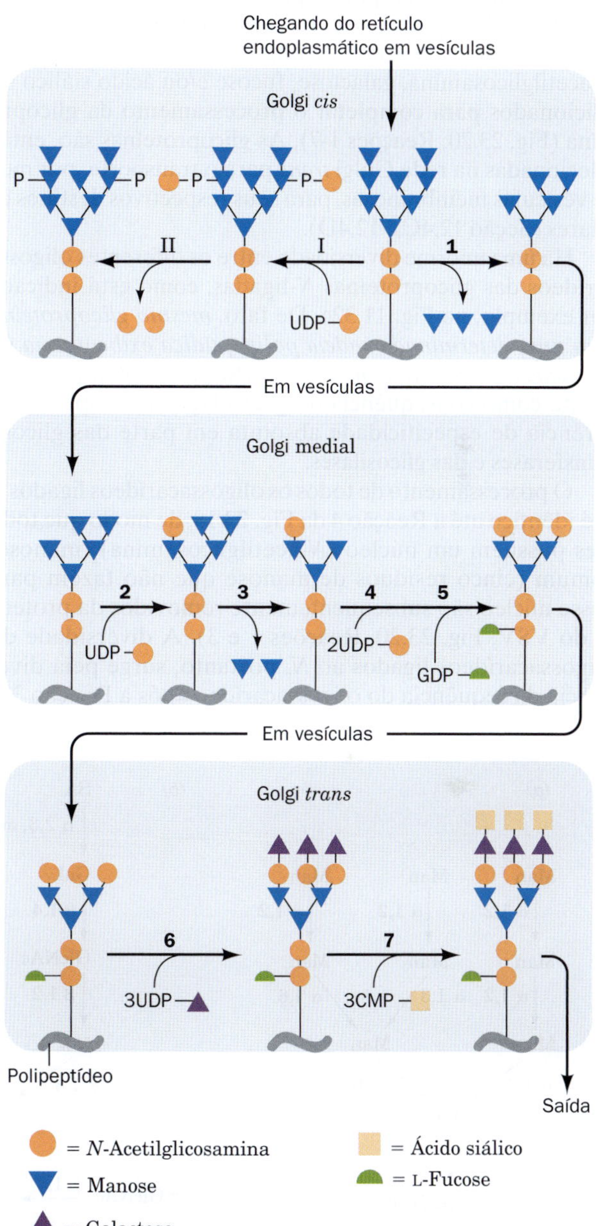

FIGURA 23.20 Processamento do oligossacarídeo da proteína G do VSV na rede de Golgi. As reações são catalisadas por: (**1**) α-manosidase I do Golgi, (**2**) *N*-acetilglicosaminiltransferase I, (**3**) α-manosidase II do Golgi, (**4**) *N*-acetilglicosaminiltransferase II, (**5**) fucosiltransferase, (**6**) galactosiltransferase e (**7**) sialiltransferase. As proteínas lisossômicas são modificadas pela (**I**) *N*-acetilglicosaminil-fosfotransferase e (**II**) *N*-acetilglicosamina-1-fosfodiéster α-*N*-acetilglicosaminidase. (Modificado a partir de Kornfeld, R., e Kornfeld, S., *Annu. Rev. Biochem.* **54**, 640 [1985].)

aparelho de Golgi; por uma pilha de pelo menos três tipos diferentes de sacos, as cisternas *cis*, mediais e *trans*; e pela rede Golgi *trans*, através da qual as proteínas deixam o aparelho de Golgi. As glicoproteínas atravessam a pilha de sacos do aparelho de Golgi, das cisternas *cis* para as cisternas mediais e, então, para as cisternas *trans*, e cada uma delas, como mostrado por James Rothman e Kornfeld, contém conjuntos diferentes de enzimas para o processamento de glicoproteínas. À medida que isso ocorre, os resíduos de manose são removidos de cada grupo de oligossacarídeo, e resíduos de *N*-acetilglicosamina, galactose, fucose e/ou ácido siálico são adicionados para completar o processamento da glicoproteína (Fig. 23.20; Reações 1-7). As glicoproteínas são, então, selecionadas na rede Golgi *trans* para o transporte, por meio de vesículas membranosas, para seus respectivos destinos celulares (Seção 12.4C e 12.4D).

Há uma enorme diversidade entre os diferentes oligossacarídeos das glicoproteínas *N*-ligadas, como está indicado, por exemplo, na Fig. 11.32c. De fato, *mesmo glicoproteínas com uma determinada cadeia polipeptídica exibem uma micro-heterogeneidade considerável* (Seção 11.3C), provavelmente como consequência da glicosilação incompleta e da carência de especificidade absoluta em parte das glicosiltransferases e das glicosilases.

O processamento de todos os oligossacarídeos ligados ao *N* é idêntico até a Reação 4 da Fig. 23.18, de modo que todos eles possuem um núcleo $(N\text{-acetilglicosamina})_2(\text{manose})_3$ comum (cinco resíduos de manose que não fazem parte desse núcleo são subsequentemente removidos da proteína G do VSV; Fig. 23.20, Reações 1 e 3). A diversidade dos oligossacarídeos ligados ao *N*, portanto, surge pela divergência da sequência do oligossacarídeo após a Reação 3 da Fig. 23.20. Os oligossacarídeos resultantes são classificados em três grupos:

1. **Oligossacarídeos ricos em manose** (Fig. 23.21*a*), que contêm de 2 a 9 resíduos de manose unidos ao núcleo pentassacarídico comum (resíduos em vermelho na Fig. 23.21).
2. **Oligossacarídeos complexos** (Fig. 23.21*b*), que contêm números variáveis de unidades de *N*-acetil-lactosamina, assim como resíduos de ácido siálico e/ou de fucose ligados ao núcleo.
3. **Oligossacarídeos híbridos** (Fig. 23.21*c*), que contêm elementos de cadeias ricas em manose e cadeias complexas.

Não está claro qual a relação entre os diferentes tipos de oligossacarídeos e as funções e/ou localizações celulares finais das glicoproteínas. As glicoproteínas lisossômicas, entretanto, parecem ser da variedade rica em manose.

h. Inibidores têm auxiliado no estudo da glicosilação ligada ao *N*

A elucidação dos eventos do processo de glicosilação tem sido bastante facilitada pelo uso de inibidores que bloqueiam enzimas de glicosilação específicas. Dois dos mais úteis são os antibióticos **tunicamicina** (Fig. 23.22*a*), um análogo hidrofóbico da UDP-*N*-acetilglicosamina, e **bacitracina** (Fig. 23.23), um polipeptídeo cíclico. Ambos foram descobertos por sua capacidade de inibir a biossíntese da parede celular bacteriana, um processo que também envolve a participação de oligossacarídeos ligados a lipídeos. A tunicamicina bloqueia a formação de dolicol-PP-oligossacarídeo, por inibir a síntese de dolicol-PP-*N*-acetilglicosamina a partir de dolicol-P e UDP-*N*-acetilglicosamina (Fig. 23.16, Reação1). A tunicamicina assemelha-se a um aduto desses reagentes (Fig.

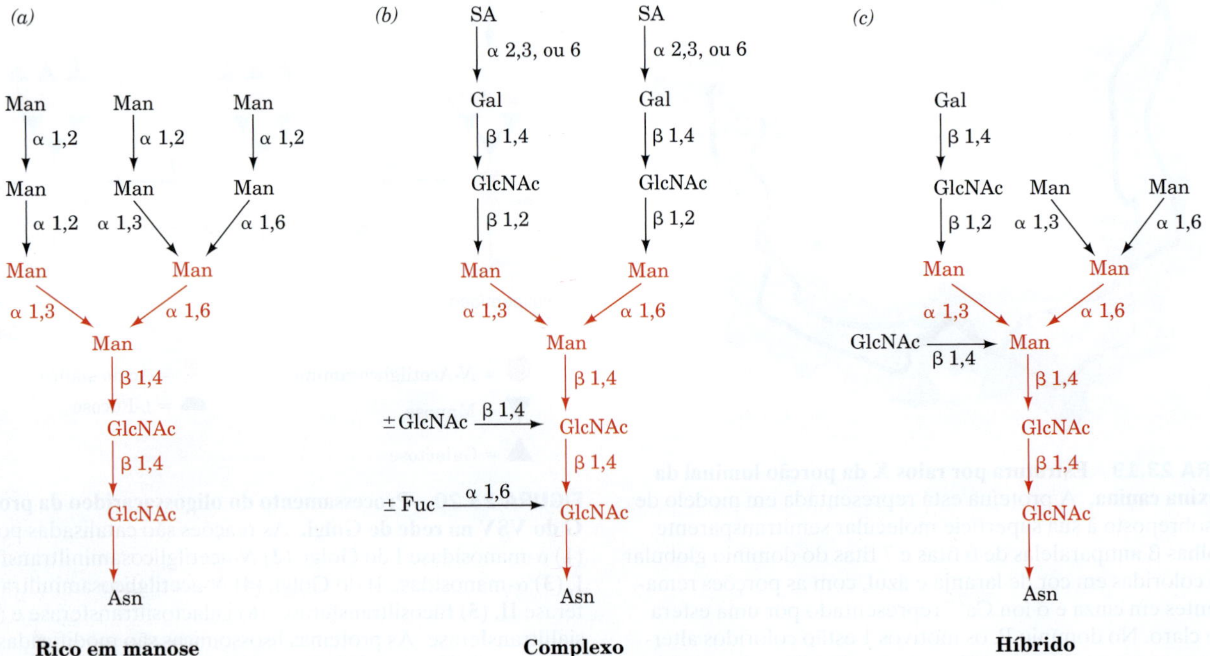

FIGURA 23.21 **Tipos de oligossacarídeos *N*-ligados.** Estruturas primárias típicas de oligossacarídeos *N*-ligados (*a*) ricos em manose, (*b*) complexos e (*c*) híbridos. O núcleo pentassacarídico comum a todos os oligossacarídeos *N*-ligados está indicado em vermelho. (Segundo Kornfeld, R., e Kornfeld, S., *Annu. Rev. Biochem.* **54**, 633 [1985].)

FIGURA 23.22 Estrutura química da tunicamicina. A estrutura da (*a*) tunicamicina, que inibe a glicosilação, é comparada àquela do (*b*) dolicol-P + UDP-*N*-acetilglicosamina.

(a) n = 8,9,10, ou 11

Tunicamicina

(b)

Dolicol-fosfato

UDP-*N*-Acetilglicosamina

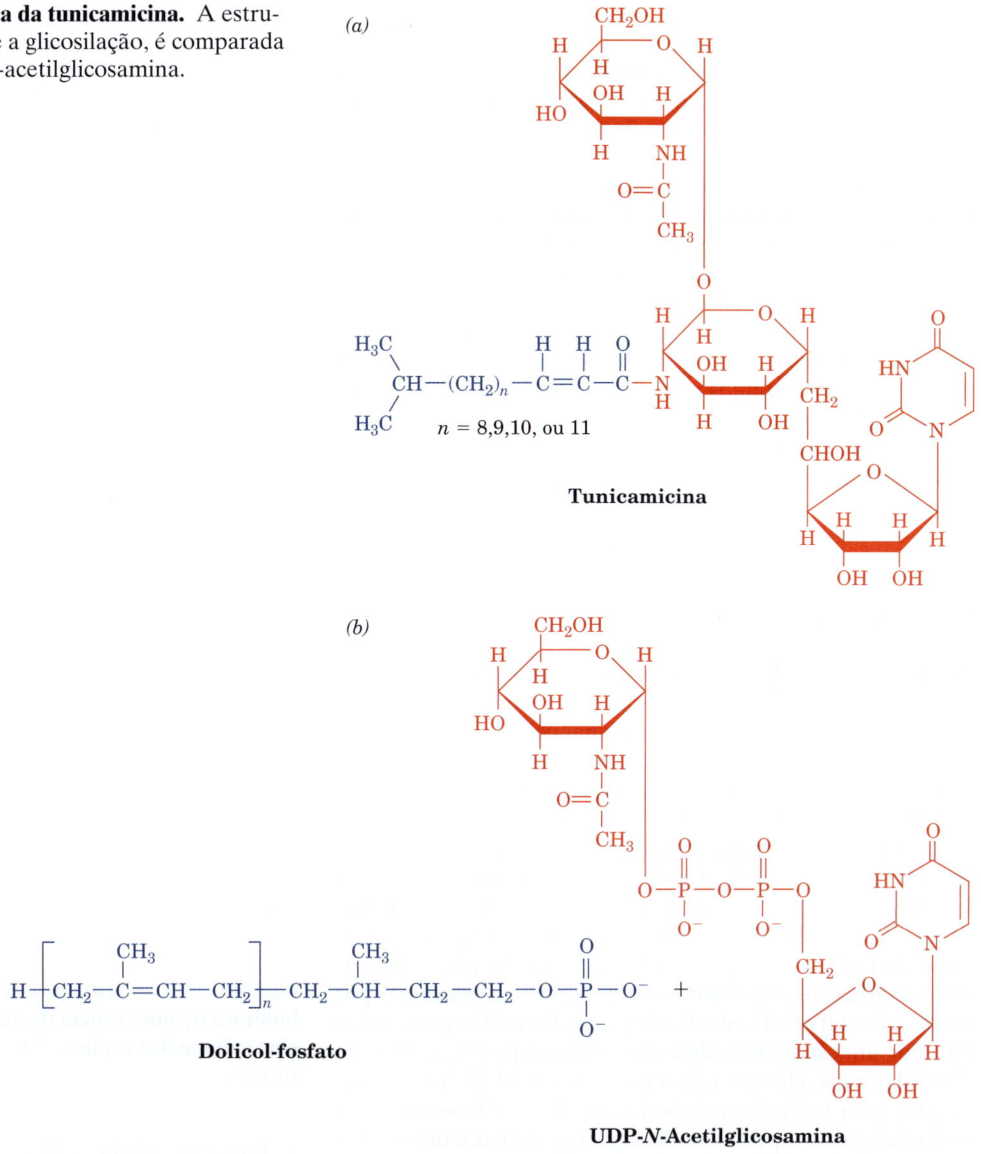

23.22*b*) e, na verdade, liga-se à enzima com uma constante de dissociação de 7×10^{-9} *M*.

A bacitracina forma com o dolicol-PP um complexo que inibe a sua desfosforilação (Fig. 23.16, Reação 12), impedindo, assim, a síntese de glicoproteína a partir dos oligossacarídeos precursores ligados a lipídeos. A bacitracina é clinicamente útil porque ela destrói a parede celular bacteriana, mas não afeta as células animais, já que ela não pode atravessar as membranas celulares (a biossíntese da parede celular bacteriana é um processo extracelular).

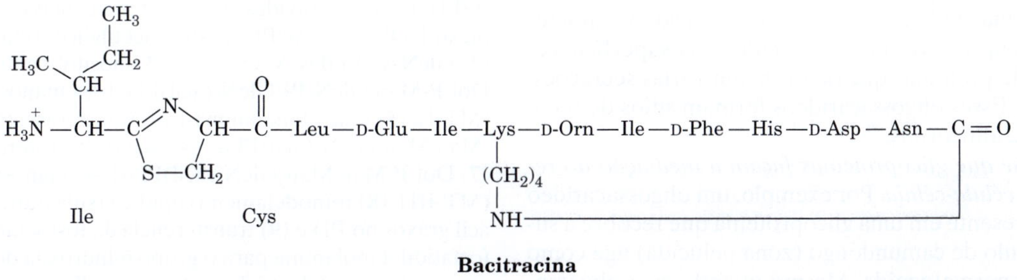

Ile — Cys — Leu — D-Glu — Ile — Lys — D-Orn — Ile — D-Phe — His — D-Asp — Asn

Bacitracina

FIGURA 23.23 Estrutura química da bacitracina. Observe que esse dodecapeptídeo possui quatro resíduos de D-aminoácidos e duas ligações intracadeia incomuns. "Orn" representa o resíduo do aminoácido ornitina, um aminoácido não padrão (Fig. 26.7).

i. Oligossacarídeos ligados ao *O* são formados após a tradução

O estudo da biossíntese da **mucina**, uma glicoproteína *O*-ligada secretada pela glândula salivar submaxilar, indica que *os oligossacarídeos ligados ao O são sintetizados no aparelho de Golgi pela adição seriada de unidades de monossacarídeo a uma cadeia polipeptídica completa (Fig. 23.24).* A síntese começa com a transferência de *N*-acetilgalactosamina (GalNAc) da UDP-GalNAc para um resíduo de Ser ou de Thr do polipeptídeo, feita pela enzima **GalNAc-transferase**. Ao contrário dos oligossacarídeos ligados ao *N*, que são transferidos para uma Asn de uma sequência de aminoácidos específica, os resíduos de Ser e Thr *O*-glicosilados não são membros de qualquer sequência em comum. Em vez disso, a localização dos sítios de glicosilação parece ser especificada apenas pelas estruturas secundária e terciária do polipeptídeo. A glicosilação continua com a adição sequencial de galactose, ácido siálico, *N*-acetilglicosamina e/ou fucose pelas glicosiltransferases correspondentes.

j. Os oligossacarídeos atuam como sítios de reconhecimento nas glicoproteínas

As glicoproteínas que são sintetizadas no retículo endoplasmático e processadas no aparelho de Golgi são marcadas para secreção, inserção em membranas celulares ou incorporação em organelas da célula, como o lisossomo. Isso sugere que *os oligossacarídeos servem como marcadores de reconhecimento para esse processo de endereçamento.* Por exemplo, o estudo da doença celular I (Seção 12.4Cg) demonstrou que, nas glicoproteínas com atividade enzimática destinadas aos lisossomos, um resíduo de manose é convertido em manose-6-fosfato (M6P) nas cisternas do Golgi *cis*. O processo envolve duas enzimas (Fig. 23.20, Reações I e II), que, acredita-se, reconhecem precursores das proteínas lisossômicas por certas características estruturais presentes nestas proteínas e não por uma sequência de aminoácidos específica. Na rede do Golgi *trans*, glicoproteínas que contêm M6P são encaminhadas para vesículas recobertas ligadas ao lisossomo, por meio da ligação específica dessas glicoproteínas a um de dois receptores de M6P, um dos quais é uma glicoproteína de membrana de 275 kDa, o chamado **receptor de M6P/IGF-II** (pois foi descoberto que este receptor de M6P e o **receptor de fator de crescimento semelhante à insulina II** são a mesma proteína). Os indivíduos com a doença celular I carecem da enzima que catalisa a fosforilação da manose (Fig. 23.20, Reação I), o que resulta na secreção de enzimas que normalmente residiriam no lisossomo.

Os antígenos do grupo sanguíneo ABO (Seção 12.3E) são glicoproteínas *O*-ligadas. Seus oligossacarídeos característicos são componentes tanto de lipídeos da superfície celular quanto de proteínas que ocorrem em várias secreções, como a saliva. Esses oligossacarídeos formam sítios de reconhecimento de anticorpos.

Acredita-se que glicoproteínas façam a mediação do reconhecimento célula-célula. Por exemplo, um oligossacarídeo ligado ao *O* presente em uma glicoproteína que recobre a superfície do óvulo de camundongo (zona pelúcida) age como receptor de espermatozoide. Mesmo quando esse oligossacarídeo está separado de sua proteína, ele retém a capacidade de se ligar ao espermatozoide de camundongo.

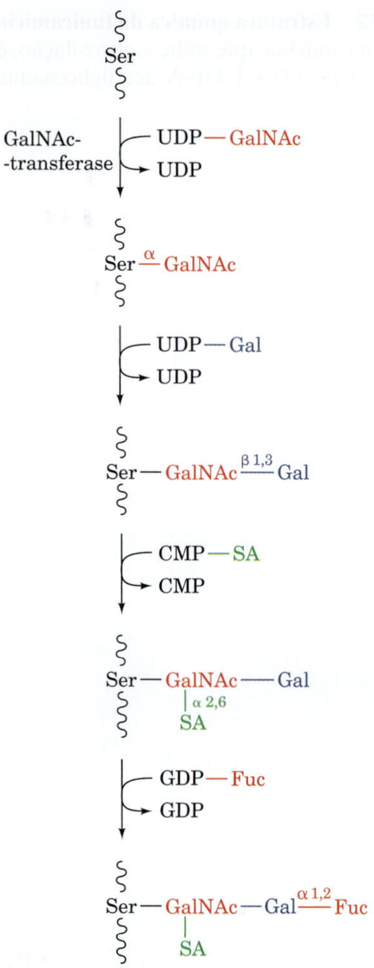

Ser
GalNAc-transferase: UDP—GalNAc → UDP
Ser $\overset{\alpha}{—}$ GalNAc
UDP—Gal → UDP
Ser—GalNAc $\overset{\beta 1,3}{—}$ Gal
CMP—SA → CMP
Ser—GalNAc—Gal
| α 2,6
SA
GDP—Fuc → GDP
Ser—GalNAc—Gal $\overset{\alpha 1,2}{—}$ Fuc
|
SA

FIGURA 23.24 **Rota proposta para a síntese da porção carboidrato de uma cadeia de oligossacarídeo ligado ao *O* da mucina submaxilar canina.** SA e Fuc representam ácido siálico e fucose.

k. Proteínas ligadas a GPI

Os grupos **glicosilfosfatidilinositol** (**GPI**) têm a função de ancorar uma grande variedade de proteínas na superfície exterior da membrana plasmática das células eucarióticas, fornecendo assim uma alternativa aos domínios transmem-

FIGURA 23.25 **Âncoras de GPI.** (*adiante*) (*a*) A rota de síntese do núcleo tetrassacarídico do glicosilfosfatidilinositol (GPI). Estão envolvidas as seguintes enzimas e etapas: (**1**) complexo UDP-GlcNAc:PI α1→6 *N*-acetilglicosaminiltransferase, (**2**) GlcNAc-PI des-*N*-acetilase, (**3**) inositol-aciltransferase, (**4**) Dol-P-Man:GlcN-PI/GlcN-(acil)PI α1→4 manosiltransferase (MT-I), (**5**) uma etanolamina-fosfotransferase, (**6**) Dol-P-Man:Man_1GlcN-(acil)PI α1→6 manosiltransferase (MT-II), (**7**) Dol-P-Man:Man_2GlcN-(acil)PI α1→2 manosiltransferase (MT-III), (**8**) remodelamento lipídico (substituição dos grupos acil graxos no PI) e (**9**) transferência da fosfoetanolamina da fosfatidiletanolamina para o grupo 6-hidroxila do resíduo de manose terminal do núcleo tetrassacarídico por uma etanolamina-fosfotransferase. (*b*) Transamidação da proteína-alvo, resultando em uma ligação amida C-terminal à âncora de GPI.

(a)

UDP–GlcNac

Fosfatidilinositol (PI)

GlcNac–PI

HOAc

Fosfatidi-
etanolamina

CoA Acil-CoA

$GlcNH_2$—PI

Remodelamento lipídico

Fosfatidil-
etanolamina

(b)

PROTEÍNA-ALVO — C—HN—PEPTÍDEO C-TERMINAL + $H_2NCH_2CH_2O$—P=O

PEPTÍDEO C-TERMINAL

PROTEÍNA-ALVO — C—$NHCH_2CH_2$—O—P=O

Dolicol-fosfato

Manose

Glicosamina

Fosfatidilinositol (PI)

Grupo acil

brana dos polipeptídeos (Seção 12.3Bc; Fig. 12.30). Esse ancoramento se dá pela transamidação de um glicolipídeo GPI pré-formado, em 1 min após a síntese e a transferência da proteína-alvo para o RE. A biossíntese do núcleo estrutural do GPI (Fig. 23.25*a*) inicia na face citoplasmática do RE, com a transferência de *N*-acetilglicosamina da UDP-*N*-acetilglicosamina (UDP-GlcNAc) para a hidroxila 6 do inositol do fosfatidilinositol, seguida pela remoção do grupo acetil. Em mamíferos, a rota continua com a acilação na posição 2 do inositol, o translado para a face luminal da membrana do RE e a adição de manose, a partir da dolicol-P-manose (Dol-P-Man; Fig. 23.16), e de fosfoetanolamina, a partir da fosfatidiletanolamina (Tabela 12.2), como indicado na Fig. 23.25*a*. Esse núcleo é modificado com vários resíduos de açúcar adicionais, dependendo da espécie e da proteína à qual ele está ligado. Há uma diversidade considerável nos resíduos de ácidos graxos das âncoras de GPI, devido ao extenso remodelamento lipídico que ocorre durante a síntese da âncora. As proteínas-alvo ancoram-se à superfície da membrana quando o grupo amino da fosfoetanolamina do GPI ataca nucleofilicamente um grupo aminoacil da proteína, na região próxima ao C-terminal, resultando em uma transamidação que libera um peptídeo sinal C-terminal hidrofóbico de 20-30 resíduos (Fig. 23.25*b*). Uma vez que os grupos GPI são adicionados às proteínas na superfície luminal do RER, as proteínas ancoradas por GPI ocorrem na superfície exterior da membrana plasmática (Fig. 12.60). Entretanto, elas não estão distribuídas uniformemente na face externa da membrana plasmática, pois essas proteínas se associam preferencialmente a balsas de colesterol e esfingolípideos (Seção 12.3Cb).

O núcleo estrutural do GPI é evolutivamente conservado entre todos os eucariotos, embora existam diferenças na sua síntese entre as espécies. Por exemplo, a superfície celular dos tripanossomas que causam a doença do sono africana (um distúrbio debilitante e frequentemente fatal que aflige milhões de pessoas na África subsaariana) possui um denso revestimento de **glicoproteína variável de superfície** (**GVS**), que é ancorada por GPI à sua membrana plasmática. O revestimento de GVS oculta a membrana plasmática do tripanossoma do sistema imune do hospedeiro, embora o sistema imune reconheça e ataque a GVS. O parasito é, ainda assim, capaz de escapar das defesas imunológicas do hospedeiro, pois ele possui um repertório genético de aproximadamente mil GVS distintas de forma imunológica. Um tripanossoma individual expressa apenas um de seus genes de GVS e, portanto, o hospedeiro pode montar um ataque imunológico efetivo contra a população prevalente de GVS, um processo que leva aproximadamente uma semana (Seção 35.2A). Entretanto, por trocar os genes GVS, uma nova população de tripanossomas surge e replica-se sem controle até que o hospedeiro possa montar uma nova resposta imunológica, em um ciclo que se repete até a morte do hospedeiro. A comparação entre a rota de biossíntese de GPI em tripanossomas e em sistemas de mamíferos revelou algumas diferenças no ordenamento das etapas da rota. Por exemplo, as Etapas 3 e 4 da Fig. 23.25*a* estão invertidas nos tripanossomas. Essa e outras diferenças na especificidade para o substrato das enzimas que catalisam essa via têm mostrado alguns alvos promissores para o uso de fármacos para o tratamento da doença do sono africana.

4 A VIA DAS PENTOSES-FOSFATO

O ATP é a "moeda energética" da célula; sua hidrólise exergônica está acoplada a muitas funções celulares endergônicas. *As células possuem uma segunda moeda, o poder redutor.* Muitas reações endergônicas, especialmente a biossíntese redutora dos ácidos graxos (Seção 25.4) e do colesterol (Seção 25.6A) e a fotossíntese (Seção 24.3A), necessitam, além de ATP, de NADPH. Apesar de sua estreita semelhança química, *NADPH e NADH não são metabolicamente intercambiáveis* (lembre que estas coenzimas diferem apenas pela presença de um fosfato no grupo 2′-OH da adenosina do NADPH; Fig. 13.2). Enquanto o NADH participa do processo que utiliza a energia livre da oxidação metabólica para sintetizar ATP (fosforilação oxidativa), *o NADPH está envolvido em processos que utilizam a energia livre da oxidação metabólica para a biossíntese redutora, um processo endergônico.* Essa diferenciação é possível porque as desidrogenases envolvidas no metabolismo oxidativo e redutor apresentam um alto grau de especificidade para suas respectivas coenzimas. De fato, as células normalmente mantêm o valor da razão $[NAD^+]/[NADH]$ próximo a 1.000, o que favorece a oxidação dos metabólitos, ao mesmo tempo em que a razão $[NADP^+]/[NADPH]$ é mantida próxima de 0,01, o que favorece a redução dos metabólitos.

O NADPH é gerado pela oxidação da G6P, por uma rota alternativa à glicólise, a ***via das pentoses-fosfato*** *(também chamada* ***via da hexose-monofosfato (HMP)*** *ou* ***via do fosfogliconato****;* Fig. 23.26*). Essa rota também produz ribose-5-fosfato (R5P), um precursor essencial da biossíntese de nucleotídeos (Seções 28.1, 28.2 e 28.5).* A primeira evidência da existência dessa via foi obtida na década de 1930 por Otto Warburg, que descobriu $NADP^+$ durante seus estudos sobre a oxidação de G6P a 6-fosfogliconato. Posteriormente, mais indícios surgiram ao se observar que os tecidos continuam a liberar CO_2 mesmo em presença de altas concentrações do íon fluoreto, que bloqueia a glicólise pela inibição da enolase (Seção 17.2I). Contudo, foi apenas na década de 1950 que a via das pentoses-fosfato foi elucidada por Frank Dickens, Bernard Horecker, Fritz Lipmann e Efraim Racker. Os tecidos mais envolvidos na biossíntese de ácidos graxos e colesterol (fígado, glândulas mamárias, tecido adiposo e córtex suprarrenal) são ricos em enzimas da via das pentoses-fosfato. De fato, aproximadamente 30% da oxidação da glicose no fígado ocorre pela via das pentoses-fosfato.

A reação global da via das pentoses-fosfato é

$$3\text{G6P} + 6\text{NADP}^+ + 3\text{H}_2\text{O} \rightleftharpoons 6\text{NADPH} + 6\text{H}^+ + 3\text{CO}_2 + 2\text{F6P} + \text{GAP}$$

Pode-se considerar, porém, que esta via possui três etapas:

1. Reações de oxidação (Fig. 23.26, Reações 1-3), que produzem NADPH e **ribulose-5-fosfato** (**Ru5P**).

$$3\text{G6P} + 6\text{NADP}^+ + 3\text{H}_2\text{O} \longrightarrow 6\text{NADPH} + 6\text{H}^+ + 3\text{CO}_2 + 3\text{Ru5P}$$

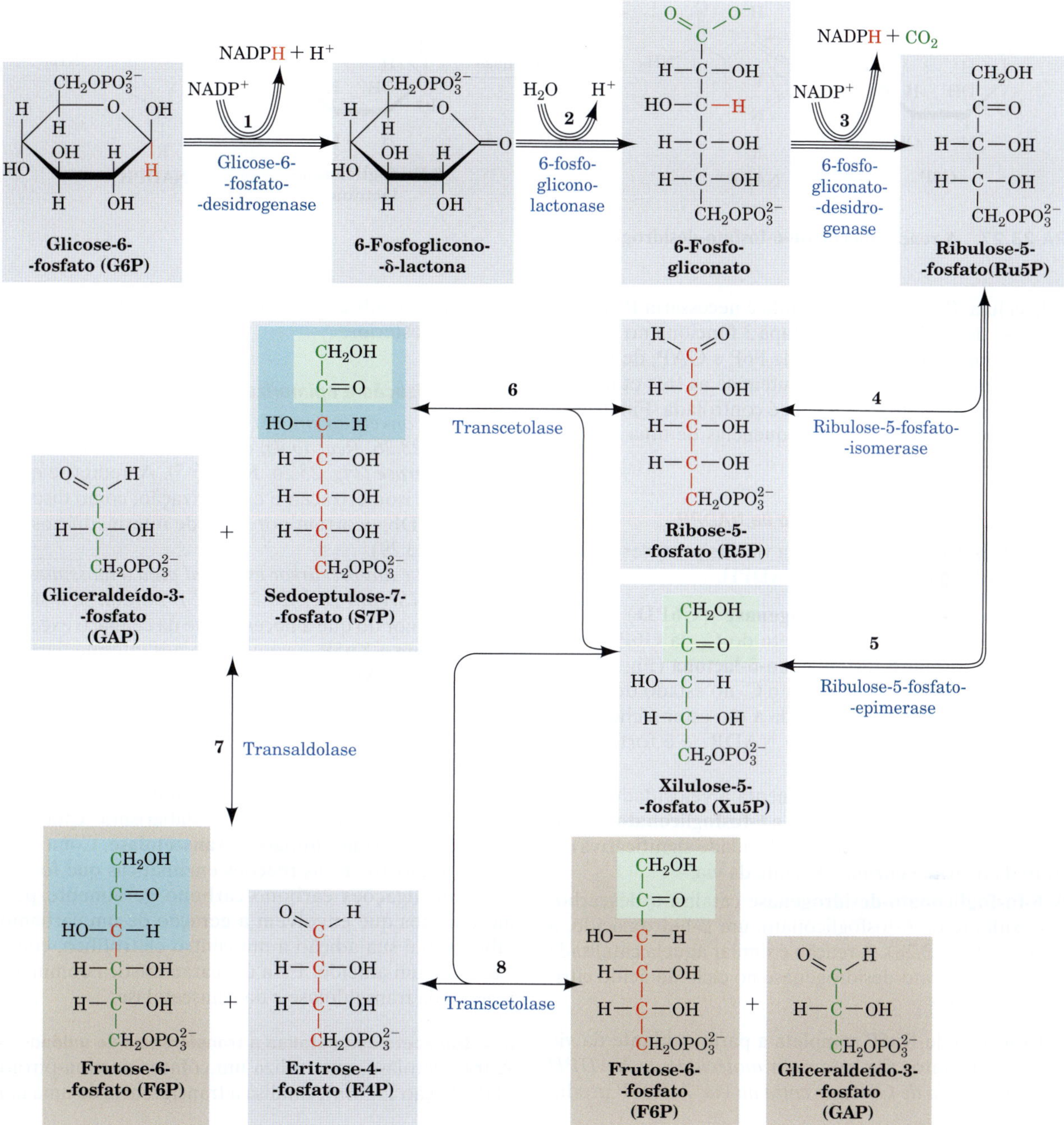

FIGURA 23.26 **A via das pentoses-fosfato.** O número de linhas em uma seta representa o número de moléculas que reagem em um ciclo da via, de modo a converter três G6P em três CO_2, duas F6P e um GAP. Por questões de clareza, os açúcares, da Reação 3 em diante, são mostrados em sua forma linear. O esqueleto de carbonos da R5P e os átomos derivados dela estão representados em vermelho, e aqueles derivados da Xu5P estão representados em verde. As unidades C_2 transferidas pela transcetolase estão sombreadas em verde, e as unidades C_3 transferidas pela transaldolase estão sombreadas em azul. Setas duplas indicam reações reversíveis.

2. Reações de isomerização e epimerização (Fig. 23.26, Reações 4 e 5), que transformam Ru5P em **ribose-5-fosfato (R5P)** ou em **xilulose-5-fosfato (Xu5P)**.

$$3\text{Ru5P} \rightleftharpoons \text{R5P} + 2\text{Xu5P}$$

3. Uma série de reações de formação e clivagem de ligações C–C (Fig. 23.26, Reações 6-8), que convertem duas moléculas de Xu5P e uma molécula de R5P em duas moléculas de frutose-6-fosfato (F6P) e uma de gliceraldeído-3-fosfato (GAP).

$$\text{R5P} + 2\text{Xu5P} \rightleftharpoons 2\text{F6P} + \text{GAP}$$

As reações das Etapas 2 e 3 são livremente reversíveis, de modo que os produtos da rota variam conforme as necessi-

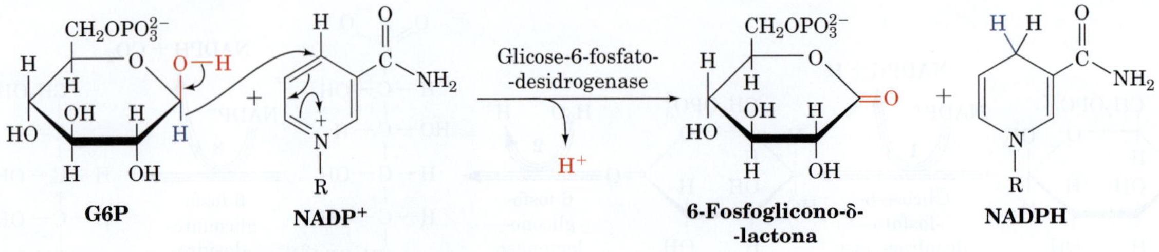

FIGURA 23.27 **A reação da glicose-6-fosfato-desidrogenase.**

dades da célula. Por exemplo, quando é necessária R5P para a biossíntese de nucleotídeos, a Etapa 3 funciona no sentido inverso, produzindo R5P a partir de F6P e GAP, de maneira não oxidante. Nesta seção, discutem-se as três etapas da via das pentoses-fosfato e como ela é controlada. Finaliza-se com considerações sobre as consequências de uma de suas anormalidades.

A. *Reações oxidantes da produção de NADPH*

Apenas as três primeiras reações da via das pentoses-fosfato estão envolvidas na produção de NADPH.

1. A **glicose-6-fosfato-desidrogenase** (**G6PD**) catalisa a transferência de um íon hidreto do C_1 da G6P para o $NADP^+$, para formar **6-fosfoglicono-δ-lactona** (Fig. 23.27). A G6P, um hemiacetal cíclico com o C_1 no estado de oxidação de aldeído, é, portanto, oxidada a um éster cíclico (lactona). A enzima é específica para $NADP^+$ e é fortemente inibida por NADPH.
2. A **6-fosfogliconolactonase** aumenta a velocidade de hidrólise da 6-fosfoglicono-δ-lactona a **6-fosfogliconato** (a reação não enzimática ocorre a uma velocidade significativa), o substrato da próxima enzima oxidante da via.
3. A **6-fosfogliconato-desidrogenase** catalisa a descarboxilação oxidante do 6-fosfogliconato, um β-hidroxiácido, a Ru5P e CO_2 (Fig. 23.28). A reação é similar àquela catalisada pela enzima isocitrato-desidrogenase no ciclo do ácido cítrico (Seção 21.3C).

A formação de Ru5P completa a parte oxidante da via das pentoses-fosfato. *Ela gera duas moléculas de NADPH para cada molécula de G6P que entra na via.* A Ru5P produzida deve ser subsequentemente convertida a R5P ou Xu5P para uso posterior.

B. *Isomerização e epimerização da ribulose-5-fosfato*

A Ru5P é convertida em R5P pela ***ribulose-5-fosfato-isomerase*** *(Fig. 23.26, Reação 4), e em Xu5P pela* ***ribulose-5-fosfato-epimerase*** *(Fig. 23.26, Reação 5).* Acredita-se que essas reações de isomerização e epimerização, como discutido na Seção 16.2Db, ocorram por meio de intermediários enediolato (Fig. 23.29).

A R5P é um precursor essencial para a biossíntese de nucleotídeos (Seções 28.1, 28.2 e 28.5). Porém, se a síntese de R5P for maior do que a necessidade da célula, o excesso, juntamente com a Xu5P, é convertido nos intermediários glicolíticos F6P e GAP, como descrito abaixo.

C. *Reações de formação e clivagem de ligações carbono-carbono*

A conversão de três açúcares C_5 em dois açúcares C_6 e um açúcar C_3 envolve um notável "malabarismo" catalisado por duas enzimas, **transaldolase** e **transcetolase**. Como discutiu-se na Seção 16.2E, as reações enzimáticas que formam ou quebram ligações carbono-carbono geralmente possuem mecanismos que envolvem a geração de um carbânion estabilizado e sua adição a um centro eletrofílico, como, por exemplo, um aldeído. Essa é a característica dominante das reações da transaldolase e da transcetolase.

a. A transcetolase catalisa a transferência de unidades C_2

A transcetolase, que utiliza um cofator tiamina-pirofosfato (TPP, Seção 17.3Ba), catalisa a transferência de uma unidade

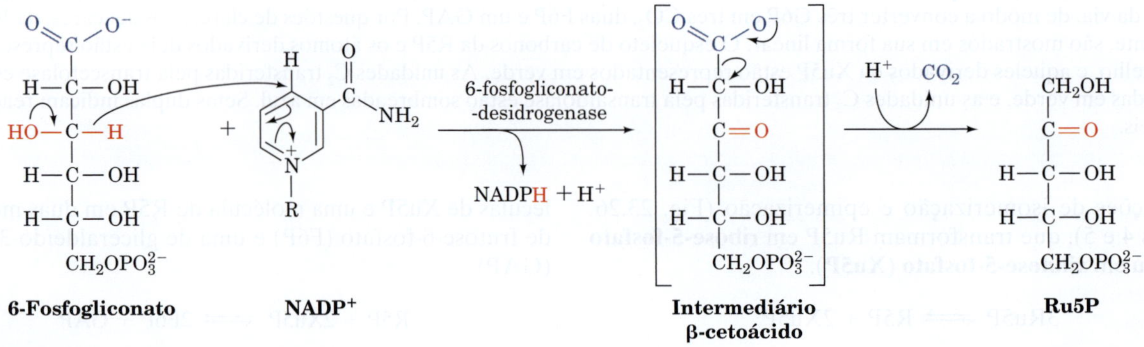

FIGURA 23.28 **A reação da fosfogliconato-desidrogenase.** A oxidação do grupo OH forma um β-cetoácido que é facilmente descarboxilado (embora o intermediário proposto não tenha sido isolado).

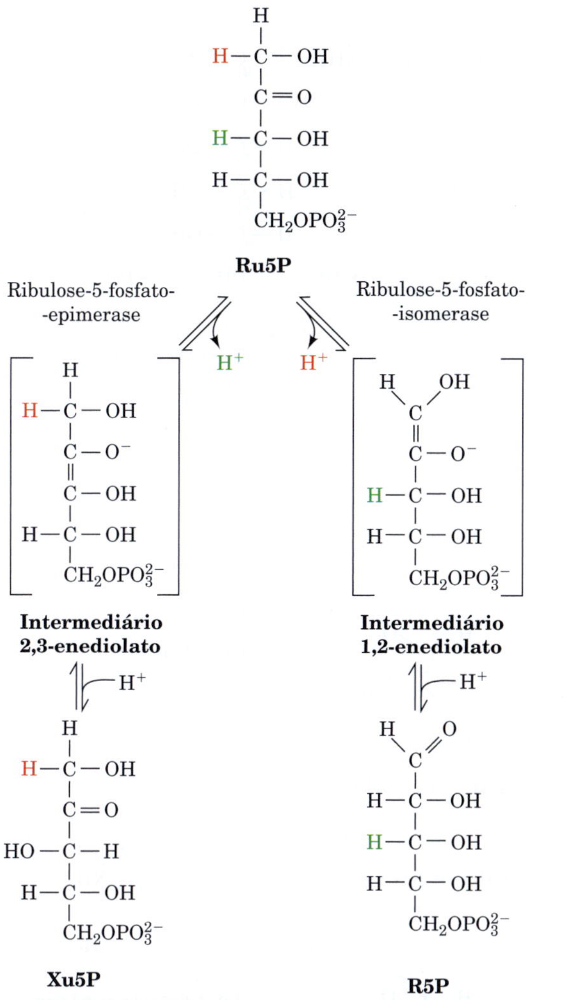

FIGURA 23.29 Ribulose-5-fosfato-isomerase e ribulose-5-fosfato-epimerase. As reações catalisadas por essas duas enzimas envolvem intermediários enediolato. Na reação da isomerase (*à direita*), um grupo básico da enzima remove um próton do C_1 da Ru5P para formar um 1,2-enediolato e, então, adiciona um próton ao C_2, para formar R5P. Na reação da epimerase (*à esquerda*), um grupo básico da enzima remove um próton do C_3 para formar um 2,3-enediolato. Um próton é, então, adicionado ao mesmo átomo de carbono, porém com a configuração invertida, gerando Xu5P.

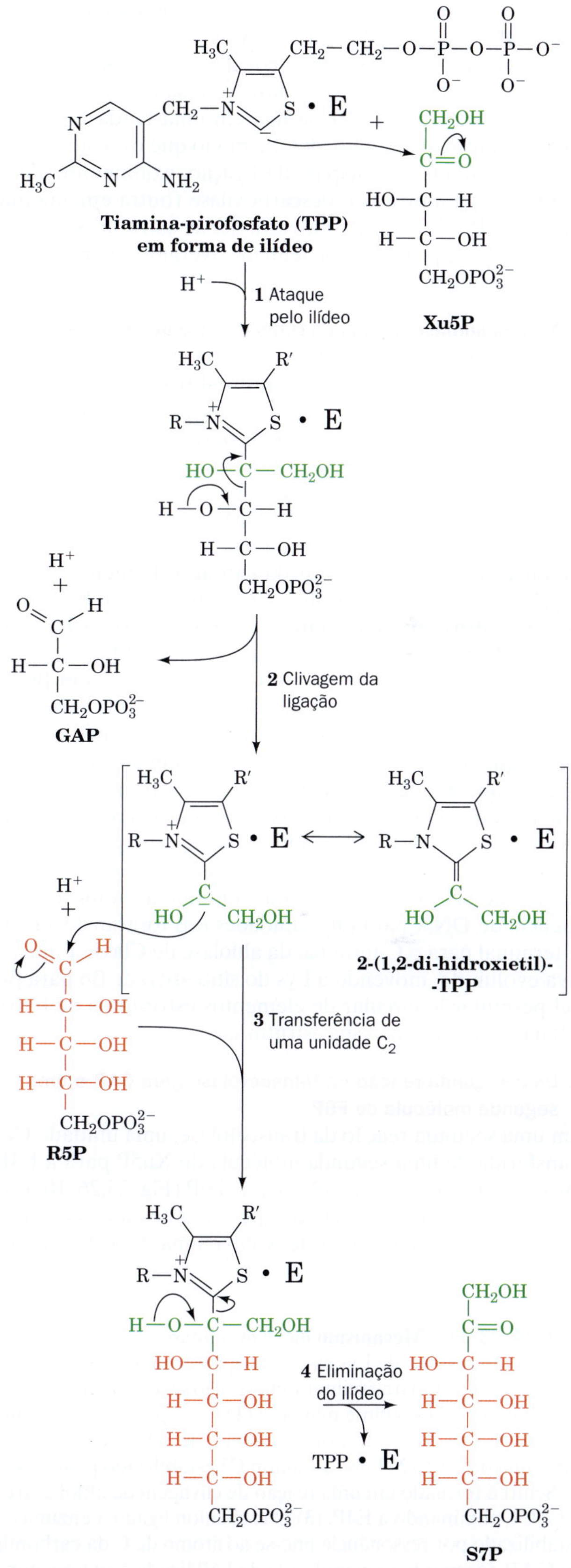

FIGURA 23.30 Mecanismo da transcetolase. A transcetolase utiliza a coenzima tiamina-pirofosfato para estabilizar o carbânion formado pela clivagem da ligação C_2–C_3 da Xu5P. A reação ocorre da seguinte maneira: (**1**) O ilídeo TPP ataca o grupo carbonila da Xu5P. (**2**) A clivagem da ligação C_2–C_3 gera GAP e 2-(1,2-di-hidroxietil)-TPP ligado à enzima, um carbânion estabilizado por ressonância. (**3**) O C_2 do carbânion ataca o carbono do aldeído da R5P, formando um aduto S7P-TPP. (**4**) O TPP é eliminado, gerando S7P e o complexo enzima-TPP regenerado.

C_2 da Xu5P para a R5P, gerando GAP e **sedoeptulose-7-fosfato (S7P)** (Fig. 23.26, Reação 6). A reação envolve a formação intermediária de um aduto covalente entre Xu5P e TPP (Fig. 23.30). A estrutura por raios X dessa enzima homodimérica mostra que o TPP se liga em uma fenda profunda existente entre as subunidades, de modo que os resíduos das duas subunidades participam da ligação, exatamente como acontece com a piruvato-descarboxilase (outra enzima que requer TPP; Fig. 17.28). Na verdade, as estruturas são tão similares que é provável que tenham divergido a partir de um ancestral comum.

b. A transaldolase catalisa a transferência de unidades C_3

A transaldolase catalisa a transferência de uma unidade C_3 da S7P para o GAP, gerando **eritrose-4-fosfato (E4P)** e F6P (Fig. 23.26, Reação 7). A reação ocorre pela clivagem de aldol, que começa com a formação de uma base de Schiff entre um grupo ε-amino de um resíduo essencial de Lys da enzima e o grupo carbonila da S7P (Fig. 23.31). A transaldolase e a aldolase de Classe I (Seção 17.2Da) compartilham um mecanismo de reação comum e podem também compartilhar um ancestral comum, apesar da carência de identidade de sequência significativa. Ambas são proteínas com barris α/β (Seção 8.3Bh), mas enquanto, na transaldolase, a Lys que forma a base de Schiff está em β4 (a quarta fita β a partir do N-terminal), na aldolase de Classe I ela está em β6. A sobreposição das estruturas em barril dessas duas enzimas, mantendo-se o alinhamento das fitas β que contêm o resíduo de Lys que forma a base de Schiff, resulta em um encaixe significativamente melhor do que quando a sobreposição é feita mantendo-se o alinhamento de todos os barris α/β. Além disso, cinco dos pares de resíduos do sítio ativo sobrepostos são idênticos na sobreposição que considera o resíduo de Lys da base de Schiff. Isso sugere que, durante a evolução, a sequência de DNA para duas unidades α/β foi transferida do N-terminal para o C-terminal da aldolase de Classe I que estava evoluindo, movendo a Lys do sítio ativo de β6 para β4. Tal permutação circular de elementos estruturais de barris α/β não altera muito a sua estrutura.

C. Uma segunda reação da transcetolase gera GAP e uma segunda molécula de F6P

Em uma segunda reação da transcetolase, uma unidade C_2 é transferida de uma segunda molécula de Xu5P para a E4P, formando GAP e outra molécula de F6P (Fig. 23.26, Reação 8). A terceira etapa da via das pentoses-fosfato, portanto, transforma duas moléculas de Xu5P e uma de R5P em duas

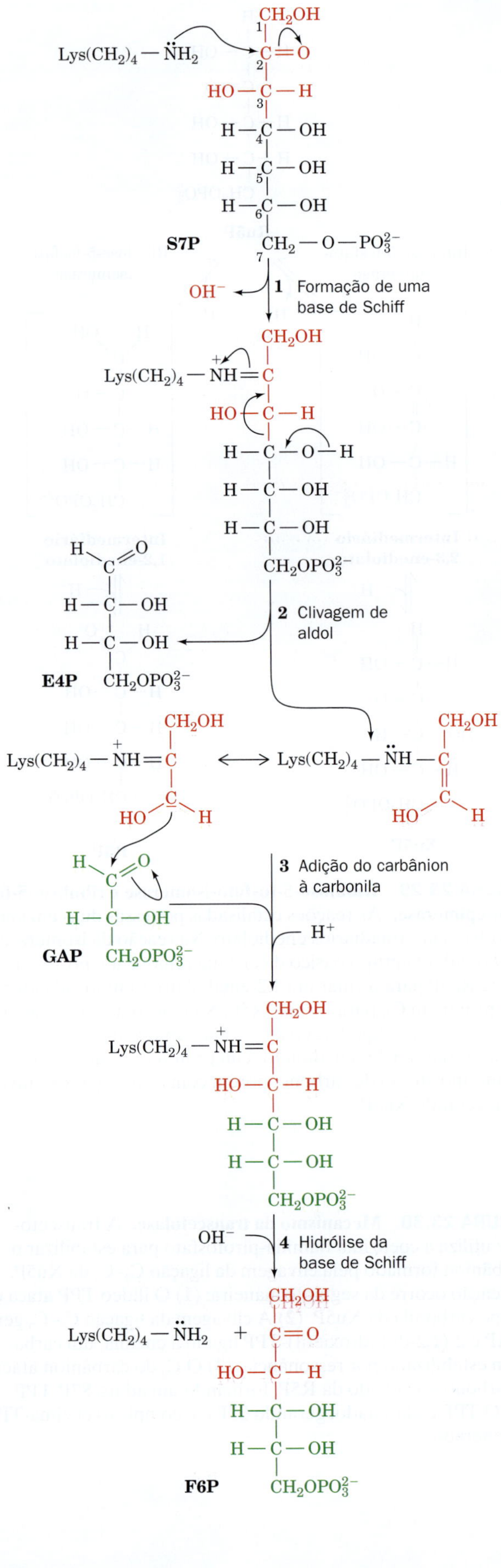

FIGURA 23.31 Mecanismo da transaldolase. A transaldolase contém um resíduo de Lys essencial, que forma uma base de Schiff com a S7P para facilitar uma reação de clivagem aldol. A reação ocorre da seguinte maneira: (**1**) O grupo ε-amino de um resíduo de Lys essencial forma uma base de Schiff com o grupo carbonila da S7P. (**2**) Um carbânion C3 estabilizado pela base de Schiff é formado em uma reação de clivagem de aldol entre C3 e C4, eliminando a E4P. (**3**) O carbânion ligado à enzima e estabilizado por ressonância une-se ao átomo de C da carbonila do GAP, formando uma molécula de F6P ligada à enzima por meio de uma base de Schiff. (**4**) A base de Schiff é hidrolisada, regenerando a enzima ativa e liberando F6P.

$$
\begin{array}{llcll}
(6) & C_5 + C_5 & \rightleftharpoons & C_7 & + C_3 \\
(7) & C_7 + C_3 & \rightleftharpoons & C_6 & + C_4 \\
(8) & C_5 + C_4 & \rightleftharpoons & C_6 & + C_3 \\
\hline
(\text{Soma}) & 3\,C_5 & \rightleftharpoons & 2\,C_6 & + C_3
\end{array}
$$

FIGURE 23.32 Resumo dos rearranjos do esqueleto de carbono na via das pentoses-fosfato. Uma série de formações e clivagens da ligação carbono-carbono converte três açúcares C_5 em dois C_6 e em um C_3. O número à esquerda de cada reação é a chave para a reação correspondente na Fig. 23.26.

moléculas de F6P e uma molécula de GAP. Essas transformações do esqueleto de carbono (Fig. 23.26, Reações 6-8) estão resumidas na Fig. 23.32.

D. *Controle da via das pentoses-fosfato*

Os principais produtos da via das pentoses-fosfato são R5P e NADPH. As reações da transaldolase e da transcetolase têm a função de converter o excesso de R5P em intermediários glicolíticos, quando a necessidade metabólica por NADPH é maior do que a necessidade de R5P para a biossíntese de nucleotídeos. O GAP e a F6P resultantes podem ser consumidos na glicólise e na fosforilação oxidativa ou reciclados pela gliconeogênese para formar G6P. *Neste último caso, uma molécula de G6P pode ser convertida, em seis ciclos de via das pentoses-fosfato e gliconeogênese, em 6 moléculas de CO_2, com a formação concomitante de 12 moléculas de NADPH.* Quando a necessidade de R5P supera a de NADPH, a F6P e o GAP podem ser desviados da rota glicolítica para o uso na síntese de R5P, pelo inverso das reações de transaldolase e transcetolase. Na verdade, a análise por espectrometria de massa dos carbonos (marcados por ^{13}C) da [1,2-^{13}C]glicose incorporados ao RNA de células cancerosas (que proliferam rapidamente) tem mostrado que mais de ~70% da síntese de ribose *de novo* é originada por essas reações inversas não oxidantes da via das pentoses-fosfato (em vez da direção direta).

O fluxo pela via das pentoses-fosfato oxidativa e, portanto, a velocidade de síntese de NADPH, são controlados pela velocidade da reação da glicose-6-fosfato-desidrogenase (Fig. 23.26, Reação 1). A atividade dessa enzima, que catalisa a primeira etapa comprometida da via das pentoses-fosfato ($\Delta G = -17{,}6\ \text{kJ} \cdot \text{mol}^{-1}$ no fígado), é regulada pela concentração de $NADP^+$ (disponibilidade de substrato). Quando a célula consome NADPH, a concentração de $NADP^+$ aumenta, aumentando a velocidade da reação da glicose-6-fosfato-desidrogenase, estimulando, assim, a regeneração de NADPH.

E. *Deficiência de glicose-6-fosfato-desidrogenase*

O NADPH é necessário para alguns processos redutores além da biossíntese. Por exemplo, a integridade da membrana do eritrócito requer um suprimento abundante de glutationa reduzida (GSH), um tripeptídeo que contém Cys (Seções 21.2Ba e 26.4C). Uma função crucial da GSH no eritrócito é eliminar H_2O_2 e hidroperóxidos orgânicos. O H_2O_2, um produto tóxico de vários processos oxidativos (Seção 22.4Cg), reage com as ligações duplas dos resíduos de ácidos graxos da membrana celular do eritrócito, formando hidroperóxidos. Estes, por sua vez, reagem e clivam ligações C–C do ácido graxo, danificando a membrana. Em eritrócitos, o aumento descontrolado de peróxidos resulta em lise celular prematura. Os peróxidos são eliminados pela ação da **glutationa-peroxidase**, uma das poucas enzimas com o cofator selênio, formando dissulfeto de glutationa (GSSG).

$$2\text{GSH} + \underset{\textbf{Hidroperóxido orgânico}}{\text{R—O—O—H}} \xrightarrow{\text{gluationa-peroxidase}} \text{GSSG} + \text{ROH} + H_2O$$

A GSH é subsequentemente regenerada pela redução da GSSG, que é catalisada pela glutationa-redutase e ocorre à custa de NADPH (Seção 21.2Ba).

$$\text{GSSG} + \text{NADPH} + H^+ \xrightarrow{\text{glutationa-redutase}} 2\text{GSH} + NADP^+$$

Um suprimento constante de NADPH é, portanto, vital para a integridade dos eritrócitos.

a. A primaquina causa anemia hemolítica em mutantes para a glicose-6-fosfato-desidrogenase

Um defeito genético, comum em populações africanas, asiáticas e da região do Mediterrâneo, resulta em anemia hemolítica severa durante infecções ou administração de certos fármacos, incluindo o agente antimalárico **primaquina**.

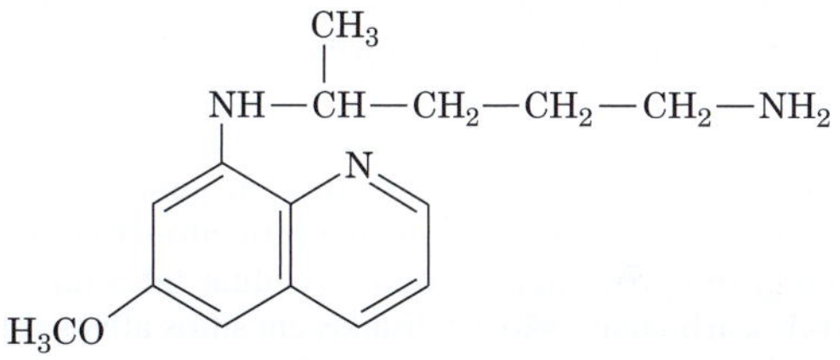

CH_3 | NH—CH—CH_2—CH_2—CH_2—NH_2 ; H_3CO ; N

Primaquina

Efeitos similares, que são conhecidos pelo nome **favismo**, ocorrem quando indivíduos portadores dessa característica comem **feijão-fava** (*Vicia faba*), uma leguminosa do Oriente Médio comumente consumida e que contém pequenas quantidades de glicosídeos tóxicos (o filósofo e matemático grego Pitágoras, que viveu no século VI a.C. proibiu seus seguidores de comerem feijão-fava, possivelmente por causa de seus efeitos deletérios). Essa característica foi atribuída a uma alteração do gene da glicose-6-fosfato-desidrogenase (G6PD). Sob a maioria das condições, esses eritrócitos mutantes possuem atividade enzimática suficiente para funcionar normalmente. Entretanto, agentes como a primaquina e o feijão-fava estimulam a formação de peróxido, aumentando a demanda por NADPH a um nível que as células mutantes não podem satisfazer.

A principal razão para a baixa atividade enzimática nas células afetadas parece ser uma velocidade acelerada da degradação da enzima mutante (a degradação de proteínas é discutida na Seção 32.6). Isso explica por que pacientes com deficiência de G6PD reagem à primaquina com anemia hemolítica, mas se recuperam dentro de uma semana apesar da continuidade do tratamento com este fármaco. Os eritrócitos maduros não possuem núcleo nem a maquinaria para a síntese de proteínas, portanto não podem sintetizar novas moléculas de enzima para substituir aquelas degradadas (da mesma maneira, os eritrócitos não podem sintetizar novos componentes para a membrana, e é por isso que eles são tão sensíveis a danos à membrana). Os primeiros tratamentos com primaquina resultam na lise de eritrócitos velhos, nos quais as G6PD defeituosas foram amplamente degradadas. Os produtos da lise estimulam a formação de células jovens, que contêm um número maior de enzimas e são, consequentemente, mais eficientes para contornar o estresse causado pela primaquina.

Estima-se que mais de 400 milhões de pessoas possuam deficiência de G6PD, o que torna esta condição a enzimopatia humana mais comum. De fato, ~400 variantes de G6PD foram reportadas, e pelo menos 140 destas foram caracterizadas no nível molecular. A G6PD é ativa em equilíbrio dímero-tetrâmero. Muitos dos sítios de mutação em indivíduos com a deficiência de G6PD mais severa estão na interface do dímero, deslocando o equilíbrio em direção ao monômero, instável e inativo.

Algumas variantes da G6PD ocorrem com alta incidência. Por exemplo, a chamada deficiência do tipo A^-, que apresenta ~10% da atividade da G6PD normal, possui uma incidência de aproximadamente 11% entre afro-americanos. Essa variante é também a forma mais comum de deficiência de G6PD na África subsaariana. A variante "mediterrânea" é encontrada ao longo das regiões do Mediterrâneo e do Oriente Médio, e ocorre em 65% dos judeus curdos, a população com a mais alta incidência dessa característica. A alta prevalência de G6PD defeituosa em áreas de malária sugere que tais mutações conferem resistência ao parasito dessa doença, *Plasmodium falciparum* (da mesma maneira como é o caso da anemia falciforme; Seção 7.3Ab). De fato, dois estudos epidemiológicos envolvendo mais de 2.000 crianças africanas com deficiência de G6PD A^- indicam que esta forma está associada com uma redução de ~50% no risco de malária severa para fêmeas heterozigotas e para machos homozigotos (a deficiência de G6PD é uma característica ligada ao cromossomo X).

Estudos *in vitro* indicam que os eritrócitos com deficiência de G6PD são hospedeiros menos suscetíveis para o plasmódio do que as células normais. Presumivelmente, isso ocorre porque o parasito necessita dos produtos da via das pentoses-fosfato e/ou porque o eritrócito é lisado antes que o parasito tenha a chance de amadurecer. Portanto, assim como na anemia falciforme, *uma G6PD defeituosa confere uma vantagem seletiva a indivíduos que vivem em regiões onde a malária é endêmica.*

RESUMO DO CAPÍTULO

1 Gliconeogênese Lactato, piruvato, intermediários do ciclo do ácido cítrico e muitos aminoácidos podem ser convertidos, por gliconeogênese, em glicose, pela formação de oxalacetato. Para que isso aconteça, as três etapas irreversíveis da glicólise devem ser contornadas. A reação da piruvato-cinase é desviada pela conversão de piruvato em oxalacetato, em uma reação dependente de ATP, catalisada pela enzima piruvato-carboxilase, que tem como grupo prostético a biotina. As duas fases da reação da piruvato-descarboxilase são catalisadas em sítios ativos diferentes da enzima homotetramérica, que transfere o grupo carboxibiotina covalentemente ligado do domínio CB ao domínio CT de uma subunidade vizinha. O oxalacetato é subsequentemente descarboxilado e fosforilado por GTP para formar PEP, em uma reação catalisada pela PEPCK. Para que isso ocorra nas espécies em que PEPCK é uma enzima citosólica, o oxalacetato deve ser transportado da mitocôndria para o citosol, por meio da sua conversão interina em malato ou aspartato. A conversão em malato transporta para o citosol, concomitantemente, equivalentes redutores, na forma de NADH. As duas outras etapas irreversíveis da glicólise, a reação da PFK e a reação da hexocinase, são contornadas simplesmente por meio da hidrólise de seus produtos, FBP e G6P, pela FBPase e pela glicose-6-fosfatase, respectivamente. Uma molécula de glicose pode, portanto, ser sintetizada a partir de piruvato à custa de quatro moléculas de ATP a mais do que seria gerado pelo processo inverso. A glicólise e a gliconeogênese são reguladas reciprocamente, de modo a consumir glicose quando a demanda por ATP é alta e sintetizá-la quando a demanda é baixa. Os pontos de controle nesses processos são a piruvato-cinase/piruvato-carboxilase-PEPCK, a PFK/FBPase e a hexocinase/glicose-6-fosfatase. A regulação dessas enzimas é exercida sobretudo por interações alostéricas, modificações enzimáticas dependentes de AMPc e, para a PEPCK, controle da expressão gênica. O músculo, que é incapaz de fazer gliconeogênese, transfere muito do lactato que produz para o fígado, através da corrente sanguínea, para ser convertido em glicose e retornar ao músculo. Esse ciclo de Cori transfere a carga metabólica gerada pela síntese oxidativa de ATP pela via da gliconeogênese do músculo para o fígado.

2 O ciclo do glioxalato Os animais não podem converter ácidos graxos em glicose, pois eles carecem das enzimas necessárias para sintetizar oxalacetato a partir de acetil-CoA. Os vegetais, entretanto, podem fazê-lo pelo ciclo do glioxalato, um processo glioxissômico que converte duas moléculas de acetil-CoA em uma molécula de succinato, por meio da formação intermediária de glioxilato. O succinato é convertido em oxalacetato para ser utilizado na gliconeogênese ou no ciclo do ácido cítrico.

3 Biossíntese de oligossacarídeos e glicoproteínas Ligações glicosídicas são formadas pela transferência do monossacarídeo de um açúcar de nucleotídeo para uma segunda unidade de açúcar. Essas reações ocorrem durante a síntese de dissacarídeos, como a lactose, e durante a síntese dos componentes carboidratos das glicoproteínas. Em glicoproteínas *N*-ligadas, o componente carboidrato é unido à proteína por uma ligação *N*-glicosídica em um resíduo de Asn da sequência Asn-X-Ser/Thr. Em glicoproteínas *O*-ligadas, a união do carboidrato é uma ligação *O*-glicosídica em uma Ser ou Thr ou, em colágenos, em uma 5-hidroxilisina. Em proteínas ancoradas por GPI, um grupo glicosilfosfatidilinositol é ligado à proteína por uma ponte intermediária de etanolamina, que forma uma ligação amida com o resíduo de aminoácido C-terminal. A síntese de oligossacarídeos ligados ao *N* começa no retículo endoplasmático com a formação em múltiplas etapas de um precursor ligado a lipídeo, que consiste em um dolicol-pirofosfato ligado a um núcleo comum de oligossacarídeo, com 14 resíduos. O carboidrato é, então, transferido para um resíduo de Asn de uma cadeia polipeptídica nascente. O dobramento correto da glicoproteína *N*-ligada imatura é auxiliado pelo ciclo calnexina/calreticulina, e a glicoproteína é subsequentemente transferida, por meio de uma vesícula membranosa, para a rede Golgi *cis* do aparelho de Golgi. O processamento é completado pela remoção de resíduos de manose excedentes, seguido pela ligação de uma variedade de outros monossacarídeos, em reações catalisadas por enzimas específicas nas cisternas do Golgi *cis*, medial e *trans*. As glicoproteínas *N*-ligadas terminadas são distribuídas na rede Golgi *trans* a seus destinos celulares finais, por meio de transporte em vesículas membranosas e de acordo com os componentes carboidratos que possuem. Três tipos principais de oligossacarídeos ligados ao *N* foram identificados – oligossacarídeos ricos em manose, complexos e híbridos – em que todos contêm um núcleo pentassacarídico comum. Os estudos sobre a formação de glicoproteínas têm sido facilitados pelo uso de antibióticos, como a tunicamicina e a bacitracina, que inibem enzimas específicas envolvidas na síntese desses oligossacarídeos. Os oligossacarídeos ligados ao *O* são sintetizados no aparelho de Golgi pela ligação sequencial de unidades monossacarídicas específicas a certos resíduos de Ser ou Thr. Acredita-se que os componentes carboidratos atuem como marcadores de reconhecimento para o transporte de glicoproteínas para seus destinos celulares apropriados e para o reconhecimento célula-célula e de anticorpos. A âncora de membrana de glicosilfosfatidilinositol é ligada às proteínas na superfície luminal do retículo endoplasmático, direcionando estas proteínas ancoradas por GPI para a superfície externa da membrana plasmática.

4 A via das pentoses-fosfato A célula utiliza NAD^+ em reações oxidantes e emprega NADPH para a biossíntese redutora. O NADPH é sintetizado na via das pentoses-fosfato, um modo alternativo de oxidação da glicose. Essa via também sintetiza R5P para uso na biossíntese de nucleotídeos. As primeiras três reações da via das pentoses-fosfato envolvem a oxidação de G6P a Ru5P, com a liberação de CO_2 e a formação de duas moléculas de NADPH. Isso é seguido por reações que isomerizam a Ru5P a R5P ou a epimerizam a Xu5P. Cada molécula de R5P não utilizada para a biossíntese de nucleotídeos é convertida, juntamente com duas moléculas de Xu5P, em duas moléculas de F6P e uma molécula de GAP, pela ação sequencial das enzimas transcetolase, transaldolase e, novamente, transcetolase. Os produtos gerados pela via das pentoses-fosfato dependem das necessidades da célula. A F6P e o GAP podem ser metabolizados através da glicólise e do ciclo do ácido cítrico ou recicladas pela gliconeogênese. Quando há excesso de NADPH, a etapa final da via das pentoses-fosfato pode ser invertida para a síntese de R5P a partir de intermediários glicolíticos. A via das pentoses-fosfato é controlada em sua primeira etapa comprometida, a reação da glicose-6-fosfato desidrogenase, pela concentração de NAD^+. Uma deficiência genética de glicose-6-fosfato-desidrogenase causa anemia hemolítica sob a administração do fármaco antimalárico primaquina. Essa deficiência ligada ao X, que resulta da degradação acelerada da enzima mutante, gera resistência contra a malária severa em mulheres heterozigotas e homens homozigotos para essa característica ligada ao sexo.

REFERÊNCIAS

Gliconeogênese

Croniger, C.M., Olswang, Y., Reshef, L., Kalhan, S.C., Tilghman, S.M., and Hanson, R.W., Phosphoenolpyruvate carboxykinase revisited. Insights into its metabolic role, *Biochem. Mol. Biol. Educ.* **30,** 14–20 (2002); *and* Croniger, C.M., Chakravarty, K., Olswang, Y., Cassuto, H., Reshef, L., and Hanson, R.W., Phosphoenolpyruvate carboxykinase revisited. II. Control of PEPCK-C gene expression, *Biochem. Mol. Biol. Educ.* **30,** 353–362 (2002).

Knowles, J.R., The mechanism of biotin-dependent enzymes, *Annu. Rev. Biochem.* **58,** 195–221 (1989).

Matte, A., Tari, L.W., Goldie, H., and Delbaere, T.J., Structure and mechanism of phosphoenolpyruvate carboxykinase, *J. Biol. Chem.* **272,** 8105–8108 (1997).

Pilkis, S.J., Mahgrabi, M.R., and Claus, T.H., Hormonal regulation of hepatic gluconeogenesis and glycolysis, *Annu. Rev. Biochem.* **57,** 755–783 (1988).

Rothman, D.L., Magnusson, I., Katz, L.D., Shulman, R.G., and Shulman, G.I., Quantitation of hepatic gluconeogenesis in fast-ing humans with ^{13}C NMR, *Science* **254,** 573–576 (1991).

St. Maurice, M., Reinhardt, L., Surinya, K.H., Attwood, P.V., Wallace, J.C., Cleland, W.W., and Rayment, I., Domain archi-tecture of pyruvate carboxylase, a biotin-dependent multifunc-tional enzyme, *Science* **317,** 1076–1079 (2007).

Van Schaftingen, E., and Gerin, I.,The glucose-6-phosphatase sys-tem, *Biochem. J.* **362,** 513–532 (2002).

Yang, J., Kalhan, S. C., and Hanson, R.W.,What is the metabolic role of phosphoenolpyruvate carboxykinase? *and* Yang, J., Rashef, L., Cassuto, H., Aleman, G., and Hanson, R. W., Aspects of con-trol of phosphoenolpyruvate carboxykinase gene transcription, *J. Biol. Chem.* **284,** 27025–27029 *and* 27031–27035 (2009).

O ciclo do glioxalato

Eastmond, P.J. and Graham, I.A., Re-examining the role of the glyoxylate cycle in oilseeds, *Trends Plant Sci.* **6,** 72–77 (2001).

Biossíntese de oligossacarídeos

Abeijon, C. and Hirschberg, C.B., Topography of glycosylation reactions in the endoplasmic reticulum, *Trends Biochem. Sci.* **17,** 32–36 (1992).

Aebi, C., Bernasconi, R., Clerc, S., and Molinari, M., N-glycan structures: recognition and processing in the ER, *Trends Biochem. Sci.* **35,** 74–82 (2010).

Bause, E., Wesemann, M., Bartoschek, A., and Breuer, W., Epoxyethylglycyl peptides as inhibitors of oligosaccharyltrans-ferase: double-labeling of the active site, *Biochem. J.* **322,** 95–102 (1997).

Burda, P. and Aebi, M., The dolichol pathway of *N*-linked glycosy-lation, *Biochim. Biophys. Acta* **1426,** 239–257 (1999).

Elbein, A.D., Inhibitors of the biosynthesis and processing of N linked oligosaccharide chains, *Annu. Rev. Biochem.* **56,** 497–534 (1987).

Englund, P.T., The structure and biosynthesis of glycosyl phos-phatidylinositol protein anchors, *Annu. Rev. Biochem.* **62,** 65–100 (1993).

Ferguson, M.A.J., Brimacombe, J.S., Brown, J.R., Crossman, A., Dix,A., Field, R.A., Güther, M.L.S., Milne, K.G., Sharma, D.K., and Smith, T.K., The GPI biosynthetic pathway as a therapeu-tic target for African sleeping sickness, *Biochim. Biophys. Acta* **1455,** 327–340 (1999).

Florman, H.M. and Wasserman, P.M., *O*-Linked oligosaccharides of mouse egg ZP3 account for its sperm receptor activity, *Cell* **41,** 313–324 (1985).

Helenius, A. and Aebi, M., Intracellular functions of N-linked glycans, *Science* **291,** 2364–2369 (2001).

Helenius, A., Trombetta, E.S., Hebert, J.N., and Simons, J.F., Calnexin, calreticulin and the folding of glycoproteins, *Trends Cell Biol.* **7,** 193–200 (1997).

Hirschberg, C.B. and Snider, M.D.,Topography of glycosylation in the rough endoplasmic reticulum and the Golgi apparatus, *Annu. Rev. Biochem.* **56,** 63–87 (1987).

Kornfeld, R. and Kornfeld, S., Assembly of asparagine-linked oligosaccharides, *Annu. Rev. Biochem.* **54,** 631–664 (1985).

Lairson, L.L., Henrissat, B., Davies, G.J., and Withers, S.G., Glycosyltransferases: Structures, functions, and mechanisms, *Annu. Rev. Biochem.* **77,** 521–555 (2008).

Maeda, Y., Watanabe, R., Harris, C.L., Hong, Y., Ohishi, K., Kinoshita, K., and Kinoshita, T., PIG-M transfers the first mannose to glycosylphosphatidylinositol on the lumenal side of the ER, *EMBO J.* **20,** 250–261 (2001).

Parodi, A.J., Role of *N*-oligosaccharide endoplasmic reticulum processing reactions in glycoprotein folding and degradation, *Biochem. J.* **348,** 1–13 (2000); *and* Protein glucosylation and its role in protein folding, *Annu. Rev. Biochem.* **69,** 69–93 (2000).

Sanyal, S., Frank, C.G., and Menon, A.K., Distinct flippases translocate glycerophospholipids and oligosaccharide diphosphate dolichols across the endoplasmic reticulum, *Biochemistry* **47,** 7937–7946 (2008).

Schachter, H., Enzymes associated with glycosylation, *Curr. Opin. Struct. Biol.* **1,** 755–765 (1991).

Schrag, J.D., Bereron, J.J.M., Li,Y., Borisova, S., Hahn, M.,Thomas, D.Y., and Cygler, M., The structure of calnexin, an ER chaper--one involved in quality control of protein folding, *Mol. Cell* **8,** 633–644 (2001).

Shaper, J.H. and Shaper, N.L., Enzymes associated with glycosyla--tion, *Curr. Opin. Struct. Biol.* **2,** 701–709 (1992).

Tartakoff, A.M. and Singh, N., How to make a glycoinositol phos--pholipid anchor, *Trends Biochem. Sci.* **17,** 470–473 (1992).

Taylor, M.E. and Drickamer, K., *Introduction to Glycobiology* (2nd ed.), Oxford University Press (2006).

von Figura, K. and Hasilik, A., Lysosomal enzymes and their re--ceptors, *Annu. Rev. Biochem.* **55,** 167–193 (1986).

A via das pentoses-fosfato

Adams, M.J., Ellis, G.H., Gover, S., Naylor, C.E., and Phillips, C., Crystallographic study of coenzyme, coenzyme analogue and substrate binding in 6-phosphogluconate dehydrogenase: Implications for NADP specificity and enzyme mechanism, *Structure* **2,** 651–668 (1994).

Au, S.W.N., Gover, S., Lam, V.M.S., and Adams, M.J., Human glucose-6-phosphate dehydrogenase: The crystal structure reveals a structural NADP molecule and provides insights into enzyme deficiency, *Structure* **8,** 293–303 (2000).

Beutler, E., The molecular biology of G6PD variants and other red cell enzyme defects, *Annu. Rev. Med.* **43,** 47–59 (1992).

Cappellini, M.D. and Fiorelli, G., Glucose-6-phosphate dehydro--genase deficiency, *Lancet* **375,** 64–74 (2008).

Jia, J., Huang, W., Schörken, U., Sahm, H., Sprenger, G.A., Lindqvist, Y., and Schneider, G., Crystal structure of transal--dolase B from Escherichia coli suggests a circular permutation of the – barrel within the class I aldolase family, *Structure* **4,** 715–724 (1996).

Lindqvist, Y. and Schneider, G., Thiamin diphosphate dependent enzymes: transketolase, pyruvate oxidase and pyruvate decar--boxylase, *Curr. Opin. Struct. Biol.* **3,** 896–901 (1993); *and*

Muller, Y.A., Lindqvist, Y., Furey, W., Schulz, G.E., Jordan, F., and Schneider, G., A thiamin diphosphate binding fold revealed by comparison of the crystal structures of transketolase, pyruvate oxidase and pyruvate decarboxylase, *Structure* **1,** 95–103 (1993).

Ruwende, C., et al., Natural selection of hemi- and heterozygotes for G6PD deficiency in Africa by resistance to severe malaria, *Nature* **376,** 246–249 (1995).

Vulliamy, T. Luzzato, L., Mehta, A., Glucose-6-phosphate dehydrogenase deficiency, Chap. 179 *in* Valle, D. (Ed.), *The Online Metabolic & Molecular Bases of Inherited Disease* http://www.ommbid.com/

Wood, T., *The Pentose Phosphate Pathway,* Academic Press (1985).

PROBLEMAS

1. Compare as eficiências energéticas relativas, em ATP por mol de glicose oxidada, da oxidação da glicose pela via da glicólise + ciclo do ácido cítrico e da oxidação da glicose pela via das pentoses--fosfato + gliconeogênese. Presuma que cada NADH ou NADPH são energeticamente equivalentes a 2,5 ATP.

2. Apesar de os animais não poderem sintetizar glicose a partir de acetil-CoA, se um rato for alimentado com acetato marcado por ^{14}C, alguma marcação irá aparecer no glicogênio extraído de seus músculos. Explique.

3. Substâncias que inibem etapas de remoção específicas no processamento de glicoproteínas ligadas ao *N* têm sido ferramentas úteis para a elucidação da rota deste processo. Explique.

4. Por meio de ferramentas da engenharia genética, você desenvolveu uma enzima não regulável, que pode tanto utilizar NAD^+ como $NADP^+$ em uma reação redox. Qual(ais) seria(m) a(s) consequência(s) fisiológica(s) de tal enzima para um organismo?

5. Qual é a variação de energia livre da reação

$$\text{NADH} + \text{NADP}^+ \rightleftharpoons \text{NAD}^+ + \text{NADPH}$$

sob condições fisiológicas? Presuma que $\Delta G^{\circ\prime} = 0$ para esta reação e que $T = 37°C$.

6. Se a G6P for marcada com ^{14}C em sua posição C_2, qual será a distribuição da marcação radioativa nos produtos da via das pentoses-fosfato após um ciclo desta via? Qual será a distribuição da marcação após a passagem desses produtos pela gliconeogênese, seguida por um segundo ciclo da via das pentoses-fosfato?

7. Após administrar [1,2-^{13}C]glicose a células que estão proliferando e crescendo rapidamente e isolar o RNA, você descobre que os átomos C_1 e C_2 das unidades ribosil estão marcados. Mostre, utilizando as estruturas químicas e enzimas apropriadas, como a via das pentoses-fosfato pode gerar esta distribuição da marcação.

8. Em um organismo, a relação entre as atividades metabólicas da glicólise + ciclo do ácido cítrico e da via das pentoses-fosfato + gliconeogênese pode ser medida pela comparação das velocidades de geração de $^{14}CO_2$ após administração de glicose marcada com ^{14}C no C_1 com aquelas obtidas após administração de glicose marcada no C_6. Explique.

9. (a) Descreva o comprimento dos produtos da reação da transcetolase quando os dois substratos são açúcares com cinco carbonos. (b) Descreva os produtos da reação quando os substratos são uma aldose com cinco carbonos e uma cetose com seis carbonos. Faz diferença qual dos substratos se liga à enzima primeiro?

10. Sabendo-se que uma mutação que pode ser benigna ou mesmo vantajosa leva a uma sensibilidade anormal à primaquina, juntamente com o fato de que os seres humanos apresentam uma enorme complexidade genética, comente a possibilidade de se desenvolver fármacos que não exibam efeitos adversos atípicos em nenhum indivíduo.

11. A glicose-6-fosfato localiza-se dentro do retículo endoplasmático. Descreva os prováveis sintomas de um defeito no transporte de G6P através da membrana do retículo endoplasmático.

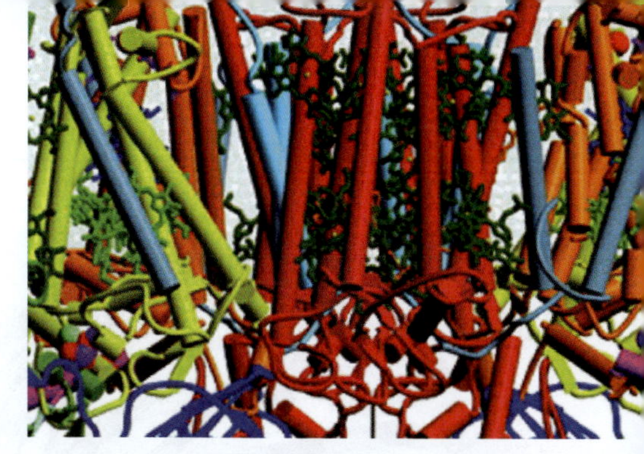

Fotossíntese

CAPÍTULO 24

A vida na Terra depende do sol. *Plantas e cianobactérias sequestram quimicamente a energia da luz por meio da fotossíntese, um processo movido pela luz no qual o CO_2 é "fixado" para formar carboidratos (CH_2O).*

$$CO_2 + H_2O \xrightarrow{\text{luz}} (CH_2O) + O_2$$

O processo no qual o CO_2 é reduzido e a H_2O é oxidada para produzir carboidratos e O_2, é essencialmente o inverso do metabolismo oxidativo dos carboidratos. Os carboidratos produzidos pela fotossíntese, portanto, servem como fonte de energia para o organismo que os produz, assim como para organismos não fotossintetizantes que direta ou indiretamente consomem organismos fotossintéticos. De fato, até mesmo a indústria moderna é altamente dependente de produtos da fotossíntese, porque o carvão, o óleo e o gás (os chamados combustíveis fósseis) são tidos como os restos de organismos antigos. Estima-se que a fotossíntese fixa anualmente cerca de 10^{11} toneladas de carbono, o que representa um armazenamento de mais de 10^{18} kJ de energia. Além disso, a fotossíntese, ao longo do tempo, tem produzido o O_2 da atmosfera terrestre (Seção 5Cb).

A noção de que as plantas obtêm seu alimento a partir de coisas tão pouco substanciosas como luz e ar levou quase dois séculos para ser desenvolvida. Em 1648, o médico flamengo Jean Baptiste van Helmont relatou que, ao cultivar uma árvore de salgueiro envasada, obtida a partir de um ramo, ocorria uma mudança insignificante no peso do solo no qual a planta havia sido enraizada. Embora outro século tivesse de passar antes da formulação da lei da conservação da matéria, van Helmont atribuiu o peso ganho pela árvore à água que esta havia absorvido. Essa ideia foi ampliada em 1727 por Stephen Hales, que propôs que as plantas extraem parte de sua matéria do ar.

A primeira indicação de que as plantas produzem oxigênio foi encontrada pelo padre inglês e químico pioneiro Joseph Priestley, que relatou:

> *Observando que velas queimam muito bem no ar no qual plantas cresceram por um longo tempo e, tendo razões para acreditar que havia algo em relação à vegetação que restaurava o ar usado para respiração, pensei que seria possível que o mesmo processo pudesse também restaurar o ar usado para a queima de velas. Assim sendo, em 17 de agosto de 1771, coloquei um broto de menta em uma certa quantidade de ar, na qual uma vela de cera havia sido completamente queimada e descobri que, no 27° dia do mesmo mês, outra vela queimou perfeitamente bem no mesmo ar.*

Embora mais tarde Priestley tenha descoberto o oxigênio, que ele denominou "ar desflogisticado", foi Antoine Lavoisier que elucidou seu papel na combustão e na respiração. No entanto, o trabalho de Priestley inspirou o médico holandês Jan Ingenhousz, que, em 1779, demonstrou que o poder "purificador" das plantas reside na influência da luz do sol em suas partes verdes. Em 1782, o pastor suíço Jean Senebier mostrou que o CO_2, que ele denominou "ar fixado", é absorvido durante a fotossíntese. Seu compatriota Nicolas-Théodore de Saussure descobriu, em 1804, que as massas combinadas da matéria orgânica produzida pelas plantas e o oxigênio que elas produzem é maior que a massa do CO_2 que elas consomem. Ele concluiu, portanto, que água, a outra única substância que havia adicionado ao seu sistema, também era necessária para a fotossíntese. O ingrediente derradeiro na receita fotossintética final foi estabelecido em 1842 pelo fisiologista alemão Robert Mayer, um dos formuladores da primeira lei da termodinâmica, que concluiu que as plantas convertem energia luminosa em energia química.

1 CLOROPLASTOS

O local da fotossíntese em eucariotos (algas e plantas superiores) é o ***cloroplasto*** *(Seção 2Ag),* um membro das organelas membranosas subcelulares peculiar às plantas conhecidas como **plastídeos**. A primeira indicação de que os cloroplastos têm função fotossintética foi a observação de Theodor Englemann, em 1882, de que pequenas bactérias móveis atraídas por O_2 reuniam-se na superfície da alga *Spyrogira*, cobrindo seu único cloroplasto, mas somente quando este era iluminado. Os cloroplastos devem, portanto, ser o sítio da liberação de O_2 induzida por luz, ou seja, da fotossíntese.

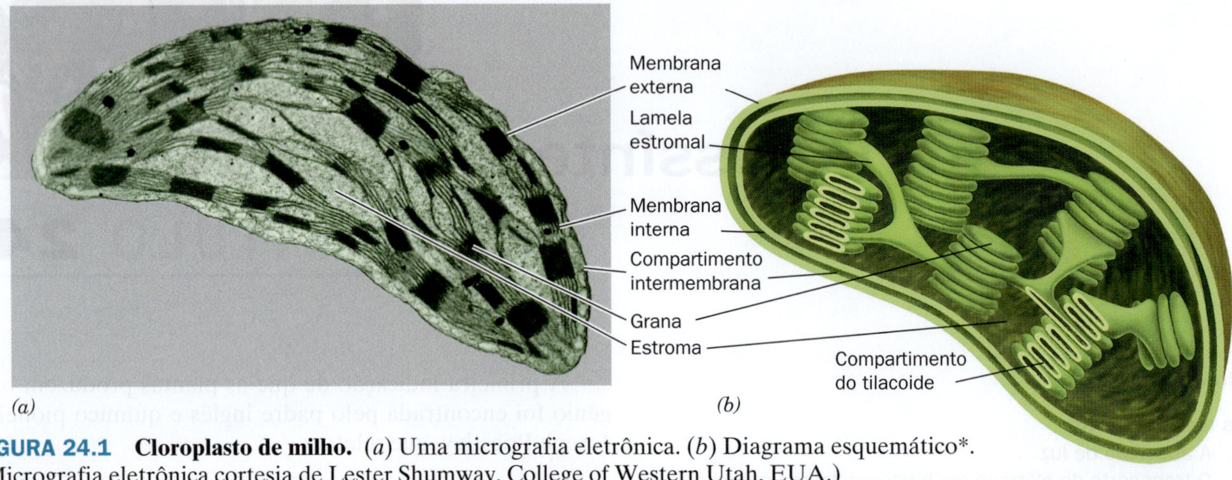

FIGURA 24.1 **Cloroplasto de milho.** (*a*) Uma micrografia eletrônica. (*b*) Diagrama esquemático*. (Micrografia eletrônica cortesia de Lester Shumway, College of Western Utah, EUA.)

Os cloroplastos, dos quais há de 1 a 1.000 por célula, variam consideravelmente em tamanho e forma, mas têm geralmente ~5 μm de comprimento e forma elipsoide. Como as mitocôndrias, com as quais se assemelham de várias maneiras, os cloroplastos têm uma membrana externa altamente permeável e uma membrana interna praticamente impermeável, separadas por um estreito espaço intermembranas (Fig. 24.1). A membrana interna envolve o **estroma**, uma solução concentrada de enzimas muito parecida com a matriz mitocondrial, que também contém DNA, RNA e ribossomos envolvidos na síntese de diversas proteínas de cloroplastos. O estroma, por sua vez, envolve um terceiro compartimento membranoso, o **tilacoide** (do grego *thylakos*, um saco ou bolsa). O tilacoide é provavelmente uma única vesícula bastante dobrada, embora em muitos organismos ela pareça ser constituída de pilhas de sacos ou discos denominados **grana**, que por sua vez são interconectados por **lamelas estromais** não empilhadas. Um cloroplasto normalmente contém 10 a 100 *grana*. As membranas do tilacoide surgem de invaginações da membrana interna de cloroplastos em desenvolvimento e, portanto, lembram cristas mitocondriais.

Os lipídeos da membrana tilacoide têm uma composição característica. De sua constituição, 80% são de **mono** e **digalactosil diacilgliceróis** neutros; apenas 10% de fosfolipídeos e os 10% restantes dos sulfolipídeos **sulfoquinovosil diacilgliceróis** (a **quinovose** é a 6-desoxiglicose):

X = OH **Galactosil diacilglicerol**

X = (galactosil) **Digalactosil diacilglicerol**

$X = SO_3^-$ **Sulfoquinovosil diacilglicerol**

* = átomo de C invertido

As cadeias acil desses lipídeos têm um alto grau de insaturação, o que confere à membrana tilacoide um caráter de alta fluidez.

A fotossíntese ocorre em duas fases distintas:

1. As **reações de luz**, que usam a energia luminosa para gerar NADPH e ATP.
2. As **reações de escuro**, na verdade reações independentes de luz, que usam NADPH e ATP para impelir a síntese de carboidratos a partir de CO_2 e H_2O.

As reações de luz ocorrem na membrana tilacoide e envolvem processos que lembram o transporte de elétrons e a fosforilação oxidativa na mitocôndria (Seções 22.2 e 22.3). Em procariotos fotossintéticos, que não possuem cloroplastos, as reações de luz ocorrem na membrana plasmática (face interna) das células ou em estruturas altamente invaginadas derivadas delas, chamadas **cromatóforos** (p. ex., Fig. 24.2; lembre-se que os cloroplastos desenvolveram-se a partir de cianobactérias que assumiram uma relação simbiótica com um eucarioto não fotossintético; Seção 1.2Ag). Em eucariotos, as reações de escuro ocorrem no estroma por meio de uma série cíclica de reações catalisadas por enzimas. Nas seções seguintes, serão consideradas as reações de luz e escuro em detalhe.

* N. de T.: Modelos mais recentes de ultraestrutura incorporam outras características para cloroplastos de mesófilos de plantas C_3 e C_4, como por exemplo, o fato de que as membranas tilacoides apresentam múltiplas hélices de lamelas estromais que se enrolam em sentido horário em torno da grana cilíndrica e formam um sistema contíguo. Para maiores detalhes, consultar Mustárdy, L., e Garab, G. Granum revisited. A three-dimensional model – where things fall into place. *Trends in Plant Science* 8 (3): 117-122, 2003.

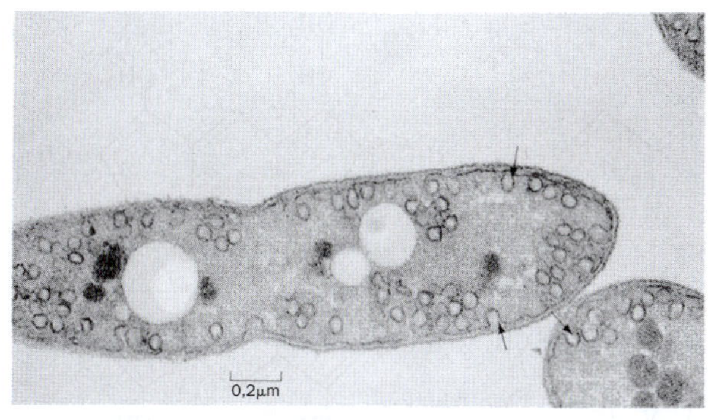

FIGURA 24.2 Micrografia eletrônica de uma seção através da bactéria fotossintética púrpura *Rhodobacter sphaeroides*. Sua membrana plasmática invagina para formar túbulos conectados externamente conhecidos como cromatóforos (*setas*; ver aqui em seção mediana circular), que são os sítios da fotossíntese. (Cortesia de Gerald A. Peters, Virginia Commonwealth University, EUA.)

2 AS REAÇÕES DE LUZ

Nas primeiras décadas do século XX, dizia-se que a luz, absorvida por pigmentos fotossintéticos, reduzia diretamente o CO_2, o qual, por sua vez, combinava-se com a água para formar carboidratos. Analisando dessa maneira, o CO_2 é a fonte de O_2 gerada pela fotossíntese. Em 1931, entretanto, Cornelis van Niel mostrou que bactérias verdes fotossintetizantes, anaeróbios que usam H_2S na fotossíntese, geravam enxofre:

$$CO_2 + 2H_2S \xrightarrow{\text{luz}} (CH_2O) + 2S + H_2O$$

A similaridade química entre H_2S e H_2O levou van Niel a propor que a reação fotossintética geral é:

$$CO_2 + 2H_2A \xrightarrow{\text{luz}} (CH_2O) + 2A + H_2O$$

onde H_2A é H_2O em plantas verdes e cianobactérias e H_2S em bactérias sulfurosas fotossintetizantes. Isso sugere que a fotossíntese é um processo de dois estágios no qual a energia da luz é usada para oxidar H_2A (nas reações de luz):

$$2H_2A \xrightarrow{\text{luz}} 2A + 4[H]$$

e o agente redutor resultante [H] subsequentemente reduz o CO_2 (nas reações de escuro):

$$4[H] + CO_2 \longrightarrow (CH_2O) + H_2O$$

Assim, na fotossíntese aeróbia, é H_2O, e não CO_2, que é fotolisado (partido pela luz).

A validade da hipótese de van Niel foi estabelecida de forma inequívoca por dois experimentos. Em 1937, Robert Hill descobriu que, quando cloroplastos isolados desprovidos de CO_2 são iluminados na presença de um aceptor de elétrons artificial como a ferricianida ($Fe[CN]_6^{3-}$), O_2 é liberado com redução concomitante do aceptor (para ferrocianida, $Fe[CN]_6^{4-}$, no exemplo). A chamada **reação de Hill** demonstra que o CO_2 não participa diretamente da reação de produção de O_2. Foi posteriormente descoberto que o aceptor fotossintético natural de elétrons é $NADP^+$ (Fig. 13.2), cujo produto de redução, NADPH, é utilizado nas reações de escuro para reduzir o CO_2 a carboidrato (Seção 24.3A). Em 1941, quando o isótopo de oxigênio ^{18}O tornou-se disponível, Samuel Ruben e Martin Kamen demonstraram diretamente que a fonte de O_2 formado na fotossíntese é H_2O:

$$H_2{}^{18}O + CO_2 \xrightarrow{\text{luz}} (CH_2O) + {}^{18}O_2$$

Esta seção discute os principais aspectos das reações de luz.

A. *A absorção de luz*

O principal fotorreceptor na fotossíntese é a **clorofila**. Esse tetrapirrol cíclico, assim como o grupo heme das globinas e citocromos (Seção 10.1 A e 22.2C), é derivado biossinteticamente da protoporfirina IX. As moléculas de clorofila, no entanto, diferem de heme em quatro grandes aspectos (Fig. 24.3):

1. Seu íon metálico central é Mg^{2+} em vez de Fe(II) ou Fe(III).
2. Possui um anel ciclopentanona, Anel V, fusionado ao Anel pirrólico III.
3. O Anel pirrólico IV é parcialmente reduzido na **clorofila *a*** (**Chl *a***) e na **clorofila *b*** (**Chl *b***), os dois tipos predominantes de clorofilas em eucariotos e cianobactérias, enquanto na **bacterioclorofila *a*** (**BChl *a***) e na **bacterioclorofila *b*** (**BChl *b***), as principais clorofilas de bactérias fotossintéticas, os Anéis II e IV são parcialmente reduzidos.
4. A cadeia lateral propionil do anel IV é esterificada a um álcool tetraisoprenoide. Nas Chl *a* e *b*, assim como na BChl *b*, é **fitol**, mas na Bchl *a* é fitol ou **geranil-geraniol**, dependendo da espécie de bactéria.

Além disso, Chl *b* possui um grupo formil no lugar do substituinte metil no átomo C_3 do Anel II da Chl *a*. De modo similar, BChl *a* e BChl *b* têm substituintes diferentes no átomo C4.

a. Luz e matéria interagem de maneiras complexas

Como a fotossíntese é um processo movido pela luz, vale a pena revisar como a luz e a matéria interagem. A radiação eletromagnética é propagada de maneira escalonada como ***quanta*** (**fótons**), cuja energia E é dada pela **lei de Planck**:

$$E = h\nu = \frac{hc}{\lambda} \qquad [24.1]$$

onde h é a **constante de Planck** ($6{,}626 \times 10^{-34}$ J · s), c é a velocidade da luz ($2{,}998 \times 10^8$ m · s^{-1} no vácuo), ν é a frequência da radiação e λ é o seu comprimento de onda (a luz visível varia em comprimentos de onda de 400 a 700 nm). Portanto, a luz vermelha com $\lambda = 680$ nm tem uma energia de 176 kJ · einstein^{-1} (um **einstein** é um mol de fótons).

As moléculas, assim como os átomos, têm numerosos estados eletrônicos de *quanta* de diferentes energias. Além disso, por possuírem mais de um núcleo, cada um de seus estados eletrônicos tem uma série de subestados rotacionais e vibracionais que diferem pouco em nível de energia (Fig. 24.4). A absorção de luz por uma molécula geralmente ocorre por meio da promoção de um elétron de seu orbital molecular no estado basal (de menor energia) para outro de maior energia. Entretanto, *uma dada molécula pode absorver somente fótons de certos comprimentos de onda, porque, como é exigido pela lei da conservação de energia, a diferença de energia entre dois estados deve corresponder exatamente à energia do fóton absorvido.*

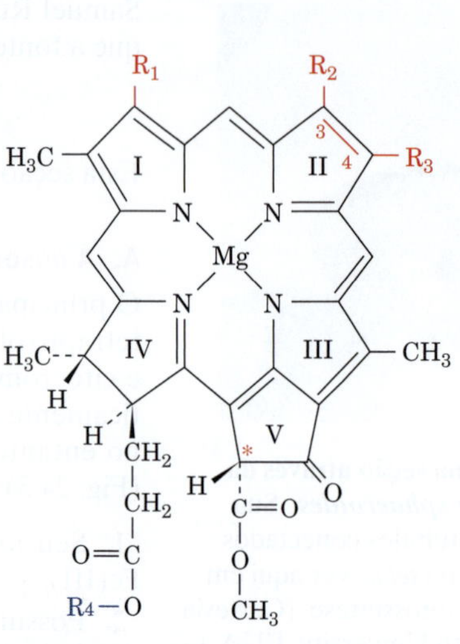

Clorofila 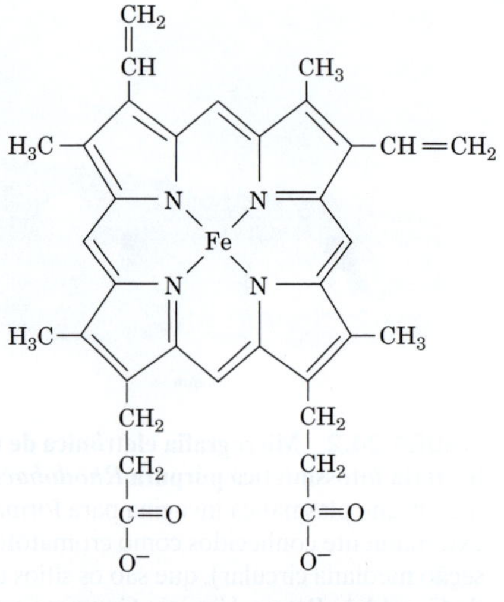 **Ferro–protoporfirina IX**

	R_1	R_2	R_3	R_4
Clorofila *a*	$-CH=CH_2$	CH_3	$-CH_2-CH_3$	P
Clorofila *b*	$-CH=CH_2$	$-C(=O)-H$	$-CH_2-CH_3$	P
Bacterioclorofila *a*	$-C(=O)-CH_3$	$-CH_3{}^a$	$-CH_2-CH_3{}^a$	P ou G
Bacterioclorofila *b*	$-C(=O)-CH_3$	$-CH_3{}^a$	$=CH-CH_3{}^a$	P

[a] Sem ligação dupla entre as posições C_3 e C_4.

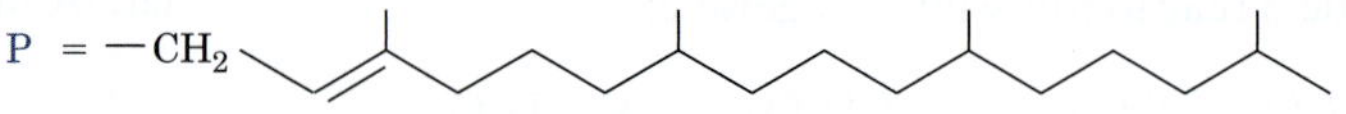

$P = -CH_2-$ Cadeia lateral fitol

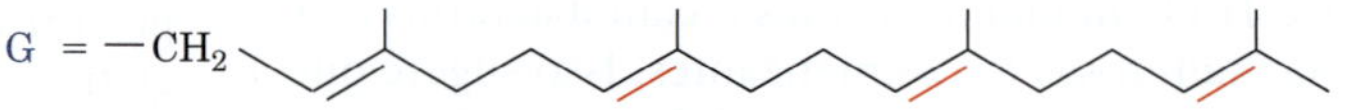

$G = -CH_2-$ Cadeia lateral geranilgeranil

FIGURA 24.3 **Estruturas das clorofilas.** As fórmulas moleculares das clorofilas *a* e *b* e bacterioclorofilas *a* e *b* aparecem comparadas com a da ferro-protoporfirina IX (heme). O átomo com asterisco tem estereoquímica oposta na **clorofila *a*′ (Chl *a*′)**. O isoprenoide fitol e as caudas geranilgeranil aparentemente aumentam a solubilidade das clorofilas em meios apolares.

As várias clorofilas são moléculas altamente conjugadas (Fig. 24.3). São somente estas moléculas que absorvem fortemente a luz visível (a banda espectral na qual a radiação solar atinge a Terra é de intensidade máxima). De fato, os coeficientes de extinção molar mais altos das clorofilas, $> 10^5\ M^{-1} \cdot cm^{-1}$, estão entre os mais altos conhecidos para moléculas orgânicas (Fig. 24.5; os espectros de absorção são discutidos na Seção 5.3Ca). Ainda assim, as diferenças químicas relativamente pequenas entre as várias clorofilas afetam fortemente seus espectros de absorção. Essas diferenças espectrais, como será visto, são de funcionalidade significativa.

Uma molécula eletronicamente excitada pode dissipar sua energia de excitação de diversas maneiras. Os modos com maior significância fotossintética são os seguintes (Fig. 24.4):

1. Conversão interna, um modo comum de declínio, no qual a energia eletrônica é convertida na energia cinética do movimento das moléculas, ou seja, em calor. Esse processo ocorre muito rapidamente, completando-se em $< 10^{-11}$ s. Muitas moléculas relaxam dessa maneira, atingindo os seus estados basais. As moléculas de clorofila, no entanto, normalmente relaxam apenas até os seus estados excitados mais baixos. Consequentemente, *a energia de excitação fotossinteticamente aplicável de uma molécula de clorofila, que tenha absorvido um fóton na sua banda de comprimento de onda curto (que corresponde ao seu segundo estado excitado), não é diferente da absorção de um fóton na sua banda menos energética, de comprimento de onda longo.*

2. Fluorescência, na qual uma molécula excitada eletronicamente volta ao seu estado basal através da emissão de um fóton. Esse processo requer aproximadamente 10^{-8} s, portanto, ocorre muito mais lentamente do que a conversão interna. Consequentemente, um fóton emitido por fluorescência geralmente tem um comprimento de onda maior (menor energia) do que aquele inicialmente absorvido. A fluorescência corresponde à dissipação de apenas 3 a 6% da energia luminosa absorvida por plantas vivas. No entanto, a clorofila em solução, onde obviamente a captação fotossintética de

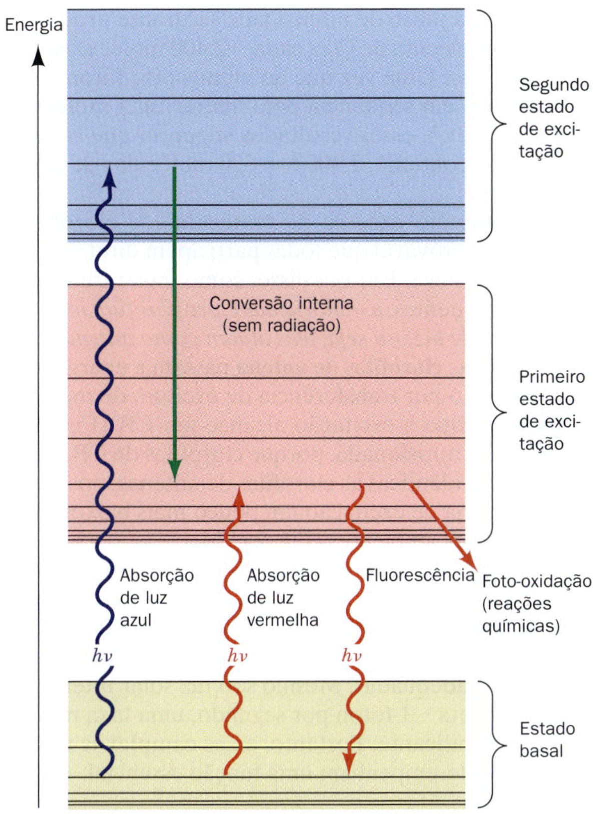

FIGURA 24.4 Um diagrama de energia indicando os estados eletrônicos da clorofila e seus modos de interconversão mais importantes. As linhas finas pretas indicam diferentes subestados vibracionais e rotacionais de cada estado eletrônico. As setas onduladas representam a absorção de fótons ou sua emissão fluorescente. A energia de excitação também pode ser dissipada em processos sem radiação, tais como a conversão interna (produção de calor) ou reações químicas. **Ver Figuras animadas**

energia não pode ocorrer, possui uma intensa fluorescência vermelha.

3. **Transferência de éxciton** (também conhecida como **transferência de energia por ressonância**), na qual uma molécula excitada transfere diretamente a sua energia para moléculas próximas não excitadas com propriedades eletrônicas similares (a base do FRET; Seção 9.1Cd). Esse processo ocorre por meio de interações entre os orbitais moleculares das moléculas participantes de uma maneira análoga às interações entre pêndulos de frequências similares, mecanicamente acoplados. Um éxciton (uma excitação) pode ser transferido em série entre membros de um grupo de moléculas ou, se seu acoplamento eletrônico for forte o suficiente, o grupo inteiro pode atuar como uma única "supermolécula" excitada. Será visto que *a transferência de éxciton é de particular importância no direcionamento da energia luminosa para os centros de reação fotossintética.*

4. **Foto-oxidação**, na qual uma molécula doadora excitada pela luz é oxidada ao transferir um elétron a uma molécula aceptora, que se torna, portanto, reduzida. Esse processo ocorre porque o elétron transferido é ligado menos fortemente ao doador em seu estado excitado do que no seu estado basal. Na fotossíntese, a clorofila excitada (Chl*) é esse doador. *A energia do fóton absorvido é, portanto, transferida quimicamente para o sistema de reação fotossintética.* A clorofila foto-oxidada, Chl^+, um radical livre catiônico, retornará ao seu estado basal pela oxidação de alguma outra molécula.

b. A luz absorvida pelas clorofilas da antena é transferida para os centros de reação fotossintética

As reações primárias da fotossíntese, como explicado nas Seções 24.2B e 24.2C, ocorrem em **centros de reação fotossintética (CR)**. *No entanto, organelas fotossintéticas contêm muito mais moléculas de clorofila do que as contidas nos CR.* Isso foi demonstrado em 1932 por Robert Emerson e William Arnold em seus estudos sobre a produção de O_2

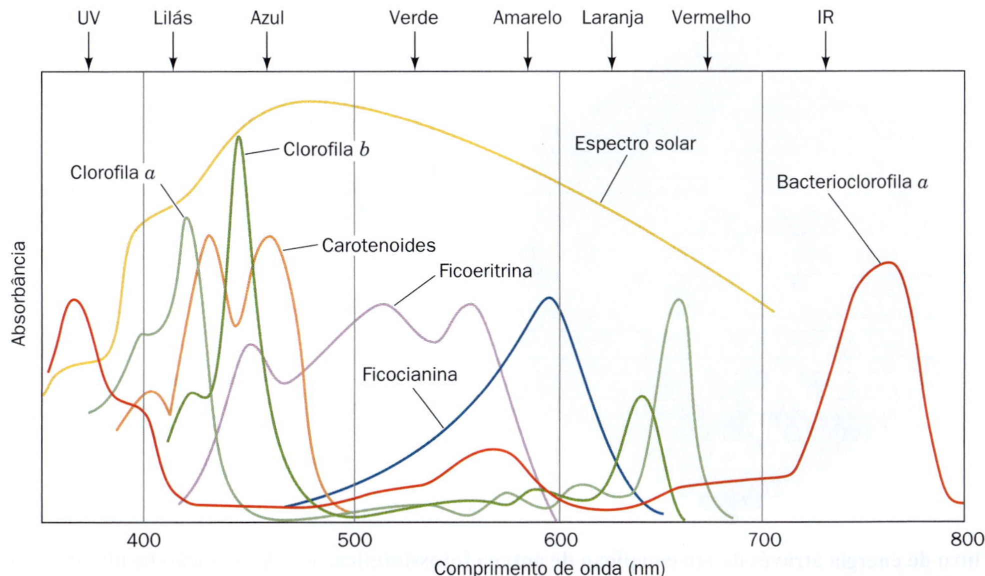

FIGURA 24.5 Os espectros de absorção de vários pigmentos fotossintéticos. Cada uma das clorofilas tem duas faixas de absorção, uma no vermelho e uma no azul. A ficoeritrina absorve luz azul e verde, enquanto a ficocianina absorve a luz amarela. Juntos, esses pigmentos absorvem a maior parte da luz visível do espectro solar. (Com base em um desenho de Govindjee, University of Illinois, EUA.)

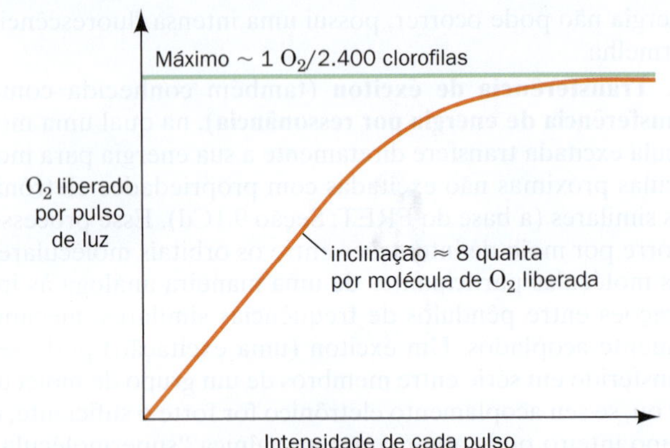

FIGURA 24.6 A quantidade de O_2 liberada pela alga *Chlorella versus* a intensidade de luz dos pulsos. Os pulsos estão separados por intervalos de escuro maiores que 20 ms.

na alga verde *Chlorella* (um organismo experimental muito utilizado), a qual tinha sido exposta a breves (10 μs) e repetidos pulsos de luz. A quantidade de O_2 gerada por pulso era máxima quando o intervalo entre pulsos era de pelo menos 20 ms. Evidentemente, este é o tempo necessário para uma única volta do ciclo de reação fotossintética. Emerson e Arnold então mediram a variação do rendimento de O_2 com a intensidade do pulso quando o intervalo de pulso era o ótimo de 20 ms. Com pulsos fracos, o O_2 cresceu linearmente com a intensidade do pulso de luz de tal forma que cerca de uma molécula de O_2 era gerada a cada oito fótons absorvidos (Fig. 24.6). Com o aumento na intensidade do pulso, a eficiência desse processo caiu, sem dúvida porque o número de fótons começou a aproximar-se do número de unidades fotoquímicas. O que foi surpreendente, no entanto, foi que cada pulso de intensidade saturante produzia somente uma molécula de O_2 a cada ~2.400 moléculas de clorofila presentes. Uma vez que ao menos oito fótons devem ser absorvidos em sequência para liberar uma molécula de O_2 (Seção 24.2C), esses resultados sugerem que o aparato fotossintético contém ~2.400/8 = 300 moléculas de clorofila por CR.

Com tamanho excesso de moléculas de clorofila por CR, parece improvável que todas participem diretamente na reação fotoquímica. Em vez disso, como mostraram experimentos subsequentes, *a maioria das clorofilas funciona como capturadoras de luz; ou seja, elas atuam como antenas coletoras de luz.* Essas **clorofilas de antena** passam a energia de um fóton absorvido por transferência de éxciton, de molécula a molécula, até que a excitação alcance um CR (Fig. 24.7*a*). Lá, a energia é aprisionada, porque clorofilas de CR, embora quimicamente idênticas às clorofilas de antenas, possuem estados de energia de excitação um pouco mais baixos, devido a seus diferentes ambientes (Fig. 24.7*b*).

A transferência de energia do sistema de antenas até um centro de reação ocorre em menos de 10^{-10} s com uma eficiência maior do que 90%. Essa alta eficiência depende das moléculas de clorofila apresentarem espaçamentos e orientações relativas adequadas. Mesmo sob luz solar intensa, uma CR só intercepta ~1 fóton por segundo, uma taxa metabolicamente insignificante. Portanto, esses **complexos coletores de luz (CCL)** desempenham uma função essencial.

c. Os CCL de bactérias fotossintéticas púrpuras contêm múltiplas moléculas absorvedoras de luz simetricamente arranjadas

A maioria das **bactérias fotossintéticas púrpuras**, que estão entre os organismos fotossintéticos mais simples, tem dois tipos de CCL, **CL1** e **CL2**, os quais são proteínas transmembrana, mas têm diferentes propriedades espectrais e bioquí-

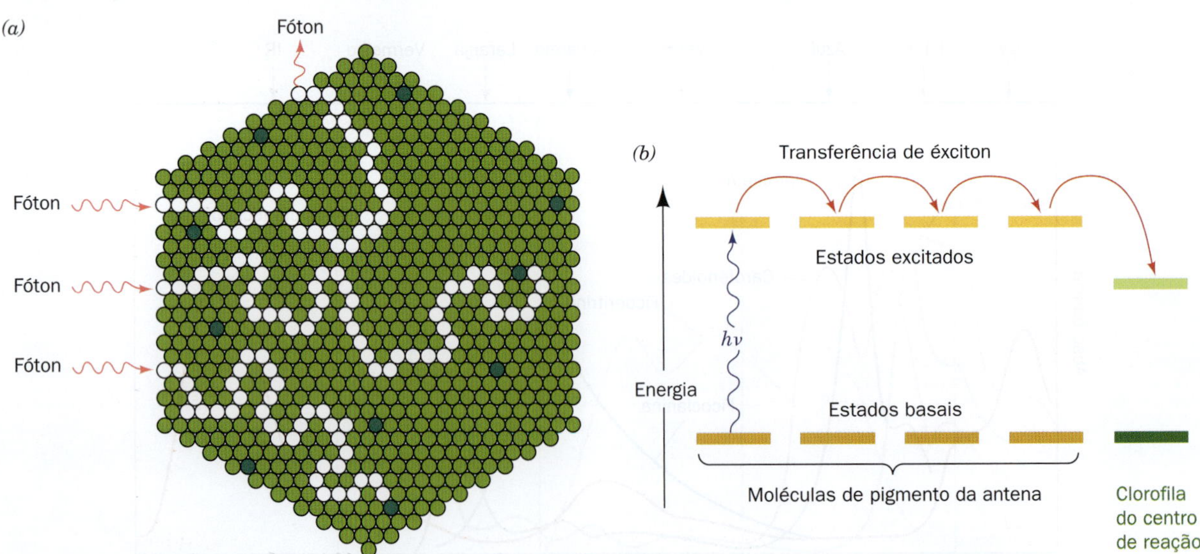

FIGURA 24.7 Fluxo de energia através de um complexo de antena fotossintética. (*a*) A excitação resultante da absorção de um fóton migra ao acaso por transferência de éxciton entre as moléculas do complexo da antena (*círculos verde-claros*) até que seja capturada por uma clorofila do CR (*círculos verde-escuros*), ou, menos frequentemente, seja reemitida por fluorescência. (*b*) A excitação é capturada pela clorofila do CR porque seu estado de excitação mais baixo tem uma energia menor do que aquela das moléculas de pigmento da antena.

micas. O CL2, que absorve luz em comprimentos de onda mais curtos do que CL1, passa rapidamente a energia dos fótons que absorve para CL1, o qual, por sua vez, passa-a ao CR. A estrutura por raios X de CL2 da bactéria fotossintética púrpura *Rhodospirillum (Rs.) molischianum* (Fig. 24.8), determinada por Hartmut Michel, revela que esta proteína é um complexo $\alpha_8\beta_8$ (16 mer) com simetria rotacional de ordem 8 e liga 24 moléculas de bacterioclorofila *a* (BChl *a*) e 8 moléculas de **licopeno** (um **carotenoide**; ver a seguir):

Licopeno

Tanto a subunidade α como a β (56 e 45 resíduos, respectivamente) consistem principalmente em hélices isoladas que estão alinhadas quase que perpendicularmente ao plano da membrana na qual estão inseridas. As oito subunidades α estão dispostas lado a lado para formar um cilindro oco de diâmetro de ~31 Å (medido entre os eixos das hélices). Cada uma das oito subunidades β ocupa uma posição radialmente externa a uma subunidade α, formando um cilindro concêntrico de diâmetro de ~62 Å. Dezesseis das moléculas de BChl *a* estão dispostas entre esses anéis de hélices em um arranjo que lembra uma turbina de 16 lâminas. Os sistemas de anéis paralelos e sucessivos de BChl *a* estão em contato parcial por forças de van der Waals (seus íons Mg^{2+} estão separados por ~9 Å) com seus planos perpendiculares ao plano da membrana. Cada um de seus átomos de Mg^{2+} estão ligados axialmente por cadeias laterais de His (muito parecido com o Fe [II] na desoxiemoglobina), que se estendem alternadamente de uma subunidade α e uma β em torno da porção terminal basal do cilindro. As oito moléculas de BChl *a* remanescentes, cada uma das quais ligada individualmente e axialmente pela cadeia lateral de Asp 6α próximo da extremidade superior do cilindro, estão arranjadas em um anel de simetria de ordem oito entre as hélices das subunidades β sucessivas e estão orientadas com os planos de seus sistemas de anéis deslocados em ~35° em relação ao plano da membrana. As oito moléculas de licopeno estão inseridas entre as subunidades α e β e estendem-se ao longo de boa parte de seus comprimentos, contatando assim os dois conjuntos de moléculas de BChl *a*. O CL2 de *Rhodopseudomonas* (*Rps.*) *acidophila*, outra bactéria fotossintetizante púrpura, é composto de 18 unidades de $\alpha_9\beta_9$, tendo uma estrutura similar na sua região transmembrana ao complexo de *Rs. molischianum*, muito embora suas subunidades α e β sejam somente 26 e 31% idênticas.

Medidas espectroscópicas indicam que a His ligadora do CL2 e moléculas de BChl *a* intimamente associadas absorvem radiação em um comprimento de onda de 850 nm (e, portanto, são chamadas de B850) e estão fortemente acopladas, isto é, absorvem radiação quase como uma unidade. As outras moléculas de BChl *a* (B800), mais frouxamente associadas, absorvem radiação em um máximo de 800 nm, predominantemente como moléculas individuais (o ambiente local das BChl *a* na proteína alteram seu espectro em relação ao em solução; Fig. 24.5). Quando uma BChl *a* B800 absorve um fóton, a excitação (em ~700 fentossegundos [fs]; 1 fs = 10^{-15} s) é rapidamente transferida para uma BChl *a*

(a)

(b)

FIGURA 24.8 Estrutura por raios X do CL2 de *Rs. molischianum*. As subunidades α estão em roxo e as subunidades β, em cor-de-rosa. Os cromóforos ligados estão desenhados na forma de bastões, com as BChl *a* em verde e os licopenos em amarelo. As caudas fitol das BChl *a* foram interrompidas para se obter maior clareza. (*a*) Vista perpendicular à membrana bacteriana a partir do citoplasma. As cadeias polipeptídicas estão desenhadas em forma de "verme". (*b*) Vista paralela à membrana, com o citoplasma acima. As subunidades proteicas estão representadas apenas por suas hélices, as quais são apresentadas como cilindros. Os íons Mg^{2+} estão representados por esferas brancas. (Cortesia de Juergen Koepke e Harmut Michel, Max-Planck-Institut für Biochemie, Frankfurt, Alemanha. PDBid 1LGH.) **Ver Exercício interativo 20**

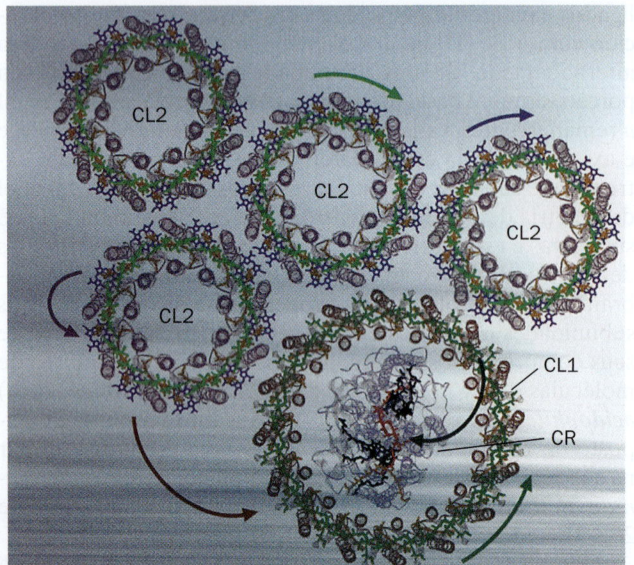

FIGURA 24.9 Modelo do sistema de antena absorvedor de luz de bactérias fotossintéticas púrpuras. Diversos CL2 associam-se mutuamente e com CL1, que envolve o centro de reação fotossintética (CR). As BChl *a* de CL2 B850 e de CL1 estão em verde, as de CL2 B800, em púrpura, e os pigmentos absorvedores de luz do CR (ver a seguir), em vermelho e preto. A luz absorvida pelas moléculas de BChl *a* e de licopeno de um CL2 é rapidamente transferida (*setas curvas*), frequentemente via outros CL2, para CL1, que, por sua vez, transfere a excitação para o CR nele contido. (De Bhattarchardee, Y., *Nature* **412,** 474 [2001].)

B850 de menor energia (que pode absorver um fóton independentemente), e esta, ainda mais rapidamente (em ~ 100 fs), transfere a excitação entre as outras moléculas de BChl *a* B850. Portanto, o sistema B850 atua como um tipo de anel de armazenamento de energia que desloca a excitação por uma ampla região. As moléculas carotenoides nesse sistema absorvem na faixa de luz visível (< 800 nm) e podem facilitar assim a transmissão de excitação entre as moléculas vizinhas de BChl *a* B850 e B800, que se encontram um pouco distantes (19 Å entre átomos de Mg).

O CL1, assim como o CL2, tem subunidades α e β de ~50 resíduos cada. A estrutura de baixa resolução (8,5 Å) de CL1 de *Rs. rubrum*, conforme determinada por cristalografia eletrônica, revela uma semelhança com a de CL2, mas com uma simetria rotacional de ordem 16, e forma um cilindro de 116 Å de diâmetro com um orifício de 68 Å de diâmetro abaixo de seu centro. Esse orifício é de tamanho suficiente para conter um CR (ver a seguir), como é o caso, segundo indicam estudos de microscopia eletrônica (Fig. 24.9). As moléculas de BChl *a* de CL1 absorvem radiação a um comprimento de onda mais longo do que aqueles de CL2 e, consequentemente, quando estes dois conjuntos estão em contato, a excitação é rapidamente (em 1-5 picossegundos [ps]; 1 ps = 10^{-12} s) transferida de CL2 para CL1 e, então (em 20-40 ps), para os CRs contidos em CL1. As excitações também podem ser rapidamente trocadas entre CL2 adjacentes. Portanto, esse sistema de antena transfere praticamente toda a energia de radiação que absorve, para o CR, em muito menos do que poucos nanossegundos (ns; 1 ns = 10^{-9} s), além dos quais essas excitações iriam decair. É importante ressaltar que este complicado arranjo de **cromóforos** (moléculas que absorvem luz) está entre os mais simples conhecidos; aqueles dos sistemas coletores de luz das plantas são ainda mais elaborados (ver a seguir).

d. Os CCL contêm pigmentos acessórios

A maioria dos CCL contém outras substâncias, além da clorofila, que absorvem luz. Esses **pigmentos acessórios** têm a função de "preencher" o espectro de absorção dos complexos de antena, nas regiões do espectro onde efetivamente as clorofilas não absorvem (Fig. 24.5). Os **carotenoides**, que são polienos extensamente lineares de C_{40}, como licopeno e **β-caroteno**,

H_3C CH_3 CH_3 CH_3 H_3C CH_3 CH_3 CH_3 CH_3 CH_3

β-Caroteno

são componentes de todas as plantas verdes e muitas bactérias fotossintéticas e são, portanto, os pigmentos acessórios mais comuns. Eles são responsáveis em grande parte pelas belas cores de outono das árvores decíduas, assim como pela cor de laranja das cenouras (de onde advém seu nome).

(Ross M. Horowitz/The Image Bank/Getty Images)

A proteína coletora de luz, **CCL-2**, das plantas verdes compreende ~30% das proteínas das membranas dos cloroplastos, o que a torna a proteína de membrana mais abundante na natureza. Cada subunidade desta proteína trimérica altamente conservada, com 323 resíduos, liga oito Chl *a*, seis Chl *b* e quatro carotenoides (Fig. 24.10), contabilizando, portanto, cerca de metade da clorofila da biosfera. As orientações das 42 clorofilas em cada trímero de CCL-2 fazem com que elas explorem regularmente quase todas as direções no espaço, maximizando a eficiência de coleta de luz.

Os carotenoides exercem uma função adicional além daquela de antenas de captação de luz: por meio de interações eletrônicas, eles impedem que moléculas de clorofilas a eles associadas e excitadas pela luz transfiram essa excitação ao O_2, o que geraria espécies reativas de oxigênio (ERO; Seção 22.4Cg) altamente destrutivas. Isto é particularmen-

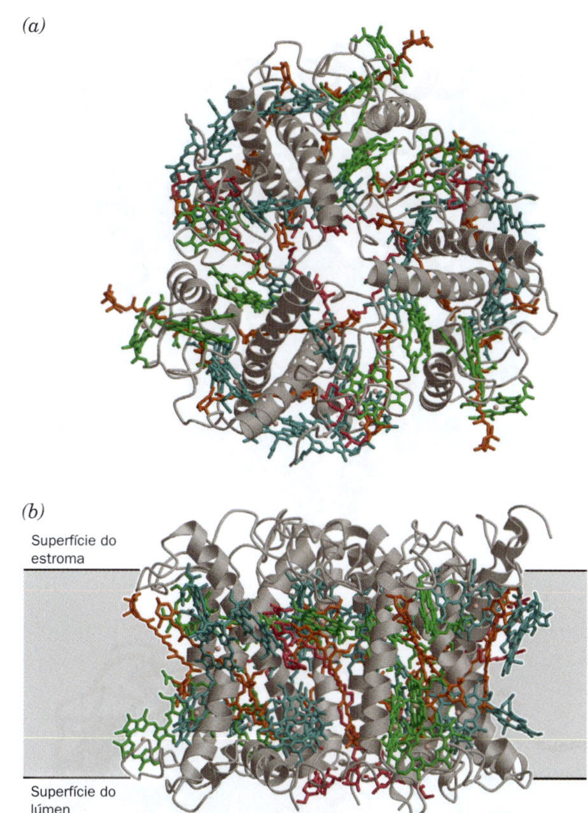

FIGURA 24.10 Estrutura por raios X da proteína trimérica CCL-II de cloroplastos de ervilha. A proteína é desenhada na forma de fita (*cinza*) sendo vista (*a*) perpendicular à membrana tilacoide, a partir do estroma, ao longo de seu eixo de terceira ordem; e (*b*) paralela à membrana (*faixa cinza*), com o estroma acima. Os carotenoides e clorofilas a ela ligados são desenhados na forma de bastão, com Chl *a* em ciano, Chl *b* em verde, carotenoides em cor de laranja e lipídeos em magenta. Os íons Mg^{2+} estão representados por esferas cor-de-rosa-claro. Cada subunidade tem três hélices transmembrana orientadas com o N-terminal na superfície do estroma. Observe a densidade anormalmente grande de cofatores: Aproximadamente 40% dos átomos não hidrogênios desta proteína compreendem suas clorofilas e carotenoides. (Cortesia de Werner Kühlbrandt, Max Planck Institute of Biophysics, Frankfurt, Alemanha, PDBid 2BHW.)

te importante sob luz solar plena, quando a taxa com a qual a energia da luz é absorvida excede a taxa com a qual ela pode ser usada na fotossíntese. Assim, o excesso de energia é dissipado como calor por meio de conversão interna pelos carotenoides, portanto minimizando o dano irreversível ao sistema fotossíntético que, de outra forma, ocorreria. Na verdade, a acidificação do lúmen do tilacoide resultante da alta atividade fotossintética (ver a seguir) induz uma mudança conformacional na CCL-2. Isto a converte em um estado dissipativo, por gerar uma torção em um de seus carotenoides, assim mudando suas propriedades eletrônicas.

Os organismos fotossintéticos aquáticos, que são responsáveis por quase metade da fotossíntese na Terra, contêm, adicionalmente, outros tipos de pigmentos acessórios. Isso se deve ao fato de que a luz fora da faixa de comprimento de onda entre 450 e 550 nm (luz azul e verde) é absorvida quase que por completo pela passagem através de mais de 10 m de água. Em algas vermelhas e em cianobactérias, a Chl *a* é, portanto, substituída como pigmento da antena por uma série de tetrapirróis lineares, principalmente a **ficoeritrobilina** vermelha e a **ficocianobilina** azul:

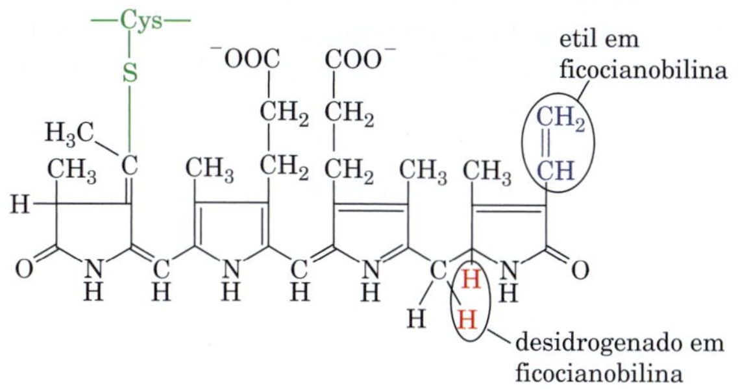

etil em ficocianobilina

desidrogenado em ficocianobilina

Ficoeritrobilina e ficocianobilina ligados a peptídeo

Os estados de excitação mais reduzidos dessas **bilinas** têm mais energia do que aqueles das clorofilas, facilitando, portanto, a transferência de energia para o CR. As bilinas são ligadas de forma covalente a **ficobiliproteínas** por meio de átomos de S de Cys, formando **ficoeritrina** e **ficocianina** (espectro na Fig. 24.5). Estas, por sua vez, estão organizadas em partículas de alta massa molecular, chamadas **ficobilissomos**, que são ligadas à face externa das membranas fotossintéticas, de forma a canalizar a energia de excitação aos CR por longas distâncias, com eficiência de > 90%.

B. *O transporte de elétrons em bactérias fotossintéticas púrpuras*

A fotossíntese é um processo no qual elétrons de moléculas excitadas de clorofila passam por uma série de aceptores, que convertem energia eletrônica em energia química. Assim, surgem duas questões: (1) qual o mecanismo de transdução de energia; e (2) de que forma moléculas foto-oxidadas de clorofila recuperam seus elétrons perdidos? Será visto que as bactérias fotossintéticas resolveram esses problemas de forma um tanto diferente das cianobactérias e das plantas. Inicia-se discutindo esses mecanismos em bactérias fotossintéticas, nas quais eles são mais simples, e melhor compreendidos. O transporte de elétrons em cianobactérias e plantas é assunto da Seção 24.2C.

a. O centro de reação fotossíntética é uma proteína transmembrana contendo uma variedade de cromóforos

A primeira indicação de que a clorofila sofre foto-oxidação direta durante a fotossíntese foi obtida por Louis Duysens em 1952. Ele observou que a iluminação de preparados de membrana da bactéria fotossintética púrpura *Rs. rubrum* causava uma leve (~2%) descoloração de suas absorbâncias a 870 nm, as quais retornavam a seus níveis originais no escuro. Duysens sugeriu que esta descoloração fosse causada pela foto-oxidação de um complexo de bacterioclorofilas que ele denominou de **P870** (P de pigmento e 870 nm para a posição da principal banda de absorção de comprimento de onda longo da BChl *a*; as bactérias fotossintéticas tendem a habitar lagos parados e turvos, de forma que elas requerem um tipo de clorofila que absorva infravermelho). A capacidade de detectar a presença do P870 levou, por fim, à purificação do CR ao qual ele está ligado.

As partículas de CR de diversas espécies de bactérias fotossintéticas púrpuras (**PbCR**) têm composições similares. Aquela da *Rps. viridis* consiste em três subunidades hidrofóbicas: H (258 resíduos), L (273 resíduos) e M (323 resíduos). As subunidades L e M dessa proteína transmembrana ligam, de maneira coletiva, quatro moléculas de BChl *b* (cujo máximo de absorção de luz é a 960 nm), duas moléculas de **bacteriofeofitina** ***b*** (**BPheo** ***b***; BChl *b* na qual o Mg^{2+} é substituído por dois prótons), um íon Fe(II) não heme/não Fe–S, uma molécula da coenzima redox ubiquinona (Fig. 22.17b) e uma molécula relacionada à esta, a **menaquinona**

$$\text{(estrutura: naftoquinona com } CH_3 \text{ e } (CH_2-CH=\overset{CH_3}{\overset{|}{C}}-CH_2)_8H)$$

Menaquinona

(a **vitamina** $\mathbf{K_2}$, uma substância necessária para uma apropriada coagulação sanguínea; Seção 35.1Ba). Em muitas PbCR, no entanto, BChl *b*, BPheo *b* e menaquinona são substituídos por BChl *a*, BPheo *a* e uma segunda ubiquinona, respectivamente.

O CR de *Rps. viridis*, cuja estrutura por raios X foi determinada por Johann Deisenhofer, Robert Huber e Harmut Michel, em 1984, foi a primeira proteína transmembrana a ser descrita em detalhe anatômico (Fig. 12.26). *A porção transmembrana da proteína consiste em 11 hélices* α, *que formam um cilindro achatado de 45 Å de comprimento, com a esperada superfície hidrofóbica.* Um citocromo tipo *c* contendo quatro hemes, que é constituinte integral do complexo PbCR em apenas algumas bactérias fotossintéticas, liga-se ao PbCR no lado externo da membrana plasmática. Na verdade, o PbCR de outra espécie de bactéria, *Rhodobacter (Rb.) sphaeroides*, cuja estrutura por raios X (Fig. 24.11) foi independentemente determinada por Marianne Schiffer e por Douglas Rees e George Feher, é quase idêntico àquele de *Rps. viridis*, mas é desprovido do citocromo.

b. Duas moléculas de BChl formam um "par especial"

O aspecto mais surpreendente do PbCR é que seus grupos prostéticos cromóforos estão arranjados com uma simetria de ordem 2 quase perfeita (Fig. 24.12a). Essa simetria surge porque as subunidades L e M, com as quais esses grupos prostéticos estão exclusivamente associados, têm sequências homólogas e dobras similares. Duas das moléculas de BChl *b* no PbCR *de Rps. viridis*, chamado **par especial**, estão intimamente associadas; elas são quase paralelas e têm uma distância Mg—Mg de ~7 Å. O par especial ocupa uma região predominantemente hidrofóbica da proteína e cada um de seus íons Mg^{2+} tem uma cadeia lateral de His como um quinto ligante. Cada membro do par especial está em contato com outra molécula de BChl *b* ligada à His, a qual, por sua vez, está associada a uma molécula de BPheo *b*. A menaquinona está em ligação íntima com a BPheo *b* da subunidade L (Fig. 24.12*a*, *direita*), enquanto a ubiquinona, que está fracamente atrelada à proteína, se associa à BPheo *b* da subunidade M (Fig. 24.12*a*, *esquerda*). Esses vários cromóforos estão

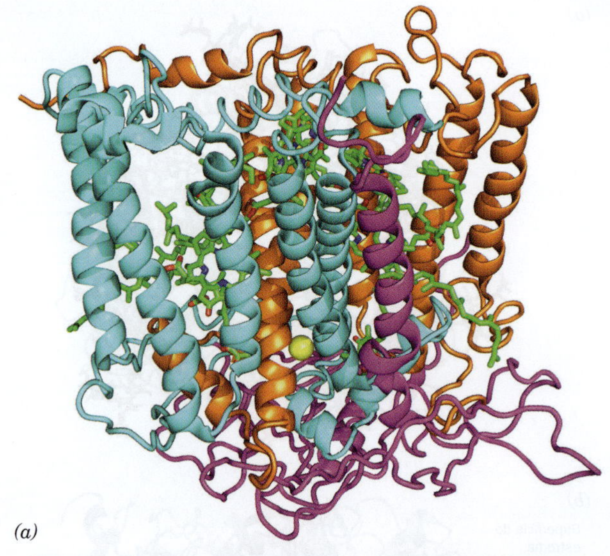

(*a*)

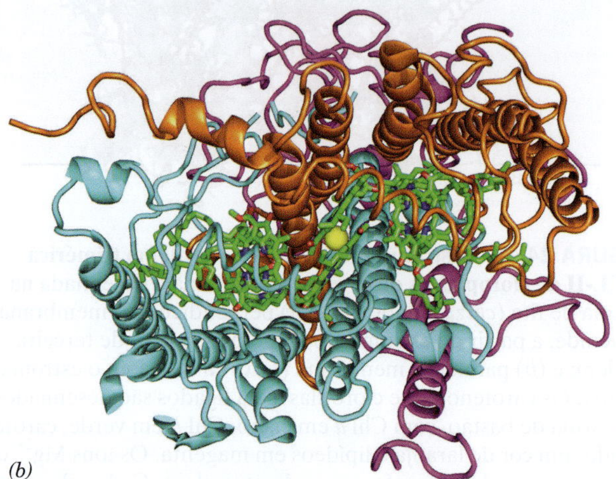

(*b*)

FIGURA 24.11 Um diagrama de fita do centro de reação (CR) fotossintética de *Rb. sphaeroides*. (*a*) As subunidades H, M e L, conforme visualizadas de dentro do plano da membrana plasmática, estando o citoplasma abaixo, estão em magenta, ciano e cor de laranja, respectivamente. Os grupos prostéticos estão desenhados na forma de bastão, com C em verde, N em ciano e O em vermelho. O átomo Fe(II) está representado por uma esfera amarela. As 11 hélices quase verticais que formam a porção central da proteína constituem sua região transmembrana. Compare essa estrutura com aquela do CR de *Rps. viridis* (Fig. 12.26), cujas subunidades H, M e L são 39, 50 e 59% idênticas àquelas de *Rb. sphaeroides*. Observe que a proteína de *Rb. sphaeroides* não possui o citocromo tipo *c* de quatro hemes (*verde* na Fig. 12.26) na sua superfície periplasmática e que o grupo prostético de Q_A, cujo anel de quinona está à direita do Fe(II), é ubiquinona em *Rb. sphaeroides*, mas menaquinona em *Rps. Viridis.* (*b*) Vista a partir do lado extracelular da membrana. Observe como as porções transmembrana da subunidade M e L estão relacionadas por um eixo de pseudo-ordem dois que passa através do íon Fe(II) e que os grupos prostéticos estão "prensados" entre estas duas subunidades. (Com base em uma estrutura por raios X de Marianne Schiffer, Argonne National Laboratory, EUA, PDBid 2RCR.)

Ver Exercício interativo 21 e Exercício de cineimagem 8.2

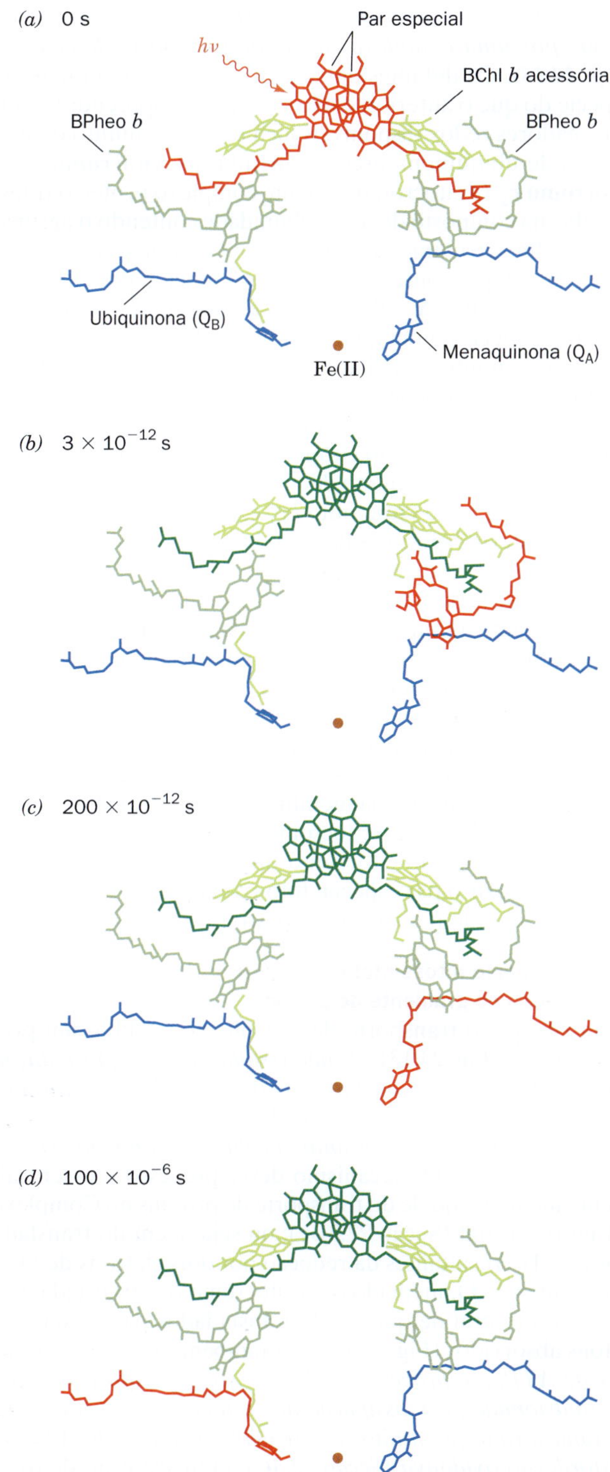

FIGURA 24.12 Sequência de excitações no CR bacteriano de *Rps. viridis*. Os cromóforos do CR são mostrados no mesmo ângulo que da Fig. 12.26*a*, a qual se assemelha àquela da Fig. 24.11*a*. Note que seus anéis, mas não suas cadeias laterais alifáticas, estão arranjados de forma aproximada a uma simetria de ordem 2. (*a*) No ponto zero, um fóton é absorvido por um "par especial" de moléculas de BChl *b*, portanto elevando-as coletivamente a um estado excitado (em cada etapa a[s] molécula[s] excitada[s] é [são] mostrada[s] em vermelho). (*b*) Dentro de 3 ps, um elétron excitado passou para a BPheo *b* da subunidade L (braço direito do sistema) sem ficar intimamente associado à BChl *b* acessória. O par especial fica, então, com uma carga positiva. (*c*) Cerca de 200 ps mais tarde, o elétron excitado foi transferido para a menaquinona (Q_A, que é ubiquinona em *Rb. sphaeroides*). (*d*) Dentro dos próximos 100 µs, o par especial foi reduzido (via uma cadeia de transporte de elétrons discutida no texto), eliminando assim sua carga positiva, enquanto o elétron excitado migra para a ubiquinona (Q_B). Depois que um segundo elétron é transferido para Q_B, esta capta dois prótons da solução e os transfere ao conjunto de ubiquinonas ligado à membrana.

Ver Exercício de cineimagem 8.2

intimamente associados a uma série de anéis aromáticos de proteínas e, acredita-se, portanto, que os mesmos também participem do processo de transferência de elétrons descrito abaixo. O Fe(II) está posicionado entre os anéis de menaquinona e ubiquinona e está ligado (atrelado) de maneira octaédrica por quatro cadeias laterais de His e pelos dois átomos de oxigênio do grupo carboxil de uma cadeia lateral de Glu. Curiosamente, os dois grupos simétricos de cromóforos não são funcionalmente equivalentes; os elétrons, como será visto, são quase exclusivamente transferidos através da subunidade L (os lados direitos das Figs. 24.11 e 24.12). Esse efeito é geralmente atribuído a diferenças estruturais e eletrônicas sutis entre as subunidades L e M.

c. Os estados eletrônicos das moléculas que sofrem reações rápidas podem ser monitorados por RPE e por técnicas de espectroscopia a *laser*

Como visto, o tempo de renovação de um ciclo de reação fotossintética é de apenas poucos milissegundos. Portanto, sua sequência de reações só pode ser traçada por medidas que possam acompanhar mudanças eletrônicas extremamente rápidas nas moléculas. Duas técnicas são bem apropriadas para essa tarefa:

1. **Espectroscopia por ressonância paramagnética de elétrons (RPE)** (também chamada de **espectroscopia de ressonância de *spin* de elétrons [RSE]**), a qual detecta os *spins* de elétrons não pareados de forma análoga à detecção de *spins* nucleares em espectroscopia por RM. Uma espécie molecular com elétrons não pareados, como um radical orgânico ou um íon de metal de transição, tem um espectro de RPE característico, porque seus elétrons não pareados interagem com os campos magnéticos gerados pelo núcleo e por outros elétrons da molécula. Espécies paramagnéticas com vida tão curta quanto 10 ps podem exibir espectros de RPE exatos.

2. **Espectroscopia ótica usando *lasers* pulsados.** Pulsos de *lasers* tão curtos quanto 20 attosegundos (as; 1 as = 10^{-18} s) foram gerados. Monitorando o desbotamento (desaparecimento) de certas bandas de absorção e a emergência de outras, a espectroscopia a *laser* pode acompanhar o curso temporal de um processo de reação rápida.

d. A absorção de fótons rapidamente foto-oxida o par especial

A sequência de eventos fotoquímicos mediados pelo centro de reação fotossintética está diagramada na Fig. 24.12:

(**a**) O evento fotoquímico primário da fotossíntese bacteriana é a absorção de um fóton pelo par especial (P870 ou **P960**, dependendo se é formado por BChl *a* ou *b*; aqui, para fins de raciocínio, considera-se ser o P960). Esse evento é quase instantâneo; ele ocupa os ~3 fs do tempo de oscilação de uma onda de luz. Medidas de RPE estabeleceram que o P960 é, na verdade, um par de moléculas de BChl *b* e indicaram que o elétron excitado desloca-se sobre ambas as moléculas.

(**b**) P960*, o estado excitado do P960, tem uma existência efêmera. Espectroscopia a *laser* demonstrou que dentro de 3 ps após sua formação, P960* transferiu um elétron à BPheo *b*, à direita na Fig. 24.12*b*, para gerar $P960^+$ BPheo b^-. Para formar esse par de radicais, o elétron transferido deve passar perto, mas parece não reduzir a BChl *b* de posição intermediária (que é, portanto, denominada uma clorofila acessória), embora sua posição fortemente sugira que ela tenha um papel importante na condução de elétrons.

(**c**) Cerca de 200 ps mais tarde, o elétron migrou adiante para a menaquinona (ou, em muitas espécies, para a segunda ubiquinona), designada Q_A, para formar o radical semiquinona aniônico $Q_A^{\overline{\cdot}}$. Todas essas transferências eletrônicas, conforme diagramado na Fig. 24.13, servem para baixar progressivamente os estados energéticos, o que torna esse processo irreversível.

A rápida remoção do elétron excitado da vizinhança do $P960^+$ é uma característica essencial do PbCR; ela impede reações de retorno, que devolveriam o elétron ao $P960^+$, o que propiciaria o tempo necessário para a conversão interna dispendiosa da energia de excitação em calor. De fato, *essa sequência de transferências eletrônicas é tão eficiente que seu* ***rendimento quântico*** *global (razão entre moléculas que reagiram e fótons absorvidos) é praticamente 100%.* Nenhum artefato feito pelo homem aproximou-se deste nível de eficiência.

e. Os elétrons são devolvidos ao par especial foto-oxidado através de uma cadeia de transporte de elétrons

O restante do processo de transporte fotossintético de elétrons ocorre em uma escala de tempo bem mais lenta. Dentro de cerca de 100 μs após sua formação, a $Q_A^{\overline{\cdot}}$, que ocupa um nicho hidrofóbico na proteína, transfere seu elétron excitado para a ubiquinona, Q_B, mais exposta ao solvente, para formar $Q_B^{\overline{\cdot}}$ (Fig. 24.12*d*). O Fe(II) não heme não é reduzido nesse processo e, na verdade, sua remoção afeta apenas levemente a taxa de transferência de elétrons, de forma que o Fe(II) provavelmente atua na sintonia fina do caráter eletrônico do PbCR. A Q_A nunca se torna completamente reduzida; ela oscila entre sua forma oxidada e de semiquinona. Além disso, o tempo de vida da $Q_A^{\overline{\cdot}}$ é tão curto que ela nunca fica protonada. Em contraste, uma vez que o PbCR fica novamente excitado, ele transfere um segundo elétron a $Q_B^{\overline{\cdot}}$, para formar Q_B^{2-} completamente reduzida. Este quinol aniônico capta dois prótons da solução no lado citoplasmático da membrana plasmática para formar Q_BH_2. Assim, *o Q_B é um transdutor molecular que converte duas excitações, pela luz, de um elétron em uma redução química com dois elétrons.*

Os elétrons captados por Q_BH_2 serão devolvidos ao $P960^+$ por uma complexa cadeia de transporte de elétrons (Fig. 24.13). Os detalhes desse processo dependem mais da espécie do que o anterior, e não são bem-compreendidos. Os carregadores redox disponíveis incluem um conjunto de moléculas de ubiquinona presas à membrana, **citocromo bc_1** e **citocromo c_2**. O citocromo bc_1 é um complexo proteico transmembrana composto de uma subunidade contendo o agrupamento (2Fe–2S); um citocromo c_1 contendo um heme *c*; um citocromo *b* que contém dois hemes *b* funcionalmente equivalentes, b_A e b_B (A e B para alto e baixo potencial); e, em algumas espécies, uma quarta subunidade. Note que o citocromo bc_1 é muito semelhante ao Complexo III transladador de prótons da mitocôndria (Seção 22.2C3a), que também é chamado de citocromo bc_1. A rota de transporte de elétrons começa na Q_BH_2 no lado citoplasmático da membrana plasmática, através do conjunto de ubiquinona, com o qual Q_BH_2 efetua trocas, até o citocromo bc_1 e, então, ao citocromo c_2 no lado externo (periplasmático) da membrana plasmática. O citocromo c_2 reduzido, que, conforme seu nome sugere, assemelha-se fortemente ao citocromo *c* mitocondrial, difunde-se ao longo da superfície externa da membrana até reagir com o PbCR, que se estende ao longo de toda a membrana, para transferir um elétron ao $P960^+$ (as estruturas de diversos citocromos tipo *c*, incluindo aquela do citocromo c_2 de *Rs. rubrum*, estão diagramadas na Fig. 9.41). Em *Rps. viridis*, o citocromo tipo *c*, de 4 hemes, que está ligado ao complexo do PbCR no lado externo da membrana plasmática (Fig. 12.26) está posicionado entre o citocromo c_2 e o $P960^+$. Observe que um desses hemes do citocromo tipo *c* está posicionado de forma a reduzir o par especial foto-oxidado. O PbCR estará, então, preparado para absorver outro fóton.

f. O transporte fotossintético de elétrons impulsiona a formação do gradiente de prótons

Uma vez que o transporte de elétrons no CRPb é um processo cíclico (Fig. 24.13), *ele não resulta em oxidação-redução líquida. Ao contrário, ele funciona para transladar os prótons citoplasmáticos adquiridos por Q_BH_2 através da membrana plasmática, tornando, portanto, a célula alcalina em relação ao seu ambiente.* O mecanismo desse processo é essencialmente idêntico àquele do transporte de prótons no Complexo III mitocondrial (Seção 22.3Be); ou seja, além do translado dos dois H^+ resultantes da redução por dois elétrons de Q_B a QH_2, um ciclo Q, mediado pelo citocromo bc_1, translada dois H^+, em um total de quatro H^+ transladados para cada dois fótons absorvidos (Fig. 24.13*a*; ver também Fig. 22.31). *A síntese de ATP, um processo conhecido como* ***fotofosforilação****, é impulsionada pela dissipação do gradiente de pH resultante de uma forma que muito se assemelha à síntese de ATP na fosforilação oxidativa (Seção 22.3C).* O mecanismo de fotofosforilação será discutido com mais detalhes na Seção 24.2D.

As bactérias fotossintéticas utilizam o ATP gerado pela fotofosforilação para impulsionar seus diversos processos endergônicos. No entanto, ao contrário das cianobactérias e das plantas, que geram os equivalentes redutores necessários pela oxidação da água desencadeada pela luz, as bactérias fotossintéticas precisam obter seus equivalentes redutores do ambiente. Várias substâncias, como H_2S, S, $S_2O_3^{2-}$, H_2 e

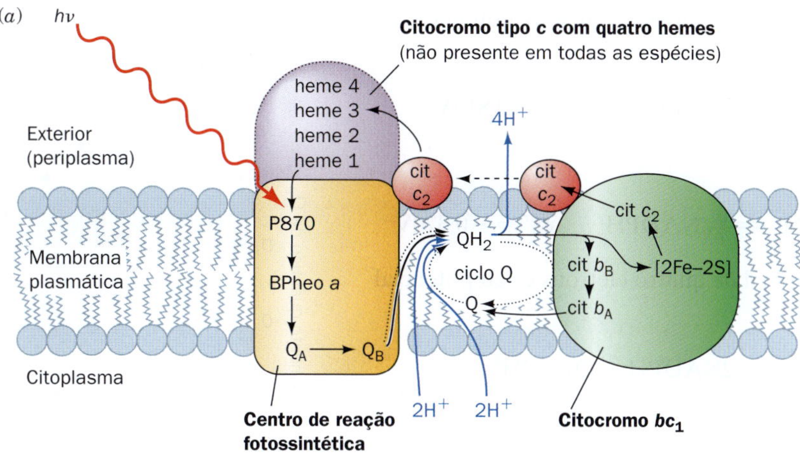

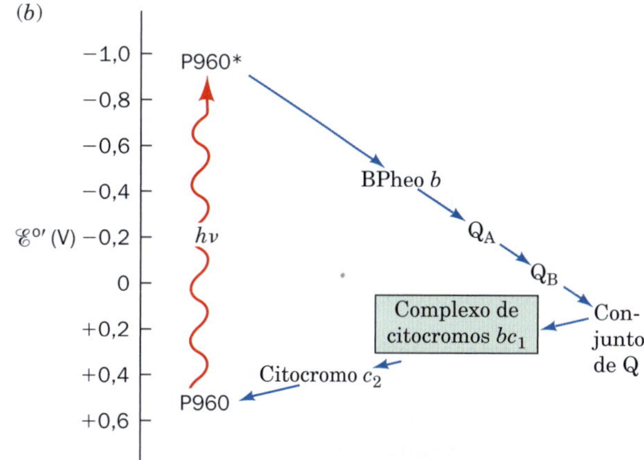

FIGURA 24.13 **Sistema de transporte fotossintético de elétrons em bactérias fotossintéticas púrpuras.** (*a*) Diagrama esquemático indicando o arranjo dos componentes do sistema na membrana plasmática bacteriana e os fluxos de elétrons (*setas pretas*) e prótons (*setas azuis*) que a absorção de fótons (*hν*) promove através deles. O sistema contém dois complexos proteicos, o CR e o citocromo bc_1. Dois elétrons liberados do par especial, aqui P870 (como em *Rb. sphaeroides*), pela absorção consecutiva de dois fótons são tomados pela ubiquinona (Q_B), junto com dois prótons do citoplasma, para produzir ubiquinol (QH_2). O QH_2 é liberado do CR e difunde-se (*setas pontilhadas*) através da membrana até o citocromo bc_1, que, por uma reação com dois elétrons, o oxida a ubiquinona, com a concomitante liberação de seus dois prótons para o meio externo. Um dos dois elétrons é passado, através do grupo (2Fe–2S) e do citocromo c_1, para o citocromo c_2, uma proteína periférica de membrana, que então se difunde pela superfície externa da membrana de forma a devolver o elétron ao P870 do CR. O segundo elétron do QH_2 passa, através de um ciclo Q, e dos hemes b_B e b_A do citocromo bc_1 e, então, contribui para a redução de uma molécula de ubiquinona (Q), com a concomitante absorção de dois outros prótons citoplasmáticos (duas rodadas de um ciclo Q são necessárias para a redução de uma molécula de Q a QH_2; Fig. 22.31). O QH_2 resultante difunde de volta ao citocromo bc_1. Lá, ele é novamente oxidado, com a liberação de seus dois prótons para o exterior e o retorno de um de seus dois elétrons, via citocromo c_2, ao P870, completando o circuito elétrico. Observe que em cada volta de um ciclo Q, metade dos elétrons liberados pela oxidação de QH_2 a Q são utilizados para reduzir Q a QH_2, de forma que, após um grande número de voltas, um elétron que entra no ciclo Q passa através dele, em média, duas vezes antes de ser devolvido ao P870. Assim, o resultado líquido da absorção de dois fótons pelo CR é o translado de quatro H^+ do citoplasma para o meio externo. (*b*) Os potenciais de redução-padrão aproximados das várias transferências de elétrons através do sistema de transporte de elétrons fotossintético. O processo global é essencialmente irreversível porque os elétrons são transferidos para estados de energia progressivamente mais baixa (potenciais de redução-padrão mais positivos).

muitos compostos orgânicos, desempenham essa função, dependendo da espécie de bactéria.

Bactérias fotossintéticas modernas parecem se assemelhar aos organismos fotossintéticos originais. Esses, de forma presumível, surgiram muito cedo na história da vida celular, quando fontes de compostos de "alta energia" supridos pelo ambiente estavam escasseando, mas agentes redutores eram ainda abundantes (Seção 1.5Cb). Durante essa era, as bactérias fotossintéticas eram, sem dúvida, as formas dominantes de vida. No entanto, esse sucesso pode ter causado a exaustão dos recursos redutores disponíveis. Os ancestrais das cianobactérias modernas adaptaram-se a esta situação desenvolvendo um sistema fotossintético com força eletromotiva suficiente para extrair elétrons da H_2O. O acúmulo gradual do produto residual tóxico, O_2, forçou as bactérias fotossintéticas, que não podem fotossintetizar na presença de O_2 (embora algumas tenham desenvolvido a capacidade de respirar), a adaptarem-se aos nichos ecológicos restritos aos quais elas estão atualmente confinadas (Seção 1.1Ab).

C. *O transporte de elétrons com dois centros*

Ver Exploração guiada 22: Fotossínteses com dois centros (esquema z). Panorama geral *As plantas e as cianobactérias usam o poder redutor gerado pela oxidação da H_2O desencadeada pela luz para produzir NADPH.* As meias-reações componentes desse processo, juntamente com seus potencias de redução-padrão são

$$O_2 + 4e^- + 4H^+ \rightleftharpoons 2H_2O \qquad \mathscr{E}^{\circ\prime} = +0{,}815V$$

e

$$NADP^+ + H^+ + 2e^- \rightleftharpoons NADPH \qquad \mathscr{E}^{\circ\prime} = -0{,}320V$$

Portanto, a reação global de quatro elétrons e seu potencial redox padrão é:

$$2NADP^+ + 2H_2O \rightleftharpoons 2NADPH + O_2 + 2H^+ \qquad \mathscr{E}^{\circ\prime} = -1{,}135V$$

Esta última quantidade corresponde (Equação [16.5]) a uma mudança na energia livre padrão de $\Delta G^{\circ\prime} = 438\ kJ \cdot mol^{-1}$, a qual é indicada pela Equação [24.1] como a energia de um einstein de fótons de 223 nm (luz UV). Obviamente, *mesmo que a fotossíntese fosse 100% eficiente, o que ela não é, ela iria requerer mais do que um fóton de luz visível para gerar uma molécula de O_2. De fato, medidas experimentais indicam que as algas requerem no mínimo de 8 a 10 fótons de luz visível para produzir uma molécula de O_2.* Nas próximas subseções, será discutido como as plantas e as cianobactérias manejam esse processo multifóton.

a. Produção fotossintética de O_2 requer dois fotossistemas sequenciais

Duas observações iniciais levaram à elucidação do mecanismo básico da fotossíntese em plantas:

1. O rendimento quântico para a liberação de O_2 por *Chlorella pyrenoidosa* varia pouco com o comprimento de onda da luz de irradiação entre 400 e 675 nm, mas decresce abruptamente acima de 680 nm (Fig. 24.14, *curva inferior*). Esse fenômeno, a "queda no vermelho", foi inesperado, porque a Chl *a* absorve essa luz vermelho-distante (Fig. 24.5).
2. A luz de comprimento de onda menor, como a luz verde-amarelada, aumenta a eficiência fotossintética da luz de 700 nm em excesso ao conteúdo energético da luz de menor comprimento de onda; *ou seja, a taxa de liberação de O_2 pelas duas luzes é maior do que a soma das taxas para cada luz atuando separadamente (Fig. 24.14, curva superior).* Além do mais, essa intensificação ainda ocorre se a luz verde-amarela é desligada vários segundos antes da luz vermelha ser ligada e vice-versa.

Essas observações claramente indicam que dois processos estão envolvidos. Eles são explicados por um modelo mecanístico, o **esquema Z**, que postula que *a fotossíntese produtora de O_2 ocorre por meio das ações de dois CR fotossintéticos, que estão essencialmente conectados em série (Fig. 24.15).*

1. **Fotossistema I (FSI)** gera um redutor forte, capaz de reduzir $NADP^+$, e, de forma concomitante, um oxidante fraco.
2. **Fotossistema II (FSII)** gera um oxidante forte, capaz de oxidar a água, e, de maneira concomitante, um redutor fraco.

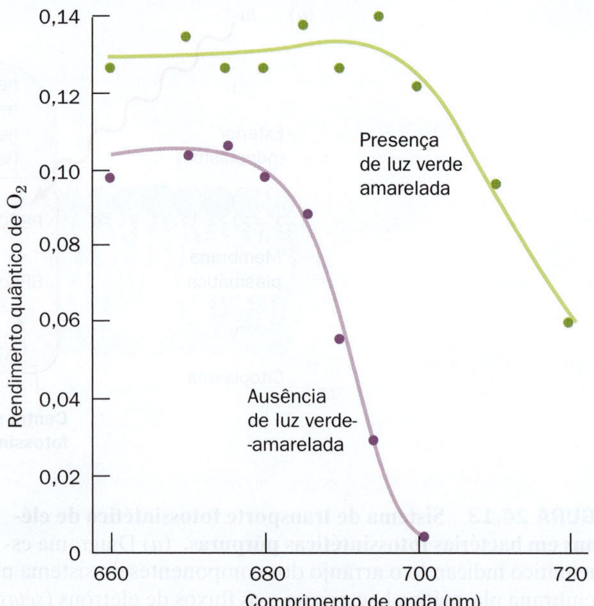

FIGURA 24.14 Rendimento quântico para a produção de O_2 pela alga *Chlorella* como função do comprimento de onda de luz incidente. O experimento foi conduzido na ausência (*curva inferior*) e na presença (*curva superior*) de luz verde-amarelada suplementar. A curva superior foi corrigida para a quantidade de produção de O_2 estimulada pela luz suplementar isoladamente. Note que a curva inferior cai abruptamente acima de 680 nm (a queda no vermelho). No entanto, a luz suplementar aumenta muito o rendimento quântico na faixa de comprimento de onda acima de 680 nm (vermelho-distante), na qual as algas absorvem luz. (Com base em Emerson, R., Chalmers, R., e Cederstrand, C., *Proc. Natl. Acad. Sci.* **49**, 137 [1957].)

O redutor fraco reduz o oxidante fraco, de forma que *o FSI e o FSII formam um "energizador" de elétrons em dois estágios. Ambos os fotossistemas devem, portanto, funcionar para que a fotossíntese (transferência de elétrons da H_2O para o $NADP^+$, formando O_2 e NADPH) ocorra.*

A queda no vermelho é explicada em termos do esquema Z pela observação de que o FSII é apenas pobremente ativado por luz de 680 nm. Na presença apenas dessa luz vermelho-distante, o FSI é ativado, mas é incapaz de obter mais do que apenas um pouco dos elétrons que é capaz de energizar. A luz verde-amarelada, no entanto, estimula de maneira eficiente o FSII a suprir estes elétrons. A observação de que as luzes vermelho-distante e verde-amarelada podem ser alternadas indica que ambos os fotossistemas permanecem ativados por um tempo depois que a luz é desligada.

A validade do esquema Z foi estabelecida como apresentado a seguir. O estado de oxidação do **citocromo *f***, um citocromo tipo *c* da cadeia de transporte de elétrons que conecta FSI e FSII (ver a seguir), pode ser monitorado de forma espectroscopica. A iluminação de algas com luz de 680 nm (vermelho-distante) resulta na oxidação do citocromo *f* (Fig. 24.16). No entanto, a imposição adicional de luz de 562 nm (verde-amarelada) resulta na re-redução parcial dessa

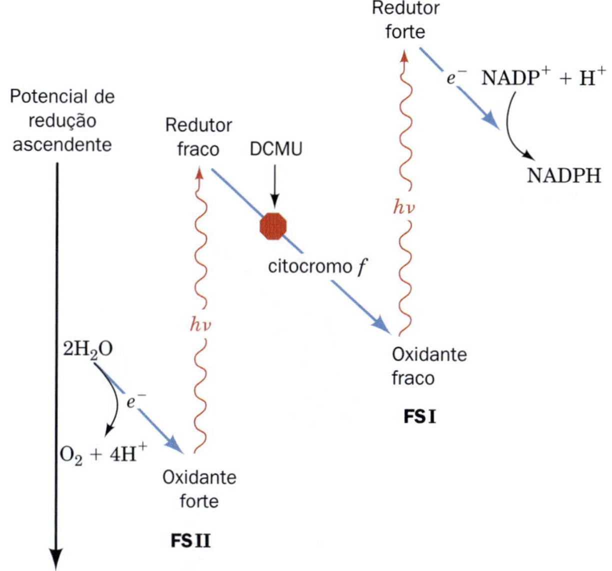

FIGURA 24.15 **O esquema Z da fotossíntese em plantas e cianobactérias.** Os dois fotossistemas, FSI e FSII, funcionam para direcionar os elétrons da H_2O ao NADPH. O potencial de redução aumenta ao longo desse trajeto, de forma que o fluxo de elétrons ocorre espontaneamente nessa direção. O herbicida DCMU (ver texto) bloqueia o transporte fotossintético de elétrons do FSII ao citocromo *f*.

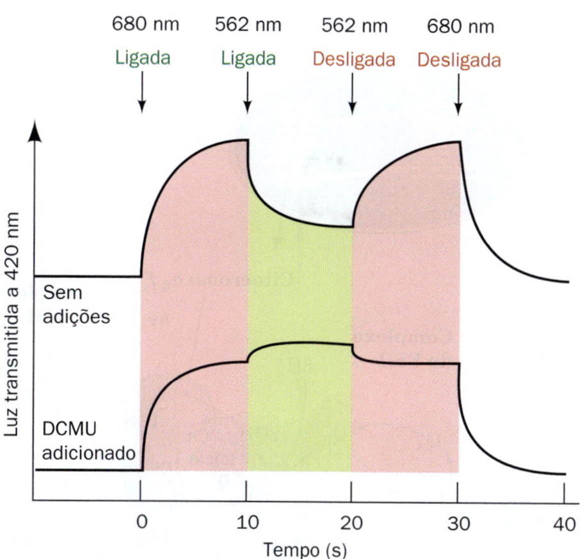

FIGURA 24.16 **O estado de oxidação do citocromo *f* em algas de *Porphyridium cruentum* monitorado por um fraco feixe de luz de 420 nm (azul-violeta).** Um aumento na luz transmitida sinaliza a oxidação do citocromo *f*. Na curva de cima, luz forte de 680 nm (vermelho-distante) causa a oxidação do citocromo *f*, mas a superposição de luz de 562 nm (verde-amarelada) causa sua re-redução parcial. Na curva inferior, a presença do herbicida DCMU, que inibe o transporte fotossintético de elétrons, faz com a que a luz de 562 nm oxide ainda mais, em vez de reduzir o citocromo *f*.

proteína. Na presença do herbicida **3-(3,4-diclorofenil)-1,1--dimetilureia (DCMU),**

3-(3,4-Diclorofenil)-1,1-dimetilureia
DCMU

que elimina a produção fotossintética de oxigênio, a luz de 680 nm ainda oxida o citocromo *f*, mas a luz simultânea de 562 nm o oxida ainda mais. A explicação para esses efeitos é que a luz de 680 nm, que ativa de maneira eficiente apenas o FSI, faz este retirar elétrons do (oxide) citocromo *f*. A luz de 562 nm também ativa o FSII, que então transfere elétrons para (reduz) o citocromo *f*. O DCMU bloqueia o fluxo de elétrons do FSII ao citocromo *f* (Fig. 24.15), de forma que um aumento na intensidade da luz, seja de que comprimento de onda for, só serve para ativar o FSI ainda mais.

b. A fotossíntese produtora de O_2 é mediada por três complexos de proteínas transmembrana ligados por carregadores móveis de elétrons

Os componentes do esquema Z, que age como mediador do transporte de elétrons da H_2O ao NADPH, estão muito bem organizados em três partículas atreladas à membrana tilacoide (Fig. 24.17): (1) FSII, (2) o ***complexo de citocromos b_6f***, *e (3) FSI.* Da mesma forma que na fosforilação oxidativa, os elétrons são transferidos entre esses complexos por meio de carregadores móveis de elétrons. O análogo da ubiquinona, a **plastoquinona (Q)**, por sua redução a **plastoquinol (QH_2)**,

Plastoquinona

2 [H•]

Plastoquinol

liga o FSII ao complexo de citocromos b_6f, o qual, por sua vez, interage com o FSI por meio da **plastocianina (PC)**, uma proteína redox móvel que contém Cu. A seguir, é traçada a

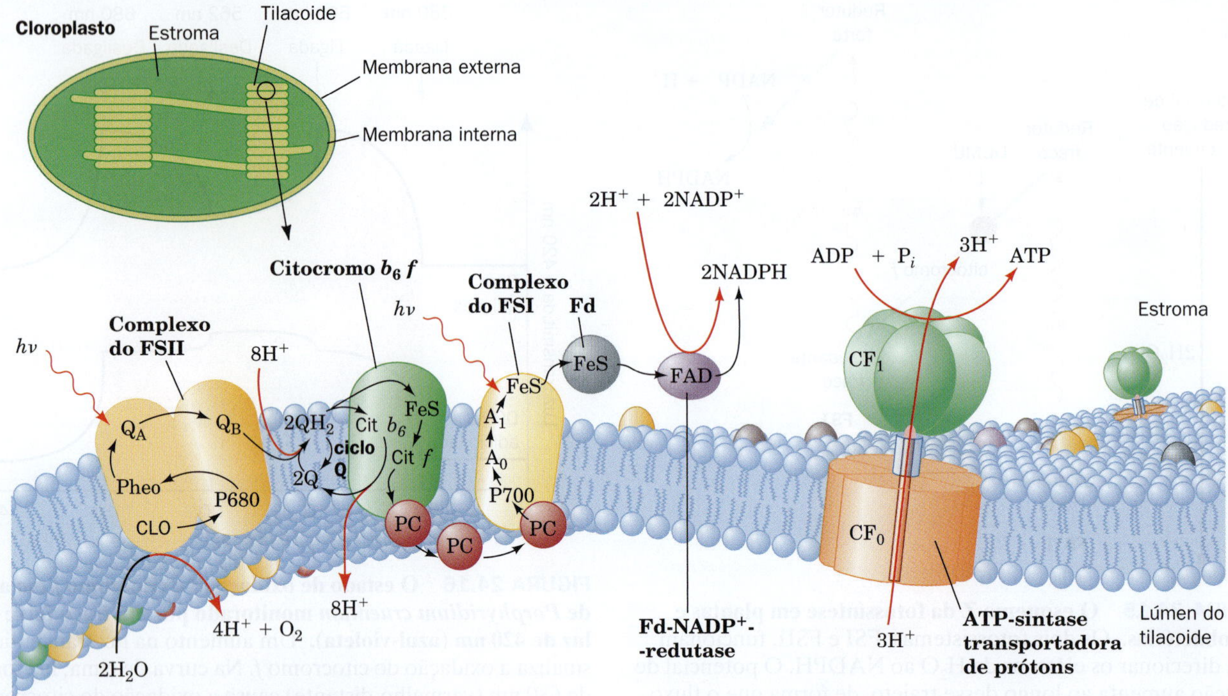

FIGURA 24.17 **Representação esquemática da membrana tilacoide, mostrando os componentes de sua cadeia transportadora de elétrons.** O sistema consiste em três complexos de proteínas: o FSII, o complexo de citocromos b_6f, e o FSI, os quais são eletricamente "conectados" pela difusão dos carregadores de elétrons plastoquinol (Q) e plastocianina (PC). O transporte de elétrons impulsionado pela luz (*setas pretas*) da H_2O a $NADP^+$, formando NADPH, gera o transporte de prótons (*setas vermelhas*) para dentro de espaço do tilacoide (Fd é ferrodoxina). Prótons adicionais são removidos da água pelo complexo de liberação do oxigênio (CLO), produzindo O_2. O gradiente de prótons resultante impulsiona a síntese de ATP pela ATP-sintase transladadora de prótons CF_1CF_0 (CF_1 e CF_0 são os análogos no cloroplasto [C] do F_1 e F_0 mitocondriais). A membrana também contém complexos coletores de luz cujos componentes, clorofilas e outros cromóforos, transferem suas excitações ao FSI e ao FSII. (Com base em Ort, D.R., and Good, N.E., *Trends Biochem Sci.* **13**, 469 [1988].)

rota dos elétrons através deste sistema cloroplástico, desde a H_2O até o $NADP^+$ (Fig. 24.18).

c. O FSII assemelha-se ao PbCR

O FSII da bactéria termófila *Thermosynechococcus elongatus* consiste em 20 subunidades, 14 das quais ocupam a membrana fotossintética. Essas subunidades transmembrana incluem as proteínas **D1** (**PsbA**) e **D2** (**PsbD**) do centro de reação, as subunidades contendo clorofilas, **CP43** (**PsbC**) e **CP47** (**PsbB**), da antena interna, e **citocromo** $\boldsymbol{b_{559}}$. A estrutura por raios X desse FSII (Fig. 24.19), independentemente determinada por James Barber e So Iwate e por Wolfram Saenger, revela que essa proteína com cerca de 340 kDa é um dímero simétrico, cujas unidades protoméricas contêm 35 hélices transmembrana. Cada protômero, que tem pseudossimetria de ordem 2, liga 36 clorofilas *a*, 2 **feofitinas** ***a*** (**Pheos** ***a***; Clorofila *a* com seus dois Mg^{2+} substituídos por dois prótons), um heme *b*, um heme *c,* 2 plastoquinonas, um Fe não heme, 12 carotenoides todo-*trans* que se pressupõe sejam β-carotenos, um íon HCO^{3-}, um complexo Mn_4CaO_4 conhecido como **centro de liberação de oxigênio** (**CCLO**; alternativamente, o **complexo de oxidação da água** [**COA**]). Nas plantas superiores, o protômero do FSII contém cerca de 25 subunidades e forma um supercomplexo transmembrana de aproximadamente 1.000 kDa com várias proteínas da antena. O arranjo das 5 hélices transmembrana, tanto em D1 quanto em D2, assemelha-se àquele nas subunidades L e M do PbCR (Fig. 24.11). De fato, esses dois grupos de subunidades têm sequências similares, indicando que eles surgiram de um ancestral comum.

Os cofatores do CR do FSII (Fig. 24.20) estão organizados de forma similar àqueles do sistema bacteriano (Fig. 24.12): eles têm essencialmente os mesmos componentes (com Chl *a*, Pheo *a* e plastoquinona substituindo BChl *a*, BPheo *b* e menaquinona, respectivamente) e estão organizados simetricamente ao longo do eixo de pseudossimetria de ordem 2 do complexo. Os dois anéis da Chl *a* marcados como P_{D1} e P_{D2} na Fig. 24.20 estão posicionados de forma análoga às BChl *b* do par especial do P960 e, então, presumivelmente, constituem o doador de elétrons primário do FSII, **P680** (denominado com base no comprimento de onda no qual a absorbância decresce de forma máxima quando da foto-oxidação) O elétron ejetado do P680 segue um curso assimétrico similar àquele do PbCR, embora os dois sistemas operem com diferentes faixas de potencial de redução

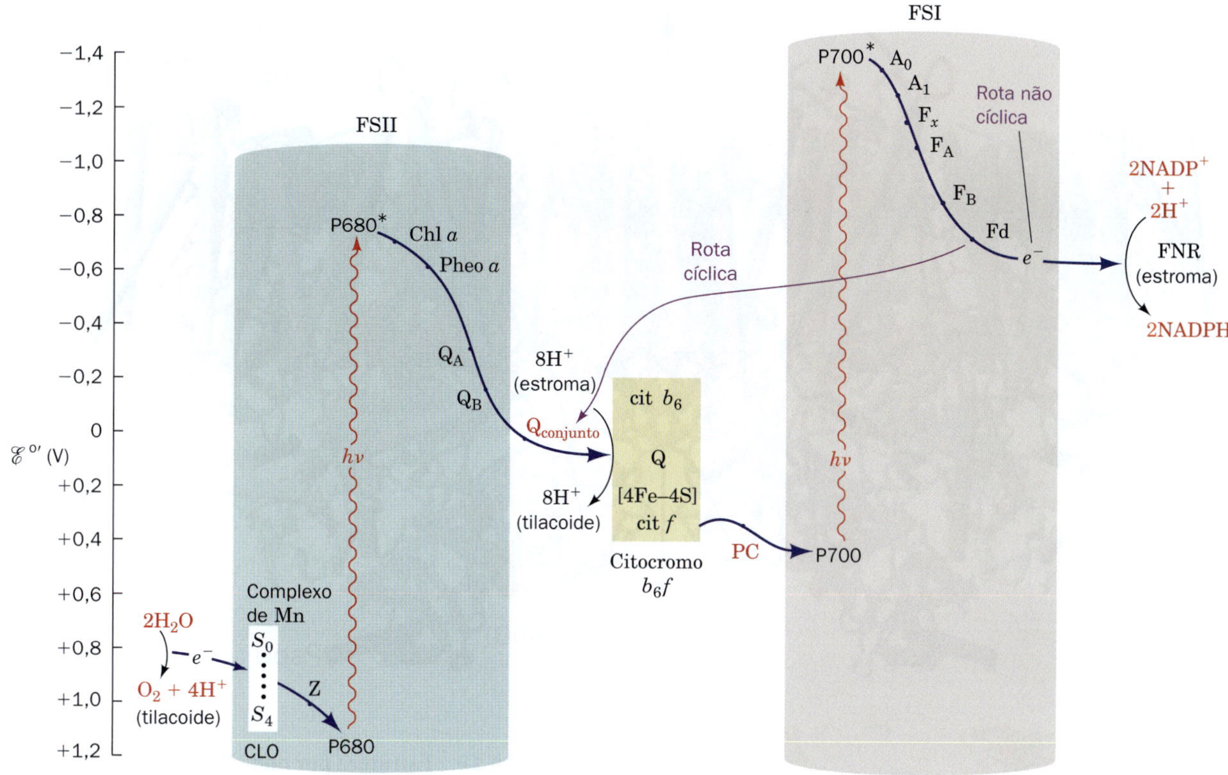

FIGURA 24.18 Diagrama detalhado do esquema Z da fotossíntese. Os elétrons ejetados do P680 pela absorção de fótons são substituídos por elétrons extraídos da H_2O por um complexo de Mn (CLO), formando, portanto, O_2 e quatro H^+. Cada elétron ejetado passa por uma cadeia de carregadores de elétrons até um conjunto de moléculas de plastoquinona (Q). O plastoquinol resultante, por sua vez, reduz a partícula de citocromo b_6f (*retângulo amarelo*), que transfere elétrons com o concomitante translado de prótons, via um ciclo Q, para o lúmen do tilacoide. O citocromo b_6f transfere os elétrons, então, para a plastocianina (PC). A plastocianina regenera o P700 foto-oxidado. O elétron ejetado do P700 reduz, através da intermediação de uma cadeia de carregadores de elétrons (A_0, A_1, F_X, F_A, F_B e Fd), o $NADP^+$ a NADPH, em um transporte de elétrons não cíclico. De forma alternativa, o elétron pode ser devolvido ao complexo de citocromos b_6f, em um processo cíclico que só translada prótons para o lúmen do tilacoide.

(compare as Figs. 24.13*b* e 24.18). Conforme indicado na parte central da Fig. 24.18, o elétron é transferido para uma molécula de Pheo *a* ($Pheo_{D1}$ na Fig. 24.20), provavelmente via uma molécula de Chl *a* (Chl_{D1}), e, então, para uma plastoquinona (Q_A) ligada. O elétron é subsequentemente transferido a uma segunda molécula de plastoquinona (Q_B), depois de receber um segundo elétron de forma similar, capta dois prótons na superfície estromal (citosólica em cianobactérias) da membrana tilacoide. A plastoquinol resultante, Q_BH_2, troca, então, com um conjunto de moléculas de plastoquinona ligadas à membrana. O DCMU, assim como outros herbicidas comumente usados, compete com a plastoquinona pelo sítio de ligação da Q_B no FSII, o que explica como ele inibe a fotossíntese.

Duas moléculas "extras" de Chl *a*, $Chlz_{D1}$ e $Chlz_{D2}$, permanecem na periferia do CR, onde, postula-se, funcionam na transferência da excitação dos sistemas de antena ao P680. O citocromo b_{559}, cuja função não é clara, quebra a pseudossimetria do protômero do FSII, da mesma forma que o faz o agrupamento de Mn, cuja função será discutida agora.

d. O O_2 é gerado em uma reação de quebra de água em cinco estágios mediada por um complexo de proteínas contendo Mn

A oxidação pelo CLO de duas moléculas de H_2O para formar uma molécula de O_2 requer quatro elétrons. Uma vez que a transferência de um único elétron da H_2O a $NADP^+$ requer dois eventos fotoquímicos, isso contabiliza o mínimo observado de 8 a 10 fótons absorvidos por molécula de O_2 produzida.

Os quatro elétrons necessários para se produzir uma molécula de O_2 precisam ser removidos por um único fotossistema ou podem ser extraídos por vários fotossistemas diferentes? Pierre Joliet e Bessel Kok responderam a essa questão analisando a taxa com a qual cloroplastos adaptados ao escuro produziam O_2 quando expostos a uma série de pulsos de luz curtos. O O_2 foi liberado com um padrão oscilatório peculiar (Fig. 24.21). Não há praticamente nenhum O_2 produzido pelos primeiros dois pulsos de luz. O terceiro pulso resulta no rendimento máximo de O_2. Daí em diante, a quantidade de O_2 produzida atinge um pico a cada quarto pulso, até que

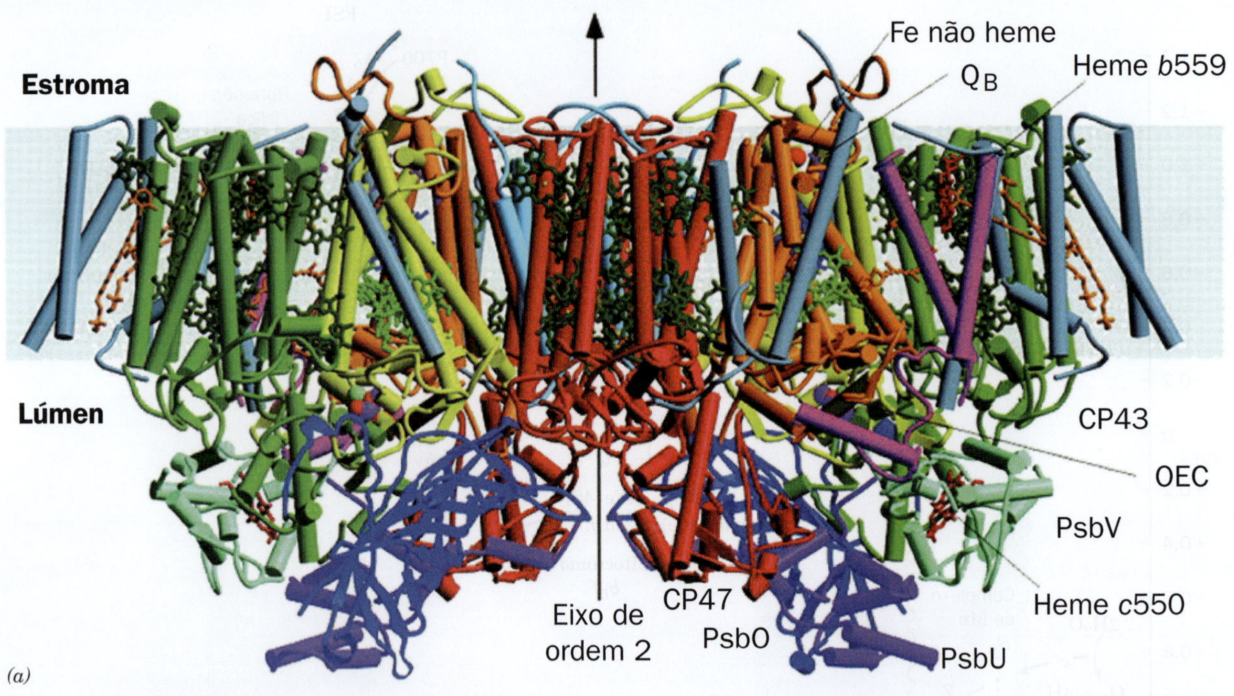

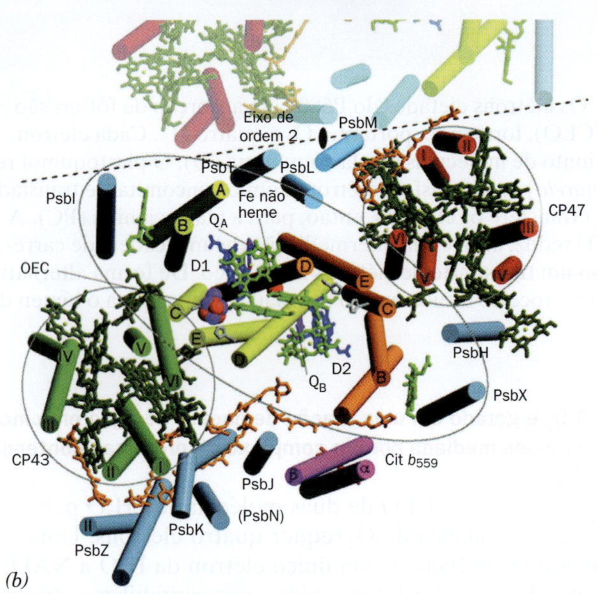

FIGURA 24.19 Estrutura por raios X do FSII de *T. elongatus*. (*a*) O dímero do FSII é visualizado a partir do plano da membrana com o estroma acima. Suas subunidades transmembrana incluem D1 (*amarelo*), D2 (*cor de laranja*), CP47 (*vermelho*), CP43 (*verde*) e citocromo b_{559} (*magenta*). Outras subunidades transmembrana estão coloridas de azul-claro e cinza-azulado. Suas proteínas extrínsecas de membrana são PsbO (*azul-escuro*), PsbU (*roxo*) e PsbV (*verde-claro*). Os vários cofatores estão desenhados na forma de bastão, com as clorofilas do centro de reação D1/D2 em verde-claro, as do complexo da antena em verde escuro, feofitinas em azul-escuro, hemes em vermelho. β-carotenos em cor de laranja, Q_A e Q_B em púrpura, e o Fe não heme representado por uma esfera vermelha. A posição inferida da membrana é indicada pela faixa azul-clara. (*b*) Vista de um protômero do FSII, perpendicular à membrana, a partir do lúmen do tilacoide, mostrando apenas as porções transmembrana do complexo e colorido como na Parte *a*. Uma porção do outro protômero no dímero PSII é mostrada em cores suavizadas com as linhas tracejadas indicando a região de interações monômero-monômero e a elipse preta indicando a posição do eixo de ordem 2. O eixo de pseudo-ordem 2 que é perpendicular à membrana e passa através do Fe não heme relaciona as hélices transmembrana do heterodímero D1/D2, CP43 e CP47, e PsbI e PsbX, conforme enfatizado pelas linhas pretas que circulam estas subunidades. (Cortesia de James Barber e So Iwata, Imperial College London, Reino Unido. PDBid 1S5I.)

a oscilação é atenuada para um estado estacionário. A periodicidade indica que cada CLO passa por cinco diferentes estados, S_0 a S_4 (Fig. 24.22). Cada uma das transições entre S_0 e S_4 é uma reação redox impulsionada por fótons; aquela de S_4 para S_0 resulta na liberação de O_2. Assim, *cada molécula de O_2 tem de ser produzida por um fotossistema único*. A observação de que a liberação de O_2 atinge um pico no terceiro em vez de no quarto pulso indica que o estado de repouso do CLO é predominantemente o S_1 em vez do S_0. As oscilações diminuem gradualmente porque uma pequena fração dos CR deixa de ser excitada ou fica duplamente excitada por um determinado pulso de luz, de forma que eles acabam por perder a sincronia. As cinco etapas da reação liberam, uma por vez, um total de quatro prótons derivados da água para o espaço interno do tilacoide (lúmen) (Fig. 24.22). Estes prótons contribuem para o gradiente transmembrana de prótons.

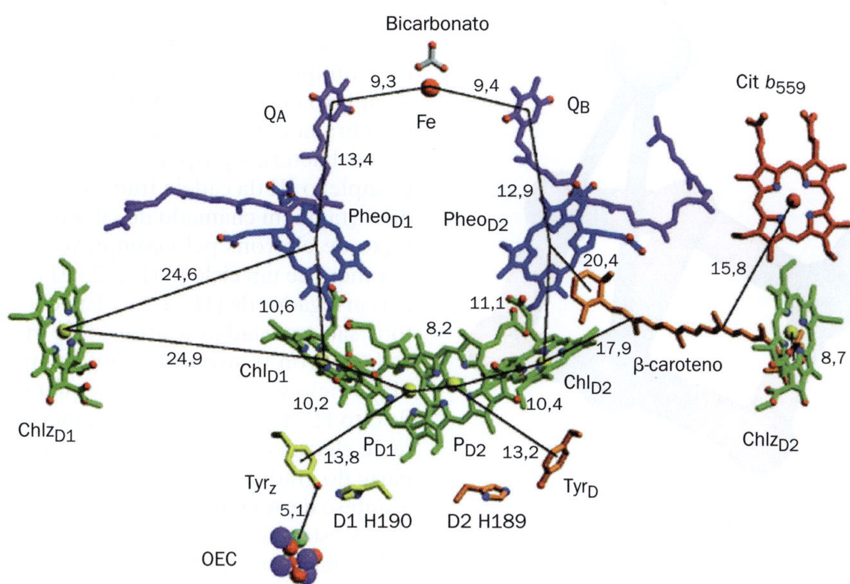

FIGURA 24.20 Arranjo dos cofatores do transporte de elétrons no FSII de *T. elongatus*. O complexo é visualizado ao longo do plano da membrana, com o lúmen do tilacoide abaixo. Os cofatores estão coloridos como na Fig. 24.19, mas com o Mg^{2+} em amarelo, o N em ciano e o O em vermelho. As caudas fitol das clorofilas e feofitinas foram removidas por questões de clareza. A cadeia lateral de átomos de C da Tyr_Z (D1 Tyr 161) e D1 His 190 são amarelas e aquelas da Tyr_D (D2 Tyr 160) e D2 His 189 são cor de laranja. O CLO está desenhado na forma de volume atômico, com Mn em púrpura, Ca^{2+} em ciano e O em vermelho. Os números indicam as distâncias centro a centro, em angstroms, entre os cofatores, representados pelas linhas finas pretas acompanhantes. Compare esta figura com a Fig. 24.12 (que está desenhada de cabeça-para-baixo em relação a esta figura). (Cortesia de James Barber e So Iwata, Imperial College London, Reino Unido. PDBid 1S5I.)

Uma vez que o CLO extrai elétrons da H_2O, os seus quatro estados precisam ter potenciais de redução extremamente altos (lembre da Tabela 22.1 que a meia-reação O_2/H_2O tem um potencial de redução padrão de 0,815 V). O FSII também precisa estabilizar os intermediários altamente reativos por períodos prolongados (até mesmo por minutos) em grande proximidade com a água.

O CLO, que está localizado na superfície de D1 voltada para o lúmen (Fig. 24.20), é um complexo Mn_4CaO_4 ou Mn_4CaO_5 onde os átomos de O ligam átomos vizinhos de Mn. A estrutura do CLO permanece indefinível devido às estruturas por raios X do FS II, que ainda estão pobremente esclarecidas, e à observação de que o CLO decompõe-se quando iluminado com raios X nas intensidades usadas para

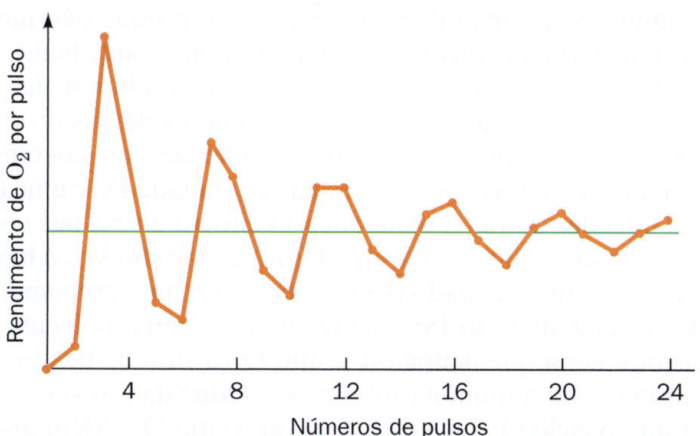

FIGURA 24.21 O rendimento de O_2 por pulso em cloroplastos de espinafre adaptados ao escuro. Observe que o rendimento atinge um pico no terceiro pulso e então em cada quarto pulso deste ponto em diante, até que a curva estabiliza-se em seu valor médio. (Com base em Forbush, B., Kok, B., e McGloin, M.P., *Photochem. Photobiol.* **14**, 309 [1971].)

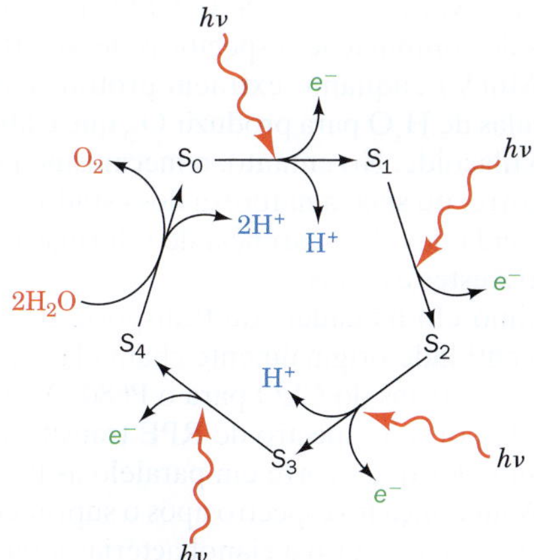

FIGURA 24.22 Mecanismo esquemático de geração de O_2 em cloroplastos. Quatro elétrons são retirados, um de cada vez, de duas moléculas de H_2O ligadas, em reações impulsionadas pela luz ($S_0 \rightarrow S_4$). Na etapa de recuperação ($S_4 \rightarrow S_0$), que é independente da luz, O_2 é liberado, e mais duas moléculas de H_2O são ligadas. Três dessas cinco etapas liberam prótons no lúmen do tilacoide.

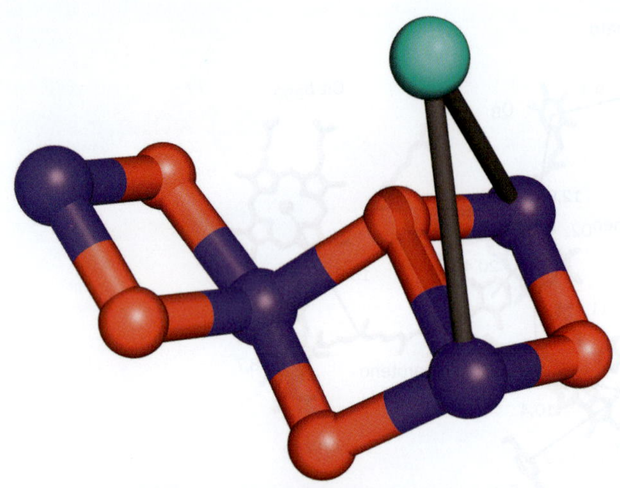

FIGURA 24.23 Um modelo do CLO. Este complexo Mn_4CaO_5 é mostrado na forma de esferas e bastões, com íons Mn em roxo, o íon Ca^{2+} em ciano e o O em vermelho. As ligações entre os íons Mn e Ca estão desenhadas em cinza para indicar que a posição dos íons Ca está definida de forma relativamente pobre. De maneira presumível, várias cadeias laterais de proteína e moléculas de água atuam como ligantes dos íons Ca e Mn. Vários modelos relacionados são também compatíveis com os dados estruturais. (Com base em um modelo de Vittal Yachandra, Lawrence Berkeley National Laboratory, Berkeley, California, EUA.)

a determinação das estruturas. Entretanto, o uso de técnicas de espectroscopia por raios X de menor intensidade que são sensíveis aos comprimentos das ligações levou à formulação de vários modelos relacionados para o CLO, que são compatíveis com a estrutura por raios X do FSII. Um destes modelos é mostrado na Fig.24.23.

A reação de quebra da água é impulsionada pela excitação do FSII do CR. Uma variedade de evidências indica que os íons Mn nos vários estados S do CLO (Fig. 24.22) circulam através de combinações específicas de Mn(II), Mn(III), Mn(IV) e Mn(V) enquanto extraem prótons e elétrons de duas moléculas de H_2O para produzir O_2, que é liberado para o lúmen do tilacoide. No entanto, o mecanismo por meio do qual isto ocorre, ou seja, a natureza dos estados S, permanece desconhecida devido à carência de informação estrutural com relação a estes estados.

O próximo elo na cadeia de transporte de elétrons do FSII é uma entidade originalmente chamada Z (Fig. 24.18), que transfere elétrons do CLO para o P680. A existência de Z é sinalizada por um espectro de RPE transitório de cloroplastos iluminados que ocorre em paralelo às transições dos estados *S*. A mudança no espectro após o suprimento de tirosina marcada com deutério a cianobactérias indica que Z^+ é um radical tirosil (TyrO·; espectros de RPE refletem os *spins* nucleares dos átomos com os quais os elétrons não pareados interagem). Ele foi identificado como Tyr_z no FSII (Fig. 24.20), devido à sua posição entre o agrupamento de Mn e a clorofila P_{D1} do P680. Lembre que um radical tirosil também foi associado à redução de O_2 a 2 H_2O pela citocromo *c* oxidase (Complexo IV) na cadeia respiratória de transporte de elétrons (Seção 22.2C5c).

e. O transporte de elétrons pelo complexo de citocromos b_6f gera um gradiente de prótons

Do conjunto de plastoquinonas, os elétrons passam pelo complexo de citocromos b_6f. Esse agrupamento integral de membrana assemelha-se ao citocromo bc_1, seu equivalente nas bactérias púrpuras. (Seção 24.2Be), assim como ao Complexo III da cadeia transportadora de elétrons mitocondrial (também chamado de citocromo bc_1; Seção 22.2c3a). O fluxo de elétrons pelo complexo de citocromos b_6f ocorre por meio de um ciclo Q (Fig. 23.31), no qual a plastoquinona é o carregador de (H^+ + e^-). Em decorrência disto, dois prótons são transladados através da membrana tilacoide para cada elétron transportado. Os quatro elétrons extraídos de $2H_2O$ pelo CLO levam, consequentemente, à transladação de oito H^+ do estroma para o lúmen do tilacoide. O transporte de elétrons pelo complexo de citocromos b_6f gera a maior parte do gradiente eletroquímico de prótons que impulsiona a síntese de ATP nos cloroplastos.

A estrutura por raios X do citocromo b_6f (Fig. 24.24) foi independentemente determinada por Janet Smith e William Cramer e por Juan-Luc Popot e Daniel Picot. O citocromo b_6f é um dímero de protômeros de ~109 kDa, cada um contendo quatro subunidades grandes (18-32 kDa) que possuem equivalentes no citocromo bc_1: o **citocromo b_6**, um homólogo da metade N-terminal do citocromo *b*; a **subunidade IV**, um homólogo da metade C-terminal do citocromo *b*; uma proteína ferro-enxofre de Rieske, que também está presente no citocromo bc_1;um **citocromo *f*** (*f* de *feuille*, folha em francês), um citocromo tipo *c* que é um análogo funcional do citocromo c_1, embora os dois não sejam relacionados em estrutura ou sequência. Na verdade, o citocromo *f* é uma proteína alongada com dois domínios, que é dominada por folhas β e que, portanto, tem um dobramento completamente diferente comparada àqueles dos outros citocromos tipo *c* de estrutura conhecida. O único heme *c* do citocromo *f* está, no entanto, covalentemente ligado ao domínio maior da proteína por meio de dois resíduos de Cys em uma sequência Cys-X-Y-Ci-His que é característica dos citocromo tipo *c* (Fig. 9.41) e cujo resíduo His forma um dos dois ligantes axiais do íon Fe. Intrigantemente, no entanto, o segundo ligante axial não é um átomo S de Met, como ocorre na maioria dos citocromos tipo *c*, mas sim o grupo amino N-terminal da proteína, um grupo que não havia sido anteriormente observado como o de um ligante heme.

Além disto, o citocromo b_6f tem quatro subunidades hidrofóbicas pequenas que não possuem equivalentes no citocromo bc_1. Cada protômero contém 13 hélices transmembrana, quatro no citocromo b_6, três na subunidade IV e uma em cada uma das outras subunidades. O citocromo b_6f liga cofatores que são equivalentes àqueles no citocromo bc_1: o **heme *f***, um heme tipo *c*, ligado pelo citocromo *f*; um agrupamento [2Fe–2S],ligado pelo ISP; hemes b_H e b_L; uma molécula de plastoquinona que ocupa ou o sítio Q_i (o sítio de ligação da quinona onde a quinona totalmente reduzida é regenerada durante o ciclo Q; Seção 22.3Be) ou o sítio Q_o. Além disso, o citocromo b_6f liga vários cofatores que não possuem equivalentes no citocromo bc_1: uma Chl *a*, um β-caroteno e, inesperadamente, um heme novo chamado **heme *x*** (de maneira alternativa, **heme c_i**), que está covalentemente ligado à proteína por uma única ligação tioéster à Cys 35 do citocromo b_6, e cujo ligante axial é uma molécula de água (compare com os hemes *a*, *b* e *c*, Fig. 22.21).

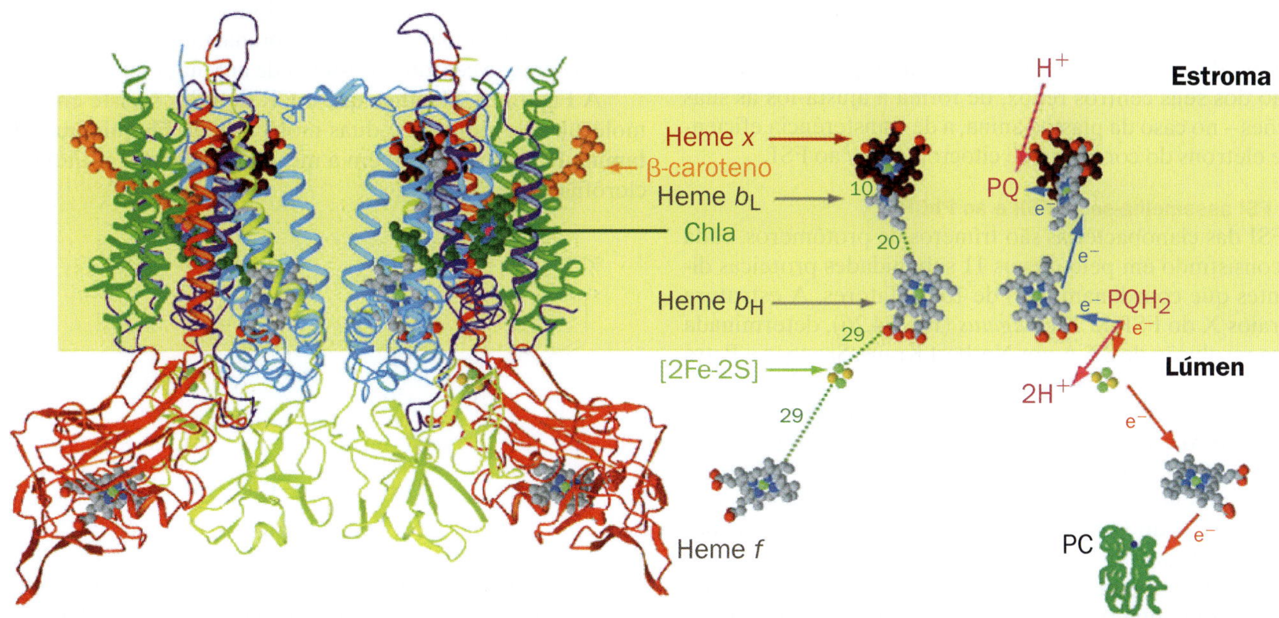

FIGURA 24.24 Estrutura por raios X do complexo do citocromo b_6f da cianobactéria termofílica *Mastigocladus laminosus*. Um diagrama do complexo dimérico está desenhado à esquerda, com citocromo b_6 em azul, subunidade IV em roxo, citocromo *f* em vermelho, a proteína ferro-enxofre (ISP) em amarelo e as outras subunidades em verde. A posição inferida da bicamada lipídica é indicada por uma faixa amarela. Compare esta figura com a Fig. 22.23 (que está de cabeça-para-baixo em relação a esta figura). As rotas de transferência de elétrons e prótons através do complexo e as distâncias em angstroms entre os centros redox são mostradas à direita. (Modificado a partir de um desenho de William A. Cramer e Janet Smith, Purdue University, EUA, PDBid1UM3.)

f. A plastocianina transporta elétrons do citocromo b_6f ao FSI

A transferência de elétrons entre o citocromo *f*, o carregador de elétrons terminal do complexo de citocromos b_6f, e o FSI é mediada pela **plastocianina** (**PC**), uma proteína periférica de membrana, monomérica, com 99 resíduos, que contém Cu, localizada na superfície junto ao lúmen do tilacoide (Fig. 24.17). Assim, a PC é o análogo funcional do citocromo *c*, que transfere elétrons do Complexo III ao Complexo IV na cadeia transportadora de elétrons mitocondrial (Seção 22.2C4).

O centro redox da PC oscila entre seus estados de oxidação Cu(I) e Cu(II). A estrutura por raios X da PC das folhas de *Populus*, determinada por Hans Freeman, mostra que seu único átomo de Cu é coordenado com geometria tetraédrica, distorcida por um resíduo de Cys, um de Met e dois de His (Fig. 24.25).Os complexos de Cu (II) com quatro ligantes normalmente adotam uma geometria de coordenação planar quadrada, enquanto aqueles de Cu (I) são geralmente tetraédricos. Evidentemente, a tensão sobre PC da coordenação tetraédrica de Cu (II), imposta pela proteína, promove sua redução a Cu (I). Esta hipótese contabiliza o alto potencial

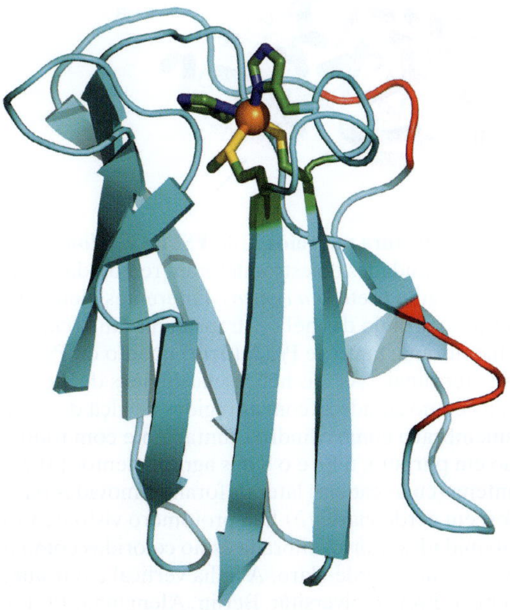

FIGURA 24.25 Estrutura por raios X da plastocianina (PC) de folhas de *Populus*. Esta proteína monomérica com 99 resíduos, membro da família das **proteínas azuis cúpricas** (como o domínio globular da Subunidade II do Complexo IV, que liga o centro Cu_A; Seção 22.2C5a), dobra-se em um sanduíche β. Seu átomo de Cu (*esfera cor de laranja*), que se alterna entre os estados de oxidação Cu(I) e Cu(II), está tetraedricamente coordenado pelas cadeias laterais de His 37, Cys 84, His 87 e Met 92, que são mostradas na forma de bastões, com seus átomos de C, N e S em verde, azul e amarelo. Seis resíduos conservados de Asp e Glu (*vermelho*) formam uma região negativamente carregada na superfície da PC, que se supõe ligar-se eletrostaticamente a uma região positivamente carregada na superfície do citocromo *f* por 5 resíduos de Lys e Arg. (Com base na estrutura por raios X de Mitchell Guss e Hans Freeman, University of Sidney, Austrália, PDBid 1PLC.)

de redução padrão (0,370 V) da PC comparada àquele da meia-reação normal de Cu (II)/Cu (I) (0,158 V). Esse é um exemplo de como as proteínas modulam os potenciais de redução dos seus centros redox, de forma a ajustá-los às suas funções – no caso da plastocianina, a de transferência eficiente de elétrons do complexo de citocromos b_6f ao FSI.

g. O FSI assemelha-se ao FSII e ao PbCR

Os FSI das cianobactérias são trímeros de protômeros, cada um consistindo em pelo menos 11 subunidades proteicas diferentes que coordenam mais de 100 cofatores. A estrutura por raios X do FSI de *T. elongatus* (Fig. 24.26), determinada a uma resolução de 2,5 Å por Norbert Kraus, Saenger e Petra Fromme, revela que cada um de seus protômeros de 356 kDa contém nove subunidades transmembrana (**PsaA, PsbB, PsaF, PsaI-M** e **PsaX**) e três subunidades estromais (citoplasmáticas) (**PsaC-E**), que ligam coletivamente 127 cofatores, que compreendem 30% da massa do FSI. Os cofatores que formam o CR do FSI estão todos ligados pelas subunidades homólogas PsaA (755 resíduos) e PsaB (740 resíduos), cujas 11 hélices transmembrana estão, cada uma delas, arranjadas de uma forma que se assemelha àquelas nas subunidades L e M do PbCR (Fig. 24.11) e às subunidades D1 e D2 do FSII (Fig. 24.19), assim sustentando a hipótese de que todos os CR surgiram de um ancestral comum. PsaA e PsaB, juntamente com outras subunidades transmembrana, também ligam cofatores da porção central do sistema de antenas (ver a seguir).

A Figura 24.27 indica que o CR do FSI consiste em seis moléculas de clorofila e duas moléculas de **filoquinona** (**vitamina K_1**; note que ela tem a mesma cadeia lateral fitol das clorofilas; Fig. 24.3),

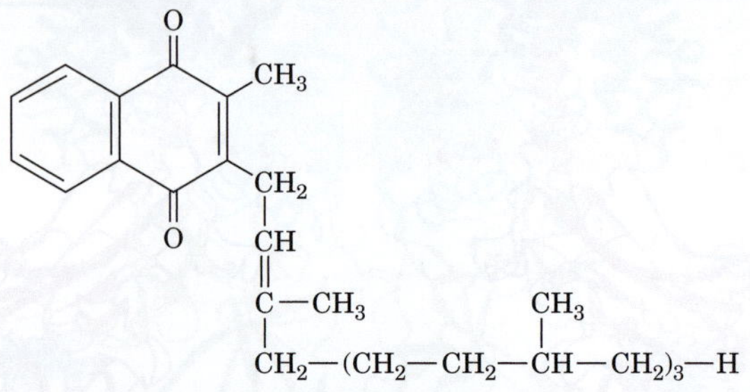

$CH_2-(CH_2-CH_2-CH(CH_3)-CH_2)_3-H$

Filoquinona

todas arranjadas em dois ramos pseudossimetricamente relacionados, seguidos de três agrupamentos de [4Fe–4S]. O doador de elétrons primário do sistema, **P700**, consiste em uma Chl *a′ e* uma Chl *a* (A1 e B1, respectivamente), cujos anéis são

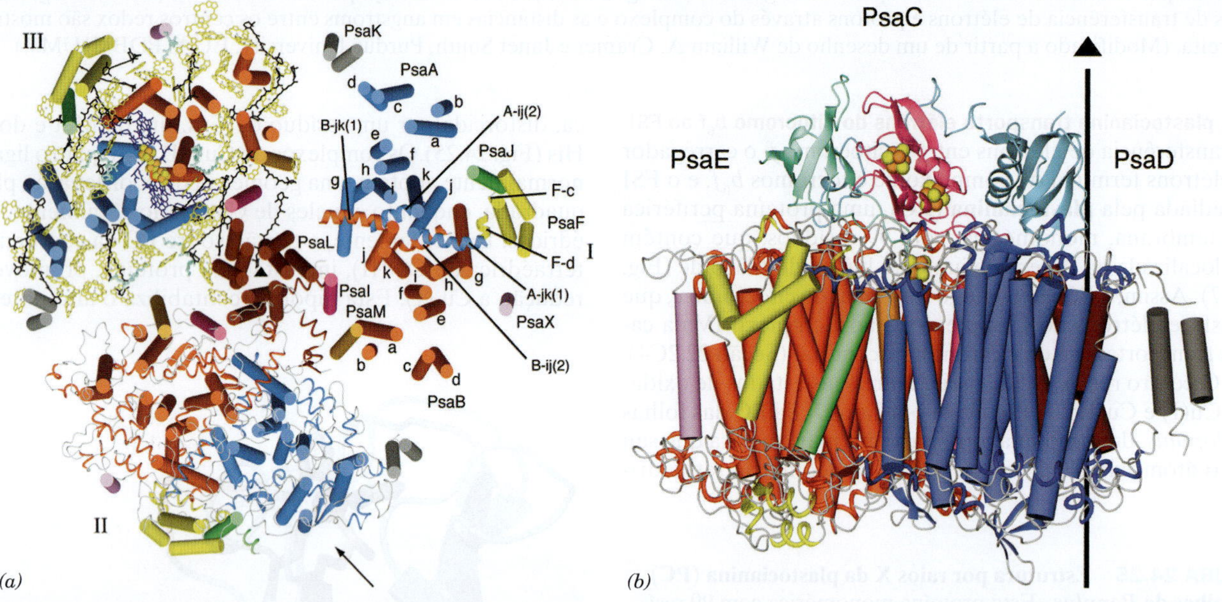

FIGURA 24.26 Estrutura por raios X do FSI de *T. elongatus*. *(a)* Vista do trímero perpendicular à membrana a partir do lado do estroma. As subunidades do estroma foram removidas para clareza. O eixo de simetria de ordem 3 do FSI está representado pelo pequeno triângulo preto (*no centro*). Diferentes elementos estruturais são mostrados para cada um dos três protômeros (I, II e III). I mostra o arranjo das hélices transmembrana (*cilindros*), que são coloridas diferentemente para cada subunidade. Essas hélices transmembrana, tanto de PsaA (*azul*) quanto de PsaB (*vermelho*), são denominadas pelas letras *a* a *k* de suas regiões N-terminais às C-terminais. As seis hélices nas regiões de alça extramembrana estão desenhadas como espirais. II mostra as hélices transmembrana como cilindros, com as regiões de alça do lado do estroma e do lúmen desenhadas na forma de fita. III mostras as hélices transmembrana como cilindros, juntamente com todos os cofatores. As Chl *a* e as quinonas do CR, desenhadas na forma de bastões, estão em púrpura, o Fe e o S dos agrupamentos [4Fe–4S] estão desenhados como esferas laranjas e amarelas, as Chl *a* do sistema de antena (cujas cadeias laterais foram removidas para maior clareza) estão em amarelo, os carotenoides, em preto, e os lipídeos ligados, em verde-claro. *(b)* Um protômero visto de forma paralela à membrana ao longo da seta na Parte *a*, com o estroma acima. As subunidades transmembrana estão coloridas como na Parte *a*, com as subunidades do lado estromal, PsaC, PsaD e PsaE em cor-de-rosa, ciano e verde-claro. A linha vertical e o triângulo marcam o eixo de simetria de ordem 3 do trímero. (Cortesia de Wolfram Saenger, Freie Universität, Berlin, Alemanha. PDBid 1JB0.)

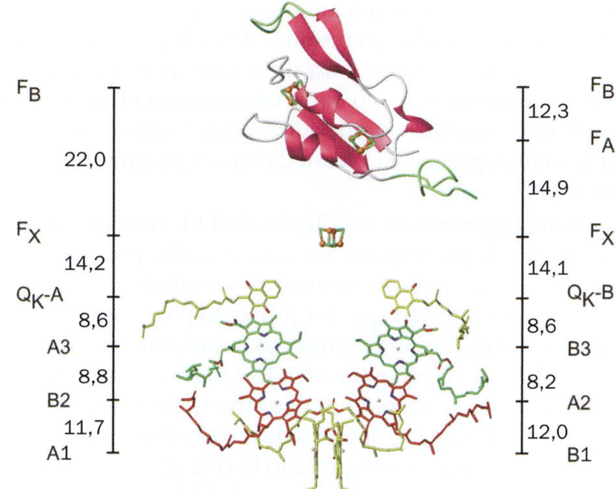

FIGURA 24.27 Cofatores do CR do FSI e do PsaC. A estrutura é visualizada paralelamente ao plano da membrana, com o estroma acima. As moléculas de Chl *a* e filoquinona estão arranjadas em dois ramos, que estão relacionados pelo eixo de pseudossimetria de ordem dois do FSI, que é vertical neste desenho. As Chl *a* estão marcadas com A ou B para indicar que seus íons de Mg^{2+} estão ligados pelas cadeias laterais de PsaA ou PsaB, respectivamente, e, do lado do lúmen para cima, com diferentes cores e números, de 1 a 3. As filoquinonas são denominadas Q_K-A e Q_K-B. O PsaC é mostrado na forma de fita, com aquelas porções que lembram segmentos em 2[4Fe–4S] de ferrodoxinas bacterianas em cor-de-rosa e com as inserções e extensões, em verde. Os três agrupamentos [4Fe–4S] estão representados na forma de esferas e bastões e marcados de acordo com suas identidades espectroscópicas F_X, F_A e F_B. As distâncias de centro a centro entre cofatores (*linhas pretas verticais*) são fornecidas em angstroms. Compare esta figura com as Figs. 24.20 e 24.12. (Cortesia de Wolfram Saenger, Freie Universität, Berlin, Alemanha. PDBid 1JB0.)

paralelos e cujos íons Mg^{2+} estão separados por 6,3 Å. Assim, o P700 assemelha-se ao par especial no PbCR. Entretanto, estudos de RPE indicam que ~80% dos elétrons não pareados associados com o $P700^+$ foto-oxidado residem na Chl *a* B1. A A1 é seguida no ramo esquerdo da Fig. 24.27 por mais dois outros anéis de Chl *a*, B2 e A3, e a B1 é seguida por A2 e B3 no ramo direito. Uma ou ambas as moléculas de Chl *a* do terceiro par, A3 e B3, provavelmente formam o aceptor primário de elétrons A_0 identificado de forma espectroscópica (lado direito da Fig. 24.18). Os íons Mg^{2+} de A3 e de B3 estão axialmente ligados pelo átomo de S de um resíduo de Met, em vez de por uma cadeia lateral de His (formando, portanto, os únicos exemplos biológicos conhecidos de coordenação Mg^{2+}—S). Todos os resíduos envolvidos na coordenação do Mg^{2+} e nas ligações de hidrogênio a estas segunda e terceira Chl *a* estão estritamente conservadas no FSI, desde as cianobactérias até as plantas superiores, sugerindo, portanto, que todas essas interações são importantes para o ajuste fino de seus potenciais redox. Os elétrons são passados de A3 e B3 para as filoquinonas, Q_K-A e Q_K-B, que quase certamente correspondem ao aceptor de elétrons A_1 identificado de maneira espectroscópica. Investigações cinéticas baseadas na espectroscopia indicam que, em contraste com o caso do PbCR, os elétrons passam pelos dois ramos do CR do FSI, embora a diferentes velocidades: $35 \times 10^6\ s^{-1}$ para o ramo que termina em Q_K-B e $4{,}4 \times 10^6\ s^{-1}$ para aquele que termina em Q_K-A. De fato, o CR do FSI está mais intimamente relacionado ao CR das **bactérias verde-sulfurosas** (uma segunda classe de bactérias fotossintéticas), o qual é um verdadeiro homodímero.

Até este ponto, o CR do FSI assemelha-se àqueles do FSII e das bactérias fotossintéticas púrpuras. Entretanto, em vez das formas reduzidas de Q_K-A e Q_K-B se dissociarem do FSI, ambas quinonas passam seus elétrons fotoexcitados diretamente a uma cadeia de três agrupamentos [4Fe–4S] identificados de forma espectroscópica, designados F_X, F_A e F_B (lado direito da Fig. 24.18). O F_X, que se localiza no eixo de pseudossimetria de ordem 2 que relaciona PsaA e PsaB, é coordenado por dois resíduos de Cys de cada uma destas subunidades. F_A e F_B estão ligados à subunidade estromal PsaC, que se assemelha estruturalmente às 2[4Fe–4S] ferrodoxinas bacterianas (p. ex., Fig. 22.16). Estudos de mutação nos resíduos de Cys de PsaC, que coordenam seus dois agrupamentos [4Fe–4S], indicam que o agrupamento que fica mais próximo de F_X é F_A, e o agrupamento mais distante é F_B (Fig. 24.27). A observação de que os dois ramos das rotas de transferência eletrônica do FSI são ativos, em contraste com apenas um ramo ativo em FSII e PbCR, é explicada pelo fato de que as duas quinonas nos finais de cada ramo são funcionalmente equivalentes em FSI, mas funcionalmente diferentes em FSII e PbCR.

O sistema do núcleo da antena do FSI consiste em 90 moléculas de Chl *a* e 22 carotenoides (Fig. 24.26*a*). Os íons Mg^{2+} de 70 dessas moléculas de Chl *a* são axialmente ligados por resíduos de PsaA e PsaB (principalmente cadeias laterais de His ou moléculas de água ligadas a proteínas), enquanto as outras 11 são ligadas pelas subunidades menores PsaJ até M e PsaX. A distribuição espacial dessas Chl *a* de antena lembra aquela nas subunidades CP43 e CP47 do núcleo da antena do FSII. De fato, os domínios N-terminais de PsaA e PsaB são similares em sequência àqueles de CP43 e CP47 e dobram-se em estruturas similares, contendo seis hélices transmembrana cada. Os carotenoides, que são, na sua maioria, β-carotenos, estão profundamente embebidos na membrana, onde estão em contato com os anéis de Chl *a* por forças de van der Waals. Isso permite uma eficiente transferência de energia dos carotenoides fotoexcitados para a Chl *a*, assim como protege o FSI de danos foto-oxidativos. O FSI também liga fortemente quatro moléculas de lipídeos, de tal forma que seus grupos acil-graxos estão embebidos entre as hélices transmembrana do complexo. Isso sugere fortemente que esses lipídeos têm papéis estruturais e/ou funcionais específicos, em vez de serem apenas artefatos de preparação. De fato, o grupo polar de um deles, um fosfolipídeo, coordena o Mg^{2+} de uma Chl *a* de antena, uma interação sem precedentes.

Os FSI das plantas superiores são monômeros em vez de trímeros como os das cianobactérias. No entanto, a estrutura por raios X do FSI em ervilhas, determinada por Nathan Nelson, revela que as posições e orientações das clorofilas nos dois tipos de FSI são praticamente idênticas, uma descoberta marcante considerando os > 1 bilhão de anos desde que os cloroplastos divergiram de seus ancestrais cianobacterianos. Entretanto, o FSI de ervilha tem quatro proteínas de antena, não presentes no FSI de cianobactérias, que estão arranjadas em um cinto transmembrana em forma de lua crescente ao longo de um dos lados de seu CR que, coletivamente, ligam 56 moléculas de clorofila.

h. Os elétrons ativados no FSI podem reduzir $NADP^+$ ou impulsionar a formação do gradiente de prótons

Os elétrons ejetados de F_B no FSI podem seguir uma de duas rotas alternativas (Fig. 24.18):

1. A maioria dos elétrons segue uma rota não cíclica, passando a uma ferrodoxina solúvel (**Fd**) isolada, com ~100 resíduos, contendo [2Fe–2S], que está localizada no estroma. A Fd reduzida, por sua vez, reduz o $NADP^+$, em uma reação mediada pela **ferrodoxina-$NADP^+$-redutase** monomérica com ~310 resíduos, contendo FAD (**FNR**, Fig. 24.28*a*), para gerar o produto final da reação luminosa do cloroplasto, NADPH. Duas moléculas de Fd reduzidas distribuem, sucessivamente, um elétron cada ao FAD da FNR, que então adota sequencialmente os estados de semiquinona neutra e de completa redução antes de transferir dois elétrons e um próton a $NADP^+$, por meio do que é, formalmente, uma transferência de íon hidreto. A estrutura por raios X do complexo entre Fd e FNR da folha de milho (Fig. 24.28*b*), determinada por Gengi Kurisu, revela que a aproximação interatômica mais curta entre agrupamentos [2Fe–2S] da Fd e FAD da FNR é a de 6,0 Å entre um átomo de Fe e o átomo C8a (o C metil mais próximo de seu resíduo ribitol; Fig. 16.8) da FAD. Isso é perto o suficiente para uma transferência direta de elétrons através do espaço entre esses grupos prostéticos. O complexo é estabilizado por cinco pontes salinas, como, de forma similar, parece ser o caso da interação entre o citocromo *f* e a PC.

2. Alguns elétrons são devolvidos do FSI, via citocromo b_6, ao conjunto de plastoquinonas, percorrendo, portanto, uma rota cíclica que translada prótons através da membrana tilacoide. Um mecanismo que foi proposto para esse processo é que a Fd transfere um elétron ao heme *x* do citocromo b_6 (Fig. 24.24) em vez de para a FNR. Uma vez que o heme *x* contata o heme b_L na periferia do sítio Q_i do citocromo b_6f, um elétron injetado no heme *x* deveria reduzir a plastoquinona por um mecanismo tipo ciclo Q (Fig.22.31). Note que a rota cíclica é independente da ação do FSII e, portanto, não resulta na liberação de O_2. Isso explica a observação de que os cloroplastos absorvem mais do que oito fótons por molécula de O_2 liberada.

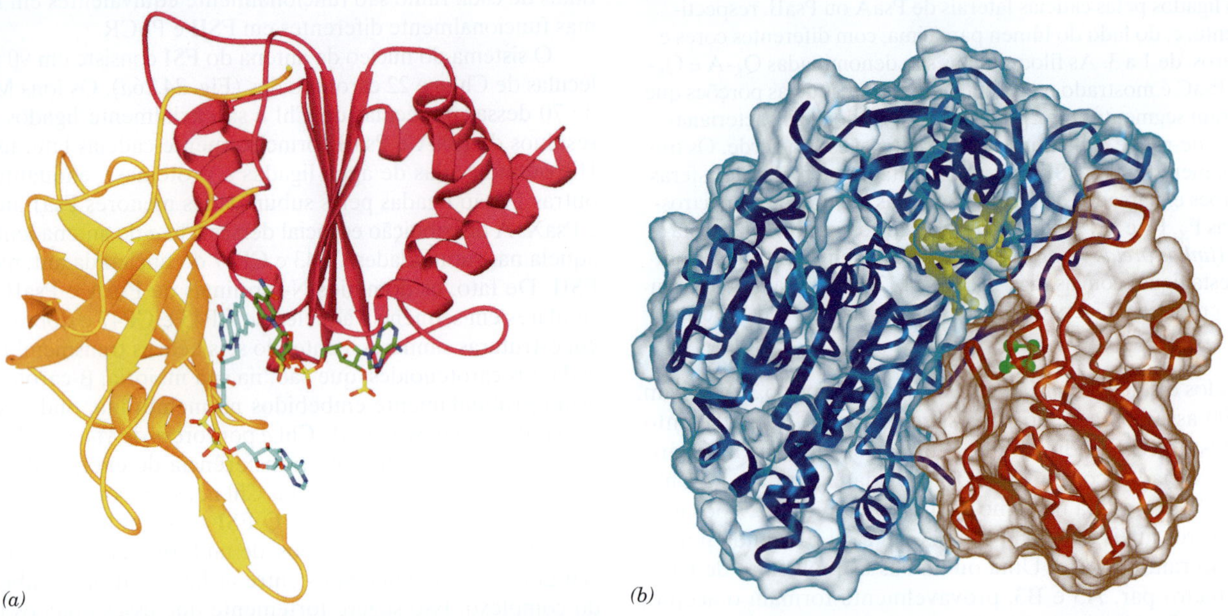

FIGURA 24.28 Ferrodoxina-$NADP^+$-redutase. (*a*) A estrutura por raios X da forma mutante Y308S da Ferrodoxina-$NADP^+$-redutase (FNR) de ervilha em complexo com FAD e $NADP^+$. Essa proteína de 308 resíduos tem dois domínios: o domínio da região N-terminal (*dourado*), que forma o sítio de ligação da FAD, dobra-se em um barril β antiparalelo, enquanto o domínio da região C-terminal (*magenta*), que fornece o sítio de ligação do $NADP^+$, forma uma dobra para ligação de dinucleotídeos (Seção 8.3Bi). A FAD e $NADP^+$ estão representadas na forma de bastões, com C de $NADP^+$ em verde, C de FAD em ciano, N em azul, O em vermelho e P em amarelo. Os anéis de flavina e de nicotinamida estão em oposição, estando o C4 do anel de nicotinamida e o C5 do anel de flavina distanciados em 3,0 Å, um arranjo que é consistente com a transferência direta de hidreto, tal como ocorre na glutationa-redutase e na di-hidrolipoil-desidrogenase (Seção 21.2Ba). No entanto, em contraste com estas últimas enzimas, cuja flavina ligada e anéis de nicotinamida são paralelos, aqueles, na FNR, estão inclinados em ~30º, um modo de ligação até hoje não observado. (Com base em uma estrutura por raios X de Andrew Karplus, Cornell University, EUA. PDBid 1QFY.) (*b*) A estrutura por raios X do complexo entre Fd (*vermelho*) e FNR (*azul*) de folha de milho, com ambas as proteínas desenhadas na forma de fita, inseridas em suas superfícies acessíveis a solventes. O agrupamento [2Fe–2S] da Fd (*verde*) e o FAD da FNR (*amarelo*) estão desenhados na forma de esferas e bastões. A Fd liga-se em uma cavidade entre os dois domínios da FNR (Parte *a*), de forma que a linha que une os dois Fe do agrupamento [2Fe–2S] situa-se grosseiramente no plano do anel da flavina. (Cortesia de Genji Kurisu, Osaka University, Osaka, Japão. PDBid 1GAQ.) **Ver Exercício interativo 22**

O fluxo de elétrons provavelmente atua no aumento da quantidade de ATP com relação a de NADPH e assim permite à célula ajustar as quantidades relativas dessas duas substâncias produzidas de acordo com suas necessidades. No entanto, o mecanismo que reparte os elétrons entre as rotas cíclica e não cíclica é desconhecido.

i. FSI e FSII ocupam partes diferentes da membrana tilacoide

Microscopia eletrônica de criofratura (Seção 12.3Ca) revelou que os complexos de proteínas da membrana tilacoide têm distribuições características (Fig. 24.29):

1. O FSI ocorre principalmente nas lamelas não empilhadas do estroma, em contato com o estroma, onde ele tem acesso ao $NADP^+$.
2. O FSII está localizado quase que exclusivamente entre as *grana* intimamente empilhadas, fora do contato direto com o estroma.
3. O Citocromo b_6f está uniformemente distribuído ao longo da membrana.

A grande mobilidade da plastoquinona e da plastocianina, os carregadores de elétrons que transferem elétrons entre esses complexos, permite que a fotossíntese proceda com uma velocidade razoável.

Para que funções servem as segregações de FSI e FSII, que estão geralmente presentes nos cloroplastos em quantidades equimolares? Se esses dois fotossistemas estivessem muito próximos um do outro, a mais alta energia de excitação do FSII (P680 vs. P700) faria com que ele passasse uma grande fração de seus fótons absorvidos ao FSI pela transferência de éxciton; ou seja, o FSII atuaria como uma antena coletora de luz para o FSI (Fig. 24.7*b*). A separação dessas partículas por cerca de 100 Å elimina essa dificuldade.

A separação física de FSI e FSII também permite ao cloroplasto responder a mudanças na iluminação. As quantidades relativas de luz absorvidas pelos dois fotossistemas variam dependendo de como os complexos coletores de luz (CCL) estão distribuídos entre as porções empilhadas e não empilhadas da membrana tilacoide. Sob alta iluminação (normalmente luz solar direta, que contém uma alta proporção de luz azul de comprimento de onda curto), todo o resto sendo igual, o FSII absorve mais luz do que o FSI. Assim, o FSI não é capaz de receber elétrons tão rapidamente quanto o FSII os fornece, de forma que o conjunto de plastoquinona está predominantemente em seu estado reduzido. A plastoquinona reduzida ativa uma proteína-cinase, que irá fosforilar resíduos específicos de Thr dos CCL, os quais, em resposta, migram para as regiões não empilhadas da membrana tilacoide, onde se ligam ao FSI. Assim, uma fração maior da luz incidente é canalizada ao FSI. Sob baixa iluminação (normalmente luz sombreada, que contém uma alta proporção de luz vermelha de comprimento de onda longo), o FSI recebe elétrons mais rapidamente do que o FSII pode fornecê-los, de forma que a plastoquinona assume, de forma predominante, sua forma oxidada. Os CCL são consequentemente desfosforilados e migram para as porções empilhadas da membrana tilacoide, onde eles impulsionam o FSII. Portanto, o cloroplasto mantém o balanço entre seus dois fotossistemas por um mecanismo de *retroalimentação* ativado pela luz.

D. *A fotofosforilação*

Os cloroplastos geram ATP basicamente da mesma forma que as mitocôndrias, ou seja, acoplando a dissipação de um gradiente de prótons à síntese enzimática de ATP (Seção 22.3C). Isso foi claramente demonstrado pela imposição de um gradiente de pH artificialmente produzido ao longo da membrana tilacoide. Cloroplastos foram imersos por várias horas, no escuro, em uma solução de ácido succínico a pH 4 de forma a trazer o pH do lúmen a este valor (a membrana tilacoide é permeável a ácido succínico não ionizado). A transferência abrupta desses cloroplastos para uma solução-tampão de pH 8 contendo ADP + P*i* resultou em uma promoção impressionante da síntese de ATP: cerca de 100 ATP foram sintetizados por molécula de citocromo *f* presente. Além disso, a

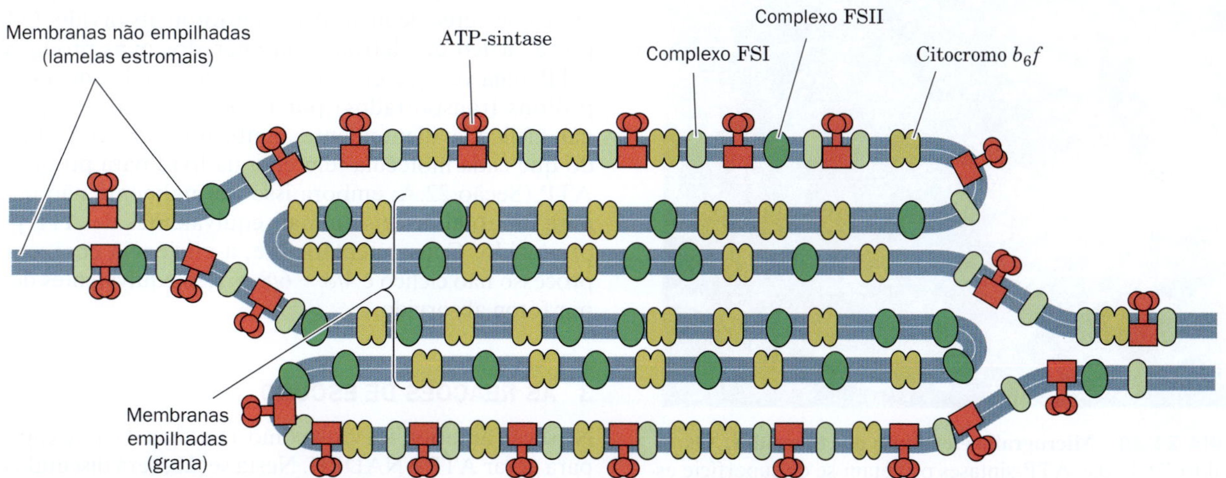

FIGURA 24.29 Segregação de FSI e FSII. Ilustração da distribuição dos complexos proteicos fotossintéticos entre as regiões empilhadas (*grana*) e não empilhadas (estroma exposto) da membrana tilacoide. (Com base em Anderson, J.M., e Anderson, B., *Trends Biochem. Sci.* **7,** 291 [1982].)

quantidade de ATP sintetizada não foi afetada pela presença de inibidores do transporte de elétrons, como DCMU. Isso, juntamente com as observações de que a fotofosforilação requer uma membrana tilacoide intacta e os transladadores de prótons, como 2,4-dinitrofenol (Seção 22.3D), desacoplam a fotofosforilação do transporte de elétrons impulsionado pela luz, forneceu evidência suficiente em favor da hipótese quimiosmótica (Seção 22.3A).

a. A ATP-sintase transladadora de prótons dos cloroplastos assemelha-se àquelas das mitocôndrias

Micrografias eletrônicas das superfícies estromais da membrana tilacoide e das superfícies internas da membrana plasmática bacteriana revelam estruturas em forma de pirulito (Fig. 24.30). Estas em muito se assemelham às unidades F_1 da ATP-sintase transladadora de prótons, dispersa na superfície da matriz das membranas internas mitocondriais (Fig. 22.36*a*). De fato, a ATP-sintase do cloroplasto, que é chamada de **complexo CF_1CF_0** (C de cloroplasto), tem propriedades bastante similares às do complexo F_1F_0 mitocondrial (Seção 22.3C). Por exemplo,

1. Tanto a unidade F_0 quanto a CF_0 são proteínas transmembrana hidrofóbicas que contêm um canal transladador de prótons.
2. Tanto F_1 quanto CF_1 são proteínas periféricas e hidrofílicas da membrana com composição de subunidades $\alpha_3\beta_3\gamma\delta\varepsilon$, das quais β é uma ATPase reversível.
3. As duas ATP-sintases são inibidas por oligomicina.
4. A ATP-sintase do cloroplasto translada prótons do lúmen do tilacoide para o estroma (Fig. 24.17), e a ATP-sintase mitocondrial os conduz para o espaço da matriz (o equivalente mitocondrial do estroma), a partir do espaço intermembranas (Seção 22.3A).

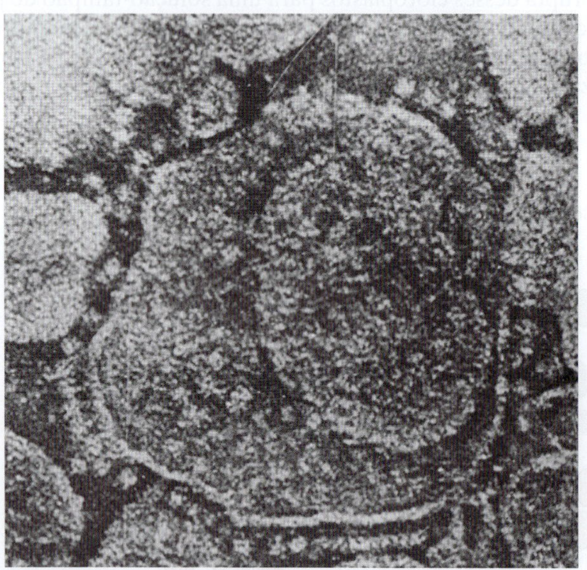

FIGURA 24.30 Micrografia eletrônica dos tilacoides. Os "pirulitos" CF_1 das ATP-sintases projetam-se da superfície estromal. Compare com a Fig. 22.36*a*. (Cortesia de Peter Hinkle, Cornell University, EUA.)

Claramente, as ATP-sintases transladadoras de prótons devem ter evoluído muito cedo na história da vida celular. A ATP-sintase do cloroplasto está localizada nas porções não empilhadas da membrana tilacoide, em contato com o estroma, onde há espaço para o volumoso glóbulo CF_1 e acesso a ADP (Fig. 24.29).

b. A fotossíntese com transporte de elétrons não cíclico produz cerca de 1,25 equivalentes de ATP por fóton absorvido

Em intensidades de luz saturantes, os cloroplastos geram um gradiente de prótons de ~3,5 unidades de pH através de suas membranas tilacoides. Como visto, (Figs. 24.17 e 24.18), isso surge de duas fontes:

1. A liberação de uma molécula de O_2 de duas moléculas de H_2O libera quatro prótons para dentro do lúmen do tilacoide. Esses prótons devem ser considerados como supridos pelo estroma, a partir de prótons e átomos de H utilizados na síntese de NADPH.
2. O transporte dos quatro elétrons liberados pelo complexo de citocromos b_6f ocorre com o translado de um número estimado de oito prótons, do estroma para o lúmen do tilacoide.

Ao todo, ~12 prótons são transladados por molécula de O_2 produzida pelo transporte não cíclico de elétrons.

A membrana tilacoide, em contraste com a membrana mitocondrial interna, é permeável a íons como Mg^{2+} e Cl^-. O translado de prótons e elétrons através da membrana tilacoide é consequentemente acompanhado pela passagem desses íons, de forma a manter a neutralidade elétrica (Mg^{2+} para fora e Cl^- para dentro). Isso elimina o potencial de membrana, $\Delta\Psi$ (Equação [22.1]). *O gradiente eletroquímico em cloroplastos é mantido, portanto, quase que inteiramente como resultado do gradiente de pH.*

A ATP-sintase do cloroplasto, de acordo com a maioria das estimativas, produz um ATP para cada três prótons que transporta para fora do lúmen do tilacoide. Portanto, o transporte não cíclico de elétrons nos cloroplastos resulta na produção de ~12/3 = 4 moléculas de ATP por molécula de O_2 liberada (embora esta quantidade esteja sujeita a revisão) ou cerca de meio ATP por fóton absorvido. O transporte cíclico de elétrons é um gerador mais produtivo de ATP, uma vez que ele produz dois terços de um ATP (dois prótons transportados) por fóton absorvido. O processo não cíclico, evidentemente, também produz NADPH, sendo que cada molécula tem energia livre para produzir três ATP (Seção 22.A; embora isso normalmente não ocorra), para um total de seis ou mais equivalentes de ATP por O_2 produzido. Consequentemente, a eficiência energética do processo não cíclico é 4/8 + 6/8 = 1,25 equivalentes de ATP por fóton absorvido.

3 AS REAÇÕES DE ESCURO

Na seção anterior, foi visto como a energia da luz é capturada para gerar ATP e NADPH. Nesta seção, será discutido como esses produtos são utilizados para sintetizar carboidratos e outras substâncias a partir do CO_2.

A. O ciclo de Calvin

A rota metabólica pela qual as plantas incorporam CO_2 em carboidratos foi elucidada entre 1946 e 1953 por Melvin Calvin, James Bassham e Andrew Benson. Eles o fizeram seguindo o destino metabólico de $^{14}CO_2$ marcado de forma radioativa, à medida que ele passava por uma série de intermediários fotossintéticos. A estratégia experimental básica que eles utilizaram foi expor culturas de algas em crescimento, como *Chlorella*, a $^{14}CO_2$, por tempos variáveis e sob diferentes condições de iluminação e, então, gotejar as células em álcool em ebulição, de forma a rompê-las, mas ao mesmo tempo preservando o seu padrão de marcação. Os produtos radioativos eram subsequentemente separados e identificados (com frequência, uma tarefa difícil) por meio do uso da técnica então recentemente desenvolvida de cromatografia bidimensional em papel (Seção 6.3Dc) acoplada à autorradiografia. A rota global, diagramada na Fig. 24.31, é conhecida como **ciclo de Calvin** ou **ciclo redutor das pentoses-fosfato**.

Alguns dos primeiros experimentos de Calvin indicaram que algas expostas a $^{14}CO_2$ por um minuto ou mais tinham sintetizado uma mistura complexa de produtos metabólicos marcados, incluindo açúcares e aminoácidos. Inativando as algas 5 s após a exposição a $^{14}CO_2$, no entanto, foi demonstrado que *o primeiro composto estável marcado de maneira radioativa formado é o 3-fosfoglicerato (3-PG), que é inicialmente marcado apenas no grupo carboxil.* Esse resultado imediatamente sugeriu, em analogia com a maioria da experiência bioquímica, que o 3-PG era formado pela carboxilação de um composto com 2C. Porém, o fracasso em encontrar tal precursor levou ao abandono dessa hipótese. A real reação de carboxilação foi descoberta por meio de um experimento no qual algas iluminadas tinham sido expostas a $^{14}CO_2$ por cerca de 10 minutos, de forma que seus produtos fotossintéticos intermediários marcados tinham atingido o equilíbrio dinâmico. O CO_2 foi então removido. De acordo com o esperado, o produto da carboxilação, 3-PG, diminuiu em concentração (Fig. 24.32), porque foi esgotado por reações mais do final da rota. A concentração de **ribulose-5--fosfato (Ru5P)**,

$$
\begin{array}{c}
CH_2OH \\
| \\
C{=}O \\
| \\
H{-}C{-}OH \\
| \\
H{-}C{-}OH \\
| \\
CH_2OPO_3^{2-}
\end{array}
$$

Ribulose-5-fosfato (Ru5P)

no entanto, aumentou simultaneamente. Evidentemente, Ru5P é o substrato de carboxilação do ciclo de Calvin. Se for assim, o produto C_6 da carboxilação deve fracionar-se em dois compostos C_3, um dos quais é o 3-PG (Fig. 24.31, Reação 2). A análise dos estados de oxidação da Ru5P e do CO_2 indica que, de fato, ambos os produtos da carboxilação devem ser 3-PG e que a reação de carboxilação não requer nenhuma fonte redox externa.

Enquanto acontecia a busca pelo substrato de carboxilação, vários outros produtos intermediários da fotossíntese foram identificados e, por meio de estudos de degradação química, seus padrões de marcação foram elucidados. Por exemplo, a hexose frutose-1,6-bifosfato (FBP) é inicialmente marcada apenas em suas posições C3 e C4 (Fig. 24.31), mas mais tarde é marcada, em menor grau, em seus outros átomos. Similarmente, uma série de tetrose, pentose, hexose e heptose-fosfatos foram isolados e tinham identidades e padrões iniciais de marcação indicados na Fig. 24.31. Uma consideração do fluxo dos átomos marcados através desses vários produtos intermediários levou, no que foi um marco da bioquímica metabólica, à dedução do ciclo de Calvin conforme diagramado na Fig. 24.31. A existência de muitas das reações postuladas foi por fim confirmada por estudos *in vitro* utilizando enzimas purificadas.

a. O ciclo de Calvin gera GAP a partir do CO_2 por um processo de dois estágios

O ciclo de Calvin pode ser considerado como tendo dois estágios:

Estágio 1 A fase de produção (linha superior da Fig. 24.31), em que três moléculas de Ru5P reagem com três moléculas de CO_2 para produzir seis moléculas de gliceraldeído-3-fosfato (GAP) à custa de nove moléculas de ATP e seis moléculas de NADPH. *A natureza cíclica da rota torna este processo equivalente à síntese de um GAP a partir de três moléculas de CO_2.* De fato, nesse ponto, o GAP pode ser removido do ciclo para uso em biossíntese (ver Estágio 2).

Estágio 2 A fase de recuperação (linhas inferiores da Fig. 24.31), na qual os átomos de carbono dos cinco GAP remanescentes são conduzidos em uma série extraordinária de reações, similares àquelas da rota das pentoses-fosfato (Seção 23.4), para reformar as três Ru5P com as quais o ciclo se iniciou. De fato, a elucidação da rota das pentoses-fosfato, ao mesmo tempo em que o ciclo de Calvin estava sendo trabalhado, proporcionou a maior parte das evidências bioquímicas a favor do ciclo de Calvin. Esse estágio pode ser conceitualmente decomposto em quatro conjuntos de reações (com os números associados às reações correspondentes na Fig. 24.31):

6. $C_3 + C_3 \rightarrow C_6$
8. $C_3 + C_6 \rightarrow C_4 + C_5$
9. $C_3 + C_4 \rightarrow C_7$
11. $C_3 + C_7 \rightarrow C_5 + C_5$

A estequiometria total desse processo é, portanto,

$$5C_3 \longrightarrow 3C_5$$

Observe que esse estágio do ciclo de Calvin ocorre sem acréscimo adicional de energia livre (ATP) ou poder redutor (NADPH).

b. A maioria das reações do ciclo de Calvin ocorre em outras rotas metabólicas

Os tipos de reação no ciclo de Calvin são todos sem conhecidos (Seção 23.4), com exceção da reação de carboxilação. Esse primeiro estágio do ciclo de Calvin inicia com a fosforilação da Ru5P pela **fosforribulocinase** para formar a **ribulose-1,5-bifosfato (RuBP)**. Seguindo a etapa de carboxilação, que é discutida a seguir, o 3-PG resultante é convertido pri-

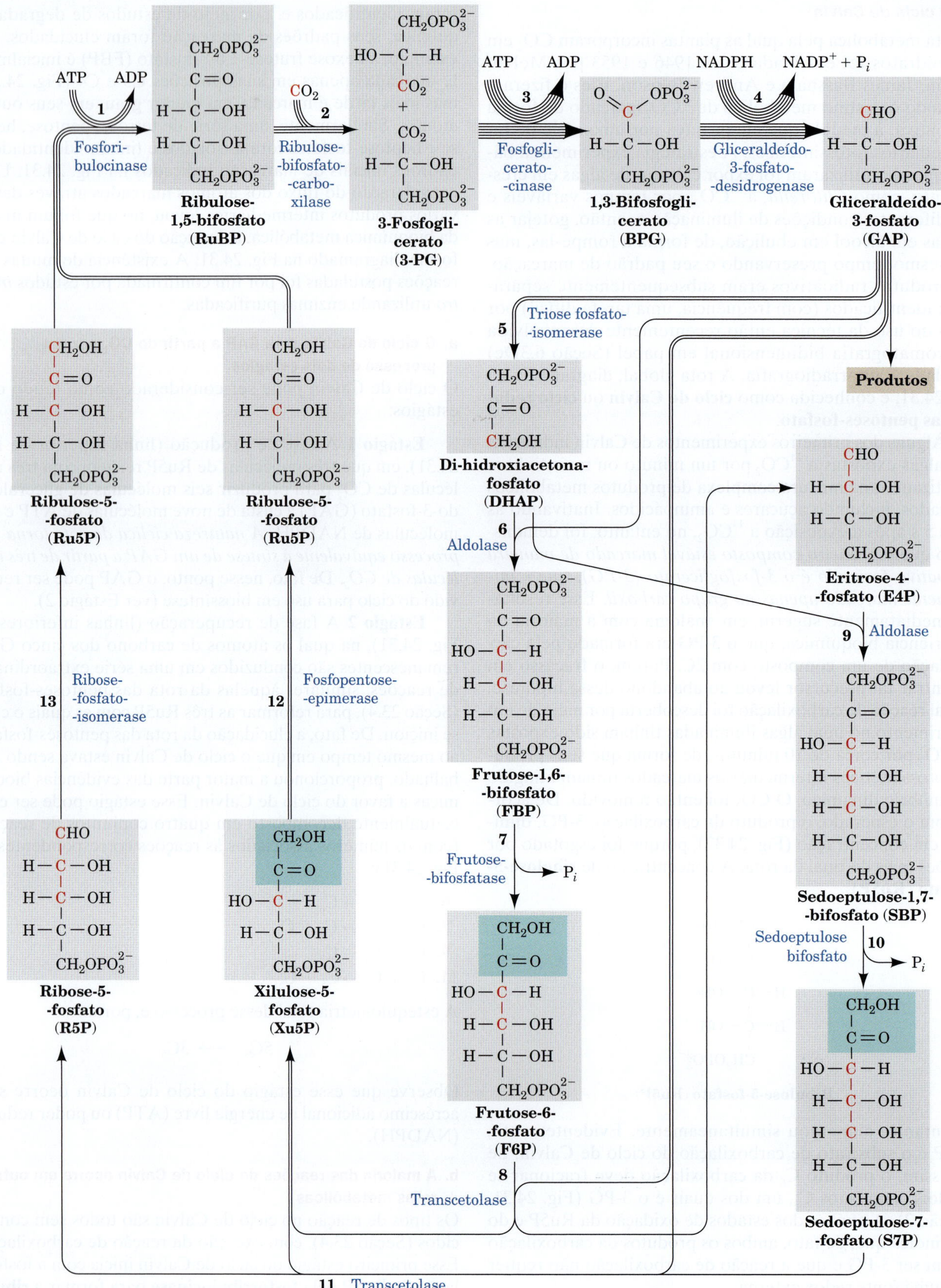
ATP
ADP
1
Fosfori-bulocinase
Ribulose-1,5-bifosfato (RuBP)
CO_2
2
Ribulose-bifosfato-carbo-xilase
3-Fosfoglicerato (3-PG)
ATP
ADP
3
Fosfoglicerato-cinase
1,3-Bifosfoglicerato (BPG)
NADPH
$NADP^+ + P_i$
4
Gliceraldeído-3-fosfato-desidrogenase
Gliceraldeído-3-fosfato (GAP)
Produtos
5
Triose fosfato-isomerase
Di-hidroxiacetona-fosfato (DHAP)
6
Aldolase
Frutose-1,6-bifosfato (FBP)
7
Frutose-bifosfatase
P_i
Frutose-6-fosfato (F6P)
8
Transcetolase
Eritrose-4-fosfato (E4P)
9
Aldolase
Sedoeptulose-1,7-bifosfato (SBP)
Sedoeptulose bifosfato
10
P_i
Sedoeptulose-7-fosfato (S7P)
11 Transcetolase
Ribulose-5-fosfato (Ru5P)
Ribulose-5-fosfato (Ru5P)
13
Ribose-fosfato-isomerase
12
Fosfopentose-epimerase
Ribose-5-fosfato (R5P)
Xilulose-5-fosfato (Xu5P)

FIGURA 24.31 O ciclo de Calvin. *(Página anterior)* O número de linhas em uma seta indica o número de moléculas que reagem em uma etapa para uma única volta do ciclo que converte três moléculas de CO_2 em uma molécula de GAP. Por questões de clareza, todos os açúcares são representados em suas formas lineares, embora as hexoses e heptoses existam, predominantemente, em suas formas cíclicas (Seção 11.1B). Os padrões de marcação com ^{14}C gerados em uma volta do ciclo pelo uso de $^{14}CO_2$ são indicados em vermelho. Observar que duas das Ru5P são marcadas apenas em C3, enquanto a terceira Ru5P está marcada em C1, C2 e C3. **Ver Figuras animadas**

meiro em 1,3-bifosfoglicerato (BPG) e então em GAP. Esta última sequência é o inverso de duas reações glicolíticas consecutivas (Seções 17.2G e 17.2F), exceto pela reação do ciclo de Calvin envolver NADPH em vez de NADH.

O segundo estágio do ciclo de Calvin começa como o reverso de uma reação glicolítica bem conhecida, a isomerização de GAP a di-hidroxiacetona fosfato (DHAP) pela triose fosfato-isomerase (Seção 17.2E). A seguir, DHAP é direcionada para duas rotas análogas (Fig. 24.31): reações 6-8 ou reações 9-11. As reações 6 e 9 são condensações de aldol catalisadas

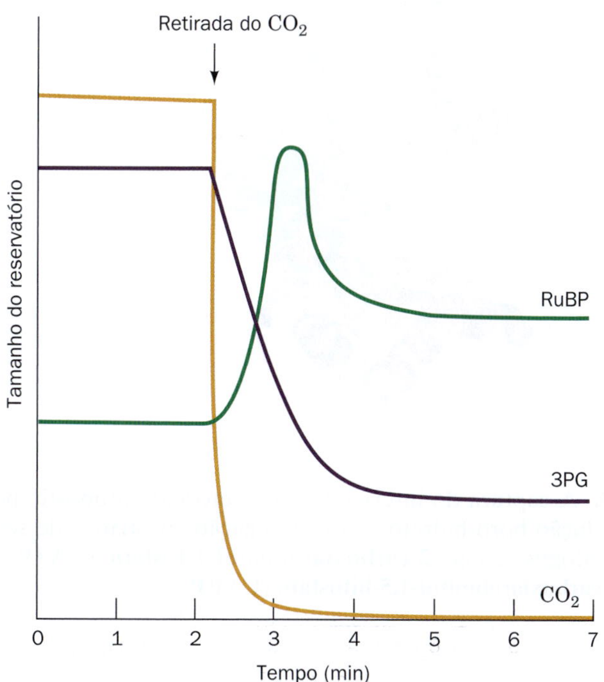

FIGURA 24.32 Níveis de 3PG e RuBP em algas com a remoção de CO_2. O curso temporal dos níveis de 3-PG (curva roxa) e RuBP (curva verde) em algas marcadas com $^{14}CO_2$ em equilíbrio dinâmico e iluminadas é mostrado durante um período no qual o CO_2 (curva cor de laranja) é retirado abruptamente. Na ausência de CO_2, a concentração de 3-PG decresce rapidamente, porque é utilizado nas reações do ciclo de Calvin, mas não pode ser reposto por elas. Ao contrário, a concentração de RuBP aumenta transitoriamente conforme é sintetizada a partir do conjunto residual de intermediários do ciclo de Calvin, mas, na ausência de CO_2, não pode ser usada para a regeneração deles.

por aldolase, nas quais DHAP é ligada a um aldeído (a aldolase é específica para DHAP, mas aceita uma variedade de aldeídos). A reação 6 é também o reverso de uma reação glicolítica (Seção 17.2D). As reações 7 e 10 são hidrólise de fosfato que são catalisadas, respectivamente, por frutose-bifosfatase (FBPase, que foi encontrada previamente na discussão de ciclos de substratos glicolíticos e gliconeogênese; Seções 17.4Ff e 23.1Ah) e **sedoeptulose-bifosfatase (SBPase)**. As demais reações do ciclo de Calvin são catalisadas por enzimas que também participam da rota das pentoses-fosfato. Nas reações 8 e 11, ambas catalisadas por **transcetolase**, uma unidade ceto C_2 (sombreada em verde na Fig. 24.31) é transferida de uma cetose ao GAP para formar **xilulose-5-fosfato (Xu5P)** e liberar as aldoses **eritrose-4-fosfato (E4P)** na reação 8 e **ribose-5--fosfato (R5P)** na reação 11. A E4P produzida pela reação 8 alimenta a reação 9. As Xu5P produzidas pelas reações 8 e 11 são convertidas em Ru5P pela **fosfopentose-epimerase** na reação 12. A R5P da reação 11 é também convertida em Ru5P pela **ribose fosfato-isomerase** na reação 13, completando, portanto, uma volta do ciclo de Calvin. Assim, apenas 3 das 11 enzimas do ciclo de Calvin, fosforribulocinase, a enzima de carboxilação **ribulose bifosfato-carboxilase** e SBPase, não têm equivalentes em tecidos animais.

c. A RuBP-carboxilase catalisa a fixação de CO_2 em um processo exergônico

A enzima que catalisa a fixação de CO_2, a ribulose-bifosfato--carboxilase (**RuBP-carboxilase**), é, possivelmente, a enzima mais importante do mundo, uma vez que quase toda a vida na Terra depende, em última análise, de sua ação. Essa enzima, presumivelmente como consequência de sua eficiência catalítica particularmente baixa (k_{cat} = ~3 s^{-1}), compreende até 50% das proteínas foliares e é, portanto, a proteína mais abundante na biosfera (estima-se que são sintetizadas a uma taxa de aproximadamente 4 × 10^9 toneladas/ano, que fixam cerca de 10^{11} toneladas de CO_2/ano; em comparação, o óleo bruto é consumido a uma taxa de ~3 × 10^9 toneladas/ano). A RuBP-carboxilase das plantas superiores e da maioria dos organismos fotossintéticos consiste em quatro subunidades grandes (L) (477 resíduos em folhas de tabaco), codificadas pelo DNA do cloroplasto, e de oito subunidades pequenas (S) (123 resíduos), especificadas por um gene nuclear (a RuBP de certas bactérias fotossintéticas é um dímero L_2 cuja subunidade L tem 28% de identidade sequencial e é estruturalmente similar àquela da enzima L_8S_8). Estudos por raios X, por Carl-Ivar Brändén e por David Eisenberg, demonstraram que a enzima L_8S_8 apresenta a simetria D_4 de um prisma quadrado (Fig. 24.33*a,b*). A subunidade L contém o sítio catalítico da enzima, conforme demonstrado por sua atividade enzimática na ausência da subunidade S. Ela consiste em dois domínios (Fig. 24.33*c*): os resíduos 1 a 150 formam uma folha β mista de cinco fitas, e os resíduos 151 a 477 dobram-se em um barril α/β (Fig. 8.19*b,c*), que, da mesma forma que o fazem quase todas as enzimas de barril α/β (Seção 8.3Bh), contêm o sítio ativo da enzima na boca do barril, perto da região C-terminal de suas fitas β. A função da subunidade S é desconhecida; tentativas de mostrar que ela tem um papel regulatório, em analogia com outras enzimas, foram malsucedidas.

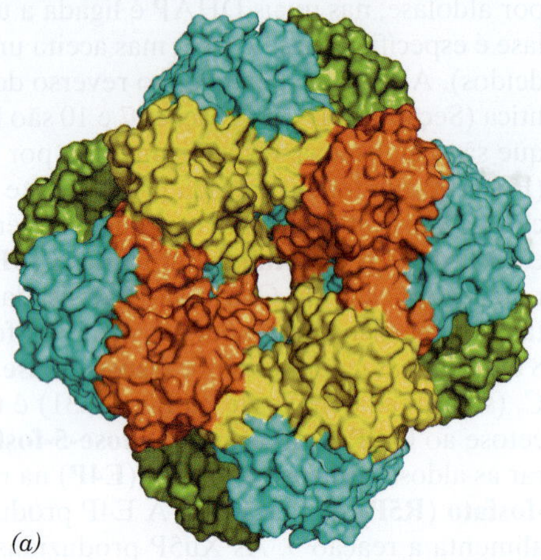

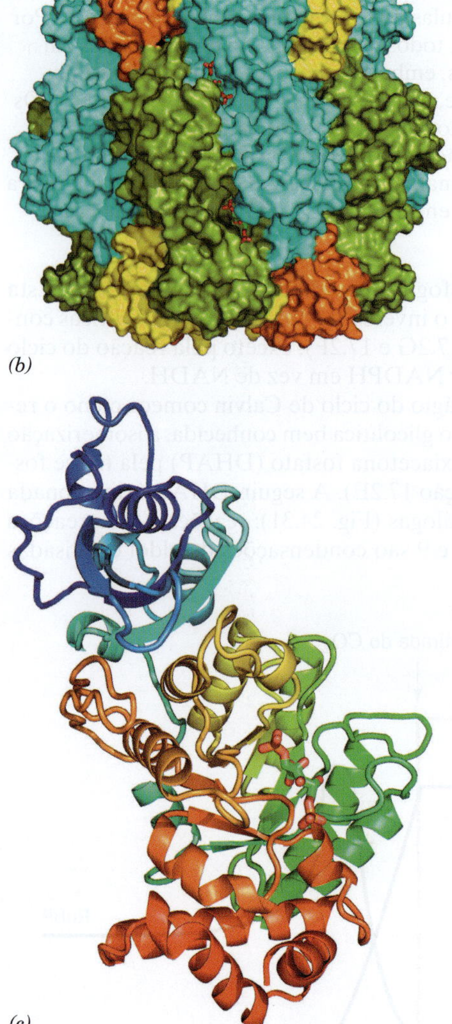

FIGURA 24.33 Estrutura por raios X da RuBP-carboxilase de tabaco em complexo com o inibidor do estado de transição 2-carboxiarabinitol-1, 5 bifosfato. A proteína L_8S_8 de ~535 kDa tem simetria D_4 (a simetria rotacional de um prisma quadrado; Fig. 8.65*b*). (*a*) Diagrama de superfície visto ao longo do eixo de simetria 4 e (*b*) ao longo do eixo de simetria 2 da proteína. Partes *a* e *b* estão relacionadas por uma rotação de 90° ao redor do eixo horizontal. Pode-se considerar que as subunidades L alongadas associam-se como dois tetrâmeros interdigitados, com aquele que se estende de cima na Parte *b* em ciano e o que se estende de baixo, em verde. As subunidades S do tetrâmero C_4 que cobrem o topo e a base do complexo são, alternadamente, amarelas e laranjas. O inibidor do estado de transição **2-carboxiarabinitol-1,5-bifosfato** (**CABP**; ver texto), que está parcialmente visível na Parte *b*, está desenhado na forma de bastão, com C em verde, O em vermelho e P em cor de laranja. (*c*) Diagrama em forma de fita de uma subunidade L orientada como a subunidade central verde na Parte *b* e colorida na sequência do arco-íris do seu N-terminal (*azul*) ao seu C-terminal (*vermelho*). O 2-carboxiaranabitol-1,5-bifosfato está ligado na entrada do barril α/β da enzima (Com base em uma estrutura por raios X de David Eisenberg, UCLA, EUA. PDBid 1RLC).

O mecanismo aceito para a RuBP-carboxilase, que foi em grande parte formulado por Calvin, está indicado na Fig. 24.34. A retirada do próton C3 da RuBP, a etapa da reação que determina sua velocidade, gera um enediolato que promove um ataque nucleofílico no CO_2 (não no HCO_3^-). O β-cetoácido resultante é rapidamente atacado em sua posição C3 pela H_2O para produzir um aduto que se parte, em uma reação similar à clivagem de aldol, produzindo as duas moléculas de 3-PG. As seguintes evidências favorecem esse mecanismo:

1. O próton C3 da RuBP ligada à enzima efetua trocas com o solvente, uma observação compatível com a existência de um intermediário de enediolato.
2. Os átomos de oxigênio de C2 e C3 permanecem ligados a seus respectivos átomos de C, o que elimina mecanismos envolvendo um aduto covalente, como uma base de Schiff entre a RuBP e a enzima.
3. A captura do intermediário β-cetoácido proposto, por redução boro-hidreto, e a forte ligação enzimática de seus análogos, como **2-carboxiarabinitol-1-fosfato** (**CA1P**) e **2-carboxiarabinitol-1,5-bifosfato** (**CABP**),

$$\begin{array}{c} CH_2OPO_3^{2-} \\ | \\ HO-C-CO_2^- \\ | \\ H-C-OH \\ | \\ H-C-OH \\ | \\ CH_2OH \end{array} \qquad \begin{array}{c} CH_2OPO_3^{2-} \\ | \\ HO-C-CO_2^- \\ | \\ H-C-OH \\ | \\ H-C-OH \\ | \\ CH_2OPO_3^{2-} \end{array}$$

2-carboxiarabinitol-1-fosfato (**CA1P**) — **2-carboxiarabinitol-1,5-bifosfato** (**CABP**)

fornece forte evidência para a existência desse composto intermediário.

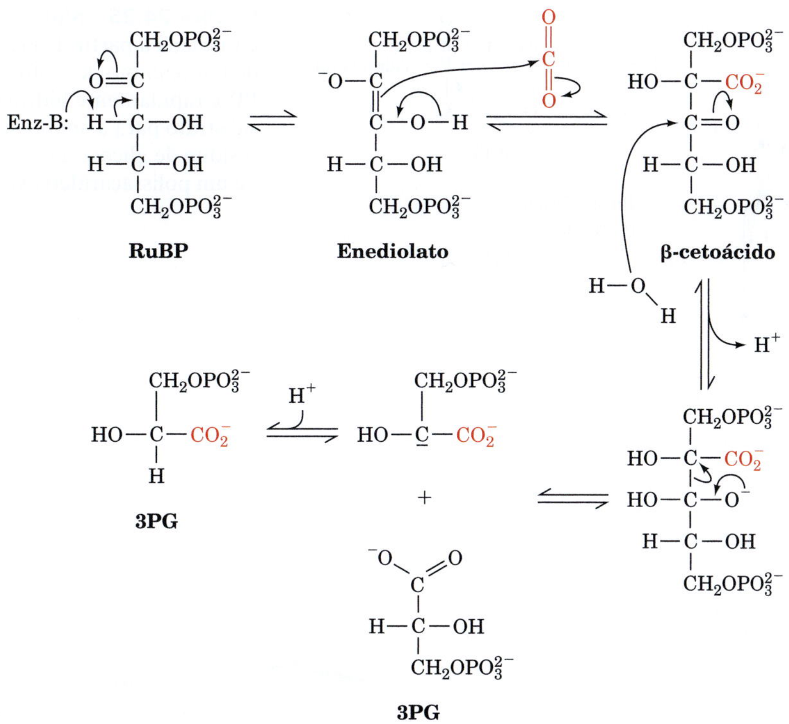

FIGURA 24.34 **Provável mecanismo da reação de carboxilação catalisada pela RuBP-carboxilase.** A reação procede por meio de um intermediário enediolato, que ataca de forma nucleofílica o CO_2 para formar um β-cetoácido. Esse intermediário reage com água para produzir duas moléculas de 3-PG. **Ver Figuras animadas**

A força propulsora para a reação total, que é altamente exergônica ($\Delta G^{\circ\prime} = -35{,}1\ kJ \cdot mol^{-1}$), é fornecida pela clivagem do intermediário β-cetoácido para produzir um grupo carboxilato adicional estabilizado por ressonância.

A atividade da RuBP-carboxilase requer a ligação de um íon metálico divalente, fisiologicamente o Mg^{2+}, que atua na estabilização de cargas negativas que se desenvolvem durante a catálise. O Mg^{2+} é, em parte, ligado à enzima por um grupo carbamato cataliticamente essencial, que é gerado pela reação de um CO_2 não substrato com o grupo ε-amino de Lys 201 ($R—NH_2 + CO_2 \rightarrow R—NH—COO^{-}{}^{+}H^{+}$). Embora a reação de ativação *in vitro* ocorra espontaneamente na presença de Mg^{2+} e HCO_3^-, ela é bloqueada *in vivo* pela ligação particularmente firme da RuBP ao sítios catalíticos que carecem de carbamato. Esta inibição é aliviada, no entanto, pela liberação da RuBP em um processo movido a ATP, catalisado pela **RuBP-carboxilase-ativase.**

d. Produtos do ciclo de Calvin são convertidos a amido, sacarose e celulose

A estequiometria global do ciclo de Calvin é

$$3CO_2 + 9ATP + 6NADPH \longrightarrow GAP + 9ADP + 8P_i + 6NADP^+$$

GAP, o produto principal da fotossíntese, é utilizado em uma variedade de rotas biossintéticas, tanto dentro como fora do cloroplasto. Por exemplo, ácidos graxos e aminoácidos são sintetizados a partir do GAP, conforme descrito, respectivamente, nas seções 25.4 e 26.5. O GAP também pode ser convertido em frutose-6-fosfato pela ação posterior de enzimas do ciclo de Calvin e, então, em glicose-1-fosfato (G1P) pela fosfoglicose-isomerase (Seção 17.2B) e pela fosfoglicomutase (Seção 18.1B). G1P *é o precursor dos carboidratos complexos característicos das plantas.*

O polissacarídeo α-amilose, um componente majoritário do amido (Seção 11.2D), é sintetizado no estroma do cloroplasto como um reservatório temporário para estocagem de unidades de glicose. Ele também é sintetizado como uma molécula de estocagem de longo prazo em outras partes da planta, incluindo folhas, sementes e raízes. G1P é inicialmente ativada por sua reação com ATP para formar ADP-glicose, catalisada pela **ADP-glicose pirofosforilase.** A **amido-sintase** transfere então o resíduo de glicose a uma extremidade não redutora de uma molécula de α-amilose ou amilopectina, formando uma nova ligação glicosídica (Fig. 24.35). A reação global é impulsionada pela hidrólise exergônica do PP_i liberado na formação da ADP-glicose. Uma sequência de reação similar ocorre na síntese de glicogênio, a qual usa UDP-glicose (Seção 18.2A). As ramificações da amilopectina (Seção 11.2D) são feitas pela **enzima ramificadora de amido**, que funciona de forma similar à enzima ramificadora de glicogênio (Seção 18.2C). A sacarose, um dissacarídeo de glicose e frutose (Seção 11.2B), é o principal açúcar de transporte para a distribuição de carboidratos para células não fotossintetizantes e, portanto, é o produto fotossintético majoritário das folhas verdes. Uma vez que a sacarose é sintetizada no citosol, ou o gliceraldeído-3-fosfa-

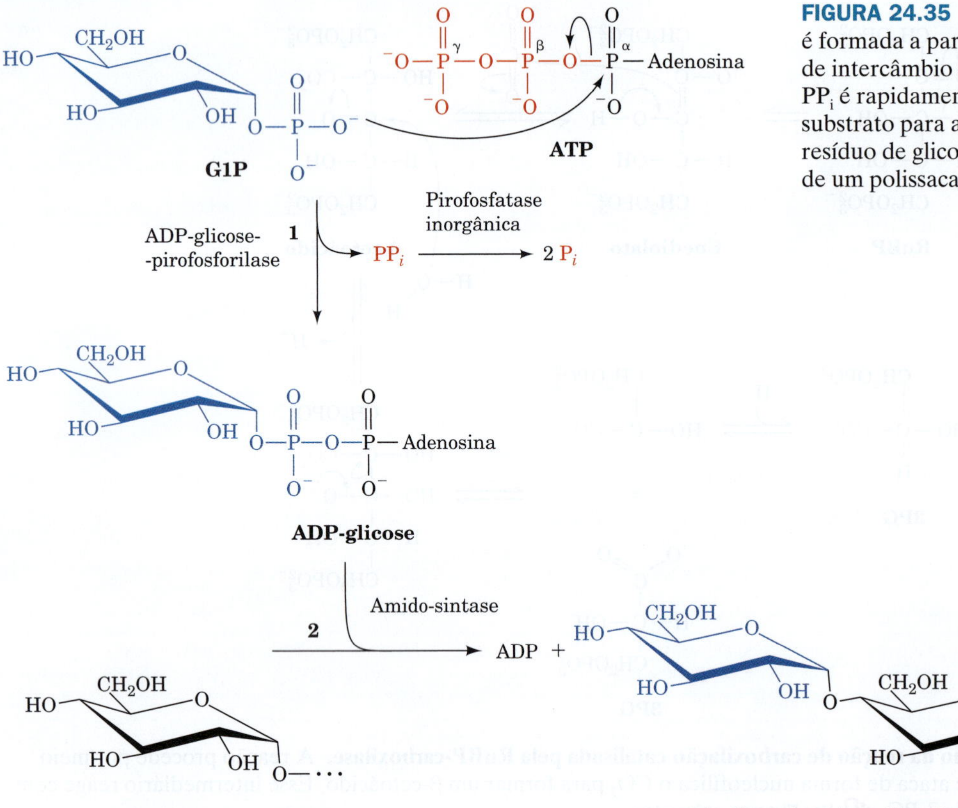

FIGURA 24.35 Síntese de amido. ADP-glicose é formada a partir de G1P e ATP em uma reação de intercâmbio de fosfoanidrido (**1**). O produto PP_i é rapidamente hidrolisado. A ADP-glicose é o substrato para a amido-sintase (**2**), a qual adiciona resíduo de glicose a uma extremidade não redutora de um polissacarídeo existente, liberando ADP.

to ou a di-hidroxiacetona-fosfato é transportada para fora do cloroplasto por uma proteína antiporte que troca fosfato por uma triose-fosfato. Duas trioses se combinam para formar frutose-6-fosfato (F6P) e, de maneira subsequente, glicose-1-fosfato (G1P), que é então ativada por UTP para formar UDP-glicose. A seguir, a sacarose-6-fosfato é produzida em uma reação catalisada pela **sacarose-fosfato-sintase**. Finalmente, a sacarose-6-fosfato é hidrolisada pela **sacarose-fosfato-fosfatase** para produzir sacarose (Fig. 24.36), que é então exportada para outros tecidos vegetais.

A celulose, que consiste em longas cadeias de ligações $\beta(1\rightarrow4)$ entre unidades de glicose e que é o principal polissacarídeo das plantas, também é sintetizada a partir da UDP-glicose. As paredes celulares das plantas consistem em cabos quase cristalinos que contêm 36 cadeias paralelas de celulose, cada uma com 500 a 15.000 unidades de glicose, todas imersas em uma matriz amorfa de outros polissacarídeos e lignina (Seção 11.2C). Ao contrário do amido em plantas e do glicogênio em mamíferos, a celulose é sintetizada por complexos enzimáticos de múltiplas subunidades na membrana plasmática da planta e liberada para o espaço extracelular.

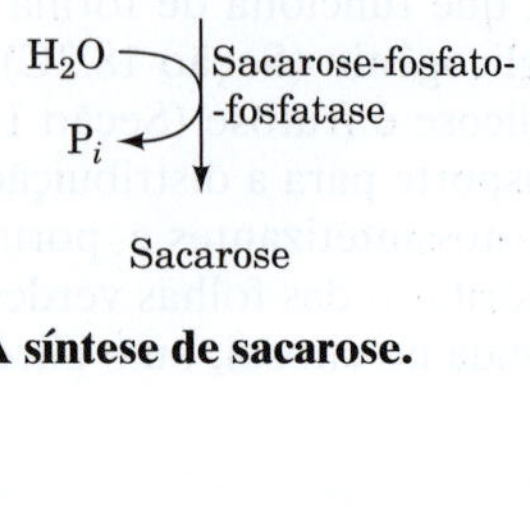

FIGURA 24.36 A síntese de sacarose.

B. *O controle do ciclo de Calvin*

Durante o dia, as plantas satisfazem suas necessidades energéticas pelas reações de luz e de escuro da fotossíntese. À noite, no entanto, tal como outros organismos, elas precisam utilizar suas reservas nutricionais para gerar o ATP e o NADPH necessários, pela glicólise, fosforilação oxidativa e via das pentoses-fosfato. Uma vez que o estroma contém as enzimas da glicólise e da rota das pentoses-fosfato, assim como aquelas do ciclo de Calvin, *as plantas têm de ter um mecanismo de controle sensível à luz para impedir o ciclo de Calvin de consumir estes ATP e NADPH, produzidos de maneira catabólica, em um ciclo fútil e desperdiçador.*

Conforme visto na Seção 17.4F, o controle de fluxo em uma rota metabólica ocorre em etapas enzimáticas que estão longe do equilíbrio, ou seja, aquelas que têm um grande valor negativo de ΔG. A inspeção da Tabela 24.1 indica que os quatro melhores candidatos para o controle do fluxo no ciclo de Calvin são as reações catalisadas pela fosforibulocinase, RuBP-carboxilase, FBPase e SBPase (Reações 1, 2, 7 e 10,

TABELA 24.1 Mudanças nas energias livres-padrão e fisiológicas para as reações do ciclo de Calvin

Etapa*	Enzima	$\Delta G^{\circ\prime}$ (kJ · mol^{-1})	ΔG (kJ · mol^{-1})
1	Fosforribulocinase	−21,8	−15,9
2	Ribulose bifosfato-carboxilase	−35,1	−41,0
3 + 4	Fosfoglicerato-cinase + gliceraldeído-3-fosfato-desidrogenase	+18,0	−6,7
5	Triose fosfato-isomerase	−7,5	−0,8
6	Aldolase	−21,8	−1,7
7	Frutose-bifosfatase	−14,2	−27,2
8	Transcetolase	+6,3	−3,8
9	Aldolase	−23,4	−0,8
10	Sedoeptulose-bifosfatase	−14,2	−29,7
11	Transcetolase	+0,4	−5,9
12	Fosfopentose-epimerase	+0,8	−0,4
13	Ribose-fosfato-isomerase	+2,1	−0,4

*Refere-se à Fig. 24.31.

Fonte: Bassham, J.A., e Buchanan, B.B., em Govindjee (Ed.), *Photosynthesis*, Vol. II, *p.* 155, Academic Press (1982).

Fig. 24.31). De fato, as eficiências catalíticas dessas quatro enzimas variam, *in vivo*, com o nível de iluminação.

A atividade da RuBP-carboxilase responde a três fatores dependentes da luz:

1. Ela varia com o pH. Com iluminação, o pH do estroma aumenta de cerca de 7,0 para em torno de 8,0 à medida que os prótons são bombeados do estroma para o lúmen do tilacoide. A RuBP-carboxilase tem um pH ótimo bem definido perto de 8,0.
2. Ela é estimulada por Mg^{2+}. Lembre que o influxo de prótons impulsionado pela luz, para o lúmen do tilacoide, é acompanhado pelo efluxo de Mg^{2+} para o estroma (Seção 24.2Db).
3. Ela é fortemente inibida pelo seu análogo do estado de transição 2-carboxiarabinitol-1-fosfato (CA1P; Seção 24.3Ac), o qual muitas plantas sintetizam apenas no escuro. A **RuBP-carboxilase-ativase** (Seção 24.3Ac) também facilita a liberação do CA1P fortemente ligado da RuBP-carboxilase.

FBPase e SBPase são também ativadas por aumentos de pH e de Mg^{2+}, assim como de NADPH. A ação desses fatores é complementada por um segundo sistema regulatório, que responde ao potencial redox do estroma. A **tiorredoxina (Trx)**, uma proteína de aproximadamente 105 resíduos que ocorre em muitos tipos de células, contém um grupo dissulfeto redox-ativo. A Trx reduzida ativa cinco enzimas do ciclo de Calvin por reações de intercâmbio de dissulfeto (Fig. 24.37): fosforibulocinase, gliceraldeído-3-fosfato desidrogenase, FBPase, SBPase e RuBP-carboxilase-ativase. Isso explica por que essas enzimas são ativadas por reagentes dissulfeto reduzidos, como ditiotreitol. O nível redox da Trx é mantido pela **ferrodoxina-tiorredoxina-redutase (FTR)**, a qual contém um dissulfeto redox-ativo que é intimamente associado a um agrupamento [4Fe–4S], por meio do qual a

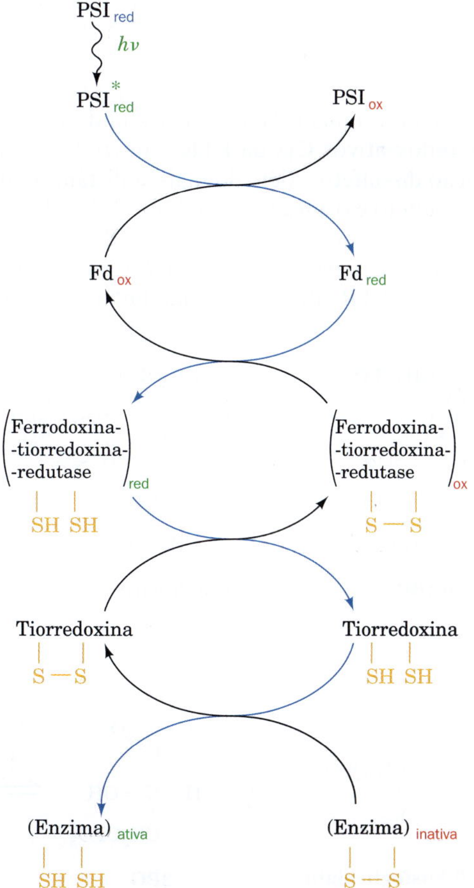

FIGURA 24.37 Mecanismo de ativação pela luz de enzimas do cloroplasto. O FSI fotoativado reduz a ferrodoxina (Fd) solúvel, a qual reduz a ferrodoxina-tiorredoxina-redutase, que, por sua vez, reduz a ligação dissulfeto da tiorredoxina. A tiorredoxina reduzida reage com suas enzimas alvo por intercâmbio de dissulfeto e, portanto, ativando ou desativando estas enzimas. No escuro, estes processos são rapidamente revertidos por reação com oxigênio.

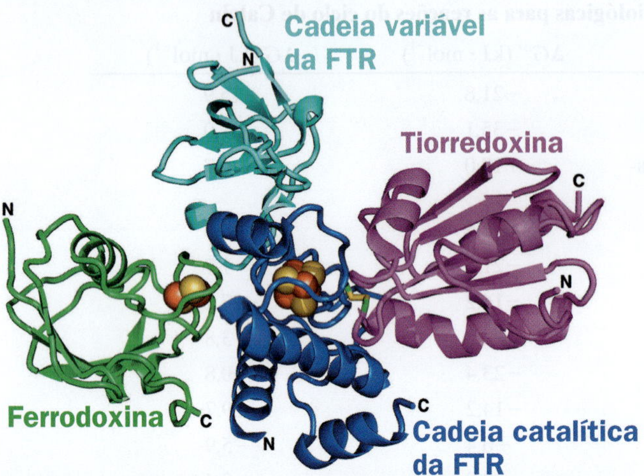

FIGURA 24.38 Estrutura por raios X de um complexo Fd--FTR-Trx. As subunidades estão desenhadas em forma de fita com a Fd em verde, a subunidade catalítica da FTR em azul, sua subunidade variável em ciano e a Trx em magenta. O conjunto [2Fe–2S] da Fd e o grupo [4Fe–4S] da FTR estão desenhados em forma de volume atômico, com S em amarelo e Fe em marrom-avermelhado. As duas cadeias laterais de Cys que formam uma ligação dissulfeto ente FTR e Trx são mostradas na forma de bastão com C em verde e S em amarelo. (Com base em uma estrutura por raios X de Hans Eklund, Swedish University of Agricultural Sciences, Uppsala, Suécia. PDBid 2PVO.)

proteína responde diretamente ao estado redox da ferrodoxina (Fd) solúvel no estroma. Isto, conforme foi visto, (Seção 24.3Ch), varia com o nível de iluminação.

A estrutura por raios X de um complexo Fd-FTR-Trx (Fig. 24.38), determinado por Hans Eklund, mostra que os resíduos redox-ativos Cys da FTR e tiorredoxina formam uma ligação dissulfeto. Além do mais, a distância entre esta ligação dissulfeto e o agrupamento [2Fe–2S] da Fd é de apenas ~20 Å, como consequência da subunidade catalítica discoide extraordinariamente fina da FTR, e que o agrupamento [4Fe–4S] da FTR situa-se em uma linha reta entre estes dois centros redox. Isto maximiza a eficiência da transferência de elétrons do agrupamento [2Fe–2S] da Fd ao dissulfeto redox-ativo da Trx.

A Trx reduzida também desativa as enzimas cloroplásticas fosfofrutocinase (PFK), a principal enzima geradora de fluxo da glicólise (Seção 17.4Fb), e a glicose-6-fosfato-desidrogenase, a primeira enzima da rota das pentoses-fosfato (Seção 23.4A), cujos produtos, ATP e NADPH, seriam utilizados no ciclo de Calvin em um ciclo fútil. Assim, em plantas, *a luz estimula o ciclo de Calvin, ao mesmo tempo em que desativa a glicólise e a rota das pentoses-fosfato, enquanto a escuridão tem o efeito oposto* (ou seja, as chamadas reações de escuro não ocorrem no escuro). Além do mais, a ATP--sintase do cloroplasto é ativada por Trx reduzida, assim impedindo de inutilmente hidrolisar o ATP produzido de maneira glicolítica no escuro. Na verdade, o estado redox da Trx regula uma grande variedade de processos metabólicos das plantas.

Foi visto que a ferrodoxina reduz a ferrodoxina-NADP$^+$-redutase (Seção 24.2Ch) e a FTR, assim como supre elétrons à rota cíclica da fotossíntese no cloroplasto (Seção 24.2Ch). Além disso, a ferrodoxina é o agente redutor para três enzimas metabolicamente essenciais no cloroplasto: **sulfito-redutase** (que reduz SO_3^{2-} a S_2^-), **nitrito-redutase** (que reduz NO_2^- a NH_4^+) e **glutamato-sintase** (que catalisa a reação de α-cetoglutarato e NH_4^+ para formar glutamato; Seção 26.5Aa). Assim, a Fd figura como o centro de uma rede complexa de processos enzimáticos e regulatórios.

C. *A fotorrespiração e o ciclo C_4*

Sabe-se, desde a década 60 do século passado, que *plantas iluminadas consomem O_2 e liberam CO_2 em uma rota distinta da fosforilação oxidativa. Na verdade, em baixos níveis de CO_2 e altos níveis de O_2, este processo de* ***fotorrespiração*** *pode exceder a fixação fotossintética de CO_2.* A base da fotorrespiração foi inesperada: *o O_2 compete com o CO_2 como substrato para a RuBP-carboxilase* (RuBP-carboxilase é, portanto, também chamada de **RuBP-carboxilase-oxigenase** ou **RuBisCO**). Na reação de oxigenase, o O_2 reage com o outro substrato da RuBisCO, a RuBP, para for-

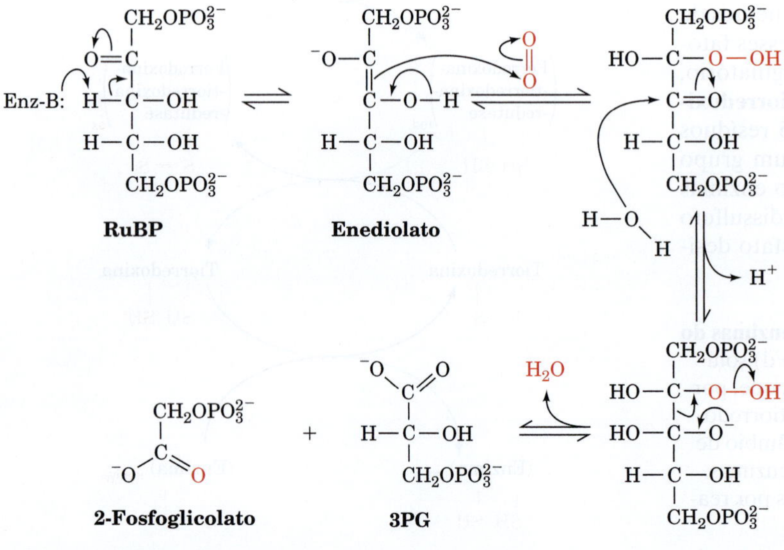

RuBP
Enediolato
2-Fosfoglicolato
3PG

FIGURA 24.39 Provável mecanismo da reação de oxigenase catalisada pela RuBP-carboxilase--oxigenase. Observe a similaridade deste mecanismo com aquele da reação de carboxilase catalisada pela mesma enzima (Fig. 24.34).

mar 3-PG e **2-fosfoglicolato** (Fig. 24.39). O 2-fosfoglicolato é hidrolisado a **glicolato** pela **glicolato-fosfatase** e, conforme descrito a seguir, é parcialmente oxidado para gerar CO_2 por meio de uma série de reações enzimáticas que ocorrem no peroxissomo e na mitocôndria. Assim, a fotorrespiração é, aparentemente, um processo de desperdício que desfaz parte do trabalho da fotossíntese. Nas subseções seguintes, serão discutidas as bases bioquímicas da fotorrespiração, seu significado e como certas plantas conseguiram evitar seus efeitos deletérios.

a. A fotorrespiração dissipa ATP e NADPH

A rota da fotorrespiração é delineada na Fig. 24.40. O glicolato é exportado do cloroplasto ao peroxissomo (também chamado de glioxissomo, Seções 1.2Ad e 23.2), onde é oxidado pela **glicolato-oxidase** a **glioxilato** e H_2O_2. H_2O_2, um agente oxidante poderoso e potencialmente perigoso, é desmembrado em H_2O e O_2 no peroxissomo pela enzima portadora de heme **catalase**. Parte do glioxilato é posteriormente oxidado pela glicolato-oxidase a oxalato. O restante é reconvertido em glicina em uma **reação de transaminação**, conforme discutido na Seção 26.1A, e exportado à mitocôndria. Lá, duas moléculas de glicina são convertidas em uma molécula de serina e uma de CO_2, por uma reação descrita na Seção 26.3B. *Esta é a origem do CO_2 gerado pela fotorrespiração.* A serina é transportada de volta ao peroxissomo, onde uma reação de transaminação a converte em **hidroxipiruvato**. Essa substância é reduzida a **glicerato** e fosforilada no citosol a 3-PG, que entra novamente no cloroplasto, onde é convertido em RuBP no ciclo de Calvin. *O resultado líquido desse complexo ciclo fotorrespiratório é que parte do ATP e do NADPH gerados pelas reações de luz é dissipada de forma inútil.*

Embora a fotorrespiração não tenha nenhuma função metabolicamente conhecida, todas as RuBisCOs de uma ampla variedade de organismos fotossintéticos testados até agora exibem atividade de oxigenase. Mesmo assim, ao longo de bilhões de anos, as forças evolutivas devem ter otimizado a função dessa importante enzima. Acredita-se que a fotossíntese evoluiu em uma época em que a atmosfera da Terra continha grandes quantidades de CO_2 e pouco O_2, de forma que a fotorrespiração não tinha consequência. Portanto, foi sugerido que a reação da RuBisCO tem um intermediário obrigatório que é inerentemente autooxidável. Uma outra possibilidade é que a fotorrespiração proteja o aparato fotossintético de dano foto-oxidativo quando a quantidade de CO_2 é insuficiente para dissipar a energia luminosa absorvida. Essa hipótese é sustentada pela observação de que, quando cloroplastos de células foliares são fortemente iluminados, na ausência tanto de CO_2 quanto de O_2, a capacidade fotossintética deles é rápida e perdida de maneira irreversível.

b. A fotorrespiração limita as taxas de crescimento das plantas

A concentração de CO_2 no estado de equilíbrio dinâmico, atingido quando um organismo fotossintético é iluminado em um sistema vedado, é denominada de **ponto de compensação de CO_2**. Para plantas saudáveis, essa é a concentração de CO_2 na qual as taxas de fotossíntese e de fotorrespiração são iguais. Para muitas espécies, ela é ~ 40 a 70 ppm (partes por milhão) de CO_2 (a concentração atmosférica normal de CO_2 é 330 ppm), de forma que a fixação fotossintética de CO_2 des-

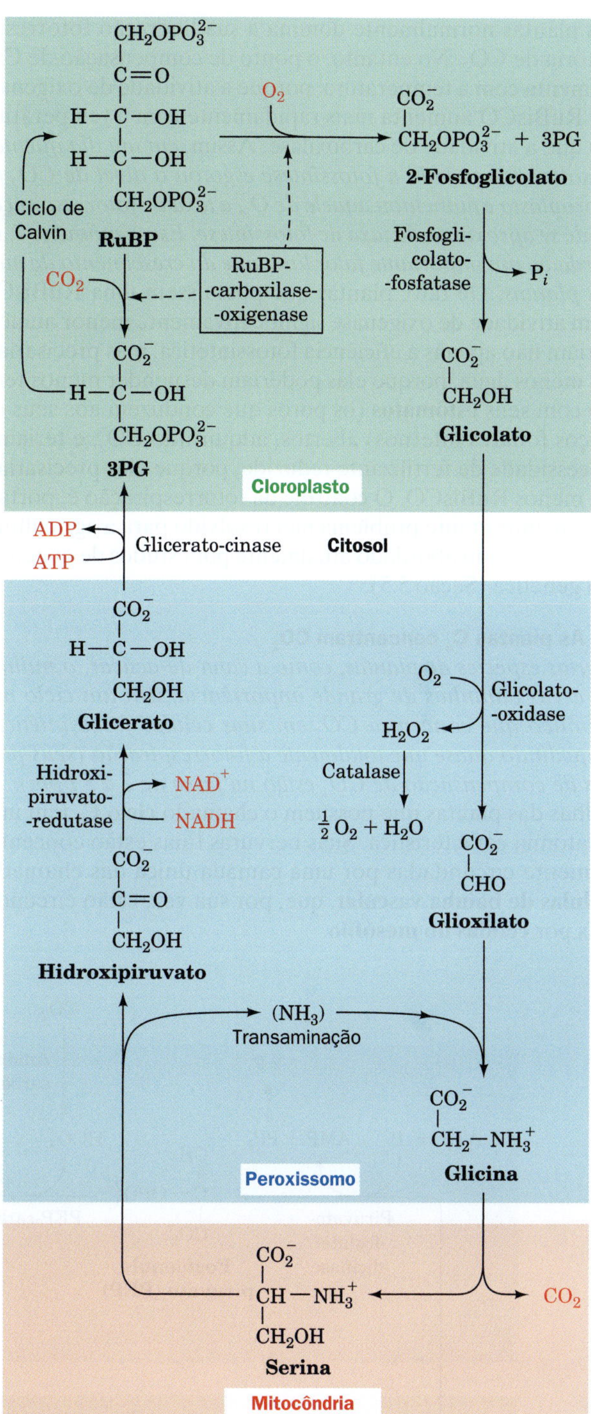

FIGURA 24.40 Fotorrespiração. Esta rota metaboliza o fosfoglicolato produzido pela oxidação da RuBP catalisada pela RuBP-carboxilase. As reações ocorrem, conforme indicado, no cloroplasto, no peroxissomo, na mitocôndria e no citosol. Observe que duas glicinas são necessárias para formar serina + CO_2 (Seção 26.3B).

tas plantas normalmente domina a sua liberação fotorrespiratória de CO_2. No entanto, o ponto de compensação de CO_2 aumenta com a temperatura, porque a atividade de oxigenase da RuBisCO aumenta mais rapidamente com a temperatura do que a atividade de carboxilase. Assim, *em um dia quente e ensolarado, quando a fotossíntese esgotou o nível de CO_2 no cloroplasto e aumentou aquele de O_2, a taxa de fotorrespiração pode se aproximar da taxa de fotossíntese. Esse fenômeno é, na verdade, um importante fator limitante do crescimento de muitas plantas.* De fato, plantas que possuíssem uma RuBisCO com atividade de oxigenase significativamente menor aumentariam não apenas a eficiência fotossintética, mas precisariam de menos água, porque elas poderiam despender menos tempo com seus **estômatos** (os poros que conduzem aos seus espaços foliares internos) abertos, adquirindo CO_2, e teriam a necessidade de fertilizante reduzida, porque elas precisariam de menos RuBisCO. O controle da fotorrespiração é, portanto, um importante problema não resolvido para a agricultura, que está sendo abordado atualmente por estudos de engenharia genética (Seção 5.5).

c. As plantas C_4 concentram CO_2

Certas espécies de plantas, como a cana-de-açúcar, o milho e as ervas daninhas de grande importância, têm um ciclo metabólico que concentra CO_2 em suas células fotossintéticas, impedindo quase que totalmente a fotorrespiração (seus pontos de compensação de CO_2 estão na faixa de 2 a 5 ppm). As folhas das plantas que possuem o chamado **ciclo C_4** têm uma anatomia característica. Suas nervuras finas estão concentricamente circundadas por uma camada única das chamadas **células de bainha vascular**, que, por sua vez, estão circundadas por **células do mesófilo**.

O ciclo C_4 (Fig. 24.41) foi elucidado na década de 60 do século passado por Marshall Hatch e Roger Slack. Ele começa com a absorção do CO_2 atmosférico pelas células do mesófilo, que, carecendo de RuBisCO em seus cloroplastos, o fazem condensando-o como HCO_3^- com fosfoenolpiruvato (PEP), produzindo oxalacetato. O oxalacetato é reduzido pelo NADPH a **malato**, que é exportado às células da bainha vascular (o nome C_4 refere-se a estes ácidos de quatro carbonos). Lá, o malato é descarboxilado oxidativamente por $NADP^+$ para formar CO_2, piruvato e NADPH. O CO_2, que foi concentrado por este processo, ingressa no ciclo de Calvin. O piruvato é devolvido às células do mesófilo, onde ele é fosforilado, para novamente formar PEP. A enzima que age como mediadora desta reação, a **piruvato-fosfato-dicinase**, tem a ação incomum de ativar um grupo fosfato pela hidrólise de ATP a AMP e PP_i. Este PP_i é mais uma vez hidrolisado a dois P_i, que é equivalente ao consumo de um segundo ATP. *Portanto, o CO_2 é concentrado nas células da bainha vascular à custa de dois ATP por CO_2. As reações de escuro da fotossíntese em plantas C4 consomem, portanto, um total de 5 ATP por CO_2 fixado, versus os três ATP necessários pelo ciclo de Calvin sozinho.* O ATP adicional é presumivelmente gerado pelo fluxo cíclico de elétrons nas reações de luz (Seção 24.2Ch).

As **plantas C_4**, que compreendem cerca de 5% das plantas terrestres, ocorrem amplamente em áreas não sombreadas de regiões tropicais, porque crescem mais rapidamente sob condições quentes e ensolaradas do que outras plantas, as chamadas **plantas C_3** (assim chamadas porque elas fixam inicialmente o CO_2 na forma de ácidos de três carbonos). Em climas mais frescos, onde a fotorrespiração é um fardo menor, as plantas C_3 têm vantagem, porque requerem menos energia para fixar o CO_2.

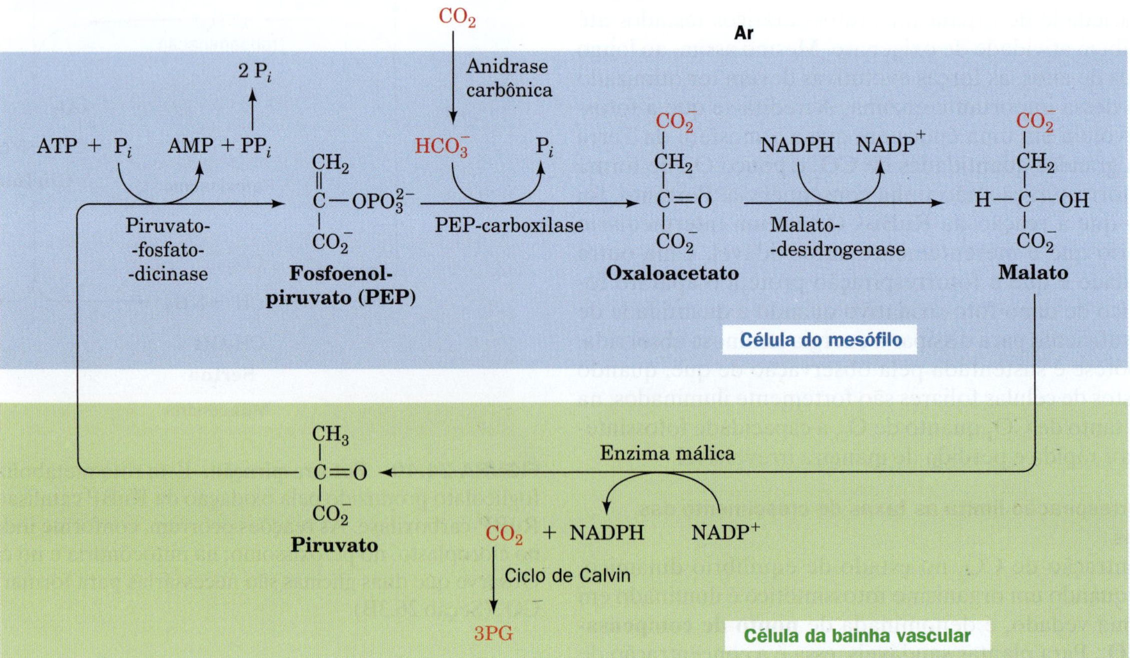

FIGURA 24.41 A rota C_4. O CO_2 é concentrado nas células do mesófilo e transportado às células da bainha vascular para entrada no ciclo de Calvin.

d. As plantas MAC estocam CO_2 por meio de uma variante do ciclo C_4

As plantas adaptadas ao deserto conhecidas como suculentas (p. ex., cactus) empregam uma variante do ciclo C4, que separa a aquisição de CO_2 e o ciclo de Calvin no tempo em vez de no espaço. Se, como a maioria das plantas, elas abrissem seus estômatos de dia para adquirir CO_2, elas iriam transpirar (perder por evaporação), simultaneamente, quantidades de água que, para elas, seriam inaceitáveis. Para minimizar essa perda, essas plantas suculentas só absorvem CO_2 à noite, quando a temperatura é relativamente fresca. Elas estocam este CO_2 em um processo conhecido como **metabolismo ácido das crassuláceas** (**MAC**; assim chamado porque foi descoberto pela primeira vez em plantas da família Crassulaceae) pela síntese de malato pelas reações da rota C_4 (Fig. 24.41). A grande quantidade de PEP necessária para estocar um dia de suprimento de CO_2 é obtida por meio da quebra do amido via glicólise. Durante o transcorrer do dia, esse malato é quebrado em CO_2, que entra no ciclo de Calvin, e em piruvato, usado para ressintetizar amido. As plantas MAC são capazes, dessa forma, de realizar a fotossíntese com uma perda mínima de água.

RESUMO DO CAPÍTULO

1 Cloroplastos Fotossíntese é a fixação de CO_2 impulsionada pela luz para formar carboidratos e outras moléculas biológicas. Em plantas, a fotossíntese ocorre no cloroplasto, que consiste em uma membrana interna e uma externa circundando o estroma, uma solução concentrada de enzimas na qual o sistema de membranas tilacoides está imerso. A fotossíntese ocorre em dois estágios, as chamadas reações de luz, nas quais a energia luminosa é capturada para sintetizar ATP e NADPH, e as reações de escuro, nas quais estes produtos são utilizados para impulsionar a síntese de carboidratos a partir do CO_2 e H_2O. A membrana tilacoide é a sede das reações de luz da fotossíntese, enquanto as reações de escuro ocorrem no estroma. O equivalente do tilacoide em bactérias fotossintéticas é uma porção especializada da membrana plasmática chamada de cromatóforo.

2 Reações de luz A clorofila é o principal fotorreceptor da fotossíntese. A luz é inicialmente absorvida por complexos coletores de luz (CCL), que contêm clorofila e pigmentos acessórios, como carotenoides. A excitação resultante então migra via transferência de éxciton até atingir o centro de reação da clorofila, onde é aprisionada. O CL2 de bactérias fotossintéticas púrpuras é uma proteína transmembrana que consiste em oito ou nove subunidades rotacionalmente relacionadas, em que cada uma delas liga três moléculas de BChl *a* e um carotenoide. O CL1, que está similarmente arranjado, mas com simetria de ordem 16, contém uma cavidade central que liga um centro de reação (CR) fotossintética. A energia luminosa absorvida por CL2 é transmitida a CL1, que, por sua vez, transmite-a ao CR.

O CR das bactérias fotossintéticas púrpuras (PbCR) é uma proteína que consiste em três subunidades e diversas moléculas pequenas com atividade redox que estão organizadas como duas cadeias de carreadores de elétrons pseudossimetricamente relacionadas. A principal espécie absorvedora de fótons do centro de reação bacteriano de *Rps. viridis* é um par especial de moléculas de BChl *b* conhecido como P960. Por técnicas de medidas rápidas, foi determinado que o elétron ejetado por P960* passa por uma terceira BChl *b* até uma molécula de BPheo *b* localizada em apenas uma das duas cadeias (a outra é aparentemente não funcional) e, então, sequencialmente, a uma menaquinona (Q_A) e uma ubiquinona (Q_B). A $Q_B^{\bar{\cdot}}$ resultante é subsequentemente reduzida mais uma vez em um segundo processo de transferência de um elétron e, então, toma dois prótons do citosol para formar Q_BH_2. Os elétrons tomados por essa espécie são devolvidos ao P960 através de um complexo de citocromos bc_1, citocromo c_2 e, em algumas bactérias fotossintéticas púrpuras, um citocromo tipo *c* de quatro hemes associado ao centro de reação fotossintética. Esse processo de transporte cíclico de elétrons funciona para transladar prótons, via um ciclo Q mediado pelo citocromo bc_1, do citoplasma para fora da célula. O gradiente de prótons resultante impulsiona a síntese de ATP, em um processo conhecido como fotofosforilação. Uma vez que a fotossíntese bacteriana não gera os equivalentes redutores necessários em muitos processos biossintéticos, as bactérias fotossintéticas requerem uma fonte externa de agentes redutores, como o H_2S.

Em plantas e em cianobactérias, as reações de luz ocorrem em dois centros de reação, aqueles de FSI e FSII, que são eletricamente "conectados" em série. Isso permite ao sistema gerar força eletromotiva suficiente para formar NADPH, oxidando H_2O em uma rota não cíclica conhecida como esquema Z. Tanto o FSI como FSII contêm sistemas de antena central, e seus CR são evolutivamente relacionados uns aos outros e ao PbCR. O FSII contém um complexo de Mn_4CaO_4 que oxida duas moléculas de H_2O a quatro H^+ e O_2, em quatro etapas de um elétron. Os elétrons são passados individualmente, através de uma cadeia lateral de Tyr chamada Z, ao P680 foto-oxidado, a espécie absorvedora de prótons do centro de reação, um par especial que consiste em duas moléculas de Chl *a*. O elétron anteriormente ejetado do P680* passa através de uma série de carregadores, que lembram aqueles do PbCR, até um conjunto de moléculas de plastoquinona. Os elétrons então entram no complexo de citocromos b_6f, que transporta prótons, através de um ciclo Q, do estroma ao espaço do tilacoide. Esses elétrons são transferidos individualmente por um carregador de plastocianina diretamente ao pigmento absorvedor de prótons foto-oxidado do FSI, o P700, um par de Chl *a* que lembra o par especial do PbCR. O elétron que havia sido ejetado anteriormente do P700* migra através dos dois lados de uma cadeia bifurcada de moléculas de Chl *a* e, então, através de uma cadeia de três agrupamentos de [4Fe–4S], para uma ferrodoxina (Fd) solúvel que contém um agrupamento [2Fe–2S]. O elétron então reduz $NADP^+$ em um processo não cíclico mediado pela ferrodoxina-$NADP^+$-redutase. De forma alternativa, ele pode ser devolvido, presumivelmente por uma ferrodoxina-plastoquinona-redutase, ao conjunto de plastoquinona, em um processo cíclico que não requer entrada de elétrons do FSII e apenas translada prótons através da membrana tilacoide. O ATP é sintetizado pela CF_1CF_0-ATP-sintase, que muito se assemelha ao complexo análogo mitocondrial, em uma reação impelida pela dissipação do gradiente de prótons através da membrana tilacoide.

3 Reações de escuro O CO_2 é fixado nas reações fotossintéticas de escuro de plantas e cianobactérias pelas reações do ciclo de Calvin. O somatório do primeiro estágio do ciclo de Calvin fornece a reação 3RuBP + 3 $CO_2 \rightarrow$ 6GAP, com o consumo de 9 ATP e 6 NADPH gerados pelas reações de luz. O segundo estágio reconduz os átomos dos cinco GAP para reformar as três RuBP com as quais o ciclo começou, um processo que não requer acréscimo adicional de energia livre ou de equivalentes redutores. O sexto GAP, o produto do ciclo de Calvin, é utilizado para sintetizar carboidratos, aminoácidos e ácidos graxos. As enzimas controladoras de fluxo do ciclo de Calvin são ativadas na luz por meio de variações no pH e nas concentrações de Mg^{2+} e de NADPH e pelo nível redox da tiorredoxina. A enzima central do ciclo de Calvin, RuBP-carboxilase, catalisa tanto uma reação de carboxilase quanto uma de oxigenase com a RuBP. Essa última reação é a primeira etapa do ciclo de fotorrespiração, que libera CO_2. A taxa de fotorrespiração aumenta com a temperatura e diminui com a concentração de CO_2, de forma que a fotorrespiração constitui um dreno significativo de energia na maioria das plantas em dias quentes e ensolarados. Os produtos do ciclo de Calvin são convertidos em sacarose, amido e celulose, assim como em ácidos graxos e aminoácidos. As plantas C_4, que são muito comuns nos trópicos, têm um sistema para concentrar CO_2 em suas células fotossintéticas, de forma a minimizar os efeitos da fotorrespiração, mas ao custo de 2 ATP por CO_2 fixado. Algumas plantas de deserto conservam água absorvendo CO_2 à noite e liberando-o para o ciclo de Calvin de dia. Este metabolismo ácido das crassuláceas (MAC) ocorre por um processo similar ao ciclo C_4.

REFERÊNCIAS

Geral

Blankenship, R.E., *Molecular Mechanisms of Photosynthesis,* Blackwell Science (2002).

Buchanan, B.B., Gruissem, W., and Jones, R.L. (Eds.), *Biochemistry and Molecular Biology of Plants,* American Society of Plant Physiologists (2000).

Hall, D.O. and Rao, K.K., *Photosynthesis* (6th ed.), Cambridge (1999).

Heldt, H.-W., *Plant Biochemistry*, Elsevier (2005).

Lawlor, D.W., *Photosynthesis* (3rd ed.), BIOS Scientific Publishers Ltd. (2001).

Nicholls, D.G. and Ferguson, S.J., *Bioenergetics 3,* Chapter 6, Academic Press (2002).

Cloroplastos

Bogorad, L. and Vasil, I.K. (Eds.), *The Molecular Biology of Plastids,* Academic Press (1991).

Hoober, J.K., *Chloroplasts,* Plenum Press (1984).

Reações de luz

Drory, O., and Nelson, N., The structure of plant photosystem I at 4.3 Å resolution, *Nature* **447**, 58-63 (2007).

Barber, J., Photosystem II: a multisubunit membrane protein that oxidises water, *Curr. Opin. Struct. Biol.* **12,** 523–530 (2002).

Chitnis, P.R., Photosystem I: Function and physiology, *Annu. Rev. Plant Physiol. Plant Biol.* **52,** 593–626 (2001).

Deisenhofer, J., Epp, O., Sinning, I., and Michel, H., Crystallographic refinement at 2.3 Å resolution and refined model of the photosynthetic reaction centre from *Rhodopseudomonas viridis, J. Mol. Biol.* **246,** 429–457 (1995).

Deisenhofer, J. and Michel, H., High-resolution structures of photosynthetic reaction centers, *Annu. Rev. Biophys. Biophys. Chem.* **20,** 247–266 (1991); *and* Structures of bacterial photosynthetic reaction centers, *Annu. Rev. Cell Biol.* **7,** 1–23 (1991).

Deng, Z., Aliverti, A., Zanetti, G., Arakaki, A.K., Ottado, J., Orellano, E.G., Calcaterra, N.B., Ceccarelli, E.A., Carrillo, N., and Karplus, P.A., A productive $NADP^+$ binding mode of ferredoxin–$NADP^+$ reductase revealed by protein engineering and crystallographic studies, *Nature Struct. Biol.* **6,** 847- 853 (1999); *and* Bruns, C.M. and Karplus, P.A., Refined crystal structure of spinach ferredoxin reductase at 1.7 Å resolution: Oxidized, reduced, and 2′-phospho-5′-AMP bound states, *J. Mol. Biol.* **247,** 125–145 (1995).

Diner, B.A. and Rappaport, F., Structure, dynamics, and energetics of the primary photochemistry of photosystem II of oxygenic photosynthesis, *Annu. Rev. Plant Biol.* **53,** 551–580 (2002).

Eberhard, S., Finazzi, G., and Wollman, F.-A., The dynamics of photosynthesis, *Annu. Rev. Genet.* **42**, 463-515 (2008).

El-Kabbani, O., Chang, C.-H., Tiede, D., Norris, J., and Schiffer, M., Comparison of reaction centers from *Rhodobacter sphaeroides* and *Rhodopseudomonas viridis:* Overall architecture and protein-pigment interactions, *Biochemistry* **30,** 5361– 5369 (1991).

Frome,, O. (Ed.), Photosynthetic *Protein Compexes. A Structural Approach*, Wiley-Blackwell (2008).

Guskov, A., Kern, J., Gabdulkhakov, A., Broser, M., and Saenger, W., Cyanobacterail photosystem II at 2.9-Å resolution and the role of quinones, lipids, channels, and chloride, *Nature Struct. Mol. Biol.* **16**, 334-342 (2009); Loll, B., Kern, J., Saenger, W., A., and Bisiadka, J., Towards complete cofactor arrangement in the 3.0 Å resolution structure of photosystem II, *Nature* **438**, 1040-1044 (2005), and Ferreira, K.N., Iverson, T.M., Maghlaoui, K., Barber, J., and Iwata, S., Architecture of the photosynthetic oxygen evolving center, *Science* **303**, 1831-1838 (2004). [Estrutura por raios X de PSII.]

Heathcote, P., Fyfe, P.K., and Jones, M.R., Reaction centers: The structure and evolution of biological solar power, *Trends Biochem. Sci.* **27,** 79–87 (2002).

Jordan, P., Fromme, P., Witt, H.T., Klukas, O., Saenger, W., and Krauss, N., Three-dimensional structure of cyanobacterial photosystem I at 2.5 Å resolution, *Nature* **411,** 909–917 (2001).

Koepke, J., Hu, X., Muenke, C., Schulen, K., and Michel, H., The crystal structure of the light-harvesting complex II (B800–850) from *Rhodospirillum molischianum, Structure* **4,** 581–597 (1996); *and* McDermott, G., Prince, S.M., Freer, A.A., Horthornthwaite-Lawless, A.M., Papiz, M.Z., Cogdell, R.J., and Isaacs, N.W., Crystal structure of an integral membrane light-harvesting complex from photosynthetic bacteria, *Nature* **374,** 517–521 (1995). (As estruturas de raio X do LH2s.)

Kurisu, G., Kusunoki, M., Katoh, E., Yamazaki, T., Teshima, K., Onda, Y., Kimata-Ariga, Y., and Hase, T., Structure of the electron transfer complex between ferredoxin and ferredoxin-NA-DP^+ reductase, *Nature Struct. Biol.* **8,** 117–121 (2001).

Kurisu, G., Zhang, H., Smith, J.L., and Cramer, W.A., Structure of the cytochrome b_6f complex of oxygenic photosynthesis: Tuning the cavity, *Science* **302**, 1009-1014 (2003); Stroebel, D., Choquet, Y., Popot, J.-L., and Picot, D., An atypical haem in the cytochrome b_6f complex, *Nature* **426**, 413-418 (2003); and Cramer, W.A., Zhang, H., Yan, J., Kurisu, G., and Smith, J.L., Transmembrane traffic in the cytochrome b_6f complex, *Annu. Rev. Biochem.* **75**, 769-790 (2006).

Nelson, N. and Yocum, C.F., Structure and function of photosystems I and II, *Annu. Rev. Plant Biol.* **57**, 521-565 (2006).

Renger, G. and Tenger, T., Photosystem II: The machinery of photosynthetic water splitting, *Photosyn. Res*. **98**, 53-80 (2008).

Ruban, A.V., et al., Identification of a mechanism of photoprotective energy dissipation in higher plants, *Nature* **450**, 575578 (2007).

Standfuss, J., van Scheltinga, A.C.T., Lamborghini, M., and Kühlbrandt, W., Mechanisms of photoprotection and non-photochemical quenching in pea light-harvesting complex at 2.5 Å resolution, *EMBO J.* **24**, 9190-928 (2005). [Estrutura por rios X de LHC-III]

Yano, J., et al., Where water is oxidized to dioxygen: Structure of the photosynthetic Mn_4Ca cluster, *Science* **314**, 821-825 (2006).

Reações de escuro

Black, C.C. and Osmond, C.B., Crassulacean acid metabolism photosynthesis: 'working the night shift', *Photosynthesis Res.* **76**, 329-331 (2003).

Cushman, J.C. and Bohnert, H.J., Crassalacean acid metabolism: Molecular genetics, *Annu. Rev. Plant Physiol. Plant Mol. Biol.* **50,** 305–332 (1999).

Dai, S., Friemann, R., Glauser, D.A., Bourquin, F. Mainieri, W., Schürmann, P., and Eklund, H., Structural snapshots along the reaction pathway of ferredoxin-thioreoxn reductase, *Nature* **448**, 92-96 (2007).

Hartman, F.C. and Harpel, M.R., Chemical and genetic probes of the active site of D-ribulose-1,5-bisphosphate carboxylase/oxygenase: A retrospective based on the three-dimensional structure, *Adv. Enzymol. Relat. Areas Mol. Biol.* **67,** 1–75 (1993).

Hatch, M.D., C_4 photosynthesis: A unique blend of modified biochemistry, anatomy, and ultrastructure, *Biochim. Biophys. Acta* **895,** 81–106 (1987).

Ogren, W.L., Photorespiration: Pathways, regulation, and modification. *Annu. Rev. Plant Physiol.* **35,** 415–442 (1984).

Portis, A.R., Jr., Regulation of ribulose 1,5-bisphosphate carboxylase/oxygenase activity, *Annu. Rev. Plant Physiol. Plant Mol. Biol.* **43,** 415–437 (1992); *and* Rubisco activase, *Biochim. Biophys. Acta* **1015,** 15–28 (1990).

Saxena, I.M. and Brown, R.M., Jr., Cellulose byosinthesis: current views and evolving concepts, *Ann. Bot.* **96**, 9-21 (2005).

Schreuder, H.A., Knight, S., Curmi, P.M.G., Andersson, I., Cascio, D., Sweet, R.M., Brändén, C.-I., and Eisenberg, D., Crystal structure of activated tobacco rubisco complexed with the reaction intermediate analogue 2 carboxy-arabinitol 1,5-bisphosphate, *Protein Sci.* **2,** 1136–1146 (1993).

Schürmann, P., Redox signaling in the chloroplast: The ferredoxin/thioredoxin system, *Antioxidant Redox Signalling* **5**, 69-79 (2003).

Spreitzer, R.J. and Salvucci, M.E., Rubisco: structure, regulatory interactions, and possibilities for a better enzyme, *Annu. Rev. Plant Biol.* **53,** 449–475 (2001).

Taylor, T.C. and Andersson, I., The structure of the complex between rubisco and its natural substrate ribulose 1,5-bisphosphate, *J. Mol. Biol.* **265,** 432–444 (1997).

PROBLEMAS

1. Por que a clorofila tem a cor verde quando ela absorve nas regiões vermelha e azul do espectro (Fig. 24.5)?

2. A "maré vermelha" é uma proliferação extensa de certas espécies de algas, que faz a água do mar ficar visivelmente vermelha. Descreva as características espectrais dos pigmentos fotossintéticos dominantes nessas algas.

3. $H_2{}^{18}O$ é adicionada a uma suspensão de cloroplastos capazes de fazer fotossíntese. Onde aparece a marcação quando a suspensão é exposta à luz?

4. Indique, onde for apropriado, os componentes análogos das cadeias fotossintéticas transportadoras de elétrons nas bactérias fotossintéticas púrpuras e nas de cloroplastos.

5. A antimicina inibe a fotossíntese em cloroplastos. Indique seu mais provável sítio de ação e explique seu raciocínio.

6. Calcule a eficiência energética da fotossíntese cíclica e não cíclica em cloroplastos usando luz de 680 nm. Qual seria esta eficiência com luz de 500 nm? Presuma que a formação de ATP requer 59 $kJ \cdot mol^{-1}$ sob condições fisiológicas.

***7.** Qual o gradiente de pH mínimo necessário para sintetizar ATP a partir de ADP + P_i? Assuma $[ATP]/([ADP][P_i]) = 10^3$, T = 25°C e que três prótons precisam ser transladados por ATP gerado (Ver Tabela 16.3 para informações termodinâmicas úteis).

8. Indique o padrão de marcação médio do ciclo de Calvin na ribulose-5-fosfato depois de dois ciclos de exposição a $^{14}CO_2$.

9. Cloroplastos são iluminados até que os níveis dos intermediários do ciclo de Calvin atinjam o equilíbrio dinâmico. A luz é então desligada. Como variam os níveis de RuBP e 3-PG depois deste período?

10. Qual a eficiência energética do ciclo de Calvin, combinado com a glicólise e com a fosforilação oxidativa; ou seja, que percentual da energia adicionada pode ser metabolicamente recuperada na síntese de amido a partir de CO_2, usando NADPH e ATP fotossinteticamente produzidos, em vez de estocar, de alguma forma, estes intermediários de "alta energia"? Presuma que cada NADPH é energeticamente equivalente a três ATP e que a síntese e a quebra de amido são energeticamente equivalentes à síntese e à quebra do glicogênio.

11. Prever o efeito de um desacoplador como dinitrofenol (Fig. 22.47) na produção de (a) ATP e (b) NADPH em um cloroplasto.

12. Descrever os efeitos de um aumento na pressão de oxigênio nas reações de escuro da fotossíntese.

13. Se uma planta C_3 e uma planta C_4 são colocadas juntas em uma caixa selada iluminada, com umidade suficiente, a planta C_4 se desenvolve com sucesso enquanto a planta C_3 adoece e, por fim, morre. Explique.

14. As folhas de algumas espécies de plantas de deserto têm gosto ácido assim que amanhece, mas, à medida que o dia progride, elas ficam sem gosto e então amargas. Explique.

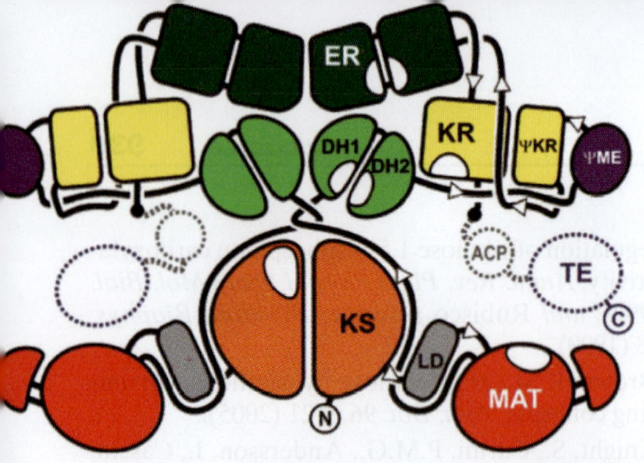

Metabolismo dos Lipídeos

CAPÍTULO 25

Os lipídeos desempenham funções indispensáveis para a estrutura e o metabolismo celular. Por exemplo, os triacilgliceróis são a principal forma de armazenamento de energia em animais; o colesterol é um componente vital das membranas celulares e um precursor dos hormônios esteroides e sais biliares; o araquidonato, um ácido graxo insaturado de 20 carbonos, é o precursor das prostaglandinas, prostaciclinas, tromboxanas, leucotrienos e lipoxinas, que são potentes mediadores intracelulares que controlam vários processos complexos; e glicolipídeos e fosfolipídeos complexos são os principais componentes das membranas biológicas. Discute-se as estruturas de lipídeos simples e complexos na Seção 12.1. Na primeira metade deste capítulo, será examinado o metabolismo de ácidos graxos e triacilgliceróis, incluindo sua digestão, oxidação e biossíntese. Então, será visto como o colesterol é sintetizado e utilizado, e como prostaglandinas, prostaciclinas, tromboxanas, leucotrienos e lipoxinas são sintetizados. Encerra-se este capítulo estudando como glicolipídeos e fosfolipídeos complexos são sintetizados a partir de lipídeos mais simples e carboidratos.

1 DIGESTÃO, ABSORÇÃO E TRANSPORTE DE LIPÍDEOS

***Triacilgliceróis** (também chamados de **gorduras** ou **triglicerídeos**) constituem ~90% da dieta lipídica e são a principal forma de armazenagem de energia metabólica em humanos.* Os triacilgliceróis são triésteres de glicerol com ácidos graxos, como os ácidos palmítico e oleico

1-Palmitoil-2,3-dioleoil-glicerol

(os nomes comuns e as fórmulas estruturais dos ácidos graxos biologicamente mais comuns estão listados na Tabela 12.1). Como a glicose, eles são metabolicamente oxidados a CO_2 e H_2O. Todavia, como a maioria dos átomos de carbono dos triacilgliceróis está em um estado de oxidação menor do que os átomos de carbono da glicose, o *metabolismo oxidativo das gorduras fornece mais de duas vezes mais energia do que o peso equivalente de carboidrato ou proteína desidratados (Tabela 25.1).* Além disso, as gorduras, sendo apolares, são armazenadas em estado anidro, enquanto o glicogênio, a forma de armazenamento da glicose, é polar e é, consequentemente, armazenado na forma hidratada, que contém aproximadamente duas vezes o seu peso seco em água. As gorduras, portanto, fornecem em torno de seis vezes mais energia metabólica do que o mesmo peso de glicogênio hidratado.

a. A digestão de lipídeos ocorre na interface lipídeo-água

Uma vez que os triacilgliceróis são insolúveis em água, ao passo que as enzimas digestivas são solúveis em água, *a di-*

TABELA 25.1 Conteúdo energético dos constituintes dos alimentos

Constituinte	ΔH (kJ · g^{-1} peso seco)
Carboidrato	16
Gordura	37
Proteína	17

Fonte: Newsholme, E.A., and Leech, A.R., *Biochemistry for the Medical Sciences*, *p*.16, Wiley (1983).

gestão dos triacilgliceróis ocorre na interface lipídeo-água. A taxa de digestão de triacilgliceróis, portanto, depende da área de superfície da interface, que é bastante aumentada pelos movimentos peristálticos do intestino, combinados à ação emulsificante dos **sais biliares**. Estes são poderosos detergentes digestivos que, como será visto na Seção 25.6C, são sintetizados pelo fígado e secretados, através da vesícula biliar, para o intestino delgado, onde ocorre a digestão e absorção dos lipídeos.

b. A lipase pancreática requer ativação e possui uma tríade catalítica

A **lipase** pancreática (**triacilglicerol-lipase**) catalisa a hidrólise de triacilgliceróis nas posições 1 e 3, formando sequencialmente **1,2-diacilgliceróis** e **2-acilgliceróis**, juntamente com os sais de Na^+ e K^+ dos ácidos graxos (sabões). Esses sabões, sendo anfipáticos, auxiliam no processo de emulsificação dos lipídeos.

A atividade enzimática da lipase pancreática é bastante aumentada quando ela entra em contato com a interface lipídeo-água, um fenômeno conhecido como **ativação interfacial**. A interação da lipase com a interface lipídeo--água requer a presença de micelas mistas de fosfatidilcolina (Fig. 12.4) e sais biliares, assim como a presença da proteína **colipase**, que é sintetizada no pâncreas e forma um complexo 1:1 com a lipase. Esse complexo auxilia a adsorção da enzima às gotas de óleo emulsificadas e também estabiliza a enzima em uma conformação ativa. As estruturas por raios X, determinadas por Christian Cambillau, de complexos de lipase--colipase pancreáticas, sozinhos e cocristalizados com micelas mistas de fosfatidilcolina e sais biliares, revelam a base estrutural da ativação da lipase e o modo através do qual a colipase e as micelas ajudam a lipase a ligar-se na interface lipídeo-água (Fig. 25.1).

O sítio ativo da lipase pancreática de 449 resíduos, localizado no domínio N-terminal da enzima, possui uma tríade catalítica que muito se assemelha à das serina-proteases (Seção 15.3B; lembre-se que a hidrólise do éster é mecanisticamente similar à hidrólise peptídica). Em solução aquosa (Fig. 25.1*a*), o sítio ativo está coberto por uma "tampa" helicoidal de 26 resíduos. Contudo, na presença de micelas mistas (Fig. 25.1*b*), a tampa sofre uma reorganização estrutural complexa que expõe o sítio ativo; faz uma alça de 10 resíduos, chamada alça β5, alterar sua conformação de modo a formar o bolsão do oxiânion da enzima ativa; e gera uma superfície hidrofóbica próxima à entrada do sítio ativo. De fato, o sítio ativo do complexo contendo a micela mista possui uma região de densidade eletrônica, alongada, que parece ser uma molécula de fosfatidilcolina, que contata o resíduo de serina da tríade catalítica.

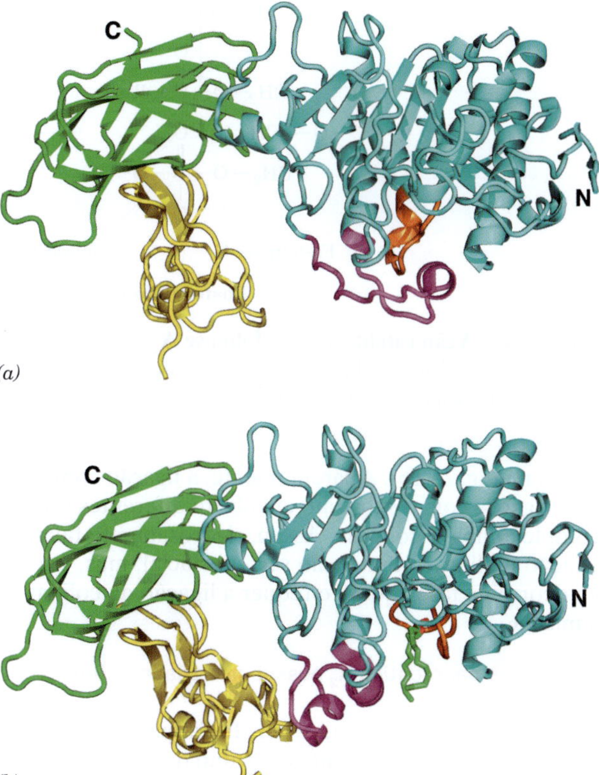

FIGURA 25.1 Estruturas por raios X da lipase pancreática complexada à colipase. (*a*) Em solução aquosa, e (*b*) cocristalizada com micelas mistas de fosfatidilcolina e sais biliares. A lipase está representada na forma de fitas com o domínio N-terminal (resíduos 1-366) em ciano, domínio C-terminal (resíduos 337-449) em verde, a tampa (resíduos 237-262) em magenta e a alça β5 (resíduos 76-85) em cor de laranja. A colipase está em amarelo. Uma molécula de fosfatidilcolina que está ligada ao sítio ativo da lipase na Parte (*b*) está representada na forma de bastões com o C em verde, O em vermelho e P em cor de laranja. As micelas, que possuem estruturas irregulares (p. ex., Fig. 2.9), não estão visíveis. (Com base nas estruturas por raios X obtidas por Christian Cambillau, LCCMB-CNRS, Marselha, França.)

A colipase liga-se ao domínio C-terminal da lipase de modo que as extremidades hidrofóbicas das três alças que compreendem grande parte desta proteína de 90 resíduos se estendam a partir do complexo na mesma direção do sítio ativo da lipase. Isso cria uma planície hidrofóbica contínua, estendendo-se mais de 50 Å além do sítio ativo (parte inferior da Fig. 25.1*b*), o que provavelmente auxilia na ligação do complexo à superfície lipídica. Na presença de micelas mistas, a colipase muda de conformação de modo a formar três ligações de hidrogênio com a tampa aberta, estabilizando-a nessa conformação.

As micelas mistas não são visíveis na estrutura por raios X. Entretanto, estudos de difração de nêutrons de cristais de um complexo lipase-colipase-micela, feitos por Juan Fontecilla-Camps, no qual a lipase está na sua conformação ativa, revelaram que a micela ativada interage não com o sítio do substrato, mas com a face côncava da colipase e com a extremidade adjacente do domínio C-terminal da lipase (à

Fosfolipase A_1

$$R_2-\overset{\displaystyle O}{\overset{\|}{C}}-O-{}^2CH\left\langle\begin{array}{l}{}^1CH_2-O-\overset{O}{\overset{\|}{C}}-R_1\\ {}^3CH_2-O-\underset{O^-}{\underset{|}{\overset{O}{\overset{\|}{P}}}}-O-X\end{array}\right. \xrightarrow[\text{Fosfolipase } A_2]{H_2O \;\to\; R_2-\overset{O}{\overset{\|}{C}}-OH} H-O-CH\left\langle\begin{array}{l}CH_2-O-\overset{O}{\overset{\|}{C}}-R_1\\ CH_2-O-\underset{O^-}{\underset{|}{\overset{O}{\overset{\|}{P}}}}-O-X\end{array}\right.$$

Fosfolipase C Fosfolipase D

Fosfolipídeo **Lisofosfolipídeo**

FIGURA 25.2 **Ação catalítica da fosfolipase A_2.** A fosfolipase A_2 retira hidroliticamente o resíduo de ácido graxo C2 de um fosfolipídeo, gerando o lisofosfolipídeo correspondente. As ligações hidrolisadas por outros tipos de fosfolipases, que são nomeadas de acordo com suas especificidades, também estão indicadas.

esquerda na Fig. 25.1*b*). Aparentemente, a ligação com a micela e a ligação com o substrato envolvem diferentes regiões do complexo lipase-colipase. Assim, rigorosamente falando, a ativação da lipase parece não ser interfacial, mas, em vez disso, ocorre na fase aquosa e requer a ligação da colipase e uma micela.

c. Fosfolipase pancreática A_2 possui uma tríade catalítica modificada

Os fosfolipídeos são degradados pela **fosfolipase A_2** pancreática, que retira hidroliticamente o resíduo de ácido graxo em C2 para gerar **lisofosfolipídeos** correspondentes (Fig. 25.2), que também são poderosos detergentes. De fato, o fosfolipídeo lecitina é secretado na bile, provavelmente para auxiliar na digestão lipídica.

A fosfolipase A_2, assim como a triacilglicerol-lipase, preferencialmente catalisa reações nas interfaces. Contudo, como revelaram as determinações de estruturas por difração de raios X de fosfolipases A_2 de venenos de naja e de abelhas, feitas por Paul Sigler, seu mecanismo de ativação interfacial difere daquele mecanismo da triacilglicerol-lipase, pois não há mudança na sua conformação. Em vez disso, a fosfolipase A_2 contém um canal hidrofóbico, que fornece acesso direto ao substrato, da superfície do agregado fosfolipídico (micela ou membrana), até o sítio ativo da enzima ligada. Assim, quando abandona sua micela para ligar-se à enzima, o substrato não necessita se solvatar e depois se dessolvatar (Fig. 25.3). Em contraste, fosfolipídeos solúveis e dispersos precisam antes vencer essa importante barreira cinética para se ligar à enzima.

O mecanismo catalítico da fosfolipase A_2 também difere substancialmente do mecanismo da triacilglicerol-lipase. Embora o sítio ativo da fosfolipase A_2 contenha os componentes His e Asp de uma tríade catalítica, uma molécula de água ligada à enzima ocupa a posição esperada para uma Ser de sítio ativo. Além disso, o sítio ativo contém ligado um íon cálcio e não forma um intermediário acil-enzima. Sigler, então, propôs que a fosfolipase A_2 catalisa a hidrólise direta do fosfolipídeo com uma "díade catalítica" His-Asp, ativando uma molécula de água do sítio ativo para realizar um ataque nucleofílico sobre o éster, com o íon Ca^{2+} estabilizando o es-

(*a*)

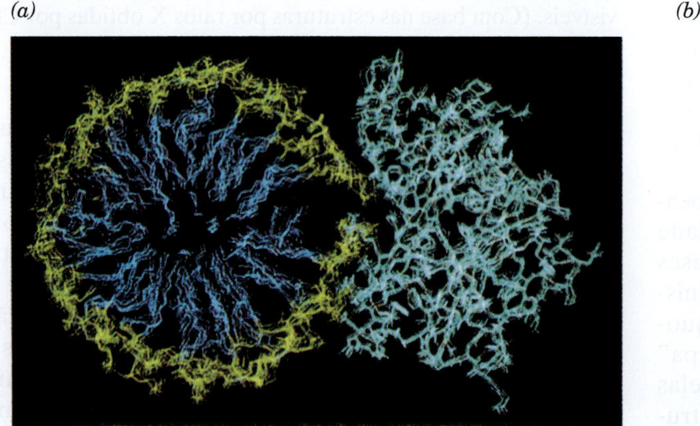

(*b*)

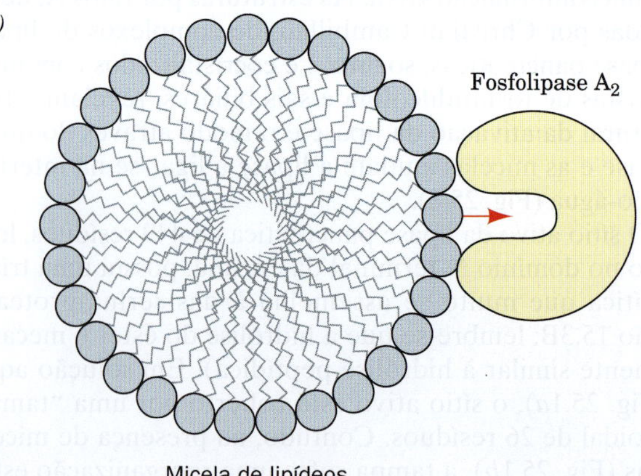

FIGURA 25.3 **Ligação do substrato à fosfolipase A_2.** (*a*) Modelo hipotético de fosfolipase A_2 complexada com uma micela de lisofosfatidiletalonamina, mostrado em um corte transversal. A proteína está desenhada em ciano, os grupos da cabeça dos fosfolipídeos estão em amarelo e suas caudas de hidrocarbonetos estão em azul. Os deslocamentos atômicos calculados do conjunto estão indicados por meio de uma série de imagens sobrepostas, tiradas a intervalos de 5 ps. (Cortesia de Raymond Salemme, E.I. du Pont de Nemours & Company.) (*b*) Diagrama esquemático de uma interação produtiva entre a fosfolipase A_2 e um fosfolipídeo contido em uma micela.

tado de transição oxiânion. Contudo, a estrutura por raios X determinada subsequentemente, por Mahendra Jain e Brian Bahnson, da fosfolipase A_2 em complexo com o mimético do intermediário tetraédrico **MJ33**

$$H_3C-O-\overset{\overset{\large O}{\|}}{\underset{\underset{\large O^-}{|}}{P}}-O-\overset{\overset{\large CH_2-O-(CH_2)_{15}-CH_3}{|}}{\underset{\underset{\large CH_2-O-CH_2-CF_3}{|}}{CH}}$$

MJ33 (1-Hexadecil-3-[trifluoretil]-*sn*-glicero-2-fosfometanol)

sugere que uma segunda molécula de água, não observada anteriormente, que está ligada através do íon Ca^{2+}, é o nucleófilo atacante (Fig. 25.4*a*). Isso levou à formulação de um mecanismo de reação (Fig. 25.4*b*) no qual ambos, a tríade catalítica Asp-His-água e o íon cálcio, ativam a segunda molécula de água, com o íon cálcio também estabilizando o intermediário tetraédrico resultante.

d. Sais biliares e proteínas ligadoras de ácidos graxos facilitam a absorção intestinal de lipídeos

A mistura de ácidos graxos e mono e diacilgliceróis produzida por digestão lipídica é absorvida pelas células que revestem o intestino delgado (a mucosa intestinal), em um processo facilitado por sais biliares. As micelas formadas pelos sais biliares agregam os produtos apolares da degradação lipídica para permitir seu transporte através da camada aquosa que reveste a parede intestinal. A importância desse processo é demonstrada em indivíduos com ductos biliares obstruídos: eles absorvem pouco dos lipídeos ingeridos na dieta e os eliminam na forma hidrolisada nas suas fezes (**esteatorreia**). Evidentemente, *sais biliares não são somente um auxílio para a digestão lipídica, mas essenciais para a absorção dos produtos desta.* Sais biliares são igualmente necessários para a absorção intestinal eficiente das vitaminas lipossolúveis A, D, E e K.

No interior das células intestinais, os ácidos graxos formam complexos com a **proteína intestinal ligadora de ácidos**

(*a*)

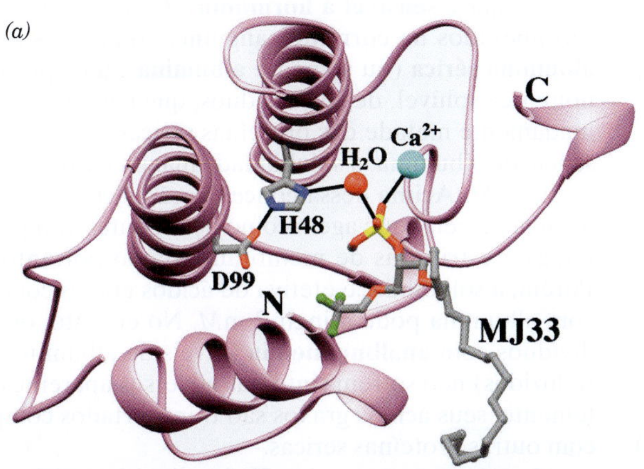

(*b*)

FIGURA 25.4 Estrutura e mecanismo da fosfolipase A_2. (*a*) A estrutura por raios X da fosfolipase A_2 monomérica de porco (em cor-de-rosa), de 124 resíduos, complexada com o mimético do intermediário tetraédrico MJ33. O sítio ativo da enzima contém uma tríade catalítica semelhante à das serinoproteases (Fig.15-20), com uma molécula de água substituindo a Ser catalítica. As cadeias laterais de His 48 e Asp 99 da tríade catalítica em conjunto com MJ33 estão representadas em forma de bastões, coloridas de acordo com o tipo atômico (C, cinza; N, azul; O, vermelho; F, verde; e P, amarelo). A molécula de água da tríade catalítica e o íon Ca^{2+}, que é importante cataliticamente, estão representados por esferas vermelhas e ciano. As ligações de hidrogênio que são importantes cataliticamente e as interações de ligação do Ca^{2+} estão representados por finas linhas pretas. O grupo fosforil tetraédrico do MJ33 presumivelmente ocupa a posição da segunda molécula de água, não observada. Os resíduos 65 a 74 foram excluídos para melhor clareza. (Com base na estrutura por raios X por Mahendra Jain e Brian Bahnson, University of Delaware, EUA. PDBid 1FXF.) (*b*) O mecanismo catalítico da fosfolipase A_2. (**1**) A tríade catalítica ativa a segunda molécula de água para atacar o carbono suscetível a hidrólise da carbonila, com o íon Ca^{2+} coordenando a molécula de água ativada e estabilizando eletrostaticamente o intermediário tetraédrico resultante (em vez de agir através da catálise nucleofílica, como ocorre nas serino-proteases; Fig. 15-23). (**2**) O intermediário tetraédrico se decompõe, gerando seus produtos. (Segundo Berg, O.G., Gelb, M.H., Tsai, M.-D., e Jain, M.K., *Chem.Rev* **101**, 2638 [2001].)

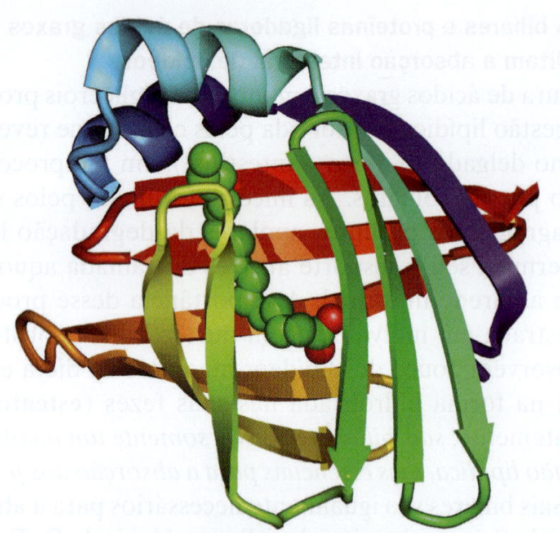

FIGURA 25.5 **Estrutura por raios X da proteína intestinal ligadora de ácidos graxos de ratos em complexo com palmitato.** A proteína é mostrada em um modelo em fita colorido de acordo com as cores do arco-íris a partir do N-terminal (*azul*) até o C-terminal (*vermelho*). O palmitato é mostrado na forma de volume atômico, com C em verde e O em vermelho. (Com base em uma estrutura por raios X de James Sacchettini, Albert Einstein College of Medicine, EUA. PDBid 2IFB.)

graxos, uma proteína citoplasmática, que serve para aumentar a solubilidade efetiva dessas substâncias insolúveis na água. Além disso, ela protege a célula dos efeitos detergentes dos ácidos graxos (relembrando que sabões são sais de ácidos graxos). As estruturas por raios X da proteína intestinal ligadora de ácidos graxos de rato, tanto isolada como complexada com uma molécula de palmitato, foram determinadas por James Sacchettini. Essa proteína monomérica, composta de 131 resíduos de aminoácidos, consiste principalmente em 10 fitas β antiparalelas, organizadas em um conjunto de duas folhas β quase ortogonais (Fig. 25.5). O palmitato ocupa uma lacuna entre duas das fitas β, de modo tal que está entre as folhas β com uma orientação que, na maior parte do seu comprimento, é mais ou menos paralela às duas fitas β (esta estrutura foi descrita como uma concha bivalve β). O grupo carboxil do palmitato interage com Arg 106, Gln 115 e duas moléculas de água ligadas, enquanto a cadeia de metileno está cercada pelas cadeias laterais de vários resíduos hidrofóbicos, majoritariamente aromáticos.

e. Lipídeos são transportados em complexos lipoproteicos

Os produtos da digestão lipídica absorvidos pela mucosa intestinal são convertidos por estes tecidos a triacilgliceróis (Seção 25.4F) e, então, embalados em partículas lipoproteicas chamadas de **quilomícrons**. Essas, por sua vez, são liberadas na corrente sanguínea pelo sistema linfoide, para alcançar os tecidos. Similarmente, triacilgliceróis sintetizados pelo fígado são embalados em **lipoproteínas de densidade muito baixa** (**VLDLs**, de *very low density lipoproteins*) e liberados diretamente no sangue. Essas lipoproteínas, cujas origens, estruturas, e funções são discutidas na Seção 12.5, mantêm seus componentes lipídicos solúveis em solução aquosa.

Os triacilgliceróis constituintes dos quilomícrons e das VLDLs são hidrolisados em ácidos graxos livres e em glicerol nos capilares do tecido adiposo e do tecido muscular esquelético pela **lipase lipoproteica** (Seção 12.5Ba). Os ácidos graxos resultantes são captados por esses tecidos, enquanto o glicerol é transportado ao fígado ou aos rins. Ali, é convertido no intermediário glicolítico di-hidroxiacetona-fosfato pela ação sequencial da **glicerol-cinase** e da **glicerol-3-fosfato-desidrogenase** (Fig. 25.6).

A mobilização de triacilgliceróis armazenados no tecido adiposo envolve sua hidrólise em glicerol e ácidos graxos livres pela **triacilglicerol-lipase sensível a hormônio** (ou somente **lipase sensível a hormônio**). Os ácidos graxos livres são liberados na corrente sanguínea, onde eles se ligam à **albumina sérica** (ou somente **albumina**), uma proteína monomérica solúvel, de 585 resíduos, que compreende aproximadamente metade das proteínas séricas no sangue. Na ausência de albumina, a solubilidade máxima dos ácidos graxos é $\sim 10^{-6}$ *M*. Acima dessa concentração, ácidos graxos livres formam micelas que agem como detergentes, rompendo proteínas e estruturas de membrana, sendo portanto tóxicos. Porém, a solubilidade efetiva de ácidos graxos complexados com albumina pode atingir 2 m*M*. No entanto, os raros indivíduos com **analbuminemia** (níveis de albumina bastante reduzidos) não sofrem sintomas adversos aparentes; evidentemente, seus ácidos graxos são transportados complexados com outras proteínas séricas.

A estrutura por raios X da albumina sérica humana complexada com uma variedade de ácidos graxos comuns, determinada por Stephen Curry, revelou que cada molécula de albumina pode ligar-se a até sete moléculas de ácido graxo (Fig. 25.7). Porém esses sítios de ligação possuem diferentes afinidades pelos ácidos graxos, de modo que, em condições fisiológicas normais, a albumina carrega entre 0,1 e 2 moléculas de ácido graxo por molécula de proteína. A albumina também se liga a uma gama muito ampla de fármacos, sendo, portanto, uma grande, e muitas vezes imprevisível, influência nas sua farmacocinética (Seção 15.4Ba). De fato, grandes quantidades de ácidos graxos no sangue após as refeições podem afetar significativamente a farmacocinética de um fármaco por meio de interações competitivas e/ou cooperativas.

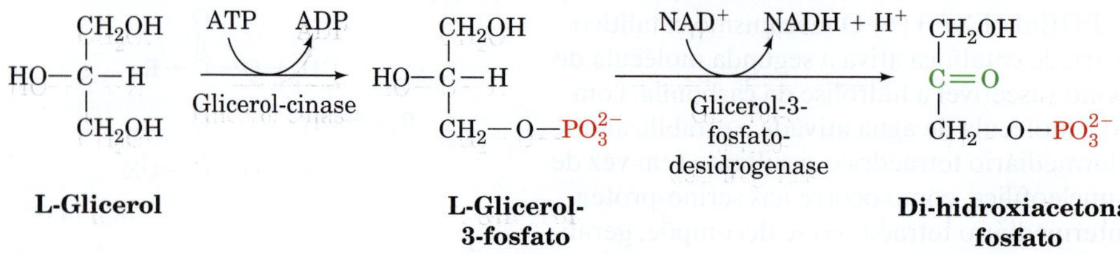

$$\underset{\textbf{L-Glicerol}}{\mathrm{HO{-}CH(CH_2OH)_2}} \xrightarrow[\text{Glicerol-cinase}]{\mathrm{ATP}\ \to\ \mathrm{ADP}} \underset{\textbf{L-Glicerol-3-fosfato}}{\mathrm{CH_2OH{-}C(H)(OH){-}CH_2{-}O{-}PO_3^{2-}}} \xrightarrow[\text{Glicerol-3-fosfato-desidrogenase}]{\mathrm{NAD^+}\ \to\ \mathrm{NADH + H^+}} \underset{\textbf{Di-hidroxiacetona-fosfato}}{\mathrm{CH_2OH{-}C{=}O{-}CH_2{-}O{-}PO_3^{2-}}}$$

FIGURA 25.6 **Conversão do glicerol ao intermediário glicolítico di-hidroxiacetona-fosfato.**

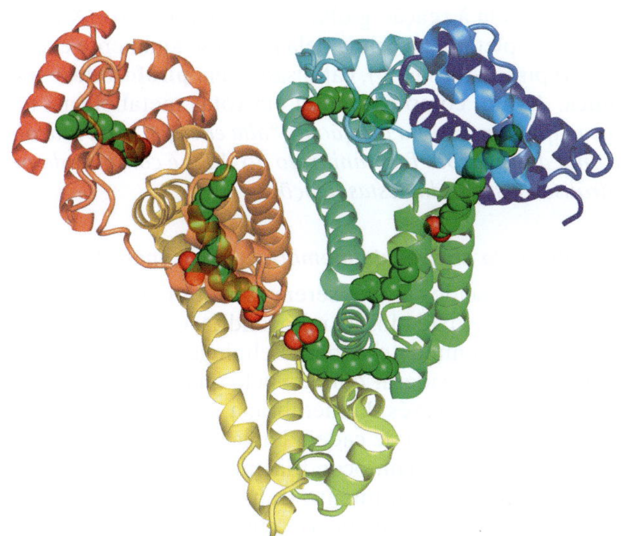

FIGURA 25.7 **Estrutura por raios X da albumina sérica humana complexada com 7 moléculas de ácido palmítico.** A proteína está representada em um modelo em fita semitransparente colorido de acordo com as cores do arco-íris a partir do N--terminal (*azul*) até o C-terminal (*vermelho*). Os ácidos graxos estão representados na forma de volume atômico, com C em verde e O em vermelho. (Com base em uma estrutura por raios X de Stephen Curry, Imperial College of Science, Technology, e Medicine, Londres, Reino Unido. PDBid 1E7H.)

2 OXIDAÇÃO DE ÁCIDOS GRAXOS

A estratégia bioquímica da oxidação de ácidos graxos foi entendida muito antes do advento de técnicas bioquímicas envolvendo purificação enzimática ou o uso de marcadores radioativos. Em 1904, Franz Knoop, na primeira vez que foram usados marcadores químicos para rastrear rotas metabólicas, alimentou cachorros com ácidos graxos marcados em seu carbono ω (o último) com um anel benzênico e isolou da urina os produtos metabólicos que continham fenil. Os cães alimentados com ácidos graxos de cadeia com número ímpar de carbonos marcados excretaram **ácido hipúrico**, a amida de glicina com **ácido benzoico**, ao passo que os cães alimentados com ácidos graxos de cadeia com número par de carbonos marcados excretaram **ácido fenilacetúrico**, a amida de glicina com **ácido fenilacético** (Fig. 25.8). Knoop então deduziu que o processo de degradação de ácidos graxos envolve a oxidação do carbono β em relação ao carbono carboxílico. Se fosse de outro modo, o ácido fenilacético seria oxidado até ácido benzoico. Knoop propôs que essa quebra ocorre por um mecanismo conhecido como **β-oxidação**, no qual o carbono β do ácido graxo é oxidado. Foi somente após 1950, depois da descoberta da coenzima A, que as enzimas da oxidação de ácidos graxos foram isoladas e seu mecanismo de reação elucidado. Este trabalho confirmou a hipótese de Knoop.

A. *Ativação de ácidos graxos*

Antes de os ácidos graxos serem oxidados, eles precisam ser "preparados" para as reações em uma reação de acilação dependente de ATP para formar acil-CoA-graxo. O processo de ativação é catalisado por uma família de pelo menos três **acil-CoA-sintases** (também chamadas **tiocinases**), que se diferenciam pela especificidade do comprimento da cadeia. Essas enzimas, que estão associadas com o retículo endoplasmático ou com a membrana mitocondrial externa, catalisam a reação

$$\text{Ácido graxo} + \text{CoA} + \text{ATP} \rightleftharpoons \text{acil-CoA-graxo} + \text{AMP} + \text{PP}_i$$

Na ativação do palmitato marcado com ^{18}O por uma acil--CoA-sintase de cadeia longa, o AMP e os produtos de acil--CoA tornam-se marcados com ^{18}O. Essa observação indica que a reação possui um anidrido misto aciladenilato intermediário, que é atacado pelo grupo sulfidrila da CoA para formar um produto tioéster (Fig. 25.9). A reação envolve a clivagem e a síntese de ligações com grandes energias livres negativas de hidrólise, de tal modo que a troca da energia

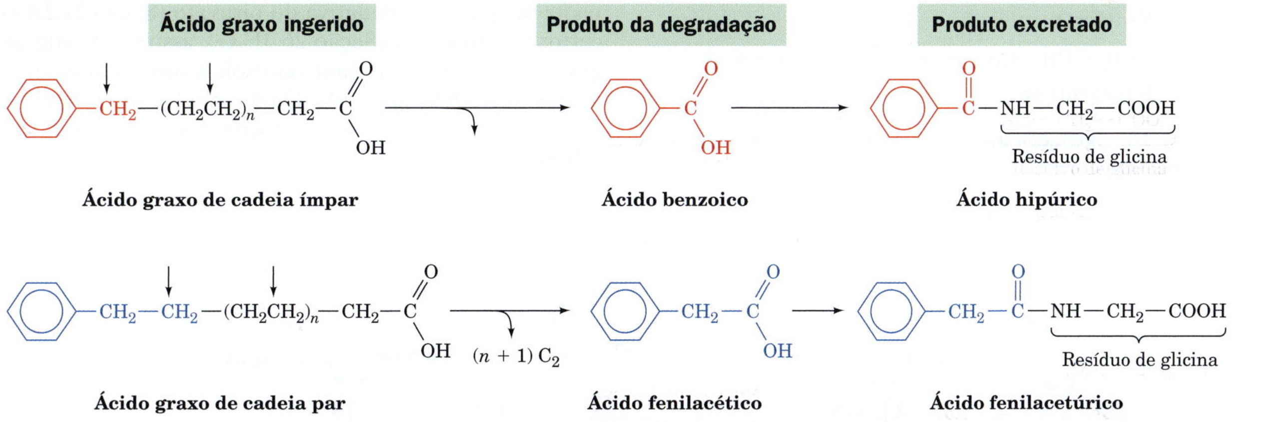

Ácido graxo ingerido | Produto da degradação | Produto excretado

$$\text{C}_6\text{H}_5\text{—CH}_2\text{—(CH}_2\text{CH}_2)_n\text{—CH}_2\text{—COOH} \longrightarrow \text{C}_6\text{H}_5\text{—COOH} \longrightarrow \text{C}_6\text{H}_5\text{—CO—NH—CH}_2\text{—COOH}$$

Ácido graxo de cadeia ímpar → Ácido benzoico → Ácido hipúrico (Resíduo de glicina)

$$\text{C}_6\text{H}_5\text{—CH}_2\text{—CH}_2\text{—(CH}_2\text{CH}_2)_n\text{—CH}_2\text{—COOH} \xrightarrow{(n+1)\,C_2} \text{C}_6\text{H}_5\text{—CH}_2\text{—COOH} \longrightarrow \text{C}_6\text{H}_5\text{—CH}_2\text{—CO—NH—CH}_2\text{—COOH}$$

Ácido graxo de cadeia par → Ácido fenilacético → Ácido fenilacetúrico (Resíduo de glicina)

FIGURA 25.8 **Experimento clássico de Franz Knoop indicando que os ácidos graxos são metabolicamente oxidados nos seus carbonos-β.** Os ácidos graxos de cadeia ímpar marcados com fenil em seus carbonos ω são oxidados a um produto, ácido benzoico, marcado com fenil no C_1, ao passo que os de cadeia par são oxidados ao produto, ácido fenilacético, marcado com fenil no C_2. Esses produtos são excretados como suas respectivas amidas de glicina, ácidos hipúrico e fenilacetúrico. As setas verticais indicam os sítios deduzidos de oxidação de carbono. Os produtos C_2 intermediários são oxidados a CO_2 e H_2O e, portanto, não foram isolados.

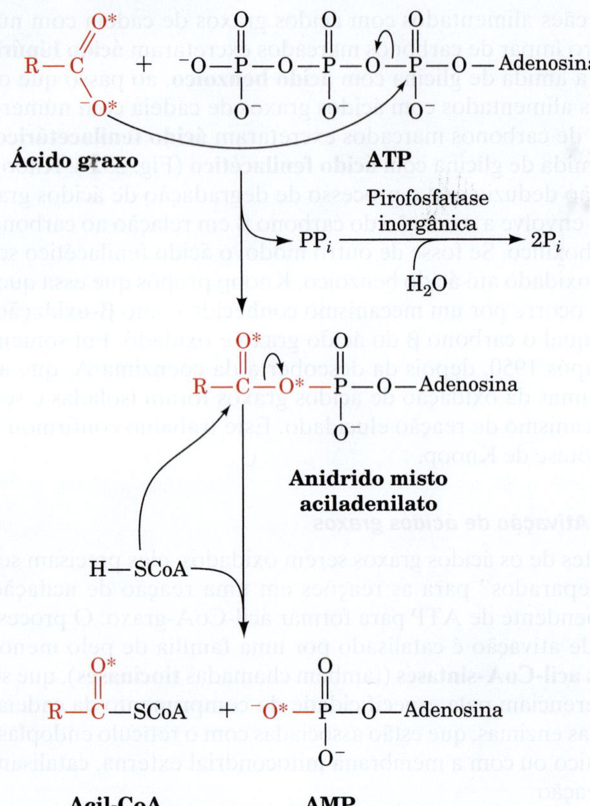

FIGURA 25.9 Mecanismo de ativação dos ácidos graxos catalisado pela acil-CoA-sintase. Experimentos utilizando ácidos graxos marcados com ^{18}O (*) demonstram que a formação de acil-CoA envolve um intermediário anidrido misto aciladenilato.

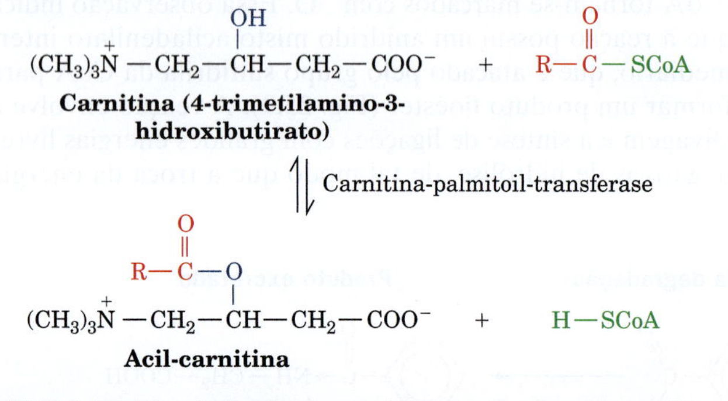

$$(CH_3)_3\overset{+}{N}-CH_2-CH(OH)-CH_2-COO^- \quad + \quad R-C(=O)-SCoA$$

Carnitina (4-trimetilamino-3-hidroxibutirato)

⇅ Carnitina-palmitoil-transferase

$$(CH_3)_3\overset{+}{N}-CH_2-CH(O-C(=O)-R)-CH_2-COO^- \quad + \quad H-SCoA$$

Acil-carnitina

FIGURA 25.10 Acilação da carnitina catalisada pela carnitina-palmitoil-transferase.

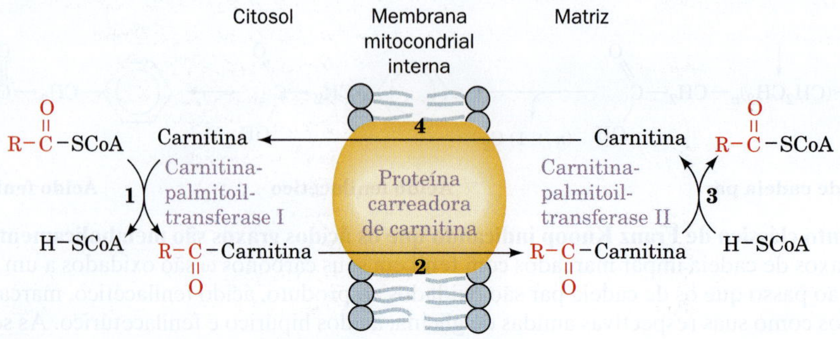

FIGURA 25.11 O transporte de ácidos graxos ao interior da mitocôndria.

livre associada à reação global é próxima de zero. A reação total é completada na célula pela hidrólise altamente exergônica do pirofosfato (PP_i), catalisada pela **pirofosfatase inorgânica**. Assim, como é comum em rotas metabólicas, *uma reação que forma uma ligação de "alta energia" pela hidrólise de uma das ligações fosfoanidrido do ATP é completada pela hidrólise da segunda destas ligações.*

B. *Transporte através da membrana mitocondrial*

Apesar de os ácidos graxos serem ativados para oxidação no citosol, eles são oxidados na mitocôndria, como estabelecido por Eugene Kennedy e Albert Lehninger, em 1950. Deve-se, portanto, considerar o modo pelo qual a acil-CoA graxa é transportada através da membrana mitocondrial interna. Uma acil-CoA-graxo de cadeia longa não pode cruzar diretamente a membrana mitocondrial interna. Em vez disso, sua porção acila é primeiramente transferida à **carnitina** (Fig. 25.10), um composto que ocorre em tecidos animais e vegetais. Essa reação de transesterificação tem uma constante de equilíbrio próxima de 1, o que indica que a ligação *O*-acil da **acil-carnitina** tem uma energia livre de hidrólise similar à da ligação tioéster. As **carnitina-palmitoil-transferases I** e **II**, que podem transferir uma variedade de grupos acila, estão localizadas, respectivamente, nas superfícies externa e interna da membrana mitocondrial interna. O processo de translado é mediado por uma proteína carreadora específica que transporta a acil-carnitina para dentro da mitocôndria ao mesmo tempo que transporta a carnitina livre na direção oposta. O transporte da acil-CoA consequentemente ocorre por meio de quatro reações (Fig. 25.11):

1. O grupo acila da acil-CoA citosólica é transferido à carnitina, liberando a CoA ao seu conjunto citosólico.
2. A acil-carnitina resultante é transportada à matriz mitocondrial por uma proteína carreadora.
3. O grupo acil é transferido à molécula de CoA do conjunto mitocondrial.
4. O produto carnitina retorna ao citosol.

Assim, a célula mantém conjuntos citosólicos e mitocondriais de CoA separados. O conjunto mitocondrial funciona na degradação oxidativa do piruvato (Seção 21.2A) e de certos aminoácidos (Seção 26.3E-G), assim como de ácidos graxos, enquanto o conjunto citosólico supre a biossíntese de ácidos graxos (Seção 25.4). Da mesma forma, a célula mantém conjuntos citosólicos e mitocondriais separados de ATP e NAD^+.

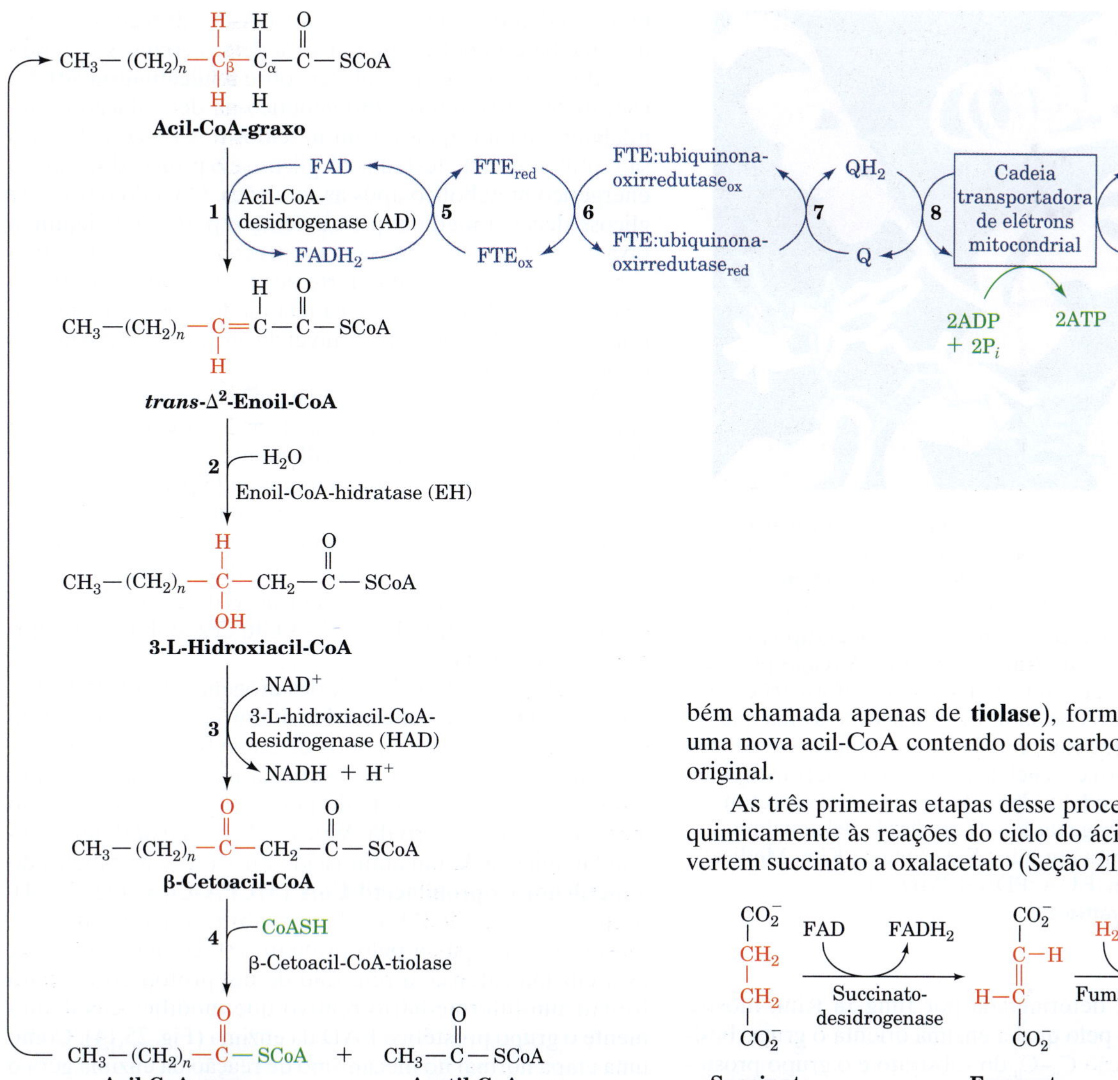

FIGURA 25.12 A rota da β-oxidação de acil-CoA-graxos.
Ver Figuras animadas

C. *β-Oxidação*

Ácidos graxos são degradados por meio da β-oxidação da acil-CoA-graxo, um processo que ocorre em quatro reações (Fig. 25.12):

1. A formação de uma ligação dupla *trans*-α,β por meio da desidrogenação pela flavoenzima **acil-CoA-desidrogenase (AD)**.
2. A hidratação da ligação dupla pela **enoil-CoA-hidratase (EH)**, formando a **3-L-hidroxiacil-CoA**.
3. Desidrogenação dependente de NAD^+ dessa β-hidroxiacil-CoA pela **3-L-hidroxiacil-CoA-desidrogenase (HAD)**, formando a β-cetoacil-CoA correspondente.
4. A clivagem da ligação C_α–C_β em uma reação de tiólise com CoA, catalisada pela **β-cetoacil-CoA-tiolase (CT**, também chamada apenas de **tiolase**), formando acetil-CoA e uma nova acil-CoA contendo dois carbonos a menos que a original.

As três primeiras etapas desse processo assemelham-se quimicamente às reações do ciclo do ácido cítrico que convertem succinato a oxalacetato (Seção 21.3F-H):

$$\underset{\textbf{Succinato}}{{}^-O_2C—CH_2—CH_2—CO_2^-} \xrightarrow[\text{Succinato-desidrogenase}]{FAD \;\rightarrow\; FADH_2} \underset{\textbf{Fumarato}}{{}^-O_2C—CH=CH—CO_2^-} \xrightarrow[\text{Fumarase}]{H_2O} \underset{\textbf{L-Malato}}{{}^-O_2C—CH(OH)—CH_2—CO_2^-}$$

$$\xrightarrow[\text{Malato-desidrogenase}]{NAD^+ \;\rightarrow\; NADH + H^+} \underset{\textbf{Oxalacetato}}{{}^-O_2C—C(=O)—CH_2—CO_2^-}$$

A mitocôndria contém quatro acil-CoA-desidrogenases, com especificidades para cadeias de acil-CoA graxas curtas (C_4–C_6), médias (C_6–C_{10}), longas (entre médias e muito longas) e muito longas (C_{12}–C_{18}). Acredita-se que as reações catalisadas por essas enzimas envolvam a remoção de um próton no C_α e a transferência de um equivalente do íon hidreto do C_β a FAD (Fig. 25.12, Reação 1). A estrutura por raios X da **acil-CoA-desidrogenase de cadeia média** complexada

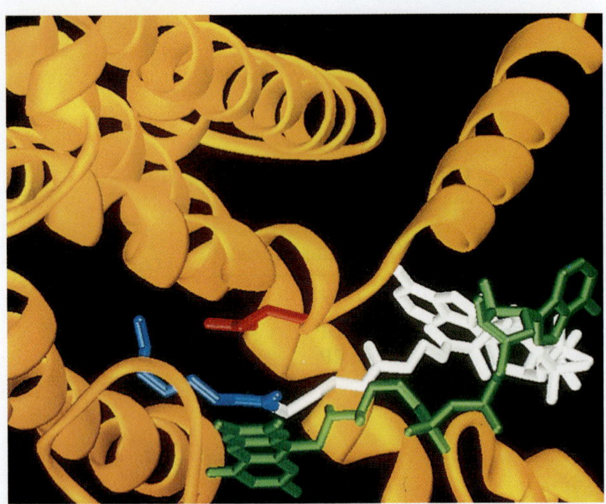

FIGURA 25.13 Diagrama em fita da região do sítio ativo de uma subunidade da acil-CoA-desidrogenase de cadeia média mitocondrial de fígado suíno, complexada com octanoil--CoA. A enzima é um tetrâmero de quatro subunidades de 385 resíduos idênticas; cada subunidade liga um grupo prostético FAD (*verde*) e seu substrato octanoil-CoA (cujas porções octanoil e CoA estão em azul e branco) em conformações praticamente estendidas. A octanoil-CoA liga-se de forma que sua ligação C_α-C_β fique comprimida entre o grupo carboxílico do Glu 376 (*vermelho*) e o anel da flavina (*verde*), consistente com a suposição que o Glu 376 é a base que retira o próton α na reação de desidrogenação α,β catalisada pela enzima. (Com base na estrutura por raios X de Jung-Ja Kim, Medical College of Wisconsin, EUA. PDBid 3MDE.)

Ver Exercício interativo 23

com **octanoil-CoA**, determinada por Jung-Ja Kim, mostra claramente o modo pelo qual a enzima orienta o grupo básico (Glu 376), a ligação C_α–C_β do substrato e o grupo prostético FAD para a reação (Fig. 25.13).

a. A acil-CoA-desidrogenase é reoxidada via cadeia transportadora de elétrons

O $FADH_2$, resultante da oxidação do substrato acil-CoA--graxo, é reoxidado pela cadeia transportadora de elétrons mitocondrial pelo intermédio de uma série de reações de transferência de elétrons. A **flavoproteína de transferência de elétrons** (**FTE**) transfere dois elétrons de $FADH_2$ à flavoproteína de ferro-enxofre **FTE:ubiquinona-oxirredutase**, que, por sua vez, transfere dois elétrons à cadeia transportadora de elétrons mitocondrial por meio da redução da coenzima Q (CoQ; Fig. 25.12, Reações 5-8). A redução do O_2 a H_2O pela cadeia transportadora de elétrons, iniciada na etapa da CoQ, resulta na síntese de 1,5 ATP por par de elétrons transferido (Seção 22.2Bc).

b. A deficiência de acil-CoA-desidrogenase tem consequências fatais

A morte inesperada de uma criança aparentemente saudável, muitas vezes durante a noite, foi chamada, na ausência de uma explicação aceitável, de **síndrome da morte infantil súbita**. Foi demonstrado que a acil-CoA-desidrogenase de cadeia média está deficiente em 10% dessas crianças, fazendo essa doença genética prevalecer sobre **fenilcetonúria** (**PKU**) (Seção 26.3Hd), um defeito genético na degradação da fenilalanina para o qual recém-nascidos nos Estados Unidos são rotineiramente testados. A glicose é o principal substrato energético metabólico após as refeições. Quando o nível de glicose decai, à medida que aumenta o período de jejum, a taxa de oxidação de ácidos graxos precisa aumentar de forma correspondente. A súbita morte de crianças que carecem da acil-CoA-desidrogenase de cadeia média pode ser causada por um desequilíbrio entre o nível de glicose e o da oxidação de ácidos graxos.

A Lys 304, que se torna Glu na mutação mais prevalente entre indivíduos com deficiência da acil-CoA-desidrogenase de cadeia média, está aproximadamente 20 Å distante do sítio ativo da enzima, por isso não podendo participar na ligação com substrato ou FAD. Porém, como as cadeias laterais de Asp 300 e Asp 346 estão a uma distância de 6 Å do Glu 304, próximas de uma interface entre duas subunidades, parece provável que a alta concentração de cargas negativas resultante da mutação Lys 304 → Glu desestabiliza estruturalmente a enzima.

A deficiência de acil-CoA-desidrogenase também foi implicada na **doença jamaicana do vômito**, cujas vítimas sofrem de vômitos violentos seguidos de convulsões, coma e morte. Hipoglicemia severa é observada na maioria dos casos. Essa condição é resultante do fato de se comer o fruto não maduro do castanheiro da África (*Blighia sapida*), que contém **hipoglicina A**, um aminoácido raro, que é metabolizado a **metilenociclopropilacetil-CoA** (**MCPA-CoA**; Fig. 25.14). Suspeita-se que MCPA-CoA, um substrato para acil-CoA--desidrogenase, passa pelo primeiro estágio da reação que essa enzima catalisa, a remoção de um próton do C_α, para formar um intermediário reativo que modifica covalentemente o grupo prostético FAD da enzima (Fig. 25.14). Como uma etapa normal no mecanismo de reação da enzima gera o intermediário reativo, MCPA-CoA é chamado de um **inibidor baseado no mecanismo.**

c. Enil-CoA de cadeia longa é convertida em acetil-CoA e uma acil-CoA mais curta pela proteína mitocondrial trifuncional

Os produtos das acil-CoA-desidrogenases são 2-enoil--CoA. Dependendo do tamanho de suas cadeias, seu processamento segue por um dos três sistemas (Fig. 25.12): 2-enoil-CoA-hidratases (EH), hidroxiacil-CoA-desidrogenases (HAD) e β-cetoacil-CoA-tiolases (CT) de cadeia curta, de cadeia média ou de cadeia longa. As versões de cadeia longa dessas enzimas estão contidas em uma proteína octamérica $\alpha_4\beta_4$, a **proteína mitocondrial trifuncional**, localizada na membrana mitocondrial interna. A EH e a HAD de cadeia longa estão contidas nas subunidades α, enquanto a CT de cadeia longa está nas subunidades β. A proteína é, desse modo, uma combinação proteína multifuncional (mais de uma atividade enzimática em uma única cadeia polipeptídica)-complexo multienzimático (um complexo de polipeptídeos catalisando mais de uma reação). A vantagem de tal enzima trifuncional é a capacidade de

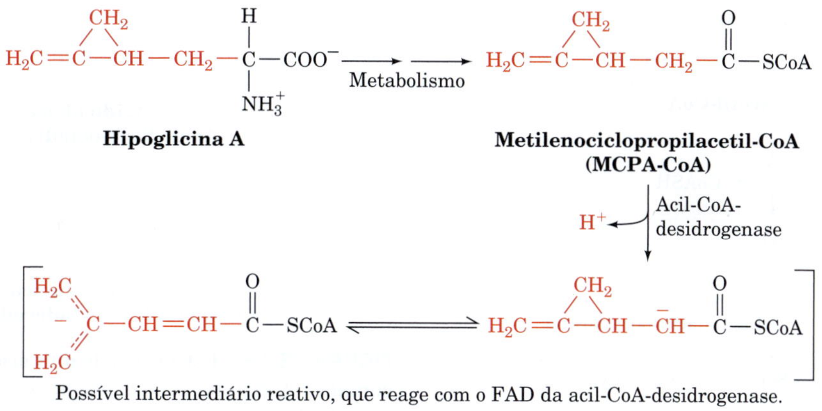

Hipoglicina A

Metilenociclopropilacetil-CoA (MCPA-CoA)

Acil-CoA-desidrogenase

Possível intermediário reativo, que reage com o FAD da acil-CoA-desidrogenase.

FIGURA 25.14 **Conversão metabólica de hipoglicina A para gerar um produto que inativa a acil-CoA-desidrogenase.** Mudanças no espectro sugerem que o grupo prostético FAD da enzima foi modificado.

canalizar os intermediários em direção ao produto final. De fato, nenhum intermediário hidroxiacil-CoA ou cetoacil-CoA de cadeia longa são liberados na solução por esse sistema.

d. A reação da tiolase ocorre pela hidrólise de éster de Claisen

A etapa final do processo de β-oxidação de ácidos graxos é a reação da tiolase, que forma acetil-CoA e uma nova acil-CoA, com dois átomos de carbono a menos do que a que iniciou o ciclo. Isso ocorre em cinco etapas de reação (Fig. 25.15):

1. Um grupo tiol do sítio ativo é adicionado ao grupo β-ceto do substrato.

2. A quebra da ligação carbono-carbono produz um intermediário carbânion acetil-CoA, estabilizado pela remoção do elétron para o grupo carbonila do tioéster. Esse tipo de reação é conhecido como uma hidrólise de éster de Claisen (o inverso de uma condensação de Claisen). A enzima do ciclo do ácido cítrico citrato-sintase também catalisa a reação que envolve um intermediário carbânion acetil-CoA estabilizado (Seção 21.3A).

3. Um grupo ácido da enzima protona o intermediário carbânion acetil-CoA, produzindo acetil-CoA.

4 e 5. Finalmente, a CoA desloca o grupo tiol da enzima do intermediário enzima-tioéster, produzindo acil-CoA.

A formação de um intermediário enzima-tioéster envolvendo um grupo tiol do sítio ativo é baseada na observação de que a incubação da enzima com [^{14}C]acetil-CoA produz um resíduo Cys da enzima marcado especificamente (o reverso das etapas 4 e 5).

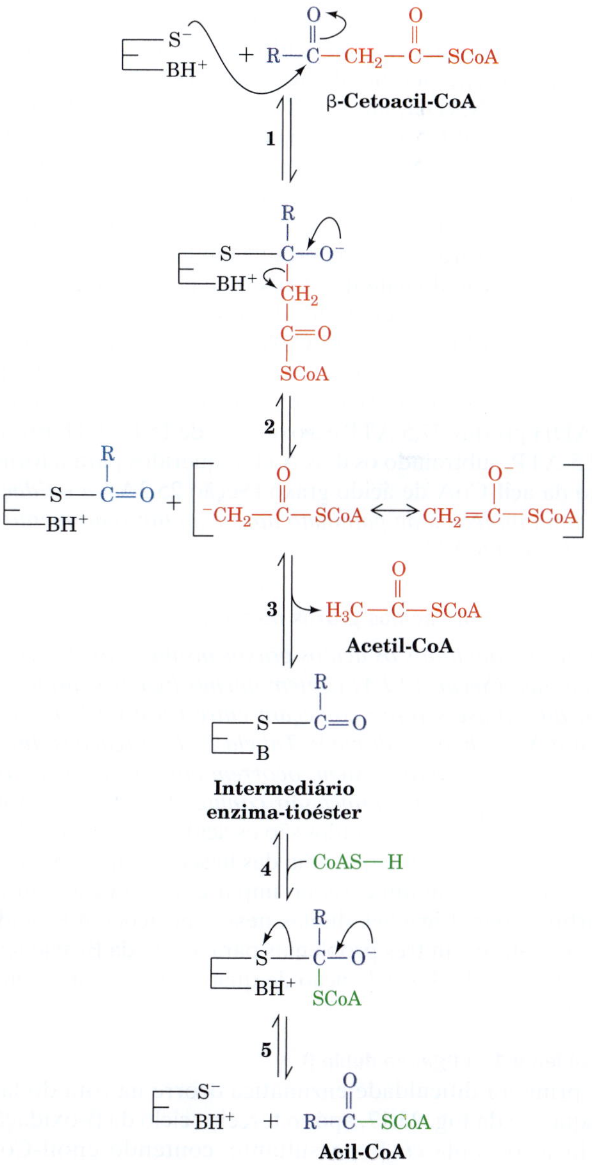

β-Cetoacil-CoA

Acetil-CoA

Intermediário enzima-tioéster

Acil-CoA

FIGURA 25.15 **Mecanismo de ação da β-cetoacil-CoA-tiolase.** Um resíduo de Cys do sítio ativo participa da formação do intermediário enzima-tioéster.

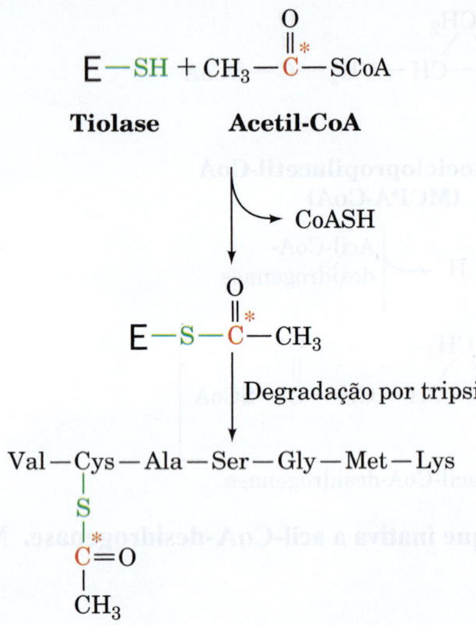

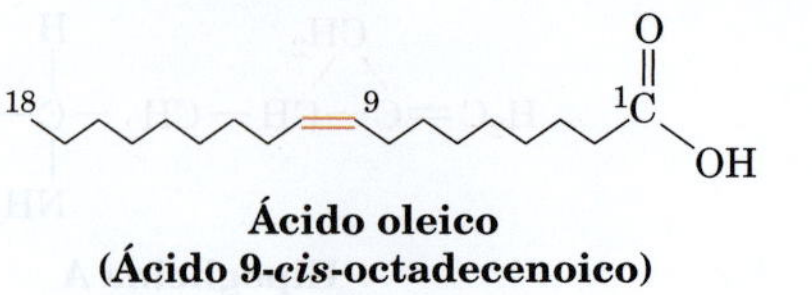

FIGURA 25.16 Estruturas de dois ácidos graxos insaturados comuns. A maioria dos ácidos graxos insaturados contém ligações duplas em *cis* não conjugadas.

e. A oxidação de ácidos graxos é extremamente exergônica

A função da oxidação dos ácidos graxos é, obviamente, a geração de energia metabólica. Cada ciclo de β-oxidação produz um NADH, um $FADH_2$ e uma acetil-CoA. A oxidação da acetil-CoA pelo ciclo do ácido cítrico gera $FADH_2$ e NADH adicionais, que são reoxidados por meio da fosforilação oxidativa, formando ATP. A oxidação completa de uma molécula de ácido graxo é, portanto, um processo altamente exergônico, que produz muitos ATP. Por exemplo, a oxidação do palmitoil-CoA (que possui um grupo acil graxo C_{16}) envolve sete ciclos de β-oxidação, fornecendo 7 $FADH_2$, 7 NADH e 8 acetil-CoA. A oxidação de oito acetil-CoA, por sua vez, fornece 8 GTP, 24 NADH e 8 $FADH_2$. Assim, como a fosforilação oxidativa de 31 moléculas de NADH produz 77,5 ATP e a oxidação de 15 $FADH_2$ produz 22,5 ATP, subtraindo os dois ATP requeridos para a formação da acil-CoA de ácido graxo (Seção 25.2A), *a oxidação de uma molécula de palmitato apresenta um rendimento líquido de 106 ATP.*

D. Oxidação de ácidos graxos insaturados

Praticamente todos os ácidos graxos insaturados de origem biológica (Seção 12.1A) contêm apenas ligações duplas em cis, que quase sempre começam entre C9 e C10 (referido como Δ^9 ou ligação dupla 9; Tabela 12.1). Ligações duplas adicionais, quando existem, ocorrem em intervalos de três carbonos, e portanto, nunca são, conjugadas. Dois exemplos de ácidos graxos insaturados são os ácidos oleico e linoleico (Fig. 25.16). Observe que uma das ligações duplas no ácido linoleico está em um carbono ímpar e a outra está em um carbono par. Ligações duplas nessas posições nos ácidos graxos oferecem três problemas para a rota da β-oxidação, que são resolvidos pela ação de quatro enzimas adicionais (Fig. 25.17):

Problema 1: a ligação dupla β, γ

A primeira dificuldade enzimática ocorre na rota do lado esquerdo da Fig. 25.17, após o terceiro ciclo da β-oxidação: a ligação dupla *cis*-β,γ resultante, contendo enoil-CoA, não é um substrato para a enoil-CoA-hidratase. A **enoil-CoA-isomerase**, no entanto, converte a ligação dupla *cis*-Δ^3 para a forma *trans*-Δ^2, mais estável e conjugada por éster.

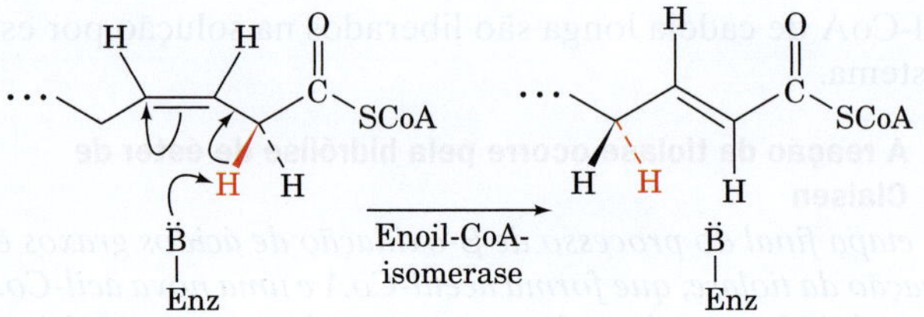

Esses compostos Δ^2 são os substratos normais da enoil-CoA-hidratase, de modo que a β-oxidação pode continuar.

Problema 2: a ligação dupla Δ^4 inibe a ação da hidratase

A próxima dificuldade enzimática aparece na rota do lado esquerdo da Fig. 25.17 no quinto ciclo da β-oxidação. A presença de uma ligação dupla em um átomo de carbono de numeração par resulta na formação de 2,4-dienoil-CoA, que é um substrato pobre para a enoil-CoA-hidratase. Contudo, a **2,4-dienoil-CoA-redutase**, dependente de NADPH, reduz a ligação dupla Δ^4. A redutase de *E. coli* produz *trans*-2-enoil-CoA, um substrato normal para

FIGURA 25.17 Problemas na oxidação de ácidos graxos insaturados e suas soluções. O ácido linoleico é usado como exemplo. O primeiro problema, a presença de uma ligação dupla β,γ, vista na rota à esquerda, é resolvido pela conversão à ligação dupla *trans*-α,β, catalisada pela enoil-CoA-isomerase. O segundo problema na rota à esquerda, o fato de a 2,4-dienoil-CoA não ser um substrato para enoil-CoA-hidratase, é eliminado pela redução dependente de NADPH da ligação Δ^4 pela 2,4-dienoil-CoA-redutase, produzindo o substrato para a β-oxidação, *trans*-2-enoil-CoA em *E. coli* e *trans*-3-enoil-CoA em mamíferos. Por isso, os mamíferos também possuem 3,2-enoil-CoA-isomerase, que converte *trans*-3-enoil-CoA em *trans*-2-enoil-CoA. O terceiro problema, a isomerização de 2,5-dienoil-CoA (originada da oxidação de ácidos graxos insaturados com ligações duplas em carbonos ímpares) a 3,5-dienoil-CoA pela 3,2-enoil-CoA-isomerase, é solucionado pela 3,5-2,4-dienoil-CoA-isomerase, que converte 3,5-dienoil-CoA em 2,4-dienoil-CoA, substrato para 2,4-dienoil-CoA-redutase.

12 9 O C SCoA

Ácido linoleico

$2NAD^+ + 2FAD + 2CoASH$

$2NADH + 2FADH_2 + 2$acetil-CoA

2 ciclos de β-oxidação

8 5 O C SCoA

FAD

$FADH_2$

Acil-CoA-desidrogenase

8 5 3 4 2 O C SCoA

2,5,8-Trienoil-CoA

$NAD^+ + CoASH$

NADH + acetil-CoA

Conclusão do ciclo de β-oxidação

3,2-enoil-CoA-isomerase

Problema 3: Isomerização

Problema 1: ligação dupla β, γ

γ β O C SCoA

Enoil-CoA-isomerase

SCoA C O

$NAD^+ + FAD + CoASH$

$NADH + FADH_2 +$ acetil-CoA

Um ciclo de β-oxidação + primeira oxidação do próximo ciclo

Problema 2: ligação dupla Δ^4

4 2 3 SCoA C O

$NADPH + H^+$

$NADP^+$

2,4-dienoil-CoA-redutase (mamíferos)

2,4-dienoil-CoA-redutase (*E. coli*)

3 4 2 O C SCoA

3,2-enoil-CoA-isomerase (mamíferos)

3 4 2 O C SCoA

Continuação da β-oxidação

8 5 3 4 2 O C SCoA

3,5,8-Trienoil-CoA

3,5-2,4-dienoil--CoA isomerase

5 3 8 4 2 O C SCoA

Δ^2, Δ^4, Δ^8-Trienoil-CoA

$NADPH + H^+$

$NADP^+$

2,4-dienoil-CoA-redutase

3 8 2 O C SCoA

3,2-enoil-CoA-isomerase

$2NADH + 2FADH_2$ + 2 acetil-CoA

$2NAD^+ + 2FAD$ + 2CoA

2 ciclos de β-oxidação

3 8 2 O C SCoA

a β-oxidação. A redutase de mamíferos, porém, produz *trans*-3-enoil-CoA, que, para seguir na rota da β-oxidação, deve primeiro sofrer isomerização a *trans*-2-enoil-CoA pela **3,2-enoil-CoA-isomerase.**

Problema 3: a isomerização não prevista de 2,5-enoil-CoA pela 3,2-enoil-CoA-isomerase

A 3,2-enoil-CoA-isomerase de mamíferos catalisa uma reação reversível que interconverte ligações duplas Δ^2 e Δ^3. Um grupo carbonila é estabilizado, sendo conjugado a uma ligação dupla Δ^2. Contudo, a presença de uma ligação dupla Δ^5 (originada de um ácido graxo insaturado com uma ligação dupla em um carbono de numeração ímpar, como a ligação dupla Δ^9 do ácido linoleico) é estabilizada da mesma forma, sendo conjugada com uma ligação dupla Δ^3 (rota à direita na Fig. 25.17) Se uma 2,5-enoil-CoA é convertida pela 3,2-enoil-CoA-isomerase a 3,5-enoil-CoA, que é o que ocorre em até 20% das vezes, outra enzima é necessária para continuar a oxidação: a enzima **3,5-2,4-dienoil-CoA-isomerase** isomeriza 3,5-dieno a 2,4-dieno, que é então reduzida pela 2,4-dienoil-CoA-redutase e isomerizada pela 3,2-enoil--CoA-isomerase, como no Problema 2. Após dois ciclos adicionais de β-oxidação, a ligação dupla *cis*-Δ^4 originada da ligação dupla *cis*-Δ^{12} do ácido linoleico é resolvida do mesmo modo do Problema 2.

E. *Oxidação de ácidos graxos de cadeia ímpar*

A maioria dos ácidos graxos possui um número par de carbonos, sendo, portanto, convertidos por completo em acetil--CoA. Algumas plantas e organismos marinhos, contudo, sintetizam ácidos graxos com número ímpar de carbonos. *O último ciclo da β-oxidação desses ácidos graxos fornece propionil-CoA, o qual é convertido em succinil-CoA para entrar no ciclo do ácido cítrico.* Propionato, ou propionil-CoA, também é produzido pela oxidação dos aminoácidos isoleucina, valina, e metionina (Seção 26.3E). Além disso, animais ruminantes, como o gado, obtêm a maior parte de suas calorias do acetato e do propionato produzidos em seu rúmen (estômago) pela fermentação bacteriana de carboidratos. Esses produtos são absorvidos pelo animal e metabolizados, após a conversão à acil-CoA correspondente.

a. A propionil-CoA-carboxilase possui um grupo prostético biotina

A conversão de propionil-CoA em succinil-CoA envolve três enzimas (Fig. 25.18). A primeira reação é a catalisada pela **propionil-CoA-carboxilase**, uma enzima dependente de biotina (Seção 23.1Ab), com composição de subunidades $\alpha_6\beta_6$. A reação, que assemelha-se àquela catalisada pela enzima homóloga piruvato-carboxilase, a qual também contém biotina, (Seção 23.1Ac), ocorre em duas etapas (Fig. 25.19):

1. Carboxilação da biotina em N1′ por íons bicarbonato, como na reação da piruvato-carboxilase (Fig. 23.4). Essa etapa, que é impelida pela hidrólise concomitante do ATP em ADP e P_i, ativa o grupo carboxila resultante para transferência, sem adicionar mais energia.

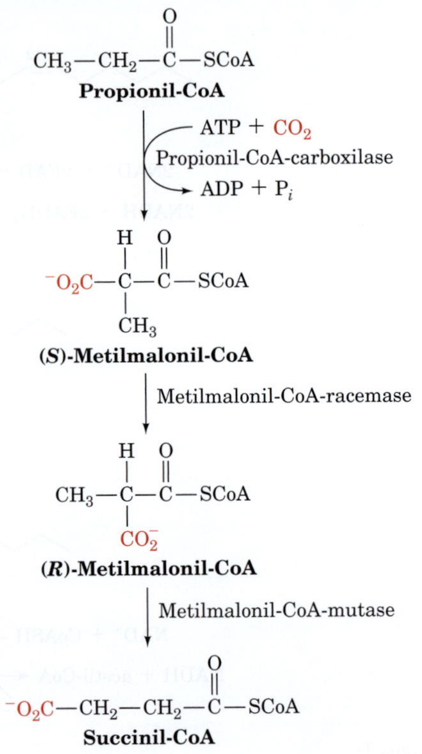

2. Transferência estereoespecífica do grupo carboxila ativado da carboxibiotina a propionil-CoA para formar **(*S*)-metilmalonil-CoA**. Essa etapa ocorre via ataque nucleofílico à carboxibiotina por um carbânion em C2 do propionil--CoA (ver a seguir).

$$\mathrm{CH_3{-}CH_2{-}\overset{\overset{\large O}{\|}}{C}{-}SCoA}$$
Propionil-CoA

↓ ATP + CO_2 → ADP + P_i (Propionil-CoA-carboxilase)

$$\mathrm{^{-}O_2C{-}\underset{\underset{\large CH_3}{|}}{\overset{\overset{\large H}{|}}{C}}{-}\overset{\overset{\large O}{\|}}{C}{-}SCoA}$$
(*S*)-Metilmalonil-CoA

↓ Metilmalonil-CoA-racemase

$$\mathrm{CH_3{-}\underset{\underset{\large CO_2^-}{|}}{\overset{\overset{\large H}{|}}{C}}{-}\overset{\overset{\large O}{\|}}{C}{-}SCoA}$$
(*R*)-Metilmalonil-CoA

↓ Metilmalonil-CoA-mutase

$$\mathrm{^{-}O_2C{-}CH_2{-}CH_2{-}\overset{\overset{\large O}{\|}}{C}{-}SCoA}$$
Succinil-CoA

FIGURA 25.18 Conversão de propionil-CoA em succinil--CoA.

Essas duas etapas da reação ocorrem em diferentes sítios catalíticos na propionil-CoA-carboxilase. Por isso, parece que a ligação biotinil-lisina, que conecta o anel de biotina à enzima, forma uma cadeia flexível que permite a transferência eficiente do anel de biotina entre esses dois sítios ativos, como ocorre com a enzima piruvato-carboxilase (Seção 23.1Ae).

A formação do carbânion C2 na segunda etapa da reação da propionil-CoA-carboxilase envolve a remoção de um próton α de um tioéster. Este próton é relativamente ácido, já que, como visto na Seção 25.2Cd, a carga negativa em um carbânion α de um tioéster pode ser deslocada para o grupo carbonila do tioéster. Isso explica o caminho relativamente incomum seguido na conversão de propionil-CoA a succinil--CoA (Fig. 25.18). Seria mais simples, ao menos no papel, esse processo acontecer em uma etapa, com a carboxilação ocorrendo no C3 de propionil-CoA, de modo a formar propionil-CoA diretamente. Porém, o carbânion C3 requerido

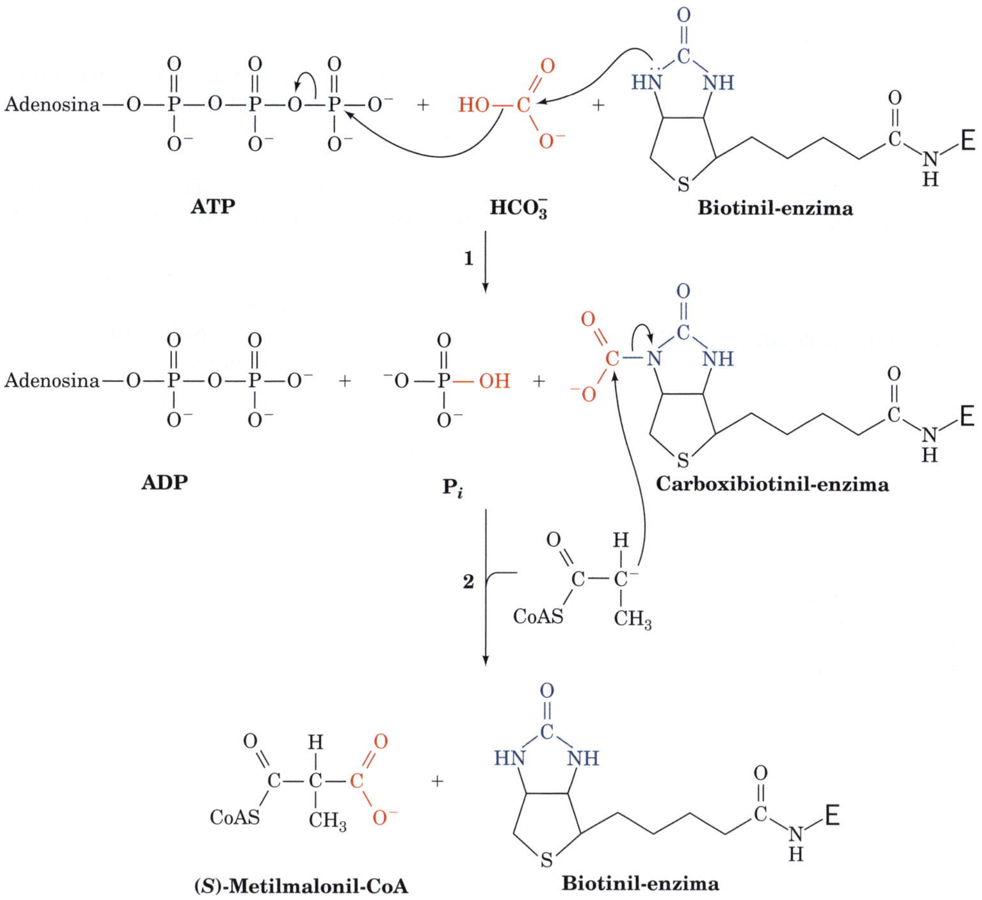

FIGURA 25.19 A reação da propionil-CoA-carboxilase. (**1**) A carboxilação da biotina, com a hidrólise concomitante de ATP, é seguida por (**2**) carboxilação de um carbânion propionil-CoA por seu ataque a carboxibiotina. Cada etapa da reação provavelmente envolve a formação intermediária de CO_2, como ocorre na reação da piruvato-carboxilase (Fig. 23.4).

para tal carboxilação possui uma alta energia livre de formação. Em vez disso, a natureza escolheu uma rota mais fácil, ainda que indireta, que carboxila propionil-CoA em uma posição mais reativa e então rearranja o esqueleto C_4 para formar o produto desejado.

b. A metilmalonil-CoA-mutase contém o grupo prostético coenzima B_{12}

Metilmalonil-CoA-mutase, que catalisa a terceira reação da conversão de propionil-CoA em succinil-CoA (Fig. 25.18), é específica para (*R*)-metilmalonil-CoA, mesmo que a propionil-CoA-carboxilase sintetize estereoespecificamente (*S*)-metilmalonil-CoA. Essa conversão é corrigida pela **metilmalonil-CoA-racemase**, que interconverte as configurações (*R*) e (*S*) de metilmalonil-CoA, presumivelmente promovendo a dissociação reversível de seu α-H ácido pela formação de um intermediário carbânion estabilizado por ressonância:

Intermediário carbânion estabilizado por ressonância

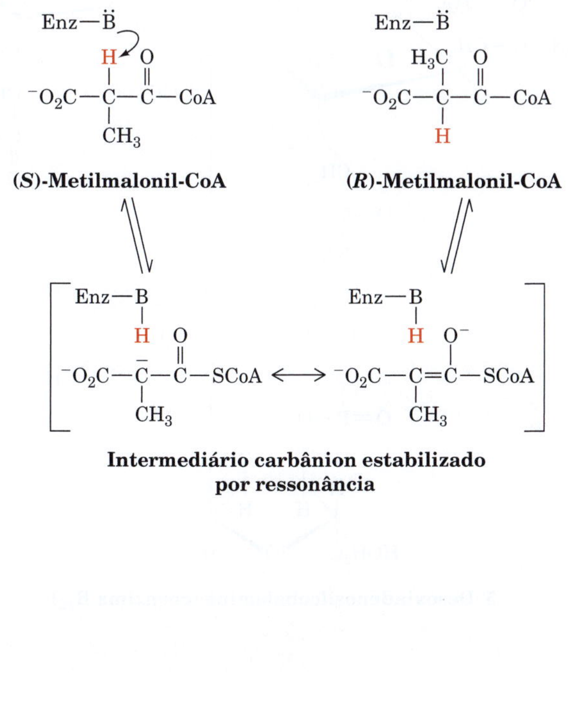

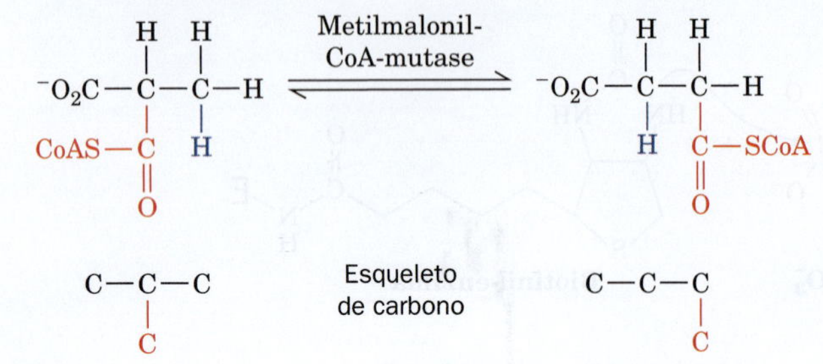

Metilmalonil-CoA-mutase

Esqueleto de carbono

(*R*)-Metilmalonil-CoA

Succinil-CoA

FIGURA 25.20 **O rearranjo catalisado pela metilmalonil--CoA-mutase.**

A metilmalonil-CoA-mutase, que catalisa um rearranjo incomum no esqueleto de carbono (Fig. 25.20), utiliza o grupo prostético **5′-desoxiadenosilcobalamina** (também chamado de **coenzima B_{12}**). Dorothy Hodgkin determinou a estrutura dessa molécula complexa (Fig. 25.21) em 1956, por meio da análise de cristalografia por raios X combinada com estudos de degradação química, uma elucidação que se constitui em um marco na bioquímica. A 5′-desoxiadenosilcobalamina contém um anel **corrina** do tipo heme, cujos quatro átomos de N pirrólicos coordenam um íon Co com seis ligantes. O quinto ligante do cobalto na coenzima livre é um N do nucleotídeo **5,6-dimetilbenzimidazol (DMB)**, que está ligado covalentemente ao anel D da corrina. O sexto ligante é um grupo 5′-desoxiadenosil no qual o átomo C5′ da desoxirribose forma uma ligação covalente C—Co, *uma das duas únicas ligações carbono-metal conhecidas em biologia*, (a outra é uma ligação C—Ni na enzima bacteriana **monóxido de carbono-desidrogenase**). Em algumas enzimas, o sexto ligante é, em vez disso, um grupo CH_3 que também forma uma ligação C—Co.

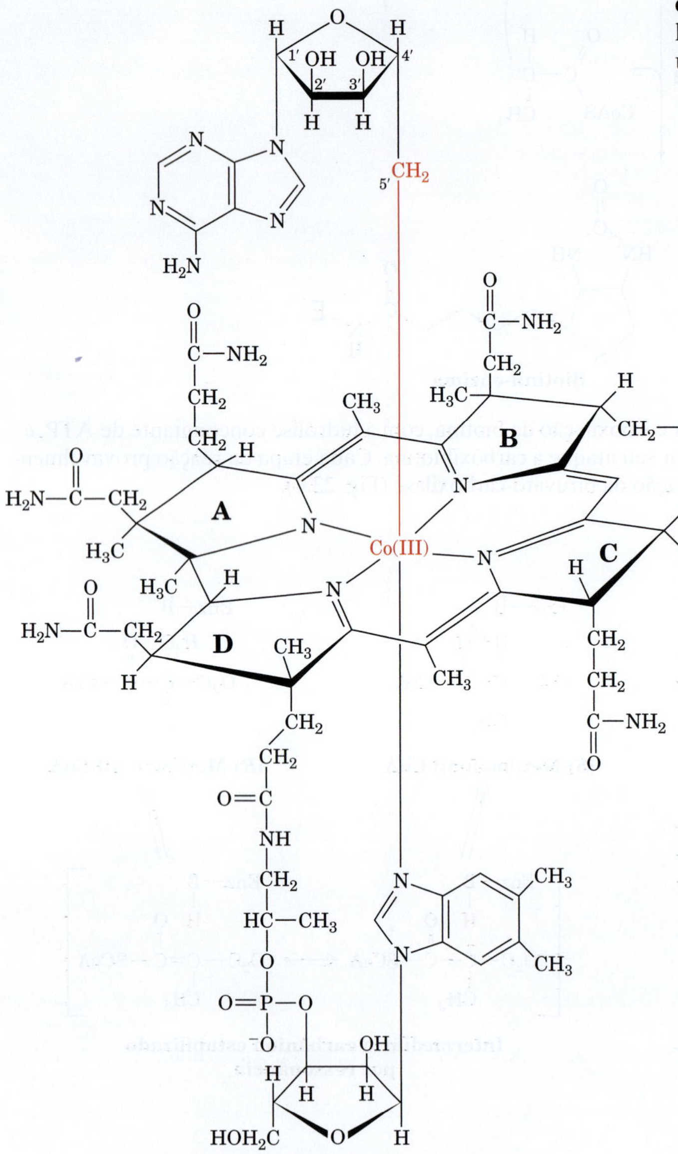

5′-Desoxiadenosilcobalamina (coenzima B_{12})

FIGURA 25.21 **A estrutura da 5′-desoxiadenosilcobalamina (coenzima B_{12}).**

A ligação reativa C–Co da 5′-desoxiadenosilcobalamina participa de dois tipos de reações catalisadas por enzimas:

1. Rearranjos nos quais um átomo de hidrogênio é diretamente transferido entre dois átomos de carbono adjacentes, com permuta concomitante do segundo substituinte, X:

$$-\overset{\text{H}}{\underset{|}{\overset{|}{C_1}}}-\overset{\text{X}}{\underset{|}{\overset{|}{C_2}}}- \longrightarrow -\overset{\text{X}}{\underset{|}{\overset{|}{C_1}}}-\overset{\text{H}}{\underset{|}{\overset{|}{C_2}}}-$$

onde X pode ser um átomo de carbono com substituintes, um átomo de oxigênio de um álcool, ou uma amina.

2. Transferência de grupos metila entre duas moléculas.

Existem cerca de 12 enzimas dependentes de cobalamina conhecidas. Contudo, somente duas ocorrem em sistemas de mamíferos: (1) a metilmalonil-CoA-mutase, que catalisa um rearranjo no esqueleto de carbono (o grupo X no rearranjo é —COSCoA; Fig. 25.20) e é a única enzima contendo B_{12} que ocorre em ambos, eucariotos e procariotos; e (2) a **metionina-sintase**, uma enzima de transferência de metila que participa da biossíntese de metionina (Seções 26.3Ec e 26.5B). Falhas na metilmalonil-CoA-mutase resultam em **acidúria metilmalônica**, uma condição que é frequentemente fatal na infância devido à **acidose** (baixo pH do sangue). Para combater essa acidose, faz-se necessária uma dieta livre de ácidos graxos de cadeia ímpar e baixa em resíduos de aminoácidos que são degradados a propionil-CoA (Ile, Val e Met; Seção 26.3E).

c. A reação da metilmalonil-CoA-mutase ocorre via um mecanismo de radicais livres

A metilmalonil-CoA-mutase de *Propionibacterium shermanii* é um αβ heterodímero cuja subunidade α, cataliticamente ativa, de 728 resíduos, é 24% idêntica à sua subunidade β, cataliticamente inativa, de 628 resíduos. Por oposição, a enzima humana é um homodímero cujas subunidades são 60% idênticas na sequência à subunidade α de *P. shermanii*. Por isso, estima-se que a subunidade β de *P. shermanii* seja um fóssil evolutivo.

A estrutura por raios X da metilmalonil-CoA-mutase de *P. shermanii* em complexo com o análogo do substrato **2-carboxipropil-CoA** (que não possui o átomo de oxigênio do tioéster da metilmalonil-CoA) foi determinada por Philip Evans. Seu cofator, a coenzima B_{12}, está disposto entre os dois domínios da subunidade α: um barril α/β N-terminal de 559 resíduos (barril TIM, o motivo enzimático mais comum; Seção 8.3Bh) e um domínio α/β C-terminal de 169 resíduos, que assemelha-se ao dobramento de Rossman (Seção 8.3B). A estrutura do barril α/β contém alguns aspectos surpreendentes (Fig. 25.22):

1. Os sítios ativos de quase todas as enzimas contendo barris α/β estão localizados nas extremidades C-terminais das fi-

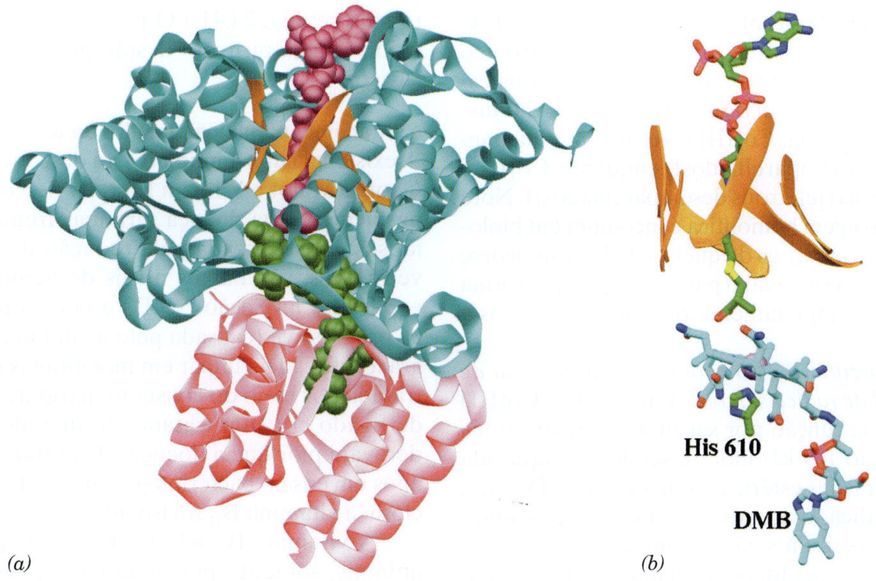

FIGURA 25.22 A estrutura por raios X da metilmalonil-CoA-mutase de *P. shermanii* complexada com 2-carboxipropil-CoA e coenzima B_{12}. (*a*) O domínio N-terminal da subunidade α cataliticamente ativa está em ciano, com as fitas β do barril α/β em cor de laranja e o domínio C-terminal em cor-de-rosa. A 2-carboxipropil-CoA (*magenta*) e a coenzima B_{12} (*verde*) estão representadas em modelo de volume atômico. A 2-carboxipropil-CoA atravessa o centro do barril α/β e está orientada de modo a permitir que o grupo metilmalonil da metilmalonil-CoA entre em contato com o anel corrina da coenzima B_{12}, que está comprimida entre os domínios N- e C-terminais da enzima. (*b*) O arranjo da coenzima B_{12} e da 2-carboxipropil-CoA que, em conjunto com a cadeia lateral da His 610, estão representadas em forma de bastões e coloridas de acordo com o tipo atômico (C da coenzima B_{12} e da His, verde; C da 2-carboxipropil-CoA, ciano; N, azul; O, vermelho; P, magenta; e S, amarelo). O átomo de Co do anel da corrina está representado por uma esfera lilás, e as fitas β do barril α/β estão representadas por fitas em cor de laranja. A vista é similar à Parte *a*. Observe que o grupo DMB (*abaixo*) oscilou para longe do anel da corrina (visto na margem) para ser substituído pela cadeia lateral de His 610 do domínio C-terminal e que o grupo 5′-desoxiadenosil não está visível. (Com base na estrutura por raios X obtida por Philip Evans, MRC Laboratory of Molecular Biology, Cambridge, Reino Unido. PDBid 7REQ.) **Ver Exercício interativo 24**

tas β do barril. Porém, na metilmalonil-CoA-mutase, a 5′-desoxiadenosilcobalamina (coenzima B_{12}) está prensada contra a extremidade N-terminal das fitas β do barril.

2. Na coenzima B_{12} livre, o átomo de cobalto está ligado de forma axial pelo grupo 5′CH_2 do resíduo adenosil e pelo átomo de N do grupo DMB (Fig. 25.21). Na enzima, contudo, o grupo DMB desloca-se lateralmente e é substituído pela cadeia lateral do resíduo His 610 do domínio C-terminal. O grupo adenosil não é visível na estrutura devido ao desarranjo e, provavelmente, também deslocou-se lateralmente.

3. Em quase todas as outras enzimas contendo barris α/β conhecidas, o centro do barril se encontra obstruído por cadeias laterais longas e frequentemente ramificadas. Contudo, na metilmalonil-CoA-mutase, o grupo panteteína da 2-carboxipropil-CoA estende-se ao longo de um estreito túnel através do centro do barril α/β, de modo a colocar o grupo metilmalonil de um substrato intacto próximo da face não ligada do anel de cobalamina. Esse túnel fornece o único acesso direto à cavidade do sítio ativo, evitando assim que os radicais livres intermediários reativos produzidos na reação catalítica sofram reações secundárias (ver a seguir). O túnel é revestido por pequenos resíduos hidrofílicos (Ser e Thr).

O modo de ligação ao substrato da metilmalonil-CoA-mutase assemelha-se ao de outras enzimas de estruturas conhecidas que contêm coenzima B_{12}, um conjunto peculiar entre proteínas contendo barris α/β.

O mecanismo proposto para a reação da metilmalonil--CoA-mutase (Fig. 25.23) começa com uma **clivagem homolítica** da ligação C—Co(III) da cobalamina (cada átomo de C e Co adquire um dos elétrons que formam o par eletrônico da ligação hidrolisada). O íon Co alterna-se entre seus estados de oxidação Co(III) e Co(II) (os dois estados são distinguíveis por espectroscopia: Co[III] é vermelho e diamagnético [sem elétrons desemparelhados], enquanto Co[II] é amarelo e paramagnético [elétrons desemparelhados]). Note que uma reação de clivagem homolítica é incomum em biologia; a maioria das outras reações de quebra de ligação ocorre por **clivagem heterolítica** (na qual o par eletrônico que forma a ligação é adquirido completamente por um dos átomos a serem separados).

A função da coenzima B_{12} no processo catalítico é a de um gerador reversível de radicais livres. A ligação C—Co(III) é apropriada para essa função por ser inerentemente fraca (energia de dissociação 109 kJ· mol^{-1}), sendo enfraquecida ainda mais pelas interações estéricas com a enzima. De fato, como a Fig. 25.22 indica, o átomo de Co da metilmalonil--CoA-mutase não possui um sexto ligante e, por isso, está em seu estado Co(II), o que foi confirmado por determinações espectroscópicas. A ligação His N—Co é extremamente longa (2,5 Å contra 1,9 a 2,0 Å em várias outras estruturas contendo coenzima B_{12}). Foi proposto que essa ligação tensa e, consequentemente, fraca estabiliza o estado Co(II) em relação ao Co(III), favorecendo a formação do radical adenosil e facilitando a clivagem homolítica por meio da qual a reação ocorre (Fig. 25.23). O radical adenosil presumivelmente retira um átomo de hidrogênio do substrato, facilitando a reação de rearranjo por meio da formação de um intermediário de um radical ciclopropiloxi.

d. A succinil-CoA não é diretamente consumida no ciclo do ácido cítrico

A metilmalonil-CoA-mutase catalisa a conversão de um metabólito a um intermediário C_4 do ciclo do ácido cítrico, e não a acetil-CoA. Por isso, a rota de oxidação de succinil-CoA não é tão simples como parece. O ciclo do ácido cítrico regenera todos os seus intermediários C_4, de modo que esses compostos são de fato catalisadores, e não substratos. Consequentemente, a succinil-CoA não sofre degradação pelas enzimas do ciclo do ácido cítrico. Em vez disso, *para que um metabólito sofra oxidação pelo ciclo do ácido cítrico, ele deve primeiramente ser convertido em piruvato ou diretamente em acetil-CoA*. Isso é obtido pela conversão, via ciclo do ácido cítrico, em malato. Em altas concentrações, o malato é transportado por uma proteína carreadora específica ao citosol, onde ocorre a descarboxilação oxidativa a piruvato e CO_2 pela **enzima málica (malato-desidrogenase)**:

$$\underset{\text{Malato}}{^{-}O_2C{-}CH(OH){-}CH_2{-}COO^-} \xrightarrow{NADP^+ \;\to\; NADPH + H^+} \left[\,^{-}O_2C{-}C(=O){-}CH_2{-}COO^-\,\right] \xrightarrow{\;\to\; CO_2} \underset{\text{Piruvato}}{^{-}O_2C{-}C(=O){-}CH_3}$$

(Previamente encontrou-se essa enzima no ciclo C_4 da fotossíntese; Fig. 24.41.) O piruvato é, então, completamente oxidado pela piruvato-desidrogenase e pelo ciclo do ácido cítrico.

e. A anemia perniciosa resulta da deficiência de vitamina B_{12}

A existência da **vitamina B_{12}** foi descoberta quando, em 1926, George Minot e William Murphy descobriram que a **anemia perniciosa**, uma doença rara mas frequentemente fatal nos idosos, caracterizada pela redução do número de glóbulos vermelhos, por baixos níveis de hemoglobina (por razões explicadas na Seção 26.4D) e pela deterioração neurológica progressiva (causada pelo acúmulo de resíduos de ácidos graxos de cadeia ímpar em membranas neuronais), podia ser tratada por meio do consumo diário de grandes quantidades de fígado cru (um tratamento que alguns pacientes consideravam pior que a doença). Entretanto, somente em 1948, após um ensaio bacteriológico para o fator antianemia perniciosa, a vitamina B_{12} foi isolada.

A vitamina B_{12} não é sintetizada por plantas nem por animais, somente por algumas espécies de bactérias. Os herbívoros obtêm vitamina B_{12} das bactérias que habitam seu trato digestório (na verdade, alguns animais, como o coelho, devem periodicamente comer um pouco de suas fezes para obter quantidades suficientes dessa substância essencial). Os seres humanos, no entanto, obtêm quase toda vitamina B_{12} diretamente da dieta, em especial da carne. No intestino, a glicoproteína **fator intrínseco**, secretada pelo estômago, liga especificamente a vitamina B_{12}, e o complexo proteína-vitamina é absorvido via um receptor na mucosa intestinal. O complexo dissocia-se e a vitamina B_{12}

liberada é transportada à corrente sanguínea. No sangue, pelo menos três proteínas plasmáticas diferentes, chamadas **transcobalaminas**, ligam a vitamina e facilitam sua captação pelos tecidos.

A anemia perniciosa, em geral, não é uma doença de deficiência da dieta, mas normalmente resulta de uma secreção insuficiente do fator intrínseco, frequentemente devida a um ataque autoimune às células que o produzem. A necessidade humana normal de cobalamina é muito pequena, ~3 μg ao dia, e o fígado armazena um suprimento dessa vitamina suficiente para 3 a 5 anos. Isso justifica o início tardio da anemia perniciosa e o fato de a deficiência dietética de vitamina B_{12}, mesmo entre vegetarianos estritos, ser extremamente rara.

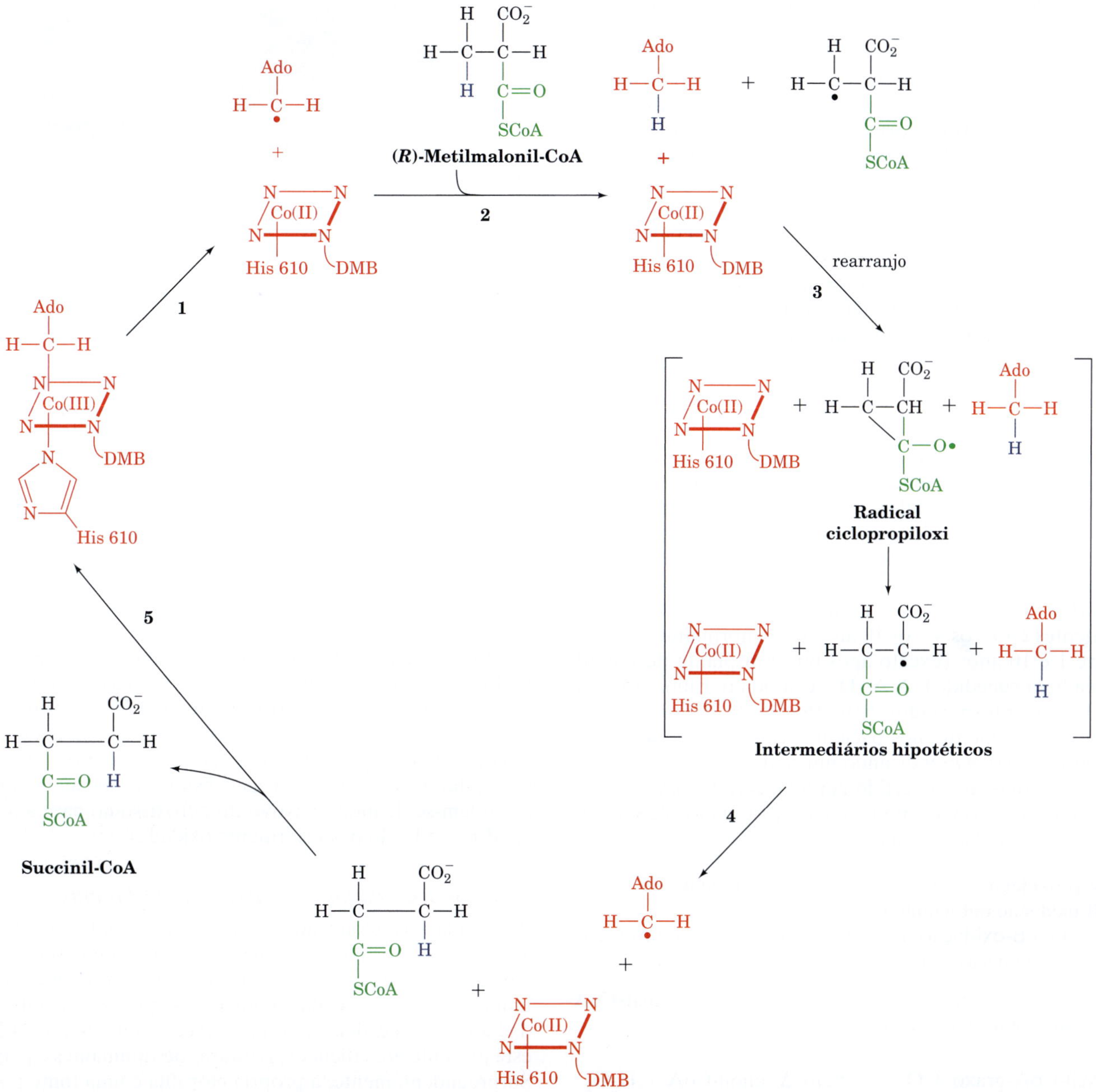

Ado
H—C—H
+
N—N
Co(II)
N—N
His 610 DMB
H CO_2^-
H—C—C—H
H C=O
SCoA
(*R*)-Metilmalonil-CoA
2
Ado
H—C—H
H
+
N—N
Co(II)
N—N
His 610 DMB
+
H CO_2^-
H—C—C—H
C=O
SCoA
rearranjo
3
1
Ado
H—C—H
N—N
Co(III)
N—N
DMB
N
N
His 610
N—N
Co(II)
N—N
His 610 DMB
+
H CO_2^-
H—C—CH
C—O•
SCoA
+
Ado
H—C—H
H
Radical ciclopropiloxi
N—N
Co(II)
N—N
His 610 DMB
+
H CO_2^-
H—C—C—H
C=O
SCoA
+
Ado
H—C—H
H
Intermediários hipotéticos
5
H CO_2^-
H—C—C—H
C=O H
SCoA
Succinil-CoA
4
H CO_2^-
H—C—C—H
C=O H
SCoA
+
Ado
H—C—H
+
N—N
Co(II)
N—N
His 610 DMB

FIGURA 25.23 O mecanismo proposto da metilmalonil-CoA-mutase. (**1**) A clivagem homolítica da ligação C–Co(III) produz um radical 5′-desoxiadenosil e cobalamina no estado de oxidação Co(II). (**2**) O radical 5′-desoxiadenosil retira um átomo de hidrogênio da metilmalonil-CoA, gerando um radical metilmalonil-CoA. (**3**) Rearranjo do esqueleto de carbono para formar o radical succinil-CoA por intermédio do radical ciclopropiloxi intermediário. (**4**) O radical succinil-CoA retira um átomo de hidrogênio da 5′-desoxiadenosina para formar succinil-CoA e regenerar o radical 5′-desoxiadenosil. (**5**) A liberação de succinil-CoA e a regeneração da coenzima.

F. *β-oxidação no peroxissomo*

Em células de mamíferos, a maior parte da β-oxidação ocorre na mitocôndria, porém peroxissomos (Fig. 25.24) também oxidam ácidos graxos, especialmente aqueles de cadeias muito longas ou ramificadas. *A β-oxidação peroxissômica em animais encurta cadeias muito longas de ácidos graxos (> 22 átomos de carbono), para facilitar sua degradação pelo sistema de β-oxidação mitocondrial. Em leveduras e plantas, a oxidação de ácidos graxos ocorre exclusivamente nos peroxissomos e nos glioxissomos (que são peroxissomos especializados, Seções 23.2 e 1.2Ad).*

A β-oxidação peroxissômica resulta nas mesmas alterações químicas que ocorrem na rota mitocondrial, embora as enzimas dessas duas organelas sejam diferentes. A proteína que transporta ácidos graxos de cadeia muito longa ao interior do peroxissomo, a **proteína ALD** (ver a seguir), não necessita de carnitina. Os ácidos graxos de cadeia muito longa que adentram o peroxissomo são ativados por uma acil-CoA-sintase de cadeia longa para formar ésteres de CoA, sendo oxidados diretamente. As acil-CoA que tiveram sua cadeia encurtada por esse processo de β‴-oxidação, são, então, ligadas à carnitina, para ser transportadas para a mitocôndria, onde são adicionalmente oxidadas.

a. A adrenoleucodistrofia é causada por um defeito na proteína ALD

A **adrenoleucodistrofia** (**ALD**) é uma doença hereditária rara ligada ao cromossomo X que resulta em dano cerebral progressivo e falência da glândula suprarrenal. Ela causa acúmulo de ácidos graxos saturados de cadeia muito longa no sangue. Estes destroem a bainha isolante de mielina que reveste os axônios de muitos neurônios (Seção 20.5Bc). Seus diversos sintomas neurológicos tornam-se evidentes entre os 4 e os 10 anos e são normalmente fatais entre 1 e 10 anos (exceto após um transplante de medula óssea bem-sucedido). A ALD é causada por uma proteína ALD, um transportador ABC (Seção 20.3E), defeituosa. Consequentemente, nos pacientes com ALD, o **ácido lignocérico** (24:0; *n*:*m* indicando um ácido graxo C_n com *m* ligações duplas) é convertido em lignoceroil-CoA a apenas 13% da taxa normal, embora uma vez formado, ele seja oxidado na velocidade normal.

b. A β-oxidação peroxissômica difere em detalhes da β-oxidação mitocondrial

A rota da β-oxidação nos peroxissomos difere da mitocondrial em alguns aspectos:

1. A primeira enzima na rota peroxissômica, a **acil-CoA-oxidase**, catalisa a reação:

$$\text{Acil-CoA-graxo} + O_2 \longrightarrow \textit{trans}\text{-}\Delta^2\text{-enoil-CoA} + H_2O_2$$

Essa reação envolve a participação do cofator FAD, mas os elétrons removidos são transferidos diretamente ao O_2, em vez de serem transferidos pela cadeia transportadora de elétrons com a concomitante fosforilação oxidativa (Fig. 25.12). A oxidação peroxissômica de ácidos graxos é, portanto, menos eficiente que o processo mitocondrial, gerando dois ATP a menos por ciclo de C_2. A catalase peroxissômica converte o H_2O_2 produzido em H_2O e O_2 (Seção 1.2Ad).

2. As atividades da enoil-CoA-hidratase e da 3-L-hidroxiacil-CoA-desidrogenase peroxissômicas ocorrem em um único polipeptídeo, sendo, portanto, enzimas multifuncionais. As reações catalisadas são idênticas às do sistema mitocondrial (Fig. 25.12).

3. A tiolase peroxissômica possui uma especificidade diferente, em relação ao tamanho da cadeia, da equivalente mitocondrial. Essa enzima é quase inativa com acil-CoA de comprimento C_8 ou menor, de modo que os peroxissomos oxidam ácidos graxos de forma incompleta.

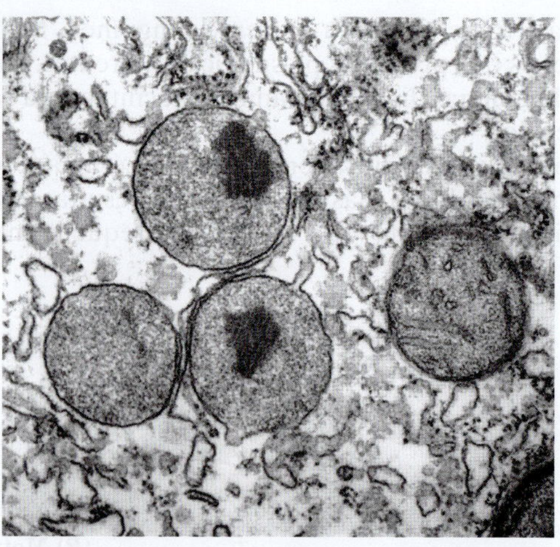

FIGURA 25.24 Peroxissomos. Estas organelas membranosas (*membrane-bounded*) desempenham diversas funções metabólicas, incluindo a oxidação de ácidos graxos de cadeia muito longa. (© Donald Fawcett/Visuals Unlimited.)

Embora a β-oxidação peroxissômica não seja dependente do transporte de grupos acil para o peroxissomo como os ésteres de carnitina, o peroxissomo contém carnitina-acil-transferases. Acil-CoA que tiveram sua cadeia encurtada pela β-oxidação peroxissômica são, então, convertidas aos seus ésteres de carnitina. Tais substâncias, na sua maioria, difundem-se de modo passivo do peroxissomo para a mitocôndria, onde são posteriormente oxidadas.

G. *Rotas secundárias na oxidação de ácidos graxos*

A β-oxidação é bloqueada por um grupo alquil no C_β de um ácido graxo, portanto em qualquer átomo de carbono ímpar. Tal ácido graxo de cadeia ramificada, componente comum na dieta, é o **ácido fitânico**. Esse produto metabólico da hidrólise da cadeia lateral fitol da clorofila (Seção 24.2A) está presente em laticínios, gorduras de ruminantes e peixes. Surpreendentemente, a própria clorofila é uma fonte pobre de ácido fitânico para humanos. A oxidação de um ácido graxo de cadeia ramificada, tal qual o ácido fitânico, é facilitada pela **α-oxidação** (Fig. 25.25). Nesse processo, o ácido graxo é convertido em tioéster de CoA, e seu C_α é hidroxilado pela **fitanoil-CoA-hidroxilase**, que contém Fe^{2+}. O tioéster de CoA resultante é descarboxilado oxidativamente para gerar um novo ácido graxo, que não teve seu C_β substituído. A

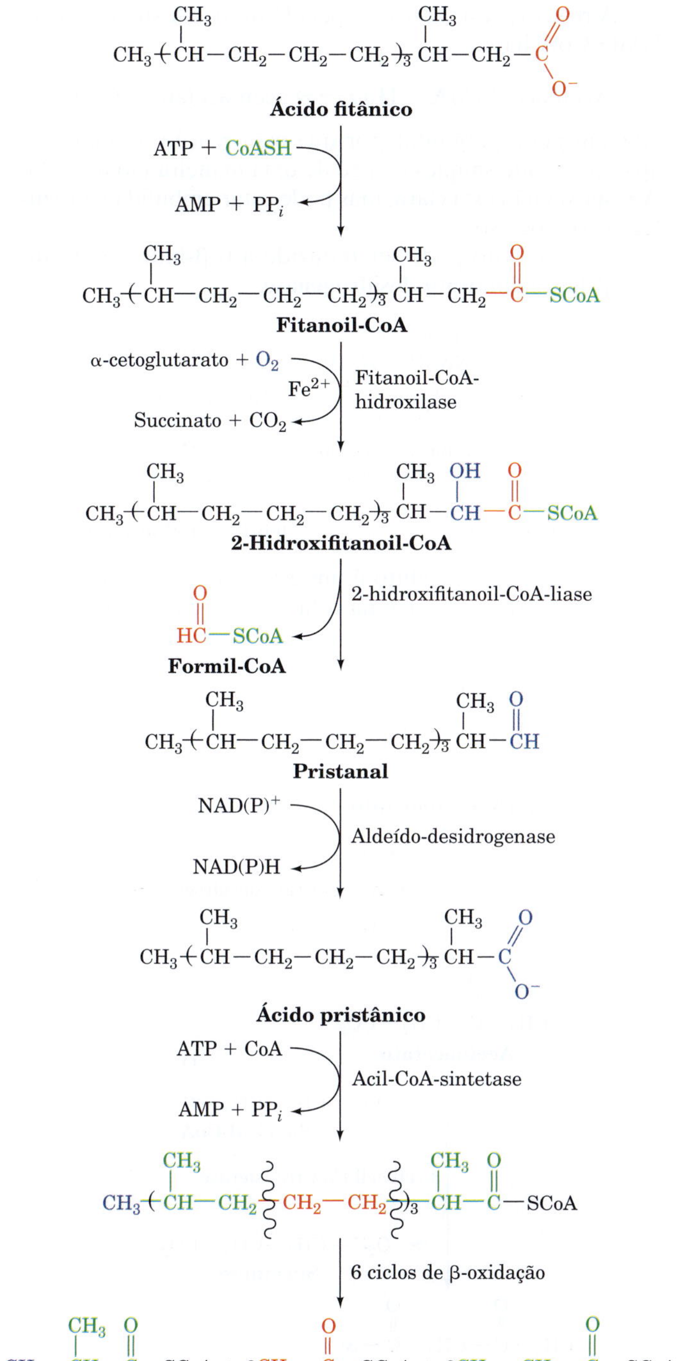

Ácido fitânico

ATP + CoASH → AMP + PP_i

Fitanoil-CoA

α-cetoglutarato + O_2 → Succinato + CO_2 (Fe^{2+}; Fitanoil-CoA-hidroxilase)

2-Hidroxifitanoil-CoA

2-hidroxifitanoil-CoA-liase → Formil-CoA

Pristanal

$NAD(P)^+$ → NAD(P)H (Aldeído-desidrogenase)

Ácido pristânico

ATP + CoA → AMP + PP_i (Acil-CoA-sintetase)

6 ciclos de β-oxidação

2-Metil-propionil-CoA + 3 Acetil-CoA + 3 Propionil-CoA

FIGURA 25.25 Rota da α-oxidação de ácidos graxos. O ácido fitânico, um produto da degradação da cadeia lateral fitol da clorofila, é metabolizado pela α-oxidação em **ácido pristânico**, seguido da β-oxidação.

degradação posterior da molécula continua pelos seis ciclos normais da β-oxidação, gerando três propionil-CoA, três acetil-CoA e um 2-metilpropionil-CoA (que é convertido a succinil-CoA).

Uma falha genética rara, a **doença de Refsum** ou **síndrome do armazenamento de ácido fitânico**, resulta da acumulação desse metabólito por todo o corpo. A doença, caracterizada por dificuldades neurológicas progressivas, como tremores, modo de andar irregular e visão noturna falha, é decorrência de uma fitanoil-CoA-hidroxilase defeituosa. Consequentemente, seus sintomas podem ser atenuados por uma dieta que restringe o consumo de alimentos que contenham ácido fitânico.

Ácidos graxos de cadeias média e longa são convertidos em ácidos dicarboxílicos pela **ω-oxidação** (oxidação do último átomo de carbono). Esse processo, catalisado por enzimas do RE, envolve a hidroxilação do átomo C_ω do ácido graxo pelo **citocromo P450**, uma mono-oxigenase que utiliza NADPH e O_2 (Seção 15.4Bc). Esse grupo CH_2—OH é oxidado a um grupo carboxil, convertido a uma CoA derivada de qualquer uma das extremidades e oxidada pela rota da β-oxidação. A ω-oxidação provavelmente possui uma significância menor na oxidação de ácidos graxos.

3 CORPOS CETÔNICOS

A acetil-CoA produzida pela oxidação de ácidos graxos nas mitocôndrias do fígado pode ser oxidada adicionalmente no ciclo do ácido cítrico, como discutido no Capítulo 21. No entanto, uma fração significativa dessa acetil-CoA tem outro destino. *Por um processo conhecido como **cetogênese**, que ocorre principalmente nas mitocôndrias do fígado, a acetil-CoA é convertida em **acetoacetato** ou em **D-β-hidroxibutirato**. Esses compostos, juntamente com a **acetona**, são referidos um tanto imprecisamente como **corpos cetônicos**:*

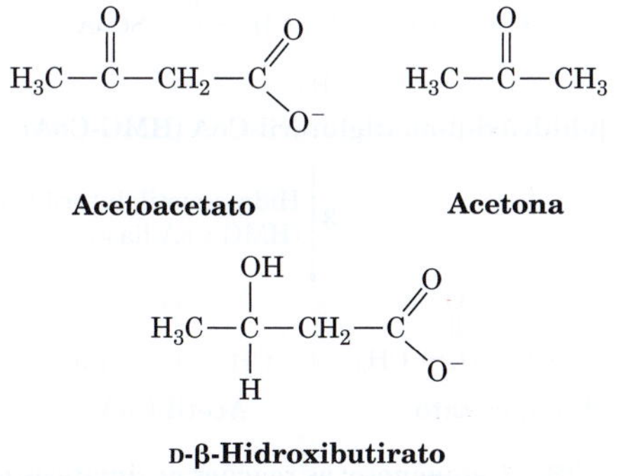

Acetoacetato

Acetona

D-β-Hidroxibutirato

Os corpos cetônicos são combustíveis metabólicos importantes para vários tecidos periféricos, em particular para o coração e para o músculo esquelético. O cérebro, em circunstâncias normais, utiliza apenas a glicose como fonte de energia (ácidos graxos são incapazes de cruzar a barreira hematoencefálica), mas, durante um jejum prolongado, os corpos cetônicos tornam-se a principal fonte de combustível metabólico do cérebro (Seção 27.4A). *Corpos cetônicos são equivalentes hidrossolúveis dos ácidos graxos.*

A formação de acetoacetato ocorre em três reações (Fig. 25.26):

1. Duas moléculas de acetil-CoA são condensadas a **acetoacetil-CoA** pela tiolase (também chamada de **acetil-CoA--acetiltransferase**), atuando na direção inversa à da etapa final da β-oxidação (Seção 25.2Cd).
2. A condensação de acetoacetil-CoA com uma terceira acetil-CoA pela **HMG-CoA-sintase** forma **β-hidroxi-β-metilglutaril-CoA (HMG-CoA)**. O mecanismo dessa reação assemelha-se ao inverso da reação da tiolase (Fig. 25.15), em que o grupo tiol do sítio ativo forma um intermediário acil-tioéster.
3. A HMG-CoA é degradada a acetoacetato e a acetil--CoA em uma clivagem catalisada pela **HMG-CoA-liase**. O mecanismo dessa reação é análogo ao inverso da reação da citrato-sintase (Seção 21.3A). (HMG-CoA é também um precursor da biossíntese de colesterol, podendo ser desviado com esse propósito, como é discutido na Seção 25.6A.)

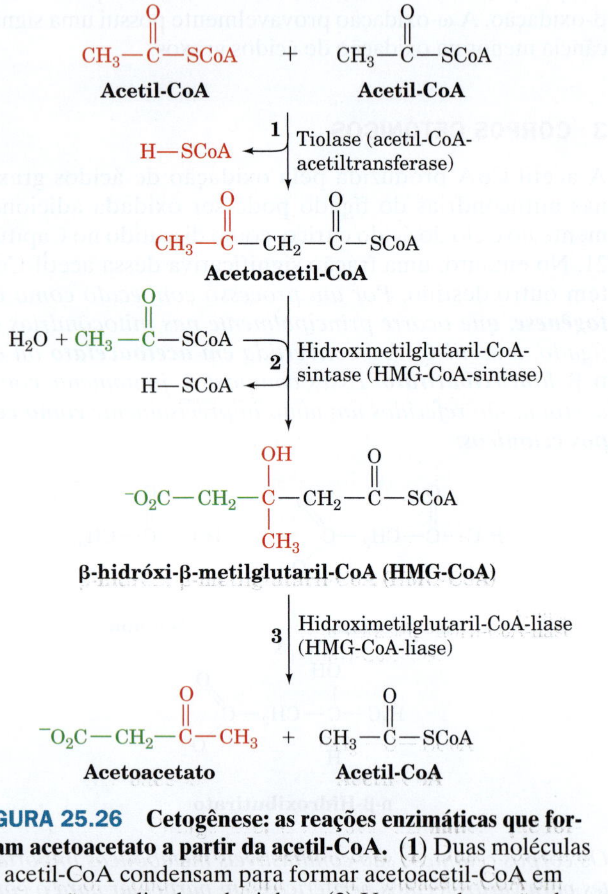

$CH_3-\overset{O}{\overset{\|}{C}}-SCoA + CH_3-\overset{O}{\overset{\|}{C}}-SCoA$

Acetil-CoA **Acetil-CoA**

1 Tiolase (acetil-CoA-acetiltransferase); $H-SCoA$ liberado

$CH_3-\overset{O}{\overset{\|}{C}}-CH_2-\overset{O}{\overset{\|}{C}}-SCoA$

Acetoacetil-CoA

$H_2O + CH_3-\overset{O}{\overset{\|}{C}}-SCoA$; $H-SCoA$ liberado

2 Hidroximetilglutaril-CoA-sintase (HMG-CoA-sintase)

$^-O_2C-CH_2-\overset{OH}{\underset{CH_3}{C}}-CH_2-\overset{O}{\overset{\|}{C}}-SCoA$

β-hidróxi-β-metilglutaril-CoA (HMG-CoA)

3 Hidroximetilglutaril-CoA-liase (HMG-CoA-liase)

$^-O_2C-CH_2-\overset{O}{\overset{\|}{C}}-CH_3 + CH_3-\overset{O}{\overset{\|}{C}}-SCoA$

Acetoacetato **Acetil-CoA**

FIGURA 25.26 Cetogênese: as reações enzimáticas que formam acetoacetato a partir da acetil-CoA. (1) Duas moléculas de acetil-CoA condensam para formar acetoacetil-CoA em uma reação catalisada pela tiolase. (2) Uma condensação de Claisen entre a acetoacetil-CoA e uma terceira acetil-CoA forma β-hidróxi-β-metilglutaril-CoA (HMG-CoA), catalisada pela HMG-CoA-sintase. (3) A HMG-CoA é degradada a acetoacetato e a acetil-CoA em uma clivagem catalisada pela HMG-CoA-liase.

A reação geral catalisada pela HMG-CoA-sintase e pela HMG-CoA-liase é

$$\text{Acetoacetil-CoA} + H_2O \longrightarrow \text{acetoacetato} + \text{CoA}$$

Alguém pode perguntar por que essa reação de hidrólise aparentemente simples ocorre de uma maneira tão indireta. A resposta não está clara, mas pode estar embutida na regulação do processo.

Acetoacetato pode ser reduzido a D-β-hidroxibutirato pela **β-hidroxibutirato-desidrogenase**:

$CH_3-C(=O)-CH_2-CO_2^-$ + H^+ + NADH $\xrightarrow{\text{β-hidroxibutirato-desidrogenase}}$ $CH_3-CH(OH)-CH_2-CO_2^-$ + NAD^+

Acetoacetato **D-β-Hidroxibutirato**

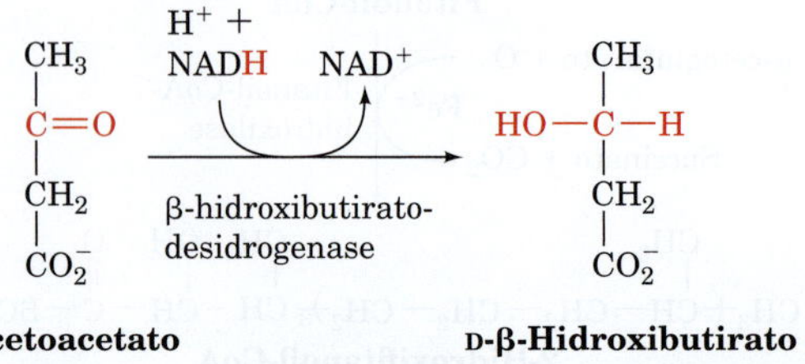

Observe que esse produto é um estereoisômero da L-β-hidroxiacil-CoA que ocorre na rota da β-oxidação. O acetoa-

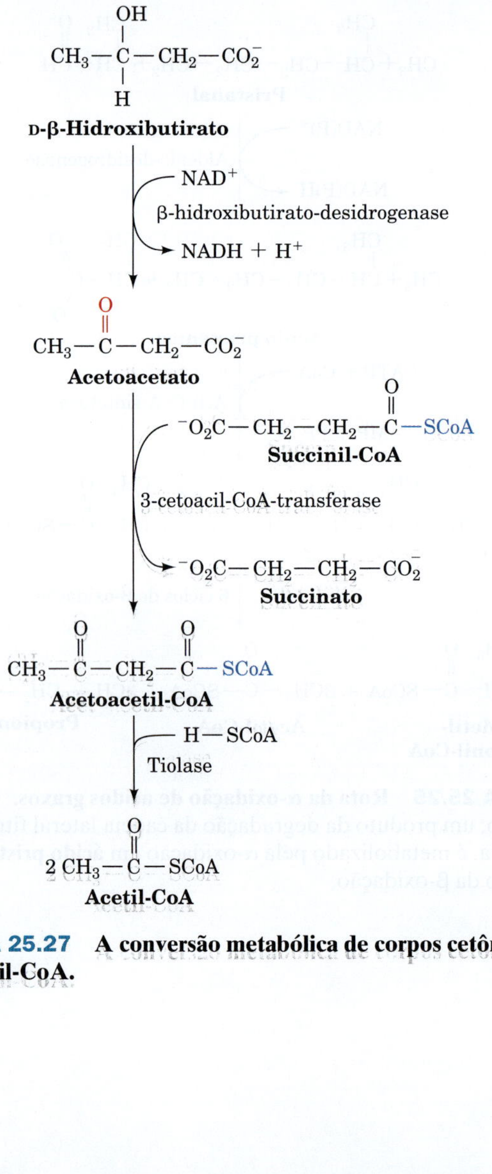

$CH_3-\overset{OH}{\underset{H}{C}}-CH_2-CO_2^-$

D-β-Hidroxibutirato

NAD^+ → NADH + H^+ (β-hidroxibutirato-desidrogenase)

$CH_3-\overset{O}{\overset{\|}{C}}-CH_2-CO_2^-$

Acetoacetato

$^-O_2C-CH_2-CH_2-\overset{O}{\overset{\|}{C}}-SCoA$ **Succinil-CoA**

3-cetoacil-CoA-transferase

$^-O_2C-CH_2-CH_2-CO_2^-$ **Succinato**

$CH_3-\overset{O}{\overset{\|}{C}}-CH_2-\overset{O}{\overset{\|}{C}}-SCoA$

Acetoacetil-CoA

$H-SCoA$; Tiolase

$2\ CH_3-\overset{O}{\overset{\|}{C}}-SCoA$

Acetil-CoA

FIGURA 25.27 A conversão metabólica de corpos cetônicos em acetil-CoA.

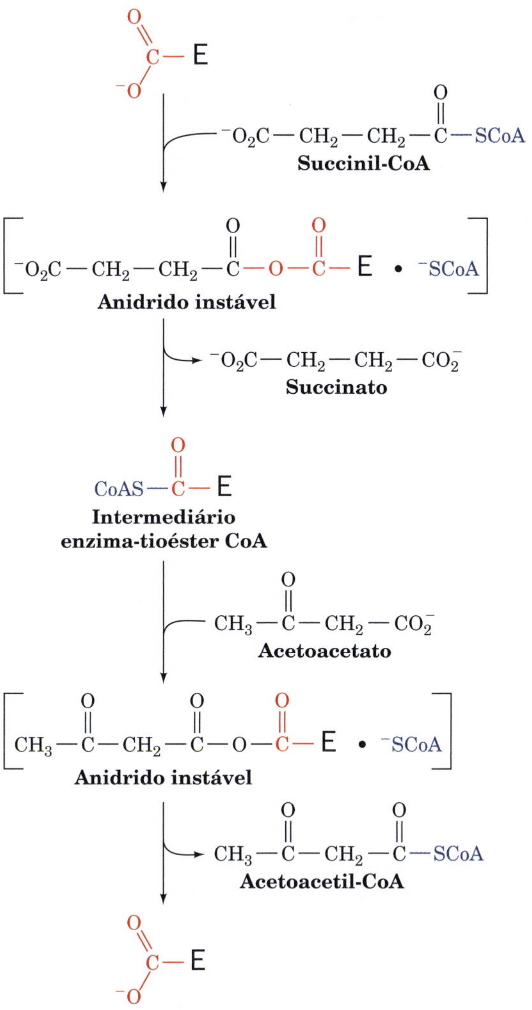

$$\text{E-CO}_2^- \;+\; {}^-O_2C-CH_2-CH_2-\overset{O}{\overset{\|}{C}}-SCoA \text{ (Succinil-CoA)}$$

$$\left[{}^-O_2C-CH_2-CH_2-\overset{O}{\overset{\|}{C}}-O-\overset{O}{\overset{\|}{C}}-E \bullet {}^-SCoA\right] \text{ Anidrido instável}$$

$$\rightarrow {}^-O_2C-CH_2-CH_2-CO_2^- \text{ (Succinato)}$$

$$CoAS-\overset{O}{\overset{\|}{C}}-E \text{ Intermediário enzima-tioéster CoA}$$

$$+\; CH_3-\overset{O}{\overset{\|}{C}}-CH_2-CO_2^- \text{ (Acetoacetato)}$$

$$\left[CH_3-\overset{O}{\overset{\|}{C}}-CH_2-\overset{O}{\overset{\|}{C}}-O-\overset{O}{\overset{\|}{C}}-E \bullet {}^-SCoA\right] \text{ Anidrido instável}$$

$$\rightarrow CH_3-\overset{O}{\overset{\|}{C}}-CH_2-\overset{O}{\overset{\|}{C}}-SCoA \text{ (Acetoacetil-CoA)}$$

$$\text{E-CO}_2^-$$

FIGURA 25.28 **Mecanismo proposto da 3-cetoacil-CoA-transferase envolvendo um intermediário enzima-tioéster CoA.**

cetato, sendo um β-cetoácido, também sofre descarboxilação não enzimática, produzindo de modo relativamente fácil acetona e CO_2. De fato, em indivíduos com **cetose** (também chamada de **cetoacidose**), uma condição potencialmente patológica na qual o acetoacetato é produzido mais rapidamente do que pode ser metabolizado (um sintoma do diabetes; Seção 27.4B), a respiração tem o odor adocicado característico da acetona.

O fígado libera acetoacetato e β-hidroxibutirato, que são transportados pela corrente sanguínea aos tecidos periféricos, para serem usados como combustíveis alternativos. Lá, esses produtos são convertidos em acetil-CoA, conforme está diagramado na Fig. 25.27. O mecanismo de reação proposto para a **3-cetoacil-CoA-transferase** (Fig. 25.28), que catalisa a segunda etapa dessa rota, envolve a participação de um grupo carboxil do sítio ativo no intermediário enzima-tioéster CoA e no anidrido instável. A succinil-CoA, que atua como doadora de CoA nesse processo, pode também ser convertida em succinato, com a síntese acoplada de GTP na reação da succinil-CoA-sintase no ciclo do ácido cítrico (Seção 21.3Ea). A "ativação" de acetoacetato dispensa essa etapa, "custando", portanto, a energia livre da hidrólise de GTP. O fígado não possui 3-cetoacil-CoA-transferase, que lhe permite fornecer corpos cetônicos a outros tecidos.

4 BIOSSÍNTESE DE ÁCIDOS GRAXOS

A biossíntese de ácidos graxos ocorre por meio da condensação de unidades C_2, o inverso do processo da β-oxidação. Usando técnicas de marcação isotópica, David Rittenberg e Konrad Bloch demonstraram, em 1945, que essas unidades de condensação são derivadas do ácido acético. Logo foi provado que acetil-CoA é um precursor dessa reação de condensação, mas o mecanismo permaneceu obscuro até finais da década de 1950, quando Salih Wakil descobriu que, além da acetil-CoA, o bicarbonato também é necessário para a biossíntese de ácidos graxos. Além disso, foi demonstrado que a malonil-CoA é um intermediário nessa reação. Nesta seção, serão discutidas essas reações.

A. *Visão geral da rota*

A rota de síntese dos ácidos graxos difere da rota de oxidação dos ácidos graxos. Essa situação, como foi visto na Seção 18.1D, é típica de rotas biossintéticas e degradativas opostas, pois permite que ambas, sob condições fisiológicas similares, sejam termodinamicamente favoráveis e independentemente reguladas. A Fig. 25.29 resume a oxidação e a síntese de ácidos graxos, com ênfase nas diferenças entre as rotas. Enquanto a oxidação de ácidos graxos ocorre na mitocôndria e utiliza ésteres de acil-CoA-graxo, a biossíntese ocorre no citosol, e, como descobriu Roy Vagelos, o ácido graxo crescente está ancorado à **proteína carreadora de acila** (**PCA**; Fig. 25.30). A PCA, assim como a CoA, contém um grupo fosfopanteteína que forma tioésteres com grupos acil. O grupo fosforil fosfopanteteína é esterificado com o grupo OH de uma Ser da PCA, ao passo que na CoA ele está ligado ao AMP. Em animais, a PCA é parte de uma grande proteína multifuncional (PCA Tipo I, ver abaixo), enquanto em *E. coli* ela é um polipeptídeo de 125 resíduos (PCA Tipo II). O grupo fosfopanteteína é transferido pela **fosfopanteteína-transferase** (alternativamente **PCA-sintase**) da CoA para a apo-PCA, para formar a holo-PCA ativa.

As coenzimas redox das rotas biossintética e oxidativa de ácidos graxos animais são diferentes (NAD+ e FAD para oxidação; NADPH para biossíntese), assim como é diferente a estereoquímica das etapas intermediárias. Contudo, a principal diferença é a maneira pela qual unidades C_2 são removidas ou adicionadas à cadeia acil-graxo. Na rota oxidativa, a β-cetotiolase catalisa a clivagem da ligação C_α–C_β da β-cetoacil-CoA para produzir acetil-CoA e uma nova acil-CoA-graxo, que é uma unidade C_2 mais curta. O $\Delta G°'$ dessa reação é muito próximo de zero, de modo que ela também possa funcionar na direção inversa (formação de corpos cetônicos). Na rota biossintética, a reação de condensação é atre-

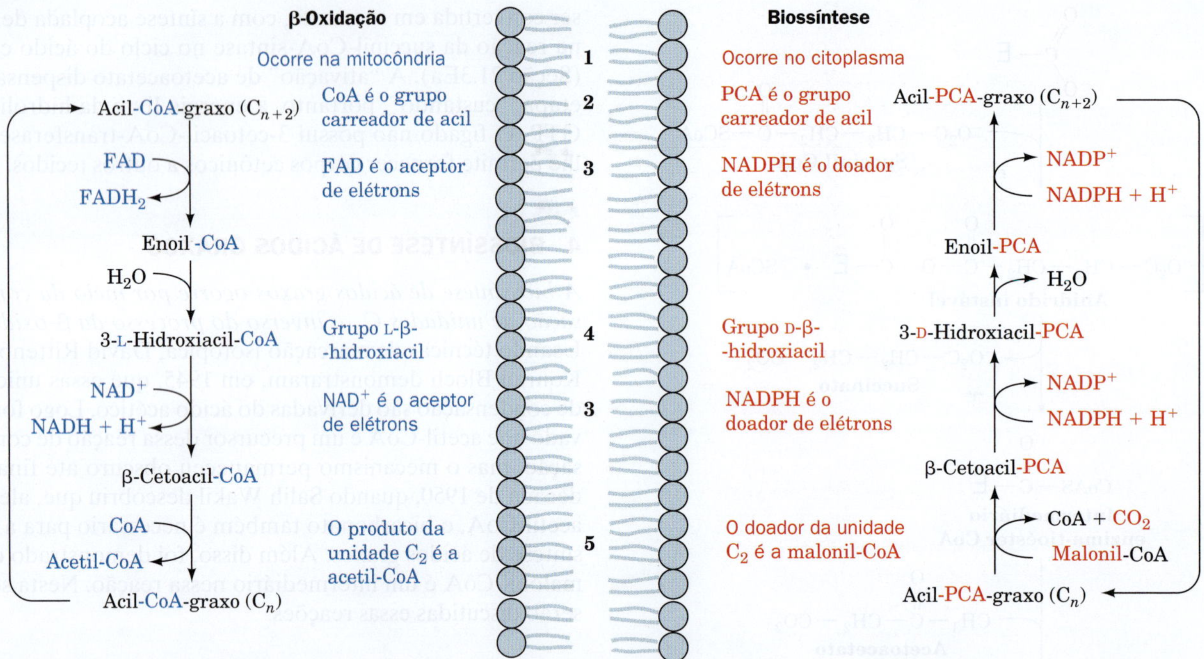

FIGURA 25.29 Comparação entre β-oxidação e biossíntese de ácidos graxos. Há diferenças **(1)** na localização celular, **(2)** no carreador do grupo acil, **(3)** no aceptor/doador de elétrons, **(4)** na estereoquímica das reações de hidratação/desidratação, e **(5)** na forma em que unidades C_2 são produzidas/doadas. **Ver Figuras animadas**

lada à hidrólise de ATP, impelindo a reação à conclusão. Esse processo envolve duas etapas: (1) a carboxilação, dependente de ATP, da acetil-CoA pela **acetil-CoA-carboxilase** (**ACC**), para formar **malonil-CoA**, e (2) a descarboxilação exergônica do grupo malonil na reação de condensação catalisada pela **ácido graxo-sintase**. Estas enzimas são discutidas abaixo.

B. *Acetil-CoA-carboxilase*

A ACC é uma enzima dependente de biotina que catalisa a primeira etapa comprometida com a biossíntese de ácidos graxos, sendo uma das etapas controladoras de velocidade. Esta enzima é um membro de uma família de carboxilases dependentes de biotina que, em humanos, contém apenas três outros membros: propionil-CoA-carboxilase (Seção 25.2Ea), piruvato-carboxilase (Fig. 23.4), e **β-metilcrotonil-CoA-carboxilase** (que participa da degradação de leucina; Seção 26.3F). A reação da ACC, como aquela das outras carboxilases dependentes de biotina, ocorre em duas etapas, uma ativação de CO_2 e uma carboxilação:

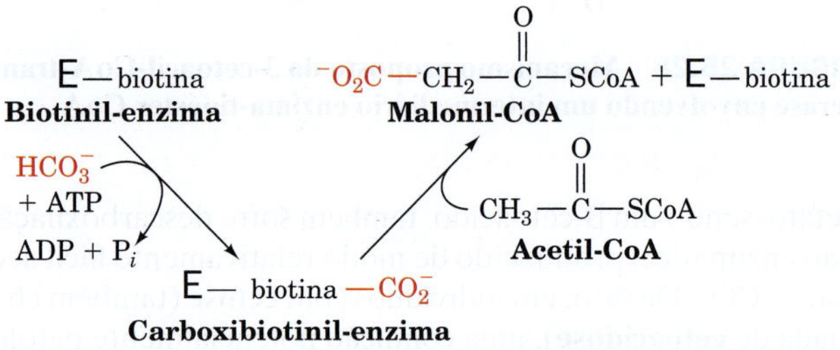

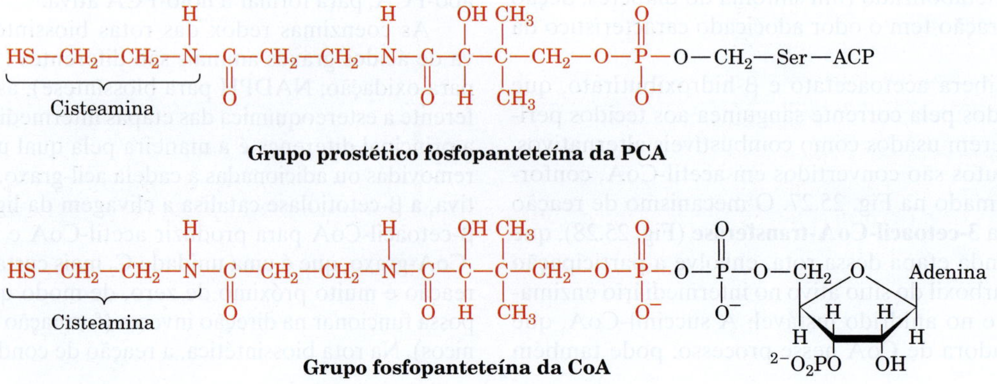

E—biotina
Biotinil-enzima
HCO_3^- + ATP
ADP + P_i
E— biotina —CO_2^-
Carboxibiotinil-enzima
$CH_3—C(=O)—SCoA$
Acetil-CoA
$^-O_2C—CH_2—C(=O)—SCoA$ + E—biotina
Malonil-CoA

$HS—CH_2—CH_2—N(H)—C(=O)—CH_2—CH_2—N(H)—C(=O)—C(H)(OH)—C(CH_3)_2—CH_2—O—P(=O)(O^-)—O—CH_2—Ser—ACP$
(HS—CH_2—CH_2—N: Cisteamina)

Grupo prostético fosfopanteteína da PCA

$HS—CH_2—CH_2—N(H)—C(=O)—CH_2—CH_2—N(H)—C(=O)—C(H)(OH)—C(CH_3)_2—CH_2—O—P(=O)(O^-)—O—P(=O)(O^-)—O—CH_2$—(ribose 3'-$^{2-}O_3PO$, 2'-OH)—Adenina
(HS—CH_2—CH_2—N: Cisteamina)

Grupo fosfopanteteína da CoA

FIGURA 25.30 O grupo fosfopanteteína na proteína carreadora de acila (PCA) e na CoA.

Em *E. coli*, a ACC é um complexo multienzimático no qual essas etapas são catalisadas por subunidades distintas: o homodímero biotina-carboxilase (BC; 456 resíduos) e o heterotetrâmero $\alpha_2\beta_2$ carboxitransferase (CT; 319 3 304 resíduos). Além disso, a biotina está ligada como um resíduo de biocitina (Fig. 23.3*b*) à proteína carreadora de biotina-carboxil (PCBC; 156 resíduos), que forma homodímeros. Em contraste, as ACC de mamíferos e aves contêm, em uma única cadeia polipeptídica de 2.346 resíduos, as duas atividades enzimáticas e o carreador de biotina-carboxil na ordem BC–PCBC–CT (diferindo da ordem na piruvato-carboxilase, que é BC–CT–PCBC; Seção 23.1Ae). A estrutura de uma ACC intacta ainda não foi determinada, embora a estrutura por raios X da subunidade BC de *E. coli* se assemelhe muito ao domínio BC da piruvato-carboxilase (Fig. 23.5*a*). É interessante, contudo, que os domínios CT das várias carboxilases dependentes de biotina diferem consideravelmente em sequência e estrutura.

a. A acetil-CoA-carboxilase é regulada pela fosforilação reversível controlada por hormônios

A ACC está sujeita a regulação hormonal. Glucagon, assim como adrenalina e noradrenalina; (Seção 18.3Ea), causam o aumento, dependente de AMPc, da fosforilação da enzima, o que a inativa. A insulina, por outro lado, estimula a desfosforilação da enzima, ativando-a.

O mecanismo pelo qual o AMPc causa um aumento no estado de fosforilação da ACC é interessante. *In vitro*, a enzima é fosforilada por duas diferentes cinases, pela proteína-cinase dependente de AMPc (PKA; Seção 18-3Cb) na Ser 77, e pela **proteína-cinase dependente de AMP** (**AMPK**; Seções 25.5a e 27.1) (que é independente de AMPc) nas Ser 79, 1200 e 1215. Apesar disso, quando células do fígado são incubadas na presença de ^{32}P-ATP com hormônios que elevam o AMPc, somente a Ser 77 não torna-se marcada. Claramente, um aumento na [AMPc] resulta em um aumento na fosforilação nos sítios modificados pela AMPK, não nos modificados pela PKA. Como pode ser? Parece que, *in vivo*, o aumento na fosforilação dependente de AMPc não ocorre por meio da fosforilação de novos sítios, mas sim da inibição da desfosforilação de sítios previamente fosforilados. Esse mecanismo foi visto em operação no controle do metabolismo de glicogênio, quando a fosforilação dependente de AMPc do inibidor-1 da fosfoproteína-fosfatase inibe a desfosforilação (Seção 18.3C). Porém, no caso da ACC, a desfosforilação é catalisada pela **fosfoproteína-fosfatase-2A**, que não é afetada pelo inibidor-1 da fosfoproteína-fosfatase. O mecanismo pelo qual a PKA causa o aumento da fosforilação associada à atividade da AMPK é, até o momento, desconhecido.

b. Acetil-CoA-carboxilases de aves e mamíferos sofrem polimerização enzimática na ativação

A microscopia eletrônica revela que as ACC de aves e mamíferos formam longos filamentos de 20 a 40 protômeros (Fig. 25.31). *Essa forma polimérica da enzima é cataliticamente ativa, mas o protômero não é.* Por isso, a taxa de biossíntese de ácidos graxos é controlada pelo estado de equilíbrio entre as duas formas:

$$\text{Protômero } (\textit{inativo}) \rightleftharpoons \text{polímero } (\textit{ativo})$$

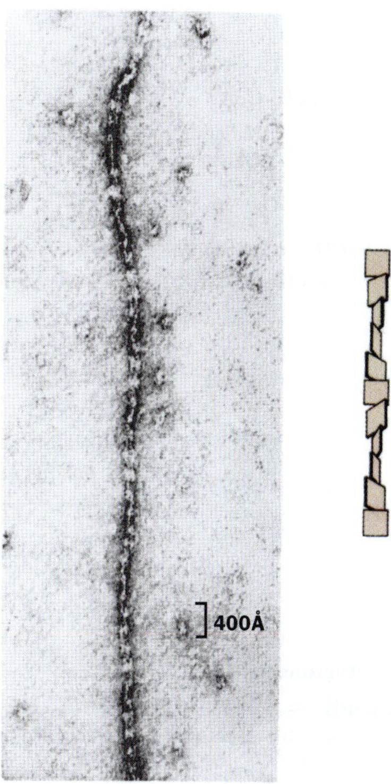

FIGURA 25.31 Associação dos protômeros da acetil-CoA--carboxilase. A micrografia eletrônica e o desenho esquemático indicam que filamentos de acetil-CoA-carboxilase de fígado de ave consistem em cadeias lineares de protômeros retangulares achatados. (Cortesia de Malcolm Lane, The Johns Hopkins University School of Medicine, EUA.)

A fosforilação favorece o protômero inativo, enquanto a desfosforilação favorece o polímero ativo. Vários metabólitos também afetam a atividade da acetil-CoA-carboxilase. O citrato promove a polimerização da ACC, enquanto palmitoil-CoA e outras acil-CoA-graxos promovem sua despolimerização. Assim, citrato citosólico, cuja concentração aumenta quando a concentração de acetil-CoA mitocondrial se eleva (Seção 25.4D), ativa a biossíntese de ácidos graxos e é portanto um retroalimentador-ativador positivo, enquanto palmitoil-CoA, o produto da rota, é um inibidor por retroalimentação.

c. A acetil-CoA-carboxilase de mamíferos possui duas isoformas principais

Existem duas principais isoformas de ACC. A **ACC1** ocorre no tecido adiposo, enquanto a **ACC2** ocorre nos tecidos que oxidam, mas não sintetizam ácidos graxos, como o músculo cardíaco. Tecidos que sintetizam e oxidam ácidos graxos, como o fígado, contêm as duas isoformas, que são homólogas, embora os genes que as codificam estejam localizados em diferentes cromossomos. Qual é a função da ACC2? O produto da reação catalisada pela ACC, malonil-CoA, inibe fortemente a importação da acil-CoA-graxo para a oxidação de ácidos graxos, o principal ponto de controle para esse processo. Assim, parece que a ACC2 possui uma função regulatória (Seção 25.5).

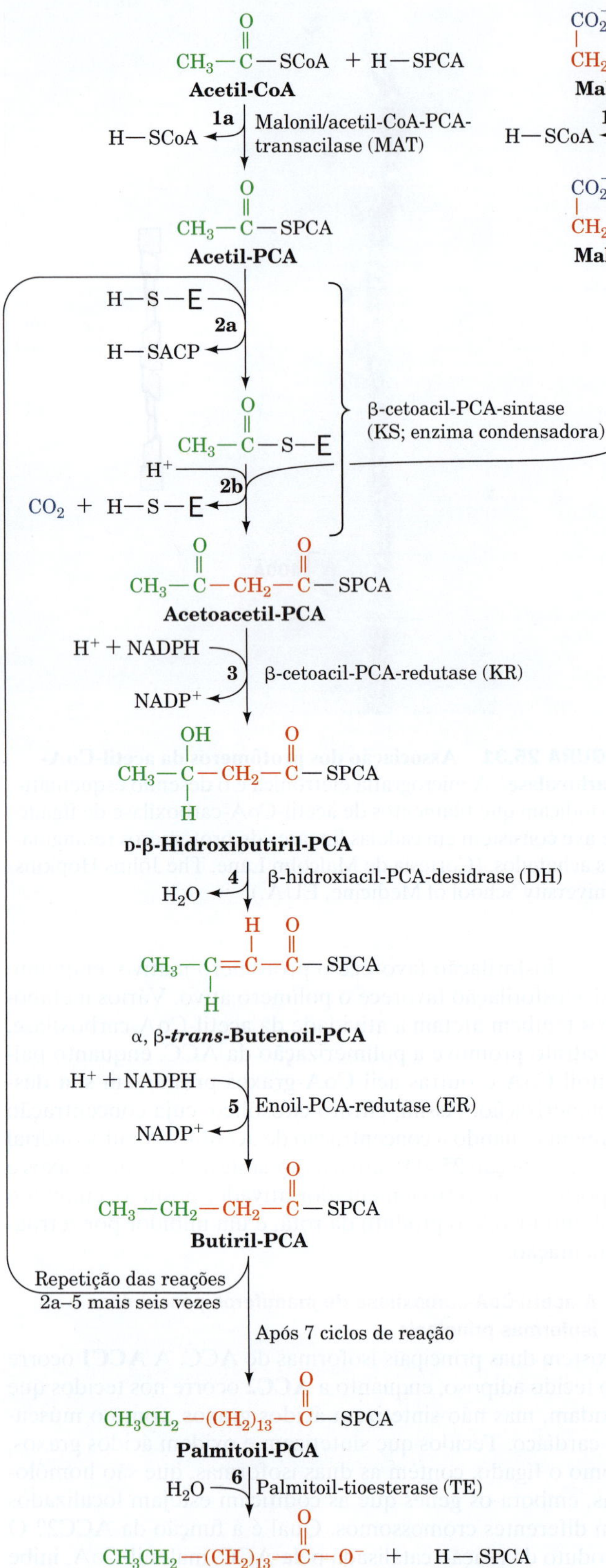

FIGURA 25.32 Sequência de reações da biossíntese de ácidos graxos. Na formação de palmitato, a rota é repetida por sete ciclos de alongamento de C_2, seguida por uma etapa final de hidrólise. **Ver Figuras animadas**

A ACC de procariotos não está sujeita a nenhum desses controles. Isso porque, nesses organismos, ácidos graxos não são armazenados como gorduras, mas são sobretudo precursores de fosfolipídeos. A enzima de *E. coli* é regulada pelos nucleotídeos de guanina, de forma que a síntese de ácidos graxos está coordenada com o crescimento celular.

C. *Ácido-graxo-sintase*

A síntese de ácidos graxos a partir de acetil-CoA e malonil--CoA, envolve sete reações enzimáticas que produzem principalmente ácido palmítico (ver a seguir). Estas reações foram primeiramente estudadas em extratos de *E. coli*, nos quais as reações são catalisadas por enzimas independentes, juntamente com a PCA. Estas proteínas são coletivamente conhecidas como **ácido-graxo-sintase do tipo II (AGS-II)**.

A AGS-II, cujos componentes são todos codificados no núcleo e assemelham-se muito às suas contrapartes bacterianas, também existe nos cloroplastos, o único sítio de síntese de ácidos graxos em plantas, e nas mitocôndrias dos vertebrados. Em fungos, contudo, os ácidos graxos são sintetizados por uma enzima $\alpha_6\beta_6$ multifuncional de 2600 kDa, enquanto em animais eles são sintetizados por uma enzima multifuncional composta por duas cadeias polipeptídicas idênticas de ~275 kDa, cada uma contendo todas as sete atividades enzimáticas mais a PCA, e conhecida como **ácido--graxo-sintase do tipo I (AGS-I)**. A maioria dos domínios que catalisam as reações da síntese de ácidos graxos nestas assim chamadas **megassintases** são homólogos às proteínas correspondentes que constituem a AGS-II, o que indica que a AGS-I originou-se a partir da junção de proteínas previamente independentes.

As reações catalisadas pela AGS-I para sintetizar palmitato estão diagramadas na Fig. 25.32. A longa e flexível cadeia fosfopanteteína da PCA (Fig. 25.30) atua no transporte do substrato entre os diferentes domínios enzimáticos da proteína:

1a. A transferência do grupo acetil da acetil-CoA para a PCA gera acetil-PCA, catalisada pela **malonil/acetil-CoA--PCA-transacilase (MAT)**.

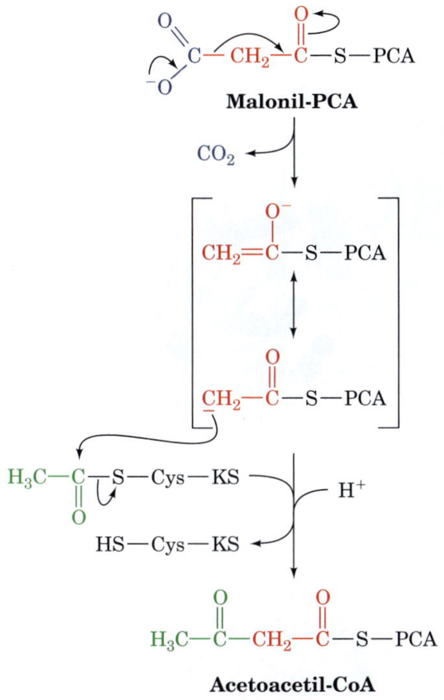

FIGURA 25.33 O mecanismo de formação da ligação carbono-carbono na biossíntese de ácidos graxos. A condensação de um grupo acetil na Cys do sítio ativo da β-cetoacil-PCA-sintase (KS) com um grupo malonil na cadeia fosfopanteteína da PCA forma β-cetoacil-PCA. A reação é movida pela eliminação exergônica de CO_2 do grupo malonil para gerar um carbânion intermediário acetil-PCA estabilizado por ressonância, que atua como um bom nucleófilo.

2a. A transferência do grupo acetil da PCA a um resíduo Cys da **β-cetoacil-PCA-sintase** (**KS**; também chamada de **enzima condensadora**), mantém, assim, a ligação acetil-tioéster.

1b. A formação de malonil-PCA em uma reação análoga à Reação 1a, que em mamíferos é catalisada pela mesma enzima, MAT.

2b. O acoplamento do grupo acetil ao C_β do grupo malonil da PCA, com a concomitante descarboxilação do grupo malonil, forma acetoacetil-PCA e libera o grupo Cys-SH do sítio ativo da KS (Fig. 25.33). *Consequentemente, o CO_2 incorporado na reação da acetil-CoA-carboxilase (Seção 25.4B) não aparece no ácido graxo produzido. Em vez disso, a descarboxilação impele a formação da ligação carbono-carbono na reação de condensação que, por meio da reação da acetil-CoA-carboxilase, é acoplada à hidrólise de ATP.*

3-5. A redução, a desidratação e a redução subsequente de acetoacetil-PCA, forma **butiril-PCA**, catalisada sequencialmente por **β-cetoacetil-PCA-redutase** (**KR**), **β-hidroxiacil-PCA-desidrase** (**DH**) e **enoil-PCA-redutase** (**ER**). A coenzima das duas etapas de redução é NADPH, enquanto na β-oxidação as reações análogas às Reações 3 e 5 utilizam NAD^+ e FAD, respectivamente (Fig. 25.29). Além disso, a Reação 3 produz e a Reação 4 requer um grupo D-β-hidroxiacil, enquanto a reação análoga na β-oxidação envolve o isômero L correspondente.

Repetição de 2a até 5. O grupo butiril da butiril-PCA é transferido para a Cys-SH da KS. Assim, o grupo acetil com o qual o sistema foi inicialmente munido é alongado com uma unidade C_2. A PCA é "reabastecida" com um grupo malonil (Etapa 1b), ocorrendo outro ciclo de alongamento de C_2. Esse processo ocorre, ao total, sete vezes, para gerar **palmitoil-PCA**.

6. A ligação tioéster da palmitoil-PCA, hidrolisada pela **palmitoil-tioesterase** (**PT**), forma palmitato, o produto normal da rota de síntese de ácidos graxos, e regenera a enzima para um novo ciclo de síntese.

A estequiometria da síntese de palmitato, portanto, é

$$\text{Acetil-CoA} + 7\text{malonil-CoA} + 14\text{NADPH} + 7\text{H}^+ \longrightarrow \text{Palmitato} + 7\text{CO}_2 + 14\text{NADP}^+ + 8\text{CoA} + 6\text{H}_2\text{O}$$

Uma vez que os 7 malonil-CoA são derivados de acetil-CoA, como segue:

$$7\text{Acetil-CoA} + 7\text{CO}_2 + 7\text{ATP} \longrightarrow 7\text{malonil-CoA} + 7\text{ADP} + 7\text{P}_i + 7\text{H}^+$$

a estequiometria geral para a biossíntese de palmitato é

$$8\text{Acetil-CoA} + 14\text{NADPH} + 7\text{ATP} \longrightarrow \text{palmitato} + 14\text{NADP}^+ + 8\text{CoA} + 6\text{H}_2\text{O} + 7\text{ADP} + 7\text{P}_i$$

a. A AGS-I dos animais é um dímero flexível em forma de X

A maioria, mas não todas, as atividades enzimáticas da AGS-I permanecem funcionais quando esta enzima dimérica é dissociada em monômeros. Além disso, fragmentos resultantes da proteólise limitada da AGS-I de animais exibem muitas das atividades enzimáticas da proteína intacta. Aparentemente, *segmentos contíguos da cadeia polipeptídica se dobram para formar uma série de domínios autônomos, cada um com uma atividade catalítica diferente.* Várias outras enzimas, por exemplo a acetil-CoA-carboxilase de mamíferos (Seção 25.4B), exibem multifuncionalidades similares, mas nenhuma tem tantas atividades catalíticas separadas como a AGS-I de animais. A disposição dos domínios ao longo da cadeia polipeptídica da AGS-I está indicada na Fig. 25.34. Três destes domínios, além da PCA, não possuem atividade enzimática: um domínio de ligação (DL) que une os domínios KS e MAT; um domínio pseudometil-transferasase (ΨME), assim chamado por sua homologia à família das me-

FIGURA 25.34 Disposição dos domínios da AGS-I de porco em uma escala de sequência aproximada. (Modificada de um esquema desenhado por Timm Maier e Nenad Ban, ETH, Zurique, Suíça.)

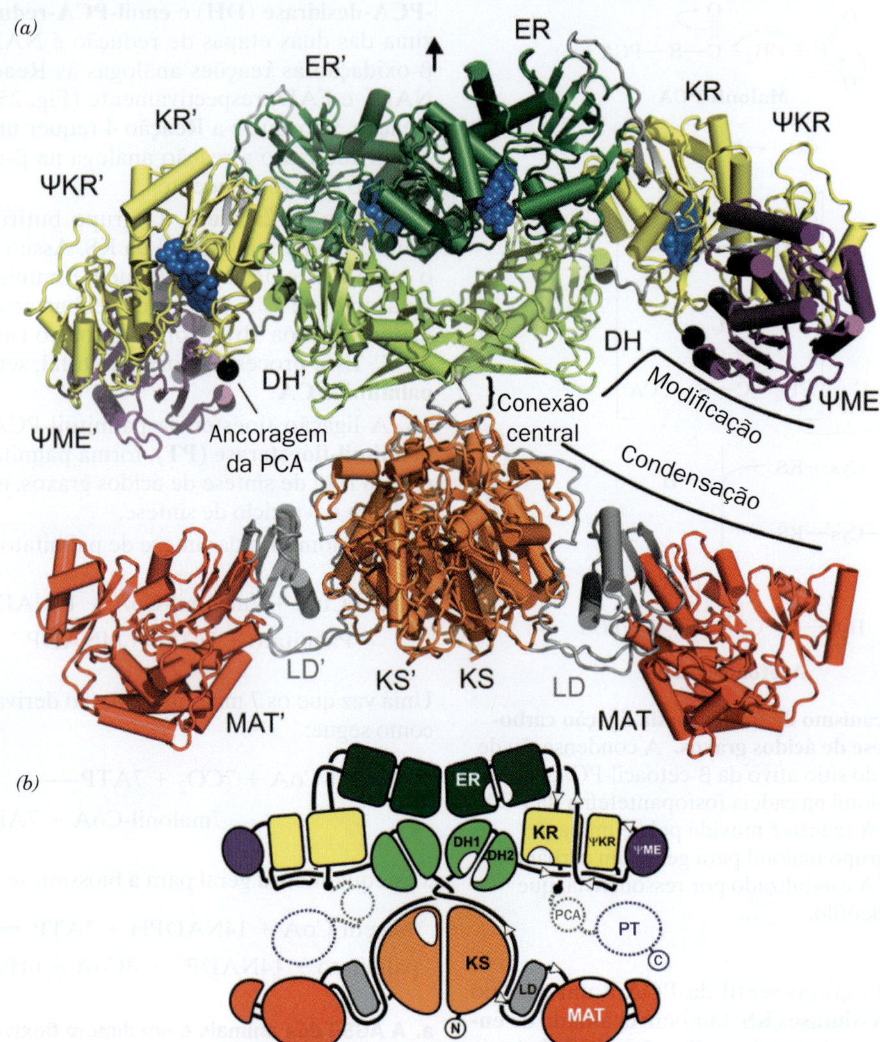

FIGURA 25.35 **Estrutura por raios X da AGS-I de porco em complexo com NADP$^+$.** (*a*) O homodímero de ~190 Å de largura, visto perpendicularmente ao seu eixo de pseudossimetria de ordem 2 (setas pretas verticais), com os diversos domínios coloridos de acordo com a Fig. 25.34 e regiões de ligação coloridas em cinza. Os cofatores NADP+ ligados estão representados em azul na forma de volume atômico. Os sítios desorganizados para ancoragem dos domínios da PCA/PT estão indicados por círculos pretos. Os nomes dos domínios da segunda subunidade estão marcados com apóstrofe. (*b*) O diagrama esquemático correspondente, indicando como os vários domínios estão unidos. (Cortesia de Timm Maier e Nenad Ban, ETH, Zurique, Suíça. PDBid 2VZ9.)

til-transferases; e um domínio pseudoceto-redutase (ΨKR), assim nomeado por ser uma forma truncada do domínio KR.

A estrutura por raios X da AGS-I de porco em complexo com NADP$^+$, determinada por Nenad Ban, revela um dímero em forma de X com pseudossimetria de ordem 2 (Fig. 25.35). As duas subunidades da AGS-I se associam por meio de uma extensa interface envolvendo mais de 150 resíduos por cadeia dos domínios KS, ER e DH. Entretanto, as partes superiores e inferiores do X estão apenas fracamente conectadas. A porção inferior do X contém as duas atividades condensadoras da enzima, MAT e KS (que catalisam as reações 1 e 2 da Fig. 25.32), enquanto a porção superior do X contém as atividades modificadoras do carbono β da enzima, DH, KR e ER (que catalisam as reações 3-5 da Fig. 25.32). Os domínios C-terminais PCA e PT conectam-se à enzima de maneira flexível, e por isso não foram observados. A região de ligação KR–PCA é formado por 13 resíduos e portanto pode estender-se por uma distância de até ~40 Å, enquanto a região de ligação PCA–PT tem um comprimento de ~25 resíduos e pode assim estender-se por ~80 Å.

Cada uma das duas câmaras de reação da AGS-I de porco é revestida pelo conjunto completo de domínios catalíticos de uma subunidade, todos os quais devem ser visitados pelo braço de fosfopanteteína da PCA para a ocorrência de todas as reações da AGS-I. Os sítios catalíticos destes domínios ocorrem tanto na face anterior quando na posterior da proteína, e suas disposições não apresentam relação aparente com a ordem das reações do ciclo catalítico. Na estrutura

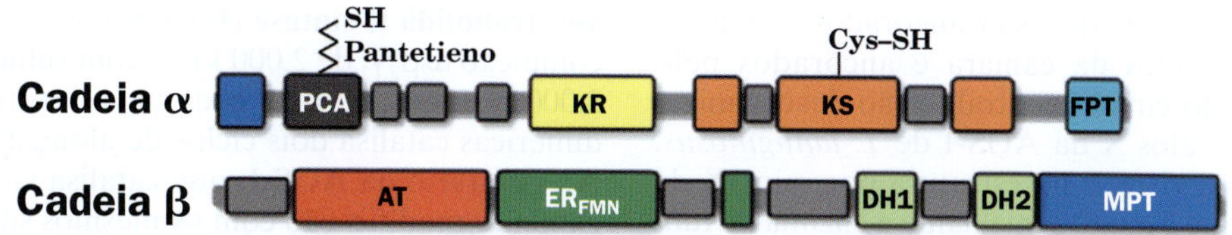

FIGURA 25.36 **Disposição dos domínios da AGS-I de fungos em uma escala de sequência aproximada.** (Modificada de um esquema desenhado por Simon Jenni e Nenad Ban, ETH, Zurique, Suíça.)

mostrada na Fig. 25.35*a*, o comprimento da região de ligação KR–PCA permitiria que a PCA alcançasse todos os sítios catalíticos da mesma câmara de reação, mas não aqueles na câmara de reação oposta (ou seja, a distância entre o sítio de ligação da PCA em uma subunidade e o domínio MAT em outra é ~135 Å). Ainda assim, estudos de mutagênese, feitos por Stuart Smith, nos quais a PCA de uma subunidade e a MAT ou KS de outra subunidade foram inativadas, produziram enzimas funcionais embora com atividade reduzida, portanto indicando que um domínio PCA pode atender domínios MAT e KS em ambas subunidades. A explicação mais plausível para estas observações é que a porção superior do X pode girar 180 °C em relação a porção inferior. Esta hipótese é embasada pela observação que o contato relativamente fraco entre DH e KS, que une as porções superior e inferior do X, não apresenta simetria de ordem 2 perfeita na Fig. 25.35*a*, assim indicando que esta junção é flexível.

b. A AGS-I de fungos tem forma de barril

As reações catalisadas pela AGS-I $\alpha_6\beta_6$ de fungos diferem daquelas mediadas pela AGS-I de animais em alguns aspectos:

1. A atividade MAT bifuncional da AGS-I de animais transfere ambos grupos acetil e malonil da CoA para a PCA (Reações 1a e 1b da Fig. 25.32). A enzima de fungos, contudo, utiliza uma atividade **acetil-transferase** (**AT**) monofuncional para transferir o grupo acetil da CoA para a PCA, e uma atividade **malonil/palmitoil-transferase** (**MPT**) para a transferência dos grupos malonil.
2. A AGS-I de animais sintetiza um grupo palmitoil ligado a PCA, o qual é liberado como palmitato pela atividade hidrolítica da TE (Reação 6 da Fig. 25.32). Em contraste, a AGS-I sintetiza grupos palmitoil (C_{16}) e estearoil (C_{18}) ligados a PCA em uma relação de aproximadamente 2:3, os quais são então transferidos para a CoA pela atividade MPT bifuncional, para a geração dos produtos finais da rota, palmitoil-CoA e estearoil-CoA.
3. A atividade ER da AGS-I de animais utiliza NADPH para diretamente reduzir a ligação dupla C=C na Reação 5 da Fig. 25.32. Na ER de fungos, entretanto, o NADPH reduz FMN a $FMNH_2$, que, por sua vez, reduz a ligação dupla.
4. A AGS-I de fungos contém uma **atividade fosfopanteteína-transferase** (**FPT**) que une o grupo fosfopanteteína a PCA. Esta atividade não faz parte da AGS-I de animais.

A distribuição das várias atividades enzimáticas ao longo das cadeias α e β da AGS-I de fungos (Fig. 25.36) não assemelha-se àquela da AGS-I de animais (Fig. 25.34). Observe que a atividade MPT é compartilhada entre ambas cadeias α e β.

A estrutura por raios X da AGS-I do fungo termófilo *Thermomyces lanuginosus* (Fig. 25.37), determinada por Ban, revela que ela forma uma proteína em forma de barril oco com simetria D_3 (a simetria rotacional de um prisma trigonal; Fig. 8.65*b*). As seis cadeias α formam um círculo com simetria D_3, que é coberto em cada lado por um domo com simetria de ordem 3, predominantemente formado pelas cadeias β. O círculo central divide o interior oco do barril em duas câmaras de reação idênticas, cada uma das quais contendo algumas aberturas nas paredes laterais, através das quais pequenas moléculas podem entrar. Os sítios ativos de todas as atividades enzimáticas estão voltados para o interior das câmaras de reação. Claramente, a AGS-I de animais e de fungos evoluíram de forma divergente a partir da AGS-II.

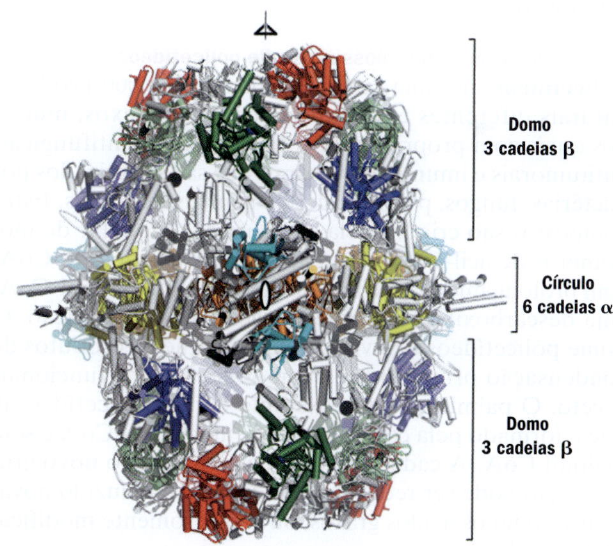

FIGURA 25.37 **Estrutura por raios X da AGS de *T. lanuginosus*.** O heterododecâmero $\alpha_6\beta_6$ com ~270 Å de altura por 250 Å de diâmetro é mostrado ao longo de um eixo de ordem 2 (*elipsoide*) e perpendicular ao eixo de ordem 3 (*triângulo*) com os diversos domínios coloridos de acordo com a Fig. 25.36 e com as regiões de ligação em cinza. Os sítios desorganizados para ancoragem dos domínios da PCA estão indicados por círculos pretos. (Cortesia de Simon Jenni e Nenad Ban, ETH, Zurique, Suíça. PDBids 2UV9 e 2UVA.)

Os seis domínios PCA, que são ancorados por meio do N-terminal às paredes da câmara e ancorados pelo C-terminal ao meio do círculo central, estão desorganizados na estrutura por raios X da AGS-I de *T. lanuginosus*. Entretanto, eles estão visíveis na estrutura por raios X da AGS-I de levedura, que é muito semelhante a enzima de fungos e cuja estrutura foi determinada por Ban e por Thomas Steitz independentemente. O exame destas estruturas sugere que cada domínio PCA duplamente ancorado pode mover-se para visitar os seis centros catalíticos necessários, os quais no caso da PCA ancorada a subcâmara 1, são KR da cadeia $\alpha 1$, KS da cadeia $\alpha 2$, MPT e DH da cadeia $\beta 1$, e AT e ER da cadeia $\beta 2$, onde a subcâmara 2 está no sentido horário da subcâmara 1, como visto do topo do domo.

Os domínios FTP estão localizados na face exterior do barril, de onde não podem interagir com os domínios PCA. Isto sugere que eles ligam-se aos grupos fosfopanteteína da PCA antes que o barril esteja completamente montado.

c. Inibidores da ácido-graxo-sintase são potenciais medicamentos

Em indivíduos bem nutridos, a síntese de ácidos graxos ocorre lentamente. Contudo, certos tecidos, especialmente cânceres, expressam altos níveis de AGS-I e produzem ácidos graxos em alta velocidade. Por esta razão, inibidores da AGS-I de animais estão sendo investigados como possíveis agentes anticâncer. Além disso, as diferenças entre as atividades enzimáticas dos vários tipos de AGS, especialmente nas atividades ER, transformam a AGS-II (de bactérias) e a AGS-I de fungos em alvos para o desenvolvimento de novos antibióticos.

d. Variações do tema: biossíntese de policetídeos

Policetídeos são uma família de mais de 10.000 produtos naturais diferentes e estruturalmente complexos, muitos dos quais com propriedades antibacterianas, antifúngicas, antitumorais e imunossupressoras, que são sintetizados por bactérias, fungos, plantas e certos animais marinhos. Estes compostos são criados pela condensação modular de monômeros de acil-CoA, como acetil-CoA e propionil-CoA, com prolongamentos de malonil-CoA e metilmalonil-CoA, cuja descarboxilação impele a reação de condensação. O nome policetídeos é devido ao fato de que os produtos de condensação primários possuem grupamentos funcionais β-ceto. O palmitato é um exemplo de um policetídeo, já que é formado pela condensação de uma acetil-CoA e sete malonil-CoA. A cada reação de condensação, o novo grupo β-ceto pode ser reduzido, desidratado e reduzido novamente como os ácidos graxos, ou sofrer somente modificação parcial.

Policetídeos são sintetizados por megassintases. Já vimos que a AGS-I de animais contém sete atividades enzimáticas, assim como a PCA. Outro exemplo de um policetídeo é **6-desoxieritronolida B (6dEB)**, a **macrolactona** do antibiótico **eritromicina A** (Seção 32.3G), que é sintetizada na bactéria do solo *Saccharopolyspora erythraea* a partir de um propionil-CoA e seis (*S*)-metilmalonil-CoA pela **desoxieritronolida B-sintase (DEBS**; Fig. 25.38). A DEBS é um complexo $\alpha_2\beta_2\gamma_2$ de 2.000 kDa, com subunidades de mais de 3.000 resíduos, no qual cada uma das três unidades homodiméricas catalisa dois ciclos de alongamento/modificação. Ao contrário da AGS-I, que catalisa vários ciclos de alongamento/modificação com os mesmos sítios ativos, a DEBS catalisa cada ciclo em um módulo diferente, o que permite as diferenças nas modificações que ocorrem em cada ciclo. Desta maneira, a DEBS, que contém 28 sítios ativos diferentes, funciona como uma linha de montagem. A função do módulo 4, como indica a Fig. 25.38, é quase idêntica à da AGS-I. O módulo 4 contém KS, AT, PCA, KR, DH e ER e reduz seu produto de condensação primária β-cetona a um grupo metileno. Porém, esse módulo não contém TE, porque o processo de alongamento não está completo após essa fase. O módulo 3 contém somente PCA, KS e AT, o conjunto mínimo de atividades para um módulo, e passa seu produto de condensação β-cetona ao módulo 4 sem modificações adicionais. Os módulos 1, 2, 5 e 6 contêm somente PCA, AT, KS e KR, os sítios necessários para as etapas de condensação e redução, gerando produtos hidroxilados. Portanto, a organização geral dos módulos criam um produto poli-hidróxi contendo um grupo ceto e um grupo metileno. O produto final da DEBS, 6dEB, é uma lactona produzida pela reação do grupo hidroxil terminal com o tioéster ancorando a cadeia em crescimento à sintase. Os módulos estão organizados de formas diferentes nas várias policetídeo-sintases existentes, que consequentemente sintetizam uma ampla gama de diferentes compostos.

D. *Transporte de acetil-CoA mitocondrial para o citosol*

A acetil-CoA é produzida na mitocôndria pela descarboxilação oxidativa de piruvato, catalisada pela piruvato-desidrogenase (Seção 21.2A), e também pela oxidação de ácidos graxos. Quando a demanda por ATP é baixa, de modo que a oxidação de acetil-CoA via ciclo do ácido cítrico e fosforilação oxidativa são mínimas, essa acetil-CoA mitocondrial pode ser armazenada para uso futuro na forma de gordura. Entretanto, a biossíntese de ácidos graxos ocorre no citosol, e a membrana mitocondrial é essencialmente impermeável à acetil-CoA. *A acetil-CoA entra no citosol sob a forma de citrato pelo* ***sistema de transporte do tricarboxilato*** (Fig. 25.39). Então, a **ATP-citrato-liase** catalisa a reação

$$\text{Citrato} + \text{CoA} + \text{ATP} \rightleftharpoons \text{acetil-CoA} + \text{oxalacetato} + \text{ADP} + \text{P}_i$$

que se assemelha à reação inversa da citrato-sintase (Seção 21.3A), exceto pelo fato de a hidrólise de ATP ser necessária para promover a síntese intermediária da citril-CoA de "alta energia", cuja hidrólise leva ao término da reação da citrato-sintase. Consequentemente, a hidrólise de ATP é necessária para promover a síntese da ligação tioéster. O oxalacetato é, em seguida, reduzido a malato pela malato-desidrogenase.

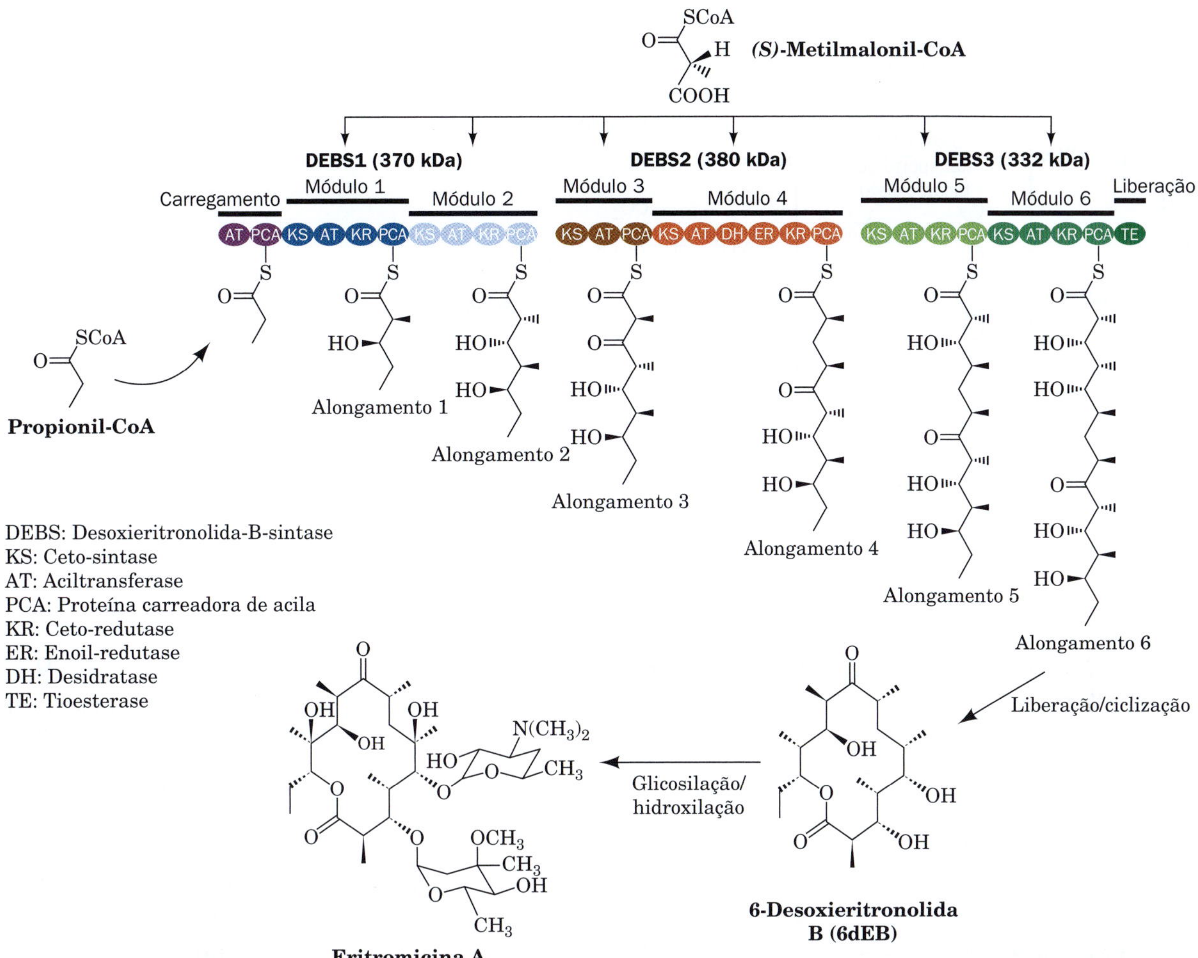

FIGURA 25.38 **Um exemplo de biossíntese de policetídeo: a síntese de eritromicina A.** (Segundo Pfeifer, B.A., Admiraal, S.J., Gramajo, H., Cane, D.E., e Khosla, C., *Science* **291**, 1790 [2001].)

O malato sofre descarboxilação oxidativa a piruvato pela enzima málica (Seção 25.2Ed) e retorna nessa forma à mitocôndria. A reação da enzima málica assemelha-se à da isocitrato-desidrogenase, na qual um β-hidroxiácido é oxidado a um β-cetoácido, cuja descarboxilação é favorecida (Seção 21.3C). A coenzima da enzima málica é $NADP^+$, de modo que NADPH é produzido nessa rota para ser usado nas reações de redução da biossíntese de ácidos graxos.

O transporte de citrato para fora da mitocôndria deve ser balanceado pelo transporte de íons para dentro desta. Malato, piruvato e P_i podem ser usados para essa finalidade. Por isso, malato pode ser transportado diretamente de volta à mitocôndria sem gerar NADPH. Como visto na Seção 25.4C, a síntese de cada íon palmitato requer 8 moléculas de acetil-CoA e 14 moléculas de NADPH. Até 8 dessas moléculas de NADPH podem ser abastecidas com as 8 moléculas de acetil-CoA, se todo malato produzido no citosol for oxidativamente descarboxilado. O resto do NADPH é fornecido pela rota das pentoses-fosfato (Seção 23.4).

E. *Alongases e dessaturases*

*Palmitato (16:0), o produto usual da rota da ácido graxo-sintase de animais, é o precursor de ácidos graxos de cadeias saturadas mais longas e de ácidos graxos insaturados, convertidos pelas **alongases** e **dessaturases**.* As alongases estão presentes na mitocôndria e no retículo endoplasmático, mas os mecanismos de alongamento nos dois locais são diferentes. O alongamento mitocondrial (processo independente da rota citosólica da ácido-graxo-sintase) ocorre por adição e redução sucessivas de unidades acetil em um processo inverso à oxidação de ácidos graxos; a única diferença química entre essas duas rotas ocorre na etapa de redução final, em que o NADPH toma o lugar do $FADH_2$ como coenzima redox terminal (Fig. 25.40). O alongamento no retículo endoplasmático envolve sucessivas condensações de malonil-CoA com acil-CoA. Cada uma dessas reações é seguida de reduções dependentes de NADPH similares às catalisadas pela AGS-I; a única diferença é o fato de que o ácido graxo

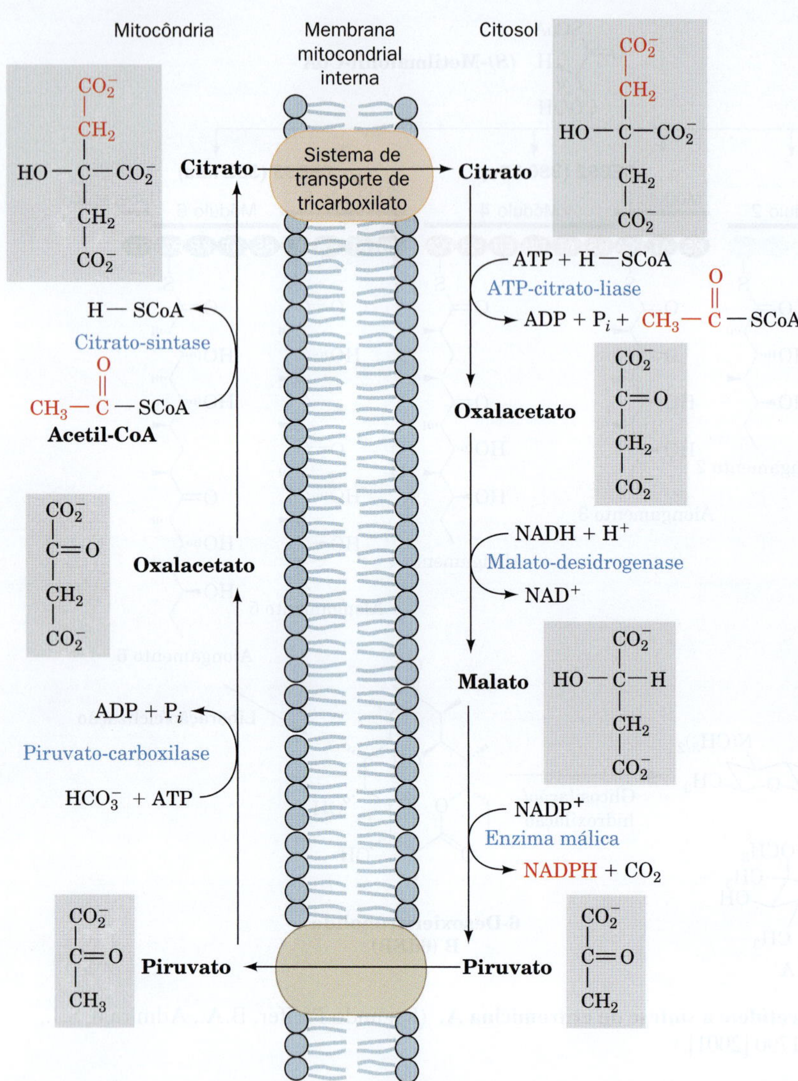

FIGURA 25.39 Transporte de acetil-CoA da mitocôndria ao citosol pelo sistema de transporte de tricarboxilato.

é alongado como derivado de CoA em vez de derivado de PCA.

Os ácidos graxos insaturados são produzidos pelas **dessaturases terminais.** Os sistemas dos mamíferos contêm quatro dessaturases terminais, com especificidades amplas para comprimento de cadeia, designadas **Δ^9-, Δ^6-, Δ^5- e Δ^4-acil-CoA-graxo-dessaturases.** Essa enzima ligada à membrana, contendo ferro não heme, catalisa a reação geral,

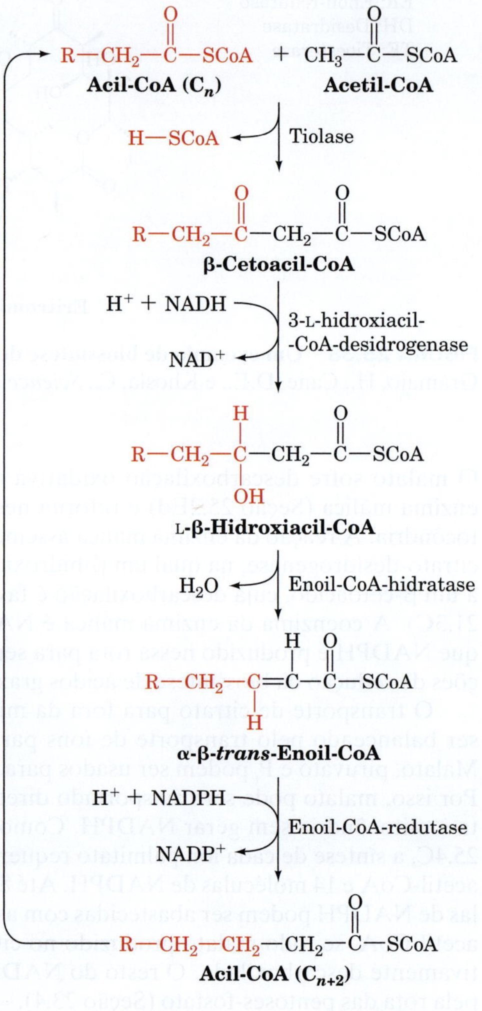

R—CH_2—C(=O)—SCoA + CH_3—C(=O)—SCoA
Acil-CoA (C_n) Acetil-CoA
H—SCoA ← Tiolase
R—CH_2—C(=O)—CH_2—C(=O)—SCoA
β-Cetoacil-CoA
H^+ + NADH → NAD^+ 3-L-hidroxiacil-CoA-desidrogenase
R—CH_2—CH(OH)—CH_2—C(=O)—SCoA
L-β-Hidroxiacil-CoA
H_2O ← Enoil-CoA-hidratase
R—CH_2—CH=CH—C(=O)—SCoA
α-β-*trans*-Enoil-CoA
H^+ + NADPH → $NADP^+$ Enoil-CoA-redutase
R—CH_2—CH_2—CH_2—C(=O)—SCoA
Acil-CoA (C_{n+2})

FIGURA 25.40 Alongamento mitocondrial de ácidos graxos. Este processo é o inverso da oxidação de ácidos graxos, exceto pelo fato de a última reação utilizar NADPH no lugar de $FADH_2$ como coenzima redox.

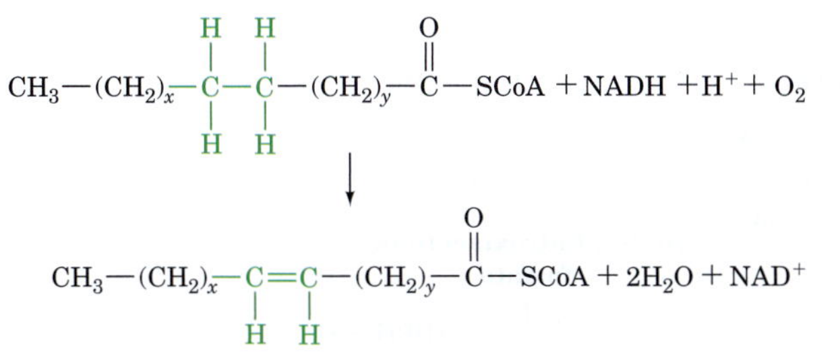

$$\mathrm{CH_3{-}(CH_2)_x{-}\overset{H}{\underset{H}{C}}{-}\overset{H}{\underset{H}{C}}{-}(CH_2)_y{-}\overset{O}{\overset{\|}{C}}{-}SCoA + NADH + H^+ + O_2}$$

$$\downarrow$$

$$\mathrm{CH_3{-}(CH_2)_x{-}\underset{H}{C}{=}\underset{H}{C}{-}(CH_2)_y{-}\overset{O}{\overset{\|}{C}}{-}SCoA + 2H_2O + NAD^+}$$

onde x é no mínimo 5 e $(CH_2)_x$ pode conter uma ou mais ligações duplas. A porção $(CH_2)_y$ do substrato está sempre saturada. As ligações duplas são inseridas entre as ligações duplas existentes na porção $(CH_2)_x$ do substrato e o grupo CoA, de forma que a nova ligação dupla fique três carbonos mais próxima do grupo CoA do que a próxima ligação dupla (não conjugada com uma ligação dupla existente) e, em animais, nunca nas posições além de C9. As dessaturases terminais de mamíferos são componentes de um pequeno sistema de transporte de elétrons, que contêm outras duas proteínas: **citocromo b_5** e **NADH-citocromo-b_5-redutase**. As reações de transferência de elétrons mediadas por esses complexos ocorrem na membrana interna do retículo endoplasmático (Fig. 25.41), não estando, portanto, associadas à fosforilação oxidativa.

a. Alguns ácidos graxos insaturados devem ser obtidos da dieta

Uma variedade de ácidos graxos insaturados pode ser sintetizada por combinações de reações de alongamento e dessaturação. No entanto, uma vez que o ácido palmítico é o ácido graxo mais curto disponível em animais, as regras mencionadas acima excluem a formação da ligação dupla Δ^{12} do ácido linoleico (ácido $\Delta^{9,12}$-octadecadienoico; 18:2n−6 [essa nomenclatura é explicada na Tabela 12.1]), um precursor essencial das **prostaglandinas**. *O ácido linoleico deve, consequentemente, ser obtido da dieta (essencialmente das plantas que têm Δ^{12}- e Δ^{15}-dessaturases; ele é abundante na maioria dos óleos vegetais), sendo, portanto, um **ácido graxo essencial**.* De fato, os animais mantidos em uma dieta livre de gordura desenvolvem uma condição que pode ser fatal, caracterizada inicialmente por pouco crescimento, má cicatrização e dermatite. O ácido linoleico é, ademais, um importante constituinte dos esfingolipídeos da epiderme, que funcionam como uma barreira de impermeabilidade da pele.

Devido à incapacidade das dessaturases animais de adicionar ligações duplas além da posição C9, outro ácido graxo essencial é o **ácido α-linolênico** (**ALA**; ácido $\Delta^{9,12,15}$-octadecatrienoico [18:3n-3, um ácido graxo ω-3]). Esse ácido graxo é um precursor do **EPA** (**ácido $\Delta^{5,8,11,14,17}$-eicosapentaenoico**; 20:5n−3) e do **DHA** (**ácido $\Delta^{4,7,10,13,16,19}$-docosaexaenoico**; 22:6n−3), ácidos graxos poli-insaturados ω–3, recentemente descobertos como constituintes importantes da dieta (presentes em óleos de peixes), que melhoram funções cognitivas e visão e contribuem para proteção contra inflamações e doenças cardiovasculares. O ácido docosaexaenoico é, entre outras coisas, o ácido graxo predominante nos fosfolipídeos dos bastonetes dos segmentos externos da retina. A substituição do ácido docosaexaenoico por outros ácidos graxos ω–6 nos fosfolipídeos resulta em acuidade visual debilitada. Deficiência de ácidos graxos poli-insaturados ω–3 nos fosfolipídeos do cérebro está associada à perda de memória e função cognitiva reduzida.

F. *Síntese de triacilgliceróis*

Os triacilgliceróis são sintetizados a partir de ésteres de acil-CoA-graxo e de glicerol-3-fosfato ou di-hidroxiacetona-fosfato (Fig. 25.42). A etapa inicial nesse processo é catalisada pela **glicerol-3-fosfato-aciltransferase** na mitocôndria e no retículo endoplasmático, ou pela **di-hidroxiacetona-fosfato-aciltransferase** no retículo endoplasmático ou nos peroxissomos. No último caso, o produto **acil-di-hidroxiacetona-fosfato** é reduzido ao **ácido lisofosfatídico** correspondente por uma redutase dependente de NADPH. O ácido lisofosfatídico é convertido em triacilglicerol pelas ações sucessivas da **1-acilglicerol-3-fosfato-aciltransferase**, da **ácido-fosfatídico-fosfatase**, e da **diacilglicerol-aciltransferase**. O intermediário ácido fosfatídico e o 1,2-diacilglicerol (DAG) podem também ser convertidos em fosfolipídeos pelas rotas descritas na Seção 25.8. As aciltransferases não são completamente específicas para determinadas acil-CoA-graxos, tanto no comprimento da cadeia quanto no grau de saturação, mas, nos triacilgliceróis do tecido adiposo humano, o palmitato é mais encontrado na posição 1 e o oleato, na posição 2.

a. A gliceroneogênese é importante para a biossíntese de triacilglicerol

A di-hidroxiacetona-fosfato utilizada para originar glicerol-3-fosfato na síntese de triacilglicerol é originária da glicose, por meio da rota glicolítica (Fig. 17.3), ou do oxalacetato, por uma versão abreviada da gliconeogênese (Fig. 23.8), chamada de **gliceroneogênese**. A gliceroneogênese é necessária durante o jejum, já que aproximadamente 30% dos ácidos graxos que penetram no fígado durante a abstinência de alimentos são reesterificados a triacilgliceróis e

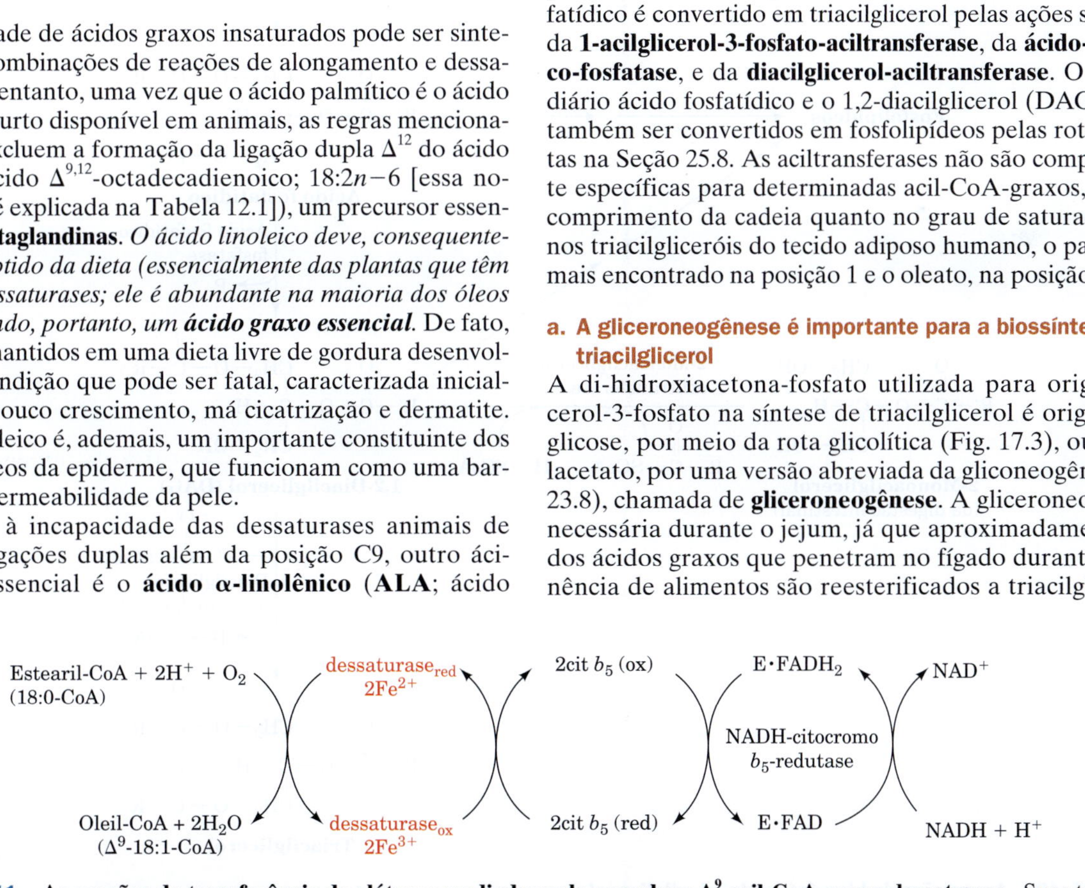

Estearil-CoA + $2H^+$ + O_2 (18:0-CoA) → Oleil-CoA + $2H_2O$ (Δ^9-18:1-CoA)

dessaturase$_{red}$ $2Fe^{2+}$ ⇄ dessaturase$_{ox}$ $2Fe^{3+}$

2cit b_5 (ox) ⇄ 2cit b_5 (red)

E·$FADH_2$ ⇄ E·FAD (NADH-citocromo b_5-redutase)

NADH + H^+ → NAD^+

FIGURA 25.41 **As reações de transferência de elétrons mediadas pelo complexo Δ^9-acil-CoA-graxo-dessaturase.** Suas três proteínas, dessaturase, citocromo b_5 e NADH-citocromo b_5-redutase, estão situadas na membrana do retículo endoplasmático. (Segundo Jeffcoat, R., Essays Biochem. **15**, 19 [1979].)

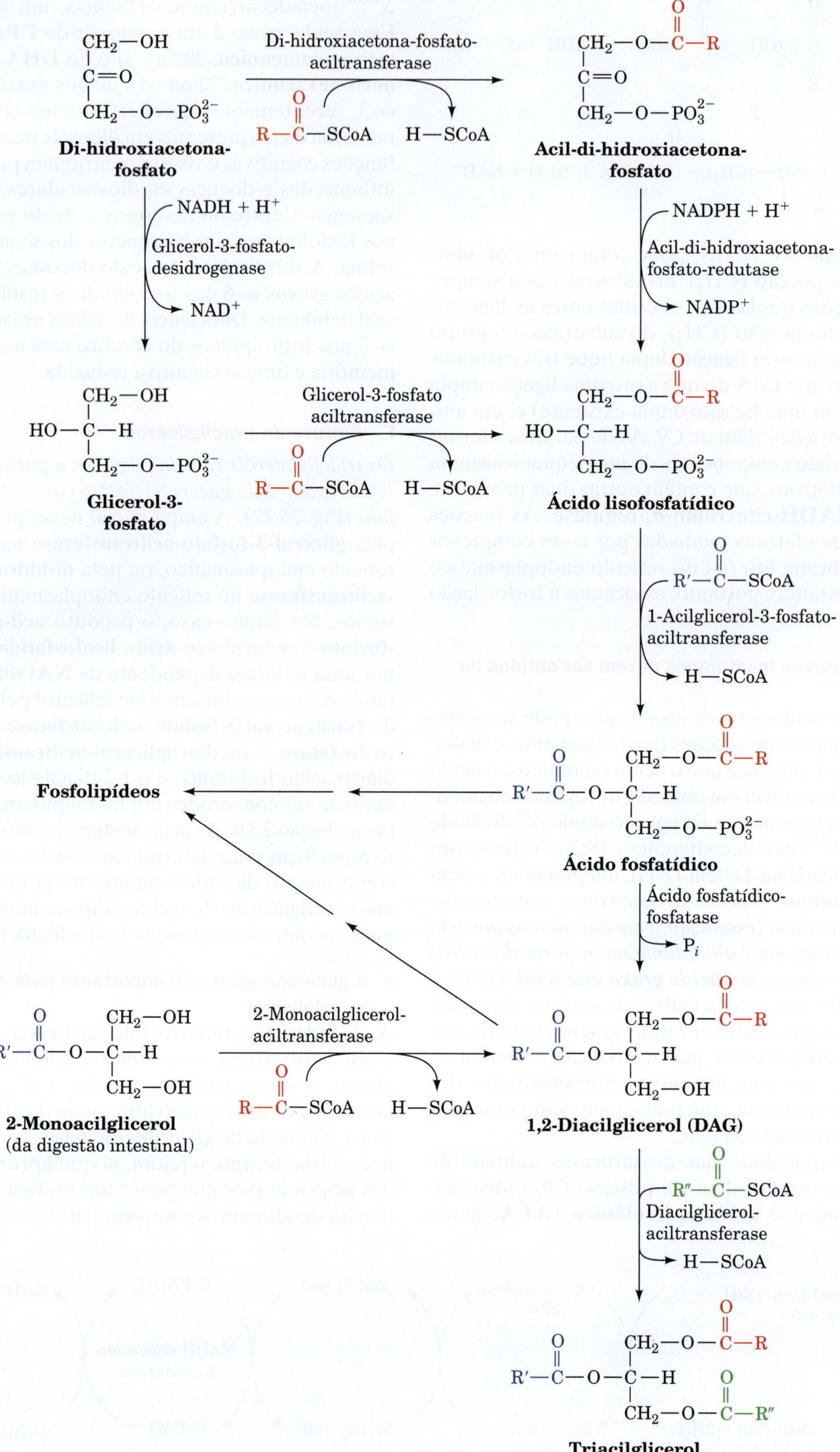

FIGURA 25.42 **As reações da biossíntese do triacilglicerol.**

exportados como VLDL (Seções 25.1 e 25.6A). Os adipócitos também executam gliceroneogênese durante o jejum. Eles não efetuam a gliconeogênese, mas possuem a enzima fosfoenolpiruvato-carboxicinase (PEPCK), aumentada quando a concentração de glicose está baixa e que participa da gliceroneogênese necessária para a biossíntese de triacilglicerol.

5 REGULAÇÃO DO METABOLISMO DE ÁCIDOS GRAXOS

As discussões sobre controle metabólico normalmente tratam da regulação do fluxo do metabólito através de uma rota em resposta às diferentes necessidades energéticas e estados alimentares em um organismo. A diferença na necessidade de energia de um músculo em repouso e em esforço intenso, por exemplo, pode ser de até 100 vezes. Tais diferenças na demanda podem ser identificados no corpo quando ele está alimentado ou em jejum. Eric Newsholme, por exemplo, uma autoridade na bioquímica de exercícios físicos, aprecia duas horas de corrida antes do café da manhã. Outros não desejam nenhum exercício matinal maior do que levar a mão até a boca. Nos dois casos, glicogênio e triacilgliceróis servem como combustível primário para os processos que requerem energia e são sintetizados em tempos de fartura para uso futuro.

a. Hormônios regulam o metabolismo de ácidos graxos

A síntese e a degradação de glicogênio e triacilgliceróis, como detalhado no Capítulo 18 e acima, são processos que envolvem o organismo inteiro, formando uma rede interdependente conectada pela circulação sanguínea. O sangue carrega os metabólitos responsáveis pela produção de energia: triacilgliceróis na forma de quilomícrons e VLDL (Seção 12.5A), ácidos graxos complexados com albumina (Seção 25.1e), corpos cetônicos, aminoácidos, lactato e glicose. As células pancreáticas α e β percebem o estado energético e alimentar do organismo, principalmente por meio da concentração sanguínea de glicose. As células α respondem às baixas concentrações de glicose do jejum e a estados que demandam energia secretando glucagon. As células β respondem aos altos níveis de glicose após refeições e durante estados de repouso secretando insulina. Já foi visto (Seções 18.3E e 18.3F) de que modo esses hormônios influenciam o metabolismo do glicogênio. *Eles também regulam as taxas das rotas opostas no metabolismo de lipídeos, controlando se os ácidos graxos serão oxidados ou sintetizados.* Seus alvos são as enzimas reguladoras (geradoras de fluxo) da síntese e da degradação de ácidos graxos em tecidos específicos (Fig. 25.43).

Já se conhece a maioria dos mecanismos por meio dos quais as atividades catalíticas das enzimas de regulação podem ser controladas: disponibilidade de substrato, interações alostéricas e modificações covalentes (fosforilação). Esses são exemplos de **regulação de curto prazo**, que ocorre com tempos de resposta de minutos ou menos. *A síntese de ácidos graxos é controlada, em parte, pela regulação de curto prazo.* A acetil-CoA-carboxilase, que catalisa a primeira etapa dessa rota, é inibida pela palmitoil-CoA e pelo aumento na fosforilação dependente de AMPc (estimulada por glucagon) e é ativada pelo citrato e pela desfosforilação (estimulada por insulina) (Seção 25.4B).

Existe outro mecanismo para controlar uma enzima reguladora de uma rota: alteração da quantidade de enzima presente por meio de mudanças nas taxas de síntese e/ou de degradação de proteína. Esse processo requer horas ou dias e é chamado de **regulação de longo prazo** (o controle da síntese e da degradação de proteína é discutido nos Capítulos 31 e 32). *A biossíntese de lipídeos também é controlada pela regulação de longo prazo,* com a estimulação por insulina da síntese da acetil-CoA-carboxilase e da ácido-graxo-sintase e a inibição delas por jejum prolongado. A presença na dieta de ácidos graxos poli-insaturados também reduz a concentração dessas enzimas. A quantidade da lipase lipoproteica do tecido adiposo, enzima que inicia a entrada de ácidos graxos associados à lipoproteína no tecido adiposo para armazenamento (Seção 12.5Ba), também aumenta com insulina e diminui com jejum prolongado. Em contraste, a concentração da lipase lipoproteica do coração, que controla a entrada de ácidos graxos de lipoproteínas no tecido cardíaco para oxidação (em vez de armazenamento), decresce na presença de insulina e aumenta com jejum prolongado. *O jejum prolongado e/ou exercícios físicos regulares, por reduzirem a concentração de glicose no sangue, modificam o balanço hormonal do corpo. Essa situação resulta em mudanças de longo prazo na expressão gênica, que aumentam os níveis das enzimas da oxidação de ácidos graxos e reduzem os níveis das enzimas da biossíntese de lipídeos.*

A oxidação de ácidos graxos é regulada, em grande parte, pela concentração sanguínea de ácidos graxos, a qual é, por sua vez, controlada pela taxa de hidrólise de triacilgliceróis no tecido adiposo pela ***triacilglicerol-lipase sensível a hormônio.*** Essa enzima é assim chamada devido a sua suscetibilidade de regulação por fosforilação e desfosforilação em resposta aos níveis de AMPc controlados por hormônios. A adrenalina, a noradrenalina e o glucagon aumentam as concentrações de AMPc no tecido adiposo. O AMPc ativa a proteína-cinase A (PKA) alostericamente, a qual, por sua vez, aumenta o nível de fosforilação de enzimas suscetíveis. A fosforilação ativa a triacilglicerol-lipase sensível a hormônios, estimulando a lipólise no tecido adiposo, elevando a concentração sanguínea de ácidos graxos e, finalmente, ativando a rota de β-oxidação em outros tecidos, como fígado e músculo. No fígado, esse processo leva à produção de corpos cetônicos, que são secretados na corrente sanguínea para utilização como um combustível alternativo à glicose nos tecidos periféricos. A PKA, agindo em conjunto com a proteína-cinase dependente de AMP (AMPK), também inativa a acetil-CoA-carboxilase (Seção 25.4B), uma das enzimas limitantes da velocidade de síntese de ácidos graxos; logo, *a fosforilação dependente de AMPc simultaneamente estimula a oxidação e inibe a síntese de ácidos graxos.*

A insulina tem o efeito oposto ao do glucagon e da adrenalina: ela estimula a formação de glicogênio e triacilgliceróis. Esse hormônio, secretado em resposta a altas concentrações de glicose no sangue, desencadeia uma

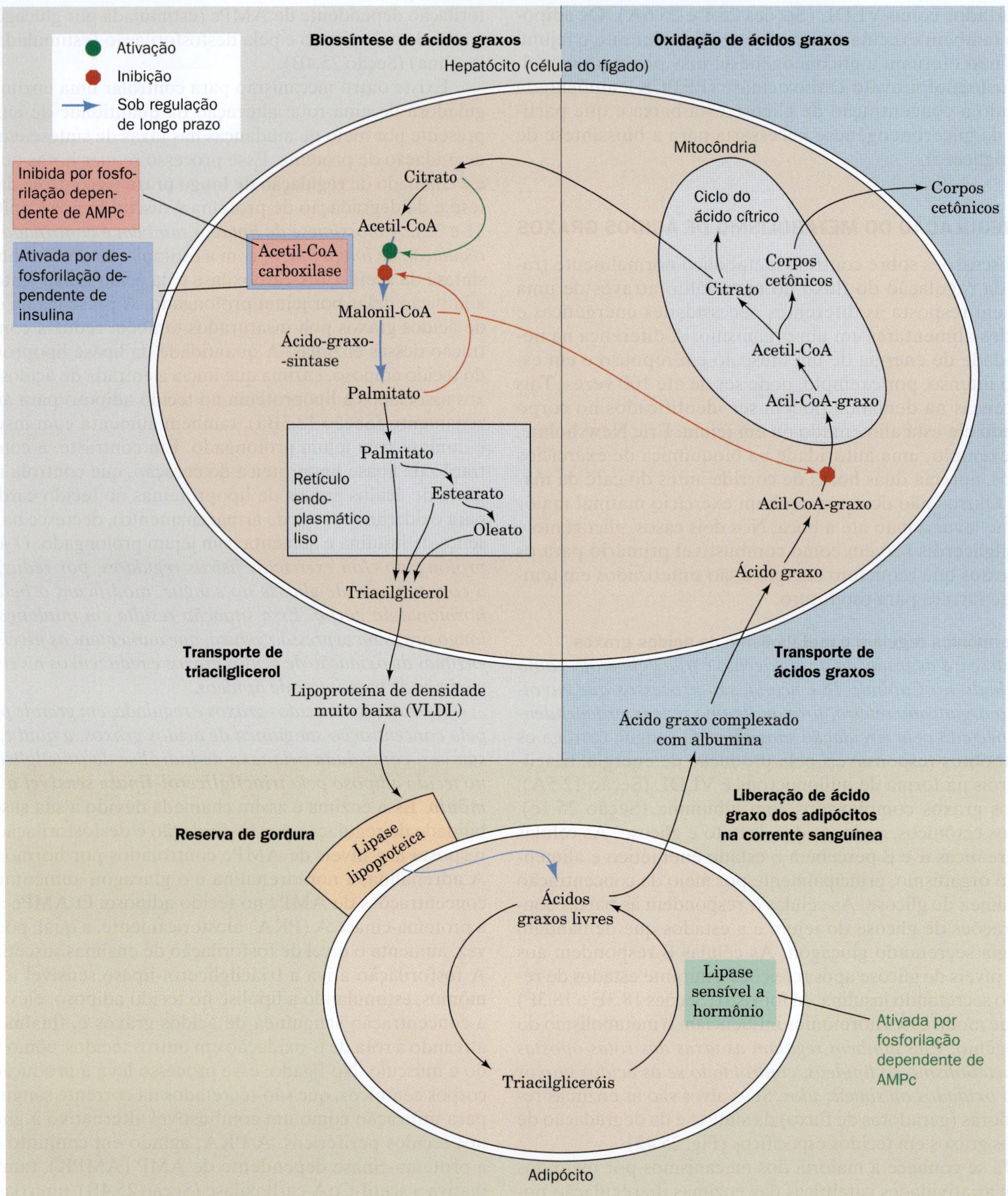

FIGURA 25.43 **Sítios de regulação do metabolismo de ácidos graxos.**

complexa rede de transdução de sinais (Seção 19.4F) que induz uma regulação de longo prazo a numerosas enzimas, além de diminuir os níveis de AMPc. Essa diminuição leva à desfosforilação e, portanto, à inativação da lipase sensível a hormônio, reduzindo a quantidade de ácidos graxos disponíveis para oxidação. A insulina também estimula a desfosforilação da acetil-CoA-carboxilase, ativando a enzima (Seção 25.4Ba). *Assim, a proporção glucagon: insulina determina a taxa e a direção do metabolismo de ácidos graxos.*

Outro mecanismo que inibe a oxidação de ácidos graxos enquanto sua síntese é estimulada é a inibição da carnitina-palmitoil-transferase I pela malonil-CoA. Essa inibição mantém os ácidos graxos recém-sintetizados fora da mitocôndria (Seção 25.2B) e, assim, distantes do sistema de β-oxidação. Como visto (Seção 25.4Bc), o músculo cardíaco, um tecido oxidativo que não realiza a biossíntese de ácidos graxos, contém uma isoforma da acetil-CoA-carboxilase, ACC2, cuja única função parece ser a de sintetizar malonil-CoA para regular a oxidação de ácidos graxos.

A AMPK também pode ser um importante regulador no metabolismo de ácidos graxos. Essa enzima é ativada por AMP e inibida por ATP; assim, parece servir como um medidor de combustível da célula. Quando os níveis de ATP estão altos, sinalizando os estados alimentado e repouso, essa cinase está inibida, permitindo que a ACC seja desfosforilada (ativada), estimulando a produção de malonil-CoA para síntese de ácidos graxos no tecido adiposo e para inibição da oxidação de ácidos graxos nas células musculares. Quando os níveis de atividade aumentam, causando um declínio nos níveis de ATP concomitantemente a um aumento nos níveis de AMP, a AMPK é ativada para fosforilar (inativar) ACC. O resultante decréscimo nos níveis de malonil-CoA causa o decréscimo da biossíntese de ácidos graxos no tecido adiposo, enquanto a oxidação de ácidos graxos aumenta no músculo, para fornecer o ATP necessário à continuação da atividade.

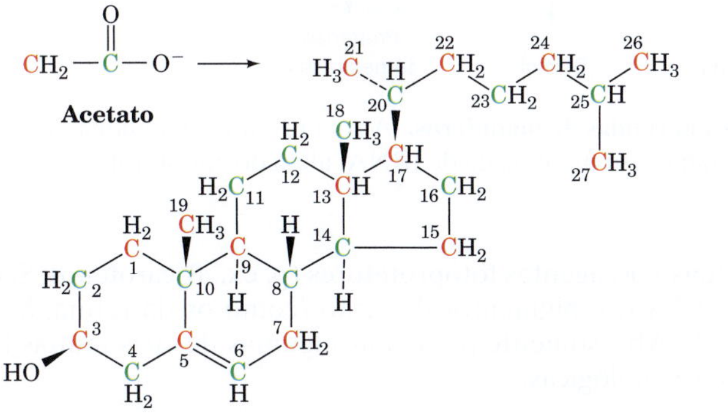

Acetato

FIGURA 25.44 Todos os átomos de carbono do colesterol são derivados do acetato.

6 METABOLISMO DO COLESTEROL

O colesterol é um constituinte vital das membranas celulares e um precursor dos hormônios esteroides e dos ácidos biliares. Apesar de ser essencial à vida, sua deposição nas artérias está associada a doenças cardiovasculares e a derrames, duas das principais causas de mortalidade em seres humanos. Em um organismo saudável, um equilíbrio intrincado é mantido entre a biossíntese, a utilização e o transporte de colesterol, fazendo com que sua deposição prejudicial permaneça em um nível mínimo. Nesta seção, serão estudadas as rotas de biossíntese e de transporte de colesterol e de que modo elas são controladas. Será examinado também como o colesterol é utilizado na biossíntese de hormônios esteroides e de ácidos biliares.

A. *Biossíntese do colesterol*

Todos os átomos de carbono do colesterol são derivados do acetato (Fig. 25.44). Observações sobre o padrão de incorporação levaram Konrad Bloch a propor que o acetato é primeiramente convertido em **unidades isopropeno**, unidades C_5 que possuem o esqueleto de carbono de **isopreno**:

$$CH_2{=}C(CH_3){-}CH{=}CH_2 \qquad C{-}C(C){-}C{-}C$$

Isopreno (2-Metil-1,3-butadieno) **Unidade de isopreno**

As unidades de isopreno são condensadas para formar uma molécula linear, precursora do colesterol, que é, então, organizada em uma estrutura cíclica.

Foi demonstrado que **esqualeno**, um hidrocarboneto poli-isoprenoide (Fig. 25.45*a*), é o intermediário linear na biossíntese de colesterol pela observação de que animais alimentados com esqualeno marcado isotopicamente produziam colesterol marcado. O esqualeno pode ser dobrado de diversas maneiras, de modo a ciclizar e formar o núcleo esterol de quatro anéis (Seção 12.1E). O padrão de dobramento proposto por Bloch e Robert B. Woodward (Fig. 25.45*b*) provou estar certo.

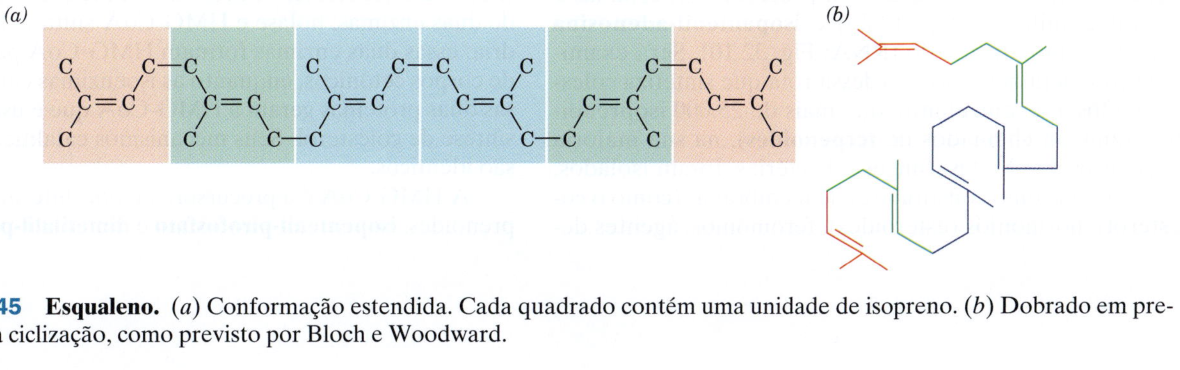

(*a*) (*b*)

FIGURA 25.45 Esqualeno. (*a*) Conformação estendida. Cada quadrado contém uma unidade de isopreno. (*b*) Dobrado em preparação para ciclização, como previsto por Bloch e Woodward.

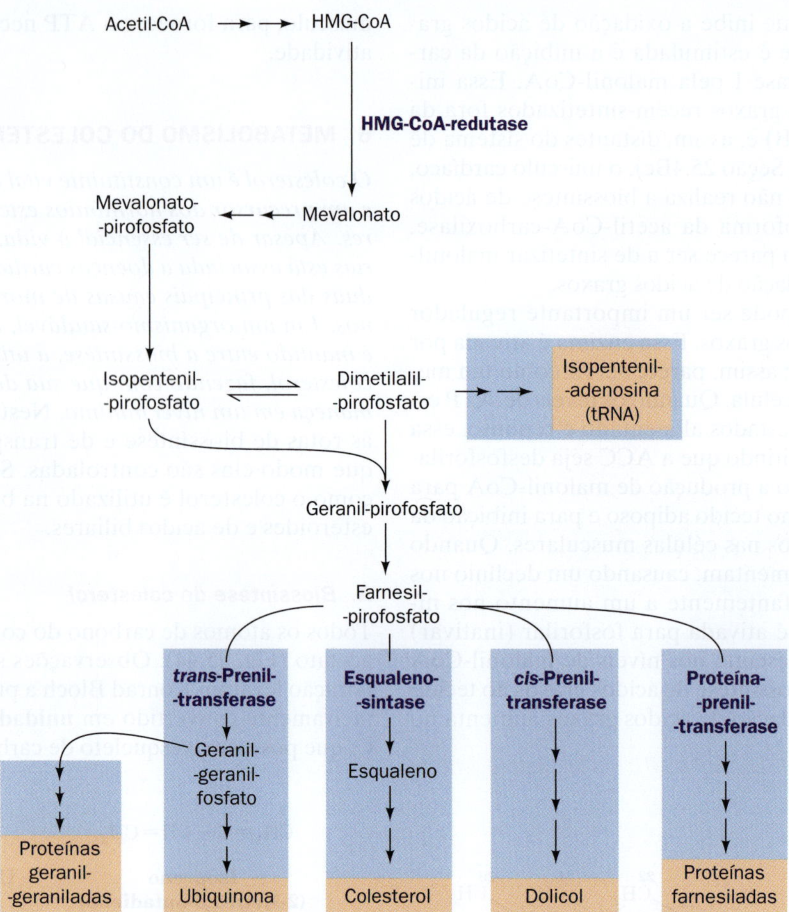

FIGURA 25.46 **A rota ramificada do metabolismo de isoprenoides em células de mamíferos.** A rota produz ubiquinona, dolicol, proteínas farnesiladas e geranilgeraniladas e isopentenil-adenosina, uma base modificada de tRNA, além do colesterol.

O sumário dos principais estágios da biossíntese de colesterol, segundo Bloch, era

$$\text{Acetato} \longrightarrow \text{intermediário isoprenoide} \longrightarrow \text{esqualeno} \longrightarrow \text{produto ciclizado} \longrightarrow \text{colesterol}$$

Essa rota foi verificada experimentalmente e seus detalhes foram elaborados. Atualmente, sabe-se que isso é parte de uma rota ramificada (Fig. 25.46), que produz vários outros isoprenoides essenciais, como ubiquinona (CoQ; Fig. 22.17*b*), dolicol (Fig. 23.15), proteínas farnesiladas e geranilgeraniladas (Fig. 12.29) e **isopentenil-adenosina** (uma base modificada do tRNA; Fig. 32.10). Será examinada com detalhes a porção dessa rota que sintetiza colesterol. Observe, entretanto, que mais de 25.000 isoprenoides (também chamados de **terpenoides**), na sua maioria originários de plantas, fungos e bactérias, foram isolados. Eles servem como constituintes de membranas (como o colesterol), hormônios (esteroides), feromônios, agentes defensivos, agentes fotoprotetores (p. ex., β-carotenos; Seção 24.2Ad) e pigmentos da visão (como os da retina; Seção 12.3Ab), somente para citar algumas de suas muitas funções biológicas.

a. A HMG-CoA é um precursor-chave do colesterol

A acetil-CoA é convertida em unidades de isopreno por uma série de reações iniciadas pela formação de hidroximetilglutaril-CoA (HMG-CoA; Fig. 25.26), um composto que é também um intermediário na síntese de corpos cetônicos (Seção 25.3). A síntese de HMG-CoA requer a participação de duas enzimas: tiolase e HMG-CoA-sintase. Na mitocôndria, essas duas enzimas formam HMG-CoA para a síntese de corpos cetônicos, enquanto as isoenzimas citosólicas dessas duas proteínas geram a HMG-CoA que é usada na biossíntese de colesterol. Seus mecanismos catalíticos, contudo, são idênticos.

A HMG-CoA é a precursora de dois intermediários isoprenoides, **isopentenil-pirofosfato** e **dimetilalil-pirofosfato**:

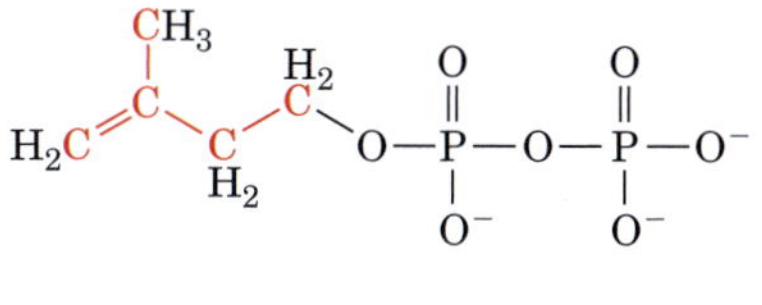

Isopentenil-pirofosfato

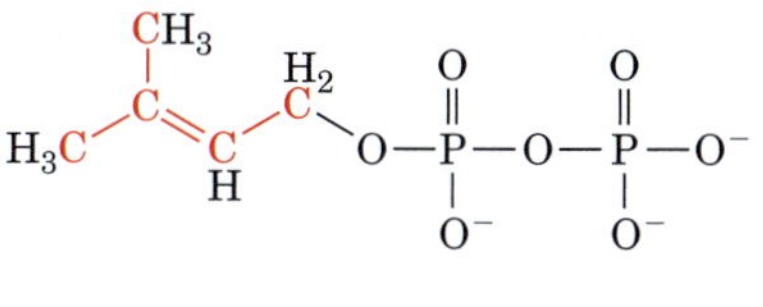

Dimetilalil-pirofosfato

A formação de isopentenil-pirofosfato envolve quatro reações (Fig. 25.47):

1. O grupo tioéster da CoA na HMG-CoA é reduzido a álcool em uma redução de quatro elétrons dependente de NADPH, catalisada pela **HMG-CoA-redutase**, produzindo **mevalonato**.
2. O novo grupo OH é fosforilado pela **mevalonato-5-fosfotransferase**.
3. O grupo fosfato é convertido a pirofosfato pela **fosfomevalonato-cinase**.
4. A molécula sofre uma reação de descarboxilação, e o álcool resultante é desidratado pela **pirofosfomevalonato--descarboxilase**.

A HMG-CoA-redutase é a enzima limitante da velocidade na biossíntese de colesterol e é o principal sítio de regulação na rota. Essa enzima de 888 resíduos, ligada à membrana do retículo endoplasmático, é regulada, como será visto na Seção 25.6Bb, por mecanismos competitivos e alostéricos, fosforilação/desfosforilação e regulação de longo prazo. O próprio colesterol, por retroalimentação, é um importante regulador da enzima.

b. A pirofosfomevalonato-descarboxilase catalisa uma reação aparentemente combinada

5-pirofosfomevalonato é convertido a isopentenil-pirofosfato por uma reação de desidratação-descarboxilação dependente de ATP, catalisada pela **pirofosfomevalonato-descarboxilase** (Fig. 25.48). Quando [3-^{18}O]-5-pirofosfomevalonato (*O na Fig. 25.48) é usado como substrato, o oxigênio marcado aparece no P_i. Essa observação sugere que 3-fosfo-5-pirofosfomevalonato é um intermediário da reação. Como todas tentativas de isolar esse intermediário falharam, foi proposto que a fosforilação, a eliminação α,β de CO_2 e a eliminação de P_i ocorrem em uma reação combinada.

O equilíbrio entre isopentenil-pirofosfato e dimetialil--pirofosfato é catalisado pela **isopentenil-pirofosfato--isomerase**. A reação parece ocorrer via outra reação de protonação/desprotonação envolvendo a mediação de um

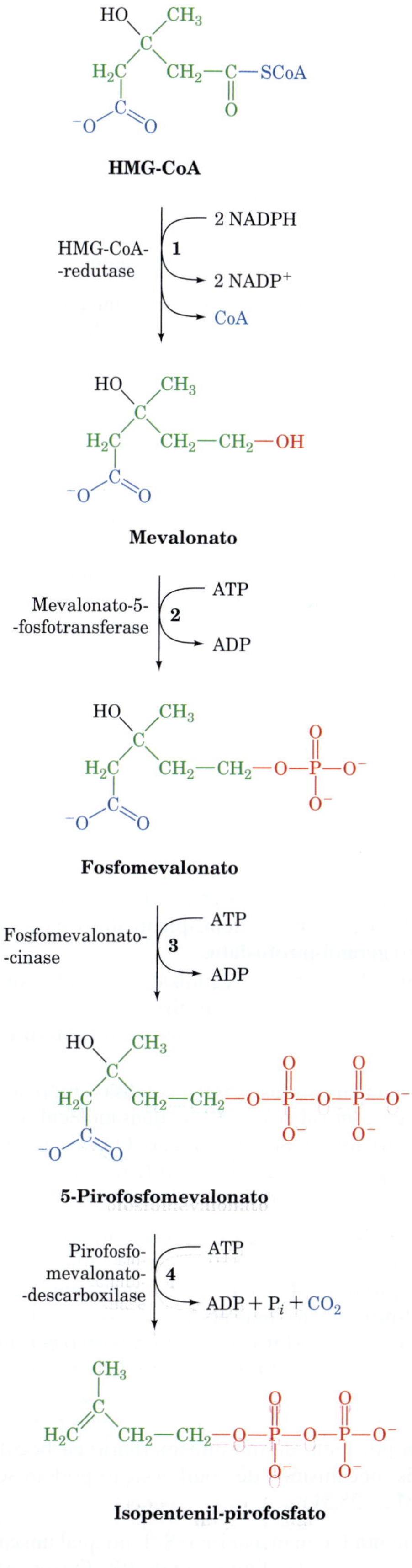

HMG-CoA

HMG-CoA--redutase — 1 — 2 NADPH → 2 NADP$^+$, CoA

Mevalonato

Mevalonato-5--fosfotransferase — 2 — ATP → ADP

Fosfomevalonato

Fosfomevalonato--cinase — 3 — ATP → ADP

5-Pirofosfomevalonato

Pirofosfo-mevalonato--descarboxilase — 4 — ATP → ADP + P_i + CO_2

Isopentenil-pirofosfato

FIGURA 25.47 Formação de isopentenil-pirofosfato a partir de HMG-CoA.

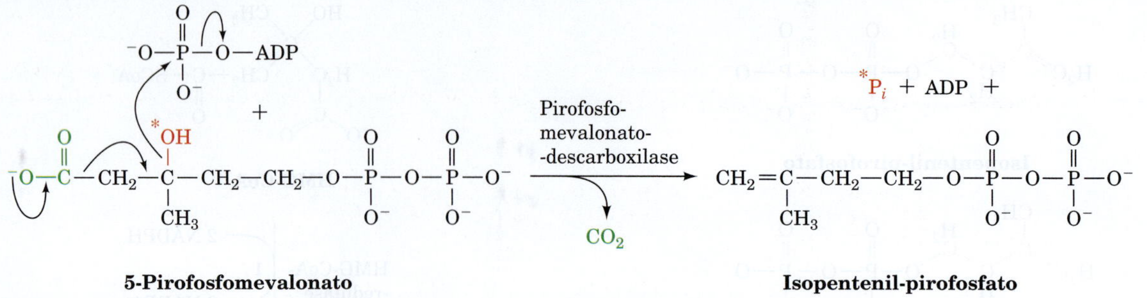

FIGURA 25.48 Ação da pirofosfomevalonato-descarboxilase. A enzima catalisa uma desidratação-descarboxilação combinada dependente de ATP do pirofosfomevalonato, gerando isopentenil-pirofosfato.

carbocátion intermediário terciário. Resíduos Cys e Glu estão envolvidos como os principais catalisadores ácidos e básicos, respectivamente (Fig. 25.49), como sustentado pela mutagênese sítio-direcionada e pela estrutura por raios X da enzima. Especula-se que o carbocátion seja estabilizado através de interações com a nuvem π do anel aromático do resíduo de Trp adjacente. Resíduos aromáticos fornecem interações ricas em elétrons com grupos carregados positivamente, sem formar ligações covalentes que destruiriam o intermediário.

c. O esqualeno é formado pela condensação de seis unidades de isopreno

Quatro isopentenil-pirofosfatos e dois dimetilalil-pirofosfatos condensam-se para formar o esqualeno, o precursor C_{30} do colesterol, em três reações catalisadas por duas enzimas (Fig. 25.50):

1. A **prenil-transferase** (**farnesil-pirofosfato-sintase**) catalisa a condensação cabeça-com-cauda (1′–4) do dimetialil-pirofosfato e do isopentenil-pirofosfato para produzir o composto **geranil-pirofosfato.**
2. A prenil-transferase catalisa a segunda condensação cabeça-com-cauda do geranil-pirofosfato e do isopentenil-pirofosfato para produzir o composto **farnesil-pirofosfato (FPP).**
3. A **esqualeno-sintase** (**SQS**) catalisa, então, a condensação cabeça-com-cabeça (1–1′) de duas moléculas de farnesil-pirofosfato, formando o esqualeno. O farnesil-pirofosfato é também o precursor de dolicol, proteínas farnesiladas e geranilgeraniladas e da ubiquinona (Fig. 25.46).

A prenil-transferase catalisa a condensação de isopentenil-pirofosfato com um pirofosfato alílico (conjugado a uma ligação dupla C═C). A enzima é específica para isopentenil-pirofosfato, mas pode usar como substrato alílico o dimetilalil-pirofosfato de 5 carbonos ou o **geranil-pirofosfato** de 10 carbonos. O mecanismo de condensação catalisado pela prenil-transferase é particularmente interessante por ser uma das poucas reações catalisadas por enzimas que ocorrem por meio de um intermediário carbocátion. Dois possíveis mecanismos de condensação podem ser vislumbrados (Fig. 25.51):

Esquema I Um mecanismo S_N1, no qual um carbocátion alílico se forma pela eliminação de PP_i. O isopentenil-pirofosfato então se condensa com esse carbocátion, formando

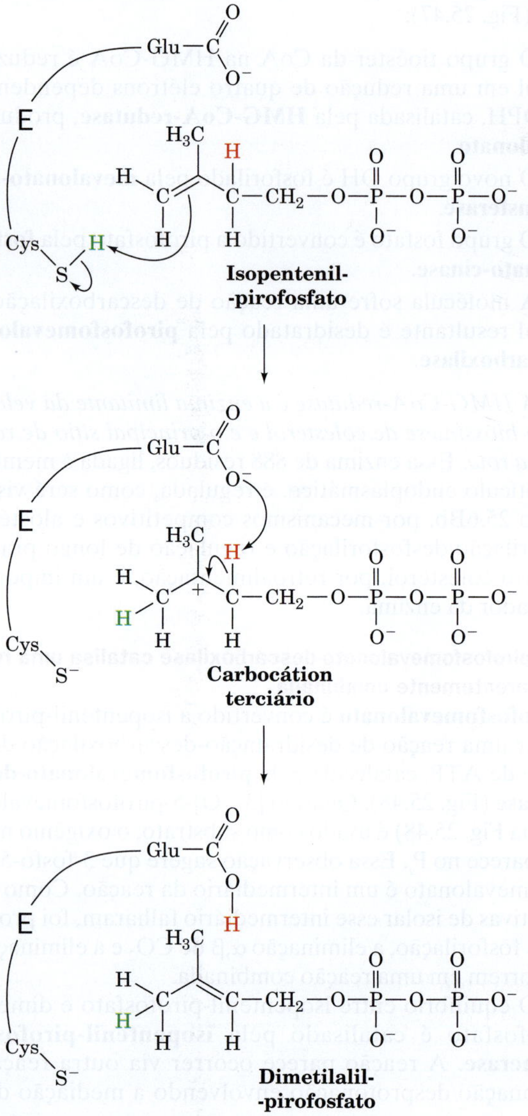

FIGURA 25.49 Mecanismo da isopentenil-pirofosfato-isomerase. A enzima interconverte isopentenil-pirofosfato e dimetilalil-pirofosfato por meio de uma reação de protonação/desprotonação envolvendo um intermediário carbocátion, no qual resíduos de Cys e Glu agem como doador e receptor de elétrons. Estima-se que o carbocátion intermediário seja estabilizado pelas interações π com a cadeia lateral do Trp adjacente.

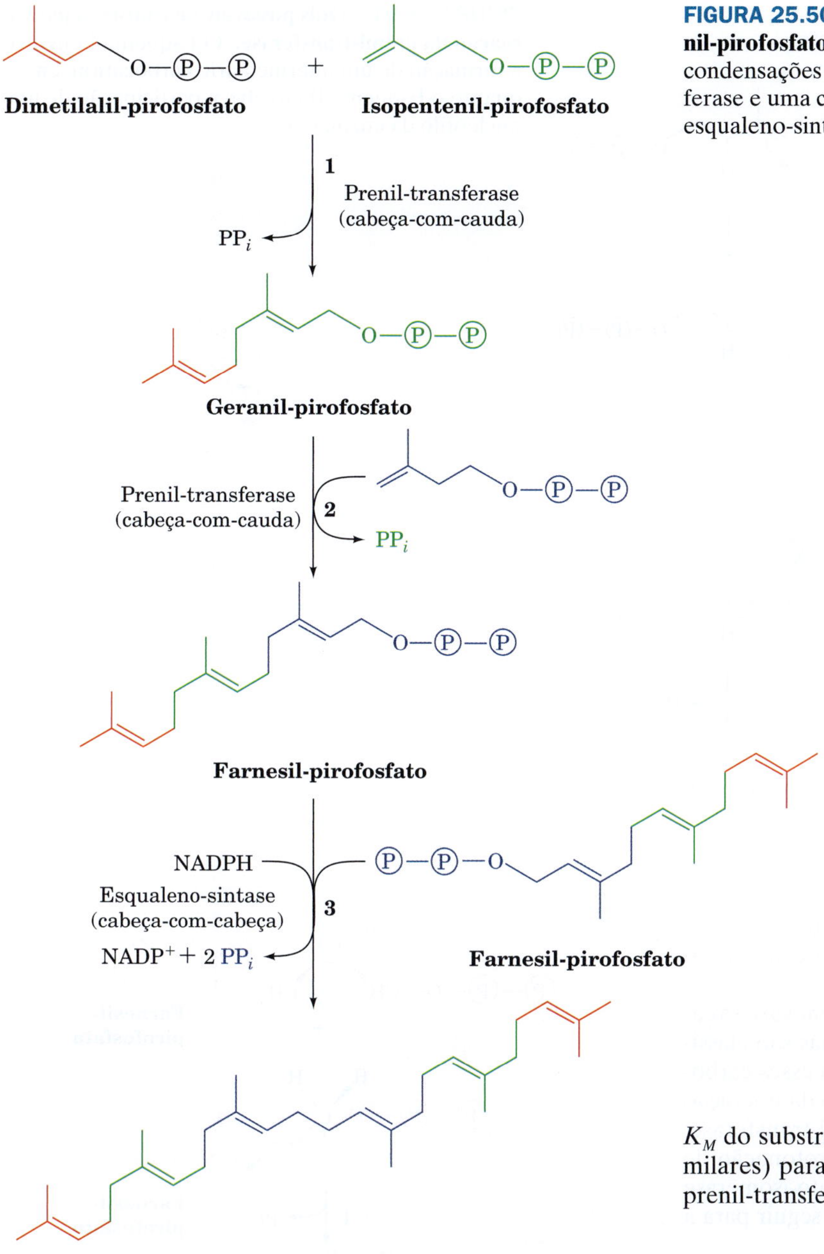

FIGURA 25.50 Formação de esqualeno a partir de isopentenil-pirofosfato e de dimetilalil-pirofosfato. A rota inclui duas condensações cabeça-com-cauda catalisadas pela prenil-transferase e uma condensação cabeça-com-cabeça catalisada pela esqualeno-sintase.

um novo carbocátion, que elimina um próton para formar o produto.

Esquema II Uma reação S_N2, na qual o PP_i alílico é deslocado de uma maneira combinada. Nesse caso, um nucleófilo da enzima, X, auxilia na reação. Esse grupo é eliminado na segunda etapa, com a perda de um próton para formar o produto.

Dale Poulter e Hans Riling usaram a lógica química para diferenciar esses dois mecanismos. Tirando proveito do fato de serem as reações S_N1 muito mais sensíveis a grupos removedores de elétrons que as reações S_N2, eles sintetizaram um derivado de geranil-pirofosfato no qual o H em C2 é substituído pelo grupo flúor (F), removedor de elétrons. Não surpreendentemente, esse substrato alílico possui o mesmo K_M do substrato natural (F e H possuem raios atômicos similares) para a segunda condensação (1′-4) catalisada pela prenil-transferase:

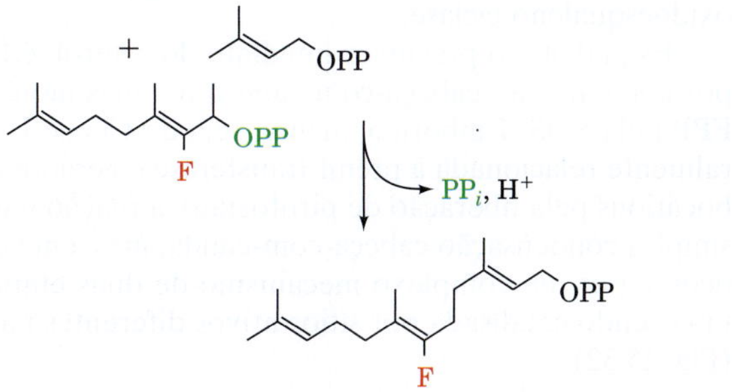

Entretanto, é a $V_{máx}$ da reação que importa nesse caso. Se a reação for um deslocamento S_N2, o grupo derivado contendo flúor deve reagir a uma velocidade similar à velocidade do substrato natural. Se, em vez disso, a reação possuir um mecanismo S_N1, o derivado contendo flúor deve reagir muito mais lentamente que o substrato natural. De fato, 3-fluor-geranil-pirofosfato gera o produto em uma ve-

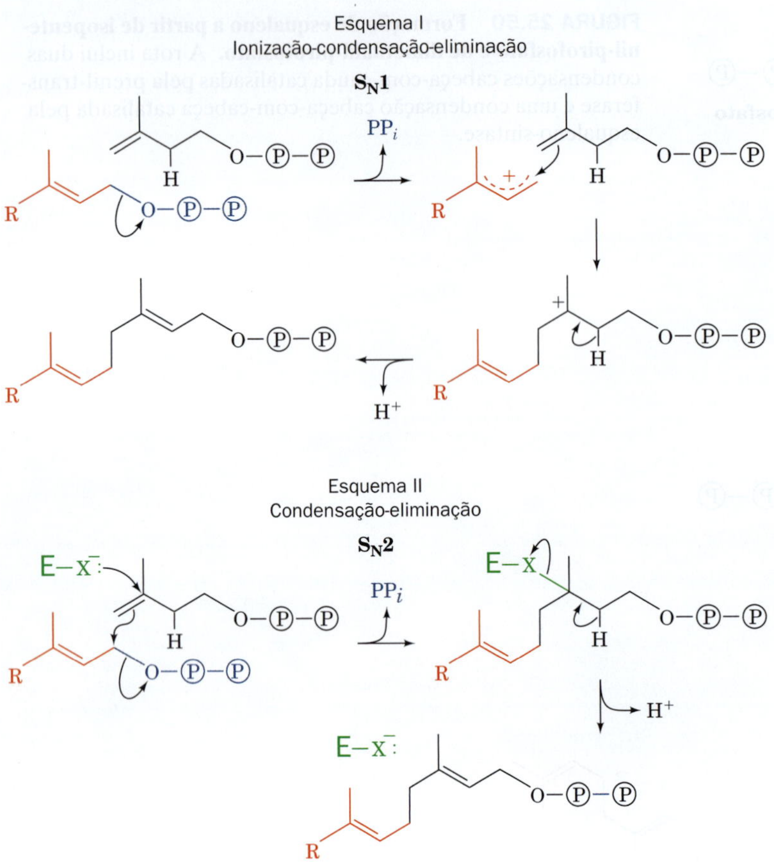

FIGURA 25.51 Dois possíveis mecanismos para a reação da prenil-transferase. O Esquema I envolve a formação de um intermediário carbocátion, enquanto o Esquema II envolve a participação de um nucleófilo da enzima, X.

locidade < 1% da velocidade do substrato natural, apoiando fortemente o mecanismo S_N1, com um intermediário carbocátion.

Sabe-se hoje que carbocátions participam em várias reações na biossíntese de isoprenoides. As enzimas são classificadas de acordo com o modo que elas geram esses carbocátions. Enzimas da Classe I o fazem por meio da liberação de pirofosfato, como visto no caso da prenil-transferase. Enzimas da Classe II o fazem por meio da protonação de uma ligação dupla, como a isopentenil-pirofosfato-isomerase (Fig. 25.49), ou um epóxido, como será visto a seguir para a oxidoesqualeno-ciclase.

Esqualeno, o precursor imediato do esterol, é formado por condensação cabeça-com-cabeça de duas moléculas de FPP pela SQS. Embora a enzima seja de Classe I, estruturalmente relacionada à prenil-transferase e geradora de carbocátions pela liberação de pirofosfato, a reação não é uma simples condensação cabeça-com-cauda, mas, em vez disso, ocorre por um complexo mecanismo de duas etapas, cada uma sendo catalisada por sítios ativos diferentes na enzima (Fig. 25.52):

Etapa I A reação de duas moléculas FPP gera o intermediário estável **pré-esqualeno-pirofosfato**. Essa reação é iniciada pela eliminação de PP_i de uma molécula de farnesil-pirofosfato para formar um carbocátion alílico em C1 que é estabilizado pela interação π com um resíduo de Tyr (Fig. 25.53). O carbocátion deficiente de elétrons, altamente reativo, penetra na ligação dupla C2═C3 (rica em elétrons) da

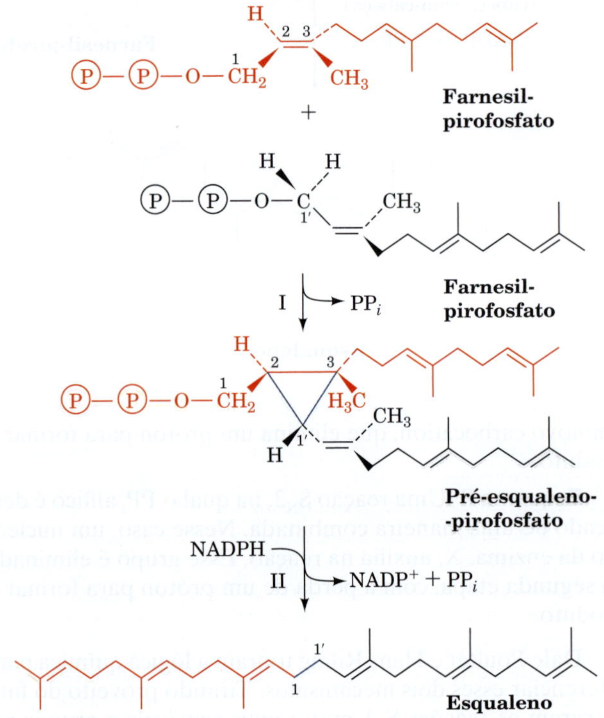

FIGURA 25.52 Ação da esqualeno-sintase. A enzima catalisa a condensação cabeça-com-cabeça de duas moléculas de farnesil-pirofosfato para formar esqualeno.

segunda molécula, gerando pré-esqualeno-pirofosfato, um ciclopropilcarbinil-pirofosfato.

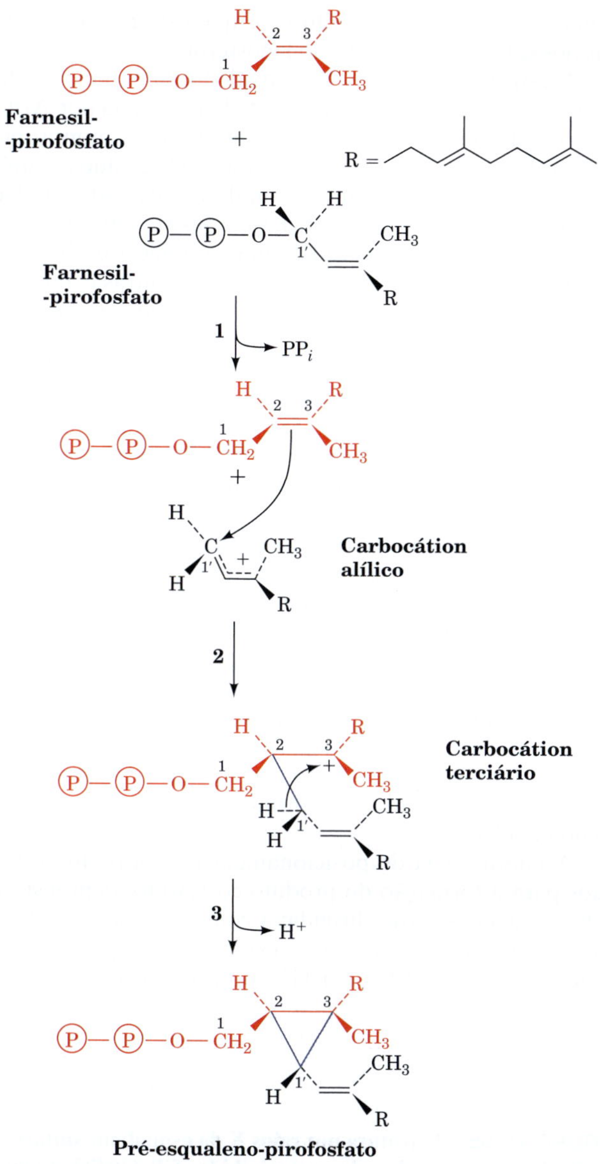

FIGURA 25.53 Mecanismo proposto para a formação de pré-esqualeno-pirofosfato a partir de duas moléculas de farnesil-pirofosfato pela esqualeno-sintase (Fig. 25.52, Etapa I). (**1**) O grupo pirofosfato de um farnesil-pirofosfato é liberado, gerando o carbocátion alílico. Essa etapa da reação é facilitada pelo próton doado pela cadeia lateral de um resíduo Tyr, que então estabiliza o cátion alílico via interações π-cátion. (**2**) A ligação dupla C2═C3 do segundo farnesil-pirofosfato ataca nucleofilicamente o carbocátion alílico, formando um carbocátion terciário em C3. (**3**) A subtração do próton pro-*S* em C1′ pelo grupo fenolato do resíduo Tyr resulta na formação de uma ligação C1′-C3, gerando pré-esqualeno-pirofosfato.

Etapa II O rearranjo e a redução de pré-esqualeno-pirofosfato por NADPH forma esqualeno. Essa reação envolve a formação e o rearranjo do cátion ciclopropilcarbinil em uma complexa sequência de reações, chamada de **processo 1′–2–3** (Fig. 25.54).

A esqualeno-sintase (SQS), uma proteína monomérica, está ancorada à membrana do retículo endoplasmático por um pequeno domínio transmembrana C-terminal, com seu sítio ativo voltado para o citosol. Isso a permite receber seus substratos hidrossolúveis, farnesil-pirofosfato e NADPH, do citosol, e liberar seu produto hidrofóbico, esqualeno, no interior da membrana do retículo endoplasmático.

A estrutura por raios X da SQS humana, de 417 resíduos, complexada com o inibidor **CP-320473**,

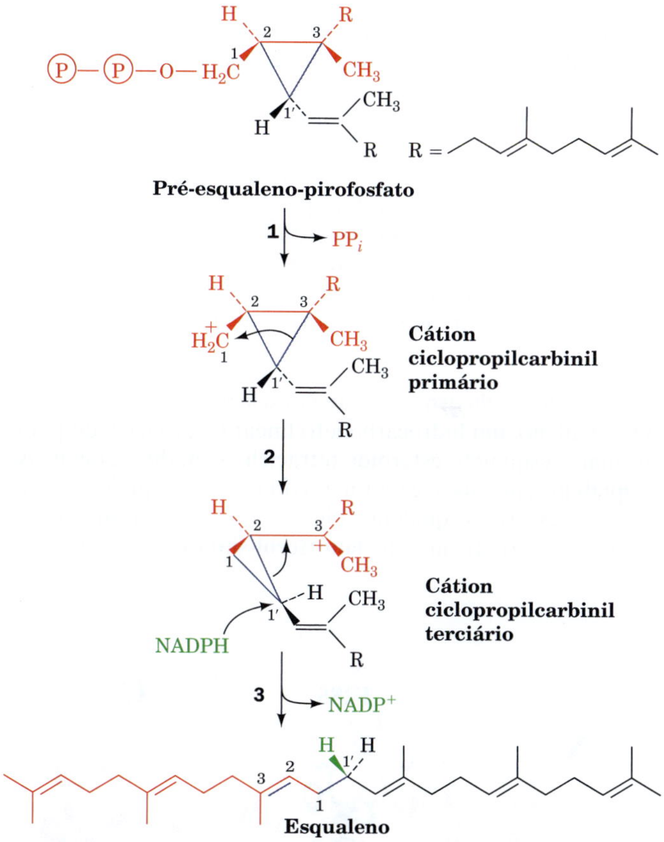

FIGURA 25.54 Mecanismo de rearranjo e redução de pré-esqualeno-pirofosfato a esqualeno, catalisado pela esqualeno-sintase (Fig. 25.52, Etapa II). (**1**) O grupo pré-esqualeno-pirofosfato é liberado, gerando um carbocátion primário em C1. (**2**) Os elétrons que formavam a ligação C1′—C3 migram ao C1, formando a ligação C1—C1′ do esqualeno e um carbocátion terciário em C3. (**3**) O processo é completado pela adição de um íon hidreto, fornecido pelo NADPH, ao C1′, e pela formação da ligação dupla C2═C3.

CP-320473

determinada por Jayvardhan Pandit, revela que a proteína se dobra como um domínio único, contendo um largo canal através da face na qual CP-320473 se liga (Fig. 25.55). Estudos de mutagênese indicam que os resíduos de Asp e Arg, que revestem o canal, estão envolvidos na ligação de FPP. Desses, o Asp 80 e o Asp 84, conservados, estão envolvidos na ligação a íons Mg^{2+} que estão ligados ao grupo pirofosfato da FPP. Esses resíduos de Asp são adjacentes à Tyr 171, que forma a base do canal. Estudos de mutagênese identificaram esse aminoácido como a Tyr essencial que está envolvida na estabilização do carbocátion alílico intermediário na etapa I da reação de SQS. A etapa II na reação da SQS exige que seus carbocátions intermediários altamente reativos não tenham contato com o solvente aquoso, sob risco de extinguir a reação. Isso sugere que, para a etapa II, o pré-esqualeno-pirofosfato produzido na etapa I penetre no canal até um bolsão revestido com os grupos hidrofóbicos, incluindo Phe 288, cuja mutação inativa a enzima. Provavelmente, a Phe 288 estabiliza um dos intermediários catiônicos da etapa II (Fig. 25.54) por meio de interações π-cátion.

d. A ciclização do esqualeno produz o lanosterol

O esqualeno, um hidrocarboneto linear C_{30}, é ciclizado para formar o esqueleto esteroide tetracíclico em duas etapas. A **esqualeno-epoxidase** catalisa a oxidação do esqualeno para formar **2,3-oxidoesqualeno** (Fig. 25.56). A **oxidoesqualeno-ciclase** (alternativamente, **lanosterol-sintase**) converte esse epóxido ao esteroide **lanosterol**, precursor do colesterol. Essa reação altamente exergônica é um processo quimicamente complexo, envolvendo a ciclização de 2,3-oxidoesqualeno ao cátion **protosterol**, por meio de um mecanismo de Classe II envolvendo a protonação do epóxido e o rearranjo desse cátion a lanosterol por uma série de trocas de hídridos e metilas 1,2 (Fig. 25.57). Observe que esta reação origina seis dos sete centros quirais do lanosterol.

A estrutura por raios X da oxidoesqualeno-ciclase humana em complexo com lanosterol, determinada por Armin Ruf, revela que esta proteína monomérica e monotópica (integral sem ser transmembrana) de 732 resíduos contém dois domínios estruturalmente similares chamados de **barris α/α** (Fig. 25.58*a*). Um barril α/α consiste em dois barris concêntricos de 6 hélices cada, sendo as hélices do barril interno basicamente paralelas umas com as outras e antiparalelas àquelas do barril externo (bem parecido com um barril α/β, em que as fitas β do barril interno são substituídas pelas hélices, mas com 6 unidades α/α em vez de 8 α/β). O sítio ativo da enzima está localizado no interior de uma cavidade central alongada (Fig. 25.58*b*), à qual o lanosterol está ligado e que é acessível a partir da membrana através de um canal apolar localizado dentro da parte da enzima imersa na membrana.

As interações do 2,3-oxidoesqualeno com a oxidoesqualeno-sintase motivam seu dobramento e reação de tal forma que somente lanosterol é formado. A cavidade do sítio ativo é revestida por várias cadeias laterais aromáticas, apropriadamente posicionadas para estabilizar os carbocátions intermediários da reação, enquanto protegem os intermediários catiônicos da extinção por outras enzimas nucleófilas ou água. A cascata catiônica (Fig. 25.57) é iniciada pela doação de um próton pelo Asp 455 ao anel epóxido do 2,3-oxidoesqualeno pré-formado, e é suprimida pela His 232 que atua como uma base.

A importância do posicionamento apropriado de resíduos para a formação do produto correto foi demonstrada pela mutagênese sítio-dirigida: a conversão de Thr 384 da lanosterol-sintase a Tyr causa a colocação inapropriada da ligação dupla C8=C9, com 11% do produto tendo uma li-

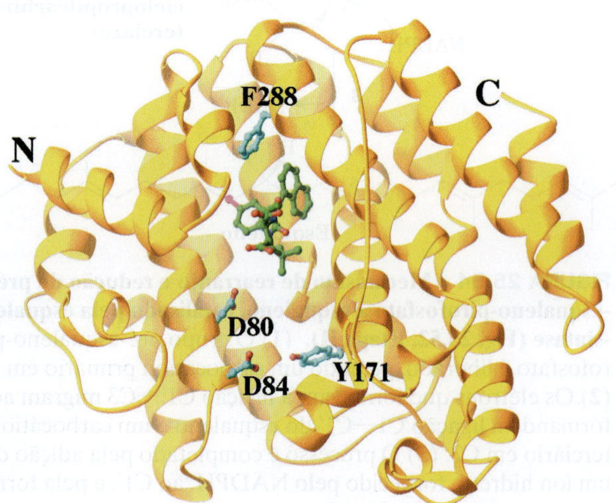

FIGURA 25.55 Estrutura por raios X da esqualeno-sintase (SQS) humana complexada com o inibidor CP 320473. O inibidor, em conjunto com as cadeias laterais de D80, D84, Y171 e F288 está representado na forma de esferas e bastões e colorido de acordo com o tipo atômico (C do inibidor em verde, C da proteína em ciano, N em azul, O em vermelho e Cl em magenta). É visível o interior do canal central da proteína, com os supostos sítios ativos para a etapa I, ao fundo, e para a etapa II, no topo da fenda, respectivamente. O segmento C-terminal transmembrana da proteína (resíduos 371-417), junto com seus 30 resíduos N-terminais, foram removidos para facilitar sua cristalização, o que não afeta sua atividade catalítica *in vitro*. (Com base na estrutura por raios X obtida por Jayvardhan Pandit, Pfizer Central Research, Groton, Connecticut, EUA. PDBid 1EZF.)

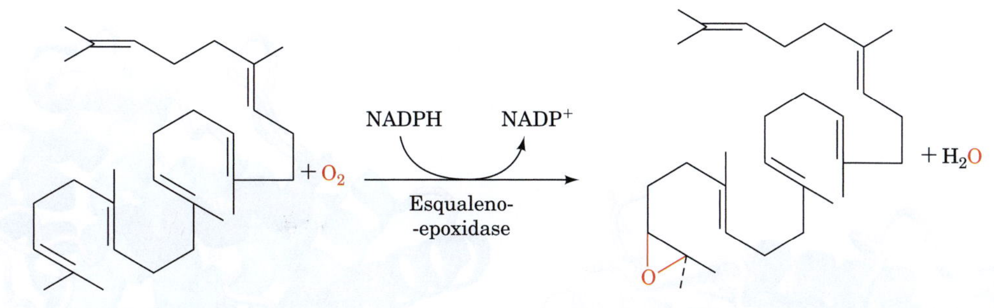

NADPH NADP$^+$

Esqualeno-epoxidase

$+ O_2$ $+ H_2O$

Esqualeno **2,3-Oxidoesqualeno**

FIGURA 25.56 A reação da esqualeno-epoxidase.

gação dupla C9═C11 e 10% tendo um grupo 9-hidróxi; a dupla mutação T384Y/V454I aumenta para 64% a formação da ligação dupla C9═11. Isso, juntamente com as diferentes formas de dobramento do substrato, explica como enzimas homólogas a oxidoesqualeno-ciclase causam a formação de produtos diferentes a partir de esqualeno e oxidoesqualeno.

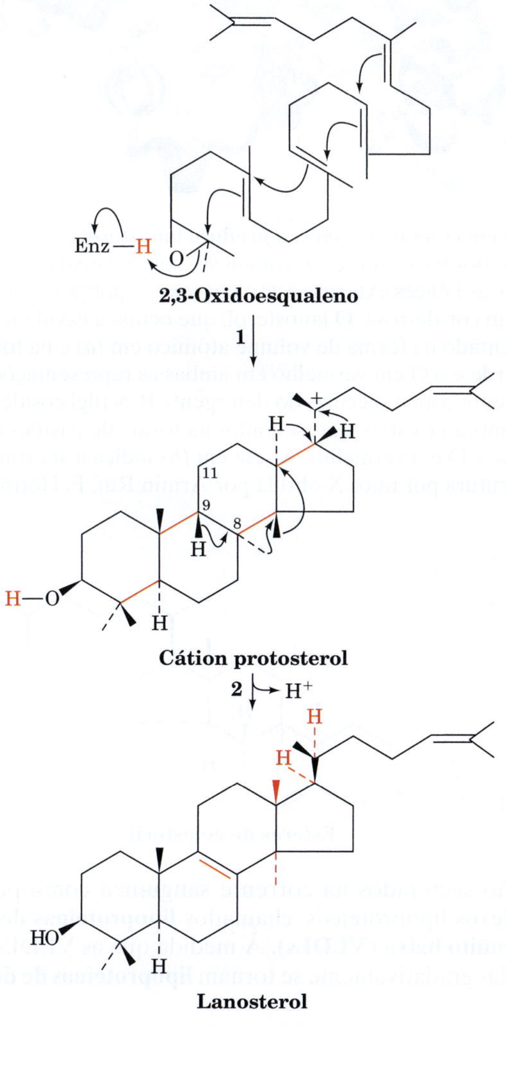

De fato, a enzima bacteriana **esqualeno-hopeno-ciclase**, homóloga à oxidoesqualeno-ciclase, sintetiza o composto C_{30} **hopeno**

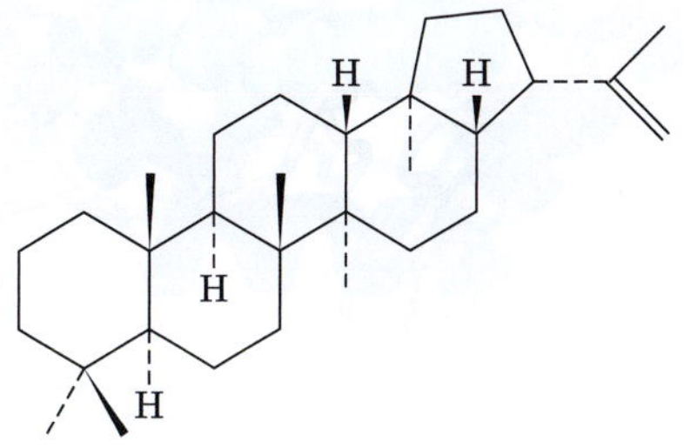

Hopeno

a partir de esqualeno. Sua estrutura por raios X, determinada por Georg Schulz, revela que a enzima, que assemelha-se estruturalmente a oxidoesqualeno-ciclase, dobra o esqualeno na conformação predita para a geração de hopeno. Neste caso, a cascata de ciclases catiônicas é iniciada pela protonação de uma ligação dupla ao invés de um epóxido.

e. O colesterol é sintetizado a partir de lanosterol

A conversão de lanosterol a colesterol (Fig. 25.59) é um processo de 19 etapas que não será explorado em detalhes.

Enz—H

2,3-Oxidoesqualeno

1

Cátion protosterol

2 H^+

Lanosterol

FIGURA 25.57 A reação da oxidoesqualeno-ciclase. (**1**) O 2,3-oxidoesqualeno é ciclizado a um cátion protosterol em um processo iniciado pela protonação enzimática do oxigênio do epóxido de esqualeno, enquanto esta molécula estendida é dobrada na maneira predita por Bloch e Woodward. A abertura do epóxido deixa um centro deficiente de elétrons, cuja migração impele uma série de ciclizações que acabam por formar o cátion protosterol. (**2**) Uma série de migrações de hidridos e metilas fornece um suposto intermediário carbocátion em C8, que então elimina um próton no C9 para formar a ligação dupla C8═C9 do lanosterol.

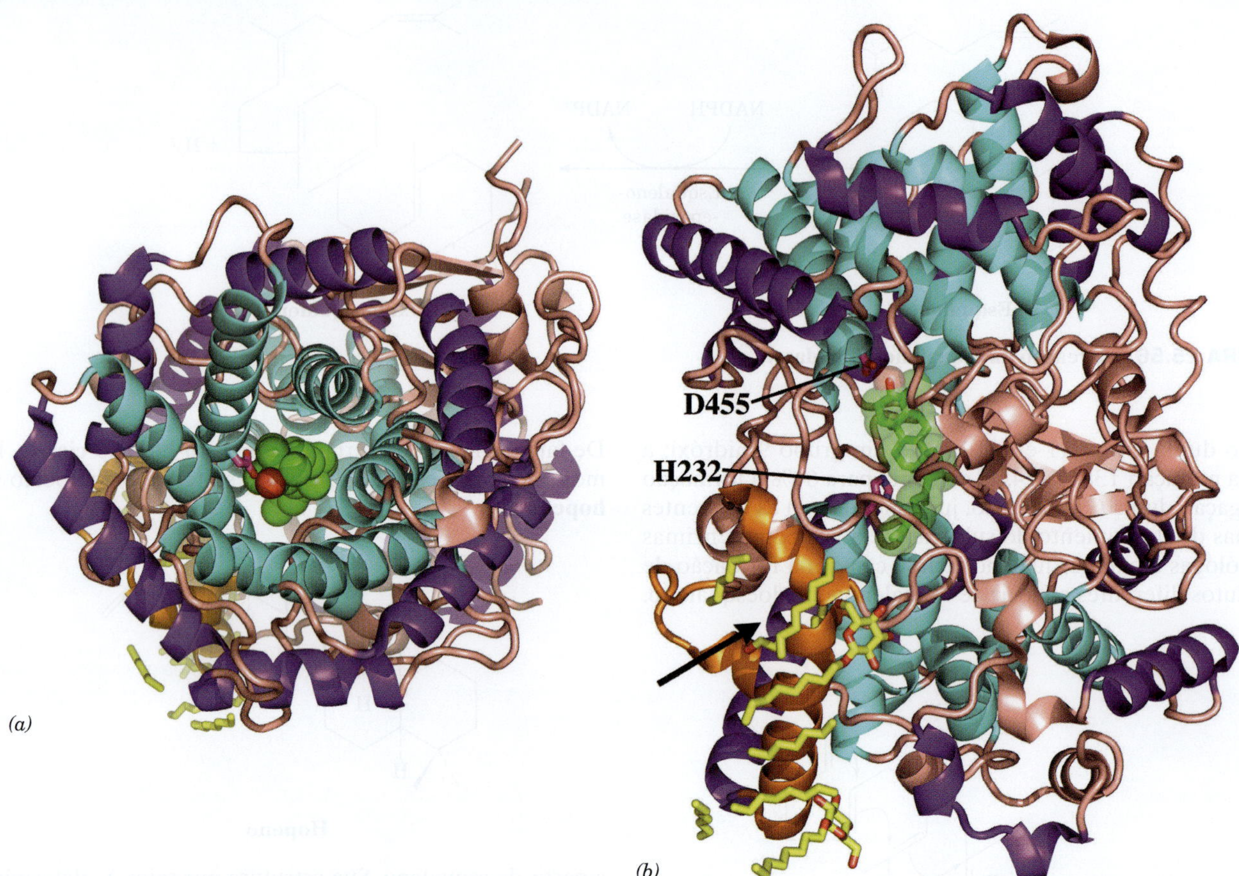

FIGURA 25.58 Estrutura por raios X da oxidoesqualeno-ciclase humana em complexo com seu produto lanosterol. A proteína monomérica está representada na forma de fitas *(a)* vistas ao longo do eixo dos barris α/α e *(b)* rotada 90° sobre o eixo horizontal em relação a *(a)*. As hélices internas de seus dois barris α/α estão em ciano, as hélices externas estão em roxo, a porção apolar imersa na membrana está em cor de laranja e o restante da proteína está em cor-de-rosa. O lanosterol, que ocupa a cavidade do sítio ativo da enzima, localizado na região central da proteína, está representado na forma de volume atômico em *(a)* e na forma de bastões sobrepostas à forma de volume atômico em *(b)*, com o C em verde e o O em vermelho em ambas as representações. As cadeias laterais de His 232 e Asp 455, cataliticamente importantes, juntamente com moléculas do detergente β-octilglicosídeo e fragmentos de lipídeos que revestem a porção da enzima embebida na membrana, estão representados na forma de bastões com os C das cadeias laterais em magenta, C dos lipídeos e detergente em amarelo, e O em vermelho. A seta em *(b)* indica a abertura da cavidade do sítio ativo da enzima, imersa na membrana. (Com base na estrutura por raios X obtida por Armin Ruf, F. Hoffmann-La Roche AG, Basel, Suíça. PDBid 1W6K.)

Envolve uma oxidação e a perda de três grupos metila. O primeiro grupo metila é removido como formiato e os outros dois eliminados como CO_2, em reações que requerem NADPH e O_2. As enzimas envolvidas nesse processo estão localizadas na membrana do retículo endoplasmático.

f. O colesterol é transportado no sangue e absorvido pelas células na forma de complexos lipoproteicos

O transporte e a absorção celular do colesterol são descritos na Seção 12.5. Para recapitular, o colesterol sintetizado pelo fígado é convertido em sais biliares para uso no processo digestivo (Seção 25.1) ou esterificado pela **acil-CoA:colesterol-acil-transferase** (**ACAT**) para formar **ésteres de colesteril**

Ésteres de colesteril

que são secretados na corrente sanguínea como parte de complexos lipoproteicos, chamados **lipoproteínas de densidade muito baixa** (**VLDLs**). À medida que as VLDLs circulam, elas gradativamente se tornam **lipoproteínas de densida-**

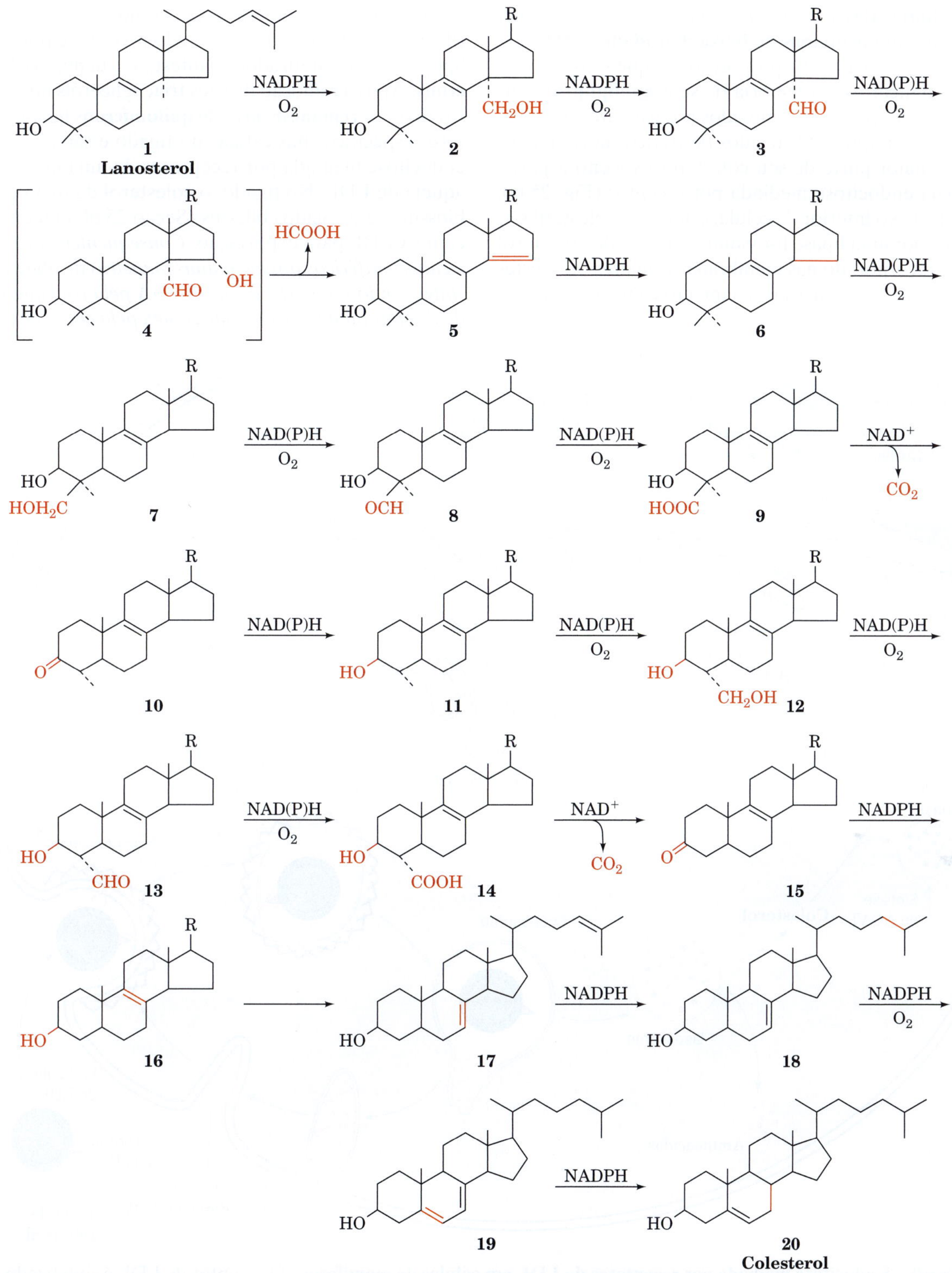

FIGURA 25.59 **A conversão de lanosterol a colesterol em 19 reações.** (Segundo Rilling, H.C., e Chayet, L.T., *in* Danielsson, H., e Sjövall, J. [Eds.], *Sterols and Bile Acids*, p. 33, Elsevier [1985], conforme modificado por Bae, S.-H. e Paik, Y.-K., *Biochem. J.* **326**, 609-616 [1997].)

de intermediária (**IDLs**, de *intermediate density lipoproteins*) e, em seguida, **lipoproteínas de baixa densidade** (**LDLs**, de *low density lipoproteins*), na proporção em que seus componentes triacilgliceróis e a maioria de suas **apolipoproteínas** (Tabela 12.6) forem sendo removidos nos capilares dos tecidos muscular e adiposo. Os tecidos periféricos normalmente obtêm a maior parte de seu colesterol exógeno a partir da LDL pela endocitose mediada por receptor (Fig. 25.60; Seção 12.5Bc). No interior da célula, ésteres de colesteril são hidrolisados por uma lipase lisossômica, liberando colesterol livre, que é incorporado nas membranas celulares ou reesterificado pela ACAT para armazenamento como gotículas de ésteres de colesteril.

O colesterol da dieta, assim como os ésteres de colesteril e triacilgliceróis, é transportado no sangue por complexos lipoproteicos sintetizados no intestino, chamados de **quilomícrons**. Após a remoção de seus triacilgliceróis nos tecidos periféricos, os **remanescentes de quilomícrons** ligam-se a receptores específicos nas células do fígado e são absorvidos por endocitose mediada por receptores de uma maneira similar àquela de LDL. No fígado, o colesterol da dieta é usado na biossíntese de ácidos biliares (Seção 25.6C) ou empacotado como VLDL para exportação. *Consequentemente, o fígado e tecidos periféricos possuem duas maneiras de obter colesterol: sintetizando-o a partir de acetil-CoA pela rota que se acabou de discutir ou da corrente sanguínea pela endocitose mediada*

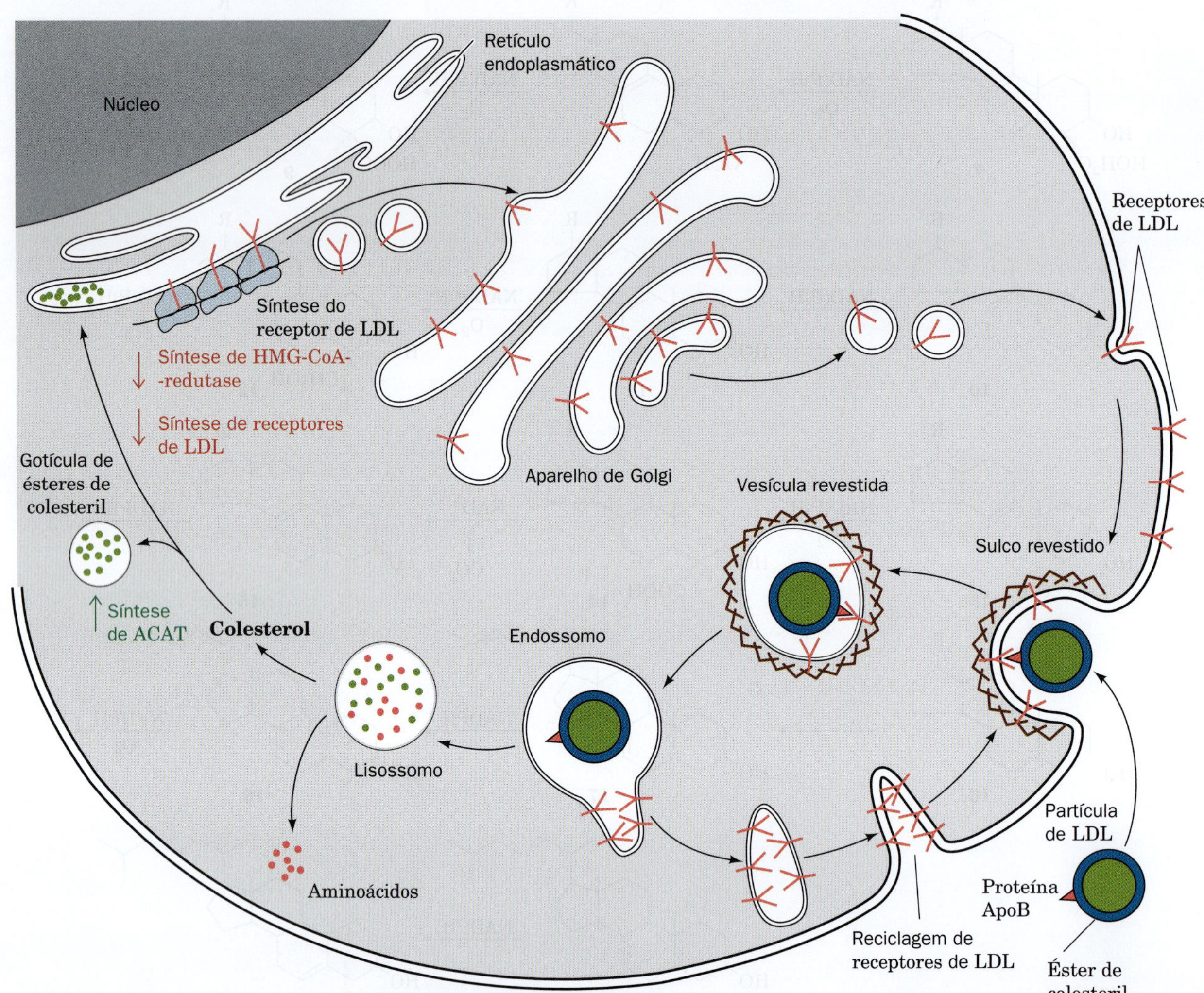

FIGURA 25.60 **Endocitose mediada por receptores de LDL em células de mamíferos.** O receptor de LDL é sintetizado no retículo endoplasmático, processado no aparelho de Golgi e inserido na membrana plasmática como um componente dos sulcos revestidos. A LDL é especificamente ligada ao receptor no sulco revestido e trazida para dentro da célula em endossomos que entregam a LDL aos lisossomos, reciclando o receptor de LDL para a membrana plasmática (Seção 12.5Bc). A degradação lisossômica de LDL libera colesterol, cuja presença reduz as taxas de síntese da HMG-CoA-redutase e do receptor de LDL (*setas para baixo*), enquanto aumenta a da acil-CoA:colesterol-acil-transferase (ACAT; *setas para cima*). (Segundo Brown, M.S., e Goldstein, J.L., *Curr. Top. Cell. Reg.* **26**, 7 [1985].) **Ver Figuras animadas**

por receptores. Uma pequena quantidade de colesterol também penetra nas células através de uma rota não mediada por receptores. Observe, contudo, que o cérebro, que compõe ~2% da massa corporal humana, contém ~30% de seu colesterol, deve sintetizar todo seu colesterol, já que o colesterol não consegue atravessar a barreira hematoencefálica.

O colesterol circula continuamente entre o fígado e tecidos periféricos: enquanto a LDL transporta o colesterol a partir do fígado, as **lipoproteínas de alta densidade** (**HDLs**, de *high density lipoproteins*) o transportam de volta ao fígado. O excesso de colesterol é descartado pelo fígado como ácidos biliares, protegendo o corpo de um acúmulo excessivo dessa substância insolúvel em água.

B. *Controle da biossíntese e transporte do colesterol*

A biossíntese e o transporte do colesterol devem estar firmemente regulados. Existem três formas pelas quais o suprimento de colesterol é mantido:

1. Pela regulação da atividade da HMG-CoA-redutase. Isso é efetuado de duas maneiras:

(i) Regulação de curto prazo da atividade catalítica da enzima por (a) inibição por competição, (b) efeitos alostéricos e (c) modificação covalente envolvendo fosforilação reversível.

(ii) Regulação de longo prazo da concentração da enzima, pela modulação das velocidades de síntese e degradação.

2. Pela regulação da velocidade de síntese do receptor de LDL e, consequentemente, da taxa de captação do colesterol. Altas concentrações intracelulares de colesterol suprimem a síntese do receptor de LDL, enquanto a baixa concentração de colesterol estimula essa síntese.

3. Pela regulação da taxa de esterificação e, consequentemente, de remoção de colesterol livre. ACAT, a enzima que catalisa a esterificação intracelular de colesterol, é regulada por fosforilação reversível e por controle de longo prazo.

a. A HMG-CoA-redutase é o principal sítio de controle da biossíntese de colesterol

A HMG-CoA-redutase é a enzima limitante da velocidade na biossíntese de colesterol e, como esperado, é o principal sítio de regulação da rota. Contudo, a rota se ramifica depois dessa reação (Fig. 25.46); ubiquinona, dolicol, proteínas farnesiladas e geranilgeraniladas e isopentenil adenosina também são produtos essenciais, embora secundários. Por isso, a HMG-CoA é alvo de controle "multivalente", de curto e longo prazo, para coordenar a síntese de todos esses produtos.

b. Controle de longo prazo por retroalimentação é o principal mecanismo de regulação da HMG-CoA-redutase

O principal mecanismo de regulação da HMG-CoA é o controle de longo prazo, por retroalimentação, da quantidade de enzima presente na célula. Quando os níveis de LDL–colesterol ou mevalonato caem, o nível de HMG-CoA-redutase pode subir em até 200 vezes, devido a um aumento na síntese da enzima associado a uma diminuição na sua degradação. Quando LDL–colesterol ou **mevalonolactona** (um éster interno de mevalonato que é hidrolisado a mevalonato e metabolizado na célula)

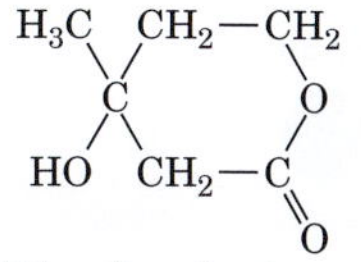

```
H3C  CH2—CH2
   \ /      \
    C        O
   / \      /
HO   CH2—C
         ‖
         O
```

Mevalonolactona

são adicionados de volta à célula, os efeitos são revertidos.

O mecanismo pelo qual é feito o controle da expressão de mais de 20 genes envolvidos na biossíntese e na absorção do colesterol, como aqueles que codificam HMG-CoA-redutase e o receptor LDL, foi elucidado por Michael Brown e Joseph Goldstein. Todos esses genes contêm uma sequência de DNA anterior ao sítio de iniciação da transcrição chamado de **elemento regulador de esterol** (**SRE**). Para que esses genes sejam transcritos, um fator de transcrição específico, a **proteína de ligação ao elemento regulador de esterol** (**SREBP**), deve ligar-se ao SRE (a expressão gênica de eucariotos é discutida na Seção 34.3). A SREBP é sintetizada como uma proteína integral de membrana que, quando a concentração de colesterol é suficientemente alta (Fig. 25.61*a*), permanece na membrana do retículo endoplasmático complexada com a **proteína ativadora da clivagem de SREBP** (**SCAP**) e uma proteína chamada **Insig**. A SREBP, de ~1.160 resíduos, consiste em três domínios (Fig. 25.61*a*): (1) um domínio citosólico N-terminal de ~480 resíduos, que é membro da família da **hélice-alça-hélice básica/zíper de leucina** (**bHAH/Z**) de fatores de transcrição (Seção 34.3Br), que se ligam especificamente a SREs; (2) um domínio transmembrana de ~90 resíduos constituído de duas hélices transmembrana conectadas por uma alça hidrofílica luminal de ~30 resíduos; e (3) um domínio regulatório citosólico C-terminal de ~590 resíduos. A SCAP (1.276 resíduos) é constituída por dois domínios: (1) um domínio N-terminal de 730 resíduos que contém oito hélices transmembrana; e (2) um domínio citosólico C-terminal de 546 resíduos que contém cinco cópias do motivo de interação proteína-proteína conhecido como **repetição WD** (também chamado de motivo de sequência WD40 por causa de seu comprimento de ~40 resíduos; Seção 19.2Cc) e que, presumivelmente, forma um propulsor β de 5 pás similar ao propulsor β de 7 pás da subunidade G_{β} (Fig. 19.19*b*). A proteína Insig (nomeada para indicar o gene induzido por insulina, em inglês *ins*ulin-*i*nduced *g*ene, embora o efeito da insulina tenha sido posteriormente mostrado ser indireto) consiste em seis hélices transmembrana. A SCAP e a SREBP associam-se através das interações entre o domínio regulatório da primeira com o domínio WD da segunda (Fig. 25.61*a*).

A SCAP funciona como um sensor de esterol. Um segmento de ~170 resíduos de sua região transmembrana, o **domínio sensor de esterol**, interage com esteróis, embora não seja conhecido como isso acontece. Quando o colesterol da membrana do retículo endoplasmático está exaurido (Fig. 25.61*b*), a SCAP muda sua conformação e desta maneira libera a proteína Insig, o que permite a SCAP ligar-se a subunidade de ligação de carga Sec24 da proteína de re-

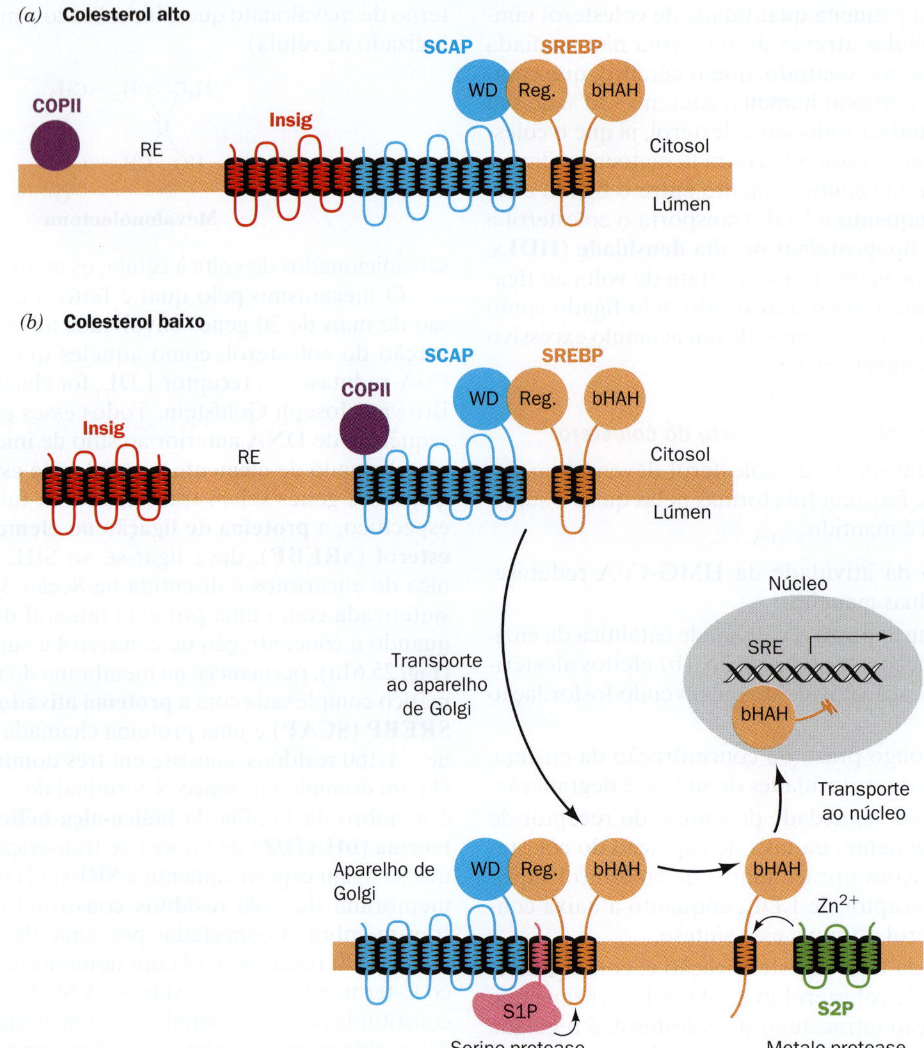

FIGURA 25.61 A ativação proteolítica de SREBP mediada por colesterol. *(a)* Quando os níveis celulares de colesterol estão altos, o complexo Insig-SCAP-SREBP permanece na membrana do retículo endoplasmático. *(b)* Quando os níveis de colesterol estão baixos, a SCAP dissocia-se da Insig e liga-se à proteína COPII. O complexo SCAP-SREPB é então transportado, por vesículas revestidas por COPII, ao aparelho de Golgi, onde SREBP sofre clivagem proteolítica sequencial pelas proteases ligadas à membrana S1P e S2P. Isso libera o domínio N-terminal de SREBP, que contém bHLH/Zip, que, por sua vez, penetra no núcleo, onde se liga aos SREs de seus genes-alvo, induzindo sua transcrição. (Segundo Goldstein, J., Rawson, R.B., e Brown, M., *Arch. Biochem. Biophys.* **397**, 139 [2002].)

vestimento de vesículas COPII (Seção 12.4Ca). A vesícula revestida por COPII, por sua vez, acompanha o complexo SREBP-SCAP até o aparelho de Golgi. Nele a SREBP é clivada sucessivamente por duas proteases ligadas à membrana (Fig. 25.61*b*). A **protease sítio-1 (S1P)**, uma serino-protease da família das subtilisinas, cliva a SREBP na alça luminal que conecta suas duas hélices transmembrana, mas somente quando ela está associada à proteína ativadora da clivagem. Essa clivagem expõe uma ligação peptídica localizada a três resíduos do início da hélice transmembrana N-terminal de SREBP. Essa ligação peptídica é clivada pela **protease sítio-2 (S2P)**, uma zinco-metalo-protease, liberando o domínio bHAH/Z para migrar até o núcleo, onde ele ativa a transcrição de seus genes-alvo. Por isso, o nível de colesterol celular aumenta até que a proteína ativadora da clivagem cesse a indução do translado de SREBP ao aparelho de Golgi, um caso clássico de inibição por retroalimentação.

Essa rota regulatória complexa foi elucidada, em parte, pela geração de diferentes linhagens de camundongos transgênicos que superexpressam uma ou outra das proteínas mencionadas, e de camundongos nocautes que carecem de uma ou outra dessas proteínas. Por exemplo, camundongos nocautes com deficiência da proteína ativadora da clivagem ou S1P hepáticas possuem reduzida expressão de HMG-CoA-redutase e receptores de LDL, mesmo quando alimentados com uma dieta deficiente em colesterol. Em contraste, camundongos transgênicos que superexpressam SREBP ou SCAP apresentam expressão muito aumentada das proteínas mencionadas. Na verdade, animais que superproduzem somente o domínio bHAH/Z da SREBP possuem fígados exageradamente grandes (até 4 vezes maior que o normal), devido ao acúmulo de ésteres de triacilgliceróis e colesteril. Mesmo assim, eles continuam a transcrever os genes-alvo de SREBP de tal modo que seus níveis de mRNA são até 75 vezes mais altos que o normal. Muitos indivíduos que sofrem de obesidade ou diabetes causado por resistência à insulina (diabetes tipo 2; Seção 27.4B) possuem fígados gordurosos, o que leva ao colapso do fígado em alguns casos. Fígados gordurosos devido à resistência a insulina parecem ser causados por níveis elevados da SREBP em resposta aos níveis elevados de insulina.

O nível de HMG-CoA-redutase também responde ao nível do precursor de colesterol lanosterol (Seção 25.6d). O domínio N-terminal da HMG-CoA-redutase, ligado à membrana do retículo endoplasmático, contém 8 hélices transmembrana, enquanto seu domínio C-terminal, que contém o sítio ativo e está ligado ao domínio N-terminal por meio de uma sequência flexível rica em Pro, projeta-se para o citosol. A Insig liga-se a um complexo enzimático que marca proteínas para degradação por ligá-las covalentemente à proteína **ubiquitina** (Seção 32.6B). Quando existe acúmulo de lanosterol na membrana do retículo endoplasmático, o domínio N-terminal da HMG-CoA-redutase também liga-se a Insig, e a HMG-CoA-redutase é portanto marcada para destruição. Consequentemente, a meia-vida de >12 horas da HMG-CoA-redutase em células deficientes em esteróis diminui para <1 hora quando esteróis estão presentes em abundância.

c. A regulação da HMG-CoA-redutase por modificações covalentes é um meio de conservar energia celular

A HMG-CoA-redutase existe em formas mais e menos ativas interconversíveis, assim como a glicogênio-fosforilase (Seção 18.3Ca), a glicogênio-sintase (Seção 18.3D), a piruvato-desidrogenase (Seção 21.2Cb) e a acetil-CoA-carboxilase (Seção 25.4Ba), entre outras. A forma não modificada da HMG-CoA-redutase é mais ativa; a forma fosforilada é menos ativa. A HMG-CoA-redutase é fosforilada (inativada) na Ser 871 em um sistema de cascata bicíclico pela enzima modificável covalentemente proteína-cinase dependente de AMP (AMPK), que também atua na acetil-CoA-carboxilase (Seção 25.4Ba) (nesse contexto, essa enzima foi originalmente nomeada como **HMG-CoA-redutase-cinase [RK]**, até a descoberta de ser idêntica à AMPK). Ao que tudo indica, esse mecanismo de controle conserva energia quando os níveis de ATP caem e os de AMP sobem, pela inibição de rotas biossintéticas. Essa hipótese foi testada por Brown e Goldstein, que usaram técnicas de engenharia genética para produzir células de *hamster* contendo uma HMG-CoA-redutase mutante com Ala substituindo a Ser 871, tornando-a imprópria para controle por fosforilação. Essas células respondem normalmente à regulação por retroalimentação por LDL-colesterol e mevalonato, mas, ao contrário de células normais, não diminuem sua síntese de colesterol em resposta à diminuição de ATP, apoiando a ideia de que o controle da HMG-CoA-redutase pela fosforilação está envolvido na conservação de energia.

d. A atividade do receptor de LDL controla a homeostasia de colesterol

Evidentemente, receptores de LDL possuem um papel importante na manutenção dos níveis plasmáticos de LDL-colesterol. Em indivíduos normais, aproximadamente metade do IDL formado a partir de VLDL penetra novamente no fígado por endocitose mediada por receptores de LDL (a IDL e a LDL contêm apolipoproteínas que se ligam especificamente ao receptor de LDL; Seção 12.5Bc). A IDL restante é convertida em LDL (Fig. 25.62*a*). *Por isso, a concentração sérica de LDL depende da velocidade na qual o fígado remove IDL da circulação, o que, por sua vez, depende do número de receptores de LDL funcionais na superfície do hepatócito.*

A alta concentração sanguínea de colesterol (**hipercolesterolemia**), resultante de superprodução e/ou subutilização de LDL, é sabidamente causada por duas irregularidades metabólicas: (1) a doença genética **hipercolesterolemia familiar** (**HF**) ou (2) uma dieta rica em colesterol. A HF é um defeito genético dominante que resulta na deficiência de receptores de LDL funcionais (Seção 12.5Ca). Homozigotos para HF não possuem receptores de LDL funcionais, de modo que suas células não conseguem absorver IDL nem LDL por endocitose mediada por receptor. A elevada concentração de IDL na corrente sanguínea leva a um aumento correspondente de LDL, que é, obviamente, subutilizado, já que não pode ser captado pelas células (Fig. 25.62*b*). Por isso, homozigotos HF possuem níveis plasmáticos de LDL-colesterol três a cinco vezes mais elevados que a média. Heterozigotos para HF, que são muito mais comuns, possuem aproximadamente metade do número de receptores de LDL funcionais e mais ou menos o dobro dos níveis plasmáticos médios de LDL-colesterol.

A ingestão de uma dieta rica em colesterol tem um efeito similar, porém mais tênue (Fig. 25.62*c*). O excesso de colesterol da dieta entra nos hepatócitos em remanescentes de quilomícrons, suprimindo a síntese da proteína receptora de LDL. A consequente insuficiência de receptores de LDL na superfície das células do fígado tem consequências similares àquelas da HF.

A deficiência de receptores de LDL, por origem genética ou em função da dieta, eleva o nível de LDL por dois mecanismos: (1) produção de LDL aumentada, resultado da captação diminuída de IDL, e (2) diminuição da captação de LDL. Duas estratégias (além de uma dieta pobre em colesterol) são usadas para neutralizar a hipercolesterolemia em humanos:

1. *Ingestão de resinas de troca de ânions (*Seção 6.3A*) que ligam ácidos biliares, prevenindo sua absorção intestinal* (resinas são insolúveis em água). Os ácidos biliares, derivados do colesterol, são, de um modo geral, de maneira eficiente reabsorvidos e reciclados pelo fígado (Seção 25.6C). A eliminação de ácidos biliares ligados à resina nas fezes força o fígado a converter mais colesterol em ácidos biliares do que o normal. A consequente diminuição nas concentrações séricas

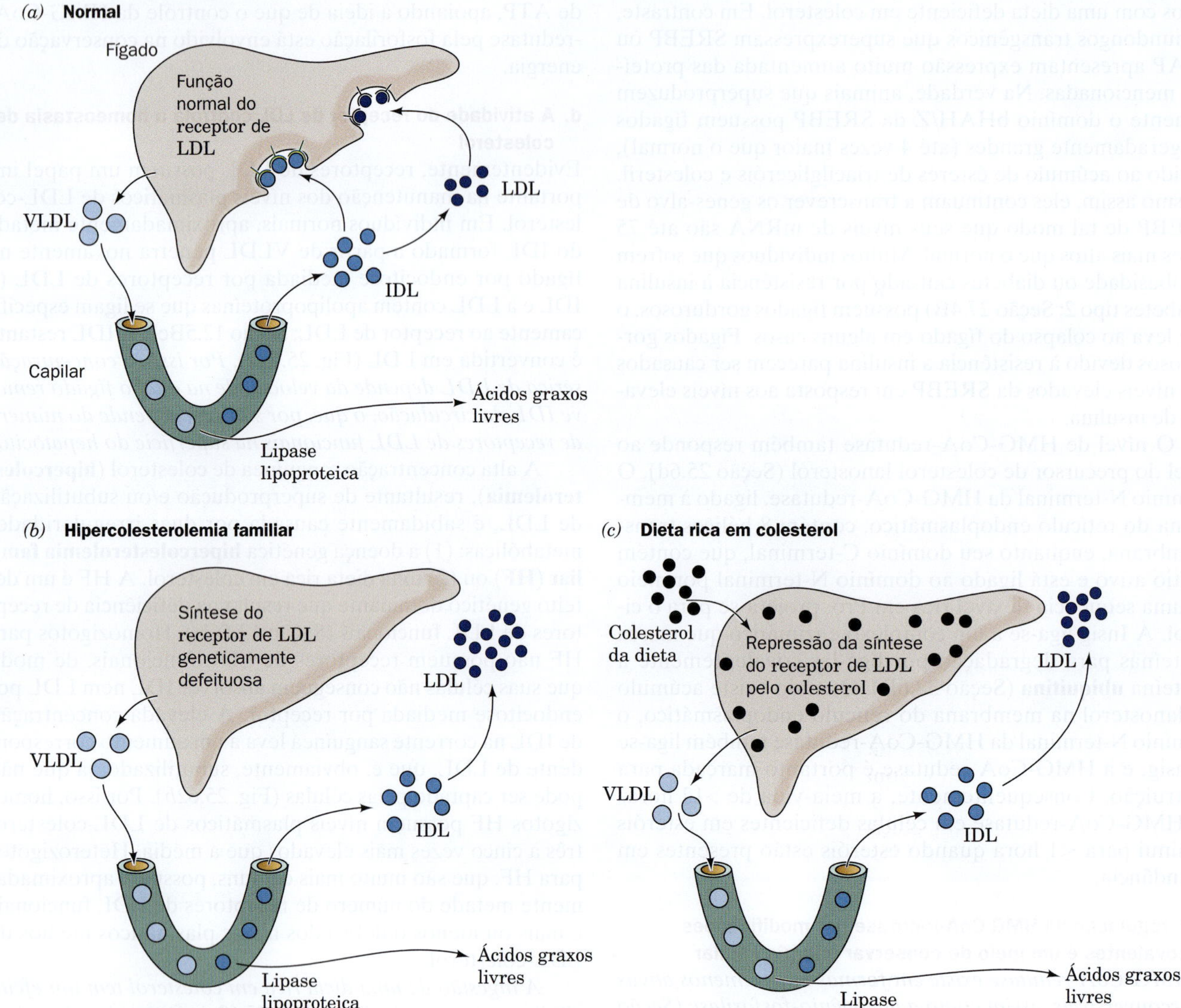

FIGURA 25.62 **Controle da produção e captação da LDL plasmática pelos receptores hepáticos de LDL.** *(a)* Em pessoas normais, a VLDL é secretada pelo fígado e convertida em IDL nos capilares dos tecidos periféricos. Aproximadamente metade das partículas de IDL plasmáticas liga-se aos receptores de LDL e é captada pelo fígado. O restante é convertido em LDL nos tecidos periféricos. *(b)* Em indivíduos com a doença hipercolesterolemia familiar (HF), os receptores de LDL hepáticos estão diminuídos ou ausentes devido a um defeito genético. *(c)* Em indivíduos normais que ingerem uma dieta rica em colesterol, o fígado fica repleto de colesterol, o que reprime os níveis de produção do receptor de LDL. A deficiência do receptor, seja por origem genética ou dietética, eleva os níveis plasmáticos de LDL pelo aumento da taxa de produção e diminuição da taxa de captação de LDL. (Segundo Goldstein, J.L. e Brown, M.S., *J. Lipid Res.* **25**, 1457 [1984].)

de colesterol induz a síntese de receptores de LDL (obviamente não em homozigotos para HF). Infelizmente, a redução nos níveis séricos de colesterol também induz a síntese de HMG-CoA-redutase, que aumenta a taxa de biossíntese de colesterol. A ingestão de resinas que se ligam a ácidos biliares, como a **colestiramina** (vendida como **Questran**) fornece, portanto, apenas uma redução de 15 a 20% nos níveis plasmáticos de colesterol.

2. *Tratamento com inibidores competitivos da HMG-CoA-redutase.* Esses incluem (Fig. 25.63) os produtos fúngicos **lovastatina** (também chamado de **mevinolina** e vendido como **Mevacor**), **pravastatina** (**Pravachol**), e **sinvastatina** (**Zocor**), assim como o inibidor sintético **atorvastatina** (**Lipitor**), compostos que são coletivamente chamados de **estatinas**. De fato, Lipitor é atualmente um dos fármacos mais prescritos nos EUA. A diminuição inicial no suprimento celular de

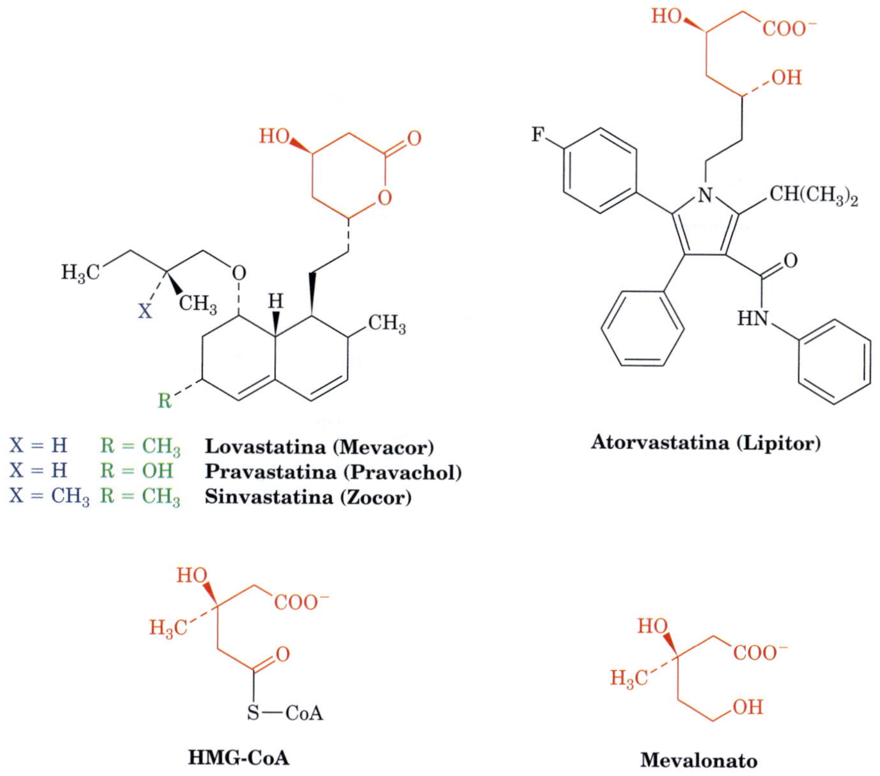

X = H	R = CH_3	**Lovastatina (Mevacor)**
X = H	R = OH	**Pravastatina (Pravachol)**
X = CH_3	R = CH_3	**Sinvastatina (Zocor)**

Atorvastatina (Lipitor)

HMG-CoA

Mevalonato

FIGURA 25.63 Alguns dos inibidores competitivos de HMG-CoA-redutase usados para o tratamento de hipercolesterolemia. Fórmulas moleculares de lovastatina (Mevacor), pravastatina (Pravachol), sinvastatina (Zocor) e atorvastatina (Lipitor), todas elas inibidores competitivos potentes da HMG-CoA-redutase, estão mostradas. As estruturas de HMG-CoA e mevalonato são mostradas para comparação. Observe que a lovastatina, a pravastatina e a sinvastatina são lactonas, enquanto a atorvastatina e o mevalonato são ácidos hidroxil. As lactonas são hidrolisadas enzimaticamente *in vivo* a suas formas ativas ácidos hidroxil.

colesterol causado pela presença de estatinas também é alcançado pela indução de receptores de LDL e HMG-CoA-redutase, de modo que o nível de HMG-CoA-redutase alcançado é quase aquele de antes da administração do fármaco. Todavia, o grande número de receptores de LDL causa um aumento na remoção de LDL e IDL (o precursor de LDL que contém apoB), diminuindo consideravelmente os níveis de LDL séricos. Heterozigotos HF tratados com Lipitor apresentam rotineiramente uma redução de 40 a 50% no colesterol sérico.

Além disso, o uso combinado desses agentes resulta em uma diminuição clinicamente drástica de 50 a 60% nos níveis séricos de colesterol.

e. Superexpressão de receptores de LDL previnem hipercolesterolemia induzida pela dieta

Experimentos de **terapia gênica** estão em andamento para o tratamento de indivíduos com hipercolesterolemia (Seção 5.5Hb). Uma linhagem de camundongos transgênicos foi desenvolvida para superproduzir receptores de LDL humanos. Quando alimentados com uma dieta rica em colesterol, gordura e ácidos biliares, esses animais transgênicos não desenvolveram um aumento detectável de LDL plasmático. Por oposição, camundongos normais alimentados com a mesma dieta exibiram grandes aumentos nos níveis plasmáticos de LDL. Evidentemente, a superexpressão não regulada de receptores de LDL consegue previnir a hipercolesterolemia induzida por dieta, ao menos em camundongos.

C. *Utilização do colesterol*

Colesterol é o precursor de hormônios esteroides e ácidos biliares. Hormônios esteroides são agrupados em cinco categorias – **progestinas**, **glicocorticoides**, **mineralocorticoides**, **androgênios** e **estrogênios** – e fazem a mediação de uma ampla gama de funções fisiológicas vitais (Seção 19.1G). Todos contêm a estrutura de quatro anéis do núcleo esterol e são extraordinariamente similares na estrutura, considerando as enormes diferenças nos seus efeitos fisiológicos. Um simplificado esquema biossintético (Fig. 25.64) indica suas similaridades e diferenças estruturais. Não discutiremos os detalhes dessas rotas.

A rota mais importante quantitativamente para a excreção de colesterol em mamíferos é a da formação de ***ácidos***

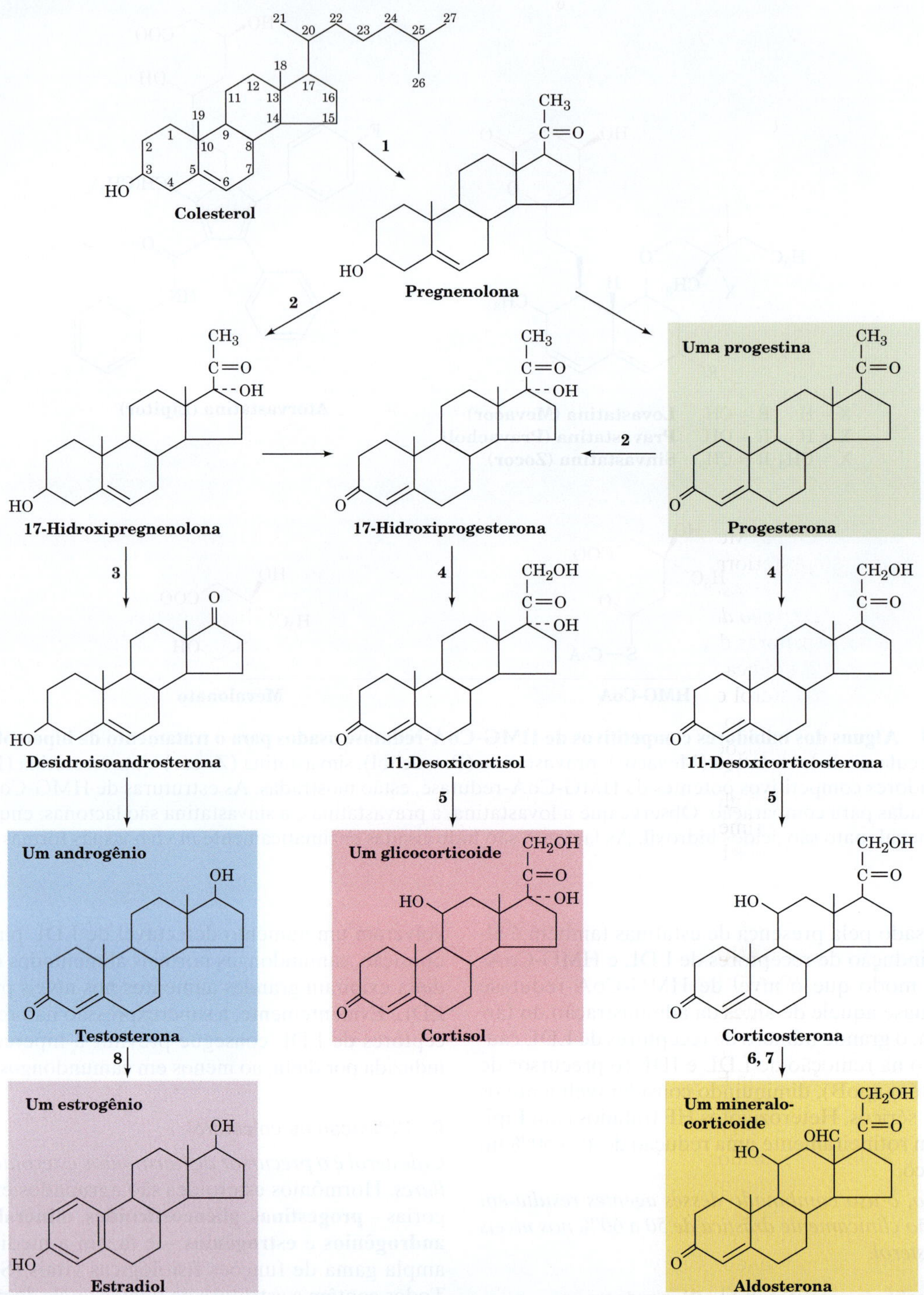

FIGURA 25.64 **Esquema simplificado da biossíntese de esteroides.** As enzimas envolvidas são (**1**) a enzima de clivagem de cadeia lateral do colesterol, (**2**) C17 esteroide-hidroxilase, (**3**) C17,C20 esteroide-liase (**4**) C21 esteroide-hidroxilase, (**5**) 11β esteroide--hidroxilase, (**6**) C18 esteroide-hidroxilase, (**7**) 18-hidróxi-esteroide-oxidase e (**8**) aromatase.

biliares. Os principais ácidos biliares, **colato** e **quenodesoxicolato**, são sintetizados pelo fígado e secretados como seus conjugados de glicina ou **taurina** (Fig. 25.65), os quais são conhecidos como sais biliares, à vesícula biliar. Dali, são secretados para o intestino delgado, onde agem como agentes emulsificantes na digestão e na absorção de gorduras e vitaminas lipossolúveis (Seção 25.1). Um eficiente sistema reciclador permite aos sais biliares circular entre o intestino

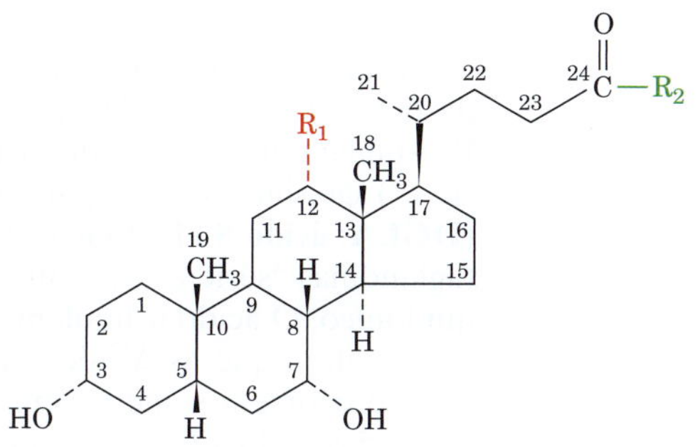

	$R_1 = OH$	$R_1 = H$
$R_2 = OH$	**Ácido cólico**	**Ácido quenodesoxicólico**
$R_2 = NH—CH_2—COOH$	**Ácido glicocólico**	**Ácido glicoquenodesoxicólico**
$R_2 = NH—CH_2—CH_2—SO_3H$	**Ácido taurocólico**	**Ácido tauroquenodesoxicólico**

FIGURA 25.65 **Estrutura dos principais ácidos biliares e seus conjugados de glicina e de taurina.**

e o fígado muitas vezes por dia. Menos de 1 g/dia escapa do sistema reciclador, sendo posteriormente metabolizados por microrganismos no intestino grosso e excretados. *Essa é a única rota do corpo para excreção do colesterol.*

A comparação das estruturas do colesterol e dos ácidos biliares (Figs. 25.44 e 25.65) indica que a biossíntese de ácidos biliares a partir do colesterol envolve (1) saturação da ligação dupla 5,6, (2) epimerização do grupo 3β-OH, (3) introdução de grupos OH nas posições 7α e 12α, (4) oxidação do C24 a um ácido carboxílico, e (5) conjugação desse ácido carboxílico de cadeia lateral com glicina ou taurina. A **colesterol-7α-hidroxilase** catalisa a primeira etapa, que é limitante de velocidade, na síntese de ácidos biliares, sendo cuidadosamente regulada.

7 METABOLISMO DE EICOSANOIDES: PROSTAGLANDINAS, PROSTACICLINAS, TROMBOXANAS, LEUCOTRIENOS E LIPOXINAS

As **prostaglandinas** (**PGs**) foram primeiramente identificadas no sêmen humano por Ulf von Euler, no início da década de 1930, pela capacidade de estimular contrações do útero e de baixar a pressão sanguínea. Ulf von Euler pensou que esses compostos fossem produzidos pela próstata (daí seu nome), mas foi mostrado posteriormente que eram sintetizados nas vesículas seminais. Quando o engano foi descoberto, o nome já estava estabelecido. Na metade da década de 1950, materiais cristalinos foram isolados de fluidos biológicos e chamados de PGE (solúveis em éter) e PGF (solúveis em tampão fosfato). Foi o início da pesquisa sobre essas substâncias potentes.

Quase todas as células de mamíferos, com exceção dos leucócitos, produzem prostaglandinas e seus compostos relacionados – ***prostaciclinas, tromboxanas, leucotrienos*** *e* ***lipoxinas*** *– conhecidas coletivamente como* ***eicosanoides****, já que são todos compostos C_{20} (do grego:* eikosi, *vinte). Os eicosanoides, como os hormônios endócrinos, possuem profundos efeitos fisiológicos em concentrações extremamente baixas.* Eles fazem a mediação, por exemplo: (1) da resposta inflamatória, particularmente quando envolve as articulações (artrite reumatoide), a pele (psoríase) e os olhos; (2) da produção de dor e febre; (3) da regulação da pressão sanguínea; (4) da indução da coagulação do sangue; (5) do controle de várias funções reprodutivas, como a indução ao trabalho de parto; e (6) da regulação do ciclo do sono. Por isso, as enzimas que sintetizam esses compostos e os receptores aos quais se ligam são alvo de intensa pesquisa farmacológica.

Os eicosanoides são também parecidos com hormônios pelo modo como se ligam a receptores acoplados à proteína G (Seção 19.2B) e muitos de seus efeitos são mediados intracelularmente pelo AMPc. Ao contrário dos hormônios endócrinos, contudo, eles não são transportados na corrente sanguínea para seus sítios de ação. Em vez disso, esses compostos instáveis biológica e quimicamente (alguns se decompõem dentro de minutos ou menos *in vitro*) são mediadores locais (hormônios parácrinos; Seção 19.1); isto é, *eles agem no mesmo ambiente no qual são sintetizados.*

Nesta Seção, serão discutidas as estruturas dos eicosanoides e resumidas suas rotas biossintéticas e modos de ação. Atente para a grande diversidade de suas estruturas e funções, um fenômeno que faz da elucidação do papel fisiológico dessas potentes substâncias uma área de pesquisa desafiadora.

A. *Visão geral*

Todas as prostaglandinas são derivadas do ácido graxo C_{20} hipotético ***ácido prostanoico****, no qual os átomos de carbono 8 a 12 formam um anel ciclopentano* (Fig. 25.66*a*). As prostaglandinas (do tipo A até I) diferem nos substituintes no anel ciclopentano (Fig. 25.66*b*): as **PGAs** são cetonas α,β-insaturadas, as **PGEs** são cetonas β-hidróxi, as **PGFs** são 1,3-dióis, etc. Na **PGF**$_{\alpha}$, o grupo OH de C9 está no mesmo lado do anel que R_1, enquanto na **PGF**$_{\beta}$ está no lado oposto. O subscrito numérico no nome se refere ao número de ligações du-

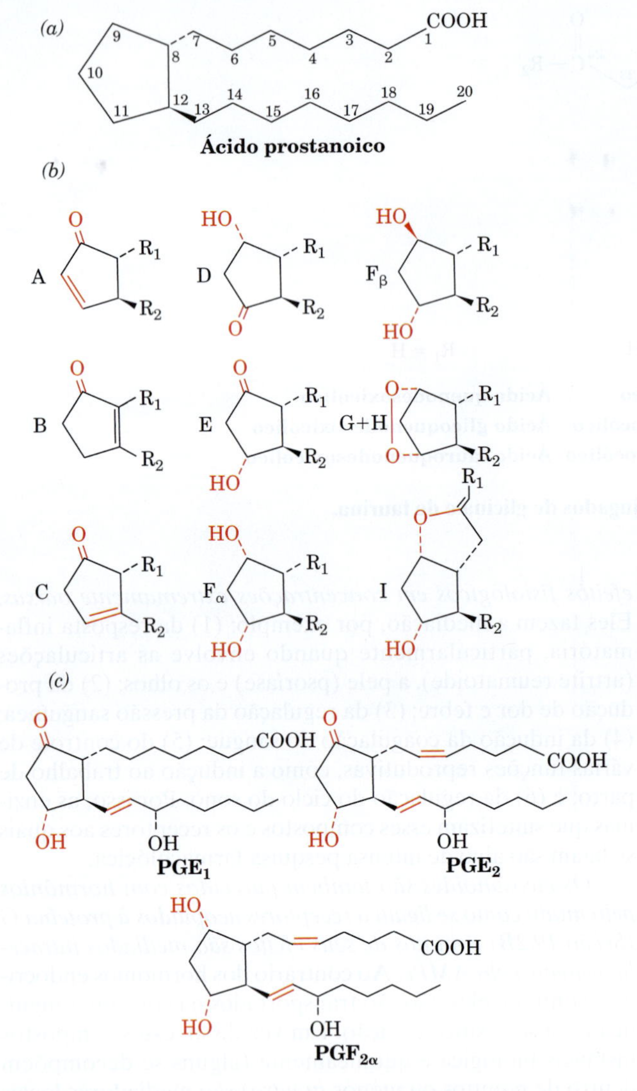

FIGURA 25.66 Estruturas das prostaglandinas. (*a*) O esqueleto de carbono do ácido prostanoico, um composto semelhante às prostaglandinas. (*b*) Estruturas das prostaglandinas A-I. (*c*) Estruturas das prostaglandinas E_1, E_2 e $F_{2\alpha}$ (as primeiras prostaglandinas a serem identificadas).

plas contidas nas cadeias laterais do anel ciclopentano (Fig. 25.66*c*).

Em humanos, o precursor predominante das prostaglandinas é o ***ácido araquidônico*** *(****ácido 5,8,11,14-eicosatetraenoico****), um ácido graxo C_{20} poli-insaturado com quatro ligações duplas não conjugadas.* A ligação dupla em C14 está a seis carbonos do carbono terminal (o carbono ω), sendo por isso o ácido araquidônico um ácido graxo ω-6. Como Sune Bergström e Bengt Samuelson demonstraram, o ácido araquidônico é sintetizado a partir do ácido graxo essencial ácido linoleico (também um ácido graxo ω-6). Isto ocorre por meio da dessaturação do ácido linoleico pela Δ^6-dessaturase, formando o **ácido γ-linolênico** (**GLA**), seguido por um alongamento e uma segunda dessaturação, desta vez por uma Δ^5-dessaturase (Fig. 25.67; Seção 25.4E). Prostaglandinas com o subscrito 1 (as prostaglandinas "série 1") são sintetizadas a partir do **ácido diomo-γ-linolênico** (**DGLA**; **ácido 8,11,14-eicosatrienoico**), enquanto as prostaglandinas "série 2" são sintetizadas a partir do ácido araquidônico. O ácido α-linolênico (ALA), outro ácido graxo essencial, já que as Δ^{15}-dessaturases necessárias para sua síntese ocorrem somente em plantas, é um precursor do ácido 5,8,11,14,17-eicosapentaenoico (EPA) e das prostaglandinas "série 3". Como o araquidonato é o principal precursor das prostaglandinas em humanos, referiremo-nos preferencialmente às prostaglandinas "série 2" nos exemplos. Note, entretanto, que quando o ácido linoleico proveniente da dieta e o ácido α-linolênico estão igualmente disponíveis, as atividades das Δ^5- e Δ^6-dessaturases são importantes na determinação das quantidades relativas desses precursores.

a. Araquidonato é gerado pela hidrólise de fosfolipídeos

O araquidonato é armazenado nas membranas celulares como éster C2 do fosfatidilinositol e outros fosfolipídeos. A produção de metabólitos de araquidonato é controlada pela taxa de liberação do araquidonato a partir desses fosfolipídeos, por três rotas alternativas (Fig. 25.68):

1. A **fosfolipase A_2** hidrolisa grupos acila no C2 de fosfolipídeos (Fig. 25.68*b, esquerda*).
2. A **fosfolipase C** (Seção 19.4B) hidrolisa especificamente o grupo da cabeça polar do fosfatidilinositol, formando **1,2-diacilglicerol** (**DAG**) e **fosfoinositol**. O **DAG** é fosforilado pela **diacilglicerol-cinase** a ácido fosfatídico, um substrato para a fosfolipase A_2 (Fig. 25.68*b, centro*). (Relembre que o DAG e as várias formas fosforiladas do fosfoinositol são também importantes moléculas sinalizadoras, que atuam como mediadores da cascata de fosfoinositídeos; Seção 19.4.)
3. O DAG também pode ser diretamente hidrolisado pela **diacilglicerol-lipase** (Fig. 25.68*b, direita*).

Corticosteroides são usados como agentes anti-inflamatórios por inibirem a fosfolipase A_2, reduzindo a taxa de produção de araquidonato.

b. O ácido acetilsalicílico inibe a síntese de prostaglandinas

O uso de **ácido acetilsalicílico** como um agente analgésico (para aliviar a dor), antipirético (para diminuir a febre) e anti-inflamatório foi disseminado a partir do século XIX. Apesar disso, foi somente após 1971 que John Vane descobriu seu mecanismo de ação. *O ácido acetilsalicílico, assim como* ***anti-inflamatórios não esteroides*** *(****AINEs****), inibe a síntese de prostaglandinas a partir de precursores eicosanoides (Seção 25.7Ba).* Esses inibidores provaram ser ferramentas valiosas na elucidação das rotas de biossíntese das prostaglandinas e proporcionaram um ponto de partida para a síntese racional de novos fármacos anti-inflamatórios.

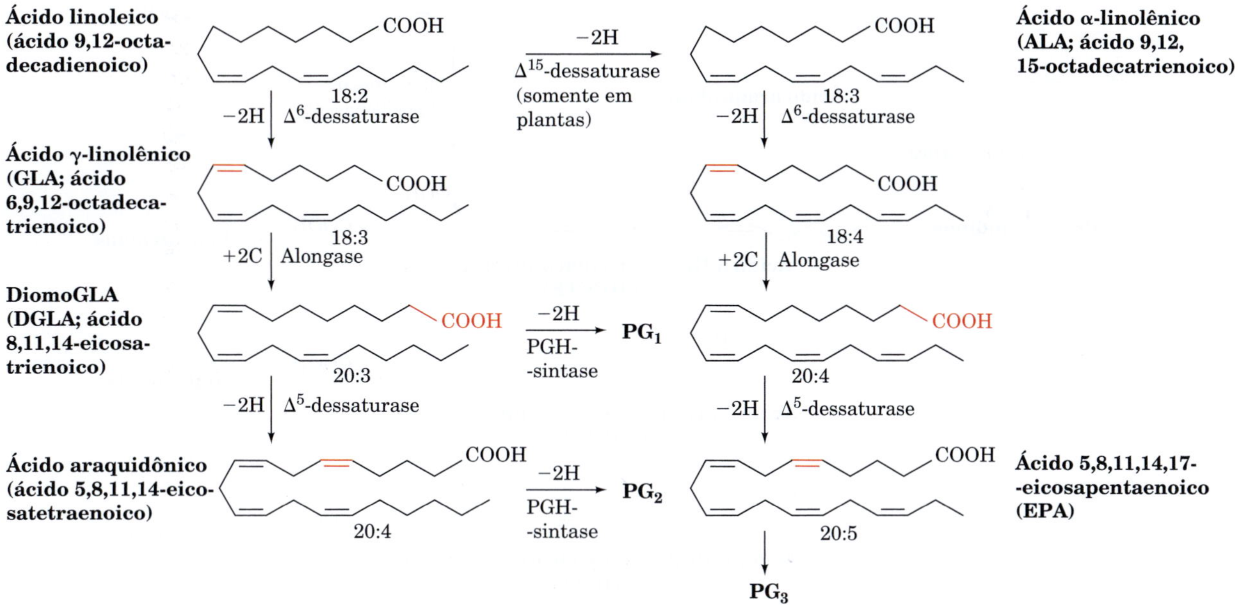

FIGURA 25.67 **Síntese dos precursores das prostaglandinas.** Os derivados do ácido linoleico diomoGLA (DGLA), do ácido araquidônico e do ácido 5,8,11,14,17-eicosapentaenoico (EPA) são os respectivos precursores das prostaglandinas da série 1, da série 2 e da série 3.

c. O ácido araquidônico é um precursor de leucotrienos, tromboxanas e prostaciclinas

O ácido araquidônico também serve como precursor de compostos cuja síntese não é inibida pelo ácido acetilsalicílico. Na verdade, existem duas rotas principais do metabolismo de eicosanoides. A chamada rota cíclica, que é inibida por AINE, forma os anéis de ciclopentano característicos das prostaglandinas, enquanto a chamada rota linear, que não é

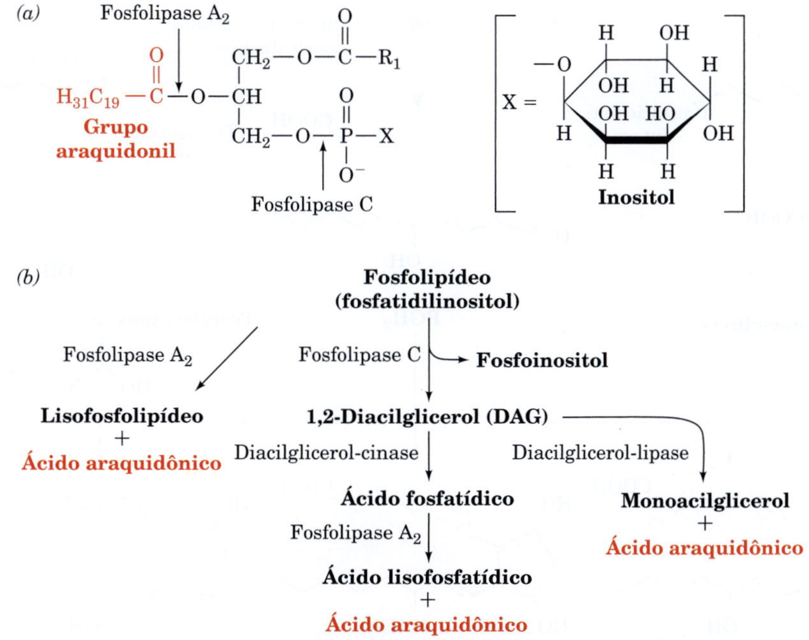

FIGURA 25.68 **Liberação de ácido araquidônico pela hidrólise de fosfolipídeos.** (*a*) Os sítios de clivagem hidrolítica mediada pelas fosfolipases A_2 e C. O grupo da cabeça polar, X, é frequentemente o inositol e suas várias formas fosforiladas (Seção 19.4D). (*b*) Rotas de liberação do ácido araquidônico a partir de fosfolipídeos.

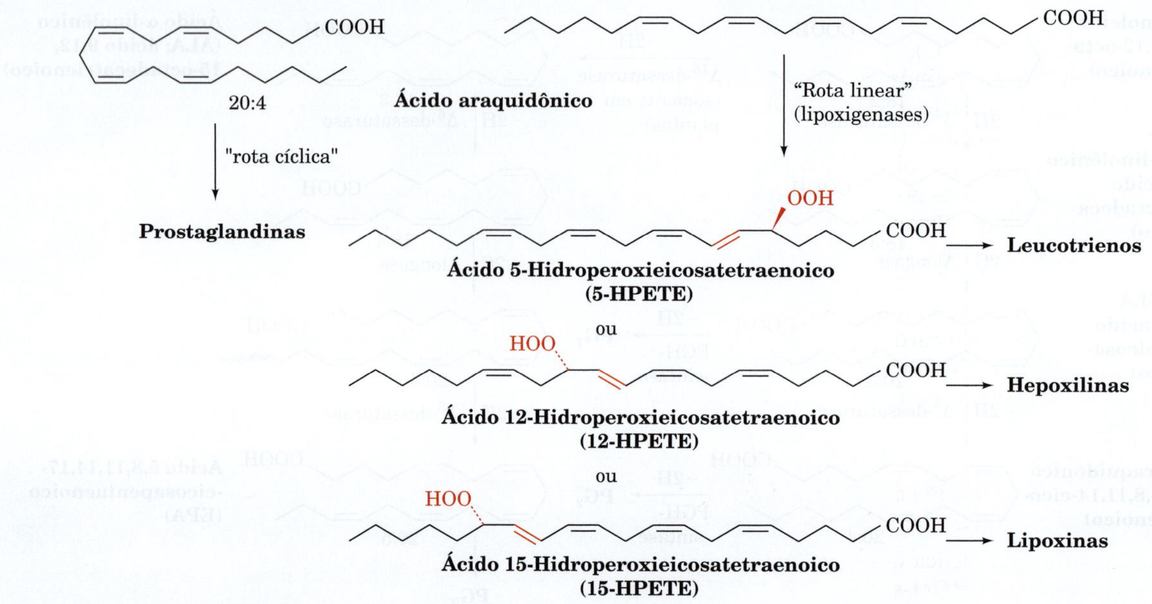

FIGURA 25.69 **As rotas cíclica e linear do metabolismo do ácido araquidônico.**

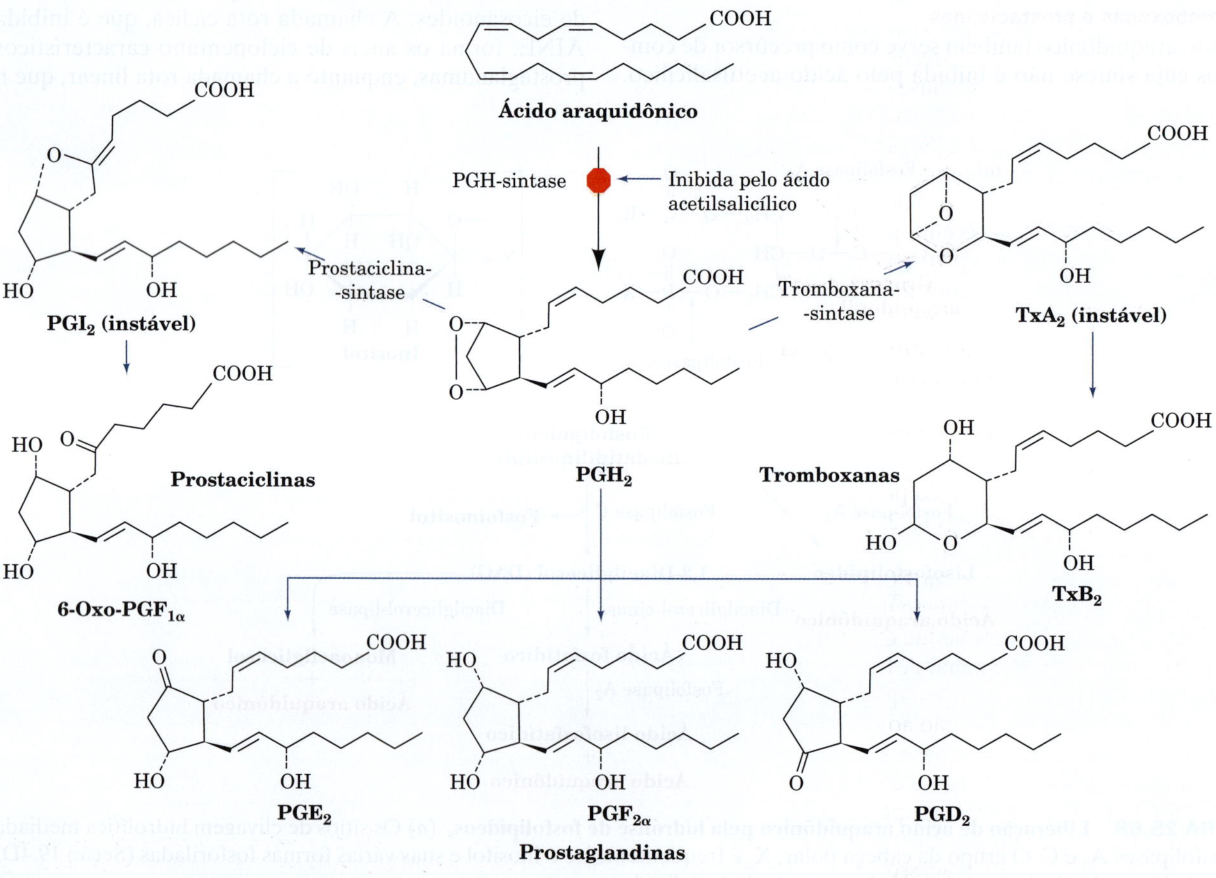

FIGURA 25.70 **A rota cíclica do metabolismo do ácido araquidônico.** As diferentes vias desta rota geram prostaglandinas, prostaciclinas e tromboxanas.

inibida por esses agentes, leva à formação de **leucotrienos** e **HPETE** (Fig. 25.69; Seção 25.7C).

Estudos usando AINEs ajudaram a demonstrar que duas classes de compostos estruturalmente relacionados, as prostaciclinas e as tromboxanas (Fig. 25.70), são também produtos da rota cíclica do metabolismo de eicosanoides. Os produtos específicos produzidos por essa rota ramificada dependem do tecido envolvido. Plaquetas do sangue (trombócitos), por exemplo, produzem quase exclusivamente tromboxanas; células endoteliais vasculares, que compõem as paredes de veias e artérias, predominantemente sintetizam as prostaciclinas; e o músculo cardíaco produz PGI_2, PGE_2 e $PGF_{2\alpha}$ em quantidades mais ou menos iguais. No restante desta Seção, serão estudadas as rotas cíclica e linear do metabolismo de eicosanoides.

B. *A rota cíclica do metabolismo de eicosanoides: prostaglandinas, prostaciclinas e tromboxanas*

A primeira etapa da rota cíclica do metabolismo de eicosanoides é catalisada pela **PGH-sintase** (**PGHS**; também chamada de **prostaglandina H-sintase** e **prostaglandina endoperóxido-sintase**; Fig. 25.71). Essa enzima contendo heme apresenta duas atividades catalíticas: uma atividade ciclo-oxigenase e uma atividade peroxidase. A primeira catalisa a adição, mediada por um radical tirosil, de duas moléculas de O_2 ao ácido araquidônico, formando **PGG_2**. A segunda converte a função hidroperóxi de PGG_2 a um grupo OH, gerando **PGH_2**. *PGH_2 é um precursor intermediário de todas as prostaglandinas série 2, prostaciclinas e tromboxanas (Fig. 25.70).* A atividade ciclo-oxigenase dessa enzima dá a ela seu nome comum, **COX** (não confunda com a citocromo *c* oxidase, também chamada de COX [Seção 22.2C5]).

A PGHS, uma glicoproteína homodimérica de 576 resíduos, é uma proteína monotópica de membrana que se estende para o lúmen do retículo endoplasmático. Sua estrutura por raios X, determinada por Michael Garavito, revela que cada uma das suas subunidades dobra-se em três domínios (Fig. 25.72*a*): um módulo N-terminal que estruturalmente se assemelha ao **fator de crescimento da epiderme** (**EGF**; um polipeptídeo hormonalmente ativo que estimula a proliferação celular; Seção 12.3Ae); um motivo central, que se liga à membrana; e um domínio enzimático C-terminal. O motivo de 44 resíduos de ligação à membrana possui uma superfície hidrofóbica afastada do corpo da proteína (do mesmo modo que a oxidoesqualeno-ciclase [Fig. 25.58*b*] e a amida-hidrolase de ácidos graxos [Fig. 12.28]).

O sítio ativo peroxidase da PGHS ocorre na interface entre os lóbulos grande e pequeno do domínio catalítico, em uma fenda de pouca profundidade que contém o grupo prostético Fe(III)-heme da enzima. A fenda expõe uma grande porção do heme ao solvente, fato que favorece a suspeita de estar contido aí o sítio de ligação ao substrato.

O sítio ativo ciclo-oxigenase situa-se no lado oposto ao heme, no final de um longo e estreito canal hidrofóbico (~8 × 25 Å), que se estende da superfície externa do motivo de ligação à membrana até o centro de cada subunidade (Fig. 25.72*b*). Esse canal permite o acesso ao sítio ativo do substrato associado à membrana. Foi mostrado que a Tyr 385, que está próxima ao topo do canal, logo abaixo do heme, forma um radical temporário durante a reação da ciclo-oxigenase, como ocorre, por exemplo, com a Tyr 244 na citocromo *c* oxidase (Seção 22.2C5c). De fato, a substituição mutagênica da Tyr 385 da PGHS pela Phe anula sua atividade ciclo-oxigenase. O radical Tyr 385 é gerado por meio de uma oxidação intramolecular pelo cofator heme.

Ácido araquidônico

Atividade ciclo-oxigenase (inibida pelo ácido acetilsalicílico) — 1 — •O–Tyr 385 → HO–Tyr 385

2 — O_2

3 — O_2 — HO–Tyr 385 → •O–Tyr 385

PGG_2

Atividade peroxidase — 4

PGH_2

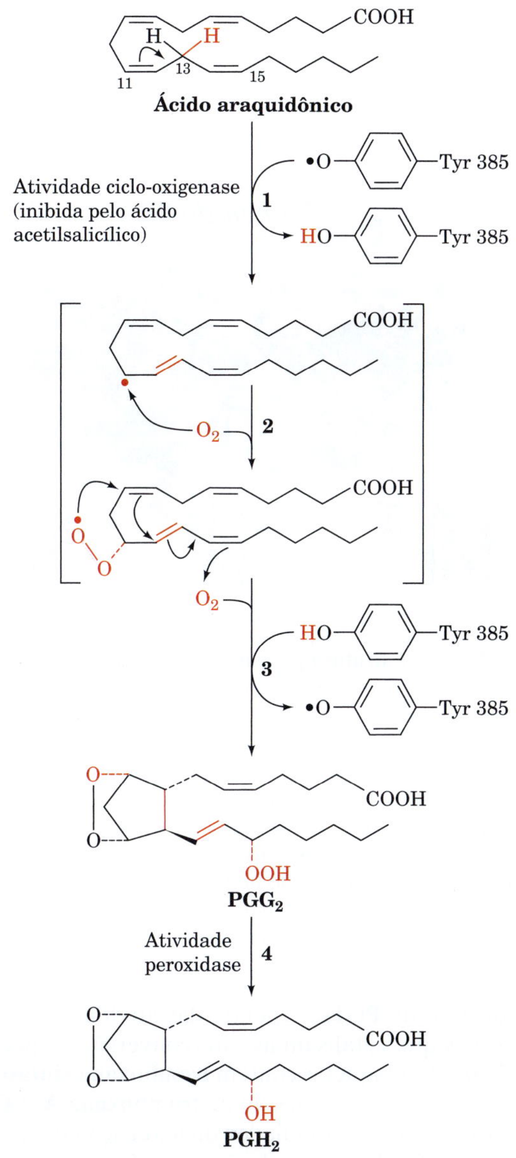

FIGURA 25.71 As reações catalisadas pela PGH-sintase (PGHS). A enzima contém duas atividades: uma ciclo-oxigenase, que catalisa as Etapas 1 a 3 e é inibida pelo ácido acetilsalicílico, e uma peroxidase, que catalisa a Etapa 4. (**1**) Um radical em Tyr 385 que é gerado pelo cofator heme da enzima subtrai estereoespecificamente um átomo de hidrogênio de C13 do ácido araquidônico, que então se rearranja de tal modo que o radical vai para C11. (**2**) O radical reage com O_2 para gerar um radical hidroperóxido. (**3**) O radical cicliza e reage com uma segunda molécula de O_2 no C15 para gerar um peróxido, em um processo que regenera o radical Tyr. (**4**) A atividade peroxidase da enzima converte o peróxido no C15 a um grupo hidroxila.

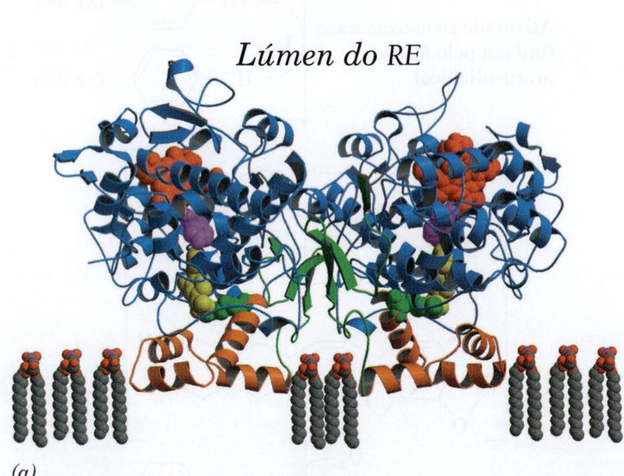

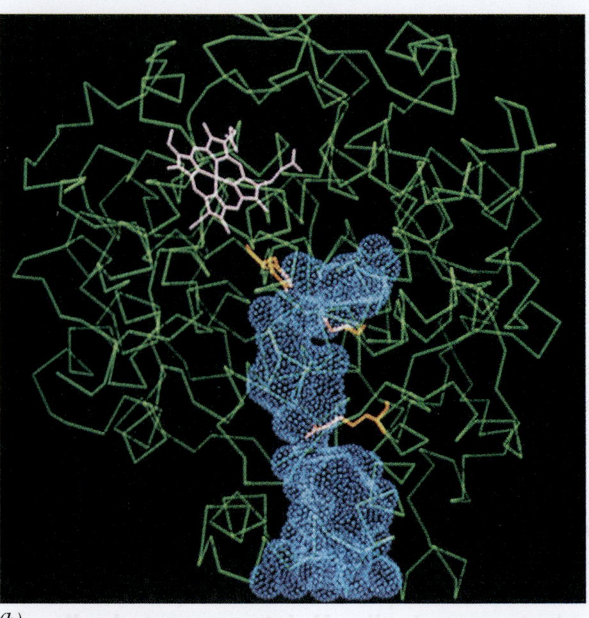

(a) (b)

FIGURA 25.72 Estrutura por raios X da PGH-sintase (PGHS) de vesículas seminais de ovelhas complexada com o AINE flurbiprofeno. (*a*) Essa proteína de membrana homodimérica monotópica é vista a partir do plano da membrana do retículo endoplasmático, com seu eixo de simetria de ordem 2 na vertical. O módulo de estrutura semelhante ao EGF está em verde, o motivo de ligação à membrana está em cor de laranja e o domínio catalítico, em azul. Heme (*vermelho*); flurbiprofeno (*amarelo*); Tyr 385 (*magenta*), que forma o radical transitório durante a reação de ciclo-oxigenase; e Arg 120 (*verde*), que forma um par iônico com flurbiprofeno, estão representados na forma de volume atômico. (*b*) Um diagrama C_α de uma subunidade da PGHS (*verde*), a subunidade da esquerda da Parte *a,* vista a partir de 30° à esquerda. O sítio de atividade peroxidase está localizado acima do heme (*cor-de-rosa*). O canal hidrofóbico, que penetra a subunidade desde o motivo de ligação à membrana embaixo na figura até o sítio ativo ciclo-oxigenase abaixo do heme, está representado por sua superfície de van der Waals (*pontos azuis*). Os três resíduos no canal, mostrados em forma de bastões laranjas, são, do alto para baixo: Tyr 385, Ser 530, que é acetilado pelo ácido acetilsalicílico, e Arg 120. (Cortesia de Michael Garavito, Michigan State University, EUA. PDBid 1CQE.)

O destino da PGH_2 depende das atividades relativas das enzimas que catalisam as interconversões específicas (Fig. 25.70). As plaquetas contêm **tromboxana-sintase**, que fazem a mediação da formação de **tromboxana A_2 (TxA_2)**, um vasoconstritor e estimulador da agregação plaquetária (uma etapa inicial na coagulação sanguínea; Seção 35.1). Células endoteliais vasculares contêm **prostaciclina-sintase**, que catalisa a síntese de **prostaciclina I_2 (PGI_2)**, um vasodilatador e inibidor da agregação plaquetária. Essas duas substâncias agem em oposição, mantendo o equilíbrio no sistema cardiovascular.

a. AINEs inibem a PGF-sintase

Fármacos anti-inflamatórios não esteroides (AINEs; Fig. 25.73) inibem a síntese de prostaglandinas, prostaciclinas e tromboxanas por inibição ou inativação da atividade ciclo-oxigenase da PGHS. O **ácido acetilsalicílico**, por exemplo, acetila essa enzima: se o ácido [C^{14}-acetil]acetilsalicílico for incubado com a enzima, a radioatividade torna-se irreversivelmente associada à enzima inativa na medida em que a Ser 530 torna-se acetilada (Fig. 25.74). A estrutura por raios X de PGHS revela que a Ser 530, que não está envolvida na catálise, estende-se ao interior do canal ciclo-oxigenase logo abaixo da Tyr 385, de tal modo que sua acetilação bloquearia o acesso do ácido araquidônico ao sítio ativo (Fig. 25.72*b*). A estrutura da PGHS, que foi cristalizada com o AINE **flurbiprofeno** (Fig. 25.73), indica que esse fármaco se liga ao canal ciclo-oxigenase, com seu grupo carboxil formando um par iônico com Arg 120 (Fig. 25.72*a*). Evidentemente, o flurbiprofeno, e consequentemente outros AINEs, inibem a atividade ciclo-oxigenase da PGHS bloqueando o canal do sítio ativo.

Baixas doses do ácido acetilsalicílico, ~80 mg (ácido acetilsalicílico infantil) por dia, reduzem significativamente a incidência a longo prazo de ataques cardíacos e derrames cerebrais. Essas doses inibem seletivamente a agregação de plaquetas e consequentemente a coagulação do sangue. O motivo é que essas células sem núcleo, que possuem uma vida útil na circulação de ~10 dias, não conseguem sintetizar novamente suas enzimas inativadas. Células endoteliais vasculares não são afetadas tão drasticamente, já que, na maior parte do tempo, estão longe do sítio de absorção do ácido acetilsalicílico, são expostas a concentrações menores de ácido acetilsalicílico e, de qualquer modo, podem sintetizar PGHS adicional.

b. Inibidores de COX-2 não possuem os efeitos adversos de outros AINEs

A PGHS possui duas isoformas, **COX-1** e **COX-2**, que possuem um alto grau (60%) de semelhança na sequência de aminoácidos e de homologia estrutural. A COX-1 é expressa

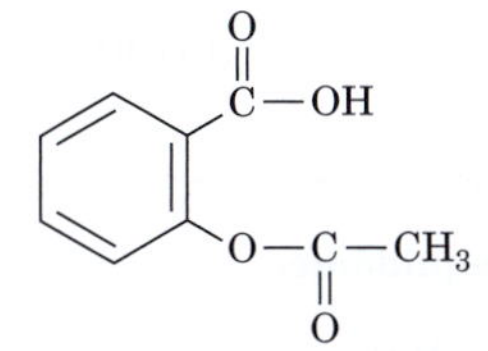

Ácido acetilsalicílico

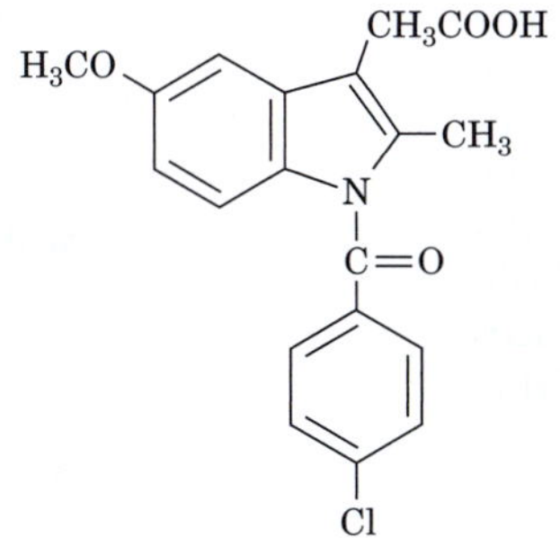

Indometacina

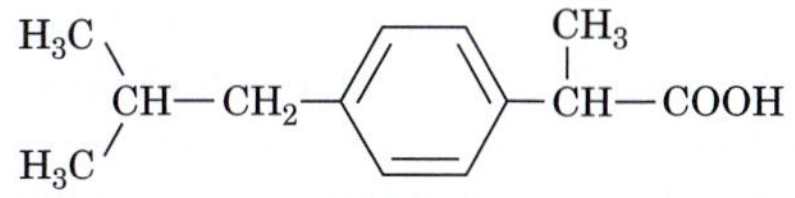

Ibuprofeno

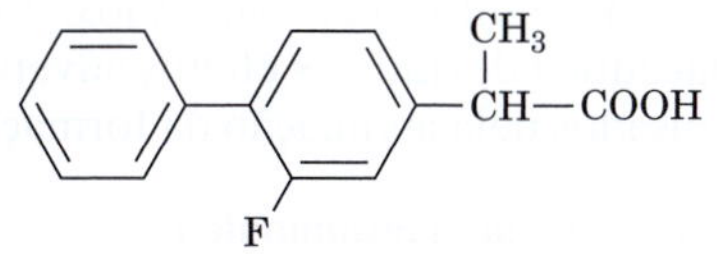

Flurbiprofeno

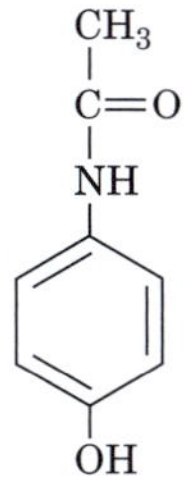

Acetaminofeno

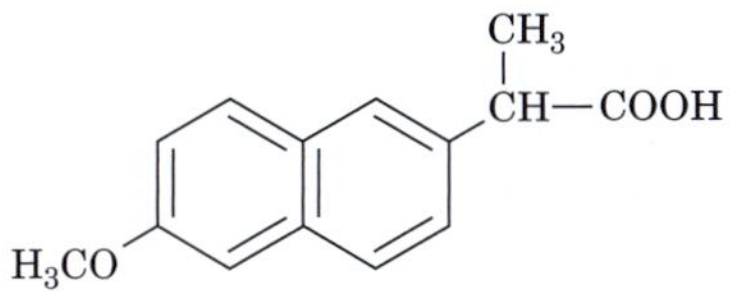

Naproxeno

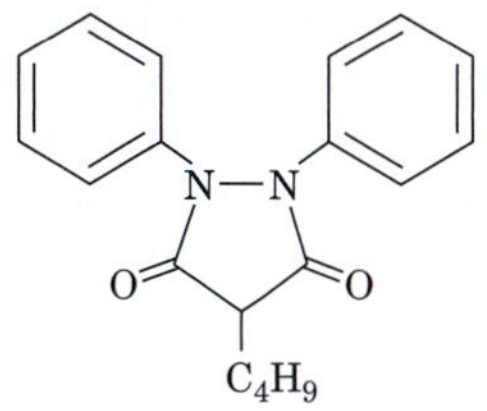

Fenilbutazona

FIGURA 25.73 Alguns fármacos anti-inflamatórios não esteroides (AINEs).

constitutivamente (sem regulação) na maioria, se não em todos os tecidos de mamíferos, auxiliando nos níveis de síntese de prostaglandinas necessários para manter a homeostasia de órgãos e tecidos da mesma maneira que da mucosa gastrintestinal. A COX-2, por outro lado, é somente expressa em alguns tecidos em resposta a estímulos inflamatórios como citocinas, fatores de crescimento proteicos e endotoxinas, sendo responsável pelos elevados níveis de prostaglandinas que causam a inflamação. Os AINEs da Fig. 25.73 são relativamente não específicos e podem ter efeitos adversos, principalmente ulceração gastrintestinal, quando usados para tratar inflamação ou febre. Um programa de desenho de fármacos com base na estrutura (Seção 15.4Ad) foi instituído para criar inibidores que teriam como alvo COX-2, mas não COX-1. As estruturas tridimensionais de COX-1 e COX-2 são quase idênticas, mas sua diferença na sequência de aminoácidos, especificamente I523V, I434V e H513R (à esquerda os aminoácidos de COX-1 e à direita os de COX-2), torna o canal do sítio ativo de COX-2 ~20% maior em volume que o de COX-1. Além disso, a quarta hélice do domínio de ligação à membrana está orientada levemente diferente, de modo a gerar uma abertura maior no canal. Químicos, então, sintetizaram inibidores, conhecidos coletivamente como

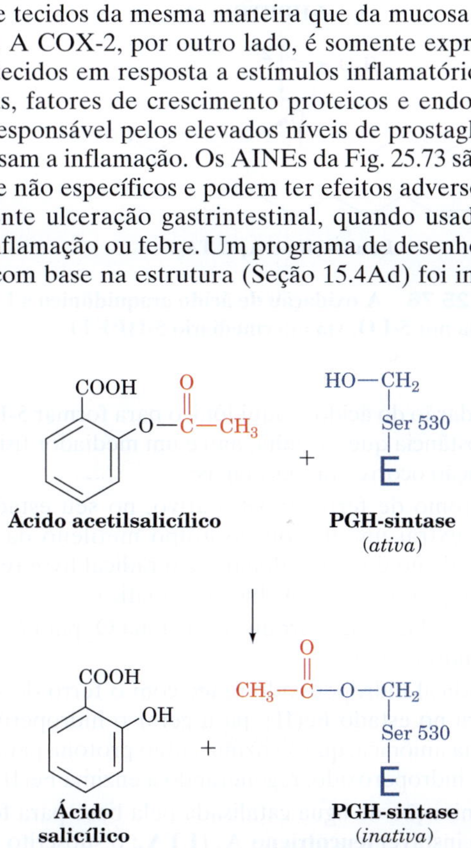

Ácido acetilsalicílico + PGH-sintase (*ativa*)

Ácido salicílico + PGH-sintase (*inativa*)

FIGURA 25.74 Inativação da PGH-sintase pelo ácido acetilsalicílico. O ácido acetilsalicílico acetila a Ser 530 de PGH-sintase, bloqueando a atividade ciclo-oxigenase da enzima.

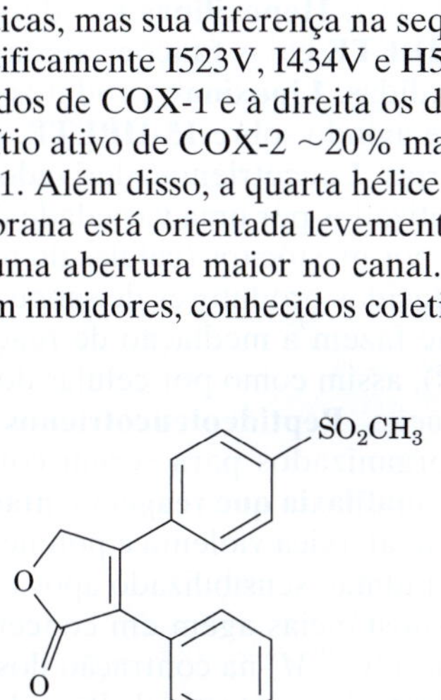

Rofecoxib (Vioxx)

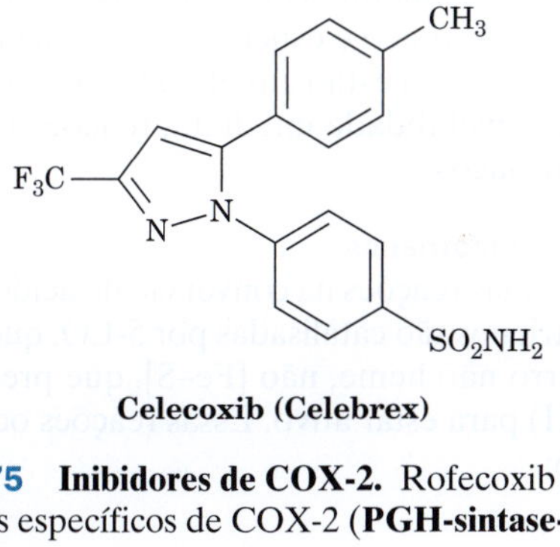

Celecoxib (Celebrex)

FIGURA 25.75 Inibidores de COX-2. Rofecoxib e celecoxib são inibidores específicos de COX-2 (**PGH-sintase-2**).

coxibs, que podem adentrar o canal de COX-2, mas não o de COX-1. Dois desses inibidores, **rofecoxib (Vioxx)** e **celecoxib (Celebrex**; Fig. 25.75), tornaram-se fármacos importantes no tratamento de doenças inflamatórias, como a artrite, devido à ausência da maioria dos efeitos adversos de AINEs não específicos. Entretanto, em 2004, o Vioxx foi retirado do mercado farmacêutico devido aos efeitos adversos cardíacos inesperados causados pela atenuação da formação de PGI_2.

c. COX-3 pode ser alvo do acetaminofeno

O acetaminofeno, que está entre os fármacos analgésicos/antipiréticos mais usados (mas possui baixa atividade anti-inflamatória, de modo que não é verdadeiramente um AINE), não se liga significativamente a COX-1 ou COX-2. Assim, seu mecanismo de ação permaneceu um mistério até a descoberta, por Daniel Simmons, de uma terceira isoenzima, **COX-3**, uma variante da COX-1 que é seletivamente inibida pelo acetaminofeno e por certos AINEs. Isso sugere que COX-3 é o alvo principal de fármacos que reduzem a dor e a febre.

C. *A rota linear do metabolismo de eicosanoides: leucotrienos e lipoxinas*

O ácido araquidônico pode ser convertido por uma rota linear em diferentes **ácidos hidroperoxieicosatetraenoicos** (**HPETE**) pelas **5-**, **12-** e **15-lipoxigenases** (**5-**, **12-** e **15-LOs**; Fig. 25.66). **Hepoxilinas** são derivados hidróxi-epóxi de **12-HPETE** cujas funções ainda não são muito bem compreendidas. **Lipoxinas**, produtos de uma segunda lipoxigenase agindo sobre **15-HPETE**, são substâncias anti-inflamatórias. Leucotrienos, derivados da reação de 5-LO, são sintetizados por uma variedade de células brancas do sangue, por mastócitos (células do tecido conectivo derivadas dos tecidos produtores de sangue, que secretam substâncias que fazem a mediação de reações inflamatórias e alérgicas), assim como por células do pulmão, baço, cérebro e coração. **Peptideoleucotrienos** (**LTC_4, LTD_4, LTE_4**) são reorganizados para serem componentes das **substâncias da anafilaxia que reagem lentamente** (anafilaxia é uma reação alérgica violenta e potencialmente fatal), liberados pelo pulmão sensibilizado após estímulo imunológico. Essas substâncias agem em concentrações extremamente baixas (10^{-10}*M*) na contração dos músculos lisos vascular, respiratório e intestinal. Peptideoleucotrienos, por exemplo, são ~10.000 vezes mais potentes que a histamina, um conhecido estimulante das reações alérgicas. No sistema respiratório, os peptideoleucotrienos contraem os brônquios, especialmente as vias aéreas menores, aumentam a secreção de muco e especula-se que sejam mediadores na asma. Também estão envolvidos nas reações (alérgicas) de hipersensibilidade imediata, reações inflamatórias e ataques cardíacos.

a. Síntese de leucotrienos

As primeiras duas reações na conversão de ácido araquidônico em leucotrienos são catalisadas por 5-LO, que contém um átomo de ferro não heme, não [Fe–S], que precisa estar no estado Fe(III) para estar ativo. Essas reações ocorrem como na Fig. 25.76:

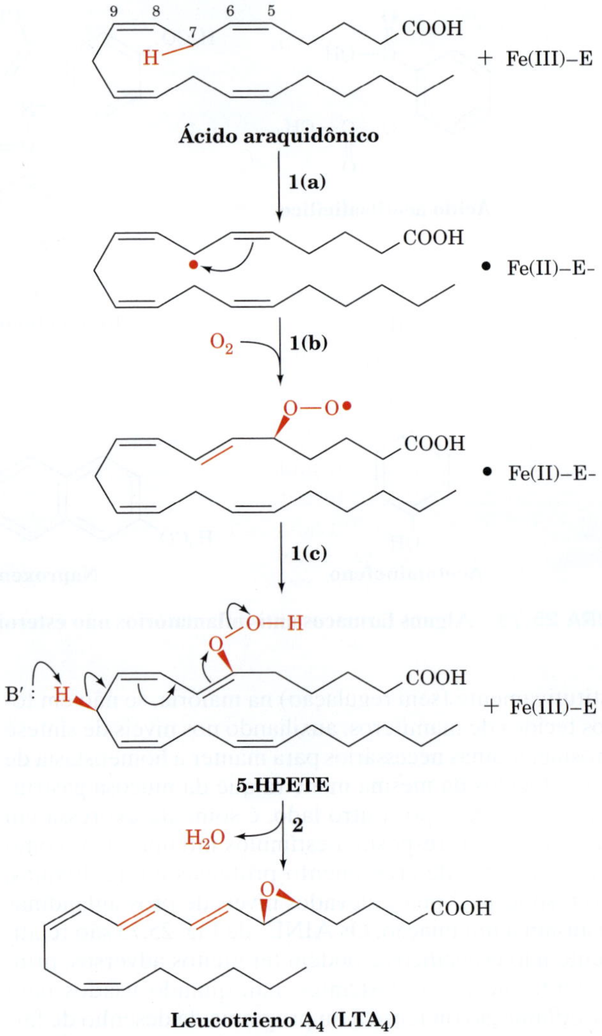

FIGURA 25.76 A oxidação de ácido araquidônico a LTA_4, catalisada por 5-LO, via intermediário 5-HPETE.

1. Oxidação do ácido araquidônico para formar 5-HPETE, uma substância que, sozinha, não é um mediador fisiológico. Essa reação ocorre em três etapas:

(a) O átomo de ferro do sítio ativo, no seu estado ativo Fe(III), extrai um elétron do grupo metileno da parcela 5,8-pentadieno do araquidonato, e o radical livre resultante perde um próton para uma base enzimática.

(b) O radical livre se rearranja e adiciona O_2 para formar um radical hidroperóxido.

(c) O radical hidroperóxido reage com o ferro do sítio ativo, agora no estado Fe(II), para gerar o hidroperóxido na sua forma aniônica, que a enzima então protona para gerar o produto hidroperóxido, regenerando a enzima Fe(III) ativa.

2. Eliminação de água catalisada pela base para formar o epóxido instável **leucotrieno A_4** (**LTA_4**; o subscrito indica o número de ligações duplas carbono-carbono na molécula, que também é seu número de série).

A estrutura por raios X da 15-LO de reticulócito de coelho, um homólogo da 5-LO, complexada com o inibidor competitivo **RS75091**,

RS75091

foi determinada por Michelle Browner. Essa proteína monomérica de 663 resíduos consiste em um domínio N-terminal em forma de barril β composto por oito fitas e um domínio C-terminal catalítico (Fig. 25.77). O átomo de Fe do sítio ativo é coordenado por quatro resíduos de His invariantes e por um oxigênio carboxilato C-terminal, em um arranjo que se assemelha a um octaedro torcido, com um de seus vértices desocupado. O Fe, que está bem abaixo da superfície da proteína, está de frente para uma cavidade interna ocupada por RS75091. Isso identifica a cavidade onde se liga o substrato, que está revestida com resíduos na maior parte hidrofóbicos, seguindo um caminho irregular após o átomo de ferro até a superfície da proteína. De forma intrigante, a 15-LO (do mesmo modo que a **lipoxigenase-1** de soja) contém duas hélices π (Fig. 8.14*c*) raramente observadas, cada uma contendo dois dos resíduos de His que se ligam ao ferro. Cada uma dessas hélices π está inserida em uma hélice maior, em vez de estar no final de uma α-hélice como todas outras hélices π observadas.

Os tamanhos das cavidades onde se ligam os substratos da 5- e da 12-LO foi predito por meio de modelagem por homologia (Seção 9.3B) a partir da 15-LO. A 5-LO e a 12-LO possuem aminoácidos menores que aqueles da 15-LO, de modo que, por exemplo, espera-se que a 5-LO tenha uma cavidade ~20% maior em volume que a 15-LO. A mutagênese da 5-LO realizada por Harmut Kuhn para diminuir o tamanho de sua cavidade gerou uma enzima com a especificidade da 15-LO, apoiando a proposta de que é o tamanho da cavidade que determina a especificidade da lipoxigenase.

b. Peptideoleucotrienos

O LTA_4 é convertido a peptideoleucotrienos pela reação com a **LTC_4-sintase**, uma **glutationa-*S*-transferase** que catalisa a adição do grupo sulfidrila da glutationa ao epóxido de LTA_4, formando o primeiro dos peptideoleucotrienos, **leucotrieno C_4** (**LTC_4**, Fig. 25.78). A **γ-glutamiltransferase** remove o ácido glutâmico, convertendo LTC_4 ao **leucotrieno D_4** (**LTD_4**). O LTD_4 é convertido a **leucotrieno E_4** (**LTE_4**) por uma dipeptidase que remove glicina. O LTA_4 também pode ser hidrolisado a **leucotrieno B_4** (**LTB_4**), um potente agente quimiotático (uma substância que atrai células móveis) envolvido na atração de certos tipos de células brancas do sangue para combater infecções.

Várias doenças inflamatórias e de hipersensibilidade (como asma) estão associadas a altos níveis de leucotrienos. Por isso, o desenvolvimento de fármacos que inibem a síntese de leucotrienos tornou-se campo de ampla pesquisa. A atividade da 5-LO requer a presença da **proteína ativadora da 5-lipoxigenase**, uma proteína integral de membrana homotrimérica com subunidades de 161 resíduos, encontrada nas membranas do núcleo e do retículo endoplasmático. Essa proteína, que não possui atividade enzimática, liga o substrato ácido araquidônico de 5-LO e facilita a ligação enzima-substrato e a interação de 5-LO com a membrana. Vários inibidores da síntese de leucotrienos, como **MK-591**,

MK-591

ligam-se à proteína ativadora da 5-LO de modo a inibir ambas as funções.

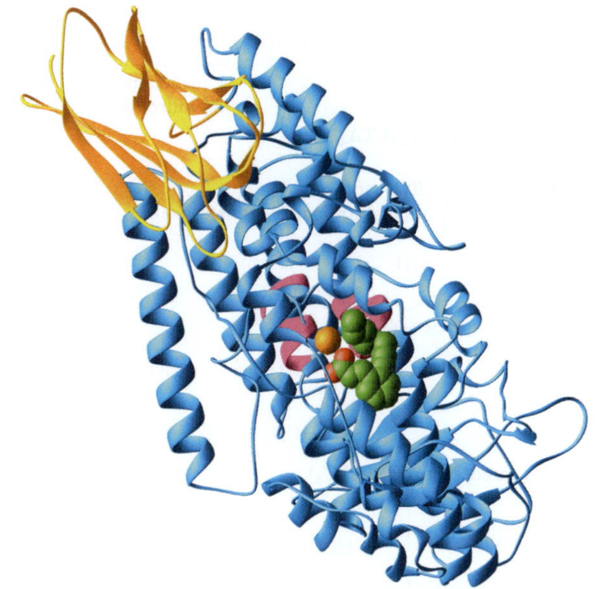

FIGURA 25.77 Estrutura por raios X da 15-lipoxigenase de reticulócito de coelho complexada com seu inibidor competitivo RS75091. O domínio N-terminal em forma de barril β está na cor dourada, e o domínio catalítico C-terminal está em azul-claro, com seus dois segmentos em hélices π que se ligam ao ferro em magenta. O Fe está representado por uma esfera cor de laranja, e o RS75091 está representado na forma de volume atômico, com o C em verde e o O em vermelho. (Com base na estrutura por raios X por Michelle Browner, Roche Bioscience, Palo Alto, Califórnia, EUA. PDBid 1LOX.)

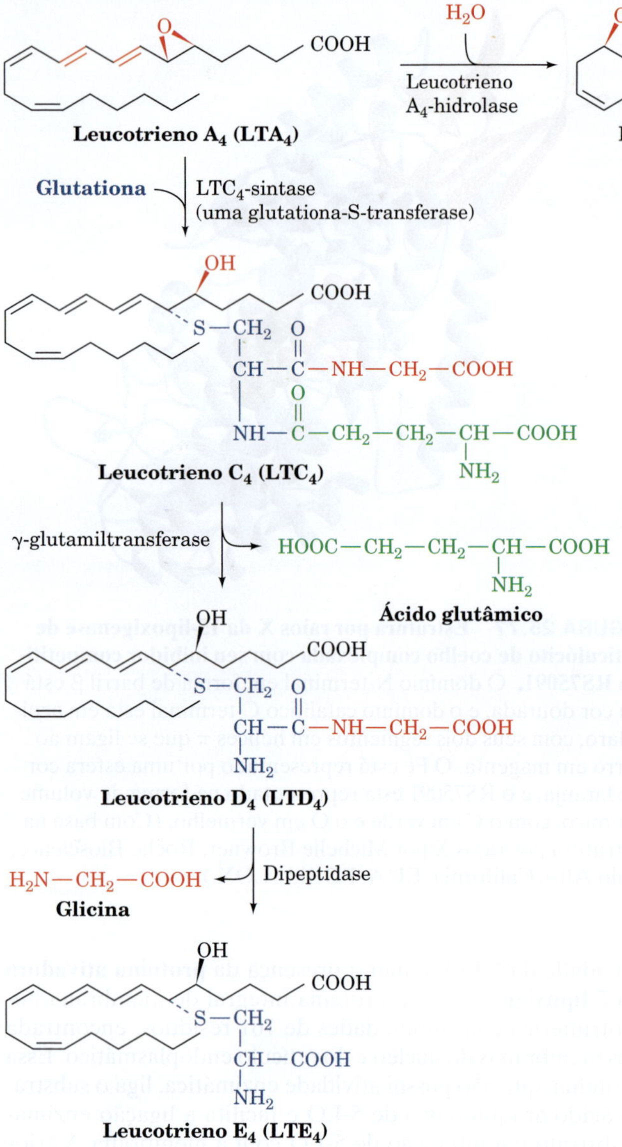

FIGURA 25.78 Formação de leucotrienos a partir de LTA_4.

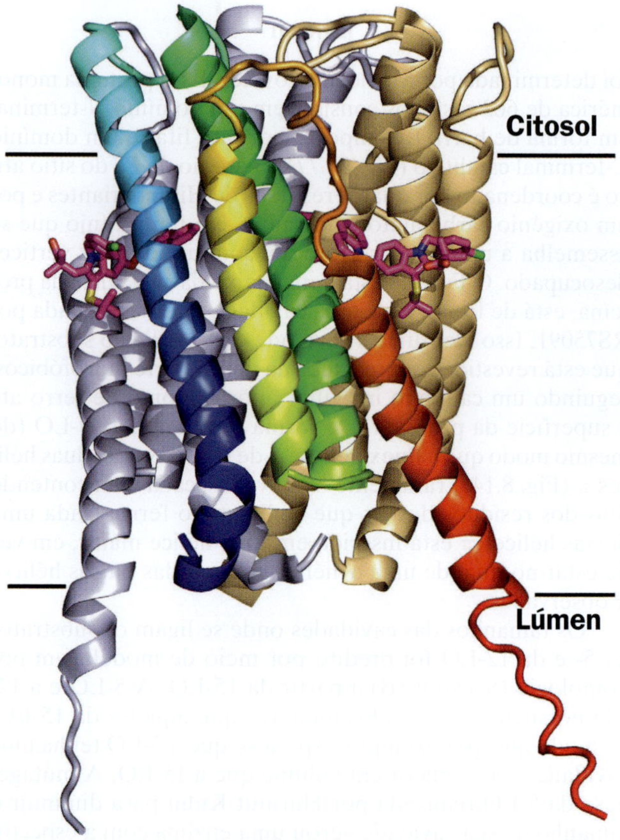

FIGURA 25.79 Estrutura por raios X da proteína ativadora da 15-lipoxigenase humana em complexo com MK-591. A proteína está representada em forma de fitas e vista como inserida na membrana com seu eixo de ordem 3 molecular aproximado na vertical. A subunidade mais próxima do observador desta proteína homotrimérica está colorida de acordo com as cores do arco-íris a partir do N-terminal (*azul*) até o C-terminal (*vermelho*). As outras subunidades estão em azul-claro e cor de laranja-claro. O MK-591 ligado está representado na forma de bastões com C em magenta, N em azul, O em vermelho, S em amarelo e Cl em verde. A posição da membrana é indicada pelas linhas pretas horizontais. (Com base na estrutura por raios X por Joseph Becker, Merck Research Laboratories, Rahway, Nova Jérsey, EUA. PDBid 2Q7M.)

A estrutura por raios X da proteína ativadora da 5-LO humana em complexo com MK-591 (Fig. 25.79), determinada por Joseph Becker, revela que cada subunidade forma um feixe de quatro hélices em vaivém cujos N- e C-terminais estão na face luminal da membrana, e que suas três subunidades idênticas apresentam extensos contatos entre as subunidades, desta maneira formando um feixe de 12 hélices. O inibidor MK-591 se liga a fendas de lipídeos expostos entre pares de subunidades. Além disso, o trímero forma um bolso alongado ao longo do seu eixo de ordem 3 que é aberto para o lúmen. Isto, juntamente com análises bioquímicas, sugere que uma molécula de 5-LO se liga à superfície citosólica de um trímero da proteína ativadora da 5-LO onde, por meio de mudanças conformacionais da proteína ativadora, ela aceita moléculas de ácido araquidônico que a proteína ativadora extraiu da membrana. Inibidores como o MK-591 presumivelmente bloqueiam este processo de extração.

c. Dietas ricas em lipídeos marinhos podem diminuir níveis de colesterol, prostaglandinas e leucotrienos

Esquimós da Groenlândia possuem uma incidência extremamente baixa de doenças cardíacas coronarianas e trombose, apesar do alto consumo de colesterol e gordura. Seu consumo de animais marinhos fornece uma proporção maior de gorduras insaturadas que a típica dieta norte-americana. Um dos principais componentes insaturados de lipídeos marinhos é o ácido 5,8,11,14,17-eicosapentaenoico (EPA; Fig. 25.67), um ácido graxo ω-3, em vez do precursor do ácido araquidônico, o ácido linoleico, um ácido graxo ω-6. O EPA inibe a formação de TxA_2 (Fig. 25.70) e é um precursor dos **leucotrienos série 5**, compostos com atividades fisiológicas substancialmente menores que aqueles derivados do araquidonato (série 4). Isso sugere que uma dieta contendo lipídeos marinhos deveria baixar o alcance das respostas inflamatórias mediadas por prostaglandinas e leucotrienos. De fato, enriquecimento dietético com EPA inibe as atividades quimiotáticas e agregadoras de neutrófilos (um tipo de célula branca do sangue) *in vitro*. Além disso, uma dieta rica em EPA diminui os níveis plasmáticos de colesterol e triacilglicerol de pacientes hipertriacilglicerolêmicos.

d. Epi-lipoxinas induzidas por ácido acetilsalicílico e lipoxinas possuem propriedades anti-inflamatórias

Os eicosanoides são normalmente associados à resposta inflamatória. Porém, alguns eicosanoides possuem propriedades anti-inflamatórias. As **lipoxinas** (**LX**), produtos da rota da 12- e da 15-LO (algumas vezes também envolvendo 5-LO), são assim chamadas porque são sintetizadas por meio de *in*terações da *lipoxi*genase. Sua atividade parece inibir aquela de leucotrienos, sendo assim anti-inflamatórios. Existem muitos caminhos para que as lipoxinas sejam sintetizadas pela combinação da ação das 5-, 12- e 15-LO. Aqui é discutida somente uma dessas rotas (Fig. 25.80, *esquerda*). A síntese de **lipoxina A_4 (LXA_4)** a partir do ácido araquidônico inicia-se nas células do endotélio e do epitélio pela síntese, catalisada pela 15-LO, de **ácido (15*S*)-hidroperoxieicosatetraenoico** (**[15*S*]-HPETE**), que é reduzido pela **glutationa-peroxidase** a **ácido (15*S*)-hidroxieicosatetraenoico** (**[15*S*]-HETE**). O (15*S*)-HETE percorre então seu caminho até os leucócitos, onde é convertido em LXA_4 pela 5-LO e por uma hidrolase.

Charles Serhan descobriu uma rota adicional para a ação anti-inflamatória do ácido acetilsalicílico que também envolve a produção de lipoxinas. Como visto anteriormente (Fig. 25.74), o ácido acetilsalicílico inibe covalentemente a atividade ciclo-oxigenase da PGHS (COX). Todavia, a COX-2 acetilada pelo

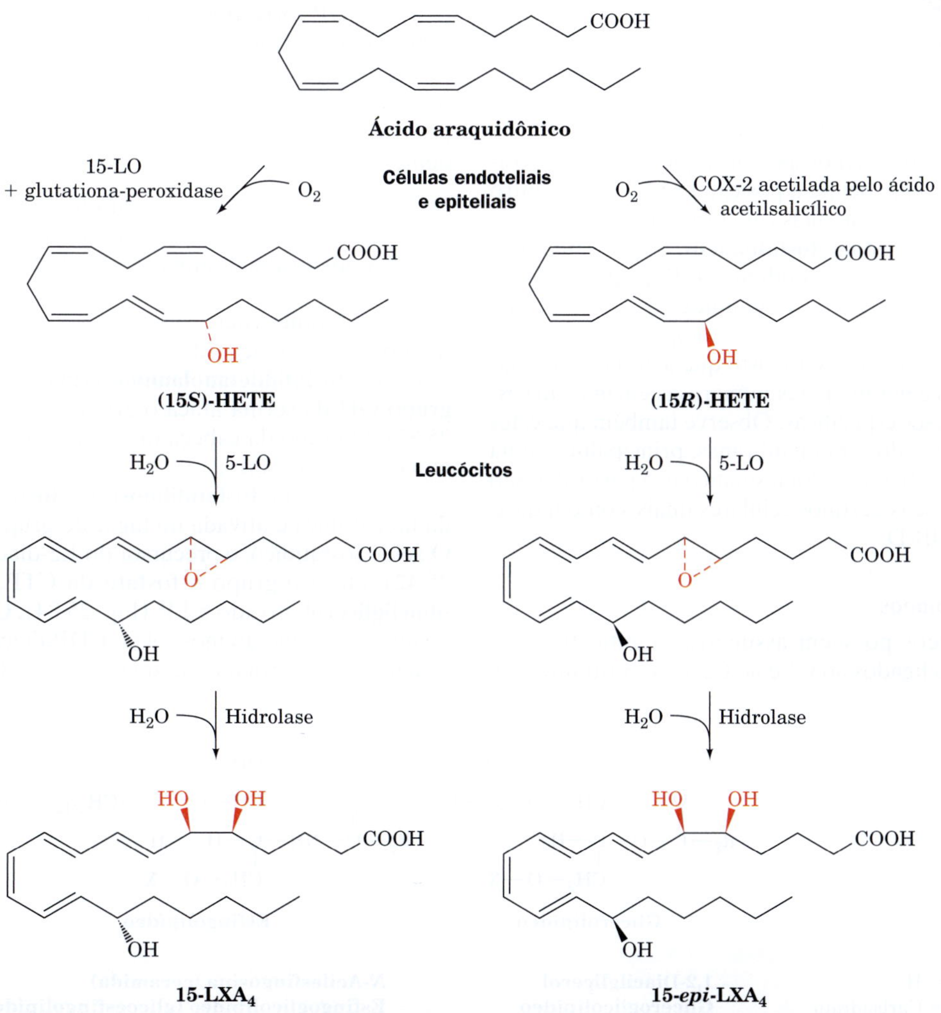

Ácido araquidônico

15-LO + glutationa-peroxidase; O_2 — **Células endoteliais e epiteliais** — O_2; COX-2 acetilada pelo ácido acetilsalicílico

(15*S*)-HETE | (15*R*)-HETE

H_2O, 5-LO — **Leucócitos** — H_2O, 5-LO

H_2O, Hidrolase | H_2O, Hidrolase

15-LXA_4 | 15-*epi*-LXA_4

FIGURA 25.80 Biossíntese de lipoxinas. A biossíntese da lipoxina LXA_4 (*esquerda*) e a biossíntese da *epi*-lipoxina ativada pelo ácido acetilsalicílico 15-*epi*-LXA_4 (*direita*). Em células endoteliais e epiteliais, o ácido araquidônico é convertido por 15-LO e glutationa-peroxidase em (15*S*)-HETE ou por COX-2 em (15*R*)-HETE. Após a transferência aos leucócitos, a 5-LO e uma hidrolase convertem esses produtos intermediários em LXA_4 e 15-*epi*-LXA_4.

ácido acetilsalicílico retém uma atividade de 15-LO residual (Etapas 3 e 4 na Fig. 25.71) por meio da qual ela inicia uma rota que converte ácido araquidônico em agentes anti-inflamatórios chamados de ***epi*-lipoxinas ativadas pelo ácido acetilsalicílico** (Fig. 25.80, *direita*). Essa rota se inicia nas células epiteliais e endoteliais, com a conversão, catalisada pela COX-2 que havia sido previamente acetilada pelo ácido acetilsalicílico, de ácido araquidônico em **ácido (15*R*)-hidroxieicosatetraenoico** (**[15*R*]-HETE**), o epímero de (15*S*)-HETE. Nos leucócitos, a 5-LO e uma hidrolase então convertem (15*R*)-HETE no agente anti--inflamatório **15-*epi*-lipoxina A_4 (15-*epi*-LXA_4)**.

Está sendo vivenciada uma época empolgante no estudo do metabolismo de eicosanoides e suas manifestações fisiológicas. À medida que os mecanismos de ação de prostaglandinas, prostaciclinas, tromboxanas, leucotrienos e lipoxinas estão sendo melhor compreendidos, eles fornecem as noções necessárias para o desenvolvimento de novos e refinados agentes terapêuticos.

8 METABOLISMO DE FOSFOLIPÍDEOS E GLICOLIPÍDEOS

Os "lipídeos complexos" são moléculas anfipáticas de cauda dupla compostas de 1,2-diacil-sn-glicerol ou N-acilesfingosina (ceramida) ligadas a uma cabeça polar que é ou um carboidrato ou um éster de fosfato (Fig. 25.81; *Seções 12.1C e 12.1D; sn* indica numeração estereoespecífica, que numera a posição 1 para o grupo que ocupa a posição *pró*-S de um centro pró-quiral). Assim, existem duas categorias de fosfolipídeos, **glicerofosfolipídeos** e **esfingofosfolipídeos**, e duas categorias de glicolipídeos, **gliceroglicolipídeos** e **esfingoglicolipídeos** (também chamados de **glicoesfingolipídeos**). Nesta Seção, será descrita a biossíntese de lipídeos complexos a partir de componentes mais simples. Será visto que a grande variedade destes lipídeos é gerada pelas numerosas enzimas necessárias às suas sínteses específicas. Observe também que estes lipídeos são sintetizados em membranas, principalmente na face citosólica do retículo endoplasmático e, a partir daí, são transportados até seus destinos celulares finais, como indicado nas Seções 12.4B-D.

A. *Glicerofosfolipídeos*

Glicerofosfolipídeos possuem assimetria significativa nos grupos acil-graxos ligados ao C1 e ao C2: os substituintes em C1 são frequentemente ácidos graxos saturados, enquanto aqueles em C2 são principalmente ácidos graxos insaturados longos. Examinaremos as principais rotas de biossíntese e metabolismo de glicerofosfolipídeos, com uma abordagem no entendimento da origem dessa assimetria.

a. Biossíntese de diacilglicerofosfolipídeos

Os precursores do triacilglicerol, o 1,2-diacilglicerol e o ácido fosfatídico, são também os precursores de alguns glicerofosfolipídeos (Figs. 25.42 e 25.81). Ésteres de fosfato do grupo da cabeça polar ativados (Tabela 12.2) reagem com o grupo OH em C3 do 1,2-diacilglicerol para formar a ligação fosfodiéster do fosfolipídeo. Em alguns casos, o grupo fosforil do ácido fosfatídico é ativado e reage com o grupo da cabeça polar não ativado.

O mecanismo de formação de um éster de fosfato ativado é o mesmo para os grupos da cabeça polar **etanolamina** e **colina** (Fig. 25.82):

1. ATP fosforila o grupo OH da colina ou etanolamina.
2. O grupo fosforil de **fosfocolina** ou **fosfoetanolamina** resultantes ataca o CTP, deslocando o PP_i, para formar os derivados CDP correspondentes, que são ésteres de fosfato da cabeça polar ativados.
3. O grupo OH do C3 do 1,2-diacil-*sn*-glicerol ataca o grupo fosforil da CDP-etanolamina ou CDP-colina ativadas, deslocando CMP para gerar o glicerofosfolipídeo correspondente.

O fígado também converte fosfatidiletanolamina a fosfatidilcolina por meio da trimetilação de seu grupo amino, utilizando ***S*-adenosilmetionina** (Seção 26.3Ea) como doador de metila.

A **fosfatidilserina** é sintetizada a partir da fosfatidiletanolamina pela reação de troca do grupo da cabeça, catalisada pela **fosfatidiletanolamina:serina-transferase**, na qual o grupo OH da serina ataca o grupo fosfato do doador (Fig. 25.83). O grupo da cabeça original é, então, eliminado, formando fosfatidilserina.

Na síntese de **fosfatidilinositol** e **fosfatidilglicerol**, a cauda hidrofóbica é ativada no lugar do grupo da cabeça polar. O ácido fosfatídico, o precursor do 1,2-diacil-*sn*-glicerol (Fig. 25.42), ataca o grupo α-fosfato da CTP, formando **CDP--diacilglicerol** ativado e PP_i (Fig. 25.84). O fosfatidilinositol resulta do ataque do inositol ao CDP-diacilglicerol. O fosfatidilglicerol é formado em duas reações: (1) ataque do gru-

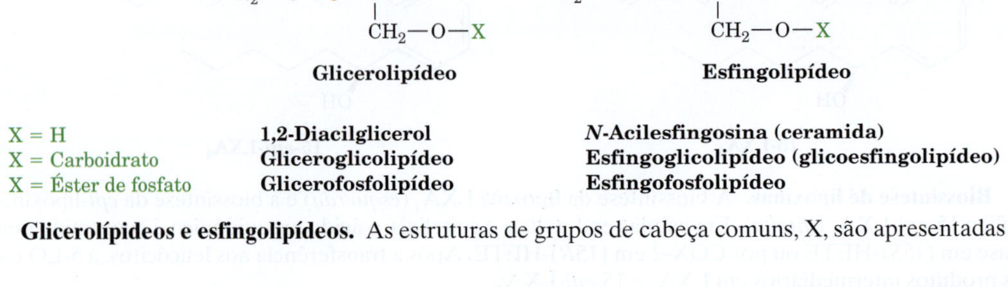

FIGURA 25.81 Glicerolípideos e esfingolipídeos. As estruturas de grupos de cabeça comuns, X, são apresentadas na Tabela 12.2.

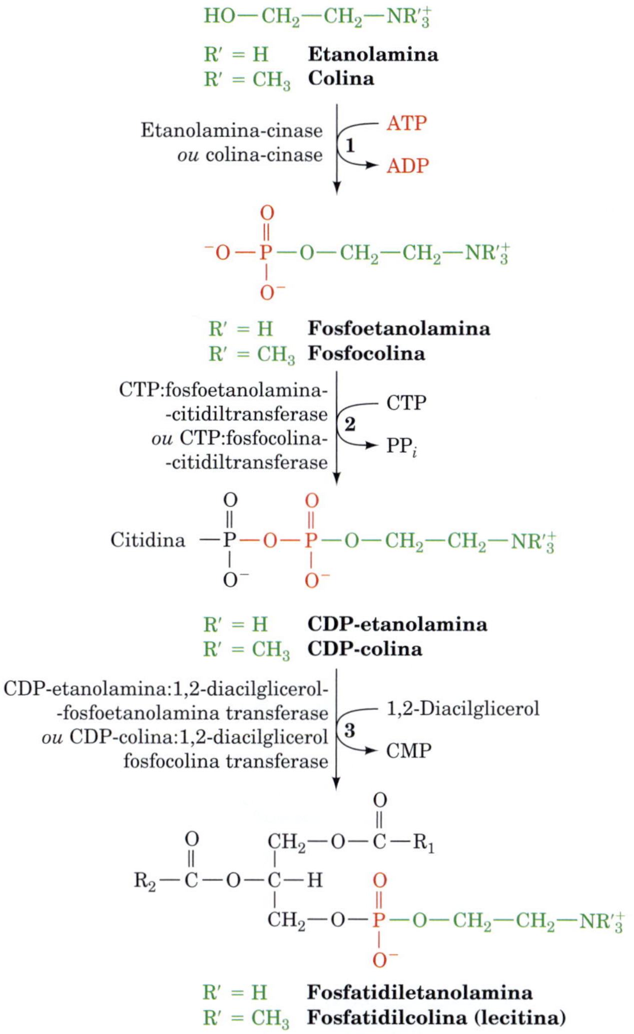

$HO—CH_2—CH_2—NR'^+_3$

$R' = H$ **Etanolamina**
$R' = CH_3$ **Colina**

Etanolamina-cinase *ou* colina-cinase — **1** — ATP → ADP

$^{-}O—P(=O)(O^-)—O—CH_2—CH_2—NR'^+_3$

$R' = H$ **Fosfoetanolamina**
$R' = CH_3$ **Fosfocolina**

CTP:fosfoetanolamina-citidiltransferase *ou* CTP:fosfocolina-citidiltransferase — **2** — CTP → PP_i

Citidina $—P(=O)(O^-)—O—P(=O)(O^-)—O—CH_2—CH_2—NR'^+_3$

$R' = H$ **CDP-etanolamina**
$R' = CH_3$ **CDP-colina**

CDP-etanolamina:1,2-diacilglicerol-fosfoetanolamina transferase *ou* CDP-colina:1,2-diacilglicerol fosfocolina transferase — **3** — 1,2-Diacilglicerol → CMP

$R_2—C(=O)—O—C(H)(CH_2—O—C(=O)—R_1)—CH_2—O—P(=O)(O^-)—O—CH_2—CH_2—NR'^+_3$

$R' = H$ **Fosfatidiletanolamina**
$R' = CH_3$ **Fosfatidilcolina (lecitina)**

FIGURA 25.82 A biossíntese de fosfatidiletanolamina e fosfatidilcolina. Em mamíferos, CDP-etanolamina e CDP-colina são os precursores dos grupos de cabeça polar.

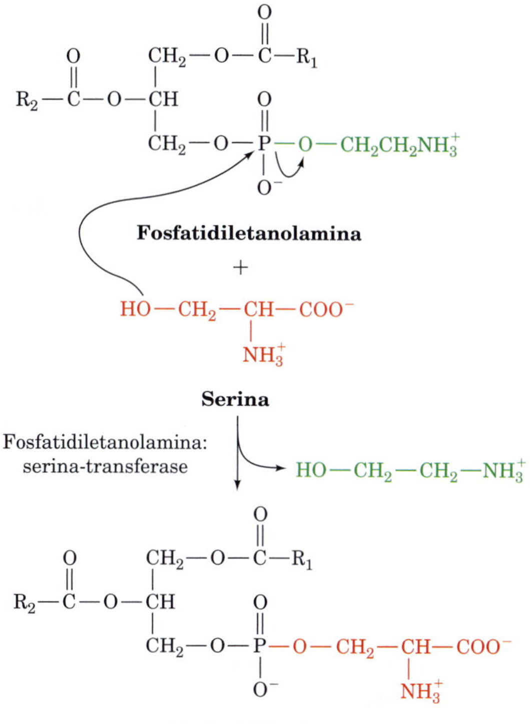

$R_2—C(=O)—O—CH(CH_2—O—C(=O)—R_1)—CH_2—O—P(=O)(O^-)—O—CH_2CH_2NH^+_3$

Fosfatidiletanolamina

+

$HO—CH_2—CH(NH^+_3)—COO^-$

Serina

Fosfatidiletanolamina: serina-transferase → $HO—CH_2—CH_2—NH^+_3$

$R_2—C(=O)—O—CH(CH_2—O—C(=O)—R_1)—CH_2—O—P(=O)(O^-)—O—CH_2—CH(NH^+_3)—COO^-$

Fosfatidilserina

FIGURA 25.83 Síntese de fosfatidilserina. A serina substitui a etanolamina na molécula de fosfatidiletanolamina por meio da reação de troca do grupo da cabeça.

po OH do C1 do *sn*-glicerol-3-fosfato no CDP-diacilglicerol, produzindo **fosfatidilglicerol-fosfato**; e (2) hidrólise do grupo fosfato, formando fosfatidilglicerol.

A **cardiolipina**, um importante fosfolipídeo primeiramente isolado de tecido cardíaco, é sintetizado a partir de duas moléculas de fosfatidilglicerol (Fig. 25.85). A reação ocorre pelo ataque do grupo OH do C1 de uma das moléculas de fosfatidilglicerol pelo grupo fosfato da outra molécula de fosfatidilglicerol, eliminando uma molécula de glicerol.

As enzimas que sintetizam ácido fosfatídico têm preferência geral por ácidos graxos saturados na posição C1 e por ácidos graxos insaturados na posição C2. Apesar disso, essa preferência não pode explicar, por exemplo, a observação de que ~80% dos fosfatidilinositóis do cérebro possuem um grupo estearoil (18:0) na posição C1 e um grupo araquidonoil (20:4) na posição C2, e que ~40% das fosfatidilcolinas pulmonares possuem grupos palmitoil (16:0) nas duas posições (esta última substância é o principal componente do surfactante que evita o colabamento dos pulmões quando o ar é expelido; sua deficiência em bebês prematuros é responsável pela **síndrome da angústia respiratória**). William Lands mostrou que *tal especificidade para cadeias laterais é o resultado de reações de "remodelamento", nas quais fosfolipases e acil-transferases específicas trocam grupos acil específicos de glicerofosfolipídeos individuais.*

b. Biossíntese de plasmalogênios e alquilacilglicerofosfolipídeos

As membranas eucarióticas contêm quantidades significativas de dois outros tipos de glicerofosfolípideos:

1. **Plasmalogênios**, que contêm uma cadeia de hidrocarbonetos ligada ao C1 do glicerol por meio de uma ligação vinil éter:

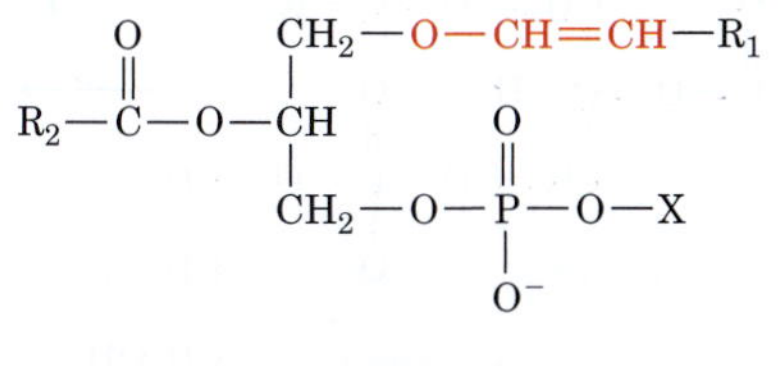

$R_2—C(=O)—O—CH(CH_2—O—CH{=}CH—R_1)—CH_2—O—P(=O)(O^-)—O—X$

Um plasmalogênio

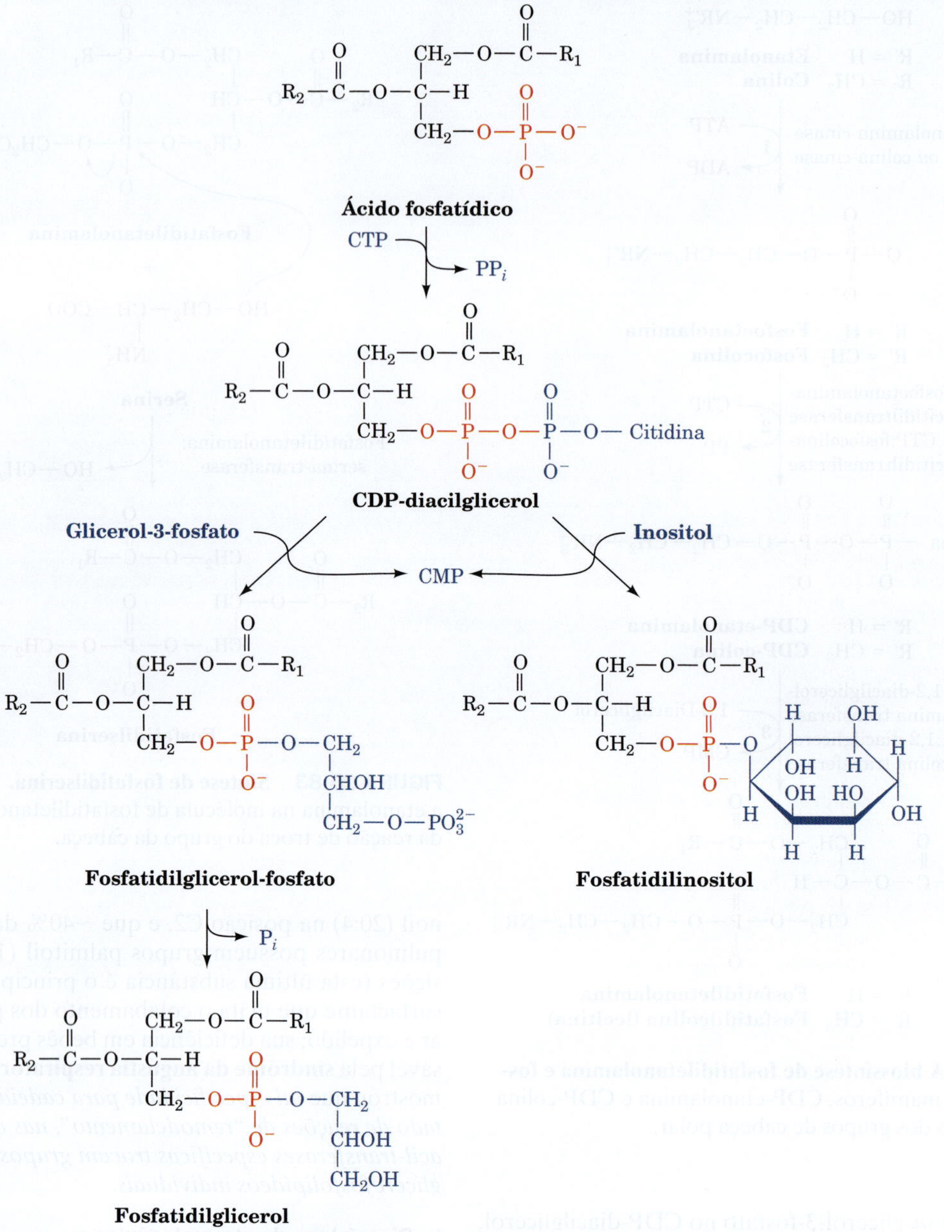

Ácido fosfatídico

CTP → PP_i

CDP-diacilglicerol

Glicerol-3-fosfato **Inositol**

CMP

Fosfatidilglicerol-fosfato **Fosfatidilinositol**

P_i

Fosfatidilglicerol

FIGURA 25.84 A biossíntese de fosfatidilinositol e fosfatidilglicerol. Em mamíferos, este processo envolve um intermediário CDP-diacilglicerol.

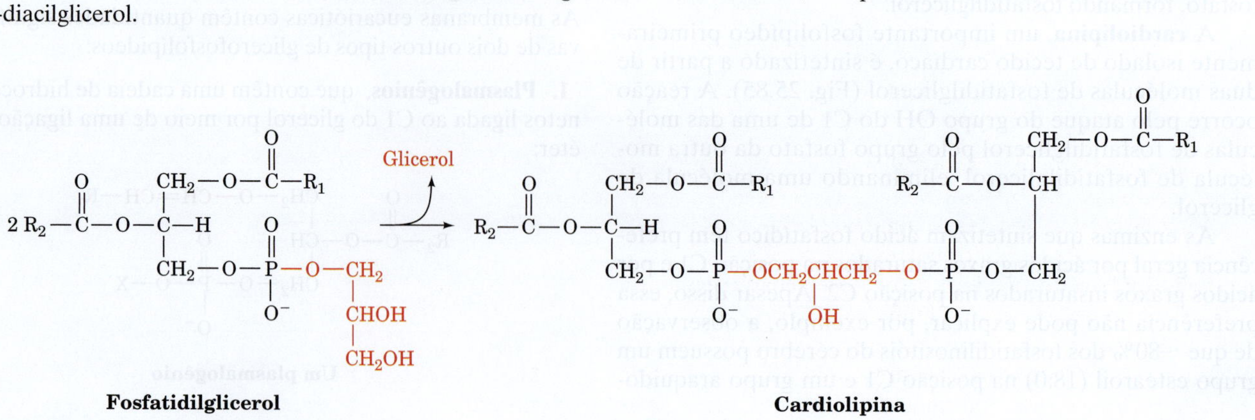

Glicerol

Fosfatidilglicerol **Cardiolipina**

FIGURA 25.85 A formação de cardiolipina.

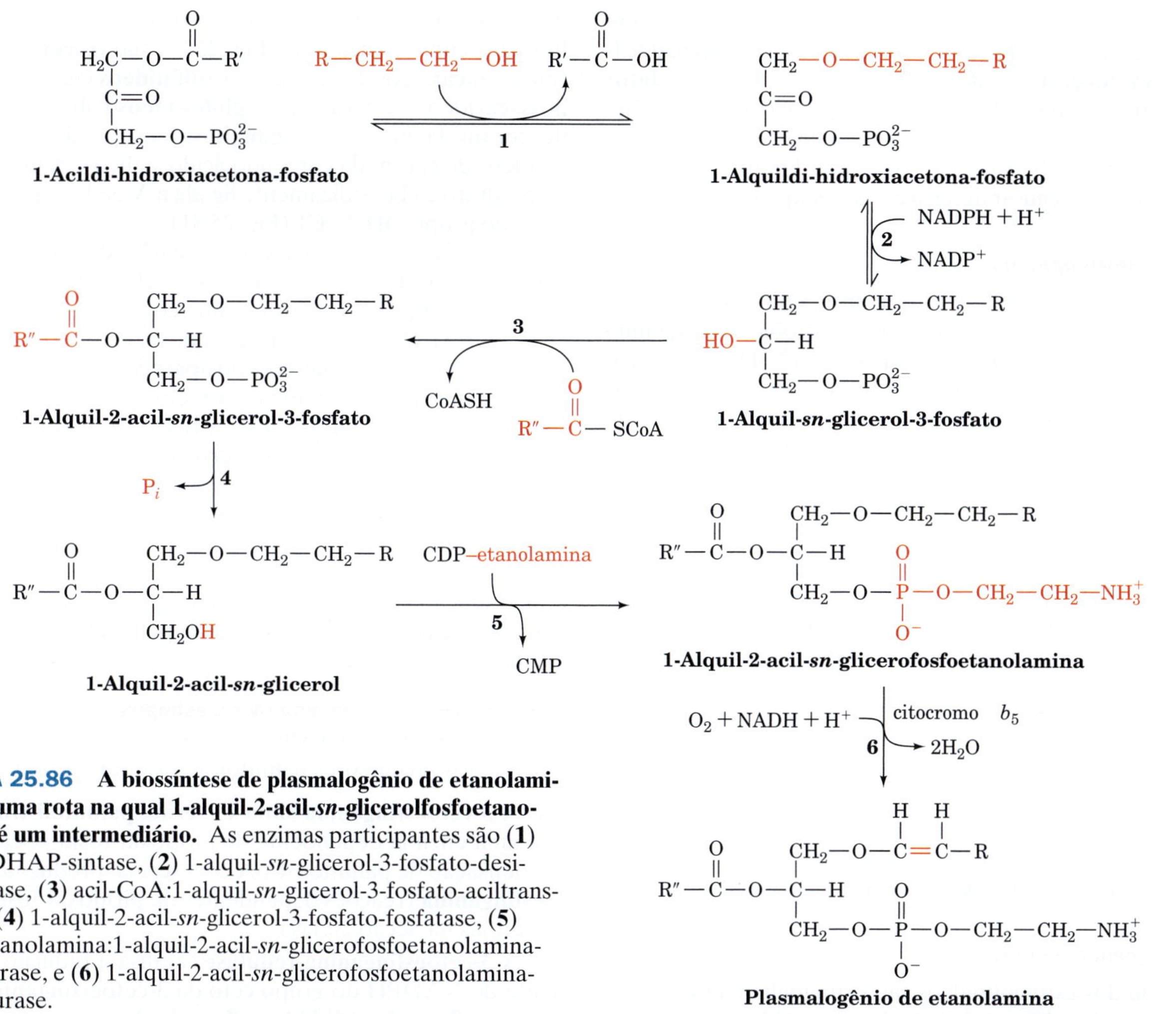

1-Acildi-hidroxiacetona-fosfato

$R-CH_2-CH_2-OH$ $R'-COOH$ (1)

1-Alquildi-hidroxiacetona-fosfato

$NADPH + H^+$ → $NADP^+$ (2)

1-Alquil-*sn*-glicerol-3-fosfato

$R''-CO-SCoA$ → CoASH (3)

1-Alquil-2-acil-*sn*-glicerol-3-fosfato

P_i (4)

1-Alquil-2-acil-*sn*-glicerol

CDP–etanolamina → CMP (5)

1-Alquil-2-acil-*sn*-glicerofosfoetanolamina

$O_2 + NADH + H^+$ → $2H_2O$, citocromo b_5 (6)

Plasmalogênio de etanolamina

FIGURA 25.86 A biossíntese de plasmalogênio de etanolamina por uma rota na qual 1-alquil-2-acil-*sn*-glicerolfosfoetanolamina é um intermediário. As enzimas participantes são (**1**) alquil-DHAP-sintase, (**2**) 1-alquil-*sn*-glicerol-3-fosfato-desidrogenase, (**3**) acil-CoA:1-alquil-*sn*-glicerol-3-fosfato-aciltransferase, (**4**) 1-alquil-2-acil-*sn*-glicerol-3-fosfato-fosfatase, (**5**) CDP-etanolamina:1-alquil-2-acil-*sn*-glicerofosfoetanolamina-transferase, e (**6**) 1-alquil-2-acil-*sn*-glicerofosfoetanolamina-dessaturase.

2. **Alquilacilglicerofosfolipídeos**, nos quais o substituinte alquil no C1 do glicerol está ligado por meio de uma ligação éter:

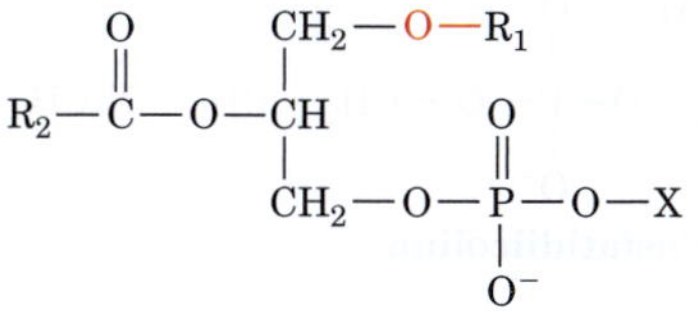

Um alquilacil-glicerofosfolipídeo

Aproximadamente 20% dos glicerofosfolipídeos de mamíferos são plasmalogênios. A porcentagem exata varia entre as espécies e entre os tecidos de um determinado organismo. Enquanto os plasmalogênios correspondem a apenas 0,8% dos fosfolipídeos do fígado humano, eles correspondem a 23% destes no tecido nervoso humano. Os alquilacilglicerofosfolipídeos são menos abundantes que os plasmalogênios; por exemplo, 59% dos glicerofosfolipídeos de etanolamina do coração humano são plasmalogênios, enquanto apenas 3,6% são alquilacilglicerofosfolipídeos. Entretanto, em eritrócitos bovinos, 75% dos glicerofosfolipídeos de etanolamina são do tipo alquilacil.

A rota de formação de plasmalogênios e alquilacilglicerofosfolipídeos envolve várias reações (Fig. 25.86):

1. Troca do grupo acil da **1-acildi-hidroxiacetona-fosfato** por um álcool.
2. Redução da cetona a **1-alquil-*sn*-glicerol-3-fosfato**.
3. Acilação do grupo OH resultante em C2 pela acil-CoA.
4. Hidrólise do grupo fosforil, para gerar um alquilacilglicerol.
5. Ataque pelo novo grupo OH do alquilacilglicerol à CDP-etanolamina, para gerar **1-alquil-2-acil-*sn*-glicerofosfoetanolamina**.
6. Introdução de uma ligação dupla dentro do grupo alquil para formar o plasmalogênio, por uma dessaturase que possui os mesmos requisitos de cofator que as dessaturases de ácidos graxos (Seção 25.4E).

Cabe lembrar que a relação precursor-produto entre os alquilacilglicerofosfolipídeos e os plasmalogênios foi estabelecida por meio de estudos utilizando [^{14}C]etanolamina (Seção 16.3Be).

O alquilacilglicerofosfolipídeo com um grupo acetil em R_2 e um grupo de cabeça polar colina (X), **1-*O*-hexadecil-2-acetil-*sn*-glicerol-3-fosfocolina**, é conhecido como **fator ativador de plaquetas** (**PAF**, em inglês *platelet-activating factor*). Esta molécula possui diversas funções e atua em concentrações muito baixas (10^{-10} *M*) para diminuir a pressão sanguínea e para causar agregação das plaquetas.

B. *Esfingofosfolipídeos*

Apenas um fosfolipídeo importante contém ceramida (*N*-acilesfingosina) como sua cauda hidrofóbica: **esfingomielina** (***N*-acilesfingosina fosfocolina**; Seção 12.1D), um lipídeo estrutural importante da membrana das células nervosas. Pensava-se que esta molécula fosse sintetizada a partir de *N*-acilesfingosina e CDP-colina. Entretanto, sabe-se atualmente que a principal rota de síntese de esfingomielina ocorre pela doação do grupo fosfocolina da fosfatidilcolina para a *N*-acilesfingosina (Fig. 25.87). Essas rotas foram diferenciadas pelo estabelecimento das relações precursor-produto entre CDP-colina, fosfatidilcolina e esfingomielina (Seção 16.3Be). Microssomos de fígado de camundongo foram isolados e incubados por um curto período de tempo com [^{3}H] colina. A radiotividade apareceu em moléculas de esfingomielina apenas depois de aparecer em CDP-colina e em fosfatidilcolina, excluindo a transferência direta de fosfocolina da molécula de CDP-colina para *N*-acilesfingosina.

Os grupos acil mais prevalentes nas esfingomielinas são os grupos palmitoil (16:0) e estearoil (18:0). Ácidos graxos de cadeia mais longa, como o ácido nervônico (24:1) e o ácido beênico (22:0), ocorrem com frequência menor em esfingomielinas.

C. *Esfingoglicolipídeos*

A maioria dos esfingolipídeos são esfingoglicolipídeos, isto é, seu grupo da cabeça polar consiste em unidades de carboidrato (Seção 12.1D). As principais classes de esfingoglicolipídeos, como indicado na Fig. 25.88, são os **cerebrosídeos** (monossacarídeos de ceramidas), **sulfatídeos** (sulfatos de monossacarídeos de ceramidas), **globosídeos** (oligossacarídeos de ceramida neutros) e **gangliosídeos** (ácidos, oligossacarídeos de ceramida contendo ácido siálico). A unidade de carboidrato é glicosidicamente ligada a *N*-acilesfingosina por meio do grupo OH do C1 (Fig. 25.81).

Os lipídeos que fornecem os carboidratos que recobrem as superfícies externas das células eucarióticas são esfingoglicolipídeos. Juntamente com as glicoproteínas (Seção 23.3), eles são biossintetizados nas superfícies da luz do retículo endoplasmático e do aparelho de Golgi e alcançam a membrana plasmática por meio do fluxo de vesículas (Seções 12.4C e 12.4D), onde a fusão de membranas resulta em sua exposição na superfície externa da bicamada lipídica (Fig. 12.60). A degradação dos esfingoglicolipídeos ocorre nos lisossomos, após endocitose a partir da membrana plasmática.

Nas subseções seguintes, discutiremos a biossíntese e a degradação de *N*-acilesfingosina e esfingoglicolipídeos e consideraremos as doenças causadas pela deficiência de suas enzimas de degradação.

a. Biossíntese de ceramida (*N*-acilesfingosina)

A biossíntese de *N*-acilesfingosina ocorre em quatro reações a partir dos precursores palmitoil-CoA e serina (Fig. 25.89):

1. A **3-cetoesfinganina-sintase** (**serina palmitoil-transferase**), uma enzima dependente de piridoxal-fosfato, catalisa a condensação de palmitoil-CoA com serina, produzindo **3-cetoesfinganina** (reações dependentes de piridoxal-fosfato são discutidas na Seção 26.1A).

2. A **3-cetoesfinganina-redutase** catalisa a redução dependente de NADPH do grupo ceto da 3-cetoesfinganina para formar **esfinganina** (**di-hidroesfingosina**).

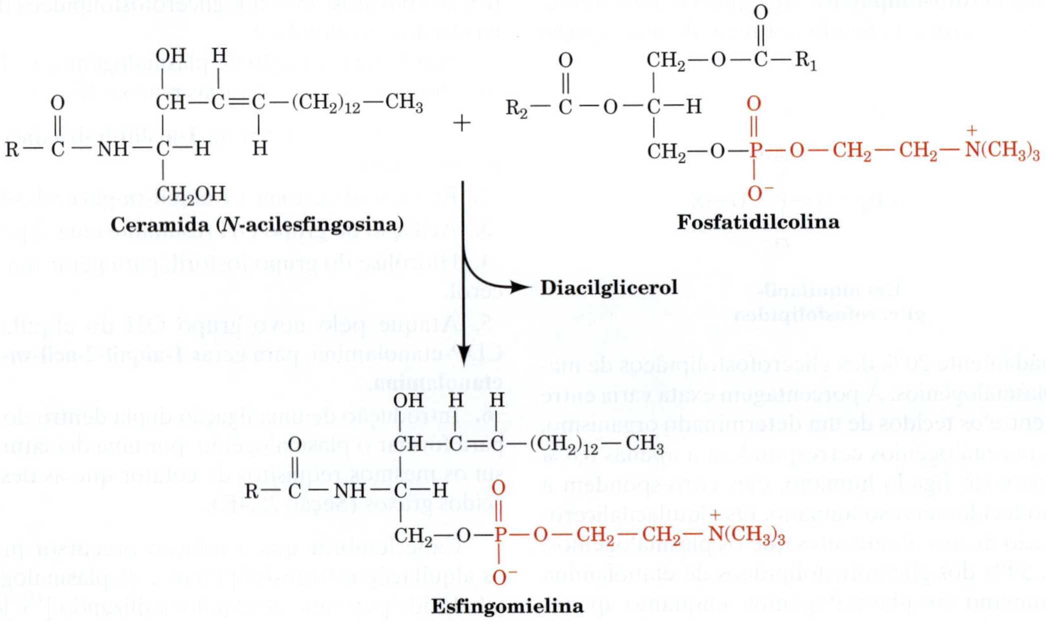

$$\underset{\textbf{Ceramida (}N\textbf{-acilesfingosina)}}{R-\overset{O}{\overset{\|}{C}}-NH-\underset{CH_2OH}{\underset{|}{\overset{CH-\overset{H}{\overset{|}{C}}=\underset{H}{\underset{|}{C}}-(CH_2)_{12}-CH_3}{\overset{|}{\overset{OH}{\overset{|}{}}}C}}}-H} + \underset{\textbf{Fosfatidilcolina}}{R_2-\overset{O}{\overset{\|}{C}}-O-\overset{CH_2-O-\overset{O}{\overset{\|}{C}}-R_1}{\overset{|}{C}}-H \quad \underset{CH_2-O-\underset{O^-}{\underset{|}{\overset{O}{\overset{\|}{P}}}}-O-CH_2-CH_2-\overset{+}{N}(CH_3)_3}{|}}$$

$$\downarrow \longrightarrow \text{Diacilglicerol}$$

$$\underset{\textbf{Esfingomielina}}{R-\overset{O}{\overset{\|}{C}}-NH-\overset{CH(OH)-CH=CH-(CH_2)_{12}-CH_3}{\overset{|}{C}}-H \quad \underset{CH_2-O-\underset{O^-}{\underset{|}{\overset{O}{\overset{\|}{P}}}}-O-CH_2-CH_2-\overset{+}{N}(CH_3)_3}{|}}$$

FIGURA 25.87 **A síntese de esfingomielina a partir de *N*-acilesfingosina e fosfatidilcolina.**

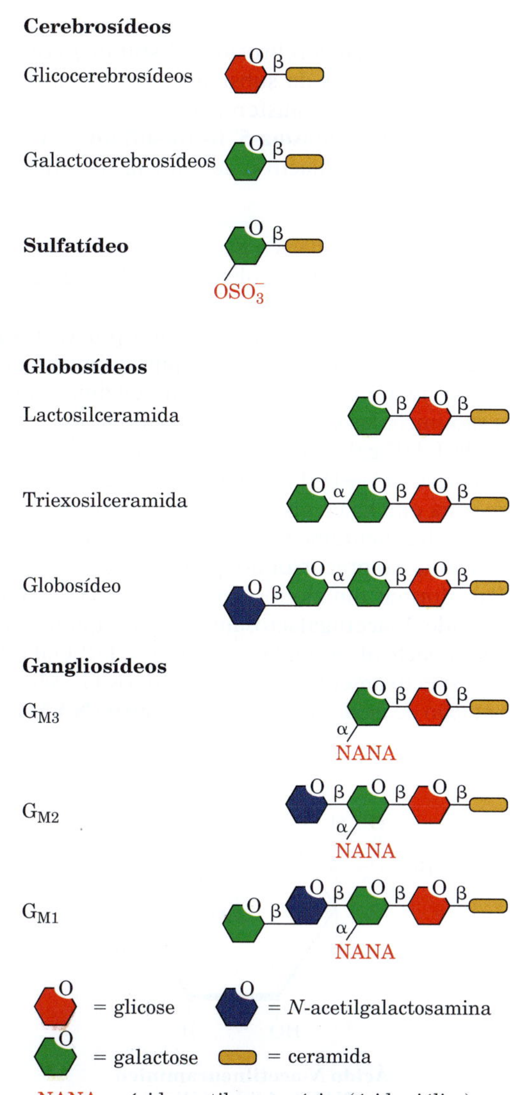

FIGURA 25.88 **Representação em diagrama das principais classes de esfingoglicolipídeos.** As estruturas dos gangliosídeos G_M estão apresentadas com maior detalhe na Fig. 12.7.

3. A **di-hidroceramida** é formada pela transferência de um grupo acil da acil-CoA ao grupo 2-amino da esfinganina, formando uma ligação amida.

4. A **di-hidroceramida-desidrogenase** converte di-hidroceramida em ceramida por uma reação de oxidação dependente de FAD.

b. Biossíntese de cerebrosídeos (glicosilceramidas)

Galactocerebrosídeo (1-β-galactosilceramida) e **glicocerebrosídeo (1-β-glicosilceramida)** são os dois cerebrosídeos mais comuns. Na verdade, o termo cerebrosídeo é frequentemente utilizado como sinônimo de galactocerebrosídeo.

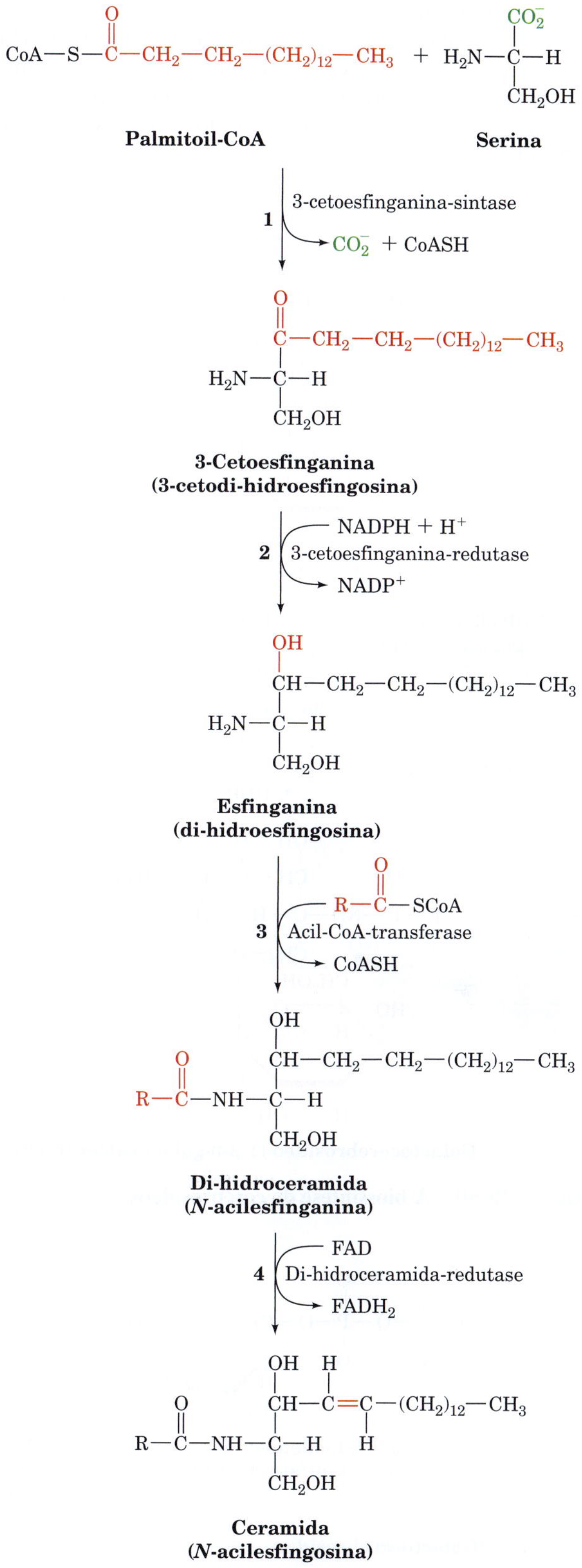

$CoA{-}S{-}C(=O){-}CH_2{-}CH_2{-}(CH_2)_{12}{-}CH_3$ + $H_2N{-}CH(CO_2^-){-}CH_2OH$

Palmitoil-CoA **Serina**

1 3-cetoesfinganina-sintase → CO_2^- + CoASH

$H_2N{-}CH(CH_2OH){-}C(=O){-}CH_2{-}CH_2{-}(CH_2)_{12}{-}CH_3$

3-Cetoesfinganina (3-cetodi-hidroesfingosina)

2 $NADPH + H^+$ 3-cetoesfinganina-redutase → $NADP^+$

$H_2N{-}CH(CH_2OH){-}CH(OH){-}CH_2{-}CH_2{-}(CH_2)_{12}{-}CH_3$

Esfinganina (di-hidroesfingosina)

3 $R{-}C(=O){-}SCoA$ Acil-CoA-transferase → CoASH

$R{-}C(=O){-}NH{-}CH(CH_2OH){-}CH(OH){-}CH_2{-}CH_2{-}(CH_2)_{12}{-}CH_3$

Di-hidroceramida (*N*-acilesfinganina)

4 FAD Di-hidroceramida-redutase → $FADH_2$

$R{-}C(=O){-}NH{-}CH(CH_2OH){-}CH(OH){-}CH{=}CH{-}(CH_2)_{12}{-}CH_3$

Ceramida (*N*-acilesfingosina)

FIGURA 25.89 **A biossíntese de ceramida (*N*-acilesfingosina).**

Ambos são sintetizados a partir da ceramida pela adição de uma unidade glicosil da UDP-hexose correspondente (Fig. 25.90). O galactocerebrosídeo é um componente comum dos lipídeos do cérebro. O glicocerebrosídeo, apesar de relativamente incomum, é o precursor dos gangliosídeos e dos globosídeos.

Glicocerebrosídeo (1-β-D-glicosilceramida)

UDP-glicose:ceramida-glicosiltransferase (glicosilceramida-sintase)

UDP

UDP–glicose

Ceramida

UDP-galactose:ceramida glicosiltransferase

UDP–glicose

UDP

Galactocerebrosídeo (1-β-D-galactosilceramida)

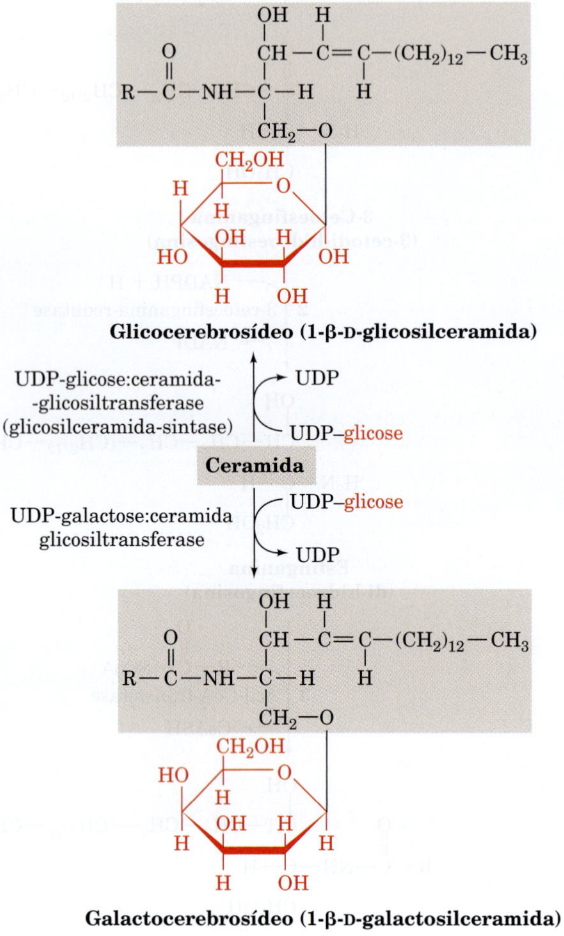

FIGURA 25.90 **A biossíntese de cerebrosídeos.**

c. Biossíntese de sulfatídeos

Os sulfatídeos (galactocerebrosídeo-3-sulfato) correspondem a 15% dos lipídeos da substância branca do cérebro. Eles são formados pela transferência de um grupo sulfato "ativado" do **3′-fosfoadenosina-5′-fosfossulfato** (**PAPS**) para o grupo OH do C3 da galactose de um galactocerebrosídeo (Fig. 25.91).

d. Biossíntese de globosídeos e gangliosídeos

A biossíntese de globosídeos (oligossacarídeos de ceramida neutros) e gangliosídeos (ácidos, oligossacarídeos de ceramida contendo ácido siálico) é catalisada por várias **glicosiltransferases**. Embora as reações sejam quimicamente similares, cada uma é catalisada por uma enzima específica. As rotas são iniciadas com a transferência de uma unidade galactosil da UDP-galactose ao glicocerebrosídeo para formar uma ligação β(1→4) (Fig. 25.92). Uma vez que essa ligação é a mesma que liga a glicose à galactose na lactose, esse glicolipídeo é frequentemente chamado **lactosilceramida**. O lactosilceramida é o precursor dos gangliosídeos e dos globosídeos. Para formar um globosídeo, uma unidade galactosil e uma unidade *N*-acetilgalactosaminil são sequencialmente adicionadas à lactosilceramida a partir de UDP-Gal e UDP-GalNAc, respectivamente. Os gangliosídeos G_M são formados pela adição de **ácido *N*-acetilneuramínico** (**NANA**, **ácido siálico**)

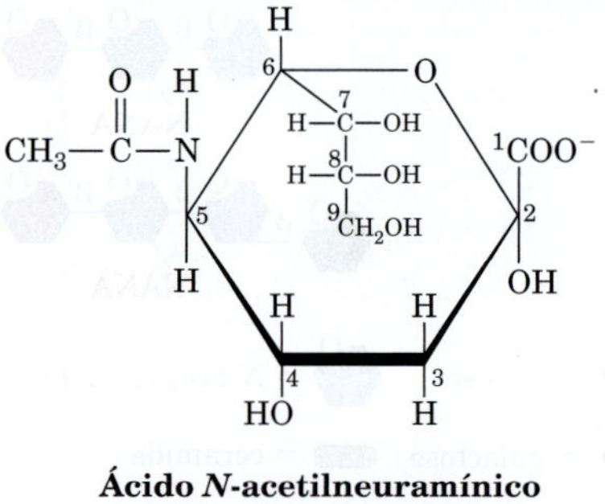

Ácido *N*-acetilneuramínico (NANA, ácido siálico)

a partir de CMP-NANA à lactosilceramida em uma ligação α(2→3), gerando G_{M3}. A adição sequencial ao G_{M3} de unidades de *N*-acetilgalactosamina e galactose a partir de UDP-GalNAc e UDP-Gal produz gangliosídeos G_{M2} e G_{M1}. Ou-

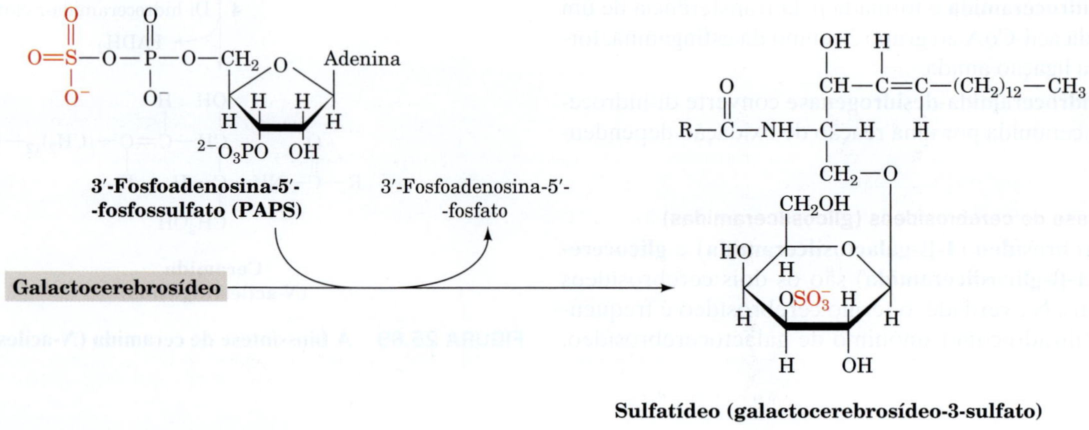

3′-Fosfoadenosina-5′-fosfossulfato (PAPS)

3′-Fosfoadenosina-5′-fosfato

Galactocerebrosídeo

Sulfatídeo (galactocerebrosídeo-3-sulfato)

FIGURA 25.91 **A biossíntese de sulfatídeos.**

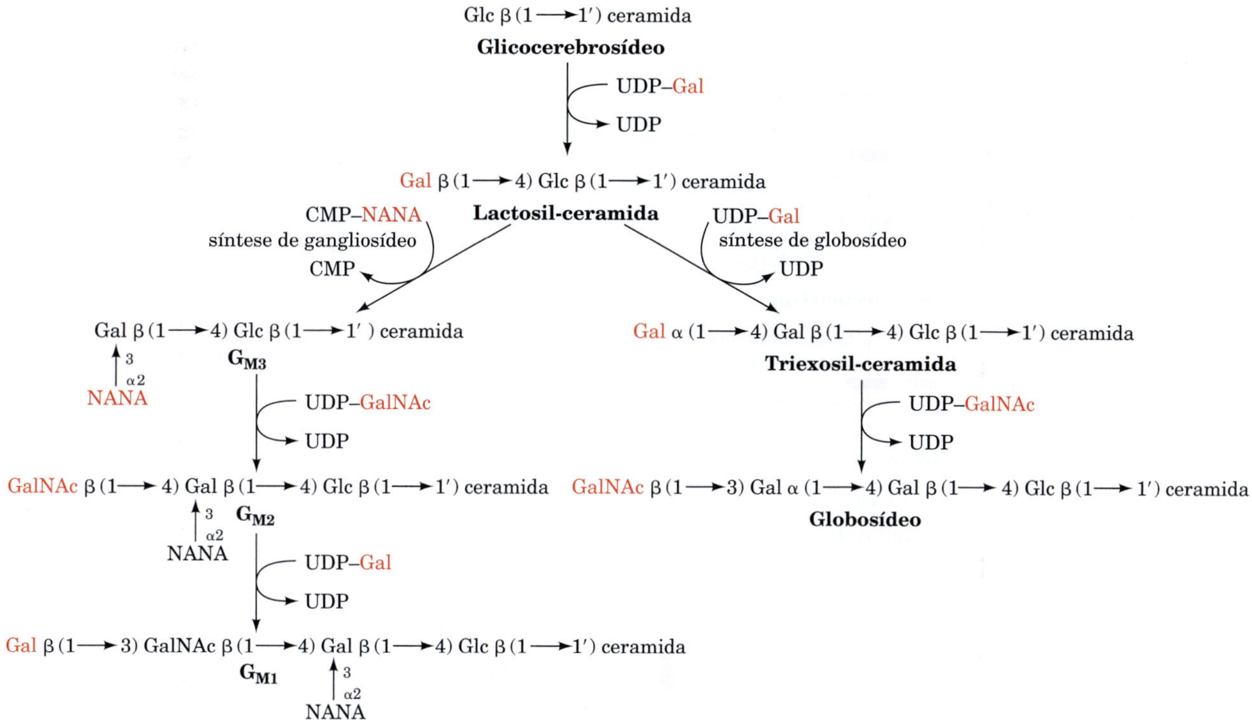

FIGURA 25.92 **A biossíntese de globosídeos e de gangliosídeos G_M.**

tros gangliosídeos são formados pela adição de um segundo grupo NANA ao G_{M3}, gerando $\mathbf{G_{D3}}$, ou pela adição de uma unidade de *N*-acetilglicosamina à lactosil-ceramida antes da adição de NANA, gerando $\mathbf{G_{A2}}$. Centenas de gangliosídeos diferentes são conhecidos.

e. Degradação de esfingoglicolipídeos e doenças de armazenamento de lipídeos

Os esfingoglicolipídeos são degradados no lisossomo por meio de uma série de reações hidrolíticas mediadas por enzimas (Fig. 25.93). Essas reações são catalisadas na interface lipídeo-água por enzimas solúveis, frequentemente com o auxílio de **proteínas ativadoras de esfingolipídeo** (**SAPs**, de *Sphingolipid activator proteins*; incluindo **saposinas**, **proteína ativadora de** $\mathbf{G_{M2}}$ e as proteínas **SAP-A** até **SAP-D**). Acredita-se que essas proteínas de apoio sem atividade enzimática aumentem a acessibilidade da porção carboidrato do esfingolipídeo à enzima de degradação. Por exemplo, a proteína ativadora de G_{M2} liga-se a G_{M2} e auxilia a sua exposição na superfície da membrana. O complexo G_{M2}-ativador de G_{M2} pode, então, ligar **hexosaminidase A**, um dímero αβ que hidrolisa a *N*-acetilgalactosamina da molécula de G_{M2} na interface lipídeo-água (Fig. 25.94).

A ausência hereditária de uma das hidrolases de esfingolipídeos ou de uma SAP resulta em uma **doença de armazenamento de esfingolipídeos** (Tabela 25.2). Uma das doenças mais comuns é a **doença de Tay-Sachs**, uma deficiência autossômica recessiva da hexosaminidase A. A ausência da atividade de hexosaminidase A resulta em acúmulo de G_{M2}, em inclusões na forma de concha, nos neurônios (Fig. 25.95).

Apesar de os bebês nascidos com a doença de Tay-Sachs parecerem inicialmente normais, por volta de 1 ano de idade, quando o G_{M2} foi acumulado em quantidade suficiente para interferir na função neuronal, esses bebês tornam-se progressivamente mais fracos, com deficiência intelectual e cegos, até a morte, em geral por volta dos 3 anos de idade. É possível, entretanto, descobrir potenciais portadores dessa doença por um simples teste sorológico. É também possível detectar a doença *in utero* pelo teste do fluido amniótico ou de células amnióticas obtidas por meio de amniocentese. O teste envolve o uso de um substrato sintético para hexosaminidase, **4-metilumbeliferil-β-D--*N*-acetilglicosamina**, que libera um produto fluorescente quando hidrolisado:

4-Metilumbeliferil-β-D--*N*-acetilglicosamina

Hexosaminidase (H_2O → GlcNAc)

4-Metilumbeliferona (fluorescente em meio alcalino)

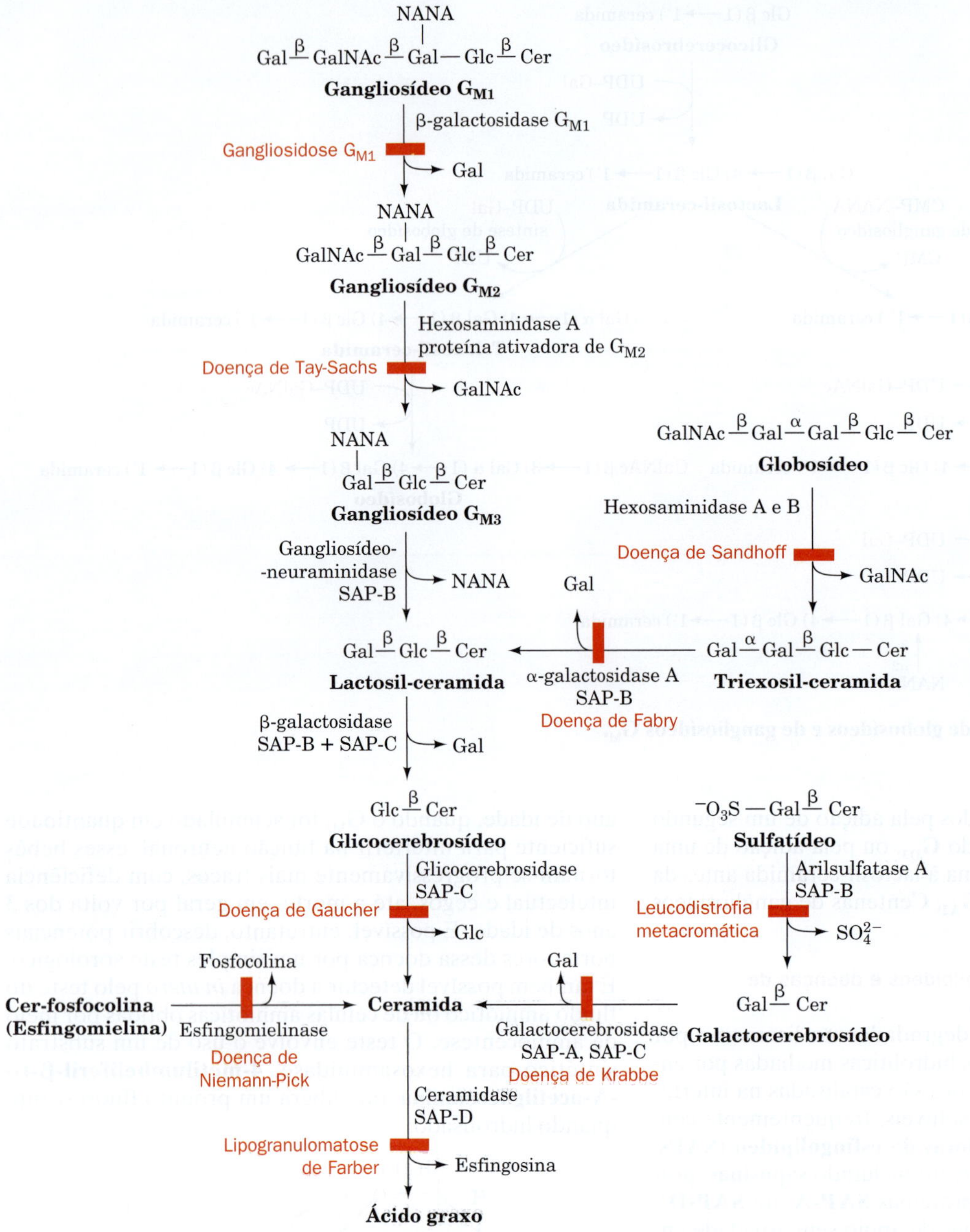

NANA
Gal $\stackrel{\beta}{—}$ GalNAc $\stackrel{\beta}{—}$ Gal — Glc $\stackrel{\beta}{—}$ Cer
Gangliosídeo G_{M1}
β-galactosidase G_{M1}
Gangliosidose G_{M1}
→ Gal

NANA
GalNAc $\stackrel{\beta}{—}$ Gal $\stackrel{\beta}{—}$ Glc $\stackrel{\beta}{—}$ Cer
Gangliosídeo G_{M2}
Hexosaminidase A
proteína ativadora de G_{M2}
Doença de Tay-Sachs
→ GalNAc

NANA
Gal $\stackrel{\beta}{—}$ Glc $\stackrel{\beta}{—}$ Cer
Gangliosídeo G_{M3}
Gangliosídeo-
-neuraminidase
SAP-B
→ NANA

GalNAc $\stackrel{\beta}{—}$ Gal $\stackrel{\alpha}{—}$ Gal $\stackrel{\beta}{—}$ Glc $\stackrel{\beta}{—}$ Cer
Globosídeo
Hexosaminidase A e B
Doença de Sandhoff
→ GalNAc

Gal $\stackrel{\alpha}{—}$ Gal $\stackrel{\beta}{—}$ Glc — Cer
Triexosil-ceramida
α-galactosidase A
SAP-B
Doença de Fabry
→ Gal

Gal $\stackrel{\beta}{—}$ Glc $\stackrel{\beta}{—}$ Cer
Lactosil-ceramida
β-galactosidase
SAP-B + SAP-C
→ Gal

Glc $\stackrel{\beta}{—}$ Cer
Glicocerebrosídeo
Glicocerebrosidase
SAP-C
Doença de Gaucher
→ Glc

$^{-}O_3S$ — Gal $\stackrel{\beta}{—}$ Cer
Sulfatídeo
Arilsulfatase A
SAP-B
Leucodistrofia metacromática
→ SO_4^{2-}

Gal $\stackrel{\beta}{—}$ Cer
Galactocerebrosídeo
Galactocerebrosidase
SAP-A, SAP-C
Doença de Krabbe
→ Gal

Cer-fosfocolina (Esfingomielina)
Esfingomielinase
Doença de Niemann-Pick
→ Fosfocolina

Ceramida
Ceramidase
SAP-D
Lipogranulomatose de Farber
→ Esfingosina

Ácido graxo

FIGURA 25.93 A degradação de esfingolipídeos pelas enzimas lisossômicas. As doenças genéticas causadas pelas deficiências enzimáticas correspondentes estão marcadas em vermelho.

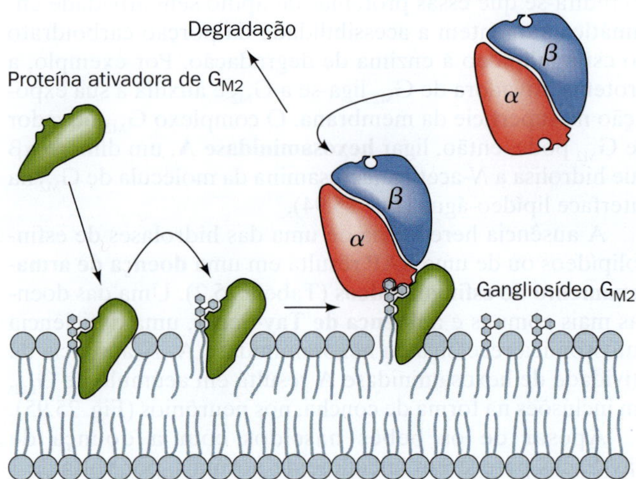

FIGURA 25.94 Modelo para a hidrólise do gangliosídeo G_{M2} pela hexosaminidase A estimulada pela proteína ativadora de G_{M2}. A proteína ativadora de G_{M2} se liga e expõe o gangliosídeo G_{M2} na membrana, de modo que ele pode ser reconhecido e clivado pelo dímero αβ da hexosaminidase A. (Segundo Kolter, T., e Sandhoff, K., *Angew. Chem. Int. Ed.* **38**, 1532 [1999].)

TABELA 25.2 Doenças de armazenamento de esfingolipídeos

Doença	Deficiência enzimática	Principal substância armazenada	Principais sintomas
Gangliosidose G_{M1}	β-galactosidase G_{M1}	Gangliosídeo G_{M1}	Deficiência intelectual, aumento do fígado, comprometimento esquelético, morte por volta dos 2 anos
Doença de Tay-Sachs	Hexosaminidase A	Gangliosídeo G_{M2}	Deficiência intelectual, cegueira, morte por volta dos 3 anos
Doença de Fabry	α-galactosidase A	Triexosilceramida	Lesões cutâneas, falha renal, dor nos membros inferiores
Doença de Sandhoff	Hexosaminidase A e B	Gangliosídeo G_{M2} e globosídeo	Similares a doença de Tay-Sachs, porém com avanço mais rápido
Doença de Gaucher	Glicocerebrosidase	Glicocerebrosídeo	Aumento do fígado e baço, enfraquecimento dos ossos longos, deficiência intelectual apenas na forma infantil
Doença de Niemann-Pick	Esfingomielinase	Esfingomielina	Aumento do fígado e baço, deficiência intelectual
Lipogranulomatose de Farber	Ceramidase	Ceramida	Articulações doloridas e progressivamente deformadas, nódulos cutâneos, morte dentro de alguns anos
Doença de Krabbe	Galactocerebrosidase	Galactocerebrosídeo deacetilado	Perda de mielina, deficiência intelectual, morte por volta dos 2 anos
Leucodistrofia metacromática (Lipidose de sulfatídeo)	Arilsulfatase A	Sulfatídeo	Deficiência intelectual, morte na primeira década

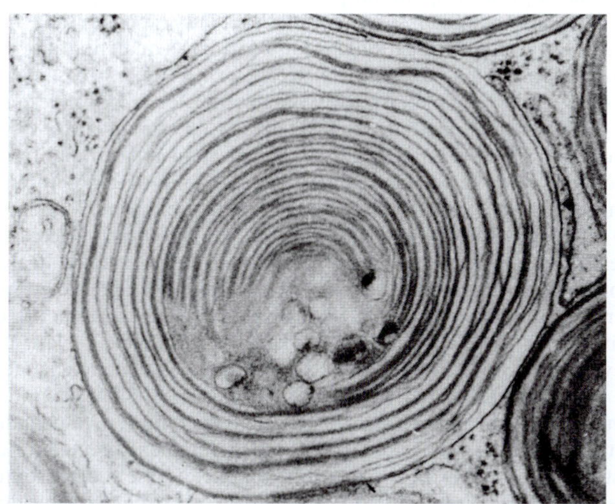

FIGURA 25.95 Corpo membranoso citoplasmático em um neurônio afetado pela doença de Tay-Sachs. (Cortesia de John S. O'Brien, University of California, San Diego Medical School, EUA.)

Como esse substrato é também reconhecido pela **hexosaminidase B**, que não está afetada na doença de Tay-Sachs, a hexosaminidase B é primeiro inativada por calor, já que ela é mais sensível à temperatura do que a hexosaminidase A. Como resultado de esforços de triagem em massa, as consequências trágicas dessa doença estão sendo evitadas. As outras doenças de armazenamento de esfingolipídeos, apesar de menos comuns, possuem consequências similares (Tabela 25.2). Nos últimos anos, técnicas de sequenciamento de DNA para a triagem de potenciais portadores da maioria das mutações comuns tornaram-se economicamente viáveis.

RESUMO DO CAPÍTULO

1 Digestão, absorção e transporte de lipídeos Triacilgliceróis, a forma de armazenamento da energia metabólica em animais, provê até seis vezes mais energia metabólica do que o peso igual de glicogênio hidratado. Os lipídeos da dieta são digeridos por enzimas digestivas pancreáticas, como a lipase e a fosfolipase A_2, que são ativas na interface lipídeo-água de emulsões estabilizadas por sais biliares. Os sais biliares são também essenciais para a absorção intestinal dos lipídeos da dieta, como o é a proteína ligadora de ácido graxo. Os triacilgliceróis da dieta e aqueles sintetizados pelo fígado são transportados no sangue como quilomícrons e VLDL, respectivamente. Os triacilgliceróis presentes nessas lipoproteínas são hidrolisados pela lipase lipoproteica fora das células e entram nelas como ácidos graxos livres. Os ácidos graxos resultantes da hidrólise de triacilgliceróis do tecido adiposo pela triacilglicerol-lipase sensível a hormônio são transportados na corrente sanguínea complexados a albumina.

2 Oxidação de ácidos graxos Antes dos ácidos graxos serem oxidados, eles são convertidos em seus derivados acil-CoA pela acil-CoA-sintase em um processo dependente de ATP, transportados para dentro da mitocôndria como ésteres de carnitina e reconvertidos em acil-CoA dentro da matriz mitocondrial. A β-oxidação da acil-CoA-graxo ocorre por meio de incrementos de 2 carbonos, de modo que moléculas de acil-CoA-graxo de cadeia par são completamente convertidas em moléculas de acetil-CoA. Esta rota envolve a desidrogenação dependente de FAD de um grupo alquil, a hidratação da ligação dupla resultante, a oxidação dependente de NAD^+ deste álcool a uma cetona e a clivagem da ligação C—C, formando acetil-CoA e uma nova molécula de acil-CoA-graxo, contendo dois átomos de carbono a menos que a original. Este processo é, então, repetido. A oxidação completa das moléculas de acetil-CoA, NADH e $FADH_2$ é efetuada pelo ciclo do ácido cítrico e pela fosforilação oxidativa. A oxidação de ácidos graxos insaturados e ácidos graxos de cadeia ímpar também ocorre pela β-oxidação, mas necessita da participação de enzimas adicionais. A oxidação de ácidos graxos de cadeia ímpar gera propionil-CoA, cujo metabolismo subsequente requer a participação de (1) propionil-CoA-carboxilase, que possui um grupo prostético biotina, (2) metilmalonil-CoA-racemase, e (3) metil-malonil-CoA-mutase, que contém AdoCbl (coenzima B_{12}). A metil-malonil-CoA-mutase catalisa uma reação de rearranjo do esqueleto de carbono por meio de um mecanismo de radical livre, no qual o radical livre é gerado pela clivagem homolítica da ligação C—Co(III) da AdoCbl.

A β-oxidação de ácidos graxos ocorre também nos peroxissomos. Na rota peroxissômica, diferentemente da rota mitocondrial, a molécula de $FADH_2$ produzida na primeira etapa é diretamente oxidada pelo O_2 para produzir H_2O_2, em vez de gerar ATP por meio da fosforilação oxidativa. As enzimas peroxissômicas são específicas para ácidos graxos de cadeia longa e atuam em um processo de encurtamento de cadeia pela β-oxidação. Os produtos de cadeia intermediária resultantes são transferidos para a mitocôndria para a completa oxidação.

3 Corpos cetônicos Uma fração significativa da acetil-CoA produzida pela oxidação de ácidos graxos no fígado é convertida a acetoacetato e D-β-hidroxibutirato, que, juntamente com a acetona, são conhecidos como corpos cetônicos. Os dois primeiros compostos atuam como combustíveis importantes para os tecidos periféricos.

4 Biossíntese de ácidos graxos A biossíntese de ácidos graxos difere da oxidação de ácidos graxos em vários aspectos. Enquanto a oxidação ocorre na mitocôndria, utilizando ésteres de acil-CoA-graxo, a biossíntese ocorre no citosol, com os ácidos graxos em crescimento esterificados à proteína carreadora de acila (PCA). As coenzimas redox são diferentes (FAD e NAD^+ para a oxidação; NADPH para a biossíntese), assim como a estereoquímica das etapas intermediárias. A oxidação produz acetil-CoA, enquanto malonil-CoA é o precursor imediato na biossíntese. Malonil-CoA é produzida pela reação, dependente de ATP, de HCO_3^- e acetil-CoA, catalisada pela enzima dependente de biotina acetil-CoA-carboxilase, embora este HCO_3^- não seja incorporado no ácido graxo final produzido. Em bactérias, a síntese de ácidos graxos é executada por uma série de enzimas independentes que são coletivamente conhecidas como AGS-I. Em animais, a síntese de ácidos graxos, que gera palmitato, ocorre em uma única proteína homodimérica em forma de X, conhecida como AGS-II, na qual cada uma das subunidades contém todas as seis atividades necessárias para a síntese de ácidos graxos em domínios separados que são auxiliados pela PCA. Em fungos, a AGS-II é um heterododecâmero $\alpha_6\beta_6$ que forma uma proteína em forma de barril contendo duas câmaras de reação equivalentes. Sistemas similares, porém mais extensos, são utilizados na síntese dos vários policetídeos. A acetil-CoA é transferida da mitocôndria para o citosol como citrato, por meio do sistema de transporte de tricarboxilatos, e liberada pela clivagem do citrato, originando acetil-CoA e oxalacetato. O oxalacetato é convertido em malato e, então, em piruvato para ser transportado de volta à mitocôndria, em um processo que gera parte do NADPH necessário para a biossíntese. O palmitato é o produto principal da biossíntese de ácidos graxos em animais. Ácidos graxos de cadeia mais longa e ácidos graxos insaturados são gerados a partir do palmitato por meio de reações de alongamento e dessaturação. Certos ácidos graxos insaturados essenciais não podem ser sintetizados por animais e portanto devem ser obtidos da dieta. Os triacilgliceróis são sintetizados a partir de ésteres de acil-CoA-graxo e de glicerol-3-fosfato.

5 Regulação do metabolismo de ácidos graxos O metabolismo de ácidos graxos é regulado por meio de controle alostérico da triacilglicerol-lipase sensível a hormônio e da acetil-CoA-carboxilase, de fosforilação e desfosforilação e/ou alterações nas velocidades de síntese e degradação de proteínas. Essa regulação é mediada pelos hormônios glucagon, adrenalina e noradrenalina, que ativam a degradação de ácidos graxos, e pela insulina, que ativa sua biossíntese. Esses hormônios interagem para controlar a concentração de AMPc, que, por sua vez, controla as taxas de fosforilação e desfosforilação por meio da PKA. A AMPK, que é sensível aos níveis de ATP, é também um importante regulador do metabolismo de ácidos graxos.

6 Metabolismo do colesterol O colesterol é um constituinte vital das membranas celulares e é o precursor dos hormônios esteroides e dos sais biliares. Sua biossíntese, transporte e utilização são rigidamente controlados. O colesterol é sintetizado no fígado a partir de acetato, em uma rota que envolve a formação de HMG-CoA, a partir de três moléculas de acetato, seguida por redução, fosforilação, descarboxilação e desidratação, formando as unidades de isopreno isopentenil-pirofosfato e dimetilalil-pirofosfato. Quatro dessas unidades isoprenoides são, então, condensadas por meio de mecanismos catiônicos para formar esqualeno, que, por sua vez, sofre uma reação de ciclização, através de uma cascata catiônica, para formar lanosterol, o precursor esteroide do colesterol

O principal ponto de controle dessa rota está na HMG-CoA-redutase. Essa enzima é regulada por mecanismos competitivo e alostérico, por fosforilação e desfosforilação e, de maneira mais importante, pelo controle a longo prazo das velocidades de síntese e degradação enzimática. O controle a longo prazo é mediado pela proteína integral de membrana SREBP (proteína de ligação ao elemento regulador de esterol) que, quando os níveis de colesterol estão baixos, é escoltada pela SCAP (proteína ativadora da clivagem de SREBP) até o aparelho de Golgi por meio de vesículas revestidas por COPII. No aparelho de Golgi, ela é sequencialmente clivada pelas proteases sítio-1 e sítio-2 (S1P e S2P), liberando seu domínio solúvel bHAH/Z para penetrar no núcleo, onde induz a transcrição dos genes que contêm SRE (elemento regulador de esterol), tais como o gene da HMG-CoA-redutase e do receptor de LDL. Em adição, quando os níveis de esterol estão elevados, a velocidade de degradação proteolítica da HMG-CoA-redutase é grandemente aumentada.

O fígado secreta colesterol para corrente sanguínea na forma esterificada, como parte da VLDL. Este complexo é sequencialmente convertido a IDL e, então, a LDL. A LDL, que é internalizada pelas células por endocitose mediada por receptor, transporta a maior parte do colesterol aos tecidos periféricos, para utilização. O excesso de colesterol retorna ao fígado a partir dos tecidos periféricos por meio da HDL. O suprimento celular de colesterol é controlado por três mecanismos: (1) regulação a curto e a longo prazo da HMG-CoA-redutase; (2) controle da síntese do receptor de LDL pela concentração de colesterol; e (3) regulação a curto e a longo prazo da acil-CoA:colesterol-acil-transferase (ACAT), que faz a mediação da esterificação do colesterol. O colesterol é o precursor dos hormônios esteroides, que são classificados como progestinas, glicocorticoides, mineralocorticoides, androgênios e estrogênios. A única rota para a excreção de colesterol é por meio da formação e excreção de sais biliares.

7 Metabolismo de eicosanoides: prostaglandinas, prostaciclinas, tromboxanas, leucotrienos e lipoxinas As prostaglandinas, prostaciclinas, tromboxanas, leucotrienos e lipoxinas são eicosanoides produzidos principalmente pelo metabolismo do araquidonato. Esses compostos altamente instáveis têm efeitos fisiológicos profundos em concentrações extremamente baixas. Eles estão envolvidos na resposta inflamatória, na produção de dor e febre, na regulação da pressão sanguínea e em muitos outros processos fisiológicos importantes. O araquidonato é sintetizado a partir do ácido linoleico, um ácido graxo essencial, e armazenado como fosfatidilinositol e outros fosfolipídeos. As prostaglandinas, prostaciclinas e tromboxanas são sintetizadas por uma rota cíclica, enquanto os leucotrienos e as lipoxinas são sintetizados por uma rota linear. O ácido acetilsalicílico e outros anti-inflamatórios não esteroides (AINEs) inibem a rota cíclica, mas não a rota linear. Inibidores da COX-2 são AINEs que se ligam à COX-2, mas não à COX-1, e, dessa maneira, não apresentam os efeitos adversos de outros AINEs. Os peptideoleucotrienos têm sido identificados como as substâncias da anafilaxia que reagem lentamente (SRS-A), liberadas do pulmão sensibilizado após estímulo imunológico. As lipoxinas e as *epi*-lipoxinas induzidas por ácido acetilsalicílico possuem propriedades anti-inflamatórias.

8 Metabolismo de fosfolipídeos e glicolipídeos Os lipídeos complexos possuem um éster de fosfato ou um carboidrato como seu grupo de cabeça polar e 1,2-diacil-*sn*-glicerol ou ceramida (*N*-acilesfingosina) como sua cauda hidrofóbica. Os fosfolipídeos são glicerofosfolipídeos ou esfingofosfolipídeos, enquanto os glicolipídeos são gliceroglicolipídeos ou esfingoglicolipídeos. Os grupos da cabeça polar dos glicerofosfolipídeos, que são ésteres de fosfato de etanolamina, serina, colina, inositol ou glicerol, são ligados ao grupo OH do C3 do 1,2-diacil-*sn*-glicerol por meio de reações catalisadas por transferases ligadas a CTP. Os ácidos graxos de cadeia longa específicos que são encontrados nas posições C1 e C2 são incorporados por meio de "reações de remodelamento" após a adição do grupo da cabeça polar. Os plasmalogênios e os alquilacilglicerofosfolipídeos contêm um grupo alquil de cadeia longa ligado, respectivamente, por meio de uma ligação vinil-éter ou uma ligação éter ao grupo OH do C1 do glicerol. O fator ativador de plaquetas (PAF) é um alquilacilglicerofosfolipídeo importante. O único esfingoglicolipídeo importante é a esfingomielina (*N*-acilesfingosina fosfocolina), um lipídeo estrutural importante da membrana das células nervosas. A maioria dos esfingolipídeos contém grupos da cabeça polar compostos por unidades de carboidratos e são, portanto, chamados de esfingoglicolipídeos. As principais classes de esfingoglicolipídeos são cerebrosídeos, sulfatídeos, globosídeos e gangliosídeos. Suas unidades de carboidrato, que são ligadas ao grupo OH do C1 da *N*-acilesfingosina por meio de ligações glicosídicas, são formadas pela adição em etapas de unidades de monossacarídeo ativadas. Algumas doenças de armazenamento de esfingolipídeos lisossômicas, incluindo a doença de Tay-Sachs, resultam de deficiências nas enzimas que degradam esfingoglicolipídeos.

REFERÊNCIAS

Geral

Newsholme, E.A. and Leech, A.R., *Biochemistry for the Medical Sciences,* Wiley (1983). [Os Capítulos 6-8 contêm muitas informações sobre o controle do metabolismo de ácidos graxos e sua integração dentro do esquema geral do metabolismo.]

Valle, D. (Ed.), *The Online Metabolic & Molecular Bases of Inherited Disease,* http://www.ommbid.com/. [Contém vários capítulos sobre os defeitos no metabolismo de lipídeos.]

Vance, D.E. and Vance J.E. (Eds.), *Biochemistry of Lipids, Lipoproteins, and Membranes* (5th ed.), Elsevier (2008).

Digestão de lipídeos

Berg, O.G., Gelb, M.H., Tsai, M.-D., and Jain, M.K., Interfacial enzymology: the secreted phospholipase A_2-paradigm, *Chem. Rev.* **101,** 2613–2653 (2001).

Bhattacharya, A.A., Grüne, T., and Curry, S., Crystallographic analysis reveals common modes of binding of medium and long-chain fatty acids to human serum albumin, *J. Mol. Biol.* **303,** 721–732 (2002).

Borgström, B., Barrowman, J.A., and Lindström, M., Roles of bile acids in intestinal lipid digestion and absorption, *in* Danielsson, H. and Sjövall, J. (Eds.), *Sterols and Bile Acids, pp.* 405–425, Elsevier (1985).

Brady, L., Brzozowski, A.M., Derewenda, Z.S., Dodson, E., Dodson, G., Tolley, S., Turkenburg, J.P., Christiansen, L., Huge-Jensen, B., Norskov, L., Thim, L., and Menge, U., A serine protease triad forms the catalytic centre of a triacylglycerol lipase, *Nature* **343,** 767–770 (1990).

Hermoso, J., Pignol, D., Penel, S., Roth, M., Chapus, C., and Fontecilla-Camps, J.C., Neutron crystallographic evidence of lipase–colipase complex activation by a micelle, *EMBO J.* **16,** 5531–5536 (1997).

Scapin, G., Gordon, J.I., and Sacchettini, J.C., Refinement of the structure of recombinant rat intestinal fatty acid-binding apoprotein at 1.2-Å resolution, *J. Biol. Chem.* **267,** 4253–4269 (1992).

van Tilbeurgh, H., Bezzine, S., Cambillau, C., Verger, R., and Carriére, F., Colipase: structure and interaction with pancreatic lipase, *Biochim. Biophys. Acta* **1441,** 173–184 (1999).

Oxidação de ácidos graxos

Bannerjee, R., Radical peregrinations catalyzed by coenzyme B_{12}-dependent enzymes, *Biochem.* **40,** 6191–6198 (2001).

Bartlett, K. and Eaton, S., Mitochondrial β-oxidation, *Eur. J. Biochem.* **271,** 462–469 (2004). [Discute as reações e as enzimas da β-oxidação mitocondrial, bem como suas regulações.]

Bieber, L.L., Carnitine, *Annu. Rev. Biochem.* **88,** 261–283 (1988).

Brownsey, R.W., Boone, A.N., Elliott, J.E., Kulpa, J.E., and Lee, W.M., Regulation of acetyl-CoA carboxylase, *Biochem. Soc. Trans.* **34,** 223–227 (2006).

Chou, C.-Y., Yu, L.P.C., and Tong, L., Crystal structure of biotin carboxylase in complex with substrates and implications for its catalytic mechanism, *J. Biol. Chem.* **284,** 11690–11697 (2009).

Kim, J.-J.P. and Battaile,K.P.,Burning fat: The structural basis of fatty acid β-oxidation, *Curr. Opin. Struct. Biol.* **12,** 721–728 (2002).

Kim, J.-J.P., Wang, M., and Pashke, R., Crystal structures of medium-chain acyl-CoA dehydrogenase from pig liver mito-chondria with and without substrate, *Proc. Natl. Acad. Sci.* **90,** 7523–7527 (1993).

Kindl, H., Fatty acid degradation in plant peroxisomes: Function and biosynthesis of the enzymes involved, *Biochimie* **75,** 225–230 (1993).

Mancia, R., Smith, G.A., and Evans, P.R., Crystal structure of substrate complexes of methylmalonyl-CoA mutase, *Biochem.* **38,** 7999–8005 (1999).

Marsh, E.N.G. and Drennan, C.L.,Adenosylcobalamin-dependent isomerases: new insights into structure and mechanism, *Curr. Opin. Chem. Biol.* **5,** 499–505 (2001).

Rinaldo, P., Matern, D., and Bennett, M.J., Fatty acid oxidation disorders, *Annu. Rev. Physiol.* **64,** 477–502 (2002).

Shoukry, K. and Schulz, H., Significance of the reductase-dependent pathway for the β-oxidation of unsaturated fatty acids with odd-numbered double bonds: mitochondrial metabolism of 2-*trans*-5-*cis*-octadienoyl-CoA, *J. Biol. Chem.* **273,** 6892–6899 (1998).

Sudden infant death and inherited disorders of fat oxidation, *Lancet,* 1073–1075, Nov. 8, 1986.

Tong, L., Acetyl-coenzyme A carboxylase: crucial metabolic enzyme and attractive target for drug discovery, *Cell. Mol. Life Sci.* **62,** 1784–1893 (2005).

van den Bosch, H., Schutgens, R.B.H., Wanders, R.J.A., and Tager, J.M., Biochemistry of peroxisomes, *Annu. Rev. Biochem.* **61,** 157–197 (1992).

Watkins, P.A., Very-long-chain acyl-CoA synthetases, *J. Biol. Chem.* **283,** 1773–1777 (2008).

Biossíntese de ácidos graxos

Bartlett, K. and Eaton, S., Mitochondrial β-oxidation, *Eur. J. Biochem.* **271,** 462–469 (2004). [Discute as reações e as enzimas da β-oxidação mitocondrial bem como suas regulações.] Brownsey, R.W. and Denton, R.M., Acetyl-coenzyme A carboxylase, *in* Boyer, P.D. and Krebs, E.G. (Eds.), *The Enzymes* (3rd ed.), Vol. 18, *pp.* 123–146, Academic Press (1987).

Brownsey, R.W., Zhande, R., and Boone, A.N., Isoforms of acetyl-CoA carboxylase: structures, regulatory properties and metabolic functions, *Biochem. Soc. Trans.* **25,** 1232–1238 (1997).

Haapalainen, A.M., Meriläinen, G., and Wierenga, R.K., The thiolase superfamily: condensing enzymes with diverse reaction specificities, *Trends Biochem. Sci.* **31,** 64–71 (2006).

Jenni, S., Leibundgut, M., Boehringer, D., Frick, C., Mikolásek, B., and Ban, N., Structure of fungal fatty acid synthase and implications for iterative substrate shuttling, *Science* **316,** 254–261 (2007).

Jump, D.B., The biochemistry of *n*-3 polyunsaturated fatty acids, *J. Biol. Chem.* **277,** 8755–8758 (2002).

Khosla, C., Tang, Y., Chen, A.Y., Schnarr, N.A., and Cane, D.E., Structure and mechanism of the 6-deoxyerythronolide B synthase, *Annu. Rev. Biochem.* **76,** 195–221 (2007).

Leibundgut, M., Maier, T., Jenni, S., and Ban, N., The multienzyme architecture of eukaryotic fatty acid synthases, *Curr. Opin. Struct. Biol.* **18,** 714–725 (2008).

Lomakin, I.B., Xiong, Y., and Steitz, T.A., The crystal structure of yeast fatty acid synthase, a cellular machine with eight active sites working together, *Cell* **129,** 319–332 (2007); *and* Lei-bundgut, M., Jenni, S., Frick, C., and Ban, N., Structural basis for substrate delivery by acyl carrier protein in the yeast fatty acid synthase, *Science* **316,** 288–290 (2007).

Los, D.A. and Murata, N., Structure and expression of fatty acid desaturases, *Biochim. Biophys. Acta* **1394,** 3–15 (1998).

Maier, T., Leibundgut, M., and Ban, N., The crystal structure of a mammalian fatty acid synthase, *Science* **321,** 1315–1322 (2008).

Smith, S. and Tsai, S.-C., The type I fatty acid and polyketide synthetases: a tale of two megasynthases, *Nat. Prod. Rep.* **24,** 1041–1072 (2007).

Wakil, S.J., Fatty acid synthase, a proficient multifunctional enzyme, *Biochemistry* **28,** 4523–4530 (1989).

Walsh, C.T., Polyketide and nonribosomal peptide antibiotics: Modularity and versatility, *Science* **303,** 1805–1810 (2004).

White, S.W., Zheng, J., Zhang, Y.-M., and Rock, C.O., The structural biology of type II fatty acid biosynthesis, *Annu. Rev. Biochem.* **74,** 791–831 (2005).

Regulação do metabolismo de ácidos graxos

Eaton, S., Control of mitochondrial β-oxidation flux, *Prog. Lipid Res.* **41,** 197–239 (2002).

Hardie, D.G. and Carling, D., The AMP-activated protein kinase: fuel gauge of the mammalian cell? *Eur. J. Biochem.* **246,** 259–273 (1997).

Hardie, D.G., Carling, D., and Carlson, M., The AMP-activated/SNF1 protein kinase subfamily: metabolic sensors of the eukaryotic cell? *Annu. Rev. Biochem.* **67,** 821–855 (1998).

Munday M.R. and Hemingway C.J., The regulation of acetyl-CoA carboxylase—A potential target for the action of hypolipidemic agents, *Adv. Enzym. Regul.* **39,** 205–234 (1999).

Witters, L.A., Watts, T.D., Daniels, D.L., and Evans, J.L., Insulin stimulates the dephosphorylation and activation of acetyl-CoA carboxylase, *Proc. Natl. Acad. Sci.* **85,** 5473–5477 (1988).

Metabolismo do colesterol

Bloch, K., The biological synthesis of cholesterol, *Science* **150,** 19–28 (1965).

Chang,T.Y., Chang, C.C.Y., and Cheng, D.,Acyl-coenzyme A:cholesterol acyltransferase, *Annu. Rev. Biochem.* **66,** 613–638 (1997).

Durbecq, V., et al., Crystal structure of isopentenyl diphosphate: dimethylallyl diphosphate isomerase, *EMBO J.* **20,** 1530–1537 (2001).

Edwards, P.A., Sterols and isoprenoids: signaling molecules derived from the cholesterol biosynthetic pathway, *Annu. Rev. Biochem.* **68,** 157–185 (1999).

Goldstein, J.L. and Brown, M.S., Regulation of the mevalonate pathway, *Nature* **343,** 425–430 (1990).

Goldstein, J.L., DeBose-Boyd, R.A., and Brown, M.S., Protein sensors for membrane sterols, *Cell* **124,** 35–46 (2006).

Goldstein, J.L., Rawson, R.B., and Brown, M.S., Mutant mammalian cells as tools to delineate the sterol regulatory element binding protein pathway for feedback regulation of lipid synthesis, *Arch. Biochem. Biophys.* **397,** 139–148 (2002).

Ikonen, E., Cellular cholesterol trafficking and compartmentalization, *Nature Rev. Mol. Cell Biol.* **9,** 125–138 (2008).

Istvan, E.S., Bacterial and mammalian HMG-CoA reductases: related enzymes with distinct architectures, *Curr. Opin. Struct. Biol.* **11,** 746–751 (2001).

Istvan, E.S. and Deisenhofer, J., Structural mechanism for statin inhibition of HMG-CoA reductase, *Science* **292,** 1160–1164 (2001).

Knopp, R.H., Drug therapy: drug treatment of lipid disorders, *New Engl. J. Med.* **341,** 498–511 (1999).

Meyer, M.M., Segura, M.J.R., Wilson, W.K., and Matsuda, S.P.T., Oxidosqualene cyclase residues that promote formation of cycloartenol, lanosterol and parkeol, *Angew. Chem. Int. Ed.* **39,** 4090–4092 (2000).

Reinert, D.J., Balliano, G., and Schulz, G.E., Conversion of squalene to the pentacarbocyclic hopene, *Chem. Biol.* **11,** 121–126 (2004). [Estrutura por raios X da esqualeno-hopeno-ciclase em complexo com 2-aza-esqualeno.]

Russell, D.W. and Setchell, K.D.R., Bile acid biosynthesis, *Biochemistry* **31,** 4737–4749 (1992).

Thoma, R., Schulz-Gasch, T., D'Arcy, B., Benz, J., Aebl, J., Dehmiow, H., Hennig, M., Stihle, M., and Ruf, A., Insight into steroid scaffold formation from the structure of human oxi-dosqualene cyclase, *Nature* **432,** 118–122 (2004).

Wang, K.C. and Ohnuma, S.-I., Isoprenyl diphosphate synthases,

Biochim. Biophys. Acta **1529,** 33–48 (2000).

Wendt, K.U., Schulz, G.E., Corey, E.J. and Liu, D.R., Enzyme mechanisms for polycyclic triterpene formation, *Angew. Chem. Int. Ed.* **39,** 2812–2833 (2000).

Yokode, M., Hammer, R.E., Ishibashi, S., Brown, M.S., and Goldstein, J.L., Diet-induced hypercholesterolemia in mice: Preven-tion by overexpression of LDL receptors, *Science* **250,** 1273–1275 (1990).

Metabolismo de eicosanoides

Abramovitz, M.,Wong, E., Cox, M.E., Richardson, C.D., Li, C., and Vickers, P.J., 5-Lipoxygenase-activating protein stimulates the utilization of arachidonic acid by 5-lipoxygenase, *Eur. J Biochem.* **215,** 105–111 (1993).

Chandrasekharan, N.V., Dai, H., Roos, K.L.T., Evanson, N.K., Tomsik, J., Elton, T.S., and Simmons, D.L., COX-3, a cyclooxygenase-1 variant inhibited by acetaminophen and other analgesic/antipyretic drugs: Cloning, structure, and expression, *Proc. Natl. Acad. Sci.* **99,** 13926–13931 (2002).

Ferguson, A.D., et al., Crystal structure of inhibitor-bound human 5-lipoxygenase–activating protein, *Science* **317,** 510–512 (2007).

Ford-Huchinson,A.W., Gresser, M., and Young, R.N., 5-Lipoxygenase, *Annu. Rev. Biochem.* **63,** 383–417 (1994).

Gillmor, S.A.,Villaseñor,A., Fletterick, R., Sigal, E., and Browner, M.F., The structure of mammalian 15-lipoxygenase reveals similarity to the lipases and the determinants of substrate specificity, *Nature Struct. Biol.* **4,** 1003–1009 (1997).

Kurumbail, R.G., Kiefer, J.R., and Marnett, L.J., Cyclooxygenase enzymes: catalysis and inhibition, *Curr. Opin. Struct. Biol.* **11,** 752–760 (2001).

Phillipson, B.E., Rothrock, D.W., Conner, W.E., Harris, W.S., and Illingworth, D.R., Reduction of plasma lipids, lipoproteins and apoproteins by dietary fish oils in patients with hypertriglyceridemia, *New Engl. J. Med.* **312,** 1210–1216 (1985).

Picot, D., Loll, P.J., and Garavito, R.M.,The X-ray crystal structure of the membrane protein prostaglandin H_2 synthase-1, *Nature* **367,** 243–249 (1994).

Rådmark, O., Werz, O., Steinhilber, D., and Samuelsson, B., 5-Lipoxygenase: regulation of expression and enzyme activity, *Trends Biochem. Sci.* **32,** 332–341 (2007).

Samuelsson, B. and Funk, C.D., Enzymes involved in the biosynthe--sis of leukotriene B4, *J. Biol. Chem.* **264,** 19469–19472 (1989).

Schwarz, K., Walther, M., Anton, M., Gerth, C., Feussner, I., and Kuhn, H., Structural basis for lipoxygenase specificity: conver--sion of the human leukocyte 5-lipoxygenase to a 15-lipoxygenating enzyme species by site-directed mutagenesis, *J. Biol. Chem.* **276,** 773–339 (2001).

Serhan, C.N., Lipoxins and novel aspirin-triggered 15-*epi*-lipoxins (ATL): a jungle of cell-cell interactions or a therapeutic oppor--tunity? *Prostaglandins* **53,** 107–137 (1997).

Smith, W.L., Nutritionally essential fatty acids and biologically in--dispensible cyclooxygenases, *Trends Biochem. Sci.* **33,** 27–37 (2003).

Smith, W.L., DeWitt, D.L., and Garavito, R.M., Cyclooxygenases: structural, cellular and molecular biology, *Annu. Rev. Biochem.* **69,** 145–182 (2000).

Turini, M.E. and DuBois, R.N., Cyclooxygenase-2: a therapeutic target, *Annu. Rev. Med.* **53,** 35–57 (2002).

Warner, T.D. and Mitchell, J.A., Cyclooxygenases: new forms, new inhibitors, and lessons from the clinic, *FASEB J.* **18,** 790–804 (2004).

Metabolismo de fosfolipídeos e glicolipídeos

Conzelmann, E. and Sandhoff, K., Glycolipid and glycoprotein degradation, *Adv. Enzymol.* **60,** 89–216 (1987).

Dowhan, W., Molecular basis for membrane diversity: Why are there so many lipids? *Annu. Rev. Biochem.* **66,** 199–232 (1997).

Kent, C., Eukaryotic phospholipid synthesis, *Annu. Rev. Biochem.* **64,** 315–342 (1995).

Kolter, T. and Sandhoff, K., Sphingolipids—their metabolic path--ways and the pathobiochemistry of neurodegenerative diseases, *Angew. Chem. Int. Ed.* **38,** 1532–1568 (1999).

Neufield, E.F., Natural history and inherited disorders of a lysoso--mal enzyme, β-hexosaminidase, *J. Biol. Chem.* **264,** 10927–10930 (1989).

Prescott, S.M., Zimmerman, G.A., and McIntire, T.M., Platelet-activating factor, *Biol. Chem.* **265,** 17381–17384 (1990).

Tifft, C.J. and Proila, R.L., Stemming the tide: glycosphingloipid synthesis inhibitors as therapy for storage diseases, *Glycobiology* **10,** 1249–1258 (2000).

van Echten, G. and Sandhoff, K., Ganglioside metabolism, *J. Biol. Chem.* **268,** 5341–5344 (1993).

PROBLEMAS

1. Os venenos de muitas serpentes venenosas, incluindo as cascavéis, contêm uma fosfolipase A_2 que causa um dano tecidual que é, aparentemente, desproporcional à pequena quantidade de enzima injetada. Explique.

2. Explique porque indivíduos com uma deficiência hereditária de carnitina-palmitoil-transferase II apresentam fraqueza muscular. Por que estes sintomas são mais severos durante o jejum?

3. Por que o fígado das vítimas da doença jamaicana do vômito está, normalmente, depletado de glicogênio?

4. Compare as eficiências metabólicas, em móis de ATP produzido por grama, da oxidação completa de gordura (tripalmitoil glicerol) e de glicose derivada de glicogênio. Suponha que a gordura é anidra e que o glicogênio é armazenado com duas vezes o seu peso de água.

5. Quando metilmalonil-CoA-mutase é incubada com metilmalonil-CoA marcada com deutério, a coenzima B_{12} extraída desta mutase contém deutério em seu grupo 5′-metileno. Explique a transferência da marcação do substrato para a enzima.

6. Qual é o preço energético, em unidades de ATP, de converter acetoacetil-CoA a acetoacetato e, então, ressintetizar acetoacetil--CoA?

7. Um animal em jejum é alimentado com ácido palmítico que possui o grupo carboxila marcado com ^{14}C. (a) Após o tempo suficiente para a hidrólise e nova síntese de ácidos graxos, qual seria o padrão de marcação com ^{14}C nos resíduos de ácido palmítico do animal? (b) O glicogênio do fígado do animal torna-se marcado com ^{14}C, apesar de não ocorrer aumento na quantidade presente desta substância. Indique a sequência de reações pelas quais o glicogênio se tornou marcado. Por que não há síntese de glicogênio?

8. Qual é o rendimento de ATP da oxidação completa de uma molécula de (a) ácido α-linolênico (ácido 9,12,15-octadecatrienoico, 18:3*n*-3) e (b) **ácido margárico** (ácido heptadecanoico, 17:0)? Qual deles possui a maior quantidade de energia biológica disponível por carbono?

***9.** A função da coenzima B_{12} de mediar a transferência de hidrogênio foi estabelecida utilizando-se a enzima bacteriana dependente de coenzima B_{12} **dioldesidrase**, que catalisa a reação:

$$CH_3-\underset{\underset{OH}{|}}{CH}-\underset{\underset{H}{|}}{CH}-OH \longrightarrow CH_3-\underset{\underset{H}{|}}{CH}-\underset{\underset{OH}{|}}{CH}-OH \xrightarrow{-H_2O} CH_3-CH_2-\overset{\overset{O}{||}}{C}H$$

1,2-Propanodiol **Propionaldeído**

A enzima converte [1-$^3H_2$]1,2-propanodiol a [1,2-^{3}H]propionaldeído com a incorporação de trítio em ambas as posições C5′ do resíduo 5′-desoxiadenosil da 5′-desoxiadenosilcobalamina. Sugira o mecanismo dessa reação. Quais seriam os produtos da reação da dioldesidrase se a enzima fosse suprida com [5′-^{3}H]desoxiadenosilcobalamina e 1,2-propanodiol não marcado?

10. Porque é importante que as células hepáticas careçam de 3-cetoacil-CoA-transferase (Fig. 25.27)?

11. Qual é o preço energético, em equivalentes de ATP, de degradar ácido palmítico a acetil-CoA e então ressintetizá-lo?

12. Espera-se que o ácido graxo mostrado a seguir seja sintetizado em animais? Explique.

$$CH_3-(CH_2-CH=CH)_3-(CH_2)_7-C\begin{matrix}\diagup O\\ \diagdown O^-\end{matrix}$$

13. Qual é o preço energético, em equivalentes de ATP, da síntese de colesterol a partir de acetil-CoA?

14. Qual seria o padrão de marcação com ^{14}C no colesterol se ele fosse sintetizado a partir de HMG-CoA marcada com ^{14}C (a) no C5, seu átomo de carbono da carboxila, ou (b) no C1, seu átomo de carbono do tioéster?

15. O consumo de suplementos de coenzima Q é algumas vezes recomendado a indivíduos com hipercolesterolemia que tomam estatinas. Explique.

***16.** Uma criança sofrendo de forte dor abdominal é admitida em um hospital algumas horas após comer uma refeição constituída por hambúrguer, batatas fritas e sorvete. Seu sangue tem a aparência de "sopa de tomate cremosa" e a análise revela que contém quantidades massivas de quilomícrons. Como médico atendente, qual o seu diagnóstico sobre o problema do paciente (a causa da dor abdominal não é clara)? Que tratamento você prescreveria para aliviar os sintomas dessa doença hereditária?

17. Embora o ácido linoleico seja um ácido graxo essencial para os animais, ele não é necessário às células animais em culturas de tecidos. Explique.

18. A inativação da função de peroxidase da prostaglandina H-sintase (PGHS) também inativa a sua função de ciclo-oxigenase, mas não o contrário. Explique.

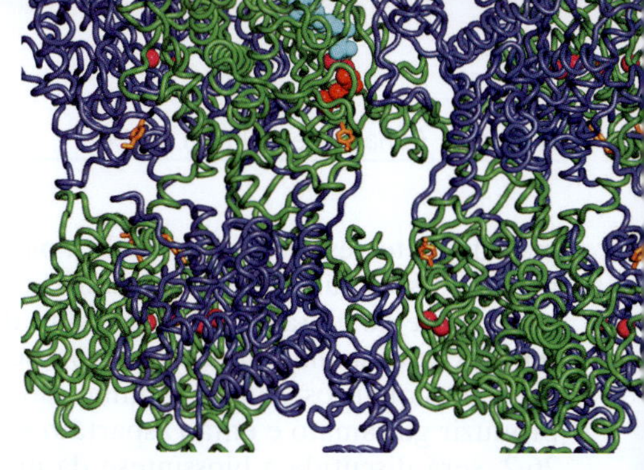

Metabolismo dos Aminoácidos

CAPÍTULO 26

Os α-aminoácidos, além de seu papel como unidades monoméricas das proteínas, são metabólitos energéticos e precursores de muitos compostos biologicamente importantes que contêm nitrogênio, em especial o heme, as aminas fisiologicamente ativas, a glutationa, os nucleotídeos e aqueles nucleotídeos que funcionam como coenzimas. Os aminoácidos são classificados em dois grupos: **essenciais** e **não essenciais**. Os mamíferos sintetizam os aminoácidos não essenciais a partir de precursores metabólicos, porém devem obter os aminoácidos essenciais a partir da dieta. Os aminoácidos em excesso não são armazenados para utilização futura e tampouco excretados. Em vez disso, são convertidos em intermediários metabólicos comuns, como piruvato, oxalacetato, acetil-coenzima A (acetil-CoA) e α-cetoglutarato. Consequentemente, *os aminoácidos também são precursores de glicose, ácidos graxos e corpos cetônicos e, portanto, são combustíveis metabólicos.*

Neste capítulo, consideram-se as vias de degradação dos aminoácidos, sua síntese e utilização. Inicia-se examinando os três estágios comuns da degradação dos aminoácidos:

1. **Desaminação** (remoção do grupo amino), em que os grupos amino são convertidos em amônia ou no grupo amino do aspartato.
2. Incorporação dos átomos de nitrogênio da amônia e do aspartato na ureia, para excreção.
3. Conversão dos esqueletos de carbono dos aminoácidos (os α-cetoácidos produzidos pela desaminação) em intermediários comuns do metabolismo.

Muitas dessas reações são semelhantes àquelas consideradas em outras vias. Outras empregam cofatores enzimáticos ainda não estudados. Um dos objetivos, ao se estudar o metabolismo dos aminoácidos, é compreender os mecanismos de ação desses cofatores.

Após a discussão a respeito da degradação dos aminoácidos, serão examinadas as vias pelas quais os aminoácidos são utilizados para a biossíntese do heme, das aminas fisiologicamente ativas e da glutationa (a síntese dos nucleotídeos e de nucleotídeos que funcionam como coenzimas será o tema do Capítulo 28). A seguir, serão estudadas as vias de biossíntese dos aminoácidos. O capítulo termina com uma discussão a respeito da fixação de nitrogênio, um processo que converte o N_2 atmosférico em amônia e é, portanto, a fonte primária do nitrogênio metabolicamente útil.

1 DESAMINAÇÃO DOS AMINOÁCIDOS

A primeira reação na degradação de um aminoácido é, quase sempre, a remoção de seu grupo α-amino, com o objetivo de excretar o excesso de nitrogênio e degradar o esqueleto de carbono remanescente ou convertê-lo em glicose. A ureia, o produto predominante de excreção do nitrogênio em mamíferos terrestres, é sintetizada a partir de amônia e aspartato. Essas duas últimas substâncias são derivadas principalmente do glutamato, um produto da maior parte das reações de desaminação. Nesta seção, serão examinadas as vias pelas quais os grupos α-amino são incorporados para produzir glutamato e então aspartato e amônia. Na Seção 26.2, será discutida a biossíntese da ureia a partir desses precursores.

A maior parte dos aminoácidos é desaminada por **transaminação**, a transferência de seu grupo amino para um α-cetoácido, produzindo o α-cetoácido do aminoácido original e um novo aminoácido, em reações catalisadas por **aminotransferases** (alternativamente designadas **transaminases**). O aceptor predominante de grupos amino é o α-cetoglutarato, produzindo glutamato como o novo aminoácido:

$$\text{Aminoácido} + \alpha\text{-cetoglutarato} \rightleftharpoons \alpha\text{-cetoglutarato} + \text{glutamato}$$

O grupo amino do glutamato, por sua vez, é transferido para o oxalacetato em uma segunda reação de transaminação, produzindo aspartato:

$$\text{Glutamato} + \text{oxalacetato} \rightleftharpoons \alpha\text{-cetoglutarato} + \text{aspartato}$$

A transaminação, naturalmente, não resulta em qualquer desaminação líquida. Desaminações ocorrem principalmente pela desaminação oxidativa do glutamato pela **glutamato-desidrogenase (GDH)**, produzindo amônia. A reação requer NAD^+ ou $NADP^+$ como um agente oxidante e regenera α-cetoglutarato para utilização em novas reações de transaminação:

$$\text{Glutamato} + \text{NAD(P)}^+ + H_2O \rightleftharpoons \alpha\text{-cetoglutarato} + NH_4^+ + \text{NAD(P)H}$$

Os mecanismos de transaminação e desaminação oxidativa são os temas desta seção. Também serão considerados outros meios pelos quais o grupo amino pode ser removido a partir de determinados aminoácidos.

A. *Transaminação*

a. As reações das aminotransferases ocorrem em dois estágios

1. O grupo amino de um aminoácido é transferido para a enzima, produzindo o α-cetoácido correspondente e a enzima aminada.

$$\text{Aminoácido} + \text{enzima} \rightleftharpoons \alpha\text{-cetoácido} + \text{enzima}-NH_2$$

2. O grupo amino é transferido para o α-cetoácido aceptor (p. ex., α-cetoglutarato), formando o aminoácido produto (p. ex., glutamato) e regenerando a enzima.

$$\alpha\text{-Cetoglutarato} + \text{enzima}-NH_2 \rightleftharpoons \text{enzima} + \text{glutamato}$$

Para transportarem o grupo amino, as aminotransferases requerem a participação de uma coenzima contendo um aldeído, o ***piridoxal-5′-fosfato (PLP)****, um derivado da* ***piridoxina (vitamina B$_6$****; Fig. 26.1a,b).* O grupo amino é acomodado pela conversão dessa coenzima em **piridoxamina-5′-fosfato** (**PMP**; Fig. 26.1*c*). O PLP encontra-se ligado covalentemente à enzima, formando uma base de Schiff (imina) por meio

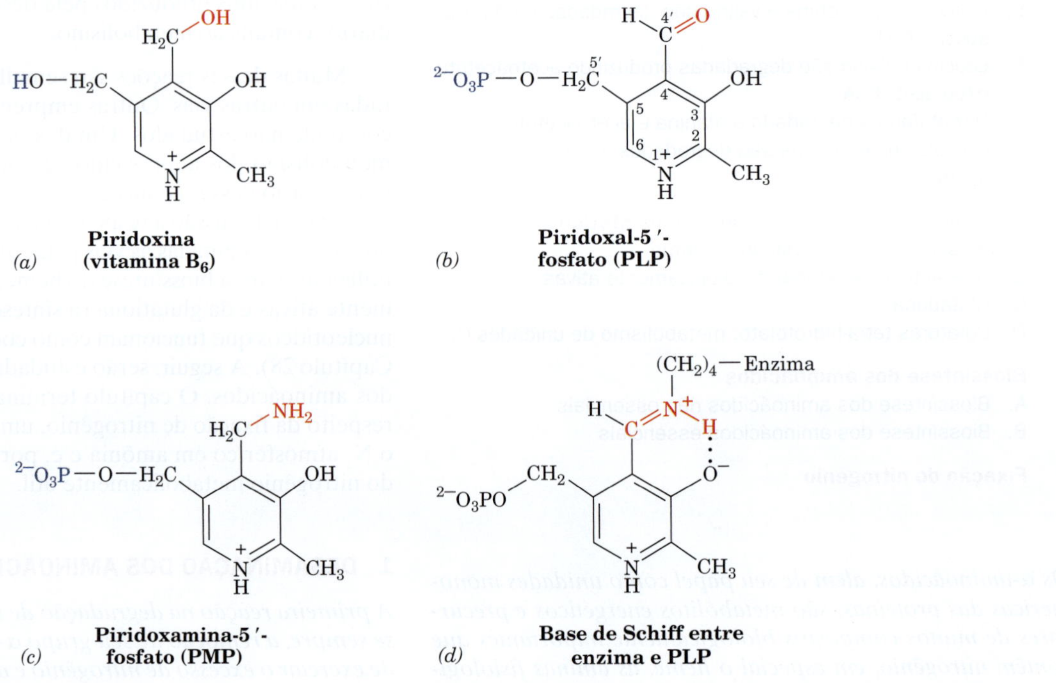

FIGURA 26.1 **Formas do piridoxal-5′-fosfato.** (*a*) Piridoxina (vitamina B$_6$). (*b*) Piridoxal-5′-fosfato (PLP). (*c*) Piridoxamina-5′-fosfato (PMP). (*d*) A base de Schiff que se forma entre o PLP e o grupo ε-amino em uma enzima.

da condensação de seu grupo aldeído com o grupo ε-amino de um resíduo de Lys da enzima (Fig. 26.1*d*). Essa base de Schiff, que está conjugada com o anel piridínico da coenzima, é o foco da atividade da coenzima.

Esmond Snell, Alexander Braunstein e David Metzler demonstraram que a reação da aminotransferase ocorre via um mecanismo de pingue-pongue, cujos dois estágios consistem, cada um, em três etapas (Fig. 26.2):

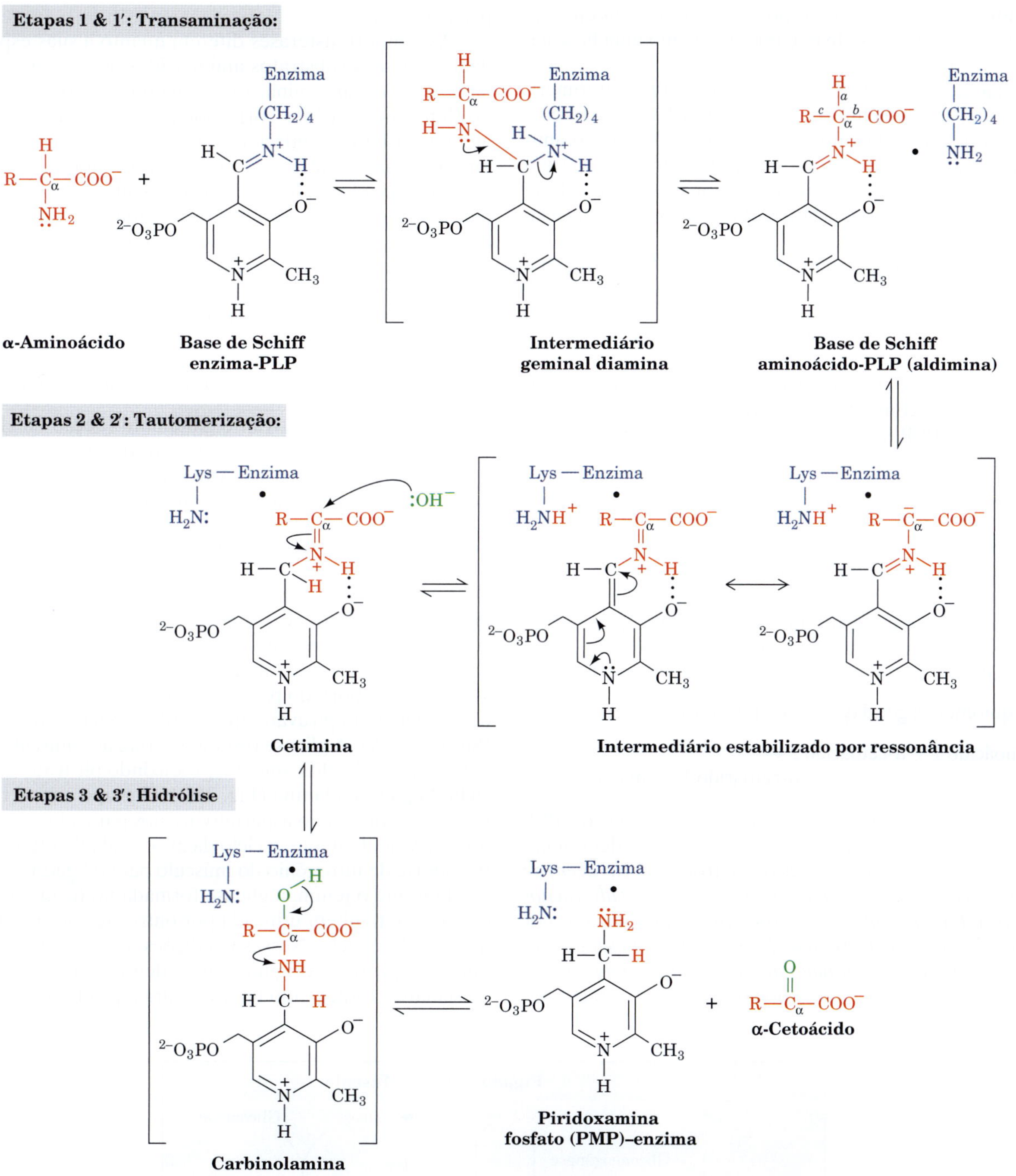

Etapas 1 & 1′: Transaminação:

α-Aminoácido — Base de Schiff enzima-PLP — Intermediário geminal diamina — Base de Schiff aminoácido-PLP (aldimina)

Etapas 2 & 2′: Tautomerização:

Cetimina — Intermediário estabilizado por ressonância

Etapas 3 & 3′: Hidrólise

Carbinolamina — Piridoxamina fosfato (PMP)–enzima — α-Cetoácido

FIGURA 26.2 O mecanismo da transaminação catalisada por enzima dependente de PLP. O primeiro estágio da reação, no qual o grupo α-amino de um aminoácido é transferido para o PLP, dando um α-cetoácido e PMP, consiste em três etapas: (**1**) transaminação; (**2**) tautomerização, quando a Lys liberada durante a reação de transaminação atua como um catalisador geral ácido-base; e (**3**) hidrólise. O segundo estágio da reação, no qual o grupo amino da PMP é transferido para um α-cetoácido diferente, produzindo um novo α-aminoácido e PLP, é essencialmente o reverso do primeiro estágio: as Etapas 3′, 2′ e 1′ são, respectivamente, as Etapas 3, 2 e 1 no sentido inverso. **Ver Figuras animadas**

b. Estágio I: Conversão de um aminoácido em um α-cetoácido

Etapa 1. O grupo amino do aminoácido, que é nucleofílico, ataca o átomo de carbono da base de Schiff-enzima-PLP em uma reação de **transaminação (*trans*-Schiffização)**, formando uma base de Schiff-aminoácido-PLP (aldimina), com concomitante liberação do grupo amino da Lys da enzima. Essa Lys, então, torna-se livre para atuar como uma base geral no sítio ativo.

Etapa 2. A base de Schiff-aminoácido-PLP tautomeriza em uma base de Schiff-α-cetoácido-PMP, pela remoção, catalisada pela Lys do sítio ativo, do hidrogênio α do aminoácido e pela protonação do átomo C4′ do PLP, via um intermediário carbânion estabilizado por ressonância. Essa estabilização por ressonância facilita a clivagem da ligação C_α−H.

Etapa 3. A base de Schiff-α-cetoácido-PMP formada é hidrolisada, produzindo PMP e um α-cetoácido.

c. Estágio II: Conversão de um α-cetoácido em um aminoácido

Para completar o ciclo catalítico da aminotransferase, a coenzima deve ser convertida de PMP novamente na base de Schiff-enzima-PLP. Isso envolve as três etapas apresentadas anteriormente, porém na ordem inversa:

Etapa 3′. PMP reage com um α-cetoácido para formar uma base de Schiff.

Etapa 2′. A base de Schiff-α-cetoácido-PMP tautomeriza, formando uma base de Schiff-aminoácido-PLP.

Etapa 1′. O grupo ε-amino do resíduo de Lys no sítio ativo ataca a base de Schiff-aminoácido-PLP, em uma reação de transaminação que regenera a base de Schiff-enzima ativa-PLP, com liberação do aminoácido recém-produzido.

A estequiometria geral da reação, portanto, é

$$\text{Aminoácido 1} + \alpha\text{-cetoácido 2} \rightleftharpoons \alpha\text{-cetoácido 1} + \text{aminoácido 2}$$

O exame da estrutura da base de Schiff-aminoácido-PLP (Fig. 26.2, Etapa 1) revela por que esse sistema é denominado "o encanto dos fornecedores de elétrons". *A clivagem de qualquer das três ligações do átomo C_α do aminoácido (denominadas a, b e c) produz um carbânion C_α estabilizado por ressonância, cujos elétrons estão deslocalizados no sentido do átomo de nitrogênio protonado do grupo piridina da coenzima; ou seja, o PLP funciona como um sumidouro de elétrons.* Para as reações de transaminação, essa capacidade de retirada de elétrons facilita a remoção de um próton α (clivagem da ligação *a*) na tautomerização da base de Schiff. Reações dependentes de PLP, envolvendo clivagem da ligação *b* (descarboxilação de aminoácidos) e labilização da ligação *c*, são discutidas na Seção 26.4B e nas Seções 26.3Bb e 26.3G, respectivamente.

As aminotransferases diferem quanto a suas especificidades por seus substratos aminoácidos no primeiro estágio da reação de transaminação, assim produzindo os diferentes produtos α-cetoácidos correspondentes. A maior parte das aminotransferases, entretanto, aceita apenas α-cetoglutarato ou (em menor grau) oxalacetato como o substrato α-cetoácido no segundo estágio da reação, assim produzindo glutamato ou aspartato como únicos aminoácidos entre os produtos. *Os grupos amino da maior parte dos aminoácidos, consequentemente, convergem para a formação de glutamato ou aspartato, os quais são, eles próprios, interconvertidos pela* ***glutamato-aspartato-aminotransferase:***

$$\text{Glutamato} + \text{oxalacetato} \rightleftharpoons \alpha\text{-cetoglutarato} + \text{aspartato}$$

A desaminação oxidativa do glutamato (Seção 26.1B) produz amônia e regenera α-cetoglutarato para outro ciclo de reações de transaminação. Amônia e aspartato são os dois doadores de grupos amino na síntese da ureia.

d. O ciclo da glicose-alanina transporta nitrogênio para o fígado

Uma exceção importante do que foi comentado anteriormente é um grupo de aminotransferases do músculo, que aceita piruvato como seu substrato α-cetoácido. O aminoácido que é produzido, alanina, é liberado na corrente sanguínea e transportado para o fígado, onde sofre transaminação, produzindo piruvato, que é utilizado na gliconeogênese (Seção 23.1A). A glicose resultante volta aos músculos, onde é degradada glicoliticamente, produzindo piruvato. Esse é o **ciclo da glicose-alanina** (Fig. 26.3). O grupo amino termina no íon amônio ou no aspartato, usados para a biossíntese da ureia. Evidentemente, o ciclo da glicose-alanina funciona no transporte de nitrogênio do músculo para o fígado.

Durante o jejum, a glicose formada no fígado por meio dessa via é também utilizada por outros tecidos periféricos, quebrando o ciclo. Nessas condições, tanto o grupo amino quanto o piruvato originam-se da degradação de proteínas musculares, fornecendo uma via para a produção de glicose

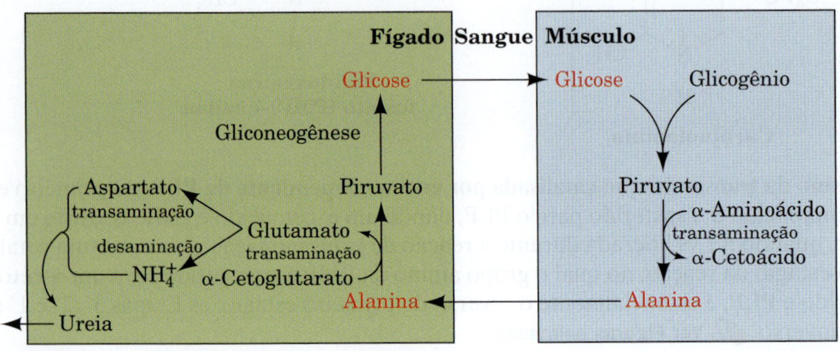

FIGURA 26.3 **O ciclo da glicose-alanina.** **Ver Figuras animadas**

para utilização em outros tecidos (lembre que o músculo não é um tecido gliconeogênico; Seção 23.1).

O nitrogênio também é transportado para o fígado na forma de glutamina, sintetizada a partir de glutamato e amônia, em uma reação catalisada pela **glutamina-sintase** (Seção 26.5Ab). A amônia é liberada nas mitocôndrias hepáticas para a síntese da ureia ou no rim para a excreção, pela ação da **glutaminase** (Seção 26.3D).

B. *Desaminação oxidativa: a glutamato-desidrogenase*

O glutamato é desaminado oxidativamente na matriz mitocondrial pela glutamato-desidrogenase (GDH), a única enzima conhecida que, pelo menos em alguns organismos, pode aceitar tanto NAD^+ como $NADP^+$ como sua coenzima redox. Acredita-se que a oxidação do glutamato ocorra com a transferência de um íon hidreto do C_α do glutamato para o $NAD(P)^+$, assim produzindo α-iminoglutarato, o qual é hidrolisado a α-cetoglutarato e amônia (Fig. 26.4). A GDH é inibida alostericamente por GTP, NADH e por compostos apolares como palmitoil-CoA e hormônios esteroides. Ela é ativada por ADP, NAD^+ e leucina (o aminoácido mais abundante em proteínas; Tab. 4.1). *in vitro*, sugerindo que esses efetores regulam a enzima *in vivo*.

a. As estruturas por raios X da GDH revelam seu mecanismo alostérico

As estruturas por raios X da GDH homo-hexamérica obtida a partir de mitocôndrias de fígado bovino ou humano, determinadas por Thomas Smith, revelam que cada monômero apresenta três domínios, um domínio do substrato, um domínio para a coenzima e um domínio antena. A proteína, que apresenta simetria D_3, pode ser considerada um dímero de trímeros, com os domínios antena de cada trímero envolvendo um ao outro ao longo de seu eixo de simetria de ordem 3 (Fig. 26.5*a*). A comparação estrutural do monômero de 501 resíduos da **GDH** bovina em complexo com **glutamato--NADH-GTP** (Fig. 26.5*b*) com a **apoenzima** (sem ligantes

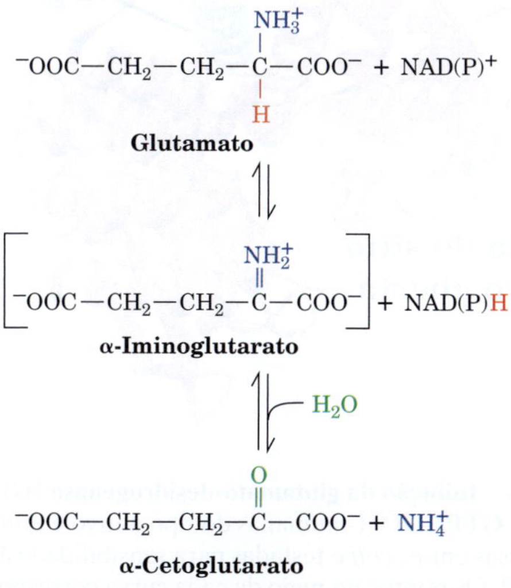

$$^{-}OOC{-}CH_2{-}CH_2{-}\underset{H}{\overset{NH_3^+}{C}}{-}COO^- + NAD(P)^+$$

Glutamato

$$\rightleftharpoons$$

$$\left[\,^{-}OOC{-}CH_2{-}CH_2{-}\overset{NH_2^+}{\overset{\|}{C}}{-}COO^-\right] + NAD(P)H + H^+$$

α-Iminoglutarato

$$\rightleftharpoons \; H_2O$$

$$^{-}OOC{-}CH_2{-}CH_2{-}\overset{O}{\overset{\|}{C}}{-}COO^- + NH_4^+$$

α-Cetoglutarato

FIGURA 26.4 A desaminação oxidativa do glutamato pela glutamato-desidrogenase. Essa reação envolve a formação intermediária de α-iminoglutarato.

no sítio ativo ou em sítios regulatórios; Fig. 26.5*c*) humana, que apresenta 96% de identidade, revela que, ao se unir a seus ligantes, o domínio onde se liga a coenzima faz uma rotação sobre a assim denominada hélice pivô, de modo a fechar a fenda entre os domínios da coenzima e do substrato. Simultaneamente, o domínio antena é torcido de modo a desenrolar uma volta da hélice da antena que está conectada à hélice pivô. Embora a forma fechada seja necessária para a catálise, a forma aberta favorece a associação e a dissociação de substratos e produtos. No estado aberto, a Arg 463 (numeração da enzima humana), no centro da hélice pivô, interage com o ativador ADP (cujo sítio de ligação no complexo bovino é ocupado pela porção ADP de um NADH; Fig. 26.5*b*), enquanto no estado fechado a cadeia lateral da His 454 forma uma ligação de hidrogênio com o fosfato γ do inibidor GTP. O sítio de ligação do GTP apresenta-se distorcido e bloqueado no estado aberto, de modo que a ligação do GTP favorece a forma fechada da enzima. Isso resulta em uma forte ligação de substratos e produtos e, portanto, na inibição da enzima. A ligação do ADP favorece a forma aberta, permitindo a dissociação do produto e, portanto, ativa a enzima. Interações alostéricas parecem comunicar-se entre as subunidades por meio de interações dos domínios antena. De fato, GDHs bacterianas, que não apresentam regulação alostérica, diferem de GDHs de mamíferos principalmente pela ausência dos domínios antena.

b. O hiperinsulinismo/hiperamonemia (HI/HA) é causado por atividade descontrolada da GDH

Charles Stanley relatou uma nova forma de hiperinsulinismo congênito, que se caracteriza por hipoglicemia e **hiperamonemia** (**HI/HA**; hiperamonemia significa níveis elevados de amônia no sangue), e demonstrou que essa doença é causada por mutações na GDH na porção N-terminal de sua hélice pivô, no sítio de ligação para o GTP ou no domínio antena, próximo à sua junção com a hélice pivô. As enzimas mutantes apresentam sensibilidade reduzida à inibição por GTP, mas mantêm a capacidade de serem ativadas por ADP. As GDH mutantes S448P, H454Y e R463A, que foram desenhadas respectivamente para terem a região antena, o sítio de ligação para o GTP e o sítio de ligação para o ADP afetados (Fig. 26.5*b*), apresentam todas um decréscimo na sensibilidade à inibição por GTP (Fig. 26.6), sendo que H454Y e S448P, que, sabia-se de antemão, estão associadas com HI/HA, conferem a maior resistência à inibição por GTP. A hipoglicemia e a hiperamonemia nos pacientes HI/HA devem-se à maior atividade das GDHs mutantes no sentido da degradação, produzindo maiores quantidades de α-cetoglutarato e NH_3. Os níveis aumentados de α-cetoglutarato estimulam o ciclo do ácido cítrico e a fosforilação oxidativa, o que acarreta um aumento na secreção de insulina com resultante hipoglicemia, produzindo assim os sintomas da doença. O NH_4^+ produzido é normalmente convertido em ureia (Seção 26.2), mas pode também ser exportado para a corrente sanguínea.

Se esse cenário para a gênese de HI/HA estiver correto, é necessário fazer uma reavaliação a respeito do papel da GDH na homeostase da amônia. O equilíbrio da reação da GDH favorece bastante a síntese de Glu ($\Delta G°' \sim 30\ kJ \cdot mol^{-1}$ para a reação escrita conforme mostrado na Fig. 26.4), porém estudos levando em conta as concentrações celulares de substratos e produtos sugerem que a enzima funciona em

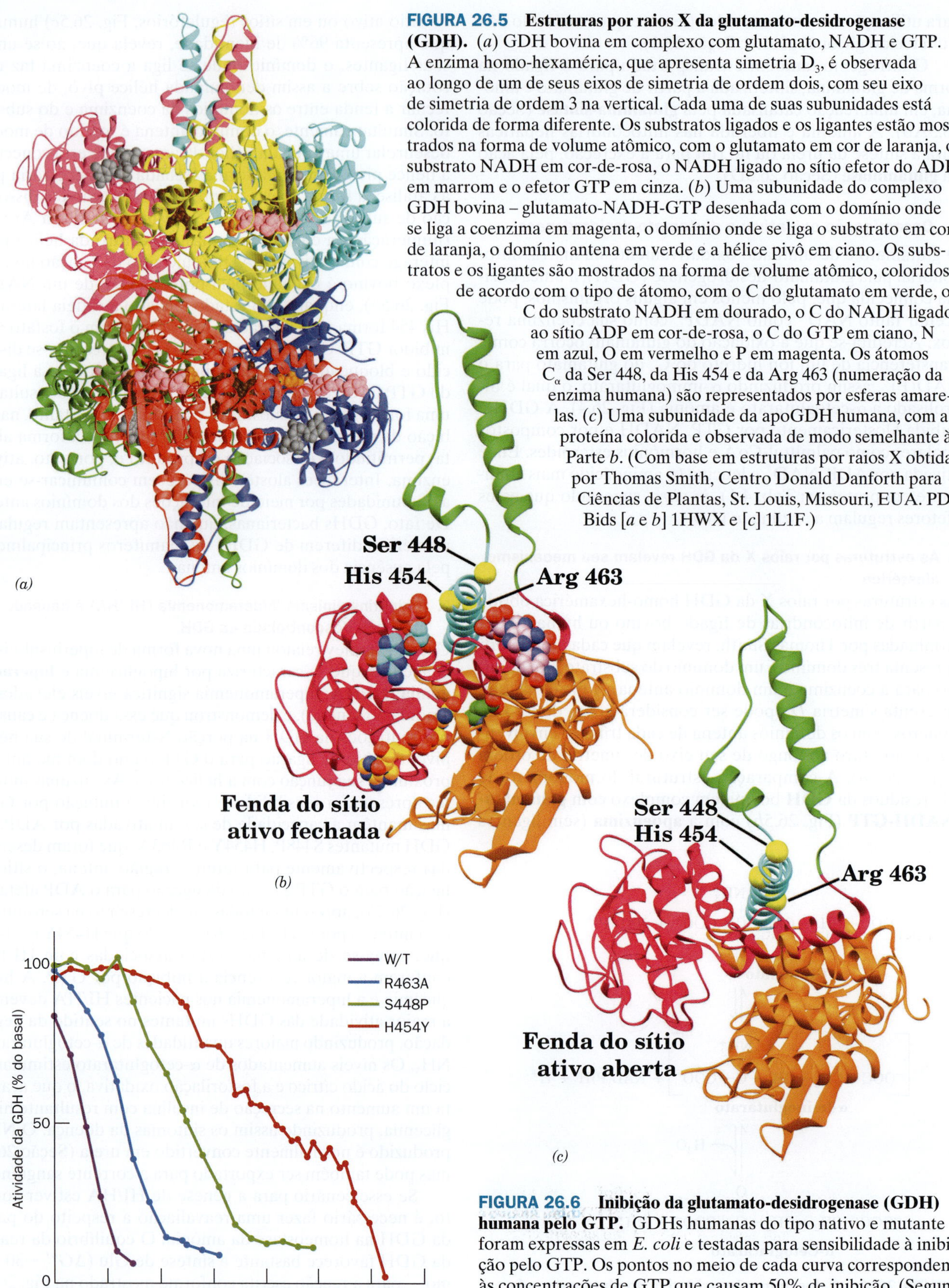

FIGURA 26.5 Estruturas por raios X da glutamato-desidrogenase (GDH). (*a*) GDH bovina em complexo com glutamato, NADH e GTP. A enzima homo-hexamérica, que apresenta simetria D_3, é observada ao longo de um de seus eixos de simetria de ordem dois, com seu eixo de simetria de ordem 3 na vertical. Cada uma de suas subunidades está colorida de forma diferente. Os substratos ligados e os ligantes estão mostrados na forma de volume atômico, com o glutamato em cor de laranja, o substrato NADH em cor-de-rosa, o NADH ligado no sítio efetor do ADP em marrom e o efetor GTP em cinza. (*b*) Uma subunidade do complexo GDH bovina – glutamato-NADH-GTP desenhada com o domínio onde se liga a coenzima em magenta, o domínio onde se liga o substrato em cor de laranja, o domínio antena em verde e a hélice pivô em ciano. Os substratos e os ligantes são mostrados na forma de volume atômico, coloridos de acordo com o tipo de átomo, com o C do glutamato em verde, o C do substrato NADH em dourado, o C do NADH ligado ao sítio ADP em cor-de-rosa, o C do GTP em ciano, N em azul, O em vermelho e P em magenta. Os átomos C_α da Ser 448, da His 454 e da Arg 463 (numeração da enzima humana) são representados por esferas amarelas. (*c*) Uma subunidade da apoGDH humana, com a proteína colorida e observada de modo semelhante à Parte *b*. (Com base em estruturas por raios X obtidas por Thomas Smith, Centro Donald Danforth para Ciências de Plantas, St. Louis, Missouri, EUA. PDBids [*a* e *b*] 1HWX e [*c*] 1L1F.)

FIGURA 26.6 Inibição da glutamato-desidrogenase (GDH) humana pelo GTP. GDHs humanas do tipo nativo e mutante foram expressas em *E. coli* e testadas para sensibilidade à inibição pelo GTP. Os pontos no meio de cada curva correspondem às concentrações de GTP que causam 50% de inibição. (Segundo Fang, J., Hsu, B.Y.L., MacMullen, C.M., Poncz, M., Smith, T.J., e Stanley, C.A., *Biochem. J.* **363**, 81 [2002].)

condições próximas ao equilíbrio ($\Delta G \sim 0$) *in vivo*. Assim sendo, aceitava-se sem restrições que aumentos na $[NH_3]$, que, em níveis elevados, é tóxica, causariam o funcionamento da GDH no sentido inverso, removendo NH_3 e, assim, prevenindo o aumento desse composto para níveis tóxicos. Entretanto, uma vez que pacientes HI/HA possuem atividade aumentada da GDH e, ainda assim, apresentam níveis mais altos de NH_3 que o normal, o papel aceito para a GDH não pode estar correto. De fato, se a GDH funciona perto do equilíbrio, alterações em sua atividade resultante de interações alostéricas não resultariam em mudanças de fluxo significativas.

C. *Outros mecanismos de desaminação*

Duas aminoácido-oxidases não específicas, a **L-aminoácido-oxidase** e a **D-aminoácido-oxidase**, catalisam a oxidação de L- e D-aminoácidos, utilizando FAD como sua coenzima redox (ao invés de $NAD[P]^+$). O $FADH_2$ resultante é reoxidado pelo O_2.

$$\text{Aminoácido} + \text{FAD} + H_2O \longrightarrow \alpha\text{-cetoácido} + NH_3 + FADH_2$$

$$FADH_2 + O_2 \longrightarrow FAD + H_2O_2$$

A D-aminoácido-oxidase ocorre principalmente no rim. Sua função é um enigma, pois D-aminoácidos estão associados principalmente com paredes celulares bacterianas (Seção 11.3Ba). Uns poucos aminoácidos, como serina e histidina, são desaminados de forma não oxidativa (Seções 26.3B e 26.3D).

2 O CICLO DA UREIA

Organismos vivos excretam o excesso de nitrogênio resultante da degradação metabólica dos aminoácidos por meio de uma de três possibilidades. Muitos animais aquáticos simplesmente excretam amônia. Onde a água é menos abundante, entretanto, ocorreu a evolução de processos para converter a amônia em produtos de eliminação menos tóxicos e que, portanto, necessitam de menor quantidade de água para serem eliminados. Um desses produtos é a ureia, que é excretada pela maior parte dos vertebrados terrestres; outro é o **ácido úrico**, que é excretado por aves e por répteis terrestres.

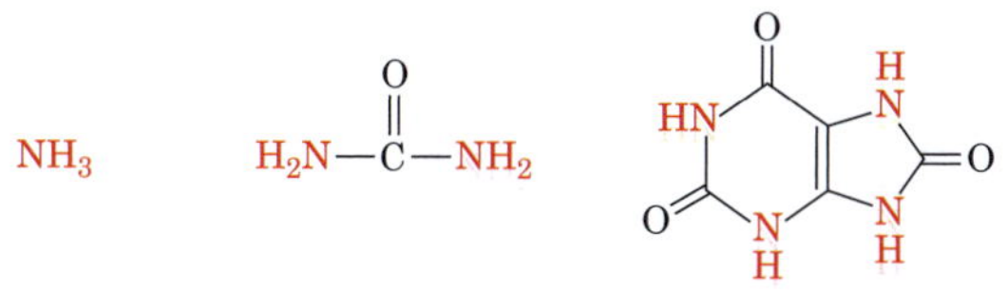

NH_3 — **Amônia**

$H_2N{-}C({=}O){-}NH_2$ — **Ureia**

Ácido úrico (estrutura: anel purínico com HN, O, N–H, =O)

Desse modo, os organismos vivos são classificados como **amoniotélicos** (que excretam amônia), **ureotélicos** (que excretam ureia) ou **uricotélicos** (que excretam ácido úrico). Alguns animais podem deslocar-se do amoniotelismo para o ureotelismo ou o uricotelismo, caso seu suprimento de água se torne restrito. Aqui, focaliza-se a atenção na síntese da ureia. A biossíntese do ácido úrico será discutida na Seção 28.4A.

*A ureia é sintetizada no fígado pelas enzimas do **ciclo da ureia**.* Ela é então secretada na corrente sanguínea e captada pelos rins para ser excretada na urina. O ciclo da ureia foi elucidado em linhas gerais em 1932 por Hans Krebs e Kurt Henseleit (o primeiro ciclo metabólico conhecido; Krebs somente elucidou o ciclo do ácido cítrico em 1937). Suas reações individuais foram posteriormente descritas em detalhe por Sarah Ratner e Philip Cohen. A reação global do ciclo da ureia é

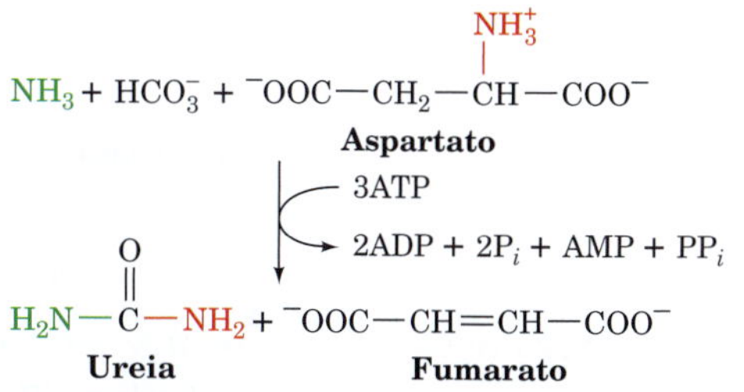

$$NH_3 + HCO_3^- + {}^-OOC{-}CH_2{-}CH(NH_3^+){-}COO^- \;(\textbf{Aspartato}) \xrightarrow[\;2ADP + 2P_i + AMP + PP_i\;]{3ATP} H_2N{-}C({=}O){-}NH_2 \;(\textbf{Ureia}) + {}^-OOC{-}CH{=}CH{-}COO^- \;(\textbf{Fumarato})$$

Desse modo, os dois átomos de nitrogênio da ureia são fornecidos pela NH_3 e pelo aspartato, enquanto o átomo de carbono origina-se do HCO_3^-. Cinco reações enzimáticas estão envolvidas no ciclo da ureia, duas das quais são mitocondriais e três citosólicas (Fig. 26.7). Nesta seção, serão examinados os mecanismos dessas reações e sua regulação.

A. *Carbamoilfosfato-sintase: aquisição do primeiro átomo de nitrogênio da ureia*

A **carbamoilfosfato-sintase** (**CPS**) não é, tecnicamente, uma enzima do ciclo da ureia. Ela catalisa a condensação e a ativação de NH_3 e HCO_3^- para formar **carbamoilfosfato**, o primeiro dos dois substratos que fornecem nitrogênio para o ciclo, com concomitante hidrólise de dois ATPs. Os eucariotos possuem duas formas de CPS:

1. **CPS I**, mitocondrial, que utiliza NH_3 como doador de nitrogênio e participa da biossíntese da ureia.
2. **CPS II**, citosólica, que utiliza glutamina como doador de nitrogênio e está envolvida na biossíntese de pirimidinas (Seção 28.2A).

A reação catalisada pela CPS I envolve três etapas (Fig. 26.8):

1. Ativação do HCO_3^- pelo ATP para formar **carboxifosfato** e ADP.
2. Ataque nucleofílico do carboxifosfato pela NH_3, deslocando o fosfato para formar **carbamato** e P*i*.
3. Fosforilação do carbamato pelo segundo ATP, formando carbamoilfosfato e ADP.

A reação é essencialmente irreversível e é a etapa limitante do ciclo da ureia. A CPS I está sujeita à ativação alostérica por ***N*-acetilglutamato**, conforme discutido na Seção 26.2F.

A *E. coli* contém apenas um tipo de CPS, que é homóloga tanto à CPS I quanto à CPS II. A enzima é um heterodímero, mas, quando alostericamente ativada pela ornitina (um intermediário do ciclo da ureia), forma um tetrâmero de heterodímeros, $(\alpha\beta)_4$. Sua subunidade menor (382 resíduos) funciona na hidrólise da glutamina e na liberação da NH_3 resultante para a subunidade maior (1.073 resíduos). Entretanto, se a atividade de **glutaminase (glutamina-amidotransferase)** da enzima for eliminada (p. ex., por mutagênese sítio-direcionada), a subunidade maior ainda pode produzir

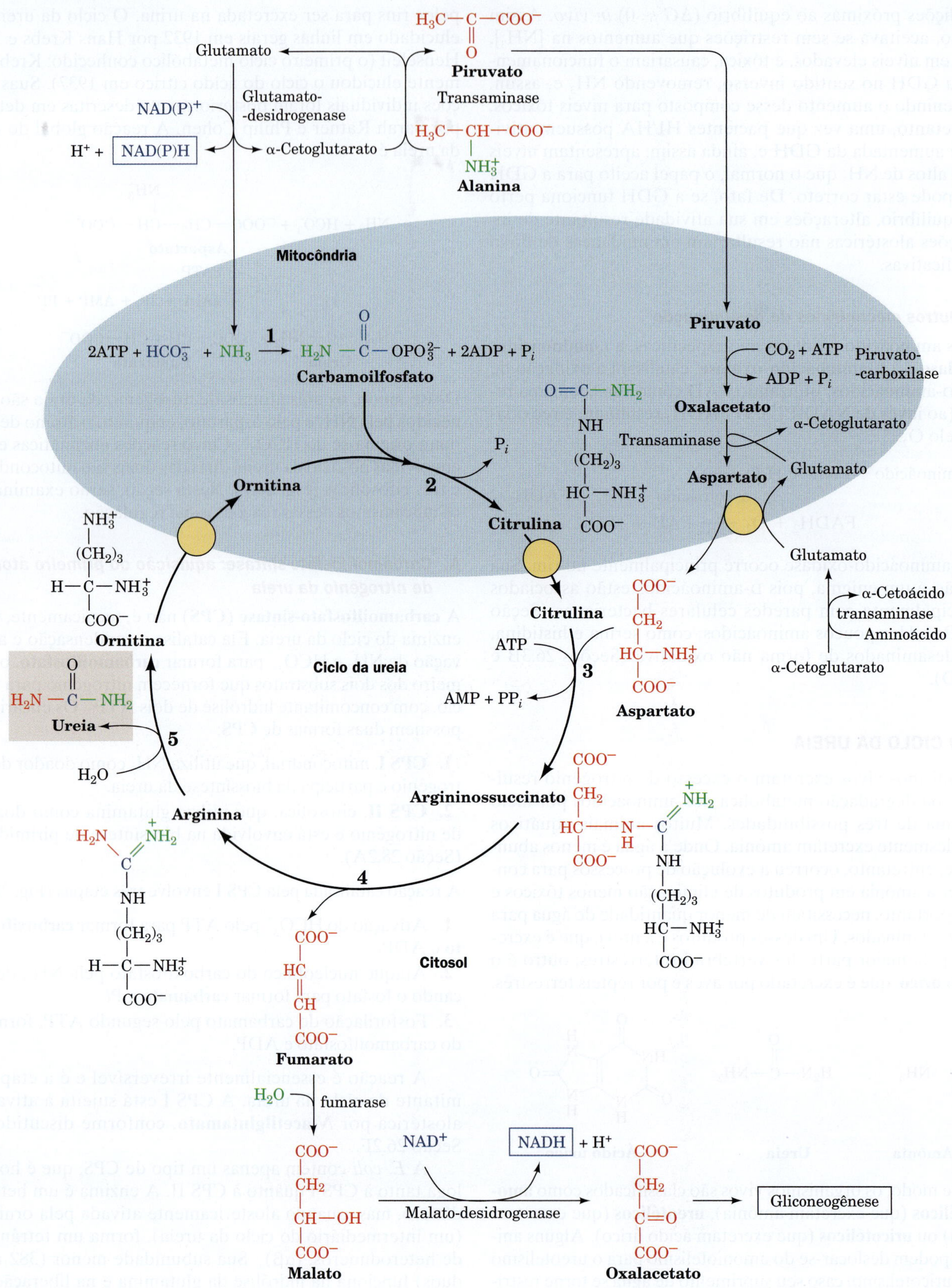
Glutamato
Piruvato
Transaminase
Alanina
NAD(P)+
Glutamato-
-desidrogenase
H+ + NAD(P)H
α-Cetoglutarato
Mitocôndria
2ATP + HCO3− + NH3
1
H2N — C — OPO3 2− + 2ADP + Pi
Carbamoilfosfato
Pi
2
Ornitina
Citrulina
Piruvato
CO2 + ATP
ADP + Pi
Piruvato-
-carboxilase
Oxalacetato
α-Cetoglutarato
Transaminase
Glutamato
Aspartato
Glutamato
α-Cetoácido
transaminase
Aminoácido
α-Cetoglutarato
Ornitina
Ciclo da ureia
Ureia
5
H2O
ATP
AMP + PPi
3
Citrulina
Aspartato
Argininossuccinato
Arginina
4
Fumarato
Citosol
H2O
fumarase
NAD+
NADH + H+
Malato-desidrogenase
Malato
Oxalacetato
Gliconeogênese

FIGURA 26.7 (*Página ao lado*) **O ciclo da ureia.** Suas cinco enzimas são: (**1**) carbamoilfosfato-sintase, (**2**) ornitina-transcarbamoilase, (**3**) argininossuccinato-sintase; (**4**) argininossuccinase e (**5**) arginase. As reações ocorrem em parte na mitocôndria e em parte no citosol, com a ornitina e a citrulina sendo transportadas através da membrana mitocondrial por sistemas de transportadores específicos (*círculos amarelos*). Um dos grupos amino da ureia (*verde*) origina-se como o produto NH_3 da reação da glutamato-desidrogenase (*parte superior da figura*). O outro grupo amino (*vermelho*) é obtido a partir do aspartato, por meio da transferência desse grupo de um aminoácido para o oxalacetato, via transaminação (*à direita*). O fumarato, produto da reação da argininossuccinase, é convertido em oxalacetato para que entre na gliconeogênese, pelas mesmas reações que ocorrem no ciclo do ácido cítrico, mas desta feita ocorrendo no citosol (*parte inferior da figura*). O ATP utilizado nas Reações 1 e 3 do ciclo pode ser regenerado pela fosforilação oxidativa a partir do NAD(P)H produzido pelas reações da glutamato-desidrogenase (*parte superior*) e da malato-desidrogenase (*parte inferior da figura*).
Ver Figuras animadas

carbamoilfosfato, se NH_3 for fornecida em concentrações suficientemente elevadas. A subunidade maior é composta por duas metades quase sobreponíveis, que apresentam 40% de identidade entre suas sequências. A metade N-terminal contém o componente de síntese de carboxifosfato e um domínio de oligomerização, enquanto a metade C-terminal contém o componente de síntese de carbamoilfosfato e um domínio para ligação alostérica.

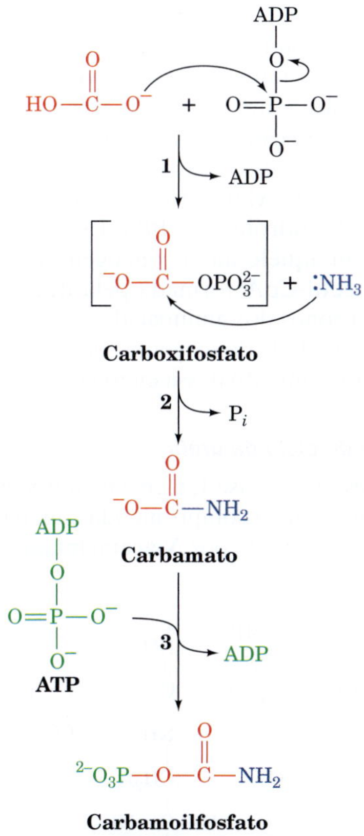

$$HO-C(=O)-O^- + O=P(-O-ADP)(-O^-)-O^- \xrightarrow{1,\ -ADP} \left[{}^-O-C(=O)-OPO_3^{2-}\right] + :NH_3$$

Carboxifosfato

$$\xrightarrow{2,\ -P_i} {}^-O-C(=O)-NH_2$$

Carbamato

$$\xrightarrow[\text{ATP} \ (ADP-O-P(=O)(-O^-)-O^-)]{3,\ -ADP} {}^{2-}O_3P-O-C(=O)-NH_2$$

Carbamoilfosfato

FIGURA 26.8 **O mecanismo de ação da CPS I.** (**1**) A ativação de HCO_3^- por fosforilação forma o intermediário carboxifosfato; (**2**) o ataque nucleofílico sobre o carboxifosfato pelo NH_3 forma o segundo intermediário da reação, o carbamato; e (**3**) a fosforilação do carbamato pelo ATP forma o produto da reação, o carbamoilfosfato.

a. A CPS de *E. coli* contém um túnel extraordinariamente longo

A estrutura por raios X da CPS de *E. coli* em complexo com Mn^{2+}, ADP, P*i* e ornitina, determinada por Hazel Holden e Ivan Rayment, revela que o sítio ativo para a síntese do intermediário carboxifosfato está distante ~45 Å do sítio de síntese de amônia e também distante ~35 Å do sítio ativo de síntese de carbamoilfosfato. Surpreendentemente, os três sítios estão conectados por um túnel molecular estreito de 96 Å de comprimento, que percorre quase toda a extensão do comprimento da molécula proteica (Fig. 26.9). Parece, portanto, que a CPS direciona os produtos intermediários do sítio ativo onde são formados para aquele onde são utilizados. Esse fenômeno, no qual o intermediário de duas reações é transferido diretamente de um sítio ativo enzimático para outro, é denominado **canalização** (o termo

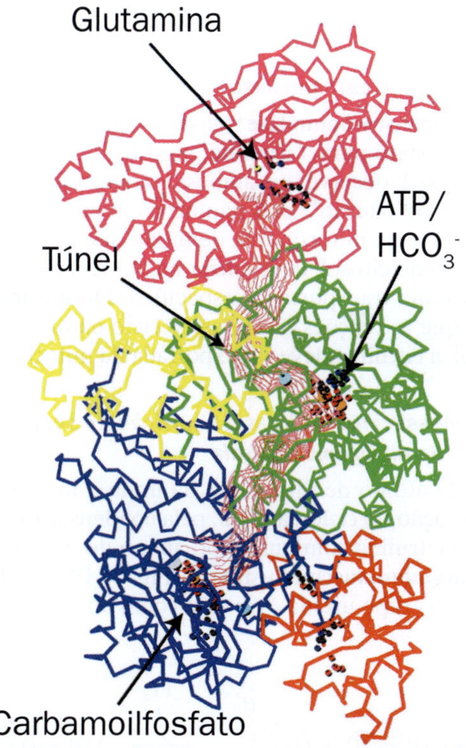

FIGURA 26.9 **Estrutura por raios X da carbamoilfosfato-sintase (CPS) de *E. coli*.** A proteína é representada pelos C_α de seu esqueleto. A subunidade menor (*em magenta*) contém o sítio de ligação da glutamina, onde NH_3 é produzido ou ligado. A subunidade maior consiste no domínio carboxifosfato (*verde*), no domínio de oligomerização (*amarelo*), no domínio carbamoilfosfato (*azul*) e no domínio de ligação alostérica (*cor de laranja*). O túnel de 96 Å de comprimento, que conecta os três sítios ativos, está delineado em vermelho. (Cortesia de Hazel Holden e Ivan Rayment, Universidade de Wisconsin, EUA. PDBid 1JDB.)

"tunelamento" é reservado para certos fenômenos da mecânica quântica).

A canalização aumenta a velocidade de uma via metabólica, por evitar a perda de produtos intermediários, além de protegê-los da degradação. A NH_3 deve andar ~45 Å pelo túnel na CPS para reagir com o carboxifosfato, formando o próximo intermediário, o carbamato. O carbamato, por sua vez, deve percorrer uma distância adicional de ~35 Å até o sítio onde será fosforilado pelo ATP para formar o produto final, carbomoilfosfato. O túnel para a transferência de NH_3 é revestido com grupos polares, capazes de formar ligações de hidrogênio com a NH_3, enquanto o túnel que será percorrido pelo carbamato é revestido com átomos do esqueleto de carbono e não apresenta grupos carregados, que poderiam induzir sua hidrólise à medida que ele se difunde entre os sítios ativos. É necessário que haja blindagem e canalização, pois os intermediários carboxifosfato e carbamato são extremamente reativos, suas meias-vidas são de 28 e 70 ms, respectivamente, em pH neutro. Além disso, a canalização permite que a concentração local de NH_3 atinja valores mais altos do que aqueles observados no meio celular. Serão encontrados diversos outros exemplos de canalização em estudos de enzimas no metabolismo, mas o túnel da CPS é bem mais extenso que qualquer outro observado em enzimas já conhecidas.

B. *Ornitina-transcarbamoilase*

A **ornitina-transcarbamoilase** transfere o grupo carbamoil do carbamoilfosfato para a **ornitina**, produzindo **citrulina** (Fig. 26.7, Reação 2; observe que ambos os compostos são α-aminoácidos "não padrão", pois não ocorrem em proteínas). A reação ocorre na mitocôndria, de modo que a ornitina, que é produzida no citosol, deve entrar na mitocôndria por meio de um sistema transportador específico. Do mesmo modo, uma vez que as reações restantes do ciclo da ureia ocorrem no citosol, a citrulina deve ser exportada da mitocôndria.

C. *Argininossuccinato-sintase: aquisição do segundo átomo de nitrogênio da ureia*

O segundo átomo de nitrogênio da ureia é introduzido na terceira reação do ciclo da ureia, pela condensação do grupo ureído da citrulina com um grupo amino do aspartato, pela ação da **argininossuccinato-sintase** (Fig. 26.10). O átomo de oxigênio do grupo ureído é ativado como um grupo de saída por meio da formação de um intermediário citrulina-AMP, o qual é subsequentemente deslocado pelo grupo amino do aspartato. Evidências a favor da existência do intermediário citrulil-AMP originam-se de experimentos utilizando citrulina marcada com ^{18}O (* na Fig. 26.10). A marcação foi isolada no AMP produzido pela reação, demonstrando que, em algum estágio da reação, AMP e citrulina apresentam-se ligados covalentemente pelo átomo de oxigênio do grupo ureído.

D. *Argininossuccinase*

Com a formação de argininossuccinato, todos os componentes da molécula de ureia foram reunidos. Entretanto, o grupo amino doado pelo aspartato ainda está ligado ao esqueleto de carbono do aspartato. Essa situação é resolvida pela eliminação de arginina, catalisada pela **argininossuccinase**, enquanto o esqueleto de carbono do aspartato forma fumarato (Fig. 26.7, Reação 4). A arginina é o precursor imediato da ureia. O fumarato produzido pela reação da argininossuccinase reage via reações da fumarase e da malato-desidrogenase para formar oxalacetato (Fig. 26.7, *parte inferior*), o qual é então utilizado na gliconeogênese (Seção 23.1).

E. *Arginase*

A quinta e última reação do ciclo da ureia é a hidrólise da arginina, catalisada pela **arginase**, produzindo ureia e regenerando ornitina (Fig. 26.7, Reação 5). A ornitina retorna então para a mitocôndria, para outra volta do ciclo. O ciclo da ureia, portanto, converte dois grupos amino, um da NH_3 e um do aspartato, e um átomo de carbono do HCO_3^- em um produto de excreção relativamente não tóxico, a ureia, à custa de quatro ligações fosfato de "alta energia" (três ATPs hidrolisados em dois ADPs, dois P_i, um AMP e um PP_i, seguindo-se rápida hidrólise do PP_i). Esse custo energético, juntamente com aquele da gliconeogênese, é suprido pela oxidação da acetil-CoA formada pela degradação dos esqueletos de carbonos dos aminoácidos (p. ex., treonina, Fig. 26.12). De fato, metade do oxigênio consumido pelo fígado é utilizado no fornecimento dessa energia.

F. *Regulação do ciclo da ureia*

A carbamoilfosfato-sintase I, a enzima mitocondrial que catalisa a primeira reação comprometida com o ciclo da ureia, é ativada alostericamente por ***N*-acetilglutamato**:

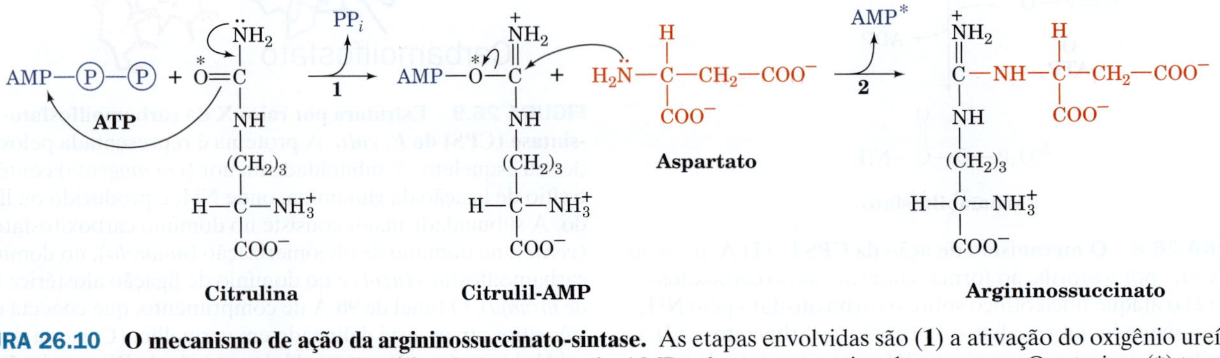

FIGURA 26.10 O mecanismo de ação da argininossuccinato-sintase. As etapas envolvidas são (**1**) a ativação do oxigênio ureído da citrulina, via formação de citrulil-AMP e (**2**) o deslocamento do AMP pelo grupo α-amino do aspartato. O asterisco (*) traça o destino do ^{18}O a partir do grupo ureído da citrulina.

```
        COO⁻
         |
       (CH2)2    O
         |       ||
     H — C — N — C — CH3
         |   H
      ⁻OOC
```

N-Acetilglutamato

Esse metabólito é sintetizado a partir de glutamato e acetil-CoA pela ***N*-acetilglutamato-sintase** e hidrolisado por uma hidrolase específica. A velocidade da produção de ureia pelo fígado está, de fato, correlacionada com a concentração de N-acetilglutamato. Um aumento na síntese de ureia é necessário quando as velocidades de degradação de aminoácidos aumentam, produzindo um excesso de nitrogênio que deve ser excretado. Aumentos nessas velocidades de degradação são sinalizados por um aumento na concentração de glutamato, por meio de reações de transaminação (Seção 26.1). Essa situação, por sua vez, causa um aumento na síntese de N-acetilglutamato, estimulando a carbamoilfosfato sintase e, assim, todo o ciclo da ureia.

As demais enzimas do ciclo da ureia são controladas pelas concentrações de seus substratos. Assim, deficiências herdadas em outras enzimas do ciclo da ureia que não a arginase não resultam em diminuições significativas na produção de ureia (a ausência total de qualquer enzima do ciclo da ureia resulta em morte logo após o nascimento). Em vez disso, o substrato da enzima deficiente tem sua concentração aumentada, aumentando a velocidade da reação catalisada pela enzima deficiente para níveis normais. No entanto, o aumento anômalo da concentração do substrato não é desprovido de custo. As concentrações de substratos tornam-se elevadas em todas as reações anteriores do ciclo até a NH_3, resultando em hiperamonemia. Embora a causa primária da toxicidade causada pela NH_3 não seja completamente compreendida, altos [NH_3] implicam em enorme esforço para os sistemas de depuração de NH_3, em especial no encéfalo (sintomas de deficiências em enzimas do ciclo da ureia incluem deficiência intelectual e letargia). Foi proposto que esse sistema de depuração envolva a glutamato desidrogenase (atuando no sentido inverso) e a **glutamina-sintase**, o que diminui as reservas de α-cetoglutarato e de glutamato (Seções 26.1 e 26.5Ab). O encéfalo é altamente sensível ao esgotamento dessas reservas. O esgotamento de α-cetoglutarato diminui a velocidade de produção de energia pelo ciclo do ácido cítrico, enquanto a diminuição na concentração de glutamato altera o funcionamento neuronal, uma vez que ele é tanto um neurotransmissor quanto um precursor de γ-aminobutirato (GABA), outro neurotransmissor (Seção 20.5Cf). O esgotamento de glutamato também diminuiria o funcionamento do ciclo da ureia, uma vez que ele também é o precursor de N-acetilglutamato, o principal regulador do ciclo. O envolvimento da GDH na depuração de NH_3 é tema de debate em função das observações de que o HI/HA envolve a desinibição da GDH (Seção 26.1Bb), sugerindo que um aumento na atividade da GDH aumenta a concentração de NH_3 em vez de diminuí-la.

3 DEGRADAÇÃO METABÓLICA DOS AMINOÁCIDOS

A degradação dos aminoácidos os converte em intermediários do ciclo do ácido cítrico ou em seus precursores, de modo que possam ser metabolizados a CO_2 e H_2O ou utilizados na gliconeogênese. De fato, a degradação oxidativa dos aminoácidos é responsável, normalmente, por 10 a 15% da energia metabólica gerada pelos animais. Nesta seção, consideraremos como os esqueletos de carbono dos aminoácidos são catabolizados. Os 20 aminoácidos "padrão" (os aminoácidos das proteínas) apresentam esqueletos de carbonos muito diferentes entre si, de modo que as conversões em intermediários do ciclo do ácido cítrico seguem vias correspondentemente diversas. Não serão descritas em detalhe todas as reações envolvidas. Em vez disso, considera-se como essas vias são organizadas e enfocam-se algumas reações de interesse químico e/ou médico.

A. Os aminoácidos podem ser glicogênicos, cetogênicos ou glicocetogênicos

Os aminoácidos "padrão" são degradados em sete intermediários metabólicos: piruvato, α-cetoglutarato, succinil-CoA, fumarato, oxalacetato, acetil-CoA ou acetoacetato (Fig. 26.11). Os aminoácidos podem, portanto, ser divididos em dois grupos, com base em suas vias catabólicas (Fig. 26.11):

1. **Aminoácidos glicogênicos**, cujos esqueletos de carbono são degradados a piruvato, α-cetoglutarato, succinil-CoA, fumarato ou oxalacetato e são, portanto, precursores da glicose (Seção 23.1A).

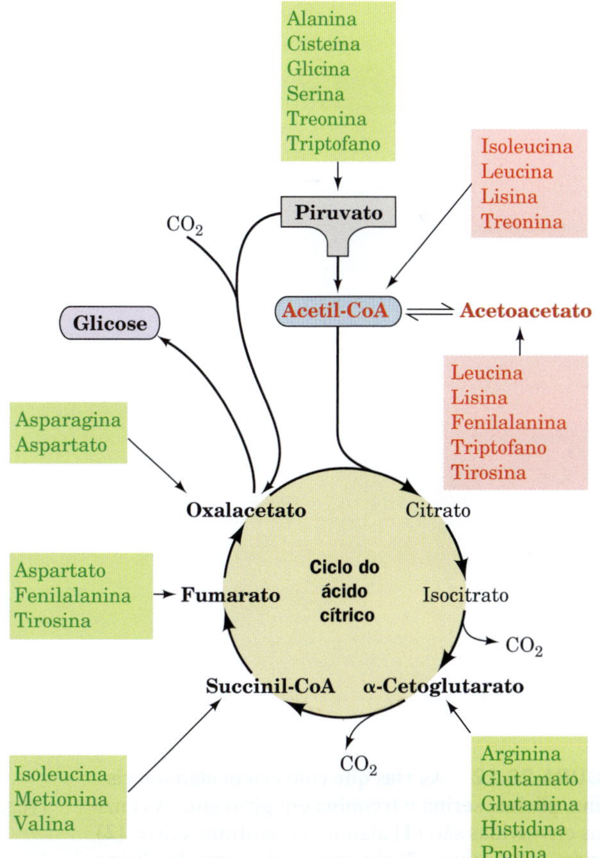

FIGURA 26.11 Degradação dos aminoácidos em sete intermediários metabólicos comuns. As degradações glicogênicas e cetogênicas estão indicadas em verde e vermelho, respectivamente.

2. **Aminoácidos cetogênicos**, cujos esqueletos de carbono são degradados a acetil-CoA ou acetoacetato e podem, assim, ser convertidos em corpos cetônicos ou em ácidos graxos (Seções 25.3 e 25.4).

Por exemplo, a alanina é glicogênica, pois o produto da sua transaminação, o piruvato (Seção 26.1A), pode ser convertido em glicose pela gliconeogênese (Seção 23.1A). A leucina, por outro lado, é cetogênica; seu esqueleto de carbono é convertido em acetil-CoA e acetoacetato (Seção 26.3F). Uma vez que os animais não possuem qualquer via metabólica capaz de efetuar a conversão líquida de acetil-CoA ou acetoacetato em precursores gliconeogênicos, não é possível a síntese de carboidratos a partir de leucina ou de lisina, o único outro aminoácido puramente cetogênico. Isoleucina, fenilalanina, treonina, triptofano e tirosina, entretanto, são tanto glicogênicos quanto cetogênicos. A isoleucina, por exemplo, é degradada em succinil-CoA e acetil-CoA e, portanto, é precursora tanto de carboidratos quanto de corpos cetônicos (Seção 26.3Ed). Os 13 aminoácidos restantes são puramente glicogênicos.

No estudo das vias específicas de degradação dos aminoácidos, esses compostos são organizados em grupos que são degradados e produzem os sete intermediários metabólicos mencionados anteriormente: piruvato, oxalacetato, α-cetoglutarato, succinil-CoA, fumarato, acetil-CoA e acetoacetato. Quando a acetoacetil-CoA é produzida na degradação dos aminoácidos, pode, naturalmente, ser convertida diretamente em acetil-CoA (Seção 25.3). Também será discutida a via pela qual é convertida, no fígado, em acetoacetato para utilização como um combustível alternativo pelos tecidos periféricos (Seção 25.3).

B. Alanina, cisteína, glicina, serina e treonina são degradadas produzindo piruvato

Cinco aminoácidos, alanina, cisteína, glicina, serina e treonina, são degradados produzindo piruvato (Fig. 26.12). O triptofano deveria também ser incluído nesse grupo, pois um de seus produtos de degradação é a alanina (Seção 26.3G), a qual, como visto (Seção 26.1Ad), é transaminada produzindo piruvato.

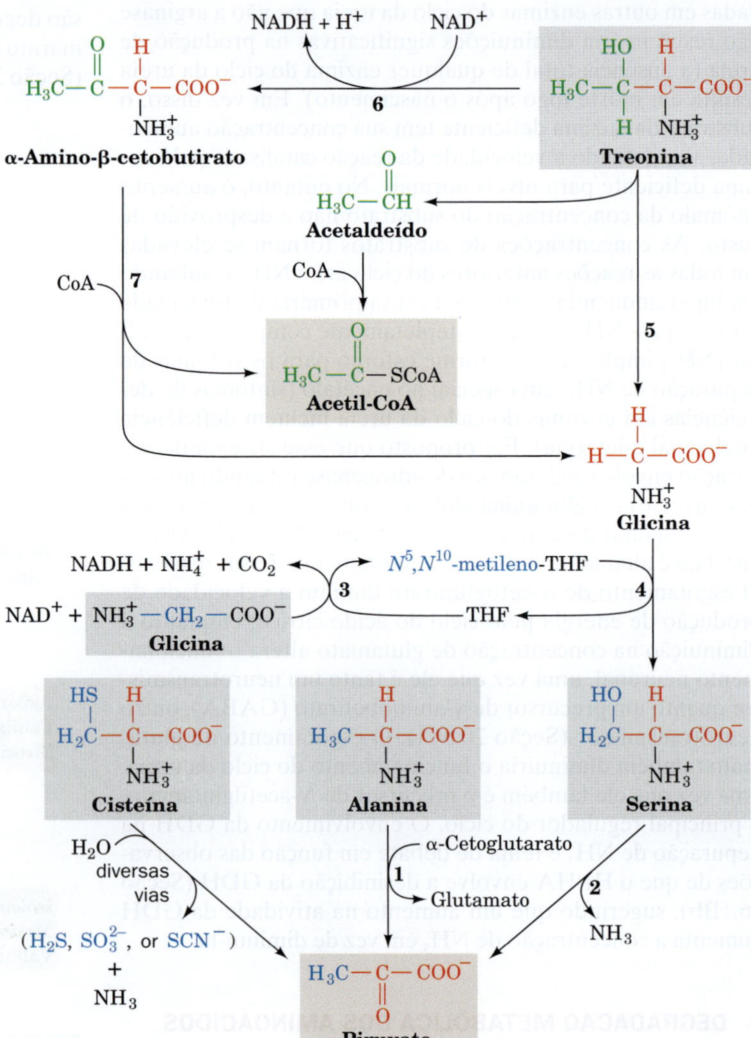

FIGURA 26.12 As vias que convertem alanina, cisteína, glicina, serina e treonina em piruvato. As enzimas envolvidas são (**1**) alanina-aminotransferase, (**2**) serina-desidratase, (**3**) sistema de clivagem da glicina, (**4**) e (**5**) serina-hidroximetiltransferase, (**6**) treonina-desidrogenase e (**7**) α-amino-β-cetobutirato-liase.

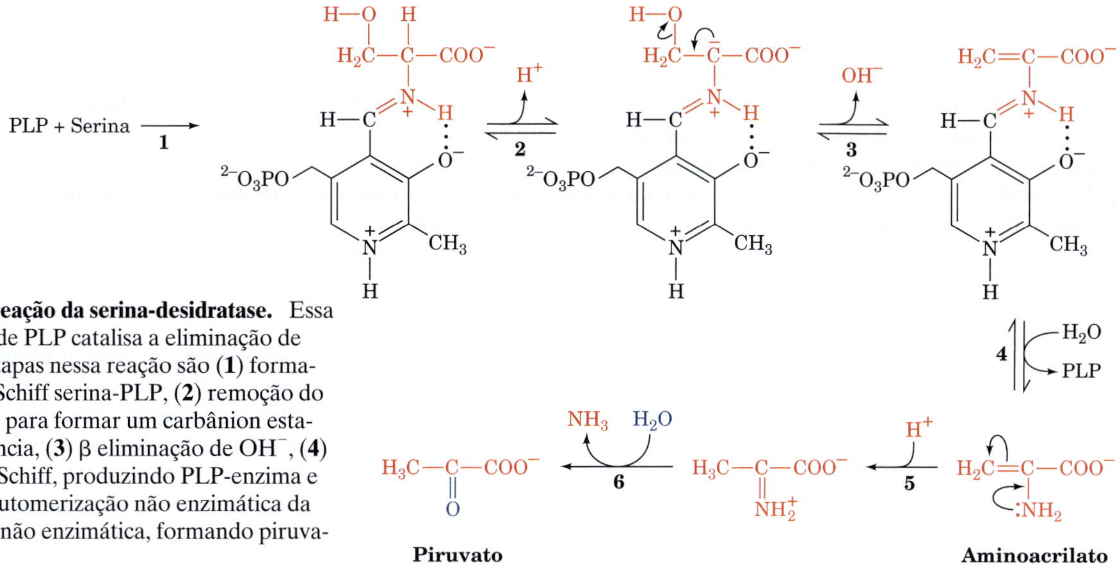

PLP + Serina →(1) ... ⇌(2) ... ⇌(3) ... ⇌(4) ... Aminoacrilato →(5) ... →(6) Piruvato

FIGURA 26.13 A reação da serina-desidratase. Essa enzima dependente de PLP catalisa a eliminação de água da serina. As etapas nessa reação são (**1**) formação de uma base de Schiff serina-PLP, (**2**) remoção do átomo α-H da serina para formar um carbânion estabilizado por ressonância, (**3**) β eliminação de OH^-, (**4**) hidrólise da base de Schiff, produzindo PLP-enzima e aminoacrilato, (**5**) tautomerização não enzimática da imina e (**6**) hidrólise não enzimática, formando piruvato e amônia.

A serina é convertida em piruvato por desidratação, pela **serina-desidratase**. Essa PLP-enzima, da mesma maneira que as aminotransferases (Seção 26.1), funciona por meio da formação de uma base de Schiff PLP-aminoácido, o que facilita a remoção do átomo de hidrogênio α do aminoácido. Na reação da serina-desidratase, entretanto, o carbânion C_α é quebrado, com a eliminação da OH em C_β, em vez de ocorrer tautomerização (Fig. 26.2, Etapa 2), de modo que o substrato sofre eliminação α,β de H_2O, em vez de desaminação (Fig. 26.13). O produto da desidratação, a enamina **aminoacrilato**, tautomeriza de forma não enzimática para a imina correspondente, que, por sua vez, hidrolisa espontaneamente, gerando piruvato e amônia.

A cisteína pode ser convertida em piruvato por diversas vias, nas quais o grupo sulfidrila é liberado como H_2S, SO_3^{2-} ou SCN^-.

A glicina é convertida em serina pela enzima **serina-hidroximetiltransferase**, outra enzima que contém PLP (Fig. 26.12, Reação 4). Essa enzima utiliza ***N^5,N^{10}*-metilenotetra-hidrofolato (*N^5,N^{10}*-metileno-THF)** como cofator para fornecer a unidade de C_1 necessária para essa conversão. A discussão detalhada dos cofatores THF será feita na Seção 26.4D.

a. O sistema de clivagem da glicina é um complexo multienzimático

O grupo metileno do N^5,N^{10}-metileno-THF, utilizado na conversão de glicina em serina, é obtido do grupo metileno de uma segunda glicina, por meio de uma reação na qual os átomos remanescentes dessa glicina são liberados como CO_2 e NH_4^+ (Fig. 26.12, Reação 3). Essa reação é catalisada pelo **sistema de clivagem da glicina** (também denominado **sistema multienzimático da glicina-descarboxilase**, em plantas, e **glicina-sintase**, quando atuando no sentido inverso; Seção 26.5Ae). Esse complexo assemelha-se ao complexo da piruvato-desidrogenase (Seção 21.2A) e consiste em quatro proteínas (Fig. 26.14):

1. Uma glicina-descarboxilase dependente de PLP (**proteína P**).
2. Um carreador de aminometil contendo lipoamida (**proteína H**), que transporta o grupo aminometil que resta após a descarboxilação da glicina.

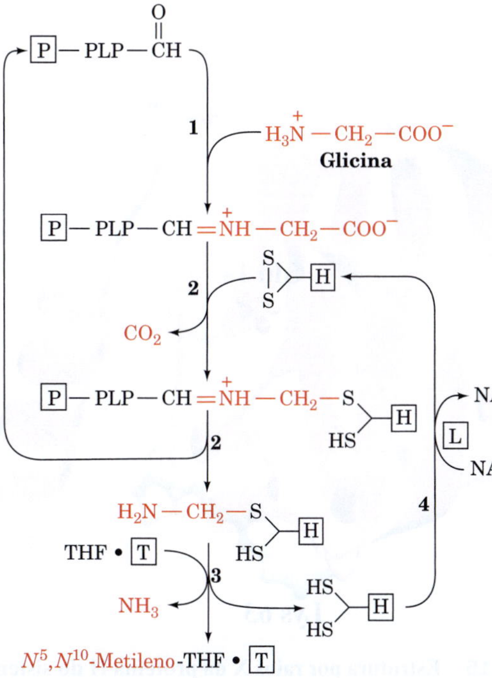

[P]—PLP—CH=O →(1, $H_3\overset{+}{N}$—CH_2—COO^- Glicina) [P]—PLP—CH=$\overset{+}{N}$H—CH_2—COO^- →(2, [H] lipoamida; CO_2) [P]—PLP—CH=$\overset{+}{N}$H—CH_2—S—[H] →(2) H_2N—CH_2—S—[H] →(3, THF • [T]; NH_3) N^5,N^{10}-Metileno-THF • [T]; HS/HS—[H] →(4, [L], NAD^+ → NADH + H^+)

FIGURA 26.14 A reação catalisada pelo sistema de clivagem da glicina, um complexo multienzimático. As enzimas envolvidas são (**1**) uma glicina-descarboxilase dependente de PLP (proteína P), (**2**) uma proteína contendo lipoamida (proteína H), (**3**) uma enzima que requer THF (proteína T) e (**4**) uma di-hidrolipoil-desidrogenase dependente de NAD^+ e que requer FAD (proteína L).

3. Uma enzima que sintetiza N^5,N^{10}-metileno-THF (**proteína T**; alternativamente, **aminometiltransferase** [**AMT**]), que aceita um grupo metileno do carreador de aminometil (proteína H; o grupo amino é liberado como amônia).

4. Uma di-hidrolipoil-desidrogenase dependente de NAD^+ e que requer FAD (**proteína L**), uma proteína compartilhada pelo complexo da piruvato-desidrogenase e conhecida como E_3 naquele complexo (Seção 21.2A).

Diferentemente do complexo da piruvato-desidrogenase, os componentes do sistema de clivagem da glicina estão apenas fracamente associados, sendo isolados como proteínas individuais. Ainda assim, a proteína H desempenha o papel central nesse sistema multienzimático: seu braço lipoilisil oxidado (Seção 21.2Ad) é reduzido ao aceitar um grupo aminometil da proteína P (Fig. 26.14, Etapa 2), doa o grupo metileno para o THF complexado com a proteína T, enquanto amônia é liberada (Fig. 26.14, Etapa 3), e é então reoxidado pela proteína L (Fig. 26.14, Etapa 4). A estrutura por raios X da proteína H de folha de ervilha (Fig. 26.15), determinada por Roland Douce, revela que ela é composta principalmente por um sanduíche de folhas β antiparalelas de 3 e 6 fitas, que assemelha-se de forma estrutural ao domínio lipoil da E2 no complexo da piruvato-desidrogenase (Fig. 21.10*a*).

O grupo tioaminometil é instável e, normalmente, é hidrolisado de forma rápida a formaldeído e NH_4^+. Entretanto, ao ser aminometilado, o grupo lipoil, que estava previamente exposto (Fig. 26.15*a*), insere-se em uma fenda hidrofóbica na proteína H, onde seu grupo amino estabelece ligações de hidrogênio com o Glu 14 (Fig. 26.15*b*), assim protegendo o grupo aminometil de hidrólise. De fato, a substituição do Glu 14 por Ala resulta em rápida hidrólise do grupo aminometil. Parece, portanto, que a proteína T no complexo THF · T · H funciona para liberar o grupo lipoil da fenda da proteína H e orientar o THF em sua aproximação ao C do metileno do grupo aminometil para que a reação ocorra.

Duas observações indicam que a via apresentada é a principal rota de degradação da glicina em tecidos de mamíferos:

1. A serina isolada de um animal alimentado com [2-^{14}C] glicina é marcada com ^{14}C tanto em C2 quanto em C3. Essa observação indica que o grupo metileno do N^5,N^{10}-metileno-THF utilizado pela serina-hidroximetiltransferase é obtido do C2 da glicina.

2. A doença hereditária humana **hiperglicinemia não cetótica**, que se caracteriza por deficiência intelectual e acúmulo de grandes quantidades de glicina nos fluidos corporais, resulta da ausência de um dos componentes do sistema de clivagem da glicina.

O sistema de clivagem da glicina e a serina-hidroximetiltransferase desempenham um papel vital nas folhas verdes, catalisando a destruição rápida de grandes quantidades da glicina que é produzida na fotorrespiração (Seção 24.3Ca). De fato, essas enzimas perfazem cerca de metade das proteí-

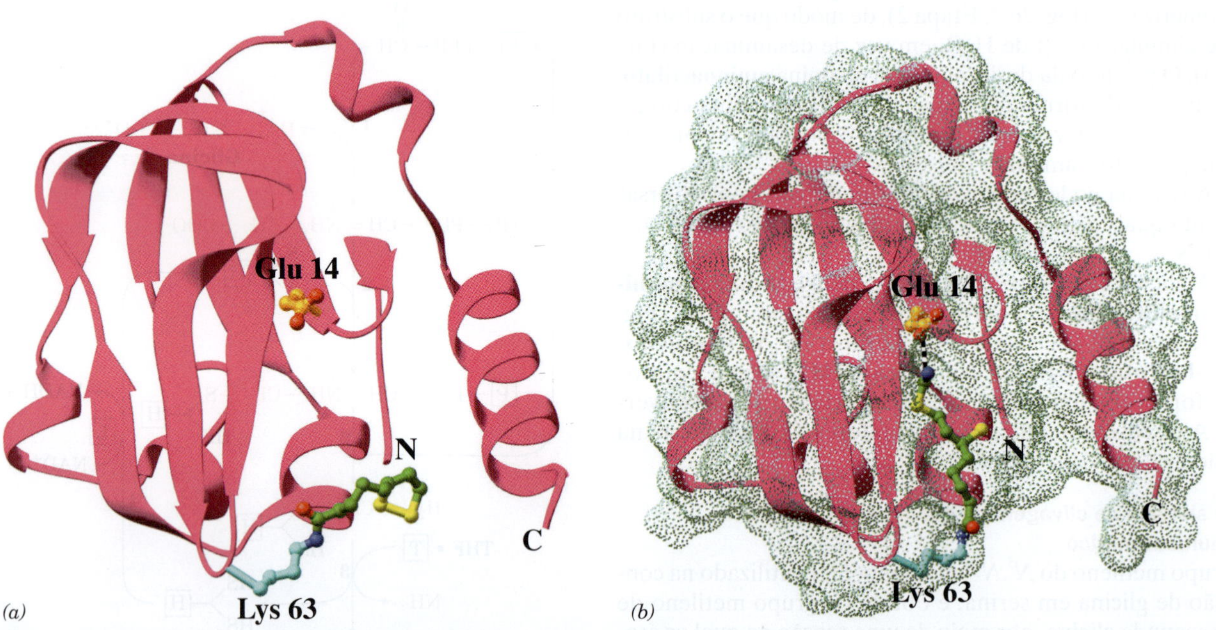

FIGURA 26.15 Estrutura por raios X da proteína H do sistema de clivagem da glicina, obtido de folha de ervilhas. (*a*) Forma contendo lipoamida oxidada, na qual a cadeia lateral do Glu 14, assim como a da Lys 63, com seu grupo lipoil covalentemente ligado, estão representadas na forma de esferas e bastões, coloridas de acordo com o tipo de átomo (C do Glu 14 em dourado, C da Lys 63 em ciano, C do lipoil em verde, N em azul, O em vermelho e S em amarelo). (*b*) Forma reduzida da aminometil-di-hidrolipoamida da proteína H, vista e colorida como na Parte *a*. A superfície pontilhada representa a superfície da proteína que é acessível ao solvente. Observe como a aminometil-di-hidrolipoamida mudou sua conformação em relação à lipoamida na Parte *a*, de modo a ligar-se em uma fenda hidrofóbica da proteína, onde seu grupo amino forma uma ligação de hidrogênio com o Glu 14 (*ligação tracejada ao fundo*). Isso protege o grupo aminometil de hidrólise. (Com base em estruturas por raios X obtidas por Roland Douce, Centre National de la Recherche Scientifique et Commisariat à l'Énergie Atomique, Grenoble, França. PDBids [*a*] 1HPC e [*b*] 1HTP.)

nas presentes nas mitocôndrias de folhas de espinafre e de ervilhas.

A treonina é tanto glicogênica quanto cetogênica, uma vez que uma de suas vias de degradação produz tanto piruvato quanto acetil-CoA (Fig. 26.12, Reações 6 e 7). Sua principal rota de degradação é por meio da **treonina-desidrogenase**, produzindo **α-amino-β-cetobutirato**, que é convertido em acetil-CoA e glicina pela **α-amino-β-cetobutirato-liase**. A glicina pode ser convertida, pela serina, em piruvato.

b. A serina-hidroximetiltransferase catalisa a clivagem dependente de PLP da ligação C_α—C_β

A treonina também pode ser convertida diretamente em glicina e acetaldeído (o último sendo oxidado subsequentemente a acetil-CoA), pelo menos *in vitro*, via Reação 5 da Fig. 26.12. Surpreendentemente, essa reação é catalisada pela serina-hidroximetiltransferase. Considerou-se anteriormente reações catalisadas utilizando o PLP que começam com a clivagem de uma ligação C_α—H de um aminoácido (Fig. 26.2). A degradação da treonina em glicina e acetaldeído pela serina-hidroximetiltransferase demonstra que o PLP também facilita a clivagem de ligações C_α—C_β de aminoácidos por deslocalizar os elétrons do carbânion resultante no anel conjugado com PLP:

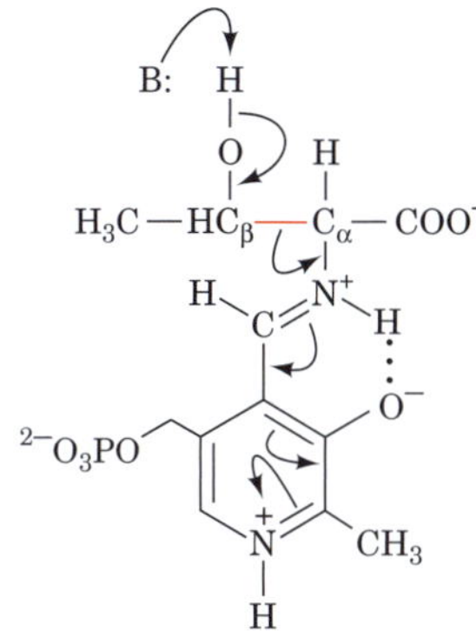

c. O PLP facilita a clivagem de diferentes ligações em diferentes enzimas

Como pode a mesma base de Schiff aminoácido-PLP estar envolvida na clivagem de diferentes ligações do C_α de um aminoácido em diferentes enzimas? A resposta a esse enigma foi sugerida por Harmon Dunathan. Para os elétrons que serão removidos para o sistema do anel conjugado do PLP, o sistema orbital π do PLP deve sobrepor-se ao orbital da ligação contendo o par de elétrons a ser deslocalizado. Isso é possível apenas se a ligação que está sendo quebrada situa-se no plano perpendicular ao plano do sistema orbital π do PLP (Fig. 26.16*a*). Diferentes ligações do C_α podem ser colocadas nesse plano, pela rotação ao redor da ligação C_α—N. De fato, a estrutura por raios X da aspartato-aminotransferase revela que a ligação C_α—H de seu substrato aspartato adota exatamente essa conformação (Fig. 26.16*b*). Evidentemente, *cada*

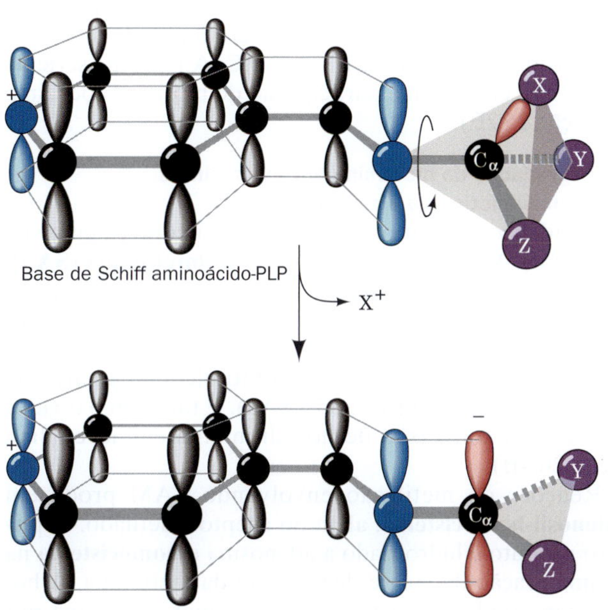

(a)

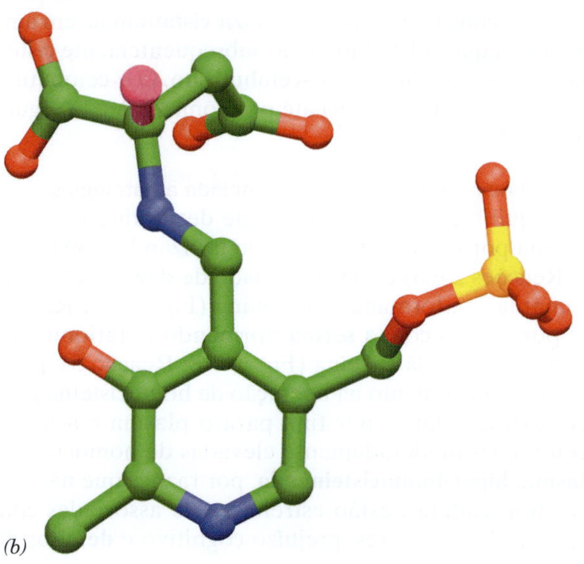
(b)

FIGURA 26.16 Orientação das ligações em uma base de Schiff PLP-aminoácido. (*a*) A estrutura do orbital π de uma base de Schiff PLP-aminoácido. A ligação ao C_α no plano perpendicular ao sistema do orbital π do PLP (a partir do X na ilustração) é lábil, em consequência de sua sobreposição ao sistema π, o que permite que o par de elétrons da ligação que é rompida seja deslocalizado sobre a molécula conjugada. (*b*) O complexo da base de Schiff formada entre o inibidor **α-metilaspartato** e o PLP na estrutura por raios X da aspartato-aminotransferase porcina, observada perpendicularmente ao anel piridoxal. Esse inibidor está desenhado na forma de esferas e bastões, com C verde, N azul, O vermelho e P dourado, com exceção do átomo C da metila e da ligação que o une ao resíduo de aspartato, que estão representados em magenta. Nesse inibidor, o C da metila ocupa a posição do átomo de H que a enzima normalmente remove do aspartato. Observe que a ligação que une o C da metila ao aspartato está no plano perpendicular ao anel piridoxal e está, portanto, na orientação ideal para a clivagem da ligação. (Parte *b* com base em uma estrutura por raios X obtida por David Metzler e Arthur Arnone, University of Iowa, EUA. PDBid 1AJS.)

enzima cliva especificamente sua ligação correspondente, pois a enzima liga-se ao aduto formado pela base de Schiff aminoácido-PLP com essa ligação no plano perpendicular àquele do anel PLP. Esse é um exemplo de auxílio estereoeletrônico (Seção 15.1Eb): *a enzima liga-se ao substrato em uma conformação que minimiza a energia eletrônica do estado de transição.*

C. *Asparagina e aspartato são degradados a oxalacetato*

A transaminação do aspartato leva diretamente ao oxalacetato:

$$^{-}O-\overset{\displaystyle O}{\overset{\|}{C}}-CH_2-\overset{\displaystyle H}{\overset{|}{\underset{\underset{\displaystyle NH_3^+}{|}}{C}}}-\overset{\displaystyle O}{\overset{\|}{C}}-O^{-}$$

Aspartato

α-Cetoglutarato → Glutamato (aminotransferase)

$$^{-}O-\overset{\displaystyle O}{\overset{\|}{C}}-CH_2-\underset{\underset{\displaystyle O}{\|}}{C}-\overset{\displaystyle O}{\overset{\|}{C}}-O^{-}$$

Oxalacetato

A asparagina é também convertida em oxalacetato da mesma maneira, após hidrólise a aspartato pela **L-asparaginase:**

$$H_2N-\overset{\displaystyle O}{\overset{\|}{C}}-CH_2-\overset{\displaystyle H}{\overset{|}{\underset{\underset{\displaystyle NH_3^+}{|}}{C}}}-\overset{\displaystyle O}{\overset{\|}{C}}-O^{-}$$

Asparagina

H_2O → NH_4^+ (L-asparaginase)

$$^{-}O-\overset{\displaystyle O}{\overset{\|}{C}}-CH_2-\overset{\displaystyle H}{\overset{|}{\underset{\underset{\displaystyle NH_3^+}{|}}{C}}}-\overset{\displaystyle O}{\overset{\|}{C}}-O^{-}$$

Aspartato

É interessante que a L-asparaginase é um agente quimioterápico eficaz para o tratamento de cânceres que necessitem obter asparagina do sangue, em especial a **leucemia linfoblástica aguda**. As células cancerosas expressam níveis notavelmente baixos da enzima asparagina-sintase (Seção 26.5Ab) e, portanto, morrem se não tiverem uma fonte externa de asparagina. Tratamento com L-asparaginase, entretanto, pode selecionar células com maior expressão de asparagina-sintase e, nesses casos, as células cancerosas sobreviventes são resistentes a esse tratamento.

D. *Arginina, glutamato, glutamina, histidina e prolina são degradados produzindo α-cetoglutarato*

Arginina, glutamina, histidina e prolina são todas degradadas por conversão em glutamato (Fig. 26.17), que, por sua vez, é oxidado a α-cetoglutarato pela glutamato-desidrogenase (Seção 26.1). A conversão de glutamina em glutamato envolve apenas uma reação: a hidrólise pela **glutaminase**. A conversão da histidina em glutamato é mais complicada: ela é desaminada não oxidativamente, então é hidratada e seu anel imidazol é clivado para formar ***N*-formiminoglutamato**. O grupo formimino é então transferido para o tetra-hidrofolato, formando glutamato e ***N*^{5}-formiminotetra-hidrofolato** (Seção 26.4D). Ambas arginina e prolina são convertidas em glutamato pela formação intermediária de **glutamato-5--semialdeído**.

E. *Isoleucina, metionina e valina são degradadas produzindo succinil-CoA*

Isoleucina, metionina e valina apresentam vias de degradação complexas, sendo que todas produzem propionil-CoA. A propionil-CoA, que também é um produto da degradação de ácidos graxos de cadeias com número ímpar de carbonos, é convertida, como visto, em succinil-CoA por uma série de reações que envolvem a participação de biotina e coenzima B_{12} (Seção 25.2E).

a. A degradação da metionina envolve a síntese de S-adenosilmetionina e cisteína

A degradação da metionina (Fig. 26.18) começa com sua reação com ATP para formar ***S*-adenosilmetionina** (**SAM**; alternativamente, **AdoMet**). *O grupo metila altamente reativo desse íon sulfônio o torna um importante agente biológico de metilação.* Por exemplo, foi visto que SAM é o doador de metila na síntese de fosfatidilcolina a partir de fosfatidiletanolamina (Seção 25.8Aa). É também o doador de metila na conversão de noradrenalina em adrenalina (Seção 26.4B).

Reações de metilação envolvendo SAM produzem ***S*-adenosil-homocisteína**, além do aceptor metilado. O primeiro produto é hidrolisado a adenosina e **homocisteína** na próxima reação da via de degradação da metionina. A homocisteína pode ser metilada para formar metionina por meio de uma reação que requer B_{12}, em que ***N*^{5}-metil-THF** é o doador de metila. Alternativamente, a homocisteína pode combinar-se com a serina para produzir **cistationina**, em uma reação que requer PLP, formando subsequentemente cisteína (biossíntese da cisteína) e **α-cetobutirato**. O α-cetobutirato continua a via degradativa até propionil-CoA e, a seguir, succinil-CoA.

b. A hiper-homocisteinemia está associada a patologias

Um desequilíbrio entre a velocidade de produção de homocisteína por reações de metilação utilizando SAM (Fig. 26.18, Reações 2 e 3) e sua velocidade de degradação, seja por remetilação, formando metionina (Fig. 26.18, Reação 4), ou por reação com a serina, formando cistationina na via de biossíntese da cisteína (Fig. 26.18, Reação 5), pode resultar em um aumento na liberação de homocisteína para o meio extracelular e, por fim, para o plasma e a urina. Concentrações moderadamente elevadas de homocisteína no plasma, **hiper-homocisteinemia**, por razões que não são bem compreendidas, estão estreitamente associadas com doenças cardiovasculares, prejuízo cognitivo e **defeitos do**

FIGURA 26.17 Vias de degradação da arginina, do glutamato, da glutamina, da histidina e da prolina, produzindo α-cetoglutarato. As enzimas que catalisam as reações são (**1**) a glutamato-desidrogenase, (**2**) a glutaminase, (**3**) a arginase, (**4**) a ornitina δ-aminotransferase, (**5**) a desidrogenase do 5-semialdeído do glutamato, (**6**) a prolina-oxidase, (**7**) a reação 7 é espontânea, (**8**) a histidina amônia-liase, (**9**) a urocanato-hidratase, (**10**) a imidazol-propionase e (**11**) a glutamato-formiminotransferase.

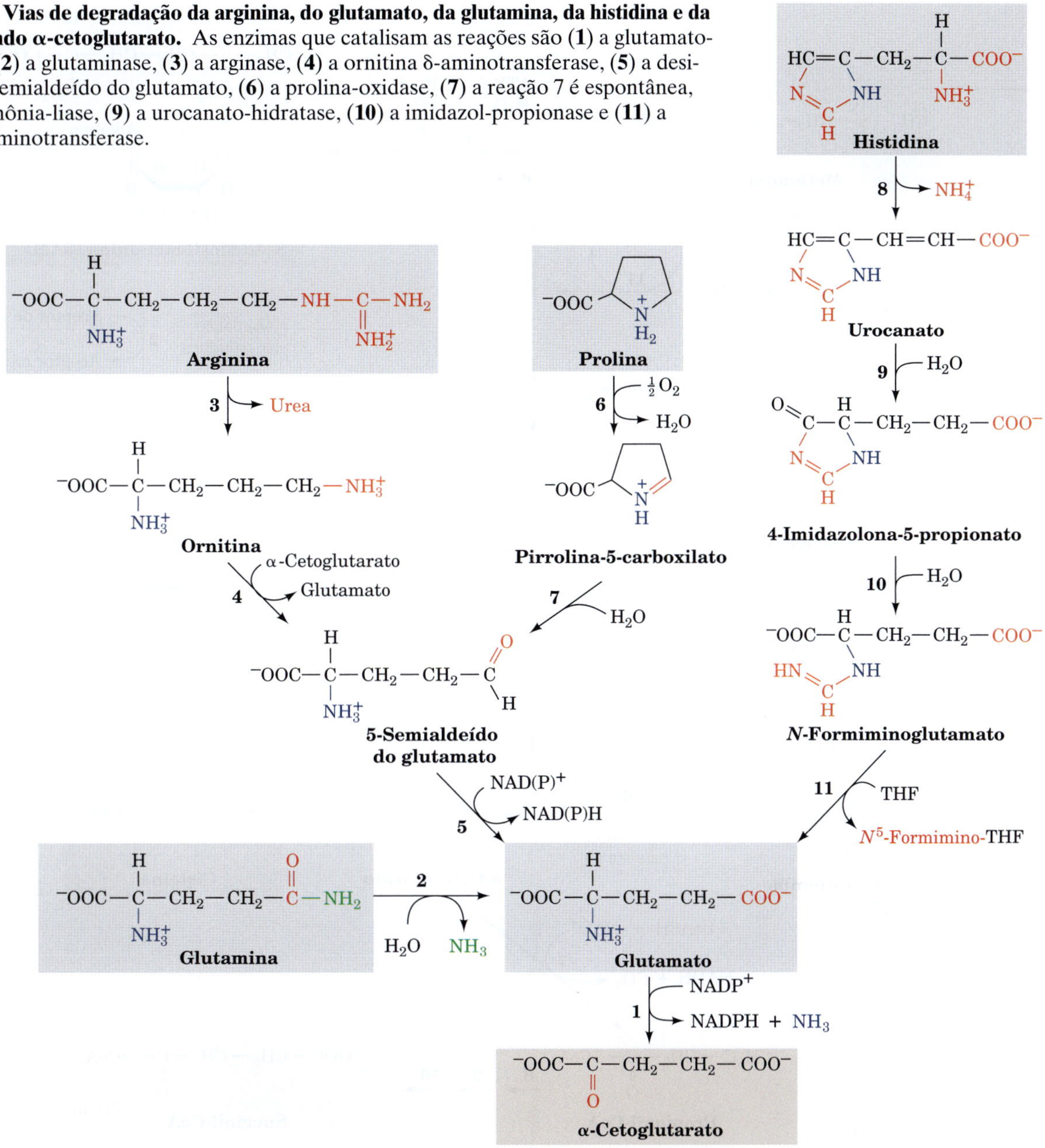

tubo neural (a causa de diversos defeitos de nascimento, incluindo **espinha bífida** [defeitos na coluna espinal que, frequentemente, resultam em paralisia] e **anencefalia** [a deficiência invariavelmente fatal do encéfalo em se desenvolver e que é a principal causa de morte de bebês devido a anomalias congênitas]). A hiper-homocisteinemia é facilmente controlada pela ingestão de vitaminas precursoras das coenzimas que participam na degradação da homocisteína, isto é, B_6 (piridoxina, precursor de PLP; Fig. 26.1), B_{12} (Fig. 25-21) e folato (Seção 26.4D). O folato, em especial, parece aliviar a hiper-homocisteinemia; sua administração a mulheres grávidas reduz dramaticamente a incidência de defeitos do tubo neural em recém-nascidos. Isso levou à descoberta de que 10% da população é homozigota para a mutação A222V na $\boldsymbol{N^5,N^{10}}$**-metileno-tetra-hidrofolato-redutase** (**MTHFR**; Fig. 26.18, Reação 12; Seção 26.4D), a enzima que produz N^5-metil-THF para a reação da metionina-sintase (Fig. 26.18, Reação 4). Essa mutação não afeta a cinética da reação dessa enzima homotetramérica, porém aumenta a velocidade com a qual a enzima se dissocia em dímeros que facilmente perdem seu cofator essencial, flavina. Derivados do folato que se ligam à enzima diminuem sua taxa de dissociação e de perda de flavina, aumentando assim a atividade geral da enzima mutante e diminuindo a concentração de homocisteína.

A estrutura por raios X da MTHFR de *E. coli* (que apresenta 30% de identidade com o domínio catalítico da MTHFR humana), determinada por Rowena Matthews

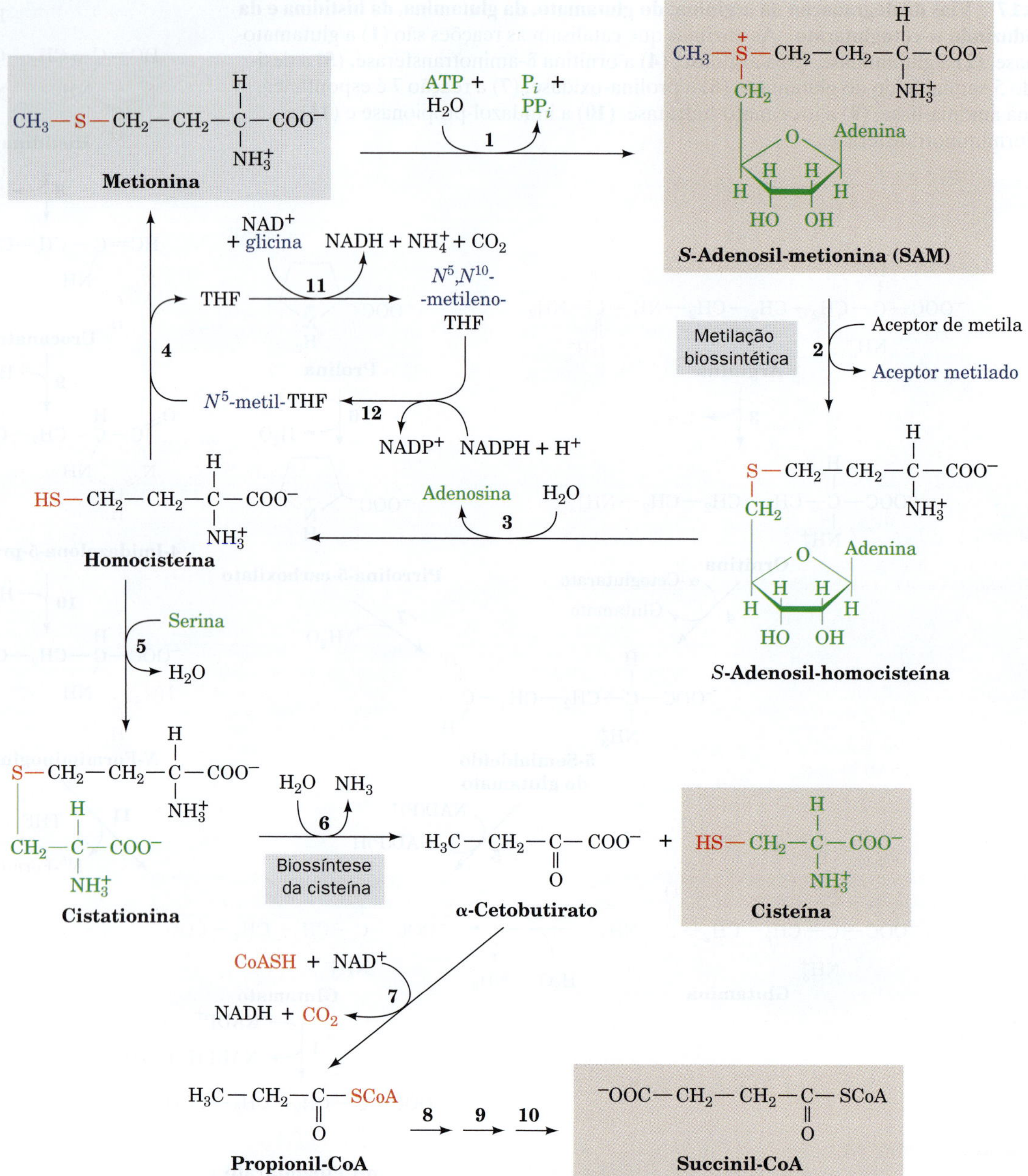

FIGURA 26.18 A via de degradação da metionina, produzindo cisteína e succinil-CoA como produtos. As enzimas envolvidas são (**1**) metionina-adenosiltransferase, em uma reação que produz o agente de metilação biológica *S*-adenosilmetionina (SAM), (**2**) metiltransferase, (**3**) adenosil-homocisteinase, (**4**) metionina-sintase (uma enzima dependente de coenzima B_{12}), (**5**) cistationina β-sintase (uma enzima dependente de PLP), (**6**) cistationina-γ-liase (uma enzima dependente de PLP), (**7**) α-cetoácido-desidrogenase, (**8**) propionil-CoA-carboxilase, (**9**) metil-malonil-CoA-racemase, (**10**) metil-malonil-CoA-mutase (uma enzima dependente de coenzima B_{12}; as Reações 8-10 são discutidas na Seção 25.2E), (**11**) sistema de clivagem da glicina (Figs. 26.12 e 26.14) ou serina-hidroximetiltransferase (Fig. 26.12), (**12**) N^5,N^{10}-metileno-tetra-hidrofolato redutase (uma enzima dependente de coenzima B_{12} e de FAD; Figs. 26.19 e 26.49).

e Martha Ludwig, revela que esta enzima de 296 resíduos forma um barril α/β. O cofator FAD liga-se à extremidade C-terminal das fitas β3, β4 e β5 do barril e ao longo da hélice α5 (Fig. 26.19). A Ala 177, que corresponde à Ala 222 na enzima de mamíferos, não interage diretamente com o FAD do sítio ativo. Ao invés, ocupa uma posição emparelhada com a hélice α5 (a qual termina no resíduo 176). Postula-se que a substituição da Ala 177 por um resíduo de Val, de maior tamanho, forçaria a hélice α5 a se reorientar. Uma vez que essa hélice parece estar envolvida na interface da subunidade, assim como na ligação do FAD, sua reorientação provavelmente diminui a força das interações entre a subunidade e o FAD.

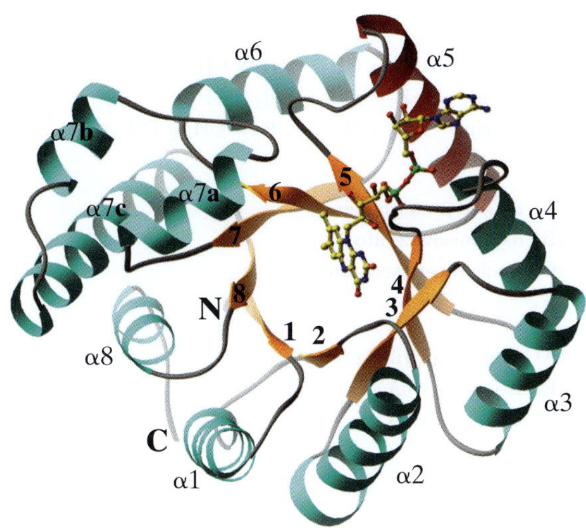

FIGURA 26.19 Estrutura por raios X da N^5, N^{10}-metileno--tetra-hidrofolato redutase (MTHFR) de *E. coli*. A estrutura é observada ao longo do eixo de seu barril α/β, olhando-se em direção às extremidades C-terminais de suas fitas β. A proteína está colorida de acordo com sua estrutura secundária, com as fitas β em amarelo e as hélices α em ciano, com exceção da hélice α5, que está em vermelho. O FAD ligado à enzima está desenhado na forma de esferas e bastões, com C em amarelo, N em azul, O em vermelho e P em verde. Observe que a porção AMP do FAD está em contato com a hélice α5. (Cortesia de Rowena Matthews e Martha Ludwig, University of Michigan, EUA. PDBid 1B5T.)

Por que essa mutação seria tão frequente na população humana? Qual vantagem seletiva, se é que existe alguma, poderia ela conferir? Já foi visto que o gene para a anemia falciforme fornece uma vantagem seletiva contra a malária (Seção 7.3Ab). Entretanto, a vantagem seletiva da mutação A222V na MTHFR humana ainda é tema de especulação.

c. A metionina-sintase é uma enzima dependente da coenzima B_{12}

A **metionina-sintase** (alternativamente, **homocisteína-metil-transferase**), a enzima que catalisa a Reação 4 na Fig. 26.18, é a única enzima associada à coenzima B_{12} em mamíferos, além da metilmalonil-CoA-mutase (Seção 25.2Eb). Entretanto, na metionina-sintase, o íon Co da cobalamina é ligado axialmente por um grupo metila, formando **metilcobalamina**, em vez de estar ligado a um grupo 5′-desoxiadenosil, como acontece na metilmalonil-CoA-mutase (Fig. 25.21). Isso ocorre pois a cobalamina funciona aceitando o grupo metila do N^5-metil-THF, produzindo metil-cobalamina (e THF), a qual, por sua vez, doa o grupo metila para a homocisteína para produzir metionina.

A estrutura por raios X da porção de 246 resíduos que liga a metilcobalamina da metionina-sintase de *E. coli*, uma enzima monomérica de 1.227 resíduos, também determinada por Matthews e Ludwig, revela que ela consiste em dois domínios, um domínio N-terminal helicoidal e um domínio C-terminal α/β, com dobras tipo Rossmann, os quais formam um sanduíche com o anel corrina entre eles (Fig. 26.20). O domínio α/β assemelha-se ao domínio α/β que liga corrina na metilmalonil-CoA-mutase (Fig. 25-22) e, de fato, homologias de sequências sugerem que esse domínio seja um motivo de ligação comum em enzimas associadas com B_{12}. O segundo ligante axial do íon Co é uma cadeia lateral de His, como também ocorre na metilmalonil-CoA-mutase; a porção 5,6-dimetilbenzamidazol (DMB) da coenzima, que liga o íon Co na metilcobalamina livre, moveu-se para o lado para ancorar-se à proteína a uma certa distância do anel corrina.

d. As vias de degradação de aminoácidos com cadeias laterais ramificadas contêm características comuns a todas as oxidações de Acil-CoA

A degradação dos aminoácidos com cadeias ramificadas, isoleucina, leucina e valina, começa com três reações que empregam enzimas em comum (Fig. 26.21, *parte superior*): (1)

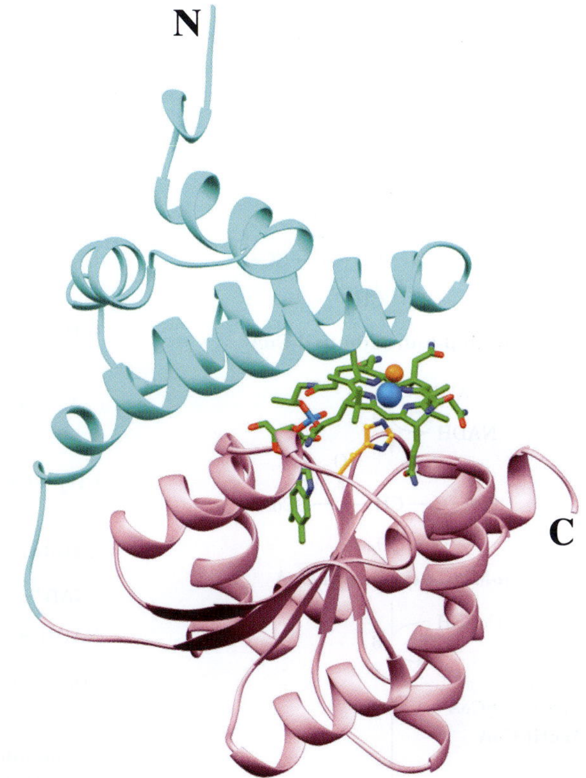

FIGURA 26.20 Estrutura por raios X dos domínios de ligação da B_{12} da metionina-sintase de *E. coli*. Seu domínio N--terminal helicoidal (resíduos 651-743) está em ciano e seu domínio C terminal α/β (resíduos 744-896) está em cor-de-rosa. O cofator metilcobalamina e a cadeia lateral da His 759, a ele ligada axialmente, estão desenhados em forma de bastões, com o C da cobalamina em verde, o C da His em dourado, N azul, O vermelho e o íon Co e seu grupo metila ligado axialmente estão representados por esferas em azul-claro e cor de laranja, respectivamente. (Com base em uma estrutura por raios X obtida por Rowena Matthews e Martha Ludwig, University of Michigan, EUA. PDBid 1BMT.)

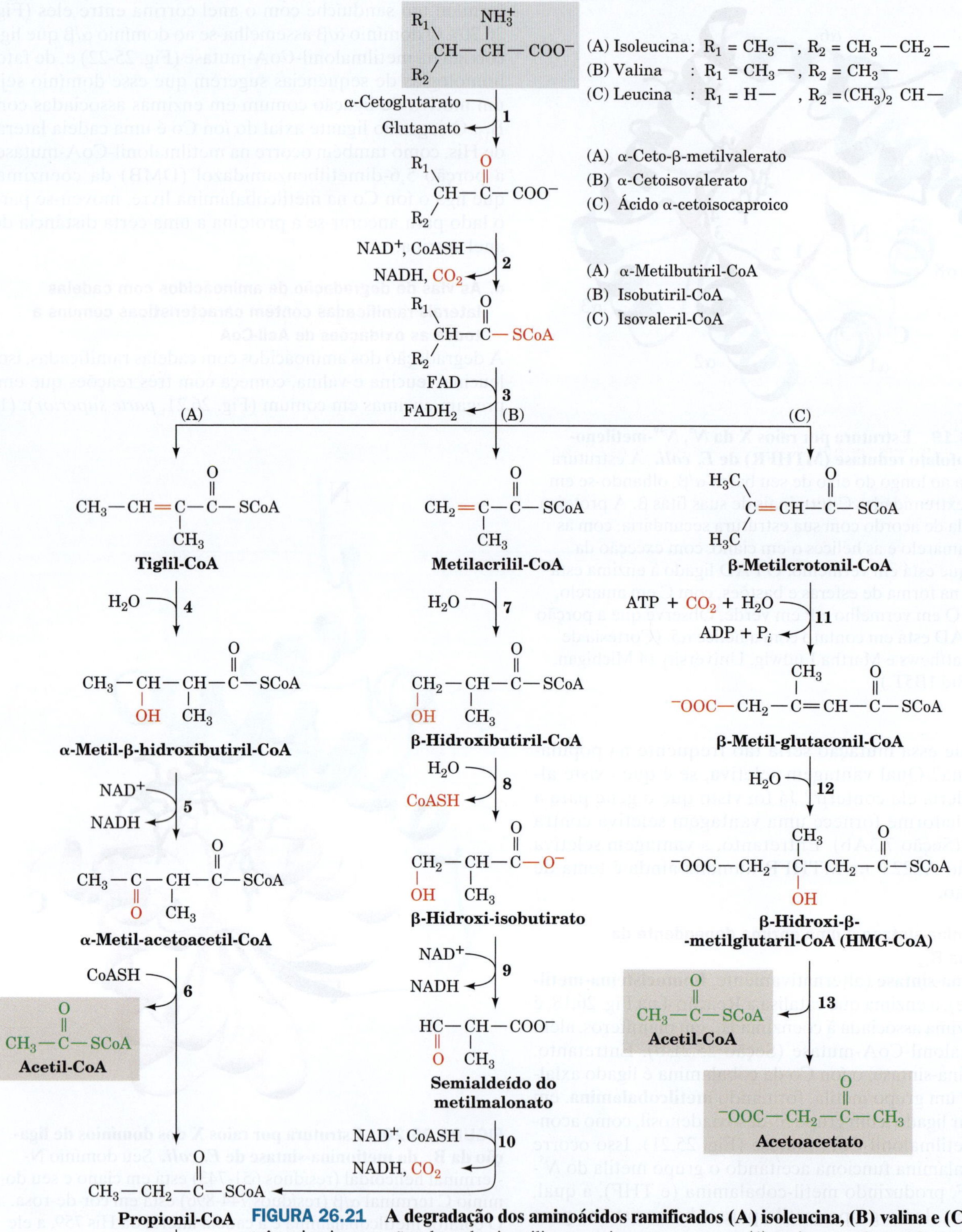

FIGURA 26.21 A degradação dos aminoácidos ramificados (A) isoleucina, (B) valina e (C) leucina. As três primeiras reações de cada via utilizam enzimas em comum: (**1**) aminotransferase de aminoácidos de cadeia ramificada, (**2**) desidrogenase de α-cetoácidos de cadeia ramificada (CCRDH) e (**3**) acil-CoA-desidrogenase. A degradação da isoleucina continua então (*à esquerda*) com (**4**) enoil-CoA-hidratase, (**5**) β-hidroxiacil-CoA-desidrogenase e (**6**) acetil-CoA-acetiltransferase, produzindo acetil-CoA e propionil-CoA, precursor de succinil-CoA. A degradação da valina (*ao centro*) continua com (**7**) enoil-CoA-hidratase, (**8**) β-hidroxi-isobutiril-CoA-hidrolase, (**9**) β-hidroxi-isobutirato-desidrogenase e (**10**) desidrogenase do semialdeído do metilmalonato, também produzindo propionil-CoA. A degradação da leucina (*à direita*) continua com (**11**) β-metilcrotonil-CoA-carboxilase (uma enzima dependente de biotina), (**12**) β-metilglutaconil-CoA-hidratase e (**13**) HMG-CoA-liase, produzindo acetil-CoA e acetoacetato.

transaminação ao α-cetoácido correspondente, (2) descarboxilação oxidativa à acil-CoA correspondente e (3) desidrogenação pelo FAD, para formar uma ligação dupla.

O restante da via de degradação da isoleucina (Fig. 26.21, *esquerda*) é idêntico àquele da oxidação dos ácidos graxos (Seção 25.2C): (4) hidratação da ligação dupla, (5) desidrogenação por NAD^+ e (6) clivagem tiolítica, produzindo acetil-CoA e propionil-CoA, a qual é subsequentemente convertida em succinil-CoA. A degradação da valina é uma variação desse tema (Fig. 26.21, *centro*): seguindo-se (7) a hidratação da ligação dupla, (8) a ligação tioéster da CoA é hidrolisada antes da (9) segunda reação de desidrogenação. A ligação tioéster é então regenerada como propionil-CoA na última reação da sequência (10), uma descarboxilação oxidativa ao invés de uma clivagem tiolítica.

e. A doença do xarope de bordo resulta de um defeito na degradação de aminoácidos de cadeia ramificada

A **desidrogenase de α-cetoácidos de cadeia ramificada (CCRDH**; também conhecida como **α-cetoisovalerato-desidrogenase**), que catalisa a Reação 2 da degradação de aminoácidos de cadeia ramificada (Fig. 26.21), é um complexo multienzimático contendo três componentes enzimáticos, E1, E2 e E3, juntamente com a **CCRDH-cinase** (a fosforilação inativa a enzima) e a **CCRDH-fosfatase** (a defosforilação ativa a enzima), que realizam controle por modificação covalente. Esse complexo assemelha-se bastante aos complexos multienzimáticos da piruvato-desidrogenase e da α-cetoglutarato-desidrogenase (Seções 21.2A e 21.3D). De fato, esses três complexos multienzimáticos compartilham um componente proteico comum, a E3 (di-hidrolipoil-desidrogenase), e empregam as coenzimas tiamina-pirofosfato (TPP), lipoamida e FAD, além de seu agente oxidante final, o NAD^+.

Uma deficiência genética na CCRDH causa a **doença do xarope de bordo** (**DXB**), assim designada pois o aumento consequente de α-cetoácidos de cadeia ramificada confere à urina o odor característico de xarope de bordo. A menos que seja prontamente tratada com uma dieta contendo baixas quantidades de aminoácidos com cadeias laterais ramificadas (mas não com quantidades baixas demais, pois esses são aminoácidos essenciais; Seção 26.5), essa doença leva rapidamente ao óbito.

A DXB é uma doença autossômica recessiva, causada por defeitos em alguma dentre quatro das seis subunidades do complexo, E1α, E1β, E2 ou E3 (E1 é um heterotetrâmero $\alpha_2\beta_2$). A determinação, por raios X, da estrutura da E1 da CCRDH humana por Wim Hol (Fig. 26.22) possibilitou a interpretação de diversas das mutações que causam a DXB. A mutação mais comum é a Y393N-α, denominada mutação Menonita, que ocorre em 1 a cada 176 nascidos vivos na população da Velha Ordem Menonita (contra 1 a cada 185.000 na população mundial). Essa mutação é tão comum entre Menonitas da Velha Ordem que foi atribuída a um efeito do fundador, ou seja, uma mutação que se originou em um dentre os poucos fundadores dessa comunidade isolada. O tetrâmero E1 pode ser considerado um dímero de heterodímeros αβ, com um cofator TPP na interface entre uma subunidade α e uma subunidade β, e com cada subunidade α contactando tanto a subunidade β quanto a subunidade β′ (Fig. 26.22*a*). O aminoácido alterado na mutação Menonita ocorre na interface α-β′: a Tyr 393α estabelece ligações de hidrogênio com a His 385α e o Asp 328β′ (Fig. 26.22*b*). A mutação de Tyr para Asn perturba essas interações e, portanto, impede a tetramerização.

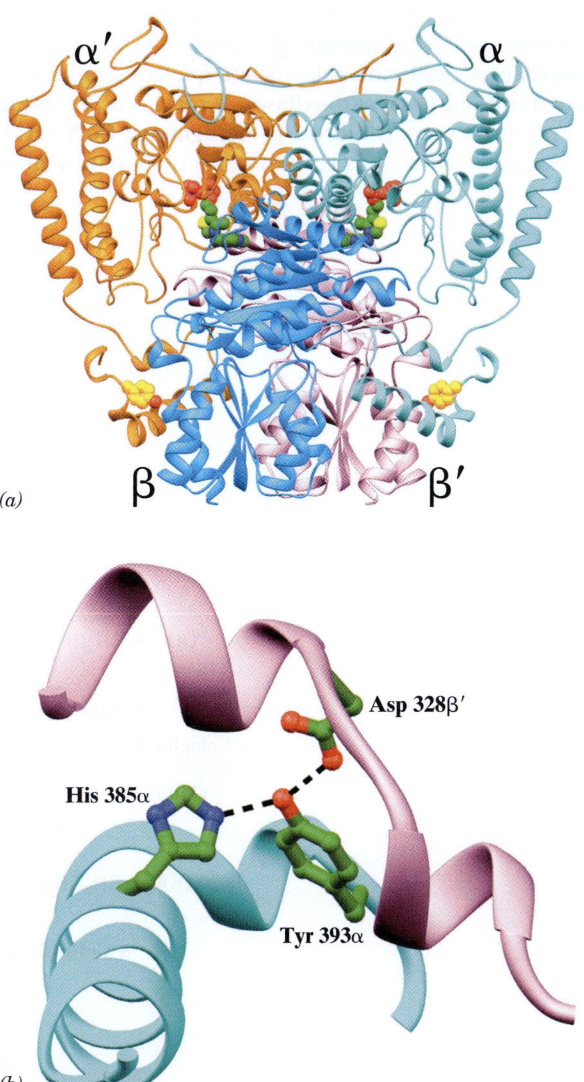

FIGURA 26.22 Estrutura por raios X do componente E1 do complexo multienzimático da desidrogenase de α-cetoácidos de cadeia ramificada humana. (*a*) O heterotetrâmero $\alpha_2\beta_2$. As subunidades α estão coloridas em ciano e cor de laranja e as subunidades β em azul e cor-de-rosa. O cofator tiamina-pirofosfato (TPP) e a Tyr 393α (que, na mutação Menonita, é substituída por uma Asn, causando a doença do xarope de bordo) estão mostrados na forma de volume atômico, com C do TPP em verde, C da Tyr 393α em dourado, N em azul, O em vermelho, S em amarelo e P em magenta. Observe a similaridade desta estrutura com aquela do componente E1 do complexo multienzimático da piruvato-desidrogenase (Fig. 21.12*a*). (*b*) A interfase α−β′, colorida como na Parte *a* e mostrando as interações da Tyr 393α com His 385α e Asp 328β′. As cadeias laterais desses resíduos estão desenhadas em forma de esferas e bastões, com C verde, N azul e O vermelho e com as ligações de hidrogênio entre eles representadas por linhas tracejadas. (Com base em uma estrutura por raios X obtida por Wim Hol, University of Washington, EUA. PDBid 1DTW.)

F. Leucina e lisina são degradadas produzindo acetoacetato e/ou acetil-CoA

A leucina é oxidada por uma combinação de reações utilizadas na β oxidação e na síntese de corpos cetônicos (Fig. 26.21, *à direita*). As primeiras reações de desidrogenação e de hidratação são entremeadas por (11) uma reação de carboxilação, catalisada pela enzima que contém biotina, a **β-metilcrotonil-CoA carboxilase**. A reação de hidratação (12) produz, então, **β-hidroxi-β-metilglutaril-CoA (HMG-CoA)**, que é clivado pela HMG-CoA-liase para formar acetil-CoA e o corpo cetônico acetoacetato (13) (o qual, por sua vez, pode ser convertido em 2 acetil-CoA; Seção 25.3).

Embora haja várias vias para a degradação da lisina, aquela que ocorre pela formação do aduto de α-cetoglutarato-lisina, **sacaropina**, predomina no fígado de mamíferos (Fig. 26.23). Essa via é de interesse porque foram encontradas 7 de suas 11 reações em outras vias. A Reação 4 é uma transaminação dependente de PLP. A Reação 5 é a descarboxilação oxidativa de um α-cetoácido por um complexo multienzimático semelhante aos complexos da piruvato-desi-

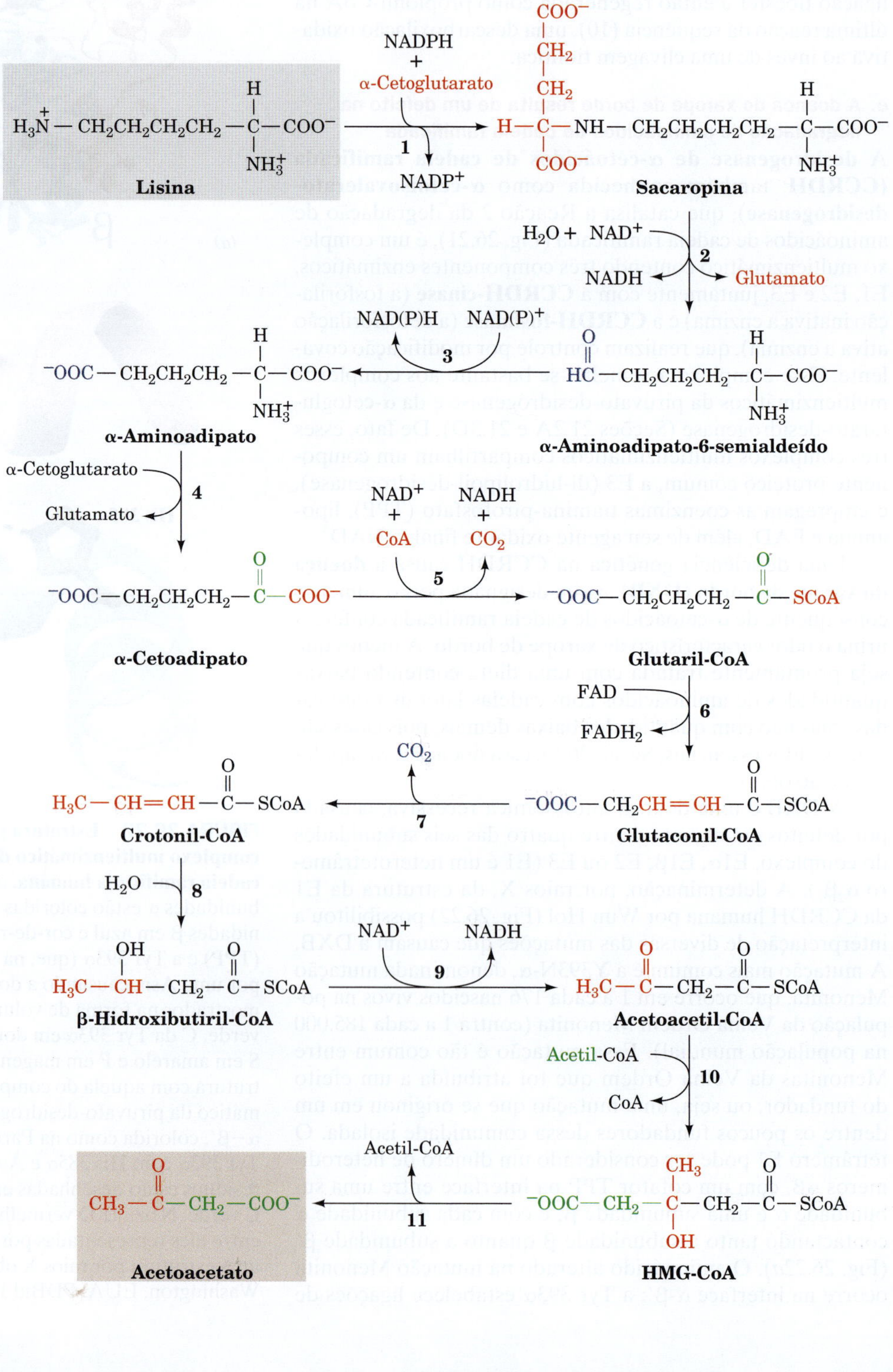

FIGURA 26.23 A via de degradação da lisina no fígado de mamíferos. As enzimas envolvidas são (**1**) sacaropina-desidrogenase ($NADP^+$, formadora de lisina), (**2**) sacaropina-desidrogenase (NAD^+, formadora de glutamato), (**3**) aminoadipato semialdeído-desidrogenase, (**4**) aminoadipato-aminotransferase (uma enzima PLP), (**5**) α-cetoácido-desidrogenase, (**6**) glutaril-CoA-desidrogenase, (**7**) descarboxilase, (**8**) enoil-CoA-hidratase, (**9**) β-hidroxiacil-CoA-desidrogenase, (**10**) HMG-CoA--sintase e (**11**) HMG-CoA-liase. As Reações 10 e 11 são discutidas na Seção 25.3.

drogenase e da α-cetoglutarato-desidrogenase (Seções 21.2A e 21.3D). As Reações 6, 8 e 9 são reações-padrão da oxidação de acil-CoA graxo: desidrogenação por FAD, hidratação e desidrogenação por NAD^+. As Reações 10 e 11 são reações-padrão na formação de corpos cetônicos. Duas moléculas de CO_2 são produzidas nas Reações 5 e 7 da via.

Acredita-se que a via da sacaropina predomine em mamíferos, pois um defeito genético na enzima que catalisa a Reação 1 da sequência causa **hiperlisinemia** e **hiperlisinúria** (níveis elevados de lisina no sangue e na urina, respectivamente), juntamente com deficiência física e intelectual. Esse é ainda outro exemplo de como o estudo de doenças raras herdadas ajudou a traçar vias metabólicas.

O esqueleto de carbono da leucina, como foi visto, é convertido em uma molécula de acetoacetato e uma de acetil-CoA, enquanto aquele da lisina é convertido em uma molécula da acetoacetato e duas de CO_2. Uma vez que nem o acetoacetato nem a acetil-CoA podem ser convertidos em glicose em animais, leucina e lisina são aminoácidos puramente cetogênicos.

G. *O triptofano é degradado a alanina e acetoacetato*

A complexidade da principal via de degradação do triptofano (Fig. 26.24) impede uma discussão detalhada de todas as suas reações. Entretanto, uma reação na via é de especial interesse. A Reação 4, a clivagem da **3-hidroxiquinurenina** em alanina e **3-hidroxiantranilato**, é catalisada pela **quinureninase**, uma enzima dependente de PLP. A reação demonstra mais uma vez a enorme versatilidade do PLP.

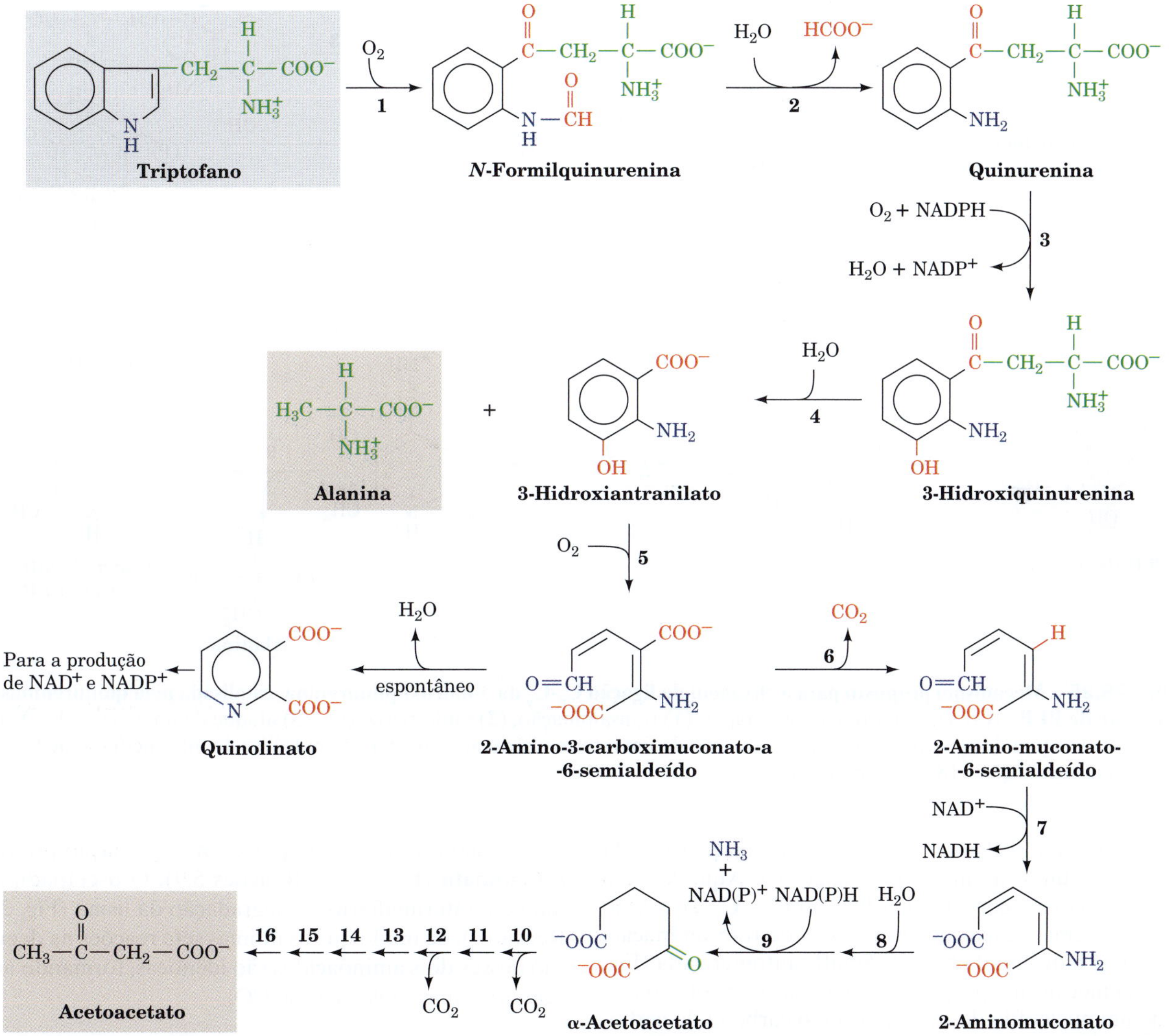

FIGURA 26.24 A via de degradação do triptofano. As enzimas envolvidas são (**1**) triptofano-2,3-dioxigenase, (**2**) formamidase, (**3**) quinurenina-3-mono-oxigenase, (**4**) quinureninase (dependente de PLP), (**5**) 3-hidroxiantranilato-3,4-dioxigenase, (**6**) descarboxilase do amino-carboximuconato semialdeído, (**7**) desidrogenase do aminomuconato semialdeído, (**8**) hidratase, (**9**) desidrogenase e (**10-16**) enzimas das Reações 5 a 11 da degradação da lisina (Fig. 26.23). O 2-amino-3-carboximuconato-6-semialdeído, além de sofrer a Reação 6, forma espontaneamente o **quinolinato**, um precursor do NAD^+ e do $NADP^+$ (Seção 28.5A).

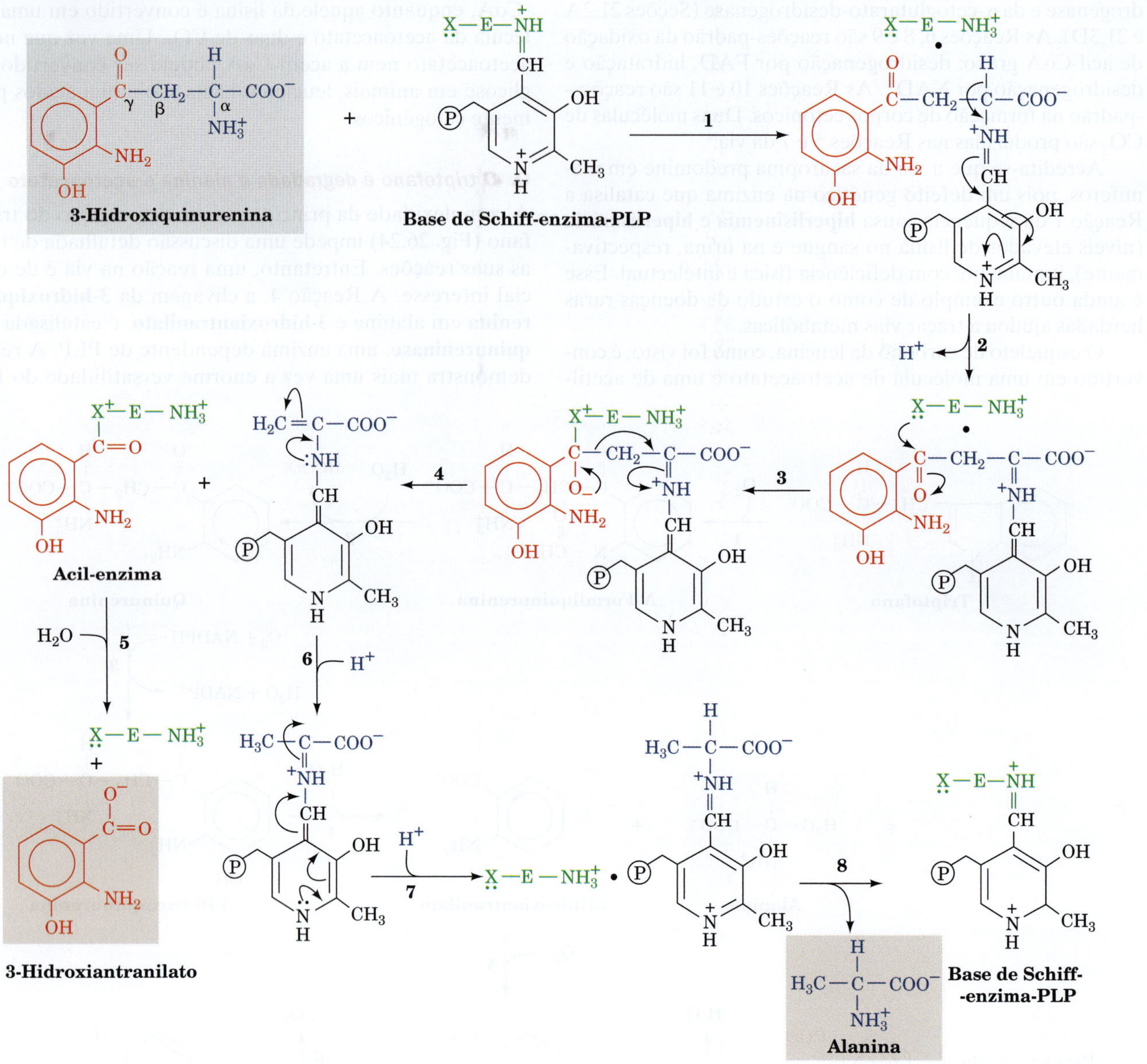

FIGURA 26.25 Mecanismo proposto para a clivagem da ligação C_β-C_γ da 3-hidroxiquinurenina, catalisada pela quinureninase dependente de PLP. A reação ocorre em oito etapas: (**1**) transaminação, (**2**) tautomerização, (**3**) ataque de um nucleófilo (X:) da enzima, (**4**) clivagem da ligação C_β—C_γ, com formação de um intermediário acil-enzima, (**5**) hidrólise do intermediário acil-enzima, (**6**) e (**7**) tautomerização e (**8**) transaminação.

Foi visto como o PLP pode tornar lábeis as ligações C_α—H e C_α—C_β de um α-aminoácido (Fig.26.16). Aqui, vê-se a facilitação da clivagem de uma ligação C_β—C_γ. A reação segue as mesmas etapas que as reações de transaminação, mas não há hidrólise da base de Schiff tautomerizada (Fig. 26.25). O mecanismo proposto para a reação envolve o ataque de um nucleófilo da enzima sobre o carbono da carbonila (C_γ) da base de Schiff tautomerizada 3-hidroxiquinurenina-PLP (Fig. 26.25, Etapa 3). Isso é seguido pela clivagem da ligação C_β—C_γ, para gerar um intermediário acil-enzima, juntamente com um aduto tautomerizado alanina-PLP (Fig. 26.25, Etapa 4). A hidrólise da acil-enzima produz então 3-hidroxiantranilato, cuja posterior degradação produz **α-cetoadipato** (Fig. 26.24, Reações 5.9). O α-cetoadipato é também intermediário na degradação da lisina (Fig. 26.23, Reação 4), de modo que as últimas sete reações na degradação desses dois aminoácidos são idênticas, formando acetoacetato e duas moléculas de CO_2.

H. *Fenilalanina e tirosina são degradadas a fumarato e acetoacetato*

Uma vez que a primeira reação na degradação da fenilalanina é sua hidroxilação a tirosina, uma única via (Fig. 26.26)

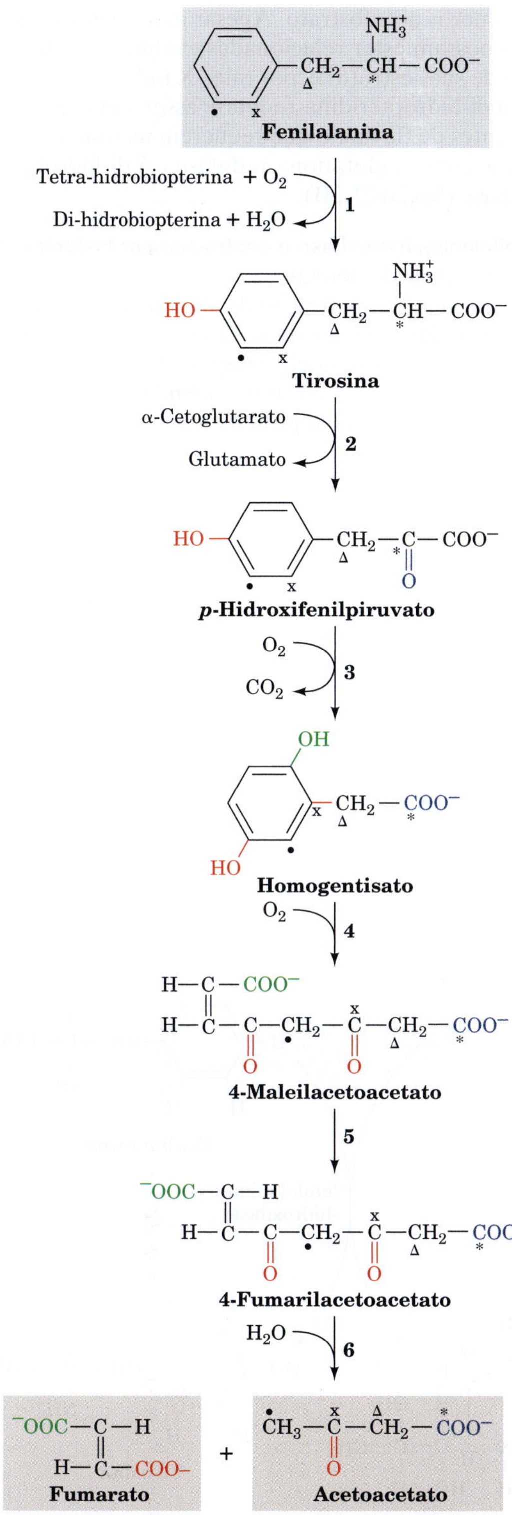

FIGURA 26.26 A via de degradação da fenilalanina. As enzimas envolvidas são (**1**) fenilalanina-hidroxilase, (**2**) aminotransferase, (**3**) *p*-hidroxifenilpiruvato-dioxigenase, (**4**) homogentisato-dioxigenase, (**5**) maleilacetoacetato-isomerase e (**6**) fumarilacetoacetase. Os símbolos que marcam vários átomos de carbono servem para indicar a migração de grupo que ocorre na Reação 3 da via (ver Fig. 26.31).

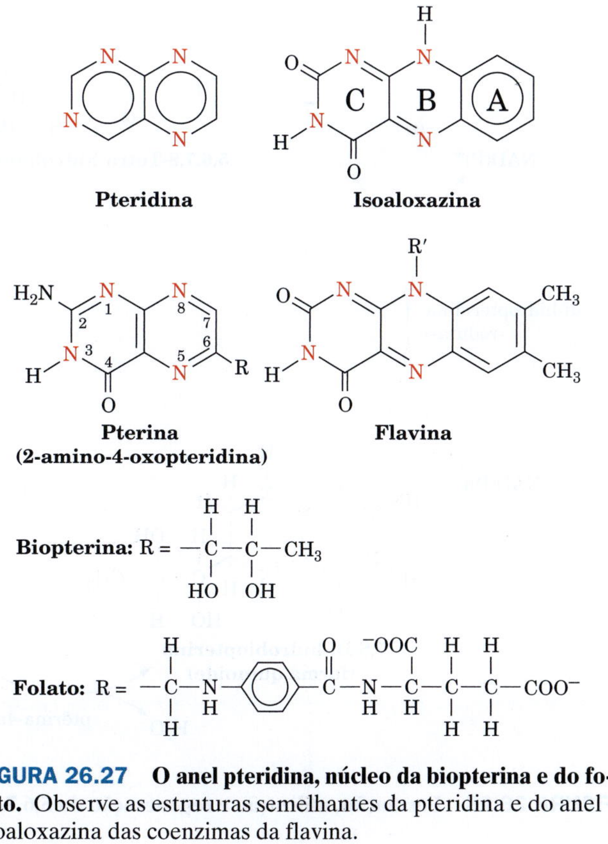

é responsável pela degradação desses dois aminoácidos. Os produtos finais dessa degradação de seis reações são fumarato, um intermediário do ciclo do ácido cítrico, e acetoacetato, um corpo cetônico.

a. Pterinas são cofatores redox

A hidroxilação de fenilalanina pela enzima homotetramérica **fenilalanina-hidroxilase** (**PAH**, de *phenylalanine hydroxylase*), que contém ferro não heme, requer O_2 e que o ferro esteja no estado Fe(II). A enzima também requer a participação de **biopterina**, um derivado **pterina**. Pterinas são compostos que contêm o anel **pteridina** (Fig. 26.27). Observe a semelhança entre o anel pteridina e o anel isoaloxazina das coenzimas flavinas; as posições dos átomos de nitrogênio na pteridina são idênticas àquelas dos anéis B e C da isoaloxazina. Derivados folato também contêm o anel pterina (Seção 26.4D). As pterinas, assim como as flavinas, participam de oxidações biológicas. A forma ativa da biopterina é a forma completamente **reduzida 5,6,7,8-tetra-hidrobiopterina** (**BH_4**). É produzida a partir de **7,8-di-hidrobiopterina** e NADPH pela **di-hidrofolato-redutase** (Fig. 26.28), em uma reação que pode ser considerada uma reação provedora.

Cada subunidade de 452 resíduos do homotetrâmero que constitui a PAH contém três domínios, um domínio regulatório N-terminal, um domínio catalítico e um domínio C-terminal de tetramerização. No entanto, o domínio catalítico de 325 resíduos sozinho forma dímeros cataliticamente competentes. A estrutura por raios X do domínio

FIGURA 26.27 O anel pteridina, núcleo da biopterina e do folato. Observe as estruturas semelhantes da pteridina e do anel isoaloxazina das coenzimas da flavina.

catalítico da PAH no seu estado Fe(II) em complexo com BH_4, determinada por Edward Hough, revela que o Fe(II) é octaedricamente coordenado com His 285, His 290, Glu 330 e três moléculas de água, e que o átomo O4 da BH_4 forma ligações de hidrogênio com duas dessas moléculas de água (Fig. 26.29).

Na reação da fenilalanina-hidroxilase, a 5,6,7,8-tetra-hidrobiopterina é hidroxilada, produzindo **pterina-4a-carbinolamina** (Fig. 26.28), a qual é convertida em **7,8-di-hidrobiopterina (forma quinoide)** pela **pterina-4a-carbinolamina-desidratase.** O quinoide é subsequentemente reduzido pela enzima **di-hidropteridina-redutase**, que requer NAD(P)H, para regenerar o cofator ativo. Observe que, embora a di-hidrofolato-redutase e a di-hidropteridina-redutase produzam o mesmo produto, elas utilizam diferentes tautômeros do substrato. Apesar disso sugerir que essas enzimas possam estar relacionadas evolutivamente, a comparação de suas estruturas por raios X indica que esse não é o caso: a di-hidropteridina-redutase assemelha-se a enzimas dependentes de flavina e que requerem nicotinamida como coenzima, como a glutationa-redutase e a di-hidrolipoil-desidrogenase (Seção 21.2B).

b. A fenilalanina-hidroxilase é controlada por fosforilação e por interações alostéricas

A PAH inicia a destoxificação de altas concentrações de fenilalanina, assim como a síntese de hormônios e neurotransmissores catecolaminérgicos (Seção 26.4B). Ela é ativada alostericamente por seu substrato, a fenilalanina, e por fosforilação em sua Ser 16 pela proteína-cinase A dependente de

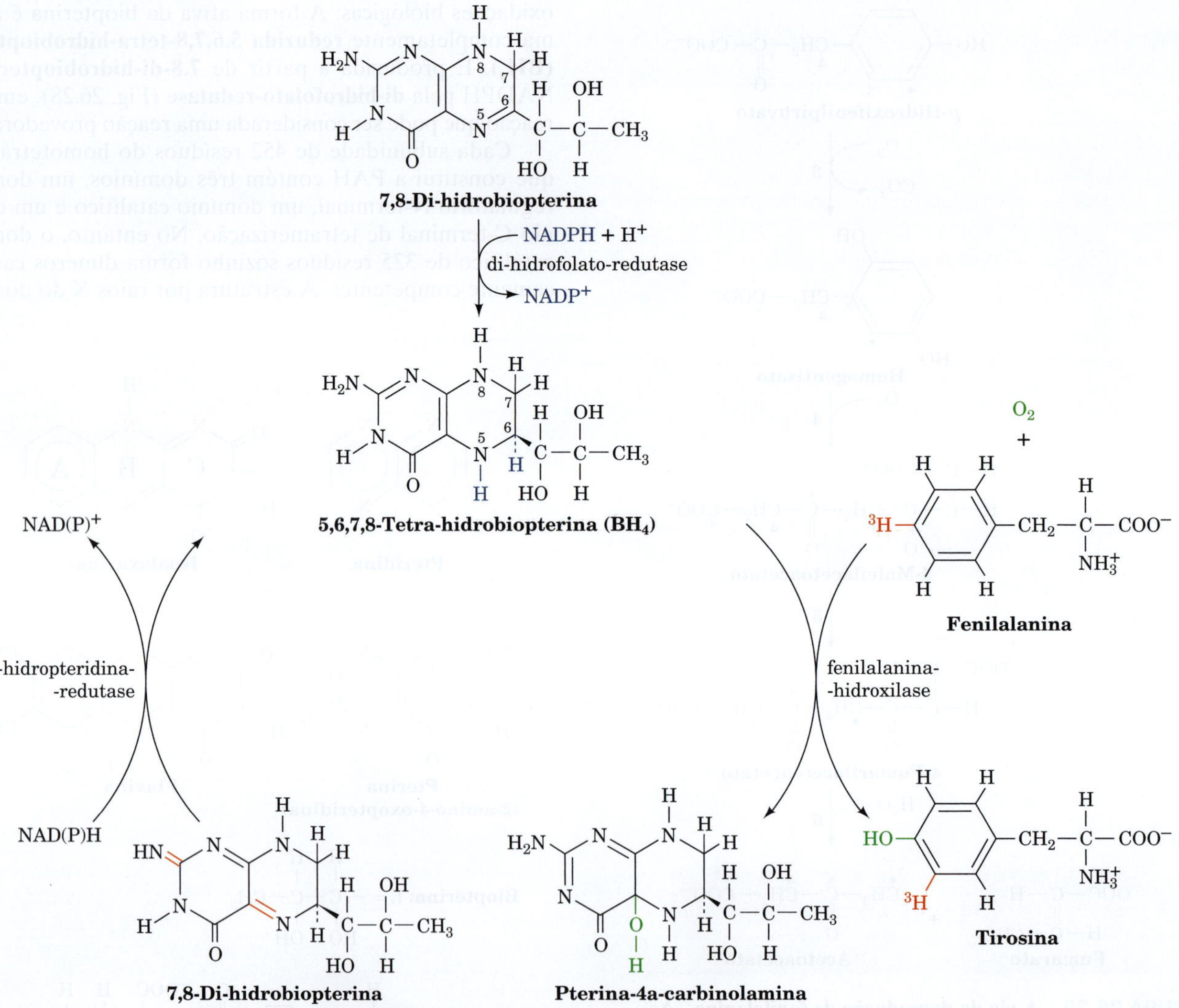

FIGURA 26.28 **Formação, utilização e regeneração da 5,6,7,8-tetra-hidrobiopterina (BH_4) na reação da fenilalanina-hidroxilase.**

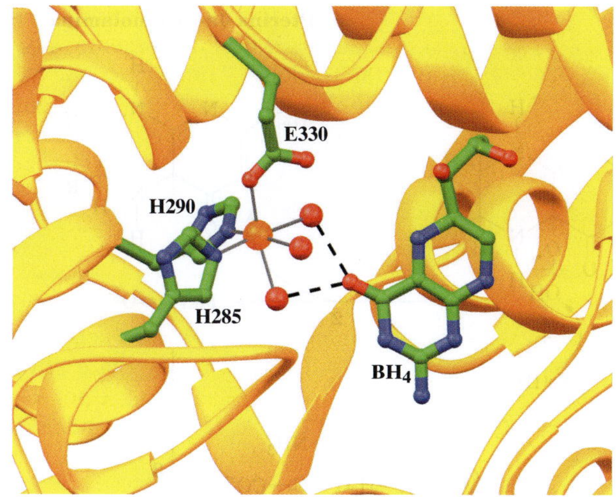

FIGURA 26.29 O sítio ativo da forma Fe(II) da fenilalanina-hidroxilase (PAH) em complexo com 5,6,7,8-tetra-hidrobiopterina (BH_4). O Fe(II) (*esfera cor de laranja*) encontra-se coordenado de forma octaédrica (*linhas em cinza*) à His 285, à His 290 e ao Glu 330 (C em verde, N em azul e O em vermelho) e a três moléculas de água (*esferas vermelhas*). O átomo O4 do BH_4 forma ligações de hidrogênio (*linhas pretas tracejadas*) com duas dessas moléculas de água. (Com base em uma estrutura por raios X obtida por Edward Hough, University of Tromsø, Noruega. PDBid 1J8U.)

AMPc (PKA, de *protein kinase*; Seção 18.3Cb). Seu segundo substrato, BH_4, inibe alostericamente a enzima.

c. A troca NIH

Um aspecto inesperado da reação da PAH é que um átomo ^{3}H, que começa no C4 do anel fenila da fenilalanina, termina no C3 desse anel na tirosina (Fig. 26.28, *direita*), em vez de ser perdido para o solvente na substituição com o grupo OH. O mecanismo postulado para explicar essa observação é a **troca NIH** (assim denominada porque foi inicialmente caracterizada por químicos do Instituto Nacional da Saúde dos Estados Unidos; *National Institutes of Health*), que envolve a ativação do oxigênio por cofatores pterina e Fe, para formar pterina-4a-carbinolamina e um grupo reativo oxiferril ($[Fe[IV]{=}O^{2-}$; Fig. 26.30, Etapas 1 e 2), que reage com o substrato para formar um epóxido entre a ligação 3,4 do anel fenila (Fig. 26.30, Etapa 3). A isso se segue a abertura do epóxido, formando um carbocátion em C3 (Fig. 26.30, Etapa 4). A migração do hidreto de C4 para C3 forma um carbocátion mais estável (um íon oxônio; Fig. 26.30, Etapa 5). A essa migração, segue-se a aromatização do anel para formar tirosina (Fig. 26.30, Etapa 6). A **tirosina-hidroxilase** e a **triptofano-hidroxilase** (Seção 26.4B) são, ambas, homólogas à fenilalanina-hidroxilase e utilizam o mesmo mecanismo de reação com troca NIH, embora possa não haver um intermediário epóxido nesses casos.

A Reação 3 na via de degradação da fenilalanina (Fig. 26.26) fornece outro exemplo de uma troca NIH. Essa reação, catalisada pela ***p*-hidroxifenilpiruvato-dioxigenase**, uma enzima que contém Fe(II), envolve a descarboxilação oxidativa de um α-cetoácido, além da hidroxilação do anel. Nesse caso, a troca NIH envolve a migração de um grupo alquila, em vez de um íon hidreto, para formar um carbocátion mais estável (Fig. 26.31). Essa troca, que foi demonstrada por estudos com marcação usando isótopos (representados por diferentes símbolos nas Figs. 26.26 e 26.31), explica a observação de que C3 está ligado a C4 no ***p*-hidroxifenilpiruvato,** mas a C5 no **homogentisato.**

d. A alcaptonuria e a fenilcetonuria resultam de defeitos na degradação da fenilalanina

Archibald Garrod percebeu, no início do século XX, que doenças genéticas humanas resultavam de deficiências enzimáticas específicas. Foi visto repetidamente como essa compreensão contribuiu para a elucidação de vias metabólicas. A primeira dessas doenças a ser reconhecida foi a **alcaptonuria**, que, conforme observou Garrod, acarreta a excreção de grandes quantidades de ácido homogentísico. Essa condição resulta da deficiência da **homogentisato-dioxigenase** (Fig. 26.26, Reação 4). Os alcaptonúricos não apresentam sintomas de doença, além de artrite em idade avançada (embora a urina desses pacientes escureça de forma alarmante devido à rápida oxidação, pelo ar, do ácido homogentísico que excretam).

Indivíduos que sofrem de **fenilcetonuria** (**PKU**, de *phenylketonuria*) não são tão afortunados. Deficiência intelectual grave ocorre dentro de poucos meses após o nascimento, caso a doença não seja detectada e tratada imediatamente (ver a seguir). De fato, antigamente (antes do advento da triagem de rotina) ~1% dos pacientes em instituições mentais eram fenilcetonúricos. A PKU é causada pela incapacidade de hidroxilar a fenilalanina (Fig. 26.26, Reação 1) e resulta, portanto, em níveis sanguíneos aumentados de fenilalanina (**hiperfenilalaninemia**). O excesso de fenilalanina é transaminado em **fenilpiruvato**

$$C_6H_5{-}CH_2{-}\overset{\overset{\displaystyle O}{\|}}{C}{-}COO^-$$

Fenilpiruvato

por meio de uma via que, normalmente, é de pouca importância. O "vazamento" de fenilpiruvato (uma fenilcetona) na urina foi a primeira observação relacionada com a doença e deu-lhe o nome, embora tenha sido demonstrado, desde então, que é a alta concentração da própria fenilalanina que origina a disfunção encefálica. Todos os bebês devem agora passar por uma triagem para a PKU poucos dias após o nascimento, testando-se a presença de níveis aumentados de fenilalanina no sangue.*

A PKU clássica resulta de uma deficiência na fenilalanina-hidroxilase (PAH). Quando isso foi estabelecido, em 1947, constituiu-se no primeiro erro inato do metabolismo humano a ter a base bioquímica do defeito identificada. Desde então, mais de 400 mutações foram identificadas na PAH. Uma vez que todas as enzimas da degradação da ti-

* N. de T.: Este teste faz parte do chamado "teste do pezinho".

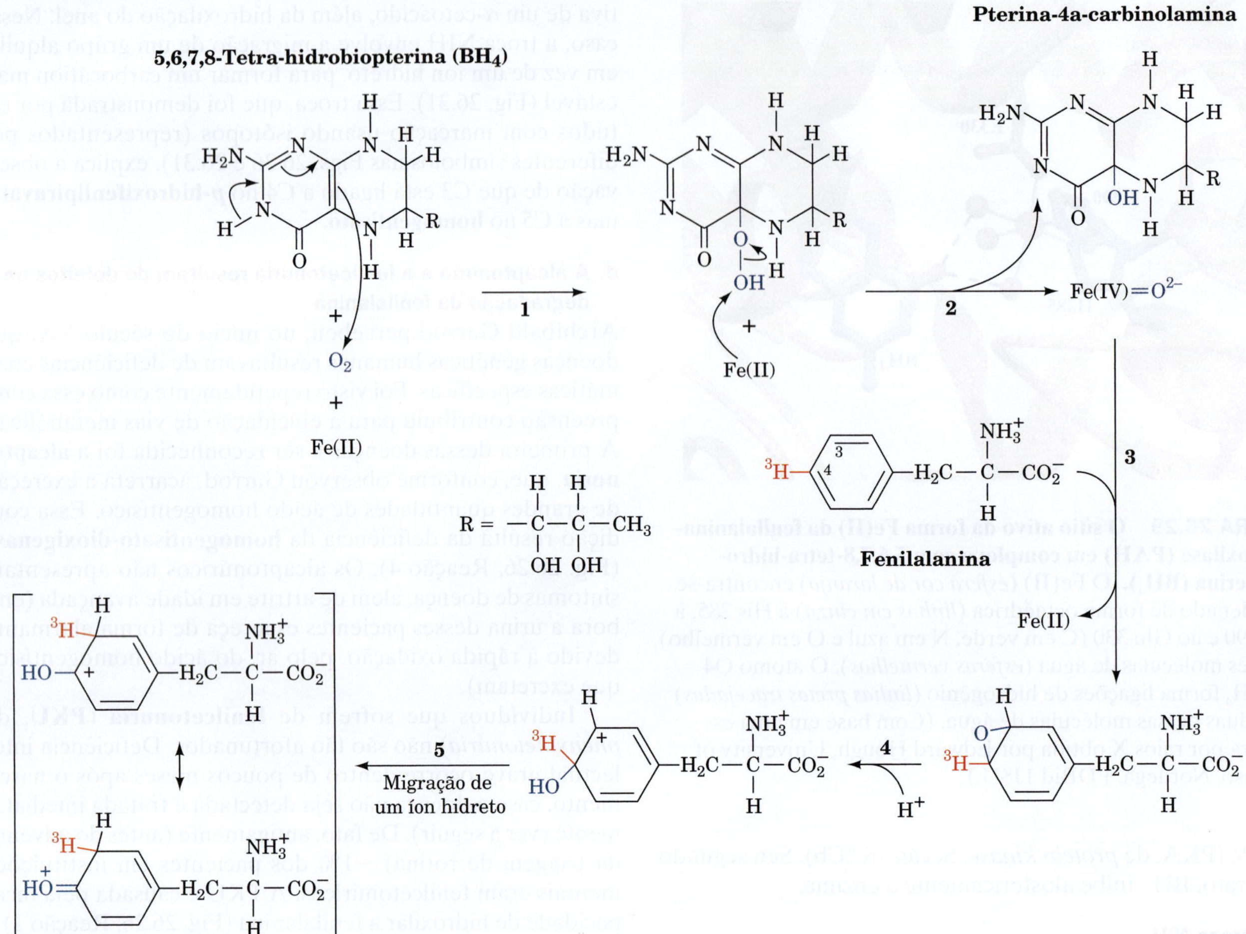

FIGURA 26.30 **Mecanismo proposto para a troca NIH na reação da fenilalanina-hidroxilase.** O mecanismo envolve (**1** e **2**) a ativação do oxigênio pelos cofatores ligados à enzima, BH_4 e Fe(II), produzindo pterina-4a-carbinolamina e uma espécie reativa oxiferril ($Fe[IV]{=}O^{2-}$); (**3**) a reação do $Fe(IV){=}O^{2-}$ com o substrato fenilalanina para formar um epóxido entre os carbonos 3 e 4 do anel fenila; (**4**) abertura do epóxido para formar um carbocátion em C3; (**5**) migração de um hidreto de C4 para C3 para formar um carbocátion mais estável (um íon oxônio); e (**6**) aromatização do anel para formar a tirosina.

rosina são normais nessa doença, o tratamento consiste em fornecer ao paciente uma dieta com baixa quantidade de fenilalanina e monitorar os níveis sanguíneos de fenilalanina, para assegurar que permaneçam dentro de limites normais durante os primeiros 5 a 10 anos de vida (os efeitos adversos da hiperfenilalaninemia parecem desaparecer após essa idade*). Deficiências da PAH também são responsáveis por um outro sintoma comum na PKU: os indivíduos afetados apresentam coloração mais clara do cabelo e da pele que seus irmãos. Isso ocorre porque a hidroxilação da tirosina, a primeira reação na formação do pigmento escuro da pele, a **melanina** (Seção 26.4B), é inibida por níveis elevados de fenilalanina.

Outras causas da hiperfenilalaninemia têm sido descobertas desde a introdução de técnicas de triagem em bebês. Elas resultam de deficiências nas enzimas que catalisam a formação ou a regeneração de 5,6,7,8-tetra-hidrobiopterina (BH_4), o cofator da PAH (Fig. 26.28). Em tais casos, deve-se também fornecer aos pacientes **L-3,4-di-hidroxifenilalanina** (**L-DOPA**) e **5-hidroxitriptofano**, precursores metabólicos dos neurotransmissores **noradrenalina** e **serotonina**, respectivamente, uma vez que a tirosina-hidro-

* N. de T.: Pesquisas sugerem que o controle da ingestão de fenilalanina continue mesmo na vida adulta, especialmente em mulheres, em função da chamada "fenilcetonuria materna".

xilase e a triptofano-hidroxilase, enzimas homólogas da PAH que produzem essas aminas fisiologicamente ativas, também necessitam 5,6,7,8-tetra-hidrobiopterina (Seção 26.4B). Infelizmente, a simples adição de BH_4 à dieta de um indivíduo afetado pela doença não é um tratamento efetivo, pois a BH_4 é instável e não pode cruzar a barreira hematoencefálica.

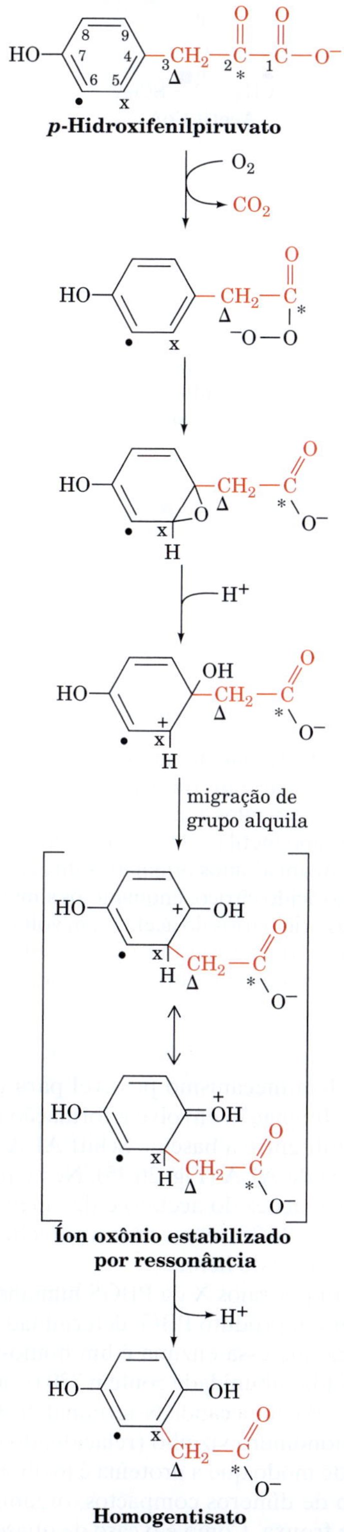

p-Hidroxifenilpiruvato

O_2 → CO_2

H^+

migração de grupo alquila

Íon oxônio estabilizado por ressonância

H^+

Homogentisato

FIGURA 26.31 A troca NIH na reação da *p*-hidroxifenilpiruvato-dioxigenase. Os átomos de carbono estão marcados, a fim de auxiliar no acompanhamento da migração do grupo que é trocado.

4 AMINOÁCIDOS COMO PRECURSORES BIOSSINTÉTICOS

Certos aminoácidos, além de sua função principal como blocos constitutivos das proteínas, são precursores essenciais de uma variedade de biomoléculas importantes, incluindo nucleotídeos e coenzimas-nucleotídeos, o heme, vários hormônios e neurotransmissores e a glutationa. Nesta seção, consideram-se as vias que produzem algumas dessas substâncias. Inicia-se a discussão com a biossíntese do heme a partir de glicina e succinil-CoA. Serão examinadas então as vias pelas quais tirosina, triptofano, glutamato e histidina são convertidos em vários neurotransmissores e serão estudados certos aspectos da biossíntese da glutationa e o envolvimento desse tripeptídeo no transporte de aminoácidos e em outros processos. Finalmente, será considerado o papel dos derivados do folato na transferência biossintética de unidades C_1. A biossíntese de nucleotídeos e de coenzimas-nucleotídeos é o tema do Capítulo 28.

A. *Biossíntese e degradação do heme*

O heme (Fig. 26.32), como foi visto, é um grupo prostético que contém Fe e é um componente essencial de muitas proteínas, particularmente hemoglobina, mioglobina e citocromos. As reações iniciais para a biossíntese do heme são co-

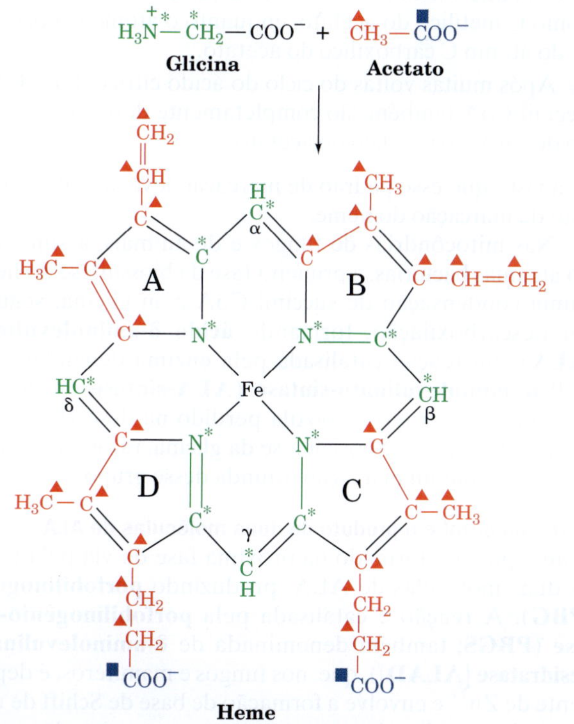

$H_3\overset{+}{N}-CH_2-COO^-$ + CH_3-COO^-

Glicina **Acetato**

Heme

FIGURA 26.32 Estrutura do heme. Os átomos C e N do heme derivam dos átomos da glicina e do acetato.

muns à formação de outros tetrapirróis, incluindo a clorofila nas plantas e bactérias (Seção 24.2A) e a coenzima B_{12} nas bactérias (Seção 25.2Eb).

a. As porfirinas são derivadas de succinil-CoA e glicina

A elucidação da via de biossíntese do heme envolveu um interessante trabalho de detetive. David Shemin e David Rittenberg, que estavam entre os primeiros a utilizar traçadores isotópicos na elucidação de vias metabólicas, demonstraram, em 1945, que *todos os átomos C e N do heme podem ser derivados de acetato e glicina.* Apenas a glicina, dentre os vários metabólitos marcados com ^{15}N que eles testaram (incluindo amônia, glutamato, leucina e prolina), produziu hemoglobina cujo heme estava marcado com ^{15}N em animais experimentais aos quais esses metabólitos foram administrados. Experimentos semelhantes, utilizando acetato marcado com ^{14}C em seus grupos metila ou carboxila ou [$^{14}C_{\alpha}$]glicina, demonstraram que 24 dos 34 átomos de carbono do heme são derivados do carbono metílico do acetato, 2 do carbono da carboxila do acetato e 8 do átomo C_{α} da glicina (Fig. 26.32). Nenhum dos átomos do heme é derivado do átomo de carbono da carboxila da glicina.

A Fig. 26.32 indica que os átomos de C do heme derivados de grupos metílicos do acetato ocorrem em grupos de três átomos ligados. Evidentemente, o acetato é inicialmente convertido em algum outro metabólito que apresenta esse padrão de marcação. Shemin e Rittenberg postularam que esse metabólito seria a succinil-CoA, com base no seguinte raciocínio (Fig. 26.33):

1. O acetato é metabolizado via ciclo do ácido cítrico (Seção 21.1B).
2. Estudos de marcação indicam que o átomo C3 da succinil-CoA intermediária do ciclo do ácido cítrico é derivado do átomo C metílico do acetato, enquanto o átomo C4 origina-se do átomo C carboxílico do acetato.
3. Após muitas voltas do ciclo do ácido cítrico, C1 e C2 da succinil-CoA também são completamente derivados do átomo de carbono metílico do acetato.

Será visto que esse padrão de marcação leva, de fato, ao padrão de marcação do heme.

Nas mitocôndrias de fungos e de animais, assim como em algumas bactérias, a primeira fase da biossíntese do heme é uma condensação de succinil-CoA com glicina, seguida por descarboxilação, formando **ácido δ-aminolevulínico** (**ALA**), em reação catalisada pela enzima dependente de PLP **δ-aminolevulinato-sintase** (**ALA-sintase** ou **ALAS**; Fig. 26.34). O grupo carboxila perdido na descarboxilação (Fig. 26.34, Reação 5) origina-se da glicina, razão pela qual o heme não contém marcação oriunda desse grupo.

b. O anel pirrol é o produto de duas moléculas de ALA

O anel pirrol é formado na próxima fase da via pela união de duas moléculas de ALA, produzindo **porfobilinogênio** (**PBG**). A reação é catalisada pela **porfobilinogênio-sintase** (**PBGS**; também denominada de **δ-aminolevulinato-desidratase** [**ALAD**]), que, nos fungos e mamíferos, é dependente de Zn^{2+} e envolve a formação de base de Schiff de uma das moléculas de substrato com um grupo amino da enzima (em algumas bactérias e em todas as plantas o Mg^{2+} substitui o Zn^{2+}). Um mecanismo possível para essa reação de condensação-eliminação envolve a formação de uma segunda base de Schiff entre a base de Schiff ALA-enzima e a segunda molécula de ALA (Fig. 26.35). Nesse ponto, se forem seguidas as marcações do acetato e da glicina na reação da PBG-sintase (Fig. 26.35), começa-se a perceber como surge o padrão de marcação do heme.

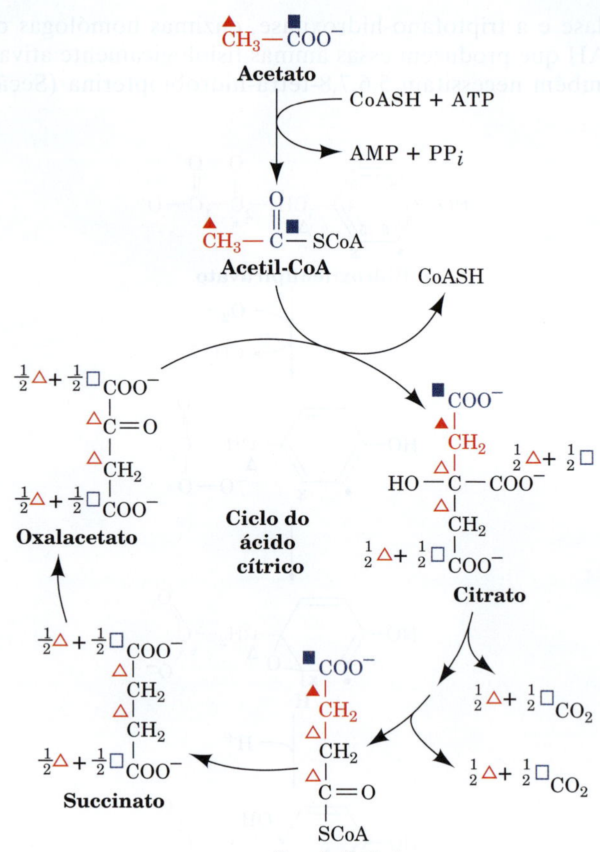

FIGURA 26.33 O destino dos átomos de carbono da succinil-CoA originários do acetato via ciclo do ácido cítrico. Átomos C marcados com triângulos e quadrados são oriundos, respectivamente, do grupo metila e da carboxila do acetato. Símbolos preenchidos marcam átomos originários do acetato na presente volta do ciclo do ácido cítrico, enquanto os símbolos vazados marcam átomos originários do acetato em voltas anteriores do ciclo do ácido cítrico. Observe que os átomos C1 e C4 da succinil-CoA acabam misturados, formando o succinato, de simetria de ordem dois.

A estrutura por raios X da PBGS humana em complexo covalente com seu produto PBG, determinada por Jonathan Cooper, indica que essa enzima é um homo-octâmero com simetria D_4. Cada subunidade contém 330 resíduos e consiste em um barril α/β e uma cauda N-terminal de 39 resíduos que envolve um monômero vizinho (relacionado em simetria de ordem dois), de modo que a proteína é melhor descrita como um tetrâmero de dímeros compactos, organizado de forma relativamente frouxa. Como é o caso de quase todas as enzimas com barris α/β, o sítio ativo da PBGS (Fig. 26.36*a*) situa-se na boca do barril, na porção C-terminal de suas fitas β. O

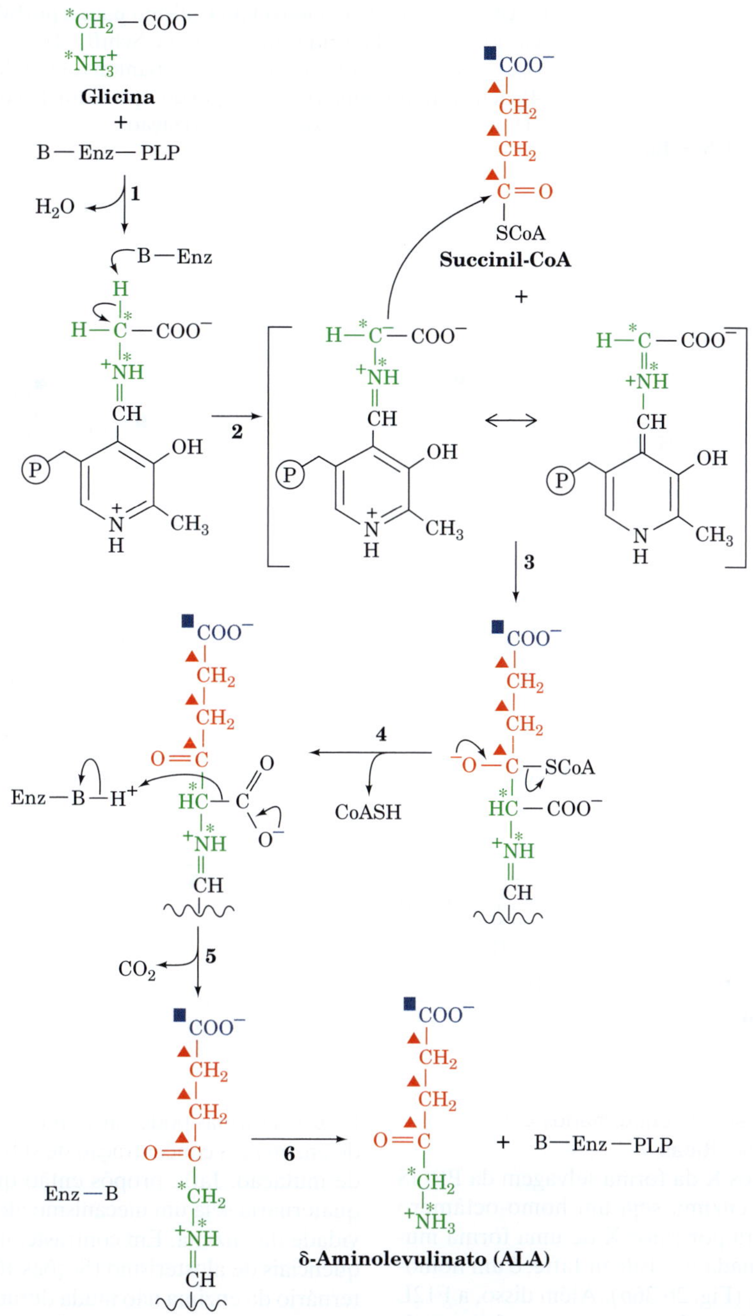

FIGURA 26.34 **O mecanismo de ação da enzima δ-aminolevulinato-sintase (ALAS), dependente de PLP.** As etapas da reação são (**1**) transaminação, (**2**) formação de um carbânion estabilizado pelo PLP, (**3**) formação da ligação C—C, (**4**) eliminação da CoA, (**5**) descarboxilação, facilitada pela base de Schiff com PLP e (**6**) transaminação, produzindo ALA e regenerando a enzima ligada ao PLP.

sítio ativo é coberto por uma alça; comparações com outras estruturas de PBGS indicam que essa alça forma uma tampa flexível sobre o substrato, um arranjo que é remanescente da enzima glicolítica triosefosfato-isomerase (TIM; Fig. 17.11). O PBG é ligado covalentemente à Lys 252 e seu grupo amino livre forma uma ligação coordenada com o íon Zn^{2+} no sítio ativo. A Lys 199 parece estar posicionada de forma adequada para atuar como catalisador acidobásico geral.

A inibição da PBG-sintase por Pb^{2+} (um competidor do íon Zn^{2+} no sítio ativo) é uma das principais manifestações do envenenamento por chumbo, que é uma das doenças ambientais mais comuns. De fato, tem sido sugerido que o acúmulo no sangue de ALA, que assemelha-se ao neurotransmissor **ácido γ-aminobutírico** (**GABA**) (Seção 26.4B), seja responsável pela psicose que com frequência acompanha o envenenamento por chumbo.

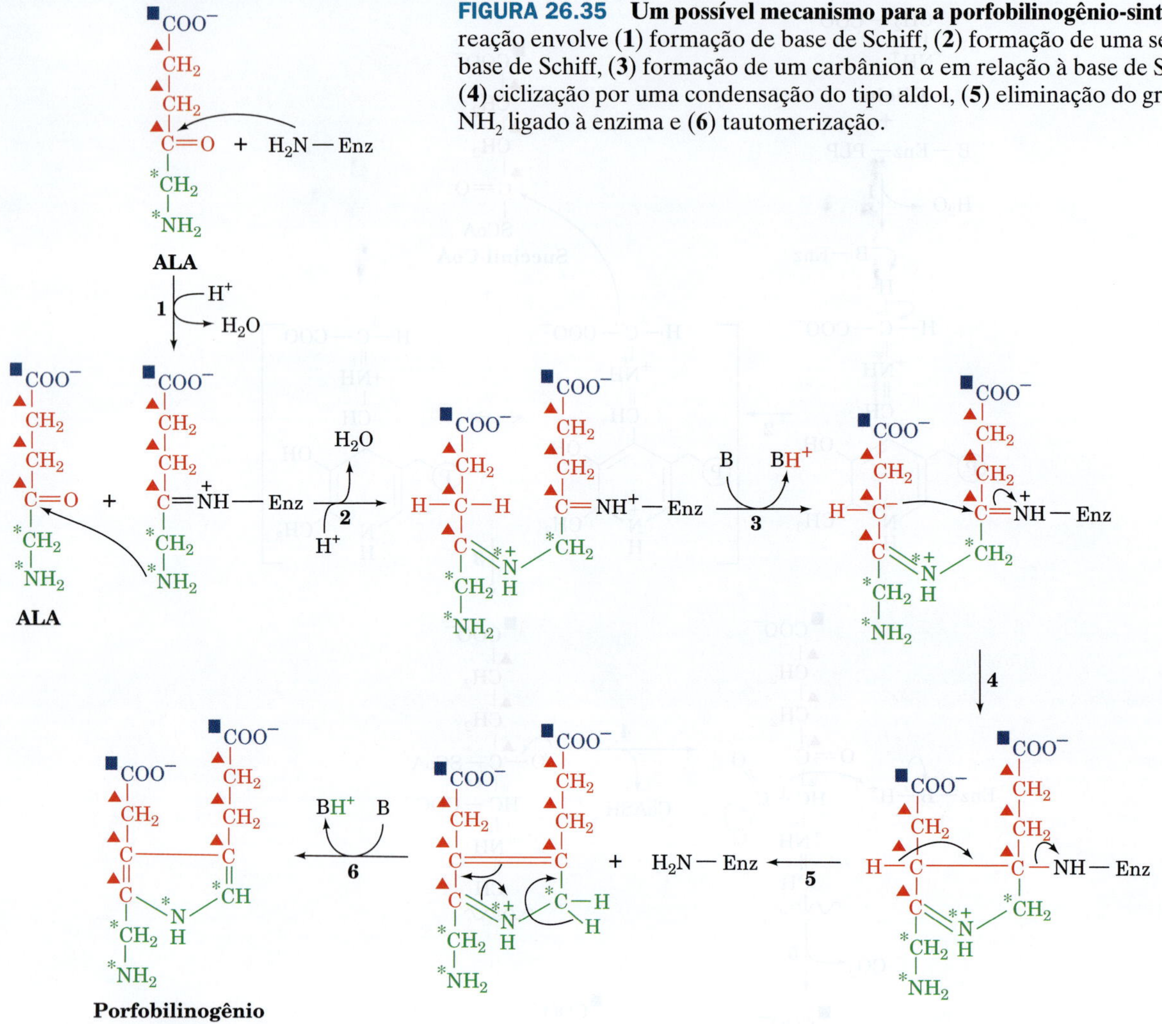

FIGURA 26.35 Um possível mecanismo para a porfobilinogênio-sintase. A reação envolve (**1**) formação de base de Schiff, (**2**) formação de uma segunda base de Schiff, (**3**) formação de um carbânion α em relação à base de Schiff, (**4**) ciclização por uma condensação do tipo aldol, (**5**) eliminação do grupo NH_2 ligado à enzima e (**6**) tautomerização.

c. A PBGS apresenta dois estados quaternários com diferentes atividades enzimáticas

Embora a estrutura por raios X da forma selvagem da PBGS humana indique que esta enzima seja um homo-octâmero com simetria D_4, a estrutura por raios X de uma forma mutante rara, a F12L, determinada por Eileen Jaffe, é um homo-hexâmero com simetria D_3 (Fig. 26.36*b*). Além disso, a F12L mutante apresenta atividade muito menor que a forma selvagem da PBGS, embora o resíduo 12 esteja distante do sítio ativo da enzima em ambas as proteínas. Isso aparentemente ocorre devido a uma alteração conformacional no braço N-terminal da PBGS: no octâmero, os braços N-terminais de dois monômeros adjacentes enrolam-se nos barris um do outro, de modo a formar o chamado dímero abraçado, enquanto no hexâmero os braços N-terminais estendem-se para fora do núcleo da proteína, formando o chamado dímero desprendido (Fig. 26.36*b*). Não obstante, os barris α/β dessas duas formas oligoméricas são bastante sobreponentes. A diferença nas atividades dessas duas formas quaternárias é causada pela ligação alostérica de um íon Mg^{2+} na interface "abraçada" do octâmero, ligação esta ausente no dímero separado.

Formas oligoméricas alternativas têm sido observadas em soluções de PBGS em sua forma selvagem, e o equilíbrio entre essas formas pode variar mudando-se o pH, a concentração de enzima e a concentração de substrato, assim como por meio de mutação. Jaffe propôs então que esta mudança estrutural quaternária seja um mecanismo alostérico para controlar a atividade da enzima. Em contraste, nos modelos simétricos e sequenciais de alosterismo (Seções 10.4B e 10.4C), o estado quaternário da enzima não muda durante uma transição alostérica.

As enzimas que controlam suas atividades por meio de mudanças em seus estados oligoméricos foram denominadas por Jaffe **morfeínas** (derivado de *morfo*, forma; com a clássica terminação da palavra prote*ína*). Embora a PBGS tenha sido a primeira morfeína conhecida, diversas outras foram identificadas desde então (p. ex., ribonucleotídeo-redutase; Seção 28.3Ad). De fato, pode ocorrer que morfeínas sejam relativamente comuns, pois quando uma proteína é purificada as frações inativas são geralmente consideradas desnaturadas e são, portanto, descartadas, e não caracterizadas.

d. O anel porfirina é formado por quatro moléculas de PBG

A fase seguinte da biossíntese do heme é a condensação de quatro moléculas de PBG para formar **uroporfirinogênio III**, o núcleo porfirina, em uma série de reações catalisadas pela **porfobilinogênio-desaminase** (também denominada de **hi-**

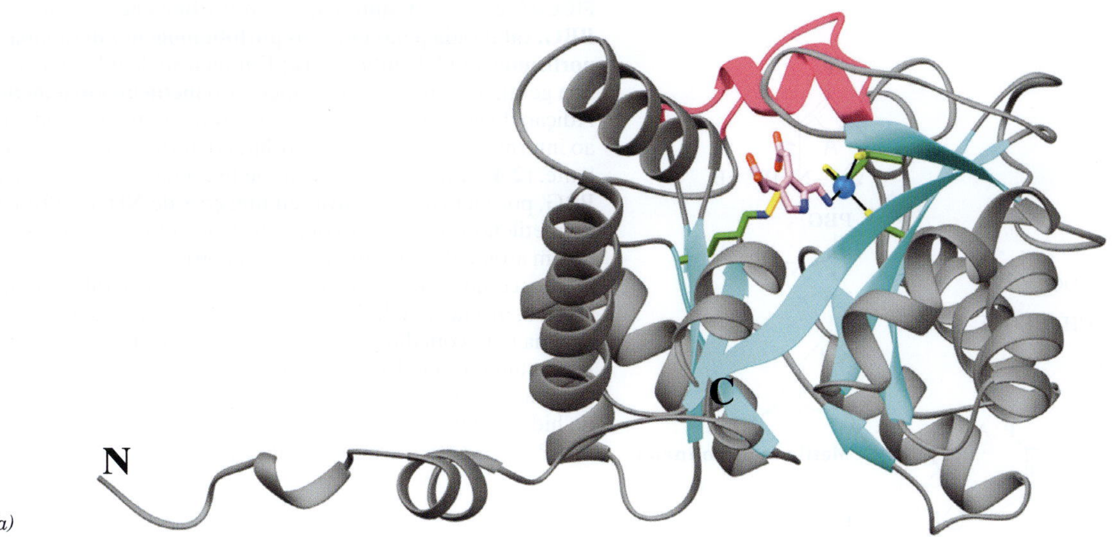

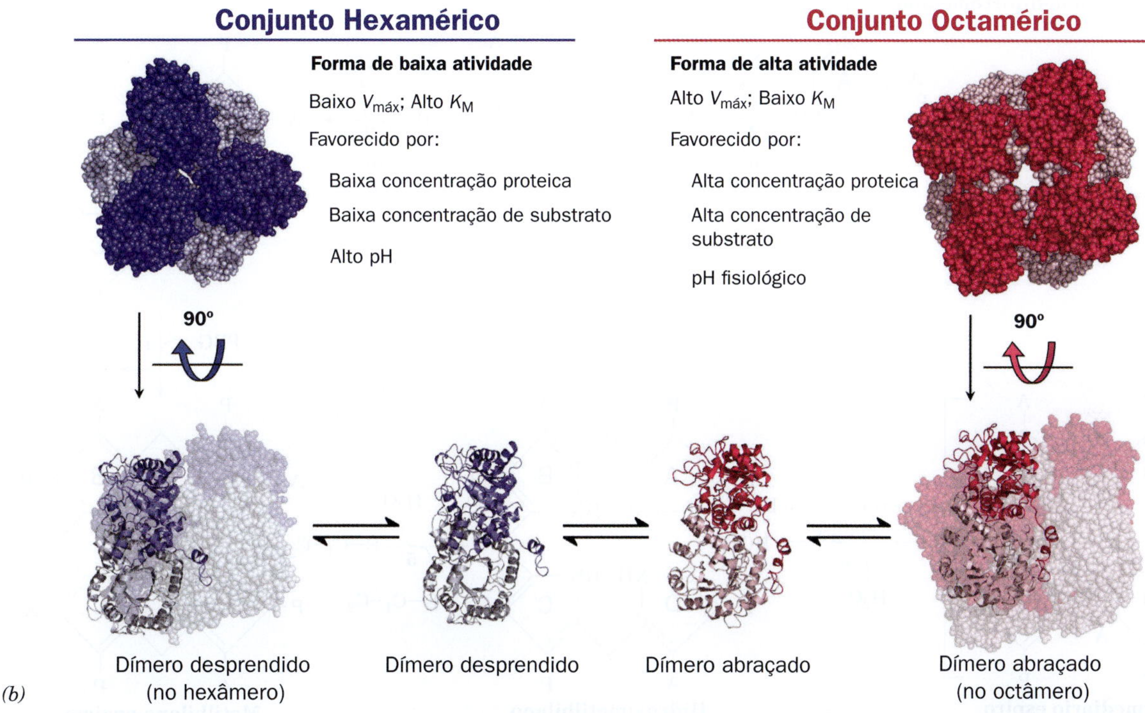

FIGURA 26.36 Estrutura por raios X da porfobilinogênio-sintase (PBGS) humana. (*a*) A PBGS em complexo covalente com seu produto, o porfobilinogênio (PBG). Um monômero dessa proteína homo-octamérica é visto perpendicularmente ao eixo de seu barril α/β e é desenhado em cinza, com as fitas β em ciano e a alça que forma sua tampa flexível (resíduos 201 a 222) em magenta. O produto PBG, a Lys 252 à qual o produto está covalentemente ligado e as três cadeias laterais de Cys que ligam o íon Zn^{2+} (*esfera azul*) no sítio ativo são mostrados na forma de bastões, com o C do PBG em cor-de-rosa, C de cadeias laterais em verde, N em azul, O em vermelho, S em amarelo e a ligação N − C unindo a Lys 252 ao PBG em dourado. O íon Zn^{2+} do sítio ativo está ligado (*linhas pretas*) pelos átomos de S da Cys 122, da Cys 124 e da Cys 132 e pelo grupo amino do PBG. A Lys 199, que situa-se diretamente por trás da Lys 252 nesta vista, parece estar adequadamente posicionada para atuar como um catalisador acidobásico. (Com base em estrutura por raios X obtida por Jonathan Cooper, Universidade de Southampton, Reino Unido. PDBid 1E51.) (*b*) Alterações na estrutura quaternária entre o estado hexamérico de baixa atividade da enzima mutante F12L da PBGS humana (*azul*) e o estado octamérico de alta atividade da forma nativa da enzima (*vermelho*). No painel superior, as proteínas são vistas ao longo de seus eixos de simetria de ordem 3 e 4, com as subunidades mais próximas do observador em cores mais escuras. No painel inferior, os desenhos mais externos são vistos ao longo de seus eixos de simetria dupla, com um dímero desenhado em forma de fitas e os demais na forma de volume atômico. Os desenhos internos mostram apenas os dímeros em que acredita-se que os oligômeros se dissociem antes de se reunirem em um estado quarternário alternativo. (Cortesia de Sarah Lawrence e Eileen Jaffe, The Fox Chase Cancer Center, Filadélfia, Pensilvânia, EUA. A estrutura por raios X da mutante F12L foi determinada por Eileen Jaffe. PDBid 1PV8.)

FIGURA 26.37 A síntese de uroporfirinogênio III a partir de PBG, catalisada pelas enzimas porfobilinogênio-desaminase e uroporfirinogênio III-sintase. (**1a**) Eliminação de NH_3 por catálise básica geral, formando um intermediário **metileno pirrolineno**. (**1b**) Adição do cofator dipirrometano, covalentemente ligado à enzima, ao intermediário metileno-pirrolineno, formando um aduto covalente. (**2-4**) Adições sequenciais de um segundo, terceiro e quarto PBG, por meio de sucessivas eliminações de NH_3 do PBG, formando metileno-pirrolineno, como na Reação 1a, seguindo-se a adição de um átomo de carbono de um anel pirrol da cadeia em crescimento, como na Reação 1b. (**5**) Hidrólise do metilbilano ligado à enzima, produzindo hidroximetilbilano e regenerando o complexo enzima livre com dipirrometano. (**6**) Síntese de uroporfirinogênio III via um intermediário espiro pelas enzimas porfobilinogênio-desaminase e uroporfirinogênio III-sintase. (**7**) Ciclização espontânea do hidroximetilbilano na ausência de uroporfirinogênio III-sintase. A e P representam grupos acetila e propionila.

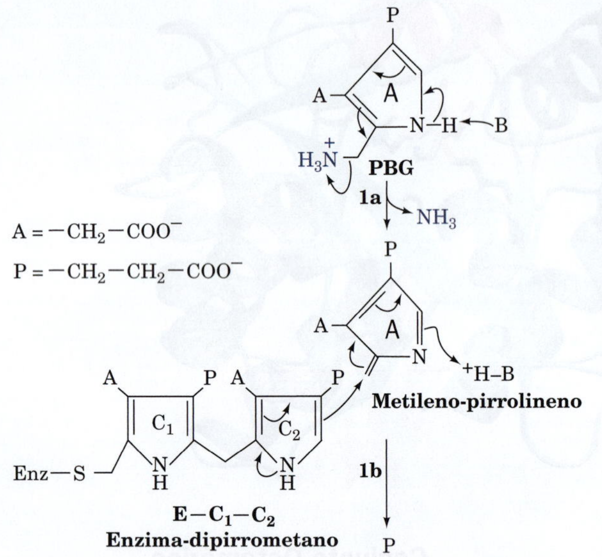

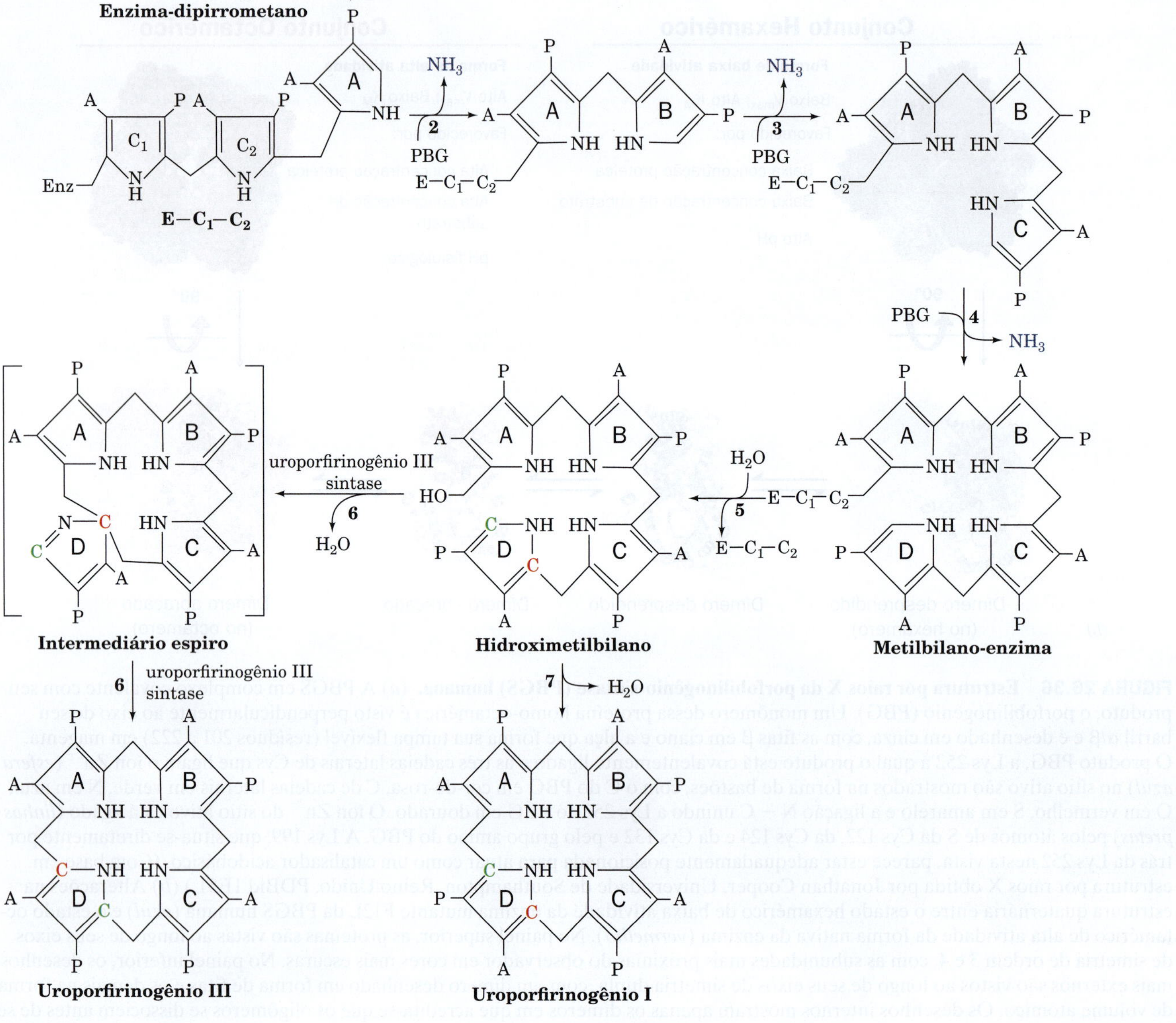

$A = -CH_2-COO^-$

$P = -CH_2-CH_2-COO^-$

PBG

Metileno-pirrolineno

E−C₁−C₂

Enzima-dipirrometano

Metilbilano-enzima

Hidroximetilbilano

Intermediário espiro

Uroporfirinogênio III

Uroporfirinogênio I

droximetilbilano-sintase ou **uroporfirinogênio-sintase**) e **uroporfirinogênio III-sintase**. A reação (Fig. 26.37) começa com o deslocamento pela enzima do grupo amino do PBG para formar um aduto covalente. Uma segunda, terceira e quarta moléculas de PBG são então adicionadas sequencialmente, por meio do deslocamento do grupo amino primário em uma das moléculas de PBG por um átomo de carbono do anel pirrol do próximo PBG a reagir, produzindo um tetrapirrol linear que é hidrolisado e liberado da enzima como **hidroximetilbilano** (também denominado **preuroporfirinogênio**).

e. A porfobilinogênio-desaminase possui um cofator dipirrometano

Peter Schoolingin-Jordan e Alan Battersby mostraram, independentemente, que a porfobilinogênio-desaminase contém um cofator **dipirrometano** singular (dois pirróis unidos por uma ponte metileno; anéis C_1 e C_2 na Fig. 26.37), que está ligado de forma covalente à enzima por uma ponte C−S com um resíduo de Cys da enzima. Assim, o complexo metilbilano-enzima contém de fato um hexapirrol linear. A etapa subsequente na reação, também catalisado pela porfobilinogênio-desaminase (Etapa 5 na Fig. 26.37), é a hidrólise da ligação que une a segunda e a terceira unidade pirrol do hexapirrol para produzir hidroximetilbilano e o cofator dipirrometano. Esse cofator ainda está unido à enzima, que está pronta, portanto, para catalisar um novo ciclo de síntese de hidroximetilbilano.

Como é construído o cofator dipirrometano? Shoolingin-Jordan demonstrou que a porfobilinogênio-desaminase sintetiza seu próprio cofator a partir de duas unidades de PBG, utilizando, aparentemente, a mesma maquinaria catalítica com a qual sintetiza metilbilano. A Cys da enzima, entretanto, reage muito mais rapidamente com um hidroximetilbilano pré-sintetizado para formar o intermediário da reação (o produto do Etapa 2 na Fig. 26.37) que continua a adicionar mais duas unidades de PBG. Quando o hidroximetilbilano é liberado, a enzima retém seu cofator dipirrometano.

A estrutura por raios X da porfobilinogênio-desaminase humana (cuja sequência é > 45% idêntica à da enzima de *E. coli*), em complexo covalente com seu cofator dipirrometano, indica que essa proteína monomérica de 364 resíduos dobra-se formando três domínios de tamanhos aproximadamente iguais (Fig. 26.38). O cofator dipirrometano situa-se em uma fenda profunda entre os domínios 1 e 2, de forma tal que ainda há um considerável espaço desocupado na fenda. Embora a enzima adicione sequencialmente quatro resíduos PBG ao cofator, ela possui apenas um sítio catalítico.

Se a enzima possui apenas um sítio catalítico, como é que ela faz a reposição da cadeia polipirrol após cada ciclo catalítico para que possa aumentar a cadeia? Uma possibilidade é que a cadeia polipirrol preencha a cavidade próxima ao cofator. Esse modelo fornece uma explicação estérica simples para o fato do comprimento da cadeia polipirrol estar limitado a seis resíduos (os quatro últimos são hidrolisados pela enzima, gerando o produto hidroximetilbilano e regenerando o cofator dipirrometano).

f. A biossíntese de protoporfirina IX necessita de quatro reações adicionais

A ciclização do produto hidroximetilbilano necessita da **uroporfirinogênio III-sintase** (Fig. 26.37). Na ausência dessa enzima, o hidroximetilbilano é liberado da sintase e rapidamente cicliza não enzimaticamente, formando o **uroporfirinogênio I**, simétrico. O heme, entretanto, é uma molécula assimétrica; a metila substituinte do anel pirrol D apresenta um posicionamento invertido em relação àquelas dos anéis A, B e C (Fig. 26.32). Battersby demonstrou que essa reversão do anel, para produzir uroporfirinogênio III, ocorre pela ligação dos metilenos dos anéis A e C ao mesmo carbono do anel D, de modo a formar um composto espiro (um composto bicíclico com um átomo de carbono comum a ambos os anéis; Fig. 26.37).

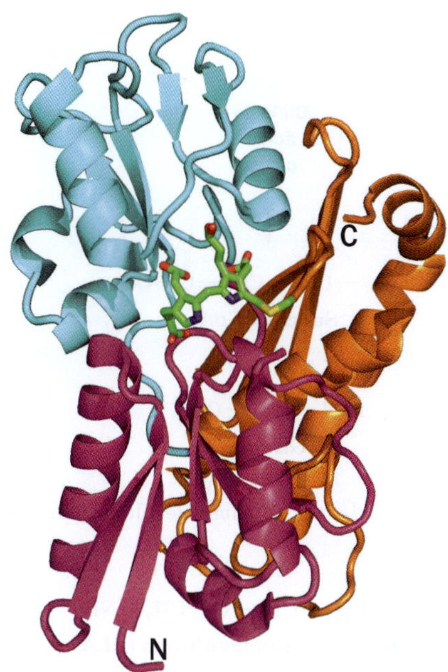

FIGURA 26.38 Estrutura por raios X da porfobilinogênio-desaminase humana em complexo covalente com seu cofator dipirrometano. A proteína é mostrada na forma de fitas, com o domínio 1 (resíduos 1 a 116 e 216 a 239) em magenta, o domínio 2 (resíduos 117-215) em ciano e o domínio 3 (resíduos 240 a 364) em cor de laranja. O cofator dipirrometano e a cadeia lateral da Cys à qual ele está covalentemente ligado são desenhadas na forma de bastões, com C em verde, N em azul, O em vermelho e S em amarelo. (Com base em uma estrutura por raios X obtida por Zhi-Iie Liu, Instituto de Biofísica de Pequim, China, PDBid 3ECR.)

A biossíntese do heme ocorre em parte na mitocôndria e em parte no citosol (Fig. 26.39). O ALA é sintetizado na mitocôndria e transportado para o citosol, para ser convertido em PBG e a seguir em uroporfirinogênio III. A **protoporfirina IX**, à qual o Fe é adicionado para formar o heme, é produzida a partir de uroporfirinogênio III em uma série de reações catalisadas pela (1) **uroporfirinogênio-descarboxilase**, que descarboxila todas as quatro cadeias laterais acetato (A) para formar grupos metila (M); (2) **coproporfirinogênio-oxidase**, que descarboxila oxidativamente duas das cadeias laterais propionato (P), gerando grupos vinila (V); e (3) **protoporfirinogênio-oxidase**, que oxida os grupos metileno ligando os anéis pirrol, produzindo grupos metenil. Ao todo, seis grupos carboxila, originalmente do acetato marcado na carboxila, são perdidos como CO_2. Os únicos átomos remanescentes de carboxilas do acetato marcadas são os grupos carboxila das duas cadeias laterais propionato (P) do heme. Durante a rea-

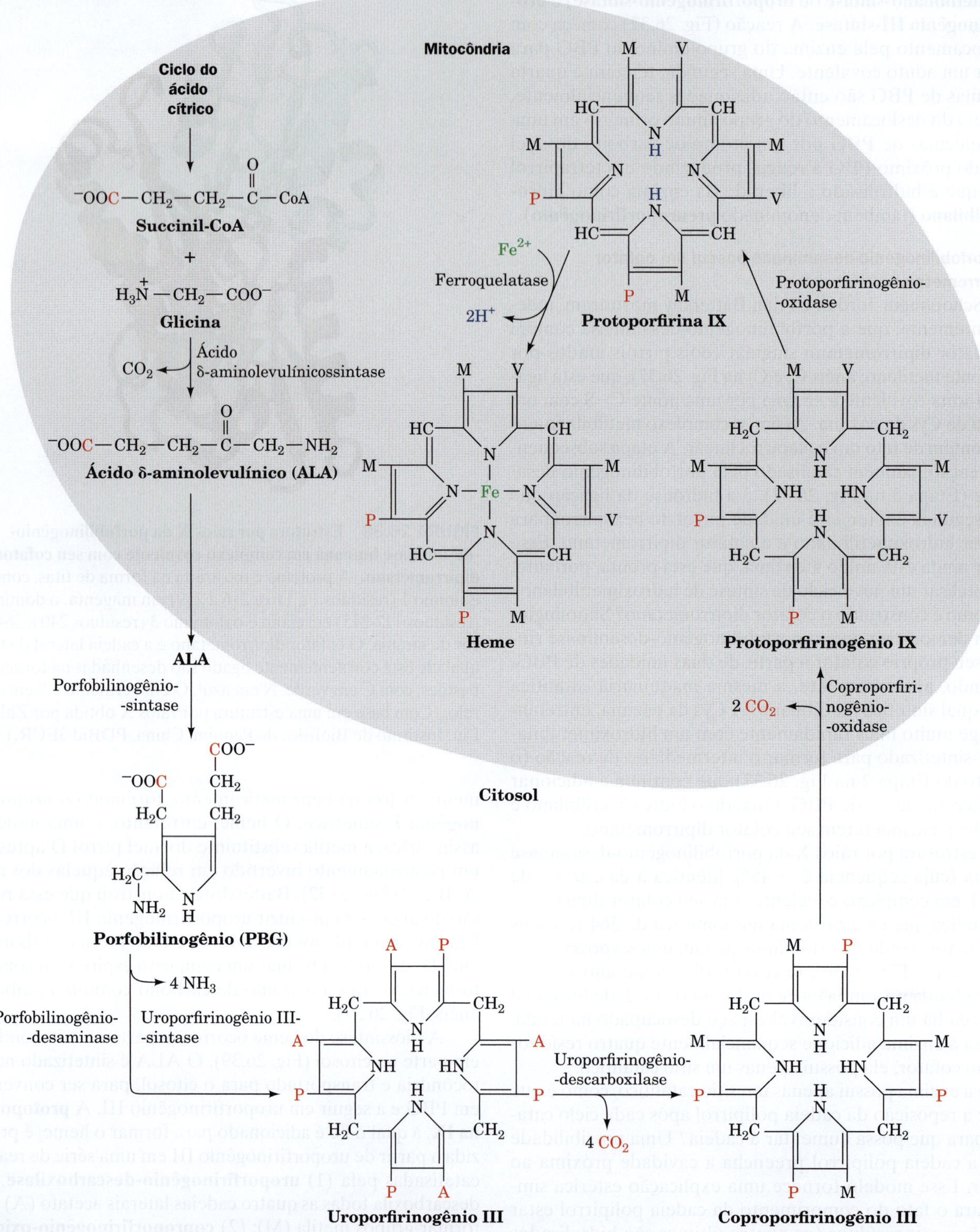

FIGURA 26.39 A via geral de biossíntese do heme. O ácido δ-aminolevulínico (ALA) é sintetizado na mitocôndria pela ALA-sintase. O ALA (*à esquerda*) deixa a mitocôndria e é convertido em PBG, sendo que quatro moléculas desse composto condensam para formar um anel porfirina. As duas reações a seguir envolvem a oxidação de substituintes do anel pirrol, produzindo protoporfirinogênio IX, cuja formação é acompanhada por seu transporte de volta à mitocôndria. Após a oxidação dos grupos metileno que unem os pirróis, produzindo protoporfirina IX, a ferroquelatase catalisa a inserção de Fe^{2+}, produzindo o heme. A, P, M e V representam, respectivamente, grupos acetila, propionila, metila e vinila ($-CH=CH_2$). Átomos C oriundos do grupo carboxila do acetato estão representados em vermelho.

ção da coproporfirinogênio-oxidase, o macrociclo é transportado de volta para a mitocôndria para as reações finais da via.

g. A ferroquelatase catalisa a inserção de Fe(II) na protoporfirina IX para formar o heme

A protoporfirina IX é convertida em heme pela inserção de Fe(II) no núcleo tetrapirrol pela **ferroquelatase**, uma proteína que está associada à membrana mitocondrial interna, no lado da matriz. A estrutura por raios X da ferroquelatase humana, em complexo com seu produto heme (Fig. 26.40), determinada por Harry Dailey e William Lanzilotta, revela que as subunidades de 369 resíduos dessa proteína homodimérica são constituídas de dois domínios estruturalmente semelhantes e de uma extensão C-terminal que ocorre apenas em ferroquelatases de animais (Fig. 26.40). Essa extensão C-terminal participa na formação de ligações de hidrogênio entre os monômeros; ferroquelatases de bactérias, que não apresentam essa extensão, são monoméricas, embora sejam, no restante de suas características, estruturalmente semelhantes à enzima humana, mesmo apresentando apenas ~10% de identidade em suas sequências. Além disso, a extensão C-terminal está ligada ao domínio N-terminal por um centro [2Fe−2S] incomum, coordenado ao C196 do domínio N-terminal e C403, C406 e C411 da extensão C-terminal. A função desse centro [2Fe−2S], que está distante do sítio ativo, não está esclarecida, embora pareça provável que tenha apenas uma função estrutural. Ainda assim, três mutações, C406Y, C406S e C411G, que inativam a enzima e assim causam uma rara doença herdada, a **protoporfiria eritropoiética** (ver a seguir), demonstram a importância do centro [2Fe−2S] para a atividade da enzima.

O sítio ativo da ferroquelatase (Fig. 26.40) consiste em dois lábios hidrofóbicos que, conforme proposto, participam da associação da enzima com a membrana mitocondrial interna. A reação da ferroquelatase segue um mecanismo ordenado, no qual o Fe(II) liga-se à enzima antes da porfirina. A reação requer que os dois prótons NH pirrólicos sejam removidos da porfirina antes da ligação do Fe(II) (Fig. 26.39). O resíduo H263 é invariável e parece posicionado de forma adequada para abstrair esses prótons da porfirina (Fig. 26.40), uma hipótese apoiada por estudos de mutagênese. Estudos estruturais e espectroscópicos indicam que a reação de metalização seja acompanhada pelo dobramento em ~12° levando a uma conformação não planar. A liberação do produto é então facilitada pelo desdobramento parcial de uma hélice π estruturalmente conservada (Fig. 26.40; hélices π são discutidas na Seção 8.1Bb).

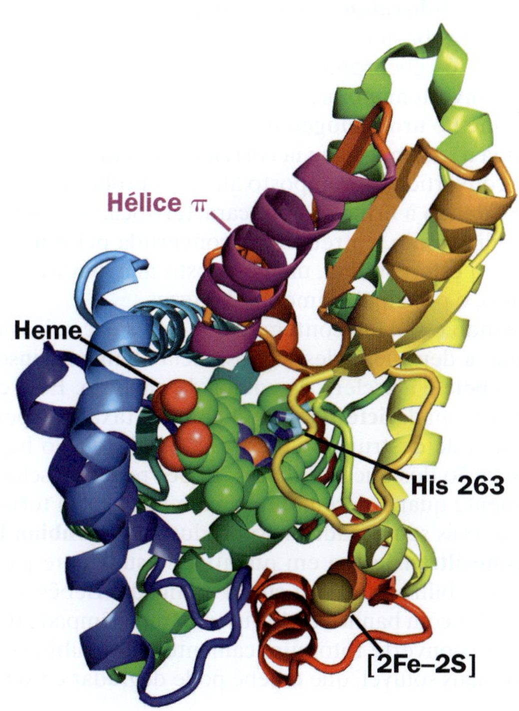

FIGURA 26.40 Estrutura por raios X da ferroquelatase humana, em complexo com seu produto heme. Uma subunidade dessa proteína homodimérica está desenhada na forma de fitas, colorida na ordem do arco-íris a partir da porção N-terminal (*azul*) até a porção C-terminal (*em vermelho*), mas com sua hélice π conservada (resíduos 340-360) em magenta. O heme ligado e o centro [2Fe-2S] são mostrados na forma de volume atômico, com C em verde, N em azul, O em vermelho, S em amarelo e Fe em cor de laranja. A cadeia lateral da His 263, essencial para a catálise, está desenhada na forma de bastões, com C em ciano e N em azul. (Com base em uma estrutura por raios X obtida por Harry Dailey e William Lanzilotta, Universidade da Georgia, EUA. PDBid 2QD3.)

h. A biossíntese do heme é regulada diferentemente em células eritroides e hepáticas

Os dois principais sítios de biossíntese do heme são as células eritroides, que sintetizam ~85% dos grupos heme no organismo, e o fígado, que sintetiza ~80% dos grupos restantes. Uma função importante do heme no fígado é como grupos prostéticos dos **citocromos P450**, uma família de enzimas oxidativas envolvidas na destoxificação (Seção 15.4Bc), cujos membros são necessários durante toda a vida de uma célula hepática em quantidades variáveis de acordo com as condições do organismo. Em contraste, as células eritroides, nas quais o heme é, naturalmente, um componente da hemoglobina, trabalham na síntese do heme apenas durante a diferenciação, quando sintetizam hemoglobina em grandes quantidades. Essa é uma síntese que ocorre apenas uma vez; o heme deve durar durante toda a vida do eritrócito (normalmente 120 dias), uma vez que a síntese do heme e da hemoglobina cessam com a maturação do eritrócito (a síntese proteica cessa com a perda do núcleo e dos ribossomos). As diferentes formas pelas quais a biossíntese do heme é regulada no fígado e nas células eritroides refletem essas diferentes demandas: no fígado, a biossíntese do heme deve ser, de fato, "controlada", enquanto nas células eritroides o processo assemelha-se mais ao rompimento de uma represa.

No fígado, o principal alvo para o controle da biossíntese do heme é a ALA-sintase, a enzima que catalisa a primeira etapa comprometida com a via. O heme ou o produto de sua oxidação a Fe(III), **hemina**, controlam a atividade dessa enzima por meio de três mecanismos diferentes: (1) inibição por retroalimentação; (2) inibição do transporte da ALA-sintase (ALAS) de seu sítio de síntese no citosol para seu sítio de ação na mitocôndria (Fig. 26.39) e (3) repressão da síntese da ALAS.

Em células eritroides, o heme exerce um efeito bastante diferente em sua própria biossíntese. O heme induz, em vez de reprimir, a síntese proteica em reticulócitos (eritrócitos imaturos). Embora a grande maioria da proteína sintetizada nos reticulócitos seja a globina, o heme pode também induzir essas células a sintetizarem as enzimas da via de biossíntese do heme. Além disso, a etapa determinante da velocidade de biossíntese do heme em células eritroides pode não ser a reação da ALA-sintase, que, nos reticulócitos de mamíferos, é catalisada por uma isozima diferente (**ALAS-2**), e não pela ALA-sintase que é expressa nas demais células (**ALAS-1**). Experimentos em vários sistemas de células eritroides em diferenciação implicam a ferroquelatase e a porfobilinogênio-desaminase no controle da biossíntese do heme nessas células. Também há indicações de que a captação celular de ferro possa ser limitante para a velocidade. O ferro é transportado no plasma complexado com a proteína transportadora de ferro, **transferrina**. A velocidade com que o complexo ferro-transferrina entra na maioria das células, incluindo aquelas do fígado, é controlada por endocitose mediada por receptor (Seção 12.5Bc). Entretanto, complexos contendo ferro solúveis em lipídeos, que difundem diretamente para dentro dos reticulócitos, estimulam a biossíntese do heme *in vitro*. A existência de diversos pontos de controle apóia a suposição de que, quando é acionada a biossíntese do heme nas células eritroides, todas as etapas funcionam em suas velocidades máximas, ao invés de uma estar limitando o fluxo de metabólitos pela via. A síntese de globina estimulada pelo heme também assegura que heme e globina sejam sintetizados na proporção correta para serem reunidos na formação da hemoglobina (Seção 32.4Aa).

i. As porfirias apresentam sintomas bizarros

São conhecidos diversos conjuntos de defeitos genéticos na biossíntese do heme, no fígado ou nas células eritroides. Todos envolvem o acúmulo de porfirina e/ou seus precursores e são, por isso, conhecidos como **porfirias** (do grego: *porfiria*, púrpura). Sabe-se que dois desses defeitos afetam as células eritroides: deficiência da uroporfirinogênio III-sintase (**porfiria eritropoiética congênita**) e deficiência da ferroquelatase (**protoporfiria eritropoiética**). A primeira dessas deficiências resulta no acúmulo de uroporfirinogênio I e de seu produto de descarboxilação, **coproporfirinogênio I**. A excreção desses compostos dá cor vermelha à urina, sua deposição nos dentes os deixa de um marrom-avermelhado fluorescente e seu acúmulo na pele a torna extremamente fotossensível, de modo que surgem ulcerações e cicatrizes desfigurantes. Aumento no crescimento de pelos também é observado em indivíduos afetados, de modo que pelos finos podem cobrir a maior parte da face e extremidades. Esses sintomas levaram a especulações de que a lenda do lobisomem teria uma base bioquímica.

A porfiria mais comum entre aquelas que afetam principalmente o fígado é a deficiência da porfobilinogênio-desaminase (**porfiria intermitente aguda**). Essa doença caracteriza-se por ataques intermitentes de dor abdominal e disfunção neurológica, frequentemente desencadeados por infecção, jejum, certas drogas, álcool, esteroides e outras substâncias químicas, todas situações capazes de induzir a expressão de ALAS-1. Quantidades excessivas de ALA e PBG são excretadas na urina durante e após tais ataques. A urina pode tornar-se vermelha como resultado da excreção de excesso de porfirinas sintetizadas a partir do PBG em células não hepáticas, embora a pele não se torne notavelmente fotossensível. O Rei George III, que governou a Inglaterra durante a Revolução Americana e que tem sido amplamente retratado como louco, na verdade apresentava ataques característicos de porfiria intermitente aguda, tendo sido relatado que sua urina tinha a cor do vinho do porto, e diversos de seus descendentes foram diagnosticados como tendo essa doença. A história dos Estados Unidos poderia ter sido bastante diferente caso George III não tivesse herdado esse defeito metabólico.

j. O heme é degradado a pigmentos biliares

No final de sua vida, as hemáceas são removidas da circulação e seus componentes são degradados. O catabolismo do heme (Fig. 26.41) começa com a clivagem oxidativa da porfirina entre os anéis A e B pela **hemeoxigenase**, para formar **biliverdina**, um tetrapirrol linear verde. A ponte metenil central da biliverdina (entre os anéis C e D) é então reduzida, formando o composto cor de laranja-avermelhado **bilirrubina**. A mudança nas cores dos hematomas à medida que o tecido se restabelece é uma manifestação visível da degradação do heme.

A bilirrubina é altamente lipofílica e, portanto, insolúvel em solução aquosa. Assim como outros metabólitos lipofílicos, como por exemplo ácidos graxos livres, ela é transportada no sangue em complexo com albumina sérica. No fígado, sua solubilidade em água é aumentada pela esterificação de seus dois grupos laterais propionato com ácido glicurônico, produzindo **bilirrubina diglicuronato**, que é secretada na bile. Enzimas bacterianas no intestino grosso hidrolisam os grupos ácidos glicuronato e, em um processo de múltiplas etapas, convertem a bilirrubina em diversos produtos, principalmente no **urobilinogênio**. Parte do urobilinogênio é reabsorvida e transportada via corrente sanguínea para os rins, onde é convertida no composto amarelo **urobilina**, que é excretado, dando à urina sua cor característica. A maior parte do urobilinogênio, entretanto, é convertida pelos microrganismos em **estercobilina**, um composto marrom-avermelhado escuro, o principal pigmento das fezes.

Quando o sangue contém quantidades excessivas de bilirrubina, a deposição dessa substância altamente insolúvel colore a pele e a esclera dos olhos de amarelo. Essa condição, denominada **icterícia**, sinaliza uma taxa excepcionalmente alta de destruição de eritrócitos, disfunção hepática ou obstrução dos ductos biliares. Bebês recém-nascidos, especialmente quando prematuros, com frequência tornam-se ictéricos, pois seus fígados não produzem **bilirrubina UDP-glicuronosiltransferase** em quantidade suficiente para glicuronizar a bilirrubina que chega ao fígado. Bebês ictéricos são tratados com banhos de luz usando uma lâmpada fluorescente; isso converte fotoquimicamente a bilirrubina em um isômero mais solúvel, que o bebê pode degradar e excretar.

k. A reduzida afinidade da hemoglobina por CO previne a asfixia

Na reação que forma a biliverdina, o carbono da ponte metenil entre os anéis porfirina A e B é liberado como CO (Fig. 26.41, *parte superior*), o qual, como visto, liga-se firmemente no núcleo heme (apresenta afinidade 200 vezes maior que o O_2 pela hemoglobina e pela mioglobina; Seção 10.1A). Consequentemente, ~1% dos sítios de ligação do O_2 na hemoglobina estão bloqueados pelo CO, mesmo na ausência de poluição do ar. O heme livre em solução, porém, liga CO com uma afinidade 20.000 vezes maior que sua afinidade por O_2. Desse modo, a porção globina (proteína) da hemoglobina (assim como no caso da mioglobina) de alguma forma

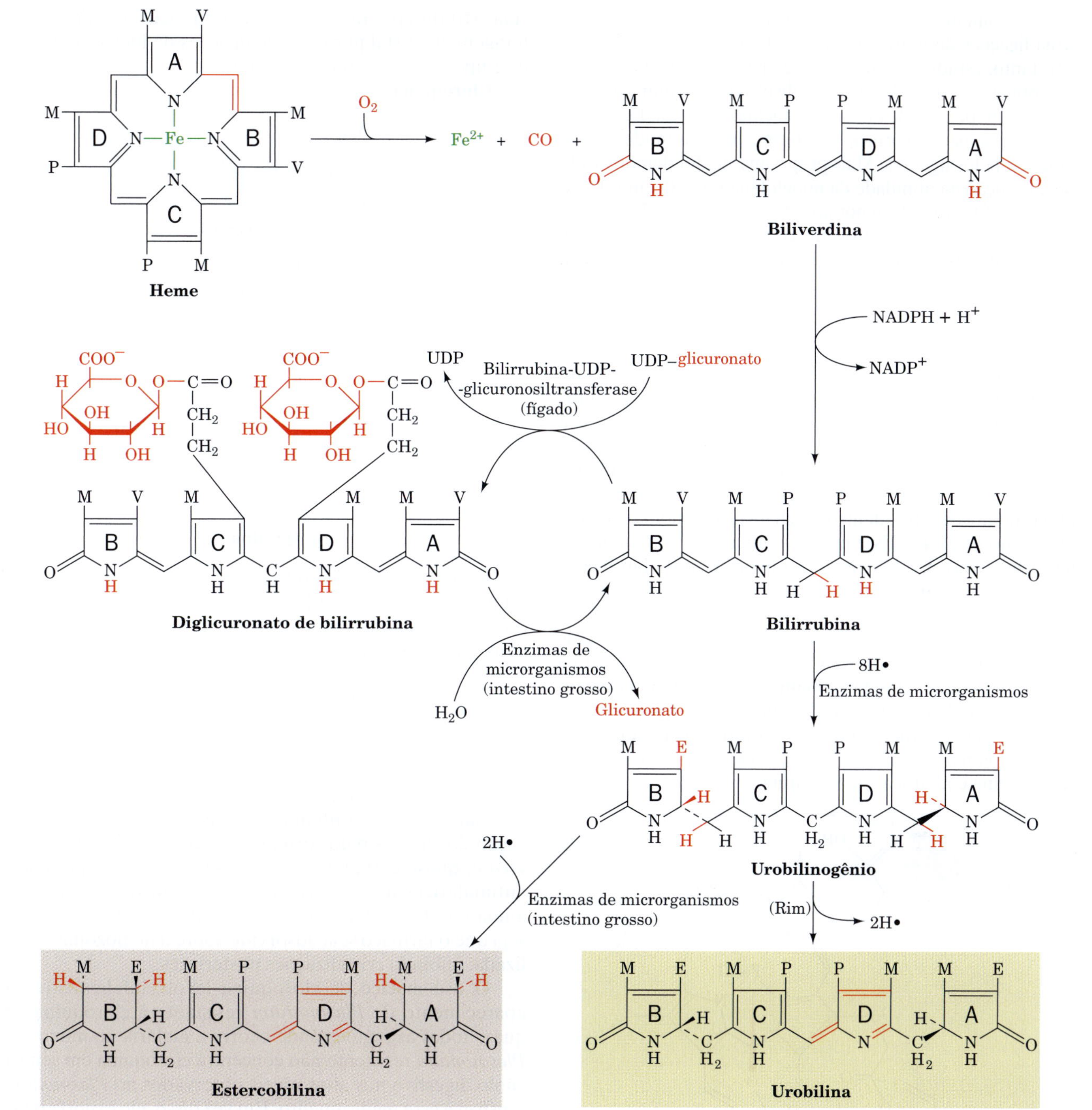

FIGURA 26.41 **A via de degradação do heme.** M, V, P e E representam, respectivamente, grupos metila, vinila, propionila e etila.

diminui a afinidade de seu grupo heme ligado por CO, tornando possível o transporte de O_2. Como a globina faz isso?

As primeiras estruturas por raios X da **carboximioglobina** (mioglobina ligada ao CO) obtidas indicavam que o CO ligado estava inclinado de forma não perpendicular em relação ao plano do heme, entre 40° a 46° (o ângulo da ligação Fe—C—O parecia ser de 120° a 140°), aproximadamente o mesmo ângulo com o qual o O_2 se liga ao heme (Fig. 10.12). Contudo, em complexos do CO com porfirinas na ausência da proteína, o CO encontra-se perpendicular em relação ao plano do heme. Isso sugere que a globina (tanto na mioglobina quanto na hemoglobina) desloca estericamente o CO ligado de forma que ele não possa mais adotar sua geometria linear preferida, reduzindo a afinidade por CO e permitindo que o CO seja lentamente exalado. No entanto, várias investigações espectroscópicas, juntamente com estruturas por raios X altamente precisas da carboximioglobina, revelaram que o CO está, de fato, inclinado em relação a uma linha perpendicular ao plano do heme por ~7°, uma distorção que é muito pequena para explicar a reduzida afinidade da mioglobina por CO. Naturalmente, essa afinidade reduzida poderia também ser explicada por distorções que o ligante CO na posição perpendicular impingiria à globina, possivelmente via sua His distal (E7, o resíduo de His que forma ligações de hidrogênio com o O_2 ligado; Seção 10.2A). Entretanto, estudos da energética da ligação do CO e do O_2 a mioglobinas nas quais His E7 foi substituída (por mutação) por resíduos não polares de tamanho semelhante (p. ex., Leu) indicam que esse não é o principal determinante das mudanças na afinidade pelos ligantes. Mais propriamente, foi demonstrado que a redução na afinidade da mioglobina por CO em relação àquela por O_2 surge da maior afinidade que a His E7 tem para estabelecer ligações de hidrogênio com o O_2 em relação ao CO, juntamente com efeitos eletrostáticos devidos às diferentes distribuições de carga nos ligantes O_2 e CO.

I. A cloroquina previne a malária por inibir o sequestro do heme no *Plasmodium*

A malária é causada pelo parasito *Plasmodium falciparum*, transmitido por um mosquito (Seção 7.3Ab), que se multiplica dentro das hemáceas e as destrói em um ciclo que dura dois dias. Durantes os estágios intraeritrocíticos de seu ciclo de vida, o parasito satisfaz parcialmente suas necessidades energéticas pela proteólise de até ~80% da hemoglobina das células do hospedeiro, dentro do chamado vacúolo digestivo ácido, cujo pH é 4,7. Esse processo libera heme, o qual, em sua forma solúvel, é tóxico para o parasito, pois danifica as membranas celulares e inibe diversas enzimas. Uma vez que, diferentemente de seu hospedeiro humano, o *Plasmodium* não pode degradar o heme, ele o sequestra dentro de seus vacúolos digestivos, na forma de grânulos marrom-escuros inofensivos, conhecidos como **hemozoína**, os quais consistem em cristais de heme dimerizados, unidos por ligações recíprocas ferro-carboxilato entre os íons férrico e as cadeias laterais propionato de moléculas adjacentes. Descobriu-se que a hemozoína é idêntica à **β-hematina**,

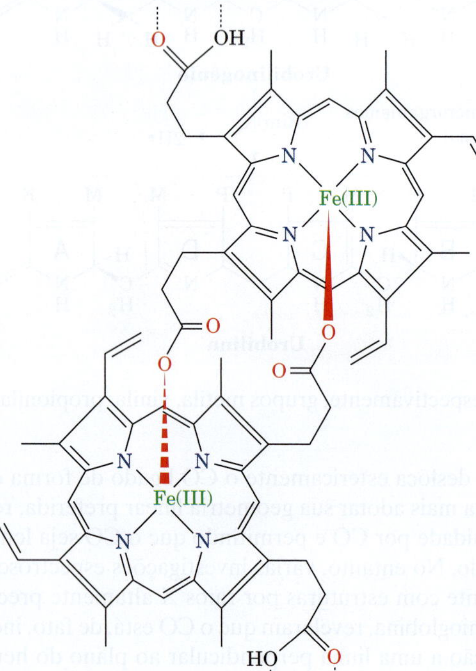

β-Hematina (hemozoína)

cuja estrutura por raios X já foi determinada. Os dímeros interagem no cristal por meio de ligações de hidrogênio entre os grupos carboxila remanescentes.

Cloroquina,

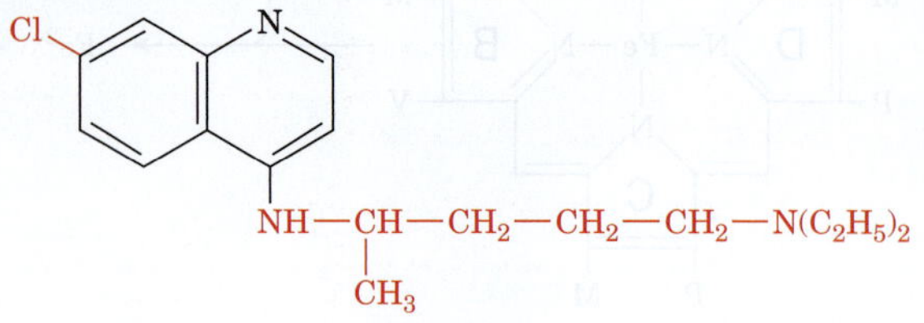

Cloroquina

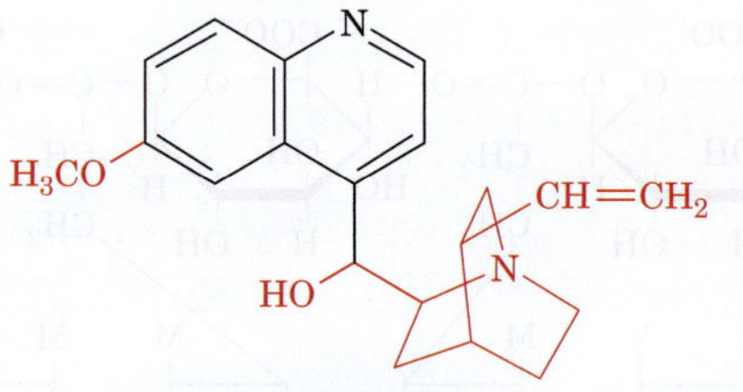

Quinina

um membro da família de fármacos que contêm um anel quinolina e que são utilizados contra a malária, entre os quais está o **quinino**, é um dos agentes antimicrobianos mais bem-sucedidos que foram produzidos. Ele é eficaz contra o *Plasmodium* apenas durante seus estágios intraeritrocíticos. Esse fármaco, sendo uma base fraca que pode facilmente atravessar membranas em sua forma desprovida de carga elétrica, acumula-se no vacúolo digestivo ácido do plasmódio em sua forma ácida (carregada), em concentrações milimolares. A cloroquina, assim como diversos outros agentes antimaláricos que contêm o anel quinolina, inibe a cristalização dos hemes para formar hemozoína. Essa inibição *in vivo* é, quase certamente, responsável pelas propriedades antimaláricas desses fármacos. O mecanismo da inibição ainda não foi esclarecido, embora uma hipótese plausível seja que o fármaco seja adsorvido sobre a hemozoína cristalizada, inibindo cristalizações posteriores.

O uso maciço de cloroquina levou, infelizmente, ao aparecimento de *Plasmodium* resistente à cloroquina em quase todas as regiões onde ocorre a malária no mundo. O *Plasmodium* resistente não concentra cloroquina em seu vacúolo digestivo nos altos níveis observados no *Plasmodium* sensível a esse medicamento. Em vez disso, ele exporta o fármaco de seu vacúolo digestivo a uma taxa ~50 vezes maior em relação aos organismos sensíveis. Uma vez que a atividade da cloroquina e a resistência à cloroquina apresentam diferentes mecanismos, tem sido possível modificar estruturas que contêm quinolina já existentes e desenvolver novos inibidores da cristalização de hemozoína que são agentes antimaláricos eficazes, mas aos quais o *Plasmodium* não é (ainda) resistente.

B. *Biossíntese de aminas fisiologicamente ativas*

Adrenalina, noradrenalina, dopamina, serotonina (5-hidroxitriptamina), ácido γ-aminobutírico (GABA)* e *histamina

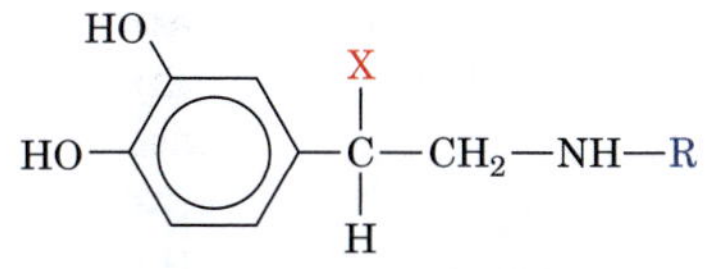

X = OH, R = CH_3 **Adrenalina**
X = OH, R = H **Noradrenalina**
X = H, R = H **Dopamina**

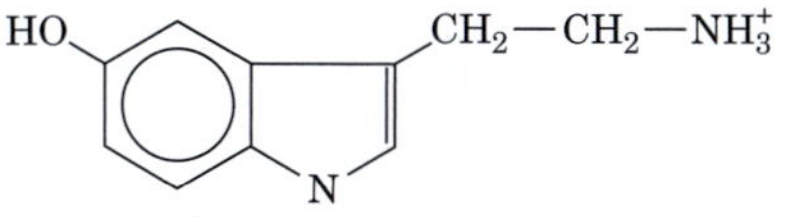

Serotonina
(5-hidroxitriptamina)

$^{-}OOC—CH_2—CH_2—CH_2—NH_3^+$

Ácido γ-aminobutírico (GABA)

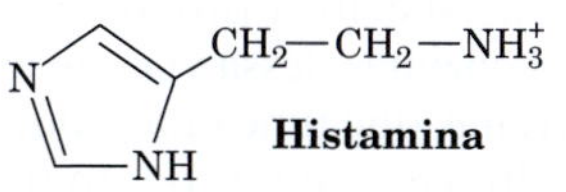

Histamina

são hormônios e/ou neurotransmissores derivados de aminoácidos. Por exemplo, a adrenalina, como visto anteriormente, ativa a adenilato-ciclase muscular, assim estimulando a degradação do glicogênio (Seção 18.3E); a deficiência na produção de dopamina está associada à **doença de Parkinson**, uma doença degenerativa que causa uma "paralisia trêmula"; a serotonina determina contração do músculo liso; o GABA é um dos principais neurotransmissores inibitórios do encéfalo (Seção 20.5Cf), sendo liberado em 30% de suas sinapses; e a histamina está envolvida nas respostas alérgicas (como indivíduos alérgicos que usam anti-histamínicos podem perceber), assim como no controle da secreção de ácido pelo estômago (Seção 20.3C).

A biossíntese de cada uma dessas aminas fisiologicamente ativas envolve a descarboxilação do aminoácido precursor correspondente. Aminoácido-descarboxilases são enzimas dependentes de PLP, que formam uma base de Schiff entre o PLP e o substrato de modo a estabilizar o carbânion C_α formado com a clivagem da ligação C_α—COO^- (Seção 26.1Aa):

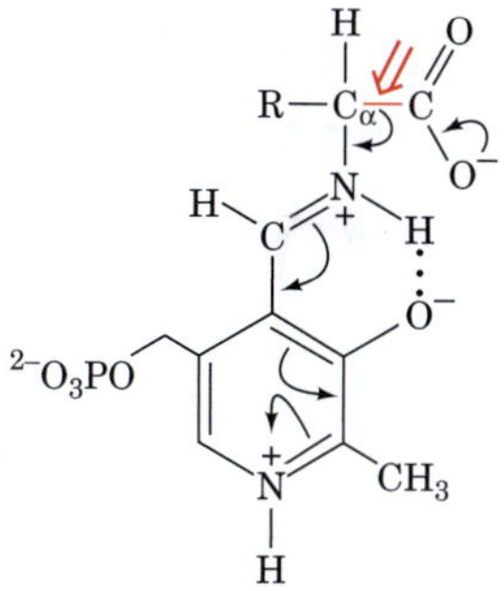

A formação de histamina e a formação de GABA são processos de uma única etapa (Fig. 26.42). Na síntese da serotonina a partir de triptofano, a descarboxilação é precedida por uma hidroxilação (Fig. 26.43) pela **triptofano-hidroxilase**, uma das três enzimas de mamíferos que apresenta 5,6,7,8-tetraidrobiopterina como cofator (Seção 26.3Ha). Essa hidroxilação envolve uma troca NIH, semelhante àquela que acontece na reação da fenilalanina-hidroxilase (Fig. 26.30), embora nesse caso não se tenha observado um intermediário epóxido. Dopamina, noradrenalina e adrenalina são todas denominadas **catecolaminas**, pois são aminas derivadas do **catecol**:

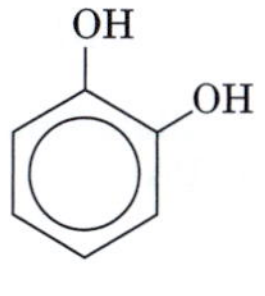

Catecol

A conversão de tirosina nas várias catecolaminas ocorre como segue (Fig. 26.44):

1. A tirosina é hidroxilada, dando **3,4-di-hidroxifenilalanina (L-DOPA)** pela **tirosina-hidroxilase**, outra enzima que requer 5,6,7,8-tetra-hidrobiopterina.
2. O L-DOPA é descarboxilado, dando dopamina.
3. Uma segunda hidroxilação produz noradrenalina.

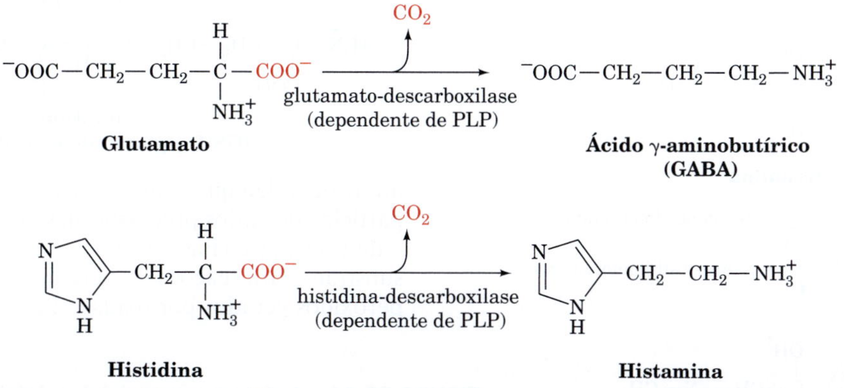

$^{-}OOC—CH_2—CH_2—CH(NH_3^+)—COO^-$ → (glutamato-descarboxilase (dependente de PLP); CO_2) → $^{-}OOC—CH_2—CH_2—CH_2—NH_3^+$

Glutamato **Ácido γ-aminobutírico (GABA)**

histidina-descarboxilase (dependente de PLP); CO_2

Histidina **Histamina**

FIGURA 26.42 **A formação de ácido γ-aminobutírico (GABA) e de histamina.** As reações envolvem a descarboxilação do glutamato, para formar o GABA, e da histidina, para formar a histamina.

FIGURA 26.43 A formação da serotonina. A biossíntese envolve a hidroxilação e subsequente descarboxilação do triptofano.

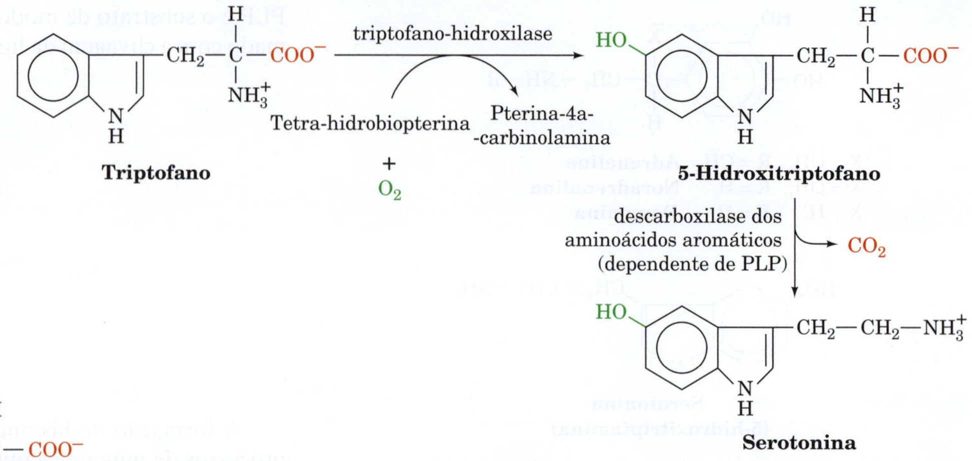

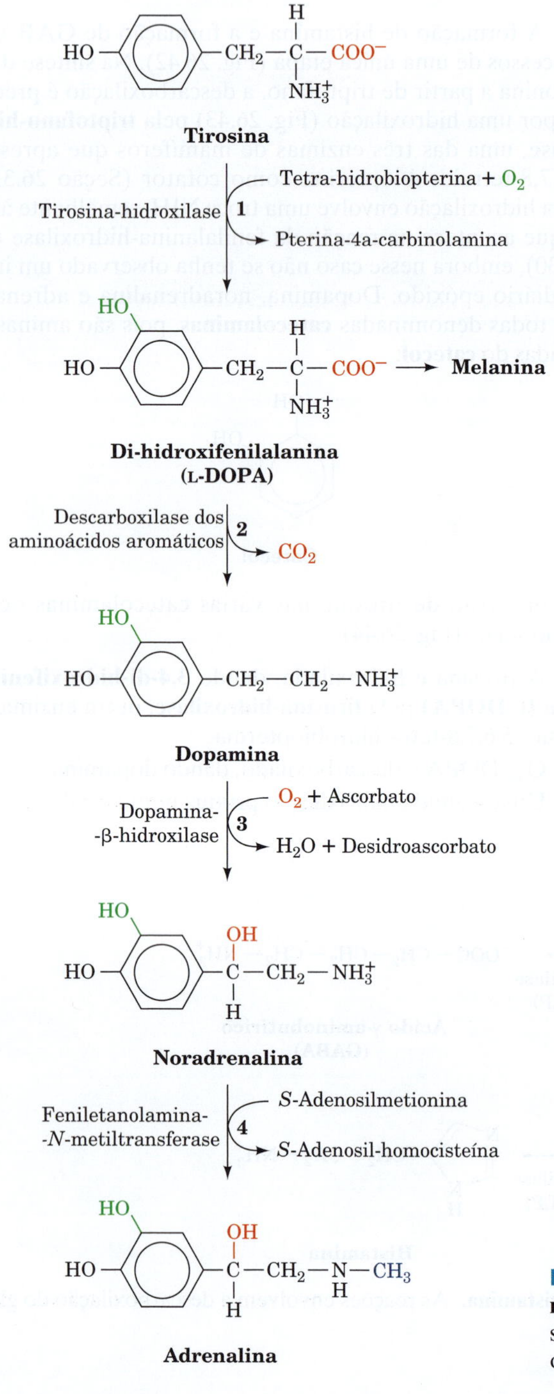

4. A metilação do grupo amino da noradrenalina pela *S*-adenosilmetionina (SAM; Seção 26.3Ea) produz adrenalina.

A catecolamina específica produzida por determinada célula depende das enzimas dessa via que estejam presentes. Na medula suprarrenal, que funciona produzindo hormônios (Seção 19.1F), a adrenalina é o produto predominante. Em algumas áreas do encéfalo, a noradrenalina é mais comum. Em outras áreas, especialmente na **substância negra**, a via para ao chegar a dopamina. De fato, a doença de Parkinson, que é causada pela degeneração da substância *nigra*, tem sido tratada com algum sucesso pela administração de L-DOPA, precursora imediata da dopamina. A administração da própria dopamina não tem efeito, pois ela não pode cruzar a barreira hematoencefálica. A L-DOPA, no entanto, é capaz de chegar a seus sítios de ação, onde é descarboxilada, produzindo dopamina. A enzima que catalisa essa reação, **descarboxilase de aminoácidos aromáticos**, descarboxila todos os aminoácidos aromáticos e é, portanto, responsável também pela síntese da serotonina. A L-DOPA também é precursora do pigmento escuro da pele, a melanina.

C. *Glutationa*

A **glutationa** (**GSH**; γ-glutamilcisteinilglicina),

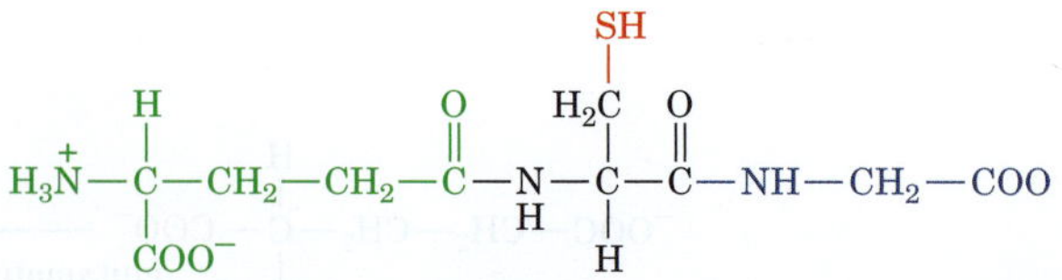

Glutationa
(GSH; γ-glutamilcisteinilglicina)

um tripeptídeo que contém uma ligação γ-amida incomum, participa de vários processos metabólicos, de destoxificação e de transporte (Fig. 26.45). Por exemplo, esse composto é substrato para reações de peroxidases, ajudando a destruir peróxidos gerados por oxidases; está envolvido na biossín-

FIGURA 26.44 A síntese sequencial de L-DOPA, dopamina, noradrenalina e adrenalina a partir da tirosina. A L-DOPA é também precursora do pigmento escuro da pele, a melanina, um material polimérico oxidado.

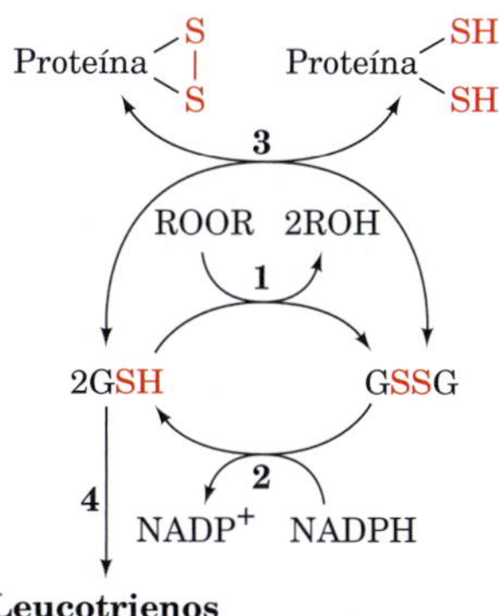

FIGURA 26.45 Algumas reações envolvendo a glutationa. As reações e enzimas são (**1**) destoxificação de peróxidos pela **glutationa-peroxidase**, (**2**) regeneração de GSH a partir de GSSG pela glutationa-redutase (Seção 21.2Ba), (**3**) modulação do balanço tiol-dissulfeto em proteínas pela tiol-transferase e (**4**) biossíntese de leucotrienos por uma glutationa-*S*-transferase.

tese de leucotrienos (Seção 25.7Cb); e o equilíbrio entre sua forma reduzida (GSH) e sua forma oxidada (GSSG) mantém grupos sulfidrila de proteínas intracelulares em seus estados de oxidação corretos.

O **ciclo γ-glutamil**, que foi elucidado por Alton Meister, *fornece um veículo para o transporte, dependente de energia, de aminoácidos para dentro das células, por meio da síntese e da degradação de GSH (Fig. 26.46)*. A GSH é sintetizada a partir de glutamato, cisteína e glicina pela ação consecutiva da **γ-glutamilcisteína-sintase** e da **GSH-sintase** (Fig. 26.46, Reações 1 e 2). A hidrólise de ATP fornece a energia livre para cada reação. O grupo carboxila é ativado para a síntese de uma ligação peptídica pela formação de um acilfosfato intermediário:

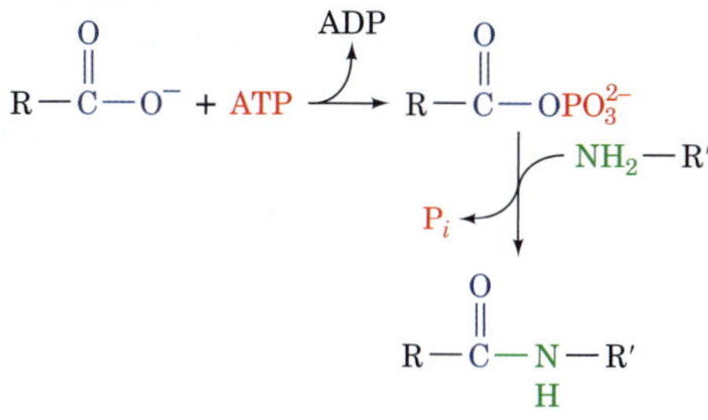

$$R-\overset{O}{\overset{\|}{C}}-O^- + ATP \xrightarrow{\quad ADP \quad} R-\overset{O}{\overset{\|}{C}}-OPO_3^{2-}$$

$$\xrightarrow[P_i]{NH_2-R'} R-\overset{O}{\overset{\|}{C}}-\underset{H}{\underset{|}{N}}-R'$$

A quebra da GSH é catalisada pelas enzimas **γ-glutamil-transpeptidase, γ-glutamil-ciclotransferase, 5-oxoprolinase** e por uma protease intracelular (Fig. 26.46, Reações 3-6).

O transporte de aminoácidos ocorre pois, enquanto a GSH é sintetizada intracelularmente e está localizada principalmente dentro da célula, a γ-glutamil-transpeptidase, que catalisa a degradação da GSH (Fig. 26.46, Reação 3), está localizada na superfície externa da membrana plasmática e aceita aminoácidos, principalmente cisteína e metionina. A GSH é transportada inicialmente para a superfície externa da

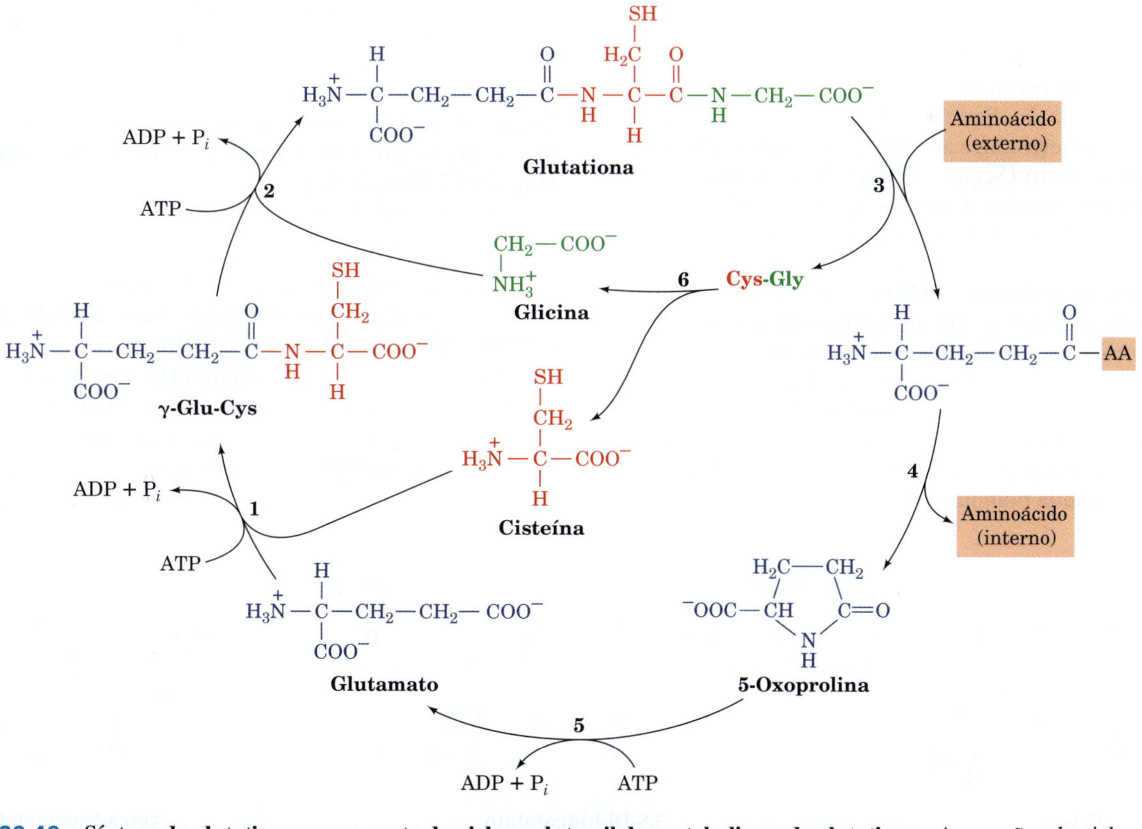

FIGURA 26.46 Síntese da glutationa, como parte do ciclo γ-glutamil do metabolismo da glutationa. As reações do ciclo são catalisadas pelas enzimas (**1**) γ-glutamilcisteína-sintase, (**2**) glutationa-sintase, (**3**) γ-glutamil-transpeptidase, (**4**) γ-glutamil-ciclotransferase, (**5**) 5-oxoprolinase e por (**6**) uma protease intracelular.

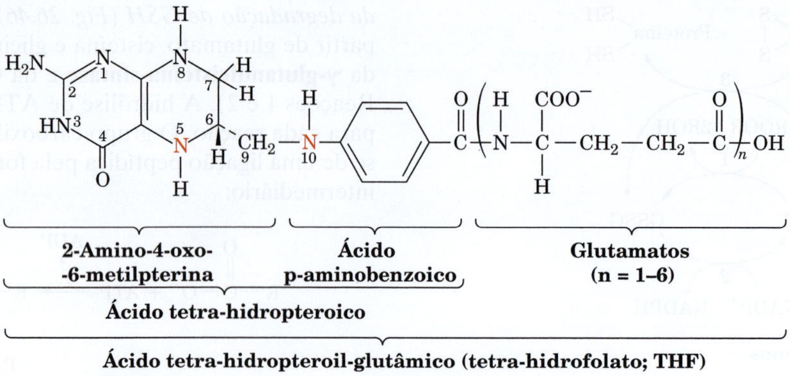

FIGURA 26.47 Tetra-hidrofolato (THF).

membrana plasmática, onde ocorre a transferência do grupo γ-glutamil da GSH para um aminoácido externo. O γ-glutamil-aminoácido é então transportado de volta para dentro da célula e convertido em glutamato por um processo que ocorre em duas etapas, em que o aminoácido transportado é liberado e a **5-oxoprolina** é formada como um intermediário. A última etapa do ciclo, a hidrólise da 5-oxoprolina, requer a hidrólise de ATP. Essa surpreendente observação (a hidrólise de uma ligação amida é, quase sempre, um processo exergônico) é uma consequência do fato da ligação amida interna da 5-oxoprolina ser extraordinariamente estável.

D. Cofatores com tetra-hidrofolato: metabolismo de unidades C_1

Muitos processos biossintéticos envolvem a adição de uma unidade C_1 a um precursor metabólico. Um exemplo conhecido é a carboxilação. Por exemplo, a gliconeogênese a partir de piruvato começa com a adição de um grupo carboxila para formar oxalacetato (Seção 23.1Aa). A coenzima envolvida nessa e na maioria das demais reações de carboxilação é a biotina (Seção 23.1Ab). Em contraste, a *S*-adenosilmetionina funciona como um agente de metilação (Seção 26.3Ea).

O ***tetra-hidrofolato (THF)*** *é mais versátil que os cofatores mencionados acima, no sentido de que funciona na transferência de unidades C_1 em diversos estados oxidativos.* O THF é um derivado 6-metilpterina, ligado em sequência ao ácido *p*-aminobenzoico e a resíduos de Glu (Fig. 26.47). Até cinco resíduos adicionais de Glu podem estar ligados ao primeiro glutamato por meio de ligações isopeptídicas para formar uma cauda poliglutamil.

O THF é derivado do **ácido fólico** (do latim: *folium*, folha), uma forma duplamente oxidada de THF que deve ser reduzida de forma enzimática antes de tornar-se uma coenzima ativa (Fig. 26.48). Ambas as reduções são catalisadas pela **di-hidrofolato-redutase (DHFR).** Mamíferos não sintetizam ácido fólico, de modo que este deve ser obtido da dieta ou de microrganismos intestinais.

Unidades C_1 são ligadas covalentemente ao THF em suas posições N5, N10 ou em ambas, N5 e N10. Essas unidades C_1, que podem estar nos níveis de oxidação formato, formaldeído ou metanol (Tabela 26.1), são todas interconversíveis por reações redox enzimáticas (Fig. 26.49).

A principal entrada de unidades C_1 no *pool* do THF se dá como N^5,N^{10}**-metileno-THF**, pela conversão de serina em glicina pela serina-hidroximetiltransferase (Seções 26.3Bb e 26.5Ae) e pela clivagem da glicina pela glicina-sintase (sistema de clivagem da glicina; Seção 26.3Ba, Fig. 26.14). A histidina também contribui com unidades C_1 em sua degradação com a formação de N^5**-forminino-THF** (Fig. 26.17, Reação 11).

Uma unidade C_1 no *pool* do THF pode ter diversos destinos (Fig. 26.50):

1. Pode ser utilizada diretamente como N^5,N^{10}-metileno-THF na conversão do desoxinucleotídeo dUMP em dTMP pela **timidilato-sintase** (Seção 28.3Bb).
2. Pode ser reduzida a N^5**-metil-THF** para a síntese de metionina a partir de homocisteína (Seção 26.3Ea).
3. Pode ser oxidada através de N^5,N^{10}-metenil-THF, gerando N^{10}**-formil-THF** para utilização na síntese de purinas (Seção 28-1A). Uma vez que o anel purina do ATP está

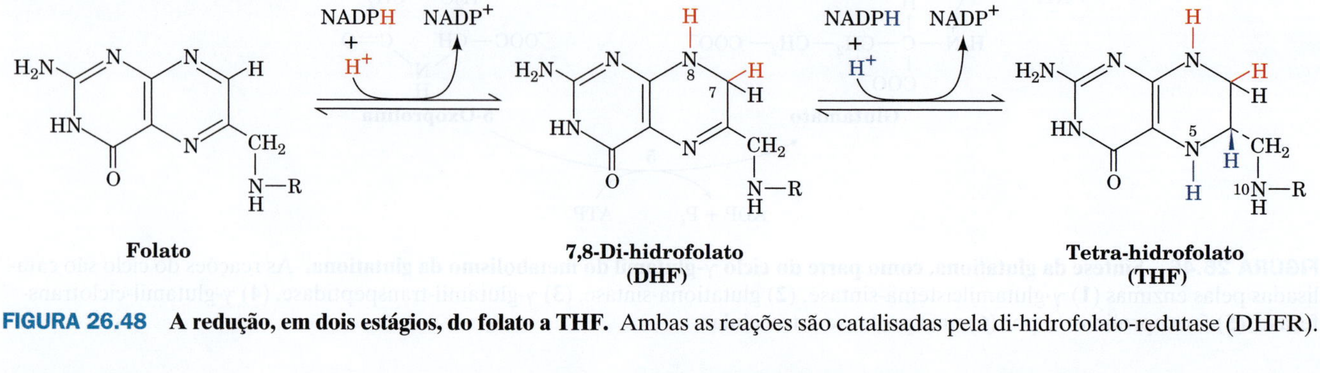

FIGURA 26.48 A redução, em dois estágios, do folato a THF. Ambas as reações são catalisadas pela di-hidrofolato-redutase (DHFR).

TABELA 26.1 Níveis de oxidação dos grupos C_1 carregados pelo THF

Nível de oxidação	Grupo carregado	Derivado do THF
Metanol	Metila (—CH_3)	N^5-Metil-THF
Formaldeído	Metileno (—CH_2—)	N^5,N^{10}-Metileno-THF
Formato	Formila (—CH=O)	N^5-Formil-THF, N^{10}-formil-THF
	Formimino (—CH=NH)	N^5-Formimino-THF
	Metenil (—CH=)	N^5,N^{10}-Metenil-THF

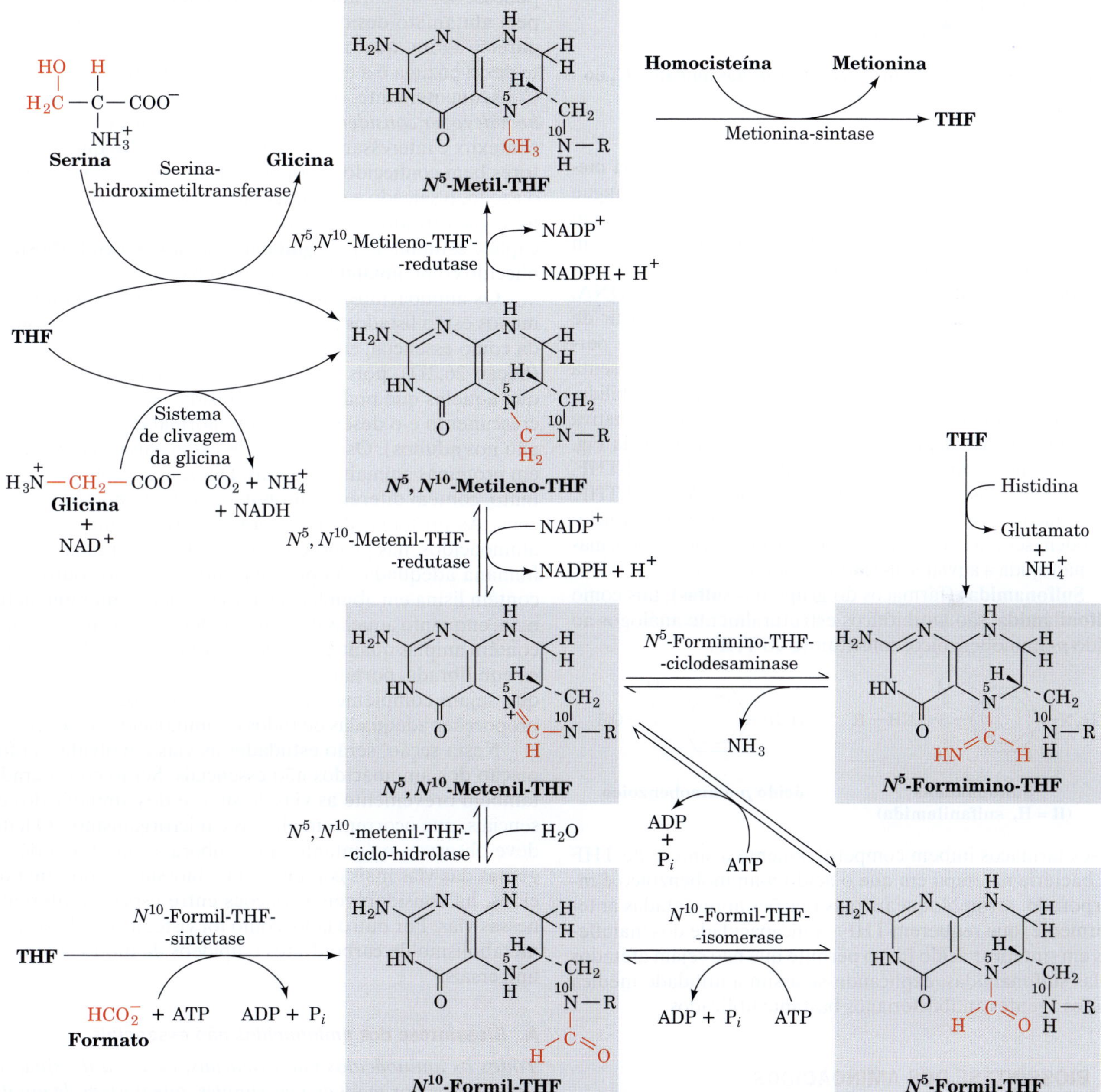

FIGURA 26.49 Interconversão de unidades C_1 pelo THF.

envolvido na biossíntese da histidina em microrganismos e plantas (Seção 26.5Be), o N^5-formil-THF está também envolvido, indiretamente, nessa via. Procariotos utilizam o N^{10}-formil-THF em uma reação de formilação, produzindo **formilmetionil-tRNA**, necessário para o início da síntese proteica (Seção 32.3Ca).

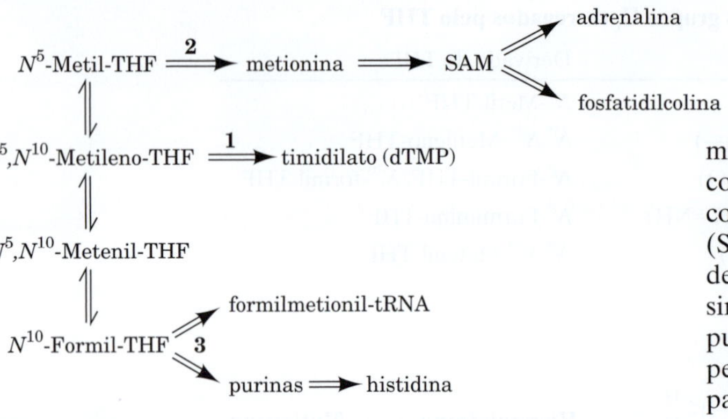

$$
\begin{array}{l}
N^5\text{-Metil-THF} \xrightarrow{2} \text{metionina} \longrightarrow \text{SAM} \rightarrow \text{adrenalina};\ \text{SAM} \rightarrow \text{fosfatidilcolina} \\
\updownarrow \\
N^5,N^{10}\text{-Metileno-THF} \xrightarrow{1} \text{timidilato (dTMP)} \\
\updownarrow \\
N^5,N^{10}\text{-Metenil-THF} \\
\updownarrow \\
N^{10}\text{-Formil-THF} \xrightarrow{3} \text{formilmetionil-tRNA};\ \text{purinas} \longrightarrow \text{histidina}
\end{array}
$$

FIGURA 26.50 Os destinos biossintéticos das unidades C_1 no *pool* do THF.

Uma deficiência em ácido fólico resulta na **anemia megaloblástica**, uma condição na qual os eritrócitos no sangue são substituídos por eritrócitos anormalmente grandes e em menor número, conhecidos como **macrócitos**. Isso ocorre em consequência de uma deficiência de N^5,N^{10}-metileno-THF, necessário para a síntese de um nucleotídeo precursor do DNA, a desoxitimidina monofosfato, que é sintetizada a partir de desoxiuridina monofosfato (Seção 28.3Bb). A anemia perniciosa (deficiência de vitamina B_{12}; Seção 25.2Ee) apresenta sintomias anêmicos similares. Isso ocorre pois a irreversibilidade da reação de formação de N^5-metil-THF e a agora inativa metionina-sintase dependente de B_{12} (parte superior da Fig. 26.49), a única enzima de mamíferos que utiliza N^5-metil-THF, resultam no aprisionamento do folato na forma N^5-metil-THF. Consequentemente, os sintomas anêmicos da anemia perniciosa podem ser aliviados pela administração de ácido fólico, mas isso não ajuda a aliviar seus sintomas neurológicos.

Sulfonamidas (fármacos do grupo das **sulfas**), tais como **sulfonilamida**, são antibióticos estruturalmente análogos ao ácido *p*-aminobenzoico, constituinte do THF:

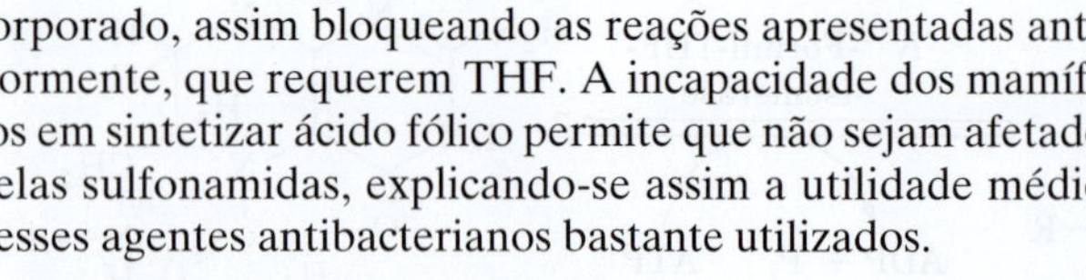

$$H_2N-C_6H_4-S(=O)_2-NH-R \qquad\qquad H_2N-C_6H_4-C(=O)-OH$$

Sulfonamidas
(R = H, sulfanilamida)

ácido *p*-aminobenzoico

Esses fármacos inibem competitivamente a síntese de THF na bactéria na etapa em que o ácido *p*-aminobenzoico é incorporado, assim bloqueando as reações apresentadas anteriormente, que requerem THF. A incapacidade dos mamíferos em sintetizar ácido fólico permite que não sejam afetados pelas sulfonamidas, explicando-se assim a utilidade médica desses agentes antibacterianos bastante utilizados.

5 BIOSSÍNTESE DOS AMINOÁCIDOS

Muitos aminoácidos são sintetizados por vias que estão presentes apenas em plantas e microrganismos. Uma vez que os mamíferos devem obter esses aminoácidos em suas dietas, essas substâncias são denominadas **aminoácidos essenciais**. Os demais aminoácidos, que podem ser sintetizados pelos mamíferos a partir de intermediários comuns, são denominados **aminoácidos não essenciais**. Os α-cetoácidos, que constituem os esqueletos de carbono dos aminoácidos, são convertidos em aminoácidos por reações de transaminação (Seção 26.1A), utilizando nitrogênio α-amino pré-formado de outro aminoácido, geralmente do glutamato. Ainda assim, embora se tenha inicialmente suposto que o glutamato pudesse ser sintetizado a partir de amônia e α-cetoglutarato pela glutamato-desidrogenase atuando no sentido reverso, parece, agora, que o sentido fisiologicamente predominante dessa enzima é a degradação do glutamato (Seção 26.1B). Consequentemente, *o nitrogênio α-amino pré-formado também deve ser considerado como um nutriente essencial.* Nesse contexto, é interessante observar que, além dos quatro receptores bem conhecidos para os sabores, aqueles para o doce, o azedo, o salgado e o amargo, um quinto receptor gustativo foi caracterizado, o receptor para o sabor que lembra carne e que é estimulado pelo **glutamato-monossódico (GMS),** conhecido como **umami** (japonês para paladar).

Os aminoácidos essenciais e não essenciais para os humanos estão listados na Tabela 26.2. A arginina é classificada como essencial, embora seja sintetizada no ciclo da ureia (Seção 26.2D), pois é necessária em quantidades maiores que aquelas que podem ser produzidas nessa via durante o crescimento e o desenvolvimento normal das crianças (mas não nos adultos). Os aminoácidos essenciais estão presentes em proteínas animais e vegetais. Diferentes proteínas, entretanto, contêm diferentes proporções dos aminoácidos essenciais. As proteínas do leite, por exemplo, contêm todos os aminoácidos, nas proporções necessárias para uma nutrição humana adequada. As proteínas do feijão, por outro lado, contêm lisina em abundância, mas são deficientes em metionina, enquanto aquelas do trigo são deficientes em lisina, mas contêm amplas quantidades de metionina. Uma dieta proteica equilibrada, portanto, deve conter várias fontes proteicas que sejam complementares umas às outras, para fornecer proporções adequadas de todos os aminoácidos essenciais.

Nesta seção, serão estudadas as vias envolvidas na formação dos aminoácidos não essenciais. Serão consideradas também brevemente as vias de síntese dos aminoácidos essenciais, que ocorrem em plantas e microrganismos. O leitor deve observar, no entanto, que embora sejam discutidas algumas das vias mais comuns para a biossíntese dos aminoácidos, há consideráveis variações entre espécies diferentes nessas vias. Por outro lado, como foi visto, as vias básicas do metabolismo de carboidratos e lipídeos de modo algum são universais.

A. *Biossíntese dos aminoácidos não essenciais*

Todos os aminoácidos não essenciais, exceto a tirosina, são sintetizados por meio de vias simples, que partem de um dos seguintes quatro intermediários metabólicos comuns: piruvato, oxalacetato, α-cetoglutarato e 3-fosfoglicerato. A tirosina, que na verdade é classificada de forma discutível como não essencial, é sintetizada por uma reação de hidroxilação a partir do aminoácido essencial fenilalanina (Seção 26.3H). De fato, as necessidades de fenilalanina na dieta refletem tam-

TABELA 26.2 Aminoácidos essenciais e não essenciais para o homem

Essenciais	Não Essenciais
Arginina[a]	Alanina
Histidina	Asparagina
Isoleucina	Aspartato
Leucina	Cisteína
Lisina	Glutamato
Metionina	Glutamina
Fenilalanina	Glicina
Treonina	Prolina
Triptofano	Serina
Valina	Tirosina

[a] *Embora* os mamíferos sintetizem arginina, eles clivam a maior parte dela para formar ureia (Seções 26.2D e 26.2E).

bém as necessidades de tirosina. A presença de tirosina na dieta, portanto, diminui a necessidade de fenilalanina. Uma vez que o nitrogênio α-amino pré-formado na forma de glutamato é um nutriente essencial para a biossíntese dos aminoácidos não essenciais, será discutida inicialmente sua produção por plantas e microrganismos.

a. O glutamato é sintetizado pela glutamato-sintase

A **glutamato-sintase**, uma enzima que ocorre apenas em microrganismos, plantas e animais inferiores, converte α-cetoglutarato e amônia, originária da glutamina, em glutamato. Os elétrons necessários para essa aminação redutiva provêm do NADPH ou da ferredoxina, dependendo do organismo. A glutamato-sintase dependente de NADPH da bactéria fixadora de nitrogênio *Azospirillum brasilense*, a melhor caracterizada dessas enzimas, é um heterotetrâmero $\alpha_2\beta_2$, que liga um FAD e dois centros [4Fe−4S] em cada subunidade β e um mononucleotídeo da flavina (FMN) e um centro [3Fe−4S] em cada subunidade α. A reação global é

$$\text{NADPH} + \text{H}^+ + \text{glutamina} + \alpha\text{-cetoglutarato} \longrightarrow 2\ \text{glutamato} + \text{NADP}^+$$

e envolve cinco etapas, que ocorrem em três sítios ativos distintos (Fig. 26.51):

1. Elétrons são transferidos do NADPH para o FAD, no sítio ativo 1 da subunidade β, produzindo $FADH_2$.
2. Os elétrons são transferidos do $FADH_2$ para o FMN, no sítio 2, em uma subunidade α específica, passando por centros ferro-enxofre, produzindo $FMNH_2$.
3. A glutamina é hidrolisada, dando glutamato e amônia, no sítio 3 de uma subunidade α.

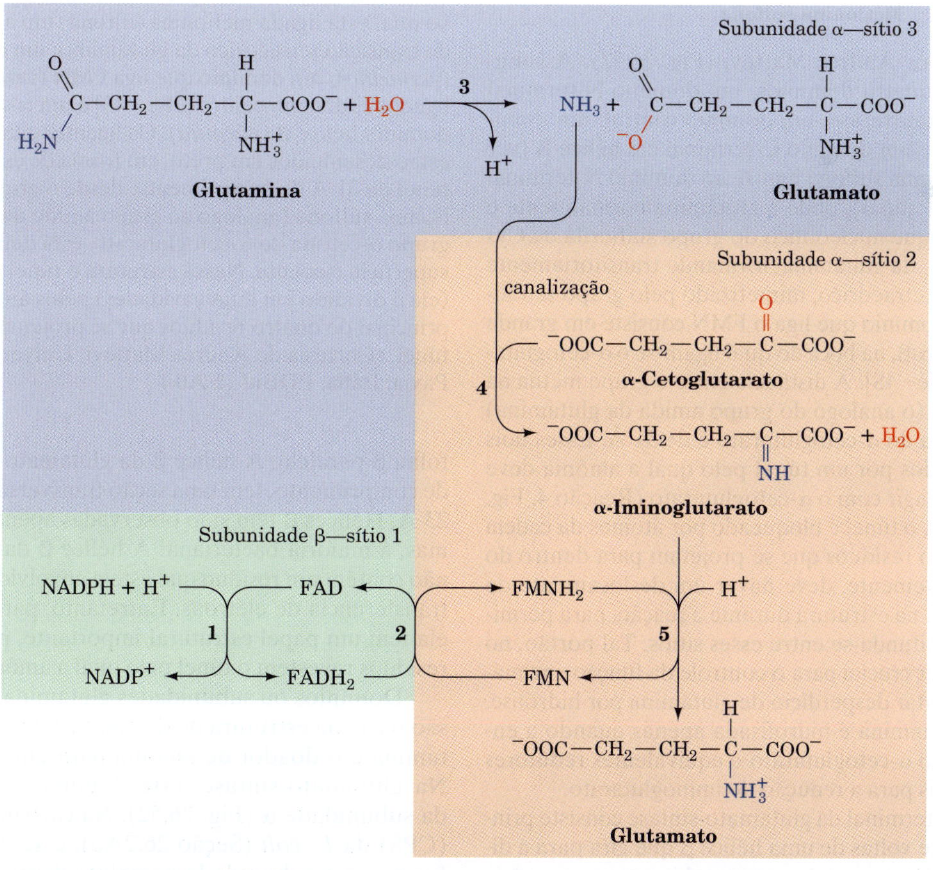

Reação geral: NADPH + H$^+$ + glutamina + α-cetoglutarato ⟶ 2 glutamato + NADP$^+$

FIGURA 26.51 A sequência das reações catalisadas pela glutamato-sintase.

4. A amônia produzida é transferida para o sítio 2, onde reage com α-cetoglutarato para formar α-iminoglutarato.
5. O α-iminoglutarato é reduzido pelo $FMNH_2$ para formar glutamato.

Na ausência da subunidade β, a subunidade α pode sintetizar glutamato a partir de glutamina e α-cetoglutarato, utilizando um doador artificial de elétrons; além disso, ela é homóloga e funcionalmente similar às glutamina-sintases dependentes de ferredoxina. Assim sendo, a subunidade α do *A. brasilense* é considerada o núcleo catalítico da enzima.

A estrutura por raios X da subunidade α de 1.479 resíduos da glutamato-sintase do *A. brasilense* em complexo com um centro [3Fe−4S], um FMN, o substrato α-cetoglutarato e o inibidor **metionina sulfona** (um análogo do estado de transição tetraédrico)

$$H_2N{-}C(=O){-}CH_2{-}CH_2{-}CH(NH_3^+){-}COO^-$$

Glutamina

$$H_3C{-}S(=O)_2{-}CH_2{-}CH_2{-}CH(NH_3^+){-}COO^-$$

Metionina sulfona

foi determinada por Andrea Mattevi (Fig. 26.52). A subunidade apresenta quatro domínios, um domínio N-terminal glutamina-amidotransferase, um domínio central, um domínio que liga FMN e um domínio C-terminal em **hélice β** (ver a seguir). A metionina sulfona liga-se ao domínio N-terminal amidotransferase (sítio 3), onde a glutamina normalmente é hidrolisada via ataque nucleofílico do grupo sulfidrila da Cys 1 sobre o átomo C_γ da glutamina, formando transitoriamente um intermediário tetraédrico, mimetizado pelo grupo tetraédrico sulfona. O domínio que liga o FMN consiste em grande parte de um barril α/β, na boca do qual ligam-se o α-cetoglutarato e o centro [3Fe−4S]. A distância entre o grupo metila na metionina sulfona (o análogo do grupo amida da glutamina) e o grupo α-cetona do α-cetoglutarato é de 31 Å. Esses dois sítios são conectados por um túnel pelo qual a amônia deve difundir-se para reagir com o α-cetoglutarato (Reação 4, Fig. 26.51). No entanto, o túnel é bloqueado por átomos da cadeia principal de quatro resíduos que se projetam para dentro do túnel. Consequentemente, deve haver um deslocamento de pelo menos 2 a 3 Å na estrutura durante a reação, para permitir que a amônia difunda-se entre esses sítios. Tal portão, no túnel, pode bem ser crucial para o controle da função enzimática, de modo a evitar desperdício de glutamina por hidrólise. Na verdade, a glutamina é hidrolisada apenas quando a enzima está ligada ao α-cetoglutarato e equivalentes redutores estejam disponíveis para a redução do iminoglutarato.

O domínio C-terminal da glutamato-sintase consiste principalmente em sete voltas de uma hélice β que gira para a direita (Fig. 26.53). Nesse padrão estrutural incomum, a cadeia polipeptídica é dobrada em uma ampla hélice, de forma que as voltas vizinhas da cadeia interagem como as fitas de uma

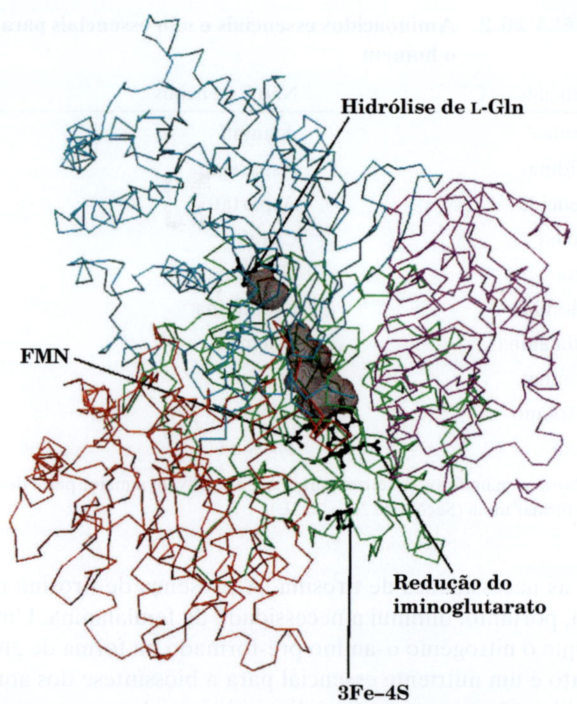

FIGURA 26.52 Estrutura por raios X da subunidade α da glutamato-sintase de *A. brasilense*, representada pelo seu esqueleto de C_α. A subunidade apresenta quatro domínios, um domínio N-terminal glutamina-amidotransferase (*azul*) ao qual está ligada metionina sulfona (um análogo do estado de transição tetraédrico da glutamina); um domínio central (*vermelho*); um domínio que liga FMN (*verde*), ao qual estão ligados FMN, um centro [3Fe−4S] e um α-cetoglutarato; e um domínio hélice β (*púrpura*). Os ligantes citados anteriormente estão desenhados em preto, em forma de esferas e bastões. O túnel de 31 Å de comprimento, desde o grupo metila da metionina sulfona (análogo ao grupo amido da glutamina) até o grupo α-cetona do α-cetoglutarato, está delimitado por uma superfície cinzenta. Nessa estrutura o túnel está bloqueado (ele é dividido em duas cavidades) pelos átomos da cadeia principal de quatro resíduos que se projetam para dentro do túnel. (Cortesia de Andrea Mattevi, Universitá degli Studi di Pavia, Itália. PDBid 1EA0.)

folha β paralela. A hélice β da glutamato-sintase, com 43 Å de comprimento, tem uma seção transversal elíptica de 16 por 23 Å. Hélices β têm sido observadas apenas em poucas enzimas, a maioria bacteriana. A hélice β da glutamato-sintase não contém um resíduo que esteja envolvido na catálise ou na transferência de elétrons. Entretanto, parece realmente que ela tem um papel estrutural importante, pois alguns de seus resíduos revestem o túnel pelo qual a amônia passa.

Domínios ou subunidades glutamina-amidotransferase são parte da estrutura de diversas proteínas nas quais a glutamina é o doador de amônia para uma reação posterior. Na glutamato-sintase, este domínio encontra-se dentro da subunidade α (Fig. 26.52). Na carbamoilfosfato-sintase (CPS) da *E. coli* (Seção 26.2Aa), esse domínio estrutural forma uma subunidade completa dentro de um heterodímero. Esses domínios ou subunidades ocorrem em uma de duas famílias, que se diferenciam pelas estruturas de seus

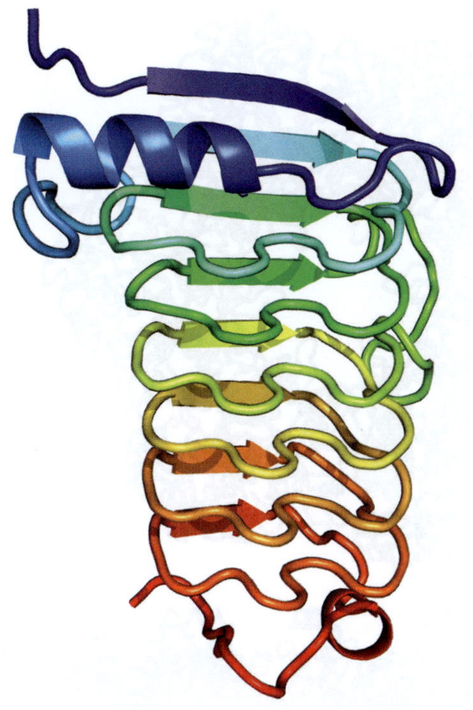

FIGURA 26.53 A hélice β da glutamato-sintase de *A. brasilense*. O esqueleto polipeptídico (resíduos 1.225-1.416) é colorido em cores na ordem do arco-íris, de sua porção N-terminal (*azul*) até a porção C-terminal (*vermelho*). Voltas vizinhas da cadeia polipeptídica dentro da hélice β interagem da mesma maneira que as fitas de folhas β paralelas. Ainda assim, as conformações de muitos desses segmentos situam-se fora da faixa normal para fitas β, e assim eles estão desenhados na forma espiralada. (Com base em uma estrutura por raios X obtida por Andrea Mattevi, Universitá degli Studi di Pavia, Itália. PDBid 1EA0.)

sítios ativos. Na CPS, ele pertence à **família da tríade,** assim denominada por conter uma Cys na tríade catalítica do sítio ativo, que lembra a tríade catalítica das serina-proteases (Seção 15.3). O domínio glutamina-amidotransferase da glutamato-sintase pertence à **família do nucleófilo N-terminal (Ntn)**, a qual, como visto, apresenta uma Cys N-terminal, que atua como nucleófilo do sítio ativo. Outras enzimas envolvidas na biossíntese dos aminoácidos e que possuem domínio glutamina-amidotransferase incluem a asparagina-sintase (Fig. 26.54, Reação 4; ver a seguir), outro membro da família Ntn, e a imidazol-glicerol-fosfato-sintase (Fig. 26.65, Reação 5), que também pertence à família da tríade. Todas essas enzimas possuem um túnel que canaliza a amônia, conectando o sítio da amidotransferase com o sítio que utiliza a amônia.

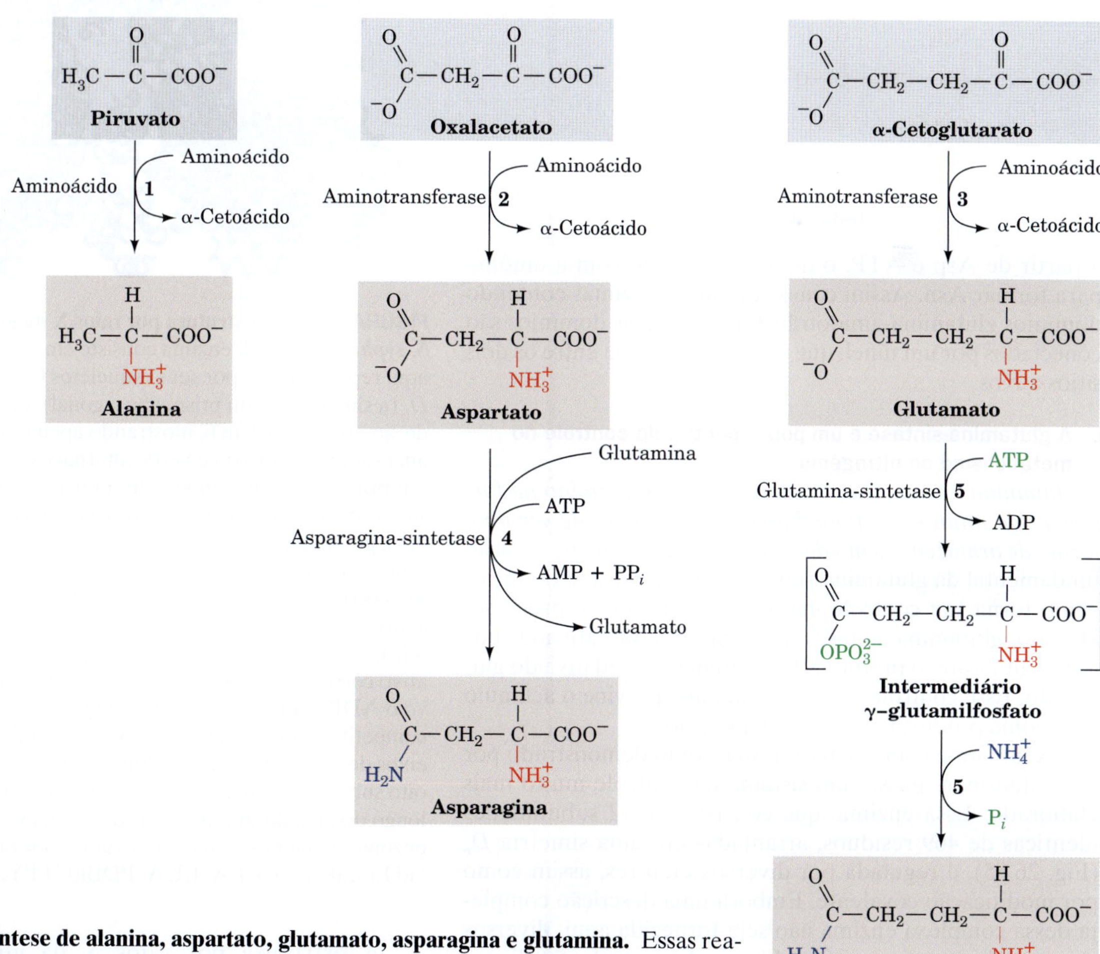

FIGURA 26.54 A síntese de alanina, aspartato, glutamato, asparagina e glutamina. Essas reações envolvem transaminação de (**1**) piruvato, (**2**) oxalacetato e (**3**) α-cetoglutarato e as amidações dos aminoácidos (**4**) aspartato e (**5**) glutamato.

b. Alanina, asparagina, aspartato, glutamato e glutamina são sintetizados a partir de piruvato, oxalacetato e α-cetoglutarato

Piruvato, oxalacetato e α-cetoglutarato são os cetoácidos que correspondem a alanina, aspartato e glutamato, respectivamente. De fato, como visto (Seção 26.1), a síntese de cada um desses aminoácidos se dá em uma única etapa, por reação de transaminação (Fig. 26.54, Reações 1-3). Asparagina e glutamina são sintetizadas a partir de aspartato e glutamato, respectivamente, por amidação (Fig. 26.54, Reações 4 e 5). A **glutamina-sintase** catalisa a formação de glutamina, em uma reação na qual o ATP é hidrolisado produzindo ADP e P*i*, com a formação do intermediário **γ-glutamilfosfato** e sendo doador do grupo amino o NH_4^+ (Fig. 26.54, Reação 5). Curiosamente, a amidação do aspartato pela **asparagina-sintase** para formar asparagina segue uma via diferente; utiliza glutamina como doador do grupo amino e hidrolisa ATP dando AMP + PP*i* (Fig. 26.54, Reação 4). Essa enzima é composta por um domínio glutamina-amidotransferase da família Ntn (ver anteriormente) e um segundo domínio, no qual é sintetizado o β-aspartil-AMP

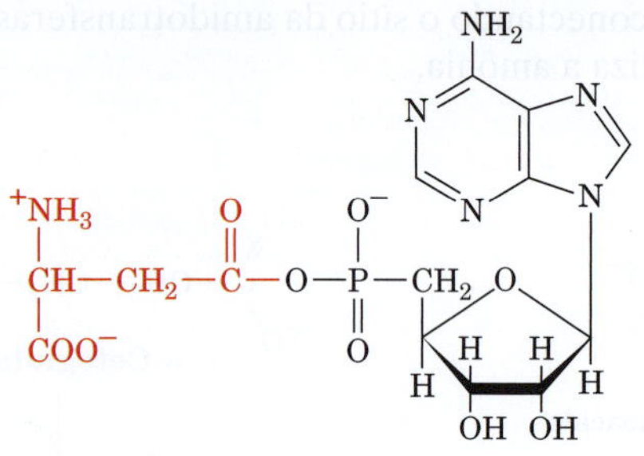

β-Aspartil-AMP

a partir de Asp e ATP, o qual então reage com a amônia para formar Asn. Assim como em outras enzimas contendo domínios glutamina-amidotransferase, os dois domínios são conectados por um túnel, que canaliza a amônia entre os dois sítios ativos.

c. A glutamina-sintase é um ponto central de controle no metabolismo do nitrogênio

A glutamina, como visto, é o doador de grupo amino na formação de muitos produtos biossintéticos, além de ser uma forma de armazenamento de amônia. A consequente posição fundamental da glutamina-sintase no metabolismo do nitrogênio torna seu controle um aspecto vital desse processo. De fato, glutamina-sintases de mamíferos são ativadas por α-cetoglutarato, o produto da desaminação oxidativa do glutamato. Esse controle, presumivelmente, previne o acúmulo da amônia produzida nessa última reação.

A glutamina-sintase bacteriana, como demonstrado por Earl Stadtman, possui um sistema de controle muito mais elaborado. Essa enzima, que consiste em 12 subunidades idênticas de 469 resíduos, arranjadas em uma simetria D_6 (Fig. 26.55), é regulada por diversos efetores, assim como por modificação covalente. Embora uma descrição completa dessa complexa enzima não seja fornecida aqui, diversos aspectos de seus sistemas catalítico e de controle são dignos de nota.

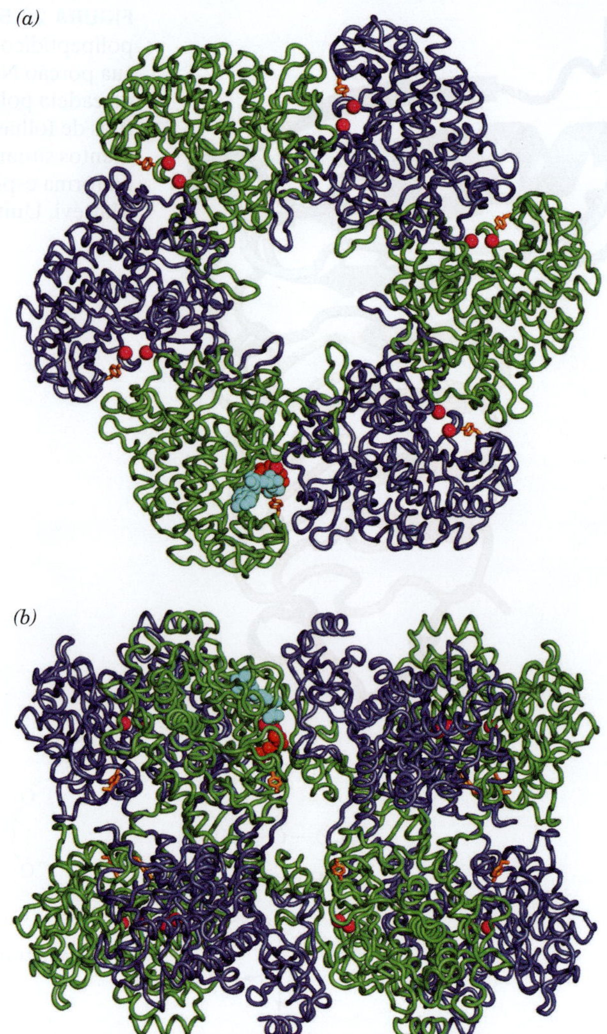

FIGURA 26.55 Estrutura por raios X da glutamina-sintase de *S. typhimurium*. A enzima consiste em 12 subunidades idênticas, aqui representadas por seus esqueletos C_α, arranjados em simetria D_6 (a simetria de um prisma hexagonal). (*a*) Vista a partir do eixo de simetria de ordem 6, mostrando apenas as seis subunidades do anel superior, em azul e verde alternados. As subunidades do anel inferior estão, *grosso modo*, diretamente abaixo daquelas do anel superior. A proteína, incluindo suas cadeias laterais (não mostradas), possui um diâmetro de 143 Å. Os seis sítios ativos mostrados estão marcados por pares de íons Mn^{2+} (*esferas em magenta*; íons metálicos divalentes, fisiologicamente Mg^{2+}, são necessários para a atividade enzimática). Cada sítio de adenililação, Tyr 397 (*amarelo*), situa-se entre duas subunidades, a um raio maior que o sítio ativo correspondente. Também estão desenhados em um sítio ativo o ADP (*ciano*) e a fosfinotricina (*cor de laranja*), um inibidor competitivo do glutamato. (*b*) Vista lateral, ao longo de um dos eixos de simetria de ordem dois da enzima, mostrando apenas as oito subunidades mais próximas. A molécula estende-se 103 Å ao longo do eixo de simetria de ordem 6, na vertical nessa vista da enzima. (Com base em uma estrutura por raios X obtida por David Eisenberg, UCLA, EUA. PDBid 1FPY.)

A estrutura por raios X da glutamina-sintase da *Salmonella typhimurium*, em complexo com **fosfinotricina**,

Fosfinotricina **Glutamato**

um análogo estrutural do glutamato, determinada por David Eisenberg, revela que seus sítios catalíticos localizam-se na interface entre o domínio C-terminal de uma subunidade e o domínio N-terminal de uma subunidade adjacente. Esses sítios catalíticos apresentam um formato descrito como um "funil duplo", que se abre tanto para a parte superior, exposta (que liga o ATP), quanto para a parte inferior (que liga Glu e NH_4^+) da molécula (entre os dois anéis hexaméricos), e apresenta um estreitamento no plano dos íons metálicos essenciais (dois por subunidade). A ligação do nucleotídeo induz alterações conformacionais que aumentam a afinidade da enzima por glutamato e pelo íon amônio, levando a um mecanismo sequencial ordenado.

Nove inibidores controlam cumulativamente a atividade da glutamina-sintase bacteriana por retroalimentação negativa: histidina, triptofano, carbamoilfosfato (sintetizado pela carbamoilfosfato-sintase II), glicosamina-6-fosfato, AMP e CTP. Todos eles são produtos finais de vias que partem da glutamina, enquanto alanina, serina e glicina refletem o nível de nitrogênio da célula. Diversos desses inibidores atuam de maneira competitiva, ligando-se seja ao sítio de ligação do glutamato (serina, glicina e alanina) ou ao sítio de ligação do ATP (AMP e CTP).

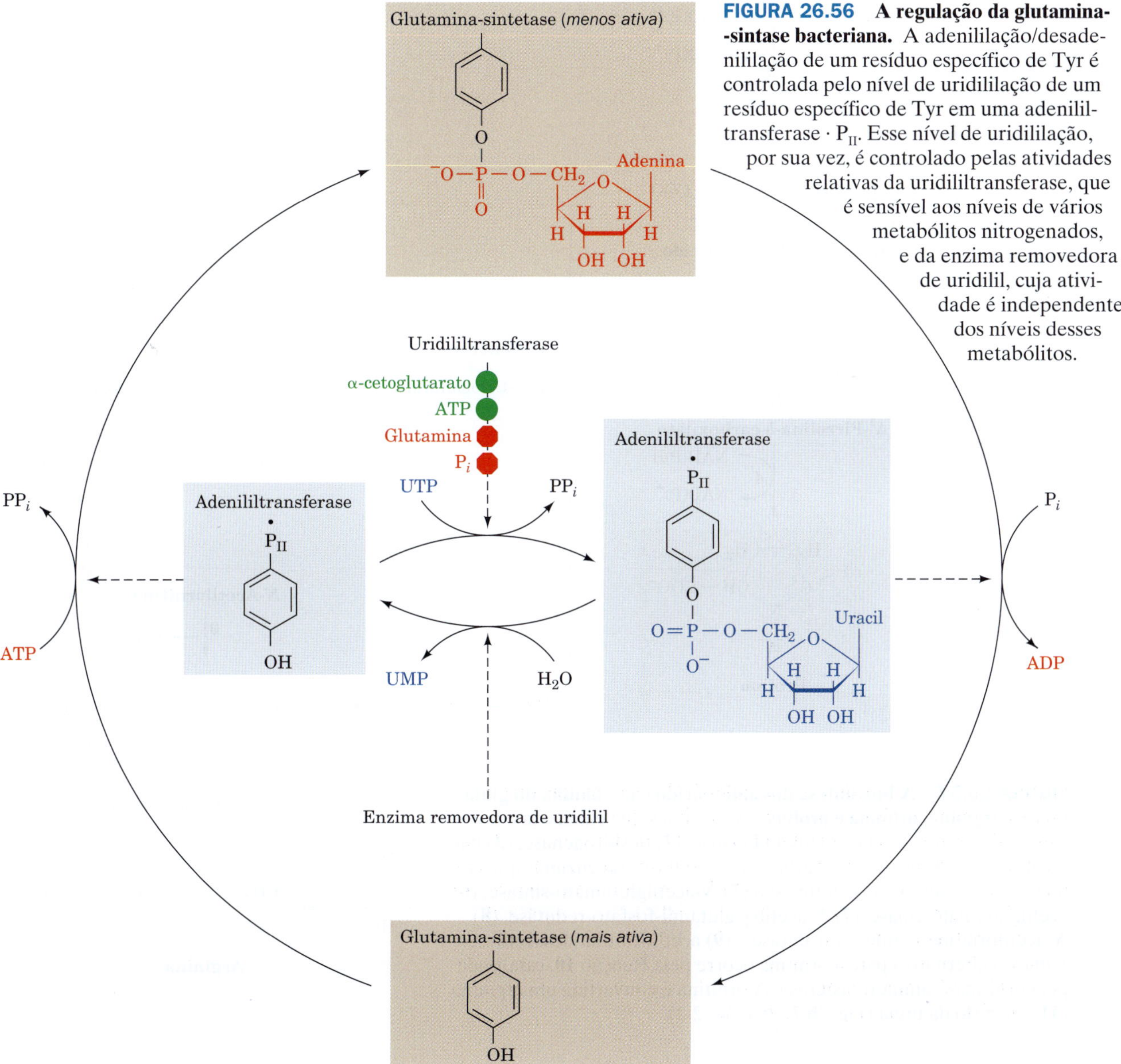

FIGURA 26.56 A regulação da glutamina--sintase bacteriana. A adenililação/desadenililação de um resíduo específico de Tyr é controlada pelo nível de uridililação de um resíduo específico de Tyr em uma adenililtransferase · P_{II}. Esse nível de uridililação, por sua vez, é controlado pelas atividades relativas da uridililtransferase, que é sensível aos níveis de vários metabólitos nitrogenados, e da enzima removedora de uridilil, cuja atividade é independente dos níveis desses metabólitos.

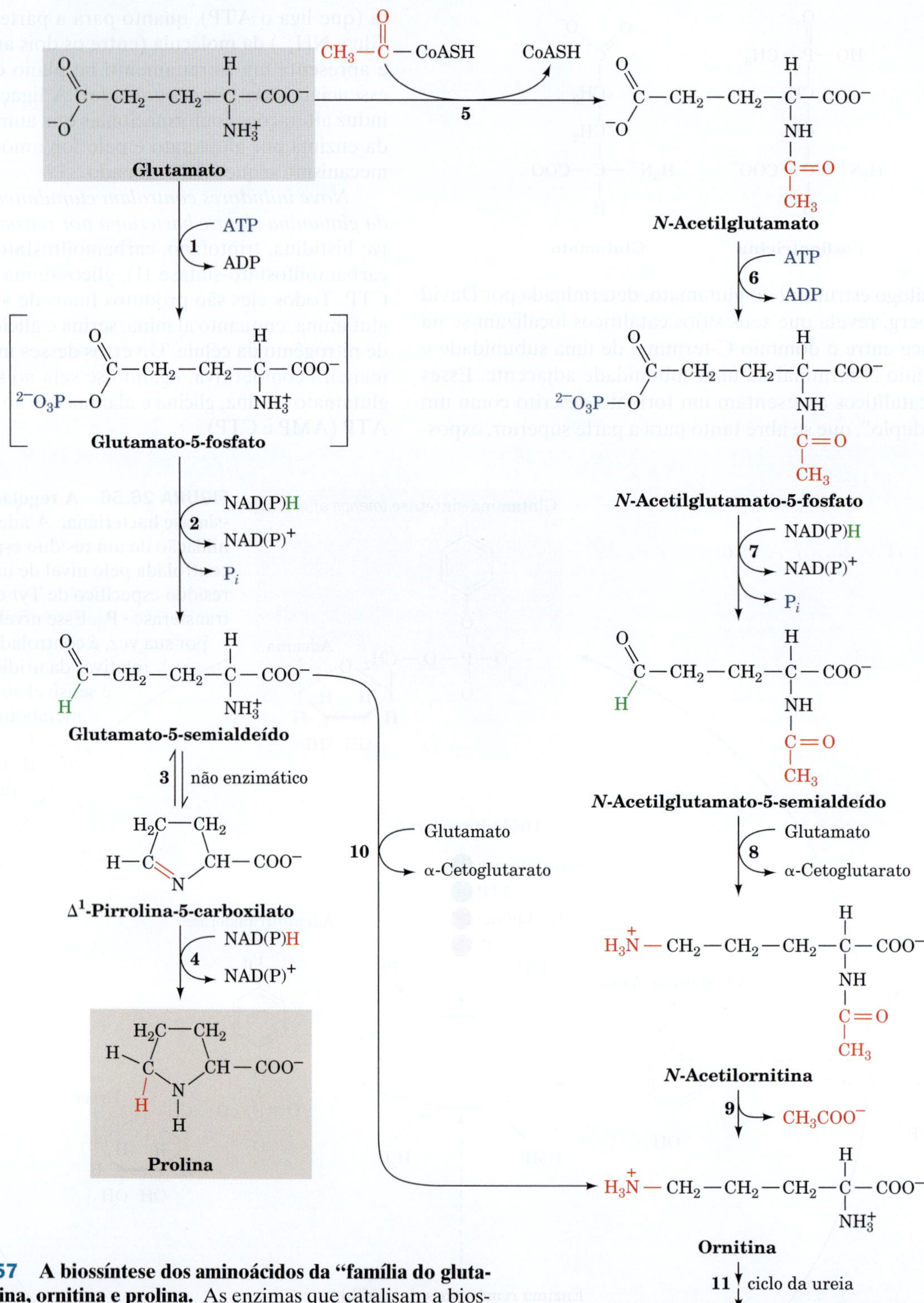

FIGURA 26.57 A biossíntese dos aminoácidos da "família do glutamato": arginina, ornitina e prolina. As enzimas que catalisam a biossíntese da prolina são (**1**) γ-glutamil-cinase, (**2**) desidrogenase, (**3**) não enzimática e (**4**) pirrolina-5-carboxilato-redutase. As enzimas que catalisam a biossíntese da ornitina são (**5**) *N*-acetilglutamato-sintase, (**6**) acetilglutamato-cinase, (**7**) *N*-acetil-γ-glutamil-fosfato-redutase, (**8**) *N*-acetilornitina-δ-aminotransferase e (**9**) acetilornitina-desacetilase. Uma via alternativa para a ornitina ocorre pela Reação **10**, catalisada pela ornitina-δ-aminotransferase. A ornitina é convertida em arginina (**11**) via ciclo da ureia (Fig. 26.7, Reações 2-4).

A glutamina-sintase da E. coli é modificada covalentemente por adenililação de um resíduo específico de Tyr (Fig. 26.56). A suscetibilidade da enzima à inibição cumulativa por retroalimentação aumenta e sua atividade, portanto, diminui com o grau de adenililação. O nível de adenililação é controlado por uma cascata metabólica complexa, conceitualmente similar àquela que controla a glicogênio-fosforilase (embora o tipo de modificação covalente seja diferente, pelo fato de a glicogênio-fosforilase ser fosforilada em um resíduo específico de Ser; Seção 18.3Ca). Tanto a adenililação quanto a desadenililação da glutamina-sintase são catalisadas pela **adenililtransferase**, em complexo com uma proteína regulatória tetramérica, $\mathbf{P_{II}}$. Esse complexo leva à desadenililação da glutamina-sintase quando P_{II} está ligada a um grupo uridilil (também em um resíduo de Tyr), e leva à adenililação da glutamina-sintase quando não estiver ligada ao resíduo UMP. O nível de P_{II} ligada ao resíduo UMP, por sua vez, depende das atividades relativas de duas atividades enzimáticas localizadas na mesma proteína: a **uridililtransferase**, que adiciona UMP à proteína P_{II}, e uma **enzima uridilil-removedora**, que remove hidroliticamente os grupos UMP ligados à proteína P_{II} (Fig. 26.56). A uridiltransferase é ativada por α-cetoglutarato e ATP e inibida por glutamina e P*i*, enquanto a enzima uridilil-removedora é insensível a esses metabólitos. Essa cascata metabólica complexa, consequentemente, torna a atividade da glutamina-sintase da *E. coli* extremamente responsiva às necessidades de nitrogênio da célula.

d. O glutamato é o precursor de prolina, ornitina e arginina

A conversão de glutamato em prolina (Fig. 26.57, Reações 1-4) envolve a redução do grupo γ-carboxila dando um aldeído, seguindo-se a formação de uma base de Schiff interna, cuja redução posterior produz prolina. A redução do grupo γ-carboxila do glutamato produzindo um aldeído é um processo endergônico, facilitado pela fosforilação prévia do grupo carboxila pela **γ-glutamil-cinase**. O produto, **glutamato-5--fosfato**, é instável e não foi isolado de misturas de reação, mas supõe-se que seja o substrato para a redução que se segue. O **glutamato-5-semialdeído** resultante cicliza espontaneamente, formando a base de Schiff interna $\mathbf{\Delta^1}$**-pirrolina-5-carboxilato**. A redução final para produzir a prolina é catalisada pela **pirrolina-5-carboxilato-redutase.** Ainda não está esclarecido se a enzima necessita de NADH ou NADPH.

Em *E. coli*, a via do glutamato para a ornitina e, após, para a arginina também envolve a redução do grupo γ-carboxila do glutamato, movida pela hidrólise do ATP, produzindo um aldeído (Fig. 26.57, Reações 6 e 7). A ciclização espontânea do intermediário ***N*-acetilglutamato-5-semialdeído** é evitada pela acetilação prévia de seu grupo amino pela ***N*-acetilglutamato-sintase**, formando ***N*-acetilglutamato** (Fig. 26.57, Reação 5). O *N*-acetilglutamato-5-semialdeído, por sua vez, é convertido na amina correspondente por transaminação (Fig. 26.57, Reação 8). A hidrólise do grupo protetor acetila produz, por fim, a ornitina, a qual, como visto (Seção 26.2), é convertida em arginina via ciclo da ureia. No homem, entretanto, a via para ornitina é mais direta. A *N*-acetilação do glutamato, que o protege da ciclização, não acontece. Em vez disso, o 5-semialdeído do glutamato, que está em equilíbrio com o Δ^1-pirrolina-5-carboxilato, é transaminado diretamente, produzindo ornitina, em uma reação catalisada pela **ornitina-δ-aminotransferase** (Fig. 26.57, Reação 10).

e. Serina, cisteína e glicina são derivadas do 3-fosfoglicerato

A serina é formada a partir do intermediário da glicólise 3-fosfoglicerato, em uma via composta por três reações (Fig. 26.58):

1. Conversão do grupo 2-OH do 3-fosfoglicerato em uma cetona, produzindo **3-fosfo-hidroxipiruvato**, o cetoácido fosforilado análogo à serina.
2. Transaminação do 3-fosfo-hidroxipiruvato em fosfosserina;
3. Hidrólise da fosfosserina para produzir serina.

A serina participa da síntese da glicina de duas formas (Seção 26.3B):

1. Conversão direta da serina em glicina pela serina-hidroximetiltransferase, em uma reação que também produz N^5,N^{10}-metileno-THF (Fig. 26.12, Reação 4 no sentido reverso).
2. Condensação do N^5,N^{10}-metileno-THF com CO_2 e NH_4^+ pelo sistema de clivagem da glicina (Fig. 26.12, Reação 3 no sentido reverso).

Já foi discutida a síntese, nos animais, da cisteína a partir de serina e homocisteína, um produto da degradação da metionina (Seção 26.3Ea). A homocisteína combina-se com a serina, produzindo cistationina, que, subsequentemente, produz cisteína e α-cetobutirato (Fig. 26.18, Reações 5 e 6). Uma vez que o grupo sulfidrila da cisteína é derivado do aminoácido essencial metionina, a cisteína é, na verdade, um aminoáci-

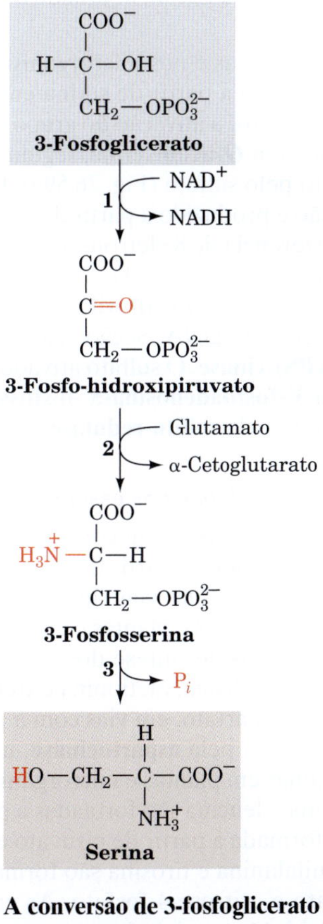

FIGURA 26.58 A conversão de 3-fosfoglicerato em serina. As enzimas da via são (**1**) 3-fosfoglicerato-desidrogenase, (**2**) uma aminotransferase dependente de PLP e (**3**) fosfosserina-fosfatase.

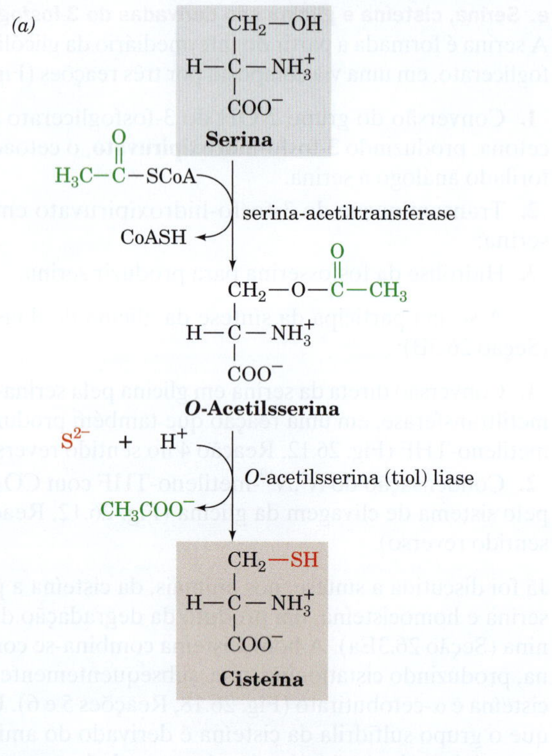

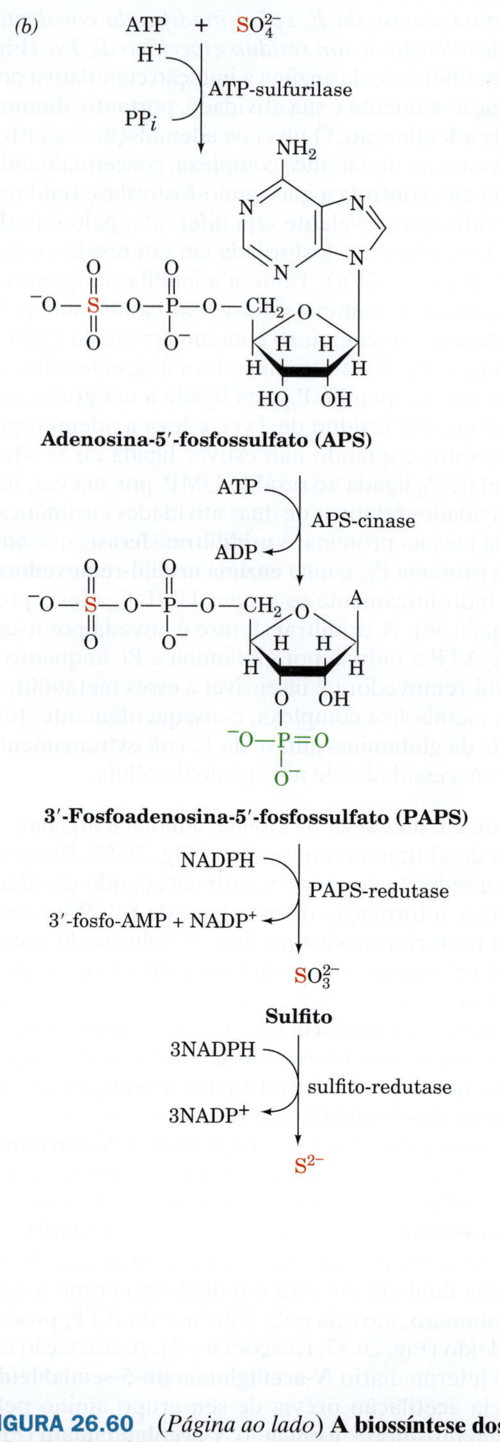

(a)

Serina

$H_3C-C(=O)-SCoA$ → serina-acetiltransferase → CoASH

O-Acetilserina

S^{2-} + H^+ → *O*-acetilserina (tiol) liase → CH_3COO^-

Cisteína

(b)

ATP + SO_4^{2-} + H^+ → ATP-sulfurilase → PP_i

Adenosina-5′-fosfossulfato (APS)

ATP → APS-cinase → ADP

3′-Fosfoadenosina-5′-fosfossulfato (PAPS)

NADPH → PAPS-redutase → 3′-fosfo-AMP + $NADP^+$

SO_3^{2-}

Sulfito

3NADPH → sulfito-redutase → $3NADP^+$

S^{2-}

FIGURA 26.59 A biossíntese da cisteína. (*a*) Síntese da cisteína a partir da serina em plantas e microrganismos. (*b*) A redução do sulfato a sulfeto na *E. coli*, utilizando 8 elétrons.

do essencial. Nas plantas e nos microrganismos, entretanto, a cisteína é sintetizada a partir de serina em uma reação de duas etapas que envolve a ativação do grupo —OH da serina, por sua conversão em ***O*-acetilserina**, seguindo-se o deslocamento do acetato pelo sulfeto (Fig. 26.59*a*). O sulfeto necessário nessa reação é produzido a partir do sulfato em uma redução com transferência de 8 elétrons que, em *E. coli*, ocorre conforme mostrado na Fig. 26.59*b*. O sulfato é inicialmente ativado pelas enzimas **ATP-sulfurilase** (que é utilizada no pirosequenciamento do DNA; Seção 7.2Ca) e **adenosina-5′-fosfossulfato (APS)-cinase**. O sulfato ativado é então reduzido a sulfito pela **3′-fosfoadenosina-5′-fosfossulfato (PAPS)-redutase** e a sulfeto pela **sulfito-redutase**.

B. *Biossíntese dos aminoácidos essenciais*

Os aminoácidos essenciais, assim como os aminoácidos não essenciais, são sintetizados a partir de precursores metabólicos comuns. No entanto, suas vias sintéticas estão presentes apenas em microrganismos e plantas e envolvem geralmente mais etapas que as vias de síntese dos aminoácidos não essenciais. Por exemplo, lisina, metionina e treonina são sintetizadas a partir de aspartato, em vias com a primeira reação em comum, catalisada pela **aspartocinase**, uma enzima que está presente apenas em plantas e microrganismos. De modo semelhante, valina e leucina são formadas a partir de piruvato; isoleucina é formada a partir de piruvato e α-cetobutirato e triptofano, fenilalanina e tirosina são formados a partir de fosfoenolpiruvato e eritrose-4-fosfato. As enzimas que sintetizam aminoácidos essenciais foram, aparentemente, perdidas precocemente na evolução dos animais, possivelmente devido à fácil disponibilidade desses aminoácidos na dieta.

FIGURA 26.60 (*Página ao lado*) **A biossíntese dos aminoácidos da "família do aspartato": lisina, metionina e treonina.** As enzimas da via são (**1**) asparto-cinase, (**2**) β-aspartato-semialdeído-desidrogenase, (**3**) homosserina-desidrogenase, (**4**) homosserina-cinase, (**5**) treonina-sintase (uma enzima dependente de PLP), (**6**) homosserina-aciltransferase, (**7**) cistationina-γ-sintase, (**8**) cistationina-β-liase, (**9**) metionina-sintase (alternativamente, homocisteína-metiltransferase, que também ocorre em mamíferos; Seção 26.3Ec), (**10**) di-hidrodipicolinato-sintase, (**11**) di-hidrodipicolinato-redutase, (**12**) *N*-succinil-2-amino-6-cetopimelato-sintase, (**13**) succinil-diaminopimelato-aminotransferase (uma enzima dependente de PLP), (**14**) succinil-diaminopimelato-dessuccinilase, (**15**) diaminopimelato-epimerase e (**16**) diaminopimelato-descarboxilase.

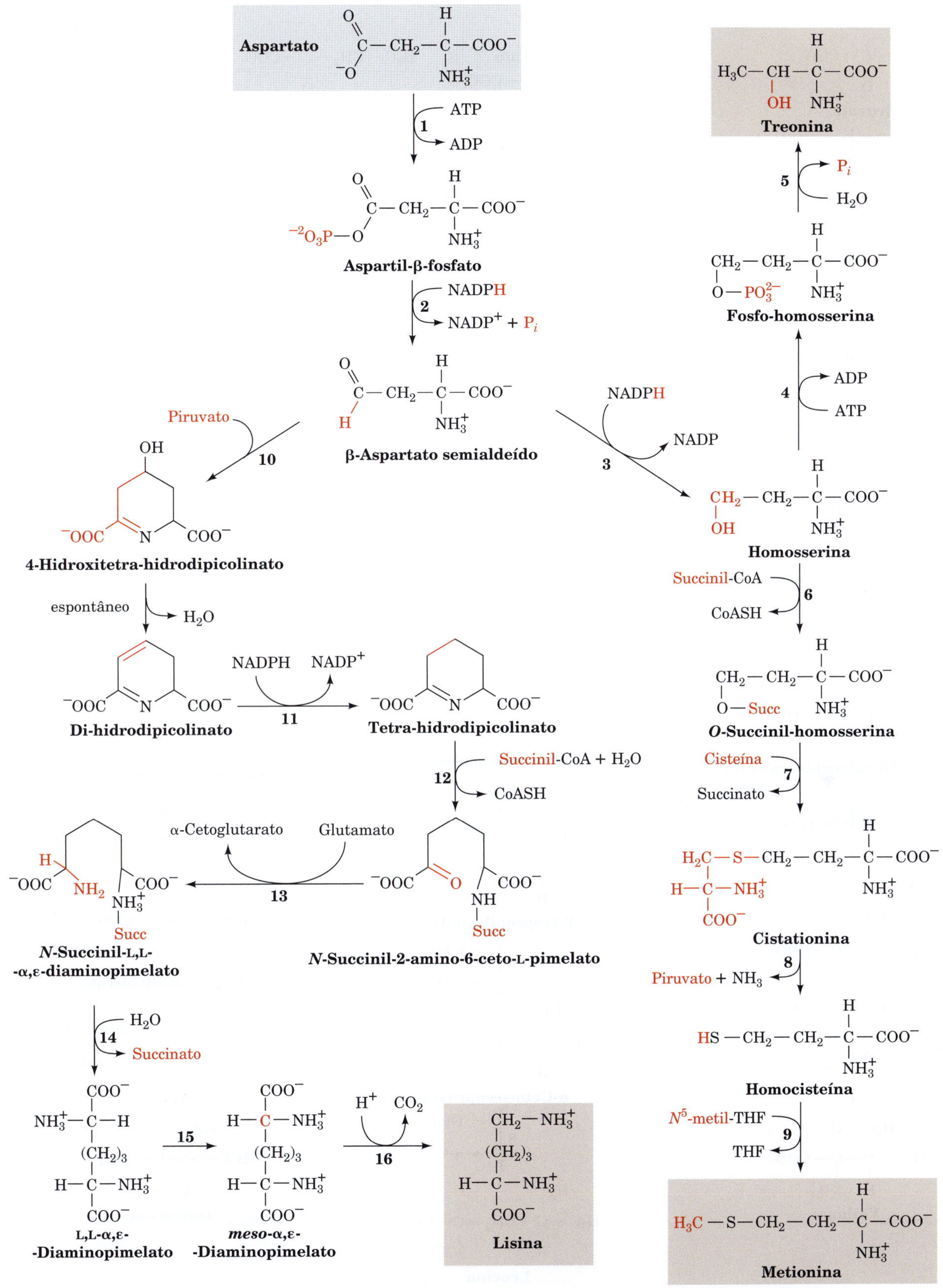

Aspartato

1: ATP → ADP

Aspartil-β-fosfato

2: NADPH → $NADP^+ + P_i$

β-Aspartato semialdeído

3: NADPH → NADP

Homosserina

4: ATP → ADP

Fosfo-homosserina

5: H_2O → P_i

Treonina

6: Succinil-CoA → CoASH

O-Succinil-homosserina

7: Cisteína → Succinato

Cistationina

8: Piruvato + NH_3

Homocisteína

9: N^5-metil-THF → THF

Metionina

10: Piruvato

4-Hidroxitetra-hidrodipicolinato

espontâneo: H_2O

Di-hidrodipicolinato

11: NADPH → $NADP^+$

Tetra-hidrodipicolinato

12: Succinil-CoA + H_2O → CoASH

N-Succinil-2-amino-6-ceto-L-pimelato

13: Glutamato → α-Cetoglutarato

N-Succinil-L,L-α,ε-diaminopimelato

14: H_2O → Succinato

L,L-α,ε-Diaminopimelato

15

meso-α,ε-Diaminopimelato

16: H^+ → CO_2

Lisina

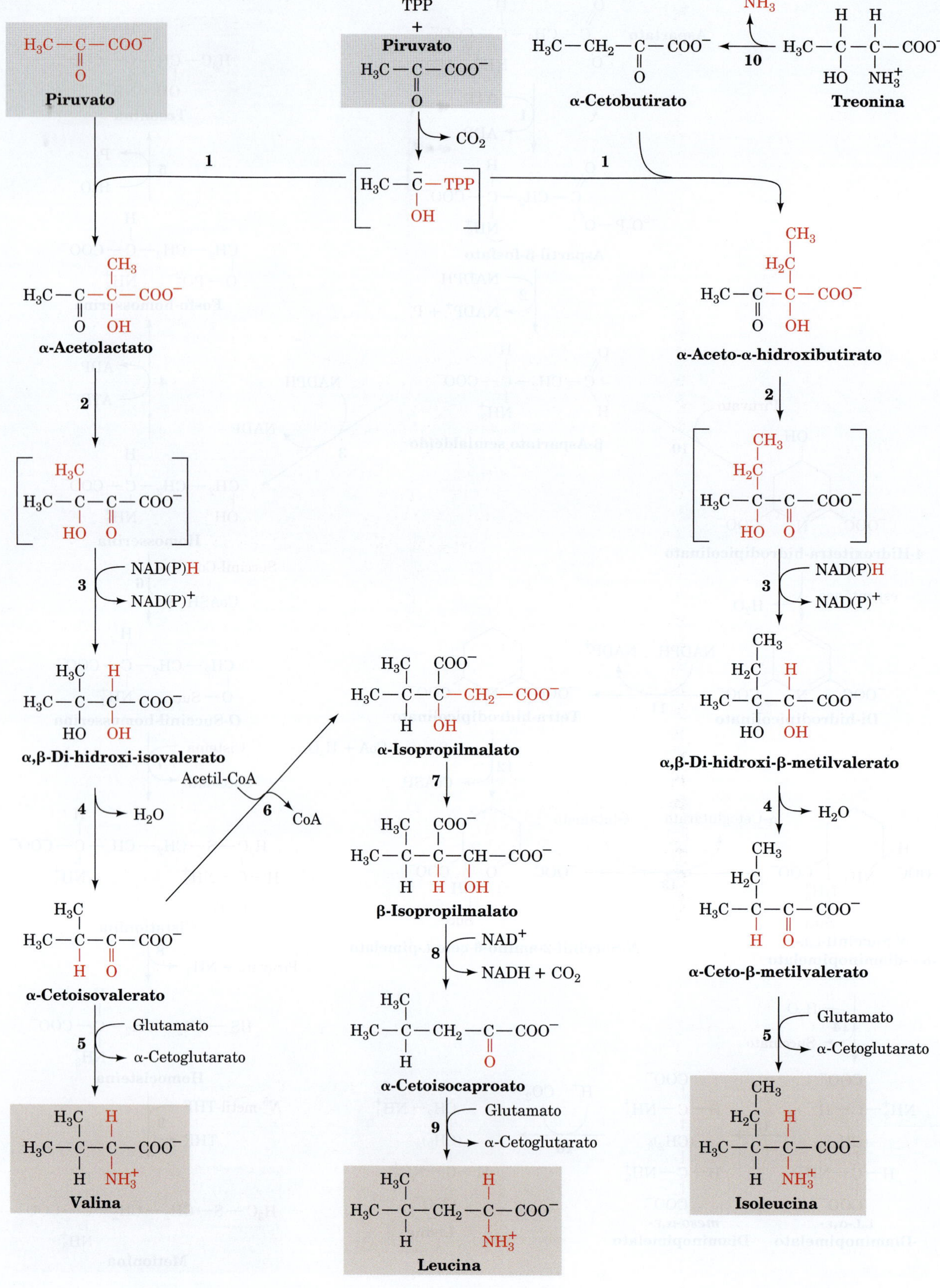

TPP
+
Piruvato
Piruvato
α-Cetobutirato
Treonina
NH_3
CO_2
TPP
1
10
α-Acetolactato
α-Aceto-α-hidroxibutirato
2
3
NAD(P)H
NAD(P)$^+$
α,β-Di-hidroxi-isovalerato
α,β-Di-hidroxi-β-metilvalerato
4
H_2O
Acetil-CoA
6
CoA
α-Isopropilmalato
7
β-Isopropilmalato
8
NAD$^+$
NADH + CO_2
α-Cetoisovalerato
α-Ceto-β-metilvalerato
α-Cetoisocaproato
5
9
Glutamato
α-Cetoglutarato
Valina
Leucina
Isoleucina

Tempo e espaço impedem uma discussão detalhada das muitas reações interessantes que ocorrem nessas vias. As vias biossintéticas dos aminoácidos da família do aspartato, da família do piruvato, da família dos aromáticos e da histidina são mostradas nas Figs. 26.60 a 26.63 e 26.65, juntamente com as listas das enzimas envolvidas. Diversos herbicidas de uso na agricultura são inibidores específicos de algumas dessas enzimas. Tais herbicidas apresentam pouca toxicidade para animais e, assim, apresentam risco mínimo para a saúde humana e o ambiente.

a. A família do aspartato: lisina, metionina e treonina

Nas bactérias, o aspartato é o precursor comum de lisina, metionina e treonina (Fig. 26.60). A biossíntese desses aminoácidos essenciais começa com a fosforilação do aspartato, catalisada pela aspartocinase, produzindo **aspartil-β-fosfato**. Foi visto que o controle das vias metabólicas normalmente ocorre na primeira etapa comprometida da via. Poderia-se esperar então que a biossíntese de lisina, metionina e treonina fosse controlada em bloco. Na verdade, cada uma dessas vias é controlada independentemente. A *E. coli* faz esse controle por meio de três isozimas da aspartocinase, que respondem de modo diferente aos três aminoácidos, tanto em termos de inibição da atividade enzimática por retroalimentação quanto da repressão da síntese enzimática. A Tabela 26.3 resume esse controle diferencial. Além disso, o sentido da via é controlado por retroalimentação negativa nos pontos de ramificação por cada um dos aminoácidos individualmente. Desse modo, a metionina inibe a *O*-acilação da homosserina (Fig. 26.60, Reação 6) e a lisina inibe a di-hidrodipicolinato-sintase (Fig. 26.60, Reação 10).

TABELA 26.3 Controle diferencial das isozimas da aspartocinase na *E. coli*

Enzima	Inibidor por Retroalimentação	Correpressor(es)[a]
Aspartocinase I	Treonina	Treonina e isoleucina
Aspartocinase II	Nenhum	Metionina
Aspartocinase III	Lisina	Lisina

[a]Compostos cuja presença resulta na repressão da síntese da enzima na fase de transcrição (Seção 31.3G).

b. A família do piruvato: leucina, isoleucina e valina

A valina e a isoleucina são sintetizadas pela mesma via de 5 etapas (Fig. 26.61), sendo a única diferença a primeira etapa da série. Nessa reação dependente de TPP, que se assemelha àquelas catalisadas pela piruvato-descarboxilase (Seção 17-3Ba) e pela transcetolase (Seção 23.4Ca), o piruvato forma um aduto com TPP, o qual é descarboxilado, gerando hidroxietil-TPP. Esse carbânion estabilizado por ressonância é adicionado ao grupo cetona de um segundo piruvato para formar **acetolactato**, na via da valina, ou então é adicionado ao grupo cetona do **α-cetobutirato**, um composto derivado da treonina, formando **α-aceto-α-hidroxibutirato**, na via da isoleucina. A via biossintética da leucina ramifica-se a partir da via da valina, na altura do **α-cetoisovalerato** (Fig. 26.61, Reação 6). As Reações 6 a 8, na Fig. 26.61, são remanescentes das primeiras três reações do ciclo do ácido cítrico (Seções 21.3A-C). Aqui, a acetil-CoA condensa-se com o **α-cetoisovalerato,** para formar o **α-isopropilmalato**, que então sofre uma reação de desidratação/hidratação, seguindo-se descarboxilação oxidativa e transaminação, para produzir a leucina.

FIGURA 26.61 *(Página ao lado)* **A biossíntese dos aminoácidos da "família do piruvato": isoleucina, leucina e valina.** As enzimas da via são (**1**) acetolactato-sintase (uma enzima que utiliza TPP), (**2**) acetolactato-mutase, (**3**) redutase, (**4**) ácido di-hidroxidesidratase, (**5**) valina-aminotransferase (uma enzima dependente de PLP), (**6**) α-isopropilmalato-sintase, (**7**) α-isopropilmalato-desidratase, (**8**) isopropilmalato-desidrogenase, (**9**) leucina-aminotransferase (uma enzima dependente de PLP) e (**10**) treonina-desaminase (serina-desidratase, uma enzima PLP).

c. Os aminoácidos aromáticos: fenilalanina, tirosina e triptofano

Os precursores dos aminoácidos aromáticos são o intermediário glicolítico fosfoenolpiruvato (PEP) e a eritrose-4-fosfato (um intermediário da via das pentoses-fosfato; Seção 23.4Cb). A condensação desses compostos forma **2-ceto-3--desoxi-D-arabino-heptulosonato-7-fosfato**, um composto de 7 carbonos que cicliza e é após convertido em **corismato** (Fig. 26.62), o ponto de ramificação para a biossíntese do triptofano. O corismato é convertido em **antranilato** e após em triptofano ou em **prefenato** e a seguir em tirosina ou em fenilalanina (Fig. 26.63). Embora os mamíferos sintetizem tirosina pela hidroxilação da fenilalanina (Seção 26.3Ha), muitos microrganismos sintetizam esse aminoácido diretamente a partir do prefenato.

Uma vez que a síntese dos aminoácidos aromáticos ocorre apenas em plantas e microrganismos, essa via é um alvo lógico para herbicidas que não sejam tóxicos para os animais. Por exemplo, o **glifosato**,

$$^{-2}O_3P-CH_2-NH-CH_2-COO^-$$

Glifosato

o ingrediente ativo em um dos herbicidas mais largamente utilizados, o *Roundup,* é um inibidor competitivo na reação da **5-enolpiruvilchiquimato-3-fosfato** (**EPSP**, de *S-enolpyruvylshikimate-3-phosphate*)-**sintase** (Reação 6 da Fig. 26.62), competindo com o PEP.

d. Um túnel na proteína canaliza o produto intermediário da triptofano-sintase entre dois sítios ativos

As duas reações finais na biossíntese do triptofano, as Reações 5 e 6 da Fig. 26.63, são catalisadas pela **triptofano--sintase**:

1. A subunidade α (268 resíduos) dessa enzima bifuncional $\alpha_2\beta_2$ cliva o **indol-3-glicerolfosfato**, produzindo **indol** e gliceraldeído-3-fosfato (Reação 5).
2. A subunidade β (396 resíduos) junta o indol com a L--serina em uma reação PLP-dependente para formar o L--triptofano (Reação 6).

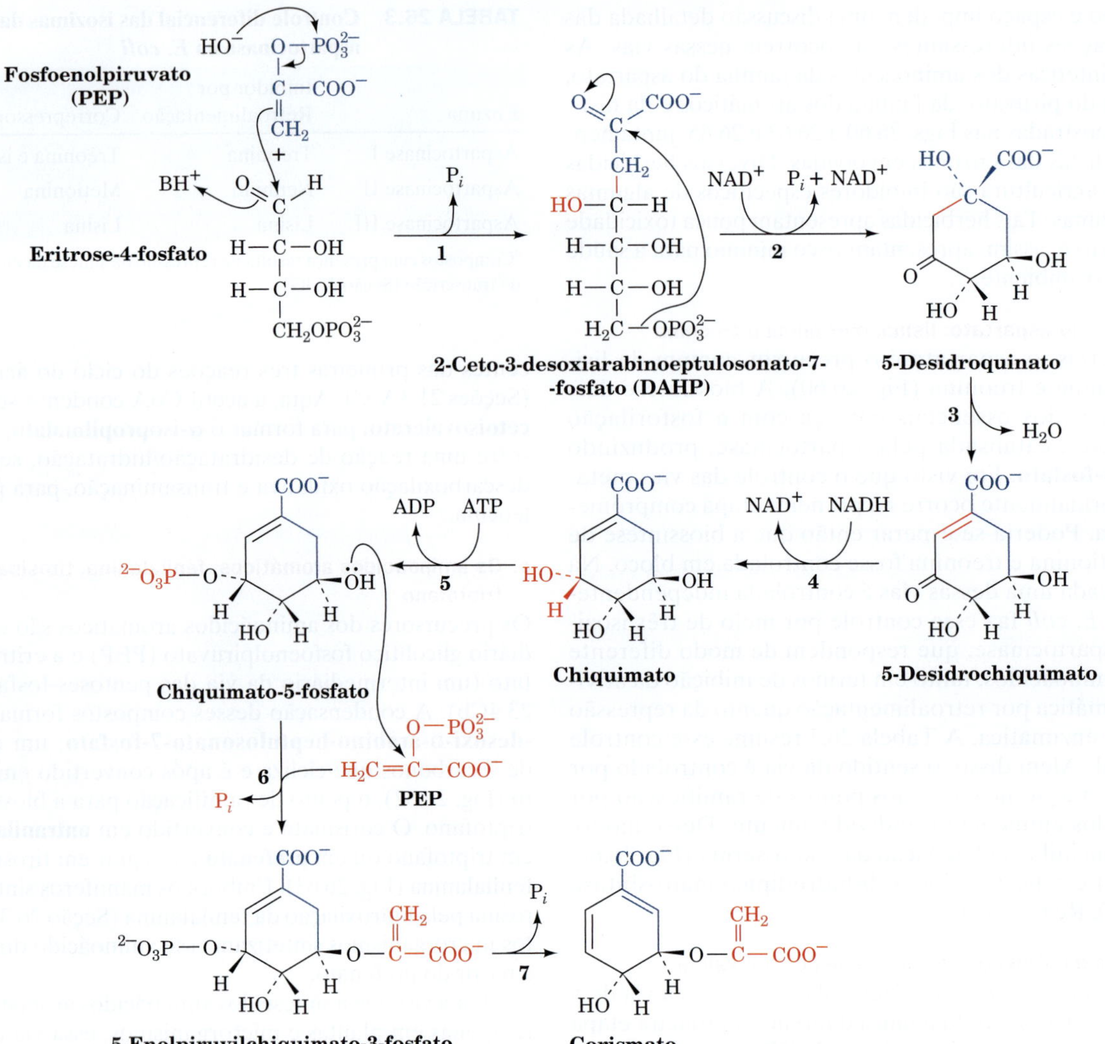

FIGURA 26.62 A biossíntese do corismato, precursor dos aminoácidos aromáticos. As enzimas da via são (**1**) 2-ceto-3-desóxi--D-arabinoeptulosonato-7-fosfato-sintase, (**2**) desidroquinato-sintase (uma reação que requer NAD^+, que gera como produto um NAD^+ não modificado e que é, portanto, indicativo de um intermediário oxidado, de modo semelhante ao que ocorre na reação da UDP-galactose-4-epimerase; Seção 17.5B), (**3**) 5-desidroquinato-desidratase, (**4**) chiquimato-desidrogenase, (**5**) chiquimato-cinase, (**6**) 5-enoilpiruvilchiquimato-3-fosfato-sintase e (**7**) corismato-sintase.

Cada uma das subunidades, isoladamente, é enzimaticamente ativa, mas, quando estão unidas no tetrâmero $\alpha_2\beta_2$, as velocidades das duas reações e as afinidades por seus substratos são aumentadas em 1 a 2 ordens de grandeza. O indol, o produto intermediário, não aparece livre na solução; a enzima aparentemente o sequestra.

A estrutura por raios X da triptofano-sintase de *Salmonella typhimurium*, determinada por Craig Hyde, Edith Miles e David Davies, explica essa última observação. A proteína forma um complexo simétrico α-β-β-α com 150 Å de comprimento e simetria dupla (Fig. 26.64), no qual os sítios ativos de subunidades α e β vizinhas estão separados por ~25 Å. *Esses sítios ativos estão unidos por um túnel preenchido com solvente, que é suficientemente amplo para permitir a passagem do substrato intermediário, o indol.* Essa estrutura, a primeira em que a presença de um túnel entre sítios ativos foi observada, sugere a série de eventos descrita a seguir. O substrato indol-3-glicerolfosfato liga-se à subunidade α por uma abertura em seu sítio ativo, sua "porta da frente", e o produto gliceraldeído-3--fosfato deixa a enzima pela mesma via. Da mesma maneira, o sítio ativo da subunidade β possui uma "porta da frente" aberta para o solvente, por meio da qual a serina entra e o triptofano é liberado. Os dois sítios ativos também possuem "portas de trás", que são conectadas pelo túnel. O intermediário indol, presumivelmente, difunde-se entre os dois sítios ativos através do túnel e, assim, não escapa para o solvente.

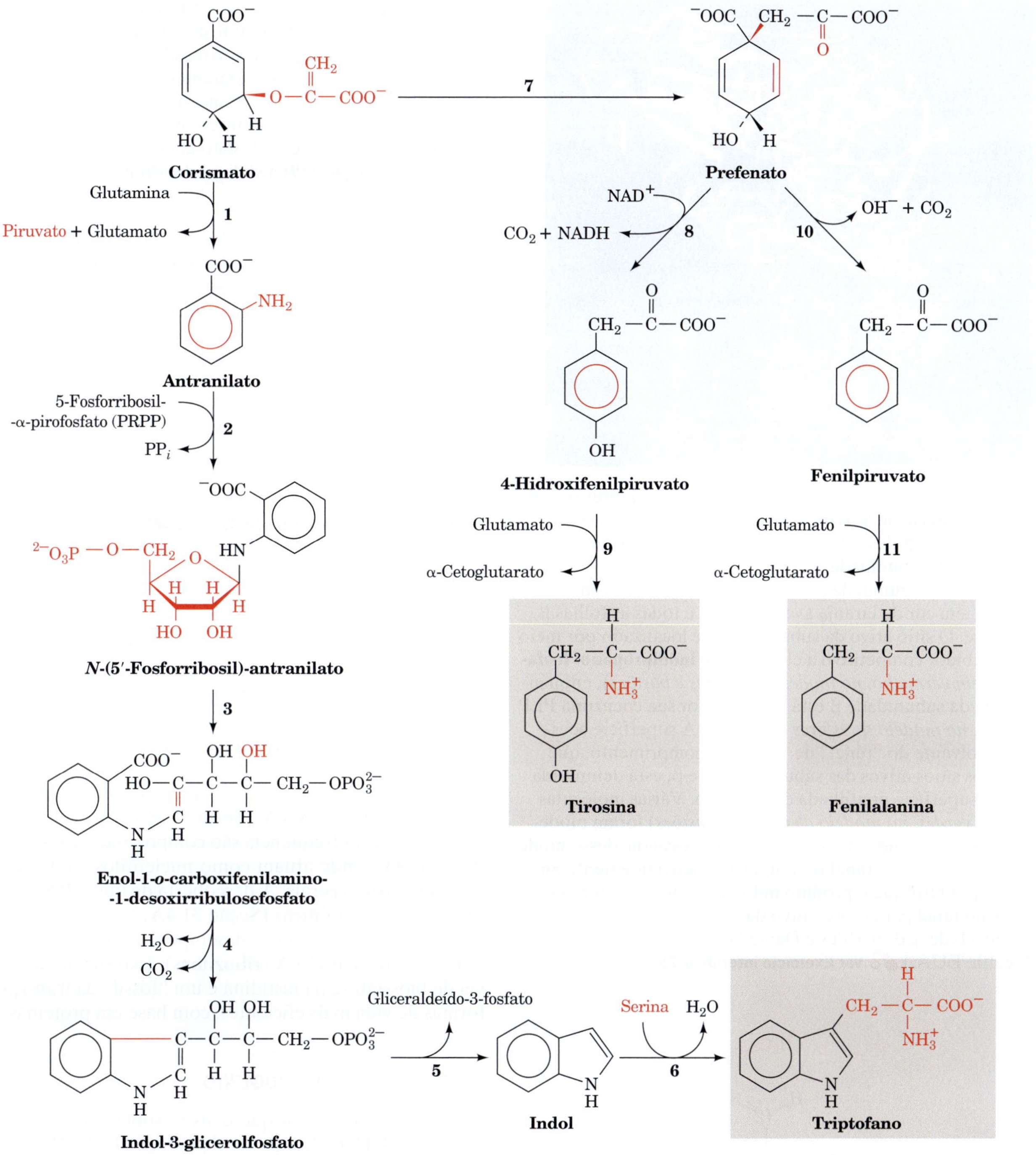

FIGURA 26.63 A biossíntese de fenilalanina, triptofano e tirosina a partir do corismato. As enzimas da via são (**1**) antranilato-sintase, (**2**) antranilato-fosforribosiltransferase, (**3**) *N*-(5′-fosforribosil)antranilato-isomerase, (**4**) indol-3-glicerolfosfato-sintase, (**5**) triptofano-sintase, subunidade α, (**6**) triptofano-sintase, subunidade β, (**7**) corismato-mutase, (**8**) prefenato-desidrogenase, (**9**) aminotransferase, (**10**) prefenato-desidratase e (**11**) aminotransferase.

Interações alostéricas entre as subunidades para controlar a atividade da subunidade α também asseguram que o indol seja liberado apenas quando a subunidade β esteja pronta para aceitá-lo.

Michael Dunn demonstrou que a eliminação de água da base de Schiff serina-PLP na subunidade β, para formar uma base de Schiff aminoacrilato-PLP como intermediário,

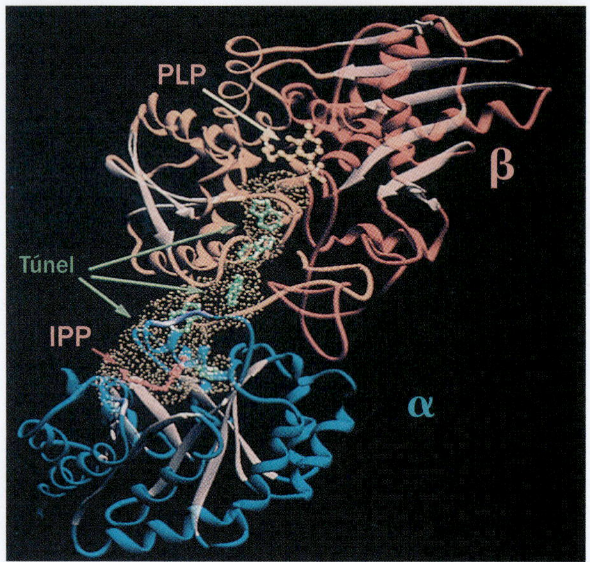

FIGURA 26.64 **Um diagrama em fitas da enzima bifuncional triptofano-sintase de *S. typhimurium*.** É mostrado apenas um protômero αβ desse heterotetrâmero αββα de simetria de ordem dois. A subunidade α está mostrada em azul, o domínio N-terminal da subunidade β, em cor de laranja, o domínio C-terminal, em cor de laranja avermelhado, e todas as folhas β, em bronze. O sítio ativo da subunidade α é localizado por meio de seu inibidor competitivo a ele ligado, o **indolpropanol fosfato** (**IPP**, *em vermelho, no modelo de esferas e bastões*), enquanto aquele da subunidade β está marcado por sua coenzima PLP (*amarelo, no modelo de esferas e bastões*). A superfície acessível ao solvente do "túnel" de ~25 Å de comprimento, que conecta os sítios ativos das subunidades α e β, está delimitada por uma superfície pontilhada em amarelo. Várias moléculas de indol (*verdes, no modelo de esferas e bastões*) foram modeladas dentro do túnel, em disposição cabeça-cauda, desse modo demonstrando que o túnel tem superfície suficientemente ampla para permitir que o produto indol da subunidade α passe através do túnel para o sítio ativo da subunidade β. (Cortesia de Craig Hyde, Edith Miles e David Davies, National Institutes of Health, EUA.) **Ver Exercício interativo 25**

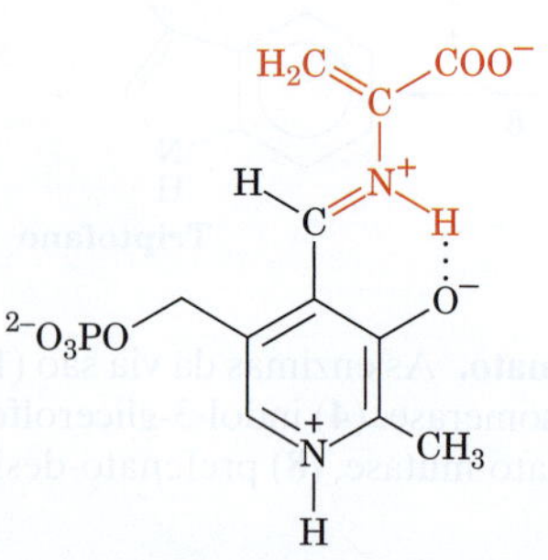

Base de Schiff aminoacrilato-PLP

FIGURA 26.65 (*Página ao lado*) **A biossíntese da histidina.** As enzimas da via são (**1**) ATP-fosforribosiltransferase, (**2**) pirofosfo-hidrolase, (**3**) fosforribosil-AMP-ciclo-hidrolase, (**4**) fosforribosilformimino-5-aminoimidazol-carboxamida-ribonucleotídeo-isomerase, (**5**) imidazol-glicerolfosfato-sintase (uma glutamina-amidotransferase), (**6**) imidazol-glicerolfosfato-desidratase, (**7**) L-histidinolfosfato-aminotransferase, (**8**) histidinolfosfato-fosfatase e (**9**) histidinol-desidrogenase.

desencadeia uma alteração conformacional que ativa a subunidade α a produzir o indol. A difusão do indol para a subunidade β a fim de reagir com esse intermediário resulta então na formação do triptofano.

A canalização pode ser especialmente importante para o indol, uma vez que essa molécula apolar poderia escapar da célula bacteriana, difundindo-se através da membrana plasmática e outras membranas. Foram vistos fenômenos semelhantes em reações envolvendo glutamina-amidotransferases (Seções 26.2Aa e 26.5Aa), assim como na série de reações catalisadas pela ácido graxo-sintase, em que o produto em crescimento é mantido na vizinhança do sítio ativo da enzima multifuncional por ligação covalente ao braço flexível fosfopanteteína da enzima (Seção 25.4Ca). A canalização também está implicada na biossíntese com múltiplas etapas das purinas e pirimidinas (Seções 28.1A e 28.2A).

e. Biossíntese da histidina

Cinco dos seis átomos de carbono da histidina são derivados do **5-fosforribosil-α-pirofosfato** (**PRPP**; Fig. 26.65), um intermediário também envolvido na biossíntese de triptofano (Fig. 26.63, Reação 2), nucleotídeos purínicos (Seção 28.1A) e nucleotídeos pirimidínicos (Seção 28.2A). O sexto carbono da histidina origina-se do ATP. Os átomos do ATP que não são incorporados na histidina são eliminados como **5-aminoimidazol-4-carboxamida-ribonucleotídeo** (**AICAR**; Fig. 26.65, Reação 5), que também é um intermediário na biossíntese das purinas (Seção 28.1A).

A biossíntese da histidina, uma síntese bastante incomum, a partir de uma purina tem sido citada como uma evidência a favor da hipótese de que a vida foi originalmente fundamentada no RNA (Seção 1.5Ca). Resíduos de His, como visto, com frequência são componentes dos sítios ativos das enzimas, onde atuam como nucleófilos e/ou catalisadores acidobásicos gerais. A descoberta de que o RNA pode ter propriedades catalíticas (Seção 31.4Ae) sugere que a porção imidazol das purinas possa desempenhar um papel semelhante nessas enzimas RNA (**ribozimas**). Isso sugere ainda que a via de biossíntese da histidina é um "fóssil" da transição para formas de vida mais eficientes, com base em proteínas.

6 FIXAÇÃO DO NITROGÊNIO

Os elementos químicos que mais se sobressaem nos sistemas vivos são O, H, C, N e P. Os elementos O, H e P ocorrem de maneira ampla em formas metabolicamente disponíveis (p. ex., H_2O, O_2 e P*i*). Entretanto, CO_2 e N_2, as principais formas disponíveis de C e N, são extremamente estáveis (não reativas). Por exemplo, a ligação tripla N≡N possui uma energia de ligação de 945 kJ · mol^{-1} (em comparação com 351 kJ · mol^{-1} na ligação simples C—O). O CO_2, com poucas exceções, é metabolizado (fixado) apenas por organismos fotossintéticos (Capítulo 24). *A fixação do N_2 é ainda menos comum; esse elemento é convertido em formas metabolicamente úteis por apenas poucas linhagens de bactérias, denominadas* ***diazotróficas***.

As bactérias diazotróficas do gênero *Rhizobium* vivem em relação simbiótica com células de nódulos das raízes de leguminosas (plantas da família da ervilha, incluindo feijões, trevo e alfafa; Fig. 26.66), onde convertem N_2 a NH_3:

$^{2-}O_3P-O-CH_2$ ... $O-Ⓟ-Ⓟ$ + $:NH_2$ ... Ribose—Ⓟ—Ⓟ—Ⓟ

5-Fosforribosil-
-
α-pirofosfato (PRPP)

ATP

1 → PP_i

N—Ribose—Ⓟ—Ⓟ—Ⓟ

N^1-5′-Fosforribosil-ATP

2 → PP_i

N—Ribose—Ⓟ

N^1-5′-Fosforribosil-AMP

3 ← H_2O

N—Ribose—Ⓟ

N^1-5′-Fosforribosilformimino-
-5-aminoimidazol-4-
-carboxamida-ribonucleotídeo

4

N—Ribose—Ⓟ

N^1-5′-Fosforribosilformimino-
-5-aminoimidazol-4-
-carboxamida-ribonucleotídeo

Para a biossíntese de purinas

N—Ribose—Ⓟ

5-Aminoimidazol-
-4-carboxamida-
-ribonucleotídeo (AICAR)

5

Glutamina

Glutamato

Imidazol-
-glicerolfosfato

6 → H_2O

Imidazol-aceto-
-fosfato

Glutamato α-Cetoglutarato

7

L-Histidinol-
-fosfato

H_2O P_i

8

L-Histidinol

$2NAD^+$ $2NADH$

9

Histidina

$$N_2 + 8H^+ + 16ATP + 16H_2O + 8e^- \longrightarrow 2NH_3 + H_2 + 16ADP + 16P_i$$

O NH_3 assim formado pode ser incorporado, seja ao glutamato, pela glutamato-desidrogenase (Seção 26.1B), seja à glutamina, pela glutamina-sintase (Seção 26.5Ab). Esse sistema fixador de nitrogênio produz mais nitrogênio metabolicamente útil do que a leguminosa necessita; o excesso é excretado para o solo, enriquecendo-o. É, portanto, comum, na prática agrícola, plantar alfafa em um campo a cada poucos anos, fornecendo nitrogênio útil no solo para uso posterior no cultivo de outras culturas.

a. A nitrogenase contém novos centros redox

A **nitrogenase**, que catalisa a redução do N_2 dando NH_3, é um complexo de duas proteínas:

1. A **Fe-proteína**, um homodímero que contém um centro [4Fe–4S] e dois sítios de ligação ao ATP.
2. A **MoFe-proteína**, um heterotetrâmero $\alpha_2\beta_2$, que contém Fe e Mo.

A estrutura por raios X da nitrogenase do *Azotobacter vinelandii* em complexo com o inibidor $ADP \cdot AlF_4^-$ (que mimetiza o estado de transição na hidrólise do ATP), determinada por Douglas Rees, revela que cada MoFe-proteína associa-se com duas moléculas de Fe-proteína (Fig. 26.67).

O centro [4Fe–4S] do dímero da Fe-proteína localiza-se em uma fenda exposta ao solvente entre as duas subunidades e liga-se simetricamente à Cys 97 e à Cys 132 de ambas subunidades, de forma que uma Fe-proteína assemelha-se a uma "borboleta de ferro", tendo o centro [4Fe–4S] como sua cabeça. Seus dois sítios idênticos de ligação a nucleotídeos estão localizados na interface entre as duas subunidades. O centro [4Fe–4S] cicla entre seus estados de oxidação +1 e +2.

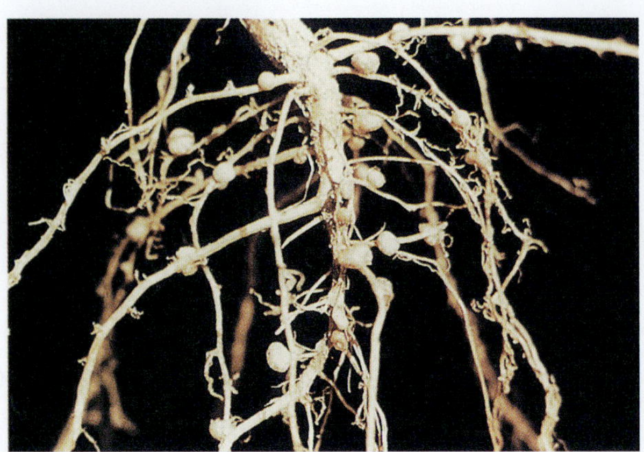

FIGURA 26.66 Fotografia mostrando os nódulos da raíz de uma leguminosa, o cornichão (*Lotus corniculatus*). (Vu/Cabisco/Visuals Unlimited.)

As subunidades α e β da MoFe-proteína adotam dobramentos semelhantes e associam-se intensamente, for-

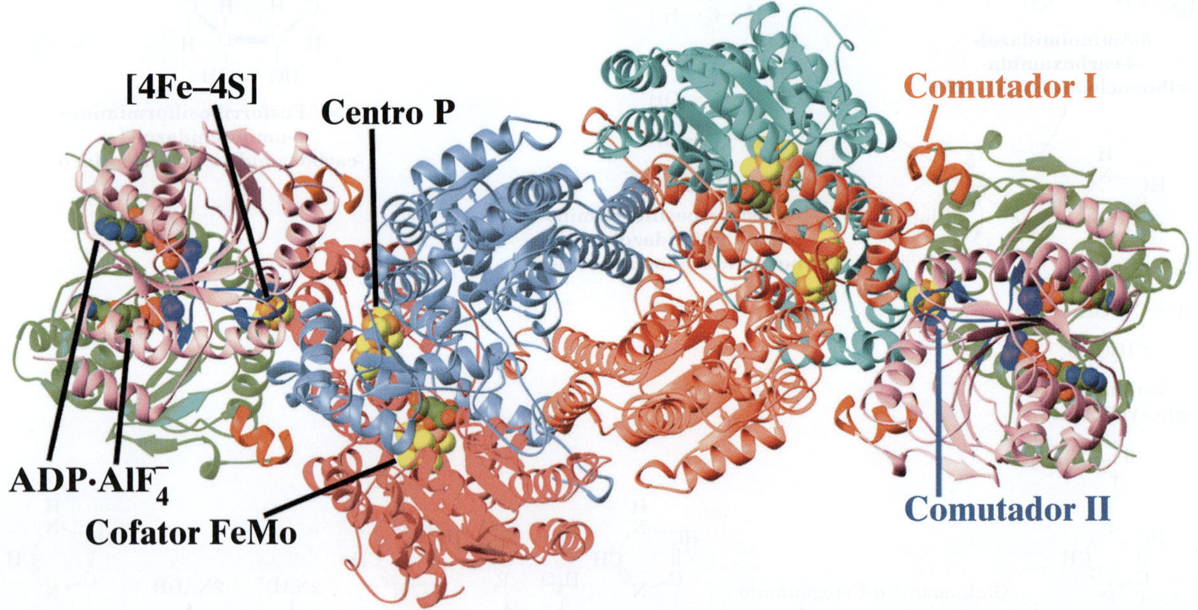

FIGURA 26.67 Estrutura por raios X da nitrogenase de *A. vinelandii*, em complexo com $ADP \cdot AlF_4^-$. A enzima, que é observada ao longo de seu eixo de simetria molecular de ordem 2, é um hetero-octâmero $(\alpha\beta\gamma_2)_2$, no qual o arranjo das subunidades β-α-α-β, a MoFe-proteína, está flanqueado por duas Fe-proteínas γ_2, cujas subunidades, de 289 resíduos, estão relacionadas por simetria local de ordem dois. As subunidades α (*ciano e magenta*; 491 resíduos) e β (*vermelho-claro e azul-claro*; 522 resíduos) homólogas estão relacionadas por uma pseudossimetria de ordem dois. As duas subunidades γ, cada uma formando uma Fe-proteína (cor-de-*rosa e verde, com seus segmentos Comutador I e Comutador II em vermelho e azul*), ligam-se à MoFe-proteína com o eixo de simetria de ordem 2 que as associa coincidindo com o eixo de pseudossimetria de ordem dois que associa as subunidades α e β da MoFe-proteína. O $ADP \cdot AlF_4^-$, o centro [4Fe–4S], o cofator FeMo e o centro P estão desenhados na forma de volume atômico, com C verde, N azul, O vermelho, S amarelo, Fe cor de laranja, Mo cor-de-rosa e o íon AlF_4^- púrpura. (Com base na estrutura por raios X obtida por Douglas Rees, California Institute of Technology, EUA. PDBid 1N2C.) Ver Exercício interativo 26

mando um dímero αβ com pseudossimetria de ordem dois, sendo que dois desses dímeros associam-se mais frouxamente, formando um tetrâmero $\alpha_2\beta_2$ com simetria de ordem dois (Fig. 26.67). Cada dímero αβ possui dois centros redox ligados:

1. O **centro-P** (Fig. 26.68*a*, *b*) consiste em dois centros [4Fe−3S] unidos por meio de um íon sulfeto adicional, representando o oitavo vértice de cada um dos centros, formando estruturas semelhantes a cubos unidas por uma ponte formada pelos grupos tiol de duas Cys, sendo que cada grupo tiol faz uma ligação coordenada a um Fe de cada centro. Quatro outros grupos tiol de Cys ligam-se, por coordenação, aos quatro átomos de Fe restantes. As posições de dois átomos de Fe de cada um dos centros [4Fe−3S] mudam com a oxidação, rompendo as ligações desses átomos de Fe com o íon sulfeto que os une. Essas ligações são substituídas, no estado oxidado, por um oxigênio de uma Ser que se liga a um dos átomos de Fe e por uma ligação do outro átomo de Fe ao N amídico de uma Cys.
2. O **cofator FeMo** (Fig. 26.68*c*) consiste em um centro [4Fe−3S] e um centro [1Mo−3Fe−3S] unidos por três íons sulfeto. O átomo de Mo do cofator FeMo apresenta coordenação aproximadamente octaédrica a três cofatores íons sulfeto, um nitrogênio imidazol de uma His e dois oxigênios de um íon ligado, o **homocitrato**,

$$^{-}\text{COO}-\text{CH}_2-\text{CH}_2-\underset{\substack{|\\ \text{COO}^-}}{\overset{\substack{\text{OH}\\ |}}{\text{C}}}-\text{CH}_2-\text{COO}^-$$

Homocitrato

(um componente essencial do cofator Fe-Mo). O cofator FeMo contém uma cavidade central, a qual, conforme revelado pela estrutura por raios X de alta resolução (1,16 Å) da FeMo-proteína de *A. vinelandii*, também determinada por Rees, contém provavelmente um átomo de nitrogênio (embora um átomo de C ou de O não possam ser descartados). Este suposto átomo de N estaria ligado aos seis átomos centrais de Fe do cofator FeMo, de forma que ele completa o ambiente de coordenação aproximadamente tetraédrico de cada um desses átomos de Fe.

O cofator FeMo está localizado ~10 Å abaixo da superfície da subunidade α, de modo que, acredita-se, o N_2 tem acesso a seu sítio de ligação por meio de flutuações conformacionais da proteína (lembre que, da mesma forma, a mioglobina e a hemoglobina não possuem uma via livre para o O_2 aproximar-se de seus sítios de ligação no heme; Seção 10-2). O centro P, que está também ~10 Å abaixo da superfície da proteína, encontra-se na interface entre as subunidades α

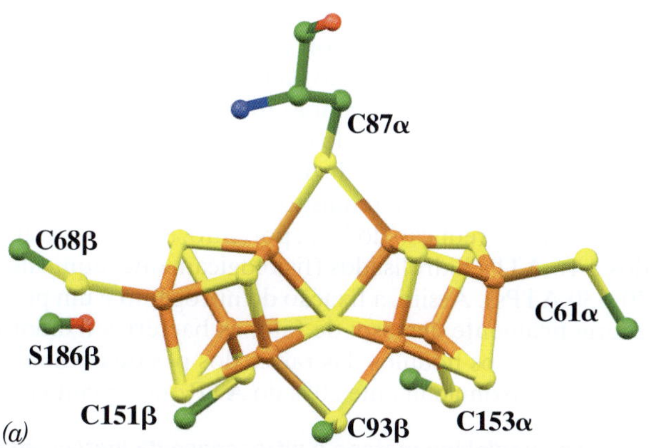

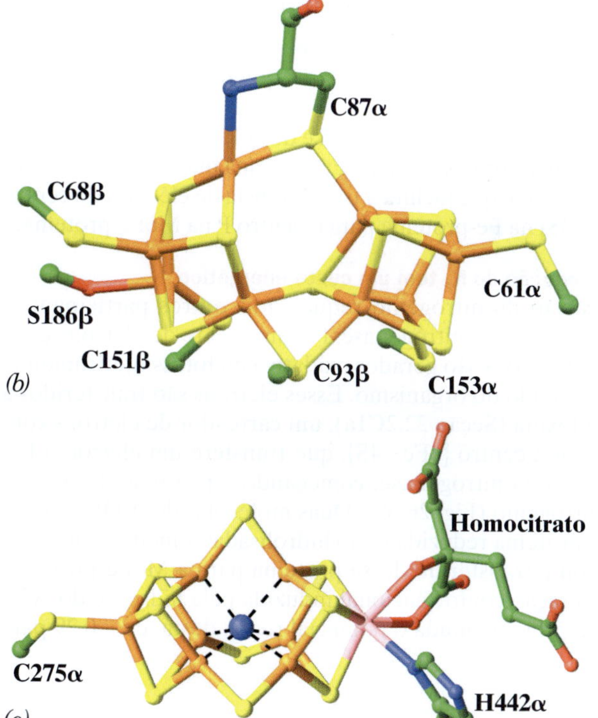

FIGURA 26.68 Os grupos prostéticos da MoFe-proteína da nitrogenase. As moléculas estão desenhadas em forma de esferas e bastões, com C verde, N azul, O vermelho, S amarelo, Fe cor de laranja e Mo cor-de-rosa. (*a*) O centro P reduzido da *Klebsiella pneumoniae*. Ele consiste em dois complexos [4Fe−3S] unidos por meio de um íon sulfeto adicional, que forma o oitavo canto de cada estrutura do tipo de um cubo, e unidos por dois ligantes tióis Cys, cada um deles estabelecendo uma ligação coordenada com um Fe de cada centro. Quatro tióis de Cys adicionais estabelecem ligações coordenadas com os quatro outros átomos de Fe. (*b*) O centro P da *K. pneumoniae* oxidado após perder 2 elétrons. Em comparação com o complexo reduzido, na Parte *a*, duas das ligações Fe−S do íon sulfeto localizado centralmente, que unem os dois centros [4Fe−3S], foram substituídas por ligantes do N amídico da Cys 87α e do O da cadeia lateral da Ser 186β, produzindo um centro [4Fe−3S] (*à esquerda*) e um centro [4Fe−4S] (*à direita*), que continuam unidos por uma ligação direta Fe−S e por duas ligações formadas por tióis Cys. (*c*) O cofator FeMo de *A. vinelandii*. Ele consiste em um centro [4Fe−3S] e um centro [1Mo−3Fe−3S], que são unidos por três íons sulfeto. O cofator FeMo está unido à proteína por apenas dois ligantes em suas extremidades opostas, um da His 442α ao átomo Mo e o outro da Cys 275α ao átomo Fe. O átomo Mo está, além disso, duplamente ligado ao homocitrato. O mais provável é que um átomo de N (*esfera azul*) esteja ligado aos seis átomos de Fe centrais do centro FeMo (*linhas tracejadas pretas*). (Partes *a* e *b* com base em estruturas por raios X obtidas por David Lawson, Centro John Innes, Norwich, Reino Unido. A Parte *c* é baseada em uma estrutura por raios X obtida por Douglas Rees, California Institute of Technology, EUA. PDBids [*a*] 1QGU, [*b*] 1QH1 e [*c*] 1M1N.)

e β, no eixo de pseudossimetria de ordem dois que, grosseiramente, relaciona essas duas subunidades. O eixo de simetria de ordem 2 da Fe-proteína e o eixo de pseudossimetria de ordem 2 das MoFe-proteínas coincidem em seus complexos.

A Fe-proteína hidrolisa duas moléculas de ATP para cada elétron que transfere a partir de seu centro $[4Fe\text{-}4S]^{+1}$ para o centro P. Uma vez que os sítios de ligação de nucleotídeos e o centro [4Fe−4S] na Fe-proteína estão separados por ~20 Å, uma distância grande demais para acoplamento direto entre a transferência de elétrons e a hidrólise de ATP, esses processos parecem estar acoplados de forma alostérica por meio de alterações conformacionais na interface da subunidade. De fato, porções da Fe-proteína assemelham-se às das proteínas G, em que a hidrólise de nucleotídeos está acoplada a alterações conformacionais que controlam as ações da proteína (Seções 19.2Cb e 19.3Cf). Mais especificamente, duas regiões da Fe-proteína, designadas Comutador I e Comutador II (Fig. 26.67), são homólogas àquelas da Ras (Seção 19.3Cf). A ligação de $ADP \cdot AlF_4^-$ à Fe-proteína induz alterações conformacionais no Comutador I, as quais afetam as interações entre a Fe-proteína e a MoFe-proteína, e no Comutador II, as quais afetam o ambiente do centro [4Fe−4S].

Na nitrogenase, o centro [4Fe−4S] da Fe-proteína aproxima-se a uma distância de ~14 Å do centro P na MoFe-proteína, enquanto o centro P e o cofator FeMo estão distanciados por ~13 Å. Assim, a sequência de etapas na transferência de elétrons para a reação da nitrogenase parece ser

$$[4Fe\text{–}4s]\ \text{centro} \longrightarrow \text{P-centro} \longrightarrow \text{FeMo-cofator} \longrightarrow N_2$$

Desse modo, o papel da hidrólise do ATP parece ser o de estabilizar uma conformação na Fe-proteína que ela não pode obter por si só e que facilita a transferência de elétrons do centro [4Fe−4S] na Fe-proteína para o centro P na MoFe-proteína.

b. A redução do N_2 tem um custo energético

A fixação do nitrogênio requer dois outros participantes, além do N_2 e da nitrogenase: (1) uma fonte de elétrons e (2) ATP. Elétrons são gerados oxidativa ou fotossinteticamente, dependendo do organismo. Esses elétrons são transferidos à ferredoxina (Seção 22.2C1a), um carreador de elétrons contendo um centro [4Fe−4S], que transfere um elétron à Fe-proteína da nitrogenase, começando o processo de fixação do nitrogênio (Fig. 26.69). Duas moléculas de ATP ligam-se à Fe-proteína reduzida e são hidrolisadas à medida que cada elétron é transferido dessa proteína para a MoFe-proteína. A alteração conformacional induzida pela hidrólise do ATP na Fe-proteína muda o potencial redox desta, de −0,29 para −0,40 V, de modo que o elétron pode reduzir o N_2 ($\mathscr{E}°' = -0{,}34$ V para a semicélula $N_2 + 6H^+ + 6e^- \rightleftharpoons 2NH_3$).

A redução real do N_2 ocorre sobre a MoFe-proteína, em três etapas discretas, cada uma envolvendo um par de elétrons:

$$N{\equiv}N \xrightarrow{2H^+ + 2e^-} H{-}N{=}N{-}H \xrightarrow{2H^+ + 2e^-} H_2N{-}NH_2 \xrightarrow{2H^+ + 2e^-} 2NH_3$$

Di-imina **Hidrazina**

Uma transferência de elétrons deve ocorrer seis vezes por molécula de N_2 fixada, de modo que é necessário um total de 12 moléculas de ATP para fixar uma molécula de N_2. Embora o sítio de ligação do N_2 seja quase certamente o cofator FeMo, o mecanismo exato pelo qual o N_2 liga-se e é reduzido ainda é assunto de especulação. Estudos teóricos sugerem que os átomos de Fe arranjados em prisma no cofator FeMo fornecem sítios de interação favoráveis para o N_2 e seus produtos reduzidos. De fato, parece altamente provável que o átomo de N supostamente ligado ao cofator FeMo (Fig. 26.68*c*) participe da redução do N_2.

A nitrogenase também reduz H_2O a H_2, o qual, por sua vez, reage com a **di-imina** para formar novamente o N_2:

$$HN{=}NH + H_2 \longrightarrow N_2 + 2H_2$$

O ciclo fútil resultante é favorecido quando o nível de ATP é baixo e/ou quando a redução da Fe-proteína é lenta. Mesmo em situações em que há amplo fornecimento de ATP, esse ciclo não pode ser suprimido para além de aproximadamente uma molécula de H_2 produzida por N_2 reduzido, de modo que isso parece ser um requisito da reação da nitrogenase. O custo total da redução do N_2 é, portanto, 8 elétrons transferidos e 16 ATPs hidrolisados (fisiologicamente, equivalente a 20 a 30 ATPs). Assim, a fixação do nitrogênio é um processo energeticamente custoso; de fato, as bactérias fixadoras de nitrogênio, nos nódulos das raízes dos pés de ervilhas, consomem aproximadamente 20% do ATP que a planta produz.

c. A legemoglobina protege a nitrogenase da inativação pelo oxigênio

A nitrogenase é rapidamente inativada pelo O_2, de modo que a enzima deve ser protegida dessa substância reativa. Cianobactérias (bactérias fotossintéticas que produzem oxigênio; Seção 1.1Ab) conseguem essa proteção executando a fixação do nitrogênio em células especializadas não fotossintéticas, denominadas **heterocistos**, que possuem o Fotossistema I, mas não apresentam o Fotossistema II (Seção 24.2Ca). Nos

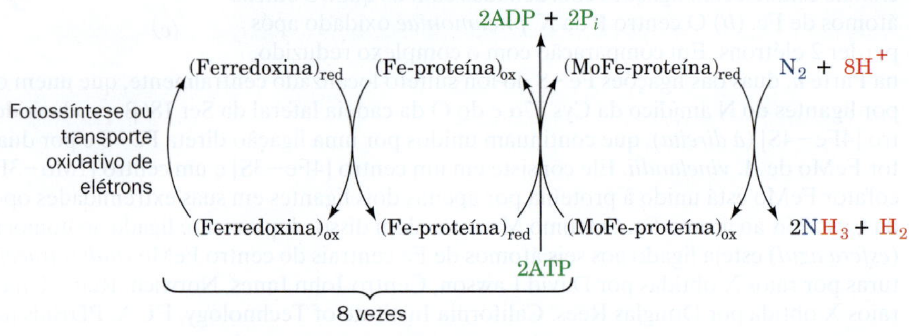

FIGURA 26.69 O fluxo de elétrons na redução do N_2 catalisada pela nitrogenase.

nódulos das raízes das leguminosas (Fig. 26.66), no entanto, essa proteção é fornecida por meio da síntese simbiótica de **legemoglobina**. A porção globina dessa proteína monomérica ligadora de oxigênio, de ~145 resíduos de aminoácidos, é sintetizada pela planta (uma curiosidade evolutiva, uma vez que, com exceção dessa globina, as demais ocorrem apenas em animais), enquanto o núcleo heme é sintetizado pelo *Rhizobium*. A legemoglobina apresenta uma afinidade muito grande pelo O_2, de modo que mantém a pO_2 suficientemente baixa, protegendo a nitrogenase ao mesmo tempo em que fornece transporte passivo de O_2 para a bactéria aeróbia.

d. A instalação de uma maquinaria fixadora de nitrogênio em plantas não leguminosas revolucionaria a agricultura

Embora o N_2 atmosférico seja, em última análise, a fonte primária de nitrogênio para todos os organismos vivos, a maior parte das plantas não dá suporte para o crescimento simbiótico de bactérias fixadoras de nitrogênio. Desse modo, elas dependem de uma fonte de nitrogênio "pré-fixado", como nitrato ou amônia. Esses nutrientes podem ser originados por descargas de relâmpagos (que é fonte de ~10% do nitrogênio fixado naturalmente), por degradação de matéria orgânica no solo ou pela aplicação de fertilizantes. O processo de Haber, que foi inventado por Fritz Haber em 1910, é um processo químico para a fixação de N_2, que é ainda bastante utilizado na fabricação de fertilizantes. Esse processo envolve a redução direta do N_2 pelo H_2 para formar NH_3 e requer temperaturas de 300 a 500°C, pressões acima de 300 atm e um catalisador contendo Fe. É intrigante que o espaçamento dos átomos de Fe na superfície desse catalisador assemelha-se àquele dos átomos centrais de Fe no cofator FeMo (Fig. 26.68*c*).

Um dos principais objetivos a longo prazo da engenharia genética é induzir plantas não leguminosas de culturas importantes a fazerem fixação de nitrogênio, uma empreitada complexa, em que devem ser criadas plantas que ofereçam um ambiente hospitaleiro para a fixação de nitrogênio, além de adquirirem a maquinaria enzimática para fazê-lo. Isso propiciaria que os agricultores, particularmente em países em desenvolvimento, não mais necessitassem adquirir fertilizantes ou deixar parte da terra periodicamente sem cultivo (a fim de permitir o crescimento de leguminosas), ou ainda empregar técnicas utilizando queimadas, que estão destruindo rapidamente as florestas tropicais do planeta e contribuindo de forma significativa para o efeito estufa (poluição de CO_2 na atmosfera causando aquecimento global a longo prazo).

e. O ciclo do nitrogênio descreve a interconversão do nitrogênio na biosfera

A amônia produzida pela reação da nitrogenase e incorporada em aminoácidos é, no final, reciclada na biosfera, como descrito no **ciclo do nitrogênio** (Fig. 26.70). O nitrato é produzido por certas bactérias que oxidam o NH_3 a NO_2^- e então a NO_3^-, um processo denominado **nitrificação**. Outros organismos, por sua vez, convertem nitrato novamente em N_2, o que é conhecido como **desnitrificação**. Além disso, o nitrato é reduzido a NH_3 por plantas, fungos e muitas bactérias, um processo chamado **amonificação**, no qual a **nitrato-redutase** catalisa a redução de nitrato a nitrito (NO_2^-), com transferência de dois elétrons:

$$NO_3^- + 2H^+ + 2e^- \longrightarrow NO_2^- + H_2O$$

e então a **nitrito-redutase** converte nitrito em amônia:

$$NO_2^- + 7H^+ + 6e^- \longrightarrow NH_3 + 2H_2O$$

A oxidação anaeróbia direta de NH_3 em N_2 sem a produção de nitrato como intermediário, o reverso da fixação de nitrogênio, foi descoberta recentemente em certas bactérias.

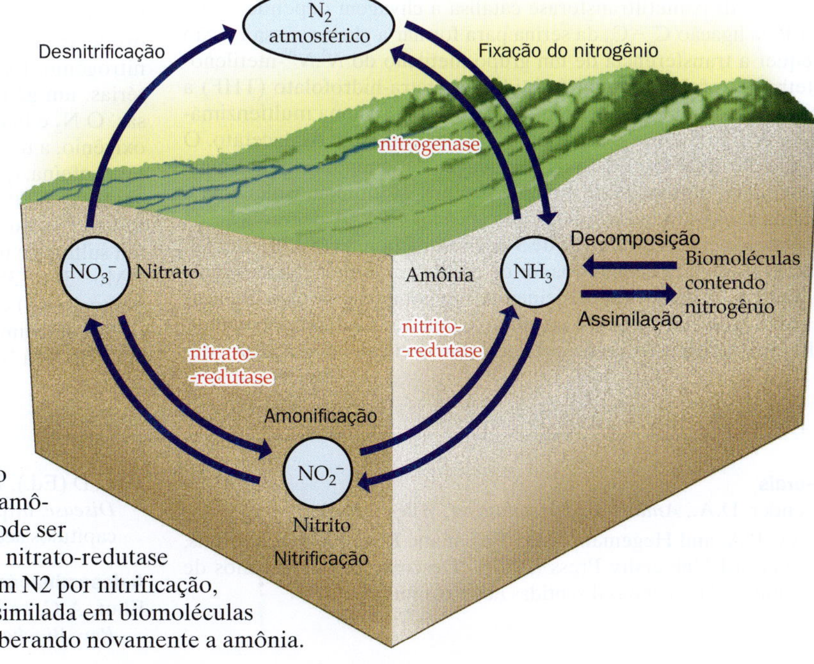

FIGURA 26.70 O ciclo do nitrogênio. A fixação do nitrogênio pela nitrogenase converte o N_2 em amônia, que é biologicamente útil. Nitrato também pode ser convertido em amônia pelas ações sequenciais da nitrato-redutase e da nitrito-redutase. A amônia é transformada em N2 por nitrificação, seguida de desnitrificação. A amônia pode ser assimilada em biomoléculas nitrogenadas, as quais podem ser decompostas, liberando novamente a amônia.

RESUMO DO CAPÍTULO

1 Desaminação dos aminoácidos Os aminoácidos são precursores de numerosos compostos contendo nitrogênio, tais como heme, aminas fisiologicamente ativas e glutationa. Os aminoácidos em excesso são convertidos em intermediários metabólicos comuns para utilização como combustível. A primeira etapa na degradação dos aminoácidos é a remoção do grupo α-amino por transaminação. As transaminases requerem piridoxal-fosfato (PLP) e convertem os aminoácidos em seus α-cetoácidos correspondentes. O grupo amino é transferido para o α-cetoglutarato, formando glutamato, para o oxalacetato, formando aspartato, ou para o piruvato, formando alanina. O glutamato é subsequentemente desaminado de forma oxidativa pela glutamato-desidrogenase (GDH), produzindo amônia e regenerando o α-cetoglutarato. Hiperinsulinismo/hiperamonemia (HI/HA), uma doença genética, é causada por uma mutação do gene da GDH, que reduz a capacidade do GTP de inibir a GDH.

2 O ciclo da ureia No ciclo da ureia, os grupos amino originários do NH_3 e do aspartato se combinam com o HCO_3^- para formar ureia. Essa via ocorre no fígado, parcialmente na mitocôndria e parcialmente no citosol. Ela inicia com a condensação dependente de ATP de NH_3 e HCO_3^-, catalisada pela carbamoilfosfato-sintase, uma enzima contendo um túnel de 96 Å de comprimento que conecta seus três sítios ativos, e por meio do qual são canalizados seus produtos intermediários altamente reativos. O carbamoilfosfato resultante combina-se então com a ornitina para produzir a citrulina, que se combina com o aspartato para formar o argininossuccinato, o qual, por sua vez, é clivado, dando fumarato e arginina. A arginina é então hidrolisada gerando ureia, que é excretada, e ornitina, que reinicia o ciclo da ureia. O *N*-acetilglutamato regula o ciclo da ureia, ativando alostericamente a carbamoilfosfato-sintase.

3 Degradação metabólica dos aminoácidos Os α-cetoácidos, produtos das reações de transaminação, são degradados produzindo intermediários do ciclo do ácido cítrico ou seus precursores. Os aminoácidos leucina e lisina são cetogênicos, pois são convertidos apenas nos precursores dos corpos cetônicos, acetil-CoA e acetoacetato. Os demais aminoácidos são, ao menos em parte, glicogênicos, pois são convertidos em piruvato, oxalacetato, α-cetoglutarato, succinil-CoA ou fumarato, que são precursores da glicose. Alanina, cisteína, glicina, serina e treonina são convertidos em piruvato. A serina-hidroximetiltransferase catalisa a clivagem dependente de PLP da ligação $C_\alpha-C_\beta$ da serina para formar a glicina. Essa reação requer a transferência de um grupo metileno do N^5,N^{10}-metileno-tetra-hidrofolato, o qual é obtido pelo tetra-hidrofolato (THF) a partir do sistema de clivagem da glicina, um sistema multienzimático. A asparagina e o aspartato são convertidos em oxalacetato. O α-cetoglutarato é produto da degradação dos aminoácidos arginina, glutamato, glutamina, histidina e prolina. Metionina, isoleucina e valina são degradadas produzindo succinil-CoA. A degradação da metionina envolve a síntese de *S*-adenosilmetionina (SAM), um íon sulfônio que atua como doador de metila em muitas reações biossintéticas. A hiper-homocisteinemia, um fator de risco para doenças cardiovasculares, prejuízo cognitivo e defeitos no desenvolvimento do tubo neural, é causada pela deficiência em sua degradação, dependente de folato. A doença do xarope de bordo (DXB) é causada por um defeito herdado na degradação dos aminoácidos de cadeia ramificada. As vias de degradação dos aminoácidos de cadeia ramificada contêm reações comuns a todas as oxidações de acil-CoA. O triptofano é degradado em alanina e acetoacetato. A fenilalanina e a tirosina são degradadas, produzindo fumarato e acetoacetato. A maioria dos indivíduos com a doença hereditária fenilcetonuria não possuem a fenilalanina-hidroxilase (PAH), que converte fenilalanina em tirosina.

4 Aminoácidos como precursores biossintéticos O núcleo heme é sintetizado a partir de glicina e succinil-CoA. Esses precursores são condensados, formando o ácido δ-aminolevulínico (ALA), o qual cicliza, formando o pirrol porfobilinogênio (PBG). Quatro moléculas de PBG condensam, formando uroporfobilinogênio III, o qual prossegue na via para formar o heme, em que a reação final, a inserção de Fe(II) na protoporfirina IX, é catalisada pela ferroquelatase. Defeitos na biossíntese do heme, conhecidos como porfirias, apresentam uma variedade de sintomas bizarros. O heme é degradado, formando tetrapirróis lineares, que são subsequentemente excretados como pigmentos biliares. Os hormônios e neurotransmissores L-DOPA, adrenalina, noradrenalina, serotonina, ácido γ-aminobutírico (GABA) e histamina são todos sintetizados a partir de aminoácidos. A glutationa, um tripeptídeo sintetizado a partir de glutamato, cisteína e glicina, está envolvida em vários processos metabólicos, de proteção e de transporte. O tetra-hidrofolato é uma coenzima que participa na transferência de unidades C_1.

5 Biossíntese dos aminoácidos Os aminoácidos são necessários em muitas funções vitais do organismo. Aqueles aminoácidos que os mamíferos podem sintetizar a partir de esqueletos de carbonos dos α-cetoácidos comuns e de nitrogênio α-amino pré-formado, como aquele do glutamato, são denominados aminoácidos não essenciais; aqueles aminoácidos que os mamíferos devem obter a partir de suas dietas são denominados aminoácidos essenciais. A biossíntese de aminoácidos não essenciais envolve vias relativamente simples, enquanto aquelas que formam os aminoácidos essenciais em geral são mais complexas.

6 Fixação do nitrogênio Embora a fonte do nitrogênio para a biossíntese dos aminoácidos seja, em última análise, o N_2 atmosférico, esse gás quase inerte deve inicialmente ser reduzido para produzir uma forma metabolicamente útil, NH_3, por fixação do nitrogênio. Esse processo ocorre apenas em certos tipos de bactérias, um gênero dos quais ocorre em simbiose com leguminosas. O N_2 é fixado nesses organismos por uma enzima sensível ao oxigênio, a nitrogenase, que consiste em duas proteínas: o dímero Fe-proteína, que contém um centro [4Fe−4S] e dois sítios para ligação de ATP, e o tetrâmero $\alpha_2\beta_2$ MoFe-proteína, que contém um centro P (o qual consiste em dois centros [4Fe−3S], unidos por um íon sulfeto) e um cofator FeMo (um centro [4Fe−3S] e um centro [1Mo−3Fe−3S] unidos por três íons sulfeto e coordenados com homocitrato) em cada dímero αβ. Cada um desses cofatores funciona como um carreador de dois elétrons para a redução movida a ATP do N_2 a NH_3.

REFERÊNCIAS

Gerais

Bender, D.A., *Amino Acid Metabolism*, Wiley (1985).

Frey, P.A. and Hegeman, A.D., Enzymatic Reaction Mechanisms, Oxford University Press (2007). [Descreve os mecanismos de muitas das enzimas discutidas neste capítulo.]

Vale, D (Ed.), *The Online Metabolic & Molecular Bases of Inherited Disease,* http://www.ommbid.com/. [A Parte 8 contém numerosos capítulos acerca de defeitos no metabolismo dos aminoácidos.]

A desaminação dos aminoácidos e o ciclo da ureia

Eliot, A.C. and Kirsch, J.F., Pyridoxal phosphate enzymes, *Annu. Rev. Biochem.* **73**, 383-415 (2004).

Holden, H.M., Thoden, J.B., and Raushel, F.M., Carbamoyl phosphate synthetase: a tunnel runs through it, *Curr. Opin. Struct. Biol.* **8**, 679-685 (1998); *and* Thoden, J.B., Holden, H.M., Wesenberg, G., Raushel, F.M., and Rayment, I., Structure of carbamoyl phosphate synthetase: A journey of 96 Å from substrate to product, *Biochemistry* **36**, 6305-6316 (1997).

Jansonius, J.N., Structure, evolution and action of vitamin B_6-dependent enzymes, *Curr. Opin. Struct. Biol.* **8**, 759-769 (1998).

Jungas, R.L., Halperin, M.L., and Brosnan, J.T., Quantitative analysis of amino acid oxidation and related gluconeogenesis in humans, *Physiol. Rev.* **72**, 419-448 (1992).

Miles, E.W., Rhee, S., and Davies, D.R., The molecular basis of substrate channeling, *Biochemistry* **274**, 12193-12196 (1999).

Saeed-Kothe, A., and Powers-Lee, S.G., Specificity determining residues in ammonia- and glutamine-dependent carbamoyl phosphate synthetases, *J. Biol. Chem.*, **277**, 7231-7238 (2002).

Smith, T.J., Schmidt, T., Fang, J., Wu, J., Siuzdak, G., and Stanley, C.A., The structure of apo human glutamate dehydrogenase details subunit communication and allostery, *J. Mol. Biol.* **318**, 765-777 (2002).

Smith, T.J. and Stanley, C.A., Untangling the glutamate dehydrogenase allosteric nightmare, *Trends Biochem. Sci.* **33**, 557-564 (2008).

Stipanuk, M.H., and Watford, M., Amino acid metabolism, Capítulo 11, em Stipanuk, M.H. (Ed.), *Biochemical and Physiological Basis of Nutrition*, Saunders (2000).

Torchinsky, Yu.M., Transamination: its discovery, biological and chemical aspects (1937-1987), *Trends Biochem. Sci.* **12**, 115-117 (1987).

Degradação metabólica dos aminoácidos

Anderson, O.A., Flatmark, T., and Hough, E., High resolution crystal structures of the catalytic domain of human phenylalanine hydroxylase in its catalytically active Fe(II) form and binary complex with tetrahydrobiopterin, *J. Mol. Biol.* **314**, 279-291 (2001).

Ævarsson, A., Chuang, J.L., Wynn, R.M., Turley, S., Chuang, D.T., and Hol, W.G.J., Crystal structure of human branched-chain α''' -ketoacid dehydrogenase and the molecular basis of multienzyme complex deficiency in maple syrup urine disease, *Structure* **8**, 277-291 (2000); *and* Wynn, R.M., Davie, J.R., Chuang, J.L., Cote, C.D., and Chuang, D.T., Impaired assembly of E1 decarboxylase of the branched-chain α-ketoacid dehydrogenase complex in type 1A maple syrup urine disease, *J. Biol. Chem.* **273**, 13110-13110 (1998).

Binda, C., Bossi, R.T., Wakatsuki, S., Arzt, S., Coda, A., Curti, B., Vanoni, M.A., and Mattevi, A., Cross-talk and ammonia channeling between active centers in the unexpected domain arrangement of glutamate synthase, *Structure* **8**, 1299-1308 (2000).

Douce, R., Bourguignon, J., Neuburger, M., and Rébeillé, F., The glycine decarboxylase system: a fascinating complex, *Trends Plant Sci.* **6**, 167-176 (2001).

Drennen, C.L., Huang, S., Drumond, J.T., Matthews, R., and Ludwig, M.L., How a protein binds B_{12}: A 3.0 Å X-ray structure of B_{12}-binding domains of methionine synthase, *Science* **266**, 1669-1674 (1994).

Faure, M., Rourguignon, J., Neuburger, M., Macherel, D., Sieker, L., Ober, R., Kahn, R., Cohen-Addad, C., and Douce, R., Interaction between the lipoamide-containing H-protein and the lipoamide dehydrogenase (L-protein) of the glycine decarboxylase multienzyme system, 2. Crystal structures of H- and L-proteins, *Eur. J. Biochem.* **267**, 2890-2898 (2000).

Guenther, B.D., Sheppard, C.A., Tran, P., Rozen, R., Matthews, R.G., and Ludwig, M.L., The structure and properties of methylenetetrahydrofolate reductase from *Escherichia coli* suggest how folate ameliorates human hyperhomocysteinemia, *Nature, Struct. Biol.* **6**, 359-365 (1999).

Guilhaudis, L., Simorre, J.-P., Blackledge, M., Marion, D., Gans, P., Neuburger, M., and Douce, R., Combined structure and biochemical analysis of the H-T complex in the glycine decarboxylase cycle: evidence for a destabilization mechanism of the H-protein, *Biochemistry* **39**, 4259-4266 (2000).

Huang, X., Holden, H.M., and Raushel, F.M., Channeling of substrates and intermediates in enzyme-catalyzed reactions, *Annu. Rev. Biochem.* **70**, 149-180 (2001).

Kelly, A., and Stanley, C.A., Disorders of glutamate metabolism, *Mental Retard. Devel. Dis. Res. Rev.* **7**, 287-295 (2001).

Ludwig, M.L., and Matthews, R.G., Structurebased perspectives on B_{12}-dependent enzymes, *Annu. Rev. Biochem.* **66**, 269-313 (1997).

Matthews, R.G., Koutmos, M. and Datta, S., Cobalamin-dependent and cobamide-dependent methyltransferases, *Curr. Opin. Struct. Biol.* **18**, 658-666 (2008).

Medina, M.Á., Urdiales, J.L., and Amores-Sánchez, M.I., Roles of homocysteine in cell metabolism: Old and new functions, *Eur. J. Biochem.* **268**, 3871-3882 (2001).

Spiro, T.G., and Kozlowski, P.M., Is the CO adduct of myoglobin bent, and does it matter?, *Acc. Chem. Res.* **34**, 137-144 (2001).

Swain, A.L., Jaskólski, M., Housset, D., Rao, J.K.M., and Wladower, A., Crystal structure of *Escherichia coli* L-asparaginase, an enzyme used in cancer therapy, *Proc. Natl. Acad. Sci.* **90**, 1474-1478 (1993).

Varughese, K.I., Skinner, M.M., Whiteley, J.M., Matthews, D.A., and Xuong, N.H., Crystal structure of rat liver dihydropteridine reductase, *Proc. Natl. Acad. Sci.* **89**, 6080-6084 (1992).

Zalkin, H., and Smith, J.L., Enzymes utilizing glutamine as an amide donor, *Adv. Enzymol.* **72**, 87-144 (1998).

Aminoácidos como precursores biossintéticos

Ajioka, R.S., Phillips, J.D., and Kushner, J.P., Biosynthesis of heme in mammals, *Biochim, Biophys. Acta* **1763**, 723-736 (2006).

Al-Karadaghi, S., Franco, R., Hansson, M., Shelnutt, J.A., Isaya, G, and Ferreira G.C., Chelatases: distort to select, *Trends Biochem. Sci.* **31**, 135-142 (2006).

Battersby, A.R., Tetrapyrroles: the pigments of life, *Nat. Prod. Rep.* **17**, 507-526 (2000).

Erskine, P.T., Newbold, R., Brindley, A.A., Wood, S.P., Shoolingin-Jordan, P.M., Warren, M.J., and Cooper, J.B., The X-ray structure of yeast 5-aminolaevulinic acid dehydratase complexed with substrate and three inhibitors, *J. Mol. Biol.* **312**, 133-141 (2000).

Fitzpatrick, P.F., Tetrahydropterin-dependent amino acid hydroxylases, *Annu. Rev. Biochem.* **68**, 355-381 (1999).

Jaffe, E.K., Martins, J., Li, J., Kervinen, J., and Dunbrack, R.L., Jr., The molecular mechanism of lead inhibition of human porphobilinogen synthase, *J. Biol. Chem.* **276**, 1531-1537 (2001).

Jaffe, E.K., Morpheeins – a new structural paradigm for allosteric regulation, *Trends Biochem. Sci.* **39**, 490-497 (2005); *and* Lawrence, S.H. and Jaffe, E.K., Expanding the concepts in protein structurefunction relationships and enzyme kinetics: Teaching using morpheeins, *Biochem. Mol. Biol. Educ.* **36**, 274-283 (2008).

Kauppinen, R., Porphyrias, *Lancet* **365**, 241-252 (2005).

Louie G.V., Brownlie, P.D., Lambert, R., Cooper, J.B., Blundell, T.L., Wood, S.P., Warren, M.J., Woodcock, S.C., and Jordan, P.M., Structure of porphobilinogen deaminase reveals a flexible multidomain polymerase with a single catalytic site, *Nature* **359**, 33-39 (1992).

Medlock, A.E., Dailey, T.A., Ross, T.A., Dailey, H.A. and Lanzilotta, W.N., A π-helix switch selective for porphyrin deprotonation and product release in human ferrochelatase, *J. Mol. Biol.* **373**, 1006-1016 (2007).

Pagola, S., Stephens, P.W., Bohle, D.S., Kosar, A.D., and Madsen, S.K., The structure of malaria pigment β-haematin, *Nature* **404**, 307-310 (2000).

Schneider-Yin, X., Gouya, L., Dorsey, M., Rüfenacht, U., Deybach, J.-C., and Ferreira, G.C., Mutations in the iron-sulfur cluster ligands of the human ferrochelatase lead to erythropoietic protoporphyria, *Blood* **96**, 1545-1549 (2000).

Sellers, V.M., Wu, C.-K., Dailey, T.A., and Dailey, H.A., Human ferrochelatase: characterization of substrate-iron binding and proton abstracting residues, *Biochemistry* **40**, 9821-9827 (2001).

Shoolingin-Jordan, P.M., Warren, M.J., and Awan, S.J., Discovery that the assembly of the dipyrromethane cofactor of porphobilinogen deaminase holoenzyme proceeds initially by the reaction of preuroporphyrinogen with the apoenzyme, *Biochem. J.* **316**, 373-376 (1996).

Song, G., Li, Y., Cheng, C., Zhao, Y., Gao, A., Zhang, R., Joachimiak, A., Shaw, N., and Li, Z.-J., Structural insight into acute intermittent porphyria, *FASEB J.* **23**, 396-404 (2009). [Relata a estrutura por raios X da porfobilinogênio-desaminase humana.]

Thunell, S., Porphyrins, porphyrin metabolism and porphyrias. I. Update, *Scand. J. Clin. Lab. Invest.* **60**, 509-540 (2000).

Wellems, T.E., How chloroquine works, *Nature* **355**, 108-109 (1992).

Wu, C.-K., Dailey, H.A., Rose, J.P., Burden, A., Sellers, V.M., and Wang, B.-C., The 2.0 Å structure of human ferrochelatase, the terminal enzyme of heme biosynthesis, *Nature Struct. Biol.* **8**, 156-160 (2001).

Biossíntese dos aminoácidos

Chaudhuri, B.N., Lange, S.C., Myers, R.S., Chittur, S.V., Davisson, V.J., and Smith, J.L., Crystal structure of imidazole glycerol phosphate synthase: a tunnel through a $(\beta/\alpha)_8$ barrel joins two active sites, *Structure* **9**, 987-997 (2001).

Dunn, M.F., Niks, D., Ngo, H. Barends, T.R.M., and Schlichting, I., Tryptophan synthase: the workings of a channeling nano-machine, *Trends Biochem. Sci.* **33**, 254-264 (2008).

Eisenberg, D., Gill, H.S., Pfluegl, M.U., and Rotstein, S.H., Structurefunction relationships of glutamine synthetases, *Biochim. Biophys. Acta* **1477**, 122-145 (2000); *and* Gill, H.S., and Eisenberg, D., The crystal structure of phosphinothricin in the active site of glutamine synthetase illuminates the mechanism of enzymatic inhibition, *Biochemistry* **40**, 1903-1912 (2001).

Hyde, C.C., Ahmed, S.A., Padlan, E.A., Miles, E.W. and Davies, D.R., Three-dimensional structure of the tryptophan synthase $\alpha_2\beta_2$ multienzyme complex from *Salmonella typhimurium*, *J. Biol. Chem.* **263**, 17857-17871 (1988).

Katagiri, M., and Nakamura, M., Animals are dependent on preformed α-amino nitrogen as an essential nutrient, *Life* **53**, 125-129 (2002).

Kishore, G.M., and Shah, D.M., Amino acid biosynthesis inhibitors as herbicides, *Annu. Rev. Biochem.* **57**, 627-663 (1988). [Discute a biossíntese dos aminoácidos essenciais.]

Larsen, T.M., Boehlein, S.K., Schuster, S.M., Richards, N.G.J., Thoden, J.B., Holden, H.M., and Rayment, I., Three-dimensional structure of *Escherichia coli* asparagine synthetase B: a short journey from substrate to product, *Biochemistry* **38**, 16146-16167 (1999).

Stadtman, E.R., The story of glutamine synthetase regulation, *J. Biol. Chem.* **276**, 44357-44364 (2001).

Stallings, W.C., Abdel-Meguid, S.S., Lim, L.W., Shieh, H.-S., Dayringer, H.E., Leimgruber, N.K., Stegeman, R.A., Anderson, K.S., Sikorski, J.A., Padgette, S.R., and Kishore, G.M., Structure and topological symmetry of the glyphosate target 5-*enol*-pyruvylshikimate-3-phosphate synthase: A distinctive protein fold, *Proc. Natl. Acad. Sci.* **88**, 5046-5050 (1991). [A enzima que catalisa a Reação 6 da Fig. 26.62 em complexo com glifosato, um inibidor que é um herbicida de amplo espectro.]

Weeks, A., Lund, L., and Raushel, F.M., Tunneling of intermediates in enzyme-catalyzed reactions, *Curr. Opin. Chem. Biol.* **10**, 465-472 (2006).

Fixação do nitrogênio

Einsle, O., Tezcan, F.A., Andrade, A.L.A., Schmidt, B., Yoshida, M., Howard, J.B., and Rees, D.C., Nitrogense MoFe-protein at 1.16 Å resolution: A central ligand in the FeMo-cofactor, *Science* **297**, 1696-1700 (2002).

Fisher, R.F., and Long, S.R., *Rhizobium*-plant signal exchange, *Nature* **357**, 655-660 (1992). [Discute os sinais pelos quais Rhizobiáceas and leguminosas comunicam-se, para gerar simbioticamente os nódulos nas raízes, onde ocorre a fixação do nitrogênio.]

Jang, S.B., Seefeldt, L.C., and Peters, J.W., Insights into nucleotide signal transduction in nitrogenase: Structure of an iron protein with MgADP bound, *Biochemistry* **39**, 14745-14752 (2000).

Lawson, D.M., and Smith, B.E., Molybdenum nitrogenases: a crystallographic and mechanistic view, *Metal Íons Biol. Sys.* **39**, 75-120 (2002).

Mayer, S.M., Lawson, D.M., Gormal, C.A., Roe, S.M., and Smith, B.E., New insights into structurefunction relationships in nitrogenase: A 1.6 Å resolution X-ray crystallographic study of *Klebsiella pneumoniae* MoFe-protein, *J. Mol. Biol.* **292**, 871-891 (1999).

Peters, J.W., Stowell, M.H.B., Soltis, S.M., Finnegan, M.G., Johnson, M.K., and Rees, D.C., Redox-dependent structural changes in the nitrogenase P-cluster, *Biochemistry* **36**, 1181-1187 (1997).

Peters, J.W. and Szilagyi, R.K., Exploring new frontiers of nitrogenase structure and mechanism, *Curr. Opin. Chem. Biol.* **10**, 101-108 (2006).

Rees, D.C., Tezcan, F.A., Haynes, C.A., Walton, M.Y., Andrade, S., Einsle, O., and Howard, J.B., Structural basis of biological nitrogen fixation, *Philos. Trans. Roy. Soc. A* **363**, 971-984 (2005); *and* Howard, J.B. and Rees, D.C., How many metals does it take fo fix N_2? A mechanistic overview of biological nitrogen fixation, *Proc. Natl. Acad. Sci.* **103**, 17088-17093 (2006).

Schindelin, H., Kisker, C., Schlessman, J.L., Howard, J.B., and Rees, D.C., Structure of ADP · AlF_4^- stabilized nitrogenase complex and its implications for signal transduction, *Nature* **387**, 370-376 (1997).

Seefeldt, L.C., Hoffman, B.M., and Dean, D.R., Mechanism of Mo-dependent nitrogenase, *Annu. Rev. Biochem.* **78**, 701-722 (2009).

PROBLEMAS

1. Escreva a reação para a transaminação de um aminoácido em termos da notação de Cleland (Seção 14.5A).

2. Explique por que os sintomas de uma deficiência parcial em uma enzima do ciclo da ureia podem ser atenuados por uma dieta com baixo conteúdo proteico.

3. Por que pessoas com dieta de alto conteúdo proteico são instruídas a beberem muita água?

4. Um estudante fazendo determinada dieta gasta 10.000 kJ · dia^{-1} e excreta 40 g de ureia. Admitindo que o nitrogênio perfaça 16% do peso da proteína e que seu metabolismo produza 18 kJ · g^{-1}, qual a porcentagem das necessidades energéticas desse estudante que é satisfeita pela ingestão de proteína?

5. A produção das enzimas que catalisam as reações do ciclo da ureia pode aumentar ou diminuir de acordo com as necessidades metabólicas do organismo. Níveis altos dessas enzimas estão associadas com dietas com alto conteúdo proteico, assim como com desnutrição calórica. Explique este aparente paradoxo.

6. *Helicobacter pylori*, a bactéria responsável pela úlcera gástrica, pode sobreviver no estômago (onde o pH, bastante baixo, chega a 1,5) em parte porque sintetiza grandes quantidades da enzima urease. (a) Escreva a equação para a hidrólise da ureia pela urease. (b) Explique por que essa reação pode ajudar a estabelecer um ambiente mais hospitaleiro para a *H. pylori*, uma vez que essa bactéria tolera pH ácido, mas prefere crescer em pHs próximos ao neutro.

7. Por que os fenilcetonúricos são advertidos contra a ingestão de produtos contendo o adoçante artificial **aspartame** (**NutraSweet**®; nome químico: L-aspartil-L-fenilalanina metiléster)?

8. Demonstre que a síntese do heme a partir de PBG, marcado conforme a Fig. 26.35, resulta no padrão de marcação do heme mostrado na Fig. 26.32.

9. Explique por que certos fármacos e outros compostos químicos podem desencadear um ataque de porfiria intermitente aguda.

10. Heterozigotos para protoporfiria eritropoiética apresentam apenas 20 a 30% de atividade residual da ferroquelatase, ao invés dos 50% normalmente esperados em uma doença herdada autossômica dominante. Forneça uma explicação plausível para essa observação.

11. Um dos sintomas do **kwashiorkor**, a doença resultante de deficiência de proteína na dieta em crianças, é a despigmentação da pele e do cabelo. Explique a base bioquímica para esse sintoma.

12. Quais as consequências metabólicas para uma deficiência da enzima removedora de uridilil na *E. coli*?

13. A Reação 9, na Fig. 26.60, indica que a metionina é sintetizada em microrganismos pela metilação da homocisteína em uma reação na qual o doador de metila é o N^5-metil-THF. Por outro lado, na degradação da metionina (Fig. 26.18), sua desmetilação ocorre em três etapas, nas quais a SAM é um intermediário. Discuta a razão pela qual essa reação não ocorre simplesmente via reversão da reação de metilação, em uma única etapa.

***14.** No ciclo da glicose-alanina (Fig. 26.3), o piruvato produzido de forma glicolítica é transaminado dando alanina, a qual é exportada para o fígado, para ser convertido em glicose e retornar à célula. Explique como uma célula muscular é capaz de participar desse ciclo em condições anaeróbias (durante a contração muscular vigorosa). (*Dica*: a degradação de muitos aminoácidos fornece NH_3.)

15. Desenhe os intermediários ativados envolvidos na biossíntese da (a) glutamina e da (b) asparagina a partir do glutamato e do aspartato, respectivamente. (c) Forneça um exemplo de uma outra ativação metabólica de um grupo ácido carboxila, análogo a cada uma dessas reações.

16. O tetrâmero $\alpha_2\beta_2$ da triptofano-sintase catalisa a reação dependente de PLP do indol-3-glicerolfosfato e da serina para formar o triptofano (Fig. 26.63, Reações 5 e 6). Desenhe as reações químicas envolvidas nessa síntese, incluindo a participação do PLP, e utilize setas curvas para mostrar o fluxo dos elétrons. Qual o papel do PLP nessa reação?

17. Sugira uma razão para o fato de que os heterocistos fixadores de nitrogênio das cianobactérias perderam o Fotossistema II, mas conservaram o Fotossistema I.

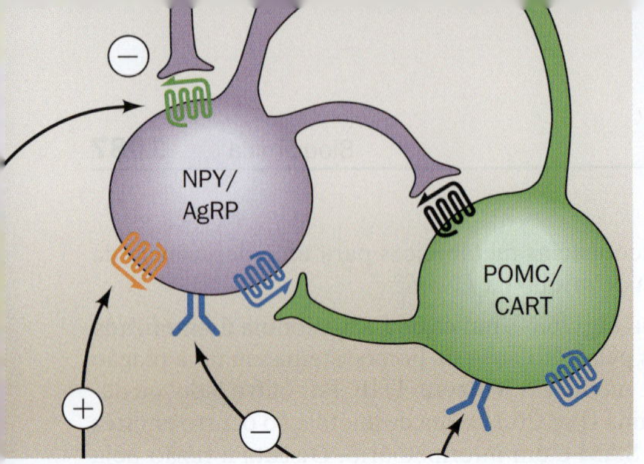

Metabolismo Energético: Integração e Especialização dos Órgãos

CAPÍTULO 27

Neste ponto dessa narrativa, já foram estudadas todas as principais rotas do metabolismo energético. Consequentemente, têm-se condições de considerar como os organismos, em particular os mamíferos, regem a sinfonia metabólica para suprir suas necessidades energéticas. Por isso, este capítulo inicia com uma retomada das principais rotas metabólicas e de seus sistemas de controle, a seguir considera como esses processos são distribuídos entre os vários órgãos do corpo e encerra com uma discussão sobre adaptação metabólica, incluindo como o corpo mantém o balanço energético (homeostasia), como lida com os desafios metabólicos do jejum prolongado e da obesidade e como responde à perda de controle resultante do diabetes melito.

1 AS PRINCIPAIS ROTAS E ESTRATÉGIAS DO METABOLISMO ENERGÉTICO: RESUMO

A Fig. 27.1 indica as inter-relações entre as principais rotas envolvidas no metabolismo energético. Essas rotas e seus mecanismos de controle serão revistas.

1. Glicólise (Capítulo 17) A degradação metabólica da glicose inicia com sua conversão em duas moléculas de piruvato e consequente geração de duas moléculas de trifosfato de adenosina (ATP, do inglês *adenosine triphosphate*) e duas de NADH. Sob condições anaeróbias, o piruvato é convertido em lactato (ou em etanol, nas leveduras) para reciclar o NADH a NAD^+. Sob condições aeróbias, contudo, quando a glicólise prepara a glicose para oxidação, o NAD^+ é regenerado por meio da fosforilação oxidativa (ver a seguir). O fluxo de metabólitos através da rota glicolítica é controlado, em grande parte, pela atividade da fosfofrutocinase (PFK, do inglês *phosphofructokinase*). Essa enzima é ativada por monofosfato de adenosina (AMP, do inglês *adenosine monophosphate*) e difosfato de adenosina (ADP, do inglês *adenosine diphosphate*), cujas concentrações aumentam à medida que aumentam as necessidades de energia metabólica, e é inibida por ATP e citrato, cujas concentrações aumentam quando a demanda por energia metabólica está reduzida. O citrato, um intermediário do ciclo do ácido cítrico, também inibe a PFK e a glicólise quando o metabolismo aeróbio suplanta o metabolismo anaeróbio, tornando a oxidação da glicose mais eficiente (o efeito Pasteur, Seção 22.4C), e quando a oxidação dos ácidos graxos e/ou dos corpos cetônicos (que também são rotas aeróbias) está suprindo as necessidades energéticas (ciclo da glicose-ácido graxo ou ciclo de Randle, Seção 22.4Bb). A PFK é ativada também pela frutose-2,6-bifosfato, cuja concentração é regulada pelos níveis de glucagon, adrenalina e noradrenalina por intermédio do AMP cíclico (AMPc) (Seção 18.3Fc). Os níveis de F2,6P no fígado e no músculo cardíaco são regulados de modo oposto: um aumento na concentração de AMPc causa uma redução na concentração de F2,6P no fígado e um aumento no músculo cardíaco. No músculo esquelético, contudo, a concentração de F2,6P não responde a alterações na concentração de AMPc.

2. Gliconeogênese (Seção 23.1) Os mamíferos podem sintetizar glicose a partir de um grande número de precursores, incluindo piruvato, lactato, glicerol e aminoácidos glicogênicos (mas não o fazem a partir de ácidos graxos), utilizando rotas existentes principalmente no fígado e no rim. Muitos desses precursores são convertidos a oxalacetato, o qual, por sua vez, é convertido a fosfoenolpiruvato e então, a glicose, por uma série de reações que revertem, em grande parte, a rota da glicólise. As etapas irreversíveis da glicólise, aquelas catalisadas pela PFK e pela hexocinase, são contornadas na gliconeogênese por reações hidrolíticas catalisadas, respectivamente, pela frutose-1,6-bifosfatase (FBPase) e pela

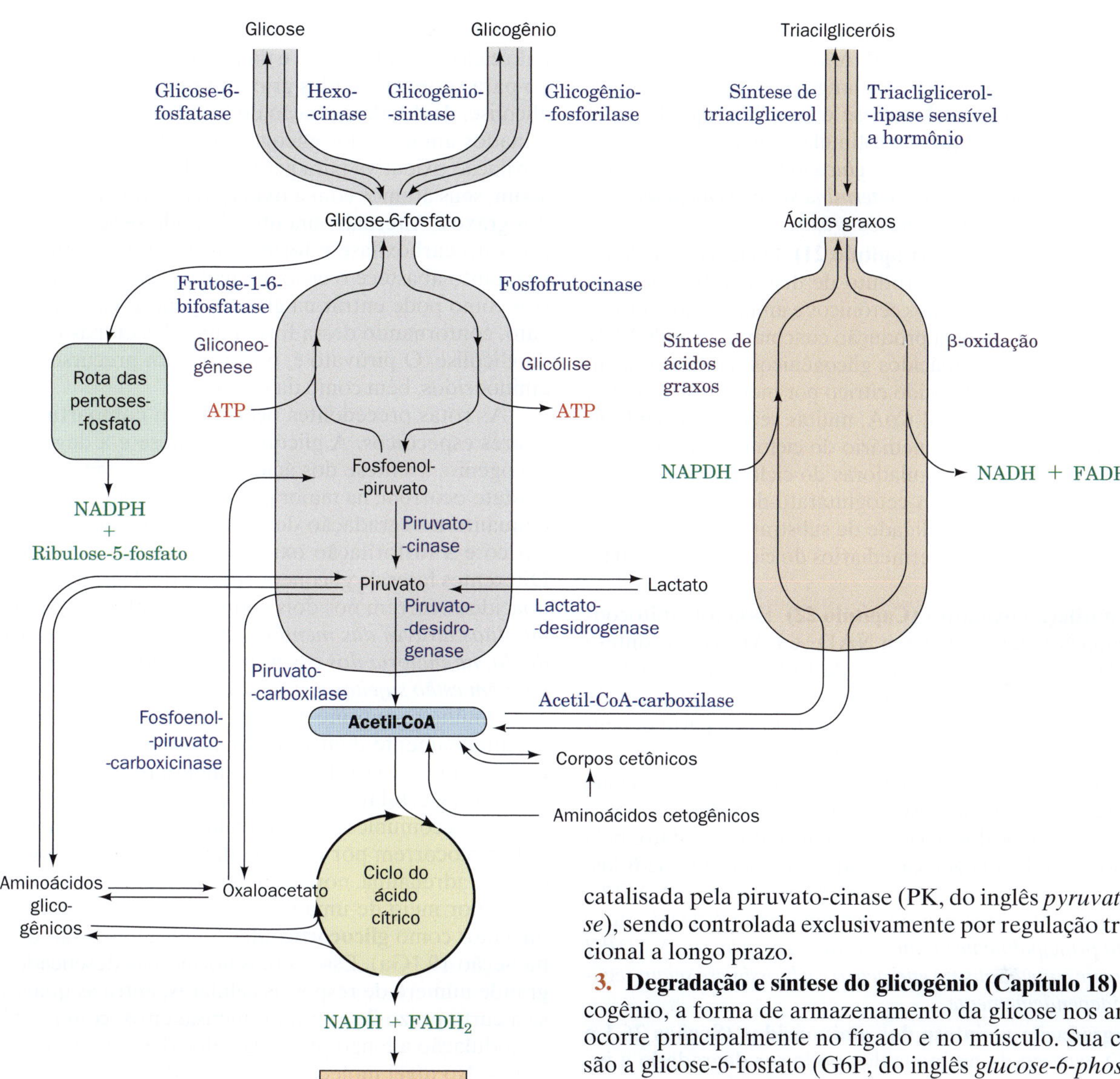

FIGURA 27.1 **As principais rotas do metabolismo energético.**

glicose-6-fosfatase. A FBPase e a PFK podem, ambas, ser pelo menos parcialmente ativas de forma simultânea, criando um ciclo de substrato. Esse ciclo e a regulação recíproca dessas duas enzimas são importantes na regulação tanto da velocidade como da direção do fluxo pela glicólise e pela gliconeogênese (Seções 17.4F e 23.1B). A oxidação dos ácidos graxos e dos corpos cetônicos pode aumentar a taxa de gliconeogênese no fígado pela redução da concentração da F2,6P (Seção 18.3Fc). Isso ocorre porque o aumento na concentração de citrato que acompanha a ativação do ciclo do ácido cítrico durante a oxidação dos ácidos graxos inibe a PFK-2 e a PFK (Tabela 23.1). A fosfoenolpiruvato-carboxicinase (PEPCK, do inglês *phosphoenolpyruvate carboxykinase*) contorna a terceira reação irreversível da glicólise, aquela catalisada pela piruvato-cinase (PK, do inglês *pyruvate kinase*), sendo controlada exclusivamente por regulação transcricional a longo prazo.

3. Degradação e síntese do glicogênio (Capítulo 18) O glicogênio, a forma de armazenamento da glicose nos animais, ocorre principalmente no fígado e no músculo. Sua conversão a glicose-6-fosfato (G6P, do inglês *glucose-6-phosphate*) no músculo para entrada na glicólise e sua conversão a glicose no fígado são catalisadas, em parte, pela glicogênio-fosforilase, enquanto a rota oposta, de síntese, é mediada pela glicogênio-sintase. Essas enzimas são reguladas reciprocamente por meio de reações de fosforilação/desfosforilação, catalisadas por cascatas de amplificação que respondem aos níveis de glucagon e adrenalina, por intermédio do AMPc, e de insulina (Seções 18.3E e 19.4F). *A relação glucagon-insulina é, portanto, um fator crucial na determinação da velocidade e da direção do metabolismo do glicogênio.*

4. Degradação e síntese dos ácidos graxos (Seções 25.1 a 25.5) Os ácidos graxos são degradados, pela β-oxidação, em unidades de dois carbonos (C_2), formando acetil-CoA. Eles são sintetizados a partir desse composto por uma rota distinta. A atividade da rota da β-oxidação varia com a concentração dos ácidos graxos. Isso, por sua vez, depende da atividade "sensível a hormônio" da triacilglicerol-lipase no tecido adiposo, que é estimulada, por meio de reações de fosforilação/desfosforilação reguladas por AMPc, pelo glucagon e pela adrenalina, mas inibida pela insulina. A taxa de síntese de ácidos graxos varia com a atividade da acetil-CoA-carboxilase, a qual é ativada por citrato e por desfosforilação dependente de insulina e inibida por palmitoil-CoA (um produto da rota) e por fosforilação dependente de AMPc e de AMP. A síntese dos ácidos graxos está também sujeita à regulação a longo prazo, por meio de alterações nas velocidades de síntese das enzimas que fazem a mediação do processo, que são estimuladas pela insulina e inibidas durante o jejum. *A relação glucagon/insulina é, por isso, de primordial importância na determinação da velocidade e da direção do metabolismo dos ácidos graxos.*

5. **Ciclo do ácido cítrico (Capítulo 21)** O ciclo do ácido cítrico oxida acetil-CoA, o produto de degradação comum a glicose, ácidos graxos, corpos cetônicos e aminoácidos cetogênicos, a CO_2 e H_2O, com a produção concomitante de NADH e $FADH_2$. Muitos aminoácidos glicogênicos também podem ser oxidados no ciclo do ácido cítrico por meio de sua quebra a piruvato e depois a acetil-CoA, muitas vezes via **cataplerose** (consumo) de um intermediário do ciclo (Seção 21.5). As atividades das enzimas reguladoras do ciclo, citrato-sintase, isocitrato-desidrogenase e α-cetoglutarato-desidrogenase, são controladas pela disponibilidade de substrato e pela retroalimentação negativa por intermediários do ciclo, por NADH e por ATP.

6. **Fosforilação oxidativa (Capítulo 22)** Essa rota mitocondrial oxida NADH e $FADH_2$ a NAD^+ e FAD, com a síntese acoplada de ATP. A velocidade da fosforilação oxidativa, que é rigidamente coordenada com os fluxos metabólicos da glicólise e do ciclo do ácido cítrico, é em grande parte dependente das concentrações de ATP, ADP, P_i e de O_2.

7. **A via das pentoses-fosfato (Seção 23.4)** Essa rota funciona para gerar NADPH, para uso em biossíntese redutora, e para formar o precursor dos nucleotídeos, a ribose-5-fosfato, pela oxidação da G6P. Sua geração é catalisada pela glicose-6-fosfato-desidrogenase, a qual é controlada pelo nível de $NADP^+$. *A capacidade das enzimas em distinguir entre NADH, que é utilizado principalmente no metabolismo energético, e NADPH permite que o metabolismo energético e a biossíntese sejam regulados independentemente.*

8. **Degradação e síntese dos aminoácidos (Seções 26.1 a 26.5)** O excesso de aminoácidos pode ser degradado a intermediários metabólicos comuns. A maioria dessas rotas inicia com uma transaminação do aminoácido ao seu correspondente α-cetoácido, com a transferência, no final, do grupo amino para a ureia pelo ciclo da ureia. A leucina e a lisina são aminoácidos cetogênicos, uma vez que podem ser convertidos somente em acetil-CoA ou acetoacetato e, por isso, não podem ser precursores de glicose. Os demais aminoácidos são glicogênicos e podem ser, pelo menos em parte, convertidos em algum dos precursores da glicose, como piruvato, oxalacetato, α-cetoglutarato, succinil-CoA ou fumarato. Cinco aminoácidos são tanto cetogênicos quanto glicogênicos. Aminoácidos essenciais são aqueles que um animal não é capaz de sintetizar, devendo ser obtidos a partir de plantas ou de fontes microbianas. Os aminoácidos não essenciais são sintetizados pelos animais por grupos amino pré-formados, utilizando rotas que são geralmente mais simples do que aquelas utilizadas na síntese dos aminoácidos essenciais.

Dois compostos estão na intersecção das rotas metabólicas citadas anteriormente: acetil-CoA e piruvato (Fig. 27.1). A acetil-CoA é o produto de degradação da maioria dos combustíveis metabólicos, como polissacarídeos, lipídeos e proteínas. Seu grupo acetil pode ser oxidado a CO_2 e H_2O pelo ciclo do ácido cítrico e da fosforilação oxidativa, ou usado para sintetizar ácidos graxos. O piruvato é o produto da glicólise, da desidrogenação do lactato e da quebra de determinados aminoácidos glicogênicos. Ele pode sofrer descarboxilação oxidativa para gerar acetil-CoA, comprometendo, assim, seus átomos com a oxidação ou com a síntese dos ácidos graxos. Alternativamente, ele pode ser carboxilado pela piruvato-carboxilase e formar oxalacetato, o qual, por sua vez, tanto abastece o ciclo do ácido cítrico com intermediários como pode entrar na gliconeogênese via fosfoenolpiruvato, contornando dessa forma uma das etapas irreversíveis da glicólise. O piruvato é, portanto, um precursor de vários aminoácidos, bem como da glicose.

As rotas precedentes ocorrem em compartimentos celulares específicos. A glicólise, a síntese e a degradação do glicogênio, a síntese dos ácidos graxos e a via das pentoses-fosfato ocorrem, na maior parte ou inteiramente, no citosol, enquanto a degradação dos ácidos graxos, o ciclo do ácido cítrico e a fosforilação oxidativa ocorrem na mitocôndria. Diferentes fases da gliconeogênese e da degradação dos aminoácidos ocorrem nos dois compartimentos. *O fluxo de metabólitos através das membranas dos compartimentos é mediado, na maioria dos casos, por carreadores específicos que também estão sujeitos à regulação.*

O número enorme de reações enzimáticas que ocorrem simultaneamente dentro de uma célula (Fig. 16.1) deve ser coordenado e controlado rigidamente para satisfazer às necessidades celulares. Essa regulação acontece em muitos níveis. As comunicações intercelulares que regulam o metabolismo ocorrem por meio de determinados hormônios, incluindo adrenalina, noradrenalina, glucagon e insulina, assim como por meio de uma série de hormônios esteroides, conhecidos como **glicocorticoides** (cujos efeitos são discutidos na Seção 19.1Ga). Esses sinais hormonais desencadeiam um grande número de respostas celulares, entre as quais a síntese a curto prazo de segundos mensageiros, como o AMPc, e a modulação a longo prazo da velocidade de síntese de proteínas. No nível molecular, as velocidades das reações enzimáticas são controladas pela fosforilação/desfosforilação por meio de cascatas de amplificação, por respostas alostéricas à presença de efetores que são, geralmente, precursores ou produtos da rota que está sendo controlada, e pela disponibilidade de substrato. A maquinaria de regulação das rotas anabólicas e catabólicas em geral é organizada de tal forma que essas rotas possam ser reciprocamente reguladas.

2 ESPECIALIZAÇÃO DOS ÓRGÃOS

Diferentes órgãos possuem funções metabólicas e habilidades diferentes. Nesta seção, será considerado como são supridas as necessidades especiais dos órgãos dos mamíferos e como suas habilidades metabólicas são coordenadas para alcançar esse fim. Serão discutidos especificamente o cérebro, o músculo, o tecido adiposo, o fígado e o rim (Fig. 27.2).

A. *Cérebro*

O tecido cerebral tem uma taxa respiratória extremamente alta. O cérebro humano, por exemplo, constitui somente 2% da massa corporal no adulto, mas é responsável por 20% do

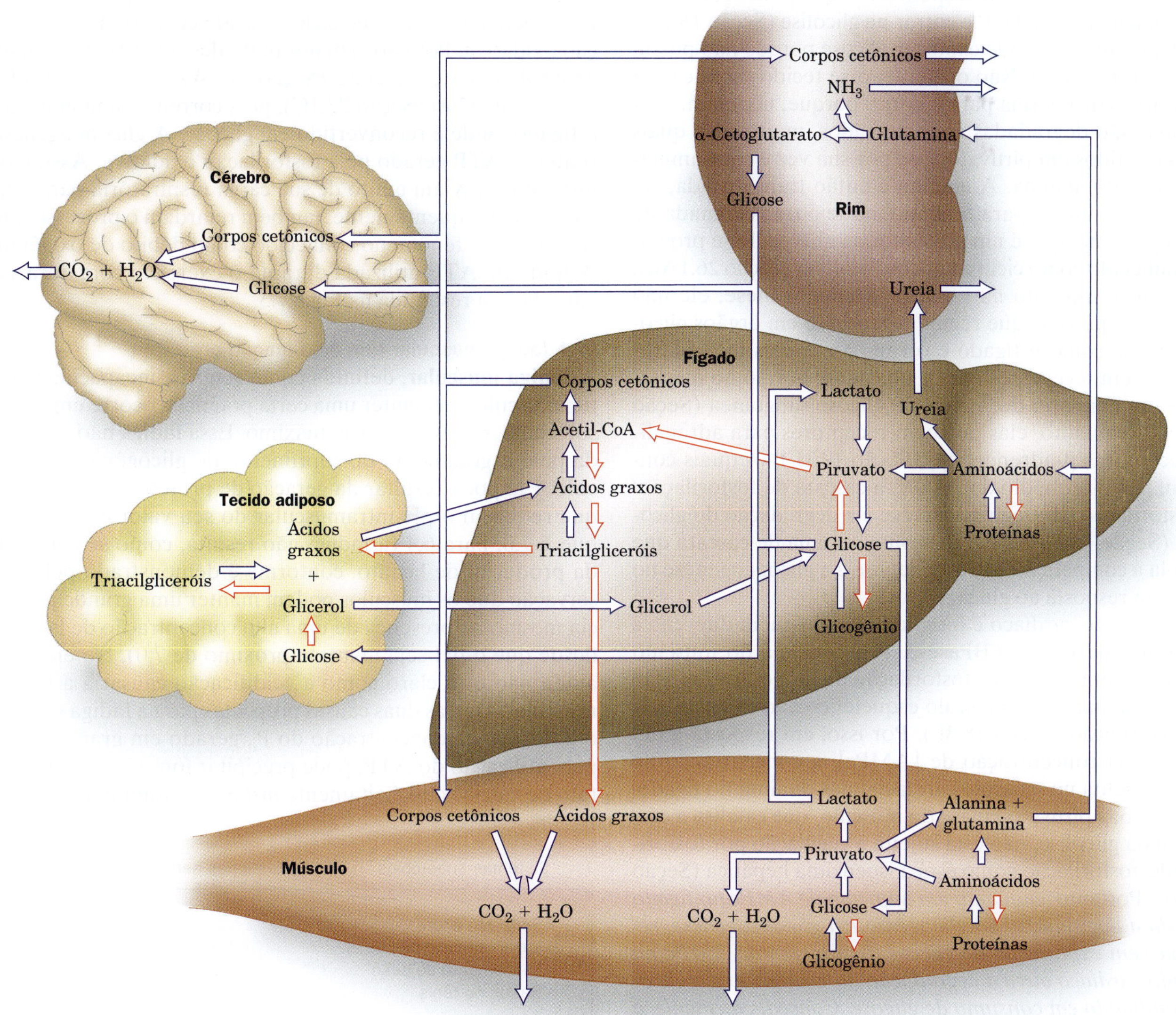

FIGURA 27.2 As inter-relações metabólicas entre cérebro, tecido adiposo, músculo, fígado e rim. As setas vermelhas indicam as vias predominantes no indivíduo bem alimentado, quando a glicose, os aminoácidos e os ácidos graxos estão disponíveis diretamente do intestino.

consumo de O_2 no indivíduo em repouso. Além disso, esse consumo é independente do estado de atividade mental, com pequena variação entre o sono e um estado de intensa concentração, necessário, por exemplo, para estudar bioquímica. A maior parte da energia produzida no cérebro serve para manter a $(Na^+–K^+)$–ATPase da membrana plasmática em atividade (Seção 20.3A), o que mantém o potencial de membrana necessário para a transmissão do impulso nervoso (Seção 20.5). Na verdade, a respiração de fatias de cérebro é reduzida em 50% pela ouabaína, um inibidor da $(Na^+–K^+)$–ATPase (Seção 20.3Af).

Em condições normais, a glicose constitui o único combustível para o cérebro (em jejum prolongado, no entanto, o cérebro gradualmente passa a utilizar os corpos cetônicos; Seção 27.4A). De fato, uma vez que as células cerebrais armazenam muito pouco glicogênio, elas necessitam um suprimento de glicose permanente a partir do sangue. Uma concentração sanguínea de glicose de menos da metade do valor normal, que é de ~5 m*M*, resulta em disfunção cerebral. Níveis muito abaixo desse, causados por exemplo por dose excessiva de insulina, resultam em coma, dano irreversível, culminando com a morte. Por isso, uma das principais funções do fígado é manter os níveis sanguíneos de glicose (Seções 18.3F e 27.2D).

B. *Músculo*

Os principais combustíveis do músculo são a glicose derivada do glicogênio, os ácidos graxos e os corpos cetônicos. Ao contrário do cérebro, o músculo bem nutrido, em repouso, sintetiza um estoque de glicogênio que constitui 1 a 2% de sua massa. O glicogênio significa para o músculo um depósito de combustível facilmente disponível, já que pode ser convertido rapidamente em G6P e entrar na glicólise (Seção 18.1).

O músculo não pode exportar glicose porque não possui a glicose-6-fosfatase. Não obstante, esse tecido significa um reservatório de energia para o corpo porque, no jejum, suas proteínas são degradadas a aminoácidos, muitos dos quais são convertidos em piruvato, que por sua vez é transaminado, formando alanina. A alanina é então transportada, via corrente sanguínea, para o fígado, onde é transaminada de volta a piruvato, que é um precursor da glicose. Esse processo é conhecido como ciclo da glicose-alanina (Seção 26.1Ad).

Como o músculo não realiza gliconeogênese, ele não possui a maquinaria que regula o processo em órgãos gliconeogênicos, como o fígado e o rim. As células musculares não possuem receptores para o glucagon, hormônio que estimula um aumento dos níveis de glicose sanguínea (Seção 18.3F). No entanto, elas possuem receptores para adrenalina (receptores β-adrenérgicos; Seção 19.1F), os quais controlam, por intermédio do AMPc, a cascata de fosforilação/desfosforilação que regula a síntese e a degradação do glicogênio (Seção 18.3). Esse é o mesmo sistema de cascata que controla a competição entre a glicólise e a gliconeogênese no fígado em resposta ao glucagon.

O músculo cardíaco e o esquelético possuem diferentes isoenzimas de PFK-2/FBPase-2. A isoenzima do músculo cardíaco é controlada por fosforilação de modo inverso à do fígado, enquanto a do músculo esquelético não é controlada por fosforilação (Seção 18.3F). Por isso, em resposta a um aumento na concentração de [AMPc], a concentração de F2,6P aumenta no músculo cardíaco, mas diminui no fígado. Além disso, a piruvato-cinase do músculo, que catalisa a etapa final da glicólise, não está sujeita à regulação por fosforilação/desfosforilação como está a isoenzima hepática (Seção 23.1Ba). Portanto, *enquanto um aumento de AMPc no fígado estimula a degradação do glicogênio e a gliconeogênese, resultando em exportação de glicose, o aumento de AMPc no músculo cardíaco ativa a degradação do glicogênio e a glicólise, resultando em consumo de glicose. Consequentemente, a adrenalina, que prepara o organismo para a ação (lutar ou correr), atua independentemente do glucagon, o qual, atuando reciprocamente com a insulina, regula o nível geral de glicose sanguínea.*

a. A contração do músculo é anaeróbia em condições de grande esforço

A contração muscular é impulsionada pela hidrólise de ATP (Seção 35.3Bb), sendo por isso dependente da respiração. O músculo esquelético, em repouso, utiliza 30% do O_2 consumido pelo corpo humano. Sua taxa respiratória pode aumentar 25 vezes em resposta ao trabalho pesado. Todavia, sua taxa de hidrólise de ATP pode aumentar muito mais. O ATP é regenerado, inicialmente, pela reação de ADP com fosfocreatina, catalisada pela creatina-cinase (Seção 16.4Cd):

$$\text{Fosfocreatina} + \text{ADP} \rightleftharpoons \text{Creatina} + \text{ATP}$$

(no músculo em repouso, a fosfocreatina é sintetizada pela reversão dessa reação). No entanto, sob condições de esforço máximo, como ocorre em uma corrida, o músculo tem suprimento de fosfocreatina por cerca de 5 s. Ele deve então passar a produzir ATP pela glicólise a partir da G6P resultante da degradação do glicogênio, um processo cujo fluxo máximo supera em muito o do ciclo do ácido cítrico e da fosforilação oxidativa. Por isso, a maior parte dessa G6P é degradada anaerobiamente a lactato (Seção 17.3A), que é exportado, via ciclo de Cori (Seção 23.1C), pela corrente sanguínea até o fígado, onde é reconvertido em glicose. A gliconeogênese requer o ATP gerado pela fosforilação oxidativa. Assim, os músculos desviam muito de sua carga respiratória para o fígado e, consequentemente, também retardam o processo que consome O_2, fenômeno conhecido como débito de oxigênio. A fonte de ATP utilizada durante o exercício com duração variada está resumida na Fig. 27.3.

b. A fadiga muscular tem uma função protetora

A **fadiga muscular**, definida como sendo a incapacidade de um músculo em manter uma certa potência, ocorre em ~20 s sob condições de exercício máximo. Essa fadiga não é causada pelo esgotamento do suprimento de glicogênio do músculo. Ela pode resultar da geração de prótons pela glicólise, que reduzem o pH intramuscular do seu valor de repouso, que é 7,0, para 6,4 (a fadiga não resulta, como se acredita, da produção de lactato, conforme é demonstrado pela observação que os músculos podem manter uma grande potência mesmo na presença de uma alta concentração de lactato, desde que o pH seja mantido próximo de 7,0). No entanto, ainda não está claro como a acidificação causaria a fadiga muscular. Outras duas causas propostas para a fadiga são: (1) o aumento da concentração do P_i, gerado em grande parte pela utilização do ATP, pode precipitar íons Ca^{2+} como fosfato de cálcio (que é altamente insolúvel), diminuindo assim

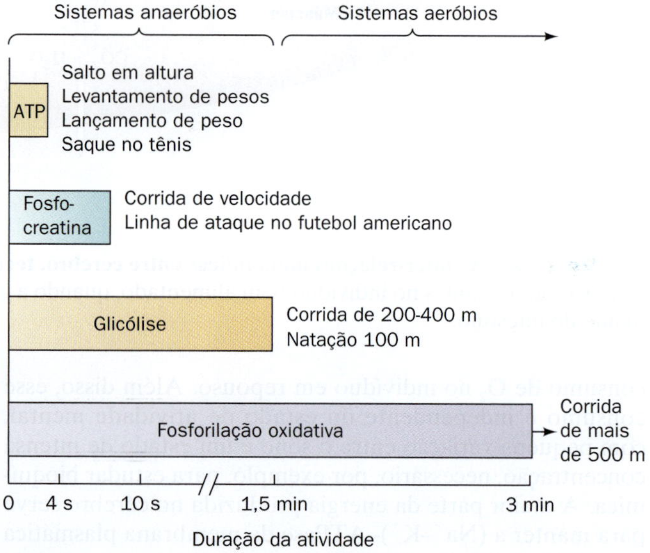

FIGURA 27.3 Fontes de ATP durante o exercício em humanos. O suprimento de ATP endógeno é aumentado por poucos segundos pela fosfocreatina, em seguida a glicólise anaeróbia gera mais ATP. A troca do metabolismo anaeróbio para o aeróbio (fosforilação oxidativa) ocorre em 90 s ou um pouco mais tarde em atletas treinados. (Adaptada de McArdle,W.D., Katch, F.I., e Katch,V.L., *Exercise Physiology,* 2nd ed., Lea &Febiger (1986), *p.* 348.)

a força muscular (a contração muscular é desencadeada pela liberação de Ca^{2+}; Seção 35.3Cb); e (2) a conhecida liberação de K^+ das células musculares em contração pode resultar na sua despolarização (Seção 20.5Ba) e, portanto, na redução de sua contração. Quaisquer que sejam as causas, parece provável que a fadiga seja uma adaptação para impedir que as células cometam suicídio por exaurirem seu suprimento de ATP (lembrar que a glicólise e outras vias de geração de ATP necessitam desse composto para serem iniciadas).

c. O coração é um órgão predominantemente aeróbio

O coração é um órgão muscular que deve manter uma atividade contínua. Assim, o músculo cardíaco depende inteiramente do metabolismo aeróbio, exceto em curtos períodos de esforço extremo. Por essa razão, ele é enriquecido com mitocôndrias, que ocupam 40% do espaço citoplasmático, ao contrário de alguns tipos de músculo esquelético, que são praticamente desprovidos dessas organelas. As células cardíacas podem degradar ácidos graxos, corpos cetônicos, glicose, piruvato e lactato. Os ácidos graxos são o combustível de escolha do coração em repouso, mas quando lhe for imposta uma atividade mais intensa, ele aumenta bastante seu consumo de glicose, derivada sobretudo do seu estoque relativamente limitado de glicogênio.

C. *Tecido adiposo*

O tecido adiposo, constituído por células conhecidas como adipócitos (Fig. 12.2), é amplamente distribuído pelo corpo, ocorrendo predominantemente sob a pele, na cavidade abdominal, no músculo esquelético, ao redor dos vasos sanguíneos e nas glândulas mamárias. O tecido adiposo de um homem normal de 70 kg contém ~15 kg de gordura. Essa quantidade representa 590.000 kJ de energia (141.000 Calorias), suficiente para manter a vida por três meses. Porém, o tecido adiposo não é apenas um mero local de estoque passivo. Na verdade, ele é o segundo em importância na manutenção da homeostasia metabólica, tendo à sua frente somente o fígado (Seção 27.3).

O tecido adiposo obtém a maior parte dos seus ácidos graxos a partir do fígado ou da dieta, como descrito na Seção 25.1. Os ácidos graxos são ativados pela formação das correspondentes acil-CoA graxo, sendo então esterificados com glicerol-3-fosfato para formar os triacilgliceróis de reserva (Seção 25.4F). O glicerol-3-fosfato resulta da redução da di-hidroxiacetona-fosfato, a qual deve ser gerada a partir da glicose pela glicólise, ou pela gliconeogênese a partir do piruvato ou do oxalacetato (processo conhecido como **gliceroneogênese**; Seção 25.4Fa), porque os adipócitos não possuem uma cinase que fosforile o glicerol endógeno.

Os adipócitos hidrolisam os triacilgliceróis a ácidos graxos e glicerol em resposta aos níveis de glucagon, de adrenalina e de insulina, por meio de uma reação catalisada pela triacilglicerol-lipase sensível a hormônios (Seção 25.5). Se houver glicerol-3-fosfato em abundância, muitos dos ácidos graxos liberados pela ação da lipase são reesterificados. Na verdade, o tempo médio de reposição dos triacilgliceróis nos adipócitos é de poucos dias. Contudo, se houver baixa quantidade de glicerol-3-fosfato, os ácidos graxos são liberados na corrente sanguínea. *A taxa de captação da glicose pelos adipócitos, que é regulada pela insulina e pela disponibilidade de glicose é, portanto, também um fator importante na formação e na mobilização dos triacilgliceróis.* No entanto, o glicerol-3-fosfato também pode ser gerado via gliceroneogênese sob o controle da PEPCK, permitindo a reposição dos triacilgliceróis mesmo quando a concentração de glicose estiver baixa.

a. A obesidade é resultado de controle metabólico aberrante

O corpo humano regula os níveis de proteína e de glicogênio dentro de limites relativamente estreitos, mas as reservas de gordura, que são muito maiores, podem se tornar enormes. O acúmulo de ácidos graxos como triacilgliceróis no tecido adiposo é em grande parte resultado do excesso de ingestão de gordura ou de carboidratos comparado com o gasto energético. A síntese de gorduras ocorre quando o armazenamento de glicogênio a partir da ingestão de carboidratos alcança sua capacidade máxima. A obesidade é um dos principais problemas de saúde nos países industrializados. Estima-se que 30% dos adultos nos Estados Unidos são obesos (estão com peso no mínimo 20% acima do desejável) e outros 35% estão com sobrepeso. A maioria das pessoas obesas apresenta uma grande dificuldade em perder peso ou, depois de perdido, em mantê-lo reduzido. Mas a maioria dos animais, incluindo os humanos, tende a manter o peso estável, isto é, mesmo tendo livre acesso ao alimento, comem apenas o necessário para se manter no que se denominaria ponto de estabilidade. A natureza da maquinaria regulatória que controla esse ponto, que parece ser aberrantemente alto nos obesos, está apenas começando a ser compreendida (ver Seção 27.3).

Indivíduos que foram muito obesos, que tenham perdido pelo menos 100 kg para alcançar seu peso normal, apresentam alguns dos sintomas metabólicos do jejum: são obsessivos por comida, têm taxas cardíacas baixas, são intolerantes ao frio e necessitam 25% menos de ingestão calórica do que os indivíduos normais com peso e altura similares. Nos indivíduos normais e nos obesos, 50% dos ácidos graxos liberados pela hidrólise dos triacilgliceróis são reesterificados antes de deixarem os adipócitos. Em indivíduos outrora obesos, essa taxa é reduzida para apenas 35 a 40%, nível similar ao observado em indivíduos normais após vários dias de jejum. Além disso, as células adiposas dos indivíduos normais e dos obesos têm aproximadamente o mesmo tamanho. As pessoas obesas, no entanto, têm maior número de células. Na verdade, as células precursoras dos adipócitos de obesos mórbidos proliferam excessivamente em cultivo celular quando comparadas com as células dos indivíduos normais ou mesmo dos moderadamente obesos (os adipócitos não proliferam). A consideração de que as células adiposas uma vez produzidas não são perdidas sugere que elas, embora altamente elásticas em tamanho, tendem a manter um determinado volume fixo e, ao fazê-lo, influenciam o metabolismo e assim o apetite. Infelizmente, essa constatação ainda não levou a um método para reduzir o ponto de estabilidade dos indivíduos com tendência à obesidade.

D. *Fígado*

O fígado é a "câmara de compensação" metabólica central do corpo. Ele atua na manutenção dos níveis adequados de nutrientes no sangue para uso pelo cérebro, pelos músculos e por outros tecidos. O fígado está em uma situação singular para desempenhar essa tarefa, pois todos os nutrientes absorvidos pelo intestino, com exceção dos ácidos graxos, fluem para a veia porta que drena diretamente ao fígado.

Uma das principais funções do fígado é a de "tamponar" a glicose sanguínea. Isso é feito pela captação ou liberação hepática da glicose em resposta aos níveis de glucagon, adrenalina e insulina, além da concentração da própria glicose. Após uma refeição contendo carboidratos, quando a concentração de glicose no sangue alcança ~6 m*M*, o fígado a capta, convertendo-a em G6P. O processo é catalisado pela glicocinase (Seção 18.3Fa), que difere da hexocinase, a enzima glicolítica análoga em outras células, por ter uma afinidade muito menor pela glicose (a glicocinase alcança a metade da velocidade máxima com ~5 m*M*, enquanto a hexocinase o faz com < 0,1 m*M* de glicose) e não ser inibida pela G6P. As células do fígado, ao contrário das células musculares e dos adipócitos, são permeáveis à glicose, de forma que a insulina não tem efeito direto sobre a sua captação. Uma vez que a concentração sanguínea da glicose é normalmente mais baixa do que o K_M da glicocinase, a taxa de fosforilação da glicose no fígado é mais ou menos proporcional à sua concentração sanguínea. Os outros açúcares absorvidos pelo intestino, na maioria frutose, galactose e manose, também são convertidos a G6P no fígado (Seção 17.5). Após o jejum de uma noite, o nível de glicose sanguínea cai a ~4 m*M*. O fígado impede que esse nível caia ainda mais liberando glicose no sangue, como está descrito a seguir. Além disso, o lactato, que é o produto da glicólise anaeróbia no músculo, é captado pelo fígado para ser utilizado na gliconeogênese, na lipogênese e na fosforilação oxidativa (ciclo de Cori; Seção 23.1C). Da mesma forma, a alanina produzida no músculo é captada pelo fígado e convertida em piruvato para a gliconeogênese (ciclo glicose-alanina; Seção 26.1Ad).

a. O destino da glicose-6-fosfato varia com as necessidades metabólicas

A G6P está no cruzamento do metabolismo dos carboidratos, podendo ter vários destinos alternativos em função da demanda de glicose (Fig. 27.1):

1. A G6P pode ser convertida em glicose pela ação da glicose-6-fosfatase, sendo transportada via corrente sanguínea para os órgãos periféricos.
2. A G6P pode ser convertida em glicogênio (Seção 18.2) quando a demanda por glicose estiver baixa. Porém, o aumento da demanda, em consequência de níveis mais elevados de glucagon e/ou de adrenalina, reverte esse processo (Seção 18.1).
3. A G6P pode ser convertida em acetil-CoA pela glicólise e pela ação da piruvato-desidrogenase (Capítulo 7 e Seção 21.2). A maior parte da acetil-CoA derivada da glicose é usada na síntese de ácidos graxos (Seção 25.4), cujo destino está descrito a seguir, e na síntese de fosfolipídeos (Seção 25.8) e colesterol (Seção 25.6A). O colesterol, por sua vez, é o precursor dos sais biliares, que são produzidos pelo fígado para serem usados como agentes emulsificantes na digestão e absorção intestinal das gorduras (Seção 25.1).
4. A G6P pode ser degradada pela via das pentoses-fosfato (Seção 23.4), gerando o NADPH, necessário para a biossíntese dos ácidos graxos e para muitas outras funções biossintéticas do fígado, e a ribulose-5-fosfato (R5P), para a biossíntese dos nucleotídeos (Seções 28.1A e 28.2A).

b. O fígado sintetiza e degrada os triacilgliceróis

Os ácidos graxos também estão sujeitos a destinos alternativos no fígado (Fig. 27.1):

1. Quando a demanda por combustíveis metabólicos está alta, os ácidos graxos são degradados a acetil-CoA e posteriormente a corpos cetônicos (Seção 25.3), que serão exportados, via corrente sanguínea, para os tecidos periféricos.
2. Quando a demanda por combustíveis está baixa, os ácidos graxos são usados para sintetizar triacilgliceróis, que são secretados para a corrente sanguínea na forma de VLDL, sendo captados pelo tecido adiposo. Os ácidos graxos também podem ser incorporados em fosfolipídeos (Seção 25.8).

Uma vez que a taxa de oxidação dos ácidos graxos varia somente com a sua concentração (Seção 25.5), poderia esperar-se que aqueles produzidos pelo fígado estivessem sujeitos à reoxidação antes de serem exportados. Um ciclo fútil como esse é impedido pela compartimentalização da oxidação dos ácidos graxos na mitocôndria e da sua síntese no citosol. A carnitinapalmitoil-transferase I, um componente do sistema de transporte de ácidos graxos para a mitocôndria (Seção 25.2B), é inibida pela malonil-CoA, o intermediário-chave na biossíntese dos ácidos graxos (Seção 25.4A). Por isso, quando a demanda por combustíveis metabólicos está baixa e os ácidos graxos estão sendo sintetizados, eles não podem entrar na mitocôndria para serem convertidos em acetil-CoA. A demanda biossintética por acetil-CoA no fígado é suprida, preferivelmente, pela degradação da glicose.

Quando a demanda por combustíveis metabólicos aumenta a ponto de inibir a biossíntese de ácidos graxos, eles são transportados para as mitocôndrias hepáticas, sendo aí convertidos em corpos cetônicos. Em condições de baixa concentração sanguínea da glicose, a glicocinase tem sua atividade reduzida, de forma que ocorre exportação líquida de glicose (no entanto, existe sempre um ciclo fútil entre as reações catalisadas pela glicocinase e a glicose-6-fosfatase; Seção 18.3Fb). O fígado não pode utilizar corpos cetônicos para seus próprios propósitos metabólicos porque as células hepáticas carecem da enzima 3-cetoacil-CoA-transferase (Seção 25.3). Portanto, são os ácidos graxos, e não a glicose nem os corpos cetônicos, a principal fonte de acetil-CoA do fígado sob condições de alta demanda metabólica. O fígado gera ATP a partir da acetil-CoA pelo ciclo do ácido cítrico e da fosforilação oxidativa. A oxidação aeróbia dos ácidos graxos inibe a utilização da glicose, uma vez que a ativação do ciclo do ácido cítrico e da fosforilação oxidativa aumenta a concentração de citrato, o que inibe a glicólise (ciclo glicose-ácido graxo ou ciclo de Randle; Seção 22.4Bb).

c. Os aminoácidos são combustíveis metabólicos importantes

O fígado degrada os aminoácidos em um grande número de intermediários metabólicos (Seção 26.3). Essas rotas, na sua maioria, iniciam com a transaminação de um aminoácido, formando seu α-cetoácido correspondente (Seção 26.1A) e o grupo amino, é convertido via ciclo da ureia em ureia, que é excretada. Os aminoácidos glicogênicos podem ser convertidos dessa maneira em piruvato ou em intermediários do ciclo do ácido cítrico, como o oxalacetato, sendo assim precursores gliconeogênicos (Seção 23.1). Os aminoácidos cetogênicos, muitos dos quais são também glicogênicos, podem ser convertidos em corpos cetônicos.

O estoque de glicogênio hepático não é suficiente para suprir as necessidades corporais de glicose por mais do que ~6 horas após uma refeição. Após esse tempo, a glicose é suprida pela gliconeogênese, a partir de aminoácidos oriundos principalmente da degradação das proteínas musculares nos aminoácidos alamina (o ciclo glicose-alanina; Seção 26.1Ad) e glutamina (a forma de transporte da amônia; Seção 26.1B). Assim, as proteínas, além de terem funções estruturais e funcionais, são importantes fontes de combustível. (Os animais são incapazes de converter gordura em glicose porque lhes falta a rota para a conversão de acetil-CoA em oxalacetato; Seção 23.2.)

d. O fígado é a principal unidade de processamento metabólico do corpo

O fígado possui numerosas funções bioquímicas especializadas além das já mencionadas. Salientam-se entre elas a síntese das proteínas plasmáticas, a degradação das porfirinas (Seção 26.4A) e das bases dos ácidos nucleicos (Seção 28.4), o armazenamento de ferro e a destoxificação de substâncias biologicamente ativas, como drogas, venenos e hormônios, por grande número de reações de oxidação (p. ex., pelo citocromo P450; Seção 15.4Bc), redução, hidrólise, conjugação e metilação.

E. *Rim*

O rim filtra a ureia do sangue e concentra-a para ser excretada, recupera metabólitos importantes, como a glicose, e mantém o pH do sangue. O pH sanguíneo é mantido pela regeneração de tampões sanguíneos exauridos, como o bicarbonato (perdido pela eliminação do CO_2), e pela remoção e excreção do excesso de H^+ juntamente com as bases conjugadas do excesso de ácidos metabólicos, como os corpos cetônicos, acetoacetato e β-hidroxibutirato. O fosfato, principal tampão para excreção moderada de ácidos na urina, é acompanhado por quantidades equivalentes de cátions, como Na^+ e K^+. Contudo, grandes perdas de Na^+ e de K^+ perturbariam o balanço eletrolítico corporal, então, em função da produção de grandes quantidades de ácidos, como o láctico, ou de corpos cetônicos, o rim produz NH_4^+ para auxiliar na excreção do excesso de H^+ (utilizando o Cl^- ou uma base conjugada de um ácido metabólico como contra-íon). Esse NH_4^+ é gerado a partir da glutamina, que é convertida primeiramente em glutamato, pela glutaminase, e depois em α-cetoglutarato pela ação da glutamato-desidrogenase. A reação total é

$$\text{Glutamina} \longrightarrow \alpha\text{-cetoglutarato} + 2NH_4^+$$

O α-cetoglutarato é convertido em malato no ciclo do ácido cítrico, sendo a seguir exportado da mitocôndria e convertido em piruvato, que é oxidado completamente a CO_2, ou em PEP via oxalacetato e então em glicose via gliconeogênese. Dietas ricas em gorduras, que produzem altas concentrações sanguíneas de ácidos graxos livres e de corpos cetônicos, e desse modo alta carga ácida, fazem com que o α-cetoglutarato seja convertido completamente em CO_2 e então a bicarbonato, aumentando, assim, a capacidade tamponante do sangue. Durante o jejum, o α-cetoglutarato entra na gliconeogênese, sendo os rins responsáveis por até 50% do suprimento corporal de glicose.

3 HOMEOSTASIA METABÓLICA: REGULAÇÃO DO APETITE, GASTO ENERGÉTICO E PESO CORPORAL

Quando um animal normal come em demasia, a gordura adicional resultante, de alguma forma, sinaliza ao cérebro para ele induzir o animal a comer menos e gastar mais energia. Reciprocamente, a perda de gordura estimula um aumento da ingestão até que a gordura perdida seja recuperada. Evidentemente, os animais possuem um "lipostato" que pode manter constante a quantidade de gordura, em torno de 1%, por muitos anos. Pelo menos uma parte desse lipostato está no hipotálamo (a parte do cérebro que controla por meio de hormônios numerosas funções fisiológicas; Seção 19.1H), já que uma lesão nesse órgão pode gerar um animal excessivamente obeso.

A despeito desse conjunto óbvio de controles nos animais, está ocorrendo uma explosão de obesidade em muitas nações industrializadas. Está se tornando, na verdade, um problema mundial de saúde, levando o diabetes e a doenças cardíacas. Após numerosos estudos nos últimos anos, os pesquisadores têm sido capazes de delinear os mecanismos envolvidos na **homeostasia metabólica**, o balanço entre o influxo de energia e o seu dispêndio, e têm identificado algumas das irregularidades que levam à obesidade. Foi gerado um grande número de linhagens de roedores mutantes cujas mutações acarretam obesidade. O estudo desses mutantes tem resultado na identificação de vários hormônios que atuam coordenadamente na regulação do apetite.

A. *A proteína-cinase dependente de AMP é o indicador do nível de combustível da célula*

Todas as rotas metabólicas discutidas na Seção 27.1 são afetadas de uma forma ou de outra pela necessidade de ATP, conforme indicado pela relação AMP/ATP (Seção 17.4Fd). Várias enzimas são ativadas ou inibidas alostericamente por AMP, e várias outras são fosforiladas pela **proteína-cinase dependente de AMP (AMPK)**, o regulador principal da homeostasia metabólica. *A AMPK ativa as rotas de quebra metabólica que geram ATP ao mesmo tempo em que inibe as rotas biossintéticas de forma que poupa ATP para processos mais vitais.* A AMPK é um heterotrímero αβγ encontrada em todos os organismos eucarióticos desde leveduras até o homem. A subunidade α contém um domínio Ser/Thr de proteína-cinase e a subunidade γ contém sítios para ativação alostérica por AMP e inibição por ATP. Como outras proteína-cinases, o domínio cinase da AMPK deve ser fosforilado para ter atividade. A ligação do AMP à subunidade γ provoca uma mudança conformacional que expõe a Thr 172 na alça de ativação da subunidade α, promovendo sua fosforilação e aumentando sua atividade em pelo menos 100 vezes. O AMP pode ativar a enzima fosforilada mais 5 vezes. Existem duas isoformas da subunidade α, duas da subunidade β e três da subunidade γ, dando origem a 12 combinações heterotriméricas possíveis, com variantes de processamento gerando ainda maior diversidade. A principal cinase que fosforila AMPK é denominada **LKB1**. O nocaute da LKB1 em fígado de camundongo resulta na perda da forma fosforilada da AMPK.

a. A AMPK ativa a glicólise no músculo cardíaco esquêmico
Os alvos da AMPK incluem a isoenzima cardíaca da enzima bifuncional PFK-2/FBPase2, que controla a concentração da frutose-2,6-bifosfato (F2,6P) (Seção 18.3Fc). A fosforilação desta isoenzima ativa a PFK-2, aumentando a concentração de F2,6P que, por sua vez, ativa a PFK-1, a enzima limitante da velocidade da glicólise (Seção 17.4Fb). Consequentemente, nas células musculares cardíacas isquêmicas (privadas de sangue), as quais recebem oxigênio insuficiente para a fosforilação oxidativa insuficiente para a fosforilação manter as concentrações adequadas de ATP, a geração de AMP resultante faz as células trocarem para a glicólise anaeróbia para produção de ATP.

b. A AMPK inibe a lipogênese, a síntese de colesterol e a gliconeogênese no fígado
A fosforilação mediada pela AMPK também inibe a acetil-CoA-carboxilase (ACC), a qual catalisa a primeira etapa comprometida com a síntese de ácidos graxos (Seção 25.4B), e a hidroximetilglutaril-CoA-redutase (HMG-CoA-redutase), que catalisa a etapa determinante da velocidade da síntese do colesterol (Seção 25.6Aa). A AMPK ativada inibe a gliconeogênese de uma forma mais complicada: ela fosforila e com isso inativa o coativador transcricional **TORC2** (do inglês *transducer of regulated CREB activity-2,* ou transdutor 2 da atividade regulada da CREB), que, em conjunto com o ativador transcricional CREB, induziria a transcrição do gene que codifica a PEP-carboxicinase (PEPCK), a enzima que catalisa a etapa determinante da velocidade da gliconeogênese (Seções 23.1Af e 23.1Bb). Consequentemente, quando a velocidade de produção de ATP está inadequada, estas rotas biossintéticas são desligadas, conservando ATP para funções celulares mais vitais.

c. A AMPK promove a oxidação dos ácidos graxos e a captação da glicose, mas inibe a síntese de glicogênio no músculo esquelético
A inibição da ACC resulta em decréscimo na concentração de malonil-CoA, o material de partida para a biossíntese dos ácidos graxos. O malonil-CoA, contudo, tem uma função adicional. É um inibidor da carnitina-palmitoiltransferase I (Seção 25.2B), que é necessária na transferência do palmitoil-CoA para dentro da mitocôndria para oxidação. A redução na concentração do malonil-CoA permite que mais palmitoil-CoA seja oxidado. A AMPK também aumenta o recrutamento de GLUT4 para a membrana plasmática das células musculares (Seção 20.2Ec), bem como estimula sua expressão, facilitando assim a entrada da glicose nestas células independente de insulina. Além disso, a AMPK inibe a glicogênio-sintase (que catalisa a reação limitante da velocidade da síntese do glicogênio; Seção 18.3B). Na verdade, a subunidade β da AMPK tem um domínio de ligação ao glicogênio que provavelmente recruta a AMPK para as proximidades da glicogênio-sintase.

d. A AMPK inibe a síntese dos ácidos graxos e a lipólise nos adipócitos
A AMPK inibe a síntese dos ácidos graxos nos adipócitos pela fosforilação da ACC conforme descrito anteriormente. Além disso, A AMPK fosforila a triacilglicerol-lipase sensível a hormônio no tecido adiposo (Seção 25.5). Esta fosforilação, ao invés de ativar, inibe a enzima, em parte por impedir a relocalização da enzima na gota lipídica, a localização celular da lipólise. Como resultado, são degradadas poucas moléculas de triacilglicerol, de modo que poucos ácidos graxos são exportados para a circulação. Este último processo parece paradoxal (a oxidação de ácidos graxos ajudaria a diminuir o déficit de ATP), embora se tenha especulado que previne a produção celular de ácidos graxos em níveis tóxicos. Os principais efeitos da ativação da AMPK sobre o metabolismo da glicose e dos lipídeos no fígado, músculo esquelético, músculo cardíaco e tecido adiposo estão esquematizados na Fig. 27.4.

B. *A adiponectina regula a atividade da AMPK*

A **adiponectina** é um hormônio proteico com 247 resíduos, secretado exclusivamente pelos adipócitos, que auxilia na regulação da homeostasia energética e no metabolismo da glicose e dos lipídeos pelo controle da atividade da AMPK. Seus monômeros consistem em um domínio N-terminal tipo colágeno e um domínio C-terminal globular. A adiponectina aparece na circulação sob várias formas: um trímero de baixo peso molecular formado pela torção de seus domínios tipo colágeno em uma hélice tripla (Seção 8.2Ba) assim como hexâmeros e multímeros que formam ramalhetes unidos por ligações dissulfeto (Fig. 27.5). Além disso, a adiponectina globular, formada pela clivagem do domínio tipo colágeno com a liberação de monômeros globulares, ocorre em concentrações baixas.

A ligação do hormônio aos **receptores de adiponectina**, que ocorre na superfície das células hepáticas e musculares, age aumentando a fosforilação e a atividade da AMPK. Isto, como visto, (Seção 27.3A), inibe a gliconeogênese e estimula a oxidação dos ácidos graxos no fígado e estimula a captação da glicose e sua oxidação bem como a dos ácidos graxos no músculo. Todos esses efeitos atuam no aumento da sensibilidade à insulina, em parte porque a adiponectina e a insulina provocam respostas similares em tecidos como o fígado. Adiponectina diminuída está associada com resistência à insulina (Seção 27.4B). Paradoxalmente, a concentração sanguínea de adiponectina, que é secretada pelos adipócitos, diminui com o aumento na quantidade de tecido adiposo. Isto pode acontecer porque o tecido adiposo aumentado está associado também com aumento na produção do **fator de necrose tumoral α** (**TNF-α**), uma citocina que reduz a expressão e a secreção da adiponectina no tecido adiposo (Seção 19.3Db).

C. *Leptina*

Dois dos genes cujas mutações causam obesidade em camundongos são conhecidos como *obeso* (*ob*) e *diabetes* (*db;* os genes selvagens são designados *OB* e *DB*). Os homozigotos para defeitos em qualquer um desses genes recessivos, *ob/ob* ou *db/db*, são extremamente obesos e apresentam fenótipos quase idênticos (Fig. 27.6). Na verdade, o modo pelo qual esses fenótipos foram discriminados foi por meio da ligação

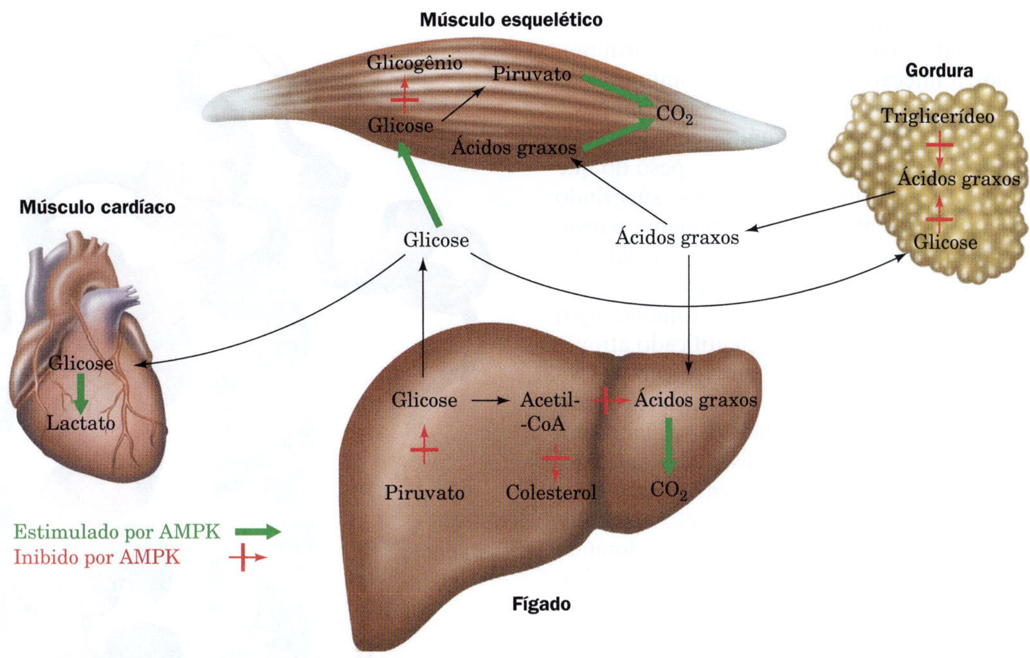

FIGURA 27.4 **Principais efeitos da proteína-cinase ativada por AMP (AMPK) sobre o metabolismo lipídico e da glicose no fígado, músculo e tecido adiposo.** No músculo esquelético a AMPK estimula a oxidação da glicose e dos ácidos graxos enquanto inibe a síntese de glicogênio. No músculo cardíaco a enzima estimula a glicólise. No fígado a enzima inibe a gliconeogênese e a biossíntese de lipídeos enquanto estimula a oxidação dos ácidos graxos. No tecido adiposo a AMPK inibe a biossíntese de ácidos graxos, a lipólise e a exportação dos ácidos graxos.(Segundo Towler, M.C. e Hardie, D.G., *Circ. Res.* **100,** 328 (2007).)

cirúrgica da circulação de um camundongo mutante com a de um camundongo normal (*OB/OB*), um fenômeno denominado **parabiose**. Os camundongos *ob/ob* ligados dessa forma apresentaram normalização do peso corporal e redução na quantidade de alimento ingerido, enquanto os camundongos *db/db* não apresentaram alteração. Isso sugere que os mutantes *ob/ob* são deficientes em um fator circulante que regula o apetite e o metabolismo, enquanto os mutantes *db/db* são deficientes do receptor para esse fator.

O gene *OB* de camundongo codifica uma proteína monomérica com 146 resíduos chamada **leptina** (do grego: *leptos*, delgado; Fig. 27.7), que não apresenta homologia com proteínas de sequência conhecida. A leptina, descoberta por Jeffrey

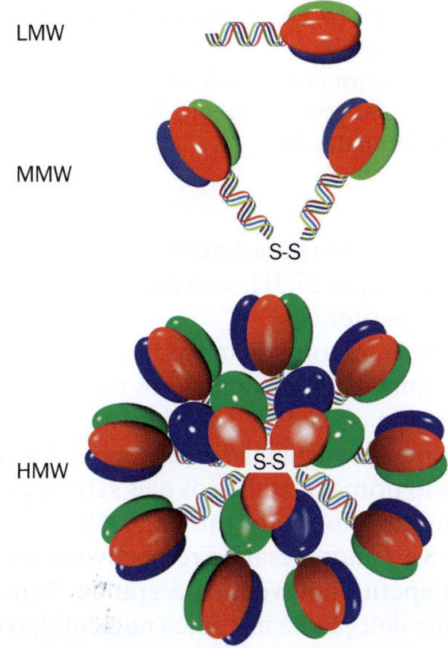

FIGURA 27.5 **Trímeros, hexâmeros e multímeros de adiponectina.** Estes complexos estão relacionados às formas de baixa massa molecular (LMW), massa molecular média (MMW) e alta massa molecular (HMW). (Segundo Kadowaki, T., e Yamauchi, T., *Endocr. Rev.* **26,** 439 (2005).)

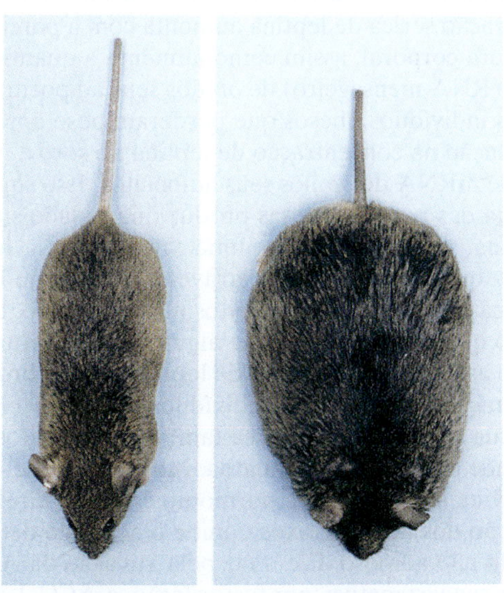

FIGURA 27.6 **Camundongo normal (*OB/OB, à esquerda*) e obeso (*ob/ob, à direita*).** (Cortesia de Richard D. Palmiter, University of Washington, EUA.)

Friedman, é expressa somente nos adipócitos, os quais, ao expressá-la, parecem informar ao cérebro quanta gordura o corpo possui. Assim, a injeção de leptina em camundongos *ob/ob* faz com que os animais comam menos e percam peso. Na verdade, os camundongos *ob/ob* tratados com leptina e com uma dieta controlada perderam 50% mais peso do que os submetidos à mesma dieta, mas não tratados, sugerindo que a redução na ingestão de alimento isoladamente é insuficiente para justificar a perda de peso induzida pela leptina. Essa proteína parece controlar também o gasto de energia.

A injeção de leptina não tem efeito sobre os camundongos *db/dB*. O gene do receptor de leptina foi identificado através de uma biblioteca de cDNA de tecido cerebral de camundongo que liga leptina especificamente, sendo o clone que expressa o receptor identificado por sua capacidade de se ligar à leptina (as técnicas de clonagem gênica são discutidas na Seção 5.5). Esse gene, que foi demonstrado ser o gene *DB*, codifica uma proteína chamada **OB-R** (de receptor *OB*), que aparentemente tem um único segmento transmembrana e um domínio extracelular que lembra os receptores para determinadas citocinas (proteínas que regulam a diferenciação, a proliferação e as atividades de várias células sanguíneas; Seção 19.3Eb).

A proteína OB-R, descoberta por Louis Tartaglia, tem pelo menos seis formas alternativas de processamento que, aparentemente, são expressas de maneira tecido-específica (o processamento alternativo de genes é discutido na Seção 31.4Am). O hipotálamo de camundongos normais expressa altos níveis de uma variante de OB-R que possui um segmento citoplasmático com 302 resíduos. Contudo, em camundongos *db/db*, esse segmento tem um sítio anormal de processamento que o reduz a apenas 34 resíduos, o que muito provavelmente torna essa variante incapaz de transmitir os sinais da leptina. Assim, parece que os efeitos da leptina no controle do peso são mediados pela transdução de sinal resultante da sua ligação à proteína OB-R no hipotálamo.

A leptina humana tem 84% de identidade com a de camundongos. O uso de um radioimunoensaio (Seção 19.1A) para medir os níveis séricos de leptina em humanos com peso normal e em obesos mostrou que em ambos os grupos a concentração sérica de leptina aumenta com a porcentagem de gordura corporal, assim como aumenta a quantidade de mRNA (RNA mensageiro) de *ob* dos seus adipócitos. Além disso, os indivíduos obesos que perderam peso apresentam uma redução na concentração de leptina no soro e na quantidade de mRNA de *ob* nos seus adipócitos. Isso sugere que a maioria das pessoas obesas produz quantidade suficiente de leptina, mas desenvolveu uma "resistência à leptina". Uma vez que a proteína deve atravessar a barreira hematoencefálica para exercer seus efeitos no hipotálamo, tem sido sugerido que essa travessia é de alguma forma saturável, limitando assim a concentração de leptina no cérebro. A alta concentração de leptina nos indivíduos obesos não é, contudo, inócua. A OB-R é expressa também em tecidos periféricos, onde a leptina também atua. Mostrou-se que, embora não previna a obesidade, o hormônio estimula diretamente a oxidação dos ácidos graxos e inibe o acúmulo de lipídeos no tecido não adiposo. Ele o faz pela ativação da AMPK, a qual por sua vez inativa, por fosforilação, a ACC. Isso reduz a concentração de malonil-CoA, reduzindo assim sua inibição sobre a carnitinapalmitoil-transferase I, que transporta

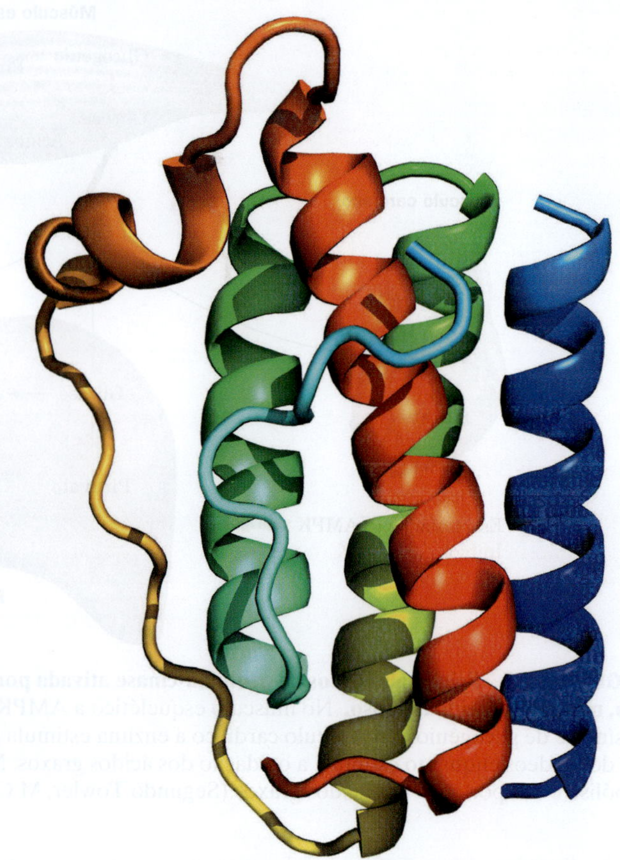

FIGURA 27.7 Estrutura por raios X da leptina humana E100. Esta forma mutante da proteína (W100E) possui atividade comparável à da selvagem, porém cristaliza mais facilmente. A proteína está colorida como o arco-íris da sua extremidade N-terminal (*azul*) para sua extremidade C-terminal (*vermelho*) forma um feixe de quatro hélices, à semelhança de fatores de crescimento proteicos (p. ex., hormônio de crescimento humano; Fig. 19.10). Os resíduos 25 a 38 não são visíveis na estrutura. (Com base na estrutura por raios X obtida por Faming Zhang, Eli Lilly & Co., Indianápolis, Indiana, EUA. PDBid1AX8.)
Ver Exercício interativo 27

acil-CoA de ácido graxo para a mitocôndria para ser oxidado (Seção 25.5). Na Seção 27.3H, será discutida a função da leptina nos tecidos periféricos.

Uma pequena minoria de indivíduos obesos é deficiente em leptina de uma maneira similar aos camundongos *ob/ob*. Duas crianças com obesidade mórbida, membros da mesma família altamente cosanguínea (descendente dos mesmos ancestrais; elas são primas e ambos os pais são também primos) mostraram homozigose para um gene *OB* defeituoso. As crianças, com 8 e 2 anos, pesando respectivamente 86 e 29 kg, possuíam um apetite notavelmente grande. Seus genes *OB* mostraram uma deleção de um único nucleotídeo de guanina no códon 133, causando por isso uma mutação que altera a fase de leitura, que provavelmente deu origem a uma leptina mutante biologicamente inativa. Além disso, seus níveis de leptina no soro eram somente 10% do normal. Injeções de leptina aliviaram seus sintomas.

D. *Insulina*

Foi discutido sobre a cascata de sinalização da insulina (Seção 19.4F) e o papel desse hormônio na estimulação da captação da glicose (Fig. 20.11) e no seu armazenamento como glicogênio (Seção 18.3) ou como gordura (Seção 25.5) nos tecidos periféricos, como o músculo e o tecido adiposo. O hipotálamo também possui receptores para insulina. Em consequência, a infusão do hormônio em ratos com diabetes por insuficiência de insulina inibe a ingestão de alimento, revertendo o comportamento de comer em demasia, característico da doença. Foram gerados camundongos mutantes pelo rompimento do gene do receptor da insulina do sistema nervoso central. Esses animais não apresentaram alteração no desenvolvimento do cérebro nem na sobrevivência, mas tornaram-se obesos, com aumento da gordura corporal, dos níveis de leptina, dos triacilgliceróis no soro e da insulina no plasma, característicos da resistência à insulina (Seção 27.4B). Evidentemente, a insulina tem também um papel na regulação neuronal do consumo de alimento e do peso corporal. Conforme será discutido na Seção 27.3F, a insulina e a leptina atuam na redução do consumo de alimento por meio de receptores hipotalâmicos.

E. *Grelina e PYY_{3-36}*

a. A grelina e PYY_{3-36} atuam como reguladores de curto prazo do apetite

A **grelina**, descoberta por Masayasu Kojima e Kenji Kanagawa, é um peptídeo gástrico estimulador do apetite, secretado pelo estômago vazio. Esse peptídeo, com 28 resíduos, foi descoberto e nomeado devido à sua função como um liberador do hormônio do crescimento (grelina, do inglês *ghrelin,* é uma abreviatura de *growth-hormone-release*). A modificação da Ser 3 pela ligação do ácido *n*-octanoico é uma etapa necessária para sua atividade.

```
         10         20        28
GSXFLSPEHQ RVQQRKESKK PPAKLQPR
```

Grelina humana

X = Ser modificada pelo ácido *n*-octanoico

Tem sido mostrado que a injeção de grelina induz a obesidade (por aumento do tecido adiposo) em roedores pela estimulação do consumo de alimento e redução na utilização da gordura. Em humanos com balanço energético positivo, como na obesidade ou em dieta hipercalórica, os níveis de grelina circulantes estão diminuídos, estando, no entanto, aumentados durante o jejum.

O $\mathbf{PYY_{3-36}}$

```
3      10         20         30     36
IKPEAPGE DASPEELNRY YASLRHYLNL VTRQRY
```

Humano PYY_{3-36}

é um peptídeo secretado pelo trato gastrintestinal proporcionalmente à ingestão calórica de uma refeição, atuando na inibição da ingestão de alimento subsequente. Tanto roedores quanto humanos respondem à presença desse peptídeo reduzindo a alimentação por até 12 horas. Indivíduos que receberam infusão de PYY_{3-36} por 90 minutos consumiram somente 1.500 kcal de alimento durante o período subsequente de 24 horas, enquanto os controles, que receberam somente solução salina, consumiram 2.200 kcal no mesmo período.

F. *Integração hipotalâmica dos sinais hormonais*

a. Os neurônios do núcleo arqueado do hipotálamo integram e transmitem sinais de fome

Cerca da metade do comprimento do hipotálamo é constituída pelo **núcleo arqueado**, um grupo de corpos celulares de neurônios que consistem em dois tipos de células: o tipo **NPY/AgRP** e o tipo **POMC/CART**. Esses tipos celulares têm esses nomes devido aos neuropeptídeos que secretam. O **neuropeptídeo Y** (**NPY**)

```
1        10         20         30     36
YPSKPDNPGE DAPAEDMARY YSALRHYINL ITRQRY–NH2
```

Neuropeptídeo Y

A carboxila C-terminal é amidada

é um potente estimulador do apetite e um inibidor do consumo de energia, bem como o **peptídeo relacionado ao gene *cutia*** (**AgRP**, do inglês *agouti-related peptide*). A **pro-opiomelanocortina** (**POMC**) sofre processamento pós-traducional no hipotálamo, liberando o **hormônio estimulador dos α-melanócitos** (**α-MSH**, do inglês *α-melanocyte stimulating hormone*; Seção 34.3C). O **transcrito regulado por cocaína e anfetamina** (**CART**, do inglês *cocaine and amphetamine-regulated transcript*) e o α-MSH são inibidores do apetite e estimuladores do gasto de energia.

O balanço entre as secreções desses dois tipos celulares é controlado por leptina, insulina, grelina e PYY_{3-36} (Fig. 27.5). A leptina e a insulina sinalizam saciedade e, portanto, diminuem o apetite ao atravessarem a barreira hematoencefálica e difundirem-se no núcleo arqueado, onde estimulam os neurônios POMC/CART a sintetizarem CART e α-MSH, enquanto inibem a produção de NPY pelos neurônios NPY/AgRP. Acredita-se que os receptores de leptina atuem pela rota de transdução de sinal JAK-STAT (Seção 19.3Eb). A grelina possui receptores nos neurônios NPY/AgRP, que estimulam a secreção dos dois peptídeos, aumentando o apetite. Curiosamente, o PYY_{3-36}, que é homólogo ao NPY, liga-se especificamente ao subtipo Y2R do receptor do NPY nos neurônios NPY/AgRP. Esse subtipo é, contudo, um receptor inibitório, de modo que a ligação do PYY_{3-36} causa uma redução nas secreções desses neurônios. A integração dos estímulos de todas essas secreções do núcleo arqueado controla o apetite.

G. *Controle do gasto energético pela termogênese adaptativa*

O conteúdo de energia do alimento é utilizado pelo organismo para realizar trabalho ou para gerar calor. O excesso de energia é armazenado como glicogênio ou como gordura para uso futuro. Em indivíduos bem equilibrados, o estoque do excesso de combustível permanece constante por muitos anos. Contudo, quando a quantidade de energia obtida sob a forma de alimento for consideravelmente maior do que a energia gasta, a obesidade se estabelece. O corpo tem vários mecanismos para impedir a obesidade. Um deles consiste no controle do apetite, conforme foi discutido anteriormente. Outro consiste na **termogênese induzida pela dieta**, uma

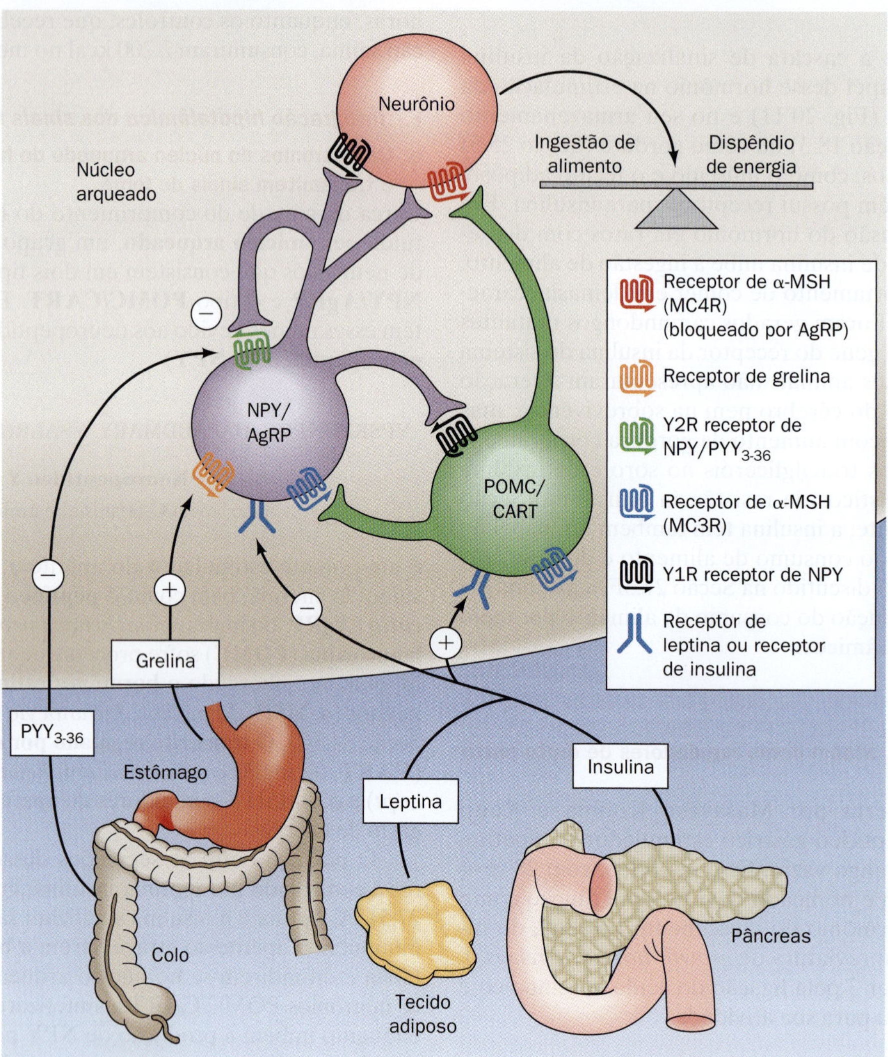

FIGURA 27.8 Hormônios que controlam o apetite. A leptina e a insulina (*parte inferior*) circulam no sangue em concentrações proporcionais à massa de gordura corporal. Esses hormônios reduzem o apetite porque inibem os neurônios NPY/AgRP (*no centro*), ao mesmo tempo que estimulam os neurônios produtores de melanocortina na região do núcleo arqueado do hipotálamo. O NPY e o AgRP aumentam o apetite e a melanocortina o reduz por meio de outros neurônios (*parte superior*). A ativação dos neurônios produtores de NPY/AgRP inibe os neurônios produtores de melanocortina. O hormônio gástrico grelina estimula o apetite pela ativação dos neurônios produtores de NPY/AgRP. O $PYY_{3\text{-}36}$, liberado pelo trato gastrintestinal, inibe os neurônios produtores de NPY/AgRP, reduzindo assim o apetite. O $PYY_{3\text{-}36}$ atua, em parte, por meio do receptor autoinibitório NPY do subtipo Y2R. (Segundo Schwartz, M.W., e Morton, G.J., *Nature* **418,** 596 [2002].)

forma de **termogênese adaptativa** (produção de calor em resposta ao estresse ambiental). Discutiu-se previamente a termogênese adaptativa em resposta ao frio, que ocorre em roedores e em humanos recém-nascidos pelo desacoplamento da fosforilação oxidativa no tecido adiposo marrom (Seção 22.3Da). O mecanismo dessa termogênese envolve a liberação de noradrenalina pelo cérebro em resposta ao frio, sua ligação aos receptores β-adrenérgicos no tecido adiposo marrom e a indução de um aumento da concentração de AMPc, que, por sua vez, inicia uma cascata enzimática de fosforilações que ativa a triacilglicerol-lipase sensível a hormônio. O consequente aumento na concentração dos ácidos graxos livres fornece combustível para oxidação e, ao mesmo tempo, induz, na membrana interna da mitocôndria, a abertura de um canal de prótons chamado proteína desacopladora-1 ou termogenina. A abertura desse canal dissipa o gradiente de prótons através da membrana mitocondrial interna, desacoplando, dessa forma, o transporte de elétrons da produção de ATP. A energia que seria utilizada para sintetizar ATP é agora liberada na forma de calor.

Apesar das medidas metabólicas em humanos adultos demonstrarem claramente que um aumento na ingestão de alimentos leva a um aumento na taxa metabólica e na termogênese, a causa desse aumento ainda não está esclarecida. Os humanos adultos têm pouco tecido adiposo marrom. No entanto, a musculatura esquelética representa até 40% da massa corporal total e tem alto conteúdo de mitocôndrias. Foram identificados homólogos da proteína desacopladora-1: a **pro-**

teína desacopladora-2 ocorre em vários tecidos, inclusive no tecido adiposo branco, enquanto a **proteína desacopladora-3** ocorre no tecido adiposo marrom e no branco, além do músculo. Foi demonstrado que a leptina regula positivamente a proteína desacopladora-2. No entanto, ainda não foi demonstrado que a proteína desacopladora-3 no músculo participa da termogênese induzida pela dieta. Ciclos fúteis que hidrolisam ATP, como os que ocorrem entre os ácidos graxos e o triacilglicerol no tecido adiposo (Seção 27.2C), também podem estar envolvidos na termogênese.

H. *A leptina evoluiu como um gene econômico?*

O comportamento incomum da leptina, que controla o peso em indivíduos normais, enquanto sua concentração é elevada nos indivíduos obesos sem efeito aparente, levou à proposta de que essa proteína evoluiu como um "gene econômico". Nas sociedades caçadoras-coletoras era uma vantagem evidente ser capaz de sobreviver à escassez de alimento intermitente. Para tornar isso possível, a gordura precisava ser armazenada no tecido adiposo em tempos de fartura, tornando vantajosa a obesidade de curta duração. Contudo, o acúmulo de ácidos graxos e de lipídeos em tecidos que não o adiposo resulta em doença coronariana, resistência à insulina e diabetes (Seção 27.4B). Acredita-se que a leptina, por estimular diretamente a oxidação dos ácidos graxos, ao mesmo tempo em que inibe o acúmulo de lipídeos em tecido não adiposo, proteja contra essas doenças durante a obesidade de curta duração, proporcionando uma vantagem evolutiva. No entanto, nas nações industrializadas nos tempos atuais, a grande disponibilidade de alimento e a ausência de escassez tornaram a obesidade uma condição de longa duração, o que é uma desvantagem e não um benefício.

4 ADAPTAÇÃO METABÓLICA

Nesta seção será considerada a resposta corporal a duas situações metabolicamente anormais: (1) o jejum e (2) a doença diabetes melito.

A. *Jejum*

A glicose é o metabólito de escolha tanto para o cérebro como para o músculo. No entanto, o corpo armazena o carboidrato em uma quantidade suficiente para menos de um dia (Tabela 27.1). Assim, o baixo nível sanguíneo de glicose causado por uma noite de jejum tem como consequência a mobilização de ácidos graxos do tecido adiposo, por meio de um aumento da secreção de glucagon e um decréscimo da secreção de insulina (Seção 25.5). O nível reduzido de insulina também inibe a captação da glicose pelo tecido muscular. Por essa razão, para a produção de energia, os músculos trocam o metabolismo da glicose pelo dos ácidos graxos. O cérebro, contudo, permanece ainda altamente dependente de glicose.

Os animais não podem sintetizar glicose a partir dos ácidos graxos porque o piruvato e o oxalacetato, precursores da glicose na gliconeogênese (Seção 23.1), não podem ser sintetizados a partir da acetil-CoA (no ciclo do ácido cítrico, o oxalacetato é derivado da acetil-CoA, mas a natureza cíclica do processo requer que esse intermediário seja consumido tão rapidamente quanto é sintetizado; Seção 21.1A). Por esse motivo, durante o jejum, a glicose deve ser sintetizada a partir do glicerol produzido pela degradação dos triacilgliceróis e, o que é mais importante, a partir dos aminoácidos derivados da degradação de proteínas, cuja principal fonte é o músculo. Assim, após um jejum de 40 horas, 96% da glicose produzida no fígado é suprida pela gliconeogênese. No entanto, a degradação continuada do músculo durante o jejum prolongado garantiria que esse processo se tornasse irreversível, uma vez que o animal necessita de uma grande massa muscular para se locomover em busca de comida. O organismo deve, portanto, fazer arranjos metabólicos alternativos.

TABELA 27.1 Reservas de combustível de um homem normal de 70 kg

Combustível	Massa (kg)	Calorias*
Tecidos		
Gordura (triacilgliceróis do tecido adiposo)	15	141.000
Proteína (principalmente músculo)	6	24.000
Glicogênio (músculo)	0,150	600
Glicogênio (fígado)	0,075	300
Combustíveis circulantes		
Glicose (fluido extracelular)	0,020	80
Ácidos graxos livres (plasma)	0,0003	3
Triacilgliceróis (plasma)	0,003	30
Total		166.000

*1 Caloria = 1 kcal = 4,184 kJ.
Fonte: Cahill, G.F., Jr., *New Engl. J. Med.* **282**, 669 (1970).

Após vários dias de jejum, o suprimento de oxalacetato no fígado é esgotado pela gliconeogênese de tal forma que a capacidade do órgão em metabolizar acetil-CoA pelo ciclo do ácido cítrico é drasticamente reduzida. O fígado passa então a converter a acetil-CoA em corpos cetônicos (Seção 25.3), que são liberados no sangue. O cérebro se adapta gradualmente ao uso dos corpos cetônicos como combustível, pela síntese das enzimas apropriadas: após um jejum de três dias, somente um terço das necessidades energéticas do cérebro são supridas pelos corpos cetônicos, alcançando ~70% após 40 dias de jejum. A taxa de degradação do músculo durante o jejum prolongado é, consequentemente, reduzida a ~25% daquela alcançada no jejum de poucos dias. Por isso, o tempo de sobrevivência de um indivíduo em jejum está muito mais na dependência do tamanho das suas reservas de gordura do que da sua massa muscular. Na verdade, indivíduos muito obesos podem sobreviver por mais de um ano sem se alimentar (e têm, ocasionalmente, feito isso, em programas de redução de peso supervisionados clinicamente).

a. A restrição calórica pode aumentar a longevidade

A restrição calórica é uma forma modificada de jejum pelo qual a captação de energia é reduzida em 30 a 40%, enquanto são mantidos os níveis dos micronutrientes (vitaminas e minerais). Os roedores mantidos com uma dieta deste tipo vivem 50% mais do que aqueles mantidos com dietas normais e apresentam menos sintomas debilitantes da velhice. O tempo de vida de uma vasta gama de organismos desde leveduras até primatas também aumenta.Um grande esforço está sendo despendido em pesquisas para determinar a base bioquímica destas observações.

B. *Diabetes melito*

O hormônio polipeptídico insulina atua principalmente no músculo, no fígado e nas células adiposas, estimulando a síntese de glicogênio, gordura e proteína e inibindo a degradação desses combustíveis metabólicos. Além disso, a insulina estimula a captação de glicose pela maioria das células, com a notável exceção das células cerebrais e hepáticas. Juntamente com o glucagon, o qual exerce basicamente efeitos opostos, a insulina atua na manutenção do nível sanguíneo adequado de glicose.

Na doença **diabetes melito**, que é a terceira causa de morte nos Estados Unidos, atrás somente de doenças cardíacas e do câncer, a insulina não é secretada em quantidade suficiente ou não estimula adequadamente suas células-alvo. Em consequência, os níveis sanguíneos de glicose tornam-se tão elevados que o açúcar "transborda" na urina, fornecendo um teste diagnóstico prático para a doença. Ainda assim, apesar dos altos níveis sanguíneos de glicose, as células "jejuam", porque a captação celular de glicose estimulada pela insulina está diminuída. A hidrólise dos triacilgliceróis, a oxidação dos ácidos graxos, a gliconeogênese e a formação dos corpos cetônicos estão aceleradas, e os níveis sanguíneos desses últimos tornam-se excepcionalmente altos, uma condição denominada **cetoacidose**. Como os corpos cetônicos são ácidos, sua alta concentração sobrecarrega a capacidade tamponante do sangue e dos rins, os quais controlam o pH sanguíneo excretando o excesso de H^+ na urina (Seção 27.2E). A excreção excepcionalmente alta de íons H^+ é acompanhada da excreção de NH_4^+, Na^+, K^+, P_i e de H_2O, causando desidratação grave (o que aumenta a desidratação resultante do efeito osmótico da alta concentração de glicose no sangue; sede excessiva é um sintoma clássico do diabetes) e uma redução do volume sanguíneo – basicamente situações de risco de vida.

Existem duas formas principais de diabetes melito:

1. **Tipo 1**, **dependente de insulina**, ou **diabetes juvenil** que, com mais frequência, surge repentinamente na infância.
2. **Tipo 2**, **não dependente de insulina**, ou **diabetes senil**, que em geral se desenvolve gradualmente após os 40 anos.

a. O diabetes dependente de insulina é causado por uma deficiência das células β pancreáticas

No diabetes melito dependente de insulina (tipo 1), o hormônio está praticamente ausente porque as células β do pâncreas estão defeituosas ou ausentes. Essa condição resulta, em indivíduos geneticamente suscetíveis (ver a seguir), de uma resposta autoimune que destrói seletivamente as células β. Frederick Banting e George Best foram os que primeiro demonstraram, em 1921, que indivíduos com diabetes dependente de insulina necessitam de injeções diárias do hormônio para sobreviverem, além da necessidade de seguir dietas cuidadosamente balanceadas e exercícios. A expectativa de vida desses indivíduos, no entanto, é reduzida em um terço em consequência de complicações degenerativas, como insuficiência renal, redução da capacidade nervosa e doença cardiovascular que aparentemente têm origem no controle metabólico impreciso produzido pelas injeções periódicas de insulina. A **hiperglicemia** (alta concentração de glicose no sangue) do diabetes melito também leva à cegueira pela degeneração da retina e a glicosilação das proteínas do cristalino, que causa catarata (Fig. 27.9). Talvez os sistemas desenvolvidos recentemente, que monitoram os níveis sanguíneos de glicose e que liberam continuamente a insulina nas quantidades necessárias, possam corrigir essa condição.

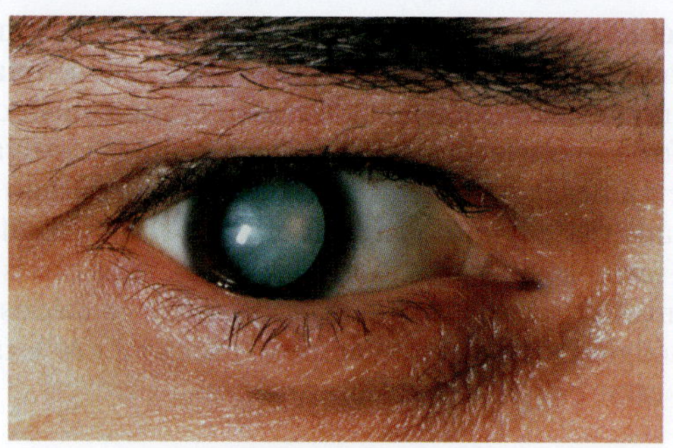

FIGURA 27.9 Foto de uma catarata de origem diabética. O acúmulo de glicose no cristalino provoca intumescimento e a precipitação de proteínas da lente. A opacidade resultante causa visão borrada e, ao final, perda total da visão. (© Sue Ford/ PhotoResearchers.)

O início geralmente rápido dos sintomas do diabetes dependente de insulina sugere que o ataque autoimune sobre as células β responsável pela doença seja de curta duração. A doença, no entanto, "fermenta" por vários anos à medida que o sistema imune, estimulado de forma aberrante, destrói lentamente as células β. Somente após a destruição de mais de 80% das células é que aparecem, subitamente, os sintomas clássicos do diabetes. Consequentemente, um dos tratamentos mais bem-sucedidos do diabetes dependente de insulina é o transplante de células β, um procedimento que se tornou possível com o desenvolvimento de fármacos imunossupressores relativamente benignos.

Por que o sistema imune ataca as células β pancreáticas? Há muito tempo se sabe que determinados alelos (variantes genéticos) das **proteínas da Classe II do complexo principal de histocompatibilidade** (**MHC**, do inglês *major histocompatibility complex*) são particularmente frequentes em diabéticos dependentes de insulina (as proteínas do MHC são componentes altamente polimórficos [variáveis dentro da mesma espécie] do sistema imune, aos quais se devem ligar os antígenos gerados nas células, como as proteínas virais, para que sejam reconhecidos como estranhos; Seções 35.2Aa e 35.2E). Supõe-se que a autoimunidade contra as células β seja induzida, em um indivíduo suscetível, por um antígeno estranho, talvez um vírus, que lembre imunologicamente algum componente da célula β. A proteína MHC de Classe II que liga o antígeno o faz com tamanha tenacidade que estimula o sistema imune a lançar um ataque surpreendentemente vigoroso e prolongado ao antígeno. Algumas das células ativadas em algum momento migram para o pâncreas, onde iniciam um ataque contra as células β devido à semelhança do componente dessa célula com o antígeno estranho.

b. O diabetes não dependente de insulina caracteriza-se pela resistência à insulina e pela redução da sua secreção

O diabetes melito não dependente de insulina (tipo 2), que responde por mais de 90% dos casos diagnosticados de diabetes e afeta 18% da população com mais de 65 anos, geralmente acomete indivíduos obesos e com predisposição genética para essa condição (embora seja uma predisposição diferente da associada ao diabetes dependente de insulina).

Esses indivíduos podem apresentar níveis normais ou mesmo muito elevados de insulina. Seus sintomas se originam da **resistência à insulina**, uma aparente falta de sensibilidade ao hormônio em células normalmente responsivas.

A hiperglicemia que acompanha a resistência à insulina induz as células β pancreáticas a aumentar sua produção de insulina. Mas o alto nível basal de secreção do hormônio diminui a capacidade das células β de responder a aumentos adicionais da glicose sanguínea. Consequentemente, a hiperglicemia e as complicações resultantes tendem a piorar com o passar do tempo.

Uma pequena porcentagem de casos do diabetes tipo 2 resulta de mutações no receptor da insulina que afetam sua capacidade de tirosina-cinase ou de ligação à insulina. No entanto, na grande maioria dos casos não foi identificada uma causa genética clara. Por isso é provável que muitos fatores tenham um papel no desenvolvimento desta doença. Por exemplo, a produção aumentada de insulina resultante de excesso de comida pode no final suprimir a síntese dos receptores do hormônio. Esta hipótese é favorecida pela observação que a dieta sozinha é, com frequência, suficiente para controlar esse tipo de diabetes.

A resistência à insulina, que pode preceder em 10 a 20 anos o diabetes tipo 2, parece ser causada por uma interrupção na rota de sinalização da insulina (Seção 19.4F). Gerald Shulman propôs que essa interrupção deve ser causada por uma cascata de Ser/Thr-cinases que fosforila proteínas conhecidas como **substratos do receptor da insulina** (**IRS**, do inglês *insulin receptor substrates*; Seção 19.3Cg), de forma a reduzir sua capacidade de serem fosforiladas em seus resíduos de tirosina pelo receptor de insulina ativado. A fosforilação dos resíduos de tirosina é necessária para a ativação dos IRS e comunicação com a fosfoinositídeo-3-cinase (PI3K, do inglês *phosphoinositide 3-kinase*; Seção 19.4D), a qual subsequentemente ativa o translado das vesículas contendo GLUT4 para a superfície celular, aumentando o transporte de glicose para as células (Seção 20.2Ec). A cascata original de Ser/Thr-cinases é desencadeada pela ativação de uma isoforma da proteína-cinase C (PKC; Seção 19.4C), causada por um aumento na concentração de acil-CoA de ácido graxo, diacilglicerol e ceramidas (Seção 12.1D) resultante da elevada concentração de ácidos graxos livres (Fig. 27.10). A falha em ativar IRSs reduz a resposta da célula à insulina (Fig. 27.11).

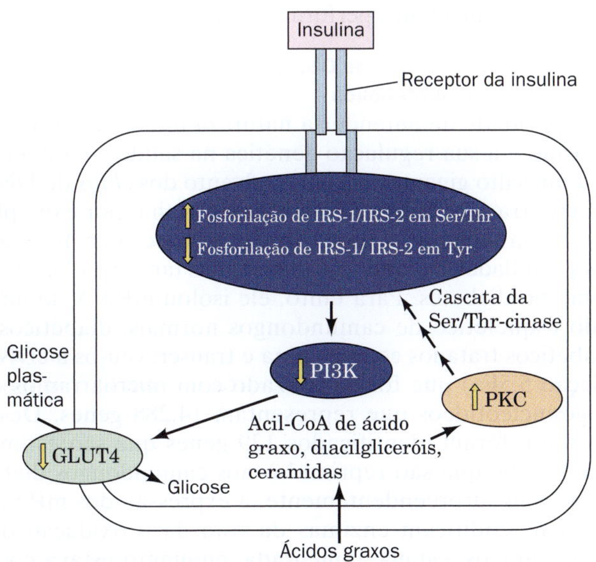

FIGURA 27.10 **O mecanismo por meio do qual altas concentrações de ácidos graxos livres causam resistência à insulina.** Os ácidos graxos livres em concentrações sanguíneas elevadas difundem-se para as células musculares, onde são convertidos em acil-CoA de ácido graxo, diacilgliceróis e ceramidas. Essas substâncias lipotóxicas ativam uma isoforma da PKC, desencadeando uma cascata de Ser/Thr-cinase que resulta na fosforilação de IRS-1 e IRS-2. Essa fosforilação inibe a fosforilação da tirosina necessária para a transmissão do sinal da insulina, reduzindo assim a ativação da PI3K, o que reduz a taxa de fusão das vesículas contendo GLUT4 com a membrana plasmática e, consequentemente, a quantidade de glicose que entra na célula. (Modificada a partir de Shulman, G.I., *J. Clin. Invest.* **106**, 173 [2000].)

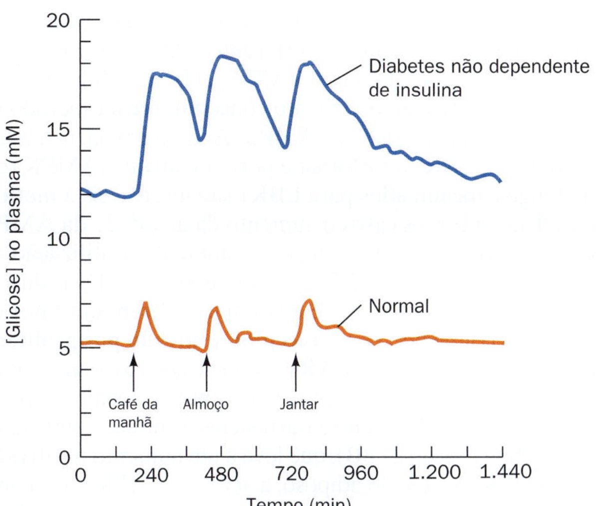

FIGURA 27.11 **Perfil da glicose plasmática, em vinte e quatro horas, de indivíduos normais e diabéticos não dependentes de insulina.** O nível basal da glicose e os picos que se seguem às refeições são mais altos nos indivíduos diabéticos. (Segundo Bell,G.I., Pilkis, S.J.,Weber, I.T., e Polonsky, K.S., *Annu. Rev. Physiol.* **58,** 178 (1996).]

c. As substâncias que ativam a AMPK atenuam os sintomas do diabetes não dependente de insulina

Outros tratamentos do diabetes não dependente de insulina usam fármacos como a **metformina** e as **tiazoldinedionas** (**TZDs**),

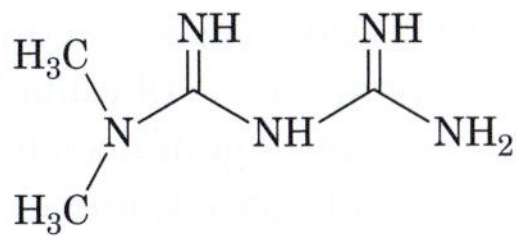

Metformina

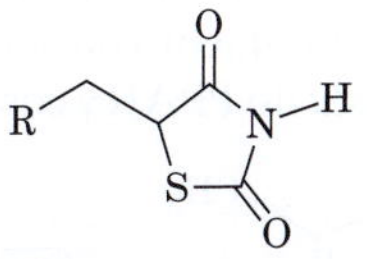

Tiazoldinedionas (TZD)

que reduzem a resistência à insulina tanto por suprimir a liberação da glicose pelo fígado (metformina) ou por promover a disponibilidade da glicose estimulada por insulina no músculo

(TZDs). Esses fármacos atuam pelo aumento da atividade da AMPK, mas por mecanismos diferentes. As TZDs provocam um grande aumento da relação AMP/ATP nas células musculares, juntamente com o aumento concomitante e esperado na fosforilação e na atividade da AMPK. A metformina, no entanto, estimula a LBK1 a fosforilar e portanto ativar a AMPK (camundongos nocauteados para LBK1 são insensíveis à metformina). Em ambos os casos o aumento da atividade da AMPK reduz a gliconeogênese no fígado e aumenta a utilização da glicose no músculo (Fig. 27.4). Além disso, as TZDs reduzem a resistência à insulina por se ligarem e ativarem um fator de transcrição conhecido como **receptor γ ativado por proliferadores de peroxissomos** (**PPARγ**; do inglês *peroxisome proliferator-activated receptor* γ), principalmente no tecido adiposo. A ativação do PPARγ entre outras coisas, induz a síntese de adiponectina (Seção 27.3B), que leva a um aumento na atividade da AMPK. No tecido adiposo, a ação da AMPK leva a uma redução na lipólise e na exportação dos ácidos graxos, diminuindo a concentração dos ácidos graxos livres no sangue e por isso a diminuição da resistência à insulina (ver anteriormente).

Ronald Evans mostrou que camundongos transgênicos expressando uma forma ativada de PPARγ nos seus músculos esqueléticos podem correr uma distância duas vezes maior do que os camundongos selvagens e são resistentes ao ganho de peso, mesmo com uma dieta com grande quantidade de gordura. Este PPARγ ativado induz um aumento no número de fibras musculares de contração lenta (Tipo I) aeróbias e, portanto, oxidantes de ácidos graxos (Seção 17.3Ca) em relação às fibras de contração rápida (Tipo II) anaeróbias e por isso menos eficientes na produção de energia.

Os adipócitos dos roedores secretam um hormônio peptídico com 108 resíduos denominado **resistina**. O hormônio é assim chamado devido à sua capacidade de bloquear a ação da insulina nos adipócitos. Na verdade, a produção de resistina é reduzida pelos TZDs, um fenômeno que levou à descoberta do hormônio. Foi proposto que a superprodução de resistina contribua para o desenvolvimento do diabetes não dependente de insulina. Uma diferença interessante entre roedores e humanos é que nestes últimos a resistina é produzida pelos macrófagos, uma divergência cujas implicações evolutivas e funcionais não são claras.

d. A obesidade é um fator que contribui para a síndrome metabólica

A **síndrome metabólica** é um distúrbio do metabolismo caracterizado pela resistência à insulina, inflamação, e uma predisposição a várias doenças inclusive ao diabetes tipo 2, hipertensão e aterosclerose. Estas doenças são acompanhadas por um aumento da doença coronariana. A obesidade, o sedentarismo, e possivelmente determinantes genéticos têm sido implicados na sua ocorrência, que afeta 65 milhões de pessoas somente nos Estados Unidos. Exercícios, redução das calorias e do peso, adiponectina, leptina, metformina e TZDs têm sido utilizados com sucesso no tratamento da síndrome metabólica. Da mesma forma, o agonista do PPARγ conhecido como **GW1516**

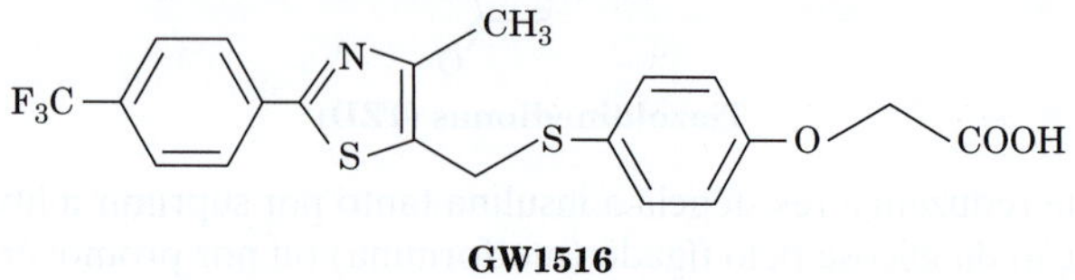

F_3C—C$_6$H$_4$—(tiazol, N, S, CH_3)—CH_2—S—C$_6$H$_4$—O—CH_2—COOH

GW1516

alivia os sintomas da síndrome metabólica em homens obesos, provavelmente por estimular a oxidação dos ácidos graxos.

Evans mostrou que GW1516 aumenta a tolerância ao exercício em camundongos, particularmente quando é administrada junto com o agonista da AMPK **5-amidoimidazol-4--carboxamida ribotídio** (**AICAR**);

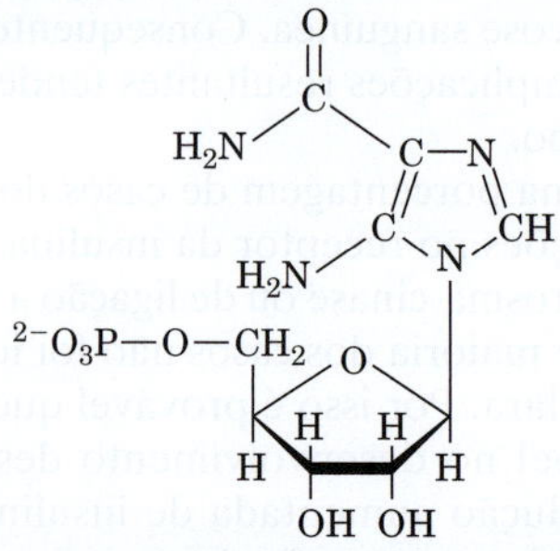

O, H_2N—C, C—N, H_2N, C, N, CH, $^{2-}O_3P$—O—CH_2, O, H, H, H, H, OH OH

5-Amidoimidazol-4-carboxamida ribotídio (AICAR)

que é também um produto da biossíntese da histidina (Seção 26.5B) e um intermediário na biossíntese dos ribonucleotídeos de purina (Seção 28.1A).

Este tratamento imita os efeitos da expressão de PPARγ ativada, o que sugere que a administração de GW1516 e AICAR podem proporcionar alguns dos benefícios do exercício sem que sejam realizados. De fato, a World Anti-Doping Agency colocou estes compostos na lista de substâncias proibidas que aumentam a performance dos atletas.

e. A tecnologia do *chip* de DNA permite o estudo integrado da regulação metabólica

A capacidade de entender a natureza integrada do metabolismo e a sua regulação genética na saúde e na doença deu um salto gigantesco com o advento dos *chips* de DNA (microarranjos; Seção 7.6B). Ronald Kahn, por exemplo, usou essa tecnologia para estudar as bases genéticas das anormalidades metabólicas observadas tanto na obesidade como no diabetes. Para tanto, ele isolou mRNA do músculo esquelético de camundongos normais, diabéticos e diabéticos tratados com insulina e transcreveu-os a cDNA (Seção 5.5Fa) que foi hibridizado com microarranjos de oligonucleotídeos que representam 14.288 genes. Dessa maneira, foram identificados 129 genes que são estimulados e 106 que são reprimidos nos camundongos diabéticos. Não surpreendentemente, a expressão dos mRNAs os quais codificam enzimas da rota da β-oxidação dos ácidos graxos, estava aumentada, enquanto estava coordenadamente reduzida a expressão das rotas relacionadas ao GLUT4, à glicocinase, ao componente E1 do complexo multienzimático da piruvato-desidrogenase e às subunidades dos quatro complexos mitocondriais da cadeia de transporte de elétrons. Curiosamente, somente a metade dessas alterações na expressão gênica pode ser revertida pelo tratamento com insulina. Assim, a era pós-genômica certamente testemunhará uma explosão no conhecimento sobre regulação metabólica, o que propiciará importantes benefícios à saúde. Não obstante, a capacidade de interpretar corretamente esse gigantesco fluxo de informação pode vir a ser o maior desafio.

RESUMO DO CAPÍTULO

1 As principais rotas e estratégias do metabolismo energético: Resumo A rede complexa de processos envolvidos no metabolismo energético está distribuída entre diferentes compartimentos celulares e em diferentes órgãos do corpo. Esses processos funcionam para gerar ATP, para produzir e armazenar glicose, triacilgliceróis e proteínas nos tempos de fartura para serem utilizados quando necessário, e para manter a concentração sanguínea de glicose no nível adequado para ser usada por órgãos como o cérebro, que, em condições normais, a utiliza como única fonte de combustível. As principais rotas do metabolismo energético incluem, no citosol, a glicólise, a degradação e a síntese do glicogênio, a gliconeogênese, a via das pentoses-fosfato, a síntese dos triacilgliceróis e dos ácidos graxos e, confinadas à mitocôndria, a oxidação dos ácidos graxos, o ciclo do ácido cítrico e a fosforilação oxidativa. A degradação dos aminoácidos ocorre, em parte, em ambos os compartimentos. O transporte dos metabólitos, mediado por proteínas carreadoras, através da membrana também desempenha um papel metabólico essencial.

2 Especialização dos órgãos O cérebro normalmente consome grandes quantidades de glicose. O músculo, sob demanda intensa de ATP, como na corrida de curta distância, degrada glicose e glicogênio anaerobiamente, produzindo lactato, que é exportado via sangue ao fígado, onde é reconvertido em glicose pela gliconeogênese. Durante atividade moderada, o músculo gera ATP pela oxidação completa a CO_2 e H_2O, por meio do ciclo do ácido cítrico e da fosforilação oxidativa, da glicose vinda do glicogênio, dos ácidos graxos e dos corpos cetônicos. O tecido adiposo armazena triacilgliceróis e libera ácidos graxos na circulação em resposta às necessidades metabólicas do organismo. Essas necessidades são informadas ao tecido adiposo por meio da insulina, que indica o estado nutricional no qual o armazenamento é apropriado, e do glucagon, da adrenalina e da noradrenalina, que sinalizam a necessidade de liberação de ácidos graxos para fornecer combustível para outros tecidos. O fígado, a "câmara de compensação" metabólica central do corpo, mantém as concentrações sanguíneas de glicose armazenando-a, na forma de glicogênio, nos tempos de fartura e liberando-a em tempos de necessidade, respectivamente, pela degradação do glicogênio e pela gliconeogênese. O fígado também converte os ácidos graxos em corpos cetônicos para uso pelos tecidos periféricos. Durante o jejum, ele degrada aminoácidos provenientes da degradação de proteínas em intermediários metabólicos que podem ser usados para gerar glicose. Os rins removem a ureia do sangue, recuperam metabólitos importantes e mantêm o equilíbrio do pH. Para isso, a glutamina é degradada produzindo NH_4^+ para excreção de H^+. O α-cetoglutarato resultante é convertido em CO_2 para reabastecer o sangue com HCO_3^+ e manter sua capacidade tamponante. Durante o jejum prolongado, o rim usa esse α-cetoglutarato na gliconeogênese.

3 Homeostasia metabólica: Regulação do apetite, gasto energético e peso corporal A proteína-cinase dependente de AMP (AMPK), o indicador do nível de combustível da célula, sente a necessidade da célula por ATP e ativa as rotas metabólicas de degradação enquanto inibe as rotas de biossíntese. A adiponectina, um hormônio dos adipócitos que aumenta a sensibilidade à insulina, atua na ativação da AMPK. O apetite é suprimido pela ação da leptina, um hormônio produzido pelo tecido adiposo, pela ação da insulina, produzida pela células β do pâncreas, e pelo $PYY_{3\text{-}36}$, produzido pelo trato gastrintestinal, que atua no hipotálamo inibindo a secreção do NPY e estimulando a secreção de α-MSH e CART. Isso reduz o apetite e, com isso, a ingestão de alimento. A grelina, um hormônio secretado pelo estômago vazio, se opõe aos efeitos da leptina, da insulina e do $PYY_{3\text{-}36}$, estimulando o apetite e a ingestão de alimento. A leptina também atua nos tecidos periféricos estimulando o gasto energético por meio da oxidação dos ácidos graxos e da termogênese.

4 Adaptação metabólica Durante o jejum prolongado, o cérebro, que em condições normais tem na glicose seu único combustível, se adapta lentamente ao consumo de corpos cetônicos, desviando assim a carga metabólica da degradação de proteínas para a degradação de gorduras. O diabetes melito é uma doença na qual a insulina ou não é secretada ou não estimula suficientemente seus tecidos-alvo, levando a altas concentrações de glicose no sangue e na urina. As células "morrem de fome" em meio à fartura, uma vez que elas não podem absorver a glicose do sangue e seus sinais hormonais são os do jejum. A produção excepcionalmente alta de corpos cetônicos é um dos efeitos mais perigosos do diabetes não controlado. A síndrome metabólica é causada por obesidade, sedentarismo, e possivelmente por determinantes genéticos. Seus sintomas podem ser aliviados por substâncias que ativam a AMPK.

REFERÊNCIAS

Capítulos 17 ao 26 deste texto.

Batterham, R.L., et al., Gut hormone $PYY_{3\text{-}36}$ physiologically inhibits food intake, *Nature* **418,** 650–654 (2002).

Brüning, J.C., Gautam, D., Burks, D.J., Gillette, J., Schubert, M., Orban, P.C., Klein, R., Krone, W., Müller-Weiland, D., and Kahn, C.R., Role of brain insulin receptor in control of body weight and reproduction, *Science* **289,** 2122–2125 (2000).

Carling, D., The AMP-activated protein kinase cascade—a unifying system for energy control, *Trends Biochem. Sci.* **29,** 18–24 (2004).

Coll, A.P., Farooqi, I.S., and O'Rahilly, S., The hormonal control of food intake, *Cell* **129,** 251–262 (2007).

Evans, J.L., Goldfine, I.D., Maddux, B.A., and Grodsky, G.M., Oxidative stress and stress-activated signaling pathways: a unifying hypothesis of type 2 diabetes, *Endocrine Rev.* **23,** 599–622 (2002).

Flier, J.S., Obesity wars: Molecular progress confronts an expanding epidemic, *Cell* **116,** 337–350 (2004).

Kadowaki, T. and Yamauchi, T., Adiponectin and adiponectin receptors, *Endocrine Rev.* **26**, 439–451 (2005).

Lowell, B.B. and Spiegelman, B.M., Towards a molecular understanding of adaptive thermogenesis, *Nature* **404,** 652–660 (2000).

Montague, C.T., et al., Congenital leptin deficiency is associated with severe early-onset obesity in humans, *Nature* **387,** 903–908 (1997).

Moreno-Aliaga, M.J., Marti, A., García-Foncillas, J. and Martínes, J.A., DNA hybridization arrays: a powerful technology for nutritional and obesity research, *Br. J. Nutr.* **86,** 119–122 (2001).

Nakar, V.A., et al., AMPK and PPARγ agonists are exercise mimetics, *Cell* **134,** 405–415 (2008).

Nakazato, M., Murakami, N., Date, Y., Kojima, M., Matsuo, H., Kangawa, K., and Matsukara, S., A role for ghrelin in the central regulation of feeding, *Nature* **409,** 194–198 (2001).

Schwartz, M.W. and Morton, G.J., Keeping hunger at bay, *Nature* **418,** 595–597 (2002).

Shaw, R.J., Lamia, K.A., Vasquez, D., Koo, S.-H., Bardeesy, N., DePinho, R.A., Montminy, M., and Cantley, L.C., The kinase LKB1 mediates glucose homeostasis in liver and therapeutic effects of metformin, *Science* **310,** 1642–1646 (2005).

Shulman, G.I., Cellular mechanisms of insulin resistance, *J. Clin. Invest.* **106,** 171–176 (2000).

Towler, M.C. and Hardie, D.G., AMP-Activated protein kinase in metabolic control and insulin signaling, *Circ. Res.* **100,** 328–341 (2007).

Tshöp, M., Smiley, D.L., and Heiman, M.L., Ghrelin induces adiposity in rodents, *Nature* **407,** 908–913 (2000).

Type 2 Diabetes, *Science* **307,** 369–387 (2005). [Uma série de artigos informativos sobre a origem do diabetes tipo 2 e sua relação com a obesidade.]

Unger, R.H., Leptin physiology: a second look, *Regul. Pept.* **92,** 87–95 (2000).

Wang, Y.-X., Zhang, C.L., Yu, R.T., Cho, H.K., Nelson, M.C., Bayuga-Ocampo, C.R., Ham, J., Kang, H., and Evans, R.M., Regulation of muscle fiber type and running endurance by PPARγ , *PLoS Biol.* **2,** e294 (2004).

Yechoor, V.K., Patti, M.-E., Saccone, R., and Kahn, C.R., Coordinated patterns of gene expression for substrate and energy metabolism in skeletal muscle of diabetic mice, *Proc. Natl. Acad. Sci.* **99,** 10587–10592 (2002).

Zhang, F., et al., Crystal structure of the *obese* protein leptin-E100, *Nature* **387,** 206–209 (1997).

Zick, Y., Insulin resistance: a phosphorylation-based uncoupling of insulin signaling, *Trends Cell Biol.* **11,** 437–441 (2001).

PROBLEMAS

1. Descreva os efeitos metabólicos da deficiência hepática.

2. Qual é a base para a hipótese que diz que os músculos dos atletas são mais rigorosamente tamponados do que os dos indivíduos normais?

3. Corredores experientes sabem que não é uma boa prática a ingestão de uma grande quantidade de glicose antes de uma corrida de longa distância como uma maratona. Qual é a base metabólica para esse aparente paradoxo?

4. Explique por que a produção de ureia é grandemente reduzida durante o jejum.

5. Explique por que as pessoas sobrevivem mais tempo em jejum completo do que em uma dieta consistindo somente de carboidratos.

6. Explique por que o hálito de um diabético sem tratamento cheira a acetona.

7. Dentre a muitas dietas do tipo "coma-tudo-que-quiser--e-perca-peso", que foram muito populares durante determinado tempo, há uma que elimina todos os carboidratos, permitindo, no entanto, o consumo livre de proteína e gordura. Uma dieta assim seria eficiente? (*Dica*: Os indivíduos com essa dieta frequentemente se queixam que têm mal hálito.)

8. As células β pancreáticas expressam um receptor para ácidos graxos. A ligação do ácido graxo a esta proteína parece estimular a secreção de insulina. (a) Este fenômeno tem algum sentido metabólico? (b) Os ácidos graxos parecem estimular a secreção de insulina muito mais intensamente quando a glicose está presente. Por que isto é significante?

9. Sabe-se que concentrações altas de ácidos graxos livres no sangue causam resistência à insulina no músculo, mas somente após 5 horas. Isto sugere que um metabólito desses ácidos graxos pode ser o responsável por esse fenômeno. Sabe-se também que uma isoforma da proteína-cinase C é ativada durante o processo e que altas concentrações de ácidos graxos livres resulta no acúmulo intramuscular de triacilgliceróis. Com esta informação, resuma o mecanismo de ativação da PKC e a rota de biossíntese do triacilglicerol, e sugira um metabólito que possa ser o responsável pela ativação da enzima.

10. Discuta, em termos moleculares, como o sedentarismo poderia levar à resistência à insulina.

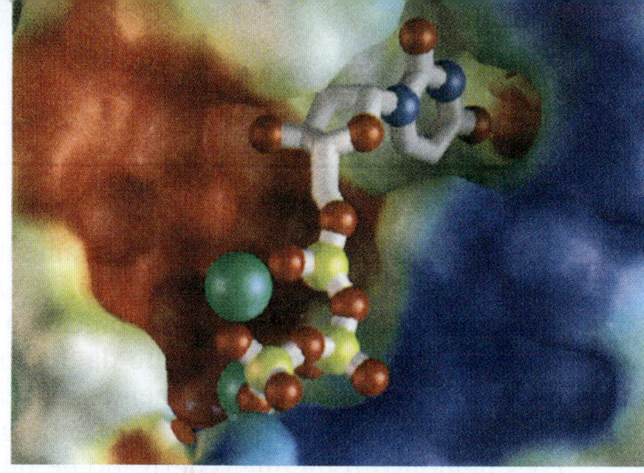

Metabolismo dos Nucleotídeos

CAPÍTULO 28

Os nucleotídeos, como já visto, são substâncias biologicamente onipresentes que participam em quase todos os processos bioquímicos: eles são as unidades monoméricas do DNA e do RNA; a hidrólise de ATP (trifosfato de adenosina, do inglês *adenosine triphosphate*) e de GTP (trifosfato de guanosina, do inglês *guanosine triphosphate*) conduzem muitos processos que requerem energia livre; os níveis de ATP, de ADP (difosfato de adenosina, do inglês *adenosine diphosphate*) e de AMP (monofosfato de adenosina, do inglês *adenosine monophosphate*) regulam numerosas rotas metabólicas; o AMPc (AMP cíclico) e o GMPc (monofosfato de guanosina cíclico, do inglês *cyclic guanosine monophosphate*) atuam como mediadores em sinais hormonais; e NAD^+, $NADP^+$, FMN (flavina mononucleotídeo), FAD (flavina adenina dinucleotídeo) e coenzima A (CoA) são coenzimas essenciais na grande variedade de reações enzimáticas. A importância dos nucleotídeos no metabolismo celular é indicada pela observação de que quase todas as células os podem sintetizar tanto *de novo* como a partir dos produtos de degradação dos ácidos nucleicos. Neste capítulo, considera-se a natureza dessas rotas biossintéticas. Nesse processo, deve-se examinar como elas são reguladas e as consequências de seu bloqueio, tanto por defeitos genéticos como pela administração de agentes quimioterapêuticos. Discute-se, então, como os nucleotídeos são degradados. Finalmente, resume-se a biossíntese das coenzimas de nucleotídeos.

1 SÍNTESE DOS RIBONUCLEOTÍDEOS DE PURINA

Nesta seção, estudam-se as considerações sobre como os ácidos nucleicos e seus componentes são sintetizados descrevendo a síntese dos ribonucleotídeos purínicos. Em 1948, John Buchanan obteve os primeiros indícios de como esse processo ocorre *de novo,* suprindo pombos com uma variedade de compostos isotopicamente marcados e determinando quimicamente a posição dos átomos marcados no **ácido úrico** (uma purina) excretado.

Ácido úrico

Ele utilizou pássaros nesse experimento, pois eles excretam quase todo o nitrogênio de refugo na forma de ácido úrico, uma substância insolúvel em água e, portanto, facilmente isolada. O resultado dos seus estudos, os quais estão resumidos na Fig. 28.1, demonstram que o N1 das purinas se origina do grupo amino do aspartato; C2 e C8 se originam do formato; N3 e N9 são contribuições do grupo amida da glutamina; C4, C5 e N7 são derivados da glicina (sugerindo

HCO_3^- → C6; Glicina → N7; Aspartato amina → N1; Formato → C8; Formato → C2; Glutamina amida → N3, N9

FIGURA 28.1 A origem biossintética dos átomos do anel purínico. Observe que C4, C5 e N7 provêm de uma única molécula de glicina, mas cada um dos outros átomos é derivado de um precursor independente.

fortemente que essa molécula é inteiramente incorporada no anel purínico); e C6 provém do $HCO_3^-(CO_2)$.

A via efetiva pela qual esses precursores são incorporados no anel de purina, o assunto da Seção 28.1A, foi elucidado em investigações subsequentes realizadas basicamente por Buchanan e por G. Robert Greenberg. Essas investigações demonstraram que o derivado de purina inicialmente sintetizado é o **inosina monofosfato** (**IMP**, do inglês *inosine monophosphate*),

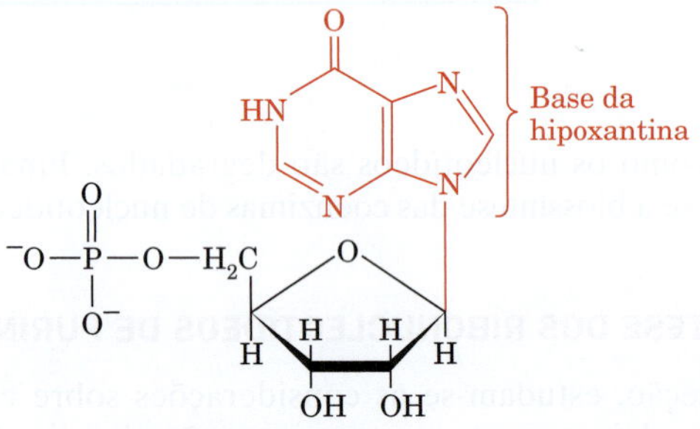

Base da hipoxantina

Inosina monofosfato (IMP)

o nucleotídeo da base **hipoxantina**. AMP e GMP são subsequentemente sintetizados a partir desse intermediário por rotas separadas (Seção 28.1B). Deste modo, ao contrário de expectativas ingênuas, as purinas são inicialmente formadas como ribonucleotídeos e não como bases livres. Estudos adicionais demonstraram que organismos tão divergentes como *E. coli*, leveduras, pombos e humanos possuem rotas praticamente idênticas para a biossíntese de nucleotídeos purínicos, demonstrando ainda mais a unidade bioquímica da vida.

A. *Síntese de inosina monofosfato*

O IMP é sintetizado em uma rota que compreende 11 reações (Fig. 28.2):

1. **Ativação da ribose-5-fosfato.** O material inicial para a biossíntese de purina é a α-D-ribose-5-fosfato (R5P), um produto da via da pentose-fosfato (Seção 23.4). Na primeira etapa da biossíntese *de novo* de purina, a **ribose-fosfato-pirofosfocinase** (também conhecida como **fosforribosilpirofosfato-sintase**) ativa R5P, combinando-a com ATP para formar **5-fosforribosil-α-pirofosfato** (**PRPP**, do inglês *5-phosphoribosyl-α-pyrophosphate*). Essa reação, que ocorre por um ataque nucleofílico do grupo C1-H da R5P no P_β do ATP, é incomum, já que um grupo pirofosforil é diretamente transferido do ATP para o C1 da R5P e que o produto possui a configuração α anomérica. PRPP é também um precursor na biossíntese de pirimidinas (Seção 28.2A) e dos aminoácidos triptofano e histidina (Seção 26.5Bd,e). Deste modo, como é esperado para uma enzima em tão importante encruzilhada biossintética, a atividade da ribose-fosfato-pirofosfocinase varia com as concentrações dos numerosos metabólitos, incluindo PP_i e 2,3-difosfoglicerato, os quais são ativadores, e ADP e GDP, os quais são inibidores mistos (Seção 14.3C). A regulação da biossíntese de nucleotídeos purínicos é discutida na Seção 28.1C.

2. **Aquisição do átomo N9 da purina.** A **amidofosforribosil-transferase** (alternativamente, **glutamina-PRPP-aminotransferase** ou **PurF**; o último tendo sido nomeado para o gene de *E. coli* que o codifica, *purF*) catalisa a substituição do grupo pirofosfato do PRPP pelo nitrogênio da amida da glutamina para produzir **β-5-fosforribosilamina** (**PRA**, do inglês *β-5-phosphoribosyl amine*). Essa é a primeira reação na rota que é única da biossíntese *de novo* de purina (por essa razão, algumas fontes se referem a ela como a primeira reação da rota, da qual então se diz consistir em 10 reações). Esse processo ocorre em duas reações consecutivas que acontecem em sítios ativos separados na enzima:

   1. Glutamina + $H_2O \rightarrow$ ácido glutâmico + NH_3
   2. NH_3 + PRPP $\rightarrow$ PRA + PP*i*

A Etapa 1 é catalisada por um membro da família de amido transferases N-terminal nucleofílicas (Ntn, Seção 26.5Aa). A Etapa 2 ocorre com a inversão da configuração do C1 da

FIGURA 28.2 A rota metabólica da biossíntese *de novo* de IMP. (*ao lado*) O resíduo de purina é construído a partir de um anel de ribose em 11 reações catalisadas por enzimas. A estrutura por raios X para todas as enzimas está representada do lado externo da seta da reação correspondente. As cadeias peptídicas das enzimas monoméricas estão coloridas na ordem das cores do arco-íris de suas extremidades N-terminal (*azul*) às suas extremidades C-terminal (*vermelho*). As enzimas oligoméricas, as quais consistem todas em cadeias polipeptídicas idênticas, são vistas ao longo de seu eixo de rotação com suas várias cadeias diferentemente coloridas. Os ligantes estão demonstrados na forma de volume atômico. A Enzima 1, caracterizada por Sine Larsen, University of Copenhagen, Dinamarca, é um hexâmero D_3 de *B. subtilis* que se liga a **α,β-metileno-ADP** em seus sítios catalítico (*vermelho*) e alostérico (*azul*); PDBid 1DKU. A Enzima 2, caracterizada por Janet Smith, Purdue University, é um tetrâmero D_2 de *B. subtilis* que se liga a GMP (*azul*), ADP (*vermelho*) e a um centro [4Fe–4S] (*cor de laranja*, o qual aparentemente possui uma função reguladora antes de uma função redox); PDBid 1AO0. A Enzima 3 e a Enzima 6, ambas de *E.coli*, foram caracterizadas por JoAnne Stube, MIT, e Steven Ealick, Cornell University, EUA; PDBids 1GSO e 1CLI. A Enzima 4, de *E.coli*, caracterizada por Robert Almassy, Agouron Pharmaceuticals, San Diego, Califórnia, EUA, se liga a GAR (*azul-claro*) e 5 deazatetra-hidrofolato (*vermelho*), PDBid 1CDE. A Enzima 5, de *Thermatoga maritima*, foi caracterizada por Ian Wilson, Scripps Research Institute, La Jolla, Califórnia, EUA; PDBid 1VK3. A Reação 7, em *E.coli*, é catalisada por duas enzimas que agem sequencialmente, Classe I PurE (*acima*) e PurK (*abaixo*). Classe I PurE, caracterizada por JoAnne Stubbe, MIT, e Steven Ealick, Cornell University, EUA, é um octâmero D_4 que se liga a AIR (*vermelho*); PDBid 1D7A. PurK, caracterizada por JoAnne Stubbe, MIT, e Hazel Holden, University of Wisconsin, EUA, é um dímero C_2 que se liga a ADP (*vermelho*); PDBid 1B6S. A Enzima 8, de levedura, foi caracterizada por Victor Lamzin, Academy of Sciences, Moscou, Rússia, e Keith Wilson, EMBL, Hamburgo, Alemanha; PDBid 1A48. A Enzima 9, de *Thermatoga maritima*, caracterizada por Todd Yeates, UCLA, EUA, é um tetrâmero D_2; PDBid 1C3U. As Reações 10 e 11 na galinha são catalisadas por uma enzima bifuncional que foi caracterizada por Stephen Benkovic, Pennsylvania State University, EUA, e Ian Wilson, The Scripps Research Institute, La Jolla, Califórnia, EUA. Ela forma um dímero C_2 demonstrado com sua função de AICAR-transformilase acima e sua função de IMP-ciclo-hidrolase, a qual se liga a GMP (*púrpura*), abaixo; PDBid 1G8M.

Ver Figuras animadas

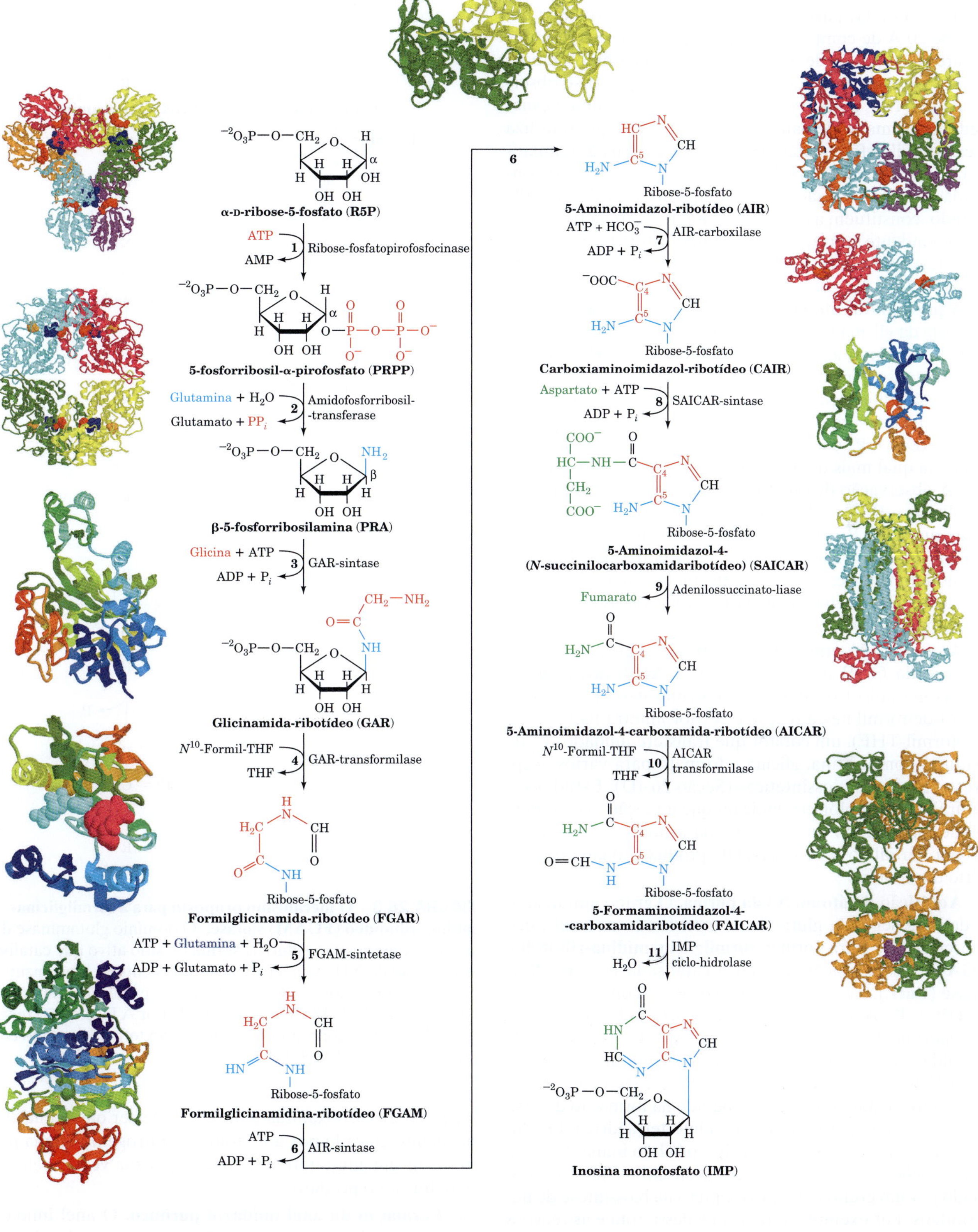
α-D-ribose-5-fosfato (R5P)
ATP
AMP
1 Ribose-fosfatopirofosfocinase
5-fosforribosil-α-pirofosfato (PRPP)
Glutamina + H2O
Glutamato + PPi
2 Amidofosforribosil-transferase
β-5-fosforribosilamina (PRA)
Glicina + ATP
ADP + Pi
3 GAR-sintase
Glicinamida-ribotídeo (GAR)
N10-Formil-THF
THF
4 GAR-transformilase
Ribose-5-fosfato
Formilglicinamida-ribotídeo (FGAR)
ATP + Glutamina + H2O
ADP + Glutamato + Pi
5 FGAM-sintetase
Ribose-5-fosfato
Formilglicinamidina-ribotídeo (FGAM)
ATP
ADP + Pi
6 AIR-sintase
6
Ribose-5-fosfato
5-Aminoimidazol-ribotídeo (AIR)
ATP + HCO3−
ADP + Pi
7 AIR-carboxilase
Ribose-5-fosfato
Carboxiaminoimidazol-ribotídeo (CAIR)
Aspartato + ATP
ADP + Pi
8 SAICAR-sintase
Ribose-5-fosfato
5-Aminoimidazol-4-(N-succinilocarboxamidaribotídeo) (SAICAR)
Fumarato
9 Adenilossuccinato-liase
Ribose-5-fosfato
5-Aminoimidazol-4-carboxamida-ribotídeo (AICAR)
N10-Formil-THF
THF
10 AICAR transformilase
Ribose-5-fosfato
5-Formaminoimidazol-4-carboxamidaribotídeo (FAICAR)
H2O
11 IMP ciclo-hidrolase
Inosina monofosfato (IMP)

ribose e assim estabelece a forma anomérica do futuro nucleotídeo. O NH_3 passa entre os dois sítios ativos por um túnel de 20 Å de comprimento que é revestido por resíduos apolares destituídos de grupos que se ligam a hidrogênio e que por isso não impedem a difusão do NH_3 (tem-se observado que o NH_3 gerado pela hidrólise da glutamina é canalizado de forma semelhante para o sítio ativo que o utiliza na carbamoilfosfato-sintase [Seção 26.2Aa] e na glutamato-sintase [Seção 26.5Aa]). Essas reações, as quais são conduzidas a sua conclusão pela subsequente hidrólise do PP_i liberado, constituem a etapa geradora de fluxo da rota. Não é surpreendente, portanto, que a amidofosforribosil-transferase esteja sujeita a retroinibição por nucleotídeos purínicos (Seção 28.1C).

3. **Aquisição dos átomos C4, C5 e N7 da purina.** O grupo carboxila da glicina forma uma amida com o grupo amina do PRA, produzindo a **glicinamida-ribotídeo** (**GAR**) em uma reação catalisada pela **GAR-sintase** (**PurD**) que ocorre pela fosforilação intermediária do grupo carboxila da glicina. A reação, que é reversível apesar da concomitante hidrólise de ATP a ADP + P_i, é a única etapa da rota de biossíntese de purina na qual mais de um átomo do anel purínico é adquirido. A observação de que PRA é quimicamente instável (é hidrolisada a R5P e NH_3 com uma meia-vida de 5 s a 37°C) sugere que a GAR-sintase e a amidofosforribosil-transferase se associam de forma a canalizar PRA entre elas. De fato, um modelo estérica e eletrostaticamente plausível de tal complexo foi construído com base nas estruturas por raios X dessas duas enzimas.

4. **Aquisição do átomo C8 da purina.** O grupo α-amina primário da GAR é formilado pela **GAR-transformilase** (**PurN**) gerando **formilglicinamida-ribotídeo** (**FGAR**). O doador de formil nessa reação é N^{10}-formiltetra-hidrofolato (N^{10}-formil-THF), um cofator que transfere unidades C_1 de doadores como serina, glicina e formato para vários aceptores em reações biossintéticas (Seção 26.4D). Estudos estruturais e enzimológicos indicam que a reação ocorre pelo ataque nucleofílico do grupo amina primário da GAR no carbono formil do N^{10}-formil-THF, produzindo um intermediário tetraédrico.

5. **Aquisição do átomo N3 da purina.** O grupo amida amina de uma segunda glutamina é transferido ao anel purínico crescente para formar **formilglicinamidina-ribotídeo** (**FGAM**). Essa reação, a qual é catalisada pela **FGAM-sintase** (**PurL**), é conduzida pela hidrólise acoplada de ATP a ADP + P_i. Acredita-se que ela ocorra pelo mecanismo esboçado na Fig. 28.3. Aqui o oxigênio da forma FGAR isoamida reage com ATP para produzir um intermediário fosforiléster. Esse intermediário, então, reage com NH_3 (o nitrogênio da glutamina amida liberado na formação de uma enzima tioéster) para formar um aduto tetraédrico. O aduto, então, elimina P_i para produzir o produto imina, FGAM. Essas reações, nas quais um oxigênio da carboxamida é substituído por um grupo imina, são comuns na biossíntese de nucleotídeos. Por exemplo, a Reação 6 dessa rota e as reações que convertem IMP a AMP (Seção 28.1B) e UTP (trifosfato de uridina, do inglês *uridine triphosphate*) a CTP (trifosfato de citidina, do inglês *cytidine triphosphate*) (Seção 28.2B) seguem mecanismos semelhantes, ou seja, a conversão do oxigênio da carboxamida a um fosforiléster que é nucleofilicamente atacado por um átomo de nitrogênio amina para produzir um aduto tetraédrico que, por sua vez, expele o P_i para formar o produto.

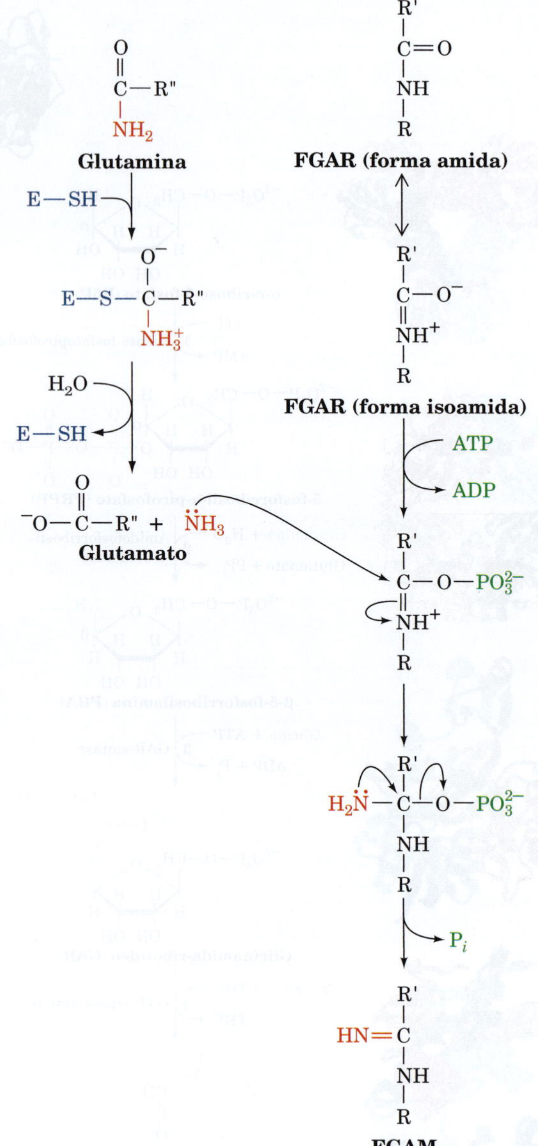

FIGURA 28.3 O mecanismo proposto para a formilglicinamidina-ribotídeo (FGAM) sintase. O domínio glutaminase da enzima contém um resíduo de serina do sítio ativo que catalisa a liberação do NH_3 com a formação transiente de uma enzima tioéster (não demonstrado) cuja hidrólise produz glutamato. A forma isoamida da FGAR é fosforilada por ATP e então reage com "NH_3" para formar um intermediário tetraédrico cujo colapso produz FGAM + P_i.

6. **Formação do anel imidazol purínico.** O anel imidazol purínico é fechado em uma condensação intramolecular que requer ATP e que produz **5-aminoimidazol-ribotídeo** (**AIR**) em uma reação catalisada pela **AIR-sintase** (**PurM**). A aromatização do anel imidazólico é facilitada pela alteração tau-

tomérica do reagente da sua forma imina para a sua forma enamina.

7. **Aquisição do C6.** Em eucariotos superiores, o C6 purínico é introduzido como HCO_3^- (CO_2) em uma reação dependente de ATP catalisada pela **AIR-carboxilase** que produz **carboxiaminoimidazol-ribotídeo** (**CAIR**) e ADP + P_i. Entretanto, em leveduras, em plantas e na maioria dos procariotos (incluindo *E. coli*), essa reação ocorre em duas etapas que são mediadas por duas atividades enzimáticas separadas: **PurK** e **PurE Classe I**.

AIR → (CO_2; AIR-carboxilase (PurE Classe II)) → CAIR

AIR + ATP + HCO_3^- → (PurK) → N^5-CAIR + ADP + P_i

N^5-CAIR → (PurE Classe I) → CAIR

PurK catalisa a carboxilação ATP-dependente de AIR para produzir **N^5-CAIR**, o qual PurE Classe I rearranja para produzir CAIR. PurE Classe I é homóloga à AIR-carboxilase, a qual é, portanto, também chamada de **PurE Classe II**. A PurE Classe I sozinha pode catalisar a reação da AIR-carboxilase, mas uma vez que sua K_M para HCO_3^- é 110 mM, ela requer uma concentração de HCO_3^- alta demais para as condições fisiológicas para fazê-lo a uma taxa significativa. Contudo, a ação de PurK diminui a concentração de HCO_3^- necessária para a reação catalisada por PurE em > 1.000 vezes, presumivelmente pela formação conduzida por ATP do carbonil-fosfato, da mesma forma que se acredita também ocorrer na reação da carbamoilfosfato-sintase (Seção 26.2A). A observação de que N^5-CAIR é quimicamente instável (se decompõe a AIR com uma meia-vida de 15 s a pH 7,5 a 25°C) sugere que N^5-CAIR seja canalizado entre PurK e PurE Classe I. De fato, em leveduras e em plantas, a porção N-terminal de PurE Classe I está fusionada à porção C-terminal de PurK. Entretanto, em *E. coli*, essas duas atividades enzimáticas ocorrem em proteínas separadas, para as quais não há evidências de associação.

8. **Aquisição de N1.** O átomo purínico N1 é fornecido por aspartato em uma reação de condensação formadora de amida produzindo **5-aminoimidazol-4-(*N*-succinilocarboxamida)-ribotídeo** (**SAICAR**) que é catalisada pela **SAICAR-sintase** (**PurC**). A reação, que é conduzida pela hidrólise de ATP a ADP + P_i, se assemelha quimicamente à Reação 3.

9. **Eliminação do fumarato.** O SAICAR é clivado com a liberação do fumarato, produzindo **5-aminoimidazol-4-carboxamida-ribotídeo** (**AICAR**) em uma reação catalisada pela **adenilossuccinato-liase** (**PurB**). As Reações 8 e 9 se assemelham quimicamente às reações do ciclo da ureia, nas quais citrulina é aminada para formar arginina (Seções 26.2C e 26.2D). Em ambas as rotas, o grupo amina do aspartato é transferido a um aceptor por uma reação de acoplamento conduzida por ATP seguido da eliminação do esqueleto de carbono do aspartato como fumarato. Em plantas e em microrganismos, AICAR é também formado na biossíntese de histidina (Seção 26.5Be), mas, uma vez que neste processo o AICAR é derivado do ATP, ele não fornece biossíntese líquida de purinas.

10. **Aquisição de C2.** O átomo final do anel purínico é adquirido pela formilação por N^{10}-formil-tetra-hidrofolato, produzindo **5-formaminoimidazol-4-carboxamida-ribotídeo** (**FAICAR**) em uma reação catalisada pela **AICAR-transformilase** (**PurH**). Em bactérias, essa reação e aquela da Reação 4 são indiretamente inibidas por sulfonamidas, as quais, será lembrado, previnem a síntese de folato pela competição com seu componente *p*-aminobenzoato (Seção 26.4D). Os animais, incluindo os humanos, devem adquirir folato pela dieta, uma vez que são incapazes de sintetizá-lo. Eles são, portanto, impassíveis a sulfonamidas. As propriedades antibióticas das sulfonamidas são, dessa forma, largamente um resultado de sua inibição da biossíntese de ácidos nucleicos em bactérias suscetíveis.

11. **Fechamento do anel para formar IMP.** A reação final da rota, o fechamento do anel para formar IMP, ocorre pela eliminação da água catalisada pela **IMP-ciclo-hidrolase** (**PurJ**). Ao contrário da Reação 6, o fechamento que forma o anel imidazólico, essa reação não acarreta em hidrólise de ATP.

Em animais, as atividades que catalisam as Reações 3, 4 e 6, Reações 7 e 8 e Reações 10 e 11 ocorrem em polipeptídeos simples. Os produtos intermediários dessas enzimas multifuncionais não são prontamente liberados no meio, mas são canalizados para as atividades enzimáticas seguintes da rota, aumentando assim a velocidade geral desses processos de várias etapas e protegendo os intermediários da degradação por outras enzimas celulares. Viu-se anteriormente, por exemplo, que a formação de acetil-CoA a partir de piruvato ocorre no complexo multienzimático da piruvato-desidrogenase, o qual contém três enzimas catalisando cinco reações consecutivas (Seção 21.2A); que todas as sete atividades enzimáticas que catalisam a síntese de ácidos graxos em animais ocorrem em uma única molécula de proteína (Seção 25.4Ca,b); e que as enzimas multifuncionais carbamoilfosfato-sintase I (Seção 26.2Aa), glutamato sintase (Seção 26.5Aa), triptofano-sintase (Seção 26.5Bd), e amidofosforribosil-transferase (ver anteriormente) passam produtos intermediários reativos entre seus sítios ativos por túneis proteicos. Está se tornando cada vez mais aparente que a associação de enzimas relacionadas funcionalmente é um fenômeno muito difundido.

B. *Síntese dos ribonucleotídeos de adenina e de guanina*

O IMP não se acumula na célula, mas, ao contrário, é rapidamente convertido a AMP e GMP. AMP, o qual difere do IMP apenas na substituição de seu grupo 6-cetona por um grupo amino, é sintetizado em uma rota de duas reações

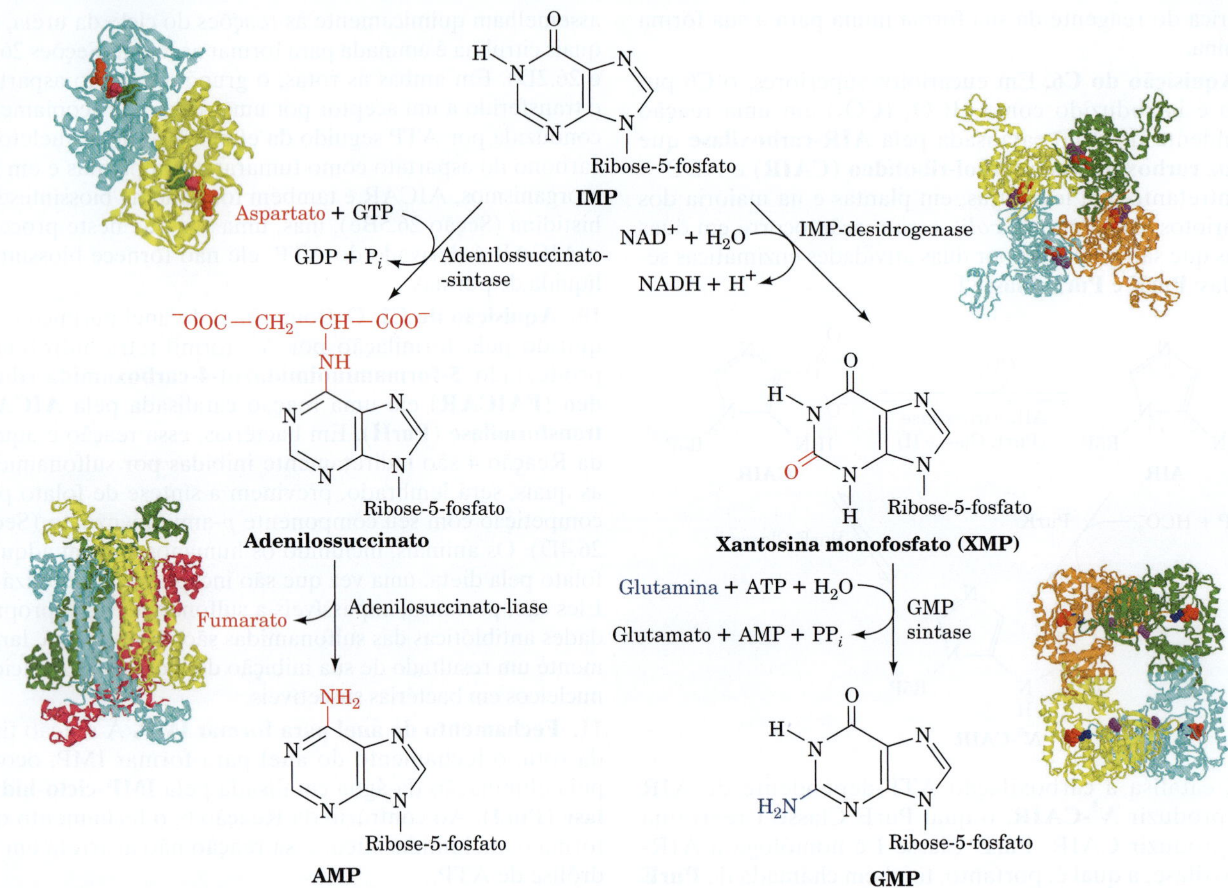

FIGURA 28.4 **IMP é convertido a AMP e GMP em rotas de duas reações separadas.** As estruturas por raios X para todas as enzimas que catalisam essas reações estão demonstradas do lado externo da seta da reação correspondente. As estruturas por raios X desses homo-oligômeros são demonstradas como descrito na legenda da Fig. 28.2. A adenilossuccinato-sintase de *E. coli*, caracterizada por Herbert Fromm e Richard Honzatko, Iowa State University, EUA, é um dímero C_2 em complexo com IMP (*verde*), GDP (*vermelho*) e **hadacidina** (*magenta*; um inibidor competitivo do aspartato); PDBid 1GIM. A adenilossuccinato-liase de *Thermatoga maritima*, caracterizada por Todd Yeates, UCLA, EUA, é um tetrâmero D_2; PDBid 1C3U. A IMP--desidrogenase de *hamster* chinês, caracterizada por Keith Wilson, Vertex Pharmaceuticals, Cambridge, Massachusetts, EUA, é um tetrâmero C_4 em complexo com IMP oxidado (*vermelho*) e MPA (*púrpura*); PDBid 1JR1. A GMP-sintase de *E. coli*, caracterizada por Janet Smith, Purdue University, EUA, é um tetrâmero D_2 em complexo com AMP (*vermelho*), pirofosfato (*azul*) e citrato (*púrpura*); PDBid 1GPM.

(Fig. 28.4, *esquerda*). Na primeira reação, o grupo amino da aspartato é ligado ao IMP em uma reação impelida pela hidrólise do GTP a GDP + P_i para produzir **adenilossuccinato**. Na segunda reação, a **adenilossuccinato-liase** elimina o fumarato do adenilosuccinato para formar AMP. Essa enzima também catalisa a Reação 9 da rota do IMP (Fig. 28.2).

O GMP também é sintetizado a partir de IMP em uma rota de duas reações (Fig. 28.4, *direita*). Na primeira reação, a **IMP-desidrogenase** catalisa a oxidação dependente de NAD$^+$ do IMP para formar **xantosina monofosfato** (**XMP**; o ribonucleotídeo da base **xantina**). O XMP é, então, convertido a GMP pela substituição de seu grupo 2-cetona pelo nitrogênio amida da glutamina em uma reação impelida pela hidrólise de ATP a AMP + PP_i (e subsequentemente a 2P_i).

A IMP-desidrogenase, um homotetrâmero de subunidades de 514 resíduos, foi incubada com IMP, NAD$^+$ e o inibidor produzido em fungos **ácido micofenólico** (**MPA**, do inglês *mycophenolic acid*).

OH CH$_3$ O OH O OCH$_3$ CH$_3$

MPA

A estrutura por raios X do complexo resultante, determinada por Keith Wilson, revelou que a enzima estava ligada a AMP juntamente com um intermediário da reação no qual o átomo C2 do IMP havia se tornado covalentemente ligado ao átomo S da Cys 331 e, então, desidrogenado por NAD^+ para produzir o éster tioimidato:

O
HN
N
Enzima — S
N
N
Ribose-5-fosfato

Produto enzimático éster tioimidato

A substituição mutagênica da Cys 331 por Ala inativa a enzima. Essas observações apoiam fortemente um mecanismo catalítico no qual a Cys 331 do grupo tiol ataca de forma nucleofílica o átomo C2 do IMP, seguido da transferência de hidreto para o NAD^+, produzindo o intermediário covalentemente ligado já mencionado, o qual é subsequentemente hidrolisado para produzir XMP. O MPA se liga à enzima com seu anel dicíclico empilhado ao anel purínico (como se esperaria para o anel de nicotinamida do NAD^+) e com seu grupo hidroxil fenólico no sítio hidrolítico proposto. Isso bloqueia a hidrólise do éster tioimidato e, consequentemente, inativa a enzima.

A atividade da IMP-desidrogenase é essencial para a resposta imune (Seção 35.2), uma vez que é necessária para que as células do sistema imune, conhecidas como linfócitos *B* e *T,* possam gerar os nucleotídeos de guanosina que elas precisam para proliferar. Além disso, certas células cancerosas possuem atividade de IMP-desidrogenase aumentada. Consequentemente, a IMP-desidrogenase é um alvo tanto para a terapia imunossupressora como para a quimioterapia. De fato, o MPA é utilizado clinicamente para evitar a rejeição de rins transplantados.

a. Nucleosídeos difosfatados e trifosfatados são sintetizados pela fosforilação dos nucleosídeos monofosfatados

Para participar da síntese de ácidos nucleicos, os nucleosídeos monofosfatados devem primeiramente ser convertidos nos nucleosídeos trifosfatados (NTPs, do inglês nucleoside triphosphate*) correspondentes.* Na primeira das duas reações sequenciais de fosforilação que o fazem, os nucleosídeos difosfatados (NDPs, do inglês *nucleoside diphosphates*) são sintetizados a partir dos nucleosídeos monofosfatados correspondentes por **cinases nucleosídeo monofosfato** base-específicas. Por exemplo, a adenilato cinase (Seção 17.4Fd) catalisa a fosforilação de AMP a ADP:

$$\text{AMP} + \text{ATP} \rightleftharpoons 2\text{ADP}$$

De forma semelhante, GDP é produzido por uma enzima guanina-específica:

$$\text{GMP} + \text{ATP} \rightleftharpoons \text{GDP} + \text{ADP}$$

Essas cinases nucleosídeo monofosfato não discriminam entre substratos ribose e desoxirribose.

Os nucleosídeos difosfato são convertidos a seus trifosfatos correspondentes pela **cinase nucleosídeo difosfato**; por exemplo,

$$\text{ATP} + \text{GDP} \rightleftharpoons \text{ADP} + \text{GTP}$$

Embora essa reação esteja escrita com ATP como o doador de fosforil e GDP como o aceptor, a cinase nucleosídeo difosfato não é específica à base de qualquer de seus substratos e se o resíduo de açúcar é ribose ou desoxirribose. A reação ocorre por um mecanismo de *pingue-pongue*, no qual o substrato NTP fosforila um resíduo His da enzima, o qual, por sua vez, fosforila o substrato NDP. A reação da fosfoglicerato-mutase na glicólise também possui um intermediário fosfo-His (Seção 17.2H). A reação da cinase nucleosídeo difosfato, como pode ser esperado pela estrutura quase idêntica de seus substratos e produtos, normalmente opera perto do equilíbrio ($\Delta G \approx 0$). O ADP é, obviamente, também convertido a ATP por uma variedade de reações que liberam energia, tais como as da glicólise e da fosforilação oxidativa. De fato, são essas reações que enfim conduzem as reações de cinase precedentes.

C. Regulação da biossíntese dos nucleotídeos de purinas

As rotas envolvidas no metabolismo de ácidos nucleicos são firmemente reguladas, como é evidenciado, por exemplo, pelo aumento nas taxas de síntese de nucleotídeos durante a proliferação celular. De fato, as rotas que sintetizam IMP, ATP e GTP são individualmente reguladas na maioria das células de forma a não apenas controlarem a quantidade total de nucleotídeos purínicos produzidos, mas também coordenarem as quantidades relativas de ATP e GTP. Essa rede de controle está delineada na Fig. 28.5.

A rota do IMP é regulada nas suas duas primeiras reações: aquelas catalisando a síntese de PRPP e 5-fosforribo-

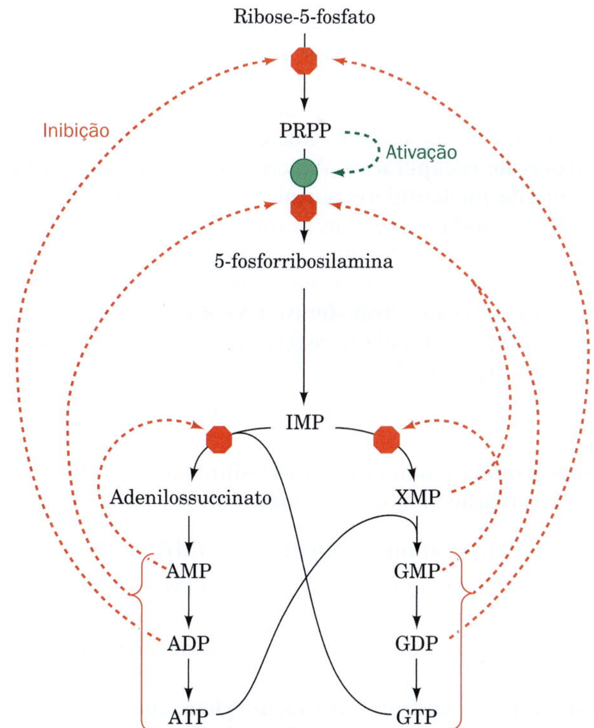

FIGURA 28.5 Rede de controle da rota de biossíntese de purinas. Os octógonos vermelhos e os pontos verdes indicam pontos de controle. A retroinibição é indicada por setas pontilhadas vermelhas e a ativação por substrato é representada por setas pontilhadas verdes. **Ver Figuras animadas**

silamina. Já se viu que a ribose-fosfato-pirofosfocinase, a enzima que catalisa a Reação 1 da rota do IMP, é inibida tanto por ADP como por GDP (Seção 28.1A). A amidofosforribosil-transferase, a enzima que catalisa a primeira etapa envolvida na rota de IMP (Reação 2), está provavelmente sujeita a retroinibição. Nesse caso, entretanto, a enzima se liga a ATP, ADP e AMP em um sítio inibitório e a GTP, GDP e GMP em outro. *A taxa de produção de IMP é consequentemente independente, mas sinergisticamente controlada pelos níveis de nucleotídeos de adenina e de nucleotídeos de guanina.* Além disso, a amidofosforribosil-transferase é alostericamente estimulada pelo PRPP (ativação por substrato).

O segundo nível de regulação ocorre imediatamente abaixo do ponto de ramificação que leva a AMP e GMP (Fig. 28.4). AMP e GMP são inibidores competitivos do IMP em sua própria síntese, de forma que a produção excessiva desses produtos é impedida. Em adição, as taxas de síntese dos nucleotídeos de adenina e de guanina são coordenadas porque o GTP propulsiona a síntese de AMP a partir de IMP, enquanto o ATP propulsiona a síntese de GMP a partir de IMP. Essa reciprocidade serve para balancear a produção de AMP e GMP (os quais são necessários em quantidades aproximadamente iguais na biossíntese de ácidos nucleicos): *A taxa de síntese de GMP aumenta com [ATP], enquanto a de AMP aumenta com [GTP].*

D. Recuperação das purinas

A maioria das células possui uma rotatividade (*turnover*) ativa de muitos de seus ácidos nucleicos (particularmente de alguns tipos de RNA), os quais, por processos de degradação descritos na Seção 28.4A, resultam na liberação de adenina, guanina e hipoxantina. Essas purinas livres são reconvertidas aos seus nucleotídeos correspondentes por **rotas de recuperação**. Ao contrário da rota de síntese *de novo* de nucleotídeos purínicos, a qual é praticamente idêntica em todas as células, as rotas de recuperação são diversas em caráter e distribuição. Em mamíferos, as purinas são, em geral, recuperadas por duas enzimas diferentes. A **adenina-fosforribosiltransferase** (**APRT**) faz mediação da formação de AMP pela transferência da adenina ao PRPP com a liberação de PP_i:

$$\text{Adenina} + \text{PRPP} \rightleftharpoons \text{AMP} + \text{PP}_i$$

A **hipoxantina-guanina-fosforribosiltransferase** (**HGPRT**) catalisa a reação análoga para hipoxantina e para guanina:

$$\text{Hipoxantina} + \text{PRPP} \rightleftharpoons \text{IMP} + \text{PP}_i$$
$$\text{Guanina} + \text{PRPP} \rightleftharpoons \text{GMP} + \text{PP}_i$$

a. A síndrome de Lesch-Nyhan resulta da deficiência em HGPRT

Os sintomas da **síndrome de Lesch-Nyhan**, que é causada por uma deficiência grave em HGPRT, indicam que as reações de recuperação de purinas possuem outras funções além da conservação da energia necessária para a biossíntese *de novo* de purinas. Esse defeito congênito ligado ao sexo (afeta quase somente machos) resulta na produção excessiva de ácido úrico (o ácido úrico é um produto da degradação de purinas; Seção 28.4A) e em anormalidades neurológicas, tais como espasmos, deficiência intelectual e comportamento altamente agressivo e destrutivo, incluindo uma bizarra compulsão à automutilação. Por exemplo, muitas crianças com síndrome de Lesch-Nyhan têm um ímpeto de morder seus lábios e dedos tão irresistível que elas devem ser contidas. Se as restrições são removidas, os pacientes comunicativos apelarão para que sejam recolocadas assim que começarem a se ferir.

A produção excessiva de ácido úrico em pacientes com a síndrome de Lesch-Nyhan é facilmente explicada. A falta de atividade da HGPRT leva a um acúmulo de PRPP que seria normalmente utilizado na recuperação da hipoxantina e da guanina. O excesso de PRPP ativa a amidofosforribosil-transferase (a qual catalisa a Reação 2 da rota de biossíntese de IMP; Fig. 28.2), com isso aumentando muito a taxa de síntese de nucleotídeos de purina e consequentemente a de seu produto de degradação, o ácido úrico. Até o momento, a base fisiológica das anormalidades associadas permanece obscura. Contudo, que um defeito em uma única enzima pode causar mudanças comportamentais tão profundas, não obstante bem-definidas, é um fato de importantes implicações psiquiátricas.

2 SÍNTESE DOS RIBONUCLEOTÍDEOS DE PIRIMIDINA

A biossíntese das pirimidinas é um processo mais simples que a biossíntese das purinas. Experimentos com marcação por isótopos demonstraram que os átomos N1, C4, C5 e C6 do anel pirimidínico são todos derivados do ácido aspártico, C2 origina-se do HCO_3^- e N3 é uma contribuição da glutamina (Fig. 28.6). Nesta seção, serão discutidas as rotas de biossíntese dos ribonucleotídeos pirimidínicos e como esses processos são regulados.

A. Síntese de UMP

O maior passo na determinação da rota de biossíntese *de novo* de ribonucleotídeos pirimidínicos foi a observação de que mutantes do bolor de pão *Neurospora crassa*, que são incapazes de sintetizar pirimidinas e, portanto, requerem tanto citosina como uracila em seu meio de cultivo, crescem normalmente quando supridos com a pirimidina **ácido orótico** (ácido uracil-6-carboxílico) no lugar de citosina e uracila.

Ácido orótico (ácido uracil-6-carboxílico)

Essa observação levou à elucidação da seguinte rota de seis reações da biossíntese do UMP (uridina monofosfato) (Fig. 28.7). Observe que, diferente do que acontece com os nucleotídeos purínicos, o anel pirimidínico é acoplado à porção ribose-5-fosfato *após* o anel ser sintetizado.

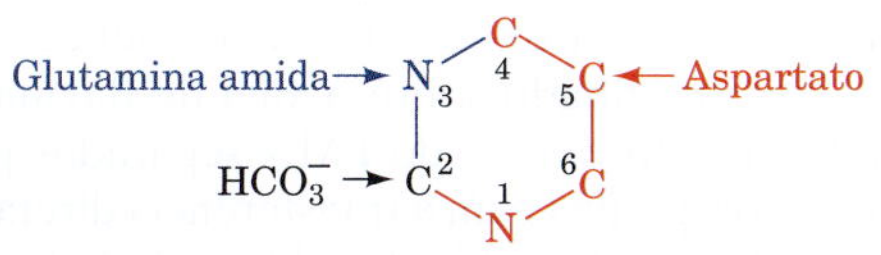

FIGURA 28.6 As origens biossintéticas dos átomos do anel pirimidínico.

1. Síntese do carbamoil-fosfato. A primeira reação da biossíntese de pirimidinas é a síntese de **carbamoil-fosfato** a partir de HCO_3^- e do nitrogênio amida da glutamina pela enzima citosólica **carbamoil-fosfato-sintase II (CPS II)**. Essa reação é incomum por não usar biotina e consumir duas moléculas de ATP: uma fornece um grupo fosfato e outra dá energia à reação. Previamente discutiu-se a síntese de carbamoil-fosfato em conexão com a formação de arginina (Fig. 26.2A).

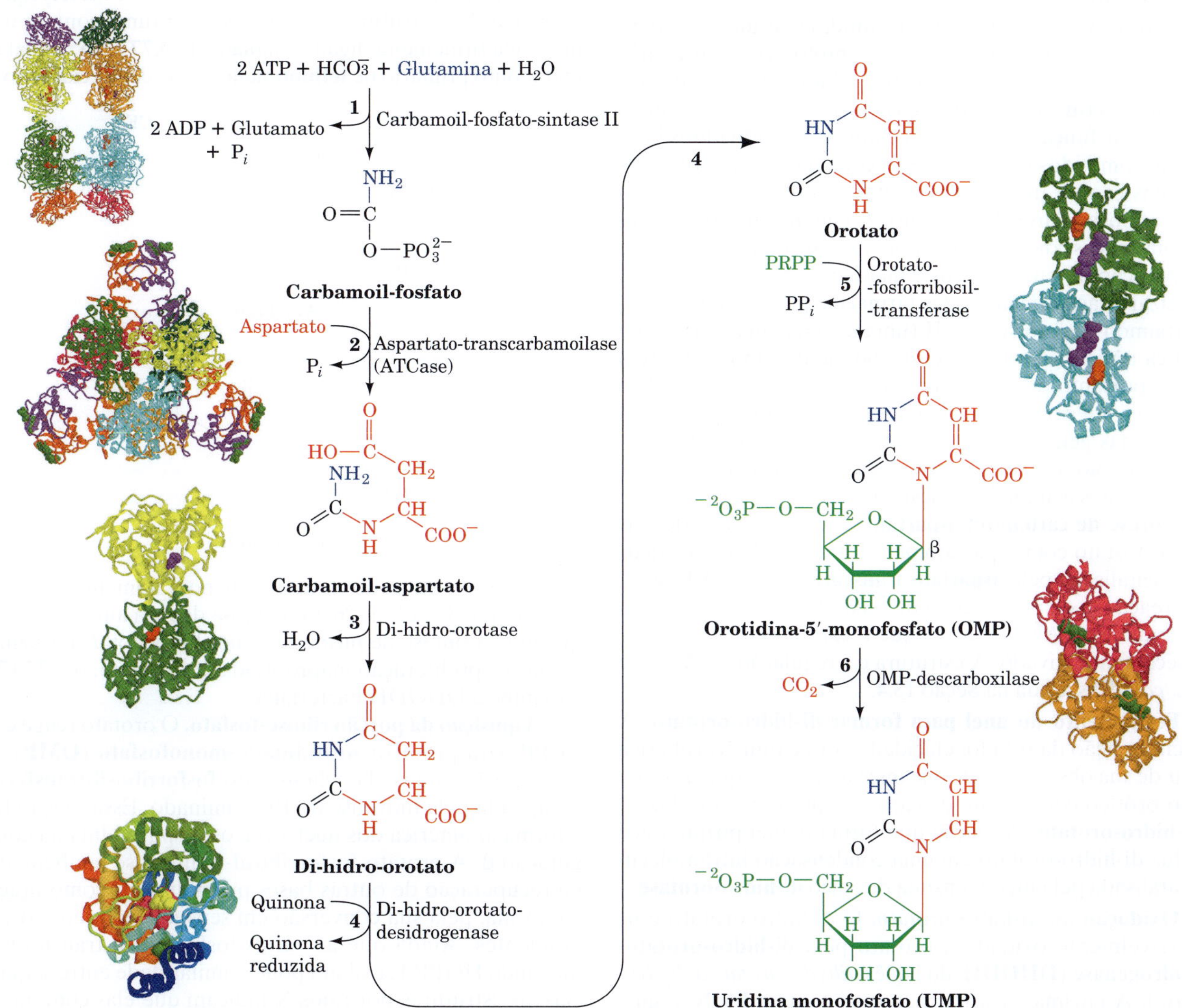

FIGURA 28.7 Rota metabólica da síntese *de novo* de UMP. A rota consiste em seis reações catalisadas por enzimas. Observe que, ao contrário da biossíntese de purinas (Fig. 28.2), o anel pirimidínico é formado antes de sua ligação ao anel de ribose. As estruturas por raio X das enzimas estão desenhadas como descrito na legenda da Fig. 28.2. A Enzima 1, de *E. coli*, caracterizada por Hazel Holden, University of Wisconsin, EUA, é um hetero-octâmero $\alpha_4\beta_4$ com simetria D_2, no qual cada uma de suas subunidades maiores se liga a dois ADPNPs (*vermelho*) e a uma ornitina (*púrpura*); PDBid 1BXR. A Enzima 2, de *E. coli*, caracterizada por William Lipscomb, Harvard University, EUA, é um heterododecâmero c_6r_6 com simetria D_3, no qual cada uma de suas subunidades regulatórias (*r*) se liga a CTP (*verde*); PDBid 5AT1. A Enzima 3, de *E. coli*, caracterizada por Hazel Holden, University of Wisconsin, EUA, é um dímero C_2 que se liga a carbamoil-aspartato (*púrpura*) em uma subunidade e a orotato (*vermelho*) em outra; PDBid 1J79. A Enzima 4, de humanos, caracterizada por Jon Clardy, Cornell University, EUA, é um monômero que se liga a orotato (*amarelo*), FMN (*magenta*) e A77 1726 (*verde*); PDBid 1D3H. A Enzima 5, de *Salmonella typhimurium*, caracterizada por James Sacchettini, Albert Einstein College of Medicine, EUA, é um dímero C_2 que se liga a orotato (*cor de laranja*) e PRPP (*púrpura*); PDBid 1OPR. A Enzima 6, de *B. subtilis*, caracterizada por Steven Ealick, Cornell University, EUA, é um dímero C_2 que se liga a UMP (*verde*); PDBid 1DBT. **Ver Figuras animadas**

O carbamoil-fosfato que é utilizado para sintetizar arginina pelo ciclo da ureia é sintetizado por uma enzima mitocondrial distinta, a **carbamoil-fosfato-sintase I** (**CPS I**), a qual utiliza amônia como fonte de nitrogênio. Os procariotos possuem apenas uma carbamoil-fosfato-sintase, a qual supre tanto a biossíntese de pirimidinas como a de arginina e utiliza glutamina. Essa última enzima, como foi visto, contém três diferentes sítios ativos que são conectados por um túnel notavelmente longo de 96 Å pelo qual os produtos intermediários se difundem (Fig. 26.9).

A rota de biossíntese das pirimidinas é um alvo para fármacos antiparasíticos. Por exemplo, o protozoário *Toxoplasma gondii*, o qual infecta a maioria dos mamíferos, causa **toxoplasmose**, uma doença cujas complicações incluem cegueira, disfunção neurológica e morte em indivíduos imunocomprometidos (p. ex., aqueles com aids). A maioria dos parasitas evoluíram para aproveitar os nutrientes supridos por seus hospedeiros. No entanto, *T. gondii*, é incapaz de suprir suas necessidades exclusivamente por meio de rotas de recuperação de nucleotídeos e mantém a sua habilidade de sintetizar uracila *de novo*. Os fármacos que tem como alvo a carbamoil-fosfato sintase II (uma enzima cuja estrutura e cinética a distingue de sua correspondente em mamíferos) podem portanto prevenir o crescimento de *T. gondii*. Além disso, há evidências de que linhagens de *T. gondii* que foram modificadas geneticamente para perder carbamoil-fosfato-sintase II são avirulentas e podem ser úteis como vacinas para humanos e animais domésticos.

2. Síntese de carbamoil-aspartato. A condensação de carbamoil-fosfato com aspartato para formar **carbamoil-aspartato** é catalisada pela **aspartato-transcarbamilase** (**ATCase**). Esta reação, a etapa geradora de fluxo da rota, ocorre sem a necessidade de ATP uma vez que o carbamoil-fosfato é intrinsecamente ativado. A estrutura e a regulação da ATCase de *E. coli* é discutida na Seção 13.4.

3. Fechamento do anel para formar di-hidro-orotato. A terceira reação da rota foi elucidada por Arthur Kornberg a partir de sua observação de que microrganismos que utilizam ácido orótico como fonte de carbono, primeiro o reduzem a **di-hidro-orotato**. A reação que forma o anel pirimidínico produz di-hidro-orotato em uma condensação intramolecular catalisada pela metaloenzima de zinco **di-hidro-orotase**.

4. Oxidação do di-hidro-orotato. O di-hidro-orotato é irreversivelmente oxidado a orotato pela **di-hidro-orotato-desidrogenase** (**DHODH**, do inglês *dihydroorotate dehydrogenase*). A enzima eucariótica, a qual contém FMN, é uma proteína de membrana integral que está localizada na superfície externa da membrana mitocondrial interna, onde a ubiquinona fornece seu poder oxidante. As outras cinco enzimas da biossíntese de nucleotídeos pirimidínicos são citosólicas em células animais. Muitas DHODHs bacterianas são flavoproteínas ligadas a NAD^+ que contém FMN, FAD e um grupo [2Fe−2S]. Essas enzimas normalmente funcionam no sentido da degradação, ou seja, na direção orotato → di-hidro-orotato, permitindo assim que essas bactérias metabolizem o orotato, contribuindo para a observação de Kornberg. A reação mediada pela DHODH eucariótica envolve duas etapas redox, como está indicado na Fig. 28.8. A estrutura por raios X da DHODH humana em complexo com orotato, caracterizada por Jon Clardy, revela que o anel de pirimidina do orotato está empilhado sobre o anel de flavina de FMN com o C6 do orotato e o N5 do FMN separados por 3,6 Å, uma distância compatível com a transferência direta de hidreto entre esses dois centros. Um túnel leva do lado oposto do anel de flavina à região hidrofóbica na superfície da enzima. A enzima presumivelmente se liga à superfície da membrana mitocondrial pela sua porção hidrofóbica, permitindo assim à ubiquinona, a qual se difunde prontamente pela membrana mitocondrial, se aproximar e reoxidar o $FMNH_2$ ligado à enzima. Na estrutura por raios X, esse túnel contém uma molécula firmemente ligada chamada de **A77 1726**, a qual é o metabólito primário de **leflunomida** (nome comercial **Arava**),

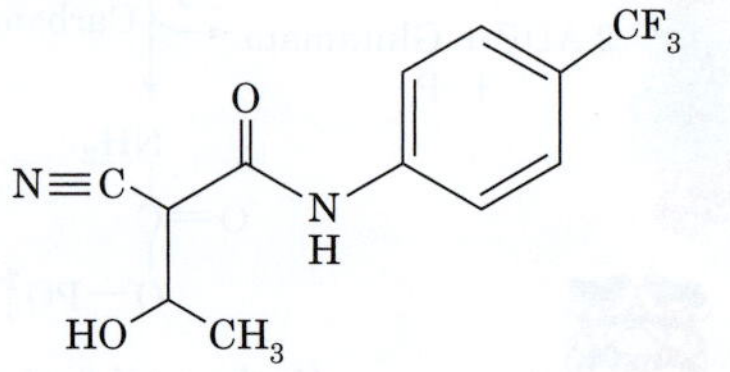

A77 1726

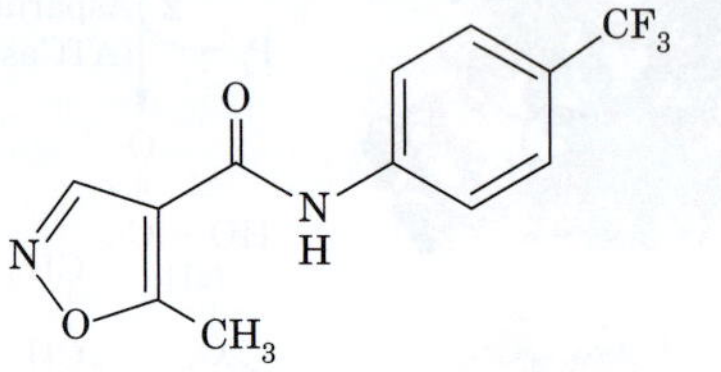

Leflunomida

um composto utilizado clinicamente no tratamento da artrite reumatoide. O A77 1726 atenua essa doença autoimune bloqueando a síntese de pirimidinas nos linfócitos *T*, reduzindo assim sua proliferação inapropriada. Entretanto, o A77 1726 não inibe a DHODH bacteriana.

5. Aquisição da porção ribose-fosfato. O orotato reage com PRPP para produzir **orotidina-5′-monofosfato** (**OMP**) em uma reação catalisada pela **orotato-fosforribosil-transferase** e impelida pela hidrólise do PP_i eliminado. Essa reação fixa a forma anomérica dos nucleotídeos de pirimidina na configuração β. A orotato-fosforribosil-transferase também atua na recuperação de outras bases pirimidínicas, como uracila e citosina, pela sua conversão em seus nucleotídeos correspondentes. Ainda que as várias fosforribosil-transferases, incluindo HGPRT, exibam pouca similaridade entre sequências, as estruturas por raios X indicam que elas contêm um centro estrutural comum que se assemelha à formação de ligação de dinucleotídeos (Seção 8.3Bi), mas carece de uma de suas fitas β.

6. Descarboxilação para formar UMP. A reação final da rota é a descarboxilação de OMP pela **OMP-descarboxilase** (**ODCase**) para formar UMP. A ODCase aumenta a taxa (k_{cat}/K_M) de descarboxilação do OMP por um fator de 2×10^{23} acima daquela da reação não catalisada, fazendo dela a enzima cataliticamente mais proficiente conhecida. Contudo, a ODCase não possui cofatores que a ajudem a estabilizar os supostos intermediários carbânion da reação. Como ela é capaz disso? A estrutura por raios X, estudada por Steven Ealick, da ODCase de *B. subtilis* em complexo

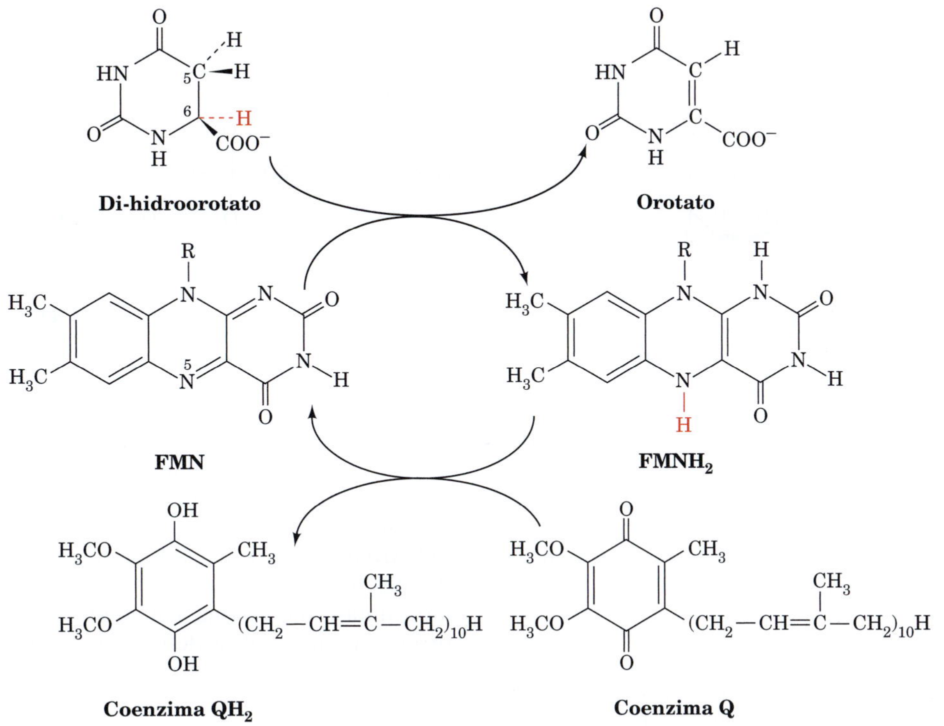

FIGURA 28.8 **Reações catalisadas pela DHODH eucariótica.** A reação é iniciada pela subtração mediada por enzima de um próton do C5 do di-hidro-orotato seguida pela transferência direta de hidreto do C6 do di-hidro-orotato ao N5 do FMN para gerar orotato e $FMNH^-$, o qual pode então ser protonado para gerar $FMNH_2$. O $FMNH_2$ (ou $FMNH^-$), então, reage com a coenzima Q proveniente da membrana mitocondrial interna para regenerar a enzima em sua forma FMN e produzir a coenzima QH_2, a qual, então, retorna à membrana mitocondrial interna.

com UMP indica que um grupo carboxílico ligado ao C6 do OMP que é coplanar ao seu anel pirimidínico estaria muito próximo das cadeias laterais tanto da Asp 60 como da Lys 62. Ealick, portanto, propôs um mecanismo (Fig. 28.9) no qual as interações eletrostáticas entre os grupos carboxílicos muito próximos do OMP e da Asp 60 desestabilizariam o estado estável do OMP. Essa desestabilização seria reduzida no estado de transição pelo deslocamento da carga negativa do OMP de seu grupo carboxílico para o C6, onde seria estabilizada pela cadeia lateral adjacente da Lys 62 carregada positivamente. É também proposto que essa cadeia lateral doe prótons à ligação C—C em fragmentação quando esta se torna básica o suficiente para aceitar prótons, evitando assim a formação de um intermediário carbânion de alta energia. As interações eletrostáticas desfavoráveis entre OMP e Asp 60 ocorrem porque a enzima se liga firmemente a OMP por extensivas interações com seus outros grupos funcionais. De fato, a remoção do grupo fosfato do OMP, o qual está distante do grupo carboxílico do C6, reduz o k_{cat}/K_M da reação catalítica por um fator de 7×10^7, fornecendo assim um notável exemplo de como a energia de ligação pode ser aplicada à catálise (ligação preferencial no estado de transição).

Em bactérias, as seis atividades enzimáticas que fazem a mediação da biossíntese de UMP ocorrem em proteínas independentes (Fig. 28.7). Em animais, entretanto, como foi demonstrado por Mary Ellen Jones, as primeiras três atividades enzimáticas da rota, carbamoil-fosfato sintase II,

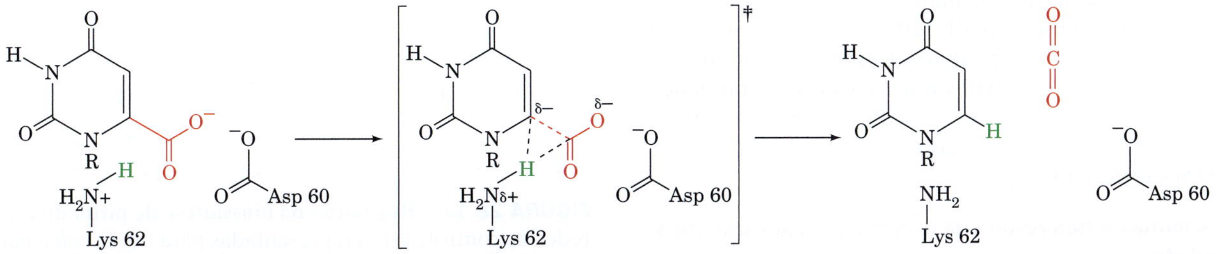

FIGURA 28.9 **Mecanismo catalítico proposto para a OMP-descarboxilase.** (Conforme Appleby, T.C., Kinsland, C., Begley, T.P., e Ealick, S.E., *Proc. Natl. Acad. Sci.* USA, **97**, 2005 [2000].)

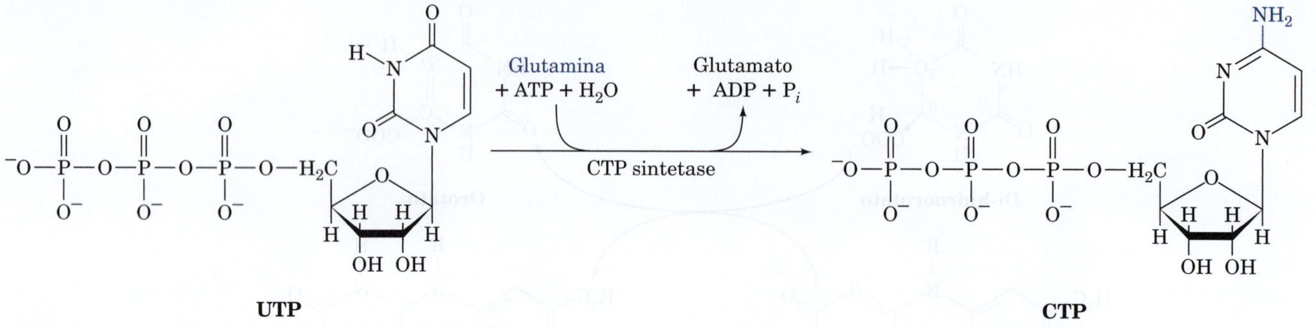

UTP + Glutamina + ATP + H_2O → (CTP sintetase) → CTP + Glutamato + ADP + P_i

UTP **CTP**

FIGURA 28.10 Síntese de CTP a partir de UTP.

ATCase e di-hidro-orotase ocorrem em uma única cadeia polipeptídica de 2.225 resíduos conhecida como **CAD**, a qual forma homo-hexâmeros de 1400 kDa. De forma semelhante, as Reações 5 e 6 da rota de pirimidinas nos animais são catalisadas por um único polipeptídeo de 480 resíduos nomeado **UMP-sintase** que forma homodímeros de 102 kDa.

B. *Síntese de UTP e CTP*

A síntese de UTP a partir de UMP é análoga à síntese de nucleotídeos purínicos trifosfatados (Seção 28.1B). O processo ocorre pelas ações sequenciais de uma nucleosídeo monofosfatocinase e uma nucleosídeo difosfatocinase:

$$\text{UMP} + \text{ATP} \rightleftharpoons \text{UDP} + \text{ADP}$$
$$\text{UDP} + \text{ATP} \rightleftharpoons \text{UTP} + \text{ADP}$$

O CTP é formado por aminação do UTP pela **CTP-sintase** (Fig. 28.10). Em animais, o grupo amina é doado pela glutamina, enquanto em bactérias é suprido diretamente pela amônia.

C. *Regulação da biossíntese de nucleotídeos de pirimidina*

Em bactérias, a rota de biossíntese de pirimidinas é principalmente regulada na Reação 2, a reação da ATCase (Fig. 28.11*a*). Em *E. coli*, o controle é exercido pela estimulação alostérica da ATCase por ATP e sua inibição por CTP (Seção 13.4). Em muitas bactérias, entretanto, o UTP é o principal inibidor da ATCase.

Em animais, a ATCase não é uma enzima regulatória. A biossíntese de pirimidinas é, antes, controlada pela atividade da carbamoil-fosfato-sintase II, a qual é inibida por UDP e UTP e ativada por ATP e PRPP (Fig. 28.11*b*). Um segundo nível de controle na rota de mamíferos ocorre com a OMP-descarboxilase, para a qual UMP e, em menor proporção, CMP são inibidores competitivos. Em todos os organismos, a taxa de produção de OMP varia com a disponibilidade de seu precursor, PRPP. O nível de PRPP depende da atividade da ribose-fosfato-pirofosfocinase, a qual é inibida por ADP e GDP (Seção 28.1A).

a. A aciduria orótica resulta de uma deficiência enzimática herdada

A aciduria orótica, uma doença humana hereditária, é caracterizada pela excreção de grandes quantidades de ácido orótico na urina, crescimento retardado e anemia grave. Ela resulta de uma deficiência na enzima bifuncional que catalisa as Reações 5 e 6 da biossíntese de nucleotídeos pirimidínicos. A consideração da bioquímica dessa situação levou ao seu tratamento efetivo: a administração de uridina e/ou citidina. O UMP formado pela fosforilação desses nucleosídeos, além de substituir aquele normalmente sintetizado, inibe a carbamoil-sintase II de forma a atenuar a taxa de síntese de ácido orótico. Poucas outras deficiências genéticas na biossíntese

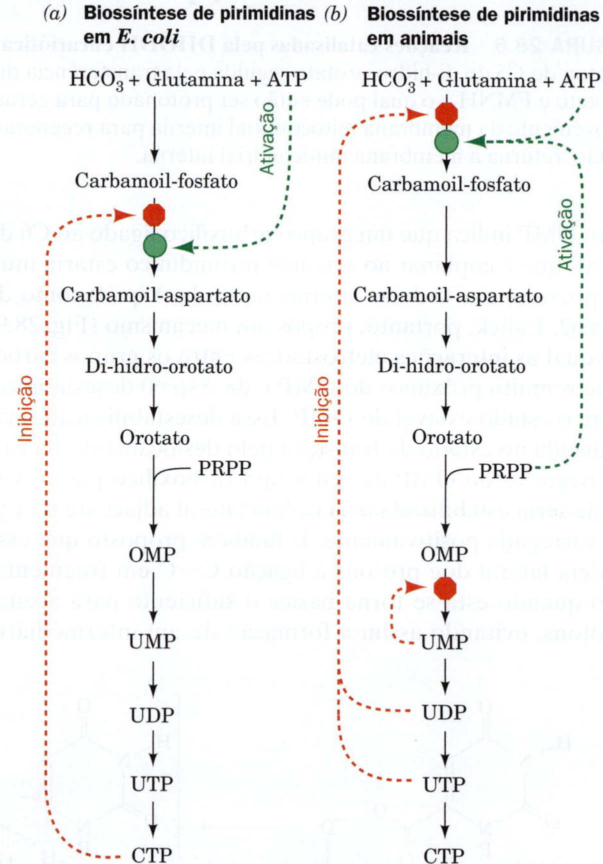

FIGURA 28.11 Regulação da biossíntese de pirimidinas. As redes de controle estão representadas para (*a*) *E. coli* e para (*b*) animais. Os octógonos vermelhos e os pontos verdes indicam pontos de controle. A retroinibição está representada por setas vermelhas pontilhadas e a ativação está indicada por setas verdes pontilhadas. **Ver Figuras animadas**

de nucleotídeos pirimidínicos são conhecidas em humanos, provavelmente porque a maioria desses defeitos seja letal *in utero*.

3 FORMAÇÃO DE DESOXIRRIBONUCLEOTÍDEOS

O DNA difere quimicamente do RNA em dois aspectos principais: (1) seus nucleotídeos contêm resíduos de 2'-desoxirribose no lugar dos resíduos de ribose, e (2) ele contém a base timina (5-metiluracila) no lugar da uracila. Nesta seção, considera-se a biossíntese desses componentes do DNA.

A. *Produção de resíduos de desoxirribose*

Os desoxirribonucleotídeos são sintetizados a partir de seus ribonucleotídeos correspondentes pela redução de sua posição C2' e não por síntese de novo a partir de precursores contendo desoxirribose.

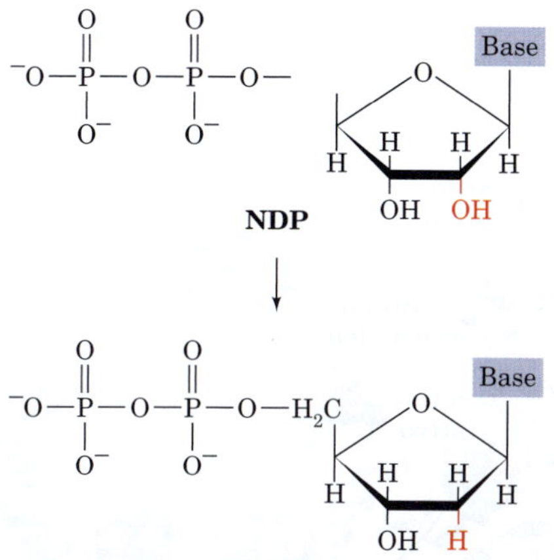

NDP

↓

dNDP

Essa rota foi estabelecida pelo estudo de Irwin Rose sobre como os ratos metabolizam citidina marcada com C^{14} dos seus componentes de base e de ribose. O dCMP recuperado do DNA dos ratos manteve as mesmas taxas de marcação em suas citosinas e resíduos de desoxirribose que possuíam as citidinas originais, indicando que os componentes do DNA permaneceram ligados durante a síntese do DNA. Se a citosina e os resíduos de ribose tivessem sido separados, a diluição da citosina e dos resíduos de ribose marcados, os quais estão presentes nos tecidos do rato em diferentes quantidades, teria alterado essa proporção.

As enzimas que catalisam a formação dos desoxirribonucleotídeos pela redução dos ribonucleotídeos correspondentes são chamadas de **ribonucleotídeo-redutases** (**RNRs**). Três classes de RNRs são conhecidas que diferem em seus substratos (NDP ou NTP), os cofatores que empregam e a maneira como obtêm os equivalentes redutores (ver a seguir). As RNRs Classe I e Classe II são amplamente distribuídas entre os procariotos; algumas espécies possuem uma RNR Classe I, enquanto outras, algumas vezes espécies relacionadas, possuem uma RNR Classe II. Entretanto, todos os eucariotos, exceto poucas espécies unicelulares, possuem RNRs Classe I. RNRs Classe III ocorrem em procariotos que podem crescer anaerobicamente. (RNRs Classe III são sensíveis a O_2, enquanto RNRs Classe I requerem O_2 para sua ativação; ver a seguir.) De fato, *E. coli*, que pode crescer tanto aeróbia como anaerobiamente, expressa uma RNR Classe I e uma RNR Classe III. No que se segue, discutiremos principalmente o mecanismo das RNRs Classe I, mas encerra-se com uma consideração das relações evolutivas entre as diferentes classes de RNRs.

a. Ribonucleotídeo-redutases classe I: estrutura e mecanismo

A RNR Classe I de *E. coli*, como demonstrado por Peter Reichard, está principalmente presente *in vitro* como um heterotetrâmero que pode ser decomposto em dois homodímeros cataliticamente inativos, $R1_2$ (761 subunidades residuais) e $R2_2$ (375 subunidades residuais), os quais juntos formam os dois sítios ativos da enzima (Fig. 28.12*a*). Cada subunidade R1 contém um sítio de ligação a substrato assim como três sítios independentes de ligação a efetores que controlam tanto a atividade catalítica da enzima como sua especificidade a substrato (ver a seguir). Os resíduos catalíticos da R1 incluem diversos grupos tiol redox ativos.

A estrutura por raios X de $R2_2$ (Fig. 28.12*b*), determinada por Hans Eklund, revela que cada uma de suas subunidades contém um grupo binuclear Fe(III) prostético não descrito anteriormente, cujos dois íons Fe(III) são ligados por pontes tanto por um íon O^{2-} (uma ponte μ-oxo) como pelo grupo carboxílico de Glu 115 (Fig. 28.12*c*). Cada Fe(III) é ainda ligado a dois átomos O carboxílicos dos resíduos de Asp e de Glu, a um átomo N_δ de His e a uma molécula de água. O complexo do Fe(III) interage com Tyr 122 para formar, como indicam as medições EPR, um radical livre tirosil (TyrO·) incomum que está a 5 Å do átomo de Fe mais próximo e está enterrado 10 Å abaixo da superfície da proteína, onde está fora de contato com solventes ou qualquer cadeia lateral oxidável (os radicais tirosil são observados na citocromo *c* oxidase [Seção 22.2C5c] e no fotossistema II [Seção 24.2Cd]).

A RNR de *E. coli* é inibida por **hidroxiureia**, a qual especificamente extingue (destrói) o radical tirosil, e por **8-hidroxiquinolina**, a qual tem a capacidade de quelar íons Fe^{3+}.

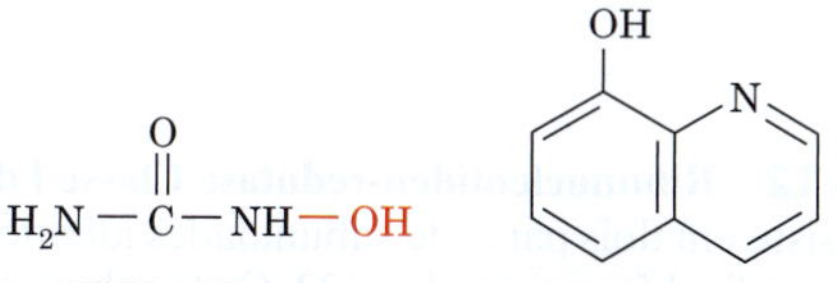

$H_2N-C(=O)-NH-OH$

Hidroxiureia **8-Hidroxiquinolina**

RNRs de mamíferos possuem características similares às da enzima de *E. coli*. De fato, a hidroxiureia é utilizada clinicamente com um agente antitumoral.

Se a RNR de *E. coli* é incubada com [3'-^{3}H]UDP, uma fração pequena, mas reprodutível, de ^{3}H é liberada como ^3H_2O. Essa observação, juntamente com estudos de cinética, espectroscopia e mutagênese sítio-dirigida, levou JoAnne Stube a formular o seguinte mecanismo catalítico para a RNR de *E. coli* (Fig. 28.13):

1. O radical livre (X·) da RNR abstrai um átomo H do C3' do substrato na etapa determinante da velocidade de reação.
2 e 3. A clivagem catalisada por ácido da ligação C2'—OH libera H_2O para produzir um intermediário cátion radical. O

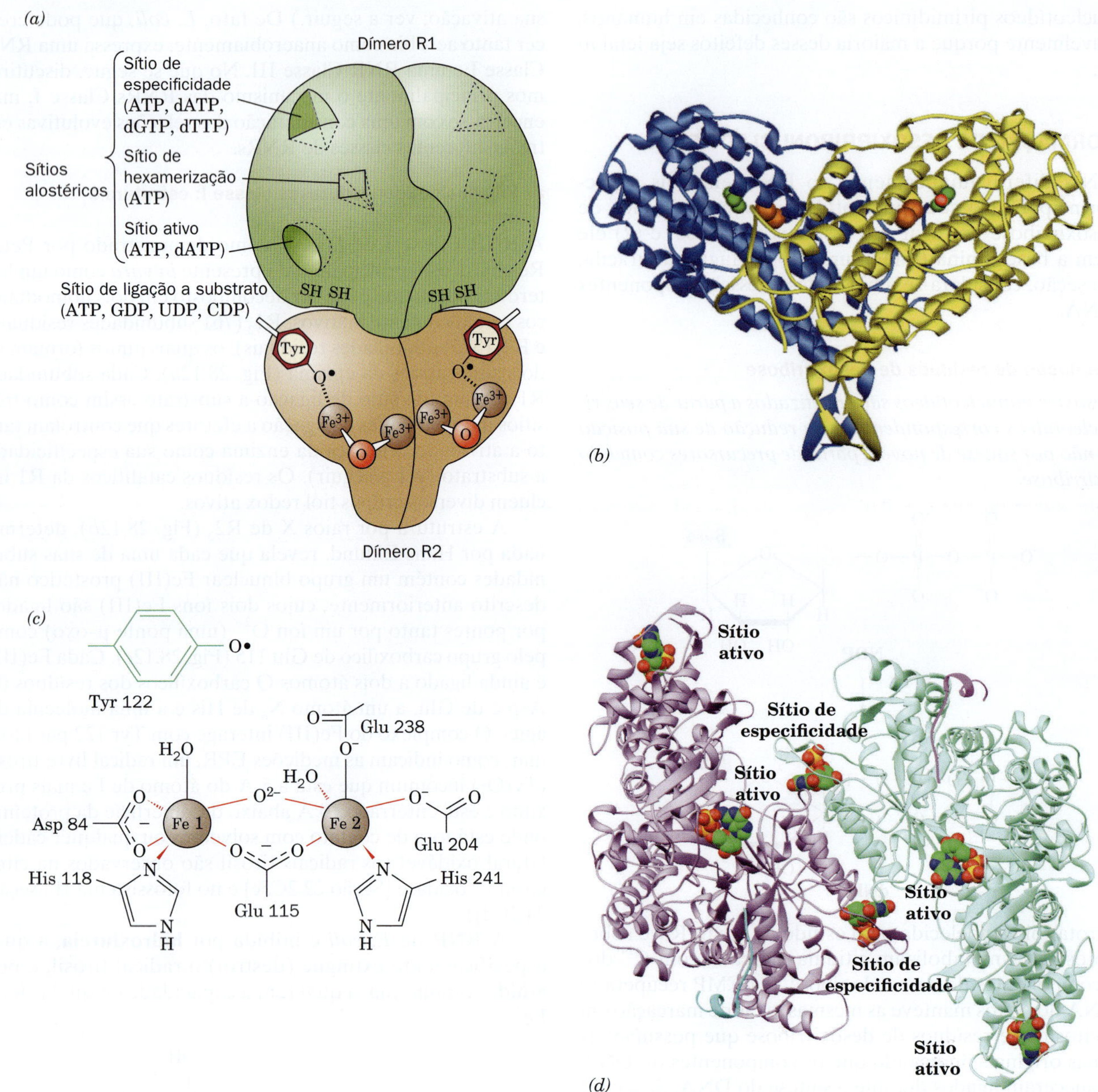

FIGURA 28.12 Ribonucleotídeo-redutase Classe I de *E. coli*. (*a*) Um diagrama esquemático de sua estrutura quaternária. A enzima consiste em dois pares de subunidades idênticos, $R1_2$ e $R2_2$. Cada subunidade R2 contém um complexo binuclear de Fe(III) que gera um radical fenoxi em Tyr 122. Cada subunidade R1 contém três diferentes sítios alostéricos reguladores e cinco resíduos Cys cataliticamente importantes. Os dois sítios ativos da enzima estão localizados próximos à interface entre as duas subunidades R1 e R2 contíguas. (*b*) A estrutura por raios X de $R2_2$ vista perpendicularmente ao seu eixo duplo com a mais longa dimensão do dímero no plano horizontal. Uma subunidade da proteína homodimérica está representada em azul e a outra em amarelo. Os íons Fe(III) dos seus complexos de Fe estão representados por esferas cor de laranja e as cadeias laterais de Tyr 122 contendo o radical estão desenhadas na forma de volume atômico com seus átomos C e O em verde e em vermelho. Observe que cada subunidade consiste principalmente em um feixe de oito hélices extraordinariamente longas. (*c*) O complexo binuclear de Fe(III) da R2. Cada íon Fe(III) é octaedricamente coordenado por um átomo N_δ de His e por cinco átomos O, incluindo aqueles do íon O^{2-} e do grupo carboxílico de Glu que fazem uma ponte entre dois íons Fe(III). (*d*) A estrutura por raios X do dímero R1, cada subunidade está em complexo com um peptídeo C-terminal de 20 resíduos do R2 juntamente com GDP em seu sítio ativo e dTTP em seu sítio de especificidade. O análogo a ATP AMPPNP ligado ao sítio ativo do complexo muito similar de R1 com o peptídeo de 20 resíduos e AMPPNP foi sobreposto nessa estrutura. A estrutura é vista ao longo de seu eixo duplo com suas duas subunidades em lilás e em verde-claro, os dois peptídeos R2 em ciano e magenta e o GDP, o dTTP e o ATP em formas de volume atômico coloridos de acordo com o tipo de átomo (C verde, N azul, O vermelho e P amarelo-ouro). (Partes *b* e *d* com base nas estruturas por raios X de Hans Eklund, Swedish University of Agricultural Sciences, Uppsala, Suécia. PDBids (*b*) 1RIB e (*d*) 3R1R e 4R1R.)

Ver Figuras animadas e Exercício interativo 28

radical faz a mediação da estabilização do cátion C2′ pelo par de elétrons não partilhados do grupo 3′-OH, contribuindo assim para o papel catalítico do radical.

4. O intermediário cátion radical é reduzido pela atividade do par sulfidril da enzima para produzir um 3′-desoxinucleotídeo radical e um grupo proteico dissulfídrico.

5. O radical 3′ subtrai o átomo H da proteína para produzir desoxinucleosídeo difosfato e restitui o estado radical da enzima. Uma pequena fração dos átomos H originalmente subtraídos é trocada com o solvente antes de ser reposta, contribuindo assim para a liberação de ^{3}H na redução de [3′-^{3}H]UDP.

O radical Tyr 122 na R2 está muito longe (> 10 Å) do sítio catalítico da enzima para subtrair um elétron diretamente do substrato. Evidentemente, a proteína faz a mediação da transferência do elétron deste radical tirosil para algum outro grupo (X· na Fig. 28.13) que está mais próximo do grupo C3′—H do substrato. Estudos de mutagênese sítio dirigida sugerem que Cys 439 da R1, em sua forma radical tiil (—S·), é o candidato mais plausível para X· (o que torna a RNR a única enzima na qual se sabe que um resíduo Cys reduz um substrato carboidrato). Estudos semelhantes sugerem que Cys 225 e Cys 462 da R1 formam o par sulfídrico redox ativo que reduz o substrato. Além disto, a ligação dissulfídica é subsequentemente reduzida para regenerar a enzima ativa por um intercâmbio dissulfídico com Cys 754 e Cys 759 na R1, os quais estão aparentemente posicionados para receber elétrons de agentes redutores externos (ver a seguir). Dessa forma, cada subunidade R1 contém pelo menos cinco resíduos de Cys que participam quimicamente na redução nucleotídica.

Essas observações são confirmadas pela estrutura por raios X de R1 em complexo com o polipeptídeo C-terminal de 20 resíduos da R2 (R1 não se cristaliza satisfatoriamente na ausência desse polipeptídeo), também determinada por Eklund (Fig. 28.12*d*). O domínio central do monômero R1 de três domínios consiste em um cilindro α/β de 10 fitas não descrito anteriormente que é formado pela junção antiparalela de dois meio-cilindros topologicamente semelhantes, cada um compreendendo 5 fitas β paralelas conectadas por quatro hélices α. Como com os cilindros

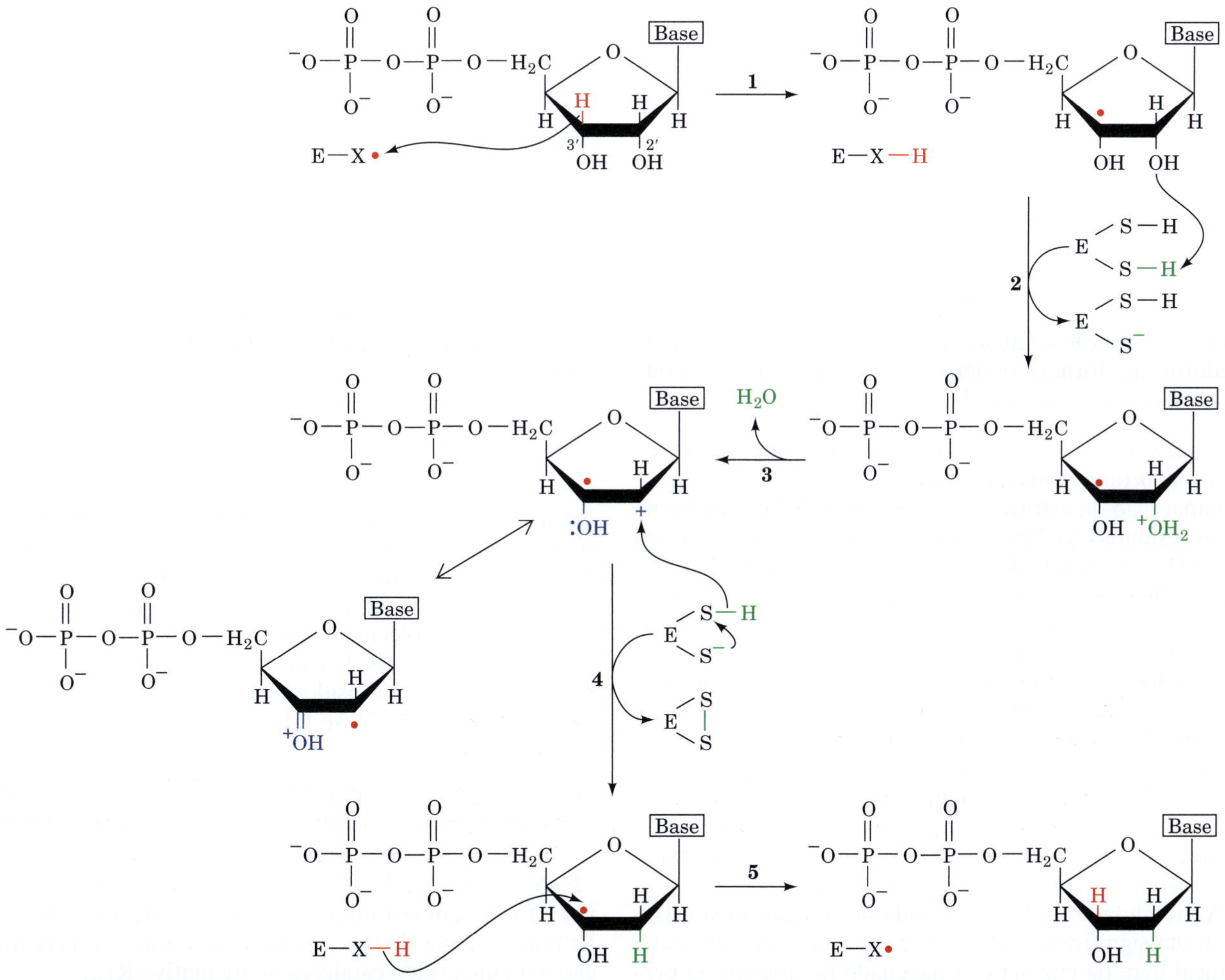

FIGURA 28.13 Mecanismo enzimático da RNR. A reação ocorre por um processo mediado por radical livre no qual os equivalentes redutores são supridos pela formação de uma ligação dissulfídrica na enzima. (De acordo com Stubbe, J.A., *Biol. Chem.* **265**, 5330 [1990].)

α/β semelhantes de 8 fitas que formam os sítios ativos de numerosas enzimas (Seção 8.3Bh), os resíduos Cys (439, 225, 462) do sítio ativo de R1 estão localizados na boca do barril α/β de 10 fitas.

Os dois resíduos Cys da R1, 754 e 759, que estão implicados na regeneração da enzima ativa, são componentes do segmento C-terminal da R1, o qual não é visível na estrutura por raios X de R1 e está presumivelmente desordenado. Essa observação sustenta a hipótese de que o segmento C-terminal age para transportar flexivelmente equivalentes redutores da superfície da enzima para seu sítio ativo.

b. A geração de radical em RNR classe I requer a presença de O_2

Um dos mais notáveis aspectos da RNR Classe I é sua habilidade em estabilizar seu radical TyrO· normalmente muito reativo (sua meia-vida é de 4 dias na proteína e de milissegundos em solução). Não obstante a supressão do radical por hidroxiureia, por exemplo, inativa a enzima. Como, então, o radical é gerado em primeiro lugar? O radical pode ser recuperado *in vitro* pelo simples tratamento da enzima inativa com Fe(II) e um agente redutor na presença de O_2.

$$\text{Tyr 122-R2}\!-\!C_6H_4\!-\!O\!-\!H + 2Fe^{2+} + O_2 + H^+ + e^- \longrightarrow \text{Tyr 122-R2}\!-\!C_6H_4\!-\!O\bullet + Fe^{3+}\!-\!O^{2-}\!-\!Fe^{3+} + H_2O$$

Essa é uma redução de quatro elétrons do O_2 na qual o agente redutor que fornece o elétron representado por e^- pode ser ascorbato ou até mesmo Fe^{2+} excedente.

c. A inabilidade da RNR oxidada de se ligar ao substrato tem uma importante função protetora

A comparação da estrutura por raios X da R1 reduzida (na qual os resíduos Cys 225 e Cys 462 redox ativos estão em sua forma SH) com aquela da R1 oxidada (na qual Cys 225 e Cys 462 estão ligados por pontes dissulfídicas) revela que Cys 462 na R1 reduzida girou de sua posição na R1 oxidada para se tornar enterrado em um bolso hidrofóbico, enquanto Cys 225 se deslocou para uma região anteriormente ocupada por Cys 462. A distância entre os átomos S anteriormente ligados por ponte dissulfídica com isso aumenta de 2,0 para 5,7 Å. Esses movimentos são acompanhados por pequenas mudanças na cadeia polipeptídica circundante. O RNR oxidado não se liga ao substrato porque o seu Cys 225 da R1 impediria a ligação do substrato pela interferência estérica do seu átomo S com o átomo do O_2 do substrato NDP.

A inabilidade da RNR oxidada de se ligar ao substrato tem um significado funcional. Na ausência de substrato, o radical livre da enzima é armazenado no interior da proteína R2, próximo ao seu centro de ferro dinuclear. Quando o substrato está ligado, o radical é presumivelmente transferido para ele por uma série de cadeias laterais proteicas tanto na R2 como na R1. Se o substrato é incapaz de reagir propriamente após receber esse radical livre, como seria o caso se a RNR estivesse em seu estado oxidado, isso poderia resultar na destruição do substrato e/ou da enzima. De fato, a mutação de Cys 225 redox ativa em Ser resulta em uma enzima que permite a formação do substrato radical (Fig. 28.13); entretanto, uma vez que a enzima mutante é incapaz de reduzi-lo, o substrato radical, ao contrário, é decomposto seguido da liberação de suas porções base e fosfato. Mais importante, um peptídeo radical transitório se forma, o qual fende e inativa a cadeia polipeptídica R1 enquanto consome o radical e com isso inativa R2. Dessa forma, um papel importante da enzima é controlar a liberação da poderosa capacidade oxidante do radical. Ela o faz em parte pela prevenção da ligação do substrato enquanto a enzima está em sua forma oxidada.

d. A ribonucleotídeo-redutase é regulada por oligomerização induzida por efetor

A síntese de quatro dNTPs nas quantidades necessárias para a síntese de DNA é alcançada pelo controle de retroalimentação. A manutenção das proporções intracelulares adequadas de dNTPs é essencial para o crescimento normal. De fato, *uma deficiência de quaisquer dos dNTPs é letal, enquanto um excesso é mutagênico, pois a probabilidade de um dado dNTP ser erroneamente incorporado em uma cadeia de DNA crescente aumenta com sua concentração relativa a dos outros dNTPs.*

As atividades de RNR Classe I de *E. coli* e de mamíferos são alostericamente responsivas às concentrações de vários (d)NTPs. Dessa forma, como Reichard demonstrou, ATP induz a redução de CDP e UDP; dTTP induz a redução de GDP e inibe a redução de CDP e UDP; dGTP induz a redução de ADP e, em mamíferos mas não em *E. coli*, inibe a redução de CDP e UDP; e ATP inibe a redução de todos NDPs.

Barry Cooperman demonstrou que a atividade catalítica da RNR de camundongos varia com seu estado de oligomerização (ou seja, RNR é uma morfeína; Seção 26.4Ac), o qual por sua vez é governado pela ligação de efetores nucleotídicos a três sítios alostéricos independentes na R1: (1) o sítio de especificidade, o qual se liga a ATP, dATP, dGTP e dTTP; (2) o sítio ativo, o qual se liga a ATP e a dATP; e (3) o sítio de hexamerização, o qual se liga apenas a ATP. Com base na massa molecular, na ligação de ligantes e em estudos de atividade da RNR de camundongos, Cooperman formulou um modelo que considera quantitativamente a regulação alostérica de RNR Classe I. Ele tem as seguintes características (Fig. 28.14*a*):

1. A ligação de ATP, dATP, dGTP ou dTTP ao sítio de especificidade induz o monômero R1 cataliticamente inativo a formar o dímero $R1_2$ cataliticamente ativo.
2. A ligação de dATP ou ATP ao sítio ativo induz os dímeros a formarem tetrâmeros cataliticamente ativos $R1_{4a}$, que lentamente, mas de forma reversível, mudam sua conformação para um estado cataliticamente inativo $R1_{4b}$.
3. A ligação de ATP ao sítio de hexamerização induz os tetrâmeros a se agregarem ainda mais para formar hexâme-

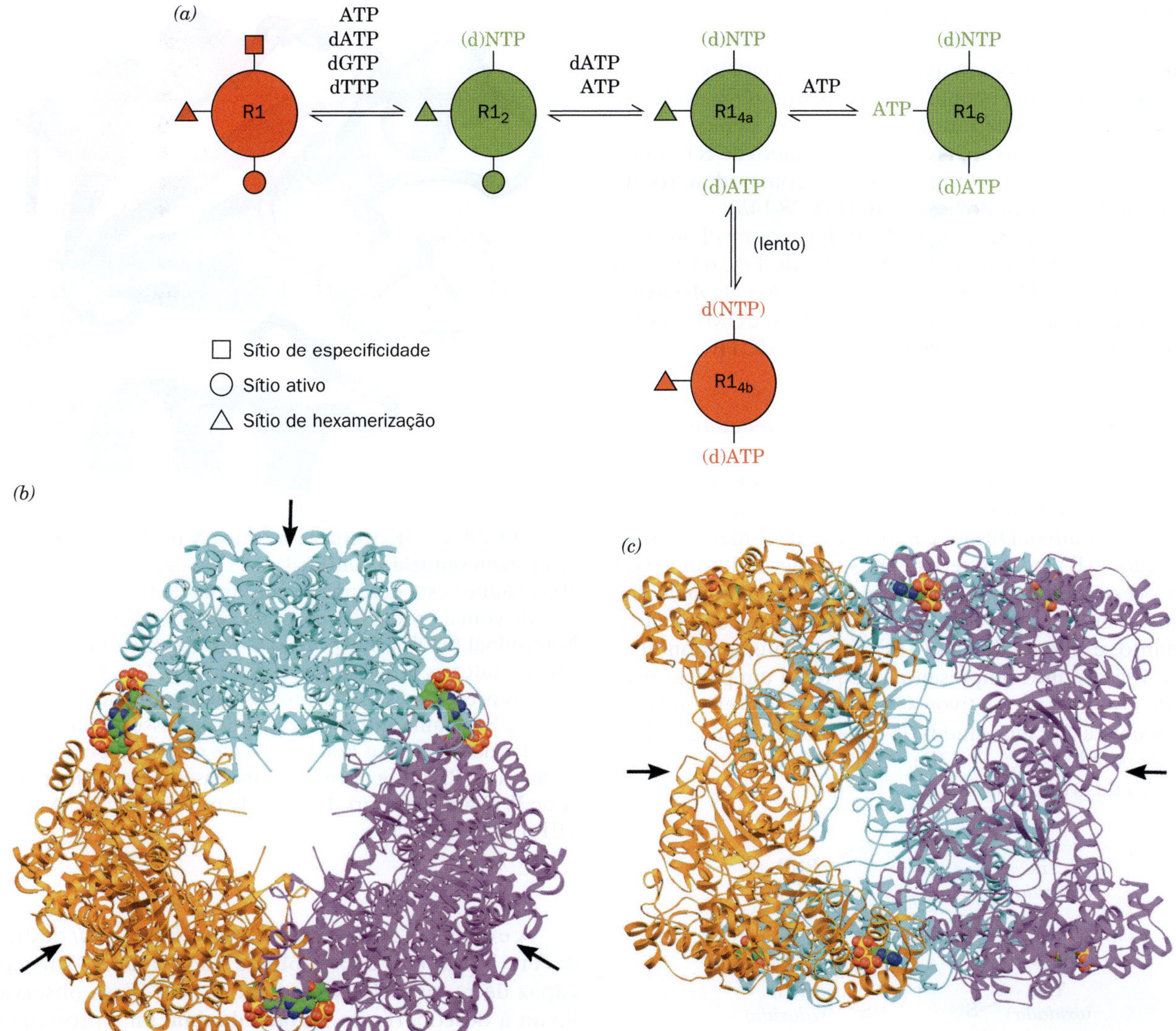

FIGURA 28.14 **Regulação da ribonucleotídeo-redutase.** (*a*) Um modelo da regulação alostérica da RNR Classe I pela sua oligomerização. Os estados mostrados em verde possuem alta atividade e os mostrados em vermelho possuem pouca ou nenhuma atividade. R2 foi omitida por simplicidade. (De acordo com Kashlan, O.B., Scott, C.P., Lear, J.D., e Cooperman, B.S., *Biochemistry* **41**, 461 [2002].) (*b*) A estrutura por raios X do hexâmero R1, o qual possui simetria D_3, em complexo com AMPPNP visto ao longo de seu eixo triplo. Cada um dos três dímeros está colorido diferentemente (a estrutura por raios X de um dímero está demonstrada na Fig. 28.12*d*). O AMPPNP, o qual se liga aos sítios ativos da enzima, está desenhado na forma de volume atômico com C em verde, N em azul, O em vermelho e P em dourado. As setas pretas apontam ao longo dos eixos duplos do dímero R1 e indicam os prováveis sítios de ancoramento para a ligação de dímeros R2. (*c*) O hexâmero R1 · AMPPNP visto ao longo de seu eixo duplo vertical indicado na Parte *b*. (Partes *b* e *c* com base na estrutura por raios X feita por Hans Eklund, Swedish University of Agricultural Sciences, Uppsala, Suécia. PDBid 3R1R.)

ros cataliticamente ativos, R1$_6$, a principal forma ativa de RNR.

A concentração de ATP de uma célula é tal que, *in vivo*, R1 está quase que inteiramente em sua forma tetramérica ou hexamérica. Como consequência, o ATP acopla a taxa geral de síntese de DNA ao estado energético da célula.

O sítio de especificidade e o sítio ativo foram localizados nas estruturas por raios X da R1 de *E. coli* (Fig. 28.12*d*); o sítio de hexamerização ainda não foi identificado. O hexâmero de R1 foi, de fato, previamente observado em estruturas por raios X de R1 (Fig. 28.14*b*,*c*), mas as interações entre seus dímeros em contato são tão tênues que foram consideradas meros artefatos da cristalização sem significância fisiológica. Ainda assim, uma vez que o sítio ativo está localizado nesse sítio de contato, agora parece provável que sua ligação ao (d)ATP induza a oligomerização por mudanças conformacionais locais.

O modelo precedente, por simplicidade, negligenciou a presença de subunidades R2, embora, naturalmente, R1 e R2 devam estar presentes em quantidades equimolares na enzima ativa. Presumivelmente, os dímeros de R1 e de R2 se ligam uns aos outros de forma que seus eixos duplos coincidam. A falta de espaço no interior do hexâmero de R1 impõe que os dímeros de R2 entrem em contato com os dímeros de R1 a partir do exterior do hexâmero (Fig. 28.14*b*).

O dCTP não é um efetor da RNR. É presumível que isso ocorra porque o balanço intracelular entre dCTP e dTTP não é controlado pela RNR, mas, antes, é mantido pela **desoxicitidina-desaminase**, a qual converte dCTP em dUMP, o precursor de dTTP. Essa enzima é ativada por dCTP e inibida por dTTP.

e. Tiorredoxina e glutarredoxina são agentes redutores fisiológicos da RNR classe I

A última etapa do ciclo catalítico da RNR é a redução de pontes dissulfeto recém-formadas na enzima para refazer seu par sulfidril redox ativo. Ditióis, como aquele do 2-mercaptoetanol (Seção 7.1B), podem servir como agentes redutores para esse processo *in vitro* por uma reação de intercâmbio de dissulfetos. Um dos agentes redutores fisiológicos da enzima, entretanto, é a **tiorredoxina (Trx)**, uma proteína monomérica de 105 resíduos onipresente que possui um par de resíduos de cisteína redox ativos, Cys 32 e Cys 35 (encontra-se previamente a Trx em estudos da ativação do ciclo de Calvin induzida pela luz, Seção 24.3B). A Trx reduz a RNR oxidada pela troca de grupos dissulfeto.

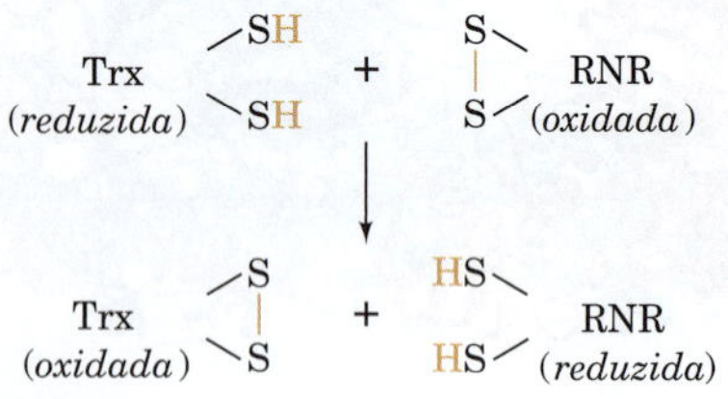

Trx (*reduzida*) (SH, SH) + RNR (*oxidada*) (S—S)

↓

Trx (*oxidada*) (S—S) + RNR (*reduzida*) (HS, HS)

A estrutura por raios X da Trx reduzida de *E. coli* (Fig. 28.15) revela que a cadeia lateral de Cys 32 redox ativa está exposta na superfície da proteína, onde está disponível para oxidação. A Trx oxidada é, por sua vez, reduzida por NADPH em uma reação mediada pela flavoproteína **tiorredoxina-redutase (TrxR)**. O NADPH, dessa forma, serve como o agente redutor terminal na redução mediada por RNR de NDPs a dNDPs (Fig. 28.16).

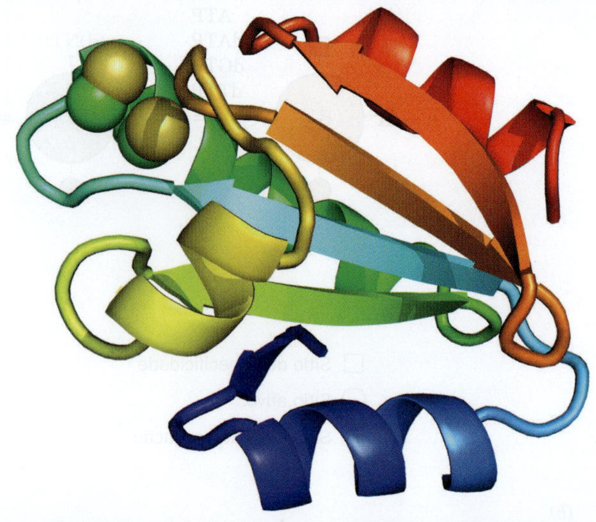

FIGURA 28.15 Estrutura por raios X da Trx humana em seu estado reduzido (sulfidril). A cadeia polipeptídica de 105 resíduos está desenhada em forma de fita e colorida de acordo com a ordem das cores do arco-íris de sua porção N-terminal (azul) a sua porção C-terminal (vermelha). As cadeias laterais dos resíduos redox ativos, Cys 32 e Cys 35, estão representadas na forma de volume atômico com C em verde e S em amarelo. Essa estrutura se assemelha muito àquelas dos domínios homólogos a e a′ da proteína dissulfito isomerase (PDI, Fig. 9.16*a*). (Com base na estrutura por raios X de William Montfort, University of Arizona, EUA. PDBid 1ERT.)

A existência de um mutante viável de *E. coli* destituído de Trx indica que essa proteína não é a única substância capaz de reduzir RNR oxidada *in vivo*. Essa observação levou à descoberta da **glutarredoxina**, uma proteína monomérica de 85 resíduos contendo dissulfeto que também pode reduzir RNR (mutantes destituídos tanto de Trx como de glutarredoxina não são viáveis). A glutarredoxina oxidada é reduzida, por um intercâmbio de dissulfetos, pelo tripeptídeo glutationa contendo Cys o qual, por sua vez, é reduzido por NADPH quando catalisado pela glutationa-redutase (GR; Seção 21.2Ba). A importância relativa da Trx e da glutarredoxina na redução de RNRs ainda deve ser estabelecida.

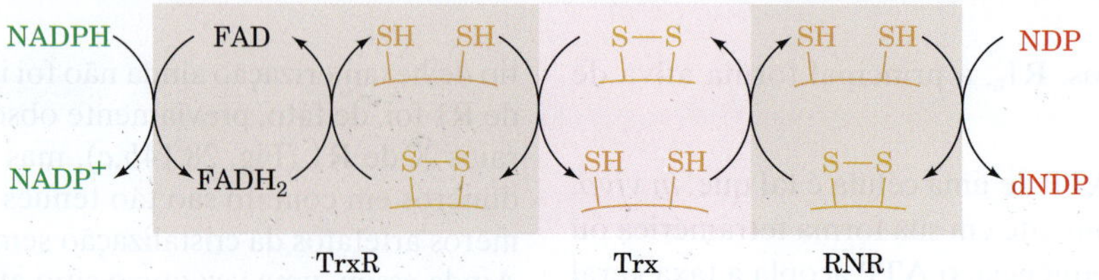

NADPH → NADP⁺ | FAD ⇄ $FADH_2$ | SH SH ⇄ S—S (TrxR) | S—S ⇄ SH SH (Trx) | SH SH ⇄ S—S (RNR) | NDP → dNDP

FIGURA 28.16 Rota de transferência de elétrons para a redução de NDPs. NADPH fornece os equivalentes redutores pela intermediação da TrxR, da Trx, e da RNR.

f. A tiorredoxina-redutase alterna sua conformação com seu estado redox

A **TrxR**, um homodímero de subunidades de 316 resíduos, é uma homóloga da GR que catalisa uma reação semelhante: a redução de uma ligação dissulfeto do substrato por NADPH mediada por um grupo prostético FAD e um par sulfidril redox ativo (Cys 135 e Cys 138). Entretanto, a estrutura por raios X do mutante C138S da TrxR de *E. coli* em complexo com $NADP^+$ (Fig. 28.17*a*), determinada por Charles Williams e John Kuriyan, revela que TrxR e GR diferem nos arranjos de seu sítio ativo de forma que seus pares sulfidril redox ativos estão em lados opostos em relação aos anéis de flavina nas duas enzimas. Todavia, o par sulfidril redox ativo da TrxR apresenta-se propriamente posicionado para reduzir o anel de flavina. Entretanto, o anel de nicotinamida do NAP^+ está a >17 Å do anel de flavina e o par sulfidril redox ativo está encoberto de forma que não poderia reagir com o substrato Trx da enzima. Como, então, a TrxR consegue transferir um par de elétrons do NAPH ligado a ela pelo anel de flavina e do par sulfidril redox ativo ao Trx?

Essa questão foi respondida por Williams e Martha Ludwig pela determinação da estrutura por raios X do mutante C135S da TrxR, cujo Cys 138 está ligado por ponte dissulfeto ao Cys 32 do mutante C35S da Trx de *E. coli* (provavelmente a ligação dissulfeto de relevância fisiológica) e a qual está em complexo com o análogo de NAP^+ **3-aminopiridina adenina dinucleotídeo fosfato ($AADP^+$)**. Nesse complexo (Fig. 28.17*b*), o domínio de ligação ao $NADP^+$ da TrxR fez uma rotação de 67° em relação ao resto da proteína comparado a sua posição na TrxR sozinha (Fig. 28.17*a*). Isso situa o anel de piridina da AADP em posição de reagir com o anel de flavina e situa o par sulfidril redox ativo da TrxR em posição de sofrer uma reação de intercâmbio de pontes dissulfeto com o da Trx. Além disso, nessa última conformação, o domínio de ligação a $NADP^+$ parece fornecer o sítio de reconhecimento para o substrato Trx. Evidentemente, a Trx altera a sua conformação com cada etapa sucessiva no processo de transferência de um par de elétrons do NADPH para a flavina, para seu par sulfidril redox ativo e para seu substrato Trx ligado. Essa complicação de mecanismo adicional em relação àquela da GR, a qual não sofre uma mudança conformacional significativa ao reduzir dissulfeto de glutationa (Seção 21.2Ba), aparentemente evoluiu para permitir à TrxR reduzir seu substrato proteico: a Trx seria muito grande para que seu par sulfidril redox ativo se aproximasse apropriadamente do sítio ativo do par sulfidril em uma enzima como a GR.

g. As três classes de ribonucleotídeo redutases são relacionadas evolutivamente

Foi visto que as formas ativas das RNRs Classe I são oligômeros $R1_2R2_2$, $R1_4R2_4$ e $R1_6R2_6$ que possuem radicais tirosil essenciais para o mecanismo, que são estabilizados por complexos binucleares Fe(III) com pontes oxo, admitem NDPs como substratos e obtêm seus equivalentes redutores da Trx e da glutarredoxina. Em contraste, RNRs Classe II, as quais são monômeros α ou dímeros α_2, utilizam um cofator 5′-desoxiadenosilcobalamina (coenzima B_{12}; Seção 25.2Eb) para a geração de radical, admitem NDPs como substratos e são reduzidas por Trx e glutarredoxina; enquanto RNRs Classe III, as quais são dímeros α_2 que interagem com uma proteína β_2 geradora de radical que contém um centro [4Fe–4S] e requer *S*-adenosilmetionina (SAM; Seção 26.3Ea) e NADPH para atividade, admitem NTPs como

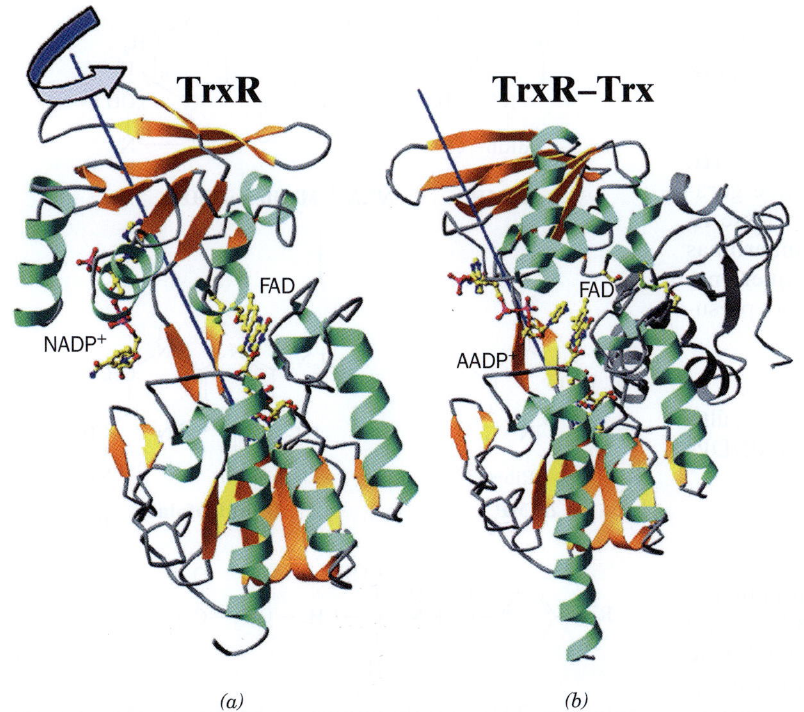

FIGURA 28.17 Estruturas por raios X da tiorredoxina-redutase (TrxR) de *E. coli*. (*a*) O mutante C138S da TrxR em complexo com $NADP^+$. A proteína está representada em forma de fita colorida de acordo com sua estrutura secundária. O $NADP^+$, o FAD e as cadeias laterais de Cys 135 e de Ser 138 estão esboçados na forma de esferas e bastões com C em amarelo, N em azul, O em vermelho, S em verde e P em magenta. (*b*) O mutante C135S da TrxR em complexo com $AADP^+$ e covalentemente ligado ao mutante C35S da Trx por uma ligação dissulfeto entre o Cys 138 da TrxR e o Cys 32 da Trx. A TrxR está representada como na Parte *a*, a fita Trx é azul acinzentado, e as cadeias laterais de Cys 32 e de Ser 35 estão esboçadas na forma de esferas e bastões. A comparação dessas duas estruturas revela que o domínio de ligação ao $NADP^+$ da TrxR (resíduos 120-243) sofre uma rotação de 67° sobre o eixo desenhado em azul em relação ao resto da proteína, a qual está representada na mesma orientação em ambas as estruturas. (Cortesia de Martha Ludwig, University of Michigan, EUA. PDBids (*a*) 1TDF e (*b*) 1F6M.)

substrato e seus equivalentes redutores são fornecidos pela oxidação do formiato a CO_2.

Uma vez que toda a vida celular que se conhece sintetiza seus desoxirribonucleotídeos a partir de ribonucleotídeos, o surgimento de uma RNR deve ter precedido a transição evolutiva do mundo do RNA (Seção 1.5Ca) para as formas de vida com base em DNA. As três classes de RNRs surgiram de forma independente ou são evolutivamente relacionadas? Apesar de parecerem grandes as diferenças entre essas diferentes classes de RNRs, as reações que elas catalisam são surpreendentemente semelhantes. Todas substituem o grupo 2′OH da ribose por H por um mecanismo de radical livre envolvendo um radical tiil com os equivalentes redutores fornecidos pelo grupo sulfidril de Cys (Fig. 28.13; o segundo resíduo de Cys do par sulfidril redox ativo nas RNRs Classe I e II é substituído por formato nas RNRs Classe III). Elas diferem principalmente na maneira como geram o radical livre. (Nas RNRs Classe II o radical é gerado por clivagem homolítica da ligação C—Co[III] do cofator 5′-desoxiadenosilcobalamina [Seção 25-2Ec]. Nas RNRs Classe III, ele é gerado pela clivagem redutora de um elétron do SAM [suprida por NADPH e mediada pelo grupo (4Fe−4S)] pela proteína β_2 para produzir metionina e o radical 5′-desoxiadenosil [o mesmo radical gerado pela clivagem homolítica da 5′-desoxiadenosilcobalamina], o qual, então, subtrai o átomo H do grupo C_α−H de uma glicina específica da subunidade α para produzir 5′-desoxiadenosina e um radical glicil estável, mas sensível a O_2.) Além disso, as estruturas por raio X das RNRs tanto de Classe II como de Classe III revelam que seus sítios ativos são formados por cilindros α/β de dez fitas que possuem a mesma conectividade e que podem se sobrepor com semelhança aos das RNRs Classe I. Como consequência, parece que todas as classes de RNRs são relacionadas evolutivamente. Reichard propôs que, uma vez que a vida surgiu em condições anaeróbias e que o formiato, um dos mais simples redutores orgânicos, era provavelmente bastante disponível na Terra primitiva (Seção 1.5B), a RNR primordial foi uma enzima semelhante à RNR Classe III. O surgimento de organismos fotossintetizantes que geraram O_2, então, promoveu a evolução de RNRs Classe II, as quais podem funcionar tanto em condições anaeróbias quanto aeróbias. As RNRs Classe I, as quais requerem a presença de O_2 para ativação, evoluíram por último, presumivelmente a partir da RNR Classe II.

h. Os dNTPs são produzidos pela fosforilação dos dNDPs

Nas rotas as quais envolvem RNRs Classe I e Classe II, a última etapa na produção de dNTPs é a fosforilação dos dNDPs correspondentes:

$$\text{dNDP} + \text{ATP} \rightleftharpoons \text{dNTP} + \text{ADP}$$

Essa reação é catalisada pela nucleosídeo difosfatoquinase, a mesma enzima que fosforila NDPs (Seção 28.1BA). Como antes, a reação está escrita com ATP como o doador de fosfato, mas qualquer NTP ou dNTP pode funcionar nessa qualidade. Nas rotas envolvendo RNRs Classe III, a produção de NTPs a partir de NDPs precede a redução de NTPs a dNTPs.

B. Origem da timina

a. dUTP difosfo-hidrolase

O componente dTMP do DNA é sintetizado, como discutido anteriormente, pela metilação do dUMP. O dUMP é gerado pela hidrólise do dUTP pela **dUTP-difosfo-hidrolase (dUTPase**; também chamada **dUTP-pirofosfatase**):

$$\text{dUTP} + H_2O \rightleftharpoons \text{dUMP} + PP_i$$

A razão para esse processo aparentemente desperdiçador de energia (o dTMP, uma vez formado, é refosforilado a dTTP) é que as células devem minimizar sua concentração de dUTP de forma a prevenir a incorporação de uracila em seu DNA. Isso acontece porque, como discutido na Seção 30.5Bd, a DNA-polimerase não discrimina entre dUTP e dTTP.

A estrutura por raios X da dUTPase de humanos, determinadas por John Tainer, revela a base dessa rara especificidade da enzima por dUTP. Esse homotrímero de subunidades de 141 resíduos se liga a UTP em uma cavidade de encaixe compacto que exclui estericamente o grupo metil do C5 da timina por cadeias laterais de resíduos conservados (Fig. 28.18*a*). Ele diferencia a uracila da citosina, por um conjunto de ligações de hidrogênio da estrutura proteica que imitam a interação pareadora de bases da adenina (Fig. 28.18*b*), e diferencia dUTP de UTP, pela exclusão estérica do grupo 2′ OH da ribose pela cadeia lateral de uma tirosina conservada.

b. Timidilato-sintase

*O dTMP é sintetizado a partir de dUMP pela **timidilato-sintase (TS)** com N^5,N^{10}-metilenotetra-hidrofolato (N^5,N^{10}-metileno-THF) como doador de metil:*

dUMP + **N^5,N^{10}-Metileno-THF** → **dTMP** + **Di-hidrofolato**

$$R = -C_6H_4-\overset{O}{\overset{\|}{C}}-\left(\overset{H}{N}-\underset{H}{\overset{COO^-}{C}}-CH_2-CH_2-\overset{O}{\overset{\|}{C}}\right)_n-O^-;\quad n = 1\text{–}6$$

(cofatores THF são discutidos na Seção 26.4D). Observe que o grupo metileno transferido (no qual o carbono tem o estado de oxidação do formaldeído) é reduzido a um grupo metil (o qual tem o estado de oxidação do metanol) à custa da oxidação do cofator THF a di-hidrofolato (DHF, de *dihydrofolate*).

O mecanismo catalítico da TS, uma proteína homodimérica altamente conservada (com subunidades de 264 resíduos em *E. coli*), tem sido bastante investigado. Na incubação da enzima com N^5,N^{10}-metileno-[6-^{3}H]THF e dUMP, o ^{3}H é quantitativamente transferido ao grupo metil do produto dTMP. Quando [5-^{3}H]dUMP é o substrato, entretanto, o ^{3}H é liberado no solvente aquoso. Tal informação, juntamente com o conhecimento de que o C6 da uracila, que ocupa a posição β de uma cetona α,β não saturada, é suscetível a ataque nucleofílico, levou Daniel Santi a propor o seguinte esquema para o mecanismo da reação da TS (Fig. 28.19):

1. Um nucleófilo da enzima, identificado como o grupo tiolato de Cys 146, ataca o C6 do dUMP para formar um aduto covalente.
2. O C5 do íon enolato resultante ataca o grupo CH_2 do cátion imínio em equilíbrio com o N^5,N^{10}-metileno-THF para formar um complexo covalente ternário enzima-dUMP-THF.
3. Uma base da enzima subtrai o próton acídico na posição C5 do dUMP ligado à enzima, formando um grupo metileno exocíclico e eliminando o cofator THF. O próton subtraído subsequentemente é transferido ao solvente.
4. A alteração redox ocorre pela migração do átomo H—N6 do THF como um íon hidreto para o grupo metileno exocíclico, convertendo-o em um grupo metil (desse modo, contribuindo para a transferência de ^{3}H descrita anteriormente) e produzindo DHF. Essa redução promove o deslocamento do grupo tiolato de Cys do intermediário de forma a liberar o produto, e refazer a enzima ativa.

c. O 5-Fluorodesoxiuridilato é um potente agente antitumoral

O mecanismo descrito anteriormente é sustentado pela observação de que **5-fluorodesoxiuridilato (FdUMP)**

5-Fluorodesoxiuridilato (FdUMP)

é um inibidor irreversível da TS. Essa substância, como o dUMP, se liga à enzima (um átomo F tem aproximadamente o mesmo raio que um átomo H) e passa pelas duas primeiras etapas da reação enzimática normal. Na Etapa 3, entretanto, a enzima não pode subtrair o átomo F na forma F^+ (lembre que F é o mais eletronegativo dos elementos), de forma que a enzima se torna permanentemente imobilizada em um complexo covalente ternário, enzima–FdUMP–THF, análogo àquele após a Etapa 2 na Fig. 28.19. De fato, análises estruturais por raios X de William Montfort revelaram que cristais de TF de *E. coli* que foram embebidos em uma solu-

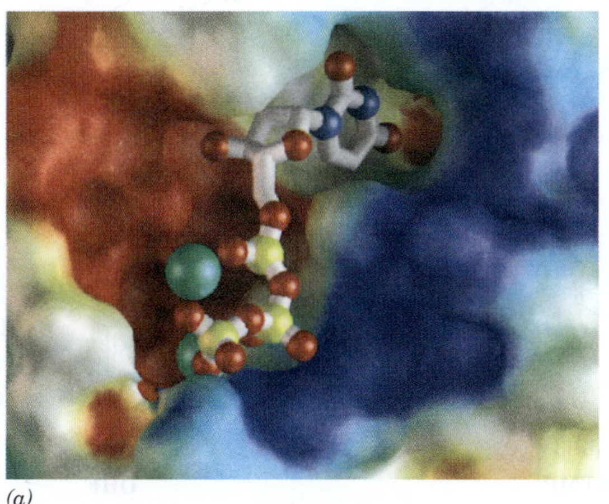

(*a*)

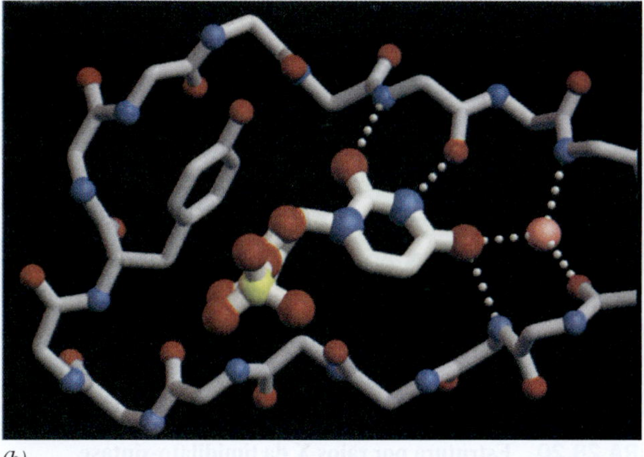

(*b*)

FIGURA 28.18 Estrutura por raios X da dUTPase de humanos. (*a*) A superfície molecular do sítio de ligação no substrato mostrando como a enzima diferencia uracila de timina. O dUTP ligado está desenhado na forma de bastão com seus átomos N, O e P representados por esferas azuis, vermelhas e amarelas. Os íons Mg^{2+} que foram amoldados na estrutura estão representados por esferas verdes. A superfície molecular da proteína está colorida de acordo com o seu potencial eletrostático com as regiões positivas, negativas e quase neutras em azul, vermelho e branco, respectivamente. Observe como o encaixe compacto para o anel da uracila em seu sítio de ligação excluiria estericamente o grupo metil do C5 da timina. (*b*) O sítio de ligação a substrato indicando como a enzima diferencia uracila de citosina e 2′-desoxirribose de ribose. O dUMP ligado ao sítio ativo está desenhado como na Parte *a*. A proteína, essencialmente a estrutura de um motivo *hairpin* β, está desenhada de forma semelhante, mas com as ligações em cinza mais estreitas. As ligações de hidrogênio estão representadas como linhas pontilhadas brancas, e uma molécula de água conservada firmemente ligada está representada por uma esfera cor-de-rosa. O padrão de doadores e de aceptores de ligações de hidrogênio da proteína impediria a citosina de se ligar ao sítio ativo. A cadeia lateral do Tyr conservado exclui estericamente o grupo 2′ OH da ribose. (Cortesia de John Tainer, The Scripps Research Institute, La Jolla, Califórnia, EUA.)

FIGURA 28.19 Mecanismo catalítico da timidilato-sintase. O grupo metil é suprido pelo N^5,N^{10}-metileno-THF, o qual é concomitantemente oxidado a DHF.

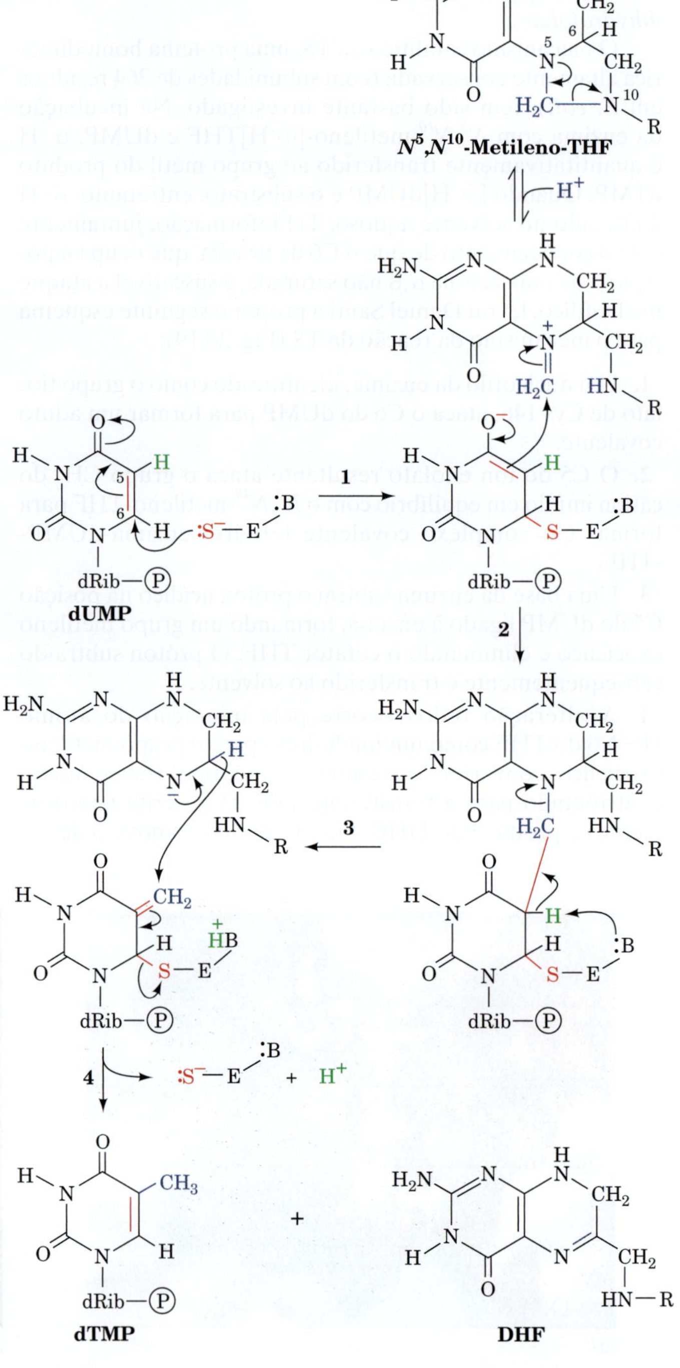

N^5,N^{10}-Metileno-THF

dUMP

dTMP

DHF

ção contendo FdUMP e N^5,N^{10}-metileno-THF contêm precisamente esse complexo (Fig. 28.20). Inibidores enzimáticos, como FdUMP, os quais inativam uma enzima somente após passarem por parte ou por toda a reação catalítica normal, são chamados de **inibidores com base no mecanismo** (alternativamente, **substratos suicidas**, pois eles fazem com que a enzima "cometa suicídio"). *Os inibidores com base em mecanismo, tendo como alvo enzimas específicas, estão entre os mais poderosos, específicos e, portanto, úteis inativadores de enzimas.*

A estratégica posição da timidilato-sintase na biossíntese de DNA levou à utilização clínica do FdUMP como agente antitumoral. As células que se proliferam rapidamente, tais como as células cancerosas, requerem um suprimento constante de dTMP para sobreviver e são, portanto, mortas pelo tratamento com FdUMP. Em contraste, a maioria das células normais de mamíferos, que crescem lentamente quando crescem, tem uma necessidade menor por dTMP, de modo que são relativamente insensíveis a FdUMP (algumas exceções são as células da medula óssea,

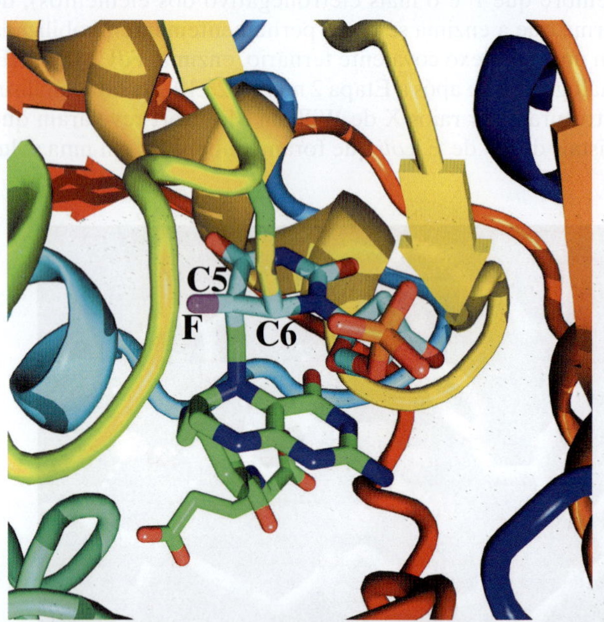

FIGURA 28.20 Estrutura por raios X da timidilato-sintase de *E. coli* em complexo covalente com FdUMP e THF. A região do sítio ativo de uma subunidade dessa enzima dimérica é mostrada em forma de fita com sua cadeia polipeptídica colorida de acordo com a ordem das cores do arco-íris a partir de sua porção N-terminal (azul) até sua porção C-terminal (vermelho). O FdUMP e o N^5,N^{10}-metileno-THF estão desenhados em forma de bastões com o C do FdUMP azul-claro, C do N^5,N^{10}-metileno-THF verde, N azul, O vermelho, E púrpura e P cor-de-laranja. Os átomos C5 e C6 da FdUMP formam ligações covalentes com o grupo CH_2 substituinte do N5 do THF e ao átomo S de Cys 146 cuja cadeia lateral está desenhada em forma de bastões com C verde e S amarelo. (Com base na estrutura por raios X de William Montfort, University of Arizona, EUA. PDBid 1TSN)

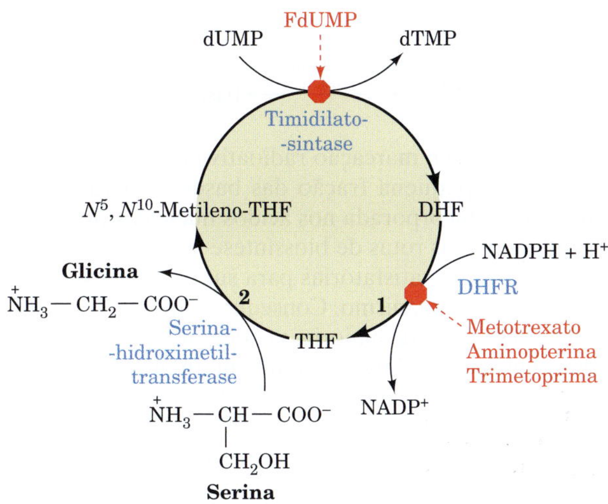

FIGURA 28.21 Regeneração do N^5,N^{10}-metileno-THF. O produto DHF da reação da timidilato-sintase é convertido novamente a N^5,N^{10}-metileno-THF pela ação sequencial da (1) DHFR e da (2) serina-hidroximetiltransferase. A timidilato-sintase é inibida por FdUMP, enquanto a DHFR é inibida pelos antifolatos metotrexato, aminopterina e trimetoprima.

que compreendem os tecidos formadores do sangue e grande parte do sistema imune, a mucosa intestinal e os folículos capilares). A **5-fluorouracila** e a **5-fluorodesoxiuridina** são também agentes antitumorais eficazes uma vez que elas são convertidas a FdUMP pelas reações de recuperação.

d. O N^5,N^{10}-Metileno-THF é regenerado em duas reações

A reação da timidilato-sintase é bioquimicamente única por oxidar THF a DHF; nenhuma outra reação enzimática empregando THF como cofator altera o estado de oxidação de sua coenzima. O produto DHF da reação da timidilato sintase é reciclado ao cofator N^5,N^{10}-metileno-THF da enzima por duas reações sequenciais (Fig. 28.21):

1. DHF é reduzido a THF por NADPH em uma reação catalisada pela **di-hidrofolato-redutase** (**DHFR**, do inglês *dihydrofolate reductase*; Seção 26.4D). Embora, na maioria dos organismos, a DHFR seja uma enzima monofuncional monomérica, em protozoários e em pelo menos algumas plantas, a DHFR e a TS ocorrem na mesma cadeia polipeptídica para formar uma enzima bifuncional que, como tem sido demonstrado, canaliza DHF do sítio ativo da TS para o sítio ativo da DHFR.
2. A serina hidroximetiltransferase (Seção 26.3Bb) transfere o grupo hidroximetil da serina para THF, produzindo N^5,N^{10}-metileno-THF e glicina.

e. Os antifolatos são agentes antitumorais

A inibição da DHFR rapidamente resulta na conversão de todo o suprimento de THF da célula em DHF pela reação da timidilato-sintase. A inibição da DHFR, portanto, não apenas previne a síntese de dTMP (Fig. 28.21), mas, também, bloqueia todas as outras reações biológicas dependentes de THF, como a síntese de purinas (Seção 28.1A), de metionina (Seção 26.5Ba), e indiretamente, histidina (Seção 26.5Be). A DHFR (Fig. 28.22), portanto, apresenta-se como um alvo atrativo para a quimioterapia.

Metotrexato (ametopterina), **aminopterina** e **trimetoprima**

R = H **Aminopterina**
R = CH_3 **Metotrexato (ametopterina)**

Trimetoprima

são análogos do DHF que se ligam competitivamente à DHFR, embora todos, irreversivelmente, com uma afinidade 1.000 vezes maior do que a de DHF. Estes **antifolatos** (substâncias que interferem na ação dos cofatores folato) são eficazes agentes anticâncer, particularmente contra leucemia infantil. De fato, uma estratégia quimioterapêutica de sucesso é tratar a vítima de câncer com uma dose letal de metotre-

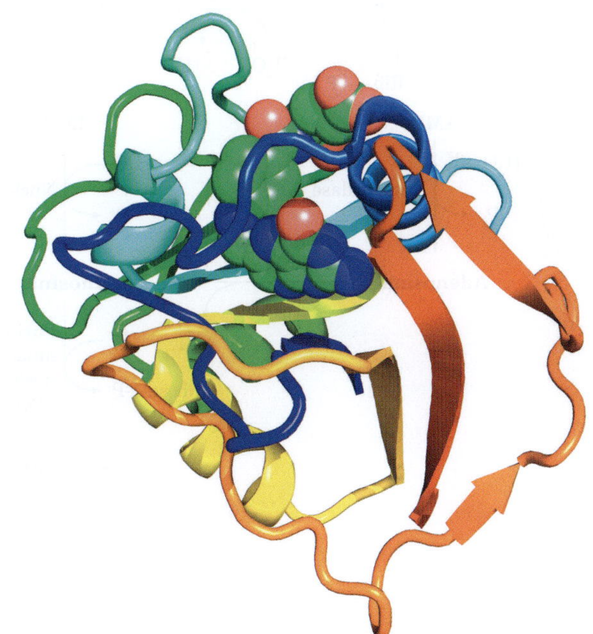

FIGURA 28.22 Estrutura por raios X da DHFR humana em complexo com ácido fólico. O polipeptídeo está colorido na ordem das cores do arco-íris de sua porção N-terminal (*azul*) a sua porção C-terminal (*vermelho*). O ácido fólico está desenhado na forma de volume atômico com C verde, N azul e O vermelho. (Com base na estrutura por raios X de Joseph Kraut, University of California at San Diego, EUA. PDBid 1DHF.)

Ver Exercício interativo 29

xato e algumas horas mais tarde "salvar" o paciente (mas não o câncer) pela administração de doses massivas de 5-formil--THF e/ou timidina. Uma baixa dose de metotrexato é também eficaz em tratamentos de artrite reumatoide, inibindo a atividade do sistema imune e, desse modo, diminuindo a inflamação. A trimetoprima, a qual foi descoberta por George Hitchings e Gertrude Elion, se liga muito mais firmemente às DHFRs bacterianas que às de mamíferos e é, portanto, um antibiótico clinicamente útil.

4 DEGRADAÇÃO DE NUCLEOTÍDEOS

A maioria dos alimentos, sendo de origem celular, contém ácidos nucleicos. Esses ácidos da dieta sobrevivem ao meio ácido do estômago; eles são degradados em seus componentes nucleotídeos, principalmente no duodeno, por nucleases pancreáticas e fosfodiesterases intestinais. Esses compostos iônicos, os quais não podem passar pelas membranas celulares, são, então, hidrolisados a nucleosídeos por uma variedade de nucleotidases grupo-específicas e fosfatases não específicas. Os nucleosídeos podem ser diretamente absorvidos pela mucosa intestinal ou sofrer ainda mais degradação até bases livres e ribose ou ribose-1-fosfato pela ação de **nucleosidases** e **nucleosídeo-fosforilases:**

$$\text{Nucleosídeo} + H_2O \xrightarrow{\text{nucleosidase}} \text{base} + \text{ribose}$$

$$\text{Nucleosídeo} + P_i \xrightarrow{\text{nucleosídeo-fosforilases}} \text{base} + \text{ribose-1-P}$$

Experimentos com marcação radioativa demonstraram que somente uma pequena fração das bases de ácidos nucleicos ingerida é incorporada nos ácidos nucleicos dos tecidos. Evidentemente, as rotas de biossíntese *de novo* de nucleotídeos são bastante satisfatórias para suprir a necessidade de nucleotídeos do organismo. Consequentemente, as bases ingeridas, em sua grande maioria, são degradadas e excretadas. Ácidos nucleicos celulares são também sujeitos à degradação como parte da rotatividade contínua de quase todos os componentes celulares. Nesta seção, é feito um esboço destas rotas catabólicas e discutem-se as consequências de diversos de seus defeitos hereditários.

A. *Catabolismo de purinas*

As principais rotas de catabolismo de nucleotídeos e desoxinucleotídeos purínicos em animais estão representadas na Fig. 28.23. Outros organismos podem ter vias de alguma forma diferentes entre esses vários intermediários (incluindo adenina), mas todas essas rotas levam ao ácido úrico.

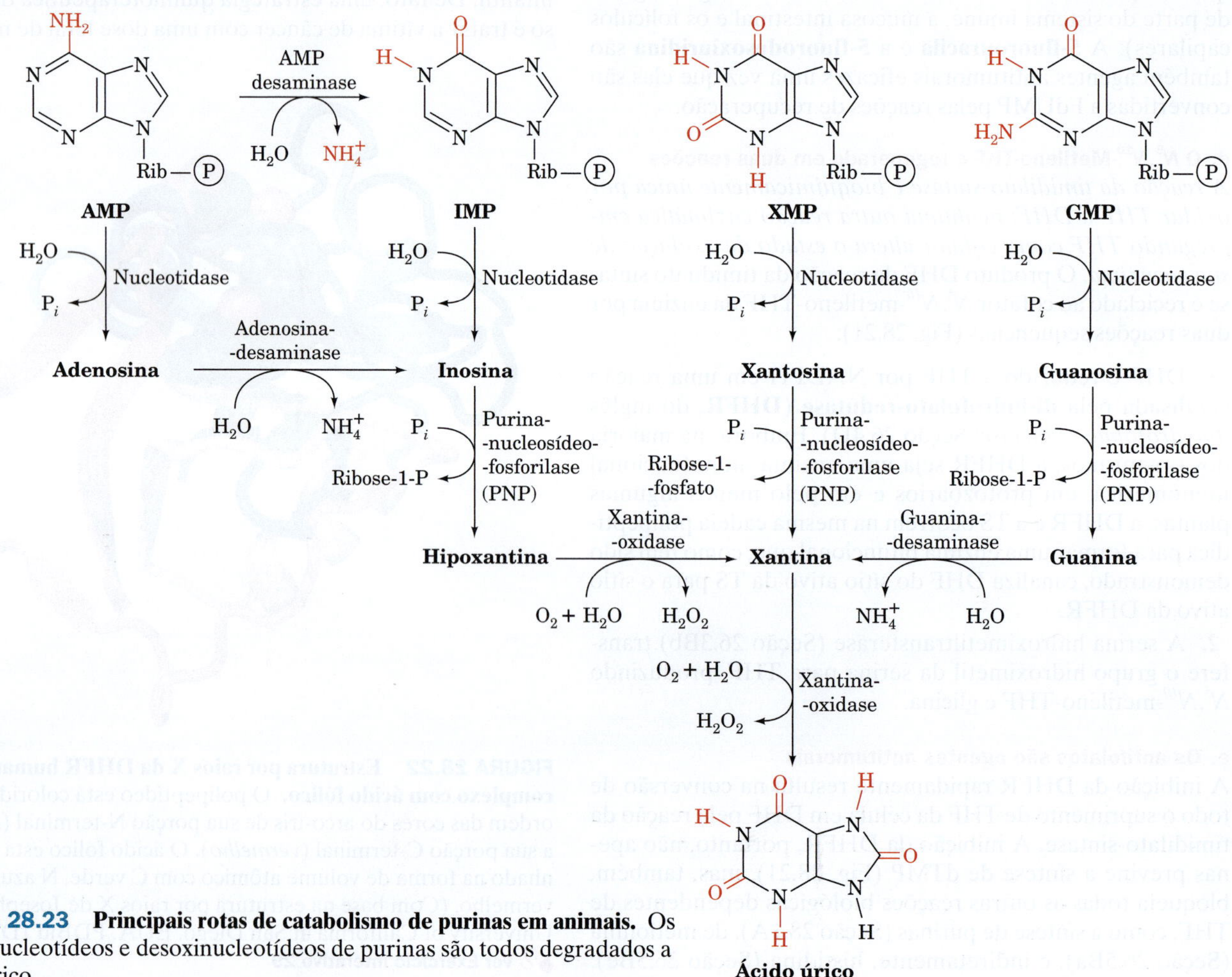

FIGURA 28.23 Principais rotas de catabolismo de purinas em animais. Os vários nucleotídeos e desoxinucleotídeos de purinas são todos degradados a ácido úrico.

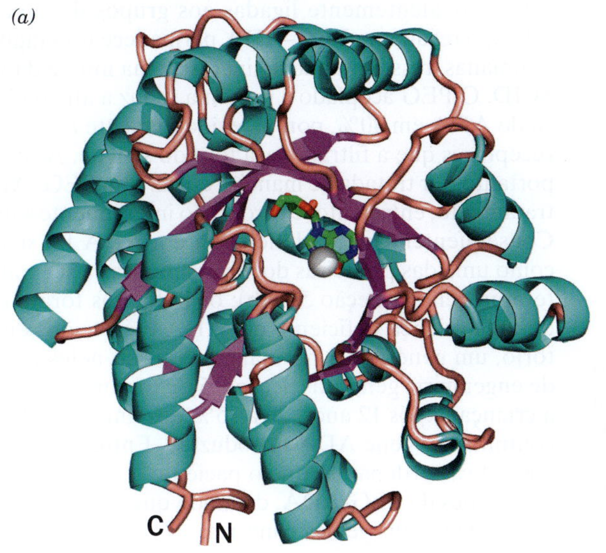

(b)

Adenosina

NH_3

Intermediário tetraédrico

Inosina (tautômero enol)

FIGURA 28.24 Estrutura por raios X e mecanismo da adenosina-desaminase. (*a*) Um diagrama em fitas da adenosina-desaminase murina em complexo com seu análogo 6-hidroxi-1,6-di-hidropurina-ribonucleosídeo (HDPR) em estado de transição. O polipeptídeo está desenhado em forma de fita colorida de acordo com sua estrutura secundária (hélices ciano, fitas β magenta e alças cor-de-rosa) e visto aproximadamente abaixo do eixo do cilindro α/β da enzima a partir da porção N-terminal de suas fitas β. O HDPR está representado em forma de bastões com seus átomos de C, N e O em verde, em azul e em vermelho. O íon Zn^{2+} ligado à enzima, o qual é coordenado pelo grupo 6-hidroxil do HDPR, está representado por uma esfera prateada. (Com base na estrutura por raios X de Florante Quiocho, Baylor College of Medicine, EUA. PDBid 1ADA.) (*b*) O mecanismo catalítico proposto para a adenosina-desaminase. Uma molécula de H_2O polarizada por Zn^{2+} (Seção 15.1Cb) ataca nucleofilicamente o C6 da molécula de adenosina ligada à enzima em um processo que é facilitado por His 238 atuando como uma base geral, por Glu 217 atuando como um ácido geral e por Asp 295 atuando para orientar a molécula de água por ligação de hidrogênio. O intermediário tetraédrico resultante decompõe-se pela eliminação de amônia em uma reação que é auxiliada pelas cadeias laterais agora imidazólio e carboxil de His 238 e de Glu 217 atuando como um ácido geral e uma base geral, respectivamente. Isso produz inosina em sua forma tautomérica enol, a qual, com sua liberação da enzima, assume em grande parte a sua forma ceto dominante. O Zn^{2+} é coordenado por três cadeias laterais de His que não estão representadas. (De acordo com Wilson, D.K., e Quiocho, F.A., *Biochemistry* **32**, 1692 [1993].) **Ver Exercício interativo 30**

Naturalmente, os intermediários nesses processos podem em seu lugar ser reutilizados para formar nucleotídeos pelas reações de recuperação. Além disto, a ribose-1-fosfato, um produto da reação catalisada pela **purina-nucleosídeo-fosforilase** (**PNP**), é isomerizada pela **fosforribomutase** formando o precursor de PRPP, ribose-5-fosfato.

A adenosina e a desoxiadenosina não são degradadas pela PNP em mamíferos. Antes, nucleosídeos e nucleotídeos de adenina são desaminados pela **adenosina-desaminase** (**ADA**) e **AMP-desaminase** em suas correspondentes inosinas derivativas, as quais, por sua vez, podem ser degradadas. A estrutura por raios X da ADA de murinos cristalizada na presença de seu inibidor **purina-ribonucleosídeo** foi determinada por Florante Quiocho (Fig. 28.24*a*). A enzima forma um cilindro α/β de oito fitas com seu sítio ativo em um bolso na porção C-terminal do cilindro β, como ocorre com quase todas as enzimas em cilindro α/β conhecidas (Seção 8.3Bh). O ribonucleosídeo de purina se liga à ADA em uma forma hidratada normalmente rara, **6-hidroxi-1,6-di-hidropurina-ribonucleosídeo** (**HDPR**),

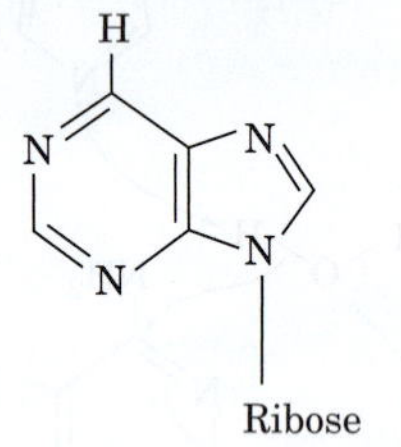

Ribonucleosídeo de purina 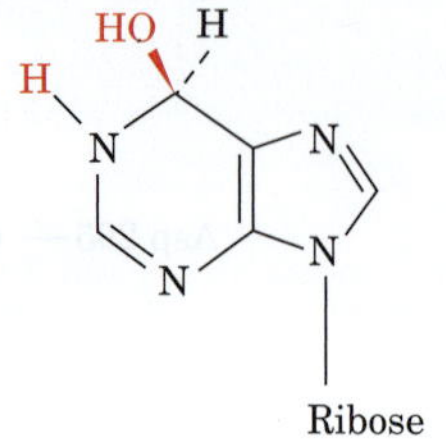 **6-HDPR**

um estado de transição quase ideal análogo ao da reação da ADA. Embora tenha sido previamente relatado que a ADA não requer cofator, sua estrutura por raios X claramente revela que um íon zinco está ligado na parte mais profunda do bolso do sítio ativo, onde é penta coordenado por três cadeias laterais de His, um oxigênio carboxílico de Asp 295 e um átomo de O6 do HDPR. O complexo do sítio ativo de ADA sugere um mecanismo catalítico (Fig. 28.24*b*) reminiscente daquele da anidrase carbônica (Seção 15.1Cb): His 238, o qual está propriamente posicionado para agir como uma base geral, subtrai um próton de uma molécula de água Zn^{2+}-ativada ligada, a qual ataca nucleofilicamente o átomo C6 da adenina para formar um intermediário tetraédrico. Os produtos são então formados pela eliminação da amônia.

a. Defeitos genéticos em ADA resultam em imunodeficiência grave combinada

Anormalidades no metabolismo de nucleosídeos de purina originadas de defeitos genéticos raros em ADA destroem seletivamente os *linfócitos* (um tipo de células brancas do sangue). Uma vez que os linfócitos fazem a mediação de grande parte da resposta imune (Seção 35.2A), deficiências em ADA resultam em **doença da imunodeficiência grave combinada** (**SCID**, do inglês *severe combined immunodeficiency disease*), a qual, sem medidas protetoras especiais, é invariavelmente fatal na infância devido a infecções avassaladoras. As mutações em todas as oito variantes conhecidas de ADA obtidas de pacientes com SCID parecem perturbar estruturalmente o sítio ativo da ADA.

Considerações bioquímicas proporcionam uma explicação plausível para a etiologia (causas) da SCID. Na ausência de ADA ativa, a desoxiadenosina é fosforilada produzindo níveis de dATP que são 50 vezes mais altos que os normais. Essa alta concentração de dATP inibe a ribonucleotídeo-redutase (Seção 28.3Ad), prevenindo assim a síntese de outros dNTPs, reprimindo a síntese de DNA e, portanto, a proliferação celular. O efeito tecido-específico da deficiência de ADA no sistema imune pode ser explicado pela observação de que o tecido linfoide é particularmente ativo na fosforilação de desoxiadenosina.

A SCID causada por defeitos em ADA não responde ao tratamento por injeções intravenosas de ADA porque o fígado remove essa enzima da corrente sanguínea em minutos. Se, entretanto, várias moléculas do polímero biologicamente inerte **polietilenoglicol** (**PEG**)

$$HO{+}CH_2{-}CH_2{-}O{+}_nH$$

PEG

forem covalentemente ligadas aos grupos de superfície de ADA, o resultante **PEG–ADA** permanece no sangue por 1 a 2 semanas, ressuscitando assim o sistema imune da vítima de SCID. O PEG acoplado à proteína reduz a atividade catalítica de ADA em 40%, porém, evidentemente a encobrem dos receptores que a filtram para fora do sangue. A SCID pode, portanto, ser tratada de maneira eficaz com PEG–ADA. Esse tratamento, entretanto, é caro e não inteiramente satisfatório. Consequentemente, a deficiência em ADA foi selecionada como uma das primeiras doenças genéticas a ser tratada com terapia gênica (Seção 5.5Hb): os linfócitos foram extraídos de uma criança deficiente em ADA e crescidos em laboratório, um gene ADA normal foi inserido neles por técnicas de engenharia genética (Seção 5.5), e foram então devolvidos à criança. Após 12 anos, 20 a 25% dos linfócitos do paciente continham o gene ADA introduzido. Entretanto, considerações éticas ordenaram que o paciente continuasse a receber as injeções de PEG-ADA, de modo que a eficácia desse protocolo de terapia gênica é incerta.

b. O ciclo de nucleotídeos de purina

A desaminação de AMP e de IMP, quando combinada com a síntese de AMP a partir de IMP (Fig. 28.4, *esquerda*), tem o efeito de desaminação do aspartato para formar fumarato (Fig. 28.25). John Lowestein demonstrou que esse **ciclo de nucleotídeos de purina** possui um importante papel metabólico no músculo esquelético. Um aumento na atividade do músculo requer um aumento na atividade do ciclo do ácido cítrico. Esse processo normalmente ocorre pela geração de intermediários adicionais do ciclo do ácido cítrico (Seção 21.4). Os músculos, entretanto, carecem da maioria das enzimas que catalisam estas reações anapleróticas (suplementares) em outros tecidos. Antes, o músculo reabastece os intermediários do ciclo do ácido cítrico na forma de fumarato gerado no ciclo de nucleotídeos de purina. A importância do ciclo de nucleotídeos de purina no metabolismo do músculo é indicada pela observação de que as atividades de três enzimas envolvidas são todas muitas vezes maiores no músculo que em outros tecidos. De fato, indivíduos com deficiência hereditária na AMP-desaminase muscular (**deficiência da mioadenilato-desaminase**) fatigam-se com facilidade e normalmente sofrem de câibras após o exercício.

c. A xantina-oxidase é uma proteína minitransportadora de elétrons

A **xantina-oxidase** (**XO**) converte hipoxantina a xantina, e xantina a ácido úrico (Fig. 28.23, *inferior*). Em mamíferos, essa enzima ocorre principalmente no fígado e na mucosa intestinal. A XO é um homodímero de subunidades de ~1.330 resíduos, cada qual se liga a uma variedade de agentes transportadores de elétrons: um FAD, dois grupos [2Fe−2S] espectroscopicamente distintos e um **complexo molibdopterina** (**Mo-pt**)

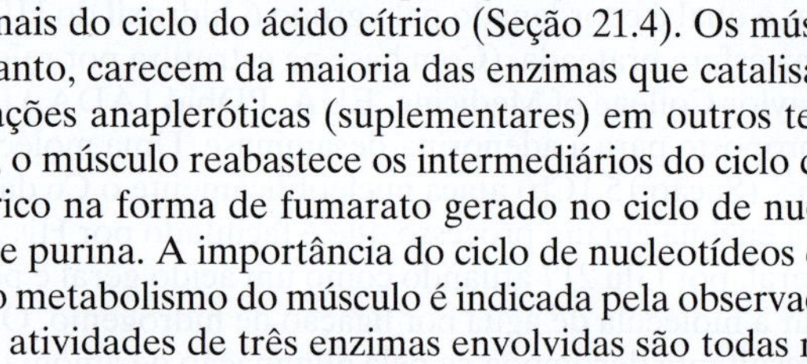

Complexo Mo-pt

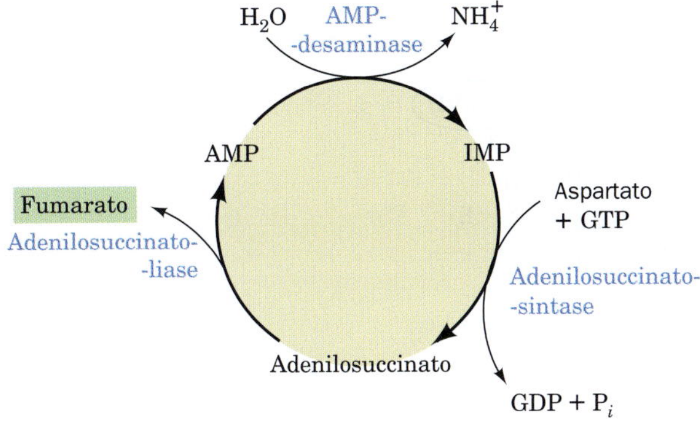

Net: H_2O + Aspartato + GTP ⟶ NH_4^+ + GDP + P_i + fumarato

FIGURA 28.25 O ciclo de nucleotídeos de purina. Essa rota opera em músculo, para aparelhar o ciclo do ácido cítrico pela geração de fumarato.

no qual o átomo de Mo alterna entre seus estados de oxidação Mo(VI) e Mo(IV). O aceptor de elétrons final é O_2, o qual é convertido a H_2O_2, um agente oxidante potencialmente nocivo que é subsequentemente quebrado de forma assimétrica em H_2O e O_2 pela catalase (Seção 1.2Ad). Em XO, o polipeptídeo foi proteoliticamente clivado em três segmentos (a enzima não clivada, a qual é conhecida como **xantina-desidrogenase**, utiliza preferencialmente NAD^+ como seu aceptor de elétrons, enquanto XO não reage com NAD^+).

A estrutura por raios X da XO de leite de vaca em complexo com o inibidor competitivo ácido salicílico (Fig. 25.74), determinada por Emil Pai, revela que o FAD e o complexo da molibdopterina estão interpostos por dois grupos [2Fe–2S] para formar uma mini cadeia transportadora de elétrons (Fig. 28.26). Cada um de seus três segmentos peptídicos forma um domínio separado com o domínio N-terminal se ligando aos dois grupos [2Fe–2S], o domínio central se ligando a FAD e o domínio C-terminal se ligando ao complexo Mo-pt. Embora o ácido salicílico não faça contato com o complexo Mo-pt, ele se liga à XO de forma a bloquear a aproximação do substrato ao centro metálico.

A XO hidroxila a xantina na sua posição C8 (e hipoxantina na sua posição C2), produzindo ácido úrico em sua forma enol que se tautomeriza em sua forma ceto mais estável:

Ácido úrico (tautômero enol) ⇌ **Ácido úrico (tautômero ceto)**

⇅ pK = 5,4

Urato + H^+

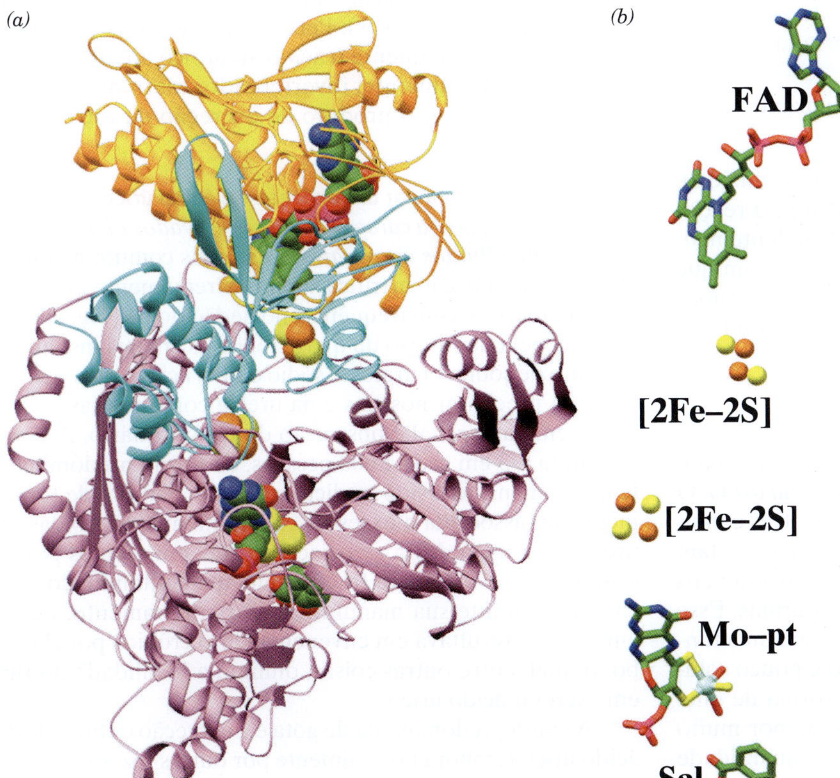

FIGURA 28.26 Estrutura por raios X da xantina-oxidase de leite de vaca em complexo com ácido salicílico. (*a*) Diagrama em fitas de sua subunidade de 1.332 resíduos na qual o domínio N-terminal (resíduos 2–165) está em ciano, o domínio central (resíduos 224–528) está em dourado e o domínio C-terminal (resíduos 571–1.315) está em cor de lilás. Os cofatores da enzima e o ácido salicílico ligados estão representados por volume atômico com C em verde, N em azul, O em vermelho, S em amarelo, P em magenta, Fe em cor de laranja e Mo em ciano. Os segmentos peptídicos de ~50 resíduos entre esses domínios são desordenados e aparentemente altamente flexíveis. (*b*) Os cofatores redox da enzima e o ácido salicílico (Sal) desenhados em forma de bastões com seus átomos S, Fe e Mo representados por esferas. Os átomos estão coloridos como na Parte *a* e vistos da mesma direção, porém com maior ampliação. (Com base na estrutura por raios X de Emil Pai, University of Toronto, Toronto, Ontário, Canadá. PDBid 1FIQ.)

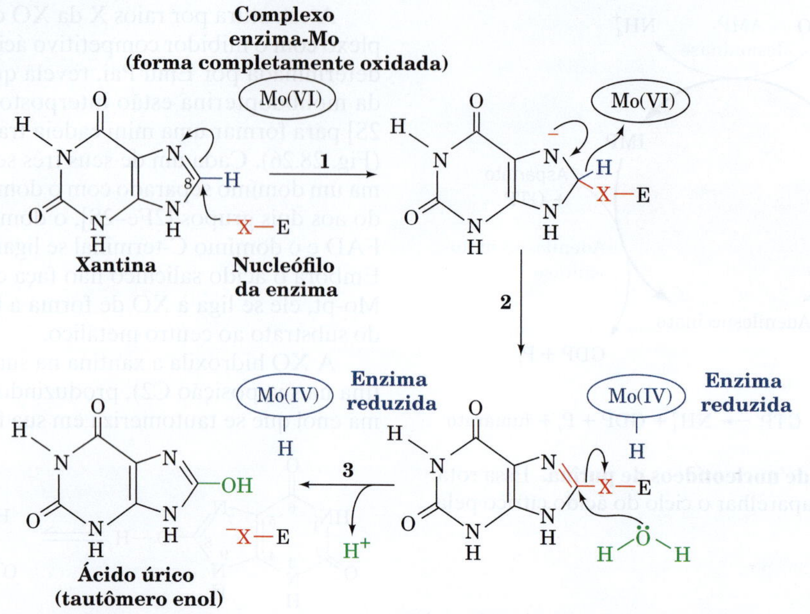

FIGURA 28.27 **Mecanismo da XO.** A enzima reduzida é subsequentemente reoxidada por O_2, produzindo H_2O_2.

(sua forma enol se ioniza com um pK de 5,4; por isso o nome *ácido* úrico). Experimentos de marcação com O^{18} têm demonstrado que o oxigênio do C8 ceto do ácido úrico é derivado da água, enquanto os átomos de oxigênio do H_2O, vêm do O_2. Estudos químicos e espectroscópicos sugerem que a enzima tem o seguinte mecanismo (Fig. 28.27):

1. A reação é iniciada pelo ataque de um nucleófilo da enzima, X, na posição C8 da xantina.
2. O átomo H do C8 é eliminado na forma de íon hidreto que se combina com o complexo Mo(VI), dessa forma o reduzindo ao estado Mo(IV).
3. Água desloca o nucleófilo da enzima produzindo ácido úrico.

No segundo estágio da reação, a enzima agora reduzida é oxidada de volta ao seu estado Mo(VI) original pela reação com O_2. Esse processo complexo, não surpreendentemente, é pouco compreendido. Medições de EPR indicam que os elétrons são convergidos do Mo(IV) pelos dois grupos [2Fe–2S] para a flavina e enfim para o O_2, produzindo H_2O_2 e a enzima regenerada.

B. Destino do ácido úrico

Em humanos e outros primatas, o produto final da degradação de purinas é o ácido úrico, o qual é excretado na urina. O mesmo é verdade para os pássaros, répteis terrestres e muitos insetos, porém esses organismos, os quais não excretam ureia, também catabolizam o seu excesso de nitrogênio dos aminoácidos a ácido úrico pela biossíntese de purinas. Esse complicado sistema de excreção de nitrogênio tem uma função direta: *ele conserva a água.* O ácido úrico é pouco solúvel em água, de modo que sua excreção na forma de uma pasta de cristais de ácido úrico é acompanhada por muito pouca água. Em contraste, a excreção de uma quantidade equivalente de ureia (que é muito mais solúvel em água) sequestra de forma osmótica uma quantidade de água significante.

Em todos os outros organismos, o ácido úrico é adicionalmente processado antes da excreção (Fig. 28.28). Os outros mamíferos oxidam o ácido úrico até o seu produto de excreção, a **alantoína**, em uma reação catalisada pela enzima que contém Cu **urato-oxidase**. Um produto de degradação adicional, o **ácido alantoico**, é excretado por peixes teleósteos (com ossos). Peixes cartilaginosos e anfíbios degradam adicionalmente o ácido alantoico até ureia antes da excreção. Finalmente, invertebrados marinhos decompõem a ureia em seu produto de excreção de nitrogênio, NH_4^+.

a. A gota é causada por um excesso de ácido úrico

A ***gota*** *é uma doença caracterizada por elevados níveis de ácido úrico nos fluidos corporais.* A sua mais comum manifestação é a inflamação artrítica súbita extremamente dolorosa das articulações, com frequência no dedão do pé (Fig. 28.29), causada pela deposição de quase todos os cristais insolúveis de urato de sódio. O urato de sódio e/ou o ácido úrico podem também precipitar nos rins e na uretra como pedras, resultando em dano renal e obstrução do trato urinário. A gota, que afeta ~3 em cada 1.000 pessoas, de forma predominante em homens, tem sido tradicionalmente, embora de forma incorreta, associada a excessos com alimentos e bebidas. A provável origem dessa associação é que, em séculos passados, quando o vinho era frequentemente contaminado com chumbo durante sua manufatura e armazenamento, beber em excesso resultava em envenenamento crônico por chumbo, o qual, entre outras coisas, diminui a habilidade do rim em excretar ácido úrico.

A causa predominante de gota é a excreção debilitada de ácido úrico (embora normalmente por outras razões que não

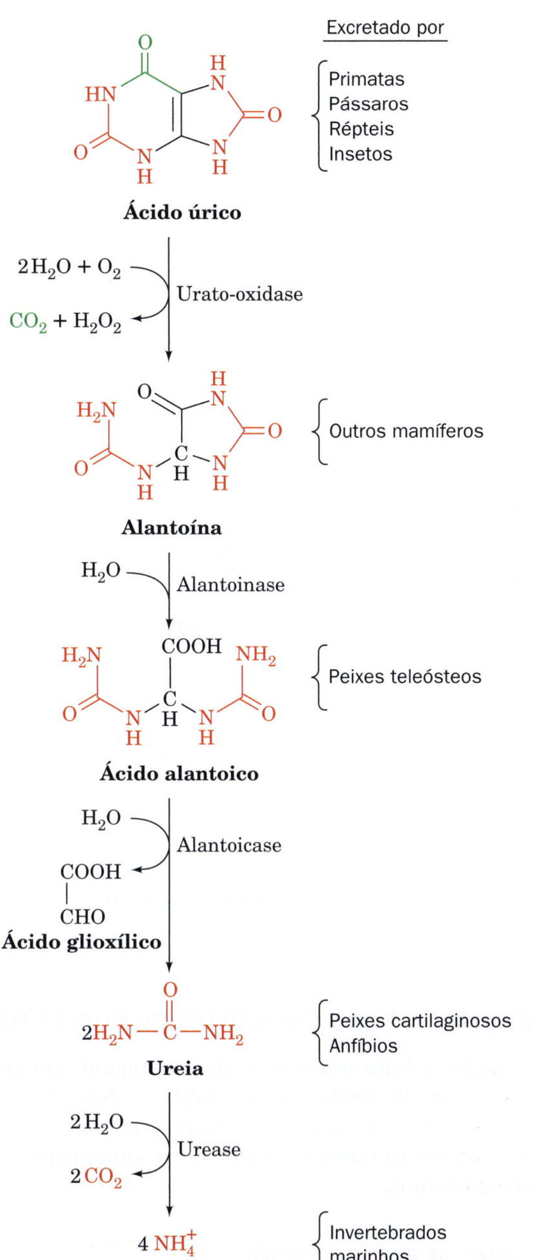

FIGURA 28.28 **Degradação do ácido úrico a amônia.** O processo é suspenso em diferentes estágios nas espécies indicadas e o produto contendo nitrogênio resultante é excretado.

o envenenamento por chumbo). A gota pode também resultar de um número de insuficiências metabólicas, a maioria das quais não está bem caracterizada. Uma causa bem compreendida é a deficiência de HGPRT (síndrome de Lesch-Nyhan em casos graves), o qual leva à produção excessiva de ácido úrico pela acumulação de PRPP (Seção 28.1D). A superprodução de ácido úrico é também causada por deficiência da glicose-6-fosfatase (distúrbio do armazenamento do glicogênio de von Gierke; Seção 18.4): a disponibilidade aumentada de glicose-6-fosfato estimula a rota da pentose-fosfato (Seção 23.4), aumentando a taxa de produção de

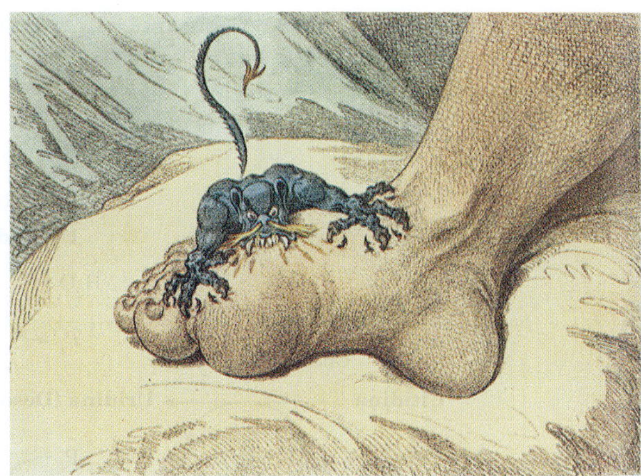

FIGURA 28.29 ***A Gota*, um desenho de James Gillray (1799).** (Yale University Medical Historical Library, EUA.)

ribose-5-fosfato e consequentemente a de PRPP, o qual, por sua vez, estimula a biossíntese de purinas.

A gota pode ser tratada com administração de um inibidor da XO o **alopurinol**, um análogo da hipoxantina com as posições N7 e C8 trocadas.

Alopurinol **Hipoxantina**

A XO hidroxila o alopurinol, como faz com a hipoxantina, produzindo **aloxantina**,

Aloxantina

a qual permanece firmemente ligada à forma reduzida da enzima, dessa forma desativando-a. O alopurinol consequentemente alivia os sintomas da gota, diminuindo a taxa de produção de ácido úrico, e ao mesmo tempo aumentando os níveis de hipoxantina e xantina, que são mais solúveis. Embora o alopurinol controle os sintomas de gota da síndrome de Lesch-Nyhan, ele não tem efeito em seus sintomas neurológicos.

C. *Catabolismo de pirimidinas*

As células animais degradam os nucleotídeos de pirimidina em suas bases componentes (Fig. 28.30). Essas reações, assim como com os nucleotídeos de purina, ocorrem por desfosforilação, desaminação e clivagens de ligações glicosídicas. A uracila e a timina resultantes são, então, quebradas

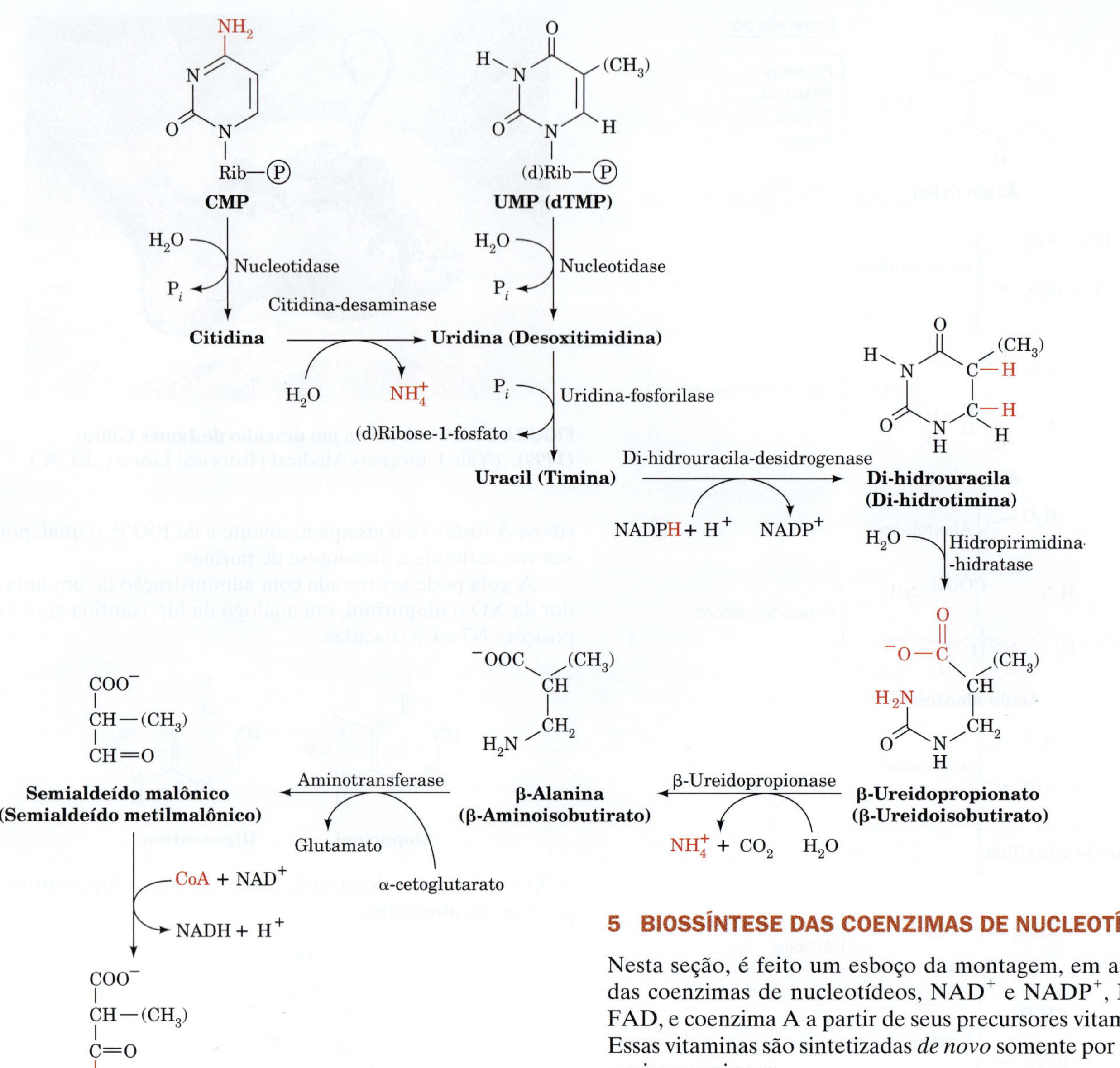

FIGURA 28.30 Principais rotas do catabolismo de pirimidinas em animais. Os produtos aminoácidos dessas reações são absorvidos em outros processos metabólicos. UMP e dTMP são degradados pelas mesmas enzimas; a rota para a degradação de dTMP está em parênteses.

no fígado por redução (Fig. 28.30, *centro*) em vez de oxidação como ocorre no catabolismo de purinas. Os produtos finais do catabolismo de pirimidinas, **β-alanina** e **β-aminoisobutirato**, são aminoácidos que são metabolizados como tais. Eles são convertidos, por reações de transaminação e ativação, a malonil-CoA e metilmalonil-CoA (Fig. 28.30, *abaixo esquerda*) para utilização posterior (Seções 25.4A e 25.2Ea).

5 BIOSSÍNTESE DAS COENZIMAS DE NUCLEOTÍDEOS

Nesta seção, é feito um esboço da montagem, em animais, das coenzimas de nucleotídeos, NAD^+ e $NADP^+$, FMN e FAD, e coenzima A a partir de seus precursores vitamínicos. Essas vitaminas são sintetizadas *de novo* somente por plantas e microrganismos.

A. *Coenzimas da nicotinamida*

A porção nicotinamida das coenzimas de nicotinamida (NAD^+ e $NADP^+$) é derivada, em humanos, da nicotinamida, do ácido nicotínico ou do aminoácido essencial triptofano provenientes da dieta (Fig. 28.31). A **nicotinato-fosforribosiltransferase**, a qual ocorre na maioria dos tecidos de mamíferos, catalisa a formação do nicotinato-mononucleotídeo a partir de nicotinato e PRPP. Esse intermediário pode também ser sintetizado a partir de **quinolinato**, um produto de degradação do triptofano (Seção 26.3G), em uma reação mediada pela **quinolinato-fosforribosiltransferase**, a qual ocorre principalmente no fígado e nos rins. Uma dieta pobre, contudo, pode resultar em pelagra (deficiência em ácido nicotínico; Seção 13.3), uma vez que, nessas condições, o triptofano pode ser inteiramente utili-

FIGURA 28.31 Rotas de biossíntese de NAD^+ e $NADP^+$. Essas coenzimas de nicotinamida são sintetizadas a partir de seus precursores vitamínicos, nicotinato e nicotinamida, e do produto de degradação do triptofano, quinolinato.

Triptofano
Quinolinato
Quinolinato-fosforribosiltransferase
PRPP
$PP_i + CO_2$
Nicotinato
PRPP
PP_i
Nicotinato-fosforribosiltransferase
Nicotinamida
PRPP
PP_i
Nicotinamida-fosforribosiltransferase
Nicotinato mononucleotídeo
Nicotinamida mononucleotídeo (NMN)
ATP
PP_i
NAD^+-pirofosforilase
ATP
PP_i
NAD^+-pirofosforilase
Adenina
Ribose — P — P — Ribose
Nicotinato adenina dinucleotídeo
ATP + Glutamina + H_2O
ATP + Glutamato
NAD^+-sintase
Adenina
Ribose — P — P — Ribose
Nicotinamida adenina dinucleotídeo $(NAD)^+$
ATP
ADP
NAD^+-cinase
Nicotinamida adenina dinucleotídeo-fosfato ($NADP^+$)

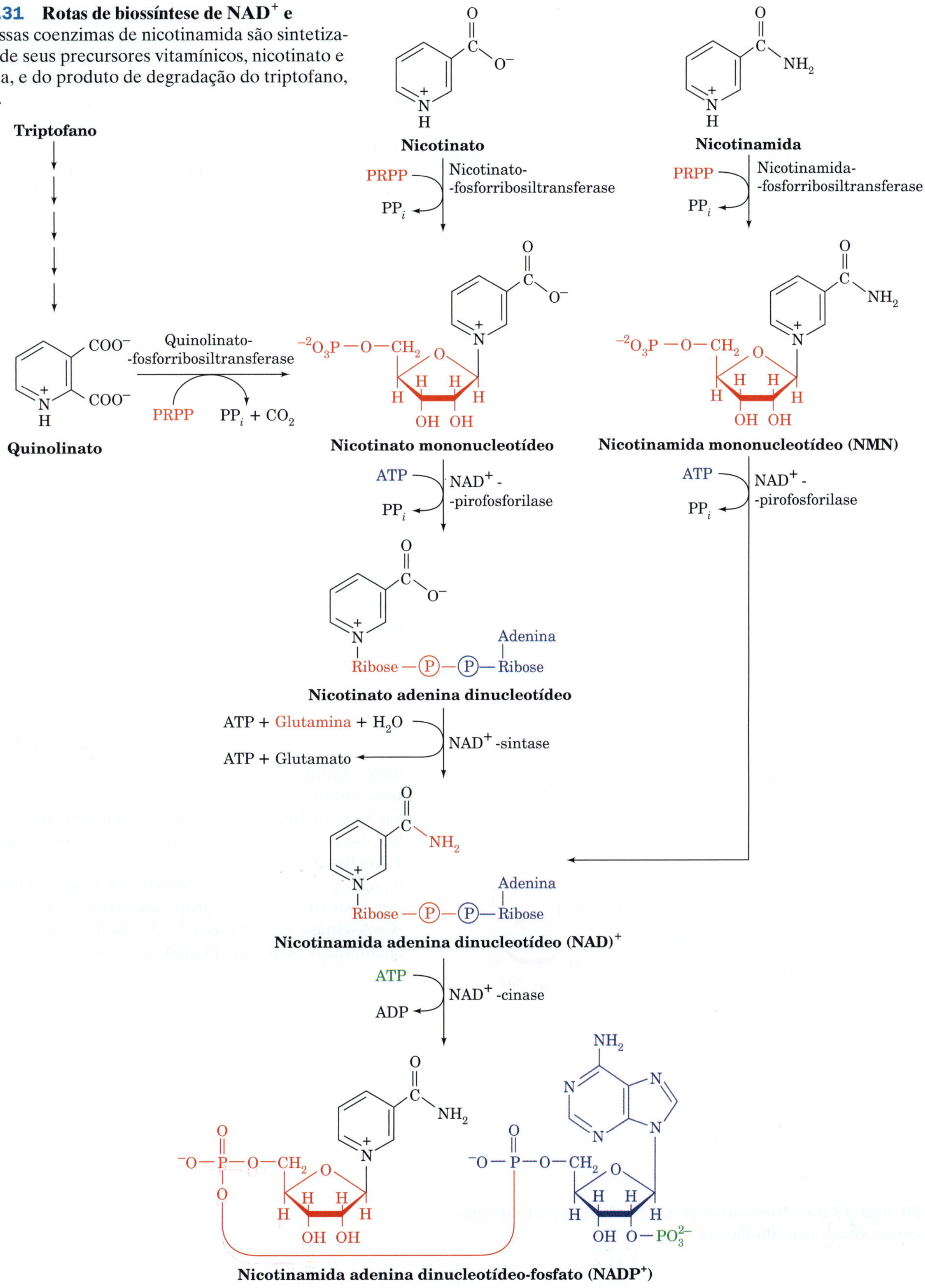

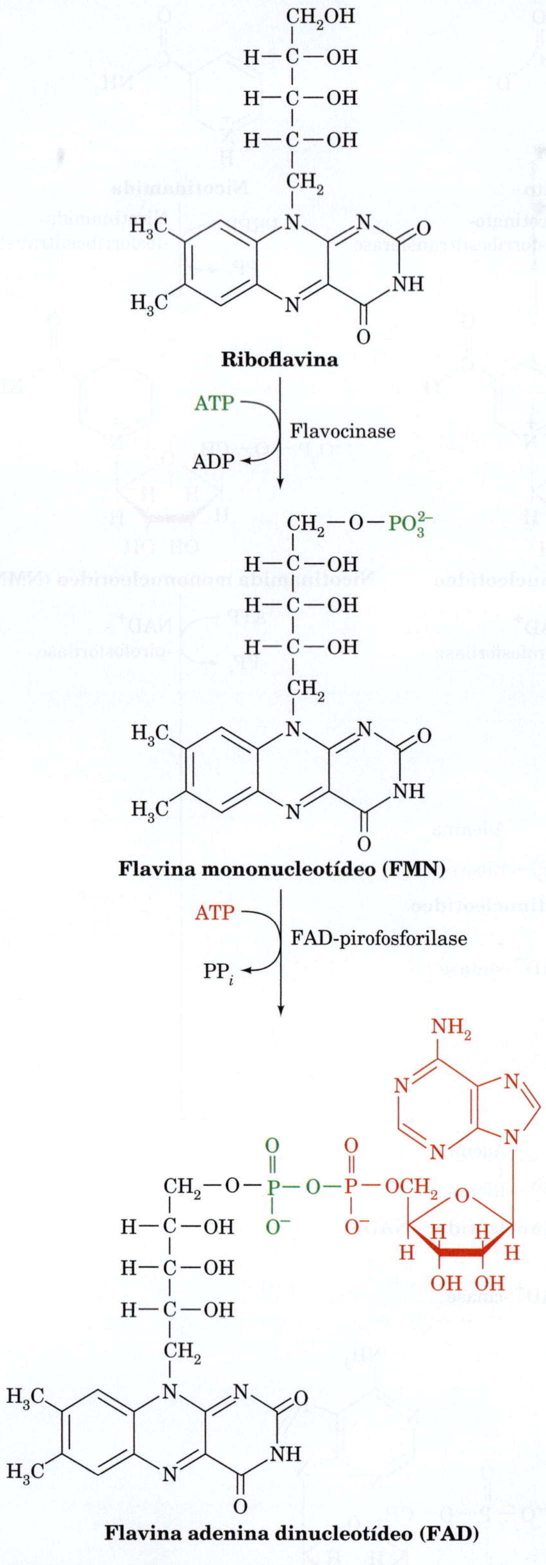

Riboflavina

ATP → ADP — Flavocinase

Flavina mononucleotídeo (FMN)

ATP → PP_i — FAD-pirofosforilase

Flavina adenina dinucleotídeo (FAD)

FIGURA 28.32 **Biossíntese de TMN e FAD a partir do precursor vitamínico riboflavina.**

zado na biossíntese de proteínas. O nicotinato mononucleotídeo é combinado por uma ligação pirofosfato a um resíduo de AMP derivado de ATP pela **NAD^+-pirofosforilase** para produzir **nicotinato adenina dinucleotídeo (desamido NAD^+)**. Finalmente, a **NAD^+-sintase** converte esse intermediário a NAD^+ por uma reação de transamidação na qual glutamina é o doador de NH_2.

NAD^+ pode também ser sintetizado a partir de nicotinamida. Essa vitamina é convertida a **NMN** por **nicotinamida-fosforribosiltransferase**, uma enzima distinta da nicotinato-fosforribosiltransferase que ocorre amplamente. Entretanto, NAD^+ é sintetizado a partir de NMN e ATP pela NAD-pirofosforilase, a mesma enzima que sintetiza nicotinato adenina dinucleotídeo.

$NADP^+$ é formado pela fosforilação dependente de ATP do grupo OH do resíduo C2 da adenosina de NAD^+ pela **NAD^+-cinase**.

B. *Coenzimas da flavina*

O FAD é sintetizado a partir de riboflavina em uma rota de duas reações (Fig. 28.32). Primeiro, o grupo 5′-OH da cadeia lateral ribitil da flavina é fosforilado pela **flavocinase**, produzindo flavina mononucleotídeo (FMN; não é um verdadeiro nucleotídeo, uma vez que seu resíduo ribitil não é um açúcar verdadeiro). O FAD pode, então, ser formado pelo acoplamento de FMN e AMP derivado de ATP em uma ligação pirofosfato em uma reação catalisada pela **FAD-pirofosforilase.** Ambas as enzimas são amplamente distribuídas na natureza.

C. *Coenzima A*

A coenzima A é sintetizada em células de mamíferos de acordo com a rota esboçada na Fig. 28.33. O pantotenato, uma vitamina essencial, é fosforilado pela **pantotenato-cinase** e, então, acoplado à cisteína, a futura ocupação final de CoA, pela **fosfopantotenoilcisteína-sintase**. Após descarboxilação pela **fosfopantotenoilcisteína-descarboxilase**, o **4′-fosfopantetieno** resultante é acoplado a AMP por uma ligação pirofosfato pela **defosfo-CoA-pirofosforilase** e, então, fosforilado em seu grupo adenosina 3′ OH pela **defosfo-CoA-cinase** para formar CoA. As duas últimas atividades enzimáticas ocorrem em uma única proteína.

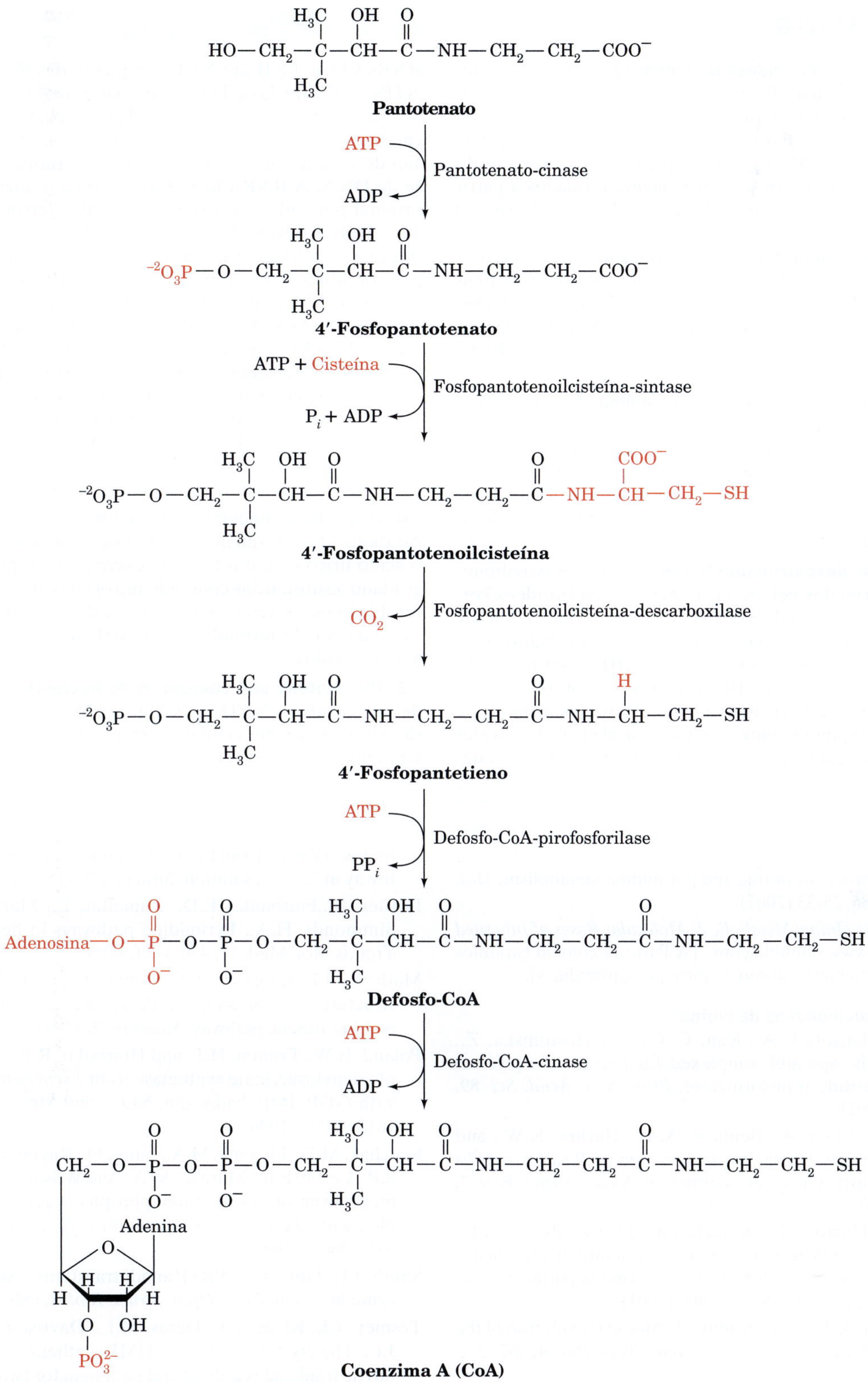

Pantotenato

ATP → ADP
Pantotenato-cinase

4′-Fosfopantotenato

ATP + Cisteína → P_i + ADP
Fosfopantotenoilcisteína-sintase

4′-Fosfopantotenoilcisteína

CO_2
Fosfopantotenoilcisteína-descarboxilase

4′-Fosfopantetieno

ATP → PP_i
Defosfo-CoA-pirofosforilase

Defosfo-CoA

ATP → ADP
Defosfo-CoA-cinase

Adenina

Coenzima A (CoA)

FIGURA 28.33 Biossíntese da coenzima A a partir de pantotenato, seu precursor vitamínico.

RESUMO DO CAPÍTULO

1 Síntese dos ribonucleotídeos de purina Quase todas as células sintetizam nucleotídeos de purina *de novo* por rotas metabólicas semelhantes. O anel de purina é construído em uma sequência de reações de 11 etapas que produz IMP. AMP e GMP são, então, sintetizados a partir de IMP em rotas separadas. Nucleosídeos difosfatados e trifosfatados são sequencialmente formados a partir desses produtos por reações de fosforilação. As taxas de síntese desses vários nucleotídeos estão inter-relacionadas por mecanismos de retroinibição que monitoram suas concentrações. Os nucleotídeos de purina podem também ser sintetizados a partir de purinas livres recuperadas dos processos de degradação de ácidos nucleicos. A importância dessas reações de recuperação é demonstrada, por exemplo, pelas devastadoras e bizarras consequências da síndrome de Lesch-Nyhan.

2 Síntese dos ribonucleotídeos de pirimidina As células também sintetizam pirimidinas *de novo*, porém, nesse processo de 6 etapas, uma base livre é formada antes de se converter a um nucleotídeo, UMP. UTP é, então, formado pela fosforilação de UMP, e CTP é sintetizado pela aminação de UTP. A biossíntese de pirimidinas é regulada por retroinibição assim como pelas concentrações dos nucleotídeos de purina.

3 Formação de desoxirribonucleotídeos Os desoxirribonucleotídeos são formados pela redução dos ribonucleotídeos correspondentes. Três classes de RNR foram caracterizadas: a RNR Classe I, a qual ocorre em quase todos eucariotos e muitos procariotos, contém um grupo Fe(III)—O^2—Fe(III) e um radical livre tirosil; as RNRs Classe II e III, as quais ocorrem somente em procariotos, contêm, respectivamente, um cofator coenzima B_{12} e um centro [4Fe−4S] juntamente com um radical glicil. Todas elas catalisam reduções com base em radical livre. Os substratos das RNRs Classe I e II são NDPs, enquanto das RNRs Classe III são NTPs. A RNR Classe I possui três sítios regulatórios independentes que controlam sua especificidade a substrato e sua atividade catalítica em parte por seu estado de oligomerização, gerando assim desoxinucleotídeos nas quantidades requeridas para a síntese de DNA. A RNR Classe I de *E. coli* é reduzida ao seu estado original por cadeias transportadoras de elétrons envolvendo ou Trx, TrxR e NADPH; ou glutarredoxina, glutationa, glutationa-redutase e NADH. A timina é sintetizada por metilação de dUMP pela timidilato-sintase para formar dTMP. A fonte de metil da reação, N^5,N^{10}-metileno-THF, é oxidada na reação produzindo di-hidrofolato. O N^5,N^{10}-metileno-THF é subsequentemente regenerado pela ação sequencial da di-hidrofolato-redutase e da serina hidroximetil-transferase. Uma vez que essa sequência de reações é necessária para a biossíntese de DNA, ela apresenta um alvo excelente para a quimioterapia. FdUMP, um inibidor com base em mecanismo da timidilato-sintase, e metotrexato, um antifolato que essencialmente inibe irreversivelmente a dihidrofolato-redutase, são ambos agentes anticâncer altamente eficazes.

4 Degradação de nucleotídeos Os nucleotídeos de purinas são catabolizados produzindo ácido úrico. Dependendo da espécie, o ácido úrico é ou diretamente excretado, ou primeiramente degradado a substâncias contendo nitrogênio mais simples. A superprodução ou a excreção insuficiente de ácido úrico em humanos causa a gota. As pirimidinas são catabolizadas em células animais a aminoácidos.

5 Biossíntese das coenzimas de nucleotídeos As coenzimas de nucleotídeos, NAD^+ e $NADP^+$, FMN e FAD, e coenzima A são sintetizadas em células animais a partir de seus precursores vitamínicos.

REFERÊNCIAS

Gerais

Nyhan, W.L., Disorders of purine and pyrimidine metabolism, *Mol. Genet. Metab.* **86**, 25-33 (2005).

Valle, D. (Ed.), *The Online Metabolic & Molecular Bases of Inherited Disease*, http://www.ommbid.com/. [A Parte 11 contém capítulos sobre defeitos no metabolismo de purinas e pirimidinas].

Biossíntese dos nucleotídeos de purina

Almassey, R.J., Janson, C.A., Kan, C.-C., and Hostomska, Z., Structures of the apo and complexed *Escherichia coli* glycinamide ribonucleotide transformylase, *Proc. Natl. Acad. Sci.* **89,** 6114−6118 (1992).

Eriksen, T.A., Kadziola, A., Bentsen, A.-K., Harlow, K.W., and Larsen, S., Structural basis for the function of *Bacillus subtilis* phosphoribosylpyrophosphate synthetase, *Nature Struct. Biol.* **7,** 303−308 (2000).

Greasley, S.E., Horton, P., Ramcharan, J., Beardsley, G.P., Benkovic, S.J., and Wilson, I.A., Crystal structure of a bifunctional transformylase and cyclohydrolase enzyme in purine biosynthesis, *Nature Struct. Biol.* **8,** 402−406 (2001).

Kappock, T.J., Ealick, S.E., and Stubbe, J., Modular evolution of the purine biosynthetic pathway, *Curr. Opin. Chem. Biol.* **4,** 567−572 (2000).

Levdikov, V.M., Barynin, V.V., Grebenko, A.I., Melik-Adamyan, W.R., Lamzin, V.S., and Wilson, K.S., The structure of SAICAR synthase: An enzyme in the *de novo* pathway of purine biosynthesis, *Structure* **6,** 363−376 (1998).

Li, C., Kappock, T.J., Stubbe, J., Weaver, T.M., and Ealick, S.E., X-Ray crystal structure of aminoimidazole ribonucleotide synthetase (PurM) from the *Escherichia coli* purine biosynthetic pathway at 2.5 Å resolution, *Structure* **7,** 1155−1166 (1999).

Löffler, M.,Fairbanks, L.D., Zameitat, E., Marinaki, A.M., and Simmonds, H.A., Pyrimidine pathways in health and disease, Trends Mol. Med. 11, 430-437 (2005).

Mathews, I.I., Kappock, T.J., Stubbe, J., and Ealick, S.E., Crystal structure of *Escherichia coli* PurE, an unusual mutase in the purine biosynthetic pathway, *Structure* **7,** 1395−1406 (1999).

Poland, B.W., Fromm, H.J., and Honzatko, R.B., Crystal structures of adenylosuccinate synthetase from *Escherichia coli* complexed with GDP, IMP, hadacidin, NO_3^-, and Mg^{2+}, *J. Mol. Biol.* **264,** 1013−1027 (1996).

Sintchak, M.D., Fleming, M.A., Futer, O., Raybuck, S.A., Chambers, S.P., Caron, P.R., Murcko, M.A., and Wilson, K.P., Structure and mechanism of inosine monophosphate dehydrogenase in complex with the immunosuppressant mycophenolic acid, *Cell* **85,** 921−930 (1996).

Smith, J.L., Glutamine PRPP amidotransferase: Snapshots of an enzyme in action, *Curr. Opin. Struct. Biol.* **8,** 686−694 (1998).

Tesmer, J.J., Klem, T.J., Deras, M.L., Davisson, V.J., and Smith, J.L., The crystal structure of GMP synthetase reveals a novel catalytic triad and is a structural paradigm for two enzyme families, *Nature Struct. Biol.* **3,** 74−86 (1996).

Thoden, J.B., Kappock, T.J., Stubbe, J.A., and Holden, H.M., Three-dimensional structure of N^5-carboxyaminoimidazole ribonucleotide synthetase: A member of the ATP grasp protein superfamily, *Biochemistry* **38,** 15480−15492 (1999). [Estrutura por raios X de PurK.]

Toth, E.A. and Yeates, T.O., The structure of adenylosuccinate lyase, an enzyme with dual activity in the *de novo* purine biosynthetic pathway, *Structure* **8,** 163–174 (2000).

Wang, W., Kappock, T.J., Stubbe, J.A., and Ealick, S.E., X-Ray structure of glycinamide ribonucleotide synthetase from *Escherichia coli, Biochemistry* **37,** 15647–15662 (1998).

Zalkin, H. and Dixon, J.E., *De novo* purine nucleotide biosynthesis, *Prog. Nucleic Acid Res. Mol. Biol.* **42,** 259–285 (1992).

Biossíntese dos nucleotídeos de pirimidina

Begley, T.P., Appleby, T.C., and Ealick, S.E., The structural basis for the remarkable catalytic proficiency of orotidine 5′-monophosphate decarboxylase, *Curr. Opin. Struct. Biol.* **10,** 711–718 (2000).

Evans, D.R., and Guy, H.I., Mamalian pyrimidine biosynthesis: Fresh insights into an ancient pathway, *J. Biol. Chem.* **279,** 33035-33038 (2004).

Jones, M.E., Orotidylate decarboxylase of yeast and man, *Curr. Top. Cell Regul.* **33,** 331–342 (1992).

Liu, S., Neidhardt, E.A., Grossman, T.H., Ocain, T., and Clardy, J., Structures of human dihydroorotate dehydrogenase in complex with antiproliferative agents, *Structure* **8,** 25–33 (1999).

Miller, B.G. and Wolfenden, R., Catalytic proficiency: The unusual case of OMP decarboxylase, *Annu. Rev. Biochem.* **71,** 847–885 (2002).

Scapin, G., Ozturk, D.H., Grubmeyer, C., and Sacchettini, J.C., The crystal structure of the orotate phosphoribosyltransferase complexed with orotate and α-D-5-phosphoribosyl-1-pyrophosphate, *Biochemistry* **34,** 10744–10754 (1995).

Thoden, J.B., Phillips, G.N., Jr., Neal, T.M., Raushel, F.M., and Holden, H.M., Molecular structure of dihydroorotase: A paradigm for catalysis through the use of a binuclear center, *Biochemistry* **40,** 6989–6997 (2001).

Traut, T.W., and Jones, M.E., Uracil metabolism—UMP synthesis from orotic acid or uridine and conversion of uracil to β-alanine: Enzymes and cDNAs, *Prog. Nucleic Acid Res. Mol. Biol.* **53,** 1–78 (1996).

Síntese dos desoxinucleotídeos

Carreras, C.W., and Santi, D.V., The catalytic mechanism and structure of thymidylate synthase, *Annu. Rev. Biochem.* **64,** 721–762 (1995).

Eriksson, M., Uhlin, U., Ramaswamy, S., Ekberg, M., Regnström, K., Sjöberg, B.-M., and Eklund, H., Binding of allosteric effectors to ribonucleotide reductase protein R1: Reduction of active site cysteines promotes substrate binding, *Structure* **5,** 1077–1092 (1997).

Finer-Moore, J.S., Santi, D.V., and Stroud, R.M., Lessons and conclusions from dissecting the mechanism of a bissubstrate enzyme: thymidylate synthase mutagenesis, function, and structure, *Biochemistry* **42,** 248–256 (2003).

Kashlan, O.B., Scott, C.P., Lear, J.D., and Cooperman, B.S., A comprehensive model for the allosteric regulation of mammalian ribonuclease reductase. Functional consequences of ATP- and dATP-induced oligomerization of the large subunit, *Biochemistry* **41,** 462–474 (2002).

Knighton, D.R., Kan, C.-C., Howland, E., Janson, C.A., Hostomska, Z., Welsh, K.M., and Matthews, D.A., Structure of and kinetic channeling in bifunctional dihydrofolate reductase-thymidylate synthase, *Nature Struct. Biol.* **1,** 186–194 (1994).

Lennon, B.W., Williams, J.R., Jr., and Ludwig, M.L., Twists in catalysis: Alternating conformations in *Escherichia coli* thioredoxin reductase, *Science* **289,** 1190–1194 (2000).

Logan, D.T., Andersson, J., Sjöberg, B.-M., and Nordlund, P., A glycyl radical site in the crystal structure of a Class III ribonucleotide reductase, *Science* **283,** 1499–1504 (1999).

Matthews, D.A., Villafranca, J.E., Janson, C.A., Smith, W.W., Welsh, K., and Freer, S., Stereochemical mechanisms of action for thymidylate synthase based on the X-ray structure of the covalent inhibitory ternary complex with 5-fluoro-2′-deoxyuridylate and 5,10-methylenetetrahydrofolate, *J. Mol. Biol.* **214,** 937–948 (1990); *e* Hyatt, D.C., Maley, F., and Montfort, W.R., Use of strain in a stereospecific catalytic mechanism: Crystal structure of *Escherichia coli* thymidylate synthase bound to FdUMP and methylenetetrahydrofolate, *Biochemistry* **36,** 4585–4594 (1997).

Mol, C.D., Harris, J.M., McIntosh, E.M., and Tainer, J.A., Human dUTP pyrophosphatase: Uracil recognition by a β hairpin and active sites formed by three separate subunits, *Structure* **4,** 1077–1092 (1996).

Nordlund, P., and Eklund, H., Structure and function of the *Escherichia coli* ribonucleotide reductase protein R2, *J. Mol. Biol.* **232,** 123–164 (1993).

Nordlund, P., and Reichard, P., Ribonucleotide reductases, *Annu. Rev. Biochem.* **75,** 681-706 (2006).

Powis, G., and Montfort, W.R., Properties and biological activities of thioredoxins, *Annu. Rev. Biophys. Biomol. Struct.* **30,** 421–455 (2001).

Sintchak, M.D., Arjara, G., Kellog, B.A., Stubbe, J., and Drennan, C.L., The crystal structure of class II ribonucleotide reductase reveals how an allosterically regulated monomer mimics a dimer, *Nature Struct. Biol.* **9,** 293–300 (2002).

Stubbe, J., and Riggs-Gelasco, P., Harnessing free radicals: Formation and function of the tyrosyl radical in ribonucleotide reductase, *Trends Biochem. Sci.* **23,** 438–443 (1998).

Stubbe, J., Ge, J., and Yee, C.S., The evolution of ribonucleotide reduction revisited, *Trends Biochem. Sci.* **26,** 93–99 (2001); *and* Stubbe, J., Ribonucleotide reductases: The link between an RNA and a DNA world, *Curr. Opin. Struct. Biol.* **10,** 731–736 (2000).

Uhlin, U., and Eklund, H., Structure of ribonucleotide reductase protein R1, *Nature* **370,** 533–539 (1994).

Degradação de nucleotídeos

Enroth, C., Eger, B.T., Okamoto, K., Nishino, T., Nishino, T., and Pai, E., Crystal structure of bovine milk xanthine dehydrogenase and xanthine oxidase: Structure based mechanism of conversion, *Proc. Natl. Acad. Sci.* **97,** 10723–10728 (2000).

Parkman, R., Weinberg, K., Crooks, G., Nolta, I., Kapoor, N., and Kohn, D., Gene therapy for adenosine deaminase deficiency, *Annu. Rev. Med.* **51,** 33–47 (2000).

Wilson, D.K., Rudolph, F.B., and Quiocho, F.A., Atomic structure of adenosine deaminase complexed with a transition-state analog: Understanding catalysis and immunodeficiency mutations, *Science* **252,** 1278–1284 (1991); Wilson, D.K. and Quiocho, F.A., A pretransition-state mimic of an enzyme: X-ray structure of adenosine deaminase with bound 1-deazaadenosine and zinc-activated water, *Biochemistry* **32,** 1689–1694 (1993); *e* Crystallographic observation of a trapped tetrahedral intermediate in a metalloenzyme, *Nature Struct. Biol.* **1,** 691–694 (1994).

Biossíntese das coenzimas de nucletídeos

Belenky, P., Bogan, K.L., and Brenner, C., NAD+ metabolism in health and disease, *Trends Biochem. Sci.* **32,** 12-19 (2007).

PROBLEMAS

1. Azasserina (***O*-diazoacetil-L-serina**) e **6-diazo-5-oxo-L-norleucina (DON)**

$$\overset{-}{N}=\overset{+}{N}=CH-\overset{\overset{O}{\|}}{C}-O-H_2C-\underset{\underset{COO^-}{|}}{\overset{\overset{NH_3^+}{|}}{CH}}$$

Azasserina

$$\overset{-}{N}=\overset{+}{N}=CH-\overset{\overset{O}{\|}}{C}-CH_2-CH_2-\underset{\underset{COO^-}{|}}{\overset{\overset{NH_3^+}{|}}{CH}}$$

DON

são análogos da glutamina. Eles formam ligações covalentes a nucleófilos nos sítios ativos de enzimas que se ligam à glutamina, inativando assim irreversivelmente essas enzimas. Identifique os intermediários da biossíntese de nucleotídeos que se acumulam na presença de uma desses dois antagonistas da glutamina.

2. Sugira um mecanismo para a reação da AIR-sintase (Fig. 28.2, Reação 6).

*3. Qual é o preço energético, em ATPs, de sintetizar o resíduo hipoxantina do IMP a partir de CO_2 e NH_4^+?

4. Por que a desoxiadenosina é tóxica para células de mamíferos?

5. Indique quais das substâncias seguintes são inibidores com base em mecanismo e explique seu raciocínio. (a) Tosil-L-fenilalanina clorometilcetona com quimotripsina (Seção 15.3Ab). (b) Trimetoprima com di-hidrofolato-redutase bacteriana. (c) O análogo δ-lactona de $(NAG)_4$ com lisozima (Seção 15.2Cb). (d) Alopurinol com XO.

6. Por que os indivíduos que estão fazendo quimioterapia com agentes citotóxicos, tais como FdUMP ou metotrexato, se tornam temporariamente calvos?

7. Células normais morrem em um meio nutritivo contendo timidina e metotrexato, que sustentam o crescimento de células mutantes com defeito na timidilato-sintase. Explique.

8. FdUMP e metotrexato, quando administradas ao mesmo tempo, são agentes quimioterapêuticos menos eficazes do que quando cada fármaco é administrado separadamente. Explique.

9. Alguns microrganismos carecem de atividade de DHFR, mas sua timidilato sintase possui um cofator FAD. Qual é a função do FAD?

10. Por que a gota ocorre com mais frequência em populações que consomem relativamente grandes quantidades de carne?

11. A gota resultante da superprodução de novo de purinas pode ser distinguida da gota causada por excreção debilitada de ácido úrico administrando ao paciente glicina marcada com ^{15}N e determinando a distribuição de ^{15}N em seu ácido úrico excretado. Que distribuições isotópicas são esperadas para cada tipo de deficiência?

12. **6-Mercaptopurina,**

SH

N N N N H

6-Mercaptopurina

após sua conversão ao nucleotídeo correspondente por reações de recuperação, é um potente inibidor competitivo do IMP nas rotas de biossíntese de AMP e GMP. Ela é, portanto, um agente anticâncer clinicamente útil. A eficácia quimioterapêutica da 6-mercaptopurina é aumentada quando ela é administrada com alopurinol. Explique o mecanismo dessa intensificação.

Diagrama esquemático de um complexo de pré-iniciação eucariótico necessário para a transcrição do DNA a RNA mensageiro. A proteína de ligação a TATA *box* é mostrada em cor de laranja.

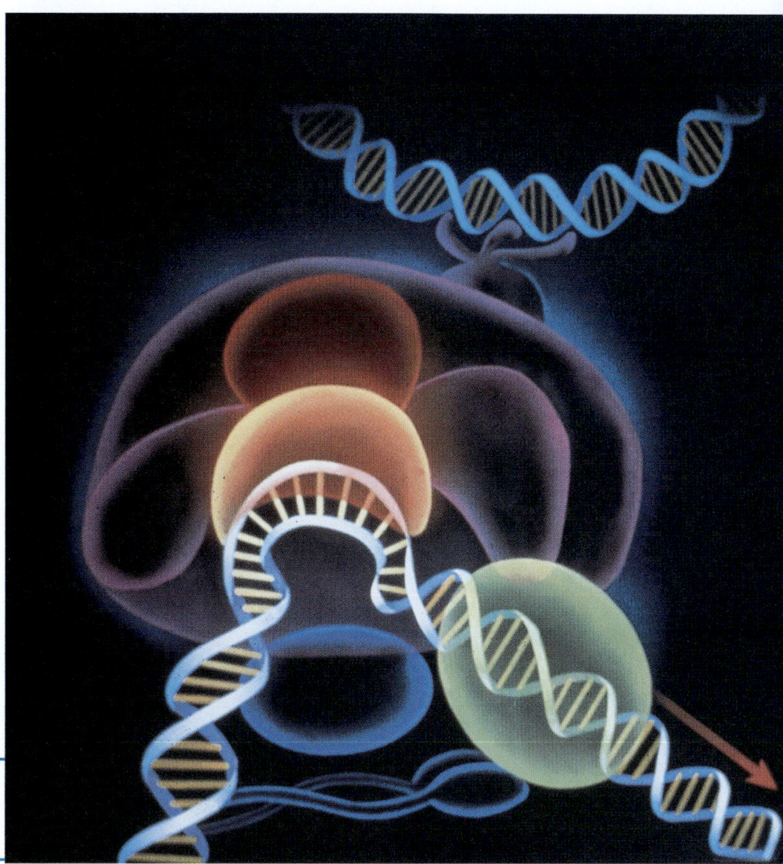

PARTE V

EXPRESSÃO E TRANSMISSÃO DA INFORMAÇÃO GENÉTICA

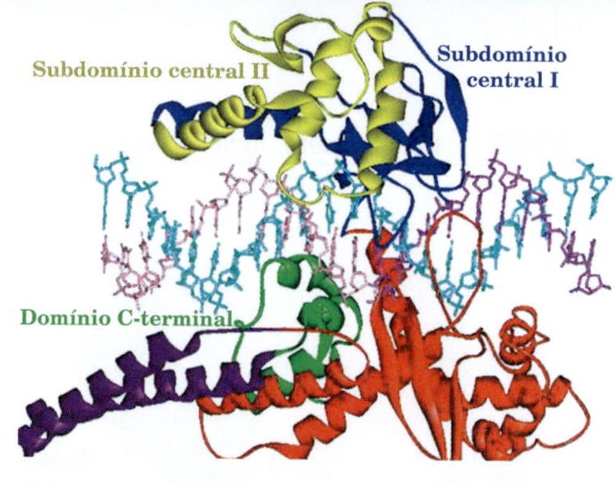

Estruturas de Ácidos Nucleicos

CAPÍTULO 29

Existem duas classes de ácidos nucleicos, o ***ácido desoxirribonucleico (DNA)*** *e o* ***ácido ribonucleico (RNA)****. O DNA é a molécula hereditária em todas as formas de vida celulares, bem como em muitos vírus.* Ele possui apenas duas funções:

1. Dirigir a sua própria **replicação** durante a divisão celular.
2. Dirigir a **transcrição** de moléculas de RNA complementares.

O RNA, por sua vez, possui funções biológicas mais variadas:

1. Os transcritos de RNA produzidos a partir de sequências de DNA que especificam polipeptídeos, os **RNAs mensageiros (mRNAs)**, dirigem a síntese desses polipeptídeos nos ribossomos, em um processo conhecido como **tradução**.
2. Os RNAs dos ribossomos, os quais são constituídos por dois terços de RNA e um terço de proteínas, possuem papéis tanto funcionais como estruturais.
3. Durante a síntese de proteínas, os aminoácidos são transportados até o ribossomo por moléculas de **RNA de transferência (tRNA)**.
4. Certos RNAs estão associados com proteínas específicas para formar **ribonucleoproteínas**, que participam do processamento pós-transcricional de outros RNAs.
5. Uma variedade de RNAs curtos participa no controle da expressão gênica eucariótica e na proteção contra vírus, um fenômeno conhecido como **interferência por RNA (RNAi)**.
6. Em muitos vírus, o RNA, e não o DNA, é o portador da informação hereditária.

A estrutura e as propriedades do DNA são apresentadas na Seção 5.3. Neste capítulo, esta discussão será estendida com ênfase no DNA; as estruturas de RNAs são detalhadas nas Seções 31.4A e 32.2B. Métodos de purificação, sequenciamento e síntese química de ácidos nucleicos são discutidos nas Seções 6.6, 7.2 e 7.5 e as técnicas de DNA recombinante são discutidas na Seção 5.5. A bioinformática, no que concerne aos ácidos nucleicos, é tratada na Seção 7.4 e o Banco de Dados de Ácidos Nucleicos é descrito na Seção 8.3Cb.

1 ESTRUTURAS HELICOIDAIS DUPLAS

Ver Exploração guiada 23: Estruturas de DNA O DNA helicoidal duplo pode apresentar três formas helicoidais principais, B-DNA, A-DNA e Z-DNA, cujas estruturas estão representadas nas Fig. 29.1. Nesta seção, são discutidas as características principais de cada uma dessas formas helicoidais, bem como aquelas de RNA helicoidal duplo e de hélices híbridas de DNA-RNA.

A. *B-DNA*

A estrutura do **B-DNA** (Fig. 29.1, painéis centrais), a forma biologicamente predominante do DNA, está descrita na Seção 5-3A. Para recapitular (Tabela 29.1), o B-DNA consiste em uma dupla-hélice espiralada para a direita, cujas duas cadeias antiparalelas de açúcar-fosfato enrolam-se sobre a sua superfície. As suas bases aromáticas (A, T, G e C), que ocupam o interior da dupla-hélice, formam pares de bases de Watson-Crick complementares A · T e C · G (Fig. 5.12), cujos planos são quase perpendiculares ao seu eixo. Pares de bases vizinhos, cujos anéis aromáticos possuem uma espessura de 3,4 Å, estão empilhados em contatos de van der Waals, com o eixo da hélice passando pelo meio de cada par. O B-DNA apresenta um diâmetro de ~20 Å e possui duas fendas profundas entre suas cadeias de açúcar-fosfato: a **fenda menor**, relativamente estreita, que expõe a borda dos pares de bases a partir dos quais as ligações glicosídicas (as ligações entre a base N e o C1′ da ribose) se estendem (em direção à base da Fig. 5.12), e a **fenda maior**, relativamente larga, que expõe a borda oposta de cada par de bases (em direção ao topo da Fig. 5.12). O DNA canônico (ideal) possui uma torção da hélice de 10 pares de bases (pb) por volta e, portanto, um passo (elevação por volta) de 34 Å.

Os pares de bases de Watson-Crick são estruturalmente intercambiáveis em qualquer das duas orientações, isto é,

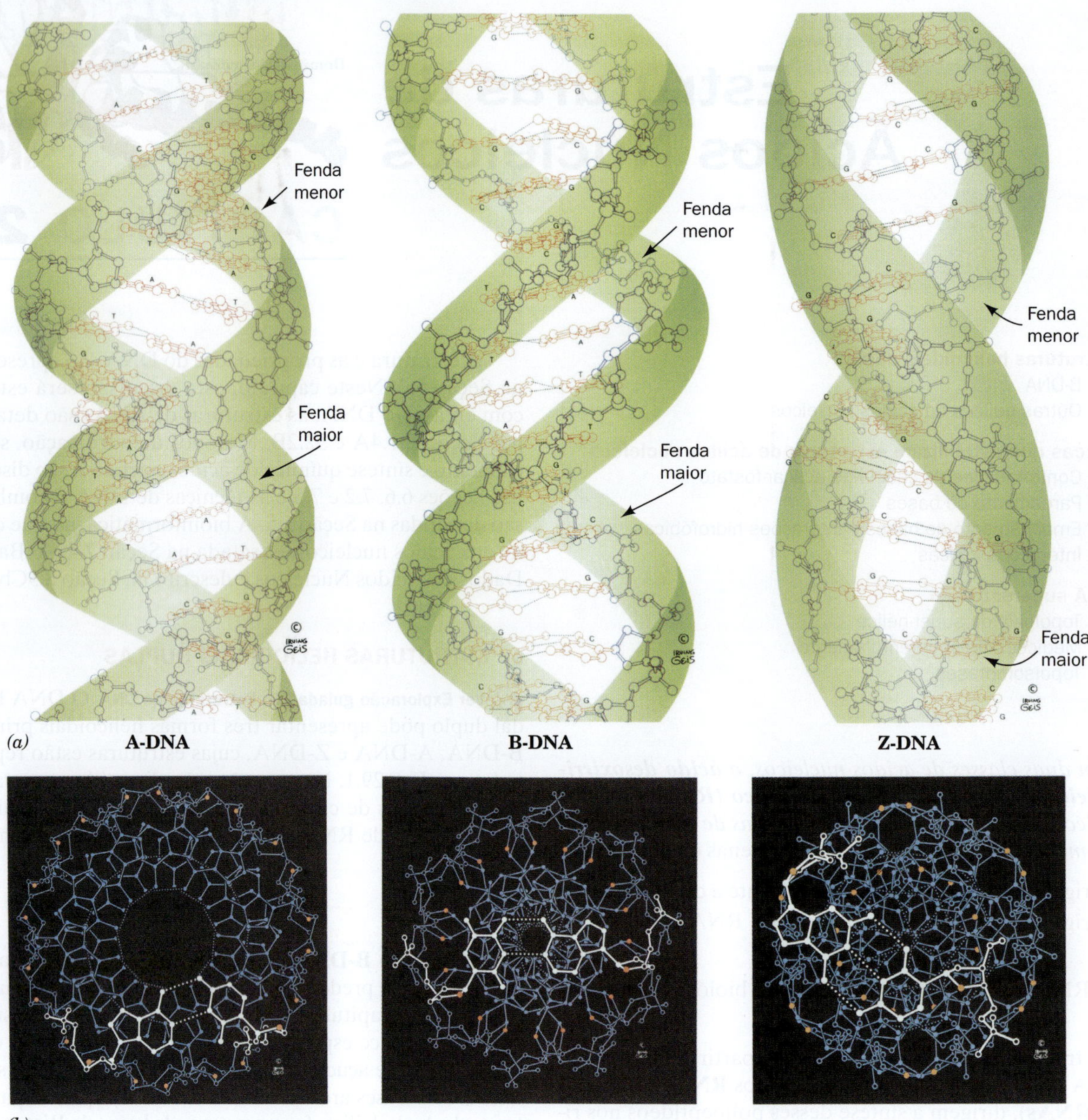

FIGURA 29.1 **As estruturas do A-DNA, do B-DNA e do Z-DNA.** (*a*) Representações do tipo esferas e bastões, em vista perpendicular ao eixo da hélice. Os esqueletos de açúcar-fosfato, que se enrolam em torno da periferia de cada molécula, estão representados por fitas verdes, e as bases, que ocupam o seu interior, estão em vermelho. Observar que as duas cadeias de açúcar-fosfato em cada hélice correm em direções opostas, de modo a formar dupla-hélices para a direita no A-DNA e no B-DNA, e uma dupla-hélice para a esquerda no Z-DNA. (*b*) Vistas ao longo do eixo da hélice. Os átomos de O do anel da ribose estão em vermelho e o par de nucleotídeos mais próximo ao observador está em branco. Notar que o eixo da hélice passa muito "acima" da fenda maior do A-DNA, pelos pares de bases do B-DNA, e pela borda da fenda menor do Z-DNA. Consequentemente, o A-DNA tem um interior vazio, enquanto o B-DNA e o Z-DNA apresentam interiores sólidos. Observar também que os resíduos de desoxirribose no A-DNA e no B-DNA têm a mesma conformação em cada hélice, mas aqueles no Z-DNA possuem duas conformações diferentes,

A · T, T · A, G · C e C · G podem substituir uns aos outros na dupla-hélice, sem alterar as posições dos átomos C1′ dos esqueletos de açúcar-fosfato. Ao contrário, qualquer outra combinação de bases distorceria de forma significativa a dupla-hélice, pois a formação de um par de bases que não os de Watson-Crick exigiria uma considerável reorientação dos esqueletos de açúcar-fosfato do DNA.

a. O DNA real desvia-se da estrutura ideal de Watson-Crick

As amostras de DNA disponíveis quando James Watson e Francis Crick formularam a estrutura de Watson-Crick em 1953 foram extraídas de células e, portanto, consistiam de moléculas de extensões e sequências de bases heterogêneas. Essas moléculas alongadas não cristalizam, mas podem ser induzidas a formar fibras filiformes, nas quais os eixos das

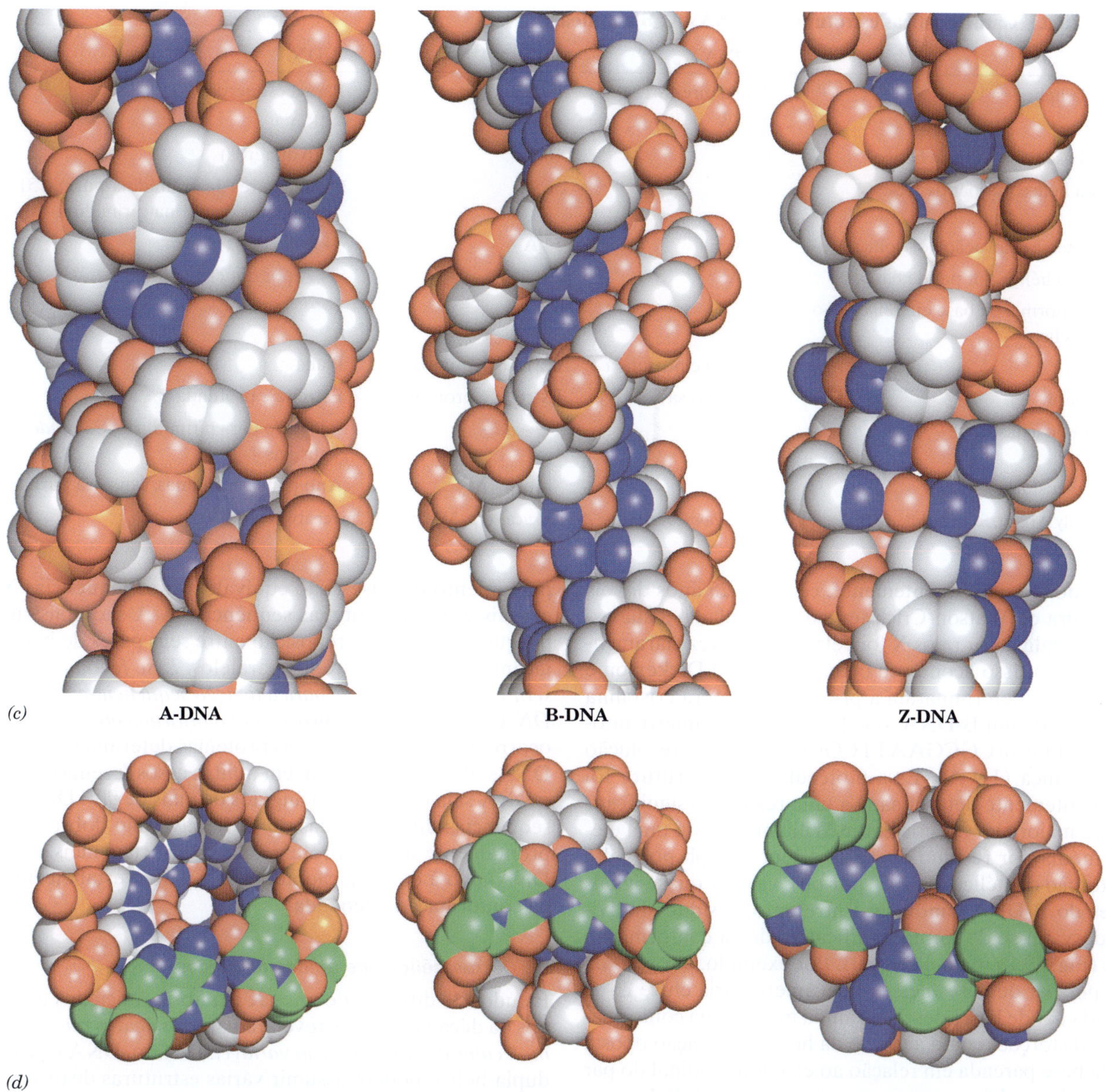

de modo que os resíduos de ribose alternados encontram-se em raios diferentes. (*c*) Modelos de volume atômico em vista perpendicular ao eixo da hélice e coloridos de acordo com o tipo de átomo (C em branco, N em azul, O em vermelho e P em cor de laranja). (*d*) Modelos de volume atômico vistos ao longo do eixo da hélice e coloridos como na Parte *c*, mas com os átomos de C do par de nucleotídeos mais próximo do observador em verde. Os átomos de H nas Partes *b*, *c* e *d*, foram omitidos para maior clareza. (Com base em estruturas por raios X dos seguintes: A-DNA, Olga Kennard, Dov Rabinovitch, Zippora Shakked e Mysore Viswamitra, Cambridge University, Reino Unido. Banco de dados de Ácidos Nucleicos ID ADH010; B-DNA, Richard Dickerson e Horace Drew, Caltech. PDBid 1BNA; e Z-DNA, Andrew Wang e Alexander Rich, MIT. PDBid 2DCG. Ilustração, Irving Geis. Imagem da Coleção Irving Geis, Howard Hughes Medical Institute, EUA. Reproduzida com permissão. Coordenadas dos modelos das Partes *c* e *d* geradas por Helen Berman, Rutgers University, EUA.) **Ver Exercícios de cineimagem 17.1, 17.4, 17.5 e 17.6**

hélices das moléculas de DNA estão todos aproximadamente paralelos em relação ao eixo da fibra, embora as moléculas fiquem pobremente alinhadas umas em relação às outras, se existir algum grau de alinhamento. Os padrões de difração de raios X dessas fibras fornecem apenas imagens brutas e de baixa resolução, nas quais a densidade eletrônica dos pares de bases é a média da densidade eletrônica de todos os pares de bases da fibra. A estrutura de Watson-Crick foi fundamentada, em parte, no padrão de difração de raios X do B-DNA (Fig. 5.10).

No final da década de 1970, os avanços na química de ácidos nucleicos permitiram a síntese e a cristalização de oligonucleotídeos de sequência definida cada vez mais longos (Seção 7.6A). Muitos desses oligonucleotídeos podiam ser

TABELA 29.1 Características estruturais de DNAs A, B e Z ideais

	A-DNA	B-DNA	Z-DNA
Sentido da hélice	Para a direita	Para a direita	Para a esquerda
Diâmetro	~26 Å	~20 Å	~18 Å
Pares de bases por volta da hélice	11,6	10	12 (6 dímeros)
Torção da hélice por par de bases	31°	36°	9° para pares de pirimidina-purina; 51° para pares de purina-pirimidina
Passo da hélice (elevação por volta)	34 Å	34 Å	44 Å
Elevação da hélice por par de bases	2,9 Å	3,4 Å	7,4 Å por dímero
Inclinação normal da base em relação ao eixo da hélice	20°	6°	7°
Fenda maior	Estreita e profunda	Larga e profunda	Plana
Fenda menor	Larga e rasa	Estreita e profunda	Estreita e profunda
Curvatura do açúcar	C3′-*endo*	C2′-*endo*	C2′-*endo* para pirimidinas; C3′-*endo* para purinas
Ligação glicosídica	Anti	Anti	Anti para pirimidinas; syn para purinas

Fonte: Mainly Arnott, S., *in* Neidle, S. (Ed.), *Oxford Handbook of Nucleic Acid Structure*, *p.* 35, Oxford University Press (1999).

cristalizados e, consequentemente, cerca de 25 anos depois da estrutura de Watson-Crick ter sido formulada, a sua estrutura cristalina por raios X foi pela primeira vez claramente visualizada. Isso aconteceu quando Richard Dickerson e Horace Drew determinaram a primeira estrutura cristalina por raios X de um B-DNA, que foi a do dodecâmero autocomplementar d(CGCGAATTCGCG), em uma resolução quase atômica (1,9 Å). Essa molécula, cuja estrutura foi subsequentemente determinada a uma resolução significativamente maior (1,4 Å) por Loren Williams, possui uma elevação média por resíduo de 3,3 Å e tem 10,1 pb por volta (uma torção da hélice de 35,5° por pb), valores quase iguais àqueles do B-DNA canônico. Entretanto, resíduos individuais desviam-se de forma significativa dessa conformação média (Fig. 29.1*a*, painel central). Por exemplo, a torção da hélice por par de bases nesse dodecâmero varia entre 26° e 43°. Cada par de bases desvia-se ainda mais de sua conformação por distorções como a torção da hélice (a rotação oposta de cada base pareada em relação ao eixo longitudinal do par de bases do qual faz parte; na estrutura com 1,4 Å de resolução, essa quantidade varia de −23° a −7°) e a rolagem do par de bases (a inclinação de um par de bases como um todo em relação ao seu eixo longitudinal; essa quantidade varia de −14° a 17°).

Estudos de difração de raios X e de ressonância magnética (RM) de diversos outros oligômeros de DNA de dupla-hélice demonstraram amplamente que *a conformação do DNA, em particular a do B-DNA, é irregular de uma maneira sequência-específica*, embora as regras que especificam como a sequência governa a conformação tenham se mostrado surpreendentemente enganosas. Isso ocorre porque *a sequência de bases contribui menos para a determinação de uma conformação fixa para a dupla-hélice do que contribui para o estabelecimento do seu grau de deformação.* Assim, sequências 5′-R-Y-3′ (em que R e Y são as abreviaturas para purinas e pirimidinas, respectivamente) no B-DNA são facilmente dobradas, pois apresentam uma sobreposição anel-anel relativamente pequena entre pares de bases adjacentes. Ao contrário, as sequências Y-R e R-R (as últimas, devido ao pareamento de bases, são equivalentes às sequências Y-Y) e, mais especialmente, as sequências A-A são mais rígidas porque a extensa sobreposição entre seus pares de bases adjacentes tende a mantê-los paralelos. *Esse fenômeno, como será visto, é importante para a ligação sequência-específica do DNA às proteínas que processam a informação genética.* Isso ocorre porque muitas dessas proteínas determinam que seus DNAs-alvo as circundem, em muitos casos fazendo com que o DNA seja dobrado em ângulos de mais de 90°. DNAs com sequências diferentes das do DNA-alvo não dobrariam tão prontamente sobre a proteína, pois resistiriam mais do que o DNA-alvo à deformação necessária para o estabelecimento da conformação adequada.

B. *Outras hélices de ácidos nucleicos*

Estudos de difração de raios X em fibras, iniciados em meados da década de 1940, revelaram que *os ácidos nucleicos são moléculas de conformação variável.* De fato, DNA e RNA de dupla-hélice podem assumir várias estruturas distintas, que variam em função de fatores como a umidade e as identidades dos cátions presentes, bem como em função da sequência de bases. Por exemplo, fibras de B-DNA são formadas na presença de íons metálicos alcalinos, como Na^+, quando a umidade relativa é de 92%. Nesta subseção, descrevem-se os outros estados conformacionais principais do DNA de dupla-hélice, do RNA de dupla-hélice e das hélices híbridas de RNA-DNA.

a. Os pares de bases do A-DNA estão inclinados em relação ao eixo da hélice

Quando a umidade relativa é reduzida a 75%, o B-DNA passa por uma alteração conformacional reversível para a chamada forma A. Estudos por raios X de fibras indicam que *o **A-DNA** forma uma hélice espiralada para a direita, que é mais larga e achatada que o B-DNA* (Fig. 29.1, painéis à esquerda; Tabela 29.1). O A-DNA possui 11,6 pb por volta e um passo de 34 Å, o que determina a presença de um orifício axial (Fig. 29.1*b*, *d*, painéis à esquerda). A característica mais marcante do A-DNA, contudo, é o fato dos planos dos seus pares de bases estarem inclinados 20° em relação ao eixo da hélice. Como o eixo da hélice passa "sobre" a lateral dos pares de bases voltado para a fenda maior (Fig. 29.1*b*, *d*, painéis à esquerda), em vez de através deles, como no B-DNA, o A-DNA possui uma fenda maior e mais profunda, e uma fenda menor bastante rasa; ele pode ser descrito como uma fita achatada enrolada em torno de um orifício cilíndrico de 6 Å de diâmetro. A maioria dos oligonucleotídeos autocomplementares de < 10 pb, por exemplo, d(GGCCGGCC) e d(GGTATACC), cristaliza na conformação de A-DNA. Assim como o B-DNA, essas moléculas exibem consideráveis variações conformacionais sequência-específicas, embora o grau de variação seja menor do que aquele do B-DNA.

O A-DNA foi, até agora, observado em apenas três contextos biológicos: no centro de clivagem da topoisomerase II (Seção 29.3Cd), no sítio ativo da DNA-polimerase (Seção 30.2Ae) e em certas bactérias gram-positivas que passaram pelo processo de **esporulação** (a formação, sob estresse ambiental, de tipos celulares resistentes, embora dormentes, conhecidos como **esporos**; um tipo de bote salva-vidas biológico). Tais esporos contêm uma elevada proporção (20%) de **pequenas proteínas ácido-solúveis de esporo** (**SASPs**, de *small acid-soluble spore proteins*). Algumas dessas SASPs induzem o B-DNA a assumir a forma A, pelo menos *in vitro*. O DNA em esporos bacterianos exibe uma resistência a danos induzidos por UV que é perdida em mutantes que não possuem essas SASPs. Isso ocorre porque a alteração conformacional B → A inibe a ligação cruzada covalente entre bases pirimidínicas induzida por UV (Seção 30.5Aa), em parte por aumentar a distância entre pirimidinas sucessivas.

b. O Z-DNA forma uma hélice espiralada para a esquerda

Ocasionalmente, um sistema bem conhecido ou pelo menos familiar exibe propriedades bastante inesperadas. Mais de 25 anos após a descoberta da estrutura de Watson-Crick, a determinação da estrutura cristalina do hexanucleotídeo autocomplementar d(CGCGCG) por Andrew Wang e Alexander Rich revelou, de forma surpreendente, *uma hélice espiralada para a esquerda* (*Fig. 29.1, painéis à direita; Tabela 29.1*). Uma hélice similar é formada por d(CGCATGCG). *Essa hélice, que foi denominada* ***Z-DNA****, possui 12 pb de Watson-Crick por volta, um passo de 44 Å e, em contraste com o A-DNA, apresenta uma fenda menor profunda e não tem uma fenda maior discernível* (o eixo da hélice passa "sob" o lado dos pares de bases voltados para a fenda menor; Fig. 29.1*b*,*d*, painéis à direita). Portanto, o Z-DNA tem uma aparência que lembra um pouco uma broca de furadeira espiralada para a esquerda. Os pares de bases no Z-DNA estão deslocados 180° em relação àqueles do B-DNA (Fig. 29.2), devido às alterações conformacionais discutidas na Seção 29.2A. Consequentemente, a unidade de repetição do Z-DNA é um dinucleotídeo, d(XpYp), em vez de ser um único nucleotídeo, como nas outras hélices de DNA. A linha unindo átomos de fósforo sucessivos em uma cadeia polinucleotídica de Z-DNA segue, portanto, um caminho em zigue-zague em torno da hélice (Fig. 29.1*a*,*c*, painéis da direita; daí o nome Z-DNA), em vez de seguir em uma curva suave, como acontece no A-DNA e no B-DNA (Fig. 29.1*a*,*c*, painéis à esquerda e centrais).

Estudos de difração de fibras e de RM mostraram que polinucleotídeos complementares com purinas e pirimidinas alternadas, como poli d(GC) · poli d(GC) e poli d(AC) · poli

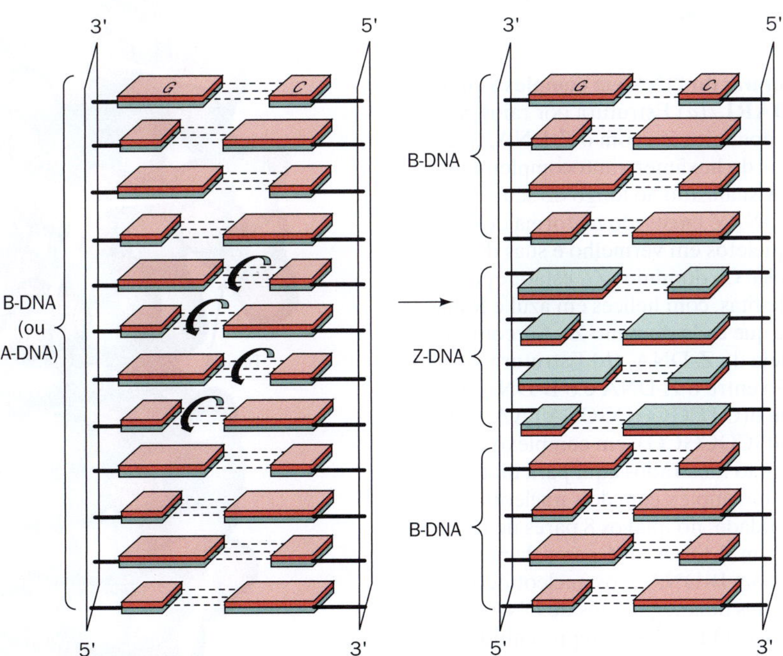

FIGURA 29.2 Conversão de B-DNA para Z-DNA. A conversão, aqui representada por um segmento de 4 pb, envolve uma inversão de 180° de cada par de bases (*setas curvas*) em relação às cadeias de açúcar-fosfato (compare as orientações dos pares de bases do B-DNA e do Z-DNA na Fig. 29.1*b*, *d*). Aqui, as diferentes faces dos pares de bases estão coloridas de vermelho e verde. Notar que se o desenho à esquerda é considerado como uma vista da fenda menor de um A-DNA ou de um B-DNA destorcido, então o desenho à direita representa a fenda maior de um segmento de Z-DNA distorcido. (Conforme Rich, A., Nordheim, A., e Wang, A.H.-J., *Annu Rev. Biochem.* **53**, 799 [1984].)

d(GT), assumem a conformação de Z-DNA em altas concentrações de sal. Evidentemente, *a conformação de Z-DNA é mais prontamente assumida por segmentos de DNA com sequências de bases alternando purinas e pirimidinas (por razões estruturais explicadas na Seção 29.2A)*. Uma alta concentração de sal estabiliza o Z-DNA em relação ao B-DNA por reduzir as repulsões eletrostáticas normalmente mais elevadas entre os grupos fosfato de fitas opostas que ficam mais próximos (8 Å no Z-DNA *versus* 12 Å no B-DNA). A metilação de resíduos de citosina no C5, uma modificação biológica comum (Seção 30.7), também promove a formação de Z-DNA, pois um grupo hidrofóbico metila nessa posição está menos exposto ao solvente no Z-DNA do que estaria no B-DNA.

O Z-DNA tem alguma função biológica? Rich propôs que a conversão reversível de segmentos específicos de B-DNA para Z-DNA sob circunstâncias apropriadas atua como um tipo de interruptor na regulação da expressão genética, havendo indicações de que Z-DNA é transitoriamente formado atrás de uma RNA-polimerase que está transcrevendo ativamente (Seção 31.4As). Apesar disso, foi extremamente difícil provar a existência do Z-DNA *in vivo*. Uma das maiores dificuldades foi demonstrar que uma sonda específica para a detecção de Z-DNA, por exemplo, um anticorpo específico, não determina ela própria que o que antes seria B-DNA assuma a conformação Z – um tipo de princípio de incerteza biológico (o ato de medir inevitavelmente perturba o sistema que está sendo medido). Contudo, Rich descobriu várias proteínas que se ligam especificamente a Z-DNA, incluindo uma família de domínios de proteínas que se ligam a Z-DNA, chamados de **Zα**. A existência dessas proteínas sugere fortemente que o Z-DNA efetivamente existe *in vivo*.

Foi determinada a estrutura por raios X do domínio Zα de 81 resíduos da enzima de edição de RNA **ADAR1** (Seção 31.4As) em complexo com d(TCGCGCG) (Fig. 29.3*a*). O segmento CGCGCG desse heptanucleotídeo é autocomplementar e forma, portanto, um segmento de simetria dupla de 6 pb de Z-DNA, com um dT sobressalente na extremidade 5′ de cada fita (embora esses dTs estejam desordenados na estrutura por raios X). Uma unidade monomérica de Zα liga-se a cada fita do Z-DNA, sem contato com o Zα que se

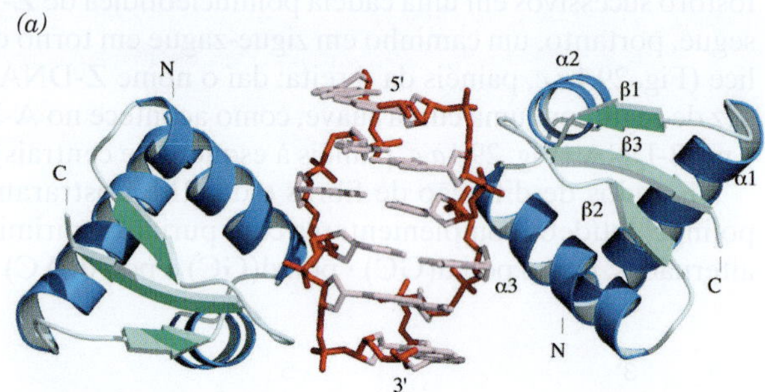

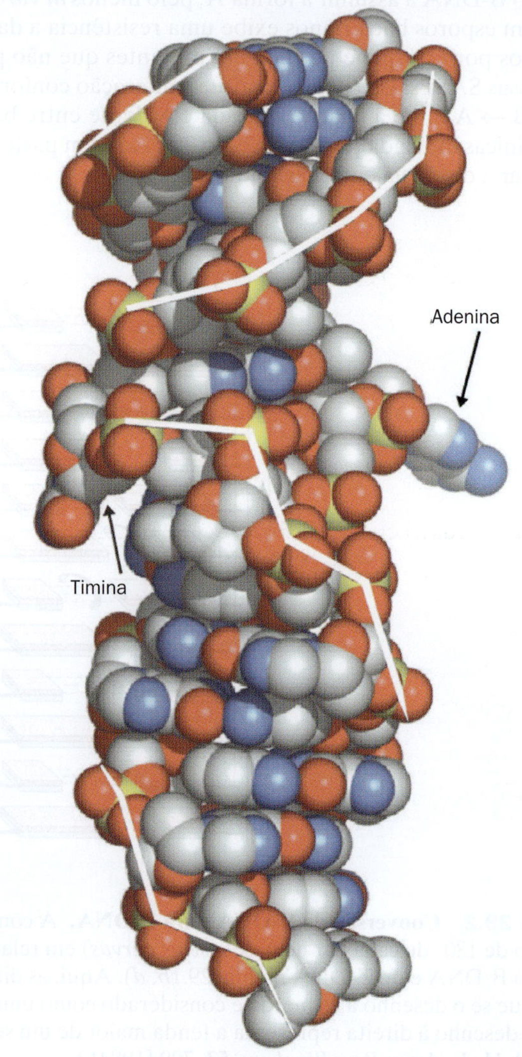

FIGURA 29.3 Estruturas do DNA em complexo com o domínio Zα de ADAR1. (*a*) Estrutura por raios X do complexo de dois domínios Zα com o Z-DNA, que consiste em um dúplex do hexâmero autocomplementar d(CGCGCG), como visualizado ao longo do seu eixo de simetria dupla. O Z-DNA é mostrado na forma de bastões, com os seus esqueletos em vermelho e suas demais porções em cor-de-rosa. Os domínios Zα estão representados em forma de fitas, com hélices em azul e folhas em verde-claro. Note que cada domínio Zα faz contato com apenas uma cadeia do Z-DNA. (*b*) Estrutura por raios X de uma junção entre o Z-DNA e o B-DNA. O complexo consiste em d(GTCGCGCGCCATAAACC) e d(ACGGTTTATGGCGCGCG), em complexo com quatro domínios Zα (não mostrados aqui para maior clareza). O DNA forma um dúplex com dois nucleotídeos livres em cada extremidade, no qual os 8 pares de nucleotídeos inferiores formam Z-DNA, os 6 pares de nucleotídeos superiores formam B-DNA, e os nucleotídeos A e T na interface entre estes dois segmentos de DNA foram expulsos da dupla-hélice. O DNA está representado na forma de volume atômico, com C em cinza, N em azul, O em vermelho e P em amarelo. As linhas brancas conectam átomos de P adjacentes no mesmo polinucleotídeo, demonstrando, assim, o padrão de zigue-zague do Z-DNA para a esquerda e o padrão mais suave do B-DNA para a direita. (Cortesia de Alexander Rich, MIT, PDBids 1QBJ e 2ACJ.)

liga à fita oposta. A proteína interage primariamente com o Z-DNA via ligações de hidrogênio e pontes salinas entre as cadeias laterais polares e básicas da proteína e o esqueleto de açúcar-fosfato do Z-DNA. Note que nenhuma das bases do DNA participa dessas associações. A superfície de ligação da proteína ao DNA, que é complementar em conformação ao Z-DNA, é positivamente carregada, como seria esperado para uma proteína que interage com vários grupos fosfato aniônicos acomodados em sequência. É postulado que o domínio Zα da ADAR1 tem como alvo o Z-DNA a montante de genes transcricionalmente ativos (por razões discutidas na Seção 31.4As).

Em um esforço para visualizar a estrutura da junção entre B-DNA e Z-DNA, Rich e Kyeong Kyu Kim cocristalizaram Zα com um dúplex de DNA que tem dois nucleotídeos livres em cada extremidade e cujas duas fitas de 17 nucleotídeos possuem as sequências d(GTCGCGCGCCATAAACC) e d(ACGGTTTATGGCGCGCG). A estrutura por raios X desse complexo revela que 8 pares de nucleotídeos em uma extremidade da dupla-hélice são Z-DNA, 6 pares de nucleotídeos na outra extremidade da hélice são B-DNA e os nucleotídeos que, de outro modo, formariam um par de bases A · T na junção entre esses segmentos, foram expulsos da dupla-hélice (Fig. 29.3*b*). Os pares de base dos segmentos de B-DNA e Z-DNA formam um empilhamento contínuo, o qual estabiliza a estrutura (Seção 29.2C). Quatro domínios Zα estão ligados ao segmento de Z-DNA, dois por fita polinucleotídica, de uma maneira muito semelhante àquela no complexo Zα–d(TCGCGCG) mencionado acima (para maior clareza, os domínios Zα não são mostrados na Fig. 29.3*b*) e os segmentos de B-DNA e Z-DNA adotam suas conformações padrão. Evidentemente, sob condições apropriadas, a quiralidade do dúplex de DNA pode ser invertida pela quebra de um par de bases e ejeção dos seus nucleotídeos do dúplex.

c. RNA-11 e híbridos RNA-DNA têm uma conformação similar à do A-DNA

O RNA de dupla-hélice é incapaz de assumir uma conformação como a do B-DNA, devido a conflitos estéricos envolvendo seus grupos 2′-OH. Em vez disso, ele em geral assume uma conformação que lembra a do A-DNA (Fig. 29.1, painéis da esquerda), conhecida como **A-RNA** ou **RNA-11**, que idealmente possui 11,0 pb por volta da hélice, um passo de 30,9 Å e pares de bases inclinados 16,7° em relação ao eixo da hélice. Muitos RNAs, como, por exemplo, os RNAs ribossômicos e de transferência (cujas estruturas estão detalhadas nas Seções 32.2B e 32.3A), contêm sequências complementares que formam hastes helicoidais duplas.

Dupla-hélices híbridas, que consistem em uma fita de DNA e outra de RNA, também têm uma conformação prevista similar à do A-RNA. De fato, a estrutura por raios X de um complexo de 10 pb do oligonucleotídeo de DNA d(GGCGCCCGAA) com o oligonucleotídeo complementar de RNA r(UUCGGGCGCC), feita por Nancy Horton e Barry Finzel, revela (Fig. 29.4) que ele forma uma dupla-hélice com características similares à do A-RNA (Tabela 29.1), na qual ele possui 10,9 pb por volta, um passo de 31,3 Å e pares de bases que estão, em média, inclinados 13,9° em relação ao eixo da hélice. Apesar disso, esta dupla-hélice ainda possui qualidades similares às do B-DNA, pois a largura de sua fenda

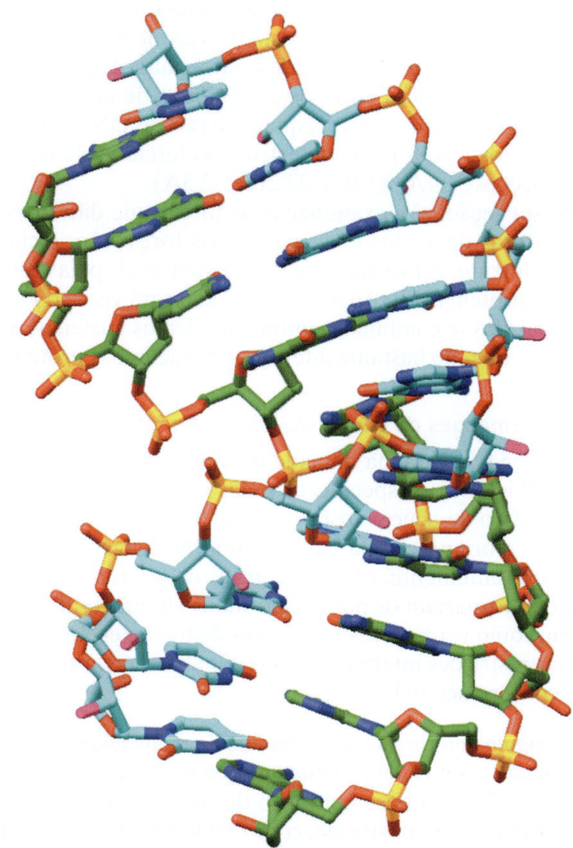

FIGURA 29.4 Estrutura por raios X de uma hélice híbrida de RNA-DNA de 10 pb, consistindo em d(GGCGCCCGAA) em complexo com r(UUCGGGCGCC). A estrutura é mostrada na forma de bastões, com átomos de C do RNA em ciano, átomos de C do DNA em verde, N em azul, O em vermelho, exceto para os átomos O2′ do RNA, que estão em magenta, e P em amarelo. (Com base em uma estrutura por raios X de Nancy Horton e Barry Finzel, Pharmacia & Upjohn, Inc., Kalamazoo, Michigan, EUA. PDBid 1FIX.) **Ver Exercício interativo 31**

menor (9,5 Å) é intermediária entre as do B-DNA (7,4 Å) e do A-DNA (11 Å) canônicos e alguns dos anéis de desoxirribose da sua fita de DNA têm conformações características de B-DNA (Seção 29.2A), enquanto outros têm conformações características de A-RNA. Note que essa estrutura é biologicamente significante, pois segmentos curtos de hélices híbridas de RNA · DNA ocorrem tanto na transcrição de RNA a partir de moldes de DNA (Seção 31.2Ba) como na iniciação da replicação do DNA por trechos curto de RNA (Seção 30.1D). O componente de RNA dessa hélice é um substrato para a **RNase H**, que hidrolisa especificamente as fitas de RNA de hélices híbridas RNA · DNA *in vivo* (Seção 30.4C).

2 FORÇAS QUE ESTABILIZAM ESTRUTURAS DE ÁCIDOS NUCLEICOS

O DNA de fita dupla não exibe a complexidade estrutural das proteínas porque ele possui apenas um repertório limitado de estruturas secundárias e não possui estruturas terciárias ou quaternárias comparáveis (a não ser as que podem ser vistas na Seção 29.3). Isso está, talvez, de acordo com o esperado, pois há uma amplitude muito maior de propriedades químicas e físicas entre os 20 resíduos de aminoácidos das proteínas do que entre as quatro bases do DNA. Apesar disso, muitos RNAs possuem estruturas terciárias bem definidas (Seções 31.4A, 32.4Ca, 32.2B e 32.3A).

Nesta seção, são examinadas as forças que dão origem às estruturas de ácidos nucleicos. Essas forças são, é claro, essencialmente as mesmas que são responsáveis pelas estruturas de proteínas (Seção 8.4), mas, como será visto, o modo pelo qual elas se combinam confere aos ácidos nucleicos propriedades que são bastante diferentes daquelas das proteínas.

A. Conformações da cadeia de açúcar-fosfato

A conformação de uma unidade de nucleotídeo, como indicada na Fig. 29.5, é especificada pelos seis ângulos de torção do esqueleto de açúcar-fosfato e pelo ângulo de torção que descreve a orientação da base em relação à ligação glicosídica. Aparentemente, esses sete graus de liberdade por nucleotídeo tornariam os polinucleotídeos altamente flexíveis. Porém, como veremos, esses ângulos de torção estão sujeitos a várias restrições internas, que limitam bastante a sua liberdade conformacional.

a. Os ângulos de torção em torno das ligações glicosídicas possuem apenas uma ou duas posições estáveis

A rotação de uma base em torno de sua ligação glicosídica é em grande parte obstruída, como pode ser melhor visualizado a partir da manipulação de um modelo molecular de volume atômico. Resíduos de purina possuem duas orientações estericamente permissíveis em relação ao açúcar, conhecidas como conformações **syn** (do grego: com) e **anti** (do grego: contra) (Fig. 29.6). Para pirimidinas, somente a conformação anti é facilmente formada, porque, na conformação syn, o resíduo de açúcar interfere de forma estérica com o substituinte do C2 da pirimidina. Na maioria dos ácidos nucleicos de dupla-hélice, todas as bases estão na conformação anti (Fig. 29.1*a*,*c*, painéis à esquerda e centrais). A exceção é o Z-DNA (Seção 29.1Bb), no qual os resíduos alternados de pirimidina e purina estão nas orientações anti e syn (Fig. 29.1*a*,*c*, painéis à direita). *Isso explica a alternância pirimidina-purina do Z-DNA*. De fato, as inversões dos pares de bases que convertem o B-DNA em Z-DNA (Fig. 29.2) são causadas pela rotação de cada purina em torno da sua ligação glicosídica, da conformação anti para a syn, enquanto os açúcares giram nos nucleotídeos de pirimidina, mantendo-os, assim, em suas conformações anti.

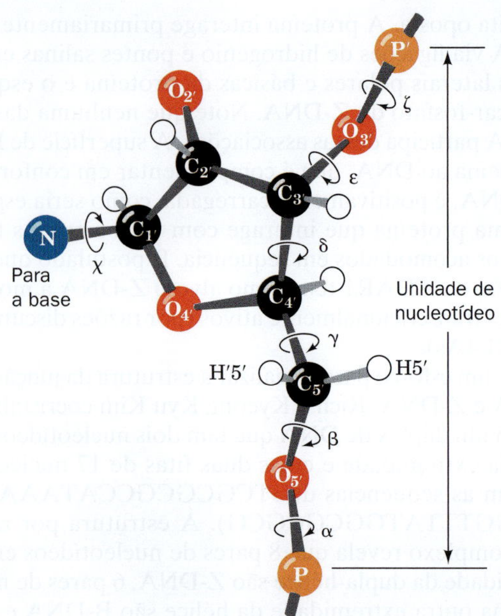

FIGURA 29.5 A conformação de uma unidade de nucleotídeo é determinada pelos sete ângulos de torção indicados.

b. O dobramento do anel de açúcar está limitado a apenas alguns de seus arranjos possíveis

O anel da ribose possui um certo grau de flexibilidade que afeta de forma significativa a conformação do esqueleto de açúcar-fosfato. Os ângulos dos vértices de um pentágono regular são de 108°, um valor bem próximo daquele do ângulo de um tetraedro (109,5°), de modo que se pode esperar que o anel de ribofuranose seja quase plano. Entretanto, os substituintes do anel são eclipsados quando o anel é planar. Para aliviar a aglomeração resultante, que ocorre até mesmo entre átomos de hidrogênio, o anel **se dobra**; ou seja, ele torna-se levemente não planar, de modo a reorientar os substituintes do anel (Fig. 29.7; isso é facilmente observado pela manipulação de um modelo do esqueleto molecular).

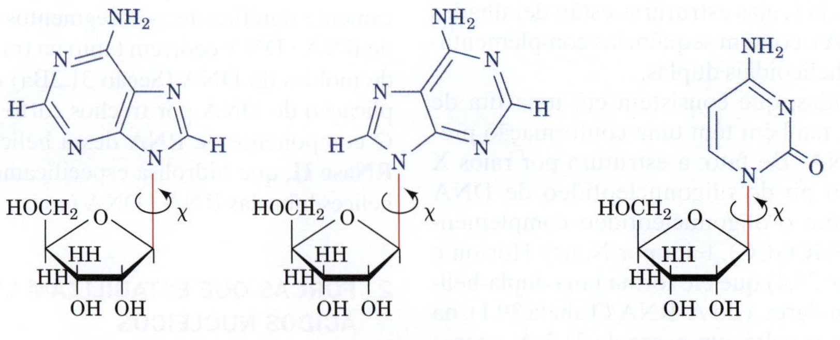

Syn-adenosina **Antiadenosina** **Anticitidina**

FIGURA 29.6 As orientações estericamente permitidas das bases púricas e pirimídicas, em relação às unidades de ribose às quais estão ligadas.

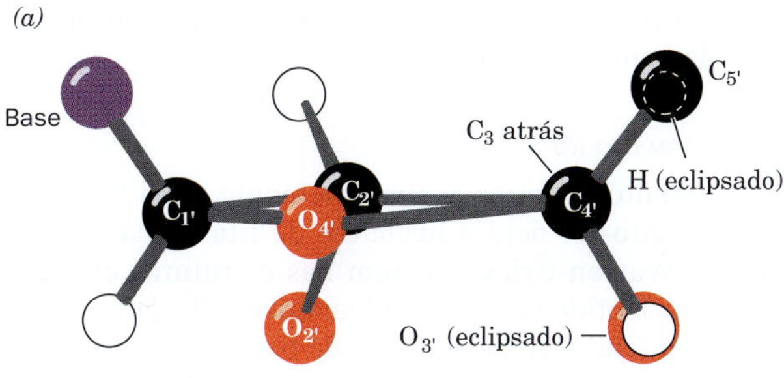

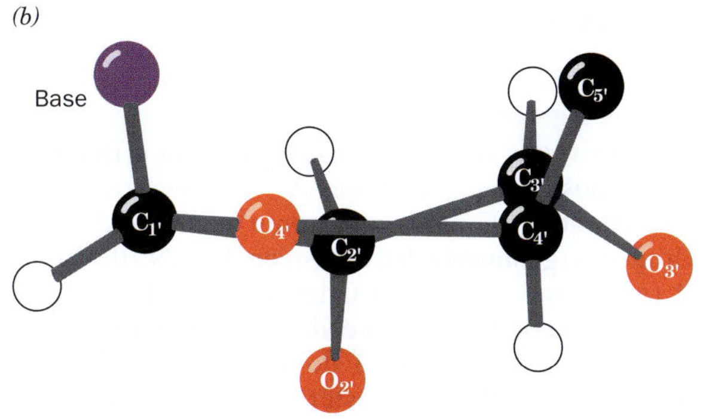

FIGURA 29.7 Dobramento do anel de ribose. Os substituintes de (*a*) um anel de glicose planar (aqui visualizado paralelamente em relação à ligação C3′—C4′) estão todos eclipsados. A tensão estérica resultante é parcialmente aliviada pelo dobramento do anel como em (*b*), uma conformação de meia-cadeira na qual C3′ é o átomo fora do plano.

Esperaria-se, em geral, que apenas três dos cinco átomos de um anel de ribose fossem coplanares, pois três átomos definem um plano. Apesar disso, na grande maioria das > 50 estruturas cristalinas de nucleosídeos e nucleotídeos já descritas, quatro dos átomos do anel são coplanares, com variações próximas a poucos centésimos de angstrom, e o átomo restante está fora desse plano (a conformação de **meia-cadeira**). Se o átomo fora do plano estiver deslocado para o mesmo lado que o átomo C5′, se diz que ele tem a conformação **endo** (do grego: *endon*, dentro), enquanto o deslocamento para o lado oposto ao do C5′ é conhecido como conformação **exo** (do grego: *exo*, fora de). Na grande maioria das estruturas conhecidas de nucleosídeos e nucleotídeos (moléculas que estão sujeitas a poucas das exigências conformacionais das hélices duplas), o átomo fora do plano é C2′ ou C3′ (Fig. 29.8). C2′-*endo* é o dobramento da ribose de ocorrência mais frequente, sendo C3′-*endo* e C3′-*exo* também comuns. Outras conformações da ribose são raras.

O dobramento da ribose é importante na conformação de ácidos nucleicos, pois ele governa as orientações relativas dos substituintes de fosfato de cada resíduo de ribose (Fig. 29.8). Por exemplo, é difícil construir um modelo repetitivo regular de uma dupla-hélice de ácido nucleico a menos que os açúcares sejam C2′-*endo* ou C3′-*endo*. De fato, o B-DNA canônico tem a conformação C2′-*endo*, enquanto o A-DNA canônico e o RNA-11 são C3′-*endo*. No Z-DNA canônico, os nucleotídeos de purina são todos C3′-*endo* e os nucleotídeos de pirimidina são C2′-*endo*, o que é uma outra razão para que a unidade de repetição do Z-DNA seja um dinucleotídeo. Os dobramentos dos açúcares observados nas estruturas por raios X de A-DNA são, de fato, quase que inteiramente C3′-*endo*. Contudo, aqueles de B-DNAs, embora predominantemente C2′-*endo*, exibem significante variação, incluindo C4′-*exo*, O4′-*endo*, C1′-*exo* e C3′-*exo*. Essa variação no dobramento dos açúcares de B-DNA é, provavelmente, um indicativo da sua maior flexibilidade em relação a outros tipos de hélices de DNA.

c. O esqueleto de açúcar-fostato é restrito quanto à sua conformação

Se os ângulos de torção da cadeia de açúcar-fosfato (Fig. 29.5) fossem completamente livres para rotar, provavelmente não haveria uma estrutura estável para os ácidos nucleicos. Contudo, a comparação das estruturas cristalinas de aproximadamente 40 nucleosídeos e nucleotídeos, feita por Muttaiya Sundaraligam, revelou que esses ângulos são, na realidade, bastante restritos. Por exemplo, o ângulo de torção em torno da ligação C4′—C5′ (γ na Fig. 29.5) possui uma variação restrita, de modo que O4′ em geral possui uma conformação arqueada (apresentando um ângulo de torção

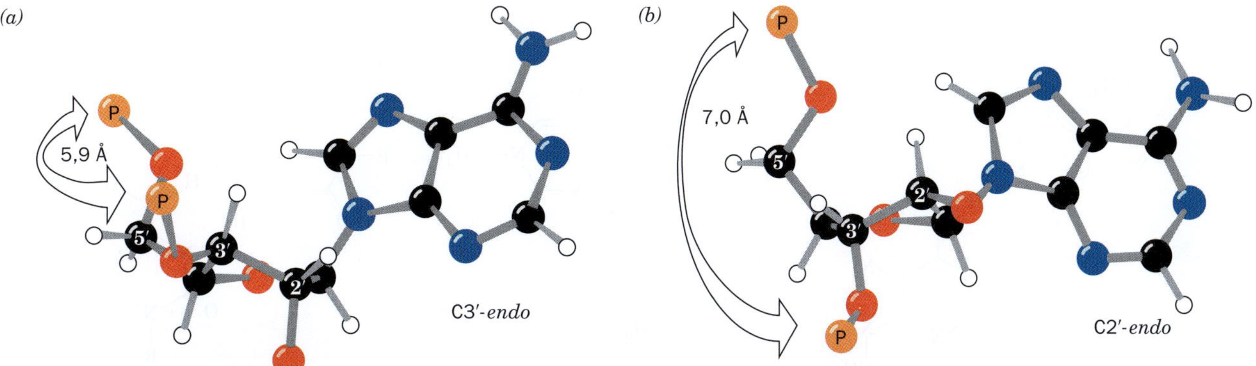

FIGURA 29.8 Conformações do açúcar no nucleotídeo. (*a*) A conformação C3′-*endo* (no mesmo lado do anel de açúcar que C5′), que ocorre no A-DNA e no RNA-11. (*b*) A conformação C2′-*endo*, que ocorre no B-DNA. As distâncias entre os átomos de P adjacentes no esqueleto de açúcar-fosfato estão indicadas. (Conforme Saenger, W., *Principles of Nucleic Acid Structure*, p. 237, Springer-Verlag [1983].) **Ver Exercício de cineimagem 17.3**

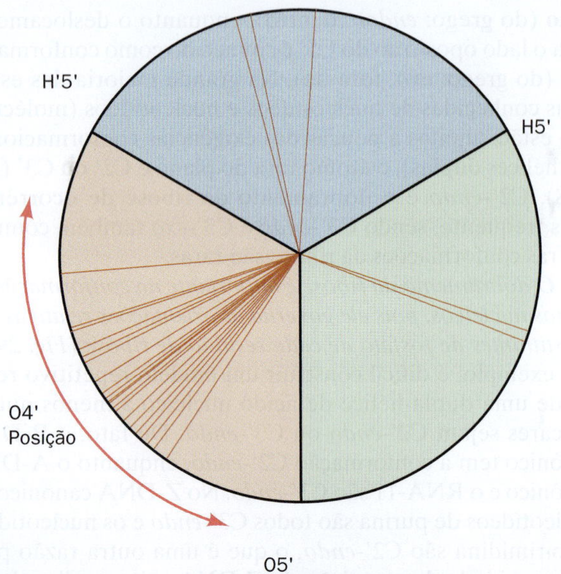

FIGURA 29.9 Roda conformacional mostrando a distribuição do ângulo de torção em torno da ligação C4′—C5′. O ângulo de torção (γ na Fig. 29.7) foi medido em 33 estruturas por raios X de nucleosídeos, nucleotídeos e polinucleotídeos. Cada linha radial representa a posição da ligação C4′—O4′ em uma estrutura individual em relação aos substituintes de C5′, como visto a partir de C5′ para C4′. Notar que a maioria dos ângulos de torção observados distribui-se dentro de uma faixa relativamente estreita. (Conforme Sundaralingam, M., *Biopolymers* **7**, 838 [1969].)

de ~60°) em relação a O5′ (Fig. 29.9). Isso ocorre porque a presença do anel de ribose juntamente com certas interações não covalentes do grupo fosfato enrijece a cadeia de açúcar-fosfato, restringindo a sua gama de ângulos de torção. Essas restrições são ainda maiores em polinucleotídeos, devido à interferência estérica entre os resíduos.

Os ângulos conformacionais de açúcar-fosfato das várias hélices duplas são todos razoavelmente livres de restrições. *As hélices duplas são, portanto, arranjos de conformação relaxada do esqueleto de açúcar-fosfato.* Apesar disso, esse esqueleto não é de maneira alguma uma estrutura rígida, pois, quando as fitas são separadas, ele assume uma conformação de enrolamento aleatório.

B. *Pareamento de bases*

O pareamento de bases é, aparentemente, uma "cola" que mantém juntos os ácidos nucleicos de fita dupla. Somente pares de Watson-Crick ocorrem nas estruturas cristalinas de oligonucleotídeos autocomplementares. É, portanto, importante entender como os pares de bases de Watson-Crick diferem de outros arranjos de bases mediados por ligações de hidrogênio duplas, que também possuem geometrias razoáveis (p. ex., Fig. 29.10).

a. Pares de bases A · T sem restrição conformacional assumem a geometria de Hoogsteen

Quando derivados monoméricos de adenina e timina são cocristalizados, os pares de bases A · T formados possuem invariavelmente o N7 da adenina como o aceptor da ligação de hidrogênio (**geometria de Hoogsteen**; Fig. 29.10*b*), em vez do N1 (geometria de Watson-Crick; Fig. 5-12). Isso sugere que a geometria de Hoogsteen é, de forma inerente, mais estável para pares de base A · T do que a de Watson-Crick. Aparentemente, influências estéricas e outras influências ambientais tornam a geometria de Watson-Crick o modo preferencial de pareamento de bases na dupla-hélice. Pares A · T com geometria de Hoogsteen são, apesar disso, de importância biológica; por exemplo, eles ajudam a estabilizar as estruturas terciárias de tRNAs (Seção 32.2Ba). Pares monoméricos G · C, ao contrário, sempre cocristalizam com a geometria de Watson-Crick, em consequência de sua estrutura ser mantida por ligações de hidrogênio triplas.

b. Pares de bases que não são de Watson-Crick são de baixa estabilidade

As bases de uma dupla-hélice, como visto anteriormente (Seção 5.3A), associam-se de modo que a posição de qualquer par de bases pode conter, alternativamente, A · T, T · A, G · C ou C · G sem afetar as conformações das cadeias de açúcar-fosfato. Seria possível razoavelmente supor que essa exigência de **complementaridade geométrica** dos pares de bases de Watson-Crick, A com T e G com C, fosse a única razão pela qual outros pares de bases não ocorrem em um am-

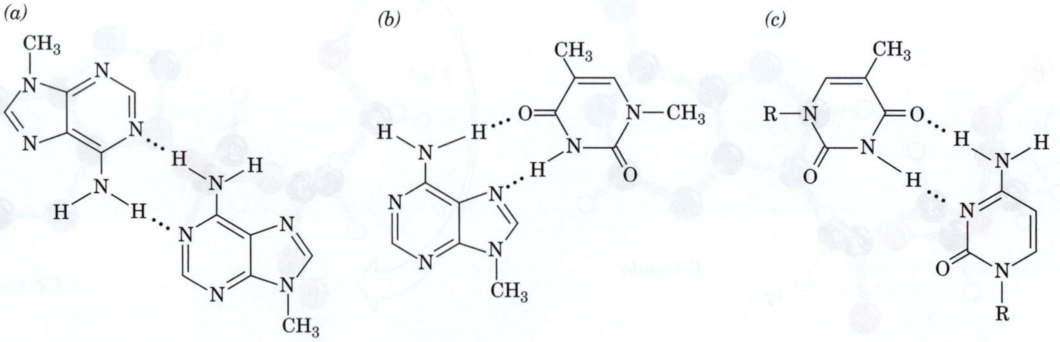

FIGURA 29.10 Alguns pares de bases que não os de Watson-Crick. (*a*) O pareamento de resíduos de adenina na estrutura cristalina da 9-metiladenina. (*b*) O pareamento de Hoogsteen entre resíduos de adenina e timina na estrutura cristalina de 9-metiladenina · 1-metiltimina. (*c*) Um pareamento hipotético entre resíduos de citosina e timina. Comparar esses pares de bases com os de Watson-Crick na Fig. 5-12.

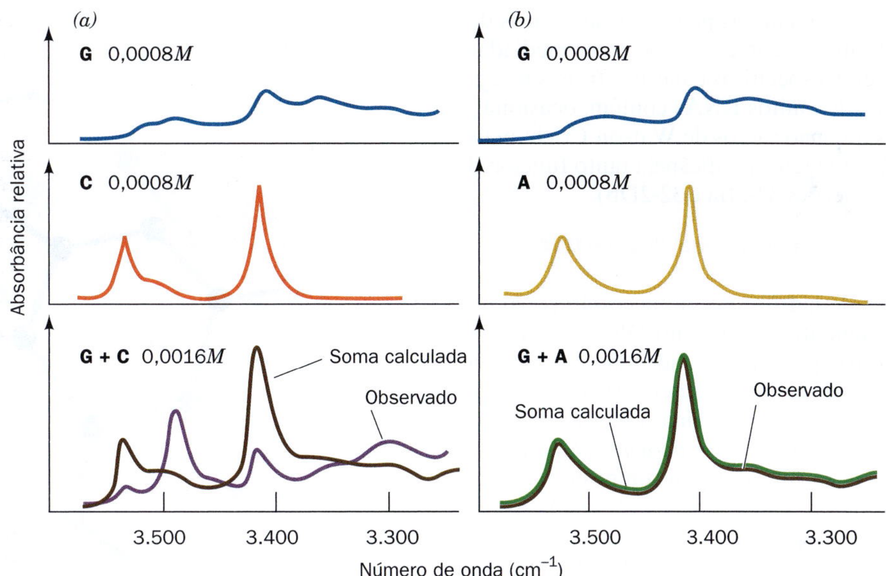

FIGURA 29.11 Os espectros de infravermelho, na região N−H, de derivados de guanina, citosina e adenina. Os derivados foram analisados tanto separadamente como nas misturas indicadas. O solvente, $CDCl_3$, não forma ligações de hidrogênio com as bases e é relativamente transparente na faixa de frequência de interesse. (*a*) G + C. A curva marrom no painel inferior, que é a soma dos espectros nos dois painéis superiores, é o espectro calculado de G + C para moléculas não interagentes. A banda próxima de 3.500 cm^{-1} no espectro de G + C observado (*púrpura*) é indicativa de uma associação específica por ligações de hidrogênio entre G e C. (*b*) G + A. A sobreposição quase perfeita entre os espectros calculado e observado da mistura de G + A indica que G e A não interagem significativamente. (Conforme Kyogoku, Y., Lord, R. C., e Rich, A., *Science* **154**, 5109 [1966].)

biente de dupla-hélice. De fato, foi precisamente nisso que se acreditou por muitos anos após a descoberta da dupla-hélice.

O insucesso na tentativa de detectar pares de bases diferentes em ambientes não helicoidais, além de A com T (ou U) e G com C, acabou por levar Richard Lord e Rich a demonstrarem, por meio de estudos de espectroscopia, que *somente as bases de pares de Watson-Crick possuem uma alta afinidade mútua.* A Fig. 29.11*a* mostra o espectro de infravermelho (IV ou IR, de *infrared*) na região do N−H de derivados de guanina e citosina, separadamente e em uma mistura. A banda no espectro da mistura G + C, que não está presente nos espectros de qualquer um de seus componentes, é indicativa de uma interação específica por ligações de hidrogênio entre G e C. Tal associação, passível de ocorrer entre moléculas similares ou diferentes, pode ser descrita por equações ordinárias de ação de massa.

$$B_1 + B_2 \rightleftharpoons B_1 \cdot B_2 \qquad K = \frac{[B_1 \cdot B_2]}{[B_1][B_2]} \qquad [29.1]$$

Os valores de K para os vários pares de bases foram determinados a partir de análises de espectros de IV, como os da Fig. 29.11. As constantes de autoassociação das bases de Watson-Crick são dadas na parte superior da Tabela 29.2 (a associação por ligações de hidrogênio de moléculas similares é indicada pela aparência das novas bandas de IV, à medida que a concentração da molécula é aumentada). A parte inferior da Tabela 29.2 lista as constantes de associação dos pares de Watson-Crick. Observe que cada uma destas últimas quantidades é maior do que as constantes de autoassociação de qualquer uma de suas bases componentes, o que determina que os pares de Watson-Crick sejam preferencialmente formados a partir de seus constituintes. Em contraste, os pares de bases que não os de Watson-Crick, A · C, A · G, C · U e G · U, independentemente das suas geometrias, possuem constantes de associação que são negligenciáveis em comparação às constantes de associação por autopareamento de seus constituintes (p. ex., Fig. 29.11*b*). *Evidentemente, uma segunda razão pela qual pares de bases que não os de Watson-Crick não ocorrem em hélices duplas de DNA é o fato deles possuírem estabilidades relativamente baixas.* Consequentemente, a presença exclusiva de pares de bases de Watson-Crick no DNA resulta, em parte, de uma **complementaridade eletrônica** que pareia A com T e G com C. A base teórica dessa complementaridade eletrônica, a qual é uma observação experimental, ainda é obscura. Isso ocorre porque as aproximações inerentes aos tratamentos teóricos os tornam

TABELA 29.2 Constantes de associação para a formação de pares de bases

Par de bases	K (M^{-1})*
Autoassociação	
A · A	3,1
U · U	6,1
C · C	28
G · G	10^3-10^4
Pares de bases de Watson-Crick	
A · U	100
G · C	10^4-10^5

*Dados medidos em deuteroclorofórmio a 25°C.

Fonte: Kyogoku, Y., Lord, R.C., and Rich, A., *Biochem. Biophys. Acta* **179**, 10 (1969).

incapazes de prever precisamente as pequenas diferenças de energia (de poucos kJ · mol^{-1}) entre as associações mediadas por ligações de hidrogênio específicas e inespecíficas. Os segmentos de dupla-hélice de muitos RNAs contêm, ocasionalmente, pares de bases que não são os de Watson-Crick, mais frequentemente G · U, que têm significância tanto funcional como estrutural (p. ex., Seções 32-2Ba e 32-2Db).

c. As ligações de hidrogênio apenas estabilizam o DNA fracamente

É claro que as ligações de hidrogênio são necessárias para a especificidade do pareamento de bases no DNA, que é, em última análise, responsável pela enorme fidelidade necessária para replicar o DNA quase sem qualquer erro (Seção 30.3D). Porém, como também ocorre com proteínas (Seção 8.4Ba), *as ligações de hidrogênio pouco contribuem para a estabilidade da dupla-hélice*. Por exemplo, a adição de um composto relativamente apolar como o etanol (que reforça ligações de hidrogênio) a uma solução aquosa de DNA, desestabiliza a dupla-hélice, como é indicado pelo decréscimo da sua temperatura de fusão (T_m; Seção 5.3Ca). Isso ocorre porque as forças hidrofóbicas, que são em grande parte responsáveis pela estabilidade do DNA (Seção 29.2C), são rompidas por solventes apolares. Por sua vez, *as ligações de hidrogênio entre os pares de bases do DNA nativo são substituídas, no DNA desnaturado, por ligações de hidrogênio entre as bases e a água, energeticamente quase equivalentes*. Isso explica a observação termodinâmica de que as interações por ligações de hidrogênio contribuem com apenas 2 a 8 kJ/mol para a estabilidade do pareamento.

C. Empilhamento de bases e interações hidrofóbicas

Purinas e pirimidinas tendem a formar pilhas extensas de moléculas planas paralelas. Isso foi observado nas estruturas de ácidos nucleicos (p. ex., Fig. 29.1) e em várias centenas de estruturas cristalinas por raios X reportadas que contêm bases de ácidos nucleicos. Nessas estruturas, as bases estão, em geral, parcialmente sobrepostas (p. ex., Fig. 29.12). De fato, as estruturas cristalinas de bases relacionadas quimicamente com frequência exibem padrões de empilhamento similares. Aparentemente, as interações de empilhamento, as quais no estado sólido são uma forma de interação de van der Waals (Seção 8.4Ab), possuem algumas especificidades, embora certamente não tantas quanto o pareamento de bases.

a. Empilhamento de bases de ácidos nucleicos em solução aquosa

As bases agregam-se em solução aquosa, como foi demonstrado pelas variações de pressão osmótica em função da concentração. A lei da pressão osmótica de van't Hoff é

$$\pi = RTm \qquad [29.2]$$

em que π é a pressão osmótica, m é a molalidade do soluto (mol de soluto/kg de solvente), R é a constante dos gases e T é a temperatura. A massa molecular, M, de um soluto ideal pode ser determinada a partir da sua pressão osmótica, pois $M = c/m$, onde c = g de soluto/kg de solvente.

Se a espécie sob investigação é de massa molecular conhecida, mas agrega em solução, a Equação [29.2] deve ser reescrita:

$$\pi = \phi RTm \qquad [29.3]$$

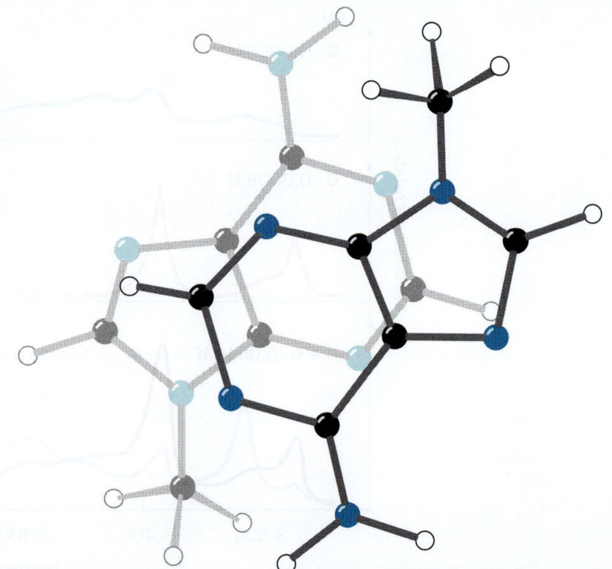

FIGURA 29.12 Empilhamento dos anéis de adenina na estrutura cristalina da 9-metiladenina. A sobreposição parcial dos anéis é típica da associação entre as bases nas estruturas cristalinas e em ácidos nucleicos de hélices duplas. (Conforme Stewart, R.F., e Jensen, L.H., *J. Chem. Phys.* **40,** 2071 [1964].)

em que ϕ, o **coeficiente osmótico**, indica o grau de associação do soluto. ϕ varia de 1 (sem associação) até 0 (associação infinita). A variação de ϕ com m para bases de ácidos nucleicos em solução (p. ex., Fig. 29.13) é consistente com um modelo no qual as bases agregam em etapas sucessivas:

$$A + A \rightleftharpoons A_2 + A \rightleftharpoons A_3 + A \rightleftharpoons \cdots \rightleftharpoons A_n$$

em que n é pelo menos 5 (se a reação prossegue até a sua conclusão, $\phi = 1/n$). Essa associação não pode ser um resultado de ligações de hidrogênio, pois a **N^6, N^6-dimetiladenosina**,

H_3C — N — CH_3 ... Ribose

N^6,N^6-Dimetiladenosina

que não pode formar ligações de hidrogênio entre as bases, possui um grau de associação maior do que o da adenosina (Fig. 29.13). Aparentemente, *a agregação resulta da formação de pilhas de moléculas planas*. Esse modelo é corroborado por estudos de RM de prótons: as direções dos desvios químicos dos agregados são compatíveis com um modelo de empilhamento, mas não com um mantido por ligações de hidrogênio. As associações de empilhamento de bases monoméricas não são observadas em soluções não aquosas.

Polinucleotídeos de fita simples também exibem interações de empilhamento. Por exemplo, poli(A) apresenta um amplo aumento de absorbância de UV com a temperatura (Fig. 29.14*a*). Esse hipercromismo (que é indicativo de desnaturação de ácidos nucleicos; Seção 5.3Ca) é inde-

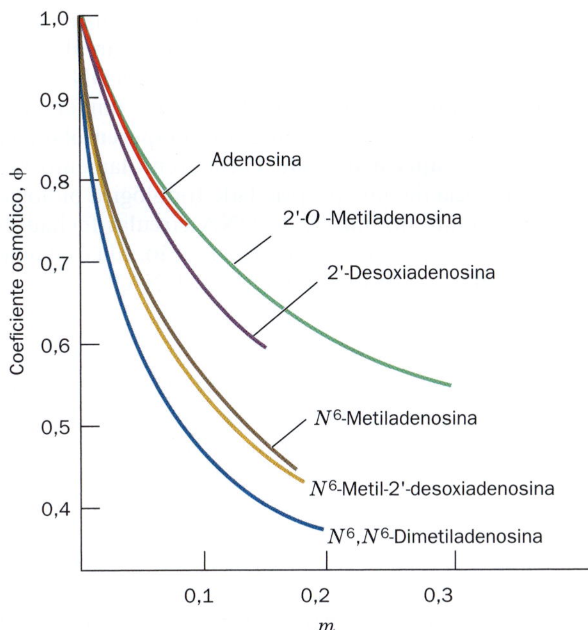

FIGURA 29.13 Variação do coeficiente osmótico ϕ com as concentrações molais *m* de derivados da adenosina em H_2O. O decréscimo de ϕ com o aumento de *m* indica que esses derivados agregam em solução. (Conforme Broom, A.D., Schweizer, M.P., e Ts'o, P.O.P., *Am. Chem. Soc.* **89**, 3613 [1967].)

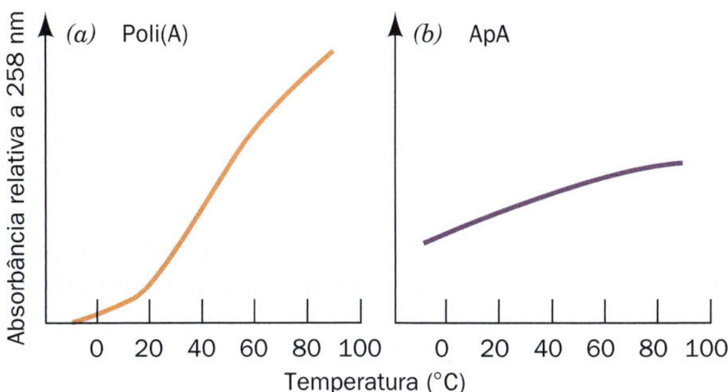

FIGURA 29.14 Curvas de desnaturação para poli(A) e ApA. A ampla faixa de temperatura de deslocamentos hipercrômicos a 258 nm de (*a*) poli(A) e (*b*) ApA é indicativa de mudanças conformacionais não cooperativas nestas substâncias. Compare essa figura com a Fig. 5-16. (De acordo com Leng, M. e Felsenfeld, G., *J. Mol. Biol.* **15,** 457 [1966].)

pendente da concentração de poli(A), de modo que não pode ser consequência de desagregação intermolecular. Do mesmo modo, ele não é devido à redução da interação por ligações de hidrogênio intramoleculares, porque poli(N^6, N^6-dimetiladenosina) exibe um grau de hipercromismo maior do que o de poli(A). O hipercromismo deve, portanto, ser resultante de algum tipo de interação de empilhamento na fita simples que desnatura com o aumento da temperatura. Esse processo não é muito cooperativo, o que é indicado pela amplitude da curva de desnaturação e pela observação de que polinucleotídeos curtos, inclusive fosfatos de dinucleosídeos, como ApA, exibem curvas de desnaturação similares (Fig. 29.14*b*).

b. Estruturas de ácidos nucleicos são estabilizadas por forças hidrofóbicas

Associações de empilhamento em soluções aquosas são em grande parte estabilizadas por forças hidrofóbicas. Seria razoável supor que as interações hidrofóbicas em ácidos nucleicos são similares àquelas que estabilizam as estruturas de proteínas. Contudo, um exame mais atento revela que esses dois tipos de interação apresentam características qualitativamente diferentes. A análise termodinâmica das curvas de desnaturação dos fosfatos de dinucleosídeos nos termos da reação

$$\text{Fosfato de dinucleosídeo } (\textit{não empilhado}) \rightleftharpoons \text{Fosfato de dinucleosídeo } (\textit{empilhado})$$

(Tabela 29.3) indica que *o empilhamento de bases é entalpicamente favorecido e entropicamente antagonizado. Assim, as interações hidrofóbicas responsáveis pela estabilidade das associações de empilhamento em ácidos nucleicos são diametralmente opostas em caráter àquelas que estabilizam estruturas de proteínas* (que são entalpicamente antagonizadas e entropicamente favorecidas; Seção 8.4C). Isso se reflete nas propriedades estruturais diferenciais dessas interações. Por exemplo, as cadeias laterais aromáticas das proteínas quase nunca estão empilhadas e as estruturas cristalinas de hidrocarbonetos aromáticos como o benzeno, que lembram essas cadeias laterais, são caracteristicamente desprovidas de interações de empilhamento.

As forças hidrofóbicas em ácidos nucleicos são pouco entendidas. Apesar disso, a observação de que elas têm características diferentes daquelas de forças hidrofóbicas que estabilizam proteínas não causa surpresa, porque as bases nitrogenadas são consideravelmente mais polares do que os resíduos de hidrocarbonetos das proteínas que participam de interações hidrofóbicas. Não existe, contudo, qualquer teoria disponível que explique adequadamente a natureza das forças hidrofóbicas nos ácidos nucleicos (cabe lembrar que, de maneira similar, a compreensão das forças hidrofóbicas em proteínas também é incompleta). Essas forças são interações complexas, das quais o empilhamento de bases é provavelmente um componente significativo. Sejam quais forem as suas origens, as forças hidrofóbicas são de importância central para a determinação das estruturas dos ácidos nucleicos.

TABELA 29.3 Parâmetros termodinâmicos para a reação

$$\text{Fosfato de dinucleosídeo } (\textit{não empilhado}) \rightleftharpoons \text{Fosfato de dinucleosídeo } (\textit{empilhado})$$

Fosfato de dinucleosídeo	$\Delta H_{\text{empilhamento}}$ (kJ · mol^{-1})	$-T\Delta S_{\text{empilhamento}}$ (kJ · mol^{-1} a 25°C)
ApA	−22,2	24,9
ApU	−35,1	39,9
GpC	−32,6	34,9
CpG	−20,1	21,2
UpU	−32,6	36,2

Fonte: Davis, R.C., and Tinoco, I., Jr., *Biopolymers* **6**, 230 (1968).

D. Interações iônicas

Qualquer teoria a respeito da estabilidade das estruturas de ácidos nucleicos deve levar em consideração as interações eletrostáticas de seus grupos fosfato carregados. A teoria dos polieletrólitos aproxima-se das interações eletrostáticas de DNA por considerar a dupla-hélice aniônica como uma linha ou um cilindro homogeneamente carregado. Não serão discutidos aqui os detalhes dessa teoria, mas note que ela está frequentemente em razoável concordância com as observações experimentais.

A temperatura de fusão do dúplex de DNA aumenta com a concentração de cátions, porque esses íons ligam-se mais fortemente ao DNA de fita dupla do que ao DNA de fita simples, devido à maior densidade de cargas aniônicas do dúplex de DNA. Uma concentração aumentada de sal, portanto, desloca o equilíbrio em direção à forma dúplex, elevando assim a T_m do DNA. A relação observada para o Na^+ é

$$T_m = 41{,}1X_{G+C} + 16{,}6\log[Na^+] + 81{,}5 \quad [29.4]$$

onde X_{G+C} é a fração molar de pares de bases G · C (lembre que a T_m aumenta com o conteúdo de G + C; Fig. 5.17); a equação é válida nas faixas de $0{,}3 < X_{G+C} < 0{,}7$ e 10^{-3} $M < [Na^+] < 1{,}0$ M. Outros cátions monovalentes, como Li^+ e K^+, apresentam interações inespecíficas similares com grupos fosfato. Cátions divalentes, como Mg^{2+}, Mn^{2+} e Co^{2+}, ao contrário, ligam-se especificamente a grupos fosfato. Isso determina que *cátions divalentes sejam agentes protetores muito mais efetivos para ácidos nucleicos do que cátions monovalentes*. Por exemplo, um íon Mg^{2+} tem uma influência sobre a dupla-hélice do DNA comparável àquela de 100 a 1.000 íons de Na^+. De fato, as enzimas que fazem a mediação das reações com ácidos nucleicos ou apenas nucleotídeos (p. ex., ATP) em geral requerem Mg^{2+} para suas atividades. Além disso, íons Mg^{2+} desempenham um papel essencial na estabilização de estruturas complexas assumidas por muitos RNAs, como os RNAs de transferência (tRNAs; Seção 32.2B) e os RNAs ribossômicos (rRNAs; Seção 32.3A).

3 DNA SUPERENROLADO

Ver Exploração guiada 24: Superenrolamento de DNA Análises genéticas indicam que muitos vírus e bactérias possuem mapas genéticos circulares, o que implica que seus cromossomos são igualmente circulares. Essa conclusão foi confirmada por micrografias eletrônicas, nas quais os DNAs circulares podem ser visualizados (Fig. 29.15). Alguns desses DNAs circulares possuem uma aparência torcida peculiar, um fenômeno que é conhecido equivalentemente como **superenrolamento**, **supertorção** ou **super-helicidade**. O superenrolamento surge em consequência de uma propriedade topológica biologicamente importante do dúplex de DNA circular fechado de forma covalente, que é o assunto desta seção. Ela é chamada ocasionalmente de estrutura terciária do DNA.

A. Topologia da super-hélice

Considere uma molécula de DNA de dupla-hélice na qual ambas as fitas estão unidas de forma covalente para formar uma molécula de dúplex circular como a representada na Fig. 29.16 (cada fita pode ser unida somente a ela mesma, porque as fitas são antiparalelas). *Uma propriedade geométrica de uma montagem como esta determina que o número de vezes que uma fita se enrola sobre a outra não pode ser alterado sem antes clivar-se pelo menos uma das suas fitas polinucleotídicas.* Isso pode ser facilmente demonstrado se você utilizar um cinto afivelado, no qual cada margem representa uma fita de DNA. O número de vezes que o cinto é torcido antes de ser afivelado não pode ser alterado sem que antes o cinto seja desafivelado ou cortado (clivagem de uma fita polinucleotídica).

Esse fenômeno, como James White provou matematicamente em 1969, é expressado

$$L = T + W \quad [29.5]$$

na qual:

1. L, o **número de ligação** (também simbolizado por Lk, de *linking*), é o número de vezes que uma fita de DNA se torce sobre a outra. Essa quantidade inteira é mais facilmente contada quando o eixo da molécula dúplex é forçado a ficar sobre um plano (ver a seguir). Contudo, *o número de ligação é invariável, não importando como a molécula circular é torcida ou destorcida, desde que ambas as suas fitas polinucleotídicas permaneçam covalentemente intactas; o número de ligação é, portanto, uma propriedade topológica da molécula.*

2. T, a **torção** (também simbolizada por Tw, de *twist*), é o número de revoluções completas que uma fita polinucleotídica

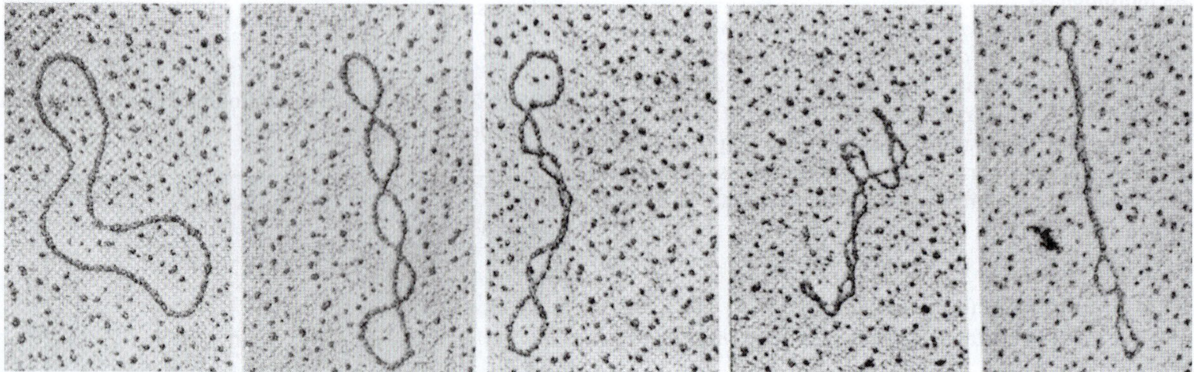

FIGURA 29.15 Micrografias eletrônicas de DNAs dúplex circulares. As conformações variam desde uma situação sem superenrolamento (*à esquerda*) até um elevado estado de superenrolamento (*à direita*). (Micrografias eletrônicas feitas por Laurien Polder. De Kornberg, A., e Baker, T.A., *DNA Replication* [2nd ed.], *p.* 36, W.H. Freeman [1992]. Utilizada com permissão.)

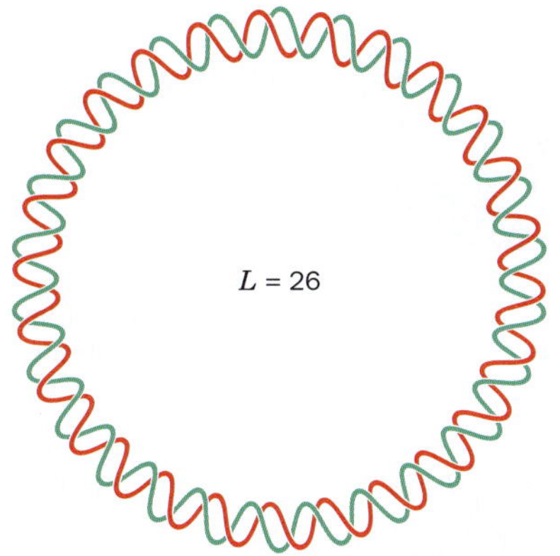

FIGURA 29.16 Diagrama esquemático de um dúplex de DNA circular fechado covalentemente que possui 26 voltas na sua dupla-hélice. Diz-se que as duas fitas polinucleotídicas do DNA estão **ligadas topologicamente** uma à outra porque, embora elas não estejam covalentemente ligadas entre si, elas não podem ser separadas sem a quebra de ligações covalentes.

faz em torno do eixo do dúplex na conformação particular sob consideração. Por convenção, T é positiva para voltas do dúplex para a direita, de modo que, para B-DNA em solução, a torção é normalmente o número de pares de bases dividido por 10,5 (o número de pares de bases por volta da dupla-hélice do B-DNA sob condições fisiológicas; ver Seção 29.3Bc).

3. W, o **número de superenrolamento** (também simbolizado por Wr, de *writhing number*), é o número de voltas que o eixo do dúplex faz em torno do eixo da super-hélice na conformação de interesse. Seu valor pode ser facilmente determinado projetando-se o DNA sobre um plano e contando-se o número de vezes que o eixo do dúplex cruza sobre si mesmo (Fig. 29.17). *O número de superenrolamento é uma medida do superenrolamento do DNA*. A diferença entre superenrolamento e torção é ilustrada pelo exemplo familiar da Fig. 29.18. $W = 0$ quando o eixo do dúplex de DNA é forçado a ficar em um plano (p. ex., Fig. 29.16); então, $L = T$, de modo que L pode ser avaliado a partir da contagem das voltas do dúplex de DNA.

As duas conformações de DNA representadas à direita na Fig. 29.19 são topologicamente equivalentes; isto é, elas possuem o mesmo número de ligação, L, mas diferem em seus números de torções e de superenrolamento. Note que T e W não precisam ser números inteiros (pelo menos matematicamente), somente L. Apesar de, estritamente falando, a super-helicidade ser definida apenas para o dúplex de DNA circular covalentemente fechado, um segmento linear de DNA dúplex que é mecanicamente impedido de rotar em

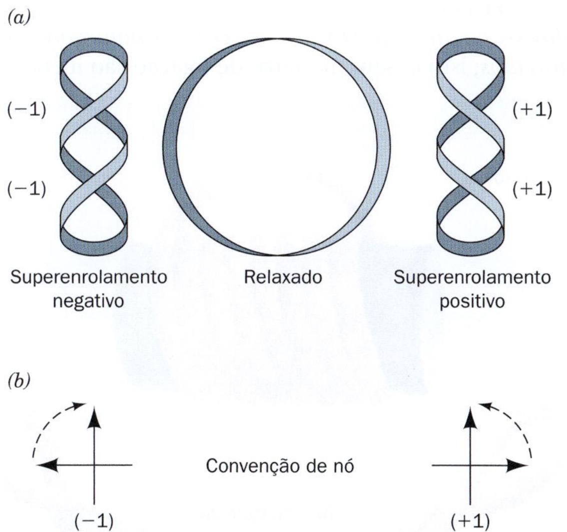

FIGURA 29.17 Relações topológicas em um dúplex de DNA covalentemente fechado. (*a*) As moléculas de DNA estão representadas por fitas circulares. O DNA sem tensão torcional é dito relaxado. Destorcimento ou retorcimento produz superenrolamentos negativos (−1) ou positivos (+1). (*b*) Um superenrolamento negativo possui um cruzamento em que uma rotação no sentido horário do segmento da frente de <180° alinha-o sobre o segmento de trás, enquanto um superenrolamento positivo apresenta uma rotação anti-horária correspondente. (De acordo com Deweese, J.E., Osheroff, M.A., e Osheroff, N., *Biochem. Mol. Biol. Educ.* **37,** 2 [2009].)

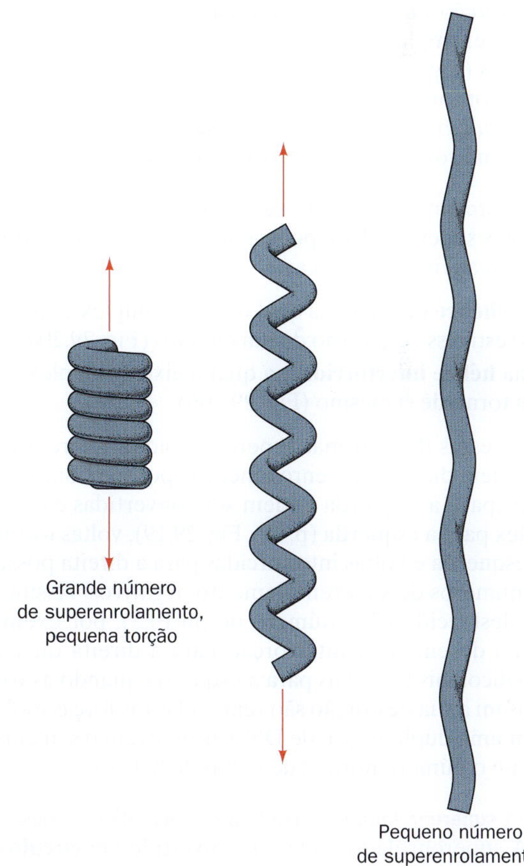

FIGURA 29.18 A diferença entre superenrolamento e torção como demonstrado por um fio de telefone enrolado. Aqui, o fio representa uma molécula de DNA de dupla-hélice. No seu estado relaxado (*à esquerda*), o fio está em uma forma helicoidal que possui um elevado número de superenrolamento e uma pequena torção. À medida que o fio é puxado (*centro*), até que esteja quase reto (*à direita*), o seu número de superenrolamento torna-se menor e a sua torção aumenta.

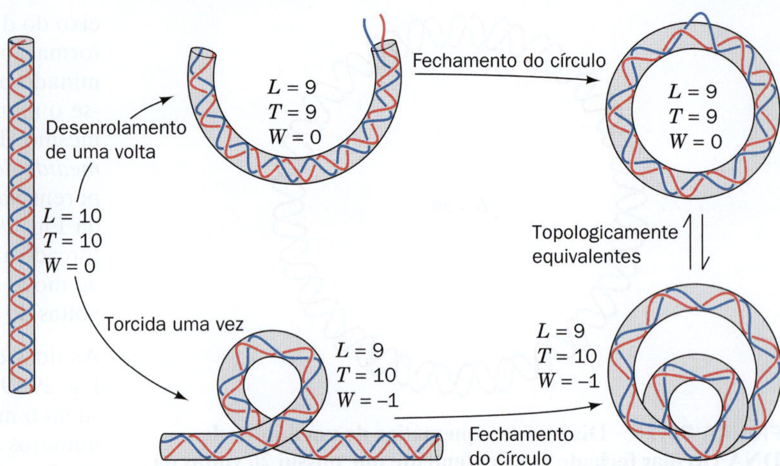

FIGURA 29.19 Duas maneiras de introduzir um superenrolamento em um DNA com 10 voltas no seu dúplex. As duas formas circulares fechadas mostradas (*à direita*) são equivalentes de forma topológica; isto é, elas são interconversíveis sem a quebra de qualquer ligação covalente. O número de ligação L, a torção T e o número de superenrolamento W são indicados para cada forma. Estritamente falando, o número de ligação só é definido para um círculo covalentemente fechado.

ambas as extremidades (por âncoras de proteína, p. ex.) possui propriedades topológicas idênticas.

Como L é constante em um dúplex de DNA circular intacto, para cada nova torção da dupla-hélice, ΔT, deve haver uma torção super-helicoidal igual e oposta, isto é, $\Delta W = -\Delta T$. Por exemplo, um DNA circular fechado sem superenrolamentos (Fig. 29.19, *acima à direita*) pode ser convertido em uma conformação negativamente superenrolada (Fig. 29.18, *embaixo à direita*) torcendo-se a hélice do dúplex o mesmo número de voltas positivas (para a direita).

a. Superenrolamentos podem ser toroidais ou intertorcidos

Um dúplex superenrolado pode assumir duas formas equivalentes de maneira topológica:

1. Uma **hélice toroidal**, na qual o eixo do dúplex é enrolado como se estivesse em torno de um cilindro (Fig. 29.20*a*).
2. Uma **hélice intertorcida**, na qual o eixo do dúplex é torcido em torno de si mesmo (Fig. 29.20*b*).

Note que essas duas formas super-helicoidais interconversíveis possuem direções de enrolamento opostas. Como voltas toroidais para a esquerda podem ser convertidas em voltas do dúplex para a esquerda (p. ex., Fig. 29.19), voltas toroidais para a esquerda e voltas intertorcidas para a direita possuem ambas números de superenrolamento negativos. Assim, um dúplex destorcido (T < número de pb/10,5), por exemplo, tenderá a desenvolver intertorção para a direita ou voltas super-helicoidais toroidais para a esquerda quando as forças que causam a sua destorção são removidas (as forças moleculares em uma dupla-hélice de DNA promovem o seu enrolamento até o número normal de voltas da hélice).

b. O DNA superenrolado é relaxado pelo corte de uma das fitas

O DNA superenrolado pode ser convertido em **círculos relaxados** (como aparece no painel mais à esquerda na Fig. 29.15) pelo tratamento com a **DNase I pancreática**, uma **endonuclease** (uma enzima que cliva ligações fosfodiéster no interior de uma cadeia polinucleotídica) que cliva somente uma das fitas de um dúplex de DNA. *Um corte em uma única fita é suficiente para relaxar um DNA superenrolado.* Isso ocorre porque a cadeia de açúcar-fosfato oposta ao corte fica livre para girar em torno das ligações de seu esqueleto (Fig. 29.5), de modo a mudar o número de ligação da molécula e, assim, alterar a sua super-helicidade. O superenrolamento acumula tensão elástica em um círculo de DNA, de maneira muito similar ao que ele faz com um elástico de borracha. É por isso que o estado relaxado do DNA não é superenrolado.

B. Medições de superenrolamento

O DNA superenrolado, longe de ser apenas uma curiosidade matemática, tem sido amplamente observado na natureza. De fato, a sua descoberta no DNA de poliomavírus por Jerome Vinograd estimulou a elucidação das propriedades topológicas das super-hélices em vez do contrário.

a. Agentes intercalantes controlam o superenrolamento destorcendo o DNA

Todos os círculos de DNA que ocorrem naturalmente são destorcidos; isto é, seus números de ligação são menores do

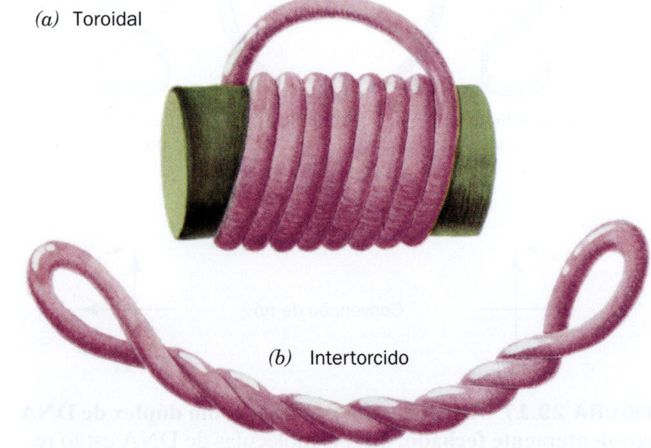

FIGURA 29.20 Superenrolamentos toroidal e intertorcido. Um tubo de borracha que foi (*a*) enrolado toroidalmente em uma hélice orientada para a esquerda em torno de um cilindro, com as suas extremidades unidas, de modo a não apresentar qualquer salto de torção para (*b*) uma hélice intertorcida, com a direção de torção oposta, quando o cilindro é removido. O número de ligação, a torção e o número de superenrolamento não são alterados nessa transformação.

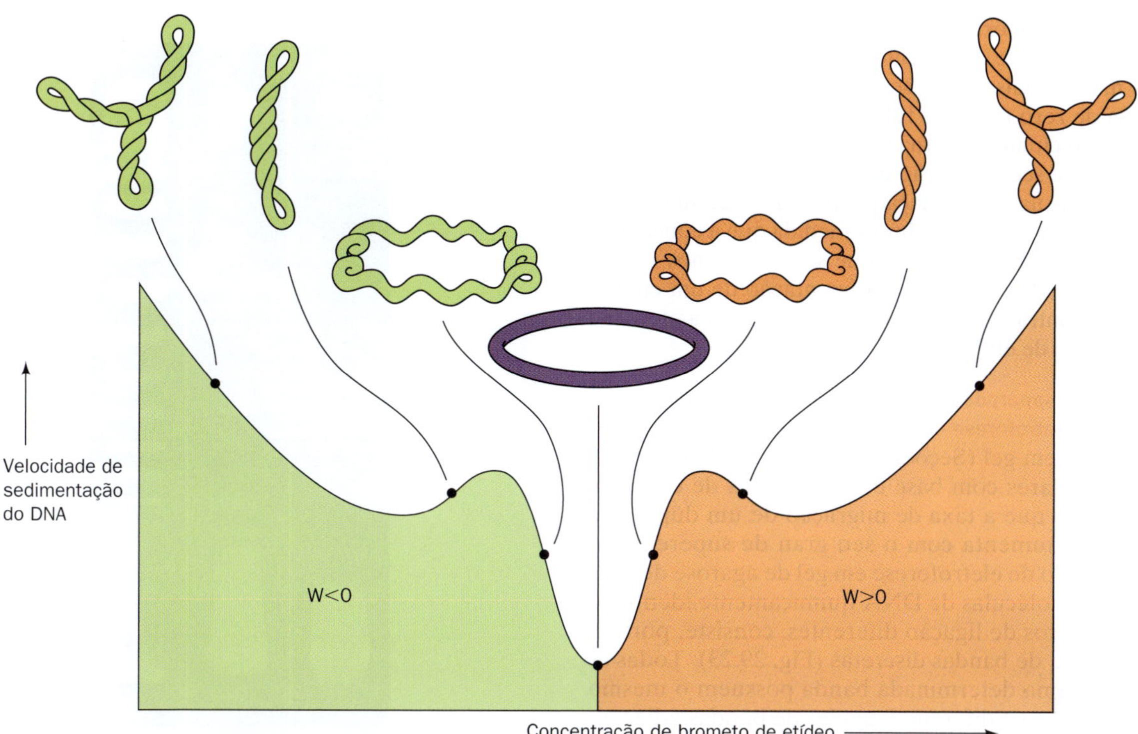

FIGURA 29.21 **Taxa de sedimentação de DNA de fita dupla circular fechado destorcido em função da concentração de brometo de etídeo.** A intercalação de etídeo entre os pares de bases destorce localmente a dupla-hélice (Fig. 29.22), o que, como o número de ligação do círculo é constante, é acompanhado por um aumento equivalente no número de superenrolamento. À medida que a super-hélice enrolada negativamente é destorcida, ela torna-se menos compacta e, por isso, sedimenta de forma mais lenta. No ponto baixo da curva, os círculos de DNA têm suficiente etídeo ligado a eles para tornarem-se completamente relaxados. À medida que a concentração de etídeo é aumentada ainda mais, o DNA superenrola-se na direção oposta, gerando uma super-hélice positivamente enrolada. As aparências supertorcidas dos DNAs representados foram verificadas por microscopia eletrônica. (Conforme Bauer, W.R., Crick, F.H.C., e White, J.H., *Sci Am.* **243**[1], 129 [1980]. Copyright © 1981 de Scientific American, Inc.)

que aqueles dos círculos relaxados correspondentes. Esse fenômeno foi estabelecido a partir da observação do efeito da ligação do íon etídeo na taxa de sedimentação do DNA circular (Fig. 29.21). Agentes intercalantes como o etídeo (um cátion aromático planar; Seção 6.6Ca) alteram o grau de super-helicidade do DNA circular por fazerem com que a dupla-hélice do DNA se destorça (desenrole) ~26° no sítio da molécula intercalada (Fig. 29.22). $W < 0$ em um círculo destorcido livre, devido à tendência que um dúplex de DNA tem de manter a sua torção normal, de uma volta por 10,5 pb. A titulação de um círculo de DNA com etídeo destorce o dúplex (diminui T), o que deve ser acompanhado por um

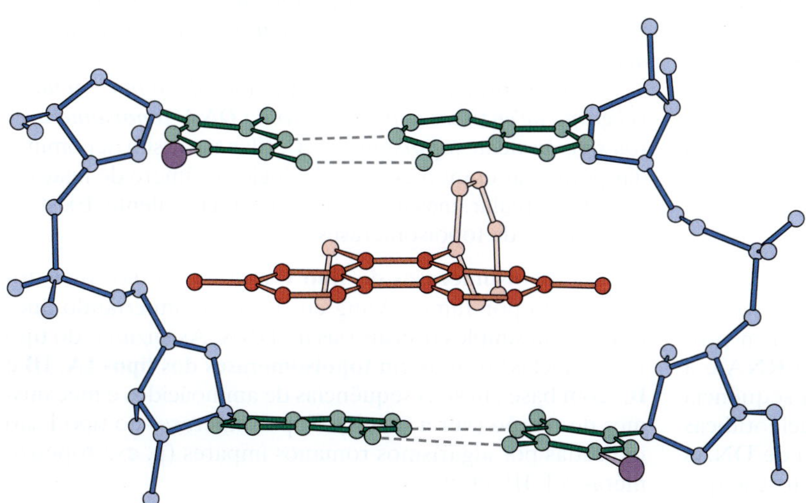

FIGURA 29.22 **Estrutura por raios X de um complexo de etídeo com 5-iodo-UpA.** O etídeo (*em vermelho*) intercala-se entre os pares de bases (*em verde, com o I em roxo*) do fosfato de dinucleosídeo pareado em dupla-hélice, constituindo, portanto, um modelo para a ligação do etídeo ao dúplex de DNA. (Conforme Tsai, C.-C., Jain, S. C., e Sobell, H. M., *Proc. Natl. Acad. Sci.* **72,** 629 (1975).)

aumento compensatório em W. Inicialmente, isso diminui a super-helicidade de um círculo destorcido. Porém, à medida que mais e mais etídeo se liga ao círculo, o seu valor de W passa de zero (círculos relaxados) e se torna positivo, de modo que o círculo se torna super-helicoidal novamente. Assim, a taxa de sedimentação de DNAs destorcidos, que é uma medida da sua compactação e, portanto, de sua super-helicidade, passa por um mínimo à medida que a concentração de etídeo aumenta. Isso é o que se observa nos DNAs nativos (Fig. 29.21). A taxa de sedimentação de um círculo retorcido, ao contrário, somente aumentaria com a elevação da concentração de etídeo.

b. Os DNAs são separados de acordo com seus números de ligação por eletroforese em gel

A eletroforese em gel (Seções 6.4 e 6.6C) também separa moléculas similares com base em seus graus de compactação, de modo que a taxa de migração de um dúplex de DNA circular aumenta com o seu grau de superenrolamento. O padrão de eletroforese em gel de agarose de uma população de moléculas de DNA quimicamente idênticas, mas com números de ligação diferentes, consiste, portanto, de uma série de bandas discretas (Fig. 29.23). Todas as moléculas de uma determinada banda possuem o mesmo número de ligação e diferem daquelas de bandas adjacentes por $\Delta L \pm 1$.

A comparação dos padrões eletroforéticos de bandas de DNA do **vírus de símios 40** (**SV40**, de *simian virus 40*) que foi relaxado enzimaticamente em diferentes graus e depois liberado (Fig. 29.23) revela que 26 bandas separam o DNA de SV40 nativo da sua forma totalmente relaxada. O DNA nativo de SV40 tem, portanto, $W = -26$ (embora ele seja um tanto heterogêneo nessa quantidade). Como o DNA de SV40 consiste em 5.243 pb, ele possui uma volta super-helicoidal negativa por ~19 voltas do dúplex. Essa densidade de super-helicidade (W/T) é típica de DNAs circulares de diversas fontes biológicas.

c. O DNA em solução fisiológica tem 10,5 pares de bases por volta

A inserção, utilizando técnicas de engenharia genética (Seção 5.5C), de x pares de bases adicionais em um DNA super-helicoidal com um determinado número de ligação aumentará a torção do DNA e, consequentemente, diminuirá o seu número de superenrolamento por $x/h°$, em que $h°$ é o número de pares de bases por volta do dúplex. Essa inserção desloca a posição de cada banda no padrão de eletroforese em gel do DNA por $x/h°$ do espaçamento entre as bandas. Medindo-se os efeitos de várias dessas inserções, James Wang estabeleceu que $h° = 10{,}5 \pm 0{,}1$ pb para o B-DNA em solução sob condições fisiológicas.

C. *Topoisomerases*

O funcionamento biológico normal do DNA ocorre somente se ele estiver no estado topológico adequado. Em processos biológicos básicos como a transcrição de RNA e a replicação de DNA, o reconhecimento de uma sequência de bases exige a separação local de fitas polinucleotídicas complementares. O superenrolamento negativo de DNAs de ocorrência natural resulta em uma tensão de torção que

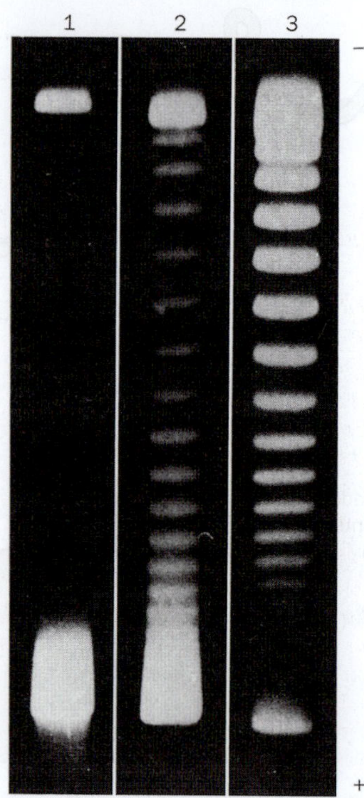

FIGURA 29.23 Padrão do DNA de SV40 em eletroforese em gel de agarose. A canaleta 1 contém o DNA nativo superenrolado negativamente (*banda inferior*; o DNA foi aplicado no topo do gel). Nas canaletas 2 e 3, o DNA foi exposto por 5 e 30 minutos, respectivamente, a uma enzima, conhecida como topoisomerase do tipo IA (Seção 29.3Cb), que relaxa superenrolamentos negativos, um de cada vez, aumentando o número de ligação do DNA (L). Os DNAs de bandas consecutivamente mais altas em um dado gel possuem números de ligação sucessivamente maiores ($\Delta L = +1$). (Conforme Keller, W., *Proc. Natl. Acad. Sci.* **72,** 2553 [1975].)

promove essas separações, pois ele tende a desenrolar a dupla-hélice (um aumento de T deve ser acompanhado por um decréscimo de W). *Se o DNA não possui a tensão super-helicoidal adequada, os processos vitais acima mencionados (eles próprios são capazes de superenrolar o DNA; Seções 30.2C e 31.2Ca) ocorrem de forma muito lenta ou até mesmo deixam de ocorrer.*

O superenrolamento do DNA é controlado por um notável grupo de enzimas conhecidas como ***DNA-topoisomerases*** *(ou simplesmente* ***topoisomerases****).* Elas são assim denominadas porque alteram o estado topológico (número de ligação) do DNA circular, mas não a sua estrutura covalente. Existem duas classes de topoisomerases:

1. As **topoisomerases do tipo I**, a primeira das quais foi descoberta por James Wang em 1971, atuam criando quebras de fita simples transitórias no DNA. As enzimas do tipo I são subclassificadas em **topoisomerases dos tipos IA**, **IB** e **IC**, com base em suas sequências de aminoácidos e mecanismos de reação (ver a seguir). Topoisomerases do tipo I são indicadas por algarismos romanos ímpares (p. ex., topoisomerases I, III, etc.).

2. As **topoisomerases do tipo II**, a primeira das quais foi descoberta por Martin Gellert em 1976, atuam fazendo quebras transitórias de fita dupla no DNA, acompanhadas da hidrólise de ATP em ADP + P_i. Enzimas do tipo II são subclassificadas em **topoisomerases dos tipos IIA** e **IIB** com base em suas sequências de aminoácidos. Topoisomerases do tipo II são indicadas por algarismos romanos pares (p. ex., topoisomerases II, IV, etc.).

a. As topoisomerases do tipo I relaxam progressivamente o DNA superenrolado

As topoisomerases do tipo I catalisam o relaxamento de superenrolamentos no DNA, mudando o número de ligação em incrementos de uma volta até que o superenrolamento seja completamente relaxado. Na maioria dos organismos, enzimas do tipo IA, que estão presentes em todas as células, relaxam somente o DNA superenrolado negativamente, enquanto as enzimas do tipo IB, que estão presentes em todos os eucariotos e em muitos procariotos (mas não em *E. coli*), relaxam DNA enrolado tanto negativa como positivamente. Entretanto, muitos hipertermófilos, tanto eubactérias como arqueias, possuem uma topoisomerase do tipo IA conhecida como **girase reversa**, que induz superenrolamento positivo no DNA através da ação movida por ATP de um domínio de **helicase** que está fusionado ao N-terminal do domínio de topoisomerase (helicases são discutidas na Seção 30.2C). Isso sugere que o superenrolamento positivo, que aperta a dupla-hélice do DNA, protege o DNA da desnaturação térmica. Embora as topoisomerases dos tipos IA e IB sejam todas enzimas monoméricas, de ~100 kDa, elas aparentemente não compartilham semelhanças de sequência ou estrutura e, como será visto, funcionam por meio de diferentes mecanismos enzimáticos.

Uma indicação do mecanismo de ação da topoisomerase do tipo IA foi dada pela observação de que ela **concatena** (interliga) de forma reversível círculos de fita simples (Fig. 29.24*a*). Aparentemente, a enzima opera cortando uma fita simples, passando uma alça de fita simples através da lacuna resultante e depois selando novamente a quebra (Fig. 29.24*b*), torcendo assim o DNA de fita dupla helicoidal uma vez. Em suporte desse mecanismo de **passagem de fita** está o fato de que a desnaturação de uma enzima do tipo IA que foi incubada com DNA circular de fita simples libera um DNA linear que possui o seu grupo fosforil da extremidade 5′ ligado à enzima por meio de uma ligação fosfoTyr-diéster.

Topoisomerase do tipo IA
CH_2
Tyr
DNA

Uma enzima do tipo IB, por sua vez, ao ser desnaturada aparece ligada à extremidade 3′ do DNA, por meio de uma ligação fosfoTyr. *Graças à formação destes intermediários enzima-DNA covalentes, a energia livre da ligação fosfodiéster clivada é preservada, de modo que não é necessário qualquer aporte de energia para que o corte seja novamente selado.*

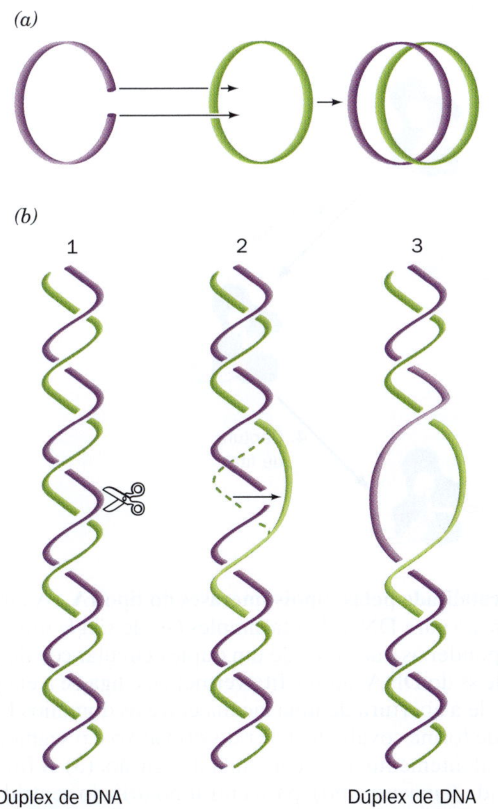

FIGURA 29.24 Ação de topoisomerase do tipo IA. Ao cortar um DNA de fita simples, passar uma alça de uma segunda fita através da quebra e depois selar novamente o corte, uma topoisomerase do tipo IA pode (*a*) concatenar dois círculos de fita simples ou (*b*) desenrolar uma volta de um dúplex de DNA.

b. Topoisomerases do tipo IA funcionam via um mecanismo de passagem de fita

Células de *E. coli* contêm duas topoisomerases do tipo IA, chamadas de **topoisomerase I** (também chamada **proteína ω**) e **topoisomerase III**. A Tyr 328 da topoisomerase III é o resíduo do sítio ativo que forma uma ligação 5′-fosfoTyr com o DNA clivado. A estrutura por raios X do mutante inativo Y328F da topoisomerase III em complexo com o octanucleotídeo de fita simples d(CGCAACTT), determinada por Alfonso Mondragón (Fig. 29.25), revela que esse monômero de 659 resíduos dobra-se em quatro domínios que englobam um orifício de ~20 por 28 Å, grande o suficiente para conter um dúplex de DNA e revestido por numerosas cadeias laterais de Arg e Lys. O octanucleotídeo liga-se a uma fenda que

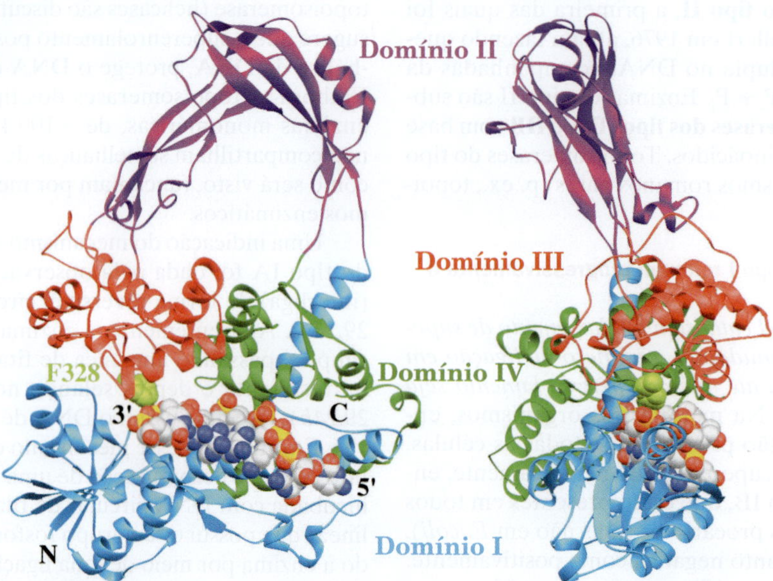

FIGURA 29.25 Estrutura por raios X do mutante Y328F da topoisomerase III de *E. coli*, uma topoisomerase do tipo IA, em complexo com o octanucleotídeo de fita simples d(CGCAACTT). As duas vistas mostradas estão relacionadas por uma rotação de 90° em torno de um eixo vertical. Os quatro domínios da proteína estão representados em cores diferentes. O DNA está representado na forma de volume atômico, com C em branco, N em azul, O em vermelho e P em amarelo. O sítio ativo da enzima está marcado pela cadeia lateral da Phe 328, que é mostrada na forma de volume atômico, em verde-claro. (Com base em uma estrutura por raios X de Alfonso Mondragón, Northwestern University, EUA. PDBid 1I7D.)

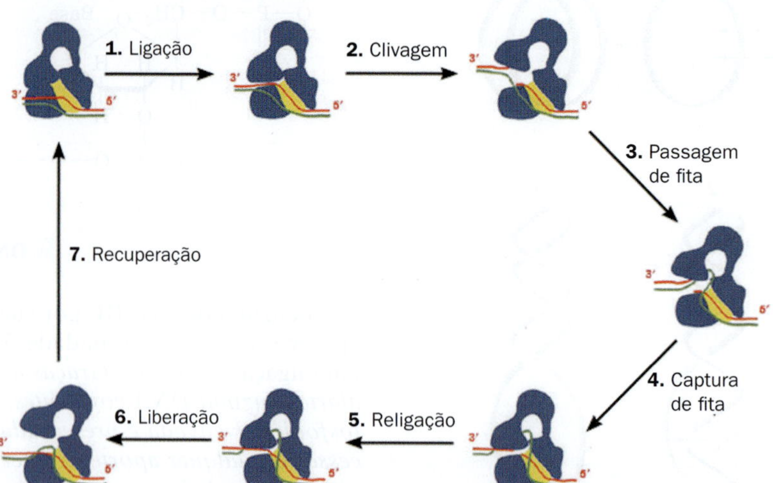

FIGURA 29.26 Mecanismo proposto para a reação de passagem de fita catalisada pelas topoisomerases do tipo IA. A enzima é mostrada em azul, com a região em amarelo representando a fenda de ligação para DNA de fita simples (ss, de *single stranded*). As duas fitas do DNA, representadas em vermelho e verde, poderiam corresponder às duas fitas de um dúplex circular covalentemente fechado ou a dois círculos de ss. (**1**) A proteína reconhece uma região de ss do DNA, aqui a fita vermelha, e liga-se a ela por sua fenda de ligação. Segue-se a esse evento ou ocorre simultaneamente com ele a abertura de uma lacuna entre os domínios I e III. (**2**) O DNA é clivado, com a nova extremidade 5′ recém-formada ligando-se de forma covalente à Tyr do sítio ativo e o segmento com a extremidade 3′ recém-formada permanecendo firmemente, mas não covalentemente, ligado à fenda de ligação. (**3**) A fita intacta (*em verde*) é passada através da abertura ou portão formado pela fita clivada (*em vermelho*), para entrar no orifício central da proteína. (**4**) A fita intacta é capturada pelo fechamento parcial da lacuna entre os domínios I e III. (**5**) As duas extremidades clivadas da fita vermelha são unidas, no que é, provavelmente, uma reversão da reação de clivagem. (**6**) A lacuna entre os domínios I e III é reaberta para permitir o escape da fita verde, liberando o produto da reação, no qual a fita verde foi passada através de uma quebra transitória na fita vermelha. (**7**) A enzima retorna ao seu estado inicial. Se as duas fitas formam um dúplex de DNA superenrolado negativamente, o seu número de ligação, L, foi aumentado em 1; se elas são círculos de ss separados, elas foram concatenadas ou desencadeadas. Para um dúplex de DNA, esse processo pode ser repetido até que todos os seus superenrolamentos tenham sido removidos ($W = 0$). (Conforme desenho de Alfonso Mondragón, Northwestern University, EUA.)

é também revestida com cadeias laterais de Arg e Lys, com o seu esqueleto de açúcar-fosfato em contato com a proteína e com a maioria das suas bases exposta para possibilitar o pareamento. Curiosamente, esse DNA de fita simples assume uma conformação similar à do B-DNA, apesar de sua fita complementar ser estericamente excluída da fenda. A fita de DNA é orientada com a sua extremidade 3′ próxima do sítio ativo, onde, se a Phe 328 mutante fosse a Tyr de tipo selvagem, a cadeia lateral estaria posicionada de forma adequada para atacar nucleofilicamente o grupo fosfato que une C6 a T7 no DNA, para formar uma ligação 5′-fosfoTyr com T7 e liberar C6 com um 3′-OH livre. Essa estrutura e aquela da topoisomerase I de *E. coli*, homóloga e estruturalmente similar, sugerem o mecanismo de reação para passagem de fita catalisada por topoisomerases do tipo IA, que está representado na Fig. 29.26.

c. Topoisomerases do tipo IB funcionam por meio de um mecanismo de rotação controlada

A **topoisomerase I** humana é uma topoisomerase do tipo IB com 765 resíduos (e, portanto, não relacionada à topoisomerase I de *E. coli*). Ela faz a mediação da clivagem transitória de uma das fitas do dúplex de DNA, por meio do ataque nucleofílico da Tyr 723 sobre um átomo de P do DNA, para gerar uma extremidade 3′ fixada por uma ligação fosfoTyr-diéster e um grupo 5′-OH livre no nucleotídeo adjacente. Estudos de proteólise limitada revelaram que a topoisomerase I consiste em quatro regiões principais: os seus domínios N-terminal, central, de ligação e C-terminal. O domínio N-terminal, de ~210 resíduos e altamente polar, o qual é pouco conservado, contém vários sinais de localização nuclear e é dispensável para a atividade enzimática.

A estrutura por raios X do mutante cataliticamente inativo Y723F da topoisomerase I, sem seus 214 resíduos N-terminais e em complexo com um dúplex de DNA palíndromo de 22 pb, foi determinada por Wim Hol (Fig. 29.27). O domínio central dessa proteína bilobada envolve o DNA, envolvendo-o fortemente. Se a Phe 723 mutante fosse a Tyr do tipo selvagem, o seu grupo OH estaria em uma posição colinear em relação à ligação P—O5′ passível de clivagem e, portanto, posicionada idealmente para o ataque nucleofílico ao átomo de P, de modo a formar uma ligação covalente com a extremidade 3′ da fita clivada. Como esperado, a proteína interage com o DNA essencialmente em uma maneira independente da sequência: dos 41 contatos diretos que a proteína estabelece com o DNA, 37 são interações proteína-fosfato e somente um é base-específico. A proteína interage muito mais extensivamente com os cinco pb do segmento a montante do DNA (que conteria a extremidade 5′ recém-formada da fita clivada; 29 dos 41 contatos) do que o faz com os pares de bases do segmento a jusante do DNA (ao qual a Tyr 723 estaria ligada de forma covalente; 12 dos 41 contatos).

A topoisomerase I não parece estericamente capaz de destorcer DNA superenrolado pelo mecanismo de passagem de fita que as topoisomerases do tipo IA parecem seguir (Fig. 29.26). Em vez disso, é provável que a topoisomerase I, como representado na Fig. 29.28, relaxe superenrolamentos de DNA por permitir que o segmento a jusante do dúplex de DNA clivado, frouxamente sustentado, gire em relação ao segmento a montante, firmemente fixado. Essa rotação somente pode ocorrer em torno das ligações açúcar-fosfato da fita não clivada (α, β, γ, ε e ζ na Fig. 29.5) que estão opostas ao sítio de clivagem, pois a clivagem deixa essas ligações livres para girarem. Outro aspecto que corrobora esse mecanismo é o fato da região da proteína em torno do segmento a jusante conter 16 resíduos conservados positivamente carregados formando um anel ao redor desse dúplex de DNA, que presumivelmente manteria o DNA no seu interior, mas sem qualquer restrição de orientação. Apesar disso, é improvável que o segmento a jusante gire livremente, porque a cavidade que o contém apresenta uma forma que determina que ela interaja com o segmento durante alguns trechos da sua rotação. Consequentemente, diz-se que as topoisomerases do tipo IB fazem a mediação de um mecanismo de **rotação controlada** para o relaxamento de DNA superenrolado.

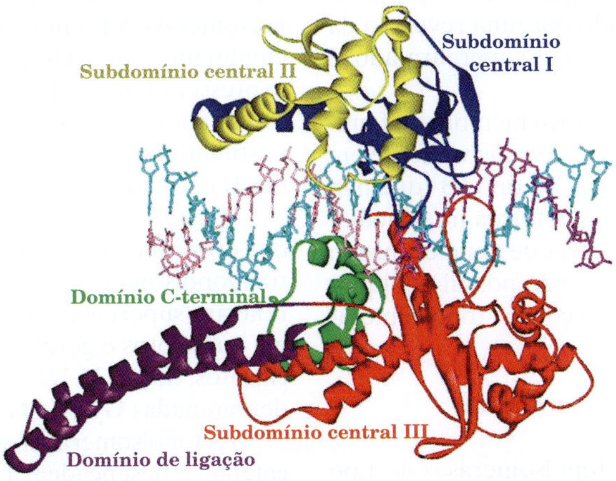

FIGURA 29.27 Estrutura por raios X do mutante Y723F da topoisomerase I humana, truncada na extremidade N-terminal, em complexo com um dúplex de DNA de 22 pb. Os vários domínios e subdomínios da proteína estão representados por diferentes cores. A fita não clivada do DNA está em ciano e as porções a montante e a jusante da fita clivada estão em púrpura e cor-de-rosa, respectivamente. (Cortesia de Wim Hol, University of Washington, EUA. PDBid 1A36.)

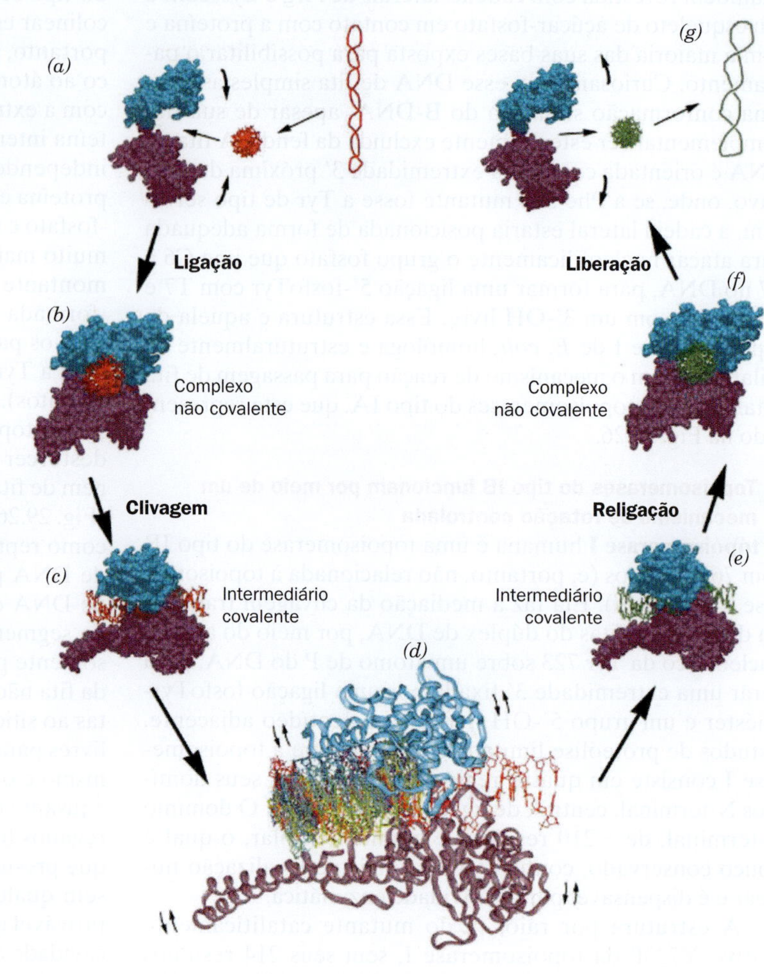

FIGURA 29.28 Mecanismo de rotação controlada das topoisomerases do tipo IB. Um DNA altamente superenrolado negativamente (*em vermelho, com uma torção para a direita*) é convertido, por meio dos estágios de (*a*) a (*g*), em uma forma menos supertorcida (*em verde*). A topoisomerase I está representada como uma estrutura de volume atômico bilobada, na qual o lobo ciano é formado pelos subdomínios centrais I e II (Fig. 29.27) e o lobo púrpura é formado pelo subdomínio central III, o domínio de ligação e o domínio C-terminal. A estrutura apresentada em (*d*), que está ampliada por um fator de 2, mostra a porção a jusante do DNA em rotação (aquela contendo a nova extremidade 5′ da fita clivada) em intervalos de 30º, todos com colorações distintas. Como a enzima não está sempre em contato direto com o DNA em rotação, pequenos movimentos oscilantes da proteína (*pequenas setas curvas*) podem acompanhar a rotação controlada. (Cortesia de Wim Hol, University of Washington, EUA.)

Esse desenrolamento é movido pela tensão super-helicoidal do DNA e, portanto, não requer qualquer outro aporte de energia. O DNA acaba sendo religado por uma reversão da reação de clivagem e o DNA, agora menos superenrolado, é liberado.

A topoisomerase do tipo IC, cujo único membro da família conhecido, a **topoisomerase V**, ocorre exclusivamente em arqueas, assemelha-se a topoisomerases do tipo IB (que não ocorrem em archaea) na medida em que forma intermediários 3′-fosfoTyr e parece funcionar através de um mecanismo de rotação controlada. No entanto, ela não possui qualquer semelhança de sequência ou estrutural com as topoisomerases do tipo IB.

d. As topoisomerases do tipo II funcionam por um mecanismo de passagem de fita

As bactérias possuem dois tipos de topoisomerases do tipo IIA: a **DNA girase** (ou simplesmente **girase**) e a **topoisomerase IV**, ambas as quais são heterotetrâmeros A_2B_2. Topoisomerases do tipo IIA eucarióticas, as quais são chamadas **topoisomerase II**, são homólogas às topoisomerases do tipo IIA bacterianas, mas com as suas subunidades A e B fusionadas, sendo, portanto, homodímeros. A família de topoisomerases do tipo IIB tem apenas um membro, **a topoisomerase VI**, um heterotetrâmero A_2B_2 que ocorre principalmente em archaea (embora algumas arqueobactérias expressem tanto topoisomerases do tipo IIA como IIB). A subunidade A das topoisomerases dos tipos IIA e IIB compartilham um módulo ATPase comum, mas suas subunidades B não são relacionadas.

A girase é única entre as topoisomerases na medida em que gera superenrolamentos negativos no DNA. Todas as outras topoisomerases, com exceção da girase reversa, apenas relaxam superenrolamentos (o superenrolamento de DNA em eucariotos é gerado de forma diferente daquele em procariotos; Seção 34.1Ba). As subunidades A e B da girase são denominadas **GyrA** e **GyrB**.

As topoisomerases do tipo II também são capazes de concatenar e desencadear círculos de fita dupla, bem como de atar e desatar nós nesses mesmos círculos. A importância dessa função pode ser vista como segue. Os ~6,1 bilhões de pares de bases do DNA em uma célula humana diploide têm um comprimento total de ~ 2 m, e estão confinados a um núcleo que tem de 5 a 10 μm em diâmetro. Imagine que o DNA de

~20 Å de largura foi expandindo por um fator de 5 milhões para a largura de uma corda de 1 cm de diâmetro. Ele teria então ~10.000 km de comprimento (a distância de São Francisco a Roma) e confinado a um núcleo expandido que teria de 25 a 50 m de diâmetro. Então imagine tentar manipular as cordas nesse sistema sem gerar emaranhados ou nós. Contudo, tais dificuldades ocorrem normalmente nas células durante a replicação, reparo e recombinação do DNA (Capítulo 30), bem como na segregação dos cromossomos-filhos nas células em divisão (Seção 1.4B). As topoisomerases do tipo II têm a função de desemaranhar o DNA durante esses processos.

As topoisomerases do tipo IIA bacterianas, mas não as eucarióticas, são inibidas por várias substâncias, inclusive a **novobiocina**, um membro da família de antibióticos da **cumarina**, derivados de *Streptomyces*, e **ciprofloxacina** (nome comercial **Cipro**), um membro da família de antibióticos da **quinolona**, gerados sinteticamente (os grupos cumarina e quinolona estão representados em vermelho):

Novobiocina

Ciprofloxacina

Esses agentes inibem profundamente a replicação do DNA e a transcrição do RNA em bactérias, demonstrando, assim, a importância do superenrolamento adequado do DNA nesses processos. Estudos utilizando linhagens de *E. coli* com girases mutantes, resistentes a essas substâncias, demonstraram que a ciprofloxacina associa-se com a GyrA e a novobiocina liga-se à GyrB.

O padrão de eletroforese em gel de círculos dúplex que foram expostos à girase mostra um padrão de bandas no qual os números de ligação diferem por incrementos de 2 em vez de 1, como ocorre com as topoisomerases do tipo I. *Evidentemente, a girase atua clivando ambas as fitas de um dúplex, passando o dúplex por meio da quebra e selando-a novamente* (Fig. 29.29). Essa hipótese é corroborada pela observação de que, quando a girase é incubada com DNA e ciprofloxacina, e subsequentemente desnaturada com cloreto de guanidina, a subunidade GyrA permanece covalentemente ligada à extremidade 5′ de cada uma das duas fitas clivadas por meio de ligações fosfoTyr. Esses sítios de clivagem estão desalinhados por 4 pb, gerando, portanto, extremidades coesivas.

A topoisomerase II de *Saccharomyces cerevisiae* (levedura do fermento de pão) é um homodímero de subunidades de 1.428 resíduos, cujos segmentos N e C-terminal são homólogos às subunidades GyrB (804 resíduos) e GyrA (878 resíduos) de *E. coli*, respectivamente. O domínio de quebra/reunião, que compreende os resíduos 410 a 1.202, pode, por si só, clivar o dúplex de DNA, mas é incapaz de transportá-lo através da quebra sem a ação do domínio de ATPase da enzima (resíduos 1–409). No entanto, o segmento C-terminal (resíduos 1.203–1.428), que é pobremente conservado, parece ser dispensável.

Embora a estrutura de uma topoisomerase do tipo IIA completa seja ainda desconhecida, aquelas dos seus domínios ATPase e de quebra/reunião, tanto da girase de *E. coli*, como da topoisomerase II de levedura, foram determinadas. A estrutura por raios X da ATPase da topoisomerase II homodimérica em complexo com o análogo de ATP não hidrolisável, AMPPNP, determinada por James Berger, consiste em dois domínios (Fig. 29.30*a*). O domínio N-terminal liga AMPPNP e os domínios C-terminal formam as paredes de um grande orifício através do dímero, que na estrutura por raios X da

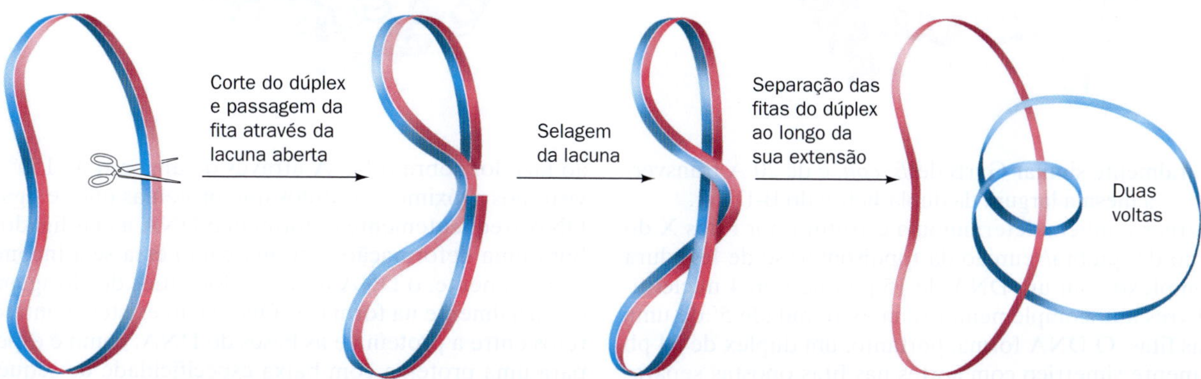

FIGURA 29.29 Uma demonstração, na qual o DNA está representado por uma faixa, de que o corte de um círculo duplo, a passagem da dupla-hélice através da abertura resultante e a posterior selagem da quebra, altera o número de ligação por 2. A separação das fitas simples resultantes (abrindo-se a faixa em duas ao longo da sua extensão; *à direita*) indica que uma das fitas simples faz duas revoluções completas em torno da outra.

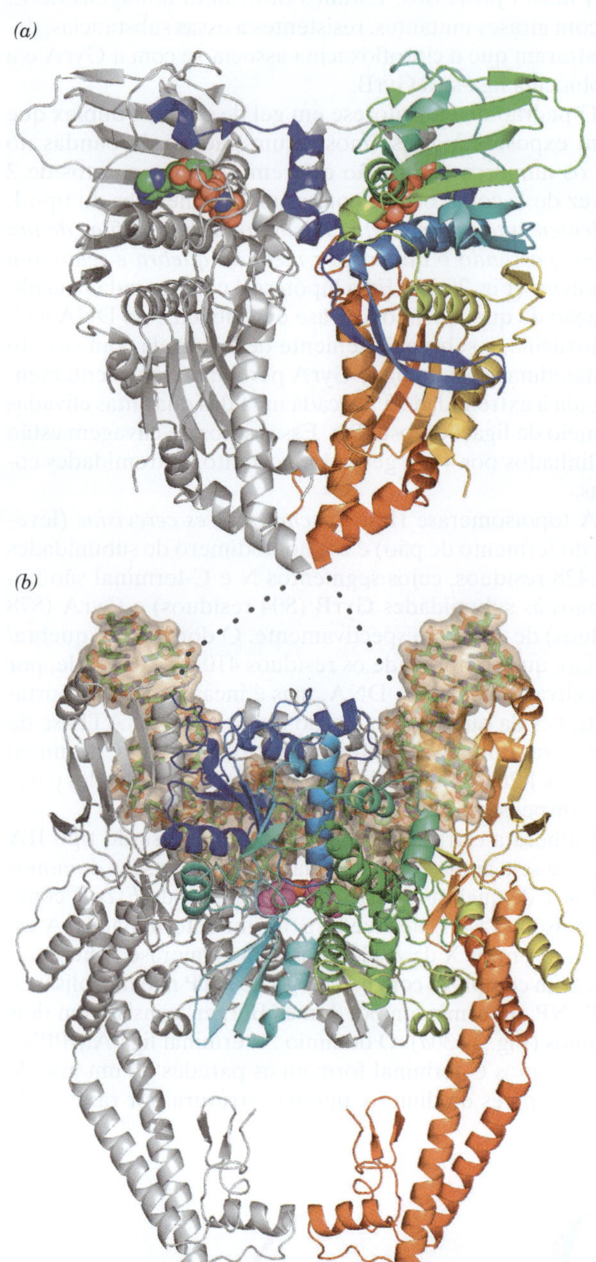

FIGURA 29.30 Estruturas por raios X da topoisomerase II de *S. cerevisiae*. (*a*) Estrutura de um homodímero do domínio ATPase N-terminal (resíduos 7–406) em complexo com AMPPNP, como visualizada com o seu eixo vertical duplo. A proteína está representada na forma de fita, com uma subunidade em cinza e a outra colorida na ordem do arco-íris, do seu N-terminal (*em azul*) para o seu C-terminal (*em vermelho*). As moléculas de AMPPNP ligadas são mostradas na forma de volume atômico, com C em verde, N em azul, O em vermelho e P em cor de laranja. (*b*) Estrutura de um homodímero do domínio de quebra/reunião de DNA (resíduos 419-1.177) em complexo com um DNA de 34 pb duplamente cortado. A estrutura é visualizada com seu eixo vertical duplo. O DNA, que descreve um arco de 150°, está representado na forma de bastões, com C em verde, N em azul, O em vermelho e P em cor de laranja, incorporado na sua superfície molecular semitransparente (*em cor de laranja*). A proteína está representada na forma de fitas, com uma subunidade em cinza e a outra colorida na ordem do arco-íris, do seu N-terminal (*em azul*) para o seu C-terminal (*em vermelho*). As cadeias laterais dos dois resíduos Tyr (Y782) do sítio ativo são mostradas na forma de volume atômico, com C em magenta e O em vermelho. Os polipeptídeos nas Partes *a* e *b*, os quais na proteína intacta estão unidos por uma ligação (um *linker*) de 11 resíduos (representada pela linha pontilhada), presumivelmente compartilham o mesmo eixo duplo, como representado, embora sua orientação relativa em torno desse eixo seja desconhecida. (*c*) O mesmo que a Parte *b*, mas visualizado de baixo. Note que os átomos de O da cadeia lateral de Y782 estão posicionados para ligar a fitas de DNA opostas, em sítios separados por 4 pares de bases. (Com base nas estruturas por raios X de James Berger, University of California at Berkeley, EUA. PDBids 1PVG e 2RGR.) **Ver Exercício interativo 32**

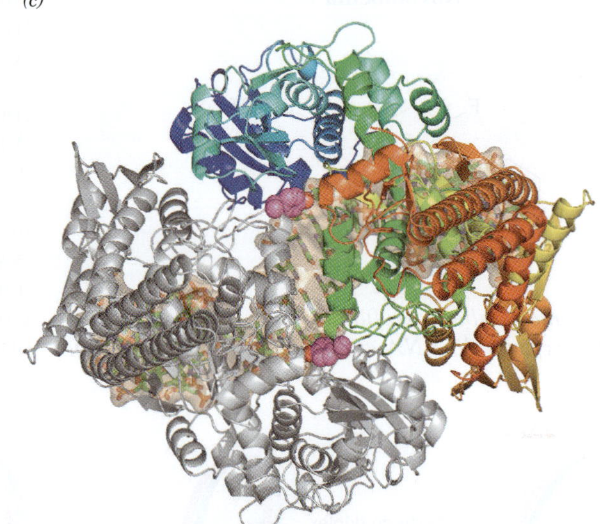

estruturalmente similar GyrB de *E. coli*, é de 20 Å transversalmente, a mesma largura da dupla-hélice do B-DNA.

Berger também determinou a estrutura por raios X do domínio de quebra/reunião da topoisomerase de levedura em complexo com um DNA de 15 pb que tem 4 nucleotídeos livres autocomplementares na extremidade 5′ de uma de suas fitas. O DNA forma, portanto, um dúplex de 34 pb duplamente simétrico com cortes nas fitas opostas separados por 4 pb (Fig. 29.30*b*,*c*). Estes são precisamente os sítios em que a enzima clivaria um DNA intacto, ligando as suas extremidades 5′ recém-formadas ao resíduo Tyr 782 do sítio ativo. A proteína liga o DNA em uma fenda carregada positivamente que abrange a largura do dímero e, ao fazê-lo, dobra o DNA através de um arco de 150° (será visto nos próximos capítulos que proteínas que se ligam ao DNA frequentemente deformam o DNA a elas ligado, embora uma deformação extrema como essa seja incomum). Curiosamente, o DNA entre os dois sítios de clivagem está essencialmente na forma A. Quase não existem contatos diretos entre a proteína e as bases do DNA, como é esperado para uma proteína com baixa especificidade de sequência. Note também que as porções C-terminal da proteína se juntam para delimitar um grande espaço vazio localizado centralmente.

A análise das duas estruturas anteriores e aquelas das porções correspondentes da girase de *E. coli* sugere um modelo do tipo passagem de fita para o mecanismo das topoisomerases do tipo IIA (Fig. 29.31), no qual o dúplex de DNA a ser clivado, o chamado segmento G (G de *gate* = portão), liga-se à fenda que atravessa o topo do domínio clivagem/reunião, descrito anteriormente. A ligação do ATP ao domínio de ligação de ATP induz, então, uma sequência de mudanças conformacionais, nas quais o segmento G é clivado e os dois fragmentos resultantes são separados um do outro por pelo menos 20 Å, pela ação da proteína. Isso permite a passagem do chamado segmento T do DNA (T de transportado), através da quebra no DNA e do portão superior do domínio de quebra/reunião (que pode conter também porções do domínio ATPase) para dentro do seu orifício central, incrementando, assim, o número de ligação do DNA em 2 unidades. Depois, em um processo que é acompanhado pela hidrólise de ATP, o portão superior fecha para selar novamente o DNA clivado, e o segmento T passa pelo portão inferior do domínio de quebra/reunião. Finalmente, o ADP e o P_i resultantes são liberados e o portão inferior fecha para formar a enzima reciclada. Muitos destes estados enzimáticos foram observados em várias estruturas por raios X conhecidas de componentes da topoisomerase do tipo IIA.

e. Inibidores de topoisomerases são eficientes antibióticos e agentes quimioterápicos para o câncer

Derivados da cumarina, como a novobiocina, e derivados da quinolona, como a ciprofloxacina, inibem especificamente a girase e são, portanto, antibióticos. De fato, a ciprofloxacina é o mais eficiente antibiótico oral atualmente em uso clínico contra bactérias gram-negativas (os efeitos adversos da novobiocina e a rápida geração de resistência bacteriana a ela resultaram na interrupção do seu uso no tratamento de infecções humanas). Várias substâncias, incluindo a **doxorrubicina** (também chamada de **adriamicina**; um produto de *Streptomyces peucetius*) e o **etoposide** (um derivado sintético),

Doxorrubicina (Adriamicina)

Etoposide

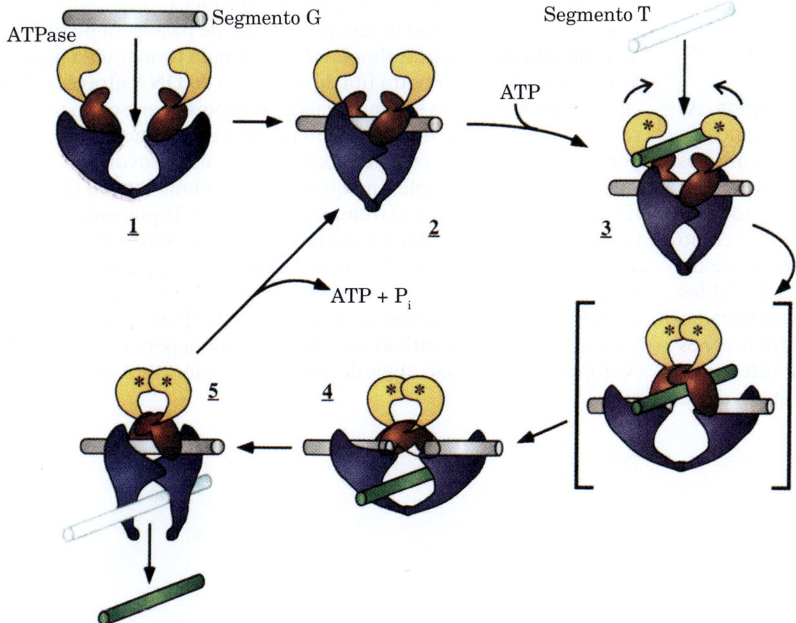

FIGURA 29.31 Modelo para o mecanismo enzimático das topoisomerases do tipo II. O domínio ATP da proteína e as porções superior e inferior do domínio de quebra/reunião estão coloridos em amarelo, vermelho e púrpura, respectivamente. Os segmentos G e T do DNA estão coloridos em cinza e verde, respectivamente. Em **1**, o segmento G se liga à enzima, induzindo, assim, a mudança conformational representada em **2**. A ligação do ATP (representado pelos asteriscos) e um segmento T (**3**) induz uma série de alterações conformacionais, nas quais o segmento G é clivado à medida que o portão superior se abre. Os domínios ATPase dimerizam e o segmento T é transportado através da quebra para dentro do orifício central (**4**). O passo de transporte do DNA é mostrado como se ocorresse através do intermediário hipotético entre colchetes. Os segmentos G são então novamente selados e o segmento T é liberado através do portão inferior (**5**). Esse portão então se fecha à medida que o ATP é hidrolisado e os ADP e P_i resultantes são liberados para gerar a enzima em seu estado inicial (**2**). (Cortesia de James Wang, Harvard University, EUA.)

inibem topoisomerases do tipo IIA eucarióticas e são, por isso, amplamente utilizadas na quimioterapia de câncer. De fato, ~50% dos regimes de quimioterapia de câncer contém pelo menos um fármaco direcionado às topoisomerases do tipo IIA.

Inibidores de topoisomerases do tipo IIA podem agir de duas maneiras. Muitos deles, inclusive a novobiocina, inibem a atividade de ATPase da sua enzima-alvo (a novobiocina é um inibidor competitivo do ATP, porque se liga fortemente à GyrB, de uma maneira que impede a ligação do anel de adenina do ATP). Eles, portanto, matam as células por bloquearem a atividade de topoisomerase, o que resulta na interrupção da replicação do DNA e da transcrição do RNA. Outras substâncias, contudo, incluindo a ciprofloxacina, a doxorrubicina e o etoposide, aumentam a taxa na qual as topoisomerases do tipo IIA, que são seus alvos, clivam DNA de fita dupla e/ou reduzem a taxa na qual essas enzimas selam novamente as quebras. Consequentemente, esses agentes induzem quebras transitórias, mediadas pela interação com a proteína, em níveis mais elevados do que o normal no DNA das células tratadas. Essas interações com a proteína são facilmente rompidas pela passagem da maquinaria de replicação e transcrição, tornando as quebras permanentes. Embora todas as células possuam elaborados sistemas enzimáticos para reparar o DNA danificado (Seção 30.5), um nível suficientemente elevado de danos no DNA supera esses sistemas e, portanto, resulta em morte celular. Uma vez que células que estão se replicando rapidamente, como células cancerosas, possuem níveis elevados de topoisomerases do tipo IIA, elas têm uma probabilidade muito maior do que células de multiplicação lenta ou quiescentes de sofrerem danos letais no DNA devido ao envenenamento dessas enzimas.

Topoisomerases do tipo IB são especificamente inibidas pelo alcaloide quinolínico **camptotecina**

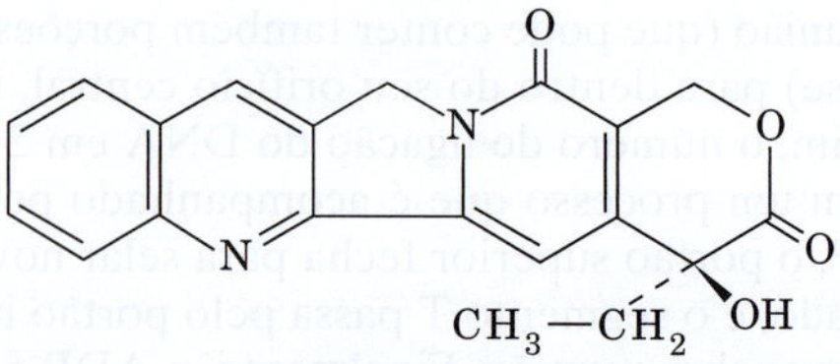

CH_3-CH_2 OH

Camptotecina

(um produto da árvore ornamental chinesa *Camptotheca acuminata*) e seus derivados, que atuam estabilizando o complexo covalente topoisomerase I-DNA. Esses compostos, os únicos inibidores da topoisomerase IB de ocorrência natural conhecidos, são potentes agentes anticâncer.

RESUMO DO CAPÍTULO

1 Estruturas helicoidais duplas O B-DNA consiste em uma dupla-hélice de duas cadeias açúcar-fosfato antiparalelas, enrolada para a direita, com ~10 pb por volta de 34 Å e com suas bases quase perpendiculares ao eixo da hélice. As bases de fitas opostas ligam-se por ligações de hidrogênio de uma maneira geometricamente complementar para formarem pares de base de Watson-Crick A · T e G · C. Em baixa umidade, o B-DNA passa por uma transformação reversível, convertendo-se em uma dupla-hélice mais larga e achatada, conhecida como A-DNA. O Z-DNA, que é formado, em concentrações elevadas de sais, por polinucleotídeos com sequências de bases que alternam purinas e pirimidinas, é uma dupla-hélice que gira para a esquerda. RNA de dupla-hélice e híbridos RNA · DNA possuem estruturas como a do A-DNA. A conformação do DNA, particularmente a do B-DNA, varia com a sua sequência de bases, principalmente porque a flexibilidade do DNA varia com a sua sequência de bases.

2 Forças que estabilizam estruturas de ácidos nucleicos As orientações em torno da ligação glicosídica e os vários ângulos de torção na cadeia de açúcar-fosfato são restritos estericamente nos ácidos nucleicos. Da mesma forma, dos dobramentos possíveis para o açúcar, apenas alguns poucos são normalmente observados. O pareamento de bases de Watson-Crick é tanto geométrica como eletronicamente complementar. As interações por ligações de hidrogênio, contudo, não estabilizam muito as estruturas de ácidos nucleicos. Essas estruturas são predominantemente estabilizadas por interações hidrofóbicas. Entretanto, as forças hidrofóbicas nos ácidos nucleicos têm características qualitativamente diferentes daquelas que estabilizam proteínas. Interações eletrostáticas entre grupos fosfato carregados também são determinantes estruturais importantes dos ácidos nucleicos.

3 DNA superenrolado O número de ligação (*L*) de um DNA circular fechado de forma covalente é topologicamente invariável. Consequentemente, qualquer alteração na torção (*T*) de um dúplex circular deve ser equilibrada por uma alteração igual e oposta no seu número de superenrolamento (*W*), que indica o seu grau de super-helicidade. O superenrolamento pode ser induzido por agentes intercalantes. A mobilidade em eletroforese em gel do DNA aumenta com o seu grau de super-helicidade. Os DNAs que ocorrem naturalmente são todos superenrolados negativamente, condição para que possam participar da replicação do DNA e da transcrição do RNA.

Topoisomerases do tipo IA relaxam DNAs superenrolados negativamente por meio de um mecanismo de passagem de fita, no qual elas clivam uma fitas simples do DNA para formar uma ligação 5′-fosfoTyr, passam a outra fita do segmento de DNA através da lacuna formada e depois selam a lacuna. As topoisomerases do tipo IB relaxam DNA superenrolado tanto positiva quanto negativamente, por meio de um mecanismo de rotação controlada envolvendo a clivagem de uma fita simples, no qual é formada uma ligação transitória fosfoTyr com a nova extremidade 3′ gerada. Topoisomerases do tipo II relaxam DNA dúplex em incrementos de duas supertorções à custa dehidrólise de ATP, clivando as duas fitas do DNA de modo a formar duas ligações 5′-fosfoTyr transitórias, passando o dúplex através da quebra e selando-o novamente. A DNA-girase também gera supertorções negativas em uma maneira dependente de ATP. As topoisomerases são alvos de diversos antibióticos e agentes quimioterápicos.

REFERÊNCIAS

Geral

Bloomfield, V.A., Crothers, D.M., and Tinoco, I., Jr., *Nucleic Acids: Structures, Properties, and Functions,* University Science Books (2000).

Creighton, T.E., *The Biophysical Chemistry of Nucleic Acids & Proteins*, Chapters 2–6, Helvetian Press (2010).

Neidle, S. (Ed.), *Oxford Handbook of Nucleic Acid Structure,* Oxford University Press (1999).

Saenger, W., *Principles of Nucleic Acid Structure,* Springer-Verlag (1984).

The double helix-50 years, *Nature* **421,** 395–453 (2003). [Um suplemento contendo uma série de artigos sobre as influências históricas, culturais e científicas da dupla-hélice do DNA, celebrando o quinquagésimo aniversário da sua descoberta.]

Estruturas e estabilidades de ácidos nucleicos

Arnott, S., Historical article: DNA polymorphism and the early history of the double helix, *Trends Biochem. Sci.* **31,** 349–364 (2006).

Bacolla, A. and Wells, R.D., Non-B DNA conformations, genomic rearrangements, and human disease, *J. Biol. Chem.* **46,** 47411–47414 (2004).

Dickerson, R.E., Sequence-dependent B-DNA conformation in crystals and in protein complexes, *in* Sarma, R.H. and Sarma, M.H. (Eds.), *Structure, Motion, Interaction and Expression in Biological Molecules, pp.* 17–35, Adenine Press (1998); *and* DNA bending: the prevalence of kinkiness and the virtues of normality, *Nucleic Acids Res.* **26,** 1906–1926 (1998).

Fairhead, H., Setlow, B., and Setlow, P., Prevention of DNA damage in spores and *in vitro* by small, acid-soluble proteins from *Bacillus* species, *J. Bacteriol.* **175,** 1367–1374 (1993).

Ha, C.H., Lowenhaupt, K., Rich, A., Kim, Y.-G., and Kim, K.K., Crystal structure of a junction between B-DNA and Z-DNA reveals two extruded bases, *Nature* **437,** 1183–1186 (2005).

Horton, N.C. and Finzel, B.C., The structure of an RNA/DNA hybrid: A substrate of the ribonuclease activity of HIV-1 reverse transcriptase, *J. Mol. Biol.* **264,** 521–533 (1996).

Rich,A.,The double helix: tale of two puckers, *Nature Struct. Biol.* **10,** 247–249 (2003). [Uma revisão histórica]

Schwartz, T., Rould, M.A., Lowenhaupt, K., Herbert, A., and Rich, A., Crystal structure of the Zα domain of the human editing enzyme ADAR1 bound to left-handed Z-DNA, *Science* **284,** 1841–1845 (1999).

Wing, R., Drew, H., Takano, T., Broka, C., Tanaka, S., Itakura, K., and Dickerson, R.E., Crystal structure analysis of a complete turn of B-DNA, *Nature* **287,** 755–758 (1980); *and* Shui, X., McFail-Isom, L., Hu, G.G., and Williams, L.D., The B-DNA decamer at high resolution reveals a spine of sodium, *Biochemistry* **37,** 8341–8355 (1998). [O dodecâmero de Dickerson na sua resolução original, de 2,5 Å, e na sua resolução de 1,4 Å, determinada posteriormente.]

DNA superenrolado

Bates, A.D., and Maxwell, A., *DNA Topology* (2nd ed.) Oxford University Press (2005).

Champoux, J.J., DNA topoisomerases: Structure, function, and mechanism, *Annu. Rev. Biochem.* **70,** 369–413 (2001).

Changela, A., DiGate, R., and Mondragón, A., Crystal structure of a complex of a type IA DNA topoisomerase with a single-stranded DNA, *Nature* **411,** 1077–1081 (2001); *and* Mondragón, A. and DiGate, R., The structure of *Escherichia coli* DNA topoisomerase III, *Structure* **7,** 1373–1383 (1999).

Classen, S., Olland, S., and Berger, J., Structure of the topoisomerase II ATPase region and its mechanism of inhibition by the chemotherapeutic agent ICRF-187, *Proc. Natl. Acad. Sci.* **100,** 10629–10634 (2003).

Deweese, J.E., Osheroff, M.A., and Osheroff, N., DNA topology and topoisomerases, *Biochem. Mol. Biol. Educ.* **37,** 2–10 (2009).

Dong, K.C. and Berger, J.M., Structural basis for the gate-DNA recognition and bending by type IIA topoisomerases. *Nature* **450,** 1201–1205 (2007). [Estrutura por raios X do domínio de quebra/reunião da topoisomerase II de levedura em complexo com o DNA.]

Dong, K.C. and Berger, J.M., Structure and function of DNA topoisomerases, *in* Rice, P.A. and Correll, C.C. (Eds.), *Protein–Nucleic Acid Interactions*, RSC Publishing (2008); *and* Corbett, K.D. and Berger, J.M., Structure, molecular mechanisms, and evolutionary relationships in DNA topoisomerases, *Annu. Rev. Biophys. Biomol. Struct.* **33,** 95–118 (2004).

Gadelle, D., Filée, J., Buhler, C., and Forterre, P., Phylogenomics of type II DNA topoisomerases, *Bioessays* **25,** 232–242 (2003).

Lebowitz, J., Through the looking glass: The discovery of supercoiled DNA, *Trends Biochem. Sci.* **15,** 202–207 (1990). [Um registro informativo de testemunha ocular de como o DNA superenrolado foi descoberto.]

Li, T.-K., and Liu, L.F., Tumor cell death induced by topoisomerase-targeting drugs, *Annu. Rev. Pharmacol. Toxicol.* **41,** 53–77 (2001).

Maxwell, A., DNA gyrase as a drug target, *Biochem. Soc. Trans.* **27,** 48–53 (1999).

Redinbo, M.R., Stewart, L., Kuhn, P., Champoux, J.J., and Hol, W.G.J., Crystal structures of human topoisomerase I in covalent and noncovalent complexes with DNA, *Science* **279,** 1504– 1513 (1998); Stewart, L., Redinbo, M.R., Qiu, X., Hol, W.G.J., and Champoux, J.J., A model for the mechanism of human topoisomerase I, *Science* **279,** 1534–1541 (1998); *and* Redinbo, M.R., Champoux, J.J., and Hol, W.G.J., Structural insights into the function of type IB topoisomerases, *Curr. Opin. Struct. Biol.* **9,** 29–36 (1999).

Taneja, B., Patel, A., Slesarev, A., and Mondraón, A., Structure of the N-terminal fragment of topoisomerase V reveals a new family of topoisomerases, *EMBO J.* **25,** 398–408 (2006).

Wang, J.C., Moving one DNA double helix through another by a type II DNA topoisomerase: The story of a simple molecular machine, *Q. Rev. Biophys.* **31,** 107–144 (1998).

Wang, J.C., Cellular roles of DNA topoisomerases: a molecular perspective, *Nature Rev. Mol. Cell Biol.* **3,** 430–440 (2002).

PROBLEMAS

1. Pares de bases A · T no DNA exibem maior variabilidade na sua torção da hélice do que pares de bases G · C. Sugira as bases estruturais desse fenômeno.

***2.** Em concentrações de $Na^+ > 5\ M$, a T_m do DNA cai com o aumento da $[Na^+]$. Explique esse comportamento. (*Dica*: Considere as exigências de solvatação do Na^+.)

*3. Por que as conformações do anel de ribose mais comumente observadas são aquelas nas quais o átomo C2′ ou o átomo C3′ está fora do plano dos outros quatro átomos do anel? (*Dica*: No dobramento de um anel plano de forma a deixar um átomo fora do plano dos outros quatro, os substituintes em torno da ligação oposta ao átomo fora do plano permanecem eclipsados. Isso é melhor observado em um modelo de esferas e bastões.)

4. O DNA de poliomavírus pode ser separado por sedimentação em pH neutro em três componentes, que possuem coeficientes de sedimentação de 20, 16 e 14,5S e que são conhecidos como DNAs dos Tipos I, II e III, respectivamente. Todos esses DNAs têm sequências de bases e massas moleculares idênticas. Em NaCl 0,15 *M*, tanto o Tipo II como o III têm curvas de desnaturação de cooperatividade normal e uma T_m de 88°C. O DNA do Tipo I, contudo, exibe uma curva de desnaturação muito mais ampla e uma T_m de 107°C. Em pH 13, os DNAs dos Tipos I e III têm coeficientes de sedimentação de 53 e 16S, respectivamente, e o Tipo II separa-se em dois componentes, com coeficientes de sedimentação de 16 e 18S. Qual é a diferença entre os DNAs dos Tipos I, II e III? Explique as diferentes propriedades físico-químicas desses DNAs.

5. Quando o eixo da hélice de um DNA dúplex circular fechado de 2.310 pb é forçado a manter-se em um plano, o DNA tem uma torção (*T*) de 207. Quando liberado, o DNA adota a sua torção normal, de 10,5 pb por volta. Indique os valores do número de ligação (*L*), do número de superenrolamento (*W*) e da torção para o estado de plano forçado e para o estado livre desse círculo de DNA. Qual é a densidade da super-hélice, σ, dos círculos de DNA no estado de plano forçado e no estado livre?

6. Um DNA dúplex circular fechado de forma covalente tem um segmento de 100 pb de resíduos G e C alternados. Ao ser transferido para uma solução contendo uma alta concentração de sais, esse segmento sofre uma transição da conformação B para a conformação Z. Quais são as alterações no número de ligação, no número de superenrolamento e na torção do DNA que acompanham essa transição?

7. Você descobriu uma enzima secretada por uma bactéria particularmente virulenta que cliva a ligação C2′—C3′ dos resíduos de desoxirribose de DNA dúplex. Qual é o efeito dessa enzima sobre o DNA superenrolado?

8. Um cromossomo bacteriano consiste em um complexo proteína-DNA no qual a sua única molécula de DNA parece estar superenrolada, como demonstrado por titulação com brometo de etídeo. Entretanto, ao contrário do que acontece no caso de DNA dúplex circular livre de proteínas, a clivagem de uma das fitas simples do DNA cromossômico não determina o fim desse superenrolamento. O que isso indica sobre a estrutura do cromossomo bacteriano ou, em outras palavras, como as suas proteínas restringem o seu DNA?

9. Embora as topoisomerases dos tipos IA e IIA não exibam similaridade de sequência significativa entre elas, foi sugerido que elas teriam um parentesco distante com base em semelhanças de certos aspectos de seus mecanismos enzimáticos. Quais são essas semelhanças?

10. Faça um desenho representando o mecanismo de clivagem e religação da fita de DNA mediado pela topoisomerase IA.

Replicação, Reparo e Recombinação do DNA

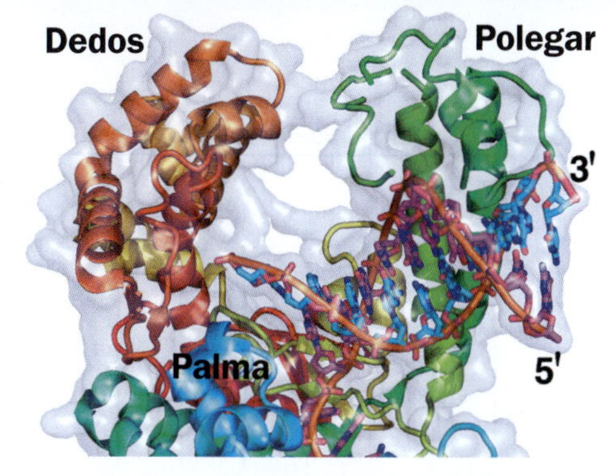

CAPÍTULO 30

Inicia-se aqui uma série de três capítulos sobre os processos básicos da expressão gênica: a replicação do DNA (este capítulo), a transcrição (Capítulo 31) e a tradução (Capítulo 32). Esses processos foram resumidos na Seção 5.4. Agora serão discutidos de forma mais aprofundada, com ênfase na maneira como foram adquiridos os conhecimentos agora disponíveis.

1 REPLICAÇÃO DO DNA: UMA VISÃO GERAL

O trabalho original de Watson e Crick descrevendo a dupla-hélice do DNA finalizou com a afirmação: "Não escapou à nossa atenção que o pareamento específico que postulamos sugere imediatamente um possível mecanismo de reprodução para o material genético". Em um trabalho subsequente, eles expandiram a discussão sobre esse comentário um tanto quanto obscuro, salientando que uma fita do DNA poderia atuar como um molde, orientando a síntese da sua fita complementar. Embora Meselson e Stahl tenham demonstrado, em 1958, que o DNA é, de fato, replicado de forma semiconservativa (Seção 5.3B), somente 20 anos mais tarde o mecanismo de replicação do DNA em procariotos foi compreendido de maneira razoavelmente detalhada. Isso aconteceu porque, como será visto neste capítulo, o processo de replicação do DNA é similar ao da tradução na sua complexidade, mas é mediado por conjuntos de proteínas que, com frequência, estão fracamente associadas e estão presentes em apenas poucas cópias por célula. *A surpreendente complexidade da replicação do DNA em relação ao processo de transcrição (Seção 31.2), quimicamente similar, advém da necessidade de uma precisão extrema na replicação do DNA, para preservação da integridade do genoma de geração para geração.*

A. Forquilhas de replicação

*O DNA é replicado por enzimas conhecidas como **DNA-polimerases guiadas por DNA** ou simplesmente **DNA-polimerases**.* Essas enzimas utilizam DNAs de fita simples como moldes, sobre os quais catalisam a síntese da fita complementar, a partir dos desoxinucleosídeos trifosfatados (dNTPs, de *deoxynucleoside triphosphates*) apropriados (Fig. 30.1). Os nucleotídeos que chegam são selecionados com base na capacidade de formarem o pareamento de bases de Watson-Crick com o DNA-molde, de modo que a fita de DNA recém-sintetizada forma uma dupla-hélice com a fita-molde. *Praticamente todas as DNA-polimerases conhecidas somente podem adicionar um nucleotídeo doado por um nucleosídeo trifosfatado a um grupo 3'-OH livre de um polinucleotídeo com pareamento de bases, de forma que as cadeias de DNA são estendidas apenas na direção 5' → 3'.* As DNAs-polimerases serão discutidas também nas Seções 30.2A, 30.2B e 30.4B.

a. Dúplices de DNA replicam semiconservativamente em forquilhas de replicação

John Cairns obteve as primeiras indicações de como os cromossomos replicam por autorradiografias do DNA em re-

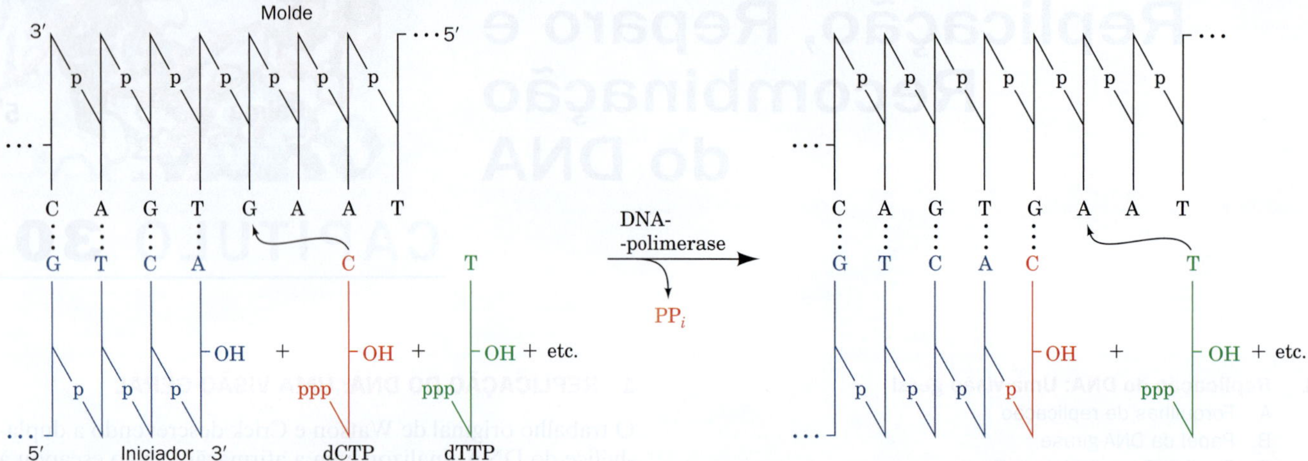

FIGURA 30.1 Ação da DNA-polimerase. As DNA-polimerases posicionam os desoxinucleosídeos trifosfatados que chegam sobre os moldes de DNA simples fita, de modo que a fita em crescimento é alongada no sentido 5′→3′.

plicação. Autorradiogramas de cromossomos circulares sintetizados em um meio contendo [^{3}H] timidina indicam a presença de "olhos" ou "bolhas" de replicação (Fig. 30.2). Essas **estruturas em θ** (devido a sua semelhança com a letra grega Teta) indicam que *o DNA de fita dupla (**dsDNA**, de double-stranded DNA) replica pela separação progressiva de suas duas fitas parentais, acompanhada pela síntese de suas fitas complementares, para originar duas cadeias-filha de fita dupla replicadas de maneira semiconservativa (Fig. 30.3)*. A replicação do DNA que envolve estruturas em θ é conhecida como **replicação θ**.

Uma região de ramificação em um olho de replicação na qual ocorre a síntese do DNA é chamada de **forquilha de replicação**. Uma bolha de replicação pode conter uma ou duas forquilhas de replicação (**replicação unidirecional** ou **bidirecional**). Estudos autorradiográficos demonstraram que a replicação θ é quase sempre bidirecional (Fig. 30.4). Além disso, esses experimentos, juntamente com evidências genéticas, estabeleceram que os DNAs procarióticos e de bacteriófagos possuem apenas uma **origem de replicação** (o local onde a síntese do DNA é iniciada).

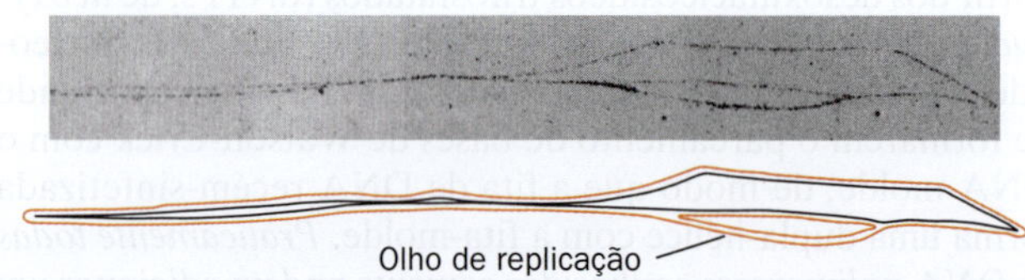

FIGURA 30.2 Autorradiograma e seu esquema interpretativo de um cromossomo de *E. coli* em replicação. A bactéria foi multiplicada por pouco mais de uma geração em um meio contendo [^{3}H]timidina, marcando, dessa forma, o DNA sintetizado subsequentemente, o que faz ele aparecer como uma linha de grânulos escuros na emulsão fotográfica (*linhas vermelhas no esquema interpretativo*). O tamanho do olho de replicação indica que o cromossomo circular está duplicado em cerca de um sexto da sua extensão no presente ciclo de replicação. (Cortesia de John Cairns, Cold Spring Harbor, EUA.)

B. *O papel da DNA-girase*

A exigência de desenrolamento da fita parental na forquilha de replicação (Fig. 30.3) representa um obstáculo topológico formidável. Por exemplo, o DNA de *E. coli* é replicado a uma velocidade de ~1.000 nucleotídeos/s. Caso o seu cromossomo de 1.300 μm de comprimento fosse linear, ele teria que girar no interior do espaço confinado de uma célula de *E. coli* de 3 μm de comprimento a uma velocidade de ~100 rotações/s (lembre que o DNA-B possui ~10 pb [pares de bases] por volta). Porém, como o cromossomo de *E. coli* é, na verdade, circular, mesmo esse movimento não poderia

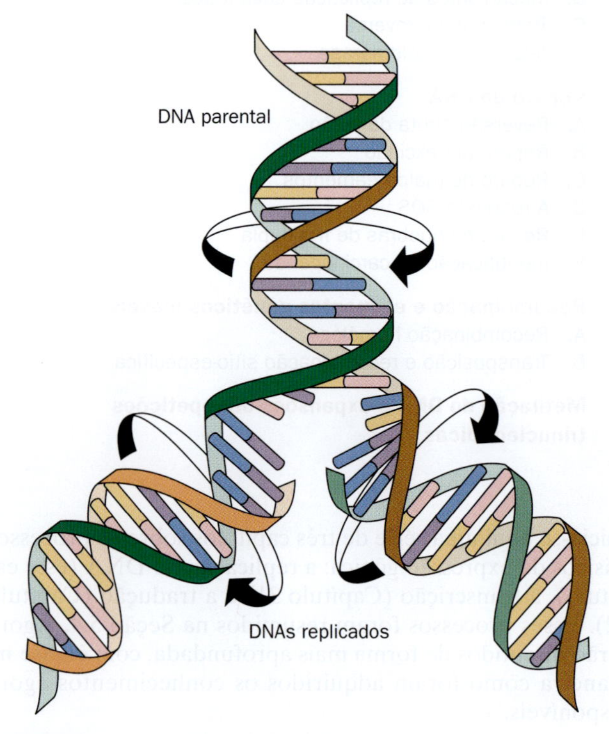

FIGURA 30.3 Replicação do DNA.

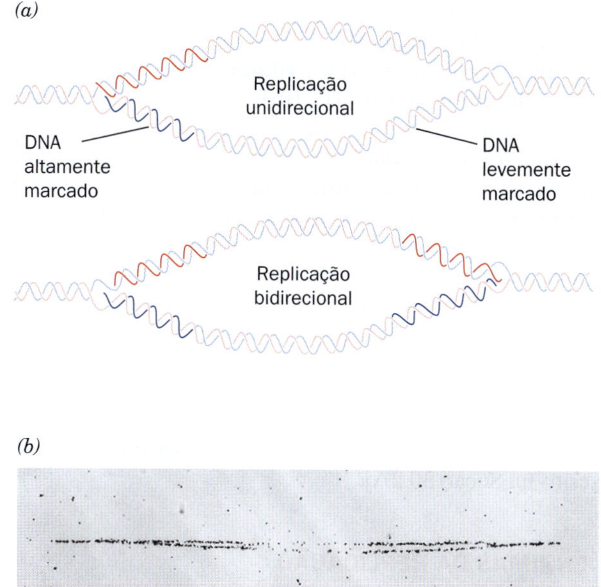

FIGURA 30.4 Diferenciação autorradiográfica dos modos de replicação θ unidirecional e bidirecional do DNA. (*a*) Um organismo é multiplicado por várias gerações em um meio que está levemente marcado com [^{3}H]timidina, de modo que todo seu DNA será visível em um autorradiograma. Uma grande quantidade de [^{3}H]timidina é, depois, adicionada ao meio por poucos segundos antes do DNA ser isolado (**marcação pulsada**), a fim de marcar apenas aquelas bases próximas à(s) forquilha(s) de replicação. A replicação do DNA unidirecional apresentará apenas um ponto de ramificação altamente marcado (*em cima*), enquanto a replicação do DNA bidirecional apresentará dois desses pontos de ramificação (*embaixo*). (*b*) Um autorradiograma do DNA de *E. coli* tratado dessa maneira, demonstrando que ele é replicado bidirecionalmente. (Cortesia de David M. Prescott, University of Colorado, EUA.)

ocorrer. Em vez disso, a molécula de DNA iria acumular +100 supertorções/s (ver Seção 29.3A para uma discussão sobre superenrolamento) até ficar torcida demais para permitir qualquer desenrolamento adicional. O superenrolamento negativo do DNA que ocorre naturalmente promove o desenrolamento do DNA, mas apenas em uma extensão de ~5% de suas voltas de fita dupla (lembre que os DNAs que ocorrem naturalmente são geralmente desenrolados por uma supertorção a cada ~19 voltas do dúplex; Seção 29.3Bb). Em procariotos, contudo, supertorções negativas podem ser introduzidas no DNA pela ação de uma DNA-topoisomerase do tipo IIA (DNA-girase; Seção 29.3Cd) à custa de hidrólise de trifosfato de adenosina (ATP, de *adenosine triphosphate*). Esse processo é essencial para a replicação do DNA procariótico, como foi demonstrado pela observação de que inibidores da DNA-girase, como a novobiocina, interrompem a replicação do DNA em bactérias selvagens, mas não em mutantes cujas DNAs-girases não se ligam a esses antibióticos.

C. *Replicação semidescontínua*

As imagens de baixa resolução fornecidas por autorradiogramas como os das Figs. 30.2 e 30.4*b* sugerem que as duas fitas antiparalelas do dsDNA são replicadas simultaneamente em uma forquilha de replicação que avança. Porém, todas as DNA-polimerases conhecidas podem apenas estender as fitas de DNA na direção 5′ → 3′. Como, então, a DNA-polimerase replica a fita parental que se estende na direção 5′ → 3′ além da forquilha de replicação? Essa questão foi respondida em 1968 por Reiji Okazaki, por meio dos seguintes experimentos. Se uma cultura de *E. coli* em multiplicação é marcada por um pulso de 30 s de [H^3]timidina, uma grande parte do DNA radioativo e, por conseguinte, recém-sintetizado possui um coeficiente de sedimentação em álcali de 7S a 11S. Esses assim chamados **fragmentos de Okazaki** evidentemente consistem em apenas 1.000 a 2.000 nucleotídeos (**nt**; 100-200 nt nos eucariotos). Porém, se após o pulso de 30 s com [^{3}H]timidina a cultura de *E. coli* for transferida para um meio não marcado (um experimento de **pulso-caça**, de *pulse-chase*), o DNA radioativamente marcado resultante sedimenta em uma taxa que aumenta de acordo com o tempo que as células se multiplicaram no meio não marcado. Os fragmentos de Okazaki devem, portanto, ser incorporados de forma covalente em moléculas de DNA maiores.

Okazaki interpretou seus resultados experimentais nos termos do modelo da **replicação semidescontínua** (Fig. 30.5). As duas fitas parentais são replicadas de maneiras diferentes. *A fita de DNA recém-sintetizada que se estende na direção 5′ → 3′ do movimento da forquilha de replicação, a chamada **fita-líder**, é sintetizada essencialmente de forma contínua na sua direção 5′ → 3′, à medida que a forquilha de replicação avança. A outra fita recém-sintetizada, a **fita tardia*** (lagging strand), *também é sintetizada na sua direção 5′ → 3′, mas de maneira descontínua, na forma de fragmentos de Okazaki. Os fragmentos de Okazaki são covalentemente unidos apenas algum tempo depois de sintetizados, em uma reação catalisada pela enzima **DNA-ligase** (Seção 30.2D).*

O modelo semidescontínuo de replicação do DNA é corroborado por micrografias eletrônicas do DNA em processo de replicação, que mostram regiões de fita simples em um lado da forquilha de replicação (Fig. 30.6). Além disso, em DNA que está replicando bidirecionalmente, as duas regiões

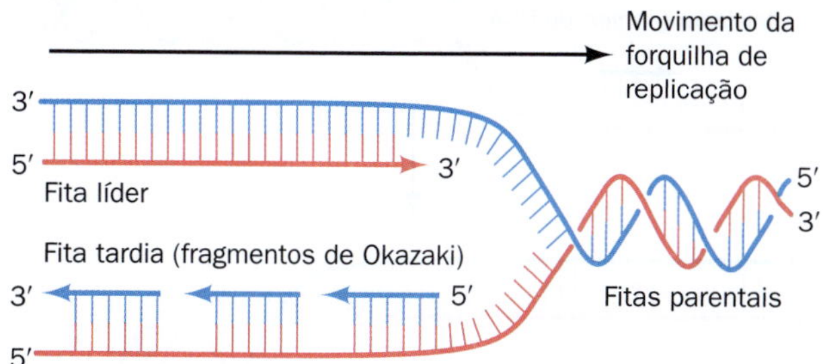

FIGURA 30.5 A replicação semidescontínua do DNA. Na replicação do DNA, ambas as fitas-filha (*a fita líder em vermelho, a fita tardia em azul*) são sintetizadas na direção 5′ → 3′. A fita líder é sintetizada continuamente, enquanto a fita tardia é sintetizada de forma descontínua.

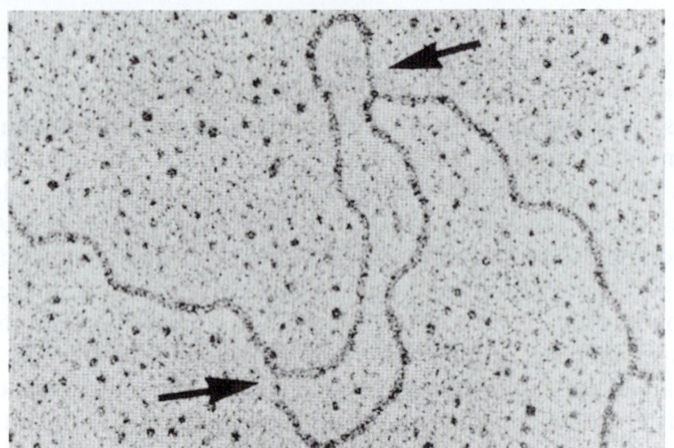

FIGURA 30.6 Micrografia eletrônica de um olho de replicação no DNA de *Drosophila melanogaster*. Note que as regiões de fita simples (*setas*) próximas às forquilhas de replicação apresentam a configuração em *trans*, consistente com o modelo semidescontínuo da replicação do DNA. (De Kreigstein, H.J., e Hogness, D.S., *Proc. Natl. Acad. Sci.* **71**, 173 [1974].)

de fita simples ocorrem, como esperado, em lados diagonalmente opostos da bolha de replicação.

D. Iniciadores de RNA

A necessidade praticamente universal de todas as DNA-polimerases de um grupo 3′-OH livre para estender uma cadeia de DNA impõe uma questão, que foi enfatizada pelo estabelecimento do modelo semidescontínuo da replicação do DNA: Como é iniciada a síntese do DNA? Uma análise cuidadosa dos fragmentos de Okazaki revelou que *suas extremidades 5′ consistem em segmentos de RNA de 1 a 60 nt (uma extensão que é dependente da espécie) que são complementares à cadeia de DNA-molde (Fig. 30.7)*. *E. coli* possui duas enzimas capazes de catalisar a formação desses **iniciadores de RNA** (*RNA primers*): a **RNA-polimerase**, a enzima de múltiplas subunidades, com ~459 kDa, que realiza a mediação

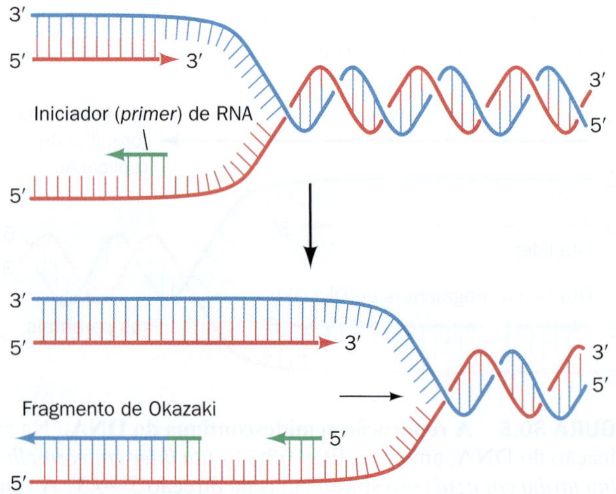

FIGURA 30.7 A iniciação (*priming*) da síntese de DNA por segmentos curtos de RNA.

da transcrição (Seção 31.2), e a primase (60 kDa), o produto monomérico do gene *dnaG*.

A primase é insensível à **rifampicina**, um inibidor da RNA-polimerase (Seção 31.2Bb). A observação de que a rifampicina inibe apenas a síntese da fita-líder indica, portanto, que *a primase inicia os iniciadores dos fragmentos de Okazaki*. A iniciação da síntese da fita-líder em *E. coli*, um evento muito mais raro do que a iniciação dos fragmentos de Okazaki, pode ser mediada *in vitro* tanto pela RNA-polimerase como pela primase apenas, mas é bastante estimulada quando ambas as enzimas estão presentes. Acredita-se, portanto, que essas enzimas atuam de maneira sinergística *in vivo* para iniciarem a síntese da fita-líder.

O DNA maduro não contém RNA. Os iniciadores de RNA são finalmente removidos e as lacunas de fita simples resultantes são preenchidas com DNA por um mecanismo descrito na Seção 30.2Aj.

2 ENZIMAS DA REPLICAÇÃO

A replicação do DNA é um processo complexo, que envolve uma grande variedade de enzimas. Ela requer, para listar apenas seus principais atores em ordem de aparecimento: (1) DNA-topoisomerases, (2) enzimas conhecidas como helicases, que separam as fitas de DNA na forquilha de replicação, (3) proteínas que impedem que as fitas se reassociem antes de serem replicadas, (4) enzimas que sintetizam os iniciadores de RNAs, (5) uma DNA-polimerase, (6) uma enzima para remover os iniciadores de RNA e (7) uma enzima para ligar covalentemente fragmentos de Okazaki sucessivos. Nesta seção, serão descritas as propriedades e as funções de muitas dessas proteínas.

A. DNA-polimerase I

Em 1957, Arthur Kornberg relatou a descoberta de uma enzima que catalisava a síntese de DNA em extratos de *E. coli* devido à sua capacidade de incorporar a marca radioativa do [^{14}C]trifosfato de timidina no DNA. Essa enzima, que se tornou conhecida desde então como **DNA-polimerase I** ou **Pol I**, consiste em um polipeptídeo monomérico de 928 resíduos.

A Pol I acopla dNTPs sobre moldes de DNA (Fig. 30.1) em uma reação que ocorre pelo ataque nucleofílico do grupo 3′-OH da cadeia em crescimento sobre o grupo α-fosforila do nucleosídeo trifosfatado que está sendo incorporado. A reação é acionada pela eliminação de PP$_i$ resultante e sua subsequente hidrólise pela pirofosfatase inorgânica. A reação completa assemelha-se àquela catalisada pela RNA-polimerase (Fig. 5.23), mas difere dela pela absoluta necessidade de que o nucleosídeo que está sendo incorporado seja ligado a um grupo 3′-OH livre de um polinucleosídeo que apresenta pareamento de bases com o molde (a RNA-polimerase inicia a transcrição ligando dois ribonucleosídeos trifosfatados sobre um molde de DNA; Seção 31.2C). A complementaridade entre o produto de DNA e o molde foi, primeiramente, inferida a partir da composição de bases e de estudos de hibridização, mas acabou sendo diretamente estabelecida pela determinação das sequências de bases. A frequência de erro da Pol I na cópia do molde é extremamente baixa, como foi primeiramente demonstrado pela replicação *in vitro* do DNA de 5.386 nt do bacteriófago **ϕX174**, para gerar DNA do fago completamente infectivo. De fato, a sua frequência de erro medida está em torno de uma base errada para cada 10 milhões.

A Pol I é dita **processiva** porque catalisa uma série de etapas de polimerização sucessivas, geralmente 20 ou mais, sem a liberação do molde (o oposto de "processivo" é "**distributivo**"). A Pol I pode, é claro, funcionar de modo inverso, degradando o DNA por pirofosforólise. Essa reação inversa, contudo, provavelmente não possui significado fisiológico, devido à baixa concentração *in vivo* de PP_i resultante da ação da pirofosfatase inorgânica.

a. A Pol I reconhece o dNTP que está sendo incorporado de acordo com a forma de par de bases que ele constitui com o DNA-Molde

A especificidade de Pol I para uma base que será incorporada vem da exigência de que ela forme um par de bases de Watson-Crick com o molde e não do seu reconhecimento direto (lembre que os 4 pb, A · T, T · A, G · C e C · G, possuem formas quase idênticas; Fig. 5.12). Assim, como demonstrado por Eric Kool, quando a "base" **2,4-difluorotolueno (F)**,

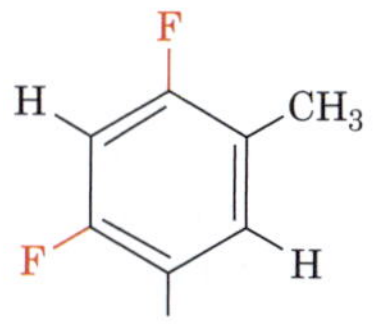

Base 2,4-difluorotolueno (F) 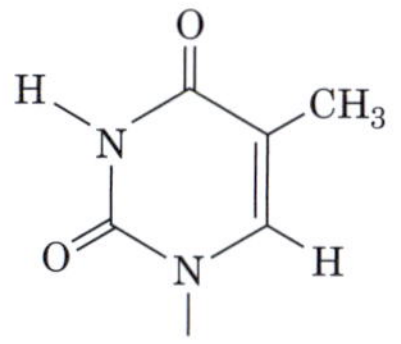 **Timina (T)**

que é isostérica (possui a mesma forma que) com a timina, mas não aceita ligações de hidrogênio, é sinteticamente inserida em um DNA-molde, a Pol I incorpora A em oposição à F com uma frequência de malpareamentos semelhante a que ocorreria caso incorporasse A em oposição à T. Da mesma forma, dFTP é incorporado em oposição a um molde com A com uma fidelidade semelhante àquela da incorporação de dTTP. Porém, a incorporação de F em oposição à A no DNA desestabiliza a dupla hélice em 15 kJ/mol em relação a um T em oposição a essa A. Evidentemente, *a Pol I seleciona o dNTP que será incorporado principalmente de acordo com a sua capacidade de constituir um par com a forma de Watson-Crick com a base do molde, mas sem maior consideração em relação às suas propriedades determinantes da formação de ligações de hidrogênio.* De fato, a estrutura por ressonância magnética (RM) de um DNA de 12 pb contendo em uma posição central um F oposto a um A revela que ele assume uma conformação de B-DNA, na qual o pareamento F-A se assemelha bastante a um par de bases T · A na mesma posição de um DNA de outra forma idêntico.

b. A Pol I pode editar seus erros

Além da sua atividade de polimerase, a Pol I possui duas atividades hidrolíticas independentes:

1. Ela pode atuar como uma exonuclease $3' \rightarrow 5'$.
2. Ela pode atuar como uma exonuclease $5' \rightarrow 3'$.

A reação de exonuclease $3' \rightarrow 5'$ difere quimicamente da reação de pirofosforólise (a reação inversa à reação de polimerização) somente porque a H_2O, em vez do PP_i, é o aceptor do nucleotídeo. Estudos cinéticos e cristalográficos indicam, porém, que essas duas atividades catalíticas ocupam sítios ativos separados (ver a seguir). A função de exonuclease $3' \rightarrow 5'$ é ativada por um nucleotídeo terminal 3′ não pareado, que possui um grupo OH livre. Caso a Pol I incorpore erroneamente um nucleotídeo incorreto (não pareado) na extremidade de uma cadeia de DNA em crescimento, a atividade de polimerase é inibida e a atividade de exonuclease $3' \rightarrow 5'$ remove esse nucleotídeo (Fig. 5.36). A atividade de polimerase retoma então a replicação do DNA. *A Pol I tem, portanto, a capacidade de* ***revisar*** *(de* proof read*) ou de* ***editar*** *uma cadeia de DNA à medida que ela está sendo sintetizada, de modo a corrigir os seus erros.* Isso explica a enorme fidelidade da replicação do DNA feita pela Pol I: a fração total de bases que a enzima incorpora erroneamente, de $\sim 10^{-7}$, é o produto da fração de bases que a sua atividade de polimerase incorpora de forma incorreta e da fração de bases erroneamente incorporadas que a sua atividade de exonuclease $3' \rightarrow 5'$ falhou em remover. O preço dessa fidelidade elevada é que ~ 3% dos nucleotídeos corretamente incorporados também são removidos.

A exonuclease $5' \rightarrow 3'$ da Pol I liga-se ao dsDNA em quebras (*nicks*) de fita simples com pouca influência do caráter do nucleotídeo 5′ (5′-OH ou grupo fosfato; participando ou não de um par de bases). Ela cliva o DNA em uma região com bases pareadas além da quebra, de modo que o DNA é removido como mononucleotídeos ou como oligonucleotídeos de até 10 resíduos (Fig. 5.33). Em contraste, a atividade de exonuclease $3' \rightarrow 5'$ remove apenas mononucleotídeos não pareados e com grupos 3′-OH.

c. A função de polimerase e as duas funções de exonuclease da Pol I ocupam, cada uma, sítios ativos separados

A atividade de exonuclease $5' \rightarrow 3'$ da Pol I é independente tanto da sua atividade de exonuclease $3' \rightarrow 5'$ como da sua atividade de polimerase. De fato, como visto na Seção 7.2A, proteases como a subtilisina ou a tripsina clivam a Pol I em dois fragmentos: um fragmento C-terminal maior ou **fragmento de Klenow** (resíduos 324-928), que contém tanto a atividade de polimerase como a atividade de exonuclease $3' \rightarrow 5'$; e um fragmento N-terminal menor (resíduos 1-323), que contém a atividade de exonuclease $5' \rightarrow 3'$. Assim, a Pol I contém três sítios ativos em uma única cadeia polipeptídica.

d. A estrutura por raios X do fragmento de Klenow indica como ele se liga ao DNA

A estrutura por raios X do fragmento de Klenow complexado ao dsDNA, determinada por Thomas Steitz, revela que a enzima consiste em dois domínios (Fig. 30.8). O domínio menor (resíduos 324 a 517) contém o sítio de exonuclease $3' \rightarrow 5'$, como foi demonstrado pela ausência dessa função mas não da atividade de polimerase em um fragmento de Klenow mutante, geneticamente modificado, que não possui os sítios de ligação a íons metálicos divalentes, conhecidos por serem essenciais para a atividade de exonuclease $3' \rightarrow 5'$, mas que, afora isso, têm uma estrutura normal. O domínio maior (re-

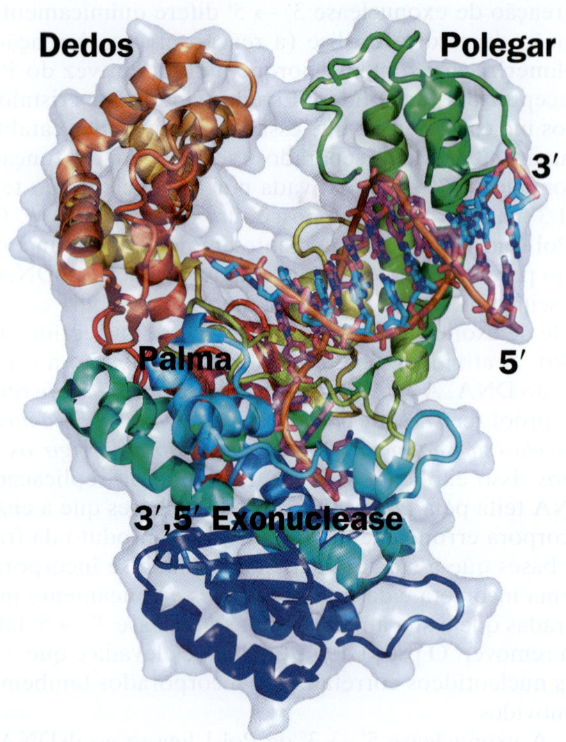

FIGURA 30.8 Estrutura por raios X do fragmento de Klenow da DNA-polimerase I de *E. coli* em complexo com um dsDNA. A proteína está desenhada na forma de fitas e colorida na ordem das cores do arco-íris a partir da sua extremidade N-terminal (*azul*) em direção à sua extremidade C-terminal (*vermelho*) e embutida em sua superfície molecular semitransparente. O DNA é mostrado na forma de bastão com os átomos de C de sua fita-molde de 10 nt em ciano, os átomos de C de sua fita iniciadora de 13 nt em magenta, N em azul, O em vermelho e P em cor de laranja, e com sucessivos átomos de P de cada fita polinucleotídica conectados por barras cor de laranja. Um íon de Zn^{2+} (*esfera púrpura*) marca o sítio ativo da exonuclease $3' \rightarrow 5'$. (Com base na estrutura por raios X de Thomas Steitz, Yale University, USA. PDBid 1KLN.)

Ver Exercício interativo 33

síduos 521-928) contém o sítio ativo da polimerase na base de uma fenda proeminente, a uma distância surpreendentemente grande (~ 25 Å) do sítio de exonuclease $3' \rightarrow 5'$. A fenda, que está alinhada com resíduos positivamente carregados, possui o tamanho (~ 22 Å de extensão por ~ 30 Å de profundidade) e a forma apropriados para ligar-se a uma molécula de B-DNA de uma maneira que lembra uma mão direita segurando uma barra. Consequentemente, os domínios de polimerase do fragmento de Klenow são conhecidos como seus "dedos", "polegar" e "palma" (Fig. 30.8). De fato, todas as DNA-polimerases com estruturas conhecidas apresentam formas semelhantes a um domínio de dedos que se liga ao nucleotídeo que será incorporado e à base do molde, um domínio de polegar que guia o dsDNA recém-formado à medida que ele deixa o sítio ativo, e um domínio de palma que contém o sítio ativo na base da fenda entre os domínios de dedos e polegar (Seções 30.2Ba, 30.4Ba e 30.4Ca).

e. A DNA-polimerase distingue pares de bases de Watson-Crick por meio de interações independentes de sequência que induzem movimentos de domínios

A DNA-polimerase I do termófilo *Thermus aquaticus* (Taq), que é 51% idêntica à sua homóloga de *E. coli*, não apresenta uma atividade de exonuclease $3' \rightarrow 5'$ funcional. A sua estrutura por raios X (Fig. 30.9*a*), também determinada por Steitz, revela que o seu domínio C-terminal se assemelha bastante ao fragmento de Klenow (Fig. 30.8), embora os resíduos carboxílicos de ligação ao íon metálico que são essenciais para a função de exonuclease $3' \rightarrow 5'$ do fragmento de Klenow estejam ausentes na Taq polimerase. O seu domínio de exonuclease $5' \rightarrow 3'$ N-terminal, o qual parece estar apenas frouxamente aderido ao domínio de polimerase C-terminal, contém um agrupamento conservado de íons metálicos na base de uma fenda que está a ~ 70 Å do sítio ativo da polimerase. Portanto, não está claro como as funções de polimerase e exonuclease $5' \rightarrow 3'$ atuam em conjunto, como será visto (Seção 30.2Ai), para produzir dsDNA com uma única quebra.

Gabriel Waksman cristalizou o domínio C-terminal da Taq DNA-polimerase (**Klentaq1**; o qual é frequentemente utilizado em experimentos de PCR [Seção 5.5F]) em complexo com um dsDNA de 11 pb que tem uma projeção (*overhang*) GGAAA-5′ na extremidade 5′ de sua fita-molde, e os cristais foram incubados com 2′-3′-didesoxi-CTP (ddCTP; que não possui um grupo 3′-OH). A estrutura por raios X desses cristais (Fig. 30.9*b*) revela que um resíduo de ddC foi covalentemente ligado à extremidade 3′ do iniciador e formou um par de Watson-Crick com a G 3′ da projeção do molde. Além disso, uma segunda molécula de ddCTP (com a qual o novo resíduo ddC 3′-terminal do iniciador é incapaz de formar uma ligação covalente) ocupa o sítio ativo da enzima, onde ela forma um pareamento de Watson-Crick com a G seguinte do molde, que está totalmente fora de contato com a solução aquosa circundante Claramente, o Klentaq1 mantém a sua atividade catalítica nesse cristal.

Uma DNA-polimerase deve distinguir os pares de bases corretamente pareados dos malpareamentos e isso deve ser feito por meio de interações independentes de sequência com o dNTP que está sendo incorporado. A estrutura por raios X anterior revela que isso ocorre dentro de um bolsão do sítio ativo, cuja forma é complementar à de pares de bases de Watson-Crick. O bolsão é formado pelo empilhamento de uma cadeia lateral de Tyr conservada sobre a base do molde, bem como por interações de van der Waals com a proteína e com o par de bases precedente. Além disso, embora o dsDNA esteja principalmente na conformação B, os 3 pb mais próximos do sítio ativo assumem a conformação A, como também foi observado nas estruturas por raios X de várias outras DNA-polimerases em seus complexos com DNA. A fenda menor resultante, mais larga e rasa (Seção 29.1Ba), permite que as cadeias laterais da proteína formem ligações de hidrogênio com os átomos de N3 das bases púricas e os átomos de O2 das bases pirimídicas, que, de outra forma, estariam inacessíveis. As posições desses aceptores de ligações de hidrogênio são independentes da sequência, uma vez que podem ser visualizados a partir de uma inspeção da Fig. 5.12 (em contraste, as posições dos aceptores de ligações de hidrogênio na fenda maior variam tanto com a identidade

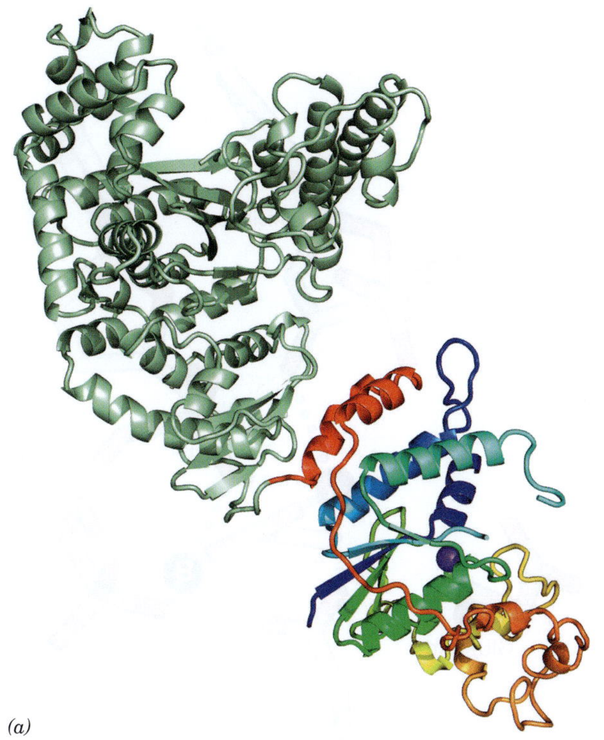

(a)

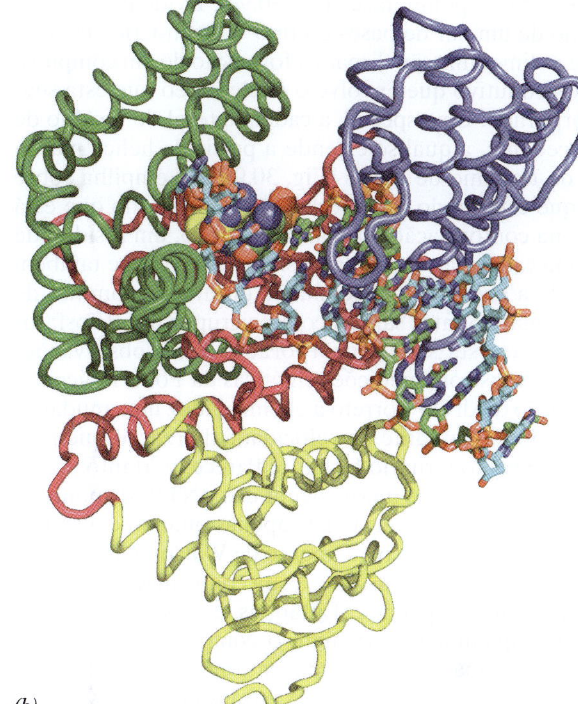

(b)

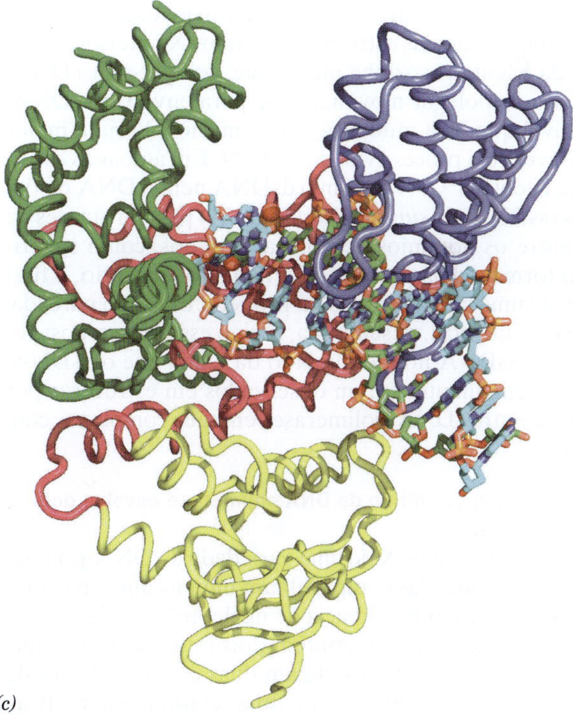

(c)

FIGURA 30.9 Estrutura por raios X da DNA-polimerase I de *T. thermophilus*. (*a*) A estrutura por raios X da proteína completa desenhada na forma de fitas. O domínio N-terminal da exonuclease 5′ → 3′ está colorido na ordem das cores do arco-íris a partir de sua extremidade N-terminal (*azul*) em direção a sua extremidade C-terminal (*vermelha*). O íon de Zn^{2+} no seu sítio ativo está representado por uma esfera púrpura. O domínio C terminal de Klentaq1, que está orientado de maneira similar à do fragmento de Klenow na Fig. 30.8, está em verde-claro. (*b*) As estruturas por raios X de Klentaq1 na sua conformação aberta (com ddCTP ligado) e (*c*) na sua conformação fechada (ddCTP removido). A proteína, que é visualizada de forma similar à da Fig. 30.8, está representada na forma tubular, com seus domínios N-terminal, de palma, de dedos e de polegar coloridos de amarelo, magenta, verde e azul, respectivamente. O DNA está representado na forma de bastões, enquanto o resíduo ddC da extreminade 3′ da fita iniciadora está representado na forma de volume atômico, como está o ddCTP na Parte *b* que está realizando pareamento de base com um resíduo G do molde no bolsão do sítio ativo da enzima. Os átomos estão coloridos de acordo com o tipo, com C em ciano na fita-molde, C em verde na fita iniciadora, ddCTP em amarelo, N em azul, O em vermelho e P de cor de laranja. (Parte *a* com base na estrutura por raios X de Thomas Steitz, Yale University, EUA. PDBid 1TAQ. Partes *b* e *c* com base nas estruturas por raios X de Gabriel Waksman, Washington University School of Medicine, EUA. PDBids 3KTQ e 2KTQ.)

[A · T *versus* G · C] como com a orientação [p. ex., A · T *versus* T · A] do par de bases). Entretanto, com um pareamento do tipo não Watson-Crick, essas ligações de hidrogênio seriam bastante distorcidas, se não completamente desfeitas. A proteína também estabelece inúmeras ligações de hidrogênio e interações de van der Waals, independentes de sequência, com o esqueleto de açúcar-fosfato do DNA.

Os cristais do Klentaq1 · DNA · ddCTP anteriores foram parcialmente esvaziados de ddCTP por imersão em uma solução estabilizadora sem ddCTP. A estrutura por raios X dos cristais sem ddCTP (Fig. 30.9*c*) revela que Klentaq1 assume uma assim chamada conformação aberta, que difere de forma significativa da assim chamada conformação fechada, descrita anteriormente por um movimento de 46º do domínio de dedos, similar ao de uma dobradiça, para além do sítio ativo da polimerase (Fig. 30.9*c*). Evidentemente, a formação de um par de bases do tipo Watson-Crick no sítio ativo de polimeralização dispara a formação de um complexo ternário produtivo que envolve o nucleotídeo que está sendo incorporado. Em especial, a cadeia lateral do resíduo de Tyr precedente, a qual se estende a partir da hélice mais à direita do domínio de dedos (Fig. 30.9*b*), se empilha sobre a base que está sendo incorporada, uma interação que está ausente na conformação aberta. Além disso, um resíduo de Lys e uma cadeia lateral de um resíduo de Arg, que também se estende a partir da hélice mais à direita do domínio de dedos, formam pontes salinas com os grupos α e β-fosfatos do dNTP que está sendo incorporado. Essas observações são consistentes com medições cinéticas da Pol I, indicando que a ligação do dNTP correto à enzima induz uma mudança conformacional limitante da velocidade da reação que produz um complexo ternário fechado. Parece, portanto, que a enzima faz uma rápida amostragem dos dNTPs disponíveis em sua conformação aberta, mas apenas quando ela se liga ao dNTP correto em um pareamento de Watson-Crick com a base do molde é que ela assume a sua conformação fechada, cataliticamente competente. Então, as etapas subsequentes da reação rapidamente originam o complexo do produto, que, seguindo uma segunda mudança conformacional, libera o produto PP_i. Finalmente, o DNA é translocado no sítio ativo, provavelmente por um mecanismo de difusão linear, de modo a posicioná-lo para o próximo ciclo de reação.

A comparação das estruturas por raios X anteriores com aquela da Klentaq1 sozinha indica que, ao ligar-se no DNA, o domínio de polegar movimenta-se para envolver o DNA. É provável que essa mudança conformacional seja a maior responsável pela processividade da Pol I. Em ambas as estruturas da Klentaq1 · DNA, nem o dsDNA nem o DNA de fita simples (**ssDNA**, de *single-stranded DNA*) passam através da fenda entre os domínios de polegar e dedos, como sugerido pela forma e pela posição da fenda. Ao contrário, a fita-molde faz uma curva fechada na primeira base não pareada, e, por consequência, desempilha, assim, essa base e posicionando esse ssDNA no mesmo lado da fenda que o dsDNA. Arranjos semelhantes foram observados em estruturas por raios X de outras DNA-polimerases em seus complexos com o DNA.

f. O mecanismo catalítico da DNA-polimerase envolve dois íons metálicos

As estruturas por raios X de uma variedade de DNA-polimerases sugerem que elas compartilham um mecanismo catalítico comum para a transferência de nucleotidilas (Fig. 30.10). Todos os seus sítios ativos contêm dois íons metálicos, normalmente Mg^{2+}, aos quais se ligam duas cadeias laterais de Asp invariáveis do domínio da palma. O íon metálico B na Fig. 30.10 liga-se a todos os três grupos fosfato do dNTP que está sendo incorporado, enquanto o íon metálico A estabelece uma ponte entre o grupo α-fosfato desse dNTP e o grupo 3′-OH do iniciador. O íon metálico A presumivelmente ativa o grupo 3′-OH do iniciador para um ataque nucleofílico em série sobre o grupo α-fosfato (Fig. 16.6*b*), enquanto o íon metálico B funciona para orientar o grupo fosfato que está ligado a ele e para proteger eletrostaticamente suas cargas negativas, bem como as cargas negativas adicionais do estado de transição, que levam à liberação do íon PP_i (Seção 16.2B).

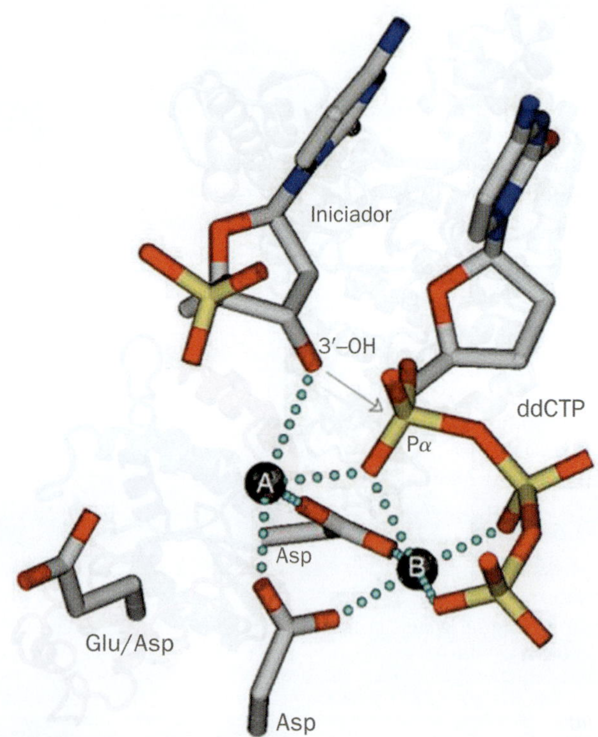

FIGURA 30.10 Diagrama esquemático do mecanismo de nucleotidiltransferase de DNA-polimerases. A e B representam os íons metálicos ligados à enzima, que normalmente são de Mg^{2+}. Os átomos estão coloridos de acordo com o tipo (C em cinza, N em azul, O em vermelho e P em amarelo) e a coordenação dos íons metálicos está representada por linhas pontilhadas. O íon metálico A ativa o grupo 3′-OH do iniciador para o ataque nucleofílico em série sobre o grupo α-fosfato do dNTP que está sendo incorporado (*seta*), enquanto o íon metálico B atua para orientar e estabilizar eletrostaticamente o grupo trifosfato carregado negativamente. (Cortesia de Tom Ellenberger, Harvard Medical School, EUA.)

g. Complexos de edição contêm a fita do iniciador no sítio da exonuclease 3′ → 5′

O complexo do fragmento de Klenow com o DNA mostrado na Fig. 30.8 contém uma fita iniciadora de 13 nt (d[GCCTCGCG-GCGGC]) e uma fita-molde de 10 nt (d[GCCGC-GAGGC]) que é complementar ao segmento de 10 nt da extremidade 5′ da fita iniciadora. O nucleotídeo 3′-terminal da fita iniciadora (o último que uma polimerase ativa poderia ter adicionado) está ligado ao sítio ativo da exonuclease 3′ → 5′. Esse arranjo é possível devido à abertura do par de bases G · C que deveria, de outra forma, ser formado pelo nucleotídeo 5′ da fita-molde, o qual permanece ligado próximo à entrada do sítio ativo da polimerase. Evidentemente, o fragmento de Klenow tem ligada a fita iniciadora em um complexo "editável" em vez de mantê-la na fenda da polimerase.

Como, na Pol I de *E. coli*, a extremidade 3′ da fita do iniciador se transfere entre o sítio ativo de polimerização e o sítio ativo de exonuclease 3′ → 5′? Isso parece ocorrer por meio da competição desses sítios pela extremidade 3′ da fita do iniciador, que pareia suas bases para formar dsDNA no sítio da polimerase e se liga como fita simples ao sítio de exonuclease. Assim, a formação de um pareamento de bases de Watson-Crick facilita a ligação da fita iniciadora ao sítio da polimerase, em preparação para a próxima etapa de extensão da cadeia, enquanto um par de bases incorreto retardaria enormemente a reação da polimerase por promover a ligação da fita iniciadora ao sítio de exonuclease. A comparação do complexo de edição com os complexos da Klentaq1 · DNA sugere que a transferência da fita iniciadora do sítio da polimerase para o sítio de edição do fragmento de Klenow requer que o dsDNA se desloque para trás (na direção da extremidade 3′ da fita-molde) por vários angstroms ao longo do eixo da hélice.

h. A Pol I funciona fisiologicamente para reparar o DNA

Por cerca de 13 anos a partir a descoberta da Pol I, foi geralmente assumido que essa enzima era a replicase do DNA de *E. coli*, pois nenhuma outra atividade de DNA-polimerase havia sido detectada na bactéria. Essa suposição tornou-se insustentável quando, em 1969, Cairns e Paula De Lucia isolaram um mutante de *E. coli* cujo extrato exibia < 1% da atividade normal da Pol I (embora possuísse níveis praticamente normais da atividade de exonuclease 5′ → 3′), mas que, apesar disso, reproduzia-se em uma taxa normal. Essa linhagem mutante é, contudo, altamente suscetível aos efeitos deletérios da radiação ultravioleta (UV) e de **mutagênicos químicos** (substâncias que induzem mutações quimicamente; Seção 32.1A). *A Pol I evidentemente desempenha um papel central no reparo do DNA lesado (quimicamente alterado).*

O DNA lesado, como discutido na Seção 30.5, é detectado por uma variedade de sistemas de reparo do DNA. Muitos desses sistemas clivam endonucleoliticamente o DNA lesado no lado 5′ do dano, ativando, portanto, a atividade de exonuclease 5′ → 3′ da Pol I. Enquanto está removendo esse DNA lesado, a Pol I simultaneamente preenche a lacuna de fita simples resultante, por sua atividade de polimerase. De fato, a sua atividade de exonuclease 5′ → 3′ aumenta 10 vezes quando a função de polimerase está ativa. Talvez as atividades de excisão e polimerização simultâneas da Pol I protejam o DNA da ação de nucleases celulares que poderiam danificar ainda mais ao DNA, caso ele ficasse com lacunas expostas.

i. A Pol I catalisa a tradução de cadeias com quebras (*nick translation*)

As atividades de exonuclease 5′ → 3′ e de polimerase combinadas da Pol I podem substituir os nucleotídeos do lado 5′ de uma quebra de fita simples em um DNA sem qualquer outro tipo de dano. Essas reações, de fato, promovem a tradução (movimento) de cadeias com quebras em direção à extremidade 3′ da fita de DNA, sem alterar a molécula de qualquer outra maneira, (Fig. 30.11). Esse processo de **tradução de cadeias com quebras** (*nick translation*), na presença de dNTPs marcados, é empregado na preparação sintética de DNA altamente radioativo (as quebras necessárias podem ser geradas pelo tratamento do DNA com uma pequena quantidade de **Dnase I** pancreática).

j. A atividade de exonuclease 5′ → 3′ da Pol I funciona fisiologicamente para remover os iniciadores de RNA

A atividade de exonuclease 5′ → 3′ da Pol I também remove os iniciadores de RNA das extremidades 5′ do DNA recém-sintetizado, enquanto a sua atividade de DNA-polimerase

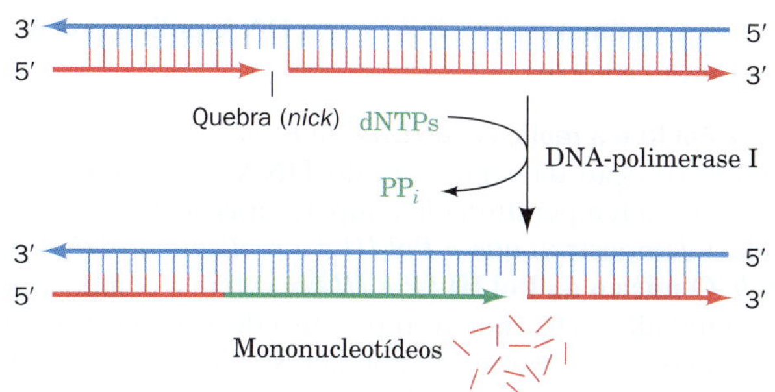

FIGURA 30.11 **A tradução de cadeias com quebras (*nick translation*) que é catalisada pela Pol I.**

preenche as lacunas resultantes (Fig. 5.34). A importância dessa função foi demonstrada pelo isolamento de mutantes de *E. coli* sensíveis à temperatura que não são viáveis e nem apresentam atividade de exonuclease 5′ → 3′ na temperatura restritiva de ~ 43°C (o baixo nível de atividade de polimerase no mutante da Pol I isolado por Cairns e De Lucia é aparentemente suficiente para executar esse processo essencial de preenchimento de lacuna durante a replicação do cromossomo). Assim, a Pol I possui um papel indispensável na replicação do DNA de *E. coli*, embora ele seja diferente daquele que foi primeiramente sugerido.

B. *DNA-polimerase III*

A descoberta de mutantes de *E. coli* que se multiplicavam normalmente e que apresentavam atividade de Pol I muito reduzida estimulou a busca de uma atividade de polimerase adicional. Esse esforço foi recompensado pela descoberta de mais duas enzimas, denominadas, de acordo com a ordem em que elas foram descobertas, **DNA-polimerase II (Pol II)** e **DNA-polimerase III (Pol III)**. As propriedades dessas enzimas são comparadas com as da Pol I na Tabela 30.1. A Pol II e a Pol III não haviam sido previamente detectadas porque suas atividades combinadas nos ensaios utilizados representam normalmente < 5% da atividade da Pol I.

Um mutante de *E. coli* sem atividade mensurável de Pol II multiplica-se normalmente. Entretanto, a Pol II foi implicada como participante no reparo do DNA lesado, por meio da **resposta SOS** (Seção 30.5D), assim como duas outras enzimas de *E. coli* que foram mais recentemente descobertas:

TABELA 30.1 **Propriedades de DNA-polimerases de *E. coli***

	Pol I	Pol II	Pol III
Massa (kDa)	103	90	130
Moléculas/célula	400	?	10–20
Processividade*	600	30	9.000
Gene estrutural	*polA*	*polB*	*polC*
Mutante letal condicional	+	−	+
Polimerização: 5′ → 3′	+	+	+
Exonuclease: 3′ → 5′	+	+	+
Exonuclease: 5′ → 3′	+	−	−

*Nucleotídeos polimerizados min^{-1} · $molécula^{-1}$ a 37°C.
Fonte: Kornberg, A., and Baker, T.A., *DNA replication* (2nd ed.), *p.* 167, Freeman (1992).

A **DNA-polimerase IV (Pol IV)** e a **DNA-polimerase V (Pol V)** (Seção 30.5Db).

a. A Pol III é a replicase do DNA de *E. coli*

A interrupção da replicação do DNA em mutantes ***polC*** sensíveis à temperatura em temperaturas acima da restritiva (alta) demonstrou que *a Pol III é a replicase do DNA de E. coli.* O **núcleo da Pol III** (*Pol III core*) tem a composição de subunidades αεθ, onde α, o produto do gene *polC* (Tabela 30.2), contém a função de polimerase. As propriedades catalíticas do núcleo da Pol III se assemelham àquelas da Pol I (Tabela 30.1), exceto pela incapacidade do núcleo da Pol III de replicar ssDNA iniciado (*primed*) ou dsDNA quebrado. O núcleo da Pol III atua *in vitro* em lacunas de fitas simples de < 100 nucleotídeos, uma situação que provavelmente se assemelha ao estado do DNA na forquilha de replicação. A função de exonuclease 3′ → 5′ de Pol III, que se localiza na subunidade ε da enzima, é o editor primário do DNA durante a replicação; ela aumenta a fidelidade de replicação da enzima em até 200 vezes. Entretanto, a exonuclease 5′ → 3′ da Pol III atua apenas sobre ssDNA, de forma que ela não pode catalisar a tradução de cadeias com quebras. θ é uma proteína acessória que estimula a função de edição de ε.

A estrutura por raios X dos resíduos de 1 a 917 da subunidade α da Pol III de *E. coli*, de 1160 resíduos, determinada por Mike O'Donnell e John Kuriyan, revela que essa proteína apresenta os domínios esperados de polegar, dedos e palma (Fig. 30.12). Apesar disso, ela não apresenta similaridade significativa de sequência e tem um dobramento diferente do de outras duas polimerases de estruturas conhecidas (ambas de bactérias gram-positivas). Além disso, a subunidade α de Pol III apresenta um domínio N-terminal PHP (polimerases e histidinol fosfatase, de p*olymerases and* h*istidinol* p*hosphatase*) que suporta ambos os domínios de palma e polegar.

*O núcleo de Pol III (αεθ) funciona, in vivo, como parte de uma complicada e lábil enzima de múltiplas subunidades, a **holoenzima Pol III**, a qual consiste em pelo menos 10 tipos de subunidades (Tabela 30.2).* As últimas 7 subunidades na Tabela 30.2 atuam para modular a atividade do núcleo de Pol III. Por exemplo, o núcleo de Pol III apresenta uma processividade de 10 a 15 resíduos; ele pode preencher apenas regiões de DNA de fita simples curtas. Entretanto, o núcleo de Pol III se torna processivo pela associação com a **subunidade β** na presença do **complexo γ** de 7 subunidades ($\gamma\tau_2\delta\delta'\chi\Psi$). A montagem da enzima processiva é um processo de duas etapas nas quais o complexo γ transfere a subunidade β para o molde iniciado em uma reação dependente de ATP seguida pela montagem do núcleo de Pol III com a subunidade β sobre o DNA (Seção 30.3Cc). A subunidade β confere, basicamente, uma processividade ilimitada (> 5.000 resíduos) ao núcleo da enzima, mesmo que o complexo γ seja removido de maneira subsequente. De fato, a subunidade β está muito fortemente ligada ao DNA, embora ela possa deslizar livremente ao longo dele.

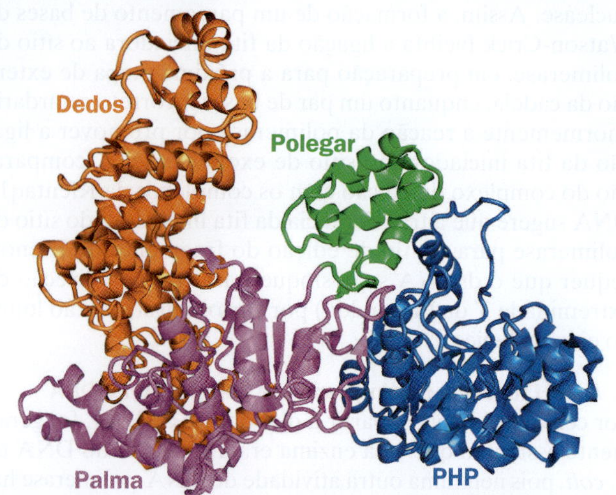

FIGURA 30.12 A estrutura por raios X da subunidade α da Pol III de *E. coli*. A proteína está desenhada na forma de fitas, com seus domínios de polegar, PHP, palma e dedos em verde, azul, magenta e cor de laranja, respectivamente. Note a forma semelhante a uma mão da proteína, mas ela está dobrada completamente diferente de Klentaq1 (Fig. 30.9). (Baseada na estrutura por raios X de Mike O'Donnell, The Rockefeller University, e John Kuriyan, University of California at Berkeley, EUA. PDBid 2HQA.)

TABELA 30.2 Componentes da holoenzima DNA-polimerase III de *E. coli*

Subunidade	Massa (kDa)	Gene estrutural
α*	130	*polC (dnaE)*
ε*	27,5	*dnaQ*
θ*	10	*holE*
τ**	71	*dnaX****
γ**	45,5	*dnaX****
δ**	35	*holA*
δ′**	33	*holB*
χ**	15	*holC*
ψ**	12	*holD*
β	40,6	*dnaN*

*Componentes do núcleo da Pol III.

**Componentes do complexo γ.

***As subunidades γ e τ são codificadas pela mesma sequência gênica; a subunidade γ consiste na extremidade N-terminal da subunidade τ.

Fontes: Kornberg, A., and Baker, T.A., *DNA replication* (2nd ed.), *p*. 169, Freeman (1992); e Baker, T. A., e Wickner, S.H., *Annu. Rev. Genet.* **26**, 450 (1992).

b. A subunidade β constitui um grampo deslizante em forma de anel

A observação de que uma subunidade β fechada sobre um DNA circular clivado desliza até a quebra e se desprende sugere que ela forma um anel fechado ao redor do DNA, o que impede o seu escape. Kuriyan e O'Donnell determinaram a estrutura por raios X da subunidade β em complexo com um DNA molde-iniciador (dsDNA com uma extensão de fita simples na extremidade 5′ de uma de suas fitas, a fita molde). A proteína forma um homodímero de unidades monoméricas de 366 resíduos em forma de C, que se associam para formar uma estrutura de ~ 80 Å de diâmetro com a forma de uma rosca (Fig. 30.13*a*), que é equivalentemente conhecida como **grampo deslizante** ou **grampo β**. O orifício central do grampo deslizante tem ~35 Å de diâmetro, que é maior do que os diâmetros de 20 e 26 Å dos B- e A-DNAs

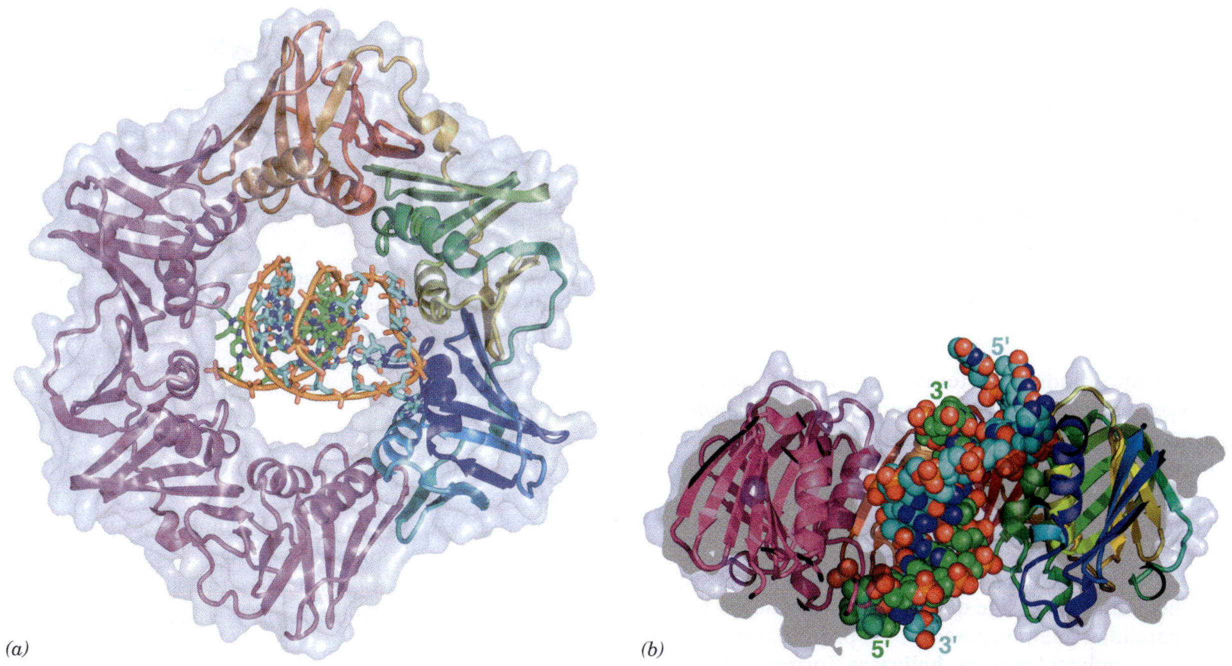

FIGURA 30.13 A estrutura por raios X da subunidade β da holoenzima Pol III de *E. coli* em complexo com DNA. (*a*) O grampo deslizante homodimérico está desenhado na forma de fitas embutido no diagrama de sua superfície semitransparente e visualizada ao longo de seu eixo duplo com uma subunidade em magenta e a outra colorida na ordem das cores do arco-íris a partir de sua extremidade N-terminal (*azul*) para a extremidade C-terminal (*vermelha*). O DNA, que consiste em um segmento de fita dupla de 10 pb com uma extensão de fita simples de 4 nt na extremidade 5′ de uma de suas fitas, está desenhado na forma de bastão, com os átomos de C da fita-molde em ciano, os da fita iniciadora em verde, N em azul, O em vermelho e P em cor de laranja, e com um bastão cor de laranja conectando átomos de P sucessivos em cada fita. (*b*) Diagrama parcial da estrutura da Parte *a* com uma rotação de 90° sobre o eixo horizontal. O DNA, que está mostrado na forma de volume atômico, está inclinado por ~ 22° em relação ao eixo duplo da proteína, que está na vertical nesse diagrama. Note que em um sistema em replicação, a fita do iniciador deveria estar estendida em direção ao topo do diagrama. (Baseada na estrutura por raios X de John Kuriyan, University of California at Berkeley, EUA, e Mike O'Donnell, The Rockefeller University, EUA. PDBid 3BEP.)

(lembre que as hélices híbridas que os iniciadores de RNA formam com o DNA apresentam conformações similares à do A-DNA; Seção 29.1Bc). Cada subunidade β é composta de seis motivos em tandem βαβββ de topologia idêntica, que se associam em pares para formar três domínios simétricos pseudoduplos bilaterais de estruturas muito similares (apesar de com < 20% de identidade de sequência). O anel dimérico tem, portanto, a forma de uma estrela de seis pontas, na qual as 12 hélices cobrem o anel central e as fitas β se associam em seis folhas β que formam a superfície externa da proteína. Cálculos eletrostáticos indicam que a superfície interna do anel é positivamente carregada, enquanto a sua superfície externa é carregada negativamente.

As hélices α que revestem o orifício central da proteína estão orientadas de modo a ficarem perpendicularmente posicionadas em relação aos seus segmentos radiais adjacentes da cadeia de açúcar-fosfato. Essas hélices, portanto, estendem-se sobre as cavidades maior e menor do DNA, em vez de entrarem no interior delas, como o fazem muitas hélices que realizam interações sequência-específicas com dsDNA (Seção 31.3Da). Como A- e B-DNAs têm 11 e 10.5 pb por volta, enquanto o grampo deslizante tem uma simetria pseudododecaédrica, parece que o grampo deslizante fortemente minimiza suas associações com o DNA que passa por ele, o que facilita a passagem desimpedida do DNA através do grampo deslizante. Apesar disso, o eixo da hélice do DNA iniciador-molde está inclinado em direção ao eixo duplo da proteína homodimérica por ~22° de tal forma que o seu segmento de ssDNA faz contatos de van der Waals com uma porção específica da parede interna do grampo β (Fig. 30.13b; em estudos de construção de modelos prévios, com base na estrutura do grampo deslizante sozinho, assumiu-se que esses eixos fossem coincidentes). De fato, o DNA iniciador-molde se liga ao grampo deslizante ~4 vezes mais fortemente do que o faz um dsDNA e mutações em resíduos que interagem com o segmento de ssDNA reduzem a eficiência da replicação do DNA. Assim, como está explicado na Seção 30.3Cc, a interação entre o ssDNA e o grampo deslizante é fisiologicamente significativa.

C. *Desenrolando o DNA: Helicases e proteínas de ligação a DNA de fita simples*

A holoenzima Pol III, ao contrário da Pol I, não é capaz de desenrolar o dsDNA. Em vez disso, *três proteínas, a proteína DnaB (o produto do gene dnaB; proteínas podem ser designadas pelo nome do gene que as especifica, mas em letras romanas e com a primeira letra maiúscula), a helicase Rep e a proteína de ligação a DNA de fita simples (SSB,*

TABELA 30.3 Proteínas de ligação e de desenrolamento na replicação do DNA de *E. coli*

Proteína	Estrutura da subunidade	Massa da subunidade (kDa)
Proteína DnaB	Hexâmero	50
SSB	Tetrâmero	19
Proteína Rep	Monômero	68
Proteína PriA	Monômero	76

Fonte: Kornberg, A., e Baker, T.A., *DNA Replication* (2nd ed.), *p.* 366, Freeman (1992).

de single-strand binding protein*) (Tabela 30.3), atuam em conjunto para desenrolar o DNA antes de uma forquilha de replicação que avança (Fig. 30.14), por um processo que é movido pela hidrólise de ATP.*

a. Helicases hexaméricas separam mecanicamente as fitas de dsDNA, escalando uma das fitas

O acesso à informação genética codificada em um ácido nucleico helicoidal duplo exige que as suas fitas que estão com as bases pareadas sejam separadas. As proteínas que fazem isso, que são conhecidas como **helicases**, formam um grupo diverso de enzimas que facilitam várias funções, incluindo a replicação, a recombinação e o reparo do DNA, além da terminação da transcrição (Seção 31.2Da), do *splicing* de RNA e da edição de RNA (Seção 31.4A). De fato, todas as formas de vida contêm helicases, 12 variedades das quais ocorrem em *E. coli*. Uma helicase atua translocando-se ao longo de uma fita de um ácido nucleico de dupla-hélice, de forma a separar as fitas em seu trajeto. Isso, é claro, requer energia livre, e, portanto, as helicases são movidas pela hidrólise de NTP. As helicases foram classificadas em seis superfamílias que variam em suas características, incluindo suas direções de translocação ao longo das fitas simples às quais estão ligadas ($5' \rightarrow 3'$ ou $3' \rightarrow 5'$) e se elas funcionam como anéis hexaméricos ou como dímeros.

A proteína **DnaB** de *E. coli*, uma **helicase hexamérica** de subunidades idênticas de 471 resíduos, separa as fitas de dsDNA à medida que se desloca ao longo do molde da fita tardia na direção $5' \rightarrow 3'$, enquanto hidrolisa ATP (ela também pode utilizar trifosfato de guanosina [GTP, de *guanosine triphosphate*] e trifosfato de citidina [CTP, de *cytidine triphosphate*], mas não trifosfato de uridina [UTP, de *uridine triphosphate*]). Estudos de microscopia eletrônica (ME) e por raios X revelam que a DnaB forma um anel hexamérico que, dependendo das condições, apresenta simetria C_3 ou C_6, o qual circunda um canal central de ~ 30 Å de diâmetro. A DnaB hexamérica se liga a três moléculas de primase através do último domínio de ligação da helicase (Seção 30.2E). De forma semelhante, a **helicase/primase do gene 4 do bacteriófago T7** (o bacteriófago T7 infecta *E. coli*) forma um anel hexagonal de duas camadas (Fig. 30.15), cujos domínios N-terminais (resíduos 1-271) contêm a sua atividade de primase e cujos domínios C-terminais (resíduos 272-566) executam a sua função de helicase. A helicase/primase do gene 4 de T7 (também chamada **T7 gp4**; gp de *gene product*, produto gênico) se transloca ao longo do ssDNA na direção $5' \rightarrow 3'$ enquanto hidrolisa, preferencialmente, dTTP (mas também hidrolisa dATP e ATP).

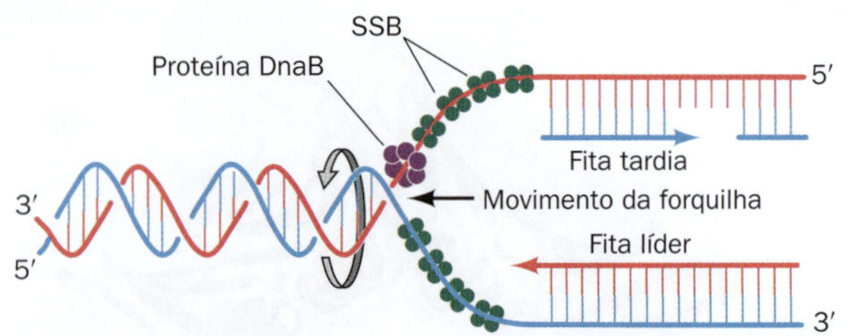

FIGURA 30.14 O desenrolamento do DNA pela ação combinada das proteínas DnaB e SSB. A proteína hexamérica DnaB movimenta-se ao longo do molde da fita tardia na direção $5' \rightarrow 3'$. As fitas de DNA separadas resultantes são impedidas de se reanelarem devido à ligação da SSB.

Leemor Joshua-Tor determinou a única estrutura por raios X conhecida de uma helicase hexamérica em complexo com o DNA, que é a da **proteína E1** do papilomavírus bovino, a qual se transloca ao longo do ssDNA na direção $3' \rightarrow 5'$ (a direção oposta de DnaB e T7 gp4). A proteína nessa estrutura, a qual contém os 274 resíduos C-terminais da proteína E1, de 605 resíduos, consiste em dois domínios: um domínio de oligomerização N-terminal de 74 resíduos e um **domínio AAA+** C-terminal de 200 resíduos (AAA+ para *A*TPases *a*ssociadas com *a*tividades celulares; uma família de proteínas funcionalmente diversa). Existem duas famílias de helicases hexaméricas, a família RecA e a fa-

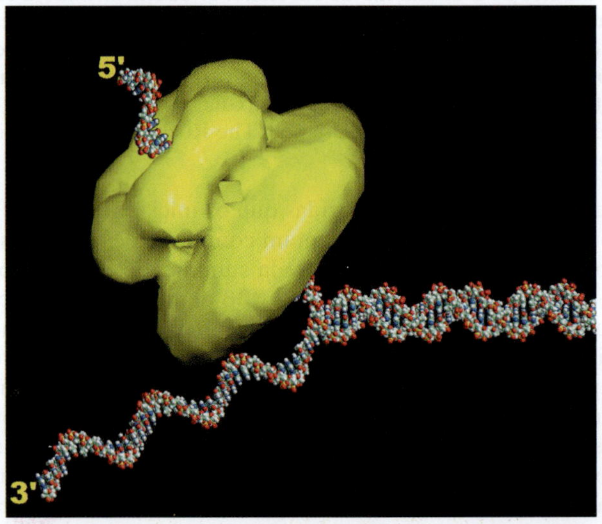

FIGURA 30.15 Reconstrução de imagem com base em microscopia eletrônica da helicase/primase do gene 4 do bacteriófago T7. Nesse anel hexamérico de duas camadas (*amarelo*), o lobo menor de cada subunidade forma o domínio N-terminal da primase e o lobo maior forma o domínio C-terminal da helicase. Postula-se que a proteína interaja com o DNA como está representado nesse modelo de uma forquilha de DNA consistindo em um segmento de fita dupla de 30 pb e dois segmentos de fita simples de 25 nt, com a extremidade 5′ passando através do anel hexamérico. A maneira pela qual a extremidade 3′ interage com a proteína, caso isso realmente ocorra, é desconhecida. (Cortesia de S.S. Patel e K.M. Picha, University of Medicine and dentistry of New Jersey, EUA.)

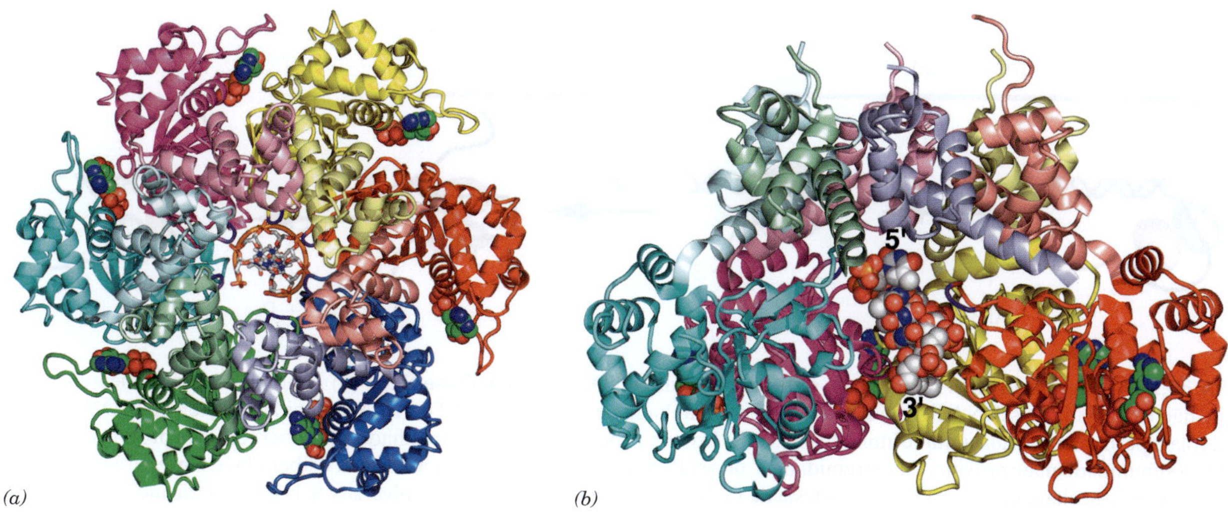

FIGURA 30.16 **Estrutura por raios X da helicase E1 do papiloma vírus bovino em complexo com poli(dT) e ADP.** (*a*) A proteína está desenhada na forma de fitas, visualizada ao longo do eixo pseudo-hexaédrico do homo-hexâmero, com cada subunidade proteica colorida de forma diferente e com o domínio de oligomerização de cada subunidade mais levemente sombreado que seu domínio AAA+. As alças de proteína, que se estendem radialmente para a parte de dentro de cada subunidade para interagir com os grupos fosfato do DNA, estão em púrpura. O poli(dT), 6 nt do qual são visíveis, está desenhado na forma de bastão com C cinza, N azul, O vermelho e P cor de laranja e com sucessivos átomos de P unidos por um bastão cor de laranja. Sua extremidade 5′ está próxima do observador. O ADP está mostrado na forma de volume atômico com C verde, N azul, O vermelho e P cor de laranja. (*b*) Vista lateral da proteína relatada na Parte *a* após uma rotação de 90° sobre o eixo horizontal. Os domínios AAA+ azul e verde da Parte *a*, com excessão das alças que interagem com o DNA, foram deletados para expôr o DNA, que está desenhado na forma de volume atômico. (Com base na estrutura por raios X de Leemor Joshua-Tor, Cold Spring Harbor Laboratory, New York, EUA. PDBid 2GXA.)

mília AAA+. Helicases hexaméricas pertencentes à família RecA (RecA cataliza a recombinação homóloga; Seção 30.6Ab), tais como DnaB e T7 gp4, se translocam na direção 5′ → 3′ e estão presentes principalmente em eubactérias e seu fagos, enquanto as helicases hexaméricas da família AAA+, tais como a proteína E1, se translocam na direção 3′ → 5′ e ocorrem principalmente em arqueas, eucariotos e seus vírus.

A estrutura de E1 revela que essa helicase, que foi cristalizada com ADP e um poli(dT) de 13 nt (embora apenas 6 nt sejam visíveis na estrutura por raios X), forma um anel hexagonal de duas camadas, nas quais os domínios de oligomerização formam um rígido colar com uma simetria hexaédrica praticamente perfeita. Em contraste, os domínios AAA+ desviam significativamente dessa simetria (Fig. 30.16*a*). Um ADP está ligado em um sítio radialmente periférico entre cada par de domínios AAA+ vizinhos. O poli (dT) forma uma hélice voltada para a direita que se liga no diâmetro extremamente estreito, de ~ 13 Å, do canal central do domínio AAA+ do hexâmero (que é muito apertado para permitir um dsDNA) com sua extremidade 5′ direcionada ao topo do hexâmero na Fig. 30.16. Cada um dos grupos fosfato do DNA interage com uma alça positivamente carregada (resíduos 505-508) que se estende radialmente para o interior de cada domínio AAA+ e, assim, essas alças formam um arranjo que se assemelha a uma espiral voltada para a direita que arrasta o esqueleto açúcar-fosfato do ssDNA. Aparentemente, a proteína avança através de uma série de modificações conformacionais dirigidas por ATP que, via interações com as alças, empurra o ssDNA através do canal da base para o topo na Fig. 30.16*b*. Durante esse processo, cada alça se mantém presa no mesmo grupo fosfato. A hidrólise de ATP ocorre próxima à base da escada em espiral e a liberação do ADP ocorre entre as subunidades localizadas próximas ao seu topo. Um novo ATP se liga, então, a esse sítio, que faz que a alça mais próxima ao topo caia para a base da escada, onde ela se liga ao próximo grupo fosfato disponível e repete o ciclo catalítico. Assim, a helicase E1 separa mecanicamente as fitas de dsDNA puxando-se ao longo da cavidade de uma fita na sua direção 3′ → 5′, mas sem se virar em relação ao DNA.

b. Dímeros da helicase Rep separam as fitas de dsDNA por um mecanismo "ativo, rolante"

Duas outras helicases, a **helicase Rep** e a **proteína PriA**, foram implicadas na replicação de vários DNAs de fagos de *E. coli* (Seção 30.3B) e também participam em certos aspectos da replicação do DNA da bactéria (Seção 30.3C). Ambas as proteínas deslocam-se ao longo do DNA na direção 3′ → 5′ (e, por conseguinte, ao longo da fita oposta à da DnaB), enquanto hidrolisam ATP. A helicase Rep não é essencial para a replicação do DNA de *E. coli*, mas a velocidade na qual a forquilha de replicação se propaga é reduzida ~2 vezes em mutantes *rep*$^-$.

A helicase Rep é um monômero de 673 resíduos em solução, mas dimeriza ao ligar-se ao DNA. Ambas as subunidades do dímero de Rep ligam-se a ssDNA ou a dsDNA de modo que a ligação de uma subunidade ao DNA inibe fortemente a ligação a DNA da outra subunidade (cooperatividade negativa). Essa observação levou Timothy Lohman a propor o mecanismo "ativo, rolante" para o desenrolamento do DNA mediado pela Rep. Nesse mecanismo, as duas subunidades do dímero se alternam na

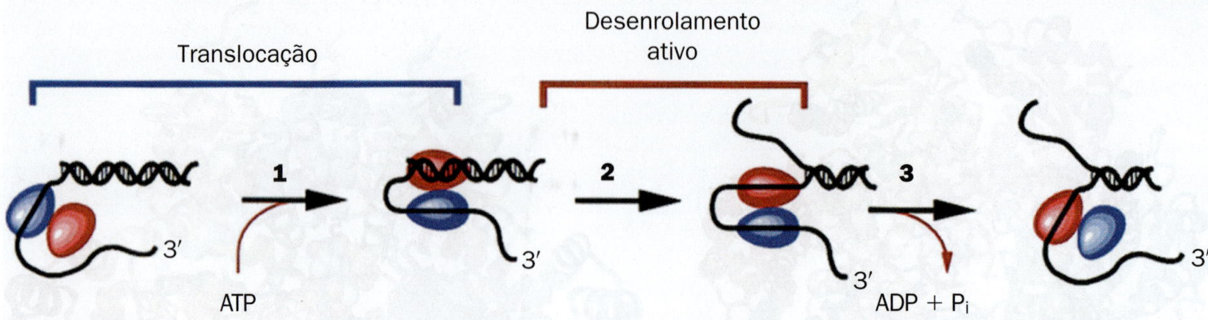

FIGURA 30.17 Mecanismo ativo rolante para o desenrolamento do DNA pela helicase Rep. (**1**) A subunidade da helicase Rep dimérica que não está ligada ao ssDNA liga-se ao dsDNA, acompanhada pela ligação de ATP. (**2**) A subunidade ligada ao dsDNA desenrola a fita dupla e permanece ligada à fita terminada em 3′. (**3**) Em um processo que é acompanhado pela liberação dos produtos da hidrólise de ATP, a subunidade mais próxima da extremidade 3′ do ssDNA ao qual a Rep A está associada é liberada, em preparação para um novo ciclo de desenrolamento do dsDNA. (Cortesia de Gabriel Waksman, Washington University School of Medicine, St. Louis, EUA.)

ligação ao dsDNA e à extremidade 3′ do ssDNA na junção ssDNA/dsDNA (Fig. 30.17). As duas subunidades, então, "caminham" ao longo do DNA enquanto o desenrolam, de uma maneira dependente de ATP, por meio de um mecanismo de troca de subunidade, no qual a subunidade da helicase que está ligada ao dsDNA desloca a sua fita de partida 5′, enquanto permanece ligada à sua fita de partida 3′. A liberação da outra subunidade do dsDNA iniciador 3′ permite, então, que essa subunidade se ligue à nova extremidade do dsDNA e a desenrole, continuando dessa forma o ciclo.

A estrutura por raios X da helicase Rep de *E. coli* em complexo com um ssDNA curto de $dT(pT)_{15}$ e ADP (Fig. 30.18), determinada por Lohman e Waksman, revela que à molécula de ssDNA relativamente retilínea se ligam dois monômeros de Rep que estão em contato entre si. Um monômero de Rep é composto de dois domínios, 1 e 2, cada um dos quais é formado por dois subdomínios, A e B, com os dois subdomínios N-terminais (1A e 2A) homólogos entre si. Nos dois monômeros de Rep que estão ligados ao mesmo DNA, o subdomínio 2B apresenta orientações marcantemente diferentes em relação aos outros três subdomínios (Fig. 30.18). O monômero de Rep que está ligado à extremidade 5′ do ssDNA (à qual ele contacta entre as bases 1 e 8) assume uma conformação "aberta", na qual os quatro subdomínios formam um conjunto que lembra uma garra de caranguejo, com um dos lados da pinça (subdomínio 2B) maior do que o outro (subdomínio 1B). O DNA fica ligado na base da fenda resultante, cujo assoalho é formado pelos subdomínios 1A e 2A. No monômero de Rep que se liga à extremidade 3′ do ssDNA (que ele contacta entre as bases 9 e 16), o subdomínio 2B foi reorientado em relação aos outros subdomínios, por meio de uma rotação de 130° em torno de uma região de dobradiça entre os subdomínios 2A e 2B, o que fecha a fenda sobre o DNA para formar a conformação "fechada". Essa mudança conformacional é consistente com o mecanismo ativo, rolante, mesmo que a maneira pela qual os dois monômeros de Rep formam o dímero observado em solução permaneça desconhecida. O ADP liga-se à Rep entre seus subdomínios 1A e 2A em uma posição muito próxima à do DNA, sugerindo que as mudanças conformacionais no sítio de ligação a ATP que surgem a partir da sua hidrólise sejam transmitidas ao sítio de ligação do DNA por elementos estruturais secundários que fazem contato com ambos os sítios. A maneira pela qual a Rep separa as duas fitas do dsDNA ainda é desconhecida.

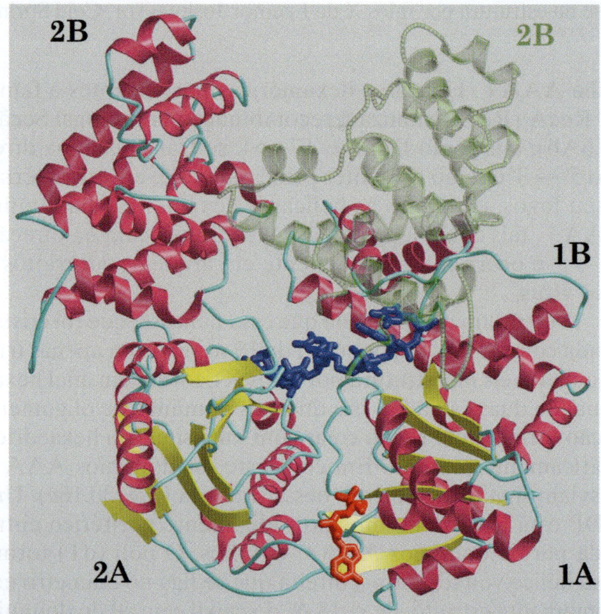

FIGURA 30.18 Sobreposição das estruturas por raios X da helicase Rep em suas conformações aberta e fechada em complexo com $dT(pT)_{15}$ e ADP. O monômero na conformação aberta está representado na forma de fitas e colorido de acordo com a estrutura secundária (hélices em magenta, folhas β em amarelo e espirais, *coils*, em ciano), com o segmento de ssDNA e o ADP ligados a ele representados na forma de bastões em azul e em vermelho. Na conformação fechada, o subdomínio 2B (fita verde transparente) girou, por um movimento de dobradiça de 130° em relação ao subdomínio 1A, 1B e 2A, para fechar-se sobre o ssDNA. (Cortesia de Gabriel Waksman, Washington University School of Medicine, St. Louis, EUA. PDBid 1UAA.)

c. A proteína de ligação a DNA de fita simples impede que o ssDNA se reassocie

Se deixadas sem interferência, as fitas de DNA separadas após a passagem de uma helicase rapidamente se reassociariam para formar dsDNA novamente. O que as impede de fazerem isso é a interação com a **proteína de ligação a DNA de fita simples (SSB)**. Ela também impede que o ssDNA forme estruturas secundárias intramoleculares fortuitas (hastes helicoidais) e o protege de nucleases. Numerosas cópias de SSB cobrem cooperativamente o ssDNA, mantendo-o, portanto, em um estado não pareado. Note, porém, que o ssDNA deve ser liberado das SSBs antes que ele possa ser replicado pela holoenzima Pol III.

A SSB de *E. coli* é um homotetrâmero de subunidades de 177 resíduos. A SSB liga-se a ssDNA de vários modos distintos, referidos como $(SSB)_n$, que diferem no número de nucleotídeos (n) ligados a cada tetrâmero. Os dois modos principais são $(SSB)_{35}$, no qual apenas duas subunidades do tetrâmero interagem fortemente com o ssDNA, e $(SSB)_{65}$, no qual todas as quatro subunidades interagem com o ssDNA. O modo $(SSB)_{35}$ apresenta uma cooperatividade ilimitada, uma vez que forma cordões estendidos de tetrâmeros em contato entre si ao longo da extensão do ssDNA associado a eles. Já o modo $(SSB)_{65}$ apresenta uma cooperatividade limitada, pois forma agrupamentos de contas sobre o ssDNA, que são compostos de apenas uns poucos tetrâmeros em contato entre si.

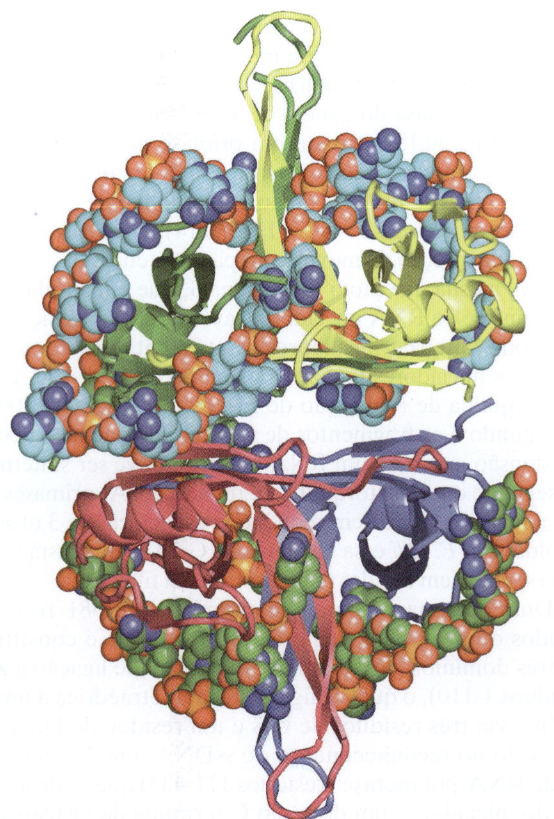

FIGURA 30.19 Estrutura por raios X da SSB de *E. coli* em complexo com $dC(pC)_{34}$. O homotetrâmero, que tem simetria D_2, é visualizado ao longo de um de seus eixos duplos, com os seus dois outros eixos duplos na horizontal e vertical. Cada uma das subunidades (que incluem 134 resíduos N-terminais do polipeptídeo de 177 resíduos) está colorida de forma diferente. As duas moléculas de ssDNA associadas à proteína estão representadas na forma de volume atômico, coloridas de acordo com o tipo de átomo, com C da fita superior ciano, C da fita inferior em verde, N azul, O vermelho e P cor de laranja. (A fita inferior está parcialmente desordenada e, portanto, parece consistir de dois segmentos.) (Com base em uma estrutura por raios X de Timothy Lohman e Gabriel Waksman, Washington University School of Medicine St. Louis, EUA. PDBid 1EYG.)

Estudos de proteólise mostraram que o sítio de ligação ao ssDNA da SSB está contido nos seus 115 resíduos N-terminais. A estrutura por raios X do fragmento quimotríptico da SSB de *E. coli* (resíduos 1-135) em complexo com $dC(pC)_{34}$, determinada por Lohman e Waksman, revela que a proteína tetramérica possui simetria D_2 e liga-se a duas moléculas de $dC(pC)_{34}$ (Fig. 30.19). Para um desses oligômeros de 35 nt, 28 nucleotídeos (resíduos 3-30) permaneceram visíveis e assumiram a forma de uma ferradura alongada, que envolveu as duas subunidades de SSB com uma simetria aproximadamente dupla e com seu vértice em contato com uma terceira subunidade. O outro ssDNA associado à estrutura estava parcialmente desordenado, de modo que apenas dois segmentos ficaram visíveis, um com 14 nt (resíduos 3-16) e o outro com 9 nt (resíduos 19-27). A trajetória dos segmentos de ssDNA ao longo da superfície de SSB sugeriu modelos que racionalizam as diferentes propriedades de $(SSB)_{35}$ e $(SSB)_{65}$. No modelo $(SSB)_{65}$, as duas extremidades de um segmento de 65 nt emergem do mesmo lado do tetrâmero, o que limitaria o número de tetrâmeros de SSB capazes de se ligarem a segmentos de ssDNA de 65 nt contíguos. No modelo $(SSB)_{35}$, contudo, as duas extremidades de um segmento de 35 nt emergem de extremidades opostas do tetrâmero, e, por isso, permitem que uma série ilimitada de tetrâmeros de SSB interajam extremidade com extremidade ao longo da extensão de um ssDNA.

D. *DNA-ligase*

A Pol I, como visto na Seção 30.2A, substitui os RNAs iniciadores dos fragmentos de Okazaki por DNA por meio da tradução de cadeias com quebras (*nick translation*). *As quebras de fita simples resultantes entre fragmentos de Okazaki adjacentes, bem como as quebras no DNA circular após a síntese da fita-líder, são fechadas em uma reação catalisada pela **DNA-ligase**.* A energia livre necessária para essa reação é obtida de uma maneira dependente da espécie, por meio da hidrólise acoplada tanto de NAD^+ para NMN^+ + AMP, como de ATP para PP_i + AMP. A enzima de *E. coli*, que também é conhecida como **LigA**, é um monômero de 671 resíduos que utiliza NAD^+ e catalisa uma reação de três etapas (Fig. 30.20):

1. O grupo de adenilila do NAD^+ é transferido para o grupo ε-amino de um resíduo de Lys da enzima, para formar um aduzido de fosfoamida incomum, que, apesar disso, é facilmente isolado.
2. O grupo de adenilila dessa enzima ativada é transferido para a extremidade fosforila 5′ da quebra (*nick*) para formar um DNA adenililado. Aqui, o AMP é ligado ao nucleotídeo 5′ por meio de um pirofosfato, em vez da ligação fosfodiéster usual.

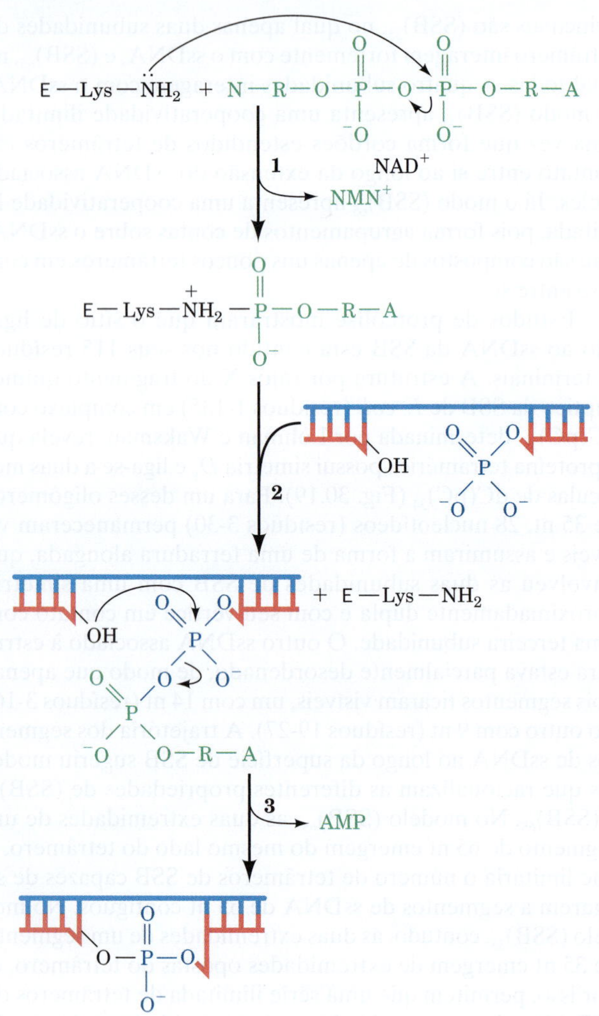

FIGURA 30.20 **As reações catalisadas pela DNA-ligase de *E. coli*.** Nas DNA-ligases eucarióticas e de T4, o NAD^+ é substituído por ATP, de modo que, em vez de NMN^+, PP_i é eliminado na primeira etapa da reação. As etapas numeradas estão descritas no texto.

3. A DNA-ligase catalisa a formação de uma ligação fosfodiéster, por um ataque do 3′-OH sobre o grupo 5′-fosforila, selando assim o corte e liberando AMP.

As DNA-ligases que necessitam de ATP, como aquelas de todos os eucariotos e do bacteriófago T4, liberam PP_i na primeira etapa da reação, em vez de NMN^+. A ligase de T4 também é notável no sentido de que, em elevadas concentrações de DNA, ela é capaz de unir dois dúplices de DNA (**ligação de extremidades cegas**, *blunt end ligation*) em uma reação que é extremamente útil para a engenharia genética (Seção 5.5C).

A estrutura por raios X da DNA ligase de *E. coli* em complexo com um dsDNA de 26 pb com uma única quebra e AMP foi determinada por Stewart Shuman. O complexo foi formado pela reação da proteína com NAD^+ na presença de Mg^{2+} (formando, assim, o produto de fosfoamida da etapa 1 da reação da DNA ligase; Fig. 30.20), removendo o Mg^{2+} e, assim, adicionando o dsDNA com quebras. A estrutura por raios X de cristais desse complexo revelou que a proteína forma um grampo em forma de C que circunda um segmento de 19 pb de DNA centralizado sobre a quebra (Fig. 30.21). Além disso, o complexo avançou em direção à etapa 2 da reação, ou seja, o grupamento adenilila formou uma ligação pirofosfada com o grupo fosfato 5′ na quebra. A razão pela qual a enzima não completou o seu ciclo catalítico, selando a quebra, é, provavelmente, devida à ausência de Mg^{2+}.

Os resíduos 587 a 671 formam um domínio que não é visível nessa estrutura por raios X, embora ele seja pobremente resolvido na estrutura por raios X da DNA ligase de *Thermus filiformis*. Aparentemente, esse domínio apresenta alta mobilidade, o que sugere que ele se dobre para fora para permitir que o substrato de dsDNA clivado da enzima se ligue ao sítio ativo e, então, se dobre de volta para auxiliar a imobilizar o DNA.

E. *Primase*

As primases de bactérias e de vários bacteriófagos seguem atrás da forquilha de replicação em movimento em uma associação estreita com a sua DNA-helicase. Assim o domínio N-terminal da helicase/primase do gene 4 de T7 executa a sua função de primase (Fig. 30.15), enquanto a primase de *E. coli* (**DnaG**) forma um complexo não covalente com a DnaB. Como essas DNA-helicases se translocam ao longo do molde de DNA da fita tardia na direção 5′ → 3′ (Fig. 30.14), a primase deve inverter a sua direção de movimento para sintetizar um iniciador de RNA na sua direção 5′ → 3′. DnaG, que é mantida no local de síntese de RNA iniciador através da sua associação com SSB, pode sintetizar iniciadores de até 60 nt *in vitro*, embora, *in vivo*, os iniciadores tenham a extensão de 11 ± 1 nt. Como uma forquilha de replicação de *E. coli* move-se a ~ 1.000 nt por segundo e os fragmentos de Okazaki possuem ~ 1.000 nt de extensão, cerca de um RNA iniciador deve ser sintetizado por segundo em cada forquilha de replicação. As primases tendem a iniciar a síntese em sequências específicas de 3 nt sobre o molde. Em *E. coli* essa sequência é GTA, a qual está super-representada em moldes para a síntese da fita tardia.

DnaG é uma proteína monomérica de 581 resíduos. Estudos de proteólise demonstraram que ela é constituída por três domínios: um domínio N-terminal de ligação a Zn^{2+} (resíduos 1-110), o qual se liga de forma tetraédrica a um íon de Zn^{2+} via três resíduos de Cys e um resíduo de His e está envolvido no reconhecimento do ssDNA; um domínio central de RNA-polimerase (resíduos 111-433) que realiza a síntese do iniciador; e um domínio C-terminal de ligação à helicase (resíduos 434-581) que interage com DnaB. A DnaG isolada é fracamente ativa *in vitro*; ela sintetiza iniciadores em uma taxa máxima de três por hora. Entretanto, na presença de DnaB, ela sintetiza iniciadores na taxa observada *in vivo*. Uma vez que *E. coli* possui de 50 a 100 moléculas de DnaG por célula, isso presumidamente limita a síntese de iniciadores na forquilha de replicação. A importância dessa função é ressaltada pela gp4 de T7, cujas funções de helicase e primase residem no mesmo polipeptídeo (Fig. 30.15).

A estrutura por raios X do domínio catalítico de DnaG em complexo com um ssDNA de 15 nt (Fig. 30.22), determinada por James Berger, revela uma proteína em forma de caju, cujo enovelamento não está relacionado ao de qualquer outra DNA- ou RNA-polimerase. Ela contém um segmento de

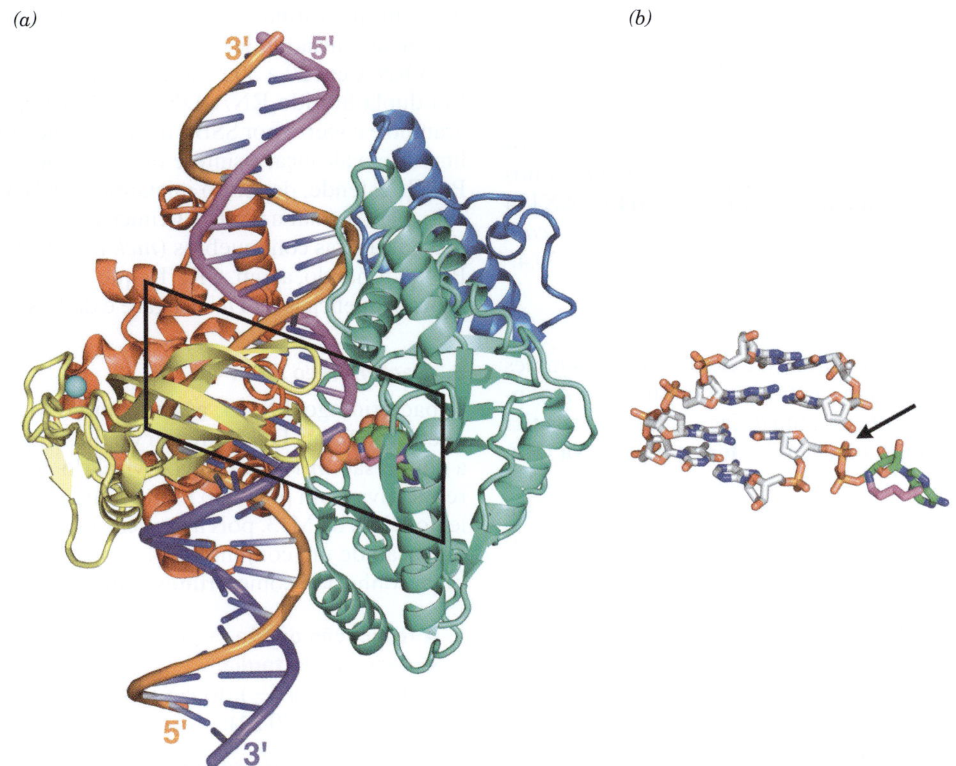

FIGURA 30.21 A estrutura por raios X da DNA-ligase de *E. coli* em complexo com um dsDNA de 26 pb com um único corte e AMP. (*a*) A enzima está desenhada na forma de fitas com seus quatro domínios coloridos, da extremidade N para a C, em azul, água-esverdeado, amarelo e vermelho. O dsDNA está mostrado na forma de escada com o esqueleto açúcar-fosfato da sua fita de 26 nt em cor de laranja e aqueles das duas fitas de 13 nt em magenta e púrpura. O AMP, que está covalentemente ligado, através de uma ligação pirofosfato, ao grupo fosfato na extremidade 5′ da fita púrpura, está desenhado na forma de volume atômico com C verde, N azul, O vermelho e P cor de laranja. A cadeia lateral do resíduo Lys 115, que forma o aducto fosfamida na etapa 1 da reação da DNA ligase (Fig. 30.20) está mostrado na forma de bastão com C magenta e N azul. Um íon de Zn^{2+}, representado por uma esfera em ciano, está tetraedricamente ligado por quatro resíduos de Cys. Ele está distante do sítio ativo e, portanto, parece desempenhar uma função estrutural, em vez de catalítica. (*b*) Os 4 pb do DNA clivado na área destacada na Parte *a* na ligação pirofosfato com o ATP, juntamente com a cadeia lateral do resíduo de Lys 115 são todos mostrados na forma de bastão. A estrutura é visualizada e colorida como na Parte *a*, mas com o DNA em cinza. A seta aponta a quebra de fita simples do DNA. (Com base na estrutura por raios X de Stewart Shuman, Sloan-Kettering Institute, New York, EUA, PDBid 2OWO.)

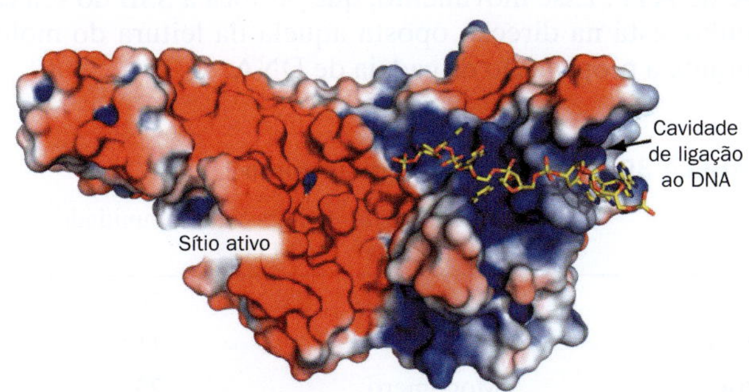

FIGURA 30.22 Estrutura por raios X da primase de *E. coli* em complexo com ssDNA. A proteína está representada por sua superfície molecular colorida de acordo com o potencial eletrostático, com vermelho para negativo, branco para quase neutro e azul para positivo. O DNA está desenhado na forma de bastão, com C e P amarelos, N azul e O vermelho. Note o caráter fortemente básico da cavidade de ligação ao DNA e a natureza altamente acídica da região do sítio ativo. (Cortesia de James Berger, University of California at Bekerley, EUA. PDBid 3B39.)

~ 100 resíduos que é semelhante tanto em sequência como em estrutura a segmentos de topoisomerases dos tipos IA e IIA (Seção 29.3C), que foi, por isso, denominado **enovelamento Toprim** (de *to*poisomerase e *prim*ase). O enovelamento Toprim consiste em uma folha β de 4 fitas paralelas flanqueada por três hélices que lembram o enovelamento de ligação a nucleotídeos (enovelamento de Rossmann) (Seção 8.3Bi). O sítio ativo é marcado por vários resíduos que são altamente conservados em primases do tipo DnaG e, em particular, um resíduo de Glu e dois de Asp, os quais são invariáveis em todos os dobramentos Toprim e que, na estrutura por raios X de uma topoisomerase de tipo IIA, coordenam um íon Mg^{2+}.

O ssDNA na estrutura, do qual apenas 5 nt são visíveis, ocupa uma cavidade positivamente carregada na superfície da subunidade catalítica que alimenta o seu centro catalítico. A proteína forma apenas poucas de pontes de hidrogênio e interações de van der Waals com o esqueleto açúcar-fosfato do DNA e nenhuma interação específica com suas bases. Aparentemente, essa cavidade de ligação ao DNA funciona para capturar, de forma não específica, um molde de DNA e direcioná-lo para o sítio ativo da enzima.

3 REPLICAÇÃO PROCARIÓTICA

Os bacteriófagos estão entre as entidades biológicas mais simples e seus mecanismos de replicação do DNA refletem esse fato. Muito do que se sabe sobre como o DNA é replicado, portanto, vem do estudo desse processo em vários fagos. Nesta seção, será examinada a replicação do DNA nos **colifagos** (bacteriófagos que infectam *E. coli*) **M13** e ϕX174 e, depois, será considerada a replicação na própria *E. coli*. A replicação do DNA eucariótico é discutida na Seção 30.4.

A. *Bacteriófago M13*

O **bacteriófago M13** contém um DNA circular de fita simples de 6.408 nt, conhecido como sua fita **viral** ou fita (+). Ao infectar uma célula de *E. coli*, essa fita dirige a síntese da sua fita complementar ou fita (–), para gerar a **forma replicativa** (**RF**, de *replicative form*) de fita dupla circular, que pode tanto ter uma quebra (**RF II**) como estar superenrolada (**RF I**). Esse processo de replicação (Fig. 30.23) pode ser considerado como um paradigma da síntese da fita-líder em um dúplex de DNA.

Logo que a fita (+) de M13 entra na célula de *E. coli*, ela é coberta por SSBs, com exceção de um segmento palindrômico de 57 nt que forma um grampo. A RNA-polimerase inicia a síntese do iniciador de 6 nt antes do início do grampo e estende o RNA em 20 a 30 resíduos para formar um segmento de fita dupla híbrido RNA-DNA. O DNA que é deslocado do grampo é coberto por SSBs, de forma que, quando a RNA-polimerase o alcança, a síntese do iniciador para. A holoenzima Pol III estende, depois, o iniciador de RNA em torno do círculo, para formar a fita (–). O iniciador é removido pela tradução de cadeias com quebras (*nick translation*) catalisada pela Pol I, formando, assim, a RF II, que é convertida na RF I pelas ações sequenciais da DNA-ligase e da DNA-girase.

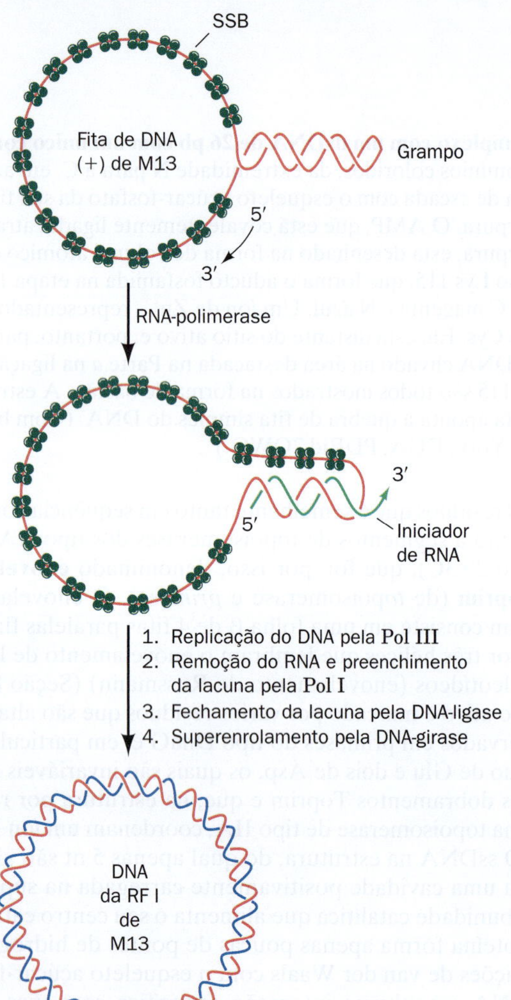

FIGURA 30.23 A síntese do DNA da fita de (−) de M13 sobre um molde de fita (+) para formar o DNA da RF I de M13.

B. *Bacteriófago ϕX174*

O bacteriófago ϕX174, assim como o M13, contém um pequeno (5.386 nt) DNA circular de fita simples. Curiosamente, a conversão *in vivo* do DNA viral do ϕX174 em sua forma replicativa é um processo muito mais complexo do que aquele do DNA de M13, pois a replicação do ϕX174 requer a participação de um conjunto proteico de aproximadamente 600 kDa, conhecido como **primossomo** (Tabela 30.4).

a. A replicação da fita (−) do ϕX174 é um paradigma para a síntese da fita tardia

A síntese da fita (−) do ϕX174 ocorre em um processo de seis etapas (Fig. 30.24):

1. A sequência de reações inicia da mesma maneira que em M13: a fita (+) é coberta com SSB, com exceção de um grampo de 44 nt. Uma sequência de 70 nt contendo esse grampo, conhecida como ***pas*** (de *primosome assembly site*, sítio de montagem do primossomo), é, então, reconhecida pelas proteínas PriA, **PriB** e **PriC**, que se ligam a ela.

2. As proteínas DnaB e **DnaC**, na forma de um complexo $DnaB_6 \cdot DnaC_6$, são adicionadas ao DNA com a ajuda da **proteína DnaT**, por um processo que requer ATP. A proteína DnaC é, então, liberada, dando origem ao **pré-primossomo**. Ao pré-primossomo liga-se, por sua vez, à primase, dando origem ao primossomo.

3. O primossomo é propelido na direção 5′ → 3′ ao longo da fita (+) pelas helicases PriA e DnaB, às custas da hidrólise de ATP. Esse movimento, que desloca a SSB do seu caminho, está na direção oposta àquela da leitura do molde durante a propagação da cadeia de DNA.

TABELA 30.4 Proteínas do primossomo*

Proteína	Estrutura da subunidade	Massa da subunidade (kDa)
PriA	Monômero	76
PriB	Dímero	11,5
PriC	Monômero	23
DnaT	Trímero	22
DnaB	Hexâmero	50
DnaC**	Monômero	29
Primase (DnaG)	Monômero	60

*O complexo de todas as proteínas do primossomo, exceto a primase, é conhecido como pré-primossomo.

**Não faz parte do pré-primossomo ou do primossomo.

Fonte: Kornberg, A., e Baker, T.A., *DNA replication* (2nd ed.), *p.* 286-288, Freeman (1992).

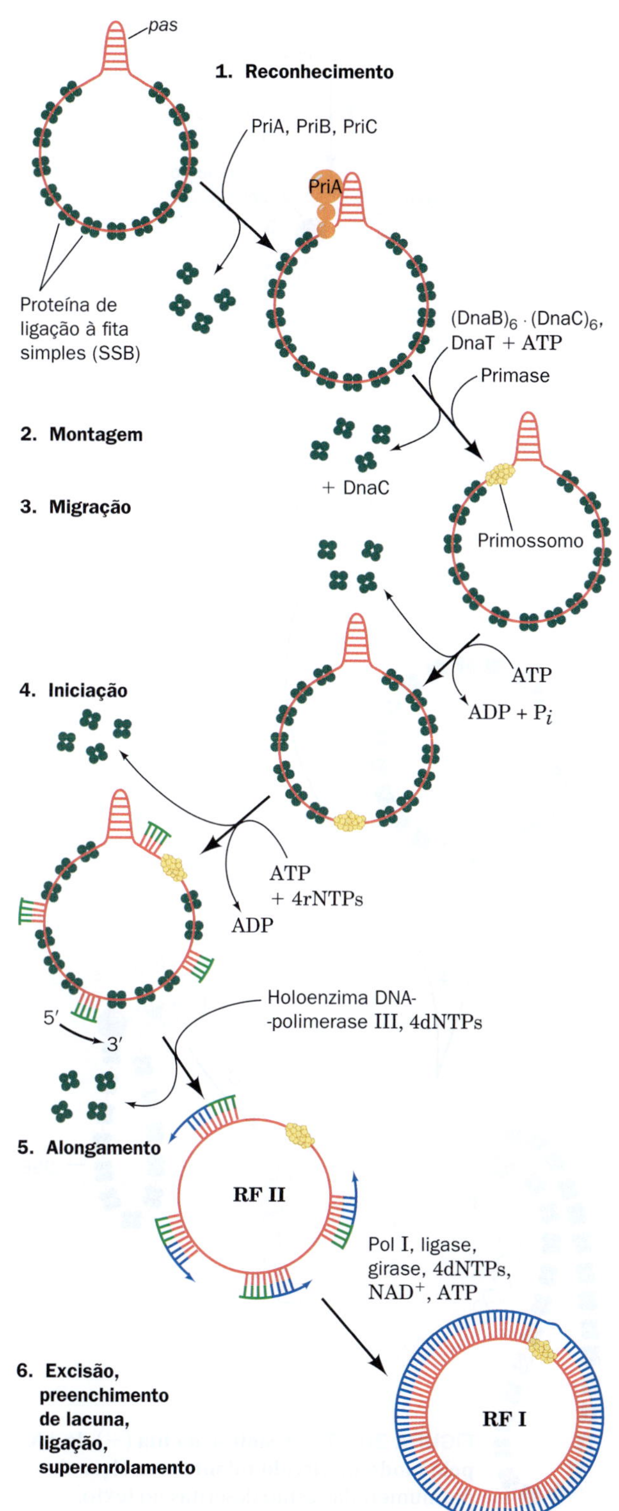

FIGURA 30.24 **A síntese da fita (−) do ϕX174 sobre um molde de fita (+) para formar o DNA da RF I de ϕX174.** (De acordo com Arai, K., Low, R., Kobori, J., Schlomai, J., e Kornberg, A., *J. Biol. Chem.* **256**, 5280 [1981].)

4. Em sítios selecionados aleatoriamente, o primossomo inverte a sua migração, enquanto a primase sintetiza um iniciador de RNA. A iniciação da síntese do iniciador necessita da participação da proteína DnaB, que, imagina-se, pela hidrólise concomitante de ATP, altere a conformação do DNA-molde da maneira requerida pela primase.

5. A holoenzima Pol III estende os iniciadores para formar os fragmentos de Okazaki.

6. A Pol I remove os iniciadores e os substitui por DNA. Os fragmentos são, então, unidos pela DNA-ligase e supertorcidos pela DNA-girase para formarem a RF I do ϕX174.

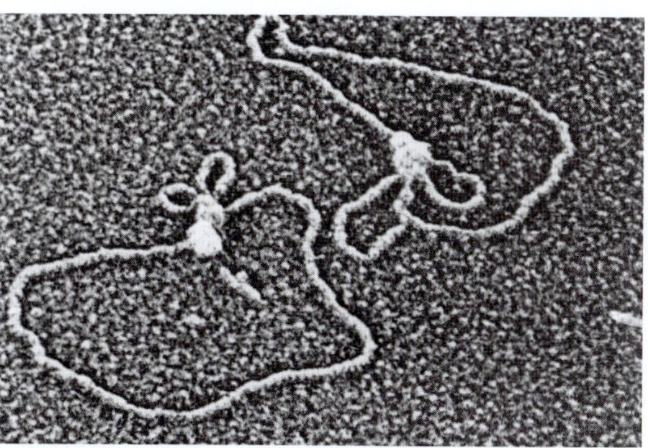

FIGURA 30.25 **Micrografia eletrônica de um primossomo ligado ao DNA da RF I de ϕX174.** Tais complexos sempre contêm um único primossomo, ao qual estão associadas uma ou duas pequenas alças de DNA. (Cortesia de Jack Griffith, Lineberger Cancer Research Center, University of North Carolina, EUA.)

O primossomo permanece em complexo com o DNA (Fig. 30.25), onde ele participa da síntese da fita (+) (ver a seguir).

b. A replicação da fita (+) do ϕX174 serve como um modelo para a síntese da fita-líder

Uma fita de um dúplex circular de DNA pode ser sintetizada pelo modo de **círculo rolante** ou pelo modo de **replicação σ** (assim chamado devido à semelhança da estrutura em replicação com a letra grega sigma; Fig. 30.26). *A fita (+) do ϕX174 é sintetizada sobre um molde de RF I por uma variação desse processo, o* ***modo de círculo rolante com alça*** *(Fig. 30.27)*:

1. A síntese da fita (+) inicia com a ligação, auxiliada pelo primossomo, da **proteína do gene A**, uma enzima de 513 resíduos codificada pelo fago, ao seu sítio de reconhecimento de ~ 30 pb. Lá, a proteína do gene A cliva uma ligação fosfodiéster específica de um nucleotídeo da fita (+) (próximo do início do gene A), pela formação de uma ligação covalente entre um resíduo de Tyr e o grupo 5′-fosforila, o que conserva a energia das ligações clivadas.

2. A helicase Rep (Seção 30.2Cb) liga-se subsequentemente à fita (−) na proteína do gene A e, com o auxílio do primossomo ainda associado à fita (+), inicia o desenrolamento do dúplex de DNA a partir da extremidade 5′ da fita (+). A fita (+) deslocada é coberta com SSB, o que a impede de reassociar-se à fita (−). A helicase Rep é essencial para a replicação do DNA do ϕX174, mas não para a replicação do cromossomo de *E. coli*, o que foi demonstrado pela incapacidade do ϕX174 de multiplicar-se em *E. coli rep*⁻. A holoenzima Pol III estende a fita (+) a partir de seu grupo 3′-OH livre.

3. O processo de extensão gera uma estrutura de **círculo rolante com alça**, na qual a extremidade 5′ da fita (+) antiga

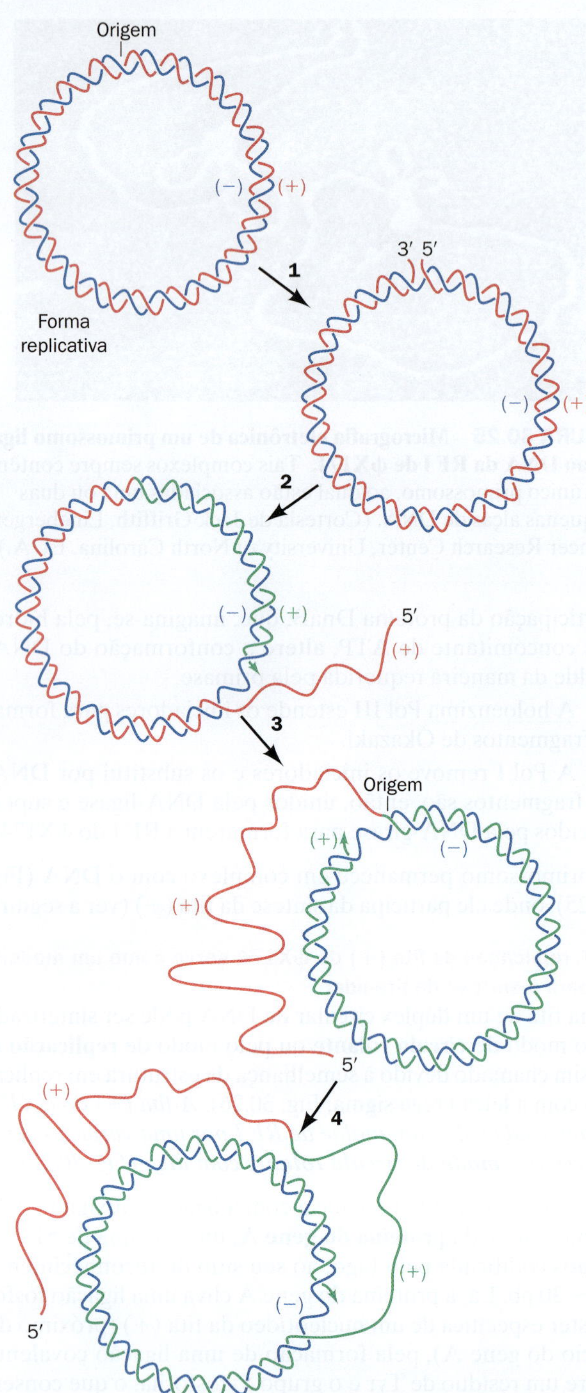

FIGURA 30.26 O modo de círculo rolante de replicação do DNA. A fita (+) que está sendo sintetizada é estendida a partir de um corte específico feito na origem de replicação (**1**), de forma a deslocar a fita (+) antiga (**2** e **3**). A síntese contínua da fita (+) sobre um molde de fita (−) circular produz uma série de fitas (+) ligadas em *tandem* (**4**), que podem mais tarde ser separadas por uma endonuclease específica.

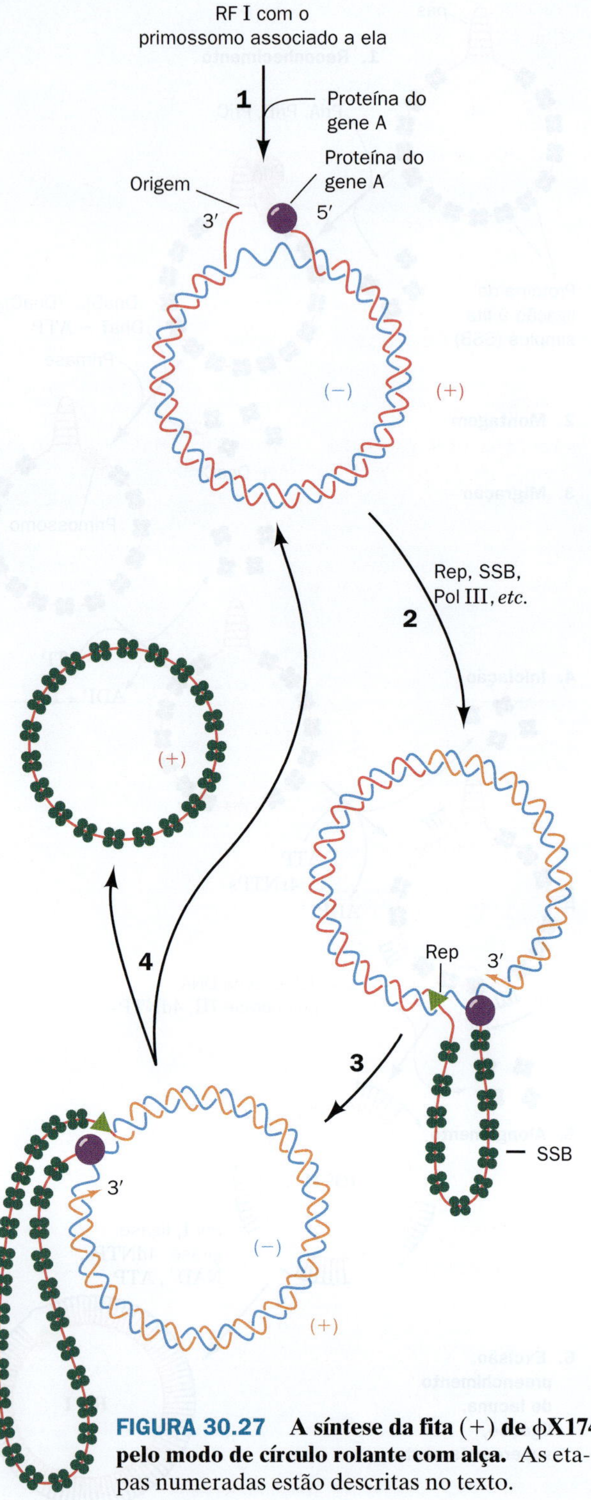

FIGURA 30.27 A síntese da fita (+) de ϕX174 pelo modo de círculo rolante com alça. As etapas numeradas estão descritas no texto.

permanece ligada à proteína do gene A na forquilha de replicação. Acredita-se que, à medida que a fita (+) antiga é separada da RF, o primossomo sintetize os iniciadores necessários para a posterior geração de uma nova fita (−).

4. Quando um círculo completo é formado em torno da fita (−), a proteína do gene A faz novamente um corte específico na origem de replicação, de modo a formar uma ligação covalente com a extremidade 5′ da nova fita (+). Simultaneamente, o grupo recém-formado OH da extremidade 3′ da antiga fita (+) deslocada ataca nucleofilicamente a ligação com a proteína do gene A na extremidade 5′-fosforila dessa fita, o que libera uma fita (+) covalentemente fechada. Isso é possível porque a proteína do gene A possui dois resíduos de Tyr próximos um do outro, que se alternam na ligação às extremidades 5′ das fitas (+) sintetizadas sucessivamente. A forquilha de replicação continua o seu progresso sobre o dúplex circular produzindo novas fitas (+), de uma maneira que lembra uma fileira de salsichas sendo puxadas de um carretel.

Nos estágios intermediários de uma infecção com ϕX174, cada fita (+) recém-sintetizada dirige a síntese da fita (–) para formar a RF I, como descrito anteriormente. Nos estágios tardios da infecção, contudo, as fitas (+) recém-formadas são empacotadas no interior das partículas do fago.

C. *Escherichia coli*

Ver Exploração guiada 25: A replicação do DNA em *E. coli* *O cromossomo de E. coli replica por meio do modo bidirecional θ, a partir de uma única origem de replicação (Seção 30.1Aa).* O modelo mais plausível para os eventos que ocorrem na forquilha de replicação de *E. coli* (Fig. 30.28) é predominantemente derivado dos estudos sobre os mecanismos de replicação de DNA mais simples e de maneira experimental mais acessíveis de colifagos, como M13 e ϕX174. O dúplex de DNA é desenrolado pela helicase DnaB que está sobre o molde da fita tardia e a ela se junta o primossomo. As fitas simples separadas são imediatamente cobertas pela SSB. A síntese da fita-líder é catalisada pela holoenzima Pol III, assim como a da fita tardia, depois que ela foi iniciada pela primase associada ao primossomo. As sínteses das fitas-líder e da fita tardia ocorrem em uma única partícula, de ~ 900 kDa, formada por múltiplas subunidades e chamada de **replissomo**. O replissomo contém dois núcleos da Pol III (αεθ), que estão unidos por um dímero de subunidades τ, o qual conecta as subunidades α. Por essa razão, o molde da fita tardia deve formar um laço (Fig. 30.28). O dímero τ_2 também se liga à helicase DnaB (uma interação que não está indicada na Fig. 30.28), o que a segura na forquilha de replicação e estimula a sua ação de helicase. Depois da

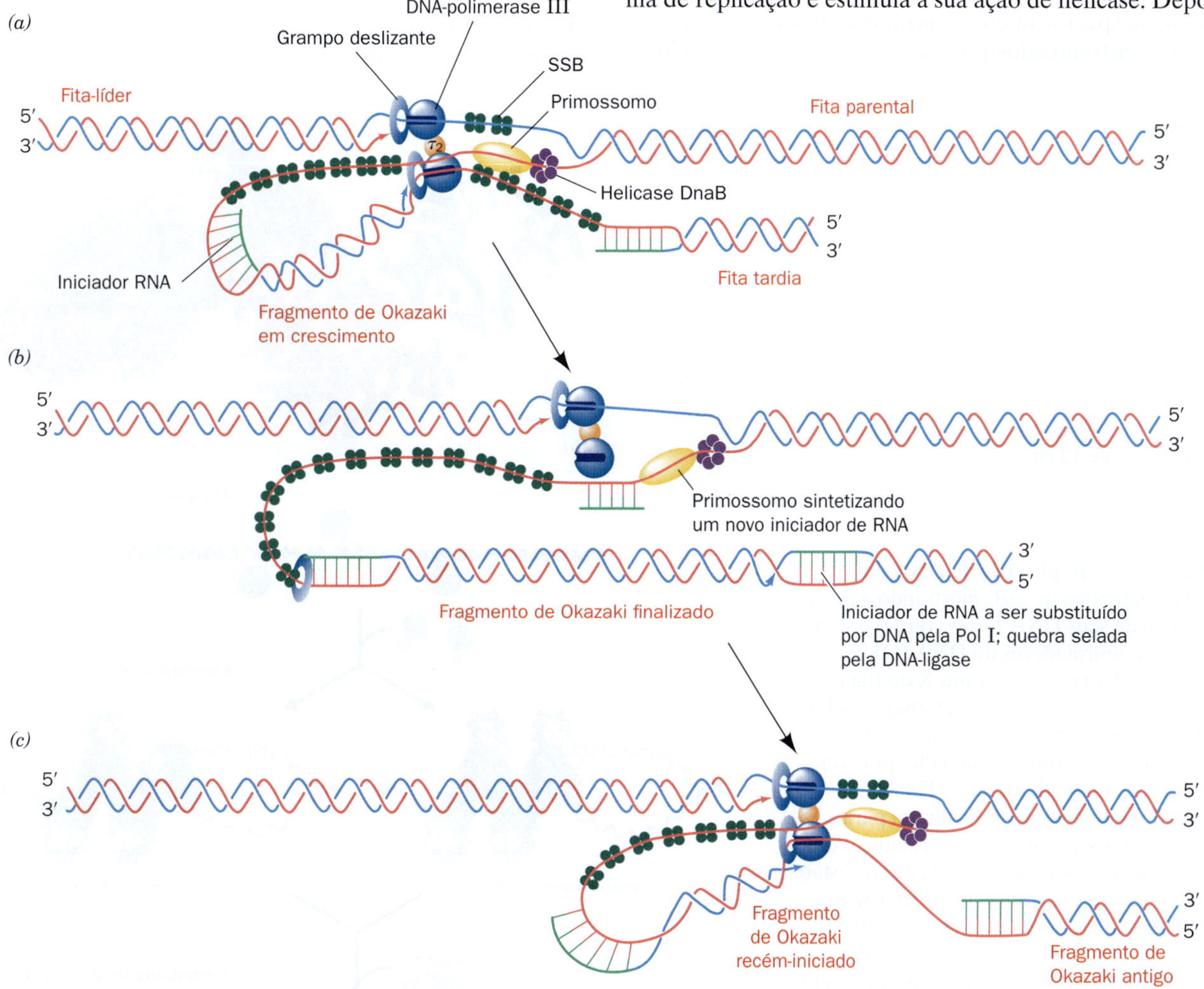

FIGURA 30.28 A replicação do DNA de *E. coli*. (*a*) O replissomo do DNA de *E. coli,* que contém dois complexos da holoenzima DNA-polimerase III, sintetiza tanto a fita-líder como a fita tardia. O molde da fita tardia deve formar uma alça para permitir que a holoenzima estenda a fita tardia iniciada pelo primossomo. Embora não mostrado aqui, a helicase DnaB se liga a τ_2 e, assim, se move junto com o replissomo. (*b*) A holoenzima libera o molde da fita tardia quando ela encontra o fragmento de Okazaki previamente sintetizado. Isso possivelmente sinaliza para o primossomo iniciar a síntese de um iniciador de RNA da fita tardia. (*c*) A holoenzima liga-se novamente ao molde da fita tardia para formar um novo fragmento de Okazaki. Note que, nesse modelo, a síntese da fita-líder está sempre à frente da síntese da fita tardia.

síntese completa de um fragmento de Okazaki, a holoenzima da fita tardia se transfere para um novo iniciador, próximo à forquilha de replicação, o iniciador da extremidade do fragmento de Okazaki previamente sintetizado é removido pela reação de tradução de cadeias com quebras (*nick translation*) catalisada pela Pol I e a quebra é fechada pela DNA-ligase. Uma vez que a síntese da fita de quebra tardia é mais complexa e, portanto, mais demorada que a síntese da fita-líder, o replissomo funciona para coordenar esses dois processos.

a. A replicação do DNA de *E. coli* é iniciada em *oriC*, em um processo mediado pela proteína DnaA

A origem de replicação do cromossomo de *E. coli* consiste em um único segmento de 245 pb, conhecido como *locus* ***oriC***. Essa sequência, com segmentos que são altamente conservados entre bactérias gram-negativas, sustenta a replicação bidirecional dos vários plasmídeos nos quais ela já foi inserida.

O *locus oriC* contém cinco segmentos de 9 pb altamente conservados, com a sequência consensual 5′-TTATCCACA-3′ conhecida como **DnaA-*boxes***, porque a eles se liga especificamente a **proteína DnaA** (Fig. 30.29a). Eles estão entremeados por vários assim chamados **sítios-I**, que se desviam dessa sequência consensual e que DnaA se liga com uma afinidade menor. Além disso, a região "esquerda" de *oriC* contém três segmentos repetidos em *tandem* e ricos em AT, de 13 pb (com a sequência consensual 5′-GATCTNTTNTTTT-3′, onde N indica posições não específicas), que são conhecidos como **elementos desenroladores do DNA** (**DUEs**, de *DNA unwinding elements*).

DnaA (467 resíduos em *E. coli*) é formada por quatro domínios que são, da extremidade N-terminal para a C-terminal, um domínio de interação com helicase que faz interações com a helicase DnaB (ver a seguir), um domínio de ligação flexível e fracamente conservado, um domínio de ATPase que é um membro da família AAA+ (Seção 30.2Ca), e um domínio de ligação ao DNA. A estrutura por raios X dos dois domínio C-terminais de DnaA de *Aquifex aeolicus* (uma bactéria termofílica), determinada por Berger, revela, de forma inesperada, que ela forma uma hélice voltada para a direita de múltiplas subunidades (Fig. 30.29*b*).

Experimentos com plasmídeos contendo *oriC*, iniciados por Kornberg, juntamente com a estrutura por raios X de DnaA, indicam que a iniciação da replicação em *E. coli* ocorre através dos seguintes processos (Fig. 30.29*c*):

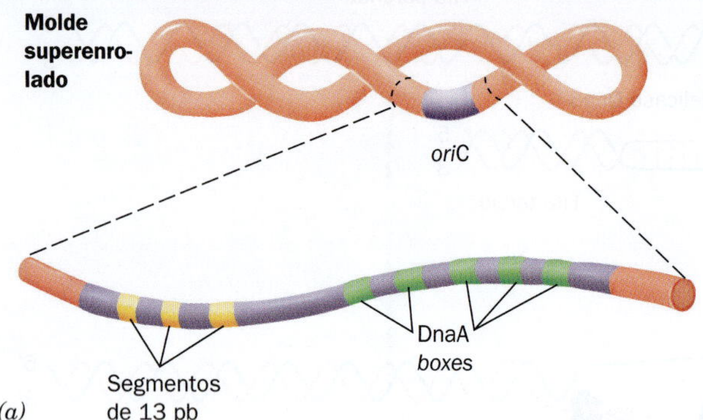

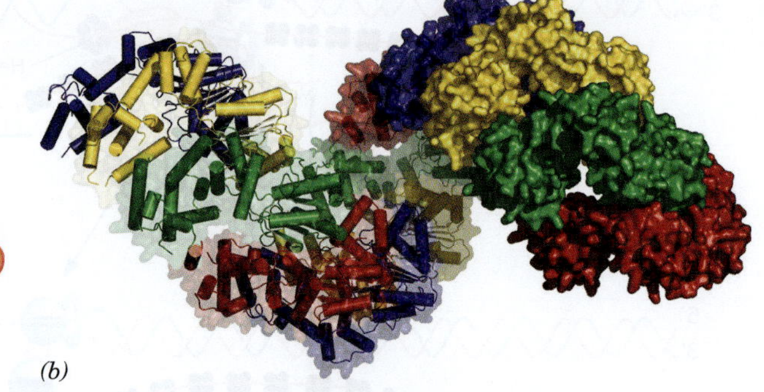

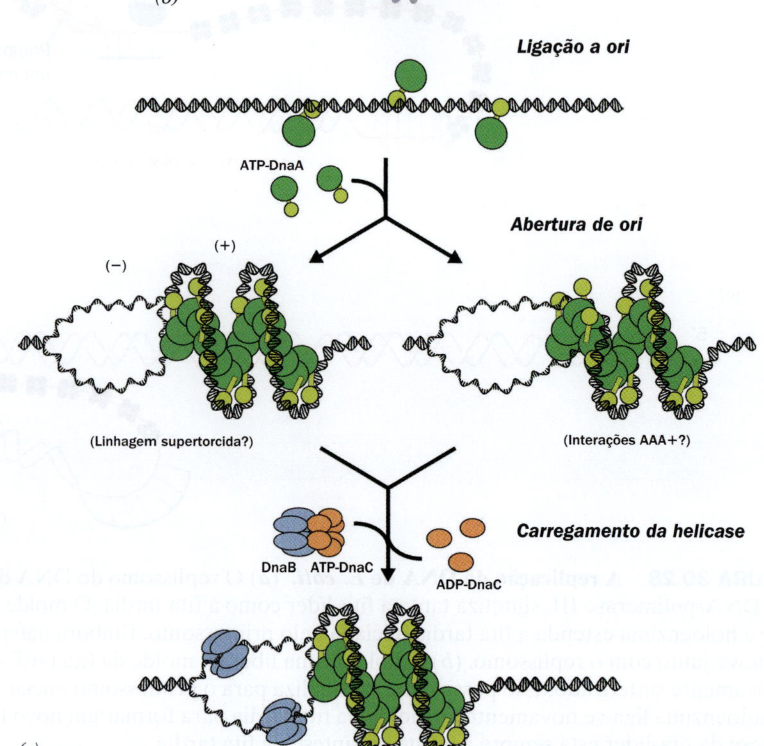

FIGURA 30.29 Replicação do DNA em *oriC*. (*a*) Diagrama de *oriC* mostrando a posição relativa de seus DNA *boxes* (*verde*) e seus elementos desenroladores do DNA (DUEs; *amarelo*). (*b*) Estrutura por raios X do filamento helicoidal voltado para a direita formado pelos dois domínos C-terminais da DnaA de *A. aeolicus*. Ele apresenta oito subunidades por volta e uma inclinação longitudinal de 178 Å. Doze subunidades são mostradas, da direita para a esquerda, em cores alternadas de vermelho, verde, amarelo e azul. As subunidades da direita estão desenhadas como diagramas de superfície e as subunidades da esquerda estão representadas por seu esqueleto polipeptídico com hélices na forma de tubos. (*c*) Modelo para a iniciação em *oriC*. Os círculos verdes ovalados representam os três domínios N-terminais de DnaA e os círculos amarelos ovalados representam os domínios de ligação ao DNA C-terminais associados. Ver o texto para uma explicação. (Partes *b* e *c* cortesia de James Berger, University of California at Berkeley, EUA. PDBid 2HCB.)

1. Na presença de ATP, DnaA, que está normalmente ligada a três dos cinco DnaA-*boxes* de *oriC* durante todo o tempo de vida de *E. coli*, recruta subunidades adicionais de DnaA para os DnaA-*boxes* restantes e para os sítios-I, de forma a criar uma hélice de subunidades de DnaA voltada para a direita que está ligada ao DNA. Isso gera superenrolamentos positivos localizados no DNA. A força super-helicoidal resultante dos superenrolamentos negativos compensatórios (relembre que o número de ligação de um DNA circular covalentemente fechado, tal como um cromossomo de *E. coli* é invariável; Seção 29.3A) desfaz o segmento contendo o DUE (Fig. 30.29*c*, *metade esquerda*; relembre que os cromossomos bacterianos já são normalmente superenrolados negativamente [Seção 29.2Bb]). Alternativamente, ou em adição, os domínios de ATPase de DnaA podem desenrolar ativamente o DNA (Fig. 30.29*c*, *metade direita*). Esse processo é facilitado por duas proteínas de ligação a DNA homólogas, **HU** e o **fator de integração do hospedeiro** (**IHF**, de *integration host factor*), que induzem o dobramento do DNA (IHF é discutido na Seção 33.3Ca).

2. O complexo *oriC*-DnaA recruta dois complexos $DnaB_6 \cdot DnaC_6$ para extremidades opostas da região aberta, que formam o **complexo de pré-iniciação**. DnaC, uma ATPase que é uma homóloga de DnaA, funciona para facilitar a colocação dos hexâmeros de DnaB sobre o DNA. Sua estrutura por raios X, também determinada por Berger, mostra que ela forma uma junção helicoidal semelhante àquela de DnaA. Os domínios AAA+ de DnaA e DnaC interagem de uma maneira dependente de ATP para recrutar e posicionar de forma apropriada as helicases DnaB, depois do que a DnaC é liberada.

Na presença da SSB e da girase, a helicase DnaB desenrola adicionalmente o DNA no complexo de pré-iniciação em ambas as direções, de modo a permitir a entrada da primase e da RNA-polimerase. A participação dessas duas enzimas na síntese do iniciador da fita-líder (Seção 30.1D), juntamente com a limitação desse processo ao sítio do *oriC*, sugere que a RNA-polimerase ativa a primase para que ela sintetize o iniciador. Isso talvez explique a semelhança dos DUEs de *oriC* com promotores transcricionais da RNA-polimerase (Seção 31.2Ba).

O cenário está, portanto, construído para que a replicação bidirecional do DNA seja executada pela holoenzima Pol III, como descrito anteriormente.

b. A iniciação da replicação do DNA de *E. coli* é rigorosamente regulada

A replicação do cromossomo de E. coli ocorre apenas uma única vez a cada divisão celular, de modo que esse processo deve ser rigorosamente controlado. O tempo de duplicação (geração celular) de *E. coli* a 37ºC varia com as condições de cultivo de < 20 minutos até ~ 10 horas. Porém, a velocidade de movimento constante de ~ 1.000 nt/s de cada forquilha de replicação fixa a duração do processo de replicação, *C*, dos 4,6 × 10^6 pb do cromossomo de *E. coli* em ~ 40 minutos. Além disso, a segregação dos componentes celulares e a formação de um septo entre eles, que devem preceder a divisão celular, requerem um período de tempo constante, $D = 20$ minutos, após a finalização do ciclo de replicação cromossômica correspondente. *Células com tempo de duplicação menor que C + D = 60 minutos devem, consequentemente, iniciar a replicação do cromossomo antes do término do ciclo de divisão celular precedente.* Isso resulta na formação de **cromossomos com múltiplas forquilhas**, como está representado na Fig. 30.30 para uma célula com tempo de divisão de 35 minutos.

Mesmo em células que contêm múltiplos sítios *oriC*, a replicação do DNA é iniciada em cada um desses sítios apenas uma única vez por geração celular. Mas, depois de ter ocorrido a iniciação, o alongamento da cadeia prossegue a uma velocidade uniforme e praticamente livre de controle. Isso sugere que um sítio *oriC* pós-iniciação é de algum modo sequestrado da (impedido de interagir com a) maquinaria de iniciação da replicação, um fenômeno denominado **sequestração**. Existem evidências morfológicas extensas, como mostrado na Fig. 30.31, de que o cromossomo de *E. coli* está associado com a membrana celular. Essa ligação poderia ajudar a explicar como os cromossomos replicados são segregados em células diferentes durante a divisão celular. Porém, qual é o mecanismo de sequestração?

A sequência mais comumente metilada em *E. coli* é o palíndromo GATC, que é metilado no N6 de suas duas bases A pela **Dam-metiltransferase** (Seção 30.7). O GATC ocorre

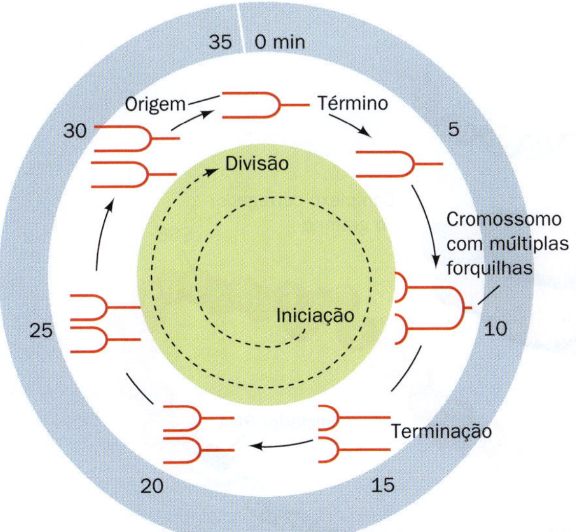

FIGURA 30.30 Cromossomos com múltiplas forquilhas em *E. coli*. Em células que estão se dividindo a cada 35 minutos, o intervalo fixo de 60 minutos entre a iniciação da replicação e a divisão celular resulta na produção de cromossomos com múltiplas forquilhas. (De acordo com Lewin, B., *Genes VII*, p. 370, Oxford Univ. Press, Reino Unido [2000].)

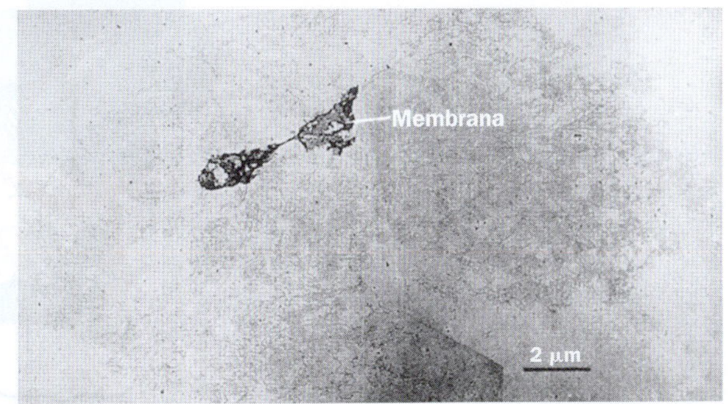

FIGURA 30.31 Microscopia eletrônica de um cromossomo de *E. coli* intacto e supertorcido, ligado a dois fragmentos da membrana celular. (De Delius, H., e Worcel, A., *J. Mol. Biol.* **82**, 108 [1974].)

11 vezes em *oriC*, inclusive no início de todos os seus quatro DUEs de 13 pb (ver anteriormente). Segmentos de GATC recém-replicados são hemimetilados, ou seja, as sequências GATC da fita recém-sintetizada não estão metiladas. Embora a Dam-metiltransferase inicie a metilação da maioria dos segmentos de GATC hemimetilados imediatamente depois deles serem sintetizados (em ~ 1,5 minutos), aqueles do *oriC* permanecem hemimetilados por cerca de um terço de uma geração celular. Consequentemente, a observação de que membranas se ligam a *oriCs* hemimetilados, mas não a *oriCs* não metilados ou totalmente metilados, sugere que o *oriC* hemimetilado fica ligado à membrana de uma forma que o torna inacessível tanto para a maquinaria de iniciação como para a Dam-metiltransferase.

A associação de *oriC* hemimetilado com a membrana requer a presença da proteína **SeqA**, de 181 resíduos, o produto do gene *seqA*. Assim, em células *seqA*⁻: (1) o tempo para metilação total dos sítios GATC hemimetilados em *oriC* é reduzido para 5 minutos, enquanto o tempo para que isso ocorra em outros sítios GATC não é afetado; (2) a sincronia de iniciação de múltiplos sítios *oriC* é perdida; e (3) na ausência de uma Dam-metiltransferase funcional, plasmídeos contendo *oriCs* totalmente metilados são replicados numerosas vezes por divisão celular, enquanto, na presença da SeqA, eles são replicados apenas uma vez. Evidentemente, a sequestração ocorre pela ligação, mediada por SeqA, de *oriC* hemimetilado à membrana. O promotor hemimetilado do gene *dnaA* é sequestrado de forma semelhante, o que reprime a sua transcrição e constitui, portanto, um mecanismo adicional para impedir a iniciação promíscua da replicação do DNA.

c. O carregador do grampo coloca o grampo deslizante no DNA

Extensivas investigações em muitos laboratórios levaram ao modelo do replissomo de *E. coli* esquematizado na Fig. 30.32. O grampo deslizante, que é responsável pela elevada processividade da Pol III, é um dímero em forma de anel de subunidades β através do qual passa a fita de DNA que está sendo replicada (Seção 30.2Bb). As duas subunidades β fortemente associadas (K_D < 50 n*M*) que formam o grampo deslizante dissociam-se com uma meia-vida de ~ 100 minutos a 37ºC. Porém, como cada replissomo sintetiza em torno de um fragmento de Okazaki por segundo, um grampo deslizante deve ser colocado sobre o molde da fita tardia com essa frequência. Essa função de carregamento é executada por meio de um processo dependente de ATP pelo complexo γ ($\gamma\tau_2\delta\delta'\chi\Psi$). As subunidades τ e γ são as duas codificadas pelo gene *dnaX*, com τ (643 resíduos) sendo o produto completo e γ (431 resíduos) a sua forma truncada na extremidade C-terminal; os 122 resíduos C-terminais de τ são conhecidos como τ_c. O complexo γ, do qual apenas τ_2 está esquematizado na Fig. 30.28, une os dois núcleos da Pol III do replissomo por meio de seus segmentos τ_c, que também se ligam à helicase DnaB (Fig. 30.32). As subunidades χ e Ψ formam um heterodímero no qual χ compete com a primase pelo seu sítio de ligação sobre SSB e, portanto, funciona para acelerar a dissociação da primase do RNA iniciador por ela sintetizado, bem como para ligar o complexo γ a SSB. Entretanto, as subunidades χ e Ψ não são participantes essenciais no processo de carregamento do grampo e, portanto, o complexo $\gamma\tau_2\delta\delta'$ é referido como o **carregador do grampo**. Como o carregador do grampo executa a sua função?

Das cinco subunidades do carregador do grampo, apenas a δ é capaz de se ligar ao grampo deslizante e abri-lo por conta própria. Kuriyan e O'Donnell determinaram a estrutura por raios X da subunidade δ em um complexo de 1:1 com uma subunidade β com dois resíduos da sua interface de dimerização mutados, de forma a impedir a formação do dímero. A estrutura revela (Fig. 30.33) que δ, que consiste em três domínios, insere o seu elemento de interação β, uma conexão hidrofóbica que forma a extremidade de seu domínio N-terminal, no interior de um bolsão hidrofóbico em uma face de β. A comparação de δ nessa estrutura com aquela do complexo $\gamma_3\delta\delta'$

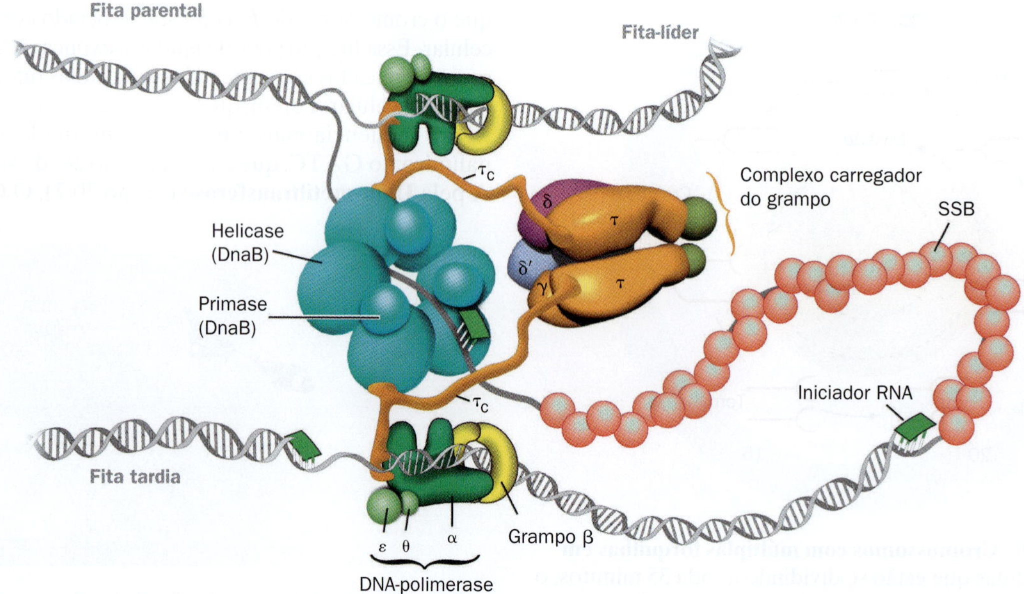

FIGURA 30.32 Arquitetura do replissomo de *E. coli*. Ver o texto para detalhes. Comparar esta com a Fig. 30.28. (Cortesia de Charles Richardson, Harvard Medical School, EUA.)

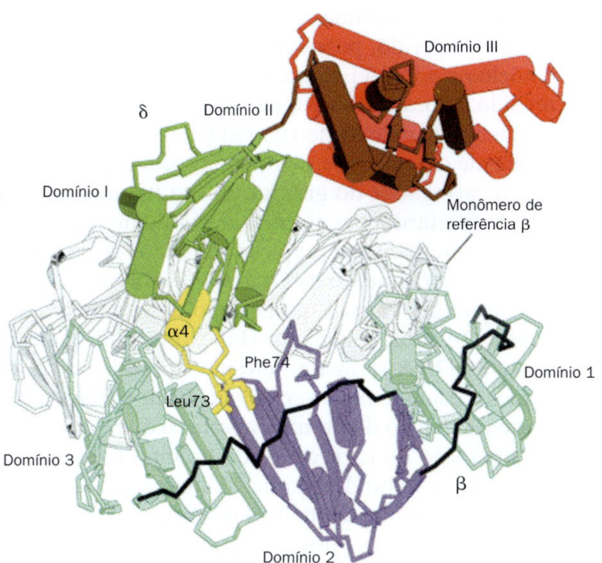

FIGURA 30.33 **Estrutura por raios X do complexo β-δ.** Uma segunda subunidade β obtida a partir da estrutura por raios X do grampo deslizante (Fig. 30.13), o "monômero β de referência", está representada em cinza. A estrutura é visualizada ao longo da borda do anel β. O elemento de interação δ da subunidade β (*em amarelo*) consiste predominantemente na hélice α 4 e em dois resíduos hidrofóbicos, Leu 73 e Phe 74, cujas cadeias laterais estão representadas na forma de bastões. (Cortesia de John Kuriyan, Rockefeller University, EUA. PDBid 1JQJ.)

(ver a seguir) revela que o elemento de interação β sofre uma mudança conformacional dramática quando da sua ligação à subunidade β, na qual a sua hélice α4 gira 45º e desloca-se 5,5 Å. Além disso, na formação do complexo β–δ, a subunidade β aumenta o seu raio de curvatura em relação àquele no dímero β (Fig. 30.13), de forma que a interação β–δ induziria a abertura de uma das interfaces β–β do grampo deslizante por ~ 15 Å. Essa abertura é grande o bastante para permitir a passagem de ssDNA, mas não de dsDNA. Aparentemente, o carregador do grampo funciona de modo a capturar uma subunidade β do grampo deslizante em uma conformação que impede o fechamento do anel, em vez de separar ativamente as suas duas metades. Isso é reforçado por simulações dinâmicas moleculares (Seção 9.4a), sugerindo que um dímero β_2 possui uma conformação estável, mas que uma subunidade β isolada, com a conformação que ela possui no dímero β_2, rapidamente (em ~ 1,5 ns) se converteria em uma conformação similar àquela que ela adota em um complexo β–δ. Assim, a mudança conformacional do elemento de interação β da subunidade δ na ligação a uma subunidade β lembra a ação de uma chave inglesa, que abre a interface β–β mais próxima de modo a permitir que o grampo deslizante se abra.

A estrutura por raios X do complexo $\gamma_3\delta\delta'$ (o carregador do grampo com ambas das suas subunidades τ desprovidas de τ_c; γ e τ são permutáveis em termos de suas funções de carregadores de grampo) em complexo com um DNA molde-iniciador e ADP · BeF_3 (um análogo de ATP), também determinada por Kuriyan e O'Donnell, sugere como o carregador do grampo funciona. As subunidades γ, δ e δ' possuem enovelamentos semelhantes; seus domínios N-terminais são membros da família AAA+ (as proteínas DnaA e DnaC também são membros dessa família), amplamente distribuída, apesar de apenas as subunidades γ (e τ) serem capazes de se ligar ao ATP e hidrolisá-lo. As regiões conservadas das proteínas AAA+ consistem em dois domínios, um domínio N-terminal de ligação a ATP e um pequeno domínio composto de um feixe de 3 hélices, cujas orientações relativas variam com a ligação do ATP. Os domínios C-terminais do pentâmero $\gamma_3\delta\delta'$ formam um colar em forma de anel (Fig. 30.34*a*), no qual as subunidades estão arranjadas, no sentido horário, na ordem δ'-γ1-γ2-γ3-δ (Fig. 30.34*b*).

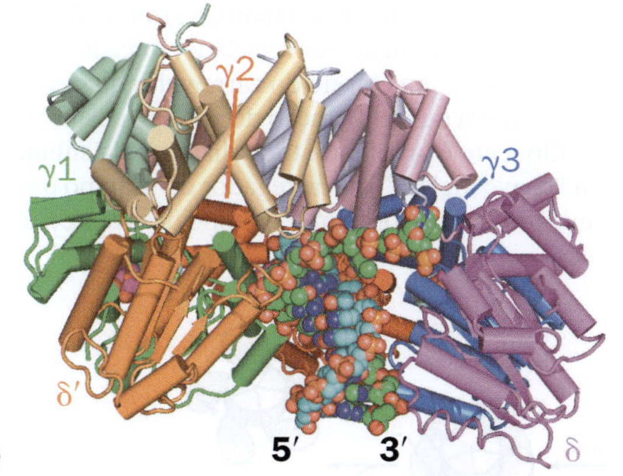

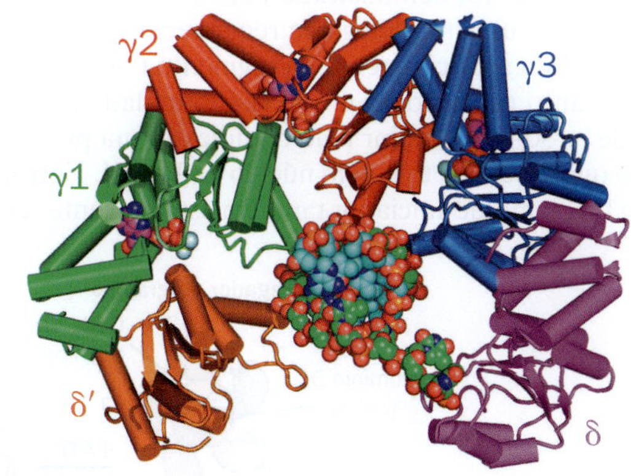

FIGURA 30.34 **Estrutura por raios X do complexo de carregamento do grampo $\gamma_3\delta\delta'$ em complexo com DNA molde-iniciador e ADP · BeF_3.** (*a*) Vista entre as subunidades δ' e δ aproximadamente perpendicular ao eixo helicoidal do dsDNA. A proteína está representada na foma de tubo e seta, com as suas subunidades coloridas como indicado e com o domínio C-terminal de cada subunidade em leve sombreado. O DNA consiste em 10 pb com uma projeção de 5 nt na extremidade 5' e, juntamente com ADP · BeF_3, está desenhado na forma de volume atômico com C do iniciador em ciano, C do molde em verde, C do ATP em magente, N azul, O vermelho e P cor de laranja, Be verde-claro e F azul-claro. (*b*) Vista após rotação de 90° sobre o eixo horizontal relativo à Parte *a*. O domínio C-terminal de cada subunidade foi deletado para clareza. Note como a porção de fita simples da fita-molde se volta por ~ 90° para evitar a colisão com o colar formado pelos domínios C-terminais do carregador do grampo. A inflexibilidade do dsDNA o faz improvável de realizar tal volta. (Com base em uma estrutura por raios X de Mike O'Donnell, The Rockefeller University e John Kuriyan, University of California at Berkeley, EUA. PDBid 3GLF.)

Os domínios AAA+ estão arranjados em uma espiral voltada para a direita que segue a cavidade menor do dsDNA. Apesar disso, o carregador do grampo se associa com o DNA quase que inteiramente através de contatos com os grupos fosfatos da fita molde sozinha. Assim, essa estrutura é remanescente daquela da helicase E1 em complexo com ssDNA (Seção 30.2Ca) com uma de suas seis subunidades faltando.

O carregador do grampo deve se ligar fortemente ao grampo deslizante antes de colocá-lo no DNA-molde, mas deve, subsequentemente, liberá-lo para não interferir com a sua ligação ao núcleo da Pol III (αεθ). As estruturas do carregador do grampo e do complexo β–δ, juntamente com várias evidências bioquímicas, sugerem um modelo de como isso poderia ocorrer (Fig. 30.35): a ligação de ATP à γ1 (a subunidade γ que faz contato com δ′) resulta em uma mudança conformacional que expõe o sítio de ligação a ATP da γ2, até então ocluído; a ligação de ATP à γ2, expõe, da mesma forma, γ3; e a ligação de ATP à γ3 expõe o elemento de interação β da subunidade δ, permitindo, dessa maneira, que ele se ligue à subunidade β, de forma a abrir o grampo deslizante. O DNA molde-iniciador, então, insere a si mesmo através da fenda resultante no grampo deslizante. Esse processo é facilitado pela fenda entre os domínios AAA+ das subunidades δ e δ′, o que permite que o carregador do grampo siga a fita-molde enquanto evita seu contato com a fita do iniciador. Finalmente, a hidrólise estimulada por DNA e β dos ATPs ligados libera a subunidade β do carregador do grampo, depois do que o grampo deslizante se fecha ao redor do DNA.

A saída do carregador do grampo permite que o núcleo da PolII se ligue ao grampo deslizante. Porém, quando a síntese de um fragmento de Okazaki é finalizada, o núcleo da Pol III deve dissociar-se do grampo deslizante, de forma que ele possa iniciar a síntese do próximo fragmento de Okazaki. Como isso ocorre?

A subunidades α da Pol III se liga ao mesmo bolsão hidrofóbico sobre a β_2 do grampo deslizante como faz a subunidade δ. Isso foi demonstrado pela observação de que a fosforilação de uma sequência de reconhecimento de cinase, que foi inserida artificialmente no segmento C-terminal de β, é inibida tanto por α como por δ. A subunidade β tem uma afinidade ~ 30 vezes maior pelo complexo γ na presença de ATP do que a que ela tem pelo núcleo da Pol III. Entretanto, quando DNA molde-iniciador também está presente, essa ordem de afinidade é invertida, com β preferindo ligar-se ao núcleo da Pol III (devido, possivelmente, a contatos adicionais entre o núcleo e o DNA). Portanto, depois do grampo deslizante ter sido colocado sobre o molde-iniciador, o seu carregador é substituído pelo núcleo da Pol III, o que, dessa forma, impede que ele descarregue o grampo recém-carregado. Em vez disso, o carregador do grampo coloca um novo grampo no molde da fita tardia em associação com o iniciador que o primossomo sintetizou em preparação para o próximo ciclo de síntese de um fragmento de Okazaki (Fig. 30.28*b*).

A estrutura por raios X do grampo deslizante em complexo com DNA molde-iniciador (Fig. 30.13) indica que seu segmento de ssDNA se liga no mesmo sítio que o fazem as subunidades α e δ. Isso pode servir para atrair o DNA molde-iniciador para dentro do grampo aberto, o que, por sua vez, facilita a liberação do carregador do grampo e, portanto, o fechamento do grampo deslizante. A ligação de ssDNA ao grampo deslizante pode, também, impedir que ele escorregue para longe, antes que ele possa ser ligado pela subunidade α.

Quando o núcleo da Pol III completa a síntese do fragmento de Okazaki, isto é, quando a lacuna entre dois fragmentos de Okazaki sintetizados sucessivamente foi reduzida a uma quebra, ele libera o DNA e o grampo deslizante. O núcleo da Pol III liga-se então a um molde recém-iniciado e o grampo associado a ele (deslocando o carregador do grampo), onde começa a síntese do fragmento de Okazaki seguinte. Assim, uma série de trocas que são ativadas por ATP e estrutura do DNA garante a progressão vetorial da replicação da fita tardia. Ao longo de todo esse processo, a holoenzima Pol III é mantida na forquilha de replicação pelo núcleo da Pol III da fita-líder, que permanece preso ao DNA pelo grampo deslizante associado a ele.

O grampo deslizante que permanece em torno do fragmento de Okazaki concluído provavelmente funciona para recrutar a Pol I e a DNA-ligase, de forma a substituir o RNA iniciador do fragmento previamente sintetizado por DNA e selar a quebra remanescente. Entretanto, o grampo deslizante deve, mais cedo ou mais tarde, ser reciclado. Inicialmente, assumiu-se que isso seria uma tarefa do carregador do grampo. Porém, está claro agora que a liberação do grampo deslizante do DNA associado a ele é amplamente realizada pela subunidade δ livre (a "chave inglesa" do carregador do grampo que separa as subunidades β que formam o grampo deslizante), que é sinte-

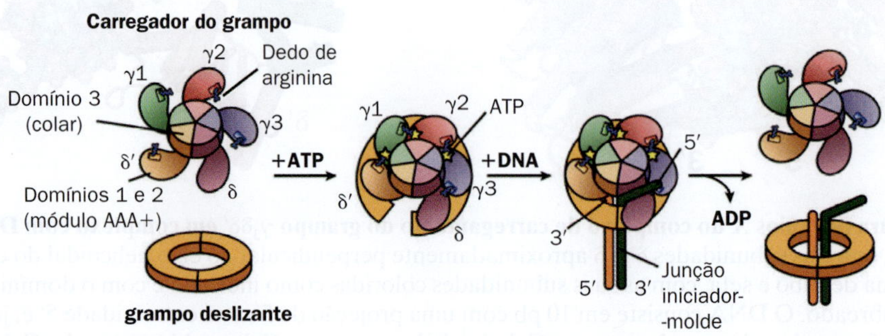

FIGURA 30.35 **Diagrama esquemático do ciclo de carregamento do grampo.** Esse modelo especulativo está fundamentado em uma combinação de informações estruturais e bioquímicas. O "dedo de arginina", uma cadeia lateral de Arg que interage com o grupo γ-fosfato de um ATP ligado a uma subunidade vizinha, é uma característica comum de ATPases AAA+ que formam estruturas semelhantes a anéis. (Modificado a partir de um esquema de Mike O'Donnell, The Rockefeller University, e John Kuriyan, University of California at Berkeley, EUA.)

tizada em um excesso de 5 vezes em relação ao necessário para constituir os poucos grampos deslizantes de uma célula.

d. A terminação da replicação é facilitada pela proteína Tus

A replicação de *E. coli* termina em uma extensa região (350 kb) flanqueada por dez sítios de terminação de ~ 23 pb não palindrômicos e aproximadamente idênticos, ***TerH, TerI, TerE, TerD*** e ***TerA***, de um lado, e ***TerJ, TerG, TerF, TerB*** e ***TerC***, do outro (Fig. 30.36: note que *oriC* está em uma posição diretamente oposta à da região de terminação no cromossomo de *E. coli*). A forquilha de replicação que se move no sentido anti-horário, como demonstrado na Fig. 30.36, passa através de *TerJ, TerG, TerF, TerB* e *TerC*, mas para ao encontrar *TerA, TerD, TerE, TerI* ou *TerH* (*TerD, TerE, TerI* e *TerH* são, presumivelmente, sítios de segurança [*backups*] para *TerA*). De maneira similar, uma forquilha de replicação que se movimenta no sentido horário passa direto por *TerH, TerI, TerE, TerD* e *TerA*, mas é retida em *TerC* ou, na falha desse, em *TerB, TerF, TerG* ou *TreI*. Assim, esses sítios de terminação atuam como válvulas de sentido único, que permitem que a forquilha de replicação entre na região de terminação, mas não que saia dela. Essa organização garante que as duas forquilhas de replicação geradas pela iniciação bidirecional em *oriC* se encontrem ao final da replicação, mesmo que uma delas chegue nessa região bem à frente da outra.

A parada do movimento da forquilha de replicação nos sítios *Ter* requer a ação da proteína **Tus**, um monômero de 309 resíduos que é o produto do gene ***tus*** (de *terminator utilization substance*, substância de utilização na terminação). A Tus liga-se especificamente ao sítio *Ter*, onde impede que a helicase DnaB faça o deslocamento da fita, o que para o movimento da forquilha de replicação. A estrutura por raios X da Tus em complexo com um DNA contendo uma sequência *Ter* de 15 pb com um único T sobressalente em cada extremidade 5′, determinada por Kosuke Morikawa, revela que a proteína consiste em dois domínios que formam uma fenda profunda e positivamente carregada, que envolve quase que totalmente ao DNA ligado a ela (Fig. 30.37). Um segmento de 5 pb do DNA próximo ao lado de Tus que permite a passagem da forquilha de replicação (a parte inferior da Fig. 30.37) é deformado e desenrolado em relação ao B-DNA canônico (ideal), de forma que sua fenda maior se torna mais profunda e sua fenda menor é expandida de forma significativa. A proteína estabelece contatos polares com mais de dois terços dos grupos fosfatos em uma região de 13 pb e sua folha β interdomínios penetra na fenda maior aprofundada para estabelecer contatos sequência-específicos com as bases expostas. A importância dessa região de interdomínios para a função da Tus é demonstrada pela observação de que a maioria das mutações em resíduos únicos que reduzem a capacidade que a proteína tem de interromper a replicação ocorre nessa região de interdomínio.

Quando a Tus é fusionada a outra proteína de ligação a DNA, a replicação é inibida no outro sítio de ligação da proteína. Isso sugere que a Tus não atua como um simples grampo de ligação a DNA, mas que interage com a helicase DnaB, o primeiro componente de uma forquilha de replicação (Fig. 30.32), para inibir a sua ação de helicase. Aparentemente, a Tus impede o progresso do desenrolamento do DNA feito

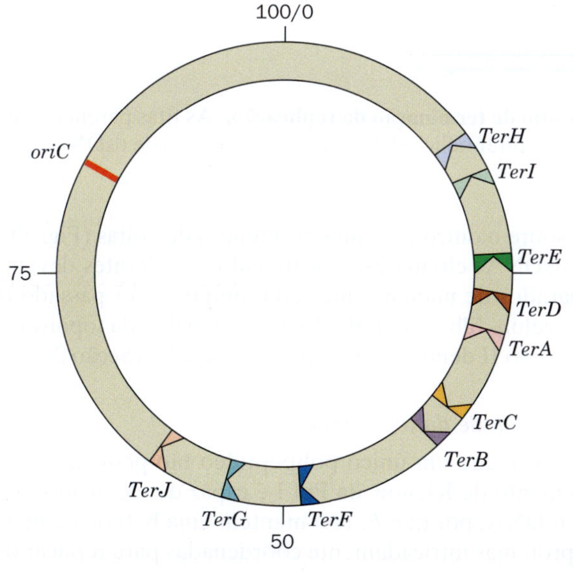

FIGURA 30.36 Mapa do cromossomo de *E. coli* mostrando as posições dos sítios *Ter* e do sítio *oriC*. Os sítios *TerJ, TerG, TerF, TerB* e *TerC*, em combinação com a proteína Tus, permitem que um replissomo que se movimenta no sentido anti-horário passe, mas não permite a passagem de um replissomo que se movimenta no sentido horário. O oposto é verdadeiro para os sítios *TerH, TerI, TerE, TerD* e *TerA*. Consequentemente, duas forquilhas de replicação que iniciam a replicação bidirecional do DNA em *oriC* irão encontrar-se entre os sítios *Ter* com orientações opostas.

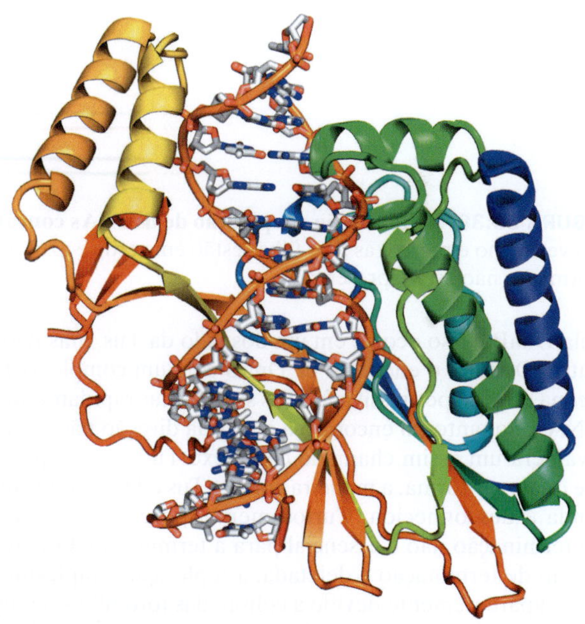

FIGURA 30.37 Estrutura por raios X da proteína Tus de *E. coli* em complexo com um DNA de 15 pb contendo um sítio *Ter*. A proteína está desenhada na forma de fitas e colorida na ordem do arcoíris a partir de sua extremidade N (*azul*) para a sua extremidade C (*vermelho*). O DNA está mostrado na forma de bastão, com C cinza, N azul, O vermelho e P cor de laranja e com átomos de P sucessivos na mesma fita unidos por bastões cor de laranja. (Com base na estrutura por raios X de Kosure Morikawa, Protein Engineering Research Institute, Osaka University, Japão. PDBid 1ECR.)

Ver Exercício interativo 34

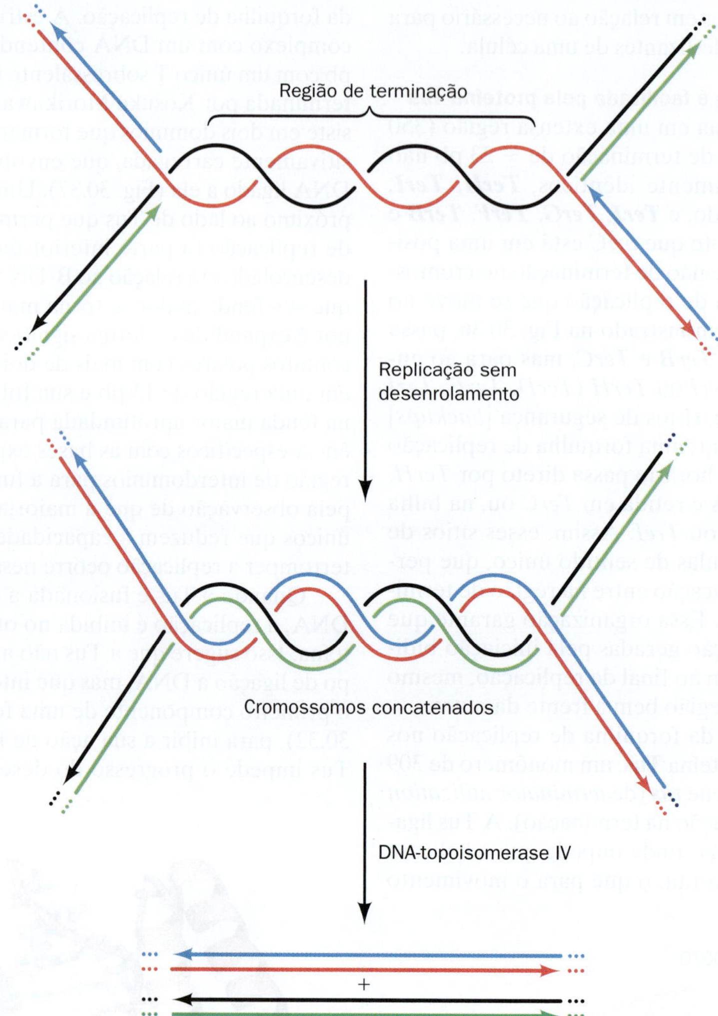

FIGURA 30.38 A formação e separação de dsDNAs concatenados no sítio de terminação da replicação. As fitas parentais estão em vermelho e preto e as fitas filhas estão em verde e azul. Por clareza, o caráter heliciodal duplo das moléculas de dsDNA recém-formadas não está representado.

pela DnaB e isso ocorre em um dos lado da Tus, mas não no outro. De fato, o encontro de DnaB com um complexo Tus-*Ter* na direção permissiva faz Tus se dissociar rapidamente do DNA, enquanto tal encontro a partir da direção não permissiva gera um assim chamado complexo Tus-*Ter* bloqueado. De qualquer forma, a maneira como a Tus e DnaB interagem ainda é desconhecida. Curiosamente, porém, esse sistema de terminação não é essencial para a terminação. Quando a região de terminação é deletada, a replicação simplesmente para, aparentemente devido à colisão das forquilhas de replicação antagônicas. Apesar disso, esse sistema de terminação é altamente conservado em bactérias gram-negativas.

À medida que duas forquilhas de replicação em direções opostas colidem no sítio de terminação, as fitas recém-sintetizadas se tornam covalentemente ligadas para formar dois cromossomos de fita dupla covalentemente fechados. Entretanto, uma vez que as fitas de DNA parentais permanecem enroladas uma sobre a outra por várias voltas (presumivelmente a DNA-girase não tem acesso ao DNA quando forquilhas de replicação em colisão se aproximam muito uma da outra), os produtos de fitas de dsDNA devem ser enrolados um sobre o outro pelo mesmo número de voltas (Fig. 30.38). Os dsDNAs circulares concatenados resultantes devem ser separados de maneira que cada um possa ser passado para uma célula-filha diferente. Esse é o trabalho da topoisomerase de tipo II denominada topoisomerase IV (Seção 29.3Cd).

D. *Fidelidade da replicação*

Uma vez que um único polipeptídeo tão pequeno como o fragmento de Klenow da Pol I é capaz de ele próprio replicar o DNA, por que *E. coli* mantém uma bateria de mais de 20 proteínas intricadamente coordenadas para replicar o seu cromossomo? A resposta, aparentemente, é *para garantir a fidelidade quase perfeita da replicação do DNA, necessária para a preservação da integridade da mensagem genética de geração para geração.*

As frequências de reversão de *E. coli* ou de fagos T4 mutantes para os tipos selvagens indicam que apenas um malpareamento ocorre a cada 10^8 a 10^{10} pb replicados. Isso corresponde a ~ 1 erro a cada 1.000 gerações bacterianas. Essa elevada precisão da replicação vem de quatro fontes:

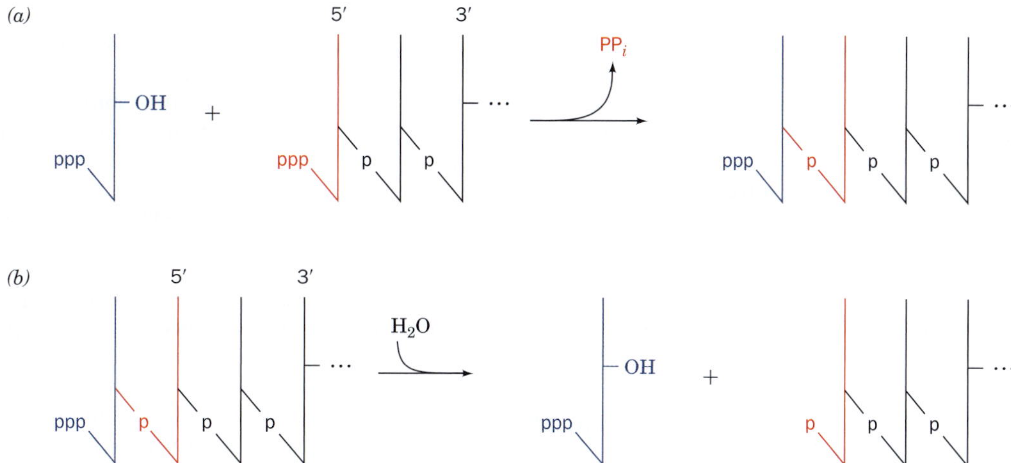

FIGURA 30.39 Consequências químicas caso uma DNA-polimerase pudesse sintetizar DNA na direção 3′ → 5′. (*a*) A adição de cada nucleosídeo trifosfatado à cadeia em crescimento seria movida pela hidrólise do nucleosídeo trifosfatado adicionado previamente. (*b*) A remoção para edição de um nucleosídeo trifosfatado 5′-terminal incorreto poderia tornar a cadeia de DNA incapaz de ser estendida adicionalmente.

1. As células mantêm níveis equilibrados de dNTPs, por meio dos mecanismos discutidos na Seção 28.3Ad. Esse é um aspecto importante da fidelidade da replicação, porque um dNTP presente em níveis altamente aberrantes tem uma maior probabilidade de ser incorporado erroneamente e, de forma recíproca, um nucleotídeo presente em níveis baixos tem uma maior probabilidade de ser substituído pelos dNTPs presentes em quantidades maiores.

2. A reação de polimerização por si só possui uma fidelidade extraordinária. Isso ocorre, como já visto (Seção 30.2Ae), porque a reação de polimerização ocorre em dois estágios: (1) a etapa de ligação, na qual o dNTP que está sendo incorporado realiza um pareamento de bases com o molde, enquanto a enzima está em uma conformação aberta, que não pode catalisar a reação da polimerase; e (2) a etapa catalítica, na qual a polimerase assume uma conformação fechada sobre o par de bases recém-formado, que posiciona apropriadamente seus resíduos catalíticos (encaixe induzido). Como a conformação fechada requer que o dNTP que está sendo incorporado forme um par de bases na forma de Watson-Crick com o molde, a mudança de conformação constitui uma segunda verificação (*double check*) do pareamento de bases correto.

3. As funções de exonuclease 3′ → 5′ da Pol I e da Pol III detectam e eliminam os erros ocasionais feitos pelas suas funções de polimerização. De fato, mutações que aumentam a atividade da exonuclease de revisão de leitura da DNA-polimerase diminuem as frequências de mutação de outros genes.

4. Uma extraordinária bateria de sistemas enzimáticos, presentes em todas células, funciona para reparar erros residuais no DNA recém-sintetizado, bem como qualquer dano que possa ter ocorrido após a sua síntese devido à ação de agentes químicos e/ou físicos. Esses sistemas de reparo do DNA serão discutidos na Seção 30.5.

Além disso, *a incapacidade de uma DNA-polimerase de iniciar o alongamento de uma cadeia sem um iniciador é uma característica que aumenta a fidelidade da replicação*. Os primeiros nucleotídeos de uma cadeia a serem unidos são aqueles com maior probabilidade de ser malpareados, devido à natureza cooperativa das interações de pareamento de bases (Seção 29.2). A edição de um oligonucleotídeo de fita dupla curto é também um processo propenso a erros. A utilização de iniciadores de RNA elimina essa fonte de erro, pois o RNA acaba sendo substituído por DNA sob condições que permitem o estabelecimento de um pareamento de bases acurado.

Poderia questionar-se o porquê das células terem desenvolvido, ao longo da evolução, o complexo sistema de síntese descontínua da fita tardia, em vez de terem desenvolvido uma DNA-polimerase simplesmente capaz de estender as cadeias de DNA nas suas direções 3′ → 5′. A consideração da química da extensão da cadeia de DNA também leva à conclusão de que esse sistema promove uma replicação de alta fidelidade. A ligação de 5′-desoxinucleotídeos trifosfatados na direção 3′ → 5′ exigiria a retenção do grupo trifosfato 5′-terminal da cadeia em crescimento para acionar a próxima etapa de acoplamento (Fig. 30.39*a*). Na edição de um nucleotídeo 5′-terminal malpareado (Fig. 30.39*b*), essa polimerase putativa iria – em analogia com a Pol I, por exemplo – remover o nucleotídeo errôneo, deixando um grupo 5′-OH ou um grupo 5′-fosfato. Nenhum desses grupos terminais é capaz de suprir a energia necessária para a continuação da extensão da cadeia. Uma revisão de leitura de 3′ → 5′ por parte da DNA-polimerase teria, portanto, que ser capaz de reativar seus produtos editados. A complexidade inerente de um sistema como esse foi, presumivelmente, selecionada de forma desfavorável durante a evolução.

4 REPLICAÇÃO EUCARIÓTICA

Existe um grau de similaridade notável entre os mecanismos de replicação do DNA de eucariotos e procariotos. Apesar disso, existem diferenças importantes entre esses dois sistemas de replicação, em consequência da enorme complexidade dos eucariotos em comparação com os procariotos. Por exemplo, os cromossomos eucarióticos são complexos de DNA e proteínas estruturalmente complicados e dinâmicos (Seção 34.1), com os quais a maquinaria de replicação deve interagir para a execução de suas funções. Consequentemente, como acontece para a maioria dos aspectos bioquímicos, o conhecimento de como o DNA é replicado em eucariotos está muito atrasado em relação ao que se sabe de procariotos, embora, em anos recentes, tenha ocorrido um progresso significativo da compreensão desse processo fundamental. Nesta seção, resume-se o que se conhece sobre a replicação do DNA em eucariotos. Também serão discutidas as duas DNA-polimerases peculiares dos sistemas eucarióticos: a transcriptase reversa e a telomerase.

A. *O ciclo celular*

O **ciclo celular**, a sequência geral de eventos que ocorrem durante a vida de uma célula eucariótica, é dividido em quatro fases distintas (Fig. 30.40):

1. A mitose e a divisão celular ocorrem durante a **fase M** (de *m*itose), que é relativamente breve.
2. Essa fase é seguida pela **fase G_1** (de *gap*, intervalo), que compreende a parte mais longa do ciclo celular. Esse é o principal período de crescimento celular.
3. G_1 dá lugar à **fase S** (de *s*íntese), que, em contraste com os eventos procarióticos, *é o único período do ciclo celular no qual o DNA é sintetizado.*
4. Durante a **fase G_2**, relativamente curta, a célula, agora tetraploide, prepara-se para a mitose. Depois, ela entra na fase M mais uma vez e começa, portanto, um novo ciclo celular.

O ciclo celular de células em cultura normalmente ocupa um período de 16 a 24 horas. Em contraste, a duração do ciclo celular para diferentes tipos de células de um organismo multicelular pode variar desde 8 horas até > 100 dias. A maior parte dessa variação ocorre na fase G_1. Além disso, muitas células terminalmente diferenciadas, como neurônios e células musculares, nunca se dividem; elas assumem um estado quiescente, conhecido como **fase G_0**.

A irreversível "decisão" celular de proliferar é tomada na fase G_1. A quiescência é mantida se, por exemplo, houver pouca disponibilidade de nutrientes ou se a célula estiver em contato com outras células (**inibição por contato**). De modo inverso, a síntese de DNA pode ser induzida por vários agentes, tais como carcinógenos ou vírus causadores de tumores, que desencadeiam a proliferação celular descontrolada (câncer; Seções 19.3B e 34.4C); pela remoção cirúrgica de um tecido, o que resulta na sua rápida regeneração; ou por proteínas conhecidas como **mitógenos**, que se ligam a receptores de superfície celulares e induzem a divisão celular (Seção 34.4D).

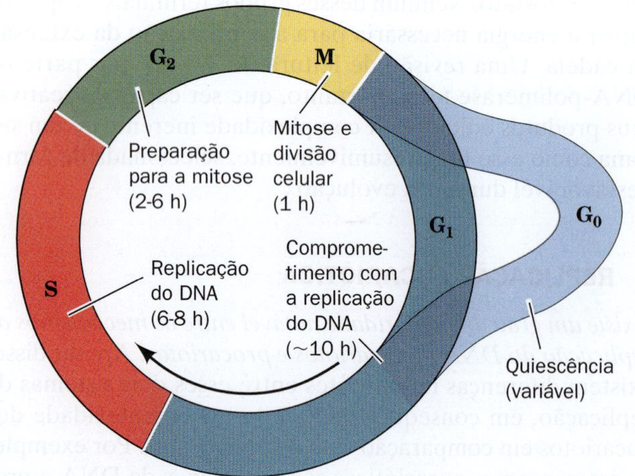

FIGURA 30.40 **O ciclo celular eucariótico.** As células em G_1 podem entrar em uma fase quiescente (G_0), em vez de seguirem adiante no ciclo celular.

a. O ciclo celular é controlado por ciclinas e por proteína-cinases dependentes de ciclinas

A progressão de uma célula pelo ciclo celular é regulada por proteínas conhecidas como **ciclinas** e **proteína-cinases dependentes de ciclinas** (**Cdks**, de *cyclin-dependent protein kinases*). As ciclinas são assim denominadas porque elas são sintetizadas durante uma fase do ciclo celular e completamente degradadas durante a fase seguinte (a degradação de proteínas é discutida na Seção 32.6). Uma determinada ciclina liga-se especificamente e, assim, ativa a(s) sua(s) Cdk(s) correspondente(s) para que fosforile(m) suas proteínas-alvo e, dessa maneira, ative(m) essas proteínas para que executem os processos que compõem aquela fase do ciclo celular. Para ingressar em uma nova fase no ciclo celular, uma célula deve satisfazer um **ponto de verificação** correspondente, que monitora se a célula completou satisfatoriamente a fase anterior (p. ex., a ligação de todos os cromossomos ao fuso mitótico deve preceder a mitose [Seção 1.4Aa]; se este não foi o caso para um cromossomo, uma célula-filha ficaria sem esse cromossomo e a outra teria dois, sendo ambas as condições deletérias, senão letais). Caso a célula não satisfaça os critérios do ponto de verificação, o ciclo celular é retardado ou mesmo interrompido até que ela atenda aos requisitos. O controle do ciclo celular será discutido adicionalmente na Seção 34.4C.

B. *Mecanismos de replicação eucarióticos*

Muito do que se sabe a respeito da replicação do DNA eucariótico foi aprendido a partir de estudos feitos com a levedura de brotamento (*Saccharomyces cerevisiae*) e a levedura de fissão binária (*Schizosaccharomyces pombe*), os eucariotos mais simples, e com o vírus símio 40 (SV40, de *simian virus 40*), que possui um cromossomo de DNA circular de 5.243 pb com apenas uma origem de replicação. Entretanto, estudos sobre a replicação do DNA em células de **metazoários** (animais multicelulares), particularmente *Drosophila*, *Xenopus laevis* (um sapo com garras africano, cujos ovos são facilmente estudados), e seres humanos têm, também, conduzido a importantes avanços no conhecimento.

a. As células eucarióticas contêm inúmeras DNA-polimerases

As principais DNA-polimerases conhecidas podem ser classificadas em seis famílias, com base nas suas relações filogenéticas. Os membros da família A (p. ex., a Pol I de *E. coli*), da B (p. ex., a Pol II de *E. coli*), e da C (p. ex., a Pol III de *E. coli*) incluem todas as polimerases replicativas, assim como algumas polimerases de reparo, a família D ocorre apenas em arqueas, onde suas funções são pobremente entendidas e as famílias X e Y participam do reparo do DNA. Os domínios de dedos e polegar apresentam estruturas que são únicas para cada família, enquanto os domínios de palma contendo os resíduos catalíticos são semelhantes nas famílias A, B e Y. As células animais expressam pelo menos quatro tipos distintos de DNA-polimerases que estão envolvidas na replicação do DNA (Tabela 30.5). Elas são designadas, na ordem

TABELA 30.5 Propriedades de DNA-polimerases eucarióticas que participam da replicação do DNA

	α	γ	δ	ε
Localização	Núcleo	Mitocôndria	Núcleo	Núcleo
Massas das subunidades (kDa)*	167, 79, 62, 48 (166, 66, 59, 50)	144 (140, 55)	125, 55, 40 (124, 51, 51)	256, 78, 23, 22 (262, 60, 17, 12)
Família	B	A	B	B

*Levedura *S. cerevisiae* (células humanas).

Fonte: Principalmente Johnson, A. and O'Donnell, M., *Annu. Rev. Biochem.* **74**, 283 (2005).

de suas descobertas, DNA-polimerases (pols) α, γ, δ e ε (alternativamente, POLA, POLG, POLD1 e POLE), das quais pol α é um membro da família A e as outras são membros da família B.

A **pol α** ocorre apenas no núcleo da célula, onde ela participa da replicação do DNA cromossômico. Essa função foi amplamente estabelecida pela utilização de seu inibidor específico, a **afidicolina**,

Afidicolina

e pela observação de que a atividade da pol α varia com a taxa de proliferação celular. A pol α, assim como todas as DNA-polimerases, replica o DNA pela extensão de um iniciador 5′ → 3′, sob a coordenação de um molde de ssDNA. Esse heterotetrâmero, o qual não apresenta atividade de exonuclease, consiste em uma subunidade de polimerase de 167 kDa, de uma subunidade de primase de 48 kDa, de uma subunidade de 62 kDa que é necessária para a atividade integral da primase e de uma subunidade de 79 kDa, que está implicada na regulação da iniciação, todas as quais são coletivamente conhecidas como **pol α/primase**.

O **pol δ** é um heterotrímero cuja subunidade catalítica de 125 kDa não apresenta uma primase associada, mas contém um domínio da exonuclease 3′ → 5′ de revisão de leitura. A estrutura por raios X da subunidade catalítica da pol δ de levedura (também chamada de pol δ), determinada por Aneel Aggarwal, revela que essa enzima é composta por cinco domínios, arranjados ao redor de um orifício central, que estão próximos do seu sítio ativo de polimerização (Fig. 30.41). Ela tem uma arquitetura semelhante à de uma mão direita, inicialmente observada nas DNA-polimerases da família A (Figs. 30.8 e 30.9), e seu domínio de palma tem um núcleo estruturalmente similar que contém os dois resíduos de Asp invariáveis implicados no mecanismo de transferência de nucleotidilas (Fig. 30.10). Entretanto, existem diferenças mais importantes entre as polimerases da família A (p. ex., Fig. 30.8) e a pol δ, a qual é a representante das polimerases da família B. Mais notavelmente em pol δ:

1. O domínio de dedos, o qual consiste em apenas um par de hélices antiparalelas, é girado por ~ 60° em relação àquele das polimerases da família A.
2. O domínio de exonuclease se projeta a partir do topo do domínio de dedos, em vez de partir da base do domínio de palma, como ocorre nas polimerases da família A.
3. Existe um grande domínio N-terminal, que não está presente nas polimerases da família A.
4. A fita-molde entra no sítio ativo a partir de uma fenda entre os domínios N-terminal e de exonuclease, enquanto nas polimerases da família A ele faz isso a partir do domínio de palma.
5. O dsDNA recém-formado mais próximo do sítio ativo tem uma conformação semelhante ao DNA-B, em vez da conformação semelhante ao DNA-A, observada na família de polimerases A (Seção 30.2Ae).

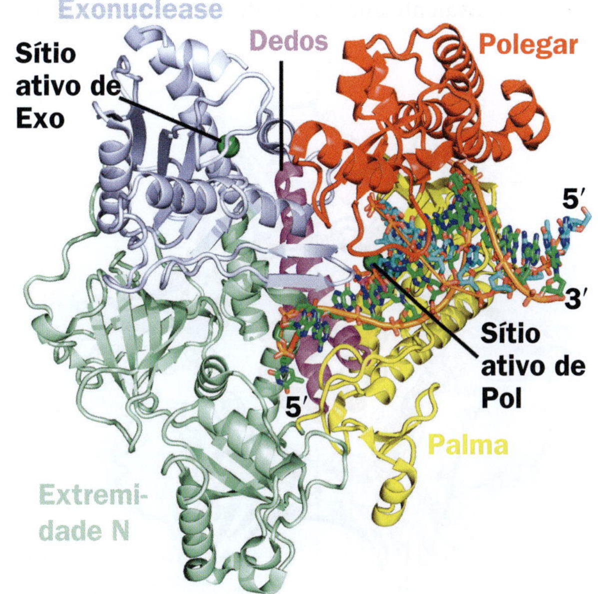

FIGURA 30.41 Estrutura por raios X da DNA-polimerase δ de levedura (pol δ) em complexo com o DNA molde iniciador e dCTP. A proteína está representada na forma de fitas, com seus cinco domínios coloridos de forma diferente como indicado. O DNA, cujas fitas do iniciador e do molde consistem em 12 e 16 nt, juntamente com o dCTP que está sendo adicionado, está representado na forma de bastões, com C do molde verde, C do iniciador ciano, C do dCTP magenta, N azul, O vermelho e P cor de laranja e com átomos de P sucessivos em cada fita de DNA conectados por tubos cor de laranja. Os íons de Ca^{2+} no sítio ativo de polimerase (Pol) estão representados por esferas verdes escuras, assim como o íon de Ca^{2+} no sítio ativo de exonuclease (Exo). (Com base na estrutura por raios X de Aneel Aggarwal, Mount Sinai School of Medicine, Nova York, EUA. PDBid 3IAY.)

Em contraste à pol α, que apresenta uma processividade apenas moderada (~ 100 nucleotídeos), a da pol δ é essencialmente ilimitada (replica a extensão total de um molde), mas apenas quando ela está em complexo com uma proteína denominada de **antígeno nuclear de proliferação celular** (**PCNA**, de *proliferating cell nuclear antigen*; assim denominado porque ocorre apenas no núcleo de células em proliferação e reage com anticorpos produzidos por um subgrupo de pacientes portadores da doença autoimune lúpus eritematoso sistêmico). A estrutura por raios X do PCNA (Fig. 30.42), determinada por Kuriyan, revela que ele forma um anel trimérico com estrutura (e presumivelmente função) quase idêntica à do grampo deslizante β_2 de *E. coli* (Fig. 30.13). Assim, cada subunidade do PCNA é composta por quatro motivos βαβββ estruturalmente semelhantes, em vez dos seis que constituem a subunidade β de *E. coli*. É intrigante notar que o PCNA e a subunidade β não exibem identidade de sequência significativa, mesmo quando suas porções estruturalmente semelhantes são alinhadas. Arqueas também apresentam grampos deslizantes com simetria pseudo-hexagonal.

A pol δ em complexo com o PCNA é necessária para a síntese da fita tardia. Em contraste, pol α/primase atua para sintetizar iniciadores de RNA de ~ 12 nt, que ela estende adicionalmente com ~ 20 nt de DNA. Assim, em um processo denominado de **mudança de polimerase** (*polymerase switching*), o equivalente eucariótico do carregador do grampo

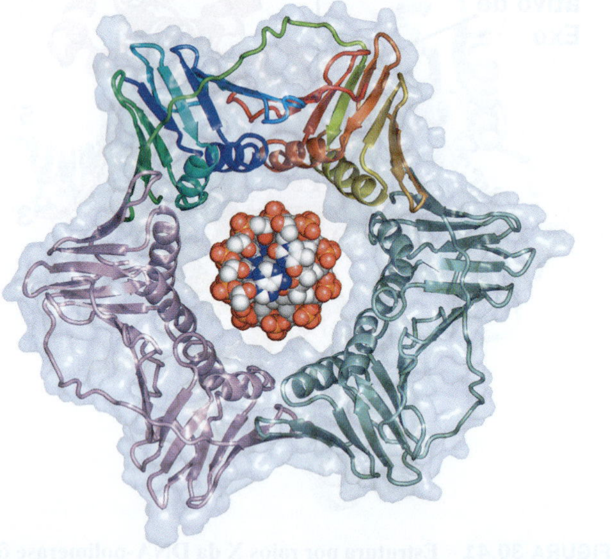

FIGURA 30.42 Estrutura por raios X do PCNA humano. Suas três subunidades, que formam um anel simétrico triplo, estão representadas na forma de fitas encaixadas em seu diagrama de superfície semitransparente. Uma dessa subunidades está colorida na ordem das cores do arco-íris a partir de sua extremidade N-terminal (*azul*) para a sua extremidade C-terminal (*vermelho*), outra está em cor-de-rosa e a terceira está em verde-claro. Um modelo de volume atômico do B-DNA, visualizado ao longo de seu eixo helicoidal, foi desenhado no centro do anel do PCNA. Compare esta estrutura com aquela da subunidade β_2 do grampo deslizante da holoenzima Pol III de *E. coli* (Fig. 30.13). (Com base em uma estrutura por raios X de John Kuriyan, University of California at Berkeley, EUA. PDBid 1AXC.)

Ver Exercício interativo 35

de *E. coli*, o **fator de replicação C** (**RFC**, de *replication factor C*), desloca a pol α e coloca o PCNA sobre o DNA-molde, próximo à fita iniciadora, após o que a pol δ se liga ao PCNA e estende processivamente a fita de DNA.

RFC, como o carregador do grampo de *E. coli*, é um heteropentâmero de subunidades da família AAA+, mas, enquanto o carregador do grampo contém três subunidades idênticas ($\gamma_3\delta\delta'$), RFC é composto por cinco subunidades diferentes, RFC-A a RFC-E (alternativamente, RFC1-RFC5). A estrutura por raios X do RFC de levedura em complexo com o PCNA (Fig. 30.43), determinada por O'Donnell e Kuriyan, revela que as subunidades A, B e C de RFC se ligam em cavidades hidrofóbicas conservadas na face do PCNA na qual seus resíduos C-terminais estão localizados (uma vez que as três subunidades idênticas do PCNA estão ligadas cabeça-com-cauda, suas duas faces são diferentes). De fato, esse assim chamado lado C do PCNA, o qual se posiciona no lado oposto ao da direção do movimento da polimerase, se liga a muitas das proteínas que participam nos processos replica-

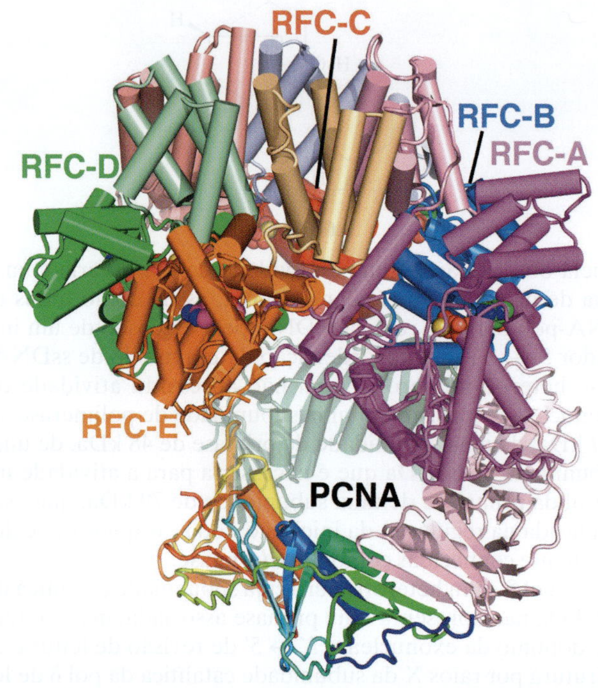

FIGURA 30.43 Estrutura por raios X do RFC de levedura em complexo com PCNA, ADP e ATPγS. Ambas as proteínas estão desenhadas na forma de tubo e seta, com as subunidades do RFC coloridas como suas homólogas na Fig. 30.34*a* (com as subunidades RFC-A, B, C, D e E correspondendo às subunidades δ, γ3, γ2, γ1 e δ′ do carregador do grampo de *E. coli*, respectivamente) e o PCNA colorido como na Fig. 30.42. A vista é similar àquela do carregador do grampo de *E. coli* na Fig. 30.34*a*. O ADP, que está ligado apenas a RFC-E, e o ATPγS, que se liga às outras quatro subunidades, estão mostrados na forma de volume atômico, com C do ATPγS verde, C do ADP magenta, N azul, O vermelho, P cor de laranja e S amarelo. Notar que todas as cinco subunidades de RFC apresentam um sítio de ligação a nucleotídeo, enquanto as subunidades δ e δ′ de *E. coli* não. (Com base em um estrutura por raios X de Mike O'Donnell, The Rockefeller University, EUA e John Kuriyan, University of California at Berkeley, EUA. PDBid 1SXJ.)

tivos, incluindo a maioria das DNA-polimerases, e, assim, o PCNA desempenha um papel principal no recrutamento dos componentes dos vários tipos de forquilhas de replicação. Os domínios C-terminais de cada subunidade de RFC se associam para formar um colar em forma de anel, da mesma forma como o fazem os domínios C-terminais do carregador do grampo de *E. coli* (Fig. 30.34). De maneira idêntica, os domínios AAA+ de RFC estão arranjados em uma espiral voltada para a direita que se combina com o trajeto helicoidal do esqueleto açúcar-fosfato do DNA-B. Presumivelmente, os carregadores de grampo procarióticos e eucarióticos interagem com o DNA molde-iniciador e seus correspondentes grampos deslizantes de maneiras semelhantes.

A **pol ε**, uma enzima heterotetramérica nuclear, é o participante mais enigmático na replicação do DNA. Pol ε é altamente processiva na ausência do PCNA e apresenta uma atividade de exonuclease 3′ → 5′ que degrada ssDNAs em oligonucleotídeos de 6 ou 7 resíduos, em vez de produzir mononucleotídeos, como faz a pol δ. Embora a pol ε seja necessária para a viabilidade de leveduras, sua função essencial pode ser executada apenas pela metade não catalítica C-terminal da sua subunidade catalítica de 256 kDa, a qual é única entre as DNA-polimerases da família B. Isso sugere que a metade C-terminal da subunidade catalítica de pol ε seja requerida para a montagem do complexo de replicação. Apesar disso, Thomas Kunkel demonstrou que pol ε é, provavelmente, a replicase da fita líder, embora ela também possa contribuir para a síntese da fita-tardia. Além disso, pol também pode participar da síntese da fita-líder.

A **pol γ**, um monômero, ocorre exclusivamente nas mitocôndrias, onde, presumivelmente, replica o DNA mitocondrial. Os cloroplastos contêm uma enzima semelhante.

As células eucarióticas contêm baterias de DNA-polimerases. Essas baterias incluem as DNA-polimerases que participam da replicação do DNA cromossômico (as pols α, δ e ε) e várias DNA-polimerases que atuam nos processos de reparo do DNA (Seção 30.5), incluindo as **pols β, η, ι, κ** e **ζ** (alternativamente, POLB, POLH, POLI, POLK e POLZ). A pol β, uma enzima da família X, é notável pelo seu pequeno tamanho (um monômero de 335 resíduos em humanos).

b. Cromossomos eucarióticos são compostos por numerosos replicons

Os sistemas de replicação eucarióticos e procarióticos diferem mais obviamente pelo fato de que os cromossomos eucarióticos possuem múltiplas origens de replicação, em contraste com a origem única de replicação de cromossomos procarióticos. As células eucarióticas replicam o DNA com uma velocidade de ~ 50 nt/s (~ 20 vezes mais lenta do que em *E. coli*), como foi determinado por medições autorradiográficas das extensões de seções de cromossomos eucarióticos marcadas por pulsos. Como um cromossomo eucariótico contém geralmente 60 vezes mais DNA do que aqueles de procariotos, a sua replicação bidirecional a partir de uma única origem de replicação iria necessitar de ~ 1 mês para ser finalizada. Micrografias eletrônicas como a da Fig. 30.44 revelam, no entanto, que os cromossomos eucarióticos contêm múltiplas origens, uma a cada 3 a 300 kb, dependendo tanto da espécie como do tecido, de forma que a fase S ocupa, normalmente, apenas algumas poucas horas.

Observações citológicas indicam que as várias regiões cromossômicas não são replicadas de forma simultânea; em vez

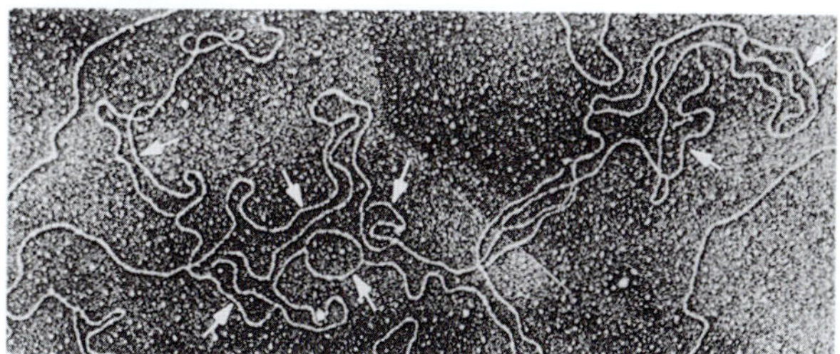

FIGURA 30.44 Micrografia eletrônica de um fragmento de DNA de *Drosophila* em replicação. As setas indicam seus múltiplos olhos de replicação. (De Kreigstein, H.J., e Hogness, D.S., *Proc. Natl. Acad. Sci.* **71**, 136 [1974].)

disso, agrupamentos de 20 a 80 **replicons** (unidades de replicação; segmentos de DNA, cada um deles servido por uma origem de replicação) adjacentes são ativados simultaneamente. Novos replicons são ativados ao longo de toda a fase S, até que todo o cromossomo tenha sido replicado. Durante esse processo, os replicons que já foram replicados são distinguidos daqueles que ainda não o foram; ou seja, *o DNA cromossômico de uma célula é replicado uma única vez a cada ciclo celular.*

c. A montagem do complexo de iniciação eucariótico ocorre em duas etapas

A replicação do DNA eucariótico que ocorre apenas uma única vez por ciclo celular é conferida por um tipo de interruptor (*switch*) binário. Um **complexo pré-replicativo** (**pré-RC**, de *pre-replicative complex*) é montado em cada origem de replicação durante a fase G_1 do ciclo celular. Esse é o único momento do ciclo celular durante o qual o pré-RC pode ser formado e, por isso, esse processo é conhecido como **licenciamento**. Entretanto, um pré-RC licenciado não é capaz de iniciar a replicação do DNA. Ele deve ser ativado para que possa fazê-lo, por um processo que ocorre durante a fase S. *Essa separação temporal da montagem do pré-RC e da ativação da origem garante que um novo pré-RC não possa ser montado sobre uma origem que já tenha sido "disparada" (iniciado a replicação), de forma que uma origem pode ser disparada apenas uma única vez por ciclo celular.* Como isso ocorre?

O processo de licenciamento e de como o pré-RC é ativado para formar um complexo de iniciação ainda não são completamente entendidos. Assim, embora pareça que a maioria das proteínas que formam esses complexos tenha sido identificada, suas estruturas, interações e, em muitos casos, suas funções são bastante desconhecidas. Tendo isso em mente, considera-se o que é conhecido a respeito desses processos.

As origens de replicação são surpreendentemente variáveis entre as espécies, em geral em um mesmo organismo, e até mesmo de acordo com o estágio do desenvolvimento de um determinado organismo. Assim, enquanto as origens de *S. cerevisiae*, que são conhecidas como **sequências de replicação autônomas** (**ARS**, de *autonomously replicating sequences*), contêm uma sequência altamente conservada de 11 pb rica em AT no interior de uma região não tão bem-definida de ~ 125 pb, algumas origens de metazoários estão dispersas por "zonas de iniciação" de 10 a 50 kb que contêm múltiplas origens e que, em alguns casos, não requerem qualquer sequência específica de DNA. A despeito dessa disparidade, as proteínas que participam da replicação do DNA eucariótico são altamente conservadas desde leveduras até seres humanos.

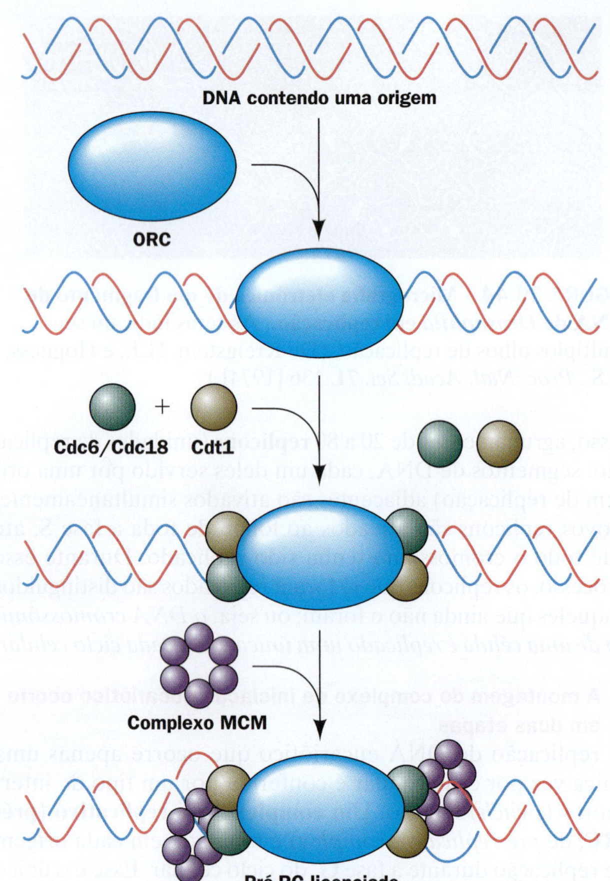

FIGURA 30.45 Diagrama esquemático da montagem do complexo pré-replicativo eucariótico (pré-RC). As estequiometrias, posições e interações reais de seus vários componentes são em grande parte desconhecidas. O pré-RC forma-se somente durante a fase G_1 do ciclo celular.

A montagem do pré-RC (Fig. 30.45) inicia no final da fase M ou no início da fase G_1, com a ligação do **complexo de reconhecimento da origem** (**ORC**, de *origin recognition complex*), um hexâmero de proteínas relacionadas (**Orc1** a **Orc6**), à origem, onde ele permanece ligado durante a maior parte ou durante todo o ciclo celular. O ORC, o análogo funcional da proteína DnaA na iniciação da replicação em *E. coli* (Seção 30.3Ca), recruta então duas proteínas, **Cdc6** em *S. cerevisiae* (**Cdc18** em *S. pombe*; Cdc, de *cell division cycle*, ciclo de divisão celular) e **Cdt1**. Essas proteínas cooperam então com o ORC para a incorporação do **complexo MCM** (assim denominado devido às suas funções de *minichromosome maintenance*, manutenção de minicromossomos [plasmídeos]), um hexâmero de subunidades relacionadas (**Mcm2** a **Mcm7**), no DNA para gerar o pré-RC licenciado. O complexo MCM, uma helicase em forma de anel movida por ATP, é análogo à helicase DnaB de *E. coli*, enquanto Cdc6/Cdc18 juntamente com Cdt1 parecem ser análogos à DnaC de *E. coli* (que facilita a incorporação da DnaB). Com exceção da Cdt1, todas essas proteínas, Orc1 a Orc6, Cdc6/Cdc18, Mcm2 a Mcm7, bem como a DnaA, a DnaB e a DnaC de *E. coli*, são ATPases AAA+.

A conversão de um pré-RC licenciado para um complexo de iniciação ativo requer a adição da pol α/primase, da pol ε e de diversas proteínas acessórias, que ocorrem apenas no início da fase S. Esse processo inicia com a adição da proteína **Mcm10** (que não apresenta similaridade de sequência com qualquer uma das subunidades do complexo MCM) ao pré-RC, o que, provavelmente, desloca a Cdt1. A isso segue-se a adição de pelo menos duas proteína-cinases, uma Cdk e a **Ddk**, essa última sendo um heterodímero formado pela proteína-cinase **Cdc7** com a sua subunidade de ativação **Dbf4** (Ddk vem de *Dbf4-dependent kinase*, cinase dependente de Dbf4). A Ddk atua fosforilando cinco das seis subunidades do MCM (todas exceto a Mcm2), de modo a ativar o complexo MCM como uma helicase. Em contraste, a maneira por meio da qual as Cdks ativam o pré-RC é pouco compreendida, embora diversas proteínas ORC e MCM, bem como a Cdc6/Cdc18, sejam fosforiladas por Cdks. A Ddk, juntamente com uma Cdk, também recruta a **Cdc45** para o complexo de iniciação em formação. A Cdc45, por sua vez, é necessária para a montagem da maquinaria sintética de iniciação na forquilha de replicação, incluindo a pol α/primase, a pol ε, o PCNA e a **proteína de replicação A** (**RPA**, de *replication protein A*), a correspondente heterotrimérica eucariótica da SSB, formando, assim, um complexo de iniciação ativo.

d. A re-replicação é impedida por ações de Cdks e geminina

Depois da iniciação (*priming*) ter ocorrido, juntam-se ao complexo de iniciação o RFC e a pol δ e, como descrito anteriormente, ele é convertido em um complexo de replicação ativo, pela troca de polimerase. A replicação do DNA prossegue então bidirecionalmente, até que cada forquilha de replicação tenha colidido com uma forquilha de replicação que avança no sentido contrário, completando, assim, a replicação do replicon. Uma forquilha de replicação ativa irá destruir quaisquer pré-RCs licenciados e complexos de iniciação não disparados em seu trajeto, o que impede, portanto, que o DNA nesses sítios seja replicado duas vezes. Os eucariotos parecem não possuir sequências de terminação e proteínas análogas aos sítios *Ter* e à proteína Tus de *E. coli*.

Vários mecanismos redundantes garantem que um pré-RC possa iniciar a síntese de DNA apenas uma única vez. As Cdks estão ativas desde o final da fase G_1 até o final da fase M. Esses níveis elevados de Cdks, que são necessários para ativar a iniciação, também impedem a reiniciação. A fosforilação de Cdc6/Cdc18, mediada por Cdk, que ocorre no final da fase G_1, depois dos pré-RCs terem se formado, faz a Cdc6/Cdc18 ser degradada proteoliticamente, em leveduras, e exportada do núcleo, em células de mamíferos. Evidentemente, a Cdc6/Cdc18 é necessária apenas para a montagem do pré-RC e não para a sua ativação. A atividade de helicase do complexo MCM é inibida por fosforilação, pelo menos *in vitro*. Além disso, as proteínas do MCM são exportadas do núcleo nas fases G_2 e M, um processo que é interrompido pela inativação de Cdk. Entretanto, a função da fosforilação mediada por Cdk das proteínas ORC ainda não é clara.

As células de metazoários possuem, ainda, um outro mecanismo para impedir a montagem de um pré-RC licenciado sobre um DNA já replicado. Níveis elevados de uma proteína denominada **geminina** aparecem na fase S e ela continua a acumular-se até o final da fase M, quando é degradada. A geminina se associa com a Cdt1 (que, juntamente com a Cdc6/Cdc18, coloca o complexo MCM sobre o ORC), de forma a inibir a montagem do pré-RC. Essa inibição pode ser revertida pela adição de um excesso de Cdt1. Parece provável, portanto, que a presença de geminina forneça proteção contra a re-replicação do DNA sob condições nas quais as Cdks são inibidas pela ativação do ponto de verificação. Além disso, a re-replicação também é impedida pela degradação de Cdt1 após a origem com a qual ela estava associada tenha sido disparada. A necessidade desse processo para a replicação do DNA está indicada pelo seu bloqueio pelo inibidor da DNA-polimerase afidicolina.

Finalmente, as células que passam para a fase G_0 (quiescente) do ciclo celular (Fig. 30.40) – a maioria das células do corpo humano – param de sintetizar DNA. Essas células são caracterizadas pela ausência de atividade de Cdk. Em células proliferativas, isso iria permitir a re-replicação do DNA. Entretanto, células em G_0 também não possuem as proteínas do complexo MCM e são, portanto, incapazes de montar pré-RCs licenciados. Como células cancerosas são caracterizadas por apresentarem um estado de rápida proliferação (Seção 19.3B), a presença de proteínas do complexo MCM em células que deveriam estar quiescentes é um marcador diagnóstico promissor para o câncer.

e. Os iniciadores são removidos por RNase H1 e Flap-endonuclease-1

Durante a síntese da fita tardia, quando a pol δ alcança o fragmento de Okazaki previamente sintetizado, ela desloca parcialmente o seu RNA iniciador através de síntese de DNA, gerando, dessa forma, uma aba de RNA. O iniciador é, então, removido pela ação de duas enzimas: a **RNase H1** remove a maior parte do RNA, deixando apenas um ribonucleotídeo 5′, adjacente ao DNA, o qual é, então, removido pela ***flap*-endonuclease-1** (**FEN1**). Entretanto, como já vimos, a pol α/primase, ao estender os iniciadores de RNA, sintetiza cerca de ~ 20 nt de DNA antes de ser substituída pela pol δ. Como a pol α não apresenta a capacidade de revisão de leitura, essa extensão do iniciador tem uma probabilidade maior de conter erros do que o DNA sintetizado pela pol δ. Porém, a FEN1, que é recrutada para a forquilha de replicação devido a sua ligação no lado C do PCNA, fornece o que é, de fato, a função de revisão de leitura da pol α: ela também atua como uma endonuclease, que remove oligonucleotídeos contendo malpareamentos de até 15 nt de extensão, a partir da extremidade 5′ de uma fita de DNA anelada. Além disso, a FEN1 pode fazer várias dessas excisões sucessivamente para remover malpareamentos mais distantes. O segmento removido é, depois, substituído pela pol δ, à medida que ela sintetiza o fragmento de Okazaki seguinte.

f. O DNA mitocondrial é replicado via fragmentos de Okazaki de RNA

As mitocôndrias de mamíferos contêm de duas a dez cópias de seu cromossomo circular de ~ 16 kb. A replicação desse cromossomo mediada pela pol γ ocorre de forma unidirecional a partir de uma única origem de replicação. Nesse processo, como demonstrado por Ian Holt, os fragmentos de Okazaki da fita tardia são sintetizados inteiramente como RNA (Fig. 30.46). O RNA é, então, substituído por DNA, embora a maneira como isso ocorra seja pobremente entendida. Uma possibilidade é que esse RNA seja removido de uma forma muito semelhante àquela utilizada para a remoção dos iniciadores no núcleo, ou seja, através das ações da RNase H1 e FEN1, seguidas pela síntese da fita tardia pela pol γ.

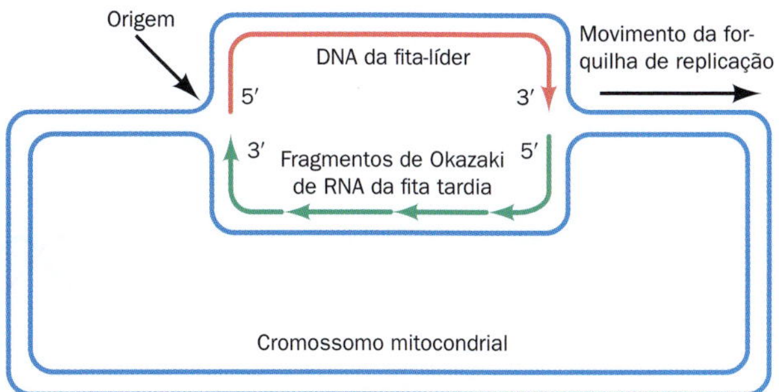

FIGURA 30.46 Replicação do cromossomo mitocondrial de mamíferos. Esse cromossomo circular é replicado de forma unidirecional a partir de uma única origem por um processo no qual os fragmentos de Okazaki são inteiramente RNA.

C. *Transcriptase reversa*

Os **retrovírus**, os quais são vírus eucarióticos que contêm RNA, tais como certos vírus tumorais e o vírus da imunodeficiência humana (HIV), contêm uma **DNA-polimerase dirigida por RNA** (**transcriptase reversa**). Essa enzima, que foi descoberta independentemente em 1970 por Howard Temin e David Baltimore, atua de forma muito semelhante à Pol I, no sentido de que ela sintetiza DNA na direção 5′ → 3′ a partir de moldes iniciados. No caso da transcriptase reversa, contudo, o molde é de RNA.

A descoberta da transcriptase reversa causou uma sensação moderada na comunidade bioquímica, pois ela foi percebida por alguns como uma heresia em relação ao dogma central da biologia molecular (Seção 5.4). Não existe, no entanto, qualquer restrição termodinâmica para a reação de transcrição reversa; de fato, sob determinadas condições, a Pol I pode, da mesma forma, copiar moldes de RNA.

A transcriptase recersa transcreve o genoma de RNA de fita simples de um retrovírus em um dsDNA, como descrito a seguir (Fig. 30.47):

1. O RNA retroviral atua como molde para a síntese de seu DNA complementar (atividade de DNA-polimerase dirigida por RNA), originando um hélice híbrida RNA-DNA. A síntese de DNA é iniciada por um tRNA da célula hospedeira, cuja extremidade 3′ se desenrola parcialmente para realizar um pareamento de bases com um segmento complementar ao do RNA viral.
2. A fita de RNA é, então, degradada nucleoliticamente (atividade de **RNase H**; H de híbrido).
3. A fita de DNA atua como um molde para a síntese da fita de DNA complementar (atividade de polimerização de DNA dirigida por DNA), originando um DNA de fita dupla.

O DNA é, então, integrado em um cromossomo da célula hospedeira.

A transcriptase reversa tem sido uma ferramenta particularmente útil na engenharia genética, devido a sua capacidade em transcrever mRNAs em fitas complementares de DNA (cDNA). Para transcrever mRNAs eucarióticos, que possuem caudas de poli(A) (Seção 31.4Ab), o iniciador pode

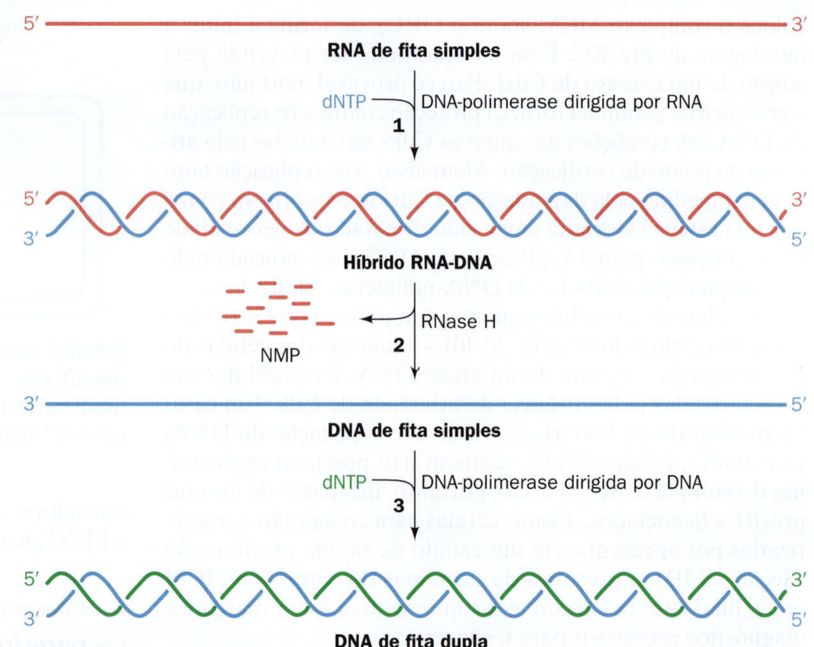

FIGURA 30.47 **As reações catalisadas pela transcriptase reversa.**

ser um oligo(dT). Os cDNAs são utilizados, por exemplo, como sondas em Southern *blotting* (Seção 5.5D) para identificar os genes codificadores dos mRNAs correspondentes. A sequência de bases de um RNA pode ser facilmente determinada pelo sequenciamento de seu cDNA (Seção 7.2A).

a. A estrutura por raios X da transcriptase reversa do HIV-1

A **transcriptase reversa (RT) do HIV-1** é uma proteína dimérica, cujas subunidades são sintetizadas como polipeptídeos idênticos de 66 kDa, conhecidos como **p66** (p de *p*roteína), cada um deles contendo um domínio de polimerase e um domínio de RNase H. No entanto, o domínio de RNase H de uma das duas subunidades é removido proteoliticamente, originando, dessa forma, um polipeptídeo de 51 kDa denominado **p51**. Portanto, a RT é um dímero de p66 e p51.

Os primeiros fármacos aprovados para o tratamento da Aids, a **3′-azido-3′-desoxitimidina** (**AZT**; **zidovudina**), a **2′, 3′-didesoxi-inosina** (**ddI**; **didanosina**), a **2′,3′-didesoxicitidina** (**ddC**; **zalcitabina**) e a **2′,3′-dide-hidro-3′-desoxitimidina** (**stavudina**),

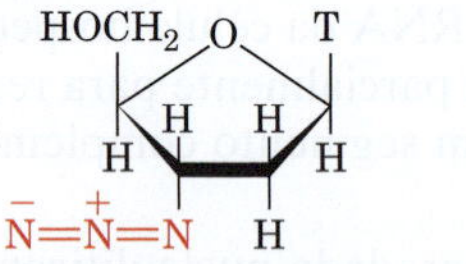

3'-Azido-3'-desoxitimidina (AZT; zidovudina)

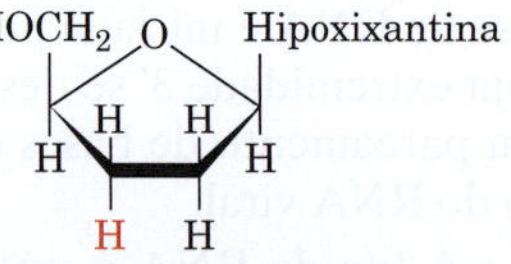

2', 3'-Didesoxi-inosina (ddI; didanosina)

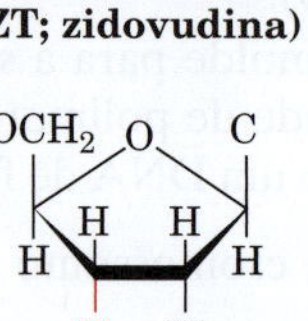

2',3'-Didesoxicitidina (ddC; zalcitabina)

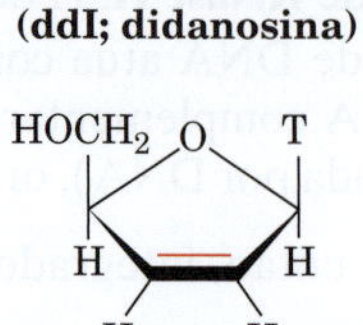

2',3'-Dide-hidro-3'-desoxitimidina (stavudina)

são inibidores de RT. Infelizmente, linhagens de HIV-1 resistentes surgiram muito rapidamente, porque a RT não possui a função da exonuclease de revisão de leitura e, portanto, é altamente propensa a erros. Assim, como visto (Seção 15.4Cd), uma terapia anti-HIV de longo prazo e efetiva necessita da administração constante de pelo menos um inibidor da RT e um inibidor da protease de HIV.

Edward Arnold determinou a estrutura por raios X da RT em complexo com um DNA molde iniciador de 21 pb com uma projeção de 5 nt na extremidade 5′ da sua fita molde, um resíduo de didesoxi-dG (ddG) na extremidade 3′ da fita do iniciador (que impede que ela seja estendida) em complexo com dATP (Fig. 30.48). Os domínios de polimerase da p66 e da p51 contêm, cada um deles, quatro subdomínios, os quais, devido às suas semelhanças coletivas na p66 com as DNA-polimerases, são denominados, da extremidade N-terminal para a C-terminal, "dedos", "palma", "polegar" e "conexão". De fato, as transcriptases reversas constituem uma família separada de DNA-polimerases, a família RT. Em p66, o domínio de RNase H segue-se ao de conexão.

A p51 sofreu uma mudança conformacional notável em relação à p66: a conexão girou 155° e mudou de posição 17 Å, saindo de uma posição na p66, na qual ela fazia contato apenas com o domínio de RNase H (Fig. 30.48*a*), para uma posição na p51 na qual ela faz contato com todos os outros três subdomínios da polimerase (Fig. 30.48*b*). Isso permite que a p66 e a p51 justaponham diferentes superfícies de suas conexões para formarem, em parte, a cavidade de ligação ao DNA da RT. Assim, os domínios de polimerase quimicamente idênticos da p66 e da p51 não estão relacionados por uma simetria molecular dupla (um fenômeno raro, mas não sem precedentes), ficando, em vez disso, associados em um tipo de organização de cabeça-com-cabeça e cauda-com-cauda (Fig. 30.48*c*). Consequentemente, a RT possui apenas um sítio ativo de polimerase e um sítio ativo de RNase H. Esse é um exemplo de economia genética viral: o HIV-1, com seu genoma de tamanho limitado, tem sido bem-sucedido na utilização de um único polipeptídeo para duas funções que são essencialmente diferentes.

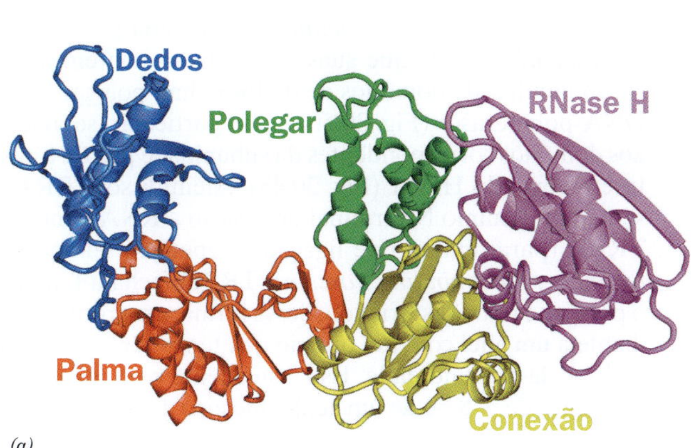

(a)

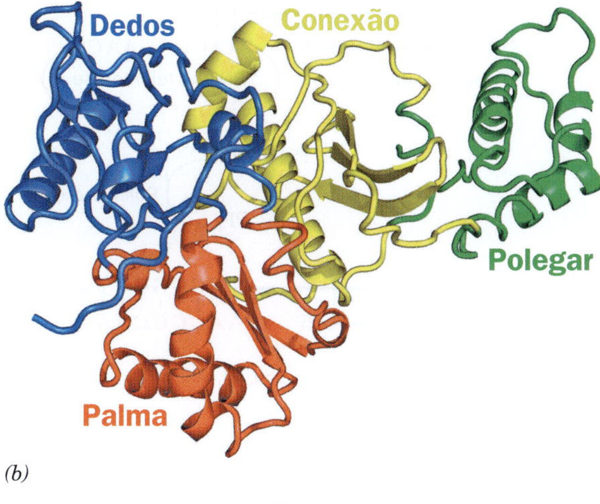

(b)

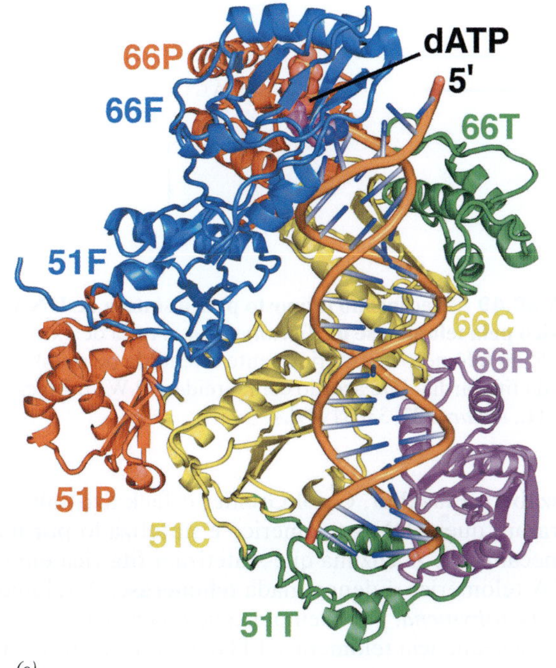

(c)

FIGURA 30.48 Estrutura por raios X da transcriptase reversa do HIV-1 em complexo com DNA molde-iniciador e dATP. (*a*) Um diagrama de fitas da subunidade p66, na qual o subdomínio de dedos N-terminal está em azul, o de palma em vermelho, o de polegar em verde, o de conexão em amarelo e o domínio de RNase H em magenta. (*b*) A subunidade p51, com seu domínio de palma orientado de forma similar à da p66. Notar as orientações diferentes de seus quatro domínios em relação à p66. (*c*) Um diagrama de fitas do heterodímero p66/p51 da RT do HIV-1 em complexo com DNA e dATP. Os subdomínios da p66 e da p51 estão coloridos como nas Partes *a* e *b* (as legendas indicam as subunidades e os domínios; p. ex., 51F e 66R correspondem ao domínio de dedos da p51 e ao domínio de RNase H da p66). O DNA está representado na forma de escada. O complexo está orientado com sua subunidade de polimerase da p66 voltada para o topo da figura e é visualizado a partir de um ponto sobre a fenda de ligação ao molde iniciador da proteína (cuja base é predominantemente composta pelos domínios de conexão da p66 e da p51). (Com base em uma estrutura por raios X de Edward Arnold, Rutgers University, EUA. PDBid 3JYT.)

Ver Exercício interativo 36

O dATP se liga na extremidade 3′ da fita do iniciador, próxima às três cadeias laterais de Asp cataliticamente essenciais de p66, onde ele realiza pareamento de bases com uma base dT do molde. O DNA assume uma conformação que, próximo ao sítio ativo de polimerase, assemelha-se ao A-DNA (note a inclinação semelhante ao A-DNA das bases em relação ao eixo da hélice abaixo do dATP na Fig. 30.48*c*), mas em outras partes se assemelha mais ao B-DNA (no qual as bases estão quase que perpendiculares ao eixo da hélice), um fenômeno que também foi observado em várias estruturas de DNA-polimerases da família A em seus complexos com DNA (Seção 30.2Ae). A maioria das interações proteína-DNA envolve o esqueleto açúcar-fosfato do DNA.

A região do sítio ativo da RT contém os poucos motivos de sequência que são conservados entre as várias polimerases. De fato, essa região da p66 possui uma semelhança estrutural impressionante com DNA-polimerases de estruturas conhecidas (Seções 30.2A e 30.4Ba). Isso sugere que outras DNA-polimerases provavelmente se liguem ao DNA de uma maneira semelhante.

D. *Telômeros e telomerase*

As extremidades dos cromossomos lineares não podem ser replicadas por qualquer um dos mecanismos já considerados. Isso ocorre porque o iniciador de RNA na extremidade 5′ de uma fita tardia terminada não pode ser substituído por DNA; o iniciador necessário para isso não teria um local para ligar-se. Como, então, as sequências de DNA das extremidades dos cromossomos eucarióticos, os **telômeros** (do grego: *telos*, fim), são replicadas?

O DNA telomérico possui uma sequência incomum: ele consiste em até vários milhares de repetições em *tandem* de uma sequência simples, espécie-dependente, rica em G, que finaliza a extremidade 3′ de uma fita em cada término cromossômico. Por exemplo, o protozoário ciliado *Tetrahymena* possui a sequência telomérica repetitiva TTGGGG, enquanto em todos os demais vertebrados essa sequência é TTAGGG. Além disso, essa fita termina em uma projeção que varia de ~ 20 nt, em levedura, até ~ 200 pb, em seres humanos.

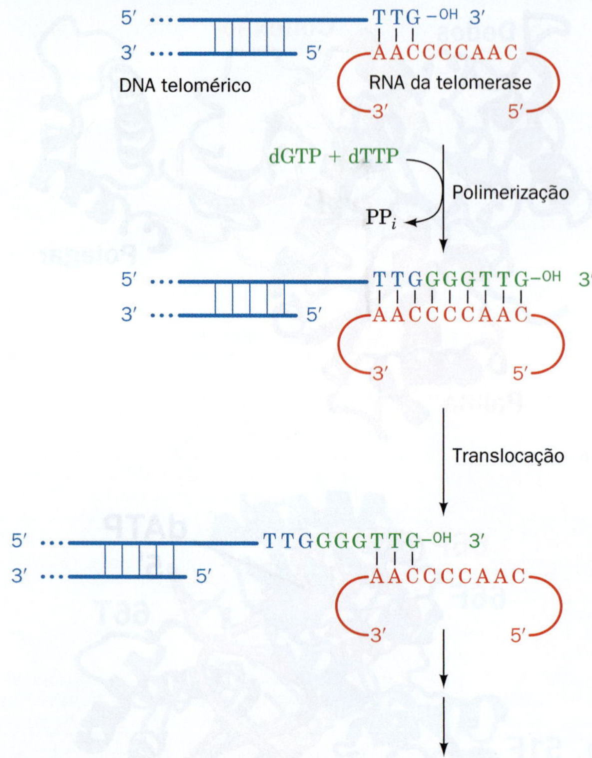

FIGURA 30.49 Mecanismo proposto para a síntese de DNA telomérico pela telomerase de *Tetrahymena*. A fita de extremidade 5′ do telômero é posteriormente estendida pela síntese normal da fita tardia. (De acordo com Greider, C.W., e Blackburn, E.H., *Nature* **337**, 336 [1989].)

Elizabeth Blackbur, Carol Greider e Jack Szostak demonstraram que o DNA telomérico é sintetizado por um novo mecanismo. A enzima que sintetiza a fita rica em G do DNA telomérico é denominada **telomerase**. A telomerase de *Tetrahymena*, por exemplo, adiciona repetições em *tandem* da sequência telomérica TTGGGG à extremidade 3′ de qualquer oligonucleotídeo telomérico rico em G, independentemente de qualquer molde adicionado de maneira exógena. Uma indicação de como isso ocorre veio da descoberta de que as telomerases são ribonucleoproteínas, cujos componentes de RNA contêm um segmento que é complementar à sequência telomérica repetitiva. Essa sequência aparentemente atua como molde em um tipo de reação de transcrição reversa que sintetiza a sequência telomérica, transloca-se para a nova extremidade 3′ do DNA e repete esse processo (Fig. 30.49). Essa hipótese foi confirmada pela observação de que alterações mutacionais no segmento do gene do RNA da telomerase que é complementar ao DNA telomérico resultam em DNA telomérico com sua sequência alterada de forma correspondente. De fato, o componente proteico altamente conservado da telomerase, o qual é denominado **TERT**, é homólogo às transcriptases reversas conhecidas (seu componente de RNA é denominado **TER**). A fita de DNA complementar à fita telomérica rica em G é aparentemente sintetizada pela maquinaria celular normal de síntese da fita tardia, explicando assim o prolongamento 3′ da fita rica em G.

a. TERT se assemelha a outras DNA-polimerases

A estrutura por raios X dos 596 resíduos de TERT do besouro castanho *Tribolium castaneum*, determinada por Emmanuel Skordalakes, revela que suas subunidades contêm a organização familiar de domínios de dedos-palma-polegar de outras DNA-polimerases (Fig. 30.50) e, em particular, se assemelha aos domínios correspondentes da subunidade p66 da transcriptase reversa do HIV-1 (Fig. 30.48). Além disso, TERT apresenta um domínio N-terminal de ligação a RNA denominado TRBD (para domínio de ligação à repetição telomérica, de *telomere repeat binding domain*). TRBD fecha a fenda entre o polegar e os dedos, criando, dessa forma, uma proteína semelhante a um anel com um orifício que tem ~ 26 Å de largura e ~ 21 Å de profundidade. Isso é suficiente para acomodar um segmento de ~ 8 pb de um ácido nucleico de fita dupla.

b. Os telômeros devem ser capeados

Sem a atuação da telomerase, um cromossomo seria encurtado de 50 a 100 nt em ambas as extremidades a cada ciclo de replicação do DNA e divisão celular. Assumiu-se inicialmente, portanto, que, na ausência de uma telomerase ativa, genes essenciais localizados próximos às extremidades dos cromossomos acabariam sendo perdidos, o que levaria à morte das descendentes das células originalmente afetadas. No entanto, está evidente agora que as telomerases realizam uma função cromossômica vital, que é executada antes que isso possa ocorrer. As extremidades livres do DNA, que estão sujeitas à degradação por nucleases, disparam os sistemas de reparo de lesões do DNA, que normalmente funcionam para religar as extremidades de cromossomos quebrados (bem como para interromper o ciclo celular até que isso ocorra). Assim, o DNA telomérico exposto resultaria em uma fusão extremidade-com-extremidade de cromossomos, um processo que levaria à instabilidade cromossômica e acabaria em morte celular (cromossomos fusionados frequentemente quebram na mitose [seus dois centrômeros podem fazer com que eles sejam puxados em direções opostas], ativando os pontos de verificação de lesões no DNA). No entanto, em um processo conhecido como **capeamento** (*capping*), proteínas ligam-se especificamente ao DNA telomérico e sequestram as extremidades do DNA. Há evidências de que o capeamento é um processo dinâmico, no qual a probabilidade de um telômero ter a sua cobertura proteica removida aumenta à medida que a extensão do telômero diminui. A maioria das células somáticas de organismos multicelulares apresenta níveis muito baixos de atividade de telomerase, o que explica por que essas células em cultura somente podem executar um número limitado de duplicações (20-60) antes de atingirem a senescência (um estágio no qual elas não se dividem mais) e acabarem morrendo (Seção 19.3B). De fato, culturas de *Tetrahymena* com telomerases danificadas por mutações, que caso fossem normais seriam imortais, exibem características que lembram as de células de mamíferos senescentes antes de morrerem. Aparentemente, *a perda da funcionalidade da telomerase em células somáticas é uma das bases para o envelhecimento em organismos multicelulares*.

c. A extensão dos telômeros está correlacionada com o envelhecimento

Existem fortes evidências experimentais que sustentam essa teoria de envelhecimento. A análise de culturas de fibroblas-

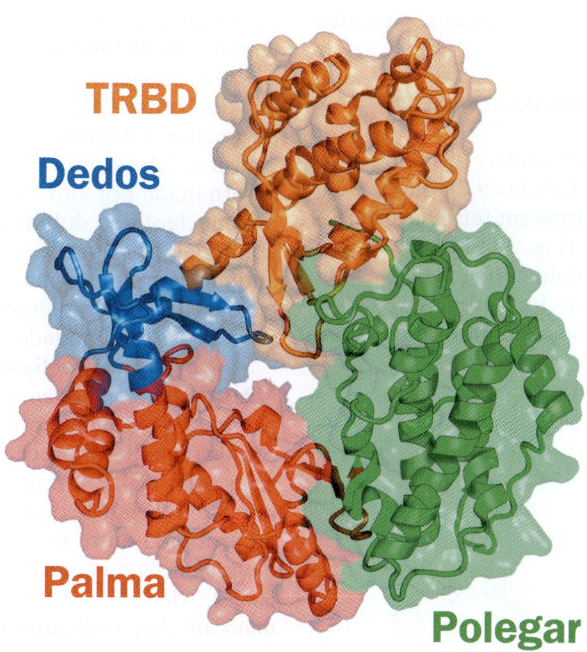

FIGURA 30.50 Estrutura por raios X de TERT de *Tribolium castaneum*. A proteína está mostrada na forma de fitas, com seus domínios de TRBD, dedos, palma e polegar coloridos de cor de laranja, azul, vermelho e verde, respectivamente, e embutidos em seu diagrama de superfície semitransparente colorido de forma similar. Compare essa estrutura com aquela da subunidade p66 da transcriptase reversa do HIV-1 (Fig. 30.48*a*). (Com base em um estrutura por raios X de Emmanuel Skordalakes, The Wistar Institute, Philadelphia, Pennsylvania, EUA. PDBid 3DU5.)

tos humanos de diversos doadores entre 0 e 93 anos indica que existe apenas uma fraca correlação entre a capacidade proliferativa de uma célula cultivada e a idade de seu doador. Há, contudo, uma forte correlação, válida ao longo de toda a faixa de variação de idade dos doadores, entre a extensão telomérica inicial em uma cultura celular e a sua capacidade de proliferativa. Assim, células que inicialmente possuem telômeros relativamente curtos passam por um número de duplicações significativamente menor do que células com telômeros mais longos. Além disso, fibroblastos de indivíduos com **progeria** (uma doença rara, caracterizada pelo envelhecimento rápido e prematuro, resultando em morte na infância) possuem telômeros curtos, uma observação que é consistente com a sua reduzida capacidade proliferativa em cultura. Em contraste, espermatozoides (os quais, por serem células germinativas, são realmente imortais) de doadores com idades entre 19 e 68 anos possuem telômeros cujas extensões não variam com a idade do doador, o que indica que a telomerase é ativa em algum estágio do desenvolvimento da linhagem germinativa. Da mesma forma, aquelas poucas células de uma cultura que se tornam imortais (capacidade de proliferação ilimitada) apresentam uma telomerase ativa e uma extensão telomérica estável, como acontece com as células de eucariotos unicelulares (que também são imortais). Parece, portanto, que a erosão do telômero é uma causa significativa da senescência celular e, portanto, do envelhecimento. De fato, camundongos transgênicos que expressam telomerase (a uma taxa constante) apresentam tempos de vida prolongados (embora, em contraste com seres humanos, os camundongos nos quais a telomerase foi inativada sobrevivem sem problemas significantes por várias gerações antes de se tornarem estéreis).

d. Células cancerosas possuem telomerases ativas

Que vantagem os organismos multicelulares poderiam obter por eliminarem a atividade da telomerase em suas células somáticas? Uma possibilidade interessante é a de que a senescência celular é um mecanismo que protege os organismos multicelulares do câncer. As duas características que definem as células cancerosas são a imortalidade e a capacidade de se multiplicarem descontroladamente (Seções 19.3B e 34.4C). Se as células de mamíferos fossem normalmente imortais, a incidência do cânceres seria provavelmente muito maior do que ela é, pois a imortalização, que requer uma telomerase ativa, é uma das principais etapas em direção a uma **transformação maligna** (formação de câncer), a qual requer várias alterações genéticas independentes (Seção 19.3B). De fato, praticamente todos os cânceres humanos apresentam uma elevada atividade de telomerase. Além disso, como foi demonstrado por Robert Weinberg, fibroblastos humanos em cultura podem ser transformados malignamente pela aquisição de apenas três genes, aqueles que codificam: (1) a TERT (a sua subunidade TER é expressa normalmente em células somáticas); (2) uma variante oncogênica de H-Ras (um participante essencial das rotas de transdução de sinais intracelulares; Seção 19.3C); e (3) o **antígeno T maior** de SV40 (SV40 é um vírus tumoral, cujo antígeno T maior liga-se e inativa funcionalmente as proteínas supressoras de tumor, conhecidas como **Rb** e **p53** [Seção 34.4C; ele também funciona como uma helicase na replicação do DNA viral]). A diminuição do comprimento dos telômeros associada à idade em seres humanos não ocorre em camundongos, o que sugere que a perda da telomerase evoluiu para suprimir a formação de tumores em animais de vida longa, tais como os seres humanos, mas não em animais de vida curta, como os camundongos.

De forma que inibidores de telomerases podem ser agentes antitumorais efetivos.

e. O DNA telomérico pode formar dímeros por meio de quartetos G

Sabe-se, há bastante tempo, que as guaninas formam fortes pares de bases do tipo Hoogsteen (Tabela 29.2), que podem associar-se adicionalmente para formarem tetrâmeros cíclicos, conhecidos como **quartetos G** (Fig. 30.51*a*). De fato, é notoriamente difícil trabalhar com polipeptídeos ricos em G devido à propensão que eles têm de formarem agregados. As fitas com extensões ricas em G dos telômeros dimerizam para formar complexos estáveis em solução, presumivelmente por meio da formação de estruturas contendo quartetos G.

O prolongamento telomérico 3′-terminal do protozoário ciliado *Oxytricha nova* possui a sequência $d(T_4G_4)_2$, que se assemelha às sequências teloméricas repetitivas de outros organismos. A estrutura por RM do dodecâmero $d(G_4T_4G_4)$, determinada por Juli Feigon (Fig. 30.51*b*), revela que cada oligonucleotídeo dobra-se sobre si mesmo para formar um grampo, e que dois desses grampos associam-se de maneira antiparalela para formarem uma estrutura que contém quatro quartetos G empilhados, com as sequências T_4 formando as alças das extremidades de cada pilha.

A **proteína de ligação a extremidades teloméricas (TEBP**, de *telomere end binding protein*) de *O. nova* é uma proteína de capeamento heterodimérica que se liga a um prolongamento 3′ precedente e o protege. A estrutura por raios X da TEBP em complexo com $d(G_4T_4G_4)$, determinada por Steve Schultz, revela que o DNA se liga em uma fenda profunda entre as subunidades α e β da proteína, onde ele assume uma conformação não helicoidal irregular (Fig. 30.52). Além disso, duas outras moléculas de $d(G_4T_4G_4)$ formam um dímero de quartetos G ligados, com a mesma con-

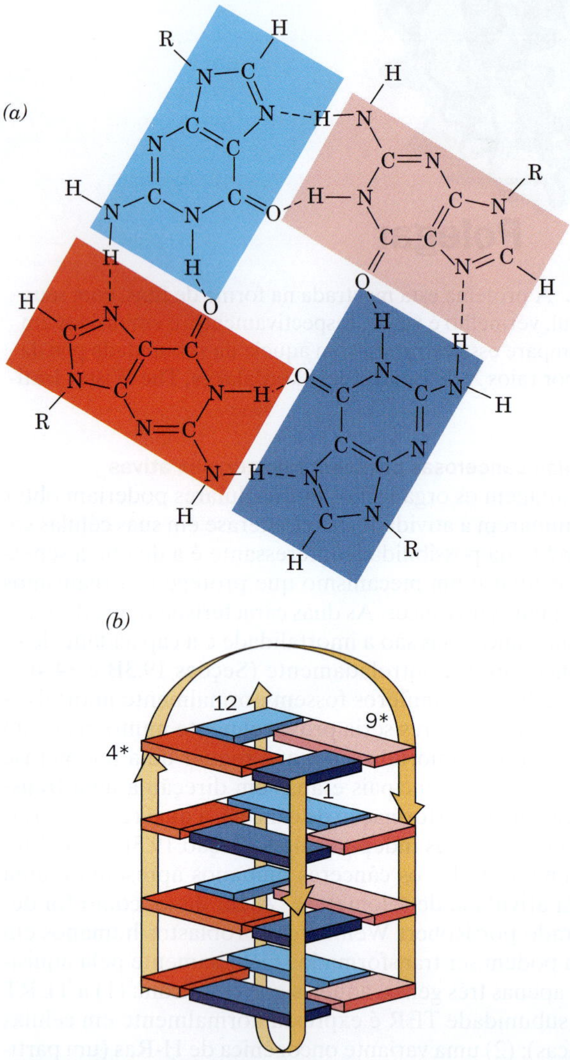

FIGURA 30.51 Estrutura por RM do oligonucleotídeo telomérico d(GGGGTTTTGGGG). (*a*) As interações por pareamento de bases do quarteto G na extremidade do quadúplex em solução. (*b*) Diagrama esquemático da estrutura em solução por RM, na qual as direções das fitas estão indicadas por setas. Os nucleotídeos estão numerados de 1 a 12, em uma fita, e de 1* a 12*, na fita simetricamente relacionada. Os resíduos de guanina de G1 a G4 estão representados por retângulos azul-escuro, G8 a G12 estão em azul-claro, G1* a G4* estão em vermelho e G9* a G12* estão em cor-de-rosa. (De acordo com Schultze, P., Smith, F.W., e Feigon, J., *Structure* **2**, 227 [1994]. PDBid 156D.)

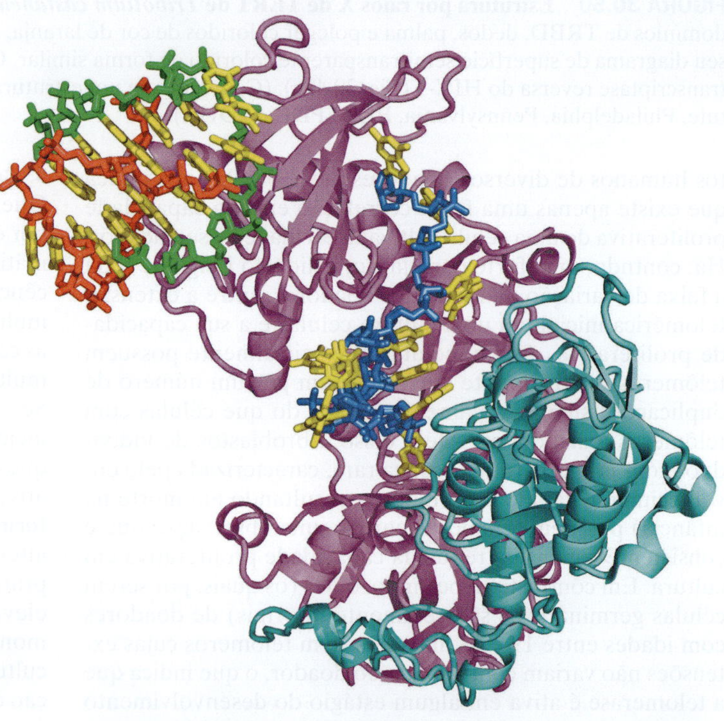

FIGURA 30.52 Estrutura por raios X da proteína de ligação à extremidade telomérica (TEBP) de *Oxytricha nova* em complexo com $d(G_4T_4G_4)$. A TEBP está representada na forma de fitas, com suas subunidades α e β em magenta e ciano. O DNA está representado na forma de bastões, com suas bases em amarelo, com o esqueleto de açúcar-fosfato da fita simples que se liga a uma fenda entre as subunidades α e β da proteína em azul e os esqueletos das duas fitas que formam um dímero de quartetos G ligados em vermelho e verde. O dímero de quartetos G ligados associa-se a uma cavidade formada pelos domínios N-terminais de três cadeias α simetricamente relacionadas, embora apenas uma delas seja mostrada aqui. (Com base em uma estrutura por raios X de Steve Schultz, University of Colorado, EUA. PDBid 1JB7.)

formação que elas adotam em solução (Fig. 30.51). A estrutura montada de quartetos G acomoda-se em uma pequena cavidade carregada positivamente, formada pelos domínios N-terminais de três subunidades α simetricamente relacionadas (no cristal) em sítios distintos daqueles com os quais elas interagem com ssDNA. A subunidade α (TEBPα) contém três dos assim chamados **dobramentos OB** (*OB folds*, OB para *oligomer binding*, ligação a oligômero), motivos de ligação a oligonucleotídeo/oligossacarídeo comuns em que cada um contém um cilindro de 5 folhas β característico. Dois desses dobramentos OB participam na ligação ao DNA e um terceiro interage com TEBPβ, que também contém um dobramento OB. A presença do ssDNA e da montagem de quartetos G na estrutura por raios X sustenta a hipótese de que múltiplas estruturas de DNA e, em particular, quartetos G desempenham alguma função na biologia dos telômeros.

Embora TEBP não esteja presente em leveduras ou vertebrados, tanto os seres humanos como a levedura de fissão binária expressam uma proteína que se liga às extremidades dos telômeros, denominada de **POT1** (para proteção dos telômeros-1, *p*r*ot*ection *o*f *t*elomeres-1) e sua parceira de ligação, **TPP1** (assim chamada porque ela foi previamente denominada de *T*INT1, *P*TOP e *P*IP1), as quais se ligam às extremidades sobressalentes de fita simples dos telômeros. POT1 consiste, principalmente, em dois dobramentos OB, equivalentes à extremidade C de TEBPα. A deleção de POT1 causa uma rápida perda de DNA telomérico e ligação de extremidades cromossômicas. TPP1 é estruturalmente similar à TEBPβ, apesar destas proteínas apresentarem apenas 11% de identidade entre as suas sequências, e, portanto, o complexo POT1-TPP1 parece ser um homólogo de TEBP.

f. Telômeros formam alças T

O DNA telomérico de mamíferos também é capeado por duas proteínas relacionadas, **TRF1** e **TRF2** (TRF de *telomere repeat-binding factor*, fator de ligação a repetições teloméricas). Jack Griffith e Titia de Lange mostraram, por meio de estudos de ME, que, na presença do TRF2, o DNA telomérico, anteriormente linear, forma grandes alças terminais de fita dupla, denominadas **alças T** (*T-loops*, T para telômeros, Fig. 30.53*a*). Além disso, a EM de DNA telomérico de mamíferos, que teve suas fitas quimicamente ligadas (*cross-linked*) para preservação de suas relações estruturais durante a remoção de proteínas, revelou também a presença abundante de alças T de tamanhos variados. Essas observações sugerem que as alças T são formadas pela invasão, induzida pelo TRF2, dos prolongamentos 3′ teloméricos no dsDNA telomérico repetitivo (Fig. 30.53*b*) para formação de uma **alça D** (*D-loop*, D para deslocamento, de *displacement*; um segmento de dsDNA cujas duas fitas estão separadas). As alças T também foram observadas em protozoários, sugerindo que elas são uma característica conservada de telômeros eucarióticos. O TRF1 está implicado no controle da extensão dos telômeros, de maneira presumível por limitar, de alguma forma, o número de moléculas de TRF2 que podem se ligar ao telômero.

POT1, que se liga à extensão 3′ de fita simples na extremidade cromossômica, e TRF1 e TRF2, que se ligam ao DNA telomérico de fita dupla, são conectadas por TPP1 e **TIN2** (para T*RF1* in*teracting protein* 2, proteína de interação com TRF1 2). Uma sexta proteína, **RAP1** (para *r*epressor *a*c*tivator* *p*rotein 1, proteína ativadora do repressor 1), se liga principalmente à TRF2. O complexo formado por essas seis proteínas, o qual é conhecido como **shelterina**, aparentemente funciona tanto para proteger o telômero de mamíferos de ser erroneamente confundido com um cromossomo partido e, por isso, estar sujeito ao reparo do DNA, como para limitar o comprimento do telômero, por impedir a extensão de seu telômero pela telomerase.

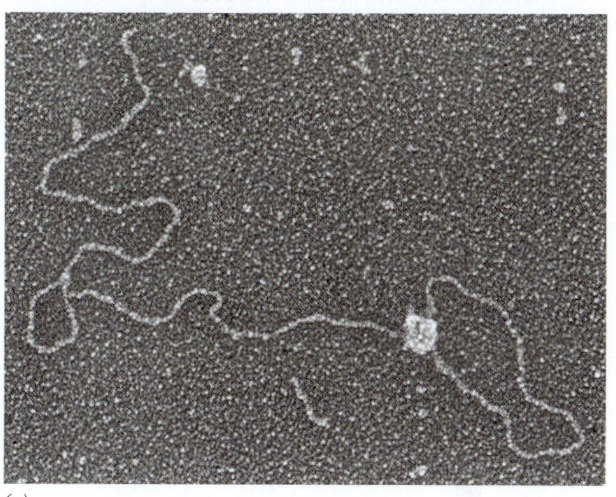

(*a*)

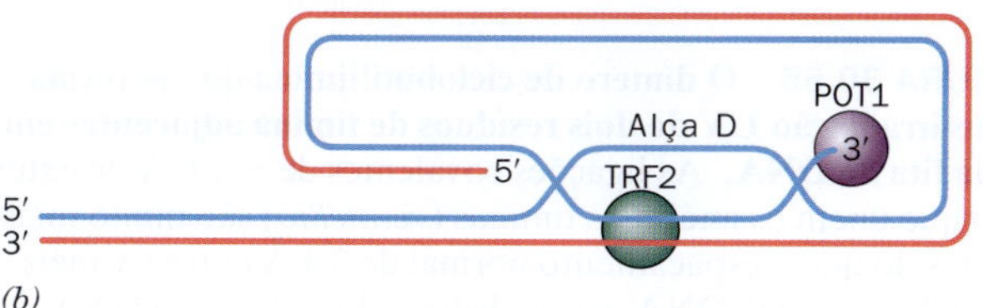

(*b*)

FIGURA 30.53 A alça T telomérica. (*a*) Uma micrografia eletrônica de um dsDNA consistindo em uma sequência única de 3 kb, seguida por ~ 2 kb da sequência repetitiva TTAGGG na fita que termina com uma projeção 3′ de 150 a 200 nt. Esse modelo de DNA telomérico foi, depois, incubado com o TRF2 humano. (Cortesia de Jack Griffith, University of North Carolina at Chapel Hill, EUA.) (*b*) A estrutura proposta para uma alça T. Em um processo que é mediado pelo TRF2, a sequência repetitiva TTAGGG na projeção 3′ do DNA desloca uma porção da mesma fita (*azul*) na região de fita dupla do DNA para formar um segmento de fita dupla com a fita complementar (*vermelho*), gerando, dessa forma, uma alça D. A proteína de ligação a extremidades teloméricas POT1 liga-se especificamente à extremidade da projeção 3′.

5 REPARO DO DNA

O DNA não é de maneira alguma uma substância inerte, como poderia supor-se a partir da ingênua consideração da estabilidade genômica. Ao contrário, o ambiente reativo da célula, a presença de diversas substâncias tóxicas e a exposi-

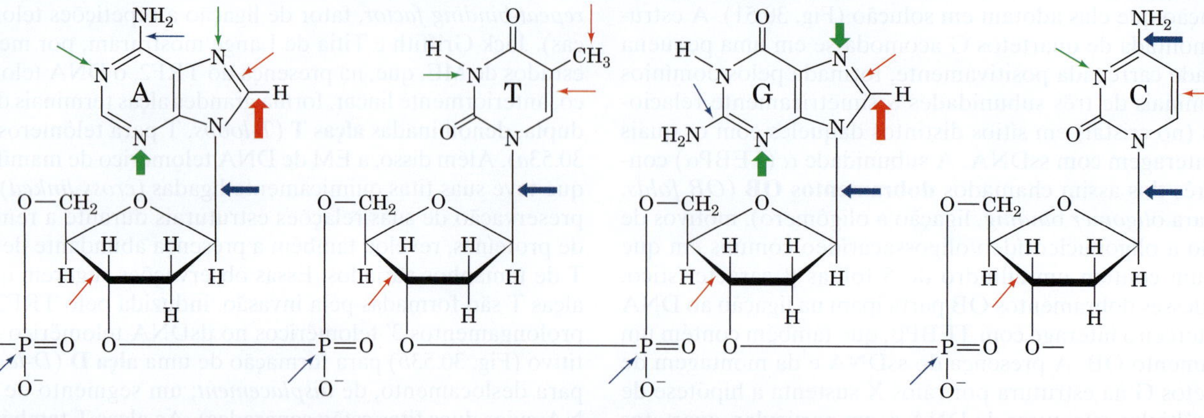

FIGURA 30.54 Os tipos e sítios de lesões químicas às quais o DNA é normalmente suscetível *in vivo*. As setas vermelhas indicam sítios sujeitos ao ataque oxidativo, as setas azuis indicam sítios sujeitos à hidrólise espontânea e as setas verdes indicam sítios sujeitos à metilação não enzimática pela *S*-adenosilmetionina. A espessura de uma seta é um indicativo da frequência relativa da reação. (De acordo com Lindahl, T., *Nature* **362**, 709 [1993].)

ção à radiação UV ou ionizante submetem-no a numerosas lesões químicas, que removem ou modificam as bases e alteram os grupos açúcar-fosfato (Fig. 30.54). De fato, algumas dessas reações ocorrem com frequências surpreendentemente elevadas. Por exemplo, sob condições fisiológicas normais, as pontes glicosídicas de ~ 20.000 dos 6 bilhões de nucleotídeos de purinas de cada célula humana diploide hidrolisam-se espontaneamente a cada dia.

Qualquer lesão no DNA deve ser reparada, se a mensagem genética deve ter a sua integridade mantida. Esse reparo é possível devido à redundância de informação inerente às fitas duplas de DNA. A importância biológica do reparo do DNA é indicada pela identificação de pelo menos 130 genes no genoma humano que participam dessa função e pela enorme variedade de processos de reparo do DNA apresentada mesmo por organismos relativamente simples, como *E. coli*. *De fato, os principais processos de reparo do DNA de células eucarióticas e de E. coli são bastante semelhantes do ponto de vista químico.* Esses processos são resumidos nesta seção.

As duas cópias redundantes da informação genética contidas no dsDNA são, idealmente, adequadas para o reparo de uma lesão em uma de suas fitas: A fita danificada pode ser reparada sob a orientação da fita não danificada. A importância do dsDNA para o armazenamento da informação genética é indicada pelo fato de que somente poucos vírus pequenos apresentam DNA de fita simples ou RNA como seu material genético (por exemplo, ϕX174 e HIV). Os sistemas de reparo do DNA discutidos a seguir não atuam sobre ácidos nucleicos de fita simples e, portanto, tais vírus apresentam taxas de mutação muito elevadas. Portanto, parece que somente organismos com genomas muito pequenos podem se permitir à economia de não codificar seus genomas sobre dsDNA.

A. Reversão direta da lesão

a. Dímeros de pirimidina são separados pela DNA-fotoliase

A radiação UV de 200 a 300 nm promove a formação de um anel ciclobutílico entre resíduos de timina adjacentes na mesma fita de DNA, para formar um **dímero de timina** intrafita (Fig. 30.55). Dímeros de citosina e timina-citosina são formados de maneira similar, mas com menor frequência. Esses **dímeros de pirimidina ciclobutânicos** (**CPDs**, de *cyclobutane pyrimidine dimers*) distorcem localmente a estrutura de pareamento de bases do DNA, de modo que ele não pode ser transcrito e nem replicado. De fato, um único dímero de timina, se não reparado, já é suficiente para matar uma *E. coli*.

Os dímeros de pirimidina podem ser restaurados a suas formas monoméricas pela ação de enzimas que absorvem luz chamadas de **enzimas de fotorreativação** ou **DNA-fotoliases**, que estão presentes em muitos procariotos e eucariotos (incluindo peixe-dourado, cascavéis e marsupiais, mas não mamíferos placentários). Essas enzimas são monômeros de 55 a 65 kDa que se ligam ao dímero de pirimidina no DNA, em um processo que pode ocorrer no escuro. Um cromóforo ligado de forma não covalente, em algumas espécies um N^5,N^{10}-meteniltetra-hidrofolato (**MTHF**; Fig. 26.49) e, em outras, a **5-deazaflavina**,

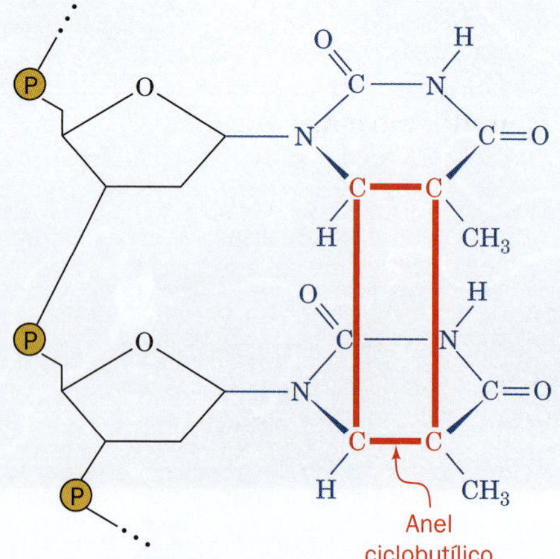

FIGURA 30.55 O dímero de ciclobutiltimina que se forma após irradiação UV de dois resíduos de timina adjacentes em uma fita de DNA. As ligações covalentes de ~ 1,6 Å de extensão que unem os anéis das timinas (*vermelho*) são muito mais curtas do que o espaçamento normal de 3,4 Å entre os anéis empilhados no B-DNA, o que distorce localmente o DNA.

8-Hidroxi-7,8-didemetil-5-deazarriboflavina

então absorve luz de 300 a 500 nm e transfere a energia de excitação para um $FADH^-$ ligado não covalentemente, o qual, por sua vez, transfere um elétron para o dímero de pirimidina, o que determina a sua separação. Finalmente, o ânion de pirimidina resultante reduz novamente o FADH · e o DNA, agora sem dano, é liberado, completando assim o ciclo catalítico. As DNA-fotoliases ligam-se tanto a dsDNA como a ssDNA com elevada afinidade, mas sem dependência da sequência de bases.

Thomas Carell e Lars-Oliver Essen determinaram a estrutura por raios X da DNA-fotoliase de 474 resíduos da cianobactéria *Anacystis nidulans* em complexo com um dsDNA de 9 pb contendo um dímero de timina sintético, cujo grupo fosfato conector foi substituído por um grupo —O—CH_2—O— (que não afeta a capacidade da enzima de separar o dímero). O DNA se liga a uma superfície altamente carregada com carga positiva da proteína com o seu dímero de timina para fora da dupla-hélice e ligado em uma cavidade profunda (Fig. 30.56). Esse movimento para fora é, provavelmente, facilitado pelas interações de pareamentos de bases relativamente fracas do dímero de timina e pelas distorções que ele impõe à dupla-hélice. Nas discussões que se seguem, será visto que essa assim chamada **mudança de posição de bases** (*base flipping*, na realidade é uma mudança de posição de nucleotídeo, uma vez que o nucleotídeo inteiro é posicionado para fora da dupla-hélice) não é, de maneira alguma, um processo incomum para enzimas que realizam reações químicas nas bases de dsDNA. O DNA do lado de fora do dímero de timina assume a conformação B, mas no dímero ele está dobrado cerca de 50° para longe da proteína, dessa forma desempilhando as bases adeninas, complementares às bases timinas dimerizadas. O "buraco" na hélice de DNA deixado pelo dímero de timina que saiu para fora é parcialmente ocupado por uma cadeia proteica irregular.

Na estrutura por raios X, as ligações C5-C5 e C6-C6 do dímero de timina estão quebradas. Ainda, no cristal, o dímero de timina ligado à enzima é estável no escuro por pelo menos um ano. Aparentemente, os raios X utilizados para gerar os dados de difração imitam os efeitos da luz que normalmente causa a ruptura dessas ligações. Além disso, o anel isoaloxazínico do FAD exibe uma dobra "semelhante a uma borboleta" de 9° sobre seu eixo N5-N10 (o esquema da numeração atômica do anel izoaloxazínico é mostrada na Fig. 16.8), a qual é indicativa de que ele está na sua forma $FADH^-$ completamente reduzida. O anel izoaloxazínico e o anel de adenina do FAD^-, o qual apresenta uma conformação dobrada, fazem contato de van der Waals com uma ou a outra das bases do dímero de timina e o anel izoaloxazínico está ~ 10 Å distante do anel semelhante à flavina do MTHF. Isso permite a observada transferência de energia eficiente na reação de fotoliase (que tem um rendimento quântico de ~ 0,9).

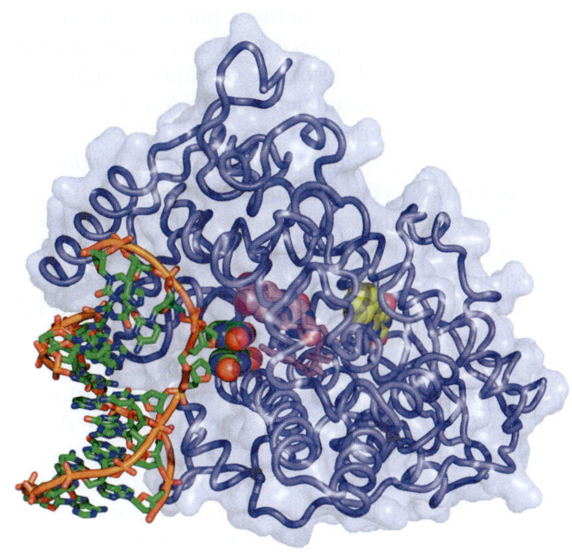

FIGURA 30.56 Estrutura por raios X da DNA-fotoliase de *A. nidulans* em complexo com dsDNA contendo um dímero de timina sintético. A proteína está desenhada na forma de espiral embutida em seu diagrama de superfície semitransparente. O DNA, no qual o grupo fosfato que mantinha unidos os nucleotídeos do dímero de timina foi substituído por um grupo —O—CH_2—O—, está representado principalmente na forma de bastão, mas com as bases do dímero de timina na forma de preenchimento espacial, todos coloridos de acordo com o tipo de átomo (C verde, N azul, O vermelho e P cor de laranja) e com átomos de P sucessivos em cada cadeia polinucleotídica conectados por tubos cor de laranja. O FAD e o MTHF estão representados na forma de bastão, com seus anéis de flavina e semelhantes à flavina na forma de volume atômico e com o C do FAD em magenta e o C do MTHF em amarelo. (Com base em uma estrutura por raios X de Thomas Carell, Ludwig Maximilians University, Munich, Alemanha, e Lars-Oliver Essen, Philipps University, Marburg, Alemanha. PDBid 1TEZ.)

b. Alquiltransferases removem grupos alquila de nucleotídeos alquilados

A exposição do DNA a agentes alquilantes, tal como a ***N*-metil-*N'*-nitro-*N*-nitrosoguanidina** (**MNNG**)

***N*-metil-*N'*-nitro-*N*-nitrosoguanidina (MNNG)**

Resíduo de O^6-metilguanina

origina, entre outros produtos, resíduos de **O^6-alquilguanina**. A formação desses derivados é altamente mutagênica, porque, durante a replicação, eles frequentemente promovem a incorporação de timina em vez de citosina.

Lesões de **O^6-metilguanina** e **O^6-etilguanina** no DNA de todas as espécies testadas são reparadas pela **O^6-alquilguanina-DNA-alquiltransferase**, que transfere diretamente o grupo alquila danoso para um de seus resíduos de Cys. A reação inativa essa proteína, que, portanto, não pode ser exatamente classificada como uma enzima. A reação de alquiltransferase tem despertado uma atenção considerável, porque a carcinogênese induzida por agentes metilantes e etilantes está correlacionada com o reparo deficiente de lesões de O^6-alquilguaninas.

A atividade da O^6-alquilguanina-DNA-alquiltransferase de *E. coli* ocorre no segmento C-terminal de 178 resíduos da **proteína Ada**, de 354 resíduos (o produto do gene ***ada***). A sua estrutura por raios X (Fig. 30.57*a*), determinada por Eleanor Dodson e Peter Moody, revela, inesperadamente, que o resíduo de Cys do seu sítio ativo, a Cys 321, está oculto no interior da proteína. Aparentemente, a proteína deve sofrer uma significativa mudança conformacional ao ligar-se ao DNA, para que possa executar a reação de transferência da metila.

O segmento N-terminal de 92 resíduos da proteína Ada tem uma função independente: ele repara metil-fosfotriésteres no DNA (grupos fosfatos metilados), por meio da transferência irreversível do grupo metila danoso para o seu resíduo de Cys 69. A estrutura por RM do domínio N-terminal da Ada (Fig. 30.57*b*), determinada por Gregory Verdine e Gerhard Wagner, revela que a Cys 69, juntamente com três outros resíduos de Cys, coordena de forma tetraédrica um íon de Zn^{2+}. Isso presumivelmente estabiliza a forma de tiolato da Cys 69 em detrimento de sua forma tiólica, o que facilita o seu ataque nucleofílico sobre o grupo metila.

A proteína Ada intacta que está metilada na sua Cys 69 liga-se a uma sequência de DNA específica, que está localizada a montante do gene *ada* e de vários outros genes que codificam proteínas de reparo de DNA, induzindo, dessa forma, a sua transcrição. Evidentemente, a Ada também funciona como um quimiossensor de danos por metilação.

B. Reparo por excisão

As células utilizam dois tipos de mecanismos de reparo por excisão: (1) a **reparo por excisão de nucleotídeos** (**NER**, de *nucleotide excision repair*), que funciona para reparar lesões relativamente grandes no DNA; e (2) a **reparo por excisão de base** (**BER**, de *base excision repair*), que repara lesões menores, que envolvem uma única base.

a. Reparo por excisão de nucleotídeos

A NER é um mecanismo de reparo do DNA encontrado em todas as células, que elimina lesões do dsDNA pela remoção de um oligonucleotídeo contendo a lesão e do preenchimento da lacuna de fita simples resultante. A NER repara lesões que são caracterizadas pelo deslocamento das bases de suas posições normais, como os dímeros de pirimidina, ou pela adição

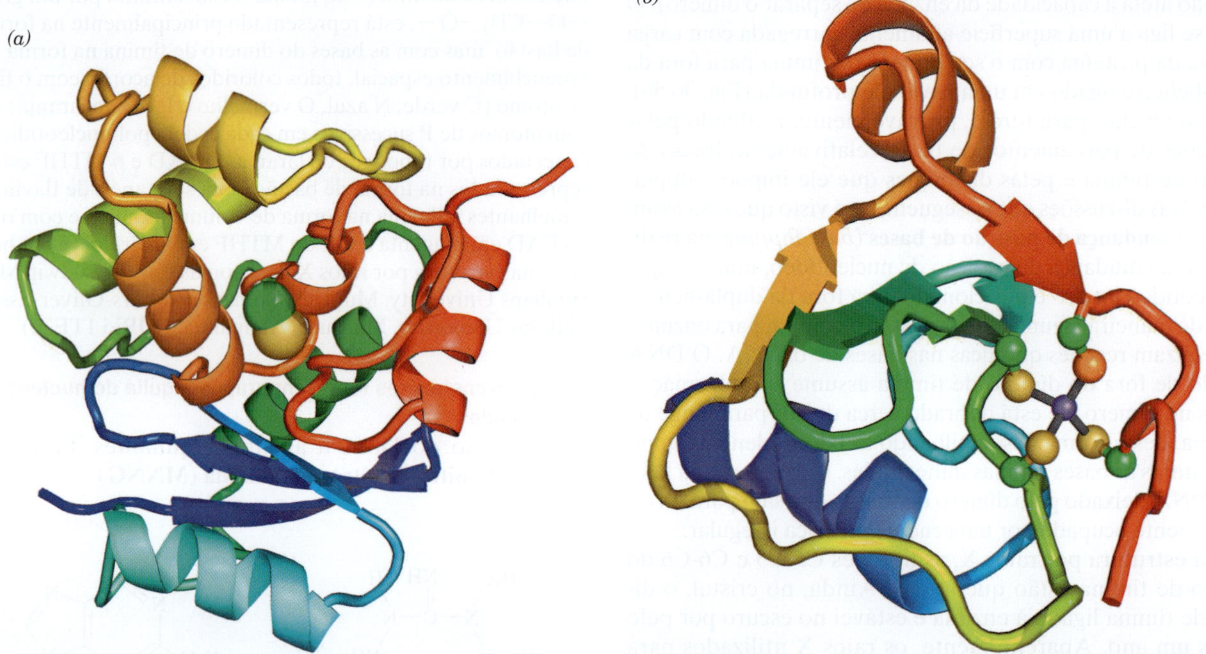

FIGURA 30.57 A estrutura da proteína Ada de *E. coli*. (*a*) A estrutura por raios X do segmento C-terminal de 178 resíduos de Ada, que contém a sua função de alquiltransferase de O^6-alquilguanina-DNA. A proteína está representada na forma de fitas, colorida na ordem das cores do arco-íris a partir da sua extremidade N-terminal (*azul*) para sua extremidade C-terminal (*vermelho*). A cadeia lateral de Cys 146 (Cys 321 na proteína intacta), para a qual o grupo metila é transferido irreversivelmente, está representada na forma de volume atômico, com C verde e S amarelo. Note que esse resíduo está quase totalmente oculto no interior da proteína. (Com base em uma estrutura por raios X de Eleanor Dodson e Peter Moody, University of York, Reino Unido. PDBid 1SFE.) (*b*) A estrutura por RM do segmento N-terminal de 92 resíduos de Ada, que faz a mediação da sua função de reparo de metil-fosfotriésteres. A proteína está representada na forma de fitas, colorida na ordem das cores do arco-íris a partir da sua extremidade N-terminal (*azul*) para sua extremidade C-terminal (*vermelho*). O átomo de Zn^{2+} ligado à proteína está representado por uma esfera púrpura e as quatro cadeias laterais de resíduos de Cys que o coordenam de forma tetraédrica estão representadas na forma de esferas e bastões, com C verde e S amarelo, exceto o átomo de S de Cys 69 que está em cor de laranja, o qual se torna irreversivelmente metilado quando a proteína encontra um grupo fosfato metilado no DNA. As ligações que coordenam o íon de Zn^{2+} estão representadas por bastões cinzas. (Com base em uma estrutura por RM determinada por Gregory Verdine e Gerhard Wagner, Harvard University, EUA. PDBid 1ADN.)

de um substituinte volumoso a uma base. Esse sistema parece ser ativado por uma distorção na hélice, e não pelo reconhecimento de qualquer grupo em particular. Em seres humanos, a NER é a principal defesa contra dois carcinógenos importantes, a luz solar e a fumaça do cigarro. O mecanismo de NER em procariotos é semelhante ao de eucariotos. No entanto, a NER procariótica utiliza três subunidades, enquanto a NER eucariótica envolve a ação de 16 subunidades. As proteínas eucarióticas são conservadas desde leveduras até seres humanos, mas nenhuma delas exibe qualquer similaridade de sequência às proteínas procarióticas, sugerindo que os dois sistemas de NER surgiram por evolução convergente.

Em *E. coli*, a NER é realizada em um processo dependente de ATP, por meio das ações das proteínas **UvrA**, **UvrB** e **UvrC** (os produtos dos genes *uvrA*, *uvrB* e *uvrC*). Esse sistema, que é frequentemente referido como a **endonuclease UvrABC** (embora, como será visto, não exista um complexo que contenha todas as três subunidades), quebra a fita de DNA danificada na sétima e na terceira ou quarta ligações fosfodiéster dos lados 5′ e 3′ da lesão, respectivamente (Fig. 30.58; esse sistema é também conhecido como uma **excinuclease** para indicar que ela *excisa* um segmento de DNA, em vez de clivá-lo em apenas um local, como o faz a maioria das endonucleases). O oligonucleotídeo de 11 ou 12 nt removido é deslocado pela ligação da **UvrD** (também denominada **helicase II**) e substituído pelas ações da Pol I e da DNA-ligase.

O mecanismo da NER procariótica foi elucidado principalmente por Aziz Sancar. Ele inicia com uma etapa de reconhecimento da lesão, à qual um heterotrímero $(UvrA)_2UvrB$ liga-se fortemente, embora de maneira inespecífica, ao dsDNA, que ele vasculha à procura de lesões de acordo com a sua propensão local a curvaturas e desenrolamentos. A presença de uma lesão ativa a função de helicase da UvrB, que desenrola 5 pb em torno da lesão, em um processo movido por ATP.

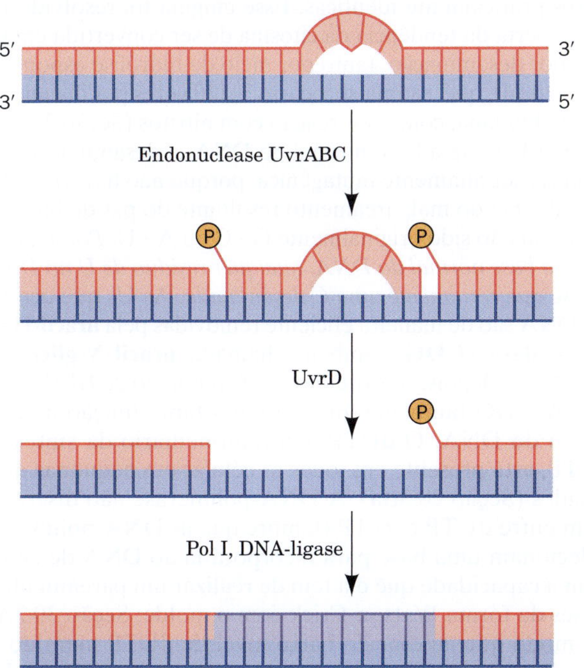

FIGURA 30.58 O mecanismo da reparo por excisão de nucleotídeos (NER) de fotodímeros de pirimidina.

Essa mudança conformacional induz a dissociação da UvrA do complexo, o que permite a ligação da UvrC. A UvrB faz então a incisão no lado 3′ da lesão, depois do que a UvrC faz a incisão no seu lado 5′. A UvrD liga-se aos cortes resultantes no DNA, o que desloca a UvrC e o oligonucleotídeo contendo a lesão. Isso torna o sítio da incisão 5′ acessível à Pol I, que preenche a lacuna e desloca a UvrB. Finalmente, a DNA-ligase sela o corte remanescente, produzindo um DNA restaurado.

b. A xerodermia pigmentosa e a síndrome de Cockayne são causadas por defeitos genéticos no sistema de NER

Em seres humanos, a doença rara hereditária **xerodermia pigmentosa** (**XP**; do grego: *xeros*, seco + *derma*, pele) é caracterizada principalmente pela incapacidade das células epidérmicas de repararem as lesões no DNA induzidas pela luz UV. Os indivíduos que apresentam essa doença autossômica recessiva são extremamente sensíveis à luz solar. Durante a infância, eles desenvolvem alterações epidérmicas marcantes, como secura, formação excessiva de sardas e queratoses (um tipo de tumor de pele; a pele dessas crianças é descrita como semelhante àquela de agricultores com muitos anos de exposição ao sol), juntamente com lesões oculares, como opacidade e ulceração da córnea. Além disso, muitas vezes desenvolvem cânceres de pele fatais, com uma frequência cerca de 2.000 vezes mais elevada do que a normal, e cânceres internos, com uma frequência 10 a 20 vezes mais elevada. Curiosamente, muitos indivíduos com XP também possuem uma variedade desconcertante de sintomas aparentemente não relacionados, incluindo degeneração neurológica progressiva e déficits no desenvolvimento.

Culturas de fibroblastos da epiderme de indivíduos com xeroderma pigmentosa são deficientes no sistema de NER de dímeros de pirimidina. Experimentos de fusão celular com culturas de células retiradas de vários pacientes demonstraram que essa doença resulta de defeitos em qualquer um de 8 grupos de complementação (Seção 1.4Cc), indicando que devem existir pelo menos 8 produtos gênicos, de **XPA** até **XPG** e **XPV**, envolvidos nesse mecanismo evidentemente importante de reparo de lesões por UV. Qual é a base bioquímica para os diversos grupos de sintomas associados a deficiências na NER? As espécies reativas de oxigênio (ROS, de *reactive oxygen species*; Seção 22.4Cg) produzidas pelo metabolismo oxidativo danificam rapidamente o DNA. Algumas dessas lesões oxidativas são reparadas pela NER. Como os neurônios apresentam elevadas taxas de respiração e são células que têm vida longa e não se dividem, parece provável que eles sejam particularmente suscetíveis a danos oxidativos na ausência de NER. Isso explica a deterioração neurológica progressiva na XP.

A necessidade para reparar uma lesão no DNA é particularmente urgente se o gene danificado está sendo transcrito, porque a RNA-polimerase não pode transcrever através de um DNA danificado. As células, portanto, recrutam as suas maquinarias de reparo do DNA para tais genes, em um processo conhecido como **reparo acoplada à transcrição** (**TCR**, de *transcription-coupled repair*), a qual opera apenas sobre a fita de DNA que está sendo transcrita (lesões na fita complementar são reparadas em taxas normais). Por exemplo, dímeros de pirimidinas são mais rapidamente removidos de porções transcritas do DNA do que de sequências não expressas.

A ***síndrome de Cockayne*** (**CS**, de *Cockayne Syndrome*) *é uma doença hereditária causada por defeitos na TCR.* Indivíduos com CS são hipersensíveis à radiação UV (embora eles apresentem uma incidência normal de câncer de pele) e exibem crescimento retardado, bem como disfunções neurológicas, devido à desmielinização de neurônios, levando à morte na infância. A CS é mais frequentemente causada por mutações em dois grupos de complementação, **CSA** e **CSB**, embora determinados defeitos em **XPB**, **XPD** e XPG também possam causar CS em adição à XP.

O desenvolvimento retardado típico de defeitos em XPB e XPD e, talvez, a desmielinização que ocorre na CS parecem estar mais relacionados a uma transcrição deficiente do que a deficiências na NER. Isso é explicado pelo fato de que as DNA helicases XPB e XPD são subunidades do fator de transcrição eucariótico de dez subunidades **TFIIH**, cujo funcionamento adequado é necessário para a iniciação da transcrição pela RNA-polimerase II (Seção 34.3Bb), bem como para a NER e TCR. Uma RNA-polimerase eucariótica que esteja parada em uma lesão do DNA é reconhecida por CSB, que, então, recruta os demais componentes da TCR. CSA interage com CSB e com a subunidade **p44** de TFIIH. Uma vez que o dano tenha sido reparado, a RNA-polimerase reassume a transcrição. Assim, na CS, as moléculas de RNA-polimerases ficam permanentemente paradas nas lesões do DNA.

A TCR também ocorre em bactérias. Por exemplo, em *E. coli*, a proteína **TCRF** (de *transcription repair coupling factor*; também conhecida como proteína **Mfd**, para *mutation frequency decline*) é uma DNA translocase movida por ATP que desloca uma RNA-polimerase parada em uma fita molde danificada, depois do que TCRF recruta as proteínas do sistema UvrABC para o sítio danificado. O gene reparado é, então, transcrito desde o seu início. Uma vez que genes procarióticos são muito mais curtos que genes eucarióticos (a maioria desses contém vários segmentos longos não codificadores, conhecidos como íntrons; Seção 31.4Ac) essa é uma forma mais eficiente de utilização dos recursos do que gerar a maquinaria complexa necessária para reiniciar a transcrição, como ocorre nos eucariontes.

c. Reparo por excisão de base

As bases do DNA são modificadas por reações que ocorrem sob condições fisiológicas normais, bem como pela ação de agentes ambientais. Por exemplo, resíduos de adenina e citosina sofrem desaminação espontânea em taxas limitadas para originar resíduos de hipoxantina e uracila, respectivamente. A *S*-adenosilmetionina (SAM), um agente metilante comum do metabolismo (Seção 26.3Ea), metila ocasionalmente e de forma não enzimática uma base para formar derivados, como resíduos de 3-metiladenina e 7-metilguanina (Fig. 30.54). A radiação ionizante pode promover reações de abertura dos anéis nas bases. Essas modificações alteram ou eliminam as propriedades de pareamento das bases.

O DNA contendo uma base danificada pode ser restaurado ao seu estado nativo pela BER. As células contêm uma variedade de **DNA-glicosilases** e cada uma delas cliva a ligação glicosídica de um tipo correspondente e específico de nucleotídeo alterado (Fig. 30.59), deixando, portanto, um resíduo de desoxirribose na cadeia. Esses **sítios apurínicos** ou **apirimídicos** (**AP**) (também chamados de **sítios abásicos**) também são gerados sob condições fisiológicas normais, pela hidrólise espontânea de uma ligação glicosídica. O resíduo de desoxirribose é, então, clivado em um lado por uma **AP-endonuclease**, a desoxirribose e vários resíduos adjacentes são removidos pela ação de uma exonuclease celular (possivelmente associada a uma DNA-polimerase) e a lacuna é preenchida e selada por uma DNA-polimerase e pela DNA-ligase.

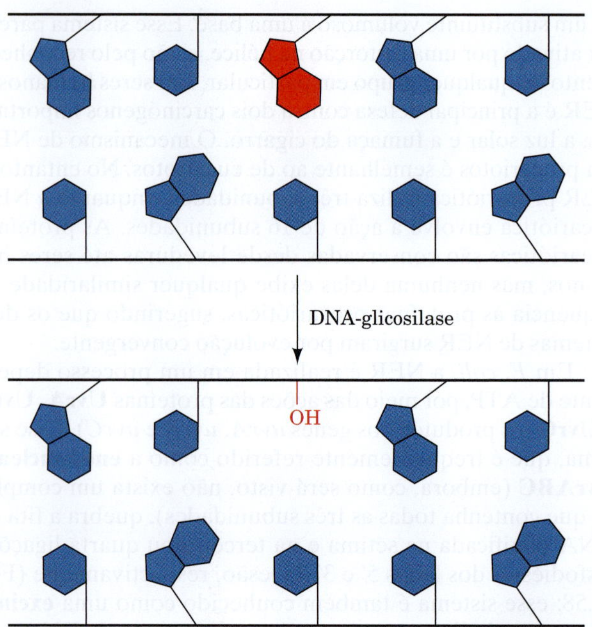

FIGURA 30.59 Ação das DNA-glicosilases. Essas enzimas hidrolisam a ligação glicosídica de suas bases alteradas correspondentes (*vermelho*) para criarem um sítio AP.

d. A uracila no DNA seria altamente mutagênica

Durante algum tempo depois das funções essenciais dos ácidos nucleicos terem sido elucidadas, parecia não haver razão aparente para a natureza dedicar um considerável esforço metabólico para utilizar timina no DNA e uracila no RNA, quando essas substâncias possuem propriedades de pareamento de bases praticamente idênticas. Esse enigma foi resolvido pela descoberta da tendência da citosina de ser convertida em uracila por desaminação, tanto por meio de hidrólise espontânea (Fig. 30.54), que, estima-se, ocorre ~ 120 vezes por dia em cada célula humana, como por reação com nitritos (Seção 32.1Aa). Caso a U fosse a base normal do DNA, a desaminação de C poderia ser altamente mutagênica, porque não haveria indicação alguma do malpareamento resultante do par de bases G · U ter ou não sido originalmente G · C ou A · U. *Porém, como a T é a base normal do DNA, qualquer resíduo de U no DNA é quase que certamente uma C desaminada.* As Us que ocorrem no DNA são de maneira eficiente removidas pela **uracil-DNA-glicosilase** (**UDG**; também chamada **uracil-*N*-glicosilase** [**UNG**]) e, depois, substituídas por C por meio de BER.

A UDG também tem uma importante função na replicação do DNA. O dUTP, um intermediário da síntese de dTTP, está presente em todas as células em pequenas quantidades (Seção 28.3Ba). A DNA-polimerase não discrimina bem entre dUTP e dTTP (lembre que as DNA-polimerases selecionam uma base para incorporá-la ao DNA de acordo com a capacidade que ela tem de realizar um pareamento de bases da forma Watson-Crick com o molde; Seção 30.2Aa), de modo que, apesar do baixo nível de dUTP mantido pelas células, o DNA recém-sintetizado contém resíduos de U ocasionais. Essas Us são rapidamente substituídas por T por meio de BER. No entanto, como a remoção ocorre mais rapidamente do que o reparo, todo o DNA recém-sintetizado fica fragmentado. Quando os fragmentos de Okazaki foram inicialmente descobertos (Seção 30.1C), parecia que todo o DNA era sintetizado descontinuamente. Essa ambiguidade foi resolvida com a descoberta de *E. coli* defectiva em UDG. Nesses mutantes *ung*⁻, apenas cerca da metade do DNA recém-sintetizado está fragmentada, sugerindo fortemente que a fita-líder do DNA é sintetizada de forma contínua.

e. As uracila-DNA-glicosilases induzem um deslocamento (*Flip Out*) nos nucleotídeos de uridina

A estrutura por raios X da UDG humana em complexo com um DNA de 10 pb contendo um malpareamento U · G (que pode formar um par de bases com uma ligação de hidrogênio dupla, cuja forma difere daquela dos pares de bases de Watson-Crick; Seção 32.2Db), determinada por John Tainer, revela que a UDG ligou-se ao DNA com o seu resíduo de uridina deslocado para fora (*flipped out*) do dsDNA (Fig. 30.60). Além disso, a enzima hidrolisou a ligação glicosídica da uridina, criando uma base de uracila livre e um sítio AP no DNA, embora ambos permaneçam ligados à enzima. A cavidade no empilhamento de bases do DNA, que estaria ocupada pela uracila que foi deslocada, é preenchida pela cadeia lateral do resíduo de Arg 272, que se intercala no DNA a partir do lado de sua cavidade menor. A estrutura por raios X de um complexo semelhante, no qual o malpareamento U · G foi substituído por um par de bases U · A, apresentou características essencialmente idênticas. No entanto, quando a U do complexo contendo U · A foi substituída por **pseudouridina** (na qual a ligação "glicosídica" é feita com o átomo de C5 da uracila, em vez de com o N1),

Pseudouridina

a uracila permaneceu covalentemente ligada ao DNA, porque a UDG não é capaz de hidrolisar essa ligação "glicosídica" C—C.

Como a UDG detecta uma uracila realizando um pareamento de bases no centro do DNA e como ela discrimina de forma tão precisa a uracila das outras bases, particularmente da timina, tão similar a ela? As estruturas por raios X anteriores indicam que os grupos fosfato que flanqueiam o nucleotídeo deslocado estão 4 Å mais próximos um do outro do que eles estão no B-DNA (8 Å contra 12 Å), o que faz o DNA dobrar-se ~ 45° na direção paralela à vista na Fig. 30.60. Essas distorções surgem a partir da ligação de três alças proteicas rígidas ao DNA, que seriam incapazes de ligar-se simultaneamente a B-DNA não distorcido. Isso levou Tainer a formular o mecanismo de "apertar-empurrar-puxar" para a detecção de uracila, que postula que a UDG vasculha rapidamente um DNA em busca de uracilas ligando-se periodicamente a ele, de modo a comprimi-lo e, assim, curvar levemente o seu esqueleto (apertar). A presumida baixa resistência do DNA ao dobramento em um sítio contendo uracila (um par de bases U · G é menor do que um C · G e, portanto, deixa um espaço no empilhamento de bases, enquanto um par de bases U · A é ainda mais fraco do que um T · A) permite que a enzima

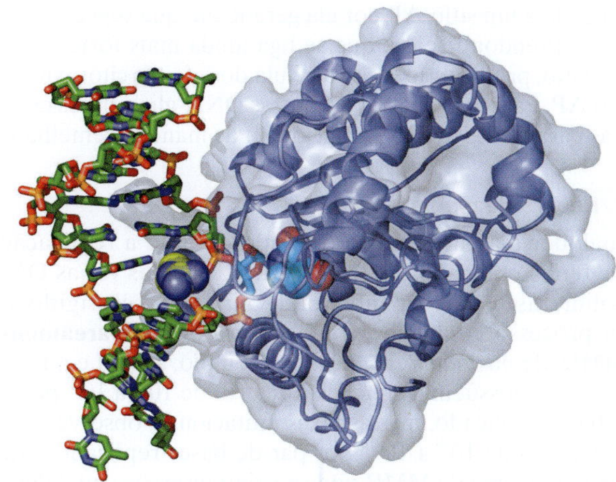

FIGURA 30.60 Estrutura por raios X da uracil-DNA-glicosilase (UDG) humana em complexo com um DNA de 10 pb contendo um par de bases U · G. A proteína (os 223 resíduos C-terminais do monômero de 304 resíduos) está representada por seu diagrama de fitas, embutido na sua superfície molecular transparente. O DNA, visualizado a partir de sua cavidade maior, está representado na forma de bastões coloridos de acordo com o tipo de átomo (C verde, N azul, O vermelho e P cor de laranja). O nucleotídeo de uridina do **par de base U · G** foi deslocado para fora (*flipped out*) da dupla-hélice (para a direita do DNA) e foi hidrolisado para produzir um nucleotídeo AP (na forma de bastão com C ciano) e uracila (na forma de volume atômico com C ciano), que permanece associada ao bolsão de ligação da enzima. A cadeia lateral de Arg 272 (na forma de volume atômico com C amarelo) intercalou-se na pilha de bases do DNA para preencher o espaço liberado pela base uracila que foi deslocada. (Com base em uma estrutura por raios X de John Trainer, The Scripps Research Institute, La Jolla, Califórnia, EUA. PDBid 4SKN.)

desloque (*flip out*) a uracila, intercalando Arg 272 na curvatura menor (empurrar), e que, dessa forma, curve e dobre completamente o DNA. Esse processo é auxiliado pela firme ligação da uracila deslocada à enzima (puxar). A extraordinária especificidade desse bolsão de ligação à uracila impede a ligação e, portanto, a hidrólise de qualquer outra base cujo deslocamento tenha sido induzido pela enzima. Assim, as formas gerais da adenina e da guanina as excluem desse bolsão, enquanto o grupo 5-metila da timina fica estericamente bloqueado pela cadeia lateral rigidamente sustentada da Tyr 147. A citosina, que tem aproximadamente a mesma forma da uracila, é excluída por um conjunto de ligações de hidrogênio que emanam da proteína e mimetizam aquelas feitas pela adenina em um par de bases A · U de Watson-Crick.

Os sítios AP no DNA são altamente citotóxicos, porque capturam de maneira irreversível a topoisomerase I de mamíferos em seu complexo covalente com o DNA (Seção 29.3Ca). Além disso, como a ribose do sítio AP não possui uma ligação glicosídica, ela pode ser facilmente convertida em sua forma linear (Seção 11.1B), cujo grupo aldeído reativo pode estabelecer uma ligação cruzada com outros componentes celulares. Isso racionaliza o porquê dos sítios AP permanecerem fortemente ligados à UDG tanto em solução como em cristais. A atividade de UDG é aumentada pela AP-endonuclease, a enzima seguinte na rota de BER, mas as duas enzimas não interagem na ausência de DNA. Isso sugere que a UDG permanece ligada a um sítio AP por ela gerado até que seja deslocada pela AP-endonuclease, que se liga ainda mais fortemente a esse sítio, protegendo assim a célula dos efeitos citotóxicos do sítio AP. Parece provável que outras DNA-glicosilases específicas para lesões do DNA funcionem de maneira semelhante.

C. *Reparo de malpareamentos*

Qualquer malpareamento ocorrido durante a replicação e que tenha escapado das funções de edição das várias DNA-polimerases participantes pode ainda ser corrigido por um processo conhecido como **reparo de malpareamentos** (**MMR**, de *mismatch repair*). Por exemplo, a Pol I e a Pol III de *E. coli* possuem frequências de erro de 10^{-6} a 10^{-7} por par de bases replicado, mas as taxas mutacionais observadas em *E. coli* são de 10^{-9} a 10^{-10} por par de bases replicado. Além disso, o sistema de MMR pode corrigir inserções ou deleções de até 4 nt (que são geradas pelo deslizamento de uma fita em relação à outra no sítio ativo da DNA-polimerase). A importância da MMR é indicada pelo fato de que defeitos no sistema de MMR humano resultam em uma elevada incidência de cânceres, mais notavelmente no **câncer colorretal hereditário não poliposo** (**HNPCC**, de *hereditary nonpolyposis colorectal cancer*; que afeta vários órgãos e pode ser a predisposição hereditária ao câncer mais comum).

Se um sistema de MMR deve corrigir erros da replicação em vez de perpetuá-los, ele deve ser capaz de distinguir o DNA parental, que possui a base correta, da fita-filha, que possui uma base normal, porém incorreta. Em *E. coli*, como visto (Seção 30.3C), isso é possível porque os palíndromos GATC recém-replicados permanecem hemimetilados até que a Dam-metiltransferase tenha tido tempo suficiente para metilar a fita-filha.

O sistema de MMR de *E. coli*, que foi elucidado em grande parte por Paul Modrich, requer a participação de três proteínas e ocorre como descrito a seguir (Fig. 30.61):

1. A **MutS** (853 resíduos) liga-se ao par de bases malpareado ou a bases não pareadas como um homodímero.
2. Ao complexo MutS-DNA liga-se a **MutL** (615 resíduos), também como um homodímero.
3. O complexo MutS-MutL desloca-se ao longo do DNA em ambas as direções, formando, dessa maneira, uma alça no DNA. A translocação parece ser movida pela função de ATPase da MutS.
4. Ao encontrar um palíndromo GATC hemimetilado, o complexo MutS-MutL recruta a **MutH** (228 resíduos) e ativa essa endonuclease de fita simples para que ela faça uma quebra no lado 5′ do GATC não metilado. Esse GATC pode estar localizado em qualquer um dos lados do malpareamento e até a mais de 1.000 pb de distância dele, embora a eficiência de reparo diminua com a distância entre a quebra e o malpareamento.
5. O complexo MutS-MutL recruta a helicase UvrD, que, em conjunto com uma exonuclease, separa as fitas e degrada a fita cortada, desde a quebra até além do malpareamento. Caso a quebra seja no lado 3′ do malpareamento, como mostrado, a exonuclease é a **exonuclease I** (uma exonuclease 3′ → 5′), ao passo que, se a quebra for no lado 5′ do malpareamento, a exonuclease pode ser tanto a **RecJ** como a **exonuclease VII** (ambas exonucleases 5′ → 3′).

A lacuna resultante é preenchida pela Pol III e selada pela DNA-ligase, corrigindo, assim, o malpareamento. A MutL

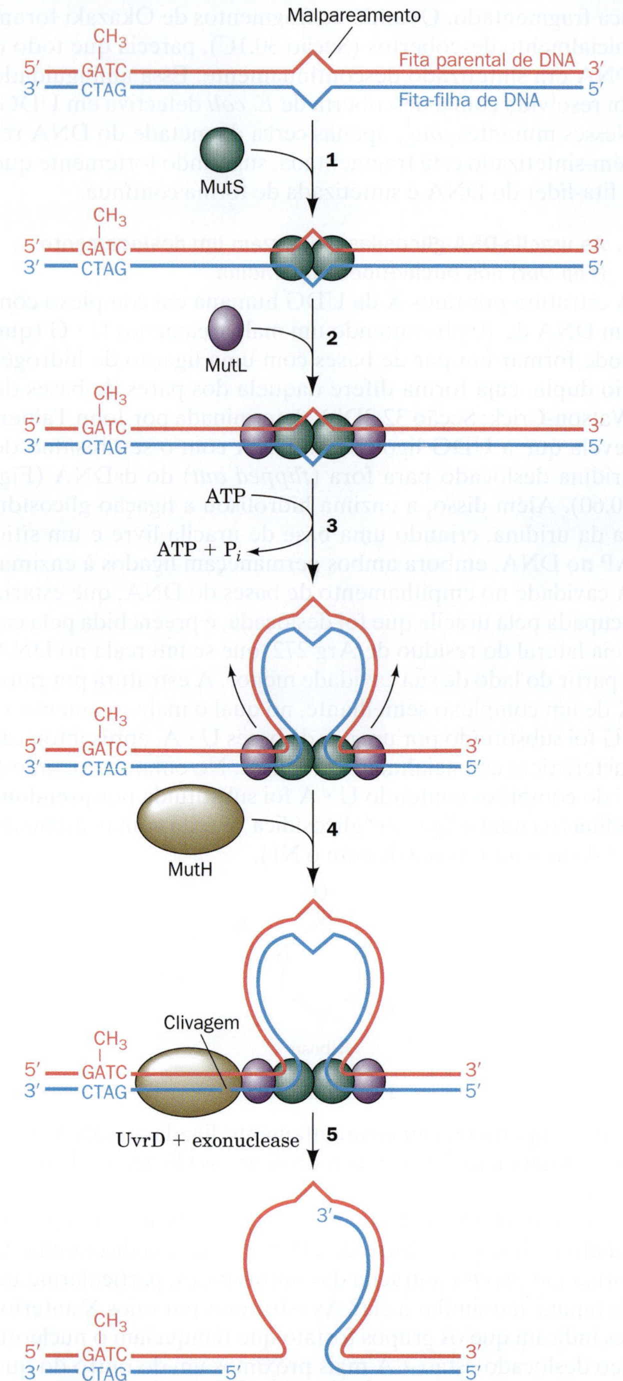

FIGURA 30.61 **O mecanismo de reparo de malpareamentos em *E. coli*.**

também é uma ATPase, que, postula-se, funciona para coordenar as várias etapas da MMR.

Os sistemas de MMR eucarióticos são, como esperado, mais complicados do que aqueles de *E. coli*. Eucariotos expressam seis proteínas homólogas a MutS e cinco proteínas homólogas a MutL, que formam heterodímeros no DNA malpareado. Entretanto, homólogos de MutH ocorrem apenas em bactérias gram-negativas. Os eucariotos devem ter alguma outra maneira para diferenciarem a fita de DNA parental da fita-filha. Talvez a fita-filha recém-sintetizada seja identificada por suas quebras ainda não seladas. A ressíntese do DNA é, provavelmente, realizada pela pol δ.

D. *A resposta SOS*

Agentes que danificam o DNA, como a radiação UV, agentes alquilantes e agentes que provocam ligações cruzadas, induzem um complexo sistema de modificações celulares em *E. coli*, conhecido como a **resposta SOS**. *Células de E. coli tratadas dessa maneira param de se dividir e aumentam sua capacidade de reparar o DNA danificado.*

a. A proteína LexA reprime a resposta SOS

A natureza da resposta SOS começou a ser elucidada a partir das observações de que *E. coli* com genes *recA* ou *lexA* mutantes apresentavam suas respostas SOS permanentemente ativadas. A **RecA**, uma proteína de 353 resíduos que cobre o DNA como um filamento helicoidal multimérico, desempenha, como será visto, um papel central na recombinação homóloga (Seção 30.6Ab). Quando células de *E. coli* são expostas a agentes que danificam o DNA ou inibem a sua replicação, a RecA especificamente faz a mediação da quebra proteolítica da **LexA** (202 resíduos), entre seus resíduos de Asp 84 e Gly 85. A RecA tem essa função ativada ao ligar-se a ssDNA (assumiu-se inicialmente que a RecA catalisava a proteólise da LexA, mas experimentos subsequentes, realizados por John Little, indicaram que a RecA ativada estimula a autoclivagem da LexA). Investigações adicionais indicaram que a LexA atua como um repressor de 43 genes que participam da reparo do DNA e do controle da divisão celular, inclusive de *recA, lexA, uvrA* e *uvrB*. Análises de sequência dos genes reprimíveis por LexA revelaram que todos eles são precedidos por uma sequência homóloga de 20 nt, chamada de ***box* SOS**, que possui a simetria palindrômica característica de operadores (sítios controladores nos quais os repressores se ligam para interferirem com a iniciação da transcrição pela RNA-polimerase; Seção 5.4A). De fato, foi demonstrado que a LexA liga-se especificamente nos *boxes* SOS de *recA* e *lexA*.

As observações anteriores sugerem um modelo para a regulação da resposta SOS (Fig. 30.62). Durante a multi-

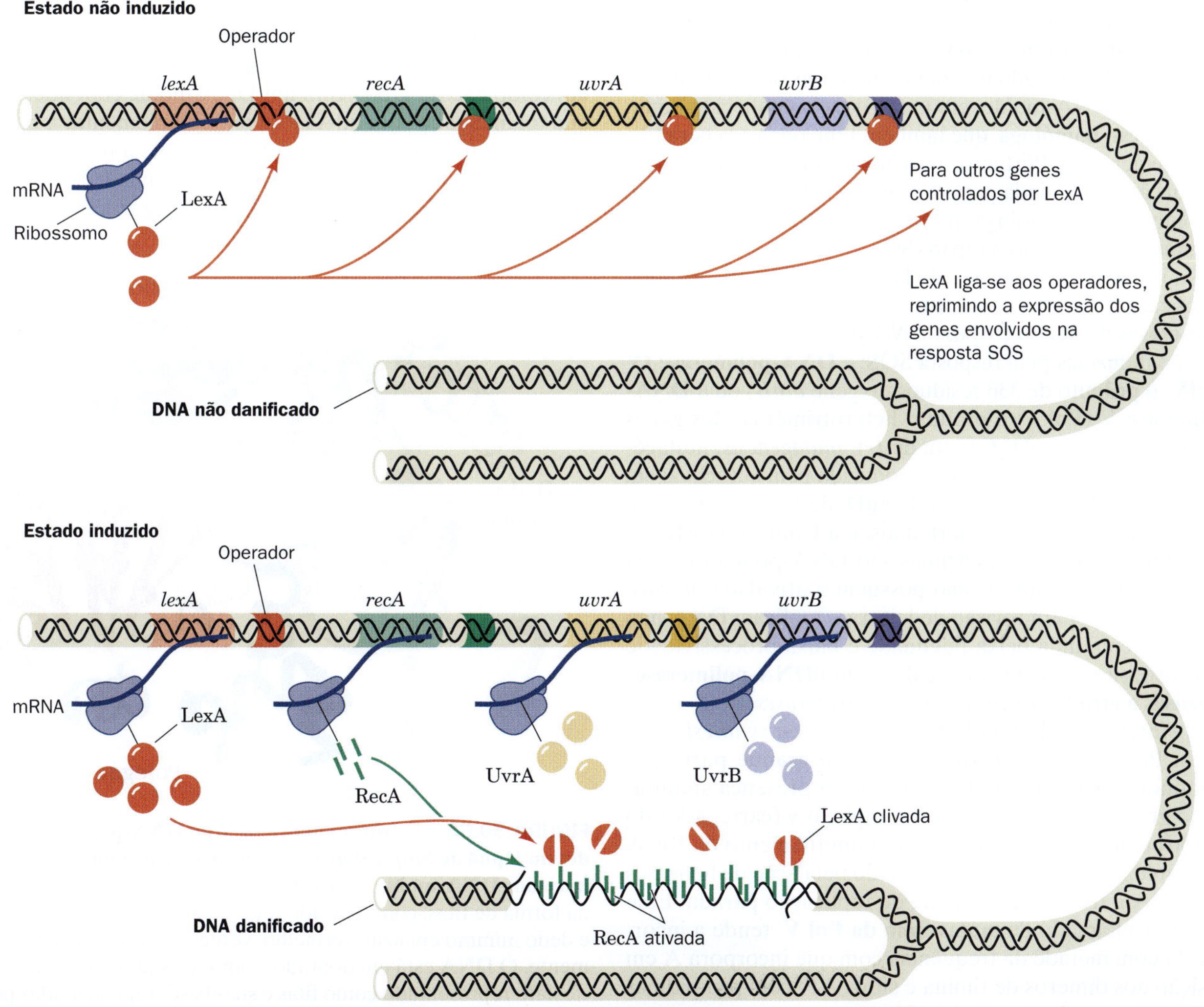

FIGURA 30.62 Regulação da resposta SOS em *E. coli*. Em uma célula com o DNA não danificado (*acima*), a LexA reprime a maior parte da síntese de LexA, RecA, UvrA, UvrB e de outras proteínas envolvidas na resposta SOS. Quando existe uma grande quantidade de lesões no DNA (*abaixo*), RecA é ativada ao ligar-se ao ssDNA resultante, o que determina que ela estimule a autoclivagem da LexA. A consequente síntese das proteínas SOS resulta no reparo dos danos no DNA.

plicação normal, a LexA reprime totalmente a expressão dos genes SOS, inclusive do gene *lexA*, por sua ligação aos respectivos *boxes* SOS, de forma a impedir que a RNA-polimerase inicie a transcrição desses genes. No entanto, quando o dano ao DNA foi suficiente para produzir lacunas após a replicação, a RecA liga-se ao ssDNA, de modo a estimular a clivagem da LexA. Os genes reprimíveis por LexA são consequentemente liberados da repressão e dirigem a síntese de proteínas SOS, incluindo a própria LexA (embora esse repressor continue a ser clivado devido à influência da RecA). Quando as lesões no DNA são eliminadas, a RecA para de estimular a autoproteólise de LexA. As proteínas LexA recém-sintetizadas podem, então, funcionar como repressores, o que permite que a célula retorne à normalidade.

b. O reparo SOS é sujeita a erros

A holoenzima Pol III de *E. coli* é incapaz de replicar o DNA por uma variedade de lesões, como sítios AP e dímeros de pirimidina. Ao encontrar essas lesões, o replissomo para e se desmonta, pela liberação de seus núcleos de Pol III, em um processo que é chamado de "colapso" da forquilha de replicação. As células possuem duas maneiras gerais para restauração de forquilhas de replicação colapsadas, o **reparo por recombinação** e o **reparo SOS**. O reparo por recombinação evita o molde danificado utilizando um cromossomo homólogo como seu DNA-molde, em um processo conhecido como **recombinação homóloga**, que também funciona para gerar diversidade genética. Portanto, a discussão sobre reparo por recombinação será adiada para depois das considerações sobre a recombinação homóloga, na Seção 30.6A. Nos parágrafos seguintes será discutido o reparo SOS.

No reparo SOS, o núcleo da Pol III perdido na forquilha de replicação colapsada é substituído por uma das duas **DNA-polimerases de desvio** (*bypass DNA-polymerases*), cujas sínteses são induzidas pela resposta SOS: a **DNA-polimerase IV** (**Pol IV**, o produto de 336 resíduos do gene *dinB*) ou a **DNA-polimerase V** (**Pol V**; o produto heterotrimérico dos genes *umuD* e *umuC*, **UmuD'$_2$C** [umu de *UV mutagenesis*, mutagênese por UV], onde a UmuD' é produzida pela autoclivagem assistida pela RecA da proteína **UmuD**, de 139 resíduos, que remove seus 24 resíduos N-terminais, e a UmuC consiste em 422 resíduos). Ambas as enzimas são DNA-polimerases da família Y, cujos membros não possuem a atividade de exonuclease $3' \rightarrow 5'$ para revisão de leitura e replicam DNA não danificado com uma baixa fidelidade e baixa processividade e, por isso, são também conhecidas como **DNA-polimerases propensas a erro** (*error-prone DNA-polymerases*).

A **síntese translesão** (**TLS**, de *translesion synthesis*) feita pela Pol V, que foi caracterizada em grande parte por O'Donnell e Myron Goodman, requer a presença simultânea do grampo deslizante β_2, do complexo γ (carregador do grampo) e de SSBs, juntamente com um filamento da RecA em complexo com o ssDNA produzido pela ação de helicases no dsDNA à frente da forquilha de replicação parada. Esse complexo, chamado de **mutassomo da Pol V**, tende a incorporar G com metade da frequência com que incorpora A em oposição aos dímeros de timina e sítios AP, com pirimidinas sendo raramente incorporadas. Obviamente, esse processo é altamente mutagênico. Porém, mesmo durante a replicação de DNA não danificado, a Pol V é pelo menos 1.000 vezes mais propensa a erros do que as holoenzimas Pol I e Pol III. No entanto, após sintetizar ~ 7 nt, o mutassomo da Pol V é substituído pela holoenzima Pol III, que inicia a replicação normal do DNA após a lesão que foi superada. A Pol II, uma participante da TLS que replica acuradamente o DNA, também é induzida pela resposta SOS, mas ela é sintetizada bem antes do aparecimento da Pol V (ver a seguir). O papel da Pol II parece ser o de mediação do processo de TLS livre de erros e é somente quando esse processo falha que a Pol II é substituída pela Pol V, que realiza a TLS sujeita a erros.

Existem vários tipos de lesões no DNA, além dos sítios AP e dos dímeros de timina, que interferem com a replicação normal do DNA. Dependendo do tipo de lesão, a Pol IV, que também é propensa a erros, pode ser recrutada em vez da Pol V para realizar a TLS. Para muitas lesões, a TLS pode pular por sobre o nucleotídeo alterado, resultando na deleção de uma ou duas bases na fita-filha oposta à lesão (criando uma **mutação de mudança de fase**, *frameshift mutation*, assim chamada porque poderia modificar a fase de leitura de um gene estrutural daquele ponto em diante; Seção 5.4Bd). Além disso, a Pol IV tem a propensão de gerar mutações de mudança de fase mesmo quando está replicando DNA não danificado.

A DNA-polimerase da família Y chamada **Dpo4**, da arqueobactéria *Sulfolobus solfataricus* P2, uma homóloga da Pol IV e da Pol V de *E. coli*, incorpora erroneamente ~ 1 base a cada 500 nucleotídeos replicados. A estrutura por raios X de um complexo da Dpo4 com um DNA-molde com iniciador e que foi incubado com ddATP (que é complementar à base do molde), determinada por Wei Yang, revela a base estrutural dessa baixa fidelidade (Fig. 30.63). A proteína de 352 resíduos contém os domínios de dedos, palma e polegar comuns a todas

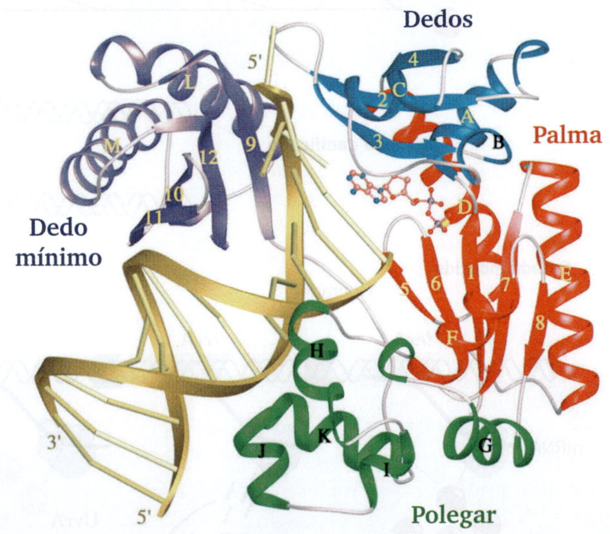

FIGURA 30.63 Estrutura por raios X da DNA-polimerase de desvio Dpo4 de *Sulfolobus solfataricus* P2 em complexo com um iniciador DNA-molde e ddADP. A proteína está representada na forma de fitas, com seus domínios de dedos, palma, polegar e dedo mínimo em azul, vermelho, verde e púrpura, respectivamente. O DNA está em dourado, com seu esqueleto de açúcar-fosfato representado como fitas e suas bases representadas por bastões. O ddADP, que está realizando um pareamento de bases com um T do molde no sítio ativo da enzima, está representado na forma de esferas e bastões e colorido de acordo com o tipo de átomo (C cor-de-rosa, N azul, O vermelho e P magenta). (Cortesia de Wei Yang, NIH, Bethesda, Maryland, EUA. PDBid 1JX4.)

as DNA-polimerases conhecidas (embora suas ordens difiram nas sequências das diferentes famílias de DNA-polimerases) e, além disso, possuem um domínio C-terminal único da família Y de DNA-polimerases, que foi denominado domínio de "dedo mínimo". A enzima, como esperado, incorporou um resíduo de ddA na extremidade 3′ do iniciador e, além disso, ligou um ddADP em complexo de pareamento de bases com o novo T do molde. O domínio de dedo mínimo liga-se à cavidade maior do DNA. Entretanto, os domínios de dedos e do polegar são pequenos e curtos em comparação àqueles das DNA-polimerases replicativas, como a Klentaq1 (Fig. 30.9) e a pol δ (Fig. 30.41), e os resíduos que contactam o par de bases no sítio ativo são todos de Gly e Ala, em vez de serem de Phe, Tyr e Arg, como os que essencialmente fazem isso nas DNA-polimerases replicativas. Além disso, o DNA ligado à enzima está inteiramente na forma B, em vez de estar na forma A no sítio ativo, como ocorre em muitas DNA-polimerases replicativas. Como a cavidade menor está mais acessível no A-DNA do que no B-DNA (Seção 29.1B), isso sugere que as DNA-polimerases sujeitas a erros têm menos facilidade para monitorar a fidelidade do pareamento de bases do nucleotídeo que está sendo incorporado. Isso explica a capacidade que as DNA-polimerases sujeitas a erros têm de acomodarem tanto um DNA-molde distorcido como pareamentos do tipo não Watson-Crick em seus sítios ativos.

O reparo SOS é um processo sujeito a erros e, portanto, mutagênico. Ele é, por isso, um último recurso, que só é iniciado ~ 50 minutos após a indução SOS, caso o DNA não tenha sido ainda reparado de outras maneiras. Porém, danos no DNA que normalmente ativam a resposta SOS não são mutagênicos nas *E. coli recA*⁻ que sobrevivem. Como visto, isso ocorre porque as DNA-polimerases de desvio irão replicar por uma lesão no DNA mesmo quando não há informação que permita identificar quais bases estavam originalmente presentes. De fato, *a maioria das mutações em E. coli surge das ações do sistema de reparo SOS.* Isso é, portanto, um testemunho a favor da proposição de que a sobrevivência com uma chance de perda de função (e o possível ganho de outras novas funções) é vantajosa, no sentido Darwiniano, em relação à morte, embora somente uma pequena fração das células realmente vá sobreviver a esse processo. Foi sugerido, portanto, que, sob condições de estresse ambiental, o sistema SOS funciona para elevar a frequência de mutações, de modo a aumentar a frequência com a qual *E. coli* adapta-se às novas condições. Finalmente, deve-se chamar a atenção para o fato de que as pols η, ι e κ eucarióticas, todas membros da família Y, e a pol ζ, um membro da família X, estão implicadas na TLS e que a pol η, o produto do gene *XPV*, é defectiva na forma XPV da xerodermia pigmentosa (Seção 30.5Bb).

E. *Reparo de quebras de fita dupla*

Quebras de fita dupla (**DSBs**, de *double-strand breaks*) são produzidas no DNA quando a forquilha de replicação encontra uma quebra, pelas espécies reativas de oxigênio (ROS), produtos secundários do metabolismo oxidativo, e pela radiação ionizante (que também produz ROS). De fato, cerca de 5 a 10% de uma cultura de células em divisão exibe ao menos uma quebra cromossômica em um dado momento. Além disso, as DSBs são intermediárias normais de determinados processos celulares especializados, como a recombinação durante a meiose (Seção 1.4Ab) e a **recombinação V(D)J** nas células linfoides, o que ajuda a gerar a vasta diversidade de sítios de ligação a antígenos dos anticorpos e receptores de células *T* (Seção 35.2C). As DSBs não reparadas ou malpareadas podem ser letais para as células ou provocar aberrações cromossômicas que podem levar ao câncer. Assim, o reparo eficiente das DSBs é fundamental para a viabilidade celular e para a integridade do genoma.

As células possuem dois modos gerais para reparo de DSBs, o reparo por recombinação, que ocorre apenas durante o final da fase S e na fase G_2 do ciclo celular (quando as cromátides irmãs estão presentes para servir como moldes), e a **união de extremidades não homólogas** (**NHEJ**, de *nonhomologous end-joining*), que funciona durante todo o ciclo celular. Aqui, discute-se a NHEJ, um processo que, como o seu nome indica, religa DSBs diretamente. O reparo por recombinação será discutida na Seção 30.6Ag.

Na NHEJ, as extremidades quebradas de uma DSB devem ser alinhadas, suas extremidades com projeções de fita simples devem ser aparadas e/ou preenchidas e as fitas devem ser ligadas. O núcleo da maquinaria da NHEJ em eucariotos inclui a proteína de ligação à extremidade do DNA, **Ku** (um heterodímero de subunidades homólogas de 70 e 83 kDa, **Ku70** e **Ku80**), a **DNA-ligase IV** e a proteína acessória **Xrcc4**. A Ku, uma proteína nuclear abundante, liga-se a DSBs independentemente da presença de extremidades cegas ou de projeções de fita simples e, portanto, parece ser o sensor primário de DSBs da célula. A estrutura por raios X da Ku em complexo com um DNA de 14 pb, determinada por Jonathan Goldberg, revela que a proteína sustenta o segmento de dsDNA ao longo de toda a sua extensão e envolve o seu segmento de ~ 3 pb central (Fig. 30.64). O anel

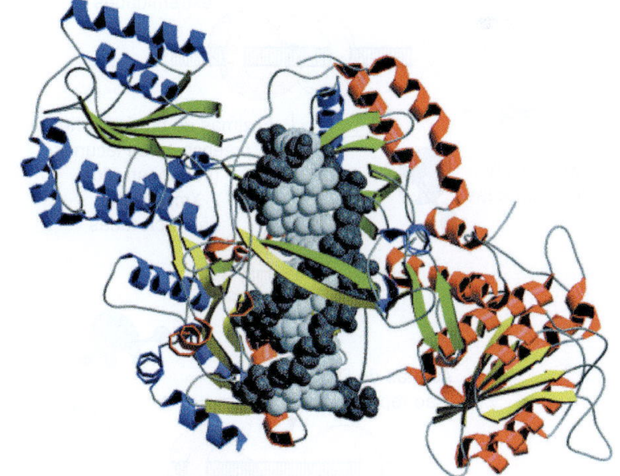

FIGURA 30.64 Estrutura por raios X da proteína Ku humana em complexo com um DNA contendo 14 pb. As subunidades de Ku70 (*hélices em vermelho e fitas em amarelo*) e de Ku80 (*hélices em azul e fitas em verde*) são visualizadas ao longo do eixo pseudoduplo que as relaciona. O DNA, visto com a sua DSB voltada para cima, está representado na forma de volume atômico, com seu esqueleto de açúcar-fosfato em cinza-escuro e seus pares de bases em cinza-claro. Note que o DNA está envolvido por um anel de proteína. (Cortesia de John Tainer, The Scripps Research Institute, La Jolla, Califórnia, EUA. Com base em uma estrutura por raios X de Jonathan Goldberg, Memorial Sloan-Kettering Cancer Center, New York, EUA. PDBid 1JEY.)

proteico também está presente na estrutura por raios X bastante similar da Ku sem o DNA, o que explica porque a Ku que está ligada a um dsDNA que depois é circularizado fica permanentemente associada com ele. A Ku não estabelece contatos específicos com as bases do DNA e faz poucos contatos com o esqueleto de açúcar-fosfato, mas ela encaixa-se confortavelmente nas cavidades maior e menor, de forma a orientar o DNA precisamente.

Foi demonstrado que complexos Ku-DNA formam dímeros, a fim de alinharem para ligação os membros de uma DSB, ambos com as extremidades aparadas e com projeções de fita simples curtas (1 a 4 pb) e complementares, como está esquematizado na Fig. 30.65. As extremidades do DNA ficam expostas ao longo de uma das faces de cada um dos complexos Ku-DNA, o que presumivelmente as torna acessíveis às polimerases, que irão preencher as lacunas, e às nucleases, que irão aparar extremidades excedentes e inapropriadas, preparando-as para a ligação pela DNA-ligase IV em complexo com a Xrcc4. A remoção de nucleotídeos das extremidades (*nucleotide trimming*), que, obviamente, gera mutações, parece ser realizada de modo dependente de ATP pelo **complexo Mre11**, conservado de maneira evolutiva, que

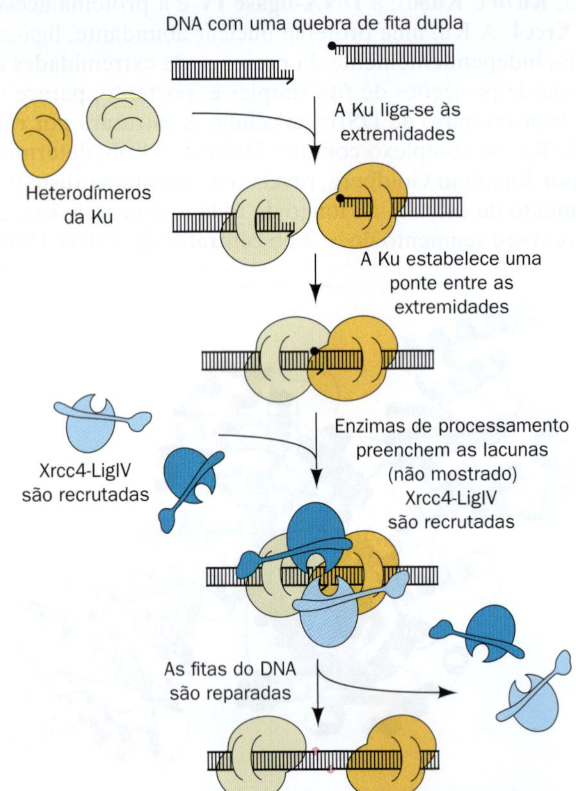

FIGURA 30.65 Diagrama esquemático da união de extremidades não homólogas (NHEJ). O fragmento de dsDNA à esquerda tem uma base faltando e o fragmento à direita está bloqueado por um grupamento não ligável (*círculo preto preenchido*). Os dois heterodímeros da Ku estão representados por duas tonalidades de amarelo e os complexos Xrcc4-DNA-ligase IV estão representados por duas tonalidades de azul. As ligações recém-reparadas no DNA estão representadas por círculos em cor-de-rosa. (De acordo com Jones, J.M., Gellert, M., e Yang, W., *Structure* **9**, 881 [2001].)

consiste em duas subunidades da nuclease **Mre11** e de duas subunidades da ATPase **Rad50**. A Ku acaba sendo liberada do DNA religado, talvez por clivagem proteolítica.

A razão porque as mutações geradas por NHEJ não são inaceitavelmente deletérias é que somente uma pequena fração do genoma humano é expressa (Seção 34.2A). De fato, o genoma em uma célula somática de um homem de 70 anos de idade contém, normalmente, ~2.000 "cicatrizes" causadas por NHEJ.

F. *Identificação de carcinógenos*

Sabe-se que muitas formas de câncer são causadas pela exposição a determinados agentes químicos que são, por isso, conhecidos como ***carcinógenos****.* Estima-se que até 80% dos cânceres humanos surgem dessa maneira. Existem consideráveis evidências de que o evento primário na carcinogênese é muitas vezes uma lesão no DNA (a carcinogênese será discutida na Seção 34.4C). Consequentemente, os carcinógenos são também prováveis indutores da resposta SOS em bactérias e, assim, atuariam como agentes mutagênicos indiretos. De fato, existe uma elevada correlação entre carcinogênese e mutagênese (lembrar, p. ex., o desenvolvimento da XP; Seção 30.5Bb).

Existem, atualmente, mais de 80.000 produtos químicos de importância comercial sintetizados pelo homem e ~ 1.000 produtos novos são introduzidos no mercado a cada ano. Os testes-padrão em animais para carcinógenos, que consistem na exposição de ratos ou camundongos a níveis elevados de um composto com suspeita de ser carcinogênico e a verificação do possível surgimento de câncer, são muito caros e necessitam de ~ 3 anos para serem finalizados. Por isso, um número relativamente pequeno de substâncias já foi testado dessa maneira.

a. O teste de Ames é um ensaio para prováveis carcinógenos

Bruce Ames desenvolveu um ensaio bacteriano rápido e eficiente para a verificação do potencial carcinogênico de uma substância com base na elevada correlação entre carcinogênese e mutagênese. Ele construiu linhagens-teste especiais de *Salmonella typhimurium* que são *his*$^-$ (não podem sintetizar histidina, de modo que são incapazes de se multiplicarem na sua ausência), possuem envoltórios celulares que não apresentam a cobertura lipopolissacarídica que torna as *Salmonellas* normais impermeáveis a muitas substâncias (Seção 11.3Bc) e possuem sistemas de reparo por excisão inativados. A mutagênese nessas linhagens-teste é indicada pela reversão ao fenótipo *his*$^+$.

No **teste de Ames**, ~ 10^9 bactérias da linhagem-teste são espalhadas em uma placa com meio de cultura que contém apenas uma pequena quantidade de histidina para permitir que as bactérias se multipliquem e sofram mutações. Normalmente, é utilizada uma mistura de várias linhagens *his*$^-$, de modo que tanto as mutações devidas à substituição de bases como as devidas à inserções ou deleções de nucleotídeos podem ser detectadas. Um agente mutagênico colocado no meio de cultura faz essas bactérias *his*$^-$ reverterem o seu fenótipo para *his*$^+$, que é detectado devido à multiplicação bacteriana, a qual origina colônias visíveis após 2 dias a 37°C (Fig. 30.66). O escore de mutagenicidade de uma substância é dado pelo número dessas colônias, subtraído do pequeno número de colônias revertentes espontâneas, que surgem na ausência do agente mutagênico.

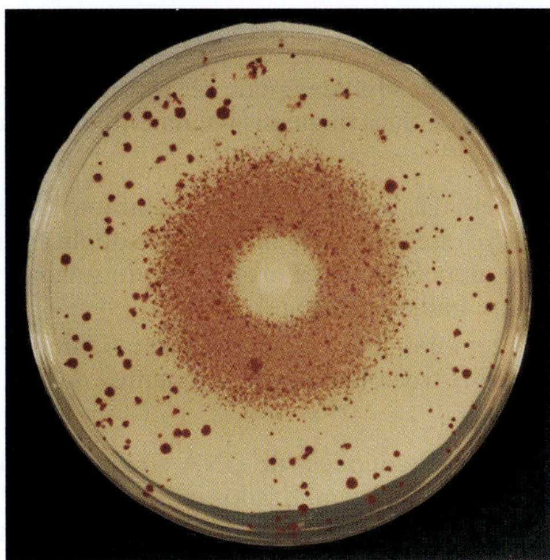

FIGURA 30.66 O teste de Ames para mutagênese. Um disco de papel filtro contendo um agente mutagênico, nesse caso o agente alquilante etil-metanossulfonato, é colocado no centro de uma placa de cultura contendo linhagens testadoras de *Salmonella typhimurium his*$^-$ em um meio que inicialmente contém apenas uma pequena quantidade de histidina. Um halo denso de colônias bacterianas revertentes aparece ao redor do disco a partir do qual o agente mutagênico se difunde. As colônias maiores distribuídas sobre a placa de cultura são revertentes espontâneas. As bactérias próximas ao disco foram mortas devido à elevada concentração do agente mutagênico tóxico. (Cortesia de Raymond Devoret, Institut Curie, Orsay, França.)

Muitos não carcinógenos são convertidos a carcinógenos no fígado ou em outros tecidos, por uma variedade de reações de destoxificação (p. ex., aquelas catalisadas pelos citocromos P450; Seção 15.4Bc). Uma pequena quantidade de homogeneizado de fígado de rato é por isso incluída no meio do teste de Ames, em uma tentativa de aproximar as condições do teste aos efeitos do metabolismo de mamíferos.

b. Tanto substâncias produzidas pelo homem como as que ocorrem naturalmente podem ser carcinogênicas

Existe uma correspondência de ~ 80% entre os compostos que se mostraram carcinogênicos em testes em animais e aqueles que se mostraram mutagênicos no teste de Ames. Curvas de dose-resposta, que são geradas testando-se um determinado composto em várias concentrações, são quase sempre lineares e extrapolam, voltando a zero, indicando que *não existe um limiar de concentração para a mutagênese*. Vários compostos aos quais seres humanos foram extensivamente expostos e que se mostraram mutagênicos pelo teste de Ames foram, mais tarde, identificados como carcinogênicos em testes em animais. Entre eles estão o fosfato de tris (2,3-dibromopropila), que foi utilizado como um retardador de chamas em roupas de dormir infantis em meados da década de 1970 e pode ser absorvido pela pele; e a furilfuramida, que foi utilizada no Japão nas décadas de 1960 e 1970 como um aditivo antibacteriano em muitos alimentos industrializados (e que passou por dois testes em animais antes de ser considerado mutagênico). Os carcinógenos não estão restritos a compostos sintetizados pelo homem, pois também ocorrem na natureza. Por exemplo, os carcinógenos estão presentes em muitas plantas que são comuns na dieta humana, inclusive em brotos de alfafa. A **aflatoxina B1**,

Aflatoxina B_1

um dos carcinógenos conhecidos mais potentes, é produzida por fungos que se multiplicam em amendoim e milho. Alimentos assados ou torrados, como carnes grelhadas ou pães tostados, contêm vários de agentes danosos para o DNA. Assim, em relação aos carcinógenos, segundo palavras escritas por Ames, "a natureza não é benigna".

6 RECOMBINAÇÃO E ELEMENTOS GENÉTICOS MÓVEIS

O cromossomo não é apenas um simples repositório de informação genética. Se fosse assim, a unidade de mutação deveria ser não um gene, mas todo um cromossomo, porque não haveria maneira de se separar um gene mutado dos demais genes do mesmo cromossomo. Os cromossomos iriam, portanto, acumular mutações deletérias até que eles se tornassem inviáveis.

Já se sabia, a partir de alguns dos primeiros estudos genéticos, que pares de genes alélicos são capazes de mudar de localização cromossômica por um processo conhecido como **recombinação genética** (Seção 1.4Cb). Genes mutados podem, portanto, ser individualmente testados, pois a propagação deles não é absolutamente dependente da propagação dos genes com os quais eles estavam previamente associados. Nesta seção, consideram-se os mecanismos por meio dos quais os elementos genéticos podem se mover, tanto entre cromossomos como no interior deles.

A. *Recombinação homóloga*

A ***recombinação homóloga*** *(também chamada de* ***recombinação geral****) é definida como a troca de segmentos homólogos entre duas moléculas de DNA.* Estudos genéticos e citológicos indicaram há muito tempo que um processo de entrecruzamento (*crossing-over*) ocorre em organismos superiores durante a meiose (Fig. 1.27). As bactérias, que são normalmente haploides, também possuem mecanismos elaborados para a permuta de informação genética. Elas podem adquirir DNA exógeno por meio de transformação (Seção 5.2A), por um processo denominado **conjugação** (cruzamento), no qual o DNA é diretamente transferido de uma célula para outra por uma ponte citoplasmática (Seção 31.1Ac), e por **transdução**, na qual um bacteriófago defectivo, que adquiriu erroneamente um segmento do DNA bacteriano em vez do cromossomo viral, transfere esse DNA para outra célula bacteriana. Em todos esses processos, o DNA exógeno é incorporado no cromossomo ou em um plasmídeo do receptor pela recombinação homóloga (para ser propagado, um segmento de DNA deve ser parte de um replicon; isto é, estar associado a uma origem de replicação, como as que ocorrem em um cromossomo, um plasmídeo ou um vírus).

a. A recombinação ocorre por meio de um intermediário permutado (*Crossed-Over*)

Um modelo prototípico para a recombinação homóloga (Fig. 30.67) foi proposto por Robin Holliday, em 1964, com base em estudos genéticos feitos em fungos. As fitas correspondentes de dois dúplices de DNA homólogos alinhados são quebradas e se permutam para parearem com as fitas aproximadamente complementares do dúplex homólogo, depois disto as quebras são selados (Fig. 30.67*a-e*). Isso origina uma junção quádrupla conhecida como **junção de Holliday** (Fig. 30.67*e*). Uma junção de Holliday foi, de fato, observada na estrutura por raios X de d(CCGGTACCGG), determinada por Shing Ho (Fig. 30.68). Nela, talvez de forma inesperada, todas as bases formam pares de bases de Watson-Crick normais, sem qualquer tensão aparente. O ponto de permuta pode mover-se em ambas as direções, frequentemente ao longo de centenas de nucleotídeos, em um processo conhecido como **migração da ramificação** (Fig. 30.67*e, f*), no qual as quatro fitas mudam suas parceiras de pareamento de bases.

Uma junção de Holliday pode ser resolvida em dois dúplices de DNA de duas maneiras igualmente prováveis (Fig. 30.67*g-l*):

1. A clivagem das fitas que não permutaram (ramo direito na Fig. 30.67*j-l*) troca as extremidades dos dúplices originais, para formar, depois das quebras terem sido seladas, o DNA recombinante tradicional (Fig. 1.27*b*).
2. A clivagem das fitas que permutaram (ramo esquerdo na Fig. 30.67*j-l*) troca um par de segmentos de fita simples homólogos.

A recombinação de dúplices de DNA circulares resulta nos tipos de estruturas esquematizados na Fig. 30.69. A evidência obtida por ME da existência das supostas estruturas em "forma de 8" é mostrada na Fig. 30.67*a*. Foi demonstrado que essas estruturas em forma de 8 não são apenas círculos torcidos, pois, ao serem clivadas com uma endonuclease de restrição, elas originam **estruturas qui** (devido à semelhança com a letra grega χ), como a apresentada na Fig. 30.70*b*.

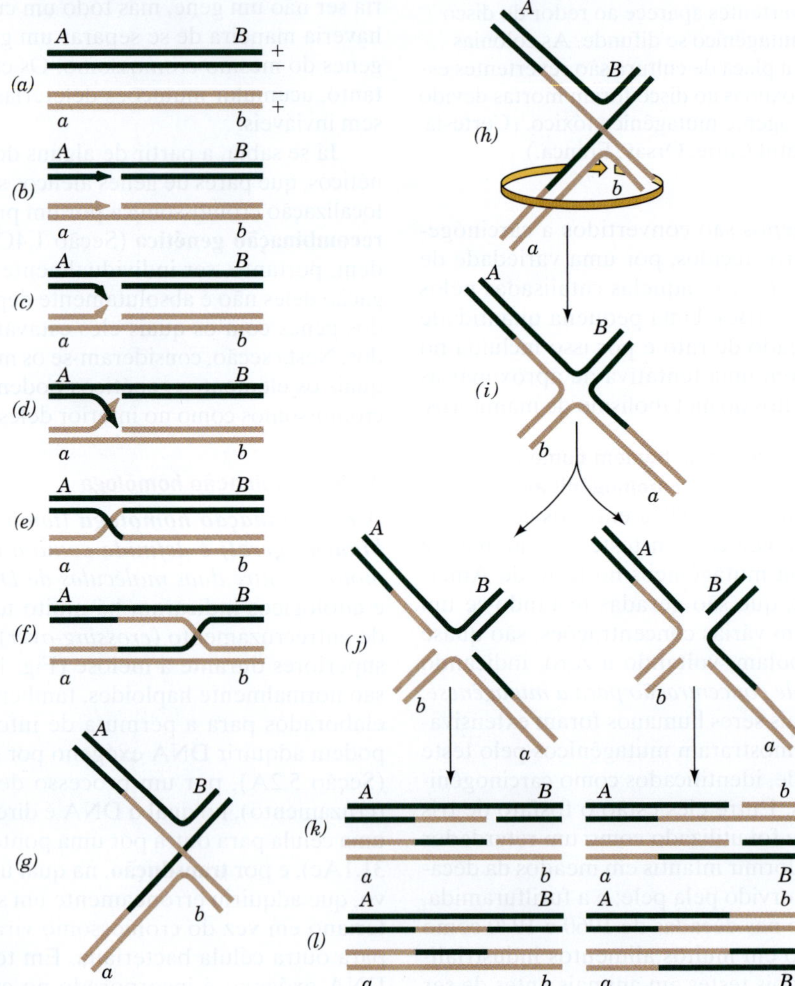

FIGURA 30.67 O modelo de Holliday para a recombinação homóloga entre DNAs de fita dupla homólogos. Ver Figuras animadas

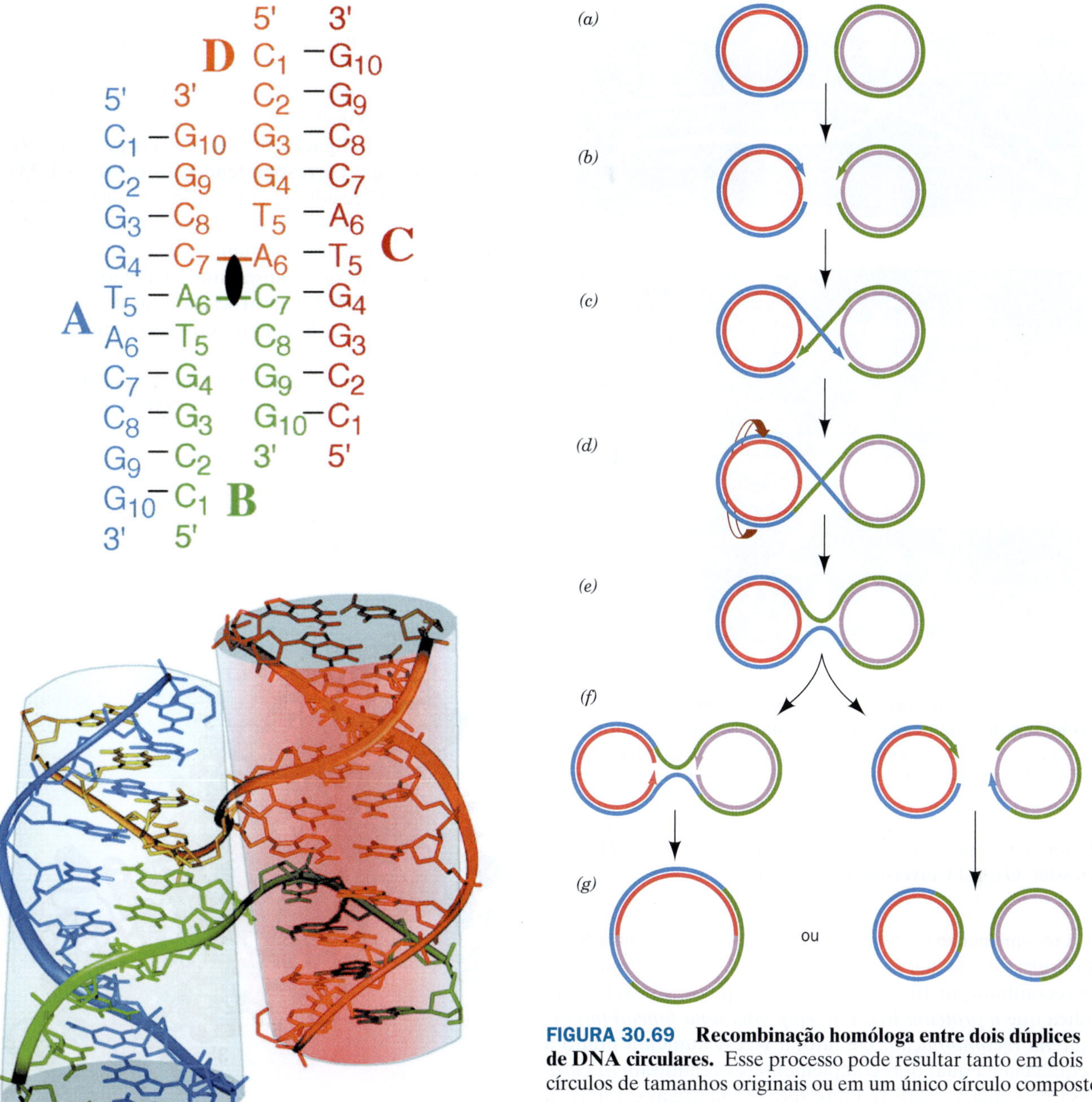

FIGURA 30.69 Recombinação homóloga entre dois dúplices de DNA circulares. Esse processo pode resultar tanto em dois círculos de tamanhos originais ou em um único círculo composto.

FIGURA 30.68 Estrutura por raios X do DNA decamérico autocomplementar d(CCGGTACCGG). (*a*) A estrutura secundária da junção de Holliday de quatro fitas formada por essa sequência, na qual as quatro fitas, A, B, C e D, estão coloridas individualmente, seus nucleotídeos numerados de 1 a 10 da extremidade 5′ para a 3′ e as interações de pareamento de bases de Watson-Crick estão representadas por traços pretos. O eixo duplo que relaciona as duas hélices dessa **conformação em X empilhada** está representado pelo símbolo lenticular preto. (*b*) A estrutura tridimensional observada da junção de Holliday, como visualizada ao longo de seu eixo duplo, na qual os oligonucleotídeos estão representados na forma de bastão com seus esqueletos delineados por fitas, todos coloridos como na Parte *a*. Com a exceção dos esqueletos das fitas B e D nos cruzamentos, cada um dos dois braços dessa estrutura forma uma hélice de B-DNA não distorcida, inclusive o empilhamento de pares de bases que flanqueia os cruzamentos. As duas hélices estão inclinadas a 41°, uma em relação à outra. Notar que a Fig. 30.67*g* é uma representação esquemática da conformação em X empilhada, como visualizada a partir de uma posição perpendicular a ambas as hélices (a partir do lado neste desenho e, portanto, tendo a aparência projetada da letra X). Uma junção de Holliday pode também assumir uma **conformação em X aberta**, que é representada pela Fig. 30.67*i*. (Cortesia de Shing Ho, Oregon State University, EUA. PDBid 1DCW.)

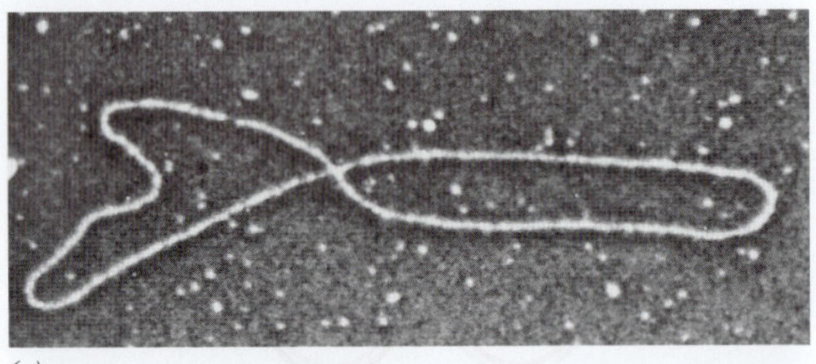
(a)

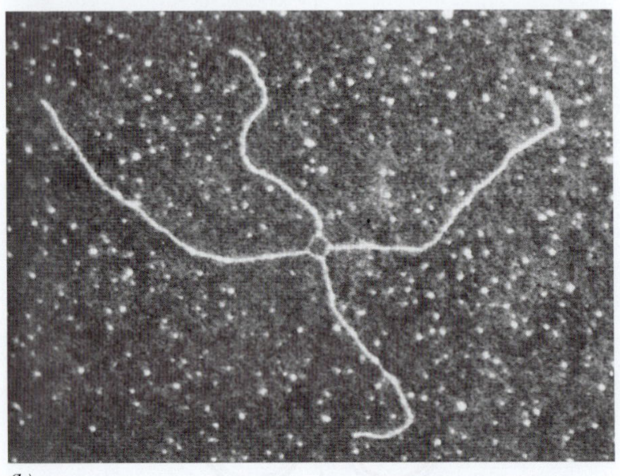
(b)

FIGURA 30.70 Micrografias eletrônicas de intermediários da recombinação homóloga de dois plasmídeos. (*a*) A estrutura em forma de 8. Ela corresponde à Fig. 30.69*d*. (*b*) Uma estrutura qui que resulta do tratamento de uma estrutura em forma de 8 com uma endonuclease de restrição. Note as conexões de fita simples mais finas na região de permuta (*crossing-over*). (Cortesia de Huntington Potter, University of South Florida, EUA, e Davis Dressler, Oxford University, Reino Unido.)

b. A recombinação homóloga em *E. Coli* é catalisada pela RecA

A observação de que *E. coli recA*$^-$ apresenta uma frequência de recombinação 10^4 vezes menor do que o tipo selvagem indica que *a proteína RecA desempenha uma função importante na recombinação*. De fato, a RecA aumenta muito a frequência na qual fitas complementares renaturam *in vitro*. Essa proteína versátil (lembre que ela também estimula a autoproteólise da LexA para desencadear a resposta SOS e é uma participante essencial da síntese de DNA translesão; Seção 30.5D) polimeriza-se de forma cooperativa, independentemente da sequência de bases, sobre ssDNA ou sobre dsDNA que possua uma lacuna de fita simples. Os filamentos resultantes, os quais podem conter até vários milhares de monômeros da RecA, ligam-se de forma especifica ao dsDNA homólogo, e, em uma reação dependente de ATP, catalisam a troca de fitas.

Estudos de ME feitos por Edward Egelman revelaram que os filamentos de RecA ligados ao ssDNA ou ao dsDNA formam uma hélice enrolada para a direita com ~ 6,2 monômeros de RecA por volta e um passo (ascensão por volta) de 95 Å. O DNA nesses filamentos se liga à proteína com 3 nt (ou pb) por monômero de RecA e, portanto, ele fica desenrolado com ~ 18,6 nt (ou pb) por volta (contra os 10 pb por volta para a forma B-DNA canônica).

A formação dos filamentos RecA-DNA é altamente cooperativa; ela requer cinco ou seis protômeros de RecA para formar uma reunião estável. Consequentemente, tentativas de cristalizar filamentos RecA-DNA foram, por muitos anos, malsucedidas. Nikola Pavletich engenhosamente resolveu esse dilema pela ligação de cinco a seis genes de RecA de *E. coli* (cada um correspondendo aos resíduos 1-335 dessa proteína de 353 resíduos) em tandem via ligantes de 14 resíduos e mutando a primeira e a última RecA, de forma a impedir que elas formassem filamentos maiores. Essas proteínas fusionadas, as quais apresentaram atividades de ATPase dependente de DNA e de troca de fitas comparáveis às da RecA monomérica, formaram cristais contendo tanto ssDNA como dsDNA.

A estrutura por raios X do complexo $RecA_5$-(ADP-AlF_4^-)$_5$-$(dT)_{15}$-$(dA)_{12}$ (Fig. 30.71; ADP-AlF_4^- é um análogo não hidrolisável do ATP) exibe um filamento de eixo reto com parâmetros helicoidais que são bastante similares àqueles derivados de estudos de ME. Cada unidade de RecA consiste em um grande segmento N-terminal helicoidal de 30 resíduos, um núcleo de ATPase α/β de 240 resíduos e um

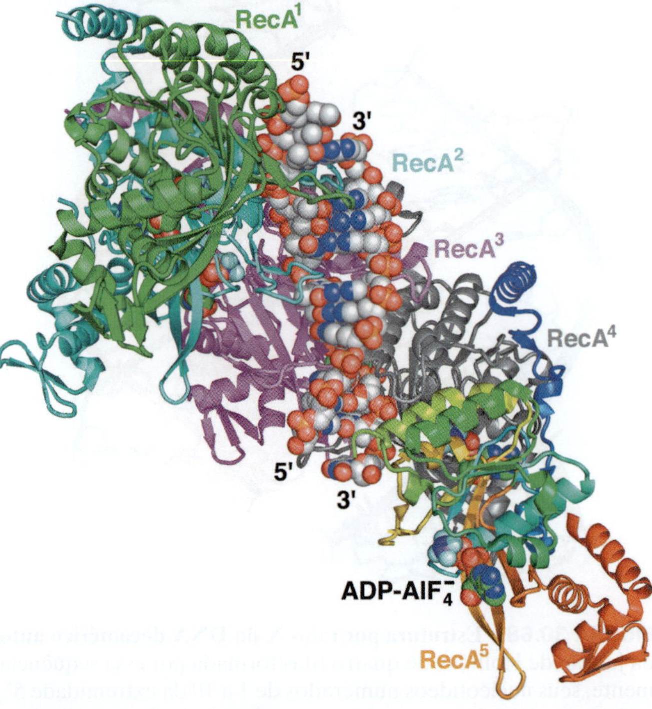

FIGURA 30.71 Estrutura por raios X do complexo $RecA_5$-(ADP-AlF_4^-)$_5$-$(dT)_{15}$-$(dA)_{12}$ visualizado com seu filamento axial vertical. As unidades de RecA $RecA^1$ (a unidade N-terminal) até a unidade $RecA^4$ estão coloridas de verde, ciano, magenta e cinza, respectivamente, com a unidade C-terminal, $RecA^5$, colorida na ordem das cores do arco-íris a partir da sua extremidade N-terminal (*azul*) para a sua extremidade C-terminal (*vermelho*). O DNA e ADP-AlF_4^- estão representados na forma de volume atômico com o C do DNA cinza, ADP verde, N azul, O vermelho, P cor de laranja, F azul claro e Al púrpura. (Com base em uma estrutura por raios X de Nikola Pavletich, Memorial Sloan-Kettering Cancer Center, New York, EUA. PDBid 3CMX.)

domínio C-terminal globular de 64 resíduos. Os ligantes que conectam unidades de RecA adjacentes estão desordenados. Cada ligante que conecta as unidades de RecA com suas vizinhas mais próximas, formam um filamento com uma cavidade helicoidal profunda que expõem o DNA ligado no seu interior (Fig. 30.71 é visualizada olhando para dentro dessa cavidade).

As duas fitas de DNA, as quais se encontram próximas ao eixo do filamento, realizam um conjunto completo de pareamentos de bases do tipo Watson-Crick. Entretanto, em vez de estarem regularmente estendidas, como seria esperado, o dsDNA assume uma conformação irregular, na qual cada segmento de 3 pb que está ligado a uma unidade de RecA se assemelha muito ao B-DNA com os degraus entre pares de bases sucessivos nessa trinca apresentando uma elevação axial de ~ 3,4 Å e uma torção helical de ~ 30° (contra 3,4 Å e 36° para a forma B-DNA canônica; Tabela 29.1). Em contraste, o degrau entre as trincas de pares de bases sucessivas apresenta uma elevação axial de 8,4 Å e uma torção helicoidal de -4°, formando, portanto, uma fenda de 5 Å de altura entre trincas sucessivas que é parcialmente preenchida pela cadeia lateral do resíduo Ile 199 conservado. O esqueleto açúcar-fosfato da fita de DNA mais afastada do observador na Fig. 30.71 (o $[dT]_{15}$) realiza extensos contatos com RecA. Em contraste, a outra fita (o $[dA]_{12}$) realiza poucos contatos com a proteína; ela é mantida no lugar quase que inteiramente pelo pareamento de bases com a primeira fita. O ADP-AlF_4^- é colocado entre núcleos de ATPase α/β adjacentes, onde ele fica completamente encoberto.

A estrutura por raios X do complexo $RecA_6$-(ADP-$AlF4^-)_6$-$(dT)_{18}$ contendo ssDNA se assemelha muito àquela do complexo contendo dsDNA antecedente, mas com a ausência da fita de DNA mais próxima do observador na Fig. 30.71. Assim, cada unidade de RecA se liga a um segmento $(dT)_3$ que é mantido em uma conformação semelhante à do B-DNA com segmentos $(dT)_3$ sucessivos separados por uma elevação axial de 7,8 Å.

Como a RecA faz a mediação da troca de fitas de DNA entre DNAs de fita simples e de fita dupla? Ao encontrar um dsDNA com uma fita que é complementar ao ssDNA ao qual ela está ligada, a RecA desenrola parcialmente o dúplex e, em uma reação movida pela hidrólise de ATP catalisada pela RecA, troca o ssDNA com a fita correspondente do dúplex.

Esse processo tolera apenas um grau limitado de malpareamentos e requer que uma das fitas de DNA participantes possua uma extremidade livre. A assimilação (troca) de um círculo de fita simples por uma fita de um dúplex linear (Fig. 30.72) não pode prosseguir além da extremidade 3′ de um segmento altamente malpareado na fita complementar. *A invasão da fita simples deve, portanto, iniciar na sua extremidade 5′.* Um modelo para a consequente migração da ramificação está esquematizado na Fig. 30.73. Obviamente, esses dois

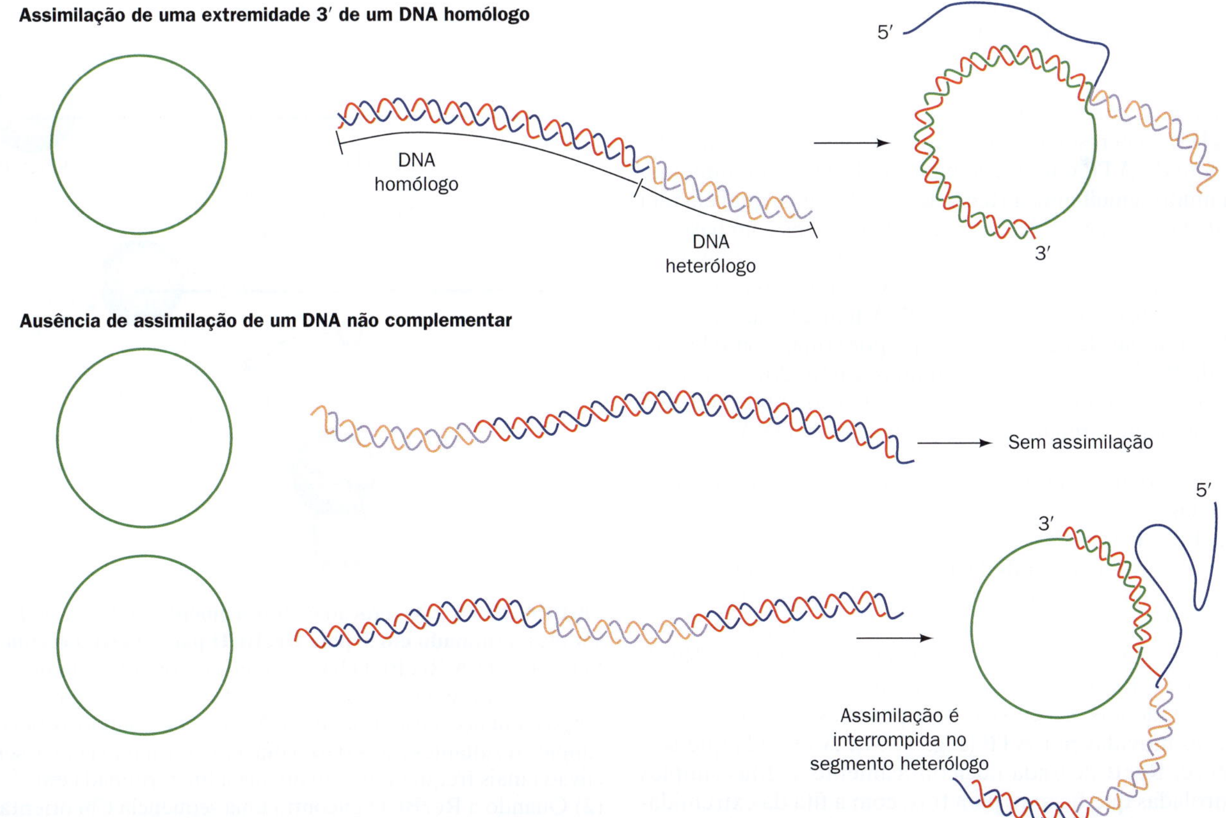

FIGURA 30.72 A assimilação catalizada por RecA de um círculo de fita simples por um dsDNA pode ocorrer somente se o dsDNA apresentar uma extremidade 3′ que possa realizar pareamento de bases com o círculo (*fita vermelha*). A assimilação da fita não pode ocorrer por intermédio de um segmento não complementar (*fitas púrpura e cor de laranja*).

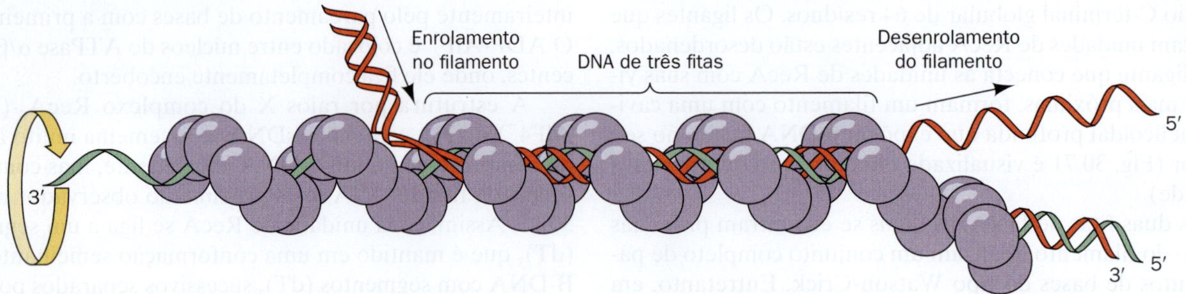

FIGURA 30.73 **Um modelo hipotético para a reação de troca de fitas mediada pela RecA.** As moléculas de DNA homólogas são pareadas antes da troca de fitas em uma hélice de três fitas. A rotação do filamento de RecA, comandada por ATP, sobre seu eixo helicoidal faz o dúplex de DNA ser "enrolado" no filamento da direita para a esquerda, como indicado no desenho. (De acordo com West, S.C., *Annu. Rev. Biochem.* **61**, 617 [1992].)

processos de troca de fitas devem ocorrer simultaneamente em uma junção de Holliday (Figs. 30-67 e 30-69).

As estruturas acima sugerem que a fidelidade da recombinação homóloga surge a partir da conformação semelhante ao B-DNA que RecA impõe sobre a, de outra forma flexível, fita de ssDNA a ela ligada, que poderia excluir pareamentos de base não Watson-Crick. A troca de fitas, obviamente, necessita a separação das duas fitas do dsDNA que chega para permitir que uma de suas fitas seja amostrada por pareamento de bases com o substrato ssDNA. As estruturas acima sugerem que isso seja facilitado pela ruptura do empilhamento de bases entre as trincas de pares de base no complexo RecA-DNA. Entretanto, a estrutura da trinca de DNA helicoidal intermediária na reação de troca de fitas é, ainda, desconhecida.

c. Eucariotos possuem proteínas semelhantes à RecA

A **RAD51** (339 resíduos) de levedura funciona no reparo dependente de ATP e na recombinação do DNA de uma maneira muito semelhante à RecA de *E. coli*, com a qual ela tem 30% de homologia. A reconstrução de imagens com base em ME da RAD51 em complexo com dsDNA é quase idêntica à da RecA em baixa resolução: ambos os complexos formam filamentos helicoidais, nos quais o DNA tem uma ascensão de ~ 5,1 Å por par de base e de 18,6 pb por volta. Como homólogos da RAD51 ocorrem em galinhas, camundongos e seres humanos, é bastante provável que esses filamentos medeiem universalmente o reparo e a recombinação de DNA.

d. A RecBCD inicia a recombinação fazendo quebras de fita simples

As quebras de fita simples as quais a RecA se liga são produzidos pela proteína **RecBCD**, o produto heterotrimérico de 330 kDa dos genes SOS *recB*, *recC* e *recD*. RecB é tanto uma helicase 3′ → 5′ como uma nuclease, enquanto RecD é uma helicase 5′ → 3′. A formação de um sítio de ligação de RecA inicia com a RecBCD ligando-se a uma extremidade de um dsDNA e, depois, desenrolando-a por suas duas funções de helicases movidas por ATP (Fig. 30.74). À medida que isso acontece, RecB degrada nucleoliticamente as fitas simples desenroladas que ficaram para trás, com a fita da extremidade 3′ sendo clivada com uma frequência maior e, portanto, sendo quebrada em fragmentos menores do que a fita da extremidade 5′. No entanto, quando RecC encontra a sequência GCTGGTGG a partir da sua extremidade 3′ (a chamada **sequência Chi**, que ocorre aproximadamente a cada ~ 5 kb no genoma de *E. coli*), a enzima para e deixa de degradar a fita da extremidade 3′, mas aumenta a frequência de clivagem da fita da extremidade 5′. RecBCD então, auxilia a colocação de RecA sobre a fita simples com uma extremidade 3′ antes de se desassociar do DNA.

Dale Wigley determinou a estrutura por raios X de RecBCD de *E. coli* em complexo com um DNA de 51 nucleotídeos (nt) que poderia formar uma alça em grampo contendo uma haste de dsDNA de até 21 pb (Fig. 30.75). A estrutura mostra que RecB (1180 resíduos) e RecC (1122 resíduos) estão intimamente entrelaçadas, com o domínio nucleásico

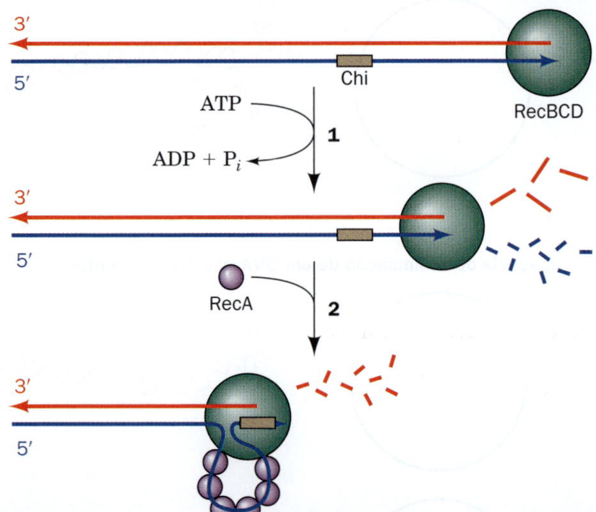

FIGURA 30.74 **A geração de um segmento de DNA de fita simples terminado em 3′ pela RecBCD para iniciar a recombinação.** (**1**) A RecBCD liga-se a uma extremidade livre de um dsDNA e, em um processo movido por ATP, avança ao longo da hélice, desenrolando o DNA e degradando as fitas simples resultantes atrás dela, com a fita terminada em 3′ sendo clivada mais frequentemente do que a fita terminada em 5′. (**2**) Quando a RecBCD encontra uma sequência Chi orientada adequadamente, ela se liga a ela e, assim, para de clivar a fita terminada em 3′, mas aumenta a frequência com a qual ela cliva a fita terminada em 5′. Isso gera o segmento de fita terminado em 3′ potencialmente invasivo, ao qual a RecA se liga.

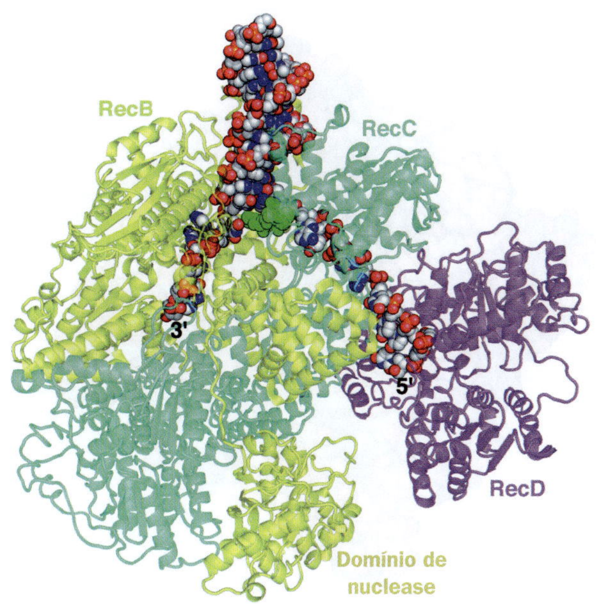

FIGURA 30.75 Estrutura por raios X de RecBCD de *E. coli* em complexo com um DNA de 51 nt capaz de formar uma alça em forma de grampo de 21 nt. A proteína está representada na forma de fitas semitransparente com RecB em amarelo, RecC ciano e RecD magenta. Notar como o domínio de nuclease de RecB está ligado ao restante da subunidade por um polipeptídeo conector. O DNA está representado na forma de volume atômico, com C cinza, N azul, O vermelho e P cor de laranja. Uma alça de RecC, que está representada na forma de volume atômico em verde, está situada de forma a separar as duas fitas do dsDNA que está chegando com a fita terminando em 3′ se ligando à helicase 3′ → 5′ de RecB e a fita terminando em 5′ passando através de RecC para se ligar à helicase 5′ → 3′ de RecD. (Com base em uma estrutura por raios X de Dale Wigley, The London Research Institute, Herts, Reino Unido PDBid 3K70.)

C-terminal de RecB conectado ao restante da subunidade por uma extensão polipeptídica conectora de 21 resíduos. Um segmento de dsDNA de 15 pb entra na proteína através de um túnel entre RecB e RecC. Lá ele encontra uma alça de RecC que parece separar as duas fitas, onde a fita simples de DNA com a extremidade 3′ de 6 nt se ligando à RecB e a fita simples com a extremidade 5′ de 10 nt se ligando à RecD (608 resíduos; a alça de 5 nt que conecta as duas fitas do dsDNA no alto da Fig. 30.75 está desordenada). A estrutura explica as diferentes taxas de clivagem das duas fitas do DNA. A fita com a extremidade 3′ emerge de um túnel através de RecC na vizinhança do domínio nucleásico de RecB, o qual está posicionado para clivá-la de forma processiva. A fita com a extremidade 5′ compete com a fita com a extremidade 3′ pelo sítio de nuclease, mas uma vez que a com a extremidade 5′ está menos favoravelmente localizada, ela é clivada com uma frequência menor. Entretanto, depois que RecC se liga à sequência Chi, a fita com a extremidade 3′ não fica mais disponível para clivagem, o que permite à nuclease clivar a fita com a extremidade 5′ mais frequentemente.

RecBCD pode apenas começar a desenrolar um DNA que tenha uma extremidade de fita dupla livre. Essas extremidades não estão normalmente presentes em *E. coli*, que possui um genoma circular, mas tornam-se disponíveis durante processos de recombinação, como a transformação e a conjugação bacterianas e a transdução viral, e também em forquilhas de replicação colapsadas.

e. A RuvABC faz a mediação da migração da ramificação e a resolução da junção de Holliday

A migração da ramificação da junção de Holliday gerada pela RecA (Fig. 30.67*e, f*) requer o rompimento e a restauração dos pares de bases à medida que elas trocam de parceiras, ao passarem de um braço helicoidal de fita dupla para outro. Como para esse processo $\Delta G = 0$, assumiu-se inicialmente que ele ocorreria de forma espontânea. Entretanto, tal processo poderia se mover para frente e para trás aleatoriamente e, além disso, poderia ser bloqueado por até um único par de bases malpareadas. Em *E. coli* e na maior parte das outras bactérias, a migração da ramificação é um processo unidirecional direcionado por ATP que é mediado por duas proteínas, cujas sínteses são induzidas pela resposta SOS (Seção 30.5D): a **RuvB** (336 resíduos; Ruv para reparo de danos por UV), uma bomba acionada por ATP que impulsiona a migração da ramificação, mas que se liga apenas fracamente ao DNA; e a **RuvA** (203 resíduos), que se liga tanto à junção de Holliday como à RuvB, o que direciona a **RuvB** para o DNA.

A estrutura por raios X da RuvA de *Mycobacterium leprae* (o agente causador da lepra) em complexo com uma junção de Holliday sintética e imóvel (Fig. 30.76*a*), determinada por Morikawa, revela que a RuvA forma um homotetrâmero ao qual a junção de Holliday se liga em sua conformação de X aberta (Fig. 30.76*b*). O tetrâmero da RuvA, que tem a aparência de uma flor com quatro pétalas (ele possui a simetria C_4 em vez da simetria D_2 da grande maioria dos homotetrâmeros), é relativamente plano (80 × 80 × 45 Å), com uma face quadrangular côncava e a outra convexa. A face côncava (a que está de frente para o leitor na Fig. 30.76*b*), que é carregada de forma altamente positiva e possui numerosos resíduos conservados espalhados por toda ela, possui quatro fendas simetricamente relacionadas que se ligam aos quatro braços da junção de Holliday. A projeção ou "pino" centralmente localizada dessa face é formada pelas cadeias laterais de resíduos de Glu 55 e Asp 56 de cada subunidade e, portanto, as forças repulsivas entre elas e os grupos fosfato aniônicos da junção de Holliday provavelmente facilitam a separação dos segmentos de ssDNA e os guiam de uma dupla-hélice para a outra.

A RuvB é um membro da família AAA+ de ATPases (Seção 30.2Ca). A estrutura por raios X da RuvB de *Thermus thermophilus*, cristalizada na presença simultânea de ADP e de AMPPNP, determinada por Morikawa, releva duas moléculas da RuvB com conformações um pouco diferentes: uma ligando-se ao ADP e a outra ligando-se ao AMPPNP. Cada molécula da RuvB consiste em três domínios arranjados consecutivamente em uma configuração semelhante a de uma meia-lua, com os nucleotídeos de adenina ligando-se na interface entre seus domínios N-terminal e médio. Estudos de ME indicam que, na presença de dsDNA, a RuvB oligomeriza-se para formar um hexâmero (Fig. 30.77*a*), assim como acontece com a maioria dos membros da família AAA+, inclusive o domínio D2 do NSF (Fig. 12.78). Um modelo hexamérico da RuvB (Fig. 30.77*b*), construído a partir da sobreposição do domínio N-terminal do monômero da RuvB com os domínios de ATPase do hexâmero do NSF-D2, apresenta

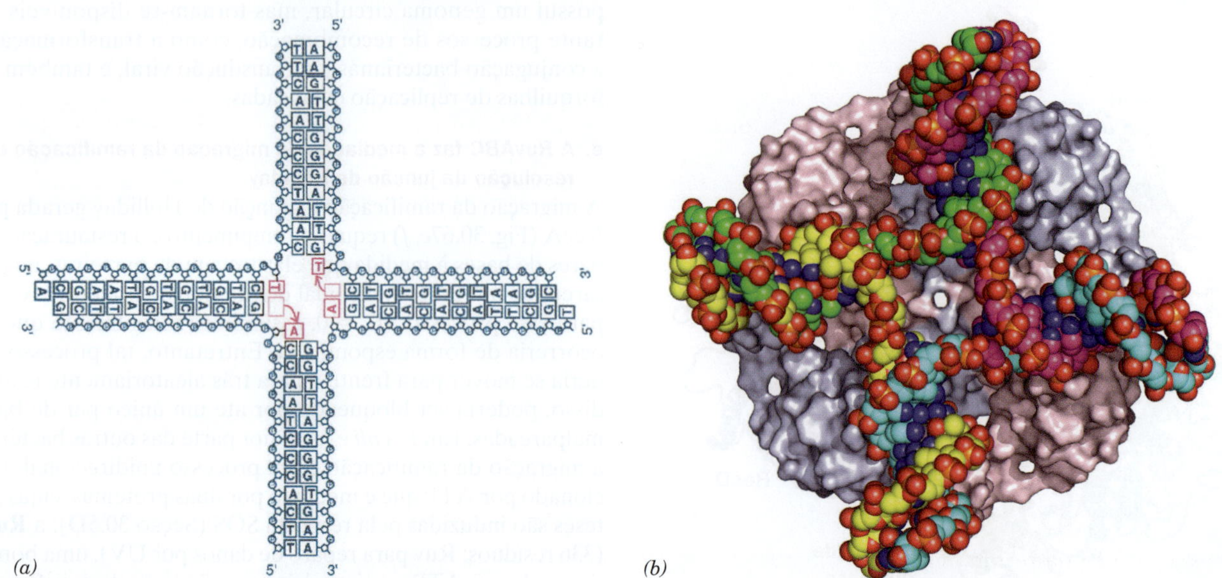

FIGURA 30.76 Estrutura por raios X de um tetrâmero da RuvA em complexo com uma junção de Holliday. (*a*) Uma representação esquemática da junção de Holliday sintética e imóvel dessa estrutura, mostrando sua sequência de bases. Os dois pares de bases A · T que são rompidos na permuta (*crossover*) (e que, caso a junção de Holliday consista em dois dsDNAs homólogos, como normalmente ocorre, irão trocar de parceiros de pareamento de bases) estão em magenta. (*b*) O complexo da RuvA-junção de Holliday como visualizado ao longo do eixo quádruplo do tetrâmero da proteína. A proteína está representada pela sua superfície molecular (*cinza*) e o DNA está representado na forma de bastões e colorido de acordo com o tipo de átomo (C em branco, O em vermelho e P em amarelo). (Cortesia de Kosuke Morikawa, Biomolecular Engineering Research Institute, Osaka, Japão. PDBid 1C7Y.)

boa concordância com as imagens com base na ME e não contém colisões estéricas sérias. Esse modelo hexamérico de 130 Å de diâmetro contém um orifício de 30 Å de diâmetro, através do qual um único dsDNA pode ser facilmente introduzido (ver a seguir). Além disso, os seis grampos β, um por monômero, que foram implicados na ligação à RuvA, estão localizados na face superior do hexâmero (como representada na Fig. 30.75*b*).

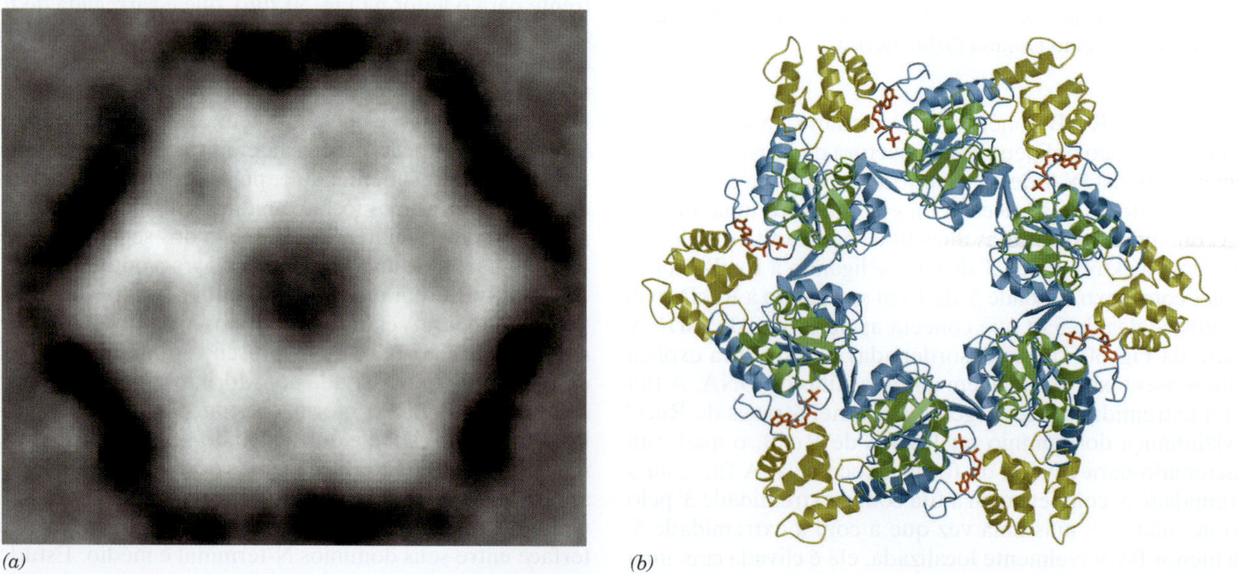

FIGURA 30.77 Estrutura proposta do hexâmero da RuvB de *T. thermophilus*. (*a*) Uma reconstrução de imagem com base em ME da RuvB em complexo com um DNA de 30 pb (não visível), como visualizada ao longo de seu eixo sêxtuplo. A resolução da imagem é de 30 Å. (*b*) Um modelo do hexâmero da RuvB que foi construído a partir da estrutura por raios X de monômeros da RuvB pela sobreposição de seus domínios N-terminais sobre os domínios de ATPase homólogos do homo-hexâmero da NSF-D2 (Fig. 12.78). Os domínios N-terminal, médio e C-terminal estão em azul, amarelo e verde, respectivamente, e o ADPNP ligado a cada monômero está representado na forma de bastões em vermelho. (Cortesia de Kosuke Morikawa, Biomolecular Engineering Research Institute, Osaka, Japão. PDBid 1HQC.)

As imagens de ME do complexo junção de Holliday-RuvAB indicam que a RuvA liga-se a dois hexâmeros da RuvB opostos um ao outro. Isso levou ao modelo de interação para essas proteínas apresentado na Fig. 30.78, no qual a RuvA liga-se à junção de Holliday e auxilia na incorporação dos dois anéis hexaméricos da RuvB em dois braços opostos da junção. Postula-se que cada um dos dois anéis hexaméricos giraria no sentido anti-horário na direção do centro da junção. Isso impulsionaria as fitas de DNA horizontais através do centro da junção, por um movimento de parafuso, forçando-as a ingressarem nas hélices duplas superior e inferior, o que levaria à migração da ramificação (embora, em vez de realmente girar em relação à RuvA, um hexâmero da RuvB deve puxar o dsDNA através do seu orifício central, "caminhando" ao longo de suas cavidades, de maneira semelhante àquela postulada para as helicases hexagonais; Seção 30.2Ca). A direção da migração da ramificação depende de em que par de braços os hexâmeros da RuvB são posicionados.

O estágio final da recombinação homóloga é a resolução da junção de Holliday em seus dois dsDNAs homólogos. Esse processo é realizado pela **RuvC**, uma exonuclease homodimérica de subunidades com 173 resíduos, cujos sítios ativos estão localizados a ~ 30 Å de distância, na mesma face da proteína. Isso sugere que a RuvC posiciona-se sobre a face aberta do complexo RuvAB-junção de Holliday, aquela voltada para o leitor na Fig. 30.78, para clivar as fitas localizadas de maneira oposta na junção de Holliday. As quebras de fita simples resultantes nos dsDNAs agora separadas são seladas pela DNA-ligase.

A estrutura por raios X de RuvC em complexo com DNA não foi ainda determinada, embora estudos de construção de modelos sugerem que ela se ligue na junção de Holliday do DNA na sua conformação em X empilhada. Entretanto, Dietrich Suck determinou a estrutura por raios X da **endonuclease VII do bacteriógafo T4** em complexo com uma junção de Holliday na conformação em X empilhada (Fig. 30.79). RuvC e a endonuclease VII de T4 de 157 resíduos não exibem similaridade estrutural, mas ambas são homodímeros de subunidades relativamente pequenas que apresentam funções

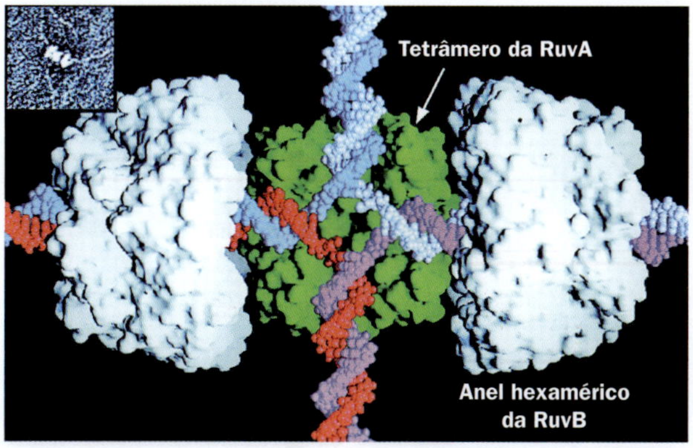

FIGURA 30.78 Modelo do complexo RuvAB-junção de Holliday. O modelo está fundamentado em micrografias eletrônicas, como aquela mostrada no topo, à esquerda. As proteínas estão representadas por seus diagramas de superfície, com o tetrâmero da RuvA, como visualizado na sua estrutura por raios X, em verde e os dois hexâmeros da RuvB, orientados de maneira oposta, em branco. O DNA da junção de Holliday está representado na forma de volume atômico, com as fitas homólogas em azul e cor-de-rosa complementares às fitas azul-claro e vermelha. Postula-se que o complexo acione uma migração da ramificação pela contra-rotação movida por ATP dos hexâmeros da RuvB em relação ao tetrâmero da RuvA. Isso empurra (por torção) os dsDNAs horizontais através dos hexâmeros da RuvB, para o centro da junção de Holliday, onde as fitas dos dsDNAs se separam e, depois, estabelecem pareamento de bases com as fitas homólogas, formando novos dsDNAs que são empurrados verticalmente. (Cortesia de Peter Artymiuk, University of Sheffield, Reino Unido.)

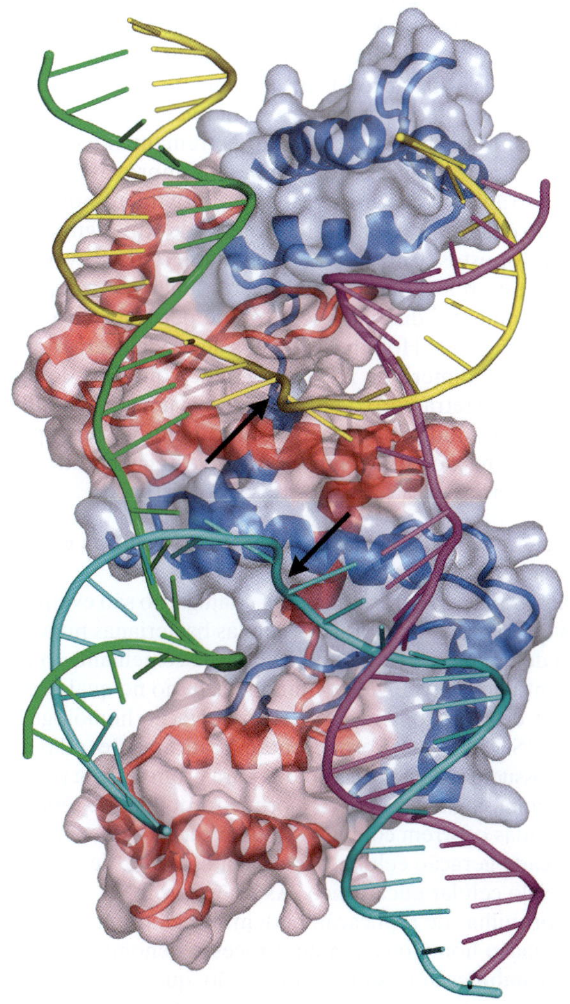

FIGURA 30.79 Estrutura por raios X da endonuclease VII do bacteriófago T4 resolvendo uma junção de Holliday como visualizada ao longo de seu eixo pseudoduplo. O DNA da junção de Holliday está representado na forma de escada com cada uma de suas quatro diferentes fitas de 24 nt coloridas de forma diferente. A proteína, um homodímero de subunidades de 157 resíduos, está representada na forma de fitas embutida em sua superfície molecular semitransparente, com uma subunidade vermelha e a outra azul. As setas indicam os sítios de clivagem do DNA simetricamente localizados. Compare o DNA dessa estrutura àquele da Fig. 30.68*b*. (Com base em uma estrutura por raios X de Dietrich Suck, European Molecular Biology Laboratory, Heidelberg, Alemanha. PDBid 2QNC.)

semelhantes: a resolução de junções de Holliday dentro de dois dúplices de DNA através da introdução de quebras simetricamente realizadas nas fitas equivalentes (Fig. 30.67*j*).

O modelo precedente do **resolvossomo RuvABC** fornece um mecanismo satisfatório para a migração da ramificação e a resolução da junção de Holliday. Entretanto, há uma questão ainda controversa. A estrutura por raios X de um complexo RuvA-junção de Holliday de *M. leprae* cristalizado sob condições diferentes daquele na Fig. 30.76, determinada por Laurence Pearl, assemelha-se ao complexo da Fig. 30.76*b*, mas com um segundo tetrâmero da RuvA em contato face-a-face com o lado côncavo (de ligação ao DNA) do primeiro. Portanto, a junção de Holliday estaria contida em dois túneis que se cruzam em seus caminhos pelo octâmero de RuvA resultante. As duas estruturas de RuvA-junção de Holliday são de relevância biológica ou uma delas seria um artefato da cristalização? Pearl argumenta que seria improvável que os extensivos contatos complementares entre os dois tetrâmeros da RuvA, que são extremamente conservados, fossem artificiais e que também é improvável que um único tetrâmero da RuvA resista ao movimento de torção exercido pelos dois (de fato) hexâmeros de RuvB girando em sentidos opostos. Entretanto, se o octâmero da RuvA é biologicamente relevante, um de seus tetrâmeros teria que, em algum momento, dissociar-se a fim de permitir o acesso da RuvC à junção de Holliday. Estudos de modelagem indicam, ainda, que o dímero da RuvC não pode contactar de forma apropriada o tetrâmero de RuvB ligado à junção de Holliday sem que ele mude de sua conformação em X aberta para a sua conformação em X empilhada. Investigações adicionais são necessárias para resolver essas inconsistências.

f. O reparo por recombinação reconstitui forquilhas de replicação danificadas

A transformação, a transdução e a conjugação são eventos tão raros que a grande maioria das células bacterianas nunca participa de um desses processos. De forma semelhante, o único momento no ciclo de vida de um metazoário no qual ocorre a mistura de genes por meio da recombinação homóloga é na meiose (Seção 1.4A). Porque, então, praticamente todas as células possuem sistemas elaborados para promoção de recombinação homóloga? Isso ocorre porque forquilhas de replicação danificadas ocorrem com uma frequência de pelo menos uma vez a cada geração celular bacteriana e, talvez, de 10 vezes a cada ciclo celular eucariótico. As lesões do DNA que danificam forquilhas de replicação podem ser contornadas pela recombinação homóloga, em um processo denominado **reparo por recombinação** (a síntese translesão, que é altamente mutagênica, é um processo utilizado como último recurso [Seção 30.5Db]). De fato, as taxas de síntese da RuvA e da RuvB são bastante aumentadas pela resposta SOS. Assim, como destacado por Michael Cox, *a principal função da recombinação homóloga é o reparo de forquilhas de replicação danificadas*. Na seção seguinte, descreve-se o reparo por recombinação da maneira como ela ocorre em *E. coli*.

O reparo por recombinação é acionado quando uma forquilha de replicação encontra uma lesão de fita simples não reparada (Fig. 30.80):

1. A replicação do DNA é interrompida na lesão, mas continua na fita oposta não danificada durante algum tempo, antes do replissomo colapsar totalmente (Seção 30.5Db).
2. A forquilha de replicação regressa para formar um tipo de junção de Holliday chamada de "pata de galinha". Esse processo pode ocorrer de forma espontânea, em consequência do superenrolamento positivo acumulado à frente da forquilha de replicação, ele pode ser mediado pela RecA ou pode ser promovido pela **RecG**, uma helicase movida por ATP que catalisa a migração da ramificação nas junções de DNA com três ou quatro ramificações.
3. A lacuna de fita simples na forquilha de replicação colapsada, agora uma projeção de fita simples, é preenchida pela Pol I.
4. A migração de ramificação inversa, mediada pela RuvAB ou pela RecG, gera uma forquilha de replicação reconstituída, que sustenta a retomada da replicação (ver a seguir).

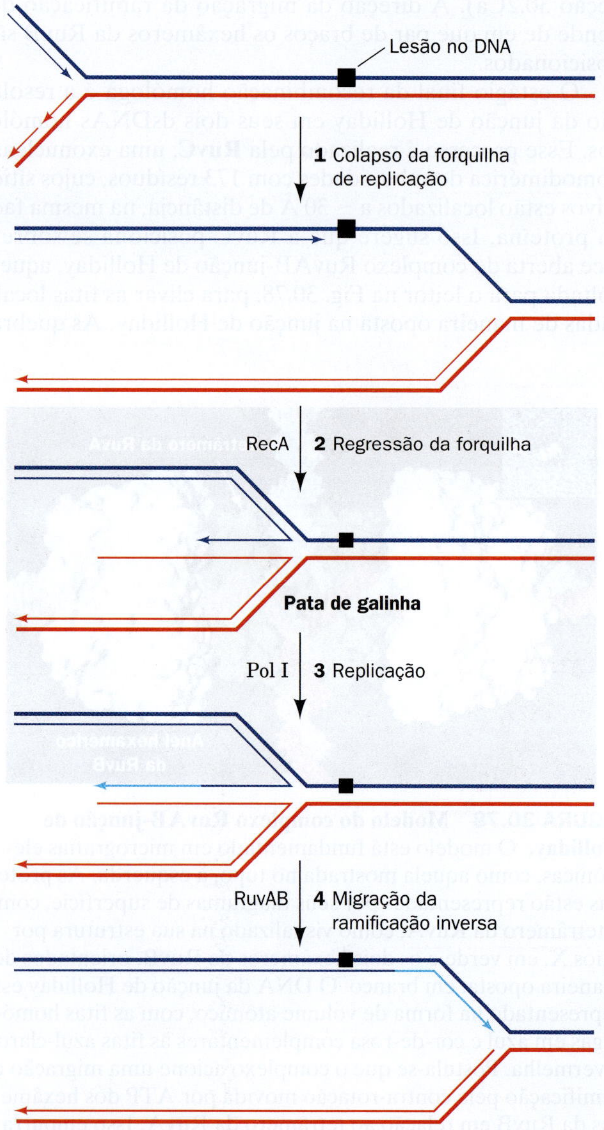

FIGURA 30.80 O reparo por recombinação de uma forquilha de replicação que encontrou uma lesão de fita simples. Linhas mais grossas indicam o DNA parental, linhas mais finas indicam o DNA recém sintetizado, as linhas em ciano indicam o DNA que foi sintetizado pela Pol I e as setas apontam a direção 5′ → 3′. (De acordo com Cox, M. M., *Annu. Rev. Genet.* **35**, 53 [2001].)

Note que esse processo não repara realmente a lesão de fita simples que causou o problema, mas, em vez disso, reconstroi a forquilha de replicação de uma maneira que permite que os sistemas de reparo discutidos anteriormente (Seção 30.5) acabem por eliminar a lesão.

Uma segunda situação que requer o reparo por recombinação é o encontro de uma forquilha de replicação com uma quebra de fita simples não reparada (Fig. 30.81):

1. Quando uma quebra de fita simples é encontrada, a forquilha de replicação colapsa.
2. O processo de reparo inicia pela RecBCD, juntamente com a invasão, mediada pela RecA, do dsDNA homólogo pela fita recém-sintetizada e pela fita com a extremidade 3′ não danificada, iniciando pela extremidade quebrada do dsDNA.
3. Uma migração da ramificação, como a mediada pela RuvAB, gera então uma junção de Holliday, que troca as fitas de extremidades 3′ da forquilha de replicação.
4. A RuvC resolve então a junção de Holliday, criando uma forquilha de replicação reconstituída, pronta para reiniciar a replicação.

Assim, a fita de extremidade 5′ da quebra torna-se, na realidade, a extremidade 5′ de um fragmento de Okazaki.

A etapa final no processo de reparo por recombinação é a retomada da replicação do DNA. Esse processo é inevitavelmente distinto daquele da iniciação da replicação que ocorre em *oriC* (Seção 30.3Ca). O **reinício da replicação independente da origem** é mediado pelo mesmo primossomo de sete proteínas que inicia a replicação da fita menos do bacteriófago ϕX174 (Tabela 30.4), que foi, por isso, denominado **primossomo de reinício**.

g. O reparo por recombinação reconstitui quebras de fitas duplas

Foi visto que as DSBs no DNA podem ser religadas, muitas vezes de forma mutagênica, pela NHEJ (Seção 30.5E). As DSBs também podem ser reparadas de uma maneira não mutagênica, por um processo de reparo por recombinação

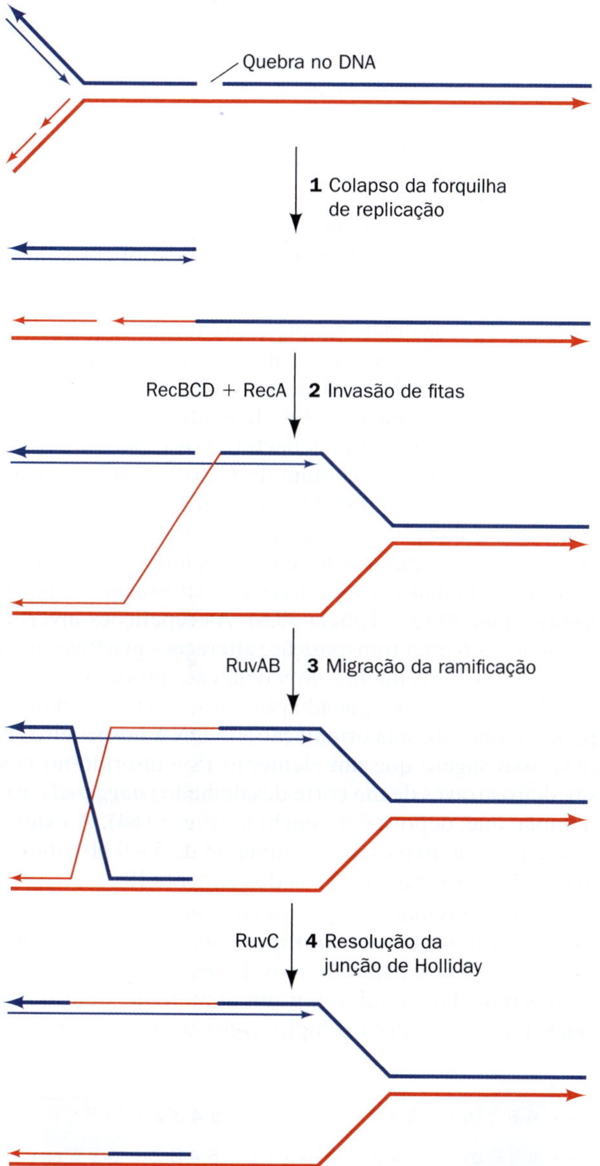

FIGURA 30.81 O reparo por recombinação de uma forquilha de replicação que encontrou uma quebra de fita simples. Linhas mais grossas indicam o DNA parental, linhas mais finas indicam o DNA recém-sintetizado e as setas apontam a direção 5′ → 3′. (De acordo com Cox, M.M., *Annu. Rev. Genet.* **35**, 53 [2001].)

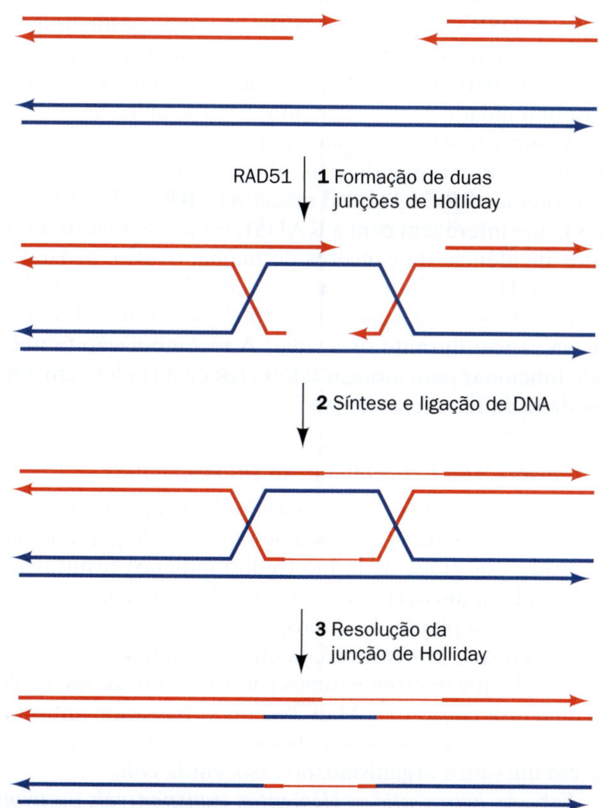

FIGURA 30.82 O reparo de uma quebra de fita dupla no DNA pela união das extremidades homólogas. Linhas mais grossas indicam o DNA parental, linhas mais finas indicam o DNA recém-sintetizado e as setas apontam a direção 5′ → 3′. (De acordo com Haber, J.E., *Trends Genet.* **16**, 259 [2000].)

TABELA 30.6 Propriedades de alguns elementos de inserção

Elemento de inserção	Extensão(pb)	Repetição terminal invertida (pb)	Repetição direta no alvo (pb)	Número de cópias no cromossomo de *E. coli*
IS1	768	23	9	5–8
IS2	1.327	41	5	5
IS4	1.428	18	11–13	5
IS5	1.195	16	4	1–2

Fonte: Principalmente Lewin, B., *Genes IX*, *p*. 524, Oxford University Press (2008).

conhecido como união das extremidades homólogas, o qual ocorre por meio de duas junções de Holliday (Fig. 30.82):

1. As extremidades de fita dupla das DSBs são parcialmente degradadas de modo a produzirem extremidades de fitas simples. Uma das fitas com extremidade 3′ invade a sequência correspondente de um cromossomo homólogo para formar uma junção de Holliday, um processo que, em eucariotos, é mediado pela RAD51, uma proteína homóloga à RecA. A outra fita com extremidade 3′ pareia com o segmento de fita deslocado no cromossomo homólogo para formar uma segunda junção de Holliday.
2. Síntese de DNA e ligação preenchem as lacunas e selam as junções.
3. Ambas as junções de Holliday são resolvidas para gerarem duas fitas duplas intactas.

Assim, as sequências que poderiam ter sido perdidas na formação da DSB são copiadas a partir do cromossomo homólogo. Obviamente, uma limitação para a união de extremidades homólogas, particularmente em células haploides, é a possível indisponibilidade de um segmento cromossômico homólogo.

A importância do reparo por recombinação em seres humanos é demonstrada pela observação de que defeitos nas proteínas **BRCA1** (1.863 resíduos) e **BRCA2** (3.418 resíduos), que interagem com a RAD51, estão associados a uma maior incidência de cânceres de mama, ovário, próstata e pâncreas. De fato, indivíduos com genes *BRCA1* ou *BRCA2* mutados possuem um risco de até 80% de virem a desenvolver um câncer durante suas vidas. A recombinação também pode funcionar para alongar telômeros encurtados sem a necessidade da telomerase.

B. *Transposição e recombinação sítio-específica*

No início da década de 1950, Barbara McClintock, com base em análises genéticas, relatou que o padrão de pigmentação variegado dos grãos de milho (milho indiano) resultava da ação de elementos genéticos capazes de moverem-se dentro do genoma da planta. Essa proposta foi ostensivamente ignorada, porque era contrária à então sustentada ortodoxia genética de que os cromossomos consistiam em genes ligados em uma ordenação fixa. Mais 20 anos se passaram antes que evidências de elementos genéticos móveis fossem encontradas em um outro organismo, no caso, em *E. coli*.

Sabe-se, agora, que os ***elementos transponíveis*** *ou* ***transposons*** *são comuns tanto em procariotos como em eucariotos, nos quais eles influenciam a variação da expressão fenotípica, a curto prazo, e o desenvolvimento evolutivo, a longo prazo. Cada transposon codifica as enzimas que vão inseri-lo especificamente no DNA receptor.* Esse processo foi descrito como **recombinação ilegítima**, porque não necessita de homologia entre os DNAs doador e receptor. Como o sítio de inserção é escolhido basicamente ao acaso, a transposição é um processo potencialmente perigoso; a inserção de um transposon em um gene essencial irá causar a morte da célula, juntamente com a de seus transposons residentes. Por isso, a transposição é rigidamente regulada; ela ocorre em uma frequência de apenas 10^{-5} a 10^{-7} eventos por elemento por geração. As condições que desencadeiam a transposição são, em sua maior parte, desconhecidas.

a. Transposons procarióticos

Já foram caracterizados transposons procarióticos com três níveis de complexidade:

1. Os transposons mais simples, que foram os primeiros a serem caracterizados, são denominados **sequências de inserção** ou **elementos IS**. Eles são designados por "IS" seguido por um número de identificação. Os elementos IS são constituintes normais de cromossomos bacterianos e plasmídeos. Por exemplo, uma linhagem comum de *E. coli* possui oito cópias de **IS1** e cinco cópias de **IS2**. Os elementos IS geralmente consistem em < 2.000 pb. Eles incluem um gene de uma **transposase** e, em alguns casos, um gene regulador flanqueado por repetições terminais curtas e invertidas (possuem orientações opostas) (Fig. 30.83 e Tabela 30.6). As repetições invertidas são essenciais para a transposição; alterações genéticas nessas repetições invariavelmente impedem esse processo. Um elemento IS inserido é flanqueado por um segmento diretamente repetido (com a mesma orientação) do DNA hospedeiro (Fig. 30.83). Isso sugere que um elemento IS é inserido no DNA hospedeiro através de um corte desalinhado (*staggered cut*) na fita dupla, que, depois, é preenchido (Fig. 30.84). A extensão dessa sequência-alvo (mais comumente de 5 a 9 pb), mas não a sua sequência, é característica do elemento IS.
2. *Transposons mais complexos contêm genes que não estão envolvidos no processo de transposição, como, por exemplo, genes de resistência a antibióticos.* Esses transposons são designados por "Tn" seguido por um número de identificação. O **Tn3** (Fig. 30.85), por exemplo, consiste em 4.957 pb e pos-

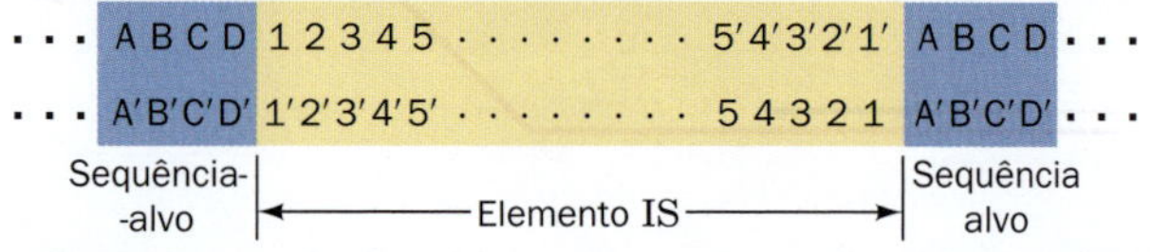

FIGURA 30.83 Estrutura de elementos IS. Esses e outros transposons possuem repetições terminais invertidas (*números*) e estão flanqueados por repetições diretas das sequências-alvo do DNA hospedeiro (*letras*).

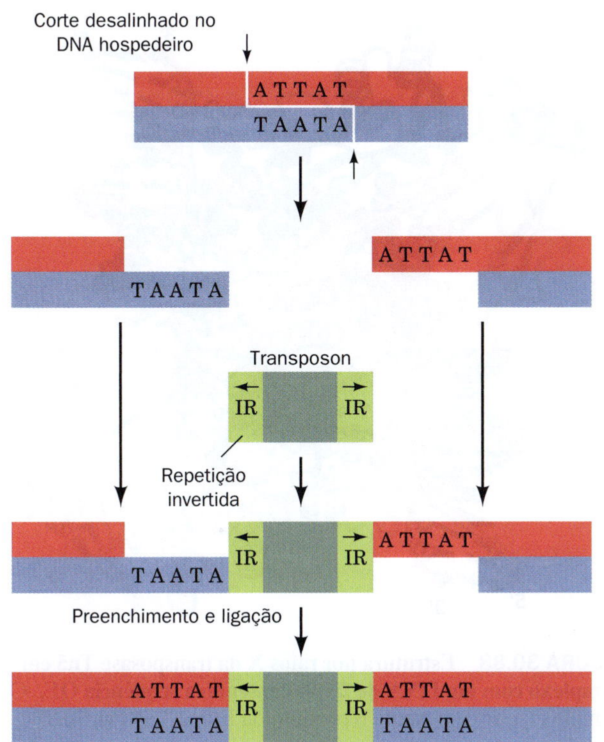

FIGURA 30.84 Um modelo para a geração de repetições diretas da sequência-alvo por inserção de transposon.

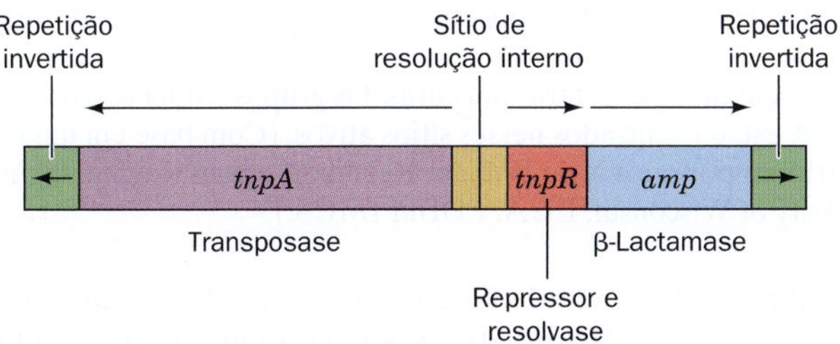

FIGURA 30.85 Um mapa do transposon Tn3.

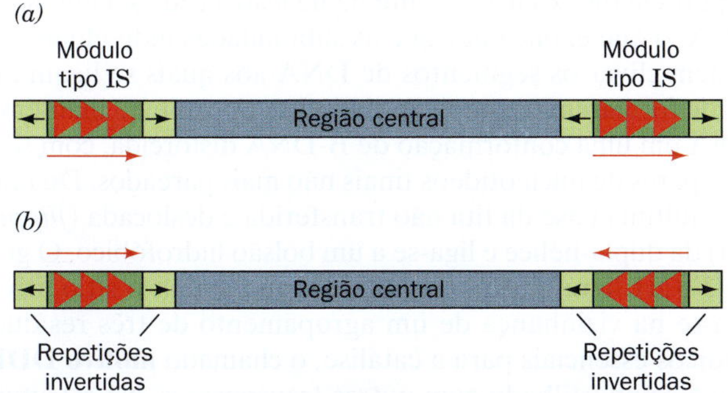

FIGURA 30.86 Um transposon composto. Esse elemento consiste em dois módulos tipo IS idênticos ou quase idênticos (em *verde*) flanqueando uma região central que contém vários genes. Os módulos tipo IS podem ter orientações relativas tanto diretas (*a*) como invertidas (*b*).

sui repetições terminais invertidas com 38 pb cada uma. A região central do Tn3 codifica três proteínas: (1) uma transposase de 1.015 resíduos, denominada **TnpA**; (2) uma proteína de 185 resíduos conhecida como **TnpR**, que faz a medição da reação de **recombinação sítio-específica**, necessária para completar o processo de transposição (ver a seguir) e também funciona como um repressor da expressão tanto de *tnpA* como de *tnpR*; e (3) uma **β-lactamase**, que inativa ampicilina (Seção 11.3Bb). A recombinação sítio-específica ocorre em uma região rica em AT, conhecida como **sítio de resolução interno**, que está localizada entre *tnpA* e *tnpR*.

3. Os chamados **transposons compostos** (Fig. 30.86) consistem em uma região central que contém genes, flanqueada por dois módulos semelhantes a IS (*IS-like*) idênticos ou quase idênticos, que podem estar tanto na mesma orientação, como terem orientações relativas invertidas. Parece, portanto, que os transposons compostos surgiram a partir da associação de dois elementos IS originalmente independentes. Como os próprios módulos semelhantes a IS são flanqueados por repetições invertidas, as extremidades dos dois tipos de transposons compostos também devem ser repetições invertidas. Foi demonstrado de forma experimental que transposons compostos podem transpor qualquer sequência de DNA que esteja na sua região central.

Existem dois modos de transposição: (1) a **direta** ou **transposição simples**, na qual o transposon, como o seu próprio nome implica, move-se fisicamente de um sítio no DNA para outro; e (2) a **transposição replicativa**, na qual o transposon permanece em seu sítio original e uma cópia dele é inserida em um sítio-alvo. Os dois modos, como será visto, possuem características mecânicas semelhantes, e, de fato, alguns transposons podem se mover de ambas as formas.

b A transposição direta do Tn5 ocorre por um mecanismo de corte e colagem

O **Tn5** é um transposon composto de 5,8 kb, que contém o gene que codifica a **transposase Tn5**, de 476 resíduos, juntamente com três genes de resistência a antibióticos. Ele é flanqueado por módulos semelhantes a IS invertidos, que terminam em sequências de 19 pb chamadas de sequências finais extremas (OE, de *outside end*). Tn5 executa a transposição direta por um mecanismo de corte e colagem (*cut-and-paste*), que foi em grande parte elucidado por William Reznikoff (Fig. 30.87):

1. A cada uma das duas sequências OE do Tn5 no DNA doador liga-se um monômero da transposase Tn5.
2. A transposase dimeriza para formar um **complexo sináptico** cataliticamente ativo, no qual o transposon é mantido entre as duas subunidades da transposase.
3. Cada subunidade da transposase ativa uma molécula de água para atacar de forma nucleofílica o nucleotídeo mais externo da sequência OE ao qual está ligada, gerando um grupo 3'-OH livre. Esse grupo 3'-OH é, então, ativado para atacar a fita oposta do DNA, o que forma uma estrutura de grampo e, assim, remove o transposon do DNA. O grampo é, depois, hidrolisado para criar um dsDNA com uma extremidade cega em cada extremidade do transposon, completando, assim, a etapa de "corte" do mecanismo de transposição.
4. O complexo sináptico liga-se ao DNA-alvo.

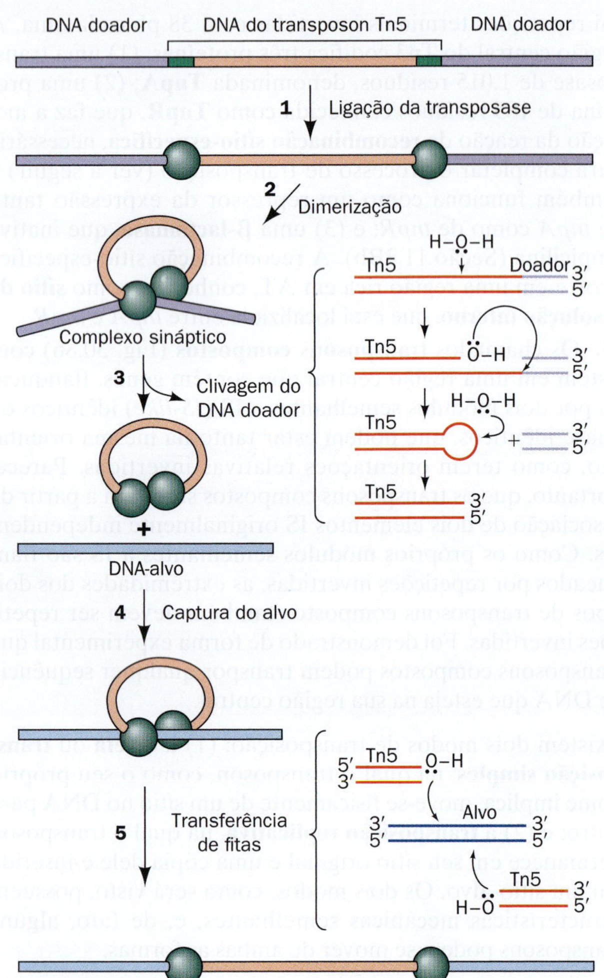

FIGURA 30.87 O mecanismo de transposição de corte e colagem catalisado pela transposase Tn5. As reações que constituem as Etapas 3 e 5 estão indicadas nas chaves ao lado direito dessas etapas. (De acordo com Davies, D.R., Goryshin, I.Y., Reznikoff, W.S., e Rayment, I., *Science* **289**, 77 [2000].)

5. Os grupos 3′-OH do transposon atacam de forma nucleofílica o DNA-alvo em fitas opostas, em sítios espaçados por 9 pb, instalando, dessa forma, o transposon no sítio-alvo. Notavelmente, essa reação e as três reações líticas precedentes são todas elas mediadas pelo mesmo sítio catalítico. O reparo das lacunas de fita simples localizadas em posições opostas (Fig. 30.84) completa a etapa de "colagem" do mecanismo.

Embora, estritamente falando, a quebra de fita dupla no DNA doador que é deixada pela excisão do transposon não faça parte do processo de transposição, ele deve ser reparado, caso esse DNA deva ser propagado (em bactérias, o DNA doador é frequentemente um plasmídeo, de forma que a sua perda tem pouco efeito na célula, uma vez que os plasmídeos em geral estão presentes em múltiplas cópias).

A estrutura por raios X de um complexo sináptico do Tn5 (Fig. 30.88), determinada por Reznikoff e Ivan Rayment, fornece um modelo do complexo sináptico no estágio seguinte ao de sua clivagem do DNA doador (o produto da Etapa 3 na Fig. 30.87). Esse complexo simétrico duplo consiste em

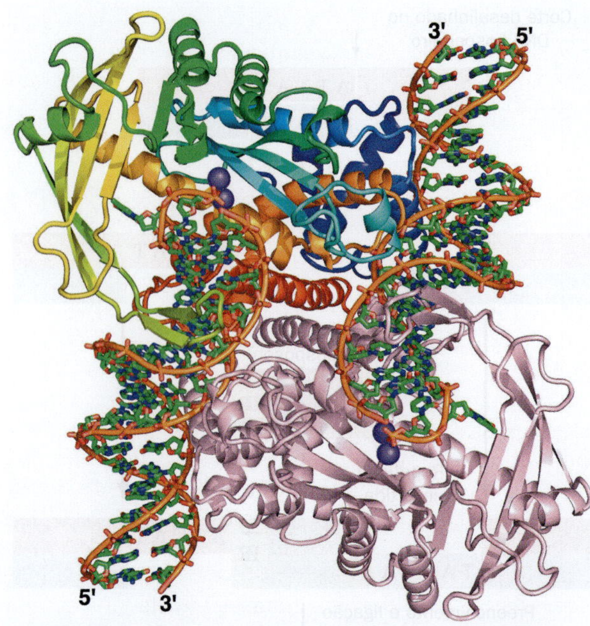

FIGURA 30.88 Estrutura por raios X da transposase Tn5 em complexo com um DNA de 20 pb contendo a sequência OE. O complexo, que representa o produto da Etapa 3 na Fig. 30.87, é visualizado ao longo de seu eixo duplo, com uma de suas duas subunidades idênticas colorida na ordem das cores do arco-íris a partir da extremidade N-terminal (*azul*) para a extremidade C-terminal (*vermelho*) e a outra subunidade em cor-de-rosa. O DNA está representado na forma de bastão com C verde, N azul, O vermelho e P cor de laranja e com átomos de P sucessivos do mesmo polinucleotídeo conectados por bastões laranjas. Os íons de Mn^{2+} ligados, os quais marcam o sítio ativo da enzima, estão representados por esferas púrpuras. Os grupos 3′-OH reativos do DNA estão localizados nesses sítios ativos. (Com base em uma estrutura por raios X de William Reznikoff e Ivan Rayment, University of Wisconsin, EUA. PDBid 1MUS.)

um dímero de subunidades da transposase Tn5 ligada a dois segmentos de DNA de 20 pb, que contêm a sequência OE de 19 pb do transposon Tn5, com a extremidade externa de cada sequência OE ligada à proteína (e cujas extremidades opostas estariam, *in vivo*, conectadas pela alça formada pelo transposon; Fig. 30.87). Ambas as subunidades da transposase participam extensivamente na ligação a cada segmento de DNA, o que explica por que as subunidades individuais não podem clivar os segmentos de DNA aos quais se ligam antes de formarem o complexo sináptico. A proteína mantém o DNA em uma conformação de B-DNA distorcida, com seus dois pares de nucleotídeos finais não mais pareados. De fato, a penúltima base da fita não transferida é deslocada (*flipped out*) da dupla-hélice e liga-se a um bolsão hidrofóbico. O grupo 3′-OH livre da fita transferida, que ocupa o sítio ativo, liga-se na vizinhança de um agrupamento de três resíduos acídicos essenciais para a catálise, o chamado **motivo DDE**, que é compartilhado com outras transposases. Na estrutura por raios X, o motivo DDE liga-se a dois íons de Mg^{2+}, embora, fisiologicamente, seja provável que ele se ligue a dois desses íons. Isso sugere que a transposase emprega um mecanismo catalítico ativado por metal, semelhante àquele das DNA-polimerases (Seção 30.2Af). A superfície da proteína voltada para a frente na Fig. 30.88 é positivamente carregada e apresenta uma cavidade proeminente estendendo-se da sua porção superior esquerda até a sua porção inferior direita, que forma o evidente sítio de ligação do DNA-alvo.

A transposase Tn5 de tipo selvagem possui uma atividade catalítica tão baixa que ela não é detectável *in vitro*. Porém, aquela na estrutura por raios X é uma forma mutante hiperativa, que contém as mutações E54K e L372P (uma circunstância incomum, pois é muito mais comum inibir-se mutacionalmente sob estudo cristalográfico, de modo a capturá-la em algum estágio específico ao longo de sua rota de reação). O resíduo de Lys 54 liga-se por ligações de hidrogênio ao O4 de uma base de timina na fita transferida. Na transposase de tipo selvagem, a Glu 54 teria, provavelmente, uma repulsão carga-carga desfavorável em relação a um grupo fosfato próximo, o que forneceria uma base estrutural para a atividade aumentada da mutante E54K. A mutação L372P desordena o segmento peptídico entre os resíduos 373 e 391 (ele está ordenado na estrutura por raios X da transposase de tipo selvagem sem os seus 55 resíduos N-terminais), sugerindo, portanto, que essa mutação facilita uma mudança conformacional necessária para a ligação ao substrato.

c. Transposição replicativa ocorre via cointegrados

Se um plasmídeo contendo um transposon similar ao Tn3 for introduzido em uma célula bacteriana portadora de um plasmídeo que não o possui, em algumas células da progênie ambos os tipos de plasmídeos conterão o transposon (Fig. 30.89). Evidentemente, *essa transposição envolve a replicação do transposon no plasmídeo receptor, em vez de sua transferência do doador para o receptor.*

Dois plasmídeos, um deles contendo um transposon replicativo, ocasionalmente irão fusionar-se para formarem um **cointegrado**, que contém cópias do transposon com a mesma orientação em ambas as junções dos plasmídeos originais (Fig. 30.90). Parte da progênie de células portadoras do cointegrado, contudo, não conterão esse cointegrado e apresentarão, em vez dele, os dois plasmídeos originais, cada um deles com uma cópia do transposon (Fig. 30.89). O cointegrado deve, portanto, ser um intermediário no processo de transposição.

Embora o mecanismo da transposição replicativa não tenha sido totalmente elucidado, um modelo plausível para esse processo (e existem vários), que explica as observações precedentes, consiste nas seguintes etapas (Fig. 30.91):

1. Um par de cortes de fita simples desalinhados (*staggered cuts*), como esquematizado na Fig. 30.84, é feito pela transposase codificada pelo transposon na sequência-alvo do plasmídeo receptor, de forma a liberar extremidades 3′-OH. De maneira semelhante, cortes de fita simples são feitos nas fitas opostas de ambos os lados do transposon. Note que essas reações lembram aquelas catalisadas pela transposase Tn5 (Fig. 30.87).
2. Cada uma das extremidades livres do transposon é ligada a uma projeção de fita simples do sítio de inserção. Isso forma uma forquilha de replicação em cada uma das extremidades do mesmo.
3. O transposon é replicado, produzindo, assim, um cointegrado.
4. Por meio de uma recombinação sítio-específica entre os sítios de resolução internos dos dois transposons, o cointegrado é resolvido nos dois plasmídeos originais, cada um deles contendo um transposon. Esse processo de entrecruzamento (*crossing-over*) é catalisado por **recombinases** codificadas pelo transposon (TnpR no Tn3; também conhecidas como **resolvases**), e não pela RecA; a transposição ocorre normalmente em células *recA*⁻ (embora a RecA possa resolver um cointegrado contendo um transposon com uma resolvase mutante e/ou um sítio de resolução interno alterado, ainda que com uma frequência muito reduzida).

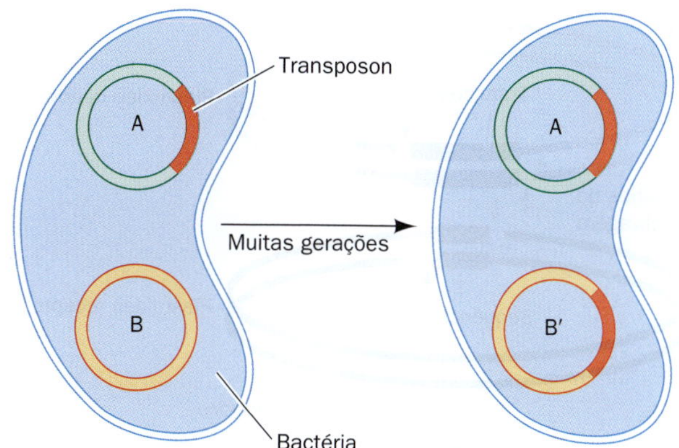

FIGURA 30.89 Transposição replicativa. Esse tipo de transposição insere uma cópia do transposon no sítio-alvo, enquanto uma outra cópia permanece no sítio doador.

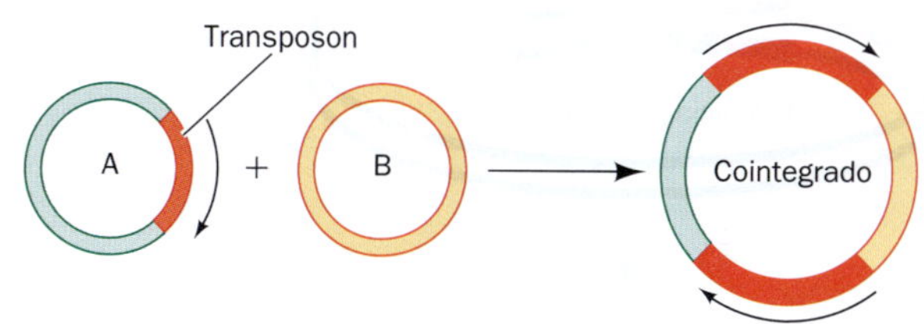

FIGURA 30.90 Um cointegrado. Essa estrutura é formada pela fusão de dois plasmídeos, um deles contendo um transposon, de modo que ambas as junções do plasmídeo original são ocupadas por transposons com a mesma orientação (*setas*).

Recombinases sítio-específicas se enquadram em apenas duas famílias de proteínas, as **serina-recombinases** e as **tirosina-recombinases**, as quais são assim denominadas devido ao resíduo de aminoácido que realiza uma ligação covalente transiente com o DNA durante a reação de recombinase. Como será visto, esses dois tipos de recombinases funcionam através de mecanismos diferentes.

d. A resolvase γδ catalisa a recombinação sítio-específica

A **resolvase γδ**, uma serina-recombinase que forma um homodímero em solução, é uma homóloga da TnpR que é codificada pelo **transposon γδ** (um membro da família Tn3 de transposons replicativos; Fig. 30.85). Ela catalisa um evento de recombinação sítio-específica, no qual um cointegrado, contendo duas cópias do transposon γδ, é resolvido, por meio de clivagem de dsDNA, troca de fitas e religação (a última etapa na Fig. 30.91), em dois círculos de dsDNA concatenados (ligados), cada um deles contendo uma cópia do transposon γδ (ele também atua como seu próprio repressor transcricional, assim como o faz a TnpR). O transposon γδ contém um sítio *res* de 114 pb que inclui três sítios de ligação

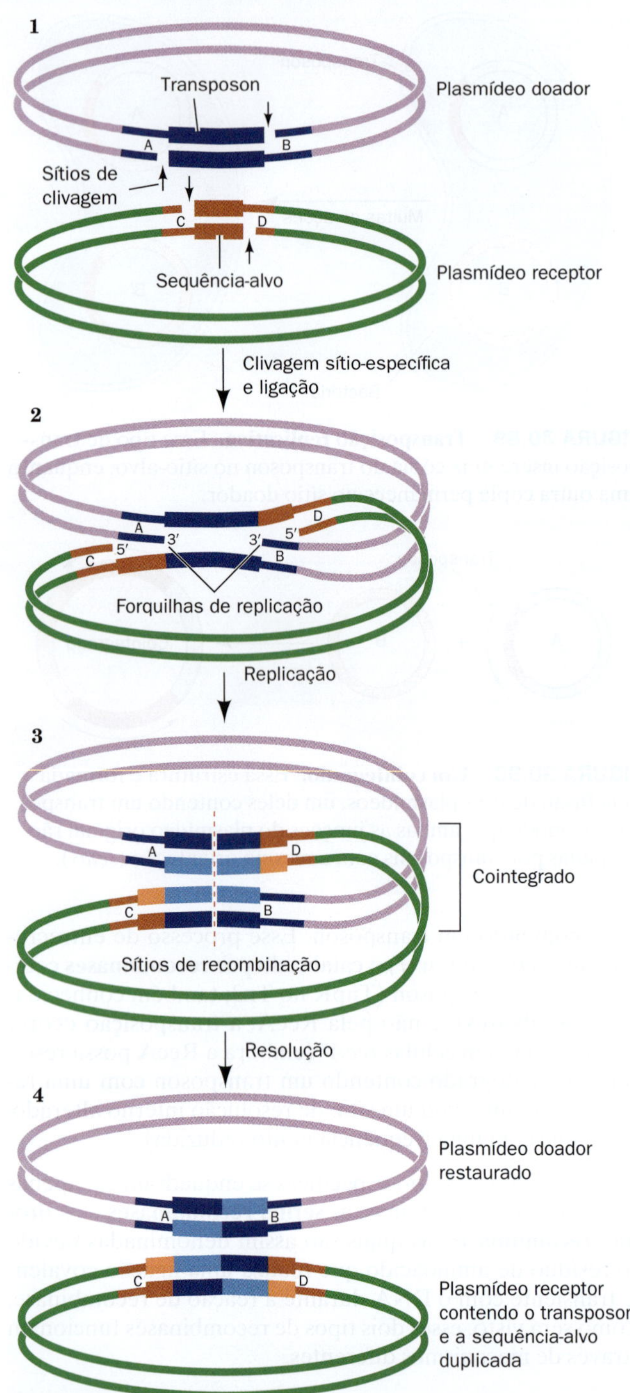

FIGURA 30.91 Um modelo para a transposição envolvendo a intermediação de um cointegrado. Aqui, as barras com sombreamento mais claro representam DNA recém-sintetizado. (De acordo com Shapiro, J.A., *Proc. Natl. Acad. Sci.* **76**, 1934 [1979].)

para dímeros da resolvase γδ, cada um deles contendo uma repetição invertida da sequência de reconhecimento de 12 pb da enzima. A resolução do cointegrado envolve a ligação de um homodímero da resolvase γδ em cada um destes seis sítios de ligação do cointegrado (três de cada um de seus dois transposons), como está esquematizado na Fig. 30.92. A reação prossegue pela formação de uma ligação fosfo-Ser transitória entre a Ser 10 e o fosfato 5′ de cada sítio de clivagem.

A estrutura por raios X do homotetrâmero da resolvase γδ em complexo com dois segmentos de DNA palindrômicos de 34 pb, contendo uma repetição invertida da sequência de reconhecimento de 12 pb separada por um espaçador de 4 pb (Fig. 30.93), determinada por Nigel Grindley e Steitz, revela que esse tetrâmero sináptico apresenta simetria D_2. Cada monômero de 183 resíduos da resolvase consiste em um domínio N-terminal catalítico (resíduos 1-120) e um domínio C-terminal de ligação a DNA (resíduos 148-183) conectados por um braço estendido (resíduos 121-147). Ambos dsDNAs, os quais estão localizados na periferia do núcleo da proteína, foram clivados, com cada uma das quatro extremidades 5′ resultantes realizando uma ligação fosfo-Ser com a resolvase. Isso preserva a energia livre da ligação fosfodiéster clivada, de forma que ela poderá, mais tarde, ser restaurada com uma parceira diferente, de uma forma muito similar àquela que ocorre com as topoisomerases (Seção 29.3C).

Cada domínio catalítico centralmente localizado aproxima-se do seu DNA ligado pelo lado de sua fenda menor, com sua hélice C-terminal (hélice E) ligando-se à cavidade menor (o segmento da hélice E que faz contato com o DNA fica desordenado na ausência do DNA). Cada domínio C-terminal se liga na cavidade maior de sua sequência de reconhecimento no lado oposto do DNA a partir de seu domínio catalítico anexado com o braço estendido que os conecta disposto mais ou menos ao longo da cavidade menor do DNA. Os dois domínios C-terminais das subunidades da resolvase, marcados por L e R (e as subunidades simetricamente relacionadas L′ e R′) na Fig. 30.93 estão, por meio disso, separadas por duas voltas helicoidais ao longo do DNA clivado, cujos segmentos assumem uma conformação muito parecida à conformação do B-DNA. Cada hélice C-terminal se liga na cavidade maior do DNA e, juntamente com a sua hélice precedente, forma um **motivo hélice-volta-hélice** (**HTH**, de *helix-turn-helix*), um motivo de ligação a DNA sequência-específico comum que ocorre, principalmente, em repressores e atividores da transcrição procarióticos (Seção 31.3Da).

A estrutura do dímero L-R se assemelha muito àquela na estrutura por raios X do dímero ligado ao sítio I não clivado (o dímero pré-sináptico). Isso e a curta (17 Å) distância entre o grupo 3′-OH livre na subunidade L e a ligação fosfo-Ser na subunidade R, comparada a outras distâncias semelhantes no complexo (L-L′ e L-R′), indica que os dímeros L-R e L′-R′ correspondem aos dímeros iniciais ligados ao sítio I logo após a clivagem ou pouco antes à religação (Fig. 30.92). Consequentemente, a interface entre os dímeros L-R e L′-R′ deve ser a interface sináptica recentemente formada.

Como estão as fitas de DNA no complexo sináptico permutado, ou seja, como o DNA está ligado na subunidade L e também na subunidade L′ ou na subunidade R′ (e na R com a R′ ou L′)? Em ambos os casos, o grupo 3′-OH livre de cada subunidade está a ~ 50 Å do grupo fosfo-Ser que iria sofrer o ataque nucleofílico na etapa de religação e o espaço entre eles é preenchido com proteína. Claramente, o complexo sináptico deve sofrer uma mudança estrutural dramática para executar a etapa de religação.

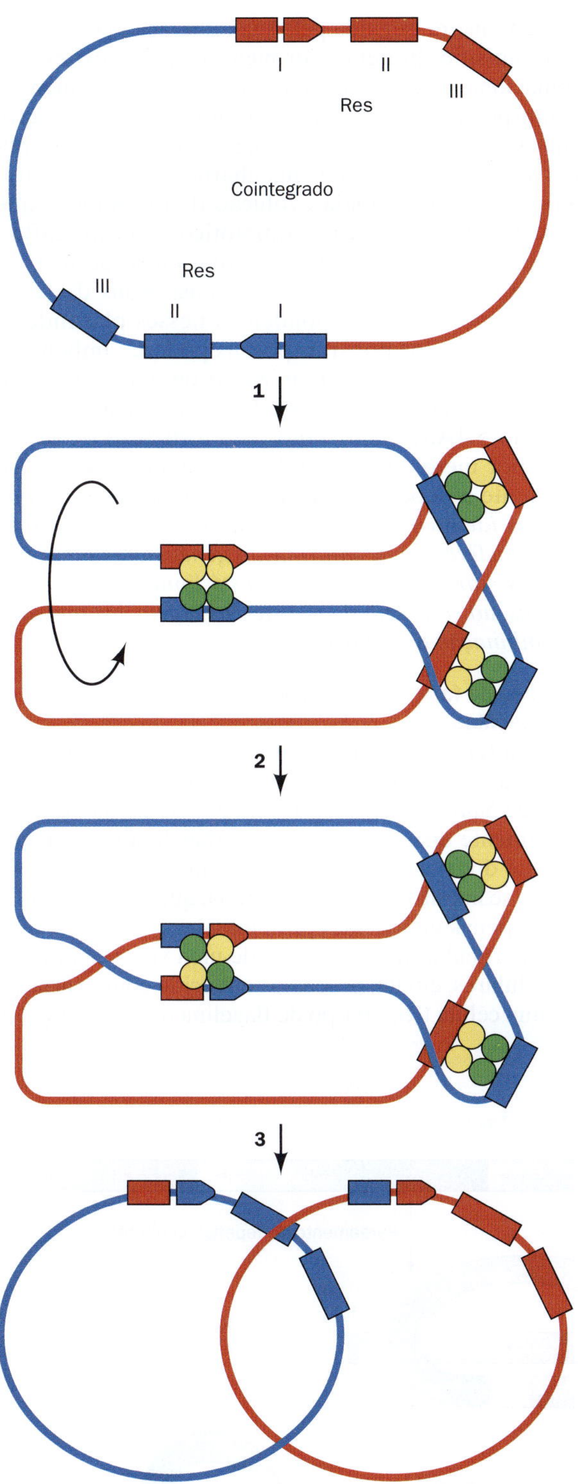

FIGURA 30.92 **Um modelo para a resolução de um cointegrado contendo dois transposons γδ para formar dois círculos de dsDNA encadeados.** (**1**) A resolvase γδ liga-se na forma de seis homodímeros a seus sítios de ligação, I, II e III, em cada um dos dois sítios *res* do cointegrado (os círculos amarelos e verdes representam os monômeros da resolvase γδ inicialmente ligados aos sítios *res* vermelhos e azuis, respectivamente), os quais então se associam para formar tetrâmeros sinápticos. Apesar de não mostrado como tal, os tetrâmeros sinápticos ligados aos sítios I associam-se com os tetrâmeros sinápticos ligados aos sítios II e III para formarem, como observado ao microscópio eletrônico, um glóbulo compacto de estrutura desconhecida chamado de **sinaptossomo.** (**2**) O dsDNA dos sítios I sofre cortes de fita dupla desalinhados (por 2 pb), pela formação transitória de ligações de fosfo-Ser entre o resíduo de Ser 10 e os fosfatos 5′ nos sítios de clivagem. As fitas clivadas então trocam de lugar (*crossover*), em um processo que aparentemente requer a rotação de um dos pares de monômeros da resolvase em relação ao outro, e, depois, são ligadas. (**3**) A dissociação do sinaptossomo produz os círculos de dsDNA encadeados. (Cortesia de Gregory Mullen, University of Connecticut Health Center, EUA.)

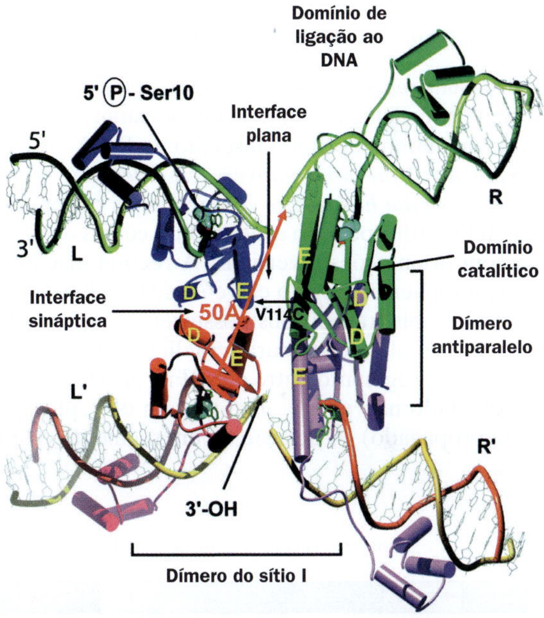

FIGURA 30.93 **Estrutura por raios X de um tetrâmero sináptico da resolvase γδ em complexo com dois dsDNAs contendo sítios I palindrômicos de 34 pb.** O complexo com simetria D_2 é visualizado com um de seus dois eixos horizontais duplos (os outros eixos duplos estão no plano vertical marcado como "Interface Plana"). Os DNAs (verde claro e escuro e amarelo e cor de laranja) foram clivados em meio-sítios, marcados como L, R, L′ e R′ devido ao ataque nucleofílico da cadeia lateral do resíduo de Ser 10 (representado na forma de volume atômico com C azul e O vermelho) sobre o grupo fosfato 5′ de A20 (representado na forma de bastão em verde). As subunidades do tetrâmero da resolvase, cujas hélices estão representadas na forma de tubo, estão coloridas de azul, verde, vermelho e cor-de-rosa. Os DNAs intactos se ligam, inicialmente aos dímeros L-R e L′-R′, então chamados de dímeros do sítio I. O dímero L-L′ e o dímero simetricamente equivalente R-R′ formam os então chamados dímeros antiparalelos, cujas hélices D e E se associam como feixes de quatro hélices. Em adição, uma mutação Val 114 → Cys (V114C) produz um ligação cruzada dissulfídrica entre as hélices E dos dímeros L-R e L′-R′ através da então chamada interface plana (Cortesia de Thomas Steitz, Yale University, EUA. PDBid 1ZR4.)

A observação de que a interface entre os dímeros L-L′ e R-R′ é grandemente hidrofóbica e incomumente plana (Fig. 30.93) fortemente sugere que a religação ocorre após uma rotação de 180° desses mesmos dímeros um em relação ao outro (sobre o eixo horizontal duplo na Fig. 30.93), trocando, assim, as posições das subunidades R e R′ em relação às subunidades L e L′. A rotação é, presumivelmente, guiada pela tensão super-helicoidal do cointegrado negativamente supertorcido. Esse modelo é suportado pelos cálculos energéticos e pela observação de que a mutação do resíduo Val 114 da hélice E para Cys (uma mutação que estava presente na estrutura anterior), na qual, sob condições oxidantes, liga por pontes dissulfídricas as hélices E das subunidades L e R (e L′ e R′), criando um complexo que pode formar o intermediário covalente da Fig. 30.93, mas não pode realizar a etapa de religação – presumivelmente porque as pontes dissulfídricas impedem a rotação descrita acima. Entretanto, a redução dessas pontes dissulfídricas restaura a atividade recombinacional do complexo. Além disso, a mutação de Lys 136, um resíduo da hélice E localizado na interface plana, para Cys impede a religação do DNA clivado quando submetido a condições oxidantes, mesmo que ele necessite uma rotação de 75° da interface L-L′/R-R′ na estrutura na Fig. 30.93 para trazer as cadeias laterias de Cys 136 de subunidades opostas próximas o suficiente para formar uma ponte dissulfídrica. Obviamente, um entendimento detalhado do mecanismo da reação da resolvase γδ necessitará do conhecimento de como todos os seis dímeros da resolvase γδ que formam o sinaptossomo participam na reação (Fig. 30.92).

e. Transposons replicativos são responsáveis por grande parte da remodelação genética em procariotos

Além de mediarem a própria inserção no DNA, *os transposons replicativos promovem inversões, deleções e rearranjos no DNA da célula hospedeira.* As inversões podem ocorrer quando o DNA hospedeiro contém duas cópias de um transposon com orientações invertidas. A recombinação desses transposons inverte a região entre eles (Fig. 30.94*a*). Se, ao contrário, os dois transposons possuírem a mesma orientação, a resolução dessa estrutura semelhante à de um cointegrado deleta o segmento entre eles (Fig. 30.94*b*; caso o segmento deletado não possua uma origem de replicação, ele não será propagado). A deleção de um segmento cromossômico dessa maneira, seguida pela sua integração no cromossomo em um sítio diferente por meio de um outro evento recombinacional, resulta em um rearranjo cromossômico.

A transposição parece ser importante na evolução cromossômica e plasmidial. De fato, sugere-se que os transposons são as "ferramentas" de engenharia genética da natureza. Por exemplo, a rápida evolução de plasmídeos que conferem resistência a vários antibióticos (Seção 5.5Ba), desde que esses antimicrobianos tornaram-se de uso comum, resultou da acumulação dos transposons de resistência a antibióticos correspondentes nesses plasmídeos. Rearranjos mediados por transposons podem também ter sido os responsáveis pela organização de genes originalmente distantes em óperons regulados de forma coordenada (Seção 5.4Aa), bem como pela formação de novas proteínas por meio da ligação de dois segmentos gênicos anteriormente independentes. Além disso, *a ocorrência de transposons idênticos em bactérias não relacionadas indica que a transferência de informação genética mediada por transposons entre organismos não está limitada a espécies aparentadas, ao contrário da transferência genética mediada pela recombinação homóloga.*

f. A variação de fase é mediada por recombinação sítio-específica

A expressão fenotípica em bactérias pode ser regulada por recombinação sítio-específica. Por exemplo, determinadas linhagens de *Salmonella typhimurium* possuem duas versões antigenicamente distintas da proteína **flagelina** (o principal componente dos flagelos em forma de chicote com os quais as bactérias se impulsionam; Seção 35.3I), que são designadas **H1** e **H2**. Apenas uma dessas proteínas é expressa por cada célula em particular, mas em torno de uma vez a cada 1.000 divisões celulares, em um processo conhecido como **variação de fase**, uma célula troca o tipo de flagelina que ela sintetiza.

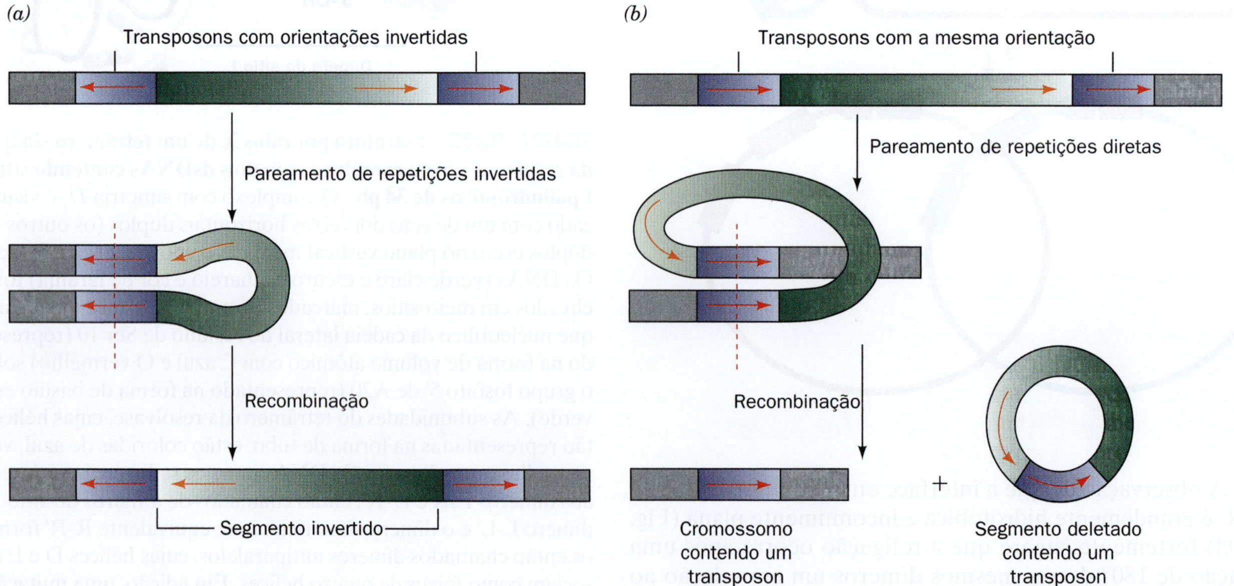

FIGURA 30.94 Rearranjo cromossômico por meio de recombinação. (*a*) A inversão de um segmento de DNA entre dois transposons idênticos com orientações invertidas. (*b*) A deleção de um segmento de DNA entre dois transposons idênticos com a mesma orientação. Esse processo distribui um transposon para cada um dos dois segmentos de DNA resultantes.

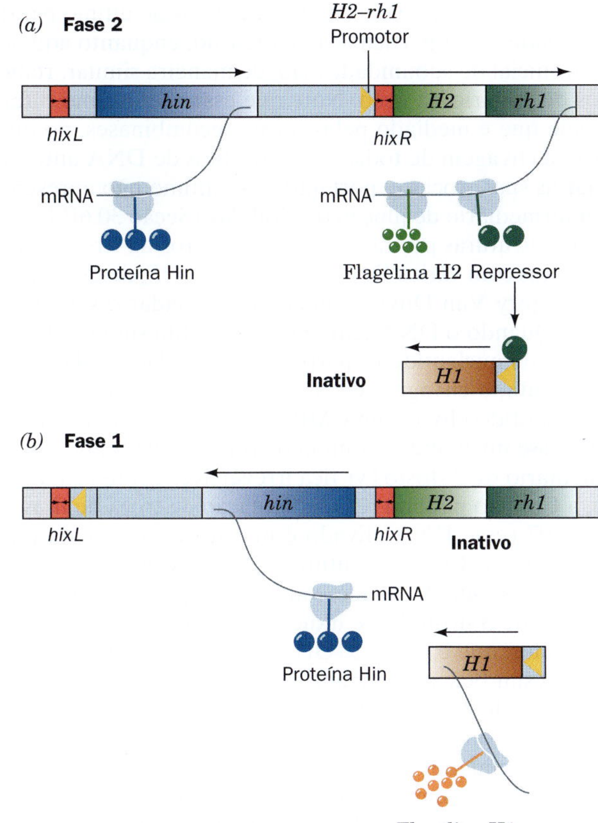

FIGURA 30.95 **O mecanismo de variação de fase em *Salmonella*.** (*a*) Em bactérias de Fase 2, o promotor *H2-rh1* está orientado de modo que a flagelina H2 e o repressor são sintetizados. O repressor liga-se ao gene *H1*, impedindo, assim, a sua expressão. (*b*) Em bactérias de Fase 1, o segmento que precede a unidade de transcrição *H2-rh1* foi invertido em relação à sua orientação em bactérias de Fase 2. Portanto, essa unidade de transcrição não pode ser expressa, porque lhe falta um promotor. Isso libera *H1* da repressão e resulta na síntese de flagelina H1. A inversão do segmento que precede a unidade de transcrição *H2-rh1* é mediada pela proteína Hin, que é expressa em ambas as orientações pelo gene *hin*.

Acredita-se que a variação de fase auxilie a *Salmonella* a fugir das defesas imunológicas de seus hospedeiros.

Qual é o mecanismo da variação de fase? Os dois genes da flagelina se encontram em partes diferentes do cromossomo bacteriano. *H2* está ligado ao gene *rh1*, que codifica um repressor da expressão de *H1* (Fig. 30.95; *rh1*, *H2* e *H1* também são conhecidos como *fljA*, *fljB* e *fljC*, respectivamente). Assim, quando a unidade de transcrição *H2-rh1* é expressa, a síntese da H1 é reprimida; caso contrário, a H1 é sintetizada. Melvin Simon demonstrou que a expressão da unidade *H2-rh1* é controlada pela orientação de um segmento de 995 pb que se encontra a montante de *H2* (Fig. 30.95) e contém os seguintes elementos:

1. Um promotor para a expressão de *H2-rh1*.
2. O gene *hin*, que codifica a **DNA-invertase Hin**, de 190 resíduos. Hin, uma serina-recombinase, faz a mediação da inversão do segmento de DNA de uma maneira similar àquela esquematizada na Fig. 30.94*a*. De fato, a Hin é ~ 40% idêntica em sequência à resolvase γδ, o que sugere fortemente que essas proteínas possuem estruturas semelhantes.
3. Dois sítios de 26 pb estreitamente relacionados, *hixL* e *hixR*, que limitam externamente o segmento e, portanto, contêm seus sítios de clivagem. Cada um deles consiste em duas repetições invertidas imperfeitas de 12 pb, separadas por 2 nt.

Na orientação da Fase 2 (Fig. 30.95*a*), o promotor orientado de forma adequada está imediatamente a montante de *H2*, de modo que esse gene e *rh1* são expressos coordenadamente, o que reprime a síntese de H1. Em bactérias de Fase 1 (Fig. 30.95*b*), entretanto, esse segmento está na orientação oposta. Como consequência, nem *H2* e nem *rh1*, os quais não mais possuem um promotor, são expressos, de modo que a H1 é sintetizada.

g. A recombinação sítio-específica mediada pela Cre ocorre por meio de intermediários de 3′-FosfoTyr

Os bacteriófagos, como visto anteriormente (Fig. 1.31), replicam-se no interior de suas células bacterianas hospedeiras, as quais, na maioria dos casos, são lisadas para liberar a progênie de fagos, em um ciclo de vida que é, por isso, conhecido como modo **lítico**. Contudo, determinados bacteriófagos podem assumir um ciclo de vida alternativo, não destrutivo, o modo **lisogênico**, no qual eles integram seus DNAs, normalmente no cromossomo da célula hospedeira, por meio de recombinação sítio-específica. Assim, o DNA do fago é passivamente replicado juntamente com o DNA da célula hospedeira. Porém, caso a bactéria hospedeira encontre condições nas quais a sua sobrevivência seja improvável, o DNA do fago é removido do cromossomo bacteriano por uma reação de recombinação sítio-específica inversa e ele retoma o modo lítico, de forma a escapar do hospedeiro condenado. Serão discutidos os fatores genéticos que mantêm o equilíbrio entre os ciclos de vida lítico e lisogênico do **bacteriófago λ** na Seção 33.3.

As enzimas que fazem a mediação das reações de recombinação sítio-específicas mencionadas anteriormente são membros da família da **integrase de λ** (**λ Int**; ou, alternativamente, **tirosina-recombinase**), da qual > ~ 1000 membros são conhecidos, que ocorrem tanto em procariotos como em eucariotos. Dentre esses membros estão as proteínas **XerC** e **XerD** de *E. coli*, que, atuando de forma coordenada, funcionam para separar os dois produtos de dsDNA circular ligados da recombinação homóloga (Fig. 30.69*g*, à *esquerda*), e também as topoisomerases do tipo 1B (Seção 29.3Cc).

O membro melhor caracterizado estruturalmente da família da integrase de λ é a **recombinase Cre** do **bacteriófago P1** de *E. coli*. Em seu estado lisogênico, o bacteriófago P1 é um plasmídeo circular de cópia única (em vez de estar inserido no cromossomo hospedeiro, como ocorre com o bacteriófago λ), mas, na forma de fago (o modo lítico), o DNA de P1 é um dsDNA linear, que possui um sítio *loxP* de 34 pb em cada uma de suas extremidades. A principal função da Cre, que é codificada pelo bacteriófago P1, é mediar a recombinação sítio-específica entre esses dois sítios *loxP*, de forma a circularizar o DNA linear (Fig. 30.96).

O sítio *loxP* é palindrômico, exceto pela sua região de permuta (*crossover*) central de 8 pb, a qual confere direcionalidade ao sítio. Ao executar a reação de recombinação, as subunidades de 343 resíduos da Cre formam um homotetrâ-

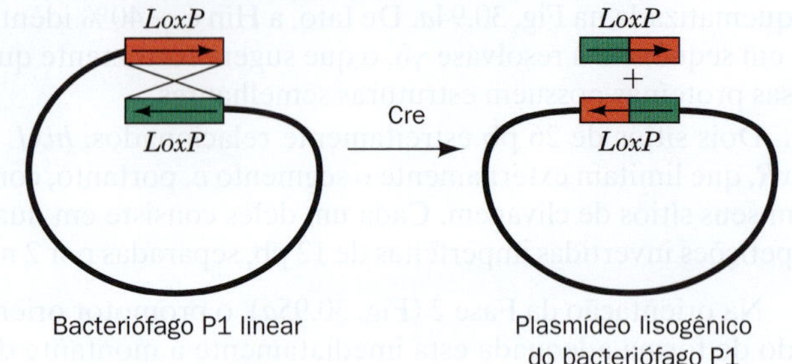

FIGURA 30.96 A circularização do DNA linear do bacteriófago P1. A circularização ocorre por meio da recombinação sítio-específica mediada por Cre entre os dois sítios *loxP*, localizados terminalmente (*em vermelho e verde*) para criar o plasmídeo lisogênico.

mero que se liga a dois sítios *loxP* em uma orientação antiparalela, com cada uma das subunidades da Cre ligando-se à metade de um sítio *loxP*. Assim, como está esquematizado na Fig. 30.97, subunidades Cre posicionadas de maneira oposta catalisam clivagens de fita simples no lado 5′ da região de permuta em uma das fitas de cada um dos dois dsDNAs. Isso ocorre pelo ataque nucleofílico de cada um dos resíduos de Tyr 324 conservados das subunidades Cre ativas sobre as ligações fosfodiéster passíveis de rompimento do DNA, para gerar um intermediário de 3′-fosfoTyr de um lado da ligação clivada e um grupo 5′-OH livre no outro lado (como ocorre, de forma semelhante, nas reações catalisadas pelas topoisomerases do tipo IB; Seção 29.3Cc). Depois, cada um dos grupos 5′-OH liberados ataca nucleofilicamente o grupo 3′-fosfoTyr no lado oposto do dúplex, para formar uma junção de Holliday e liberar, assim, os resíduos de Tyr. A junção de Holliday é resolvida em dois dsDNAs recombinados quando as duas subunidades da Cre que ainda não haviam participado da reação fazem a mediação das mesmas reações de clivagem e troca de fitas nas duas fitas simples que não reagiram anteriormente. Esse último processo deve ser precedido por um rearranjo estrutural (isomerização) do tetrâmero da Cre,

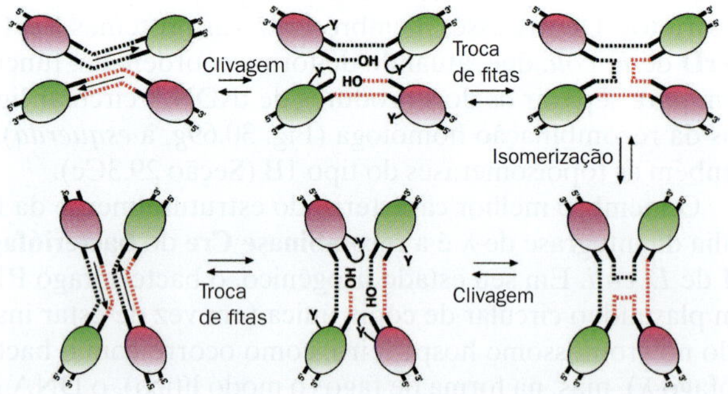

FIGURA 30.97 O mecanismo de recombinação sítio-específica da Cre-*loxP*. As linhas pontilhadas representam regiões de permuta (*crossover*) não palindrômicas dos sítios *loxP*. As subunidades em verde e magenta da Cre estão ativas para a clivagem nas partes superior e inferior do diagrama, respectivamente, com suas funções sendo trocadas na etapa de isomerização. Note que o mecanismo não requer migração da ramificação da junção de Holliday intermediária do processo. (Cortesia de Gregory Van Duyne, University of Pennsylvania School of Medicine, EUA.)

que posiciona os resíduos de Tyr catalíticos do último par de subunidades para participação na reação, enquanto aqueles do par inicial de subunidades são, de maneira similar, removidos do cenário da ação. Note que esse mecanismo difere daquele que é mediado pelas serina-recombinases, no qual ocorre a clivagem de todas as quatro fitas de DNA antes de iniciar as suas trocas e, portanto, esse último não apresenta um intermediário de junção de Holliday (Seção 30.6Bd).

As estruturas por raios X de tetrâmeros da Cre em seus complexos com vários DNAs-modelo de *loxP*, determinadas por Gregory Van Duyne, ajudaram a elucidar o seu mecanismo. Quando o DNA tem um corte de fita simples depois do segundo nucleotídeo a partir da extremidade 5′ da região de permuta, a clivagem da fita catalisada pela Cre produz um nucleotídeo livre (um CMP) que é perdido por difusão. Como esse nucleotídeo contém o grupo 5′-OH reativo, o intermediário de 3′-fosfoTyr fica irreversivelmente retido, ou seja, a Cre não poderia realizar a reação de troca de fitas da Fig. 30.97 (esse DNA clivado é um substrato suicida para Cre; Seção 28.3Bc). A estrutura por raios X do complexo da Cre com esse DNA clivado confirmou a presença do intermediário de 3′-fosfoTyr e indicou, por meio da construção de modelos, que o grupo 5′-OH do resíduo de CMP perdido poderia estar bem posicionado para atacar nucleofilicamente a ligação 3′-fosfoTyr na fita oposta (Fig. 30.98*a*). Note que esse complexo tem apenas uma simetria dupla, embora suas quatro subunidades da Cre e a maior parte do DNA estejam relacionadas em uma simetria pseudoquádrupla. Quando o DNA era uma junção de Holliday imobilizada (Fig. 30.98*b*), o complexo também apresentava uma simetria pseudoquádrupla, com as fitas simples permutadas e dobradas no seu centro de forma notável. Essas estruturas revelaram que as mudanças conformacionais necessárias para a execução das reações de troca de fitas e isomerização (Fig. 30.97) surpreendentemente requerem apenas pequenos movimentos de parte das subunidades da Cre e que somente as cadeias de açúcar-fosfato dos nucleotídeos das fitas trocadas devem ser movidas para formarem a junção de Holliday.

h. A maior parte da transposição em eucariotos envolve intermediários de RNA

Transposons semelhantes àqueles de procariotos também ocorrem em eucariotos, incluindo leveduras, milho, *Drosophila* e seres humanos. De fato, ~ 3% do genoma humano consiste em DNA relacionado a transposons, embora, na maioria dos casos, suas sequências tenham sofrido mutações que os tornaram inativos, ou seja, são fósseis evolutivos. Entretanto, muitos transposons eucarióticos exibem pouca semelhança com aqueles de procariotos. Suas sequências de bases lembram mais aquelas de retrovírus (ver a seguir), o que sugere que esses transposons sejam retrovírus degenerados. A transposição desses chamados **retrotransposons** ocorre por meio de um mecanismo similar ao da replicação do DNA retroviral (Seção 15.4C): (1) a sua transcrição para RNA, (2) a cópia desse RNA em cDNA mediada pela transcriptase reversa (Seção 30.4C), e (3) a inserção totalmente aleatória desse DNA no genoma do organismo hospedeiro, que é mediada por enzimas conhecidas como **integrases** (as quais catalisam reações similares e assemelham-se estruturalmente às transposases de DNA que fazem corte-e-colagem).

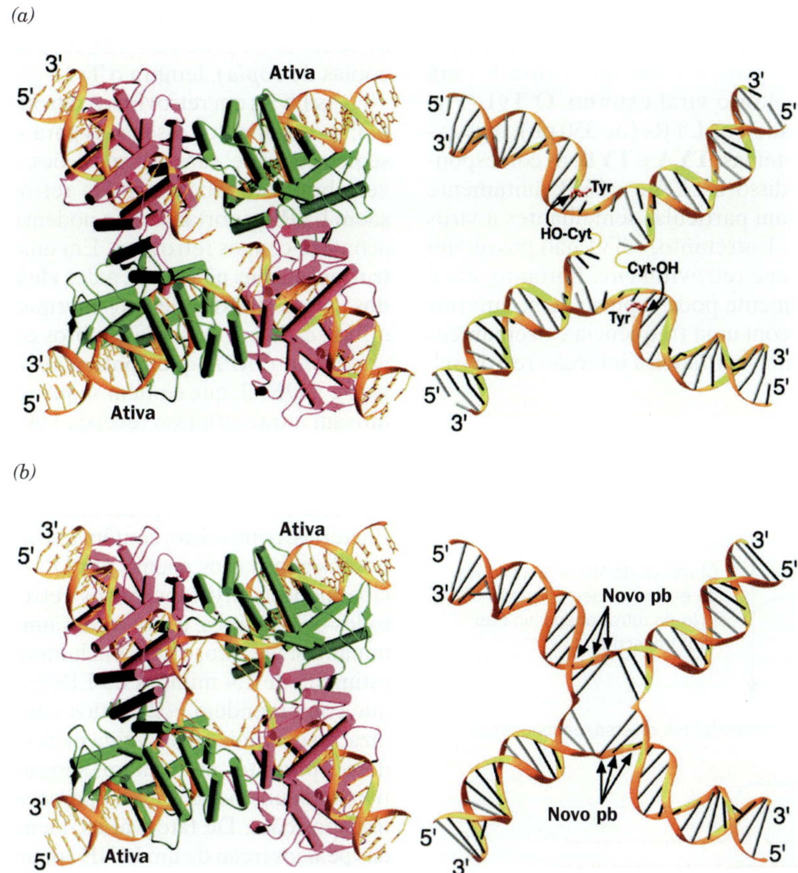

FIGURA 30.98 **Estruturas por raios X do homotetrâmero da Cre em seus complexos com DNAs-modelo de *loxP*.** (*a*) Dois dsDNAs idênticos que foram clivados após o segundo nucleotídeo a partir da extremidade 5′ de suas regiões de permuta (*crossover*); e (*b*) uma junção de Holliday imóvel. Os painéis à esquerda mostram os complexos Cre-DNA como visualizados ao longo de seus eixos duplo e pseudotetraédrico exatos, com as subunidades ativa e inativa em verde e em magenta, respectivamente (como na Fig. 30.97), e com o DNA em dourado. Os painéis à direita mostram apenas os DNAs nas estruturas por raios X, como visualizados a partir de um ponto abaixo dos painéis à esquerda. No painel direito da Parte *a*, a Tyr do sítio ativo, que está ligada de forma covalente ao grupo 3′-OH da fita de DNA clivada, é mostrada na forma de bastões (*em vermelho*) e o grupo 5′-OH do CMP clivado foi modelado em posição para atacar nucleofilicamente o grupo 3′-fosfoTyr do dsDNA oposto (*setas curvas*). No painel direito da Parte *b*, os três pb que se formam em consequência da troca de fitas estão indicados. Note que as fitas verticais nas permutas mas não as horizontais, estão distintamente curvadas em suas regiões centrais. (Cortesia de Gregory Van Duyne, University of Pennsylvania School of Medicine, EUA. PDBids 2CRX, 3CRX, 4CRX e 5CRX.)

O envolvimento de RNA na transposição mediada por retrotransposons foi engenhosamente demonstrado por Gerald Fink, por meio da remodelação de **Ty1**, o elemento transponível mais comum na levedura de brotamento (que possui ~ 35 cópias desse elemento de 6,3 kb, compreendendo ~ 13% de seu genoma de 1.700 kb; Ty significa *transposon yeast*). O elemento remodelado continha um íntron de levedura (uma sequência que é removida de um transcrito de RNA e, portanto, está ausente no RNA maduro; Seção 5.4Ac) e era precedido por um promotor de levedura sensível à galactose. A frequência de transposição desse elemento Ty1 remodelado variava com a concentração de galactose no meio e todos os elementos transpostos não possuíam o íntron, demonstrando, dessa forma, a participação de um intermediário de RNA.

Um genoma retroviral (Fig. 30.99*a*) é flanqueado por repetições terminais longas e diretas (**LTRs**, de *long terminal repeats*) de 250 a 600 pb e contém, normalmente, os genes que codificam três poliproteínas: a **gag**, que é clivada para dar origem às proteínas que compreendem o núcleo viral (Fig.

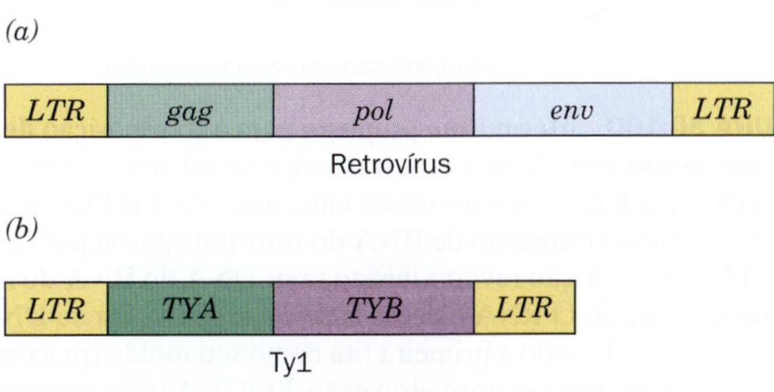

FIGURA 30.99 Sequências gênicas de (*a*) retrovírus e (*b*) do retrotransposon Ty1.

15.34); a **pol**, que é clivada para gerar a transcriptase reversa e a integrase, mencionadas anteriormente, bem como a protease que catalisa essas clivagens; e a **env**, que é clivada para gerar as proteínas do envoltório viral externo. O Ty1 (Fig. 30.99*b*) também é flanqueado por LTRs (de 330 pb), mas expressa apenas duas poliproteínas: **TYA** e **TYB**, as correspondentes à gag e à pol. Além disso, a TYA e a TYB, juntamente com o RNA do Ty1, formam partículas semelhantes a vírus no citoplasma da levedura. Entretanto, o Ty1 não possui um gene correspondente ao gene retroviral *env*. Portanto, ele é um "vírus interno" que somente pode replicar-se no interior de um genoma, ainda que com uma frequência extremamente baixa, comparada à de uma verdadeira infecção retroviral.

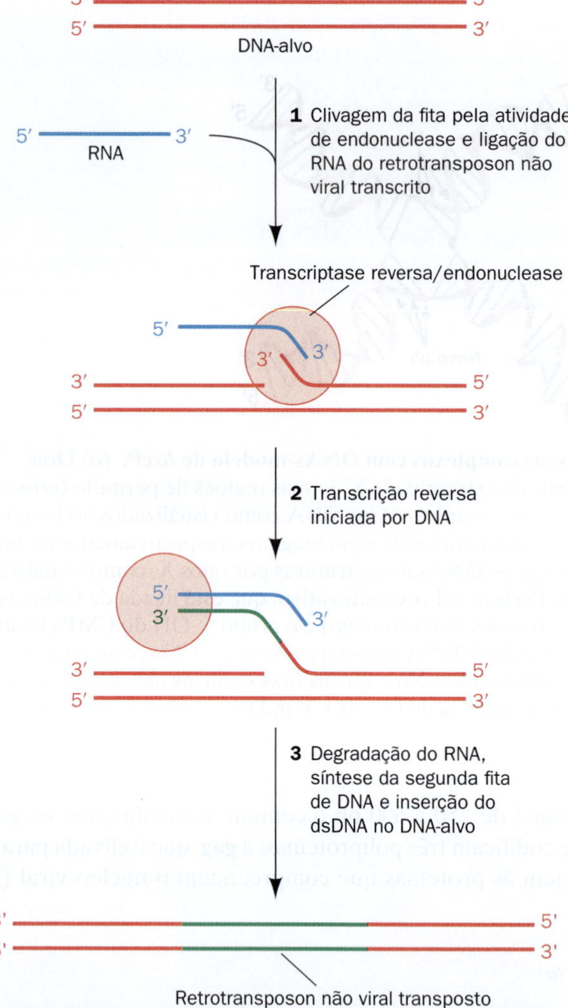

FIGURA 30.100 Mecanismo proposto para a transposição de retrotransposons não virais. (**1**) A transcriptase reversa/endonuclease codificada pelo retrotransposon cliva uma fita do DNA-alvo e, depois, recruta o transcrito de RNA do retrotransposon para esse sítio. (**2**) A transcrição reversa iniciada por DNA do RNA do retrotransposon. (**3**) O RNA é degradado e a segunda fita de DNA é sintetizada utilizando a primeira fita como seu molde (reações de transcriptase reversa normais; Seção 30.4C). A isso segue-se a inserção do retrotransposon não viral resultante no DNA-alvo, por meio de um processo ainda pouco compreendido.

Copia (abundância, em latim), o retrotransposon mais abundante no genoma da *Drosophila* (que contém de 20 a 60 cópias de *copia*), lembra o Ty1.

As LTRs em retrovírus e retrotransposons, como Ty1 e *copia*, são elementos essenciais para as suas transcrições e, consequentemente, suas transposições. Além disso, os genomas de vertebrados também contêm retrotransposons que não possuem LTRs e, portanto, não podem ser transcritos, assim como acontece com os retrovírus. Em uma família comum desses **retrotransposons não virais**, a dos **elementos nucleares intercalados longos** (**LINEs**, de *long interspersed nuclear elements*), de 1 a 7 kb, cada um de seus membros contém duas fases de leitura abertas: a *ORF1*, que contém sequências semelhantes às da *gag*; e a *ORF2*, que contém sequências semelhantes às que codificam a transcriptase reversa. Um mecanismo proposto para a transposição de LINEs está esquematizado na Fig. 30.100.

Diferentes tipos de transposons, somente de DNA, retrovirais e não virais, predominam em diferentes organismos. Bactérias, como visto, contêm quase que exclusivamente transposons compostos apenas por DNA, leveduras possuem principalmente retrotransposons retrovirais, *Drosophila* possui todos os três tipos, e, em seres humanos, os LINEs são predominantes. De fato, o genoma humano contém uma quantidade estimada de 1,4 milhões de LINEs ou fragmentos de LINEs, que compreendem ~ 20% dos seus 3,0 bilhões de pb (a organização genômica é discutida na Seção 34.2). A grande maioria desses parasitos moleculares sofreu mutações e tornou-se inativa, mas uns poucos ainda parecem ser capazes de executar transposições. De fato, várias doenças hereditárias são causadas pela inserção de um LINE em um gene. Vários outros tipos de retrotransposons também constituem frações significativas do genoma humano, como estudado na Seção 34.2.

7 METILAÇÃO DO DNA E EXPANSÕES DE REPETIÇÕES TRINUCLEOTÍDICAS

Os resíduos de A e C do DNA podem ser metilados, em um padrão espécie-específico, para formarem resíduos de ***N*⁶-metiladenina** (**m⁶A**) e ***N*⁴-metilcitosina** (**m⁴C**) e **5-metilcitosina** (**m⁵C**), respectivamente.

Resíduo de *N*⁶-metiladenina (m⁶A)

Resíduo de *N*⁴-metilcitosina (m⁴C)

Resíduo de 5-metilcitosina (m⁵C)

Esses são os únicos tipos de modificações às quais o DNA está sujeito em organismos celulares (embora todos os resíduos de C dos DNAs de fagos T-par sejam convertidos em resíduos de **5-hidroximetilcitosina**,

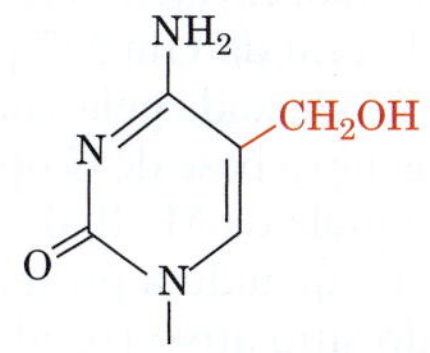

Resíduo de 5-hidroximetilcitosina

que podem, por sua vez, ser glicosilados). Esses grupos metila se projetam para o interior da fenda maior do B-DNA, onde podem interagir com proteínas de ligação ao DNA. Na maioria das células, apenas uma pequena porcentagem das bases suscetíveis pode ser metilada, embora essa quantidade aumente para > 30% dos resíduos de C em algumas plantas.

Os DNAs bacterianos são metilados em seus próprios sítios específicos de restrição, o que impede que as endonucleases de restrição correspondentes degradem o DNA (Seção 5.5A). Esses sistemas de restrição-modificação, entretanto, respondem apenas por uma parte da metilação dos DNAs bacterianos. Em *E. coli*, a maior parte da metilação é catalisada pelos produtos dos genes *dam* e *dcm*. A **Dam-metiltransferase** (**Dam-MTase**) metila os resíduos de A em todas as sequências GATC, enquanto a **Dcm-MTase** metila os dois resíduos de C em $CC^{A}_{T}GG$ nas suas posições C5. Note que essas duas sequências são palindrômicas. Foi visto que a *E. coli* utiliza a metilação mediada pela Dam-MTase para diferenciar o DNA parental do DNA recém-sintetizado, na reparo de malpareamentos (Seção 30.5C), e na limitação da replicação do DNA com base em *oriC* a uma única vez por geração celular, pela sequestração (Seção 30.3Cb).

a. A reação de MTase ocorre por meio de um intermediário covalente, no qual a base-alvo é deslocada

As MTases Dam e Dcm, como o fazem todas as demais MTases conhecidas, utilizam a *S*-adenosilmetionina (SAM) como doador do grupo metila. De fato, todas as m^5C-MTases compartilham um conjunto de motivos de sequência conservados. Daniel Santi propôs que o mecanismo catalítico dessas m^5C-MTases (Fig. 30.101) é semelhante ao da timidilato-sintase (Fig. 28.19), pois os dois tipos de enzimas transferem grupos metila para os átomos C5 de pirimidinas por meio de uma reação que é iniciada pelo ataque nucleofílico de um grupo tiolato de uma Cys sobre a posição C6 da pirimidina. O átomo C5 da pirimidina é, dessa forma, ativado como um carbânion estabilizado por ressonância, que ataca nucleofilicamente o grupo metila do doador (que, no caso da timidilato-sintase, não é doado pela SAM, mas pelo N^5-,N^{10}-metileno-THF), para originar um intermediário covalente. Esse intermediário subsequentemente se decompõe em produtos, pela subtração enzimática do próton substituinte do C5 e da eliminação da enzima. O tiolato nucleófilo da Cys é um componente de um dipeptídeo Pro-Cys que é invariável em todas as m^5C-MTases e timidilato-sintases conhecidas.

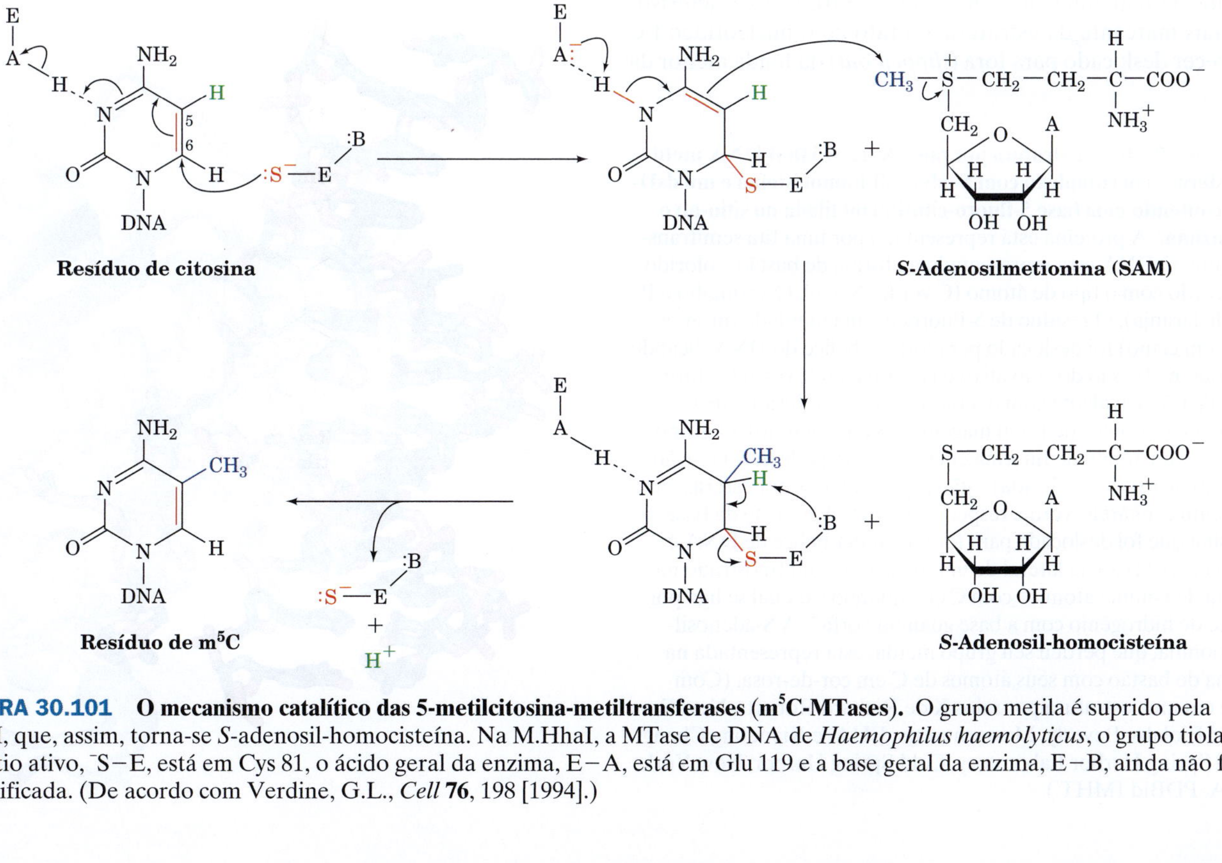

Resíduo de citosina

***S*-Adenosilmetionina (SAM)**

Resíduo de m⁵C

***S*-Adenosil-homocisteína**

FIGURA 30.101 O mecanismo catalítico das 5-metilcitosina-metiltransferases (m^5C-MTases). O grupo metila é suprido pela SAM, que, assim, torna-se *S*-adenosil-homocisteína. Na M.HhaI, a MTase de DNA de *Haemophilus haemolyticus*, o grupo tiolato do sítio ativo, $^{-}$S−E, está em Cys 81, o ácido geral da enzima, E−A, está em Glu 119 e a base geral da enzima, E−B, ainda não foi identificada. (De acordo com Verdine, G.L., *Cell* **76**, 198 [1994].)

Esse mecanismo é sustentado pela observação de que a ação de m^{5}C-MTases sobre um resíduo de **5-fluorocitosina (f^{5}C)**

Resíduo de 5-fluorocitosina (f^{5}C)

fixa irreversivelmente o intermediário covalente (e, portanto, inativa a enzima), porque a enzima é incapaz de subtrair a fluorina, o elemento mais eletronegativo, como um íon F^+ (o 5-fluorodesoxiuridilato é, da mesma forma, um substrato suicida para a timidilato-sintase; Seção 28.3Bc). Princípios estereoquímicos determinam que o grupo tiolato da Cys da enzima pode atacar nucleofilicamente a posição C5 da citosina somente por cima ou por baixo do anel. Isso é possível porque, como será visto a seguir, a enzima induz o deslocamento (*flip out*) da sua citosina-alvo para fora da dupla-hélice de DNA.

A MTase de DNA de *Haemophilus haemolyticus* (**M.HhaI**), um monômero de 327 resíduos, é um componente do sistema de restrição-modificação dessa bactéria. A M.HhaI metila sua sequência de reconhecimento, 5′-GCGC-3′ em dsDNA para gerar 5′-G-m^{5}C-GC-3′. Richard Roberts e Xiaodong Cheng determinaram a estrutura por raios X de um complexo M.HhaI-DNA inativado, formado pela incubação da enzima com a sequência semicomplementar d(TGATA**G-f^{5}C-GC**TATC) (na qual a sequência de reconhecimento da enzima está em negrito) em presença de SAM. O DNA liga-se à enzima em uma grande fenda entre os seus dois domínios de tamanhos diferentes (Fig. 30.102). A característica mais marcante da estrutura é o fato de o nucleotídeo f^{5}C aparecer deslocado para fora (*flipped out*) da fenda menor da hélice de B-DNA, que, além disso, praticamente não apresenta qualquer outra distorção. O deslocamento da f^{5}C a inseriu no sítio ativo da enzima e, ali, ela reagiu com a SAM, para gerar adenosil-homocisteína (a SAM sem seu grupo metila) e o intermediário metilado, covalentemente ligado ao resíduo de Cys 81. A cadeia lateral da Gln 237 preenche a cavidade na dupla-hélice de DNA deixada pela saída da f^{5}C, ligando-se por ligações de hidrogênio à base de G oposta. A comparação dessa estrutura com aquela da M.HhaI em complexo apenas com a SAM indica que, quando a proteína liga-se ao DNA, a sua chamada alça do sítio ativo (resíduos 80-99) gira para fazer contato com o DNA, em um movimento de até 25 Å. Praticamente todas as interações base-específicas são estabelecidas na fenda maior por duas alças ricas em Gly (resíduos 233-240 e 250-257), chamadas de alças de reconhecimento. A proteína também estabelece numerosos contatos independentes de sequência com os grupos de fosfato do DNA.

O deslocamento (*flipping*) de base foi observado pela primeira vez na estrutura por raios X anterior. Entretanto, como está claro agora, a partir das estruturas de outras MTases e de várias enzimas de reparo do DNA (p. ex., Seções 30.5Aa e 30.5Be), *o deslocamento de base é um mecanismo comum, por meio do qual as enzimas ganham acesso às bases do dsDNA com as quais elas realizam as reações químicas.*

b. A metilação do DNA em eucariotos funciona na regulação gênica

A 5-metilcitosina é a única base metilada na maioria dos DNAs eucarióticos, inclusive nos de vertebrados. Essa modificação ocorre principalmente no dinucleotídeo CG de várias sequências palindrômicas. O CG está presente no genoma de vertebrados em cerca de apenas um quinto da sua frequência

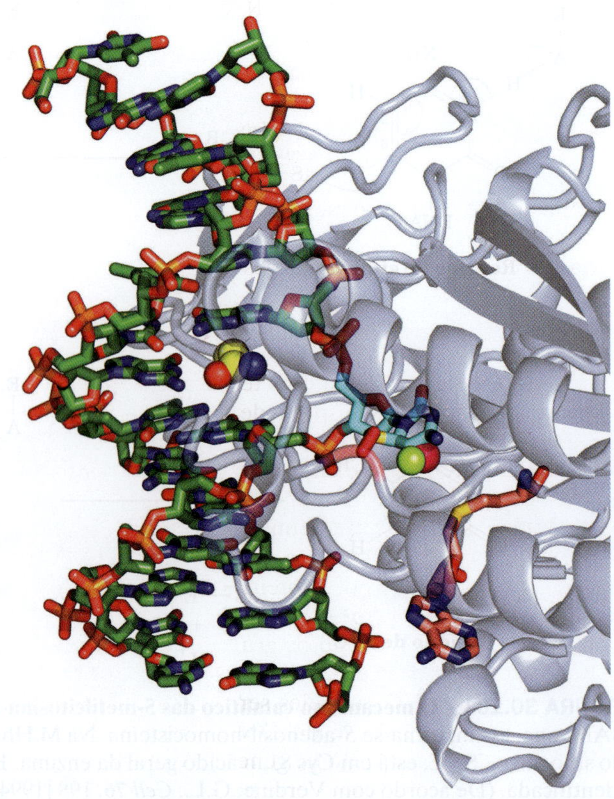

FIGURA 30.102 Estrutura por raios X da M.HhaI DNA metiltransferase em complexo com *S*-adenosil-homocisteína e um dsDNA contendo uma base 5-fluoro-citosina metilada no sítio-alvo da enzima. A proteína está representada por uma fita semitransparente. O DNA está representado na forma de bastão, colorido de acordo com o tipo de átomo (C verde, N azul, O vermelho e P cor de laranja). O resíduo de 5-fluorocitosina metilado (átomos de C em ciano) foi deslocado para fora da hélice do DNA, ficando inserido no bolsão do sítio ativo da enzima, onde o seu C6 forma uma ligação covalente com o átomo de S de um resíduo de Cys da enzima (átomos de C em magenta e S em amarelo). O grupo metila e um átomo de fluorina em C5 (que impede que a reação de metilação seja finalizada) estão representados por esferas em magenta e amarelo-verde, respectivamente. A posição da base citosina que foi deslocada para fora na dupla-hélice de DNA é ocupada pela cadeia lateral de um resíduo de Gln (mostrado na forma de volume atômico com C em amarelo), o qual se liga por ponte de hidrogênio com a base guanina "orfã". A S-adenosil--metionina, que perdeu seu grupo metila, está representada na forma de bastão com seus átomos de C em cor-de-rosa. (Com base em uma estrutura por raios X de Richard Roberts, New England Biolabs, Beverly, Massachusetts, EUA, e Xiaodong Cheng, Cold Spring Harbor Laboratory, Cold Spring Harbor, New York, EUA. PDBid 1MHT.)

aleatória esperada. As regiões a montante de muitos genes, entretanto, apresentam frequências normais de CG e são, por isso, conhecidas como **ilhas de CpG**.

O grau de metilação do DNA eucariótico e o seu padrão são convenientemente avaliados pela comparação de *Southern blots* (Seção 5.5D) de DNA clivado pelas endonucleases de restrição *Hpa*II (que cliva CCGG, mas não C-m^{5}C-GG) e *Msp*I (que cliva ambas as sequências). Esses estudos indicam que a metilação do DNA eucariótico varia de acordo com a espécie, o tecido e a posição ao longo do cromossomo.

Os resíduos de m^{5}C em um determinado segmento de DNA podem ser identificados por meio do **sequenciamento de bissulfito**, no qual o DNA reage com o **íon bissulfito** (HSO^-_3), que promove a desaminação seletiva de resíduos de C (mas não de m^{5}C) para U, seguido pela amplificação por PCR (Seção 5.5F), que copia esses Us como Ts e os m^{5}Cs como Cs. A comparação das sequências de DNA amplificadas com aquela do DNA não tratado revela quais os Cs do DNA não tratado que são metilados.

Existe uma clara evidência de que *a metilação do DNA reprime a expressão gênica, particularmente quando ela ocorre nas regiões promotoras a montante das sequências transcritas de um gene.* Por exemplo, os genes de globina estão menos metilados em eritrócitos do que em células não eritrocíticas e, de fato, a metilação específica da região controladora de um gene de globina recombinante inibe a sua transcrição em células transfectadas. Uma outra observação que apoia o efeito inibitório da metilação do DNA é a de que a **5-azacitosina (5-azaC)**,

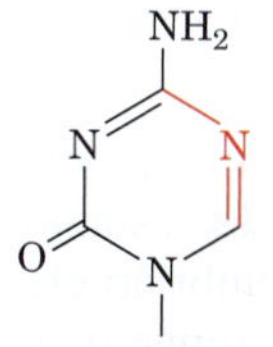

5-Azacitosina (5-azaC)

um análogo de bases que não pode ser metilado em sua posição N5 e que inibe MTases de DNA, estimula a síntese de várias proteínas e modifica padrões de diferenciação celular de células eucarióticas cultivadas. A observação de que parasitos intragênicos repetitivos, como os LINEs, estão altamente metilados em tecidos somáticos levou à hipótese de que a metilação de CpG em mamíferos teria surgido para impedir a iniciação da transcrição espúria desses retrotransposons.

A maneira pela qual a metilação do DNA impede a expressão gênica é pouco compreendida. Uma possibilidade é que a metilação do DNA pode bloquear diretamente a ligação de ativadores transcricionais a suas sequências-alvo. Entretanto, em muitos casos, a metilação do DNA é reconhecida por uma família de proteínas que contêm um **domínio de ligação a metil-CpG** (**MBD**, de *methyl-CpG binding domain*) conservado. Como os grupos metila dos resíduos m5C se estendem para o interior da fenda maior do DNA, os MBDs podem ligar-se a eles sem que haja distorção da estrutura helicoidal dupla do DNA. Proteínas contendo MBDs inibem a transcrição de genes ao ligarem-se aos seus promotores metilados. Isso ocorre por meio do recrutamento de complexos de proteínas que induzem a alteração da estrutura cromossômica local, de modo a impedir a transcrição do gene associado (a estrutura do cromossomo eucariótico é discutida na Seção 34.1). Uma outra possibilidade foi sugerida pela observação de que a metilação de poli(GC) sintético estabiliza a sua conformação de Z-DNA. Muito possivelmente, a formação de Z-DNA, que já foi detectado *in vivo* (Seção 29.1Bb), atue como um interruptor (*switch*) conformacional, para desligar localmente a expressão.

c. A metilação em eucariotos se autoperpetua

A natureza palindrômica dos sítios de metilação do DNA em eucariotos permite que o padrão de metilação de uma fita de DNA parental direcione a geração do mesmo padrão na sua fita-filha (Fig. 30.103). Essa **metilação de manutenção** determinaria que um padrão de metilação fosse "herdado" de forma estável em uma linhagem celular e, portanto, faria com que todas essas células tivessem o mesmo fenótipo diferenciado. Essas alterações no genoma são descritas como **epigenéticas** (do grego: *epi*, sobre ou ao lado de), porque elas representam um nível de informação adicional que especifica quando e onde porções específicas do genoma, que de outra forma é fixo, são expressas (uma modificação epigenética já descrita é o alongamento dos telômeros em células germinativas; Seção 30.4A). Características epigenéticas,

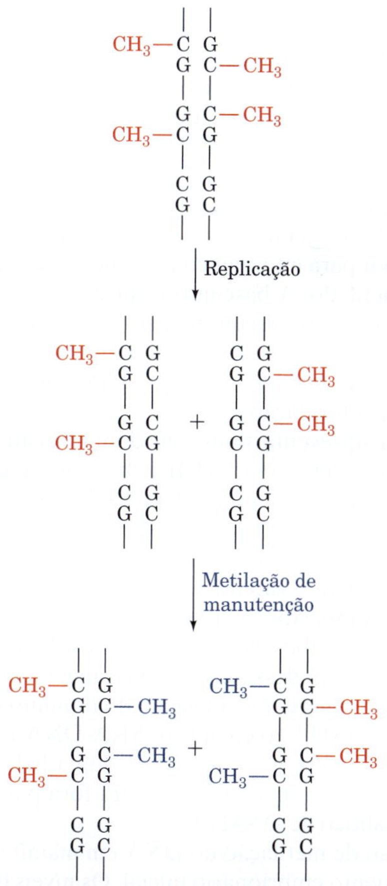

Replicação

Metilação de manutenção

FIGURA 30.103 Metilação de manutenção. O padrão de metilação em uma fita de DNA parental induz o padrão de metilação correspondente na fita complementar. Dessa forma, um padrão de metilação estável pode ser mantido em uma linhagem celular.

como será visto, não são regidas pelas leis da hereditariedade mendeliana.

Existem evidências experimentais consideráveis a favor da existência da metilação de manutenção, incluindo a observação de que DNA viral artificialmente metilado, ao ser transfectado em células eucarióticas, mantém o seu padrão de metilação por pelo menos 30 gerações celulares. A metilação de manutenção em mamíferos parece ser mediada principalmente pela proteína **DNMT1** (para *DNA metiltransferase 1*), que preferencialmente metila substratos de DNA hemimetilados. Em contraste, as MTases de DNA procarióticas, como a M.HhaI, não diferenciam entre substratos de DNA hemimetilados ou não metilados. A importância da metilação de manutenção é demonstrada pela observação de que camundongos homozigotos para a deleção do gene *DNMT1* morrem no início do desenvolvimento embrionário.

A energia de interação fornecida por um único grupo metil na cavidade maior do DNA parece insuficiente para permitir uma proteína diferenciar de forma confiável entre uma m^5C e um resíduo C. Apesar disso, o domínio **SRA** (para associado a SET e RING, de *SET and* RING-associated) da proteína **UHRF1** (para *ubiquitin-like, containing PHD and RING finger domains 1*) realiza essa tarefa e depois disso recruta DNMT1 ao sítio. Como o domínio SRA distingue um simples resíduo m^5C de um C não metilado?

A estrutura por raios X do domínio SRA de 210 resíduos em complexo com um DNA de 12 pb contendo um CpG hemimetilado centralmente localizado foi determinada de forma independente por Masahiro Shirakawa e Sirano Dhe-Paganon. Ela revela que o resíduo m^5C do DNA sai para fora da cavidade menor lateral do DNA na forma B completamente plana para se ligar profunda e firmemente dentro de um bolsão na proteína (Fig. 30.104). Duas alças circundam a fenda resultante na hélice do DNA a partir das cavidades maior e menor para interagir com as outras três bases do sítio CpG hemimetilado. A base m^5C é substituída na dupla-hélice pela cadeia lateral de um resíduo de Arg que se estende a partir da alça da cavidade menor, o qual se liga por pontes de hidrogênio ao resíduo G "órfão" sem praticamente interromper sua conformação.

DNMT1 apresenta tanto um domínio catalítico como um domínio de ligação a UHRF1. Imagina-se que o domínio catalítico apresente uma estrutura similar e uma maneira de se ligar ao DNA como as MTases, tal como M.HhaI (Fig. 30.102). Entretanto, um modelo do complexo domínio SRA-DNA-domínio catalítico de DNMT1 com base nas estruturas dos complexos M.HhaI e SRA-DNA indica que seja improvável que ambos os resíduos m^5C e C de uma ilha CpG helicoidal dupla pudesse estar simultaneamente para fora do DNA. Isso sugere que a ligação do domínio de ligação a UHRF1 de DNMT1 ao complexo SRA-DNA faça com que o resíduo m^5C volte para dentro da dupla-hélice do DNA, enquanto o C a ser metilado saia para fora para se ligar ao domínio catalítico de DNMT1.

O padrão de metilação do DNA em mamíferos varia no desenvolvimento embrionário inicial. Os níveis de metilação do DNA são elevados em gametas maduros (espermatozoides e óvulos), mas já foram praticamente eliminados quando um óvulo fertilizado torna-se um **blastocisto** (uma esfera oca de células, o estágio no qual o embrião implanta-se na

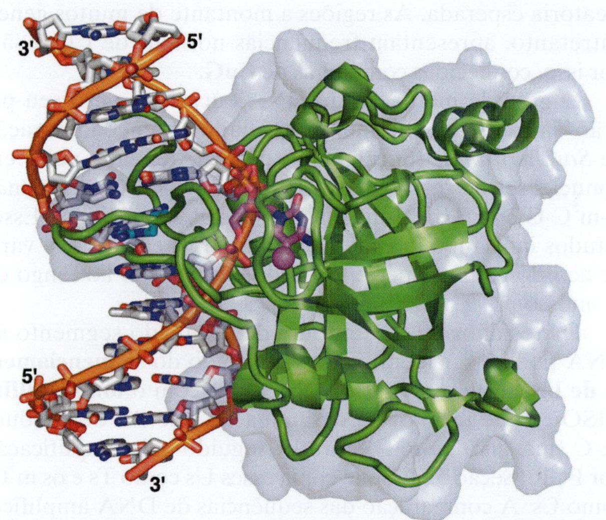

FIGURA 30.104 Estrutura por raios X do domínio SRA da UHRF1 de camundongo em complexo com um DNA de 12 pb hemimetilado. A proteína está representada na forma de fitas (*verde*) embutida em sua superfície molecular semitransparente. O DNA está representado na forma de bastão, colorido de acordo com o tipo de átomo (C do DNA cinza, exceto para o resíduo de m^5C que tem o C em magenta, N azul, O vermelho e P cor de laranja) com átomos de P sucessivos na mesma fita conectados por tubos laranjas. O grupo metila do resíduo m^5C está representado por uma esfera magenta. Uma cadeia lateral de Arg (C ciano) preenche o espaço na dupla-hélice do DNA que ficou vazio pela saída de m^5C. (Com base em uma estrutura por raios X de Masahiro Shirakawa, Kyoto University, Japão. PDBid 2ZDK.)

parede uterina; o desenvolvimento embrionário é discutido na Seção 34.4A). Após esse estágio, entretanto, os níveis de metilação do DNA do embrião elevam-se globalmente, até que, quando o embrião atinge o estágio de desenvolvimento conhecido como **gástrula**, os seus níveis de metilação do DNA já chegaram aos níveis adultos, permanecendo assim por toda a vida do animal. Essa metilação *de novo* (nova) parece ser mediada por duas MTases de DNA distintas da DNMT1, denominadas **DNMT3a** e **DNMT3b**. Uma exceção importante nesse processo de remetilação é a das ilhas de CpG das células da linhagem germinativa (células que dão origem a espermatozoides ou óvulos), que permanecem não metiladas. Isso garante a transmissão fiel das ilhas de CpG para as gerações subsequentes, em face à forte pressão mutagênica da desaminação de m^5C (que origina T, uma mutação que a MMR ocasionalmente falha em corrigir).

A alteração dos níveis de metilação do DNA (reprogramação epigenética) durante o desenvolvimento embrionário sugere que o padrão de expressão epigenética difere em células embrionárias e somáticas. Isso explica a elevada frequência de falhas na clonagem de mamíferos (ovelhas, camundongos, bovinos, etc.) pela transferência do núcleo de uma célula adulta para o interior de um ovócito (óvulo imaturo) enucleado. Poucos desses animais sobrevivem até o nascimento e muitos daqueles que sobrevivem morrem pouco tempo depois. Além disso, a maior parte dos 1% de sobreviventes apresenta várias anomalias, sendo a mais notável o tamanho incomumente grande. No entanto, o fato de alguns embriões ainda sobreviverem é um indicativo de que o ovócito possui uma formidável capacidade de reprogramar epigeneticamente os cromossomos somáticos (apesar dele raramente ter um sucesso completo ao fazer isso) e de que os embriões de mamíferos são relativamente tolerantes às anomalias epigenéticas. De maneira presumível, a clonagem reprodutiva de seres humanos a partir de núcleos adultos resultaria em anomalias similares e, por essa razão (além das proibições sociais e éticas), ela não deveria ser tentada.

d. O *imprinting* genômico resulta da metilação diferencial do DNA

Já é sabido há milhares de anos que as heranças materna e paterna podem ser diferentes. Por exemplo, uma mula (a prole de uma égua e de um jumento) e um mulo (a prole de um cavalo e de um jumento-fêmea) possuem características físicas obviamente diferentes, pois o mulo tem orelhas curtas, crina e cauda grossas e pernas mais fortes do que a mula. Isso ocorre porque, apenas em mamíferos, certos genes supridos materna e paternalmente são expressos diferencialmente, em um fenômeno denominado ***imprinting* genômico**. Os genes que estão sujeitos ao *imprinting* genômico são, como demonstrado por Rudolph Jaenisch, diferencialmente metilados nos dois progenitores durante a gametogênese e os padrões de metilação resultantes são resistentes à onda de desmetilação que ocorre durante a formação do blastocisto e à onda de metilação *de novo* que ocorre depois disso.

A importância do *imprinting* genômico é demonstrada pela observação de que um embrião derivado do transplante de dois pró-núcleos masculinos ou dois pró-núcleos femininos em um óvulo não é capaz de desenvolver-se (pró-núcleos são os núcleos de espermatozoides e óvulos maduros antes deles se fusionarem durante a fecundação). O *imprinting* inapropriado também está associado com certas doenças. Por exemplo, a **síndrome de Prader-Willi (PWS)**, que se caracteriza por comprometimento no crescimento e desenvolvimento (*failure to thrive*) na infância, mãos e pés pequenos, obesidade marcante e deficiência intelectual variável, é causada por uma deleção de > 5.000 kb em uma região específica do cromossomo 15 herdado paternalmente. Em contraste, a **síndrome de Angelman (AS)**, que se manifesta por uma deficiência intelectual grave, andar atáxico (descoordenado) similar ao de um boneco e surtos de riso inadequados, é causada por uma deleção da mesma região, mas do cromossomo 15 herdado maternalmente. Essas síndromes são também exibidas pelos raros indivíduos que herdam seus dois cromossomos 15 de suas mães, para a PWS, e de seus pais, para a AS. Evidentemente, determinados genes da região cromossômica deletada devem ser paternalmente herdados para evitar a PWS e outros devem ser maternalmente herdados para evitar a AS. Várias outras doenças humanas também estão associadas a heranças tanto maternas quanto paternas ou a falta delas.

e. A metilação do DNA está associada com o câncer

A mutação de um resíduo de m^5C para T (com a sua mutação de G para A associada na fita complementar) é, sem dúvida, a alteração mutacional mais prevalente nos cânceres humanos. Essas mutações geralmente convertem proto-oncogenes em oncogenes (Seção 19.3B) ou inativam supressores tumorais (Fig. 34.4Ca). Além disso, a hipometilação de proto-oncogenes e a hipermetilação de genes que codificam supressores tumorais também estão associadas com cânceres, embora não esteja claro se elas estão iniciando ou consolidando eventos que levam à malignidade.

f. Várias doenças neurológicas estão associadas com expansões de repetições de trinucleotídeos

A **síndrome do X frágil**, cujos principais sintomas incluem deficiência intelectual e uma face longa e estreita característica, com orelhas grandes, afeta 1 em cada 4.500 homens e 1 em cada 9.000 mulheres. A síndrome do X frágil é assim chamada porque, nos indivíduos afetados, a extremidade do braço longo do cromossomo X está conectada ao restante do cromossomo por um filamento fino, que é facilmente quebrado. Os aspectos genéticos dessa condição são estranhos. Os avôs maternos de indivíduos que apresentam a síndrome do X frágil podem ser assintomáticos, tanto clínica como citogeneticamente. Suas filhas são, da mesma forma, assintomáticas, mas os filhos de ambos os sexos dessas filhas podem apresentar a síndrome. Evidentemente, o defeito do X frágil é ativado pela passagem por uma mulher. Além disso, a **penetrância** da doença, que é a probabilidade de uma criança ter a síndrome do X frágil, e a sua severidade aumentam a cada geração que se sucede, em um fenômeno chamado de **antecipação genética**.

O gene afetado na síndrome do X frágil, *FMR1* (de *fragile X mental retardation 1*, deficiência intelectual do X frágil 1), codifica uma proteína de ligação a RNA de 632 resíduos denominada **FMRP** (de proteína de FMR), que aparentemente funciona no transporte de determinados mRNAs do núcleo para o citoplasma (Seção 34.3C), onde ela provavelmente regula a tradução deles. A FMRP é altamente conservada em vertebrados e é expressa na maioria dos tecidos, mas mais acentuadamente em neurônios cerebrais, onde, conforme indicado por várias evidências, a sua participação é necessária para a formação e/ou o funcionamento adequado das sinapses.

Na população em geral, a região 5′ não traduzida do gene *FMR1* contém uma sequência polimórfica $(CGG)_n$, com n variando de 6 a 60, que frequentemente é pontuada por uma ou duas interrupções de AGG. Entretanto, em certos indivíduos assintomáticos, n aumentou de 60 para 200, em uma chamada pré-mutação que os homens transmitem de forma inalterada para as suas filhas (eles transmitem um Y em vez de um cromossomo X para seus filhos). Nos filhos dessas filhas, no entanto, 80% dos indivíduos que herdaram um gene pré-mutante exibirão uma expansão surpreendente (amplificação) da repetição da trinca, com n variando de > 200 até vários milhares, bem como os sintomas da doença, na situação chamada de mutação completa. Essas repetições de trincas diferem em tamanho entre os irmãos e frequentemente exibem heterogeneidade em um mesmo indivíduo, sugerindo que são geradas somaticamente.

Essas **mutações dinâmicas**, que se expandem com mais frequência do que se contraem, talvez surjam devido ao deslizamento do DNA durante a replicação. Uma maneira de como o deslizamento pode ocorrer é através da formação de alças (Fig. 30.105) na fita recém-sintetizada (causando expansões) ou na fita-molde (causando contrações). Tais alças $(CNG)_n$ são, provavelmente, estabilizadas pela sua capaci-

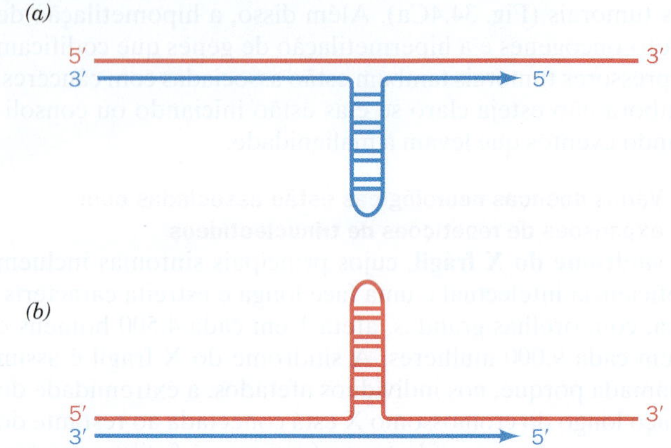

FIGURA 30.105 O mecanismo de alças para fora para a alteração do número de repetições de trincas consecutivas no DNA durante a sua replicação. Aqui, a fita-molde está em vermelho e a fita-filha nascente (recém-sintetizada) está em azul. Em regiões longas de sequências repetitivas, a probabilidade de ocorrência de uma alça ocorrer aumenta, porque as suas sequências vizinhas irão permanecer com suas bases pareadas. A alça para fora de uma repetição $(CNG)_n$ é estabilizada por sua capacidade em formar uma estrutura com pareamento parcial de pares de base. *(a)* Se a fita-filha formar uma alça para fora, o número de repetições irá aumentar. *(b)* Se a fita-molde formar uma alça, o número de repetições diminui.

dade de formar hastes de bases imperfeitamente pareadas. Como esperado, a frequência desses deslizamentos aumenta com o número de repetições.

A genética peculiar da síndrome do X frágil é uma consequência do *imprinting* genômico por metilação. O gene *FMR1* não está metilado em indivíduos normais. Entretanto, ele está hipermetilado em indivíduos com a mutação completa transmitida maternalmente. Isso mantém o gene *FMR1* em um estado transcricionalmente silencioso (inativo), o que explica os sintomas da doença. A frequência e a gravidade diminuídas da síndrome do X frágil em mulheres são explicadas pelo fato das mulheres possuírem dois cromossomos X, um dos quais tem uma pequena probabilidade de estar mutado.

Mais de 30 outros exemplos patológicos de expansão de repetições de DNA, a maioria dos quais também são doenças neurológicas, são conhecidos, incluindo os seguintes:

1. A **distrofia miotônica (DM)**, a forma adulta mais comum de **distrofia muscular** (sua incidência está estimada em 1 em 8.000). Ela é uma doença autossômica dominante multissistêmica que é caracterizada principalmente por uma fragilidade muscular progressiva e devastadora, cuja gravidade aumenta em gerações sucessivas, enquanto a idade de manifestação diminui (antecipação genética). A sua forma mais grave, a DM congênita, é transmitida de forma exclusivamente materna. A DM surge a partir de uma expansão trinucleotídica na região 3′ não traduzida do gene que codifica a **proteína-cinase da distrofia miotônica (MDPK**, de *myotonic dystrophy protein kinase*), que é expressa nos neurônios afetados pela DM. A trinca repetida, $(CAG)_n$, tem de 5 a 30 cópias presentes no gene MDPK de indivíduos normais, mas esse número se expande de pelo menos 50 repetições, em indivíduos minimamente afetados, para até~ 2.000 repetições, em indivíduos gravemente afetados.

2. A **doença de Huntington (HD**, previamente chamada de **coreia de Huntington)**, uma doença neurodegenerativa devastadora, caracterizada por movimentos progressivamente coreicos (desordenados), declínio cognitivo e perturbações emocionais ao longo de um período médio de 18 anos, que culmina inevitavelmente em letalidade. Essa doença autossômica dominante, que afeta 1 a cada 10.000 indivíduos e tem uma idade média de manifestação de 40 anos, é uma consequência da perda seletiva de determinados grupos de neurônios do cérebro. O gene *HD*, que codifica uma proteína de função desconhecida de 3.145 resíduos amplamente expressa, denominada **huntingtina**, contém uma repetição trinucleotídica polimórfica $(CAG)_n$, no interior da sequência codificadora do polipeptídeo. Os genes *HD* de 150 famílias independentes com HD contêm todos eles entre 37 e 86 unidades de repetição, enquanto aqueles de indivíduos normais possuem de 11 a 34 repetições. Além disso, a extensão da repetição do *HD* é instável: > 80% das transmissões meióticas apresentam aumentos ou diminuições, com os maiores aumentos ocorrendo em transmissões paternas (*imprinting* genômico). O número de repetições nos indivíduos afetados está inversamente correlacionado com a idade da manifestação da HD.

CAG é o códon para Gln (Tabela 5.3) e, portanto, uma huntingtina mutante contém um longo segmento de poli(Gln). Poli(Gln) sintéticas agregam-se como folhas β que estão ligadas por ligações de hidrogênio envolvendo tanto os grupos amida da cadeia principal como os das cadeias laterais. De fato, o núcleo de neurônios afetados pela HD contém inclusões que, provavelmente, consistem em agregados de huntingtina ou de seus produtos proteolíticos. São essas inclusões, como destacado por Max Perutz, que aparentemente matam os neurônios nos quais elas estão contidas, embora o mecanismo por meio do qual isso ocorre não seja conhecido. O longo período de incubação antes dos sintomas da HD tornarem-se evidentes é atribuído ao prolongado período de nucleação para a formação dos agregados, muito semelhante ao que ocorre na formação das fibrilas amiloides (Seção 9.5A).

3. A **ataxia espinocerebelar (SCA**, de *spinocerebellar ataxia*) **do tipo 1**, uma doença neurodegenerativa progressiva, cuja idade de manifestação é tipicamente na terceira ou quarta década de vida, embora ela apresente antecipação genética. Como a HD, ela é causada por uma perda seletiva de neurônios e está associada a uma expansão de uma repetição CAG em uma região codificadora, nesse caso de uma proteína neuronal denominada **ataxina-1**. Nessa região, a repetição expande-se de 28 para entre 43 e 81 cópias, produzindo, portanto, um segmento de poli(Gln) de extensão aumentada (e uma tendência à formação de agregados). Quatro doenças semelhantes, as **SCAs dos tipos 2, 3, 6** e **7**, são causadas por expansões de $(CAG)_n$ em diferentes proteínas neuronais.

RESUMO DO CAPÍTULO

1 e 2 Replicação do DNA O DNA é replicado na direção 5′ → 3′ pela união de desoxinucleosídeos trifosfatados sobre moldes de DNA complementares. A replicação é iniciada pela geração de pequenos iniciadores de RNA, como mediado, em *E. coli*, pela primase e pela RNA-polimerase. O DNA é depois estendido a partir das extremidades 3′ dos iniciadores pela ação de uma DNA-polimerase (Pol III em *E. coli*). A fita-líder em uma forquilha de replicação é sintetizada de forma contínua, enquanto a fita tardia é sintetizada descontinuamente, pela formação de fragmentos de Okazaki. Os iniciadores de RNA da fita de DNA recém-sintetizada são removidos e substituídos por DNA, pela reação de tradução de cadeias com quebras (*nick translation*), catalisada pela Pol I (em *E. coli*). As quebras de fita simples são, depois, seladas pela DNA-ligase. Erros de malpareamento ocorridos durante a síntese de DNA são corrigidos pelas funções de exonuclease 3′ → 5′ tanto da Pol I como da Pol III. O fragmento de Klenow da Pol I e de outras DNA-polimerases de estrutura conhecida apresenta uma estrutura similar à de uma mão direita, com o sítio ativo localizado no domínio de palma. A Pol I reconhece o nucleotídeo que será incorporado de acordo com a forma do par de bases que ele forma com a base do molde e catalisa a formação de uma ligação fosfodiéster, por meio de um mecanismo que envolve dois íons metálicos. A síntese de DNA pela Pol III de *E. coli* requer a participação de muitas proteínas acessórias, incluindo a DNA-girase, a helicase DnaB, a proteína de ligação a DNA de fita simples (SSB), a primase, o grampo deslizante β_2 e a DNA-ligase.

3 Replicação procariótica A síntese de DNA inicia em sítios específicos, conhecidos como origens de replicação. No bacteriófago M13, na síntese da fita (–) sobre o molde de fita (+), a origem é reconhecida e a síntese do iniciador é iniciada pela RNA-polimerase. O processo análogo no bacteriófago ϕX174, bem como em *E. coli*, é mediado por uma partícula complexa contendo uma primase, conhecida como primossomo. As fitas (+) de ϕX174 são sintetizadas de acordo com o modelo de replicação de DNA por círculo rolante com alça, sobre moldes de fita (–) da forma replicativa, em um processo que é dirigido pela proteína do gene *A*, específico do vírus.

O cromossomo de *E. coli* é replicado bidirecionalmente no modo θ a partir de uma única origem, *oriC*. Essa é reconhecida pela proteína DnaA, que juntamente com a proteína DnaC posiciona a helicase DnaB na forquilha de replicação em desenvolvimento. A síntese da fita-líder é provavelmente iniciada pelo trabalho conjunto da RNA-polimerase e da primase, enquanto os fragmentos de Okazaki são iniciados pela primase do primossomo. A iniciação descontrolada da replicação do DNA é impedida pelo sequestramento do *oriC* recém-sintetizado e, portanto, hemimetilado, feito pela proteína associada à membrana SeqA, que impede que o *oriC* fique totalmente metilado em seus múltiplos sítios GATC. O grampo deslizante β_2, que é responsável pela processividade da Pol III, é posicionado sobre o DNA pelo carregador do grampo $\gamma_3\delta\delta'$ em um processo movido por ATP. A subunidade δ, quando exposta pela ligação de ATP às subunidades γ, atua como uma "chave inglesa" molecular para abrir o grampo deslizante e, assim, permitir a entrada de um DNA-molde de fita simples. A terminação da replicação é facilitada pela proteína Tus, que, ao ligar-se a um sítio *Ter* orientado adequadamente, para o movimento de uma forquilha de replicação por meio de sua ligação com a helicase DnaB. A grande complexidade do processo de replicação do DNA garante a enorme fidelidade necessária para a manutenção da integridade do genoma.

4 Replicação eucariótica A progressão através do ciclo celular eucariótico é mediada por ciclinas em complexo com suas proteína-cinases dependentes de ciclinas (Cdks) cognatas. A replicação do DNA cromossômico é iniciada pela pol α/primase, que sintetiza um iniciador seguido por um segmento curto de DNA. Depois, por uma troca de polimerase mediada pelo fator de replicação C (RFC), o carregador do grampo eucariótico, a pol δ sintetiza processivamente ambas as fitas, a líder e a tardia, em complexo com o PCNA, o grampo deslizante eucariótico.

O DNA cromossômico eucariótico é sintetizado em múltiplos segmentos que contêm origens, conhecidos como replicons. Apesar disso, o DNA cromossômico é sintetizado apenas uma única vez por ciclo celular. A re-replicação do DNA é impedida porque a iniciação da replicação é licenciada somente na fase G_1 do ciclo celular, pela formação do complexo pré-replicativo (pré-RC). Porém, o DNA é sintetizado somente na fase S, pela ativação do pré-RC. O pré-RC é montado na fase G_1 pela ligação do complexo de reconhecimento da origem (ORC) a uma origem, o qual recruta a Cdc6/Cdc18 e a Cdt1, às quais se segue o complexo MCM, a helicase replicativa. A ativação do pré-RC inicia na fase S com a adição da Mcm10, seguida pela fosforilação de muitas das subunidades do pré-RC pelas Cdks e pela DdK. A Cdc45 então se liga, seguida pela pol α/primase, pela pol ε, pelo PCNA e pela proteína de replicação A (RPA), a correspondente da SSB, para gerar o complexo de iniciação ativo. A re-replicação é impedida pelas ações de Cdks, que causam a eliminação de Cdc6/Cdc18 e inibem a atividade de helicase do complexo MCM. Nas células de metazoários, a re-replicação também é impedida pela ligação da geminina à Cdt1. O DNA mitocondrial é replicado pela DNA-polimerase γ através de um processo no qual os fragmentos de Okazaki são inteiramente RNA.

Retrovírus produzem DNA a partir de moldes de RNA, em uma sequência de reações catalisadas pela transcriptase reversa. O DNA telomérico, um octâmero repetitivo rico em G na fita terminada em 3′, é sintetizado pela telomerase, uma enzima que contém RNA. A telomerase está ativa em células germinativas, mas não em células somáticas, um fenômeno que é, pelo menos em parte, responsável pela senescência celular e pelo envelhecimento. A observação de que a telomerase está ativa em praticamente todas as células cancerosas sugere que a inativação da telomerase seja uma defesa contra o desenvolvimento do câncer. As extremidades livres do DNA dos telômeros são cobertas para evitar que elas acionem pontos de verificação de DNA danificado. O heterodímero TEBP do telômero de *O. nova* liga-se tanto a fitas simples de DNA telomérico como a um dímero contendo um quarteto G. Seu correspondente em seres humanos e leveduras são Pot1 e TPP1. O DNA telomérico forma alças T. Essas alças são formadas pela invasão mediada por TRF2 do dsDNA repetitivo telomérico pela projeção telomérica 3′, para produzir uma alça D. POT1, TPP1, TRF1, juntamente com TRF2, TIN2 e RAP1, formam um complexo sobre o telômero chamado de shelterina, que funciona para proteger os telômeros dos processos de reparo e para limitar o tamanho dos telômeros.

5 Reparo do DNA As células possuem uma grande variedade de mecanismos de reparo do DNA. Lesões no DNA podem ser diretamente revertidas, como na fotorreativação de dímeros de pirimidina induzidos por UV ou no reparo de lesões de O^6-alquilguaninas pela transferência do grupo alquila lesivo para uma proteína de reparo. Dímeros de pirimidina, bem como muitos outros tipos de lesões no DNA, também podem ser removidos pelo sistema de reparo por excisão de nucleotídeos (NER), que, em *E. coli*, envolve o sistema UvrABC. A xerodermia pigmentosa (XP), uma doença hereditária humana caracterizada por alterações cutâneas marcantes induzidas por UV e por uma incidência de câncer bastante aumentada, é causada por defeitos em qualquer um dos sete grupos de complementação que participam do sistema NER. A Síndrome de Cockayne está associada com defeitos nas proteínas responsáveis pelo reparo acoplado à transcrição (TCR), o qual repara lesões em genes que são ativamente transcritos. No sistema de reparo por excisão de bases (BER), DNA-glicosilases removem especificamente as bases quimicamente alteradas correspondentes, inclusive a uracila, por meio de mecanismos que envolvem deslocamentos (*flip-outs*) das bases para a formação de sítios AP. Os sítios AP são clivados de um lado por uma AP-endonuclease, removidos juntamente com resíduos adjacentes por uma exonuclease e substituídos pelas ações de uma DNA-polimerase e de uma DNA-ligase. No reparo de malpareamentos (MMR), são corrigidas bases malpareadas que surgem devido a erros de replicação. Na MMR de *E. coli*, MutS e MutL ligam-se ao malpareamento e, depois, identificam a fita-filha, a que contém o erro, verificando qual das fitas do palíndromo GATC hemimetilado mais próximo não está metilada. A MutH então cliva essa fita, que é removida até depois do malpareamento e substituída.

Lesões no DNA em *E. coli* induzem a resposta SOS, um processo mediado pela LexA e pela RecA no qual as DNA-polimerases de desvio sujeitas a erro, a Pol IV e a Pol V, replicam um DNA-molde danificado, mesmo que ele não forneça qualquer informação de qual base deve ser incorporada. O reparo de quebras na fita dupla (DSB) pela união de extremidades não homólogas (NHEJ) é facilitada pela proteína Ku, que mantém as duas extremidades do dsDNA unidas para a ligação pela DNA-ligase IV em complexo com a Xrcc4. A alta correlação entre mutagênese e carcinogênese permite a detecção de carcinógenos pelo teste de Ames.

6 Recombinação e elementos genéticos móveis A informação genética pode ser permutada entre sequências de DNA homólogas pela recombinação homóloga, um processo que ocorre de acordo com o modelo de Holliday. Em *E. coli*, a invasão da fita para formar junções de Holliday é mediada pela RecA, que se liga a cortes de fita simples gerados previamente pela RecBCD. A migração da ramificação é comandada pela RuvAB, a qual consiste em um homotetrâmero (ou um homo-octâmero) da RuvA que se liga tanto à junção de Holliday como a dois hexâmeros da RuvB posicionados de maneira oposta. Em um processo movido por ATP, os hexâmeros da RuvB giram (de fato) de maneira oposta, para impulsionarem as hastes de dsDNA para o centro da junção de Holliday à qual a RuvA está ligada. Lá, cada uma das fitas simples da junção troca de parceira de pareamento de bases, para formar novas hastes de dsDNA que são transladadas em direção à periferia do complexo. A junção de Holliday é finalmente resolvida em seus dsDNAs componentes pela RuvC e selala pela DNA-ligase.

A função principal da recombinação homóloga é o reparo de forquilhas de replicação danificadas resultantes do encontro de replissomos com lesões de fita simples ou quebras não reparadas. DSBs podem ser religadas por um processo de reparo por recombinação chamado de união de extremidades homólogas.

Cromossomos e plasmídeos podem ser rearranjados pela ação de transposons. Esses segmentos de DNA contêm genes que codificam as proteínas que fazem a mediação do processo de transposição, além de outros genes. A transposase do Tn5 catalisa a transposição de corte e colagem do transposon Tn5. A transposição replicativa ocorre por meio da intermediação de cointegrados, que são resolvidos pela ação de enzimas, como a resolvase $\gamma\delta$. A transposição pode ser importante na evolução de cromossomos e plasmídeos e tem sido implicada no controle da expressão fenotípica, como na alternância de fases em *Salmonella*, um processo que é catalisado pela DNA-invertase Hin, uma homóloga da resolvase $\gamma\delta$. Membros da família de proteínas da integrase de λ, como a recombinase Cre, inserem segmentos de dsDNA em seus sítios-alvo em uma via que tem como intermediário uma junção de Holliday, na qual são formadas ligações covalentes transitórias entre o sítio ativo da cadeia lateral de um resíduo de Tyr e os grupos 3′-OH dos sítios de clivagem. Retrotransposons realizam a transposição por meio de um intermediário de RNA. Muitos retrotransposons, como o Ty1 de levedura, são retrovírus "internos", que podem ser replicados somente dentro de um genoma. Retrotransposons não virais, como os LINEs, os transposons dominantes do genoma humano, possuem um mecanismo de transposição diferente.

7 Metilação do DNA e expansões de repetições trinucleotídicas O DNA procariótico pode ser metilado em suas bases de A ou C. Isso impede a ação de endonucleases de restrição e permite o reparo correto de malpareamentos na fita de DNA recém-replicada. Na maioria dos eucariotos, a metilação do DNA, que ocorre principalmente em ilhas de CpG, pela formação de m^5C, foi implicada no controle da expressão gênica e, pela metilação de manutenção, no *imprinting* genômico.

Mais de 30 doenças hereditárias, a maioria neurológicas, incluindo a síndrome do X frágil, a distrofia miotônica e a doença de Huntington, são caracterizadas pela expansão geneticamente bizarra de segmentos de $(CNG)_n$. Se uma trinca repetitiva expandida ocorre em uma região não codificadora a montante de um gene, a sua metilação aberrante pode, talvez por meio de *imprinting* genômico, levar ao silenciamento transcricional desse gene. Se, ao invés disso, a repetição expandida manifesta-se como um segmento de poli(Gln) em uma proteína, os agregados proteicos resultantes podem matar os neurônios nos quais ela ocorre.

REFERÊNCIAS

Geral

Alberts, B., Johnson, A., Lewis, J., Raff, M., Roberts, K., and Walter, P., *The Molecular Biology of the Cell* (5th ed.), Chap. 5, Garland Science (2008).

Kornberg, A., *For Love of Enzymes: The Odyssey of a Biochemist,* Harvard University Press (1989). [Uma autobiografia científica.]

Kornberg, A. and Baker, T.A., *DNA Replication* (2nd ed.), Freeman (1992). [Um compêndio de informações sobre a replicação do DNA, cujo primeiro autor é o fundador da área.]

Watson, J.D., Baker, T.A., Bell, S.P., Gann, A., Levine, M., and Losick, R., *Molecular Biology of the Gene* (6th ed.), Chapters 8–11, Cold Spring Harbor Laboratory Press (2008).

Replicação do DNA procariótico

Bailey, S., Eliason, W.K., and Steitz, T.A., Structure of hexameric DnaB helicase and its complex with a domain of DnaG protein, *Science* **318,** 459–463 (2007).

Beese, L.S., Derbyshire, V., and Steitz, T.A., Structure of DNA polymerase I Klenow fragment bound to duplex DNA, *Science* **260,** 352–355 (1993).

Benkovic, J.J.,Valentine, A.M., and Salinas, F., Replisome-mediated DNA replication, *Annu. Rev. Biochem.* **70,** 181–208 (2001).

Carr, K.M. and Kaguni, J.M., Stoichiometry of DnaA and DnaB protein in initiation at the *Escherichia coli* chromosomal origin, *J. Biol. Chem.* **276,** 44919–44925 (2001).

Caruthers, J.M. and McKay, D.B., Helicase structure and mechanism, *Curr. Opin. Struct. Biol.* **12,** 123–133 (2002).

Corn, J.E. and Berger, J.M., Regulation of bacterial priming and daughter strand synthesis through helicase–primase interactions, *Nucleic Acids Res.* **34,** 4082–4087 (2006).

Corn, J.E., Pelton, J.G., and Berger, J.M., Identitication of a DNA primase template tracking site redefines the geometry of primer synthesis, *Nature Struct. Mol. Biol.* **15,** 16–169 (2008).

Davey, M.J., Jeruzalmi, D., Kuriyan, J., and O'Donnell, M., Motors and switches: AAA$^+$ machines within the replisome, *Nature Rev. Mol. Cell Biol.* **3,** 1–10 (2002).

Doublié, S., Sawaya, M.R., and Ellenberger, T., An open and closed case for all polymerases, *Structure* **7,** R31–R35 (1999). [Revisa os mecanismos de DNA-polimerases.]

Duerstadt, K.E. and Berger, J.M., AAA+ ATPases in the initiation of DNA replication, *Crit. Rev. Biochem. Mol. Biol.* **43,** 163–187 (2008).

Enemark, E.J. and Joshua-Tor, L., Mechanism of DNA translocation in a replicative hexameric helicase, *Nature* **442,** 270–275 (2006).

Frick, D.N. and Richardson, C.C., DNA primases, *Annu. Rev. Biochem.* **70,** 39–80 (2001).

Georgescu, R.E., Kim, S.-S., Yurieva, O., Kuriyan, J., Kong, X.-P., and O'Donnell, M., Structure of a sliding clamp on DNA, *Cell* **132,** 43–54 (2008).

Hamdan, S.M. and Richardson, C.C., Motors, switches, and contacts in the replisone, *Annu. Rev. Biochem.* **78,** 205–243 (2009).

Jeruzalmi, D., O'Donnell, M., and Kuriyan, J., Clamp loaders and sliding clamps, *Curr. Opin. Struct. Biol.* **12,** 217–224 (2002).

Kaguni, J.M., DnaA: Controlling the initiation of bacterial DNA replication and more, *Annu. Rev. Microbiol.* **60,** 351–371 (2006).

Kamada, K., Horiuchi, T., Ohsumi, K., Shimamoto, N., and Morikawa, K., Structure of a replication–terminator protein complexed with DNA, *Nature* **383,** 598–603 (1996).

Keck, J.L., Roche, D.D., Lynch,A.S., and Berger, J.M., Structure of the RNA polymerase domain of *E. coli* primase, *Science* **287,** 2482–2486 (2000); *and* Podobnik, M., McInerney, P., O'Donnell, M., and Kuriyan, J., A TOPRIM domain in the crystal structure of the catalytic core of *Escherichia coli* primase confirms a structural link to DNA topoisomerases, *J. Mol. Biol.* **300,** 353–362 (2000).

Kim, Y., Eom, S.H., Wang, J., Lee, D.-S., Suh, S.W., and Steitz, T.A., Crystal structure of *Thermus aquaticus* DNA polymerase, *Nature* **376,** 612–616 (1995).

Kong, X.-P., Onrust, R., O'Donnell, M., and Kuriyan, J., Three-dimensional structure of the β subunit of *E. coli* DNA polymerase III holoenzyme: A sliding DNA clamp, *Cell* **69,** 425–437 (1992).

Kool, E.T., Active site tightness and substrate fit in DNA replication, *Annu. Rev. Biochem.* **71,** 191–219 (2002); *and* Hydrogen-bonding, base stacking, and steric effects in DNA replication, *Annu. Rev. Biophys. Biomol. Struct.* **30,** 1–2 (2001).

Korolev, S., Hsieh, J., Gauss, G.H., Lohman, T.M., and Waksman, G., Major domain swiveling revealed by the crystal structures of complexes of *E. coli* Rep helices bound to single-stranded DNA and ADP, *Cell* **90,** 635–647 (1997).

Kunkel, T.A. and Bebenek, K., DNA replication fidelity, *Annu. Rev. Biochem.* **69,** 497–529 (2000).

Lamers, M.H., Georgescu, R.E., Lee, S.-G., O'Donnell, M., and Kuriyan, J., Crystal structure of the catalytic α subunit of *E. coli* replicative DNA polymerase III, *Cell* **126,** 881–892 (2006); *and* Bailey, S., Wing, R.A., and Steitz, T.A., The structure of *T. aquaticus* polymerase III is distinct from eukaryotic replicative DNA polymerases, *Cell* **126,** 893–904 (2006).

Lee, J.Y., Chang, C., Song, H.K., Moon, J., Yang, J.K., Kim, H.-K., Kwon, S.-T., and Suh, S.W., Crystal structure of NAD$^+$-dependent DNA ligase: modular architecture and functional implications, *EMBO J.* **19,** 1119–1129 (2000).

Li,Y., Korolev, S., and Waksman, G., Crystal structures of open and closed forms of binary and ternary complexes of the large fragment of *Thermus aquaticus* DNA polymerase I: structural basis for nucleotide incorporation, *EMBO J.* **17,** 7514–7525 (1998).

Mott, M.L. and Berger, J.M., DNA replication initiation: mechanisms and regulation in bacteria, *Nature Rev. Microbiol.* **5,** 343-354 (2007).

Mott, M.L., Erzberger, J.P., Coons, M.M., and Berger, J.M., Structural synergy and molecular crosstalk between bacterial heli-case loaders and replication initiators, *Cell* **134,** 623–634 (2008). [A estrutura por raios X da proteína DnaC.]

Mulcair, M.D., Schaeffer, P.M., Oakley, A.J., Cross, H.F., Neylon, C., Hill, T.M., and Dixon, N.E., A molecular mousetrap determines polarity of termination of DNA replication in *E. coli, Cell* **125,** 1309–1319 (2006).

Nandakumar, J., Nair, P.A., and Shuman, S., Last stop on the road to repair: Structure of *E. coli* DNA ligase bound to nicked DNA-adenylate, *Mol. Cell* **26,** 257–271 (2007); *and* Shuman, S., DNA ligase: progress and prospects, *J. Biol. Chem.* **284,** 17365–17369 (2009).

O'Donnell, M., Replisome architecture and dynamics in *E. coli, J Biol. Chem.* **281,** 10653–10656 (2006); *and* Johnson, A. and O'Donnell, M., Cellular DNA replicases: Components and dynamics at the replication fork, *Annu. Rev. Biochem.* **74,** 283–315 (2005).

Patel, S.S. and Donmez, I., Mechanisms of helicases, *J. Biol. Chem.* **281,** 18265–18268 (2006); *and* Patel, S.S. and Picha, K.M., Structure and function of hexameric helicases, *Annu. Rev. Biochem.* **69,** 651–697 (2000).

Raghunathan, S., Kozlov, A.G., Lohman, T.M., and Waksman, G., Structure of the DNA binding domain of *E. coli* SSB bound to ssDNA, *Nature Struct. Biol.* **7,** 648–652 (2000).

Rothwell, P.J. and Waksman, G., Structure and mechanism of DNA polymerases, *Adv. Prot. Chem.* **71,** 401–440 (2005).

Simonetta, K.R., Kazmirski, S.L., Goedken, E.R., Cantor, A.J., Kelch, B.A., McNally, R., Seyedin, S.N., Makino, D.L., O'Donnell, M., and Kuriyan, J., The mechanism of ATP-dependent primer-template recognition by a clamp loader complex, *Cell* **137,** 659–671 (2009).

Singleton, M.R., Dillingham, M.S., and Wigley, D.B., Structure and mechanism of helicases and nucleic acid translocases, *Annu. Rev. Biochem.* **76,** 23–50 (2007).

Singleton, M.R., Sawaya, M.R., Ellenberger, T., and Wigley, D.B., Crystal structure of T7 gene 4 ring helicase indicates a mechanism for sequential hydrolysis of nucleotides, *Cell* **101,** 589–600 (2000).

Soultanas, P. and Wigley, D.B., Unwinding the 'Gordian knot' of helicase action, *Trends Biochem. Sci.* **26,** 47–54 (2001).

Watson, J.D. and Crick, F.H.C., Genetical implications of the structure of deoxyribonucleic acid, *Nature* **171,** 964–967 (1953). [O artigo no qual a replicação semiconservativa do DNA foi postulada pela primeira vez.]

Replicação do DNA eucariótico

Allsopp, R.C., Vaziri, H., Patterson, C., Goldstein, S., Younglai, E.V., Futcher, A.B., Greider, C.W., and Harley, C.B., Telomere length predicts replicative capacity of human fibroblasts, *Proc. Natl. Acad. Sci.* **89,** 10114–10118 (1992).

Arezi, B. and Kuchta, R.D., Eukaryotic DNA primase, *Trends Biochem. Sci.* **25,** 572–576 (2000).

Armanios, M., Syndromes of telomere shortening, *Annu. Rev. Genomics Hum. Genet.* **10,** 45–61 (2009).

Autexier, C. and Lue, N.F., The structure and function of telomerase reverse transcriptase, *Annu. Rev. Biochem.* **75,** 493–517 (2006).

Bell, S.P. and Dutta, A., DNA replication in eukaryotic cells, *Annu. Rev. Biochem.* **71,** 333–374 (2002).

Blackburn E.H., Switching and signaling at the telomere, *Cell* **106,** 661–673 (2001); *and* Telomere states and cell fates, *Nature* **408,** 53–56 (2000).

Blackburn E.H., Greider, C., and Szostak, J.W., Telomeres and telomerase: the path from maize, *Tetrahymena* and yeast to human cancer and aging, *Nature Med.* **12,** 1133–1138 (2006). [Uma biografia científica.]

Blow, J.J. and Dutta, A., Preventing re-replication of chromosomal DNA, *Nature Rev. Mol. Cell Biol.* **6,** 476–486 (2005).

Bowman, G.D., O'Donnell, M., and Kuriyan, J., Structural analysis of a eukaryotic sliding clamp–clamp loader complex, *Nature* **429,** 724–730 (2004).

Burger, P.M.J., Polymerase dynamics at the eukaryotic replication fork, *J. Biol. Chem.* **284,** 4041–4045 (2009). [Discute os papéis de pol δ, pol ε e FEN1.]

Cech, T.R., Life at the end of the chromosome: Telomeres and telomerase, *Angew. Chem.* **39,** 34–43 (2000).

Croy, J.E. and Wuttke, D.S., Themes in ssDNA recognition by telomere-end protection proteins, *Trends Biochem. Sci.* **31,** 516–525 (2006).

de Lange, T., Lundblad, V., and Blackburn, E. (Eds.), *Telomeres* (2nd ed.), Cold Spring Harbor Laboratory Press (2006).

DePamphilis, M.L., Replication origins in metazoan chromosomes: fact or fiction, *BioEssays* **21,** 5–16 (1999).

Diffley, J.F.X., DNA replication: Building the perfect switch, *Curr. Biol.* **11,** R367–R370 (2001).

Ding, J., Das, K., Hsiou, Y., Sarafianos, S.G., Clark, A.D., Jr., Jacobo-Molina, A., Tantillo, C., Hughes, S.H., and Arnold, E., Structure and functional implications of the polymerase active site region in a complex of HIV-1 RT with a double-stranded DNA template-primer and an antibody Fab fragment at 2.8 Å resolution, *J. Mol. Biol.* **284,** 1095–1111 (1998).

Franklin, M.C., Wang, J., and Steitz, T.A., Structure of the replicating complex of a pol α family DNA polymerase, *Cell* **105,** 657–667 (2001).

Ellenberger, T. and Tomkinson, A.E., Eukaryotic DNA ligases: structural and functional insights, *Annu. Rev. Biochem.* **77,** 313–338 (2008).

Garg, P. and Burgers, P.M.J., DNA polymerases that propagate the eukaryotic replication fork, *Crit. Rev. Biochem. Mol. Biol.* **40,** 115–128 (2005).

Gilbert, D.M., Making sense out of eukaryotic DNA replication origins, *Science* **294,** 96–100 (2001).

Gillis,A.J., Schuller,A.P., and Skordalakes, E., Structure of the *Tribolium castaneum* telomerase catalytic subunit TERT, *Nature* **455,** 633–637 (2008).

Gilson, E. and Géli, V., How telomeres are replicated, *Nature Rev. Mol. Cell Biol.* **8,** 825–838 (2007).

Griffith, J.D., Comeau, L., Rosenfield, S., Stansel, R.M., Bianchi, A., Moss, H., and de Lange, T., Mammalian telomeres end in a large duplex loop, *Cell* **97,** 503–514 (1999).

Hahn, W.C., Counter, C.M., Lundberg, A.S., Beijersbergen, R.L., Brooks, M.W., and Weinberg, R.A., Creation of human tumour cells with defined genetic elements, *Nature* **400,** 464–468 (1999).

Harrison, J.C. and Haber, J.E., Surviving the breakup: the DNA damage checkpoint, *Annu. Rev. Genet.* **40,** 209–235 (2006).

Holt, I.J., Mitochondrial DNA replication and repair: all a flap, *Trends Biochem. Sci.* **34,** 358–365 (2009).

Horvath, M.P. and Schultz, S.C., DNA G-quartets in a 1.86 Å resolution structure of an *Oxytricha nova* telomeric protein–DNA complex, *J. Mol. Biol.* **310,** 367–377 (2001).

Hübscher, U., Maga, G., and Spadari, S., Eukaryotic DNA polymerases, *Annu. Rev. Biochem.* **71,** 133–163 (2002).

Johansson, E. and MacNeil, S.A., The eukaryotic replicative DNA polymerase takes shape, *Trends Biochem. Sci.* **35,** 339–347 (2010).

Kelleher, C., Teixeira, M.T., Förstemann, K., and Lingner, J., Telomerase: Biochemical considerations for enzyme and substrate, *Trends Biochem. Sci.* **27,** 572–579 (2002).

Kelly, T.J. and Brown, G.W., Regulation of chromosome replication, *Annu. Rev. Biochem.* **69,** 829–880 (2000).

Lansdorp, P.M., Major cutbacks at chomosome ends, *Trends Biochem. Sci.* **30,** 388–395 (2005) [Revisa os mecanismos da erosão telomérica.]

Liu, Y., Kao, H.-I., and Bambara, R.A., Flap endonuclease 1: A central component of DNA metabolism, *Annu. Rev. Biochem.* **73,** 589–615 (2004).

Machida, Y.J., Hamlin, J.L., and Dutta, A., Right place, right time, and only once: Replication initiation in metazoans, *Cell* **123,** 13–24 (2005); *and* Machida, Y.J. and Dutta, A., Cellular checkpoint mechanisms monitoring proper initiation of DNA replication, *J. Biol. Chem.* **280,** 6253–6256 (2005).

Masai, H., Matsumoto, S.,You, Z.,Yoshizawa-Sugata, N., and Oda, M., Eukaryotic chromosome DNA replication: Where, when, and how? *Annu. Rev. Biochem.* **79,** 89–130 (2010).

McCulloch, S.D. and Kunkel, T.A., The fidelity of DNA synthesis by eukaryotic replicative and translesion synthesis polymerases, *Cell Res.* **18,** 148–161 (2008).

McEachern, M.J., Krauskopf, A., and Blackburn, E.H., Telomeres and their control, *Annu. Rev. Genet.* **34,** 331–358 (2000).

Moldovan, G.-L., Pfander, B., and Jentsch, S., PCNA, the maestro of the replication fork, *Cell* **129,** 665–679 (2007).

Neidle, S. and Parkinson, G.,Telomere maintenance as a target for anticancer drug discovery, *Nature Rev. Drug Discov.* **1,** 383–393 (2002); *and* The structure of telomeric DNA, *Curr. Opin. Struct. Biol.* **13,** 275 (2003).

Osterhage, J.L. and Friedman, K.L., Chromosome end maintenance by telomerase, *J.Biol. Chem.* **284,** 16061–16065 (2009).

O'Sullivan, R.J. and Karlseder, J., Telomeres: protecting chromosomes against genome instability, *Nature Rev. Mol. Cell Biol.* **11,** 171–181 (2010).

Pursell, Z.F., Isoz, I., Lundström, E.-B., Johansson, E., and Kunkel, T.A., Yeast DNA polymerase ε participates in leading-strand replication, *Science* **317,** 127–130 (2007).

Riethman, H., Human telomere structure and biology, *Annu. Rev. Genomics Hum. Genet.,* **9,** 1–19 (2008).

Schultze, P., Smith, F.W., and Feigon, J., Refined solution structure of the dimeric quadruplex formed from the *Oxytricha* telomeric oligonucleotide d(GGGGTTTTGGGG), *Structure* **2,** 221–233 (1994).

Smogorzewska, A., and de Lange, T., Regulation of telomerase by telomeric proteins, *Annu. Rev. Biochem.* **73,** 177–208 (2004).

Swan, M.K., Johnson, R.E., Prakash, L., Prakash, S., and Aggarwal, A.K., Structural basis of high-fidelity DNA synthesis by yeast DNA polymerase δ, *Nature Struct. Mol. Biol.* **16,** 979–986 (2009).

Tye, B.K. and Sawyer, S., The hexameric eukaryotic MCM helicase: building symmetry from nonidentical parts, *J. Biol. Chem.* **275,** 34833–34836 (2000); *and* Tye, B.K., MCM proteins in DNA replication, *Annu. Rev. Biochem.* **68,** 649–686 (1999).

Urquidi, V., Tarin, D., and Goddison, S., Role of telomerase in cell senescence and oncogenesis, *Annu. Rev. Med.* **51,** 65–79 (2000).

Verdun, R.E. and Karlseder, J., Replication and protection of telomeres, *Nature* **447,** 924–931 (2007).

Reparo do DNA

Ames, B.N., Identifying environmental chemicals causing mutations and cancer, *Science* **204,** 587–593 (1979).

Beckman, K.B. and Ames, B.N., Oxidative decay of DNA, *J. Biol. Chem.* **272,** 19633–19636 (1997).

Broyde, S., Wang, L., Rechkoblit, O., Geacintov, N.E., and Patel, D.J., Lesion processing: high-fidelity versus lesion-bypass DNA polymerases, *Trends Biochem. Sci.* **33,** 209–219 (2008).

David, S.S., O'Shea, V.L., and Kundu, S., Base excision repair of oxidative DNA damage, *Nature* **447,** 941–950 (2007).

Deaconescu, A.M., Savery, N., and Darst, S.A., The bacterial transcription repair coupling factor, *Curr. Opin. Struct. Biol.* **17,** 96–102 (2007).

Friedberg, E.C., Wagner, R., and Radman, M., Specialized DNA polymerases, cellular survival, and the genesis of mutations, *Science* **296,** 1627–1630 (2002).

Friedberg, E.C., Walker, G.C., Siede, W., Wood, R.D., Schultz, R.A., and Ellenberger, T., *DNA Repair and Mutagenesis* (2nd ed.), ASM Press (2006).

Garber, P.M., Vidanes, G., and Toczyski, D.P., Damage in transition, *Trends Biochem. Sci.* **30,** 63–66 (2005). [Descreve como DNA quebrado pode ser reparado por NHEJ ou recombinação.]

Goodman, M.F., Error-prone repair DNA polymerases in prokaryotes and eukaryotes, *Annu. Rev. Biochem.* **71,** 17–50 (2002).

Harfe, B.D. and Jinks-Robertson, S., DNA mismatch repair and genetic instability, *Annu. Rev. Genet.* **34,** 359–399 (2000).

Heller, R.C. and Marians, K.J., Replisome assembly and the direct restart of replication forks, *Nature Rev. Mol. Cell Biol.* **7,** 932–943 (2006).

Hopfner, K.-P., Putnam, C.D., and Tainer, J.A., DNA double-strand break repair from head to tail, *Curr. Opin. Struct. Biol.* **12,** 115–122 (2002).

Kunkel, T.A. and Erie, D.A., DNA mismatch repair, *Annu. Rev. Biochem.* **74,** 681–710 (2005).

Lieber, M.R.,The mechanism of double-strand DNA break repair by the nonhomologous DNA end-joining pathway, *Annu. Rev. Biochem.* **79,** 181–211 (2010).

Ling, H., Boudsocq, F.,Woogate, R., and Yang,W., Crystal structure of a Y-family DNA polymerase in action: A mechanism for error-prone and lesion-bypass replication, *Cell* **107,** 91–102 (2001).

Mees, A., Klar, T., Gnau, P., Hennecke, U., Eker, A.P.M., Carell, T., and Essen, L.-O., Crystal structure of a photolyase bound to a CPD-like DNA lesion after in situ repair, *Science* **306,** 1789–1793 (2004).

McCullough, A.K., Dodson, M.L., and Lloyd, R.S., Initiation of base excision repair: glycosylase mechanism and structures, *Annu. Rev. Biochem.* **68,** 255–285 (1999).

Modrich, P., Mechanisms of eukaryotic mismatch repair, *J. Biol. Chem.* **281,** 30305–30309 (2006).

Mol, C.D., Parikh, S.S., Putnam, C.D., Lo, T.P., and Tainer, J.A., DNA repair mechanism for the recognition and removal of damaged DNA bases, *Annu. Rev. Biophys. Biomol. Struct.* **28,** 101–128 (1999).

Moore, M.H., Gulbis, J.M., Dodson, E.J., Demple, B., and Moody, P.C.E., Crystal structure of a suicidal DNA repair protein: Ada O^6-methylguanine-DNA methyltransferase from *E. coli, EMBO J.* **13,** 1495–1501 (1994).

Myers, L.C., Verdine, G.L., and Wagner, G., Solution structure of the DNA methyl triester repair domain of *Escherichia coli* Ada, *Biochemistry* **32,** 14089–14094 (1993).

Parikh, S.S., Mol, C.D., Slupphaug, G., Bharati, S., Krokan, H.E., and Tainer, J.A., Base excision repair initiation revealed by crystal structures and binding kinetics of human uracil–DNA glycosylase with DNA, *EMBO J.* **17,** 5214–5226 (1998).

Pham, P., Rangarajan, S., Woodgate, R., and Goodman, M.F., Roles of DNA polymerases V and II in SOS-induced error-prone and error-free repair in *Escherichia coli, Proc. Natl. Acad. Sci.* **98,** 8350–8354 (2001); *and* Goodman, M.F., Coping with replication 'train wrecks' in *Escherichia coli* using Pol V, Pol II, and RecA proteins, *Trends Biochem. Sci.* **25,** 189–195 (2000).

Prakash, S., Johnson, R.E., and Prakash, L., Eukaryotic translesion synthesis DNA polymerases: Specificity of structure and function, *Annu. Rev. Biochem.* **74,** 317–353 (2005).

Sancar,A., Lindsey-Bolz, L.A., Ünsal-Kaçmaz, K., and Linn, S., Molecular mechanisms of mammalian DNA repair and the DNA damage checkpoints, *Annu. Rev. Biochem.* **73,** 39–85 (2005).

Sarker, A.H., et al., Recognition of RNA polymerse II and transcription bubbles by XPG, CSB, and TFIIH: Insights for transcription-coupled repair and Cockayne syndrome, *Mol. Cell* **20,** 187–198 (2005).

Sutton, M.D., Smith, B.T., Godoy, V.G., and Walker, G.C., The SOS response: recent insights into *umuDC*-dependent mutagenesis and DNA damage tolerance, *Annu. Rev. Genet.* **34,** 479–497 (2000).

Tainer, J.A. and Friedberg, E.C. (Eds.), Biological Implications from Structures of DNA Repair Proteins, *Mutat. Res.* **460,** 139–335 (2000). [Uma série de revisões respeitáveis.]

Valle, D. (Ed.), *The Online Metabolic & Molecular Bases of Inherited Disease*, http://www.ommbid.com/. [Capítulos 28 e 32 contêm discussões sobre xerodermia pigmentosa, síndrome de Cockayne e câncer colorretal não poliposo hereditário.]

Walker, J.R., Corpina, R.A., and Goldberg, J., Structure of the Ku heterodimer bound to DNA and its implications for double-strand break repair, *Nature* **412,** 607–614 (2001).

Wyman, C. and Kanaar, R., DNA double-strand break repair:All's well that ends well, *Annu. Rev. Genet.* **40,** 363–383 (2006).

Yang, W. (Ed.), DNA Replication and Repair, *Adv. Prot. Chem.* **69** (2004).

Recombinação e elementos genéticos móveis

Ariyoshi, M., Nishino, T., Iwasaki, H., Shinagawa, H., and Morikawa, K., Crystal structure of the Holliday junction DNA in complex with a single RuvA tetramer, *Proc. Natl. Acad. Sci.* **97,** 8257–8262 (2000).

Biertümpfel, C., Yang, W., and Suck, D., Crystal structure of T4 endonuclease VII resolving a Holliday junction; *and* Hadden, J.M., Déclais, A.-C., Carrr, S.B., Lilley, D.M., and Phillips, S.E.V., The structural basis of Holliday junction resolution by T7 endonuclease I, *Nature* **449,** 616–620 *and* 621–625 (2007).

Changela, A., Perry, K., Taneja, B., and Mondragón, A., DNA manipulators: caught in the act, *Curr. Opin. Struct. Biol.* **13,** 15–22 (2003).

Chen, Z.,Yang, H., and Pavletich, N.P., Mechanism of homologous recombination from the RecA–ssDNA/dsDNA structures, *Nature* **453,** 489–494 (2008).

Cox, M.M., Motoring along with the bacterial RecA protein, *Nature Rev. Mol. Cell Biol.* **8,** 127–138 (2007); *and* Regulation of bacterial RecA protein function, *Crit. Rev. Biochem. Mol. Biol.* **42,** 41–63 (2007).

Craig, N.L., Craigie, R., Gellert, M., and Lambowitz, A.M. (Eds.), *Mobile DNA II,* ASM Press (2002). (Um compêndio de artigos competentes.)

Grindley, N.G.F.,Whiteson, K.L., and Rice, P.A., Uma coleção de artigos especializados, *Annu. Rev. Biochem.* **75,** 567–605 (2006).

Haber, J.E., Partners and pathways. Repairing a double-strand break, *Trends Genet.* **16**, 259–264 (2000).

Ho, P.S. and Eichman, B.F.,The crystal structures of Holliday junctions, *Curr. Opin. Struct. Biol.* **11,** 302–308 (2001).

Kuzminov, A., Recombinational repair of DNA damage in *Escherichia coli* and bacteriophage , *Microbiol. Mol. Biol. Rev.* **63,** 751–813 (1999).

Li, W., Kamtekar, S., Xiong, Y., Sarkis, G.J., Grindley, N.D.F., and Steitz,T.A., Structure of a synaptic γδ resolvase tetramer covalently linked to two cleaved DNAs, *Science* **309,** 1210–1215 (2005); *and* Yang, W. and Steitz, T.A., Crystal structure of the site-specific recombinase γδ resolvase complexed with a 34 bp cleavage site, *Cell* **82,** 193–207 (1995).

Lusetti, S.L. and Cox, M.M., The bacterial RecA protein and the recombinational DNA repair of stalled replication forks, *Annu. Rev. Biochem.* **71,** 71–100 (2002).

Marians, K.J., PriA-directed replication fork restart in *Escherichia coli, Trends Biochem. Sci.* **25,** 185–189 (2000).

Reznikoff, W. S., Transposon Tn5, *Annu. Rev. Genet.* **42,** 269–286 (2008).

Rice, P.A. and Baker,T.A., Comparative architecture of transposase and integrase complexes, *Nature Struct. Biol.* **8,** 302–307 (2001).

Roe, S.M., Barlow, T., Brown, T., Oram, M., Keeley, A., Tsaneva, I.R., and Pearl, L.H., Crystal structure of an octameric RuvA–Holliday junction complex, *Mol. Cell* **2,** 361–372 (1998).

Saikrishnan, K., Griffiths, S.P., Cook, N., Court, R., and Wigley, D.B., DNA binding to RecD: role of the 1B domain in SF1B helicase activity, *EMBO J.* **27,** 2222–2229 (2008).

Simon, M., Zieg, J., Silverman, M., Mandel, G., and Doolittle, R., Phase variation: evolution of a controlling element, *Science* **209,** 1370–1374 (1980).

Singleton, M.R., Dillingham, M.S., Gaudier, M., Kowalczykowski, S.C., and Wigley, D.B., Crystal structure of RecBCD enzyme reveals a machine for processing DNA breaks, *Nature* **432,** 187–193 (2004).

Sung, P. and Klein, H., Mechanism of homologous recombination: mediators and helicases take on regulatory functions, *Nature Rev. Mol. Cell Biol.* **7,** 739–750 (2006).

Van Duyne, G.D., A structural view of Cre–*loxP* site-specific recombination, *Annu. Rev. Biophys. Biomol. Struct.* **30,** 87–104 (2001).

Yamada, K., Ariyoshi, M., and Morikawa, K., Three-dimensional structural views of branch migration and resolution in DNA homologous recombination, *Curr. Opin. Struct. Biol.* **14,** 130–137 (2004).

Yamada, K., Kunishima, N., Mayanagi, K., Ohnishi, T., Nishino, T., Iwasaki, H., Shinagawa, H., and Morikawa, K., Crystal structure of the Holliday junction migration motor protein RuvB from *Thermus thermophilus* HB8, *Proc. Natl. Acad. Sci.* **98,** 1442–1447 (2001).

Metilação do DNA e expansões de repetições trinucleotídicas

Arita, K., Ariyoshi, M., Tochio, H., Nakamura, Y., and Shirakawa, M., Recognition of hemi-methylated DNA by the SRA protein UHRF1 by a base-flipping mechanism; *and* Avvakumov, G.V., Walker, J.R., Xue, S., Li, Y., Duan, S., Bronner, C., Arrowsmith, C.H., and Dhe-Paganon, S., Structural basis for recognition of hemi-methylated DNA by the SRA domain of human UHRF1, Nature **455,** 818–821 *and* 822–825 (2008).

Bowater, R.P. and Wells, R.D., The intrinsically unstable life of DNA repeats associated with human hereditary disorders, *Prog. Nucleic Acid Res. Mol. Biol.* **66,** 159–202 (2001).

Castel, A.L., Cleary, J.D., and Pearson, C.E., Repeat instability as the basis for human diseases and as a potential target for therapy, *Nature Rev. Mol. Cell Biol.* **11,** 165–170 (2010).

Cummings, C.J. and Zoghbi, H.Y., Trinucleotide repeats: mechanisms and pathophysiology, *Annu. Rev. Genomics Hum. Genet.* **1,** 281–328 (2002).

Goodman, J. and Watson, R.E., Altered DNA methylation: a secondary mechanism involved in carcinogenesis, *Annu. Rev. Pharmacol. Toxicol.* **42,** 501–525 (2002).

Jones, P.A. and Baylin, S.B., The fundamental role of epigenetic events in cancer, *Nature Rev. Genet.* **3,** 415–428 (2002); *and* Jones, P.A. and Takai, D., The role of DNA methylation in mammalian epigenetics, *Science* **293,** 1068–1070 (2001).

Klimasauskas, S., Kumar, S., Roberts, R.J., and Cheng, X., HhaI methyltransferase flips its target base out of the DNA helix, *Cell* **76,** 357–369 (1994).

Klose, R.J. and Bird, A.P., Genomic DNA methylation: the mark and its mediators, *Trends Biochem. Sci.* **31,** 89–96 (2006).

Mirkin, S.M., Expandable DNA repeats and human disease, *Nature* **447,** 932–940 (2007).

O'Donnell,W.T. and Warren, S.T.,A decade of molecular studies of fragile X syndrome, *Annu. Rev. Neurosci.* **25,** 315–338 (2002).

Perutz, M.F. and Windle, A.H., Causes of neural death in neurodegenerative diseases attributable to expansion of glutamine repeats, *Nature* **12,** 143–144 (2001); *and* Perutz, M.F., Glutamine repeats and neurodegenerative diseases: molecular aspects, *Trends Biochem. Sci.* **24,** 58–63 (1999).

Reik, W., Dean, W., and Walter, J., Epigenetic reprogramming in mammalian development, *Science* **293,** 1089–1093 (2001).

Rideout, W.M., III, Eggan, K., and Jaenisch, R., Nuclear cloning and epigenetic reprogramming of the genome, *Science* **293,** 1093–1098 (2001).

Shubert, H.L., Blumenthal, R.M., and Cheng, X., Many paths to methyltransfer: a chronicle of convergence, *Trends Biochem. Sci.* **28,** 329–335 (2003).

Szyf, M. and Detich, N., Regulation of the DNA methylation machinery and its role in cellular transformation, *Prog. Nucleic Acid Res. Mol. Biol.* **69,** 47–79 (2001).

Valle, D. (Ed.), *The Online Metabolic & Molecular Bases of Inherited Disease*, http://www.ommbid.com/. [Capítulos 64, 223 e 226 discutem a síndrome do X frágil, doença de Huntington e ataxias espinocerebelares.]

PROBLEMAS

1. Explique como determinadas variedades mutantes da Pol I podem ser praticamente desprovidas de atividade de DNA-polimerase, mas mantêm níveis quase normais de atividade exonucleásica $5' \rightarrow 3'$.

2. Por que não foram encontrados mutantes da Pol I que não apresentam qualquer atividade $5' \rightarrow 3'$ em todas as temperaturas?

3. Por que as topoisomerases do tipo I não são necessárias na replicação do DNA em *E. coli*?

***4.** A atividade da exonuclease $3' \rightarrow 5'$ da Pol I remove apenas nucleotídeos 3′-terminais não pareados do DNA, enquanto a atividade de pirofosforólise dessa enzima remove apenas nucleotídeos 3′-terminais adequadamente pareados. Discuta o significado mecânico desse fenômeno em termos da reação de polimerização.

5. Você isolou linhagens de *E. coli* com mutações sensíveis à temperatura nos seguintes genes. Quais serão os seus fenótipos em temperaturas acima de suas respectivas temperaturas restritivas? Seja específico. (a) *dnaB*, (b) *dnaE*, (c) *dnaG*, (d) *lig*, (e) *polA*, (f) *rep*, (g) *ssb* e (h) *recA*.

6. Aproximadamente, quantos fragmentos de Okazaki são sintetizados na replicação de um cromossomo de *E. coli*?

***7.** Quais são os números mínimo e máximo de forquilhas de replicação que ocorrem em um cromossomo contínuo de uma *E. coli* que está se dividindo a cada 25 minutos; e a cada 80 minutos?

8. Para colocar o sistema de replicação de *E. coli* em uma escala humana, imagina-se que o diâmetro de 20 Å do B-DNA foi ampliado para 1 m. Se tudo fosse ampliado proporcionalmente, cada holoenzima DNA-polimerase III teria aproximadamente o tamanho de um caminhão de porte médio. Em um sistema ampliado como esse: (a) Quão rapidamente estaria se movendo cada replissomo? (b) Ao longo de que distância cada replissomo se deslocaria durante um ciclo completo de replicação? (c) Qual seria a extensão de um fragmento de Okazaki? (d) Qual seria a distância média percorrida por um replissomo entre cada erro que ele cometesse? Forneça as suas respostas em km/hr e km.

9. Por que dsDNAs lineares, como o que ocorre no bacteriófago T7, não podem ser replicados completamente apenas pelas proteínas codificadas por *E. coli*?

***10.** Qual é a meia-vida de uma determinada base púrica do genoma humano, assumindo-se que ela esteja sujeita apenas à despurinação espontânea? Que fração das bases púricas do genoma humano terá sido despurinada no decorrer de uma única geração (assumida como sendo de 25 anos)? Os DNAs de múmias egípcias de ~ 4.000 anos de idade foram sequenciados. Assumindo-se que a mumificação não tenha tornado mais lenta a velocidade de despurinação do DNA, que fração das bases púricas originalmente presentes na múmia ainda estaria intacta atualmente.

11. Por que a metilação do DNA para formar O^6-metilguanina é mutagênica?

12. Uma forquilha de replicação ao encontrar uma lesão de fita simples pode tanto se dissociar como deixar uma lacuna de fita simples. Esse último processo tem maior probabilidade de ocorrer durante a síntese da fita tardia do que durante a síntese da fita-líder. Explique.

13. O genoma de *E. coli* contém 1.009 sequências Chi. Essas sequências ocorrem ao acaso ou, caso contrário, o quão mais ou menos frequentes ela são em relação à frequência esperada para uma distribuição aleatória?

14. *Deinococcus radiodurans,* que o *Guinness Book of World Records* (o Livro dos Recordes) considerou como sendo a bactéria mais resistente do mundo, pode tolerar doses de radiação ionizante 3.000 vezes maiores do que aquelas que são letais para seres humanos (ela foi descoberta inicialmente multiplicando-se em uma lata de carne moída que havia sido "esterilizada" por radiação). Ela parece possuir diversas estratégias para o reparo de danos por radiação ao seu DNA (que é fragmentado em muitos pedaços por altas doses de radiação ionizante), inclusive um número particularmente grande de genes que codificam proteínas envolvidas no reparo do DNA e de 4 a 10 cópias de seu genoma, que consiste em dois cromossomos circulares e dois plasmídeos circulares, por célula. Ainda assim, apenas essas estratégias não explicam a enorme resistência de *D. radiodurans* a elevadas doses de radiação. Porém, em uma estratégia adicional, ela organiza os seus múltiplos círculos de dsDNA idênticos em pilhas nas quais, acredita-se, os genes idênticos nos círculos vizinhos ficam alinhados lado a lado. Como essa última estratégia auxiliaria *D. radiodurans* a reparar de maneira eficiente o seu DNA fragmentado?

15. Ilhas de CpG ocorrem nos genomas eucarióticos com uma frequência de aproximadamente um quinto da frequência aleatória esperada para elas. Sugira um processo evolutivo (mutacional) que elimine ilhas de CpG.

16. Explique por que a breve exposição de uma cultura de células eucarióticas à 5-azacitosina resulta em alterações fenotípicas permanentes nessas células.

17. Explique por que estruturas qui, como aquela mostrada na Fig. 30.70*b*, possuem dois pares de braços com a mesma extensão.

***18.** DNAs circulares de fita simples contendo um transposon apresentam uma estrutura de haste-e-alça dupla característica, como aquela mostrada na Fig. 30.106. Qual é a base física dessa estrutura?

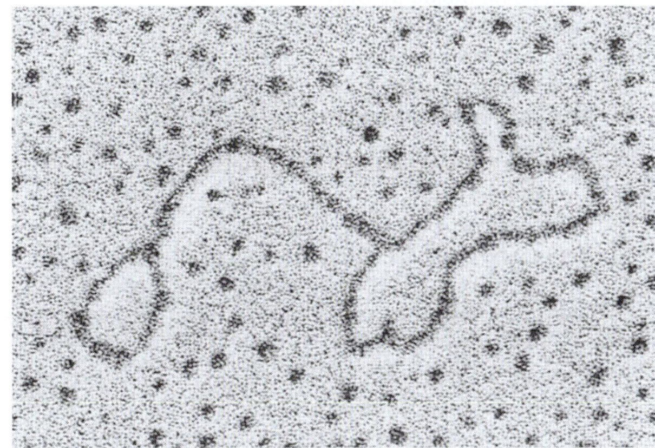

FIGURA 30.106 Micrografia eletrônica de um DNA circular de fita simples contendo um transposon. (Cortesia de Stanley N. Cohen, Stanford University School of Medicine, EUA.)

19. Um transposon composto integrado em um plasmídeo circular ocasionalmente leva à transposição do DNA correspondente ao plasmídeo original, ao invés da transposição da região central do transposon. Explique como isso é possível.

***20.** A recombinase Cre possui uma função adicional àquela de circularizar o dsDNA linear do P1 (Fig. 30.96). Ela também é necessária para resolver os dímeros circulares de plasmídeos P1 que resultam do reparo por recombinação durante a replicação, o que permite que ambas as células-filha recebam uma cópia do plasmídeo P1. Usando diagramas lineares simples, esquematize como esses plasmídeos tornam-se dimerizados e como a Cre os resolve em monômeros circulares.

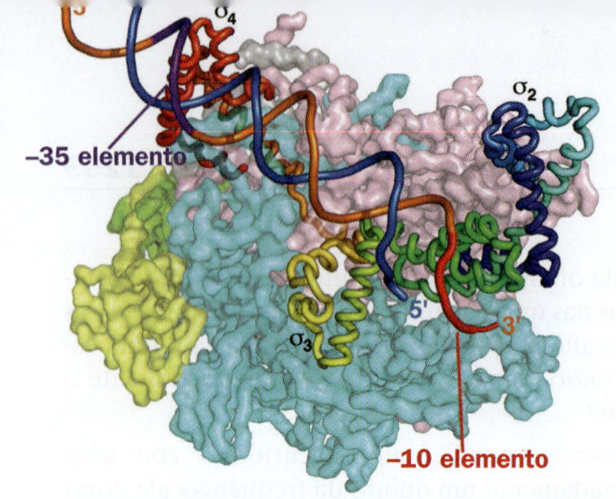

Transcrição

CAPÍTULO 31

Existem três grandes classes de RNA, todas participantes da síntese de proteínas: **RNA ribossômico (rRNA)**, **RNA de transferência (tRNA)** e **RNA mensageiro (mRNA)**. Todos estes RNAs são sintetizados sob a direção de fitas-molde de DNA, processo conhecido como **transcrição**.

O envolvimento dos RNAs na síntese de proteínas tornou-se evidente no final de 1930 pelas investigações de Torbjörn Caspersson e Jean Brachet. Caspersson, utilizando técnicas de microscopia, descobriu que o DNA está confinado quase que exclusivamente no núcleo de células eucarióticas, enquanto o RNA ocorre de forma abundante no citosol. Brachet, que inventou métodos para o fracionamento de organelas celulares, chegou a conclusões similares com base em análises químicas diretas. Ele descobriu, adicionalmente, que as partículas de RNA contidas no citosol são também ricas em proteínas. Ambos investigadores notaram que as concentrações dessas partículas RNA-proteína (as quais foram posteriormente denominadas ribossomos) são correlacionadas com a taxa com que a célula sintetiza proteínas, concluindo existir uma relação entre RNA e síntese de proteínas. De fato, Brachet chegou a sugerir que *as partículas RNA-proteína são o local da síntese de proteínas*.

A sugestão de Brachet foi comprovada quando aminoácidos marcados radiativamente tornaram-se disponíveis na década de 1950. Pouco tempo após a injeção de aminoácidos marcados em um rato, a maior parte dessas marcações foi incorporada a proteínas que estavam associadas a ribossomos. Esse experimento também demonstrou que *a síntese de proteínas não é imediatamente dirigida pelo DNA porque, ao menos em eucariotos, DNA e ribossomos nunca estão em contato*.

Em 1958, Francis Crick resumiu as relações de difícil compreensão entre DNA, RNA e proteína, as quais denominou de **dogma central** da biologia molecular: *o DNA dirige sua própria replicação e sua transcrição para RNA, o qual, por sua vez, dirige sua tradução para proteínas* (Fig. 5.21).

O uso peculiar da palavra "dogma", cuja definição é uma doutrina religiosa para a qual o verdadeiro crente não pode duvidar, estabeleceu-se por um equívoco. Quando Crick formulou o dogma central, ele tinha a impressão de que dogma queria dizer "uma ideia para a qual não havia evidência razoável".

Este capítulo inicia pela discussão de experimentos que levaram à elucidação do papel central do mRNA na síntese de proteínas. Em seguida, será estudado o mecanismo de transcrição e seu controle em procariotos. Finalmente, na última seção, será considerado o processamento pós-transcricional do RNA em procariotos e eucariotos. Tradução é o assunto do Capítulo 32. Estes assuntos foram superficialmente abordados na Seção 5.4. Aqui o importante é se deter a eles de forma muito mais detalhada.

1 O PAPEL DO RNA NA SÍNTESE DE PROTEÍNAS

A ideia de que proteínas são especificadas pelo mRNA e sintetizadas em ribossomos surgiu com o estudo da **indução enzimática**, um fenômeno pelo qual bactérias modificam as taxas de síntese de enzimas específicas em resposta a mudanças ambientais. Nesta seção, serão discutidos os experimentos clássicos que explicaram as bases da indução enzimática e que revelaram a existência do mRNA. Haverá uma demonstração de que *a indução enzimática ocorre como consequência da regulação da síntese de mRNA por proteínas que se ligam especificamente aos DNAs-molde desses mRNAs*.

A. *Indução Enzimática*

E. coli pode sintetizar um número estimado de ~4.300 polipeptídeos diferentes. Pode haver, entretanto, uma enorme variação nas quantidades desses diferentes polipeptídeos que são produzidos. Por exemplo, as diversas proteínas ribossômicas podem, cada uma, estar presente em mais de 10.000 cópias por célula, considerando que o número de proteínas regulatórias (ver a seguir) normalmente ocorre em < 10 cópias por célula. Muitas enzimas, particularmente aquelas envolvidas nas funções celulares básicas, são sintetizadas em taxas mais ou menos constantes; elas são chamadas de **enzimas constitutivas**. Outras enzimas, denominadas **adaptáveis** ou **enzimas induzíveis**, são sintetizadas em taxas que variam de acordo com as circunstâncias celulares.

a. Enzimas do metabolismo de lactose são induzíveis

As bactérias, conforme foi reconhecido desde 1900, adaptam-se ao seu ambiente pela produção de enzimas que metabolizam determinados nutrientes como, por exemplo, a lactose, mas apenas quando essas substâncias estão disponíveis. *E. coli* multiplicadas na ausência de lactose são inicialmente incapazes de metabolizar esse dissacarídeo. Para fazê-lo, elas requerem a presença de duas proteínas: **β-galactosidase**, que catalisa a hidrólise da lactose aos seus monossacarídeos componentes,

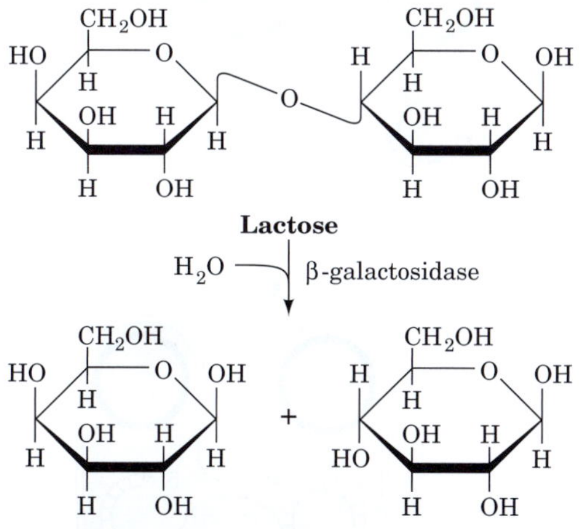

Lactose

H_2O → β-galactosidase

Galactose + **Glucose**

e a **galactosídeo-permease** (também conhecida como **lactose-permease**; Seção 20.4B), que transporta lactose para o interior da célula. *E. coli* multiplicadas na ausência de lactose contêm apenas poucas (< 5) moléculas dessas proteínas. Porém, poucos minutos após a lactose ser introduzida no meio, *E. coli* aumenta a taxa de síntese dessas proteínas em ~1.000 (de forma que a β-galactosidase pode representar mais de 10% de suas proteínas solúveis) e mantém este ritmo até que a lactose não esteja mais disponível. A taxa de síntese, então, retorna para o **nível basal** minúsculo (Fig. 31.1). *Essa habilidade de produzir uma série de proteínas somente quando as substâncias que elas metabolizam estão presentes permite à bactéria adaptar-se ao seu ambiente sem a necessidade debilitante da síntese contínua de grandes quantidades de outras substâncias desnecessárias.*

A lactose ou um de seus produtos metabólicos deve, de alguma forma, disparar a síntese das proteínas anteriormente mencionadas. Tal substância é conhecida como **indutor**. O indutor fisiológico do sistema lactose, o isômero da lactose **1,6-alolactose**,

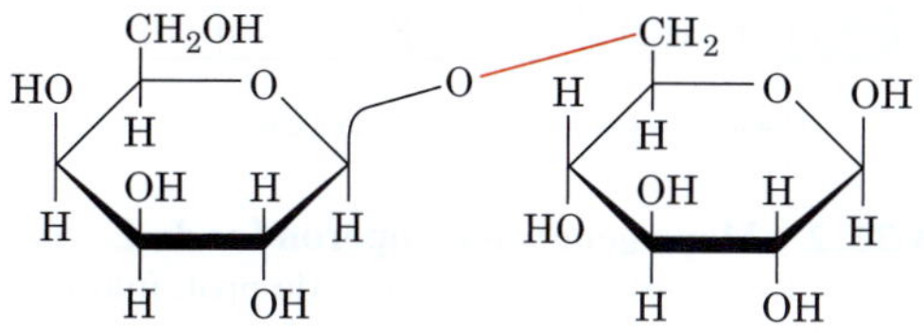

1,6-Alolactose

surge da transglicosilação ocasional da lactose pela β-galactosidase. A maioria dos estudos experimentais realizados sobre o sistema lactose utilizou o **isopropiltiogalactosídeo (IPTG)**,

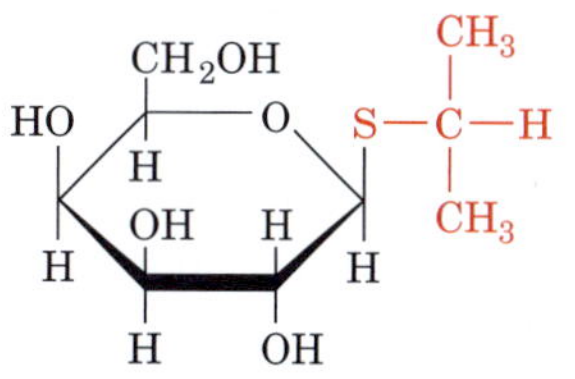

isopropiltiogalactosídeo (IPTG)

um potente indutor que estruturalmente assemelha-se à alolactose, mas que não é degradado pela β-galactosidase.

Os indutores do sistema lactose também estimulam a síntese da **tiogalactosídeo-transacetilase**, uma enzima que, *in vitro*, transfere um grupo acetil proveniente da acetil-CoA para o grupo C6-OH do β-tiogalactosídeo como o IPTG. Uma vez que o processo de fermentação da lactose ocorre normalmente na ausência da tiogalactosídeo-transacetilase, entretanto, o papel fisiológico dessa enzima é desconhecido.

b. Os genes do sistema *lac* formam um óperon

Os genes que especificam a β-galactosidase, a galactosídeo-permease e a tiogalactosídeo-transacetilase do tipo selvagem são designados Z^+, Y^+ e A^+, respectivamente. O mapeamento genético dos mutantes defectivos Z^-, Y^- e A^-

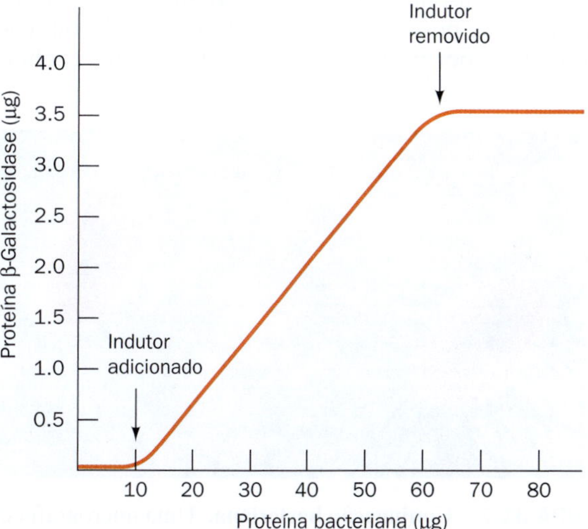

FIGURA 31.1 **A cinética da indução da β-galactosidase em *E. coli*.** (Segundo Cohn, M., *Bacteriol. Rev.* **21**, 156 [1957].)

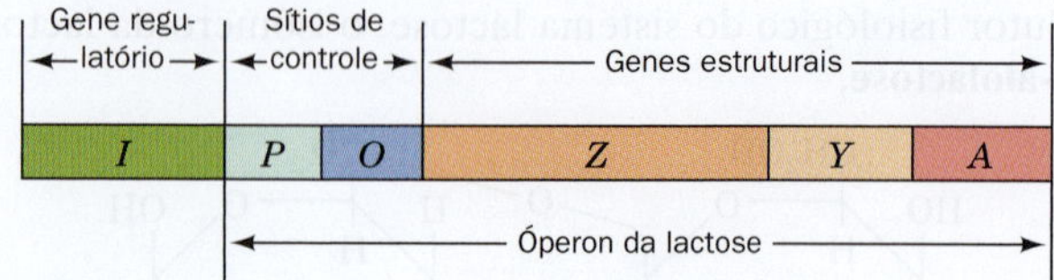

FIGURA 31.2 Mapa genético do óperon *lac* de *E. coli.* O mapa apresenta os genes codificadores de proteínas que fazem a mediação do metabolismo da lactose e os sítios genéticos que controlam sua expressão. Os genes *Z*, *Y* e *A*, respectivamente, codificam β-galactosidase, galactosídeo-permease e tiogalactosídeo transacetilase.

indicaram que esses **genes estruturais** (genes que especificam polipeptídeos) *lac* estão arranjados de forma contígua no cromossomo de *E. coli* (Fig. 31.2). *Esses genes, em conjunto com os elementos controladores P e O, formam uma unidade genética chamada de **óperon**, especificamente o **óperon*** **lac**. A natureza dos elementos controladores é discutida a seguir. O papel dos óperons na expressão gênica em procariotos é examinado na Seção 31.3.

c. As bactérias podem transmitir genes via conjugação

Um importante indício de como *E. coli* sintetiza proteínas foi proporcionado por uma mutação que determina a produção das proteínas do óperon *lac* em grandes quantidades na ausência do indutor. Esta chamada **mutação constitutiva** ocorre em um gene, designado *I*, que é distinto daqueles que especificam as enzimas *lac*, apesar de estar ligado firmemente a eles (Fig. 31.2). Qual é a natureza do produto do gene *I*? Esse enigma foi solucionado em 1959 por Arthur Pardee, François Jacob e Jacques Monod por meio de um engenhoso experimento que é conhecido como **experimento PaJaMo**. Para compreender esse experimento, entretanto, primeiro deve-se considerar a **conjugação bacteriana**.

A conjugação bacteriana é um processo, descoberto em 1946 por Joshua Lederberg e Edward Tatum, por meio do qual algumas bactérias podem transferir informações genéticas para outras. A habilidade para conjugar ("acasalar") é conferida a uma bactéria que, de outra forma seria indiferente, por um plasmídeo chamado de **fator F** (de *f*ertilidade). Bactérias que possuem o fator F (designadas F^+ ou macho) são cobertas por projeções semelhantes a pelos conhecidas por ***pili*** **F**. Essas projeções ligam receptores celulares de superfície em bactérias que não possuem o fator F (F^- ou fêmea), o qual conduz a formação de uma ponte citoplasmática entre estas células (Fig. 31.3). O fator F, então, replica-se e, à medida que uma nova fita simples é formada, ela é transferida pela ponte citoplasmática para a célula F^- onde a fita complementar é sintetizada (Fig. 31.4). Esse evento converte a célula F^- em F^+ porque o fator F é um agente infeccioso (doença venérea de bactérias?).

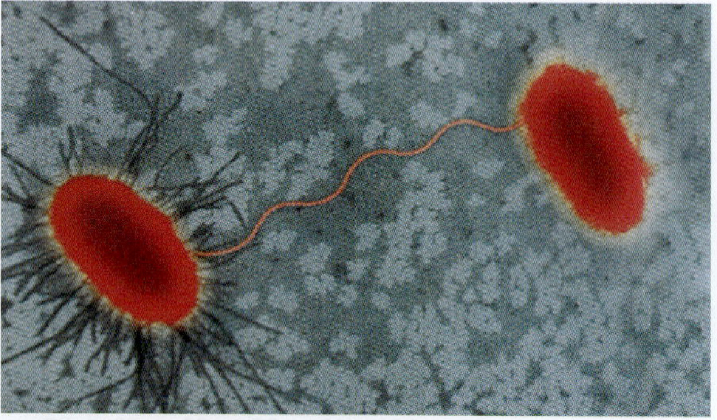

FIGURA 31.3 Conjugação bacteriana. Uma micrografia eletrônica colorida artificialmente mostrando uma *E. coli* F^+ (*esquerda*) e uma F^- (*direita*) efetuando uma conjugação sexual. (Dennis Kunkel/Phototake.)

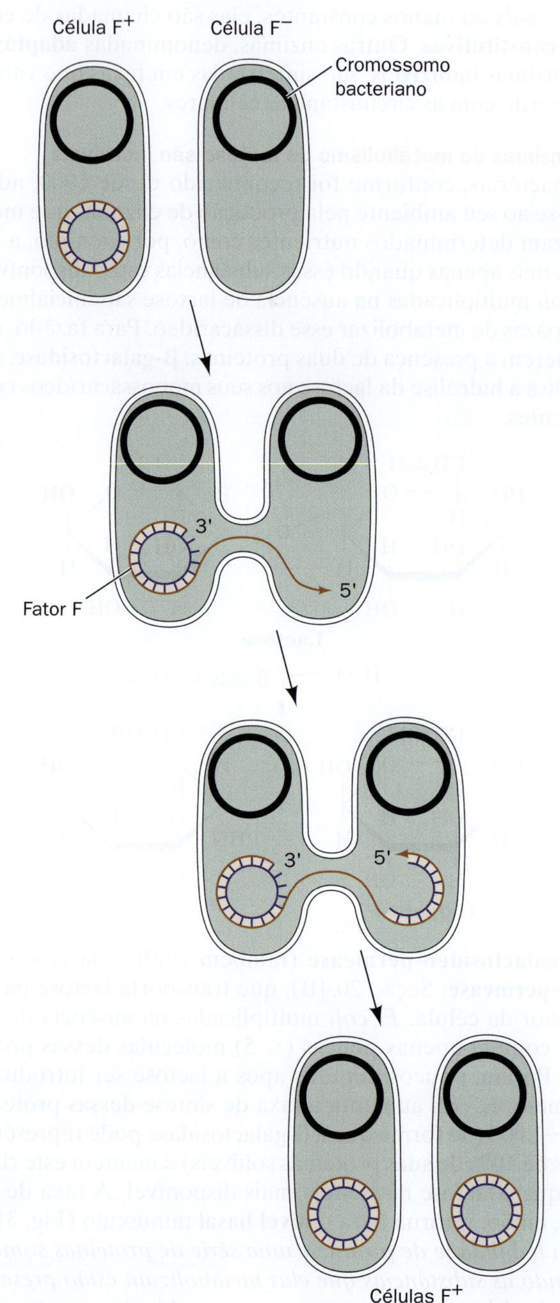

FIGURA 31.4 Diagrama apresentando como uma célula F^- adquire um fator F de uma célula F^+. Uma fita simples do fator F é replicada, por meio do método círculo rolante (Seção 30.3Bb), e é transferida à célula F^- onde sua fita complementar é sintetizada para formar um novo fator F.

Em ocasiões muito raras, o fator F integra-se espontaneamente ao cromossomo da célula F^+. Na célula resultante **Hfr** (alta frequência de recombinação, de *high frequency of recombination*) o fator F comporta-se do mesmo modo que no estado autônomo. A replicação do fator F começa em um ponto interno específico e a seção replicada passa pela ponte citoplasmática para a célula F^-, onde a fita complementar é sintetizada. Nesse caso, entretanto, o cromossomo replicado da célula Hfr é também transferido para a célula F^- (Fig. 31.5). *Genes bacterianos são transferidos da célula Hfr para a célula F^- em uma ordem estabelecida.* Isso ocorre pelo fato de o fator F em uma determinada linhagem Hfr estar integrado no cromossomo bacteriano em um sítio específico e pela razão de que somente uma fita particular do DNA cromossômico de Hfr é replicada e transferida para a célula F^-. Em geral, somente parte do cromossomo bacteriano Hfr é transferida durante a conjugação sexual porque a ponte citoplasmática quase sempre se quebra ou desliga-se em algum momento ao longo dos ~90 minutos necessários para completar o processo de transferência. No **merozigoto** resultante (uma bactéria parcialmente diploide), o fragmento cromossômico que não possui o fator F completo não é capaz de transformar uma célula F^- para Hfr e tampouco é subsequentemente replicado. Entretanto, ocorre recombinação do fragmento cromossômico transferido com o cromossomo da célula F^- (Seção 30-6A) fixando, desse modo, de forma permanente algumas características da linhagem Hfr na célula F^-.

O fator F integrado ao cromossomo de uma célula Hfr ocasionalmente sofre uma excisão espontânea para produzir uma célula F^+. Em raros eventos, o fator F sofre uma excisão aberrante de maneira que uma porção do cromossomo bacteriano adjacente é incorporada no subsequente fator F de replicação autônoma. Bactérias que carregam esse assim chamado **fator F′** são permanentemente diploides para os genes bacterianos presentes no fator F′.

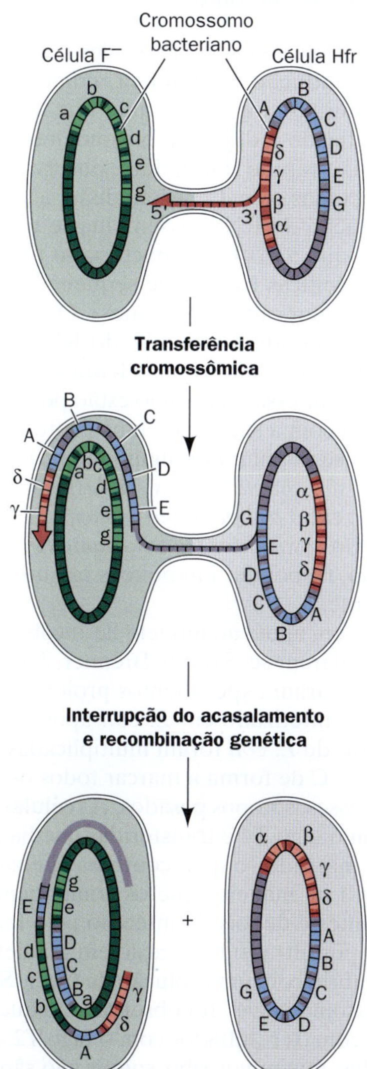

FIGURA 31.5 Transferência do cromossomo bacteriano de uma célula Hfr para uma célula F^- e sua subsequente recombinação com o cromossomo F^-. Aqui, as letras gregas representam genes do fator F, as letras maiúsculas romanas representam genes bacterianos da célula Hfr e as letras minúsculas romanas correspondem aos alelos da célula F^-. Visto que a transferência cromossômica, que começa dentro do fator F, raramente é completa, o fator F completo raramente é transferido. Por isso a célula receptora geralmente permanece F^-.

d. O repressor *lac* inibe a síntese de proteínas do Óperon *lac*

No experimento PaJaMo, bactérias de genótipo I^+Z^+ foram acasaladas com uma linhagem F^- de genótipo I^-Z^- na ausência de indutor enquanto a atividade de β-galactosidase

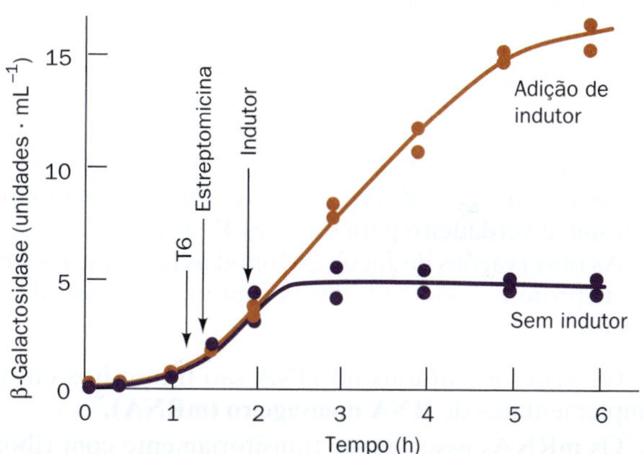

FIGURA 31.6 O experimento de PaJaMo. Esse experimento demonstra a existência do repressor *lac* pelo aparecimento da β-galactosidase nos merozigotos transitórios (diploides parciais) formados pelo acasalamento das doadoras Hfr $I^+ Z^+$ com as receptoras I^-, Z^- e F^-. A linhagem F^- era também resistente ao **bacteriófago T6** e a **estreptomicina**, enquanto a linhagem Hfr era sensível a esses agentes. Ambos os tipos de células cresceram e se acasalaram na ausência de indutor. Após ter passado tempo suficiente para a transferência dos genes *lac*, as células Hfr foram seletivamente mortas pela adição de fago T6 e estreptomicina. Na ausência do indutor (*curva abaixo*), a síntese de β-galactosidase começou mais ou menos ao tempo em que os genes *lac* foram introduzidos nas células F^-, mas parou após ~1 hora. Se o indutor for adicionado logo após os doadores Hfr terem sido mortos (*curva acima*), a síntese de enzimas continua sem decrescer. Isso demonstra que o cessar da síntese de β-galactosidase em células não induzidas não é atribuído à perda intrínseca da habilidade em sintetizar essa enzima, mas sim à produção de um repressor especificado pelo gene I^+. (Segundo Pardee, A.B., Jacob, F., e Monod, J., *J.Mol. Biol.* **1**, 173 [1959].)

da cultura foi monitorada (Fig. 31.6). Inicialmente, como esperado, não havia atividade de β-galactosidase porque as células doadoras Hfr não dispunham de indutor e as células receptoras F^- eram incapazes de produzir a enzima ativa (somente DNA passa através da ponte citoplasmática que conecta as bactérias). Aproximadamente 1 hora depois de iniciada a conjugação, contudo, quando os genes I^+Z^+ recém haviam entrado nas células F^-, iniciou-se a síntese da β-galactosidase, encerrando-se somente após mais uma hora, aproximadamente. A explicação para essas observações é que o gene Z^+ doado, ao entrar no citoplasma de uma célula I^-, dirige a síntese da β-galactosidase de maneira constitutiva. Somente após o gene I^+ doado ter tido tempo suficiente para ser expresso é que ele é capaz de reprimir a síntese de β-galactosidase. *O gene I^+ deve, portanto, dar origem a um produto difusível, **o repressor lac**, o qual inibe a síntese da β-galactosidase (e de outras proteínas lac).* Indutores como o IPTG inativam temporariamente o repressor *lac*, enquanto células I^- sintetizam constitutivamente enzimas *lac* porque elas não dispõem de um repressor funcional. O repressor *lac*, como observaremos na Seção 31.3B, é uma proteína.

B. *RNA mensageiro*

A natureza da molécula-alvo do repressor *lac* foi deduzida em 1961 por uma análise genética incisiva realizada por Jacob e Monod. Um segundo tipo de mutação constitutiva no sistema lactose, designado de O^c (para **operador constitutivo**), para a qual a análise por complementação (Seção 1.4Cc) demonstrou ser independente do gene *I*, foi mapeado entre os genes *I* e *Z* (Fig. 31.2). Na linhagem F′ parcialmente diploide O^cZ^-/F O^+Z^+, a atividade da β-galactosidase é induzível por IPTG, enquanto a linhagem O^cZ^+/F O^+Z^- sintetiza essa enzima de forma constitutiva. *Um gene O^+ pode, portanto, controlar a expressão de um gene Z somente sobre o mesmo cromossomo.* O mesmo é verdadeiro para os genes Y^+ e A^+.

As observações de Jacob e Monod os levaram a concluir que as proteínas são sintetizadas em um processo de dois estágios:

1. Os genes estruturais no DNA são transcritos em fitas complementares de **RNA mensageiro (mRNA).**
2. Os mRNAs associam-se transitoriamente com ribossomos, os quais dirigem a síntese de polipeptídeos.

Essa hipótese explica o comportamento do sistema *lac* previamente esboçado na Seção 5.4Ab (Fig. 5.25; **Ver Exploração guiada 2: Regulação da expressão de genes pelo sistema repressor *lac***) *Na ausência do indutor, o repressor* lac *liga-se especificamente ao gene O (o **operador**) prevenindo, assim, a transcrição enzimática do mRNA. Ao ligar-se ao indutor, o repressor dissocia-se do operador, permitindo, assim, a transcrição e a subsequente tradução das enzimas* lac. O sistema operador-repressor-indutor, portanto, atua como um interruptor molecular de maneira que o operador *lac* pode controlar somente a expressão de enzimas *lac* no mesmo cromossomo. Os mutantes O^c sintetizam constitutivamente enzimas *lac* porque eles são incapazes de ligar o repressor. A expressão **coordenada** (simultânea) de todas as três enzimas *lac* sob o controle de um só sítio operador é decorrente, conforme teorizaram Jacob e Monod, da transcrição do óperon *lac* em um só **RNA policistrônico**, o qual dirige a síntese ribossômica de cada uma dessas proteínas (o termo **cístron** é um sinônimo um tanto arcaico para gene). Esse mecanismo de controle transcricional será mais discutido na Seção 31.3. (Sequências de DNA que estão na mesma molécula de DNA são chamadas "em *cis*" [do latim: do mesmo lado de], enquanto aquelas dispostas em diferentes moléculas de DNA podem ser chamadas "em *trans*" [do latim: do outro lado]). Sequências-controle como o gene *O*, as quais só são ativas na mesma molécula de DNA na qual estão os genes por elas controlados, são chamadas de **elementos de regulação em *cis***. Genes como o *lacI*, que especificam a síntese de produtos difusíveis e, por essa razão, podem estar localizados em diferentes moléculas de DNA em relação aos genes que controlam, são referidos como capazes de dirigir a síntese de **fatores de regulação em *trans*.**)

a. Os mRNAs possuem suas propriedades preditas

A cinética da indução enzimática, como indicado, por exemplo, nas Figs. 31.1 e 31.6, requer que o mRNA postulado seja sintetizado e degradado rapidamente. Um RNA com *turnover* tão rápido foi, de fato, observado em células de *E. coli* infectadas com T2. Além disso, a composição de bases dessa fração de RNA assemelha-se mais àquela do DNA viral do que à do DNA bacteriano (deve-se ter em mente que as técnicas básicas de sequenciamento não seriam formuladas por outros ~15 anos). O RNA ribossômico, o qual corresponde a até 90% do RNA celular, é reciclado em uma razão muito mais lenta do que o mRNA. Os ribossomos, por essa razão, não estão permanentemente comprometidos com a síntese de uma proteína em particular (uma hipótese popular por algum tempo). Ao contrário, *os ribossomos são sintetizadores não específicos de proteínas que produzem o polipeptídeo especificado pelo mRNA com o qual estão associados transitoriamente.* Uma bactéria pode, portanto, responder em poucos minutos a mudanças em seu ambiente.

Evidências em apoio ao modelo de Jacob e Monod rapidamente acumularam-se. Sydney Brenner, Jacob e Matthew Meselson conduziram experimentos projetados para caracterizar o RNA sintetizado em *E. coli* após a infecção pelo fago T4. Células de *E. coli* foram multiplicadas em um meio contendo ^{15}N e ^{13}C de forma a marcar todos os constituintes celulares com esses isótopos pesados. As células foram então infectadas com o fago T4 e transferidas imediatamente para um meio não marcado (o qual continha apenas os isótopos leves ^{14}N e ^{12}C) de maneira que os componentes celulares sintetizados antes e depois da infecção pelo fago poderiam ser separados por ultracentrifugação em gradiente de densidade em equilíbrio com uma solução de CsCl (Seção 6.5Bb). Nenhum ribossomo "leve" foi observado, o que indicou, em concordância com os resultados com o fago T2 anteriormente mencionados, que novos ribossomos não são sintetizados após a infecção pelo fago.

O meio de cultura também continha ^{32}P ou ^{35}S de forma a marcar radioativamente os recém-sintetizados e supostos RNAs e proteínas fago-específicos, respectivamente. Grande quantidade do RNA marcado com ^{32}P foi associado, conforme postulado para o mRNA, com os ribossomos "pesados" preexistentes (Fig. 31.7). Igualmente, as proteínas marcadas com ^{35}S foram transitoriamente associadas com, e por essa razão sintetizadas por, esses ribossomos.

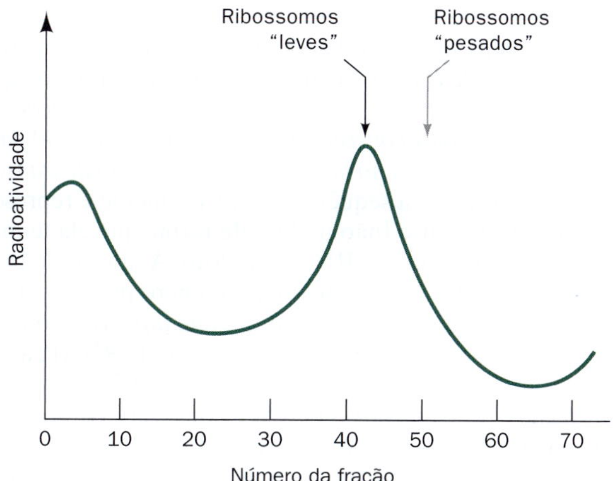

FIGURA 31.7 A distribuição, em um gradiente de densidade de CsCl, do RNA marcado com ^{32}P que foi sintetizado por *E. coli* após a infecção por fago T4. O RNA livre, sendo relativamente denso, forma bandas na parte mais baixa da centrifugação de células (*esquerda*). Muito do RNA, porém, é associado com os ribossomos "pesados" marcados com ^{15}N e ^{13}C que foram sintetizados antes da infecção por fago. A posição predita dos ribossomos "leves" não marcados, que não são sintetizados por células infectadas por fago, é também indicada. (Segundo Brenner, S., Jacob, F., e Meselson, M., *Nature* **190,** 579 [1961].)

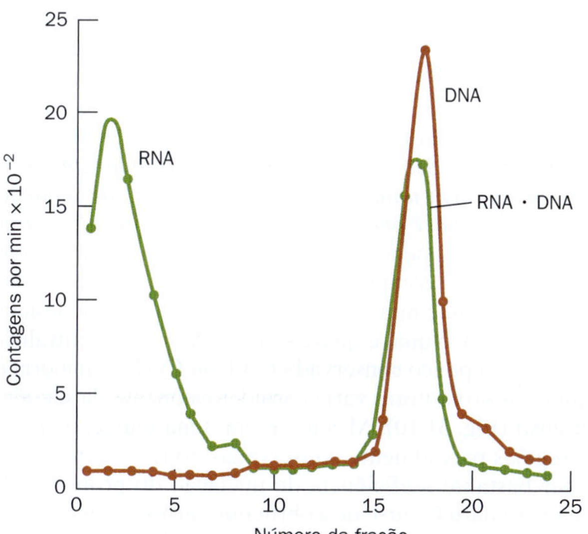

FIGURA 31.8 A hibridização do RNA marcado com ^{32}P produzido por *E. coli* infectada por T2 com o DNA de T2 marcado com ^{3}H. Sob declínio radioativo, ^{32}P e ^{3}H emitem partículas β (elétrons) com energias caracteristicamente diferentes, de forma que esses isótopos podem ser independentemente detectados. Ainda que o RNA livre (*esquerda*) no gradiente de densidade de CsCl seja mais denso que o DNA, grande parte do RNA forma bandas com o DNA (*direita*). Isso indica que os dois polinucleotídeos hibridizaram e são portanto complementares em sequência. (Segundo Hall, B.D., e Spiegelman, S., *Proc. Natl Acad. Sci.* **47**, 141 [1961].)

Sol Spiegelman desenvolveu a técnica de hibridização RNA-DNA (Seção 5.3Cb) em 1961 para caracterizar o RNA sintetizado por *E. coli* infectada por T2. Ele descobriu que esse RNA derivado do fago hibridizava com o DNA de T2 (Fig. 31.8), mas não hibridizava com DNAs de fagos não relacionados ou com o DNA de *E. coli* não infectada. Esse RNA deve, por essa razão, ser complementar ao DNA de T2 em concordância com o predito por Jacob e Monod: isto é, o RNA fago-específico é um mRNA. Estudos de hibridização demonstraram igualmente que os mRNAs provenientes de *E. coli* não infectada eram complementares a porções do DNA de *E. coli.* De fato, outros RNAs, como tRNAs e rRNAs, possuem sequências complementares correspondentes ao DNA proveniente do mesmo organismo. Portanto, *todos os RNAs celulares são transcritos a partir de moldes de DNA.*

2 RNA-POLIMERASE

A ***RNA-polimerase (RNAP),*** *enzima responsável pela síntese de RNA dependente de DNA, foi descoberta independentemente em 1960 por Samuel Weiss e Jerard Hurwitz. A enzima acopla os ribonucleosídeos trifosfatados ATP, CTP, GTP e UTP sobre moldes de DNA em uma reação que é dirigida pela liberação e subsequente hidrólise de* PP_i:

$$(\text{RNA})_{n\text{ resíduos}} + \text{NTP} \rightleftharpoons (\text{RNA})_{n+1\text{ resíduos}} + \text{PP}_i$$

Todas as células contêm RNAP. Em bactérias, uma espécie dessa enzima sintetiza todos os RNAs celulares, exceto os RNAs iniciadores (*RNA primers*) envolvidos na replicação do DNA (Seção 30.1D). Vários bacteriófagos codificam RNAPs que sintetizam exclusivamente RNAs fago-específicos. As células eucarióticas contêm quatro ou cinco RNAPs que sintetizam diferentes classes de RNA. Nesta seção, iremos considerar primeiro as propriedades das RNAPs bacterianas e, em seguida, as enzimas eucarióticas.

A assim chamada **holoenzima** RNAP de *E. coli* é uma proteína de ~459 kDa com uma composição em subunidades do tipo $\alpha_2\beta\beta'\omega\sigma$ (Tabela 31.1), na qual as subunidades β e β′ contêm diversos arranjos colineares de segmentos homólogos. Uma vez iniciada a síntese de RNA, entretanto, a subunidade σ (também chamada de **fator σ** ou σ^{70}, já que a sua massa molecular é de 70 kDa) dissocia-se do **núcleo da enzima,** $\alpha_2\beta\beta'\omega$, o qual conduz o processo de polimerização propriamente dito (ver a seguir).

TABELA 31.1 Componentes da holoenzima RNA-polimerase de *E. coli*

Subunidade	Número de resíduos	Gene estrutural
α	329	*rpoA*
β	1.342	*rpoB*
β′	1.407	*rpoC*
ω	91	*rpoZ*
σ^{70}	613	*rpsD*

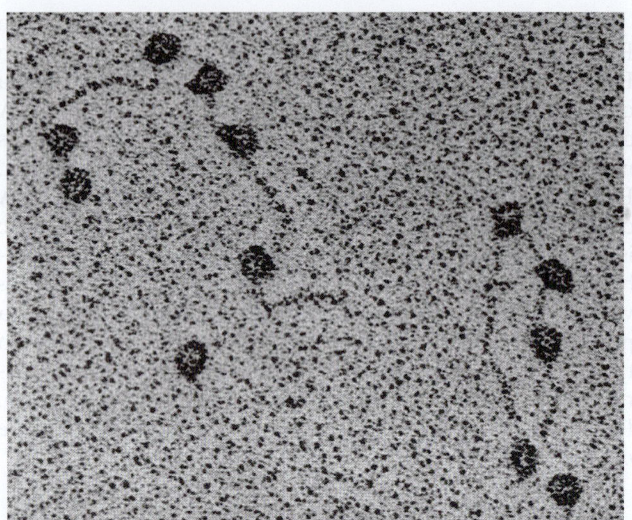

FIGURA 31.9 Uma micrografia eletrônica da holoenzima RNA-polimerase (RNAP) de *E. coli* anexada a vários sítios promotores sobre o DNA do bacteriófago T7. A RNAP é uma das maiores enzimas solúveis conhecidas. (De Williams, R.C., *Proc., Natl., Acad. Sci.* **74**, 2313 [1977].)

Micrografias eletrônicas (Fig. 31.9) indicam claramente que a RNAP, que possui um tamanho grande característico, liga-se ao DNA como um protômero. Esse grande tamanho é presumivelmente uma consequência das diversas funções complexas da holoenzima incluindo (1) ligação ao molde, (2) iniciação da cadeia de RNA, (3) alongamento da cadeia e (4) terminação da cadeia. Essas várias funções serão discutidas a seguir.

A. *Ligação ao molde de DNA*

A síntese de RNA é normalmente iniciada somente em sítios específicos do molde de DNA. Isso foi primeiramente demonstrado em estudos de hibridização do DNA do bacteriófago ϕX174 com o RNA produzido por *E. coli* infectada com ϕX174. O bacteriófago ϕX174 contém uma só fita de DNA, conhecida como fita (+). Em sua injeção em *E. coli*, a fita (+) dirige a síntese da fita complementar (−) com a qual se combina para formar um DNA duplo circular conhecido como forma replicativa (Seção 30.3Ba). O RNA produzido por células de *E. coli* infectadas pelo ϕX174 não hibridiza com o DNA de fagos intactos, mas hibridiza com a forma replicativa desse DNA. Desse modo, só a fita (−) do DNA de ϕX174, a chamada **fita antissenso**, é transcrita, isto é, atua como molde; a fita (+), a **fita senso** (ou **fita codificadora**; assim chamada por ter a mesma sequência do RNA transcrito), não porta-se dessa forma. Estudos similares indicam que em fagos maiores, como T4 e λ, as duas fitas do DNA viral são fitas antissenso (molde) para diferentes conjuntos de genes. O mesmo é verdade para organismos celulares.

a. A holoenzima se liga especificamente a promotores

A RNA-polimerase se liga aos seus sítios de iniciação por sequências de bases conhecidas como **promotores** *e que são reconhecidas pelo fator σ correspondente.* A existência de promotores foi originalmente sugerida por mutações que aumentam ou reduzem a taxa de transcrição de certos genes, incluindo aqueles do óperon *lac*. *O mapeamento genético de tais mutações indicou que o promotor consiste em uma sequência de ~40 pares de bases (pb) localizada no lado 5′ do sítio de início da transcrição.* (Por convenção, a sequência do DNA-molde é representada por sua fita senso [não molde] de forma que ela tenha a mesma direcionalidade do RNA transcrito. A um par de bases da região promotora é designado um número positivo ou negativo que indica a sua posição, a montante [*upstream*] ou a jusante [*dowstream*] na direção do movimento da RNAP, a partir do primeiro nucleotídeo que é transcrito a RNA; esse sítio de iniciação é +1 e não há 0.) O RNA, como será visto, é sintetizado na direção 5′ → 3′ (Seção 31.2C). Consequentemente, o promotor localiza-se no lado "a montante" do nucleotídeo de iniciação do RNA. Estudos de sequenciamento indicam que o promotor *lac* (*lac*P) sobrepõe-se ao operador *lac* (Fig. 31.2).

A holoenzima forma um forte complexo com os promotores (constante de dissociação $K \approx 10^{-14} M$) e, assim, protege os segmentos de DNA da digestão por DNase I. A região entre −20 e +20 é protegida contra a degradação exaustiva da DNase I. A região estendendo-se a montante até cerca de −60 é também protegida, mas em menor extensão, presumivelmente porque essa região é também ligada pela holoenzima de forma menos firme.

Determinações das sequências das regiões protegidas de numerosos genes de *E. coli* e fagos revelaram a sequência "consenso" dos promotores de *E. coli* (Fig. 31.10). *A sequência mais conservada é um hexâmero centrado aproximadamente na posição −10, também chamada de* ***Pribnow box*** (nomeada em homenagem a David Pribnow, o qual apontou a sua existência em 1975). Ela possui a sequência consenso TATAAT na qual o TA que lidera e o T final são altamente conservados. *Sequências a montante ao redor da posição −35 também têm uma região de similaridade de sequência,* TTGACA, *a qual é mais evidente em promotores eficientes.* A sequência do segmento entre o sítio −10 e −35 não é importante, mas o seu comprimento é crítico; ela se estende de 16 a 19 pb na grande maioria dos promotores. O nucleotídeo de iniciação (+1), o qual é quase sempre A ou G, é centralizado na sequência pouco conservada CAT ou CGT. A maioria das sequências promotoras varia consideravelmente da sequência consenso (Fig. 31.10). Mesmo assim, uma mutação em uma das regiões parcialmente conservadas pode aumentar ou diminuir bastante a eficiência de iniciação do promotor. Em adição, Richard Gourse descobriu que certos genes altamente expressos contêm um segmento rico em A + T entre as posições −40 e −60, o **elemento promotor a montante** (**UP**, de *upstream promoter*), o qual liga se ao domínio C-terminal das subunidades α da RNAP. Os genes que contêm o elemento UP incluem aqueles codificadores dos rRNAs, os genes *rrn* (p. ex., Fig. 31.10), que coletivamente respondem por 60% do RNA sintetizado por *E. coli*. *A taxa na qual os genes são transcritos, os quais abrangem pelo menos 1.000, varia diretamente com a taxa com que seus promotores formam um complexo de iniciação estável com a holoenzima.* Mutações no promotor que aumentam ou diminuem a taxa de transcrição do gene associado são conhecidas como **mutações positivas** (de *up mutations*) e **mutações negativas** (de *down mutations*).

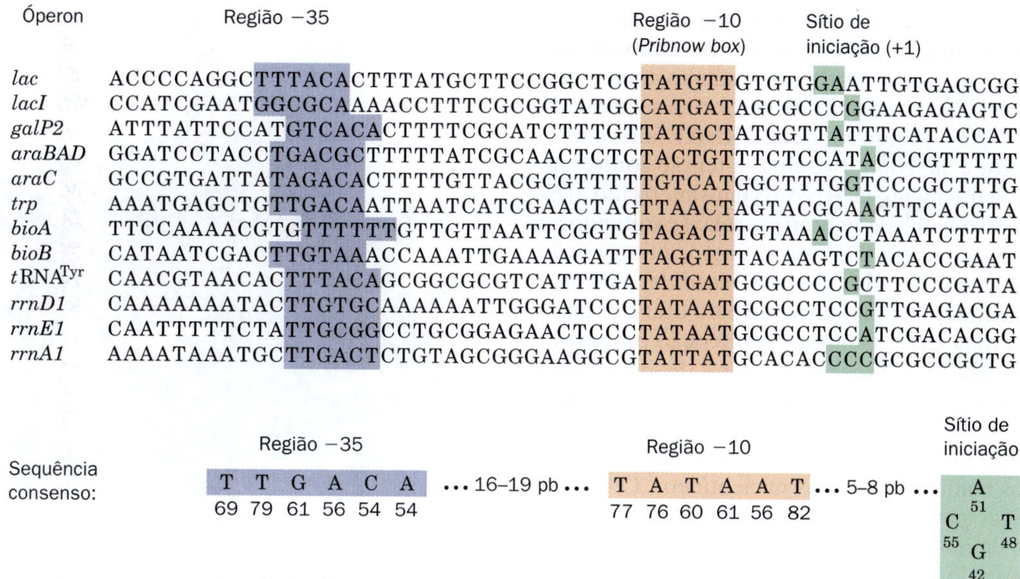

FIGURA 31.10 As sequências da fita senso (não molde) de promotores selecionados de *E. coli*. Uma região de 6 pb centralizada em torno da posição −10 (*sombreado vermelho*) e uma sequência de 6 pb em torno da região −35 (*sombreado azul*) são ambas conservadas. Os sítios de iniciação da transcrição (+1), que na maioria dos promotores ocorre em um único nucleotídeo de purina, estão sombreados em verde. A linha de baixo apresenta a sequência consenso de 298 promotores de *E. coli* com o número abaixo de cada base indicando sua porcentagem de ocorrência. A porção a jusante dos elementos UP dos genes *rrn* pode ser vista. (Segundo Rosenberg, M. e Court, D., *Annu. Rev. Genet.* **13**, 321-323 [1979]. Sequência consenso de Lisser, S., e Margalit, H., *Nucleic Acids Res.* **21**, 1512 [1993].)

b. A iniciação requer a formação de um complexo aberto

As regiões promotoras em contato com a holoenzima foram identificadas pela determinação de quanto a enzima altera a suscetibilidade do DNA à alquilação por agentes como o dimetil-sulfato (DMS), em procedimento denominado ***DMS footprinting*** (Seção 34.3Bh). Esses experimentos demonstraram que a holoenzima contata o promotor principalmente em torno das regiões −10 e −35. Ambos os sítios protegidos dispõem-se do mesmo lado da dupla-hélice do B-DNA, assim como o sítio de iniciação, o que sugere que a holoenzima liga-se somente a uma face do promotor.

O DMS metila resíduos G no N7, resíduos A em N1 e N3, e resíduos C no N3. Visto que o N1 de A e o N3 de C participam na interação do pareamento de bases, entretanto, eles só podem reagir com DMS em DNA de fita simples. Essa metilação diferencial de DNAs em fita simples e dupla representa um teste sensível para a separação ou "desnaturação" das fitas de DNA. Tais estudos do *footprinting* químico indicam que a ligação da holoenzima "desnatura" o promotor em uma região de ~14 pb que se estende do meio da região −10 até pouco depois do sítio de iniciação, formando desta forma a chamada bolha de transcrição. A necessidade de formar esse **complexo aberto** explica por que a eficiência do promotor tende a diminuir com o número de pares de bases G · C na região −10; isso presumivelmente aumenta a dificuldade na abertura da dupla-hélice que é requerida para a iniciação da cadeia (recordando que os pares G · C são mais estáveis que os pares A · T).

O núcleo da enzima, o qual não liga promotores especificamente (exceto quando ele possui um elemento UP), liga firmemente dúplex de DNA (a constante de dissociação do complexo é $K \approx 5 \times 10^{-12}\ M$ e sua meia-vida é de aproximadamente 60 minutos). A holoenzima, em contraste, se liga a DNA não promotor de forma comparativamente frouxa ($K \approx 10^{-7}\ M$ e meia-vida > 1 s). Evidentemente, a subunidade σ permite à holoenzima mover-se rapidamente ao longo da fita de DNA em busca de promotores correspondentes à subunidade σ. Uma vez que a transcrição tenha sido iniciada e a subunidade σ ejetada, a ligação firme do núcleo da enzima ao DNA aparentemente estabiliza o complexo ternário enzima-DNA-RNA.

B. *Iniciação da cadeia*

A base 5′-terminal dos RNAs procarióticos é quase sempre uma purina com A ocorrendo mais frequentemente do que G. A reação de iniciação da transcrição é simplesmente a ligação de dois nucleosídeos trifosfatados na reação

$$\text{pppA} + \text{pppN} \rightleftharpoons \text{pppApN} + \text{PP}_i$$

e, portanto, diferente da replicação do DNA, não requer um oligonucleotídeo iniciador (*primer*). Assim, os RNAs de bactérias possuem grupos 5′-trifosfatados, como foi demonstrado pela incorporação de marcas radioativas em RNA quando esse foi sintetizado com [γ-^{32}P]ATP. Somente a extremidade 5′ terminal do RNA pode manter a marca porque os grupos fosfodiéster internos do RNA são derivados dos grupos α-fosfato de nucleosídeos trifosfatados.

A RNAP tem um comportamento curioso: ela frequentemente libera o RNA recém-sintetizado após apenas ~10 nt terem sido polimerizados, um processo conhecido como **iniciação abortiva**. Quando a RNAP inicia a transcrição, ela se mantém ligada no promotor (o qual está na fita não molde/senso do DNA). Consequentemente, tensão conformacional é gerada quando a fita-molde/antissenso é puxada para o sítio ativo da RNAP, um processo chamado de **amassamento** (***scrunching***), uma vez que o resultante tamanho aumentado da bolha de transcrição deve ser de alguma forma acomodado dentro da RNAP. Na iniciação abortiva, a RNAP falha em escapar do promotor e, ao contrário, alivia a tensão conformacional liberando o fragmento de RNA recém-sintetizado, desta forma, deixando a bolha de transcrição relaxar voltando ao seu tamanho normal. A RNAP reinicia, então, a transcrição a partir da posição +1. Na iniciação bem-sucedida, o esforço eventualmente fornece energia suficiente para tirar o promotor da RNAP, a qual então começa a transcrição processiva (contínua) do molde. Este processo requer a dissociação do fator σ do complexo núcleo enzimático DNA-RNA para formar o complexo de alongamento, contudo experimentos recentes indicam que este processo com frequência ocorre aleatoriamente após a adição de alguns nucleotídeos. O fator σ pode então se ligar a outro núcleo enzimático para formar um novo complexo de iniciação, como foi demonstrado pela explosão em sínteses de RNA com a adição de núcleos enzimáticos a uma mistura de reação de transcrição que inicialmente continha apenas holoenzimas.

a. A RNAP bacteriana possui uma estrutura altamente complexa

A estrutura por difração de raios X da RNAP de *E. coli* não foi determinada. De qualquer modo, Seth Darst e Dimitry Vassylyev determinaram independentemente as estruturas por raios X dos núcleos enzimáticos e das holoenzimas RNAP de *Thermus aquaticus* (Taq) e de *Thermus thermophilus* (Tth), enzimas muito similares. A estrutura do núcleo enzimático da Tth no complexo com DNA e RNA, em concordância com estudos por micrografia eletrônica da RNAP de *E. coli*, possui a forma global de uma garra de caranguejo cujas duas quelas ("pinças") são formadas pelas subunidades β e β′ (Fig. 31.11). A proteína possui ~150 Å de comprimento (paralelo às quelas), ~115 Å de altura e ~110 Å de profundidade, com o túnel entre as duas quelas de ~27 Å de largura. As subunidades β e β′ interagem extensivamente uma com a outra, particularmente na base do túnel (também chamado de canal principal) onde um íon Mg^{2+} do sítio ativo está localizado e, também, onde convergem os seus dois segmentos homólogos. A subunidade β′ se liga a dois íons Zn^{2+}, cada um por meio de quatro resíduos Cys que são invariáveis em procariotos, mas não em eucariotos. A superfície externa da RNAP é quase uniformemente carregada negativamente, enquanto as superfícies que interagem com os ácidos nucleicos são positivamente carregadas.

O DNA fita-dupla a jusante ocupa o canal principal, o qual direciona a fita-molde para o sítio ativo. Lá ela pareia com o NTP que chega (não presente nesta estrutura) no assim chamado sítio $i + 1$ próximo ao íon Mg^{2+}. A extremidade 3′ do RNA forma uma hélice híbrida de 9 pb com a extremidade 5′ da fita-molde e então deixa a proteína por meio de um canal entre as subunidades β e β′ (o canal de saída do RNA) no qual adota uma conformação similar aquela de uma fita simples dentro de um RNA dupla-hélice. Desta forma a estrutura se assemelha aquela de um complexo de alongamento pós-translocado, embora os caminhos tomados pelas fitas de DNA molde e não molde para reunir-se ao final da bolha de transcrição não sejam claros.

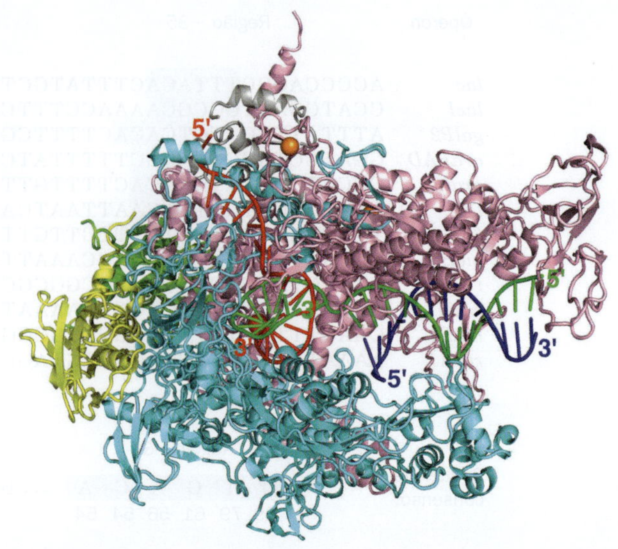

FIGURA 31.11 Estrutura por raios X do núcleo da RNAP Tth em complexo com um DNA molde de 23 nt, um DNA não molde de 14 nt e um RNA de 16 nt. A proteína está desenhada na forma de fitas com suas duas subunidades α em amarelo e verde, sua subunidade β azul, sua subunidade β′ cor-de-rosa e sua subunidade ω cinza. Os íons ligados Mg^{2+} e Zn^{2+} são representados por esferas vermelha e cor de laranja, respectivamente. O DNA e o RNA são mostrados em forma de escada com o DNA molde em verde, DNA não molde em azul e RNA vermelho. Note que os resíduos 208 a 390 da subunidade β′, que se estende da ponta de sua "pinça", são desordenados e por isso não visíveis como são os domínios C-terminal de 86 resíduos de ambas as subunidades α. (Com base na estrutura por raios X de Dimitry Vassylyev. Universidade do Alabama – Birmingham PDBid 5O5I.)

A estrutura por raios X da holoenzima Tth indica que a sua subunidade σ (σ^{70}) possui três domínios largamente α hélicos ligados flexivelmente, σ_2, σ_3 e σ_4, que se estendem transversalmente ao topo da holoenzima (Fig. 31.12; σ_1 não é visível). As quelas da holoenzima estão a ~10 Å mais longe uma da outra do que no complexo de alongamento. As cavidades de ligação para o DNA dupla fita a jusante e para a bolha de transcrição estão parcialmente ocupadas pelos domínios σ_4 e seu conector $\sigma_{3\text{-}4}$ da subunidade σ. Isto conta parcialmente para o amassamento (*scrunching*) de ácidos nucleicos descrito acima que precede a transição do complexo de iniciação para o complexo de alongamento. Desta forma, apenas a liberação destes segmentos da subunidade σ da RNAP é compatível com a formação de um complexo de alongamento, com isso contribuindo para a liberação estocástica mencionada acima da subunidade σ de um complexo RNAP iniciado com sucesso.

Uma estrutura por raios X de baixa resolução (6,5 Å) da holoenzima Taq em complexo com um segmento de DNA dupla fita contendo os elementos −10 e −35 do promotor revela que o DNA aloja-se ao longo de uma face da holoenzima, completamente fora do canal principal (Fig. 31.13). Todos os contatos sequência-específicos que a holoenzima faz com os elementos −10 e −35, bem como com a chamada região −10 estendida imediatamente a montante do elemento −10 são mediadas pela subunidade σ através de resíduos conservados. Essa estrutura presumivelmente assemelha-se ao assim chamado **complexo fechado** no qual o DNA ainda

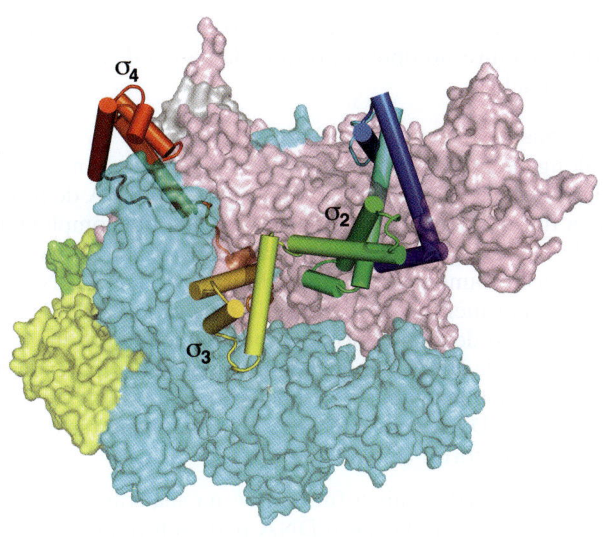

FIGURA 31.12 Estrutura por raios X da holoenzima RNAP Tth vista de forma similar a Fig. 31.11. As subunidades do núcleo enzimático estão representadas por suas superfícies moleculares parcialmente transparentes, coloridas como na Fig. 31.11. A subunidade σ está desenhada com suas α hélices como cilindros e coloridas na ordem das cores do arco-íris de sua extremidade N-terminal (*azul*) para a sua extremidade C-terminal (*vermelha*). (Com base na estrutura por raios X de Dmitry Vassylyev, University of Alabama em Birmingham. PDBid 1IW7.)

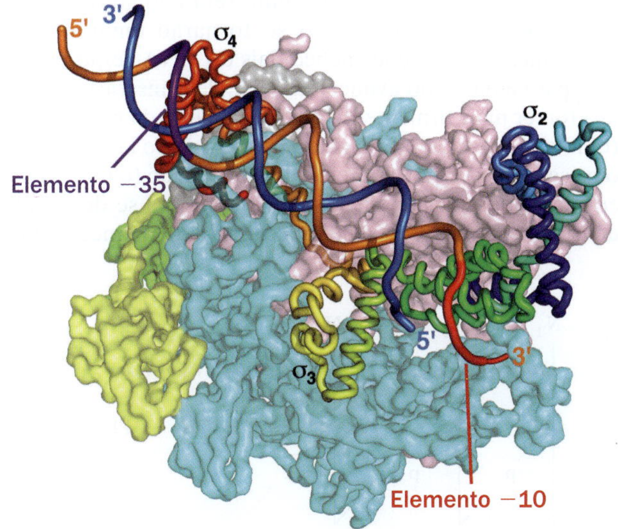

FIGURA 31.13 Estrutura por raios X de baixa resolução (6,5Å) da holoenzima Taq RNAP em complexo com um DNA dupla fita contendo um promotor, vista como na Fig. 31.12. As subunidades do núcleo enzimático estão representadas por suas superfícies moleculares parcialmente transparentes, coloridas como na Fig. 31.11 (as quais aparecem estriadas devido a baixa resolução da estrutura, o que permite a visualização apenas do esqueleto polipeptídico). A subunidade σ está desenhada em forma espiralada e colorida na ordem das cores do arco-íris de sua extremidade N-terminal (*azul*) até sua extremidade C-terminal (*vermelha*). O suporte principal de açúcar-fosfato do DNA está desenhado de forma encorpada com a fita-molde azul, o elemento -10 da fita não molde, vermelho, o elemento -35 da fita não molde púrpura e as porções remanescentes da fita não molde cor de laranja. (Com base na estrutura por raios X de Seth Darst,The Rockefeller University. PDBid 1L9Z.)

não entrou no canal principal para formar a bolha de transcrição. O mecanismo pelo qual isto ocorre é desconhecido.

b. A rifamicina inibe a iniciação da transcrição procariótica

Dois antibióticos relacionados, **rifamicina B**, produzida por *Streptomyces mediterranei*, e seu derivado semissintético **rifampicina,**

Rifamicina B $R_1 = CH_2COO^-$; $R_2 = H$

Rifampicina $R_1 = H$; $R_2 = CH{=}N{-}N\quad N{-}CH_3$

inibem especificamente a transcrição da RNAP procariótica, mas não a eucariótica. Essa seletividade e suas altas potências (a RNAP bacteriana é 50% inibida por 2×10^{-8} *M* de rifampicina) tornaram esses antibióticos úteis como agentes bactericidas contra bactérias gram-positivas e tuberculose. De fato, poucos antibióticos são efetivos contra tuberculose, a qual tem atingido níveis epidêmicos em algumas partes do mundo.

A descoberta de que as subunidades β de mutantes resistentes à rifamicina têm mobilidade eletroforética alterada primeiramente demonstrou que essas subunidades contêm o sítio de ligação à rifamicina. As rifamicinas não inibem a ligação da RNAP ao promotor e nem a formação da primeira ligação fosfodiéster, mas elas previnem o alongamento subsequente da cadeia. A RNAP inativada permanece ligada ao promotor, consequentemente bloqueando a sua iniciação por enzimas não inibidas. Uma vez que a iniciação da cadeia de RNA tenha ocorrido, entretanto, as rifamicinas não têm efeito sobre o processo de alongamento subsequente. As rifamicinas são, por essa razão, ferramentas de pesquisa úteis porque elas permitem dissecar o processo de transcrição entre as fases de iniciação e alongamento.

A estrutura por raios X do núcleo da enzima Taq em complexo com a rifampicina revela como esse antibiótico inibe a RNAP. A rifampicina liga-se com um ajuste fechado complementar, mas com pequena mudança conformacional em um bolso da subunidade β que está localizado dentro do canal principal, distante ~12 Å do íon Mg^{2+} do sítio ativo. A construção de modelos indica que a rifampicina ligada interferiria estericamente com o RNA transcrito nas posições −2 a −5 da bolha de transcrição. Assim, como observado, a rifampicina não interferiria na iniciação da transcrição, mas poderia bloquear mecanicamente a extensão do RNA transcrito. Os resíduos que revestem o bolso no qual a rifampicina se liga são altamente conservados entre procariotos, mas não em eucariotos, explicando assim por que a rifamicina só inibe RNAPs bacterianas.

C. *Alongamento da cadeia*

A direção do alongamento da cadeia de RNA; isto é, se ele ocorre pela adição de nucleotídeos na extremidade 3′ da cadeia de RNA nascente (crescente) (crescimento 5′ → 3′; Fig. 31.14*a*) ou pela adição dos nucleotídeos na sua extremidade 5′ (crescimento 3′ → 5′, Fig. 31.14*b*) foi estabelecida pela determinação da taxa na qual a marca radioativa derivada de [γ-^{32}P]GTP é incorporada no RNA. Para o alongamento 5′ → 3′; o γ-P em 5′ é permanentemente marcado e, consequentemente, o nível de radioatividade da cadeia não se modifica na substituição de GTP marcado por GTP não marcado. Entretanto, para o alongamento 3′ → 5′, o γ-P em 5′ é substituído com a adição de cada novo nucleotídeo de forma que, em uma substituição de GTP marcado por um não marcado, a cadeia de RNA nascente deve perder a sua radioatividade. O primeiro modelo foi o observado. *O crescimento da cadeia deve, portanto, ocorrer na direção 5′ → 3′ (Fig. 31.14a)*, na mesma direção em que o DNA é sintetizado. Essa conclusão é reforçada pela observação de que o antibiótico **cordicepina**,

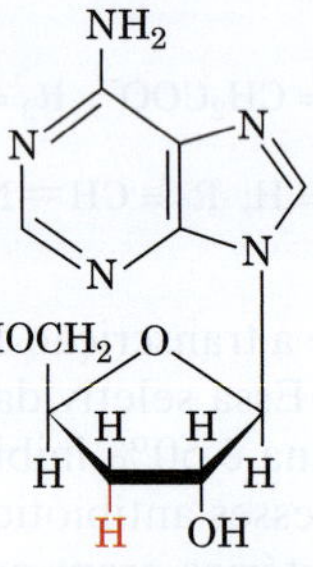

Cordicepina
(3′-desoxiadenosina)

um análogo da adenosina em que falta o grupo 3′-OH, inibe a síntese de RNA bacteriano. A sua adição à extremidade 3′ do RNA, como seria esperado para o crescimento 5′ → 3′, impede o alongamento decorrente da cadeia de RNA. A cordicepina pode não ter esse efeito se o crescimento da cadeia ocorrer na direção oposta porque ela não pode ser ligada à extremidade 5′.

a. A transcrição supertorce o DNA

O alongamento da cadeia de RNA requer que o molde de dsDNA esteja aberto no ponto da síntese do RNA de forma que a fita-molde possa ser transcrita à sua fita complementar de RNA. Dessa maneira, a cadeia de RNA forma apenas transitoriamente um dúplex híbrido de DNA-RNA de curto comprimento, como indicado pela observação de que a transcrição deixa um molde dúplex intacto e produz uma fita simples de RNA. A bolha de transcrição não pareada do DNA no complexo aberto de iniciação aparentemente viaja ao longo do DNA com a RNAP. Há duas maneiras de esse movimento ocorrer (Fig. 31.15):

1. Se a RNAP seguir a fita-molde na sua trajetória helicoidal em torno do DNA, o DNA poderá formar pequenos superenrolamentos porque o dúplex de DNA nunca poderá ser desenrolado por mais do que aproximadamente uma volta. Entretanto, o transcrito de RNA poderá enrolar-se em torno do DNA, uma vez por volta do dúplex. Esse modelo não é plausível, uma vez que é improvável que DNA e RNA possam ser prontamente desenrolados: o RNA não se desenrolaria espontaneamente do DNA longo e frequentemente circular em qualquer tempo aceitável, e nenhuma topoisomerase conhecida pode acelerar esse processo.

2. Se a RNAP mover-se em linha reta enquanto o DNA girar, o RNA e o DNA não se tornarão emaranhados. Forçosamente, as torções helicoidais do DNA serão empurradas para adiante do avanço da bolha de transcrição, de forma a torcer mais firmemente o DNA adiante da bolha (o que promoverá um superenrolamento positivo), e o DNA atrás da bolha se tornará equivalentemente não torcido (o que promoverá um superenrolamento negativo, embora se deva notar que o número de ligações de todo o DNA permanecerá inal-

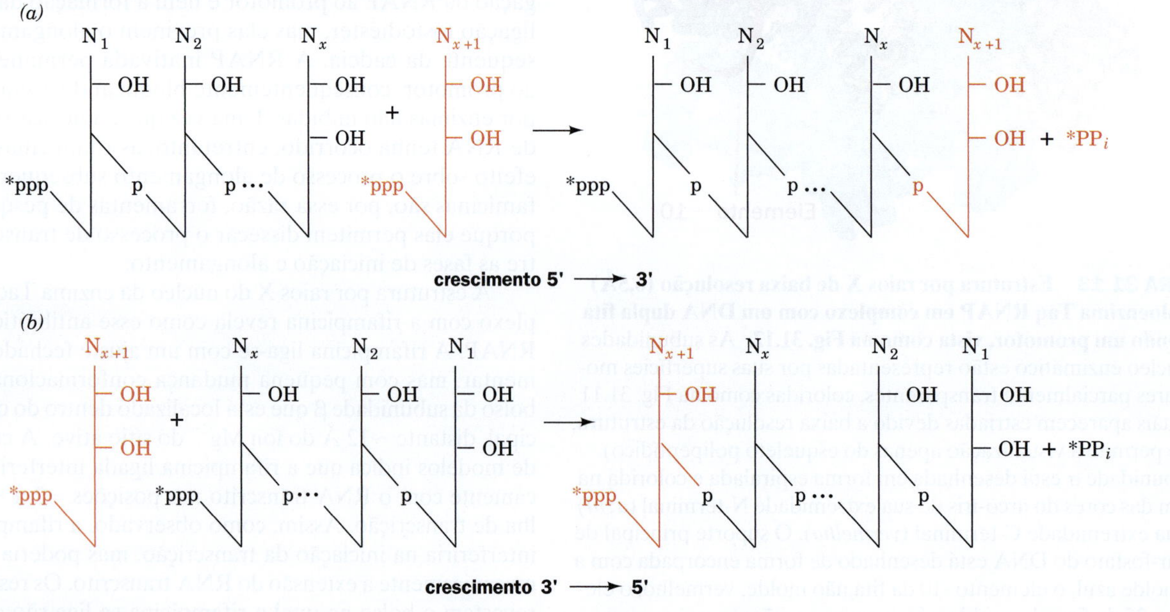

FIGURA 31.14 Os dois possíveis modos do crescimento da cadeia de RNA. O crescimento pode ocorrer (*a*) pela adição de nucleotídeos à extremidade 3′ e (*b*) pela adição de nucleotídeos à extremidade 5′. A RNA-polimerase catalisa a primeira reação.

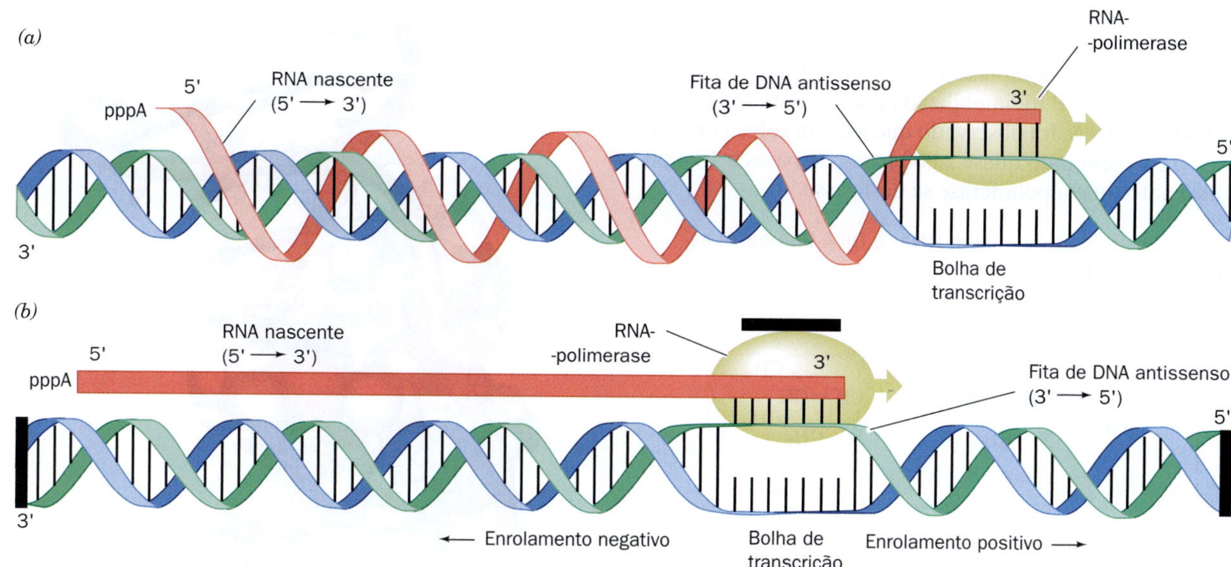

FIGURA 31.15 Alongamento da cadeia de RNA pela RNA-polimerase. Na região sendo transcrita, o DNA dupla-hélice é desenrolado por aproximadamente uma volta para permitir que a fita senso do DNA forme um curto segmento de DNA-RNA dupla hélice híbrido com a extremidade 3′ do RNA. Conforme a RNAP avança ao longo do molde de DNA (aqui para a direita), o DNA desenrola-se à frente do RNA que está crescendo na extremidade 3′ e volta a ser enrolado atrás dele, separando assim o RNA recentemente sintetizado da fita-molde (antissenso). (*a*) Um modo como isso pode ocorrer é pela RNAP seguindo a trajetória da fita-molde sobre o DNA dupla-hélice, caso no qual o transcrito se tornaria enrolado sobre o DNA, uma vez por volta do dúplex. (*b*) Uma segunda e mais plausível possibilidade é que o RNA se move em uma linha reta enquanto o DNA gira sob ele. Nesse caso, o RNA não se enrolaria em torno do DNA, mas o DNA se tornaria enrolado em excesso à frente da bolha de transcrição em avanço e desenrolado atrás dela (considere a consequência de colocar o dedo entre a fita de DNA torcida nesse modelo e empurrar para a direita). O modelo presume que as extremidades do DNA, assim como a RNAP, são impedidas de girar por conexões dentro da célula (*barra preta*). (Segundo Futcher, B., *Trends Genet.* **4**, 271, 272 [1988].)

terado). Esse modelo é sustentado por observações de que a transcrição de plasmídeos em *E. coli* determina os seus superenrolamentos positivos em mutantes da girase (os quais não podem relaxar superenrolamentos positivos; Seção 29.3Cd) e seus superenrolamentos negativos nos mutantes da topoisomerase I (os quais não podem relaxar superenrolamentos negativos; Seção 29.3Ca). De fato, pela fixação de RNAPs à superfície de um vidro e permitindo que elas realizem a transcrição de DNAs que tenham sido marcados fluorescentemente em uma das extremidades, Kazuhiko Kinosita demonstrou, por microscopia fluorescente (usando técnicas similares àquelas que demonstraram que a F_1F_0-ATPase é um aparato rotatório; Seção 22.3Ce), que moléculas de DNA individualmente giram na direção esperada durante a transcrição.

Supertorções inapropriadas no DNA que está sendo transcrito fazem parar a transcrição (Seção 29.3C). Possivelmente, a tensão das torções adicionais no DNA geradas pelos superenrolamentos negativos atrás da bolha de transcrição é requerida para ajudar a dirigir o processo transcricional, enquanto tensões muito grandes dessas torções podem impedir a abertura e a manutenção da bolha de transcrição.

b. A transcrição ocorre de forma rápida e processiva

A taxa de transcrição *in vitro* é de 20 a 50 nucleotídeos por segundo. Uma vez que uma molécula de RNAP tenha iniciado a transcrição e se movido para longe do promotor, uma outra RNAP pode dar seguimento ao processo. A síntese dos RNAs que são necessários em grandes quantidades, como rRNAs, por exemplo, é iniciada tantas vezes quanto estericamente possível, cerca de uma vez por segundo (Fig. 31.16). A processividade é alcançada sem uma estrutura óbvia em forma de grampo como o grampo deslizante da DNA-polimerase III de

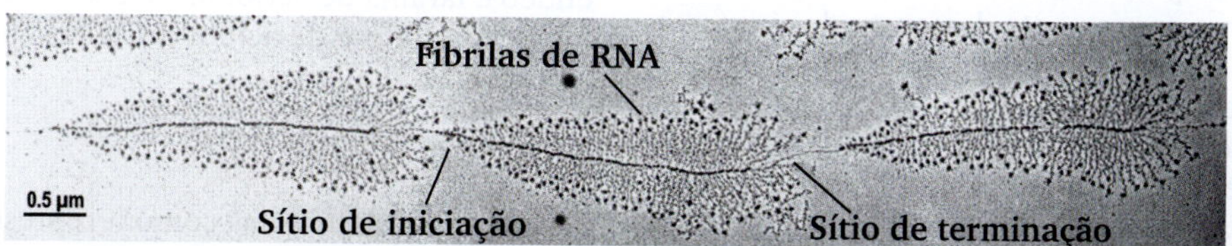

FIGURA 31.16 Uma micrografia eletrônica de três genes ribossomais contíguos de ovócitos da salamandra *Pleurodeles waltl* sofrendo transcrição. A estrutura em "ponta de flecha" resulta do aumento nos tamanhos das cadeias de RNA nascentes que as moléculas de RNAP sintetizam deslocando-se do sítio de iniciação sobre o DNA ao sítio de terminação. (Cortesia de Ulrich Scheer, University of Würzburg, Alemanha.)

E. coli (Fig. 30.14). Contudo, a própria RNAP aparentemente funciona como um grampo deslizante por ligar-se firmemente mas flexivelmente ao complexo DNA-RNA. Em experimentos nos quais a RNAP foi imobilizada e uma conta magnética foi anexada ao DNA, foi observado que a conta sofreu até 180 rotações (representando quase 2.000 pares de bases a 10,4 pb por volta) antes que a polimerase se desligasse.

c. Agentes intercalantes inibem RNA- e DNA-Polimerases

A **Actinomicina D**,

Metil-Val
Sarcosina
Pro
D-Val
Thr
Sistema de anéis de fenoxazona

Actinomicina D

um agente antineoplásico (anticâncer) útil produzido por *Streptomyces antibioticus*, liga firmemente o dúplex de DNA e, ao fazê-lo, inibe fortemente tanto a transcrição como a replicação do DNA, presumivelmente interferindo com a passagem de RNA e DNA-polimerases. A estrutura por RM da actinomicina D em complexo com o dúplex de DNA composto de duas fitas do octâmero autocomplementar d(GAAGCTTC) revela que o DNA assume uma conformação semelhante a B na qual o **sistema de anéis de fenoxazona** da actinomicina, como previamente demonstrado, é intercalado entre os pares de bases G · C centrais do DNA (Fig. 31.17). Consequentemente, a hélice de DNA é relaxada em ~30° no sítio de intercalação e os pares de bases G· C centrais são separados em ~7 Å. A hélice de DNA é gravemente distorcida em relação à conformação normal de B-DNA de modo que é dobrada em direção ao sulco maior em torno de ~30° e seu sulco menor é largo e raso, assemelhando-se ao A-DNA. Os dois **depsipeptídeos** cíclicos quimicamente idênticos da actinomicina D (ambos possuindo ligações peptídicas e ligações do tipo éster) estendem-se em direções opostas a partir do sítio de intercalação ao longo do sulco menor do DNA. O complexo é estabilizado pela formação de ligações de hidrogênio entre bases-peptídeos e entre fenoxazona-esqueleto de açúcar-fosfato, bem como por interações hidrofóbicas, de uma maneira a explicar a preferência da actinomicina D em ligar-se a DNA com seu anel de fenoxazona intercalado entre pares de bases de uma sequência 5′-GC-3′. Diversos outros agentes intercalantes, incluindo etídeo e laranja de acridina (Seções 6.6Ca e 29.3Ba), inibem também a síntese de ácidos nucleicos, presumivelmente por mecanismos similares.

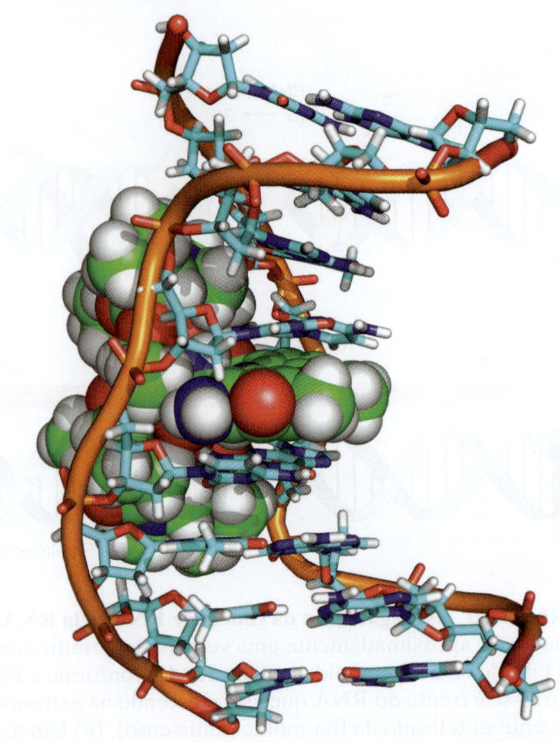

FIGURA 31.17 Estrutura por RM da actinomicina D em complexo com um DNA fita dupla de sequência autocomplementar d(GAAGCTTC). A Actinomicina D está representada em forma de volume atômico e o DNA em forma de palitos com sucessivos átomos P na mesma fita conectados por hastes cor de laranja, todos coloridos de acordo com o tipo de átomo com C da actinomicina verde, C do DNA ciano, H branco, N azul, O vermelho e P cor de laranja. O complexo é visto em direção ao sulco maior do DNA. Os dois depsipeptídeos cíclicos de actinomicina D estão calçados firmemente no sulco menor do DNA e o sistema de anéis de fenoxazona da actinomicina D está intercalado entre os pares de base G·C centrais do DNA (Com base em uma estrutura por RM por Andrew Wang, University of Illinois, EUA PDBid 1DSC.)

D. *Terminação da cadeia*

Micrografias eletrônicas como a representada na Fig. 31.16 sugerem que o DNA contém sítios específicos nos quais a transcrição é terminada. Nesta seção, é discutido como a transcrição é terminada em bactérias. O processo eucariótico será discutido na Seção 31.4Ab.

a. O RNA nos terminadores intrínsicos possui uma região oligo(U) precedida por uma haste rica em G + C

Em torno da metade dos sítios de terminação em *E. coli* são **terminadores intrínsecos** ou **espontâneos**, ou seja, eles induzem a terminação sem assistência. A sequência destes terminadores compartilham dois aspectos comuns (Fig. 31.18):

1. Um trecho de 7 a 10 A · T consecutivos com os As na fita-molde, algumas vezes interrompida por um ou mais pares de bases. O RNA transcrito é terminado nessa ou imediatamente após essa sequência.
2. Um segmento rico em G + C com uma sequência palindrômica (duplamente simétrica) imediatamente a montante das séries de A · T.

O RNA transcrito dessa região pode, portanto, formar uma estrutura em "grampo" (*hairpin*) autocomplementar que é terminada por vários resíduos Us (Fig. 31.18).

A estabilidade de um grampo rico em G + C do terminador e o fraco pareamento de bases dessa cauda oligo(U) do molde de DNA são fatores importantes para assegurar a adequada terminação da cadeia. De fato, estudo de modelos tem mostrado que o oligo(dA · rU) forma uma hélice híbrida particularmente instável apesar do oligo(dA · dT) formar uma hélice de estabilidade normal. De fato, trechos oligo(dA · rU) de 8 ou 9 pb são instáveis a temperatura ambiente quando não estão ligados a RNAP. A formação do grampo rico em G + C ocasiona uma pausa de vários segundos da RNAP no sítio de terminação. Mutações no sítio terminador que diminuem a força dessas associações reduzem a eficiência da terminação da cadeia (a fração de transcritos que são terminados naquele sítio) e muitas vezes a eliminam. A eficiência da terminação é similarmente diminuída quando a transcrição *in vitro* é conduzida por GTP substituído por **trifosfato de inosina** (**ITP**, de *inosine triphosphate*):

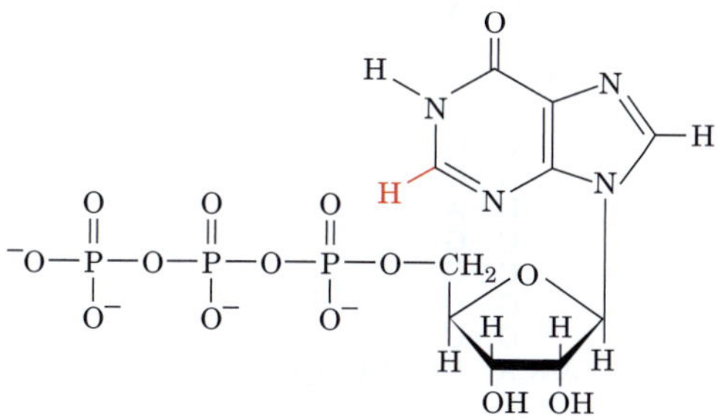

Trifosfato de inosina (ITP)

os pareamentos I · C são mais fracos que os pares G · C porque a base hipoxantina de I, a qual carece do grupo 2-amino de G, só pode fazer duas ligações de hidrogênio com C, diminuindo assim a estabilidade do grampo.

Apesar do precedente, experimentos de Michael Chamberlin, nos quais segmentos de terminadores de alta eficiência foram trocados por meio de técnicas de DNA recombinante, indicam que o grampo terminador do RNA e a cauda 3′ rica em U não funcionam independentemente das suas regiões flanqueadoras a montante e a jusante do DNA correspondente. De fato, terminadores que não possuem um segmento rico em U podem ser altamente eficientes quando associados a sequências apropriadas imediatamente a jusante do sítio de terminação.

Estas e outras observações levaram a três modelos não necessariamente mutuamente excludentes para explicar como os terminadores intrínsecos funcionam:

1. O modelo de translocação para a frente, no qual a formação do grampo empurra a RNAP para a frente sem o alongamento concomitante do transcrito de RNA. Isto encurtaria o híbrido de RNA-DNA em alguns pares de base, desta forma desestabilizando-o.
2. O modelo de retirada do RNA, no qual a formação de grampo mecanicamente remove a RNA para fora do híbrido de RNA-DNA.
3. O modelo alostérico, no qual a formação do grampo induz uma mudança conformacional na RNAP que permite que a fita de DNA não molde a montante desloque da fita molde de DNA a cauda de oligo (U) fracamente ligada.

Em um esforço para diferenciar estes modelos, Robert Landick e Steven Block utilizaram armadilhas ópticas para exercer uma força de remoção em uma das extremidades do DNA que uma única molécula de RNAP estava transcrevendo ou no seu transcrito de RNA. Uma armadilha óptica consiste em um feixe de *laser* altamente focado que é tipicamente gerado pelo seu envio através das lentes objetivas de um microscópio. O forte gradiente de campo elétrico gerado na limitada região do feixe atrai partículas dielétricas (isolantes) tais como contas de poliestireno de tamanho submicrométrico ao centro do feixe onde o campo elétrico é mais forte. A força na partícula é diretamente proporcional ao seu deslocamento do centro do feixe. Ligando-se uma única macromolécula de interesse a tal conta em uma armadilha óptica e fixando a outra extremidade da macromolécula ou ligando-a a uma conta em uma segunda armadilha óptica, uma força pode ser exercida na molécula deslocando lateralmente o fei-

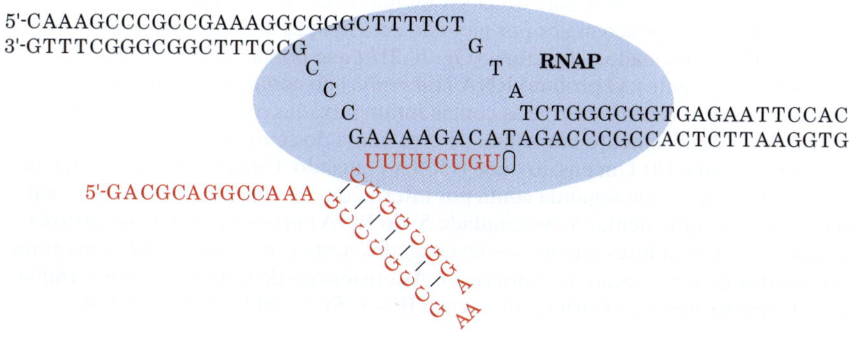

5'-CAAAGCCCGCCGAAAGGCGGGCTTTTCT
3'-GTTTCGGGCGGCTTTCCG
C C C G T A
RNAP
TCTGGGCGGTGAGAATTCCAC
GAAAAGACATAGACCCGCCACTCTTAAGGTG
UUUUCUGU
5'-GACGCAGGCCAAA

FIGURA 31.18 Um terminador intrínseco de *E. coli*. Sua transcrição produz um RNA (*vermelho*) com um segmento autocomplementar rico em G + C que forma um grampo de bases pareadas imediatamente seguido por uma sequência de 4 a 10 Us consecutivos que forma pares de bases com os As do DNA molde na bolha de transcrição. O símbolo oval representa o sítio de ligação para o próximo NTP a ser incorporado. (Segundo um desenho de Park, I-S. e Roberts, J. W. Cornell University, EUA.)

xe por distâncias subnanométricas. Tal dispositivo é conhecido por **pinças ópticas**.

Na pinça óptica diagramada na Fig. 31.19*a*, separando-se as duas armadilhas ópticas, a RNAP seria auxiliada a se translocar ao longo do DNA, enquanto ligando-se a outra extremidade do DNA a uma conta impedirá este processo. Tanto a aplicação da força auxiliar quanto a de impedimento não afetam significativamente as eficiências de terminação de nenhum dos três terminadores mostrados na Fig. 31.19*c*. Evidentemente, a translocação para a frente não é uma característica geral da terminação intrínseca. No entanto, a eficiência do terminador t500 com uma mutação no seu grampo varia com a força no DNA, o que indica que a translocação para frente ocorre em alguns terminadores.

Na pinça óptica diagramada na Fig. 31.19*b*, puxando-se o RNA com força suficiente para romper os dois ou três primeiros pares de base do grampo do terminador reduz-se a eficiência de terminação dos três terminadores. Se a força for maior que a necessária para desdobrar o grampo completamente, a eficiência de terminação é indistinguível da do terminador correspondente contendo apenas o trecho oligo (U). Isto sugere que a formação dos pares de base do grampo rompe o híbrido de RNA-DNA adjacente como predito pelo modelo de retirada do RNA.

Curiosamente, uma força mais fraca que a necessária para romper o pareamento de bases do grampo aumenta a eficiência de terminação. No entanto, a presença de DNA simples fita complementar ao transcrito elimina este último efeito. Evidentemente, o RNA a montante do terminador forma estruturas secundárias fracamente pareadas que competem com a formação do grampo de terminação. Desta forma, a sequência de RNA a montante de um terminador intrínseco modula a eficiência de terminação.

Uma vez que a RNAP estabiliza o híbrido de RNA-DNA, mudanças alostéricas da RNAP provocadas pela formação do grampo também podem influenciar a eficiência de termina-

(*a*) (*b*)

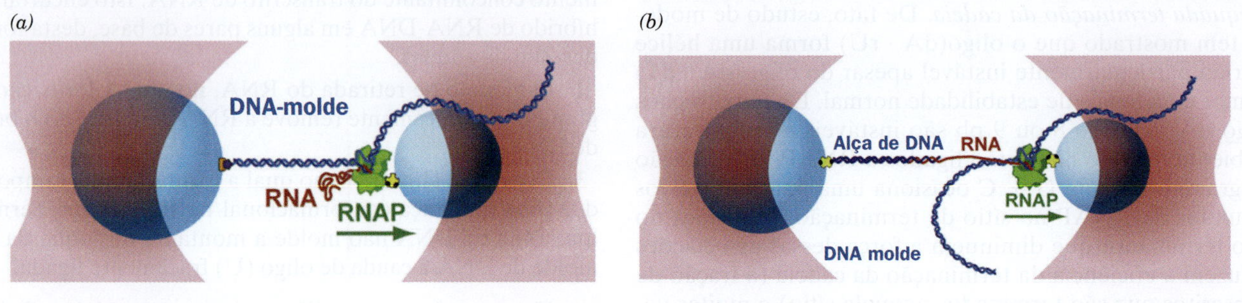

(*c*)

```
terminador his            terminador t500          terminador tR2

      G C
    U     A
     A–U                                                U  A
     G–C                                              G      A
     A–U                       A A                   G        U
     A–U                     G     A                  U      C
     G–C                      C–G                      C–G
     G–C                      C–G                      G–C
     C–G                      G–C                      U–A
     C–G                      C–G                      C–G
     C–G                      C–G                      C–G
     C–G                      C–G                      G–C
     C–G                      G–C                      G–C
···GAAA  UUUUUUUUU–3'   ···CAAA  UUUUCUGU–3'   ···AACA  UUUUUAUU–3'
```

FIGURA 31.19 Aparato para ensaio de deslocamento de uma única molécula com o complexo de alongamento da RNAP (não está em escala). *(a)* Um ensaio onde o DNA é puxado. A RNAP (*verde*, a sua direção de translocação está indicada pela seta verde) em um complexo de alongamento anexada a uma conta de poliestireno coberta com avidina (*azul-claro*) por uma ligação de biotina-avidina (*amarelo e preto*, Seção 22.3Ce), e, ou a extremidade montante do DNA molde (*azul-escuro*), como mostrado, ou a extremidade a jusante anexada em uma conta de poliestireno um pouco maior por meio de uma ligação digoxigenina-antidigoxigenina (*púrpura e cor de laranja*, digoxigenina é um esteroide relacionado a digitalina [Fig. 20.21*b*] que possui alta antigenicidade, e antidigoxigenina é um anticorpo ao qual ela se liga especificamente). O produto RNA (*vermelho*) do complexo ficou livre. As duas contas foram, então colocadas em diferentes armadilhas ópticas (*cor-de-rosa*) e as contas foram puxadas para longe uma da outra enquanto o complexo de alongamento sintetizava RNA. O deslocamento horizontal de uma conta do centro de sua armadilha óptica é indicativo de uma força de deslocamento sobre a conta. (*b*) Um ensaio onde o RNA é puxado. Como na parte *a*, mas com o DNA molde livre e o RNA emergente de uma RNAP ligado a uma segunda conta por intermédio de uma alça de DNA (a qual possui uma extremidade 3′ fita simples de 25 nucleotídeos complementar à extremidade 5′ do RNA) preso a conta maior através de uma ligação de biotina-avidina. (*c*) Estruturas dos três terminadores intrínsecos investigados neste estudo mostrando seus grampos e trecho de poli(U). As bases sublinhadas são os sítios de terminação da transcrição. As eficiências de terminação dos terminadores *his*, t500 e tR2 são normalmente 77, 98 e 46% respectivamente. (Cortesia de Steven Block, Stanford University, EUA.)

ção. De fato, mutações na subunidade β da RNAP podem tanto aumentar quanto diminuir a eficiência de terminação. No entanto, a maneira pela qual a formação do grampo induz mudanças alostéricas na RNAP é ainda desconhecida.

b. Muitos terminadores bacterianos requerem a assistência do fator Rho

Cerca da metade dos sítios de terminação de *E. coli* carece de qualquer similaridade evidente e é incapaz de formar grampos fortes; *eles requerem a participação de uma proteína conhecida como **fator Rho** para terminar a transcrição.* O fator Rho foi descoberto por meio da observação de que os transcritos *in vivo* são frequentemente mais curtos que os transcritos *in vitro* correspondentes. O fator Rho, uma helicase hexamérica da família RecA (Seção 30.2Ca) de subunidades idênticas de 419 resíduos, aumenta a eficiência de terminação dos transcritos terminados de forma espontânea assim como induz a terminação de transcritos não espontaneamente terminados.

Diversas observações-chave têm conduzido para o modelo de terminação Rho-dependente:

1. Rho destorce as duplas hélices de RNA-DNA e RNA-RNA, translocando-se ao longo da fita simples de RNA na direção 5′ → 3′. Esse processo é potencializado pela hidrólise de NTPs em NDPs + P_i com pouca preferência para a identidade da base. A atividade de NTPase é requerida pela terminação dependente do fator Rho, como é demonstrado pela sua inibição *in vitro* quando os NTPs são substituídos por seus análogos β, γ-imido,

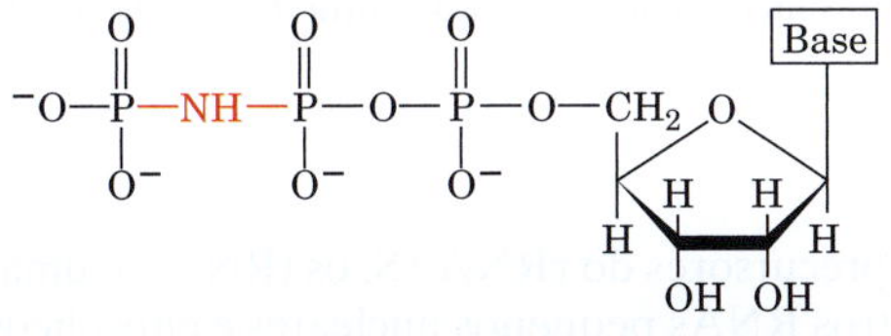

$$^{-}O-\overset{\displaystyle O}{\overset{\|}{\underset{\underset{\displaystyle O^-}{|}}{P}}}-NH-\overset{\displaystyle O}{\overset{\|}{\underset{\underset{\displaystyle O^-}{|}}{P}}}-O-\overset{\displaystyle O}{\overset{\|}{\underset{\underset{\displaystyle O^-}{|}}{P}}}-O-CH_2-\text{ribose(Base; OH, OH)}$$

Nucleosídeo trifosfatado β,γ-imido

substâncias que são substratos para a RNAP, mas que não podem ser hidrolisadas por Rho.

2. Manipulações genéticas indicam que a terminação Rho-dependente requer a presença de uma sequência específica de reconhecimento no RNA recém-transcrito a montante do sítio de terminação. A sequência de reconhecimento deve estar no RNA nascente e não no DNA, como é demonstrado pela incapacidade de Rho em terminar a transcrição na presença de RNase A pancreática. As características essenciais desse sítio de terminação não foram totalmente elucidadas; a construção de sítios de terminação sintéticos indica que eles consistem em 80 a 100 nucleotídeos que não possuem uma estrutura secundária estável e contêm regiões múltiplas que são ricas em C e pobres em G.

Essas observações sugerem que Rho se liga ao RNA nascente em suas sequências de reconhecimento (nomeadas ***rut*** [de *ut*ilização de *R*ho] um segmento rico em C de pelo menos 40 nucleotídeos) e então se transloca ao longo do RNA na direção 5′ → 3′ até encontrar uma RNAP parada no sítio de terminação (sem a pausa, Rho poderia não ser capaz de alcançar a RNAP). Nesse ponto, como foi demonstrado por Jeffrey Roberts, Rho empurra a RNAP para frente de forma a parcialmente refazer a hélice de DNA fita dupla na bolha de transcrição, enquanto destorce a hélice híbrida de RNA-DNA (translocação para a frente, liberando assim o RNA). Os transcritos terminados por Rho possuem extremidades 3′ que geralmente variam sobre uma extensão de ~50 nucleotídeos. Isso sugere que Rho ergue o RNA para longe do DNA-molde em vez de "apertar um botão de liberação de RNA". TCRF (alternativamente, Mfd), a qual funciona durante a reparação acoplada à transcrição em *E. coli* liberando uma RNAP parada do molde danificado arrancando o RNA a ela ligado (Seção 30.5Bb), é uma translocase de DNA movida a ATP que se acredita agir mecanicamente na RNAP de forma similar a Rho.

Cada subunidade Rho consiste em dois domínios que podem ser separados por proteólise: seu domínio N-terminal liga-se a polinucleotídeos fita simples e seu domínio C-terminal, o qual é homólogo às subunidades α e β da F_1-ATPase (Seção 22.3Cb), liga-se a um NTP. A estrutura por raios X de Rho em complexo com AMPPNP e um RNA de 8 nt, $r(UC)_4$ (Fig. 31.20*a*), determinado por James Berger, revela que Rho forma uma hélice em forma de arruela hexamérica que tem 120 Å de diâmetro com um orifício central de ~30 Å de diâmetro e cuja primeira e sexta subunidades são separadas por 12 Å de abertura e um aumento de 45 Å ao longo do eixo da hélice. Os RNAs, apenas uma única unidade UC dos quais é visível em cada cadeia, se ligam juntamente com o topo da hélice aos assim chamados sítios de ligação do RNA primário no domínio N-terminal, enquanto AMPPNP se liga aos domínios C-terminal (os quais estão mais longe na Fig. 31.20*a* que os domínios N-terminal) na interface entre as subunidades. A estrutura por raios X representa um estado aberto que está ligado ao sítio *rut* do mRNA e é estabilizado para ligar mRNA adicional que venha a entrar na cavidade central através da abertura.

Na estrutura por raios X de Rho em complexo com rU_{12} e o mimetizante de ATP ADP · BeF_3 (Fig. 31.20*b*),também determinada por Berger, as seis subunidades da helicase formaram um anel fechado no qual cada subunidade possui uma conformação diferente. O RNA, apenas 6 nucletídeos do qual está visível, assume uma conformação em hélice torcida para a direita com sua extremidade 5′ mais perto do leitor na Fig. 31.20b e se liga aos domínios N-terminal de Rho no canal central da helicase, o assim chamado sítio de ligação secundário. Voltas da proteína que se estendem das paredes do canal central para interagir com o RNA estão arranjadas em hélice como os degraus de uma escada caracol voltada para a direita de forma a segurar o esqueleto de açúcar -fosfato do RNA, muito parecido com o modo como as voltas da proteína E1 (uma helicase hexagonal da família AAA+) seguram seu DNA fita dupla centralmente ligado (Seção 30.2Ca). As diferentes conformações das seis subunidades de Rho indicam que elas sofrem uma série sequencial de seis mudanças conformacionais movidas por NTP e que estas mudanças estão alostericamente acopladas de modo que progridem ao longo do hexâmero em forma de onda. Uma vez que cada uma das voltas mantém-se presa ao mesmo nucleotídeo durante o processo, a helicase transloca-se ao longo do seu RNA ligado de forma muito similar ao modo como a proteína E1 transloca-se ao longo de seu DNA fita dupla. Por que, então, as proteínas Rho

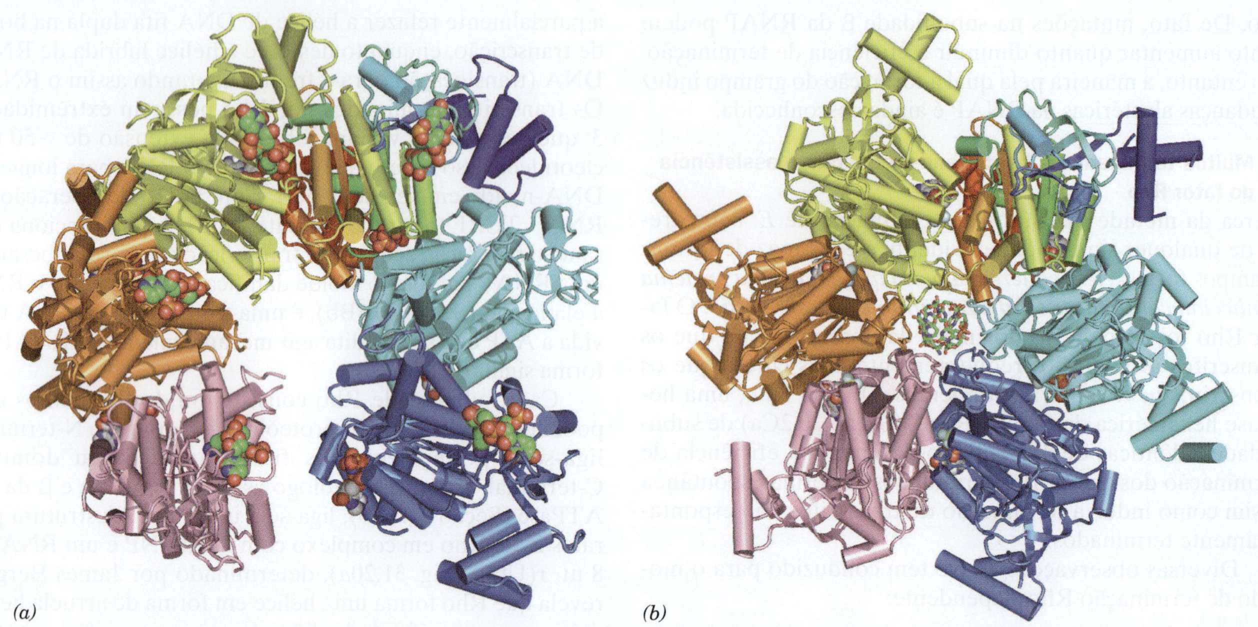

FIGURA 31.20 Estruturas por raios X do fator Rho. (*a*) Rho em complexo com $r(UC)_4$ (apenas uma unidade da qual é visível) e AMPPNP. Cada uma das seis subunidades da proteína está desenhada em forma de tubos e setas em diferentes cores com a subunidade mais acima à direita, colorida na ordem das cores do arco-íris a partir de sua extremidade N-terminal (*azul*) até sua extremidade C-terminal (*vermelho*). As unidades de UC e o AMPPNP estão mostradas em forma de volume atômico com UCC verde, AMPPNP cinza, N azul, O vermelho e P cor de laranja. O hexâmero possui uma forma de arruela com a subunidade azul ~45 Å mais perto do leitor que a subunidade cor-de-rosa, (*b*) Rho em complexo com rU_{12} (apenas seis nucleotídeos dos quais estão visíveis) e ADP · BeF_3. A proteína está desenhada e colorida como na Parte *a*. O RNA e o ADP · BeF_3 estão representados em forma de palitos e volume atômico respectivamente, com o carbono do RNA verde, o carbono do ADP cinza, N azul, O vermelho, P cor de laranja, Be verde-claro e F azul-claro. Note que cada uma das subunidades at Berkeley, EUA. PDBid 1PVO e 3JCE.)

e E1 se movem em direções opostas? A comparação das estruturas das proteínas Rho e E1 indicam que a ordem relativa dos estados conformacionais em torno do hexâmero de Rho é oposta a ordem em E1. Evidentemente, a "ordem de largada" dos sítios de NTPase de Rho em torno do hexâmero é inversa a da proteína E1, levando a suas diferentes direções de translocação. Presumivelmente, outras helicase hexagonais da família RecA e AAA+ possuem mecanismos similares.

E. *RNA-Polimerases eucarióticas*

O núcleo eucariótico, como Robert Roeder e William Rutter descobriram, contém três tipos distintos de RNAPs que diferem nos RNAs por elas sintetizados:

1. **RNA-polimerase I** (**RNAP I**; também chamada **Pol I** e **RNAP A**), a qual é situada no nucléolo (corpo granular denso no núcleo que contém os genes ribossomais; Seção 31.4Bb), sintetiza precursores da maioria dos rRNAs.
2. **RNA-polimerase II** (**RNAP II**; também chamada **Pol II** e **RNAP B**), que ocorre no nucleoplasma, sintetiza precursores de mRNA.
3. **RNA-polimerase III** (**RNAP III**; também chamada **Pol III** e **RNAPC**), a qual também ocorre no nucleoplasma, sintetiza os precursores do rRNA 5S, os tRNAs, e uma variedade de outros RNAs pequenos nucleares e citosólicos.

As RNAPs nucleares eucarióticas possuem uma complexidade de subunidades consideravelmente maior que as dos procariotos. Essas enzimas têm massa molecular de até 600 kDa e, como é indicado na Tabela 31.2, cada uma contém duas subunidades não idênticas "grandes" (> 120 kDa) compreendendo ~65% de sua massa que são homólogas às subunidades β′ e β da RNAP procariótica e mais 12 subunidades "pequenas" (< 50 kDa) adicionais, duas das quais são homólogas à subunidade α da RNAP procariótica, e uma que é homóloga à subunidade ω da RNAP procariótica. Dessas pequenas subunidades, cinco são idênticas em todas as três RNAPs eucarióticas, e outras duas (as RNAPs α homólogas) são idênticas às RNAPs I e III. Duas das subunidades da RNAP II, Rbp4 e Rbp7, não são essenciais para a atividade e, de fato, estão presentes na RNAP II em menores quantidades estequiométricas. (Curiosamente, Rbp7 teria segmentos de 102 resíduos que são 30% idênticos a uma porção de σ^{70}, o fator σ predominante de *E. coli.*) Assim 10 de 12 subunidades da RNAP II são também idênticas ou muito similares a subunidades das RNAPs I e III (Tabela 31.2). Além disso, as sequências dessas subunidades são altamente conservadas (~50%

TABELA 31.2 Subunidades da RNAP[a]

S. cerevisae RNAP I (14 subunidades)	*S. cerevisae* RNAP II (12 subunidades)	*S. cerevisae* RNAP III (15 subunidades)	*E. coli* Núcleo da RNAP (5 subunidades)	Classe[b]
Rpa1 (A190)	Rbp1 (B220)	Rpc1 (C160)	β′	Central
Rpa2 (A135)	Rbp2 (B150)	Rpc2 (C128)	β	Central
Rpc5 (AC40)	Rpb3 (B44,5)	Rpc5 (AC40)	α	Central
Rpc9 (AC19)	Rpb11 (B13,6)	Rpc9 (AC19)	α	Central
Rbp6 (ABC23)	Rbp6 (ABC23)	Rpb6 (ABC23)	ω	Central/comum
Rpb5 (ABC27)	Rpb5 (ABC27)	Rpb5 (ABC27)		Comum
Rpb8 (ABC14,4)	Rpb8 (ABC14,4)	Rpb8 (ABC14,4)		Comum
Rbp10 (ABC10β)	Rpb10 (ABC10β)	Rpb10 (ABC10β)		Comum
Rbp12 (ABC10α)	Rpb12 (ABC10α)	Rpb12 (ABC10α)		Comum
Rpa9 (A12,2)	Rpb9 (B12,6)	Rpc12 (C11)		
Rpa8 (A14)[c]	Rpb4 (B32)	—		
Rpa4 (A43)[c]	Rpb7 (B16)	Rpc11 (C25)		
+2 outras[d]		+4 outras[d]		

[a]*Subunidades* homólogas ocupam a mesma fila. Nos nomes alternativos das subunidades em parênteses, a(s) letra(s) indica(m) a RNAP na qual a subunidade é um componente (A, B e C para RNAPs I, II e III) e o número indica sua massa molecular aproximada em quilodaltons.

[b]*Central:* Sequência parcialmente homóloga em todas RNAPs; comum: compartilhado por todas RNAPs eucarióticas.

[c]*Homólogos* potenciais de Rpb4 e Rpb7.

[d]*Rpa3* (A49) e Rpa5 (A34,5) na RNAP I e Rpc3 (C74), Rpc4 (C53), Rpc6 (C34) e Rpc8 (C31) na RNAP III.

Fonte: Principalmente Cramer, P., *Curr. Opin. Struct. Biol.* **12**, 89 (2002).

idênticas) de espécies de leveduras a humanos (e em uma menor extensão entre eucariotos e bactérias). De fato, em todos os dez casos testados, uma subunidade da RNAP II humana poderia substituir sua contraparte em leveduras sem danos à viabilidade celular.

Rpb1, a homóloga β′ na RNAP II, possui um extraordinário domínio C-terminal (**CTD**, de *C-terminal domain*). Em mamíferos, ele contém 52 repetições altamente conservadas do heptâmero PTSPSYS (26 repetições em leveduras com outros eucariotos tendo valores intermediários). Cinco dos sete resíduos nessas repetições particularmente hidrofílicas possuem grupos hidroxil e pelo menos 50 deles, predominantemente aqueles no segundo resíduo de Ser de cada heptâmero, são objeto de fosforilação reversível por **CTD-cinases** e **CTD-fosfatases.** A RNAP II inicia a transcrição somente quando o CTD está desfosforilado, mas começa o alongamento somente após o CTD ter sido fosforilado, o que sugere que esse processo provoca a conversão do complexo de iniciação da RNAP II em seu complexo de alongamento. A repulsão carga-carga entre os grupos fosfato próximos provavelmente induz o CTD altamente fosforilado a projetar-se tão longe quanto 500 Å da porção globular da RNAP II. De fato, o CTD fosforilado fornece os sítios de ligação para numerosos fatores auxiliares que têm papel essencial no processo de transcrição.

Em contraste às relativamente pequenas holoenzimas RNAP procarióticas, RNAPs eucarióticas não se ligam independentemente a seu DNA-alvo. Antes, como será visto na Seção 34.3B, elas são recrutadas aos seus promotores-alvo pela mediação de complexos de fatores de transcrição e suas proteínas auxiliares que, no caso dos genes transcritos pela RNAP II, são tão grandes e complicados que coletivamente fazem a RNAP II parecer pequena.

Em adição às enzimas nucleares precedentes, as células eucarióticas contêm RNAPs mitocondriais e (em plantas) de cloroplastos separadas. Essas pequenas (~100 kDa) RNAPs de uma subunidade, as quais se assemelham àquelas codificadas por certos bacteriófagos, são muito mais simples que as RNAPs nucleares ainda que catalisem a mesma reação.

a. Estruturas por raios X da RNAP II de leveduras revelam o complexo de transcrição

Em uma "*tour de force*" cristalográfica, Roger Kornberg determinou a estrutura por raios X da RNAP II de levedura (*S. cerevisae*) que carece de suas subunidades Rpb4 e Rpb7 não essenciais (Fig. 31.21). Essa enzima, como esperado, assemelha-se à RNAP Tth (Fig. 31.11) em sua forma global tipo garra de caranguejo e nas posições e dobramentos principais de suas subunidades homólogas, ainda que, naturalmente, a RNAP II seja um tanto maior e possua diversas subunidades que não têm contraparte nas RNAPs bacterianas. A RNAP II se liga a dois íons Mg^{2+} em seu sítio ativo na vizinhança de cinco resíduos acidíferos conservados (contudo um destes íons Mg^{2+} apresenta-se fracamente ligado e por essa razão é somente fracamente visível na estrutura por raios X; aparentemente ele acompanha o NTP que chega). Isso sugere que RNAPs catalisam o alongamento do RNA por meio de um mecanismo com dois íons metálicos semelhante ao empregado pelas DNA-polimerases (Seção 30.2Af). Assim como as RNAPs bacterianas, a superfície da RNAP II é quase inteiramente carregada negativamente exceto por seu canal

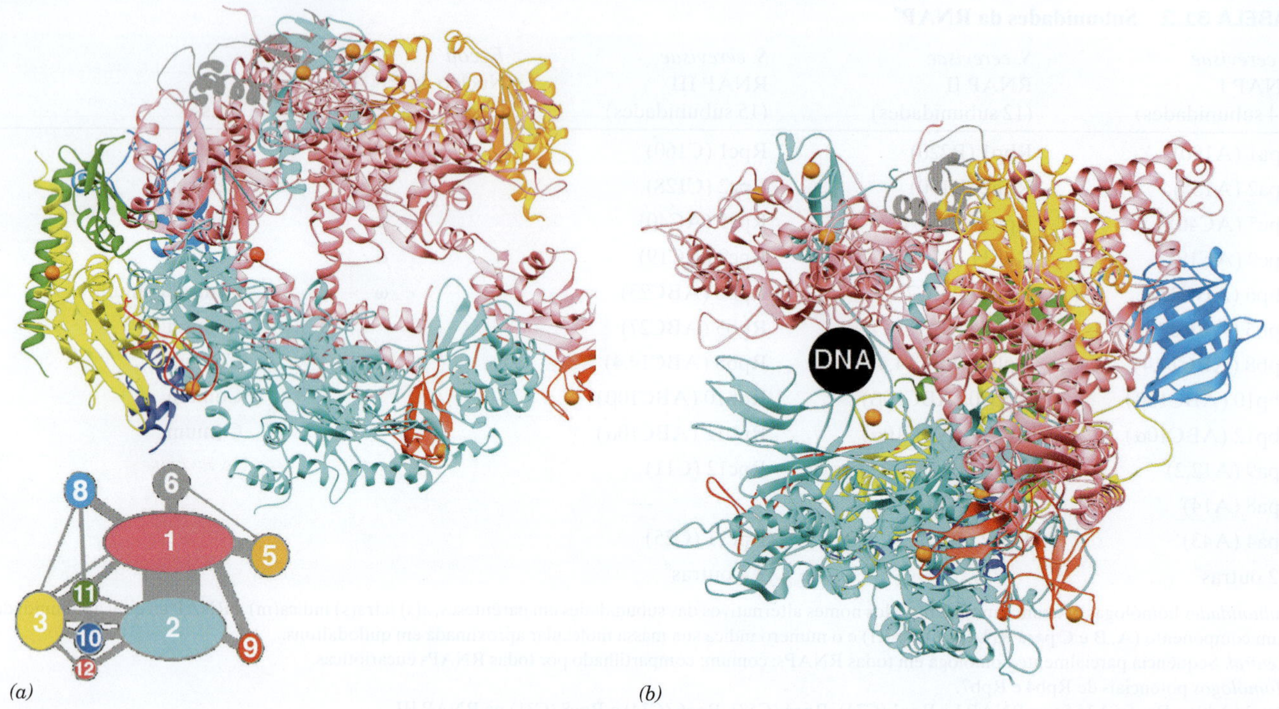

FIGURA 31.21 **Estrutura por raios X da RNAP II de levedura sem suas subunidades Rpb4 e Rpb7.** (*a*) A enzima é orientada de forma semelhante à de RNAP Tth na Fig. 31.11 e suas subunidades são coloridas como é indicado no diagrama acompanhante, com as subunidades homólogas àquelas da RNAP Tth nas mesmas cores. O íon Mn^{2+} fortemente ligado (fisiologicamente Mg^{2+}) que marca o sítio ativo é mostrado como uma esfera vermelha e os 8 íons Zn^{2+} ligados à enzima são apresentados como esferas cor de laranja. O domínio C-terminal (CTD) de Rpb1 não é visível devido a distúrbio. No diagrama acompanhante, a área de cada elipse numerada é proporcional ao tamanho da subunidade correspondente e a largura de cada linha cinza que conecta um par de subunidades é proporcional à área superficial de sua interface. (*b*) Vista da enzima da direita na Parte *a* olhando para dentro do canal principal de ligação ao DNA. O círculo preto tem o diâmetro aproximado do B-DNA. (Com base em uma estrutura por raios X de Roger Kornberg. PDBid 1I50.)

principal e pela região próxima ao sítio ativo, os quais são positivamente carregados.

Embora, como mencionado anteriormente, a RNAP II não inicie a transcrição normalmente por si própria, Kornberg constatou que ela o fará em um dsDNA portando uma cauda 3′ fita simples em uma extremidade. Consequentemente, a incubação de RNAP II de levedura com o DNA mostrado na Fig. 31.22*a* e todos NTPs exceto UTP, produz a hélice híbrida DNA-RNA diagramada na Fig. 31.22*a* ligada à RNAP II. A estrutura por raios X desse complexo de transcrição parado revelou, como esperado, que o dsDNA se liga ao canal principal da enzima (Fig. 31.22*b*,*c*; retomando a transcrição com a saturação dos cristais em UTP, demonstrando assim que o complexo cristalino estava ativo). Em comparação com a estrutura por raios X da RNAP II sozinha, uma porção compacta (~50 kDa) da Rpb1 e Rpb2 nomeada de “grampo” foi movimentada para baixo do DNA para prendê-lo no canal principal, em grande parte contabilizando para a essencialmente infinita processividade da enzima. O movimento essencialmente rígido do grampo é mediado por mudanças conformacionais nas cinco assim chamadas regiões-chave da base do grampo, sendo que três dessas chaves, que são desordenadas na estrutura da RNAP II sozinha, tornam-se ordenadas no complexo de transcrição.

O DNA é destorcido em três bases antes de entrar no sítio ativo (o qual está contido na Rpb1). Passado esse ponto, porém, a porção de Rpb2 nomeada “parede” conduz a fita-molde para fora da fenda com ~90° de rotação. Como consequência, a base-molde no sítio ($i + 1$) ativo aponta para o assoalho da fenda onde ela pode ser lida pelo sítio ativo. Essa base é pareada com o ribonucleotídeo na extremidade 3′ do RNA, o qual é posicionado acima de um poro de 12 Å de diâmetro na extremidade de um funil para o exterior da proteína (também chamado de canal principal) por onde NTPs presumivelmente ganham acesso ao sítio ativo que de, outra maneira, seria lacrado. A hélice híbrida RNA-DNA adota uma conformação não padrão intermediária entre aquelas de A- e B-DNAs, as quais são menos torcidas em relação à estrutura por raios X da hélice híbrida RNA-DNA sozinha (Fig. 29.4). Quase todos os contatos que a RNAP faz com o RNA e o DNA são com suas estruturas açúcar-fosfato; nenhuma é com as extremidades de suas bases. A especificidade da enzima por um ribonucleotídeo preferivelmente a um desoxirribonucleotídeo é atribuída ao reconhecimento pela enzima tanto do açúcar ribose que chega como da hélice híbrida RNA-DNA. Após aproximadamente uma volta da hélice híbrida, um laço estendido do grampo, chamado “leme”, separa o RNA e a fita-molde de DNA, permitindo assim que a dupla hélice de DNA reforme-se com a saída da

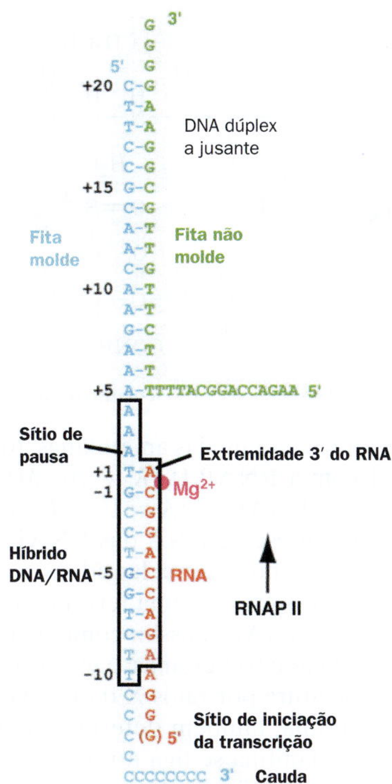

(b)

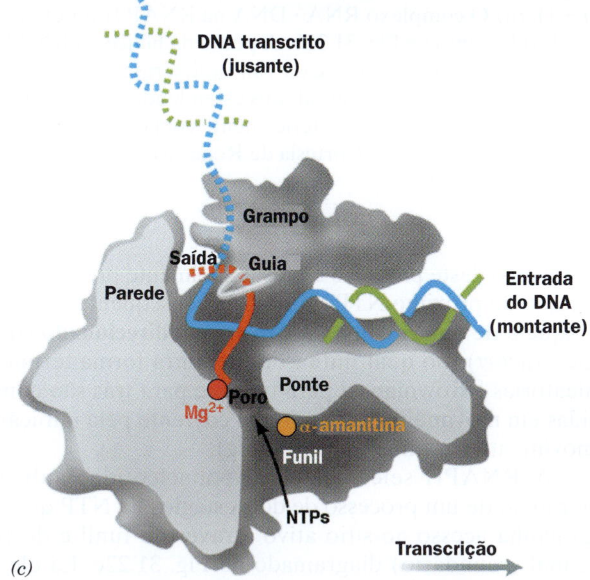

FIGURA 31.22 Estrutura por raios X de um complexo de alongamento da RNAP II. (*a*) O complexo RNA ·DNA na estrutura com o DNA-molde azul-ciânico, o DNA não molde verde e o RNA recém-sintetizado vermelho. O ponto em magenta marcado Mg^{2+} representa o íon metálico fortemente ligado ao sítio ativo. A caixa preta encerra aquelas porções do complexo que são claramente visíveis na estrutura; a porção fita dupla do DNA marcada "DNA dúplex a jusante" é pobremente ordenada, e as porções restantes do complexo são desordenadas. (*b*) Vista do complexo de transcrição pela superfície inferior da Fig. 31.21*a*, no qual as porções da Rpb2 que formam o lado próximo da fenda foram removidas para expor o complexo RNA · DNA ligado. A proteína é representada pelo seu suporte principal no qual o grampo, que é fechado sobre o dúplex de DNA a jusante, é amarela, a hélice-ponte é verde e as porções restantes da proteína estão em cinza. O DNA e o RNA são coloridos como na Parte *a* com suas porções bem ordenadas desenhadas em forma de escada e suas porções menos ordenadas esboçadas na forma de suporte principal. O íon Mg^{2+} do sítio ativo está representado por uma esfera em magenta. (*c*) Diagrama esquemático do complexo de transcrição da Parte *b* no qual as superfícies cortadas da proteína estão em cinza-claro, suas superfícies restantes estão em cinza-escuro e diversos dos seus aspectos estruturais funcionalmente importantes são marcados. O DNA, o RNA e o íon Mg^{2+} do sítio ativo estão coloridos como na Parte *a*, com porções do DNA e do RNA que não são visíveis na estrutura por raios X representados por linhas tracejadas. A sítio de ligação da α-amanitina é marcado por um círculo cor de laranja. (Modificada de diagramas de Roger Kornberg, Stanford University, EUA. PDBid 1I6H.) **Ver Exercício interativo 37**

enzima (ainda que a cauda despareada 5′ da fita não molde e a cauda 3′ da fita-molde estejam desordenadas na estrutura por raios X).

Como a RNAP translada seu complexo RNA-DNA ligado em preparação para um novo circuito de síntese? O segmento helicoidal altamente conservado da Rpb1, nomeado de "ponte" porque se estende sobre as duas quelas formando a fenda da enzima (Figs. 31.21 e 31.22), conecta inespecificamente a base-molde de DNA na posição i +1. Apesar de essa hélice ser reta em todas as estruturas por raios X de RNAP II até agora determinadas, ela é curva no núcleo da *Taq* RNAP. Se as pontes da hélice, de fato, alternarem entre suas conformações retas e curvas, ela se moverá por 3 a 4 Å. Kornberg, por essa razão, especulou que ocorrem translados pela curvatura das pontes da hélice de forma a empurrar os nucleotídeos pareados da posição i +1 para a posição i −1 (Fig. 31.23). A recuperação das pontes da hélice para sua conformação reta deve produzir um sítio desocupado na posição i +1 para entrada do próximo NTP, preparando assim a enzima para um novo ciclo de adição de nucletídeos.

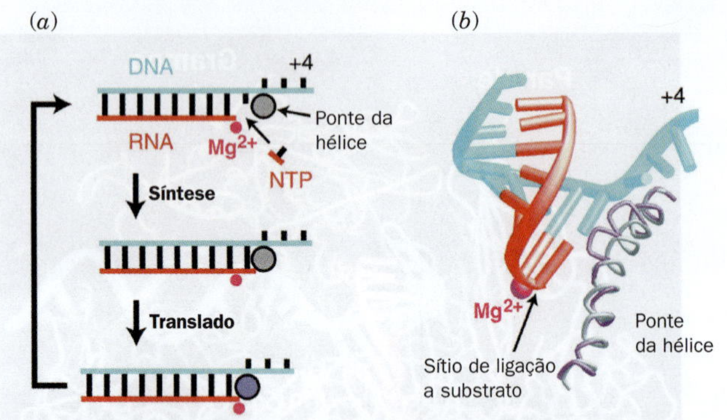

FIGURA 31.23 Ciclo de transcrição e mecanismo de translado da RNAP propostos. (*a*) O ciclo de adição de nucleotídeo no qual o sítio ativo da enzima é marcado por seu íon Mg^{2+} fortemente ligado (*magenta*). Propõe-se que o translado do complexo RNA · DNA em transcrição é motivado por uma mudança conformacional na ponte da hélice a partir de reta (*círculo cinza*) para curvada (*círculo lilás*). O relaxamento da ponte da hélice de volta a sua forma reta completaria o ciclo pela produção de um sítio de ligação do NTP desocupado no sítio ativo (i +1). (*b*) O complexo RNA · DNA na RNAP II observado e colorido como na Fig. 31.22*b*. A ponte da hélice da RNAP II é cinza e a ponte da hélice da *Taq*-polimerase sobreposta (e curvada) é lilás. As cadeias laterais estendendo-se a partir da hélice curvada colidiriam estericamente com o par de bases híbrido na posição i +1. (Cortesia de Roger Kornberg, Stanford University, EUA.)

O reverso deste processo é presumivelmente prevenido pela ligação do próximo NTP substrato e consequentemente este é aquele de um **Movimento Browniano direcionado** (do inglês: *rachet*) (no qual flutuações de outra forma térmicas e aleatórias [Brownianas] para frente e para trás são convertidas em movimento para a frente coerente pela inibição do movimento para trás; Seção 12.4Bg).

A RNAPII seleciona seu ribonucleotídeo substrato por meio de um processo de dois estágios. O NTP que chega ganha acesso ao sítio ativo através do funil e do poro (canal secundário) diagramado na Fig. 31.22c. Lá ele primeiramente se liga ao assim chamado sítio E (de *e*ntrada; Fig.31.24), o qual não apresenta seletividade com relação à identidade da base. O NTP, então entra no sítio A (de *a*dição), o qual aceita apenas um NTP que forme um par de bases de Watson-Crick com a base do molde na posição i +1. Este processo é mediado pela subunidade da Rbp1 chamada gatilho em alça, a qual oscila para a posição do NTP corretamente pareado no sítio A para formar uma rede extensiva de ligações de hidrogênio envolvendo o NTP e outras porções da RNAP, interações que discriminam acuradamente de dNTPs.

b. As amatoxinas inibem especificamente as RNAPs II e III

O cogumelo venenoso ***Amanita phalloides*** (**píleo mortal**), o qual é responsável pela maioria dos envenenamentos fatais por cogumelos, contém diversos tipos de substâncias tóxicas, incluindo uma série de octapeptídeos bicíclicos não usuais conhecidos como **amatoxinas**. A **α-amanitina**,

α-Amanitina

que é representante das amatoxinas, forma um complexo firme 1:1 com a RNAP II ($K = 10^{-8}M$) e um complexo mais solto com a RNAP III ($K = 10^{-6}M$). Suas ligações diminuem a taxa de síntese de RNA das RNAPs de diversos milhares para somente poucos nucleotídeos por minuto. A α-amanitina é, por essa razão, uma ferramenta útil de estudo dessas enzimas. A RNAP I, assim como as RNAPs mitocondriais, cloroplásticas e bacterianas, é insensível à α-amanitina.

A estrutura por raios X da RNAP II em complexo com a α-amanitina, também determinada por Kornberg, revela que a α-amanitina se liga no funil abaixo da ponte da hélice da proteína (Fig. 31.22*c*) onde ela interage com resíduos da ponte da hélice e o gatilho em alça. O sítio de ligação da α-amanitina é muito distante do sítio ativo da enzima para interferir diretamente na entrada do NTP ou na síntese de RNA, coerente com a observação de que a α-amanitina não influencia na afinidade da RNAP II por NTPs, ainda que reduza sua seletividade. Mutação em His 1085 da Rbp1, um membro invariável do gatilho em alça, para Tyr mimetiza o efeito da α-amanitina. Além disso, esta mutação torna a RNAP II altamente resistente à α-amanitina, em concordância com uma estrutura por raios X, indicando que a α-amanitina interage com a cadeia lateral de His 1085 de forma a travar o gatilho em alça em uma conformação nunca antes observada. Evidentemente, a α-amanitina interfere na mudança conformacional do gatilho em alça proposta como a responsável pela promoção da catálise (Fig. 31.24), o que sustenta ainda mais esse mecanismo.

Apesar da alta toxicidade da amatoxina (5 a 6 mg, que ocorre em ~40 g de cogumelos frescos, é suficiente para matar um humano adulto), ela age lentamente. Morte, geralmente por disfunções hepáticas, não ocorre antes de vários dias após o consumo de cogumelos (e após a recuperação dos efeitos das outras toxinas do cogumelo). Isso, em parte, reflete a lenta rotação de mRNAs e proteínas eucarióticas.

c. As RNAPs podem corrigir seus erros

As RNAPs não podem ler por meio de uma fita-molde danificada e consequentemente param no sítio danificado. Além disso, se um desoxinucleotídeo ou um ribonucleotídeo mal pareado é incorretamente incorporado no RNA, a hélice híbrida de DNA · RNA se torna distorcida, o que causa a parada da RNAP. Como, então, as RNAPs evitam se acumular nos sítios danificados ou mal pareados, os quais, se ocorressem em um gene essencial, poderiam ser fatais?

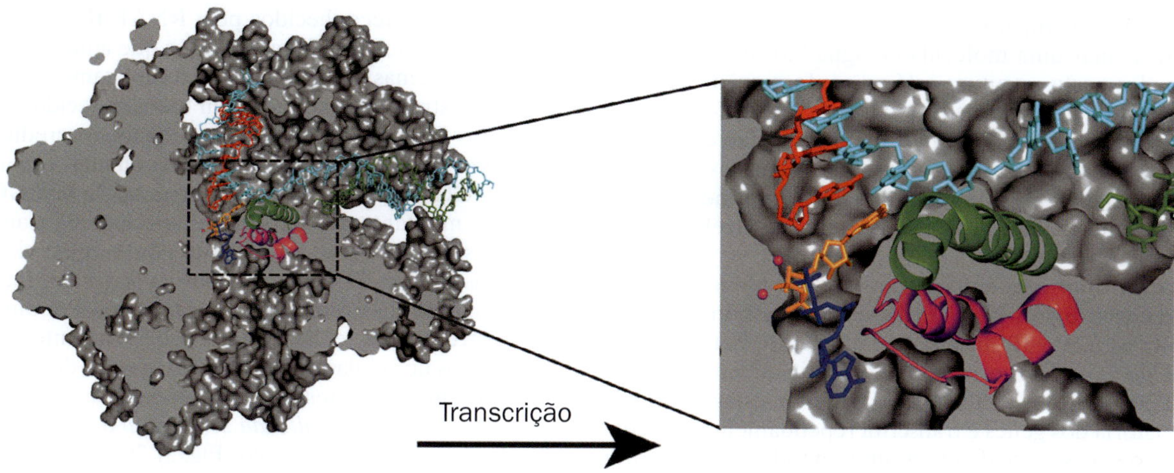

FIGURA 31.24 **Os sítios A e E e o gatilho em alça na RNA-polimerase II.** Uma vista em corte do complexo de transcrição visto como na Fig. 31.22*b*. Os ácidos nucleicos e nucleotídeos ligados estão coloridos diferentemente com DNA azul ciânico, DNA não molde verde, RNA recém-traduzido vermelho, GTP no sítio A cor de laranja, e ATP no sítio E azul. O gatilho em alça está em magenta, a ponte da hélice está em verde e os dois íons Mg^{2+} do sítio ativo estão representados por esferas em magenta. A superfície da RNAP II está em cinza. (Cortesia de Dong Wang e Roger Kornberg, Stanford University, EUA. PDBid 2E2H.)

As RNAPs não se movem para frente regularmente ao longo do DNA molde. Ao contrário, elas frequentemente voltam atrás de forma que o penúltimo nucleotídeo do RNA, o qual estava na posição $i - 1$, entra novamente na posição $i + 1$ e o nucleotídeo 3′, agora na posição $i + 2$, entra no canal secundário onde se liga ao sítio chamado P (do inglês *proofreading,* corretor). Se o movimento para a frente da RNAP é impedido por danificação do molde ou mal pareamento, o movimento de volta ainda mais longe se torna favorecido de forma que vários ribonucleotídeos a mais entram no canal secundário. O movimento de volta de apenas um ou poucos nucleotídeos é reversível. Caso contrário, a transcrição seria arrastada até o RNA ser clivado hidroliticamente no sítio ativo. Em *E. coli,* isto requer a assistência das proteínas homólogas GreA e/ou GreB, enquanto com RNAP II, esta função é realizada pela proteína TFIIS não relacionada. Estas proteínas induzem o sítio ativo da RNAP a hidrolisar a ligação fosfodiéster entre os ribonucleotídeos nas posições $i + 1$ e $i - 1$ (uma reação que não é reversa da reação da polimerase, uma vez que esta seria uma pirofosforólise). Desta forma, a RNAP pode corrigir seus erros e terminar a síntese de RNA. A RNAP I e a RNAP III também corrigem de maneira eficiente seus erros.

Kornberg determinou a estrutura por raios X da RNAP II em complexo com TFIIS, um DNA molde de 28 nucleotídeos, um DNA não molde de 14 nucleotídeos, e um RNA de 13 nucleotídeos que é complementar à extremidade 5′ do DNA molde exceto pelos dois últimos resíduos na extremidade 3′ do RNA, os quais estão mal pareados (Fig. 31.25). O híbrido de RNA-DNA movimentou-se para trás de forma que estes últimos resíduos ocupam as posições $i + 1$ e $i + 2$. O domínio C-terminal de TFIIS está ligado no funil da RNAP com uma das suas alças se insinuando através do poro para interagir com os resíduos do sítio ativo da RNAP. Lá ele presumivelmente facilita a reação hi-

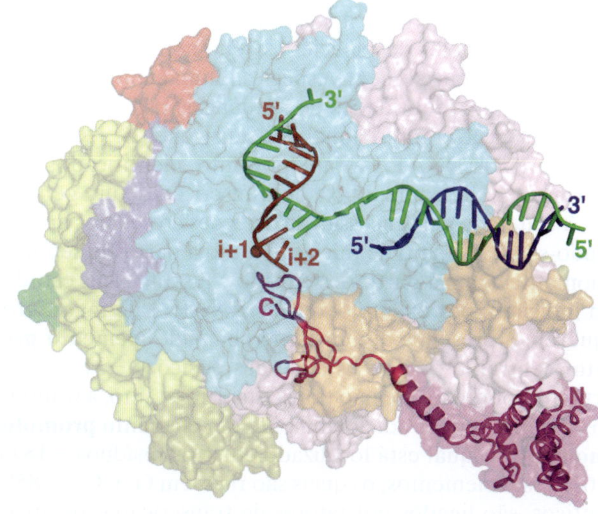

FIGURA 31.25 **Estrutura por raios X da RNA polimerase II que voltou atrás em complexo com DNA, RNA e TFIIS.** A RNAP, a qual está representada por um diagrama semitransparente de sua superfície é vista como nas Figs. 31.22*b* e 31.24 com suas subunidades coloridas como na Fig. 31.21*a*. O DNA e o RNA estão mostrado em forma de escada com o RNA (13 nt) vermelho, o DNA molde (28 nt) verde e o DNA não molde (14 nt) azul. Os pares de base nas posições $i + 1$ e $i + 2$ da hélice híbrida RNA · DNA estão mal pareados. Um íon Mg^{2+}, o qual está representado por uma esfera vermelha próxima à posição $i + 1$, marca o sítio ativo da RNAP. TFIIS está desenhado de forma encorpada em magenta. Seu domínio C-terminal está inserido no funil da RNAP (Fig. 31.22*c*) com uma alça ocupando o poro, onde está próximo ao sítio ativo da RNAP. (Com base em estruturas por raios X de Roger Kornberg, Stanford University, EUA. PDBid 3GTM.)

drolítica, talvez por ligar-se ao íon Mg^{2+} do sítio ativo que normalmente acompanha o NTP que chega (Seção 31.2Ea) e/ou posicionar uma molécula de água hidrolítica. O gatilho em alça nesta estrutura está na conformação "aberta". Interessantemente, a estrutura baseada em crio-microscopia eletrônica da RNAP de *E. coli* em complexo com GreB indica que GreB, de forma parecida, insere e estende um dedo da proteína no sítio ativo da RNAP por meio de seu canal secundário, ainda que as estruturas de GreB e TFIIS não sejam relacionadas.

Apesar do precedente, a transcrição é menos acurada que a replicação do DNA: as RNAPs incorporam uma base incorreta a cada $\sim10^4$ transcritas, enquanto, por exemplo, a Pol I de *E. coli* incorpora uma base incorreta em $\sim10^7$ (Seção 30.2Ab). As células podem tolerar estas taxas por que a maioria dos genes é transcrita repetidamente. Ao contrário, erros na síntese de DNA alteram todos os transcritos do gene afetado na célula em que o erro ocorreu e em toda a sua progênie.

d. A RNAP I de mamíferos tem um promotor bipartido

Uma vez que, como será visto na Seção 31.4B, os numerosos genes de rRNA em uma dada célula eucariótica têm sequências essencialmente idênticas, sua RNAP I reconhece apenas um promotor. Contudo, em contraste com o caso da RNAP II e III, os promotores da RNAP I são específicos a espécies, ou seja, uma RNAP I somente reconhece seu próprio promotor e aqueles de espécies estreitamente aparentadas. Isso ocorre porque somente espécies intimamente aparentadas apresentam identidades de sequências próximas aos sítios de iniciação transcricional dos seus genes de rRNA. Os promotores da RNAP I foram, portanto, identificados pela determinação de como a taxa de transcrição de um gene de rRNA é afetada pela sucessão de deleções crescentes aproximando-se do seu sítio de iniciação tanto a partir de seu lado a montante como a partir de seu lado a jusante. Tais estudos têm indicado, por exemplo, que as RNAPs I de mamíferos requerem a presença de um assim chamado **elemento promotor central**, o qual se estende das posições −31 a +6 e, portanto, sobrepõe a região transcrita. Entretanto, a transcrição eficiente requer adicionalmente um **elemento promotor a montante**, o qual está localizado entre os resíduos −187 e −107. Esses elementos, os quais são ricos em G + C e ~85% idênticos, são ligados por fatores de transcrição específicos que então recrutam a RNAP I para o sítio de iniciação da transcrição.

e. Os promotores da RNAP II são complexos e diversos

Os promotores reconhecidos pela RNAP II são consideravelmente mais longos e mais diversos que aqueles dos genes procarióticos, mas não foram ainda completamente descritos. Os genes estruturais expressos em todos os tecidos, os assim chamados genes de manutenção, os quais se acredita serem transcritos constitutivamente, têm uma ou mais cópias da sequência GGGCGG ou sua complementar (o ***box* GC**) localizadas a montante de seu sítio de iniciação da transcrição. As análises de deleções e mutações pontuais em viroses eucarióticas como o SV40 indicam que os *boxes* GC funcionam analogamente aos promotores procarióticos. Por outro lado, genes estruturais, que são expressos seletivamente em um ou alguns tipos de células, muitas vezes carecem dessas sequências ricas em GC. Antes, *muitos contêm uma sequência conservada rica em AT localizada 25 a 30 pb a montante do seu sítio de iniciação da transcrição* (Fig. 31.26). Note que esse assim chamado **TATA *box*** assemelha-se à região −10 dos promotores procarióticos (TATAAT), embora difiram em suas localizações relativas ao sítio de iniciação transcricional (−27 e −10). As funções desses dois elementos promotores não são estritamente análogas, entretanto, uma vez que a deleção do TATA *box* não necessariamente elimina a transcrição. Antes, deleções ou mutações no TATA *box* geram heterogeneidade no sítio de iniciação transcricional, indicando assim que o TATA *box* participa na seleção desse sítio.

A região de extensão do gene, entre cerca de −50 e −110, também contém elementos promotores. Por exemplo, muitos genes estruturais eucarióticos, incluindo aqueles codificadores de várias globinas, têm uma sequência conservada do consenso CCAAT (o **CCAAT *box***) localizado aproximadamente a −70 e −90, cujas alterações reduzem muito a taxa de transcrição do gene. Genes de globinas têm, em adição, um **CACCC *box*** conservado a montante do CCAAT *box* que também tem sido implicado na iniciação transcricional. Evidentemente, as sequências promotoras a montante do TATA *box* formam os sítios de ligação ao DNA iniciais para a RNAP II e as outras proteínas envolvidas na iniciação transcricional (ver a seguir).

f. Reforçadores são ativadores transcricionais que podem ter posições e orientações variáveis

Talvez o aspecto mais surpreendente dos elementos controladores transcricionais eucarióticos é que alguns deles não necessitam ter posições e orientações fixas relativas as suas sequências transcritas correspondentes. Por exemplo, o ge-

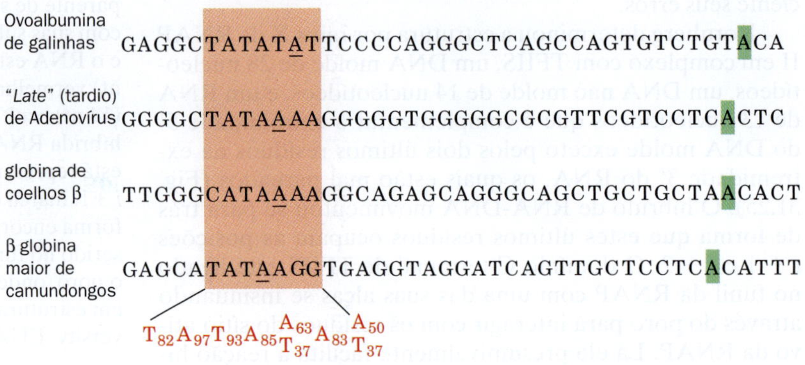

FIGURA 31.26 As sequências promotoras de genes estruturais eucarióticos selecionados. O segmento homólogo, o TATA *box*, está sombreado em vermelho com a base na posição −27 sublinhada e o nucleotídeo a ser transcrito inicialmente (+1) sombreado em verde. A linha inferior indica a sequência consenso de diversos promotores com o subscrito indicando o percentual de ocorrência da base correspondente. (Segundo Gannon, F., et al., *Nature* **278**, 433 [1978].)

noma de SV40, no qual tais elementos foram primeiramente descobertos, contém duas sequências repetidas de 72 pb cada que estão localizadas a montante do promotor para expressão gênica inicial. A transcrição não é afetada se uma dessas repetições for deletada, mas é quase eliminada quando ambas estão ausentes. A análise de uma série de mutantes de SV40 contendo apenas uma dessas repetições demonstrou que sua habilidade para estimular a transcrição de seu promotor correspondente é independente de sua posição e orientação. De fato, a transcrição não é prejudicada quando esse segmento está a diversos milhares de pares de bases a montante ou a jusante do sítio de iniciação transcricional. Os segmentos de genes com tais propriedades são nomeados **reforçadores** para indicar que eles diferem dos promotores, com os quais eles devem estar associados para engatilhar a iniciação da transcrição sítio-específica e fita-específica (ainda que a caracterização de numerosos promotores e reforçadores indique que suas propriedades funcionais são similares). Reforçadores ocorrem tanto em vírus eucarióticos como em genes celulares.

Os reforçadores são necessários para a atividade plena de seus promotores cognatos. Acreditava-se originalmente que os reforçadores agiam de alguma forma como pontos de entrada no DNA para RNAP II (talvez pela alteração da conformação local do DNA ou pela falta de afinidade de ligação para histonas que normalmente revestem o DNA eucariótico; Seção 34.1B). Entretanto, agora é claro que *os reforçadores são reconhecidos por fatores de transcrição específicos que estimulam a RNAP II a se ligar ao correspondente, mas distante, promotor.* Isso requer que o DNA entre o reforçador e o promotor esteja enlaçado de forma que o fator de transcrição possa simultaneamente conectar o reforçador e a RNAP II e/ou suas proteínas associadas no promotor. A maior parte dos reforçadores celulares está associada a genes que são expressos seletivamente em tecidos específicos. Parece, portanto, como será discutido na Seção 34.3B, *que os reforçadores são importantes na mediação da expressão de genes seletivos em eucariotos.*

g. Os promotores da RNAP III podem estar localizados a jusante de seus sítios de iniciação transcricional

Os promotores de genes transcritos pela RNAP III podem estar localizados totalmente dentro das regiões de transcrição dos genes. Donald Brown estabeleceu isso pela construção de uma série de deleções mutantes do gene do RNA 5S de *Xenopus borealis.* Deleções das sequências de bases que iniciam no exterior ou na outra extremidade da porção transcrita do gene 5S somente impedem a transcrição se estenderem o segmento entre os nucleotídeos +40 e +80. De fato, o fragmento do gene do RNA 5S consistindo apenas nos nucleotídeos 41 a 87, quando clonado em um plasmídeo bacteriano, é suficiente para dirigir a iniciação específica pela RNAP III em um sítio a montante. Isso ocorre porque, como será subsequentemente demonstrado, a sequência contém o sítio de ligação para fatores de transcrição que estimulam a ligação a montante da RNAP III. Estudos posteriores têm apresentado, porém, que os promotores de outros genes transcritos por RNAP III ficam totalmente a montante dos seus sítios de iniciação. Esses sítios a montante também se ligam a fatores de transcrição que recrutam a RNAP III.

3 CONTROLE DA TRANSCRIÇÃO EM PROCARIOTOS

Procariotos respondem a mudanças ambientais súbitas, como o influxo de nutrientes, pela indução da síntese das proteínas apropriadas. Esse processo leva somente alguns minutos já que a transcrição e a tradução em procariotos são acopladas firmemente: *ribossomos começam a tradução próximos à extremidade 5' do mRNA nascente, logo após ele ser expelido pela RNAP* (Fig. 31.27). Além disso, *a maioria dos mRNAs procarióticos é enzimaticamente degradada dentro de 1 a 3 minutos a partir de sua síntese,* eliminando assim a síntese dispendiosa de proteínas desnecessárias após as mudanças nas condições (a degradação de proteínas é discutida na Seção 32.6). De fato, as extremidades 5′ de alguns mRNAs são degradadas antes de suas extremidades 3′ terem sido sintetizadas.

Em contraste, a indução de novas proteínas em células eucarióticas frequentemente leva horas ou dias, em parte porque a transcrição ocorre no núcleo e o mRNA resultante deve ser transportado para o citoplasma, onde a tradução ocorre. Entretanto, células eucarióticas, particularmente aquelas de organismos multicelulares, têm ambientes relativamente estáveis; as mudanças maiores em seus padrões de transcrição geralmente ocorrem somente durante a diferenciação celular.

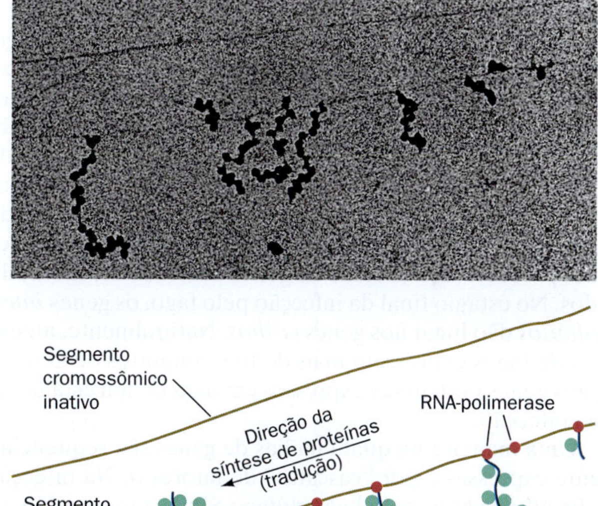

FIGURA 31.27 Uma micrografia eletrônica e seu desenho interpretativo mostrando a transcrição e a tradução simultâneas de um gene de *E. coli.* Moléculas de RNAP fazem a transcrição do DNA da direita para a esquerda enquanto ribossomos vão traduzindo os RNAs nascentes (na maioria das vezes, da parte mais baixa para o topo). (Cortesia de Oscar L. Miller, Jr., e Barbara Hamkalo, University of Virginia, EUA.)

Nesta seção serão examinadas algumas das maneiras pelas quais a expressão de genes procarióticos é regulada por controle transcricional. Os eucariotos, sendo criaturas muito mais complexas que os procariotos, possuem um sistema de controle transcricional correspondentemente mais complicado, cujos contornos gerais estão começando a se destacar. Por essa razão, a discussão do controle transcricional eucariótico será na Seção 34.3B, onde ela poderá ser considerada à luz do que se sabe sobre a estrutura e a organização dos cromossomos eucarióticos.

A. *Promotores*

Na presença de altas concentrações de indutores, o óperon *lac* (Seção 31.1Ab) é rapidamente transcrito. Em contraste, o gene *lacI* é transcrito a uma taxa tão baixa que uma célula típica de *E. coli* contém < 10 moléculas do repressor *lac*. Contudo, o gene *I* não possui um repressor. Antes, ele possui um promotor tão ineficiente (Fig. 31.10) que é transcrito em uma proporção de aproximadamente uma vez por geração bacteriana. *Genes que são transcritos a altas taxas possuem promotores eficientes.* Em geral, quanto mais eficiente o promotor, mais sua sequência se assemelha com a sequência consenso correspondente.

a. A expressão gênica pode ser controlada pela sucessão de fatores σ

O processo de desenvolvimento e diferenciação envolve a expressão ordenada de forma temporal dos conjuntos de genes de acordo com programas geneticamente especificados. As infecções por fago estão entre os exemplos mais simples de processos de desenvolvimento. Geralmente, só um subconjunto do genoma do fago, frequentemente chamado de genes *precoces (early genes)*, é expresso em hospedeiros imediatamente após a infecção pelo fago. Com o passar do tempo, genes *intermediários* começam a ser expressos, e os genes *precoces*, assim como os genes bacterianos, são desligados. No estágio final da infecção pelo fago, os genes *intermediários* dão lugar aos genes *tardios*. Naturalmente, alguns tipos de fagos expressam mais de três conjuntos de genes e alguns genes podem ser expressos em mais de um estágio de uma infecção.

Uma maneira na qual famílias de genes são sequencialmente expressas é por "cascatas" de fatores σ. Na infecção de *Bacillus subtilis* pelo bacteriófago SP01, por exemplo, os promotores dos genes precoces são reconhecidos pela holoenzima RNAP bacteriana. Dentre esses genes precoces está o gene 28, cujo produto é uma nova subunidade σ, designada σ^{gp28}, que desloca a subunidade σ bacteriana do cerne da enzima. A holoenzima reconstituída reconhece somente os promotores de genes *intermediários* do fago, todos os quais possuem regiões similares a −35 e −10, mas possuem pouca semelhança com a região correspondente dos genes da bactéria e dos genes precoces do fago. Os genes *precoces*, por essa razão, tornam-se inativos assim que seus mRNAs correspondentes tenham sido degradados. Os genes *intermediários* do fago incluem os genes 33 e 34, que em conjunto especificam também um outro fator σ, $\sigma^{gp33/34}$, que, por sua vez, permite a transcrição apenas de genes *tardios* do fago.

A maioria das bactérias, incluindo *E. coli* e *B. subtilis*, também possuem vários fatores σ diferentes (*E. coli* possui sete). Esses não são necessariamente utilizados de uma maneira sequencial. Mais propriamente, aqueles que diferem do fator σ predominante ou primário (σ^{70} em *E. coli*) controlam a transcrição dos grupos expressados de forma coordenada de genes de propósito especial, cujos promotores são muito diferentes daqueles reconhecidos pelo fator σ primário. Por exemplo, em *E. coli*, o fator σ alternativo σ^{32} é o regulador principal da resposta a choque térmico (Seção 9.2C), enquanto σ^{54} direciona a expressão de proteínas envolvidas na assimilação de nitrogênio. De forma semelhante, a esporulação em *B. subtilis*, um processo no qual a célula bacteriana é assimetricamente separada em dois compartimentos, o **esporo prévio** (que se torna o esporo, uma célula de linhagem germinativa da qual se originará a progênie subsequente) e a **célula-mãe** (que sintetiza a parede da célula protetora do esporo e é eventualmente descartada), é governada por cinco fatores σ adicionais aos da célula vegetativa (não esporulante): um que é ativo antes de ocorrer a divisão da célula, dois que são sequencialmente ativos no esporo prévio e dois que são sequencialmente ativos na célula-mãe. A regulação cruzada dos fatores σ compartimentalizados permite que o esporo prévio e a célula-mãe coordenem firmemente esses processos de diferenciação.

B. *Repressor lac I: Ligação*

Em 1966, Benno Müller-Hill e Walter Gilbert isolaram o repressor *lac* com base na sua habilidade em se ligar a IPTG ^{14}C-marcado (Seção 31.1Aa) e demonstraram que ele é uma proteína. Isso foi uma tarefa extremamente difícil porque o repressor *lac* constitui somente ~0,002% da proteína no tipo selvagem de *E. coli*. Agora, de qualquer modo, o repressor *lac* é avaliado em quantidade via técnicas de clonagem molecular (Seção 5.5G).

a. O repressor *lac* encontra seu operador por deslizamento ao longo do DNA

O repressor *lac* é um tetrâmero de subunidades idênticas de 360 resíduos, cada qual se liga a uma molécula de IPTG com um constante de dissociação de $K = 10^{-6}M$. Na ausência do indutor, o repressor tetrâmero liga-se inespecificamente ao dúplex de DNA com uma constante de dissociação de $K \approx 10^{-4}M$. Entretanto, ele se liga especificamente ao operador *lac* com afinidade extremamente maior: $K \approx 10^{-13}M$. A proteólise restrita do repressor *lac* com tripsina revela que cada subunidade consiste em dois domínios funcionais: seu peptídeo N-terminal de 58 resíduos se liga a DNA, mas não a IPTG, enquanto o "cerne tetrâmero" remanescente se liga somente a IPTG.

A taxa constante observada para a ligação do repressor *lac* ao operador *lac* é $k_f \approx 10^{10}\ M^{-1}\ s^{-1}$. Essa taxa é muito maior que a calculada para o processo de difusão controlada em solução: $k_f \approx 10^7\ M^{-1}\ s^{-1}$ para moléculas do tamanho do repressor *lac*. Visto que é impossível que uma reação ocorra a uma taxa mais rápida que sua taxa de difusão controlada, o repressor *lac* não deve encontrar o operador em solução em uma procura tridimensional aleatória. Mais propriamente, *parece que o repressor lac encontra o operador pela ligação inespecífica ao DNA e pela difusão ao longo dele em uma procura unidimensional muito mais eficiente.*

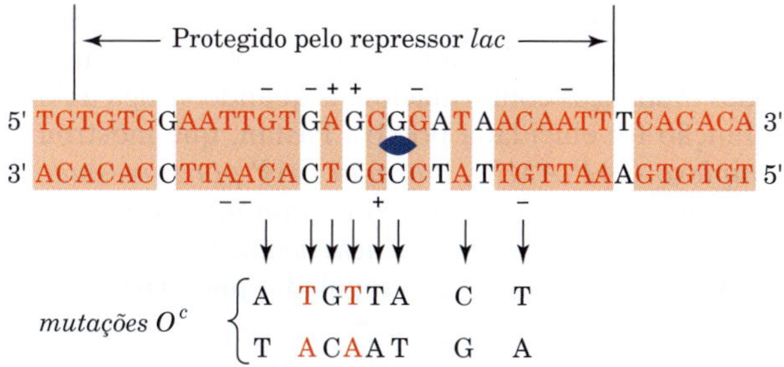

FIGURA 31.28 Sequência de bases do operador *lac*. As regiões de simetria relacionada (*vermelho*) abrangem 28 de seus 35 pb. O "+" denota as posições nas quais a ligação do repressor reforça a metilação por dimetil sulfato (que metila G em N7 e A em N3) e o "-" indica onde essa reação de *footprinting* é inibida. A linha inferior indica as posições e identidades das diferentes mutações pontuais que evitam a ligação do repressor *lac* (mutantes O^c). Aquelas em vermelho aumentam a simetria do operador. (Segundo Sobell, H.M., *in* Goldberger, R.F. (Ed.), *Biological Regulation and Development*, Vol. 1, *p*. 193, Plenum Press [1979].)

b. O operador *lac* tem uma sequência aproximadamente palindrômica

A disponibilidade de grandes quantidades do repressor *lac* tornou possível a caracterização do operador *lac*. DNA de *E. coli* sonicado em pequenos fragmentos foi misturado com o repressor *lac* e passado através de um filtro de nitrocelulose.

A proteína, com ou sem DNA ligado, se fixa à nitrocelulose, enquanto o DNA dúplex, sozinho, não o faz. O DNA foi liberado da proteína ligada ao filtro pela lavagem com solução de IPTG, recombinado ao repressor *lac*, e o complexo resultante tratado com DNase I. O fragmento de DNA que o repressor *lac* protege da degradação pela nuclease consiste em uma série de 26 pb que está embebida em uma sequência dupla quase simétrica de 35 pb (Fig. 31.28, *parte superior*). *Tais simetrias palindrômicas são uma característica comum dos segmentos de DNA que são ligados especificamente por proteínas* (recorde, p. ex., que os sítios reconhecidos por endonucleases de restrição são também palindrômicos; Seção 5.5Aa).

Sequências de DNA palindrômicas, como foi visto, se ligam a proteínas que possuem simetria dupla que se encaixem. Entretanto, experimentos de proteção por metilação no sistema repressor-operador *lac* não sustentam completamente esse modelo: há um padrão assimétrico de diferenças entre o operador livre e operador ligado ao repressor na suscetibilidade de suas bases para reagirem com DMS (Fig. 31.28). Além disso, mutações pontuais que tornam o operador constitutivo (O^c), e que invariavelmente reduzem a ligação do repressor ao operador, podem tanto aumentar quanto diminuir a simetria dupla do operador (Fig. 31.28).

c. O repressor *lac* impede a RNAP de formar um complexo de iniciação produtivo

O operador ocupa as posições −7 até +28 do óperon *lac* relativas ao sítio de iniciação da transcrição (Fig. 31.29). Estudos de proteção nucleásica indicam que, no complexo de iniciação, a RNAP liga-se firmemente ao DNA entre as posições −20 e +20 (Seção 31.2Aa). Desse modo, *o operador lac e o sítio promotor se sobrepõem.* Foi então, portanto, vastamente aceito por muitos anos que o repressor *lac* simplesmente obstruía fisicamente a ligação da RNAP ao promotor *lac*. Porém, a observação que o repressor *lac* e a RNAP podem simultaneamente ligar-se ao óperon *lac* indica que o repressor *lac* deve agir para, de algum modo, interferir com o processo de iniciação. Investigações mais detalhadas desse fenômeno revelam que, na presença do repressor *lac* ligado, a holoenzima RNAP ainda sintetiza abortivamente oligonucleotídeos, apesar de eles tenderem a ser mais curtos que aqueles feitos na ausência do repressor. Evidentemente, *o repressor* lac *age de algum modo aumentando a já alta barreira cinética para a RNAP para gerar um complexo aberto e iniciar o alongamento processivo.*

Serão discutidos a estrutura do repressor *lac* e demais aspectos da organização do operador *lac* na Seção 31.3F.

C. Repressão catabólica: Um exemplo de ativação de genes

A glicose é o metabólito de preferência de E. coli; a disponibilidade de quantidades adequadas de glicose impede a plena expressão de > 100 genes que codificam proteínas envolvidas na fermentação de outros numerosos catabólitos, incluindo a

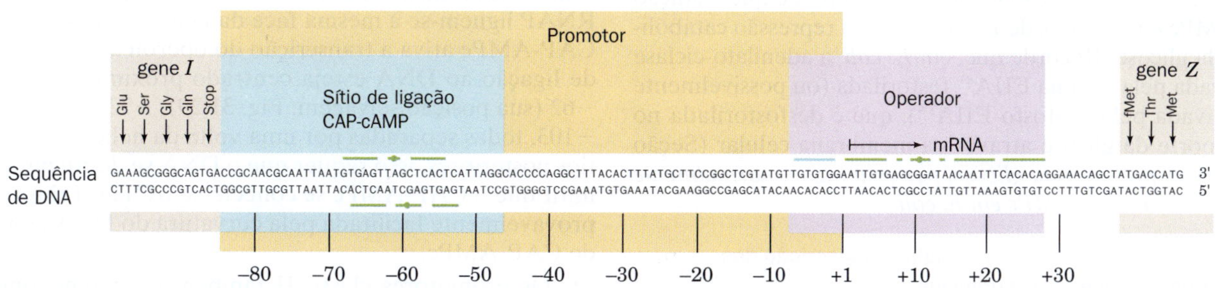

FIGURA 31.29 A sequência de nucleotídeos da região do promotor e do operador *lac* de *E. coli*. A região se estende da porção C-terminal de *lacI* (*esquerda*) à porção N-terminal de *lacZ* (*direita*). As sequências palindrômicas do operador e o sítio de ligação a CAP (Seção 31.3C) estão marcados por uma linha superior ou são sublinhados. (Segundo Dickson, R.C., Abelson, J., Barnes, W.M., e Reznikoff, W.A., *Science* **187**, 32 [1975].)

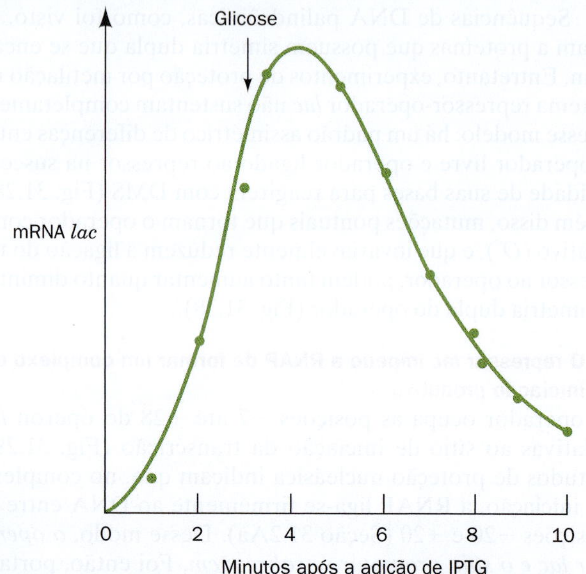

FIGURA 31.30 A cinética da síntese de mRNA do óperon *lac* após sua indução com IPTG, e sua degradação após a adição de glicose. *E. coli* foi cultivada em um meio contendo glicerol como sua única fonte de carbono para geração de energia e uridina marcada com ^{3}H. IPTG foi adicionado ao meio no início do experimento para induzir a síntese de enzimas *lac*. Após 3 minutos, glicose foi adicionada para parar a síntese. A quantidade de RNA *lac* marcado por ^{3}H foi determinado pela hibridização com DNA contendo os genes *lacA* e *lacY*. (Segundo Adesnik, M., e Levinthal, C., *Cold Spring Harbor Symp. Quant. Biol.* **35**, 457 [1970].)

lactose (Fig. 31.30), a arabinose e a galactose, mesmo quando esses metabólitos estão presentes em altas concentrações. Esse fenômeno, o qual é conhecido como repressão catabólica, evita o desperdício da duplicação de sistemas de enzimas produtoras de energia.

a. O AMPc sinaliza a falta de glicose

A primeira indicação do mecanismo da repressão catabólica foi a observação de que, em *E. coli*, o nível de AMPc, que foi identificado por ser o mensageiro secundário em células animais (Seção 18.3Cb), é muito diminuído na presença de glicose. Essa observação levou à descoberta de que a adição de AMPc em culturas de *E. coli* supera a repressão catabólica pela glicose. Recorde que, em *E. coli*, a adenilato-ciclase é ativada pela enzima $EIIA^{glc}$ fosforilada (ou possivelmente desativada pela desfosfo-$EIIA^{glc}$), que é desfosforilada no transporte da glicose através da membrana celular (Seção 20.3D). *A presença da glicose, por essa razão, normalmente diminui o nível de AMPc em E. coli.*

b. O complexo CAP-AMPc estimula a transcrição dos óperons catabólicos reprimidos

Alguns mutantes de *E. coli*, nos quais a ausência de glicose não abranda a repressão catabólica, não possuem uma proteína AMPc-ligante que é sinonimamente nomeada **proteína ativadora dos genes catabólicos** (**CAP**, de *catabolite gene activator protein*) e **proteína ligante do elemento de resposta a AMPc** (**CRP**, de *AMPc receptor protein*). CAP é um homodímero de subunidades com 209 resíduos que sofre grandes mudanças conformacionais quando se liga a AMPc. Sua função foi elucidada por Ira Pastan, que mostrou que o *complexo CAP-AMPc, mas não CAP por si mesma, liga-se ao óperon lac (entre outros) e estimula a transcrição de seus promotores de baixa eficiência na ausência do repressor lac.* CAP é, por essa razão, um **regulador positivo** (ativando a transcrição), em contraste ao repressor *lac*, que é um **regulador negativo** (impedindo a transcrição).

A estrutura por raios X, realizada por Thomas Steitz, de CAP-AMPc em complexo com o segmento palindrômico de 30 pb do dúplex de DNA, cuja sequência assemelha-se à da sequência de ligação de CAP (Fig. 31.29), revela que o DNA é curvado ~90° em torno da proteína (Fig. 31.31*a*). A curva surge de duas dobras de ~45° no DNA entre a quinta e a sexta base fora do eixo do complexo duplo em ambas direções. Essa distorção resulta no fechamento do sulco maior e um imenso alargamento do sulco menor em cada dobra.

Por que o complexo CAP-AMPc é necessário para estimular a transcrição de seus óperons-alvo? E como ele faz isso? O óperon *lac* tem um promotor fraco (de baixa eficiência); suas sequências −10 e −35 (TATGTT e TTTACA; Fig. 31.10) diferem significantemente da sequência consenso correspondente dos promotores fortes (de alta eficiência) (TATAAT e TTGACA; Fig. 31.10). Tais promotores fracos evidentemente requerem alguma espécie de ajuda para iniciação transcricional eficiente.

Richard Ebright demonstrou que CAP interage diretamente com a RNAP por meio do CTD da sua subunidade α de 85 resíduos (αCTD) de um modo que estimula a RNAP a iniciar a transcrição de um promotor próximo. O αCTD também se liga a dsDNA inespecificamente, mas o faz com mais alta afinidade por sítios ricos em A + T assim como aqueles dos elementos UP (Seção 31.2Aa). Ele é flexivelmente ligado ao resto da subunidade α e por isso não é visto na estrutura por raio X da Tth RNAP (Fig. 31.11) devido ao desarranjo.

Três classes dos mais de cem promotores CAP-dependentes foram caracterizadas:

1. Os promotores classe I, tais como os do óperon *lac*, requerem somente CAP-AMPc para ativação transcricional. O sítio de ligação de CAP ao DNA pode estar localizado a várias distâncias do promotor, contanto que CAP e RNAP liguem-se à mesma face da hélice do DNA. Assim, CAP-AMPc ativa a transcrição do óperon *lac*, caso o sítio de ligação ao DNA esteja centrado próximo às posições −62 (sua posição selvagem; Fig. 31.29), −72, −83, −93 ou −103, todas separadas por uma volta da hélice. Para os sítios posteriores, isso requer que o DNA se dobre para permitir que o CAP-AMPc se conecte ao αCTD. Tal torção é provavelmente facilitada pela curvatura do DNA ao redor de CAP-AMPc.

2. Os promotores classe II também requerem somente CAP-AMPc para ativação transcricional. Porém, nos promotores classe II, o sítio de ligação à CAP ocupa apenas uma posição fixa a qual se sobrepõe ao sítio de ligação da RNAP, aparentemente pela substituição da região promotora −35 do promotor. CAP então interage com a RNAP por

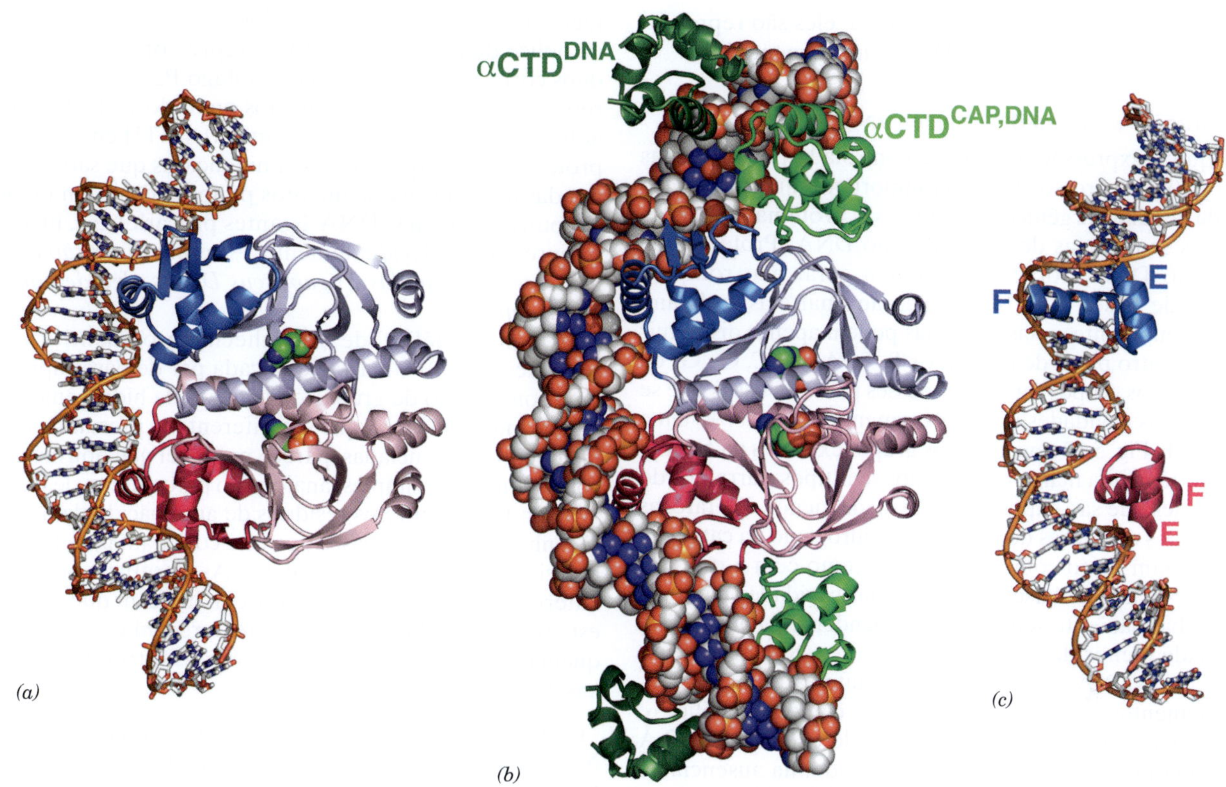

FIGURA 31.31 Estrutura por raios X dos complexos CAP-AMPc-dsDNA. O dsDNA e o AMPc nestes complexos de simetria bilateral estão coloridos de acordo com o tipo de átomo, com C do DNA branco, AMPc verde, N azul, O vermelho e P cor de laranja. (*a*) CAP-AMPc em complexo com um DNA autocomplementar palindrômico de 30 pb visto com seu eixo molecular duplo horizontal, com suas subunidades idênticas cor-de-rosa e azul e com seus domínios C-terminal sombreados. O DNA está representado em forma de bastões com átomos P sucessivos da mesma fita conectados por hastes cor de laranja e com o AMPc desenhado na forma de volume atômico. (*b*) CAP-AMPc em complexo com um DNA palindrômico de 44 pb e quatro subunidades αCTD. O DNA, o CAP e o AMPc são vistos como na Parte *a* com o DNA desenhado na forma de volume atômico. As subunidades αCTD estão desenhadas na forma de fitas com o $\alpha CTD^{CAP,DNA}$ verde e o αCTD^{DNA} verde-escuro. (*c*) A mesma estrutura que na Parte *a*, mostrando a ligação dos dois motivos de hélice-volta-hélice (HTH) do dímero CAP em sulcos maiores sucessivos do DNA. A vista está torcida 45° sobre o eixo vertical em relação a Parte *a*. Note como a hélice F do CAP (reconhecimento) está inserida no sulco maior do DNA como também pode ser visto nas Partes *a* e *b*. (Partes *a* e *c* com base na estrutura por raios X de Thomas Steitz, Yale University, EUA. PDBid 1CGP. Parte *b* com base na estrutura por raios X de Helen Berman e Richard Ebright, Rutgers University, EUA. PDBid 1LB2.) **Ver Exercício interativo 38**

interações tanto com o αCTD e a subunidade α do domínio N-terminal.

3. Os promotores classe III requerem ativadores múltiplos para estimular maximamente a transcrição. Estes podem ser dois ou mais complexos CAP-AMPc ou um complexo CAP-AMPc agindo em combinação com ativadores promotor-específicos, como ocorre no óperon *araBAD* (Seção 31.3E).

A estrutura por raios X do CAP-AMPc em complexo com o αCTD de *E. coli* e um DNA palindrômico de 44 pb contendo o sítio de ligação CAP-AMPc de 22 pb e 5′-AAAAAA-3′ em cada extremidade, determinada por Helen Berman e Ebright, revela como esses componentes interagem (Fig. 31.31*b*). O complexo simétrico duplo CAP-AMPc-αCTD contém dois pares localizados diferentemente de αCTDs. Cada membro do par designado $\alpha CTD^{CAP,DNA}$ liga-se tanto à CAP como ao DNA. CAP e $\alpha CTD^{CAP,DNA}$ interagem sobre uma superfície surpreendentemente pequena, envolvendo somente seis resíduos em cada proteína que experimentos de mutagênese tinham implicado previamente. O $\alpha CTD^{CAP,DNA}$ também interage com o sulco menor do segmento de 6 pb do DNA (5′-AAAAAG-3′) centralizado a 19 pb do centro do DNA. Cada membro do outro par dos αCTDs, designados αCTD^{DNA}, interage com o sulco menor de uma sequência semelhante ao elemento UP (5′-GAAAAA-3′) que está casualmente presente no DNA, mas que não faz contato com outras moléculas proteicas. As porções comuns dos dois complexos CAP ilustrados na Fig. 31.31*a,b* são sobrepostas firmemente, indicando assim que a conformação de CAP e suas interações com o DNA não são significativamente alteradas pela sua associação com o αCTD. Evidentemente, o CAP-AMPc ativa transcricionalmente a RNAP por meio de um mecanismo "adesivo" simples que facilita e/ou estabiliza suas interações com o DNA promotor. A estrutura do $\alpha CTD^{CAP,DNA}$ e do αCTD^{CAP} e suas interações com o DNA são quase idênticas, sugerindo assim que eles são representantes da interação de um αCTD com um elemento UP.

D. *Interações proteína-DNA sequência-específicas*

Visto que a expressão genética é controlada por proteínas como CAP e repressor *lac*, uma importante questão no estudo da regulação gênica é como essas proteínas reconhecem suas sequências de bases-alvo no DNA. Proteínas de ligação ao DNA sítio-específicas em geral não rompem os pares de bases do DNA dúplex ao qual elas se ligam. Consequentemente, essas proteínas podem apenas distinguir entre os quatro pares de bases (A · T, T · A, G · C, C · G) de acordo com os grupos funcionais desses pares de bases que se projetam nas cavidades maiores ou menores do DNA. Uma inspeção da Fig. 5.12 revela que os grupos expostos na cavidade maior têm uma maior variação nos seus tipos e arranjos do que aqueles que são expostos na cavidade menor. De fato, as posições dos aceptores de ligações de hidrogênio na cavidade maior variam tanto com a identidade como com a orientação desses pares de bases, enquanto nas cavidades menores elas são basicamente sequência-independentes. Além disso, a cavidade menor de ~5 Å de extensão e ~8 Å de profundidade do B-DNA regular (ideal) é muito estreita para admitir elementos estruturais de proteínas, como uma hélice α, enquanto a cavidade maior de ~12 Å de extensão e ~8 Å de profundidade pode fazê-lo. Desse modo, na ausência de mudanças conformacionais maiores para o B-DNA, pode-se esperar que as proteínas pudessem diferenciar mais facilmente sequências de bases da cavidade maior do que da cavidade menor. Será visto a seguir que esse é, de fato, o caso.

a. O motivo hélice-volta-hélice é um elemento comum de reconhecimento de DNA em procariotos

Ver Exploração guiada 30: Interações fator de transcrição-DNA

As duas hélices F simetricamente dispostas do dímero de CAP projetam-se da superfície da proteína de tal forma que elas se encaixam em cavidades maiores sucessivas do B-DNA (Fig. 31.31). *As hélices E e F da CAP formam um* ***motivo hélice-volta-hélice (HTH)*** *(estrutura supersecundária) que se assemelha em conformação a motivos HTH análogos de numerosos outros repressores procarióticos de estrutura por raios X e ressonância magnética (RM) conhecida,* incluindo o repressor *lac*, o **repressor *trp*** de *E. coli* (Seção 31.3G) e os **repressores cI** e as **proteínas Cro** de **bacteriófagos** λ e **434** (Seção 33.3D). Motivos HTH são segmentos polipeptídicos de ~20 resíduos que formam duas hélices α com cruzamento em ~120° (Fig. 31.31*c*). Eles ocorrem como componentes de domínios que de outra forma teriam estruturas bastante variadas, ainda que todas se ligassem a DNA. Note que motivos HTH são estruturalmente estáveis somente quando são componentes de proteínas maiores.

As estruturas por raios X e de RM de uma série de complexos proteína-DNA (ver a seguir) indicam que *proteínas que se ligam a DNA contendo um motivo HTH se associam a seus pares de bases-alvo principalmente por meio das cadeias laterais que se estendem a partir da segunda hélice do motivo HTH, a chamada* ***hélice de reconhecimento*** (hélice F na CAP, E no repressor *trp* e α3 em proteínas de fago). De fato, a substituição dos resíduos da face exterior da hélice de reconhecimento do repressor 434 com os resíduos correspondentes do bacteriófago P22 afim produz um repressor híbrido que se liga aos operadores P22, mas não àqueles do 434. Além disso, os motivos HTH em todas essas proteínas têm sequências de aminoácidos que são similares a todas as outras e a segmentos polipeptídicos em numerosas outras proteínas DNA-ligantes procarióticas, incluindo o repressor *lac*. Evidentemente, *essas proteínas são evolutivamente relacionadas e ligam seus DNAs-alvo de uma maneira similar.*

Como a hélice de reconhecimento identifica suas sequências-alvo? Uma vez que cada par de bases apresenta uma constelação de grupos de ligações de hidrogênio na cavidade maior do DNA que são diferentes e presumivelmente facilmente diferenciadas, parece provável que houvesse uma correspondência simples, análoga ao pareamento de bases de Watson-Crick, entre os resíduos de aminoácido da hélice de reconhecimento e as bases que eles contatam para formar as associações sequência-específicas. As estruturas por raios X anteriormente mencionadas, porém, indicam que essa ideia está incorreta. Mais propriamente, o reconhecimento de sequências de bases resulta de interações estruturais complexas. Por exemplo:

1. As estruturas por raios X do 48% idêntico domínio N-terminal do repressor 434 (resíduos 1 a 69) e o conjunto total de 71 resíduos da proteína Cro 434 em seus complexos com o mesmo alvo de DNA de 20 pb (a expressão do fago é regulada pela ligação diferencial dessas proteínas ao mesmo segmento de DNA; Seção 33.3Db) foram ambos determinados por Stephen Harrison. Ambas proteínas homodiméricas, como visto para CAP (Fig. 31.31), se associam ao DNA em um duplo simétrico de maneira que suas hélices de reconhecimento ligam-se em sucessivas voltas da cavidade maior do DNA (Figs. 31.32 e 31.33). Em ambos complexos, a conformação da proteína adapta-se à superfície do DNA e interage com suas bases pareadas e cadeias açúcar-fosfato por redes elaboradas de ligações de hidrogênio, pontes de sais e ligações de van der Waals. Contudo, as geometrias detalhadas dessas associações são significativamente diferentes. No complexo repressor-DNA (Fig. 31.32), o DNA se torce em torno da proteína em um arco de raio de ~65 Å que comprime a cavidade menor em ~2,5 Å próxima ao seu centro (entre os dois monômeros da proteína) e estende-se em ~2,5 Å em direção a sua extremidade. Em contraste, o DNA em complexo com Cro (Fig. 31.33), embora também curvado, é quase reto em seu centro e tem uma menor compressão na cavidade menor (compare Figs. 31.32*a* e 31.33*a*). Isso explica por que a substituição simultânea de três resíduos na hélice de reconhecimento do repressor por aqueles ocorrentes no Cro não ocasiona uma ligação com afinidade tipo Cro da proteína híbrida resultante ao DNA: *a conformação diferente do DNA em complexo com repressor e com Cro evita que qualquer cadeia lateral particular interaja identicamente com o DNA nos dois complexos.*

2. Paul Sigler determinou a estrutura por raios X do repressor *trp* de *E. coli* em complexo com o DNA contendo um palíndromo de 18 pb (TGTACTAGTTAACTAGTAC, onde a sequência-alvo do repressor *trp* está sublinhada) que

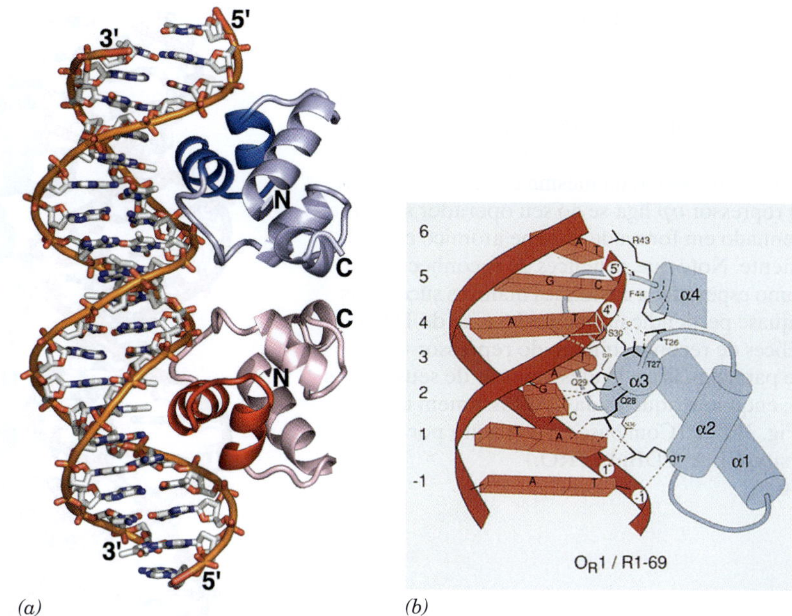

FIGURA 31.32 Estrutura por raios X do domínio N-terminal de 69 resíduos do repressor do fago 434 em complexo com um dsDNA de 20 pb contendo sua sequência-alvo. Uma fita do DNA tem a sequência d(TATACAAGAAAGTTTGTACT). (*a*) O complexo visto com o eixo horizontal duplo da proteína homodimérica. A proteína está desenhada em forma de fita com uma de suas duas subunidades idênticas azul e a outra vermelha e com seus motivos hélice-volta-hélice (HTH) sombreados mais escuros. O DNA está desenhado na forma de bastões com C branco, N azul e P cor de laranja e com átomos P sucessivos na mesma cadeia conectados por hastes cor de laranja. (*b*) Um esboço esquemático indicando como o motivo HTH, que inclui as hélices α2 e α3, interage com seu DNA-alvo. As barras curtas que emanam da cadeia polipeptídica representam grupos peptídicos NH, ligações de hidrogênio são representadas por linhas tracejadas e os fosfatos do DNA são representados por círculos numerados. O círculo pequeno é uma molécula de água. (Parte *a* com base em estruturas por raios X de e Parte *b* cortesia de Aneel Aggarwal, John Anderson e Stephen Harrison, Harvard University, EUA. PDBid 2OR1.) **Ver Exercício interativo 39 e Exercício de cineimagem 18.1**

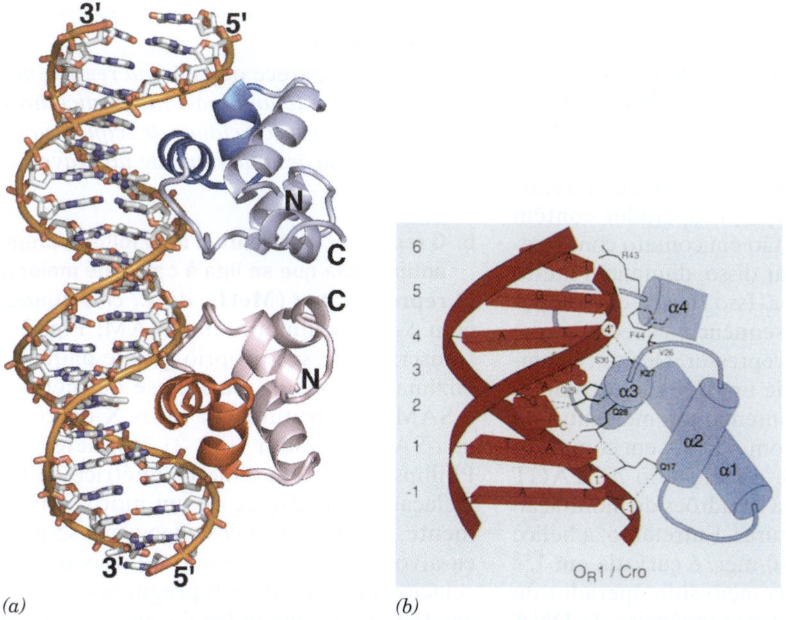

FIGURA 31.33 Estrutura por raios X da proteína Cro 434 de 71 resíduos em complexo com o mesmo DNA de 20 pb mostrado na Fig. 31.32. As Partes *a* e *b* correspondem àquelas na Fig. 31.32. Note a correspondência próxima, mas não idêntica entre as duas estruturas e em particular a diferença nas larguras da cavidade menor entre as duas subunidades em cada estrutura. (Parte *a* com base em estrutura por raios X de e Parte *b* cortesia de Alfonso Mondragón, Cynthia Wolberger e Stephen Harrison, Harvard University, EUA. PDBid 3CRO.)

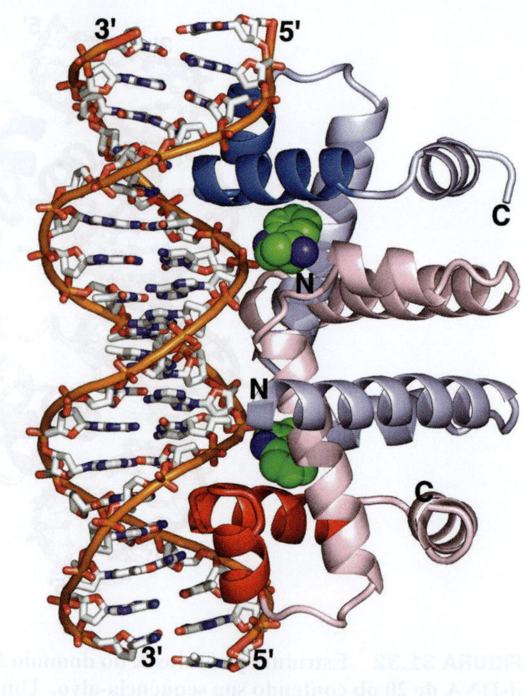

FIGURA 31.34 Estrutura por raios X do complexo repressor *trp*-operador-triptofano de *E. coli*. O complexo é visto com seu eixo molecular duplo horizontal. As duas subunidades idênticas da proteína estão desenhadas em forma de fita coloridas cor-de-rosa e azul com seus motivos HTH (hélices D e E) mais fortemente coloridos. O dsDNA autocomplementar contendo 18 pb é mostrado em forma de bastões com C branco, N azul, P cor de laranja, e com átomos P sucessivos da mesma cadeia conectados por hastes cor de laranja. O repressor *trp* liga-se ao seu operador somente quando o L-triptofano, desenhado em forma de volume atômico com C verde, é ligado simultaneamente. Note que as hélices de reconhecimento da proteína (E) se ligam, como esperado, a cavidades maiores sucessivas do DNA mas estendem-se quase perpendicularmente ao eixo do DNA dúplex. Em contraste, as hélices de reconhecimento do repressor 434 e das proteínas Cro são quase paralelas às cavidades maiores de seus DNAs ligados (Figs. 31.32 e 31.33), enquanto aquelas da CAP assumem uma orientação intermediária (Fig. 31.31). (Com base na estrutura por raios X de Paul Sigler, Yale University, EUA. PDBid 1TRO.)

Ver Exercício interativo 40

se assemelha estritamente ao operador *trp* (Seção 31.3G). As hélices de reconhecimento da proteína dimérica se ligam, como esperado, a cavidades maiores sucessivas do DNA, cada uma em contato com um meio-sítio do operador (ACTAGT; Fig. 31.34). Há numerosos contatos por ligações de hidrogênio entre o repressor *trp* e oxigênios fosfatados não esterificados do DNA ligado. Espantosamente, porém, *não há ligações de hidrogênio diretas ou ligações não polares que possam explicar a especificidade do repressor pelo seu operador. Antes, todas com exceção de uma interação por ligações de hidrogênio cadeia lateral-base são mediadas por pontes de moléculas de água* (a única interação direta envolve uma base que pode ser mutada sem afetar muito a afinidade de ligação do repressor). Tais moléculas de água encobertas, por essa razão, têm sido descritas como cadeias laterais "honorárias" da proteína. Em adição, o operador contém diversos pares de bases que não estão em contato com o repressor, mas cujas mutações, apesar disso, diminuem muito a afinidade de ligação do repressor. Isso sugere que o operador assume uma conformação sequência-específica que torna favoráveis os contatos com o repressor. De fato, a comparação da estrutura por raios X de um DNA autocomplementar de 10 pb sem complexo contendo um meio-sítio do operador *trp* (CCACTAGTGG) com o DNA em complexo repressor-operador *trp* revela que o meio-sítio ACTAGT assume conformação idiossincrática e padrões de hidratação quase idênticos em ambas as estruturas. Entretanto, a hélice do B-DNA, que é reta no DNA 10-mer, é curvada em 15° em direção ao sulco maior em cada meio-sítio operador do complexo repressor-operador. Outras sequências de DNA poderiam, de modo conceptível, assumir a conformação do repressor-operador ligado, mas a um gasto de energia muito alto para formar um complexo estável com o repressor (a preferência medida de 10^4 vezes do repressor *trp* por seu operador em comparação a outros DNAs implica uma diferença de ~23 kJ · mol^{-1} em suas energias livres de ligação). Esse fenômeno, no qual uma proteína percebe a sequência de bases do DNA pela conformação e/ou flexibilidade do suporte principal do DNA, é referido como **leitura indireta**. O repressor 434 aparentemente também emprega a leitura indireta: a substituição do par de bases central A · T do operador mostrado na Fig. 31.32 por G · C reduz a afinidade de ligação em até 50 vezes ainda que o repressor 434 não se ligue a essa região do DNA.

Portanto, parece que *não há regras simples governando como resíduos de aminoácidos particulares interagem com bases. Antes, a especificidade de sequência resulta de um conjunto de interações mutuamente favoráveis entre a proteína e seu DNA-alvo.*

b. O repressor *met* contém uma folha β pregueada antiparalela que se liga à cavidade maior de seu DNA-alvo

O **repressor *met* (MetJ)**, de *E. coli* quando em complexo com *S*-adenosilmetionina (SAM; Fig. 26.18), reprime a transcrição de seu próprio gene e daqueles que codificam enzimas envolvidas na síntese de metionina (Fig. 26.60) e SAM. A estrutura por raios X do complexo repressor *met*-SAM-operador (Fig. 31.35), determinada por Simon Phillips, revela um dímero simétrico de homodímeros entrelaçados que carece de um motivo HTH. Mais propriamente, o repressor *met* se liga a sua sequência palindrômica-alvo no DNA por meio de dois pares simetricamente relacionados de folhas β pregueadas antiparalelas simétricas (chamadas meandro β) que são inseridas em cavidades maiores sucessivas do DNA. Cada fita β faz contatos sequência-específicos com sua sequência-alvo no DNA por meio de ligações de hidrogênio e, provavelmente, de leitura indireta.

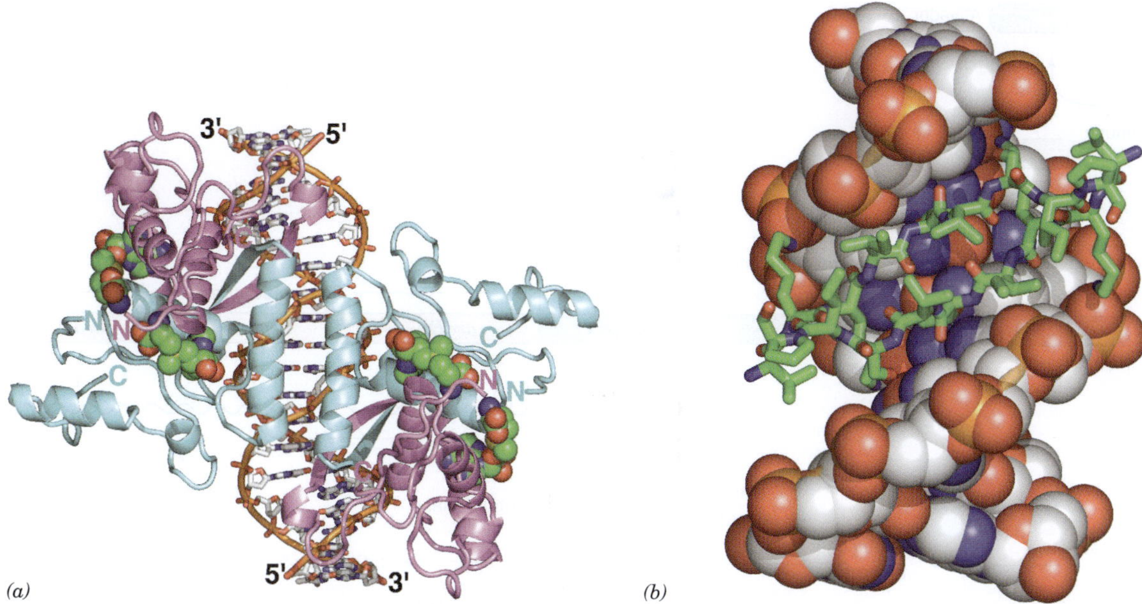

FIGURA 31.35 Estrutura por raios X do complexo repressor *met-SAM*-operador de *E. coli*. (*a*) A estrutura geral do complexo, como visto ao longo de seu eixo duplo de simetria. O DNA autocomplementar de 18 pb está desenhado em forma de palitos, e SAM, que deve estar ligado ao repressor para que ele também se ligue ao DNA, está demonstrado na forma de volume atômico, com o C do DNA branco, C do SAM verde, N azul, O vermelho, P cor de laranja e S amarelo. O DNA se liga a quatro subunidades idênticas de 104 resíduos do repressor. Pares de subunidades (*ciano e violeta*) formam dímeros simétricos nos quais cada subunidade doa uma fita das duas em folha β pregueada antiparalela que é inserida na cavidade maior do DNA (*superior à esquerda e inferior à direita*). Esses dois dímeros pareiam através do eixo duplo do complexo por meio de suas hélices antiparalelas N-terminais, as quais entram em contato uma com a outra pela cavidade menor do DNA. (*b*) Vista detalhada da metade inferior da Parte a mostrando a folha β pregueada antiparalela (resíduos 21 a 29) inserida na cavidade maior do DNA, como visto ao longo do eixo duplo local (rotado em relação à Parte a por 50º sobre o eixo vertical). O DNA está demonstrado em forma de volume atômico e as cadeias polipeptídicas estão desenhadas em forma de palitos com C verde. Ligações de hidrogênio estão indicadas por linhas pontilhadas. (Com base nas estruturas por raios X de Simon Phillips, University of Leeds, Reino Unido. PDBid 1CMA.)

Ver Exercício interativo 41

Phillips primeiramente determinou a estrutura por raios X do repressor *met* na ausência do DNA. Estudos para construção de um modelo visando elucidar como o repressor *met* se liga ao seu DNA-alvo palindrômico assumem que os eixos 2 vezes rotados de ambas moléculas deviam ser coincidentes, como eles são em todos complexos proteína-DNA de procariotos de estrutura conhecida. Havia, consequentemente, duas escolhas razoáveis: (1) A proteína poderia se ancorar ao DNA com os pares mencionados anteriormente de fitas β entrando em sulcos maiores sucessivos; ou (2) um par simetricamente relacionado de hélices α projetadas na face oposta da proteína poderia fazê-lo de forma semelhante à maneira na qual as hélices de reconhecimento do motivo HTH interagem com o DNA. Uma variedade de critérios estruturais sugerem que as hélices α fazem significativamente melhores contatos com o DNA do que as fitas β. Assim, a observação de que são, de fato, as fitas β que se ligam ao DNA fornece uma importante lição: *os resultados de estudos para construção de modelos devem ser tratados com o máximo de cuidado.* Isso porque a compreensão imprecisa da energética das interações intermoleculares (Seção 8.4 e 29.2) nos impede de predizer com segurança como macromoléculas em associação adaptam-se umas às outras. No caso do repressor *met*, a acomodação estrutural mútua imprevisível da proteína e do DNA produz uma superfície significativamente mais ampla do que predito pelo simples ancoramento do repressor Met não em complexo ao B-DNA ideal.

Os numerosos reguladores transcricionais procarióticos de estruturas conhecidas contêm ou um motivo HTH ou pares de fitas β como o repressor *met* (ainda que numerosas proteínas DNA-ligantes procarióticas, incluindo a CAP, contenham uma elaboração do motivo HTH conhecido como o motivo **hélice alada** no qual duas torções proteicas, uma das quais se liga à cavidade menor do DNA, flanqueiam a hélice de reconhecimento HTH como as asas de uma borboleta). Além disso, a maioria dessas proteínas são homodímeros que se ligam a sequências-alvo de DNA palindrômicas ou pseudopalindrômicas. De qualquer modo, fatores de transcrição eucarióticos, como será estudado na Seção 34.3B, empregam uma variedade muito mais ampla de motivos estruturais para ligar seus DNAs-alvo, muitos dos quais carecem de simetria.

E. *Óperon araBAD*: Controle positivo e negativo pela mesma proteína

Humanos não metabolizam nem absorvem no intestino nenhum açúcar L-arabinose de plantas. Por isso, as *E. coli* que normalmente habitam o intestino humano são periodicamente presenteadas com um banquete dessa pentose. Três das cinco

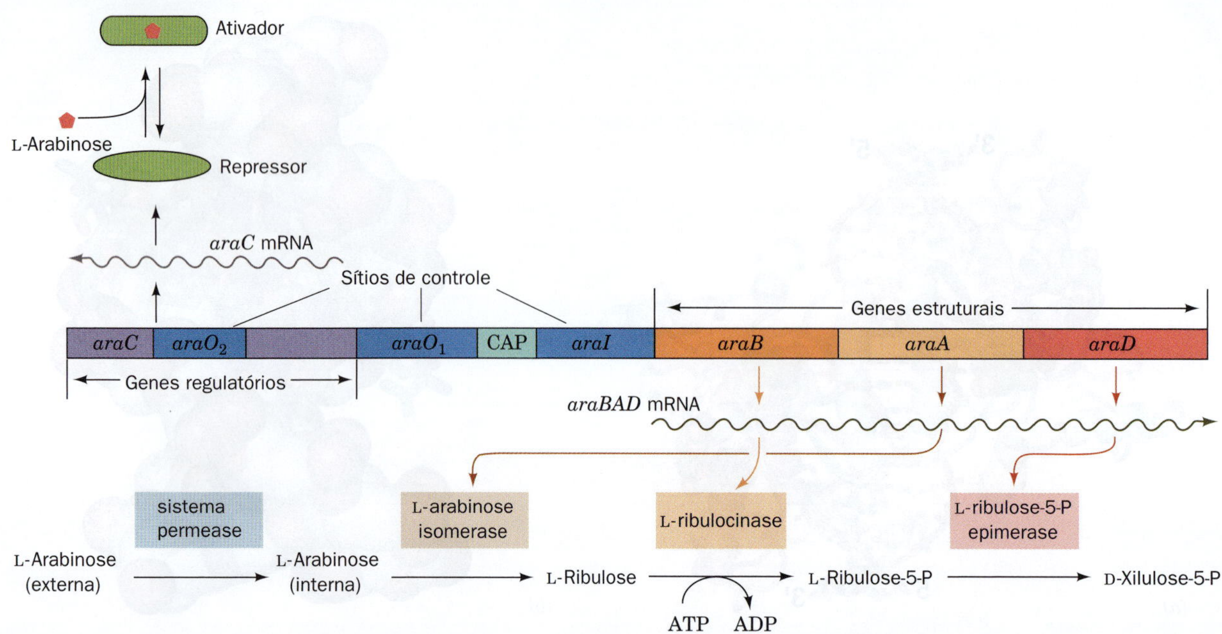

FIGURA 31.36 **Mapa genético dos óperons *araC* e *araBAD* de *E. coli*.** O mapa indica as proteínas que esses óperons codificam e as reações das quais essas proteínas participam. O sistema da permease, que transporta arabinose para dentro da célula, é o produto dos genes *araE* e *araF*, que ocorre em dois óperons independentes. O produto da rota, xilulose-5-fosfato, é convertido por meio da rota pentose-fosfato, nos intermediários glicolíticos frutose 6-fosfato e gliceraldeído-3-fosfato (Seção 23.4). (Segundo Lee, N., *in* Miller, J.H., e Rezinkoff, W.S. (Eds.), *The óperon, p.* 390, Cold Spring Harbor Laboratory Press [1979].)

enzimas de *E. coli* que metabolizam arabinoses são produtos do ***óperon araBAD*** (Fig. 31.36) reprimível por catabólitos.

O óperon *araBAD*, como Robert Schleif demonstrou, contém, a montante de seu sítio de iniciação transcricional, os sítios controladores *araI*, $araO_1$ e $araO_2$ (Fig. 31.37*a*). O sítio *araI* (*I* de indutor) consiste em dois meio-sítios estreitamente similares de 17 pb, $araI_1$ e $araI_2$, que são repetições diretas separadas por 4 pb e estão orientadas de tal forma que $araI_2$, que se sobrepõe à região −35 do promotor *araBAD*, está a jusante de $araI_1$. Do mesmo modo, $araO_1$ consiste em dois meio-sítios diretamente repetidos, O_{1L} e O_{1R}. De maneira intrigante, porém, $araO_2$ consiste em um único meio-sítio que está localizado em uma região não codificadora a montante do gene *araC* (ver a seguir), na posição −270 relativa ao sítio de iniciação de *araBAD*.

A transcrição do óperon *araBAD* é regulada tanto por CAP-AMPc como pela proteína arabinose-ligante **AraC**. Cada subunidade de 292 resíduos do homodímero AraC consiste em um domínio N-terminal, arabinose-ligante e de dimerização (resíduos 1-170) conectado por meio de um elo flexível com o domínio DNA-ligante C-terminal (resíduos 178-292). A regulação do óperon *araBAD* ocorre como a seguir (Fig. 31.37):

1. Na ausência de AraC, a RNAP inicia a transcrição do gene *araC* na direção oposta de seu vizinho a montante, *araBAD*. O óperon *araBAD* é expresso em um nível basal baixo.

2. Quando AraC está presente, mas não há arabinose ou CAP-AMPc (alta glicose), AraC liga-se a $araO_2$ e a $araI_1$por meio de dois motivos HTH em cada uma das suas subunidades. A ligação de AraC ao $araI_1$ impede a RNAP de iniciar a transcrição do óperon *araBAD* (controle negativo). Uma série de deleções indica que a presença do $araO_2$ é também necessária para a repressão de *araBAD*. A separação notavelmente grande de 210 pb entre $araO_2$ e $araI_1$ por essa razão sugere fortemente que o DNA entre eles é enlaçado de modo que a molécula dimérica da proteína AraC liga simultaneamente $araO_2$ e $araI_1$. Isso é corroborado pela observação que o nível de repressão é muito diminuído pela inserção de 5 pb (meia volta) de DNA entre esses dois sítios, transferindo assim $araO_2$ para a face oposta da hélice de DNA relativa a $araI_1$ na suposta torção. Contudo, a inserção de 11 pb (uma volta) de DNA não tem tal efeito. Além disso, torções não ocorrem prontamente a menos que o DNA seja supertorcido, o que presumivelmente impele o processo de torções. O dímero AraC também se liga a $araO_1$, o operador do gene *araC* para assim bloquear a transcrição de *araC*, mas somente em altas concentrações. Assim, é provável que o DNA em alças por si só reprima a transcrição de *araC*. Em qualquer caso, a expressão de *araC* é autorregulatória.

3. Quando arabinose está presente, ela induz alostericamente a subunidade AraC ligada a $araO_2$ a se ligar a $araI_2$. Isso ativa a RNAP a transcrever os genes *araBAD* (controle positivo). Quando o nível de AMPc é alto (glicose baixa), CAP-AMPc, cuja presença é necessária para completar o nível máximo de ativação transcricional, liga-se a um sítio entre $araO_1$ e $araI_1$, onde sua função é ajudar a quebrar a alça entre $araO_2$ e $araI_1$ e consequentemente a aumentar a afinidade de AraC por $araI_2$. A orientação de $araO_1$ com relação a *araC* é oposta àquela de *araI* com relação a *araBAD*, e por isso a ligação de AraC-arabinose a $araO_1$ bloqueia a ligação da RNAP no promotor *araC*, isto é, ele reprime a expressão de AraC.

Se o subsítio de $araI_2$ é mutado de forma a aumentar a afinidade de AraC por ele, arabinose não é mais necessária

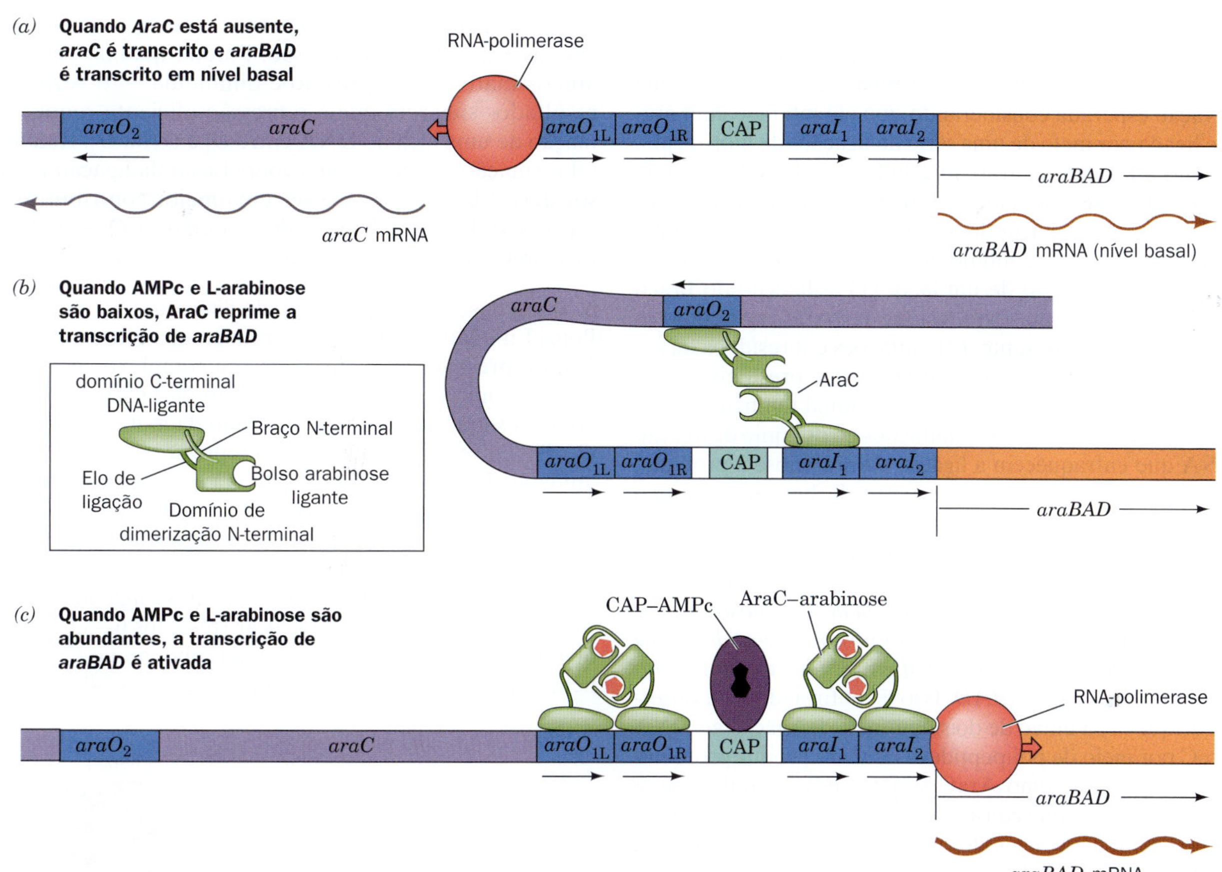

FIGURA 31.37 O mecanismo de regulação de *araBAD*. (*a*) Na ausência de AraC, a RNAP inicia a transcrição de *araC*. *araBAD* é também expressado, mas em nível basal. (*b*) Quando *araC* está presente, mas não há L-arabinose ou AMPc, AraC liga simultaneamente $araO_2$ e $araI_1$ para formar o dobramento do DNA, reprimindo assim tanto *araC* como *araBAD*. (*c*) Quando AraC e L--arabinose estão presentes e AMPc é abundante, o complexo AraC-arabinose resultante libera $araO_2$ e em seu lugar se liga a $araI_2$, ativando assim a transcrição de *araBAD*. Esse processo é facilitado pela ligação de CAP-AMPc. *araC* é reprimido pela ligação de AraC-arabinose a $araO_1$.

durante a ativação transcricional. Isso sugere que arabinose não transforma AraC em conformação para torná-lo um ativador, mas, antes, diminui sua afinidade de ligação por $araO_2$. Se o sítio *araI* for virado ou movido a montante de forma que $araI_2$ não se sobreponha ao promotor *araBAD*, AraC não pode estimular a transcrição. Evidentemente, *AraC ativa a RNAP por interações proteína-proteína específica e relativamente inflexíveis.*

As estruturas por raios X do domínio N-terminal de AraC (resíduos 2-178), tanto na presença como na ausência de arabinose, foram determinadas por Schleif e Cynthia Wolberger. Na presença da arabinose, esse domínio consiste em um barril β de 8 fitas acompanhado por duas hélices α antiparalelas (Fig. 31.38). Tais domínios associam-se por meio de uma espiral enrolada antiparalela entre cada uma de suas hélices C-terminais para formar a interface de dimerização da proteína. Uma molécula de arabinose liga-se em um bolso de cada barril β por meio de uma rede de ligações de hidrogênio diretas ou mediadas por água com cadeias laterais que revestem o bolso. Os resíduos 7 a 18 do braço N-terminal se posicionam transversalmente à abertura do bolso açúcar ligante (os resíduos 2-6 são desordenados), circundando assim totalmente a arabinose. A

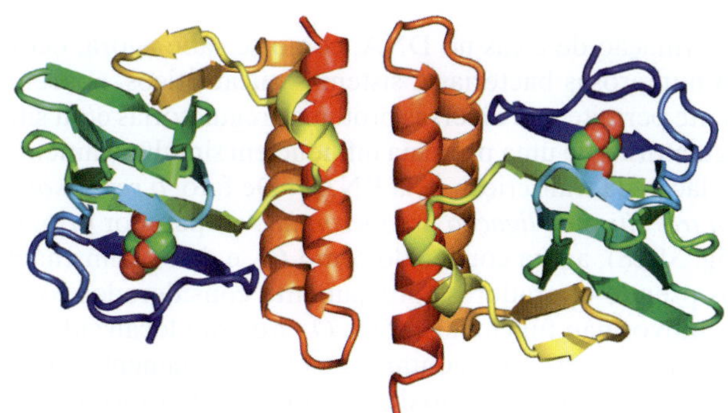

FIGURA 31.38 Estrutura por raios X de AraC de *E. coli* em complexo com L-arabinose. A proteína homodimérica é vista ao longo de seu eixo duplo com cada uma de suas subunidades colorida na ordem das cores do arco-íris da extremidade N--terminal (*azul*) a extremidade C-terminal (*vermelha*). A arabinose é delineada na forma de volume atômico com C verde e O vermelho. (Com base em uma estrutura por raios X de Robert Schleif e Cynthia Wolberger, Johns Hopkins University, EUA. PDBid 2ARC.)

estrutura do domínio N-terminal na ausência da arabinose é basicamente a mesma que está em complexo com a arabinose, com a exceção de que o braço N-terminal é desordenado, uma observação esperada considerando que ele interage com arabinose ligada por meio de uma série de ligações de hidrogênio.

Como a ligação da arabinose induz a subunidade AraC ligada a *ara*O_2 a se ligar a *ara*I_2? Diversas linhas de evidências indicam que, na ausência de arabinose, o braço N-terminal de AraC liga-se a seu domínio de ligação ao DNA de modo a favorecer a formação de um laço: (1) a deleção do braço N-terminal além de seu sexto resíduo faz AraC agir como se arabinose estivesse presente; (2) mutações em resíduos da superfície no domínio de ligação ao DNA que presumivelmente eliminam sua ligação do braço N-terminal também ativam constitutivamente AraC; e (3) mutações no domínio de ligação ao DNA que enfraquecem a ligação da arabinose à proteína, presumivelmente pelo fortalecimento da ligação do braço N-terminal, podem ser suprimidas por uma segunda mutação no braço N-terminal ou pela deleção de seus cinco resíduos N-terminais. Evidentemente, *a ligação do braço N-terminal ao domínio de ligação ao DNA na ausência de arabinose enrijece o dímero AraC de modo que ele não possa ligar-se de forma simultânea a ara*I_1 *e ara*I_2 *diretamente repetidos e com isso induzir a transcrição de araBAD.* Isso é confirmado pela observação de que (1) a união de dois domínios de ligação ao DNA de AraC por meio de polipeptídeos flexíveis produz proteínas que se comportam como AraC na presença de arabinose, e (2) uma construção que consiste em dois meio-sítios fita dupla *ara*I_1 flexivelmente conectados por um segmento de 24 nt de DNA de fita simples se liga a AraC do tipo selvagem com uma afinidade que não é afetada com a arabinose.

F. *Repressor lac II: Estrutura*

Aqui continua a discussão a respeito do repressor *lac*, mas agora considerando os conceitos aprendidos na Seção 31.3C-E.

a. A formação da alça é importante na expressão do óperon *lac*

A formação de alças no DNA, como se sabe agora, ocorre em numerosas bactérias e sistemas eucarióticos, aparentemente permite que diversas proteínas regulatórias e/ou sítios regulatórios de uma proteína influenciem simultaneamente a iniciação da transcrição pela RNAP. De fato, *o repressor lac tem três sítios de ligação no óperon lac:* o operador primário (Fig. 31.28), agora conhecido como O_1, e dois assim chamados pseudo-operadores (previamente considerados fósseis evolutivos não funcionais), O_2 e O_3, que são localizados 401 pb a jusante e 92 pb a montante de O_1 (internamente ao gene *lacZ* e sobreposto ao sítio de ligação à CAP, respectivamente). Müller-Hill determinou as contribuições relativas desses vários operadores para a repressão do óperon *lac* por meio da construção de um conjunto de oito plasmídeos: cada um contendo o gene *lacZ* sob o controle do promotor *lac* natural assim como os três operadores *lac* (O_1, O_2 e O_3), os quais eram ou ativos ou mutagenicamente inativos em todas combinações possíveis. Quando todos três operadores são ativos, a expressão de *lacZ* é reprimida 1.300 vezes em relação a quando todos os três operadores são inativos. A inativação de somente O_1 resulta na perda quase completa da repressão enquanto a inativação de somente O_2 ou O_3 causa a perda de apenas ~2 vezes na repressão. Porém, quando O_2 e O_3 são ambos inativos, a repressão é diminuída ~70 vezes. Esses resultados sugerem que a repressão eficiente requer a formação de uma alça no DNA entre O_1 e O_2 ou O_3. Realmente, tal formação de alça, e/ou a cooperação da ligação a repressor derivada dela, parece ser uma maior contribuição para repressão do que a ligação de repressor a O_1 sozinho, que proporciona uma repressão de apenas 19 vezes.

b. O repressor *lac* é um dímero de dímeros

Ponzi Lu e Mitchell Lewis determinaram a estrutura por raios X do repressor *lac* sozinho, em seu complexo com IPTG, e em seu complexo com um segmento de DNA dúplex de 21 pb, cuja sequência é um palíndromo da metade esquerda de O_1 (Fig. 31.28). Cada subunidade repressora consiste em cinco unidades funcionais (Fig. 31.39): (1) um domínio N-terminal de ligação ao DNA (resíduos 1-49), o qual é conhecido como "chapéu" porque é facilmente clivado proteoliticamente da proteína "cerne" tetrâmera remanescente; (2) a hélice de articulação (resíduos 50-58) que também se liga ao DNA; (3 e 4) um domínio de ligação a açúcar (resíduos 62-333), o qual é dividido em um subdomínio N e um subdomínio C; e (5) uma hélice de tetramerização C-terminal (resíduos 340-360).

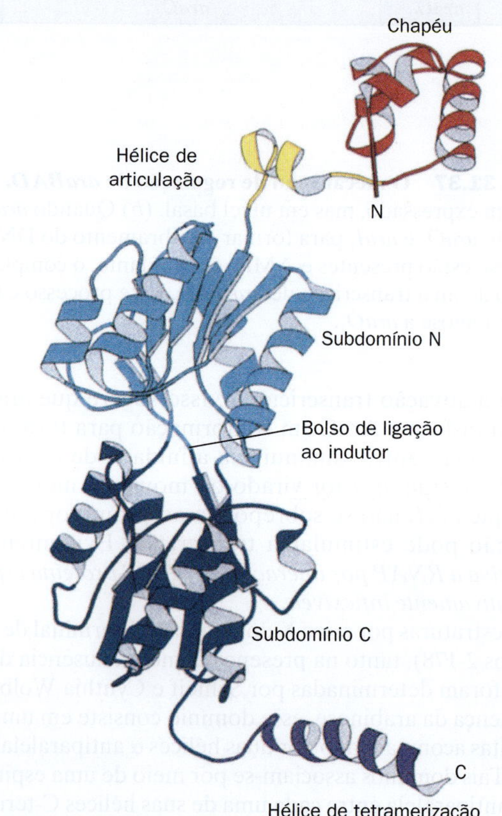

FIGURA 31.39 Estrutura por raios X da subunidade do repressor *lac*. O domínio de ligação a DNA (o chapéu), que contém um motivo HTH, é vermelho, a hélice de articulação DNA-ligante é amarela, o subdomínio N do domínio de ligação a açúcar é azul-claro, seu subdomínio C é azul-escuro e a hélice de tetramerização é púrpura. (Cortesia de Ponzy Lu e Mitchell Lewis, University of Pennsylvania, EUA. PDBid 1LBI.)

O repressor *lac* tem uma estrutura quaternária incomum. (Fig. 31.40*a*). Enquanto aproximadamente todas proteínas homotetrâmeras de estrutura conhecida que não fazem parte da membrana têm simetria D_2 (três eixos duplos mutuamente perpendiculares; Fig. 8.65*b*), o repressor *lac* é uma proteína em forma de V que tem somente simetria dupla. Cada perna do V consiste em um dímero localmente simétrico de subunidades repressoras intimamente associadas. Esses dois dímeros se associam um tanto fracamente, mas com simetria dupla, na base (ponto) do V para formar um dímero de dímeros.

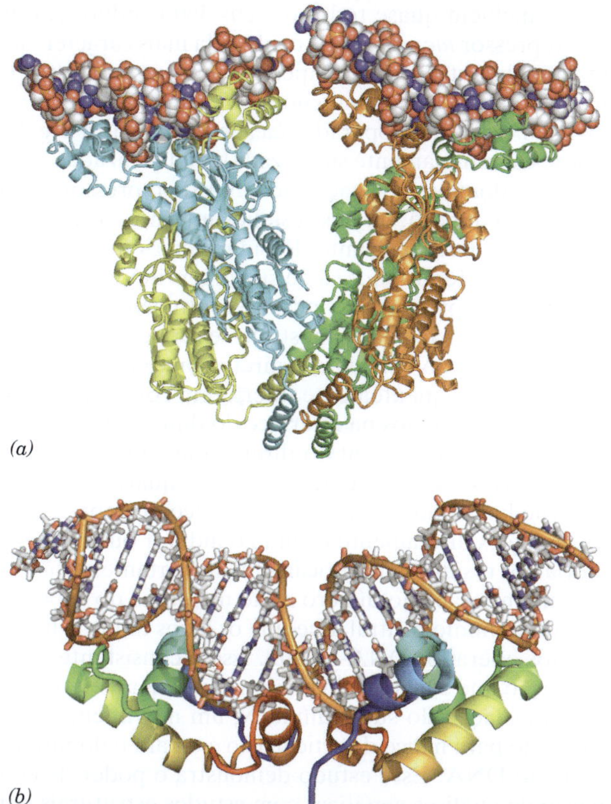

FIGURA 31.40 A estrutura do repressor *lac* em complexo com o DNA. (*a*) A estrutura por raios X do repressor *lac* tetrâmero ligado a dois segmentos de 21 pb do DNA do operador *lac* simétrico. As subunidades da proteína estão demonstradas em forma de fita em amarelo, azul ciânico, verde e cor de laranja, e os segmentos de dsDNA estão delineados na forma de preenchimento de espaços com C branco, N azul, O vermelho e P cor de laranja. (Cortesia de Ponzy Lu e Mitchell Lewis, com as coordenadas geradas por Benjamin Weider, University of Pennsylvania, EUA. PDBid 1LBG.) (*b*) A estrutura por RM do DNA do operador *lac* O_1 de 23 pb em complexo com dois segmentos idênticos do repressor *lac* consistindo em seu domínio de ligação a DNA e sua hélice de articulação. Cada uma das subunidades proteicas está desenhada na forma de fita e colorida na ordem das cores do arco-íris de sua extremidade N-terminal (*azul*) a sua extremidade C-terminal (*vermelho*). O DNA está representado na forma de bastões com C branco, N azul, O vermelho e P cor de laranja com os átomos P sucessivos da mesma cadeia conectados por hastes cor de laranja. O complexo é visto com seu eixo duplo vertical. Note que os dois motivos HTH da proteína dimérica estão inseridos em sulcos maiores sucessivos na periferia do complexo e que a inserção das duas hélices de articulação centralmente localizadas na cavidade menor do DNA alarga e achata muito a cavidade menor nesse ponto e torce o DNA em uma curva ascendente. (Com base em uma estrutura por RM de Robert Kaptein e Rolf Boelens, Utrecht University, Países Baixos. PDBid 1CJG.)

Na estrutura do repressor *lac* sozinho e naquela do seu complexo com IPTG, o domínio de ligação ao DNA não é visível, aparentemente porque a região dobrável que o prende frouxamente ao resto da proteína é desordenada. Porém, no complexo de DNA, no qual um DNA dúplex liga-se a cada um dos dois dímeros formando o repressor tetrâmero, o domínio do DNA forma um glóbulo contendo três hélices, as duas primeiras formando um motivo HTH. Os dois domínios de ligação ao DNA que se estendem de cada dímero repressor (no topo de cada perna do V) ligam-se em sulcos maiores sucessivos da molécula de DNA por meio de seus motivos HTH, muito como é visto, por exemplo, em complexos do repressor do fago 434 e do repressor *trp* com seus DNAs-alvo (Figs. 31.32 e 31.34). A ligação do repressor *lac* contorce o DNA operador de modo que ele se curva para fora do domínio de ligação ao DNA com um raio de ~60 Å de curvatura devido a uma dobra de ~45° no centro do operador que alarga o sulco menor do DNA para mais de 11 Å a mais e reduz sua profundidade para menos de 1 Å. Essas distorções permitem que a agora ordenada hélice de articulação se ligue na cavidade menor de forma a contatar a hélice de articulação identicamente ligada da outra subunidade do mesmo dímero. Estruturas por RM de Robert Kaptein e Rolf Boelens revelam que o domínio de ligação ao DNA, quando clivado do domínio repressor, liga-se ao operador *lac* sem torcer o DNA, mas que o domínio de ligação ao DNA em conjunto com a hélice de articulação forma um complexo com o operador *lac* no qual a hélice de articulação se liga na cavidade menor torcida (Fig. 31.40*b*), como na estrutura por raios X. Assim, a ligação das duas hélices de articulação ao operador *lac* parece ser necessária para a torção do DNA. Os dois dúplex de DNA que estão ligados a cada repressor tetrâmero estão separados por ~25 Å e não interagem.

O domínio de ligação a açúcar consiste em dois subdomínios topologicamente semelhantes que são conectados por três segmentos polipeptídicos (Fig. 31.39). Os dois domínios de ligação a açúcar de um dímero fazem contato extensivo (Fig. 31.40*a*). O IPTG liga-se a cada domínio de ligação a açúcar entre seus subdomínios. Isso não muda significativamente a conformação desses subdomínios, mas muda o ângulo entre eles. Apesar de a hélice de articulação não ser visível em complexo com IPTG, o modelo construído indica que, uma vez que as duas hélices de articulação do dímero se estendem a partir do seu domínio de ligação a açúcar, essa mudança conformacional separa como uma alavanca essas hélices articuladas em 3,5 Å de tal forma que elas e seu motivo HTH anexado não podem mais ligar-se de forma simultânea ao seu meio-sítio operador. Assim, a ligação do ativador, que é alostérica no interior do dímero (tem um efeito homotrópico positivo; Seção 10.4), afrouxa muito o aperto do repressor ao operador.

As hélices C-terminais de cada subunidade, que são localizadas na extremidade oposta a porção DNA-ligante de cada subunidade (no ponto do V), se associam para formar um feixe de quatro hélices paralelas que mantém juntos os dois dímeros repressores, formando assim um tetrâmero

(Fig. 31.40*a*). Os efeitos alostéricos da ligação do indutor em cada dímero aparentemente não são transmitidos entre dímeros. Além disso, o **repressor de purina (PurR)** de *E. coli*, que é homólogo ao repressor *lac*, mas carece de suas hélices C-terminais, cristaliza como um dímero cuja estrutura por raios X assemelha-se muito à do dímero repressor *lac*. Qual é então a função da tetramerizacão do repressor *lac*?

A construção de modelos sugere que quando o repressor *lac* tetrâmero liga-se simultaneamente aos operadores O_1 e O_3, o segmento de DNA de 93 pb contendo-os forma uma torção de ~80 Å de diâmetro (Fig. 31.41). Além disso, o sítio de ligação CAP-AMPc é exposto na superfície interna da torção. A adição de CAP-AMPc em sua posição apropriada nesse modelo revela que a curvatura de ~90° que a ligação de CAP-AMPc impõe ao DNA (Fig. 31.31) tem a correta direção e magnitude para estabilizar a torção do DNA, estabilizando assim esse complexo putativo CAP-AMPc-*lac* repressor-DNA. Pode parecer paradoxal que a ligação do CAP-AMPc, um ativador transcricional, estabilize o complexo repressor-DNA. Entretanto, quando tanto glicose quanto lactose são escassas, é importante que a bactéria diminua sua taxa basal de expressão do óperon *lac* para conservar energia. O sítio de ligação (promotor) para RNAP é também localizado na superfície interna da torção. Assim, o grande tamanho da molécula da RNAP evitaria que ela ocupasse completamente o promotor nesse complexo em torção, maximizando assim a repressão.

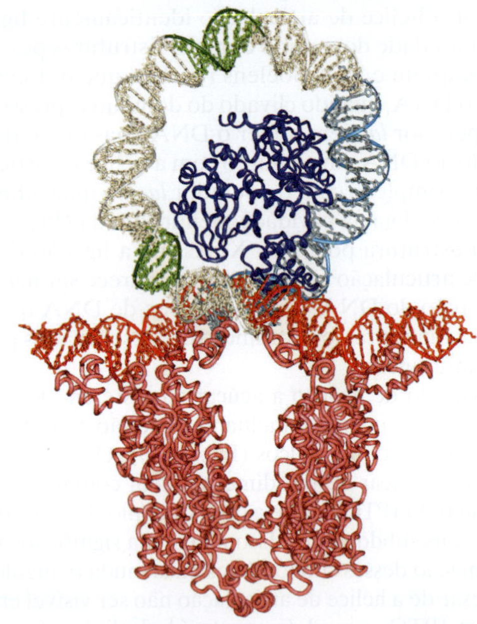

FIGURA 31.41 Modelo do laço do DNA de 93 pb formado quando o repressor *lac* se liga a O_1 e O_3. As proteínas estão representadas por seus suportes principais C_α e o DNA é esboçado na forma de bastões com seu suporte principal açúcar-fosfato traçado por fitas helicoidais. O modelo foi construído a partir da estrutura por raios X do repressor *lac* (*magenta*) em complexo com dois segmentos de 21 pb de DNA do operador (*vermelho*) e da estrutura por raios X do CAP-AMPc (*azul*) em complexo com seu DNA-alvo de 30 pb (*azul-ciânico;* Fig. 31.28). O restante do laço de DNA foi gerado pela aplicação de uma curvatura suave ao B-DNA cônico (*branco*) com as regiões −10 e −35 do promotor *lac* destacadas em verde. (Cortesia de Ponzy Lu e Mitchell Lewis, University of Pennsylvania, EUA.)

c. A combinação de estudos genéticos e estruturais do repressor *lac* revela seus resíduos alostericamente importantes

Os fenótipos de 4.042 mutações pontuais dos repressores *lac*, que incluem quase todos os seus 360 resíduos (fazendo do repressor *lac* a proteína conhecida mais caracterizada mutacionalmente) foram mapeados em sua estrutura por raios X. Mutações com um fenótipo I^- (repressores *lac* que falham em se ligar ao operador *lac*, de forma que a β-galactosidase é continuamente sintetizada) são localizadas na superfície do domínio de ligação ao DNA do repressor *lac*, na interface do dímero, ou nos resíduos internos do cerne de seu domínio indutor-ligante. Resíduos cujas mutações resultam em um fenótipo I^S (S de super-reprimido; repressores *lac* que, em presença do indutor, continuam a reprimir a síntese da β-galactosidase) mostram-se ser de dois tipos: (1) resíduos que estão em contato direto com o indutor, cujas alterações consequentemente interferem com a ligação ao indutor; e (2) resíduos na interface do dímero que estão > que 8 Å do (não em contato direto com o) sítio indutor-ligante. Essas últimas mutações revelam quais resíduos fazem a mediação do mecanismo alostérico do repressor *lac* e não aqueles diretamente ligando o indutor ou o DNA. A maioria dos resíduos alostericamente importantes está localizada na interface do dímero e são membros do subdomínio N do domínio central, que une os sítios indutor-ligante aos sítios operador DNA-ligante. Isso é consistente com a observação que a ligação do indutor causa uma relativa torção e translação do subdomínio N, um movimento que é propagado para hélice de articulação e o para o domínio de ligação ao DNA. Esse estudo demonstra o poder da combinação de análises genéticas com estudos estruturais para elucidar relações de estrutura-função.

G. Óperon *trp*: Atenuação

Discute-se agora um sofisticado mecanismo de controle transcricional nomeado **atenuação**, por meio do qual bactérias regulam a expressão de certos óperons envolvidos na biossíntese de aminoácidos. Esse mecanismo foi descoberto pelo estudo do ***óperon trp*** de *E. coli* (Fig. 31.42), que codifica cinco polipeptídeos, incluindo três enzimas que fazem a mediação da síntese do triptofano a partir de corismato (Seção 26.5Bc). Charles Yanofsky estabeleceu que os genes do óperon *trp* são expressos coordenadamente sob o controle do repressor *trp*, uma proteína dimérica de subunidades idênticas de 107 resíduos que é o produto do gene *trpR* (que forma um óperon independente). *O repressor trp se liga ao L-triptofano, o produto final da rota, para formar um complexo que se liga especificamente ao operador trp (trpO,* Fig. 31.43*) de forma a reduzir a taxa de transcrição do óperon trp em 70 vezes.* A estrutura por raios X do complexo repressor-operador *trp* (Seção 31.3Da) indica que a ligação ao triptofano orienta alostericamente duas "cabeças de leitura do DNA" em HTH simetricamente relacionadas do repressor *trp*, fazendo com que eles possam ligar-se de forma simultânea ao *trpO* (Fig. 31.34). Além disso, o tripto-

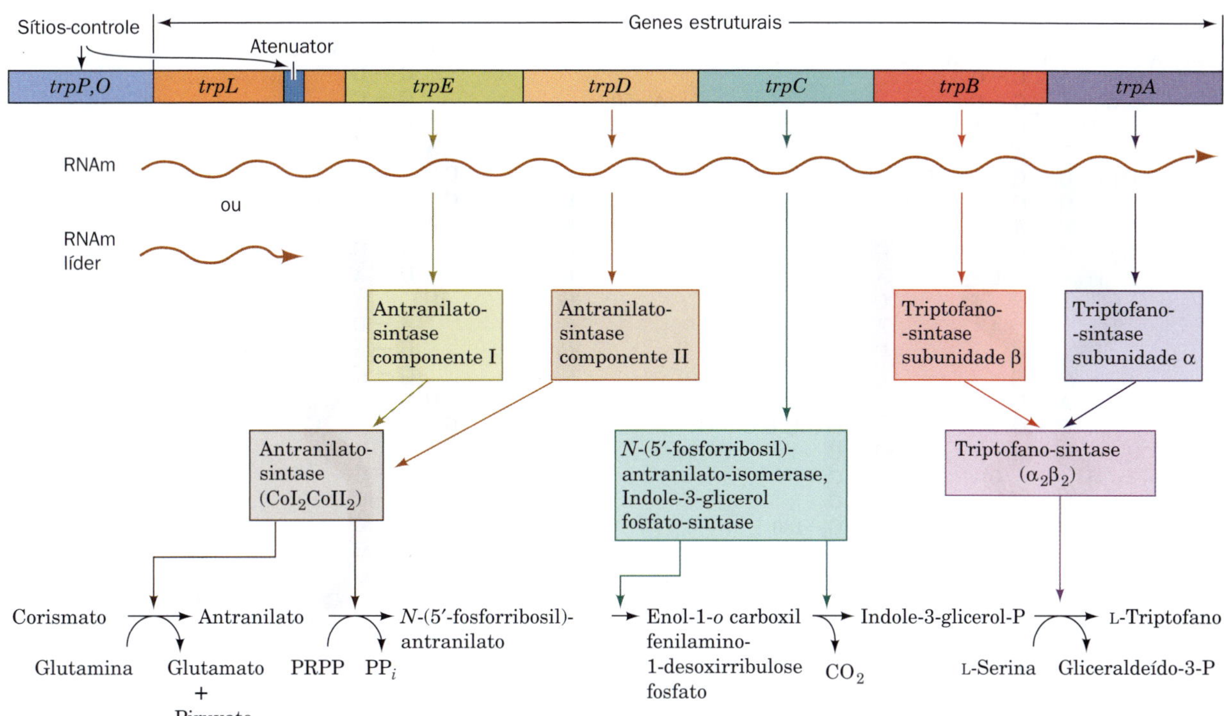

FIGURA 31.42 Um mapa genético do óperon *trp* de *E. coli* indicando as enzimas que ele especifica e as reações que elas catalisam. O produto do gene *trpC* catalisa duas reações sequenciais na síntese do triptofano. (Segundo Yanofsky, C., *J. Am. Med. Assoc.* **218**, 1027 [1971].)

fano ligado forma uma ponte de hidrogênio com um grupo fosfato do DNA, fortalecendo assim a associação repressor-operador. O triptofano, por essa razão, age como um **correpressor**; sua presença impede a biossíntese do triptofano que seria supérflua (SAM opera de forma semelhante como um correpressor do repressor *met*; Fig. 31.35*a*). O repressor *trp* também controla a síntese de pelo menos dois outros óperons: o **óperon *trpR*** e o **óperon *aroH*** (que codifica uma das três isoenzimas que catalisam a reação inicial da biossíntese do corismato; Seção 26.5Bc).

a. A biossíntese do triptofano também é regulada por atenuação

Primeiramente, pensou-se que o sistema repressor-operador *trp* tinha total importância na regulação da biossíntese do triptofano em *E. coli*. Porém, a descoberta de mutantes de deleção de *trp* localizados a montante do *trpO* que aumentam a expressão do óperon *trp* 6 vezes indicaram a existência de um elemento de controle transcricional adicional. A análise das sequências estabeleceu que *trpE*, o gene estrutural que lidera o óperon *trp*, é precedido por uma **sequência-líder** *(trp L)* de 162 nucleotídeos. A análise genética indicou que o novo elemento de controle está localizado em *trp L*, a ~30 a 60 nucleotídeos a montante de *trpE* (Fig. 31.42).

Quando o triptofano é escasso, o conjunto de 6.720 nucleotídeos do mRNA *trp* policistrônico, incluindo a sequência *trpL*, é sintetizado. Conforme a concentração do triptofano aumenta, a taxa de transcrição do *trp* diminui como um resultado da consequente maior abundância do complexo repressor-correpressor *trp*. Do mRNA de *trp* que é transcrito, porém, uma crescente proporção consiste em somente um segmento de 140 nucleotídeos correspondente à extremidade 5′ de *trpL*. *A disponibilidade do triptofano consequentemente resulta em uma terminação prematura da transcrição do óperon trp.* O elemento de controle responsável por esse efeito é consequentemente chamado **atenuador**.

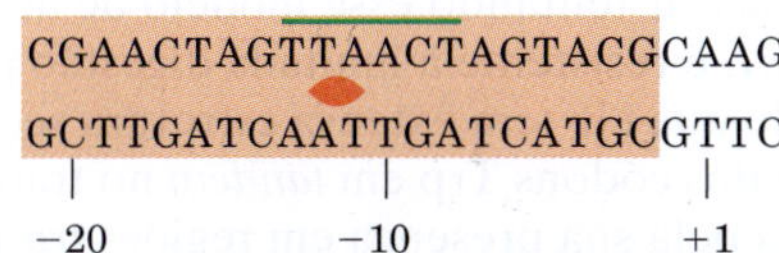

FIGURA 31.43 A sequência de bases do operador *trp*. A sequência quase palindrômica está sombreada na forma de caixa e sua região −10 é marcada com um traço superior.

b. O terminador da transcrição do atenuador *trp* é escondido quando o triptofano é escasso

O que é o mecanismo de atenuação? O transcrito atenuador contém quatro segmentos complementares que podem formar um de dois conjuntos mutuamente exclusivos de bases pareadas em grampo (Fig. 31.44). *Os segmentos 3 e 4 em conjunto com os resíduos sucessivos compreendem um terminador de transcrição intrínseco normal (Seção 31.2Da):* uma sequência rica em G + C que pode formar uma estrutura em grampo autocomplementar sucedida por diversos Us sequenciais (compare com a Fig. 31.18). *A transcrição rara-*

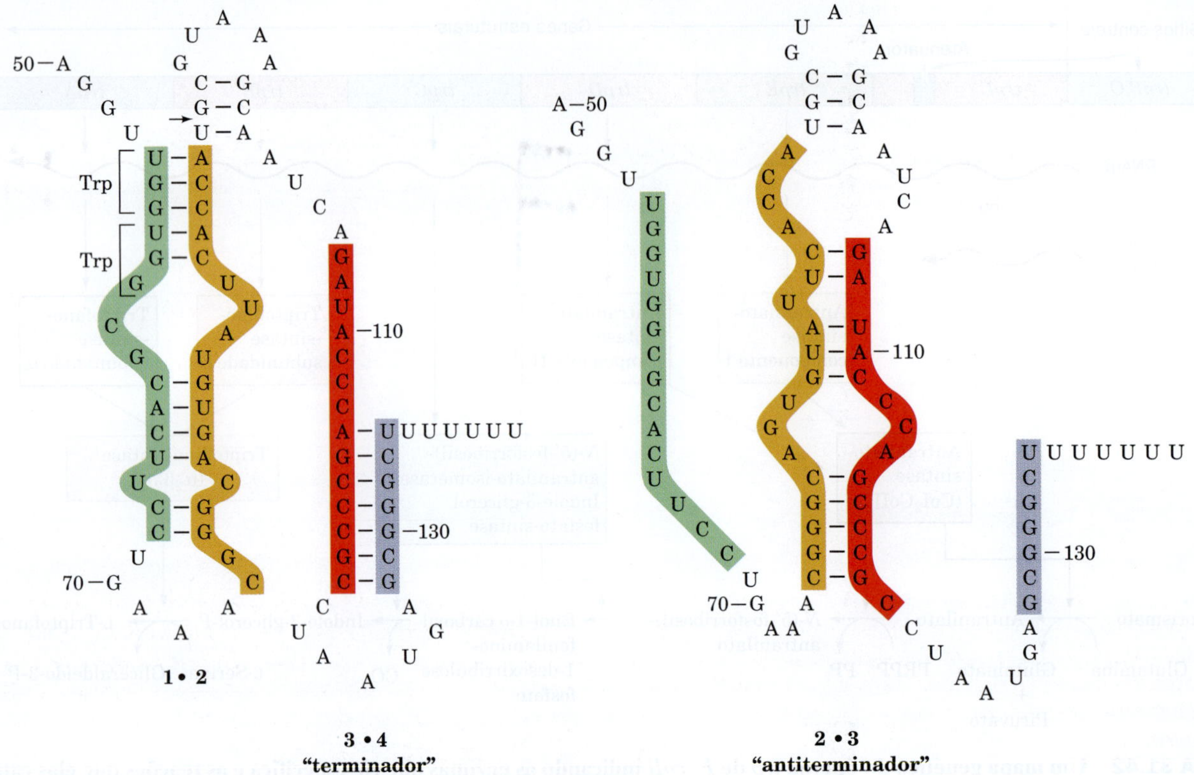

FIGURA 31.44 As estruturas secundárias alternativas do mRNA *trpL*. A formação das bases pareadas 2 · 3 (antiterminador) em grampo (*direita*) impede a formação dos grampos (terminadores) 1 · 2 e 3 · 4 (*esquerda*) e vice-versa. A atenuação resulta na terminação prematura da transcrição imediatamente após o nucleotídeo 140 quando o grampo 3 · 4 está presente. A seta indica o sítio do mRNA passado o qual a RNAP para até a aproximação de um ribossomo ativo. (Segundo Fisher, R.F., e Yanofsky, C., *J. Biol. Chem.* **258**, 8147 [1983].)

mente prossegue além desse sítio terminador a menos que o triptofano esteja escasso.

Uma seção da sequência-líder, que inclui o segmento 1 do atenuador, é traduzida para formar um polipeptídeo de 14 resíduos que contém dois resíduos Trp consecutivos (Fig. 31.44, *esquerda*). A posição desse segmento dipeptídico particularmente raro (1,1 % dos resíduos em proteínas de *E. coli* é Trp; Tabela 4.1) forneceu um importante indício do mecanismo de atenuação. Um aspecto essencial adicional desse mecanismo é que os ribossomos iniciam a tradução de um mRNA procariótico logo após sua extremidade 5′ ter sido sintetizada.

As considerações anteriores levaram Yanofsky a propor o seguinte modelo de atenuação (Fig. 31.45). Uma RNAP que tenha escapado da repressão inicia a transcrição do óperon *trp*. Logo após o sítio de iniciação ribossômica do gene *trpL* ter sido transcrito, o ribossomo prende-se a ele e inicia a tradução do peptídeo-líder. Quando o triptofano é abundante, de forma que haja abundante **triptofanil-tRNA^{Trp}** (o tRNA específico do Trp com um resíduo Trp ligado; Seção 32.2C), o ribossomo segue logo após a transcrição da RNAP de forma a bloquear estericamente a formação do grampo 2 · 3. De fato, a RNA polimerase pausa logo após a posição 92 do transcrito e somente continua a transcrição com a aproximação de um ribossomo, assegurando assim a proximidade dessas duas entidades nessa posição crítica. O impedimento da formação de um grampo 2 · 3 permite a formação de um grampo 3 · 4, o sítio de pausa do terminador da transcrição, o que resultará na terminação da transcrição (Fig. 31.45*a*). Quando o triptofano é escasso, porém, o ribossomo para nos códons UGG em *tandem* (que especificam Trp; Tabela 5.3) pela falta de triptofanil-tRNA^{Trp}. Ao passo que a transcrição continua, os segmentos 2 e 3 recentemente sintetizados formam um grampo porque o ribossomo paralisado evita a formação competitiva do grampo 1 · 2 (Fig. 31.45*b*). A formação do grampo 3 · 4 do terminador transcricional é desse modo impedida por tempo suficiente para a RNAP transcrever por ele e consequentemente pelo restante do óperon *trp*. A célula é assim equipada com um mecanismo regulatório que é suscetível ao nível do triptofanil-tRNA^{Trp}, que, por sua vez, depende da taxa de síntese das proteínas, assim como depende do suprimento de triptofano. Há consideráveis evidências sustentando esse modelo de atenuação. O transcrito *trpL* é resistente à limitada digestão por RNAse T1, indicando que ele tem extensa estrutura secundária. A significância dos códons Trp em *tandem* no transcrito *trpL* é confirmada pela sua presença em regiões *trp*-líder de diversas outras espécies de bactérias. Além disso, os peptídeos-líder de outros cinco óperons aminoácido-biossinte-

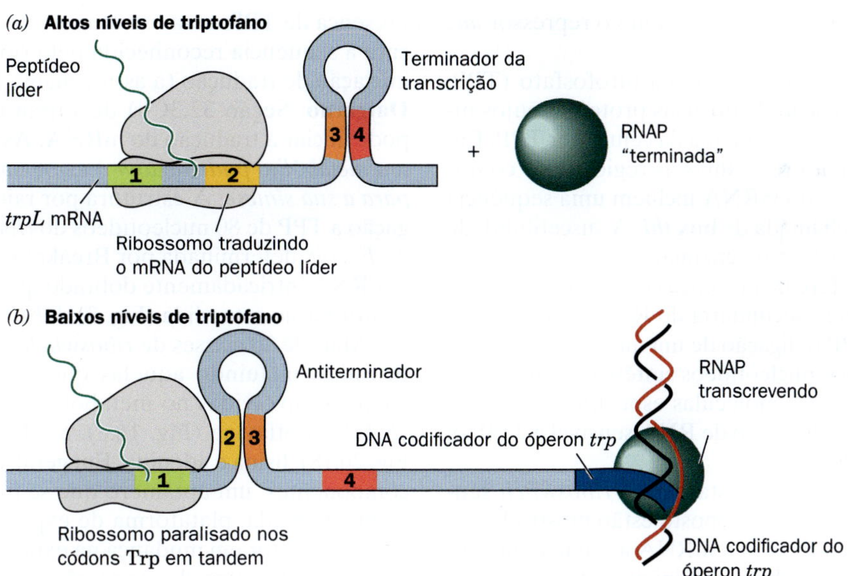

FIGURA 31.45 Atenuação no óperon *trp*. (*a*) Quando triptofanil-tRNA^{Trp} é abundante, o ribossomo traduz o mRNA *trpL*. A presença do ribossomo no segmento 2 impede a formação de um grampo de bases pareadas 2 · 3. O grampo 3 · 4, um componente essencial do terminador transcricional, pode assim abortar a transcrição. (*b*) Quando triptofanil-tRNA^{Trp} é escasso, o ribossomo para sobre os códons Trp um após o outro do segmento 1. Essa situação permite a formação do grampo 2 · 3 que, por sua vez, impede a formação do grampo 3 · 4. A RNAP por essa razão transcreve por esse terminador não formado e continua a transcrição do óperon *trp*.

tizantes conhecidos por serem regulados por atenuação (a maioria exclusivamente dessa forma) são todos ricos em seus resíduos de aminoácidos correspondentes (Tabela 31.3). Por exemplo, o **óperon *his*** de *E. coli,* que especifica enzimas que sintetizam histidina (Fig. 26.65), tem sete resíduos His em tandem em seu peptídeo-líder, enquanto o ***ilv* óperon**, que especifica enzimas participantes na biossíntese de isoleucina, leucina e valina (Fig. 26.61), tem cinco Ile, três Leu e seis Val em seus peptídeos-líder. Finalmente, os transcritos-líder desses óperons assemelham-se ao do óperon *trp* na sua capacidade para formar duas estruturas secundárias alternativas, uma das quais contém uma estrutura de terminação.

H. *Riboswitches* são RNAs sensíveis a metabólitos

Recém vimos como a formação de estruturas secundárias em um transcrito de RNA pode regular a expressão gênica por atenuação. A flexibilidade conformacional do mRNA permite que ele também regule genes interagindo diretamente com certos metabólitos celulares, desta forma eliminando a

TABELA 31.3 Sequências de aminoácidos de alguns peptídeos líderes em óperons sujeitos a atenuação

Óperon	Sequência de Aminoácido*
trp	Met-Lys-Ala-Ile-Phe-Val-Leu-Lys-Gly-TRP-TRP-Arg-Thr-Ser
pheA	Met-Lys-His-Ile-Pro-PHE-PHE-PHE-Ala-PHE-PHE-PHE-Thr-PHE-Pro
his	Met-Thr-Arg-Val-Gln-Phe-Lys-HIS-HIS-HIS-HIS-HIS-HIS-HIS-Pro-Asp
leu	Met-Ser-His-Ile-Val-Arg-Phe-Thr-Gly-LEU-LEU-LEU-LEU-Asn-Ala-Phe-Ile-Val-Arg-Gly-Arg-Pro-Val-Gly-Gly-Ile-Gln-His
thr	Met-Lys-Arg-ILE-Ser-THR-THR-ILE-THR-THR-THR-ILE-THR-ILE-THR-THR-Gln-Asn-Gly-Ala-Gly
ilv	Met-Thr-Ala-LEU-LEU-Arg-VAL-ILE-Ser-LEU-VAL-VAL-ILE-Ser-VAL-VAL-VAL-ILE-ILE-ILE-Pro-Pro-Cys-Gly-Ala-Ala-Leu-Gly-Arg-Gly-Lys-Ala

*Resíduos em letra maiúscula são sintetizados na rota catalisada por produtos do gene do óperon.
Fonte: Yanofsky, C., *Nature* **289**, 753 (1981).

necessidade de proteínas sensores tais como o repressor *lac*, CAP e o repressor *trp*.

Em *E. coli* a biossíntese de tiamina pirofosfato (TPP; Seção 17.3Ba) requer a ação de diversas proteínas cujos níveis variam de acordo com a demanda da célula por TPP. Em pelo menos dois dos genes relevantes as regiões não codificantes da extremidade 5′ do mRNA incluem uma sequência altamente conservada chamada de **box *thi***. A suscetibilidade do box *thi* à clivagem química ou enzimática, como mostrado por Ronald Breaker, difere na presença ou ausência de TPP, sugerindo que a estrutura secundária do RNA é modificada quando ele se liga a TPP (a ligação de um metabólito a RNA já tem precedentes, oligonucleotídeos sintéticos conhecidos como aptâmeros se ligam a moléculas específicas com alta afinidade; Seção 7.6). O elemento de RNA sensível a TPP foi chamado de ***riboswitch***.

A estrutura secundária prevista para o *riboswitch* sensor de TPP e o seu mecanismo proposto estão mostrados na Fig. 31.46*a*. Na ausência de TPP, o mRNA assume uma conformação que permite um ribossomo iniciar a tradução. Na presença de TPP, uma estrutura secundária alternativa mascara a sequência reconhecida pelo ribossomo como sítio de iniciação de tradução (a assim chamada **sequência de Shine-Dalgarno**; Seção 32.3Cb) de forma que o ribossomo não pode iniciar a tradução do mRNA. Assim, *a concentração de um metabólito pode regular a expressão de genes necessários para a sua síntese*. A estrutura por raios X do domínio de ligação a TPP de 80 nucleotídeos do *riboswitch* sensor de TPP de *E. coli*, determinada por Breaker e Dinshaw Patel, revela um RNA intricadamente dobrado que se liga a TPP em uma conformação estendida (Fig. 31.46*b*).

Mais de 20 classes de *riboswitches* foram até agora identificadas, incluindo aquelas que regulam a expressão de enzimas envolvidas no metabolismo da coenzima B_{12} (Fig. 25.21), riboflavina (Fig. 16.8), *S*-adenosilmetionina (SAM; Fig. 26.18), lisina e adenina. Em geral, elas consistem em dois componentes, um aptâmero que se liga a um efetor e uma, assim chamada, plataforma de expressão que transduz a ligação ao efetor em mudança na expressão gênica. Em alguns casos, a plataforma de expressão ativada forma um sítio de

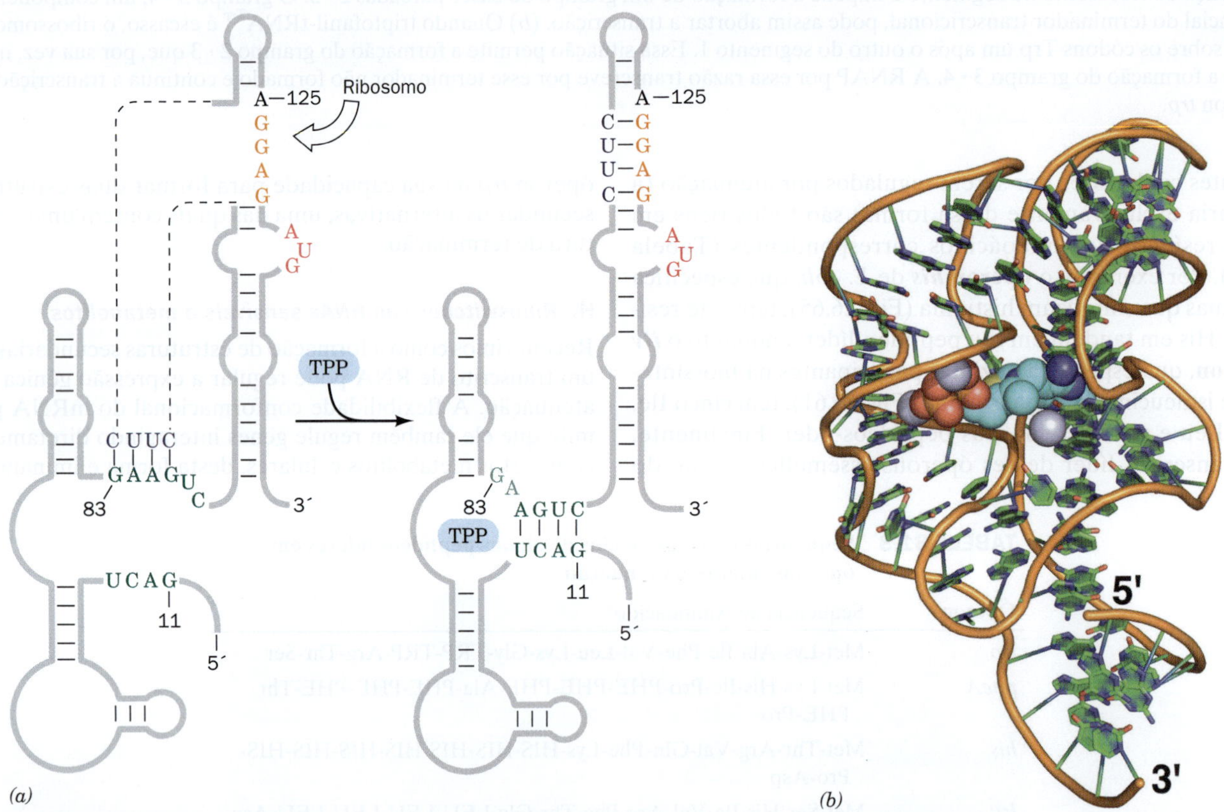

FIGURA 31.46 Estrutura do *riboswitch* sensor de TPP de *E. coli*. (*a*) A estrutura secundária prevista de um segmento de 165 resíduos da extremidade 5′ do gene *thiM* está representada na ausência (*esquerda*) e na presença (*direita*) de TPP. A conformação ligada a TPP mascara a sequência de Shine-Dalgarno (*cor de laranja*) necessária para que o ribossomo inicie a tradução no códon de iniciação AUG (*vermelho*) logo a jusante. (De acordo com Winkler,W., Nahvi, A., and Breaker, R.R., *Nature* **419,** 952 [2002].) (*b*) A estrutura por raios X do domínio sensor de TPP de 90 nucleotídeos do *riboswitch*. O RNA está desenhado de forma esquemática com seu esqueleto de açúcar-fosfato representado por uma haste cor de laranja e suas bases na forma de pás com C verde, N azul e O vermelho. O TPP está desenhado na forma de volume atômico com C azul ciânico, N azul, O vermelho e S amarelo. Íons Mg^{2+} estão representados por esferas lavanda. (Com base em uma estrutura por raios X de Ronald Breaker,Yale University, EUA, e Dinshaw Patel, Memorial Sloan-Kettering Cancer Center, New York, EUA. PDBid 2GDI.)

terminação da transcrição intrínseco (Seção 31.2Da) de forma que a transcrição além deste sítio acontece apenas se o efetor estiver ausente. Em outros, a plataforma de expressão ativada cliva a si própria, desta forma inativando o mRNA (a habilidade do RNA em atuar como uma enzima é discutida na Seção 31.4Ae).

Os *riboswitches* coletivamente regulam >2% dos genes em certas bactérias. Plantas e fungos também contém *riboswitches* (ainda que o *riboswitch* sensor de TPP mencionado acima não possa funcionar em eucariotos uma vez que os ribossomos eucariotos não se ligam a sequências Shine-Dalgarno; Seção 32.3Cd). O fato de a interação dos *riboswitches* com seus efetores não precisar de proteínas sugere que eles são relíquias do mundo do RNA (Seção 1.5Ca) e por isso estão entre os sistemas regulatórios mais antigos.

I. *Regulação da síntese do rRNA: A resposta estringente*

Células de *E. coli* multiplicando-se em condições ótimas dividem-se a cada 20 minutos. Tais células contêm até 20.000 ribossomos e por isso devem sintetizar ~10.000 ribossomos por ciclo de divisão celular. Contudo a RNAP pode iniciar a transcrição de um gene de rRNA não mais depressa que uma vez por segundo. Se *E. coli* tivesse somente uma cópia de cada um dos três tipos de genes de rRNA (aqueles que especificam os assim chamados rRNAs 23S, 16S e 5S; Seção 32.3A), células de multiplicação rápida poderiam sintetizar não mais de ~1.200 ribossomos durante seu ciclo de divisão celular. Entretanto, *o genoma de E. coli contém sete óperons de rRNAs localizados separadamente, todos os quais contêm uma cópia quase idêntica de cada tipo de gene rRNA.* Além disso, células de multiplicação rápida contêm múltiplas cópias de seus cromossomos replicantes (Seção 30.3Cb), contabilizado assim para a taxa da síntese de rRNA observada.

As células têm a notável habilidade de coordenar as taxas nas quais seus milhares de componentes são sintetizados. Por exemplo, *E. coli* adapta o conteúdo de seus ribossomos de acordo com a taxa pela a qual ela pode sintetizar proteínas nas condições de multiplicação prevalecentes. A taxa de síntese de rRNA é dessa forma proporcional à taxa de síntese de proteínas. Um mecanismo pelo qual isso ocorre é conhecido como a **resposta estringente**: *a deficiência de uma espécie de aminoácido carregado pelo tRNA (geralmente um resultado da "estringência" ou de condições pobres de multiplicação) que limita a taxa da síntese de proteínas provoca um amplo reajuste metabólico.* A principal faceta dessa mudança é uma abrupta redução de 10 a 20 vezes na taxa de síntese de rRNA e de tRNA. Esse **controle estringente**, além disso, debilita a atividade de numerosos processos metabólicos (incluindo a replicação do DNA e a biossíntese de carboidratos, lipídeos, nucleotídeos, proteoglicanas e intermediários glicolíticos), enquanto estimula outros (assim como a biossíntese de aminoácidos). A célula é desse modo preparada para resistir à privação nutricional.

a. (p)ppGpp faz a mediação da resposta estringente

A resposta estringente é correlacionada com a rápida acumulação intracelular de dois nucleotídeos incomuns, ***ppGpp*** *e* ***pppGpp*** *(conhecidos coletivamente como* ***[p]ppGpp****), e seu decaimento é induzido quando os aminoácidos tornam-se disponíveis.* A observação de que mutantes, designados *relA*$^-$, os quais não apresentam a resposta estringente (é dito que possuem **controle relaxado)** carecem de (p)ppGpp sugere que essas substâncias sejam mediadoras da resposta estringente. Essa ideia foi corroborada por estudos *in vitro* demonstrando, por exemplo, que o (p)ppGpp inibe a transcrição dos genes rRNA, mas estimula a transcrição dos óperons *trp* e *lac* como o faz a resposta estringente *in vivo.* Aparentemente, o (p)ppGpp age de algum modo alterando a especificidade a promotor da RNAP em óperons estritamente controlados, uma hipótese que é sustentada pelo isolamento de RNAPs mutantes que exibem resposta reduzida a (p)ppGpp. Em adição, (p)ppGpp causa um aumento na frequência de pausas das RNAPs envolvidas no alongamento, reduzindo assim a taxa de transcrição.

A proteína codificada pelo tipo selvagem do gene *relA*, nomeado **fator estringente (RelA)**, catalisa a reação

$$\text{ATP} + \text{GTP} \rightleftharpoons \text{AMP} + \text{pppGpp}$$

e, em extensão menor,

$$\text{ATP} + \text{GDP} \rightleftharpoons \text{AMP} + \text{ppGpp}$$

De qualquer modo, diversas proteínas ribossomais convertem pppGpp em ppGpp, por isso ppGpp é o efetor habitual da resposta estringente. O fator estringente somente é ativo em associação com um ribossomo que está ativamente envolvido em tradução. A síntese do (p)ppGpp ocorre quando o ribossomo liga-se ao seu mRNA específico, porém o tRNA é descarregado (desprovido de um resíduo de aminoácido ligado a ele). A ligação do tRNA específico e carregado reduz bastante a taxa da síntese do (p)ppGpp. *O ribossomo aparentemente sinaliza a deficiência de um aminoácido pelo estímulo da síntese do (p)ppGpp que, agindo como um mensageiro intracelular, influencia a taxa na qual uma grande variedade de óperons é transcrita.*

A degradação do (p)ppGpp é catalisada pelo produto do gene *spoT*. Os mutantes *spoT*$^-$ apresentam um aumento normal nos níveis do (p)ppGpp durante a inanição de aminoácidos, mas um declínio lento anormal do (p)ppGpp para níveis basais quando os aminoácidos tornam-se novamente disponíveis. Os mutantes *spoT*$^-$ por essa razão exibem uma recuperação lenta da resposta estringente. *O nível de (p)ppGpp é aparentemente regulado pela compensação da atividade do fator estringente e do produto do gene spoT.*

4 PROCESSAMENTO PÓS-TRANSCRICIONAL

Os produtos imediatos da transcrição, os **transcritos primários**, não são necessariamente entidades funcionais. Para adquirir atividade biológica, muitos deles devem ser especificamente alterados de diversas maneiras: (1) pela remoção exo e endonucleolítica de segmentos polinucleotídicos; (2) pela junção de sequências nucleotídicas às suas extremidades 3′ e 5′; e (3) pela modificação de nucleosídeos específicos. As três maiores classes de RNAs, mRNAs, rRNAs e tRNAs, são alteradas de diferentes modos em procariotos e em eucariotos. Nesta seção, serão vistos esses processos de **modificação pós-transcricional**.

A. *Processamento do RNA mensageiro*

Em procariotos, a maioria dos transcritos primários de mRNA é traduzida sem modificações adicionais. De fato, como foi visto, os ribossomos em procariotos geralmente iniciam a tradução do mRNA nascente. Em eucariotos, porém, mRNAs são sintetizados no núcleo da célula enquanto a tradução ocorre no citosol. Transcritos de mRNA eucarióticos podem, por essa razão, sofrer processamento pós-transcricional extensivo enquanto ainda estão no núcleo.

a. mRNAs eucarióticos são encapuzados

Os mRNAs eucarióticos têm uma peculiar ***estrutura em capuz (cap)*** *enzimaticamente anexada consistindo em um resíduo de 7-metilguanosina (m^7G) ligado ao nucleosídeo inicial (5′) do transcrito por meio de uma ponte 5′-5′ trifosfato (Fig. 31.47).* Esse cap-m^7, que é adicionado ao transcrito crescente antes que ele possua ~30 nucleotídeos de extensão, define o sítio de iniciação transcricional eucariótico (Seção 32.3Cd). Um cap pode ser $O^{2'}$-metilado no primeiro nucleosídeo transcrito (**cap-1**, o capuz predominante em organismos multicelulares), nos seus primeiros dois nucleosídeos (**cap-2**), ou em nenhuma dessas posições (**cap-0**, o capuz predominante em eucariotos unicelulares). Se o primeiro nucleosídeo é a adenosina (ele é comumente uma purina), ele pode também ser N^6-metilado.

A adição do cap envolve diversas reações enzimáticas: (1) a remoção do primeiro grupo fosfato do grupo trifosfato 5′ terminal do mRNA por uma **RNA-trifosfatase**; (2) a guanilação do mRNA pela **enzima de adição de cap** (*capping*), que requer GTP e produz a ponte trifosfato 5′-5′ e PP_i; (3) a metilação da guanina pela **guanina-7-metiltransferase** na qual o grupo metil é fornecido por SAM; e possivelmente (4) a metilação O2′ do primeiro e do segundo nucleotídeo do mRNA pela SAM-requerente **2′-*O*-metiltransferase**. Tanto a enzima de adição de cap como a guanina-7-metiltransferase se ligam ao CTD fosforilado da RNAP II (Seção 31.2E). Por essa razão, é provável que a adição do cap sinalize a conclusão da mudança de iniciação para o alongamento da RNAP II.

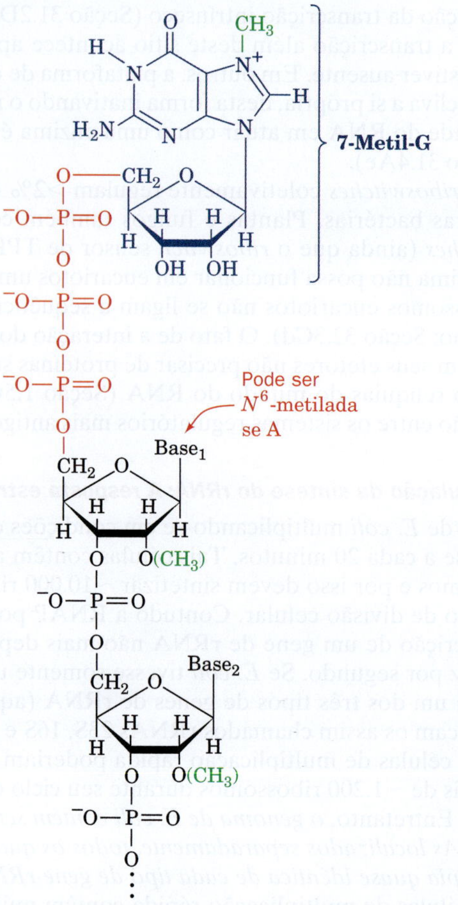

FIGURA 31.47 **A estrutura do cap 5′ de mRNAs eucarióticos.** Ele é conhecido como cap-0, cap-1 ou cap-2, respectivamente, se ele não tem modificações adicionais, se o nucleosídeo condutor do transcrito é $O^{2'}$-metilado, ou se seus dois primeiros nucleosídeos são $O^{2'}$-metilados.

b. mRNAs eucarióticos têm caudas poli(A)

Os mRNAs eucarióticos, diferente daqueles dos procariotos, são invariavelmente monocistrônicos. Além disso, ao contrário do que ocorre nas bactérias (Seção 31.2D) nenhuma sequência de terminação transcricional eucariótica foi identificada (ver a seguir). De fato, o processo de terminação eucariótico é impreciso; isto é, os transcritos primários de um determinado gene estrutural têm sequências 3′ heterogêneas. Contudo, os mRNAs eucarióticos maduros possuem a extremidade 3′ bem definida; *quase todas elas em mamíferos tem cauda poli(A) de ~250 nucleotídeos (~80 em leveduras).* As caudas poli(A) são adicionadas enzimaticamente ao transcrito primário em duas reações que são mediadas por um complexo de 500 a 1.000 kDa que consiste em no mínimo seis proteínas:

1. Um transcrito é clivado para produzir um grupo 3′-OH livre em um sítio específico que é 15 a 25 nucleotídeos adiante de uma sequência AAUAAA e dentro de 50 nucleotídeos antes de uma sequência rica em U ou rica em G + U. A sequência AAUAAA é altamente conservada em eucariotos superiores (mas não em leveduras) nos quais sua mutação anula a clivagem e a poliadenilação. A precisão da reação de clivagem tem aparentemente eliminado a necessidade de terminação transcricional exata. Todavia, a identidade da endonuclease que cliva o RNA é incerta, ainda que **fatores de clivagem I** e **II** (**CFI** e **CFII**) sejam requeridos para esse processo.

2. A cauda poli(A) é subsequentemente gerada a partir de ATP pela ação gradual da **poli(A) polimerase** (**PAP**). Essa enzima, que sozinha se liga apenas fracamente ao RNA, é recrutada pelo **fator de especificidade de clivagem e poliadenilação** (**CSPF**, de *cleavage and polyadenylation specificity factor*) nesse reconhecimento de heterotetrâmero da sequência AAUAAA, o qual ele o faz com pouca tolerância para variação de sequência. O elemento rico em G + U a jusante é reconhecido pelo **fator de estímulo da clivagem** (**CstF**, de *cleavage stimulation factor*) heterotrimérico, que aumenta a afinidade com que CPSF liga-se à sequência AAUAAA. Porém, uma vez que a cauda poli(A) tenha crescido ~10 resíduos, a sequência AAUAAA não é mais necessária para promover o alongamento da cadeia. Isso sugere que CPSF torna-se livre de seu sítio de reconhecimento de maneira similar a que o fator σ é liberado do sítio de iniciação transcricional logo que o alongamento do mRNA procariótico é encaminhado (Seção 31.2B). A extensão final da cauda de poli(A) é controlada pela **proteína poli(A)-ligante II (PAB II**, de *poly(A)-binding protein II*), múltiplas cópias da qual se ligam a sucessivos segmentos de poli(A). A PAB II também aumenta a processividade da PAP. CPSF e CstF ligam-se ao CTD fosforilado da RNAP II (Seção 31.2E): a deleção do CTD inibe a poliadenilação. Evidentemente, o CTD une a poliadenilação à transcrição.

PAP é uma RNAP molde-independente que alonga um RNA iniciador com um grupo 3′-OH livre. A estrutura por raios X de PAP mutante D154A de 530 resíduos de levedura (D154 é um resíduo cataliticamente essencial do sítio ativo) em complexo com A_5 e ATP, determinada por Andrew Bohm, revela que esta proteína monomérica consiste em três domínios que formam uma fenda proeminente em forma de U (Fig. 31.48). Consequentemente, ela possui o arranjo do domínio em forma de "mão" das polimerases direcionadas por molde (Seção 30.2Ad). De fato, o domínio PAP N-terminal, que contém o sítio ativo da enzima, é homólogo ao domínio "palma da mão" da DNA-polimerase β, embora ele forme o lado do polegar da fenda e não sua base. O domínio central de PAP, que forma a base da fenda, é funcionalmente, mas não estruturalmente, análogo ao domínio de dedos das polimerase direcionadas por molde visto que ele interage com os fosfatos β e γ do ATP que entra. De qualquer modo, o domínio C-terminal não apresenta semelhança ao domínio de dedos. Antes, ele é topologicamente similar ao **motivo de reconhecimento do RNA** [**RRM,** de *RNA-recognition motif;* também conhecido como **domínio de ligação a DNA** (**RBD**, de *RNA-binding domain*)] que ocorre em > 200 diferentes proteínas RNA-ligantes (ver a seguir). O A_5 se liga na fenda em uma conformação estendida de tal forma que, ao contrário dos ácidos nucleicos ligados a polimerases dependentes de molde, suas bases não estão em contato. Entretanto, a base 3′-terminal do A_5 empilha-se com a base do ATP.

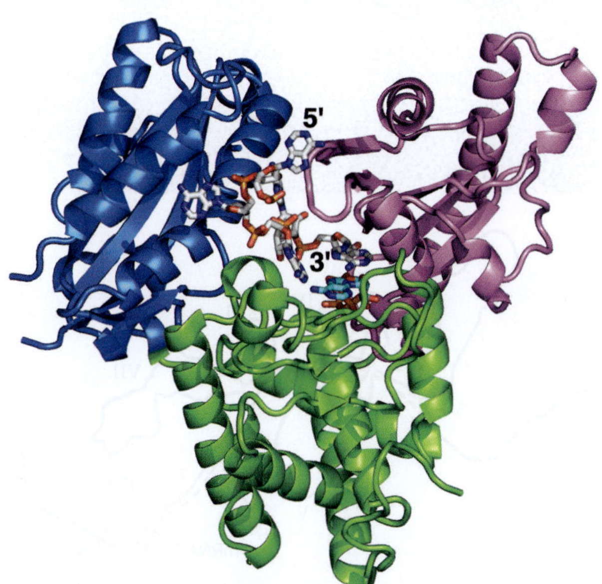

FIGURA 31.48 Estrutura por raios X da polimerase poli(A) (PAP) mutante D154A de levedura em complexo com A_5 e ATP. PAP está desenhada na forma de fitas com seu domínio N-terminal lavanda, seu domínio central verde-limão e seu domínio C-terminal azul-claro. O A_5 e o ATP estão desenhados na forma de bastões com o C de A_5 branco, C do ATP azul-ciânico, N azul, O vermelho e P cor de laranja. (Com base em uma estrutura por raios X de Andrew Bohm, Tufts University School of Medicine, EUA. PDBid 2Q66.)

Em comparação com a estrutura por raios X da PAP de leveduras em complexo com 3′-dATP, também determinada por Bohm, o domínio N-terminal na estrutura da PAP-A_5-ATP sofreu um deslocamento em forma de dobradiça de ~23° em direção ao domínio C-terminal para formar uma conformação mais fechada que lembra a observada na estrutura da Taq DNA-polimerase I em complexo com seus substratos (Seção 30.2Ae). Este deslocamento forma diversas interações novas, tanto diretas quanto mediadas por água, entre PAP e seu substrato ATP que auxiliam a diferenciar a adenina das outras bases. Ao contrário nas polimerases dependentes de molde, a base que entra faz contato sequência-específico somente com a base do molde (Seção 30.2Ae).

Estudos *in vitro* indicam que a cauda poli(A) não é necessária para a tradução do mRNA. Mais propriamente, as observações de que a cauda poli(A) do mRNA encurta com o tempo no citosol e que mRNAs não adenilados têm o tempo de vida citosólico abreviado sugerem que a cauda poli(A) tem uma função protetora. De fato, os únicos mRNAs maduros que carecem de caudas poli(A), aqueles das histonas (que, com poucas exceções, carecem do sinal de clivagem e poliadenilação AAUAAA), possuem tempo de vida de < 30 minutos no citosol, enquanto muitos outros mRNAs duram horas ou dias. As caudas poli(A) são especificamente complexadas no citosol à **proteína de ligação à poli(A)** (**PABP**; não relacionada à PAB II), que organiza mRNAs que portam poli(A) em partículas ribonucleoproteicas. Acredita-se que a PABP proteja o mRNA da degradação como é sugerido, por exemplo, pela observação de que a adição de PABP em um sistema acelular (*cell-free system*) contendo mRNA e nucleases que degradam mRNA reduz bastante a taxa na qual os mRNAs são degradados e a taxa na qual suas caudas poli(A) são encurtadas.

Todas PABPs conhecidas contêm quatro RRMs altamente conservados e um após o outro, seguidos por um segmento C-terminal rico em Pro menos conservado de tamanho variável. Uma variedade de evidências sugere que os dois primeiros RRMs da PABP são responsáveis pela maioria das funções bioquímicas da PABP completa. A estrutura por raios X dos primeiros dois RRMs da PABP humana (RRM1/2; os 190 resíduos N-terminais dessa proteína de 636 resíduos) em complexo com A_{11}, determinada por Stephen Burley, revela que os RRMs1/2 formam uma superfície contínua em forma de gamela na qual a poli(A) liga-se em uma conformação estendida por meio de interações com resíduos conservados (Fig. 31.49). Cada RRM, como visto nas estruturas de uma variedade de outras proteínas RNA-ligantes, consiste em um glóbulo compacto composto de uma lâmina

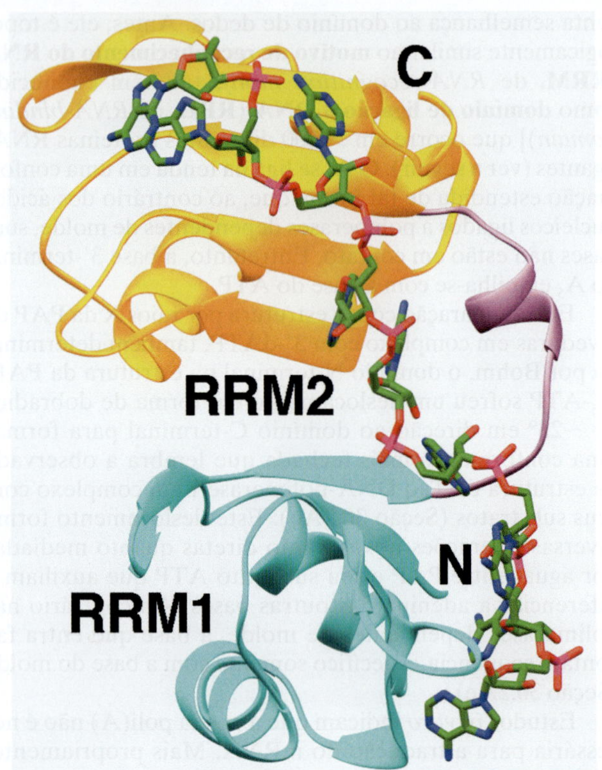

FIGURA 31.49 Estrutura por raios X dos dois RRMs N--terminais da PABP humana em complexo com A_{11}. RRM1 é azul-ciânico, RRM2 é dourado e seu segmento de ligação é cor de alfazema. A poli(A), somente nove nucleotídeos da qual são observados, está esboçada em forma de bastões com C verde, N azul, O vermelho e P magenta. (Com base em uma estrutura por raios X de Stephen Burley, The Rockefeller University, EUA. PDBid 1CVJ.)

de 4 fitas antiparalelas que forma a superfície RNA-ligante suportada por duas hélices.

A clivagem de um transcrito após sua sequência AAUAAA, por si só, não termina a transcrição. No entanto, em leveduras, a proteína **Rtt103**, a qual se liga ao CTD fosforilado da RNAP II, reconhece a sequência AAUAAA e recruta a exonuclease 5′ → 3′ conhecida por **Rat1** (**Xrn2** em humanos). Então, no que foi chamado de **modelo torpedo**, a altamente processiva Rat1/Xrn2 liga-se na recém liberada extremidade 5′ do RNA ainda nascente e rapidamente o degrada até interceptar a RNAP e induzi-la a terminar a síntese de RNA. Foi hipotetizado que isto ocorre de forma semelhante à forma como o fator Rho termina a transcrição bacteriana (Seção 31.2Db). Isto libera a RNAP para iniciar um novo ciclo de transcrição.

c. Genes eucarióticos consistem em sequências expressas e não expressas alternadas

A diferença mais notável entre genes estruturais eucarióticos e procarióticos é que as sequências codificadoras da maioria dos genes eucarióticos são intercaladas por regiões não expressas. Investigações iniciais da transcrição de genes estruturais eucarióticos constataram, muito surpreendentemente, que os transcritos primários são altamente heterogêneos em extensão (de ~2.000 a mais de 20.000 nucleotídeos) e são muito maiores que o esperado a partir do tamanho das proteínas eucarióticas conhecidas. Experimentos de marcação rápida demonstraram que pouco desse assim chamado **RNA nuclear heterogêneo** (**hnRNA**, de *heterogeneous nuclear RNA*) é transportado para o citosol; a maior parte dele é rapidamente degradada no núcleo. Contudo, o cap 5′ e a extremidade 3′ do hnRNA eventualmente surgem nos mRNAs citosólicos. A explicação direta dessas observações, que **pré-mRNAs** são processados pela excisão de sequências internas, parecia tão bizarra que resultou em grande surpresa em 1977, quando Phillip Sharp e Richard Roberts independentemente demonstraram que esse é realmente o caso. De fato, pré-mRNAs de mamíferos contêm geralmente oito **sequências intervenientes (íntrons)** não codificantes, cuja extensão agregada é, em média, de 4 a 10 vezes maior que suas **sequências expressas (éxons)** flanqueadoras. Essa situação é ilustrada graficamente na Fig. 31.50, que é uma micrografia eletrônica do mRNA da **ovalbumina** de galinha hibridizada à fita antissenso do gene da ovalbumina (ovalbumina é a maior proteína componente da clara do ovo).

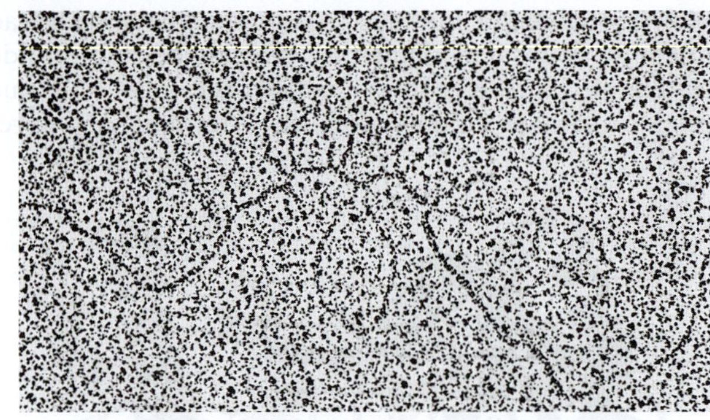

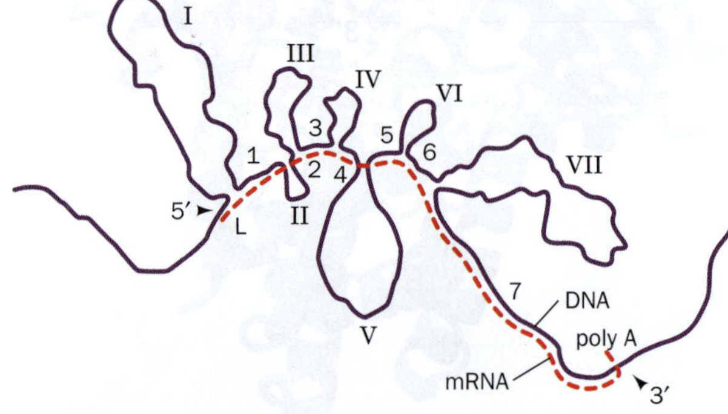

FIGURA 31.50 Uma micrografia eletrônica e seu desenho interpretativo de um híbrido entre a fita antissenso do gene da ovalbumina de galinha e seu mRNA correspondente. Os segmentos complementares do DNA (*linha púrpura no desenho*) e o mRNA (*linha tracejada vermelha*) se hibridizam, revelando as posições dos éxons (*L*, 1-7). Os segmentos formando laços voltados para fora (I-VII), que não têm sequências complementares no mRNA, são os íntrons. (De Chambon, P., *Sci. Am.* **244**(5), 61 [1981].)

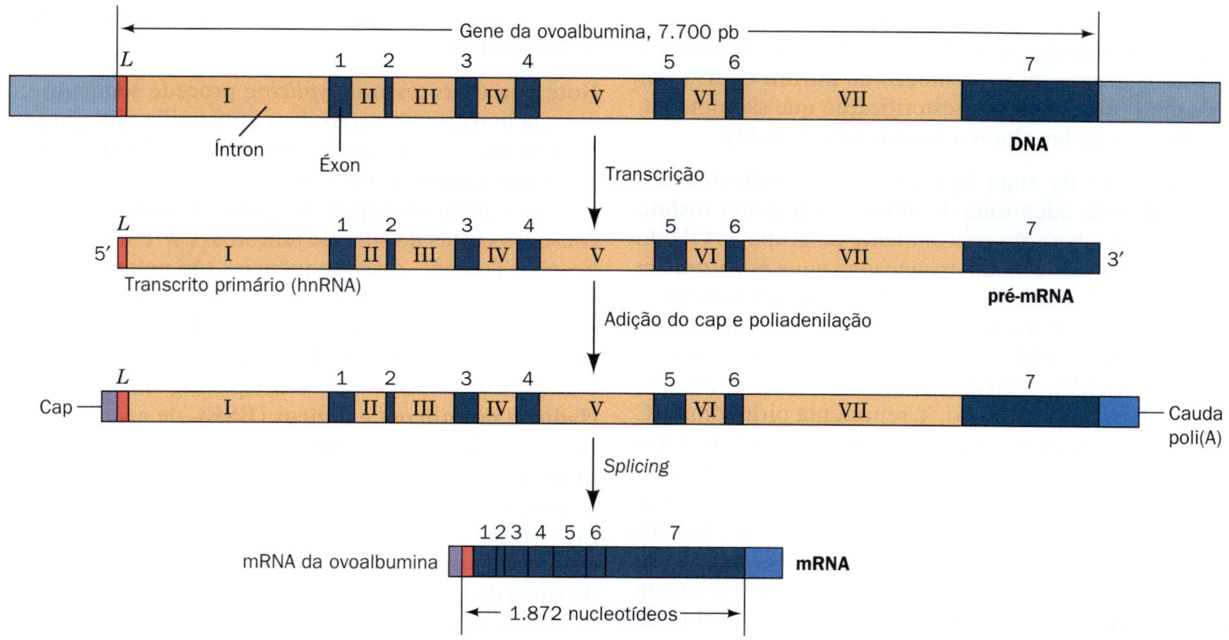

FIGURA 31.51 A sequência das etapas na produção de mRNA eucariótico maduro conforme mostrado para o gene da ovoalbumina de galinha. Seguindo a transcrição, o transcrito primário sofre a adição do cap e a poliadenilação. Os íntrons são, então, excisados e os éxons são unidos para formar um mRNA maduro. Todavia, o *splicing* também pode ocorrer cotranscricionalmente.

Éxons têm extensões que superam 17.106 nt (no gene codificador da proteína muscular **titina** de 34.350 resíduos, a maior proteína de cadeia única conhecida; Seção 35.3Ae), mas com a maioria < 300 nt (média de 150 nt em humanos). Íntrons, em contraste, são geralmente muito mais longos, com extensão média de ~3.500 nt e tão extensos quanto 800.000 nt (no gene que codifica a proteína muscular **distrofina** [Seção 35.3Ae], cujo comprimento é ~2.400 kb e por isso é o gene humano mais longo) sem óbvia periodicidade. Além disso, os íntrons correspondentes de genes de duas espécies de vertebrados podem variar amplamente em extensão e sequência de tal forma a haver pouca semelhança entre eles. O número de íntrons em um gene é em média 7,8 no genoma humano e varia de nenhum a 364 (com o segundo número mencionado ocorrendo no gene codificador da titina).

A formação do mRNA eucariótico inicia com a transcrição de um gene estrutural completo, incluindo seus íntrons, para formar o pré-mRNA (Fig. 31.51). Então, após a adição do cap, os íntrons são excisados e seus éxons flanqueadores são ligados, um processo chamado ***splicing* gênico**, ou apenas ***splicing***, que ocorre frequentemente cotranscricionalmente. *O aspecto mais notável do* splicing *de um gene é sua precisão, se um nucleotídeo a mais ou a menos for cortado, o mRNA resultante pode não ser traduzido corretamente (Seção 32.1B). Além disso, éxons nunca são embaralhados; sua ordem no mRNA maduro é exatamente a mesma do gene do qual ele é transcrito.*

d. Os éxons sofrem *splicing* em uma reação de dois estágios

A comparação de sequências da junção éxon-íntron de um grupo diverso de eucariotos indica que elas têm um alto grau de homologia (Fig. 31.52), incluindo, como Richard Breathnach e Pierre Chambon indicaram primeiro, *um invariável GU no limite 5′ do íntron e um invariável AG no seu limite 3′. Essas sequências são necessárias e suficientes para definir a junção do* splicing: mutações que alteram as sequências interferem no *splicing*, enquanto mutações que modificam uma sequência onde não há junção em uma sequência consenso podem gerar uma nova junção no *splicing*.

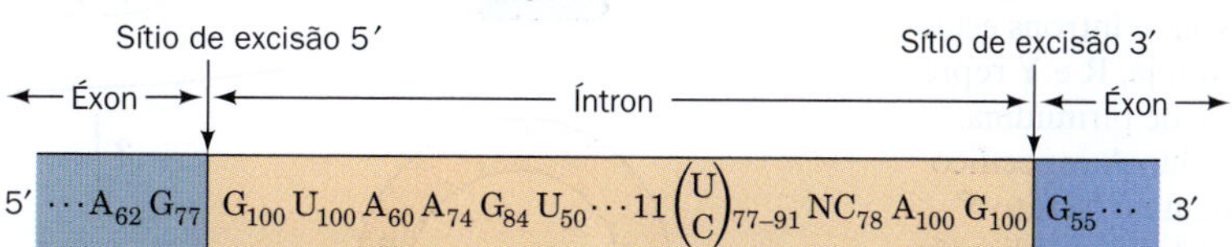

FIGURA 31.52 A sequência consenso nas junções éxon-íntron dos pré-mRNAs de vertebrados. O subscrito representa a porcentagem de pré-mRNAs nos quais as bases específicas ocorrem. Note que o sítio de excisão 3′ é precedido por uma região de 11 nucleotídeos predominantemente pirimidinas. (Com base em dados de Padgett, R.A., Grabowski, P.J., Konarska, M.M., Seiler, S.S., e Sharp, P.A., *Annu. Rev. Biochem.* **55**, 1123 [1986].)

Investigações em sistemas de excisão acelulares e *in vivo* de Argiris Efstratiadis, Tom Maniatis, Michael Rosbash e Sharp estabeleceram que a remoção de íntrons ocorre por meio de duas reações de transesterificação que são notavelmente similares de leveduras a humanos (Fig. 31.53):

1. A formação de uma ligação 2′,5′-fosfodiéster entre um resíduo de adenosina do íntron e seu grupo fosfato 5′-terminal com liberação concomitante do grupo 3′-OH do éxon 5′. *O íntron desse modo assume uma nova* ***estrutura em laço.*** O resíduo de adenosina na parte do laço foi identificado em leveduras como o último A na sequência altamente conservada UACUAAC e em vertebrados como o A na sequência YNCURAY equivalente, mas mais tolerante (onde R representa purinas [A ou G], Y representa pirimidinas [C ou U] e N representa qualquer nucleotídeo). Em leveduras e vertebrados, a ramificação do ponto A ocorre a ~50 e 18 resíduos a montante do sítio de junção 3′ associado, respectivamente. Em leveduras, que possuem relativamente poucos íntrons, mutações que modificam esse ponto de ramificação no resíduo A anulam o *splicing* nesse sítio. Entretanto, em eucariotos superiores, a mutação ou deleção de um sítio de ramificação muitas vezes ativa o assim chamado **sítio de ramificação oculto**, que também está próximo do sítio de junção 3′. Evidentemente, o sítio de ramificação atua para identificar o sítio de junção 3′ mais próximo como um alvo para ligação ao sítio de junção 5′.
2. O, agora livre, grupo 3′-OH do éxon 5′ forma uma ligação fosfodiéster com o fosfato 5′-terminal do éxon 3′ produzindo o produto ligado e liberando o íntron em laço com o grupo 3′-OH livre. O laço de íntron é então linearizado e, *in vivo*, é rapidamente degradado. Mutações que alteram o AG conservado do sítio de junção 3′ bloqueiam esse segundo passo, apesar de não interferirem com a formação do laço.

Note que o processo de *splicing* procede sem consumo de energia livre; suas reações de transesterificação conservam a energia livre de cada ponte fosfodiéster clivada pela formação concomitante de uma nova.

As sequências requeridas para o *splicing* são sequências consenso curtas no sítio de junção 3′ e 5′ e no sítio de ramificação. Todavia, essas sequências são pouco conservadas. Entretanto, outros elementos de sequência curta dentro de éxons e íntrons que são conhecidos como **reforçadores de *splicing* exônicos** (**ESEs**, de *exonic splicing enhancers*) e **intrônicos** (**ISEs**, de *Intronic splicing enhancers*) e **silenciadores de *splicing* exônicos** (**ESEs**, de *exonic splicing siliencers*) e **intrônicos** (**ISEs**, de *Intronic splicing siliencers*) também desempenham papel importante na seleção do sítio de junção, apesar de suas características serem pouco compreendidas (mesmo programas de computador altamente sofisticados são somente ~50% bem-sucedidos na predição de sítios de junção efetivos em comparação com igualmente bons candidatos que não o são). Em contraste, grande porções da maioria dos íntrons podem ser deletadas sem impedir o *splicing*.

e. Alguns genes eucarióticos realizam *auto-splicing*

Identifica-se, atualmente, oito tipos distintos de íntrons, sete dos quais ocorrem em eucariotos (Tabela 31.4). **Íntrons do grupo I** ocorrem no núcleo, na mitocôndria e nos cloroplastos de diversos eucariotos (mas não nos vertebrados), e mesmo em algumas bactérias. O estudo de Thomas Cech sobre como os íntrons do grupo I são excisados no protozoário ciliado *Tetrahymena thermophila* levou a uma

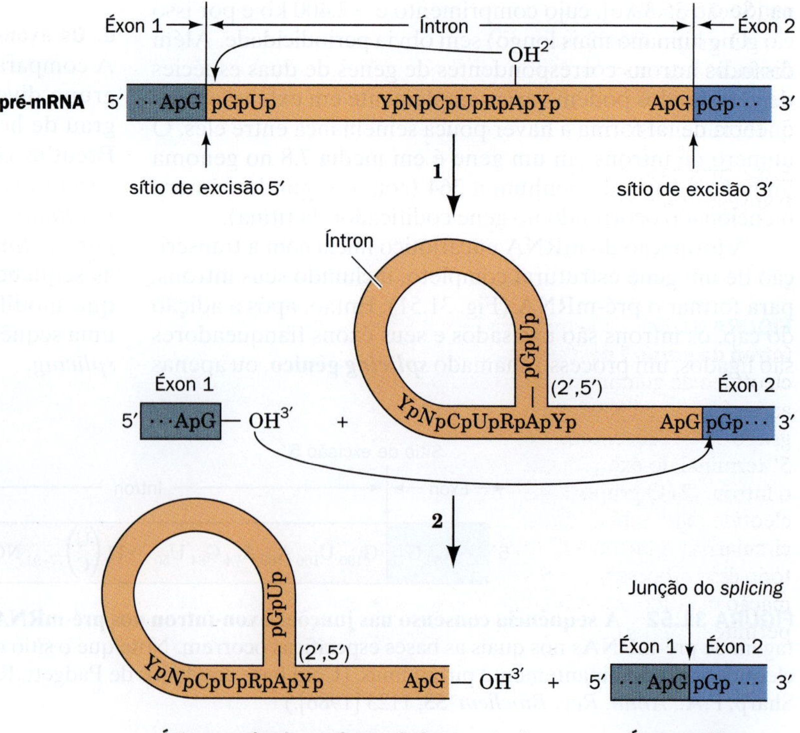

FIGURA 31.53 A sequência das reações de transesterificação que unem os éxons dos pré-mRNAs eucarióticos. Os éxons e íntrons estão esboçados em azul e cor de laranja, R e Y representam os resíduos de purina e de pirimidina. (**1**) O grupo 2′-OH de um resíduo A específico do íntron ataca nucleofilicamente o fosfato 5′ no limite 5′ do íntron para produzir uma ligação incomum 2′,5′-fosfodiéster e, assim, formar a estrutura em laço. (**2**) O grupo 3′-OH liberado forma uma ligação 3′,5′-fosfodiéster com o resíduo terminal 5′ do éxon 3′, unindo assim os dois éxons e liberando o íntron em forma de laço com um 3′-OH livre.

TABELA 31.4 Tipos de Íntrons

Tipo de Íntron	Onde é encontrado
Íntrons GU-AG	pré-mRNA nuclear eucariótico
Íntrons AU-AC	pré-mRNA nuclear eucariótico
Grupo I	pré-mRNA nuclear eucariótico, RNAs de organelas, poucos RNAs bacterianos
Grupo II	RNAs de organelas, poucos RNAs procarióticos
Grupo III	RNAs de organelas
Twintrons (compostos de dois e/ou mais íntrons do grupo II ou III)	RNAs de organelas
Pré-tRNA íntrons	pré-tRNAs nucleares eucarióticos
Íntrons ancestrais	Diversos RNAs

Fonte: Brown, T.A., *Genomes* (3 ed.), Garland Science, *p*. 355 (2007).

surpreendente descoberta: *o RNA pode agir como uma enzima. Quando o pré-rRNA isolado desses organismos é incubado com guanosina ou um nucleotídeo livre de guanina (GMP, GDP ou GTP), mas na ausência de proteínas, seu único íntron de 421 nucleotídeos se excisa e liga seus éxons flanqueadores; isto é, esse pré-rRNA é autoexcisado.* A sequência de três reações desse processo (Fig. 31.54) assemelha-se à do *splicing* de mRNA:

1. O grupo 3′-OH da guanosina forma uma ligação fosfodiéster com a extremidade 5′ do íntron, liberando o éxon 5′.
2. O grupo OH 3′-terminal do éxon 5′ recentemente liberado forma uma ligação fosfodiéster com o fosfato 5′-terminal do éxon 3′, unindo assim os dois éxons e liberando o íntron.
3. O grupo OH 3′-terminal do íntron forma uma ligação fosfodiéster com o fosfato do nucleotídeo a 15 resíduos da extremidade 5′ do íntron, produzindo um fragmento 5′-terminal com o restante do íntron em forma cíclica.

Esse processo de *auto-splicing* consiste em uma série de transesterificações e, por essa razão, não requer absorção de

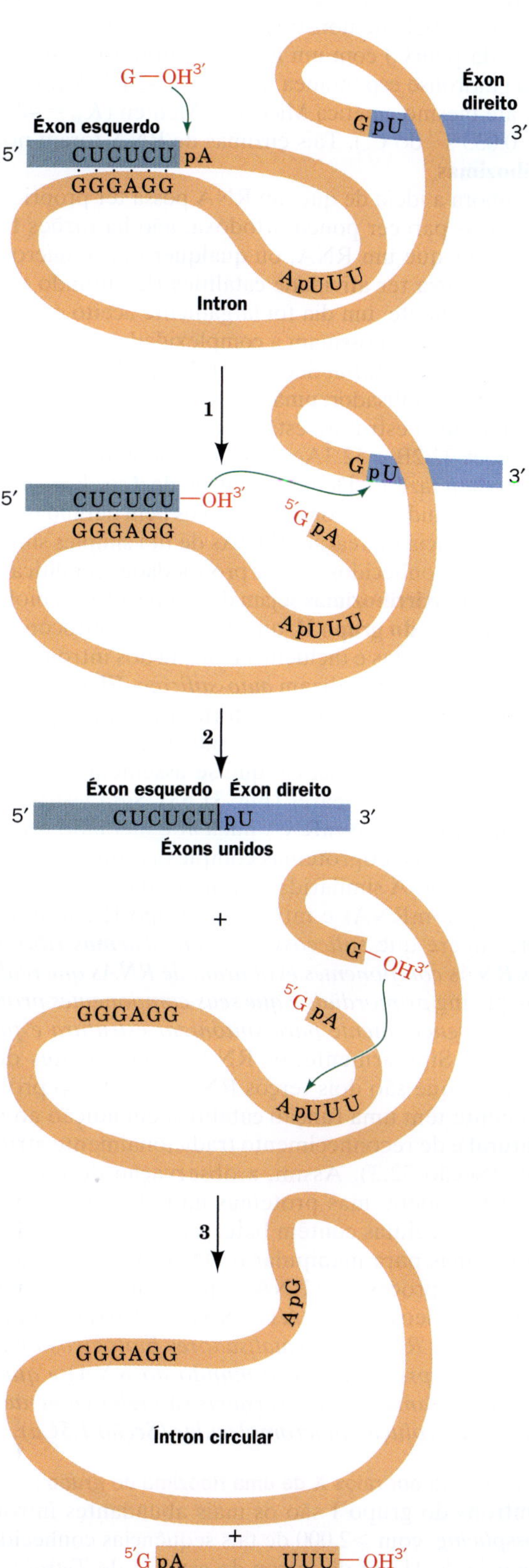

FIGURA 31.54 A sequência de reações no *auto-splicing* do íntron do grupo I de *Tetrahymena*. (**1**) O grupo 3′-OH do nucleotídeo de guanina ataca o fosfato 5′-terminal do íntron para assim formar a ligação fosfodiéster e liberar o éxon 5′. (**2**) O grupo 3′-OH recentemente gerado do éxon 5′ ataca o fosfato 5′-terminal do éxon 3′, unindo assim os dois éxons e liberando o íntron. (**3**) O grupo 3′-OH do íntron ataca o fosfato do nucleotídeo que está a 15 resíduos da extremidade 5′ de forma a circularizar o íntron e liberar seu fragmento 5′-terminal. Em todo esse processo, o RNA mantém um dobramento de conformação mantido internamente por ligações de hidrogênio que permite a excisão precisa do íntron.

energia livre. Cech estabeleceu as propriedades enzimáticas do íntron de *Tetrahymena*, que se origina de sua estrutura tridimensional, pela demonstração que ele catalisa a clivagem *in vitro* da poli(C) com um fator de reforço 10^{10} superior à taxa da hidrólise espontânea. De fato, esse RNA catalisador exibe até mesmo cinética Michaelis-Menten ($K_M = 42$ μ*M* e $k_{cat} = 0{,}033\ s^{-1}$ do C_5). Tais enzimas de RNA foram nomeadas **ribozimas**.

Embora a ideia de que um RNA possa ter propriedades enzimáticas parecer pouco ortodoxa, não há razões fundamentais por que um RNA, ou qualquer outra macromolécula, não possa ter atividade catalítica (lembrando que, de forma semelhante, um dia foi largamente aceito que os ácidos nucleicos não possuíam a complexidade para carregar a informação hereditária; Seção 5.2). Naturalmente, para ser um eficiente catalisador, uma macromolécula deve ser capaz de assumir uma estrutura estável, mas, como visto a seguir e nas Seções 32.2B e 32.3Ae, RNAs, incluindo tRNAs e rRNAs, podem fazê-lo. De fato, o íntron de *Tetrahymena* sofre um série de mudanças conformacionais bem definidas durante sua sequência de reação. (DNAs de fita simples sintéticos são também conhecidos por ter propriedades catalíticas, embora tais **desoxirribozimas** sejam desconhecidas na biologia.)

Os **íntrons do grupo II**, que ocorrem na mitocôndria de fungos e de plantas e incluem a maioria dos íntrons em cloroplastos, também realizam *auto-splicing*. Eles geralmente empregam um resíduo de A interno no ataque nucleofílico inicial (em vez de um G externo) para formar um laço intermediário, um processo que se assemelha ao *splicing* dos pré-mRNAs nucleares (Fig. 31.53). Será visto a seguir que o *splicing* do pré-mRNA nuclear é mediado por partículas de ribonucleoproteínas complexas conhecidas como ***spliceossomos***. A similaridade química das reações de *splicing* dos pré-mRNAs e íntrons do grupo II consequentemente sugere que *spliceossomos são sistemas ribozimais cujos RNAs componentes evoluíram de RNAs que realizam* auto-splicing *primordiais e que seus componentes proteicos servem essencialmente para sintonizar estrutura e função ribozimal*. Similarmente, os RNAs componentes dos ribossomos, que são dois terços RNA e um terço proteína, claramente têm uma função catalítica em adição ao papel estrutural e de reconhecimento tradicionalmente atribuído a eles (Seção 32.3). Assim, a observação de que ácidos nucleicos podem, mas proteínas não, dirigir sua própria síntese, que células contêm baterias de enzimas com base em proteínas para manipular o DNA, mas relativamente poucas para processar o RNA, e que muitas coenzimas são ribonucleotídeos (p. ex., ATP, NAD^+ e CoA), conduziu à hipótese que *RNAs são catalisadores biológicos originais em períodos pré-celulares (o mundo do RNA) e que proteínas quimicamente mais versáteis são relativamente mais recentes na evolução macromolecular (Seção 1.5Ca)*.

f. A estrutura por raios X de uma ribozima do grupo I

Os íntrons do grupo I são os mais abundantes íntrons de autos*splicing*, com >2.000 de tais sequências conhecidas. A sequência de 413 nt do íntron do grupo I de *Tetrahymena*, em conjunto com comparações filogenéticas, indica que ele contém nove segmentos de dupla-hélice que são designados P1 a P9 (Fig. 31.55*a*, P de segmento de base *pareado*). Essa análise ainda indica que o centro catalítico conservado dos íntrons do grupo I consiste em conjuntos de hélices empilhadas coaxialmente intercaladas por torções internas que estão organizadas em dois domínios, o domínio P4.P5-P6 (também chamado de P4.P6) e o domínio P3-P7-P8-P9 (também chamado P3-P9).

Cech desenhou um RNA de 247 nt (Fig. 31.55*a*) que compreende ambos os domínios P4.P6 e P3-P9 do íntron do grupo I de *Tetrahymena* (ele não possui o domínio P1-P2 e os éxons anexos), com a adição de um G 3′ (ωG), o qual funciona como uma guanosina interna nucleófila. Este RNA é cataliticamente ativo; ele se liga ao domínio P1-P2 por meio de interações terciárias e, com a assistência do ωG, cliva P1 de maneira semelhante ao íntron intacto. A estrutura por raios X deste RNA (Fig. 31.55*b,c*) revela que ele está largamente composto de três conjuntos de hélices A-RNA empilhadas coaxialmente com P4.P6 consistindo em duas hélices paralelas pseudocontínuas e retas conectadas por uma dobra aguda e P3-P9 consistindo em uma hélice curvada que enrola um lado do P4.P6 por intermédio de interações interdomínio extensas que formam o sítio ativo da ribozima. Particularmente notáveis são suas assim chamadas protuberâncias ricas em A, uma sequência de 7 nt quase no meio do braço curto do P4.P6 em forma de U, e uma sequência de 6 nt na extremidade do braço curto do U, cujo GAAA central assume uma conformação característica conhecida como uma **tetratorção**. Em ambas subestruturas, as bases são alargadas para fora de forma a se empilhar umas sobre as outras e se associar a uma cavidade menor de segmentos específicos do braço longo do U, por meio de interações de ligações de hidrogênio envolvendo resíduos de ribose e bases. Em muitas de tais interações, o empacotamento fechado dos grupos fosfato é mediado por íons Mg^{2+} hidratados. Em toda essa estrutura, a característica que define o RNA, seu grupo 2′-OH, é tanto um doador como um receptor de ligações de hidrogênio para fosfatos, bases e outros grupos 2′-OH. Interessantemente, ainda que todo este dobramento seja altamente conservado entre os íntrons do grupo I, suas sequências são pobremente conservadas com exceção de uns poucos resíduos cruciais do sítio ativo.

Na reação inicial catalisada pelas ribozimas do grupo I, o grupo 3′-OH do ωG ataca nucleofilicamente o grupo fosfato ligando o éxon 5′ à ribozima (Fig. 31.54). Contudo, como é apenas este grupo 3′-OH ativado como um nucleófilo? O sítio de ligação para o substrato ωG é composto de quatro trios de bases coplanares com o trio ωG-G264.C311 entre três outros trios de bases (Fig. 31.56). Consequentemente, a base do ωG é empilhada entre aquelas do A261 e C262 (Fig. 31.56*a*), o que estabiliza a ligação do ωG a este sítio através de empilhamento de bases.

Íons metálicos bivalentes, com frequência Mg^{2+}, são muitas vezes necessários tanto para a estabilidade estrutural como para atividade catalítica das ribozimas. Infelizmente, a relativamente baixa resolução (3,8 Å) da estrutura por raios X da ribozima impediu a observação direta de íons Mg^{2+} (os quais possuem o mesmo número de elétrons que as moléculas de água). No entanto, há boa evidência que íons de metais pesados (Eu e Ir) utilizados para resolver as

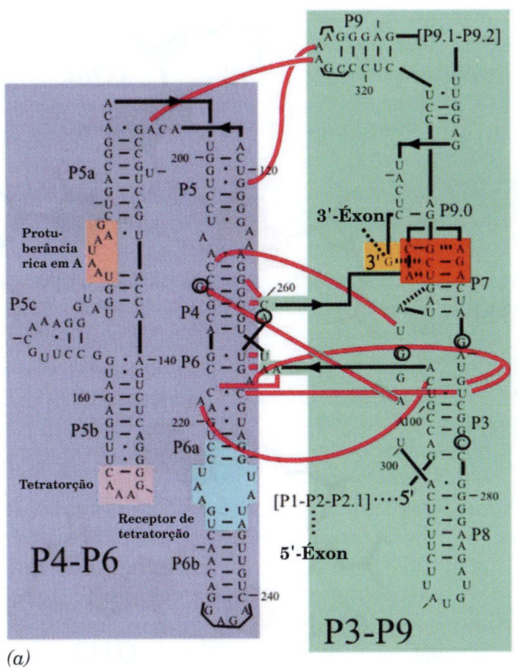

FIGURA 31.55 **O íntron do grupo I de *Tetrahymena thermophila*.** (*a*) A estrutura secundária da ribozima de 414 nt. Seus domínios P4.P6 e P3-P9 estão sombreados em azul e verde, respectivamente, com o resíduo 3′ ωG do sítio cataliticamente ativo sombreado em amarelo, os trios de bases do domínio P7 sombreados em vermelho, a protuberância rica em A-T, a tetratorção e o receptor de tetratorção no domínio P4.P6 sombreados em marrom, cor-de-rosa e azul-ciânico, respectivamente. As interações de bases pareadas Watson-Crick e não Watson-Crick são representadas por linhas horizontais curtas e círculos pequenos preenchidos, enquanto as interações interdomínios são indicadas por linhas magenta. Cada décimo resíduo está marcado com um traço para fora. A posição de cinco resíduos que foram mutados para estabilizar a estrutura da ribozima está circulada e aquela de sete mutações que facilitam a cristalização estão entre parênteses (esta forma mutante mantém sua atividade catalítica). (*b*) A estrutura por raios X da ribozima desenhada de forma encorpada com suas bases mostradas como pás e coloridas como na Parte *a*. A posição inferida dos íons Mg^{2+} está representada por esferas cor de laranja. (*c*) Como na Parte *a* mas rotado 140º em torno do eixo vertical para mostrar melhor a protuberância rica em A e a interação entre a tetratorção e o receptor de tetratorção. (Parte *a* com base em um desenho de e Partes *b* e *c* com base em uma estrutura por raios X de Thomas Cech, University of Colorado, EUA. PDBid 1X8W.) **Ver Exercício interativo 42**

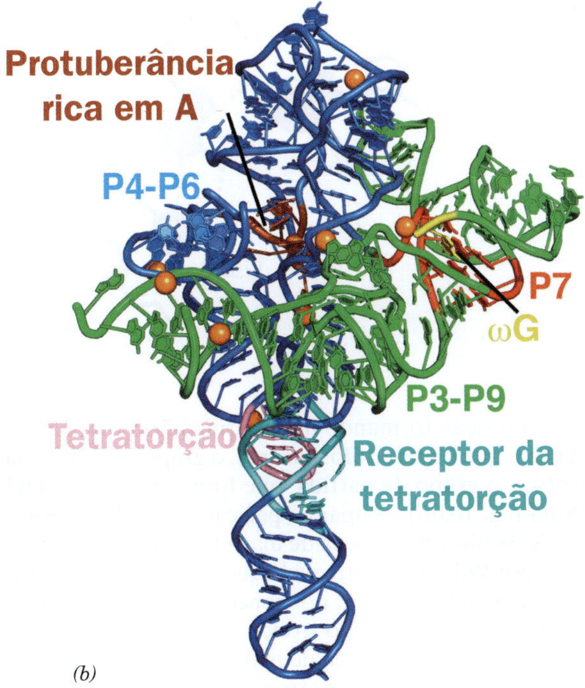

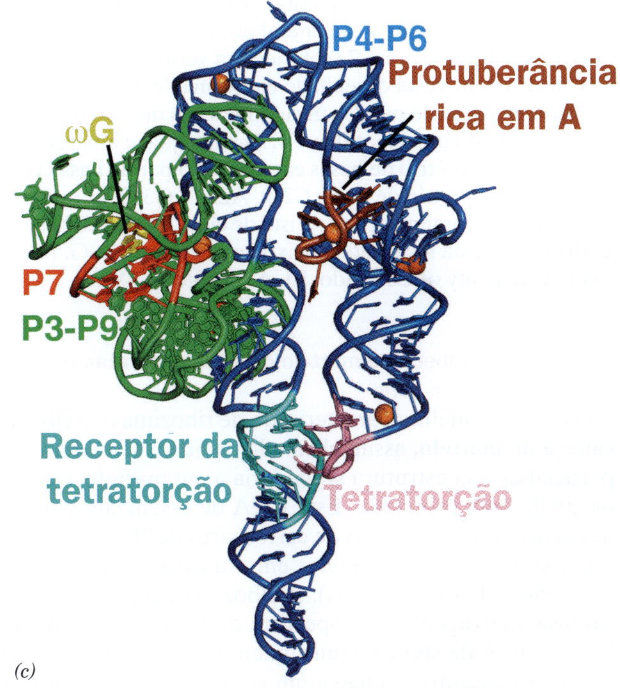

estruturas por raios ocupam muitas das mesmas posições na ribozima que os íons Mg^{2+}, e, além disso, íons Mg^{2+} foram observados em diversos destes sítios em outros íntrons do grupo I cujas estruturas por raios X são conhecidas. Em particular, um íon Mg^{2+} está em contato com o grupo 2′-OH do ωG assim como está sendo ligado pelos grupos fosfato de três nucleotídeos circundantes. Isto tanto orienta o grupo ribose do ωG como ativa nucleofilicamente seu grupo 3′-OH. Estudos bioquímicos indicam que um segundo íon Mg^{2+}, o qual acompanha o grupo fosfato do RNA substrato, também participa na reação catalítica. Note que dois íons Mg^{2+}, de forma similar, participam nas reações de fosforiltransferência catalisadas por enzimas proteicas como a DNA-polimerase (Seção 30.2Af).

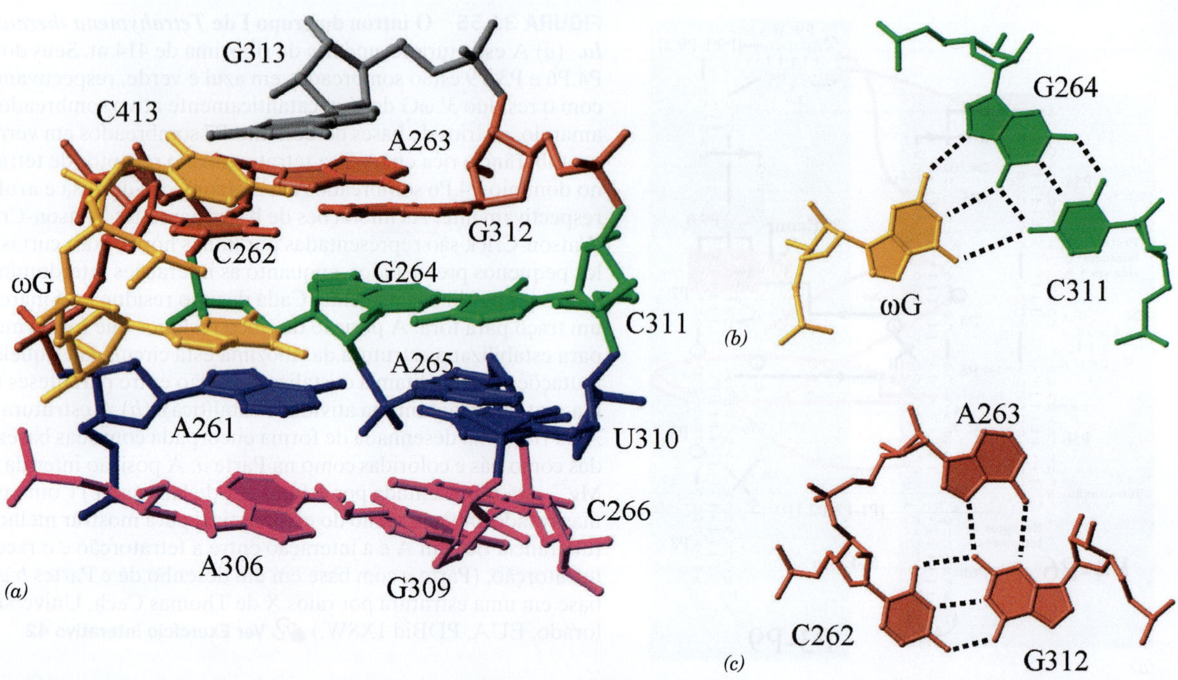

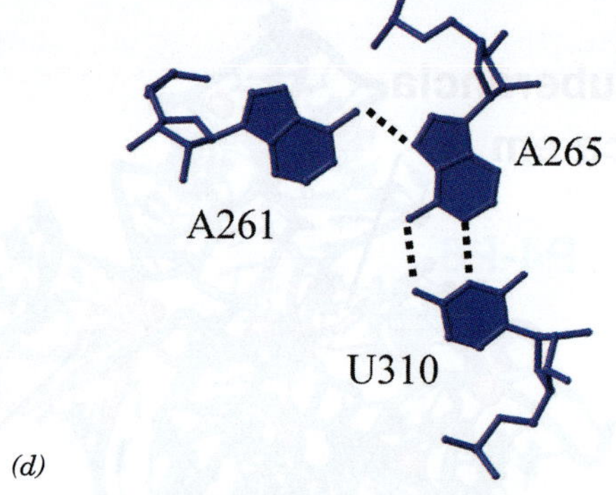

FIGURA 31.56 **Estrutura do sítio de ligação à guanosina do íntron do grupo I de *Tetrahymena*.** (*a*) Vista lateral dos quatros trios de bases coplanares no sítio ativo ribozimal em P7 (colorido em vermelho na Fig. 31.55). O esqueleto de açúcar-fosfato está desenhado em forma de bastões e as bases estão desenhadas em forma de pás. Os nucleotídeos do mesmo nível tem a mesma cor, com exceção do dinucleotídeo C413-ωG, o qual é amarelo. (*b*) Vista de cima das interações do trio de bases entre ωG e o par de bases G264 · C311. (*c*) Vista de cima do trio de bases C262, A263 e G312, os quais estão localizados acima do que contém ωG. (d) Vista de cima do trio de bases A261, A265 e U310, o qual está localizado abaixo do que contém ωG. (Cortesia de Thomas Cech, University of Colorado, EUA. PDBid 1X8W.)

g. Ribozimas cabeça de martelo catalisam um ataque nucleofílico em série

Um dos tipos melhor caracterizado de ribozimas é a **ribozima cabeça de martelo,** assim chamada devido à semelhança superficial de sua estrutura secundária a um martelo, como foi originalmente projetada. Este RNA de essencialmente ~40 nt participa na replicação de certos vírus de RNA que infectam plantas e também ocorre em esquistossomos (espécies de vermes chatos parasitas). A ribozima cabeça de martelo catalisa a clivagem sítio-específica de uma de suas próprias ligações fosfodiéster com um aumento de velocidade de $\sim 10^7$ vezes. No entanto, ela não é um verdadeiro catalisador porque não pode retornar ao seu estado inicial.

A estrutura secundária da ribozima cabeça de martelo de 63 nt de *Schistosoma mansoni* possui três troncos dúplex e um núcleo do sítio ativo de dois segmentos não helicoidais (Fig. 31.57*a*). Esta ribozima cliva a si própria entre seus nucleotídeos C-17 e C-1.1 produzindo um 2′,3′-fosfodiéster cíclico sobre C-17 com inversão da configuração ao redor do átomo P, em conjunto com um 5′-OH livre sobre C-1.1, muito semelhante ao produto intermediário da reação de hidrólise do RNA catalisada pela RNase A (Seção 15.1Ab). Isso sugere que a reação procede por meio de um mecanismo "em série" assim como o diagramado na Fig. 16.6*b*, com o estado de transição formando um intermediário trigonal bipiramidal em que o nucleófilo atacante, o grupo 2′-OH (Y na Fig. 16.6*b*), e o grupo de partida, que forma o grupo 5′-OH livre (X na Fig. 16.6*b*), ocupam a posição axial. A estrutura por raios X da ribozima cabeça de martelo de *S. mansoni*, determinada por William Scott, revela que seu tronco II, tronco III e a extremidade terminal do tronco I estão coaxialmente empilhados. O restante do tronco I se curva de forma a assemelhar-se mais a uma alça de mala do que a um martelo para formar uma junção com os troncos II e III que contém o núcleo do sítio ativo da enzima (Fig. 31.57*b*) Os nucleotídeos dos troncos helicoidais formam, principalmente, pareamento de bases de Watson-Crick normais, enquanto os nucleotídeos do núcleo do sítio ativo participam em pareamento de bases não Watson-Crick. Isso explica as observações de que a maioria das posições helicoidais pode ser ocupada por qualquer par de bases Watson-Crick, mas que poucas bases do centro podem ser modificadas sem reduzir significativamente a atividade ribozimal.

As bases do centro do sítio ativo participam de uma rede de ligações de hidrogênio (Fig. 31.57*c*). Isto ajuda a posição C-17 de forma que o átomo O2′ está apropriadamente orien-

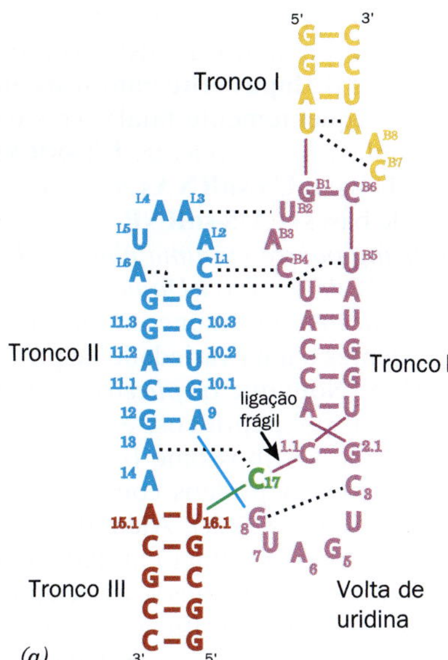

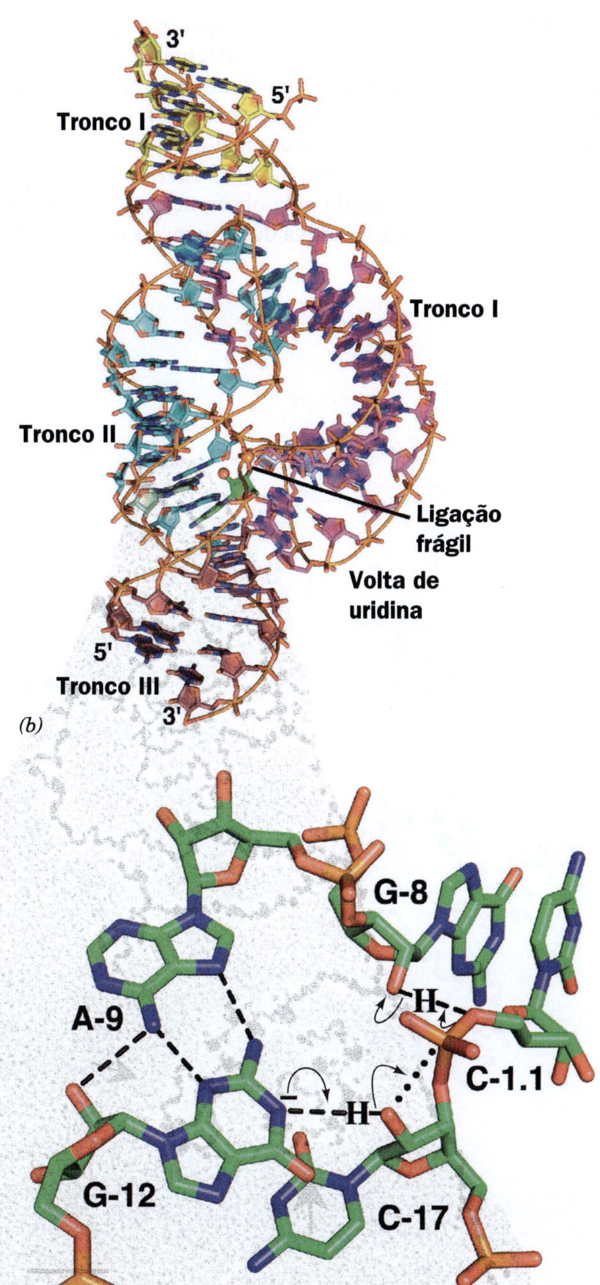

FIGURA 31.57 Estrutura da ribozima cabeça de martelo de *Schistosoma mansoni*. (*a*) A sequência e a organização estrutural esquemática da ribozima colorida de acordo com a estrutura por raios X desenhada na Parte *b*. Pares de base e interações terciárias estão representados por traços e linhas pontilhadas respectivamente. Os nucleotídeos estão marcados de acordo com o sistema universal de numeração para ribozimas cabeça de martelo. (*b*) Estrutura por raios X da ribozima desenhada em forma de pás com átomos C da mesma cor que na Parte *a*, exceto aqueles do G-12 que estão em verde-claro e os do C-1.1 que estão em azul-claro, N azul, O vermelho e P cor de laranja. Átomos adjacentes de P na mesma fita estão conectados por finos bastões cor de laranja. O átomo P do grupo fosfato sujeito a clivagem (ligando C-17 e C-1.1) e o nucleófilo (O2′ de C-17) estão representados por esferas pequenas. (*c*) Os resíduos do sítio ativo da ribozima, os quais estão desenhados em forma de bastões, com C verde, O vermelho, N azul e P cor de laranja. Ligações de hidrogênio estão representadas por linhas tracejadas pretas. O mecanismo de reação proposto está indicado pelas setas curvas com a linha preta pontilhada marcando a trajetória em série tomada pelo átomo O2′ de C-17 no ataque nucleofílico ao átomo P do grupo fosfato sujeito a reação. (Parte *a* cortesia de, e Parte *b* e *c* com base em estrutura de raios X de William Scott, University of California at Santa Cruz, EUA, PDBid 2GOZ.) **Ver Exercício interativo 43**

tado para um ataque nucleofílico em série sobre o átomo P que liga o átomo O3′ de C-17 ao átomo O5′ de C-1.1. O N1 do G-12 invariante quando desprotonado e o 2′-OH do G-8 invariante parecem estar apropriadamente posicionados para agir respectivamente como catalisadores básico e ácido nesta reação (Fig. 31.57c), o que fortemente sugere que a reação ocorre por meio de um mecanismo de catálise ácido-base. Este mecanismo de reação não envolve a participação de íons metálicos e nenhum foi observado no centro do sítio ativo. No entanto, em solução, a presença de íons metálicos divalentes produz um aumento de velocidade de ~50 vezes em relação à presença de apenas íons monovalentes. Possivelmente os íons metálicos divalentes estabilizem a carga negativa no intermediário trigonal bipiramidal (Fig. 16.6*b*) e/ou podem auxiliar a posicionar e orientar os grupos reativos.

h. O *splicing* dos pré-mRNAs é mediado pelas snRNPs no spliceossomo

Como as junções dos pré-mRNAs são reconhecidas e como os dois éxons são reunidos no processo de *splicing*? Parte da resposta para essa questão foi estabelecida por Joan Steitz partindo da hipótese de que um ácido nucleico é mais bem reconhecido por outro. O núcleo eucariótico, como tem sido conhecido desde a década de 1960, contém numerosas cópias de diversos RNAs altamente conservados de 60 a 300 nucleotídeos chamados **pequenos RNAs nucleares (snRNAs**, de *small nuclear RNAs*), que formam complexos proteicos denominados **pequenas ribonucleoproteínas nucleares** (**snRNPs**, de *small nuclear ribonucleoproteins*; pronunciados "*snurps*"). Steitz identificou que a extremidade 5′ de um desses snRNAs, **U1-snRNA** (assim chamado por ser um membro da subfamília rica em U dos snRNAs), é parcialmente complementar à sequência consenso do sítio de excisão 5′. A hipótese consequente, que *U1-snRNA reconhece o sítio de excisão 5′*, foi corroborada pela observação que o *splicing* é inibido pela destruição seletiva de sequências de U1-snRNA que são complementares ao sítio de excisão 5′ ou pela presença de anticorpos anti-U1-snRNP (produzidos por pacientes que sofrem de **lúpus eritematoso sistêmico**, uma doença autoimune frequentemente fatal). Três outras snRNPs são também implicadas no *splicing*: **U2-snRNP**, **U4.U6-snRNP** (no qual o **U4-** e o **U6-snRNAs** se associam por meio de pareamento de bases) e **U5-snRNP**.

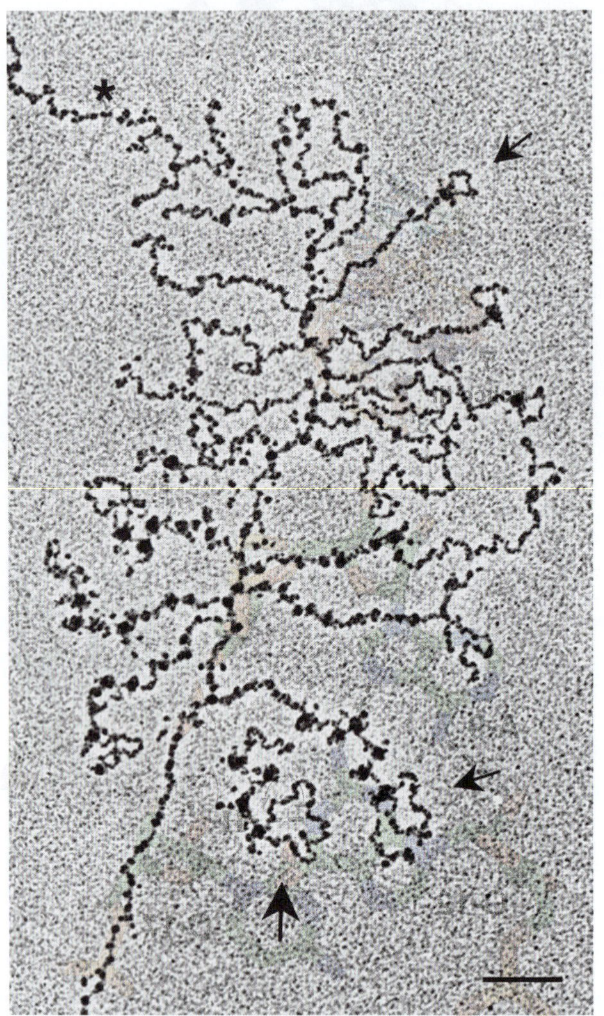

FIGURA 31.58 Uma micrografia eletrônica de spliceossomos em ação. O gene de *Drosophila* que tem ~6 Kb de extensão entra pela parte superior à esquerda da micrografia e sai na parte inferior à esquerda. A transcrição inicia próxima ao ponto marcado por um asterisco. As cadeias de RNA crescentes aparecem como fibrilas de tamanho cada vez maior que emanam do DNA. Os transcritos sofrem *splicing* cotranscricional, como revelado pela formação progressiva e perda de laços de íntrons próximo às extremidades 5′ dos transcritos de RNA (*setas*). As esferas na base de cada laço de íntron, assim como em outras partes sobre o transcrito, são os spliceossomos. A seta grande aponta para um transcrito próximo à extremidade 3′ do gene que não está mais anexado ao DNA-molde e, portanto, parece ter sido recentemente terminado e liberado. A barra tem 200 nm de extensão. (Cortesia de Ann Beyer e Yvonne Osheim, University of Virginia, EUA.)

O splicing ocorre em uma ainda pobremente caracterizada partícula de ~2.700 kDa nomeada ***spliceossomo*** *(Fig. 31.58)*. O *spliceossomo* reúne um pré-mRNA, quatro snRNPs precedentes e uma variedade de proteínas que se ligam a pré-mRNA. Note que o *spliceossomo*, que consiste em 5 RNAs e ~150 polipeptídeos, é comparável em tamanho e complexidade ao ribossomo (que em *E. coli* consiste em 3 RNAs e 52 polipeptídeos com uma massa agregada de ~2.500 kDa; Seção 32.3A). Além do tamanho e complexidade, o *spliceossomo* é uma entidade altamente dinâmica, com seus vários componentes se associando e se desassociando durante estágios específicos da reação de *splicing* (Fig. 31.59), enquanto sofrem uma variedade de mudanças conformacionais impelidas por ATP. Por exemplo, para efetuar a produção da primeira reação de transesterificação que produz a estrutura em laço (Fig. 31.53), o *spliceossomo* sofre uma complexa série de rearranjos que estão esquematicamente diagramados na Fig. 31.60. Similarmente rearranjos extensivos são necessários para efetuar a segunda reação de transesterificação e para reciclar o *spliceossomo* para reações subsequentes de *splicing*.

Apesar de, inicialmente, considerar-se que a reação de transesterificação era mediada por proteínas catalíticas, suas semelhanças químicas às reações efetuadas por íntrons autorremovíveis do grupo II sugerem, como é notado a seguir, que são na verdade os snRNAs que catalisam o *splicing* dos pré-mRNAs (íntrons de pré-mRNA têm tão variadas sequências fora de seus sítios de excisão e ramificação, que é improvável que desempenhem um papel ativo no *splicing*). De fato, James Manley demonstrou que, na ausência de proteínas, segmentos dos snRNAs U2 e U6 de humanos catalisam uma reação dependente de Mg^{2+} em uma sequência de RNA contendo um sítio de ramificação de íntron que se parece com a primeira reação de transesterificação do *splicing*.

i. O *splicing* também requer a participação de fatores de *splicing*

Em torno de 170 diferentes proteínas conhecidas como **fatores associados ao *splicing*** que são extrínsecas ao *spliceossomo* também participam no *splicing*, com intermediários de montagem individual (p. ex., complexos A, B e C na Fig. 31.59) cada uma associada com ~125 de tais proteínas. Dentre elas está a **proteína de ligação ao ponto de ramificação** (**BBP**; também conhecida como **fator de *splicing* 1** [**SF1**]) e **fatores auxiliares U2-snRNP(U2AF)**, os quais cooperam para selecionar o ponto de ramificação do íntron. O U2AF liga-se à região de polipirimidina a montante do sítio de excisão 3′ (Fig. 31.52), enquanto a BBP reconhece a sequência do ponto de ramificação próxima (Figs. 31.53 e 31.60). A estrutura por RM do segmento RNA-ligante de 131 resíduos da BBP de 638 resíduos em complexo com 11 nt de RNA contendo uma sequência de ponto de ramificação, determinada por Michael Sattler, revela que o RNA assume uma conformação estendida e está em grande parte

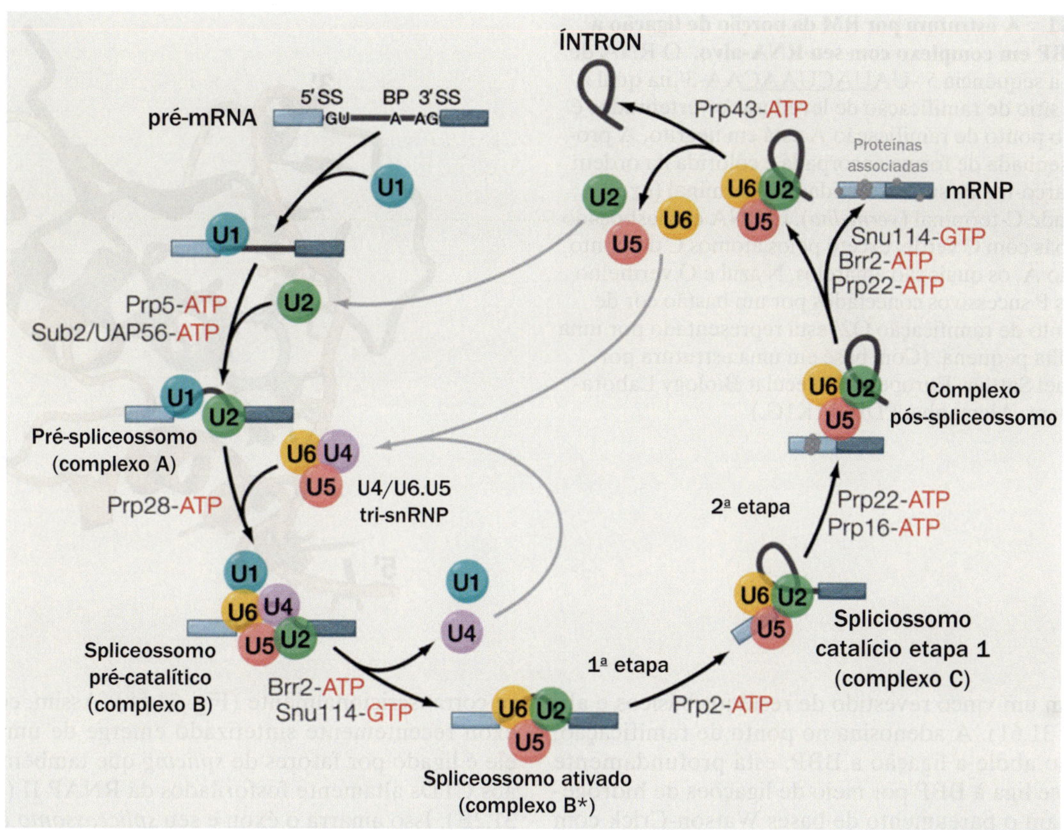

FIGURA 31.59 **O ciclo de associação e desassociação do *spliceossomo*.** As ações sequenciais dos snRNPs do *spliceossomo* (*círculos coloridos*), mas não a das proteínas que não compõe os snRNPs, estão diagramadas no processo de excisão de um íntron de um pré-RNA que contém dois éxons (*azul*). Aqui 5′SS, BP, e 3′SS significam sítio de *splice* 5′ do pré-RNA, seu sítio de ramificação (B*ranch* P*oint*) e sítio de *splice* 3′, respectivamente. Oito conservadas **RNA ATPases/helicases RNA dependentes** contendo o motivo DexD/H, assim com a GTPase **Snu114** agem em etapas específicas do ciclo de *splicing* para motivar rearranjos RNA-RNA e reações de remodelamento de RNP. (Cortesia de Reinhard Lührmann, Max-Planck-Institut für biophysikalische Chemie, Göttingen, Alemanha.)

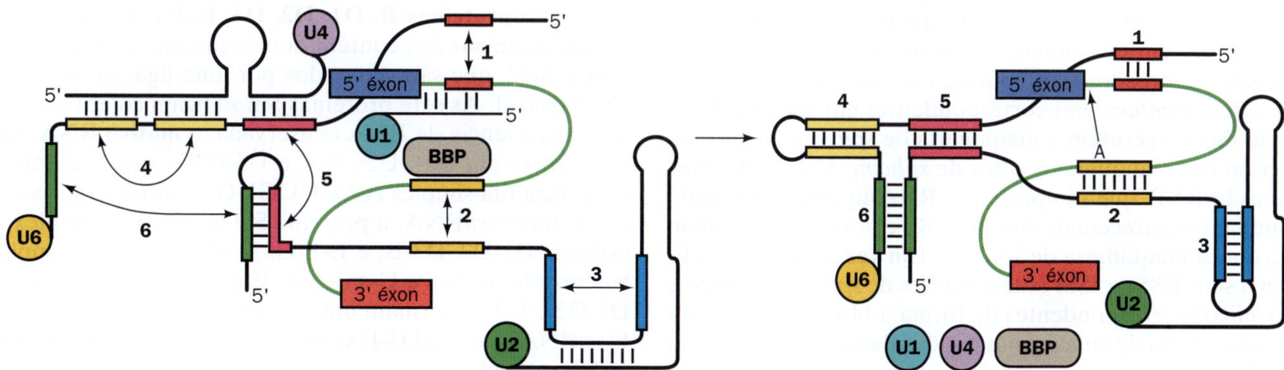

FIGURA 31.60 **Diagrama esquemático de seis rearranjos que o *spliceossomo* sofre durante a mediação da primeira reação de transesterificação no *splicing* do pré-mRNA.** O RNA é colorido em código para indicar segmentos que se tornam base-pareados. As linhas pretas e verdes representam o snRNA e o pré-mRNA, e BBP significa proteína ligante ao ponto de ramificação (de *branch point-binding protein*). U5, que participa na segunda reação de transesterificação, foi omitido para maior clareza. **(1)** A troca de U1 por U6 no pareamento de bases para o sítio de excisão 5′ do íntron. **(2)** A troca de BBP por U2 na ligação ao sítio de ramificação do íntron. **(3)** Rearranjo intramolecular em U2. **(4)** Rompimento do tronco de bases pareadas entre U4 e U6 para formar uma estrutura em haste-alça (*stem-loop*) em U6. **(5)** Rompimento de um segundo tronco entre U4 e U6 para formar o tronco entre U2 e U6. **(6)** Rompimento de uma haste-alça em U2 para formar um segundo tronco entre U2 e U6. A sequência desses rearranjos não é clara. A reação de transesterificação é representada pelas flechas a partir de A no segmento amarelo do pré-mRNA (*painel direito*) até a extremidade 3′ do éxon 5′. (Adaptada de Stanley, J.P., e Guthrie, C., *Cell* **92**, 315 [1998].)

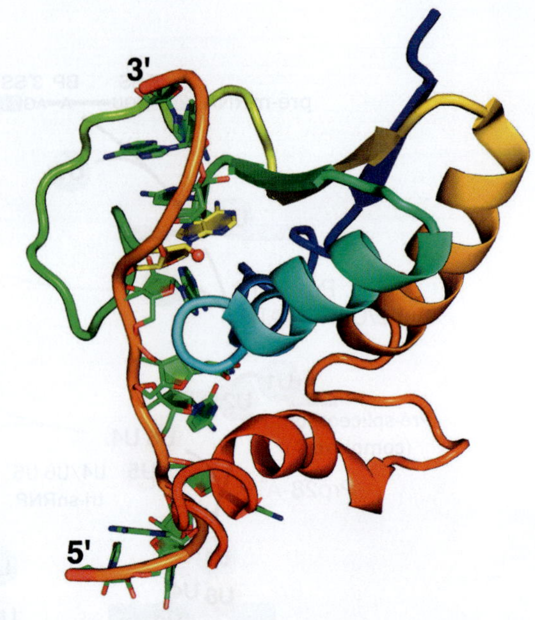

FIGURA 31.61 A estrutura por RM da porção de ligação a mRNA da BBP em complexo com seu RNA-alvo. O RNA de 11 nt contém a sequência 5′-UAUACUA**A**CAA-3′ na qual a sequência do sítio de ramificação de leveduras e vertebrados é sublinhada e o ponto de ramificação A está em negrito. A proteína está desenhada de forma encorpada e colorida na ordem das cores do arco-íris da sua extremidade N-terminal (*azul*) a sua extremidade C-terminal (*vermelha*). O RNA está esboçado na forma de pás com C verde, exceto pelos átomos C do ponto de ramificação A, os quais são amarelos, N azul e O vermelho e com átomos P sucessivos conectados por um bastão cor de laranja. O ponto de ramificação O2′ está representado por uma esfera vermelha pequena. (Com base em uma estrutura por RM de Michael Sattler, European Molecular Biology Laboratory, Heidelberg, Alemanha. PDBid 1K1G.)

enterrado em um vinco revestido de resíduos básicos e alifáticos (Fig. 31.61). A adenosina no ponto de ramificação, cuja mutação abole a ligação a BBP, está profundamente enterrada e se liga à BBP por meio de ligações de hidrogênio que imitam o pareamento de bases Watson-Crick com a uracila.

Outros fatores de *splicing* incluem **proteínas SR** e diversos membros da família de **ribonucleoproteínas nucleares heterogêneas** (**hnRNPs**, de *heterogeneous nuclear ribonucleoproteins*). Cada proteína SR tem um ou mais RRMs (de *RNA recognition motifs,* motivos de reconhecimento de RNA) próximo a sua extremidade N-terminal e um **domínio RS** distinto C-terminal que contém numerosas repetições Ser-Arg (SR) e que participa em interações proteína-proteína. Proteínas SR, quando adequadamente fosforiladas em seus domínios RS, ligam-se especificamente a seus reforçadores de *splicing* exônicos (ESEs, de *exonic splicing enhancers*) correspondentes em seus RRMs e desse modo recrutam a maquinaria de *splicing* ao sítio de excisão que flanqueia os sítios de *splicing* 5′ e 3′. As proteínas hnRNP, que são proteínas RNA-ligantes altamente abundantes, carecem de domínios RS e por isso não podem recrutar a maquinaria de *splicing*. Em vez disto, elas se ligam a seus ESSs e ISSs (silenciadores de *splicing* exônico e intrônico) correspondentes de forma a bloquear a ligação da maquinaria de *splicing* nas regiões flanqueadoras dos sítios de excisão.

Uma interpretação simplista da Fig. 31.53 sugere que qualquer sítio de excisão 5′ pode ser unido com qualquer sítio de excisão 3′ seguinte, eliminando assim todos os éxons intervenientes juntamente com os íntrons que os unem. Porém, tal **salto de éxons** normalmente não ocorre (ver a seguir). Mais propriamente, todos os íntrons de um pré-mRNA são individualmente excisados no que parece ser uma ordem basicamente fixa que procede mais ou menos na direção 5′ → 3′. Isso ocorre, ao menos em parte, porque o *splicing* ocorre cotranscricionalmente (Fig. 31.58). Assim, conforme um éxon recentemente sintetizado emerge de uma RNAP II, ele é ligado por fatores de *splicing* que também são ligados aos CTDs altamente fosforilados da RNAP II (CTD; Seção 31.2E). Isso amarra o éxon e seu *spliceossomo* associado ao CTD de forma a garantir que o *splicing* ocorra quando o próximo éxon emergir da RNAP II.

j. Estruturas spliceossômicas

Todas as quatro snRNPs envolvidas no *splicing* do pré-mRNA contêm a mesma assim chamada **proteína central snRNP**, que consiste em sete **proteínas Sm** (assim chamadas porque reagem com auto anticorpos do sorotipo Sm de pacientes com lúpus eritematoso sistêmico), que são nomeadas **proteínas B, D1, D2, D3, E, F** e **G**. Cada uma dessas proteínas Sm contém dois segmentos conservados, Sm1 e Sm2, que são separados por uma ligação de tamanho variável. As sete proteínas Sm se ligam coletivamente a uma sequência de RNA conservada, o **motivo RNA Sm**, que ocorre em U1-, U2-, U4. e U5-snRNAs e que tem a sequência fita simples AAUUUGUG. Contudo, na ausência de um U-snRNA, a proteína Sm forma três complexos estáveis D1-D2 D3-B, e E-F-G. Nenhum desses complexos sozinho se liga a U-snRNA. Entretanto, os complexos D1-D2 e E-F-G formam um subcentro snRNP estável com U-snRNA, ao qual D3-B se liga para formar o **domínio central Sm** completo.

As estruturas por raios X dos heterodímeros D3-B e D1-D2, determinadas por Reinhard Lührmann e Kiyoshi Nagai, revelam que essas quatro proteínas compartilham o mesmo dobramento que consiste em uma hélice N-terminal seguida por uma lâmina β de 5 fitas trançadas antiparalelamente que é fortemente curvada de maneira a formar um núcleo hidrofóbico (Fig. 31.62*a*). As subunidades de ambos os dímeros se associam de uma maneira similar com as fitas β5 de D3 e D1 se ligando às fitas β4 de B e D2, respectiva-

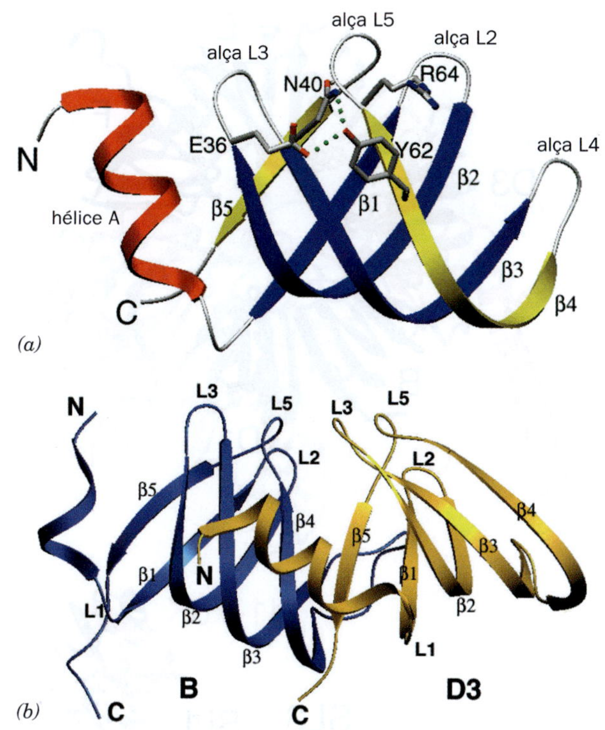

FIGURA 31.62 Estrutura por raios X de proteínas Sm. (*a*) A estrutura da proteína D3. A hélice N-terminal e as fitas β de seu domínio Sm1 estão em vermelho e azul e as fitas β de seu domínio Sm2 estão em amarelo. As proteínas Sm B, D1 e D2 têm estruturas similares com seus laços L4 e segmentos N-terminais, incluindo a hélice A, compreendendo suas porções mais variáveis. Diversos resíduos altamente conservados estão mostrados na forma de bastões (com C cinza, N azul e O vermelho), e uma rede de ligações de hidrogênio conservada é representada por linhas tracejadas verdes. (*b*) O dímero D3-B com D3 dourado e B azul. A fita β5 de D3 associada com a fita β4 de B para formar superfícies planas β antiparalelas contínuas. Note que seus laços correspondentes estendem-se em direções similares. (Cortesia de Kiyoshi Nagai, MRC Laboratory of Molecular Biology, Cambridge, Reino Unido. PDBid 1D3B.)

mente, de forma a juntar suas lâminas β (Fig. 31.62*b*). Isto, juntamente com experimentos bioquímicos e mutagênicos indicam que as proteínas Sm formam um anel hetero-heptamérico fechado cujas subunidades estão arranjadas na ordem –B–D3–G–E–F–D2–D1. Esse modelo é corroborado pela estrutura por raios X da proteína semelhante a Sm da arqueobactéria hipertermófila *Pyrobaculum aerophilum*, determinada por David Eisenberg, que forma um anel homo-heptamérico que é estruturalmente similar ao modelo hetero-heptamérico. Essa estrutura também suporta a hipótese que as sete proteínas Sm eucarióticas se originam por uma série de duplicações de um antigo gene codificador da proteína semelhante a Sm.

U1-snRNP de mamíferos consiste em U1-snRNA e dez proteínas, as sete proteínas Sm que são comuns a todas U-snRNPs, além de três que são específicas à U1-snRNP: **U1-70K**, **U1-A** e **U1-C** (437, 282 e 159 resíduos, respectivamente, em humanos). A estrutura secundária predita do U1-snRNA de 165 nt contém cinco suportes dupla hélice, quatro dos quais se reúnem em uma junção em 4 (Fig. 31.63*a*). U1-70K e U1-A ligam-se diretamente aos laços I e II do suporte do RNA (SL1 e SL2), respectivamente, enquanto U1-C é ligado por outras proteínas.

Nagai determinou a estrutura por raios X da U1 snRNP de humanos a uma resolução de 5,5 Å. Nesta baixa resolução os sulcos maiores e menores dos troncos fita dupla do RNA são visíveis. Além disso, as hélices e folhas das proteínas estão aparentes, o que permite a localização dos dobramentos de estrutura conhecida da proteína. SL2 da U1-snRNA foi alterada e encurtada para promover a cristalização. Isto eliminou o sítio de ligação para U1-A. Entretanto, U1 snRNP no qual U1-A está ausente é ativa em ensaios de *splicing*.

SL1 e SL2 estão empilhadas coaxialmente assim como SL3 e a hélice H, e estas duas hélices empilhadas se cruzam em um ângulo de ~90°. As proteínas Sm formam o anel heptamérico predito, que possui ~70 Å de diâmetro (Fig. 31.63*b*). O motivo Sm do RNA juntamente com SL4 estão amarrados através do canal central em forma de funil do anel de forma que o motivo Sm do RNA interage com as proteínas Sm (Fig. 31.63*c*). U1-C se associa com o anel Sm por meio de uma interação entre seu domínio dedos de zinco (*zinc finger*) e a subunidade D3 (Fig. 31.63*c*). Um RRM no segmento C-terminal de U1-70K interage com a alça de SL1 e este segmento N-terminal da proteína está pendurado sobre a face externa do anel Sm.

Acidentalmente, as extremidades 5′ de dois U1-snRNAs vizinhos no cristal formam um segmento de dupla hélice. Uma vez que, no *spliceossomo*, a extremidade 5′ do U1-snRNA forma pares de base com o sítio de *splice* 5′ do pré--RNA (Fig. 31.60), esta interação fornece um modelo de como o *spliceossomo* reconhce o sítio de *splice* 5′. O domínio dedos de zinco de U1-C interage com esta dupla hélice (lado esquerdo da Fig. 31.63*c*) e presumivelmente a estabiliza. Isto é consistente com as observações de que mutantes de U1-C nesta região não podem iniciar a formação do *spliceossomo* (a primeira reação na Fig. 31.59).

Dificuldades em obter preparações homogêneas de subconjuntos spliceossômicos e suas baixas estabilidades impediram sua cristalização e limitaram a resolução de suas imagens baseadas em crio- ME. Contudo, as estruturas baseadas em crio-ME de uma variedade de componentes spliceossômicos tem sido relatada. Por exemplo, a estrutura de resolução de ~40 Å do complexo B humano após ter sido liberado do U1-snRNP, mas antes de ter sido liberado de U4.snRNP (Fig. 31.59) foi determinada por Lührmann e Holger Stark

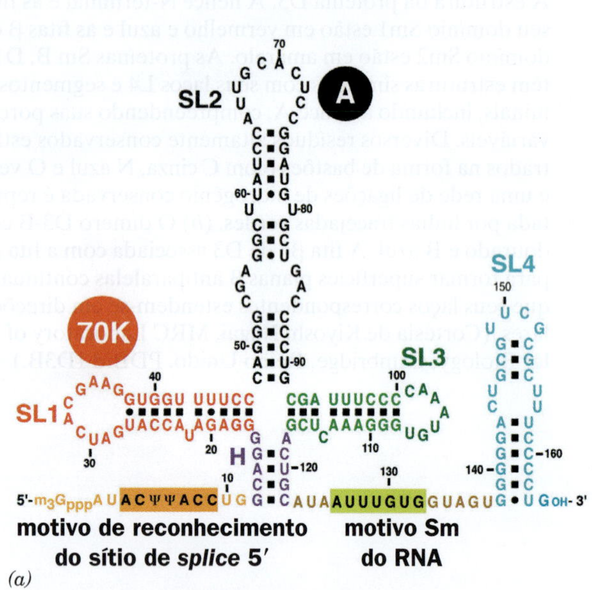

FIGURA 31.63 Estrutura por raios X da U1-snRNP humana. (*a*) A estrutura secundária predita de U1-snRNA com os segmentos de RNA nas quais as proteínas U1-70K e U1-A se ligam ao RNA indicadas. Ψ é o símbolo para resíduos de pseudouridinas (Seção 30.5Be). (*b*) Vista da estrutura por raios X ao longo do eixo do anel Sm. As proteínas estão desenhadas em forma de fita em diferentes cores e o RNA está mostrado na forma de pás em cinza. SL4 foi deletado para maior clareza. As esferas amarelas representam átomos de selênio nos resíduos selenoMet (Met com seus átomos S substituídos por Se), os quais foram mutagenicamente inseridos na proteína a fim de auxiliar na resolução da estrutura. Suas posições conhecidas nas cadeias polipeptídicas ajudam a traçar as rotas dos polipeptídeos. (*c*) A estrutura como vista de cima na Parte *a*. O íon Zn^{2+} ligado ao motivo dedos de zinco do U1-C está representado por uma esfera verde. (Parte *a* modificada de um desenho de, e Parte *b* e *c* cortesia de Kiyoshi Nagai, MRC, Laboratory of Molecular Biology, Cambridge, Reino Unido, PDBid 3CW1.)

(Fig. 31.64). Esta partícula de 370 × 270 × 170 Å, a qual foi nomeada BΔU1, tem um corpo aproximadamente triangular conectado a um domínio cabeça. Outros componentes do *spliceossomo* são igualmente irregulares.

k. A importância do *splicing* gênico

A análise da grande maioria de sequências de DNA conhecidas revela que íntrons são raros em genes estruturais procarióticos, incomuns em eucariotos inferiores como as leveduras (que têm um total de 239 íntrons em seus ~6.600 genes e, com duas exceções, somente um íntron por polipeptídeo), e abundantes em eucariotos superiores (genes estruturais conhecidos de vertebrados sem íntrons são somente aqueles codificadores de histonas e de proteínas antivirais conhecidas como interférons). Íntrons de pré-mRNA, como visto, podem ser muito longos e muitos genes contêm um grande número deles. Consequentemente, sequências não expressas constituem ~80% de um gene estrutural típico de vertebrado e ~99% de alguns deles.

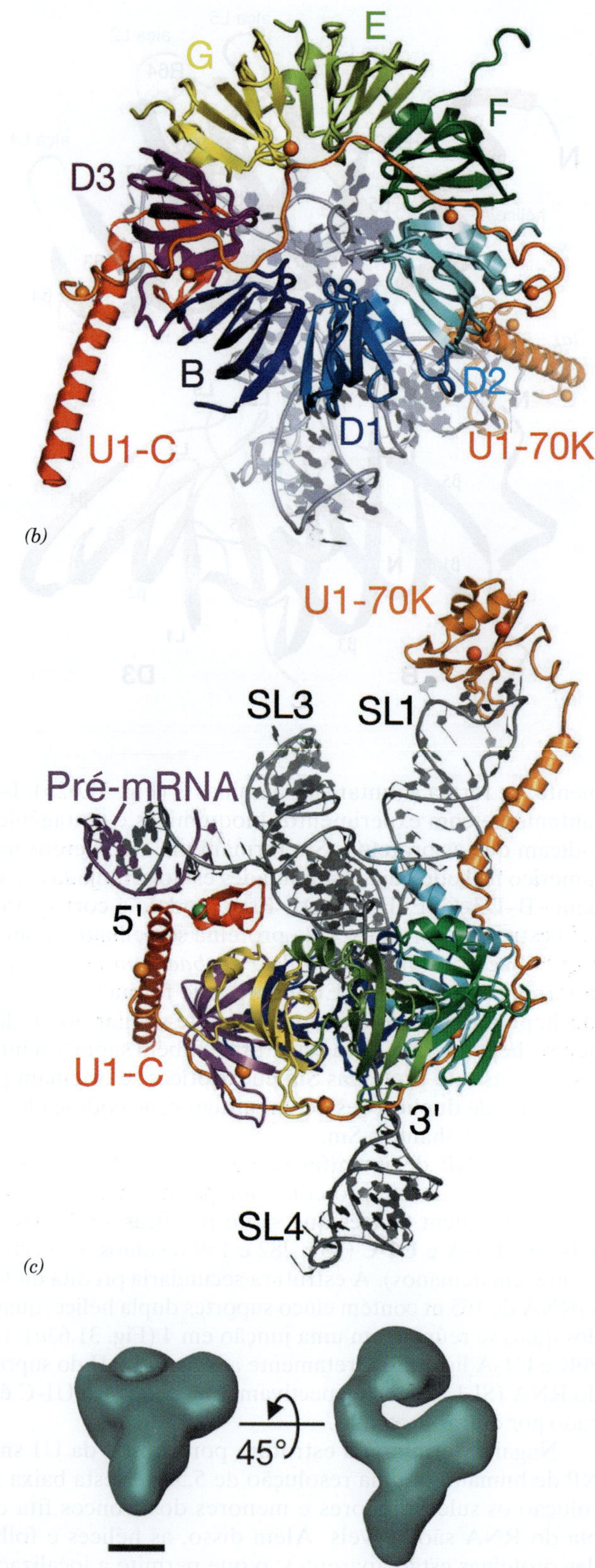

FIGURA 31.64 Estrutura baseada em crio-ME do *spliceossomo* humano em seu estágio BΔU1 de associação/desassociação a uma resolução de 40 Å. A barra representa 100 Å. (Cortesia de Holger Stark, Max-Planck Institute for Biophysical Chemistry, Göttingen, Alemanha.)

O argumento de que íntrons são apenas parasitas moleculares (**DNA lixo**) parece insustentável, uma vez que seria, então, difícil de racionalizar por que a evolução da complexa maquinaria de *splicing* ofereceu qualquer vantagem seletiva sobre a eliminação dos genes divididos. Qual então é a função do *splicing* de genes? Embora, desde sua descoberta, a importância do *splicing* de genes tenha sido muitas vezes veemente debatida, duas importantes funções para ele têm aparecido: (1) ele é um agente para rápida evolução proteica; e (2) por meio do ***splicing* alternativo**, ele permite que um único gene codifique diversas (ocasionalmente muitas) proteínas que podem ter significativamente diferentes funções. Nos parágrafos seguintes, serão discutidas esses aspectos do *splicing* de genes.

l. Muitas proteínas eucarióticas consistem em módulos que também ocorrem em outras proteínas

O receptor LDL de 839 resíduos é uma proteína da membrana plasmática que tem função de ligar lipoproteínas de baixa densidade (LDL, de *low-density lipoprotein*) a fossas revestidas para o transporte para dentro da célula por meio de endocitose (Seção 12.5Bc). O gene de 45 kb do receptor da LDL contém 18 éxons, a maioria dos quais codificam domínios funcionais específicos da proteína. *Além disso, 13 desses éxons especificam segmentos polipeptídicos que são homólogos aos segmentos de outras proteínas*:

1. Cinco éxons codificam uma sequência de 40 resíduos 7 vezes repetida que ocorre uma vez em **complemento C9** (uma proteína do sistema imune; Seção 35.2F).
2. Três éxons codificam cada um uma repetição de 40 resíduos semelhante à que ocorre quatro vezes no **fator de crescimento epidermal** (**EGF**, de *epidermal growth factor*; Seção 19.3A) e uma vez cada um em três proteínas do sistema coagulante sanguíneo: **fator IX**, **fator X** e **proteína C** (Seção 35.1).
3. Cinco éxons codificam uma sequência de 400 resíduos que é 33% idêntica ao segmento polipeptídico que é compartilhado somente com EGF.

Evidentemente, o gene do receptor LDL é modularmente construído de éxons que também codificam porções de outras proteínas. Numerosas outras proteínas eucarióticas são similarmente constituídas, incluindo, como visto, muitas das proteínas envolvidas em transdução de sinal (p. ex., aquelas contendo domínios SH2 e SH3; Seção 19.3C). Além disso, muitos éxons codificam domínios completos que frequentemente tem funções independentes. *Parece, portanto, que os genes codificadores dessas proteínas modulares surgiram pela compilação gradual de éxons que foram agregados por recombinação (aberrante) entre seus íntrons contíguos.*

m. O *splicing* alternativo aumenta bastante o número de proteínas codificadas por genomas eucarióticos

A expressão de numerosos genes celulares é modulada pela seleção de sítios de excisão alternativos. Assim, certos éxons em um tipo de célula podem ser íntrons em outro. Por exemplo, um único gene de rato codifica sete isoformas tecído-específicas (variantes de excisão) da proteína muscular **α-tropomiosina** (Seção 35.3Ca) pela seleção de sítios de excisão alternativos (Fig. 31.65).

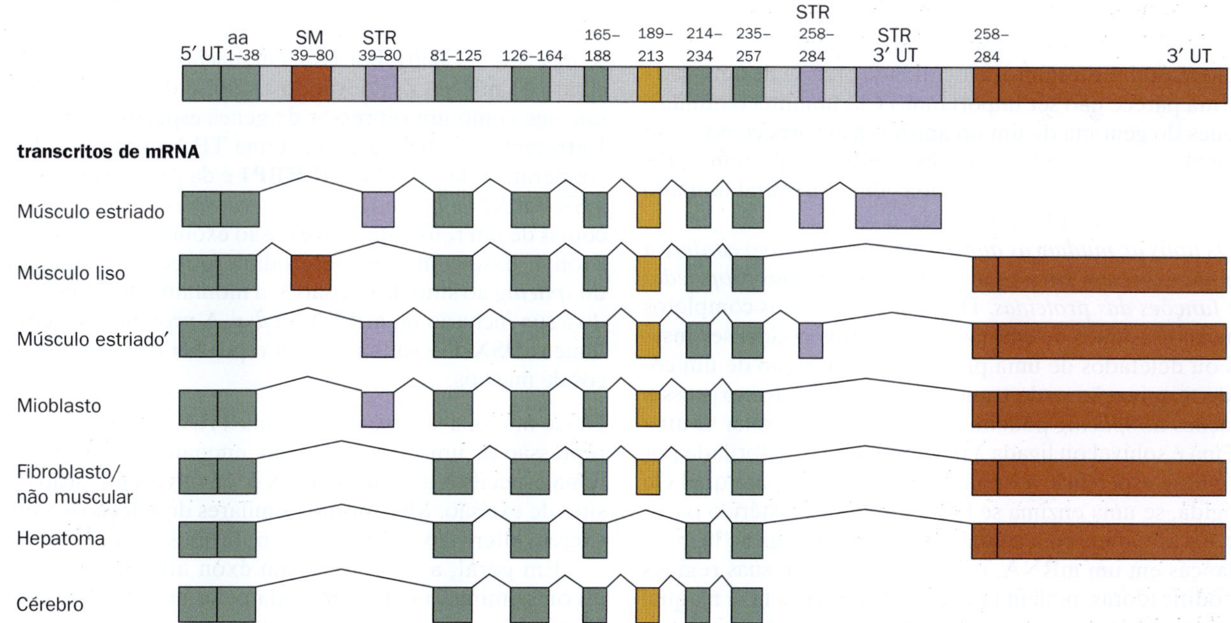

FIGURA 31.65 A organização do gene da α-tropomiosina de rato e as sete vias de *splicing* alternativo que dão origem às isoformas de α-tropomiosina célula-específicas. As linhas finas dobradas indicam as posições ocupadas por íntrons antes de eles serem excisados para formar mRNAs maduros. Éxons tecido-específicos são indicados junto com resíduos de aminoácidos (aa) que eles codificam: éxons "constitutivos" (aqueles expressos em todos os tecidos) estão em verde, aqueles expressos somente em músculo liso (SM, de *smooth muscle*) estão em marrom, aqueles expressos somente em músculo estriado (STR, de *striated muscle*) estão em púrpura e aqueles expressos variavelmente estão em amarelo. Note que os éxons de músculos estriados e lisos codificadores dos resíduos de aminoácidos 39 a 80 são mutuamente exclusivos; do mesmo modo, existem éxons alternativos 3′-não traduzidos (UT, de *untranslated*). (Segundo Breibart, R.E., Andreadis, A., e Nadal-Ginard, B., *Annu. Rev. Biochem.* **56**, 481 [1987].)

O *splicing* alternativo ocorre em todos os metazoários e é especialmente predominante em vertebrados. De fato, comparações baseadas em microarranjos dos cDNAs obtidos de vários tecidos indicam que ~95% dos genes estruturais humanos estão sujeitos a pelo menos um evento de *splicing* alternativo. Isso pondera a discrepância entre os ~23.000 genes identificados no genoma humano (Seção 7.2Bc) e as estimativas anteriores de 50.000 a 140.000 genes estruturais.

A variação nas sequências de mRNA pode adquirir diversas formas diferentes: éxons podem ser conservados em um mRNA ou eles podem ser omitidos; íntrons podem ser excisados ou retidos; e as posições dos sítios de excisão 5′ e 3′ podem ser alteradas para fazer éxons menores ou maiores. Alterações no sítio de iniciação transcricional e/ou sítios de poliadenilação podem também contribuir para a diversidade de mRNAs que são transcritos de um único gene. Em um exemplo particularmente notável, a proteína **Dscam** (de D*own syndrome* c*ell-adhesion* m*olecule*) de *Drosophila*, que age no desenvolvimento neuronal, é codificada por 24 éxons dos quais há 12 variantes mutuamente exclusivas do éxon 4, 48 do éxon 6, 33 do éxon 9 e 2 do éxon 17 (que são, por essa razão, conhecidos como **éxons cassete**), gerando um total de 38.016 possíveis isoformas dessa proteína (comparado aos ~14.000 genes identificados no genoma de *Drosophila*). Embora não se saiba se todas as isoformas possíveis de Dscam são produzidas, evidências experimentais sugerem que o gene *Dscam* expressa muitos milhares delas. (Dscam é uma proteína de superfície celular ancorada à membrana da superfamília de imunoglobulinas. A isoforma específica expressa em um dado neurônio liga a si própria, mas raramente a outras isoformas. Isto permite ao neurônio distinguir seus próprios prolongamentos (axônios e dendritos) daqueles de outros neurônios e desta forma tem um papel essencial no arranjo neural. Entretanto, a identidade precisa de uma dada isoforma parece não ser importante.) Claramente, o número de genes do genoma de um organismo não fornece por si só uma avaliação adequada de sua diversidade de proteínas. De fato, estima-se que, em média, cada gene estrutural humano codifique três diferentes proteínas.

Os tipos de mudanças que o splicing *alternativo confere a proteínas expressas estende-se ao espectro total das propriedades e funções das proteínas.* Domínios funcionais completos ou mesmo resíduos de aminoácidos avulsos podem ser inseridos ou deletados de uma proteína, e a inserção de um códon de terminação pode truncar um polipeptídeo expresso. Variações no *splicing* podem, por exemplo, controlar se uma proteína é solúvel ou ligada à membrana, se é fosforilada por uma cinase específica, a localização subcelular para qual ela é dirigida, se uma enzima se liga a um fator alostérico particular, e a afinidade com a qual um receptor se liga ao ligante. Mudanças em um mRNA, particularmente em suas regiões não codificadoras, podem também influenciar a taxa na qual ele é transcrito e sua suscetibilidade à degradação. Uma vez que a seleção do sítio de excisão alternativo é tanto tecido-específica como estágio do desenvolvimento-específica, a escolha do sítio de excisão deve ser firmemente regulada tanto no tempo como no espaço. De fato, é estimado que de ~15% a 50% das doenças genéticas humanas são causadas por mutações pontuais que resultam em defeitos no *splicing* do pré-mRNA. Algumas dessas mutações deletam sítios de excisão funcionais, ativando assim **sítios de excisão ocultos vizinhos**. Outras geram novos sítios de excisão que são usados no lugar dos normais e outros ainda são em genes que codificam componentes da maquinaria de *splicing*. Em adição, a progressão de tumores é correlacionada com mudanças nos níveis de proteínas implicadas na seleção de sítios de excisão alternativa.

Como são selecionados os sítios de excisão alternativa? Exemplos bem compreendidos de tais processos ocorrem na rota responsável pela determinação do sexo em *Drosophila*, dois dos quais são discutidos aqui:

1. O éxon 2 do pré-mRNA *transformador (tra)* contém dois sítios de excisão alternativos 3′ (que sucedem o íntron excisado), com o sítio proximal (perto; ao éxon 1) usado em machos e o sítio distal (distante) usado em fêmeas (Fig. 31.66*a*). A região entre esses dois sítios contém um códon de terminação (UAG). Em machos, o fator de *splicing* U2AF liga-se ao sítio de excisão proximal 3′ para produzir um mRNA contendo esse códon de terminação prematuro, que desse modo dirige a síntese de uma proteína **TRA** truncada e consequentemente não funcional. Em fêmeas, porém, o sítio de excisão proximal 3′ é ligado por uma proteína **SXL** fêmea-específica, o produto do gene *sex-lethal (sxl)* (que é somente expresso em fêmeas), de forma a bloquear a ligação de U2AF, que então se liga ao sítio de excisão distal 3′, excisando assim o UAG e induzindo a expressão da proteína TRA funcional (Tanto U2AF quanto TRA contém domínios RS, mas não RRMs de forma que nenhuma é uma proteínas SR).
2. No pré-mRNA *doublesex (dsx)*, os primeiros três éxons são excisados constitutivamente em machos e fêmeas. Entretanto, o sítio de ramificação imediatamente a montante do éxon 4 tem uma região de pirimidinas a qual U2AF não se liga (Fig. 31.66*b*). Por isso, em machos, o éxon 4 não é incluído no mRNA *dsx*, levando à síntese da proteína **DSX-M** que age como um repressor de genes específicos de fêmeas. Entretanto, em fêmeas, a proteína TRA promove a ligação cooperativa da proteína SR **RBP1** e da proteína semelhante à SR **TRA2** (o produto do gene *transformer 2 [tra-2]*) a seis cópias de um reforçador de excisão exônico (ESE) dentro do éxon 4. Esse complexo heterodímero recruta a maquinaria do *splicing* ao sítio de excisão 3′ a montante do éxon 4, levando à sua inclusão no mRNA de *dsx*. A proteína específica de fêmeas **DSX-F** resultante é um repressor dos genes específicos de machos.

Desse modo, a síntese da proteína TRA funcional envolve a repressão de um sítio de excisão, enquanto a síntese da proteína específica de fêmeas DSX-F envolve a ativação de um sítio de excisão. Mecanismos similares de seleção do sítio de excisão alternativo têm sido identificados em vertebrados.

Em geral, a decisão se um éxon alternativo é mantido ou eliminado é determinada pelas atividades e concentrações de seus vários reguladores, muitos dos quais são proteínas SR e hnRNPs. Dessa forma, a expressão tecido-específica desses reguladores e o estado de fosforilação das proteínas SR são contribuições importantes para a complexa regulação do *splicing* de mRNA. Além disso, extensas análises das sequências de numerosos sítios de excisão alternativos tem revelado a existência de um "código de *splicing*" que utiliza combinações de mais de 200 carac-

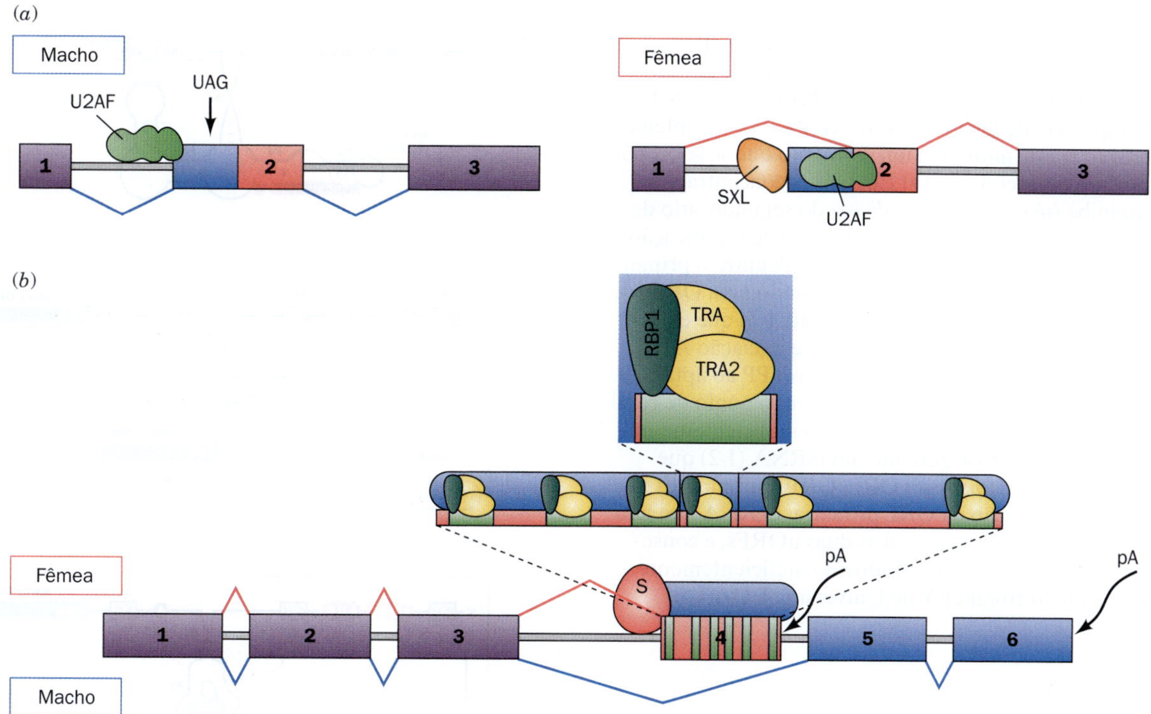

FIGURA 31.66 **Mecanismo da seleção do sítio de excisão alternativo na via de determinação do sexo de *Drosophila*, como descrito no texto.** Em todos os quadros, os éxons estão representados por retângulos coloridos e os íntrons estão demonstrados como linhas cinza opacas. (*a*) *Splicing* alternativo no pré-mRNA *tra*. UAG é o códon de Terminação. (*b*) *Splicing* alternativo do pré-mRNA *dsx*. Os seis ESEs (reforçadores de excisão exônica) no éxon 4 estão indicados por retângulos verdes e S representa a maquinaria de *splicing*. Em fêmeas, a poliadenilação (pA) do mRNA *dsx* ocorre a jusante do éxon 4, enquanto, em machos, ela ocorre a montante do éxon 6. (Segundo um desenho de Maniatis, T, e Tasic, B., *Nature* **418**, 236 [2002].)

terísticas do RNA que estão presentes tanto em íntrons como em éxons e que são reconhecidas pelos reguladores já mencionados.

Os *riboswitches* tem sido implicados no controle do *splicing* alternativo de eucariotos. Por exemplo, como Breaker demonstrou, no gene *NMT1* do bolor do pão *Neurospora crassa* [o qual expressa uma enzima que participa no metabolismo de TPP (Tiamina Pirofosfato)], o *riboswitch* sensor de TPP está contido em um íntron que está localizado a montante do códon de iniciação da tradução AUG normal do mRNA. Este íntron contém um sítio de excisão 3′ e dois sítios de excisão 5′ com dois códons de iniciação AUG entre eles. Quando a concentração de TPP é baixa, de forma que ele não se liga ao *riboswitch*, uma fita do segmento P4.P5 do *riboswitch* pareia com o segundo (a jusante) sítio de *splice* inativando-o (Fig. 31.67*a*). O *spliceossomo*, então excisa de maneira eficiente o íntron inteiro gerando um mRNA que é prontamente traduzido (I-3; Fig. 31.67*b*). Entretanto, quando a concentração de TPP é alta, de forma que ele se liga ao *riboswitch*, o *riboswitch* assume uma conformação que ativa o segundo sítio de excisão, mas obstrui o ponto de ramificação A (Fig. 31.67*c*). Consequentemente, o *spliceossomo* excisa ineficientemente apenas a porção a jusante do íntron. Os dois códons AUG a montante, os quais estão presentes tanto no mRNA que não sofreu *splicing* (I-1) como no que sofreu *splicing* contendo apenas a porção a montante do íntron (I-2), competem pelos ribossomos com o códon de iniciação AUG normal e desta forma há repressão da tradução do mRNA (Fig. 31.67*c*).

n. Íntrons AU-AC são excisados por um novo *spliceossomo*

Uma pequena fração de íntrons (~0,3%) possui AU no lugar de GU em suas extremidades 5′ e AC no lugar de AG em suas extremidades 3′, mas são contudo excisados por meio de uma estrutura em laço para um íntron interno A. Esses assim chamados **íntrons AU–AC** (alternativamente, **íntrons AT–AC** conforme sua sequência de DNA), que ocorrem em organismos tão diversos quanto *Drosophila*, plantas e humanos, são excisados por um novo ***spliceossomo* AU–AC** (alternativamente, um ***spliceossomo* AT–AC**) que possui uma snRNP, U5, em comum com o principal *spliceossomo* (GU–AG), e três outras, **U11**, **U12** e **U4atac–U6atac**, que são distintas, mas estrutural e funcionalmente análogas a U1, U2 e U4–U6. Curiosamente, todos genes conhecidos por conter íntrons AU–AC também contêm múltiplos íntrons de classes maiores. Além disso, íntrons AU–AC não são conservados em tamanho ou posição em seus genes hospedeiros. Portanto, a importância funcional e evolutiva de *spliceossomos* e íntrons AU–AC é obscura.

o. *Trans-Splicing*

Os tipos de *splicing* até agora considerados ocorrem dentro de uma única molécula de RNA e por isso são conhe-

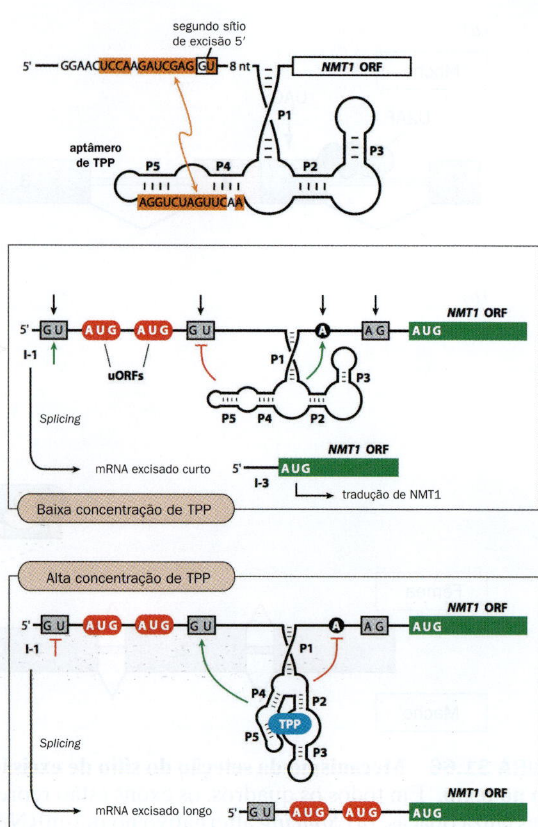

FIGURA 31.67 Controle da tradução pelo *riboswitch* sensor de TPP de *Neurospora crassa* por meio de *splicing* alternativo. (*a*) A estrutura secundária predita para o aptâmero de TPP, o qual reside na região 5′ não traduzida do mRNA *NMT1*. A sequência de uma fita do tronco P4-P5 é complementar (*sombreado cor de laranja*) a um segmento que se sobrepõe ao segundo sítio de excisão 5′. (*b*) Em baixas concentrações, o aptâmero inibe (*tê vermelho*) o *splicing* do segundo sítio de excisão 5′ enquanto ativa (*seta verde*) o ponto de ramificação A, de forma que o spliceossomo excisa o RNA entre o primeiro sítio de excisão 5′ e o sítio de excisão 3′ gerando uma ORF (de *open reading frame* – trecho de leitura aberta; I-3) que é normalmente traduzida a partir de seu códon de iniciação AUG. Em altas concentrações de TPP, a ligação do TPP ao aptâmero ativa o segundo sítio de excisão 5′ mas obstrui o ponto de ramificação A. O *spliceossomo*, portanto, excisa ineficientemente a porção a jusante do íntron gerando um mRNA (I-2) que contém duas uORF (de *upstream* ORF, ORF a montante) que competem com a tradução da ORF primária. O RNA que não sofreu *splicing* (I-1) também possui as duas uORFs, e consequentemente é da mesma forma traduzido ineficientemente. (Cortesia de Ronald Breaker, Yale University, EUA.)

cidos como ***cis-splicing***. A química da reação *cis-splicing*, entretanto, é a mesma que ocorreria se os dois éxons ligados inicialmente residissem em duas moléculas diferentes de RNA, um processo chamado ***trans-splicing***. Isso, de fato, ocorre em tripanossomos (protozoário cinetoplastídeo; a causa da doença africana do sono). Todos mRNAs tripanossomais têm a mesma sequência líder não codificadora de 35 nt, embora essa sequência líder não esteja presente em genes correspondentes. Mais propriamente, essa sequência é parte de um assim chamado **RNA líder processado** (**SL**, de *spliced leader*) que é transcrito de um gene independente. O sítio de excisão 5′ que sucede a sequência líder do RNA SL, e o sítio de ramificação e o sítio de excisão 3′ que precede a sequência do éxon têm a mesma sequência consenso como ocorre em RNAs processados pelo *spliceossomo* principal. Consequentemente, o RNA SL líder e o pré-mRNA são unidos em uma reação *trans-splicing* que se assemelha à reação *cis-splicing* (Fig. 31.53) com a exceção de que o produto da primeira reação de transesterificação é necessariamente em forma de Y e não na forma de laço (Fig. 31.68). Tripanossomos, cujos pré-mRNAs carecem de íntrons, todavia, possuem U2- e U4–U6-snRNPs, mas carecem de U1- e U5-snRNPs. Entretanto, o RNA SL, que se espera se dobrar em três laços principais e um motivo tipo RNA Sm de fita simples como U1-snRNA (Fig. 31.63*a*), aparentemente efetua as funções de U1-snRNA em reações *trans-splicing*.

Foi demonstrada a ocorrência de *trans-splicing* em nematoides (nematelmintos; p. ex., *C. elegans*) e platelmintos. Esses organismos também efetuam *cis-splicing* e, de fato, realizam ambos tipos de *splicing* sobre o mesmo pré-mRNA. Há também diversos relatos de que o *trans-splicing* ocorre em eucariotos superiores, tais como *Drosophila* e vertebrados, mas, se ele realmente ocorre, o faz em somente poucos pré-mRNAs e em níveis muito baixos.

p. O mRNA é metilado em certos resíduos adenilados

Durante ou logo após a síntese de pré-mRNAs de vertebrados, ~0,1% de seus resíduos A são metilados em seus átomos N6. Essas m^6A tendem a ocorrer na sequência RRm^6ACX, onde X raramente é G. Apesar da importância funcional desses As metilados ser desconhecida, deve-se notar que grande fração deles é componente do mRNA maduro correspondente.

q. O RNA pode ser editado pela inserção ou deleção de nucleotídeos específicos

Tem sido verificado que certos mRNAs de uma variedade de organismos eucarióticos diferem de seus genes correspondentes em diversas maneiras inesperadas, incluindo mudanças de C → U e U → C, a inserção ou deleção de resíduos U, e a inserção de múltiplos resíduos G ou C. O exemplo mais extremo desse fenômeno, que ocorre em mitocôndrias de tripanossomos (cujo DNA codifica somente 20 genes), envolve a adição e a remoção de até centenas de

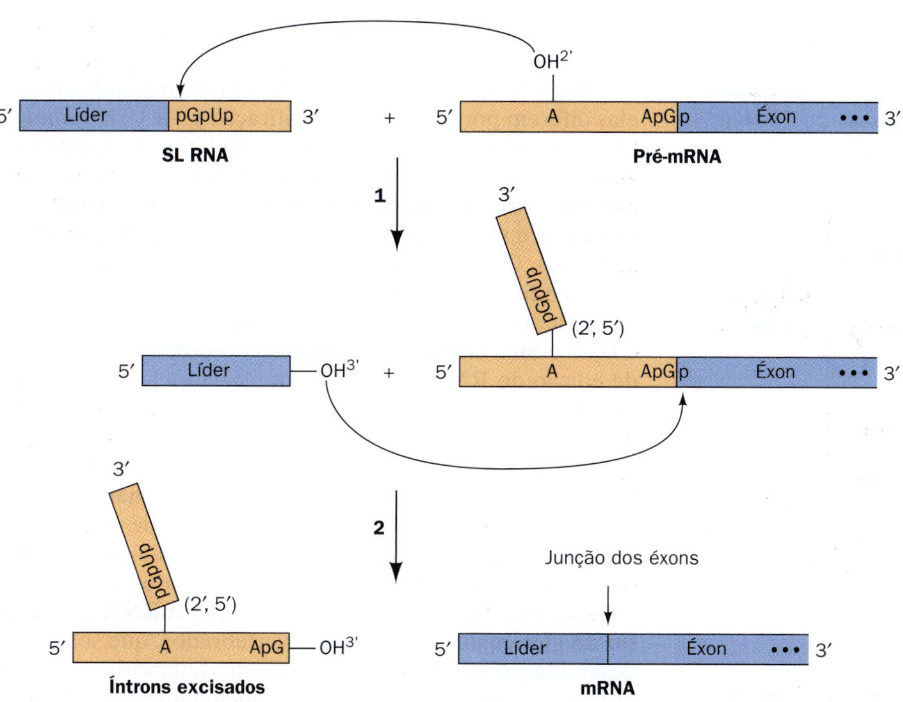

FIGURA 31.68 A sequência da reação de transesterificação que ocorre no *trans-splicing*. A química é muito semelhante à do *cis-splicing* de pré-mRNA (Fig. 31.53).

Us em 12 mRNAs que de outra forma não seriam traduzidos. O processo por meio do qual o transcrito é alterado dessa maneira é chamado de **edição do RNA**, porque originalmente parecia que as reações enzimáticas necessárias ocorriam sem o controle do molde de ácidos nucleicos e por isso violavam o dogma central da biologia molecular (Fig. 5.21). Eventualmente, porém, uma nova classe de transcritos mitocondriais de tripanossomos chamados **RNAs-guia (gRNAs)** foram identificados. Os gRNAs, que consistem em 40 a 80 nucleotídeos, têm caudas oligo(U) 3′, um segmento interno que é precisamente complementar à porção editada do mRNA pré-editado (se G · U pareiam, como é comum em RNAs, são aceitos como complementares), e uma assim chamada sequência âncora de 10 a 15 nt próxima à extremidade 5′ que é em grande parte complementar no sentido Watson-Crick a um segmento de mRNA que não é editado.

Um transcrito não editado presumivelmente associa-se ao gRNA correspondente por meio de sua sequência âncora (Fig. 31.69). Então, em um processo mediado pela maquinaria enzimática apropriada em uma RNP de ~20S nomeada de **editossomo**, o segmento interno do gRNA é usado como um molde para "corrigir" o transcrito, produzindo assim o mRNA editado. Inserções de edição requerem pelo menos três atividades enzimáticas que, um pouco surpreendentemente, são codificadas por genes nucleares (Fig. 31.70*a*): (1) uma endonuclease em uma porção mal-pareada entre o gRNA e o mRNA pré-editado para clivar o mRNA pré-edi-

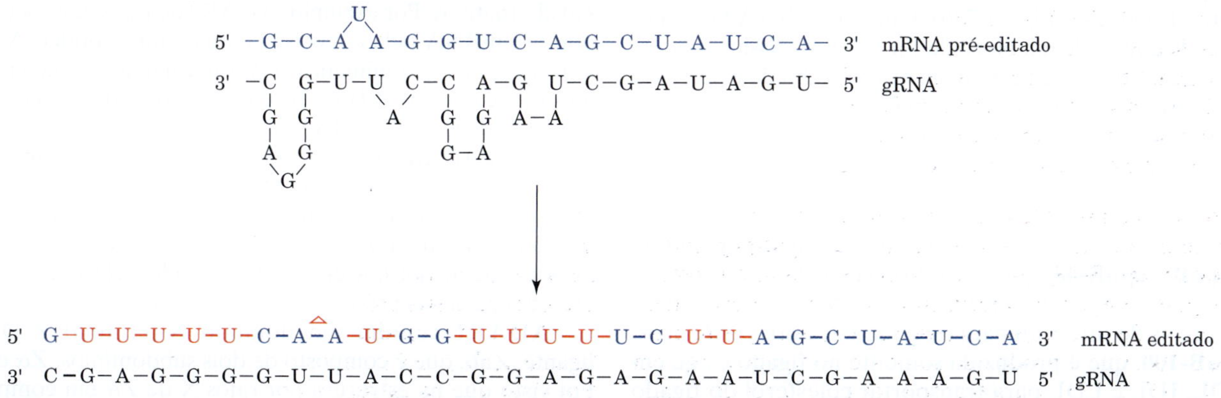

```
              U
             / \
5' -G-C-A   A-G-G-U-C-A-G-C-U-A-U-C-A- 3'  mRNA pré-editado
3' -C  G-U-U  C-C  A-G  U-C-G-A-U-A-G-U- 5'  gRNA
    |  |     \ /   |  |  |
    G  G      A    G  G  A-A
    |  |           |  |
    A  G           G-A
     \ /
      G

                    ↓

5' G-U-U-U-U-U-C-A-A-U-G-G-U-U-U-U-U-C-U-U-A-G-C-U-A-U-C-A 3'  mRNA editado
3' C-G-A-G-G-G-G-U-U-A-C-C-G-G-A-G-A-G-A-A-U-C-G-A-A-A-G-U 5'  gRNA
```

FIGURA 31.69 Um diagrama esquemático indicando como gRNAs dirigem a edição de mRNAs tripanossomais pré-editados. Os Us vermelhos no mRNA editado são inserções e o triângulo (Δ) marca uma deleção. Diversos gRNAs podem ser necessários para dirigir a edição de segmentos consecutivos de um mRNA pré-editado. (Segundo Bass, B.L., *in* Gesterland, R.F., e Atkins, J.F. (Eds.), *The RNA World*, p. 387, Cold Spring Harbor Laboratory Press [1993].)

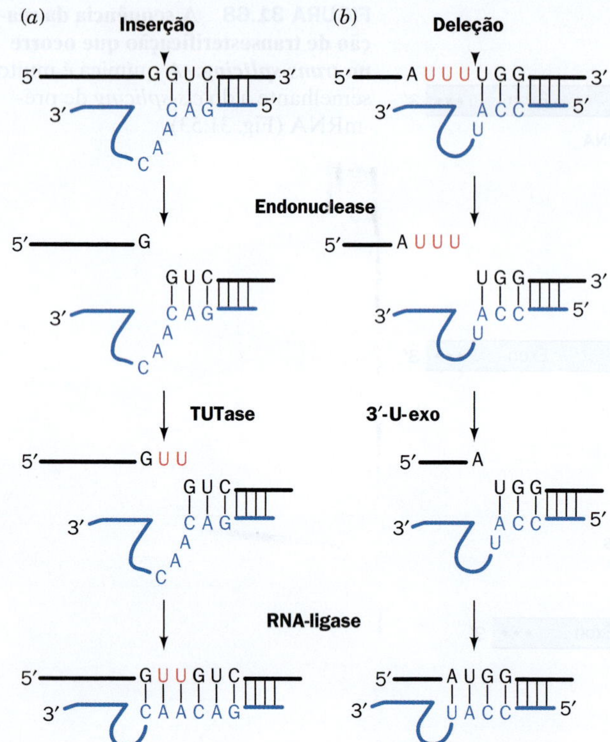

FIGURA 31.70 Vias de edição do RNA de tripanossomo. Os RNAs sendo editados (*preto*) estão demonstrados com as bases pareadas aos gRNAs (*azul*) com os Us que são (*a*) inseridos pela TUTase ou (*b*) deletados pela 3′-U-exo esboçados em vermelho. As setas indicam as posições que são clivadas pela endonuclease. (Segundo Madison-Antenucci, S., Grams, J., e Hajduk, S.L., *Cell* **108**, 435 [2002].)

tado no lado 5′ do ponto de inserção; (2) **uridiltransferase terminal** (**TUTase**, de *terminal uridyltransferase*) para inserir novo(s) U(s); e (3) uma **RNA-ligase** para religar o RNA. Deleções requerem um aparato enzimático similar com a exceção de que a endonuclease cliva o RNA sendo editado no lado 3′ do(s) U(s) a ser(em) deletado(s) e a TUTase é substituída pela **3′-U-exonuclease** (**3′-U-exo**), que excisa o(s) U(s) no sítio de deleção (Fig. 31.70*b*). Um único gRNA faz a mediação da edição de um bloco de 1 a 10 sítios. Assim, a informação genética especificando um mRNA editado é derivada de dois ou mais genes. A vantagem funcional desse complicado processo, tanto no presente como mais provavelmente em alguns organismos ancestrais, é desconhecida.

r. O RNA pode ser editado por desaminação de base

Os humanos expressam duas formas de **apolipoproteína B** (**apoB**): **apoB-48**, que é produzida somente no intestino delgado e age em quilomicrons para transportar triacilgliceróis do intestino para o fígado e tecidos periféricos; e **apoB-100**, que é produzida somente no fígado e age em VLDL, IDL e LDL para transportar colesterol do fígado para os tecidos periféricos (Seções 12.5A e 12.5B). ApoB-100 é uma enorme proteína de 4.536 resíduos, enquanto apoB-48 consiste nos 2.152 resíduos N-terminais da apoB-100 e carece assim do CTD da apoB-100 que faz a mediação da ligação do receptor LDL.

Apesar de suas diferenças, apoB-48 e apoB-100 são expressas do mesmo gene. Como isso ocorre? Comparações dos mRNAs codificadores das duas proteínas indicam que elas diferem por uma única modificação C → U: o códon de Gln 2153 (CAA) no mRNA de apoB-100 é, no mRNA de apoB-48, um códon de terminação UAA. A atividade que catalisa essa conversão é uma proteína: ela é destruída por proteases e reagentes específicos de proteínas, mas não por nucleases. Quando o mRNA apoB é sintetizado com [α-^{32}P] CTP, a edição *in vitro* produz um resíduo [^{32}P]UMP exclusivamente no sítio de edição. Evidentemente, a atividade de edição é uma **citidina-desaminase** sítio-específica. Esse tipo de edição do RNA difere em caráter daquele em mitocôndria de tripanossomo, que insere e deleta múltiplos Us nos mRNAs sob o controle dos gRNAs. A edição do mRNA apoB por essa razão pertence a uma diferente classe de edição de RNA que é chamada **edição substitucional**.

Os diversos outros exemplos conhecidos de edição substitucional dos pré-mRNAs ocorrem todos em pré-RNAs que codificam canais iônicos e receptores acoplados à proteína G em tecido nervoso. Dentre eles está o pré-mRNA do **receptor de glutamato** do cérebro de vertebrados, que sofre uma desaminação A → I (onde I é inosina [guanosina sem seu grupo 2-amino], que o aparato traducional lê como G) que transforma o códon de Gln (CAG) no de um funcionalmente importante Arg (CIG; normalmente CGG). As enzimas de vertebrados que catalisam tal edição de pré-mRNAs A → I, **ADAR1** (1.200 resíduos), **ADAR2** (729 resíduos) e **ADAR3** (739 resíduos; ADAR de *a*denosina *d*esaminase *a*gindo sobre o *R*NA), têm a curiosa necessidade de que seus resíduos A-alvo sejam membros de RNA de duplas hélices que são formadas entre o sítio de edição e uma sequência complementar que em geral está localizada em um íntron a jusante (Fig. 31.71). Por isso, a edição mediada por ADAR deve preceder o *splicing*.

A edição substitucional pode contribuir para a diversidade das proteínas. Por exemplo, o pré-mRNA de *Drosophila cacophony*, que codifica uma subunidade do canal de Ca^{2+} controlado por voltagem, contém 10 diferentes sítios de edição substitucional e, por isso, tem o potencial de gerar 1.000 diferentes isoformas na ausência de *splicing* alternativo.

A edição substitucional pode também gerar sítios de excisão alternativos. Por exemplo, ADAR2 de ratos edita seu próprio pré-mRNA pela conversão de um dinucleotídeo AA do íntron em AI, que mimetiza o AG normalmente encontrado no sítio de excisão 3′ (Fig. 31.53). O novo sítio de excisão resultante adiciona 47 nucleotídeos contíguos à extremidade 5′ do mRNA *ADAR2* de forma a gerar um novo sítio de iniciação traducional. A isoenzima ADAR2 resultante é cataliticamente ativa, mas é produzida em menores quantidades em relação ao transcrito não editado, talvez devido a um sítio de iniciação traducional de menor eficiência. Desse modo, ADAR2 de ratos parece regular sua própria taxa de expressão.

ADAR1 contém um domínio N-terminal Z-DNA-ligante, Zab, que é composto de dois subdomínios, Zα e Zβ. Foi visto que na estrutura por raios X de Zα em complexo com o Z-DNA (Fig. 29.3), Zα liga-se ao Z-DNA por meio de superfícies complementarmente independentes das sequências (Seção 29.1Bb). Qual é a função de Zab? Alexander Rich propôs que, uma vez que a supertorção negativa do DNA imediatamente anterior à RNAP transcrevendo ati-

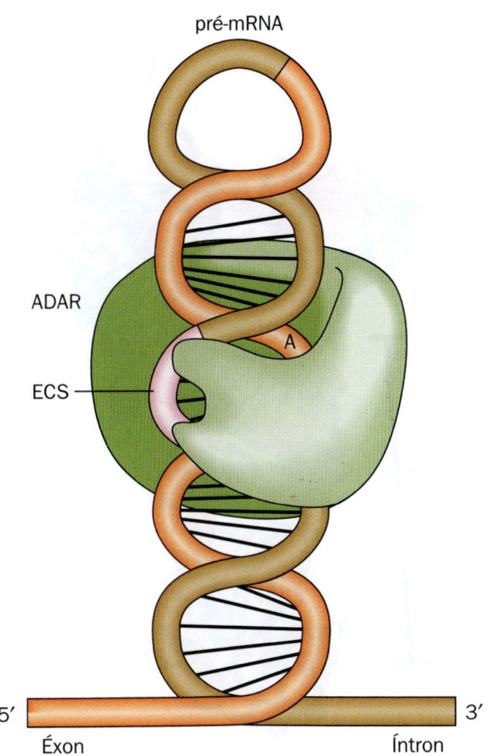

FIGURA 31.71 O reconhecimento do sítio de edição de ADAR. Ambas ADAR1 e ADAR2 ligam-se a um dsRNA de 9 a 15 pb que é formado entre um sítio de edição (*cor de laranja*) de um éxon do pré-mRNA e a assim chamada **sequência complementar do sítio de edição** (**ECS**; *cor-de-rosa*) que é muitas vezes localizada no íntron a jusante (*marrom*). "A" representa a adenosina que ADAR (*verde*) converte em inosina. (Segundo Keegan, L.P., Gallo, A., e O'Connell, M.A., *Nature Rev. Genet.* **2**, 869 [2001].)

vamente (Seção 31.2C) estimula a formação transitória de Z-DNA (recorde que Z-DNA tem uma hélice canhota), Zab recruta ADAR1 para genes que estão sofrendo transcrição. Isso pode facilitar a rápida edição A → I, que deve ocorrer antes da próxima reação de *splicing*.

s. Interferência por RNA degrada mRNAs

Desde os anos 90 tem tornando-se claro de modo crescente que RNAs não codificadores podem ter um papel importante no controle da expressão de genes. Uma das primeiras indicações desse fenômeno ocorreu com a tentativa de Richard Jorgensen em construir geneticamente petúnias mais vivamente púrpuras pela introdução de cópias extras do gene que dirige a síntese do pigmento púrpura. Surpreendentemente, as plantas transgênicas resultantes tiveram flores variegadas e muitas vezes totalmente brancas. Aparentemente, os genes responsáveis pela cor púrpura de algum modo "desligaram" uns aos outros. Similarmente, é bem conhecido que **RNA antissenso** (RNA que é complementar a pelo menos uma porção de um RNA) impede a tradução do mRNA correspondente porque ribossomos não podem traduzir RNA de fita dupla. Contudo, injetando **RNA senso** (RNA que tem a mesma sequência que um mRNA) no nematoide *Caenorhabditis elegans* também bloqueia a produção de proteínas. Visto que a adição do RNA de alguma forma interfere com a expressão de genes, esse fenômeno é conhecido como **interferência por RNA** (**RNAi**). Hoje se sabe que RNAi ocorre em todos eucariotos investigados exceto em leveduras do pão.

O mecanismo de RNAi começou a ser esclarecido em 1998 quando Andrew Fire e Craig Mello mostraram que RNA fita dupla (**dsRNA**) era substancialmente mais efetivo em causar RNAi em *C. elegans* que suas fitas componentes sozinhas. A RNAi é induzida por somente poucas moléculas de dsRNA por células afetadas, sugerindo que RNAi é antes um efeito catalítico que estequiométrico. Investigações adicionais, grande parte em *Drosophila*, conduziram a elucidação das seguintes rotas que fazem a mediação da RNAi (Fig. 31.72):

1. O dsRNA gatilho, como Phillip Zamore descobriu, é cortado em fragmentos fita dupla de ~21 a 25 nt de comprimento conhecidos como **pequenos RNAs de interferência** (**siRNAs**, de *small interfering RNAs*), cada fita das quais tem uma projeção de 2 nt na sua extremidade 3′ e um fosfato 5′. Essa reação é mediada por uma RNase dependente de ATP nomeada **Dicer**, um homodímero de subunidades com ~1.900

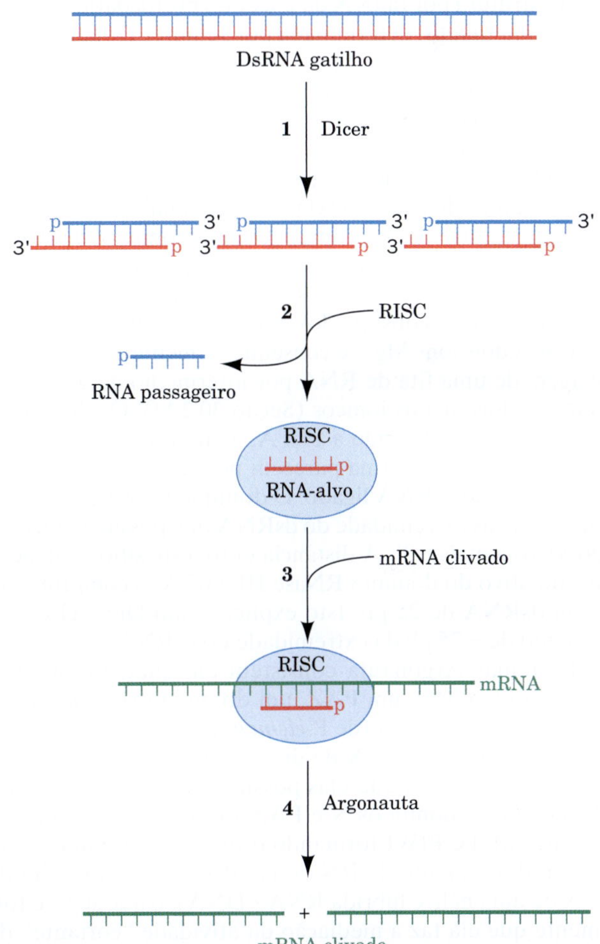

FIGURA 31.72 Um mecanismo para interferência por RNA (RNAi). Ver texto para detalhes. ATP é necessário para a clivagem de RNA catalisada por Dicer e para a destorção por helicase associada a RISC da fita dupla de RNA. Dependendo da espécie o RNA pode não ser completamente degradado.

resíduos em animais que é um membro da família **RNase III** das endonucleases específicas para RNA fita dupla.

2. Um siRNA é transferido para um complexo de 250 a 500 kDa de múltiplas subunidades conhecido como **complexo de silenciamento induzido por RNA** (**RISC**, de *RNA-induced silencing complex*). RISC possui pelo menos quatro componentes proteicos, um dos quais é uma helicase de RNA dependente de ATP que separa as duas fitas do siRNA. A fita cuja extremidade 5′ possui a mais baixa energia livre de ligação, o **RNA-guia**, é ligada pelo RISC enquanto sua fita complementar, o **RNA passageiro**, é clivada e descartada. Em algumas espécies, mas aparentemente não em humanos, o sinal siRNA original é amplificado pela ação de uma **RNA-polimerase dependente de RNA** (**RdRP**).
3. O RNA-guia recruta o complexo RISC para um mRNA com a sequência complementar.
4. Uma RNaseIII componente do RISC conhecida como **Argonauta** (**AGO**; também chamada de ***Slicer***) cliva o mRNA oposto ao ligado ao RNA-guia. O mRNA clivado é então degradado pelas nucleases celulares, impedindo assim sua tradução.

A estrutura por raios X da Dicer do protozoário parasito *Giardia intestinalis*, determinada por Jennifer Doudna, revela que sua forma assemelha-se aquela de um machado, com seus dois domínios RNase III formando a lâmina e seu domínio PAZ (nomeado pelas três proteínas no qual está contido, *P*IWI, *A*rgonauta e *Z*wille) formando a base do cabo (Fig. 31.73; Dicers de eucariotos superiores contém adicionalmente um domínio helicase DexD/H N-terminal e um domínio de ligação a dsRNA C-terminal). Os dois domínios de RNase III formam um heterodímero interno que se assemelha à estrutura homodimérica da RNase III bacteriana. Quatro resíduos acídicos conservados em cada domínio RNase III ligam-se a dois íons Mg^{2+} e consequentemente é postulada a clivagem de uma fita de RNA por intermédio de um mecanismo de dois metais iônicos (Seção 30.2Af). Os dois sítios ativos da RNase III estão a 17,5 Å, a largura do sulco maior do dsRNA, e desta forma parecem posicionados para clivar as duas fitas do dsRNA ligado. O domínio PAZ liga-se especificamente às extremidade do dsRNA que possuem dois nucleotídeos a mais a 3′. A distância entre este sítio de ligação e o sítio ativo do domínio RNase III é 65 Å, o comprimento de um dsRNA de 25 pb. Isto explica como Dicer cliva um segmento de ~25 pb da extremidade do dsRNA.

Proteínas Argonauta consistem em quatro domínios: um N-terminal (N), um PAZ, um do meio (Mid, de *Middle*) e um domínio PIWI (de *P-element induced wimpy testis*). As estruturas por raios X de diversas proteínas Argonauta bacterianas revelam que elas possuem uma arquitetura bilobada com os domínios N e PAZ formando um lobo e os domínios Mid e PIWI formando o outro. O domínio PIWI tem um dobramento de RNase H (RNase H cliva a fita de RNA de uma hélice híbrida RNA · DNA), o que sugere fortemente que ela faz a mediação da atividade "cortante" da Argonauta (Argonautas bacterianas ligam-se preferencialmente ao **DNA-guia** do que a RNA). A estrutura por raios X da Argonauta de *T. thermophilus* em complexo ternário com um DNA-guia de 21 nt e um RNA-alvo de 19 nt (Fig. 31.74), determinada por Patel, revela que a hélice híbrida RNA · DNA liga-se à fenda entre os dois lobos da Argonauta com o

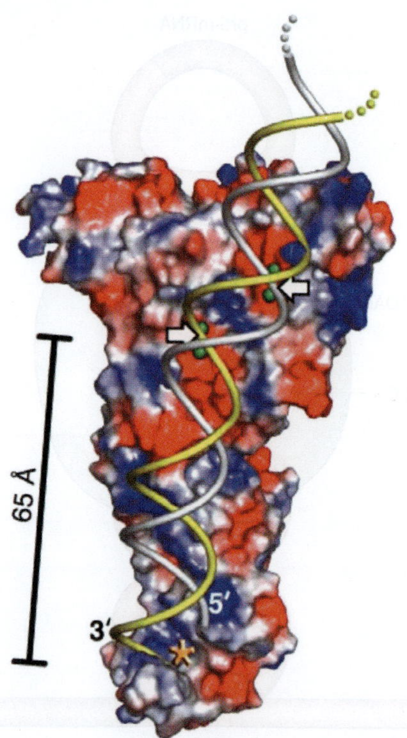

FIGURA 31.73 Estrutura por raios X de Dicer de *G. intestinalis*. A proteína está representada por sua superfície molecular colorida de acordo com sua carga superficial com vermelho negativo, azul positivo e branco neutro. Íons Mg^{2+} ligados, os quais estão representados por esferas verdes, marcam o sítio ativo de cada um dos dois domínios de RNase III da proteína. Um dsRNA foi modelado dentro da estrutura com sua extremidade 3′ não pareada entrando no bolso de ligação (*asterisco*) do domínio PAZ. As setas brancas apontam para os grupos fosfato que serão clivados. Note que muito da superfície ao qual o dsRNA aniônico está presumivelmente ligado é carregada positivamente (a carga superficial calculada não leva em conta os íons Mg^{2+} ligados). (Cortesia de Jennifer Doudna, University of California at Berkeley, EUA. PDBid 2FFL.)

grupo fosfato fazendo uma ponte entre os nucleotídeos 10 e 11 do RNA posicionado para clivagem no sítio ativo PIWI. A comparação desta estrutura com aquela de complexos similares sem o RNA-alvo ou nas quais o RNA-alvo possui 12 ou 15 nucleotídeos indica que o DNA-guia (e presumivelmente o RNA-guia em eucariotos) liga-se inicialmente a Argonauta com sua extremidade 3′ no bolso de ligação de PAZ, mas assim que a hélice híbrida aumenta uma volta, sua extremidade 3′ é liberada, o que facilita o enrolamento da hélice híbrida.

t. RNAi defende contra infecções virais e regula a expressão gênica

Qual é a função fisiológica da RNAi? Uma vez que muitos vírus eucarióticos armazenam e replicam seus genomas na forma de RNA (Capítulo 33), parece que a RNAi surgiu como uma defesa contra infecções virais. De fato, muitos vírus de plantas contém genes que suprimem várias etapas da RNAi e que são essenciais para a patogênese. Também foi demonstrado que RNAi inibe a dispersão intragenômica de retrotranspósons (Seção 30.6Bh).

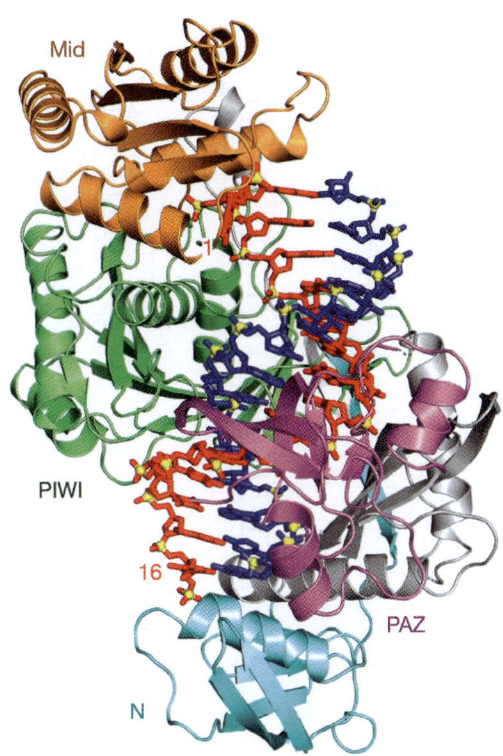

FIGURA 31.74 Estrutura por raios X de Argonauta de *T. thermophilus* em complexo ternário com um DNA-guia de 21 nt e um RNA-alvo de 19 nt. A proteína está mostrada em forma de fitas com seus domínios N, PAZ, Mis e PIWI azul ciânico, magenta, cor de laranja e verde, respectivamente e com os elos conectando estes domínios cinza. O DNA-guia e o RNA-alvo estão desenhados em forma de bastões em vermelho e azul com seus átomos P amarelos. Apenas os nucleotídeos 1 a 16 do DNA e 2 a 16 do RNA são visíveis. (Cortesia de Dinshaw Patel, Memorial-Sloan Kettering Cancer Center, New York, EUA. PDBid 3HK2.)

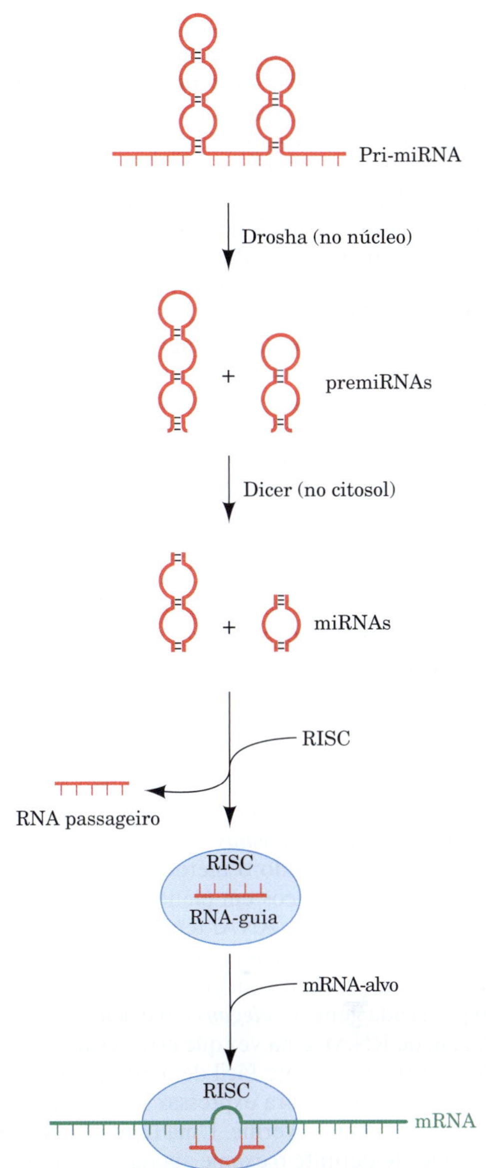

FIGURA 31.75 A geração de miRNAs a partir de pri-miRNAs e sua ligação mediada por RISC aos mRNAs-alvo. Ver o texto para detalhes.

Uma grande variedade de eucariotos, incluindo plantas, nematódeos, moscas, peixes e mamíferos utilizam RNAi para controlar a expressão gênica. Alguns mRNAs expressos por estes organismos contém estruturas em haste-alça (*stem-loop*) de ~70 nt, imperfeitamente pareadas, que são excisadas por uma RNase III de 1.374 resíduos nomeada **Drosha** (Fig. 31.75). As hastes-alça são exportadas do núcleo para o citosol quando são clivadas por Dicer liberando dsRNAs de ~22 pb conhecidos como **microRNAs** (**miRNAs**; assim chamados para diferenciar estes RNAs endógenos dos siRNAs exógenos). O transcrito do qual os miRNAs são derivados são conhecidos como **pri-miRNAs** (pri de *pri*mário), enquanto as hastes-alça são chamadas de **premiRNAs** (pre de *pre*cursor). Os premiRNAs podem estar localizados tanto nos íntrons como, menos comumente, nos éxons de um pri-miRNA. *Os miRNAs ligam-se a RISC nos quais eles funcionam para identificar as dezenas a centenas de mRNAs contendo segmentos que são parcialmente complementares ao miRNA.*

O miRNA ligado a RISC liga-se ao seu sítio-alvo, o qual é geralmente na região 3′ não traduzida (3′UTR) de um mRNA. Uma ausência de complementaridade perfeita impede Argonauta de clivar o mRNA (o domínio PIWI da Argonauta catalisa o corte somente se há complementaridade perfeita à **sequência germinal** do miRNA, a qual consiste nos nucleotídeos 2-8 de sua extremidade 5′), e de fato, algumas espécies de Argonauta não possuem os resíduos catalíticos para fazê-lo. Ao contrário, acredita-se que o silenciamento mediado por miRNAs ocorra através da remoção da cauda poli(A) ou do cap m^7G de seu RNA-alvo, o que leva à degradação do mRNA (Seção 31.4Av), e/ou à repressão mediada por RISC da tradução do mRNA-alvo pela interferência com a iniciação ribossomal (Seção 32.3Cd) e sequestrando ou degradando o mRNA em grânulos citoplasmáticos conhecidos como **corpos P** (de *p*rocessamento).

Em 1993, Victor Ambros descobriu o primeiro miRNA conhecido, o qual é codificado pelo gene *lin-4* de *C. elegans* (Fig. 31.76*a*). O gene *lin-4* era conhecido por controlar o tempo no desenvolvimento larval, ainda que se pensasse que ele codificava uma proteína que reprimia a expressão do gene *lin-14*. De fato, o miRNA *lin-4* é complementar a sete sítios na 3′UTR do gene *lin-14*, o qual foi mostrado previamente mediar a repressão de *lin-14* através do produto gênico de *lin-4*. Uma observação enigmática na época foi que esta regulação reduzia grandemente a quantidade de proteína LIN-14 produzida sem alterar os níveis de mRNA *lin-14*. Estes achados foram eventualmente seguidos pela descoberta que o gene *let-7* de *C. elegans* codifica o que agora é conhecido como um miRNA (Fig. 31.76*b*) que controla a transição do estágio larval para o adulto do desenvolvimento. Subsequentemente, homólogos de *let-7* foram identificados nos genomas de *Drosophila* e humanos e o RNA de *let-7* foi detectado nestes organismos assim como em numerosos outros animais.

Ambos *lin-4* e *let-7* miRNAs foram descobertos por análises genéticas. Entretanto, a maioria dos quase 10.000 miRNAs de plantas e animais que são conhecidos, incluindo aqueles da Fig. 31.76c, foram identificados por meio de abordagens de bioinformática (Seção 7.4). Os miRNAs conhecidos estão catalogados no banco de dados miRBase (http://www.mirbase.org/). Quase todos os miRNAs são conservados entre animais proximamente relacionados (p. ex., camundongos e humanos) e muitos são mais abrangentemente conservados entre as linhagens animais (p. ex., mais de um terço dos 174 miRNAs de *C. elegans* tem homólogos em humanos). *O significado dos miRNAs é indicado pelo fato de que humanos expressam mais de 720 miRNAs que participam na regulação de ~30% de seus genes codificadores de proteínas.*

RNAi tem se tornado o método de escolha para "nocautear" genes específicos em plantas e invertebrados. Por exemplo, em *C. elegans*, RNAi tem sido utilizada para inativar sistematicamente mais de 16.000 de seus 19.000 genes codificadores de proteínas em um esforço para designar uma função para cada gene. *C. elegans* é particularmente ameno à abordagem de RNAi, uma vez que este verme se alimenta de *E. coli* e ser relativamente fácil de modificar geneticamente as células bacterianas para expressar RNA dupla fita que se torna parte da dieta do verme. Uma limitação do método de RNAi é que ele permite o exame apenas dos efeitos da inativação gênica – e não da ativação.

RNAi é de utilidade similar nos sistemas de mamíferos, ainda que mamíferos careçam do mecanismo que amplifica o silenciamento em plantas e invertebrados, de forma que os efeitos do RNAi em mamíferos são transitórios. A extraordinária especificidade do RNAi pode tornar possível prevenir infecções virais e silenciar genes mutantes que causam doenças como os oncogenes. De fato, experimentos tem demonstrado que é possível usar RNAi para bloquear a resposta inflamatória do fígado ao vírus da hepatite, pelo menos em camundongos, e impedir a replicação do HIV em cultura de células humanas. Um desafio para o futuro é inventar protocolos para um silenciamento gênico mais específico e de maior duração que tornaria possível impedir infecções virais ou bloquear os efeitos de genes mutantes causadores de doenças.

u. mRNAs eucarióticos maduros são ativamente transportados do núcleo para o citoplasma

A tradução dos mRNAs procarióticos é com frequência iniciada, como visto na Fig. 31.27, antes de sua síntese estar completa. Isto não pode ocorrer em eucariotos por que

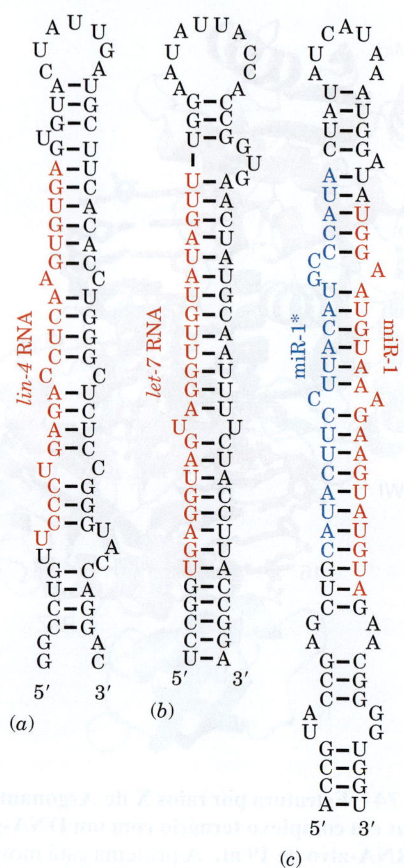

FIGURA 31.76 As hastes-alça preditas de alguns pré-miRNAs. Os miRNAs contidos nestes pré-mRNAs, todos os quais são de *C. elegans*, estão em vermelho. (*a*) lin-4, (*b*) let-7, e (*c*) miR-1 e miR1* (*em azul*), os quais são largamente complementares um ao outro.

a transcrição e o processamento pós-transcricional dos mRNAs eucarióticos ocorre no núcleo, mas sua tradução tem lugar no citosol. Consequentemente, mRNAs maduros devem ser transportados do núcleo para o citoplasma. Este é um processo altamente seletivo, uma vez que mRNAs maduros compreendem apenas uma pequena fração dos RNAs presentes no núcleo, os restantes sendo pré-mRNAs, íntrons excisados (os quais são comumente muito maiores que os éxons de onde são liberados), rRNAs, tRNAs, snRNAs, e uma variedade de RNAs que participam do processamento de rRNAs e tRNAs (Seções 31.4B e 31.4C). De fato, apenas ~5% do RNA sintetizado deixa o núcleo.

Como os mRNAs maduros são reconhecidos e transportados? Como foi visto, durante toda a sua residência no núcleo, os pré-mRNAs estão continuamente associados com numerosas proteínas, incluindo aquelas que participam da síntese de cap m^7G e cauda de poli(A), e na excisão de seus íntrons. Em adição, o **complexo de junção de éxons (EJC)**, o qual consiste em quatro proteínas centrais e diversas proteínas transitoriamente associadas, é depositado no mRNA durante o processo de *splicing* em um sítio que está 20 a 24 nt a montante da junção dos éxons sem relação com sua sequência. A população de proteínas ligadas a um mRNA muda conforme o RNA é processado mas algumas das proteínas, incluindo proteínas SR, hnRNPs (Seção 31.4Ai) e EJCs permanecem associadas com o mRNA maduro no núcleo. Entretanto, parece que é a coleção inteira de proteínas ligadas e não alguma proteína individual que serve para identificar um mRNA para a maquinaria de exportação nuclear.

O núcleo eucariótico (Fig. 1.5) é uma organela envolvida por membrana dupla que, em animais, é penetrada por uma média de ~3.000 poros. Estes são formados por **complexos de poro nuclear** (**NPCs**), os quais são associações massivas (~120.000 kDa) de oito dobramentos simétricos de ~30 diferentes proteínas conhecidas como **nucleoporinas**. NPCs, que possuem diâmetro interno de ~90 Å (ainda que isto possa ser expandido até 260 Å), permitem a difusão livre de moléculas de até 50 kDa, mas a maioria das macromoléculas, incluindo mRNAs em seus complexos com proteínas, requerem um processo de transporte ativo para passar através de um NPC. Algumas das proteínas associadas com mRNAs maduros portam sinais de exportação nuclear que são reconhecidos por uma proteína receptora que, em leveduras, é nomeada **Dbp5**. Esta proteína *D*ExD/H b*ox* de 482 resíduos (Dbp5 de *D*ExD/H b*ox* p*rotein* 5) é uma helicase de RNA dirigida por ATP que também se liga ao NPC. Isto permite que a Dbp5 empurre o mRNA para fora do núcleo enquanto simultaneamente tira muitas de suas proteínas ligadas. Estas proteínas são posteriormente recicladas pelo retorno delas ao núcleo por meio dos NCPs.

v. A degradação de mRNA é elaboradamente controlada

A síntese e maturação de mRNAs, como visto, estão sujeitas a múltiplos controles. O mesmo é verdade para a sua degradação. De fato, a gama de estabilidade de mRNA em células eucarióticas, medidas em meia-vidas, varia de uns poucos minutos a muitas horas ou dias. As moléculas de mRNA por si só contém elementos que ditam suas taxas de decaimento. Estes elementos incluem a cauda de poli(A) 3′ e o cap 5′ m^7G, que protegem contra exonucleases, assim como sequências que estão localizadas dentro da região codificadora.

Uma rota principal de degradação de mRNA inicia com a remoção progressiva de sua cauda de poli(A), um processo catalisado por desadenilases que estão localizadas por todo citosol. Quando a cauda de poli(A) residual é menor que 10 nt de comprimento e desta forma não é mais capaz de ligar-se à proteína de ligação a poli(A) (Seção 31.4b), o mRNA se torna substrato de uma **enzima de retirada do cap** (***decapping***), a qual excisa hidroliticamente o cap 5′ m^7G do mRNA. Isto, possivelmente, ocorre por que o fator de iniciação da tradução **eIF4G** interage tanto com a proteína de ligação a cauda de poli(A) quanto com a proteína de ligação ao cap (Seção 32.3Cd), circularizando o mRNA de forma que eventos na extremidade 3′ pode ser acoplados a eventos em sua extremidade 5′. O mRNA sem cap e desadenilado é, então, degradado por exonucleases, principalmente pela **Xrn1**, 5′ → 3′ exonuclease de 1.706 resíduos, e pelo complexo exonucleásico 3′ → 5′ nomeado **exossomo**. Uma enzima de retirada de cap, exonucleases 5′ → 3′ e proteínas acessórias formam os corpos P (Seção 31.4At) que funcionam tanto para degradar o mRNA quanto para armazená-lo em uma forma inativa.

Proteínas que se ligam a **elementos ricos em AU** (**AREs**) na região 3′ não traduzida dos mRNAs também parecem aumentar ou diminuir a taxa de degradação do mRNA, ainda que sua ação exata seja pobremente compreendida. Acredita-se que estruturas secundárias do RNA e proteínas que se ligam a RNA, que podem ser suscetíveis a modificações por rotas de sinalização celular, tem um papel na regulação da estabilidade do mRNA.

O cerne do exossomo eucariótico consiste em cópias únicas de nove diferentes subunidades. Sua estrutura por raios X (Fig. 31.77), determinada por Christopher Lima, revela que seis destas subunidades, **Rrp41** (Rpr de *r*RNA *p*rocessing; o exossomo foi descoberto como uma atividade que processava as extremidade 3′ dos rRNAs), **Rrp42**, **Mtr3**, **Rrp43**, **Rrp46** e **Rrp45** formam um anel de seis membros com as três subunidades remanescentes **Rrp4**, **CsI4** e **Rrp40**, ligadas a mesma face deste anel. Estas subunidades estão arranjadas de forma que o cerne do exossomo contém um canal central de 9 Å de diâmetro que permite a entrada apenas de RNAs de fita simples.

O exossomo de arqueobactérias parece ser uma versão mais simples do cerne do exossomo eucariótico. Seu anel de seis membros consiste apenas em dois tipos de subunidades, Rrp41 e Rrp42, que se alternam ao redor do anel, com três cópias de Rrp4 ligadas à mesma face do anel. Apenas Rrp41 contém um sítio ativo, ainda que Rrp42 seja necessária para a atividade. Não surpreendentemente, Rrp4, Mtr3 e Rrp46 são homólogas à Rrp41 de arqueobactérias, Rrp42, Rrp43 e Rrp45 eucarióticas são homólogas à Rrp42 de arqueobactérias, e Rrp4, CsI4 e Rrp40 eucarióticas são homólogas à Rrp4 de arqueobactérias. Todavia, apesar do fato de cada uma das subunidades do cerne ser essencial para a viabilidade, cernes de exossomos eucarióticos, de leveduras a humanos são cataliticamente inativos devido a mudanças em resíduos do sítio ativo relativa a seus homólogos de arqueobactérias. Além disso, o cerne do exossomo se associa com duas exonucleases 3′, **Rrp6** e **Rrp44**, cujos mutantes para a atividade

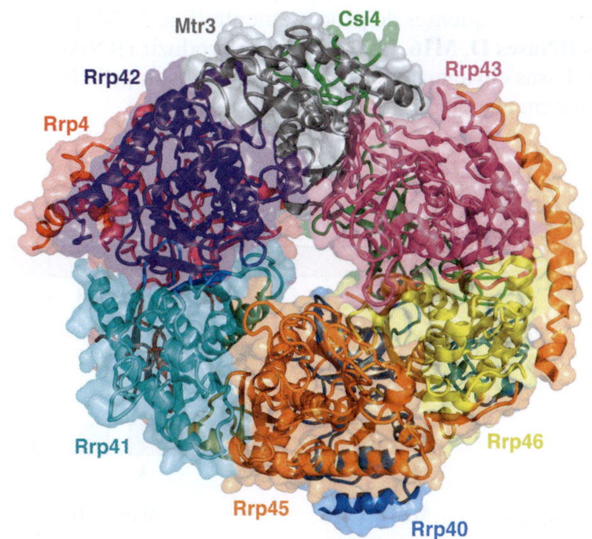

FIGURA 31.77 Estrutura por raios X do cerne do exossomo humano. O complexo proteico está desenhado em forma de fitas embebidas em sua superfície molecular semitransparente, com cada uma das suas nove diferentes subunidades colorida separadamente. A vista é da face do anel de seis subunidades oposta àquela em que estão ligadas as três outras subunidades. (Com base em uma estrutura por raios X de Christopher Lima, Sloan-Kettering Institute, New York, EUA. PDBid2NN6.)

catalítica são individualmente viáveis, mas letais em combinação em leveduras. Além disso, o cerne do exossomo interage com numerosos cofatores, em sua maioria de múltiplas subunidades, que exercem uma variedade de atividades de processamento de RNA tanto no núcleo como no citosol. Desta forma, o cerne do exossomo eucariótico parece ser uma plataforma estrutural sobre a qual muitas enzimas de processamento de RNA podem ser montadas.

B. *Processamento do RNA ribossômico*

Os sete óperons de rRNA de *E. coli* contêm uma cópia (quase idêntica) de cada um dos três tipos de genes de rRNA (Seção 32.3A). Seus transcritos primários policistrônicos, que têm ~ 5.500 nucleotídeos de comprimento, contêm o rRNA 16S na sua extremidade 5′ seguido pelos transcritos de 1 ou 2 tRNAs, o rRNA 23S, o rRNA 5S e, em alguns óperons de rRNA, mais 1 ou 2 tRNAs na extremidade 3′ (Fig. 31.78). As etapas no processamento desse transcrito primário em rRNAs maduros foram elucidadas com a ajuda de mutantes defectivos em uma ou mais enzimas do processamento.

O processamento inicial, que produz os produtos conhecidos como **pré-rRNAs**, começa enquanto o transcrito primário ainda está sendo sintetizado. Ele consiste em clivagens endonucleolíticas específicas pela **RNase III**, **RNase P**, **RNase E** e **RNase F** nos sítios indicados na Fig. 31.78. A sequência de bases do transcrito primário sugere a existência de diversos troncos de bases pareadas. A clivagem da RNase III ocorre em um tronco consistindo em sequências complementares flanqueando a extremidade 3′ e 5′ do segmento 23S (Fig. 31.79), assim como as do segmento 16S. Presumivelmente, certos aspectos desses troncos constituem o sítio de reconhecimento da RNase III.

As extremidades 5′ e 3′ dos pré-rRNAs são podadas nas etapas subsequentes do processamento (Fig. 31.78) pela ação das **RNases D**, **M16**, **M23** e **M5** para produzir rRNAs maduros. Essas clivagens finais só ocorrem após os pré-rRNAs se tornarem associados a proteínas ribossomais.

a. RNAs ribossomais são metilados

Durante a construção do ribossomo, os rRNAs 16S e 23S são metilados em um total de 24 nucleosídeos específicos. As reações de metilação, que empregam *S*-adenosilmetionina (Seção 26.3Ea) como um doador de metila, produzem N^6,N^6-dimetiladenina e resíduos $O^{2'}$-metilribose. Grupos $O^{2'}$-metila podem proteger pontes fosfodiéster adjacentes da degradação por RNases intracelulares (o mecanismo da hidrólise por RNase envolve a utilização de um grupo 2′-OH livre da ribose para eliminar o substituinte no grupo 3′-fosforil por meio da formação de um fosfato 2′,3′-cíclico intermediário; Figs. 5.3 e 15.3). Entretanto, a função da metilação de bases é desconhecida.

b. O processamento de rRNA eucariótico é guiado por snoRNAs

O genoma eucariótico possui tipicamente diversas centenas de cópias repetidas em *tandem* de genes de rRNA que são contidas em pequenos corpos nucleares tingidos de preto conhecidos como **nucléolos** (o sítio de transcrição e de processamento do rRNA, e da montagem das subunidades ribossomais; Fig. 1.5; note que nucléolos não são envolvidos por membrana). O transcrito primário do rRNA é um RNA 45S de ~7.500 nucleotídeos que contém, a partir de sua extremidade 5′, os rRNAs 18S, 5,8S e 28S separados por sequências espaçadoras (Fig. 31.80). No primeiro estágio de seu processamento, o RNA 45S é especificamente metilado em numerosos sítios (106 em humanos) que ocorrem principalmente nas suas sequências de rRNA. Aproximadamente 80% dessas modificações produzem resíduos $O^{2'}$-metilribose e o restante forma bases metiladas, tais como N^6, N^6-dimetiladenina e 2-metilguanina. Em adição, muitos Us de pré-rRNAs (95 em humanos) são convertidos a pseudo-uridinas (Ψs) (Seção 30.5Be), que podem contribuir para a estabilidade do rRNA terciário por meio de ligações de hidrogênio envolvendo o anel do grupo NH recém-adquirido. A subsequente clivagem e poda do RNA 45S assemelha-se superficialmente a dos rRNAs procarióticos. De fato, enzimas que exibem ativida-

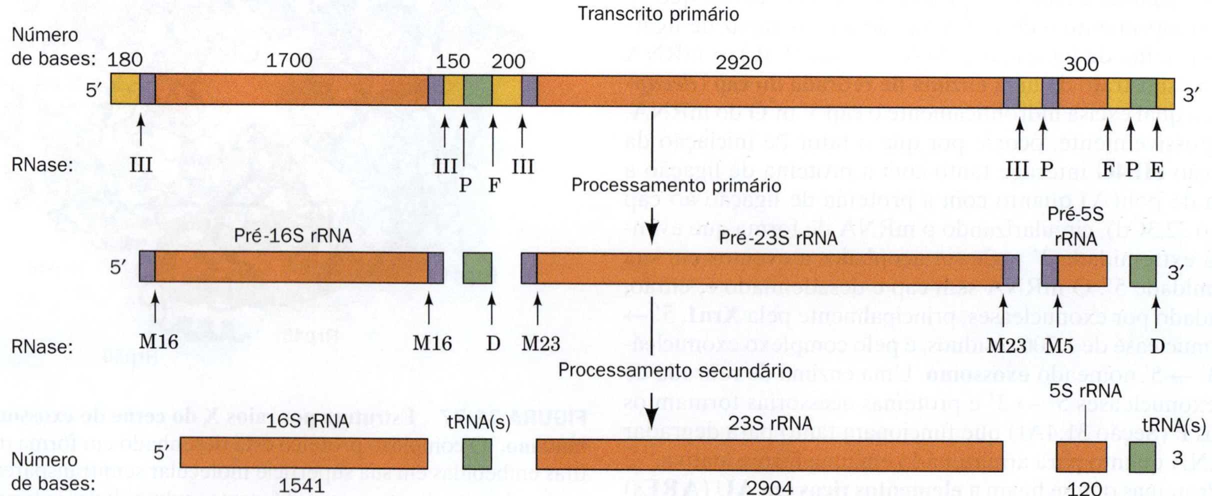

FIGURA 31.78 O processamento pós-transcricional do rRNA de *E. coli*. O mapa transcricional é mostrado aproximadamente em escala. As setas marcadas indicam as posições dos vários cortes nucleolíticos e as nucleases que os geram. (Segundo Apiron, D., Ghora, B.K., Plantz, G., Misra, T.K., e Gegenheimer, P., *in* Söll, D., Abelson, J.N., e Schimmel P.R. (Eds.), *Transfer RNA: Biological Aspects*, p. 148, Cold Spring Harbor Laboratory Press [1980].)

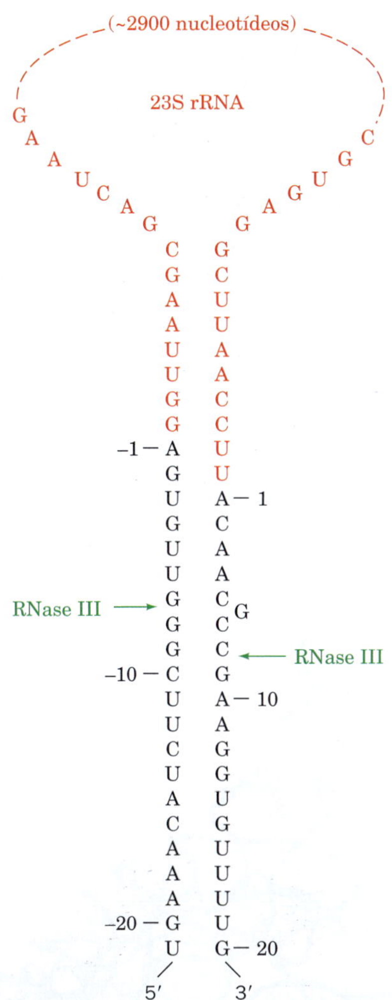

FIGURA 31.79 A estrutura secundária em tronco e laço gigante na região 23S do transcrito primário do rRNA de *E. coli*. Os sítios de clivagem da RNase III estão indicados. (Segundo Young, R.R., Bram, R.J., e Steitz, J.A., *in* Söll, D., Abelson, J.N., and Schimmel, P.R., (Eds.), *Transfer RNA: Biological Aspects*, p. 102, Cold Spring Harbor Laboratory Press [1980].)

des semelhantes às da RNase III e RNase P ocorrem em eucariotos. O rRNA eucariótico 5S é processado separadamente de uma maneira semelhante à do tRNA (Seção 31.4C).

Os sítios de metilação em rRNAs eucarióticos ocorrem exclusivamente dentro de domínios conservados que são por essa razão aptos a participar em processos ribossomais fundamentais. De fato, os sítios de metilação geralmente ocorrem em sequências invariáveis entre leveduras e vertebrados ainda que a metilação não seja sempre conservada. Esses sítios de metilação não parecem ter uma estrutura consenso que possa ser reconhecida por uma única metiltransferase. Como, então, esses sítios de metilação são reconhecidos?

Um importante indício de como os sítios de metilação no rRNA são selecionados veio da observação de que o pré-rRNA interage com os membros de uma grande família de **pequenos RNAs nucleolares (snoRNAs**, de *small nucleolar RNAs*; ~100 em leveduras e ~200 em mamíferos). Os snoRNAs, cujos tamanhos variam de 70 a 100 nt, contêm segmentos de 10

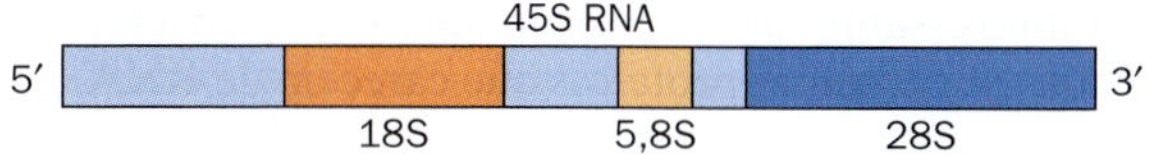

FIGURA 31.80 A organização do transcrito primário do rRNA 45S eucariótico.

a 21 nt que são precisamente complementares a segmentos dos rRNAs maduros que contêm os sítios de O2′-metilação. Essas sequências snoRNAs são localizadas entre os motivos de sequências conservadas conhecidos como *box* C (RUGAUGA) e *box* D (CUGA), que estão, respectivamente, localizados nos lados 5′ e 3′ dos segmentos complementares. Em organismos ricos em íntrons como os vertebrados, a maioria dos snoRNAs é codificada por íntrons de genes estruturais, assim que nem todos os íntrons excisados são descartados.

O nucleotídeo do snoRNA que pareia com o nucleotídeo a ser O2′-metilado sempre precede o *box* D por exatamente 5 nt. Evidentemente, cada um desses assim chamados **snoRNAs *box* C/D** agem para guiar a metilação de um único sítio. De fato, nos casos em que dois resíduos de riboses adjacentes são metilados, dois snoRNAs *box* C/D com sequências sobrepostas ocorrem. A metilação é mediada por um complexo de pelo menos quatro proteínas nucleolares, incluindo a **fibrilarina** (~325 resíduos; assim chamada por que está localizada na região fibrilar densa do nucléolo), a provável metiltransferase, que em conjunto com o snoRNA *box* C/D formam as **snoRNPs**. A conversão de Us específicos do rRNA em Ψs é similarmente mediada por um subgrupo diferente de snoRNAs, os **snoRNAs *box* H/ACA**, assim chamados porque eles contêm a sequência motivo ACANNN na extremidade 3′ do snoRNA e o *box* H (ANANNA) em sua extremidade 5′, de forma a flanquear uma sequência que pareia parcialmente ao segmento do pré-rRNA contendo U para ser convertido em Ψ. Archaea também modificam seus rRNAs por meio de metilações guiadas por RNA e conversões de U em Ψ mas, de

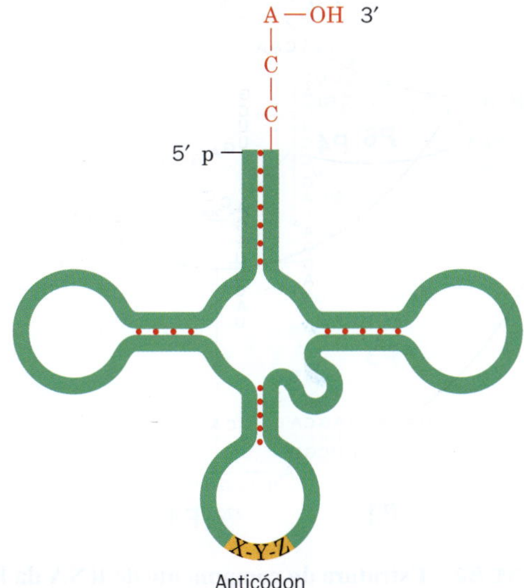

FIGURA 31.81 Um diagrama esquemático da estrutura secundária em trevo do tRNA. Cada ponto indica um par de bases no tronco ligado por ligações de hidrogênio. A posição do trio do anticódon e o CCA 3′-terminal estão indicados.

forma interessante, as reações análogas em eubactérias são mediadas por enzimas proteicas que carecem de RNA.

C. *Processamento do RNA de transferência*

tRNAs, como discutido na Seção 32.2A, consistem em ~80 nucleotídeos que assumem a estrutura secundária com quatro troncos de bases pareadas conhecida como **estrutura em trevo** (Fig. 31.81). Todos tRNAs têm uma grande fração de bases modificadas (cujas estruturas e funções são discutidas na Seção 32.2Aa) e cada uma tem uma sequência 3′-terminal –CCA, na qual o aminoácido correspondente é anexado no tRNA carregado com aminoácido. O **anticódon** (que é complementar ao códon especificando o aminoácido correspondente do tRNA) ocorre em uma volta da estrutura em trevo oposta ao tronco contendo os nucleotídeos terminais.

O cromossomo de *E. coli* contém ~60 genes de tRNA. Alguns desses são componentes dos óperons de rRNA (Seção 31.4B); e outros estão distribuídos, muitas vezes em grupos, por todo o cromossomo. Os transcritos primários de tRNA, que contêm de uma a tantas quanto quatro ou cinco cópias idênticas de tRNA, possuem nucleotídeos extra nas extremidades 3′ e 5′ de cada sequência de tRNA. A excisão e a poda dessas sequências do tRNA assemelham-se àquela dos rRNAs de *E. coli* (Seção 31.4B) já que ambos processos empregam algumas das mesmas nucleases.

a. A RNase P é uma ribozima

A RNase P, que gera as extremidades 5′ dos tRNAs (Fig. 31.78), é uma enzima particularmente interessante porque ela possui, em *E. coli*, um RNA componente de 377 nucleotídeos (~125 kDa vs. 14 kDa de sua subunidade proteica de 119 resíduos) que é essencial para sua atividade enzimática. Foi inicialmente proposto, compreensivelmente, que o RNA da enzima tivesse a função de reconhecer o RNA substrato por pareamento de bases e para, desse modo, guiar a subunidade proteica, que se deduziu ser a nuclease efetiva, para o sítio de clivagem. Porém, Sidney Altman demonstrou que

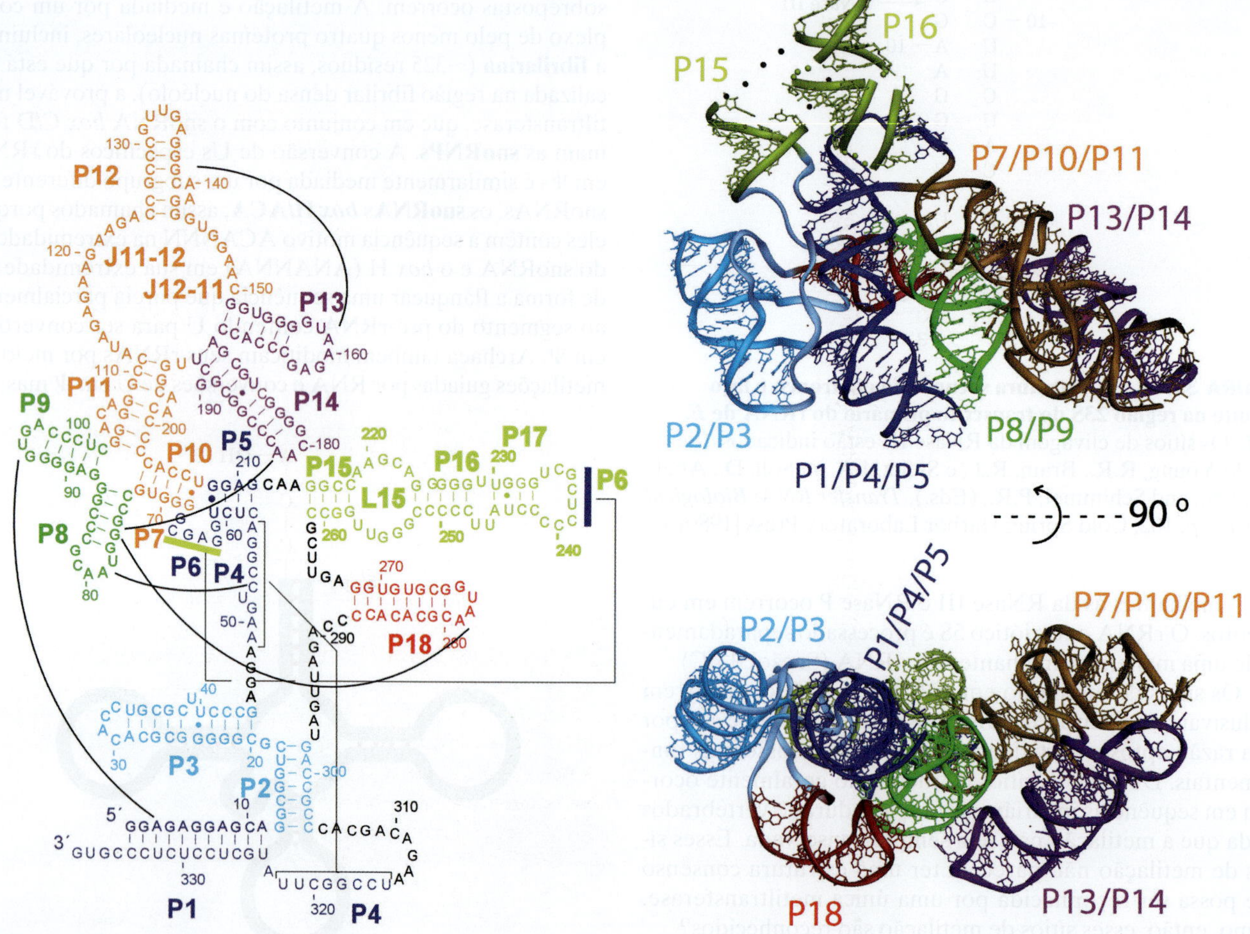

FIGURA 31.82 Estrutura do componente de RNA da RNase P de *T. maritima*. (*a*) Sua sequência e estrutura secundária. Os vários segmentos (P para região pareada, J para região de junção e L para região em alça) estão mostrados em cores diferentes. As linhas pretas indicam interações maiores que são observadas na estrutura por raios X, traços indicam pares Watson-Crick e pequenos círculos preenchidos representam pares não Watson-Crick. (*b*) Sua estrutura por raios X, a qual está colorida como na Parte *a*. De seus 338 nucleotídeos, 309 são visíveis. A vista de baixo está relacionada à vista de cima por uma rotação de 90º sobre o eixo horizontal. (Cortesia de Alfonso Mondragón, Northwestern University, EUA, PDBid 2A2F.)

o RNA componente da RNase P é, na verdade, a subunidade catalítica da enzima por mostrar que o RNA da RNase P livre de proteínas catalisa a clivagem do RNA substrato em altas concentrações de sal. A proteína da RNase P, que é básica, evidentemente funciona em concentrações fisiológicas de sal para reduzir eletrostaticamente a repulsão entre a ribozima polianiônica e os RNAs substrato. O argumento que vestígios da proteína da RNase P eram os verdadeiros responsáveis pela reação da RNase P foi descartado pela demonstração de atividade catalítica do RNA da RNase P transcrito em sistema acelular. A atividade da RNase P ocorre em eucariotos (núcleo, mitocôndria e cloroplastos) assim como em procariotos, e embora as RNase Ps do núcleo eucariótico possuam 9 ou 10 subunidades proteicas, nenhuma delas está relacionada à proteína bacteriana. De fato, a RNase P faz a mediação de uma de duas atividades ribozimais que ocorrem em toda vida celular, a outra sendo associada a ribossomos (Seção 32.3Dg).

As estruturas por raios X dos componentes de RNA da RNAse P de *Thermotoga maritima* (338 nt) e *Bacillus stearothermophilus* (417 nt), que foram independentemente determinadas por Alfonso Mondragón e Norman Pace, revela que essa ribozimas consistem principalmente em troncos em hélice empilhados com uma estrutura geral compacta típica de enzimas proteicas (Fig. 31.82). Estudos bioquímicos e de modelagem indicam que o sítio ativo da RNases está em uma fenda entre a região P2/P3 (azul ciânico na Fig. 31.82) e a região P1/P4/P5 (azul-escuro na Fig. 31.82). Esta porção da estrutura compreendendo P1 a P4, P9 a P11, J11-12 e J12-11 está presente em todas as RNase Ps e, por isso, é conhecida como a estrutura mínima consenso universal. Essa estrutura estava presumivelmente presente na RNase P primordial.

b. Muitos pré-tRNAs eucarióticos contêm íntrons

Genomas eucarióticos contêm de diversas centenas a diversos milhares de genes de tRNA. Muitos transcritos primários de tRNA eucariótico, por exemplo, aquele do $tRNA^{Tyr}$ de levedura (Fig. 31.83), contêm um pequeno íntron adjacente

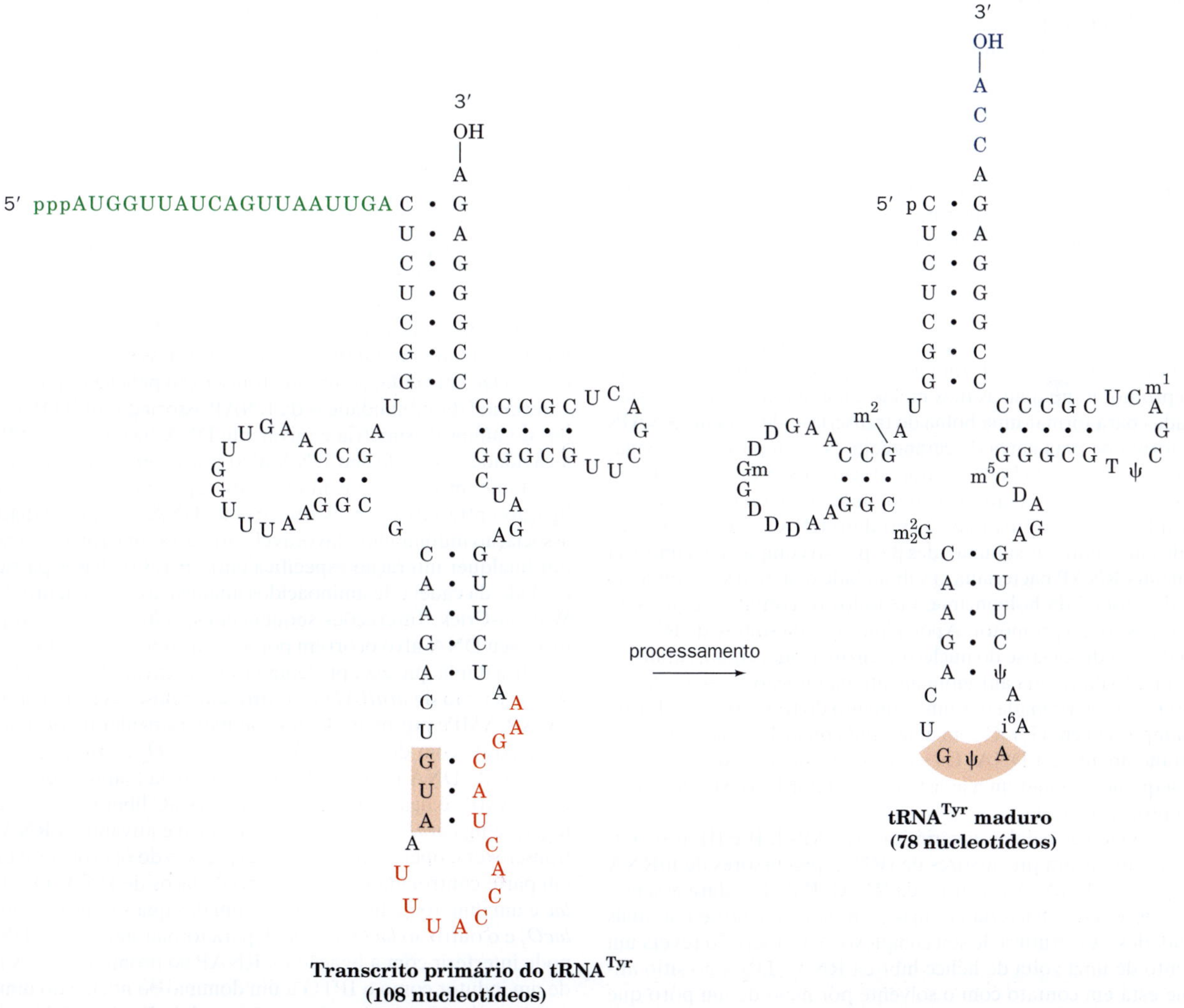

5′ pppAUGGUUAUCAGUUAAUUGA

processamento

Transcrito primário do $tRNA^{Tyr}$ (108 nucleotídeos)

$tRNA^{Tyr}$ maduro (78 nucleotídeos)

FIGURA 31.83 Processamento pós-transcricional do $tRNA^{Tyr}$ de levedura. Uma sequência de 14 nucleotídeos interveniente (*vermelho*) e uma sequência 5′-terminal de 19 nucleotídeos (*verde*) são excisadas do transcrito primário, um CCA (*azul*) é anexado à extremidade 3′, e diversas bases são modificadas (seus símbolos são definidos na Fig. 32.13) para formar o tRNA maduro. O anticódon está sombreado. (Segundo DeRobertis, E.M., e Olsen, M.V., *Nature* **278**, 142 [1989].)

aos seus anticódons, assim como nucleotídeos extra em suas extremidades 5′ e 3′. Note que é improvável que esse íntron rompa a estrutura em trevo do tRNA.

c. As extremidades –CCA dos tRNAs eucarióticos são anexadas pós-transcricionalmente

Os transcritos de tRNAs eucarióticos carecem da sequência obrigatória –CCA em sua extremidade 3′. Esta é anexada aos tRNAs imaturos pela enzima **polimerase adicionadora de CCA**, que adiciona sequencialmente dois Cs e um A ao tRNA usando CTP e ATP como substratos. Essa enzima também ocorre em procariotos, apesar de, ao menos em *E. coli*, todos os genes de tRNA codificarem um –CCA final. A polimerase adicionadora de CCA de *E. coli* é, por essa razão, apta para função de reparar tRNAs degradados.

RESUMO DO CAPÍTULO

1 O Papel do RNA na Síntese de Proteínas O dogma central da biologia molecular afirma que "o DNA faz o RNA que faz a proteína" (apesar de o RNA também poder "fazer" o DNA). Há, porém, enorme variação entre a taxa na qual as várias proteínas são produzidas. Certas enzimas, tais como aquelas do óperon *lac*, são sintetizadas somente quando substâncias, cujo metabolismo elas catalisam, estão presentes. O óperon *lac* consiste em sequências-controle *lacP* e *lacO* seguidas por genes arranjados um após o outro para β-galactosidase (*lacZ*), galactosídeo-permease (*lacY*) e tiogalactosídeo transacetilase (*lacA*). Na ausência do indutor, fisiologicamente alolactose, o repressor *lac*, produto do gene *lacI*, liga-se ao operador (*lacO*) de forma a evitar a transcrição do óperon *lac* pela RNAP. A ligação do indutor motiva o repressor a liberar o operador, que permite aos genes estruturais *lac* serem transcritos em um único mRNA policistrônico. Os mRNAs são transitoriamente associados a ribossomos para assim conduzi-los a sintetizar seus polipeptídeos codificados.

2 RNA-Polimerase As holoenzimas bacterianas RNA polimerases (RNAPs) possuem a estrutura de subunidades αββ′ωσ. Elas iniciam a transcrição sobre a fita antissenso (molde) de um gene em uma posição designada pelo seu promotor. Em *E. coli* a região mais conservada do promotor é centralizada na posição –10 e tem a sequência consenso TATAAT. A região –35 também é conservada em promotores eficientes. Estudos de DMS *footprinting* indicam que a holoenzima RNAP forma um complexo de iniciação aberto com o promotor, no qual as fitas molde e não molde do DNA estão separadas para formar uma bolha de transcrição de ~14 nt. RNAPs têm a forma de uma garra de caranguejo. No complexo de alongamento, a fita-molde na bolha de transcrição passa por dentro de um túnel no cerne proteico ao sítio ativo onde ela pareia com os ribonucleotídeos que se aproximam. O produto RNA sai da enzima por meio do canal entre as subunidades β e β′. No complexo fechado da holoenzima RNAP bacteriana, a subunidade σ, a qual se estende ao longo do "topo" da holoenzima, faz todos os contatos sequência-específicos com o promotor. Após a iniciação da síntese de RNA, a subunidade σ dissocia-se do núcleo da enzima, que, então, catalisa o alongamento da cadeia autonomamente na direção 5′ → 3′. A síntese do RNA é terminada por um segmento do transcrito que forma um grampo rico em G + C com uma cauda oligo(U) que se dissocia espontaneamente do DNA. Os sítios de terminação que carecem dessa sequência requerem a assistência do fator Rho para terminação da própria cadeia.

No núcleo de células eucarióticas, RNAPs I, II e III, respectivamente, sintetizam precursores de rRNA, precursores de mRNA e tRNAs + 5S RNA. A estrutura da RNAP II de levedura assemelha-se à de RNAPs bacterianas, mas é um pouco maior e tem mais subunidades. A estrutura de seu complexo de transcrição revela um segmento de uma volta de hélice híbrida RNA · DNA no sítio ativo, que está em contato com o solvente por meio de um poro que leva para dentro de um funil pelo qual, presumivelmente, passam os NTPs. As RNAPs podem hidroliticamante corrigir seus erros com a ajuda de TFIIS em eucariotos e GreA e GreB em bactérias. O promotor mínimo da RNAP I estende-se entre os nucleotídeos –31 e +6. Muitos promotores da RNAP II contêm a sequência conservada TATAAAA, o TATA *box*, localizada em torno da posição –27. Reforçadores são ativadores transcricionais que podem ter posições e orientações variáveis em relação ao sítio de início da transcrição. Os promotores da RNAP III estão localizados dentro das regiões transcritas do seu gene, entre as posições +40 e +80.

3 Controle da Transcrição em Procariotos Procariotos podem responder rapidamente a mudanças ambientais, em parte porque a tradução dos mRNAs começa durante sua transcrição e porque a maioria dos mRNAs é degradada dentro de 1 a 3 minutos da sua síntese. A expressão de conjuntos específicos de genes é controlada, na maioria das bactérias e em alguns bacteriófagos, por fatores σ. O repressor *lac* é uma proteína tetramérica de subunidades idênticas que, na ausência do indutor, liga-se inespecificamente ao DNA dúplex, mas liga-se muito mais firmemente ao promotor *lac*. A sequência promotora que o repressor *lac* protege da digestão de nucleases tem simetria quase palindrômica. Contudo, estudos de proteção por metilação e mutacionais indicam que o repressor não é ligado simetricamente ao promotor. O repressor *lac* impede a RNA polimerase de iniciar a transcrição corretamente no promotor *lac*.

A presença da glicose reprime a transcrição de óperons que especificam certas enzimas catabólicas pela mediação de AMPc. Com a ligação a AMPc, que se acumula somente na ausência da glicose, a proteína ativadora de gene catabólito (CAP) liga-se ao ou imediatamente a montante do promotor desse óperon, incluindo o óperon *lac*, ativando, assim, sua transcrição pela ligação ao domínio C-terminal da subunidade α da RNAP associada (αCTD). Cada um dos domínios de simetria equivalente DNA-ligantes do CAP se liga à cavidade maior de seu DNA-alvo por meio de um motivo HTH que também ocorre em numerosos repressores procarióticos. A ligação entre esses repressores e seus DNAs-alvo é mediada pela associação mutuamente favorável entre essas macromoléculas e não por qualquer interação específica entre pares de bases particulares e o lado da cadeia de aminoácidos análoga ao pareamento de bases Watson-Crick. Interações sequência-específicas entre o repressor *met* e seu DNA-alvo ocorrem por meio de uma fita β antiparalela de simetria dupla que essa proteína insere na cavidade maior do DNA. A transcrição de *araBAD* é controlada pelos níveis de L-arabinose e CAP-AMPc por meio de um complexo singular da proteína controle AraC com dois sítios de ligação, $araO_2$ e $araI_1$, que formam um laço de DNA inibidor. Com a ligação da L-arabinose e quando CAP-AMPc é ligado adjacentemente, AraC libera $araO_2$ e, em seu lugar, se liga $araI_2$, liberando assim o laço e ativando a RNAP para transcrever o óperon *araBAD*. A expressão do óperon *lac* é também em parte controlada pela formação de laços de DNA. O repressor *lac* é um dímero de homodímeros, um dos quais se liga ao operador $lacO_1$ e o outro ao $lacO_2$ ou $lacO_3$ para formar um laço de DNA que pode interferir com a ligação da RNAP ao promotor *lac*. A ligação de um indutor como o IPTG a um domínio do núcleo do dímero do repressor *lac* altera o ângulo entre seus dois domínios DNA-ligantes unidos de tal forma que eles não podem se ligar simultaneamente ao operador *lac*, enfraquecendo, assim, a ligação do repressor ao DNA.

A expressão do óperon *trp* de *E. coli* é regulada tanto por atenuação como por repressão. Com a ligação do triptofano, seu correpressor, o repressor de *trp* liga-se ao operador *trp*, bloqueando assim a transcrição do óperon *trp*. Quando o triptofano está disponível, grande parte dos transcritos de *trp* que escaparam da repressão é terminada prematuramente na sequência *trpL*, porque seu transcrito contém um segmento que forma um terminador intrínseco normal. Quando o triptofanil-tRNA^{Trp} está escasso, os ribossomos paralisam nos dois códons Trp em *tandem* do transcrito. Isso permite ao RNA recentemente sintetizado formar um tronco de bases pareadas e um laço, que impede a formação da estrutura terminadora. Diversos outros óperons são similarmente regulados por atenuação. *Riboswitches* são componentes do mRNA que regulam a expressão gênica ligando-se especificamente a metabólitos. A resposta estringente é um mecanismo adicional pelo qual *E. coli* combina a taxa de transcrição com a disponibilidade de tRNAs carregados. Quando um tRNA carregado específico é escasso, o fator estringente em ribossomos ativos sintetiza ppGpp, que inibe a transcrição de rRNA e alguns mRNAs, enquanto estimula a transcrição de outros mRNAs.

4 Processamento Pós-Transcricional A maioria dos transcritos de mRNAs de procariotos não requer qualquer processamento adicional. Entretanto, mRNAs eucarióticos têm um cap 5′ adicionado enzimaticamente e, em muitos casos, uma cauda poli(A) gerada enzimaticamente. Além disso, os íntrons dos transcritos primários de mRNAs eucarióticos (hnRNAs) são precisamente excisados por meio de intermediários em laço e seus éxons flanqueadores são emendados. Os íntrons do grupo I e II realizam *auto-splicing*, isto é, seus RNAs funcionam como ribozimas (enzimas de RNA). Ribozimas, como o pré-RNA de *Tetrahymena* e ribozimas cabeça de martelo, têm estruturas complexas contendo diversos troncos de bases pareadas. Pré-mRNAs sofrem *splicing* por partículas grandes e complexas nomeadas *spliceossomos* que consistem em quatro diferentes pequenas ribonucleoproteínas nucleares (snRNPs) e que são assistidas pela participação de uma variedade de fatores de *splicing* proteicos. Muitas proteínas eucarióticas consistem em módulos que também ocorrem em outras proteínas e, por isso, parecem ter evoluído por meio da compilação gradual de éxons por eventos de recombinação. O *splicing* alternativo do pré-mRNA aumenta muito a variedade de proteínas expressadas por genomas eucarióticos. Certos mRNAs são sujeitos à edição do RNA, tanto pela substituição, inserção ou deleção de bases específicas em um processo que é conduzido por gRNAs, como pela edição substitucional mediada por citidina-desaminases ou adenosina-desaminases.

Na interferência por RNA (RNAi), dsRNA é clivado pela endorribonuclease Dicer em pequenos RNAs de interferência (siRNAs) que guiam a clivagem hidrolítica dos mRNAs complementares pelo componente Argonauta do complexo de silenciamento induzido por RNA (RISC), impedindo, assim, a transcrição do mRNA. MicroRNAs (miRNAs) são gerados pela excisão de estruturas em hastes-alça imperfeitamente pareadas dos pri-miRNAs pela ação de Drosha e Dicer. A fita de RNA-guia dos miRNAs liga-se a RISC e o direciona a sequências parcialmente complementares nas regiões 3′ não traduzidas (3′UTRs) de seus mRNAs-alvo, desta forma inibindo a expressão dos mRNAs e fornecendo um mecanismo principal, ainda que só recentemente reconhecido, para a regulação da expressão gênica. mRNAs eucarióticos maduros são seletivamente e ativamente transportados do núcleo para o citosol por intermédio do complexo do poro nuclear. A degradação de mRNAs, a qual é elaboradamente controlada, é mediada em parte por exossomos.

O transcrito primário de rRNAs de *E. coli* contêm todos os três rRNAs junto com alguns tRNAs. Estes são excisados e podados por endonucleases e exonucleases específicas. Os rRNAs eucarióticos 18S, 5,8S e 28S são similarmente transcritos como um precursor de 45S, que é processado de uma maneira semelhante aos rRNAs de *E. coli*. Os rRNAs eucarióticos são modificados pela metilação de nucleosídeos específicos, como o são rRNAs procarióticos, e pela conversão de certos Us em pseudouridinas (Ψs). Esses processos são guiados por pequenos RNAs nucleolares (snoRNAs). Os tRNAs procarióticos são excisados de seus transcritos primários e podados de uma forma muito parecida com a dos rRNAs. Na RNase P, uma das enzimas que faz a mediação desse processo, a subunidade catalítica é um RNA. Transcritos de tRNA eucarióticos também requerem a excisão de íntrons curtos e a adição enzimática de um −CCA 3′-terminal para formar o tRNA maduro.

REFERÊNCIAS

Geral

Brown, T.A., *Genomes* (3rd ed.), Chapter 12, Wiley-Liss (2007).

Gesteland, R.F., Cech, T.R., and Atkins, J.F. (Eds.), *The RNA World* (3rd ed.), Cold Spring Harbor Laboratory (2006). [Série de artigos sobre a natureza do mundo do RNA prebiótico, como revelado pelos vestígios de RNA nos organismos modernos.]

Hodgson, D.A. and Thomas, C.M. (Eds.), *Signals, Switches, Regulons and Cascades: Control of Bacterial Gene Expression*, Cambridge University Press (2002).

Watson, J.D., Baker, T.A., Bell, S.P., Gann, A., Levine, M., and Losick, R., *Molecular Biology of the Gene* (6th ed.), Chapters 12, 13, 16 and 18, Cold Spring Harbor Laboratory Press (2008).

O papel genético do RNA

Brachet, J., Reminiscences about nucleic acid cytochemistry and biochemistry, *Trends Biochem. Sci.* **12**, 244–246 (1987).

Brenner, S., Jacob, F., and Meselson, M., An unstable intermediate carrying information from genes to ribosomes for protein synthesis, *Nature* **190**, 576–581 (1960). [Verificação experimental da existência de mRNA.]

Crick, F., Central dogma of molecular biology, *Nature* **227**, 561–563 (1970).

Hall, B.D. and Spiegelman, S., Sequence complementarity of T2-DNA and T2-specific RNA, *Proc. Natl. Acad. Sci.* **47**, 137–146 (1964). [O primeiro uso de hibridização RNA-DNA.]

Jacob, F. and Monod, J., Genetic regulatory mechanisms in the synthesis of proteins, *J. Mol. Biol.* **3**, 318–356 (1961). [Artigo clássico postulando a existência de mRNA e óperons e explicando como a transcrição de óperons é regulada.]

Pardee, A.B., Jacob, F., and Monod, J., The genetic control and cytoplasmic expression of "inducibility" in the synthesis of β-galactosidase by *E. coli*, *J. Mol. Biol.* **1**, 165–178 (1959). [O experimento PaJaMo.]

Thieffry, D., Forty years under the central dogma, *Trends Biochem. Sci.* **23**, 312–316 (1998).

RNA-polimerase e mRNA

Campbell, E.A., Korzheva, N., Mustaev, A., Murakami, K., Nair, S., Goldfarb, A., and Darst, S.A., Structural mechanism for rifampicin inhibition of bacterial RNA polymerase, *Cell* **104**, 901–912 (2001).

Cramer, P., et al., Structure of eukaryotic RNA polymerases, *Annu. Rev. Biophys.* **37**, 337–352 (2008).

Cramer, P., and Arnold, A., Proteins: how RNA polymerases work, *Curr. Opin. Struct. Biol.* **19**, 680–682 (2009). [Um resumo editorial de uma série de revisões importantes sobre numerosos aspectos das RNA-polimerases. Ver, em particular, as revisões que iniciam nas páginas 691, 701, 708 e 732].

Cramer, P., Bushnell, D.A., and Kornberg, R.D., Structural basis of transcription: RNA polymerase at 2.8 Å resolution, *Science* **292**, 1863–1876 (2001); *and* Gnatt, A.L., Cramer, P., Fu, J., Bushnell,

D.A., and Kornberg, R.D., Structural basis of transcription: An RNA polymerase II elongation complex at 3.3 Å resolution, *Science* **292**, 1876–1882 (2001).

Dahmus, M.E., Reversible phosphorylation of the C-terminal domain of RNA polymerase II, *J. Biol. Chem.* **271**, 19009–19012 (1996).

Darst, S.A., Bacterial RNA polymerase, *Curr. Opin. Struct. Biol.* **11**, 155–162 (2001).

Estrem, S.T., Gaal, T., Ross, W., and Gourse, R.L., Identification of an UP element consensus sequence for bacterial promoters, *Proc. Natl. Acad. Sci.* **95**, 9761–9766 (1998).

Gilmour, D.S. And Fan, R., Derailing the locomotive: transcription termination, *J. Biol. Chem.* **283**, 661–664 (2008).

Harada, Y., Ohara, O., Takatsuki, A., Itoh, H., Shimamoto, N., and Kinosita, K., Jr., Direct observation of DNA rotation during transcription by *Escherichia coli* RNA polymerase, *Nature* **409**, 113–115 (2001).

Kadonaga, K.T., The R–479 (2003).

Kaplan, C.D., Larsson, K.-M., and Kornberg, R.D., The RNA polymerase II trigger loop functions in substrate selection and is directly targeted by α-amanitin, *Mol. Cell* **30**, 547–556 (2008).

Larson, M.H., Greenleaf, W.J., Landick, R., and Block, S.M., Applied force reveals mechanistic and energetic details of transcription termination, Cell 132, 971–982 (2008); *and* Brueckner, F. and Cramer, P., Structural basis for transcription inibition by α-amanitin and implications for RNA polymerase II translocation, *Nature Struct. Mol. Biol.* **15**, 811–818 (2008).

Lian, C., Robinson, H., and Wang, A.H.-J., Structure of actinomycin D bound with $(GAAGCTTC)_2$ and $(GATGCTTC)_2$ and its binding to the $(CAG)_n$:$(CTG)_n$ triplet sequence as determined by NMR analysis, *J. Am. Chem. Soc.* **118**, 8791–8801 (1996).

Mooney, R.A., Darst, S.A., and Landick, R., Sigma and RNA polymerase: An on-again, off-again relationship? *Mol. Cell.* **20**, 335–345 (2006).

Murikami, K.S., Masuda, S., and Darst, S., Structural basis of transcription initiation: RNA polymerase at 4 Å resolution, *Science* **296**, 1280–1284 (2002); Murikami, K.S., Masuda, S., Campbell, E.A., Muzzin, O., and Darst, S., Structural basis of transcription initiation: An RNA polymerase holoenzyme-DNA complex, *Science* **296**, 1285–1290 (2002); *and* Murakami, K.S. and Darst, S.A., Bacterial RNA polymerases: the whole story, *Curr. Opin. Struct. Biol.* **13**, 31–39 (2003).

Nudler, E., RNA polymerase active center: the molecular engine of transcription, *Annu. Rev. Biochem.* **78**, 335–361 (2009).

Revyakin, A., Liu, C., Ebright, R.H., and Strick, T.R., Abortive initiation and productive initiation by RNA polymerase involve DNA scrunching; *and* Kapanidis, A.N., Margeat, E., Ho, S.O., Kortkhonjia, E., Weiss, S, and Ebright, R.H., Initial transcription by RNA polymerase preceeds through DNA-scrunching mechanism, *Science* **314**, 1139–1143 *and* 1144–1150 (2006).

Reynolds, R. and Chamberlin, M.J., Parameters affecting transcription termination by *Escherichia coli* RNA. II. Construction and analysis of hybrid terminators, *J. Mol. Biol.* **224**, 53–63 (1992).

Roberts, J.W., Shankar, S., and Filter, J.J., RNA polymerase elongation factors, *Annu Rev. Microbiol.* **62**, 211–233 (2008); *and* Park, J.-S. And Roberts, J.W., Role of DNA double rewinding in enzymatic transcription termination, *Proc. Natl. Acad. Sci.* **103**, 4870–4875 (2006).

Shilatifard, A., Conway, R.C., and Conway, J.W., The RNA polymerase II elongation complex, *Annu. Rev. Biochem.* **72**, 693–715 (2003).

Skordalakes, E. and Berger, J.M., The structure of Rho transcription terminator: Mechanism of mRNA recognition and helicase loading, *Cell* **114**, 135–146 (2003).

Svejstrup, J.Q., Contending with transcriptional arrest during RNAPII transcript elongantion, *Trends Biochem. Sci.* **32**, 165–171 (2007).

Thompson, N.D. and Berger, J.M., Running in reverse: The structural basis for translocation polarity in hexameric helicases, *Cell* **139**, 523–534 (2009).

Vassylyev, D.G., Sekine,S.-I., Laptenko, O., Lee, J., Vassylyeva, M.N., Borukhov, S., and Yokoyama, S., Crystal structure of a bacterial RNA polymerase holoenzyme at 2.6 Å resolution, *Nature* **417**, 712–718 (2002).

Vassylyev, D.G., Vassylyeva, M.N., Perederina, A., Tahirov, T.H, and Artsimovich, I., Structural basis for transcription elongation by bacterial RNA polymerase; *and* Vassylyev, D.G., Vassylyeva, M.N., Zhang J., Palangat, M., Artsimovich, I., and Landick, R., Structural basis for substrate loading in bacterial RNA polymerase *Nature* **448**, 157–162 (2007).

Wang, D., Bushnell, D.A., Huang, X.,Westover, K.D., Levitt, M., and Kornberg, R.D., Structural basis of transcription: Backtracked RNA polymerase II at 3.4 Å resolution, *Science* 324, 1203–1206 (2009); *and* Sydow, J.F., Bruekner, F., Cheung, A.C.M., Damsma, G.E., Dengl, S., Lehmann, E.,Vassylyev, D., and Cramer, P., Structural basis of transcription: Mismatchspecific fidelity mechanisms and paused RNA polymerase II with frayed RNA, *Mol. Cell* **34**, 710–721 (2009).

Wang, D., Bushnell, D.A.,Westover, K.D., Kaplan, C.D., and Kornberg, R.D., Structural basis of transcription: Role of the trigger loop in substrate specificity and catalysis, *Cell* **127**, 941–954 (2006).

Zhang, G., Campbell, E.A., Minakhin, L., Richter, C., Severinov, K., and Darst, S.A., Crystal structure of *Thermus aquaticus* core RNA polymerase at 3.3 Å resolution, *Cell* **98**, 811–824 (1999).

Controle da transcrição em procariotos

Anderson, J.E., Ptashne, M., and Harrison, S.C., The structure of the repressor–operator complex of bacteriophage 434, *Nature* **326**, 846–852 (1987).

Gilbert, W. and Müller-Hill, B., Isolation of the lac repressor, *Proc. Natl. Acad. Sci.* **56**, 1891–1898 (1966).

Harmor, T., Wu, M., and Schleif, R., The role of rigidity in DNA looping–unlooping by AraC, *Proc. Natl. Acad. Sci.* **98**, 427–431 (2001).

Huffmana, J.L. And Brennan, R.G., Prokaryotic transcriptional regulators: more than just the helix-turn-helix motif, *Curr. Opin. Struct. Biol.* **12**, 98–106 (2002).

Kolter, R. and Yanofsky, C., Attenuation in amino acid biosynthetic operons, *Annu. Rev. Genet.* **16**, 113–134 (1982).

Lamond, A.I. and Travers, A.A., Stringent control of bacterial transcription, *Cell* **41**, 6–8 (1985).

Lawson, C.L., Swigon, D., Murakami, K.S., Darst, S.A., Berman, H.M., and Ebright, R.H., Catabolite activator protein: DNA binding and transcription activation, *Curr. Opin. Struct. Biol.* **14**, 10–20 (2004); *and* Bennoff, B., Yang, H., Lawson, C.L., Parkinson, G., Liu, J., Blatter, E., Ebright, Y.W., Berman, H.M. And Ebright, R.H., Structural basis of transcription activiation: The CAP-αCTD-DNA complex, *Science* **297**, 1562–1566 (2002).

Lewis, M., The *lac* repressor, *C. R. Biologies* **328**, 521–548 (2005).

Lewis, M., Chang, G., Horton, N.C., Kercher, M.A., Pace, H.C., Schumacher, M.A., Brennan, R.G., and Lu, P., Crystal structure of the lactose operon repressor and its complexes with DNA and inducer, Science **271**, 1247–1254 (1996).

Mondragón, A. and Harrison, S.C., The phage 434 Cro/O_R1 complex at 2.5 Å resolution, *J. Mol. Biol.* **219**, 321–334 (1991); *and* Wolberger, C., Dong, Y., Ptashne, M., and Harrison, S.C., Structure of phage 434 Cro/DNA complex, *Nature* **335**, 789–795 (1988).

Montage, R.K., and Batey, R.T., Riboswitches: emerging themes in RNA structure and function, *Annu. Rev. Biophys.* **387**, 117–133 (2007).

Mooney, R.A., Darst, S.A., and Landick, R., Sigma and RNA polymerase: an on-again, off-again relationship, *Mol Cell* **20**, 335–345 (2005).

Oehler, S., Eismann, E.R., Krämer, H., and Müller-Hill, B., The three operators of the *lac* operon cooperate in repression, *EMBO J.* **9**, 973–979 (1990).

Pace, H.C., Kercher, M.A., Lu, P., Markiewicz, P., Miller, J.H., Chang, G., and Lewis, M., *Lac* repressor genetic map in real space, *Trends Biochem. Sci.* **22**, 334–339 (1997).

Reeder, T. and Schleif, R., AraC protein can activate transcription from only one position and when pointed in only one direction, *J. Mol. Biol.* **231**, 205–218 (1993).

Romanuka, J., Folkers, G.E., Biris, N., Tishchenko, E., Wienk, H., Bonvin, A.M.J.J., Kaptein, R., and Boelens, R., Specificity and affinity of lac repressor for the auxiliary operators *O2* and *O3* are explained by the structures of their protein-DNA complexes. *J. Mol. Biol.* **390**, 478–489 (2009).

Roth, A. and Breaker, R.R., The structural and functional diversity of metabolite-binding riboswitches, *Annu. Rev. Biochem.* **78**, 305–334 (2009).

Schleif, R., AraC protein: a love–hate relationship, *BioEssays* **25**, 274.282 (2003); *and* Regulation of the L-arabinose operon of *Escherichia coli, Trends Genet.* **16**, 559–565 (2000).

Schultz, S.C., Shields, G.C., and Steitz, T.A., Crystal structure of a CAP-DNA complex: The DNA is bent by 90º, *Science* **253**, 1001–1007 (1991).

Serganov, A., Polonskaia, A., Phan, A.T., Breaker, R.R., and Patel, D.J., Structural basis for gene regulation by a thiamine pyrophosphate-sensing riboswitch, *Nature* **441**, 1167–1171 (2006).

Shakked, Z., Guzikevich-Guerstein, G., Frolow, F., Rabinovich, D., Joachimiak, A., and Sigler, P.B., Determinants of repressor/operator recognition from the structure of the *trp* operator binding site, *Nature* **368**, 469–473 (1994).

Soisson, S.M., MacDougall-Shackleton, B., Schleif, R., and Wolberger, C., Structural basis for ligand-regulated oligomerization of AraC, *Science* **276**, 421–425 (1997). [A estrutura de raio X do AraC sozinho e em um complexo com arabinose.]

Somers, W.S. and Phillips, S.E.V., Crystal structure of the *met* repressor-operator complex at 2.8 Å resolution reveals DNA recognition by β-strands, *Nature* **359**, 387–393 (1992).

Yanofsky, C., Transcription attenuation, *J. Biol. Chem.* **263**, 609–612 (1988); *and* Attenuation in the control of expression of bacterial operons, *Nature* **289**, 751–758 (1981).

Processamento pós-transcricional

Bachellerie, J.-P. and Cavaillé, J., Guiding ribose methylation of rRNA, *Trends Biochem. Sci.* **22**, 257–261 (1997).

Balbo, P.B. and Bohm, A., Mechanism of poly(A) polymerase: structure of the enzyme-MgATP-RNA ternary complex and kinetics analysis, *Structure* **15**, 1117–2232 (2007).

Barash, Y., Calarco, J.A., Gao, W., Pan, G., Wang, X., Shai, O., Blencoe, B.J., and Frey, B.J., Deciphering the splicing code, *Nature* **465**, 53–59 (2010).

Bartel, D.P., MicroRNAs: target recognition and regulatory function, *Cell* **136**, 215–233 (2009); *and* MicroRNAs: genomics, biogenesis, mechanism, and function, *Cell* **116**, 281–297 (2004).

Bass, B.L., RNA editing by adenosine deaminases that act on RNA, *Annu. Rev. Biochem.* **71**, 817–846 (2002).

Blencowe, B.J., Alternative splicing: new insights from global analysis, *Cell* **126**, 37–47 (2006).

Boehringer, D., Makarov, E.M., Sander, B., Makarova, O.V., Kastner, B., Lührmann, R., and Stark, H., Three-dimensional structure of precatalytic human spliceossomal complex B, *Nature Struct. Biol.* **11**, 463–468 (2004).

Brantl, S., Antisense regulation and RNA interference, *Biochim. Biophys. Acta* **1575**, 15–25 (2002).

Cheah, M.T. Wachter, A., Sudarsan, N., and Breaker, R.R., Control of alternative RNA splicing and gene expression by eukaryotic riboswitches, *Nature* **447**, 497–500 (2007).

Chen, M., and Manley, J.L., Mechanisms of alternative splcicing regulation: insights from molecular and genomics approaches, *Nature Rev. Mol. Cell Biol.* **10**, 741–754 (2009).

Cole, C.N., and Scarcelli, J.J., Transport of messenger RNA from the nucleus to the cytoplasm, *Curr. Opin. Cell. Biol.* **18**, 299–306 (2006).

Davis, R.E., Spliced leader RNA *trans*-splicing in metazoa, *Parasitology Today* **12**, 33–40 (1996).

Decatur, W.A. and Fournier, M.J., RNA-guided nucleotide modification of ribosomal and other RNAs, *J. Biol. Chem.* **278**, 695–698 (2003).

Evans, D., Marquez, S.M., and Pace, N.R., RNase P: interface of the RNA and protein worlds, *Trends Biochem. Sci.* **31**, 333–341 (2006).

Fedor, M.J., Comparative enzymology and structural biology of RNA self-cleavage, *Annu Rev. Biophys.* **38**, 271–299 (2009).

Filipowicz, W., Bhattacharyya, S.N., and Sonenberg, N., Mechanisms of post-transcriptional regulation by microRNAs: are the answers in sight? *Nature Rev. Genet.* **9**, 102–114 (2008).

Gannan, F., O'Hare, K., Perrin, F., LePennec, J.P., Benoist, C., Cochet, M., Breathnach, R., Royal, A., Garapin, A., Cami, B., and Chambon, P., Organization and sequence of the 5′ end of a cloned complete ovalbumin gene, *Nature* **278**, 428–434 (1979).

Garneau, N.L., Wilusz, J., and Wilusz, C.J., The highways and byways of mRNA decay, *Nature Rev. Mol. Cell Biol.*. **8**, 113–126 (2007).

Gerber, A.P. and Keller, W., RNA editing by base deamination: more enzymes, more targets, new mysteries, *Trends Biochem. Sci.* **26**, 376–384 (2001).

Glisovic, T., Bachorik, J.L., Yong, J., and Dreyfuss, G., RNA-binding proteins and post-transcriptional gene regulation, *FEBS Lett.* **582**, 1977–1986 (2008).

Gott, J.M. and Emeson, R.B., Functions and mechanisms of RNA editing, *Annu. Rev. Genet.* **34**, 499–531 (2000).

Gu, M. and Lima, C.D., Procesing the message: structural insights into capping and decapping mRNA, **15**, 99–106 (2005).

Guo, F., Gooding, A.R., and Cech, T.R., Structure of the *Tetrahymena* ribozyme: base triple sandwich and metal íon at the active site, *Mol. Cell* **16**, 351–362 (2004).

Jinek, M. and Doudna, J.A., A three-dimensional view of the molecular machinery of RNA interference, *Nature* **457**, 405–412 (2009).

Kambach, C., Walke, S., Young, R., Avis, J.M., de la Fortelle, E., Raker, V.A., Lührmann, R., and Nagai, K., Crystal structures of two Sm protein complexes and their implications for the assembly of the spliceosomal snRNPs, *Cell* **96**, 375–387 (1999).

Kawamata, T., and Tomari, Y., Making RISC, *Trends Biochem. Sci.* **35**, 368–376 (2010).

Keegan, L.P., Gallo, A., and O'Connell, M.A., The many roles of an RNA editor, *Nature Rev. Genet.* **2**, 869–878 (2001).

Krummel, D.A.P., Oubridge, C., Leung, A.K.W., Li, J., and Nagai, K., Crystal structure of human spliceossomal U1 snRNP at 5.5 Å resolution, *Nature* **458**, 475–480 (2009).

Li,Y. and Breaker, R.R., Deoxyribozymes: new players in an ancient game of biocatalysis, *Curr. Opin. Struct. Biol.* **9**, 315–323 (1999).

Liu, Q., Greimann, J.C., and Lima, C.D., Reconstitution, activities, and structure of the eukariotic RNA exossome, *Cell* **127**, 1223–1237 (2006); *and* Errata, *Cell* **131**, 188–190 (2007).

Maas, S., Rich, A., and Nishikura, K., A-to-I RNA editing: Recent news and residual mysteries, *J. Biol. Chem.* **278**, 1391–1394 (2003); *and* Blanc, V. and Davidson, N.O., C-to-U RNA editing: Mechanisms leading to genetic diversity, *J. Biol. Chem.* **278**, 1395–1398 (2003).

MacRae, I.J., Zhou, K., Li, F., Repic, A.N., Cande, W.Z., Adams, P.D., and Doudna, J.A.,Structural basis for double stranded RNA processing by Dicer, *Science* **311**, 195–198 (2006).

Madison-Antenucci, S., Grams, J., and Hajduk, S.L., Editing machines: the complexities of trypanosome editing, *Cell* **108**, 435– 438 (2002).

Maniatis, T. and Tasic, B., Alternative pre-mRNA splicing and proteome expansion in metazoans, *Nature* **418**, 236–243 (2002).

Martick, M. and Scott, W.G., Tertiary contacts distant from the active site prime a ribozyme for catalysis, *Cell* **126**, 309–320 (2006). [A estrutura por raios X da ribozima cabeça de marterlo de *S. mansoni*]

Mura, C., Cascio, D., Sawaya, M.R., and Eisenberg, D.S., The crystal structure of a heptameric archaeal Sm protein: Implication for the eukaryotic snRNP core, *Proc. Natl. Acad. Sci.* **98**, 5532–5537 (2001).

Nishikura, K., Functions and regulation of RNA editing by ADAR deaminases, *Annu. Rev. Biochem.* **79**, 321–349 (2010) *and* Hundley, H.A. and Bass. B.L., ADAR editing in double-stranded UTRs and other noncoding sequences, *Trends Biochem. Sci.* **35**, 377–383 (2010).

Pratt, A.J., and MacRae, I.J., The RNA-induced silencing complex: a versatile gene-silencing machine, *J. Biol. Chem.* **284**, 17897–17901 (2009).

Proudfoot, N.J., Fu rger, A., and Dye, M.J., Integrating mRNA processing with transcription, *Cell* **108**, 501–512 (2002).

Schmid, M. and Jensen, T.H., The exossome: a multipurpose RNA-decay machine, *Trends Biochem. Sci.* **33**, 501–510 (2008).

Serganov, A. and Patel, D.J., Ribozymes, riboswitches and beyond: regulation of the gene expresion without proteins, *Nature Rev. Genet.* **8**, 776–790 (2007).

Sharp, P.A., Split genes and RNA splicing, *Cell* **77**, 805–815 (1994).

Smith, H. C. (Ed.), *RNA and DNA Edditing*, Wiley (2008).

Stahley, M.R., and Strobel, S.A., RNA splicing: group I crystal structures reveal the basis of splice site selection and metal ion catalysis, *Curr. Opin. Biol.* **16**, 319–326 (2006).

Stark, H., and Lührmann, R., Cryo-electron microscopy of spliceosomal components, *Annu. Rev. Biopys. Biomol. Struct.* 35, 435–457 (2006).

Stuart, K.D., Schnaufer, A., Ernst, N.E., and Panigrahi, A. K., Complex management: RNA edditing in trypanosomes, *Trends Biochem. Sci.* **30**, 97–105 (2005).

Tanaka Hall, T.M., Poly(A) tail synthesis and regulation: recent structural insights, *Curr. Opin. Struct. Biol.* **12**, 82–88 (2002).

Tarn, W.-Y. and Steitz, J.A., PremRNA splicing: the discovery of a new spliceosome doubles the challenge, *Trends Biochem. Sci.* **22**, 132–137 (1997).

Toor, N., Keating, K.S., and Pyle, A.M., Structural insights into RNA splicing, *Curr. Opin. Struct. Biol.* **19**, 260–266 (2009).

Torres-Larios, A., Swinger, K.K., Krasilnikov, A.S., Pan, T., and Mondragón, A., Crystal structure of the RNA component of bacterial ribonuclease P, *Nature* **437**, 584–587 (2005); *and* Kazantsev, A.V., Krivenko, A.A., Harrington, D.J., Holbrook, S.R., Adams, P.D., and Pace, N.R., Crystal structure of a bacterial ribonuclease P RNA, *Proc. Natl. Acad. Sci.* **102**, 13392–13397 (2005).

Vicens, Q. and Cech, T.A., Atomic level architecture of group I introns revealed, *Trends Biochem. Sci.* **31**, 41–51 (2006).

Wahl, M.C., Will, C. L., and Lührmann, R., The spliceosome: design principles in a dynamic RNP machine, *Cell* **136**, 701-718 (2009). [Uma revisão detalhada.]

Wang, Y., Juranek, S., Li, H., Sheng, G., Wardle, G.S., Tschl, T., and Patel, D.J., Nucleation, propagation and cleavage of target RNAs in Ago silencing complexes, *Nature* **461**, 754–762 (2009). [Estruturas por raios X de complexos Argonauta-DNA · RNA.]

Weinstein, L.B. and Steitz, J.A., Guided tours: from precursor to snoRNA to functional snoRNP, *Curr. Opin. Cell Biol.* **11**, 378–384 (1999).

Xiao, S., Scott, F., Fierke, C.A., and Enelke, D.R., Eukaryotic ribonuclease P: A plurality of ribonucleoprotein enzymes, *Annu. Rev. Biochem.* **71**, 165–189 (2002).

EXERCÍCIOS DE BIOINFORMÁTICA

Os Exercícios de bioinformática estão disponíveis em www.wiley.com/college/voet

Capítulo 31

Novos avanços no RNA. Explore *sites* sobre RNA.

PROBLEMAS

1. Indique o fenótipo dos seguintes diploides parciais de *lac* de *E. coli* em termos de enzimas induzíveis e ativas sintetizadas.

a. $I^-P^+O^+\ Z^+Y^-\ /\ I^+P^-O^+\ Z^+Y^+$

b. $I^-P^+O^c\ Z^+Y^-\ /\ I^+P^+O^+\ Z^-Y^+$

c. $I^-P^+O^c\ Z^+Y^+/\ I^-P^+O^+\ Z^+Y^+$

d. $I^+P^-O^+\ Z^+Y^+\ /\ I^-P^+O^c\ Z^-Y^-$

2. Mutantes **super-reprimidos**, I^S, codificam repressores *lac* que se ligam ao operador, mas não respondem à presença do indutor. Indique o fenótipo dos seguintes genótipos em termos de indução e produção de enzimas.

a. $I^S O^+ Z^+$ b. $I^S O^c Z^+$ c. $I^+O^+\ Z^+/\ I^S O^+\ Z^+$

3. Por que *E. coli lac* Z^- falha em apresentar atividade de galactosídeo-permease após a adição de lactose na ausência de glicose? Por que os mutantes *lac* Y^- carecem de atividade da β-galactosidase nas mesmas condições?

4. Qual é a vantagem experimental de usar IPTG em vez de 1,6-alolactose como um indutor do óperon *lac*?

5. Descreva o provável defeito genético que anula a sensibilidade do óperon *lac* à ausência de glicose quando outros óperons metabólicos continuam a ser sensíveis à ausência da glicose.

6. Indique a região −10, a região −35 e o nucleotídeo de iniciação sobre a fita senso do promotor $tRNA^{Tyr}$ de *E. coli* mostrado abaixo.

5′ CAACGTAACACTTTACAGCGGCGCGTCATTTGATATG ATGCGCCCCGCTTCCCGATA 3′

3′ GTTGCATTGTGAAATGTCGCCGCGCAGTAAACTATAC TACGCGGGGCGAAGGGCTAT 5′

7. Por que *E. coli* que são diploides para resistência à rifamicina e sensibilidade à rifamicina ($rif^R/\ rif^S$) são sensíveis à rifamicina?

8. Por que a eficiência do promotor tende a diminuir com o número de pares G · C pareados na região -10 de um gene procariótico?

9. Um ribossomo eucariótico contém 4 diferentes moléculas de rRNA e ~82 proteínas diferentes. Por que uma célula contém muito mais cópias de genes para rRNA do que genes para proteínas ribossomais?

10. Qual é a probabilidade de que a sequência de DNA de 4.026 nucleotídeos codificadora da subunidade β da RNAP de *E. coli* seja transcrita com a sequência correta de bases? Faça o cálculo para probabilidade de 0,0001, 0,001 e 0,01 para que cada base seja incorretamente transcrita.

11. Se um reforçador é colocado em um plasmídeo e seu promotor correspondente é colocado em um segundo plasmídeo que é concatenado (ligado) ao primeiro, a iniciação é quase tão eficiente quanto quando o reforçador e o promotor estão no mesmo plasmídeo. Porém, a iniciação não ocorre quando dois plasmídeos estão desunidos. Explique.

12. Qual é a probabilidade de a simetria do operador *lac* ser meramente acidental?

13. Por que a inibição da DNA-girase em *E. coli* inibe a expressão dos óperons sensíveis a catabólitos?

14. Descreva a transcrição do óperon *trp* na ausência de ribossomos ativos e de triptofano.

15. Por que a transcrição eucariótica não pode ser regulada por atenuação?

16. Preveja o efeito da deleção da sequência do peptídeo líder na regulação do óperon *trp*.

17. Charles Yanofsky e seus associados sintetizaram um RNA de 15 nucleotídeos que é complementar ao segmento 1 do mRNA *trpL* (mas somente parcialmente complementar ao segmento 3). Qual é seu efeito sobre a transcrição *in vitro* do óperon *trp*? Qual é seu efeito se o gene *trpL* conter uma mutação no segmento 2 que desestabilize o tronco 2 · 3 e a torção?

18. Por que os mutantes *rel*A^- são defectivos na transcrição *in vivo* dos óperons *his* e *trp*?

19. Por que transcritos primários de rRNA não são observados em *E. coli* do tipo selvagem?

20. Por que ribozimas cabeça de martelo não podem catalisar a clivagem de DNA de fita simples?

21. Explique por que o sítio ativo da polimerase poli(A) é muito mais estreito que que o das polimerases de DNA e RNA.

22. Você esperaria que a remoção de íntrons catalisada por *spliceossomos* seja reversível em um sistema altamente purificado *in vitro* e *in vivo*? Explique.

23. Íntrons em genes eucarióticos codificantes de proteínas podem ser bastante grandes, mas quase nenhum é menor que em torno de 65 pb. Qual é a razão para este tamanho mínimo de íntrons?

24. Infecções por certos vírus inibem o processamento de snRNA em células eucarióticas. Explique por que isto favorece a expressão de genes virais na célula do hospedeiro.

25. Explique por que RNAi seria um mecanismo menos eficiente para a regulação da expressão de genes específicos se Dicer hidrolisasse RNA fita dupla a cada 11 pb em vez de a cada 22 pb.

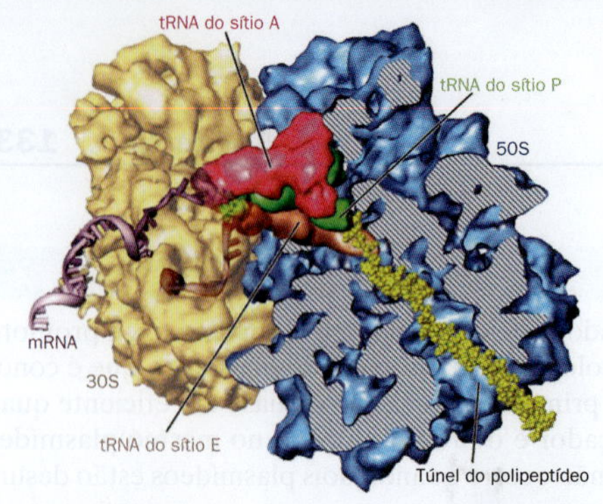

CAPÍTULO 32 Tradução

Neste capítulo, será estudada a **tradução**, a biossíntese de polipeptídeos comandada pelo mRNA (RNA mensageiro). Embora a formação de uma ligação peptídica seja uma reação química relativamente simples, a complexidade do processo de tradução, que envolve a participação coordenada de mais de 100 macromoléculas, é determinada pela necessidade de ligar 20 resíduos diferentes de aminoácidos de forma precisa, na ordem especificada por um determinado mRNA. Observe que esse processo foi antecipado na Seção 5.4B.

Inicialmente, discute-se o **código genético**, a correspondência entre as sequências de ácidos nucleicos e as sequências polipeptídicas. A seguir, serão examinadas as estruturas e propriedades dos **tRNAs** (RNAs de transferência), as entidades transportadoras dos aminoácidos que fazem o intermédio do processo de tradução. Em seguida, serão consideradas a estrutura e as funções dos **ribossomos**, as máquinas moleculares complexas que catalisam a formação das ligações peptídicas entre os aminoácidos especificados pelo mRNA. A formação da ligação peptídica, entretanto, não cria necessariamente uma proteína funcional; muitos polipeptídeos devem, primeiramente, ser modificados após a tradução, como discutido na seção subsequente. Finalmente, será estudado como as células degradam as proteínas, um processo que deve estar em equilíbrio com a síntese proteica.

1 O CÓDIGO GENÉTICO

Como o DNA codifica a informação genética? De acordo com a hipótese de um gene-um polipeptídeo, a mensagem genética dita as sequências de aminoácidos das proteínas. Como a sequência de bases do DNA é o único elemento variável nesse polímero que, de outra forma, é monótono e repetitivo, a sequência de aminoácidos de uma proteína deve, de alguma maneira, ser especificada pela sequência de bases do segmento de DNA correspondente.

Potencialmente, uma sequência de bases poderia especificar uma sequência de aminoácidos de muitas maneiras. Com apenas 4 bases para codificar os 20 aminoácidos, um grupo de várias bases, denominado **códon**, é necessário para especificar um único aminoácido. Um código de trincas, ou seja, um com 3 bases por códon, é o mínimo necessário, uma vez que existem $4^3 = 64$ diferentes trincas de bases, enquanto podem existir apenas $4^2 = 16$ duplas diferentes, as quais são insuficientes para especificar todos os aminoácidos. Em um código de trincas, 44 códons poderiam não codificar aminoácido algum. Porém, muitos aminoácidos poderiam ser especificados por mais de um códon. Tal tipo de código, em uma terminologia emprestada dos matemáticos, é chamado de **degenerado**.

Outro mistério foi como o aparato de síntese proteica agrupa a sequência de bases contínua do DNA em códons? Por exemplo, o código poderia ser sobreposto; ou seja, na sequência

$$\text{ABCDEFGHIJ}\cdots$$

ABC poderia codificar um aminoácido, BCD um segundo, CDE um terceiro, e assim por diante. De forma alternativa, o código poderia não ser sobreposto, de maneira que ABC especificasse um aminoácido, DEF um segundo, GHI um terceiro, e assim por diante. O código poderia, também, conter "pontuações" internas, como no código de trincas não sobrepostas

$$\text{ABC, DEF, GHI,}\cdots$$

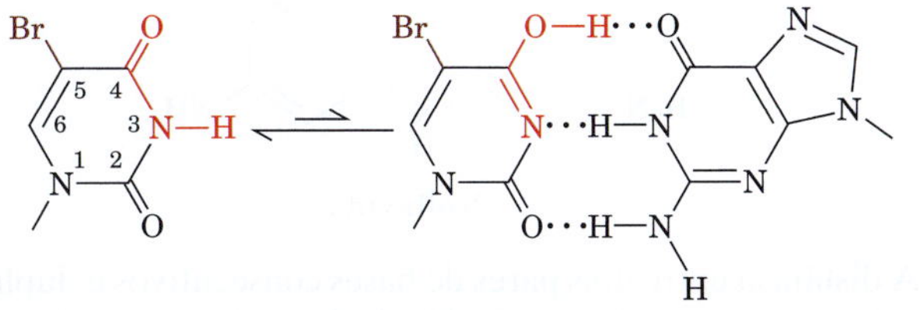

5-Bromouracila (5BU) (tautômero cetônico) **5BU (tautômero enolólico)** **Guanina**

FIGURA 32.1 **5-Bromouracila.** A sua forma cetônica (*à esquerda*) é o tautômero mais comum. Entretanto, ele frequentemente assume a forma enólica (*à direita*), que realiza um pareamento de bases com guanina.

no qual as vírgulas representariam determinadas bases ou sequências de bases. Uma questão relacionada é como o código genético especifica o início e o final de uma cadeia polipeptídica?

O código genético é, na verdade, um código de trincas, sem sobreposição, sem vírgulas e degenerado. Como isso foi determinado e como o dicionário do código genético foi elucidado são os assuntos desta seção.

A. *Mutagênese química*

O caráter triplo do código genético, como será visto a seguir, foi estabelecido pela utilização de **compostos químicos mutagênicos**, substâncias que induzem mutações quimicamente. Por isso, o estudo do código genético será precedido por uma discussão sobre essas substâncias. Existem duas classes principais de mutações:

1. **Mutações pontuais**, nas quais um par de bases (pb) substitui outro. Essas mutações pontuais são subclassificadas como
   - **(a)** **Transições**, nas quais uma purina (ou uma pirimidina) é substituída por outra.
   - **(b)** **Transversões**, nas quais uma purina é substituída por uma pirimidina ou vice-versa.
2. **Mutações por inserção/deleção**, nas quais um ou mais pares de nucleotídeos são inseridos ou deletados do DNA.

Uma mutação em qualquer uma dessas três categorias pode ser revertida por uma mutação subsequente da mesma categoria, mas não de outra.

a. Mutações pontuais são geradas por bases alteradas

Mutações pontuais podem resultar do tratamento de um organismo com análogos de bases ou com substâncias que alteram as bases quimicamente. Por exemplo, **5-bromouracila (5BU)**, um análogo de base, assemelha-se de forma estérica à timina (5-metiluracila), mas, devido à influência de seu átomo de Br eletronegativo, ele, com frequência, assume uma forma tautomérica que faz um pareamento de bases com guanina, ao invés de com adenina (Fig. 32.1). Consequentemente, quando 5BU é incorporado no DNA no lugar de timina, o que normalmente acontece, ele ocasionalmente induz uma transição A · T → G · C nos ciclos de replicação do DNA subsequentes. Ocasionalmente, 5BU também é incorporado no DNA no lugar de citosina, o que gera uma transição G · C → A · T.

2-aminopurina (2AP), um análogo de adenina, normalmente realiza um pareamento de bases com timina (Fig. 32.2*a*), mas, ocasionalmente, forma um pareamento de bases distorcido, por uma única ligação de hidrogênio, com citosina (Fig. 32.2*b*). Assim, 2AP gera transições A · T → G · C.

Em soluções aquosas, o **ácido nitroso** (HNO_2) desamina, de forma oxidativa, aminas primárias aromáticas, de forma a converter citosina em uracila (Fig. 32.3*a*) e adenina na base similar à guanina chamada de **hipoxantina** (que forma duas das três ligações de hidrogênio da guanina com a citosina;

(*a*)

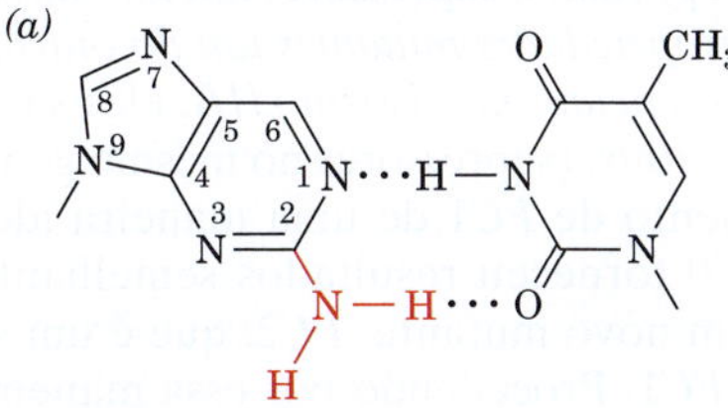

2-Aminopurina (2AP) **Timina**

(*b*)

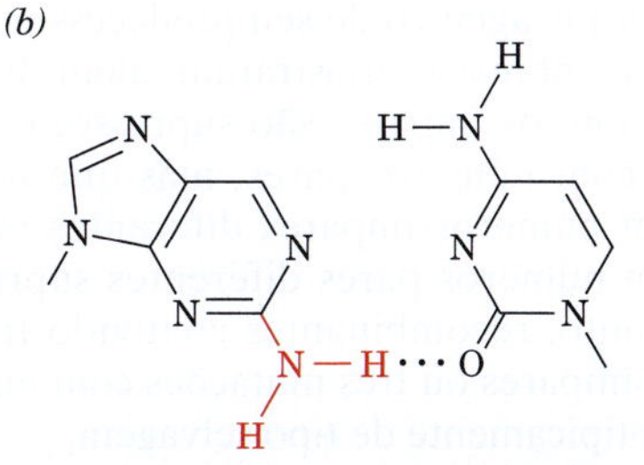

2AP **Citosina**

FIGURA 32.2 **Os pareamentos de bases do análogo de adenina, 2-aminopurina.** Ele normalmente realiza um pareamento de bases com timina (*a*), mas, ocasionalmente, também o faz com citosina (*b*).

(*a*)

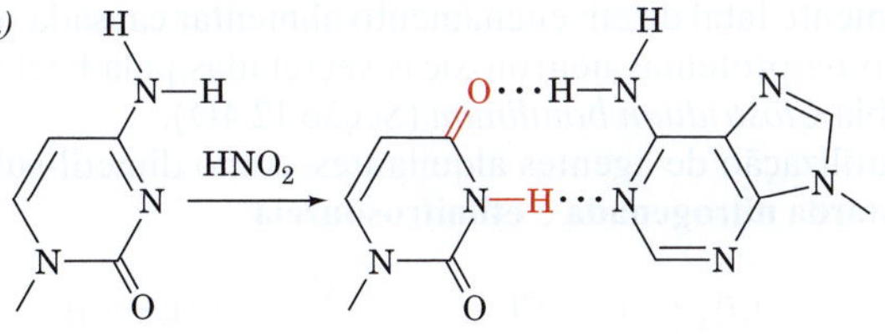

Citosina **Uracila** **Adenina**

(*b*)

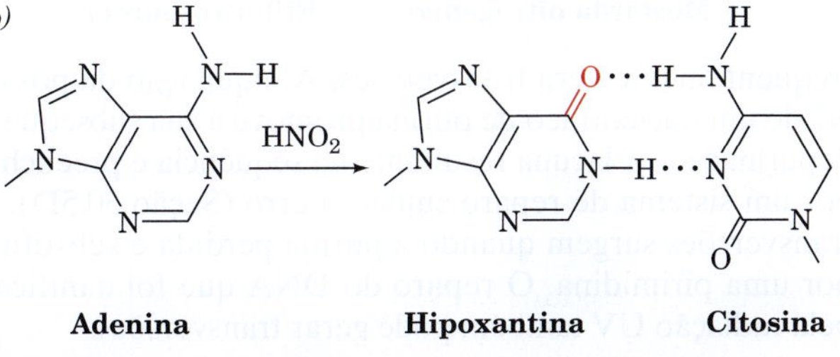

Adenina **Hipoxantina** **Citosina**

FIGURA 32.3 **A desaminação oxidativa pelo ácido nitroso.** (*a*) Citosina é convertida em uracila, que realiza o pareamento de bases com adenina. (*b*) Adenina é convertida em hipoxantina, um derivado de guanina (ela não possui o grupo 2-amino da guanina) que realiza o pareamento de bases com citosina.

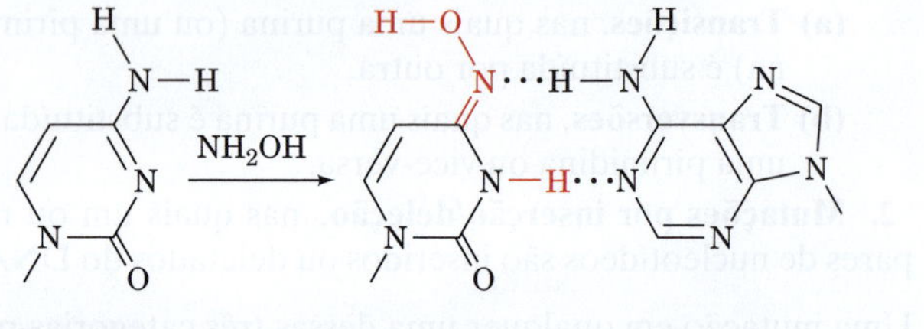

Citosina — NH_2OH → Adenina

FIGURA 32.4 A reação com hidroxilamina converte citosina em um derivado que realiza o pareamento de bases com adenina.

Fig. 32.3*b*). Portanto, o tratamento do DNA com o ácido nitroso ou com compostos como **nitrosaminas**,

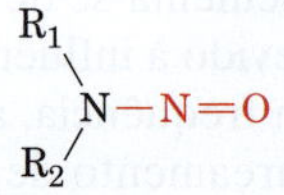

$R_1(R_2)N-N=O$

Nitrosaminas

que reagem para formar o ácido nitroso, resulta tanto em transições A · T → G · C, como em transições G · C → A · T. **Hidroxilamina** (NH_2OH) também induz transições G · C → A · T por reagir especificamente com a citosina para convertê-la a um composto que realiza pareamento de base com a adenina (Fig. 32.4).

Nitrito, a base conjugada do ácido nitroso, foi por um longo tempo utilizado como um preservativo de carnes preparadas, tais como salsichas alemãs. Entretanto, a observação de que muitos agentes mutagênicos também são carcinogênicos (Seção 30.5Fa) sugere que o consumo de carnes contendo nitrito é perigoso para os seres humanos. Apesar disso, defensores da preservação de carnes com nitrito argumentam que a interrupção do uso iria resultar em muito mais fatalidades. Isso aconteceria porque a falta desse tratamento aumentaria enormemente a incidência de **botulismo**, uma forma frequentemente fatal de envenenamento alimentar causada pela ingestão de proteínas neurotóxicas secretadas pela bactéria anaeróbia *Clostridium botulinum* (Seção 12.4D).

A utilização de agentes alquilantes, como dimetil-sulfato, **mostarda nitrogenada** e **etilnitrosoureia**

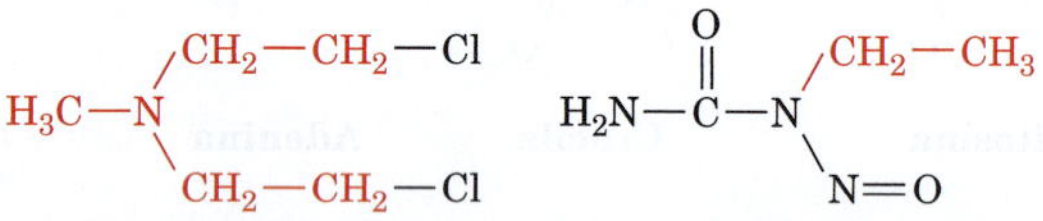

$H_3C-N(CH_2-CH_2-Cl)_2$ **Mostarda nitrogenada**

$H_2N-C(=O)-N(CH_2-CH_3)(N=O)$ **Etilnitrosoureia**

frequentemente gera transversões. A alquilação da posição N7 de um nucleotídeo de purina promove a sua subsequente depurinação. A lacuna resultante na sequência é preenchida por um sistema de reparo sujeito a erro (Seção 30.5D). As transversões surgem quando a purina perdida é substituída por uma pirimidina. O reparo do DNA que foi danificado pela radiação UV também pode gerar transversões.

b. Mutações por inserção/deleção são geradas por agentes intercalantes

Mutações por inserção/deleção (também chamadas **indels***) podem surgir do tratamento do DNA com agentes intercalantes, como laranja de acridina (Seção 6.6Ca) ou proflavina.*

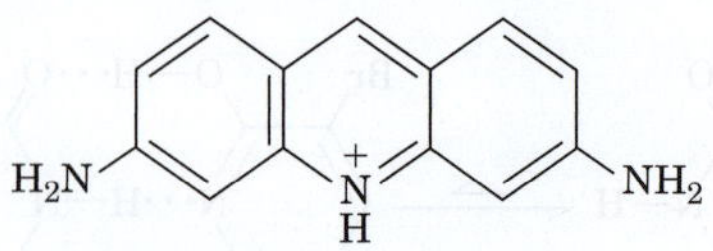

Proflavina

A distância entre dois pares de bases consecutivos é duplicada pela intercalação de uma molécula desse tipo entre eles. A replicação de um segmento de DNA distorcido como esse ocasionalmente resulta na inserção ou deleção de um ou mais nucleotídeos no polinucleotídeo recém-sintetizado. (Inserções e deleções de segmentos extensos de DNA surgem, em geral, a partir de eventos de *crossing-over* aberrantes; Seção 34.2De.)

B. Códons são trincas

Em 1961, Francis Crick e Sydney Brenner, por investigações genéticas sobre as características das mutações induzidas por proflavina, previamente desconhecidas, determinaram a característica tripla do código genético. No bacteriófago T4, uma determinada mutação induzida por proflavina, designada *FC*0, mapeia no cístron *rIIB* (Seção 1.4Eb). A multiplicação desse fago mutante em um hospedeiro permissivo (*E. coli* B) resultou no aparecimento espontâneo e ocasional de fagos fenotipicamente de tipo selvagem, como foi demonstrado pela capacidade de se multiplicarem em um hospedeiro restritivo (*E. coli* K12 [λ]; lembre-se que mutantes *rIIB* formam placas de lise grandes, características em *E. coli* B, mas são incapazes de lisar *E. coli* K12[λ]; Seção 1.4Eb). Porém, esses fagos duplamente mutados não são genotipicamente de tipo selvagem; a infecção simultânea de um hospedeiro permissivo por um deles e por um fago realmente de tipo selvagem dá origem a uma progênie recombinante que possui a mutação *FC*0 ou uma nova mutação designada *FC*1. Portanto, o fago fenotipicamente de tipo selvagem é um duplo mutante que, na verdade, contém ambas as mutações, *FC*0 e *FC*1. *Esses dois genes são, portanto,* ***supressores*** *um do outro; ou seja, eles cancelam as propriedades mutantes um do outro. Além disso, como ambos mapeiam no* cístron *rIIB*, eles são **supressores intragênicos** mútuos (supressores no mesmo gene).

O tratamento de *FC*1 de uma maneira idêntica à descrita para *FC*0 forneceu resultados semelhantes: o aparecimento de um novo mutante, *FC*2, que é um supressor intragênico de *FC*1. Procedendo por essa maneira repetitiva, Crick e Brenner colecionaram uma série de mutantes *rIIB* diferentes, *FC*3, *FC*4, *FC*5, etc., na qual cada mutante *FC*(*n*) é um supressor intragênico de seu predecessor, *FC* (*n* − 1). Estudos de recombinação mostraram, além disso, que mutações com números ímpares são supressoras intragênicas de mutações com números pares, mas que nem pares de mutações com números ímpares diferentes nem pares de mutações com números pares diferentes suprimem uma à outra. Entretanto, recombinantes contendo três mutações com números ímpares ou três mutações com números pares são todos fenotipicamente de tipo selvagem.

Crick e Brenner levaram em consideração essas observações devido ao seguinte conjunto de hipóteses:

1. A mutação induzida por proflavina *FC*0 pode ser tanto uma inserção como uma deleção de um par de nucleotídeos do cístron *rIIB*. Caso ela seja uma deleção, então *FC*1 será uma inserção, *FC*2 será uma deleção e assim por diante, e vice-versa.

2. *O código é lido de uma maneira sequencial, iniciando a partir de um ponto fixo no gene.* A inserção ou deleção de um nucleotídeo altera a **fase** (agrupamento) na qual os nucleotídeos seguintes são lidos como códons (inserções ou deleções de nucleotídeos são, portanto, também conhecidas como **mutações que alteram a fase de leitura**, de *frameshift mutations*). Portanto, o código não possui pontuações internas que indicam a fase de leitura; ou seja, *o código é livre de vírgulas*.
3. *O código é um código em trincas.*
4. Todas ou quase todas as 64 trincas de códons codificam um aminoácido; ou seja, *o código é degenerado*.

Esses princípios são ilustrados pela seguinte analogia. Considere uma frase (gene) na qual cada uma das palavras (códons) é composta por três letras (bases).

ALI VEM MEU PAI COM MEU TIO

(Aqui, os espaços separando as palavras não possuem significado físico; eles estão presentes apenas para indicar a fase de leitura.) A deleção da quarta letra, que altera a fase de leitura, muda a frase para

ALI EMM EUP AIC OMM EUT IO

de forma que todas as palavras após a deleção pontual são incompreensíveis (especificam aminoácidos errados). Entretanto, uma inserção de qualquer letra, por exemplo um X, na nona posição,

ALI EMM EUX PAI COM MEU TIO

restaura a fase de leitura original. Consequentemente, apenas as palavras entre as duas trocas (mutações) são alteradas. Como nesse exemplo, uma frase como essa ainda poderia ser compreensível (o gene ainda poderia especificar uma proteína funcional), especialmente se as trocas fossem próximas uma da outra. Duas deleções ou duas inserções, não importando o quão próximas ocorressem, não suprimiriam uma a outra, mas mudariam a fase de leitura. Entretanto, três inserções, como X, Y e Z na quinta, oitava e décima segunda posições, respectivamente, iriam alterar a frase para

ALI VXE MYM EUZ PAI COM MEU TIO

o que, após a terceira inserção, restauraria a fase de leitura original. O mesmo seria verdadeiro para três deleções. Como antes, caso as três alterações fossem próximas umas das outras, a frase ainda poderia conservar muito do seu significado.

Crick e Brenner não demonstraram claramente que o código genético é um código em trincas, porque eles não tinham provas de que as suas inserções e deleções envolviam apenas nucleotídeos únicos. Estritamente falando, eles mostraram que um códon consiste em $3r$ nucleotídeos, em que r é o número de nucleotídeos em uma inserção ou deleção. Embora tenha sido em geral assumido naquela época que $r = 1$, a prova para essa afirmação teve que aguardar a elucidação do código genético (Seção 32.1C).

C. *Decifrando o código genético*

O código genético poderia, em princípio, ser determinado pela simples comparação da sequência de bases de um mRNA com a sequência de aminoácidos do polipeptídeo que ele especifica. Na década de 1960, entretanto, as técnicas para o isolamento e sequenciamento de mRNAs não haviam ainda sido estabelecidas. A elucidação do dicionário do código genético, portanto, provou ser uma tarefa difícil.

a. O códon UUU especifica Phe

O maior progresso na decifração do código genético ocorreu em 1961, quando Marshall Nirenberg e Heinrich Matthaei estabeleceram que UUU era o códon que especificava Phe. Eles fizeram isso demonstrando que a adição de poli(U) em um sistema de síntese proteica livre de células estimulava somente a síntese de poli(Phe). O sistema de síntese proteica livre de células era preparado pelo rompimento de células de *E. coli* em condições brandas, agitando-as na presença de alumina (trióxido de dialumínio) em pó. O produto da lise era centrifugado para remoção das paredes e membranas celulares, resultando em um extrato que continha DNA, mRNA, ribossomos, enzimas e outros constituintes celulares necessários para a síntese proteica. Quando suprido com ATP, GTP e aminoácidos, o sistema sintetizava pequenas quantidades de proteínas. Isso foi demonstrado pela incubação do sistema com aminoácidos marcados com ^{14}C, seguida pela precipitação de suas proteínas pela adição de ácido tricloroacético. O precipitado demonstrou ser radioativo.

Um sistema de síntese proteica livre de células produz, obviamente, proteínas especificadas pelo DNA da célula. Assim, quando DNase é adicionada, a síntese proteica para dentro de poucos minutos, pois o sistema não é mais capaz de sintetizar mRNA e o mRNA originalmente presente é rapidamente degradado. Nirenberg descobriu que frações contendo mRNA total de outros organismos eram altamente ativas na estimulação da síntese proteica em um sistema tratado com DNase. Esse sistema de síntese proteica é igualmente responsivo a mRNAs sintéticos.

Os mRNAs sintéticos que Nirenberg utilizou nos experimentos subsequentes foram sintetizados pela enzima **polinucleotídeo-fosforilase** de *Azotobacter vinelandii.* Essa enzima, que foi descoberta por Severo Ochoa e Marianne Grunberg-Manago, reúne nucleotídeos na reação

$$(\text{RNA})_n + \text{NDP} \rightleftharpoons (\text{RNA})_{n+1} + \text{P}_i.$$

Ao contrário da RNA-polimerase, porém, a polinucleotídeo-fosforilase não utiliza um molde. Ao invés disso, ela une aleatoriamente os NDPs disponíveis, de forma que a composição de bases do produto de RNA reflete a composição da mistura de NDPs reagentes.

Nirenberg e Matthaei demonstraram que poli(U) estimula a síntese de poli(Phe) pela incubação de poli(U) com uma mistura de 1 aminoácido radioativo e 19 aminoácidos não marcados em um sistema de síntese proteica tratado com DNase. Doses significativas de radioatividade apareceram no precipitado proteico apenas quando fenilalanina era marcada. *UUU deve, portanto, ser o códon que especifica Phe.* Em um experimento semelhante, utilizando poli(A) e poli(C), foi verificado que poli(Lys) e poli(Pro), respectivamente, foram sintetizados. Assim, *AAA especifica Lys e CCC especifica Pro*. (Poli[G] não pode funcionar como um mRNA sintético porque, mesmo sob condições desnaturantes, ele se agrega para formar uma hélice de quatro fitas [Seção 30.4D]. Um mRNA deve estar na forma de fita simples para direcionar a sua tradução; Seção 32.2D.)

TABELA 32.1 Incorporações de aminoácidos estimuladas por um copolímero aleatório de U e G na razão molar de 0,76 : 0,24

Códon	Probabilidade de ocorrência	Incidência relativa*	Aminoácido	Quantidade relativa de aminoácidos incorporados
UUU	0,44	100	Phe	100
UUG	0,14	32	Leu	36
UGU	0,14	32	Cys	35
GUU	0,14	32	Val	37
UGG	0,04	9	Trp	14
GUG	0,04	9		
GGU	0,04	9	Gly	12
GGG	0,01	2		

* A incidência relativa é definida aqui como 100 × a probabilidade de ocorrência/0,44.

Fonte: Matthaei, J. H., Jones, O. W., Martin, R.G., e Nirenberg, M., *Proc. Natl. Acad. Sci.* **48**, 666 (1962).

Nirenberg e Ochoa, de forma independente, utilizaram copolímeros de ribonucleotídeos para avançarem na elucidação do código genético. Por exemplo, em um poli(UG), composto de 76% de U e 24% de G, a probabilidade de uma determinada trinca ser UUU é 0,76 × 0,76 × 0,76 = 0,44. Da mesma forma, a probabilidade de uma determinada trinca ser constituída por 2 Us e 1 G, ou seja, UUG, UGU ou GUU, é 0,76 × 0,76 × 0,24 = 0,14. A utilização desse poli(UG) como um mRNA, portanto, revela a composição de bases, mas não as sequências dos códons especificando os vários aminoácidos (Tabela 32.1). Por meio da utilização de copolímeros contendo duas, três e quatro bases, foi deduzida a composição de bases dos códons especificando cada um dos 20 aminoácidos. Além disso, *esses experimentos demonstraram que o código genético é degenerado, uma vez que, por exemplo, poli(UA), poli(UC) e poli(UG) determinam, todos, a incorporação de Leu em um polipeptídeo.*

b. O código genético foi elucidado por meio de experimentos de ligação em trincas e da utilização de polirribonucleotídeos com sequências conhecidas

Na ausência de GTP, que é necessário para a síntese proteica, trinucleotídeos, mas não dinucleotídeos, são quase tão eficientes quanto mRNAs na promoção da ligação de tRNAs específicos aos ribossomos. Esse fenômeno, descoberto por Nirenberg e Philip Leder em 1964, permitiu que vários códons fossem identificados por um simples experimento de ligação. Ribossomos, juntamente com os tRNAs ligados a eles, são retidos por um filtro de nitrocelulose, mas tRNAs livres não o são. O tRNA ligado era identificado pela utilização de misturas de tRNAs carregados, nas quais apenas um dos resíduos de aminoácidos transportados estava radiativamente marcado. Por exemplo, foi verificado que, conforme o esperado, UUU estimula apenas a ligação de tRNA-Phe ao ribossomo. Da mesma forma, UUG, UGU e GUU estimulam a ligação dos tRNAs de Leu, Cys e Val, respectivamente. Portanto, UUG, UGU e GUU devem ser os códons que especificam Leu, Cys e Val, respectivamente. Dessa maneira, foram identificados os aminoácidos especificados por cerca de 50 códons. Para os códons restantes, o ensaio de ligação ou foi negativo (sem ligação de tRNA) ou foi ambíguo.

O dicionário do código genético foi completado e os resultados anteriores foram confirmados pela síntese, feita por H. Gobind Khorana, de polirribonucleotídeos com sequências repetitivas específicas (Seção 7.6A). Em um sistema de síntese proteica livre de células, UCUCUCUC···, por exemplo, é lido como

UCU CUC UCU CUC UCU C···

de modo que ele especifica uma cadeia polipeptídica de dois resíduos de aminoácidos alternados. De fato, foi observado que esse mRNA estimulava a produção de

Ser — Leu — Ser — Leu — Ser — Leu — ···

o que indica que UCU ou CUC especifica Ser, enquanto o outro códon especifica Leu. Essa informação, juntamente com os dados de ligação de tRNAs, permitiu a conclusão de que UCU codifica Ser e CUC codifica Leu. Esses dados também provaram que os códons são compostos por um número ímpar de nucleotídeos, descartando, dessa forma, qualquer suspeita remanescente de que os códons consistiriam não em três, mas em seis nucleotídeos.

Sequências alternadas de três nucleotídeos, como poli(UAC), especificam três homopolipeptídeos diferentes, porque os ribossomos podem iniciar a síntese do polipeptídeo a partir desse mRNA sintético em qualquer uma das três fases de leitura possíveis (Fig. 32.5). Análises dos polipeptídeos especificados por diversas sequências alternadas de dois e três nucleotídeos confirmaram a identidade de muitos códons e preencheram as posições do código genético que ainda estavam faltando.

c. Os mRNAs são lidos na direção 5′ → 3′

A utilização de tetranucleotídeos repetitivos indicou a direção de leitura do código e identificou os códons de Parada da

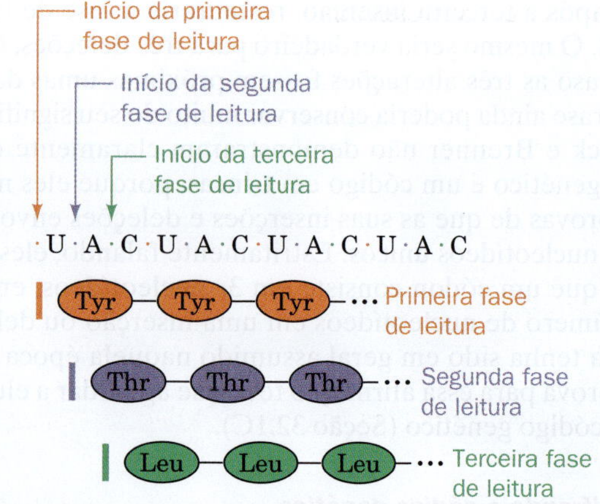

FIGURA 32.5 As três potenciais fases de leitura de um mRNA. Cada fase de leitura originaria um polipeptídeo diferente.

cadeia. Poli(UAUC) especifica, como esperado, um polipeptídeo com a repetição tetrapeptídica:

5′ UAU CUA UCU AUC UAU CUA ··· 3′

Tyr — Leu — Ser — Ile — Tyr — Leu — ···

A sequência de aminoácidos desse polipeptídeo indica que a extremidade 5′ do mRNA corresponde à porção N-terminal do polipeptídeo; ou seja, *o mRNA é lido na direção 5′→ 3′*.

d. UAG, UAA e UGA são códons de parada

Em contraste com os resultados anteriores, poli(AUAG) gera apenas dipeptídeos e tripeptídeos. Isso acontece porque *UAG é um sinal para que o ribossomo termine a síntese proteica*:

AUA GAU AGA UAG AUA GAU ···

Ile — Asp — Arg Parada Ile — Asp — ···

Da mesma forma, poli(GUAA) também gera dipeptídios e tripeptídios, porque UAA é também um sinal de terminação da cadeia:

GUA AGU AAG UAA GUA AGU ···

Val — Ser — Lys Parada Val — Ser — ···

UGA é um terceiro sinal de parada. Esses **códons de Parada**, cuja existência foi inicialmente inferida a partir de experimentos genéticos, são conhecidos, de uma forma bastante inapropriada, como **códons sem sentido**, porque eles são os únicos códons que não especificam aminoácidos. UAG, UAA e UGA são, algumas vezes, chamados de códons ***âmbar***, ***ocre*** e ***opala***. (Eles foram assim denominados como resultado de uma piada de laboratório: a palavra alemã para âmbar é Bernstein, o nome de alguém que ajudou a descobrir as mutações *âmbar* [mutações que alteram alguns outros códons para UGA]; *ocre* e *opala* são trocadilhos de *âmbar*.)

e. AUG e GUG são códons de iniciação da cadeia

Os códons AUG e, com menor frequência, GUG formam parte da sequência de iniciação da cadeia (Seção 32.3Ca). Entretanto, eles também especificam os resíduos de aminoácidos Met e Val, respectivamente, em posições internas das cadeias polipeptídicas. (A descoberta de Nirenberg e Matthaei de que UUU especificava Phe apenas foi possível porque os ribossomos iniciaram a síntese do polipeptídeo a partir de um mRNA de forma indiscriminada, quando a concentração de Mg^{2+} nos seus experimentos foi elevada, de forma acidental, para níveis não fisiológicos.)

D. A natureza do código genético

O dicionário do código genético, elucidado pelos métodos anteriores, é mostrado na Tabela 32.2 e também na Tabela 5.3. Um exame da tabela indica que o código genético possui várias características marcantes:

1. *O código é altamente degenerado*. Três aminoácidos, Arg, Leu e Ser, são, cada um deles, especificados por seis códons e a maioria dos aminoácidos restantes é especificada por quatro, três ou dois códons. Apenas Met e Trp, os dois

TABELA 32.2 O código genético-"padrão"[a]

Primeira posição (terminal 5′)	Segunda posição				Terceira posição (terminal 3′)
	U	C	A	G	
U	UUU Phe	UCU	UAU Tyr	UGU Cys	U
	UUC	UCC Ser	UAC	UGC	C
	UUA Leu	UCA	UAA Parada	UGA Parada	A
	UUG	UCG	UAG Parada	UGG Trp	G
C	CUU	CCU	CAU His	CGU	U
	CUC Leu	CCC Pro	CAC	CGC Arg	C
	CUA	CCA	CAA Gln	CGA	A
	CUG	CCG	CAG	CGG	G
A	AUU	ACU	AAU Asn	AGU Ser	U
	AUC Ile	ACC Thr	AAC	AGC	C
	AUA	ACA	AAA Lys	AGA Arg	A
	AUG Met**	ACG	AAG	AGG	G
G	GUU	GCU	GAU Asp	GGU	U
	GUC Val	GCC Ala	GAC	GGC Gly	C
	GUA	GCA	GAA Glu	GGA	A
	GUG	GCG	GAG	GGG	G

*Resíduos de aminoácidos apolares estão em marrom-claro, resíduos básicos estão em azul, resíduos acídicos estão em vermelho e resíduos apolares não carregados estão em púrpura.

**AUG forma parte do sinal de iniciação e também codifica resíduos de Met internos.

aminoácidos menos frequentes nas proteínas (Tabela 4.1), são representados por um único códon. Códons que especificam o mesmo aminoácido são denominados **sinônimos**.

2. *A disposição da tabela de códons não é aleatória*. A maioria dos códons sinônimos ocupa o mesmo quadro na Tabela 32.2; ou seja, eles diferem apenas no seu terceiro nucleotídeo. As únicas exceções são Arg, Leu e Ser, que, por possuírem seis códons cada um, devem ocupar mais de um quadro. XYU e XYC sempre especificam o mesmo aminoácido; XYA e XYG também fazem isso para todos os casos, com exceção de dois. Além disso, trocas na primeira posição do códon tendem a especificar aminoácidos similares (se não o mesmo), enquanto códons com pirimidinas na segunda posição codificam principalmente aminoácidos hidrofóbicos (marrom na Tabela 32.2) e aqueles com purinas na segunda posição codificam principalmente aminoácidos polares (azul, vermelho e púrpura na Tabela 32.2). Aparentemente *o código evoluiu de forma a minimizar os efeitos deletérios das mutações*.

Muitas das mutações que promovem substituições de aminoácidos em uma proteína podem ser classificadas, de acordo com o código genético, como mutações pontuais únicas. *Como consequência da degeneração do código genético, porém, muitas mutações pontuais na terceira posição do códon são fenotipicamente silenciosas; ou seja, o códon mutado especifica o mesmo aminoácido que o de tipo selvagem*. A degeneração pode ser responsável por até 33%

da variação de 25 a 75% no conteúdo de G + C que ocorre entre os DNAs de organismos diferentes (Seção 5.1Ba). A ocorrência frequente de Arg, Ala, Gly e Pro também tende a determinar um elevado conteúdo de G + C, enquanto Asn, Ile, Lys, Met, Phe e Tyr contribuem para um baixo conteúdo de G + C.

a. Alguns segmentos de DNA de fagos contêm genes sobrepostos em fases de leitura diferentes

Uma vez que qualquer sequência nucleotídica pode ter três fases de leitura, é possível, pelo menos em princípio, que um polinucleotídeo codifique dois ou até mesmo três polipeptídeos diferentes. Contudo, essa ideia nunca foi seriamente considerada, porque parecia que as restrições mesmo sobre dois genes sobrepostos em diferentes fases de leitura seriam grandes demais para que eles evoluíssem de modo que cada um deles pudesse especificar proteínas funcionais. Foi, portanto, uma grande surpresa quando, em 1976, Frederick Sanger relatou que o DNA de 5.386 nucleotídeos do bacteriófago ϕX174 (que, naquela época, era o DNA mais longo sequenciado) continha dois genes que estavam completamente contidos dentro de genes maiores, com fases de leituras diferentes (Fig. 32.6). Além disso, o final dos genes D e E sobrepostos contém a sequência controladora para a iniciação ribossômica do gene J, de modo que esse pequeno segmento de DNA exerce três funções. Bactérias também apresentam essa economia de codificação; a sequência de iniciação ribossômica de um gene em um mRNA policistrônico com frequência se sobrepõe à extremidade do gene precedente. Apesar disso, genes completamente sobrepostos nunca foram encontrados em pequenos fagos de DNA de fita simples, os quais, presumivelmente, devem maximizar a utilização do pouco DNA que eles podem empacotar no interior de seus capsídeos.

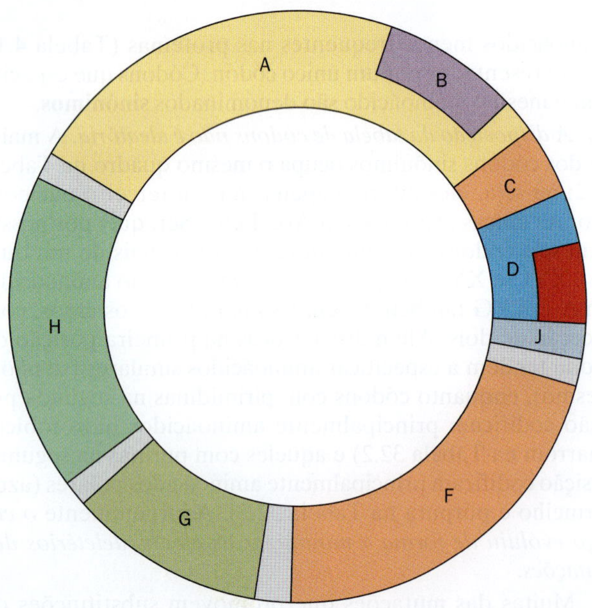

FIGURA 32.6 O mapa genético do bacteriófago ϕX174, como determinado pela análise da sequência de DNA. Os genes estão marcados como A, B, C, etc. Note que o gene B está totalmente localizado dentro do gene A e o gene E está totalmente localizado dentro do gene D. Esses pares de genes são lidos em fases de leitura diferentes e, portanto, especificam proteínas não relacionadas. As regiões não marcadas correspondem a sequências controladoras não traduzidas.

b. O código genético-"padrão" está amplamente distribuído, mas não é universal

Durante muitos anos acreditou-se que o código genético-"padrão" (aquele apresentado na Tabela 32.2) fosse universal. Essa afirmação foi, em parte, baseada nas observações de que um tipo de organismo (p. ex., *E. coli*) podia traduzir com precisão os genes de organismos bastante diferentes (p. ex., seres humanos). Esse fenômeno é, de fato, a base da engenharia genética. Uma vez que o código genético-"padrão" foi estabelecido, presumivelmente, durante o período da evolução pré-biótica (Seção 1.5B), qualquer mutação que alterasse a maneira na qual o código é traduzido resultaria em numerosas e frequentemente deletérias trocas nas sequências das proteínas. Indubitavelmente, há uma forte seleção contra tais mutações.

Apesar do precedente, estudos de sequenciamento de DNA revelaram, em 1981, que *os códigos genéticos de determinadas mitocôndrias (mitocôndrias contêm seus próprios genes e sistemas de síntese proteica, mas produzem apenas algumas poucas proteínas mitocondriais; Seção 12.4E) são variações do código genético-"padrão" (Tabela 32.3).* Por exemplo, em mitocôndrias de mamíferos, AUA, além do AUG-padrão, é um códon de Met/iniciação; UGA especifica Trp, em vez de "Parada"; e AGA e AGG são códons de "Parada", em vez de codificarem Arg. Note que todos os códigos genéticos mitocondriais, exceto aqueles de vegetais, simplificaram o código-"padrão" pelo aumento de sua degeneração. Por exemplo, no código mitocondrial de mamíferos, cada aminoácido é especificado por pelo menos dois códons que diferem apenas em seus terceiros nucleotídeos. Aparentemente, as restrições que evitam alterações do código genético são aliviadas pelos tamanhos reduzidos dos genomas mitocondriais. Estudos mais recentes, entretanto, revelaram que, em protozoários ciliados, os códons UAA e UAG especificam Gln, em vez de "Parada". Talvez UAA e UAG fossem códons suficientemente raros em um ciliado

TABELA 32.3 Variações mitocondriais do código genético-"padrão"

Mitocôndria	UGA	AUA	CUN*	AG_G^A	CGG
Mamíferos	Trp	Met**		Parada	
Levedura do pão	Trp	Met**	Thr		
Neurospora crassa	Trp				
Drosophila	Trp	Met**		Ser***	
Protozoários	Trp				
Vegetais					Trp
Código-"padrão"	Parada	Ile	Leu	Arg	Arg

*N representa qualquer um dos quatro nucleotídeos.
**Também atua como parte de um sinal de iniciação.
***AGA apenas; não ocorrem códons AGG no DNA mitocondrial de *Drosophila*.
Fonte: Principalmente Breitenberger, C.A., and RajBhandary, U.L., *Trends Biochem. Sci.* **10**, 481 (1985).

primordial (que divergiu muito cedo da linha evolutiva eucariótica, conforme indicam estudos filogenéticos moleculares) para permitirem a troca do código sem efeitos deletérios inaceitáveis. De qualquer modo, *o código genético-"padrão", embora utilizado de forma muito ampla, não é universal.* De fato, como será visto na Seção 32.2De, sob o próprio contexto do mRNA, determinados códons podem especificar aminoácidos "não comuns".

2 RNA TRANSPORTADOR E SUA AMINOACILAÇÃO

O estabelecimento da função genética do DNA levou à constatação de que as células de alguma forma "traduzem" a linguagem da sequência de bases para a linguagem de polipeptídeos. Porém, os ácidos nucleicos pareciam originalmente incapazes de unirem-se a aminoácidos específicos (mais recentemente, foram gerados aptâmeros de RNA para aminoácidos específicos; aptâmeros são ácidos nucleicos que foram selecionados pela capacidade de interagirem com ligantes específicos [Seção 7.6C]). Em 1955, Crick, no que ficou conhecido como a **hipótese do adaptador**, postulou que a tradução ocorria pela intermediação de uma molécula "adaptadora". Foi postulado que cada adaptador carregaria um aminoácido específico enzimaticamente associado a ele e reconheceria o códon correspondente (Fig. 32.7). Crick sugeriu que esses adaptadores continham RNA, porque o reconhecimento do códon poderia, então, ocorrer por pareamento de bases complementares. Na mesma época, Paul Zamecnik e Mahlon Hoagland descobriram que, no decorrer da síntese proteica, aminoácidos marcados com ^{14}C ficavam transitoriamente ligados a uma fração de RNA de baixo peso molecular. Investigações mais avançadas indicaram que esses RNAs, os quais foram primeiramente chamados de "RNAs solúveis" ou "sRNAs", mas que são agora conhecidos como **RNAs transportadores (tRNAs)**, são, de fato, as supostas moléculas adaptadoras de Crick.

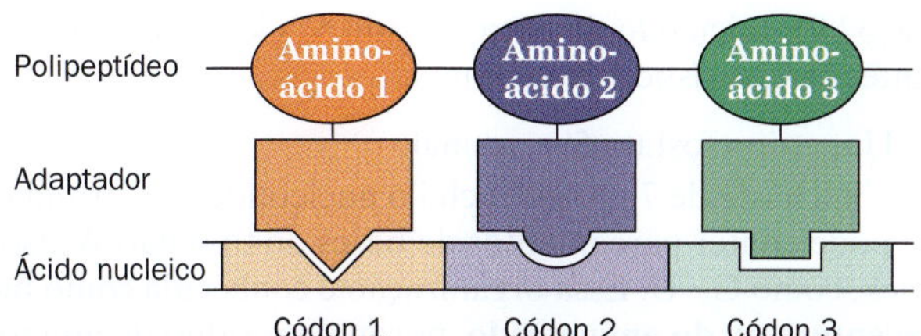

FIGURA 32.7 A hipótese do adaptador. Ela postula que o código genético é lido por moléculas que reconhecem um determinado códon e transportam o aminoácido correspondente.

A. Estruturas primária e secundária do tRNA

Ver Exploração guiada 26: A estrutura do tRNA Em 1965, após um esforço de 7 anos, Robert Holley relatou a primeira sequência de bases conhecida de um ácido nucleico biologicamente significante, aquela do **tRNA da alanina** (**$tRNA^{Ala}$**; Fig. 32.8) de levedura. Para chegar a isso, Holley teve que superar vários obstáculos importantes:

1. Todos os organismos contêm muitas espécies de tRNAs (normalmente, pelo menos uma para cada um dos 20 aminoácidos), que, devido às suas propriedades praticamente idênticas (ver a seguir), não são facilmente separadas. Foi necessário o desenvolvimento de técnicas preparativas para a obtenção da quantidade de aproximadamente uma grama de $tRNA^{Ala}$ puro de levedura que Holley necessitava para a determinação de sua sequência.
2. Holley teve que inventar os métodos que foram inicialmente utilizados para sequenciar RNA (Seção 7.2).
3. Dez das 76 bases do $tRNA^{Ala}$ de levedura são modificadas (ver a seguir). As suas fórmulas estruturais tiveram de ser elucidadas, embora elas nunca estivessem disponíveis em quantidades maiores do que miligramas.

Desde 1965, as técnicas para purificação e sequenciamento de tRNA foram bastante melhoradas. Um tRNA pode, agora, ser sequenciado em um período de poucos horas, com apenas ~ 1 μg de material. Atualmente, as sequências de bases de muitos milhares de tRNAs de cerca de 800 organismos são conhecidas, a maioria a partir de suas sequências genômicas (elas estão compiladas no *Genomic tRNA database*, http://gtrnadb.ucsc.edu/). Elas variam em extensão de 54 a 100 nucleotídeos (18-28 kDa), embora a maioria possua ~ 76 nucleotídeos.

Quase todos os tRNAs conhecidos, como Holley inicialmente revelou, podem ser esquematicamente arranjados em uma estrutura secundária conhecida como folha de trevo

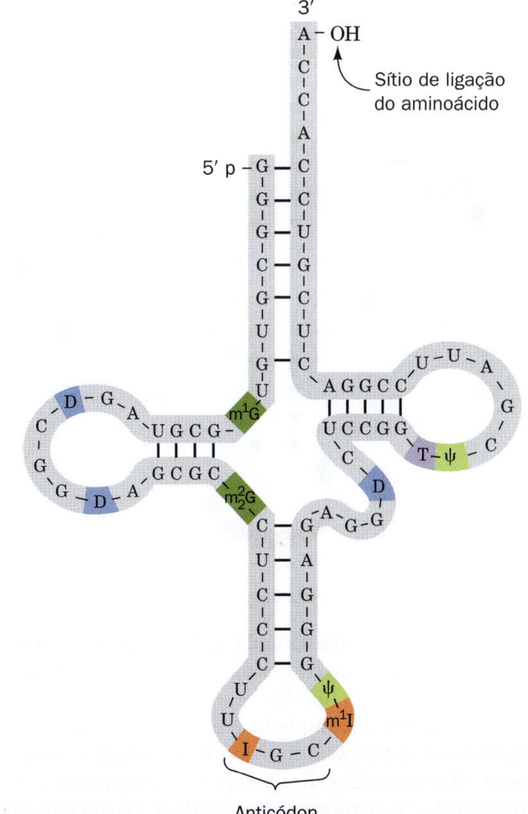

FIGURA 32.8 A sequência de bases do $tRNA^{Ala}$ de levedura, representada na forma de folha de trevo. Os símbolos para os nucleosídeos modificados (*cores*) estão explicados na Fig. 32.10.

(Fig. 32.9). Iniciando da extremidade 5′, eles possuem as seguintes características em comum:

1. Um grupo fosfato 5′-terminal.
2. Uma haste de 7 pb que inclui o nucleotídeo 5′-terminal e que pode conter pareamentos de bases do tipo não Watson-Crick, como G · U. Essa organização é conhecida como **haste aceptora** ou **do aminoácido**, porque o resíduo de aminoácido transportado pelo tRNA está ligado ao seu grupo OH 3′-terminal (Seção 32.2C).
3. Uma haste de 3 ou 4 pb terminando em uma alça que frequentemente contém a base modificada **di-hidrouridina** (**D**; ver a seguir). Essa haste e essa alça são, por isso, coletivamente denominadas **braço D**.
4. Uma haste de 5 pb terminando em uma alça que contém o **anticódon**, a trinca de bases que é complementar ao códon que especifica o tRNA. Essas estruturas compõem o chamado **braço do anticódon**.
5. Uma haste de 5 pb terminando em uma alça que normalmente contém a sequência TψC (onde ψ é o símbolo para **pseudouridina**; ver a seguir). Essas estruturas são chamadas de **braço T** ou **TψC**.

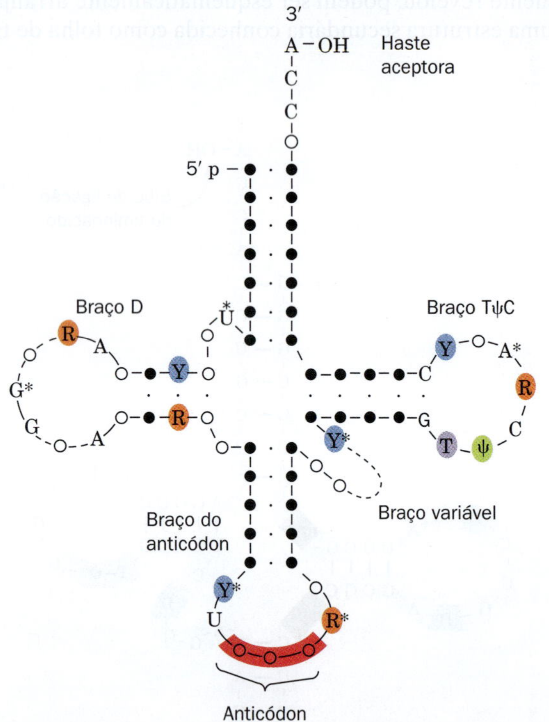

FIGURA 32.9 A estrutura secundária de folha de trevo do tRNA. Os círculos cheios, conectados por pontos, representam pareamentos de bases do tipo Watson-Crick, enquanto os círculos abertos nas regiões de dupla-hélice indicam bases envolvidas em pareamentos de bases do tipo não Watson-Crick. Posições invariáveis estão indicadas: R e Y representam purinas e pirimidinas invariáveis e ψ significa pseudouridina. Os nucleosídeos marcados com * (asteriscos) são frequentemente modificados. As regiões tracejadas no braço D e nos braços variáveis contêm números diferentes de nucleosídeos nos vários tRNAs.

6. Todos os tRNAs terminam na sequência CCA, com um grupo 3′-OH livre. O CCA pode ser especificado geneticamente ou enzimaticamente adicionado ao tRNA imaturo (Seção 31.4Cc).
7. Existem 15 posições invariáveis (sempre possuem as mesmas bases) e 8 posições **semi-invariáveis** (apenas uma purina ou apenas uma pirimidina), que ocorrem principalmente nas regiões das alças. Essas regiões também contêm **invariantes correlacionadas**, ou seja, pares de nucleotídeos que não estão nas hastes e que pareiam suas bases em todos os tRNAs. A purina no lado 3′ do anticódon é invariavelmente modificada. A significância estrutural dessas características é examinada a seguir.

O sítio de maior variabilidade entre os tRNAs conhecidos ocorre no chamado **braço variável**. Ele apresenta de 3 até 21 nucleotídeos e pode ter uma haste consistindo em até 7 pb. A alça D também varia em extensão de 5 a 7 nucleotídeos.

a. RNAs transportadores possuem numerosas bases modificadas

Uma das características mais notáveis dos tRNAs é a grande proporção, de mais de 25%, de bases modificadas ou hipermodificadas após a transcrição. Aproximadamente 80 dessas bases, encontradas em > 60 posições diferentes nos tRNAs, foram caracterizadas. Algumas delas, juntamente com suas abreviaturas-padrão, estão indicadas na Fig. 32.10. Nucleosídeos hipermodificados, como i^6A, estão normalmente adjacentes ao nucleotídeo 3′ do anticódon, quando ele é A ou U. Suas baixas polaridades provavelmente fortalecem as associações de pareamento dessas bases com o códon, que, de outra forma, seriam relativamente fracas. Dessa maneira, a fidelidade da tradução é aumentada. Por outro lado, determinadas bases metiladas impedem o pareamento de bases e, assim, impedem a formação de estruturas inapropriadas. Algumas dessas modificações formam elementos de reconhecimento importantes para a enzima que irá ligar o aminoácido correto ao tRNA (Seção 32.2C). Entretanto, nenhuma delas é essencial para a manutenção da integridade estrutural do tRNA (ver a seguir) ou para a sua ligação apropriada ao ribossomo. Apesar disso, bactérias mutantes, incapazes de formar determinadas bases modificadas, competem em desvantagem com as bactérias normais correspondentes.

B. *Estrutura terciária do tRNA*

Ver Exploração guiada 26: A estrutura do tRNA As investigações físico-químicas iniciais do tRNA indicavam que ele possuía uma conformação bem-definida. Entretanto, a despeito dos numerosos estudos hidrodinâmicos, de espectroscopia e de ligações químicas cruzadas, a sua estrutura tridimensional permaneceu um enigma até 1974. Nesse ano, a estrutura cristalográfica do $\textbf{tRNA}^{\textbf{Phe}}$ de levedura, com uma resolução de 2,5 Å, foi elucidada independentemente por Alexander Rich em colaboração com Sung Hou Kim e, em uma forma diferente de cristal, por Aaron Klug. *A molécula assume uma conformação em forma de L, na qual uma perna do L é formada pelas hastes aceptora e T, dobradas em uma dupla-hélice contínua, semelhante à do A-RNA (Seção 29.1Ba), e a outra é composta, de forma semelhante, pelas hastes D e do anticódon (Fig. 32.11).* Cada perna do L tem ~ 60 Å de com-

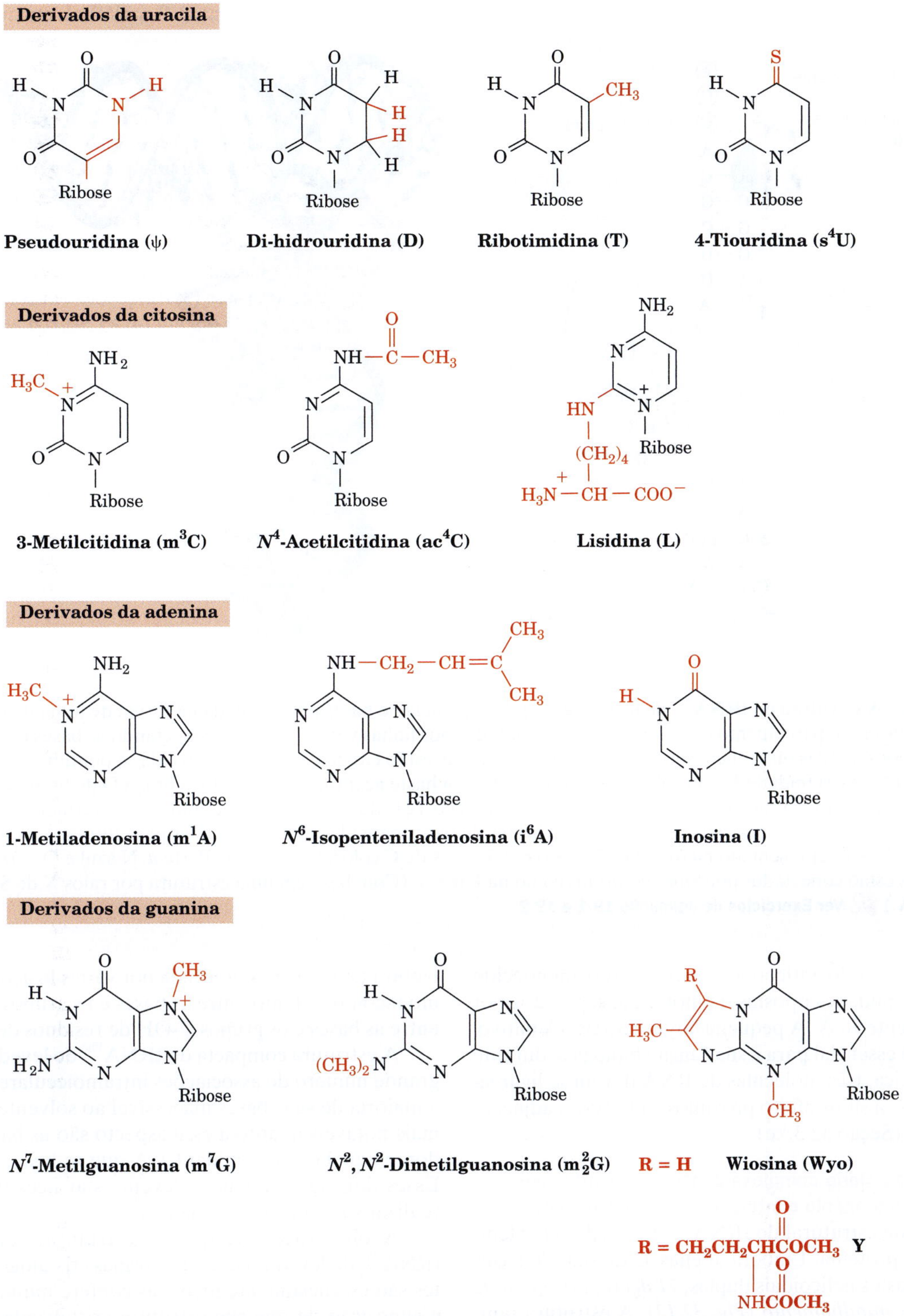

Derivados da uracila

Pseudouridina (ψ) **Di-hidrouridina (D)** **Ribotimidina (T)** **4-Tiouridina (s^4U)**

Derivados da citosina

3-Metilcitidina (m^3C) **N^4-Acetilcitidina (ac^4C)** **Lisidina (L)**

Derivados da adenina

1-Metiladenosina (m^1A) **N^6-Isopenteniladenosina (i^6A)** **Inosina (I)**

Derivados da guanina

N^7-Metilguanosina (m^7G) **N^2, N^2-Dimetilguanosina (m_2^2G)** **R = H Wiosina (Wyo)**

R = $CH_2CH_2CH(NHCOOCH_3)COOCH_3$ Y

FIGURA 32.10 Uma seleção de nucleosídeos modificados que ocorrem em tRNAs, juntamente com as suas abreviaturas-padrão. Note que, embora inosina seja semelhante quimicamente à guanina, ela é bioquimicamente derivada da adenina. Os nucleosídeos também podem ser metilados nas posições 2′ das suas riboses, para formar resíduos simbolizados, por exemplo, por Cm, Gm e Um.

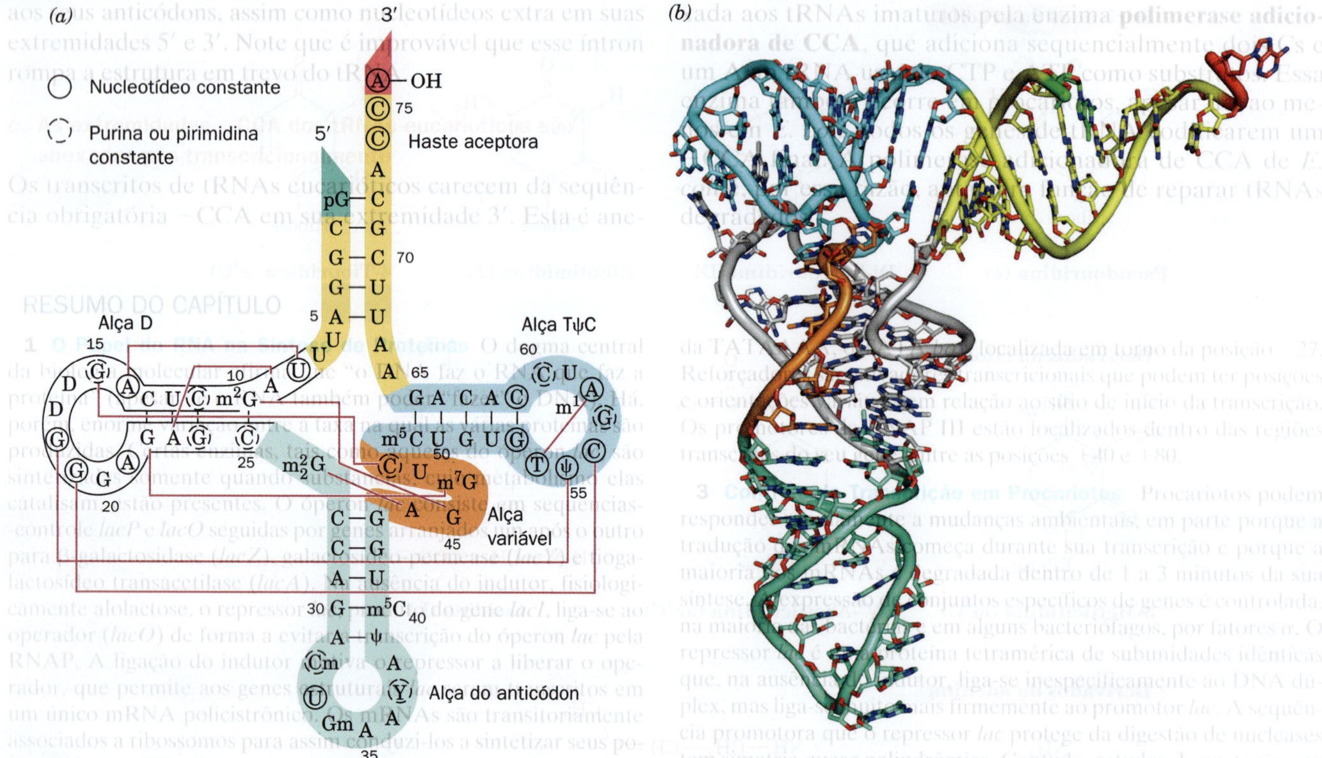

FIGURA 32.11 A estrutura do tRNA^{Phe} de levedura. (*a*) A sequência de bases representada na forma de folha de trevo. Interações terciárias de pareamento de bases estão representadas por linhas vermelhas finas conectando as bases participantes. Bases que são conservadas ou semiconservadas em todos os tRNAs estão circuladas por linhas sólidas e pontilhadas, respectivamente. A extremidade 5′ está colorida de verde-escuro, a haste aceptora de amarelo, o braço D de branco, o braço do anticódon de verde-claro, o braço variável de cor de laranja, o braço TψC de azul-claro e o terminal 3′ de vermelho. (*b*) A estrutura por raios X representada de modo a mostrar como suas hastes de bases pareadas estão arranjadas para formar a molécula em forma de L.O tRNA está representado na forma de bastão com átomos de C coloridos como na Parte *a*, N azul e O vermelho. Átomos de P adjacentes estão conectados por tubos coloridos como na Parte *a*. (Com base em uma estrutura por raios X de Sung-Hou Kim. PDBid 6TRNA.) **Ver Exercícios de animação 19.1 e 19.2**

primento e os sítios do anticódon e de ligação do aminoácido estão nas extremidades opostas da molécula, separados por aproximadamente 76 Å. A pequena largura do tRNA nativo, de 20 a 25 Å, é essencial para a sua função biológica: durante a síntese proteica, três moléculas de RNA devem se ligar simultaneamente a sítios muito próximos, em códons adjacentes do mRNA (Seção 32.3Ae).

a. A estrutura terciária complexa do tRNA é mantida por ligações de hidrogênio e interações de empilhamento

A complexidade estrutural do tRNA^{Phe} de levedura faz lembrar a de uma proteína. Embora apenas 42 de suas 76 bases ocorram em hastes helicoidais duplas, *71 delas participam de associações de empilhamento (Fig. 32.12)*. A estrutura também contém 9 interações de pareamento de bases, que estabelecem ligações cruzadas necessárias para a manutenção da estrutura terciária (Figs. 32.11*a* e 32.12). Notavelmente, todas essas interações terciárias, à exceção de uma, são associações do tipo não Watson-Crick e parecem ser os suportes principais da estrutura molecular. Além disso, a maioria das bases envolvidas nessas interações ou são invariáveis ou são semi-invariáveis, o que sugere fortemente que todos os tRNAs apresentam conformações semelhantes (ver a seguir). A estrutura também é estabilizada por várias ligações de hidrogênio incomuns, tanto entre as bases e os grupos fosfato, como entre as bases e os grupos 2′-OH de resíduos de riboses.

A estrutura compacta do tRNA^{Phe} de levedura resulta do grande número de associações intramoleculares, que tornam a maioria de suas bases inacessível ao solvente. As exceções mais notáveis quanto a esse aspecto são as bases do anticódon e aquelas do terminal CCA que se liga ao aminoácido. Esses dois agrupamentos devem estar acessíveis, a fim de realizar suas funções biológicas.

A observação de que as estruturas moleculares do tRNA^{Phe} de levedura em duas formas cristalográficas diferentes são essencialmente idênticas confere muita credibilidade à suposição de que sua estrutura cristalizada se assemelha bastante a sua estrutura em solução. Outros RNAs de transferência, além do tRNA^{Phe} de levedura, foram, infelizmente, notoriamente difíceis de serem cristalizados. Até agora, as estruturas por raios X de apenas três outros tRNAs não complexados foram relatadas (embora as estruturas por raios X de vários tRNAs em complexo com as enzimas que fazem a ligação de seus aminoácidos correspondentes e com os ribossomos tenham sido elucidadas; Seções 32.2C e 32.3D). As principais diferenças estruturais entre eles resultam de uma aparente fle-

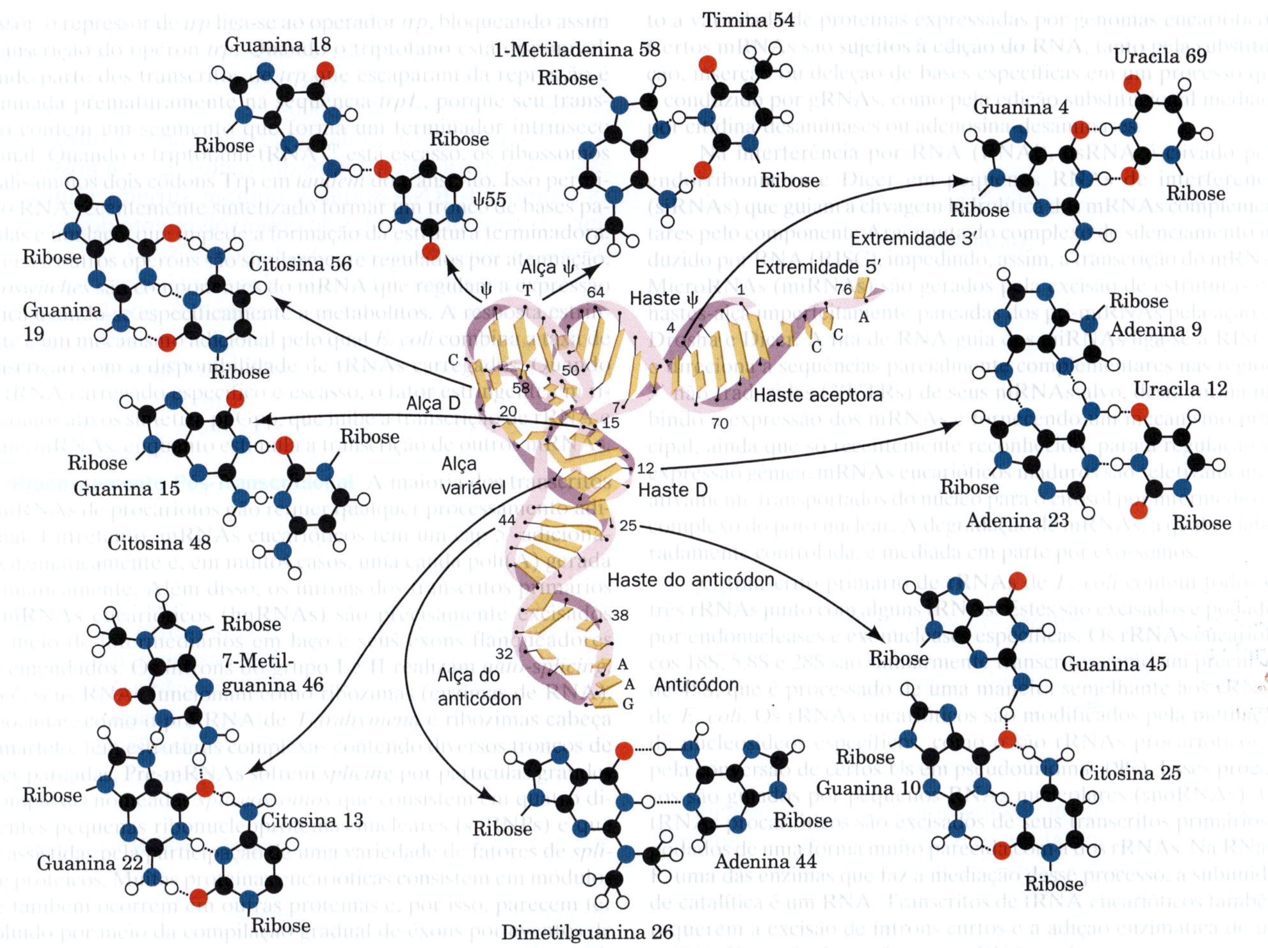

FIGURA 32.12 Interações terciárias de pareamento de bases no tRNA^{Phe} de levedura. Note que, com exceção de uma, todas as nove interações envolvem pares do tipo não Watson-Crick e todas estão localizadas próximas ao ângulo do L. (De acordo com Kim, S.H., *in* Schimmel, P.R., Söll, D., e Abelson, J.N. [Eds], *Transfer RNA: Structure, Properties and Recognition*, p. 87, Cold Spring Harbor Laboratory Press [1979]. Ilustração, Irving Geis. Imagem da Irving Geis Collection, Howard Hughes Medical Institute, EUA. Reproduzida com permissão.) **Ver Exercício de animação 19.3**

xibilidade na alça do anticódon e no terminal CCA, bem como de uma mobilidade semelhante à de uma dobradiça entre as duas pernas do L, o que confere, por exemplo, um formato semelhante ao de um bumerangue ao **tRNA^{Asp}** de levedura. Tais observações estão de acordo com a expectativa de que todos os tRNAs se encaixam nas mesmas cavidades ribossômicas.

C. *Aminoacil-tRNA-sintases*

Ver Exploração guiada 27: As estruturas das aminoacil-tRNA-sintases e sua interações com tRNAs *A tradução necessita de duas etapas de reconhecimento igualmente importantes: (1) a escolha do aminoácido correto para a ligação covalente ao tRNA; e (2) a seleção do tRNA carregado com o aminoácido pelo mRNA.* A primeira dessas etapas, que é catalisada por enzimas aminoácido-específicas conhecidas como **aminoacil-tRNA-sintases (aaRSs)**, liga um aminoácido ao resíduo de ribose terminal 3′ de seu tRNA cognato para formar um **aminoacil-tRNA** (Fig. 32.13). Esse processo, que de outra maneira seria desfavorável, é acionado pela hidrólise de ATP em duas reações sequenciais, que são catalisadas por uma única enzima.

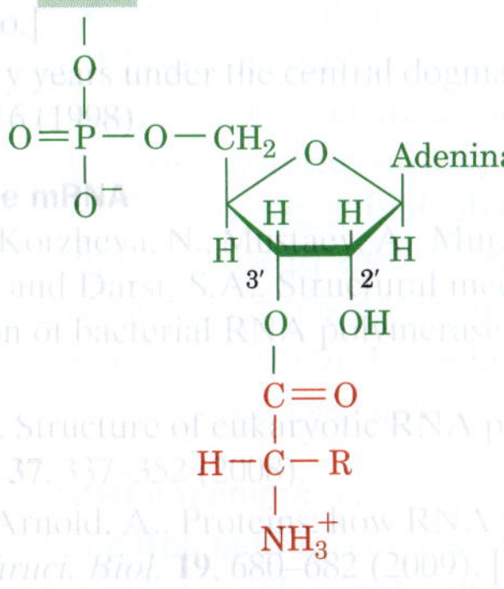

tRNA
|
O
|
$O{=}P{-}O{-}CH_2$ — Adenina
O^-
H H H H 3′ 2′
O OH
|
C=O
|
H—C—R
|
NH_3^+

Aminoacil-tRNA

FIGURA 32.13 Um aminoacil-tRNA. O resíduo de aminoácido é esterificado com o nucleosídeo 3′-terminal do tRNA no seu grupo 3′-OH, como mostrado aqui, ou no seu grupo 2′-OH.

1. O aminoácido é inicialmente ativado por sua reação com ATP, para formar um **aminoacil-adenilato**

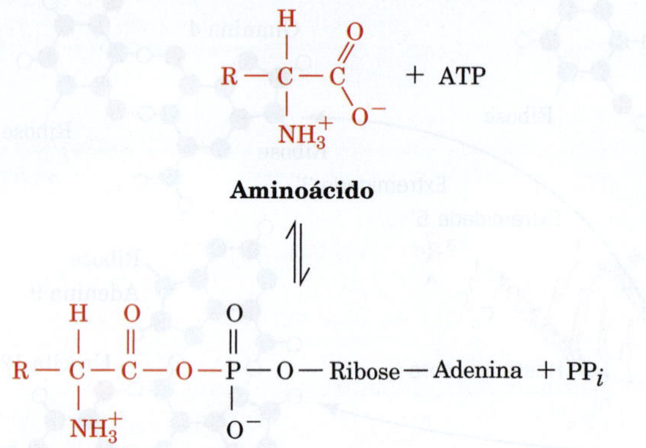

$$\text{R}-\underset{\text{NH}_3^+}{\overset{\text{H}}{\text{C}}}-\text{C}\overset{\text{O}}{\underset{\text{O}^-}{\lessgtr}} + \text{ATP}$$

Aminoácido

$$\rightleftharpoons$$

$$\text{R}-\underset{\text{NH}_3^+}{\overset{\text{H}}{\text{C}}}-\overset{\text{O}}{\overset{\|}{\text{C}}}-\text{O}-\underset{\text{O}^-}{\overset{\text{O}}{\overset{\|}{\text{P}}}}-\text{O}-\text{Ribose}-\text{Adenina} + \text{PP}_i$$

Aminoacil-adenilato (aminoacil-AMP)

o que, com todas aaRSs, com exceção de três delas, pode ocorrer na ausência do tRNA. De fato, esse intermediário pode ser isolado, embora em geral permaneça fortemente ligado à enzima.

2. Esse anidrido combinado reage então com o tRNA para formar o aminoacil-tRNA:

$$\text{Aminoacil-AMP} + \text{tRNA} \rightleftharpoons \text{aminoacil-tRNA} + \text{AMP}$$

Algumas aaRSs ligam, exclusivamente, um aminoácido ao grupo 2′-OH terminal de seus tRNA cognatos, enquanto outras fazem isso no grupo 3′-OH. Essa seletividade foi estabelecida com a utilização de tRNAs quimicamente modificados, que não possuíam o grupo 2′-OH ou o grupo 3′-OH de seus resíduos de ribose 3′-terminais. A utilização desses derivados foi necessária porque, em solução, o grupo aminoacila rapidamente se equilibra entre as posições 2′ e 3′.

A reação geral de aminoacilação é

$$\text{Aminoácido} + \text{tRNA} + \text{ATP} \rightleftharpoons \text{aminoacil-tRNA} + \text{AMP} + \text{PP}_i$$

Essas etapas de reação são prontamente reversíveis, porque as energias livres das hidrólises das ligações formadas tanto no aminoacil-adenilato como no aminoacil-tRNA são comparáveis àquelas da hidrólise do ATP. A reação geral é conduzida à finalização pela hidrólise do PP_i gerado na primeira etapa da reação, catalisada pela pirofosfatase inorgânica. Portanto, a ativação do aminoácido se assemelha quimicamente à ativação de ácidos graxos (Seção 25.2A); a principal diferença entre esses dois processos, ambos elucidados por Paul Berg, é que o tRNA é o receptor do grupo acila na ativação do aminoácido, enquanto, na ativação dos ácidos graxos, é a CoA que realiza essa função.

a. Existem duas classes de aminoacil-tRNA-sintases

A maioria das células possui uma aaRS para cada um dos 20 aminoácidos. A semelhança das reações catalisadas por essas enzimas e a semelhança estrutural de todos os tRNAs sugerem que todas as aaRSs evoluíram a partir de um ancestral comum e deveriam, portanto, ser estruturalmente relacionadas. Não é esse o caso. Na realidade, *as aaRSs formam um grupo diverso de enzimas*. Cada uma das mais de 1.000 dessas enzimas que foram caracterizadas possui um de quatro tipos diferentes de estrutura de subunidades, α, α_2 (as formas predominantes), α_4 e $\alpha_2\beta_2$, com os tamanhos das subunidades conhecidas variando de ~ 300 a ~ 1.200 resíduos. Além disso, existe uma baixa similaridade de sequência entre sintases específicas para aminoácidos diferentes. É bem possível que as aminoacil-tRNA-sintases tenham surgido muito cedo durante a evolução, antes do desenvolvimento do aparato de síntese proteica moderno, exceto dos tRNAs.

Comparações detalhadas das sequências e estruturas de aminoacil-tRNA-sintases, realizadas por Dino Moras, indicaram que essas enzimas formam duas famílias não relacionadas, denominadas **aaRSs de Classe I** e **de Classe II**, cada uma das quais possui os mesmos dez membros em quase todos os organismos (Tabela 32.4). As enzimas de Classe I, embora com sequências bastante diferentes, compartilham dois segmentos polipeptídicos homólogos, não encontrados em outras proteínas que possuem as sequências de consenso His-Ile-Gly-His (HIGH) e Lys-Met-Ser-Lys-Ser (KMSKS). As estruturas por raios X das enzimas de Classe I indicam que esses dois segmentos são componentes de um enovelamento de ligação a dinucleotídeo (enovelamento de Rossmann, que também é encontrado em muitas proteínas de ligação a ATP e NAD^+; Seção 8.3Bi), no qual eles participam da ligação a ATP e estão implicados na catálise. As sintases de Classe II não possuem as sequências anteriores, mas apresentam três outras

TABELA 32.4 Características das aminoacil-tRNA-sintases bacterianas

Aminoácido	Estrutura quaternária	Número de resíduos
Classe I		
Arg	α	577
Cys	α	461
Gln	α	553
Glu	α	471
Ile	α	939
Leu	α	860
Met	α, α_2	676
Trp	α_2	325
Tyr	α_2	424
Val	α	951
Classe II		
Ala	α, α_4	875
Asn	α_2	467
Asp	α_2	590
Gly	$\alpha_2\beta_2$	303/689
His	α_2	424
Lys	α_2	505
Pro	α_2	572
Phe	$\alpha_2\beta_2$, α	327/795
Ser	α_2	430
Thr	α_2	642

Fonte: Principalmente, Carter, C.W. Jr., *Annu. Rev. Biochem.* **62**, 715 (1993).

sequências em comum. Suas estruturas por raios X revelam que essas sequências ocorrem em um motivo de assinatura, um enovelamento encontrado apenas nas enzimas de Classe II e que consiste em uma folha β de 7 fitas antiparalelas, com três hélices flanqueadoras, as quais formam o núcleo de seus domínios catalíticos.

Muitas das aaRSs de Classe I necessitam do reconhecimento do anticódon para aminoacilar seus tRNAs cognatos. Ao contrário, várias enzimas de Classe III, inclusive a **AlaRS** e a **SerRS**, não interagem com seus tRNAs ligados aos anticódons. De fato, várias aaRSs de classe II aminoacilam de forma precisa "micro-hélices" derivadas apenas das hastes aceptoras de seus tRNAs cognatos. Outra diferença entre as sintases de Classe I e de Classe II é que as enzimas de Classe I aminoacilam os grupos 2′-OH do terminal 3′ dos seus tRNAs ligados, enquanto todas as enzimas de Classe II, com exceção da **PheRS**, carregam o grupo 3′-OH. Os aminoácidos para os quais as sintases de Classe I são específicas tendem a ser grandes e mais hidrofóbicos do que aqueles utilizados pelas sintases de Classe II. Finalmente, como indicado na Tabela 32.4, as aaRSs de Classe I são principalmente monômeros, enquanto a maioria das aaRSs de Classe II é de homodímeros.

A **LysRS** foi classificada como uma aaRS de Classe II. Entretanto, uma busca nas sequências genômicas de *Methanococcus jannaschii* e *Methanobacterium thermoautotrophicum* não conseguiu revelar a presença dessa enzima. Isso levou à descoberta de que as LysRSs expressas por essas arqueobactérias são enzimas de Classe I e não de Classe II. Isso levantou a questão interessante de como as enzimas LysRS de Classe I evoluíram.

As aaRSs procarióticas ocorrem como moléculas proteicas individuais. Entretanto, em muitos outros eucariotos (p. ex., *Drosophila* e mamíferos), 9 aaRSs, algumas de cada uma das classes, se associam para formar uma partícula multienzimática, na qual as funções de glutamil e prolil-sintase estão fusionadas em um único polipeptídeo, denominado **GluProRS**. As vantagens desses sistemas são desconhecidas.

b. As características estruturais reconhecidas pelas aminoacil-tRNA-sintases podem ser relativamente simples

Como será visto na Seção 32.2D, os ribossomos selecionam aminoacil-tRNAs apenas pelas interações códon-anticódon, e não de acordo com as identidades de seus grupos aminoacila. *A tradução necessita, portanto, não apenas que cada tRNA seja aminoacilado por sua respectiva aaRS, mas que ele não seja aminoacilado por qualquer uma das outras 19 aaRSs não cognatas.* Além disso, uma vez que a maioria das células expressa apenas uma aaRS para cada aminoácido, cada aaRS deve aminoacilar todos dos vários, se não a maioria, **tRNAs isoaceptores** (tRNAs diferentes que são específicos para o mesmo aminoácido) em cada célula. Por isso, foram despendidos esforços consideráveis, principalmente por LaDonne Schulman, Paul Schimmel, Olke Uhlenbeck e John Abelson, para a elucidação de como as aaRSs realizam essa tarefa, apesar das semelhanças estruturais de quase todos os tRNAs. Os métodos experimentais empregados envolveram a utilização de fragmentos de tRNAs específicos, tRNAs alterados por mutações, reagentes químicos que realizam ligações cruzadas, comparações computadorizadas de sequências e cristalografia por raios X. As sintases mais comuns fazem contato com sítios que se localizam na face interna (côncava) do L do tRNA. Afora isso, parece haver pouca regularidade na maneira pela qual os vários tRNAs são reconhecidos por suas sintases cognatas. De fato algumas aaRSs reconhecem apenas a haste aceptora de seus tRNAs cognatos, enquanto outras também interagem com a região do anticódon. Regiões adicionais dos tRNAs também podem ser reconhecidas.

Manipulações genéticas feitas por Schimmel revelaram que as características do tRNA reconhecidas por pelo menos um tipo de aaRS são surpreendentemente simples. Diversas alterações na sequência do $tRNA^{Ala}$ de *E. coli* não afetam de forma apreciável a sua capacidade de ser aminoacilado com alanina. Porém, a maioria das substituições de bases no par de bases G3 · U70, localizado na haste aceptora do tRNA (Fig. 32.14*a*), diminui de forma significativa essa reação. Além disso, a introdução de um par de bases G · U na posição análoga do $\mathbf{tRNA^{Cys}}$ e do $tRNA^{Phe}$ faz eles serem

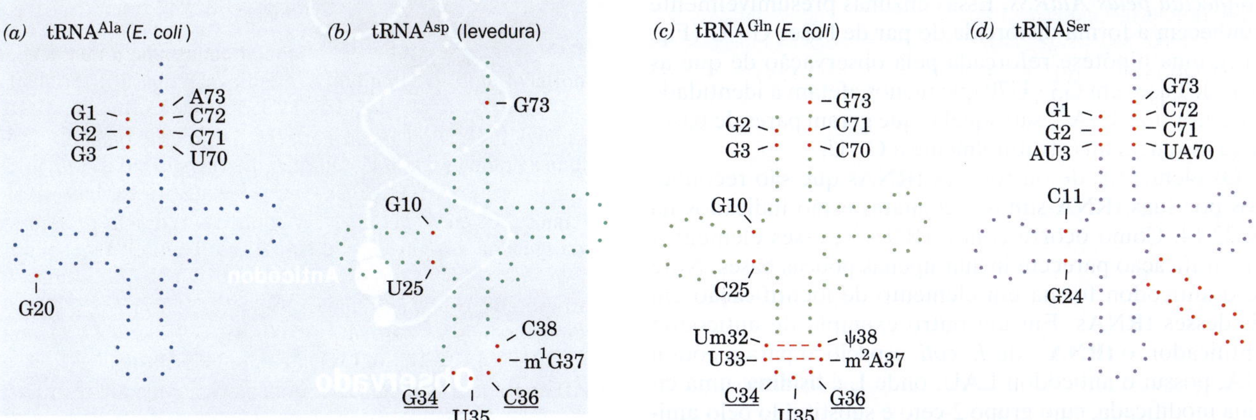

FIGURA 32.14 Principais elementos de identidade em quatro tRNAs. Cada base no tRNA está representada por um círculo cheio. Círculos vermelhos indicam posições para as quais a função de elementos de identificação para o reconhecimento do tRNA pela sua aminoacil-tRNA-sintase cognata foi demonstrada. As bases do anticódon que são elementos de identidade estão sublinhadas. Em cada caso, elementos de identificação adicionais ainda podem ser descobertos. A base na posição 73, que é um elemento de identidade em todos os quatro tRNAs mostrados aqui, é conhecida como a **base discriminadora**.

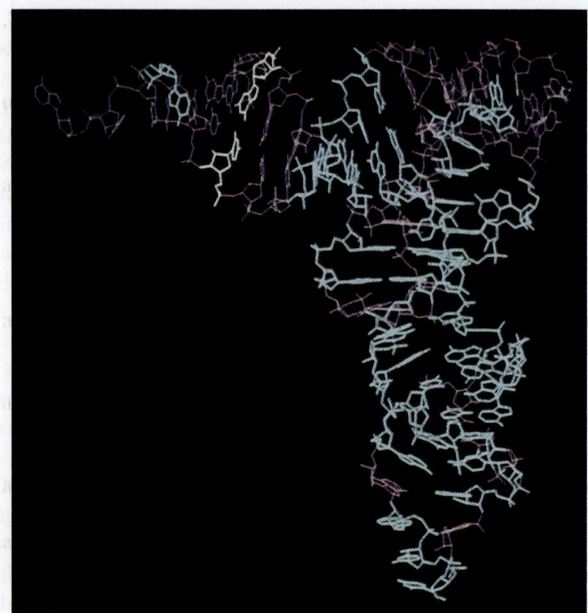

FIGURA 32.15 Modelo tridimensional do $tRNA^{Ala}$ de *E. coli*. Esse modelo está baseado na estrutura por raios X do $tRNA^{Phe}$ de levedura (Fig. 32.11*b*), na qual os nucleotídeos que são diferentes daqueles no $tRNA^{Cys}$ de *E. coli* estão destacados em ciano e o par de bases G3 · U70 está destacado em marfim. (Cortesia de Ya-Ming Hou, MIT, EUA.)

aminoacilados com alanina, mesmo que existam poucas outras identidades de sequência entre estes tRNAs mutantes e o $tRNA^{Ala}$ (p. ex., Fig. 32.15). De fato, a AlaRS de *E. coli* é capaz até mesmo de aminoacilar de forma eficiente uma "micro-hélice" de 24 nt, derivada apenas da haste aceptora contendo o par G3 · U70 do $tRNA^{Ala}$ de *E. coli*. Como o único tRNA de *E. coli* que normalmente contém um par de bases G3 · U70 é o $tRNA^{Ala}$ e esse par de bases também está presente em $tRNA^{Ala}$ de vários organismos, inclusive no de levedura (Fig. 32.8), as observações anteriores sugerem fortemente *que o par de bases G3 · U70 é a principal estrutura reconhecida pelas AlaRSs*. Essas enzimas presumivelmente reconhecem a forma distorcida do par de bases G · U (Fig. 32.12), uma hipótese reforçada pela observação de que as trocas de bases em G3 · U70 que menos afetam a identidade do aceptor do $tRNA^{Ala}$ são aquelas que geram pares de bases que se assemelham estruturalmente a G · U.

Os elementos de outros três tRNAs que são reconhecidos por suas tRNA-sintases cognatas estão indicados na Fig. 32.14. Como ocorre com o $tRNA^{Ala}$, esses elementos de identificação parecem incluir apenas poucas bases. Note que o anticódon forma um elemento de identificação em dois desses tRNAs. Em um outro exemplo de anticódon identificador, o **$tRNA^{Ile}$** de *E. coli*, específico para o códon AUA, possui o anticódon LAU, onde L é **lisidina**, uma citosina modificada, cujo grupo 2-ceto é substituído pelo aminoácido lisina (Fig. 32.10). A L, nesse contexto, pareia com A, ao invés de com G, um raro exemplo de modificação de base que altera a especificidade do pareamento de bases. A substituição dessa L por uma C não modificada produz, como esperado, um tRNA que reconhece o códon AUG da Met (os códons ligam-se aos anticódons de forma antiparalela). Surpreendentemente, contudo, esse $tRNA^{Ile}$ alterado é também um substrato muito melhor para a **MetRS** do que é para a **IleRS**. Assim, tanto o códon como a especificidade para o aminoácido desse tRNA são alterados por uma única modificação pós-transcricional. A N^1-metilação da G37 no $tRNA^{Asp}$ de levedura (Fig. 32.14*b*) constitui um outro exemplo de uma modificação de base que forma um elemento de identificação. Na ausência desse grupo N^1-metila, o $tRNA^{Asp}$ é reconhecido, principalmente por seus resíduos C36 e G37, pela **ArgRS**, que normalmente reconhece apenas o **$tRNA^{Arg}$**, principalmente por seus resíduos C35 e U36.

As evidências experimentais disponíveis posicionaram os diversos identificadores dos tRNAs principalmente na haste aceptora e na alça do anticódon (Fig. 32.16). As estruturas por raios X de diversos complexos aaRS · tRNA, que serão considerados a seguir, têm racionalizado estruturalmente algumas dessas observações.

c. A estrutura por raios X da GlnRS · $tRNA^{Gln}$, um complexo de classe I

As estruturas por raios X de todas as aaRSs específicas para os 20 aminoácidos diferentes foram determinadas de vários organismos, muitas delas em complexo com ATP, com seus aminoácidos cognatos ou com seus análogos. Essas estruturas revelaram que os sítios ativos dessas enzimas se ligam ao ATP e ao aminoácido-alvo em posições ótimas para o deslocamento nucleofílico em linha (Seção 16.2B) durante a ativação do aminoácido e que a especificidade de uma aaRS por

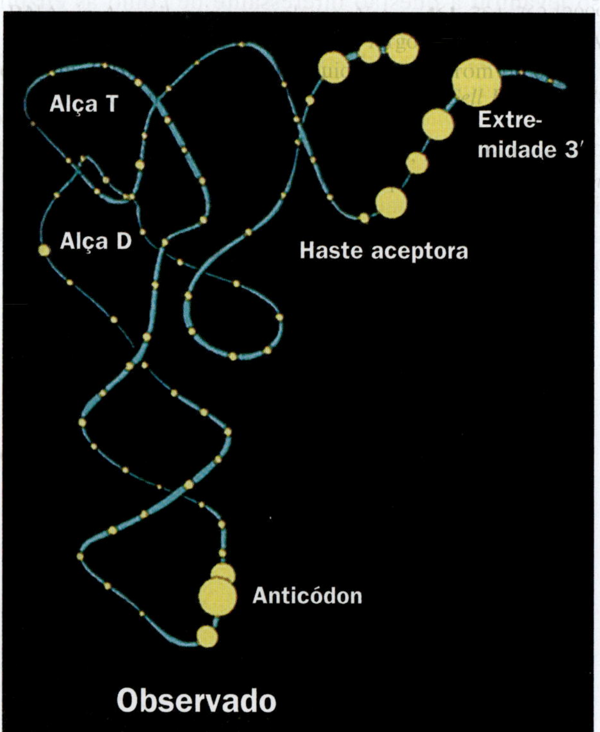

FIGURA 32.16 Elementos de identidade de tRNAs observados experimentalmente. A cadeia do tRNA está em ciano e cada um de seus nucleotídeos está representado por um círculo amarelo, cujo diâmetro é proporcional à fração dos 20 tipos de tRNAs aceptores na qual o nucleotídeo é um determinante observado. (Cortesia de William McClain, University of Wisconsin, EUA.)

seu aminoácido-alvo é determinada por contatos idiossincráticos com a cadeia lateral do aminoácido.

Até agora, já foram descritas as estruturas por raios X de 16 aaRSs diferentes em complexo com seus tRNAs cognatos (todas menos aquelas correspondentes aos resíduos Gly, Ala, Lys e His). A primeira a ser elucidada, aquela da **GluRS** de *E. coli*, uma sintase de Classe I, em seu complexo com o $\mathbf{tRNA^{Gln}}$ e o ATP (Fig. 32.17), foi determinada por Thomas Steitz. O $tRNA^{Gln}$ assume uma conformação em L, similar àquela de tRNAs de estruturas conhecidas (p. ex., Fig. 32.11*b*). A GlnRS, uma proteína monomérica de 553 resíduos, composta por quatro domínios organizados de modo a formarem uma molécula alongada, interage com o tRNA ao longo de toda a face interna do L, ficando o anticódon ligado próximo a uma das extremidades da proteína e a haste aceptora ligada próxima à outra extremidade.

Dados genéticos e bioquímicos indicam que os elementos de identificação do $tRNA^{Gln}$ estão agrupados predominantemente na alça do anticódon e na haste aceptora (Fig. 32.14*c*). A alça do anticódon do $tRNA^{Gln}$ é estendida por dois novos pares de bases do tipo não Watson-Crick (2′-*O*-metil-U32 · ψ38 e U33 · m^2A37), fazendo com que, dessa forma, as bases do anticódon se desempilhem e se desloquem obliquamente em direções diferentes, de maneira a se ligarem em bolsões de reconhecimentos separados da GlnRS. Essas características estruturais sugerem que a GlnRS utiliza todas as sete bases da alça do anticódon para discriminar entre os tRNAs. De fato, trocas de qualquer uma das bases entre os resíduos C34 e ψ38 originam tRNAs com decréscimos de k_{cat}/K_M para aminoacilação pela GlnRS da ordem de 70 a 28.000 vezes.

O GCCA na extremidade 3′ do $tRNA^{Gln}$ faz uma volta em forma de grampo em direção ao lado interno do L, ao invés de continuar helicoidalmente em frente (assim como faz o ACCA da extremidade 3′ na estrutura por raios X do $tRNA^{Phe}$; Fig. 32.11*b*). Essa mudança de conformação é facilitada pela intercalação da cadeia lateral de um resíduo de Leu entre as extremidades 5′ e 3′ do tRNA, de forma a separar o primeiro par de bases da haste aceptora (U1 · A72). A reação GlnRS é, portanto, relativamente insensível a mudanças de bases nessas últimas duas posições, exceto quando o

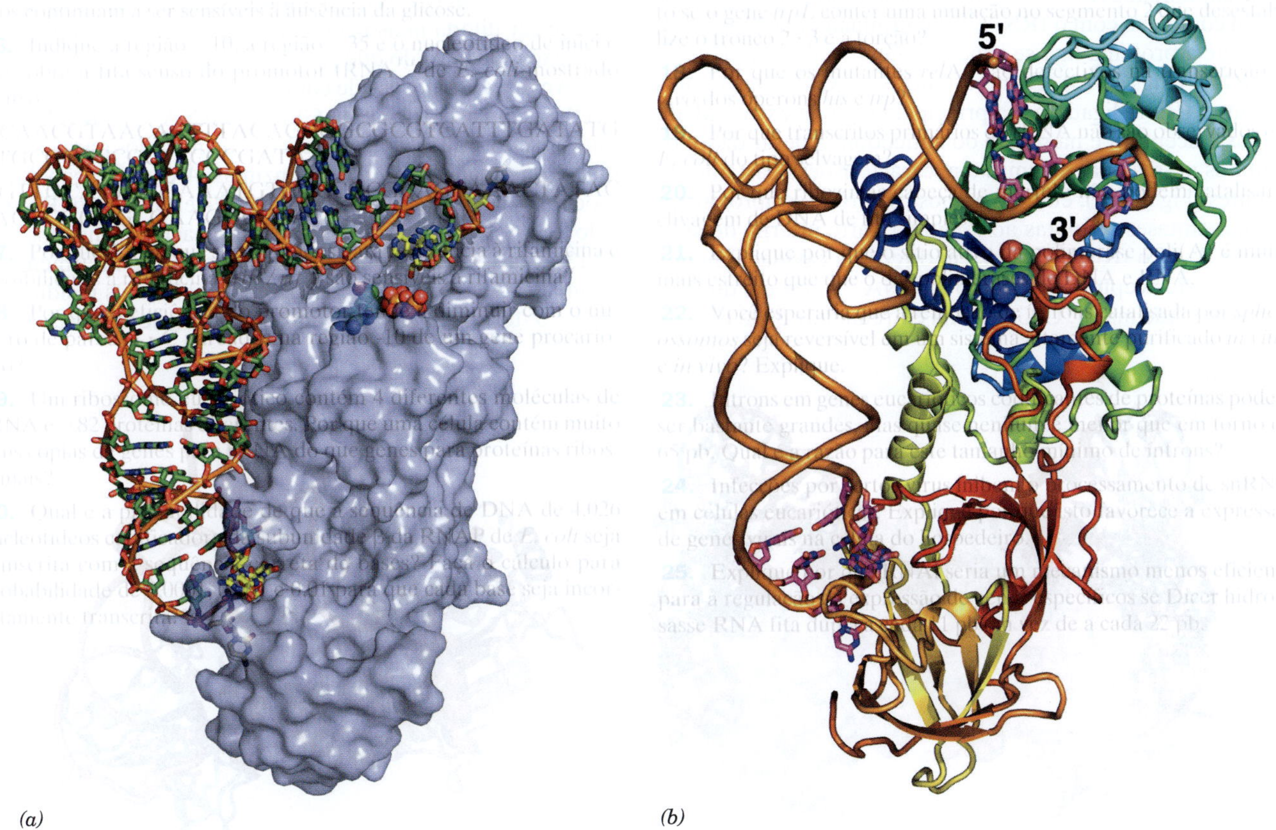

FIGURA 32.17 Estrutura por raios X da GlnRS · $\mathbf{tRNA^{Gln}}$ · ATP de *E. coli*. (*a*) O tRNA está representado na forma de bastão, colorido como o ATP, mas com os átomos de C do anticódon (UCG) e a extremidade 3′-CCA em amarelo. Um bastão cor de laranja conecta seus átomos de P sucessivos. O ATP ligado no sítio ativo da proteína está representado na forma de volume atômico, com C verde, N azul, O vermelho e P cor de laranja. A proteína está representada por um diagrama de superfície semitransparente azul-claro, que revela as porções ocultas do tRNA e do ATP. Note que tanto a extremidade 3′ do tRNA (*em cima, à direita*), como suas bases do anticódon (*embaixo*) estão inseridas em bolsões profundos na proteína. (*b*) O complexo visualizado como na Parte *a*. O esqueleto de açúcar-fosfato do tRNA está representado por um tubo cor de laranja e as bases que formam seus elementos de identidade (Fig. 32.14*c*) estão representadas na forma de bastão, coloridas de acordo com o tipo de átomo, com C magenta, N azul e O vermelho. O ATP é mostrado como na Parte *a*. A proteína está representada na forma de fitas, colorida na ordem das cores do arco-íris a partir da sua extremidade N-terminal (*azul*) para a sua extremidade C-terminal (*vermelho*). (Com base em uma estrutura por raios X de Thomas Steitz, Yale University, EUA. PDBid 1GTR.) **Ver Exercício de animação 20**

pareamento de bases é fortalecido pela sua conversão para G1 · C72. A extremidade GCCA do $tRNA^{Gln}$ projeta-se profundamente em um bolsão da proteína que também se liga aos substratos de ATP e de glutamina da enzima. Três "dedos" da proteína são inseridos no interior da cavidade menor da haste aceptora para estabelecerem interações sequência-específicas com os pares de bases G2 · C71 e G3 · C70 (lembre que o RNA de dupla-hélice possui uma estrutura semelhante à do A-DNA [Seção 29.1Bc], cuja cavidade menor ampliada prontamente admite uma proteína, mas cuja cavidade maior é normalmente muito estreita para permitir isso.)

O domínio da GlnRS que se liga à glutamina, ao ATP e à extremidade GCCA do $tRNA^{Gln}$, o chamado domínio catalítico, contém, como previamente discutido, um enovelamento de ligação a dinucleotídeo. A maior parte desse domínio pode ser sobreposta e, portanto, está evolutivamente relacionada com os domínios correspondentes de outras aaRSs de Classe I.

d. A estrutura por raios X de AspRS · $tRNA^{Asp}$, um complexo de classe II

A **AspRS** de levedura, uma sintase de Classe II, é um dímero α_2 de subunidades de 557 resíduos. A sua estrutura por raios X, em complexo com o $tRNA^{Asp}$, determinada por Moras, revela que a proteína liga-se simetricamente a duas moléculas de tRNA (Fig. 32.18). Como a GlnRS, a AspRS faz contato com o tRNA ligado a ela principalmente na extremidade da haste aceptora e na região do anticódon. Apesar disso, os contatos nessas duas enzimas têm características bastante diferentes (Fig. 32.19): embora ambos os tRNAs se aproximem de suas sintases cognatas ao longo da parte interna de suas formas de L, o $tRNA^{Gln}$ o faz em direção à cavidade menor de sua haste aceptora, enquanto o $tRNA^{Asp}$ o faz em direção à sua cavidade maior. O GCCA na extremidade 3′ do $tRNA^{Asp}$ continua, assim, a sua rota helicoidal à medida que ele se projeta para o interior do sítio catalítico da AspRS, enquanto, como visto, a extremidade GCCA do $tRNA^{Gln}$ dobra-se para trás, para o interior de uma volta em forma de grampo, que abre o primeiro par de bases (U1 · A72) de sua haste aceptora. Embora a profundidade da cavidade maior de uma hélice de A-RNA seja, normalmente, muito estreita para receber grupos maiores do que moléculas de água (Seção 29.1B), a cavidade maior na extremidade da haste aceptora na AspRS · $tRNA^{Asp}$ é suficientemente ampliada para que seus pares de bases interajam com uma alça proteica.

O braço do anticódon do $tRNA^{Asp}$ está dobrado até 20 Å em direção ao interior do L em comparação ao braço correspondente na estrutura por raios X do $tRNA^{Asp}$ não complexado, e suas bases do anticódon não estão empilhadas. O ponto de dobradiça dessa curvatura é um par de bases G30 · U40 na haste do anticódon, que, em quase todas as outras espécies de tRNA, é um par de bases do tipo Watson-Crick. As bases do anticódon do $tRNA^{Gln}$ também não ficam empilhadas quando em contato com a GlnRS, mas adotam uma conformação de cadeia diferente daquela do $tRNA^{Asp}$. Evidentemente, a conformação de um tRNA em complexo com sua sintase cognata parece ser ditada mais pelas suas interações com a proteína (encaixe induzido) do que pela sua sequência.

Análises estruturais de complexos AspRS · $tRNA^{Asp}$ com ATP e ácido aspártico e de GlnRS · $tRNA^{Gln}$ com ATP permitiram a formulação independente de modelos para os complexos aminoacil-AMP dessas enzimas. A comparação desses modelos revela que os resíduos de A 3′-terminais do $tRNA^{Gln}$ e do $tRNA^{Asp}$ (aos quais os grupos aminoacila são ligados; Fig. 32.13) estão posicionados em lados opostos do intermediário aminoacil-AMP ligado à enzima (Fig. 32.20). Os resíduos de ribose 3′-terminais são dobrados na forma de C2′-*endo*, para

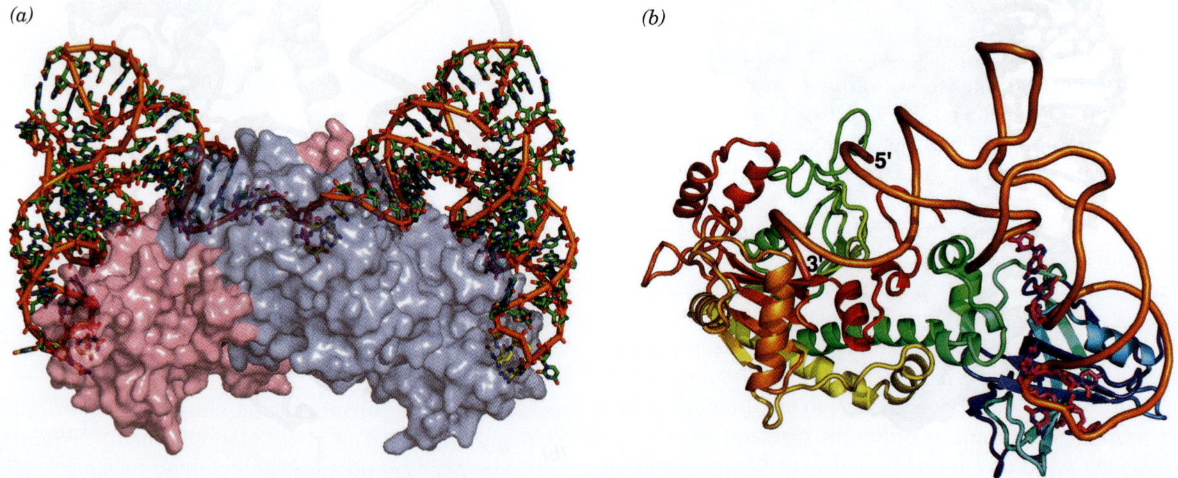

FIGURA 32.18 Estrutura por raios X da AspRS · $tRNA^{Asp}$ · ATP de levedura. (*a*) A enzima homodimérica com seus dois tRNAs simetricamente ligados a ela, visualizada com seu eixo duplo aproximadamente na posição vertical. Os tRNAs são mostrados na forma de esqueleto, coloridos de acordo com o tipo de átomo, com o átomo de C do anticódon (GUC) e a extremidade 3′-CCA em amarelo, os átomos de C restantes em verde, N azul, O vermelho e P cor de laranja. Um tubo cor de laranja conecta átomos de P sucessivos. As duas subunidades da proteína estão representadas por diagramas de superfície semitransparentes cor-de-rosa e azul-claro, que revelam porções ocultas dos tRNAs. (*b*) Um diagrama de fitas do protômero AspRS · $tRNA^{Asp}$ · ATP. O esqueleto açúcar-fosfato do tRNA está representado por um tubo cor de laranja e as bases que formam seus elementos de identidade (Fig. 32.14*b*) estão mostradas na forma de fitas, coloridas de acordo com o tipo de átomo, com C magenta, N azul e O vermelho. A proteína está representada na forma de fitas, colorida na ordem das cores do arco-íris, a partir da sua extremidade N-terminal (*azul*) para a sua extremidade C-terminal (*vermelho*). (Com base em uma estrutura por raios X de Dino Moras, CNRS/INSERM/ULP, Illkirch Cedex, França. PDBid 1ASY.)

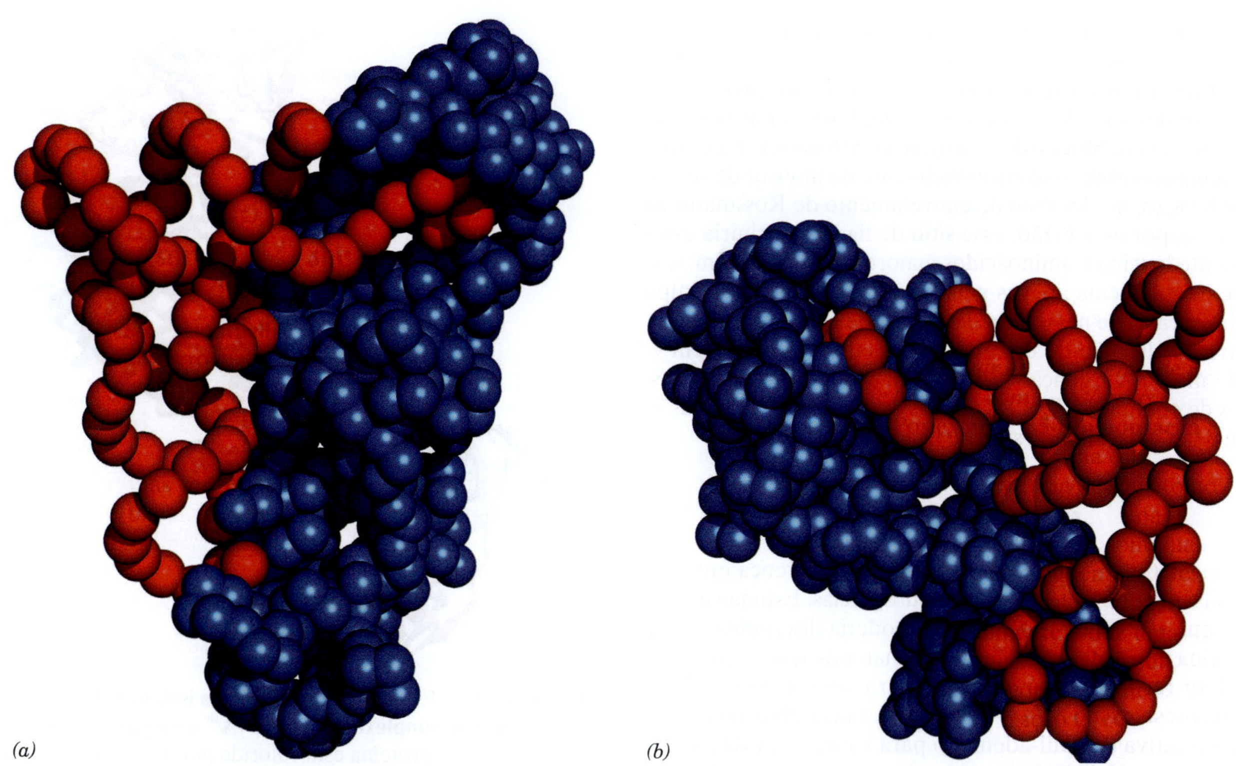

FIGURA 32.19 Comparação das maneiras como a GlnRS e a AspRS se ligam aos seus tRNAs cognatos. As proteínas e os tRNAs estão representados por esferas azuis e vermelhas, centradas nas posições de seus átomos de C_α e P. Note como a GlnRS (*a*), uma sintase de Classe I, se liga ao $tRNA^{Gln}$ no lado da cavidade menor da haste aceptora, de forma a dobrar sua extremidade 3′ em uma conformação de grampo. Ao contrário, a AspRS (*b*), uma sintase de Classe II, se liga ao $tRNA^{Asp}$ no lado da cavidade maior da haste aceptora, de forma que sua extremidade 3′ mantém seu trajeto helicoidal ao ingressar no sítio ativo. (Cortesia de Dino Moras, CNRS/INSERM/ULP, Illkirch Cedex, França. PDBids 1GTR abd 1ASY.)

o $tRNA^{Asp}$, e na forma de C3′-*endo*, para o $tRNA^{Gln}$ (ver Fig. 29.8), de forma que o grupo 2′-hidroxila do $tRNA^{Gln}$ (Classe I) fica estericamente posicionado para atacar o grupo carboxila do aminoacil-AMP, enquanto, para o $tRNA^{Asp}$ (Classe II), apenas o grupo 3′-hidroxila está posicionado para fazer isso. Isso explica claramente as diferentes especificidades de aminoacilação das aaRSs de Classe I e Classe II.

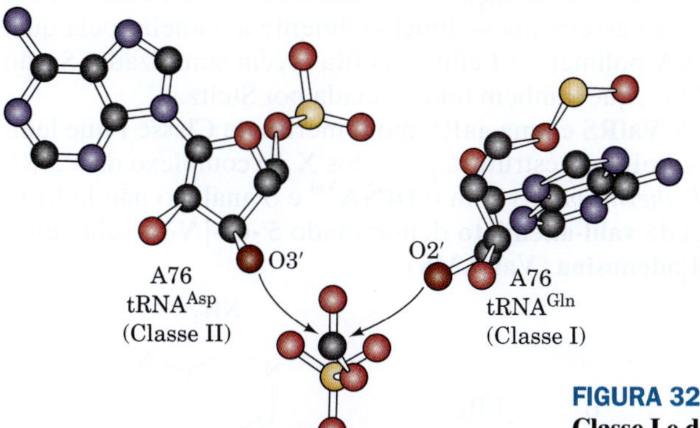

FIGURA 32.20 Comparação das estereoquímicas da aminoacilação das aaRSs de Classe I e de Classe II. As posições dos resíduos de adenosinas 3′-terminais (A76) da AspRS (Classe II, *à esquerda*) e da GlnRS (Classe I, *à direita*) estão representadas em relação àquela do aminoacil-AMP ligado à enzima (*embaixo*; apenas o grupo carboxílico de seu resíduo aminoacila é mostrado). Note como apenas o O3′, do $tRNA^{Gln}$, e O2′, do $tRNA^{Asp}$, estão posicionados de forma adequada para atacar o grupo carbonila do resíduo aminoacila e, dessa forma, transferir este resíduo para o tRNA. (De acordo com Cavarelli, J., Eriani, G., Rees, B., Ruff, M., Boeglin, M., Mitschler, A., Martin, F., Gangloff, J., Thierry, J.-C., e Moras, D., *EMBO J.* **13**, 335 [1994].)

e. A revisão de leitura aumenta a fidelidade da ligação do aminoácido ao tRNA

O carregamento de um tRNA com o seu aminoácido cognato é um processo notavelmente preciso: as aaRSs apresentam uma frequência de erro de cerca de 1 em 10.000. As aaRSs se ligam apenas aos seus tRNAs cognatos, por meio de uma série intrincada de eventos específicos. Porém, como elas fazem para discriminar entre os vários aminoácidos, alguns do quais são bastante semelhantes?

Medições experimentais indicam, por exemplo, que a IleRS transfere até 40.000 resíduos de isoleucina para o **$tRNA^{Ile}$**, para cada resíduo de valina que ela também transfere. Porém, como destacado inicialmente por Linus Pauling, *existe uma quantidade insuficiente de diferenças estruturais en-*

tre Val e Ile para permitir um grau de fidelidade de discriminação tão elevado na geração direta de aminoacil-tRNAs. A estrutura por raios X da IleRS de *Thermus thermophilus*, uma aaRS monomérica de Classe I, em complexo com isoleucina, determinada por Shigeyuki Yokoyama e Schimmel, indica que isoleucina acomoda-se confortavelmente no interior de seu sítio de ligação, no domínio de enovelamento de Rossmann da enzima, e, por essa razão, esse sítio de ligação excluiria estericamente leucina e aminoácidos maiores. Valina, porém, que difere de isoleucina apenas pela ausência de um único grupo metila, encaixa-se nesse sítio de ligação de isoleucina. A energia livre de ligação de um grupo metileno é estimada em ~ 12 kJ · mol^{-1}. A Equação [3.17] indica que a razão *f* das constantes de equilíbrio, K_1 e K_2, com as quais duas substâncias se ligam a um determinado sítio de ligação é dada por

$$f = \frac{K_1}{K_2} = \frac{e^{-\Delta G_1^{\circ\prime}/RT}}{e^{-\Delta G_2^{\circ\prime}/RT}} = e^{-\Delta\Delta G^{\circ\prime}/RT} \qquad [32.1]$$

em que $\Delta\Delta G^{\circ\prime} = \Delta G_1^{\circ\prime} - \Delta_i' - \Delta G_2^{\circ\prime}$ é a diferença entre as energias livres de ligação das duas substâncias. Estima-se, portanto, que a isoleucil-tRNA-sintase poderia discriminar entre isoleucina e valina por um fator não maior do que ~ 100.

Berg resolveu esse aparente paradoxo demonstrando que, na presença do $tRNA^{Ile}$, a IleRS catalisa a hidrólise quase quantitativa de valil-adenilato para valina + AMP, ao invés de formar Val-$tRNA^{Ile}$. Além disso, as poucas moléculas de Val-$tRNA^{Ile}$ que se formam são hidrolisadas para valina + $tRNA^{Ile}$. Assim, *a IleRS submete tanto o aminoacil-adenilato como o aminoacil-*$tRNA^{Ile}$ *a uma etapa de* ***revisão de leitura*** *ou de* ***edição****, que ocorre em um sítio catalítico separado.* Esse sítio se liga a resíduos de Val, mas exclui os resíduos de Ile maiores. *A seletividade total da enzima é, portanto, o produto das seletividades de suas etapas de síntese e de revisão de leitura, explicando assim a elevada fidelidade da aminoacilação. Note que, nesse mecanismo chamado de* ***dupla peneiração****, a edição ocorre às custas da hidrólise de ATP, o preço termodinâmico da fidelidade elevada (ordem aumentada).*

A estrutura por raios X da IleRS de *Staphylococcus aureus*, em complexo com $tRNA^{Ile}$ e o antibiótico de uso clínico **mupirocina**

Mupirocina

(um produto de *Pseudomonas fluorescens* que atua ligando-se especificamente à IleRS bacteriana, de forma a inibir a síntese proteica), determinada por Steitz, sugere como IleRS executa o seu processo de edição. A estrutura por raios X (Fig. 32.21) revela que esse complexo se assemelha ao complexo GlnRS · $tRNA^{Gln}$ · ATP (Fig. 32.17), mas com a IleRS possuindo um domínio de edição adicional (também chamado de CP1, de *connective peptide* 1 – peptídeo conectivo 1) inserido no seu domínio de enovelamento de Rossmann. Os dois resíduos 3′-terminais do $tRNA^{Ile}$, C75 e A76, estão desordenados, mas, quando modelados de forma a continuarem a hélice de forma A empilhada da haste aceptora, se estendem para o interior de uma fenda no domínio de edição que foi implicada como sendo seu sítio de hidrólise (Fig. 32.22*a, à esquerda*). Assim, esse complexo IleRS parece lembrar um "complexo de edição", ao invés de lembrar um "complexo de transferência", como visto na estrutura de GlnRS. Entretanto, um complexo de transferência seria formado caso o segmento final 3′ do $tRNA^{Ile}$ assumisse uma conformação de grampo (Fig. 32.22*a, à direita*), semelhante àquela na estrutura da GlnRS (Figs. 32.17*b* e 32.19*a*; lembre que tanto a IleRS como a GlnRS são aaRSs de Classe I). Por isso, Steitz postulou que o grupo aminoacila é transportado entre o sítio de aminoacilação de IleRS e o seu sítio de edição por essa mudança conformacional (Fig. 32.22*b*). Esse processo assemelha-se funcionalmente à maneira pela qual a DNA-polimerase I edita sua fita recém-sintetizada (Seção 30.2Ag), que também foi elucidada por Steitz.

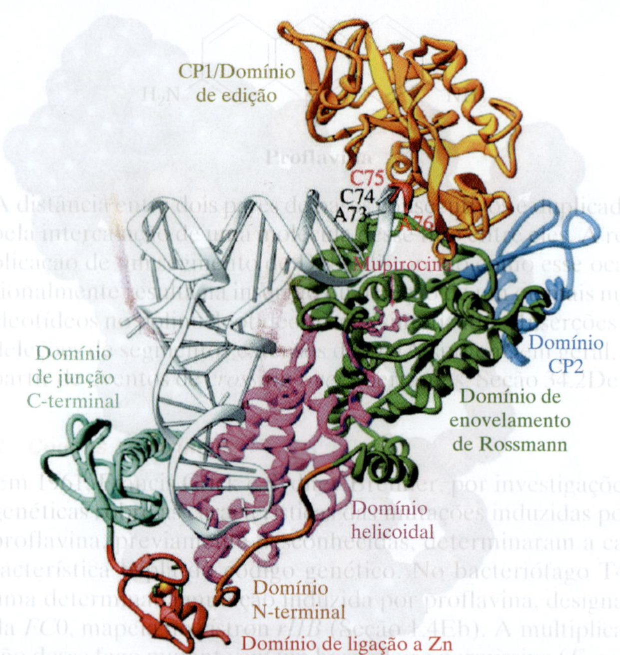

FIGURA 32.21 Estrutura por raios X da isoleucil-tRNA-sintase de *S. aureus* em complexo com o $tRNA^{Ile}$ e mupirocina. O tRNA está em branco, a proteína está colorida por domínio e a mupirocina está representada na forma de bastões, em cor-de-rosa. (Cortesia de Thomas Steitz, Yale University, EUA. PDBid 1QU2.)

A **ValRS** é uma aaRS monomérica de Classe I que lembra a IleRS. A estrutura por raios X do complexo da ValRS de *T. thermophilus* com o **tRNA**^{Val} e o análogo não hidrolisável de **valil-adenilato** denominado **5′-*O*′-[*N*-(L-valil)sulfamoil]adenosina (Val-AMS)**,

5′-*O*-(*N*-[L-valil]sulfamoil)adenosina (Val-AMS)

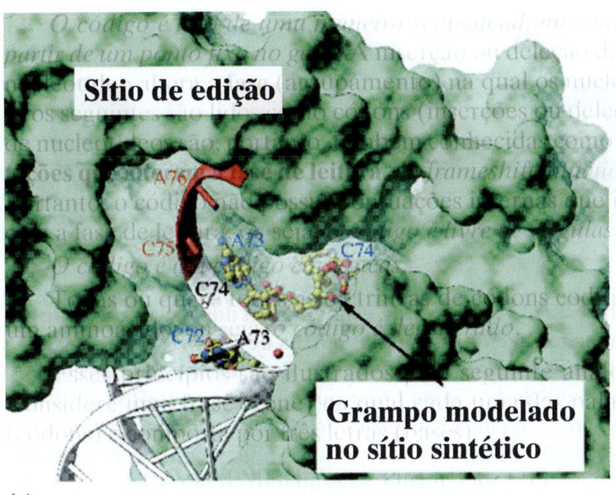

(*a*)

FIGURA 32-22 Comparação dos modos putativos de aminoacilação e edição da IleRS · tRNA^{Ile}. (*a*) A sobreposição do tRNA^{Ile} nesses dois modos de ligação sobre a superfície acessível ao solvente da IleRS (*verde*). A fita aceptora do tRNA^{Ile} no modo de edição observada na estrutura por raios X da IleRS · tRNA^{Ile} · mupirocina (Fig. 32.21) está representada na forma de fitas, em branco, com as posições modeladas da C75 e da A76 em vermelho. Isso coloca a extremidade 3′ do tRNA no sítio de edição. Em contraste, os três resíduos terminais 3′ do tRNA^{Ile}, posicionados pela modelagem por homologia com base na estrutura por raios X da GlnRS · tRNA^{Gln} · ATP (Fig. 32.17) e representados na forma de esferas e bastões com C amarelo, N azul, O vermelho e P magenta, colocam a extremidade 3′ do tRNA no sítio sintético (de aminoacilação), 34 Å distante da sua posição no sítio de edição. Note que há uma fenda entre os sítios de edição e sintético e que a extremidade 3′ do tRNA mantém o seu trajeto helicoidal de forma A no modo de edição, mas assume uma conformação de grampo no modo sintético. (*b*) Um esquema comparando as posições da extremidade 3′ do tRNA^{Ile} em seu complexo com a IleRS no seu modo sintético (*à esquerda*) e no seu modo de edição (*à direita*). (Parte *a* cortesia de Thomas Steitz e Parte *b* com base em um esquema de Thomas Steitz, Yale University, EUA.)

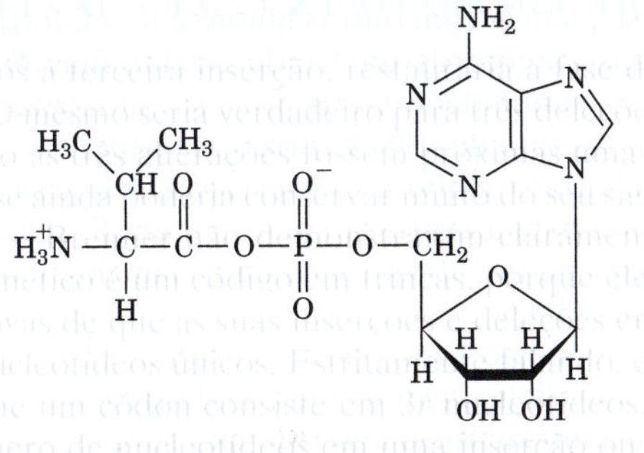

Modo sintético

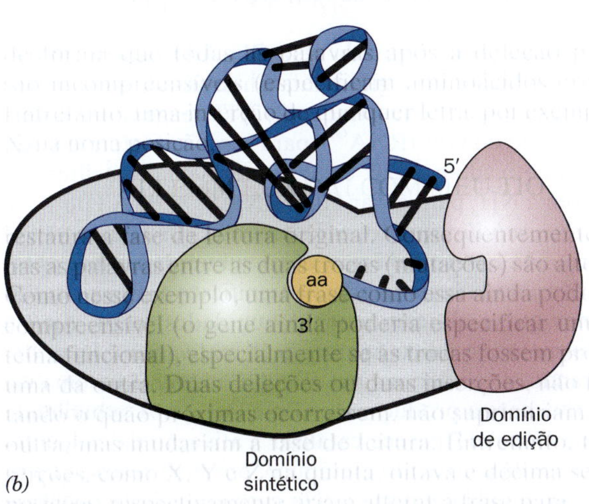

Modo de edição

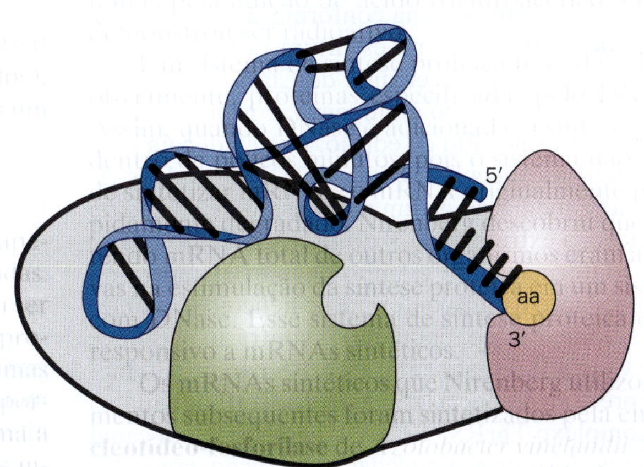

(*b*)

Valil-adenilato

determinada por Yokoyama, revela que Val-AMS está ligado no bolsão de aminoacilação do domínio de enovelamento de Rossmann, que acomoda as moléculas isoestéricas de Val e de Thr, mas exclui estericamente Ile. Estudos de modelagem, com base na estrutura da IleRS · tRNA^{Ile} · mupirocina, indicam que a cadeia lateral de Thr poderia se encaixar dentro do bolsão de edição da ValRS, com o grupo hidroxila de sua cadeia lateral ligado por ligação de hidrogênio à cadeia lateral do resíduo de Asp 279 de ValRS, que se projeta para o interior do bolsão, em contraste com o resíduo de Asp 328 correspondente de IleRS, que não faz isso. Consequentemente, uma cadeia lateral de Val seria excluída do bolsão de edição da ValRS, porque ela não pode formar essa ligação de hidrogênio, explicando, dessa forma, porque esse bolsão de edição hidrolisa **treonil-adenilato** e Thr-tRNA^{Val}, mas não os derivados correspondentes de Val. A estrutura de ValRS · tRNA^{Val} também indica que ValRS e o tRNA^{Val}, juntos, formam um túnel que conecta o bolsão de aminoacilação de ValRS ao seu bolsão de edição. Foi proposto que o treonil-adenilato impropriamente formado é conduzido através desse túnel para hidrólise no bolsão de edição, explicando, dessa forma, porque o tRNA^{Val} deve estar ligado à ValRS para que essa reação de edição pré-transferência ocorra. O valil-adenilato é, presumivelmente, conduzido através do complexo IleRS · tRNA^{Ile} similar para a sua hidrólise.

A **ThrRS**, um homodímero de Classe II, apresenta o problema inverso ao de ValRS: ela deve sintetizar **Thr-tRNA^{Thr}**, mas não Val-tRNA^{Thr}. A estrutura por raios X de ThrRS de

E. coli sem o seu domínio N-terminal, mas ainda cataliticamente ativa e em complexo com treonina ou com o análogo de treonil-adenilato, **Thr-AMS**, foi determinada por Moras. Essa estrutura revela que o bolsão de aminoacilação de ThrRS contém um íon de Zn^{2+} que é coordenado pelos grupos hidroxila e amino da cadeia lateral do grupo treonil e por três cadeias laterais da proteína. Valina isoestérica não poderia coordenar o íon de Zn^{2+} dessa maneira e, portanto, não sofreria a adenilação por ThrRS. Entretanto, o que impede ThrRS de sintetizar Ser-$tRNA^{Thr}$? De fato, a ThrRS truncada sintetiza Ser-$tRNA^{Thr}$ em uma taxa superior à metade daquela na qual ela sintetiza Thr-$tRNA^{Thr}$, indicando, portanto, que o domínio N-terminal de ThrRS de tipo selvagem contém o sítio de edição da enzima. A análise mutacional de ThrRS posicionou esse sítio de edição em uma fenda no domínio N-terminal da ThrRS de tipo selvagem, cuja estrutura por raios X, em complexo com $tRNA^{Thr}$, também foi determinada por Moras. Nessa última estrutura, a extremidade 3′ do tRNA apresenta um trajeto helicoidal regular, semelhante àquele observado na estrutura por raios X de AspRS · $tRNA^{Asp}$ · ATP (Fig. 32.18), de forma a entrar no sítio de aminoacilação. Entretanto, caso a extremidade 3′ do $tRNA^{Thr}$ ligado assumisse uma conformação de grampo, semelhante àquela observada na estrutura por raios X do $tRNA^{Gln}$ em complexo com a enzima de Classe I GlnRS e ATP (Fig. 32.17), o seu grupo aminoacila, covalentemente ligado, poderia entrar no sítio de edição. Isso evidencia uma intrigante "simetria especular" (Fig. 32.23): nas aaRSs de Classe I, que faz a mediação de um mecanismo de edição de dupla peneiração, a extremidade 3′ do tRNA cognato ligado assume uma conformação de grampo quando ela entra no sítio de aminoacilação e uma conformação helicoidal quando ela entra no sítio de edição, enquanto o contrário acontece nas aaRSs de Classe II. Finalmente, a ThrRS parece não mediar a edição pré-transferência (não hidrolisa seril-adenilato) e, de fato, o complexo ThrRS · $tRNA^{Thr}$ não possui um canal conectando seus sítios de aminoacilação e edição, como foi observado no complexo ValRS · $tRNA^{Val}$.

Sintases que possuem uma seletividade adequada para seus aminoácidos correspondentes não apresentam as funções de edição. Por exemplo, o sítio de aminoadenilação da ThrRS discrimina entre tirosina e fenilalanina pela formação de ligações de hidrogênio com o grupo OH de tirosina. Os demais aminoácidos da célula, sejam eles de estrutura-padrão ou não, apresentam semelhanças ainda menores com tirosina, o que justifica o fato da TyrRS não possuir um sítio de edição.

f. Gln-$tRNA^{Gln}$ pode ser formado por uma rota alternativa

Há bastante tempo é aceito que cada um dos 20 aminoácidos-padrão seja covalentemente ligado a um tRNA por sua aaRS correspondente, porém, é agora claro que bactérias gram-positivas, arqueobactérias, cianobactérias, mitocôndrias e cloroplastos não possuem GlnRS. Ao invés disso, glutamato é ligado ao $tRNA^{Gln}$ pela mesma GluRS que sintetiza **Glu-$tRNA^{Glu}$**. O **Glu-$tRNA^{Gln}$** resultante é, então, transaminado para Gln-$tRNA^{Gln}$ pela enzima **Glu-$tRNA^{Gln}$-amidotransferase** (**Glu-AdT**), em uma reação que necessita de ATP e na qual glutamina é o doador do grupo amido.

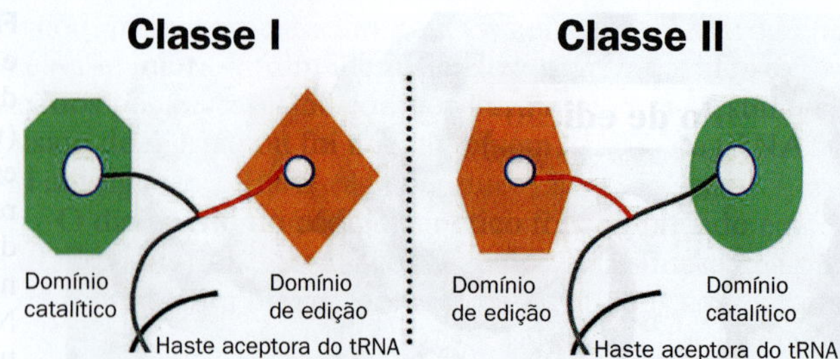

FIGURA 32.23 Diagrama esquemático dos mecanismos de aminoacilação e de edição das aaRSs de Classe I e de Classe II, enfatizando a "simetria especular" de seus mecanismos gerais. Com as aaRSs de Classe I (*à esquerda*; p. ex., a IleRS), a extremidade 3′ da haste aceptora do tRNA ligado assume uma conformação de grampo no modo sintético e uma conformação helicoidal no modo de edição, enquanto o contrário ocorre com as aaRSs de Classe II (*direita*; p. ex., a ThrRS). (Cortesia de Dino Moras, CNRS/INSERM/ULP, Illkirch Cedex, França.)

Alguns microrganismos utilizam uma rota de transamidação semelhante para a síntese de Asn-$tRNA^{Asn}$ a partir de **Asp-$tRNA^{Asn}$**.

A reação geral catalisada pela Glu-AdT ocorre em três etapas (Fig. 32.24): (1) a glutamina é hidrolisada a glutamato e a NH_3 resultante é sequestrada; (2) ATP reage com a cadeia lateral de Glu do Glu-$tRNA^{Gln}$, para gerar um intermediário acilfosfato ativado e ADP; e (3) o intermediário acilfosfato reage com a NH_3 para gerar Gln-$tRNA^{Gln}$ + P_i. A Glu-AdT de *Bacillus subtilis*, que foi caracterizada por Dieter Söll, é uma proteína heterotrimérica, cujas subunidades não apresentam similaridade de sequência significativa com a GlnRS. Os genes que codificam essas subunidades, *gatA, gatB* e *gatC*, formam um único óperon, cuja inativação é letal, demonstrando, dessa forma, que *B. subtilis* não possui uma via alternativa para a produção de Gln-$tRNA^{Gln}$. A subunidade **GatA** da Glu-AdT parece catalisar a ativação da cadeia lateral carboxílica do ácido glutâmico, por uma reação que se assemelha àquela catalisada pela carbamoil-fosfato-sintase (Seção 26.2A). Apesar disso, GatA não apresenta similaridade de sequência com outras glutamina-amidotransferases conhecidas (membros da tríade ou famílias Ntn; Seção 26.5Aa). A subunidade **GatB** pode ser utilizada para selecionar o substrato de tRNA correto. O papel da subunidade **GatC** não é claro, embora a observação de que sua presença é necessária para a expressão de GatA em *E. coli* sugira que ela participa na modificação, no enovelamento e/ou na estabilização de GatA.

Como Glu não é incorporado erroneamente nas proteínas de *B. subtilis* no lugar de Gln, o Glu-$tRNA^{Gln}$, produto da reação de aminoacilação anterior, não deve ser transportado para o ribossomo da mesma maneira como Gln-$tRNA^{Gln}$. É provável que isso ocorra porque, como foi demonstrado em cloroplastos, **EF-Tu**, o fator de alongamento que se liga e transporta a maioria dos aminoacil-tRNAs bacterianos para os ribossomos em um processo dependente de GTP (Seção 32.3D), não se liga à Glu-$tRNA^{Gln}$. Não está claro o porquê da evolução de duas rotas independentes para a síntese de Gln-$tRNA^{Gln}$.

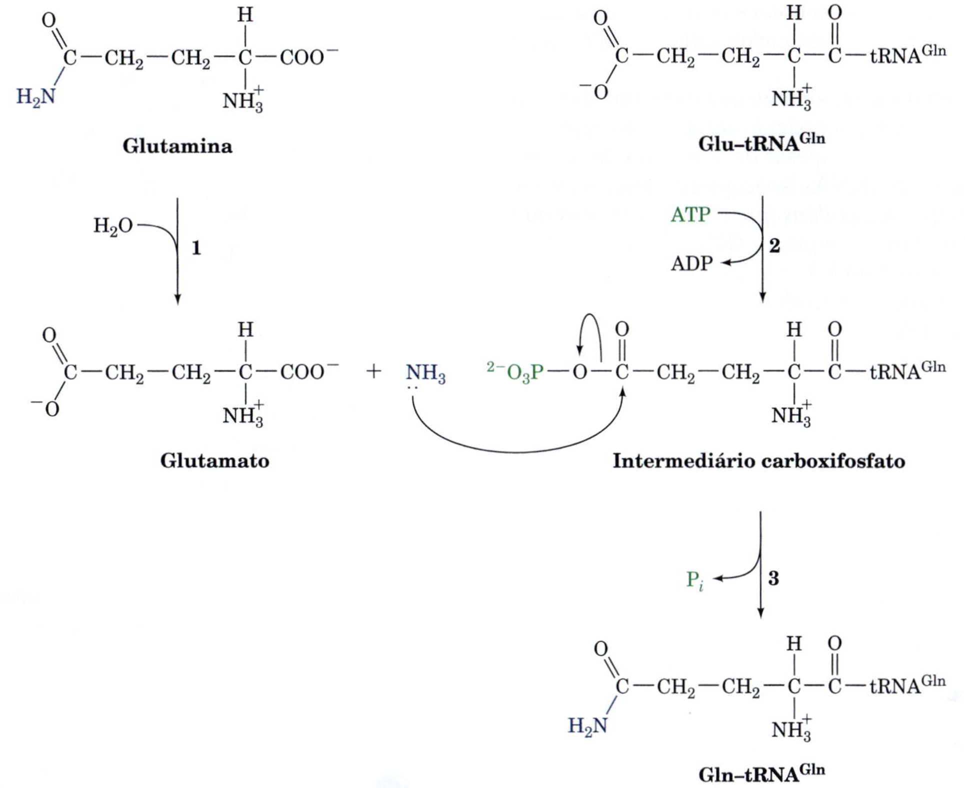

$$H_2N-C(=O)-CH_2-CH_2-CH(NH_3^+)-COO^-$$

Glutamina

$$^-O-C(=O)-CH_2-CH_2-CH(NH_3^+)-C(=O)-tRNA^{Gln}$$

Glu–tRNA^{Gln}

1: H_2O (Glutamina → Glutamato)

2: ATP → ADP (Glu–tRNA^{Gln} → Intermediário carboxifosfato)

$$^-O-C(=O)-CH_2-CH_2-CH(NH_3^+)-COO^- \quad + \quad NH_3$$

Glutamato

$$^{2-}O_3P-O-C(=O)-CH_2-CH_2-CH(NH_3^+)-C(=O)-tRNA^{Gln}$$

Intermediário carboxifosfato

3: P_i

$$H_2N-C(=O)-CH_2-CH_2-CH(NH_3^+)-C(=O)-tRNA^{Gln}$$

Gln–tRNA^{Gln}

FIGURA 32.24 **A síntese de Gln-tRNA^{Gln} a partir de Glu-tRNA^{Gln}, mediada pela Glu-AdT.** A reação envolve a transferência, ativada por ATP, de uma NH_3 derivada da glutamina para a molécula de glutamato do Glu-tRNA^{Gln}.

g. Algumas arqueobactérias não possuem uma CysRS separada

Os genomas de determinadas arqueobactérias, tal como *M. jannaschii,* não apresentam um gene de CysRS identificável. Isso acontece porque a enzima responsável pela síntese de **Pro-tRNA^{Pro}** nesses organismos também sintetiza **Cys-tRNA^{Cys}**. É interessante notar que essa enzima, denominada **ProCysRS**, não sintetiza Pro-tRNA^{Cys} ou Cys-tRNA^{Pro}. Embora a ProCysRS sintetize **cisteinil-adenilato** apenas em presença de tRNA^{Cys}, ela é capaz de sintetizar **prolil-adenilato** na ausência de tRNA^{Pro}. A ligação de tRNA^{Cys} à ProCysRS bloqueia a ativação de prolina, de forma que apenas cisteína pode ser ativada. Ao contrário, a ativação de prolina facilita a ligação de tRNA^{Pro}, enquanto impede a ligação de tRNA^{Cys}. Entretanto, o mecanismo pelo qual a ProCysRS executa essas sínteses mutuamente exclusivas é desconhecido. De qualquer forma, parece que alguns organismos podem sobreviver com apenas 17 aaRSs diferentes: eles podem não apresentar GlnRS, AspRS e uma CysRS separada.

D. *Interações códon-anticódon*

Na síntese proteica, o tRNA apropriado é selecionado apenas pelas interações códon-anticódon; o grupo aminoacila não participa desse processo. Esse fenômeno foi demonstrado como descrito a seguir. Cys-tRNA^{Cys}, no qual o resíduo de Cys estava marcado com ^{14}C, foi dessulfurizado redutivamente com o reagente níquel de Raney, de forma a converter o resíduo de Cys em Ala:

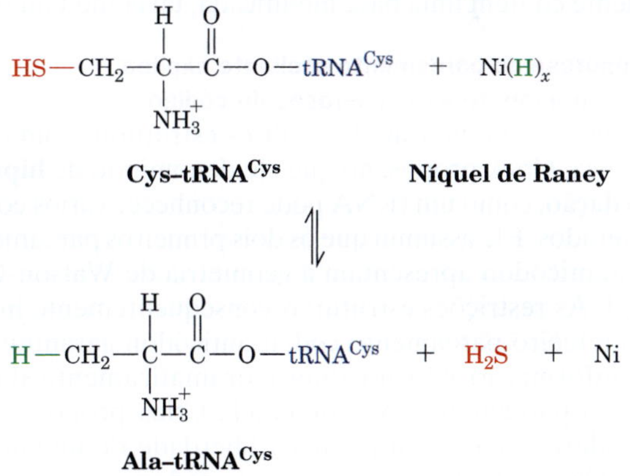

$$HS-CH_2-CH(NH_3^+)-C(=O)-O-tRNA^{Cys} \quad + \quad Ni(H)_x$$

Cys–tRNA^{Cys} **Níquel de Raney**

$$\rightleftharpoons$$

$$H-CH_2-CH(NH_3^+)-C(=O)-O-tRNA^{Cys} \quad + \quad H_2S \quad + \quad Ni$$

Ala–tRNA^{Cys}

O híbrido Ala-tRNA^{Cys} resultante, marcado com ^{14}C, foi adicionado em um sistema de síntese proteica livre de células, extraído de reticulócitos de coelhos. O único produto da cadeia α da hemoglobina radioativo obtido foi o peptídeo tríptico que normalmente contém o único Cys da subunidade. Nenhuma radioatividade foi detectada nos peptídeos que normalmente contêm Ala e não contêm Cys. Evidentemente, *apenas os anticódons dos aminoacil-tRNAs participam do reconhecimento do códon.*

a. A degeneração do código genético é devida, em grande parte, às interações códon-anticódon variáveis na terceira posição

Alguém poderia supor ingenuamente que cada um dos 61 códons que especificam um aminoácido seria reconhecido por um tRNA diferente. Porém, apesar de a maioria das células possuir vários grupos de tRNAs isoaceptores, *muitos tRNAs se ligam a dois ou três dos códons que especificam seus aminoácidos cognatos*. Por exemplo, o $tRNA^{Phe}$ de levedura, que possui o anticódon GmAA, reconhece os códons UUC e UUU (lembre-se que o anticódon pareia com o códon de uma maneira antiparalela),

```
            3′           5′     3′           5′
Anticódon:   — A — A — Gm —      — A — A — Gm —
               :   :   :           :   :   :
            5′           3′     5′           3′
Códon:       — U — U — C —       — U — U — U —
```

e o $tRNA^{Ala}$ de levedura, que possui o anticódon IGC, reconhece os códons GCU, GCC e GCA.

```
            3′           5′     3′           5′
Anticódon:   — C — G — I —       — C — G — I —
               :   :   :           :   :   :
            5′           3′     5′           3′
Códon:       — G — C — U —       — G — C — C —

                   3′           5′
       Anticódon:   — C — G — I —
                      :   :   :
                   5′           3′
       Códon:       — G — C — A —
```

Parece, portanto, que pareamentos do tipo não Watson-Crick podem ocorrer na terceira posição do códon-anticódon (a primeira posição do anticódon é definida pelo seu nucleotídeo 3′), o sítio mais degenerado do códon (Tabela 32.2). Note também que a terceira posição do anticódon (5′) normalmente contém uma base modificada, tal como Gm ou I.

b. A hipótese do pareamento oscilante explica estruturalmente a degeneração do código

Por meio da combinação de critérios estruturais com dedução lógica, Crick propôs, no que ele denominou de **hipótese da oscilação**, como um tRNA pode reconhecer vários códons degenerados. Ele assumiu que os dois primeiros pareamentos códon-anticódon apresentam a geometria de Watson-Crick normal. As restrições estruturais consequentemente impostas ao terceiro pareamento códon-anticódon garantem que sua conformação não irá diferir dramaticamente daquela de um pareamento Watson-Crick. Crick propôs, então, que poderia haver uma pequena liberdade de movimento ou "oscilação" na terceira posição do códon, que permitiria ajustamentos conformacionais limitados na sua geometria de pareamento. Isso possibilita a formação de vários pares não Watson-Crick, tais como U · G e I · A (Fig. 32.25*a*). Os pareamentos "oscilantes" permitidos estão indicados na Fig. 32.25*b*. Assim, analisando o padrão de pareamento códon-anticódon conhecido, Crick deduziu os conjuntos mais plausíveis de combinações de pareamentos na terceira posição do códon-anticódon (Tabela 32.5). Desse modo, um anticódon com C ou A na sua terceira posição pode parear apenas com seu códon complementar na forma de Watson-Crick. Caso U, G ou I ocupem a terceira posição do anticódon, dois, dois ou três códons são reconhecidos, respectivamente.

(*a*)

U · G

I · A

(*b*)

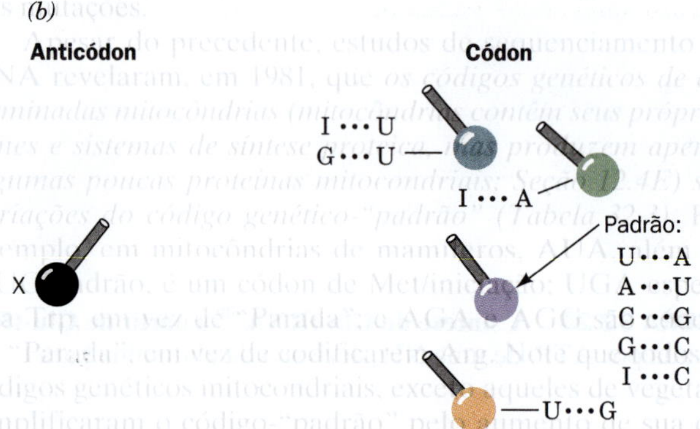

FIGURA 32.25 O pareamento oscilante. (*a*) Os pareamentos oscilantes U · G e I · A. Ambos foram observados em estruturas por raios X. (*b*) A geometria do pareamento oscilante. As esferas e suas ligações representam as posições dos átomos de C1′ das riboses com suas ligações glicosídicas correspondentes. O X (*à esquerda*) designa o nucleosídeo na extremidade 5′ do anticódon (tRNA). As posições à direita são aquelas do nucleosídeo 3′ do códon (mRNA) nos pareamentos oscilantes indicados. (De acordo com Crick, F.H.C., J. *Mol. Biol.* **19**, 552 [1966].)

Não se conhece qualquer tRNA procariótico ou tRNA citoplasmático eucariótico que participe de uma combinação de pareamento que não seja oscilante. Não existe, contudo, qualquer exemplo conhecido de um tRNA com um A na terceira posição do seu anticódon, o que sugere que o pareamento A · U consequente não é permitido. A base estrutural do pare-

TABELA 32.5 Combinações de pareamentos oscilantes permitidas na terceira posição do códon--anticódon

Base 5′ do anticódon	Base 3′ do códon
C	G
A	U
U	A ou G
G	U ou C
I	U, C ou A

amento oscilante é pouco compreendida, embora esteja claro que ela é influenciada por modificações nas bases.

Uma consideração dos vários pareamentos oscilantes indica que pelo menos 31 tRNAs são necessários para traduzir todas as 61 trincas codificadoras do código genético (existem 32 tRNAs em um conjunto mínimo, porque a iniciação da tradução necessita de um tRNA separado; Seção 32.3Ca). A maioria das células possui > 32 tRNAs, alguns dos quais possuem anticódons idênticos. Na realidade, as células de mamíferos possuem > 150 tRNAs. Apesar disso, *todos os tRNAs isoaceptores de uma célula são reconhecidos por uma única aminoacil-tRNA-sintase*.

c. Alguns tRNAs mitocondriais possuem pareamentos oscilantes mais permissíveis que outros tRNAs

As propriedades de reconhecimento do códon de tRNAs mitocondriais refletem o fato de que os códigos genéticos mitocondriais são variações do código genético-"padrão" (Tabela 32.3). Por exemplo, o genoma mitocondrial humano, que consiste em apenas 16.569 pb, codifica 22 tRNAs (juntamente com 2 RNAs ribossômicos [rRNAs] e 13 proteínas). Cada um de 14 desses tRNAs reconhece um dos pares de códons sinônimos indicados nas Tabelas 32.2 e 32.3 (MNX, onde X pode ser tanto C ou U como A ou G), de acordo com as regras normais do pareamento oscilante de G · U: os tRNAs apresentam ou um G ou um U modificado em suas terceiras posições do anticódon, o que permite que eles pareiem com códons que possuem X = C ou U e X = A ou G, respectivamente. Os 8 tRNAs restantes, que, contrários às regras de pareamento oscilante, reconhecem, cada um deles, um dos grupos de quatro códons sinônimos (MNY, onde Y = A, C, G ou U), todos apresentando anticódons com um U na terceira posição. Ou esse U pode, de alguma maneira, parear com qualquer uma das quatro bases ou esses tRNAs reconhecem apenas as duas primeiras posições do códon e ignoram a terceira. Portanto, como esperado, muitos tRNAs mitocondriais possuem estruturas incomuns, nas quais, por exemplo, a sequência GTψCRA (Fig. 32.9) está faltando. O caso mais bizarro é o de um $tRNA^{Ser}$ no qual falta todo o braço D.

d. Códons utilizados frequentemente são complementares às espécies de tRNA mais abundantes

A análise das sequências de bases de diversos genes estruturais de *S. cerevisiae* expressos em níveis elevados revelou um desvio marcante na utilização de códons. Apenas 25 das 61 trincas codificadoras são comumente utilizadas. *Os códons preferidos são aqueles que são proximamente complementares, no sentido de Watson-Crick, aos anticódons das espécies mais abundantes de cada conjunto de tRNAs isoaceptores.* Além disso, códons que se ligam a anticódons com dois pares G · C ou três pares A · U consecutivos são evitados, de forma que todos os complexos códon-anticódon preferidos possuem, aproximadamente, as mesmas energias livres de ligação. Um fenômeno semelhante ocorre em *E. coli*, embora vários de seus 22 códons preferidos difiram daqueles em levedura. O grau no qual os códons preferidos ocorrem em um determinado gene está fortemente correlacionado, em ambos os organismos, com o nível de expressão dos genes (as taxas medidas de seleção de aminoacil-tRNAs em *E. coli* abrangem uma faixa de 25 vezes). Foi proposto que isso permite que os mRNAs de proteínas que são necessárias em quantidades elevadas sejam traduzidos de uma forma rápida e direta.

e. Selenocisteína e pirrolisina são transportados por um tRNA específico

Embora seja em geral afirmado, mesmo neste texto, que as proteínas são sintetizadas a partir dos 20 aminoácidos-"padrão", ou seja, aqueles especificados pelo código genético-"padrão", alguns organismos, como descoberto por Theresa Stadtman, utilizam um vigésimo-primeiro aminoácido, **selenocisteína** (**Sec**; ou, alternativamente, **SeCys**), na síntese de suas proteínas:

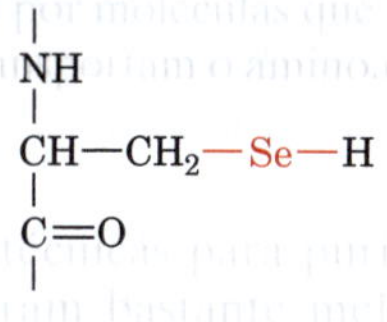

NH
|
CH—CH$_2$—Se—H
|
C=O

O resíduo de selenocisteína (Sec)

O selênio, um elemento-traço biologicamente essencial, é um componente de várias enzimas, tanto em procariotos como em eucariotos. Dentre essas enzimas estão a tiorredoxina-redutase (Seção 28.3Ae) e as **deiodinases do hormônio da tireoide** (que participam da síntese do hormônio da tireoide; Seção 19.1D), em mamíferos, e três formas de **formato-desidrogenases**, em *E. coli*, todas elas contendo resíduos de Sec. Os resíduos de Sec são incorporados nessas proteínas no ribossomo por um único tRNA, o **$tRNA^{Sec}$**, que contém um anticódon UCA que é especificado, no mRNA, por um códon UGA especial (normalmente UGA é o códon de Parada *opala*). O Sec-$tRNA^{Sec}$ é sintetizado pela aminoacilação do $tRNA^{Sec}$ com L-serina pela mesma SerRS que carrega o $tRNA^{Ser}$, seguida pela selenização enzimática do resíduo de Ser resultante.

Como o sistema ribossômico diferencia um códon UGA que especifica a Sec de um códon de Parada opala normal? Como no caso do Glu-$tRNA^{Gln}$ (Seção 32.2Cf), o EF-Tu, o fator de alongamento que conduz a maioria dos aminoacil-tRNAs para o ribossomo em um processo dependente de GTP, não se liga ao $tRNA^{Sec}$. Esse tRNA liga-se a um fator de alongamento específico, denominado **SELB**, um homólogo de Ef-Tu que, em seu complexo com GTP, é recrutado para uma estrutura de braço-alça de um mRNA ligado ao ribossomo na região codificadora da seleno-proteína, no lado 3′ do códon UGA que especifica Sec.

Certas arqueas metanogênicas (produtoras de metano) expressam a enzima **metilamina metiltransferase**, que contém o resíduo de aminoácido **pirrolisina** (**Pyl**, de *pyrrolysine*), um resíduo de Lys com seu ε-nitrogênio em ligação amida com o grupo pirrolina:

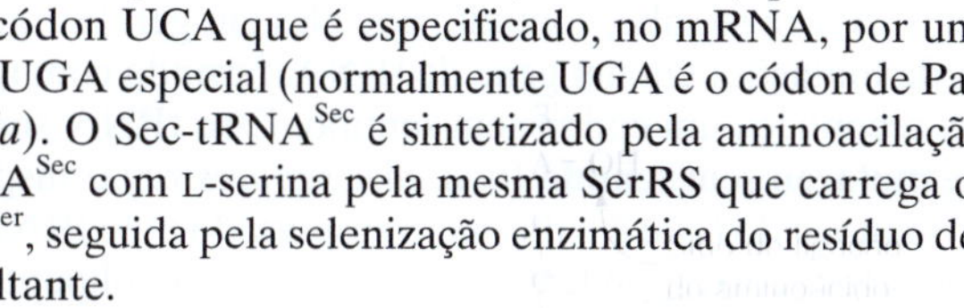

NH
|
CH—CH$_2$—CH$_2$—CH$_2$—CH$_2$—NH—C(=O)—[anel pirrolina com CH$_3$ e N]
|
C=O

O resíduo de pirrolisina (Pyl)

Diferentemente dos resíduos de Lys modificados posteriormente à tradução, tais como 5-hidroxi-lisina (Hyl; Seção 8.2B) e ε-*N*-acetil-lisina (Seção 4.3B), Pyl é incorporado diretamente nas proteínas durante a tradução. Pyl é especificado pelo códon UAG (normalmehte o códon de Parada *âmbar*). Pyl é transportado ao ribossomo pelo $\textbf{tRNA}^{\textbf{Pyl}}$, o qual contém um anticódon CUA e difere dos tRNAs típicos por apresentar uma haste D com cinco, ao invés de oito resíduos, um braço do anticódon com seis, ao invés de cinco pares de bases e uma alça TψC que não possui a sequência TψC. Uma aminoacil-tRNA-sintase específica, **PylRS**, que difere das LysRSs conhecidas, carrega o $tRNA^{Pyl}$ com pirrolisina em uma reação dependente de ATP, o primeiro exemplo conhecido na natureza de uma aminoacilação direta de um tRNA com um aminoácido "não padrão". Diferente do caso de Ser-$tRNA^{Sec}$, Pyl-$tRNA^{Pyl}$ é tranportado ao ribossomo por Ef-Tu. Isso sugere que o mRNA contém um sinal que faz UAG ser lido como um códon Pyl, ao invés de como um códon de Parada. Uma estrutura de braço-alça conservada, localizada no lado 3′ de códons UAG que especificam Pyl pode consistir nesse sinal. Alternativamente, um Pyl-$tRNA^{Pyl}$ pode, ocasionalmente, ler um códon UAG e ser, portanto, um tipo de supressor de mutação sem sentido (ver a seguir).

E. *Supressão sem sentido*

Mutações sem sentido em geral são letais quando terminam prematuramente a síntese de uma proteína essencial. Um organismo com uma dessas mutações pode, entretanto, ser "recuperado" por uma segunda mutação em outra região do genoma. Depois de serem descobertos, esses **supressores intergênicos** permaneceram sendo um enigma ainda por muitos anos. Agora se sabe, contudo, que eles em geral surgem a partir de mutações em um gene de tRNA, fazendo com que o tRNA reconheça um códon sem sentido. Esse tRNA **supressor de mutação sem sentido** (*nonsense suppressor*) transporta o seu aminoácido (que é o mesmo transportado pelo tRNA de tipo selvagem correspondente) para uma cadeia polipeptídica em crescimento em resposta ao códon de Parada reconhecido, impedindo, dessa forma, a terminação da cadeia. Por exemplo, o supressor *âmbar* de *E. coli*, conhecido como **su3**, é um $tRNA^{Tyr}$ cujo anticódon foi mutado do GUA de tipo selvagem (que reconhece os códons de Tyr UAU e UAC) para CUA (que reconhece o códon de Parada *âmbar* UAG). Uma *E. coli* $su3^+$ com uma mutação *âmbar* letal em um gene codificador de uma proteína essencial seria viável, caso a substituição do resíduo de aminoácido de tipo selvagem por Tyr não inativasse a proteína.

Existem vários exemplos bem caracterizados de supressores de *âmbar* (UAG), *ocre* (UAA) e *opala* (UGA) em *E. coli* (Tabela 32.6). A maioria deles, como esperado, apresenta anticódons mutados. O tRNA **UGA-1**, entretanto, difere do de tipo selvagem apenas por uma mutação G → A na sua haste D, que troca um par G · U por um par A · U, mais forte. Essa mutação aparentemente altera a conformação do anticódon CCA do tRNA, de modo que ele passa a poder realizar um pareamento oscilante incomum com UGA, bem como com o seu códon normal, UGG. Supressores de mutações sem sentido também ocorrem em levedura.

a. tRNAs supressores são mutantes de tRNAs minoritários

Como as células toleram uma mutação que elimina tanto um tRNA normal como impede a terminação da síntese de polipeptídeos? Elas sobrevivem porque o tRNA mutado é, normalmente, um membro minoritário de um conjunto de tRNAs isoaceptores e porque o tRNA supressor de mutação sem sentido deve competir pelos códons de Parada com os fatores proteicos que fazem a mediação da terminação da síntese de polipeptídeos (Seção 32.3F). Consequentemente, a taxa de síntese mediada por supressores de proteínas ativas a partir de mRNAs com mutações sem sentido UAG ou UGA raramente excede a 50% da taxa de tipo selvagem, enquanto mutantes com UAA, o códon de Parada mais comum, apresentam eficiências de supressão de < 5%. Além disso, muitos mRNAs apresentam dois códons de Parada em *tandem*, de modo que, mesmo que o primeiro códon de Parada seja suprimido, a terminação pode ocorrer no segundo. Apesar disso, muitos mutantes resgatados por supressores multiplicam-se de uma forma relativamente lenta, porque eles não são capazes de produzir uma proteína que de outra maneira seria terminada prematuramente de forma tão eficiente como as células de tipo selvagem.

TABELA 32-6 Alguns supressores sem sentido de *E. coli*

Nome	Códon suprimido	Aminoácido inserido
su1	UAG	Ser
su2	UAG	Gln
su3	UAG	Tyr
su4	UAA, UAG	Tyr
su5	UAA, UAG	Lys
su6	UAA	Leu
su7	UAA	Gln
UGA-1	UGA	Trp
UGA-2	UGA	Trp

Fonte: Körner, A.M., Feinstein, S.I., e Altman, S., *in* Altman, S. (Ed.), *Transfer RNA*, p. 109, MIT Press (1978).

Outros tipos de tRNAs supressores também são conhecidos. **Supressores de mutação de sentido trocado** (*missense suppressors*) agem de forma similar aos supressores de mutação sem sentido, mas substituem um aminoácido por outro. **Supressores de mutação de mudança de fase** (*frameshift suppressors*) possuem oito nucleotídeos em suas alças de anticódon, ao invés dos sete usuais. Eles leem um códon de quatro bases depois de uma inserção de base, restaurando assim a fase de leitura de tipo selvagem.

3 RIBOSSOMOS E A SÍNTESE DE POLIPEPTÍDEOS

Os ribossomos foram inicialmente observados em homogeneizados celulares por microscopia de campo escuro, no final da década de 1930, por Albert Claude, que se referiu a eles como "microssomos". Foi somente na metade da década de 1950, contudo, que George Palade observou-os em células por microscopia eletrônica, descartando, dessa maneira, a alegação de que eles seriam meros artefatos do rompimento celular. O nome ribossomo deriva do fato de que essas partículas, em *E. coli*, consistem em aproximadamente dois terços de RNA e um terço de proteínas. (**Microssomos** são agora definidos como vesículas produzidas artificialmente pelo retículo endoplasmático quando do rompimento celular. Eles são facilmente isolados por centrifugação diferencial e são ricos em ribossomos.) A correlação entre a quantidade de RNA em uma célula e a taxa na qual ela sintetiza proteínas levou à suspeita de que os ribossomos fossem o local da síntese proteica. Essa hipótese foi confirmada em 1955 por Paul Zamecnik, que demonstrou que aminoácidos marcados

TABELA 32.7 Componentes dos ribossomos de *E. coli*

	Ribossomo	Subunidade menor	Subunidade maior
Coeficiente de sedimentação	70S	30S	50S
Massa (kDa)	2.520	930	1.590
RNA			
Maior		16S, 1.542 nucleotídeos	23S, 2.904 nucleotídeos
Menor			5S, 120 nucleotídeos
Massa de RNA (kDa)	1.664	560	1.104
Proporção da massa	66%	60%	70%
Proteínas		21 polipeptídeos	31 polipeptídeos
Massa de proteína (kDa)	857	370	487
Proporção da massa	34%	40%	30%

com ^{14}C ficam associados transitoriamente aos ribossomos antes de aparecerem nas proteínas livres. Pesquisas adicionais demonstraram que a síntese de polipeptídeos nos ribossomos apresenta três fases distintas: (1) iniciação da cadeia, (2) alongamento da cadeia e (3) terminação da cadeia.

Nesta seção, será examinada a estrutura do ribossomo e depois descrito, em linhas gerais, o mecanismo ribossômico da síntese de polipeptídeos. Ao ser feito isso, compara-se as propriedades dos ribossomos de procariotos com aquelas dos de eucariotos.

A. *Estrutura do ribossomo*

O ribossomo de *E. coli*, que possui uma massa de ~ $2{,}5 \times 10^6$ D e um coeficiente de sedimentação de 70S, é uma partícula esferoidal com ~ 250 Å de diâmetro na sua dimensão maior. Como descoberto por James Watson, ele pode ser dissociado em duas subunidades diferentes (Tabela 32.7). A subunidade menor (30S) consiste em uma molécula de rRNA 16S e 21 polipeptídeos diferentes, enquanto a subunidade maior (50S) contém um rRNA 5S e um rRNA 23S, juntamente com 31 polipeptídeos distintos. Os aproximadamente 20.000 ribossomos de uma célula de *E. coli* são responsáveis por ~ 80% de seu conteúdo de RNA e ~ 10% de suas proteínas.

Os estudos estruturais do ribossomo por microscopia eletrônica iniciaram logo após a sua descoberta. As estruturas tridimensionais (3D) em baixa resolução (~ 50 Å) do ribossomo e de suas subunidades tornaram-se disponíveis inicialmente na década de 1970. Foram utilizadas as técnicas pioneiras de reconstrução de imagens de Klug, nas quais micrografias eletrônicas de uma única partícula ou chapas ordenadas de partículas tomadas de várias direções são combinadas para gerar a sua imagem em 3D. A subunidade menor é uma partícula que se assemelha, de forma grosseira, a uma luva com os quatro dedos juntos e o polegar separado, enquanto a subunidade maior é esferoidal, com três protuberâncias em um lado (Fig. 32.26).

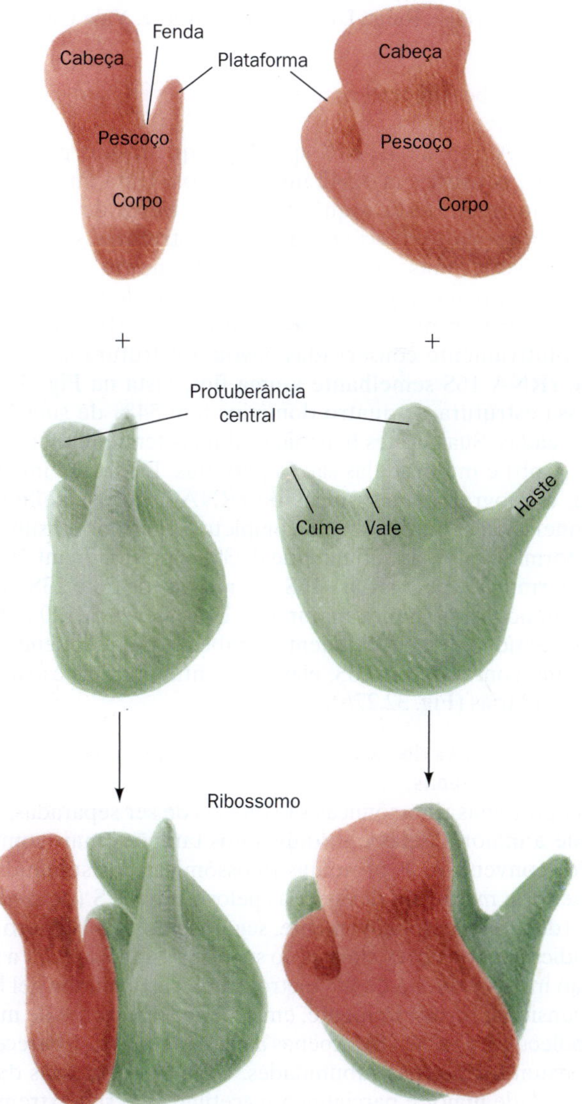

FIGURA 32.26 O modelo do ribossomo de *E. coli* em baixa resolução. A subunidade menor (*no alto, em vermelho*) se combina com a subunidade maior (*centro, em verde*) para formar o ribossomo completo (*embaixo*). Duas vistas perpendiculares de cada partícula são fornecidas. Esses modelos foram baseados em micrografias eletrônicas de transmissão de partículas negativamente coradas (nas quais a partícula cuja imagem está sendo capturada está embebida em sais de metais pesados que absorvem elétrons, fornecendo, dessa forma, um contraste entre a partícula eletrônica relativamente transparente e o plano de fundo [*background*]).

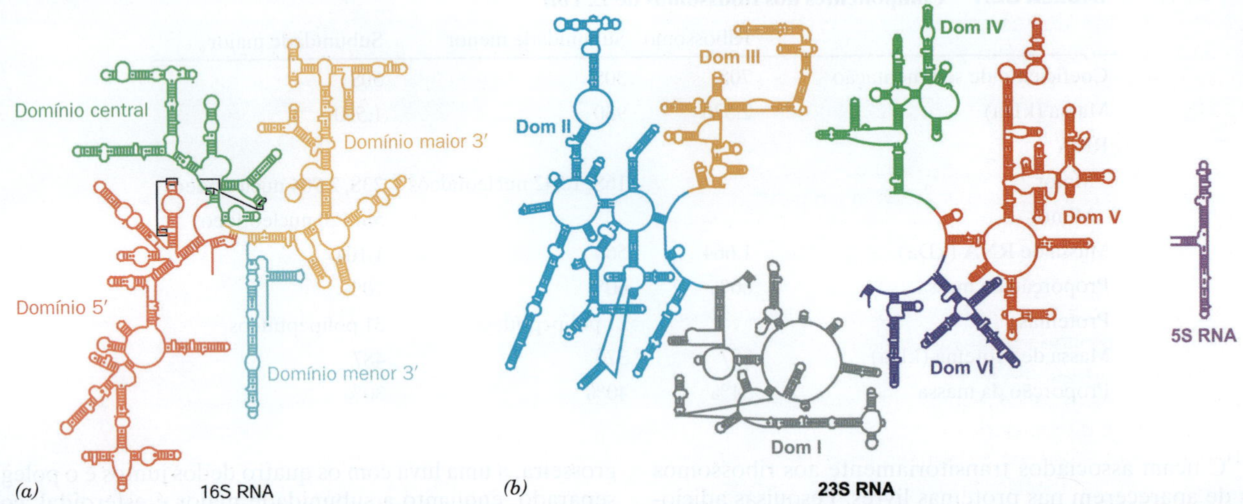

FIGURA 32.27 Estruturas secundárias dos RNAs ribossômicos de *E. coli*. (*a*) RNA 16S e (*b*) RNAs 23S e 5S. Os RNAs estão coloridos por domínio, com linhas curtas que conectam uma haste representando pares de bases de Watson-Crick, pontos pequenos representando pares de bases G · U e pontos grandes representando outros pares de bases do tipo não Watson-Crick. Note as séries de hastes e alças lembrando flores que formam cada domínio. (Cortesia de Venki Ramakrishnan, MRC Laboratory of Molecular Biology, Cambridge, Reino Unido, e Peter Moore, Yale University, EUA. Adaptada de diagramas em http://www.rna.icmb.utexas.edu.)

a. RNAs ribossômicos possuem estruturas secundárias complicadas

O rRNA 16S de *E. coli*, que foi sequenciado por Harry Noller, consiste em 1.542 nucleotídeos. Uma análise computadorizada dessa sequência para a busca de segmentos de fita dupla estáveis gerou muitas estruturas secundárias plausíveis, mas, em geral, mutuamente exclusivas. Entretanto, a comparação das sequências de rRNA 16S de vários procariotos, assumindo-se que suas estruturas foram evolutivamente conservadas, levou à estrutura secundária do rRNA 16S semelhante a uma flor, vista na Fig. 32.27*a*. Essa estrutura de quatro domínios tem 54% de suas bases pareadas. Suas hastes helicoidais duplas tendem a ser curtas (< 8 pb) e muitas delas são imperfeitas. De forma intrigante, micrografias eletrônicas do rRNA 16S assemelham-se àquelas da subunidade 30S completa, sugerindo, assim, que o formato geral da subunidade de 30S é predominantemente determinado pelo rRNA 16S. Os rRNAs de 5S e 23S da subunidade ribossômica maior, que consistem em 120 e 2.904 nucleotídeos, respectivamente, também foram sequenciados. Como com o rRNA 16S, eles apresentam muitas estruturas secundárias (Fig. 32.27*b*).

b. As proteínas ribossômicas foram parcialmente caracterizadas

As proteínas ribossômicas são difíceis de ser separadas, porque a maioria delas é insolúvel nos tampões mais comuns. Por convenção, as proteínas ribossômicas das subunidades menor e maior são designadas pelos prefixos S (de *small*) e L (de *large*), respectivamente, seguidos por um número que indica suas posições, da porção superior esquerda para a porção inferior direita de um eletroforetograma em um gel bidimensional (grosseiramente, em ordem decrescente de massa molecular; Fig. 32.28). Apenas a proteína S20/L26 parece ser comum a ambas as subunidades. Uma das proteínas da subunidade maior é parcialmente acetilada em sua extremidade de N-terminal, o que determina que ela origine duas bandas eletroforéticas (L7/L12). Quatro cópias dessa proteína, um dímero de dímeros, estão presentes na subunidade maior. Além disso, essas quatro cópias de L7/L12 se agregam com L10 para formar um complexo estável, que, inicialmente, imaginava-se ser uma única proteína, "L8". Todas as demais proteínas ribossômicas ocorrem em apenas uma única cópia por subunidade.

As sequências de aminoácidos de todas as 52 proteínas ribossômicas *de E. coli* foram elucidadas, principalmente por Heinz-Gunter Wittmann e Brigitte Wittmann-Liebold. O ta-

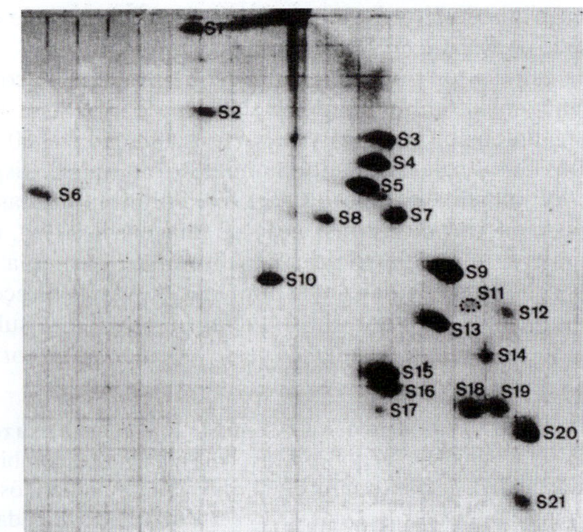

FIGURA 32.28 Eletroforetograma de um gel bidimensional das proteínas da subunidade ribossômica menor de *E. coli*. Primeira dimensão (*vertical*): acrilamida 8%, pH 8,6; segunda dimensão (*horizontal*): acrilamida 18%, pH 4,6. (De Kaltschmidt, E., e Wittmann, H.G., *Proc. Natl. Acad. Sci.* **67**, 1277 [1970].)

manho delas varia de 46 resíduos, para L34, a 557 resíduos, para S1. A maioria dessas proteínas, cujas sequências são pouco similares entre si, é rica nos aminoácidos básicos Lys e Arg e contém poucos resíduos aromáticos, como é esperado para proteínas que estão fortemente associadas a moléculas de RNA polianiônicas.

As estruturas por raios X e RM de cerca de metade das proteínas ribossômicas ou de seus fragmentos já foram determinadas independentemente. Essas proteínas formam uma ampla variedade de motivos estruturais, embora a maioria dos seus enovelamentos ocorra em outras proteínas de estrutura conhecida. Cerca de um terço dessas proteínas ribossômicas contém o **motivo de reconhecimento de RNA** (**RRM**, de *RNA-recognition motif;* Seção 31.4Ab), que ocorre em > 200 proteínas que se ligam a RNA, inclusive o fator rho (a proteína de terminação da transcrição, que contém quatro desses motivos; Seção 31.2Db), na poli(A)-polimerase, na proteína de ligação a poli(A) (PABP, de *poly(A)-binding protein*), em várias proteínas envolvidas no *splicing* gênico (Seção 31.4A) e no fator de iniciação da tradução **eIF4B** (Seção 32.3Cd). Todas essas proteínas, presumivelmente, evoluíram a partir de uma proteína ancestral de ligação a RNA.

c. Subunidades ribossômicas são automontantes

Em condições adequadas, as subunidades ribossômicas são formadas a partir de misturas de seus numerosos componentes macromoleculares. *As subunidades ribossômicas são, portanto, entidades capazes de se automontarem.* Masayasu Nomura determinou a ordem na qual isso ocorre, por experimentos de reconstituição parcial. Se um componente macromolecular é deixado de fora de uma mistura de proteínas e RNA, que, de outra forma, seria automontável, os demais componentes impedidos de se ligarem à montagem parcial resultante devem, de alguma maneira, interagir com o componente omitido. Por meio da análise de uma série desses experimentos de reconstrução parcial, Nomura construiu um mapa de montagem da subunidade menor (30S) (Fig. 32.29). Esse mapa indica que as etapas iniciais da montagem da subunidade menor consistem em ligações independentes de seis proteínas (S4, S7, S8, S15, S17 e S20) ao rRNA 16S livre, chamadas de proteínas de ligação primária (1°). Os intermediários de montagem resultantes constituem o esqueleto molecular para a ligação de proteínas de ligação secundária (2°), que, após uma significativa mudança conformacional, formam os sítios de ligação para as proteínas de ligação terciária (3°). Um mapa de montagem análogo para a subunidade maior foi elucidado por Knud Nierhaus. A observação de que intermediários de montagem semelhantes ocorrem *in vivo* e *in vitro* sugere que os processos de montagem *in vivo* e *in vitro* são muito parecidos.

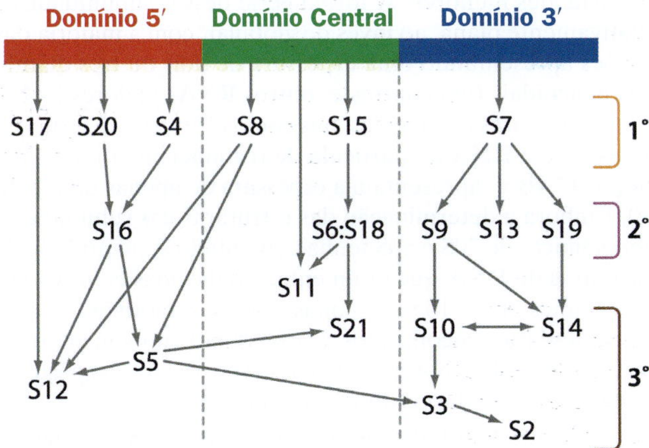

FIGURA 32.29 Mapa de montagem da subunidade menor de *E. coli*. O mapa está organizado de acordo com os domínios do RNA 16S (Fig. 32.27) com setas indicando a facilidade de ligação. Por exemplo, a seta a partir do domínio 5′ do rRNA 16S para S20 indica que S20 se liga diretamente ao rRNA 16S na ausência de outras proteínas e, por isso, ela é uma proteína de ligação primária (1°); a seta de S20 para S16 indica que S20 facilita a ligação de S16, a qual, portanto, é uma proteína de ligação secundária (2°); e as setas de S16 para S5 e S12 indicam que S5 e S12 são proteínas de ligação terciária (3°). (Cortesia de James Williamson, The Scripps Research Institute, La Jolla, Califórnia, EUA.)

Na célula, o RNA 16S se dobra de uma maneira ordenada, de forma que cada domínio é dobrado antes que o próximo domínio seja transcrito. A montagem da subunidade ribossomal pequena é, então, facilitada por uma variedade de **fatores de montagem**, proteínas que se ligam aos complexos imaturos, mas não às subunidades maduras. Muitos fatores de montagem se associam com segmentos do RNA 16S que mudam de conformação durante as etapas finais de montagem. Presumivelmente, a montagem da subunidade maior segue uma trajetória semelhante.

d. A estrutura atômica do ribossomo procariótico vem sendo elucidada há bastante tempo

A elucidação da estrutura atômica do ribossomo foi uma tarefa tortuosa, que se estendeu por mais de quatro décadas, nas quais os vagarosos incrementos obtidos foram ocasionalmente pontuados por ganhos técnicos significativos. O processo começou na década de 1960, com micrografias eletrônicas de transmissão sombreada um tanto quanto indistintas que forneceram apenas formas 2D aproximadas. A isso se seguiram, na década de 1970, as técnicas de reconstrução de imagem, que geraram modelos em 3D, embora ainda de baixa resolução (Fig. 32.26). Mais tarde, ainda na década de 1970, os sítios de localização de muitas proteínas ribossômicas foram determinados por James Lake e Georg Stöffler, por **microscopia imunoeletrônica**, uma técnica na qual anticorpos produzidos contra uma determinada proteína ribossômica são utilizados para marcar sua posição em micrografias eletrônicas do anticorpo em complexo com uma subunidade ribossômica. Esses resultados foram melhorados e ampliados, na década de 1980, por experimentos de espalhamento de nêutrons, conduzidos por Donald Engelman e Peter Moore, que indicaram, para a subunidade 30S, as distâncias entre os centros de massa de suas proteínas componentes e, assim, as suas distribuições tridimensionais. Esses estudos estruturais foram suplementados por diversos estudos de ligações químicas cruzadas e de transferência de fluorescência, que demonstraram a proximidade de vários componentes ribossômicos.

A estrutura molecular do ribossomo procariótico começou a ser enfocada na metade da década de 1990, graças ao desenvolvimento da **microscopia crioeletrônica** (**crio-EM**). Nessa técnica, a amostra é congelada a temperaturas próximas à do N_2 líquido (−196°C) tão rapidamente (em poucos

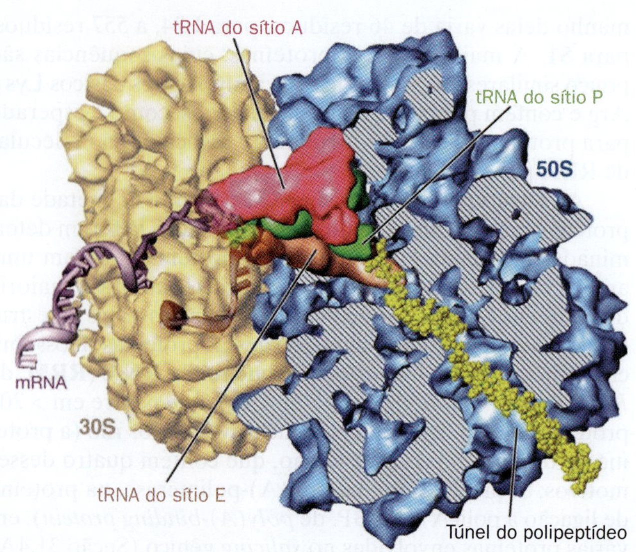

FIGURA 32.30 Imagem com base em crioeletromicroscopia do ribossomo de *E. coli*. A subunidade 30S (*em amarelo*) está à esquerda e a subunidade 50S (*em azul*) está à direita. Os tRNAs que ocupam os sítios A, P e E (Seção 32.3B) estão coloridos de magenta, verde e dourado. Uma porção da subunidade de 50S foi removida para revelar o túnel de saída do polipeptídeo. Um segmento do mRNA (*extremidade 5′ em dourado e 3′ em lilás*) e a cadeia polipeptídica nascente (*amarelo*) foram modelados na estrutura. (Cortesia de Joachim Frank, State University of New York at Albany, EUA.)

milissegundos) que a água na amostra não tem tempo para cristalizar e assume, então, um estado vítreo (semelhante ao vidro). Consequentemente, a amostra permanece hidratada e, desse modo, mantém a sua forma nativa em proporções maiores do que na microscopia eletrônica convencional (na qual a amostra é seca a vácuo). Estudos realizados predominantemente por Joaquim Frank revelaram as posições nas quais os tRNAs e o mRNA, bem como vários fatores proteicos solúveis, se ligam no ribossomo (Fig. 32.30). A mais alta resolução conseguida em crio-EM de ribossomos foi sendo gradualmente melhorada ao longo dos anos, chegando a ~ 8 Å.

As subunidades ribossômicas foram primeiramente cristalizadas por Ada Yonath, em 1980, mas os cristais obtidos difratavam raios X de forma deficiente. Ao longo de vários anos, entretanto, as qualidades desses cristais foram sendo gradativamente melhoradas, até que, em 1991, Yonath descreveu cristais da subunidade 50S que difratavam por raios X com uma resolução de 3 Å. Foi somente no final da década de 1990, contudo, que a tecnologia disponível foi capaz de determinar as estruturas por raios X desses complexos moleculares gigantescos. Em 2000, o *annus mirabilis* (ano milagroso) da ribossomologia, Moore e Steitz descreveram a estrutura por raios X da subunidade ribossômica de 50S da bactéria halófila (que habita meios ricos em sal) *Haloarcula marismortui* em uma resolução atômica (2,4 Å) e Venki Ramakrishnan e Yonath, independentemente, descreveram a estrutura por raios X da subunidade de 30S de *T. thermophilus* em resolução de ~ 3 Å. Em 2001, Noller descreveu a estrutura do ribossomo completo de *T. thermophilus* com 5,5 Å de resolução, a qual foi gradualmente melhorada para 2,8 Å. Em adição, as estruturas do ribossomo de *E. coli*, por Jamie Cate, e da subunidade maior de *Deinococcus radiodurans*, por Yonath, foram determinadas. Nos parágrafos seguintes, serão discutidas as propriedades dessas estruturas pioneiras. As considerações sobre suas implicações funcionais iniciam na Seção 32.3C.

e. Arquitetura do ribossomo

Várias generalizações podem ser feitas sobre a arquitetura do ribossomo, com base nas estruturas das subunidades de 30S e 50S:

1. Tanto o rRNA 16S como o 23S são agregados de elementos helicoidais coaxialmente empilhados e conectados por alças, a maioria das quais são extensões irregulares de hélices (Fig. 32.31). Essas estruturas, que estão bem de acordo com as previsões de estruturas secundárias anteriores (Fig. 32.27), são estabilizadas por interações entre hélices, como a compactação de fenda menor com fenda menor, que também ocorre nas estruturas de íntrons do grupo I e da RNase P (Seções 31.4Af e 31.4Ca; lembre que a forma A do RNA possui uma fenda menor muito rasa); a inserção de um fosfato saliente no interior de uma fenda menor; e adeninas, que estão distantes na sequência, mas são, em geral, altamente conservadas, que são inseridas no interior de cavidades menores. A forma geral dessas subunidades é relativamente plana, ao invés de globular, com a maioria das regiões apresentando uma espessura de dois ou três diâmetros helicoidais (em contraste, outros RNAs maiores [> 100 nt] de estruturas conhecidas, tais como os íntrons de grupo I, RNase P e o RNA da partícula de reconhecimento de sinal [Seção 12.4Bb], apresentam a espessura de apenas uma hélice). Embora a determinação das estruturas das subunidades ribossômicas de 30S e 50S tenha aumentado a quantidade de estruturas de RNA que eram então conhecidas com resolução atômica em ~ 10 vezes, quase todos os motivos estruturais secundários encontrados no ribossomo também ocorrem em estruturas de RNA menores. Isso sugere que o repertório de motivos secundários do RNA é limitado.

2. Cada um dos quatro domínios do RNA 16S, os quais se estendem a partir da junção central (Fig. 32.27*a*), forma uma porção morfologicamente distinta da subunidade 30S (Fig. 32.31*a*): o domínio 5′ forma a maior parte do corpo (Fig. 32.26), o domínio central forma a plataforma, o domínio 3′ maior forma toda a cabeça e o domínio 3′ menor, que consiste em apenas duas hélices, está localizado na interface entre as subunidades 30S e 50S. Em contraste, os seis domínios do RNA 23S (Fig. 32.27*b*) estão entrelaçados de forma intrincada na subunidade 50S (Fig. 32.31*b*). Como as proteínas ribossômicas estão incrustradas no RNA (ver a seguir), isso sugere que os domínios da subunidade 30S podem ser móveis

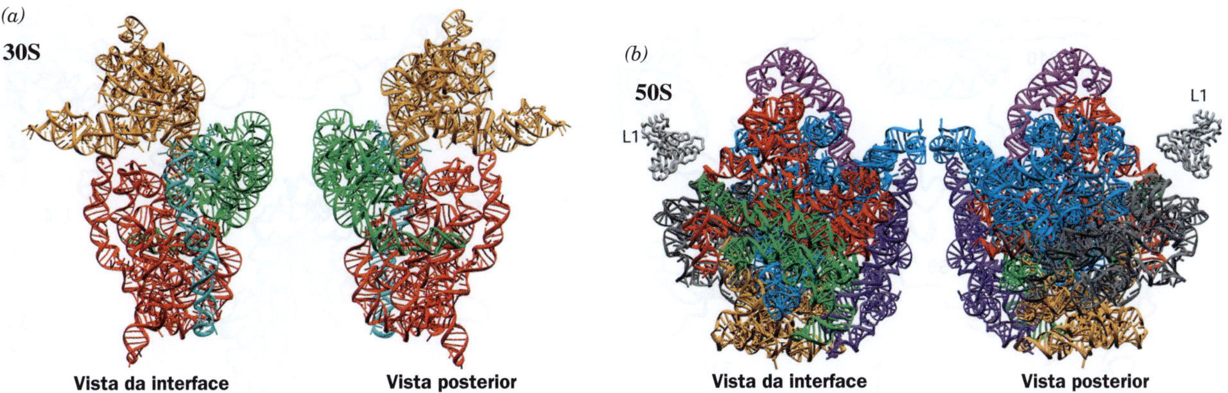

FIGURA 32.31 Estruturas terciárias dos RNAs ribossômicos. (*a*) O rRNA 16S de *T. thermophilus*. (*b*) O rRNA 23S de *H. marismortui*. Os rRNAs estão coloridos de acordo com o domínio, como na Fig. 32.27. A vista da interface de uma subunidade ribossômica (*à esquerda*) é em direção à sua superfície que se associa à outra subunidade no ribossomo completo, e a vista posterior (*à direita*) é a partir do lado oposto (exposto ao solvente). Note que as estruturas secundárias dos domínios do rRNA 16S enovelam-se como domínios de estruturas terciárias separadas, enquanto, no rRNA 23S, os domínios de estruturas secundárias estão enrolados juntos. (Cortesia de Venki Ramakrishnan, MRC Laboratory of Molecular Biology, Cambridge, Reino Unido, e Peter Moore, Yale University, EUA. PDBids 1J5E e 1JJ2.)

um em relação ao outro durante a síntese proteica, enquanto a subunidade 50S parece ser rígida.

3. A distribuição das proteínas nas duas subunidades ribossômicas não é uniforme (Fig. 32.32). A grande maioria das proteínas ribossômicas está localizada na parte posterior e nos lados de suas subunidades. Em contraste, a face de cada subunidade que forma a interface entre elas, particularmente naquelas regiões que se ligam aos tRNAs e ao mRNA (ver a seguir), é predominantemente desprovida de proteínas.

4. A maioria das proteínas ribossômicas consiste em um domínio globular, que está, em sua maior parte, localizado sobre a superfície da subunidade (Fig. 32.32), e de um segmento longo, predominantemente desprovido de estruturas secundárias e incomumente rico em resíduos básicos que se infiltram no interior da subunidade por entre as hélices do RNA (Fig. 32.33). De fato, dentre todas as proteínas ribossômicas, poucas não apresentam um domínio globular (p. ex., a L39e na Fig. 32.33*b*). As proteínas ribossômicas estabelecem um número muito menor de interações base-específicas do que outras proteínas de ligação a RNA conhecidas. Elas tendem a interagir com o RNA por pontes salinas entre suas cadeias laterais positivamente carregadas e os átomos de oxigênio dos grupos fosfato negativamente carregados do RNA, neutralizando, dessa forma, as interações repulsivas carga-carga entre segmentos de RNA próximos. Isso é consistente com a hipótese de que os ribossomos primordiais eram constituídos inteiramente de RNA (o mundo de RNA) e que as proteínas que foram aos poucos sendo adquiridas estabilizaram suas estruturas e refinaram sua função.

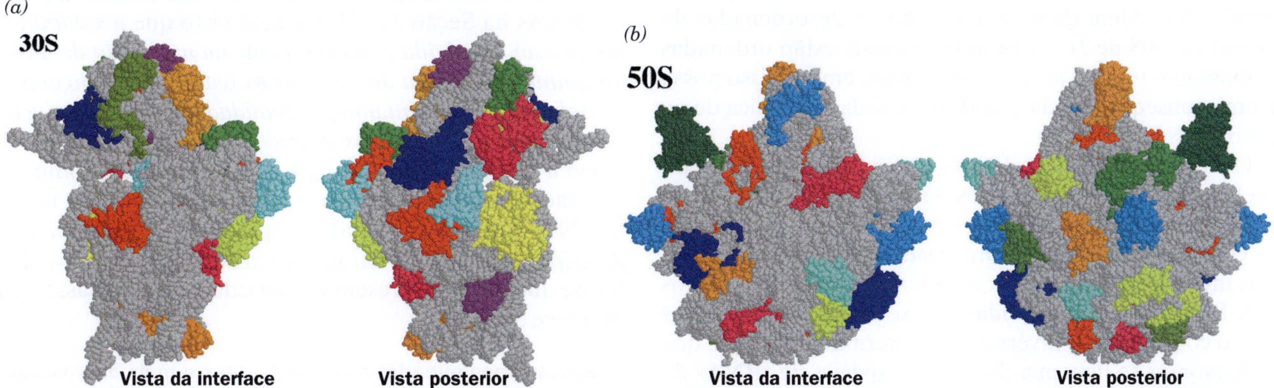

FIGURA 32.32 Distribuição de proteínas e RNAs nas subunidades ribossômicas. (*a*) A subunidade de 30S de *T. thermophilus*. (*b*) A subunidade de 50S de *H. marismortui*. As subunidades estão representadas na forma de volume atômico, com seus RNAs em cinza e suas proteínas em várias cores. Note que o lado da interface de cada subunidade está totalmente livre de proteínas, especialmente nas suas regiões que interagem com o mRNA e com tRNAs. (Parte *a* com base na estrutura por raios X de Venki Ramakrishnan, MRC, Laboratory of Molecular Biology, Cambridge, Reino Unido. Parte *b* com base na estrutura por raios X de Peter Moore e Thomas Steitz, Yale University, EUA. PDBids 1J5E e 1JJ2.)

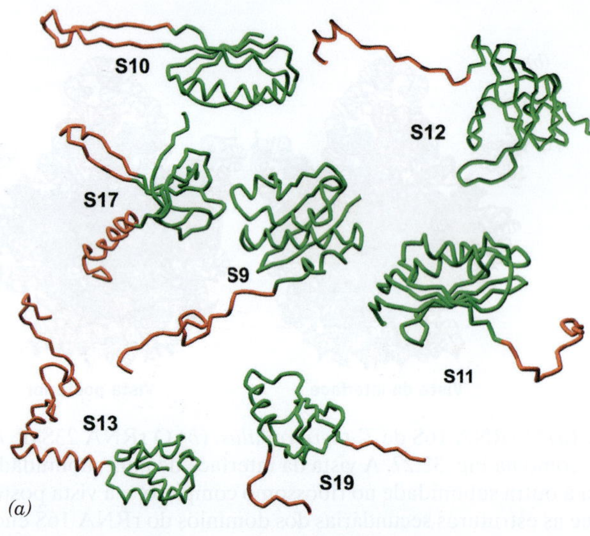

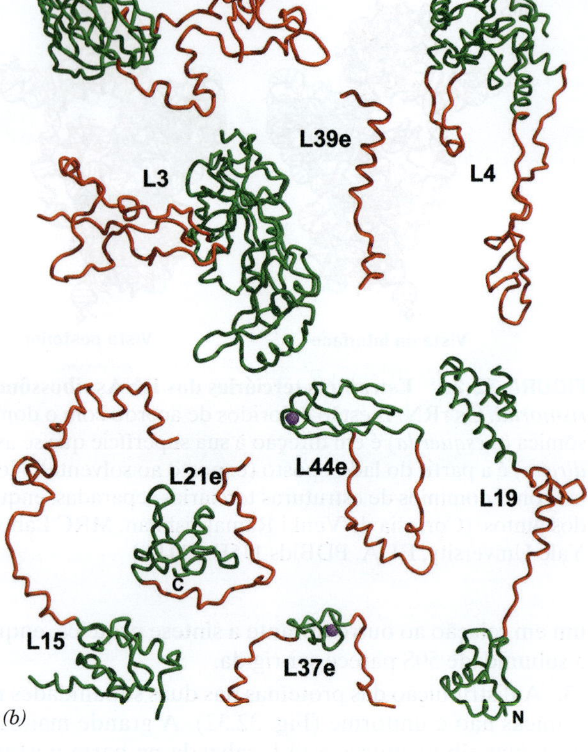

FIGURA 32.33 Galeria de estruturas proteicas ribossômicas. Proteínas da (*a*) subunidade de 30S e (*b*) subunidade de 50S. As proteínas estão representadas por suas cadeias, com suas porções globulares em verde e seus segmentos altamente estendidos em vermelho. As porções globulares ficam expostas na superfície das subunidades às quais elas se associam (Fig. 32.33), enquanto os segmentos estendidos ficam totalmente ocultos no RNA. Os íons de Zn^{2+} ligados à L37e e à L44e estão representados por esferas em magenta. (Cortesia de Venki Ramakrishnan, MRC Laboratory of Molecular Biology, Cambridge, Reino Unido, e Peter Moore, Yale University, EUA.)

A estrutura por raios X do ribossomo completo de *T. thermophilus* em complexo com três tRNAs e um segmento de mRNA de 11 nt foi determinada por Ramakrishnan (Fig. 32.34; ribossomos, como discutido na Seção 32.3B, apresentam três sítios distintos de ligação a tRNA, conhecidos como sítios A, P e E). As estruturas das subunidades 30S e 50S nessa enorme maquinaria molecular assemelham-se bastante àquelas das subunidades isoladas, embora existam várias regiões na interface das subunidades que apresentam modificações conformacionais significativas, o que sugere que essas alterações ocorrem em consequência da associação das subunidades. Além disso, várias porções desordenadas da subunidade 50S de *H. marismortui* isolada estão ordenadas no ribossomo intacto de *T. thermophilus*, embora isso possa ser uma consequência da grande estabilidade térmica desse último.

O ribossomo se liga a todos os três tRNAs de maneira semelhante, com as hastes-alças dos anticódons dos tRNAs ligadas na subunidade 30S e as suas demais porções, a haste D, o cotovelo e a haste aceptora, ligadas à subunidade maior. Essas interações, que consistem principalmente em contatos RNA-RNA, são estabelecidas por segmentos dos tRNAs que são conservados universalmente, permitindo, assim, que os ribossomos se liguem a diferentes espécies de tRNAs da mesma forma.

As duas subunidades menor e maior estabelecem contato uma com a outra em 12 posições, por pontes RNA-RNA, proteína-proteína e RNA-proteína. Essas pontes intersubunidades possuem uma distribuição distinta: as pontes RNA-RNA estão localizadas centralmente, adjacentes aos três tRNAs ligados, enquanto as pontes proteína-proteína e RNA-proteína estão localizadas perifericamente, longe dos sítio funcionais do ribossomo. Os contatos RNA-RNA consistem, principalmente, em interações fenda menor-fenda menor, embora contatos com a fenda maior, a alça e o arcabouço também ocorram. Nas pontes RNA-proteína, as proteínas contatam quase todos os tipos de estrutura do RNA, inclusive a fenda maior, a fenda menor, o esqueleto e os elementos de alça.

Discute-se a função do mRNA e como ele interage com os tRNAs na Seção 32.3D. Lá, será visto que *a subunidade maior está envolvida principalmente na mediação de tarefas bioquímicas, como a de catalisar as reações de alongamento de polipeptídeos, enquanto a subunidade menor é o principal componente de processos de reconhecimento ribossômico, como a ligação do mRNA e de tRNAs* (embora, como será estudado, a subunidade maior também participe da ligação a tRNAs). Será visto, também, que *o rRNA desempenha o principal papel funcional nos processos ribossômicos* (lembre-se que o RNA apresenta propriedades catalíticas; Seções 31.4Ae e 31.4Ca).

f. Ribossomos eucarióticos são maiores e mais complexos do que os ribossomos procarióticos

Embora os ribossomos eucarióticos e procarióticos se assemelhem tanto em estrutura como em função, eles diferem em quase todos os detalhes. Os ribossomos eucarióticos apresentam partículas com massa variando de 3,9 a 4,5 $\times$ 10^6 D e

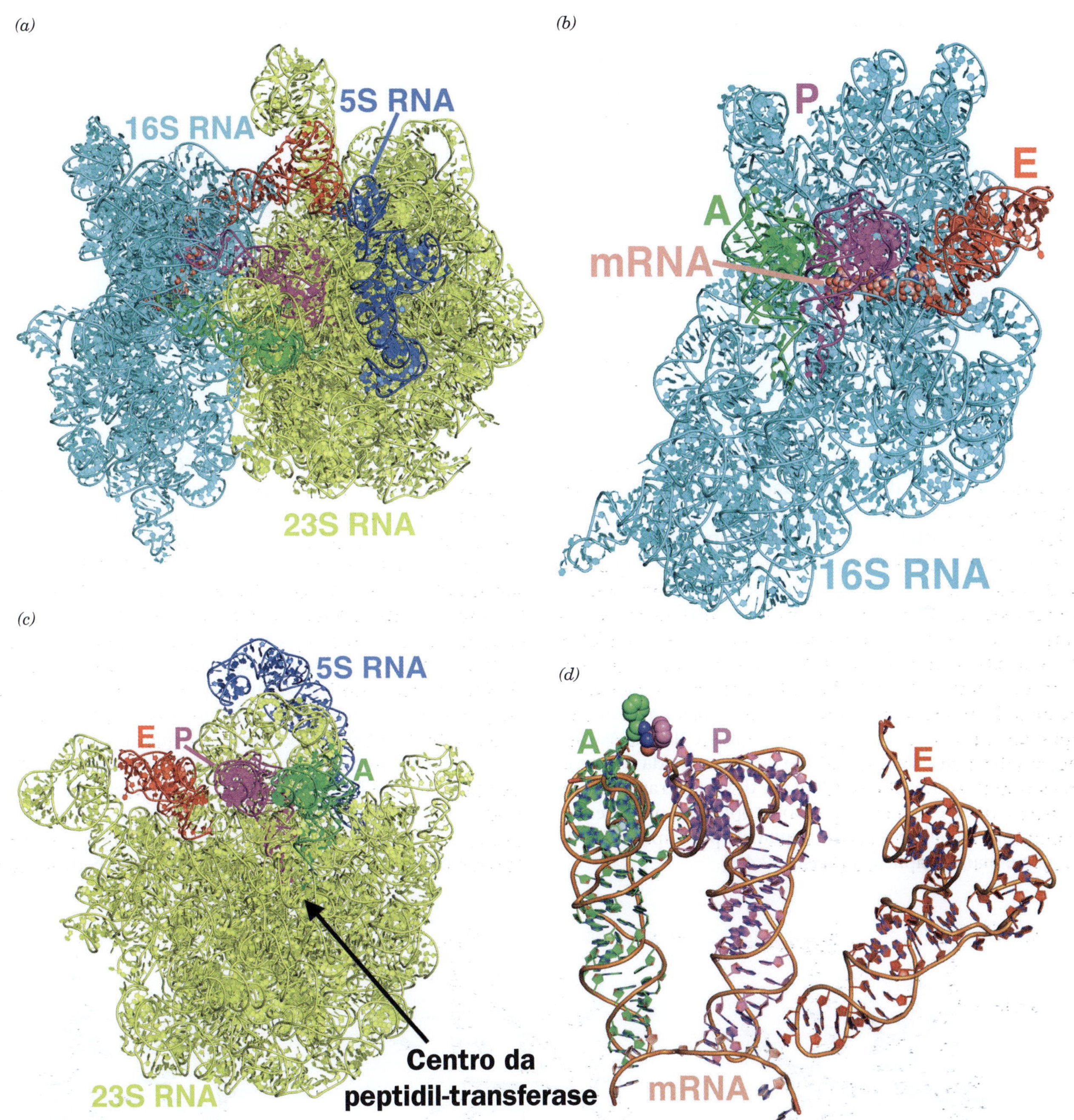

FIGURA 32.34 **Estrutura por raios X do ribossomo de *T. thermophilus* em complexo com tRNA e mRNA em uma resolução de 3,5 Å.** No sítio E está ligado o $tRNA^{Phe}$ e nos sítios A e P está ligado o Phe-$tRNA^{Phe}$ (no qual o átomo de O que formava uma ligação éster de Phe para O3′ da extremidade A 3′ foi substituído por um grupo NH para impedir a hidrólise da ligação Phe-tRNA). (*a*) Os componente de RNA do complexo ribossômico (suas proteínas foram omitidas para simplificação) representados na forma de esquema, exceto para o mRNA de 11 resíduos, que está representado na forma de volume atômico. O RNA 16S está em ciano, o RNA 23S em amarelo, o RNA 5S em azul, os tRNAs nos sítios A, P e E em verde, magenta e vermelho e o mRNA, que está amplamente escondido pelo RNA 16S, está colorido de acordo com o tipo de átomo, com C cor-de-rosa, N azul, O vermelho e P cor de laranja. (*b*) O RNA 16S na vista de interface com seus tRNAs ligados e mRNA, todos representados como na Parte *a*. (*c*) O RNA 23S na vista de interface (girado 180° sobre a direção vertical em relação à Parte *b*) com seus tRNAs ligados, todos representados como na Parte a. (*d*) As interações dos tRNAs com o mRNA. Essa montagem está representada na forma de esquema com C do sítio A verde, C do sítio P magenta, C do sítio E vermelho, C do mRNA cor-de-rosa, N azul e O vermelho e com átomos de P sucessivos conectados por bastões cor de laranja. Os resíduos de Phe ligados aos tRNAs dos sítios A e P estão representados na forma de volume atômico. Note a estreita proximidade desses resíduos de Phe e que os tRNAs nos sítios A e P, mas não aquele no sítio E, realizam interações por pareamentos de bases códon-anticódon com o mRNA. (Com base em um estrutura por raios X de Venki Ramakrishnan, MRC Laboratory of Molecular Biology, Cambridge, Reino Unido. PDBids 2WDK e 2WDL.)

Ver Exercício interativo 44

TABELA 32.8 Componentes dos ribossomos citoplasmáticos de fígado de rato

	Ribossomo	Subunidade menor	Subunidade maior
Coeficiente de sedimentação	80S	40S	60S
Massa (kDa)	4.220	1.400	2.820
RNA			
Maior		18S 1.874 nucleotídeos	28S, 4.718 nucleotídeos
Menor			5,8S, 160 nucleotídeos
			5S, 120 nucleotídeos
Massa de RNA (kDa)	2.520	700	1.820
Proporção da massa	60%	50%	65%
Proteínas		33 polipeptídeos	49 polipeptídeos
Massa de proteína (kDa)	1.700	700	1.000
Proporção da massa	40%	50%	35%

apresentam um coeficiente de sedimentação nominal de 80S. Eles se dissociam em duas subunidades desiguais, que apresentam composições que são notavelmente diferentes daquelas dos procarióticos (Tabela 32.8; compare com a Tabela 32.7). A subunidade menor (**40S**) do ribossomo citoplasmático de fígado de rato, que juntamente com o ribossomo de levedura são os ribossomos eucarióticos melhor caracterizados, consiste em 33 polipeptídeos únicos e de um **rRNA 18S**. Sua subunidade maior (**60S**) contém 49 polipeptídeos diferentes e três rRNAs de **28S**, **5,8S** e **5S**. A complexidade adicional do ribossomo eucariótico em relação ao seu correspondente procariótico é presumivelmente devida às suas funções adicionais: seu mecanismo de iniciação da tradução é mais complexo (Seção 32.3Cd); ele deve ser transportado do núcleo, onde é formado, para o citoplasma, onde ocorre a tradução; e a maquinaria com a qual ele participa da via de secreção é mais complicada (Seção 12.4B).

Comparações de sequência dos rRNAS correspondentes de várias espécies indicam que a evolução conservou suas estruturas secundárias, em vez de conservar suas sequências de bases (Figs. 32.27*a* e 32.35). Por exemplo, um G · C em uma haste de bases pareadas do rRNA 16S de *E. coli* foi substituído por um A · U na haste análoga do rRNA 18S de levedura. O **rRNA 5,8S**, que faz parte da subunidade maior eucariótica, em um complexo de pareamento de bases com o **rRNA 28S**, é homólogo em sequência à extremidade 5′ do rRNA 23S procariótico. Aparentemente, o rRNA 5,8S surgiu por mutações que alteraram o processamento posterior à transcrição do rRNA, produzindo um quarto rRNA.

A imagem com base em crio-EM do ribossomo de 80S de levedura (Fig. 32.38), determinada na resolução de 15 Å por Andrej Sali, Gunter Blobel e Frank, revela que existe um grau elevado de conservação estrutural entre os ribossomos eucarióticos e procarióticos. Embora a subunidade 40S de levedura

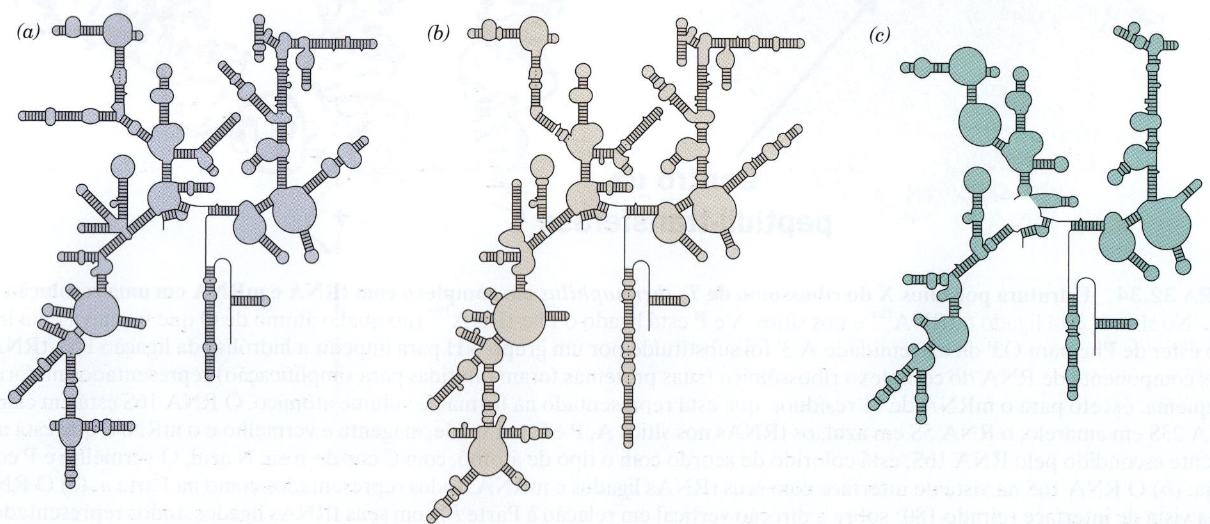

FIGURA 32.35 Estruturas secundárias previstas de rRNAs do tipo 16S evolutivamente distantes. (*a*) Arqueobactéria (*Halobacterium volcanii*), (*b*) eucariotos (*S. cerevisiae*) e (*c*) mitocôndrias de mamíferos (bovino). Compare-as com a Fig. 32.27*a*, a estrutura secundária do RNA 16S de eubactérias (*E. coli*). Note as semelhanças estreitas entre essas estruturas; elas diferem principalmente devido a inserções e deleções de estruturas de haste e alça. Os rRNAs do tipo 23S de uma variedade de espécies apresentam, da mesma forma, estruturas secundárias semelhantes. (De acordo com Gutell, R.R., Weiser, B., Woese, C.R., e Noller, H.F., *Prog. Nucleic Acid. Res. Mol. Biol.* **32**, 183 [1985].)

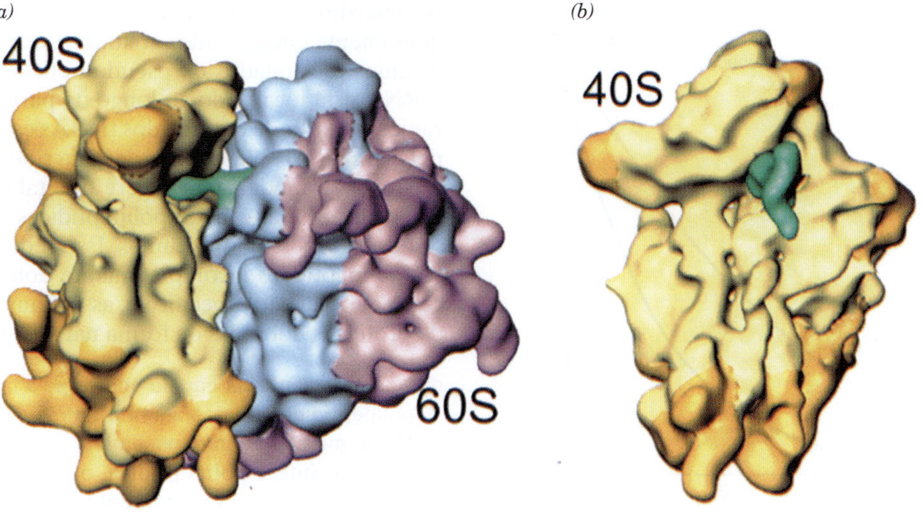

FIGURA 32.36 **Imagem com base em crio-EM do ribossomo de 80S de levedura na resolução de 15 Å.** (*a*) O ribossomo mostrado em uma vista lateral análoga à da Fig. 32.30 do ribossomo de *E. coli*. A subunidade menor (de 40S) está em amarelo, a subunidade maior (de 60S) está em ciano e o tRNA que está ligado no sítio P ribossômico está em verde. Porções desse ribossomo que não são homólogas ao RNA ou a proteínas do ribossomo de *E. coli* estão mostradas em dourado, para a subunidade menor, e em magenta, para a subunidade maior. (*b*) A subunidade menor, isolada por métodos computacionais, mostrada em vista a partir da interface, análoga à do painel esquerdo da Fig. 32.32*a*. (*c*) A subunidade maior, isolada por métodos computacionais, mostrada em vista a partir da interface, análoga à do painel esquerdo da Fig. 32.32*b*. (Cortesia de Joachim Frank, State University of New York at Albany, EUA.)

Ver Exercícios interativos

(que consiste em um rRNA 18S de 1.798 nt e 32 proteínas) contenha, adicionalmente, um RNA de 256 nt e 11 proteínas em relação à subunidade 30S de *E. coli* (Tabela 32.8; 15 das proteínas de *E. coli* são homólogas àquelas de levedura), ambas exibem uma divisão semelhante em cabeça, pescoço, corpo e plataforma (Fig. 32.36*b versus* Figs. 32.32*a* e 32.34*b*). Muitas das diferenças entre essas duas subunidades ribossômicas menores estão relacionadas ao RNA e às proteínas adicionais da subunidade 40S, embora suas porções homólogas exibam várias diferenças conformacionais. De maneira similar, a subunidade 60S de levedura (Fig. 32.35*c*; que consiste em um agregado de 3.671 nt e 45 proteínas) lembra estruturalmente a subunidade 50S procariótica (Fig. 32.32*b*), consideravelmente menor (Tabela 32.7). O ribossomo de levedura apresenta 16 pontes intersubunidades, 12 das quais equivalem às 12 que foram observadas na estrutura por raios X do ribossomo de *T. thermophilus*, uma conservação evolutiva notável, que indica a importância dessas pontes. Além disso, o tRNA que ocupa o sítio P do ribossomo de levedura possui uma conformação que se assemelha muito mais à do tRNA no sítio P no ribossomo de *T. thermophilus* do que a do $tRNA^{Phe}$ livre.

B. *Síntese de polipeptídeos: Uma visão geral*

Antes de dar início à discussão detalhada sobre a síntese de polipeptídeos, será útil resumir algumas de suas características principais.

a. A síntese de polipeptídeos ocorre da extremidade N-terminal para a C-terminal

A direção da síntese de polipeptídeos ribossômica foi estabelecida, em 1961, por Howard Dintzis, por experimentos de marcação radioativa. Ele expôs reticulócitos que estavam sintetizando ativamente hemoglobina a resíduos de Leu marcados com ^3H por períodos de tempo menores que os necessários para sintetizar um polipeptídeo completo. O nível de marcação dos polipeptídeos trípticos das moléculas solúveis (completadas) de hemoglobina aumentou com a proximidade deles em relação à extremidade C-terminal (Fig. 32.37). Os aminoácidos que serão incorporados devem, portanto, ser adicionados à extremidade C-terminal do polipeptídeo em crescimento; ou seja, *a síntese polipeptídica é realizada da extremidade N-terminal para a extremidade C-terminal.*

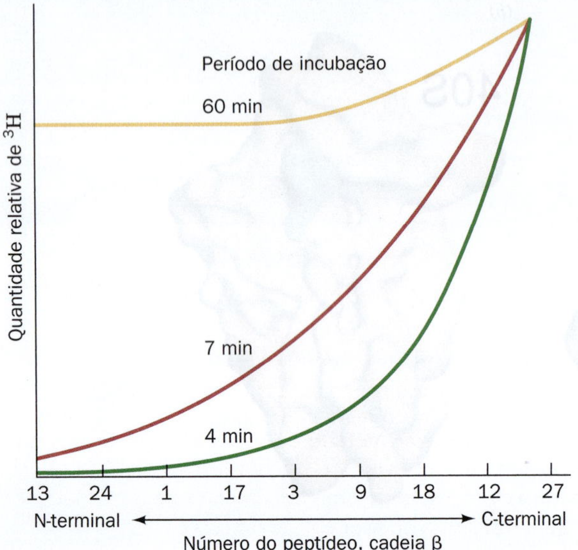

FIGURA 32.37 **Demonstração de que a síntese de polipeptídeos ocorre da extremidade N-terminal para a extremidade C-terminal.** Reticulócitos de coelho foram incubados com [^{3}H] leucina. As curvas mostram a distribuição de [^{3}H]Leu entre os polipeptídeos trípticos solúveis da subunidade β da hemoglobina de coelho após os períodos de incubação indicados. Os números no eixo horizontal são identificadores de peptídeos, organizados da extremidade N-terminal para a C-terminal. (De acordo com Dintzis, H.M., *Proc. Natl. Acad. Sci.* **47**, 255 [1961].)

b. Os ribossomos leem o mRNA na direção 5′ → 3′

A direção na qual os ribossomos leem o mRNA foi determinada pela utilização de um sistema de síntese proteica livre de células, no qual o mRNA era poli(A) com um C na sua extremidade 3′.

5′ A—A—A—···—A—A—A—C 3′

Um sistema como esse sintetiza um poli(Lys), que possui um resíduo de Asn na sua extremidade C.

$H_3\overset{+}{N}$—Lys—Lys—Lys—···—Lys—Lys—Asn—COO^-

Isso, juntamente com o conhecimento de que AAA e AAC codificam Lys e Asn e da polaridade da síntese de polipeptídeos, indica que *o ribossomo lê o mRNA na direção 5′ → 3′*. Como o mRNA é sintetizado na direção 5′→3′, isso explica a observação de que, em procariotos, os ribossomos iniciam a tradução em mRNAs nascentes (Seção 31.3).

c. A tradução ativa ocorre em polirribossomos

Micrografias eletrônicas, feitas por Rich, revelaram que os ribossomos engajados na síntese proteica estão arranjados de forma sequencial sobre o mRNA, como contas em um cordão (Fig. 31.27) para formar agregados conhecidos como **polirribossomos** (**polissomos**). Os polissomos surgem porque, depois que um ribossomo ativo liberou o seu sítio de iniciação sobre um mRNA, um segundo ribossomo pode iniciar a tradução a partir desse mesmo sítio.

Reconstruções de imagem baseadas em Crio-ME de polissomos de *E. coli*, feitas por Ulrich Hartl e Wolfgang Baumeister, revelaram que ribossomos adjacentes estão densamente empacotados ao longo do mRNA e apresentam arranjos escalonados ou pseudo-helicoidais (Fig. 32.38). O mRNA está localizado ao longo da parte interna de tais arranjos, os sítios de entrada dos tRNAs estão acessíveis e o túnel de saída do polipeptídeo de cada ribossomo volta-se para o citosol. A modelagem sugere que tal arranjo maximiza a distância entre as cadeias polipeptídicas nascentes que estão saindo de ribossomos vizinhos. Isso reduz a capacidade desses polipeptídeos incompletamente dobrados de se agregarem de forma não específica e, assim, aumenta o rendimento de proteínas dobradas de forma nativa.

d. O alongamento da cadeia ocorre pela ligação da cadeia polipeptídica em crescimento ao resíduo de aminoácido do tRNA que chega ao ribossomo

Durante a síntese polipeptídica, os resíduos de aminoácidos são adicionados sequencialmente à extremidade C-terminal da cadeia polipeptídica nascente ligada ao ribossomo. Se a cadeia polipeptídica em crescimento for liberada do ribossomo por tratamento com elevadas concentrações de sal, seu resíduo C-terminal fica invariavelmente esterificado com uma molécula de tRNA, como um **peptidil-tRNA**:

tRNA
O
O=P—O—CH_2 (Adenina)
O^-
H H H H
O OH
C=O
CH—R_n
NH
C=O
CH—R_{n-1}
NH
⋮
C=O
CH—R_1
NH_3^+

Peptidil-tRNA

O polipeptídeo nascente deve, portanto, ser alongado pela transferência do peptidil-tRNA para o aminoacil-tRNA que está chegando, para formar um peptidil-tRNA com um resíduo a mais (Fig. 32.39). Aparentemente, o ribossomo possui pelo menos dois sítios de ligação a tRNA: o **sítio peptidil** ou **P**, no qual se liga o peptidil-tRNA, e o **sítio aminoacil** ou **A**, no qual se liga o aminoacil-tRNA que está chegando (Fig. 32.39). Consequentemente, após a formação de uma ligação peptídica, o tRNA recém-deacilado no sítio P deve ser liberado e substituído pelo peptidil-tRNA recém-formado no sí-

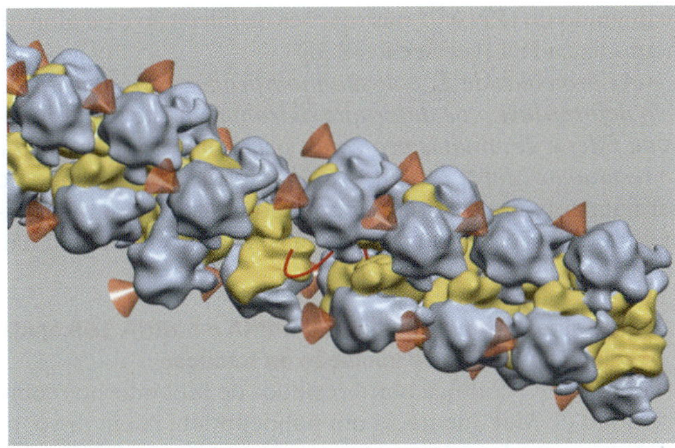

FIGURA 32.38 Imagem baseada em crio-ME de um polissomo de *E. coli*. O mRNA (que está praticamente escondido) está representado por uma linha vermelha, as subunidades ribossômicas menores estão em amarelo, as subunidades ribossômicas maiores estão em azul acinzentado e os cones vermelhos sinalizam o túnel da saída do polipeptídeo em cada subunidade. A montagem mostrada apresenta um arranjo ribossômico pseudo-helicoidal, no qual a distância centro a centro entre ribossomos adjacente tem em média ~ 230 Å. Polissomos com alguma coisa diferente, embora com arranjos de ribossomos empacotados de maneira densamente igual, também foram observados. (Cortesia de Ulrich Hartl e Wolfgang Baumeister, Max Plank Institute of Biochemistry, Martinsreid, Alemanha.)

tio A, permitindo, dessa forma, a realização de um novo ciclo de ligação peptídica. A descoberta, feita por Knud Nierhaus, de que cada ribossomo pode ligar-se a até três tRNAs deacilados, mas apenas a dois aminoacil-tRNAs, indica, contudo, que o ribossomo possui um terceiro sítio de ligação a tRNA, o sítio de **saída** ou **sítio E**, no qual se liga, transitoriamente, o tRNA deacilado que está saindo. Todos os três sítios, como foi visto (Fig. 32.34), estendem-se sobre ambas as subunidades ribossômicas.

Os detalhes do processo de alongamento da cadeia são discutidos na Seção 32.3D. A iniciação e a terminação da cadeia, que são processos especiais, são examinadas nas Seções 32.3C e 32.3F, respectivamente. Em todas estas três seções, serão considerados primeiramente o processo de interesse em *E. coli* e, depois, será feita comparação com a atividade eucariótica análoga.

C. *Iniciação da cadeia*

a. fMet é o resíduo N-terminal dos polipeptídeos procarióticos

A primeira indicação de que a iniciação da tradução necessita de um códon especial, desde então identificado como AUG (e, em procariotos, ocasionalmente GUG), foi a observação de que quase metade das proteínas de *E. coli* iniciam com o aminoácido Met, de outra forma incomum. A isso se seguiu a descoberta de uma forma peculiar de Met-$tRNA^{Met}$, na qual o resíduo de Met é *N*-formilado:

$$HC(=O)-NH-CH(CH_2-CH_2-S-CH_3)-C(=O)-O-tRNA_f^{Met}$$

***N*-formilmetionina–$tRNA_f^{Met}$**
(fMet–$tRNA_f^{Met}$)

O resíduo de ***N*-formilmetionina (fMet)** já apresenta uma ligação amida e, portanto, somente pode ser o resíduo N-terminal de um polipeptídeo. De fato, polipeptídeos sintetizados em um sistema de síntese proteica livre de células derivado de *E. coli* sempre possuem um resíduo de fMet na extremidade inicial. *A fMet deve, portanto, ser o resíduo de iniciação em E. coli.*

O tRNA que reconhece o códon de iniciação, o **$tRNA_f^{Met}$** (Fig. 32.40), difere do tRNA que transporta resíduos de Met internos, o **$tRNA_m^{Met}$**, embora ambos reconheçam o mesmo

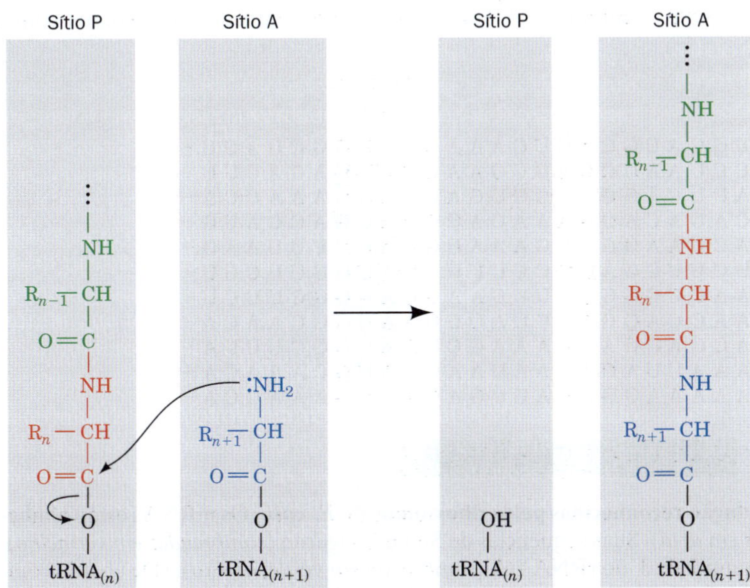

FIGURA 32.39 Reação de peptidil-transferase ribossômica formando uma ligação peptídica. O ribossomo catalisa o ataque nucleofílico do grupo amino do aminoacil-tRNA no sítio A sobre o éster de peptidil-tRNA no sítio P, formando, dessa maneira, uma nova ligação peptídica e transferindo o polipeptídeo nascente para o tRNA no sítio A, enquanto desloca o tRNA do sítio P.

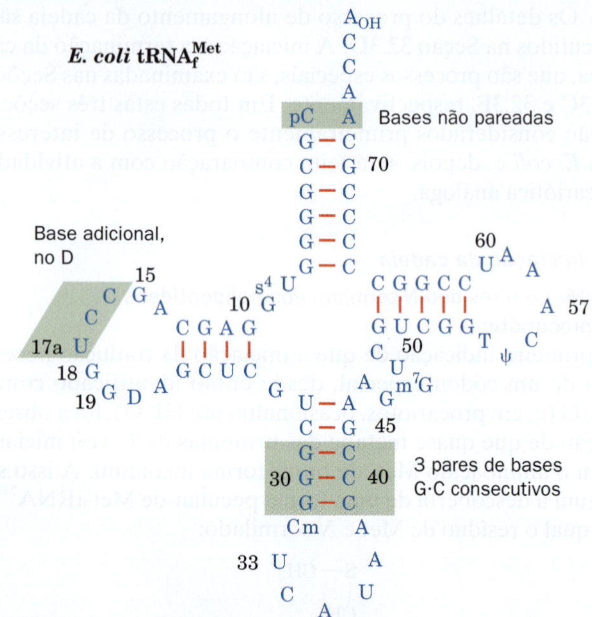

FIGURA 32.40 Sequência de nucleotídeos do tRNA$_f^{Met}$ de *E. coli* mostrada no formato de folha de trevo. As áreas sombreadas indicam as diferenças significativas entre esse tRNA iniciador e tRNAs não iniciadores, como o tRNA^{Ala} de levedura (Fig. 32.8). (De acordo com Woo, N.M., Roe, B.A., e Rich, A., *Nature* **286**, 346 [1980].)

códon. Em *E. coli*, o tRNA$_f^{Met}$ não carregado (deacilado) é primeiramente aminoacilado com metionina, pela mesma MetRS que carrega o tRNA$_m^{Met}$. O **Met-tRNA$_f^{Met}$** resultante é *N*-formilado especificamente para gerar **fMet-tRNA$_f^{Met}$**, por uma reação enzimática que utiliza N^{10}-formiltetra-hidrofolato (Seção 26.4D) como o doador do grupo formila. A enzima de formilação não reconhece o Met-tRNA$_m^{Met}$. As estruturas por raios X do tRNA$_f^{Met}$ de *E. coli* e do tRNA^{Phe} de levedura (Fig. 32.11*b*) são bastante semelhantes, mas diferem na conformação de suas hastes aceptoras e alças do anticódon. Talvez essas diferenças estruturais permitam que o tRNA$_f^{Met}$ seja distinguido do tRNA$_m^{Met}$ nas reações de iniciação e de alongamento da cadeia (ver Seção 32.3D).

*As proteínas de E. coli são modificadas após a tradução pela **deformilase**, que deformila hidroliticamente seus resíduos de fMet e, em muitas proteínas, pela remoção subsequente do resíduo de Met N-terminal resultante.* Esse processamento normalmente ocorre no polipeptídeo nascente, o que explica a observação de que as proteínas maduras de *E. coli* não possuem fMet.

b. O pareamento de bases entre o mRNA e o rRNA 16S ajuda a selecionar o sítio de iniciação da tradução

O códon AUG codifica tanto resíduos de Met internos como o resíduo de Met que inicia um polipeptídeo. Além disso, os mRNAs normalmente contêm muitos AUGs (e GUGs) em diferentes fases de leitura. É claro, portanto, que *um sítio de iniciação da tradução deve ser especificado por mais do que apenas um códon de iniciação.* Isso ocorre de duas maneiras: (1) o mascaramento dos AUGs que não são códons de iniciação por estruturas secundárias do mRNA; e (2) interações entre o mRNA e o rRNA 16S que selecionam o AUG iniciador, como será discutido agora.

O rRNA 16S contém uma sequência rica em pirimidinas na sua extremidade 3′. Essa sequência, como John Shine e Lynn Dalgarno demonstraram em 1974, é parcialmente complementar a uma região de 3 a 10 nucleotídeos rica em purinas, a **sequência de Shine-Dalgarno**, que está localizada a ~ 10 nucleotídeos a montante do códon de iniciação de praticamente todos os mRNAs procarióticos conhecidos (Fig. 32.41). *Interações de pareamento de bases entre a sequência de Shine-Dalgarno de um mRNA e o rRNA 16S aparentemente permitem que o ribossomo selecione o códon de iniciação apropriado.* Assim, ribossomos com sequências anti-Shine-Dalgarno alteradas por mutação com frequência apresentam uma grande redução da capacidade de reconhecerem mRNAs naturais, embora eles possam traduzir de maneira eficiente mRNAs cujas sequências de Shine-Dalgarno foram alteradas de forma a ficarem complementares às sequências anti-Shine-Dalgarno mutantes. Além disso, o tratamento dos ribossomos com a

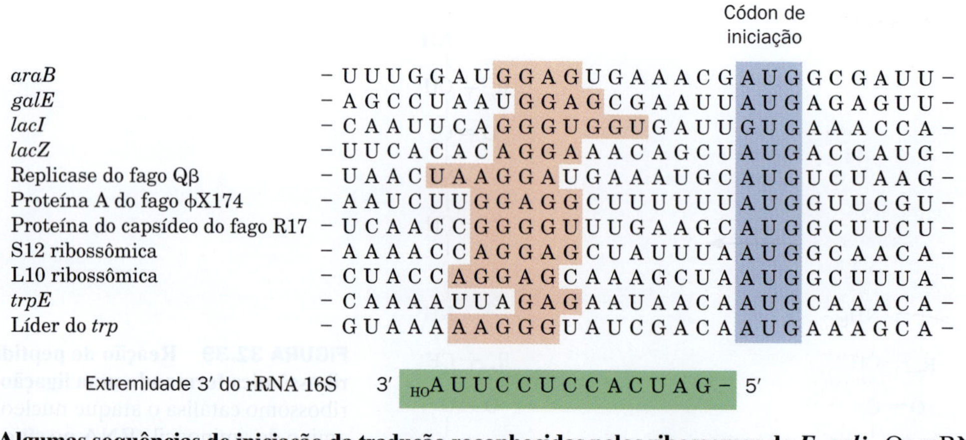

	Códon de iniciação
araB	– U U U G G A U G G A G U G A A A C G A U G G C G A U U –
galE	– A G C C U A A U G G A G C G A A U U A U G A G A G U U –
lacI	– C A A U U C A G G G U G G U G A U U G U G A A A C C A –
lacZ	– U U C A C A C A G G A A A C A G C U A U G A C C A U G –
Replicase do fago Qβ	– U A A C U A A G G A U G A A A U G C A U G U C U A A G –
Proteína A do fago ϕX174	– A A U C U U G G A G G C U U U U U U A U G G U U C G U –
Proteína do capsídeo do fago R17	– U C A A C C G G G G U U U G A A G C A U G G C U U C U –
S12 ribossômica	– A A A A C C A G G A G C U A U U U A A U G G C A A C A –
L10 ribossômica	– C U A C C A G G A G C A A A G C U A A U G G C U U U A –
trpE	– C A A A A U U A G A G A A U A A C A A U G C A A A C A –
Líder do *trp*	– G U A A A A A G G G U A U C G A C A A U G A A A G C A –
Extremidade 3′ do rRNA 16S	3′ $_{HO}$A U U C C U C C A C U A G – 5′

FIGURA 32.41 Algumas sequências de iniciação da tradução reconhecidas pelos ribossomos de *E. coli*. Os mRNAs estão alinhados de acordo com seus códons de iniciação (*sombreados em azul*). Suas sequências de Shine-Dalgarno (*sombreadas em vermelho*) são complementares, considerando-se pares G · U, à extremidade 3′ do rRNA 16S (*sombreada em verde, abaixo*). (De acordo com Steitz, J. A., *in* Chambliss, G., Craven, G.R., Davies, J., Davis, K., Kahan, L., e Nomura, M. (Eds.), *Ribosomes. Structure, Function and Genetics*, p. 481-482, University Park Press [1979].)

proteína bactericida **colicina E3** (produzida por linhagens de *E. coli* portadoras do plasmídeo E3), que cliva especificamente um fragmento de 49 nucleotídeos da extremidade 3′ do rRNA 16S, leva à formação de ribossomos incapazes de iniciar a síntese de novos polipeptídeos, mas que são capazes de finalizar a síntese de uma cadeia iniciada previamente.

A estrutura por raios X do ribossomo de 70S revela, em concordância com a Fig. 32.30, que um segmento de ~ 27 nt do mRNA fica no interior de uma fenda que circunda o pescoço da subunidade de 30S (Fig. 32.42). Os códons do mRNA nos sítios A e P ficam expostos no lado da interface da subunidade de 30S (como na Fig. 32.34*b*), enquanto suas extremidades 5′ e 3′ ficam no interior de túneis compostos de RNA e proteínas. A sequência de Shine-Dalgarno do mRNA, que está localizada próxima da extremidade 5′ da molécula, pareia suas bases, como esperado, com a sequência anti-Shine-Dalgarno do rRNA 16S, que está situada próxima ao sítio E. O segmento de dupla-hélice resultante é acomodado em uma fenda formada tanto por elementos de RNA como de proteína da cabeça, do pescoço e da plataforma da subunidade de 30S (Fig. 32.26).

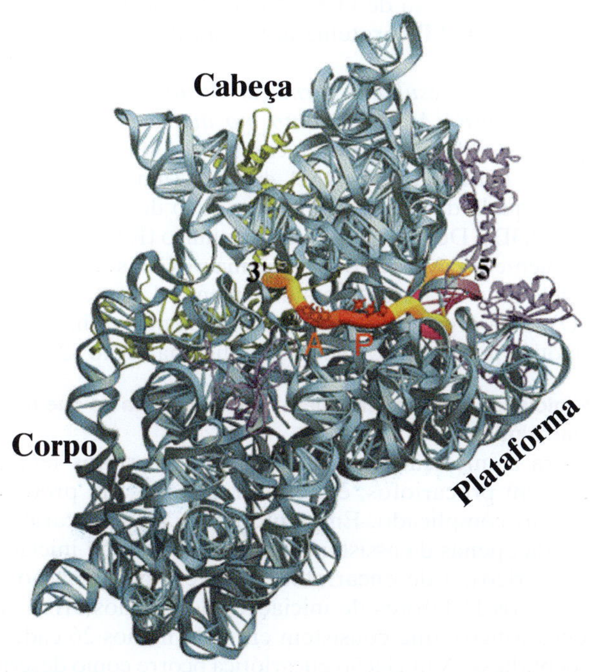

FIGURA 32.42 Trajeto do mRNA ao longo da subunidade de 30S do ribossomo, visualizado a partir do lado da interface. O RNA 16S está em ciano, o mRNA de 27 nucleotídeos está representado em forma de tubo, com seus códons dos sítios A e P em cor de laranja e vermelho, a hélice de Shine-Dalgarno (a qual inclui um segmento do RNA 16S) em magenta e os segmentos restantes em amarelo. As proteínas S3, S4 e S5 estão em verde, as proteínas S7, S11 e S12 estão em púrpura e as proteínas ribossômicas restantes foram omitidas para simplificação. As proteínas S3, S4 e S5, que formam, em parte, o túnel através do qual o mRNA penetra no ribossomo, podem funcionar como uma helicase para removerem estruturas secundárias do mRNA que poderiam, de outra forma, interferir com a ligação do tRNA. (Cortesia de Gloria Culver, Iowa State University, EUA. Com base em uma estrutura por raios X de Harry Noller, University of California at Santa Cruz, EUA. PDBid 1JGO.)

c. A iniciação procariótica é um processo de três etapas que necessita da participação de fatores de iniciação proteicos solúveis

Ver Exploração guiada 28: Iniciação da tradução Os ribossomos intactos não se ligam diretamente ao mRNA para iniciar a síntese polipeptídica. Na realidade, *a iniciação é um processo complexo, no qual as duas subunidades ribossômicas e o fMet-tRNA*$_f^{Met}$ *são reunidas sobre um mRNA alinhado adequadamente, para formar um complexo que é competente para iniciar o alongamento da cadeia. Esse processo de montagem também necessita da participação de proteínas denominadas* ***fatores de iniciação****, que não estão associadas de forma permanente com o ribossomo.* A iniciação em *E. coli* envolve três fatores de iniciação, designados como **IF-1, IF-2** e **IF-3** (Tabela 32.9). A existência desses fatores foi descoberta quando foi observado que a lavagem das subunidades ribossômicas menores com uma solução de cloreto de amônia 1 *M*, que remove os fatores de iniciação, mas não as proteínas ribossômicas "permanentes", impedia a iniciação.

TABELA 32.9 Os fatores proteicos solúveis da síntese proteica de *E. coli*

Fator	Número de resíduos*	Função
Fatores de iniciação		
IF-1	71	Auxilia a ligação do IF-3
IF-2	890	Liga-se ao tRNA iniciador e a GTP
IF-3	180	Libera o mRNA e o tRNA da subunidade de 30S reciclada e auxilia em uma nova ligação de mRNA
Fatores de alongamento		
EF-Tu	393	Liga-se ao aminoacil-tRNA e a GTP
EF-Ts	282	Desloca o GDP do EF-Tu
EF-G	703	Promove o translado pela ligação e hidrólise de GTP
Fatores de liberação		
RF-1	360	Reconhece os códons de Parada UAA e UAG
RF-2	365	Reconhece os códons de Parada UAA e UGA
RF-3	528	Estimula a liberação de RF-1/RF-2 pela hidrólise de GTP
RRF	185	Juntamente com EF-G, induz a dissociação do ribossomo nas subunidades menor e maior

*Todos os fatores de tradução de *E. coli* são proteínas monoméricas.

A sequência de iniciação nos ribossomos de *E. coli* apresenta três etapas (Fig. 32.43):

1. Ao completar um ciclo de síntese polipeptídica, as subunidades de 30S e 50S são separadas (Seção 32.3Fa). IF-3, então, se liga à subunidade de 30S, de forma a impedir sua reassociação com a subunidade de 50S. A estrutura por raios X da subunidade de 30S em complexo com o domínio C-terminal do IF-3 (que por si só impede a associação das subunidades de 30S e 50S), determinada por Yonath e François Franceschi, indica que o IF-3 se liga na extremidade superior da plataforma (Fig. 32.26), sobre o seu lado do solvente (posterior). Portanto, o IF-3 não atua bloqueando fisicamente a ligação da subunidade de 50S.

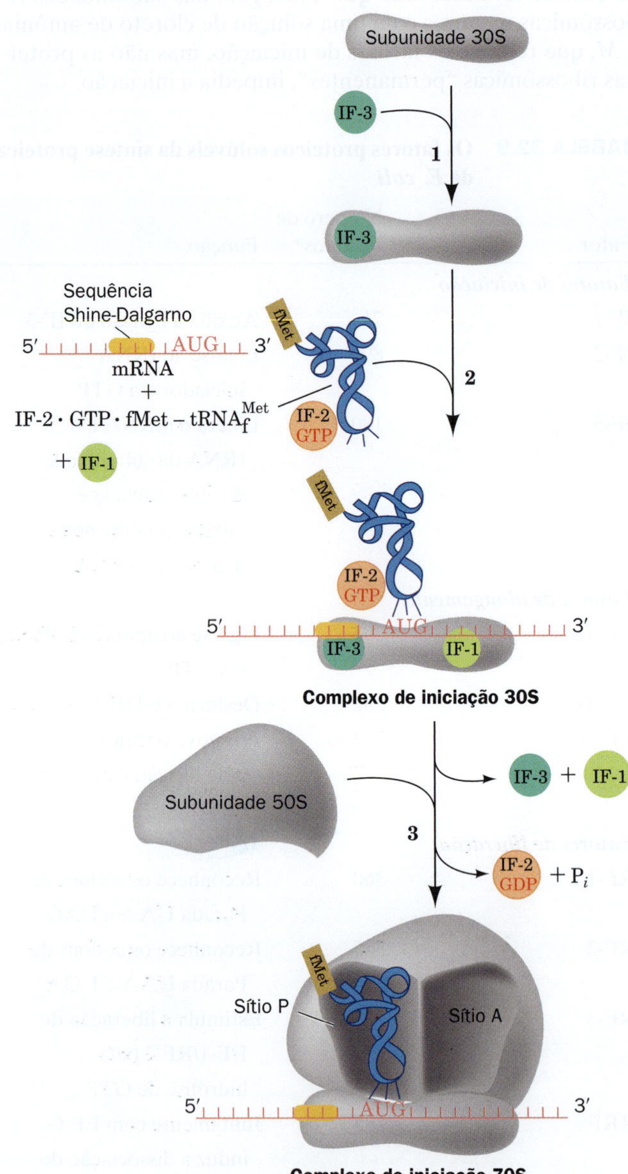

FIGURA 32.43 Rota de iniciação da tradução em *E. coli*. O sítio E, que não está ocupado durante esse processo, foi omitido para simplificação.

2. O mRNA e o IF-2, em um complexo ternário com GTP e fMet-tRNA$_f^{Met}$, que é acompanhado por IF-1, ligam-se subsequentemente à subunidade de 30S em qualquer ordem. Portanto, o reconhecimento do fMet-tRNA$_f^{Met}$ não deve ser mediado por uma interação códon-anticódon. Apesar disso, a interação códon-anticódon auxilia na ligação do fMet-tRNA$_f^{Met}$ ao ribossomo. IF-1 se liga no sítio A, onde ele pode funcionar para impedir a ligação inadequada ou prematura de um tRNA. O IF-3 também atua nessa etapa do processo de iniciação: ele desestabiliza a ligação de tRNAs que não possuem os três pares de bases G · C na haste do anticódon, que ocorrem no RNA$_f^{Met}$ (Fig. 32.40), e auxilia na discriminação entre interações códon-anticódon pareadas e malpareadas.

3. Finalmente, em um processo que é precedido pela liberação de IF-1 e IF-3, a subunidade de 50S se une ao complexo de iniciação de 30S, de uma maneira que estimula IF-2 a hidrolisar GTP ligado a ele em GDP + P_i. Essa reação irreversível reorganiza conformacionalmente a subunidade 30S e libera o IF-2 para participar de reações de iniciação adicionais. O IF-2 é um membro da superfamília de GTPases reguladoras, tal como Ras, e, portanto, é uma **proteína G** (Seção 19.2A). O complexo de iniciação de 30S, portanto, funciona como sua **GAP** (proteína ativadora de GTPase; Seção 19.2Ca).

A iniciação resulta na formação de um complexo fMet-tRNA$_f^{Met}$ · mRNA · ribossomo, no qual o fMet-tRNA$_f^{Met}$ ocupa o sítio P do ribossomo, enquanto o sítio A está apto a receber um aminoacil-tRNA entrante (uma organização similar àquela da finalização de um ciclo de alongamento; Seção 32.3D). De fato, o tRNA$_f^{Met}$ é o único tRNA que entra diretamente no sítio P. Todos os demais tRNAs devem fazer isso pelo sítio A, durante o alongamento da cadeia (Seção 32.3D). Essa organização foi estabelecida pela utilização do antibiótico puromicina, como é discutido na Seção 32.3Df.

d. A iniciação eucariótica é bem mais complexa do que a procariótica

Embora a iniciação da tradução em eucariotos lembre aquela em procariotos, ela é, na realidade, um processo bem mais complicado. Enquanto a iniciação procariótica necessita apenas da assistência de três fatores de iniciação monoméricos, a de eucariotos envolve a participação de pelo menos 11 fatores de iniciação (designados eIF*n*; "e" de eucariótico), que consistem em pelo menos 26 cadeias polipeptídicas. A iniciação eucariótica ocorre como descrito a seguir (Fig. 32.44):

1. O processo inicia com a ligação do **eIF3** (que em mamíferos consiste em 13 subunidades diferentes) e do **eIF1A** (um monômero homólogo ao IF-1 bacteriano) à subunidade 40S no ribossomo 80S inativo (que terminou o seu ciclo de alongamento anterior), e isso libera a subunidade 60S.

2. O complexo ternário de **eIF2** (um heterotrímero), GTP e **Met-tRNA$_i^{Met}$** liga-se à subunidade ribossômica 40S, acompanhado por **eIF1** (um monômero), para formar o chamado **complexo de pré-iniciação 43S**. Aqui, o subscrito "i" no tRNA$_i^{Met}$ distingue esse tRNA iniciador eucariótico, cujo resíduo de Met ligado nunca é formilado, daquele de procariotos; apesar disso, essas duas espécies de tRNA podem ser intercambiadas *in vitro* sem problemas.

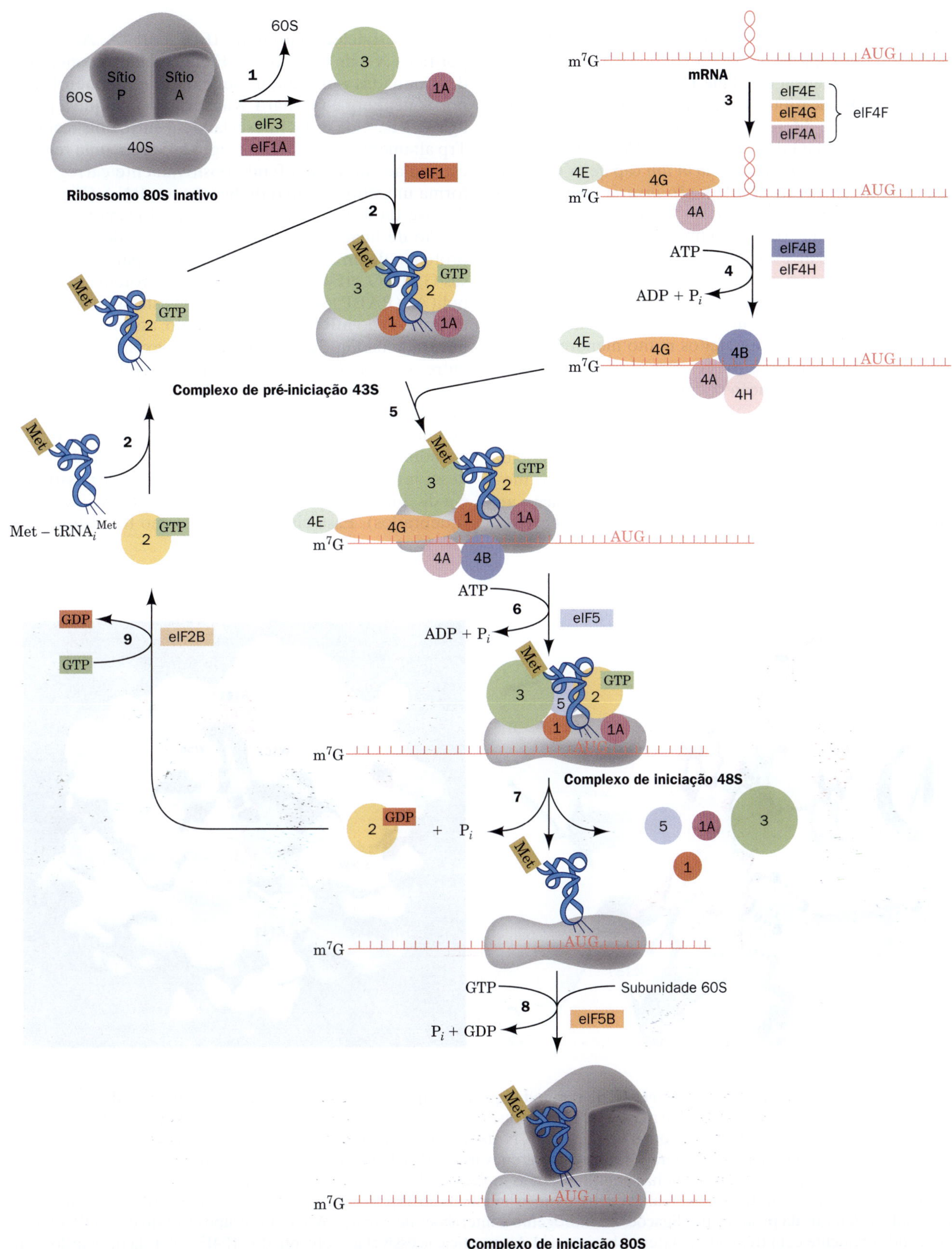

FIGURA 32.44 **Rota de iniciação da tradução em eucariotos.** Os fatores de iniciação estão representados por retângulos coloridos onde eles aparecem pela primeira vez no processo e, depois, por círculos da mesma cor. Os complexos de ordem superior são hipotéticos. Vários fatores de iniciação (4A, 4B, 4E, 4G e 4H) foram deixados de fora do complexo de iniciação de 48S para simplificação. (Com base em um esquema de Hershey, J.W.B., e Merrick, W.C., *in* Sonenberg, N., Hershey, J.W.B., e Mathews, M.B. [Eds.], *Translational Control of Gene Expression*, Cold Spring Harbor Laboratory Press [2000].)

3. Os mRNAs eucarióticos não apresentam sequências complementares capazes de parear com o rRNA 18S, como ocorre com a sequência de Shine-Dalgarno e o rRNA 16S procariótico. Os eucariotos têm, em vez disso, um mecanismo completamente diferente para o reconhecimento do códon de iniciação AUG do mRNA. *Os mRNAs eucarióticos, que, em sua imensa maioria, possuem um* cap *de* m^7G *e uma cauda de poli(A) (Seção 31.4Ab), são invariavelmente monocistrônicos e quase sempre iniciam a tradução no primeiro AUG.* Esse AUG, que ocorre no final de uma região 5′ não traduzida de 50 a 70 nt, está inserido na sequência consensual GCCRCC**AUG**G, com alterações na purina (R) que fica 3 nt antes do AUG ou na G imediatamente após esse códon, reduzindo, cada uma delas, em ~ 10 vezes a eficiência de tradução; outras alterações têm efeitos muito menores. Além disso, estruturas secundárias (hastes com alças) no mRNA a montante do sítio de iniciação podem afetar a eficiência da iniciação.

O reconhecimento do sítio de iniciação começa pela ligação do **eIF4F** no *quepe* de m^7G. O eIF4F é um complexo heterotrimérico de **eIF4E**, **eIF4G** e **eIF4A** (todos monômeros), no qual o eIF4E (**uma proteína de ligação ao *quepe***) reconhece o *quepe* de m^7G do mRNA e o eIF4G serve de esqueleto para unir eIF4E a eIF4A. As estruturas por raios X e de RM do eIF4E em complexo com $\mathbf{m^7GDP}$, determinadas por Nahum Sonenberg e Stephen Burley e por Sonenberg e Gerhard Wagner, revelam que a proteína liga-se à base da m^7G, intercalando-a entre dois resíduos de Trp altamente conservados (Fig. 32.45*a*) em uma região que está adjacente a uma fenda positivamente carregada, que forma um sítio putativo de ligação a mRNA (Fig. 32.45*b*). A base da m^7G é reconhecida especificamente pela formação de ligações de hidrogênio com cadeias laterais da proteína, de uma maneira similar a um pareamento de bases G · C. O eIF4G também se liga à proteína de ligação a poli(A) (PABP; Seção 31.4Ab) que está associada à cauda de poli(A) do mRNA, circularizando, assim, o mRNA (não mostrado na Fig. 32.44). Embora isso explique o sinergismo entre o *quepe* de m^7G e a cauda poli(A) de um mRNA na estimulação da iniciação da tradução, a função desse círculo ainda não é clara. Entretanto, uma hipótese atraente é a de que ele torne possível que um ribossomo que terminou a tradução do mRNA a reinicie sem a necessidade de ser desmontado e montado novamente. Outra possibilidade é a de que ele impeça a tradução de mRNAs incompletos (quebrados). Essa circularização, como foi visto na Seção

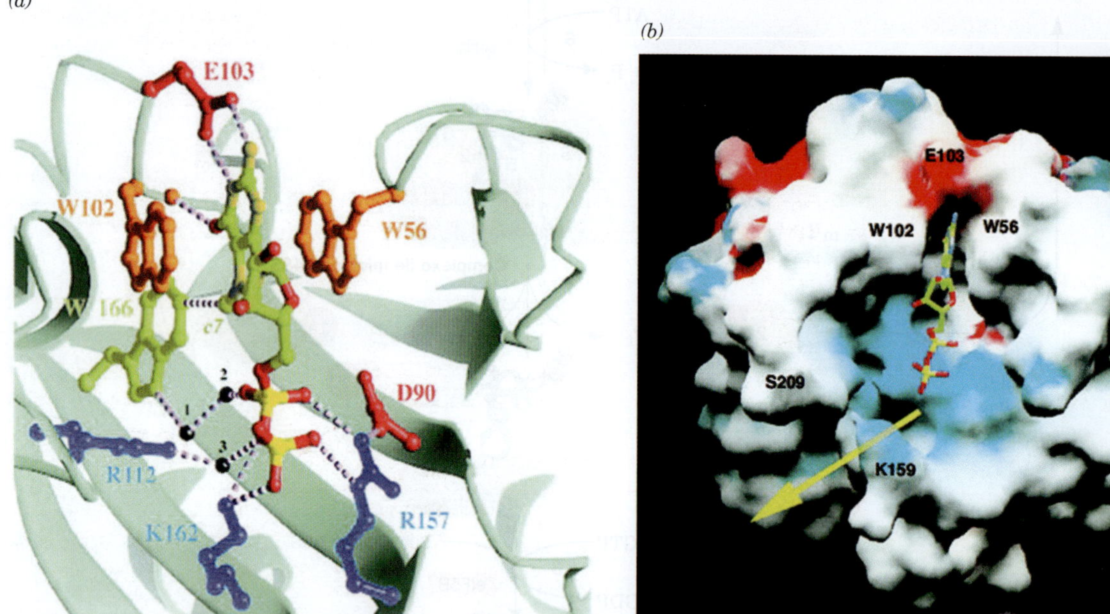

FIGURA 32.45 **Estrutura por raios X do eIF4E de camundongo em complexo com o m^7GDP, análogo ao *quepe* de m^7G.** (*a*) O sítio de ligação a m^7GDP com o m^7GDP e as cadeias laterais que se ligam a ele representados na forma de esferas e bastões, com os átomos do m^7GDP coloridos de acordo com o tipo (C verde, N amarelo-escuro, O vermelho e P amarelo-claro) e as cadeias laterais das proteínas com as quais o m^7GDP interage representadas em várias cores. Ligações de hidrogênio, pontes salinas e interações de van der Waals estão representadas por linhas pontilhadas e as moléculas de água, que estabelecem as pontes, estão representadas por esferas pretas. A base m^7G está intercalada entre os anéis indólicos do Trp 56 e do Trp 102, onde ela interage especificamente com as cadeias laterais da proteína por ligações de hidrogênio e interações de van der Waals. Os grupos fosfato do GDP interagem direta e indiretamente com três cadeias laterais básicas. (*b*) A superfície acessível ao solvente do eIF4E, colorida de acordo com seu potencial eletrostático (vermelho para negativo, azul para positivo e branco para neutro) e visualizada aproximadamente como na Parte *a*. O m^7GDP está representado na forma de esferas e bastões, colorido como na Parte *a*. O mRNA presumivelmente liga-se na fenda carregada positivamente (*seta amarela*), que é adjacente ao sítio de ligação da m^7G e passa entre a Lys 159 e a Ser 209. (Cortesia de Nahum Sonenberg, McGill University, Montreal, Québec, Canadá. PDBid 1EJ1.)

31.4Av, também protege o mRNA da degradação por impedir a ação da enzima que remove o *cap* até que a cauda de poli(A) do mRNA tenha sido encurtada até o ponto em que ela não pode mais se ligar à PABP.

4. O **eIF4B** (um homodímero que contém RRM) e o **eIF4H** (um monômero) unem-se ao complexo eIF4F-mRNA. Nesse complexo, eles estimulam a atividade de helicase de RNA do eIF4A, que desenrola os segmentos helicoidais do mRNA em um processo dependente de ATP. Presumivelmente, isso também remove as proteínas que estão ligadas ao mRNA (Seção 31.4Au). O eIF4A é o protótipo da **família DEAD-*box*** de proteínas (também conhecida como famílias DexD/H de proteínas, Seção 31.4Au), assim denominada devido a um dos motivos de sequência compartilhado por diversos de seus membros; todos eles com atividade de NTPase.

5. O complexo eIF4F-mRNA-eIF4B-eIF4H se une ao complexo de pré-iniciação 43S, por uma interação proteína-proteína entre o eIF4G e o eIF3 ligado à subunidade 40S. Isso difere de forma substancial do processo procariótico correspondente (Fig. 32.43), no qual o mRNA é ligado à subunidade ribossômica 30S por associações entre moléculas de RNA (envolvendo a sequência de Shine-Dalgarno e a interação códon-anticódon).

6. O **eIF5** (um monômero) se une ao conjunto em crescimento. O complexo de pré-iniciação desloca-se então ao longo do mRNA, em um processo dependente de ATP e denominado **varredura** (de *scanning*), até encontrar o códon de iniciação AUG, que se encontra, de forma ideal, dentro da sequência GCC(A/G)CC**AUG**G. Isso cria o **complexo de pré-iniciação 48S**. O reconhecimento do AUG ocorre principalmente por pareamento de bases com o CUA do anticódon do Met-$tRNA_i^{Met}$ ligado, como foi demonstrado pela observação de que mutações nesse anticódon resultam no reconhecimento de um outro códon cognato, ao invés de AUG. Isso explica porque o tRNA iniciador deve se ligar à subunidade menor antes do mRNA.

7. A formação do complexo de pré-iniciação 48S induz o eIF2 a hidrolisar o GTP ligado a ele em GDP + P_i, o que resulta na liberação de todos os fatores de iniciação. Isso deixa, portanto, o Met-$tRNA_i^{Met}$ no sítio P da subunidade menor. A reação de hidrólise é estimulada pelo eIF5, que atua como uma GAP (Seção 19.2Ca).

8. A subunidade 60S então se une ao complexo mRNA-Met-$tRNA_i^{Met}$ da subunidade 40S, em uma reação de GTPase mediada pelo **eIF5B** (um monômero homólogo ao IF-2 bacteriano), gerando, assim, o complexo de iniciação ribossômico 80S. Portanto, a iniciação da tradução eucariótica consome dois GTPs, contra um da iniciação procariótica (Fig. 32.43).

9. O que resta para ser feito é a reciclagem do complexo eIF2 · GDP, pela troca de seu GDP por GTP. Essa reação é mediada pelo **eIF2B** (um heteropentâmero), que funciona, portanto, como o **GEF** (de *guanine nucleotide exchange factor*, fator de troca de nucleotídeo de guanina; Seção 19.2Ca) do eIF2.

Muitos fatores de iniciação eucarióticos estão sujeitos à fosforilação/desfosforilação e são, portanto, prováveis participantes do controle da tradução em eucariotos, um assunto que será discutido na Seção 32.4.

Embora os sítios de iniciação da maioria dos mRNAs eucarióticos sejam identificados pelo mecanismo de varredura descrito anteriormente, alguns poucos mRNAs possuem um **sítio interno de entrada do ribossomo** (**IRES**, de *internal ribosome entry site*), ao qual a subunidade 40S pode se ligar diretamente, em um processo que lembra a iniciação procariótica. Entretanto, pouco se sabe sobre o mecanismo de iniciação com base em IRES. De fato, os IRESs não possuem sequências consensuais claramente identificáveis.

D. *Alongamento da cadeia*

Ver Exploração guiada 29: Alongamento da tradução *Ribossomos alongam a cadeia polipeptídica em um ciclo de reação de três etapas, que adiciona resíduos de aminoácidos a uma extremidade C-terminal de polipeptídeo em crescimento (Fig. 32.46).*

1. **Decodificação**, na qual o ribossomo seleciona e liga-se a um aminoacil-tRNA, cujo anticódon é complementar ao códon do mRNA no sítio A.

2. **Transpeptidação**, na qual o grupo peptidila do tRNA no sítio P é transferido para o grupo aminoacila no sítio A, pela formação de uma ligação peptídica (Fig. 32.39).

3. **Translocação**, no qual os tRNAs no sítio A e no sítio P são transferidos para os sítios P e E, respectivamente, acompanhados pelo mRNA ligado a eles; ou seja, o mRNA, juntamente com os tRNAs com os quais está pareando bases, é deslocado através do ribossomo por um códon.

O alongamento da tradução, que ocorre em uma velocidade de 10 a 20 resíduos/s, envolve a participação de várias proteínas não ribossômicas, conhecidas como **fatores de alongamento** (Tabela 32.9). Esses processos são descritos nos parágrafos seguintes.

a. Decodificação

Na etapa de decodificação do ciclo de alongamento de *E. coli*, um complexo binário de GTP com o fator de alongamento **EF-Tu** (também denominado **EF1A**) combina-se com um aminoacil-tRNA. O complexo ternário resultante liga-se ao ribossomo e, em uma reação que hidrolisa o GTP em GDP + P_i, o aminoacil-tRNA é ligado, em um complexo códon-anticódon, ao sítio A ribossômico e o EF-Tu · GDP + P_i é liberado. No restante dessa etapa, o GDP ligado é substituído por GTP, em uma reação mediada pelo fator de alongamento **EF-Ts** (também denominado **EF1B**). O Ef-Tu, assim como vários outros fatores ribossômicos que se ligam ao GTP, é uma proteína G e, portanto, o ribossomo funciona como sua GAP e EF-Ts como seu GEF.

Os aminoacil-tRNAs podem se ligar ao sítio A ribossômico sem a mediação do EF-Tu, mas com uma frequência muito baixa para sustentar a multiplicação celular. A importância do Ef-Tu é indicada pelo fato de que ele é a proteína mais abundante de *E. coli*; ele está presente em ~ 100.000 cópias por célula (> 5% da proteína celular), o que corresponde aproximadamente ao número de moléculas de tRNA na célula. Como consequência, *todo o conjunto de aminoacil-tRNAs da célula está, essencialmente, sequestrado por EF-Tu.*

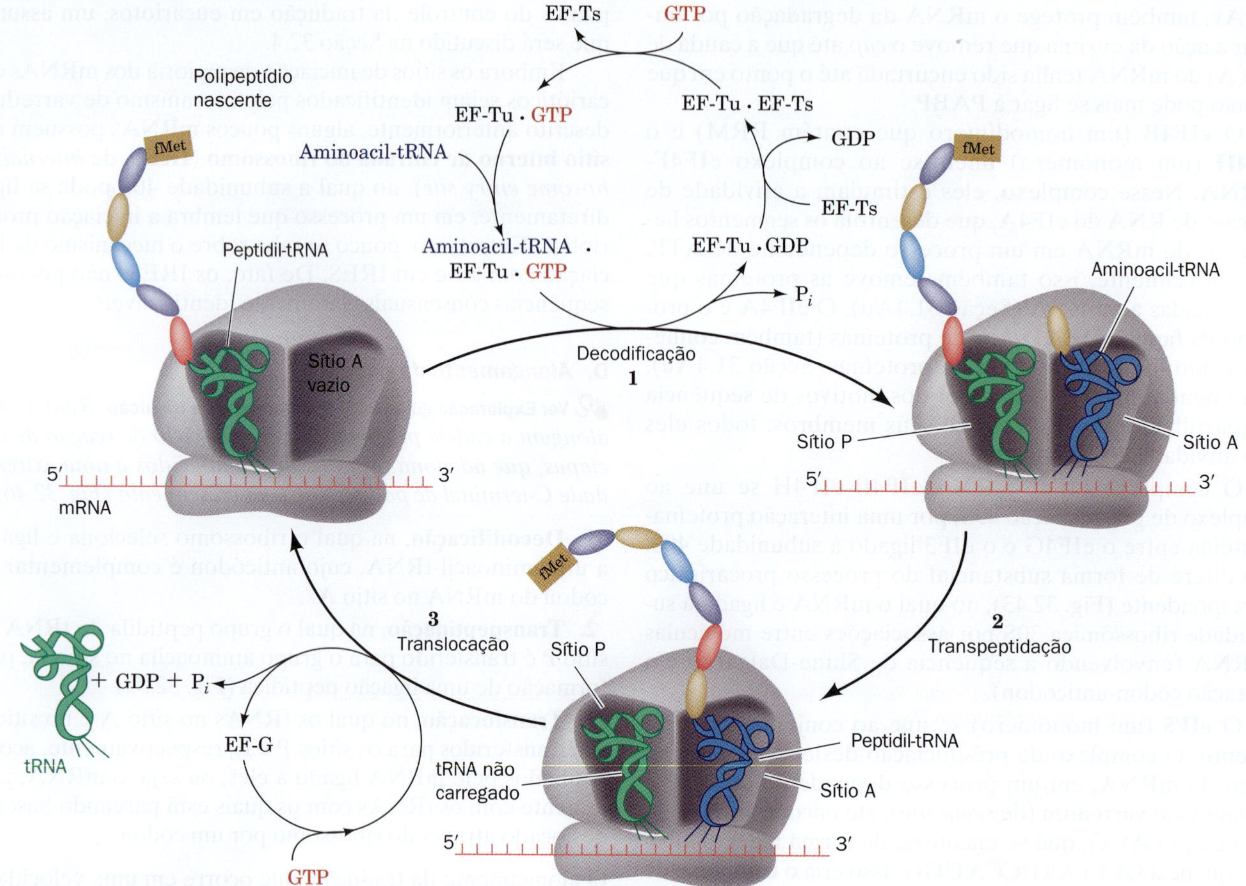

FIGURA 32.46 **O ciclo de alongamento nos ribossomos de *E. coli*.** O sítio E, para o qual os tRNAs descarregados são transferidos antes de serem liberados para a solução, não é mostrado. O alongamento eucariótico ocorre de forma semelhante, mas o EF-Tu e o EF-Ts são substituídos por uma única proteína de múltiplas subunidades, eEF-1, e o EF-G é substituído pelo eEF2.

b. EF-Tu é estericamente impedido de se ligar ao tRNA iniciador

A estrutura por raios X do complexo ternário Phe-tRNA^{Phe} · EF-Tu · GMPPNP (o GMPPNP é um análogo não hidrolisável de GTP; Seção 19.3Ch), determinada por Brian Clark e Jens Nyborg, revela que essas duas macromoléculas se associam para formar um complexo em forma de saca-rolhas, no qual o EF-Tu e a haste aceptora do tRNA formam uma alavanca semelhante a uma maçaneta e a hélice do anticódon do tRNA forma o parafuso (Fig. 32.47). A conformação do tRNA^{Phe} no complexo assemelha-se bastante àquela da molécula não complexada (Fig. 32.11*b*). O EF-Tu se enovela em três domínios distintos conectados por peptídeos flexíveis, como contas em um cordão. O domínio 1, N-terminal, que se liga aos nucleotídeos de guanina e catalisa a hidrólise de GTP, se assemelha estruturalmente a outras proteínas G conhecidas.

As duas macromoléculas associam-se, muito tenuamente, por três regiões principais: (1) o segmento CCA-Phe da extremidade 3′ do Phe-tRNA^{Phe} liga-se em uma fenda entre os domínios 1 e 2 do EF-Tu (o domínio azul e verde, com predomínio de hélices, e o domínio amarelo de folhas β na Fig. 32.47), que termina em um bolsão grande o bastante para acomodar todos os resíduos de aminoácidos; (2) o 5′-fosfato do tRNA se liga em uma depressão na junção dos três domínios do EF-Tu; e (3) um lado da haste TψC do tRNA faz contatos com a cadeia principal e as cadeias laterais expostas do domínio 3 C-terminal do EF-Tu (o domínio contendo um barril β cor de laranja e vermelho na Fig. 32.47). A firme associação do grupo aminoacila com o EF-Tu parece aumentar muito a afinidade do EF-Tu pelo tRNA, que, de outra forma, ficaria fracamente associado ao fator. Isso explica por que o EF-Tu não se liga a tRNAs alongadores não carregados.

O EF-Tu não se liga a aminoacil-tRNAs formilados, nem ao Met-tRNA$_f^{Met}$ não formilado, o que explica por que o tRNA iniciador nunca reconhece códons AUG ou GUG internos. O primeiro par de bases do tRNA$_f^{Met}$ é malpareado (C · A; Fig. 43-40) e, portanto, esse tRNA iniciador apresenta um prolongamento 3′ de 5 nt, em vez dos 4 nt do de um tRNA alongador. Parece provável que esse malpareamento, juntamente com o grupo formila, impeça o fMet-tRNA$_f^{Met}$ de ligar-se ao EF-Tu. De fato, o EF-Tu liga-se a um tRNA$_f^{Met}$ de *E. coli* cujo resíduo de C da extremidade 5′-terminal foi desaminado por tratamento com bissulfito (Seção 30.7b), o que restabelece o par de bases "faltante" como U · A. De forma similar, o Sec-tRNA^{Sec}, ao qual o EF-Tu também não se liga (o fator que se liga ao Sec-tRNA^{Sec} é SELB; Seção 32.2De),

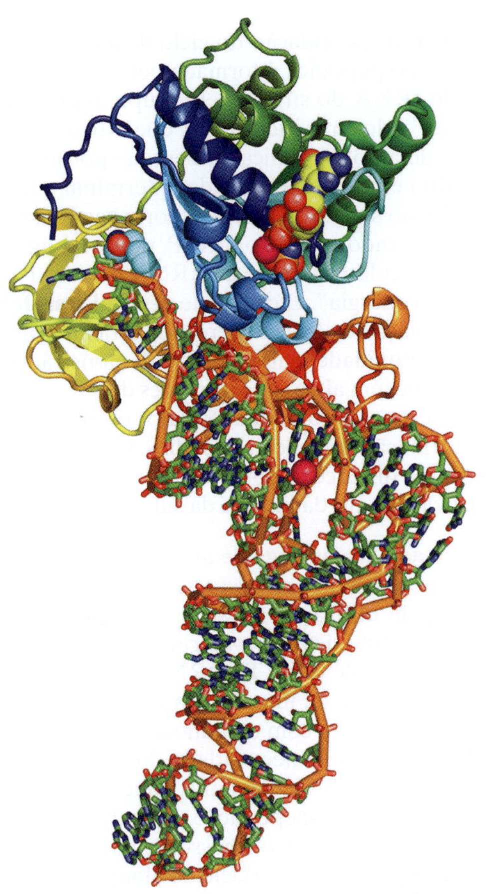

FIGURA 32.47 A estrutura por raios X do complexo ternário de Phe-tRNA^{Phe} de levedura, EF-Tu de *Thermus aquaticus* e GMPPNP. O Ef-Tu está mostrado na forma de fitas, colorido na ordem das cores do arco-íris, a partir da sua extremidade N (*azul*) para a sua extremidade C (*vermelho*). O tRNA está mostrado na forma de bastão, colorido de acordo com o tipo de átomo, com C verde, N azul, O vermelho e P cor de laranja e com tubos cor de laranja conectando átomos de P sucessivos. O resíduo aminoacil-Phe ligado ao tRNA e o GMPPNP que está ligado ao EF-Tu estão representados na forma de volume atômico, com átomos de C em ciano e amarelo, respectivamente. Os dois íons Mg^{2+} ligados estão representados por esferas em magenta. (Com base em uma estrutura por raios X de Jens Nyborg, University of Aarhus, Århus, Dinamarca. PDBid 1TTT.)

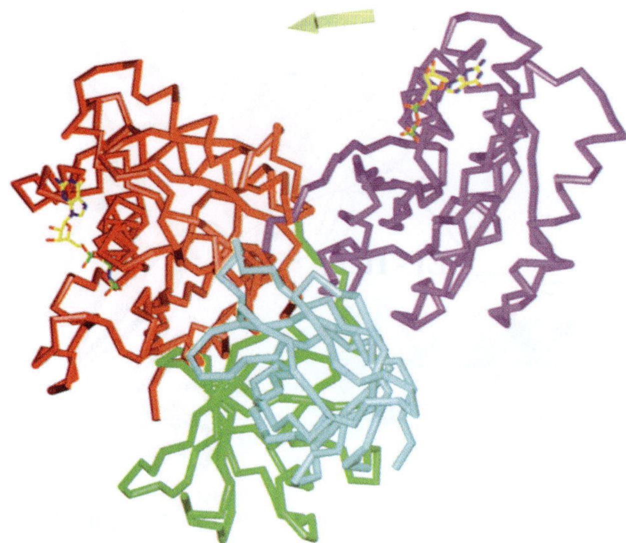

FIGURA 32.48 Comparação entre as estruturas por raios X do EF-Tu em seus complexos com o GDP e o GMPPNP. A proteína está representada por seu esqueleto de C_α, com o domínio 1, seu domínio de ligação a GTP, em púrpura, no complexo com o GDP, e em vermelho, no complexo com GMPPNP. Os domínios 2 e 3, que apresentam a mesma orientação em ambos os complexos, estão em verde e azul. Os GDP e GMPPNP ligados estão mostrados em forma de bastões, com C em amarelo, N em azul, O em vermelho e P em verde. (Cortesia de Morten Kjeldgaard e Lens Nyborg, University of Aarhus, Århus, Dinamarca. PDBid 1EFT.) **Ver Exercício interativo 45**

tem 8 pb em sua haste aceptora, contra 7 pb nas hastes aceptoras de outros tRNAs de alongadores. Entretanto, tRNAs iniciadores de várias fontes apresentam hastes aceptoras com bases totalmente pareadas, e o par de bases U1·A72 do tRNA^{Gln} é aberto ao ligar-se à GlnRS (Seção 32.2Cc).

c. EF-Tu passa por uma mudança conformacional importante ao hidrolisar GTP

Morten Kjeldgaard e Nyborg determinaram as estruturas por raios X do EF-Tu de *T. aquaticus* (de 405 resíduos) em complexo com GMPPNP e do EF-Tu de *E. coli* (de 393 resíduos), 70% idêntico ao de *T. aquaticus*, em complexo com GDP (Fig. 32.48). A conformação do EF-Tu em seu complexo apenas com GMPPNP se assemelha bastante àquela em seu complexo ternário com Phe-tRNA^{Phe} e GMPPNP (Fig. 32.47). Entretanto, a comparação dos complexos com GMPPNP e GDP indica que, ao hidrolisar GTP ligado a ele, o EF-Tu sofre uma grande reorganização estrutural. As maiores modificações conformacionais locais ocorrem nas regiões *Switch* I e *Switch* II do domínio 1, que, em todas as proteínas G, sinalizam o estado do nucleotídeo ligado para os seus parceiros interagentes (Seção 19.2Cb; aqui domínios 2 e 3): *Switch* I converte-se de um grampo β em uma hélice α curta e a hélice α de *Switch* II desloca-se 4 resíduos em direção à extremidade C-terminal. Como consequência, essa última hélice reorienta-se 42°, o que resulta na mudança da orientação do domínio 1, que se mantém rígido, em relação aos domínios 2 e 3, por uma rotação drástica de 91°. O sítio de ligação do tRNA é, portanto, eliminado.

d. O EF-Ts rompe a ligação do GDP com o EF-Tu

O EF-Tu apresenta uma afinidade 100 vezes maior por GDP do que por GTP. Portanto, a substituição do GDP ligado ao EF-Tu por GTP deve ser facilitada pela interação do EF-Tu com o EF-Ts (Fig. 32.46). A estrutura por raios X do complexo EF-Tu · EF-Ts, determinada por Stephen Cusack e Reuben Leberman, revela que o EF-Tu apresenta uma conformação similar àquela de seu complexo com o GDP (Fig. 32.49), mas com seus domínios 2 e 3 girando ~ 18° para longe do domínio 1. O EF-Ts é uma molécula alongada que se liga

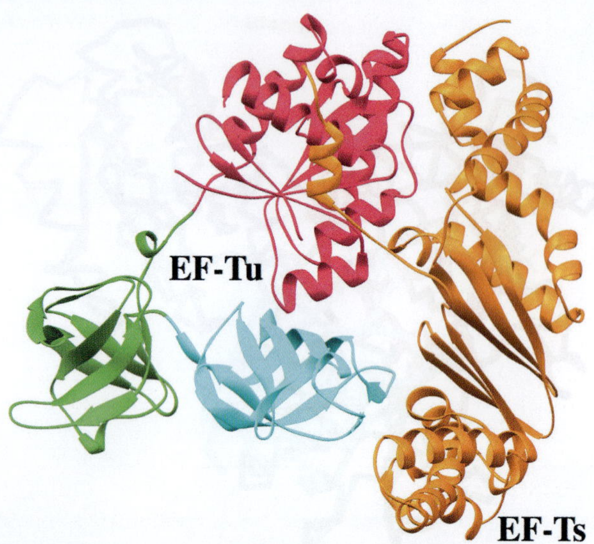

FIGURA 32.49 Estrutura por raios X do complexo EF-Tu · EF-Ts de *E. coli*. Os domínios 1, 2 e 3 do EF-Tu estão em magenta, verde e ciano, respectivamente, e o EF-Ts está em cor de laranja. (Com base em uma estrutura por raios X de Stephen Cusack e Reuben Leberman, EMBL, Grenoble Cedex, França. PDBid 1EFU.)

ao longo do lado direito do EF-Tu, como mostrado na Fig. 32.49, onde faz contato com os domínios 1 e 3. As interações intrusivas das cadeias laterais do EF-Ts com o bolsão de ligação a GDP no domínio 1 do EF-Tu desorganizam o sítio de ligação do íon Mg^{2+}. Isso reduz a afinidade do EF-Tu por GDP, facilitando, dessa forma, a sua troca por GTP (depois que o EF-Ts tenha se dissociado), que está em uma concentração 10 vezes maior do que GDP na célula (o segmento contendo GEF de Sos interfere de maneira similar com a ligação de Mg^{2+} e, por conseguinte, com a ligação de Ras a nucleotídeos de guanina; Seção 19.3Cf). A ligação subsequente ao EF-Tu de um tRNA alongador carregado aumenta a sua afinidade por GTP.

e. Transpeptidação

Na etapa de transpeptidação do ciclo de alongamento (Fig. 32.46), a ligação peptídica é formada pelo deslocamento nucleofílico do tRNA do sítio P pelo grupo amino (ligado na extremidade 3′) do aminoacil-tRNA que está no sítio A (Fig. 32.39). A cadeia polipeptídica nascente é, portanto, alongada um resíduo em sua extremidade C-terminal e transferida para o tRNA no sítio A. A reação ocorre sem a necessidade de cofatores ativadores, como o ATP, porque a ligação éster entre o polipeptídeo nascente e o tRNA no sítio P é uma ligação de “alta energia”. O centro de **peptidil-transferase** que catalisa a formação da ligação peptídica está inteiramente localizado na subunidade maior, como é demonstrado pela observação de que, em altas concentrações de solventes orgânicos, como o etanol, a subunidade maior é capaz de catalisar sozinha a formação da ligação peptídica. O solvente orgânico aparentemente distorce a subunidade maior de uma maneira que mimetiza o efeito da ligação da subunidade menor.

f. A puromicina é um análogo de aminoacil-tRNAs

O ciclo de alongamento ribossômico foi originalmente caracterizado pela utilização do antibiótico **puromicina** (Fig. 32.50). Esse produto de *Streptomyces alboniger*, que é semelhante à extremidade 3′ do Tyr-tRNA, causa a terminação prematura da síntese de uma cadeia polipeptídica. A puromicina, em competição com o aminoacil-tRNA especificado pelo mRNA, mas sem a necessidade dos fatores de alongamento, liga-se ao sítio A ribossômico, que, por sua vez, catalisa uma reação de transpeptidação normal para formar peptidil-puromicina. Contudo, o ribossomo não pode catalisar a reação de transpeptidação no ciclo de alongamento seguinte, porque o “resíduo de aminoácido” da puromicina está ligado ao seu “tRNA” por uma ligação amida, e não por uma ligação éster. A síntese do polipeptídeo é portanto abortada e a peptidil-puromicina é liberada.

Na ausência do fator de alongamento EF-G (ver a seguir), um ribossomo ativo não pode se ligar à puromicina, porque seu sítio A está, pelo menos parcialmente, ocupado por um peptidil-tRNA. Um ribossomo recém-iniciado, porém, não obedece a essa regra: ele catalisa a formação de fMet-puromicina. *Essas observações demonstraram a exis-*

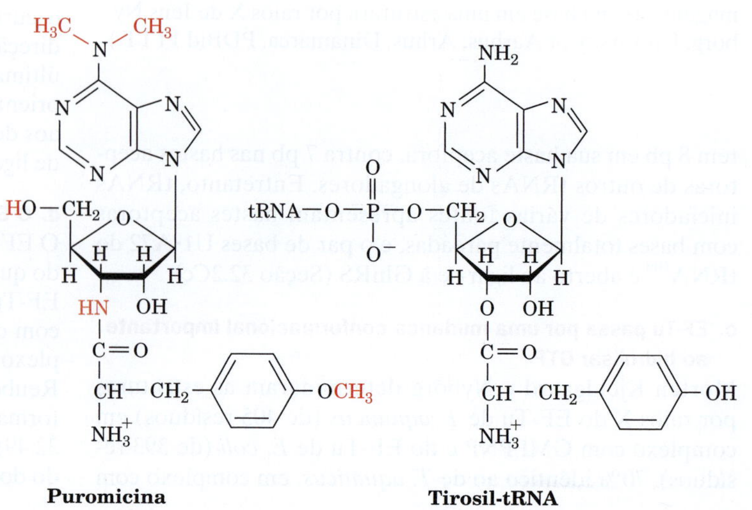

Puromicina

Tirosil-tRNA

FIGURA 32.50 Puromicina. Esse antibiótico (à *esquerda*) se assemelha à extremidade 3′ do tirosil-tRNA (à *direita*).

tência funcional dos sítios ribossômicos A e P e estabeleceram que o fMet-tRNA$_f^{Met}$ liga-se diretamente ao sítio P, enquanto os demais aminoacil-tRNAs devem entrar primeiramente no sítio A.

g. Transpeptidação: O ribossomo é uma ribozima

Qual é a natureza do centro de peptidil-transferase, ou seja, ele consiste em RNA, de proteína ou de ambos? Como todas as proteínas, inclusive aquelas associadas aos ribossomos, são sintetizadas de forma ribossômica, o ribossomo primordial deve ter precedido as proteínas primordiais e, portanto, consistia inteiramente em RNA. A despeito desse argumento evolutivo (agora) óbvio, a ideia de que o rRNA funciona cataliticamente não foi seriamente considerada até ter sido demonstrado que o RNA pode, de fato, atuar como um catalisador (Seção 31.4Ae). Várias outras observações adicionais indicaram que o ribossomo é uma ribozima:

1. A ausência na subunidade 50S de uma de suas proteínas (exceto L2, L3 e L4), não elimina a sua função de peptidil-transferase.
2. Os rRNAs são mais altamente conservados ao longo da evolução do que o são as proteínas ribossômicas.
3. A maioria das mutações que confere resistência a antibióticos que inibem a síntese proteica ocorre em genes que codificam rRNAs, e não em proteínas ribossômicas.

Apesar disso, a demonstração clara de que o rRNA funciona de forma catalítica na síntese de polipeptídeos provou ser surpreendentemente difícil. Noller foi bem-sucedido em demonstrar que a subunidade maior do ribossomo de *T. thermophilus* da qual, 95% das proteínas haviam sido removidas por tratamento com SDS e **proteinase K**, seguido por extração com fenol (que desnatura proteínas; Seção 6.6A), mantinha > 80% de sua atividade de peptidil-transferase em uma reação-modelo. Além disso, essa atividade era eliminada por tratamento com RNase. Entretanto, como o que restava de proteína correspondia a várias proteínas ribossômicas intactas (que estão presumivelmente sequestradas no interior do rRNA 23S), poderia ainda ser argumentado que essas proteínas são essenciais para a função catalítica do ribossomo, uma suposição razoável em vista dos > 3,5 bilhões de anos de coevolução entre as proteínas ribossômicas e os RNAs.

Steitz e Moore determinaram de forma inequívoca a natureza do centro de peptidil-transferase através da sua identificação na estrutura por raios X da subunidade 50S. A formação da ligação peptídica é presumivelmente similar ao inverso da sua hidrólise, catalisada, por exemplo, pelas serina-proteases (Seção 15.3C). O intermediário tetraédrico da reação ribossômica (Fig. 32.51*a*) é mimetizado por um composto sintetizado por Michael Yarus, que consiste no trinucleotídeo CCdA ligado à puromicina por um grupo fosforamidito (Fig. 32.51*b*). Esse composto, denominado **CCdA-p-Puro**, liga-se fortemente ao ribossomo, de modo a inibir a sua atividade de peptidil-transferase. A estrutura por raios X da subunidade 50S em complexo com CCdA-p-Puro revelou que o inibidor liga-se no domínio V do RNA 23S (Fig. 32.27*b*), na entrada de um túnel de saída do polipeptídeo, de ~ 100 Å de extensão, que se estende ao longo da parte posterior da subunidade (Figs. 32.30 e 32.34*c*). Lá, *o inibidor fica completamente envolvido por RNA, sem qualquer cadeia lateral proteica aproximando-se mais de ~ 18 Å do grupo fosforamidito do inibidor e com o íon Mg^{2+} mais próximo 8,5 Å*

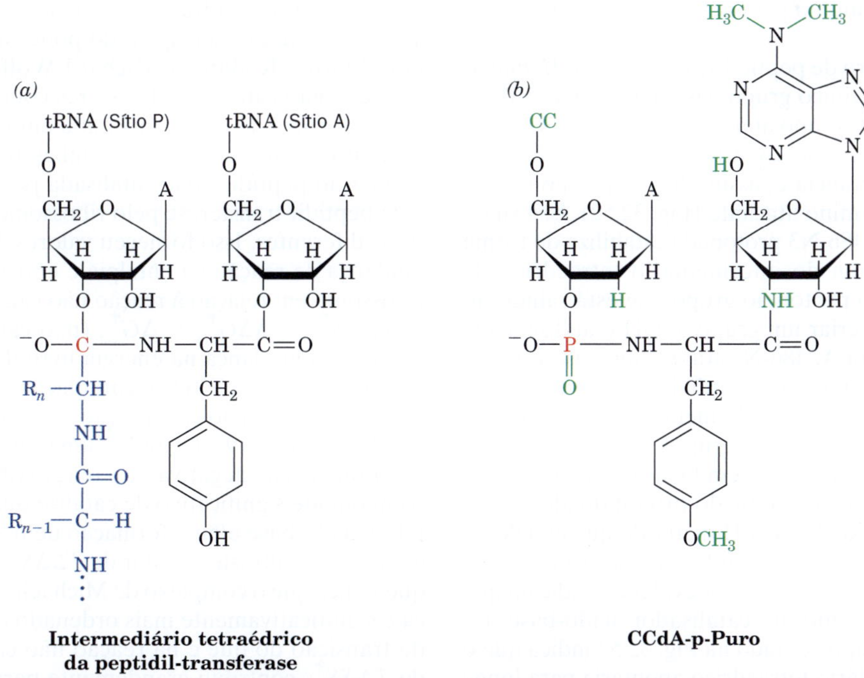

(*a*) **Intermediário tetraédrico da peptidil-transferase**

(*b*) **CCdA-p-Puro**

FIGURA 32.51 O intermediário tetraédrico ribossômico e o seu análogo. (*a*) A estrutura química do intermediário tetraédrico (*C vermelho*) na formação da ligação peptídica mediada pelo ribossomo, na qual o resíduo de aminoacila do sítio A é Tyr. (*b*) CCdA-p-Puro, o análogo do estado de transição do intermediário tetraédrico da Parte *a*, produzido pela ligação do grupo 3′-OH de CCdA ao grupo amino do resíduo de *O*-metiltirosina da puromicina por um grupo fosforila.

distante – ambos muito distantes para participar na catálise. Além disso, todos os nucleotídeos que fazem contato com o CCdA-p-Puro são > 95% conservados entre todos os três reinos dos seres vivos. Claramente, *a reação de peptidil-transferase ribossômica é catalisada por RNA.*

Apesar do que foi dito acima, a estrutura por raios X do ribossomo de *T. thermophilus* em complexo com tRNA e mRNA (Fig. 32.34) revela que a cauda N-terminal de L27 interage com o grupo fosfato do resíduo C75 do tRNA do sítio A. Além disso, L16 interage com a região do cotovelo do tRNA do sítio A através de interações entre resíduos de Arg conservados e grupos fosfatos e 2′-OH na região do cotovelo do tRNA. Essa observações confirmam estudos mutacionais prévios, indicando que L16 e L27 auxiliam a estabilizar a ligação do tRNA do sítio A. Entretanto, alguns organismos não possuem L27, o que indica que a sua ligação ao tRNA do sítio A não faz parte de um mecanismo evolutivamente conservado.

h. A formação da ligação peptídica não ocorre através da catálise ácido-base

A reação de peptidil-transferase do ribossomo ocorre $\sim 10^7$ vezes mais rapidamente que a reação não catalisada. Como o ribossomo catalisa essa reação? A formação da ligação peptídica é ingenuamente esperada ocorrer via o ataque nucleofílico do grupo amino sobre o grupo carbonil de um éster para formar um intermediário tetraédrico que colapsa em um amido e um álcool (Fig. 32.39). Entretanto, na faixa de pH fisiológico, o grupo amino que ataca está, predominantemente, na sua forma de amônio (RNH_3^+), e, assim, não apresenta o par solitário, necessário para promover o ataque nucleofílico. Isso sugere que a reação de peptidil-transferase seja catalisada, em parte, por uma base geral que retira um próton do grupo amônio para gerar o grupo amino livre (RNH_2) necessário.

Inspeções no centro de peptidil-transferase de *H. marismortui* revelam que o único grupo básico dentro de 5 Å da posição inferida para o grupo amino atacante é o átomo de N3 da base invariável do rRNA A2486 (A2451 em *E. coli*). Ele está ~ 3 Å de distância e, assim, ligado por pontes de hidrogênio ao grupo amino atacante (Fig. 32.52). Isso sugere, também, que a A2486-N3 protonada estabiliza de forma eletrostática o oxiânion do intermediário tetraédrico da reação e, então, doa o próton ao grupo que está saindo do tRNA do sítio P para criar um grupo 3′-OH (catálise ácida geral). Entretanto, para A2486-N3 atuar como base geral na remoção do próton de um grupo amônio (cujo p*K* é ~ 10), ela deve apresentar um p*K* de pelo menos 7 (lembre-se que a transferência de prótons entre grupos que estão ligados por pontes de hidrogênio ocorre em taxas fisiologicamente significantes apenas quando o p*K* do próton doador é não mais do que 2 ou 3 unidades de pH maior do que aquele do próton aceptor; Seção 15.3Dd). Ainda, o p*K* de N3 em AMP é < 3,5. Além disso, diversas linhas de evidência indicam que A2486 não funciona como um catalisador ácido-base, incluindo (1) o modelo apresentado na Fig. 32.52 indica que o oxiânion do intermediário tetraédrico apontaria para longe dele e, assim, não poderia ser estabilizado pela A2486-N3 protonada; e (2) substituições mutagênicas de A2486 por

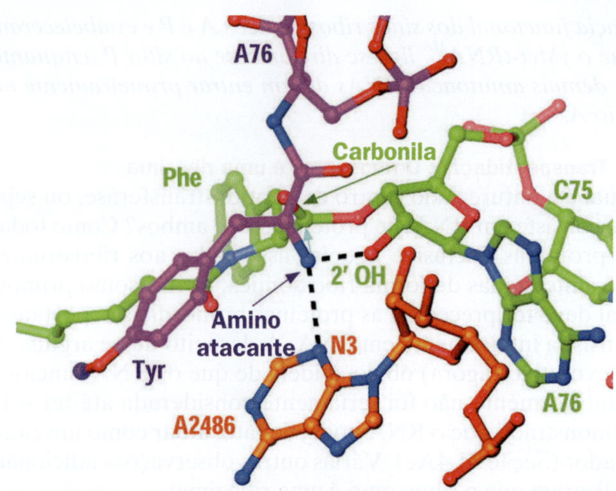

FIGURA 32.52 Modelo do complexo do substrato da subunidade ribossômica 50S. Os átomos estão coloridos de acordo com o tipo, com C e P do substrato do sítio A em púrpura e C e P do substrato do sítio P em verde. Para o rRNA 23S, C e P estão em cor de laranja, N azul e O vermelho. O grupo amino atacante do resíduo de aminoacila do sítio A está posicionado para o ataque nucleofílico (*seta em ciano*) sobre o C da carbonila do éster de aminoacila do sítio P por ligações de hidrogênio (*linhas pretas pontilhadas*) com o A2486-N3 e o grupo 2′-O da A76 do sítio P. (Cortesia de Peter Moore e Thomas Steitz, Yale University, EUA.)

qualquer outra base não alteram de forma significativa a taxa catalítica do ribossomo.

i. O ribossomo é uma armadilha de entropia

Se a reação de peptidil-transferase não envolve a catálise ácido-base, qual é a origem do poder catalítico do ribossomo? Marina Rodnina e Richard Wolfenden notaram que a reação não catalisada de ésteres com aminas para formar amidas ocorre de forma facilitada em solução aquosa. Eles, portanto, mediram as taxas de ambas as reações de formação de ligação peptídica não catalisada por compostos modelos e de peptidil-transferase pelo ribossomo em várias temperaturas diferentes. Isso forneceu valores de $\Delta\Delta H^{\ddagger}_{cat}$ e $\Delta\Delta S^{\ddagger}_{cat}$, a mudança de reação na entalpia e entropia de ativação pelo ribossomo em relação à reação não catalisada. Aqui, $\Delta\Delta H^{\ddagger}_{cat} - T\Delta\Delta S^{\ddagger}_{cat} = \Delta\Delta G^{\ddagger}_{cat} = \Delta G^{\ddagger}_{cat}$ (não cat) $- \Delta G^{\ddagger}$(cat), onde $\Delta\Delta G^{\ddagger}_{cat}$ é a mudança na energia livre da reação de ativação pelo ribossomo, $\Delta G^{\ddagger}$(cat), em relação àquela da reação não catalisada, $\Delta G^{\ddagger}$(não cat) (Seção 14.1C). O valor medido de $\Delta\Delta H^{\ddagger}_{cat}$ foi de $-19\ \text{kJ} \cdot \text{mol}^{-1}$, uma quantidade que deveria ser positiva, não negativa, se a reação ribossômica tivesse um componente significativo de catálise química, tal como a catálise ácido-base e/ou a formação de novas pontes de hidrogênio. Em contraste, o valor de $T\Delta\Delta S^{\ddagger}_{cat}$ foi de 52 kJ · mol, o que indica que o complexo de Michaelis na reação ribossômica é significativamente mais ordenado em relação ao estado de transição do que é na reação não catalisada. Esse valor de $T\Delta\Delta S^{\ddagger}_{cat}$ contribui grandemente para a taxa aumento de $\sim 10^7$ vezes observada da reação ribossômica em relação à reação não catalisada (a taxa de aumento pelo ribossomo é

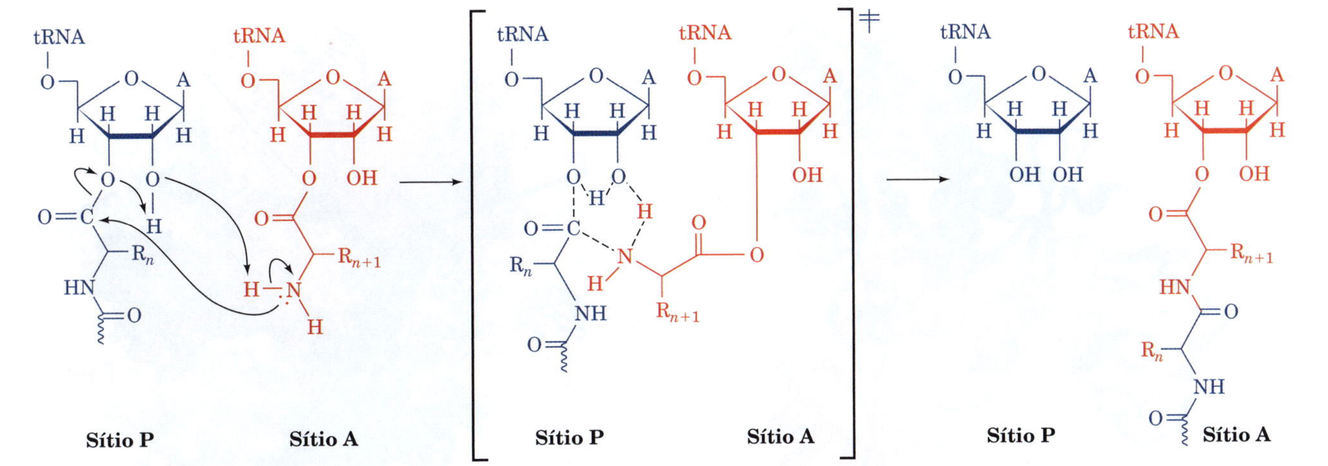

FIGURA 32.53 **O mecanismo de peptidil-transferase catalisado pelo ribossomo.** O ataque nucleofílico do grupo α-amino do aminoacil-tRNA (*vermelho*) sobre o C carbonílico do peptidil-tRNA (*azul*) ocorre em conjunto com uma troca de próton que envolve o O3′ e 2′-OH de A76 do sítio P, juntamente com o grupo α-amino do aminoacil-tRNA. A reação prossegue através de um estado de transição (*centro; emoldurado por colchetes quadrados*) que contém um anel de seis membros de átomos parcialmente ligados e que finaliza nos produtos da reação mostrados na parte à direita.

dada por $e^{\Delta\Delta G^{\ddagger}_{cat}/RT}$; Seção 14.1Cd). Evidentemente, *o ribossomo aumenta a taxa de formação de ligação peptídica ao posicionar de forma apropriada e orientar seus substratos e/ou excluir água do ambiente eletrostático pré-organizado do sítio ativo (uma forma de ordenamento de reagentes) ao invés de por catálise química.*

A estrutura por raios X da subunidade maior em complexo com aminoacil-tRNA e peptidil-tRNA indica que o ribossomo utiliza um mecanismo de encaixe induzido, como ocorre nas enzimas, tal como a hexoquinase (Seção 17.2Aa). Mudanças conformacionais no 23S rRNA, presumivelmente disparadas pela ligação do aminoacil-tRNA apropriado no sítio A, orientam o grupo éster do peptidil-tRNA para o ataque nucleofílico. A ponte de hidrogênio entre o 2′-OH da A76 do sítio P e o grupo amino atacante (Fig. 32.52) é crucial na execução dessa tarefa. De fato, esse grupo 2′-OH com H ou F reduz a taxa de reação por pelo menos 106. Isso sugere que a reação de peptidil-transferase ocorra via o mecanismo de entrega do próton assistido pelo substrato diagramado na Fig. 32.53. Embora a reação de peptidil-transferase seja relativamente lenta quando comparada às reações catalisadas por muitas proteínas enzimáticas, ela é suficientemente rápida para prosseguir com os demais processos ribossômicos (que ligam coletivamente 10-20 resíduos/s). Aparentemente, a função de peptidil-transferase do ribossomo é um fóssil molecular do mundo do RNA.

Na ausência de um tRNA no sítio A, a ligação de éster que une o grupo peptidil ao tRNA do sítio P é protegida pela U2585 do 23S RNA do ataque nucleofílico pela água, o que poderia, de outra forma, liberar o grupo peptidil do ribossomo.

j. Translocação: O ribossomo se move para o próximo códon

Na etapa de translocação do ciclo de alongamento, o tRNA no sítio P (primeiramente o $tRNA_f^{Met}$*, mas, subsequentemente, um tRNA alongador), agora não carregado, é transferido para o sítio E (não mostrado na Fig. 32.46), do qual o seu ocupante anterior foi previamente excluído (ver a seguir). Simultaneamente, o peptidil-tRNA no sítio A, juntamente com o mRNA ligado a ele, é movido para o sítio P.* Isso prepara o ribossomo para o próximo ciclo de alongamento. A manutenção da associação códon-anticódon do peptidil-tRNA não é mais necessária para a especificação do aminoácido. Ao invés disso, ela atua como um guardador de posição, permitindo que o ribossomo tenha passos precisos de três nucleotídeos ao longo do mRNA, o que é necessário para preservar a fase de leitura. De fato, a observação de que tRNAs supressores de mudanças de fase induzem uma translocação de quatro nucleotídeos (Seção 32.2Ea) indica que o movimento do mRNA está diretamente associado ao movimento do tRNA. Uma dobra estabilizada por Mg^{2+} no mRNA entre os códons A e P aparentemente ajuda a impedir o deslize.

k. O EF-G mimetiza estruturalmente o complexo EF-Ts · tRNA

O processo de translocação necessita da participação do fator de alongamento **EF-G** (também chamado de **EF2**), que se liga ao ribossomo, juntamente com GTP e é liberado apenas após a hidrólise do GTP em GDP + P_i (Fig. 32.46). A liberação do EF-G é um pré-requisito para o início do ciclo de alongamento seguinte, porque o EF-G e o EF-Tu se ligam ao mesmo sítio do ribossomo e, portanto, suas ligações são mutuamente exclusivas.

A estrutura por raios X do EF-G · GMPPNP de *T. thermophilus*, determinada por Anders Liljas e Derek Logan, revela uma proteína monomérica com forma de girino, que é composta por cinco domínios (Fig. 32.54). Os dois primeiros domínios se assemelham bastante àqueles do EF-Tu · GMPPNP, mais do que aqueles do EF-Tu · GDP (Fig. 32.48). Argumenta-se que isso ocorre porque os dois fatores de alongamento possuem funções recíprocas, com EF-Tu · GTP facilitando a conversão do ribossomo de seu estado pós para seu estado pré-translocacional e EF-G · GTP promo-

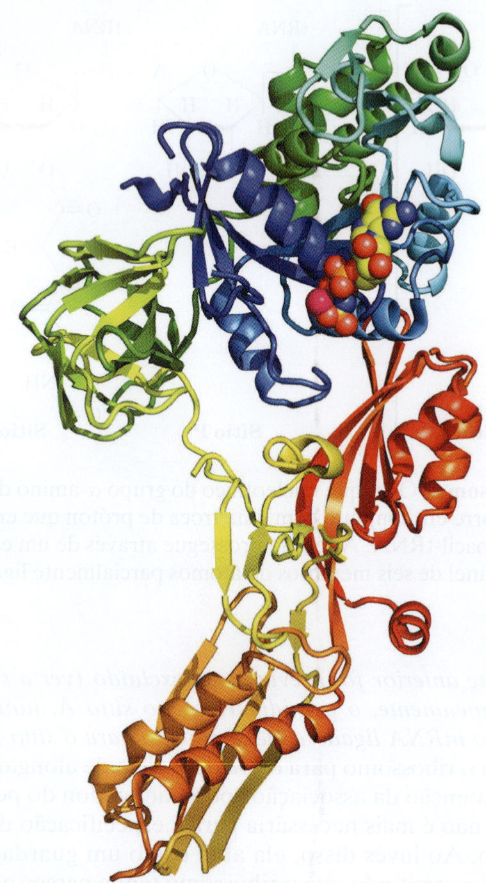

FIGURA 32.54 Estrutura por raios X de EF-G de *T. thermophila* em complexo com GMPPNP. A proteína está mostrada na forma de fitas, colorida na ordem das cores do arco-íris a partir de sua extremidade N (*azul*) para a sua extremidade C (*vermelho*). O GMPPNP está mostrado na forma de volume atômico, colorido de acordo com o tipo de átomo, com C amarelo, N azul, O vermelho e P cor de laranja. Um íon Mg^{2+} que está ligado ao GMPPNP está representado por uma esfera magenta. Porções da estrutura não estão visíveis. Observar a notável semelhança na forma entre essa estrutura e aquela do Phe-tRNAPhe · EF-Tu · GMPPNP (Fig. 32.47). (Com base em uma estrutura por raios X de Anders Liljas e Derek Logan, Lund University, Lund, Suécia. PDBid 2BV3.)

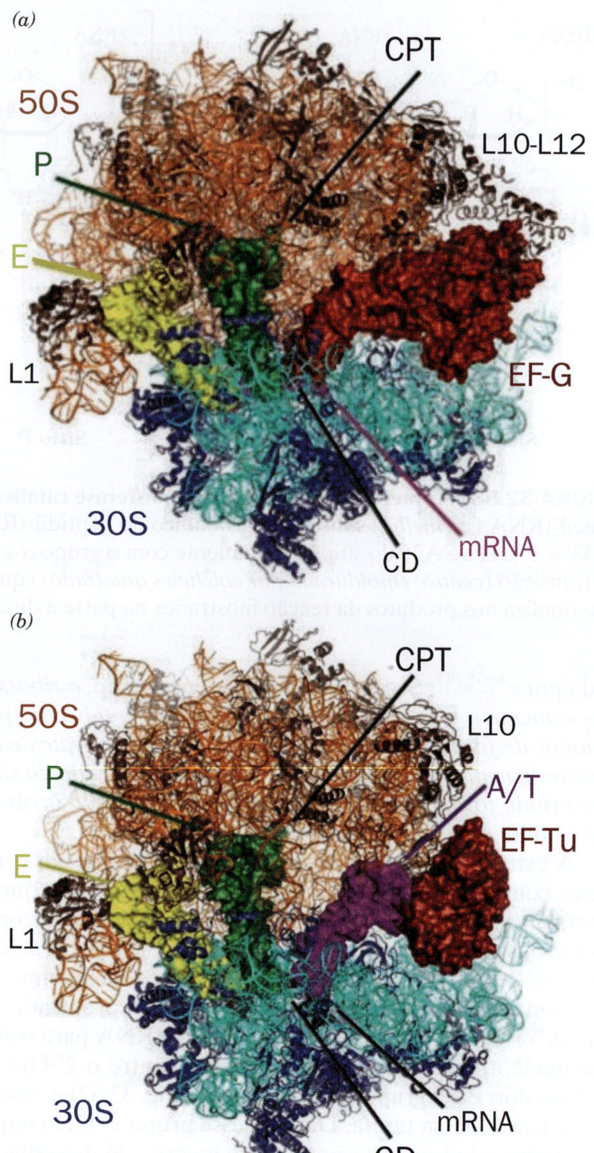

FIGURA 32.55 Estrutura por raios X do ribossomo de *T. thermophilus* em seus complexos com (a) EF-G e (b) EF-Tu. O ribossomo está representado na forma de fitas, com seu RNA 23S em cor de laranja, suas proteínas da subunidade 50S em marrom, seu RNA 16S em ciano e suas proteínas da subunidade 30S em azul. Seus tRNAs, mRNA, EF-G e EF-Tu ligados estão representados por seus diagramas de superfície, com o tRNA no sítio E em amarelo, o tRNA no sítio P em verde, o tRNA no sítio A em magenta, mRNA em preto e EF-G e EF-Tu em vermelho. Na Parte b, o tRNA ligado no sítio A ao EF-Tu está na sua conformação A/T (*abaixo*). As posições do centro de decodificação (**CD**) e do centro de peptidil-transferase (**CPT**) estão indicadas. (Cortesia de Martin Schmeing e Venki Ramakrishnan, MRC Laboratory of Molecular Biology Cambridge, Reino Unido. PDBids 2WRI, 2WRJ, 2WRN e 2WRO.)

vendo a transição inversa. Essa ideia é sustentada pela observação intrigante de que os complexos Phe-$tRNA^{Phe}$ · EF-Tu GMPPNP e EF-G · GMPPNP têm aparências praticamente idênticas: os três domínios C-terminais de EF-G (de amarelo para vermelho na Fig. 32.54), que não possuem correspondentes em EF-Tu, têm forma muito semelhante à do tRNA ligado a ele, em um caso notável de **mimetismo macromolecular**. De fato, EF-G ocupa o mesmo sítio ribossômico que EF-Tu (Fig. 32.55).

EF-G é incomum entre as proteínas G, no sentido de que não possui um GEF correspondente. Entretanto, seu domínio N-terminal, de ligação ao nucleotídeo de guanina, contém uma hélice α única inserida nele (em verde na Fig. 32.54), que faz contato com o núcleo conservado do domínio nos sítios análogos àqueles do EF-Tu que interagem com o EF-Ts. Isso sugere que esse subdomínio atua como um GEF interno.

I. A translocação ocorre por estados intermediários

Estudos de *footprinting* químico (Seção 31.2Ab) feitos por Noller revelaram que determinadas bases do rRNA 16S ficam protegidas por tRNAs ligados aos sítios A e P ribossômicos e que determinadas bases do rRNA 23S ficam protegidas por tRNAs nos sítios A, P e E. Quase todas essas bases protegidas são absolutamente conservadas do ponto de vista evolutivo e muitas delas foram implicadas na função do ribossomo, por estudos bioquímicos ou genéticos.

Variações em padrões de *footprinting* químico durante o ciclo de alongamento, juntamente com as estruturas por raios X e crio-EM mais recentemente determinadas, indicam que a translocação do tRNA ocorre em várias etapas discretas (Fig. 32.56):

1. Inicia-se com o ribossomo em seu estado **pós-translocação**: um tRNA deacilado ligado aos subsítios E das subunidades de 30S e de 50S (o estado de ligação E/E), um peptidil-tRNA ligado aos subsítios P de ambas as subuni-

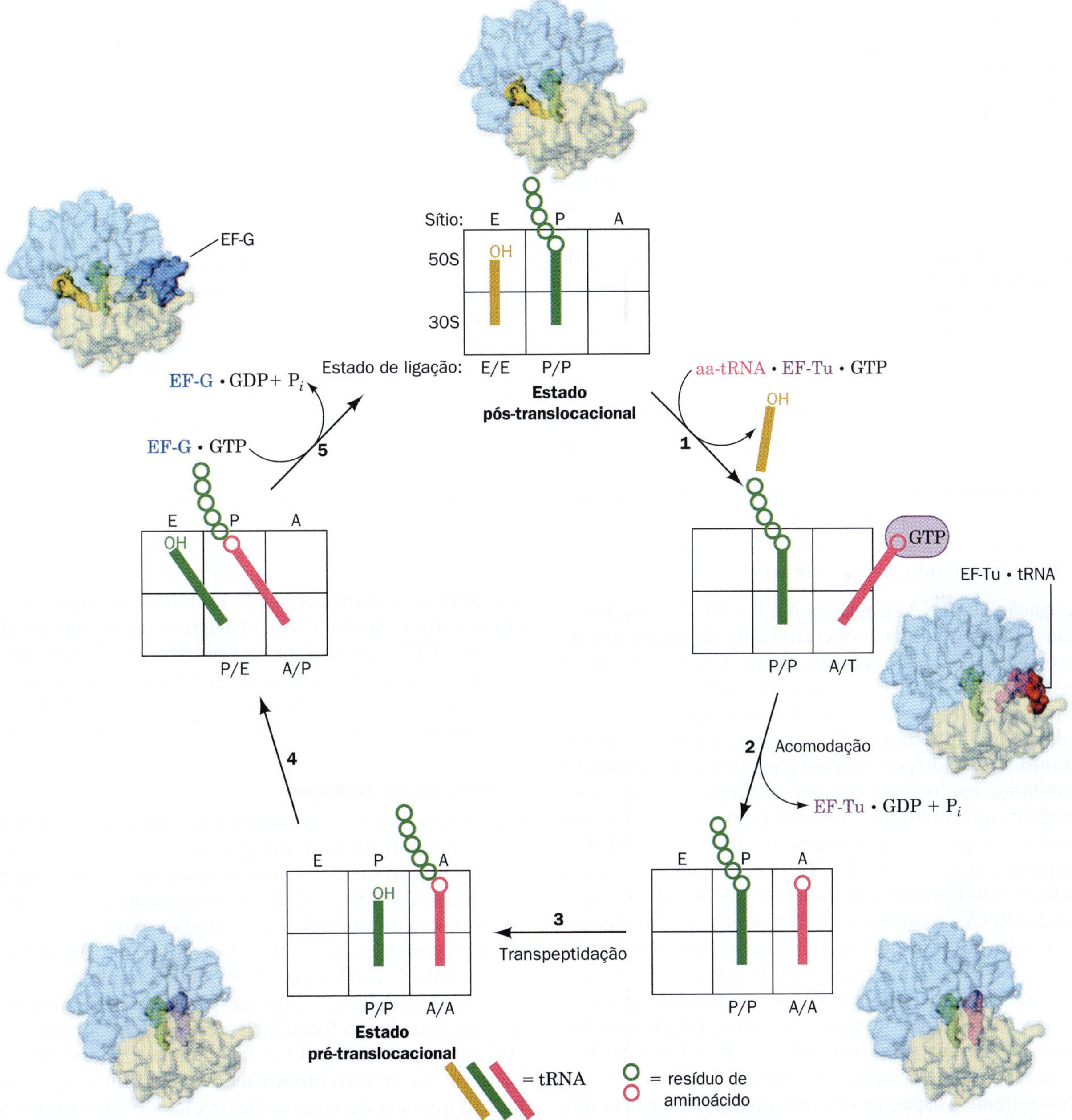

FIGURA 32.56 Estados de ligação ribossômicos no ciclo de alongamento. Note como esse esquema aperfeiçoa o ciclo de alongamento clássico, representado na Fig. 32.46. Os desenhos estão acompanhados de imagens com base em crio-EM, na resolução de 17 Å, do ribossomo 70S de *E. coli* nos estados de ligação correspondentes, nos quais a subunidade 30S está em amarelo transparente, a subunidade 50S está em azul transparente e os tRNAs e os fatores de alongamento estão coloridos como nos desenhos que os acompanham. (Imagens de crio-EM cortesia de Knud Nierhaus, Max Planck-Institut fur Molekulare Genetik, Berlim, Alemanha, e Joachim Frank, Wadsworth Center, State University of New York em Albany, EUA.)

dades (o estado P/P) e o sítio A vazio. Um aminoacil-tRNA (aa-tRNA) em um complexo ternário com EF-Tu e GTP se liga ao sítio A, o que é acompanhado pela liberação do tRNA do sítio E (mas, ver a seguir). Isso cria um complexo no qual o aa-tRNA que chega está ligado no subsítio A da subunidade 30S, via interação códon-anticódon (lembre-se que o mRNA está ligado à subunidade 30S), mas com o EF-Tu impedindo a entrada da extremidade aminoacil do tRNA no subsítio A da subunidade 50S, em uma organização chamada de estado A/T (T de EF-*Tu*).

2 O EF-Tu hidrolisa o GTP ligado a ele em GDP + P_i e é liberado do ribossomo. Isso permite que o aa-tRNA se ligue completamente ao sítio A (o estado A/A), em um processo chamado de **acomodação** no qual a extremidade 3′ do tRNA se vira por quase 70 Å.

3. A reação de peptidil-transferase ocorre, produzindo o **estado pré-translocacional.**

4. A extremidade aceptora do novo peptidil-tRNA move-se do subsítio A da subunidade 50S para o subsítio P, enquanto a extremidade do anticódon do tRNA permanece associada ao subsítio A da subunidade 30S (criando o estado de ligação híbrido A/P). A extremidade aceptora do tRNA recém-deacilado move-se simultaneamente do subsítio P para o subsítio E da subunidade 50S, enquanto sua extremidade do anticódon permanece associada ao subsítio P da subunidade 30S (o estado P/E).

5. A ligação do complexo EF-G · GTP ao ribossomo e a subsequente hidrólise do GTP empurram as extremidades do anticódon desses tRNAs, juntamente com o mRNA ligado a eles, para movê-los em relação à subunidade ribossômica menor, de modo que o peptidil-tRNA assume o estado P/P e o tRNA deacilado assume o estado E/E (o estado pós-translocacional), completando, assim, o ciclo de alongamento.

A ligação de tRNAs nos sítios A e E, como mostrado por Nierhaus, apresenta uma cooperatividade alostérica negativa. No estado pré-translocacional, o sítio E se liga ao tRNA recém-deacilado com alta afinidade (o sítio E é estericamente incapaz de ligar um aminoacil-tRNA), enquanto o sítio A vazio apresenta uma baixa afinidade pelo aminoacil-tRNA. Entretanto, no estado pós-translocacional, o ribossomo sofre uma mudança conformacional que converte o sítio A para um estado de alta afinidade e o sítio E para um estado de baixa afinidade, o que, consequentemente, libera o tRNA deacilado quando o aa-tRNA · EF-Tu · GTP se liga ao sítio A. Portanto, o sítio E não é simplesmente um sítio de retenção passivo de tRNAs já utilizados, desempenhando uma função essencial no processo de tradução. A hidrólise de GTP pelos fatores de alongamento EF-Tu e EF-G e também a reação de peptidil transferase funcionam, aparentemente, para reduzirem as barreiras de ativação entre esses estados conformacionais. O sentido unidirecional A → P → E dos tRNAs através do ribossomo é, assim, facilitado.

Determinados aspectos dos mecanismos anteriores ainda não foram completamente resolvidos. Por exemplo, estudos por raios X do ribossomo 70S em complexo com três tRNAs (p. ex., Fig. 32.34) sugerem que o tRNA do sítio E não é liberado do ribossomo até a Etapa 2 da Fig. 32.56. Porém, Nierhaus e Frank argumentam que esses complexos foram cristalizados na presença de concentrações elevadas e não fisiológicas de tRNA. Seja qual for o caso, está claro que as trocas dos estados de ligação resultam em movimentos em grande escala dos tRNAs, em alguns casos de > 50 Å. Além disso, estudos de crio-EM indicam que, quando da ligação do EF-G · GDP(CH_2)P (como GMPPNP, mas com um grupo CH_2, em vez de um grupo NH unindo seus fosfatos β e γ), a subunidade 30S gira 6° no sentido horário em relação à subunidade 50S, quando visualizada a partir do lado do solvente da subunidade 30S, o que resulta em um deslocamento máximo de ~ 19 Å na periferia do ribossomo. Essa rotação é acompanhada por muitas mudanças conformacionais menores em ambas as subunidades, especialmente nas regiões próximas da entrada e da saída do canal do mRNA. Claramente, o entendimento completo de como o ribossomo funciona em nível molecular está longe de ser alcançado.

m. O ciclo de alongamento eucariótico é similar ao de procariotos

O ciclo de alongamento eucariótico se assemelha bastante àquele de procariotos. Em eucariotos, as funções de EF-Tu e de EF-Ts são, respectivamente, assumidas pelos fatores de alongamento **eEF1A** e **eEF1B**, com eEF1B de levedura consistindo em duas subunidades: **eEF1Bα**, que catalisa trocas de nucleotídeos, e **eEF1Bγ**, de função desconhecida (em eucariotos superiores, eEF1B contém uma terceira subunidade, **eEF1Bβ**, que apresenta atividade de troca de nucleotídeos semelhante à da eEF1Bα). Da mesma forma, **eEF2** funciona de maneira análoga a EF-G. Entretanto, os fatores de alongamento eucarióticos e procarióticos correspondentes não são intercambiáveis.

A estrutura por raios X do eEF1A · eEF1Bα de levedura (Fig. 32.57), determinada por Kjeldgaard e Nyborg, revela que eEF1A assemelha-se estruturalmente ao homólogo EF-Tu (Fig. 32.49), enquanto eEF1Bα não apresenta qualquer semelhança com EF-Ts, tanto em sequência como em estrutura. Apesar disso, eEF1Bα interage funcionalmente com eEF1A da mesma forma como EF-Ts interage com EF-Tu: os dois GEFs associam-se às suas proteínas G correspondentes de forma a desestruturarem o sítio de ligação ao Mg^{2+} associado com o nucleotídeo de guanina ligado a ele.

E. *Precisão da tradução*

O código genético é, normalmente, expresso com uma fidelidade notável. Já foi visto que tanto a transcrição como a aminoacilação dos tRNAs são processos de elevada precisão (Seções 31.2Ec e 32.2Ce). A precisão da decodificação ribossômica do mRNA foi estimada a partir da frequência de incorporações incorretas de [^{35}S]Cys na **flagelina**, uma proteína de *E. coli* (Seção 35.3I) que normalmente não possui Cys. As medições feitas na flagelina altamente purificada indicaram que a frequência de traduções incorretas é de, 10^{-4} erros por códon. Essa frequência é muito aumentada na presença de **estreptomicina**, um antibiótico que aumenta a frequência de leituras incorretas do ribossomo (Seção 32.3G). A partir dos tipos de erros de leitura induzidos por estreptomicina conhecidos, deduziu-se que a tradução incorreta é quase que inteiramente devida à confusão entre os códons CGU e CGC, de Arg, com os códons de UGU e UGC, de Cys. A frequência de erros anterior é, portanto, causada predominantemente por erros na decodificação ribossômica.

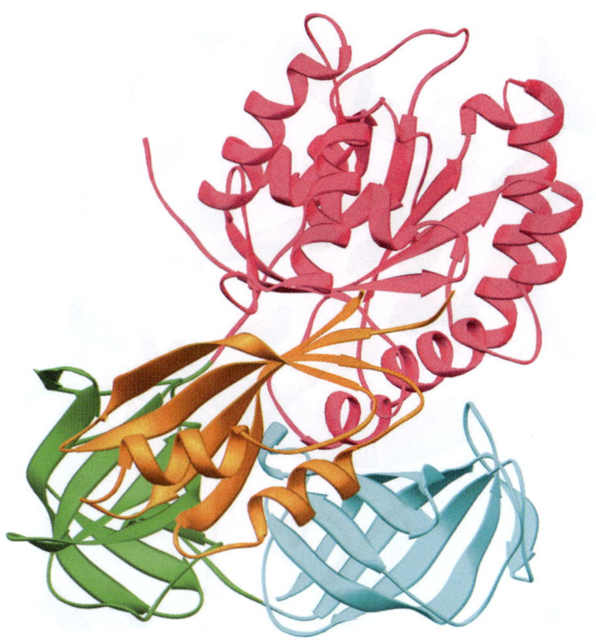

FIGURA 32.57 Estrutura por raios X do eEF1A · eEF1Bα de levedura. Os domínios 1, 2 e 3 do eEF1A estão em magenta, verde e ciano, respectivamente, e o eEF1Bα está em cor de laranja. O complexo está orientado de forma a enfatizar a semelhança estrutural entre o eEF1A e o EF-Tu colorido de forma semelhante em seu complexo com o EF-Ts (Fig. 32.49). Note a falta de semelhança entre o eEF1Bα e o EF-Ts. (Com base em uma estrutura por raios X de Morten Kjeldgaard e Jens Nyborg, Aarhus University, Århus, Dinamarca. PDBid 1F60.)

Um aminoacil-tRNA é selecionado pelo ribossomo somente de acordo com o seu anticódon. Porém, a perda de energia de ligação decorrente de um único malpareamento de bases em uma interação códon-anticódon é estimada em ~ 12 kJ · mol^{-1}, o que, de acordo com a Equação [32.1], não poderia explicar uma precisão de decodificação ribossômica de menos de ~ 10^{-2} erros por códon. Além disso, se esperaria, em um raciocínio simples, que a interação de pareamento de bases entre o códon UUU, de Phe, e o anticódon GAA, do $tRNA^{Phe}$, fosse menos estável do que o pareamento incorreto entre o códon UGC, de Ser, e o anticódon GCG, do $tRNA^{Arg}$. Isso porque, apesar de ambas as interações apresentarem um par de bases G · U, os dois pares de bases A · U restantes da primeira delas (a correta) são mais fracos do que os dois pares de bases G · C restantes da segunda (a incorreta). Evidentemente, o ribossomo possui algum tipo de mecanismo de leitura de revisão que aumenta sua precisão geral de decodificação.

a. O ribossomo monitora a formação de um complexo códon-anticódon correto

Como visto anteriormente (Figs. 32.55*b* e 32.56), o complexo ternário aminoacil-tRNA · EF-Tu · GTP se liga inicialmente no ribossomo com o tRNA no estado de ligação A/T. O tRNA somente assume o estado totalmente ligado A/A (acomodação) depois do GTP ter sido hidrolisado e do complexo EF-Tu · GDP ter sido liberado do ribossomo. Esses dois estados permitem, presumivelmente, que o ribossomo realize uma verificação dupla (leitura de revisão) do complexo códon-anticódon que o mRNA estabelece com o tRNA que está chegando.

A estrutura por raios X da subunidade 30S de *T. thermophilus* em complexo com um mRNA hexanucleotídico U_6 e um RNA de 17 nt consistindo na haste-alça do anticódon do $tRNA^{Phe}$ (Fig. 32.11, embora os seus nucleotídeos não estejam modificados), determinada por Ramakrishnan, revelou como um tRNA especificado por um mRNA liga-se inicialmente ao ribossomo. A associação códon-anticódon é estabilizada pelas suas interações com três bases ribossômicas conservadas universalmente, A1492, A1493 e G530 (Fig. 32.58):

1. O primeiro par de bases do códon-anticódon, aquele entre a U1 do mRNA e a A36 do tRNA, é estabilizado pela ligação da base A1493 do rRNA na cavidade menor do par de bases (Fig. 32.58*a*).
2. O segundo par de bases do códon-anticódon, aquele entre a U2 e a A35, é amparado pela A1492 e pela G530, as duas ligando-se na cavidade menor desse par de bases (Fig. 32.58*b*).

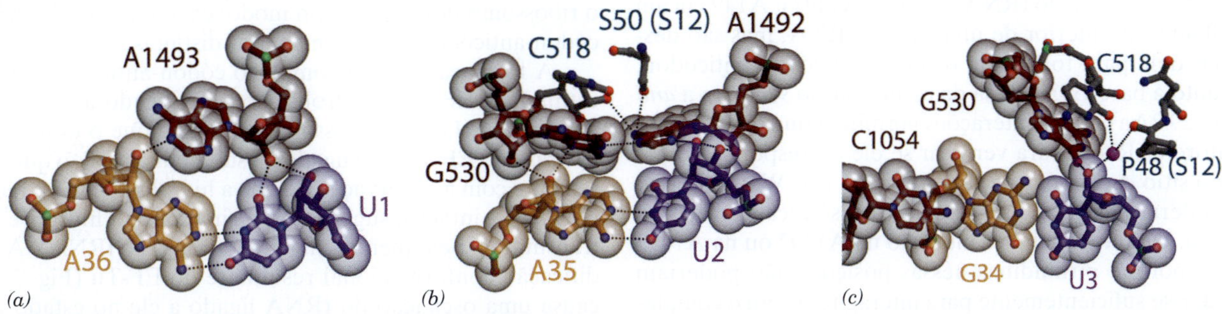

FIGURA 32.58 Interações códon-anticódon no ribossomo. Os primeiro (*a*), segundo (*b*) e terceiro (*c*) pares de bases do códon-anticódon, como visualizados na estrutura por raios X da subunidade 30S de *T. thermophilus* em complexo com U_6 (um mRNA-modelo) e a haste-alça do anticódon, de 17 nt, do $tRNA^{Phe}$ (cujo anticódon é GAA). As estruturas estão desenhadas na forma de esferas e bastões e envolvidas por suas superfícies de van der Waals semitransparentes. Os códons estão em púrpura, os anticódons estão em amarelo e o rRNA está em marrom ou cinza, com átomos que não são de C coloridos de acordo com o tipo (N azul, O vermelho e P verde). Os átomos de C proteicos estão em cinza e os íons de Mg^{2+} estão representados por esferas em magenta. (Cortesia de Venki Ramakrishnan, MRC Laboratory of Molecular Biology, Cambridge, Reino Unido. PDBid 1IBM.)

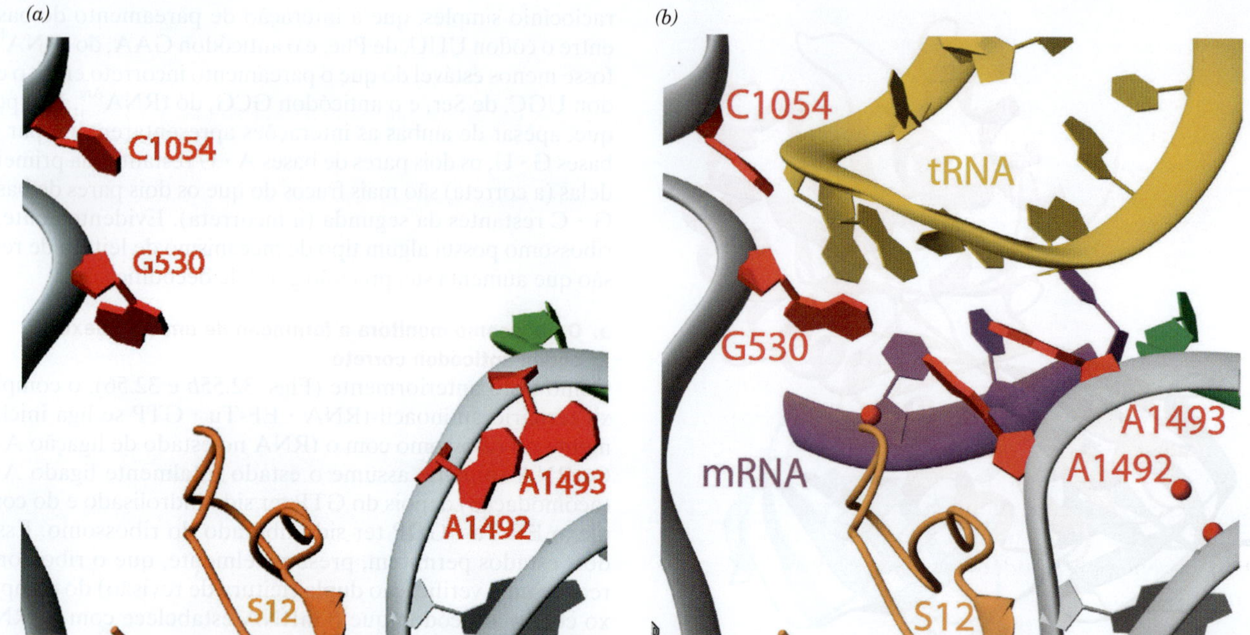

FIGURA 32.59 Sítio de decodificação ribossômico. As estruturas por raios X da subunidade 30S de *T. thermophilus* (*a*) sozinha e (*b*) em seu complexo com U_6 e a haste-alça do anticódon, de 17 nt, do $tRNA^{Phe}$. Os RNAs estão desenhados como fitas, com seus nucleotídeos em forma de pá, com o tRNA em dourado, o sítio A do mRNA em púrpura, o sítio P do mRNA em verde, o rRNA em cinza e os nucleotídeos que sofrem mudanças conformacionais em vermelho. A proteína S12 está em cor de laranja e os íons de Mg^{2+} estão representados por esferas vermelhas. Compare a Parte *b* com a Fig. 32.58. (Cortesia de Venki Ramakrishnan, MRC Laboratory of Molecular Biology, Cambridge, Reino Unido. PDBids [*a*] 1FJF e [*b*] 1IBM.)

3. O terceiro par de bases do códon-anticódon (o par oscilante; Seção 32.2Db), aquele entre a U3 e a G34, é reforçado pela ligação da G530 na cavidade menor (Fig. 32.58*c*). Essa última interação parece ser menos rigorosa que aquelas nas primeira e segunda posições, o que é consistente com a necessidade de tolerar pares de bases do tipo não Watson-Crick (Seção 32.2D) do terceiro pareamento do códon-anticódon.

A comparação dessa estrutura com aquela da subunidade 30S sozinha revela que os nucleotídeos do rRNA discutidos anteriormente passam por mudanças conformacionais durante a formação de um complexo códon-anticódon (Fig. 32.59). Na ausência do tRNA, as bases A1492 e A1493 ficam empilhadas no interior de uma alça de RNA, mas são deslocadas dela para formarem o complexo códon-anticódon, enquanto a base G530 passa da conformação *syn* para a *anti* (Seção 29.2Aa). Essas interações permitem que o ribossomo monitore o tRNA, para verificar se ele corresponde ao códon no sítio A; um par de bases do tipo não Watson-Crick não poderia ligar-se a essas bases ribossômicas da mesma maneira. De fato, qualquer mutação na A1492 ou na A1493 é letal, porque pirimidinas nessas posições não poderiam estender-se suficientemente para interagirem com o complexo códon-anticódon ou com G530 e porque uma G em qualquer uma destas posições seria incapaz de formar as ligações de hidrogênio necessárias e seu N2 estaria sujeito a colisões alostéricas. Um códon-anticódon incorreto provê uma quantidade insuficiente de energia livre para ligar o tRNA ao ribossomo e, por isso, o tRNA se dissocia, ainda na forma de seu complexo ternário com EF-Tu e GTP.

b. A hidrólise de GTP feita pelo EF-Tu é um pré-requisito termodinâmico para a leitura de revisão ribossômica

Uma etapa da leitura de revisão deve ser inteiramente independente da etapa de seleção inicial. Somente assim a probabilidade geral de erros poderá ser igual ao produto das probabilidades de erros das etapas de seleção individuais. Foi visto que as DNA-polimerases e as aminoacil-tRNA-sintases mantêm a independência de suas duas etapas de seleção realizando-as em sítios ativos separados (Seções 30.2Ac e 32.2Ce). Porém, o ribossomo somente reconhece o aminoacil-tRNA que chega de acordo com a complementaridade do seu anticódon com o códon no sítio A. Consequentemente, o ribossomo deve, de algum modo, examinar essa interação códon-anticódon de duas maneiras distintas.

A formação de um complexo códon-anticódon correto estimula o EF-Tu a hidrolisar o GTP ligado a ele, embora não seja claro como isso ocorre (note que o domínio de GTPase do EF-Tu está ligado na subunidade 50S, o que, juntamente com a observação de que a hidrólise de GTP requer um tRNA intacto, sugere que o sinal para a hidrólise seja transmitido, pelo menos em parte, através do tRNA). A modificação conformacional resultante do EF-Tu (Fig. 32.48) causa uma oscilação do tRNA ligado a ele no estado A/A (acomodação), em um processo que move a extremidade 3′ do tRNA por cerca de 70 Å. Isso, como está hipotetizado, sujeita a interação códon-anticódon a uma pressão que somente um pareamento correto pode sustentar. A interação códon-anticódon está, dessa forma, sujeita a um segundo exame, que somente permite que um aminoacil-tRNA cognato entre no centro de peptidil-transferase. A reação de

GTPase irreversível deve preceder essa etapa de leitura de revisão, porque, de outra forma, a dissociação de um tRNA não cognato correspondente (a liberação de seu anticódon do códon) seria simplesmente o inverso do passo de ligação inicial, ou seja, seria parte do processo de seleção inicial e não da leitura de revisão. *A hidrólise de GTP estabelece, portanto, o segundo contexto necessário para a leitura de revisão; ela é o preço entrópico que o sistema deve pagar para ter uma seleção precisa dos tRNAs.*

F. *Terminação da cadeia*

A síntese polipeptídica sob a coordenação de um mRNA sintético, como poli(U), termina com um peptidil-tRNA associado ao ribossomo. Entretanto, *a tradução de mRNAs naturais, que contêm os códons de Parada UAA, UGA ou UAG, resulta na liberação de polipeptídeos livres.* A terminação precisa é essencial, não apenas porque ela impede a síntese desnecessária de polipeptídeos não funcionais, mas também porque polipeptídeos terminados de forma prematura podem ser tóxicos.

a. Terminação procariótica

Em *E. coli*, a terminação da cadeia tem várias etapas (Fig. 32.60):

1. Os códons de Parada, os únicos códons que normalmente não possuem tRNAs correspondentes, são reconhecidos pelos **fatores de liberação** (RF, de *release factor*) de classe I (Tabela 32.9): **RF-1** reconhece UAA e UAG, enquanto **RF-2**, que é 39% idêntico a RF-1, reconhece UAA e UGA. A troca de um tripeptídeo PXT conservado em RF-1, por um tripeptídeo SPF conservado em RF-2, troca a especificidade de códons de Parada, o que sugere que esses tripeptídeos mimetizam anticódons.

2. *Ao se ligarem aos seus códons de Parada correspondentes, RF-1 e RF-2 induzem a transferência do grupo peptidil do tRNA para a água, ao invés de para um aminoacil-tRNA, liberando, assim, o polipeptídeo completado (Fig. 32.61).* Isso ocorre com uma frequência de erro de 10^{-5} sem a revisão de leitura. Os fatores de liberação de classe I atuam no sítio A ribossômico, como indicado pelas observações de que eles competem com tRNAs supressores pelos códons de termina-

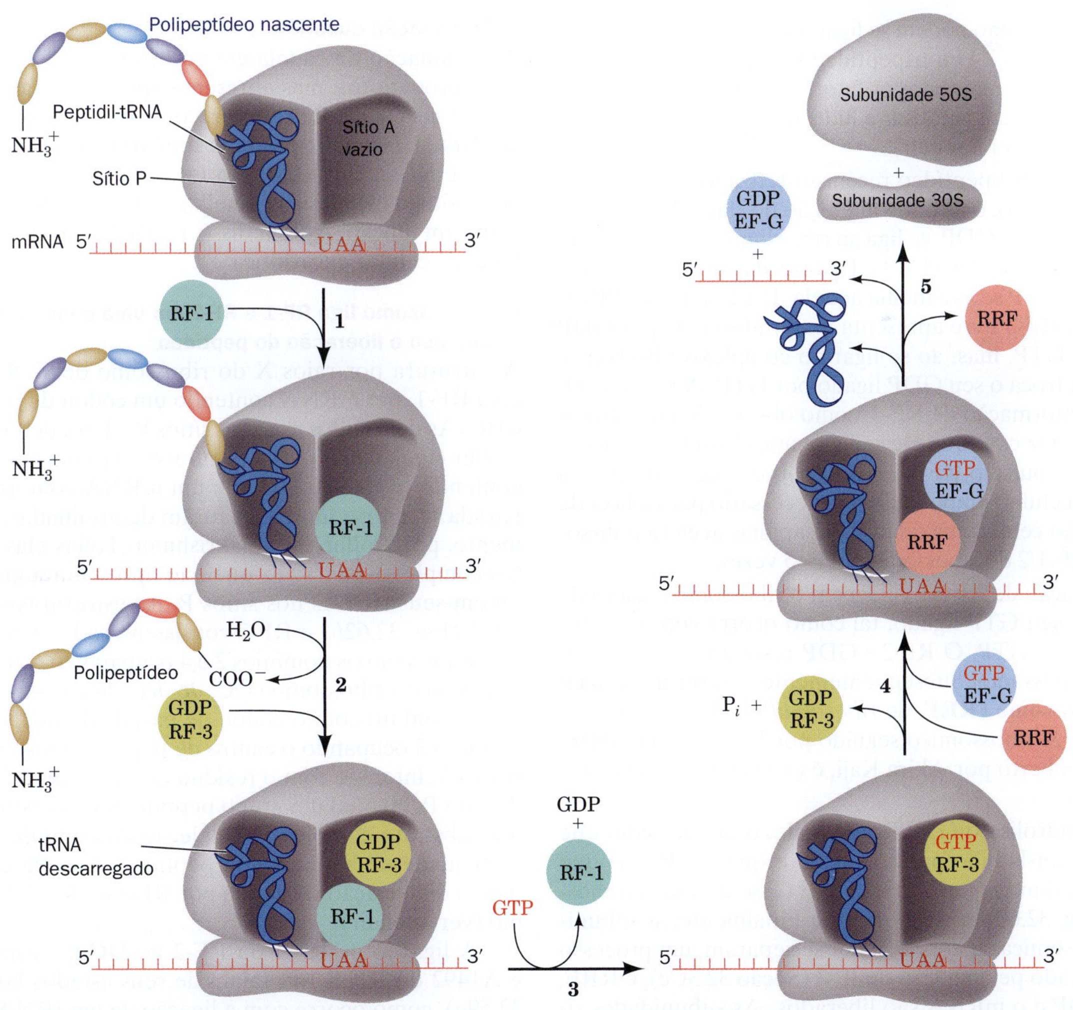

FIGURA 32.60 **Rota de terminação em ribossomos de *E. coli*.** O RF-1 reconhece os códons de Parada UAA e UAG, enquanto RF-2 (não mostrado) reconhece UAA e UGA. A terminação em eucariotos segue uma rota análoga, mas necessita apenas de um único fator de liberação de classe I, eRF1, que reconhece todos os três códons de Parada.

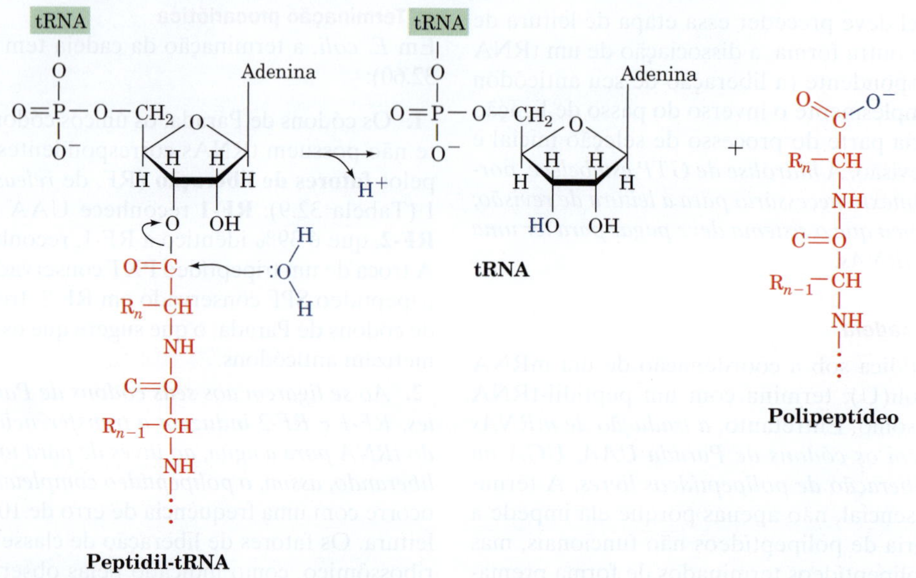

FIGURA 32.61 **Hidrólise do peptidil-tRNA catalisada pelo ribossomo para formar um polipeptídeo e um tRNA livre.**

ção e de que eles não podem se ligar ao ribossomo ao mesmo tempo que o EF-G. Um tripeptídeo GGQ, que é universalmente conservado em todos os fatores de liberação de classe I, está implicado em catalisar a hidrólise da ligação éster do peptidil-tRNA (ver a seguir).

3. Depois do polipeptídeo recém-sintetizado ter sido liberado do ribossomo, o fator de liberação de classe II **RF-3**, em seu complexo com GDP, se liga ao ribossomo no mesmo sítio em que se ligam EF-Tu e EF-G. De fato, a estrutura por raios X de RF-3 · GDP se assemelha àquela de EF-Tu · GMPPNP (Fig. 32.47). RF-3 livre apresenta maior afinidade por GDP do que por GTP, mas, ao se ligar ao complexo ribossomo-RF-1/2, ele troca o seu GDP ligado por GTP. A troca resultante na conformação de RF-3, como observado em estudos de crio-ME, faz com que ele se ligue mais fortemente ao ribossomo e expulse o RF-1/2. RF-3 não é necessário para a viabilidade celular, embora ele seja necessário para a taxa de multiplicação celular máxima; RF-3 apenas acelera a dissociação de RF-1/2 do ribossomo por ~ 5 vezes.

4. A interação de RF-3 · GTP com o ribossomo o estimula a hidrolisar seu GTP ligado, tal como ocorre com EF-Tu · GTP e EF-G · GTP. O RF-3 · GDP resultante se dissocia, então, do ribossomo. Subsequentemente, o **fator de reciclagem do ribossomo** (**RRF**, de *ribosomal recycling factor*) se liga no sítio A ribossômico seguido por EF-G · GTP. RRF, que foi descoberto por Akira Kaji, é essencial para a viabilidade celular.

5. EF-G hidrolisa o GTP ligado a ele, o que faz com que RRF seja transladado para o sítio P e que os tRNAs que estavam previamente nos sítios P e E (esse último não mostrado na Fig. 32.60) sejam liberados. Finalmente, as subunidades ribossômicas menor e maior se separam, um processo que é facilitado pela ligação de IF-3 (Seção 32.3Cc), e RRF, EF-G · GDP e o mRNA são liberados. As subunidades ribossômicas podem, então, participar de um novo ciclo de iniciação (Fig. 32.43).

b. Terminação eucariótica

A terminação da cadeia em eucariotos se assemelha àquela de procariotos, mas apresenta apenas um fator de liberação de classe I, **eRF1**, que reconhece todos os três códons de Parada. Ele não apresenta similaridade de sequência com RF-1 e RF-2. Entretanto, o fator de liberação de classe II eucariótico, **eRF3**, se assemelha ao RF-3 tanto em sequência como em função. Apesar disso, o eRF3 é essencial para a viabilidade celular eucariótica.

c. O ribossomo liga RF-1 e RF-2 em uma conformação que catalisa a liberação do peptídeo

A estrutura por raios X do ribossomo de *T. thermophilus* com RF-1, um mRNA contendo um códon de parada UAA e tRNAs deacilados nos seus sítios P e E foi determinada por Noller (Fig. 32.62*a*), e as estruturas extremamente similares contendo os tRNAs, RF-2 e um mRNA com um códon de parada UAA ou um UGA foram determinadas, respectivamente, por Noller e Ramakrishnan. Todas elas são produtos complexos, uma vez que não apresentam grupos peptidil em seus tRNAs nos sítios P. As estruturas similares de RF-1 (Fig. 32.62*b*) e RF-2 consistem, cada uma, em quatro domínios, com os domínios 2 e 4 ocupando o centro de decodificação do ribossomo (DC, de *decoding center*), onde eles fazem contato com o códon de parada do mRNA, e com o domínio 3 ocupando o centro de peptidil-transferase (CPT), onde ele interage com o resíduo de ribose de A76 do tRNA do sítio P, no qual um grupo peptidil deveria estar ligado em um substrato complexo. A deleção do domínio 1 não afeta a atividade de liberação do peptídeo, mas ele é necessário para a dissociação facilitada por RF-3 de RF-1/2 do ribossomo (ver a seguir).

A ligação de RF-1 ou RF-2 no DC faz com que A530 e A1492 do RNA 16S saiam de seus estados latentes (Fig. 32.59*a*), como ocorre com a ligação de um tRNA ao seu códon cognato (Fig. 32.59*b*). Entretanto, A1493 não executa esse movimento, pois ao fazer isso ela poderia se chocar com

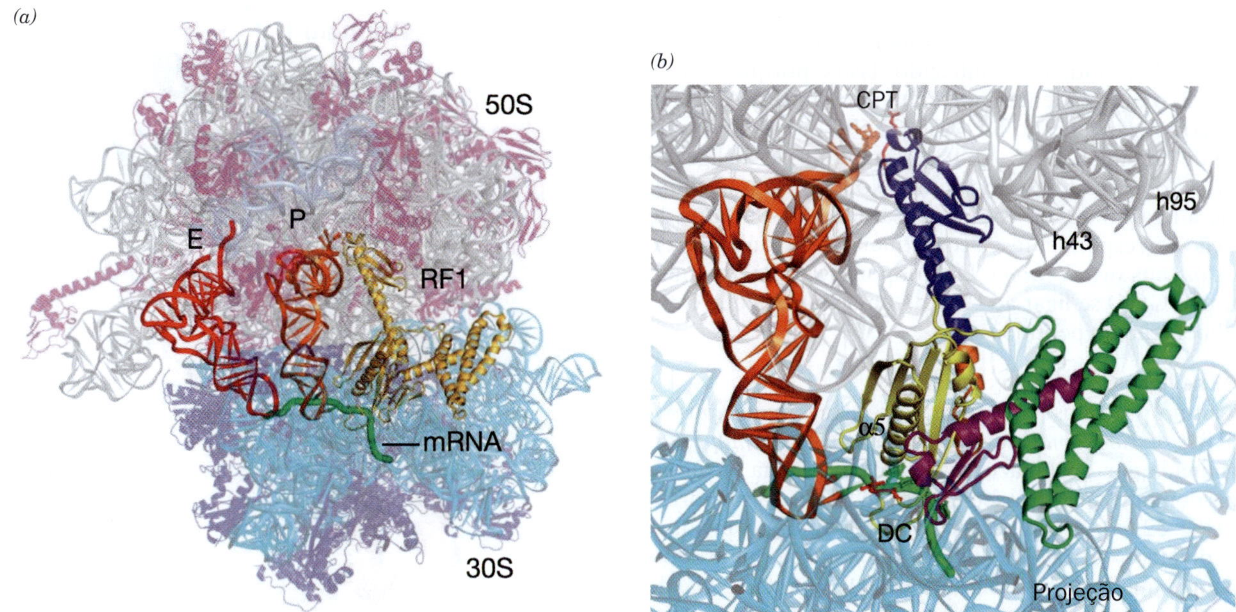

FIGURA 32.62 Estrutura por raios X do ribossomo de *T. thermophilus* em complexo com RF-1, um mRNA contendo um códon de Parada UAA e tRNAs deacilados em seus sítios P e E. (*a*) A estrutura geral com proteínas mostrada na forma de fitas e todos os RNAs mostrados na forma de escada, exceto o mRNA, que está desenhado na forma tubular em verde. O ribossomo está semi-transparente, com seu RNA 23S cinza, seu RNA 5S azul-claro, seu RNA 16S ciano, as proteínas da subunidades de 50S em magenta e as proteínas da subunidade 30S em púrpura. Os tRNAs que ocupam os sítios P e E estão em cor de laranja e vermelho, e o RF-1, que em parte ocupa o sítio ribossômico A, está em amarelo. (*b*) Vista aproximada das interações entre o tRNA do sítio P, mRNA e RF-1. O ribossomo, tRNA e mRNA estão desenhados como na Parte *a* e o RF-1 está colorido com seus domínios 1, 2, 3 e 4 verde, amarelo, azul e magenta, respectivamente. O assim chamado *switch-loop*, que conecta os domínios 3 e 4 e sofre um rearranjo conformacional importante entre o RF-1 livre e o ligado ao ribossomo, está em cor de laranja. O tripeptídeo PVT, implicado no reconhecimento do códon de Parada, e o tripeptídeo GGQ, implicado em catalisar a reação de hidrólise do éster estão desenhados na forma de bastão em vermelho. (Cortesia de Harry Noller, University of California em Santa Cruz, EUA. PDBids 3D5A e 3D5B.)

o domínio 2 de um ou outro fator de liberação. Ao invés, ela se amontoa sobre A1913 do 23S RNA. Os códons de Parada são reconhecidos por ligações de hidrogênio e interações de van der Waals com os tripeptídeos PXT e SPF, localizados de forma similar sobre o domínio 2 de RF-1 e RF-2. Entretanto, a observação de que mutações em RF-2 distantes de seu motivo SQF resultam em especificidade alterada sugerem que o reconhecimento do códon de Parada surja a partir de um tênue balanço de energia de ligação e mudanças conformacionais, como visto ser o caso para o reconhecimento do códon pelo tRNA (Seção 32.3Ea).

No CPT, o tripeptídeo GGQ no domínio 3 de ambos RF-1 e RF-2 faz contato com o resíduo de ribose 3′-terminal (A76) do tRNA deacilado do sítio P. Ambos resíduos de Gly adotam conformações de esqueleto que são proibidas para outros resíduos de aminoácidos, o que contribui com as observações de que uma mutação em qualquer um desses resíduos resulta em uma redução de até 10^4 vezes na taxa de liberação do peptídeo. O grupo NH da cadeia principal do resíduo de Gln está ligado por pontes de hidrogênio ao grupo 3′-OH de A76, que, como é hipotetizado, o posiciona para também se ligar por pontes de hidrogênio e, assim, estabilizar o estado de transição do oxiânion na reação de hidrólise. Em concordância com essa hipótese, a mutação do resíduo de Gln para Pro, que não apresenta o grupo NH na cadeia principal, abole a reação de hidrólise. A cadeia lateral do resíduo de Gln está posicionada para longe da ribose (parte superior da Fig. 32.62*b*) onde, como é proposto, ela auxilia no posicionamento de uma molécula de água para um ataque nucleofílico em linha sobre uma ligação éster que pode ser rompida. Além disso, a observação de que a liberação do peptídeo é quase que praticamente abolida pela remoção do 2′-OH do resíduo terminal 3′ do tRNA do sítio P sugere que a liberação do peptídeo utilize um mecanismo de entrega do próton assistido pelo substrato semelhante àquele da formação da ligação peptídica (Seção 32.3Di). Finalmente, a ligação de RF-1/2 altera U2585 de forma a expor a, de outra forma protegida, ligação éster que pode ser rompida, para o ataque nucleofílico (Seção 32.3Di). Apesar disso, a formulação de um mecanismo definitivo para a liberação do peptídeo deve aguardar a estrutura por raios X de um ribossomo em complexo com ambos os fatores de liberação e um peptidil tRNA, ou seja, um substrato complexo.

Como que a ligação de um fator de liberação a um códon de Parada no DC induz o CPT distante ~ 75 Å a hidrolisar a ligação éster que pode ser rompida? Nas estruturas por raios X de RF-1 ou RF-2 sozinhos, seus motivos PXT/SPF e GGQ estão apenas ~ 23 Å separados, devido a uma mudança de conformação de seus segmentos *switch-loop* (Fig. 32.62*b*) em relação àqueles nos complexos ribossômicos. A conformação de *switch-loop* observada nos complexos ribossômicos somente é possível quando um códon de Parada é reconhecido. Isso é porque a saída de A1493, o que somente ocorre quando um tRNA se liga ao seu códon cognato no DC (Fig. 32.59), ou o fracasso de A1913 de empilhar sobre A1493, altera o bolsão de ligação do *switch-loop* ligado ao ribossomo. Noller propôs, portanto, que a ligação de um códon de Parada por seu fator de liberação correspondente e a consequente reorganização de ambos os seus *switch-loop* e DC cooperativamente permite ao motivo GGQ se ligar ao CPT de uma maneira que catalisa a liberação do peptídeo.

d. RRF se liga no sítio A do ribossomo

A estrutura por raios X do fator de reciclagem do ribossomo (RRF, de *ribosomal recycling factor*) de *T. thermophilus*, determinada por Yoshikazu, revela que ele é uma estrutura de dois domínios que se assemelha a um tRNA na sua forma geral (Fig. 32.63). A comparação dessa estrutura com aquelas de diversos outros RFFs bacterianos indica que os dois conectores que ligam os domínios de RRF são flexíveis, de forma que o domínio II pode girar por sobre o eixo do feixe de três hélices para formar o domínio I.

A estrutura por raios X do ribossomo de *T. thermophilus* em complexo com RRF no seu sítio A, a haste-alça do anticódon (**ASL**, de *anticodon stem-loop*) do $tRNA^{Phe}$ no seu sítio P, $tRNA_f^{Met}$ no seu sítio E e um mRNA com um códon de Parada UAG no seu sítio A foi determinada por Ramakrishnan (Fig. 32.64). O domínio I de RRF se estende sobre os sítios A e P do ribossomo de 50S, uma posição na qual a ponta de seu domínio I poderia colidir com um tRNA no sítio P (e que responde o por que de um complexo ribossômico de RRF e um tRNA no sítio P não ter sido cristalizado). Isso sugere que a ligação de RRF force um tRNA ligado no sítio P ir para o estado híbrido de ligação P/E (Seção 32.3Di). Estudos estruturais prévios sugerem que a ligação de RRF induz alterações nas pontes que conectam as subunidades maior e menor (Seção 32.3Ae). Entretanto, tais mudanças não foram observadas na estrutura acima. Talvez elas ocorram no estado híbrido P/E.

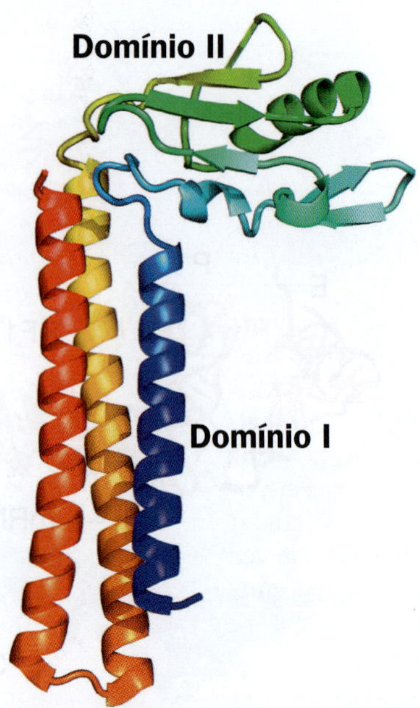

FIGURA 32.63 Estrutura por raios X do RRF de *T. thermophilus*. Essa proteína monomérica está representada na forma de fitas, colorida na ordem das cores do arco-íris a partir de sua extremidade N (*azul*) para a sua extremidade C (*vermelho*). (Com base em uma estrutura por raios X de Yoshikazu Nakamura, The University of Tokyo, Japão. PDBid 1EH1.)

e. A hidrólise de GTP acelera os processos ribossômicos

Qual é o papel das reações de hidrólise de GTP mediadas pelas várias proteínas G associadas ao ribossomo (IF-2, EF-Tu, EF-G e RF-3 em bactérias)? A tradução ocorre na ausência de GTP, embora vagarosamente, de modo que a energia livre da reação de peptidil transferase é suficiente para movimentar todo o processo de tradução. Além disso, nenhuma reação de hidrólise de GTP gera qualquer intermediário covalente de "alta energia", como gera, por exemplo, a hidrólise de ATP em numerosas reações biossintéticas. Ao invés

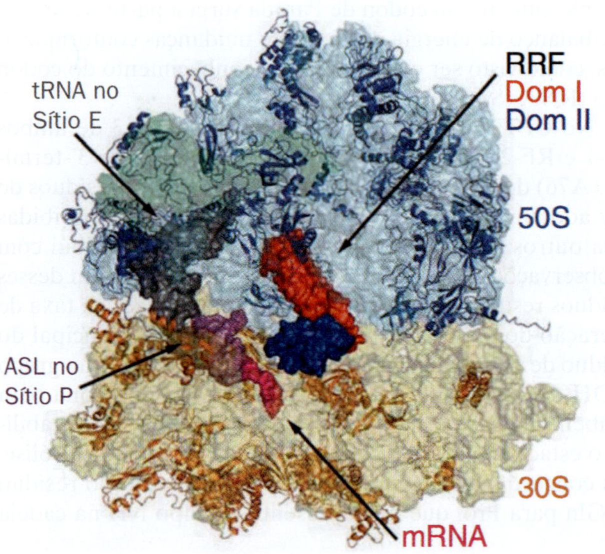

FIGURA 32.64 Estrutura por raios X do ribossomo de *T. thermophilus* em complexo com RRF em seu sítio A, a haste-alça do anticódon (ASL, de *anticodon stem-loop*) do $tRNA^{Phe}$ em seu sítio P, $tRNA_f^{Met}$ em seu sítio E e um mRNA com um códon de Parada UAG no sítio A. Os RNAs ribossômicos são mostrados como diagramas de superfície semitransparentes, com RNA 23S azul-claro, RNA 5S azul-esverdeado e RNA 16S amarelo. As proteínas ribossômicas estão desenhadas na forma de fitas com as proteínas da subunidade 50S em azul e as proteínas da subunidade 30S em bege. O RRF, os tRNAs e o mRNA estão representados por seus diagramas de superfície, com os domínios I e II de RRF vermelho e azul, o mRNA magenta, o ASL no sítio P púrpura e o $tRNA_f^{Met}$ no sítio E cinza. (Cortesia de Venki Ramakrishnan, MRC Laboratory of Molecular Biology, Cambridge, Reino Unido. PDBids 2V46 e 2V47.)

disso, a ligação no ribossomo de uma proteína G induz ele a hidrolisar o seu GTP ligado a GDP, resultando em uma mudança conformacional que faz com que o ribossomo realize um determinado processo (a ligação de fMet-$tRNA_f^{Met}$ por IF-2, acomodação de EF-Tu, translocação por EF-G e liberação de RF-1/2 por RF-3) e libere o complexo proteína G · GDP resultante. *A alta velocidade e a irreversibilidade da reação de hidrólise de GTP garantem, portanto, que os diversos processos ribossômicos aos quais ela está acoplada, iniciação, alongamento e terminação, sejam eles próprios rápidos e irreversíveis.* Complexos de proteína G · GTP atuam, essencialmente, como demônios de Maxwell para aprisionarem o ribossomo em conformações funcionalmente produtivas. Assim, como foi visto ser o caso para a revisão de leitura ribossômica (Seção 32.Eb), o ribossomo utiliza a energia livre da hidrólise de GTP para adquirir um estado mais ordenado (de menor entropia), em vez de adquirir um estado de maior energia, como frequentemente ocorre em processos dependentes de ATP.

G. *Inibidores da síntese proteica: Antibióticos*

Antibióticos são substâncias bacterianas, fúngicas ou sinteticamente produzidas que inibem a multiplicação de micro-organismos. Antibióticos são conhecidos por inibirem uma variedade de processos biológicos essenciais, inclusive a replicação do DNA (p. ex., a ciprofloxacina; Seção 29.3Cd), a transcrição (p. ex., a rifamicina B; Seção 31.2Bb) e a síntese da parede celular bacteriana (p. ex., a penicilina; Seção 11.3Bb). Entretanto, *a maioria dos antibióticos conhecidos, inclusive uma grande variedade de substâncias de utilidade médica, bloqueia a tradução.* Essa situação é, presumivelmente, uma consequência da enorme complexidade da maquinaria de tradução, que a torna vulnerável à interrupção de muitas maneiras. Os antibióticos também têm sido úteis na análise dos mecanismos ribossômicos, porque, como foi visto para a puromicina (Seção 32.3Df), o bloqueio de uma função específica frequentemente permite a sua dissecação bioquímica em suas etapas componentes. A Tabela 32.10 e a Fig. 32.65 apresentam diversos inibidores da tradução de importância médica e/ou de utilidade bioquímica. A seguir serão estudados os mecanismos de alguns dos mais bem caracterizados.

a. Estreptomicina

A **estreptomicina**, que foi descoberta em 1944 por Selman Waksman, é um membro de importância médica de uma família de antibióticos conhecidos como **aminoglicosídeos**, que inibem os ribossomos procarióticos de várias maneiras. Em baixas concentrações, a estreptomicina faz com que o ribossomo leia o mRNA de forma incorreta e característica: uma pirimidina pode ser confundida com outra, na primeira e na segunda posições do códon, e qualquer pirimidina pode ser confundida com uma adenina, na primeira posição. Isso inibe a multiplicação de células suscetíveis, mas não as mata. Em altas concentrações, porém, a estreptomicina impede a iniciação apropriada da cadeia e, portanto, causa a morte celular.

Determinados mutantes resistentes à estreptomicina (str^R) apresentam ribossomos com uma proteína S12 alterada, em comparação com bactérias sensíveis à estreptomicina (str^S). É intrigante, porém, que uma troca da base C912 do rRNA 16S (que está localizada na sua alça central; Fig. 32.27*a*) também confere resistência à estreptomicina. (Algumas bactérias mutantes não apenas são resistentes à estreptomicina, mas também são dependentes dela; elas requerem o fármaco para sua multiplicação.) Em bactérias diploides parciais, que são heterozigóticas para a resistência à estreptomicina (str^R/str^S), a sensibilidade ao antibiótico é dominante. Essa observação intrigante é explicada pela observação de que, na presença de estreptomicina, ribossomos str^S permanecem ligados aos sítios de iniciação, excluindo, dessa forma, ribossomos str^R desses sítios. Além disso, os mRNAs nesses complexos bloqueados são degradados depois de poucos minutos, o que permite que ribossomos str^S se liguem igualmente aos mRNAs recém-sintetizados.

TABELA 32.10 Alguns inibidores ribossômicos

Inibidor	Ação
Cloranfenicol	Inibe a ação de peptidil-transferase da subunidade maior procariótica
Ciclo-hexamida	Inibe a ação de peptidil-transferase da subunidade maior eucariótica
Eritromicina	Inibe a translocação da subunidade maior procariótica
Ácido fusídico	Inibe o alongamento em procariotos ligando-se ao EF-G · GDP de um modo que impede a sua dissociação da subunidade maior
Paromomicina	Aumenta a taxa de erro ribossômica
Puromicina	Um análogo de aminoacil-tRNAs que provoca a terminação de cadeia prematura em procariotos e eucariotos
Estreptomicina	Provoca erros de leitura do mRNA e inibe a iniciação da cadeia em procariotos
Tetraciclina	Inibe a ligação de aminoacil-tRNAs à subunidade menor procariótica
Toxina da difteria	Inativa cataliticamente o eEF2 pela ADP-ribosilação
Ricina/abrina/α-sarcina	**Ricina** e **abrina** são glicosidases vegetais venenosas que inativam cataliticamente a subunidade maior eucariótica pela depurinação hidrolítica de um resíduo de A específico e altamente conservado do RNA 28S, que está localizado na chamada alça de **sarcina-ricina**, que forma uma parte crítica do centro ribossômico de ligação ao fator; α-sarcina é uma proteína de fungos, que cliva uma ligação fosfodiéster específica na alça de sarcina-ricina

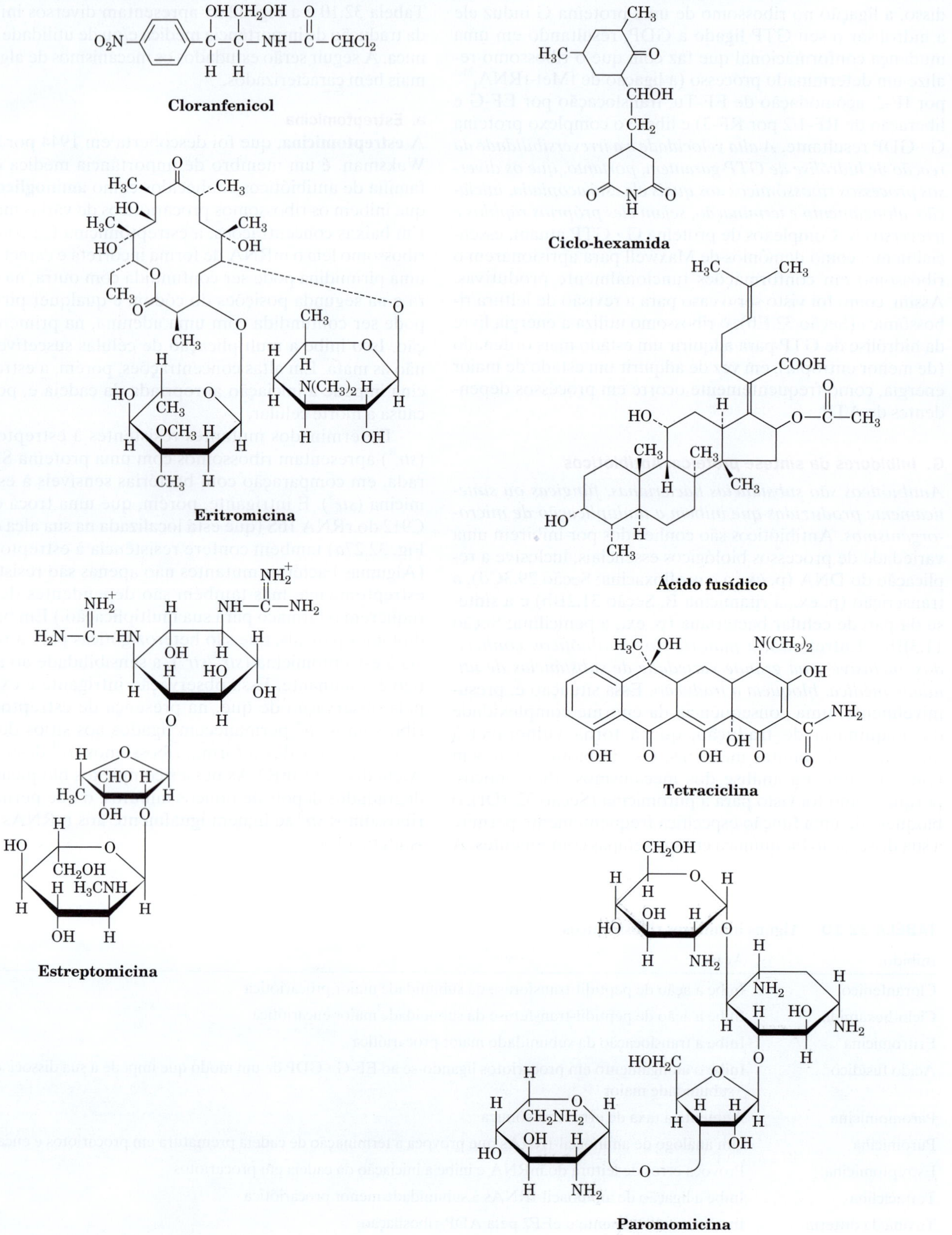

Cloranfenicol

Ciclo-hexamida

Eritromicina

Ácido fusídico

Tetraciclina

Estreptomicina

Paromomicina

FIGURA 32.65 **Seleção de antibióticos que atuam como inibidores da tradução.**

b. Cloranfenicol

O **cloranfenicol**, o primeiro dos antibióticos de "amplo espectro", inibe a atividade de peptidil-transferase da subunidade maior do ribossomo procariótico. Entretanto, a sua utilização clínica está limitada apenas a infecções graves, devido aos seus efeitos secundários tóxicos, que são causados, pelo menos em parte, pela sensibilidade ao cloranfenicol de ribossomos mitocondriais. O RNA 23S foi implicado na ligação ao cloranfenicol pela observação de que alguns de seus mutantes são resistentes a esse antibiótico. De fato, estudos por raios X indicaram que o cloranfenicol se liga no túnel de saída do polipeptídeo da subunidade maior, na vizinhança do sítio A. Isso explica por que o cloranfenicol compete pela ligação com a extremidade 3′ de aminoacil-tRNAs e também com a puromicina (cujo sítio de ligação ribossômico sobrepõe-se ao do cloranfenicol), mas não com peptidil-tRNAs. Essas observações sugerem que o cloranfenicol inibe a transferência peptídica por interferir com as interações de ribossomos com os aminoacil-tRNAs ligados no sítio A.

c. Paromomicina

A **paromomicina**, um antibiótico aminoglicosídico de utilidade clínica, aumenta a frequência de erro ribossômica. A estrutura por raios X da subunidade 30S em complexo com a paromomicina (Fig. 32.66) revela que ela se liga no interior da alça de RNA na qual as bases A1492 e A1493 estão normalmente empilhadas (Fig. 32.59*a*). Isso faz as bases se deslocarem da alça e assumirem uma conformação similar àquela no complexo códon-anticódon-subunidade 30S (Fig. 32.59*b*). De fato, esse complexo códon-anticódon-subunidade 30S não é perturbado de forma significativa pela ligação da paromomicina. Como foi visto na Seção 32.3Ea, a subunidade 30S utiliza as bases A1492 e A1493 para certificar-se de que os dois primeiros pares de bases do códon-anticódon são pares de bases do tipo Watson-Crick, ou seja, para verificar se o tRNA que está chegando é cognato do códon no sítio A. Normalmente, tRNAs não cognatos apresentam uma energia de ligação códon-anticódon insuficiente para deslocar a A1492 e a A1493 para fora da alça e, consequentemente, são rejeitados pelo ribossomo. Entretanto, a ligação da paromomicina à subunidade 30S paga o preço energético desses deslocamentos de bases. Isso facilita a aceitação por parte do ribossomo (estabiliza a ligação) de aminoacil-tRNAs quase cognatos e, portanto, a incorporação errônea de seus resíduos de aminoácidos no polipeptídeo que está sendo sintetizado.

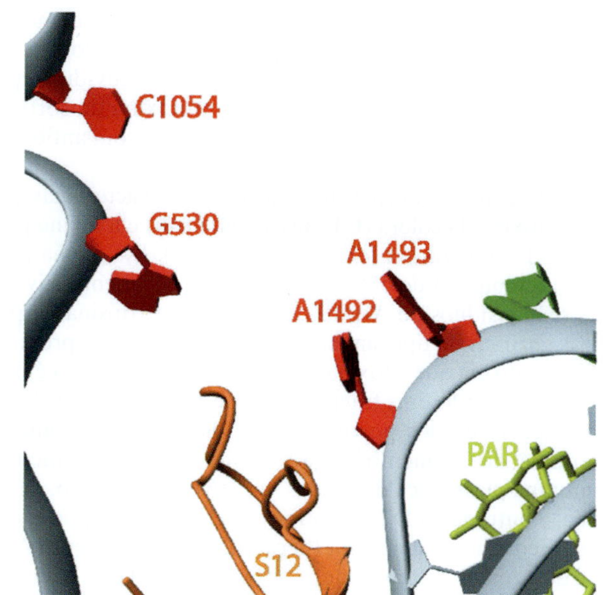

FIGURA 32.66 Estrutura por raios X do ribossomo 30S em complexo com o antibiótico paromomicina. A vista e a coloração são as mesmas da Fig. 32.59, com a molécula de paromomicina (PAR) representada na forma de bastões em amarelo-esverdeado. (Cortesia de Venki Ramakrishnan, MRC Laboratory of Molecular Biology, Cambridge, Reino Unido. PDBids 1IBK.)

d. Tetraciclina

A **tetraciclina** e seus derivados são antibióticos de amplo espectro que se ligam à subunidade menor de ribossomos procarióticos, onde inibem a ligação de aminoacil-tRNAs. Uma estrutura por raios X da tetraciclina em complexo com a subunidade 30S revela que ela se liga principalmente em uma fenda composta apenas pelo domínio 3′ maior do RNA 16S (Fig. 32.27*a*), que está localizada no pescoço da subunidade 30S, exatamente acima de seu sítio A. Isso permite que a triagem inicial do aminoacil-tRNA prossiga, mas bloqueia fisicamente a sua acomodação no sítio de peptidil-transferase (A/A) após a ocorrência da hidrólise de GTP catalisada por EF-Tu, resultando na liberação do tRNA. Assim, além de impedir a síntese proteica, a ligação da tetraciclina promove a hidrólise improdutiva de GTP, o que, como ela ocorre sempre que um aminoacil-tRNA cognato se liga ao ribossomo, determina um enorme esgotamento energético para a célula. Os nucleotídeos que formam o sítio de ligação à tetraciclina são pouco conservados nos ribossomos eucarióticos, o que explica, portanto, a especificidade bacteriana desse antibiótico.

A tetraciclina também bloqueia a resposta estringente (Seção 31.3I), pela inibição da síntese de (p)ppGpp. Isso indica que um tRNA deacilado deve ligar-se ao sítio A para ativar o fator estringente.

Linhagens bacterianas resistentes à tetraciclina têm se tornado bastante comuns, determinando um sério problema clínico. A resistência é frequentemente conferida por uma diminuição na permeabilidade da parede celular bacteriana à tetraciclina, ao invés de por qualquer alteração nos componentes ribossômicos.

e. Toxina da difteria

A **difteria** é uma doença resultante da infecção bacteriana por *Corynebacterium diphtheriae* portadora do bacteriófago **corinefago β**. A difteria foi a principal causa de mortalidade infantil até o final da década de 1920, quando a imunização tornou-se corrente. Embora a infecção bacteriana esteja normalmente restrita ao trato respiratório superior, a bactéria secreta uma proteína codificada pelo fago, conhecida como **toxina da difteria** (**DT**, de *diphtheria toxin*), que é responsável pelos efeitos letais da doença. *A toxina da difteria inativa, de forma específica, o fator de alongamento eucariótico eEF2, inibindo, dessa maneira, a síntese proteica eucariótica.*

Os efeitos patogênicos da difteria são evitados, como foi descoberto na década de 1880, pela imunização com o **toxoide** (a toxina inativada por formaldeído). Indivíduos que contraíram difteria são tratados com antitoxina de soro de cavalo, que se liga à DT e a inativa, e também com antibióticos para o combate à infecção bacteriana.

A DT é um membro da família de toxinas bacterianas que inclui a toxina da cólera (CT, de *cholera toxin*) e a toxina pertussis (PT, de *pertussis toxin*; Seção 19.2Ce). Ela é uma proteína monomérica de 535 resíduos, que é facilmente clivada após seus resíduos de Arg 190, 192 e 193 por tripsina ou por outras enzimas de tipo similar. Essa hidrólise ocorre próxima ao momento em que a toxina da difteria encontra a sua célula-alvo, produzindo dois fragmentos, A e B, que, apesar disso, permanecem unidos por uma ponte dissulfeto. O domínio C-terminal do fragmento B liga-se a um receptor específico na membrana plasmática de células suscetíveis, induzindo, dessa forma, a entrada da DT no endossomo (Fig. 12.91) por endocitose mediada pelo receptor (Seção 12.5Bc; o fragmento A livre é desprovido de atividade tóxica). O baixo pH, de 5, do endossomo provoca uma mudança conformacional no domínio N-terminal do fragmento B, que, então, se insere na membrana do endossomo, de forma a facilitar a entrada do fragmento A no citoplasma. A ponte dissulfeto que liga as subunidades A e B é então clivada pelo ambiente redutor do citoplasma.

No citosol, o fragmento A catalisa a **ADP-ribosilação** do eEF2 por NAD^+,

$$\underset{(ativo)}{\text{eEF2}} + \text{NAD}^+ \xrightarrow{\text{Toxina da difteria}} \underset{(inativo)}{\text{ADP-ribosil-eEF2}} + \text{Nicotinamida} + \text{H}^+$$

dessa forma, inativando esse fator de alongamento. Como o fragmento A atua de forma catalítica, *uma molécula é suficiente para promover a ADP-ribosilação de todos os eEF2s de uma célula, o que interrompe a síntese proteica e provoca a morte celular*. Apenas poucas microgramas da toxina da difteria são, portanto, suficientes para causar a morte de um indivíduo não imunizado.

A toxina da difteria ADP-ribosila especificamente um resíduo de His modificado do eEF2, conhecido como **diftamida**:

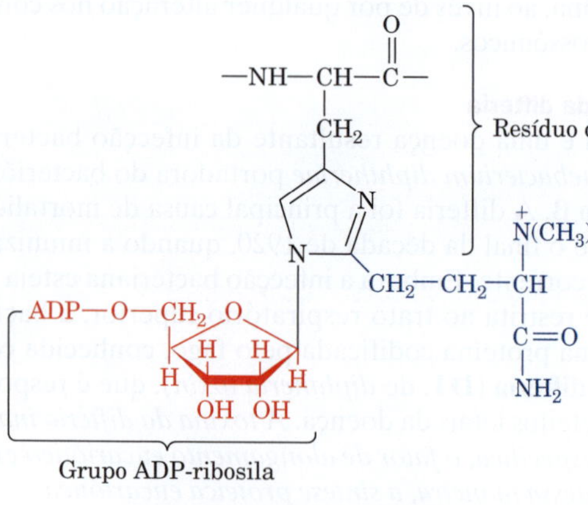

Resíduo de His

Grupo ADP-ribosila

Diftamida ADP-ribosilada

A diftamida está presente apenas no eEF2 (ela não ocorre nem mesmo em seu correspondente bacteriano, EF-G), o que explica por que a toxina da difteria modifica específica e exclusivamente esse fator de alongamento eucariótico (lembre que a CT promove a ADP-ribosilação de um resíduo de Arg específico de $G_{S\alpha}$ e a PT promove a ADP-ribosilação de um resíduo de Cys específico de $G_{i\alpha}$; Seção 19.2C). Como a diftamida ocorre em todos os eEF2s eucarióticos, provavelmente ela é essencial para a atividade de eEF2. Porém, determinadas células animais mutantes cultivadas, que apresentam uma capacidade de síntese proteica diminuída, não possuem as enzimas que modificam a His em diftamida após a tradução (apesar de mutações do resíduo de His da diftamida para Asp, Lys ou Arg inativarem a tradução). Talvez, o resíduo de diftamida possua uma função de controle.

4 CONTROLE DA TRADUÇÃO EM EUCARIOTOS

As taxas de iniciação ribossômica em mRNAs procarióticos diferem em fatores de até 100, uma variação que é, em grande parte, uma consequência de suas sequências de Shine-Dalgarno diferentes. Além disso, os genes que formam um óperon são, frequentemente, expressos em quantidades molares decrescentes a partir da extremidade 5′ do óperon para a sua extremidade 3′. Por exemplo, as proteínas especificadas pelo óperon *lac* de *E. coli* (Seção 32.1Ab), β-galactosidase, galactose-permease e tiogalactosídeo-transacetilase, são produzidas em razões molares de 10:5:2. Tal **polaridade** pode surgir quando o códon de iniciação de um gene que não apresenta a sequência de Shine-Dalgarno está muito próximo do códon de Parada do gene que está a montante (*upstream*), uma situação que ocorre com muito quando o códon de Parada se sobrepõe ao códon de iniciação, como na sequência AUGA. A tradução do gene que está a montante será, então, necessária para a tradução do gene a jusante (*downstream*), um fenômeno denominado de **acoplamento tradicional** (*translational coupling*). A polaridade surge porque um ribossomo frequentemente se dissocia do mRNA ao encontrar o códon de Parada do gene que está a montante. Alternativamente, um mRNA pode se dobrar de uma forma que mascara uma sequência de Shine-Dalgarno interna, por exemplo, ao realizar um pareamento de bases entre um segmento adjacente à sequência de Shine-Dalgarno com um elemento a jusante do gene precedente. Tais sequências de Shine-Dalgarno se tornam disponíveis quando um ribossomo que está traduzindo o gene precedente desfaz a estrutura dobrada.

A expressão genética em procariotos é quase totalmente controlada em nível de transcrição (Seção 31.3). Isso ocorre, aparentemente, porque os mRNAs procarióticos apresentam tempos de vida de apenas poucos minutos e, portanto, a forma mais eficiente de utilização dos recursos é controlar a sua transcrição. Apesar disso, a expressão de determinados genes procarióticos é controlada em nível de tradução, mais notavelmente daqueles que codificam proteínas ribossômicas (as quais compreendem 10% das proteínas celulares), que devem ser produzidas em quantidades equimolares. A produção de proteínas ribossômicas é controlada, em parte, por um processo no qual uma proteína ribossômica se liga ao mRNA do óperon que a codifica, na vizinhança de um sítio de iniciação da tradução, localizado próximo à extremidade 5′ do mRNA, de forma a inibir a sua iniciação da tradução. Entretanto, cada uma dessas proteínas se liga mais fortemente a um rRNA que está formando um ribossomo. Consequentemente, apenas quando existe um excesso de tal proteína é que ela vai inibir a sua própria tradução, bem como daquelas outras proteínas codificadas pelo seu óperon.

As células eucarióticas, cujos mRNAs apresentam tempos de vida de horas ou dias, respondem a muitas de suas necessidades através do controle em nível de tradução. Nesta seção, será examinado como a tradução eucariótica é regulada pela fosforilação/desfosforilação de eIF2 e de eIF4E. Em seguida, será considerado o controle da tradução pelo ocultamento e pela poliadenilação citoplasmática de mRNAs e, por fim, discute-se a utilização de oligonucleotídeos antissenso.

A. *Regulação de eIF2*

Quatro importantes vias para a regulação da tradução em eucariotos envolvem a fosforilação do resíduo conservado de Ser 51 da subunidade α do eIF2 (**eIF2α**; lembre que o eIF2 é um trímero αβγ que conduz o Met-$tRNA_i^{Met}$ para a subunidade ribossômica 40S, e que o complexo resultante percorre o mRNA ao qual está ligado em busca do códon de iniciação AUG para formar o complexo de iniciação 48S; Seção 32.3Cd). As chamadas **eIF2α-cinases**, que realizam essa tarefa, compartilham um domínio de cinase conservado, mas possuem domínios reguladores únicos.

a. A disponibilidade de heme controla a tradução de globina

Os reticulócitos sintetizam proteínas, quase que exclusivamente a hemoglobina, em uma taxa extremamente elevada e são, portanto, um dos sistemas favoritos para estudos de tradução eucariótica. A síntese de hemoglobina em lisados de reticulócitos frescos ocorre normalmente durante vários minutos, mas, depois, para abruptamente, devido à inibição da iniciação da tradução e a consequente desagregação dos polissomos. Esse processo é evitado pela adição de heme (um produto mitocondrial [Seção 26.4A] que esse sistema *in vitro* não é capaz de sintetizar), indicando, portanto, que *a síntese de globina é regulada pela disponibilidade de heme*. A inibição da iniciação da tradução de globina também é revertida pela adição do fator de iniciação eucariótico eIF2 e por níveis elevados de GTP.

Na ausência de heme, os lisados de reticulócitos acumulam uma eIF2α-cinase, denominada **inibidor regulado pelo heme** (**HRI**, de *heme-regulated inhibitor*; também chamado de **repressor controlado pelo heme** [**HCR**, de *heme-controlled repressor*]). O HRI é um homodímero cujas subunidades de 629 resíduos contêm, cada uma, dois sítios de ligação ao heme. Quando heme está em abundância, ambos os sítios estão ocupados e a proteína, que é autofosforilada em vários resíduos de Ser e Thr, está inativa. Porém, quando há escassez de heme, um desses sítios perde o heme que estava ligado a ele, o que ativa o HRI para executar a sua autofosforilação em vários sítios adicionais e a fosforilação do resíduo de Ser 51 do eIF2α.

O eIF2 fosforilado pode participar do processo de iniciação ribossômico da mesma maneira que o eIF2 não fosforilado. Essa observação intrigante foi esclarecida pela descoberta de que o GDP não se dissocia do eIF2 fosforilado no

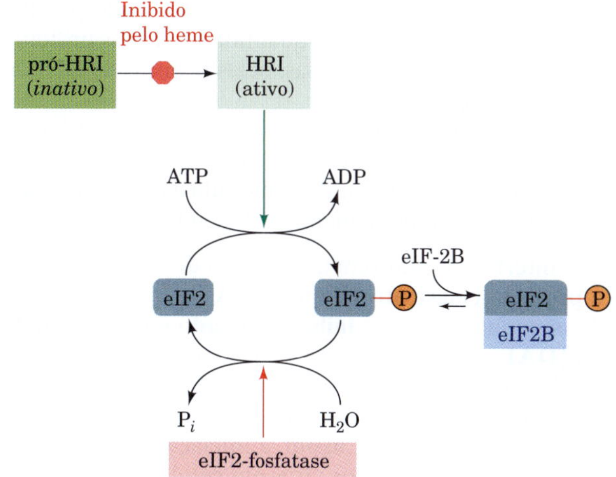

FIGURA 32.67 **Modelo para a síntese proteica controlada pelo heme em reticulócitos.**

final do processo de iniciação, como normalmente ocorre por um processo facilitado por eIF2B, que atua como um GEF (Fig. 32.44). Isso ocorre porque o eIF2 fosforilado forma um complexo muito mais compacto com o eIF2B do que o eIF2 não fosforilado. Isso sequestra o eIF2B (Fig. 32.67), que está presente em quantidades menores do que as do eIF2, impedindo, assim, a regeneração do eIF2 · GTP necessária para a iniciação da tradução. A presença de heme reverte esse processo pela inibição do HRI, o que determina que as moléculas fosforiladas do eIF2 sejam reativadas pela ação da **eIF2-fosfatase**, que não é afetada pelo heme. Portanto, o reticulócito coordena a sua síntese de globina e de heme.

b. O interferon protege contra infecções virais

***Interferons** são citocinas secretadas por células de vertebrados infectadas por vírus. Ao se ligarem aos receptores de superfície de outras células, os interferons as convertem a um estado antiviral, que inibe a replicação de uma ampla variedade de vírus de RNA e de DNA.* De fato, a descoberta dos interferons na década de 1950 ocorreu a partir da observação de que indivíduos infectados por vírus são resistentes à infecção por um segundo tipo de vírus.

Existem três famílias de interferons: o **tipo α** ou **interferon leucocitário** (165 resíduos; leucócitos são células sanguíneas brancas), o **tipo β** ou **interferon fibroblástico** (166 resíduos; fibroblastos são células do tecido conectivo) relacionado e o **tipo γ** ou **interferon linfocitário** (146 resíduos; linfócitos são células do sistema imune). *A síntese de interferon é induzida por RNA de fita dupla (dsRNA, de double-stranded RNA), que é gerado durante a infecção tanto por vírus de DNA como por vírus de RNA, e também pelo dsRNA sintético poli(I) · poli(C).* Interferons são agentes antivirais eficientes até em concentrações de apenas 3×10^{-14} *M*, o que os coloca entre as substâncias biológicas mais potentes conhecidas. Além disso, eles apresentam especificidades bem mais amplas do que os anticorpos produzidos contra um determinado vírus. Por isso, eles atraíram um grande interesse médico, particularmente depois que foi demonstrado que alguns cânceres são induzidos por vírus (Seção 19.3B). De fato, eles estão em uso clínico contra determinados tumores e infecções virais. Esses tratamentos estão sendo possíveis graças à produção em grandes quantidades dessas proteínas, de outra forma bastante escassas, pelas técnicas de DNA recombinante (Seção 5.5G).

Os interferons impedem a proliferação viral principalmente pela inibição da síntese proteica em células infectadas (o interferon linfocitário também modula a resposta imune). Eles fazem isso de duas maneiras independentes (Fig. 32.68):

1. Os interferons induzem a produção de uma eIF2α-cinase, a **proteína-cinase ativada por RNA de fita dupla** (**PKR**; também conhecida como **inibidor ativado por RNA de fita dupla** [**DAI**, de *double-stranded RNA-activated inhibitor*]; 551 resíduos), que, ao ligar-se a dsRNA, dimeriza e se autofosforila. Isso ativa a PKR, que fosforila o eIF2α em seu resíduo de Ser 51 e inibe, assim, a iniciação ribossômica e, portanto, a proliferação dos vírus em células por eles infectadas. A importância da PKR para a defesa antiviral celular

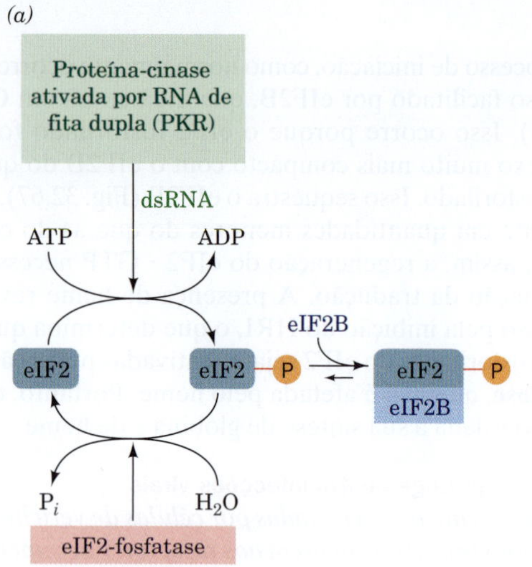

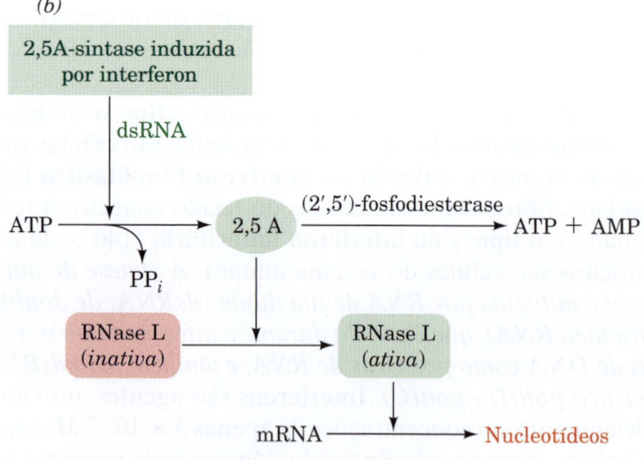

FIGURA 32.68 A ação do interferon. Em células tratadas com interferon, a presença de dsRNA, que normalmente é resultado de infecções virais, causa (*a*) a inibição da iniciação da tradução e (*b*) a degradação de mRNA, bloqueando, portanto, a tradução e impedindo a replicação viral.

é indicada pela observação de que muitos vírus expressam inibidores desta enzima.

2. Os interferons também induzem a síntese da **(2′,5′)-oligoadenilato-sintase** (**2,5A-sintase**). Na presença de dsRNA, essa enzima catalisa a síntese a partir de ATP de um oligonucleotídeo incomum, o **pppA(2′p5′A)$_n$**, onde n = 1 a 10. *Esse composto,* ***2,5-A***, *ativa uma nuclease preexistente, a* ***RNase L***, *que degrada mRNA, inibindo, portanto, a síntese proteica.* O 2,5-A é, ele próprio, rapidamente degradado por uma enzima chamada de **(2′, 5′)-fosfodiesterase**, de modo que deve ser continuamente sintetizado para que mantenha seu efeito.

A independência dos sistemas do 2,5-A e da PKR é demonstrada pela observação de que o efeito do 2,5-A sobre a síntese proteica é revertido pela adição de mRNA, mas não pela adição do eIF2. (Lembre que a interferência por RNA [RNAi; Seção 31.4At] constitui-se em uma defesa antiviral alternativa, com base em dsRNA.)

c. A PERK impede a montagem de proteínas desenoveladas no RE

A **cinase do retículo endoplasmático semelhante à PKR** (**PERK**, de *PKR-like endoplasmatic reticulum kinase*), uma proteína transmembrânica de 1.087 resíduos, localiza-se na membrana do retículo endoplasmático (RE) de todos os eucariotos multicelulares. Ela é reprimida pela sua ligação à chaperona BiP (Seção 12.4Bf), encontrada no RE. Quando o RE contém uma quantidade excessiva de proteínas desenoveladas (o que é causado por várias formas de estresse, como, por exemplo, temperaturas elevadas), a BiP dissocia-se da PERK, que é então ativada para fosforilar o eIF2α em seu resíduo de Ser 51 e, assim, inibir a tradução. Portanto, a PERK funciona para proteger a célula dos danos irreversíveis causados pelo acúmulo de proteínas desenoveladas no RE.

A **síndrome de Wolcott-Rallison** é uma doença genética caracterizada principalmente pelo desenvolvimento de diabetes dependente de insulina (tipo I) ainda nos primeiros anos de vida (o diabetes de tipo I em geral manifesta-se inicialmente em um período mais tardio da infância; Seção 27.4B). Ela é causada por mutações no domínio catalítico da PERK. Isso resulta na morte das células β pancreáticas, nas quais a PERK é particularmente abundante. Desordens sistêmicas múltiplas ocorrem subsequentemente, inclusive **osteoporose** (redução na quantidade de tecido ósseo) e retardo do crescimento.

d. A GCN2 regula a biossíntese de aminoácidos

GCN2 (1.590 resíduos), a única cinase de eIF2α em levedura, é um ativador transcricional do gene que codifica o **GCN4**, um ativador transcricional de vários genes de levedura, muitos dos quais codificam enzimas que participam das vias biossintéticas de aminoácidos. O domínio C-terminal da GCN2, similar à histidil-tRNA-sintase (HisRS), liga-se preferencialmente a tRNAs descarregados (cuja presença é um indicativo de um suprimento insuficiente de aminoácidos). A ligação de um tRNA descarregado a esse domínio semelhante à HisRS ativa o domínio de cinase adjacente do eIF2α e, dessa forma, inibe a iniciação da tradução, embora apenas em níveis modestos.

A despeito dessa inibição da síntese proteica de levedura, a GCN2 ativada induz a expressão de GCN4. Essa propriedade aparentemente contraditória da GCN2 decorre, como explicado por Alan Hinnebusch, do fato do mRNA de GCN4 conter quatro **fases de leitura abertas a montante** (**uORFs**, de *upstream open reading frames*), uORF1 a uORF4, na sua sequência líder 5′ que precede a sequência codificadora de GCN4. Sob condições normais de nutrientes, nas quais a GCN2 está inativa, o ribossomo liga-se ao mRNA nas proximidades de seu *quepe* 5′ e o percorre em busca do códon de iniciação AUG mais próximo (que está na uORF1), onde ele forma o complexo de pré-iniciação de 48S (Fig. 32.44) e inicia a tradução da uORF1 (Seção 32.3Cd). Ao terminar a tradução no códon de Parada da uORF1, a presença de sequências ricas em A + U nas proximidades faz com que o ribossomo reassuma a busca pelo códon AUG seguinte, onde ele inicia a tradução da uORF2. Esse processo se repete até que o ribossomo termine a tradução no final da uORF4, onde as sequências ricas em G + C que cercam o seu códon de Parada fazem com que o ribossomo se desprenda do mRNA. Assim, o GCN4 é expresso somente em níveis basais baixos. Porém, sob condições de carência de nutrientes, nas quais a GCN2 fosforila o eIF2α em seu resíduo de Ser 51, o nível reduzido do complexo ternário de eIF2 · Met-$tRNA_i^{Met}$ · GTP resultante faz com que a subunidade de 40S percorra distâncias mais longas, antes que ela consiga formar o complexo de pré-iniciação 48S. Consequentemente, ~ 50% dos ribossomos buscam além da uORF2, da uORF3 e da uORF4 e somente iniciam a tradução no códon AUG de *GCN4*, que é, portanto, traduzido em níveis elevados (a uORF2 e a uORF3 podem ser eliminadas por mutação sem afetarem de forma significativa o controle da tradução).

Homólogas da GCN2 em mamíferos são ativadas sob condições de carência de aminoácidos. Isso sugere que o processo descrito anteriormente foi conservado ao longo da evolução eucariótica.

B. *Regulação de eIF4E*

eIF4E (a proteína de ligação ao *quepe*) se liga no *quepe* de m^7G dos mRNAs eucarióticos e, assim, participa da iniciação da tradução, auxiliando na identificação do códon de iniciação AUG (Seção 32.3Cd). Quando células de mamíferos são tratadas com hormônios, citocinas, **mitógenos** (substâncias que induzem mitose) e/ou fatores de crescimento, o resíduo de Ser 209 do eIF4E humano é fosforilado, por uma cascata de MAP-cinases ativada por Ras (Seções 19.3C e 19.3D), o que aumenta a afinidade do eIF4E por mRNAs com *quepe* e, portanto, estimula a iniciação da tradução. O resíduo de Ser 209 ocupa uma posição superficial no eIF4E, adjacente ao sítio de ligação do grupo fosfato β do m^7GDP e flanqueando a fenda putativa para ligação do mRNA (Fig. 32.45*b*). A estrutura do eIF4E sugere que o grupo fosforila da Ser 209 fosforilada forma uma ponte salina com o resíduo de Lys 159, que ocupa o outro lado da fenda putativa de ligação ao mRNA, de modo a formar um grampo que ajudaria a estabilizar o mRNA ligado. A importância de regular a atividade de eIF4E é indicada pelas observações de que a sua superexpressão promove a transformação maligna de linhagens celulares de roedores e de que a expressão de eIF4E está elevada em vários cânceres humanos.

As proteínas homólogas de ~ 120 resíduos conhecidas como **4E-BP1**, **4E-BP2** e **4E-BP3** (BP de *binding protein*, proteína de ligação; as duas primeiras também são conhecidas como **PHAS-I** e **PHAS-II**) inibem a tradução dependente de *quepe*. Elas fazem isso ligando-se ao eIF4E no lado oposto ao do seu sítio de ligação ao mRNA, em uma região de sete resíduos superficiais altamente conservados e, portanto, não impedem que o eIF4E ligue-se ao *quepe* de m^7G. Em vez disso, elas impedem o eIF4E de ligar-se ao eIF4G e, dessa forma, interferem com a formação do complexo eIF4F, que posiciona o complexo subunidade ribossômica 40S-Met-$tRNA_i^{Met}$ no códon de iniciação AUG (Seção 32.3Cd). De fato, todas as 4E-BPs e o eIF4G possuem o motivo de sequência YXXXXLϕ (em que ϕ é um resíduo alifático, mais frequentemente L, mas também M ou F), por meio do qual elas se ligam ao eIF4E.

O tratamento de células responsivas com insulina ou com qualquer um dos vários fatores de crescimento proteicos faz com que as 4E-BPs se dissociem do eIF4E. Isso ocorre porque a presença desses hormônios induz a fosforilação de 4E-BPs em seis resíduos de Ser/Thr, através da rota de transdução de sinal que envolve PI3K, PKB e mTOR (Fig. 19.67). Evidentemente, a fosforilação de eIF4E e das 4E-BPs tem efeitos similares, senão sinérgicos, na regulação hormonal da tradução em eucariotos.

C. *Ocultamento do mRNA e poliadenilação citoplasmática*

Sabe-se, desde o século XIX, que o desenvolvimento embrionário inicial em animais, tais como ouriços-do-mar, insetos e rãs, é quase que inteiramente governado pela informação presente no oócito (óvulo) antes da fecundação. De fato, embriões de ouriços-do-mar expostos a uma quantidade de actinomicina D (Seção 31.2Cc) suficiente para inibir a síntese de RNA, mas sem bloquear a replicação do DNA, desenvolvem-se normalmente no decorrer de seus estágios iniciais, sem qualquer alteração em seus programas de síntese proteica. Isso ocorre, em parte, porque um óvulo não fecundado contém uma grande quantidade de mRNA que é "ocultado" por proteínas associadas, formando partículas ribonucleoproteicas que impedem, dessa forma, a associação do mRNA com os ribossomos que também estão presentes. Na fecundação, esse mRNA é "exposto" de uma maneira controlada, possivelmente pela desfosforilação das proteínas associadas a ele, e começa a comandar a síntese proteica. O desenvolvimento do embrião pode, portanto, iniciar imediatamente após a fecundação, ao invés de ter que esperar pela síntese de mRNAs especificados pelo progenitor paterno. Assim, a expressão gênica nos estágios iniciais do desenvolvimento é totalmente controlada em nível de tradução; o controle transcricional somente torna-se importante quando a transcrição é iniciada.

a. Poliadenilação citoplasmática

Outro mecanismo de controle de tradução em oócitos e embriões iniciais envolve a poliadenilação de mRNAs no citoplasma (a poliadenilação normalmente ocorre no núcleo, depois do que o mRNA é exportado para o citoplasma; Seção 31.4Ab). Nos oócitos, um número expressivo de mRNAs de origem materna apresenta caudas de poli(A) relativamente curtas (de 20-40 nt, em vez da extensão usual de,~ 250 nt). A região 3′ não traduzida desses mRNAs contém tanto o sinal de poliadeniliação AAUAAA (que é necessário para a poliadenilação no núcleo; Seção 31.4Ab), como um assim chamado **elemento de poliadenilação citoplasmático** (**CPE**, de *cytoplasmic polyadenilation element*), cuja sequência consensual é UUUUUAU. O CPE é reconhecido pela **proteína de ligação ao CPE** (**CPEB**, de *CPE-binding protein*), que contém dois motivos de reconhecimento de RNA (RRMs, de *RNA recognition motifs*) e um motivo **dedo de zinco** (Seção 34.3Bl), que contribuem para a sua ligação ao mRNA. Joel Richter descobriu que CPEB recruta uma proteína de 931 resíduos, chamada **masquina**, que, por sua vez, liga-se ao eIF4E (a proteína de ligação a *quepe*) que está ligado ao *quepe* 5′ do mRNA (Fig. 32.69*a*). A masquina contém o mesmo motivo YXXXXLϕ por meio do qual as 4E-BPs e o eIF4G ligam-se ao eIF4E (Seção 32.4B), bloqueando, dessa forma, a ligação de eIF4G ao eIF4E e, consequentemente, impedindo a formação do complexo de pré-niciação de 48S (Fig. 32.44).

Na maturação de oócitos de *Xenopus laevis*, um processo que precede a fecundação e é estimulado pelo hormônio esteroide progesterona (Seção 19.1Gb), uma variedade de mRNAs, inclusive aqueles que codificam várias ciclinas (que participam do controle do ciclo celular; Seção 34.4Da), é ativada em nível de tradução. Logo após a exposição à progesterona, uma proteína-cinase denominada **aurora** fosforila a CPEB ligada ao mRNA em seu resíduo de Ser 174. Isso aumenta a afinidade de CPEB pelo fator de clivagem e especificidade de poliadenilação (CPSF, de *cleavage and polyadenilation specificity factor*; Seção 31.4Ab), que então se liga à sequência AAUAAA do mRNA, onde ele recruta a poli(A)-polimerase (PAP) para o alongamento da cauda poli(A) (Fig. 32.69*b*).

A iniciação da tradução e a poliadenilação citoplasmática ocorrem simultaneamente, o que sugere que esses processos estão ligados. De fato, Richter mostrou que isso ocorre pela ligação à poli(A) da proteína de ligação à poli(A) (PABP, *de poli(A)-binding protein*; Seção 31.4Ab), que, como visto (Seção 32.3Cd), também se liga ao eIF4G para circularizar o mRNA. O eIF4G nesse complexo desloca a masquina do eIF4E, permitindo, assim, a formação do complexo de pré-iniciação 48S e, portanto, a tradução do mRNA (Fig. 32.69*b*).

Células de mamíferos também apresentam uma poliadenilação citoplasmática de mRNA dependente do ciclo celular. Isso sugere que o controle da tradução por poliadenilação é uma característica geral de células animais.

D. *Oligonucleotídeos antissenso*

Uma vez que os ribossomos não podem traduzir hélices de RNA de fita dupla ou híbridas DNA-RNA, a tradução de um determinado mRNA pode ser inibida por um segmento de seu RNA ou DNA complementar, ou seja, um **RNA antissenso** ou um **oligodesoxinucleotídeo antissenso**, que são coletivamente conhecidos como **oligonucleotídeos antissenso**. Além disso, RNases H endógenas (enzimas que clivam a fita de RNA de um dúplex RNA-DNA; Seção 31.4C) clivam um dúplex de mRNA-oligodesoxinucleotídeo em sua fita de mRNA, deixando o oligodesoxinucleotídeo antissenso intacto para ligar-se em outro mRNA.

Como o genoma humano consiste em ~ 3 bilhões de pb, um oligonucleotídeo de ~ 15 nt (que é facilmente sintetizado; Seção 7.6Aa) poderia, de maneira ideal, ser capaz de atingir qualquer segmento do genoma humano. Essa especificidade extraordinária possibilita a introdução ou a expressão de um oligonucleotídeo antissenso em um tecido selecionado ou organismo, com um imenso potencial biomédico ou biotecnológico. Entretanto, devem ser tomados cuidados para que o oligonucleotídeo antissenso não elimine, também, mRNAs para os quais ele não é direcionado.

Métodos para a introdução de um oligonucleotídeo anti-senso de utilidade terapêutica em um tecido-alvo estão ainda em seus primórdios. Isso deve-se, em parte, ao fato dos oligonucleotídeos serem rapidamente degradados pelas muitas nucleases presentes em um organismo e também porque eles não passam diretamente através das membranas celulares. Além disso, é provável que um mRNA-alvo esteja associado com proteínas celulares e, portanto, não esteja disponível para a ligação com outras moléculas. A resistência a nucleases pode ser aumentada pela introdução de modificações nos oligonucleotídeos, como, por exemplo, pela substitução de um oxigênio que não está participando de pontes químicas em cada grupo fosfato por um grupo metila ou um átomo de S, de forma a criar **oligonucleotídeos de metilfosfonato** ou de **fosforotioato**, embora essas modificações reduzam suas atividades de antissenso. A expressão de oligonucleotídeos antissenso nos tecidos específicos contornaria, naturalmente, o problema da introdução, mas apresentaria todas as dificuldades associadas à terapia gênica (Seção 5.5H).

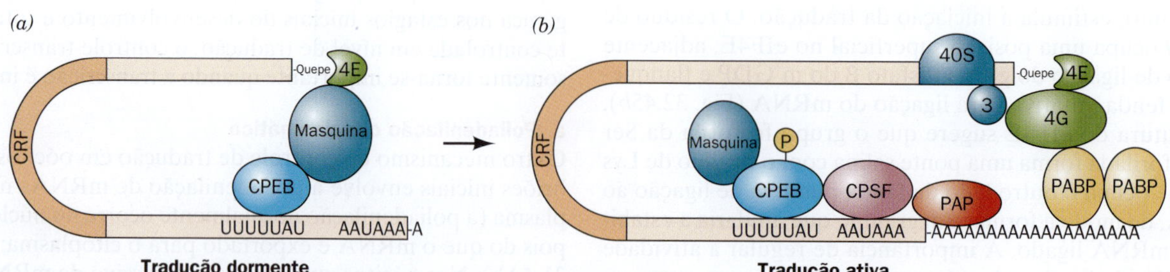

FIGURA 32.69 **Controle da tradução mediado por CPEB.** (*a*) Em oócitos imaturos de *Xenopus*, a um mRNA contendo o CPE (UUUUUAU) liga-se a CPEB, à qual se liga à masquina, que, depois, se liga ao eIF4E, de forma a impedi-lo de ligar-se ao eIF4G, o que mantém o mRNA em um estado de tradução dormente (mascarado). (*b*) No processo de maturação, a CPEB é fosforilada pela proteína-cinase aurora. A CPEB fosforilada liga-se ao CPSF, que recruta a PAP para estender a cauda poli(A) do mRNA, anteriormente curta. A PABP se liga a essa cauda de poli(A) recém-estendida e, simultaneamente, liga-se ao eIF4G, de forma a deslocar a masquina. Isso permite que o complexo de iniciação 48S seja montado e, portanto, que a tradução do mRNA ocorra. (Com base em um esquema de Mendez, R., e Richer, J.D., *Nature Rev. Mol. Cell Biol.* **2**, 521 [2001].)

Apesar do que foi discutido anteriormente, a tecnologia do antissenso está começando a apresentar sucessos. O **Fomivirsen** (nome comercial **Vitravene**), um oligonucleotídeo de fosforotiolato de 21 nt que é complementar a um mRNA expressado pelo **citomegalovírus** (**CMV**), é eficiente no tratamento de retinite (inflamação da retina) causada pela infecção pelo CMV em indivíduos com Aids (o CMV é um patógeno oportunista que raramente infecta indivíduos com o sistema imune funcionando normalmente). Ele foi aprovado para a utilização em seres humanos pela FDA em 1998, tendo sido o primeiro fármaco antissenso aprovado neste nível. Diversos outros oligonucleotídeos antissenso, direcionados principalmente contra genes que são superexpressos em cânceres específicos e doenças autoimunes, bem como em outras infecções virais, estão em testes clínicos (Seção 15.4Bb), embora fármacos antissenso adicionais não tenham sido, ainda, aprovados para a utilização humana.

A tecnologia do antissenso também tem apresentado algum sucesso no campo da biotecnologia. Por exemplo, em tomates e outras frutas, a enzima **poligalacturonase** (**PG**), que é expressa durante o amadurecimento, despolimeriza a pectina (principalmente o ácido poligalacturônico) na parede celular. Isso resulta em um amolecimento dos tomates, até o ponto em que os frutos amadurecidos na planta (e, portanto, com melhor sabor) não são capazes de suportar os rigores do transporte e, portanto, devem ser colhidos antes do amadurecimento. A introdução em um tomate, por técnicas de engenharia genética, de um gene que expressa o RNA antissenso da PG deu origem ao chamado tomate *Flavr Savr**, que apresenta uma expressão de PG substancialmente reduzida e, por isso, permanece firme após o amadurecimento na planta.

5 MODIFICAÇÃO POS-TRADUCIONAIS

Para se tornarem proteínas maduras, os polipeptídeos devem ser enovelados em suas conformações nativas, suas pontes dissulfeto, caso ocorram, devem ser formadas, e, no caso de proteínas de subunidades múltiplas, as subunidades devem ser combinadas de maneira apropriada. Além disso, como será visto no decorrer desse texto, muitas proteínas são modificadas em reações enzimáticas que clivam proteoliticamente determinadas ligações peptídicas e/ou modificam resíduos específicos. Nesta seção, serão revisadas algumas dessas **modificações pós-traducionais**.

A. *Clivagem proteolítica*

A clivagem proteolítica é o tipo mais comum de modificação pós-traducional. Provavelmente, todas as proteínas maduras são assim modificadas, mesmo que apenas pela simples remoção proteolítica de seu resíduo de Met (ou fMet) inicial, imediatamente após a sua saída do ribossomo. Muitas proteínas, que estão envolvidas em uma ampla variedade de processos biológicos, são sintetizadas como precursores inativos, que são ativados, sob condições apropriadas, por uma proteólise limitada. Alguns exemplos encontrados para esse fenômeno são a conversão do tripsinogênio e do quimotripsinogênio em suas formas ativas, pela clivagem tríptica de ligações peptídicas específicas (Seção 15.3E), e a formação da insulina ativa a partir de uma pró-insulina de 84 resíduos, pela remoção de sua cadeia C interna, de 33 resíduos (Seção 9.1Aa). Proteínas inativas que são ativadas pela remoção de polipeptídeos são chamadas de **pró-proteínas**, enquanto os polipeptídeos removidos são denominados **pró-peptídeos**.

a. Pró-peptídeos dirigem a montagem do colágeno

A biossíntese do colágeno é ilustrativa das diversas facetas das modificações pós-traducionais. Lembre que o colágeno, um dos principais componentes do tecido conectivo, é uma proteína fibrosa de hélice tripla, na qual cada um dos polipeptídeos contém a sequência de aminoácidos $(\text{Gly-X-Y})_n$, em que X frequentemente é Pro, Y frequentemente é 4-hidroxiprolina (Hyp) e $n \approx 340$ (Seção 8.2B). Os polipeptídeos do **pró-colágeno** (Fig. 32.70) diferem daqueles da proteína madura pela presença de pró-peptídeos N- e C-terminais, de ~ 100 resíduos cada um, cujas sequências, em sua maior parte, são diferentes daquelas do colágeno maduro. Os polipeptídeos de pró-colágeno organizam-se rapidamente, tanto *in vitro* como *in vivo*, em uma tripla-hélice de colágeno. Em contraste, polipeptídeos extraídos do colágeno maduro se reorganizam somente após um período de dias, quando isso chega a ocorrer. *Os pró-peptídeos do colágeno são aparentemente necessários para o enovelamento apropriado do pró-colágeno.*

Os pró-peptídeos N- e C-terminais do pró-colágeno são removidos, respectivamente, por **amino-** e **carboxi-pró-colágeno-peptidases** (Fig. 32.71), as quais também podem ser específicas para diferentes tipos de colágenos. Um defeito hereditário da amino-pró-colágeno-peptidase

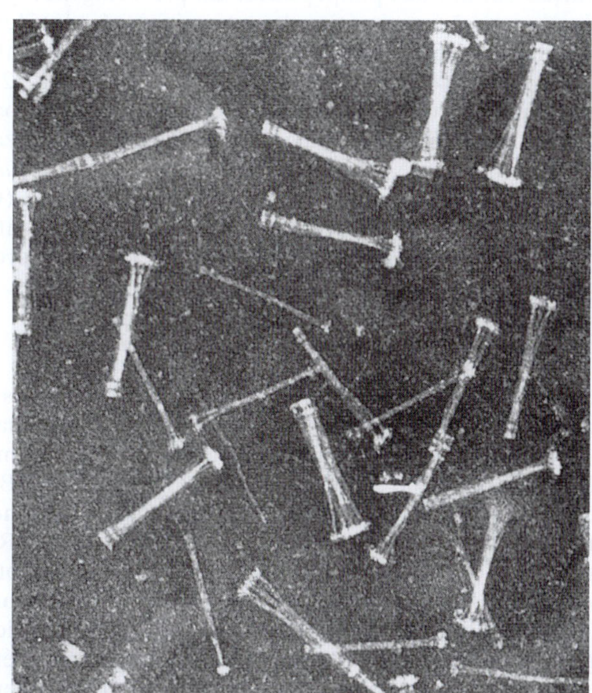

FIGURA 32.70 Micrografia eletrônica de agregados de pró-colágeno que foram secretados por fibroblastos no meio extracelular. (Cortesia de Jerome Gross, Massachusetts General Hospital, Harvard Medical School, EUA.)

* N. de T.: Uma forma curta de *flavor saver*, "poupador de sabor".

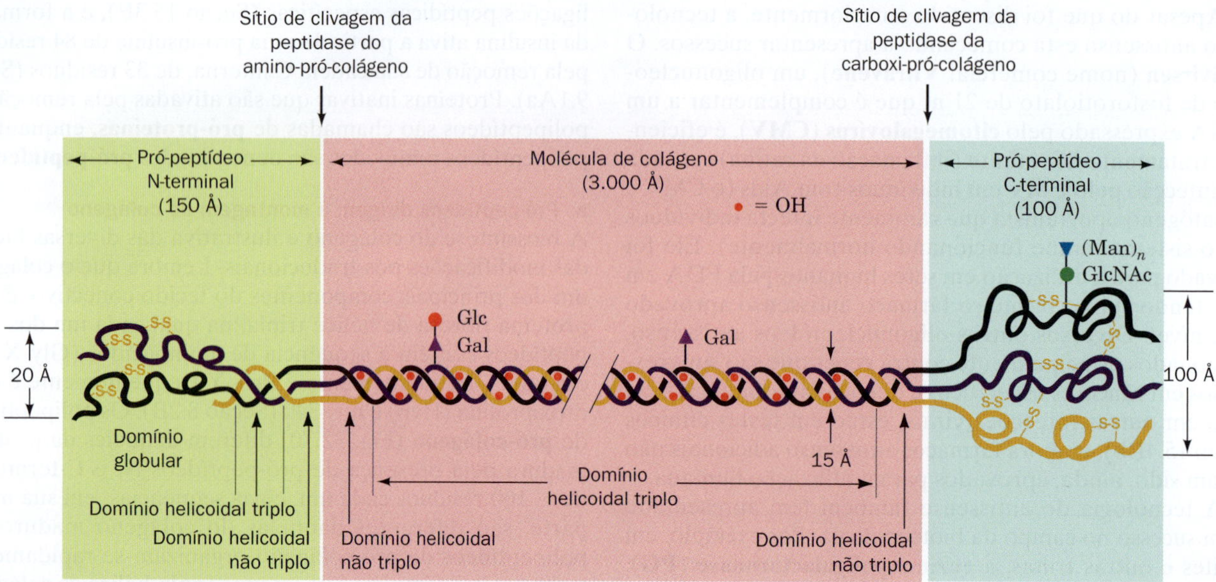

FIGURA 32.71 Representação esquemática da molécula de pró-colágeno. Gal, Glc, GlcNAc e Man correspondem, respectivamente, a resíduos de galactose, glicose, *N*-acetilglicosamina e manose. Note que o pró-peptídeo N-terminal possui ligações dissulfeto intracadeia, enquanto o pró-peptídeo C-terminal possui ligações dissulfeto tanto intracadeia como intercadeias. (De acordo com Prockop, D.J., Kivirikko, K.I., Tuderman, L., e Guzman, N.A., *New Engl. J. Med.* **301**, 16 [1979].)

de bovinos e ovinos resulta em uma condição bizarra, a **dermatosparaxia**, que é caracterizada por um couro extremamente frágil. Uma doença análoga de seres humanos, a **síndrome de Ehlers-Danlos VII**, é causada por uma mutação em um dos polipeptídeos do pró-colágeno, que inibe a remoção enzimática de seu amino-pró-peptídeo. As moléculas de colágeno agregam-se espontaneamente para formar as fibras de colágeno (Figs. 8.31 e 8.32). Entretanto, micrografias eletrônicas de couro dermatosparáxico mostram fibras de colágeno esparsas e desorganizadas. Aparentemente, *a retenção de amino-pró-peptídeos do colágeno interfere com a formação apropriada da fibra.* (O gene da dermatosparaxia foi introduzido por cruzamento em alguns rebanhos bovinos porque os heterozigotos produzem carne mais macia.)

b. Peptídeos-sinal são removidos de proteínas nascentes pela peptidase-sinal

Muitas proteínas transmembrana ou proteínas destinadas à secreção são sintetizadas com um **peptídeo-sinal** N-terminal, de 13 a 36 resíduos predominantemente hidrofóbicos. Como foi visto na discussão sobre a **rota secretória** (Seção 12.4B), um peptídeo-sinal é reconhecido pela **partícula de reconhecimento de sinal** (**SRP**, de *signal recognition particle*). A SRP associa-se a um ribossomo que está sintetizando um peptídeo-sinal em um poro proteico conhecido como **translocon**, que está encaixado na membrana (o retículo endoplasmático rugoso [RER], em eucariotos, e a membrana plasmática, em bactérias) e conduz o peptídeo-sinal e o polipeptídeo nascente que o segue através do translocon.

Proteínas que contêm um peptídeo-sinal são conhecidas como **pré-proteínas** ou, caso elas também contenham pró-peptídeos, como **pré-pró-proteínas**.

Depois do peptídeo-sinal ter passado através da membrana, ele é especificamente separado do peptídeo nascente por uma **peptidase-sinal** ligada à membrana. Tanto a insulina como o colágeno são proteínas secretadas e são, portanto, sintetizadas com peptídeos-sinal líderes na forma de **pré-pró-insulina** e **pré-pró-colágeno**. Essas e muitas outras proteínas estão, portanto, sujeitas a três conjuntos de clivagens proteolíticas sequenciais: (1) a remoção de seus resíduos de Met iniciais, (2) a remoção de seus peptídeos-sinal, e (3) a excisão de seus pró-peptídeos.

c. Poliproteínas

Algumas proteínas são sintetizadas como segmentos de **poliproteínas**, polipeptídeos que contêm as sequências de duas ou mais proteínas. Exemplos disso incluem muitos hormônios polipeptídicos (Seção 34.3C); as proteínas sintetizadas por muitos vírus, inclusive aqueles causadores da poliomielite (Seção 33.2C) e da Aids (Seção 15.4Cb); e a **ubiquitina**, uma proteína eucariótica altamente conservada, envolvida na degradação de proteínas (Seção 32.6Bb). Proteases específicas clivam, após a tradução, as poliproteínas em suas proteínas componentes, presumivelmente pelo reconhecimento das sequências dos sítios de clivagem. Algumas dessas proteases são conservadas ao longo de distâncias evolutivas consideráveis. Por exemplo, a ubiquitina é sintetizada como várias repetições em *tandem* (**poliubiquitina**), que *E. coli* cliva adequadamente, apesar de procariotos não possuírem a ubiquitina. Outras proteases apresentam sequências de clivagem mais peculiares. Isso permitiu que químicos atuantes na área médica projetassem inibidores da **protease do HIV** (que catalisa uma etapa essencial do ciclo de infecção viral), que têm sido altamente eficientes na atenuação, se não no impedimento, do progresso da Aids (Seção 15.4Cd).

B. *Modificação covalente*

As proteínas estão sujeitas a modificações químicas específicas, tanto nos grupos funcionais de suas cadeias laterais como nos seus grupos amino e carboxila terminais. Mais de 150 tipos diferentes de modificações de cadeias laterais são conhecidos, envolvendo todas as cadeias laterais com exceção daquelas de Ala, Gly, Ile, Met e Val (Seção 4.3A). Essas modificações incluem acetilações, glicosilações, hidroxilações, metilações, nucleotidilações, fosforilações e ADP-ribosilações, bem como diversas modificações "variadas".

Algumas modificações de proteínas, como a fosforilação da glicogênio-fosforilase (Seção 18.1A) e a ADP-ribosilação de eEF2 (Seção 32.3Ge), modulam a atividade da proteína. Várias modificações de cadeias laterais ligam covalentemente cofatores a enzimas, presumivelmente para aumentar suas eficiências catalíticas. Os exemplos encontrados de cofatores ligados são da N^{ε}-lipoilisina na di-hidrolipoil-transacetilase (Seção 21.2Ac) e da 8α-histidilflavina na succinato-desidrogenase (Seção 21.3F). A ligação de carboidratos complexos, que ocorrem em uma variedade quase infinita, altera as propriedades estruturais das proteínas e forma marcadores de reconhecimento em vários tipos de processos direcionados e interações célula-célula (Seções 11.3C, 12.3E e 23.3B). Modificações que estabelecem ligações cruzadas entre proteínas, como as que ocorrem no colágeno (Seção 8.2Bc), estabilizam agregados supramoleculares. As funções da maioria das modificações de cadeias laterais, entretanto, permanecem desconhecidas.

a. A montagem do colágeno requer modificações químicas

A biossíntese do colágeno (Fig. 32.72) é ilustrativa da maturação de proteínas por modificações químicas. À medida que os polipeptídeos de pró-colágeno nascentes passam para o RER dos fibroblastos que os estão sintetizando, os resíduos de Pro e Lys são hidroxilados para formarem Hyp, 3-hidroxi-Pro e 5-hidroxi-Lys (Hyl). As enzimas que realizam essas modificações são sequência-específicas: a **prolil-4-hidroxilase** e a **lisil-hidroxilase** atuam somente nos resíduos Y de sequências Gly-X-Y, enquanto a **prolil-3-hidroxilase** atua nos resíduos X, mas apenas se Y for Hyp. A glicosilação, que também ocorre no RER, subsequentemente liga resíduos de açúcar aos resíduos de Hyl (Seção 8.2Bb). O enovelamento dos três polipeptídeos na hélice tripla do colágeno deve seguir a hidroxilação e a glicosilação, porque as hidroxilases e as glicosil-transferases não atuam sobre substratos helicoidais. Além disso, a hélice tripla de colágeno desnatura-se em temperaturas abaixo das fisiológicas, a menos que ela seja estabilizada pelas interações por ligações de hidrogênio que envolvem os resíduos de Hyp (Seção 8.2B). O enovelamento também é precedido pela formação de ligações dissulfeto específicas entre cadeias dos carboxil-pró-peptídeos. Essa observação apóia a conclusão previamente discutida de que os pró-peptídeos de colágeno ajudam a selecionar e alinhar os três polipeptídeos do colágeno para o enovelamento apropriado.

As moléculas de pró-colágeno passam para o interior do aparelho de Golgi, onde elas são empacotadas dentro de **vesículas secretoras** (Seções 12.4C e 12.4D) e secretadas para os espaços extracelulares do tecido conectivo. Os amino-pró-peptídeos são removidos logo após o pró-colágeno ter deixado a célula e os carboxi-pró-peptídeos são removidos algum tempo depois. As moléculas de colágeno, depois, organizam-se em fibrilas espontaneamente, o que sugere que uma função importante do pró-peptídeo seja a de impedir a formação intracelular da fibrila. Finalmente, após a ação da enzima extracelular lisil-oxidase, as moléculas de colágeno nas fibrilas formam ligações cruzadas espontaneamente (Fig. 8.33).

C. *Splicing de proteínas: Inteínas e exteínas*

O ***splicing* de proteínas** é um processo de modificação pós-traducional no qual um segmento *in*terno da prot*eína* (uma **inteína**) remove a si mesmo de uma prot*eína ex*terna na qual ele está inserido, que ele liga para formar a **exteína** madura. As porções da exteína não processadas nos lados N- e C-terminais da inteína são chamadas de **N-exteína** e **C-exteína**. Mais de 500 inteínas putativas, variando em extensão de 100 a 1.650 resíduos, foram identificadas até o momen-

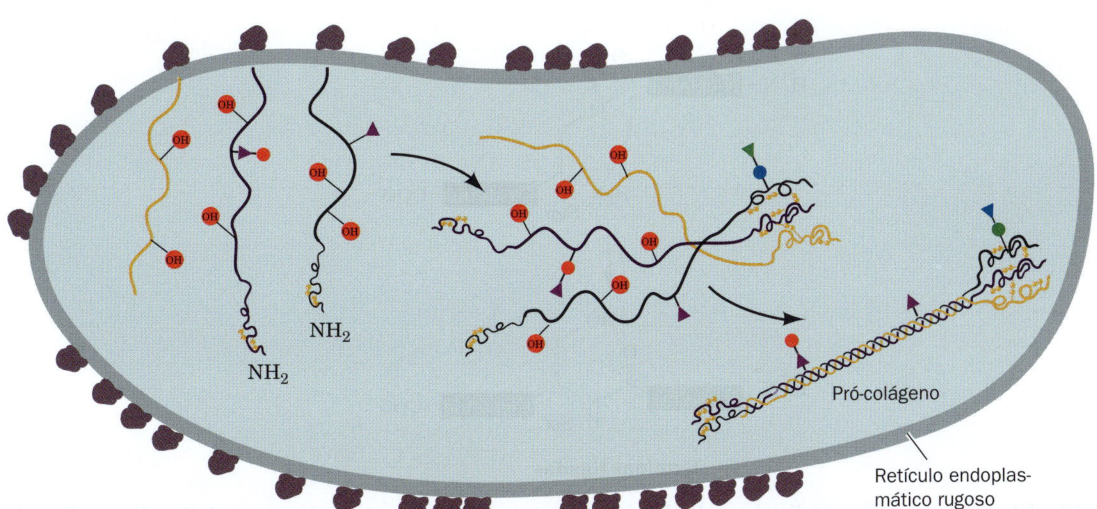

FIGURA 32.72 Representação esquemática da biossíntese de pró-colágeno. Sacarídeos estão representados como na Fig. 32.71. O diagrama não indica a remoção dos peptídeos-sinal. (De acordo com Prockop, D.J., Kivirikko, K.I., Tuderman, L., e Guzman, N.A., *New Engl. J. Med.* **301**, 18 [1979].)

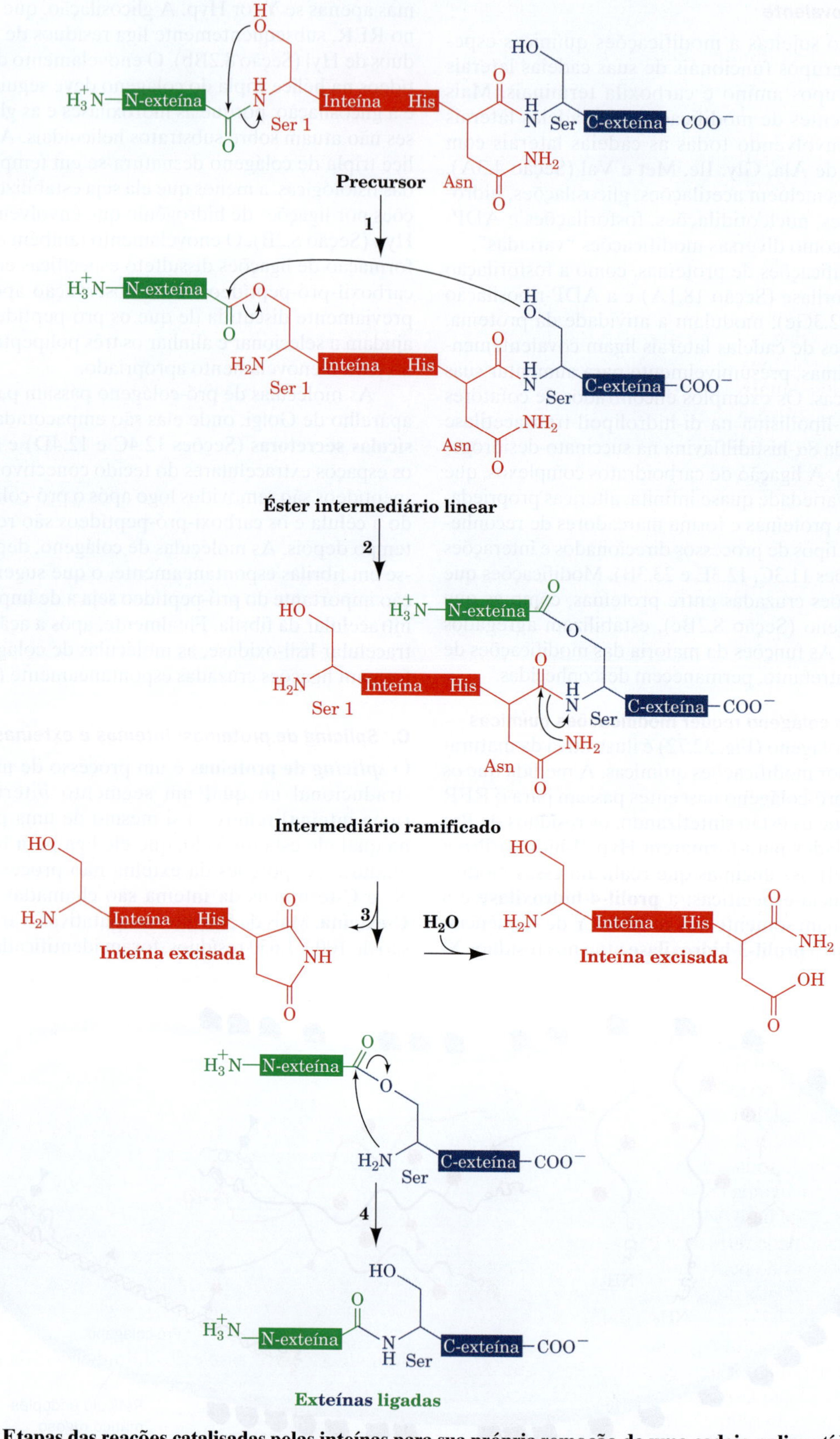

FIGURA 32.73 Etapas das reações catalisadas pelas inteínas para sua própria remoção de uma cadeia polipeptídica. Ver texto para detalhes.

to em arqueobactérias, eubactérias, eucarioto unicelulares e vírus (e estão registradas na Base de Dados de Inteínas em http://www.neb.com/neb/inteins.html). As várias exteínas nas quais essas inteínas estão inseridas não apresentam similaridade de sequência e, de fato, podem ser substituídas por outros polipeptídeos, o que indica que as exteínas não possuem os elementos catalíticos que fazem a mediação do *splicing* de proteínas. Já os elementos de processamento de ~ 130 resíduos das inteínas exibem significativa similaridade de sequência. Todos eles possuem quatro resíduos conservados na junção de *splice*: (1) um Ser/Thr/Cys na região N-terminal da inteína; e (2 e 3) um dipeptídeo His-Asn/Gln na região C-terminal da inteína; que é imediatamente seguido por (4) um Ser/Thr/Cys na região N-terminal da C-exteína.

O *splicing* de proteínas ocorre por uma sequência de reações que envolve quatro deslocamentos nucleofílicos sucessivos, dos quais os três primeiros são mediados pela inteína (Fig. 32.73):

1. O ataque promovido pelo resíduo N-terminal da inteína (Ser, Thr ou Cys; mostrado na Fig. 32.73 como Ser) sobre o grupo carboxílico que o precede, criando um intermediário (tio)éster linear.
2. Uma reação de transesterificação, na qual o grupo —OH ou —SH do resíduo N-terminal da C-exteína (mostrado na Fig. 32.73 como Ser) ataca a ligação (tio)éster anterior, gerando, dessa forma, um intermediário ramificado, no qual a N-exteína foi transferida para a C-exteína.
3. Clivagem da ligação amida que conectava a inteína à C-exteína, ciclização do resíduo de Asn ou Gln C-terminal da inteína (mostrado na Fig. 32.73 como Asn). O anel sucinimida da inteína excisada se hidroliza espontaneamente, então, para regenerar Asn (ou iso-Asn).
4. A reorganização espontânea da ligação (tio)éster entre as exteínas ligadas para gerar a ligação peptídica, mais estável.

A estrutura por raios X da **inteína GyrA**, de 198 resíduos, de *Mycobacterium xenopi*, determinada por James Sacchetini, indica como essa inteína catalisa as reações de *splicing* descritas anteriormente. O resíduo N-terminal dessa inteína, Cys 1, foi substituído por um dipeptídeo Ala-Ser, na expectativa de que a proteína mutante se assemelhasse ao estágio de pré-processamento da inteína (o novo resíduo N-terminal, Ala 0, presumivelmente representa o resíduo C-terminal da N-exteína). A estrutura por raios X revelou que essa proteína monomérica consiste primariamente em fitas β, duas das quais se curvam em torno da periferia de toda a proteína, para dar a ela a forma de uma ferradura achatada (Fig. 32.74). O sítio catalítico da inteína está localizado na base de uma fenda ampla e rasa, próximo ao centro da chamada **ferradura β**, onde os resíduos N- e C-terminais da inteína estão bem próximos. A ligação peptídica Ala 0-Ser 1, a reação clivada na Reação 1 do processo de *splicing* da proteína (Fig. 32.73), assume a conformação *cis* (Fig. 8.2), uma conformação de alta energia rara (exceto quando a ligação peptídica é seguida por um resíduo de Pro), que desestabiliza essa ligação. O seu átomo de nitrogênio de amida está ligado por ligações de hidrogênio à cadeia lateral do resíduo de His 75, altamente conservado. Portanto, His 75 está bem posicionado para doar um próton que promoveria a quebra do intermediário tetraédrico da Reação 1. As cadeias laterais de Thr 72 e Asn 74 parecem bem posicionadas para estabilizarem esse intermediário tetraédrico de uma maneira que lembra aquela

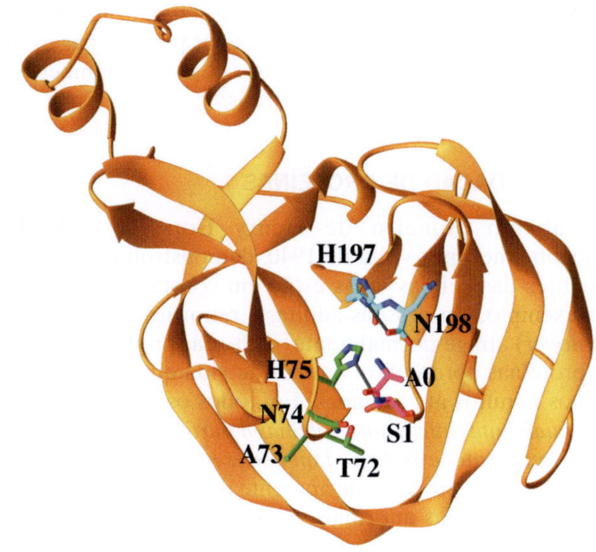

FIGURA 32.74 **Estrutura por raios X da inteína Gyr A de *M. xenopi*, na qual o resíduo de Cys 1 foi substituído por um dipeptídeo Ala 0-Ser 1.** A proteína está representada na forma de fita, com o seu dipeptídeo N-terminal Ala 0-Ser 1, seu dipeptídeo C-terminal His 197-Asn 198 e as cadeias laterais dos resíduos de 72 a 75 representadas na forma de bastões e coloridas de acordo com o tipo de átomo (C dos resíduos 0-1 magenta, C dos resíduos 72-75 verde, C dos resíduos 197-198 ciano, N azul e O vermelho). As ligações de hidrogênio estão representadas por ligações finas em cinza. (Com base em uma estrutura por raios X de James Sacchetini, Texas A&M University, EUA. PDBid 1AM2.)

do orifício do oxiânion de serina-proteases (Seção 15.31Db). A posição de Ser 1 e de um resíduo de Thr modelado na região C-terminal da inteína é consistente com a Reação 2 do processo de *splicing*. A cadeia lateral do resíduo invariável de His 197 está ligada por ligações de hidrogênio ao carboxilato do resíduo Asn 198 C-terminal e, portanto, está posicionada para protonar a ligação peptídica clivada na Reação 3.

A. A maioria das inteínas codifica uma endonuclease de *homing*

Qual é a função biológica das inteínas? Praticamente todas as inteínas contêm inserções polipeptídicas formando as chamadas **endonucleases de *homing***. Essas endonucleases são sítio-específicas e clivam a fita dupla de genes que são homólogos aos das suas exteínas correspondentes, mas que não possuem inteínas. A clivagem inicia o processo de reparo de quebras de fitas duplas do DNA por recombinação (Seção 30.6g). Como o gene contendo inteína é provavelmente o único outro gene da célula contendo sequências similares às da exteína, ele é copiado no interior da quebra. Assim, a maioria das inteínas faz a mediação de uma transposição altamente específica, ou *homing**, dos genes, que as insere em sítios semelhantes. As atividades de protease e de endonuclease da inteína parecem ter uma relação simbiótica: a atividade de protease remove a inteína da proteína hospedeira, impedindo, dessa forma, os efeitos deletérios sobre o hospedeiro, enquanto a atividade de endonuclease garante a mobilidade do gene da inteína.

* N. de T.: *Homing* refere-se ao instinto de retorno à origem, como dos pombos-correio.

Portanto, os genes de inteínas parecem ser parasitos moleculares (DNA-lixo), que funcionam apenas para propagarem a si próprios. De fato, as endonucleases de *homing* também são codificadas por certos tipos de íntrons.

6 DEGRADAÇÃO DE PROTEÍNAS

O trabalho pioneiro de Henry Borsook e Rudolf Schoenheimer, por volta de 1940, demonstrou que os componentes das células vivas estão em constante renovação. Por exemplo, em pessoas adultas a renovação de proteínas (*turnover*) atinge normalmente ~ 2% das proteínas por dia. As proteínas apresentam tempos de vida que variam desde poucos minutos até semanas. Em todos os casos, *as células continuamente sintetizam proteínas a partir de seus aminoácidos componentes e as degradam nesses mesmos componentes.* A função desse processo de aparente desperdício é dupla: (1) eliminar proteínas anormais, cuja acumulação poderia ser danosa à célula, e (2) permitir a regulação do metabolismo celular, por meio da eliminação de enzimas supérfluas e de proteínas reguladoras. De fato, como o nível de uma enzima depende tanto da sua taxa de degradação como de sua taxa de síntese, *controlar a taxa de degradação de uma proteína é tão importante para a economia celular quanto é o controle da sua taxa de síntese.* Nesta seção, será considerado o processo de degradação proteica intracelular e suas consequências.

A. Especificidade da degradação

As células degradam proteínas anormais seletivamente. Por exemplo, a hemoglobina que foi sintetizada com o análogo da valina **α-amino-β-clorobutirato**

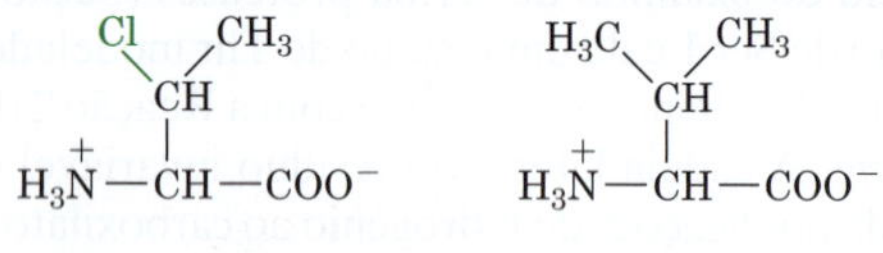

$$\mathrm{Cl{-}CH(CH_3){-}CH(\overset{+}{N}H_3){-}COO^-} \qquad \mathrm{H_3C{-}CH(CH_3){-}CH(\overset{+}{N}H_3){-}COO^-}$$

α-Amino-β-clorobutirato **Valina**

apresenta uma meia-vida em reticulócitos de ~ 10 minutos, enquanto a hemoglobina normal permanece ativa durante os 120 dias de vida de uma hemácia (o que faz dela, talvez, a proteína citoplasmática com tempo de vida mais longo). Do mesmo modo, hemoglobinas mutantes instáveis são degradadas logo após suas sínteses, o que, por razões explicadas na Seção 10.3A, resulta na anemia hemolítica característica desses agentes de doenças moleculares. Bactérias também degradam proteínas anormais seletivamente. Por exemplo, mutantes *âmbar* e *ocre* de β-galactosidase apresentam meias-vidas em *E. coli* de apenas poucos minutos, enquanto a enzima de tipo selvagem é quase que indefinidamente estável. Contudo, a maioria das proteínas anormais surge provavelmente de modificações químicas e/ou da desnaturação espontânea dessas moléculas frágeis no ambiente reativo da célula, e não a partir de mutações ou dos raros erros na transcrição ou na tradução. *A capacidade de eliminar proteínas defeituosas seletivamente é, portanto, um mecanismo de reciclagem essencial, que impede o acúmulo de substâncias que poderia, de outra forma, interferir com os processos celulares.*

Proteínas intracelulares normais são eliminadas em taxas que dependem de suas identidades. Uma determinada proteína é eliminada com uma cinética de primeira ordem, indicando que as moléculas que estão sendo degradadas são escolhidas aleatoriamente, em vez de serem escolhidas de acordo com suas idades. As meias-vidas de diferentes enzimas em um determinado tecido variam substancialmente, como está demonstrado para o fígado de rato na Tabela 32.11. É notável que *as enzimas degradadas mais rapidamente ocupam pontos de controle metabólicos importantes, enquanto as enzimas relativamente estáveis apresentam atividades catalíticas quase constantes sob todas as condições fisiológicas. As suscetibilidades das enzimas à degradação evidentemente evoluíram em conjunto com suas propriedades catalíticas e alostéricas, de forma a permitirem que as células possam responder a mudanças ambientais e às necessidades metabólicas de forma eficiente.* Os critérios por meio dos quais as proteínas nativas são selecionadas para degradação são considerados na Seção 32.6B.

TABELA 32.11 Meias-vidas de algumas enzimas do fígado de rato

Enzima	Meia-vida (h)
Enzimas de vida curta	
Ornitina-descarboxilase	0,2
RNA-polimerase I	1,3
Tirosino-aminotransferase	2,0
Serino-deidratase	4,0
PEP-carboxilase	5,0
Enzimas de vida longa	
Aldolase	118
GAPDH	130
Citocromo *b*	130
LDH	130
Citocromo *c*	150

Fonte: Dice, J.F., e Goldberg, A.L., *Arch. Biochem. Biophys.* **170**, 214 (1975).

A taxa de degradação proteica de uma célula também varia com o seu estado nutricional e hormonal. Sob condições de privação de nutrientes, as células elevam suas taxas de degradação proteica, de forma a suprirem os nutrientes necessários para os processos metabólicos indispensáveis. O mecanismo que aumenta as taxas de degradação em *E. coli* é a resposta estringente (Seção 31.3I). Um mecanismo semelhante pode ser operante em eucariotos, uma vez que, como ocorre em *E. coli*, taxas elevadas de degradação são evitadas por antibióticos que bloqueiam a síntese de proteínas.

B. Mecanismos de degradação

As células eucarióticas possuem dois sistemas para a degradação de proteínas: os mecanismos lisossômicos e os mecanismos dependentes de ATP com base no citoplasma. Ambos os mecanismos serão considerados a seguir.

a. Os lisossomos degradam proteínas principalmente de forma não seletiva

Lisossomos são organelas encapsuladas por membrana (Seção 1.2Ad) que contêm ~ 50 enzimas hidrolíticas, inclusive várias proteases conhecidas como **catepsinas.** O lisossomo mantém um pH interno de ~ 5 e suas enzimas apresentam atividade máxima em pH ácido. Essa situação presumivelmente protege a célula contra um vazamento lisossômico acidental, pois as enzimas lisossômicas são praticamente inativas no pH do citoplasma.

Os lisossomos reciclam os constituintes intracelulares fusionando-se com porções do citoplasma envoltas por membranas, conhecidas como **vacúolos autofágicos**, e, subsequentemente, degradando o conteúdo desses vacúolos. De forma similar, eles degradam substâncias extracelulares que a célula adquire por endocitose (Seção 12.5Bc). A existência desses processos foi demonstrada pela utilização de inibidores lisossômicos. Por exemplo, o fármaco antimalárico **cloroquina**

Cl, N

$$NH-\underset{\displaystyle CH_3}{\underset{|}{CH}}-CH_2-CH_2-CH_2-N(C_2H_5)_2$$

Cloroquina

é uma base fraca que, na sua forma não carregada, penetra livremente no lisossomo, onde se acumulada na sua forma carregada e, desse modo, aumenta o pH intralisossômico e inibe a função do lisossomo. O tratamento de células com cloroquina reduz a taxa de degradação proteica. Efeitos semelhantes advêm do tratamento de células com inibidores de catepsina, como o polipeptídeo antibiótico **antipaína**.

$$^{-}OO\underset{\displaystyle Phe}{\underset{|}{C}}CHNH-\overset{\displaystyle O}{\overset{\|}{C}}-NH\underset{\displaystyle Arg}{\underset{|}{C}}H\overset{\displaystyle O}{\overset{\|}{C}}-NH\underset{\displaystyle Val}{\underset{|}{C}}H\overset{\displaystyle O}{\overset{\|}{C}}-NH\underset{\displaystyle Arg}{\underset{|}{C}}H\overset{\displaystyle O}{\overset{\|}{C}}-H$$

Antipaína

A degradação proteica lisossômica em células bem nutridas parece não ser seletiva. Inibidores lisossômicos não afetam a degradação rápida de proteínas anormais ou de enzimas com tempos de vida curtos. Porém, eles impedem a aceleração da degradação não seletiva de proteínas em condições de escassez de nutrientes. Entretanto, a degradação não seletiva continuada de proteínas em células malnutridas levaria rapidamente a uma depleção intolerável de enzimas essenciais e de proteínas reguladoras. Portanto, os lisossomos também possuem uma rota seletiva, ativada somente após um período de jejum prolongado, que absorve e degrada proteínas que contêm o pentapeptídeo Lys-Phe-Glu-Arg-Gln (KFERQ) ou uma sequência bastante relacionada. Essas proteínas com KFERQ são seletivamente perdidas em animais em jejum, a partir de tecidos que atrofiam em resposta à privação de nutrientes (p. ex., fígado e rim), mas não de tecidos onde isso não ocorre (p. ex., cérebro e testículos). Uma proteína de 73 kDa, a **proteína de reconhecimento de peptídeo** (**prp73**), um membro da família de proteínas de choque térmico de 70 kDa (Hsp70) (Seção 9.2C), liga-se especificamente às proteínas com KFERQ no citoplasma e as transfere para os lisossomos.

Processos tanto normais como patológicos estão associados ao aumento da atividade lisossômica. O **diabetes melito** (Seção 27.4B) estimula a degradação lisossômica de proteínas. De forma semelhante, a perda de massa muscular causada por falta de uso, por desenervação ou por ferimentos traumáticos decorre de aumento da atividade lisossômica. A regressão do útero após o nascimento da prole, na qual esse órgão muscular reduz a sua massa de 2 kg para 50 g em 9 dias, é um exemplo impressionante desse processo. Muitas doenças inflamatórias crônicas, como a **artrite reumatoide**, envolvem a liberação extracelular de enzimas lisossômicas, que degradam os tecidos adjacentes.

b. A ubiquitina marca proteínas selecionadas para degradação

Foi assumido, inicialmente, que a degradação de proteínas nas células eucarióticas era primariamente um processo lisossômico. Porém, reticulócitos, que não possuem ribossomos, degradam seletivamente proteínas anormais. A observação de que a degradação proteica é inibida sob condições anaeróbias levou à descoberta de um sistema proteolítico citoplasmático dependente de ATP, que é independente do sistema lisossômico. Esse fenômeno foi termodinamicamente inesperado, uma vez que a hidrólise de peptídeos é um processo exergônico.

A análise de um sistema de reticulócitos de coelho livre de células demonstrou que a **ubiquitina** (Fig. 32.75) é necessária para a degradação proteica dependente de ATP. *Essa proteína monomérica de 76 resíduos, assim denominada porque é ubíqua e abundante em eucariotos, é uma das mais altamente conservadas dentre as proteínas conhecidas.* Ela é idêntica em organismos tão diversos como o homem, o sapo, a truta e a *Drosophila* e difere em apenas três resíduos entre seres humanos e leveduras. Evidentemente, a ubiquitina está bem adaptada para execução de uma função celular essencial.

Proteínas que são selecionadas para a degradação são marcadas por sua ligação covalente com a ubiquitina. Esse processo, que lembra a ativação de aminoácidos (Seção 32.2C), ocorre em uma rota de três etapas, que foi notavel-

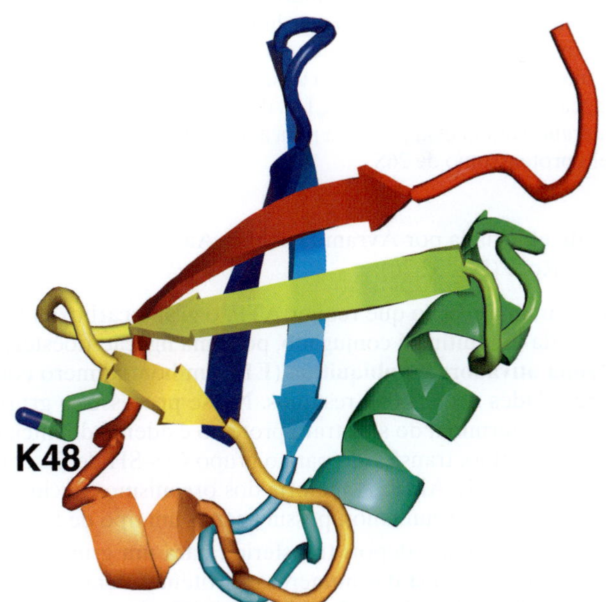

FIGURA 32.75 Estrutura por raios X da ubiquitina humana. O polipeptídeo está representado na forma de fitas, colorido na ordem das cores do arco-íris a partir de sua extremidade N (*azul*) para a sua extremidade C (*vermelho*) com a cadeia lateral de Lys 48 mostrada na forma de bastão com C verde e N azul. Essa arquitetura α + β é conhecida como uma dobra **β-Grasp**, porque suas folhas β parecem segurar sua hélice α. (Com base em uma estrutura por raios X de Charles Bugg, University of Alabama em Birmingham, EUA. PDBid 1UBQ.)

Ver Exercício interativo 46

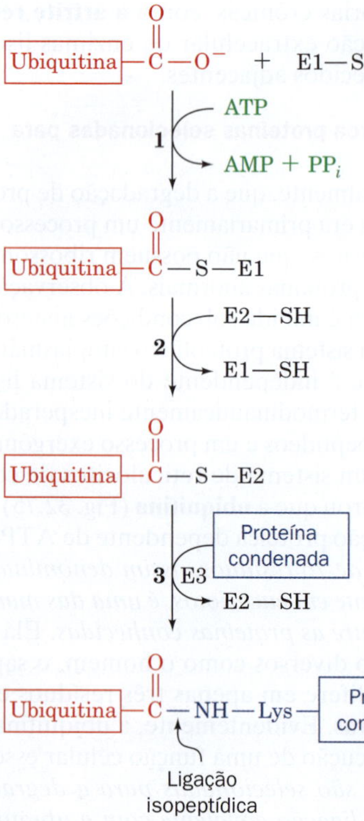

Ubiquitina—C(=O)—O⁻ + E1—SH

1 (ATP → AMP + PP_i)

Ubiquitina—C(=O)—S—E1

2 (E2—SH → E1—SH)

Ubiquitina—C(=O)—S—E2

3 (E3; Proteína condenada → E2—SH)

Ubiquitina—C(=O)—NH—Lys—Proteína condenada

Ligação isopeptídica

FIGURA 32.76 Reações envolvidas na ligação da ubiquitina a uma proteína. Na primeira parte do processo, o grupo carboxila terminal da ubiquitina é unido, por uma ligação tioéster, à E1, em uma reação acionada pela hidrólise de ATP. A ubiquitina ativada é subsequentemente transferida para um grupo sulfidrila de uma E2 e, depois, em uma reação catalisada por uma E3, para um grupo ε-amino de Lys de uma proteína condenada, marcando assim essa proteína para a degradação proteolítica pelo proteassomo de 26S.

mente elucidada por Avram Hershko, Aaron Ciechanover e Irwin Rose (Fig. 32.76):

1. Em uma reação que requer ATP, o grupo carboxila terminal da ubiquitina é conjugado, por uma ligação tioéster, à **enzima ativadora da ubiquitina (E1)**, um homodímero com subunidades de ~ 1.050 resíduos. Nesse processo, o grupo carboxila terminal do substrato proteico é adenilado inicialmente e, então, transferido para o grupo Cys-SH de E1 com a eliminação de AMP. A maioria dos organismos, inclusive leveduras e seres humanos, possui apenas um tipo de E1.

2. A ubiquitina é depois transferida para um grupo sulfidrila de Cys de uma das numerosas proteínas denominadas **enzimas de conjugadoras de ubiquitina (E2s**; 11 em levedura e muitas em mamíferos). As diversas E2s são caracterizadas por núcleos catalíticos de ~ 150 resíduos contendo Cys do sítio ativo, que exibem pelo menos 25% de identidade de sequência e que variam principalmente pela presença ou ausência de extensões N- e/ou C-terminais, as quais apresentam pouca identidade de sequência entre si. As estruturas por raios X e de RM de várias espécies de E2 revelam que seus núcleos catalíticos assumem estruturas α/β bastante similares (p. ex., Fig. 32.77), nas quais a maioria dos resíduos idênticos está agrupada em uma superfície próxima do resíduo de Cys aceptor da ubiquitina, onde eles presumivelmente interagem com a ubiquitina e com a E1.

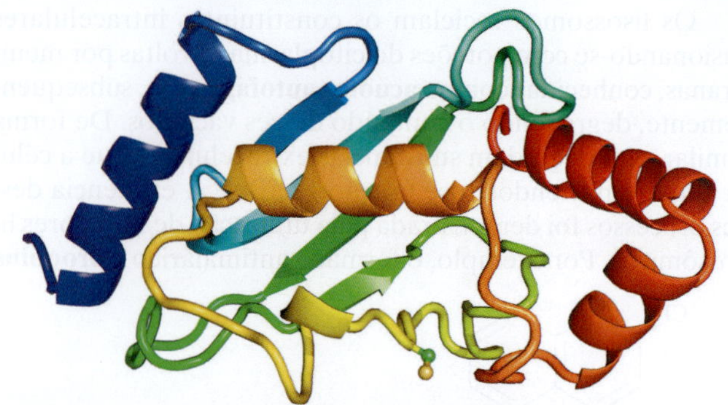

FIGURA 32.77 Estrutura por raios X de uma proteína E2 de *Arabidopsis thaliana*. A proteína está representada na forma de fitas, colorida na ordem das cores do arco-íris a partir de sua extremidade N (*azul*) para a sua extremidade C (*vermelho*). A cadeia lateral de Cys 88, à qual a ubiquitina é covalentemente ligada, está mostrada na forma de esferas e bastões com C verde e S amarelo. (Com base em uma estrutura por raios X de William Cook, University of Alabama em Birmingham, EUA. PDBid 2AAK.)

3. ***A proteína-ubiquitina-ligase (E3)** transfere a ubiquitina ativada da E2 para um grupo ε-amino de um resíduo de Lys de sua proteína-alvo, formando assim uma **ligação isopeptídica**.* Cada uma das muitas E3 presentes em células eucarióticas faz a mediação da ubiquitinação (alternativamente, ubiquitilação) de um conjunto específico de proteínas, marcando-as dessa forma para a degradação. Cada E3 é servida por uma ou poucas E2s específicas. Muitas das E3s são membros de duas famílias não relacionadas, aquelas contendo um domínio **HECT** (de *homologous to E6AP C-terminus*, homólogas à região C-terminal da E6AP) e aquelas contendo um chamado **domínio RING** (também chamado de domínio de **dedo de RING**; RING [anel], de *really interesting new gene*, gene novo realmente interessante), embora algumas E2s reajam bem com membros de ambas as famílias. O genoma humano contém 28 genes HECT e 616 genes RING, um número maior do que o número de genes codificadores de proteínas-cinases (518), o que é um indicativo das funções variadas e especializadas das E3s (embora nem todas as proteínas que contenham domínios RING sejam E3s). E3s de domínio HECT são construídas modularmente, com um único domínio N-terminal, que interage com suas proteínas-alvo por seus chamados **sinais de ubiquitinação** (normalmente segmentos polipeptídicos curtos; ver a seguir), e um domínio HECT de ~ 350 resíduos, que faz a mediação da ligação de E2 e catalisa a reação de ubiquitinação. Os domínios RING, que estão implicados no reconhecimento de um sinal de ubiquitinação do substrato proteico, são motivos de 40 a 60 resíduos em que cada um se liga a dois íons de Zn^{2+} estrutural, mas não cataliticamente envolvidos, por um total de 8 resíduos de Cys e His em uma sequência consensual característica (muito similar aos motivos de dedo de zinco de determinadas proteínas de ligação a DNA, Seção 34.3Bl). As E3s contendo o domínio RING podem consistir em uma única subunidade ou podem ser proteínas de subunidades múltiplas, nas quais o domínio RING está localizado em uma das subunidades. A ubiquitinação mediada por E3 com domínio HECT ocorre através da

(a)

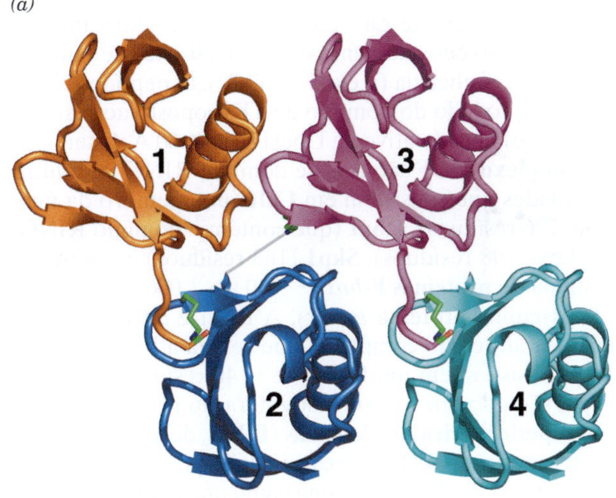

(b)

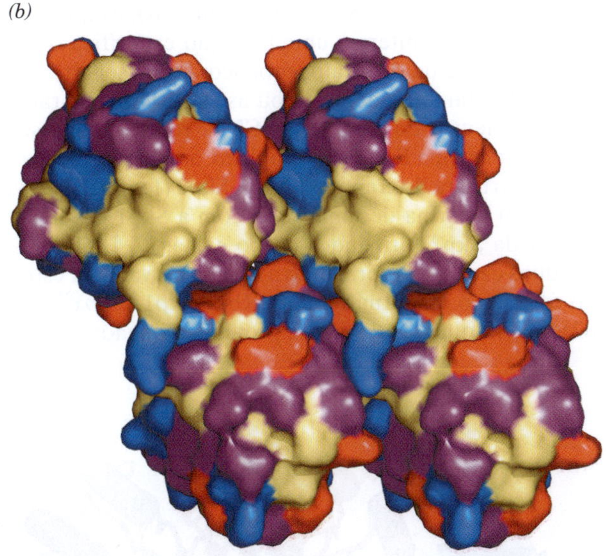

FIGURA 32.78 Estrutura por raios X da tetraubiquitina humana. (*a*) Uma representação de fitas, na qual as ligações isopeptídicas conectando moléculas de ubiquitina sucessivas, juntamente com as cadeias laterais de Lys que as formam, estão representadas na forma de bastão, com C verde, N azul e O vermelho. Entretanto, uma vez que os três resíduos C-terminais da ubiquitina 2 estão desordenados, a ligação isopeptídica que os conecta à ubiquitina 3 está representada por uma ligação fina cinza (essa ligação isopeptídica, apesar disso, existe, como foi demonstrado por SDS-PAGE de cristais dissolvidos). Parece provável que as unidades monoméricas de uma cadeia de poliubiquitina de qualquer extensão estariam arranjadas com a simetria repetitiva da estrutura da tetraubiquitina, embora as fracas interações entre unidades de ubiquitinas adjacentes sugiram que essa cadeia seja conformacionalmente flexível. (*b*) Um diagrama de superfície, visualizado como na Parte *a*, no qual os resíduos básicos (Arg, Lys, His) estão em azul, os resíduos acídicos (Asp, Glu) estão em vermelho, os resíduos polares não carregados (Gly, Ser, Thr, Asn, Gln) estão em púrpura e os resíduos hidrofóbicos (Ile, Leu, Val, Ala, Met, Phe, Tyr, Pro) estão em bege (ubiquitina não possui os resíduos Cys e Trp). Note as superfícies expostas ao solvente surpreendentemente amplas e ocupadas por resíduos hidrofóbicos. (Com base em uma estrutura por raios X de William Cook, University of Alabama em Birmingham, EUA, e Cecile Pickart, Johns Hopkins University, EUA. PDBid 1TBE.)

transferência da ubiquitina da E2 para um resíduo de Cys conservado do domínio HECT, seguida pela sua transferência para a cadeia lateral de um resíduo de Lys do substrato proteico. Em contraste, as E3s com domínio RING atuam com adaptadores que posicionam a ligação tio-éster do conjunto ubiquitina-E2 reativo para a transferência direta da ubiquitina para a cadeia lateral de um resíduo de Lys do substrato proteico.

Para uma proteína-alvo ser de maneira eficiente degradada, ela deve estar ligada a uma cadeia de, pelo menos, quatro moléculas de ubiquitina ligadas em tandem, na qual o resíduo de Lys 48 de cada ubiquitina forma uma ligação isopeptídica com o grupo carboxila C-terminal da ubiquitina subsequente (Fig. 32.78). Essas cadeias de **poliubiquitina** (**poliUb**), que podem alcançar extensões de 50 ou mais moléculas de ubiquitina, são geradas pelas E3s, embora não se saiba ainda como elas alternam entre a transferência de uma ubiquitina para a proteína-alvo e a síntese processiva de uma cadeia de poliubiquitina.

c. Proteínas poliubiquitinadas são hidrolisadas no proteassomo

Uma proteína poliubiquitinada é degradada proteoliticamente em peptídeos curtos em um processo dependente de ATP mediado por um grande (2.000 kDa, 26S) complexo proteico de múltiplas subunidades, denominado ***proteassomo de 26S*** *(às vezes chamado de "proteassomo"), o qual, conforme revelado por estudos de microscopia eletrônica, possui a forma de um barril oco tampado nas duas extremidades (Fig. 32.79). A proteólise ocorre no interior do barril, o que permite que esse processo seja extenso e contínuo, enquanto impede danos proteolíticos inespecíficos a outros componentes celulares. Cadeias de poliUb são os sinais que identificam uma proteína para o proteassomo; a identidade da proteína-alvo tem pouco efeito na eficiência com a qual ela é degradada pelo proteassomo. Apesar disso, o proteassomo não degrada as moléculas de ubiquitina; elas são devolvidas para a célula. O tamanho e a complexidade funcional de todo*

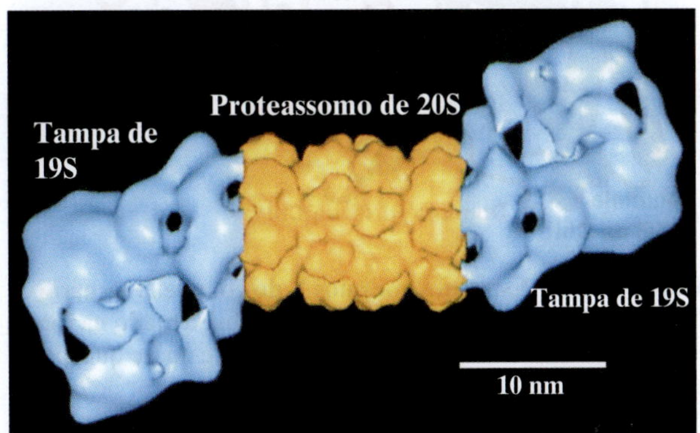

FIGURA 32.79 Imagem com base em microscopia eletrônica do proteassomo de 26S de *Drosophila melanogaster*. O complexo tem em torno de 450 × 190 Å. A porção central desse complexo multiproteico de simetria dupla (*amarelo*), o **proteassomo de 20S**, consiste em quatro anéis de 7 membros empilhados, que formam um barril oco no qual ocorre a proteólise de proteínas ligadas à ubiquitina. As **tampas de 19S** (*azul*), que podem se ligar a uma ou a ambas as extremidades do proteassomo de 20S, controlam o acesso das proteínas condenadas (ver a seguir). (Cortesia de Wolfgang Baumeister, Max-Planck-Institut fur Biochemie, Martinsried, Alemanha.)

esse sistema proteolítico, que ocorre tanto no núcleo como no citoplasma, competem com os do ribossomo (Seção 32.3) e do spliceossomo (Seção 31.4A) e, portanto, são indicativos da importância do gerenciamento adequado da degradação de proteínas. De fato, ~ 5% das proteínas expressas por levedura participam da degradação proteica. A estrutura e a função do proteassomo de 26S serão discutidas a seguir.

d. Muitas E3s possuem estruturas modulares elaboradas

O produto do proto-oncogene **c-Cbl** (906 resíduos) é uma E3 de uma única subunidade, que contém um domínio RING e funciona para ubiquitinar determinadas tirosino-cinases receptoras ativadas (RTKs, de *receptor tyrosine kinases*; Seção 19.3A), o que determina o fim da sinalização mediada por elas. Nikola Pavletich determinou a estrutura por raios X da metade N-terminal de c-Cbl (resíduos 47-447) em seu complexo ternário com a proteína E2 **UbcH7** (que consiste em pouco mais do que o núcleo catalítico de ~ 150 resíduos) e um polipeptídeo de 9 resíduos contendo o sinal de ubiquitinação de uma tirosino-cinase não receptora (NRTK, de *nonreceptor tyrosine kinase*), denominado **ZAP-70** (Fig. 19.44). A estrutura (Fig. 32.80) revela que a UbcH7, o domínio RING do c-Cbl e o domínio de ligação da tirosino-cinase (TKB, de *tyrosine kinase-binding*) contendo SH2 interagem entre si por múltiplas interfaces para formarem uma estrutura compacta e aparentemente rígida. O domínio RING consiste em uma folha β de três fitas, uma hélice α e duas grandes alças que são mantidas juntas por dois íons de Zn^{2+} coordenados tetraedricamente. A UbcH7 adota o enovelamento α/β característico de outras E2s de estrutura conhecida (p.ex., Fig. 32.77). O peptídeo ZAP-70 está ligado no lado do domínio de TKB oposto ao resíduo de Cys (Cys 86) do sítio ativo da UbcH7 e está 60 Å distante dele.

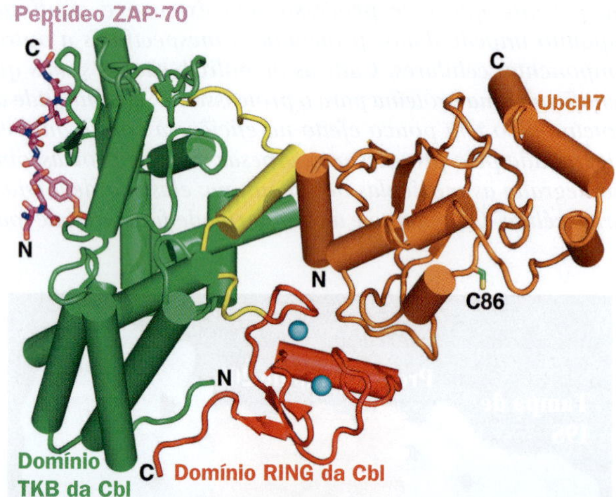

FIGURA 32.80 Estrutura por raios X do complexo ternário c-Cbl-UbcH7-peptídeo ZAP-70 humano, representado na forma de tubos e setas. UbcH7, uma E2 que consiste quase que inteiramente no núcleo catalítico E2, está colorida em cor de laranja, com a cadeia lateral do resíduo de Cys 86 do seu sítio ativo mostrado na forma de bastão, com C verde e S amarelo. c-Cbl (resíduos 47-447 da proteína de 903 resíduos), uma E3 RING monomérica, está colorida de acordo com os domínios, com seu domínio TKB verde, seu domínio RING vermelho e o domínio de ligação dos outros dois domínios amarelo. Os dois íons de Zn^{2+} ligados ao domínio RING estão representados por esferas em ciano. O sítio de ubiquitinação de 9 resíduos de RTK ZAP-70, cujo quarto resíduo é um fosfo-Tyr, está representado na forma de bastão com C magenta, N azul, O vermelho e P cor de laranja. (Com base em uma estrutura por raios X de Nikola Pavletich, Memorial Sloan-Kettering Cancer Center, New York, EUA. PDBid 1FBV.)

Complexos SCF são E3s de domínio RING de múltiplas subunidades que consistem em **Cul1** (um membro da família **culina**; 776 resíduos), **Rbx1** (que contém o domínio RING do complexo; 108 resíduos), **Skp1** (163 resíduos) e um membro da família de **proteínas F-*box*** (~ 430 a > 1.000 resíduos; SCF, de *S*kp1-*c*ulina-proteína *F-box*). A Rbx1 e a Cul1 formam o núcleo catalítico do complexo, que se liga a E2; as proteínas F-*box* consistem em um **F-*box*** de ~ 40 resíduos, que se liga à Skp1, seguido por módulos de interação proteína-proteína, como **repetições ricas em leucinas** (**LRRs**, de *leucine-rich repeats*) ou repetições WD40 (Seção 19.2C), que se ligam ao substrato proteico; e a Skp1 funciona como um adaptador, que liga o F-*box* à Cul1. As células contêm numerosas proteínas F-*box* diferentes (pelo menos 38 em seres humanos), as quais, presumivelmente, permitem a ubiquitinação específica de uma grande variedade de substratos proteicos (ver a seguir).

Pavletich também determinou as estruturas por raios X de dois segmentos do complexo $\mathbf{SCF^{Skp2}}$ (onde o sobrescrito identifica a proteína F-*box* do complexo, aqui a **Skp2**; 436 resíduos). A estrutura do complexo Skp1-Skp2 (Fig. 32.81) revela que ele tem a forma de uma foice, com a Skp1 e a hélice 3 do F-*box* da Skp2 formando o cabo e suas 10 LRRs (de ~ 26 resíduos cada uma) formando a lâmina curvada. A estrutura do complexo quaternário Cul1-Rbx1-Skp1-F-box^{Skp2} (Fig. 32.82) mostra que a Cul1 é uma proteína alongada, que con-

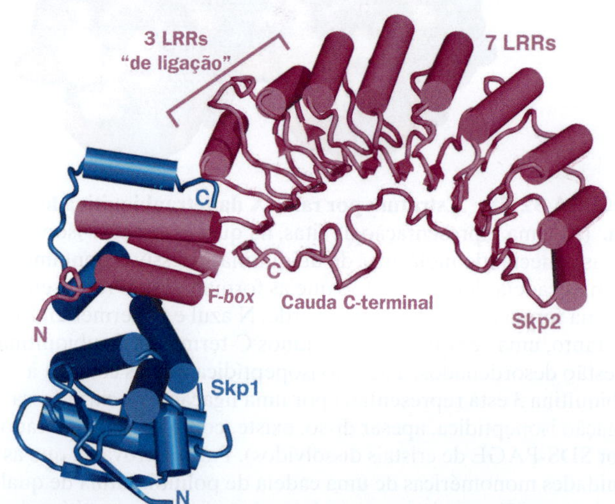

FIGURA 32.81 Estrutura por raios X do complexo Skp1-Skp2 humano. Skp1 e Skp2 estão representadas na forma de tubos e setas em azul e magenta. Skp2 consiste em um F-*box* N-terminal que forma três hélices, seguido por 3 repetições ricas em leucina (LRRs) de ligação não canônicas que são contíguas a 7 LRRs que foram preditas a partir de suas sequências de aminoácidos, para um total de 10 LRRs. Após a décima LRR, a cauda C-terminal de ~ 30 resíduos da Skp2 estende-se por trás da primeira LRR, compactando-se sob a superfície côncava do domínio de LRR. (Com base em uma estrutura por raios X de Nikola Pavletich, Memorial Sloan-Kettering Cancer Center, New York, EUA. PDBid 1FQV.)

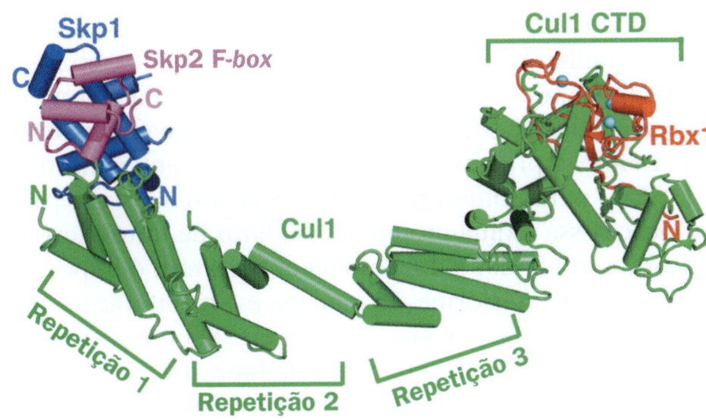

FIGURA 32.82 Estrutura por raios X do complexo quaternário Cul1-Rbx1-Skp1-F-*box*^{Skp2} humano. Cul1, Rbx1, Skp1 e a F-*box* Skp2 estão representadas na forma de tubo e seta e coloridas, respectivamente, de verde, vermelho, azul e magenta. As três repetições de culina da Cul1 estão indicadas. Os três íons de Zn^{2+} ligados à Rbx1 estão representados por esferas em ciano. (Com base em uma estrutura por raios X de Nikola Pavletich, Memorial Sloan-Kettering Cancer Center, New York, EUA. PDBid 1LDK.)

siste em uma longa haste, formada por três repetições de um novo motivo de cinco hélices, conhecido como uma repetição culina, seguida por um domínio globular que se liga à Rbx1. Aparentemente, a Cul1 atua como um esqueleto rígido que organiza o complexo Skp1-F-*box*^{Skp2} e a Rbx1, de forma a mantê-los a mais de 100 Å de distância. O domínio RING da Rbx1 contém uma inserção de 20 resíduos, que forma o sítio de ligação de um terceiro íon de Zn^{2+} tetraedricamente ligado.

A aparente rigidez das três estruturas anteriores possibilitou a Pavletich a construção de um modelo do complexo SCF^{Skp2}-E2 intacto, pela sobreposição de Skp1-Skp2 sobre Cul1-Rbx1-Skp1-F-*box*^{Skp2} e da colocação da E2 UbcH7 em

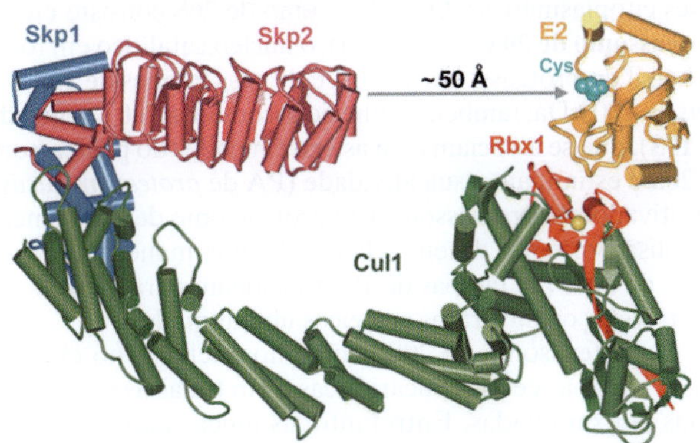

FIGURA 32.83 Modelo do complexo SCF^{Skp2}-E2. O modelo, baseado nas estruturas por raios X das Figs. 32.80, 32.81 e 32.82, está colorido e visualizado como na Fig. 32.82. E2 está em amarelo, com seu resíduo de Cys do sítio ativo, ao qual a ubiquitina poderia estar covalentemente ligada, representado na forma de volume atômico em ciano. Os íons de Zn^{2+} associados com o domínio RING da Rbx1 estão representados por esferas amarelas. As setas em cinza indicam a lacuna de 50 Å entre a extremidade do domínio de LRR da Skp2 e o sítio ativo da E2. (Cortesia de Nikola Pavletich, Memorial Sloan-Kettering Cancer Center, New York, EUA.)

contato com o domínio RING da Rbx1, com base na estrutura da c-Cbl-UbcH7 (Fig. 32.83). O modelo indica que a E2 e o domínio contendo LRRs da Skp2 estão do mesmo lado do complexo SCF, mas separados por uma distância de ~ 50 Å. Isso sugere que a longa haste da Cul1 funciona para separar os sítios de ligação ao substrato e o sítio catalítico do complexo, de forma a permitir a acomodação de substratos com diferentes tamanhos e distâncias entre seus resíduos de Lys ubiquitinados e seus sinais de ubiquitinação.

e. O sistema de ubiquitina tem tanto funções de manutenção (*housekeeping*) como reguladoras

Até a metade da década de 1990, parecia que o sistema da ubiquitina funcionava principalmente como uma capacidade de "manutenção" (*housekeeping*), para manter o equilíbrio apropriado entre proteínas metabólicas e para eliminar proteínas defeituosas. De fato, como descoberto por Alexander Varshavsky, *as meias-vidas de muitas proteínas citoplasmáticas variam de acordo com as identidades de seus resíduos N-terminais (Tabela 32.12)*. Assim, em uma seleção de 208 proteínas citoplasmáticas conhecidas por terem vidas longas, todas apresentaram um resíduo "estabilizador", de Met, Ser, Ala, Thr, Val ou Gly, em suas extremidades N-terminais. Essa chamada **regra da extremidade N** (*N-end rule*) é válida tanto para eucariotos como para procariotos, o que sugere que o sistema que seleciona proteínas para a degradação é conservado em eucariotos e procariotos, apesar dos procariotos não possuírem ubiquitina.

A regra da extremidade N resulta das ações da E3 de subunidade única e com domínio RING denominada **E3α** (~ 1.959 resíduos; também conhecida como **Ubr1**), cujos sinais de ubiquitinação são os resíduos N-terminais desestabilizadores mostrados na Tabela 32.12.

TABELA 32.12 Meias-vidas de enzimas citoplasmáticas em função de seus resíduos N-terminais

Resíduo N-terminal	Meia-vida
Estabilizador	
Met	> 20 h
Ser	
Ala	
Thr	
Val	
Gly	
Desestabilizador	
Ile	~ 30 min
Glu	
Tyr	~ 10 min
Gln	
Altamente desestabilizador	
Phe	~ 3 min
Leu	
Asp	
Lys	
Arg	~ 2 min

Fonte: Bachmair, A., Finley, D., e Varshavsky, A., *Science* **234**, 180 (1986).

De forma semelhante, sabe-se há bastante tempo que proteínas com segmentos ricos em Pro (P), Glu (E), Ser (S) e Thr (T), as chamadas **proteínas PEST**, são rapidamente degradadas. Isso ocorre porque esses elementos PEST frequentemente contêm sítios de fosforilação que tornam suas proteínas-alvo de ubiquitinação.

Entretanto, está agora claro que o sistema de ubiquitina é bem mais sofisticado do que um simples sistema de descarte de lixo. Assim, cada E3 conhecida responde a determinados sinais de ubiquitinação que frequentemente ocorrem em uma gama bastante limitada de proteínas-alvo, muitas das quais apresentam funções reguladoras. Por exemplo, *o sistema de ubiquitinação desempenha uma função essencial na progressão do ciclo de celular.* O ciclo celular, como visto na Seção 30.4Aa e como será discutido adicionalmente na Seção 34.4D, é regulado por uma série de proteínas, conhecidas como ciclinas. Uma determinada ciclina, que é expressa imediatamente antes e/ou durante uma fase específica do ciclo celular, liga-se a uma **proteína-cinase dependente de ciclina correspondente** (Cdk, de *cyclin-dependent protein kinase*), que então fosforila suas proteínas-alvo, de forma a ativá-las para a execução dos processos daquela fase do ciclo celular. Além disso, muitas ciclinas também inibem a transição para a fase subsequente do ciclo celular (p. ex., a replicação do DNA ou a mitose). Consequentemente, para que uma célula progrida de uma fase do ciclo celular para a próxima, a(s) ciclina(s) que governa(m) a fase anterior deve(m) ser eliminada(s). Isso ocorre pela ubiquitinação específica da ciclina, condenando-a, dessa forma, à destruição pelo proteassomo. As E3s responsáveis por esse processo são os complexos SCF que contêm proteínas F-*box* dirigidas contra uma ciclina correspondente e um complexo de múltiplas subunidades, conhecido como **complexo promotor de anáfase** (**APC**, de *anaphase-promoting complex*; alternativamente chamado de **ciclossomo**; Seção 34.4Da). O APC, uma partícula de ~ 1.500 kDa contendo um domínio RING, que, em levedura, é composta de 11 subunidades, ubiquitina especificamente proteínas que contêm a sequência consensual de 9 resíduos RTALGDIGN, o chamado ***box* de destruição**, próxima das suas extremidades N-terminais.

O fator de transcrição **NF-κB** (NF de *nuclear factor*, fator nuclear), que desempenha um papel fundamental nas respostas imune e inflamatória (Seção 34.3Bs), é mantido em um estado inativo no citoplasma, pela sua ligação ao inibidor **IκBα**, de uma maneira que oculta a curta sequência básica interna que determina a importação do NF-κB para o interior do núcleo (seu **sinal de localização nuclear**; **NLS**, de *nuclear localization signal*). Entretanto, a estimulação de receptores de superfície celulares por citocinas pró-inflamatórias, como o **fator-α de necrose tumoral** (**TNFα**, de *tumor necrosis factor-a;* Seção 19.3Db) e **interleucina-1** (**IL-1**; Seção 19.3Eb) inicia uma cascata de fosforilações de transdução de sinal (Seção 19.3D) que fosforila o IκBα ligado ao NF-κB em ambos os resíduos de Ser da sequência DSGLDS. Essa sequência fosforilada é o sinal de ubiquitinação para o complexo SCF contendo a proteína F-*box* **β-TrCP** (605 resíduos), que faz a mediação da ubiquitinação do IκBα fosforilado. A consequente destruição do IκBα expõe o NLS do NF-κB, que é, então, transportado para o núcleo, onde ativa a transcrição de seus genes-alvo (Seção 34.3B).

Alguns vírus usurpam o sistema de ubiquitina. As formas oncogênicas do **papilomavírus humano** (**HPV**), a causa de quase todos os cânceres cervicais (uma das principais causas de morte de mulheres em países em desenvolvimento), codificam a **proteína E6**, de ~ 150 resíduos, que se combina com uma proteína celular de 875 resíduos, chamada **proteína associada à E6** (**E6AP**, a primeira E3 conhecida por conter um domínio HECT) para ubiquitinar a **p53**, marcado-a, assim, para a destruição. Essa última proteína é um fator de transcrição que monitora a integridade do genoma e, portanto, é importante para impedir a transformação maligna e a proliferação de células cancerosas (Seção 34.4Ca), ou seja, ela é um **supressor tumoral** (uma proteína, cuja perda de função é uma causa de câncer). Consequentemente, o HPV provoca a multiplicação descontrolada das células que ele infecta e, assim, a sua própria proliferação. A E6AP funciona normalmente para ubiquitinar determinados membros da família Src de proteínas-cinase (Seção 19.3Ba), inclusive a própria Src. A deleção do segmento do cromossomo 15 que contém o gene da E6AP causa a síndrome de Angelman, que, como visto (Seção 30.7d), é caracterizada por retardamento mental grave e é herdada de forma exclusivamente materna, devido ao *imprinting* genômico.

Os exemplos anteriores são apenas poucos exemplos dos numerosos processos celulares que são regulados pelo sistema de proteólise mediado pela ubiquitina. Não é surpreendente, entretanto, que muitas condições patológicas humanas, incluido doenças inflamatórias, neurodegenerativas e debilitantes musculares, sejam atribuídas ao mal funcionamento dos sistemas de ubiquitinação.

f. O proteassomo de 20S catalisa a proteólise no interior de um barril oco

O proteassomo de 26S (Fig. 32.79) é uma proteína de ~ 2.100 kDa, formada por múltiplas subunidades, que catalisa a hidrólise dependente de ATP de proteínas ligadas à ubiquitina. Essa hidrólise dá origem a oligopeptídeos com comprimentos de 4 a 25 resíduos, com média de 7 a 9, que são subsequentemente degradados em seus aminoácidos componentes por exopeptidases citoplasmáticas. O proteassomo de 26S consiste em um **proteassomo de 20S** (~ 670 kDa), o núcleo catalítico em forma de barril do proteassomo de 26S, e de suas **tampas de 19S** (*19S caps*, ~ 700 kDa; também conhecidas como **PA700** e **regulador do 19S**), que se associam com as extremidades do proteassomo de 20S e estimulam a sua atividade (PA de *proteasome activator*, ativador do proteassomo). O proteassomo de 20S somente hidrolisa proteínas desenoveladas, de uma maneira independente de ATP; as tampas de 19S funcionam para identificar e desenovelar os substratos proteicos ubiquitinados.

O proteassomo de 20S ocorre no núcleo e no citoplasma de todas as células eucarióticas e em todas as arqueobactérias já examinadas. Entretanto, as únicas eubactérias nas quais ele ocorre são aquelas da classe Actinobacteria, o que sugere que elas o adquiriram de algum outro organismo, por transferência gênica horizontal.

O proteassomo de 20S de *Thermoplasma acidophilum* (uma arqueobactéria) consiste em 14 cópias de cada uma de suas subunidades α e β (233 e 203 resíduos), que, conforme revelado por estudos de microscopia eletrônica, formam um barril de 150 Å de comprimento e 110 Å de diâmetro, no qual as subunidades estão arranjadas em quatro anéis empilhados (como é evidente na porção central do proteassomo de 26S visto na Fig. 32.79). As subunidades α e β são 26% idênticas em sequência, exceto por uma cauda N-terminal de ~ 35 re-

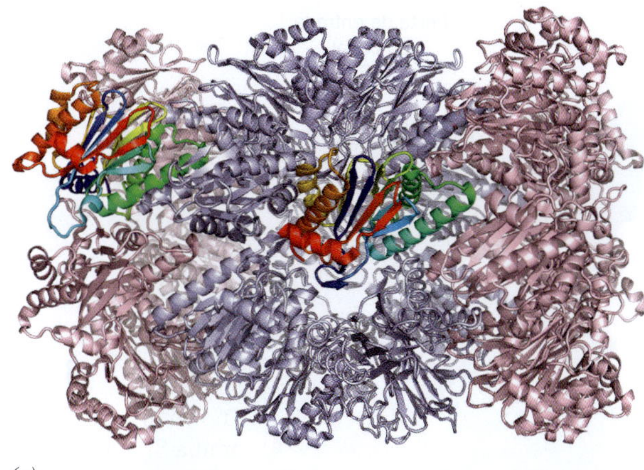

(a)

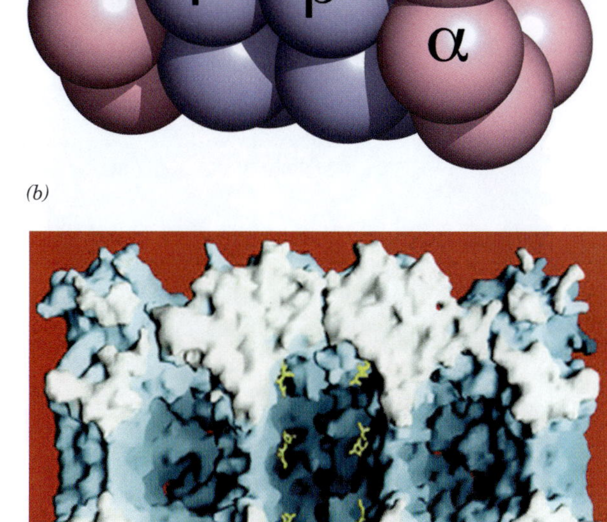

(b)

(c)

FIGURA 32.84 **Estrutura por raios X do proteassomo de 20S de *T. acidophilum*.** (*a*) Um diagrama de fitas, visualizado com seu eixo sétuplo apontado em direção ao observador por 20°, no qual as subunidades α estão em cor-de-rosa e as subunidades β estão em azul-claro, exceto para uma das subunidades α (à *esquerda*) e uma subunidade β similarmente orientada (*centro*), que estão ambas coloridas na ordem das cores do arco-íris a partir de suas extremidades N (*azul*) para suas extremidades C (*vermelho*). Note suas semelhanças estruturais. (*b*) Um diagrama, visto como na Parte *a*, no qual as subunidades estão representadas por esferas de tamanhos iguais, com subunidades α em cor-de-rosa e subunidades β em azul-claro. (*c*) Um diagrama de superfície, visualizado ao longo de seu eixo duplo, com as subunidades mais próximas do observador removidas para expôr a cavidade interna de três câmeras do proteassomo, a qual apresenta uma amplitude máxima de ~100 Å e ~60 Å de diâmetro. Os sítios ativos das subunidades β estão marcados pelo inibidor ligado a eles, LLnL, que está representado na forma de bastões em amarelo. (Parte *a* baseada em uma estrutura por raios X de e Parte *c* cortesia de Robert Huber, Max-Planck-Institut für Biochemie, Martinsried, Alemanha. PDBid 1PMA.)

síduos da subunidade α, que não está presente na subunidade β. Os proteassomos de 20S eucarióticos são mais complexos, pois consistem em 7 subunidades diferentes de tipo α e 7 subunidades diferentes de tipo β, o que contrasta com a presença de apenas um tipo de subunidade α e de um tipo de subunidade β no proteassomo de 20S de *T. acidophilum*.

A estrutura por raios X do proteassomo de 20S de *T. acidophilum*, determinada por Baumeister e Robert Huber, revela que cada um de seus dois anéis internos consiste em 7 subunidades β e que cada um de seus dois anéis externos consiste em 7 subunidades α, arranjadas com simetria D_7 (Fig. 32.84). Assim, a estrutura geral do proteassomo de 20S lembra superficialmente aquela da chaperona molecular não relacionada GroEL (Seção 9.2Ca). As estruturas das subunidades α e β são notavelmente similares (Fig. 32.84*a*), exceto, é claro, pela cauda N-terminal da subunidade α (em azul na Fig. 32.84*a*), que faz se estende radialmente para dentro para fazer contato com a cauda N-terminal de uma subunidade α vizinha. Isso corresponde à observação de que as subunidades α sozinhas organizam-se espontaneamente em anéis de 7 membros (uma capacidade que é perdida com a remoção de seus 35 resíduos N-terminais), enquanto as subunidades β sozinhas permanecem monoméricas.

A cavidade central do proteassomo de 20S de *T. acidophilum* consiste em três grandes câmaras (Fig. 32.84*c*): duas estão localizadas nas interfaces entre anéis adjacentes de subunidades α e β, com a terceira câmara, a maior, localizada centralmente entre os dois anéis de subunidades β. Substratos polipeptídicos desenovelados entram na câmara central do barril (onde os sítios ativos do proteassomo estão localizados; ver a seguir) através de aberturas de ~ 13 Å de diâmetro, axialmente localizadas nos anéis α, que estão cobertas internamente por resíduos hidrofóbicos. Isso permite que apenas proteínas desenoveladas entrem na câmara central, protegendo, dessa forma, proteínas adequadamente enoveladas de degradação indiscriminada por parte dessa máquina onívora desmanteladora de proteínas.

A estrutura por raios X do proteassomo de 20S de levedura, determinada por Huber, demonstra que seus anéis externo e interno são compostos, respectivamente, de sete tipos diferentes de subunidades α e de sete tipos diferentes de subunidades β, todas elas organizadas de maneira única (Fig. 32.85). As subunidades de tipo α apresentam enovelamentos similares entre si e àquele do proteassomo de 20S de *T. acidophilum*, com o mesmo ocorrendo para as subunidades de tipo β. Consequentemente, esse complexo proteico de 28 subunidades e 6.182 resíduos apresenta uma simetria rotacional dupla exata em relação aos seus dois pares de anéis, mas somente uma pseudossimetria rotacional heptaédrica em relação às subunidades no interior de cada anel. As aberturas axiais estreitas nos

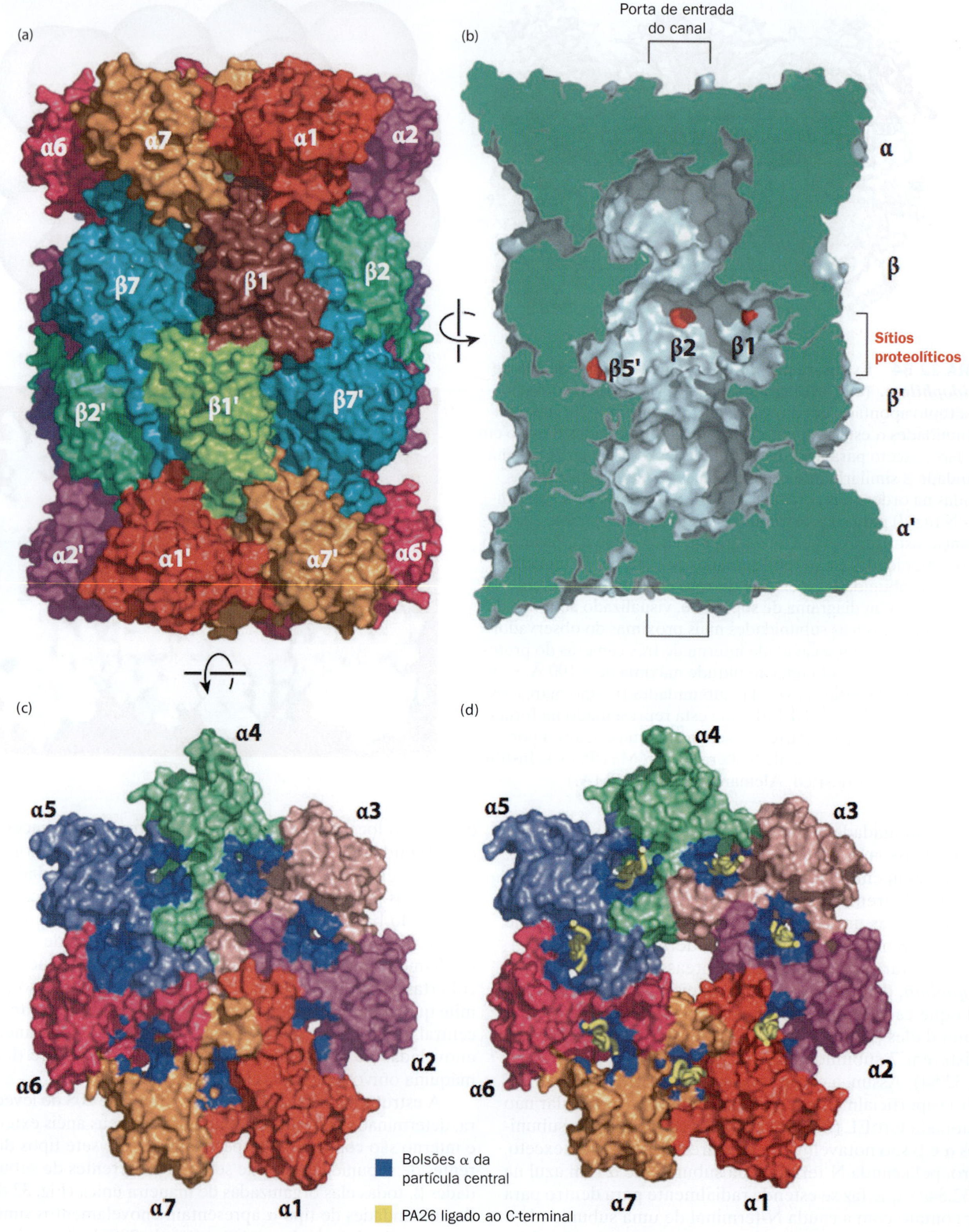

(a)
α6
α7
α1
α2
β7
β1
β2
β2'
β1'
β7'
α2'
α1'
α7'
α6'
(b)
Porta de entrada do canal
α
β
β2
β1
β5'
Sítios proteolíticos
β'
α'
(c)
α4
α5
α3
α6
α2
α7
α1
(d)
α4
α5
α3
α6
α2
α7
α1
Bolsões α da partícula central
PA26 ligado ao C-terminal

FIGURA 32.85 *(à esquerda)* **Estrutura por raios X do proteassomo de 20S de levedura.** (*a*) Diagrama de superfície visualizado ao longo de seu eixo duplo de 28 unidades. Cada par de subunidades idênticas apresenta a mesma cor, exceto para β1 e a simetricamente relacionada β1′, que estão coloridas de forma diferente. (*b*) Diagrama de superfície cortado ao longo do eixo pseudosséptuplo do complexo. A superfície cortada está em verde e os sítios ativos das subunidades β1, β2 e β5′ estão marcados em vermelho. Os colchetes indicam as posições aproximadas das portas do canal de entrada, como vistas no estado aberto. (*c*) Visão da base do proteassomo de 20S, mostrando seu anel-α em seu estado fechado, representado como na Parte *a*. Os bolsões onde PA26 se liga (ver a seguir) estão destacados em azul. (*d*) O estado aberto, como representado na Parte *c* e com as extremidades C de suas subunidades PA26 ligadas mostradas na forma de tubos em amarelo. (Cortesia de Daniel Finley, Harvard Medical School. Com base em estruturas por raios X de Robert Huber, Max-Planck-Institut für Biochemie, Martinsried, Alemanha (*estado fechado*) e Christopher Hill, University of Utah, EUA (*estado aberto*) PDBids 1RYP e 1FNT.)

anéis α, através das quais os polipeptídeos desenovevelados entram na câmara hidrofóbica (Fig. 32.85*c*), estão ocluídas no estado fechado (Fig. 32.85*c*) por um tampão formado pelas interdigitações das caudas N-terminais de suas subunidades α. Isso sugere que as tampas de 19S do proteassomo de 26S, que, conforme foi demonstrado, ativam o proteassomo de 20S, controlam o acesso a ele induzindo mudanças conformacionais em seus anéis α (ver adiante). A estrutura por raios X do proteassomo bovino de 20S, determinada por Tomitake Tsukihara, revela que o seu arranjo de sete subunidades de tipo α e sete subunidades de tipo β é semelhante àquele de levedura.

g. O proteassomo catalisa a hidrólise peptídica por um novo mecanismo

A estrutura por raios X do proteassomo de 20S de *T. acidophilum* em complexo com o inibidor aldeídico **acetil-Leu--Leu-norleucinal** (**LLnL**)

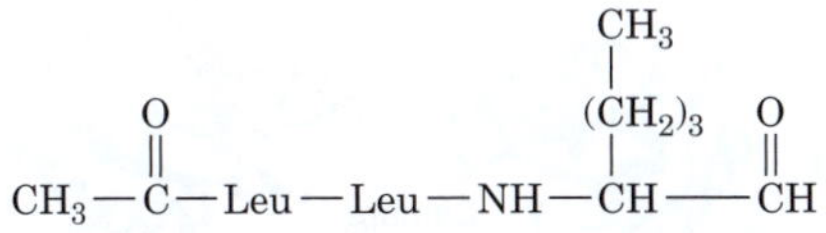

$$\mathrm{CH_3-\overset{\displaystyle O}{\overset{\|}{C}}-Leu-Leu-NH-\underset{}{\overset{\displaystyle \overset{\displaystyle CH_3}{|}}{\overset{(CH_2)_3}{\overset{|}{CH}}}}-\overset{\displaystyle O}{\overset{\|}{CH}}}$$

Acetil-Leu-Leu-norleucinal (LLnL)

revela que seus sítios ativos estão nas superfícies internas de seus anéis de subunidades β, com a função aldeídica do LLnL próxima à cadeia lateral do resíduo de Thr 1β, altamente conservado. A deleção desse resíduo de Thr ou sua mutação para Ala origina proteassomos de 20S montados de forma adequada, mas que são completamente inativos. Evidentemente, o proteassomo de 20S catalisa a hidrólise peptídica por um novo mecanismo, no qual o grupo hidroxila de seu resíduo de Thr 1β é o grupo nucleofílico atacante. Esse mecanismo ainda pouco entendido, no qual o grupo amino na extremidade N-terminal e, possivelmente, uma molécula de água ligada, atuam para ativar nucleofilicamente a cadeia lateral hidroxílica, é, como se sabe agora, utilizado por outras hidrolases (p. ex., a glutamato-sintase; Seção 26.5Aa), que são coletivamente conhecidas como a família de hidrolases com o grupo **nucleofílico N-terminal** (**Ntn**). As subunidades β de *T. acidophilum* clivam os polipeptídeos preferencialmente após os seus resíduos hidrofóbicos. Entretanto, nos proteassomos de 20S de levedura e bovino, apenas as subunidades β1, β2 e β5 são ativas cataliticamente. Suas respectivas preferências para clivagem após resíduos ácidos (semelhante à caspase), básicos (semelhante à tripsina) e hidrofóbicos (semelhante à quimotripsina) são explicadas por suas respectivas características básicas, ácidas e apolares de seus bolsões que se ligam às cadeias laterais do resíduo que antecede à ligação peptídica que será rompida, embora essa especificidade seja relativamente baixa. As funções das quatro subunidades β diferentes e cataliticamente inativas são desconhecidas, embora uma modificação por mutação em uma subunidade β inativa possa abolir a atividade catalítica de uma subunidade β ativa.

h. As tampas de 19S controlam o acesso de proteínas ubiquitinadas ao proteassomo de 20S

O proteassomo de 20S provavelmente não existe sozinho *in vivo*; ele está mais frequentemente em complexo com duas tampas de 19S que funcionam para reconhecer proteínas ubiquitinadas, desenovelá-las e colocá-las no interior do proteassomo de 20S de maneira dependente de ATP (ele pode também associar-se a outros complexos reguladores; ver a seguir). A tampa de 19S, que consiste em ~ 18 subunidades diferentes, ainda está pobremente caracterizada, em grande parte devido à sua baixa estabilidade intrínseca. O seu chamado complexo basal consiste em 9 subunidades diferentes, 6 das quais são ATPases que formam um anel contíguo ao anel α do proteassomo de 20S (Fig. 32.79). Cada uma dessas ATPases contém um módulo de ATPase de ~ 230 resíduos, que é um membro da família AAA+ (Seção 30.2Ca). Cecile Pickart demonstrou, por experimentos de ligação cruzada, que uma dessas ATPases, denominada **S6′** (alternativamente, **Rpt5**), faz contato com o sinal de poliUb que direciona uma proteína condenada para o proteassomo de 26S. Isso sugere que o reconhecimento dessa cadeia de poliUb, assim como o desenovelamento do substrato proteico, são processos acionados por ATP. Além disso, o anel de ATPases deve funcionar para abrir a abertura axial do proteassomo de 20S, que, de outra forma, permanece fechada. Essa abertura permite a entrada do substrato proteico desenovelado.

Oito subunidades adicionais formam o chamado complexo da tampa (*lid complex*), a porção da tampa de 19S (*19S cap*) que está em uma posição mais distal (mais distante) em relação ao proteassomo de 20S. As funções das subunidades da tampa são em grande parte desconhecidas, embora um proteassomo de 26S truncado, que não possui essas subunidades, seja incapaz de degradar substratos poliubiquitinados. Várias outras subunidades podem estar transitoriamente associadas com a tampa de 19S e/ou com o proteassomo de 20S.

i. Enzimas que promovem a desubiquitinação possuem diversas funções

As enzimas que clivam hidroliticamente as ligações isopeptídicas que unem unidades sucessivas de ubiquitina na poliUb são conhecidas como **enzimas desubiquitinadoras** (**DUBs**). As células contêm um número surpreendentemente grande de DUBs (pelo menos 17 em levedura e ~ 100 em seres humanos). Praticamente todas as DUBs conhecidas são cisteíno-proteases, enzimas cujo mecanismo catalítico se assemelha ao das serino-proteases (Seção 15.3C), mas cujo grupo nucleofílico atacante é o Cys—S^-, ao invés de ser o Ser—OH.

As DUBs podem liberar cadeias de poliUb inteiras de uma proteína condenada ou liberar sequencialmente as unidades de ubiquitina a partir da extremidade da cadeia. Foi proposto que esse último processo funciona como um relógio para cronometrar o processo de degradação proteica. Se uma cadeia de poliUb for reduzida a menos de quatro unidades de ubiquitina antes do início da degradação, é provável que a proteína ligada a ela escape da destruição. Isso poderia poupar proteínas que foram marcadas inapropriadamente apenas com cadeias de poliUb curtas.

A subunidade do complexo da tampa, da tampa de 19S de mamíferos, conhecida como **POH1** (**Rpn11** para a subunidade correspondente de levedura, 65% idêntica a ela), parece ser responsável pela desubiquitinação de proteínas-alvo antes delas serem degradadas; a sua inativação impede a degradação da proteína-alvo. Curiosamente, essa DUB é uma protease dependente de Zn^{2+} (como também é a carboxipeptidase A; Fig. 15.42), em vez de ser uma cisteíno-protease.

Determinadas DUBs funcionam para desmembrar cadeias de poliUb que foram liberadas de substratos proteicos, pela remoção sequencial de unidades de ubiquitina a partir da extremidade da cadeia que estava mais próxima da proteína (aquela com uma extremidade C-terminal livre). Consequentemente, essas DUBs não podem remover unidades de ubiquitina de cadeias de poliUb que ainda estão ligadas aos substratos proteicos, o que impede sua remoção prematura.

As células expressam a ubiquitina como poliproteínas contendo várias unidades de ubiquitina (Seção 32.5Ac) ou com a ubiquitina fusionada a determinadas subunidades ribossômicas (não existe um gene que codifique uma única unidade de ubiquitina). Essas poliproteínas são rapidamente processadas por determinadas DUBs, para darem origem às ubiquitinas livres.

j. O ativador 11S forma um barril heptamérico que abre o proteassomo 20S

Eucariotos superiores contêm um **ativador 11S** (alternativamente, **regulador 11S**) que funciona para abrir o canal para o interior do proteassomo 20S de uma maneira dependente de ATP, de forma a permitir a entrada de polipeptídeos (mas não de proteínas enoveladas). O ativador 11S de mamíferos, que funciona na geração de peptídeos para apresentação para o sistema imune (Seção 35.2E), é denominado **REG** (alternativamente **PA28**). Ele é um complexo hetero-heptamérico de duas subunidades de ~ 245 resíduos, **REGα** e **REGβ**, que apresentam ~ 50% de identidade de sequência,

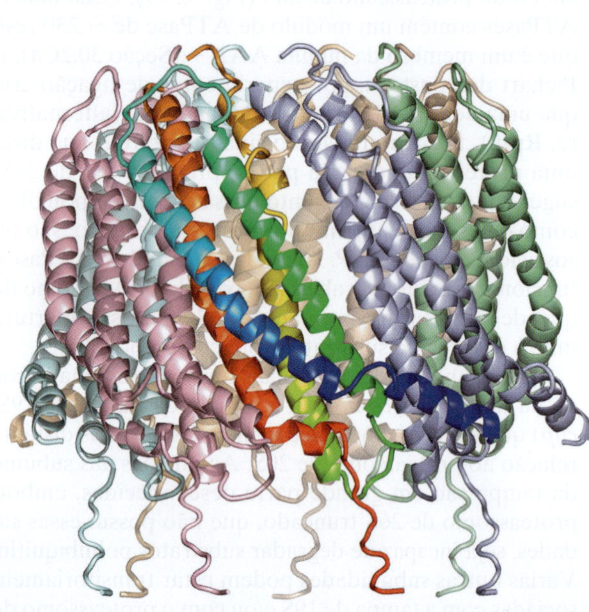

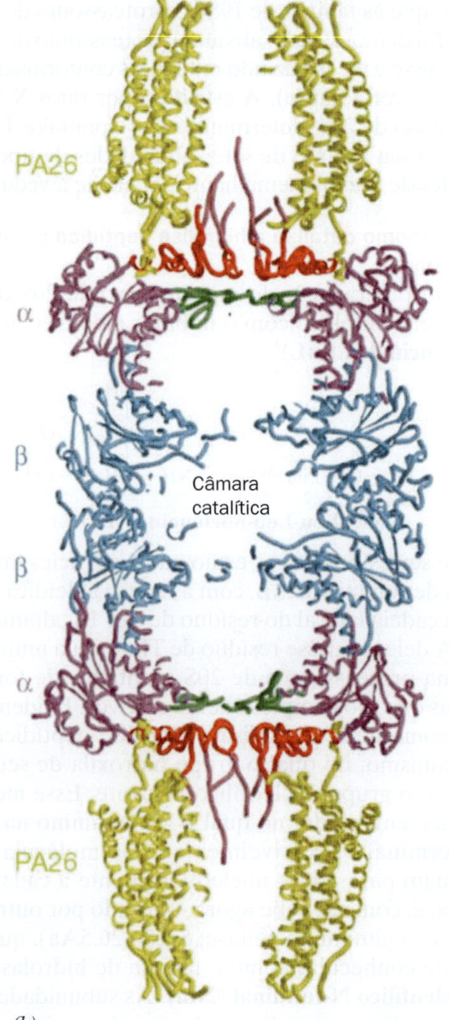

FIGURA 32.86 Estrutura por raios X de PA26 de *T. brucei* em complexo com o proteassomo 20S de levedura. (*a*) O heptâmero PA26 na forma de fitas, visualizado com seu eixo vertical séptuplo. Cada uma das subunidades está colorida de forma diferente, com aquela mais próxima ao observador colorida na ordem das cores do arco-íris a partir de sua extremidade N (*azul*) para a sua extremidade C (*vermelho*). (b) Diagrama cortado do complexo inteiro, representado na forma de tubos e visualizado com seu eixo vertical séptuplo. PA26 está em amarelo, as subunidades α e β do proteassomo 20S estão em magenta e azul, seu anel α está em verde e seus segmentos N-terminais, que estão ordenados e parcialmente desordenados, estão em vermelho e cor-de-rosa. (Parte *a* baseada em uma estrutura por raios X de e Parte *b* cortesia de Christopher Hill, University of Utah, EUA. PDBids 1FNT.)

exceto por um segmento interno de ~ 18 resíduos, altamente variável, que, acredita-se, confere propriedades específicas às subunidades. De fato, a REGα sozinha forma um heptâmero cujas propriedades bioquímicas são semelhantes às do REG (embora ambas as subunidades devam estar presentes *in vivo*).

O tripanossomo *Trypanosoma brucei*, que não possui tampas de 19S, expressa um ativador 11S homo-heptamérico denominado **PA26**, que é apenas 14% idêntico à REGα humana. Apesar disso, os vários ativadores 11S ativam os proteassomos 20S mesmo de espécies bastante divergentes. Assim, o proteassomo 20S de rato é ativado pelo PA26 e o proteassomo 20S de levedura é ativado pela REGα humana, apesar de leveduras não possuirem ativadores 11S.

A estrutura por raios X do PA26 em complexo com o proteassomo 20S de levedura, determinada por Christopher Hill, revela que cada monômero do PA26 consiste em um feixe de quatro hélices para cima–para baixo–para cima–para baixo. Esses monômeros formam um barril heptamérico de simetria heptaédrica, que tem 90 Å de diâmetro, 70 Å de comprimento e possui um poro central com 33 Å de diâmetro (Fig. 32.86*a*), e que se assemelha bastante à estrutura por raios X da REGα humana, previamente determinada. Dois barris do PA26 associam-se coaxialmente com o proteassomo 20S, um em cada extremidade (Fig. 32.86*b*). A conformação do proteassomo 20S nesse complexo, em sua maior parte, é bastante similar àquela do proteassomo 20S sozinho (Fig. 32.85). Entretanto, as caudas C-terminais das subunidades do PA26 se inserem no interior de bolsões nas subunidades α do proteassomo 20S, de uma maneira que induz mudanças conformacionais em suas caudas N-terminais. Isso desobstrui a abertura central de outra forma bloqueada do proteassomo 20S (Fig. 32.85*c*, *d*), permitindo, assim, que polipeptídeos desenovelados entrem na câmara central do proteassomo.

k. Bactérias contêm uma variedade de proteases autocompartimentalizadas

Praticamente todas as eubactérias não possuem proteassomos 20S. Apesar disso, elas possuem conjuntos proteolíticos dependentes de ATP que compartilham a mesma arquitetura em forma de barril e executam funções semelhantes. Em *E. coli*, por exemplo, duas proteínas, conhecidas como **Lon** e **Clp**, fazem a mediação de até 80% da degradação proteica da bactéria, com contribuições adicionais de pelo menos três outras proteínas, incluindo a **UV do *locus* de choque térmico** (**HslUV**). Assim, *todas as células parecem conter proteases cujos sítios ativos estão apenas disponíveis na cavidade interna de uma partícula oca, que tem o acesso a ela controlado.* Essas chamadas **proteases autocompartimentalizadas** parecem ter surgido no início da história da vida celular, antes do advento de organelas eucarióticas limitadas por membranas, como o lisossomo, que, de forma semelhante, executa processos degradativos de uma maneira que protege o conteúdo da célula de uma destruição indiscriminada.

A protease Clp consiste em dois componentes, a **ClpP** proteoliticamente ativa e uma de várias ATPases, as quais, em *E. coli*, são a **ClpA** e a **ClpX**. A estrutura por raios X da ClpP, determinada por John Flanagan, revela que ela oligomeriza para formar um barril de ~ 90 Å de comprimento e largura, que consiste em dois anéis heptassimétricos de subunidades de 193 resíduos (Fig. 32.87), posicionados costas com costas, que tem, portanto, a mesma simetria D_7 que o proteassomo 20S. Apesar disso, a subunidade ClpP apresenta um novo enovelamento, que é inteiramente diferente daquele das subunidades α e β homólogas do proteassomo

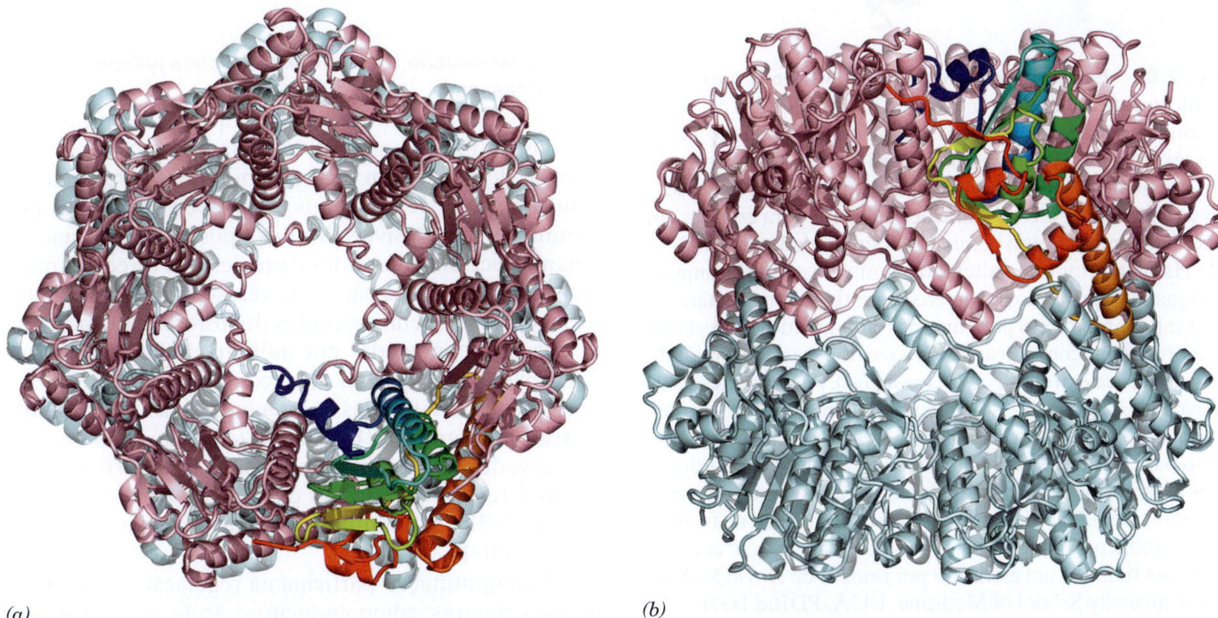

FIGURA 32.87 Estrutura por raios X da ClpP de *E. coli*. (*a*) Vista do complexo heptamérico ao longo de seu eixo séptuplo, desenhado na forma de fitas, no qual o anel inferior está em ciano claro e o anel superior está em cor-de-rosa, com uma subunidade colorida na ordem das cores do arco-íris a partir da sua extremidade N (*azul*) para a sua extremidade C (*vermelho*). (*b*) Vista ao longo do eixo duplo do complexo (rotado 90° em torno de um eixo horizontal em relação à Parte *a*). (Com base em uma estrutura por raios X de John Flanagan, Brookhaven National Laboratory, Upton, New York, EUA. PDBid 1TYF.)

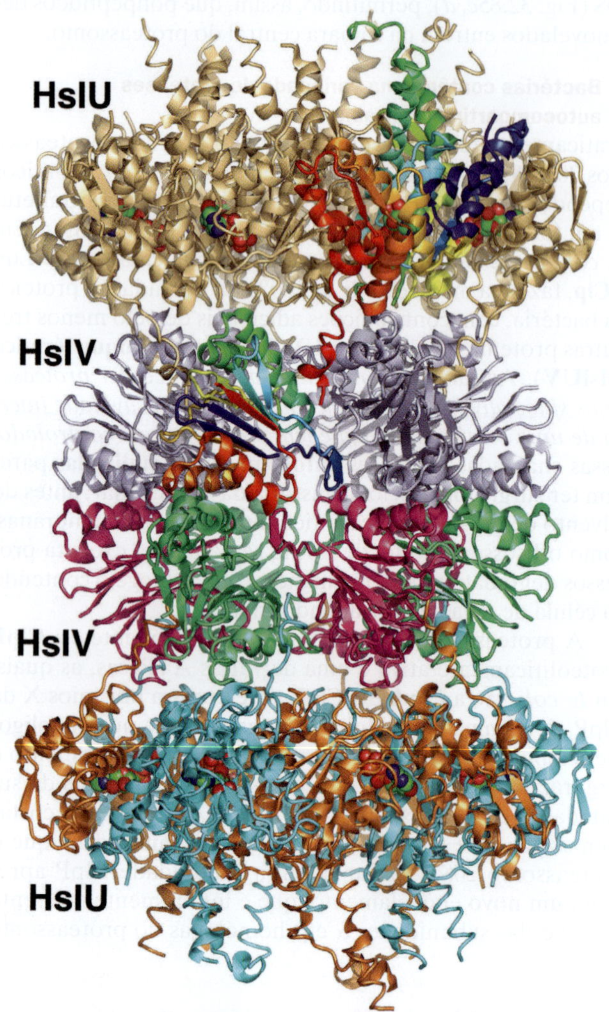

FIGURA 32.88 Estrutura por raios X da HslVU de *H. influenza* em complexo com ATP. O complexo de 821 kDa está representado na forma de fitas, visualizado ao longo de um eixo duplo, com o seu eixo sêxtuplo na posição vertical. Hexâmeros HslU de simetria C_6 estão coaxialmente ligados a ambas as extremidades do dodecâmero de simetria D_6 das subunidades de HslV, para criarem um complexo com uma simetria geral D_6. As subunidades do hexâmero de HslU inferior estão alternadamente em cor de laranja e ciano, enquanto aquelas do hexâmero de HslU superior estão em cor de laranja claro, exceto para uma das subunidades que está colorida na ordem das cores do arco-íris a partir de sua extremidade N (*azul*) para a sua extremidade C (*vermelho*). As subunidades do hexâmero de HslV inferior estão alternadamente em verde e magenta, enquanto aquelas do hexâmero superior estão em azul claro, exceto para uma das subunidades que está colorida na ordem das cores do arco-íris. Os ATPs, que estão ligados nas interfaces entre subunidades de HslU vizinhas, estão desenhados na forma de volume atômico, com C verde, N azul, O vermelho e P cor de laranja. (Com base em um estrutura por raios X de David McKay, Stanford University School of Medicine, EUA. PDBid 1G3L.)

20S. O sítio ativo da ClpP, que está exposto apenas no lado interno do barril, contém uma tríade catalítica composta pela Ser 97, pela His 122 e pela Asp 171 e, portanto, é uma serino-protease (Seção 15.3Ab).

A protease HslUV parece ser um híbrido da Clp e do proteassomo 26S. Suas subunidades **HslV** em *Haemophilus influenzae* (174 resíduos) são 18% idênticas às subunidades β do proteassomo 20S de *T. acidophilum*, enquanto suas tampas reguladoras **HslU** (444 resíduos) apresentam atividade ATPásica e são homólogos à ClpX de *E. coli.* A estrutura por raios X de HslUV de *H. influenzae*, determinada por David McKay, indica que a HslV forma um dímero de anéis hexaméricos (Fig. 32.88), ao invés de uma estrutura heptamérica como as vistas até agora. Um anel hexamérico de subunidades de HslU liga-se a ambas as extremidades do dodecâmero HslV, para formar um conjunto de 24 subunidades com simetria D_6, ao invés da simetria D_7 do proteassomo 26S.

Apesar disso, tanto o enovelamento como os contatos intersubunidades das subunidades HslV são bastante semelhantes àqueles das subunidades β do proteassomo 20S. Além disso, ambos possuem resíduos de Thr N-terminais. Portanto, a HslV pode ser considerada como a homóloga eubacteriana dos proteassomos de 20S de arqueobactérias e de eucariotos.

Thermoplasma acidophilum contém um outro grande complexo proteolítico, que não está relacionado com o proteassomo. A estrutura por raios X dessa protease (Fig. 32.89), determinada por Huber, indica que ela forma um anel hexamérico toroidal com simetria D_3, de 730 kDa, que apresenta a forma triangular peculiar de um tricórnio (um chapéu de três bicos, cujas abas estão voltadas para cima em três lados) e, por isso, foi denominada **protease tricorne**. Estudos de crio-EM indicam que 20 desses hexâmeros tricornes associam-se para formar um icosaedro oco de 14.000 kDa (Fig. 32.89*c*; um icosaedro é mostrado na Fig. 8.65*c*), o que o torna o maior complexo enzimático homo-ologomérico conhecido (ele é maior até mesmo do que algumas partículas virais, muitas das quais também apresentam simetria icosaédrica; Seção 33.2Aa).

I. A ubiquitinação tem múltiplas funções independentes do proteassomo

As proteínas podem ser monoubiquitinadas ou poliubiquitinadas ou mesmo monoubiquitinadas em mais do que um resíduo de Lys. Além disso, a ubiquitina apresenta sete resíduos de Lys, de forma que sete tipos de cadeias poliubiquitinadas são possíveis. Muitos tipos de ubiquitinações medeiam processos diferentes daqueles que direcionam as suas proteínas associadas para o proteassomo. Isso ocorre através de mecanismos remanescentes de fosforilação, mas, ao invés de serem reconhecidas por motivos de ligação a proteínas fosforiladas especializados, tal como SH2 (Seção 19.3Cb), as proteínas ubiquitinadas são reconhecidas por **domínios de ligação à ubiquitina** (**UBDs**, de *ubiquitin-binding domain*) conservados. Além disso, enquanto a fosforilação de proteínas é reversível, através da ação de proteínas fosfatases (Seção 19.3F), a ubiquitinação é reversível através da atividade de DUBs.

A ubiquitinação participa na regulação de diversos processos celulares, como endocitose, tráfego de proteínas, reparação do DNA, sinalização intracelular e transcrição. Por exemplo, durante a fase S do ciclo celular, a monoubiquitinação do PCNA (o grampo deslizante associado com a forquilha de replicação eucariótica; Seção 30.4Ba) em seu resíduo de Lys 164 recruta uma DNA-polimerase translesão sujeita

(a)

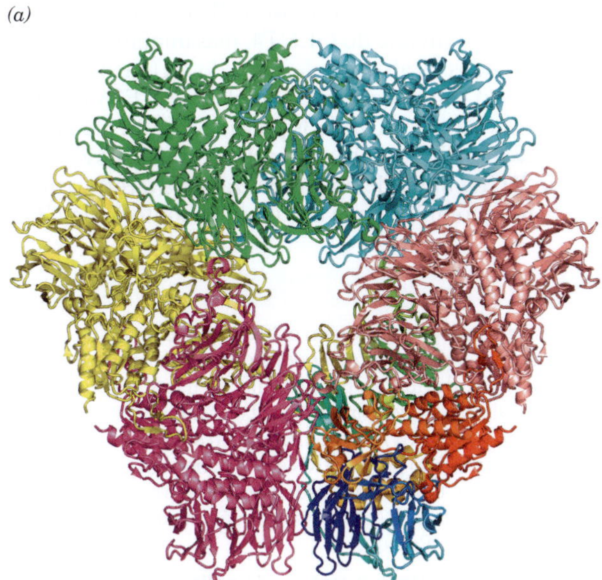

(b)

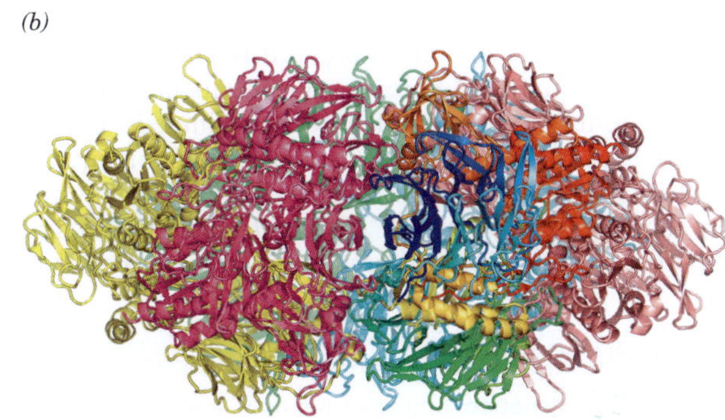

(c)

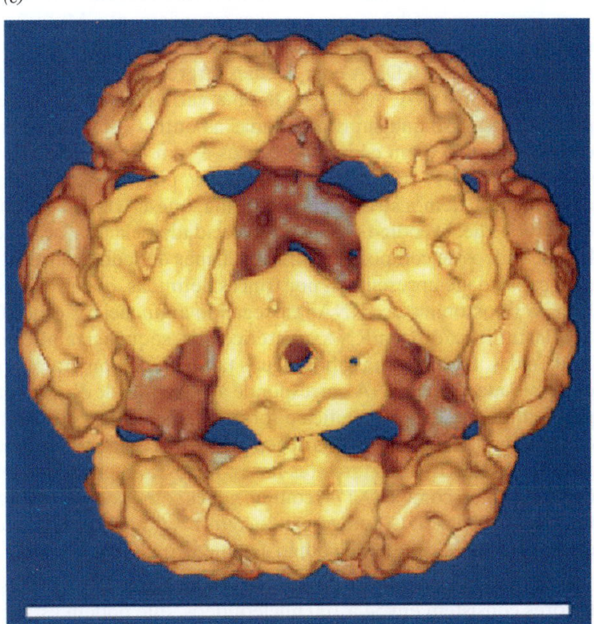

FIGURA 32.89 Estrutura da protease tricorne. (*a*) A estrutura por raios X do hexâmero com simetria D_3, representado na forma de fitas e visualizado ao longo de seu eixo triplo. Suas subunidades estão coloridas diferentemente, com aquela na parte inferior direita colorida na ordem das cores do arco-íris a partir de sua extremidade N (*azul*) para a sua extremidade C (*vermelho*). (*b*) Vista ao longo do eixo duplo do complexo hexamérico (rotado 90° em torno de um eixo horizontal em relação à Parte *a*). (*c*) Uma imagem com base em crio-EM do complexo icosaédrico. Cada uma de suas "placas" componentes representa um complexo hexamérico como aqueles representados nas Partes *a* e *b*. Note como as placas vizinhas estão relacionadas tanto pelos eixos triplos (que são coincidentes com aqueles dos complexos hexaméricos) como pelos eixos quíntuplos. A barra de escala branca tem 50 nm de comprimento. (As Partes *a* e *b* são baseadas em uma estrutura por raios X de Robert Huber, Max-Planck-Institut für Biochemie, Martinsried, Alemanha. PDBid 1K32. A Parte *c* é cortesia de Wolfgang Baumeister, Max-Planck-Institut fur Biochemie, Martinsried, Alemanha.)

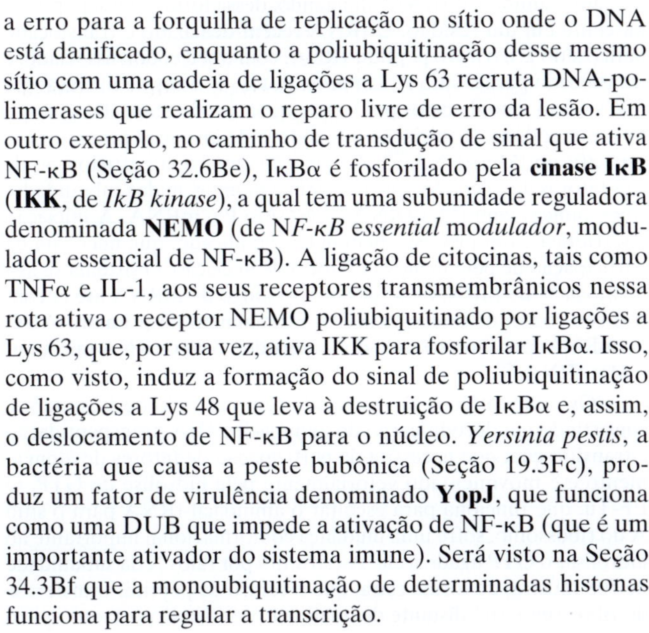

a erro para a forquilha de replicação no sítio onde o DNA está danificado, enquanto a poliubiquitinação desse mesmo sítio com uma cadeia de ligações a Lys 63 recruta DNA-polimerases que realizam o reparo livre de erro da lesão. Em outro exemplo, no caminho de transdução de sinal que ativa NF-κB (Seção 32.6Be), IκBα é fosforilado pela **cinase IκB** (**IKK**, de *IkB kinase*), a qual tem uma subunidade reguladora denominada **NEMO** (de N*F-κB essential* mo*dulador*, modulador essencial de NF-κB). A ligação de citocinas, tais como TNFα e IL-1, aos seus receptores transmembrânicos nessa rota ativa o receptor NEMO poliubiquitinado por ligações a Lys 63, que, por sua vez, ativa IKK para fosforilar IκBα. Isso, como visto, induz a formação do sinal de poliubiquitinação de ligações a Lys 48 que leva à destruição de IκBα e, assim, o deslocamento de NF-κB para o núcleo. *Yersinia pestis*, a bactéria que causa a peste bubônica (Seção 19.3Fc), produz um fator de virulência denominado **YopJ**, que funciona como uma DUB que impede a ativação de NF-κB (que é um importante ativador do sistema imune). Será visto na Seção 34.3Bf que a monoubiquitinação de determinadas histonas funciona para regular a transcrição.

m. Modificadores similares à ubiquitina participam de uma variedade de processos reguladores

As células eucarióticas expressam várias proteínas que apresentam o mesmo dobramento Grasp-β, semelhante ao da ubiquitina e que são similarmente conjugadas a outras proteínas, embora seus resíduos de superfície e as distribuições de cargas sejam significativamente diferentes. Cada um desses **modificadores similares à ubiquitina** (**Ubls**, de *ubiquitinlike modifiers*), que participam de uma variedade de processos celulares fundamentais, possui uma enzima ativadora correspondente (E1), pelo menos uma enzima de conjugação (E2) e uma ou mais ligases (E3), que funcionam para ligar a Ub1 a sua(s) proteína(s)-alvo de uma maneira muito similar àquela da ubiquitina.

Dois dos Ubls mais extensivamente estudados são o **SUMO** (de *small ubiquitin-related modifier*, pequeno modificador relacionado à ubiquitina; 18% idêntico à ubiquitina) e o **RUB1** (de *related-to-ubiquitin*, relacionado à ubiquitina; chamado de **NEDD8** em vertebrados; 50% idêntico à ubiquitina), proteínas que são altamente conservadas de leveduras até seres humanos. A sumoilação do PCNA no mesmo resíduo de Lys no qual ele é ubiquitinado promove a replicação normal na fase S. A sumolação de IκBα no mesmo resíduo (Lys 21) no qual ele é ubiquitinado bloqueia a sua ubiquitinação e a sua subsequente degradação e impede, portanto, o transporte do NF-κB para o núcleo. Evidentemente, existe uma interação reguladora complexa entre a ubiquitinação e a sumolação de ambos PCNA e IκBα. O SUMO também modifica dois transportadores de glicose de mamíferos, o GLUT1 e o GLUT4 (Seção 20.2Eb) e, ao fazer isso, aumenta a disponibilidade do GLUT4, mas diminui a do GLUT1.

Todos os alvos conhecidos do RUB1 são culinas e todas elas são subunidades de complexos SCF, o RING de múltiplas subunidades das E3s (Seção 32.6Bd). De fato, a β-TrCP, a E3 que dirige a ubiquitinação do IκBα, deve ser conjugada ao RUB1 antes de poder realizar essa tarefa, o que acrescenta uma complexidade adicional ao controle do NF-κB.

RESUMO DO CAPÍTULO

1 O código genético Mutações pontuais são causadas tanto por análogos de bases que provocam malpareamentos durante a replicação do DNA, como por substâncias que reagem com as bases para formarem produtos que pareiam erroneamente. Mutações por inserções/deleções (mudança de fase, de *frameshift*) surgem a partir da associação do DNA com agentes intercalantes, que distorcem a estrutura do DNA. A análise de uma variedade de mutações de mudança de fase que suprimem umas às outras estabeleceu que o código genético é um código de trincas e sem pontuações. Em um sistema de síntese proteica livre de células, poli(U) dirige a síntese de poli(Phe), demonstrando, dessa forma, que UUU é o códon que especifica Phe. O código genético foi elucidado pela utilização de polinucleotídeos de composição conhecida, mas de sequência aleatória, pela capacidade apresentada por trincas definidas, que promovem a ligação ribossômica de tRNAs carregando aminoácidos específicos, e pela utilização de mRNAs sintéticos de sequências alternadas conhecidas. Essas últimas abordagens também demonstraram que a extremidade 5′ do mRNA corresponde à extremidade N-terminal do polipeptídeo que ele especifica e foram estabelecidas as sequências dos códons de Parada. Códons degenerados diferem, principalmente, nas identidades de suas terceiras bases. Fagos com pequenos DNAs de fita simples, como o fX174, contêm genes sobrepostos em diferentes fases de leitura. O código genético utilizado pelas mitocôndrias difere em vários códons do código genético "padrão".

2 RNAs transportadores e sua aminoacilação RNAs transportadores consistem em 54 a 100 nucleotídeos, que podem estar organizados em uma estrutura secundária de folha de trevo. Em torno de 10% das bases do tRNA podem ser modificadas. O $tRNA^{Phe}$ de levedura forma uma estrutura tridimensional estreita, em forma de L, que se assemelha à de outros tRNAs. A maioria das bases está envolvida em empilhamentos e associações de pares de bases, incluindo nove interações terciárias, que parecem ser essenciais para a manutenção da conformação nativa da molécula. Os aminoácidos são ligados aos seus tRNAs correspondentes em uma reação de duas etapas, catalisada pela respectiva aminoacil-tRNA-sintase (aaRS). Existem duas classes de aaRS, cada uma contendo 10 membros. As aaRSs de Classe I possuem dois motivos de sequência conservados, que ocorrem no enovelamento de Rossmann, comum ao domínio catalítico dessas enzimas. As aaRSs de Classe II possuem três motivos de sequência conservados, que ocorrem no enovelamento contendo uma folha β de 7 fitas antiparalelas que forma o núcleo de seus domínios catalíticos. Ao se ligarem apenas a seus tRNAs cognatos, as aaRSs reconhecem apenas um idiossincrático, mas limitado número de bases (elementos de identificação), que estão mais frequentemente localizados na haste do anticódon e na haste aceptora. A grande precisão do carregamento do tRNA surge a partir da leitura de revisão do aminoácido ligado feita por determinadas aminoacil-tRNA-sintases, por um mecanismo de peneira dupla e às custas da hidrólise de ATP.

Muitos organismos e organelas não possuem uma GlnRS e, por isso, sintetizam o $Gln\text{-}tRNA^{Gln}$ pelo carregamento do $tRNA^{Gln}$ com glutamato, catalisado pela GluRS, seguido pela sua transamidação, usando a glutamina como fonte do grupo amido, em uma reação mediada pela $Glu\text{-}tRNA^{Gln}$-amidotransferase (Glu-AdT). Os ribossomos selecionam os tRNAs apenas com base em seus anticódons. Conjuntos de códons degenerados são lidos por um único tRNA, devido ao pareamento oscilante. O códon UGA, que é normalmente o códon de Parada *opala*, pode, dependendo de seu contexto no mRNA, especificar um resíduo de seleno-cisteína (Sec), que é carregado por um tRNA específico ($tRNA^{Sec}$), formando, dessa maneira, uma seleno-proteína. Mutações sem sentido podem ser suprimidas por tRNAs cujos anticódons mutaram para reconhecer um códon de Parada.

3 Ribossomos e a síntese de polipeptídeos O ribossomo consiste em uma subunidade menor e uma subunidade maior, cujas formas complexas foram reveladas por microscopia crioeletrônica e cristalografia por raios X. Os três RNAs e as 52 proteínas que constituem o ribossomo de *E. coli* reúnem-se sob condições apropriadas. Ambas as subunidades ribossômicas consistem em um núcleo de RNA no qual as proteínas ficam incrustradas, principalmente como domínios globulares nas partes traseira e laterais da partícula, com longos segmentos polipeptídicos básicos que se infiltram entre as hélices do RNA, de modo a neutralizarem as suas cargas aniônicas. Os ribossomos eucarióticos são maiores e mais complexos do que aqueles de procariotos.

A síntese de polipeptídeos ribossômica ocorre pela adição de resíduos de aminoácidos à extremidade C-terminal do polipeptídeo nascente. Os mRNAs são lidos na direção 5′ → 3′. Os mRNAs são normalmente traduzidos de forma simultânea por vários ribossomos, na forma de polissomos. O ribossomo possui três sítios de ligação de tRNAs: o sítio A, ao qual se liga o aminoacil-tRNA que está chegando; o sítio P, ao qual se liga o peptidil-tRNA; e o sítio E, ao qual se liga, de forma transitória, o tRNA deacilado que está saindo. Durante a síntese polipeptídica, o polipeptídeo nascente é transferido para o aminoacil-tRNA, alongando, dessa forma, o polipeptídeo nascente em um resíduo. O tRNA recém-deacilado é translocado para o sítio E e o novo peptidil-tRNA, com o seu códon associado, é translocado para o sítio P. Em procariotos, os sítios de iniciação no mRNA são reconhecidos por suas sequências de Shine-Dalgarno e por seus códons de iniciação. Os códons de iniciação procarióticos especificam $fMet\text{-}tRNA_f^{Met}$. A iniciação envolve a participação de três fatores de iniciação, que induzem a montagem das subunidades ribossômicas com $fMet\text{-}tRNA_f^{Met}$ no sítio P e mRNA. A iniciação eucariótica é um processo bem mais complicado, que necessita da participação de pelo menos 11 fatores de iniciação. O sistema se liga no *quepe* 5′ do mRNA e se desloca ao longo do mRNA até encontrar seu códon de iniciação AUG, normalmente o primeiro AUG do mRNA, por interações códon-anticódon com o tRNA iniciador, o $Met\text{-}tRNA_i^{Met}$.

Os polipeptídeos são alongados em um ciclo de três etapas, consistindo em decodificação do aminoacil-tRNA, transpeptidação e translocação, que necessita da participação de fatores de alongamento e é movimentado vetorialmente pela hidrólise de GTP. O EF-Tu, que funciona para escoltar o aminoacil-tRNA para o sítio A do ribossomo, sofre uma mudança conformacional importante ao hidrolisar o GTP ligado a ele. A estrutura por raios X da subunidade de 50S mostra, de forma clara, que o centro de peptidil-transferase do ribossomo está distante de qualquer proteína e, portanto, que o ribossomo é uma ribozima. A formação da ligação peptídica é catalisada por um mecanismo assistido pelo substrato no qual o ribossomo funciona como uma armadilha de entropia. A translocação é determinado pela hidrólise de GTP catalisada pelo EF-G. O EF-G · GDP, que se liga ao mesmo sítio ribossômico que o aminoacil-tRNA · EF-Tu · GTP, é um composto mimético macromolecular desse complexo. A translocação ocorre por estados intermediários, os estados A/P e P/E, nos quais o peptidil-tRNA recém-formado e o tRNA recém-deacilado estão, respectivamente, ligados nos subsítios A e P da subunidade 30S e aos subsítios P e E da subunidade 50S, depois do que o EF-G hidrolisa GTP ligado a ele e desloca esses tRNAs para os estados P/P e E/E.

O ribossomo inicialmente seleciona um aminoacil-tRNA cujo anticódon é correspondente ao códon que está ligado no seu sítio A por interações que envolvem três bases da subunidade 30S, universalmente conservadas, enquanto o tRNA está em seu estado de ligação A/T. A interação códon-anticódon é, então, revisada por um processo independente, que se segue à hidrólise do GTP ligado ao EF-Tu e que ocorre quando o tRNA passou para o estado de ligação A/A, um processo denominado de acomodação. Aos códons de Parada se ligam os fatores de liberação, que induzem da ligaçãopeptidil-tRNA. O alongamento e a terminação em eucariotos se assemelham aos processos correspondentes de procariotos.

Inibidores ribossômicos, muitos dos quais são antibióticos, são importantes na área médica e úteis bioquimicamente para a elucidação da função do ribossomo. A estreptomicina causa erros de leitura do mRNA e inibe a iniciação da cadeia em procariotos, o cloranfenicol inibe a reação de peptidil-transferase procariótica, a paromomicina provoca erros na leitura dos códons, a tetraciclina inibe a ligação do aminoacil-tRNA à subunidade procariótica 30S e a toxina diftérica ADP-ribosila o eEF2.

4 Controle da tradução em eucariotos Vários mecanismos de controle da tradução foram elucidados em eucariotos. As eIF2α-cinases catalisam a fosforilação do eIF2α, que, então, se liga fortemente ao eIF2B, de forma a impedi-lo de reciclar o GDP ligado ao eIF2 em GTP, e, assim, inibe a iniciação da tradução. Essas eIF2α-cinases incluem o inibidor regulado pelo heme (HRI), que funciona para coordenar a síntese de globina de acordo com a disponibilidade de heme; a proteína-cinase ativada por RNA de fita dupla (PKR), uma proteína induzida por interferon que funciona para inibir a proliferação viral; e a cinase do retículo endoplasmático semelhante à PKR (PERK), que funciona para proteger a célula dos danos irreversíveis causados pela acumulação de proteínas mal enoveladas no RE. A GCN2, ao contrário, é uma eIF2α-cinase que, quando há escassez de aminoácidos, estimula a tradução do ativador da transcrição GCN4, fazendo com que a subunidade ribossômica 40S prossiga por quatro fases de leitura abertas a montante (uORFs) no mRNA do *GCN4*. Isso permite que o ribossomo inicie a tradução da sequência codificadora de *GCN4*. A fosforilação do eIF4E (proteína de ligação ao *quepe*) pela cascata da MAP-cinase aumenta a afinidade do eIF4E por mRNAs com *quepe*, estimulando, dessa maneira, a iniciação da tradução. A ligação de 4E-BPs ao eIF4E bloqueia sua ligação no eIF4G e, assim, impede a iniciação. Entretanto, a fosforilação induzida por insulina de 4E-BPs faz com que elas se desassociem do eIF4E. Os mRNAs em determinados oócitos de animais são ocultados pela ligação de proteínas, que impedem que eles sejam traduzidos.

Muitos mRNAs de oócitos possuem caudas poli(A) curtas, que são precedidas por um elemento de poliadenilação citoplasmática (CPE), no qual se liga a proteína de ligação ao CPE (CPEB). A CPEB se liga à masquina, a qual se liga ao eIF4E, inibindo, dessa forma, a iniciação da tradução. Entretanto, quando a CPEB é fosforilada, ela recruta a poli(A)-polimerase (PAP), que estende a cauda poli(A) do mRNA, onde se liga a proteína de ligação a poli(A) (PABP). A PABP liga-se então ao eIF4G, que, por sua vez, desloca a masquina do eIF4E, permitindo, dessa forma, a tradução do mRNA. Oligonucleotídeos antissenso podem ser utilizados para inibir a tradução de mRNAs complementares a eles. Embora a introdução de oligonucleotídeos antissenso em seus sítios de ação tenha se mostrado um problema difícil, a utilização deles está começando a apresentar algum sucesso nos campos da medicina e da biotecnologia.

5 Modificação pós-traducional As proteínas podem ser modificadas após a tradução de várias maneiras. As clivagens proteolíticas, normalmente por peptidases específicas, ativam pró-proteínas. Os peptídeos-sinal de pré-pró-proteínas são removidos por peptidases-sinal. Modificações covalentes alteram muitos tipos de cadeias laterais de diversas maneiras e modulam as atividades catalíticas de enzimas, fornecem marcadores de reconhecimento e estabilizam estruturas proteicas. O *splicing* de proteínas ocorre pela autoexcisão catalisada pela inteína, entre uma N-exteína e uma C-exteína, acompanhada da ligação das N- e C-exteínas por uma ligação peptídica. A maioria das inteínas contém uma endonuclease de *homing*, que faz um corte de fita dupla em um gene semelhante àquele que codifica a exteína correspondente, ativando, dessa forma, um processo de reparo de DNA de fita dupla por recombinação, que copia o gene que codifica a inteína no interior da quebra. As inteínas, portanto, parecem ser parasitos moleculares.

6 Degradação de proteínas As proteínas em células vivas estão continuamente sendo renovadas. Isso controla o nível de enzimas reguladoras e o descarte de proteínas anormais que poderiam, de outra forma, interferir com processos celulares. As proteínas são degradadas tanto por lisossomos, por um processo não específico, como por um processo específico para proteínas KFERQ, que é estimulado durante a falta de nutrientes. Um sistema dependente de ATP com base no citoplasma degrada tanto proteínas normais como anormais em um processo que marca essas proteínas pela ligação covalente de cadeias de poliubiquitina de ligações a Lys 48 a seus resíduos de Lys. Esse processo é mediado por três enzimas que atuam consecutivamente: a enzima ativadora da ubiquitina (E1), a enzima de conjugação da ubiquitina (E2) e a proteína de ligação da ubiquitina (E3). A maioria das células apresenta uma espécie de E1, várias espécies de E2 e numerosas espécies de E3, cada uma delas servida por uma ou poucas E2s. A proteína poliubiquitinada é degradada proteoliticamente no proteassomo 26S.

As E3s podem apresentar estruturas modulares complicadas, cada uma tendo diferentes especificidades para proteínas-alvo. Os complexos SCF, com uma de suas várias subunidades contendo um domínio RING, são particularmente sofisticados. A E3 de domínio RING conhecida como E3α funciona para ubiquitinar proteínas que satisfaçam a regra da extremidade N. O fator de transcrição NF-κB é ativado pela ubiquitinação e subsequente destruição de seu inibidor IκBα, normalmente fica ligado a ele, pelo SCF β-TrCp, que é ativado pela fosforilação via uma cascata de transdução de sinal. As ciclinas, que controlam o ciclo celular, são destruídas de maneira programada por ubiquitinação feita por suas E3s cognatas, umas das quais é o complexo promotor da anáfase (APC).

O proteassomo 26S consiste em um barril proteico oco, formado por dois anéis de sete subunidades α flanqueando dois anéis de sete subunidades β, conhecido como o proteassomo 20S, em cujas extremidades estão ligadas as tampas de 19S, cada uma delas consistindo em ~ 18 subunidades. Os sítios ativos das subunidades β, que são membros da família de hidrolases com o grupo nucleofílico N-terminal (Ntn), estão no lado interno do barril. As proteínas ubiquitinadas são selecionadas pelas tampas de 19S, que as desenovelam de maneira dependente de ATP e as introduzem no interior do proteassomo 20S, por seu canal axial.

As cadeias de poliubiquitina (poliUb) são removidas das proteínas condenadas pelas enzimas desubiquitinadoras associadas ao proteassomo (DUBs), enquanto outras DUBs desmembram as cadeias poliUb em suas unidades de ubiquitinas componentes, reciclando-as. O ativador 11S é um complexo heptamérico que, ao ligar-se a uma das extremidades de um proteassomo 20S, abre o seu canal axial de uma maneira independente de ATP, permitindo, dessa forma, que polipeptídeos, mas não proteínas enoveladas, entrem no proteassomo 20S. Eubactérias, que com poucas exceções não apresentam proteassomos, expressam, apesar disso, uma variedade de proteases autocompartimentalizadas, incluindo a ClpP, a UV do *locus* de choque térmico (HslUV) e a protease tricorne, que funcionam para descartar proteoliticamente as suas proteínas celulares. Monoubiquitinação ou poliubiquitinação com cadeias ligadas através de resíduos de ubiquitina outros que Lys 48 regulam uma variedade de processos celulares. Modificadores semelhantes à ubiquitina (Ubls), tais como o SUMO e o RUB1, participam em numerosos processos reguladores.

REFERÊNCIAS

Geral

Watson, J.D., Baker, T.A., Bell, S.P., Gann, A., Levine, M., and Losick, R., *Molecular Biology of the Gene* (6th ed.), Chap. 14 and 15, Cold Spring Harbor Laboratory Press (2008).

O código genético

Attardi, G., Animal mitochondrial DNA: an extreme example of genetic economy, *Int. Rev. Cytol.* **93,** 93–145 (1985).

Benzer, S., The fine structure of the gene, *Sci. Am.* **206**(1), 70–84 (1962).

Crick, F.H.C.,The genetic code, *Sci. Am.* **207**(4), 66–74 (1962) [A estrutura do código, como determinada pela genética de fagos]; *and* The genetic code: III, *Sci.Am.* **215**(4), 55–62 (1966). [Uma descrição da natureza do código após a sua elucidação ter sido quase concluída.]

Crick, F.H.C., Burnett, L., Brenner, S., and Watts-Tobin, R.J., General nature of the genetic code for proteins, *Nature* **192,** 1227–1232 (1961).

Fox, T.D., Natural variation in the genetic code, *Annu. Rev. Genet.* **21,** 67–91 (1987).

Judson, J.F., *The Eighth Day of Creation,* Expanded Edition, Part II, Cold Spring Harbor Laboratory Press (1996). [Uma narrativa histórica fascinante sobre a elucidação do código genético.]

Khorana, H.G., Nucleic acid synthesis in the study of the genetic code, *Nobel Lectures in Molecular Biology, 1933–1975,* pp. 303–331, Elsevier (1977).

Knight, R.D., Freeland, S.J., and Landweber, L.F., Selection, history and chemistry: the three faces of the genetic code, *Trends Biochem. Sci.* **24,** 241–247 (1999).

Nirenberg, M., The genetic code, *Nobel Lectures in Molecular Biology, 1933–1975,* pp. 335–360, Elsevier (1977).

Nirenberg, M., Historical review: deciphering the genetic code—a personal account, *Trends Biochem. Sci.* **29,** 46–54 (2004).

Nirenberg, M. and Leder, P., RNA code words and protein synthesis, *Science* **145,** 1399–1407 (1964). [A determinação do código genético pela ligação ribossômica de tRNAs utilizando trinucleotídeos específicos.]

Nirenberg, M.W. and Matthaei, J.H., The dependence of cell-free protein synthesis in *E. coli* upon naturally occurring or synthetic polyribonucleotides, *Proc. Natl. Acad. Sci.* **47,** 1588–1602 (1961). [Um artigo de referência, relatando a descoberta de que poli(U) estimula a síntese de poli(Phe).]

Singer, B. and Kusmierek, J.T., Chemical mutagenesis, *Annu. Rev. Biochem.* **51,** 655–693 (1982).

The Genetic Code, Cold Spring Harbor Symp. Quant. Biol. **31** (1966). [Uma coleção de artigos descrevendo o estabelecimento do código genético. Ver especialmente os artigos de Crick, Nirenberg e Khorana.]

Yanofsky, C., Establishing the triplet nature of the genetic code, *Cell* **128,** 815–818 (2007).

Yarus, M., Caporaso, J.G., and Knight, R., Origins of the genetic code: the escaped triplet theory, *Annu. Rev. Biochem.* **74,** 179–198 (2005).

RNA transportador e sua aminoacilação

Alexander, R.W. and Schimmel, P., Domain–domain communication in aminoacyl–tRNA synthetases, *Prog. Nucleic Acid Res. Mol. Biol.* **69,** 317–349 (2001).

Ambrogelly, A., Palioura, S., and Söll, D., Natural expansion of the genetic code, *Nature Chem. Biol.* **3,** 29–35 (2007).

Björk, G.R., Ericson, J.U., Gustafsson, C.E.D., Hagervall, T.G., Jösson, Y.H., and Wikström, P.M., Transfer RNA modification, *Annu. Rev. Biochem.* **56,** 263–287 (1987).

Böck, A., Forschhammer, K., Heider, J., and Baron, C., Selenoprotein synthesis: an expansion of the genetic code, *Trends Biochem. Sci.* **16,** 463–467 (1991).

Crick, F.H.C., Codon–anticodon pairing: the wobble hypothesis, *J. Mol. Biol.* **19,** 548–555 (1966).

Fukai, S., Nureki, O., Sekine, S., Shimada, A., Tao, J., Vassylyev, D.G., and Yokoyama, S., Structural basis for double-sieve discrimination of L-valine from L-isoleucine and L-threonine by the complex of $tRNA^{Val}$ and valyl–tRNA synthetase, *Cell* **103,** 793–803 (2000).

Ibba, M. and Söll, D., Aminoacyl–tRNA synthesis, *Annu. Rev. Biochem.* **69,** 617–650 (2000).

Ibba, M.A., Francklyn, C., and Cusack, S. (Eds.), *The Aminoacyl-tRNA Synthetases,* Landes Bioscience/Eurekah.com (2005). [Contém revises sobre cada uma das vinte aminoacil-tRNA sintases.]

Jacquin-Becker, C.,Ahel, I.,Ambrogelly,A., Ruan, B., Söll, D., and Stathopoulos, C., Cysteinyl–tRNA formation and prolyl–tRNA synthetase, *FEBS Lett.* **514,** 34–36 (2002).

Kim, S.H., Suddath, F.L., Quigley, G.J., McPherson,A., Sussman, J.L., Wang, A.M.J., Seeman, N.C., and Rich, A., Three-dimensional tertiary structure of yeast phenylalanine transfer RNA, *Science* **185,** 435–440 (1974); *and* Robertus, J.D., Ladner, J.E., Finch, J.T., Rhodes, D., Brown, R.S., Clark, B.F.C., and Klug,A., Structure of yeast phenylalanine tRNA at 3 Å resolution, *Nature* **250,** 546–551 (1974). [Os artigos de referência que descrevem a estrutura de um tRNA em alta resolução.]

Krzycki, J.A., The direct genetic encoding of pyrrolysine, *Curr. Opin. Microbiol.* **8,** 706–712 (2005); *and* Nozawa, K., O'Donoghue, P., Gundllapalli, S., Araiso, Y., Ishitani, R., Umehara, T., Söll, D., and Nureki, O., Pyrolysyl–tRNA synthetase–$tRNA^{Pyl}$ structure reveals the molecular basis of orthogonality, *Nature* **457,** 1163–1167 (2009).

Ling, J., Reynolds, N., and Ibba, M.,Aminoacyl–tRNA synthesis and translational control, *Annu. Rev. Microbiol.* **63,** 61–78 (2009).

Nureki, O., Vassylyev, D.G., Tateno, M., Shimada, A., Nakama, T., Fukai, S., Konno, M., Hendrickson, T.L., Schimmel, P., and Yokoyama, S., Enzyme structure with two catalytic sites for double-sieve selection of substrate, *Science* **280,** 578–582 (1998). [As estruturas por raios X da IleRS em complexos com isoleucina e valina.]

Rould, M.A., Perona, J.J., and Steitz, T.A., Structural basis of anticodon loop recognition by glutaminyl–tRNA synthetase, *Nature* **352,** 213–218 (1991).

Ruff, M., Krishnaswamy, S., Boeglin, M., Poterszman, A., Mitschler, A., Podjarny, A., Rees, B., Thierry, J.C., and Moras, D., Class II aminoacyl transfer RNA synthetases: Crystal structure of yeast aspartyl–tRNA synthetase complexed with $tRNA^{Asp}$, *Science* **252,** 1682–1689 (1991).

Schimmel, P. and Beebe, K., Aminoacyl tRNA synthetases: from the RNA to the theater of proteins. *In* Gesteland, R.F., Cech, T.R., and Atkins, J.F. (Eds.), *The RNA World* (3rd ed.), pp. 227–255, Cold Spring Harbor Laboratory Press (2006).

Silvian, L.F.,Wang, J., and Steitz,T.A., Insights into editing from an Ile-tRNA synthetase structure with $tRNA^{Ile}$ and mupirocin, *Science* **285,** 1074–1077 (1999).

Söll, D. and RajBhandary, U.L. (Eds.), *tRNA: Structure, Biosynthesis, and Function,* ASM Press (1995).

Stadtman, T.C., Selenocysteine, *Annu. Rev. Biochem.* **65,** 83–100 (1996).

Ribossomos e a síntese de polipeptídeos

Aitken, C.E., Petrov, A., and Puglisi, J.D., Single ribosome dynamics and the mechanism of translation, *Annu. Rev. Biophys.* **39,** 491–513 (2010).

Ban, N., Nissen, P., Hansen, J., Moore, P.B., and Steitz, T., The complete atomic structure of the large ribosomal subunit at 2.4 Å resolution, *Science* **289,** 905–920 (2000).

Bashan, A. and Yonath, A., Correlating ribosome function with high-resolution structures, *Trends Microbiol.* **16,** 326–335 (2008).

Bell, C.E. and Eisenberg, D.E., Crystal structure of diphtheria toxin bound to nicotinamide adenine dinucleotide, *Biochemistry* **35,** 1137–1149 (1996).

Brandt, F., Etchells, S.A., Ortiz, J.O., Elcock, A.H., Hartl, F.U., and Baumeister, W., The native 3D organization of bacterial polysomes, *Cell* **136,** 261–271 (2009).

Brodersen, D.E., Clemons, W.M., Jr., Carter, A.P., Morgan-Warren, R.J., Wimberly, B.T., and Ramakrishnan, V., The structural basis for the action of the antibiotics tetracycline, pactamycin, and hygromycin B on the 30S ribosomal subunit, *Cell* **103,** 1143–1154 (2000).

Czworkowski, J., Wang, J., Steitz, J.A., and Moore, P.B., The crystal structures of elongation factor G complexed with GDP, at 2.7 Å resolution; *and* Ævarsson, A., Brazhnikov, E., Garber, M., Zheltonosova, J., Chirgadze, Yu., Al-Karadaghi, S., Svensson, L.A., and Liljas, A., Three-dimensional structure of the ribosomal translocase: elongation factor G from *Thermus thermophilus, EMBO J.* **13,** 3661–3668 *and* 3669–3677 (1994).

Dintzis, H.M., Assembly of the peptide chains of hemoglobin, *Proc. Natl. Acad Sci.* **47,** 247–261 (1961); *and* The wandering pathway to determining N to C synthesis of proteins: Some recollections concerning protein structure and biosynthesis, *Biochem. Mol. Biol. Educ.* **34,** 241–246 (2006). [A determinação da direção da biossíntese de polipeptídeos.]

Dunkle, J.A. and Cate, J.H.D., Ribosome structure and dynamics during translocation and termination, *Annu. Rev. Biophys.* **39,** 227–244 (2010).

Frank, J., Single-particle imaging of macromolecules by cryoelectron microscopy, *Annu. Rev. Biophys. Biomol. Struct.* **31,** 303–319 (2002).

Frank, J. and Agrawal, R.K., A ratchet-like inter-subunit reorganization of the ribosome during translocation, *Nature* **406,** 318–322 (2000).

Frank, J. and Gonzalez, R.L., Jr., Structure and dynamics of a processive Brownian motor: the translating ribosome, *Annu. Rev. Biochem.* **79,** 381–412 (2010).

Gao, H., et al., RF3 induces ribosomal conformational changes responsible for dissociation of class I release factors, *Cell* **129,** 929–941 (2007).

Gingras, A.-C., Raught, B., and Sonnberg, N., eIF4 initiation factors: effectors of mRNA recruitment to ribosomes and regulators of translation, *Annu. Rev. Biochem.* **68,** 913–963 (1999).

Held, W.A., Ballou, B., Mizushima, S., and Nomura, M., Assembly mapping of 30S ribosomal proteins from *Escherichia coli, J. Biol. Chem.* **249,** 3103–3111 (1974).

Holbrook, S.R., Structural principles from large RNAs, *Annu. Rev. Biophys.* **37,** 445–464 (2008).

Jackson, R.J., Hellen, C.U.T., and Pestova, T.V., The mechanism of eukaryotic translation and principles of its regulation, *Nature Rev. Mol. Cell Biol.* **10,** 113–127 (2010).

Kawashima, T., Berthet-Colominas, C., Wulff, M., Cusack, S., and Leberman, R.,The structure of the *Escherichia coli* EF-Tu • EF-Ts complex at 2.5 Å resolution, *Nature* **379,** 511–518 (1996).

Kiel, M.C., Kaji, H., and Kaji, A., Ribosome recycling, *Biochem. Mol. Biol. Educ.* **35,** 40-44 (2007); *and* Hirokawa, G., Demeshkina, N., Iwakura, N., Kaji, H., and Kaji, A., The ribosome-recycling step: consensus or controversy? *Trends Biochem. Sci.* **31,** 143–149 (2006).

Kjeldgaard, M. and Nyborg, J., Refined structure of elongation factor EF-Tu from *Escherichia coli, J. Mol. Biol.* **223,** 721–742 (1992); *and* Kjeldgaard, M., Nissen, P.,Thirup, S., and Nyborg, J., The crystal structure of elongation factor EF-Tu from *Thermus aquaticus* in the GTP conformation, *Structure* **1,** 35–50 (1993).

Korostelev, A. and Noller, H.F., The ribosome in focus: new structures bring new insights, *Trends Biochem. Sci.* **32,** 434–441 (2007); *and* Korostelev, A., Trakhanov, S., Laurberg, M., and Noller, H.F., Crystal structure of the 70S ribosome–tRNA complex reveals functional interactions and rearrangements, *Cell* **126,** 1065–1077 (2006).

Laurberg, M., Asahara, H., Korostelev, A., Zhu, J., Trakhanov, S., and Noller, H.F., Structural basis for translation termination on the 70S ribosome, *Nature* **454,** 852–857 (2008); Korostelev, A., Asahara, H., Lancaster, L., Laurberg, M., Hirschi, A., Zhu, J., Trakhanov, S., Scott,W.G., and Noller, H.F., Crystal structure of a translation termination complex formed with release factor RF2, *Proc. Natl. Acad. Sci.* **105,** 19684–19689 (2008); *and* Weixlbaumer, A., Jin, H., Neubauer, C., Voorhees, R.M., Petry, S., Kelley, A.C., and Ramakrishnan, V., Insights into translational termination from the structure of RF2 bound to the ribosome, *Science* **322,** 953–956 (2008).

Marcotrigiano, J., Gingras, A.-C., Sonenberg, N., and Burley, S.K., Cocrystal structure of the messenger RNA 5' cap-binding protein (eIF4E) bound to 7-methyl-GDP, *Cell* **89,** 951–961 (1997).

Moazed, D. and Noller, H.F., Intermediate states in the movement of transfer RNA in the ribosome, *Nature* **342,** 142–148 (1989).

Moore, P.B. and Steitz,T.A.,The involvement of RNA in ribosome function, *Nature* **418,** 229–235 (2002); *and* The structural basis of large ribosomal subunit function, *Annu. Rev. Biochem.* **72,** 813–850 (2003).

Munro, J.B., Sanbonmatsu, K.Y., Spahn, C.M.T., and Blanchard, S.C., Navigating the ribosome's metastable energy landscape, *Trends Biochem. Sci.* **31,** 390–399 (2009).

Nissen, P., Kjeldgaard, M.,Thirup, S., Polekhina, G., Reshetnikova, L., Clark, B.F.C., and Nyborg, J., Crystal structure of the ternary complex of Phe–$tRNA^{Phe}$, EF-Tu, and a GTP analog, *Science* **270,** 1464–1472 (1995).

Noller, H.F., Hoffarth, V., and Zimniak, L., Unusual resistance of peptidyl transferase to protein extraction procedures, *Science* **256,** 1416–1419 (1992); *and* Noller, H.F., Peptidyl transferase:

protein, ribonucleoprotein, or RNA? *J. Bacteriol.* **175,** 5297–5300 (1993).

Ogle, J.M., Brodersen, D.E., Clemons,W.M., Jr.,Tarry, M.J., Carter, A.P., and Ramakrishnan, V., Recognition of cognate transfer RNA by the 30S ribosomal subunit, *Science* **292,** 897–902 (2001); *and* Ogle, J.M., Carter, A.P., and Ramakrishnan, V., Insights into the decoding mechanism from recent ribosome structures, *Trends Biochem. Sci.* **28,** 259–266 (2003).

Pioletti, M., et al., Crystal structure of complexes of the small ribosomal subunit with tetracycline, edeine and IF3, *EMBO J.* **20,** 1829–1839 (2001).

Rodnina, M.V., Beringer, M., and Wintermeyer, W., How the ribosome makes peptide bonds, *Trends Biochem. Sci.* **32,** 20–26 (2007).

Schluenzen, F., Tocilj, A., Zarivach, R., Harms, J., Gluehmann, M., Janell, D., Bashan,A., Bartels, H.,Agmon, I., Franceschi, F., and Yonath,A., Structure of functionally activated small ribosomal subunit at 3.3 Å resolution, *Cell* **102,** 615–623 (2000).

Schmeing, T.M., and Ramakrishnan, V., What recent ribosome structures have revealed about the mechanism of translation, *Nature* **461,** 1234–1242 (2009); Simonovic, M. and Steitz, T.A., A structural view of the mechanism of the ribosome-catalyzed peptide bond mechanism, *Biochim. Biophys. Acta* **1789,** 612–623 (2009); *and* Zimmerman, E. and Yonath,A., Biological implications of the ribosome's stunning stereochemistry, *ChemBioChem* **10,** 63–72 (2009). [Revisões competentes.]

Schmeing,T.M.,Voorhees, R.M., Kelley,A.C., Gao,Y.-G., Murphy, F.V., IV, Weir, J.R., and Ramakrishnan, V., The crystal structure of the ribosome bound to EF-Tu and aminoacyl–tRNA; *and* Gao, Y.-G., Selmer, M., Dunham, M., Weixlbaumer, A., Kelley, A.C., and Ramakrishnan, V., The structure of the ribosome with elongation factor G trapped in the post-translocational state, *Science* **326,** 688–693 *and* 694–699 (2009).

Selmer, M., Dunham, C.M., Murphy, F.V., IV, Weixlbaumer, A., Petry, S., Kelley, A.C., Weir, J.R., and Ramakrishnan, V., Structure of the 70S ribosome complexed with mRNA and tRNA, *Science* **313,** 1935–1942 (2006); *and* Voorhees, R.M., Weixlbaumer,A., Loakes, D., Kelley,A.C., and Ramakrishnan,V., Insights into substrate stabilization from snapshots of the peptidyl transferase center of the intact 70S ribosome, *Nature Struct. Mol. Biol.* **16,** 528–533 (2009).

Sievers, A., Beringer, M., Rodnina, M.V., and Wolfenden, R., The ribosome as an entropy trap. *Proc. Natl. Acad. Sci.* **101,** 7897–7901 (2004).

Sonenberg, N., eIF4E, the mRNA cap-binding protein: from basic discovery to translational research, *Biochem. Cell Biol.* **86,** 178–183 (2008).

Sonenberg, N. and Dever, T.E., Eukaryotic translation initiation factors and regulators, *Curr. Opin. Struct. Biol.* **13,** 56–63 (2003).

Spahn, C.M.T., Beckmann, R., Eswar, N., Penczek, P.A., Sali, A., Blobel, G., and Frank, J., Structure of the 80S ribosome from *Saccharomyces cerevisiae*—tRNA-ribosome and subunit-subunit interactions, *Cell* **107,** 373–386 (2001).

Steitz, J.A. and Jakes, K., How ribosomes select initiator regions in mRNA: base pair formation between the 3' terminus of 16S RNA and the mRNA during initiation of protein synthesis in *Escherichia coli, Proc. Natl. Acad. Sci.* **72,** 4734–4738 (1975).

Sykes, M.T. and Williamson, J.R., A complex assembly landscape for the 30S ribosomal subunit, *Annu. Rev. Biophys.* **38,** 197–215 (2009); *and* Woodson, S.A., RNA folding and ribosome assembly, *Curr. Opin. Struct. Biol.* **12,** 667–673 (2008).

Vestergaard, B., Van, L.B., Andersen, G.R., Nyborg, J., Buckingham, R.H., and Kjeldgaard, M., Bacterial polypeptide release factor RF2 is structurally distinct from eukaryotic eRF1, *Mol. Cell* **8,** 1375–1382 (2001).

Weixlbaumer, A., Petry, S., Dunham, C.M., Selmer, M., Kelley, A.C., and Ramakrishnan, V., Crystal structure of the ribosome recycling factor bound to the ribosome, *Nature Struct. Mol. Biol.* **14,** 733–737 (2007).

Wimberly, B.T., Broderson, D.E., Clemons, W.M., Jr., Morgan-Warren, R., von Rhein, C., Hartsch, T., and Ramakrishnan, V., Structure of the 30S ribosomal subunit, *Nature* **407,** 327–339 (2000); *and* Broderson, D.E., Clemons, W.M., Jr., Carter, A.P., Wimberly, B.T., and Ramakrishnan, V., Crystal structure of the 30S ribosomal subunit from *Thermus thermophilus:* Structure of the proteins and their interactions with 16S RNA, *J. Mol. Biol.* **316,** 725–768 (2002).

Yonath,A.,The search and its outcome: High resolution structures of ribosomal particles from mesophilic, thermophilic, and halophilic bacteria at various functional states, *Annu. Rev. Biophys. Biomol. Struct.* **31,** 257–273 (2002).

Yonath,A.,Antibiotics targeting ribosomes: resistance, selectivity, synergism, and cellular regulation, *Annu. Rev. Biochem.* **74,** 649–679 (2005).

Youngman, E.M., McDonald, M.E., and Green, R., Peptide release on the ribosome: mechanism and implications for translational control, *Annu. Rev. Microbiol.* **62,** 33–373 (2008).

Yusupova, G.Z., Yusupov, M.M., Cate, J.D.H., and Noller, H.F., The path of messenger RNA through the ribosome, *Cell* **106,** 233–241 (2001).

Controle da tradução eucariótica

Branch, A.D., A good antisense molecule is hard to find, *Trends Biochem. Sci.* **23,** 45–50 (1998).

Calkhoven, C.F., Müller, C., and Leutz, A., Translational control of gene expression and disease, *Trends Mol. Med.* **8,** 577–583 (2002).

Chen, J.-J., and London, I.M., Regulation of protein synthesis by heme-regulated eIF-2α kinase, *Trends Biochem. Sci.* **20,** 105–108 (1995).

Clemens, M.J., PKR—A protein kinase regulated by double-stranded RNA, *Int. J. Biochem. Cell Biol.* **29,** 945–949 (1997).

Dever, T.E., Gene-specific regulation by general translation factors, *Cell* **108,** 545–556 (2002).

Gray, N.K. and Wickens, M., Control of translation initiation in animals, *Annu. Rev. Cell Dev. Biol.* **14,** 399–458 (1998).

Lawrence, J.C., Jr. and Abraham, R.T., PHAS/4E-BPs as regulators of mRNA translation and cell proliferation, *Trends Biochem. Sci.* **22,** 345–349 (1997).

Lebedeva, I. and Stein, C.A., Antisense oligonucleotides: promise and reality, *Annu. Rev. Pharmacol. Toxicol.* **41,** 403–419 (2001).

Matthews, M.B., Sonnenberg, N., and Hershey, J.W.B. (Eds.), *Translational Control in Biology and Medicine,* Cold Spring Harbor Laboratory Press (2007).

Mendez, R. and Richter, J.D., Translational control by CPEB: a means to the end, *Nature Rev. Mol. Cell Biol.* **2,** 521–529 (2001).

Phillips, M.I. (Ed.), *Antisense Technology: Part A. General Methods, Methods of Delivery, and RNA Studies;* and *Part B. Applications, Methods Enzymol.* **313** *and* **314** (2000).

Sen, G.C. and Lengyel, P., The interferon system, *J. Biol. Chem.* **267,** 5017–5020 (1992).

Sheehy, R.E., Kramer, M., and Hiatt, W.R., Reduction of polygalacturonase activity in tomato fruit by antisense RNA, *Proc. Natl. Acad. Sci.* **85,** 8805–8809 (1988).

Sonenberg, N. and Hinnebusch, A.G., Regulation of translation initiation in eukaryotes: mechanisms and biological targets, *Cell* **136,** 731–745 (2009).

Tafuri, S.R. and Wolffe, A.P., Dual roles for transcription and translation factors in the RNA storage particles of *Xenopus* oocytes, *Trends Cell. Biol.* **3,** 94–98 (1993).

Tamm, I., Dörken, B., and Hartmann, G., Antisense therapy in oncology: new hope for an old idea? *Lancet* **358,** 489–497 (2001).

Modificação pós-traducional

Gogarten, J.P., Senejani, A.G., Zhaxybayeva, O., Olendzenski, L., and Hilario, E., Inteins: structure, function, and evolution, *Annu. Rev. Microbiol.* **56,** 263–287 (2002).

Harding, J.J., and Crabbe, M.J.C. (Eds.), *Post-Translational Modifications of Proteins,* CRC Press (1992).

Klabunde, T., Sharma, S., Telenti, A., Jacobs, W.R., Jr., and Sacchetini, J.C., Crystal structure of Gyr A protein from *Mycobacterium xenopi* reveals structural basis of splicing, *Nature Struct. Biol.* **5,** 31–36 (1998).

Liu, X.-Q., Protein-splicing intein: genetic mobility, origin, and evolution, *Annu. Rev. Genet.* **34,** 61–76 (2000).

Saleh, L. and Perler, F.B., Protein splicing *in cis* and *in trans*, *Chem. Rec.* **6,** 183–193 (2006).

Wold, F., *In vivo* chemical modification of proteins, *Annu. Rev. Biochem.* **50,** 783–814 (1981).

Wold, F. and Moldave, K. (Eds.), *Posttranslational Modifications, Parts A and B, Methods Enzymol.* **106** *and* **107** (1984). [Contém descrições detalhadas do "zoológico" de aminoácidos.]

Degradação de proteínas

Bochtler, M., Ditzel, L., Groll, M., Hartmann, C., and Huber, R., The proteasome, *Annu. Rev. Biophys. Biomol. Struct.* **28,** 295–317 (1999).

Brandstetter, H., Kim, J.-S., Groll, M., and Huber, R., Crystal structure of the tricorn protease reveals a protein disassembly line, *Nature* **414,** 466–470 (2001); Walz, J., Tamura, T., Tamura, N., Grimm, R., Baumeister, W., and Koster, A.J., Tricorn protease exists as an icosahedral supermolecule *in vivo, Mol. Cell* **1,** 59–65 (1997); *and* Walz, J., Koster, A.J., Tamura, T., and Baumeister, W., Capsids of tricorn protease studied by cryomicroscopy, *J. Struct. Biol.* **128,** 65–68 (1999).

Cook,W.J., Jeffrey, L.C., Kasperek, E., and Pickart, C.M., Structure of tetraubiquitin shows how multiubiquitin chains can be formed, *J. Mol. Biol.* **236,** 601–609 (1994).

Cook, W.J., Jeffrey, L.C., Sullivan, M.L., and Vierstra, R.D., Three-dimensional structure of a ubiquitin-conjugating enzyme (E2), *J. Biol. Chem.* **267,** 15116–15121 (1992).

DeMartino, G.N. and Gillette, T.G., Proteasomes: machines for all reasons, *Cell* **129,** 659–662 (2007).

Deshaies, R.J. and Joazeiro, C.A.P., RING domain E3 ubiquitin ligases, *Annu. Rev. Biochem.* **78,** 399–434 (2009).

Dye, B.T. and Schulman, B.A., Structural mechanisms underlying posttranslational modification by ubiquitin-like proteins, *Annu. Rev. Biophys. Biomol. Struct.* **36,** 131–150 (2007).

Finley, D., Recognition and processing of ubiquitin–protein conjugates by the proteasome, *Annu. Rev. Biochem.* **78,** 477–513 (2009).

Glickman, M.H. and Ciechanover, A., The ubiquitin-proteasome proteolytic pathway: destruction for the sake of construction, *Physiol. Rev.* **82,** 373–428 (2002).

Hershko, A. and Ciechanover, A., The ubiquitin system, *Annu. Rev. Biochem.* **67,** 425–479 (1998).

Jentsch, S. and Pyrowalakis, G. Ubiquitin and its kin: how close are the family ties, *Trends Cell Biol.* **10,** 335–342 (2003). [Discute as Ubls.]

Liu, F. and Walters, K.J., Multitasking with ubiquitin through multivalent interactions, *Trends Biochem. Sci.* **35,** 352–360 (2010).

Löwe, J., Stock, D., Jap, B., Zwicki, P., Baumeister, W., and Huber, R., Crystal structure of the 20S proteasome from the archeon *T. acidophilum* at 3.4 Å resolution, *Science* **268,** 533–539 (1995); *and* Groll, M., Ditzel, L., Löwe, J., Stock, D., Bochtler, M., Bartunik, H.D., and Huber, R., Structure of 20S proteasome from yeast at 2.4 Å resolution, *Nature* **386,** 463–471 (1997).

Manchado, E., Eguren, M., and Malumbres, M.,The anaphase--promoting complex/cyclosome (APC/C): cell-cycle-dependent and -independent functions, *Biochem. Soc. Trans.* **38,** 65–71 (2010).

Mukhopadhyay, D. and Riezman, H., Proteosome-independent functions of ubiquitin in endocytosis and signaling, *Science* **315,** 201–205 (2007).

Navon, A. and Ciechanover, A., The 26S proteosome: from basic mechanism to drug targeting, *J. Biol. Chem.* **284,** 33713–33718 (2009).

Page, A.M. and Hieter, P., The anaphase-promoting complex: new subunits and regulators, *Annu. Rev. Biochem.* **68,** 583–609 (1999).

Pickart, C.M., Back to the future with ubiquitin, *Cell* **116,** 181–190 (2004); *and* Mechanisms underlying ubiquitination, *Annu. Rev. Biochem.* **70,** 503–533 (2001).

Schwartz, A.L. and Ciechanover, A., Targeting proteins for destruction by the ubiquitin system: implication for human pathobiology, *Annu. Rev. Pharmacol. Toxicol.* **49,** 73–96 (2009).

Senahdi, V.-J., Bugg, C.E., Wilkinson, K.D., and Cook, W.J., Three-dimensional structure of ubiquitin at 2.8 Å resolution, *Proc. Natl. Acad. Sci.* **82,** 3582–3585 (1985).

Skaug, B., Jiang, X., and Chen, Z.J.,The role of ubiquitin in NF- κB regulatory pathways, *Annu. Rev. Biochem.* **78,** 769–796 (2009).

Sousa, M.C., Trame, C.B., Tsuruta, H., Wilbanks, S.M., Reddy, V.J., and McKay, D.B., Crystal and solution structures of an HslUV protease–chaperone complex, *Cell* **103,** 633–643 (2000).

Unno, M., Mizushima, T., Morimoto, Y., Tomisugi, Y., Tanaka, K., Yasuoka, N., and Tsukihara, T., The structure of the mammalian proteasome at 2.75 Å resolution, *Structure* **10,** 609–618 (2002).

VanDemark, A.P. and Hill, C.P., Structural basis of ubiquitylation, *Curr. Opin. Struct. Biol.* **12,** 822–830 (2002).

Varshavsky, A., Regulated protein degradation, *Trends Biochem. Sci.* **30,** 283–286 (2005).

Varshavsky,A.,Turner, G., Du, F., and Xie,Y.,The ubiquitin system and the N-end rule, *Biol. Chem.* **381,** 779–789 (2000).

Voges, D., Zwickl, P., and Baumeister, W., The 26S proteasome: a molecular machine designed for controlled proteolysis, *Annu. Rev. Biochem.* **68,** 1015–1068 (1999).

Wang, J., Hartling, J.A., and Flanagan, J.M., The structure of ClpP at 2.3 Å resolution suggests a model for ATP-dependent proteolysis, *Cell* **91,** 447–456 (1997).

Whitby, F.G., Masters, E.I. Kramer, L., Knowlton, J.R., Yao, Y., Wang, C.C., and Hill, C.P., Structural basis for the activation of 20S proteasomes by 11S regulators, *Nature* **408,** 115–120 (2000); *and* Förster, A., Whitby, F.G., and Hill, C.P., The pore of activated 20S proteasomes has an ordered 7-fold symmetric conformation, *EMBO J.* **22,** 4356–4354 (2003).

Zheng, N., et al., Structure of the Cul1–Rbx1–Skp1–F-box^{Skp2} SCF ubiquitin ligase complex, *Nature* **41,** 703–709 (2002); Schulman, B.A., et al., Insights into SCF ubiquitin ligases from the structure of the Skp1–Skp2 complex, *Nature* **408,** 381–386 (2000); *and* Zheng, N.,Wang, P., Jeffrey, P.D., and Pavletich, N.P., Structure of a c-Cbl–UbcH7 complex: RING domain function in ubiquitin-protein ligases, *Cell* **102,** 533–539 (2000).

Zwickl, P., Seemüller, E., Kapelari, B., and Baumeister, W., The proteasome: A supramolecular assembly designed for controlled proteolysis, *Adv. Prot. Chem.* **59,** 187–222 (2002).

PROBLEMAS

1. Qual é o produto da reação da guanina com o ácido nitroso? Essa reação é mutagênica? Explique.

2. Qual é o polipeptídeo especificado pela seguinte fita de DNA antissenso? Assuma que a tradução inicia no primeiro códon de iniciação.

5′ – TCTGACTATTGAGCTCTCTGGCACATAGCA – 3′

***3.** A datiloscopia (*fingerprint*) de uma proteína de um mutante fenotipicamente reversível do bacteriófago T4 indica a presença de um peptídeo tríptico alterado em relação ao tipo selvagem. Os peptídeos de tipo selvagem e o mutante apresentam as seguintes sequências:

Tipo selvagem Cys-Glu-Asp-His-Val-Pro-Gln-Tyr-Arg
Mutante Cys-Glu-Thr-Met-Ser-His-Ser-Tyr-Arg

Indique como o mutante pode ter surgido e forneça as sequências de bases, tanto quanto possível, dos mRNAs que especificam os dois peptídeos. Comente sobre a função do peptídeo na proteína.

4. Explique como as várias classes de mutações podem reverter uma mutação da mesma classe, mas não de uma classe diferente.

5. Quais aminoácidos são especificados por códons que podem ser alterados para um códon *âmbar* por uma única mutação pontual?

6. O mRNA que especifica a cadeia α da hemoglobina humana contém a sequência de bases

··· UCCAAAUACCGUUAAGCUGGA ···

O tetrapeptídeo C-terminal da cadeia α normal, que é especificada por parte dessa sequência, é

-Ser-Lys-Tyr-Arg

Na hemoglobina Constant Spring, a região correspondente da cadeia α tem a sequência

-Ser-Lys-Tyr-Arg-Gln-Ala-Gly- p

Especifique a mutação que causa a hemoglobina Constant Spring.

7. Explique por que um mínimo de 32 tRNAs é necessário para traduzir o código genético "padrão".

8. Desenhe os pareamentos oscilantes que não estão na Fig. 32.25*a*.

9. Uma colega sua afirma que, pela exposição de *E. coli* à HNO_2, ela mutou um $tRNA^{Gly}$ para um supressor *âmbar*. Você acredita nessa afirmação? Explique.

***10.** Deduza as sequências dos anticódons de todos os supressores listados na Tabela 32.6, exceto UGA-1, e indique as mutações que os originaram.

11. Quantos tipos diferentes de macromoléculas devem estar minimamente presentes em um sistema de síntese proteica livre de células de *E. coli*? Conte cada tipo de componente ribossômico como uma macromolécula diferente.

12. Por que oligonucleotídeos contendo sequências de Shine-Dalgarno inibem a tradução em procariotos? Por que eles não fazem o mesmo em eucariotos?

13. Por que o m^7GTP inibe a tradução em eucariotos? Por que ele não faz o mesmo em procariotos?

14. Qual será a distribuição de radioatividade nas cadeias completas de hemoglobina após a exposição de reticulócitos a resíduos de Leu marcados com ^{3}H por um curto período, seguido pelo fornecimento de resíduos de leucina não marcados?

15. Projete um mRNA com os sítios de controle procarióticos necessários para codificar o octapeptídeo Lys-Pro-Ala-Gly-Thr-Glu-Asn-Ser.

***16.** Indique os sítios de controle da tradução em uma sequência de aminoácido especificada pelo seguinte mRNA procariótico.

5′-CUGAUAAGGAUUUAAAUUAUGUGUCAAUCACGA-AUGCUAAUCGAGGCUCCAUAAUAACACUUCGAC-3′

17. Qual é o custo energético, em equivalentes de ATP, para a síntese em *E. coli* de uma cadeia polipeptídica de 100 resíduos partindo de aminoácidos e mRNA? Assuma que não ocorrem perdas em decorrência da leitura de revisão.

18. Foi sugerido que a Gly-tRNA-sintase não necessita de um mecanismo de edição. Por quê?

19. Explique porque ribossomos procarióticos podem traduzir uma molécula de mRNA circular, enquanto ribossomos eucarióticos normalmente não podem, mesmo na presença dos cofatores necessários.

20. EF-Tu se liga a todos os aminoacil-tRNAs com aproximadamente igual afinidade, de forma que ele pode entregar todos ao ribossomo com a mesma eficiência. Com base nas constantes de ligação determinadas experimentalmente para Ef-Tu e aminoacil--tRNAs correta e incorretamente carregados (ver Tabela), explique como o sistema de reconhecimento de tRNA-Ef-Tu pode impedir a incorporação de um aminoácido errado durante a tradução.

Aminoacil-tRNA	Constante de dissociação (n*M*)
Ala-$tRNA^{Ala}$	6,2
Gln-$tRNA^{Ala}$	0,05
Gln-$tRNA^{Gln}$	4,4
Ala-$tRNA^{Gln}$	260

Fonte: LaRiviere, F.J., Wolfson, A.D., and Uhlenbeck, O.C., *Science* **294**, 167 (2001).

21. Todas as células contêm uma enzima chamada de **peptidil--tRNA-hidrolase**, e células que são deficientes nessa enzima crescem muito lentamente. Qual é a provável função dessa enzima e porque ela é necessária?

22. Um antibiótico denominado fixmicina, que você isolou de um fungo que cresce sobre maracujás maduros, é eficiente na cura de vários tipos de doenças sexualmente transmissíveis. Na caracterização do modo de ação da fixmicina, você encontrou que ela é um inibidor da tradução bacteriana que se liga exclusivamente na subunidade maior do ribossomo de *E. coli*. A iniciação da síntese proteica na presença de fixmicina resulta na geração de dipeptídeos que permanecem associados ao ribossomo. Sugira um mecanismo da ação para a fixmicina.

23. O heme inibe a degradação de proteínas nos reticulócitos pela regulação alostérica da enzima ativadora da ubiquitina (E1). Qual poderia ser a função fisiológica disso?

24. A Genbux Inc., uma empresa biotecnológica, clonou em *E. coli* o gene que codifica uma enzima industrialmente valiosa, de forma que essa enzima é produzida em grandes quantidades. Porém, como a empresa deseja produzir a enzima em quantidades da ordem de toneladas, os gastos no seu isolamento seriam muito reduzidos se a bactéria fosse capaz de secretá-la. Como um consultor de alto nível, qual seria a recomendação geral que você ofereceria para solucionar esse problema?

Índice

Páginas em negrito referem-se à discussão principal do termo. Designações de posição e conformação em nomes químicos (p. ex., 3-, α, *N*-, *p*-, *trans*, D-, *sn*-) são ignoradas na ordem alfabética. Números e letras gregas são alfabeticamente ordenadas de acordo com a pronúncia.

A

B

C

D

E

F

G

J

K

L

M

N

O

P

Q

R

S

T

U

W

X

Y

Z

Símbolos de uma e três letras para os aminoácidos comuns*

A	Ala	Alanina
B	Asx	Asparagina ou ácido aspártico
C	Cys	Cisteína
D	Asp	Ácido aspártico
E	Glu	Ácido glutâmico
F	Phe	Fenilalanina
G	Gly	Glicina
H	His	Histidina
I	Ile	Isoleucina
K	Lys	Lisina
L	Leu	Leucina
M	Met	Metionina
N	Asn	Asparagina
P	Pro	Prolina
Q	Gln	Glutamina
R	Arg	Arginina
S	Ser	Serina
T	Thr	Treonina
V	Val	Valina
W	Trp	Triptofano
Y	Tyr	Tirosina
Z	Glx	Glutamina ou ácido glutâmico

*O símbolo de uma letra para um aminoácido não determinado ou incomum é a letra X.

Constantes termodinâmicas e fatores de conversão

***Joule* (J)**
$1\ J = 1\ kg \cdot m^2 \cdot s^{-2}$ $1\ J = 1\ C \cdot V$ (coulomb volt)
$1\ J = 1\ N \cdot m$ (newton · metro)

***Caloria* (cal)**
1 cal aquece 1 g de H_2O de 14,5 para 15,5°C
1 cal = 4,184 J

***Grande caloria* (Cal)**
1 Cal = 1 kcal 1 Cal = 4184 J

Número de Avogadro (N)
$N = 6{,}0221 \times 10^{23}$ moléculas $\cdot\ mol^{-1}$

***Coulomb* (C)**
$1\ C = 6{,}241 \times 10^{18}$ cargas de elétrons

***Faraday* ($\mathcal{F}$)**
$1\ \mathcal{F} = N$ cargas de elétrons
$1\ \mathcal{F} = 96.485\ C \cdot mol^{-1} = 96.485\ J \cdot V^{-1} \cdot mol^{-1}$

***Escala de temperatura Kelvin* (K)**
0 K = zero absoluto 273,15 K = 0°C

***Constante de Boltzmann* (k_B)**
$k_B = 1{,}3807 \times 10^{-23}\ J \cdot K^{-1}$

Constante dos gases (R)
$R = Nk_B$ $R = 1{,}9872\ cal \cdot K^{-1} \cdot mol^{-1}$
$R = 8{,}3145\ J \cdot K^{-1} \cdot mol^{-1}$ $R = 0{,}08206\ L \cdot atm \cdot K^{-1} \cdot mol^{-1}$

O código genético

Primeira posição (terminal 5')	*Segunda posição* U	C	A	G	*Terceira posição (terminal 3')*
U	UUU Phe	UCU Ser	UAU Tyr	UGU Cys	U
	UUC Phe	UCC Ser	UAC Tyr	UGC Cys	C
	UUA Leu	UCA Ser	UAA Parada	UGA Parada	A
	UUG Leu	UCG Ser	UAG Parada	UGG Trp	G
C	CUU Leu	CCU Pro	CAU His	CGU Arg	U
	CUC Leu	CCC Pro	CAC His	CGC Arg	C
	CUA Leu	CCA Pro	CAA Gln	CGA Arg	A
	CUG Leu	CCG Pro	CAG Gln	CGG Arg	G
A	AUU Ile	ACU Thr	AAU Asn	AGU Ser	U
	AUC Ile	ACC Thr	AAC Asn	AGC Ser	C
	AUA Ile	ACA Thr	AAA Lys	AGA Arg	A
	AUG Met*	ACG Thr	AAG Lys	AGG Arg	G
G	GUU Val	GCU Ala	GAU Asp	GGU Gly	U
	GUC Val	GCC Ala	GAC Asp	GGC Gly	C
	GUA Val	GCA Ala	GAA Glu	GGA Gly	A
	GUG Val	GCG Ala	GAG Glu	GGG Gly	G

*AUG forma parte do sinal de inicialização e também codifica resíduos internos de metionina.

Algumas abreviaturas bioquímicas comuns

A	adenina
aa	aminoácido
aaRS	aminoacil–tRNA sintase
ACAT	acil-CoA:colesterol aciltransferase
ACh	acetilcolina
AChE	acetilcolinesterase
ACP	proteína carreadora de acil
ADA	adenosina-desaminase
ADH	álcool-desidrogenase
AdoCbl	5′-desoxiadenosilcobalamina
AdoMet	adenosilmetionina
ADP	adenosina difosfato
ADPNP	adenosina-5′-(β, γ-imido)difosfato
Aids	síndrome da imunodeficiência adquirida
AKAP	proteína ancoradora de cinase A
ALA	ácido δ-aminolevulínico
AMP	adenosina monofosfato
AMPK	proteína-cinase dependente de AMP
AMPPNP	adenosina-5′-(β, γ-imido)trifosfato
ARS	sequências de replicação autônomas
ATCase	aspartato-transcarbamoilase
ATP	trifosfato de adenosina
BAC	cromossomo artificial bacteriano
BChl	bacterioclorofila
BCKDH	α-cetoácido desidrogenase de cadeia ramificada
BH_4	5,6,7,8-tetra-hidrobiopterina
bHLH	motivo hélice-alça-hélice básico
bp	pares de bases
BPG	D-2,3-bifosfoglicerato
BPheo	bacteriofeofitina
BPTI	inibidor de tripsina pancreática bovina
C	citosina
CaM	calmodulina
CAM	metabolismo ácido das crassuláceas
AMPc	3′,5′-AMP cíclico
CAP	proteína ativadora de gene catabólico
CCV	vesícula revestida de clatrina
CD	dicroismo circular
CDK	proteína-cinase dependente de ciclina
cDNA	DNA complementar
CDP	difosfato de citidina
CDR	região determinadora de complementaridade
CE	eletroforese capilar
GMPc	3′5′-GMP cíclico
CGN	rede *cis* Golgi
Chl	clorofila
CM	carboximetil
CMP	monofosfato de citidina
CoA ou CoASH	coenzima A
COP	proteínas de revestimento de vesículas
CoQ	coenzima Q (ubiquinona)
COX	ciclo-oxigenase ou citocromo *c* oxidase
CPS	carbamoil-fosfato-sintase
CTD	domínio C-terminal
CTP	trifosfato de citidina
D	dalton
d	desoxi
DAG	1,2-diacilglicerol
dd	didesoxi
DEAE	dietilaminoetil
DG	*sn*-1,2-diacilglicerol
DHAP	di-hidroxiacetona-fosfato
DHF	di-hidrofolato
DHFR	di-hidrofolato-redutase
DMF	*N,N*-dimetilformamida
DMS	dimetil sulfato
DNA	ácido desoxirribonucleico
DNP	2,4-dinitrofenol
dNTP	trifosfato de 2′-desoxinucleotídeo
Dol	dolicol
L-DOPA	L-3,4-di-hidroxifenilalanina
dsDNA	DNA fita dupla
DUB	enzima de desubiquitinação
EF	fator de elongação
EGF	fator de crescimento epidermal
Elisa	ensaio imunoabsorvente ligado a enzima
EM	microscopia eletrônica
emf	força eletromotora
E4P	eritrose-4-fosfato
RPE	ressonância paramagnética eletrônica
RE	retículo endoplasmático
ESI	ionização por *eletrospray*
EST	marcadores de sequências expressadas
ETF	flavoproteína de transferência de elétron
FAD	flavina adenina dinucleotídeo, forma oxidada
FADH·	flavina adenina dinucleotídeo, forma radical
$FADH_2$	flavina adenina dinucleotídeo, forma reduzida
FAS	ácido graxo-sintase
FBP	frutose-1,6-bifosfato
FBPase	frutose-1,6-bifosfatase
Fd	ferredoxina
FGF	fator de crescimento de fibroblasto
FH	hipercolesterolemia familiar
f Met	*N*-formilmetionina
FMN	flavina mononucleotídeo
FNR	ferredoxina-$NADP^+$ redutase
F1P	frutose-1-fosfato
F2,6P	frutose-2,6-bifosfato
F6P	frutose-6-fosfato
G	guanina
GABA	ácido γ-aminobutírico
Gal	galactose
GalNAc	*N*-acetilgalactosamina
GAP	gliceraldeído-3-fosfato
GAP	proteína ativadora de GTPase
GAPDH	gliceraldeído-3-fosfato-desidrogenase
GDH	glutamato-desidrogenase
GDP	difosfato de guanosina
GEF	fator de troca de nucleotídeo de guanina
GK	glicocinase
Glc	glicose
GlcNac	*N*-acetilglicosamina
GLUT	transportador de glicose
GMP	monofosfato de guanosina
gp	produto gênico
G1P	glicose-1-fosfato
G6P	glicose-6-fosfato
G6PD	glicose-6-fosfato-desidrogenase
GPI	glicosilfosfatidilinositol
gRNA	RNA-guia
GSH	glutationa
GSSG	dissulfeto de glutationa
GTF	fator de transcrição geral
GTP	trifosfato de guanosina
HA	hemaglutinina
Hb	hemoglobina
HDL	lipoproteína de alta densidade
HGPRT	hipoxantina-guanina fosforibosil-transferase
HIV	vírus da imunodeficiência humana
HMG-CoA	β-hidroxi-β-metilglutaril-CoA
hnRNA	RNA heterogêneo nuclear
HPETE	ácido hidroperoxieicosatetraenoico
HPLC	cromatografia líquida de alta eficiência
Hsp	proteína de choque térmico
HTH	hélice-volta-hélice
Hyl	5-hidroxilisina
Hyp	4-hidroxiprolina
IDL	lipoproteína de densidade intermediária
IF	fator de iniciação
IgG	imunoglobulina G
IHP	inositol-hexafosfato
IMP	monofosfato de inosina
IP_3	inositol-1,4,5-trifosfato
IPTG	isopropiltiogalactosídeo
IR	infravermelho
IS	sequência de inserção
ISP	proteína ferro-enxofre
ITP	trifosfato de inosina
JAK	Janus cinase
KM	constante de Michaelis
kb	quilobase
kDa	quilodalton
KF	fragmento Klenow
LCAT	lecitina:colesterol-aciltransferase
LDH	lactato-desidrogenase
LDL	lipoproteína de baixa densidade
LHC	complexo coletor de luz
LT	leucotrieno
LX	lipoxina
MALDI	dessorção/ionização a *laser* assistida por matriz
Man	manose
MAPK	proteína-cinase ativada por mitógeno